AF302923

Lexikon Werkstofftechnik

Berichtigter Nachdruck

Herausgegeben von
Prof. Dr. rer. nat. Dr.-Ing. E. h. Hubert Gräfen

Die Deutsche Bibliothek — CIP-Einheitsaufnahme

Lexikon Werkstofftechnik / hrsg. von Hubert Gräfen.
[Die Autoren G. Hartmut Altenmüller . . .]. — Berichtigter Nachdr. —
Düsseldorf: VDI-Verl., 1993

NE: Gräfen, Hubert [Hrsg.]
ISBN 978-3-642-51733-4   ISBN 978-3-642-51732-7 (eBook)
DOI 10.1007/978-3-642-51732-7
Redaktion: Dipl.-Ing. Zitta Glaser
Graphische Darstellungen: Peter Lübke
Gesamtherstellung: Bonner Universitäts-Buchdruckerei

Vorwort

Die Werkstoffwissenschaften als interdisziplinäre, auf den naturwissenschaftlichen Fächern physikalische Chemie, Metallkunde, Elektrochemie und Festkörperphysik aufbauende Grundlagenkunde der Werkstoffe, haben in den letzten Jahrzehnten enorme Fortschritte gemacht und auch die Werkstofftechnik, den die Werkstoffanwendung behandelnden Teil nicht nur befruchtet, sondern vor allem auf eine wissenschaftliche Basis gestellt. Die Eigenschaften der Werkstoffe, das Verhalten der Werkstoffe im Bauteil und die Veränderungen durch Verarbeitungseinflüsse sind heute kontrollierbar und können dem jeweiligen Anwendungsfall angepaßt werden.

Mit Hilfe neuerer Forschungsergebnisse ist ein Kenntnisstand erreicht worden, der es erlaubt, Eingriffe in Struktur und Gefüge vorzunehmen mit dem Ziel, die Eigenschaften der Werkstoffe, wie zum Beispiel Festigkeit, Korrosionsbeständigkeit, Temperaturverhalten oder Oberflächenbeschaffenheit zu verbessern und gezielt zu verändern, sowie neue Materialien und Werkstoffe zu entwickeln.

Werkstoffe bilden die Basis für alle technischen Gestaltungsmöglichkeiten. Aus ihnen bestehen alle technischen Erzeugnisse und Gegenstände des täglichen Gebrauchs. Sie nehmen eine Schlüsselstellung bei sämtlichen technischen Entwicklungen ein und bestimmen die praktische Umsetzung des technischen Fortschritts auf allen Gebieten. Die Bereitstellung von neuen Werkstoffen zur Erfüllung spezieller Anforderungen sowie die Entwicklung von Werkstoffkombinationen mit arbeitsteiligem Eigenschaftsprofil zu Erfüllung komplexer Anforderungen sind oft eine notwendige Voraussetzung für die Einführung neuer Technologien.

Der interdisziplinäre Charakter der Werkstofftechnik, seine vielseitige Verwandtschaft mit mehreren naturwissenschaftlichen Grundlagenfächern und das inzwischen vorliegende umfangreiche Wissen, waren für eine Zusammenstellung des Kenntnisstandes in Form eines Lexikons maßgebend. Für alle in Forschung, Planung, Entwicklung und Fertigung tätigen Ingenieure, aber auch für Studierende und auf Nachbargebieten Tätigen bietet es eine wertvolle Wissens- und Nachschlagequelle. Über 3 000 Stichwortartikel, vielfach ergänzt durch Funktionszeichnungen, Bilder, Tabellen und Literaturhinweise, bieten dem Benutzer die Möglichkeit, seine Kenntnisse zu erweitern und zu vertiefen.

Ich hoffe, daß das Lexikon ein breites Interesse findet und bei Lesern und Nutzern auf eine positive Resonanz stößt und danke den Autoren für ihre umfangreiche Arbeit, der Fachredaktion, besonders Frau Glaser, für ihre intensive Mitwirkung und dem VDI-Verlag für die ausgezeichnete Ausstattung des Werkes.

Hubert Gräfen
Leverkusen

Der Herausgeber

Prof. Dr. rer. nat. Dr.-Ing. E. h. Hubert Gräfen, Jahrgang 1926, studierte Chemie an der Universität Köln und TH Aachen. 1954 bis 1970 war er Leiter der Korrosionsabteilung der Materialprüfung der BASF Ludwigshafen und promovierte 1962 am Max-Planck-Institut für Metallforschung in Stuttgart. Von 1970 bis 1988 war er als Direktor und Leiter des Ingenieurfachbereichs Werkstofftechnik der Bayer AG Leverkusen tätig.

Ab 1970 Lehrbeauftragter an der TU Hannover, Institut für Werkstofftechnik, 1972 Habilitation und 1976 Ernennung zum außerplanmäßigen Professor. Seit 1984 Wahrnehmung von Lehraufträgen an den Technischen Universitäten Clausthal und München. Von 1974 bis 1983 war Prof. Gräfen Vorsitzender der VDI-Gesellschaft Werkstofftechnik, seit 1987 Vorsitzender des DVM (Deutscher Verband für Materialforschung und -prüfung e. V.). Er ist Mitglied des Kuratoriums der DECHEMA, Frankfurt.

1989 wurde ihm die Ehrendoktorwürde (Dr.-Ing. E. h.) durch die Fakultät für Bergbau, Hüttenwesen mit Maschinenwesen der TU Clausthal verliehen. Prof. Gräfen ist Autor von mehr als 140 Fachaufsätzen in technisch-wissenschaftlichen Zeitschriften und von zahlreichen Kapiteln in technisch-wissenschaftlichen Büchern.

Die Autoren

G. Hartmut Altenmüller, Freier Journalist, Königswinter

Prof. Dr.-Ing. Hans G. Baumann, Mannesmann-Demag AG, Bereich Hüttentechnik, Duisburg; Institut für Eisenhüttenkunde, RWTH Aachen

Prof. Dr. Dipl.-Geol. Walter Bausch, Institut für Geologie und Mineralogie, Universität Erlangen-Nürnberg

Dipl.-Ing. Gerhard Bernecker, Ingenieurberater, Weinheim

Dipl.-Ing. (FH) Willibald Beul, Forschungs- und Materialprüfungsanstalt Baden-Württemberg, Otto-Graf-Institut, Stuttgart

Prof. Dr.-Ing. Artur-Klaus Bolbrinker, Fachhochschule Bochum

Prof. Dr. Hans Burzlaff, Institut für Angewandte Physik, Universität Erlangen-Nürnberg

Prof. Dr. Winfried Dahl, Institut für Eisenhüttenkunde, RWTH Aachen

Dr. Jorg Debelius, Deutscher Verband Technisch-wissenschaftlicher Vereine, Düsseldorf

Prof. Dr.-Ing. Heinz Ulrich Doliwa, Beratender Ingenieur für Gießerei- und Hüttenwesen, Amberg

Prof. Dr.-Ing. Lutz Dorn, Fachgebiet Fügetechnik, Schweißtechnik, Technische Universität Berlin

Dr.-Ing. Karlheinz Döttinger, TÜV Südwestdeutschland e. V., Filderstadt

Prof. Dr.-Ing. Peter Eyerer, Institut für Kunststoffprüfung und Kunststoffkunde, Universität Stuttgart

Prof. Dr. Heino Finkelmann, Institut für Makromolekulare Chemie, Universität Freiburg

Prof. Dr. rer. nat. Dr.-Ing. E. h. Hubert Gräfen, vorm. Bayer AG, Leverkusen

Prof. Dr. Karl-Heinz Habig, Bundesanstalt für Materialforschung und -prüfung (BAM), Berlin

Dipl.-Ing. Hartwig Hammerschmidt, Lehrstuhl für Elektrische Meßtechnik, Technische Universität München

Prof. Dr. Joachim Heidberg, Institut für Physikalische Chemie und Elektrochemie, Universität Hannover

Prof. Dr. rer. nat., Dr. rer. nat. habil. Klaus Heinz, Lehrstuhl für Festkörperphysik, Universität Erlangen-Nürnberg

Prof. Dr.-Ing. Wolfram Heller, Fachbereich Elektrotechnik, Werkstofftechnik, Konstruktion, Fachhochschule München

Prof. Dr. Hans Walter Hennicke, Institut für Nichtmetallische Werkstoffe, Technische Universität Clausthal

Prof. Karl-Heinz Herrmann, Institut für Angewandte Physik, Universität Tübingen

Dipl.-Ing. Andreas Hesse, Institut für Nichtmetallische Werkstoffe, Technische Universität Clausthal

Dipl.-Ing. Werner E. Hoffmann, vorm. VdTÜV, Essen

Prof. Dr. rer. nat. Alex Hubert, Institut für Werkstoffwissenschaften VI, Universität Erlangen-Nürnberg

Prof. Dr. rer. nat. habil. Kurt Hümmer, Institut für Angewandte Physik, Universität Erlangen-Nürnberg

Prof. Dr. rer. nat. Bernhard Ilschner, Laboratoire de Métallurgie Mécanique, EPFL Ecole Polytechnique Federale de Lausanne

Dipl.-Ing. Rolf Jäger, Forschungs- und Materialprüfungsanstalt Baden-Württemberg, Otto-Graf-Institut, Stuttgart

Dipl.-Ing. Peter Jagfeld, Forschungs- und Materialprüfungsanstalt Baden-Württemberg, Otto-Graf-Institut Stuttgart

Dipl.-Ing. Ernst Kleinhansl, Institut für Textil- und Verfahrenstechnik, Denkendorf

Prof. Dr.-Ing. Paul August Koch, vorm. Ingenieurschule für Textilwesen, Krefeld

Dipl.-Ing. Klaus G. Krieg, DIN Deutsches Institut für Normung e. V., Berlin

Prof. Dr.-Ing. Karl Kußmaul, Materialprüfungsanstalt (MPA), Stuttgart; Lehrstuhl für Materialprüfung, Werkstoffkunde und Festigkeitslehre, Universität Stuttgart

Prof. Dr.-Ing. Kurt Lange, Institut für Umformtechnik, Universität Stuttgart

Dipl.-Ing. Christine Laskowski, Forschungs- und Materialprüfungsanstalt Baden-Württemberg, Otto-Graf-Institut, Stuttgart

Dr. rer. nat. Otto Wilhelm Madelung, Technische Unternehmensberatung, Odenthal

Prof. Dr. Walter Masing, Unternehmensberatung, Erbach/Odenwald

Dipl.-Ing. Bernd Neubert, Forschungs- und Materialprüfungsanstalt Baden-Württemberg, Otto-Graf-Institut, Stuttgart

Prof. Dr. Detlef Noack, Bundesforschungsanstalt für Forst- und Holzwirtschaft, Hamburg; Universität Hamburg

Prof. Dr. Rudolf Patt, Bundesanstalt für Forst- und Holzwirtschaft, Hamburg; Institut für Holzchemie, Universität Hamburg

Dipl.-Ing. Peter Pöllet, Institut für Kunststoffprüfung und Kunststoffkunde, Universität Stuttgart

Dipl.-Ing. Borimir Radovic, Forschungs- und Materialprüfungsanstalt Baden-Württemberg, Otto-Graf-Institut, Stuttgart

Prof. Dr.-Ing. Gallus Rehm, vorm. Forschungs- und Materialprüfungsanstalt für das Bauwesen, Universität Stuttgart

Dr.-Ing. Heinrich Rellermeyer, vorm. Thyssen Stahl AG, Duisburg

Dr. rer. nat. Dipl.-Chem. Albert Rook, Bundesanstalt für Materialforschung und -prüfung (BAM), Berlin

Dr. rer. nat. habil. Dieter Rudolph, Bundesanstalt für Materialforschung und -prüfung (BAM)

Erläuterungen zur Benutzung

Die zahlreichen Gebiete der Werkstofftechnik sind in rund 3 000 Stichwörter aufgegliedert. Unter einem aufgesuchten Stichwort ist seine erläuternde Erklärung zu finden, die dem Benutzer das entsprechende Wissen vermittelt. Die zahllosen Verweise führen entweder zu einem synonymen oder zu einem übergeordneten Begriff, in dem das entsprechende Stichwort abgehandelt ist. Die Querverweise im Text (→) sollen durch Aufsuchen anderer, verwandter oder ergänzender Stichwörter zu einer Vertiefung des Wissens verhelfen. Der Verweisungspfeil → fordert dazu auf, das dahinterstehende Wort nachzuschlagen, um weitere Auskunft zu finden.

Die Stichworte folgen einander alphabetisch. Die alphabetische Reihenfolge ist — auch bei zusammengesetzten Stichwörtern oder bei Abkürzungen — strikt eingehalten. Zusammengesetzte Begriffe sind vorwiegend unter dem Substantiv eingeordnet. Auch sind die Substantive in der Regel im Singular aufgeführt. Ausnahmen sind nur zur besseren Handhabung gemacht worden, wobei auf übliche Ausdrucksweise geachtet wurde (Adjektiv vor Substantiv, weil ausschlaggebend beim Aufsuchen). Bei Stichwörtern, die eine Zahl enthalten, wie z. B. ‚cis—1,4—Polybutadien‘, wurde bei der alphabetischen Einordnung die Zahl vernachlässigt.

Wie in lexikalischen Werken üblich, werden die Umlaute ä, ö, ü und die wie Umlaute gesprochenen Doppelbuchstaben ae, oe, ue wie die einfachen Buchstaben behandelt.

Die zahlreichen Illustrationen zu den einzelnen Stichwörtern sind in der Regel im Anschluß an den Absatz, in welchem sie erwähnt oder erläutert wurden, plaziert. Ausnahmsweise kann es auch vorkommen, daß diese — besonders im Falle von zweispaltigen Zeichnungen oder Tabellen — erst auf der nächsten Seite stehen. Die Zuordnung ist durch das Wiederholen des Stichwortes in der Bildunterschrift oder in der Tabellenüberschrift gewährleistet.

Literaturhinweise sind knapp gehalten und auf die wichtigsten Werke beschränkt. Deutschsprachige Werke sind — soweit vorhanden — bevorzugt.

Lektorat

Juni 1991

A

Abacá → Hartfaser

Abbrand → Elektrode, → Lichtbogenschweißen

Abdrückversuch → Innendruckversuch

Abgleitung. Grundvorgang der plastischen → Verformung von Kristallen (Kristallplastizität), bei der sich die makroskopische Verformung (→ Dehnung, → Scherung, Torsion) aus den mikroskopischen Beiträgen der A. in kristallographisch wohldefinierten Gleitsystemen zusammensetzt.

Im engeren Sinne bezeichnet man als A. a [nm] den Betrag der gegenseitigen Verschiebung zweier Gitterpunkte auf benachbarten parallelen Gleitebenen eines Gleitsystems. Die A. hat Vektorcharakter und kann auch in Vielfachen des Burgervektors b angegeben werden, weil sie sich als Summe der Abgleitungsbeiträge aller in Gleitrichtung durchgelaufenen Versetzungen ergibt; jeder Einzelbeitrag ist gerade $\underline{b}$, daher ist $\underline{a} = n \, \underline{b}$. *Ilschner*

Abkühlung. Bei der → Wärmebehandlung von → Stahl stellt sich während der A. das für die Eigenschaften maßgebende → Gefüge ein. Das Verhalten der Stähle bei der A. wird in → Zeit-Temperatur-Umwandlungsschaubildern dargestellt. Das Gefüge hängt von der Abkühlungsgeschwindigkeit ab, die durch die Größe des Werkstücks oder Halbzeugs und durch das Abkühlmedium bestimmt wird.

A. an Luft aus dem Austenitgebiet wird auch → Normalglühen genannt, da sich für unterschiedliche Abmessungen und Stähle ein vergleichbares Gefüge aus → Ferrit und → Perlit einstellt. Langsame A. erfolgt im Ofen oder unter Sand, schnelle A. oder Abschreckung in Öl oder Wasserbädern.

Dahl

Abkühlungsgesetz nach Newton. Einfache exponentielle Formel für den zeitlichen Temperaturabfall $\vartheta(t)$ in einem Körper, der sich unter Wärmeabgabe an eine auf der Temperatur ϑ_e (Endtemperatur) befindliche Umgebung abkühlt, nachdem der Anfangswert der Temperatur ϑ_a war. Dem A. liegt die Vorstellung zugrunde, daß die → Abkühlungsrate zur noch verbleibenden Temperaturdifferenz proportional sei. Das A. lautet –

— in differenzierter Form:
$$-d\vartheta/dt = k \, (\vartheta - \vartheta_e)$$

— in integrierter Form:
$$\vartheta(t) = \vartheta_e + (\vartheta_a - \vartheta_e) \exp(-kt)$$
— in logarithmischer Form:
$$\log(\vartheta - \vartheta_e) = \text{const} - kt$$

Die vorausgesetzte Proportionalität, die durch den Koeffizienten k [s^{-1}] gekennzeichnet ist, stellt eine erhebliche Vereinfachung der realen Bedingungen dar, vor allem bei hoher Temperatur (starker Strahlungsanteil am Wärmeübergang). *Ilschner*

Abkühlungskurve.
Metallische Werkstoffe. Die Aufnahme von A. bei der thermischen → Analyse dient zur Aufstellung von Zustandsdiagrammen reiner Metalle oder Legierungen.

Verfolgt man die Temperatur bei der → Abkühlung (z. B. aus der Schmelze) in Abhängigkeit von der Zeit, so ist der Kurvenverlauf stetig, solange keine Aggregatänderungen, allotrope Umwandlungen oder Ausscheidungsvorgänge erfolgen, durch die zusätzliche Energie frei wird.

Bei der → Erstarrung von reinen Elementen oder eutektischen Legierungen sowie bei der Umwandlung eutektoider Legierungen treten Haltepunkte auf, d. h. die Temperatur des abkühlenden Stoffes bleibt bis zur vollständigen Phasenänderung konstant.

Knickpunkte zeigen dagegen Beginn und Ende von Ausscheidungsvorgängen an.

Knick- und Haltepunkte gemeinsam treten bei unter- und übereutektischen, bzw. -eutektoidischen sowie bei peritektischen Legierungen auf.

Kußmaul

Nichtmetallische Werkstoffe. Bedingt durch die hohen Herstellungstemperaturen von → Keramik und → Glas bauen sich während des Abkühlens Temperaturgradienten im Produkt auf, die thermische bzw. mechanische Spannungen hervorrufen. Diese können durch eine angepaßte A. minimiert werden. Zusätzlich können kristalline Ausscheidungen und Phasenumwandlungen gezielt gesteuert werden.

Solange sich ein Glas im viskoelastischen Zustand befindet, werden in ihm die durch Formgebung und anschließender Kühlung entstandenen sog. temporären Spannungen vollständig abgebaut. Unterhalb des Transformationsbereichs, bei dem das Glas vom visko-elastischen in den spröd-elastischen Zustand übergeht, können die durch Kühlung induzierten

Spannungen nicht mehr abgebaut werden. Folglich wird dieser Temperatur- bzw. Viskositätsbereich beim Kühlen des Glases insbesondere bei dickwandigen Produkten vorsichtig durchfahren. Er wird durch die obere Abkühltemperatur (mit der Glasviskosität $\eta = 10^{13}$ dPa·s, Spannungsabbau innerhalb einiger min) und untere Abkühltemperatur ($\eta = 10^{14.5}$ dPa·s, Spannungsabbau innerhalb einiger h) beschrieben. Unterhalb des unteren Abkühlpunktes können die noch verbleibenden Spannungen nicht mehr abgebaut werden, sie bleiben als sog. Kühlspannungen im Produkt bestehen.

Ähnliches gilt für das Abkühlen von Keramiken mit Glasphasenanteil. Nach Durchlaufen der Sinterphase erfolgt eine sog. Sturzkühlung bis etwas oberhalb von T_g, anschließend wird der Transformationsbereich vorsichtig durchlaufen. Unterhalb T_g orientiert sich die Abkühlgeschwindigkeit an der Wandstärke der Produkte, deren thermisches Ausdehnungsverhalten und → Festigkeit, da sich bei dickwandigen Produkten größere Temperaturgradienten und somit Spannungen aufbauen können als bei dünnwandigen. Für Keramiken ohne Glasphasenanteil gilt dies direkt nach Abkühlen von der Sintertemperatur, wobei hier zusätzlich evtl. Phasenumwandlungen mit entsprechenden Volumenveränderungen berücksichtigt werden müssen.

Weiterhin spielen A. zur Herstellung von → Glaskeramiken eine maßgebende Rolle, sowie bei der Herstellung bestimmter ZrO$_2$-Keramiken (→ Oxidkeramik), um durch Ausscheidungsprozesse bestimmte Kristallphasen innerhalb eines Temperaturintervalls eine → Verfestigung in der Keramik zu erreichen. *Hessel/Hennicke*

Abkühlungsrate. Wichtiger Parameter für den Ablauf mikrostruktureller Veränderungen und die dadurch bedingten Eigenschaftsänderungen von Werkstoffen bei technischen Abkühlungsvorgängen.

Beispiele: während und nach → Erstarrung aus der Schmelze, nach Warmformgebungsprozessen, nach → Wärmebehandlungen oder thermomechanischen → Behandlungen zur Qualitätsverbesserung, während der Herstellung von Schweiß- und Lötverbindungen, unter Betriebsbedingungen, die mit Temperaturwechseln verbunden sind, z. B. bei Flugtriebwerken.

Graduelle Änderungen des Umwandlungsverhaltens als Funktion der A. werden im → ZTU-Diagramm für kontinuierliche Abkühlung erfaßt. Beeinflußte Gefügekenngrößen und andere Werte sind: → Korngröße, Dispersitätsgrad von Ausscheidungen, Versetzungsdichte und die hiervon abhängigen Kennwerte → Härte bzw. → Fließgrenze, ferner innere Spannungen aufgrund von lokalen Unterschieden der thermischen Kontraktion.

Bei kritischen Werten der A. kommt es zu qualitativen Strukturänderungen; bekannteste Beispiele: Martensitumwandlung, amorphe Erstarrung, letztere bei A. oberhalb von 10^6 K/s.

Die in K/s zu messende A. eines Probekörpers/Bauteils wird beeinflußt von der Wärmekapazität und der Wärmeleitfähigkeit des Werkstoffs, vom Wärmeübergangskoeffizienten an der Grenzfläche des Kühlmediums (Wärmeübergang), schließlich von inneren Energiequellen (Erstarrungswärme, Umwandlungswärme). Die Auswahl des Kühlmediums und die Strömungsmechanik des gewählten Kühlverfahrens werden gezielt zur Steuerung der A. bei Fertigungsprozessen eingesetzt (→ Abschrecken). *Ilschner*

Abkürzungsverfahren → Zeitstandversuch

Ablation. Hohe Relativgeschwindigkeiten zwischen einem Fluid und einem Festkörper führen zu hohen reibbedingten Temperaturerhöhungen der Oberflächen, welche Diffusionsvorgänge, Sublimation, Schmelzen, Verdampfen und chemische Umsetzungen hervorrufen, die mit dem Sammelbegriff A. bezeichnet werden. Materialverluste treten dabei hauptsächlich molekül- bzw. ionenweise auf. An Hitzeschilden von Raumfahrzeugen zersetzen sich die zum Schutz vorgesehenen Polymere endotherm, wodurch dem Vorgang Energie entzogen wird. *Habig*

Literatur: *Uetz, H.:* Abrasion und Erosion. München–Wien 1986.

Abnahmeprüfung. Materialprüfungen an Werkstoffen, Werkstücken und Bauteilen im herstellenden oder verarbeitenden Werk im Beisein eines unabhängigen Sachverständigen vor Übernahme der Lieferung. Dabei sind neben den zerstörenden und zerstörungsfreien → Werkstoffprüfungen auch solche Prüfungen gemeint, die streng genommen keine reine Werkstoffprüfungen, sondern Materialprüfungen im weiteren Sinne sind. Als Beispiel hierfür seien die Maßprüfung, der → Innendruckversuch an Rohren und die Messung der → Oberflächenrauheit von Erzeugnissen genannt.

Die anzuwendenden Prüfverfahren und der Prüfumfang sind den entsprechenden Liefernormen zu entnehmen oder bei der Bestellannahme zu vereinbaren.

Die Prüfungen sind an der Lieferung selbst oder an den in Normen, amtlichen Vorschriften oder technischen Lieferbedingungen angegebenen Prüfeinheiten, von denen die Lieferung ein Teil ist, durchzuführen.

Auf Grundlage der Ergebnisse dieser Prüfungen bestätigt der Sachverständige in einem Abnahmeprüfzeugnis A, B oder C nach DIN 50049, daß die Lieferung den Vereinbarungen bei der Bestellannahme entspricht. Durch diese Bescheinigung soll jedoch nicht bezeugt werden, daß die „Abnahme" im Rechtssinn erfolgt ist, sondern nur, daß und mit welchem Ergebnis eine Materialprüfung stattgefunden hat. *Kußmaul*

Abrasion. → Verschleißmechanismen, die durch harte Partikel oder harte Rauheitshügel hervorgerufen werden, die Material durch Mikrospanen, Mikrobrechen oder Mikropflügen aus den Oberflächenbereichen von Werkstoffen entfernen (Bild 1).

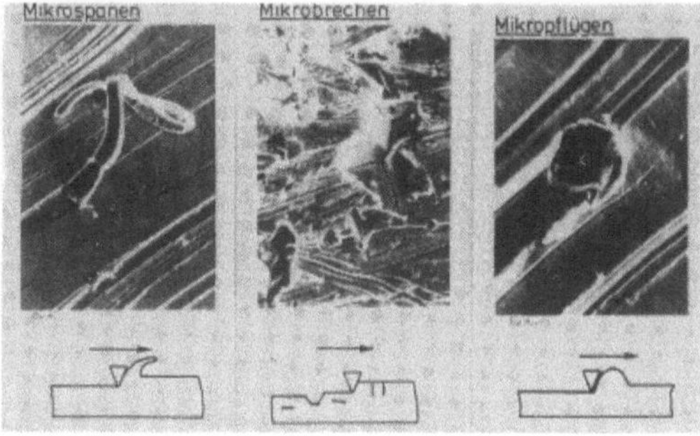

Abrasion 1: Mechanismen der A.

Die A. kann vor allem bei der Gewinnung, beim Transport und bei der Verarbeitung von mineralischen Stoffen in Erscheinung treten und zu hohen Materialverlusten führen.

Für die A. ist die Verschleiß-Tieflage-Hochlage-Charakteristik von entscheidender Bedeutung. Erreicht die → Härte des tribologisch beanspruchenden Abrasivstoffes die Härte des beanspruchten Werkstoffes, so steigt der → Verschleiß in die Hochlage an.

In der Verschleißhochlage ist der → Verschleißwiderstand, der gleich dem Reziprokwert des Verschleißbetrages ist, der Härte des tribologisch beanspruchten Werkstoffes proportional (Bild 2). Neben der Härte des beanspruchten Werkstoffes ist seine → Zähigkeit wichtig, wobei sich eine hohe Zähigkeit positiv auswirkt.

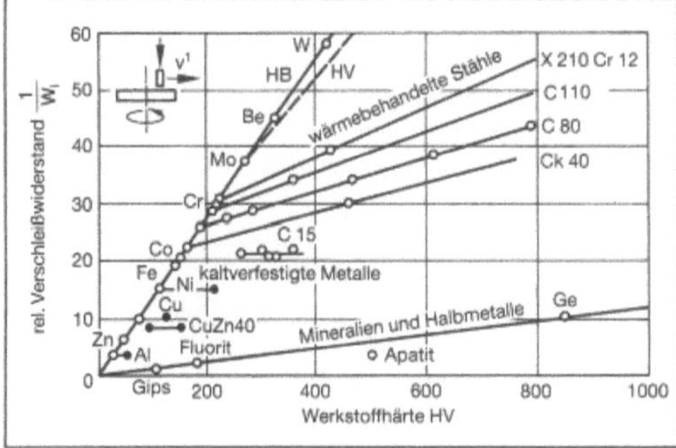

Abrasion 2: Verschleißwiderstand und Härte (Korundschleifpapier).

Die A. kann vor allem durch folgende werkstofftechnische Maßnahmen eingeschränkt werden:
– Härte des beanspruchten Werkstoffes größer als die Härte des beanspruchenden Abrasivstoffes
– Einbau von harten Partikeln wie z. B. Carbiden in eine weichere, zähe Matrix. *Habig*

Literatur: *Habig, K.-H.:* Verschleiß und Härte von Werkstoffen. München 1980. – *Uetz, H.:* (Hrsg.): Abrasion und Erosion. München 1986. – *Zum Gahr, K. H.:* Furchungsverschleiß; in Reibung und Verschleiß Mechanismen-Prüftechnik-Werkstoffeigenschaften. Oberursel: Deutsche Gesellschaft für Metallkunde (1983) 135.

Abrasivstoff. Stoff, durch den → Abrasion hervorgerufen wird. Hierbei handelt es sich meistens um körnige, mineralische Stoffe hoher → Härte. *Habig*

Literatur: *Uetz, H.:* Abrasion und Erosion. München–Wien 1986.

Abscheiden, elektrolytisches. Abscheidung von Metallschichten auf einem Bauteil aus einem Elektrolyten mit Außenstrom. Das Bauteil ist als Kathode geschaltet. Dort werden Metallionen entladen und auf der Substratoberfläche als Metallatome abgeschieden. Die in den Elektrolyten eingebrachten Anoden geben dementsprechend Metallionen an den Elektrolyten ab. Werden unlösliche Anoden verwendet, so muß der Verbrauch von Metallionen durch Anreichern des Elektrolyten ausgeglichen werden (Bild). Elektrolytisch abgeschiedene Schichten, insbesondere dickere Schichten, sind nicht konturentreu. Infolge der höheren → Stromdichte werden an Ecken und Kanten dickere Schichten als auf den Flächen erzeugt. Wegen der begrenzten Streufähigkeit der elektrolytischen Verfahren ist ein vollständiges → Beschichten von Bauteilen komplexer Geometrie nicht immer möglich. Eine

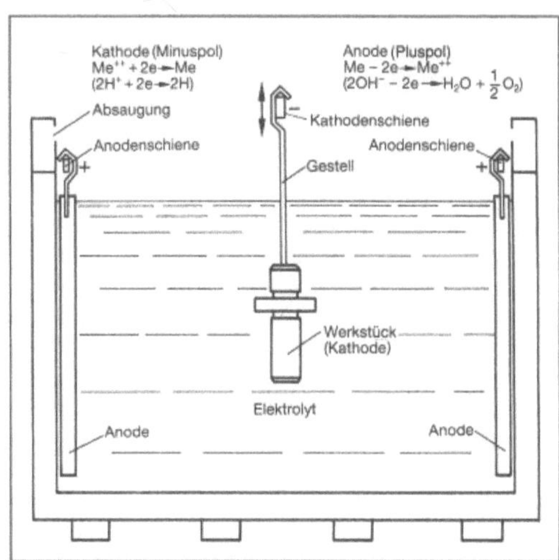

Abscheiden, elektrolytisches: Elektrolytisches Bad.

Abscheiden, elektrolytisches. Tabelle: Beispiele elektrolytisch abscheidbarer Metalle

Galvanische Metallabscheidung		Streufähigkeit		
Abzuscheidendes Metall	Badtyp	Niedrig	Mittel	Hoch
Aluminium	SIGAL®			●
Chrom	Sulfat	●		
Kobalt	Sulfamat		●	
Nickel	Sulfamat		●	
Kupfer	Cyanid			●
Messing	Cyanid			●
Bronze	Stannat/Cyanid			●
Zink	Cyanid			●
Silber	Cyanid			●
Cadmium	Cyanid			●
Zinn	Fluoroborat		●	
Blei	Fluoroborat		●	
Blei-Zinn	Fluoroborat		●	

Zusammenstellung der häufig abgeschiedenen Metalle, des Badtyps und der Streufähigkeit der verschiedenen Beschichtungen ist in der Tabelle enthalten.   *Habig*

Literatur: *Simon, H.* und *M. Thoma:* Angewandte Oberflächentechnik für metallische Werkstoffe. München – Wien 1985.

Abscheiden, fremdstromloses. → Beschichtungsverfahren, bei dem die Elektronen zur Reduktion der abzuscheidenden Metallionen nicht durch einen → Fremdstrom, sondern durch ein geeignetes Reduktionsmittel geliefert werden. Fremdstromlos abgeschiedene Schichten sind konturentreu, so daß ein Nacharbeiten entfallen kann. Hohlräume und Bohrungen können beschichtet werden, sofern ein Lösungsaustausch gewährleistet ist und Gaseinschlüsse vermieden werden können. Das f. A. wird technisch vor allem zur Herstellung von Nickel- und Kupferschichten angewandt.   *Habig*

Abscheiden, galvanisches → Abscheiden, elektrolytisches

Abscheidung, chemische aus der Gasphase (CVD). Reaktion von gasförmigen Komponenten an der Oberfläche eines Substrates mit der Bildung einer festen Oberflächenschicht und flüchtigen Reaktionsprodukten. Die Reaktion wird durch das thermodynamische → Gleichgewicht bestimmt und damit vom Partialdruck der gasförmigen Komponenten und von der Temperatur kontrolliert. Sie findet in einem Reaktionsgefäß statt, welches die Substrate enthält (Bild). Im Kaltwandreaktor ha-

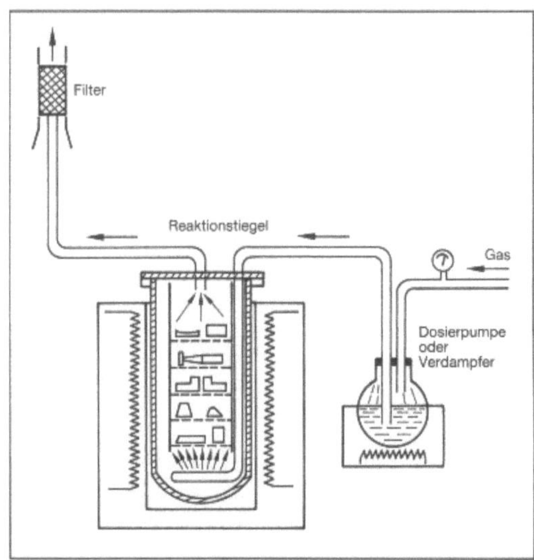

Abscheidung, chemische aus der Gasphase: CVD-Anlage (schematisch).

Abscheidung, chemische aus der Gasphase. Tabelle: Oberflächenschichten durch CVD

Metalle	Al, Ti, V, Cr, Ni, Nb, Mo, Ta, W
Bor und Boride	B, FeB, Fe_2B, NiB, TaB_2, WB
Kohlenstoff und Carbide	C, B_4C, SiC, TiC, Cr_xC_y, TaC, WC
Nitride	BN, Si_3N_4, TiN, VN, $Fe_{2-3}N$, Fe_4N, TaN
Oxide	Al_2O_3
Silizium und Silicide	Si, MnSi, FeSi, NiSi, MoSi

ben nur die Substrate die Prozeßtemperatur, während im Heißwandreaktor der gesamte Raum die Prozeßtemperatur erreicht.

Nach der Temperatur der Substrate kann man unterschiedliche CVD-Prozesse unterscheiden:

☐ Hochtemperatur CVD
850 °C < T < 1 200 °C
Beispiel:
$TiCl_4$, CH_4 → TiC, HCl
☐ Mitteltemperatur CVD
700 °C < T < 850 °C
Beispiel:
$TiCl_4$, CH_3CN, H_2 → Ti(C,N), CH_4, HCl
☐ Tieftemperatur CVD
300 °C < T < 600 °C
Beispiel:
WF_6, C_6H_6, → W_2C, HF
☐ Plasma CVD
300 °C < T < 600 °C
Beispiel:
$TiCl_4$, N_2, H_2, Ar → TiN, HCl, (NH_3)

Durch CVD können metallische und keramische Werkstoffe, teilweise auch organische Stoffe, beschichtet werden. Bei der → Beschichtung von Stählen muß in der Regel die Vergütung des Grundwerkstoffes wiederholt werden. In der Tabelle sind verschiedenartige Oberflächenschichten zusammengestellt, die sich durch CVD erzeugen lassen.

Hauptanwendungsgebiete sind die Beschichtung von Werkzeugen und von elektronischen Bauteilen. *Habig*

Literatur: *Benninghoff, H.* und *H. Zickler:* Feinwerktechnik und Meßtechnik **86** (1978) S. 389. – *Habig, K.-H.:* Journal of Vacuum Science and Technology (1986). – *Hintermann, H. E.:* Oberfläche – Surface **24** (1983) S. 115. – *Hintermann, H. E.* und *H. Gass:* Schweizer Archiv **33** (1967) S. 157. – *König, U.* und *K. Dreyer, N. Reiter, J. Kolaska, H. Grewe:* Techn. Mitt. Krupp-Forsch. Ber. **39** (1981) S. 13. – *Ruppert, W.:* Metalloberfläche **14** (1960) S. 193. – *Simon, H.* und *M. Thoma:* Angewandte Oberflächentechnik für metallische Werkstoffe. München – Wien 1985.

Abscheidung, physikalische aus der Gasphase (PVD).

→ Beschichtungsverfahren, bei dem im Vakuum durch physikalische Verfahren Dampf er-

zeugt wird, der sich auf der → Oberfläche des zu beschichtenden Werkzeuges oder Werkstückes (Substrates) niederschlägt. Nach Art der Dampfquelle und der Substratbefestigung unterscheidet man drei Verfahren:

☐ Aufdampfen
☐ Sputtern
☐ Ionenplattieren

Beim Aufdampfen wird das Schichtmaterial in einem Tiegel im Hochvakuum erhitzt, bis es verdampft und sich auf dem vergleichsweise kalten Substrat niederschlägt (Bild 1). Das Beheizen des Tiegels kann durch direkten Stromdurchgang, durch induktive Erwärmung oder durch einen Elektronenstrahl erfolgen. Neuerdings werden auch Bogenverdampfer benutzt, bei denen die Metallquelle als Kathode geschaltet wird. Die Energie des Dampfes kann durch ein Plasma erhöht werden, wodurch die abgeschiedenen Schichten feinkörniger werden. Das Aufdampfen ermöglicht hohe Abscheidungsraten. Es wird seit 1913 vor allem für optische Anwendungen eingesetzt.

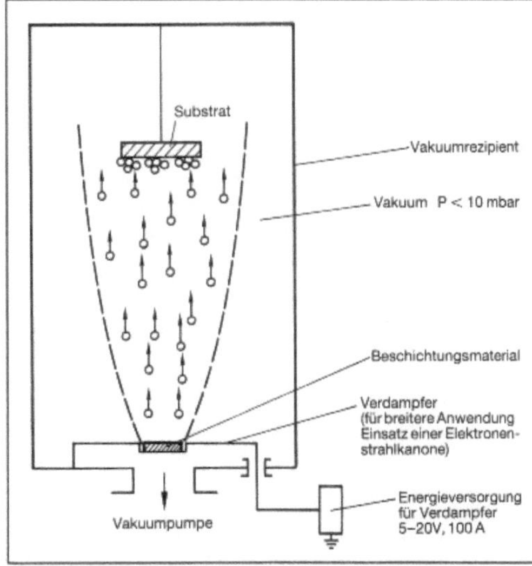

Abscheidung, physikalische aus der Gasphase 1: Aufdampfsystem.

Beim Sputtern wird eine Platte (Target) als Beschichtungsmaterial benutzt, das durch Ionen aus einem Plasma abgetragen wird (Bild 2). Da das Beschichtungsmaterial dabei nicht flüssig wird, kann das Target beliebig angeordnet werden. Ein Vorteil gegenüber dem Aufdampfen besteht in der Möglichkeit, mit Legierungen zu beschichten.

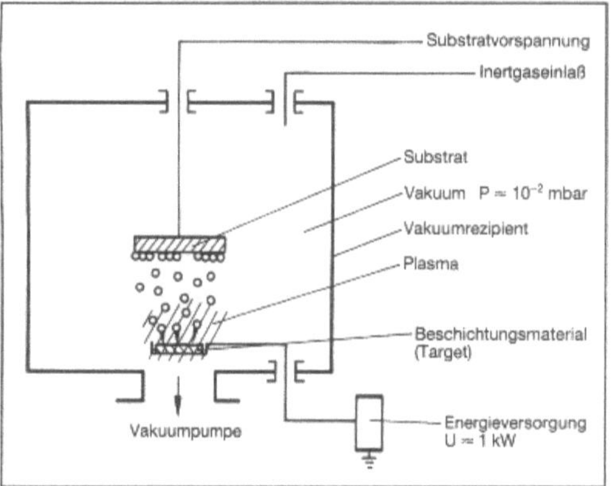

Abscheidung, physikalische aus der Gasphase 2: Sputtersystem.

Beim Ionenplattieren, das 1961 von *Maltax* eingeführt wurde, wird eine elektrische Spannung an das leitfähige Substrat angelegt (Bild 3). In der ersten Phase wird das Substrat durch Beschluß mit Argonionen gereinigt. In der zweiten Phase wird gleichzeitig Schichtmaterial aufgetragen.

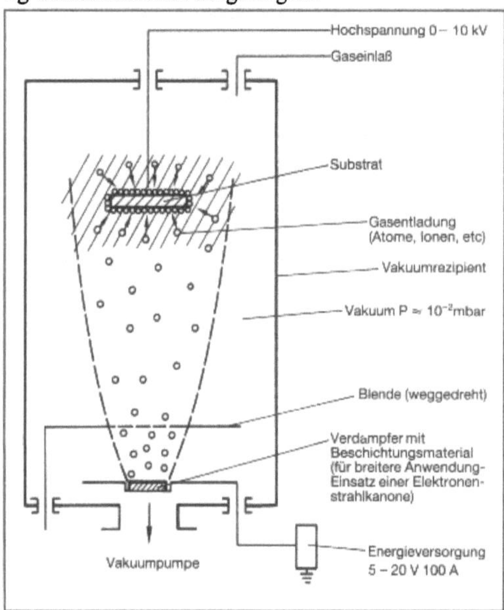

Abscheidung, physikalische aus der Gasphase 3: Ionenplattiersystem.

Mit allen drei Verfahren kann eine reaktive Beschichtung vorgenommen werden, wenn in die Kammer reaktionsfähige Gase wie z. B. Stickstoff, Sauerstoff oder Kohlenwasserstoffe eingelassen werden.

Durch PVD erzeugte Schichten werden vor allem in der Optik, Optoelektronik und Elektronik, zur Dekoration und zum Verschleißschutz eingesetzt.

Eine große Verbreitung hat die goldfarbene → Titannitridschicht gefunden, die z. B. auf Uhrengehäuse, zum Teil mit Gold vermischt, und auf Werkzeuge abgeschieden wird.

Der Vorteil der PVD-Verfahren liegt im Vergleich zu den CVD-Verfahren vor allem in der niedrigen Abscheidungstemperatur, die unter der Anlaßtemperatur von Werkzeugstahl liegt, so daß solche → Stähle vor dem → Beschichten vergütet werden können. Mit Titannitrid beschichtete Bohrer sind heute Stand der Technik. *Habig*

Literatur: *Brandes, H., P. Gümpel* und *E. Haberling:* Thyssen Edelst. Techn. Ber. **11** (1985) S. 127. – *Broszeit, E.* und *H. M. Gabriel:* Z. Werkstofftechnik **9** (1978) S. 289. – *König, U.* und H. Grewe: Tribologie – Reibung, Verschleiß, Schmierung Bd. 7, Berlin (1981) S. 197. – *Münz, W. D., D. Hofmann* und *K. Hartig:* Thin Solid Films **96** (1982) S. 79. – *Vogel, J.:* Oberflächen-Surface **26** (1985) S. 500.

Abschirmbeton → Strahlenschutzbeton

Abschreckalterung → Alterung

Abschrecken.
Metalle. → Abkühlung mit sehr hoher → Abkühlungsrate. Eine genaue Definition der Mindestrate existiert nicht; typische Werte liegen oberhalb ca. 10^3 K/s, Höchstwerte bei ca. 10^6 K/s. Als Kühlmittel zum A. sind Gase wegen ihrer geringen Wärmeleitfähigkeit im allgemeinen ungeeignet (Ausnahme: „Atomisierung", d. h. Zerstäubung flüssiger Metalle in Tröpfchen mit Durchmessern unter 10 µm unter gleichzeitiger Erstarrung/Abschreckung durch Argon unter hohem Druck, → Pulvermetallurgie). Bei der Verwendung flüssiger Kühlmedien (Öl, Salzwasser, flüssige Metalle wie Hg, flüssiger Stickstoff) ist es für die Effizienz und Gleichmäßigkeit der Abschreckung entscheidend, daß lokal isolierende Dampf-Blasen bzw. -Filme vermieden werden.

Die Erzeugung amorpher Metalle durch ultraschnelles A. ist durch die Ausnutzung der extremen Kühlwirkung thermisch gut leitender fester Metallkörper (innengekühlte Trommeln, Scheiben) praktisch erst möglich geworden (splat cooling, melt spinning, amorphe Metalle).

A. führt in der Regel zur Unterdrückung von Phasenumwandlungen und anderen Vorgängen, die thermischen Gleichgewichten entsprechen und durch thermisch aktivierte Keimbildungs- und Wachstumsvorgänge bewirkt werden, welche hinreichende Zeiten bei hoher Temperatur benötigen.

Die Folge davon ist das Einfrieren von Hochtemperatur-Phasen, übersättigten Lösungen, Leerstellenkonzentration, usw.: metastabile Zustände.

Ilschner

Nichtmetalle. Einfrieren eines Materialzustands von erhöhter auf tiefere Temperatur zur mikroskopischen Untersuchung des Phasenaufbaus (Abschreckmethode). Das mechanische Verhalten von Werkstoffen beim A. kann weiterhin zum Vorspannen von Glasoberflächen und zur Beurteilung der → Temperaturwechselbeständigkeit genutzt werden.

Um den Phasenaufbau eines Werkstoffs bei erhöhten Temperaturen zu erfassen, wird dieser durch A. in Öl, Wasser, flüssigem Stickstoff etc. eingefroren und mikroskopisch untersucht. Befand sich die Probe vor dem A. im thermodynamischen → Gleichgewicht, so können Daten über den Gleichgewichtszustand des jeweiligen Phasenaufbaus bei der entsprechenden Temperatur erhalten werden. Lag ein thermodynamisches → Ungleichgewicht vor, so können Daten zur → Kinetik der z. B. Kristallwachstumsgeschwindigkeit in → Glaskeramiken gewonnen werden.

Technisch wird das A. von Gläsern bei der Herstellung von vorgespanntem Glas genutzt. Das Glas wird von einer Temperatur oberhalb T_g (viskoelastischer Bereich) mit Druckluft abgeschreckt. Die dabei entstehenden Druckspannungen auf der Glasoberfläche erhöhen die → Zugfestigkeit des Glases. Würde das Glas von einer Temperatur unterhalb T_g abgeschreckt, bzw. wäre das Material eine → Keramik mit geringen oder ohne Glasphasenanteil, so bilden sich beim A. auf der Oberfläche Zugspannungen aus, was beim Überschreiten der Zugfestigkeit zu Rissen führt. Entsprechend werden feuerfeste → Werkstoffe beim Durchlauf mehrerer Abschreckzyklen von 1000 °C auf Raumtemperatur (in Wasser oder Luft) auf ihre Temperaturwechselbeständigkeit untersucht.

Hesse/Hennicke

ABS-Polymer. Das ist ein Terpolymer (Pfropfcopolymer und/oder Thermoplast-Blend) aus Styrol, Butadien und Acrylnitril mit ausgewogenen thermischen, mechanischen und Zähigkeits-Eigenschaften (→ Styrol-Polymerisat).

Zahradnik

Abstich. A. nennt man das Ablassen flüssigen Materials aus Schmelzöfen, wie → Hochöfen, → Kupolöfen oder Elektroöfen. Während es sich früher dabei um einen reinen Entleerungsmechanismus handelte, wird in der modernen → Metallurgie der A. in ein Gießgefäß zur weiteren Behandlung der Schmelze benutzt. So bewirkt bespielsweise die Einführung des Drucksyphons bei Heißwind-Kupolöfen eine weitgehende Trennung von Schlacke und Metall oder man nutzt beim A. aus einem Induktionsofen über ein Aufgabegerät die Injektorwirkung des ausfließenden Metalls zur intensiven Aufnahme von Impf- oder Legierungszusätzen.

Doliwa

Abtragungsrate → Verschleiß-Meßgröße

Acetatfasern. A. sind Fasern aus sec. → Celluloseacetat (Cellulose-2,5-acetat) oder Cellulosetriacetat (→ Celluloseester), die nach dem Trocken- oder Naßspinnverfahren (→ Faserherstellung) hergestellt werden.

Faserstoffe aus sec. Celluloseacetat zeigen einen weichen, warmen Griff und seidenähnlichen Glanz. Cellulosetriacetate ähneln in ihren Eigenschaften schon mehr den synthetischen Fasern. Von Nachteil sind ihre nur geringe → Festigkeit, ihre elektrostatische Aufladbarkeit und ihre niedrige Scheuerfestigkeit.

Hauptanwendungsgebiete sind die Zigarettenfilterherstellung (nahezu 50 % der Weltproduktion) und, zum Teil in Mischungen mit synthetischen Fasern, für Damenoberbekleidung, Futterstoffe und Strickwaren.

Die Entwicklung sog. Hohlfäden aus Celluloseacetat hat neue Anwendungsgebiete erschlossen, so etwa bei der Entsalzung von Meerwasser und bei der Industrieabwasserreinigung (→ Fasern, synthetische).

Zahradnik

Literatur: *Rogovin, Z. A.:* Chemiefasern. Stuttgart 1982.

Acrylat. A. gehören trotz ihres relativ hohen Preises zu den im Außeneinsatz am häufigsten verwendeten thermoplastischen Kunststoffen. Sie zeichnen sich vor allem durch hervorragende lichttechnische Eigenschaften, sehr hohe Alterungsbeständigkeit, hohe Festigkeiten und hohe Elastizitätsmoduln aus. Die allgemeine Strukturformel lautet:

$$\left(- \underset{\underset{\displaystyle H}{|}}{\overset{\overset{\displaystyle H}{|}}{C}} - \underset{\underset{\displaystyle COOR}{|}}{\overset{\overset{\displaystyle CH_3}{|}}{C}} - \right)_n$$

mit R = CH_3 (Polymethacryl-methylester, PMMA, wichtigste Gruppe der A.) oder allgemein R = $C_nH_{(2n+1)}$. Je größer die Gruppe R wird, desto weicher und weniger wärmebeständig wird das → Polymer. Diese Typen verwendet man daher zur → Copolymerisation zu schlagzähen Modifikationen. Auch die sonst vorhandene Spannungsrißempfindlichkeit läßt sich hierdurch verringern. Mischpolymerisation mit Acrylnitril ergibt ebenfalls höhere Zähigkeiten und auch höhere Festigkeiten (AMMA). Die Vergilbung und die Kreidung von Anstrichen und Mörtelbindemitteln aus A. nimmt mit sinkendem Anteil an Methacrylat stark zu. Durch biaxiales Recken bei erhöhten Temperaturen und Abkühlen unter Formzwang erhält man PMMA-Platten erhöhter Schlagzähigkeit und →Bruchdehnung (nicht Kerbschlagzähigkeit) und hoher Spannungsrißbeständigkeit. Bei Temperaturen unterhalb rd. 60 °C tritt kein nennenswertes Rückschrumpfen auf. Unbelastete oder schwach belastete Bauteile aus reinem PMMA verändern unter dem Einfluß auch extremer Witterungen über weit mehr als zehn Jahre ihre mechanischen und optischen Eigenschaften nicht. A. lassen sich mit den verschiedensten Verfahren gut bearbeiten und verarbeiten: spangebende Bearbeitungen, →Warmformen, →Schweißen, →Kleben. Hauptanwendungsgebiete der A. sind im Bauwesen: großflächige Verglasungen (Sportanlagen, Industriehallen, Gewächshäuser), Schutzverglasungen und lichttechnische Anlagen, z. B. für Verkehrszeichen, Straßenleuchten, Reklameanlagen. Durch spezielle Ausrüstungen können wärmereflektierende Lichtelemente hergestellt werden. A. verwendet man auch als →Bindemittel für Kunstharzbetone und →Kunstharzmörtel und als Anstrichbindemittel. *Sasse*

Acrylatfarbe. A. (Acrylfarben, Rein-Acrylatlack-Dispersionen) sind Kunststoffdispersionsfarben aus wasserdispergierten Acrylatharzen (Acrylharzen, polymeren Acrylaten). Die Filme sind sehr alterungs- und witterungsbeständig auch bei intensiver UV-Bestrahlung und in Industrieatmosphäre. *Sasse*

Acrylester-Elastomere. Kurzzeichen: ACM, ANM. Vernetzte Copolymere, deren eine Komponente ein Acrylsäureester (Ethyl-, Butylacrylat), die andere Komponente Ethylen, Acrylnitril oder andere Vinylverbindungen sind.

Sie sind beständig gegen →Alterung, Hitze, Ozon, Öl und UV-Strahlung, wenig beständig gegenüber Wasser.

Ihre mechanische →Festigkeit ist nur gering. Anwendung: Spezial-Dichtungen (→Elastomere). *Zahradnik*

Acrylfasern. A. sind synthetische Fasern mit einem Mindestgehalt von 85 % an →Polyacrylnitril (PAN):

$$\left[\!\!-CH_2-\underset{\underset{C\equiv N}{|}}{CH}-\!\!\right]_n$$

Sie können sowohl nach dem Naß-, als auch nach dem Trockenspinnverfahren (→Faserherstellung) aus Lösung ersponnen werden.

Fasern aus reinem PAN werden wegen ihrer schlechten Anfärbbarkeit kaum verwendet. Praktisch eingesetzt werden vielmehr PAN-Copolymeri-

sate mit basischen (Vinylpyridin) oder sauren Monomeren (Styrolsulfonsäure, Allyl- oder Methallylsulfonsäure), denen im allg. noch Vinylacetat, Acryl- oder Methacrylsäureester beigemischt werden.

Die technischen Verfahren zur Herstellung einer verspinnbaren Lösung von PAN kennzeichnet die Verwendung von Dimethylformamid (HCON-$(CH_3)_2$, DMF) als Lösungsmittel. Erst dieses Lösungsmittel hat die großtechnische Herstellung von A. möglich gemacht (seit den 40er Jahren). Im Trockenspinnverfahren wird das durch Suspensionspolymerisation hergestellte PAN-Copolymer mit DMF angeteigt und unter Rühren erwärmt. Die fertige Lösung ist etwa 20–25 %ig. Sie wird bei ca. 80 °C entlüftet, über geheizte, meist mit Baumwollnessel bespannte Plattenfilter zu den Spinnpumpen und von da zu den Spinndüsen gefördert. Diese enthalten bis zu 800 Bohrungen von 0,05 bis 0,3 mm Durchmesser und werden mit Wasser auf 90 °C erwärmt. In den auf 200 °C erhitzten Spinnschächten (Länge etwa 6 m) spinnt man in vorgewärmter Luft von 160 °C im Gleich- oder Gegenstrom. Die Fäden werden danach in heißem Wasser verstreckt, gewaschen, getrocknet, gekräuselt und geschnitten.

Faserstoffe aus PAN zeichnen sich durch geringe Dichte ($1,16–1,18$ g/cm^3), einen hohen Bausch, daher ausgezeichnetes Wärmerückhaltevermögen, und eine unübertroffene Licht- und Wetterbeständigkeit aus. Weiterhin sind sie widerstandsfähig gegenüber verdünnten Säuren und Laugen; konzentrierte Laugen führen in der Wärme zur Verseifung. Von den üblichen organischen Lösungsmitteln werden sie nicht gelöst; Lösungsmittel sind neben DMF folgende Substanzen: Dimethylsulfoxid, Dimethylacetamid, Dialkylcyanamide, bestimmte organische Phosphorverbindungen, ferner wässrige Lösungen einiger anorganischer Salze, wie etwa Zinkchlorid/Calciumchlorid und bemerkenswerterweise 60 %ige Salpetersäure.

Infolge ihres wollähnlichen Charakters werden Faserstoffe aus PAN zu Kleidern, Handstrickgarnen, Trikotagen, Decken und Möbelbezugsstoffen in Mischung mit Natur- und anderen Chemiefasern verarbeitet.

Fasern, die einen Acrylnitrilgehalt von 35–85 % besitzen werden als Modacrylfasern bezeichnet. Als Comonomere werden hierbei vorwiegend Vinylchlorid und Vinylidenchlorid eingesetzt. *Zahradnik*

Literatur: *Rogovin, Z. A.:* Chemiefasern. Stuttgart 1982. – *Nogaj, A.:* in Ullmanns Enzyklopädie der techn. Chemie. 4. Aufl., Bd. 11.

Acrylglas. A. ist die in der Technik verwendete Bezeichnung für in Masse polymerisierte oder durch →Extrusion hergestellte Tafeln, Blöcke und Rohre aus reinem →Polymethylmethacrylat (PMMA) und aus → Acrylnitril-Methylmethacrylat-Copolymer (AMMA).

PMMA: $\left[CH_2 - \underset{\underset{COOCH_3}{|}}{C(CH_3)}\right]_n$

AMMA: $\left[CH_2 - \underset{\underset{C\equiv N}{|}}{CH} - \ldots - CH_2 - \underset{\underset{COOCH_3}{|}}{C(CH_3)}\right]_n$

Die Tafeln werden mit glatter, matter oder verschieden strukturierter Oberfläche glasklar (auch UV-absorbierend), weiß oder farbig hergestellt.

Anwendungsgebiete sind gebogene, bruchsichere Verglasungen, optische Linsen, Reklameschilder, Lichtkuppeln und Überdachungen (→ Polymethylmethacrylat). *Zahradnik*

Acrylharz → Acrylat

Acrylharzlack. A. (unpigmentiert), Acrylharzlackfarben (pigmentiert) sind wärme- und lufttrocknende lösemittelhaltige → Anstrichmittel mit guter → Haftfestigkeit. Sie sind beständig auf alkalisch reagierenden Untergründen (Putz, Beton) und sehr alterungs- und witterungsbeständig. *Sasse*

Acrylnitril-Butadien-Copolymerisate. (Nitrilkautschuk; Kurzzeichen NBR). NBR erhält man durch radikalische → Copolymerisation von Butadien und Acrylnitril, wobei die Reaktion so geführt wird, daß keine Mastikation notwendig ist:

$$xCH_2 = \underset{\underset{C\equiv N}{|}}{CH} + yCH_2 = CH - CH = CH_2 \longrightarrow$$

$$\left[CH_2 - \underset{\underset{C\equiv N}{|}}{CH}\right]_x \left[CH_2 - CH = CH - CH_2\right]_y$$

Wie bei den → Styrol-Butadien-Copolymerisaten ist auch bei den Acrylnitril-Butadien-Copolymerisation zur Erzielung eines günstigen Verarbeitungsbildes der Zusatz von Füllstoffen, insbesondere von hochaktiven Rußen notwendig.

Die Vulkanisate der NBR, sowohl mit Schwefel als auch peroxidisch vernetzt, zeichnen sich vor allem aus durch ihre hervorragende Beständigkeit gegenüber aliphatischen Kohlenwasserstoffen (Benzin) und Mineralölen, sowie durch ihre gute Wärmeformbeständigkeit und günstigen mechanischen Eigenschaften. Sie werden deshalb überall dort eingesetzt, wo Öl- und Chemikalienbeständigkeit, Wärmestandfestigkeit und guter Abriebwiderstand nötig sind, wie z. B. Dichtungen, Manschetten, Tankschläuche, Kabelmäntel, Schuhe usw. (→ Elastomere). *Zahradnik*

Acrylnitril-Butadien-Styrol-Copolymerisate. Kurzzeichen nach DIN 7728 (April 1978): ABS. Nach dem Misch- oder Propfcopolymerisationsverfahren hergestellte, Acrylnitril und Butadien enthaltende Styrol-Copolymerisate (→ Styrol-Polymerisate; → ABS-Polymere). *Zahradnik*

Acrylnitril-Methylmethacrylat-Copolymer. Kurzzeichen nach DIN 7728 (April 1978): AMMA. Durch → Copolymerisation von Acrylnitril und Methacrylsäuremethylester hergestellter → Kunststoff, der gegenüber dem reinen → Polymethylmethacrylat eine bessere chemische Beständigkeit, höhere mechanische → Festigkeit und → Zähigkeit, allerdings geringere Lichtdurchlässigkeit aufweist (→ Methylmethacrylat-Polymerisate). *Zahradnik*

Acrylnitril-Styrol-Acrylester-Copolymerisat. Kurzzeichen nach DIN 7728 (April 1978): ASA. Schlagzäher → Kunststoff, der durch Propfcopolymerisation von Styrol und Acrylnitril auf ein Acrylesterelastomer hergestellt wird.

ASA-Polymere zeigen ein ähnliches Eigenschaftsbild wie → ABS-(Acrylnitril-Butadien-Styrol-)Polymere, mit dem Vorzug allerdings, daß sie witterungsbeständiger, speziell weniger lichtempfindlich, sind (→ Styrol-Polymerisate). *Zahradnik*

AD-Merkblätter → Regelsetzer, technischer

Adaptation. In der Werkstoffmechanik komplexer Konstruktionen (Tragwerke, Fahrzeugkarrosserien, vor allem Schiffbau) das Prinzip, tragende Querschnitte so zu bemessen, daß sie bei lokalen oder zeitlichen Belastungsspitzen nicht notwendig den Verbleib sämtlicher Konstruktionselemente im Bereich rein elastischen Verhaltens, d. h. unterhalb von R_e, gewährleisten.

Lokale bzw. transiente plastische → Verformung wird also bewußt einkalkuliert, wobei die damit verbundene lokale → Verfestigung ebenso wie die zeitabhängige → Spannungsrelaxation die Gesamtfestigkeit positiv beeinflußt. Vorteil: Vermeidung unnötig starker Querschnitte, d. h. Material- und Gewichtsersparnis. Voraussetzung für rationale Anwendung sind: Berechenbarkeit der realen Spannungsverteilung und genaue Kenntnis des Verfestigungsverhaltens der betr. Werkstoffe in der Nähe von R_e. – Auch in der dt. Fachlit. wird vorwiegend das *engl.* Wort Shakedown verwendet. *Ilschner*

Additive. Unter dem Begriff A. werden alle die Hilfsstoffe zusammengefaßt, die den reinen Kunststoffen vor der Weiterverarbeitung beigemischt werden um deren Eigenschaften zu verändern, ihre Verarbeitbarkeit und ihre Haltbarkeit zu verbessern oder nur um die → Kunststoffe zu strecken und damit ihren Preis in der Anwendung zu erniedrigen.

Zu den A. gehören:
- → Weichmacher (zum Einstellen des Elastizitätsmoduls)
- → Stabilisatoren (um thermische Zersetzung zu verhindern)
- Füllstoffe (entweder zur Verbesserung der Eigenschaften, sog. aktive Füllstoffe, oder zur Verbilligung der Kunststoffprodukte, sog. Streckmittel)
- Pigmente und Farbstoffe
- Gleitmittel (zur Verminderung der inneren und äußeren Reibung in der Kunststoffschmelze beim Verarbeiten)
- → Antioxidantien (zum Schutz vor oxidativem Abbau)
- → Antistatika (zur Vermeidung statischer Aufladung)
- Lichtschutzmittel (zur Inhibierung lichtinduzierter Abbauvorgänge)
- Brandschutzmittel (zur Herabsetzung der Brennbarkeit) (→ Kunststoffverarbeitung). *Zahradnik*

Literatur: *Gächter, R.* und *H. Müller* (Hrsg.): Taschenbuch der Kunststoff-Additive. 2. Aufl. München–Wien 1983.

Adhäsion. → Verschleißmechanismus, bei dem in der → Kontaktfläche sich berührender Körper atomare Bindungen (Mikroverschweißungen) gebildet und wieder getrennt werden. Dabei erfolgt die Trennung häufig nicht in der ursprünglichen Kontaktfläche, sondern im Volumen eines Partners. Es haftet dann Material an dem anderen Partner. Diese Erscheinung wird auch als Materialübertrag bezeichnet (Bild 1). Häufig werden die beanspruchten Oberflächenbereiche stark aufgerauht (Bild 2). Die A. ist die Ursache des in der Praxis gefürchteten „Fressens" von Gleit- oder Wälzpaarungen, das zum spontanen Ausfall von Maschinen und Anlagen führen kann.

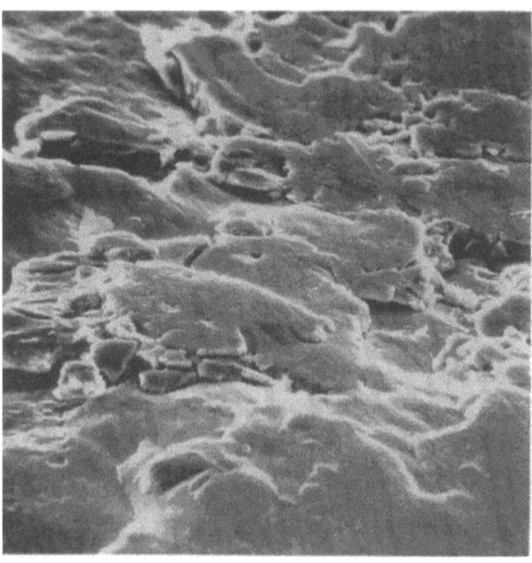

Adhäsion 2: Aufrauhung durch adhäsive Wechselwirkungen.

Die A. kann durch folgende Maßnahmen eingeschränkt werden:
- Trennung der Kontaktpartner durch einen Schmierfilm oder durch Reaktionsschichten, die z. B. durch die Reaktion von Schmierstoffadditiven mit den beanspruchten Oberflächenbereichen gebildet werden.
- Verwendung von Paarungen Kunststoff/Metall, Kunststoff/Keramik oder Keramik/Keramik, wenn keine ausreichende → Schmierung möglich ist.

Lassen sich metallische Paarungen nicht vermeiden, so verhalten sich Metalle mit hexagonaler Gitterstruktur und idealem Achsenverhältnis ($c/a = 1{,}633$) wegen ihrer eingeschränkten plastischen Verformbarkeit günstiger als kubisch-flächenzentrierte oder kubisch-raumzentrierte Metalle. So neigen insbesondere die kubisch-flächenzentrierten Metalle Kupfer, Silber, Gold, Palladium, Platin, elektrolytisch abgeschiedenes Nickel oder austenitische Stähle sehr stark zur A.
→ Verbundwerkstoffe *Habig*

Literatur: *Habig, K.-H.:* Verschleiß und Härte von Werkstoffen. München 1986.

Adhäsionsbruch → Verbundwerkstoffe

Adsorptionsschichten. Bestandteil der äußeren Grenzschichten (→ Randschicht) von Werkstoffen, die aus Sauerstoff-, Wasser- oder Kohlenwasser-

Adhäsion 1: Adhäsiver Übertrag von Magnesium auf Eisen durch eine tribologische Gleitbeanspruchung.

stoffmolekülen bestehen können. Sie bewirken bei tribologischen → Beanspruchungen in vielen Fällen eine niedrige → Reibungszahl und einen niedrigen Verschleißbetrag. *Habig*

AES → Oberflächenanalytik

Airless-Spritzen → Applikationstechnik

Aktive Korrosion → Korrosion

Aktivierung, thermische. Im Bereich der → Werkstoffwissenschaften ist t. A. Voraussetzung und geschwindigkeitsbestimmender Faktor für den Ablauf zahlreicher wichtiger Prozesse in Festkörpern und an Festkörperoberflächen, in geringerem Maße auch in → Schmelzen. Der Begriff drückt die Tatsache aus, daß atomare Elementarprozesse wie Platzwechsel innerhalb einer Phase, längs einer Grenzfläche oder über diese hinweg bei endlicher Temperatur selbst dann mit einer Wahrscheinlichkeit $P(T)$ erfolgen können, wenn eine zwischen dem Ausgangs- und dem Ziel-Zustand liegende thermodynamische Potentialschwelle ΔG^* durch statische Triebkräfte (chem. oder elektr. Potentialgradienten, Magnetfelder, mechan. Spannungen) allein nicht überwunden werden kann. Ein Spektrum fluktuierender thermischer Schwingungen der benachbarten Atome (andere Ausdrucksweise: Phononen-Spektrum) kann bei $T > 0$ die für einen „Sprung", d. h. für die Überwindung der Potentialschwelle erforderliche Energie nachliefern. Nach *L. Boltzmann* gilt hierfür die Wahrscheinlichkeit

$$P(T) = \exp(-\Delta G^*/RT)$$

(Thermodynamik). Die Zahl der pro Zeit- und Volumeneinheit bei der Temperatur T tatsächlich erfolgenden Sprünge ist dann

$$n(T) = N \, \nu \, \exp(-\Delta G^*/RT) \ [1/m^3s].$$

Hierbei ist N die Zahl der sprungfähigen Atome je Volumeneinheit, ν die gitterspezifische Frequenz der „Sprungversuche". Sie ist von der Größenordnung kT/h ($\simeq 10^{11}\,s^{-1}$ bei Raumtemperatur) und mit der → Debye-Frequenz verwandt. Obwohl der Exponentialterm betragsmäßig sehr klein ist, resultieren wegen der Größenordnung von N und ν dennoch makroskopisch wahrnehmbare Zustandsänderungen.

Der Frequenzterm drückt aus, daß thermisch aktivitierte Vorgänge zeitabhängig sind. Die daraus resultierende → Reaktionsgeschwindigkeit wird in ihrer starken Temperaturabhängigkeit durch den Exponentialterm geprägt. Dieser läßt sich nach *J. W. Gibbs* in zwei Terme zerlegen:

$$\Delta G^* = \Delta H^* - T\Delta S^* \ [kJ/mol]$$
$$n(T) = N\nu \, \exp(\Delta S^*/R) \, \exp(-\Delta H^*/RT) \ [1/m^3s]$$

Die Temperaturabhängigkeit steckt nun im 2. Exponentialfaktor. Die Aktivierungsenthalpie ΔH^* ist für einen bestimmten Reaktionstyp charakteristisch und nur schwach temperaturabhängig (→ Aktivierungsenergie).

Wichtigste Beispiele für thermisch aktivierte Prozesse: alle Formen der → Diffusion in Festkörpern, Ionenleitung, → Keimbildung, → Wachstum von Ausscheidungen, Korngrenzenbewegung bei der → Rekristallisation, Adsorption/Desorption, Verdampfung an Oberflächen, Versetzungsbewegung durch → Klettern, zeitabhängige → Verformung (→ Kriechen, → LCF). *Ilschner*

Aktivierungsenergie. Temperaturabhängige Meßwerte $M(T)$ zur Kinetik thermisch aktivierter Vorgänge in Werkstoffen bzw. an ihren Oberflächen folgen vielfach einer → *Arrhenius*-Beziehung

$$M(T) = M_0 \exp(-Q/RT)$$

Für die graphische Darstellung wird $\log M(T)$ gegen $(1/T)$ aufgetragen. Im einfachsten Fall zeigen der Vor-Exponentialfaktor M_0 und die A. Q im Rahmen der Meßgenauigkeit keine Temperaturabhängigkeit; in diesem Fall liefert die erwähnte graph. Darstellung eine Gerade (Bild) deren negative Neigung

$$-0,434 \, R \, \frac{d \log M(T)}{d \, (1/T)} = Q \ [kJ/mol]$$

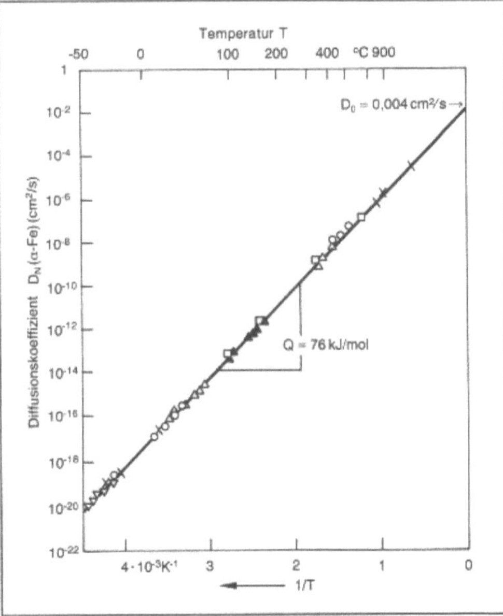

Aktivierungsenergie: Diffusionskoeffizient von Stickstoff in α-Eisen in Abhängigkeit von der Temperatur nach verschiedenen Meßverfahren.

die konstante A. liefert. Dies ist besonders dann der Fall, wenn die Meßwerte M(T) auf elementare Vorgänge im atomaren Maßstab, d. h. Platz- oder Bindungswechsel, zurückzuführen sind. Dann ist die nach obiger Formel empirisch bestimmte A. mit der theoretisch begründeten Aktivierungsenthalpie ΔH^* ($\to$ Aktivierung, thermische) identisch.

Sobald es sich jedoch um komplexere, aus mehreren thermisch aktivierbaren Teilschritten zusammengesetzte Vorgänge handelt, ist die Identifizierung von Q mit ΔH^* nur dann zulässig, wenn zusätzliche Hinweise diese rechtfertigen. Anderenfalls darf der nach obiger Formel bestimmte Wert Q nur als effektive oder scheinbare A. bezeichnet werden; er hat den Aussagewert eines empirischen Temperaturkoeffizienten des unter bestimmten Versuchsbedingungen beobachteten Prozesses (Beispiel: Umwandlungskinetik legierter Stähle). Ferner kann eine etwaige Temperaturabhängigkeit von M_0 den empirischen Wert der A. beeinflussen, weil

$$-R \frac{d \ln M(T)}{d (1/T)} = Q_{eff} = Q + (RT^2/M_0) (dM_0/dT)$$

Ein solcher Einfluß kann auch indirekt entstehen; z. B. dadurch, daß M_0 den temperaturabhängigen $\to$ Elastizitätsmodul in einer hohen Potenz (E^n) enthält ($\to$ Kriechen). *Ilschner*

Literatur: *Haasen, P.:* Physikalische Metallkunde. Berlin–New York 1984.

Aktivierungsfläche. Maß für die Abhängigkeit der Geschwindigkeit eines thermisch aktivierten Vorganges von einer mechanischen $\to$ Spannung τ (z. B. Schubspannung in der Gleitebene) bzw. von einem hydrostatischen Druck oder Kapillardruck p. In beiden Fällen wird die Potentialschwelle ΔG^* ($\to$ Aktivierung, thermische) durch die überlagerte mechanische Einwirkung erniedrigt oder erhöht, was zu einer Beschleunigung/Verlangsamung des Prozesses führt. Der Proportionalitätsfaktor vor τ bzw. p [N/m²] hat die Dimension eines (atomaren bzw. molaren) Volumens. Der daraus resultierende Begriff Aktivierungsvolumen empfiehlt sich zur Anwendung bei allseitiger Dilatation/Kompression durch Druckeinwirkung; bei thermisch aktivierter Versetzungsbewegung in einer Gleitebene ist hingegen der Begriff der Aktivierungs*fläche* angepaßt, da die Versetzungslinie durch Überstreichen einer prinzipiell berechenbaren Fläche zwischen zwei Ankerpunkten ähnlich wie eine elastische Schnur Energie speichert. Diese trägt zur thermisch aktivierten Überwindung von Hindernissen bei. Demnach ist der maßgebende Exponentialterm

exp[$\Delta G^* \pm N_A A^* b\tau$)/RT] bzw.
exp[$-\Delta G^* \pm N_A V^* p$/RT].

A* und V* sind hier in atomaren Einheiten geschrieben, sodaß die *Avogadro*-Zahl N_A eingeführt werden muß. Für die Differenz zwischen Hin- und Rückreaktion, also die Netto-Reaktionsrate, liefert der Vorzeichenwechsel einen Ausdruck vom Typ

sinh($A^* b\tau/kT$) bzw. sinh($V^* p/kT$)

Da die mechanischen Energieterme fast stets $\ll kT$ sind, kann die sinh-Funktion in aller Regel linear angenähert werden.

Das Risiko einer zu weitgehenden Interpretation experimentell bestimmter Werte von A*, V* besteht ähnlich wie bei der $\to$ Aktivierungsenergie Q^*. – Wichtige Anwendungen: Hochtemperatur-Plastizität ($\to$ Kriechen), $\to$ Diffusion unter hohem Druck. *Ilschner*

Aktivierungsvolumen $\to$ Aktivierungsfläche

Alitieren. Anreichern der $\to$ Randschicht eines Werkstückes aus $\to$ Stahl oder einem hochwarmfesten Werkstoff mit $\to$ Aluminium durch thermochemische $\to$ Behandlung. Von den verschiedenen Alitierverfahren wird heute bevorzugt die mehrstündige Behandlung in Pulver zwischen 750 und 1 150 °C unter neutraler oder reduzierender Ofenatmosphäre angewendet. Durch die Eindiffusion von Aluminium entstehen in der Randschicht intermetallische $\to$ Verbindungen aus Aluminium-Eisen, Aluminium-Nickel oder Aluminium-Kobalt mit Schichtdicken zwischen 20 und 200 µm.

Durch A. gebildete Randschichten werden vor allem als Hochtemperatur-Oxidationsschutz für Turbinenschaufeln aus Nickel- und Kobaltwerkstoffen eingesetzt, welche Temperaturen bis über 1 000 °C ausgesetzt sind. Sie schützen ferner vor Heißgasschwefelkorrosion, die durch die Reaktion mit Schwefeloxiden bei hohen Temperaturen hervorgerufen werden kann, wobei Schwefeloxide aus der Verbrennung von im Kraftstoff enthaltenen Schwefelverbindungen gebildet werden. *Habig*

Literatur: *Simon, H.* und *M. Thoma;* Angewandte Oberflächentechnik für metallische Werkstoffe. München – Wien 1985.

Alkalicellulose. (auch Natroncellulose) A. entsteht bei der Auflösung von $\to$ Cellulose in 18–19 %iger Natronlauge. Vollkommene Auflösung tritt allerdings nur bei weit abgebauter Cellulose ein, bei Holzzellstoff und $\to$ Baumwolle kommt es nur zur $\to$ Quellung.

Bei dieser Umsetzung stellt sich ein $\to$ Gleichgewicht ein zwischen dem Natriumalkoholat der Cellulose und einer Additionsverbindung aus Natriumhydroxyd und Cellulose:

$$Cell - O^- \ Na^+ \qquad Cell - \overset{\cdot}{O} - \overset{\cdot}{H}$$
$$\overset{\cdot}{H} - O^- \ Na^+$$

A. ist der Ausgangsstoff zur Herstellung von → Kunstseide nach dem Viskoseverfahren (→ Faserherstellung; → Viskose). *Zahradnik*

Alkydharz. Die A. (aus *alc*ohol und ac*id*) gehören zur Gruppe der Polyesterharze, sind also synthetische Harze, die durch Veresterung mehrwertiger Alkohole (neben dem meistverwendeten Glycerin auch Pentaerythrit, Trimethylolpropan und Hexantriol) mit Dicarbonsäuren (Phthal-, Terephthal-, Isophthal-, Malein-, Adipin- und Sebacinsäure) bzw. deren Anhydride hergestellt werden.

Neben den reinen, nur aus Polyolen und Dicarbonsäuren hergestellten A. (ölfreie A.) verwendet man hauptsächlich A., die mit Fett- und/oder Harzsäuren modifiziert sind (ölmodifizierte A.).

Dabei handelt es sich um gesättigte und ungesättigte Fettsäuren aus natürlichen Fetten und Ölen, die entweder in Form der Öle oder als freie Fettsäuren eingesetzt werden.

Beispiele solcher Öl- bzw. Fettsäurekomponenten sind: Loinöl (Linöl, Linölen und Öleinsäure), Ricinusöl (Ricinolsäure), Holzöl (Eläosterinsäure), Tallöl (Linol-, Olein- und Harzsäuren), Cottonöl (Olein-, Linol- und Palmitinsäure), Erdnußöl (Olein- und Linolsäure). Die Harzsäuren werden in Form von Kolophonium, wie es bei der Destillation von Kiefernharz anfällt, eingesetzt. Neben diesen natürlichen Fettsäuren kommen auch synthetische zur Anwendung.

Schließlich lassen sich modifizierte A. herstellen, die anstelle der Ölkomponente Vinylmonomere, wie Styrol, Methylmethacrylat, Acrylnitril u. a., enthalten. Durch den Einbau von Aluminiumalkoholaten (metallverstärkte A.), Polyamiden (thixotrope A.), Phenolharzen, niedermolekularen Epoxidharzen, Formaldehyd, Siliconharzen oder Diisocyanaten lassen sich modifizierte A. herstellen, die ganz unterschiedlichen, speziellen Erfordernissen genügen.

Durch die in der Vielfalt der verwendeten Rohstoffe begründeten Variierbarkeit der A. umfaßt ihre Anwendung ein sehr weites Gebiet, das von Bindemitteln für Anstrichstoffe über Kitte, Schleifmittel und Dichtstoffe bis hin zu duroplastischen Preßmassen von hoher Druck- und Biegefestigkeit, sowie Feuchtigkeits- und Hitzbeständigkeit reicht.

In der Technik ist entsprechend ihrer Anwendung eine andere Unterteilung der A. gebräuchlich, nämlich in lufttrocknende, ofentrocknende und nichttrocknende A. (→ Harz, synthetisch).
Zahradnik

Allotropie. Temperatur- und druckabhängiger Polymorphismus kristalliner Stoffe, insbesondere bei Metallen, Legierungen, keramischen Werkstoffen. Tritt dann auf, wenn der → Bindungstyp alternative Gittertypen zuläßt, deren thermodynamische Potentiale als Funktion der Temperatur bzw. des Druckes sich bei ausgezeichneten Werten von T, p überschneiden; infolgedessen treten Gleichgewichte zwischen zwei allotropen Modifikationen auf, ebenso wie Umwandlungen zwischen a. M. bei Wechseln von T, p.

Die A. einiger Metalle des elementaren Kohlenstoffs, wichtiger Verbindungen und → intermetallischer Phasen (Tabelle) ist für die Herstellung, Verarbeitung und Anwendung von Werkstoffen wegen der unterschiedlichen Eigenschaften der allotropen Modifikationen sowie wegen der Folgen der → Phasenumwandlungen von Bedeutung. In der Regel weisen allotrope Modifikationen unterschiedliche Dichten, oft auch unterschiedliche Kristallsymmetrien auf. Die von einer Vielzahl von Zentren ausgehende → Umwandlung führt daher zu lokalen Verzerrungen und entsprechenden Verspannungen, in der Folge zur Mikrorißbildung, selbst zum Zerfall des Gitters.

Zusätze von Legierungselementen beeinflussen die Stabilität zweier allotropen Modifikationen in unterschiedlichem Maße; sie verschieben infolgedessen die Gleichgewichtsdrucke-Temperaturen und stabilisieren durch (diffusionsgesteuerte) Umverteilung die Koexistenz zweier allotropen Modifikationen mit unterschiedlichen Fremdatomgehalten. *Ilschner*

AlNiCo → Dauermagnet

AlNiCo-Legierungen. Dauermagnetwerkstoffe mit 27–60 % Fe, 6–13 % Al, 13–28 % Ni, 2–6 % Cu, bis zu 42 % Co, bis zu 9 % Ti und bis zu 3 % Nb. Nach DIN 17410 genormte Dauermagnetwerkstoffe, die schmelz- oder pulvermetallurgisch hergestellt werden. *Dahl*

Alpaka → Tierhaare

Alterung.
Metallische Werkstoffe. Bei → Stahl die Veränderung der Eigenschaften bei längerer → Auslage-

Allotropie (Polymorphismus). Tabelle: Beispiele für Metalle mit allotropen Umwandlungen

Element	Strukturänderung*)	Umwandlungstemperatur
Li	kub. rz. → hexag.	durch Verformung bei tiefen Temperaturen
Na	kub. rz. → kub. flz.	durch Verformung bei tiefen Temperaturen
Ca	kub. flz. → hexag.	440°
La	hexag. → kub. flz.	350°
Tl	hexag. → kub. rz.	234°
Ti	hexag. → kub. rz.	882°
Zr	hexag. → kub. rz.	852°
Hf	hexag. → kub. rz.	1 950°
Sn	Diam.-Gitter → tetrag.	16°
U	orthorhomb. → tetrag.	662°
	tetrag. → kub. rz.	770°
Fe	kub. rz. → kub. flz.	906°
	kub. flz. → kub. rz.	1 401°
Co	hexag. → kub. flz.	1 120°
Ce	hexag. → kub. flz.	
Pr	hexag. → kub. flz.	

*) Die angegebenen Strukturänderungen gelten für Aufheizung.

rung bei Raumtemperatur oder wenig erhöhten Temperaturen. Bei der A. scheidet sich interstitiell gelöster → Kohlenstoff oder → Stickstoff aus dem Ferrit-Mischkristall aus.

Mit Abschreckalterung wird die → Ausscheidung von Karbid oder Nitrid nach dem → Abschrecken von höheren Temperaturen, vorzugsweise von rd. 700 °C, aus dem übersättigten → Mischkristall bezeichnet. Dabei bildet sich die ausgeprägte → Streckgrenze aus, → Zugfestigkeit und → Härte steigen an, die Zähigkeitseigenschaften nehmen ab. Die Abnahme der gelösten Menge von Kohlenstoff und Stickstoff kann mit Dämpfungsmessungen verfolgt werden. Nach längerer Auslagerungsdauer setzt vor allem bei erhöhten Temperaturen Koagulation der Ausscheidungen ein, die nach Durchlaufen eines Maximums zum Abfall der Festigkeitswerte führt (→ Reckalterung). *Dahl*

Kunststoffe. Unter A. versteht mat die in der Regel nachteiligen Veränderungen eines Kunststoffbauteiles in einer langdauernden Anwendung. Es ist dabei zu unterscheiden zwischen chemischer und physikalischer A.

Chemische A. bezeichnet die Veränderungen, die durch chemische Reaktionen bei der Bewitterung (UV-Strahlung, Sauerstoff, erhöhte Temperatur) oder im Kontakt mit Chemikalien (Löse- und Reinigungsmittel) entstehen. Dabei kommt es im allgemeinen zu einem Abbau der Molekularmasse und damit zu einer Verschlechterung der mechanischen Eigenschaften. Beispiele dafür sind Dien-Elastomere, deren Kohlenstoff-Doppelbindungen leicht angegriffen und gespalten werden können. Auch Polyolefine, Polyester und andere Kunststoffe werden durch Sauerstoff, Wasserdampf (Hydrolyse) oder Metallionen angegriffen. Um die guten Eigenschaften dieser Materialien über lange Zeit zu erhalten, müssen diese durch Zugabe von z. B. Antioxydantien stabilisiert werden.

Das Phänomen der physikalischen A. tritt bei allen amorphen Kunststoffen im Bereich unterhalb ihrer Glastemperatur auf und ist eng mit der Erscheinung der Volumenrelaxation verknüpft. Wird ein amorphes Polymer aus der Schmelze, bzw. dem gummielastischen Zustand auf Temperaturen unterhalb seiner Glastemperatur abgekühlt, so friert die Beweglichkeit der Moleküle ein. Damit wird auch das freie Volumen eingefroren, das nicht mehr seinen von Temperatur und Druck abhängigen Gleichgewichtswert annehmen kann. Aus diesem Zustand zu hoher Werte des freien, und damit verknüpft des spezifischen Volumens, strebt das Material in Abhängigkeit von Temperatur und Druck seinem jeweiligen Gleichgewichtszustand im Laufe der Zeit, also mit zunehmendem Alter, zu. Mit dieser mehr oder weniger rasch ablaufenden Änderung des spezifischen Volumens ändern sich eine Reihe physikalischer Eigenschaften der Kunststoffe. So nimmt mit zunehmendem Alter der Elastizitätsmodul zu, ändert sich das Kriechverhalten, steigt die Bruchfestigkeit und sinkt die Bruchdehnung.

Zahradnik

Literatur: *Gächter, R. und H. Müller (Hrsg.):* Taschenbuch der Kunststoff-Additive. 2. Aufl., München 1983. – *Geuskens, G.:* Degradation and Stabilization of Polymers, London 1977. – *Struik, L.C.E.:* Physical Aging of Amorphous Polymers and other Materials. Amsterdam 1978.

Klebverbindungen. Zeitbedingte Änderungen von Klebverbindungen unter äußeren chemischen oder thermischen Einflüssen. Insbesondere kann A. durch

□ Kälte und Wärme (Versprödung bzw. Erweichung der Klebschicht),

□ Anlagerung und Aufnahme von Fremdmolekülen (Adsorption und Absorption, verbunden mit Lösungs- und Quellvorgängen),

□ Licht, IR- und UV-Strahlung, harte Strahlen (chemische Änderungen und Molekülstrukturänderungen),

□ elektromagnetische Felder (Polarisationsschwingungen, Erwärmung),

□ Klebstoffkorrosion (meist → Spannungsrißkorrosion unter Einfluß von Lösungs- und Emulgiermitteln)

verursacht werden. Hauptursache für Festigkeitsverluste in Klebschichten ist eindiffundierendes Wasser. Abhilfe schafft man durch nachträgliche, den Feuchtigkeitszutritt hemmende → Beschichtung der Klebstellen (Lackierung). *Dorn*

Literatur: *Habenicht, G.:* Kleben – Grundlagen, Technologie Anwendungen. Berlin–Heidelberg–New York 1986.

Alterungsverhalten. Verhalten der → Stähle bei einer → Auslagerung bei Raumtemperatur oder wenig erhöhten Temperaturen. Die Alterungsneigung wird durch höhere Gehalte an → Stickstoff begünstigt. Alterungsbeständige Stähle erhalten Zusätze, wie → Aluminium, durch die Stickstoff zu stabilen Nitriden abgebunden wird. Die Prüfung des A. erfolgt durch Bestimmung der → Kerbschlagarbeit nach Verformung um 10 % und anschließende Auslagerung 1/2 h, 250 °C. *Dahl*

Alterungsversuch. Versuch zum Nachweis einer eingetretenen → Alterung, → Reckalterung. Nachdem die Alterung durch eine → Kaltverformung ausgelöst wird, beruhen diese Versuche alle auf der Einbringung einer Kaltverformung, meist anschließender → Auslagerung bei gegenüber dem Verwendungszweck erhöhter Temperatur (künstliche Alterung) und technologischer Prüfung als gekerbte oder ungekerbte Proben.

Der wichtigste A. für → Stahl ist der → Kerbschlagbiegeversuch. Zum Nachweis der Alterungsbzw. Sprödbruchunempfindlichkeit werden nach DIN 17102, Ausg. Okt. 1983, DVM-Proben geprüft, die vorher künstlich gealtert worden waren (5 oder 10 % kaltverformt, 1/2 h Anlassen bei 250 °C). Die Stähle gelten – abhängig von der Sorte – als alterungsunempfindlich, wenn bei der Prüfung bei Raumtemperatur ein Mindestwert für die → Kerbschlagarbeit von 27 oder 31 J (Querproben) bzw. 41 J (Längsproben) erreicht wird. Liegen solche Anforderungen nicht vor, kann die Prüfung auch als Vergleichsprüfung unter Zuhilfenahme ungealterter Proben durchgeführt werden.

Für Erzeugnisdicken, die für die Entnahme von Kerbschlagbiegeproben nicht ausreichen, wie Bleche, Bänder u. dgl. werden Faltversuche oder Kerbfaltversuche an abgekanteten, künstlich gealterten Proben durchgeführt. Die Proben werden dabei durch schlagartige Beanspruchung rückverformt. Als alterungsunempfindlich gilt ein Werkstoff, der den Versuch ohne Anreißen übersteht.

Als Vergleichsprüfung mit ungealterten und künstlich gealterten Proben werden außerdem der → Tiefungsversuch oder der ähnliche Näpfchenziehversuch angewandt.

Bei der Blaubruchprobe wird ein → Faltversuch im Temperaturbereich von 200 bis 300 °C durchgeführt und das → Bruchverhalten bewertet.

Bei → Betonstählen werden Rückbiegeversuche an Stahlabschnitten, die zuvor um einen Biegewinkel von 45 ° gebogen und 0,5 h bei rd. 100 °C ausgelagert worden waren, vorgenommen. Der Nachweis der Alterungsunempfindlichkeit gilt als erbracht, wenn bei der Rückbiegung um den halben Biegewinkel keine Risse oder Brüche auftreten.

Kußmaul

Alumetieren. Als Schutzverfahren von → Stahl und → Gußeisen gegen → Verzunderung hat sich das A. (früher auch als Chromalisieren, heute vielfach noch als Heißaluminierung, Kalorisieren oder Spritzalitieren bezeichnet) bewährt. Die Wirksamkeit beruht auf der Ausbildung einer diffusen → Schutzschicht (Bild), die wiederum aus mehreren Teilschichten besteht. Gegen Verzunderung beständig ist nur die äußere → Deckschicht aus Al_2O_3.

Für die Durchführung des A. gibt es zahlreiche Vorschläge. Immer muß es darauf ankommen, die Aluminiumaufspritzung so zu präparieren, daß sie nicht durchoxidiert, bevor sie in den Haftgrund eingesintert ist. Für den Erfolg entscheidend ist auch die gründliche Säuberung und Aufrauhung des Haftgrunds vor der Aluminiumaufspritzung, da sonst die Primärschichten abplatzen. Um eine fehlerfreie Diffusionszone zu erhalten, muß die Dicke der Aluminiumspritzschicht etwa 0,3 mm betragen und die Diffusionsglühung sollte möglichst in reduzierender Atmosphäre oder unter Einfluß von inerten Gasen erfolgen. Hohe Diffusionstemperaturen, wie sie besonders bei der Pulver- und Tauchalitierung angewandt werden, sind dem Glühgut dann nicht zuträglich, wenn Verzug auftreten kann. Auch im späteren Betrieb werden viele Werkstücke dadurch unbrauchbar, daß die geringe → Warmfestigkeit unlegierter Stähle dauerndes Nachrichten erfordert und damit Beschädigungen hervorruft. Für das A. sind deshalb Titanstähle günstig, weil sich → Titan auch noch oberhalb 600 °C als steigernd auf die Warmfestigkeit auswirkt.

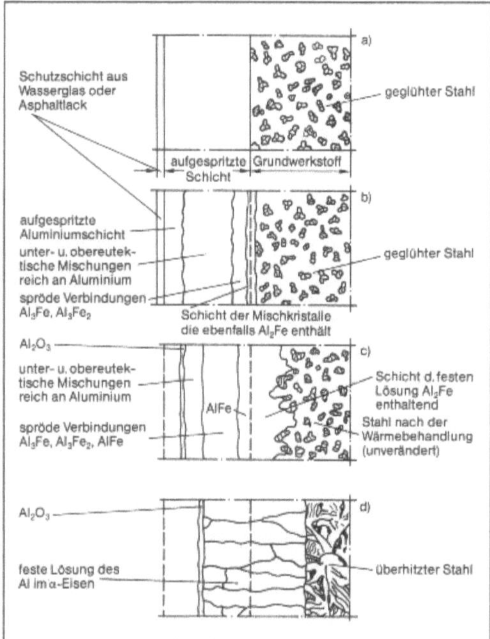

Alumetieren: Schematische Darstellung der Entstehung der diffusen Schutzschichten beim A.

Alumetiert werden z. B. Kontakttürme, Rußblasrohre, Roststäbe, eiserne Schmelztiegel, Salzbadgefäße, Glüh- und Härtekästen, Auspuffrohre, elektrische Heizgeräte, Brennelemente, Glasblasformen, Dampfüberhitzer u. a. m., alles Bauteile die nicht über 1000 °C erhitzt werden. Das Temperaturlimit 1000 °C hat folgenden Grund: Über 1000 °C nimmt die Diffusionsgeschwindigkeit derart zu, daß infolge Wanderung des Aluminiums in den Werkstückkern die Aluminiumkonzentration an der Oberfläche zur Bildung bzw. Erhaltung einer zusammenhängenden Deckschicht aus Al₂O₃ nicht mehr ausreicht.

Die vornehmlich aus → Eisen und Stahl ausgerichtete Schutzwirkung des A. läßt sich in bestimmten Bereichen auch auf Kupferwerkstoffe ausdehnen. Die hierbei entstehende Al-Cu-Legierung hat etwa die gleichen Eigenschaften wie die Al-Fe-Verbindung. Angewendet wird das A. von Kupferwerk-

stoffen z. B. zur Herstellung von Lötkolben mit verlängerter Gebrauchsdauer. *Doliwa*

Aluminium.

Werkstoffe. Als Legierungselement bei der Stahlherstellung verwendet zur → Desoxidation um den Sauerstoff im flüssigen Stahl nach dem → Frischen abzubinden und eine beruhigte → Erstarrung zu ermöglichen. Durch Abbindung des Stickstoffs zu Aluminiumnitrid führt eine Aluminiumzugabe zur Verringerung der Alterungsneigung von Stahl.

Dahl

Prüfung. Die → Werkstoffprüfung von A. und → Aluminiumlegierungen erfolgt überwiegend wie bei anderen NE-Metallen oder Stahl. Folgende Besonderheiten verdienen Beachtung:
– Bei der Schwingfestigkeitsprüfung muß berücksichtigt werden, daß im Gegensatz zu Stahl keine eindeutige Dauerfestigkeit auftritt. Stattdessen werden Grenz- und Schwingspielzahlen von z. B. 10^9 Schwingspielen definiert.
– Werden ausgehärtete oder kaltverfestigte Werkstoffe geschweißt, so ist mit ausgeprägten Erweichungen im Bereich der Wärmeeinflußzone zu rechnen. Bei allen mechanischen Prüfverfahren (z. B. → Zugversuch) ist darauf Rücksicht zu nehmen.
– Die Korrosionseigenschaften werden entscheidend durch die Ausbildung einer → Oxidschicht beeinflußt. Hieraus ist bei → Korrosionsprüfungen besonders zu achten. Oxidschichten und andere Schutzschichten müssen ggf. gesondert geprüft werden. *Kußmaul*

Literatur: Aluminium-Taschenbuch (Hrsg. Aluminium-Zentrale). Düsseldorf 1984.

Aluminiumlegierungen. Vier besondere Eigenschaften machen → Aluminium und A. vor allem zu einem der vielseitigsten Werkstoffe in der heutigen Technik: das günstige Verhältnis von → Festigkeit zu Dichte (Luftfahrt, Fahrzeugtechnik, Campingbedarf), das günstige Verhältnis von elektrischer → Leitfähigkeit zu Dichte (Hochspannungsfreileitungen), die gute → Korrosionsbeständigkeit (oxidische Deckschicht, Witterungsbeständigkeit im Bauwesen, Geräte des täglichen Bedarfs) und die gute Verformungsfähigkeit (kubischflächenzentrierte Bleche, Profile, Folien). Darüberhinaus werden noch weitere Eigenschaften technisch genutzt: nicht ferromagnetisch, nicht funkenbildend, gute Verarbeitbarkeit (→ Gießen, Zerspanen, → Schweißen), hohes Reflexionsvermögen, dekoratives Aussehen (Anodisation, → Eloxieren). Die Aluminiumindustrie bietet mehr als 300 verschiedene Kombinationen von Legierungen und Wärmebehandlungen in vielfältigen Halbzeugen an.
□ *Vielseitiger Konstruktionswerkstoff.* Aluminium

hat insofern eine besondere Stellung unter den Metallen, als es für nahezu alle bekannten Fertigungs- und Bearbeitungsverfahren geeignet ist. Es kann z. B. zu den feinsten Formen verarbeitet werden, wie für Schmuck oder Bestecke. Es kann anodisiert und getönt werden, um wie Gold zu erscheinen. Seine → Oberfläche kann Spiegelglanz erhalten. Es kann aber auch so anodisiert werden, daß es eine extrem harte, verschleiß- und abriebfeste Oberfläche erhält.

Aluminium ist in vielen handlichen Formen verfügbar: Bleche, Platten, Barren, Drähte, Stangen, Profile, Folien, Guß- und Schmiedeprodukte, Pulverwerkstoffe und Strangpreßerzeugnisse. Durch Gießverfahren (Gießen) entstehen Fertigprodukte im → Sandguß, Kokillenguß oder → Druckguß. Aluminium ist besonders wegen seines guten Verhältnisses von hoher Festigkeit mit geringem spezifischen Gewicht unentbehrlich für die Luft- und Raumfahrt. Für den Einsatz in verschiedenen Anwendungsgebieten ist eine Übersicht über seine besonderen Eigenschaften und Formgebungsverfahren zusammengestellt (Tabelle 1).

□ *Unlegiertes Aluminium.* Reines Aluminium ist weich und duktil. Die Zugfestigkeit beträgt im weichgeglühten Zustand nur etwa $90\,N/mm^2$. Durch eine → Kaltverformung (→ Walzen, → Strangpressen, → Drahtziehen) kann die Festigkeit des unlegierten Aluminiums auf $210\,N/mm^2$ gesteigert werden. Unlegiertes Aluminium wird wegen seiner geringen Dichte, seiner Korrosionsbeständigkeit (durch die oxidische Deckschicht Al_2O_3) und dem dekorativen Aussehen verwendet.

– Reinaluminium ist nicht legiertes Aluminium (Hütten-, Rücklauf-), hat einen → Reinheitsgrad von 99 bis 99,9 % (ca. 99,5 %, Rest meist Fe und Si) und ist infolge der chemischen Raffination weitgehend frei von Beimengungen, die die Korrosionsbeständigkeit vermindern. Es wird auch dort verwendet, wo die gute elektrische Leitfähigkeit ($\kappa = 36 \cdot 10^6\,S/m$) und sein geringes Gewicht ($\rho = 2{,}7\,kg/m^3$) für Drähte, Kabel, Stromschienen usw. ausgenutzt werden. Dünne Folien (bis 1/100 mm dick) dienen der Verpackung, feines Pulver wird für Metallic-Lacke eingesetzt.

– Reinstaluminium wird unmittelbar als Hütten- oder Rücklaufaluminium nach der Dreischichtenelektrolyse raffiniert auf Reinheitsgrade von minde-

Aluminiumlegierungen. Tabelle 1: Wesentliche Eigenschaften des Aluminiums, die für den Einsatz in den verschiedenen Anwendungsgebieten maßgebend sind

Anwendungsgebiete in der Industrie	Eigenschaften				Formgebung, Art des Halbzeugs					
	Niedriges spez. Gewicht	Gute Leitfähigkeit für Wärme und Elektrizität	Korrosionsbeständigkeit	Dekoratives Aussehen (mit oder ohne Oberflächenbehandlung)	Formguß- oder Schmiedeteile	Blechumformung, Rohre	Fließpressen	Strangpreßprofile	Kabel, Drähte	Folie
Fahrzeugbau	●		O	O	O	O		O		
Architektur	O		O	●		O		O		
Verpackung	+	+	●	●		O	O			O
Elektroindustrie	+	●	O			O		O	O	O
Haushalt	O	●	●	O		O				O
Maschinen, Apparate	●	O	O	O	O	O		O		
Chemie und Nahrungsmittelindustrie	O	O	●	O	+	O		O		O
Luft- u. Raumfahrt	●	O	O		O	O		O	O	O

+ erwünscht   O wichtig   ● ausschlaggebend

stens 99,98 %. Dadurch entsteht ein besonders guter Glanz, z. B. für Reflektoren und Schmuck benötigt.

Für viele Bauteile und technische Anwendungen wird vor allem eine höhere Festigkeit, als sie Rein- oder Reinstaluminium aufweisen, gefordert, weshalb eine → Festigkeitssteigerung durch → Legierungsbildung oder zusätzlich noch durch → Wärmebehandlung (→ Ausscheidungshärtung) erreicht wird. Die Hauptlegierungselemente sind → Kupfer, Magnesium, → Silicium, Zink und → Mangan.

□ *Aluminium-Knetlegierungen.* Die gute Verformbarkeit des Aluminiums (kfz) kommt bei den Knetlegierungen (DIN 1745–1749) zum Ausdruck.

– *Nicht aushärtbare* Knetlegierungen sind im wesentlichen niedrig legierte AlMg- und AlMn-Legierungen (Tabelle 2). Sie lassen sich durch zusätzliche Kaltverformung in ihrer Festigkeit steigern (→ Härtesteigerung) und haben eine hohe Korrosionsbeständigkeit auch gegen Seewasser. Deshalb kommen sie bei der Blechverarbeitung, als Fassadenverkleidung, im Schiffsbau, der Nahrungsmittelindustrie aber auch Flugzeugbau zum Einsatz. AlMn-Legierungen sind den meisten anderen Al-Knetlegierungen in der → Warmfestigkeit überlegen.

– *Aushärtbare* Knetlegierungen werden besonders wegen ihres günstigen Verhältnisses Festigkeit zu Dichte genutzt (Tabelle 3). Grundtypen stehen mit vielfachen Abwandlungen zur Auswahl:

Aluminiumlegierungen. Tabelle 2: Festigkeitswerte von Walzhalbzeug aus Reinstaluminium, Reinaluminium und nicht aushärtbaren *Al-Knetlegierungen (Mindestwerte nach DIN 1745, Richtwerte für Brinellhärten)*

Werkstoff Kurzzeichen nach DIN	Legierungsbestandteil	Zustand	DIN	Zugfestigkeit R_m N/mm^2	0,2-Dehngrenze $R_{p0,2}$	Bruchdehnung A_{10} %	Brinellhärte HB (kp/mm^2)
Reinstaluminium Al 99,98 R	(Al 99,98 %)	weich halbhart hart	w F7 F10	40 70 100	— — —	28 3 4	15 20 25
Al 99,98 R Mg 1	Mg 0,8—1,2 (Basis: Reinstaluminium)	weich halbhart hart	w F13 F16	100 130 160	40 100 140	18 5 2	30 40 50
Reinaluminium Al 99,5	(Al 99,5 %, als zulässige Beimengungen 0,4 % Fe + Si)	weich halbhart hart	w F10 F13	70 100 130	< 60 70 110	30 5 4	20 30 35
AlMn	Nm 0,9—1,4 Mg 0—0,3 (Basis: Reinaluminium)	weich halbhart hart	w F13 F16	100 130 160	40 90 130	21 6 3	25 35 40
AlMgMn	Mg 1,6—2,5 Mn 0,5—1,1 Cr 0—0,3 (Basis: Reinaluminium)	weich halbhart hart	w F23 F26	180 230 260	80 140 180	15 8 3	45 65 75
AlMg3	Mg 2,6—3,4 Mn 0—9,5 Cr 0—0,3 (Basis: Reinaluminium)	weich halbhart hart	w F23 F26	180 230 260	80 140 180	15 8 3	45 65 75
AlMg4,5Mn	Mg 4,0—4,9 Nm 0,60—1,0 Cr 0,05—0,25 (Basis: Reinaluminium)	weich verfestigt	w F31	280 310	125 240	15 6	60 85

Aluminiumlegierungen. Tabelle 3: Festigkeitswerte von Walzhalbzeug aus aushärtbaren Al-Knetlegierungen (Mindestwerte für Zugfestigkeit, Streckgrenze und Bruchdehnung, Richtwerte für Brinellhärte)

Werkstoff Kurzzeichen nach DIN	Legierungsbestandteile (Basis: Reinaluminium) %	Zustand	DIN	Zugfestigkeit R_m N/mm²	0,2-Dehngrenze $R_{p0,2}$ N/mm²	Bruchdehnung A_{10} %	Brinellhärte HB (kp/mm²)
AlCuMgl	Cu 3,5—4,5 Mg 0,4—1,0 Mn 0,3—1,0	weich kalt ausgehärtet	w F40	< 220 400	— 270	12 13	— 100
AlZnMgl	Cu 4,0—5,0 Mg 1,0—1,4 Mn 0,1—0,5 Cr 0,1—0,25 Ti 0,01—0,2	weich kalt ausgehärtet warm ausgehärtet	w F32 F36	< 220 320 360	— 220 280	13 10 8	45 70 80
AlMgSil	Mg 0,6—1,2 Si 0,75—1,3 Mn 0,4—1,0 Cr 0—0,3	weich kalt ausgehärtet warm ausgehärtet warm ausgehärtet	w F21 F28 F32	< 150 210 280 320	— 110 200 260	15 14 12 8	35 65 80 95
Baustähle (zum Vergleich)							
St 34	C 0,12			340	190	25	95
St 42	C 0,25			420	230	20	115

– – AlCuMg-Legierungen (Duraluminium) besitzen hohe Festigkeitswerte, sind durch Mg beschleunigt aushärtbar und durch Cu nur mäßig korrosionsfest.

– – AlMgSi-Legierungen erreichen mittlere Festigkeitswerte, sind gut korrosionsbeständig und haben im kaltverfestigten und ausgehärteten Zustand eine hohe elektrische Leitfähigkeit (Aldrey-Legierung AlMg0,4Si0,6).

– – AlZnMg-Legierungen haben nicht ganz die Festigkeitswerte des Duraluminiums, sind dagegen aber wesentlich korrosionsbeständiger und schweißbar. Mit Cu-Zusatz erreichen sie die höchste Zugfestigkeit (520 N/mm²) aller Aluminiumlegierungen.

Aushärtbare Knetlegierungen lassen sich besonders gut durch die Warm- oder Kaltaushärtung (→ Ausscheidungshärtung) in ihrer Festigkeit erhöhen. Der erste Schritt besteht im Lösungsglühen bei relativ hoher Temperatur (üblich um 500 °C), um die Legierungselemente vollständig im α-Mischkristall zu lösen. Der zweite Schritt ist ein rasches → Abschrecken auf Raumtemperatur, wodurch die feste Lösung eingefroren wird. Für kurze Zeit ist die Legierung in diesem Zustand verformbar (→ Walzen), was technologisch ausgenutzt wird. Der dritte Schritt besteht darin, daß die Legierung bei Raumtemperatur (Kaltaushärtung), erst recht bei Auslagerungstemperaturen bis etwa 200 °C (Warmaus-härtung), nicht mehr in fester Lösung thermodynamisch stabil bleibt, sondern sich die zulegierten Atome infolge von → Diffusion im festen Zustand ausscheiden. A. mit Cu und Mg neigen zur Kaltaushärtung, während die A. mit Mg und Si oder mit Mg und Zn die Warmaushärtung erleichtern.

□ *Aluminium-Gußlegierungen.* Auf der Grundlage der eutektischen Zusammensetzung erreichen die Al-Gußlegierungen ein feinverteiltes, festes Gußgefüge und gute Gießfähigkeit.

– AlSi-Gußlegierungen um das → Eutektikum herum (G-AlSi12) sind die wichtigsten Al-Gußlegierungen. Sie sind für Druckguß, Kokillenguß und Sandguß geeignet. GD-AlSi12 wird wegen der guten Fließfähigkeit bevorzugt für dünnwandige, druck- und flüssigkeitsdichte Gußstücke verwendet.

– AlSiMg-Legierungen sind aushärtbar, Sandguß ist schweißbar, ihre Dauerfestigkeit ist nach Aushärtung hoch. Als untereutektische Gußlegierungen werden sie in der Chemieindustrie, im Kraftfahrzeug- und Schiffbau sowie für Motorengehäuse verwendet.

– AlSiCu-Legierungen sind aushärtbar, durch den Cu-Gehalt gut gießbar und als Druckgußlegierungen für den allgemeinen Bedarf und für Gußstücke mit guter Festigkeit zu nennen.

– AlCuNi-Legierungen sind als hochbeanspruchte, warmfeste Gußteile (z. B. AlCu4Ni2Mg1,5Si für Motorenzylinderköpfe) geeignet.

Aluminiumlegierungen. Tabelle 4: Typische Einsatzgebiete und besondere Eigenschaften von ausgewählten Al-Knetlegierungen (Halbzeuge)

Kurzzeichen	Legierungsbestandteile %	Eigenschaften	Anwendungsbereiche und -beispiele
AlMn		höhere Festigkeit als Al, seewasserbeständig, nicht aushärtbar	Apparatebau, Bauwesen
AlMg1 AlMg2	Mg1-2	hohe Festigkeit, gut verformbar	Bauwesen, Fahrzeuge, Möbel
AlMg3 AlMg5	Mg3-5	gut korrosionsbeständig	Apparatebau, Schiffbau
AlMgMn	Mg4,5	gute Warmfestigkeit, gut verformbar, seewasserbeständig	Apparatebau, Chemie, Fahrzeugbau, Nahrungsmittel, Schiffbau
AlMgSi0,5 AlMgSi1	Si0,5-1	mittlere Festigkeit, kalt- u. warmaushärtbar, gut korrosionsbeständig	Bergbau, Behälterbau, Fahrzeugbau, Metallwaren
AlCuMg0,5 AlCuMg2	Mg0,5-2	sehr hohe Festigkeit, kaltaushärtbar, bedingt korrosionsbeständig	Maschinenbau, Automatenbearbeitung
AlZnMg1		hohe Festigkeit, gut schweißbar, gut zerspanbar, kalt- u. warmaushärtbar	Schweißkonstruktionen, Bergbau, Fahrzeugbau, Maschinenbau
AlZnMgCu0,5 AlZnMgCu1,5	Cu0,5-1,5	höchste Festigkeit, aushärtbar, ausreichend korrosionsbeständig, gut zerspanbar, nicht schweißbar	Bergbau, Fahrzeugbau, Maschinenbau
AlSiCuNi		gute Warmfestigkeit, gute Laufeigenschaften	Kolben von Brennkraftmaschinen

□ *Aluminium-Verbundwerkstoffe.* Sie bestehen aus einer Aluminiummatrix (Reinaluminium oder A.) mit eingelagerten Komponenten aus einem oder mehreren Werkstoffen. Die praktische Anwendung der Al-Verbundwerkstoffe ist bisher jedoch nur bescheiden:

– → Faserverbundwerkstoffe, die durch Einbetten von Fasern in die Metallmatrix entstehen, kommen z. B. auf pulvermetallurgischem Wege oder durch Verstrecken von Einlagerungen (→ Strangpressen, → Ziehen) zum Einsatz. Bei der → Faserverstärkung führen sehr dünne, angenähert parallel zueinander im Grundwerkstoff Al liegende Bor- oder Kohlenstoffäden zu einer erheblichen Festigkeitssteigerung (bis $1000\,N/mm^2$) in Faserrichtung.

– Bei dispersionshärtenden Verbundwerkstoffen werden kleine Al_2O_3-Teilchen pulvermetallurgisch mit Al gemischt und dann gesintert. Sie kommen als Sinter-Aluminium-Product (SAP) mit hoher Festigkeit zum Einsatz und können nicht durch eine Wärmebehandlung gelöst oder wieder ausgeschieden werden. Ebenso wirken Borkabid-Einlagerungen (B_4C) dispersionshärtend.

□ *Verarbeitung.* Reinaluminium und Al-Knetlegierungen lassen sich sehr gut kalt- und warmverformen. Besonders durch Strangpressen lassen sich eine Vielzahl von Profilen herstellen. Die gute Zerspanbarkeit weichgeglühter A. kann durch Zusätze von → Blei noch verbessert werden (höchste Zerspanungsleistungen). Ausgehärtete Legierungen und teilweise Al-Gußlegierungen sind schwieriger zu zerspanen und haben infolge ihrer Härte einen hohen → Werkzeugverschleiß.

Die Schwierigkeiten beim Schweißen beruhen auf

Aluminiumlegierungen. Tabelle 5: Typische Eigenschaften und Anwendungen von Al-Gußlegierungen

Kurzzeichen	Legierungs-bestandteile %	Eigenschaften	Anwendungsbereiche und -beispiele
G-AlSi	Si12	eutektisch, hohe Stoß- und Schwingfestigkeit, ausgezeichnete Guß-eigenschaften, gut schweißbar	dünnwandige, stoßfeste Guß-teile (Druckguß), Nahrungs-mittelindustrie
G-AlSiMg	Si11-13	eutektisch, untereutektisch, sehr gut gießbar, gut schweißbar, chemisch beständig, aushärtbar	dünnwandige, schwingfeste Gußteile, Apparatebau, Chemie, Bauwesen, Beschlagteile
G-AlSiCu	Si6, Cu3	gut gießbar, aushärtbar, gut schweißbar	mittlere Beanspruchung von Gußteilen
G-AlMg	Mg3-10	gut gießbar, seewasserbeständig	Apparatebau, Bauwesen, Beschlagteile, Schiffbau, Chemie
G-AlCuSi		gute Festigkeit, gut gießbar, gut zerspanbar	normalbeanspruchte Gußteile
G-AlCuTi		hohe Festigkeit, hohe Biegewechselfestigkeit, gering korrosionsbeständig, ausreichend gießbar	schwingungsempfindliche, ver-schleißfeste Gußteile, Schiff-bau, Bauanlagen
G-AlCuNi		aushärtbar, warmfest	hochbeanspruchte, warmfeste Gußteile
G-AlMgMn		sehr gut chemisch beständig, seewasserbeständig, aushärtbar	Apparatebau, Chemie, Bauwesen, Beschläge, Kraftfahrzeugbau, Schiffbau

der Rißneigung (gute → Wärmeleitung) und Bildung der festhaftenden Oxidhaut (Al_2O_3 mit Schmelztemperatur bei 2060 °C). Die aushärtbaren Al-Knetlegierungen können intermediäre Phasen bilden, deren Anwesenheit zu sprödem Gefüge mit ausgeprägter Schweißrißneigung führt. Lediglich AlSi-Gußlegierungen (in der Nähe des Eutektikums) sind schweißrißfrei.

Die aushärtbaren A. mit Cu oder Zn als Legierungspartner sind korrosionsanfällig (im Gegensatz zur Mehrheit der nichtaushärtbaren Knetlegierungen). Zur Verbesserung können Plattierungen z. B. aus Reinaluminium oder AlMn mit zum Teil sehr dünnen Schichtdicken (2,5 bis 5 %) aufgebracht werden (kathodischer Schutz).

Für komplizierte Bauteile, die um große Beträge verformt werden müssen, wird die → Superplastizität eutektischer A. ausgenutzt. Dabei können gleichzeitig extrem hohe Verformungsbeträge (bis 1000 % Bruchdehnung) und hohe Zugfestigkeit (bis 420 N/mm²) erreicht werden (z. B. bei Legierungen Al94,5Cu5Zr0,5 und Al22Zn78). *Heller*

Literatur: *Altenpohl, D.*: Aluminium und Aluminiumlegierungen. Berlin 1965. – Aluminium-Taschenbuch. (Hrsg. Aluminium-Zentrale) Düsseldorf 1983. – *Bargel, H. J.*, u. *G. Schulze*: Werkstoffkunde. Düsseldorf 1988. – *Schimpke, P.*, u. *H. Schropp, R. König*: Technologie der Maschinenbaustoffe. Stuttgart 1977.

Aluminiumoxidschichten. Verschleiß- und Korrosionsschutzschichten, die durch unterschiedliche Verfahren wie durch thermisches → Spritzen, chemische → Abscheidung aus der Gasphase (CVD), anodisches → Oxidieren u. a. gebildet werden. Wird Aluminiumoxid durch CVD auf → Stahl abgeschieden, so wird im allgemeinen zunächst Titancarbid oder Titancarbid/Titannitrid und abschließend Aluminiumoxid abgeschieden.

A. besitzen einen hohen Widerstand gegenüber den → Verschleißmechanismen → Adhäsion (bei Paarung mit Stahl) und → Abrasion sowie eine hohe → Korrosionsbeständigkeit in oxidierenden Medien. *Habig*

Aluminiumschichten. → Korrosionsschutzschichten, die vor allem durch elektrolytisches → Abscheiden oder chemische → Abscheidung aus der Gasphase (CVD) erzeugt werden. Das elektrolytische Abscheiden erfolgt in wasserfreien Lösungen. Anschließend kann eine anodische → Oxidation durchgeführt werden. *Habig*

Aminoplaste. (*engl.* amino resins). Als A. bezeichnet man duroplastische Kunststoffe, die durch → Polykondensation von Formaldehyd mit Harnstoff oder Melamin hergestellt werden.
□ Harnstoff-Formaldehyd-Kondensate. Kurzzeichen nach DIN 7728 (April 1978): UF.
□ Harnstoff-Harze. (*engl.:* urea-formaldehyd resins). Duroplastische Kunststoffe, die bei der Umsetzung von Harnstoff mit einem Überschuß an Formaldehyd im basischen Medium in einer mehrstufigen Reaktion entstehen. Im ersten Schritt dieser Reaktion bilden sich im wesentlichen Mono- und Dimethylolharnstoff, die in Wasser und Alkohol löslich sind und unter Wasserabspaltung zu höhermolekularen, nur noch schwerlöslichen Produkten weiterreagieren. Beim Erhitzen auf 120–140 °C oder bei Anwesenheit saurer Katalysatoren bei tieferen Temperaturen vernetzen diese Zwischenprodukte zu unlöslichen Harnstoffharzen:

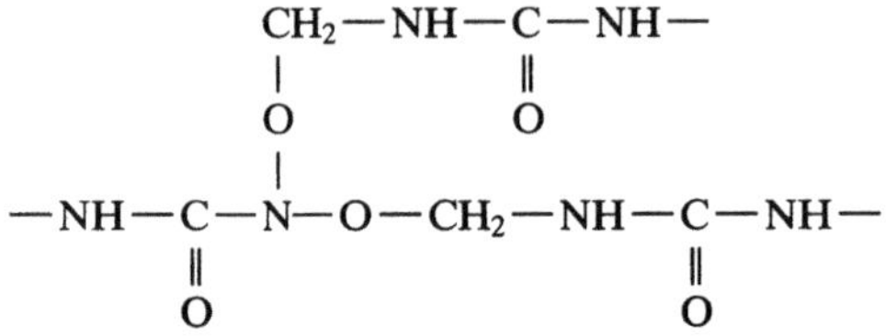

$$\begin{array}{c} CH_2-NH-C-NH- \\ |\qquad\qquad \| \\ O\qquad\qquad O \\ | \\ -NH-C-N-O-CH_2-NH-C-NH- \\ \|\qquad\qquad\qquad\qquad\qquad \| \\ O\qquad\qquad\qquad\qquad\qquad O \end{array}$$

In der Technik finden die wasserlöslichen Vorkondensate als → Klebstoffe (Holzleim) und → Beschichtungsstoffe Verwendung.

Zur Herstellung von UF-Preßmassen werden ebenfalls die wasserlöslichen Vorkondensate mit Füllstoff (hauptsächlich → Zellstoff, Gesteinsmehl oder Glimmer), Härtern (Harnstoffnitrat, Phosphorsäure oder Carbonsäuren), → Stabilisatoren, → Weichmacher (aliphatische ein- und mehrwertige Alkohole), Gleitmittel (Stearate) und → Pigmenten (Titandioxid etc.) vermischt. Diese Mischung (→ Preßmasse bzw. Formmasse) wird granuliert und zu Formteilen weiterverarbeitet. Diese Weiterverarbeitung geschieht in beheizten Werkzeugen bei Temperaturen zwischen 135 und 160 °C und Preßdrücken zwischen 250 bis 500 bar. Neben dem Formteil-Pressen werden zunehmend auch komplizierte Teile auf speziellen Spritzgußmaschinen (→ Kunststoffverarbeitung) hergestellt.

Zur Anwendung kommen hauptsächlich UF-Formmassen, die mit gebleichter → Cellulose gefüllt sind, für Formteile in weißen, bzw. hellen Farbtönen. Die Eigenschaften von Formteilen aus solchen UF-Formmassen sind:
– hohe mechanische → Festigkeit, Steifheit und Oberflächenhärte
– sehr gute dielektrische Eigenschaften
– hoher Oberflächenglanz
– gute Beständigkeit gegenüber Lösungsmitteln, Ölen, schwachen Säuren und Laugen.

Nachteilig wirken sich ihre Empfindlichkeit gegenüber hohen Feuchtigkeitsgehalten (nicht geeignet für dauernden Kontakt mit kochendem Wasser), ihre Neigung zur Spannungsrißbildung und ihre geringe Maßbeständigkeit aus.

Formteile aus UF-Formmassen sind für den Kontakt mit Lebensmitteln nicht zugelassen.

Anwendungsbeispiele sind: Schalter, Steckdosen, Stecker, Beschläge, Toilettensitze, Telefongehäuse.

Formmassen-Typen und Mindestanforderungen nach DIN 7708 sind in Tabelle 1 wiedergegeben.

Zur Herstellung von UF-Schäumen wird der wässrigen Lösung der Vorkondensate ein Schaumbildner beigemischt und mechanisch Luft eingeschlagen. Die → Härtung erfolgt mit Säuren bei Raumtemperatur. Beim Trocknen des wasserhaltigen Schaumes platzen die Zellen auf, so daß weitgehend offene Schäume entstehen. Ihr Hauptanwendungsgebiet liegt in der Bauindustrie als Dachisolierung. Auch in der Medizin finden UF-Schäume Anwendung als Puder und Medikamententräger.
□ Melamin-Formaldehyd-Kondensate. Kurzzeichen nach DIN 7728 (April 1978): MF. (*engl.:* melamine-formaldehyd resins). Diese sind duroplastische Kunststoffe, die in einer mehrstufigen Reaktion von Melamin (2.4.6-Triamino-1.3.5-triazin) mit Formaldehyd im basischen Medium hergestellt werden. In der ersten Stufe entstehen verschiedene Methylolmelamine, die noch wasserlöslich sind, beim weiteren Erhitzen auf 80 °C durch Kondensation aber in schwerlösliche Produkte (Vorkondensate) übergehen.

Die Reaktion läuft bei höheren Temperaturen (130–140 °C) schließlich bis zu hochgradig vernetzten Melaminharzen:

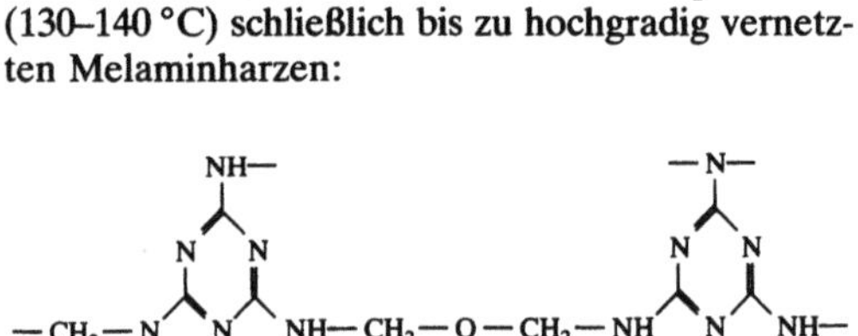

Aminoplaste. Tabelle 1: Mindestanforderungen nach DIN 7708 (Okt. 75)

Eigenschaft	Einheit	Gruppe 1: Typen für allgemeine Verwendung		
Formmasse-Typ Harz/Füllstoff		Typ 131 UF/Zellstoff	Typ 150 MF/Holzmehl	Typ 180 MPF/Holzmehl
Biegefestigkeit	MPa	80	70	80
Schlagzähigkeit	kJ/m^2	6,5	6	6
Kerbschlagzähigkeit	kJ/m^2	1,5	1,5	1,5
Formbeständigkeit nach Martens	°C	100	120	120
Glutbeständigkeit	Stufe	2a	2a	2a
Oberflächenwiderstand	Vergl.-zahl	10	10	10
Kriechstromfestigkeit	(Stufe) KC	600	600	600
Wasseraufnahme	mg/4 h	300	250	180

Zur Herstellung von MF-Formmassen werden die getrockneten Vorkondensate mit den notwendigen Zusatzstoffen gemischt und entweder als Pulver, Schnitzel oder Granulat an den Weiterverarbeiter geliefert.

Diese Formmassen werden durch → Pressen, → Spritzpressen und → Spritzgießen zu Formkörper, wie z. B. Elektroinstallationsmaterial, Verschraubungen, Beschläge, Gehäuse, Programmsteuerscheiben, Haus- und Küchengeräte. Der mit Zellstoff gefüllte Typ 152.7 ist für den Kontakt mit Lebensmitteln zugelassen (Tabelle 2).

Formkörper aus MF besitzen eine hohe Oberflächenhärte und Kratzfestigkeit, hohen Oberflächenglanz, hohe Kriechstromfestigkeit, bessere Wasserbeständigkeit und höhere Wärmeformbe-

ständigkeit (nach Martens: 120 °C) als Harnstoff-Formaldehydkondensate. Von Nachteil ist die starke Nachschwindung der Formkörper und die daraus resultierende Neigung zur → Rißbildung (Tabelle 3).

In der Lacktechnik werden die unvernetzten Methylolmelamine als → Bindemittel in Kombination mit → Alkyd-, → Acryl- und → Epoxidharzen in Form von Einbrennlacken verwendet.
□ Melamin-Phenol-Formaldehydkondensate.
Kurzzeichen nach DIN 7728 (April 1978): MPF (auch Melamin-Phenolharze). Diese sind duroplastische Kunststoffe, die durch Cokondensation von Melamin und Phenol mit Formaldehyd entstehen. Sie sind ein Beispiel für den Versuch die guten Eigenschaften zweier duroplastischer Materialien,

Aminoplaste. Tabelle 2: Mindestanforderungen nach DIN 7708 (Okt. 75)

Eigenschaft	Einheit	Gruppe 2: Typen mit erhöhter Kerbschlagzähigkeit		
Formmasse-Typ Harz/Füllstoff		Typ 152 UF/Zellstoff	Typ 153 MF/Baumwollfasern	Typ 154 MPF/Baumwollgew.-schnitzel
Biegefestigkeit	MPa	80	60	60
Schlagzähigkeit	kJ/m^2	7	5	6
Kerbschlagzähigkeit	kJ/m^2	1,5	3,5	6
Formbeständigkeit nach Martens	°C	120	125	125
Glutbeständigkeit	Stufe	2a	2a	2a
Oberflächenwiderstand	Vergl.-zahl	10	9	8
Kriechstromfestigkeit	(Stufe) KC	600	600	600
Wasseraufnahme	mg/4 h	200	300	200

Aminoplaste. Tabelle 3: Mindestanforderungen nach DIN 7708 (Okt. 75).

Eigenschaft	Einheit	Gruppe 3: Typen mit erhöhter Wärmeformbeständigkeit			
Formmasse-Typ Harz/Füllstoff		Typ 155 MF/Gesteins-mehl	Typ 156 MF/Asbest-fasern	Typ 157 MF/Asbest-fasern + Holzmehl	Typ 158 MF/Asbest-fasern
Biegefestigkeit	MPa	40	50	60	50
Schlagzähigkeit	kJ/m²	2,5	3,5	4,5	5
Kerbschlagzähigkeit	kJ/m²	1	2	1,5	5
Formbeständigkeit n. Martens	°C	130	140	140	140
Glutbeständigkeit	Stufe	1	1	1	1
Oberflächenwiderstand	Vergleichs-zahl	8	8	9	8
Kriechstromfestigkeit	(Stufe) KC	600	600	600	600
Wasseraufnahme	mg/4 h	200	200	200	200

nämlich der →Melaminharze und der →Phenolharze (→Phenoplaste), in einem Stoff zu kombinieren.

Sie besitzen bessere elektrische Eigenschaften als die Phenolharze und können auch in hellen Farbtönen hergestellt werden (Tabelle 4). Im Gegensatz zu den Melaminharzen zeigen sie eine geringere →Schwindung und eine geringere Neigung zur Rißbildung; darüber hinaus sind sie billiger. Die noch unvernetzten Vorkondensate lassen sich mit Zellstoff, Holzmehl oder auch anorganischen Füllstof-fen mischen (Tabelle 5). Die Formmassen gelangen als Pulver oder Granulat zum Weiterverarbeiter. Sie werden durch Pressen, Spritzpressen und Spritz-gießen zu Gehäusen, Schaltern, Installationsmate-rialien und Funkenlöschkammern verarbeitet.

Zahradnik

Literatur: *Bruncken, H.:* Harnstoff- und Melaminharz-Preß-massen. Kunststoff-Handbuch Bd. X. Duroplaste. München 1968. – *Domininghaus, H.:* Die Kunststoffe und ihre Eigen-schaften. 2. Aufl. Düsseldorf 1986. – *Saechtling, H. J.:* Kunst-stoff-Taschenbuch. 22. Aufl. München 1983.

Aminoplaste. Tabelle 4: Mindestanforderungen für A. nach DIN 7708 (Okt. 75).

Eigenschaft	Einheit	Gruppe 4: Typen mit erhöhten elektrischen Eigenschaften			
Formmasse-Typ Harz/Füllstoff		Typ 181 MPF/Zell-stoff	Typ 181.5 MPF/Zell-stoff	Typ 182 MPF/Holz-mehl + Ge-steinsmehl	Typ 183 MPF/Zell-stoff + Ge-steinsmehl
Biegefestigkeit	MPa	80	80	70	70
Schlagzähigkeit	kJ/m²	7	7	4	5
Kerbschlagzähigkeit	kJ/m²	1,5	1,5	1,5	1,5
Formbeständigkeit n. Martens	°C	120	120	120	120
Glutbeständigkeit	Stufe	2 a	2 a	2 a	2 a
Oberflächenwiderstand	Vergleichs-zahl	10	10	10	10
Kriechstromfestigkeit	(Stufe) KC	250	600	600	600
Wasseraufnahme	mg/4 h	150	150	120	120

Aminoplaste. Tabelle 5: Eigenschaften von mit Zellstoff gefüllten A.-Formkörpern.

Eigenschaft	Einheit	Typ 131 UF/Zellstoff	Typ 152 MF/Zellstoff	Typ 181 MPF/Zellstoff
Druckfestigkeit	MPa	200	200	200
Zugfestigkeit	MPa	30	30	30
Biege-E-Modul	MPa	6 000–11 000	8 000–10 000	6 000–10 000
Dauergebrauchstemperatur	°C	70	80	80
Lin. Ausdehnungskoeffiz.	$K^{-1} \cdot 10^6$	40–60	30–60	30–60
Wärmeleitfähigk.	W/mK	0,4	0,5	0,5
spez. Durchgangswiderstand	Ωcm	10^{11}	10^{11}	10^{10}
Durchschlagfestigkeit	kV/mm	8–15	8–15	8–15
Rohdichte	g/cm³	1,5	1,5	1,6

AMMA → Acrylat

Amonton-Coulomb-Reibungsregel. Beim Gleiten von Festkörpern werden häufig folgende Beobachtungen gemacht, die als Regeln anzusehen sind:

☐ Die Reibungskraft ist der Normalkraft direkt proportional.

☐ Die Reibungskraft ist unabhängig von der Größe der geometrischen Kontaktfläche.

☐ Die Reibungskraft ist unabhängig von der Gleitgeschwindigkeit.

Die ersten beiden Regeln werden *Amonton* (1663–1705) und die dritte *Coulomb* (1736–1806) zugeschrieben. Schon bedeutend früher hatte aber *Leonardo da Vinci* (1452–1519) ähnliche Beobachtungen gemacht.

Für alle Reibungsregeln gibt es zahlreiche Ausnahmen, insbesondere für die 3. Reibungsregel. So führt die Abnahme der → Reibungszahl vieler Gleitpaarungen mit steigender Gleitgeschwindigkeit zu → stick-slip-Erscheinungen. Bei der Paarung PTFE gegen Stahl nimmt die Reibungszahl mit steigender Geschwindigkeit stark zu.   *Habig*

Amorpher Zustand → Erstarrung, glasartige

Amplitudenpermeabilität → Permeabilität

Analyse, thermische. Die t. A. ist eine experimentelle Methode zur Bestimmung von Phasengrenzlinien in → Zustandsdiagrammen. Von dem zu untersuchenden System werden eine Reihe von Legierungen unterschiedlicher Zusammensetzung geschmolzen und sehr langsam (um dem Gleichgewichtszustand möglichst nahezukommen) abgekühlt, wobei Abkühlungskurven (T-t-Diagramme) aufgezeichnet werden. In den → Abkühlungskurven treten je nach Charakter des Systems Knick-

und Haltepunkte bei den jeweiligen Umwandlungstemperaturen auf. Überträgt man die Umwandlungstemperaturen für einzelne Konzentrationen (c) in ein T-c-Diagramm, so erhält man die Punkte, mit denen die Phasengrenzlinien im → Zustandsdiagramm konstruiert werden können.

Die Empfindlichkeit des Nachweises von → Phasenumwandlungen läßt sich erhöhen, indem die t. A. als Differenzmaßnahmen (→ Differentialthermoanalyse, DTA; Thermoanalyse) durchgeführt wird.   *Kußmaul*

Analyse, thermogravimetrische. Thermisch analytisches Untersuchungsverfahren, bei der die an einer Substanz ablaufenden Massenänderungen während linear aufsteigender oder isothermer Temperaturführung empfindlich registriert werden. Es können Erkenntnisse über Entgasungsvorgänge oder Reaktionen der Substanz mit der umgebenden Atmosphäre gewonnen werden.

In der Regel werden thermogravimetrische Untersuchungen mit einer linearen Aufheizrate von 5 oder 10 K/min durchgeführt. Die pulverförmige Probe wird mit 100 mg exakt eingewogen. An evtl. Gewichtsänderungen der Probe mit steigender Temperatur in der jeweils gewählten Atmosphäre können qualitative und quantitative Aufschlüsse über Zersetzungsprozesse, Oxidations- oder Reduktionsvorgänge gewonnen werden.

Zwei Waagentypen werden in der Thermogravimetrie eingesetzt:

☐ Die Auslenkungswaage, bei der die Massenänderung eine meßbare Auslenkung der Waage verursacht. Vorteilhaft sind hier die Substitutionswaagen mit einem festem Gegengewicht.

☐ Die kompensierende Waage, bei der jede Massenänderung bzw. Drehmomentsänderung der Waage sofort elektromagnetisch ausgeglichen wird. Die unmittelbare Meßgröße ist hier die zur Kompensation notwendige elektrische Kraft.

Beide Waagentypen werden oft miteinander kombiniert benutzt. Die Gewichtsabnahmen bzw. -zunahmen der Probe werden absolut oder differenziert als Funktion der Temperatur dargestellt. Die t. A. wird meist mit einer Differenzthermoanalyse ergänzt, welche alle Vorgänge in der Probe erfaßt, die mit einer Enthalpieänderung ($\rightarrow$ Enthalpie) ablaufen. *Hesse/Hennicke*

Anelastizität. Mechanisches Werkstoffverhalten, welches insoweit der $\rightarrow$ Elastizität zuzuordnen ist, als die $\rightarrow$ Verformung bei Entlastung reversibel ist, sich hingegen dadurch unterscheidet, daß die Einstellung der elastischen Werkstoffantwort ($\sigma = E \cdot \varepsilon$ bzw. $\varepsilon = \sigma/E$) nicht sofort, sondern mit zeitlicher Verzögerung erfolgt. In erster Näherung kann diese durch eine Zeitkonstante τ beschrieben werden, z. B. für den Fall momentaner Spannungserhöhung von Null auf σ:

$$\varepsilon(t) = (\sigma/E) (1 - \exp[-t/\tau])$$

Dieses Verhalten wird auch als elastische Nachwirkung bezeichnet (Bild 1). τ kann je nach Ursache der A. mehr oder weniger stark temperaturabhängig sein, häufig als (reziproke) Arrheniusfunktion. Typische Ursachen der A. sind irreversible Folgeprozesse der elastischen $\rightarrow$ Dehnung, z. B. $\rightarrow$ Wärmeleitung (thermoelastischer Effekt), Korngrenzengleitung oder atomare Plastzwechsel insbesondere von interstitiellen Atomen ($\rightarrow$ Snoek-Effekt).

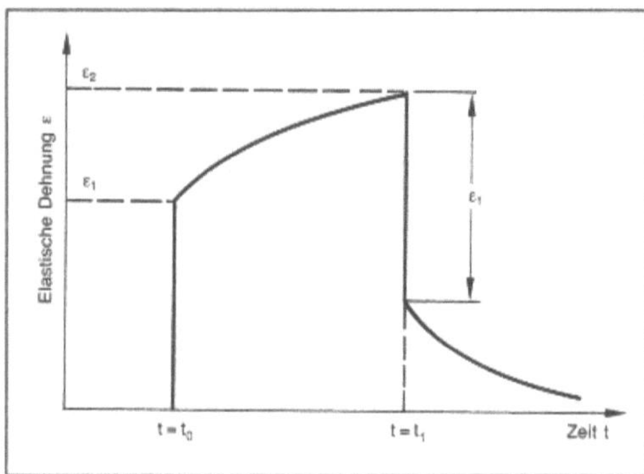

Anelastizität 1: Elastische Nachwirkung nach Belastung zur Zeit t_o, Entlastung bei t_1.

Bei zyklischer Belastung führen anelastische Beiträge zu einer ständigen Phasenverschiebung zwischen Spannung und Dehnung, deren Betrag zu dem von τ proportional ist. Trägt man $\sigma(t)$ über dem jeweils zugehörigen Wert von $\varepsilon(t)$ auf, so erhält man statt der Hooke'schen Geraden eine diese umschließende Hysteresekurve (Bild 2). Deren Flächeninhalt $\oint\sigma d\varepsilon$ entspricht der während eines Zyklus verbrauchten potentiellen Energie des Systems je Volumen-Einheit. In der Form

$$(f/\rho) \oint\sigma d\varepsilon = N_v \, [\mu W/g]$$

erhält man die Hysterese-Verlustleistung je Masseneinheit (ρ: Massendichte in Mg/m^3, f: Frequenz in s^{-1}). Diese Verluste führen einerseits zu einer Dämpfung der Schwingungsamplitude in dem Festkörper, andererseits zu seiner Erwärmung.

Ilschner

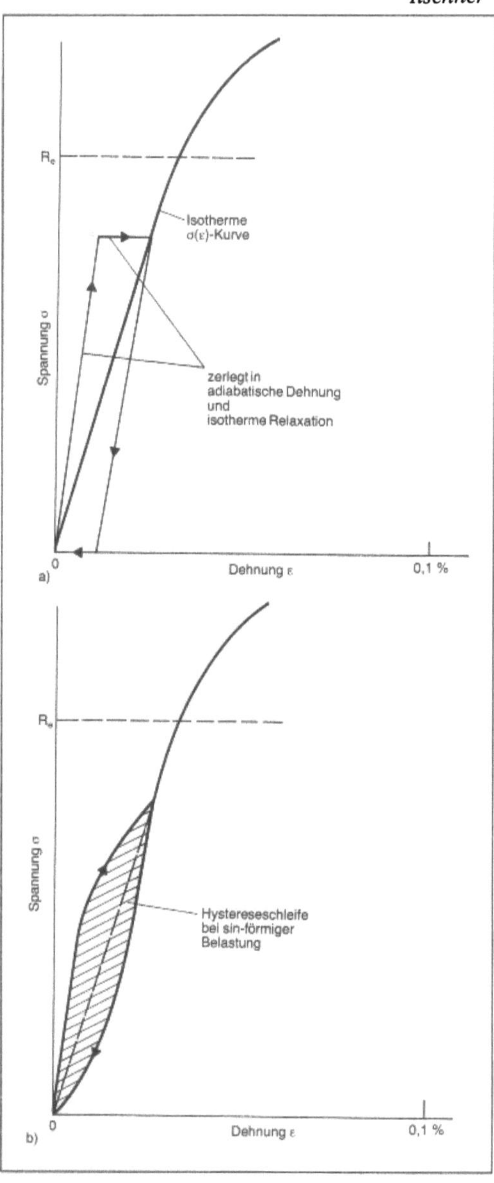

Anelastizität 2: Mechanische Hysterese
a) adiabatisches u. isothermes Verhalten hintereinandergeschaltet
b) Sinusförmige Belastung.

Literatur: *Dieter, G. E.:* Mecanical Metallurgy. New York. 1986. – *Zener, C.:* Elasticity and Anelasticity of Metals. Chicago 1948.

Anfangspermeabilität → Permeabilität, → magnetische Werkstoffe

Angriff, chemischer. → Beton kann durch Wasser, Gase, Luftverunreinigungen, pflanzliche und tierische Stoffe angegriffen werden. Die Art des Angriffs kann entweder rein chemisch oder chemisch-physikalisch sein. Beide können auch gemeinsam wirken. Beim rein chemischen oder lösenden Angriff handelt es sich um einen reinen Lösungsvorgang durch weiches Wasser, Säuren, starke Basen, Salze oder Fette und Öle. Der chemisch-physikalische oder treibende Angriff entsteht durch chemische Reaktion mit dem → Zementstein, die zur Bildung neuer Verbindungen mit größerem Volumen und damit zum → Treiben führt. Während bestimmte betonschädliche Stoffe schon in geringer Konzentration gefährlich werden können, wenn sie in fließendem Wasser immer wieder an den Beton gelangen, sind sie als Bestandteil des Anmachwassers bei der Betonherstellung meistens ungefährlich, da die chemischen Reaktionen schon vor dem → Erstarren ablaufen und dadurch keine Zerstörungen auftreten können. Gefährlich sind dagegen organische Verunreinigungen, wie z. B. Humine, Glyzerin und Zucker, da sie bereits in Spuren das Erstarren bzw. das → Erhärten (→ Zement) erheblich beeinträchtigen können.

□ Lösender Angriff. Einen lösenden c. A. rufen Säuren, bestimmte austauschfähige Salze, starke Basen, organische Fette und Öle und in geringem Maße auch weiches Wasser hervor. Dabei werden die Hydratphasen durch Hydrolyse gespalten und das dabei freigesetzte $Ca(OH)_2$ sowie durch Ionenaustausch gebildete leichtlösliche Salze gelöst. Zuschläge werden angegriffen, wenn sie aus Kalk- oder Dolomitgestein bestehen. Für den → Angriffsgrad saurer Wässer ist außer der Konzentration der Säure in erster Linie ihre Stärke, ausgedrückt durch den pH-Wert, maßgebend. Organische Säuren greifen den Beton i. a. weniger stark als Mineralsäuren an. Schwefelwasserstoff greift als schwache Säure den Beton praktisch nur im Gasraum von Abwasseranlagen an, wo er sich bei dem durch Sauerstoffmangel bedingten Übergang des Abwassers vom aeroben in den anaeroben Zustand bildet. Auf den feuchten Oberflächen kann sich dann besonders im Bereich turbulenter Strömung und bei Temperaturen über 30 °C unter der Wirkung von aeroben Mikroorganismen Schwefelsäure bilden. Kohlensäure tritt vor allem in Gebirgswässern und im Bereich von Mineralquellen auf. Sie kann den Beton nur dann angreifen, wenn mehr Kohlensäure vorhanden ist als für die Bildung und das In-Lösung-Halten

von Karbonaten benötigt wird. Zu den austauschfähigen Salzen, die den Beton angreifen, gehören vor allem die Salze des Magnesiums und Ammoniums. Basische Flüssigkeiten greifen nur als konzentrierte Lösungen starker Basen, wie Natron- und Kalilauge, an. Ein wesentlicher c. A. durch Fette und Öle ist nur bei pflanzlicher und tierischer Herkunft zu erwarten.

□ Treibender Angriff. Wenn in Wasser gelöste Sulfate in den Beton eindringen können, reagieren sie mit den Aluminathydraten des erhärteten Zementes und bilden zunächst Ettringit (→ Erstarren), das durch seine große Wasserbindung beim → Kristallwachstum einen starken Druck auf die Porenwände ausübt und dadurch Zugspannungen und Spaltrisse im Beton verursacht. Der Umfang der Ettringitbildung hängt von dem Gehalt des Zementes an Tricalciumsulfat (beim Portlandzement) bzw. vom Hüttensandgehalt (beim Hochofenzement) ab (Zement). Meerwasser wäre bei Salzgehalten bis 4 % auf Grund seines Magnesium- und Sulfatgehaltes als sehr stark betonangreifend (→ Angriffsgrad) einzustufen. Daß es weit weniger stark angreift als reine Magnesium- und Sulfatlösungen gleicher Konzentration, kann darauf zurückgeführt werden, daß die im Meerwasser enthaltenen Chloride und Calciumhydrogenkarbonate das Eindringen der angreifenden Stoffe hemmen. *Wesche*

Angriffsgrad. Beim chemischen → Angriff auf → Beton kann sich ein Verdacht auf Betonschädlichkeit aus äußeren Merkmalen, wie Farbe des Bodens, Farbe und Geruch von Wasser, aus der allgemeinen Erfahrung, aus der Beurteilung der Beständigkeit benachbarter Bauwerke und aus geologischen bzw. Bodentypenkarten ableiten. Es ist dann eine Beurteilung der angreifenden Wässer, Böden oder Gase entsprechend DIN 4030 mit Hilfe einer chemischen Analyse erforderlich. Der A. ergibt sich aus dem Vergleich der Analysenwerte mit Grenzwerten aus DIN 4030. Wässer, vorwiegend natürlicher Zusammensetzung, werden auf Grund ihres pH-Wertes und ihres Gehaltes an kalklösender Kohlensäure, Ammonium, Magnesium und Sulfat (→ Angriff, chemischer) in die A. schwach, stark und sehr stark angreifend eingeteilt. Böden, die häufig durchfeuchtet werden, können je nach Säuregrad und Sulfatgehalt schwach oder stark angreifend sein. Die A. „schwach" und „stark" wurden so festgelegt, daß ein entsprechend zusammengesetzter und hergestellter Beton (→ Betonwiderstandsfähigkeit) diesen Angriffen ausreichend widersteht. Bei „sehr starkem" Angriff muß der Beton durch zusätzliche Schutzschichten geschützt werden. *Wesche*

Anhydritbinder. A. nach DIN 4208 ist ein mineralisches, nichthydraulisches → Bindemittel, das aus

Anhydrit und einem Anreger besteht und für Innenputze und Estriche (→ Mörtel) verwendet wird. Der Anhydrit kann entweder Naturanhydrit aus natürlichen Vorkommen oder synthetischer Anhydrit aus einem Industrieprozeß, der Anreger basisch, z. B. → Baukalk, salzartig, z. B. Sulfat, oder ein Gemisch aus beiden sein. *Wesche*

Anisotropie.

Metalle. Als A. bezeichnet man die Abhängigkeit physikalischer oder physikalisch-chemischer Eigenschaften eines Festkörpers (in Sonderfällen auch einer Flüssigkeit) von der Raumrichtung (Orientierungsabhängigkeit). Als isotrop bezeichnet man demgegenüber ein Verhalten, welches in beliebigen Raumrichtungen identische Meßwerte liefert. Anisotropie verlangt demnach die Fixierung eines Koordinatensystems in der betrachteten Phase. Dies kann auf verschiedene Weise erfolgen:

□ Raumrichtungen und ihre Ursachen:

- In Einkristallen liegt ein wohldefiniertes kristallographisches Raumgitter mit seinen Hauptachsen vor. Dies ist die wichtigste Basis für anisotropes Verhalten.

- In polykristallinen Aggregaten ergeben sich A. aus → Texturen, d. h. der Anordnung von Körnern mit nicht-regelloser Orientierungsverteilung: es liegen eine (oder mehrere) Vorzugsrichtungen vor. Diese werden durch formgebende Herstellungsprozesse erzeugt: gerichtete → Erstarrung, Bandguß, gleichgewichtsnahe Abscheidung aus der Dampfphase, aus übersättigten Lösungen oder aus Elektrolyten; ferner beim → Walzen, → Strangpressen, Extrudieren. Solche Texturen werden durch nachfolgende → Wärmebehandlung selten beseitigt, vielfach aber durch → Rekristallisation in andere Textur-Typen umgewandelt.

- In kristalline, aber auch in amorphe Festkörper wie silikatische und andere nichtmetallisch-anorganische Gläser, ferner in organische hochpolymere Gläser sowie in metallische Gläser können Vorzugsrichtungen eingeprägt werden, z. B. durch äußere und innere elastische Spannungen, durch Magnetfelder oder elektrische → Polarisation. Auf diese Weise erhalten zuvor isotrope Stoffe eine anisotrope Komponente (Beispiel: Spannungsdoppelbrechung von → Glas,).

- In makromolekularen Flüssigkeiten kann eine viskose Strömung zur Ausrichtung von Fließelementen in Richtung des Strömungsvektors führen. (Strömungsdoppelbrechung, nematische Flüssigkristalle).

□ Elastische A. kristalliner Festkörper. Elastisches Verhalten wird durch proportionale Rückstellkräfte gekennzeichnet, welche aufgezwungenen kleinen Verformungen entgegenwirken. Das Potential, aus dem sich diese Rückstellkräfte ableiten, wird in seiner Winkel- und Abstandsabhängigkeit durch die Lage der zur Belastungsrichtung benachbarten Atome bestimmt. Diese räumliche Potentialfunktion hängt daher stark von der Orientierung der Belastungsrichtung in der → Elementarzelle des Raumgitters ab. Beispiele: unterschiedlicher Widerstand gegen einachsige Kompression parallel zu [100], zu [110] oder zu [111] in einem krz. oder kfz. Kristall. Zur formelmäßigen Darstellung dieses Sachverhaltes muß das einfache (isotrope) → Hooke'sche Gesetz in eine verallgemeinerte Form erweitert werden:

$$\varepsilon_{ij} = S_{ijkl}\sigma_{kl} \text{ bzw. } \sigma_{ij} = C_{ijkl}\varepsilon_{kl} \tag{1}$$

An die Stelle des → Elastizitätsmoduls E bzw. seines Kehrwertes, der → Nachgiebigkeit 1/E, tritt also der Tensor der Elastizitätsmoduln, ein Tensor 4. Stufe. Mit steigender Symmetrie der betrachteten Kristallstrukturen vereinfacht sich dieser Tensor bzw. die aus ihm abgeleiteten Beziehungen immer mehr, bis bei kubischen Kristallen nur noch drei unabhängige Elastizitätskonstanten C_{11}, C_{12} und C_{44} bzw. die daraus abgeleiteten Nachgiebigkeiten S_{11}, S_{12} und S_{44} übrigbleiben. Zum Beispiel ergibt sich für die drei Hauptrichtungen des kubischen Kristallsystems unter Verwendung der Richtungscosinus l, m, n (alternativ zu den *Miller*'schen Indices) eine Gleichung, welche die Richtungsabhängigkeit des Moduls E als Funktion der richtungsunabhängigen Stoffkonstanten S_{11}, S_{12} und S_{44} beschreibt:

$$1/E_{lmn} = S_{11} - 2 \left[(S_{11} - S_{12}) - S_{44} \right] \underline{(l^2m^2 + m^2n^2 + l^2n^2)} \tag{2}$$

Der unterstrichene Klammerausdruck enthält die eigentliche Richtungsabhängigkeit. Für gleiche Werte von l, m, n erhält man je nach den Zahlenwerten von S_{11}, S_{12} und S_{44} unterschiedliche Moduln; hierin drücken sich die stoffabhängigen Bindungsverhältnisse zwischen den Atomen auf benachbarten Gitterplätzen aus (Tabelle). Die elastische Anisotropie wichtiger Metalle ist erheblich und keineswegs zu vernachlässigen. Nur bei Wolfram ergibt sich $E_{111} = E_{100}$; dieses Material verhält sich also elastisch isotrop.

In polykristallinem Material mit statistisch-regelloser Orientierungsverteilung mitteln sich die Unterschiede der Moduln für eine Probe mit sehr vielen Körnern natürlich heraus, und das Material erscheint makroskopisch isotrop. Die zwischen benachbarten Körnern bei Belastung entstehenden, durch die A. der Einzelkörner bedingten Verzerrungen führen zu → Eigenspannungen (2. Art.); sie sind makroskopisch nicht bemerkbar. Besitzt die Probe hingegen eine → Textur, so ändern sich die Verhältnisse grundlegend. Bei einer zumindest in einer Richtung (z. B. der Walzrichtung) vollständig ausgebildeten Textur verhält sich die Probe in dieser Richtung ähnlich wie ein → Einkristall mit ent-

Anisotropie. Tabelle: A. der elastischen Moduln reiner Metalle.

	E_{100} (GPa)	E_{111} (GPa)	E_{111}/E_{100}
Aluminium	63,7	67,3	1,056
Kupfer	67,1	85,5	1,274
Eisen	125	270	2,160
Wolfram	385	385	1,000

sprechender Orientierung. Bei unvollständigen oder aus zwei Typen gebildeten Texturen gibt es näherungsweise „Mischungsregeln" für den effektiven Modul der Gesamtprobe *(Voigt, Reuß, Kröner);* der E-Modul nimmt Zwischenwerte an. Da der Großteil aller technischen Flach- und Drahtprodukte aufgrund der Herstellungsvorgänge zumindest partiell texturiert ist, stellt die Angabe des Elastizitätsmoduls für die genaue Berechnung von Tragwerken und andere Konstruktionen ein schwieriges Problem dar, was oft übersehen wird.

Auch die Fortpflanzung elastischer Wellen (Schallausbreitung) in kristallinen Festkörpern wird durch die elastische A. stark beeinflußt. Die Schallgeschwindigkeit in einer stabförmigen Einkristallprobe, deren Längsachse [hkl]-orientiert ist, ist $v_{hkl} \sim \sqrt{E_{hkl}/\rho}$ (ρ: Dichte des Materials). Die auftretenden Unterschiede können mit üblichen Ultraschall-Verfahren (Laufzeitmessung) leicht bestimmt und somit auch zur vereinfachten Texturbestimmung verwendet werden.

□ A. in der Kristallplastizität. ($\rightarrow$ Plastizität) Mit zunehmender $\rightarrow$ Spannung geht das elastische in plastisches Verhalten mit irreversibler $\rightarrow$ Verformung über. Die $\rightarrow$ Spannungs-Dehnungs-Kurve, insbesondere der $\rightarrow$ Fließbeginn R_c und die nachfolgende $\rightarrow$ Verfestigung $h(\varepsilon) = \partial\sigma/\partial\varepsilon$ kennzeichnen diesen Bereich. Er ist durch die $\rightarrow$ Abgleitung und elastische Wechselwirkung der Versetzungen bedingt, die als linienförmige Gitterdefekte kristallographischen Vorgaben folgen: sie bewegen sich in genau definierten Gleitsystemen, und ihre $\rightarrow$ Linienenergie ist orientierungsabhängig. Zwar gibt es für jedes $\rightarrow$ Gleitsystem genau eine kritische Schubspannung, welche eine Materialkonstante darstellt. Der Fließbeginn der makroskopischen Probe hängt aber vom Winkel zwischen der Stabachse, der Gleitebenen-Normalen und der Gleitrichtung ab: *Schmid*'sches Schubspannungsgesetz (Plastizität). Die gemessene $\rightarrow$ Fließgrenze ist daher orientierungsabhängig (Bild 1).

Daß Fließ- oder Streckgrenzen für vorgegebene technische Werkstoffe überhaupt angegeben werden können, liegt wiederum an der Mittelwertbildung in Polykristallen: günstig zur Zugrichtung orientierte Körner werden durch ihre weniger nachgiebig orientierten Nachbarkörner am frühzeitigen Gleiten gehindert; umgekehrt üben sie aufgrund

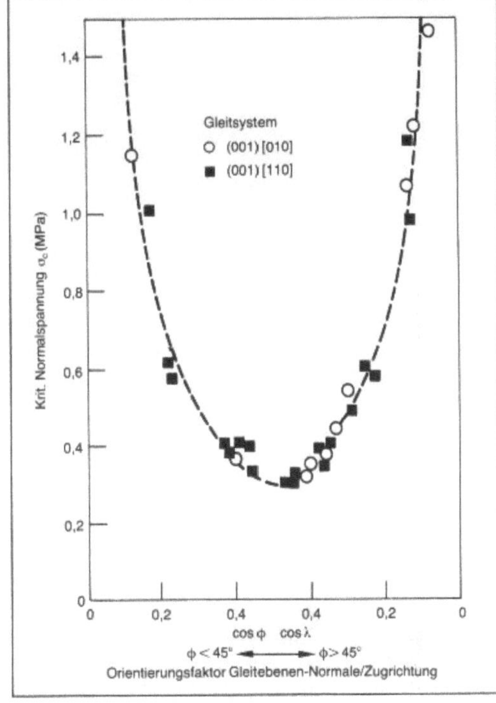

Anisotropie 1: Orientierungsabhängigkeit des makroskopischen Fließbeginns einer Einkristall-Zugprobe aus Magnesium.

dieser Einzwängung Kräfte auf die Nachbarn aus, welche diese näher an ihre $\rightarrow$ Fließspannung heranbringen. So besitzt der Vielkristall letztlich doch eine zwar nicht sehr scharfe, aber doch eindeutig definierte Fließgrenze. Wiederum treten erhebliche Abweichungen bei Textur-Material auf. Ein technisch sehr wichtiger Anwendungsfall sind Karosseriebleche.

Die A. der Fließspannung texturierter Vielkristall-Proben in bezug auf die Orientierung zur Umformrichtung (z. B. zur Walzrichtung von Blechen) kann jedoch nicht mit der Gleitgeometrie allein, also einer Einkristall-Eigenschaft, erklärt werden. Vielmehr verursachen die für rationelle Fertigung notwendigen starken Umformgrade außer der Textur auch eine Kornformänderung, die bei nicht zu hohen Temperaturen die makroskopische Strekkung im Sinne mathematischer Ähnlichkeit auf die mikroskopische →Kornform abbildet. Es liegt also eine stark anisotrope Kornform vor und somit auch eine Abhängigkeit des mittleren Korndurchmessers von der Orientierung zur Walzrichtung (Bild 2). Auch diese Größe hat erheblichen Einfluß auf den Wert der Fließgrenze; auf die →Hall-Petch-Beziehung wird hingewiesen.

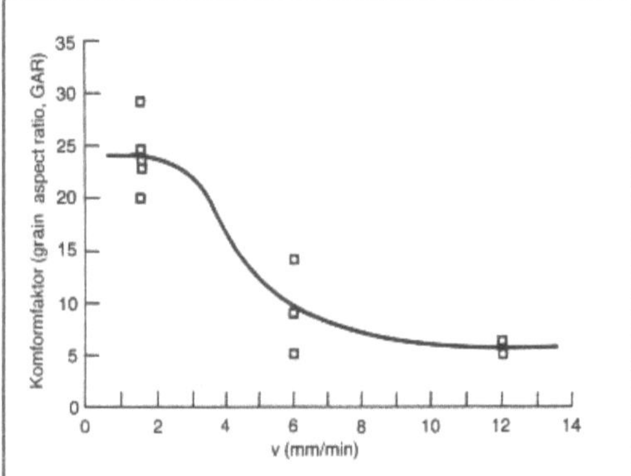

Anisotropie 2: Extreme Kornform-A., dargestellt als „grain-aspect-ratio" GAR (Korngröße in Längsrichtung: Querrichtung), im vorliegenden Fall an einer in Längsrichtung zonen-geglühten Ni-Legierung. v(mm/min) = Vorschubgeschwindigkeit der Glühzone.

Aus den gleichen Gründen ergibt der →Zugversuch an einer prismatischen Probe, die z. B. aus einem gewalzten Blech herausgeschnitten wurde, meist keine gleichartige →Formänderung in Breiten- und Dickenrichtung, wie bei einem isotropen Material zu erwarten wäre. Man kennzeichnet diese A. durch den r-Wert, d. i. das Verhältnis von logarithmischer Breitenformänderung zur logarithmischen Dickenformänderung. Da der r-Wert nach den vorangehenden Ausführungen winkelabhängig ist, verwendet man in der Praxis einen Mittelwert aus Meßwerten mit unterschiedlichem Winkel zur Walzrichtung. Da die Formänderung als Funktion der aufgebrachten Spannung nicht nur von der Fließgrenze, sondern auch vom Verfestigungsverhalten abhängt, ist auch dessen Orientierungsabhängigkeit zu berücksichtigen (Bild 3).

□ A. des Bruchverhaltens. Bei spröden kristallinen Werkstoffen liegt es in der Natur des →Spaltbruches, daß dieser kristallographischen, bevorzugten Spaltebenen folgt. Aber auch bei zähen metallischen Werkstoffen wird durch gerichtete →Umformung (→Walzen, →Schmieden, →Strangpressen, →Ziehen) eine Vorzugsrichtung der Orientierung und der Kornform aufgeprägt, welche zu einer deutlichen A. der Meßwerte führt. Hieraus resultiert z. B. die Notwendigkeit, schon bei der Probenahme für Kerbschlag- oder K_{Ic}-Versuche die Normung

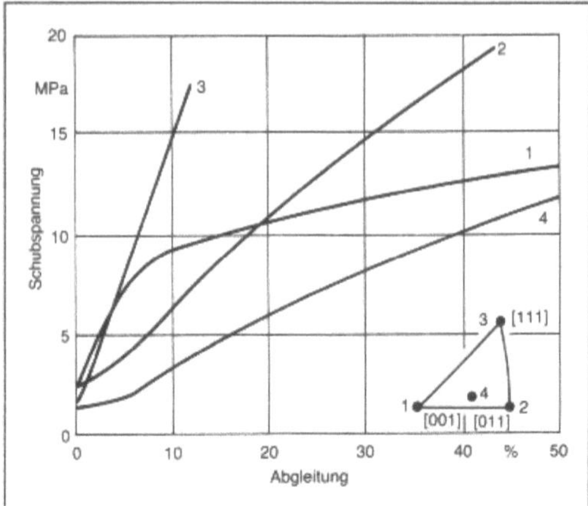

Anisotropie 3: Orientierungsabhängigkeit des Verfestigungsverhaltens von Aluminium-Einkristallen.

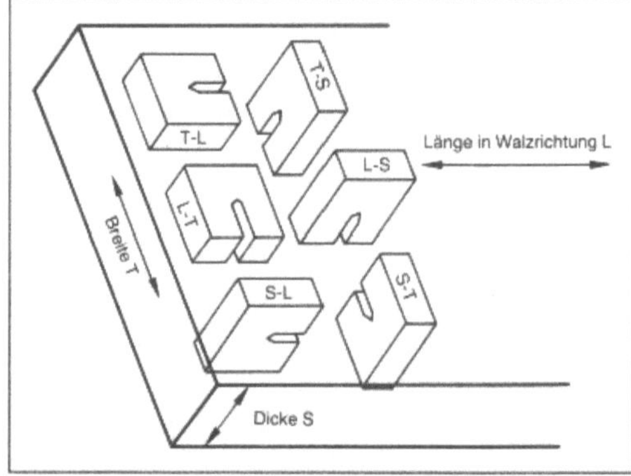

Anisotropie 4: Probenahme für die Messung der Bruchzähigkeit an gewalzten Werkstoffen zur Berücksichtigung der A.

hinsichtlich der Probenorientierung zu beachten (Bild 4).

Allerdings ist hierbei zu beachten, daß neben der Textur und der Kornform ein weiterer mikrostruktureller Faktor maßgebend an der A. der Kerbschlagzähigkeit beteiligt ist: Die Topologie nichtmetallischer →Einschlüsse. Das bekannteste Beispiel hierfür ist →Stahl mit Sulfideinschlüssen (insbes. Mangansulfiden); diese sind bei den üblichen Warmformgebungsprozessen so weich, daß sie mit der Grundmasse verformt und zu band- bzw. fadenförmigen Einschlußformen ausgewalzt werden, welche in der Quer- und der Dickenrichtung die Kerbzähigkeitswerte deutlich verschlechtern.

□ Weitere anisotrope Eigenschaften. An dieser Stelle kann nur stichwortartig auf andere Eigenschaften hingewiesen werden. Am bekanntesten ist der Verlauf der →Magnetisierungskurve in Ferromagnetika (Bild 5), die sog. Kristallfeldanisotropie. Sie wird technisch ausgenutzt, indem Transformato-

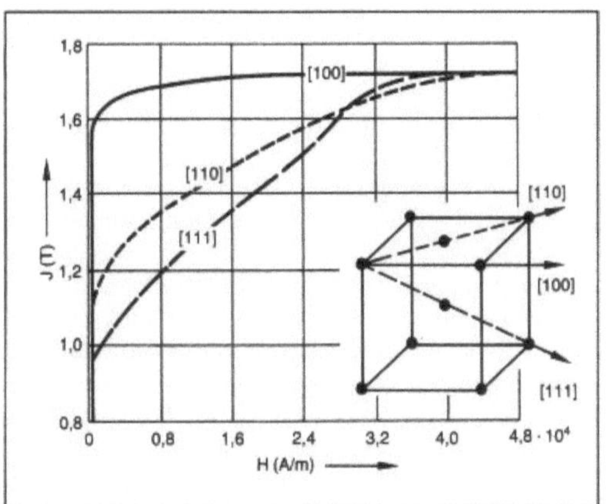

Anisotropie 5: Magnetisierungskurven in drei kristallographischen Raumrichtungen eines Eisen-Einkristalls belegen die starke A.

renbleche (meist kohlenstofffreie Fe-Si-Legierungen) so gewalzt werden, daß eine Textur mit leichter Ummagnetisierbarkeit entsteht; auf diese Weise werden die Ummagnetisierungsverluste stark reduziert. Auch die optischen Eigenschaften polierter Metalloberflächen sind vom Winkel zwischen den in der Oberfläche liegenden Atomreihen und der Amplitude des einfallenden Strahls abhängig.

Die A. der Oberflächen- und Grenzflächenspannungen hat weitreichende Folgen für das → Kristallwachstum aus der Schmelze sowie bei Abscheidung aus Lösungen bzw. aus der Dampfphase (Kristalltracht, Wachstumsflächen). Dies gilt ferner für die → Keimbildung, die Morphologie und das → Wachstum von Korngrenzenausscheidungen bzw. von festen Reaktionsprodukten und Deckschichten auf Oberflächen. Damit sind auch die Ätzbarkeit und die → Korrosionsbeständigkeit orientierungsabhängig. *Ilschner*

Umformtechnik. Unter A. werden in der Umformtechnik alle Erscheinungen zusammengefaßt, die sich in einer Richtungsabhängigkeit der Werkstoffeigenschaften äußern. Dabei sind sowohl die elastische als auch die plastische A. sowie die anisotrope → Verfestigung von besonderer Bedeutung.

Die Ursache für die mechanische A. liegt in der Kristall-A. in Verbindung mit der → Textur und in der Gefüge-A., die durch Ausrichten bestimmter Gefügeelemente wie Korngrenzen oder Phasen bewirkt wird. Während metallische Einkristalle sich stets anisotrop verhalten, sind vielkristalline (technische) Werkstoffe bei Fehlen von Texturen häufig nahezu isotrop in ihren makroskopischen Eigenschaften, d. h. die Kristall-A. macht sich im vielkristallinen Werkstoff nur dann bemerkbar, wenn eine Vorzugsorientierung – Textur – vorliegt. Die Ursache der Vorzugsorientierung liegt häufig im Her-

stellprozeß eines Halbzeugs oder Werkstücks begründet.

Besonders ausgeprägt ist die A. häufig bei Blechwerkstoffen, bei denen die Vorzugsorientierung durch den Walzvorgang hervorgerufen wird. Im Fall gewalzter Bleche existieren drei sog. Vorzugsrichtungen, die Walz- und die Querrichtung sowie die senkrecht zur Blechebene stehende Normalenrichtung.

Als Maß zur Beschreibung der A. der plastischen Eigenschaften von Blechwerkstoffen wird der Wert der sog. senkrechten A. r herangezogen. Er ist definiert als das Verhältnis der Umformgrade in Breiten- und Dicken(Normalen-)richtung und kann im Flachzugversuch ermittelt werden:

$$r = \frac{\varphi_b}{\varphi_s}$$

Nun ist der Wert der senkrechten A. i. a. nicht konstant in der Blechebene, sondern ändert sich mit dem Winkel zur Walzrichtung (Bild 6). Ein Maß für diese sog. *ebene* A., d. h. die Änderung des r-Werts in der Blechebene, ist der Wert Δr. Er wird aus den einzelnen r-Werten der Blechebene errechnet:

$$\Delta r = \frac{1}{2} (r_0 + r_{90} - 2r_{45}),$$

mit r_0 r-Wert in Walzrichtung (WR),
    r_{45} r-Wert unter 45° zur WR,
    r_{90} r-Wert unter 90° zur WR.

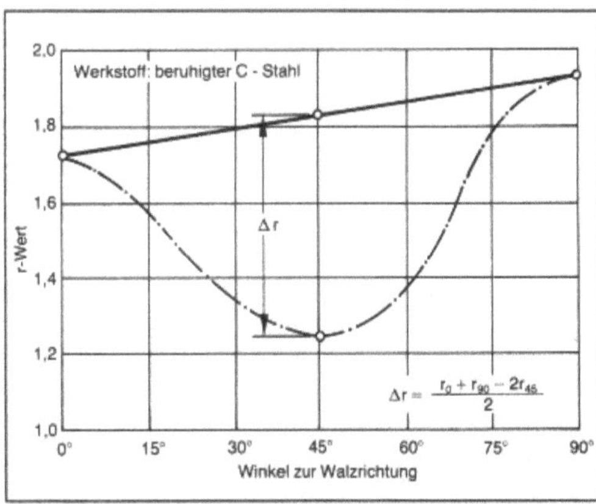

Anisotropie 6: Änderung der senkrechten A. r in der Blechebene.

Beim → Tiefziehen ist ein großer r-Wert im Hinblick auf eine geringe Blechdickenänderung erwünscht. Gleichzeitig sollte keine ebene A. auftreten, da sie die Zipfelbildung hervorruft. Die Beschreibung und Berechnung des anisotropen Werkstoffverhaltens mit Hilfe geeigneter → Werkstoffmodelle im Rahmen der Prozeß-Analyse ist sehr aufwendig und die experimentelle Ermittlung von Werkstoffkennwerten bzw. A.-Kennwerten mit großen Schwierigkeiten verbunden.

→Verbundwerkstoffe, →Faserverbundwerkstoffe, →Kontinuumstheorie *Lange*

Literatur: *Lange, K.* (Hrsg.): Umformtechnik. Handb. f. Ind. u. Wiss. 2. Aufl. Bd. 1. Berlin, Heidelberg, New York 1984. – *Lange, K.:* (Hrsg.) Umformtechnik. Handb. für Ind. u. Wiss. 2. Aufl. Bd. 3. Blechumformung. Berlin, Heidelberg, New York, Tokio 1990.

Anlage, pfannenmetallurgische. P. A. sind technische Systeme, in denen Stahlschmelzen unter Einsatz pfannenmetallurgischer →Behandlungsverfahren durch Gasspülen, Einbringen von Legierungsstoffen, Injektion von Feststoffen, Vakuum und/ oder Heizen behandelt werden. *Baumann*

Anlagenbau. A. umfaßt die Planungs-, Fertigungs- und Montagearbeiten zu Errichtung und Betrieb von technischen Anlagen.

In Betriebswirtschaft und Steuerrecht werden unter Anlagen Gegenstände verstanden, die zur dauernden Nutzung im Unternehmen bestimmt sind (Anlagevermögen im Gegensatz zum Umlaufvermögen).

Als technische Anlage wird eine Verkettung von maschinellen und apparativen Ausrüstungen mit Fördersystemen bezeichnet. Mit Hilfe geordneter Energie- und Informationsströme werden in ihr
– bei Stückgütern Umformvorgänge und/oder Bearbeitungsfolgen durchgeführt, verzahnt mit Prüf- und Teilmontageschritten bis zur Endmontage eines Produktes,
– bei ungeformten Produkten feste, flüssige oder gasförmige Stoffe gelagert, transportiert, behandelt oder umgewandelt zu Zwischen- oder Endprodukten mit spezifizierten Eigenschaften.

Der A. umfaßt alle Aktivitäten, die durchzuführen sind, bis eine Anlage betrieblich für den vorgesehenen Zweck genutzt werden kann. Er wird auch als Projektphase bezeichnet, die der Betriebsphase vorangeht.

Die Planung von Anlagen ist eine stark arbeitsteilige Koordinations- und Organisationsaufgabe, in der spezialisiertes Fachwissen aus verschiedenen Wissensbereichen von Naturwissenschaften und Technik gezielt zu bestimmten Zeitpunkten im Projektablauf zusammengeführt werden muß, z. B. aus Physik, Chemie, Verfahrenstechnik, Maschinen-, Apparate- und Rohrleitungsbau, Hoch-, Tief- und Stahlbau, Elektrotechnik, Meß-, Regelungs-, Steuerungs- und Rechnertechnik. Dies muß geschehen in Einbettung in ökonomische Randbedingungen sowie das Umfeld gesetzlicher Bestimmungen, wie z. B. die des Arbeits- und Umweltschutzrechtes. Keines der Fachplanungsgewerke ist in der Lage, eine gesamte Anlage nur mit den Kenntnissen seines Fachgebietes zu planen.

Im Sprachgebrauch ist für die Planungsarbeiten im A. das englische Wort *Engineering* international gebräuchlich. Es wird von Ingenieurbüros (= Anlagenbauer) durchgeführt,
– die diese Dienstleistungen als Produkt ihres Unternehmens am Markt anbieten (Ingenieur- oder A.-Firmen), oder
– die als Planungsabteilungen von Firmen des Anlagenbetriebes für das eigene Unternehmen tätig sind.

Die Planungsarbeit ist in ihrem Charakter vergleichbar mit der Tätigkeit eines Architektenbüros: Es wird Planung produziert, ohne selbst zu fertigen. Die benötigten Ausrüstungsteile und Montageleistungen werden von Fachfirmen bezogen. Diese werden im Rahmen ihrer Gewerke wirtschaftlich verantwortlich in das Vorhaben eingebunden, sie kennen aber nicht das gesamte Vorhaben und sind für dieses auch nicht verantwortlich. So stellt selbst die schlüsselfertige Lieferung einer Gesamt-Anlage im Prinzip ein System-Engineering mit einem Gesamtverantwortlichen dar, der die verschiedenen Teilleistungen für das Projekt bei dafür qualifizierten Fachfirmen bezieht.

Effektiver A. ist infolge seines arbeitsteiligen Charakters auf einen leistungsfähigen Anbietermarkt für die benötigten Ausrüstungen, Dienst- und Montageleistungen angewiesen.

Gesetzliche Bestimmungen und auf ihrer Basis erlassene Vorschriften bilden den Rahmen, innerhalb dessen sich A. und Anlagenbetrieb bewegen müssen. Erkenntnisse aus den Bereichen Arbeits- und Umweltschutz haben in zunehmenden Maße Bedeutung erlangt in den Genehmigungs- und Aufsichtsverfahren für den A. In der Bundesrepublik Deutschland haben die Genehmigungsverfahren nach dem Bundesimmissionsgesetz zentrale Bedeutung. Im Genehmigungsverfahren sollen die Interessen der Allgemeinheit und die des Anlagenbetreibers ausgeglichen werden. *Bernecker*

Anlassen. Wärmebehandlungsverfahren für zuvor gehärtete Stähle und andere Metalle. Durch eine Erwärmung auf mäßig hohe Temperaturen und anschließende →Abkühlung werden innere Spannungen abgebaut, d. h. →Härte und →Festigkeit verringern sich, während die →Zähigkeit ansteigt, und zwar umso mehr, je höher die Anlaßtemperatur und je länger die Anlaßzeit ist (→Eisen, →Stahl).

A. nennt man auch die Erwärmung nach vorausgegangener →Kaltverformung wie →Drahtziehen und →Walzen von Blechen und Bändern. Dabei wird die durch Gefügestörungen und -verzerrungen entstandene →Kaltverfestigung durch Erholungsvorgänge und →Rekristallisation verringert.

Bolbrinker

Anlaßversprödung. Abnahme der →Zähigkeit beim →Anlassen, insbesondere von →Martensit; im Bereich von 300 °C irreversibel durch Karbidausscheidungen, auch bei Prüfung in diesem Temperaturgebiet (→ Blausprödigkeit). A. zwischen 350 und 600 °C (475 °C-Versprödung) wird in langen Zeiten durch Anreicherung von Begleitelementen wie → Phosphor, → Schwefel, Zinn, Antimon und Arsen auf den → Korngrenzen verursacht. Diese → Versprödung kann durch eine Glühung oberhalb von 650 °C rückgängig gemacht werden. *Dahl*

Anlaufen. Bildung dünner festhaftender farbiger oder matter Anlaufschichten (z. B. → Oxide, → Sulfide) auf metallischen Oberflächen, die durch Reaktion des Metalles mit seiner Umgebung entstehen. Die Verfärbung wird durch Interferenz des von der Metalloberfläche und der Schichtoberfläche reflektierenden Lichtes hervorgerufen.

Die Farbgebung ist vordergründig von der Schichtdicke, aber auch von den optischen Eigenschaften des Metalles und der Schicht abhängig. Mit zunehmender Dicke der Schicht wird die Farbskala wiederholend von gelb über rot nach blau durchlaufen.

Bekannte Beispiele sind das A. von → Kupfer, Messing, Silber, → Stahl. *Wendler-Kalsch*

Anlauffarbe → Anlaufen

Anode. In der → Elektrochemie wird als A. eine → Elektrode oder der Bereich einer heterogenen → Mischelektrode bezeichnet, wenn an ihr ein positiver Gleichstrom in die ionenleitende Phase (z. B. → Elektrolytlösung) austritt. In einem → Korrosionselement hat die A. stets das negativere Potential gegenüber der Kathode und es überwiegt die anodische Metall/Metallionen-Reaktion unter Umwandlung von Anodensubstanz in ein → Korrosionsprodukt.

In der Elektrotechnik wird im Unterschied zur Elektrochemie der (+)-Pol als A. und der (−)-Pol als Kathode bezeichnet. Die A. wird hier mit einem positiveren Potential bezüglich der Kathode betrieben. So stellt beispielsweise in der Elektronenröhre die A. die Elektronen-Auffangfläche dar.
Wendler-Kalsch

Literatur: DIN 50 900, Teil 2 in: DIN Taschenbuch Korrosion und Korrosionsschutz. Berlin 1987.

Anpassungsfähigkeit. Fähigkeit eines Gleitwerkstoffes, sich den tribologischen → Beanspruchungen ohne bleibende Störung des Gleitverhaltens durch Schmiegung – d. h. durch elastische oder elastisch-plastische Verformungen – und/oder → Verschleiß anzupassen. *Habig*

Literatur: DIN 50282: Gleitlager – Das tribologische Verhalten von metallischen Gleitwerkstoffen – Kennzeichnende Begriffe. Berlin, Köln 1979.

Anregungsmechanismen → Apparate-Schwingungen

Anriß. In der → Bruchmechanik bezeichnet man als A. das an der Bauteil-Oberfläche erkennbar werdende Vorstadium eines Risses, insbes. bei der → Ermüdung. A. entstehen durch konzentrierte Gleitvorgänge unterhalb der Oberfläche. Wann A. erkennbar werden, ist eine Frage der Beobachtungsmethode, z. B. Lichtmikroskopie, elektronenmikroskopische Abdrucktechnik, elektrische → Potentialsonde. Vielfach werden A. als solche registriert, sobald ihre Länge einem mittleren Korndurchmesser entspricht. Die Spannungskonzentration im Kerbgrund des A. begünstigt weiteres → Wachstum, auch über das primär betroffene → Korn hinaus, wodurch das A.-Stadium in das der → Rißausbreitung übergeht. *Ilschner*

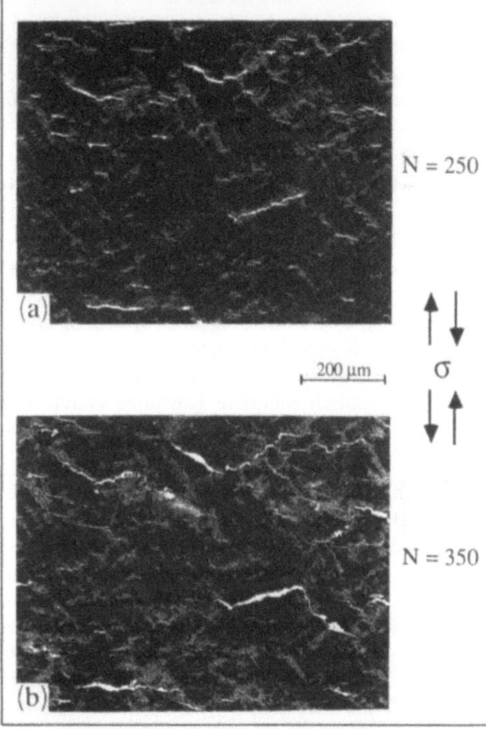

Anriß: Rasterelektronen mikroskopischen Oberflächenaufnahmen (Lackabdrucke) eines warmfesten Stahls nach zyklischer Beanspruchung von (± 1 % Längenänderung) bei 600 °C. Man erkennt das Rißwachstum zwischen (a) 250 und (b) 350 Zyklen.

Literatur: *Blumenauer, H.* und *G. Pusch:* Technische Bruchmechanik. Leipzig 1981

Anrißkennlinie → Dehnungswechselversuch

Anrißlastspielzahl. Im Ermüdungstest (insbes. bei LCF-Beanspruchung) diejenige Zyklenzahl der periodischen Belastung, bei der die ersten → Anrisse

beobachtet werden. Der Zahlenwert hängt von der Empfindlichkeit des Beobachtungsverfahrens ab.
→ Dehnungswechselversuch   *Ilschner*

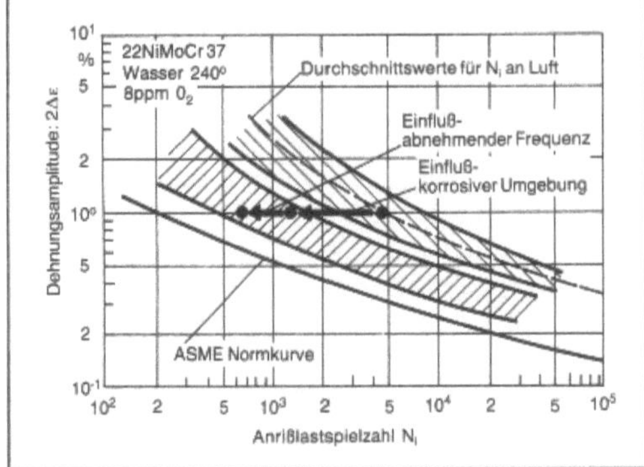

Anrißlastspielzahl: Einfluß von Korrosion und Frequenz auf die A. N_i eines legierten Stahls im Vergleich zu einer Normkurve für die zulässige Belastung (nach Kußmaul 1987).

Anschwingen. Erzeugung eines Ermüdungsanrisses an Werkstoffproben oder Bauteilen durch vielfach wiederholtes Aufbringen äußerer Belastungen. Bei genormten Bruchmechanikversuchen (z. B. K_{Ic}-Bestimmung nach ASTM E 399) deren theoretische Ansätze zur Ableitung eines Spannungsintensitätsfaktors K von einem unendlich kleinen Radius an der Rißspitze ausgehen, kann durch A. der Proben die technisch schärfste Rißspitze erzielt werden.   *Kußmaul*

Anstrich. A. sind aus Anstrichstoffen hergestellte dünne Beschichtungen auf einem festen Untergrund, auf dem sie nach dem Trocknen haften. Bei mehreren (zwei bis etwa sechs) übereinander angeordneten Schichten spricht man von Anstrichaufbau oder Anstrichsystem bzw. → Beschichtungssystem. A. sollen den Untergrund gegen äußere Einflüsse schützen (Witterung, mechanische und chemische → Angriffe) oder/und das äußere Bild des Bauwerks oder Bauteils verändern (verschönern, hinweisen, Aufmerksamkeit erregen).

Nach der Verdingungsordnung für Bauleistungen (VOB) sind A. auf mineralischen Untergründen nach der geforderten Beanspruchbarkeit auszuführen. Dabei gibt es nach DIN 18 363 folgende Unterscheidungen:

– Waschbeständig ist ein A., wenn er nach der dem → Anstrichstoff entsprechenden Trocknungs- und Abbindezeit mit Schwamm unter Zusatz eines neutralen Feinwaschmittels gewaschen werden kann, ohne daß sich das Reinigungswasser färbt. Dafür verwendbare Anstrich- und → Beschichtungsstoffe sind Dispersionsfarben, Ölfarben, Öl-Lackfarben, Lacke und Lackfarben.

– Scheuerbeständig ist ein A., wenn er nach der dem Anstrichstoff entsprechenden Trocknungs- und Abbindezeit mit einer Waschbürste aus Naturborsten und Wasser unter Zusatz eines neutralen Feinwaschmittels gescheuert werden kann, ohne daß der A. beschädigt wird oder das Reinigungswasser sich färbt. Dafür verwendbare Anstrich- und Beschichtungsstoffe sind Dispersionsfarben, Lacke und Lackfarben.

– Wetterbeständig ist ein A., wenn er unter Witterungseinflüssen, mit denen normalerweise gerechnet werden muß, noch nach zwei Jahren in zweckentsprechendem Zustand ist. Dafür verwendbare Anstrich- und Beschichtungsstoffe sind Kalk-, Kalk-Weißzement, Silicatfarben, Dispersionssilicatfarben, Dispersionsfarben, Ölfarben, Öl-Lackfarben, Lacke und Lackfarben.

– Von allen A., Lackierungen und Beschichtungen wird gefordert, daß sie fest haften und als gleichmäßige Fläche ohne Ansätze und Streifen erscheinen.

Besonders bei Stahlbeton, aber auch bei allen anderen porigen mineralischen Untergründen kommt den Diffusionseigenschaften des A. eine bisher noch nicht genügend beachtete Bedeutung zu. Häufig werden filmbildende Beschichtungen vor allem deshalb angeordnet, weil man Wasser und schädliche Gase vom → Beton, → Stahl oder Mauerwerk fernhalten will. Zur Verhinderung von Wasserstau hinter der → Beschichtung infolge rückwärtiger Durchfeuchtung, Kondensation oder Eindringen durch Fehlstellen im A. ist meist eine gute Wasserdampfdurchlässigkeit erwünscht. Da die genormte Messung an freien Filmen (Folien) vorgenommen wird, sind ihre Ergebnisse für A. auf porigen Untergründen nicht direkt verwertbar. Entsprechend geänderte Prüfverfahren sind bisher nicht allgemein eingeführt. Die einzelnen Anstricharten (Kunststoffarten) und die verschiedenen Gase können Permeationskoeffizienten ergeben, die sich um mehrere Größenordnungen unterscheiden (Bild).

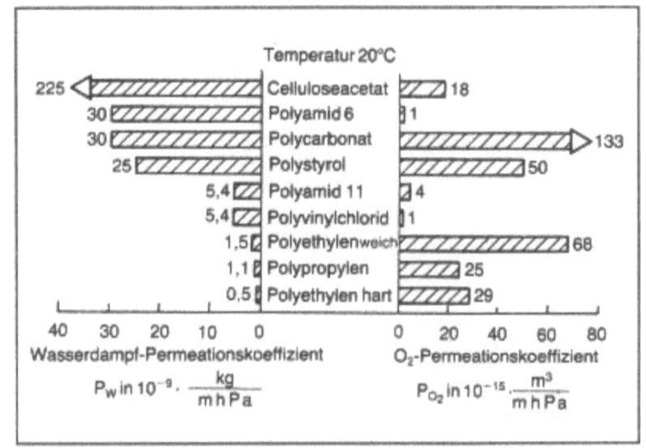

Anstrich: Wasserdampf- und Sauerstoffdurchlässigkeit von Kunststoffolien.

□ Farbgebung. Ein großer Teil der Anstrichstoffe oder Beschichtungsstoffe wird streichfähig geliefert, und zwar z. B. Wandfarben i. d. R. weiß, die dann i. a. nur noch mit Abtönfarben in Form von Pigmentpasten (Tubenfarben) auf den gewünschten Farbton gebracht werden (teilweise Automaten). Das RAL-Farbtonregister enthält in Form von Farbkarten etwa 130 in der Wirtschaft gebräuchliche Farbtöne. Die Numerierung dieser Farbtöne ermöglicht es, bei Auftragserteilungen einen bestimmten Farbton genau festzulegen, z. B. RAL 1005: postgelb. Außerdem gibt es DIN-Farbenkarten (DIN 6164). Sie erlauben eine Bezeichnung der Farbe nach dem Farbton (T) oder dem Buntton in 24 Farbtonfolgen, nach der Sättigungsstufe (S) oder dem Grad der Buntheit in sieben Stufen und der Dunkelstufe (D) als Maß für die Helligkeit, je nach Grautönung in bis zu acht Stufen. Die Bezeichnung für ein bestimmtes Rot ist z. B. T:S:D = 7:2:4. Der Farbton kann auch „farblos" sein. Außerdem läßt sich der Glanzgrad beschreiben, z. B. hochglänzend, seidenmatt.

□ Adhäsion, Dauerhaftigkeit. Es gibt zahlreiche sehr unterschiedliche Schäden an Beschichtungen. Die überwiegende Mehrzahl betrifft jedoch Ablösungen, die oft mit Rissen verbunden sind, deren Ursache mangelnde oder verlorengegangene Haftfähigkeit ist. Obwohl eine einwandfreie Verbindung zwischen einer Beschichtung und ihrem Untergrund als eine notwendige Voraussetzung für die Dauerhaftigkeit einer Beschichtung angesehen werden muß, gilt es noch als ungelöst, wie auf bestimmten Werkstoffen eine langfristige Haftung von polymergebundenen Beschichtungen mit wirtschaftlich tragbarem Aufwand unter gegebenen Bedingungen, z. B. auf einer Baustelle, zu erzielen ist.

Generell problematisch als Untergründe sind:
– Stoffe mit Inhaltsstoffen, z. B. tropische Hölzer,
– unpolare Kunststoffe, z. B. → Polyethylen,
– chemisch reaktive Untergründe, z. B. Magnesium,
– Stoffe mit geringer Eigenfestigkeit, z. B. bestimmte Putze;

unter Baustellenbedingungen sind als Untergründe problematisch:
– alle obengenannten Stoffe, ferner:
– Aluminiumlegierungen, Zink,
– völlig vernetzte Duroplaste,
– durchfeuchtete Untergründe,
– wasserempfindliche Untergründe.

Die baupraktischen Ursachen von Ablösungserscheinungen sind außerordentlich vielseitig, z. B. geringe Adhäsion, ungenügende Untergrundfestigkeit (z. B. absandende Putze oder Betonflächen), ausblühende Salze, Schwinden und Quellen des Untergrundes (vor allem bei → Holz), Wärmedehnungsunterschiede von Beschichtung und Unter-

grund (z. B. kalter Gewitterregen auf sommerlich heiße Beschichtung). *Sasse*

Anstrichmittel → Beschichtungsstoffe

Anstrichprüfung. Die A. dient zur Beurteilung der Gebrauchstauglichkeit von → Anstrichen, Lackierungen und ähnlichen → Beschichtungen. Sie beinhaltet die Ermittlung allgemeiner physikalischer und technologischer Eigenschaften (z. B. Schichtdicke, → Haftfestigkeit, → Härte) und die möglichst optimale Nachahmung spezieller Gebrauchsbeanspruchungen (z. B. durch Steinschlag, → Bewitterung, aggressive Medien).

Am Anfang jeder A. steht die → Schichtdickenprüfung,
– weil eine ausreichende Schichtdicke Voraussetzung für eine ausreichende Beständigkeit ist und
– weil wegen der geringen Schichtdicke organischer Beschichtungen (in der Regel ≪0,5 mm) die Ergebnisse der weiteren Prüfungen von der Schichtdicke abhängen.

Bei der Anstrichapplikation schwanken die Schichtdicken je nach dem Auftragsverfahren mehr oder weniger stark. So ist z. B. bei durch → Streichen aufgebrachten Anstrichen der Mittelwert aller Schichtdicken-Meßwerte etwa doppelt so hoch wie der gemessene Minimalwert. Es ist daher eine möglichst große Anzahl von Messungen erforderlich, u. U. eine statistische Auswertung sinnvoll, wenn mehr als 50 Meßwerte vorliegen.

Die am meisten angewandte Methode zur Beurteilung der Haftfestigkeit ist die Gitterschnittprüfung (DIN 53151), die relative Kennwerte auf der Basis der abgeplatzten Fläche der Teilstücke ergibt. Abreißmethoden (DIN ISO 4624), bei denen ein zylindrischer Prüfstempel aufgeklebt und biegemomentfrei vom Untergrund abgerissen wird, ergeben dagegen Abreißfestigkeitswerte, die von verschiedenen Parametern, u. a. der Prüfgeometrie abhängig sind. Entscheidend für die Beurteilung der Haftfestigkeit ist das erhaltene Bruchbild. Weitere Methoden zur Beurteilung des Haftens basieren z. B. auf Abkratz- bzw. Abschälmethoden (Naßfilmhaftung) sowie auf Torsionsscherung.

Der flüssige Anstrichstoff geht durch Trocknung (Lösemittelverdunstung) und/oder → Härtung (→ Vernetzung) in den festen Zustand über. Durch → Härteprüfung kann der Trocknungs- bzw. Härtungszustand beurteilt werden. Außerdem ist diese Prüfung wichtig zur Beurteilung des Widerstandes, den ein → Anstrich mechanischen Verletzungen entgegensetzt. Man unterscheidet drei Prüfmethoden:

□ Eindringtiefenmessungen (am gebräuchlichsten Eindruckversuch nach *Buchholz*, DIN 53153, weiterhin Verfahren nach *Wallace* bzw. ICI),
□ Dämpfungsmessungen (am gebräuchlichsten

Schwingungsversuch mit dem Pendelgerät nach *König*, DIN 53157), bei denen das Abklingen der Schwingung eines Pendels gemessen wird, das auf dem Anstrichfilm abrollt,

☐ Ritzprüfungen mit definierten Kugelspitzen bei definierter Belastung und Geschwindigkeit.

Temperatur, Luftfeuchtigkeit und Schichtdicke haben einen großen Einfluß auf die Prüfergebnisse. Dies ist auch der Fall bei anderen mechanisch-technologischen Prüfungen, z. B. der Abriebfestigkeit und der Dehnbarkeit. Das Abriebverhalten ist eine Gebrauchseigenschaft, die von der Härte und den elastischen Eigenschaften des Anstrichs abhängt. Sie wird beurteilt z. B. durch das Fallrohr-Verfahren (DIN 53233) mit Korund oder durch verschiedene, nicht genormte → Verschleißprüfungen mit Schmirgelpapier. Zur Beurteilung der Wasch- und Scheuerbeständigkeit von Kunstharzdispersionsanstrichen s. DIN 53778 Teil 2.

Die Prüfung der Dehnbarkeit muß immer auf einem Untergrund erfolgen, in der Regel auf Metall, vorwiegend → Stahlblech. Genormte Methoden mit langsamer Beanspruchung sind die Tiefungsprüfung nach *Erichsen* (DIN ISO 1520) und der Dornbiegeversuch (DIN 53152). Weitere Prüfungen, bei denen der Anstrich in schneller Beanspruchung auf Dehnbarkeit beansprucht wird, sind der Kugelstrahlversuch (DIN 53154), die Prüfung auf Steinschlagfestigkeit mit Einzelschlaggeräten (DIN-Vornorm 55995) und eine schlagartige Verformungsprüfung (Kugelschlagtest) mit einem Fallgewicht von 1 bzw. 2 kg, das am unteren Ende eine Kugel mit einem Durchmesser von 20 mm hat (z. Z. in der Normung). In letzter Zeit haben auch Stoßbeanspruchungsversuche durch Aufschießen von Stahlkugeln mit Durchmessern zwischen 1 und 5 mm an Bedeutung gewonnen. Bei allen diesen Versuchen tritt im Glasübergangsbereich eine besonders starke Änderung der Prüfergebnisse mit der Temperatur ein.

Prüfungen optischer Eigenschaften beinhalten das → Deckvermögen, Glanz, Farbe und im Sonderfall den speziellen Rückstrahlwert (Straßenmarkierungsfarben). Porenprüfungen mit Hochspannung (DIN 51163) oder naß mit Elektrolytlösungen dienen zum Nachweis der Dichtheit des Anstrichs, die für die Schutzwirkung wichtig ist. Die Schutzwirkung selbst wird durch verschiedene Prüfungen beurteilt, die nach Möglichkeit der praktischen Beanspruchung des Anstrichs angenähert sein sollten, aber ein Resultat innerhalb eines möglichst kurzen Zeitraumes erbringen sollten. Für Außenanstriche sind dies besonders → Korrosionsprüfungen und Prüfungen der Wetterbeständigkeit.

Man unterscheidet hierzu die natürliche → Freibewitterung (FB, DIN 53166) und die Kurzbewitterung (KB) in Geräten (DIN 53231 E. 4.87, DIN 53384, DIN 53387). Beurteilt werden das Auftreten von Anstrichfehlern (Blasen, Risse, Abblätterung), Glanzverlust, Kreidung, Farbänderung, u. U. → Versprödung. Die Beanspruchung bei der FB hängt ab von den klimatischen Gegebenheiten, den speziellen lokalen Einflüssen u. den jahreszeitlichen und jährlichen Besonderheiten. Ihre Ergebnisse sind daher im Gegensatz zu denen der KB weniger gut reproduzierbar. Wesentlich für die Aussagefähigkeit einer KB ist, daß keiner der Wetterfaktoren (Wasser, Temperatur, → Bestrahlung, sonstige Atmosphärilien) mit größerer Intensität einwirkt als in der Praxis.

Dies gilt bedingt auch für Prüfungen auf → Chemikalienbeständigkeit (DIN 53168), bei denen ein weiteres wichtiges Prüfkriterium die → Quellung ist (gravimetrisch ermittelt). Sie hat das Entstehen von Spannungen an der Grenzfläche zum Untergrund zur Folge und kann zum Haftungsverlust führen.

Innere Spannungen können in Anstrichen auch als Folge des Lösemittelverlustes beim Trocknen und Altern, bei der Vernetzung und bei Temperaturänderungen als Folge unterschiedlicher thermischer → Ausdehnungskoeffizienten von Anstrich und Untergrund auftreten und über die Durchbiegung des Anstrich-Metall-Verbundes gemessen werden. *Sickfeld*

Literatur: *Kittel, H.*: Lehrbuch der Lacke und Beschichtungen. Bd. VIII. Berlin–Oberschwandorf 1980. – *Sickfeld, J.*: Ullmanns Encyklopädie der technischen Chemie. Bd. 15. Weinheim 1978. – *Sickfeld, J.*: Prüfung mechanisch-technologischer Eigenschaften dünner Beschichtungen als Funktion der Schichtdicke. Materialprüfung GIT-Supplement 4 (1987) S. 14–20.

Anstrichstoff → Beschichtungsstoff

Antiferroelektrika. Werkstoffe mit einer aus zwei Teilgittern darstellbaren Kristallstruktur. Die Untergitter zeigen eine gleich starke, entgegengesetzte → Polarisation im elektrischen Feld, die makroskopische Polarisation des Kristalls ist daher Null. Oberhalb der Curietemperatur (Kristallphasenumwandlung) sind die Teilgitter unpolarisiert und völlig gleichwertig.

Werkstoffe mit antiferroelektrischen Eigenschaften sind das Bleizirkonat, Natriumniobat und Bleihafnat (Perowskitstruktur), sowie Periodat-Kristalle und ADP-Kristalle (z. B. Amoniumdihydrogenphosphat). Das antiferromagnetische Verhalten dieser Werkstoffe äußert sich dadurch, das im Gegensatz zu ferroelektrischen Materialien (z. B. → Bariumtitanat) beim Anlegen eines äußeren elektrischen Feldes keine permante Polarisation oder Hysterese vorliegt. Es ist allerdings möglich, den antiferroelektrischen Zustand durch Anlegen sehr starker elektrischer Felder aufzuheben, es tritt eine für Antiferroelektrika charakteristische Hysteresekurve auf (Bild).

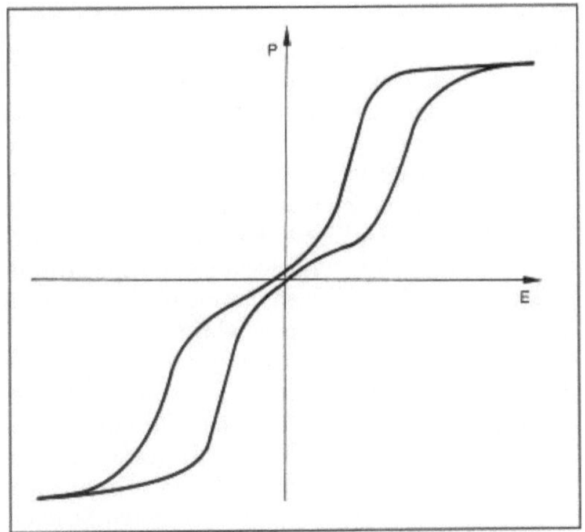

Antiferroelektrika: Charakteristische Hysteresekurve von A. P = Polarisation; E = elektrisches Feld.

Zwar kann am Gesamtkristall der A. keine sog. spontane Polarisation beobachtet werden, trotzdem tritt im elektrischen Feld eine Gitterdeformation auf. Dies ist darauf zurückzuführen, daß die Teilgitter für sich ferroelektrisch sind und sich gleichsinnig deformieren. Antiferroelektrische Werkstoffe finden als Speicherkondensatoren Anwendung.
→ Ferroelektrizität   *Hessel/Hennicke*

Antiferromagnetismus → Magnetismus

Antimonlegierungen. Antimon hat eine positive Thermospannung im Bereich von + 4,7 mV gegenüber Platin gemessen (thermoelektrische Spannungsreihe). Deshalb bilden Legierungen des Antimons mit Kadmium, Tellur oder Zink elektrisch verbunden mit Kupfer ein Thermopaar mit hohen Thermospannungen (Thermoelemente). Weiterhin wird Antimon als Legierungselement in → Kupfer-, → Blei- und → Zinklegierungen verwendet. Hartblei mit 9 bis 11 % Sb dient als Lettermetall und für korrosionsbeständige Kabelmäntel (→ Bleilegierungen).   *Heller*

Antioxidantien. A. sind organische Verbindungen, die die durch Sauerstoffeinwirkung bedingten Veränderungen bei Kunststoffen, wie oxidativen Abbau oder Vernetzungsreaktionen, hemmen oder gänzlich verhindern (→ Additive; → Kunststoffverarbeitung).
→ Oxidationsinhibitor   *Zahradnik*

Antiphasengrenze → Mischkristall

Antistatika. Präparate, die die statische Aufladung bei der Anwendung von Kunststoffen herabsetzen.

Hierzu werden Stoffe eingesetzt, die entweder die Oberflächenleitfähigkeit verbessern oder den Volumenwiderstand erniedrigen (→ Additive; → Kunststoffverarbeitung).   *Zahradnik*

Apparate-Dichtung. A.-D. sind Elemente zur Abdichtung lösbar miteinander verbundener Bauteile und Baugruppen.

Dichtungen sollen benachbarte Räume – häufig mit prinzipbedingt verschiedenen Drucken – gegeneinander abschließen, also Stofftransport zwischen diesen (Austreten oder Eindringen von Gasen, Dämpfen, Flüssigkeiten oder Feststoffen) unterbinden. Besondere Beachtung verdienen dabei die aus Konstruktions-, Fertigungs- und Montagegründen vorzusehenden Trennfugen und die Beschaffenheit der Dichtflächen. Abhängig davon, ob die zu dichtenden Bauteile eine Relativbewegung gegeneinander ausführen oder nicht, spricht man von Bewegungsdichtungen oder statischen Dichtungen (Dichtungen an ruhenden Bauteilen).

Zu den Anforderungen an Dichtungen zählen Dichtheit, → Lebensdauer und Betriebssicherheit. Lebensdauer bezieht sich auf Haltbarkeit im Betrieb, Beständigkeit gegenüber dem Betriebsmittel sowie Widerstandsfähigkeit gegen wiederholtes Lösen. Durch regelmäßige Wartung von Dichtungen lassen sich Verluste gegebenenfalls wertvoller Substanzen und unerwünschtes Vermischen von Stoffen vermeiden, die Belastung der Umwelt verringern und die → Verfügbarkeit der Anlagen steigern.

Wichtige Festigkeitseigenschaften statischer Dichtungen sind: Formänderungswiderstand K_D, Standkraft $F_{D\theta}$ bzw. → Zeitstandfestigkeit $\sigma_{D\theta/10000}$, → Elastizitätsmodul E, → Querkontraktion (→ Poisson-Zahl) ν und insbesondere Zusammendrückbarkeit, Rückfederung und bleibende → Verformung. Von untergeordneter Bedeutung ist dagegen die → Zugfestigkeit σ_B.

Prüfungen für die Beurteilung des Abdichtverhaltens gelten der Durchlässigkeit, den Quell- und Schrumpfeigenschaften, dem Wärmedehnbestreben sowie der chemischen Beständigkeit im weitesten Sinn. Wichtige sonstige Eigenschaften sind Wärmeleitfähigkeit, Temperaturbeständigkeit, Reibungseigenschaften, Bearbeitbarkeit, Abriebfestigkeit und Beständigkeit gegen Strahlverschleiß.

Zu den häufigsten lösbaren Verbindungselementen gehören Flanschverbindungen zwischen Apparate-, Rohrleitungs- und Maschinenteilen. Bei ihrer Gestaltung steht im Vordergrund das Verformungsverhalten zwischen Flanschblatt, Dichtung und Schraube.

Die Berechnung von Flanschverbindungen ist i. a. recht kompliziert. Näherungsverfahren sind in DIN 2505 und im AD Merkblatt B8/B7 enthalten.

Im Apparate- und → Anlagenbau sind vorerst Flachdichtungen (Weich-, Hart- und Mehrstoffdichtungen) am weitesten verbreitet. Unter den Mehrstoffdichtungen werden metallummantelte Weichstoffdichtungen aufgrund ihrer guten Verformbarkeit, chemischen Beständigkeit sowie hohen Temperatur- und Druckbeständigkeit bevorzugt.

Der starken Verbreitung von It-Dichtungen steht entgegen, daß diese bei höherer Temperatur zu Undichtigkeiten führen, wenn nicht jede Flanschung während des Warmwerdens sorgfältig nachgezogen wird. Der Ersatz von It-Dichtungen durch kammprofilierte Weicheisendichtungen ist im Regelfall nur höchstens zweimal möglich, beim dritten Mal sind die Unebenheiten durch das vorherige, zweimalige Anpressen bereits zu hoch.

Neben Flachdichtungen aus Hart- und Weichstoffen tritt die Gruppe der Formdichtungen für vorwiegend elastische und plastische Formänderungen. Unter den elastischen Dichtelementen nehmen rückfedernde Metalldichtungen vorzugsweise für extreme Temperaturen und höchste Dichtheitsforderungen eine Schlüsselrolle ein (Bild).

Gräfen/Strohmeier

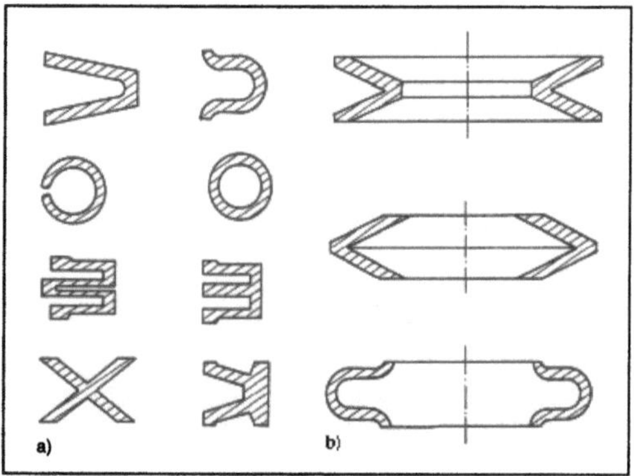

Apparate-Dichtung: Rückfedernde Metalldichtungen
a) Handelsübliche Ausführung
b) Parker-Dichtungen.

Literatur: DIN 2505/AD-Merkblatt B 8/B 7

Apparate-Schwingungen. Langzeitschäden von Baugruppen und -systemen im Apparate- und Anlagenbau sind häufig verursacht durch Schwingungsanregung. Besondere Bedeutung kommt hier fluidseitigen Anregungen zu. Mögliche Schwingungsarten sind in folgender Tabelle zusammengestellt.

Für den Anlagenbau sind besonders die Gruppen der selbsterregten und der erzwungenen Schwingungen von Bedeutung. Ein typisches Beispiel eines selbsterregten Schwingers wird durch das System querangeströmtes Rohr – Nachlauf gegeben. Während bei selbsterregten Schwingern die Erregerkraft nach einer Anfangsstörung allein von der Verschiebung oder der Geschwindigkeit des angeregten

Bauteils abhängt, sind bei erzwungenen Schwingungen die erregenden Kräfte auch dann wirksam, wenn sich der Schwinger selbst nicht bewegt.

Die Gruppe der Eigenschwingungen erfaßt die Bewegung sich selbst überlassener Schwinger. Beispiele im Anlagenbau liefern Blechverschalungen, Zwischendecken, Bühnen, Träger und Rohre. In reiner Form treten Eigenschwingungen im Apparate- und Anlagenbau vergleichsweise selten auf. Vorteilhaft ist, daß sich Eigenschwingungen analytisch mit verhältnismäßig einfachen Mitteln erfassen lassen. Ihre Bedeutung für zusammengesetzte Systeme besteht darin, daß bereits die Kenntnis des Eigenschwingverhaltens einzelner Bauteile oder Strukturelemente in vielen Fällen Schlüsse auf das Schwingungsverhalten der aus diesen zusammengesetzten und zwangsläufig komplizierteren Strukturen zuläßt. In jedem Fall sind Aussagen hinsichtlich möglicher Resonanzerscheinungen wichtiger Bauteile oder -gruppen zu erwarten.

Breiten Raum nehmen Koppelschwingungen ein. Nahezu alle Schwingungen zusammengesetzter Strukturen, begonnen bei Behältern mit Einbauten bis zu Bauwerksschwingungen, lassen sich dieser Gruppe zuordnen. Eine mathematische Behandlung ist nur in Sonderfällen möglich. Hierzu zählen die Überlagerung einperiodischer Hauptschwingungen oder die Beschränkung auf kleine Schwingungen um die Gleichgewichtslage im Rahmen einer linearen Theorie. Bereits die Behandlung von Koppelschwingern nach Balkenanalogien mit verhältnismäßig grober Diskretisierung bringt demgegenüber erhebliche Vorteile. Mittels →Finite-Elemente-Methoden lassen sich heute grundsätzlich auch sehr komplexe Systeme, gegebenenfalls bei zusätzlicher Berücksichtigung nichtlinearer Effekte, rechentechnisch beherrschen.

Parametererregte Schwingungen sind für die Anlagentechnik von geringerer Bedeutung. Zahlreiche Anwendungsbeispiele finden sich hingegen bei Werkzeug-, Spinnerei- und Verpackungsmaschinen. Parametererregte Schwingungen sind durch die Zeitabhängigkeit der Koeffizienten in den beschreibenden Differentialgleichungen gekennzeichnet.

Strohmeier/Gräfen

Literatur: *Klapp, E.:* Apparatetechnik und Anlagentechnik. Berlin–Heidelberg 1980. – *Troidl/Strohmeier:* Strömungsinduzierte Schwingungen querangeströmter Rohrfelder aus der Sicht des Konstrukteurs, VGB **67** (1987) Nr. 3, S. 291–300.

Applikationstechnik. Die →Dauerhaftigkeit von →Beschichtungen im Bauwesen wird in erheblichem Maße durch die Witterungsbedingungen während der Beschichtungsarbeiten und auch während der Trocknungszeit (Erhärtungszeit) sowie durch das Aufbringverfahren beeinflußt. Die einzelnen Bindemitteltypen verhalten sich hinsichtlich ihrer Empfindlichkeit gegen Witterungseinflüsse etwas

Apparate-Schwingungen. Tabelle: Klassifizierung der Schwingungen im Apparate- und Anlagenbau

Mögliche Arten der Schwingung	Beispiele		Beschreibende Differentialgleichung	Störgrößen und Anregungsmechanismus
Eigenschwingung	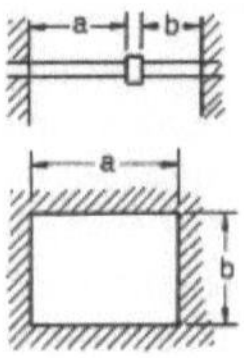	Balken- und Plattenschwingungen	homogen, in der Regel linar	
selbsterregte Schwingung	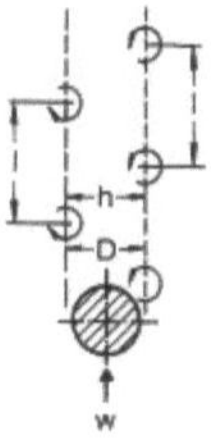	z. B. quer angeströmter Einzelzylinder mit Nachlauf (Kármánsche Wirbelstraße)	homogen und nicht linear	Störgrößen: mechanisch (auch seismisch), thermisch fluiddynamisch
erzwungene Schwingung	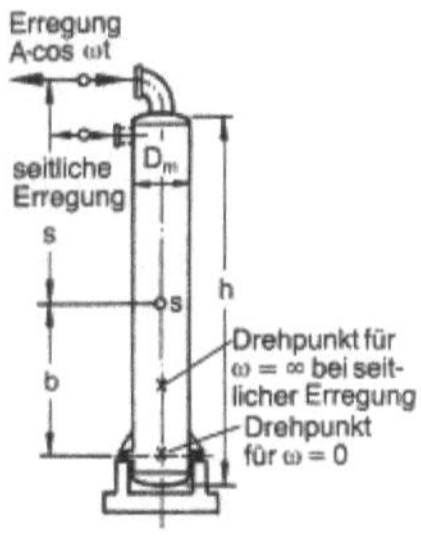	Schwingungen periodisch angeregter Behälter	stets inhomogen, häufig nicht linear	Erregerfunktion periodisch nicht periodisch stochastisch (Spektrum)
Koppelschwingung	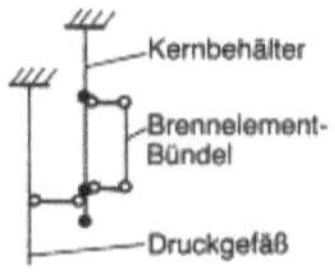	Schwingungen von Reaktor- und Druckgefäßeinbauten	gekoppelte Systeme, Lösungen durch einperiodische „Hauptschwingungen" und Beschränkung auf „kleine" Schwingungen	
parametererregte Schwingung	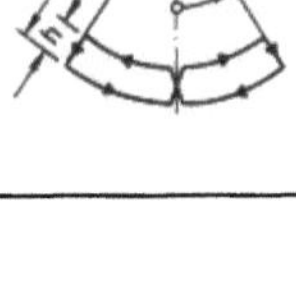	Schwingungen eines Schaukelschwingers, Pendel mit vertikalbeweglichem Aufhängepunkt usw.	Koeffizienten zeitabhängig meist periodisch	

unterschiedlich. Generell kann folgendes gesagt werden:

□ Niedrige Temperaturen erschweren die Applikation selbst, da durch höhere Viskositäten der Beschichtungsstoff nicht bis in die „Täler" der Mikrorauheiten gelangt und sich die Haftfläche verringert; dies verzögert die Trocknung. Wird die Beschichtung in noch nicht ausreichend erhärtetem („reifem") Zustand beansprucht, so kann ihre Dauerhaftigkeit beeinträchtigt werden.

□ Hohe Temperaturen können wegen niedrigerer Viskositäten zu dünne Filme ergeben, und bei lösemittelhaltigen Anstrichstoffen kann es zu Blasenbildungen infolge zu rascher Erhärtung der äußeren Zone kommen.

□ Bei Untergrundtemperaturen, die in der Nähe des Taupunktes liegen, können mit dem Auge nicht sichtbare Kondenswasserfilme auf dem Untergrund, vor allem in feinsten Rauhtiefen und Poren, vorhanden sein. Hierdurch können Haftungsstörungen zur Bauteiloberfläche oder zwischen den einzelnen Schichten auftreten.

Aus den genannten Gründen sollen Beschichtungsarbeiten i. d. R. nicht ausgeführt werden, wenn

– die Lufttemperatur + 5 °C unterschreitet,
– die Lufttemperatur +30 °C überschreitet,
– die Untergrundtemperatur weniger als 3 K über der Lufttemperatur liegt, was häufig bei rasch steigender Lufttemperatur der Fall ist,
– Nebel oder Regen unmittelbar bevorsteht,
– nach feuchter Witterung der Untergrund nicht zweifelsfrei durchgetrocknet ist.

Je nach → Beschichtungsstoff und Untergrund können die genannten Zahlen etwas variieren. Bei sehr sorgfältigem Pinselauftrag können die Grenzwerte etwas weiter gefaßt werden. Die Festlegung der anzuwendenden A. hängt vom zu beschichtenden Bauteil und in einigen Fällen auch vom Beschichtungsstoff ab:

□ Streichen. Durch handwerklich richtiges Arbeiten mit geeigneten Pinseln wird eine optimale → Benetzung des Untergrundes erreicht. Der erforderliche Lohnkostenaufwand ist hoch, die technischen Vorteile sind jedoch erheblich. Durch den federnden Andruck und die Bewegung der zahlreichen Pinselborsten werden Luft, Feuchtigkeitsreste und Staubteilchen aus kleinsten Vertiefungen des Untergrundes herausgearbeitet. Der Flächenkontakt zwischen Untergrund und → Bindemittel wird dadurch praktisch vollständig hergestellt. Das Verbleiben der ggf. abgelösten Fremdstoffe und der Luft im Beschichtungsfilm ist wesentlich unschädlicher als in der kritischen Haftzone.

□ Rollen. Durch Verwenden von fell- oder faserbelegten Rollen oder Walzen läßt sich gegenüber dem Pinsel eine nennenswerte Steigerung der Arbeitsleistung bei großflächigen Bauteilen erreichen. Die Vorteile des Streichens kommen jedoch wegen der wesentlich geringeren örtlichen Turbulenzen und Drücke nicht zum Tragen. Rollen wird daher zumindest für Grundbeschichtungen nicht empfohlen; für Deckbeschichtungen kann man es mit geeigneten Anstrichstoffen jedoch einsetzen.

□ Druckluftspritzen. Für das Druckluftspritzen gelten hinsichtlich der technischen Nachteile ähnliche Aussagen wie für das Rollen. Feine Oberflächenvertiefungen und Kehlen bleiben ungefüllt; sie können Ursache vorzeitiger Ablösungen werden. Außerdem muß man aus Viskositätsgründen meist mit relativ hohen Lösemittelanteilen („Verdünnern") arbeiten. Die Beschichtung kann hierdurch mikroporös und weniger dauerhaft werden. Die auf die Arbeitszeit bezogene Flächenleistung beträgt das Zwei- bis Dreifache gegenüber der manuellen Pinseltechnik. Das Druckluftspritzen wird daher für Deckbeschichtungen großflächiger Bauteile angewendet. Besonders bei gegliederten Bauteilen tritt ein erheblicher Sprühverlust (Spritznebel) auf, der nicht nur direkte Kosten durch Materialverlust (bis über 50 %), sondern vor allem Umweltschäden, z. B. an Bauteilen, Fahrzeugen, Pflanzen, im Umkreis von mehreren 100 m verursachen kann.

□ Höchstdruckspritzen. Diese apparativ aufwendige Applikationstechnik bezeichnet man häufig auch mit → Airless-Spritzen. Bei ihr wird der Beschichtungsstoff ohne Luftbeimengung mit Drücken bis zu 400 bar durch Düsen versprüht. Die intensive Verwirbelung des Beschichtungsstoffes auf dem Untergrund macht das Verfahren auch für Grundbeschichtungen anwendbar. Die Verschmutzungen der Umgebung durch Spritznebel sind wesentlich geringer als beim Druckluftspritzen, jedoch nicht in jedem Fall zu vernachlässigen. *Sasse*

Aramidfaser. Unter diesem Begriff versteht man hitzebeständige und schwerentflammbare, sogenannte Hoch-Modul-Fasern aus aromatischen Polyamiden, sehr unterschiedlicher chemischer Struktur, wie zum Beispiel das Poly-p-phenylenterephthalamid (PPTA):

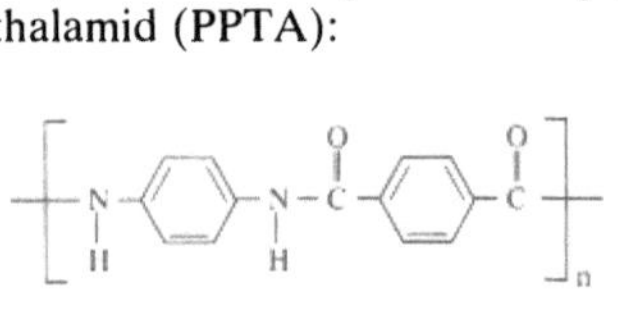

$$\left[N \!-\!\!\left\langle \bigcirc \right\rangle\!\!-\! N \!-\! \underset{\underset{O}{\|}}{C} \!-\!\!\left\langle \bigcirc \right\rangle\!\!-\! \underset{\underset{O}{\|}}{C} \right]_n$$

PPTA wird in Lösung polykondensiert und nach mehreren Aufbereitungsschritten aus Lösung versponnen. Diese Lösungen von PPTA in Schwefelsäure zeigen bei Konzentrationen oberhalb etwa 7 % flüssigkristallines Verhalten (→ Polymer, flüssigkritallines). Schon ohne Nachverstrecken zeigen die aus solchen anistropen Lösungen versponnenen Fasern sehr hohe Festigkeiten.

Neben sehr hohen Glas- und Zersetzungstemperaturen (bis über 400 °C) zeichnen sich so hergestellte A. durch hohe Festigkeiten und Moduli aus. Dabei sind die mechanischen Eigenschaften in Faserrichtung ausgezeichnet, während sie in Querrichtung um Größenordnungen niedriger liegen.

Sie sind im Vergleich zu Polyesterfasern besser hydrolyse-, aber weniger säurebeständig. Von den meisten organischen Lösungsmitteln werden sie nicht angegriffen und lassen sich auch nur sehr schwer anfärben. Gegenüber Gamma- und Röntgenstrahlung sind sie beständig, aber empfindlich bei UV-Bestrahlung.

Das Anwendungsgebiet der A. reicht sehr weit, vom Reifencord für LKW-, PKW- und Motorradkarkassen, über Verstärkungsmaterialien für Verbundwerkstoffe im Flugzeugbau, für Helikopter-Rotorblätter, Turbinenschaufeln und Bootsrümpfen, bis hin zu Seilen, Garnen, Gurten und Schutzbekleidung.

→Faserwerkstoffe *Zahradnik*

Literatur: *Elias/Vohwinkel:* Neue polymere Werkstoffe für die industrielle Anwendung. München 1983. – *Kroschwitz, J. I.:* Polymers: An Encyclopedic Sourcebook of Engineering Properties. New York 1987.

Arbeitsgemeinschaft der Großforschungseinrichtungen (AGF).

Zusammenschluß der 13 Großforschungseinrichtungen. Fördert den Erfahrungs- und Informationsaustausch ihrer Mitglieder, wirkt bei der Koordinierung der FuE-Arbeiten mit, nimmt Aufgaben im gemeinsamen Interesse wahr, vertritt die Großforschung nach außen.

Die AGF wurde 1970 gegründet. Ihr gehören folgende Großforschungseinrichtungen (GFE) an: Alfred Wegener-Institut für Polar- und Meeresforschung (AWI), Deutsches Elektronen-Synchrotron (DESY), Deutsche Forschungsanstalt für Luft- und Raumfahrt (DLR), Deutsches Krebsforschungszentrum (DKFZ), Forschungszentrum Jülich (KFA), Gesellschaft für Biotechnologische Forschung (GBF), GKSS-Forschungszentrum Geesthacht, Gesellschaft für Mathematik und Datenverarbeitung (GMD), GSF-Forschungszentrum für Umwelt und Gesundheit, Gesellschaft für Schwerionenforschung (GSI), Hahn-Meitner-Institut (HMI), Max-Planck-Institut für Plasmaphysik (IPP), Kernforschungszentrum Karlsruhe (KfK). Rund 16 000 ständige Mitarbeiter, darunter 8 000 Wissenschaftler. Gesamtaufwand für FuE 2,5 Mrd DM (1989).

Die GFE sind selbständige Einrichtungen unterschiedlicher Rechtsform. Der Bundesminister für Forschung und Technologie (BMFT) trägt i. d. R. 90 % des Zuwendungsbedarfs, die Bundesländer, in denen sie ihren Sitz haben, 10 %. Die GFE betreiben naturwissenschaftlich-technische und biologisch-medizinische FuE, die interdisziplinäre Zusammenarbeit und Ressourcen-Konzentration erfordert, sowie als Querschnittsaufgaben Systemforschung und Technikfolgenabschätzung, Dienstleistungen für Industrie, Behörden und Öffentlichkeit. Sie kooperieren mit Hochschulen und der Industrie sowie im internationalen Rahmen.

Organe: Mitgliederversammlung, fünfköpfiges Direktorium mit Vorsitzendem, Geschäftsstelle.

Literatur: „AGF-Mitteilungen", „Großforschung", jährliche Programmbudgets und fachliche Übersichten zur Umweltforschung, unregelmäßig AGF-Dokumentation und andere Übersichts-Publikationen. (Arbeitsgemeinschaft der Großforschungseinrichtungen (AGF), Ahrstraße 45, 5300 Bonn 2). *Altenmüller*

Arbeitsgemeinschaft Industrieller Forschungsvereinigungen „Otto von Guericke" e. V. (AIF).

Selbstverwaltungsorganisation der privaten Wirtschaft zur Förderung der naturwissenschaftlich-technischen Forschung und Entwicklung.

Der 1954 gegründeten AIF gehören (1989) 96 industrielle Forschungsvereinigungen mit rund 26 000 Klein- und Mittelunternehmen aus 34 Industriesparten mit 64 brancheneigenen Instituten der Gemeinschaftsforschung an. Sechs Organisationen aus Wirtschaft und Wissenschaft sind korporative Mitglieder.

Als Beratungs- und Verwaltungsstelle für Maßnahmen der Forschungsförderung vertritt die AIF die gemeinschaftlichen Interessen ihrer Mitglieder und den Gedanken der Kooperation in FuE. Die AIF ist die für die Förderung technologischer Innovationsaktivitäten in anwendungsnahen Bereichen zuständige Förderorganisation in der Bundesrepublik Deutschland.

Als Partner der Bundesregierung und als Hilfsperson der „Stiftung zur Förderung der Forschung für die gewerbliche Wirtschaft" wickelt die AIF die Vergabe öffentlicher und privater Mittel zur Forschungsförderung in sechs Teilbereichen ab.

□ Industrielle Gemeinschaftsforschung: FuE-Aktivitäten, die von einer repräsentativen Mehrheit der zu einem Fachbereich gehörenden Unternehmen gemeinsam und im Rahmen einer diesem Zweck dienenden Forschungsvereinigung betrieben werden. Die AIF bearbeitet und begutachtet Anträge auf Projektförderung durch den Bundesminister für Wirtschaft (BMWi). Seit Gründung der AIF bis Ende 1985 wurden 7 079 Einzelprojekte mit insgesamt rund 1 112 Mio DM gefördert. 1989 waren es 107 Mio DM.

□ FuE-Personalaufwendungen. In zwei zeitlich begrenzten Programmen wickelt die AIF personal orientierte FuE-Förderung ab: FuE-Personalkostenzuschüsse des BMWi; Förderungssumme 1978–1989: 3,2 Mrd DM. FuE-Personal-Zuwachsförderung des Bundesministers für Forschung und

Technologie (BMFT); Förderungssumme 1985—1990: rund 320 Mio DM.

□ Auftragsforschung und -entwicklung. Als Ergänzung zur Gemeinschaftsforschung und firmeneigener FuE fördert der BMFT über die AIF FuE-Aufträge, die Unternehmen an Dritte vergeben; Förderungssumme 1986: 53 Mio DM, 1989: 28 Mio DM.

□ Stiftungsmittel. Die „Stiftung zur Förderung der Forschung für die gewerbliche Wirtschaft" fördert mit Hilfe der AIF Forschungsvorhaben mit vornehmlich betriebswirtschaftlich-organisatorischen Themenstellungen; bis 1988 rund 200 Vorhaben mit 48 Mio DM.

Organe: Mitgliederversammlung, Präsidium, Wissenschaftlicher Rat (115 Wissenschaftler), 7 Gutachtergruppen, Geschäftsführung (87 Beschäftigte). Publikationen: Geschäftsbericht (jährlich), AIF-Handbuch (alle zwei Jahre), Forschungsreport (zweimal jährlich), AIF-Mitteilungen (sechsmal jährlich), Sonderpublikationen.

(AIF Arbeitsgemeinschaft Industrieller Forschungsvereinigungen e. V., Bayenthalgürtel 23, 5000 Köln 51). *Altenmüller*

Arbeitsgenauigkeit. Genauigkeit ist der Grad der Annäherung an ein gewünschtes Ergebnis. Als Maßzahl nimmt man meist die Ungenauigkeit, d. h. die Abweichung zwischen Soll- und Istwert. Zulässige Abweichungen sind Toleranzen. Beim → Umformen üben Verfahren, Werkstückstoff, Werkzeug, Maschine und Arbeitsablauf die wichtigsten Einflüsse auf die A. aus (Bild). Je komplexer die Geometrie des Werkstücks, desto größer sind die auftretenden Abweichungen. Jedes Verfahren hat

eine, sich ohne besondere Sorgfalt einstellende „natürliche" Genauigkeit. Eine verbesserte „gepflegte" Genauigkeit erfordert höheren Aufwand, wobei die Kosten progressiv mit der Genauigkeit ansteigen. Genauigkeit und Wirtschaftlichkeit sind daher stets gegeneinander abzuwägen.

Beim Umformen treten systematische und zufällige → Fehler nebeneinander auf. Systematische Fehler zeigen im Ablauf der Fertigung eine bestimmte Tendenz, z. B. Durchmesserzunahme gestauchter Köpfe durch → Reibverschleiß und plastische Werkzeug-Verformung, Dickenabnahme beim Gesenkschmieden auf → Spindelpresse oder Hammer durch bleibende → Verformung der Gesenk-Aufschlagflächen. Zufällige Fehler, die von Teil zu Teil keine Tendenz zeigen, entstehen durch teils sich addierende, teils aufhebende Überlagerung von Einflüssen wie Temperaturschwankungen, Schwankungen der Einsatzmasse, Schwankungen in Stoffzusammensetzung, → Gefüge und → Oberflächenbehandlung. Die dadurch bedingten Schwankungen der elastischen Verformung von Werkzeug und Maschine gehorchen den Gesetzen der Statistik und verteilen sich nach einer Normalverteilungskurve.

Fehlerarten an umgeformten Werkstücken sind Maß-, Lage-, Form- und Oberflächenfehler. Dabei ist nicht immer eine eindeutige Beschreibung der Fehler möglich; z. B. werden Lagefehler eines Formelements oft durch Formfehler eines anderen Formelements verursacht. Bei Maß- und Formfehlern werden werkzeugabhängige Fehler (in einem Werkzeugteil) und maschinenabhängige Fehler (über mindestens zwei Werkzeugteile hinweg) unterschieden. Sie hängen von den elastischen Verfor-

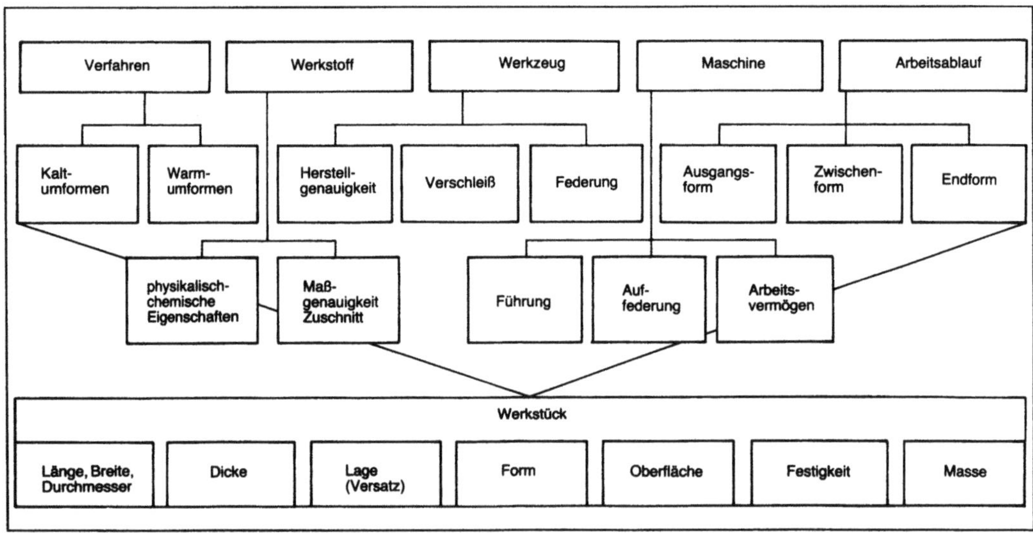

Arbeitsgenauigkeit: Einflüsse bei Umformvorgängen.

mungen im System Werkzeug-Umformmaschine ab. *Lange*

Literatur: *Lange, K.* u. *H. Meyer-Nolkemper:* Gesenkschmieden 2. Aufl. Berlin, Heidelberg, New York 1977. – *Lange, K.* (Hrsg.): Umformtechnik. Handb. f. Ind. u. Wiss. 2. Aufl. Bd. 1. Grundlagen. Berlin, Heidelberg, New York, Tokio 1984.

Arbeitsschutz. Unfallgefahren können durch Brand und Explosion, elektrischen Strom sowie Strahlung gegeben sein. Außerdem besteht Gesundheitsgefährdung durch luftverunreinigende Stoffe (Rauch und Staub), Lärm und evtl. einseitige körperliche Belastung. Als A.-Maßnahmen sind die Maximalen Arbeitsplatzkonzentrationen (MAK) bzw. Technischen Richtkonzentrationen (TRK), ausreichende Abschirmung optischer Strahlen von Augen und Körper sowie Einhaltung der Brandschutzregeln zu beachten.

Beim → Lichtbogenschweißen sind insbesondere die zulässige Leerlaufspannung, die Isolation des Schweißers gegen den Schweißstrom und die korrekte elektrische Installation der Schweißstromquelle zu berücksichtigen. *Dorn*

Literatur: *Dorn, L.* u. *a.:* Unfallverhütung und Gesundheitsschutz beim Schweißen und Schneiden. Grafenau, 1982.

Arbeitstemperatur → Löten

Arbeitsvermögen.
Umformtechnik. Das A. ist eine wichtige Kenngröße von → Umformmaschinen. Es muß mindestens dem Arbeitsbedarf eines Umformvorgangs entsprechen, damit dieser durchgeführt werden kann. *Lange*

Werkstoffprüfung. A. ist der Teil der in einem physikalischen System gespeicherten Energie, der sich als mechanische Arbeit wiedergewinnen läßt. Diese Energie ist als potentielle Energie z. B. im Gewicht einer Standuhr, im Wasser eines Stausees oder im Dampf eines Hochdruckkessels gespeichert, oder als kinetische Energie in einem Schwungrad, im Wasserstrahl gegen die Becher einer Peltonturbine oder im Gasstrahl eines Flugtriebwerks.

In der Mechanik der festen Körper wird die für die → Verformung aufzuwendende Arbeit als Formänderungsarbeit bezeichnet und in Form von potentieller Energie gespeichert. Als Ausgangslage (Bezugskonfiguration) dient der Körper im Zustand ohne Belastung durch äußere Kräfte. Wird der Körper nur elastisch verformt, kann bei vollständiger Entlastung die gesamte zur Verformung aufgewendete Arbeit wieder zurückgewonnen werden; tritt zusätzlich plastische Verformung auf, geht der Körper bei Entlastung nicht mehr in die Ausgangslage zurück, die zur Verformung aufgewendete Arbeit

kann nicht mehr vollständig zurückgewonnen werden.

Bekannteste technische Anwendung dieser Art von Energiespeicherung ist die Feder einer Uhr, die in guter Näherung nur elastisch verformt wird (Elastizitätstheorie; Kontinuumsmechanik, Energie, Entropie, Thermodynamik, Wasserkraftwerke, Dampfkraftwerke). *Kußmaul*

Arrhenius-Beziehung. Empirische Beziehung zwischen kinetischen Meßwerten und Temperatur in der Form

$$M(T) = M_0 \exp(-B/T)$$

(T: abs. Temperatur in K). Ihre Anwendbarkeit auf Meßwerte deutet auf die geschwindigkeitsbestimmende Rolle thermisch aktivierter Prozesse hin (→ Aktivierung, thermische; → Aktivierungsenergie). *Ilschner*

Arsenlegierungen. Arsen hat in der Technik wenig Bedeutung, Basislegierungen gibt es nicht. Lediglich als gütesteigernde Zusätze in Sondermessingen (→ Kupferlegierungen) findet Arsen in kleinen Mengen eine Anwendung. In der Mikroelektronik wird Arsen als Donator (Elektronenspender) für die Halbleiter Silicium und Germanium verwendet. Das fünfwertige As-Atom kann als → Fremdatom im vierwertigen Halbleitergitter Si oder Ge leicht ein überschüssiges Elektron als Leitungselektron abgeben (n-Leitung). Dadurch (Bändermodell) wird die halbleitende Elektronenleitung im Leitungsband (→ Defektelektron) leichter erreicht, als in reinen Halbleitern (Eigenleitung). Das amphotere Gallium-Arsenid (→ Verbindungshalbleiter GaAs) kann durch → Dampfdruck als p- und n-Halbleiter gesteuert werden und findet vielfach beim pn-Übergang in Gleichrichterdioden, Leuchtdioden, Transistoren und Elektronentransferbauelementen Verwendung. *Heller*

Asbestzementrohr-Prüfung. Die A.-P. dient dem Nachweis der für den Anwendungsbereich dieser Rohre geforderten Materialeigenschaften.

Damit Asbestzementrohre, meist für den Bau von Entwässerungsleitungen eingesetzt, ihre Funktion möglichst auf Dauer erfüllen, müssen sie die in DIN 19 830 geregelten Anforderungen an die Maßhaltigkeit, → Festigkeit, Wasserdichtheit und Frostbeständigkeit erfüllen.

Bei der Prüfung der Maßhaltigkeit dürfen festgelegte vorgegebene Abweichungen hinsichtlich der Rohrlänge, des Innen- und Außendurchmessers, der Wanddicke, der Muffentiefe und der Abweichung der Rohrachse von der Geraden (Durchbiegung) nicht überschritten werden. Zur Beurteilung der Festigkeit der Rohre sind diese auf Ringzugfestigkeit, Scheiteldruckfestigkeit und Biegefestigkeit zu prüfen.

Die Ringzugfestigkeit wird nach DIN 50 105 durch Aufbringen eines Wasserdrucks im Innern eines Rohrs bis zum Bruch geprüft. Zur Bestimmung der Scheiteldruckfestigkeit wird nach DIN 52 150 das zu prüfende →Rohr in Längsrichtung zwischen zwei Druckverteilungsbalken aus Hartholz eingebaut und diese bis zum Bruch des Rohres belastet. Die Biegefestigkeit wird nach DIN 51 227 durch eine mittig, zwischen zwei Rohrauflagern angeordnete, bis zum Bruch gesteigerte Last bestimmt.

Zur Prüfung der Wasserdichtheit wird nach DIN 50 104 in einem Rohrabschnitt ein Wasserinnendruck aufgebracht und die Außenfläche hinsichtlich einer Tropfenbildung beobachtet.

Zur Prüfung auf Frostbeständigkeit werden wassergesättigte Prüfstücke 25mal abwechselnd einer Temperatur von -15 °C ausgesetzt und in Wasser von +20 °C aufgetaut, um vor jeder neuen Frostbeanspruchung die Prüfstücke auf mögliche Schäden, wie Risse, Abplatzungen usw., zu untersuchen.

Die Erfüllung der in DIN 19 830 festgelegten Anforderungen ist jährlich mindestens einmal durch eine Prüfung einer anerkannten Materialprüfungsanstalt nachzuweisen. *Rehm/Zeus*

Ashby-Diagramm. Analog zu den Zustandsdiagrammen, welche für beliebige Wertepaare von Temperatur und Zusammensetzung die thermodynamisch stabile Phasenverteilung angeben, kann man nach einem Vorschlag von *M. F. Ashby* (1972) zweidimensionale Karten der Verformungsmechanismen aufstellen. Diese geben für beliebige Wertepaare von Spannung und Temperatur an, welcher von verschiedenen Verformungsmechanismen (Versetzungsgleiten bei niedriger Temperatur, Versetzungskriechen, Diffusionskriechen) die jeweils höchste Verformungsrate ergibt und somit dominiert. Die entsprechenden Felder sind durch Linien abgegrenzt, auf denen die jeweils angrenzenden Mechanismen die gleiche Geschwindigkeit aufweisen. Ferner werden Konturen gleicher Abgleitgeschwindigkeit (z. B. $\dot{\gamma} = 10^{-8}$ s^{-1}) eingetragen.

Als Koordinaten werden in der Regel die mit dem →Schubmodul normierte Schubspannung (τ/G) und die mit der Schmelztemperatur normierte absolute Temperatur (T/T_m) verwendet (Bild). Für unterschiedliche Korngrößen müssen jeweils eigene Diagramme gezeichnet werden. Solche Diagramme existieren für Metalle und ihre Legierungen, für Halogenide, Carbide, Oxide, Olivine, für H_2O-Eis und andere Stoffe. Die in ihnen enthaltene Information ist nicht nur für die wissenschaftliche Forschung, sondern auch für Schadensfall-Analysen und für die Konzeption von Maßnahmen zur →Festigkeitssteigerung oder für die Verbesserung des

Wirkungsgrades von Warmformgebungsprozessen von erheblicher Bedeutung. In der Folge sind ähnliche „Karten" für Bruchmechanismen oder auch für →Verschleißmechanismen publiziert worden (→Kriechen, →Zeitstandverhalten). *Ilschner*

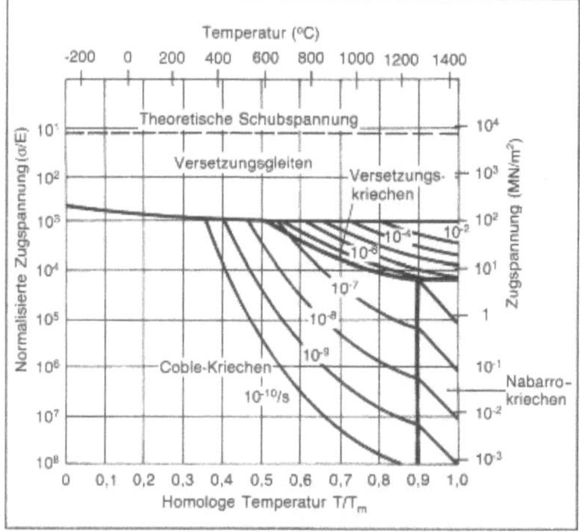

Ashby-Diagramm: Darstellung der Verformungsmechanismen für reines Nickel (Korngröße 32 µm) nach Ashby.

Literatur: *Frost, H. J.* and *M. F. Ashby:* Deformation-Mechanism-Maps (The plasticity and creep of metals and ceramics). Oxford 1982. – *Lim, S. C.* and *M. F. Ashby:* Overview: Wear Mechanism Maps. Acta Metallurgica 35 (1987) pp. 1–24.

Asselwalzverfahren. Das nach seinem Erfinder *W. J. Assel* genannte A. ist ein →Dreiwalzen-Schrägwalzverfahren zur Herstellung nahtloser →Stahlrohre mit kegelförmigen Walzen, die symmetrisch je 120° um die Walzmitte versetzt zueinander angeordnet und gegen die Walzgutebene geneigt sind (Bild).

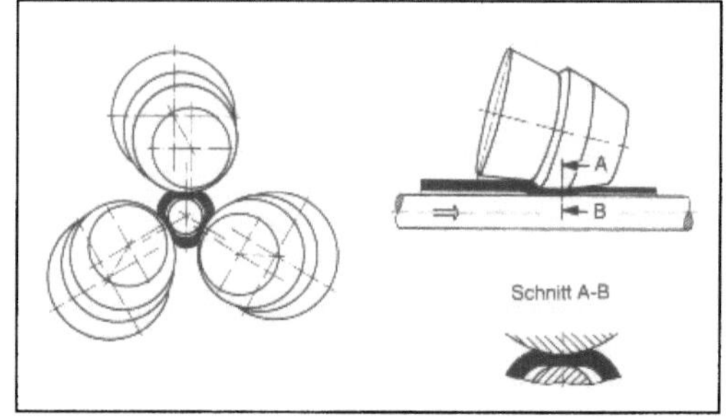

Asselwalzverfahren: Schematische Darstellung.

Wesentliches Merkmal der Walzenkalibrierung ist die sog. Schulter, deren „Höhe" die Verringerung der Wanddicke des Hohlblocks bestimmt. Der Auslaufteil der Walzenkalibrierung ist so gestaltet, daß ein Lösen des Stahlrohres vom Innenwerkzeug und ein Glätten sowie Runden der Außenoberfläche stattfinden kann. Als Innenwerkzeug dient eine im allgemeinen frei mitlaufende Dornstange, die nach beendetem Walzvorgang aus dem fertigen Rohr gezogen wird.

Mit dem A. werden heute nahtlose Stahlrohre mit Außendurchmesser zwischen 60 mm und 250 mm in Längen bis zu 9 m hergestellt. Die kleinste lichte Weite der Rohre liegt bei etwa 40 mm. Die mit diesem Verfahren erzeugten Stahlrohre zeichnen sich durch besonders gute Zentrizität aus und werden vorzugsweise für Drehteile (Wellen, Achsen) und für die Kugellagerfertigung in mittellegierten Werkstoffgüten verwendet. *Baumann*

Ast. Äste bringen sehr starke Störungen in den Faserverlauf des →Holzes, die zu erheblichen Verminderungen der Zug- und Biegezugfestigkeit führen können, während die Druckfestigkeit weniger beeinflußt wird. Diese Störungen wirken sich um so stärker aus, je dicker die Äste im Vergleich zum Querschnitt und je mehr Äste im Bauteil vorhanden sind. Deshalb dürfen bei Bauholz Durchmesser von Einzelästen und Durchmessersummen von Astansammlungen sowie bestimmte Verhältniswerte, die in DIN 4074 festgelegt sind, nicht überschritten werden. *Wesche*

Atmosphärische Korrosion →Korrosion

Aufbereitung.
Metallische Werkstoffe. Behandlung von Massengütern wie Erze, Kohlen, Schlacke, Schrott, Formsand usw. mit dem Ziel, technisch verwertbare Produkte herzustellen. Die Verfahren der A. richten sich nach der Art des behandelten Gutes.

Bei der A. von armen →Eisenerzen ist das Ziel, eine Anreicherung des Eisengehaltes und Verminderung des Gehaltes an Gangart. Auch bei reicheren Erzen kann eine A. notwendig sein zum Abscheiden eines unerwünschten Begleitelementes, wie z. B. →Phosphor.

In der ersten Stufe der A. wird das Roherz gebrochen und gemahlen. Die →Mahlfeinheit ist abhängig vom Verwachsungsgrad. In der zweiten Stufe erfolgt die Anreicherung unter Ausnutzung bestimmter Eigenschaften der Eisenoxide, wie →Magnetismus und hohe Dichte. Verfahren sind Magnetscheidung, Schwimm-Sinkverfahren, Flotation. In einer dritten Stufe wird das gewonnene Konzentrat durch →Pelletieren stückig gemacht, um es in den Reduktionsverfahren einsetzen zu können.

Bei Reicherzen besteht im allgemeinen die A. im Brechen auf die gewünschte →Korngröße und Absieben des Unterkorns. Das Unterkorn wird durch →Sintern stückig gemacht. *Rellermeyer*

Literatur: *Schubert, H.:* Aufbereitung fester mineralischer Rohstoffe. Leipzig 1979.

Nichtmetallische Werkstoffe. Vorbehandlung natürlicher und ggf. synthetischer Rohstoffe durch mechanische und/oder physikalisch-chemische Verfahrensgänge. Ziel der A. nichtmetallischer Rohstoffe für die Keramik, Zement- und Glasindustrie ist der Erhalt eines homogenen Rohstoffgemenges zur jeweilig technischen Weiterverarbeitung.
□ Aufbereitungsmethoden für keramische Rohstoffe (→Keramik):
– Natürliche A. von →Ton unter Einwirkung von Sonne, Regen und Frost beim Lagern und evtl. Mischen in Kollergängen, um die für eine plastische Formgebung erforderliche →Konsistenz für einfache Ziegeleierzeugnisse zu erreichen.
– Trocken- und Halbnaßaufbereitung zur Trocknung, evtl. Zerkleinerung und Mischung aller Gemengeanteile. Zur dosierten Wiederanfeuchtung (je nach Formgebungsprozeß 5–15 %) Einsatz von Mischkollergängen.
– Naßaufbereitung zur Naßmahlung in Trommelmühlen oder Verrühren mit Wasser in Mischquirlen zum Überführen der Rohstoffe in den Suspensionszustand, um so Feinstmahlung, Mischen und Homogenisierung auszuführen. Wasserentzug durch
a) Filterpressen, Weiterverarbeitung der Filterkuchen in Vakuumstrangpressen zur plastischen Formgebung, oder durch
b) Sprühtrockner zur Herstellung eines trockenpreßfähigen Pulver.
□ Aufbereitungsmethoden für Zement-Rohstoffe (→Bindemittel, anorganisches):
– Trockene A. zur Mischung und Feinmahlung der Rohstoffgemenge (bis zu 12 % Feuchte) in Rohrmühle oder Wälzmühle. Während des Zerkleinerns wird das Mahlgut durch Heißgas aus den Ofenabgasen getrocknet (Trockenmahlung).
– Naßverfahren bei Rohstoffen mit über 20 % Feuchte. Das Rohmaterial wird unter Wasserzugabe in Rohrmühlen zu Rohschlamm vermahlen. Seit neuerem wird das Wasser in einer Filterpresse vor dem Klinkerbrand größtenteils ausgetrieben (sog. Halbnaßverfahren).
□ A. von Glasrohstoffen (→Glas):
Mischen der trockenen Gemengerohstoffe mit Körnungen zwischen 0,5–0,05 mm in Trommel- oder Freifallmischern, in kleineren Betrieben auch Kasten- oder Muldenmischer. *Hesse/Hennicke*

Aufdampfen →Abscheidung, physikalische aus der Gasphase

Aufdampftechnik →Dünne Schichten

Aufgießen. →Beschichten eines Werkstoffes mit einer flüssigen Legierung, die auf die Werkstückoberfläche gegossen wird. Dieses Verfahren wird häufig zur Herstellung von Verbundgleitlagerwerkstoffen angewendet, indem z. B. →Kupferlegierungen kontinuierlich auf ein → Stahlband aufgegossen werden. *Habig*

Aufkohlen. Anreichern der → Randschicht eines Werkstückes mit → Kohlenstoff durch thermochemische → Behandlung. Nach Art des Aufkohlungsmittels unterscheidet man zwischen Gas-, Salzbad-, Pulver- und Pastenaufkohlen. Die Aufkohlungstemperatur liegt in der Regel zwischen 850 und 950 °C, also im Austenitgebiet. Zum A. werden Einsatzstähle mit niedrigen Kohlenstoffgehalten (<0,25 %) verwendet. Durch das A. wird der Kohlenstoffgehalt der Randschicht auf Gehalte zwischen 0,6 und 0,9 % erhöht.

An das A. wird ein → Härten und → Anlassen angeschlossen, wodurch in der Randschicht → Martensit und → Restaustenit gebildet wird. Die → Härte fällt vom Rand zum Kern hin ab (Bild). Aus dem Härteverlauf kann die Einsatzhärtungstiefe ermittelt werden, die meistens zwischen 0,5 und 2 mm liegt.

An das A. und Härten wird im allgemeinen eine Schleifbehandlung angeschlossen. Durch A. und Härten werden vor allem die → Dauerschwingfestigkeit, der Widerstand gegenüber → Oberflächenzerrüttung bzw. → Grübchenbildung und gegenüber abrasivem → Verschleiß erhöht. Daher wird das A. und Härten zur Verlängerung der Ge-

brauchsdauer von mechanisch und tribologisch hoch beanspruchten Bauteilen wie Zahnrädern, Nockenwellen, Werkzeugen u. a. verwendet.

Habig

Literatur: *Stüdemann, H.:* Wärmebehandlung von Stahl, Gußeisen und Nichteisenmetallen. München – Wien 1967. – *Wahl, G.:* Einsatzhärten und Nitrieren von Eisenwerkstoffen. In: H. Kunst: Verschleiß metallischer Werkstoffe und seine Verminderung durch Oberflächenschichten. Grafenau 1982.

Aufnehmer. Der A. (Meßaufnehmer, Geber, Sensor, Detektor, Fühler, Transducer) dient zur elektrischen Messung nichtelektrischer Größen. Aufgrund eines physikalischen Effekts (Tabelle) formt er die zu messende nichtelektrische Größe in ein elektrisches Signal um, das dann mit den Mitteln der elektrischen Meßtechnik weiterverarbeitet werden kann.

Bei ein und demselben A. sind jeweils verschiedene Einflußgrößen wirksam. Der elektrische Widerstand eines Leiters z. B. ist sowohl von der Temperatur als auch von mechanischen Spannungen abhängig. Soll die Temperatur gemessen werden, sind mechanische Spannungen zu vermeiden. Umgekehrt müssen dann bei der Dehnungsmessung die Temperatureinflüsse korrigiert werden. Generell sind die A. so zu entwerfen und zu konstruieren, daß sie mindestens reproduzierbar und nach Mög-

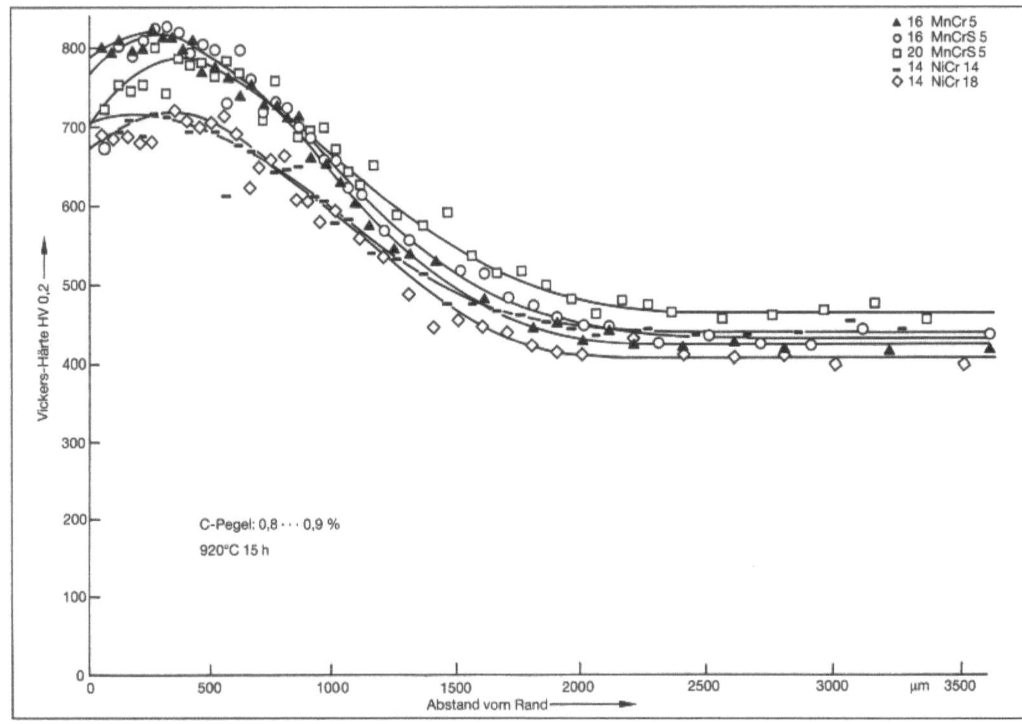

Aufkohlen: Härteverläufe von aufgekohlten und gehärteten Einsatzstählen.

lichkeit auch selektiv auf die zu messende Größe reagieren. Störgrößen müssen, falls sie nicht vermieden werden können, korrigierbar sein.

Der A. wird charakterisiert durch seine Kennlinie, die den Zusammenhang zwischen der gemessenen nichtelektrischen Größe und dem abgegebenen elektrischen Signal beschreibt. Sie kann in Form einer Gleichung, einer Tabelle oder einer gezeichneten Kurve angegeben werden.

Aufnehmer. Tabelle: Effekte, die in A. zur elektrischen Messung nichtelektrischer Größen benutzt werden.

Mechanische Größen:
Induktionsgesetz
piezoelektrischer Effekt
reziproker piezoelektrischer Effekt
Abhängigkeit des elektrischen Widerstandes von geometrischen Größen
Änderung des spezifischen Widerstands unter mechanischer Spannung
Kopplung zweier Spulen über einen Eisenkern
Abhängigkeit der Induktivität einer Spule vom magnetischen Widerstand
Abhängigkeit der Kapazität eines Kondensators von geometrischen Größen
Änderung der relativen Permeabilitätszahl unter mechanischer Spannung
Abhängigkeit der Eigenfrequenz von mechanischen Spannungen
Wirkdruckverfahren
Erhaltung des Impulses (Coriolis-Durchflußmesser)
Wirbelbildung hinter einem Störkörper
Durchflußmessung über die Bestimmung der Wärmeabfuhr
Abhängigkeit der Schallgeschwindigkeit von der Geschwindigkeit des Mediums

Thermische Größen:
thermoelektrischer Effekt
pyroelektrischer Effekt
Abhängigkeit des elektrischen Widerstandes von der Temperatur
Abhängigkeit der Eigenleitfähigkeit von der Temperatur
Ferroelektrizität
Abhängigkeit der Quarz-Resonanzfrequenz von der Temperatur

Optische oder radioaktive Größen:
äußerer Fotoeffekt
innerer lichtelektrischer Effekt, Sperrschicht-Fotoeffekt
Fotoeffekt, Compton-Effekt und Paarbildung
Anregung zur Lumineszenz

Chemische Größen:
Bildung elektrochemischer Potentiale an Grenzschichten
Änderung der Austrittsarbeit an Phasengrenzen
Temperaturabhängigkeit des Paramagnetismus von Sauerstoff
Gasanalyse über die Bestimmung der Wärmeleitfähigkeit
Gasanalyse über die Bestimmung der Wärmetönung
Sauerstoff-Ionenleitfähigkeit von Festkörper-Elektrolyten
Prinzip des Flammen-Ionisationsdetektors
hygroskopische Eigenschaften des LiCl
Abhängigkeit der Kapazität vom Dielektrikum

Die nichtelektrischen Größen können aktiv oder passiv in die elektrischen umgeformt werden. Die *aktiven* A. kommen ohne eine elektrische Hilfsenergie aus. Sie wandeln mechanische Energien (z. B. Drehzahlmesser), thermische (z. B. Thermoelement) oder auch chemische (elektrochemischer Sensor) in elektrische um. Sie liefern am Ausgang eine Spannung, eine Ladung oder einen Strom.

Das Ersatzschaltbild eines spannungsliefernden A. ist eine Spannungsquelle, die durch die Leerlaufspannung und den Innenwiderstand beschrieben wird. Beide Größen sind wichtig. Schwierigkeiten bei der Messung können entstehen, wenn entweder die abgegebene Spannung sehr niedrig oder der Innenwiderstand der Quelle sehr hoch ist. Um wirklich die von der Quelle gelieferte Spannung zu erfassen, ist die Spannungsmessung hochohmig durchzuführen. Umgekehrt ist bei der Stromquelle, die als Stromgenerator mit parallel liegendem hohen Innenwiderstand gezeichnet werden kann, der gelieferte Strom möglichst niederohmig zu messen.

Die *passiven* A. sind auf eine elektrische Energieversorgung angewiesen. Die nichtelektrische Größe beeinflußt, steuert oder moduliert einen elektrischen Parameter. Bei den Widerstands-A. ist dies z. B. der ohm'sche Widerstand (z. B. Widerstandsaufnehmer, →Dehnungsmeßstreifen), bei den induktiven A. ist es die Induktivität (Meßaufnehmer, induktiver) und bei den kapazitiven ist es die Kapazität (Meßaufnehmer, kapazitiver). Die passiven A., bei denen ein elektrischer Parameter nur moduliert wird, beeinflussen in der Regel die zu messende Größe weniger als die aktiven, bei denen eine Energie entnommen wird. Die passiven A. sind rückwirkungsfrei und haben oft auch die größere Empfindlichkeit.

Für A., die sich automatisiert, in großen Stückzahlen, preisgünstig fertigen lassen, wird auch der Begriff des Sensors benutzt. Solche Sensoren können z. B. mit Hilfe der Dickschicht-, Dünnschicht- oder Silicium-Technologie hergestellt werden (Dickschicht-Sensor, Dünnschicht-Sensor, Silicium-Sensor). Wird schon am Ort des Sensors sein Signal aufbereitet, so entsteht der integrierte, smarte oder intelligente Sensor. *Schrüfer*

Literatur: *Grave, H. F.:* Elektrische Messung nichtelektrischer Größen. Frankfurt/M 1965. – *Hartmann & Braun:* Meßtechnik; Einführung, Anwendung, L 3350, Frankfurt/Main. – *Jüttemann, H.:* Grundlagen des elektrischen Messens nichtelektrischer Größen. Düsseldorf 1974. – *Heywang, W.:* Sensorik. Berlin 1983. – *Kronmüller, H.; B. Zehner.:* Prinzipien der Prozeßmeßtechnik I und II. Karlsruhe. – *Niebuhr, J.:* Physikalische Meßtechnik; Bd. I: Aufnehmer und Anpasser. – *Profos, P.* (Hrsg.): Handbuch der industriellen Meßtechnik. Essen 1978. – *Rohrbach, C.:* Handbuch für elektrisches Messen mechanischer Größen. Düsseldorf 1967. – *Samal, E.:* Elektrische Messung von Prozeßgrößen. AEG-Telefunken (Hrsg.) Handbücher Band 17. Berlin 1974. – *Schrüfer, E.:* Elektrische Meßtechnik, 3. Auflage München 1988. – Siemens (Hrsg.): Messen in der Prozeßtechnik. Berlin 1972. – *Wiegleb, G.:* Sensortechnik. München 1986.

Aufsintern. →Beschichten eines Werkstückes, indem ein Pulver auf die →Oberfläche aufgebracht und dort gesintert wird, wobei durch Diffusionsprozesse eine →Haftung mit dem Grundwerkstoff bewirkt wird. An den Sinterprozeß wird häufig ein →Pressen oder →Walzen angeschlossen. Das A. wird zur Herstellung von Verbundgleitlagerwerkstoffen angewendet, indem z. B. →Kupferlegierungen kontinuierlich auf ein →Stahlband aufgesintert werden. *Habig*

Aufspannplatte. Bei Versuchsaufbauten in der →Bauteilprüfung eingesetztes Hilfsmittel zur Befestigung von Prüfkörpern und Prüfeinrichtungen und Übertragung von Kräften und Momenten. Auf Grund der meist relativ hohen →Steifigkeit und der rasterförmigen Anordnung einer Vielzahl von Befestigungspunkten ist der Auslegungsgröße entsprechend ein weiter Anwendungsbereich gegeben. Die Grundkörper von A. werden teils als bewegliche Stahlgußelemente oder bauseits verankert auch in Spannbetonausführung eingesetzt. *Kußmaul*

Aufstickung. Aufnahme von →Stickstoff in metallischen Werkstoffen durch Einwirken stickstoffhaltiger Gase, vor allem Ammoniak-Spaltgase bei hohen Temperaturen. An unlegierten und niedriglegierten Stählen erfolgt durch Einwirkung von Ammoniak bei Temperaturen um 500 bis 550 °C eine A. der Oberflächenrandzone der Werkstoffe unter Nitridbildung. Dies wird technisch zur →Härtung von Stahloberflächen genutzt (Nitrierung, Nitrierhärtung).

Bei Temperaturen oberhalb 700 °C tritt vornehmlich A. im Werkstoffinneren auf, was beim praktischen Einsatz unlegierter und niedriglegierter →Stähle in Ammoniak-Syntheseanlagen Schäden hervorrufen kann.

Bei hochlegierten Stählen entstehen Chrom- und Eisennitridschichten, die zwar die A. verzögern aber nicht verhindern, vor allem im Ammoniak-Spaltgas bei hohen Temperaturen, und zur inneren Nitrierung führen.

Legierungstechnisch kann der A. durch hohe Nickelgehalte bei gleichzeitiger Absenkung der stickstoffaffinen Elemente begegnet werden. *Wendler-Kalsch*

Auftragslöten →Löten

Auftragsschweißen. →Beschichten eines Werkstückes durch →Schweißen (DIN 1910, Teil 1). Sofern Grund- und Auftragwerkstoff artfremd sind, wird z. B. unterschieden zwischen:

□ A. von Panzerungen (Schweißpanzern).
Der Auftragwerkstoff hat dabei in der Regel einen höheren →Verschleißwiderstand als der Grundwerkstoff.
□ A. von Plattierungen (Schweißplattieren).

Der Auftragwerkstoff hat in der Regel eine höhere →Korrosionsbeständigkeit als der Grundwerkstoff.
□ A. von Pufferschichten.
Der Auftragwerkstoff ist hinsichtlich seiner Eigenschaften so ausgewählt, daß zwischen nicht artgleichen Werkstoffen eine beanspruchungsgerechte Bindung erzielt werden kann.

Die gebräuchlichen Schweißzusatzwerkstoffe, die für das Auftragschweißen verwendet werden, sind in der Tabelle zusammengestellt (DIN 8555, Teil 1). *Habig*

Auftragsschweißen. Tabelle: Schweißzusatzwerkstoffe zum A.

Legierungsgruppe	Art des Schweißzusatzwerkstoffes (Prozentangaben in Gew.-%)
1	unlegiert bis 0,4 % C oder niedriglegiert bis 0,4 % C und bis max. 5 % Legierungsbestandteile Cr, Mn, Mo, Ni insgesamt
2	unlegiert mit mehr als 0,4 % C oder niedriglegiert mit mehr als 0,4 % C und bis max. 5 % Legierungsbestandteile Cr, Mn, Mo, Ni insgesamt
3	legiert, mit den Eigenschaften von Warmarbeitsstählen
4	legiert, mit den Eigenschaften von Schnellarbeitsstählen
5	legiert mit mehr als 5 % Cr und niedrigem C-Gehalt (bis etwa 0,2 % C)
6	legiert mit mehr als 5 % Cr und höherem C-Gehalt (etwa 0,2 bis 2,0 % C)
7	Mn-Austenite mit 11 bis 18 % Mn und mehr als 0,5 % C und bis 3 % Ni
8	Cr-Ni-Mn-Austenite
9	Cr-Ni-Stähle (rost-, säure- und hitzebeständig)
10	hoch C-haltig und/oder hoch Cr-legiert mit oder ohne Co, Mo und W
20	Co-Basis, Cr-W-legiert, mit oder ohne Ni und Mo
21	Karbid-Basis (gesintert oder gegossen)
22	Ni-Basis, Cr-legiert, Cr-B-legiert
23	Ni-Basis, Mo-legiert mit oder ohne Cr
30	Cu-Basis, Sn-legiert
31	Cu-Basis, Al-legiert
32	Cu-Basis, Ni-legiert

Literatur: DIN 1910, Teil 1: Schweißen – Begriffe, Einteilung der Schweißverfahren, Ausgabe 1983. – DIN 8555, Teil 1: Schweißzusatzwerkstoffe zum Auftragschweißen – Bezeichnung, Technische Lieferbedingungen, Ausgabe 1978.

Aufweit-Tiefziehen. Durch A.-T. wird eine gelochte, kreisrunde Blechscheibe (Platine) in ein kurzes Rohrstück (Hülse) mit kegeligem Stempel und kegeligem Ziehring (Matrize) umgeformt. Der Außendurchmesser verringert sich bei Dickenzunahme, der Innendurchmesser vergrößert sich bei Wanddickenabnahme. Nur wenn die Teilkräfte für beide Teilvorgänge gleich sind, gelingt der Vorgang. Das Bild zeigt für einen Anwendungsfall den schmalen Bereich für „Gutteile" mit den Verfahrensgrenzen. Die verfahrensbedingte ungleiche Wanddicke über der Werkstückhöhe läßt sich durch unmittelbar dem A.-T. folgendes Hohl-Vorwärtsfließpressen in einem Kombinationswerkzeug beseitigen. Dadurch entstehen Hülsen mit sehr engen Wanddickentoleranzen. *Lange*

Literatur: *Burgdorf, M.:* Das Aufweittiefziehen, ein neues Verfahren der Umformtechnik. CIRP-Annals 16 (1968). – *Ragupathi, P. S.:* Untersuchungen über das Aufweittiefziehen. Ber. Nr. 29, Inst. für Umformtechn. Universität Stuttgart. Essen 1974.

Aufweitversuch. (*engl.* drift expanding test) Der A. ist ein genormter Test (DIN 50135, Ausg. Aug. 1965) für nahtlose und geschweißte Rohre aus Eisen-, Aluminium- und Kupferwerkstoffen mit Nennaußendurchmessern bis 150 mm und Nennwanddicken bei Stahl bis 9 mm, um deren Verformbarkeit nachzuweisen.

In einen genügend langen Rohrabschnitt, der meist am Ende des Rohres entnommen wird, wird mit Hilfe einer Prüfmaschine oder Presse ein zuvor eingefetteter kegeliger Aufweitdorn (30°, 45° oder

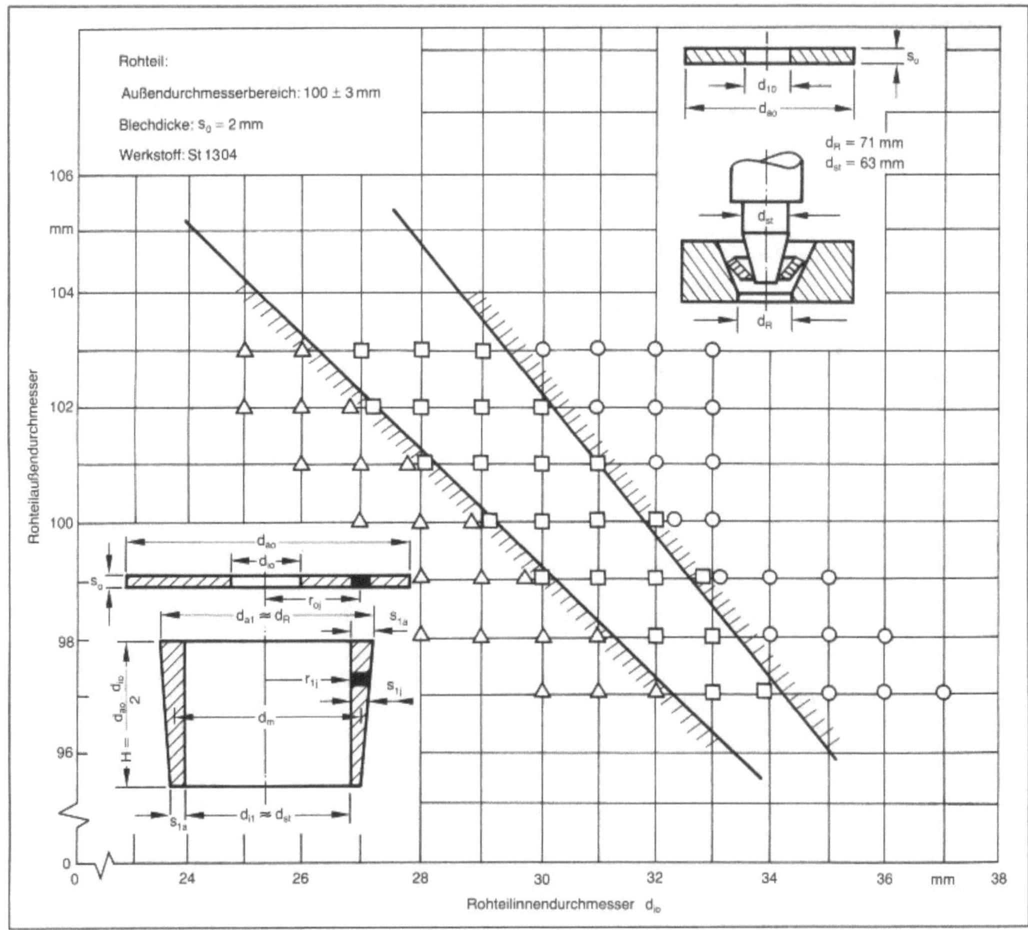

Aufweit-Tiefziehen: Verfahrensgrenzen in Abhängigkeit vom Durchmesserverhältnis da_0/di_0.

○ Außenrand nicht vollständig umgeformt, □ vollständig umgeformt, △ Innenrand nicht vollständig umgeformt

60°) eingetrieben bis sich der Außendurchmesser des aufgeweiteten Probenendes auf einen vorgeschriebenen Wert vergrößert hat (für geschweißte Rohre z. B. nach DIN 1626, Ausg. Okt. 1984) oder bis ein →Anriß sichtbar geworden ist.

Bei geschweißten →Stahlrohren kann der Versuch als Nachweis der Schweißnahtgüte dienen. Bedingung für eine gute Schweißung ist es, daß der erste Anriß im Grundwerkstoff und nicht in der Naht oder in der Wärmeeinflußzone entsteht.

Für Rohre mit Nennaußendurchmesser von 21,3–146 mm und Nennwanddicken von 2–16 mm wird auch der Ringaufdornversuch nach DIN 50137, Ausg. Jun. 1979, durchgeführt. Hierbei werden ein oder mehrere Ringe durch einen zuvor eingefetteten Dorn bis zum Bruch aufgeweitet. Außer der Beurteilung der Verformbarkeit des Rohres anhand des Aussehens von Bruch und -flächen wird die Bruchaufweitung in % ermittelt. *Kußmaul/Breme*

Augerelektronenspektroskopie →Oberflächenanalytik

Ausbringen. In den verschiedenen Herstellungs- und Verarbeitungsstufen von →Stahl das Verhältnis von weiter verwendbarem Erzeugnis zur eingesetzten Menge. Infolge des Wegfalls der →Lunker konnte z. B. durch das Stranggießen das A. um 10 bis 15 % verbessert werden. *Dahl*

A. beim Schweißen →Elektroden zum Lichtbogenschweißen

Ausdehnung, thermische. Die temperaturabhängige Längenzunahme ΔL fester (und flüssiger) Stoffe wird durch eine Beziehung vom Typ

$$\Delta L/L_0 = \alpha\,(\vartheta-\vartheta_0) + \beta(\vartheta-\vartheta_0)^2 + \ldots$$

beschrieben. Dabei ist L_0 die Länge bei der Bezugstemperatur ϑ_0. α und β sind die stoffspezifischen Ausdehnungskoeffizienten 1. und 2. Ordnung; da sie für Längenänderungen (nicht für Volumenänderungen) gelten, heißen sie auch lineare thermische A.-Koeffizienten. Für viele praktische Zwecke kann in 1. Näherung $\beta = 0$ gesetzt werden, sodaß eine lineare Beziehung $\Delta L(\vartheta)$ entsteht. Für höhere Genauigkeitsanforderungen muß aber mindestens noch β berücksichtigt werden (Bild 1, 2).

Obwohl die Abstoßungs- und Anziehungspotentiale als Funktion des mittleren Atomabstandes in Gittern und amorphen Körpern temperaturunabhängig sind, verschiebt sich mit steigender Temperatur, also steigender Amplitude der Gitterschwingungen, der Mittelwert des Atomabstandes zu größeren Werten (das abstoßende Potential ist „härter" als das anziehende). Dieser Sachverhalt läßt sich in

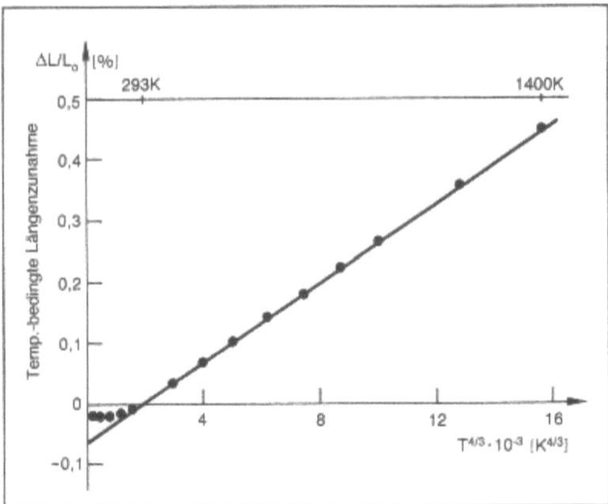

Ausdehnung, thermische 1: Temperaturabhängige Längenzunahme von Silicium. In diesem Fall ist $\Delta L/L_0$ proportional zu $T^{4/3}$.

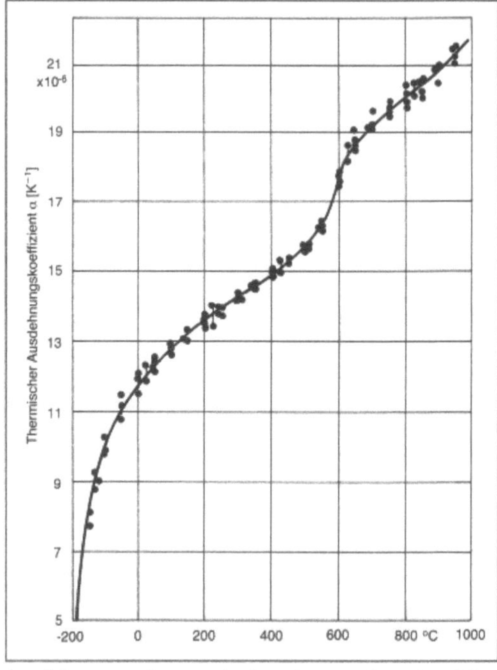

Ausdehnung, thermische 2: Thermischer Ausdehnungskoeffizient α der hochwarmfesten Legierung Inconel 617 (NiCr 22 Co 12 Mo) im Temperaturbereich von -200 bis $+1\,000\,°C$.

der Sprache der Festkörperphysik auch durch die Phononen-Wechselwirkung mit den Anharmonizitäten des Gitterpotentials ausdrücken, wobei allein die „kubischen" Anharmonizitäten ($\sim r^3$) von Bedeutung sind. So läßt sich auch theoretisch begründen, daß in Stoffklassen mit ähnlicher Form des Gitterpotentials, analog zum Fall des Elastizitätsmoduls, der Wert des Ausdehnungskoeffizienten an die Schmelztemperatur gekoppelt ist: $\alpha \sim \cdot kT_s$. Als Faustregel kann man davon ausgehen, daß „normale" Legierungen sich zwischen dem absoluten Nullpunkt und T_s um ca. 2 % ausdehnen. Bei einem → Schmelzpunkt von 1 000 °C erhält man somit als Richtwert $\alpha \cong 13$ μm/m K.

Amorphe Stoffe haben (u. a. wegen ihres statistisch verteilten freien Volumens) kleinere → Ausdehnungskoeffizienten. Besonders gilt dies für Quarzglas, aber auch für amorphe Metalle. Durch Ausnutzung zusätzlicher Effekte, insbesondere des → Ferromagnetismus, lassen sich Legierungen mit besonders kleinen Ausdehnungskoeffizienten (in begrenzten Temperaturbereichen) herstellen, z. B. die Fe-Ni-Legierung Invar mit 36,5 % Ni und $\alpha = 0,87$ μm/m K.

Ausdehung, thermische. Tabelle: Ausdehnungskoeffizienten und Schmelztemperaturen.

Element	Schmelztemp. T_s		Ausdehnungskoeffizient α	Relative therm. Dehnung $\alpha\,T_s$
	[°C]	[K]	$10^6[K^{-1}]$	[%]
Al	660	933	23,6	2,20
Be	1 227	1 550	11,6	1,80
Co	1 495	1 768	13,8	2,46
Cu	1 083	1 356	16,5	2,23
Au	1 063	1 336	14,2	1,90
In	156	429	33,0	1,42
Ir	2 454	2 727	6,8	1,85
Fe	1 536	1 810	11,8	2,14
Pb	327	600	29,3	1,76
Mg	650	923	27,1	2,50
Mo	2 610	2 883	4,9	1,41
Ni	1 453	1 726	13,3	2,30
Nb	2 470	2 743	7,3	2,00
Pd	1 552	1 825	11,8	2,15
Pt	1 769	2 042	8,9	1,82
Rh	1 966	2 230	8,3	1,86
Ag	961	1 234	19,7	3,00
Sn	232	505	23,0	1,16
W	3 410	3 683	4,6	1,69
Zn	420	693	39,0	2,70
Zr	1 825	2 125	5,9	1,25

Anm.: 1) Mittelwert bei Raumtemperatur 2) Mit dem unter (1) genannten Mittelwert extrapolierte Dehnung zwischen dem abs. Nullpunkt und der Schmelztemperatur.
Quelle: Metals Handbook, Desk Edition. ASM 1985

Die erwähnte Koppelung an die Anharmonizität des Gitterpotentials bewirkt in nichtkubischen Kristallen eine geringfügige → Anisotropie der t. A.

Die t. A. kann für die Herstellung von Thermometern ausgenützt werden (z. B. Quecksilber-Fieberthermometer); der Effekt wird verstärkt, indem man durch Verbund zu Bikristall-Streifen die unterschiedlichen Werte von α von zwei Metallen wie Cu und Ni zur Erzeugung einer Biegung verwendet (auch für Kontakte, Überhitzungsschutzschalter usw.). Im Hochbau mit Stahl bzw. Stahlbeton muß die t. A. berücksichtigt werden (Dehnfugen von Brücken), ebenso für die exakte Auslegung thermischer Maschinen (Gasturbinen), bei denen teils ständig, teils transitorisch Temperaturdifferenzen von bis zu 1 000 °C auftreten. Hier liegt auch die Ursache der Schädigung durch thermische → Ermüdung. *Ilschner*

Literatur: *Keppler, U.:* Thermal Expansion of Silicon, Z. Metallkde. 79 (1988) S. 187–188. – *Klemens, P. G.:* Phonon Scattering, Anharmonicity and Thermal Expansion. in: M. B. Bever (Hrsg.) Encyclopedia of Materials Science and Engineering Oxford 1986. – *Richter, F.:* Thermophysikalische Eigenschaften des hochwarmfesten Werkstoffes NiCr 22 Co 12 Mo. Mat.-wiss. u. Werkstofftech. 19 (1988) S. 55–61.

Ausdehnungskoeffizient, thermischer. Der kubische t. A. α bei einer bestimmten Temperatur gibt die relative Volumenänderung bei konstantem Druck ρ bei einer Temperaturänderung um 1 Grad an:

$$\alpha = \frac{1}{V}\left(\frac{\partial V}{\partial T}\right)_p$$

Bei Festkörpern verwendet man vielfach den linearen t. A. β, der entsprechend die relative Längenänderung bei einer Temperaturänderung um 1 Grad darstellt:

$$\beta = \frac{1}{l}\left(\frac{\partial l}{\partial T}\right)_p$$

Beide Koeffizienten haben die Dimension K^{-1}. Für isotrope Körper gilt $\alpha = 3\beta$. *Wedler*

Ausgangsform. Nach DIN 8580 heißt die Form, von der man bei jedem Arbeitsvorgang in der Fertigung ausgeht, A. Die Form, die in einem beliebigen Augenblick während eines Arbeitsvorgangs besteht, wird Augenblicksform genannt.

Durchläuft ein Werkstück im Fertigungsablauf eine Reihe von Arbeitsvorgängen, z. B. beim → Tiefziehen in mehreren Stufen, so heißen die Endformen der einzelnen Ziehstufen, die zugleich A. der folgenden Ziehstufen sind, Zwischenformen.

Ein Werkstück in seiner rohen A. heißt Rohteil. Hierzu rechnen z. B. gescherte oder gesägte Stab-

und Knüppelabschnitte (Blöckchen), aus Blech oder Flachmaterial ausgeschnittene Ronden und Platinen. *Lange*

Literatur: DIN 8580: Fertigungsverfahren. Begriffe, Einteilung. Hrsg. DA. Inst. f. Normung. Ausg. Entw. Juli 1985.

Ausgießen eines Körpers. In der Hauptgruppe 4 „Fügen" (DIN 8593) innerhalb der Übersichtsnorm für die Begriffsbestimmung der Fertigungsverfahren (DIN 8580) umfaßt die Gruppe 4.4 „Fügen durch Urformen" das A., → Umgießen und → Umpressen. Das „um" bedeutet hierbei um einen Körper herum. Als Beispiele sind zu nennen: A. eines hohlgeformten Werkzeugmaschinenbetts mit Beton zur Verbesserung der Dämpfungseigenschaften oder das A. eines Gleitlagers bzw. dessen Stützschale aus Stahl oder NE-Metall mit einer Weißmetallschicht für die Lauffläche.

Umgossen werden z. B. Stahleinlagen mit Beton bei Stahlkonstruktionen, ferner metallische Einlagen, wie Muttern, Stehbolzen, Stifte usw., von niedrigschmelzenden und wenig verschleißfesten Werkstoffen, z. B. → Kunststoffe, oder von Materialien, die im festen bzw. ausgehärteten Zustand nur sehr schwer zu bearbeiten sind, wie → Keramik, manche austenitischen oder martensitischen → Stähle, Stellite u. a. m.

Das Umpressen findet u. a. in der Feinwerktechnik Anwendung, z. B. beim Fassen von Edel- und Halbedelsteinen bei der Erzeugung von höchstpräzisen Lagern oder in der → Metallographie und Spektrometrie bei der Herstellung von Präparaten. Bei der Erzeugung von Kunststoffteilen vornehmlich aus duroplastischen Preßmassen gehört das Umpressen von metallischen Einlagen der verschiedensten Art zum Stand der Technik. *Doliwa*

Aushärtung. Veränderung der Eigenschaften, vor allem Anstieg der → Festigkeit durch Bildung neuer Phasen aus übersättigten Mischkristallen. Bei → Stahl → Alterung. *Dahl*

Ausheilung → Erholung

Auslagerung. → Anlassen in einem heterogenen Phasenbereich. Neben dem Lösungsglühen (Homogenisieren) und → Abschrecken ist das Anlassen (Auslagern) der dritte notwendige Schritt bei der → Ausscheidungshärtung. Die Möglichkeit für eine Ausscheidungshärtung ist nur bei Legierungen gegeben, die mindestens eine Phase mit einer temperaturabhängigen Löslichkeit aufweisen. Diese Phase scheidet sich bei der A. aus den übersättigten Mischkristallen aus, die sich nach dem Lösungsglühen und Abschrecken gebildet haben.

Je nach Auslagerungstemperatur bilden sich in der übersättigten festen Lösung verschiedene meta-

stabile Zwischenzustände, mit denen bedeutsame Eigenschaftsänderungen einhergehen. Die metastabilen Phasen können im Verlauf des Auslagerns nacheinander auftreten; es besteht jedoch keine Sequenz, d. h. die Bildung einer Zwischenstufe muß nicht aus einer bestimmten anderen hervorgehen. In einigen Fällen erfolgt die → Aushärtung durch kohärente Zonen in angemessenen Zeiten schon bei Raumtemperatur und wird als Kaltaushärtung bezeichnet. Eine Kaltaushärtung kann durchaus auch bei einer A. zwischen 100 und 150 °C vorgenommen werden. Charakteristisch für die Kaltaushärtung ist ihre Rückbildbarkeit bei kurzzeitiger Glühbehandlung.

Bei technischen → Wärmebehandlungen muß sich die Auslagerungszeit in sinnvollen Grenzen bewegen. Es kommt darauf an, die richtige Temperatur für die A. zu wählen und diese im richtigen Zeitpunkt durch Abkühlen auf Raumtemperatur abzubrechen. Beispielsweise erreicht die → Festigkeit und → Härte bei niedrigeren Auslagerungstemperaturen und längeren Glühzeiten höhere Werte als bei höheren Auslagerungstemperaturen und kürzeren Glühzeiten (Bild). Verschiedene Eigenschaften, darunter auch die Härte, gehen nach Überschreiten eines Maximums wieder zurück. Diese Erscheinung, die → Überalterung beruht darauf, daß sich die → Legierung allmählich dem Gleichgewichtszustand nähert, wobei sich die ausgeschiedenen Teilchen vergröbern (koagulieren). Den mit der heterogenen → Ausscheidung der zweiten Phase verbundenen Vorgang nennt man Warmaushärtung.

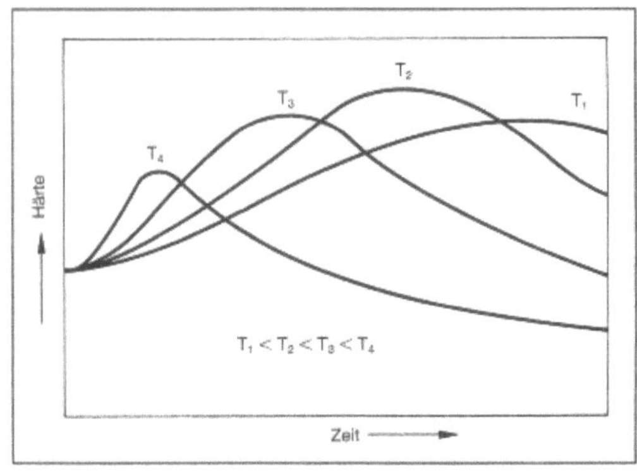

Auslagerung: Verlauf der Ausscheidungshärtung in Abhängigkeit von Temperatur und Zeit.

Die Ausscheidungshärtung und die damit verbundene A. ist eine wichtige Methode der Festigkeitserhöhung von Legierungen. Sie wird besonders bei → Aluminiumlegierungen angewendet. Aber auch bei → Stahl kann Aushärtung nützlich sein. So lassen sich bei einem Stahl mit 1 % Kupfer die Streckgrenzwerte nach einer Aushärtungsbehandlung bis zu 180 N/mm² erhöhen. Ein zusätzlicher Vorteil dieser kupferhaltigen → Stahlsorten ist ihre bedeutend größere → Widerstandsfähigkeit gegen atmosphärische → Korrosion. *Kußmaul*

Literatur: *Guy, A. G.*: Metallkunde für Ingenieure. Wiesbaden, 1976.

Ausscheidung. Die A. einer neuen Phase aus einem → Mischkristall ist eine → Umwandlung im festen Zustand mit Änderung der Konzentration und Struktur. Besitzen die Ausscheidungsteilchen ein ähnliches oder identisches → Gitter wie der umgebende Grundwerkstoff (Matrix), verlaufen die Gitterebenen der Matrix auch durch die Teilchen hindurch (kohärente A.).

Auf Grund unterschiedlicher Diffusionsverhältnisse sind kontinuierliche und diskontinuierliche Umwandlungen zu unterscheiden.

Ausscheidungsbedingungen sind gegeben, wenn die Löslichkeit einer Atomart B in einem Mischkristall α mit abnehmender Temperatur sinkt. Wird die Löslichkeitsgrenze unterschritten, scheidet sich zur Wahrung der Gleichgewichtskonzentration des Mischkristalls eine B-reiche Phase β aus (Entmischung). Der gleiche Vorgang tritt auf, wenn der Mischkristall durch rasche → Abkühlung übersättigt und anschließend auf eine Temperatur angelassen wird, die eine thermische → Aktivierung der β-Keimbildung zuläßt.

Die kontinuierliche A. ist durch relativ langsames Wachstum (für konst. Temperatur proportional $t^{1/2}$) individueller β-Kristalle über eine Gitterdiffusion der B-Atome gekennzeichnet. Die Matrixkristalle behalten ihre Struktur bei, ihre Konzentration ändert sich aber stetig. Die A. verläuft kontinuierlich, wenn der Unterschied der freien Enthalpie zwischen beiden Phasen und somit die Triebkraft der Umwandlung hoch bzw. die Übersättigung des metastabilen Mischkristalls gering ist. Die → Keimbildung erfolgt überwiegend heterogen und bevorzugt an Ansammlungen von Überschußleerstellen. In manchen Legierungen geht die stabile Phase auch aus einer metastabilen Zwischenphase hervor.

Diskontinuierliche A. kommen nur in stark übersättigten Mischkristallen vor, falls die Keimbildungsgeschwindigkeit für eine kontinuierliche Umwandlung zu gering ist. Dabei erfolgt keine individuelle Keimbildung der β-Phase. Die Gleichgewichtsphasen α und β entstehen vielmehr durch heterogene Keimbildung an den Korngrenzen abhängig voneinander als Lamellen, die parallel in die metastabilen Matrixkristalle hineinwachsen. Die für die Umwandlung notwendigen Konzentrationsänderungen beschränken sich lediglich auf die inkohärente Grenzfläche (→ Korngrenze). Da der → Diffusionskoeffizient der Grenzflächendiffusion um Zehnerpotenzen größer ist als der der Gitterdiffusion, verläuft die diskontinuierliche Umwandlung

wesentlich rascher als die kontinuierliche. A. führen durch Behinderung der Versetzungsbewegung zur Erhöhung der → Festigkeit (→ Ausscheidungshärtung, → Aushärtung). *Gräfen/Dahl*

Ausscheidungshärtung. → Festigkeitssteigerung infolge der Behinderung der Versetzungsbewegung durch → Ausscheidungen. Kleine, vorzugsweise kohärente Ausscheidungen werden von → Versetzungen geschnitten, größere, inkohärente Ausscheidungen unter Zurücklassung eines Versetzungsringes umgangen (→ *Orowan*-Mechanismus). Die Festigkeitssteigerung ist bei fein verteilten Ausscheidungen am größten. *Dahl*

Ausschmelzmodell. Ein A. ermöglicht die Herstellung von ungeteilten Gießformen hoher Maßgenauigkeit im Feingußverfahren. In überwiegendem Maß werden Feingußwachse verwendet, die aus Wachsen natürlicher und synthetischer Herkunft wie Kunstharze, Polymerstoffe und des Zwischenproduktes eines zuvor gesondert gefertigten Masterbatches aus zwar mengenmäßig untergeordneten, aber notwendigen und genau zu bemessenden Additiven in beheizten Misch- und Konfektionsrührwerken hergestellt werden. Nach guter Verteilung der geschmolzenen Komponenten wird der sorgfältig gemahlene Füllstoff in den Ansatz gedrückt und nach Homogenisierung und Filtration die Charge auf Konfektionstemperatur abgekühlt. Rohstoffe, Masterbatche und Fertigprodukte werden einer strengen Qualitätskontrolle unterzogen, wobei nicht nur Erstarrungszeitpunkt, Tropfpunkt, → Härte, Füllstoff- und Aschegehalt bestimmt werden, sondern auch Messungen unter dynamischen Bedingungen mit rechnerunterstützter Datenverarbeitung (Differentialkalometrie, Dilatometrie, Viskosimetrie) zur Anwendung kommen.

Die Modellherstellung erfolgt im → Spritzverfahren, so daß das rheologische Verhalten der Modellwachse eine wesentliche Rolle in der Fertigungstechnik spielt. Unerwünschte Fließstrukturen auf den Modelloberflächen konnten nicht nur durch verarbeitungstechnische Maßnahmen (Spritzdruck, Werkzeugtemperatur), sondern auch durch die Entwicklung von Wachsen vermieden werden, die bei niedriger Temperatur und in den Werkzeugen üblicherweise auftretenden Geschwindigkeitsgefällen keine Fließgrenzen aufweisen. Wichtig für ein gutes Modellwachs ist die Disperionsstabilität, weil davon die Maßgenauigkeit der Modelle in Serie abhängt. Der Verarbeiter von Feingußwachsen legt natürlich auch auf eine gute Einformbarkeit Wert, da die Wirtschaftlichkeit des Feingießverfahrens durch kurze Taktzeiten der Wachsmodellherstellung erhöht wird.

Beim Ausschmelzen aus den Keramikformen dehnt sich das Modellwachs trotz eines hohen Füllstoffanteils wesentlich stärker als das Keramikmaterial aus. Der daraus resultierende Innendruck kann so stark werden, daß es in der Keramikform zu Rissen kommt. Man hat sich deshalb bemüht, Wachsformulierungen zu entwickeln, bei denen die Anfangsexpansion erst im Bereich des quasi-plastischen Zustands erfolgt, die Schmelzexpansion möglichst klein gehalten und über einen weiteren Temperaturbereich verteilt wird. *Doliwa*

Austauschstromdichte. Die A. i_o bezeichnet diejenige → Stromdichte, die für die Hin- und Rückreaktion beim → Gleichgewichtspotential gilt. Bezeichnet man die anodische Teilstromdichte mit i_+ und die kathodische mit i_-, so gilt im Gleichgewicht $i_+ = i_- = i_o$. Dies bedeutet, daß der Übergang der Ladungsträger im Gleichgewicht in beiden Richtungen mit gleicher Geschwindigkeit, d. h. gleicher A. i_o stattfindet und die Gesamtstromdichte i Null wird, entsprechend: $i = |\,i_+\,| + |\,i_-\,| = 0$.

Die A. ist eine wichtige Kenngröße für eine elektrochemische Reaktion. Bei Reaktionen mit hoher A. oder einem geringen → Polarisationswiderstand ist die notwendige Überspannung, die erforderlich ist, um einen bestimmten äußeren Strom zu erreichen geringer als bei Reaktionen mit kleiner A. *Wendler-Kalsch*

Austenit. Kubisch flächenzentrierte Kristallform des Eisens, auch γ-Eisen, im reinen → Eisen zwischen 911 und 1392 °C (→ Eisen-Kohlenstoff-Zustandsschaubild). Durch → Legieren kann der Existenzbereich des A. als → Mischkristall vergrößert oder verkleinert werden. Für viele Wärmebehandlungen von → Stahl ist das Erwärmen in das Austenitgebiet (Austenitisieren) der erste Teilschritt. *Dahl*

Austenitformhärten. Thermomechanische → Behandlung, bei der der → Austenit im metastabilen Gebiet unter A_{c1} umgeformt wird, ohne daß vor Beginn der Umwandlung → Rekristallisation auftritt. Dadurch wird ein feineres → Gefüge mit einer günstigen Kombination von → Festigkeit und → Zähigkeit erzielt. Wegen der erforderlichen hohen Legierungsgehalte und der großen Umformkräfte nur selten angewandt. *Dahl*

Literatur: Werkstoffkunde Stahl. 2 Bd. (Hrsg. VDEh). Berlin-Düsseldorf 1984/85.

Austenitumwandlung. Umwandlung des → Austenits beim Abkühlen aus dem Austenitgebiet. Die Umwandlung erfolgt zu → Perlit, wenn → Diffusion von → Eisen und → Kohlenstoff möglich ist, und zu → Martensit, wenn durch schnelle → Abkühlung bei der Umwandlung so tiefe Temperaturen erreicht werden, daß keinerlei Diffusionsprozesse ablaufen können. Im mittleren Temperaturgebiet findet man die Umwandlung zu → Bainit, bei der Kohlenstoff noch diffundiert, die Austenit-Ferrit-Umwandlung aber nach einem Umklapprozeß ähnlich wie beim Martensit erfolgt. Die quantitative Beschreibung der A. von Stählen erfolgt durch die isothermen oder kontinuierlichen → Zeit-Temperatur-Umwandlungsschaubilder. *Dahl*

Austrittsarbeit → Elektronenaustrittsarbeit

Autofrettage. Die meisten insbesondere dickwandigen Bauelemente der Technik sind inhomogen beansprucht, d. h. über der Wanddicke gibt es Fasern mit hohem Spannungsniveau und solche mit relativ niedrigem Beanspruchungszustand. Die Tragfähigkeit eines Bauteils bei ungleichförmiger Spannungs-Verteilung ist keineswegs mit Erreichen der → Fließgrenze an der höchstbeanspruchten Stelle erschöpft; es ist zulässig, plastische Verformungen in bestimmter Größenordnung im Bauteil zu akzeptieren.

Bei der A. eines dickwandigen Zylinders erzeugt man nun bewußt plastische → Verformung in der Behälterwand dergestalt, daß durch Steigerung des Innendrucks nach der Fertigung ca. ⅓ der Wand plastifiziert wird. Nach Entlastung verbleiben im Bauteil → Eigenspannungen mit umgekehrtem Vorzeichen zur Belastungsrichtung, wodurch an der höchstbeanspruchten Behälterinnenseite günstige Druckeigenspannungen vorherrschen. *Strohmeier*

Automatenstahl. → Stähle, die in besonderem Maße zur Verarbeitung durch spanabhebende Formgebung geeignet sind. Vor allem durch Schwefelgehalte von 0,1 bis 0,4 % wird der Mechanismus von Spanbildung und -bruch günstig beeinflußt und dadurch eine hohe Schnittgeschwindigkeit und geringer → Werkzeugverschleiß ermöglicht. *Dahl*

B

Badnitrieren → Nitrieren

Bainit. Ergebnis der → Austenitumwandlung im Temperaturbereich zwischen → Perlit und → Martensit (daher früher auch Zwischenstufengefüge genannt). Da → Diffusion des Kohlenstoffs möglich ist, entstehen vor oder während der Bainitumwandlung feinverteilte → Karbide, während die → Umwandlung des → Austenits zum → Ferrit durch einen Umklapprozeß ähnlich dem Martensit erfolgt. → Gefüge der unteren Bainitstufe weisen bei hoher Festigkeit gute Zähigkeitseigenschaften auf, in der oberen Bainitstufe entstehen Gefüge geringerer Zähigkeit (→ Zeit-Temperatur-Umwandlungsschaubild). *Dahl*

Bake-Hardening-Stahl. Im Durchlaufofen geglühtes Kaltband, das noch im → Ferrit gelöste Anteile an → Kohlenstoff aufweist. Bei einer → Wärmebehandlung, wie z. B. beim üblichen Lackeinbrennen, tritt infolge von → Alterung eine Streckgrenzensteigerung von bis zu $100\,\text{N/mm}^2$ (*Bake-Hardening*) auf. *Dahl*

Literatur: Werkstoffkunde Stahl. 2 Bd. (Hrsg. VDEh). Berlin/Düsseldorf 1984/85.

Bakelit. Handelsname für Phenol-Formaldehyd-Kondensate in verschiedenen Anwendungen als Hartpapier bzw. Formmassen, der sich heute fast schon zu einem Synonym für → Phenoplaste entwickelt hat. *Zahradnik*

Bambus-Struktur. Stellt sich bei dünnen Drähten nach → Kaltverformung und → Rekristallisation ein, indem der → Draht sich in eine Folge aneinandergrenzender langgestreckter Einkristalle transformiert (Bild). Für die meisten Anwendungen in der Mikrotechnik sollte das Auftreten der B.-S. vermieden werden, da die den Querschnitt durchtrennenden → Korngrenzen und die leichte Verformbarkeit der → Einkristalle die mechanischen Eigenschaften negativ beeinflussen. *Ilschner*

Band, kalt nachgewalzt. Durch Nachwalzen („Dressieren") von rekristallisiert geglühtem → Kaltband wird das Band geglättet, die Streckgrenzendehnung beseitigt und eine bestimmte Oberflächenstruktur erzeugt. Die ausgeprägte → Streckgrenze und damit die Streckgrenzendeh-

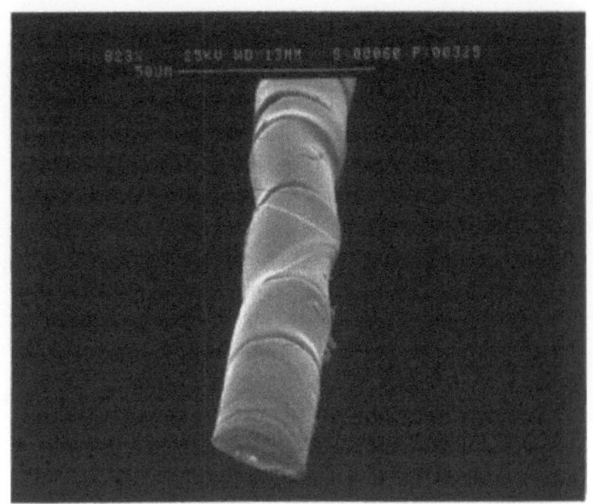

Bambus-Struktur: Rasterelektronenmikroskopische Aufnahme der B.-S. eines Kupferdrahtes mit 50 µm Durchmesser.

nung verschwindet, weil freie → Versetzungen erzeugt werden. Damit verbunden ist ein Abfall der Streck- oder 0,2-Dehngrenze bei kleinen Nachwalzgraden, der anschließend in einen Anstieg infolge der → Verfestigung übergeht. Bei austenitischem Chrom-Nickel-Stahl und → IF-Stahl erfolgt eine kontinuierliche Zunahme der Festigkeit. *Dahl*

Bandgießanlage. B. arbeiten nach dem → Stahlstrang-Gießverfahren. In solchen Gießanlagen wird → Stahlband mit Dicken zwischen 2 mm und 10 mm gegossen.

Bei der Entwicklung der Anlagen zur Herstellung von Stahlband mit Dicken kleiner als 10 mm wurde ursprünglich an die unmittelbare Weiterverarbeitung des gegossenen Bandes in einem Kaltwalzwerk gedacht. Weil es aber kaum möglich ist, aus einem Gießprodukt nur durch → Kaltumformung ein Walzprodukt mit anforderungsgerechten Gebrauchseigenschaften zu erhalten, muß ein Bandgieß- und Walzkonzept zumindest einen Warmwalzstich beinhalten. Nach dem → Warmwalzen kann dann eine Kalt-Weiterverarbeitung stattfinden. Bild 1 zeigt eine Anlage zur Herstellung von → Warmband mit Abmessungen zwischen 10 mm × 1 200 mm und 5 mm × 1 200 mm. Bei dieser Anlage wird der flüssige Stahl aus dem Verteilergefäß einem umlaufenden, gekühlten Band zugeführt und mit einer Rolle sowie seitlichen Dammblockketten zu einem Band geformt. Nach der

Gießanlage wird das gegossene Band mit Hilfe eines Transportsystems durch eine induktiv beheizte Wärmezone geleitet und einem Walzgerüst zugeführt. Eine solche Bandgießmaschine wurde 1988 in Belo Horizonte, Brasilien, in Betrieb genommen.

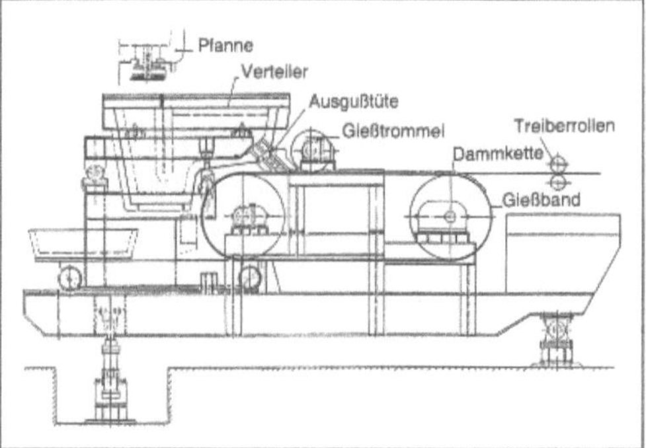

Bandgießanlage 1: Gießanlage zur Herstellung von Stahlband.

Bei einer anderen B., „Zwei-Rollen-Gießanlage" oder „Zwei-Walzen-Gießanlage" genannt, wird der flüssige Stahl zwischen zwei sich gegenläufig drehende Walzen gegossen (Bild 2). Infolge des Kontaktes mit den kalten Walzenoberflächen erstarrt der Stahl zu Schalen, die im Spalt zwischen den Walzen zu einem Band gefügt werden. Wenn der Prozeß so gesteuert wird, daß die Dicke der beiden Strangschalen entlang des Berührungsbogens der Walzen im Walzspalt dem halben Walzenabstand entspricht, dann wird bei diesem Gießprozeß nicht umgeformt. Wenn die Linie des Zusammentreffens beider Strangschalen jedoch oberhalb des Walzspaltes liegt, dann findet ein Gieß-Walzprozeß statt, der so gesteuert werden kann, daß eine gezielte Beeinflussung des Erstarrungsgefüges erreicht wird.

Baumann

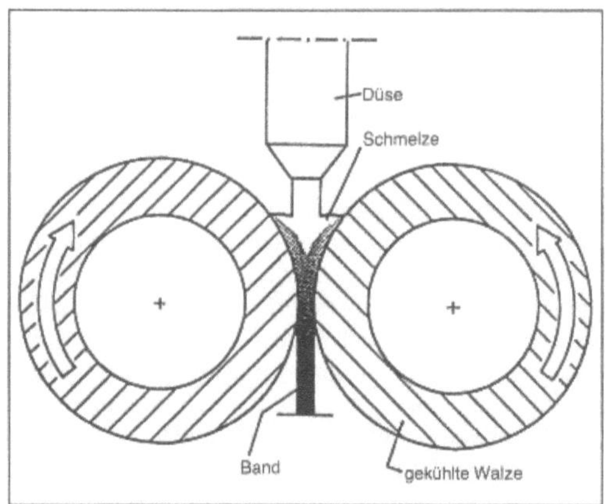

Bandgießanlage 2: Schematische Darstellung der Band-Herstellung in einer Zwei-Walzen-Gießanlage.

Bariumferrit. Gehört zur Gruppe der ferromagnetischen Hexaferrite (Bariumhexaferrit $BaO \cdot Fe_2O_3$) mit einer sog. Magnetoplumbit-Kristallstruktur. Hexagonale Ferrite zeichnen sich durch eine hohe Kristall-Anisotropie-Energie aus, sie sind daher nach vorheriger Magnetisierung gute → Dauermagnete.

Die Magnetoplumbitstruktur des Bariumhexaferrits setzt sich aus Sauerstoffschichten dichtester Packung allein und dazwischenliegenden Sauerstoffschichten in hexagonaldichtester Packung unter Einbeziehung der nahezu gleich großen Ba^{2+}-Ionen zusammen. Die Fe^{3+}-Ionen liegen in den Lücken dieses Packungsgerüstes und unterscheiden sich in fünf nicht äquivalenten Platzarten, so daß eine komplizierte Wechselwirkungsfolge für die Magnetisierung zwischen den Untergittern entsteht.

Die Ausrichtung der magnetischen Momente, liegt parallel bzw. antiparallel zur hexagonalen Achse (C-Achse) des Kristallgitters. In einer polykristallinen B.-Keramik ist die Orientierung der C-Achsen rein statistisch verteilt. Daher sollten die Kristallite möglichst so klein sein, daß sie aus einem *Weiss*'schen Bereich bestehen. Beim Aufmagnetisieren werden alle magnetischen Momente in Feldrichtung ausgerichtet. Werden dagegen beim Preßvorgang (Formgebung der → Keramik vor dem Brand) durch Anlegen eines magnetischen Feldes die Kristallachsen ausgerichtet, so erhält man einen anisotropen Dauermagneten (→ Hartferrit). Die → Sättigungsmagnetisierung von Bariumhexaferrit-Magneten liegt bei 4 000 G, die → Curie-Temperatur bei 450 °C. Typisch sind flache Entmagnetisierungskurven (höhere Stabilität gegen Fremdfelder als AlNiCo-Legierungen). Störend wirkt sich die starke Temperaturabhängigkeit der magnetischen Eigenschaften bei allen Hexaferriten aus. In → Kunststoff eingebettetes B.-Pulver ergibt elastische, biegsame Dauermagnete hoher Haftkraft (z. B. Kühlschrankverschluß). *Hesse/Hennicke*

Bariumtitanat. Ein in der Perowskit-Struktur kristallisierender Werkstoff, der als → Einkristall sowie im polykristallinen Zustand ($BaTiO_3$-Keramik) ferroelektrische und piezzoelektrische Eigenschaften zeigt.

Die Effekte der Ferro- und Piezoelektrizität sind eng an die Kristallstruktur gebunden. Das Perowskit-Gitter kristallisiert im Idealfall kubisch, jedoch entstehen im Falle des $BaTiO_3$ aufgrund der Größe der Ionen Verzerrungen im Kristallgitter. Das zentral gelegene Ti^{4+}-Ion wird daher aus seiner Mittelpunktslage herausgerückt, so daß eine polarisierte → Elementarzelle entsteht. Dabei können sich in sechs energetisch günstigen Richtungen Dipolmomente ausbilden. Beim Anlegen eines äußeren elektrischen Feldes kann somit eine einheitliche Ausrichtung der Elementarzellen erfolgen, die auch nach Abschalten des Feldes erhalten bleibt. Das ferroelektrische Verhalten von $BaTiO_3$-Keramiken wird oberhalb einer Grenztemperatur von ca. 100 °C zerstört. Bei Verwendung von Mischkristallkeramiken aus $BaTiO_3$ mit z. B. $Pb(Ti,Zr)O_3$ (PTZ-Keramiken) kann die Grenztemperatur systematisch zwischen -160 °C bis +280 °C eingestellt werden. $BaTiO_3$-Keramiken können Dielektrizitätskonstanten bis zu 10 000 erreichen und werden als Dielektrika in Kleinkondensatoren eingesetzt.

Wird eine $BaTiO_3$-Keramik während des Abkühlens nach dem Brand einem elektrischen Feld ausgesetzt, so richten sich die Kristallite in Richtung des Feldes aus, die → Keramik zeigt piezoelektrische Eigenschaften. Zündelemente, Hochspannungswandler, Ultraschallwandler, Mikrophone und Verzögerungsglieder werden unter Verwendung von Piezokeramik gefertigt. *Hesse/Hennicke*

Barkhauseneffekt → Magnetismus

Basissicherheit. Mit fortschreitendem Stand von Wissenschaft und Technik ergaben sich bei Errichtung und Betrieb von Kernkraftwerken steigende Ansprüche an die → Sicherheit gegen katastrophales Versagen druckführender Komponenten und Systeme. Im Bereich des Behälter- und Rohrleitungsbaus bildete die lange Erfahrung beim Bau und Betrieb von konventionellen Hochleistungs-Dampfkraftwerken und Chemieanlagen eine wesentliche Entscheidungshilfe. Analysen der Betriebsbewährung qualitativ hochwertiger Komponenten ebenso wie Fehler- und → Schadensanalysen haben gezeigt, daß es bewährte und klar umrissene Prinzipien gibt, mit denen hohe → Qualität zuverlässig erreicht und erhalten werden kann.

Grundsätzlich wird hierbei davon ausgegangen, daß die Qualität im Zuge der Produktion zu erzeugen ist (Prinzip der Qualität durch Produktion).

Für dieses Prinzip hat sich der Begriff B. eingebürgert (Bild). Die daraus abgeleiteten Anforderungen an deutsche Leichtwasserreaktoren finden sich in den Sicherheitskriterien für Kernkraftwerke des Bundesministers des Innern, den Leitlinien der Reaktor-Sicherheitskommission (RSK) und den sicherheitstechnischen Regeln des kerntechnischen Ausschusses (KTA). Um das weitergehende Basissicherheitskonzept bzw. das Prinzip des Bruchausschlusses (Bild) verwirklichen zu können, sind vier unabhängige Redundanzen zu fordern. Für die praktische Anwendung müssen diese Redundanzen jedoch nicht sämtlich mit vollem Gewicht zum Tragen kommen. Somit ist es möglich, für jeden Einzelfall mit unterschiedlichen Voraussetzungen – auch abhängig von etwa vorhandenen Defiziten bei der B. – zu prüfen, inwieweit die einzelnen Redun-

danzen in Anspruch genommen werden müssen, um in allen Betriebsphasen den spezifischen Sicherheitsbedürfnissen Rechnung zu tragen.

□ Die erste Redundanz, das „Prinzip der Mehrfachprüfung", beinhaltet eine → Qualitätssicherung durch mindestens zwei unabhängige Stellen. Bei diesen handelt es sich in der Regel um nicht weisungsgebundene Werkssachverständige und um unabhängige Sachverständige einschlägiger Organisationen.

□ Die zweite Redundanz, als „Worst Case-Prinzip" bezeichnet, berücksichtigt die möglichen menschlichen und technischen Einflüsse, die zu Qualitätseinbußen bei Herstellung und Betrieb führen können. In Forschungs- und Entwicklungsvorhaben (F+E) unter Einbeziehung von Ausschußteilen und gezielt erzeugten abgestuften Qualitäten können die Sicherheitsreserven realer Anlagen aufgezeigt werden.

□ Die dritte Redundanz, das Prinzip der „Betriebsüberwachung und Dokumentation", ermöglicht durch gezielte Messungen einen Vergleich der Ist-Daten mit den bei der Planung vorausgesetzten. Darüber hinaus bilden die wiederkehrenden Prüfungen (WKP) und die kontinuierliche Betriebsüberwachung einen Schutz gegen unerwartete Mängel besonders in Form von → Rißbildung als Folge von → Korrosion und/oder → Ermüdung und Strahlenversprödung während des Betriebs.

□ Der vierten Redundanz, dem „Prinzip der Verifikation", ist erhebliche Bedeutung zuzumessen. Durch repräsentative experimentelle Überprüfungen werden die Festlegungen im Regelwerk, die bei der Auslegung und Betriebsüberwachung zugrunde liegen, auf ihre Richtigkeit hin überprüft. Hierbei handelt es sich um

– Rechenprogramme zur Ermittlung der im Betrieb und bei Störfällen auftretenden Beanspruchungen.

– Methoden der → Bruchmechanik für die Beurteilung von Komponenten, für die Rißbildungen postuliert werden.

– Methoden zur Absicherung gegen Reduzierung der → Zähigkeit von Werkstoffen durch Neutronenstrahlung: Im Hinblick auf diese Erscheinungen, wie sie an Reaktordruckbehältern von Leichtwasserreaktoren auftreten können, werden im Rahmen von nationalen und internationalen Vorhaben die möglichen Schädigungen quantifiziert.

– Zerstörungsfreie Prüftechnologie: Hier werden sowohl die Wirksamkeit von mechanisierten und automatisierten Prüfsystemen für wiederkehrende zerstörungsfreie Prüfungen als auch der Datenverarbeitung und Auswertung eingehend überprüft und qualifiziert.

Wird das Basissicherheitskonzept zur Richtschnur für die Entscheidungen bei Anlagenherstel-

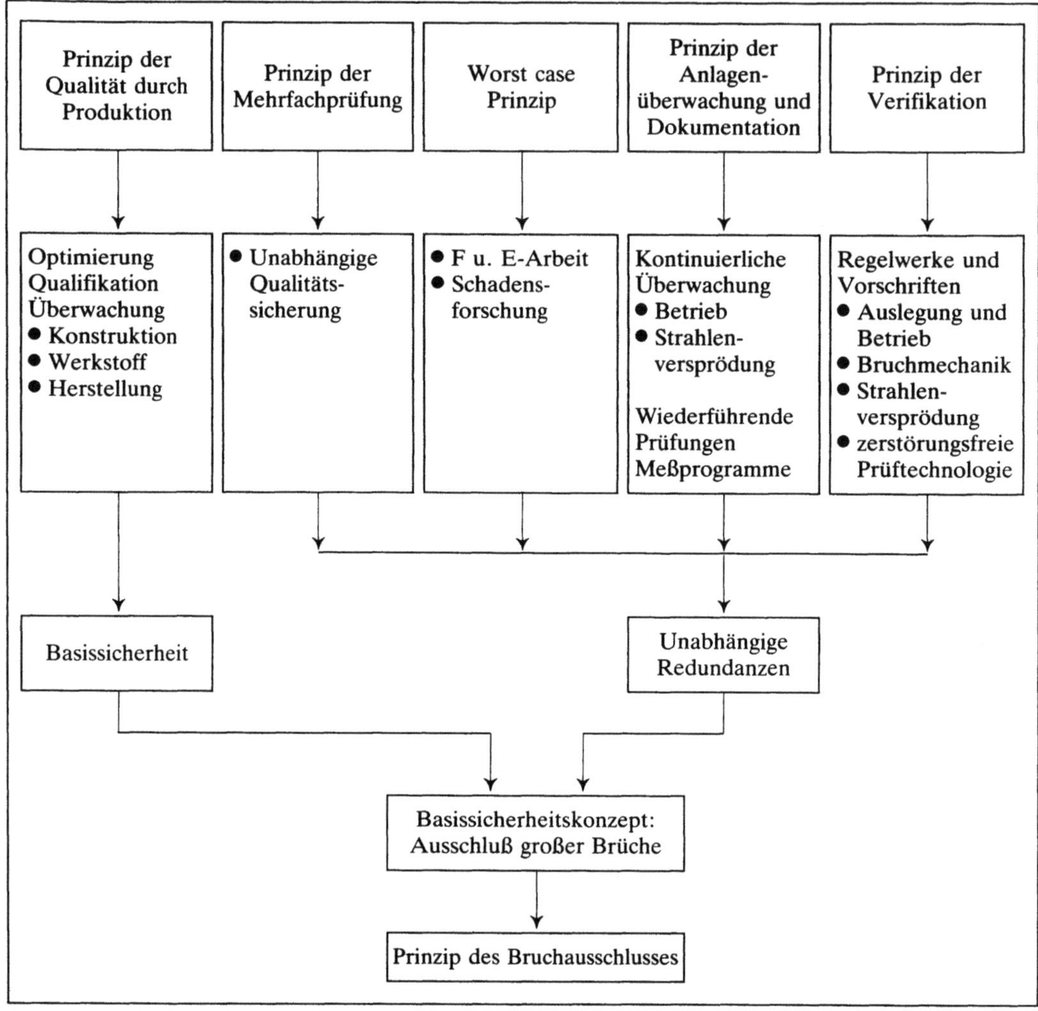

Basissicherheit: Basissicherheitskonzept.

lern, Herstellern und bei der Überwachung gemacht, kann das Prinzip →Bruchausschluß für hochwertige →Druckbehälter und Rohrleitungssysteme Anwendung finden. *Kußmaul*

Literatur: *Kußmaul, K.*: Werkstoffe, Fertigung und Prüfung durchtragender Komponenten von Hochleistungsdampfkraftwerken. Essen 1981. – *Kußmaul, K.*: German Basis Safety concept rules out possibility of Catastrophic failure. Nuclear Engineering International, December 1984 – RKS-Leitlinien für Druckwasserreaktoren, 3. Ausgabe, 14. Oktober 1981, mit Änderung von Kapitel 21.1 (März 1984) und von Kapitel 21.2 (Dezember 1982) und Anhang Rahmenspezifikation Basissicherheit. – Sicherheitstechnische Regeln des Kerntechnischen Ausschusses (KTA), jeweils neueste Ausgabe. KTA 3201.1: Werkstoffe und Erzeugnisformen, KTA 3201.2: Auslegung, Konstruktion und Berechnung, KTA 3201.3: Herstellung, KTA 3201.4: Wiederkehrende Prüfungen und Betriebsüberwachung.

Battelle-Institut e. V.. Privates Unternehmen für Auftragsforschung und -entwicklung.

Die 1952 vom Battelle Memorial Institute, Columbus/Ohio (gegr. 1925) gegründeten Battelle-Institute in Frankfurt am Main und Genf sind seit 1987 zusammen mit den Battelle-Büros in Bonn, London, Mailand und Paris als BattelleEurope organisiert. Battelle betreibt Auftragsforschung für die öffentliche Hand und die private Wirtschaft, insbesondere in Wehrtechnik, Energietechnik, Weltraumforschung und Umwelttechnik, und ist für die Industrie darüberhinaus als Technologiezentrum und Systemhaus tätig. Die Aktivitäten sind in fünf Geschäftsbereiche zusammengefaßt:

□ Elektronische Systeme

□ Ingenieurwesen und Motor- und Fahrzeugtechnik

□ Neue Materialien

□ Biologie- und Umweltforschung

□ Technologie-Management und -Assessment.

Die Battelle-Zentrum GmbH, Frankfurt, ist Gesellschafterin verschiedener aus dem Battelle-Institut e. V. ausgegliederter GmbH-Körperschaften.

BattelleEurope mit rund 850 Mitarbeitern und 130 Mio DM Umsatz wird von einem sechsköpfigen Management-Board geleitet. Es ist Mitglied der weltweiten Battelle-Organisation mit über 8000 Mitarbeitern in 40 Ländern und einem Umsatz von 1,1 Mrd DM (1986).

(BattelleEurope, Am Römerhof 35, 6000 Frankfurt am Main 90). *Altenmüller*

Bauelementeprüfung. B. ist die Überprüfung der elektrischen und nichtelektrischen Eigenschaften eines Bauelementes. Als Bauelementeanwender unterscheidet man zwischen
– Wareneingangsprüfung (evtl. mit Vorbehandlung) und
– Qualifikations- oder Freigabeprüfung.

□ Wareneingangsprüfung:
Stichprobenweise (AQL-) oder 100 %-Prüfung angelieferter Bauteile vor Freigabe zur Weiterverwendung. Zweck ist die Überprüfung der Anlieferqualität.

Gemäß der Faktor-10-Regel (Bild 1) steigen die Kosten für das Auffinden eines fehlerhaften Bauteils mit jeder Fertigungsstufe ca. um den Faktor 10. Daher erzielt man mit der Prüfung auf Bauteilebene die höchsten Einsparungen an Folgekosten.

Die Wareneingangsprüfung besteht in der Regel mindestens aus einer Sichtprüfung (Beschriftung, Unversehrtheit, Maßhaltigkeit) und einem elektrischen Test. Dieser enthält
– einen Kontakttest (Test, ob die internen Kontaktierungen vollständig vorhanden sind)
– eine Prüfung der im Datenblatt spezifizierten statischen (DC-) und dynamischen (AC-) elektrischen Parameter gegen die Grenzwerte (zulässige, aber maximale Bedingung beim Betrieb eines Bauteiles ohne Funktionsbeeinträchtigung).
– einen Funktionstest (Prüfung der wesentlichen Funktionsmerkmale eines Bauteils).

Die Wareneingangsprüfung wird i. a. als attributive, d. h. reine Gut-/Schlecht-Prüfung (sog. Go-/Nogo-Test) durchgeführt, um die Testzeit kurz zu halten: beim ersten →Fehler wird der Test abgebrochen und das Bauteil als fehlerhaft aussortiert.

Die Prüfung erfolgt – insbesondere bei komplexeren Bauteilen – mittels ATE (*engl.* Automatic Test Equipment), d. h. durch rechnergesteuerte Prüfeinrichtungen, bei denen Prüfablauf und Auswertung nach vorgegebener Programmierung automatisch ablaufen (Bild 2). Vorteile des Einsatzes von Testautomaten: hohe Prüfgeschwindigkeit, große Genauigkeit, gute Reproduzierbarkeit. Häufig wird die Prüfung zusätzlich optimiert durch automatisches Handling: Zuführung, Kontaktierung, Abführung und Sortierung der Bauteile geschieht mittels Handhabungsautomaten. Dadurch erreicht man: höheren Durchsatz (kürzere Handlingzeiten), höhere →Zuverlässigkeit (Ausschaltung der Fehlerquelle Mensch) sowie Schutz vor ESD-Schädigung durch Berühren. Außerdem sind automatische Handler i. a. temperierbar. Damit wird eine Prüfung bei der spezifizierten oberen und/oder unteren Grenztemperatur ermöglicht.

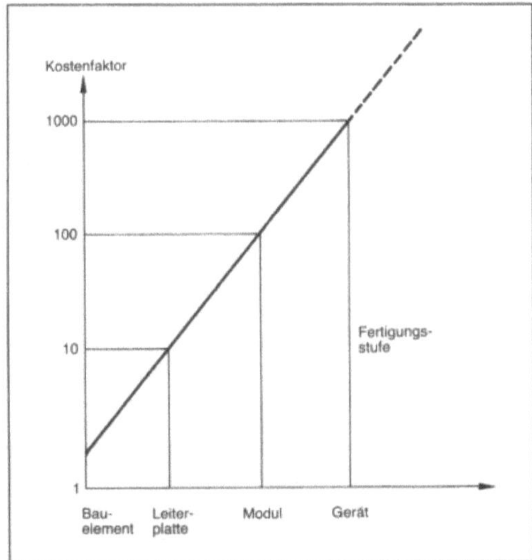

Bauelementeprüfung 1: Kosten für das Auffinden fehlerhafter Bauteile in Abhängigkeit von der Fertigungsstufe (Faktor-10-Regel).

Bauelementeprüfung 2: Automatische Prüfeinrichtung für elektronische Bauelemente (Quelle: Microtec, Stuttgart).

Das Prüfprogramm ist eine Folge von einzelnen Prüfschritten, welche entsprechend einer optimalen Prüfstrategie ausgewählt werden. Dazu gehören der Kontakttest, die DC- und AC-Parametertests sowie in vielen Fällen eine Reihe von sog. Testvektoren, mit denen der Prüfling entsprechend seiner Funktion stimuliert und an seinen Ausgängen auf die korrekten Ausgangssignale hin überprüft wird. Das Prüfprogramm wird mit Hilfe von Prüfmustern (sog. „Golden Devices") entwickelt und debuggt. Diese Prüfmuster dienen nach Fertigstellung des Programmes als protokollierte Referenzmuster, die zur Kalibrierung bzw. Überwachung von Prüfeinrichtungen verwendet werden.

Das Prüfergebnis wird in einem Prüfprotokoll festgehalten. Darin sind die erzielten Prüfwerte nach einem festgelegten Schema aufgelistet.

Erweiterung der Wareneingangsprüfung durch Vorbehandlung: künstliche →Alterung und Streßbehandlung von Bauteilen mit anschließender elektrischer Prüfung; Zweck: Auslösen der sog. Frühausfälle. Das sind Bauteile mit stark reduzierter Zuverlässigkeit und resultierendem Ausfall im frühen Zeitbereich ihrer vorgesehenen Anwendung. In der Frühausfallphase ist die Ausfallrate besonders hoch.

Das idealisierte Ausfallverhalten von Bauteilen über der Zeit wird durch die sog. Badewannenkurve wiedergegeben (Bild 3): Frühausfallphase: stark fallende Ausfallrate; Nutzphase: nahezu konstante Ausfallrate; Verschleißphase: steigende Ausfallrate.

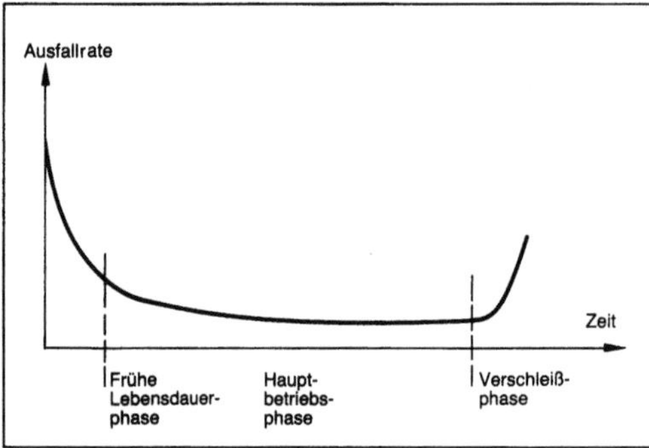

Bauelementeprüfung 3: Ausfallraten von Bauteilen in Abhängigkeit von der Betriebsdauer (Badewannenkurve).

Das Prüf- und Belastungsverfahren zur Identifikation und Aussortierung von Bauteilen mit reduzierter Zuverlässigkeit heißt *Screening*. Ein Bauteil-Screening kann – abhängig vom Anwendungsfall – verschiedene Prüfungen und Vorbehandlungen enthalten. Beispiele für Vorbehandlungen sind: Temperaturwechsel, Burn-in, Hochtemperaturlagerung, mechanische Beschleunigung. Alle Behandlungen sind zerstörungsfrei.

Die effektivste dieser Behandlungen ist der *Burn-in* (Voralterung durch elektrischen Betrieb eines Bauteils bei der maximal zulässigen Junction-Temperatur (z. B. +150 °C). Man unterscheidet zwischen dynamischem Burn-in (wechselnde elektrische Beanspruchung durch dynamische Eingangssignale) und statischem burn-in (konstante elektrische Beanspruchung). Die Burn-in-Dauer, die erforderlich ist, um eine bestimmte Voralterung zu erreichen, hängt vom Beschleunigungsfaktor F ab. F wird mit Hilfe der angenommenen mittleren →Aktivierungsenergie eines Bauteils über die *Arrhenius*-Gleichung ermittelt.

□ Qualifikations- oder Freigabeprüfung: Kombination elektrischer und klimatischer Prüfungen (Umweltprüfungen) zur Nachbildung der Anwendungsbeanspruchung. Ziel: eine Aussage bezüglich der grundsätzlichen Eignung eines Bauteiltyps für eine bestimmte Anwendung vor Serieneinsatz zu erhalten. Die elektrischen Prüfungen werden vor und nach den Streßbehandlungen durchgeführt, um deren Einfluß auf das elektrische Verhalten zu ermitteln. Im Gegensatz zur Wareneingangsprüfung werden daher die Meßwerte quantitativ erfaßt. Beispiele für Streß- und Umweltprüfungen sind: Feuchtetest (z. B. 85 % r. H./85 °C), Lötprüfung, Temperaturwechsel, Prüfung auf elektrostatische Empfindlichkeit (ESD-Prüfung), Burn-in, mech. Beschleunigung. Die Ergebnisse werden i. a. grafisch dargestellt, z. B. als Histogramm (Häufigkeitsverteilung), Driftdiagramm (x-y-Darstellung zweier Meßwerte desselben Parameters mit dazwischenliegender Beanspruchung der Teile) oder Shmoo-Plot (grafische Darstellung des Funktionsbereiches eines Bauteils als Funktion zweier Parameterbereiche).   *Döttinger*

Baugips. B. nach DIN 1168 sind mineralische, nichthydraulische →Bindemittel, deren wesentliche Anteile bei der Dehydratation des Calciumsulfatdihydrats $CaSO_4$ $2H_2O$ entstehen. Sie werden aus Gipsgestein, Nebenprodukten der chemischen Industrie (Chemie- oder Industriegips) oder Rückständen aus Rauchgasentschwefelungsanlagen (REA-Gips) ggf. unter Zugabe von Zusätzen und Füllstoffen hergestellt. Sie erhärten nach dem Anmachen mit Wasser durch die chemische Bindung von 1½–2 Molekülen Wasser. Reine Gipsbindemittel ohne Zusätze sind Stuckgips und Putzgips. Letzterer ist bei höheren Temperaturen gebrannt, versteift früher, ist aber länger zu bearbeiten als Stuckgips. Diese beiden Gipse sind auch die erhärtungsfähigen Bestandteile der übrigen B. Zu ihnen zählen der Fertigputzgips, der Haftputzgips und der Maschinenputzgips für Innenputze (→Mörtel) sowie der Ansetzgips, der Fugengips und der Spachtelgips für das Ansetzen, Verbinden und Verspachteln von Gipskartonplatten und Gipsbauplatten.   *Wesche*

Baukalk. B. sind mineralische → Bindemittel nach DIN 1060. Sie werden im Gegensatz zu → Zement unterhalb der Sintergrenze gebrannt und erhärten nach dem Anmachen mit Wasser vorwiegend durch CO_2-Aufnahme an der Luft. Dies geschieht ausschließlich bei den Luftkalken mit sehr hohem CaO- bzw. MgO-Gehalt. Mit zunehmendem Gehalt an SiO_2, Al_2O_3 und Fe_2O_3 (→ Zement) und durch den Zusatz von latent-hydraulischen (→ Stoff, latent-hydraulischer) und puzzolanischen Stoffen (→ Puzzolan) entstehen hydraulisch erhärtende Kalke, die nach mehrtägiger Luftlagerung auch unter Wasser erhärten können und höhere Festigkeiten als Luftkalke aufweisen. Zu den Luftkalken gehören Weißkalk, Dolomitkalk und Carbidkalk, zu den hydraulisch erhärtenden Kalken – nach steigender → Festigkeit geordnet – Wasserkalk, hydraulischer Kalk und hochhydraulischer Kalk. Der Luftkalk und der Wasserkalk werden gemahlen als gebrannter Feinkalk, der Weißkalk auch als gebrannter Stückkalk geliefert. Sie werden aber i. a. als trocken gelöschtes Kalkhydrat, Weiß- und Carbidkalk, seltener als naß gelöschter Kalkteig verwendet. B. sind Bindemittel für Mauer- und Putzmörtel (→ Mörtel).

Wesche

Baukalkprüfung. → Baukalke nach DIN 1060 haben bestimmten Anforderungen an ihre Materialeigenschaften zu genügen. Zu diesen Prüfgrößen gehören die chemische Zusammensetzung, Kornfeinheit, Schüttdichte, Ergiebigkeit, Verarbeitbarkeit, Raumbeständigkeit sowie Druckfestigkeit. Die Einhaltung der geforderten Eigenschaften wird durch regelmäßig durchzuführende Eigen- und Fremdüberwachung überprüft.

Bezüglich der chemischen Zusammensetzung sind Grenzwerte für die Gehalte an Calciumoxid, Magnesiumoxid, Kohlendioxid und Sulfat festgelegt. Referenzverfahren zur Bestimmung dieser Gehalte sind naßchemische Analysen.

Die Kornfeinheit ist durch die Siebrückstände auf den Prüfsieben 0,63 und 0,1 mm charakterisiert. Vor dem Sieben müssen die Kalke – je nach ihrer Handelsform – getrocknet werden.

Die Schüttdichte wird mit Hilfe eines Einlaufgeräts bestimmt. Dabei läßt man das gesiebte Prüfmaterial (Korngröße < 2 mm) über eine Verschlußklappe locker in ein Litergefäß fallen und bestimmt dann das Gewicht des Gefäßinhalts.

Als Ergiebigkeit bezeichnet man das Volumen eines Kalkteigs, bezogen auf 10 kg Feinkalk, das sich aus einem Kalk-Wasser-Gemisch nach dem Ablöschen in einem Löschgefäß ergibt. Die Messung des Volumens wird begonnen, wenn sich der Kalkteig von den Gefäßwandungen abgesetzt hat.

Als Kennwert für die Verarbeitbarkeit gilt die → Eindringtiefe, die sich ergibt, wenn ein Meßstab mit einem daran befestigten Fallkörper in einen Kalkmörtelkörper mit vorgegebenem Ausbreitmaß eindringt.

Die Ermittlung der Raumbeständigkeit von Baukalken erfolgt durch Prüfung im Wärmeschrank und durch Prüfung bei Wasserlagerung. Die Prüfung im Wärmeschrank (Luftkalke) gilt als bestanden, wenn die Probekörper nach mehrstündiger Lagerung bei 105 °C fest sind und keine Treibrisse aufweisen. Beim Wasserlagerungsversuch gelten die Kalke als raumbeständig, wenn nach mehrtägiger Lagerung die Probekörper scharfkantig und rissefrei sind und sich nicht erheblich verkrümmt haben.

Bei der Prüfung der Druckfestigkeit mit Hilfe einer Druckprüfmaschine werden Kalkmörtelprismen mit definierten Maßen durch eine kontinuierlich gesteigerte Prüfkraft bis zur Bruchgrenze belastet.

In besonderen Fällen wird nach Vereinbarung eine Prüfung auf Reaktionsfähigkeit beim Löschen von Feinkalken durchgeführt. Diese Prüfung erfolgt durch Messung der bei der Umsetzung mit Wasser einsetzenden Temperaturerhöhung in Abhängigkeit von der Reaktionsdauer. In DIN 1060 werden keine Anforderungen an die Reaktionsfähigkeit gestellt.

Rehm/Laskowski

Baukunststoff. → Kunststoffe prägen unsere gebaute Umwelt in immer höherem Maße. Sie sind wegen ihrer vielfältigen positiven und oft einzigartigen Eigenschaften ein fester Bestandteil der im Bereich des Ingenieurwesens einzusetzenden Werkstoffe. Nicht zuletzt tragen sie in vielen Einsatzbereichen im Bauwesen zur Einsparung von Energie und Rohstoffen bei. Insgesamt werden rd. 25 % der Kunststoffproduktion im Bauwesen eingesetzt, mengenmäßig überwiegend im Bereich des Ausbaues, z. B. Dämmung, Dichtung, sanitäre und elektrische Installation, Bodenbeläge und Anstriche. Im Bereich der tragenden Bauteile haben sie bisher Bedeutung erlangt für Dächer (Sandwichplatten, Profilplatten, Schalen, Faltwerke, Lichtkuppeln), Wände (Sandwichplatten, Schaumbetonplatten, Lichtwände, Fassadenplatten), Traglufthallen, Silos, Flüssigkeitsbehälter, Schwimmbecken, Ab- und Zuluftkamine, Türme (Funktechnik, Signalwesen), Radome, bauwerkartige Verkehrszeichen, Rohrleitungen u. a. Im Bereich der Instandsetzung geschädigter Bauteile, insbes. aus Stahlbeton und Naturstein, werden zunehmend Reaktionsharzmörtel, Injektionsharze und hydrophobierende Imprägniermittel verwendet.

Trotz vielfältiger Vorteile der Kunststoffe, z. B. fast völlige Freiheit der Formgebung, Eignung zum Leichtbau, chemische Beständigkeit, setzen aufwendige und anspruchsvolle Berechnungsverfahren und vor allem Kostengründe bisher eindeutige Grenzen der Einsatzmöglichkeiten im konstruktiven Bauwesen. Den spezifischen Eigenschaften angepaßte gestalterische und konstruktive Neuentwicklungen erweitern den Bereich jedoch ständig. Entwicklungsrichtungen sind außerdem durch anwendungsbezogene Forschungen auf den Gebieten Sandwichanwendungen, hochfeste Faserverstärkungen, beschichtete Chemiefasergewebe und verstärkte Schaumstoffe gekennzeichnet. Der deutliche Preisrückgang bei hochfesten Kunststoffasern (→ Aramidfaser) und → Kohlenstoffasern läßt den Einsatz technisch sehr interessanter, jedoch z. Z. noch als „exotisch" bezeichneter Materialien im Bauwesen der nächsten Jahrzehnte möglich erscheinen. Für zahlreiche Anwendungsfälle, vor allem für tragende Bauteile, kombiniert man die reinen Polymere mit Füll- und Verstärkungsstoffen anorganischer Art, z. B. Mehle, Sande, Fasern. Wegen des großen Einflusses der als kontinuierliche Phase vorliegenden Kunststoffe auf die Eigenschaften der → Verbundwerkstoffe werden diese Verbundwerkstoffe, deren volumenmäßiger Polymeranteil meist wesentlich geringer als der der Füll- und Verstärkungsstoffe ist, technologisch, wirtschaftlich, bauaufsichtlich und im Sprachgebrauch ebenfalls als Kunststoffe behandelt.

Für tragende Bauteile setzt man Kunststoffe im Bauwesen bisher nur in vergleichsweise geringem Umfange ein. Die Gründe hierfür sind vielfältig; sie sind jedoch alle mit den technischen Eigenschaften verknüpft:

□ Kunststoffe gelten bauaufsichtlich allgemein als neuartig und unbewährt. Es sind daher Zulassungen für Baustoffe bzw. Bauteile oder Zustimmungen im Einzelfall erforderlich, die zu ihrer Erlangung erhebliche Kenntnisse der Eigenschaften sowie zeit- und kostenaufwendige Prüfungen erfordern.

□ Zur Beschreibung der mechanischen Eigenschaften reichen die bei traditionellen Baustoffen üblichen „Einpunkt"-Kennwerte, z. B. → Festigkeit, → Elastizitätsmodul, nicht aus. Auch bei normalen Gebrauchsbedingungen bestehen komplexe Zusammenhänge zwischen → Spannung, → Verformung, Zeit und Temperatur. Für die Bemessung von Bauteilen benötigt man weitgehende Informationen über dieses mehrdimensionale Kennfeld. Einfache Kennwerttabellen und Angaben über zulässige Spannungen oder Verformungen sind daher für konkrete Bemessungsfälle i. d. R. nicht anwendbar.

□ Die Kenntnisse der entwerfenden Architekten und der konstruierenden und berechnenden Bauingenieure auf dem Kunststoffgebiet sind mehrheitlich außerordentlich gering. Dies hängt direkt mit der Vielfalt der Stoffe und ihrer Eigenschaften zusammen, die die des gesamten übrigen Baustoffbereiches bei weitem übertrifft.

□ Kunststoffbauteile werfen Probleme hinsichtlich konstruktiver Durchbildung und Bemessung auf. Wegen grundsätzlich andersgearteter Eigenschaf-

ten sind bewährte konstruktive Grundsätze und Berechnungsverfahren häufig nicht anwendbar. Sie müssen dann auf Grund der Stoffeigenschaften mit oft hohem Aufwand neu erarbeitet werden.

Bei Prüfung in Raumklima und zügiger Beanspruchung, d. h. bei den üblichen Laborversuchen, erreichen Kunststoffe Festigkeiten, die im Bereich der Festigkeiten üblicher Baustoffe liegen (Bild 1). Wegen des starken Einflusses der Temperatur auf die Molekülbeweglichkeit ist jedoch eine deutliche Abhängigkeit von der Temperatur vorhanden. Auch die üblichen Baustoffe zeigen bereits im Bereich der normalen Gebrauchstemperaturen, d. h. etwa zwischen −30 °C und +80 °C, temperaturbedingte Festigkeitsunterschiede. Auf die übliche Prüftemperatur bezogen sind die Festigkeitsunterschiede jedoch so gering, daß sie in die jeweiligen Sicherheitsbeiwerte eingearbeitet werden konnten; dies ist bei bauüblichen Kunststoffen wegen zu großer Abweichungen nicht mehr möglich. Auch innerhalb einer Kunststoffart können erhebliche Unterschiede in der Wärmestandfestigkeit auftreten. Der Abfall der Festigkeit im Laufe von Dauerstandbelastungen ist bei allen Kunststoffen bei doppelt-logarithmischer Darstellung über die Zeit etwa linear (Bild 2). Die Dauerstandfestigkeit muß daher als → Zeitstandfestigkeit unter festgelegten Umweltbedingungen angegeben werden, da auch nach Jahren ein asymptotischer Verlauf der Zeitstandfestigkeitskurven noch nicht eindeutig erkennbar wird und theoretisch eine Spannung, die unendlich lange ertragen werden kann, nicht ableitbar ist. Bei niedrigen Dauerspannungen im Vergleich zur Kurzzeitfestigkeit kann mit den bei traditionellen Baustoffen üblichen Lebensdauern gerechnet werden, sofern besondere Alterungserscheinungen und chemische Angriffe nicht zu erwarten sind. Schwierigkeiten bei der Ermittlung zulässiger Dauerbeanspruchungen bestehen wegen des hohen Aufwandes für Langzeitversuche.

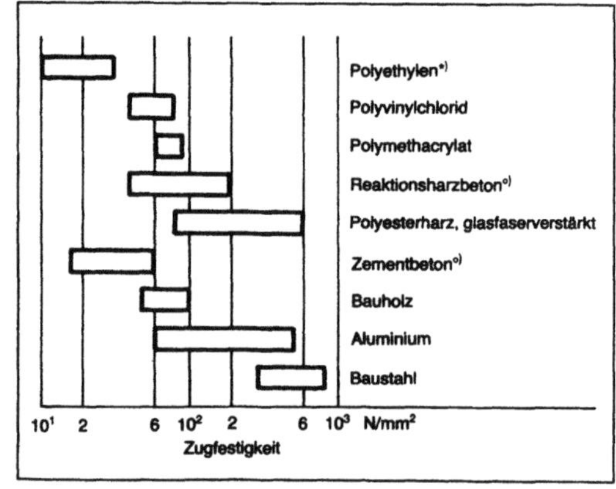

Baukunststoff 1: Festigkeiten wichtiger Baustoffe.

*) Streckgrenze, o) Druckfestigkeit

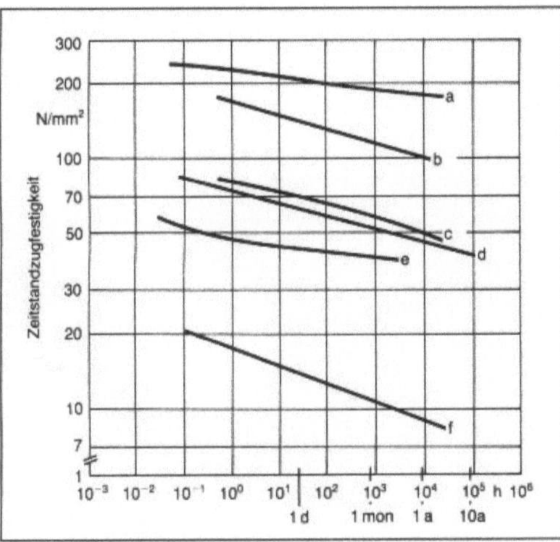

Baukunststoff 2: Zeitstandverhalten von Kunststoffen.

a GF-EP (Gewebe), b GF-UP 1 (Matte), c GF-UP 2 (Matte), d PMMA, e PVC-hart, f PE-hart

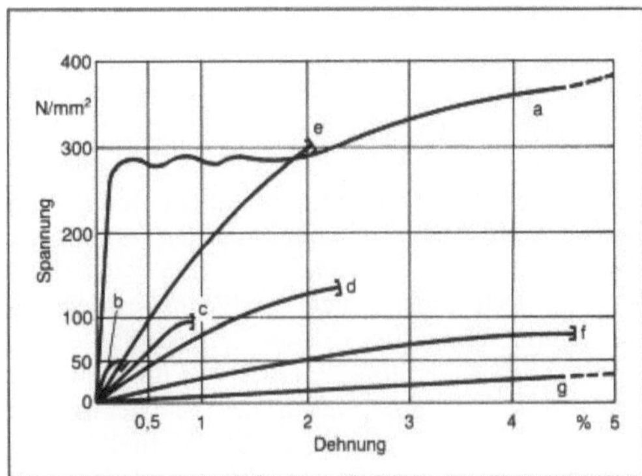

Baukunststoff 4: Spannungs-Dehnungs-Linien wichtiger Baustoffe.

Raumtemperatur, zügige Belastung, Beton druckbeansprucht, übrige Baustoffe zugbeansprucht
a Baustahl St 37, b Beton, c Holz, d GFK 1, e GFK 2, f PMMA, g PE

Der Elastizitätsmodul von reinen Kunststoffen ist bereits bei Raumtemperatur vergleichsweise klein. Es lassen sich jedoch durch mineralische Füll- und Verstärkungsstoffe (Quarzsand, Glasfasern) je nach volumenmäßigem Anteil erhebliche Steigerungen erzielen (Bild 3). Die für tragende Bauteile verwendeten Kunststoffe weisen ein sprödes →Bruchverhalten auf. Dies bedeutet das Fehlen eines horizontalen bzw. abfallenden Astes der →Spannungs-Dehnungs-Linie. Dieser Bereich ist z. B. bei üblichem →Baustahl zweimal vorhanden: an der →Streckgrenze sowie im Bereich der Höchstlast. Auch der bei Zugbeanspruchung rein spröde →Beton weist bei Druckbeanspruchung einen horizontalen und abfallenden Ast der Spannungs-Dehnungs-Linie auf (Bild 4). Diese auf innere Rißbildungen zurückzuführende scheinbare →Plastizität kann man genauso wie die von →Stahl

technisch nutzen. Bei den spröden Kunststoffen dagegen können örtliche Spannungsspitzen nicht durch Fließen oder Mikrorißbildungen abgebaut werden. Zwar treten durch Kriecherscheinungen im Laufe der Zeit Spannungsumlagerungen auf. Rasche Laststeigerungen können jedoch im Bereich von Lasteinleitungsstellen, Kanten, Kerben usw. zu plötzlich auftretenden Rißschäden führen. Hierauf ist durch geeignete konstruktive Maßnahmen Rücksicht zu nehmen.

Die Wärmedehnungskoeffizienten reiner Kunststoffe sind etwa 5–20mal so groß wie die von Stahl und Beton (Bild 5). Dies kann je nach konstruktiver Verbindung zwischen den verschiedenen Baustoffen zu hohen Zwängungsspannungen führen. Durch den Einfluß silikatischer Füll- und Verstärkungs-

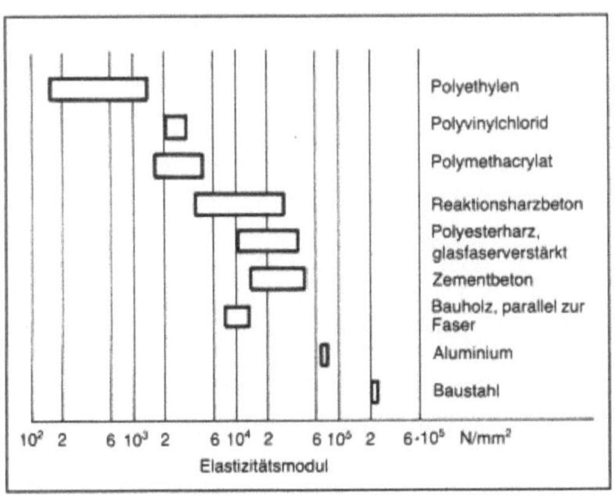

Baukunststoff 3: Elastizitätsmoduln wichtiger Baustoffe.

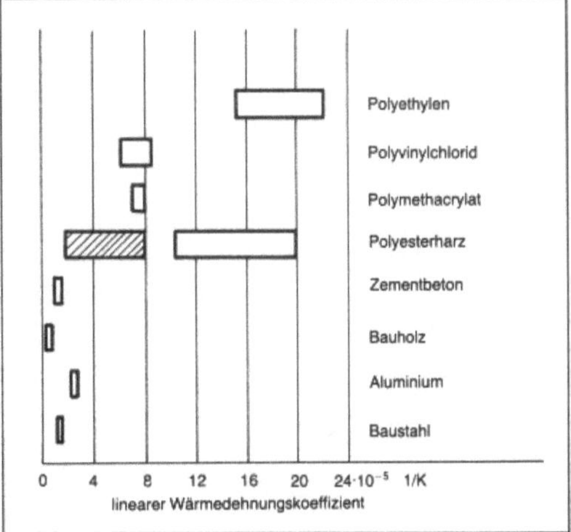

Baukunststoff 5: Wärmedehnung wichtiger Baustoffe.
▨ glasfaserverstärkt

stoffe sinkt der Wärmedehnungskoeffizient stark ab. Die Wärmeleitfähigkeiten sind relativ klein (Bild 6). Bei ungefüllten Stoffen liegen sie in der Größenordnung von Bauholz, bei gefüllten und verstärkten im Bereich des Zementbetons. Die Abhängigkeit von der Temperatur ist unbedeutend. Zahlreiche Kunststoffe sind schäumbar. Bei hohen Luftgehalten und entsprechend niedrigen Rohdichten ergeben sich äußerst niedrige Wärmeleitfähigkeiten. Zahlreiche weitere Eigenschaften sind für den Einsatz von Kunststoffen in den sehr unterschiedlichen Anwendungsbereichen des Bauwesens von Bedeutung, z. B. Temperatur-Zeit-Verhalten, chemische und biologische → Widerstandsfähigkeit, Diffusionsverhalten, elektrische und dielektrische Eigenschaften, optische Eigenschaften und → Alterungsverhalten.   *Sasse*

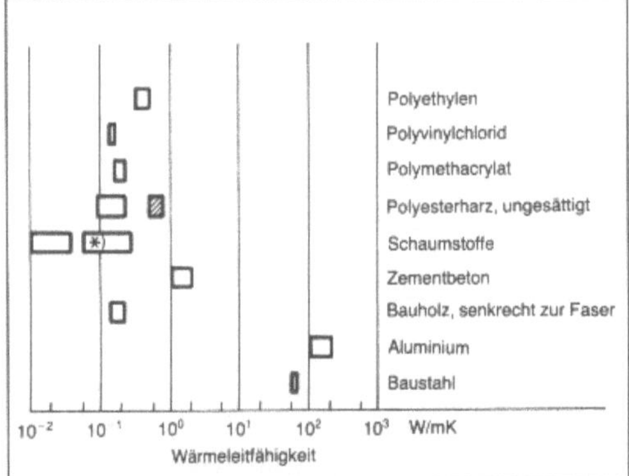

Baukunststoff 6: Wärmeleitfähigkeit wichtiger Baustoffe.

▨ glasfaserverstärkt. *) gefüllt mit Leichtzuschlag

Literatur: *Wesche, K.:* Baustoffe für tragende Bauteile. Bd. 4: Holz und Kunststoffe. 2. Aufl. Wiesbaden 1987.

Baumwolle. (*engl.* cotton, *franz.* coton) Als Faserstoff die Samenhaare der einjährigen Baumwollpflanze (Gattung *Gossypium* aus der Familie der Malvaceen). B. wächst in vielen Arten kraut- oder strauchartig in der tropischen bis subtropischen Zone der Erde. Die aus den Blüten sich entwickelnden, walnußgroßen Fruchtkapseln enthalten in mehreren Fächern je fünf bis zehn behaarte Samen (bis 7 000 Haare auf jedem Kern). Nach der Reife platzt die Kapsel auf und die Baumwollhaare quellen heraus. Wegen unterschiedlicher Reife der Kapseln auch auf einer Pflanze erfolgt die Ernte in mehreren Pflückungen, entweder noch mittels Hand, heute zumeist aber mit Erntemaschinen (Vakuum- oder Spindelpflücker).

Zum Abtrennen der Samenhaare von den Kernen (egrenieren) dienen Entkernungsmaschinen: Sägeegreniermaschine (*engl.* saw-gin, Erfindung von

Baumwolle 1: Aufgesprungene Baumwollkapsel. (Quelle: Bremer Baumwollbörse)

Baumwolle 2: Baumwoll-Erntemaschine. (Quelle: Bremer Baumwollbörse).

E. Whitney 1792, wodurch die B. die billigste und wichtigste Textilfaser wurde) oder Walzenegreniermaschine (*engl.* roller-gin), letztere schonender arbeitend, aber mit geringerer Leistung, speziell für langstapelige B. Der Versand der B. aus den Herkunftsländern zur Verarbeitung erfolgt in gepreßten Ballen mit einem mittleren Gewicht von 218 kg.

Das einzellige Baumwollhaar erscheint unter dem Mikroskop bandartig flach mit Verwindungen, deren Häufigkeit und Drehungsrichtung wechselt. Die verdickte Zellwand besteht aus fast reiner → Cellulose. Der Querschnitt der → Faser ist länglich, nieren- oder bohnenförmig. Den Spinnwert einer B.

Baumwolle. Tabelle: Eigenschaften verschiedener Qualitäten

Züchtungsqualitäten	mittlere Faserlänge [mm]	Faserfeinheit [Mikronaire]	Faserfestigkeit [lbs/inch^2]
Spitzensorten (ägypt. Delta-Baumwolle)	29–30	3,2	115 000
mittlere Qualitäten (US-Upland u. ä.)	22–23	4,0	95 000
südamerikanische und asiatische Sorten	16–18	4,5	80 000

Quelle: Faserinstitut Bremen e. V. in Bremer Baumwollbörse

bedingen folgende Eigenschaften: → Faserlänge (10 bis 55 mm, bewertet nach dem Stapel, d. h. der unterschiedlichen Verteilung der einzelnen Faserlängen innerhalb einer Probe), Faserfeinheit, Faserfestigkeit und Reifegrad. Nach dem Handelsstapel unterscheidet man langstapelige B. mit über 29 mm (> 1⅛″) mittlerer Länge der längsten Fasern, mittelstapelige B. mit 22 bis 29 mm (⅞–1⅛″) und kurzstapelige B. mit unter 22 mm (< ⅞″).

Wichtigste Anbauländer sind die USA, Indien, Brasilien, die Türkei und Mexiko, darüber hinaus an der Produktionsspitze VR China und UdSSR, welche aber wegen des hohen Eigenbedarfes für die Versorgung des Weltmarktes ohne Bedeutung sind. Die Weltproduktion an Rohbaumwolle betrug 1985/86 17 179 000 t. Der Ertrag pro Acre schwankt erheblich; an der Spitze steht Israel mit fast 1400 lbs/acre, dagegen die USA mit 520, Ägypten mit 850 und Brasilien mit nur 240 lbs/acre.

Bedeutsame Veredlungsbehandlung der B. (am Garn oder Gewebe) ist das Mercerisieren (Erfinder *John Mercer* 1844) mit hochkonzentrierter Natronlauge unter Spannung, wodurch die B. ein glänzendes Aussehen erhält unter Erhöhen ihrer → Festigkeit und des Anfärbevermögens. Unter dem Mikroskop erscheint mercerisierte B. zylindrisch glatt ohne Drehungen.

Die B. wird in der Drei- und Vierzylinderspinnerei (Feinspinnerei), minderwertigere Sorten und Abgänge in der Zweizylinderspinnerei versponnen und als bedeutendster und billigster textiler Faserstoff vielseitig für die menschliche Bekleidung, als Wäschestoff und für technische Zwecke eingesetzt.　　　　　　　　　　　　　　　　*Koch*

Literatur: *Wagner, E.:* Die textilen Rohstoffe. Frankfurt/M. 1981.

Bauschelastizität. Die B. charakterisiert das druckelastische Verhalten von Faservliesen, Vliesstoffen und Watten. Solche Textilstoffe werden zur Wattierung von Steppdecken, Windjacken usw. und als Polstermaterial für Matratzen sowie in der Möbel- und Fahrzeugindustrie eingesetzt.

Bei der Prüfung der B. handelt es sich im wesentlichen um die Zusammendrückbarkeit (Kompressibilität) und das anschließende Wiedererholungsvermögen der zu prüfenden Textilien. Zwei Verfahren sind bekannt:

□ Nach *G. Herzog:*

Eine bestimmte, sorgfältig aufbereitete, in Wirrlage gebrachte Fasermenge – am besten in Vliesform, mehrere Lagen übereinander – wird in einem zylindrischen Gefäß mit 100 cm^2 Bodenfläche in bestimmter Weise wiederholt zusammengedrückt und die Höhe bei der Be- und Entlastung gemessen. Man trägt in ein rechtwinkliges Koordinationssystem als Abszisse die Anzahl der Be- und Entlastungen und als Ordinate die entsprechenden Materialhöhen ein (Bild 1).

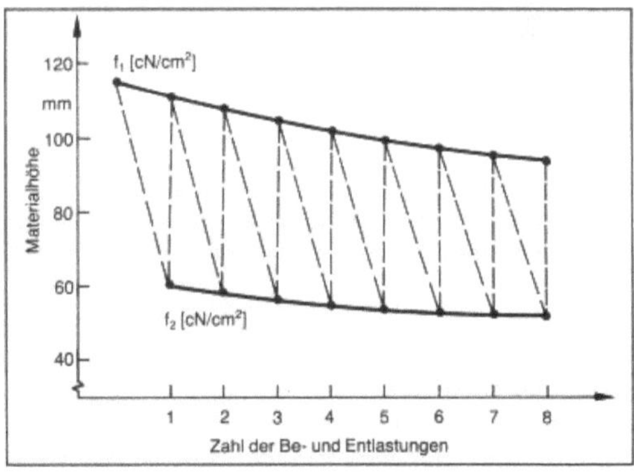

Bauschelastizität 1: Be- und Entlastungsdiagramm für das bauschelastische Verhalten (nach G. Herzog).

f_1 – Druck bei Entlastung in cN/cm^2, f_2 – Druck bei Belastung in cN/cm^2

□ Nach DIN 54305:

Gemäß Bild 2 wird die zu messende Probe in einer Zugprüfmaschine mit wegarmer → Kraftmessung be- und entlastet. Dieser Vorgang läßt sich

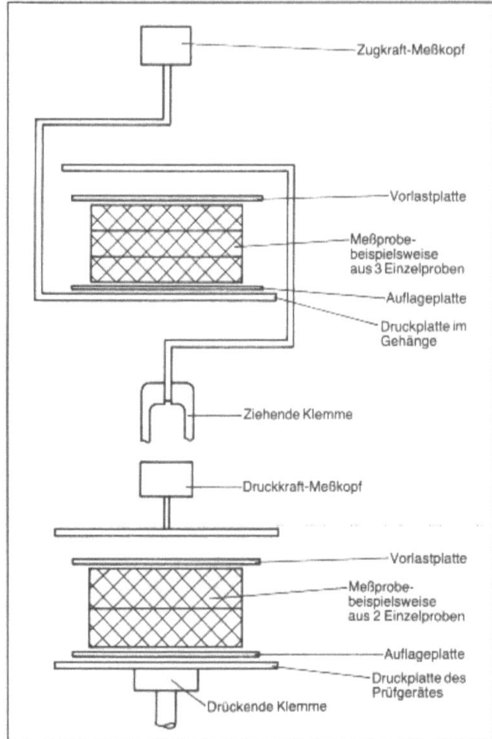

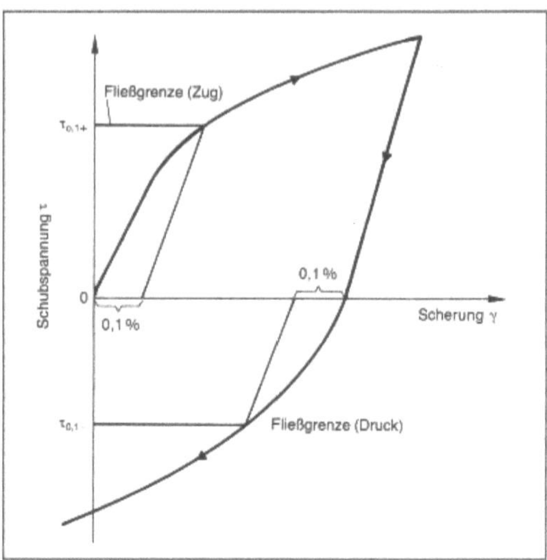

Bauschinger-Effekt: Schubspannung in Abhängigkeit von der Scherung zur Verdeutlichung des B.-E. (schematisch).

Bauschelastizität 2: Schema der Prüfeinrichtung.

zwar beliebig wiederholen, nach dieser Norm wird jedoch das druckelastische Verhalten nach fünf Prüfzyklen bestimmt.

Neben der Höhe der Meßproben vor und nach der Belastung dient die sogenannte Hysteresekennzahl zur Charakterisierung des druckelastischen Verhaltens. Letztere setzt die Aufnahme von Kraft-Weg-Kurven während der Prüfzyklen voraus.

Kleinhansl

Literatur: DIN 54305: Bestimmung des druckelastischen Verhaltens von Faservliesen, Vliesstoffen und Watten. 1976. – *Sommer, H.* und *F. Winkler:* Handbuch der Werkstoffprüfung. Bd. V. Berlin–Göttingen–Heidelberg 1961.

Bauschinger-Effekt. Erniedrigung der →Fließgrenze polykristalliner Werkstoffe bei Lastumkehr (Zug-Druck) (*J. Bauschinger,* 1881). Während beim gut erholten Material die Fließgrenze im einachsigen →Zugversuch denselben Wert annimmt wie im →Druckversuch, setzt plastisches Fließen bei geringeren Spannungswerten ein, falls die Probe vorher in der Gegenrichtung gedehnt wurde. Ursache des B.-E. sind Versetzungsanordnungen, insbesondere Aufstaus vor Korngrenzen und anderen Hindernissen, welche zu →Verfestigung in einer Richtung führen, während bei Lastrichtungsumkehr die Versetzungen in der Gegenrichtung leich-

ter aus den zuvor aufgebauten Stauungen ausscheren können.

Der B.-E. hat erhebliche praktische Bedeutung in der Umformtechnik, z. B. wenn beim Blechbiegen Lastrichtungsumkehr auftritt, oder beim „Dressieren" gestreckter Walzprodukte durch alternierende Biegung zwischen Rollen mit dem Ziel der Eliminierung von Eigenspannungen bzw. der Einebnung unregelmäßiger Flächen. *Ilschner*

Literatur: *Mughrabi, H.:* Hundert Jahre Bauschinger-Effekt. Z. f. Metallkunde **77** (1986) S. 703–707. – VDEh (Hrsg.): Werkstoffkunde Stahl. Bd. 1: Grundlagen. Berlin–Heidelberg 1984.

Baustahl. →Stähle, die im Haus-, Hoch-, Tief-, Hallen-, Brücken-, Wasser- und im Schiffbau (einschließlich der Off-shore-Technik) sowie zum Teil auch im allgemeinen Maschinenbau eingesetzt werden und für die die Festigkeitseigenschaften, die Zähigkeit und die →Schweißeignung die wichtigsten Gebrauchseigenschaften darstellen.

Die Einteilung in verschiedene Festigkeitsbereiche ist nicht ganz einheitlich, doch zählt man im allgemeinen die Stähle mit Mindeststreckgrenzen bei Raumtemperatur kleiner als 355 N/mm² zu den normalfesten Stählen, die im Walzzustand oder im normalgeglühten bzw. normalisierend gewalzten Zustand verwendet werden. Die Stähle mit Streckgrenzen größer als 355 N/mm² rechnet man zu den hochfesten Stählen, die im normalgeglühten, thermomechanisch behandelten oder vergüteten Zustand eingesetzt werden und die im allgemeinen als Feinkornstähle vorliegen. Angaben über Zusammensetzung und Eigenschaften finden sich für die allgemeinen B. in DIN 17 100 und für schweißgeeignete normalgeglühte Feinkornbaustähle bis zu Mindestwerten der Streckgrenze von 500 N/mm² in DIN 17 102. *Dahl*

Baustahl, wetterfester. Baustähle, die durch Zusätze von → Chrom, → Kupfer und zum Teil → Vanadin einen erhöhten Widerstand gegen atmosphärische → Korrosion aufweisen (WT St 37-2, WT St 37-3, WT St 52-3). Die → Legierungselemente verändern die Ausbildung der Rostschicht und damit den Ablauf der Korrosion. Diese Stähle werden daher auch witterungsbeständige oder rostträge Stähle genannt (→ Stahl, wetterfester). *Dahl*

Literatur: Werkstoffkunde Stahl. 2 Bd. (Hrsg. VDEh). Berlin-Düsseldorf 1984/85.

Baustahlmatte → Betonstahlmatte

Baustoff → Brettschichtholz

Baustoff, gebrannter keramischer – Prüfung. Die Prüfung von g. k. B., wie z. B. Fliesen und Spaltplatten, dient dem Nachweis der für diese Baustoffe genormten Materialeigenschaften. Damit ein g. k. B., z. B. als Wand- oder Bodenbelag eingebaut, seine Funktion je nach Anwendungsbereich möglichst auf Dauer erfüllt, müssen die hierfür erforderlichen Materialeigenschaften von

Fliesen	nach DIN 18 155
Spaltplatten	nach DIN 18 166
Bodenklinkerplatten	nach DIN 18 158

geprüft und überwacht werden.

Unabhängig vom Anwendungsbereich werden bei diesen meist plattenartigen Baustoffen die Maße, die Rechtwinkeligkeit, die Ebenflächigkeit und die Biegefestigkeit geprüft. Je nach Anwendungsbereich als Wand- oder Bodenplatte mit Belastung, z. B. durch schleifende, stoßende, schlagende oder thermische Beanspruchung, durch Wasser- oder Säureangriff, können noch Prüfungen zur Ermittlung folgender Materialkennwerte erforderlich sein: Wasseraufnahme, Widerstand gegen Oberflächenverschleiß, Ritzhärte der → Oberfläche, linearer Wärmeausdehnungskoeffizient, → Temperaturwechselbeständigkeit, Frostbeständigkeit, Lichtechtheit der Färbung der Glasur, Beständigkeit gegen Fleckenbildner, gegen Haushaltschemikalien oder gegen Säuren und Laugen, elektrische Leitfähigkeit, rutschhemmende Eigenschaften bei der Verwendung für Bodenbeläge in Arbeitsräumen oder in naßbelasteten Barfußbereichen.

Das Vorgehen bei der Ermittlung dieser Materialkennwerte ist meist in DIN-EN-Normen geregelt. *Rehm/Zeus*

Bauteilprüfung. Überprüfung der Funktions- und Betriebssicherheit von einzelnen Bauteilen und ganzen Baugruppen im Zuge der Entwicklung, Erprobung, amtlicher Zulassung und Fertigung mit Hilfe von Laborversuchen. Dabei werden in wirklichkeitsnahen Versuchsaufbauten betriebliche Funktionen, Beanspruchungen und Umweltbedingungen kontrolliert und reproduzierbar nachgefahren und maßgebliche Meßdaten zur Beurteilung des Bauteilverhaltens ermittelt, ausgewertet und zur Qualifizierung des Bauteils mit den vorgegebenen Anforderungen verglichen. Insbesondere zur Ermittlung von Schwachpunkten und Sicherheitsbeiwerten werden durch Überhöhung der Beanspruchungen z. T. bewußt Schädigungen der Bauteile erzeugt, aus denen Gesetzmäßigkeiten für das grundsätzliche Versagensverhalten abgeleitet werden können. *Kußmaul*

Beanspruchung, dynamische. In einem kurzen Zeitintervall auftretende Belastung mit im Gegensatz zur zyklischen (Schwing-) Beanspruchung in der Regel einmaligen Änderung der Belastung. Der zeitliche Verlauf muß im Gegensatz zum quasistatischen Vorgang mit den Auswirkungen berücksichtigt werden (Bild 1).

Charakterisierende Größen sind die Dehngeschwindigkeit $\dot{\varepsilon} = d\varepsilon/dt$ als Maß für die tatsächliche Verformungsgeschwindigkeit im beanspruchten Körper und die Geschwindigkeit v eines die Belastung aufbringenden Körpers. Bei rißbehafteten Strukturen werden die zeitlichen Änderungen der bruchmechanischen Belastungsparameter ($\dot{K}$ bzw. $\dot{J}$) verwendet.

D. B. können im Apparate- und Rohrleitungsbau, im Schienen- und Straßenverkehr, in erdbebengefährdeten Strukturen (Gebäude und Anlagen), bei Drahtseilen in Förderanlagen sowie bei Explosionsvorgängen und Projektilbeanspruchung auftreten (Tabelle 1).

Neue fertigungstechnische Methoden führen durch die Erhöhung der Schnittgeschwindigkeiten beim Zerspanen wie auch die herkömmlichen Schmiede- und Gesenkschmiedeprozesse zu d. B. von Werkzeug und Werkstück. In der Umform- und Fügetechnik wird die Energie von Stoß- und Druckwellen bei der → Hochgeschwindigkeitsumformung ausgenützt.

Da bei höheren Dehngeschwindigkeiten die Trägheitskräfte der Teilchen größer als die inneren Kräfte werden, durchläuft der Verformungszustand einen Körper als Welle. Drei Wellenarten mit verschiedenen Ausbreitungsgeschwindigkeiten (Tabelle 2) sind zu unterscheiden:
– Elastische Wellen treten auf, solange die Beanspruchung kleiner als die → Elastizitätsgrenze des Werkstoffs ist. Sie breiten sich als Longitudinal-, Transversal- oder Oberflächenwelle (*Raleigh*-Welle) aus.

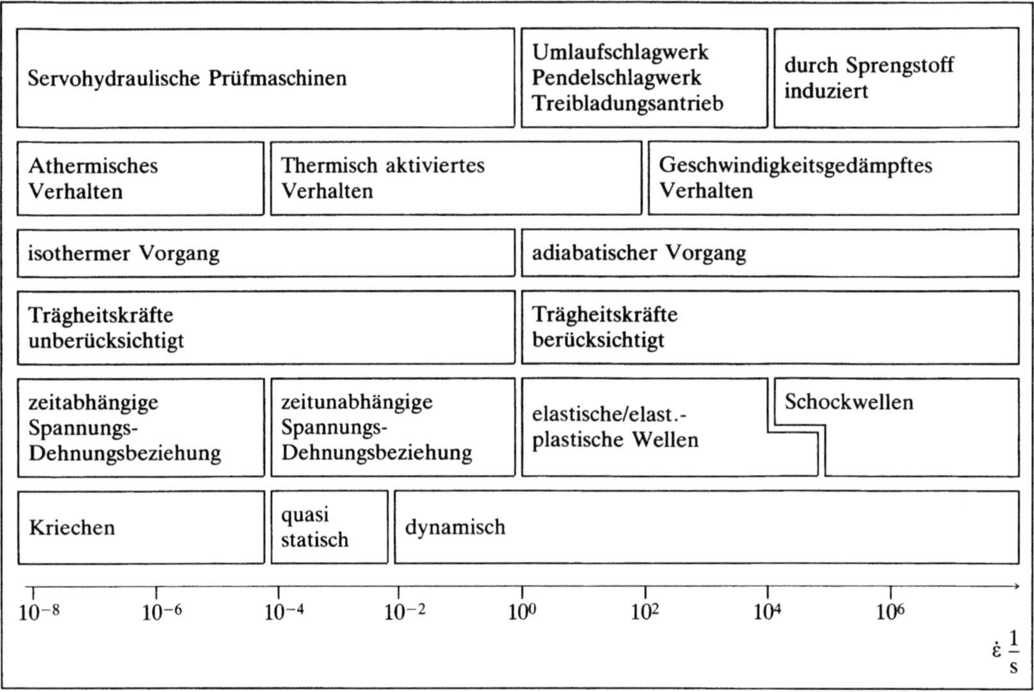

Beanspruchung, dynamische 1: Beanspruchung bei verschiedenen Dehngeschwindigkeiten.

Beanspruchung, dynamische. Tabelle 1: Belastungs- und Verformungsgeschwindigkeiten

Belastungsbeispiel	$\dot{\varepsilon}\left[\,^{1}/_{s}\right]$	$v\left[\dfrac{m}{s}\right]$	$\dot{\kappa}\left[\dfrac{MN}{m^{\frac{3}{2}}\cdot s}\right]$
Gebäude bei Erdbeben	1	—	—
Flugzeugfahrwerk	—	10	$<3\cdot10^3$
Förderanlagen	—	1	$<3\cdot10^4$
Eisenbahn-schienen	0,5	—	ca. 10^5
Schmiedepresse	—	10	$<3\cdot10^5$
Straßen- und Schienenverkehr	—	<100	$<3.10^5$
Hochgeschwindig-keitszerspanung	—	$8-100$	
Hochgeschwindig-keitsumformung	ca. 10^2	<300	
Explosions- oder Projektil-beanspruchung		$<10^4$	$<10^{10}$

Beanspruchung, dynamische. Tabelle 2: Wellenlauf-geschwindigkeiten im begrenzten Medium

Elastische Welle:		E Elastizitäts-modul
longitudinal	$c=\sqrt{\dfrac{E}{\rho}}$	
transversal	$c=\sqrt{\dfrac{E}{2(1+\mu)\rho}}$	μ Querkon-traktions-zahl
Plastische Welle	$c=\sqrt{\dfrac{1}{\rho}\dfrac{d\sigma}{d\varepsilon}}$	ρ Dichte K Kompres-sionsmodul
Schockwelle	$c=\sqrt{\dfrac{K}{\rho}}$	

– Bei überelastischer Beanspruchung bildet sich eine hinter der elastischen Welle laufende plastische Welle, deren Geschwindigkeit von der Steigung der → Spannungs-Dehnungs-Kurve abhängt.

– Bei hohen Dehngeschwindigkeiten und stark verfestigendem Materialverhalten bildet sich eine Schockwellenfront, die zu hohen Spannungen mit kleinen deviatorischen Anteil führt. Der Zusammenhang zwischen dem Druck und der Teilchengeschwindigkeit ist werkstoffabhängig und wird unter Vernachlässigung der Schubspannungen von den *Rankine-Hugoniot*-Kurven (Bild 2) beschrieben. Der die Geschwindigkeit bestimmende Kompressionsmodul ist werkstoff- und druckabhängig.

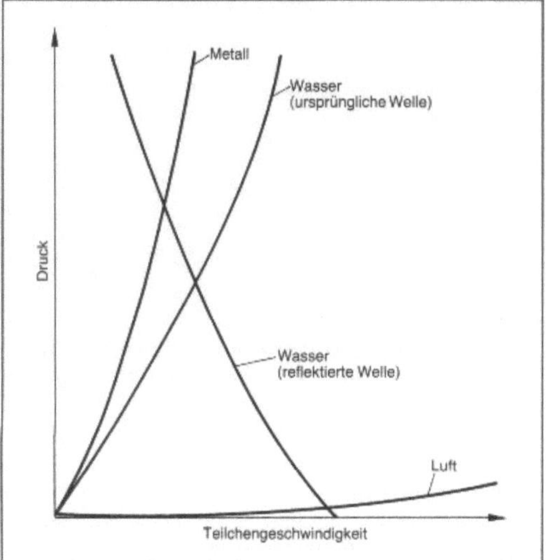

Beanspruchung, dynamische 2: Rankine-Hugoniot-Kurven (nach Lange).

Bei endlichen Körpern treten Reflexionen und durch unterschiedliche Wellenlaufzeiten Überlagerungen von ursprünglichen und reflektierten Wellen auf.

Die plastische Formänderungsenergie wird zum größten Teil in Wärme umgesetzt, die bei hoher Dehngeschwindigkeit nicht mehr an die Umgebung abgeführt werden kann. Dieser als adiabatisches Fließen bekannte Vorgang tritt je nach Umgebungsbedingungen bei Dehnraten größer als 0,1 bis 1 s^{-1} in Erscheinung. Bei verschiedenen Werkstoffen kann dies zu thermischer Erweichung (*engl.* thermal softening) führen. Auch das Auftreten adiabatischer Scherbänder bei bestimmten Metallen unter Belastung mit hohen Dehngeschwindigkeiten wird auf die durch starke Erwärmung hervorgerufene Reduktion der → Fließgrenze und dadurch zunehmende plastische Verformungen zurückgeführt. Die streifenförmigen engen Zonen mit großen plastischen Schiebungen, die zum Versagen eines Bauteiles führen können, werden durch reine Deformationsmechanismen oder durch örtliche Phasenumwandlungen hervorgerufen.

Der Fließvorgang bei Metallen wird auf verschiedene Mechanismen zurückgeführt. Bei mittleren Dehnraten bis $\dot{\varepsilon}$ = 1000 s^{-1} wird von einem thermisch aktivierten Vorgang ausgegangen, der sich als funktionaler Zusammenhang zwischen der für die Bewegung einer → Versetzung notwendigen → Aktivierungsenergie und der → Spannung beschreiben

läßt. Damit kann das Ansteigen der Fließgrenze (Bild 3) mit zunehmender Dehngeschwindigkeit erklärt werden, während die stärkere Zunahme ab Dehngeschwindigkeiten von etwa 1000 s^{-1} auf Dämpfungsmechanismen zurückgeführt wird, die die Bewegung von Versetzungen behindern. Der Spannungs-Dehnungsverlauf zeigt im allgemeinen eine starke Überhöhung der oberen → Streckgrenze (Bild 4). Die → Zugfestigkeit nimmt mit zunehmen-

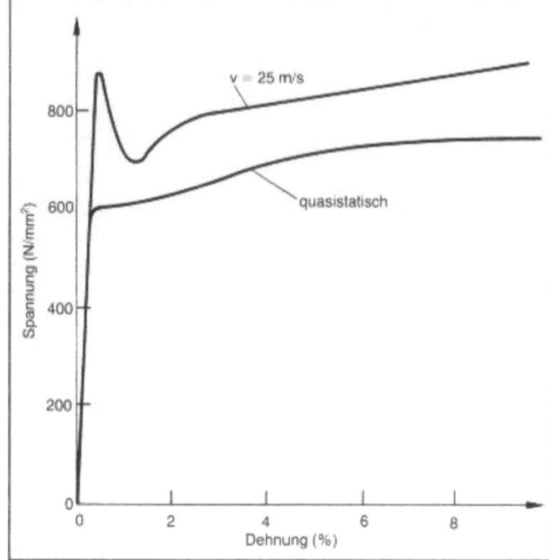

Beanspruchung, dynamische 3: Spannungs-Dehnungs-Diagramm bei unterschiedlichen Belastungsgeschwindigkeiten für ferritischen Stahl.

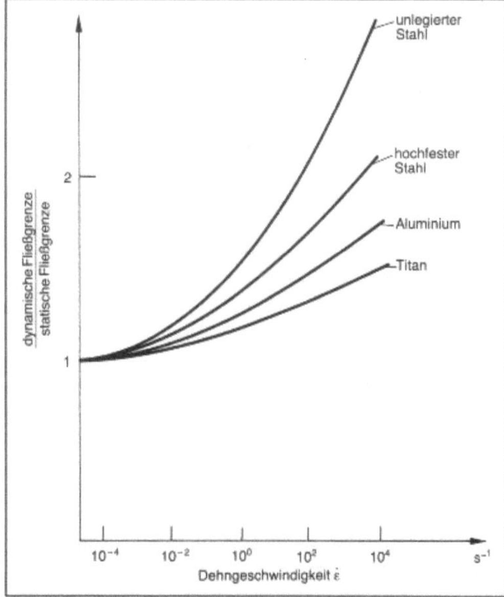

Beanspruchung, dynamische 4: Fließgrenze in Abhängigkeit von der Dehngeschwindigkeit (nach Krabiell und Harding).

der Belastungsgeschwindigkeit etwas weniger zu (Bild 5). Nähern sich beide einander an, kommt es bei kubisch-raumzentrierten Werkstoffen zum → Sprödbruch.

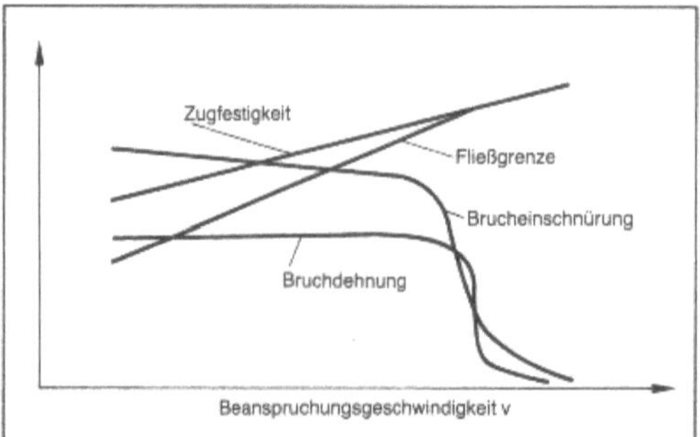

Beanspruchung, dynamische 5: Schematische Darstellung des Verlaufes von Zugfestigkeit, Fließgrenze, Brucheinschnürung und Bruchdehnung für einen unlegierten Stahl bei Raumtemperatur (nach Dietmann).

Der bei ferritischen Stählen vorhandene temperaturabhängige Übergang von sprödem zu zähem Werkstoffverhalten verschiebt sich bei zunehmender Belastungsgeschwindigkeit zu höheren Temperaturen. Faserverstärkte → Kunststoffe haben meist eine zunehmende Zugfestigkeit (Bild 6), das Verhalten bei hohen Dehngeschwindigkeiten kann aber vom Aufbau des Werkstoffs abhängig sein.

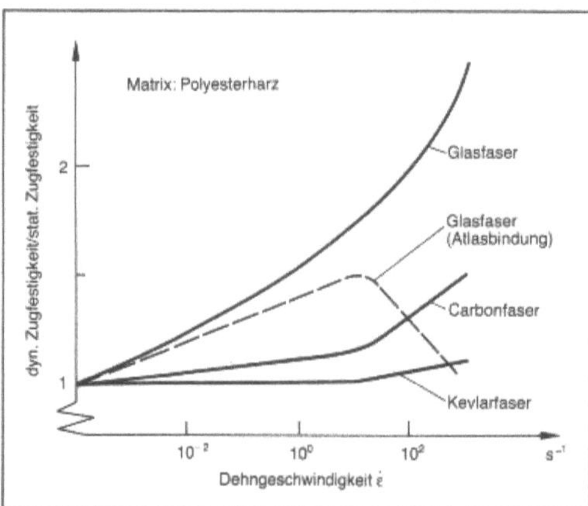

Beanspruchung, dynamische 6: Zugfestigkeit verschiedener faserverstärkter Kunststoffe in Abhängigkeit von der Dehngeschwindigkeit (nach Harding).

Der bei rißbehafteten Bauteilen maßgebliche Parameter der linearelastischen → Bruchmechanik, die Rißzähigkeit K_{Ic} weist in einem bestimmten Temperaturbereich einen Übergang von der Tieflage zur Hochlage auf, der sich mit zunehmender Beanspruchungsgeschwindigkeit zu höheren Temperaturen verschiebt (Bild 7). An der Rißspitze treten dabei adiabatische Verformungsvorgänge auf.

Auch von quasistatischer Beanspruchung hervorgerufene laufende Risse haben dynamische Verformungsvorgänge an der Rißspitze zur Folge.

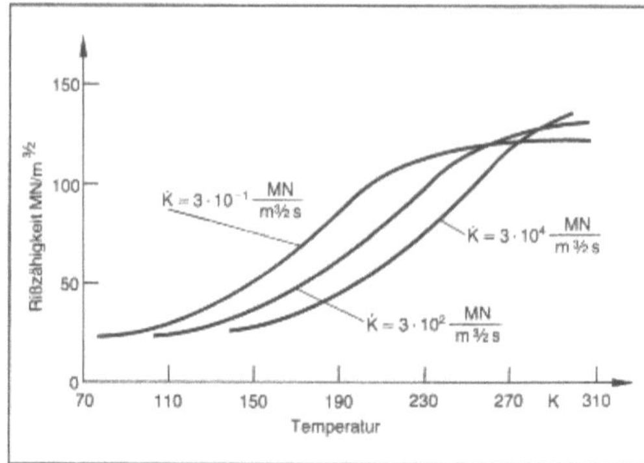

Beanspruchung, dynamische 7: Rißzähigkeits-Temperatur-Kurve bei verschiedenen Belastungsgeschwindigkeiten (nach Krabiell).

Versuche zur Ermittlung der dynamischen Rißzähigkeit werden meist mit instrumentierten Proben durchgeführt. Die Spannungsintensität K_{Id}, bei der Rißfortschritt auftritt, kann ermittelt werden
– durch Messung der → Dehnung auf einem elastisch beanspruchten Teil der Probe, die nach vorheriger Kalibrierung in eine auf die Probe wirkende Kraft umgerechnet wird, oder
– durch die an Dreipunktbiegeproben mit Hilfe des schattenoptischen Verfahrens ermittelte werkstoffunabhängige impact-response-Kurve, die die Spannungsintensität als Funktion der Zeit für eine bestimmte Probengeometrie und Versuchsanordnung wiedergibt, sodaß im eigentlichen Versuch nur noch der Bruchzeitpunkt ermittelt werden muß.

Der zähbruchmechanische Parameter J_{Ic} wird mit quasistatischen Methoden (→ Bruchmechanik) bestimmt. → Schlagversuch, → Dauerschlagversuch, → Schlagzugversuch und → Schnellzerreißversuch sind weitere gebräuchliche Versuche zur Ermittlung von Kennwerten und → Werkstoffeigenschaften.

Neben servohydraulischen Prüfmaschinen (bis 10 m/s Belastungsgeschwindigkeit) gibt es weitere Einrichtungen zur Aufbringung dynamischer Belastungen mit unterschiedlicher Geschwindigkeit (Bild 1).

Einen mechanischen Energiespeicher haben
– das → Pendelschlagwerk zur Durchführung des → Kerbschlagbiegeversuchs,
– das Fallwerk für den → Fallgewichtsversuch,
– das Umlaufschlagwerk bestehend aus einer rotierenden Scheibe mit Schlagnasen sowie
– Einrichtungen, die eine Federkraft oder die Vorspannung langer Stahlseile ausnützen.

Treibladungsgetriebene Schnellzerreißmaschinen sind auch für Prüfkörper in Bauteilgröße geeignet, ihre Belastungsgeschwindigkeit ist hubabhängig (25–60 m/s). Die Dehngeschwindigkeit ist bei den vorgenannten Einrichtungen auch bei konstanter Abzugsgeschwindigkeit nicht konstant, da mit Einsetzen der plastischen → Verformung die Dehngeschwindigkeit stark zunimmt.

Im Expanding-Ring-Versuch wird eine dünne Rohrprobe meist treibladungsgetrieben aufgeweitet. Das Prinzip des *split-Hopkinson-bar* ermöglicht die Untersuchung von Wellenausbreitungsphänomenen unter Druck- und in modifizierter Form auch unter Zug- und Scherbeanspruchung sowie Bruchmechanikversuche mit einer Belastungsgeschwindigkeit $\dot{K}$ über $10^6 MN/m^{3/2}$ s. Die Dehnungsmessung auf dem Krafteinleitungs- und Reaktionsstab ermöglicht die Bestimmung der Spannungen und Dehnungen in der Probe. *Kußmaul*

Literatur: *Blazynski, T. Z.* (Ed.): Explosive Welding, Forming and Compaction. London-New York, 1983. – International Conference on Mechanical and Physical Behaviour of Materials under Dynamic Loading, Paris. Journ. de Physique, Colloque C5, Suppl. au No. 8, Aout 1985. – *Kalthoff, J. F.*: On the measurement of dynamic fracture toughness – a review of recent work. Int. J. Fract. 27 (1985), pp. 277–298. – *Krabiell, A.*: Zum Einfluß von Temperatur und Dehngeschwindigkeit auf die Festigkeits- und Zähigkeitskennwerte von Baustählen mit unterschiedlicher Festigkeit. Dissertation, RWTH Aachen, 1982. – *Meyers, M. A.* and *L. E. Murr* (Ed.): Shock Waves and High Strain Rate Phenomena in Metals. New York, 1981. – *Zukas, N.*, u. *T. Nicholas, H. F. Swift, L. B. Greszczuk, D. R. Curran*: Impact Dynamics. New York 1982.

Beanspruchung, tribologische. Beanspruchung der → Oberfläche eines festen Körpers durch Kontakt und Relativbewegung eines festen, flüssigen oder gasförmigen Gegenkörpers.

Die t. B. ist neben der mechanischen und korrosiven Beanspruchung als eine gesonderte Beanspruchungsart anzusehen. Sie ist mit zeitlich sich ändernden Spannungen verbunden, deren Wirkung auf die Oberflächenbereiche von Werkstoffen konzentriert ist. *Habig*

Bearbeitungsverfahren → Applikationstechnik

Behandlung, pfannenmetallurgische. Die p. B., kurz → Pfannenmetallurgie genannt, beginnt bereits vor der → Rohstahlproduktion in → Konvertern, also vor dem Schmelzbetrieb, durch Einblasen, Einrühren oder Tauchen von Feststoffen in die Roheisenschmelzen. Diese Behandlungsverfahren dienen im wesentlichen der Entschwefelung und in einzelnen Fällen der Entphosphorung des Roheisens und damit der Entlastung des Stahlerzeugungsprozesses. Aufgrund dieser Entschwefelungsverfahren ist beim Hochofenverfahren die Möglichkeit des Einsatzes von Brennstoffen mit höheren Schwefelgehalten gegeben. Für die Herstellung von Stählen mit besonderen Forderungen an die Werkstoffeigenschaften können heute durch moderne Verfahren Schwefelgehalte kleiner als 0,01 % im

→ Roheisen erreicht werden. Zur Versorgung eines Blasstahlwerkes mit schwefelarmem Roheisen werden im wesentlichen Einblasanlagen eingesetzt. Stahlschmelzen können durch
- Spülen mit Gas,
- Injektion von Gasen oder Feststoffen,
- Vakuum und
- Heizen
behandelt werden. Ziele solcher Behandlungen sind die
- Homogenisierung,
- Legierungsfeineinstellung,
- → Desoxidation,
- Reinheitsgradverbesserung,
- Einschlußbeeinflussung,
- Senkung der C-, S-, P-, H- sowie N-Gehalte und/oder
- Temperatureinstellung
der Stahlschmelzen mit unterschiedlichen Verfahren und Anlagen (Bild). Darüber hinaus soll mit diesen Verfahren auch eine Leistungssteigerung der Schmelzanlagen und eine zeitgerechte Versorgung der nachgeordneten Gießanlagen erzielt werden.

Baumann

Behandlung, pfannenmetallurgische: Darstellung der unterschiedlichen Verfahren.

Behandlung, thermochemische. → Wärmebehandlung, mit welcher die chemische Zusammensetzung eines Werkstückes durch Ein- oder Ausdiffusion eines oder mehrerer Elemente absichtlich geändert wird (DIN 17014). Für die Erhöhung des → Verschleißwiderstandes, der → Korrosionsbeständigkeit und/oder der → Dauerschwingfestigkeit interessieren vor allem die Behandlungen, durch welche die → Randschicht eines Werkstückes mit Elementen angereichert wird. Die wichtigsten zur t. B. von Stählen benutzten Verfahren sind in Tabelle 1 zusammengestellt, wobei zusätzlich die eindiffundierenden Elemente, die hauptsächlich verwendeten Behandlungsmedien und die Behandlungstemperaturen aufgeführt sind. Liegt die Behandlungstemperatur unterhalb der Anlaßtemperatur von → Stahl, so kann eine Vergütung vor der t. B. erfolgen; andernfalls muß die Vergütung nach der t. B. durchgeführt bzw. wiederholt werden.

In Tabelle 2 sind einige charakteristische Eigenschaften der durch die unterschiedlichen thermochemischen Verfahren gebildeten Randschichten vergleichend gegenübergestellt.

Außer Stählen werden im gewissen Umfang auch andere metallische Werkstoffe thermochemisch behandelt. So kann in der Randschicht von → Titanlegierungen Titannitrid oder Titanborid durch die Eindiffusion von → Stickstoff bzw. → Bor gebildet werden. *Habig*

Literatur: DIN 17014, Blatt 1: Wärmebehandlung von Eisenwerkstoffen – Fachbegriffe und Fachausdrücke. Ausgabe März 1975.

Behandlung, thermomechanische. Warmumformverfahren, bei dem Temperatur und → Umformung in ihrem zeitlichen Ablauf so gesteuert werden, daß ein bestimmtes → Gefüge und damit bestimmte → Werkstoffeigenschaften eingestellt werden. Beim normalisierenden → Umformen erfolgt die Endumformung im Bereich der Normalglühtemperatur mit vollständiger → Rekristallisation des Austenits. Der erzielte Werkstoffzustand ist demnach einer Normalglühung gleichwertig.

Beim thermomechanischen Umformen liegt dagegen die Endumformung in einem Temperaturbereich, in dem der → Austenit während der Umformung nicht oder nicht wesentlich rekristallisiert. Der hierdurch erzielte Werkstoffzustand, der im allgemeinen eine besonders günstige Kombination von hoher Festigkeit und guter Zähigkeit ergibt, ist durch eine → Wärmebehandlung allein nicht erreichbar und nicht wiederholbar. Das thermomechanische Umformen kann auch mit einer gezielten → Abkühlung kombiniert werden.

Neben diesen für → Baustähle wichtigen Verfahrenstechniken werden noch viele andere Kombinationen von Umformen und Wärmebehandlung als t. B. bezeichnet. Dabei kann die → Verformung vor, während oder nach der Umwandlung erfolgen. *Dahl*

Literatur: Stahleisen Werkstoffblatt 082, 1984.

Behandlung, thermochemische. Tabelle 1: Wichtigste Verfahren der t. B.

Verfahren	Eindiffundierendes Element	Behandlungsmedium	Temperatur °C
Aufkohlen	C	Gas, Paste, Pulver, Salzbad	800. . .1 050
Carbonitrieren	C, N	Gas, Plasma, Salzbad	600. . . 930
Nitrieren	N (H)	Gas, Plasma	350. . . 550
Nitrocarburieren	N, C (H, O)	Gas, Plasma, Pulver, Salzbad	350. . . 600
Oxidieren	O	Gas, Salzbad	150. . . 550
Oxinitrieren	N, O	Gas	~ 500
Sulfidieren	S	Salzbad	200
Sulfonitrieren	N, S	Gas (Plasma)	≤ 600
Sulfonitrocarburieren	N, C, S	Salzbad (Plasma)	570. . . 580
Borieren	B	Gas, Paste, Plasma, Pulver, Salzbad	800. . .1 000
Vanadieren	V	Pulver, Salzbad	850. . .1 100
Chromieren	Cr	Gas, Pulver, Salzbad	900. . .1 200
Chromvanadieren	Cr, V	Pulver	1 000
Niobieren	Nb	Pulver	1 000. . .1 100
Aluminieren (Alitieren)	Al	Gas, Pulver, Salzbad	≤ 1 200
Silizieren	Si	Pulver	930. . .1 200
Stannieren	Sn	galv. Überzug	580
Manganieren	Mn	Pulver	1 000. . .1 100

Behandlung, thermochemische. Tabelle 2: Eigenschaften thermochemisch behandelter Stähle

Thermochemische Behandlung	Phasen der Oberflächenschicht	Dicke der Verbindungsschicht μm	Oberflächenhärte HV 0,2
Aufkohlen und Härten	Martensit	---	700. . .1 000
Carbonitrieren und Härten	$Fe_x(C,N)$ Martensit	≤ 15	700. . .1 000
Nitrieren	ε-Fe_xN γ'-Fe_4N	≤ 50	450. . .1 200
Nitrocarburieren	ε-$Fe_x(N,C)$ [γ'-$Fe_4(N,C)$]	≤ 30	450. . .1 200
Oxidieren	Fe_3O_4 FeO	≤ 5	~400
Sulfonitrieren (Sulfonitrocarburieren)	FeS ε-Fe_xN γ'-Fe_4N	≤ 20	350. . . 600
Sulfidieren	FeS	≤ 10	400 (Mikrohärte)
Borieren	Fe_2B FeB	10. . .800	1 400. . .2 200
Vanadieren	VC V_2C	≤ 20	2 500 1 800
Chromieren	$(Cr,Fe)_{23}C_6$ $(Cr,Fe)_7C_3$	≤ 50	1 400. . .2 000
Niobieren	NbC	< 20	2 100. . .2 500
Aluminieren (Alitieren)	Intermet. Fe-Al-Verbind.	$\leq 1 000$	200. . .1 200
Silizieren	Intermet. Fe-Si-Verbind.	≤ 250	
Stannieren	Intermet. Fe-Sn-Verbind.	≤ 30	300. . . 900
Manganieren	γ-Fe(Mn)		200. . . 300

Beizblasen. Unter B. versteht man eine wasserstoffinduzierte → Blasenbildung in oberflächennahen Bereichen von metallischen Werkstoffen, die durch → Beizen in Säurelösungen ausgelöst werden (Blasenbildung, wasserstoffinduzierte). Durch den Beizvorgang entsteht → Wasserstoff (→ Säurekorrosion), der in atomarer Form (H) vom Metall aufgenommen, an inneren Grenzflächen (z. B. → Einschlüsse) zu molekularem Wasserstoff (H_2) rekombiniert und durch den hierbei entstehenden hohen Druck zur Blasenbildung, den sogenannten B. führt. B. treten vorzugsweise an → Reineisen und weichen Stählen auf. *Wendler-Kalsch*

Beizen. Entfernen von Oxiden (→ Zunder, → Rost, Glühhäute) und anderen Reaktionsprodukten von der Werkstoffoberfläche durch vornehmlich chemische aber auch elektrochemische Behandlung in Säurelösungen, z. T. auch in Laugen, um eine metallisch blanke → Oberfläche zu erzielen.

Für das chemische B. von → Stahl werden hauptsächlich Säurelösungen aus Schwefel-, Salz- und Salpetersäure und deren Gemische, z. T. unter Zusatz von Flußsäure bei Temperaturen von 20–80 °C verwendet. Zur Vermeidung bzw. Verminderung des Metallangriffes werden den Beizlösungen → Inhibitoren zugesetzt (→ Sparbeizen). Als Beispiel für das B. in Laugen sind Aluminiumwerkstoffe anzuführen.

Beim elektrochemischen (anodischen) B. (→ Elektropolieren), kommen je nach Metallart als Elektrolytlösungen verschiedene Säuren und Mischungen vorwiegend aus Salpeter-, Schwefel-, Phosphor-, Perchlorsäure u. a. mit geeigneten organischen Zusätzen zum Einsatz. *Wendler-Kalsch*

Literatur: DIN 50902. DIN Taschenbuch Bd. 175: Prüfnormen für Überzüge und Korrosion. Berlin 1983. – *Petzow, G.*: Metallographisches Ätzen. Berlin 1976.

Beizlinie. B. sind technische Systeme zum Beizen von Stahlband. *Baumann.*

Beizsprödigkeit. B. ist die Bezeichnung für den durch eindiffundierten Wasserstoff, der beim → Beizen entsteht, verursachten Zähigkeitsabfall von Metallen und Legierungen. *Baumann*

Beizverfahren. Unter → Beizen ist das Entfernen von Oxiden, beispielsweise → Zunder, → Rost und anderen Metallverbindungen von der Werkstoffoberfläche durch chemische oder elektrolytische Behandlungen zu verstehen. Dabei werden oft Beizzusätze, auch → Inhibitoren genannt, eingesetzt. Das sind anorganische und/oder organische Stoffe, welche gemeinsam mit einem Beizmittel die → Korrosion des Werkstoffes mindern oder vermeiden. *Baumann*

Belastungsgeschwindigkeit → Beanspruchung, dynamische

Belastungskollektiv → Betriebsfestigkeit

Belüftungselement. Das B., auch als Sauerstoffkonzentrationszelle bezeichnet, stellt ein → Konzentrationselement dar, dessen anodische und kathodische Bereiche der Metalloberfläche durch unterschiedliche Belüftung des Angriffsmittels entstehen. Bei der → Korrosion durch unterschiedliche Belüftung werden die weniger oder gar nicht belüfteten Bereiche der Metalloberfläche beschleunigt abgetragen. Sauerstoffverarmung entsteht in engen Spalten (→ Spaltkorrosion), unter Ablagerungen (→ Berührungskorrosion), an stillgelegten Rohrabzweigungen von Wasserbehältern oder z. B. bei erdverlegten Rohren durch unterschiedlich belüftete Bodenarten. *Wendler-Kalsch*

Benetzung. Ausbreitung einer Flüssigkeit auf einer Festkörperoberfläche unter Vergrößerung der Grenzfläche Flüssigkeit–Gas. Sie kommt durch die Anziehungskräfte zwischen den Molekülen der festen Grenzfläche und denen der Flüssigkeit zustande. Es hängt vom Verhältnis dieser Kräfte zu den Anziehungskräften zwischen den Molekülen der Flüssigkeit ab, ob es zu einer vollständigen oder unvollständigen Benetzung des Festkörpers kommt. Die B.-Effekte werden durch den Randwinkel Θ charakterisiert. Für den Zusammenhang zwischen der Grenzflächenspannung fest-gasförmig (γ_{SG}), fest-flüssig (γ_{SL}) und flüssig-gasförmig (γ_{LG}) gilt entsprechend des Bildes

$$\gamma_{SG} = \gamma_{SL} + \gamma_{LG} \cdot \cos\Theta.$$

Ist $\Theta < 90°$, so breitet sich die Flüssigkeit auf der Festkörperoberfläche aus, d. h. sie benetzt sie. Ist $\gamma > 90°$, wie z. B. bei Quecksilber auf Glas, so findet keine B. statt (→ Löten, → Kleben). *Dorn*

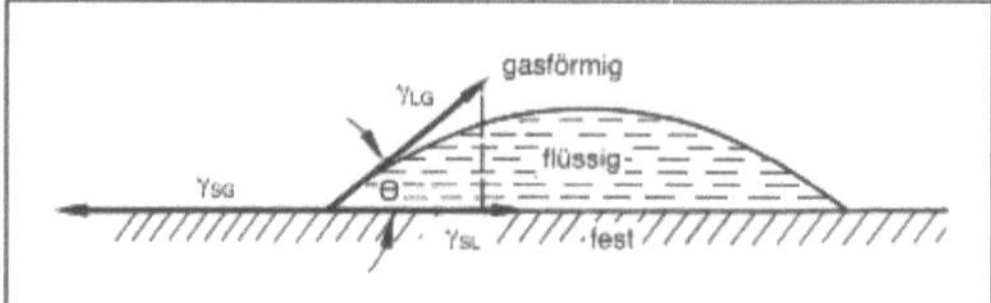

Benetzung: Einfluß des Randwinkels auf die B.

Beregnungsversuch. Mit dem B. werden die wasserabweisenden Eigenschaften eines textilen Flächengebildes überprüft. Die wasserabweisenden Eigenschaften beruhen auf einer mangelnden Benetzbarkeit und Wasseraufnahmefähigkeit.

Das Beregnungsprüfgerät nach *Bundesmann* (DIN 53888) hat die weiteste Verbreitung gefunden, auch im internationalen Bereich. Wassertropfen einer bestimmten Größe und in einer bestimmten Anzahl pro Zeiteinheit fallen dabei aus einer festgelegten Höhe auf die schräggestellten, mit den Proben bespannten Prüfgefäße. Auf der Unterseite der Proben wird während des Beregnungsversuches gerieben (Bild).

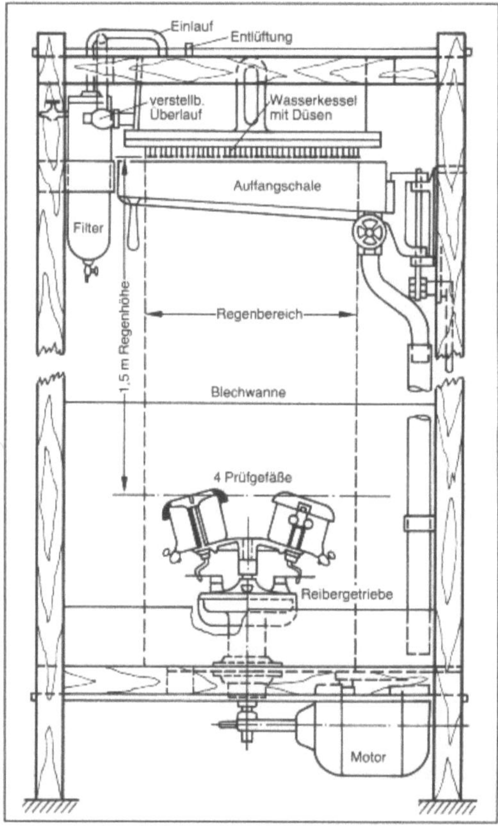

Beregnungsversuch: Beregnungsprüfer nach Dr. Bundesmann.

Die wasserabweisenden Eigenschaften werden auf dreierlei Weise beurteilt bzw. gemessen:

□ Visuelle Beurteilung der benetzten Proben und Vergleich mit Standardbildern in der DIN-Norm.

□ Bestimmung der Wasseraufnahme der benetzten Probe nach vorangegangenem Abschleudern des überschüssigen Wassers. Die Bedingungen sind in der DIN-Norm festgelegt.

□ Bestimmung der durch die Probe gelaufenen Wassermenge. *Kleinhansl*

Literatur: DIN 53888 Prüfung der wasserabweisenden Eigenschaften von textilen Flächengebilden im Beregnungsversuch nach Bundesmann. 1979. – *Sommer, H.* und *F. Winkler:* Handbuch der Werkstoffprüfung. Bd. V. Berlin–Göttingen–Heidelberg 1961

Bereichsstruktur, magnetische. Als m. B. bezeichnet man das magnetische „Gefüge" eines ferromagnetischen oder ferrimagnetischen Körpers, d. h. den Aufbau des Körpers aus Bereichen verschiedener Magnetisierungsrichtung. Wie *P. Weiss* zuerst postulierte, sind magnetisch geordnete Stoffe in Dimensionen der Atomabstände stets bis zur Sättigung polarisiert. Nach außen unmagnetische Zustände entstehen dadurch, daß größere Bereiche in verschiedenen Richtungen magnetisiert sind und sich gegenseitig aufheben. Man nennt die magnetischen Bereiche auch *Weiß*sche Bezirke oder Domänen.

Die Beobachtung der Bereiche gelang erstmals *F. Bitter* (1931) mit Hilfe einer Magnetpulvertechnik. Heute werden magnetische Bereiche auch im polarisierten Licht und im →Elektronenmikroskop beobachtet. Die Bilder zeigen meist geometrisch regelmäßige Figuren, deren Ausdehnung vom submikroskopischen Bereich bis zum makroskopisch Sichtbaren reicht. Entscheidend für Gestalt und Größe der Domänen sind vor allem die äußere Gestalt und das Kristallgefüge der Probe. Auch innere Spannungen und Gitterfehler spielen eine große Rolle. In einfachen Fällen gelingt eine quantitative Analyse der Bereichsstruktur, und es stellt sich heraus, daß die magnetischen Bereiche vor allem durch das Zusammenspiel von vier Energiebeiträgen beherrscht werden:

□ Die homogene Magnetisierung innerhalb der Domänen ist durch magnetische Anisotropien bedingt. Magnetische Bereiche sind in der Regel entlang den leichten oder Vorzugs-Richtungen des jeweiligen Kristalls magnetisiert.

□ Die Streufeldenergie begünstigt einen pauschal unmagnetischen Zustand, der kein Feld nach außen dringen läßt. Begünstigt wird also die Magnetisierung parallel zur Oberfläche. Widersprechen sich die ersten beiden Forderungen, liegt also in einer Oberfläche keine leichte Richtung, dann entsteht meist eine sehr fein aufgeteilte Domänenstruktur nahe der Oberfläche.

□ Die Aufteilung wird begrenzt durch die →Grenzflächenenergie der Übergänge zwischen benachbarten Domänen, der *Bloch*wände.

□ Vielfach spielt auch die elastische Wechselwirkung der Domänen auf Grund unterschiedlicher magnetostriktiver Verzerrungen eine Rolle.

Zu den genannten vier Energien treten gegebenenfalls die Beiträge äußerer magnetischer Felder und elastischer Spannungen (Bild).

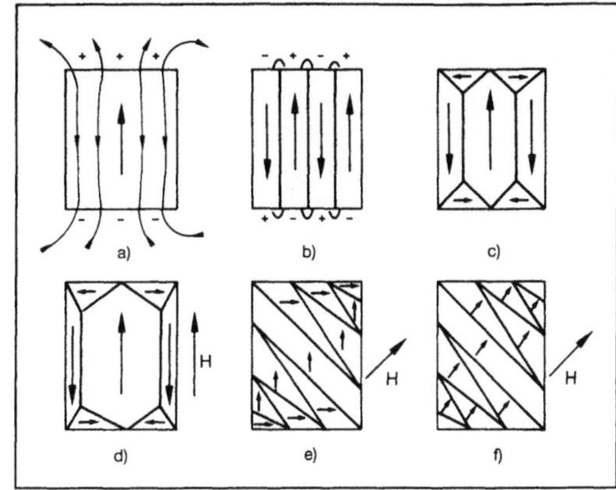

Bereichsstruktur, magnetische: Beispiele.
a) Einbereichsteilchen
b) einachsiger Kristall
c) kubischer Kristall
d) Wandverschiebungen
e) Bereichsumordnung
f) Drehprozesse.
Die Streufeldenergie ist in a) groß und in c) Null. Die Zustände d)–f) entstehen unter der Wirkung äußerer Felder.

Die m. B. ist die Grundlage für die Nutzung der →weichmagnetischen Werkstoffe in Transformatoren, Motoren etc. Die Ummagnetisierung erfolgt vorwiegend durch die Verschiebung der Blochwände, so daß die im jeweiligen Feld günstig magnetisierten Bereiche vergrößert werden, und die ungünstigen verkleinert werden. Die Blochwände sind in der Regel wesentlich weiter als die Atomabstände, sodaß sie sich relativ leicht durch ein äußeres Feld bewegen lassen. In manchen Typen von Dauermagneten wird die Bewegung der Blochwände durch →Korngrenzen und →Ausscheidungen behindert. In hohen äußeren Feldern findet man auch Drehungen der Magnetisierung aus den leichten Richtungen heraus in die Richtung des angelegten Feldes. Die erwähnte Behinderung der Wandbewegung durch Gitterfehler führt zur Erscheinung der Hystereseschleife (→Magnetisierungskurve).

Teilchen, die so klein sind, daß die Aufnahme einer Blochwand energetisch ungünstig ist, werden Eindomänenpartikel genannt. Derartige Partikel (Durchmesser 10–100 nm) werden mit Vorteil in

Dauermagneten und in der magnetischen Aufzeichnung verwendet.

Spezielle magnetische Domänen dienen zur Informationsspeicherung z. B. im Magnetblasenspeicher. Die eingehende Beschreibung der m. B. ist Aufgabe des → Mikromagnetismus. *Hubert*

Literatur: *Carey, R.* und *E. D. Isaac:* Magnetic Domains and Techniques of Their Observation. New York 1966. – *Craik, D. J.*, und *R. S. Tebble:* „Ferromagnetism and Ferromagnetic Domains". Amsterdam. 1965.

Berührungskorrosion. Örtlich beschleunigte → Korrosion bei Berührung der elektrolytseitigen Metalloberfläche mit Ablagerungen. Sie führt zu flachen, mulden- bis loch- oder kraterförmigen Auskokelungen unterhalb der Ablagerungen.

Nach DIN 50 900 läuft die B. bei Kontakt mit einem elektronenleitenden Fremdkörper (z. B. Metallspäne) nach dem Mechanismus der → Kontakt- oder → Spaltkorrosion und bei Berührung mit elektrisch nichtleitenden Feststoffen (Sand, Schlamm, Steine, Inkrusten, unvollständig entfernter Walzzunder, Mikroorganismen und sonstige Feststoffe) nach dem Mechanismus der Spaltkorrosion oder durch unterschiedliche Belüftung (→ Belüftungselement) ab. *Wendler-Kalsch*

Berylliumlegierungen. Metallische B. finden hauptsächlich als → Kupfer-, → Nickel- oder Leichtmetall-Legierungen mit geringen Zusätzen des Berylliums technische Anwendung.

Die Hauptanwendung von reinem Beryllium liegt heute in der Kerntechnik. Beryllium hat einen äußerst geringen Einfangquerschnitt für thermische Neutronen und ist daher als Hüllmaterial für Brennstäbe zu verwenden. Da Beryllium eine hohe Durchlässigkeit für Röntgenstrahlen besitzt, wird es als Werkstoff für Austrittsfenster von Röntgenröhren eingesetzt. Die hohe Temperaturfestigkeit und das niedrige spezifische Gewicht (gutes Festigkeits-Dichte-Verhältnis) machen Beryllium für thermisch beanspruchte Bauteile in der Flugtechnik (Flügelkanten, Raketenspitzen) besonders geeignet.

Berylliumreiche Legierungen werden bisher nicht als Werkstoffe verwendet.

Kupfer mit 2–5 % Beryllium legiert erhöht die → Zugfestigkeit, → Streckgrenze und vor allem die Federsteifigkeit des Kupfers erheblich bei ungefähr gleichbleibend guter elektrischer → Leitfähigkeit des Kupfers. Hieraus ergibt sich eine vielfältige technische Verwendung der CuBe-Legierungen (Berylliumbronzen) z. B. für Kontaktfedern, Motorbürsten, Präzisionsbauteile in der Elektrotechnik, Relaisschaltkontakte, vorwiegend Produkte mit Federeigenschaften (Uhrenfedern, Spiralfedern). Sie können eine viel höhere Zahl von Lastwechseln (Dauerfestigkeit) aushalten als → Federstahl.

Nickel mit etwa 2–3 % Beryllium legiert erhöht die → Festigkeit, → Härte und → Korrosionsbeständigkeit des Nickels. Diese NiBe-Legierungen sind sehr hart und federnd elastisch und finden in der Uhrenindustrie und Chirurgie (Injektionsnadeln, Bestecke) Verwendung.

Einige Prozent Beryllium zu → Aluminium, → Titan oder Magnesium zulegiert (nur geringe Löslichkeit) erhöht die Festigkeit dieser Leichtmetalle erheblich (→ Festigkeitssteigerung durch Mischkristallbildung). Das günstige Verhältnis Festigkeit zu Dichte wird vor allem in der Luft- und Raumfahrt benötigt. Einige dieser Legierungen (z. B. CuBe2V1,5) werden für funkenfreie Werkzeuge in explosionsgefährdeten Räumen verwendet, da sie beim Aufprall keine Funken erzeugen.

Beryllium und seine Legierungen sind beim Zerspannen oder Erwärmen durch die Dämpfe des Berylliums giftig. Sie haben gesundheitsschädigende (toxische) Wirkungen, die Hautschäden (Dermatitis) und Lungenschäden (Pneumonitis) hervorrufen können. *Heller*

Beschichten. Herstellen von funktionellen Oberflächen durch Aufbringen metallischer und nichtmetallischer anorganischer Überzüge sowie organischer Beschichtungen (DIN 55928). Die Auswahl der Beschichtungswerkstoffe richtet sich primär danach, welche Aufgabe die Schichten erfüllen sollen (→ Korrosionsschutz, bessere Gleit- oder elektrische Eigenschaften, Dekorwirkung usw.), ferner nach der Temperaturbeanspruchung, der das beschichtete Teil im Dauer- oder Kurzzeitbetrieb ausgesetzt ist, den Haftgrundbedingungen und nicht zuletzt nach der vorgesehenen Bauteil-Lebensdauer. Eine große Vielfalt von Überzug- und Beschichtungswerkstoffen ermöglicht die Lösung fast eines jeden auftretenden Problems. Zu unterscheiden ist grundsätzlich zwischen metallischen und nichtmetallischen Beschichtungsmaterialien.

Doliwa/Gräfen

Beschichtung. Die B. ist nach DIN 55 928 ein Sammelbegriff für eine oder mehrere in sich zusammenhängende Schichten auf einem Grundwerkstoff, die aus nicht vorgefertigten Stoffen hergestellt sind und deren → Bindemittel meist organischer Natur ist.

Die organische B. stellt durch Trennung des Grundwerkstoffes vom Angriffsmedium einen passiven → Korrosionsschutz dar.

Die → Beschichtungsstoffe werden in flüssiger, pulveriger oder pastöser Form auf den Werkstoff aufgebracht. Bei kalt oder katalytisch härtbaren flüssigen Beschichtungsstoffen auf der Basis von → Epoxidharz (EP), ungesättigtem Polyesterharz (UP), Vinylestern (VE) und → Polyurethan (PUR), bildet sich die → Schutzschicht nach Auftragung auf den Trägerwerkstoff durch → Polymerisation

(→ Vernetzung) bei Raumtemperatur. Bei Einbrennlacken (→ Phenolharz (PF), EP sowie EP/PF-Kombinationen) erfolgt die → Härtung bei ca. 160 bis 210 °C. Pulverbeschichtungen, die durch pulverförmige Kunststoffe (→ Polyethylen (PE), → Polyamid (PA) sowie fluorierte Thermoplaste) aufgebracht werden, bilden porendichte Schutzschichten. Da sie keine Lösungsmittel erfordern, sind sie umweltfreundlicher als flüssige Beschichtungsstoffe. Laminatbeschichtungen sind faserverstärkte, zumeist glasfaserverstärkte B. auf der Basis von → Reaktionsharzen (Polyester-, Vinylester-, Furan- und Epoxidharz).

Die → Applikationstechnik ist von der → Konsistenz der Beschichtungsstoffe abhängig. Flüssige → Anstrichmittel werden durch → Streichen, → Rollen, Tauchen, Fluten, Walzauftrag (coil-coating-Verfahren), Spritzen (Hochdruck-, Airless-, → Plasmaspritzen oder elektrostatische Spritzlackierung) bzw. durch Elektrophoresetauchlackierung verarbeitet. Die Pulverbeschichtung geschieht durch Rieselverfahren, Rotationssintern, elektrostatisches Pulverbeschichten, → Flammspritzen oder → Wirbelsintern. Die Applikation von faserverstärkter Laminatbeschichtung erfolgt meistens durch Handlaminierung in Form von Spachteln.

Eine gute → Haftung der B. auf dem Trägerwerkstoff ist eine Grundvoraussetzung für den Korrosionsschutz. Sie wird durch hinreichende Vorbereitung der Metalloberfläche durch Entfernen alter Anstriche, → Entrosten, Entfetten, sowie Aufbringen von haftvermittelnden Überzügen (z. B. Phosphatieren) gewährleistet. Die entsprechenden Richtlinien nach DIN 55 928 sind dabei zu beachten.

Aufgrund des passiven Korrosionsschutzes von organischen B., sollen die Schutzschichten dicht, porenfrei und vor allem möglichst undurchlässig für Wasser und Sauerstoff sein. Die B. mit flüssigen Anstrichmitteln sollte daher aus mindestens zwei Grundanstrichen und zwei Deckanstrichen bestehen. Den Grundanstrichen sind → Rostschutzpigmente, welche die → Korrosion inhibieren und den Deckanstrichen plattenförmige Pigmente und Füllstoffe, welche die Eindiffusion von Wasser und Luft behindern, zuzusetzen.

Der Korrosionsschutz von Metallen durch Polymerwerkstoffe kann durch Aufbringen von organischen Halbzeugen in Form von Auskleidungen, die nach DIN 55 928 nicht zur B. zählen, weiter gesteigert werden. *Wendler-Kalsch*

Literatur: DIN 50928. Teil 1 bis 9. – VDI-Richtlinie 2531: Oberflächenschutz durch Beschichtungen. 1983.

Beschichtung, organische → Beschichtung

Beschichtung, rißüberbrückende. Ob und inwieweit eine → Beschichtung in der Lage ist, im Untergrund vorhandene oder neu entstehende Risse auch bei zyklischen Rißweitenänderungen dauerhaft zu überbrücken, hängt von zahlreichen Variablen ab, z. B.
□ absolutes Maß der Rißweitenänderung,
□ Geschwindigkeit und Häufigkeit der Rißweitenänderung,
□ Dicke der Beschichtung,
□ Verformungsverhalten und → Festigkeit der Beschichtung,
□ → Adhäsion der Beschichtung am Untergrund,
□ → Alterung der Beschichtung.

Unabhängig von allen anderen Faktoren sind starre, nicht bewehrte Beschichtungen (übliche → Anstriche und → Mörtel) ungeeignet. *Sasse*

Beschichtungsstoff. Anstrichstoffe oder → Anstrichmittel sind im Bereich des Bauwesens flüssige B., die aus → Bindemitteln meist organischer Natur sowie ggf. aus Pigmenten und anderen Farbmitteln, Füllstoffen, Lösemitteln und Hilfsstoffen bestehen. Sie werden durch → Streichen, Spritzen, Tauchen, Fluten oder → Gießen auf einen Untergrund aufgetragen und passen sich in flüssigem Zustand dessen Oberfläche weitgehend an. Nach physikalischer oder chemischer → Verfestigung („Trocknung") ergeben sie einen festen Film. *Sasse*

Beschichtungssystem. Für die Anwendung im Mauerwerksbau, Betonbau, Stahlbau und → Holzbau steht eine fast unübersehbare Vielfalt an Anstrichstoffen bzw. Anstrichsystemen nicht nur polymerer Art zur Verfügung. Die unter firmenbezogenen Produktnamen angebotenen polymeren Anstrichstoffe bestehen jedoch aus nur wenigen unterschiedlichen Grundstoffen. Durch Modifikationen und Zusätze können auch bei gleicher Kunststoffbasis merkliche Unterschiede in den Gebrauchseigenschaften auftreten. *Sasse*

Literatur: *Wesche, K.*: Baustoffe für tragende Bauteile. Bd. 3. Tl. H; 2. Aufl. 1985 u. Bd. 4. Tl. I; 2. Aufl. 1987. Wiesbaden.

Beschichtungsverfahren → Applikationstechnik

Bestrahlung. Im allg. versteht man unter B. die Einwirkung ionisierender Strahlung auf anorganische oder organische Materie bzw. auf lebende Organismen. Die im bestrahlten Stoff stattfindenden Prozesse sind solche der Strahlenchemie und Strahlenbiologie. Als Strahlenquellen kommen im wesentlichen in Betracht: Reaktoren, Teilchenbeschleuniger, Radionuklide sowie Geräte und Vorrichtungen zur Erzeugung von Röntgenstrahlen und von harter (kurzwelliger) Ultraviolettstrahlung. Die B.-Dosis wird in J/kg oder C/kg angegeben. Bei B.-

Verfahren müssen Maßnahmen des Strahlenschutzes ergriffen werden.

Die B. anorganischer oder organischer Materie dient der Veränderung der mechanischen Eigenschaften von Werkstoffen z. B. bei der Herstellung von Halbleitern und der → Vernetzung von Polymeren, der Untersuchung von Werkstoffen, dem Abbau von Schadstoffen in Abwässern oder der Sterilisation von medizinischen Instrumenten und Nahrungsmitteln. *Gräfen*

Literatur: *Gittus:* Irradiation Effects in Crystalline Solids. Barking: Appl. Sci. Publ. 1978.

Beton. B. und → Mörtel sind im Grunde genommen keine Baustoffbezeichnungen, sondern Strukturbegriffe, die ein Konglomerat von Zuschlägen (→ Betonzuschlag) kennzeichnen, die durch ein → Bindemittel verkittet sind. In der Natur kommen Mörtel und B. z. B. als Sandstein bzw. Nagelfluh vor. Es handelt sich also um einen Zweiphasenstoff, dessen disperse Phase, der Zuschlag, in einer Matrix verteilt ist, die vorwiegend von → Zementstein gebildet wird. Die Bindemittel können anorganischer (→ Baukalk, → Zement) oder organischer Natur sein (Asphalt, → Kunstharz). Als Zuschläge können natürlich beschaffene oder gebrochene Natursteine, künstliche anorganische Körner, Holzspäne oder Kunststoffe eingesetzt werden (→ Betonzuschlag). Durch verschiedene Maßnahmen, vor allem durch die Wahl des Zuschlags, läßt sich die Rohdichte in weiten Bereichen variieren. Man spricht danach von → Normalbeton, → Leichtbeton und Schwerbeton (Rohdichte > 2 800 kg/m³).

Der B. kann nach der Art der Bindemittel und Zuschläge und nach bestimmten Besonderheiten unterschiedlich bezeichnet werden (Normalbeton). Ohne besonderen Vorsatz bedeutet B. i. a. Zementbeton, der aus Zement, Zuschlag und Wasser ggf. unter Zugabe eines Betonzusatzes auf der Baustelle oder heute vorwiegend im Transportbetonwerk hergestellt wird. Die Ausgangsstoffe werden zu Frischbeton gemischt, der die für Transport, Einbringen in die Schalung und Verdichten notwendige Verarbeitbarkeit haben muß (→ Frischbeton). Der Frischbeton erhärtet zum Festbeton, der im Zementstein etwa 30–60 % Poren enthält (→ Festbeton), die fast alle Eigenschaften des B. maßgebend beeinflussen (→ Betondruckfestigkeit, → Dauerhaftigkeit). Die Vorteile des B. gegenüber anderen Baustoffen sind

– die unbegrenzte Gestaltungsmöglichkeit,
– die auf alle Beanspruchungen gezielt einstellbaren Eigenschaften,
– die bei richtiger Anwendung und Ausführung hervorragende Dauerhaftigkeit ohne nennenswerte Unterhaltung und
– die daraus resultierende Wirtschaftlichkeit.

Dem stehen allerdings bemerkenswerte Nachteile entgegen:
☐ Bezogen auf die Druckfestigkeit sind die Rohdichte (→ Normalbeton) und damit das Gewicht von Betonbauwerken hoch,
☐ B. schwindet und kriecht (→ Betonkriechen, → Betonschwinden), was zu großen Verformungen und zur Rißgefährdung führt und bei der Bemessung von Spannbetonbauten berücksichtigt werden muß,
☐ Betonbauwerke sind nur mit großem Aufwand abzubrechen.

Der größte Nachteil ist jedoch, daß die → Zugfestigkeit des B. (→ Betonzugfestigkeit) nur etwa $^{1}/_{10}$ der Druckfestigkeit beträgt. Dies führte zur Entwicklung des Stahlbetons, bei dem die Zugspannungen, vor allem im biegebeanspruchten Querschnitt, vom → Bewehrungsstahl übernommen werden. Das Zusammenwirken von B. und Stahl im Verbundbaustoff Stahlbeton ist aber nur dadurch möglich, daß B. und Stahl einen etwa gleichen Wärmedehnungskoeffizienten haben (→ Normalbeton) und der B. den Stahl gegen → Korrosion schützt. *Wesche*

Beton, hitzebeständiger → Feuerbeton

Beton, kunstharzimprägnierter. Werden die Poren eines erhärteten Betonkörpers mit einer geeigneten monomeren Substanz gefüllt, so entsteht nach → Härtung des Harzes ein kunstharzmodifizierter Beton, den man als polymerisierten Beton, *engl.* Polymer Impregnated Concrete (PIC) bezeichnet. Der Übergang zur → Versiegelung ist fließend. Das Herstellverfahren umfaßt vier Stufen:
☐ Herstellung eines Bauteils aus üblichem Beton im Betonfertigteilwerk,
☐ Entfernen der Feuchtigkeit aus dem Kapillarsystem des Betons in einer Trockenkammer,
☐ möglichst weitgehende Füllung des Verdichtungs- und Kapillarporenraumes mit einem niedrigviskosen → Monomer in einer Vakuumkammer und/oder Druckkammer,
☐ → Polymerisation des Monomers durch Gammastrahlung in einer Strahlenkammer oder thermische Aufheizung in einem Ofen.

Durch eine derartige Behandlung verbessern sich fast alle technisch wichtigen Betoneigenschaften, während direkte Verschlechterungen nicht auftreten. Die Kosten der polymerisierten Betone sind allerdings außerordentlich hoch. Der Grad der Verbesserung der verschiedenen Betoneigenschaften hängt wesentlich von der Menge der aufgenommenen monomeren Substanz ab. Als Ausgangswerkstoffe werden daher Betone mittlerer Festigkeit gewählt. Sehr dichte Betone eignen sich nicht als Ausgangsstoffe. Die Ursache der Festigkeitssteigerungen liegen nicht in einem besseren Verbund zwischen →Zementstein und Zuschlag, sondern in einer Steigerung der →Zugfestigkeit des Zementsteines durch Ausfüllung des Kapillarporenraumes mit →Kunstharz. Die erreichbaren Druckfestigkeiten (→Kurzzeitversuch, Raumtemperatur, trockene Lagerung) betragen 100–150 N/mm^2 bei Ausgangsfestigkeiten von rd. 20–40 N/mm^2. Der Gewinn an ausnutzbarer zulässiger →Spannung steht jedoch in keinem Verhältnis zu den Mehrkosten, verglichen mit einem in normaler Technologie hergestellten hochwertigen →Zementbeton. Die Nachteile der sehr hohen Kosten müssen daher durch erhebliche Vorteile auf anderen Gebieten kompensiert werden, vor allem auf dem Gebiet der Beständigkeit gegen chemische Angriffe (kein Kapillarporenraum), evtl. auch durch die höhere Zugfestigkeit und das sehr geringe →Kriechen. *Sasse*

Beton, kunststoffmodifizierter →Zementbeton, kunstharzmodifizierter

Beton, polymerimprägnierter →Beton, kunstharzimprägnierter

Betondichtheit. →Beton, der z. B. für Sperrmauern, Wasserbehälter, Wasserschlösser, Kühltürme, Faulbehälter, Betonrohre, wannenartige Gründungen im Grundwasser und für den Tunnelbau verwendet wird, muß wasserundurchlässig sein, d. h., das Wasser darf zwar wenige Zentimeter in den Beton ein-, aber nicht hindurchdringen. Für die Wasserdichtheit ist vor allem der Kapillarporenraum des Zementsteins ausschlaggebend (→Zementstein), der sich bei einem Wasser-Zement-Wert (→Zementleim) w/z $\geqq$ 0,40 bildet, aber erst bei etwa w/z $\geqq$ 0,60 zusammenhängend und damit wasserdurchlässig wird. Ein gut zusammengesetzter Beton mit w/z $\leqq$ 0,60, guter Verdichtung (→Frischbeton) und sorgfältiger Nachbehandlung (→Festbeton) weist im Alter von 28 Tagen eine Wassereindringtiefe (DIN 1048, Tl. 1) $\leqq$ 50 mm auf. Ein Bauwerk aus wasserundurchlässigem Beton braucht aber noch nicht wasserdicht zu sein, da das Wasser an Fehlstellen, Rissen und Fugen durchtreten kann. Risse können vor allem durch Zwängungsspannungen aus Schwinden (→Betonschwinden) und Wärmedehnung (→Normalbeton) entstehen. Leichtflüssige Öle und Ölderivate geringer Viskosität dringen in trockenen Beton ein. Bei Ölbehältern ist daher meist eine →Schutzschicht erforderlich. Wasserundurchlässiger Beton ist meist auch gasdicht, vor allem wenn er feucht oder naß ist. Die Gasdichtheit des Betons ist außer im Behälterbau besonders für das Eindringen der Luftkohlensäure in den Beton, die dadurch verursachte →Karbona-

tisierung und die damit verbundene Aufhebung des Korrosionsschutzes der Bewehrung wichtig. *Wesche*

Betondruckfestigkeit. Da der →Beton in erster Linie Druckspannungen aufnehmen muß, die Druckfestigkeit leicht zu bestimmen ist und diese sich auch zur Abschätzung von Verformungen und anderen Beanspruchungen benutzen läßt, wird der Beton nach seiner Druckfestigkeit beurteilt und in Festigkeitsklassen eingeteilt. Diese bezeichnet man mit dem Buchstaben B und einer Zahl, die die Mindestdruckfestigkeit in N/mm^2 im Alter von 28 Tagen, die Nennfestigkeit, angibt. Sie wird nach DIN 1048 an Würfeln mit 200 mm Kantenlänge bestimmt (→Festbeton). Aus der Nennfestigkeit leitet man die Rechenfestigkeit ab, die die Grundlage für die Bemessung der Stahl- und Spannbetonbauteile ist. In besonderen Fällen kann es notwendig sein, außer der maßgebenden 28-Tage-Festigkeit auch für einen früheren Zeitpunkt eine Mindestfestigkeit festzulegen, um z. B. frühzeitig ausschalen, transportieren oder vorspannen zu können. Andererseits läßt sich der Gütenachweis für die Festigkeitsklasse auch für einen späteren Zeitpunkt vereinbaren, wenn z. B. die Reißneigung durch einen langsam erhärtenden →Zement herabgesetzt werden soll. Der größte Teil des Betons wird heute als Beton der Festigkeitsklasse B 25 hergestellt und verarbeitet.

Die B. ist bei gleicher Zuschlagart im wesentlichen von der Zementsteinfestigkeit abhängig, da der →Zementstein das schwächste Glied im Zweiphasenstoff Beton ist. Die Zementsteinfestigkeit wird vom Zementsteinporenraum (→Zementstein) und von der Zementnormdruckfestigkeit (→Erhärten) beeinflußt. Der Zementsteinporenraum und damit auch der Festbetonporenraum ergeben sich aus dem Wassergehalt des Frischbetons, aus dem nach der Verdichtung (→Frischbeton) noch vorhandenen Luftgehalt und dem bei der Hydratation (→Erhärten) chemisch gebundenen Wasser. Da bei den üblichen Betonen von diesen Einflußgrößen das Wasser im Frischbeton das größte Volumen hat, ist der w/z-Wert ω neben der Zementnormdruckfestigkeit die wichtigste Einflußgröße für die B. und genügt in vielen Fällen für deren Vorausberechnung.

Da die B. β_b linear von der Zementdruckfestigkeit β_z abhängig ist, kann man im β-ω-Diagramm auf der Ordinate β_b durch β_b/β_z ersetzen und so die Abhängigkeiten in einer Ebene darstellen (Bild). Wenn der Beton nicht vollkommen verdichtet ist, wird der Streubereich zu groß und die Genauigkeit der Berechnung, besonders bei ungünstiger →Kornzusammensetzung und niedrigen w/z-Werten, zu schlecht. Für die Anwendung in der Praxis kann man aber annehmen, daß die Luftporen die gleiche Wirkung auf die Druckfestigkeit haben wie eine volumengleiche Menge Wasser, und die Genauigkeit des Diagramms dadurch verbessern, daß man an Stelle des w/z-Wertes ω den (Wasser + Luft)/Zement-Wert auf der Abszisse aufträgt. Mit diesen Beziehungen kann man feststellen, daß sich mit den üblichen Ausgangsstoffen und Herstellverfahren unter besonders günstigen Bedingungen höchstens B. von 80–100 N/mm² erreichen lassen. Größere Festigkeiten erhält man nur durch besondere Maßnahmen, die aber i. a. kostspielig sind.

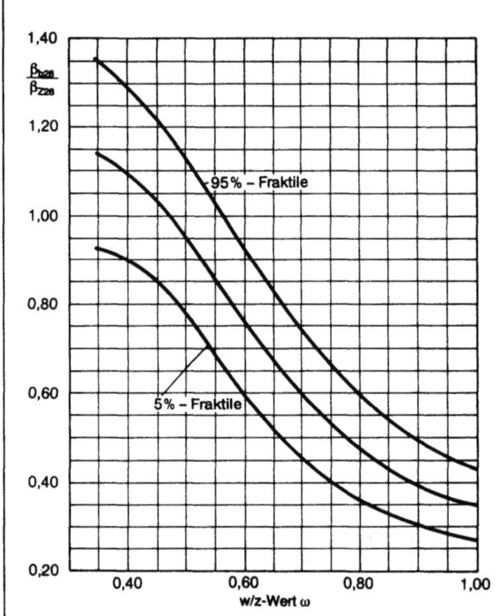

Betondruckfestigkeit: Beziehung zwischen Betondruckfestigkeit β_{b28}, Zementnormdruckfestigkeit β_{Z28} und w/z-Wert ω. (Walz/Wischers 1976)

Die angegebenen Beziehungen gelten allgemein für Beton mit Kiessand mit glatter Kornoberfläche. Bei gebrochenem Naturstein mit rauher Kornoberfläche ($\rightarrow$ Kornform und -oberfläche) erhöht sich der Wasseranspruch des Zuschlags und damit der w/z-Wert. Die damit verbundene Festigkeitsminderung wird aber i. a. durch eine größere Haftzugfestigkeit zwischen Zementstein und Zuschlag ausgeglichen oder sogar übertroffen. Bei hohen Temperaturen, wie sie z. B. bei Reaktordruckbehältern, im Industrieofenbau und bei Bränden auftreten, nimmt die Druckfestigkeit ab. Sie liegt nach einer Dauerbeanspruchung von 300 °C zwischen 50 und 100 %, von 600 °C zwischen 0 und 65 % der Festigkeit bei Raumtemperatur. Bei Wechseltemperaturbeanspruchung wird dieser Abfall noch größer. Bei tiefen Temperaturen, wie sie z. B. in Behältern zum Transport und zur Lagerung von Flüssiggas auftreten, steigt die Druckfestigkeit bei normalfeuchtem Kiessandbeton bis zum mehr als 3fachen der Festig-

keit bei Raumtemperatur. In der Praxis wird der Beton nicht wie bei der $\rightarrow$ Betonprüfung nur in einer Richtung beansprucht. Besonders bei mehrfeldrigen Deckenplatten, bei sich kreuzenden Balken, bei dicken mehrachsig vorgespannten Bauteilen, im Behälterbau und beim Massenbeton, z. B. Staumauern, treten mehraxiale Druckbeanspruchungen auf. Hier wird die Querdehnung, die bei der einaxialen Beanspruchung zum Bruch führt behindert, im Extremfall sogar verhindert und dadurch die Druckfestigkeit erhöht. *Wesche*

Literatur: *Walz, K.*, u. *G. Wischers:* Über Aufgaben und Stand der Betontechnologie. beton 26 (1976), S. 403/08, 442/44, 476/80.

Betonkonsistenz. Maß für die Verarbeitbarkeit und Verdichtbarkeit des $\rightarrow$ Frischbetons. *Wesche*

Betonkriechen. Die Gesamtverformung eines Betons bei längerer Belastung setzt sich zusammen aus:
□ Schwinden ($\rightarrow$ Betonschwinden),
□ bleibender $\rightarrow$ Verformung, die bei der ersten Belastung auftritt,
□ elastischer Verformung ($\rightarrow$ Elastizitätsmodul, $\rightarrow$ Beton) und
□ $\rightarrow$ Kriechen.

Die bleibende Verformung ist nur klein und wird der Einfachheit halber zum Kriechen gerechnet. Durch Versuch bestimmt man das Kriechmaß ε_k, indem man die Gesamtverformung ε_{tot} eines belasteten Prüfkörpers mißt, gleichzeitig das $\rightarrow$ Schwindmaß ε_s an einem unbelasteten Prüfkörper ermittelt, aus dem Elastizitätmodul die elastische Verformung ε_{el} errechnet und dann Schwindmaß und elastische Verformung von der Gesamtverformung abzieht:

$$\varepsilon_k = \varepsilon_{tot} - \varepsilon_s - \varepsilon_{el}.$$

Wenn der Beton entlastet wird, geht die elastische Verformung sofort zurück. Die Verformung bleibt dann aber nicht konstant, sondern vermindert sich im Laufe von mehreren Monaten asymptotisch um einen Teil des Kriechens, der verzögert-elastischen Verformung. Das Kriechen besteht also aus einem reversiblen Teil, der verzögert-elastischen Verformung, und einem irreversiblen Teil, der Fließverformung.

Der Beton kriecht vorwiegend durch das Kriechen des $\rightarrow$ Zementsteins, das im wesentlichen auf der Änderung der Verteilung des Wassers im Gel- und Kapillarporenraum beruht. Der Beton kriecht daher um so mehr und um so länger, je feuchter der Zementstein bei Belastungsbeginn ist und je schneller er während der Belastung austrocknet. Bereits völlig ausgetrocknete Betone kriechen praktisch nicht. Das Kriechen kann mehrere Jahre dauern. Für die Berechnung der Durchbiegung weitgespannter Bauteile und der Vorspannung im Spannbetonbau muß das Kriechmaß bekannt sein. Es wird nach DIN 4227 über die Kriechzahl $\varphi = \varepsilon_k/\varepsilon_{el}$ berechnet, die somit angibt, wievielmal das Kriechen so groß ist wie die elastische Verformung. Die Kriechzahl von Beton beträgt je nach Lage und Querschnitt des Bauteils, Belastungsalter und -dauer zwischen rd. 1–6.   *Wesche*

Beton-Mischungsentwurf → Mischungsentwurf für Beton

Betonprüfung. Sie dient als Nachweis, daß der für eine Baumaßnahme vorgesehene → Beton im Hinblick auf die Verarbeitbarkeit im frischen Zustand sowie die → Festigkeit und → Dauerhaftigkeit im erhärteten Zustand den gestellten Anforderungen gerecht wird. Die Grundsätze für den Nachweis der Betongüte sind in DIN 1045 aufgeführt. Danach wird zwischen folgenden Prüfungen unterschieden:

□ Eignungsprüfung: Sie hat zum Ziel, vor der Betoniermaßnahme die Zusammensetzung des Betons mit den vorgesehenen Ausgangsstoffen so abzustimmen und zu überprüfen, daß die geforderten Eigenschaften später sicher erreicht werden.

□ Güteprüfung: Sie dient dem Nachweis, daß der für die Baumaßnahme hergestellte Beton die geforderten Eigenschaften besitzt. Dazu sind den verschiedenen Mischungen bzw. Lieferungen entsprechende Betonproben zu entnehmen.

□ Erhärtungsprüfung: Mit dieser Prüfung wird der Erhärtungsverlauf des Betons unter den am Bauwerk vorherrschenden Bedingungen verfolgt, beispielsweise um den Ausschalzeitpunkt zu bestimmen. Die Prüfkörper sind dazu unter Baustellenbedingungen zu lagern und nachzubehandeln.

□ Festigkeitsprüfungen am Bauwerk: Sie werden dann erforderlich, wenn Zweifel an der ausreichenden Betonfestigkeit bestehen oder wenn keine Ergebnisse von Druckfestigkeitsprüfungen vorliegen.

Der vorgeschriebene Prüfaufwand hängt von der Art des Betons ab. Er ist geringer, wenn es sich um Beton niedrigerer Festigkeiten ($\leq$ B 25) nach festgelegten Rezepturen handelt (Beton B I). Er ist umfangreicher, wenn Beton einer höheren Festigkeit ($>$ B 25) zum Einsatz kommt oder besondere Eigenschaften, wie z. B. Wasserundurchlässigkeit oder ein hoher Frostwiderstand gefordert werden (Beton B II). So sind Eignungsprüfungen bei B II stets durchzuführen, während sie bei B I nur notwendig sind, wenn von den Rezepturen abgewichen wird (z. B. niedrigere Zementgehalte, Verwendung von Zusatzmitteln). Weiterhin unterliegt der Beton B II auf der Baustelle, ebenso wie → Transportbeton, einer Fremdüberwachung durch eine an-

erkannte Überwachungsgemeinschaft oder Prüfstelle.

Für die Durchführung der Prüfungen ist der Bauleiter verantwortlich. Angaben zu den Prüfungen, zur Häufigkeit der Durchführung und die jeweiligen Anforderungen enthält DIN 1045. Die Prüfverfahren selbst sind in DIN 1048 beschrieben.

Neben den Frischbetonprüfungen gelten als wichtigste Prüfungen die Nachweise von Rohdichte und Druckfestigkeit des erhärteten Betons. Sie werden an gesondert hergestellten Probekörpern, i. d. Regel Würfel mit Kantenlängen von 20 oder 15 cm, im Alter von 28 Tagen ermittelt. Als Prüfkörper sind auch Betonzylinder gebräuchlich. Auch kann, je nach Anforderung, ein früheres oder späteres Prüfalter vereinbart werden.

Für die in DIN 1045 definierten Festigkeitsklassen sind Nennfestigkeiten (Mindestwert der Druckfestigkeit jedes Würfels) und Serienfestigkeiten (Mindestwert für die mittlere Druckfestigkeit einer Würfelserie) angegeben. Zur Sicherstellung, daß die erforderliche Druckfestigkeit im Bauwerk auch erreicht wird, ist die Serienfestigkeit von drei Würfeln bei Beton B I bzw. sechs Würfeln bei Beton B II um 5 N/mm^2 gegenüber der Nennfestigkeit angehoben. Darüber hinaus muß bei der Eignungsprüfung zur Abdeckung von späteren Ungenauigkeiten auf der Baustelle die mittlere Druckfestigkeit von drei Würfeln um ein Vorhaltemaß (i. a. 5 N/mm^2) über der Serienfestigkeit liegen.

Neben der Druckfestigkeit kommen im Bedarfsfall die Prüfung der Biegezugfestigkeit an Prismen, der Spaltzugfestigkeit und des statischen Elastizitätsmoduls an Zylindern sowie der Wasserundurchlässigkeit an Rechteckplatten in Betracht. Bei der Prüfung auf Wasserundurchlässigkeit wird die Prüffläche über einen Zeitraum von fünf Tagen in Abstufungen einem Wasserdruck von bis zu 7 bar ausgesetzt. Als Beurteilungsmaß gilt die nach dem Aufspalten des Prüfkörpers gemessene größte Wassereindringtiefe.

Die nachträgliche Festigkeitsbestimmung des Betons am Bauwerk wird entweder an gesondert entnommenen Bohrkernen vorgenommen oder erfolgt zerstörungsfrei mit Hilfe eines sog. Rückprallhammers. Bei dieser Schlagprüfung wird der Widerstand des oberflächennahen Betons als Kennzahl ermittelt, aus der auf die Druckfestigkeit geschlossen werden kann. Hinweise zum Prüfumfang und die Bewertungskriterien sind in DIN 1048 Teil 2 enthalten.   *Rehm/Neubert*

Betonschalungsplatten → Sperrholz

Betonschwinden. Da das Schwinden des Betons durch das Schwinden des → Zementsteins entsteht, hängt das → Schwindmaß maßgeblich vom Wassergehalt des Zementsteins und vom Zementsteingehalt des Betons ab. Es wird durch den i. a. nicht schwindenden Zuschlag behindert und dadurch verringert. Die dabei auftretenden inneren Schwindzugspannungen können an der Grenzfläche Zuschlagkorn/Zementstein und im Zementstein selbst zu Mikrorissen führen, die die Festigkeiten verringern und die Formänderungen vergrößern (→ Elastizitätsmodul, → Beton). Beim Austrocknen eines Bauteils nimmt von innen nach außen die Feuchtigkeit ab und das Schwinden daher zu. Dabei wird jedoch das Schwinden der äußeren Schichten durch den noch feuchten und nicht schwindenden Kern behindert, so daß am Querschnittsrand Zug- und im Kern Druckspannungen auftreten. Wenn diese äußeren Schwindzugspannungen die → Zugfestigkeit überschreiten, treten im Randbereich Schwindrisse auf, die sich bei Austrocknung des Kerns wieder mehr oder weniger schließen können. Das Schwinden kann bei dicken Bauteilen je nach Austrocknungsbedingungen sehr viele Jahre dauern. Das Schwindmaß kann bis zu etwa 1,0 mm/m groß werden. Zur Vorausberechnung dient die Spannbetonnorm DIN 4227. *Wesche*

Betonstahl. Der Begriff B. umfaßt Betonstabstähle und geschweißte → Betonstahlmatten zur → Bewehrung von Stahlbeton. Spannstähle für den Spannbeton gehören nicht zu den B. Im Verbundsystem Stahl-Beton übernimmt der → Stahl Zugkräfte, während der → Beton Druckkräfte aufnimmt. Zur Sicherung des Verbundes und der Verankerung im Beton sind die Oberflächen der B. i. d. R. mit Rippen versehen, die zusätzlich der optischen Kennzeichnung dienen. Glatte und (mit wenig ausgeprägten Rippen) profilierte B. sind nur für spezielle geschweißte Bewehrungselemente zugelassen. B. stellt man als naturharte, kaltverformte oder wärmebehandelte Stähle her. Im Falle des naturharten B. werden die Festigkeitseigenschaften ausschließlich durch die chemische Zusammensetzung bestimmt, bei kaltverformten B. werden sie durch eine zusätzliche → Kaltverformung (→ Ziehen, Kaltwalzen, Recken, → Verdrehen) gewährleistet. Wärmebehandelte B. durchlaufen nach dem letzten Walzgerüst in rotglühendem Zustand eine Wasserkühlstrecke. Die rasche → Abkühlung erzeugt durch Martensitbildung eine → Festigkeitssteigerung; die verbleibende Walzhitze im Kern bewirkt einen anschließenden Anlaßvorgang der gehärteten → Randschicht.

Die Einteilung und Kennzeichnung von B. geschieht nach den Anwendungsbedingungen (Streckgrenze, Lieferform). In DIN 488, Tl. 1, sind die Betonstahlsorten genormt (Tabelle). Als → Streckgrenze gilt die 0,2 %-Dehngrenze (0,2 % bleibende → Dehnung). Die Nennstreckgrenze ist als 5 %-Quantil der Grundgesamtheit definiert. Die Unterscheidung der drei Sorten ist durch die Anordnung

der Rippen auf der Staboberfläche und durch die Lieferform möglich.

Betonstahl. Tabelle: Sorteneinteilung und Eigenschaften der B.

BSt 420 S	Betonstabstahl mit einer Nennstreckgrenze β_S = 420 N/mm², Nenndurchmesser 6–28 mm.
BSt 500 S	Betonstabstahl mit einer Nennstreckgrenze β_S = 500 N/mm², Nenndurchmesser 6–28 mm.
BSt 500 M	geschweißte Betonstahlmatte aus kaltgewalzten, gerippten Drähten mit einer Nennstreckgrenze β_S = 500 N/mm². Die Nenndurchmesser der Einzeldrähte betragen 4–12 mm.

Alle genormten B. sind mit den für B. üblichen Verfahren schweißbar (Abbrennstumpfschweißen, Gaspreßschweißen, Widerstandspunktschweißen, Lichtbogenhandschweißen, → Schutzgasschweißen). Sie sind kaltbiegegeeignet, aber grundsätzlich nicht warmbiegegeeignet. Die gleichbleibende Qualität von B. gewährleistet Eigen- und Fremdüberwachung. Außer den genannten Eigenschaften (Tabelle) werden dabei die Verformungsfähigkeit und die → Dauerschwingfestigkeit nachgewiesen.

B. werden als Stabstähle in gerader Form in Regellängen von 12–14 m oder bis 12 mm Durchmesser in Ringen geliefert. Betonstahlmatten sind geschweißte Gitter aus Einzeldrähten mit Abmessungen bis 14 m Länge und 2,50 m Breite. In der Bundesrepublik Deutschland werden jährlich zwischen 2,5 und 3,0 Mill. t B. verbraucht, das sind knapp 10 % der Rohstahlproduktion. *Schießl*

Betonstahlkorrosion. → Stahl ist in normengemäß zusammengesetztem → Beton durch die hohe Alkalität des Porenwassers (pH > 12,5) vor → Korrosion geschützt. In diesen pH-Wert-Bereichen bildet sich auf der Stahloberfläche eine mikroskopisch dünne → Oxidschicht aus, die die anodische Eisenauflösung verhindert. Diese → Passivschicht geht verloren, wenn die → Karbonatisierung des Betons die Oberfläche der → Bewehrung erreicht oder wenn Halogenide, insbes. Chloride, im Bereich der Stahloberfläche eine kritische Konzentration überschreiten. In der Folge kann örtlich oder über größere Flächen Korrosion der Bewehrung auftreten. Es handelt sich dabei um eine elektrochemische abtragende Korrosion mit Beton als Elektrolyt. An der Anode gehen positiv geladene Eisenionen in Lösung, an der Kathode werden mit den im Metall zurückbleibenden Elektronen, Wasser und Sauerstoff, Hydroxilionen gebildet. Im Beton tritt praktisch nur dieser Sauerstoffkorrosionstyp auf; der

Wasserstoffkorrosionstyp kommt unter normalen baupraktischen Bedingungen nicht vor. Anodisch und kathodisch wirkende Oberflächenbereiche der Bewehrung können örtlich voneinander getrennt sein. Korrosion kann nur auftreten, wenn der Beton nach Depassivierung der Stahloberfläche ausreichend feucht ist und gleichzeitig ausreichende Mengen Sauerstoff zur Oberfläche der Bewehrung gelangen können. Bei Bauteilen in trockenen Innenräumen tritt deshalb auch nach einer Depassivierung ebensowenig Korrosion auf wie bei Bauteilen, die sich ganz und ständig unter Wasser befinden.

Der kritische Chloridgehalt, von dem ab mit Korrosion an der Bewehrung gerechnet werden muß, hängt von einer Vielzahl komplex miteinander verknüpfter Einflußparameter ab. Ein allgemein gültiger Grenzwert existiert deshalb nicht. Bei ausreichend dicker und dichter Betondeckungsschicht kann ein Wert von 0,5 % Cl⁻, bezogen auf die Zementmasse, als ausreichend auf der sicheren Seite liegend angenommen werden. Die in den einschlägigen Vorschriften festgelegten Mindestanforderungen zur Sicherung der Betonqualität in den oberflächennahen Bereichen und die Mindestbetondeckungen der Bewehrung stellen i. d. R. einen ausreichend dauerhaften → Korrosionsschutz auch für Bauteile im Freien sicher. Dies gilt auch im Bereich von Rissen im Beton, sofern diese eine bestimmte Breite (0,3–0,5 mm) nicht überschreiten. Korrosion tritt in der Praxis immer dann auf, wenn durch Fehler in der Planung und Bauausführung die Mindestanforderungen nicht eingehalten werden oder wenn besonders ungünstige mikroklimatische Bedingungen an der Betonoberfläche gegeben sind. Solche Bedingungen liegen beispielsweise bei häufiger starker Durchfeuchtung und Austrocknung unter gleichzeitiger Einwirkung von Chloriden aus Tausalzen oder dem Meerwasser vor.

Korrosion an der Bewehrung kann sowohl zu Betonabplatzungen als auch zu Beeinträchtigungen der Tragwerksicherheit führen. → Spannungsrißkorrosion und → Wasserstoffversprödung kommt bei Betonstählen praktisch nicht vor.

Als vorbeugende Schutzmaßnahmen kommen Beschichtungen der Betonoberflächen oder eine → Beschichtung der Bewehrung in Betracht. Als besonders wirkungsvoll haben sich Kunststoffbeschichtungen der Bewehrung erwiesen, eine Verzinkung bietet bei Chlorideinwirkung keine ausreichende Schutzwirkung. Eine dauerhafte Instandsetzung aufgetretener → Korrosionsschäden an der Bewehrung ist möglich. Es muß aber eine fachgerechte Planung und Betreuung der Instandsetzung sichergestellt sein. *Schießl*

Betonstahlmatte. Geschweißte B. bestehen aus sich rechtwinklig kreuzenden Stäben, die durch Widerstandspunktschweißen scherfest miteinander verbunden sind. Ausgangsmaterial sind kaltgewalzte gerippte Betonstähle mit Durchmessern von 4–12 mm. Die Scherfestigkeiten der Schweißungen sind definiert. Die Schweißknoten können für die Verankerungswirkung im → Beton deshalb planmäßig genutzt werden. Hauptanwendungsgebiete für geschweißte B. sind flächenartige Bauteile, wie Decken, Wände, Stützmauern, Behälter o. ä. Gebogene Elemente setzt man aber auch zur Bewehrung stabförmiger Bauteile ein.

Geschweißte B. kommen als Lagermatten, Listenmatten und Zeichnungsmatten in den Handel. Lagermatten werden in vorgegebenen Abmessungen (Länge 5,00 und 6,00 m, Breite 2,15 m) und Bewehrungsquerschnitten (0,84 cm²/m bis 8,84 cm²/m) objektunabhängig vorgefertigt und sind als standardisierte ebene Bewehrungselemente allgemein verfügbar. Listenmatten werden objektbezogen geplant, gefertigt und geliefert. Die Abmessungen sind mit Obergrenzen (Länge 14 m, Breite 2,50 m), die Stababstände in einem vorgegebenen Raster frei wählbar. Zeichnungsmatten sind ohne Vorgaben frei wählbar und werden einzeln durch zeichnerische Darstellung beschrieben (DIN 488, Teil 1). *Schießl*

Betonstahlprüfung. Zur Aufnahme von Zugkräften bei der Verbundbauweise Stahlbeton erfolgt eine Bewehrung des Betons mittels → Betonstahl. Dieser Stahl, der als Betonstabstahl, geschweißte → Betonstahlmatte, Bewehrungsdraht oder Betonstahl vom Ring in verschiedenen Sorten geliefert wird, erfordert definierte Eigenschaften und unterliegt bestimmten Anforderungen. Die → Gütesicherung von Betonstahl erfolgte im Rahmen von Erst- bzw. Zulassungsprüfungen und Regelprüfungen. Die Regelprüfungen unterteilen sich in Eigen- und Fremdüberwachung. Letztere sind während der Herstellung und Verarbeitung der → Stähle laufend stichprobenartig vorzunehmen.

Zur Gewährleistung der erforderlichen Verbundeigenschaften zwischen Stahl und → Beton wird die Oberflächengestalt von gerippten oder profilierten Betonstählen durch Messungen an den Schrägrippen bzw. Profilreihen überprüft und bei gerippten Stählen die bezogene Rippenfläche ermittelt.

Die Anforderungen an die mechanischen und technologischen Eigenschaften des Betonstahls werden durch folgende Versuche überprüft: Im → Zugversuch werden die Festigkeits- und Verformungseigenschaften untersucht. Es sind festgelegt: Streck- bzw. 0,2 %-Dehngrenze, → Zugfestigkeit, Verhältniswert Streckgrenze/Zugfestigkeit und → Bruchdehnung. Im → Dauerschwingversuch wird eine ausreichende Dauerfestigkeit des Stahls nachgewiesen. Die Verformungsfähigkeit und die Eignung zum → Biegen werden im Rückbiegeversuch und im → Faltversuch geprüft.

Bei geschweißten Betonstahlmatten ist zusätzlich durch Scherversuche die Einhaltung einer vorgegebenen Knotenscherkraft an der Widerstands-Punktschweißung nachzuweisen. Anhand der Ergebnisse der Zug-, Falt- und Scherversuche wird beurteilt, ob eine ausreichende Verschweißung der Matten vorhanden ist.

Bei Betonstählen muß die in den entsprechenden Normen und Richtlinien festgelegte chemische Zusammensetzung bei der Schmelzen- und Stückanalyse eingehalten werden.

Dies gilt insbesondere auch zum Nachweis der →Schweißeignung der Betonstähle. Beim Betonstabstahl ist innerhalb der Erstprüfung dieser Nachweis der Schweißeignung gesondert zu erbringen.

Die Güten, Eigenschaften und Anforderungen werden in DIN 488 „Betonstahl" festgelegt; DIN 488 „Betonstahl" beschreibt auch die entsprechenden Betonstahlprüfungen:

Teil 3: Betonstabstahl, Prüfungen
Teil 5: Betonstahlmatten und Bewehrungsdraht, Prüfungen
Teil 6: Überwachung (Güteüberwachung)
Teil 7: Nachweis der Schweißeignung von Betonstabstahl, Durchführung und Bewertung der Prüfungen. *Rehm/Beul*

Betontreiben →Treiben

Betonverhalten bei niedrigen Temperaturen. Die Betonerhärtung verläuft bei niedrigen Temperaturen langsamer und hört bei etwa $-10\,°C$ ganz auf. Dadurch werden bei niedrigen Temperaturen
□ das →Erstarren stark verzögert,
□ die Gefrierbeständigkeit und Frostwiderstandsfähigkeit des Betons im frühen Alter verringert und
□ die Ausschal-, Ausrüst- und Vorspannfristen verlängert.

Man muß daher in der kalten Jahreszeit unbedingt für eine möglichst schnelle Entwicklung der →Hydratationswärme und damit der Betontemperatur und der →Festigkeit sorgen. Diese läßt sich durch folgende Maßnahmen erreichen:
□ Wahl eines Zementes mit schneller Erhärtung und hoher Hydratationswärme (→Erhärten, →Hydratationswärme),
□ hoher Zementgehalt,
□ kleiner w/z-Wert (→Zementleim),
□ Zugabe eines Erstarrungs- oder Erhärtungsbeschleunigers (→Betonzusammensetzung),
□ höhere Frischbetontemperatur durch Erwärmen von Anmachwasser und Zuschlag,
□ wärmedämmende Schalung,
□ wärmedämmendes Abdecken oder Beheizen.

Beim Aufheizen und Abkühlen des Betons, also auch beim Ausschalen und Entfernen wärmedämmender Abdeckung treten Temperaturunterschiede und damit Spannungen im Bauteil auf, die bei Überschreiten der →Zugfestigkeit zu Rissen im Bauteil führen können (→Normalbeton). Die Bauteile sind daher durch Wärmedämmung und entsprechende Schalungsfristen möglichst lange Zeit vor Auskühlung zu schützen.

Bei Temperaturen unter dem Gefrierpunkt kommt es darauf an, ob junger Beton während der Anfangserhärtung oder bereits ausreichend erhärteter Beton einer Frosteinwirkung bzw. wiederholten Frost-Tau-Wechseln ausgesetzt wird. Bereits bei einmaligem Gefrieren des jungen Betons besteht die Gefahr, daß die Betonfestigkeit bleibend herabgesetzt oder andere Eigenschaften beeinträchtigt werden. Wiederholte Frost-Tau-Wechsel können allerdings auch bei erhärtetem Beton bestimmte Eigenschaften nachteilig beeinflussen. Die wichtigste Voraussetzung für hohen Frostwiderstand ist ein möglichst wasserdichter Beton (→Betondichtheit) mit frostbeständigem Zuschlag, der je nach Klima eine Druckfestigkeit von mindestens rd. 15–$40\,N/mm^2$ aufweist. Die Frostwiderstandsfähigkeit wird durch den Zusatz von Luftporenbildnern (→Betonzusatz) erhöht, die die Kapillarporen und deren Wassersaugwirkung unterbrechen und in die das Wasser aus den Kapillarporen hineingefrieren kann. *Wesche*

Betonwiderstandsfähigkeit. Beim chemischen →Angriff auf →Beton ist i. a. nur der →Zementstein, selten der Zuschlag betroffen. Die →Widerstandsfähigkeit ist um so größer, je widerstandsfähiger der →Zement und je dichter der Beton, d. h. je kleiner der Zementsteinporenraum ist (→Zementstein). Bei lösendem Angriff ist der Unterschied der verschiedenen Zementarten im Vergleich zur Wirkung anderer betontechnischer Maßnahmen klein, so daß man alle Normzemente als praktisch gleich widerstandsfähig gegen lösende Angriffe bezeichnen kann. Gegenüber Sulfatangriff kann jedoch sonst gleicher Beton aus verschiedenen Zementen recht unterschiedlich widerstandsfähig sein. Die Widerstandsfähigkeit wird gegenüber normalem Portlandzement durch eine Verringerung des C_3A-Gehaltes (→Erstarren) und beim Hochofenzement durch einen hohen Anteil an →Hüttensand verbessert. Zemente mit hohem Sulfatwiderstand werden neben der Abkürzung für die Zementart und der Festigkeitsklasse (→Erhärten) zusätzlich mit den Buchstaben HS gekennzeichnet. Ein kleiner Zementsteinporenraum ergibt sich bei einem kleinen w/z-Wert, bei guter Verdichtung und ausreichender Nachbehandlung (→Festbeton, →Betondruckfestigkeit). Erst wenn diese Voraussetzungen erfüllt sind, lohnt sich eine zusätzliche Erhöhung der Widerstandsfähigkeit durch Verwendung eines Spezialzementes. Bei schwach bzw. stark angreifenden Stoffen (→Angriffsgrad) darf der w/z-Wert nach DIN 1045 0,60 bzw. 0,50 nicht überschreiten. Beim

Angriff von Meerwasser ist Beton unabhängig von der Zementart beständig, wenn der Zementsteinporenraum kleiner als 35 % ist, was etwa einem w/z-Wert von 0,47 entspricht.   *Wesche*

Betonzugfestigkeit. Die → Zugfestigkeit des Betons bestimmt seine Druckfestigkeit, da der → Beton bei Druckbeanspruchung durch Überschreiten der Zugfestigkeit quer zur Beanspruchungsrichtung bricht (→ Betondruckfestigkeit). Außerdem ist sie bei allen Konstruktionen von Bedeutung, bei denen Risse vermieden werden müssen, z. B. bei Fahrbahndecken und Behältern. Die Zugfestigkeit bei zentrischer Beanspruchung, d. h. gleichmäßiger Spannungsverteilung über den Querschnitt, beträgt nur etwa 4–20 % der Druckfestigkeit. Daher wird im Stahlbetonbau den Stahleinlagen die Aufnahme der Zugkräfte zugewiesen und bei den auf Biegung beanspruchten Bauteilen nur die Druckfestigkeit des Betons ausgenutzt. In der Biegezugzone ist die → Dehnung des Bewehrungsstahls bei Ausnutzung der zulässigen Beanspruchung aber größer als die Zugbruchdehnung des Betons. Man muß daher i. a. mit gerissener Zugzone rechnen. Die Prüfung der Zugfestigkeit ist umständlich, schwierig und aufwendig. Daher wird statt der Zugfestigkeit meist die Biegezugfestigkeit oder die Spaltzugfestigkeit geprüft. Die Ergebnisse dieser Prüfungen sind jedoch nicht ohne weiteres zu vergleichen, weil jeweils andere Spannungsverhältnisse vorliegen. Die Zugfestigkeit beträgt nur etwa die Hälfte der Biegezugfestigkeit, aber im Mittel etwa 85 % der Spaltzugfestigkeit.   *Wesche*

Betonzusammensetzung. Alle Eigenschaften des Festbetons werden maßgeblich durch die Zusammensetzung und die Eigenschaften des → Frischbetons beeinflußt. Frischbeton besteht aus → Zement, Zuschlag, Wasser und ggf. → Betonzusätzen. Zement und Wasser bilden den → Zementleim, der zu → Zementstein erhärtet und i. a. noch Luftporen enthält, die durch unvollkommene Verdichtung entstehen oder künstlich als Mikroluftporen durch Luftporenbildner (→ Betonzusatz) eingeführt werden. Der erforderliche Zementleimgehalt ergibt sich aus dem Porenraum des Zuschlaghaufwerkes, der mit Zementleim gefüllt werden muß (→ Kornzusammensetzung), und dem Zementleim zwischen den Zuschlagkörnern, der zur Verarbeitung des Frischbetons notwendig ist. Da Zementleim mit niedrigem w/z-Wert schwerer verarbeitbar ist als solcher mit hohem w/z-Wert, benötigt ein steifer, gerade noch verarbeitbarer Frischbeton mit günstiger Kornzusammensetzung des Zuschlags bei 32 mm Größtkorn bei w/z = 0,80 etwa 175 l Zementleim/m³ Beton, bei w/z = 0,50 dagegen 205 l/m³; dies entspricht einem Zementgehalt von rd. 150 bzw. 250 kg/m³. Die geringen Werte genügen je-

doch nicht, um eine sichere Umhüllung des Bewehrungsstahls durch den Zementstein und damit den → Korrosionsschutz der Bewehrung zu gewährleisten. Die Stahlbetonnorm DIN 1045 fordert daher i. a. mindestens 240 kg Zement/m³ Beton, im ungünstigen Fall der durch das Klima einschl. Luftverschmutzung beanspruchten Außenbauteile sogar 300 kg/m³. Um die Eigenschaften des Betons günstig zu beeinflussen, sie besonderen Anforderungen anzupassen oder um Zement zu ersetzen, kann man Betonzusätze zugeben, die chemisch, physikalisch oder chemisch-physikalisch wirken.   *Wesche*

Betonzusatz. B. sind Stoffe, die man dem → Beton zugibt, um seine Eigenschaften durch chemische und/oder physikalische Wirkungen zu beeinflussen.

□ Betonzusatzmittel werden flüssig oder pulverförmig in Mengen bis 50 g bzw. ml/kg Zement zugesetzt und in folgende acht Wirkungsgruppen eingeteilt:
- Betonverflüssiger (BV) zur Verminderung des Wasseranspruchs und/oder Verbesserung der Verarbeitbarkeit,
- Fließmittel (FM) zur Herstellung von Beton mit fließender Konsistenz (Fließbeton, → Frischbeton),
- Luftporenbildner (LP) zur Erhöhung des Frost- und Frosttaumittelwiderstandes,
- Dichtungsmittel (DM) zur Verminderung der kapillaren Wasseraufnahme,
- Verzögerer (VZ) zur Verzögerung des Erstarrens,
- Beschleuniger (BE) zur Beschleunigung des Erstarrens und/oder des Erhärtens,
- Einpreßhilfen (EH) zur Verbesserung der Eigenschaften des Einpreßmörtels (→ Mörtel),
- Stabilisierer (ST) zur Verminderung des Absonderns von Anmachwasser.

Alle Zusatzmittel bedürfen nach den bauaufsichtlichen Vorschriften eines Prüfzeichens des Instituts für Bautechnik, Berlin.

□ Betonzusatzstoffe sind fein aufgeteilte mineralische Stoffe, z. T. auch mit organischen Bestandteilen, meist in Form von Mehlkorn. Sie werden dem Beton in größeren Mengen als 50 g/kg Zement zugesetzt und sind daher als Stoffraumkomponente (→ Frischbeton) im Beton zu berücksichtigen. Sie können inert (Gesteinsmehl, Farbstoffe), puzzolanisch (→ Puzzolan) oder latent-hydraulisch (→ Stoff, latent-hydraulischer) sein und bedürfen ebenfalls eines Prüfzeichens, wenn sie nicht DIN 4226 (Betonzuschlag) oder DIN 51 043 (Traß) entsprechen.   *Wesche*

Betonzuschlag. Der Zuschlag ist das Korngerüst im → Beton, das durch den → Zementstein verkittet wird. Er besteht entweder aus natürlichem oder künstlichem, dichtem sowie porigem Gestein oder aus Metallen oder organischen Stoffen mit Korngrößen, die für die Betonherstellung geeignet sind, und wird als Gemenge (Haufwerk) von gleich oder unterschiedlich großen Körnern verwendet. Je nach der Rohdichte des Zuschlagkorns wird der B. zu → Normalbeton, Schwer- oder → Leichtbeton verarbeitet. Normal- und Schwerzuschlag haben ein dichtes, Leichtzuschlag hat ein poriges → Gefüge. Zuschlag darf nicht zu viele schädliche Bestandteile enthalten, seine Kornform und -oberfläche sowie seine → Kornzusammensetzung müssen bestimmte Bedingungen erfüllen. Die Kornzusammensetzung wird durch Siebung ermittelt und mit vorgeschriebenen Sieblinien verglichen. Der Zuschlag wird außer durch die Art durch die → Sieblinie und das Größtkorn bezeichnet, z. B. Kiessand A32, d. h. Sieblinie A nach DIN 1045, Größtkorn 32 mm. Beim Abmessen des Zuschlags für die Herstellung des Betons muß der → Feuchtigkeitsgehalt auf der Kornoberfläche bekannt sein, da dieser in den Wassergehalt des Betons eingeht und damit den Wasser-Zement-Wert (→ Zementstein) beeinflußt. Der Zuschlag beeinflußt die → Festigkeit des Betons nur wenig, maßgebend jedoch die Formänderungen, den Frostwiderstand und vor allem das Verschleißverhalten des Betons.

□ Arten. Beton kann mit den verschiedensten Arten von Zuschlägen hergestellt werden. Beim Normalbeton hängt die Auswahl in erster Linie von der Verfügbarkeit und der Wirtschaftlichkeit ab, bei anderen Betonen von den geforderten Eigenschaften des Betons. Im allgemeinen verwendet man natürliche Zuschläge, vorwiegend Kiessand, wegen der zurückgehenden Ausbeutefähigkeit der Kiesvorkommen in zunehmendem Maße auch Brechsand und Splitt. Kiessande (→ Kies, → Sand) werden aus Fluß- oder Gletschergeschieben durch Baggern oder Saugen gewonnen, danach in den meisten Fällen in Aufbereitungsanlagen gewaschen und nach Korngruppen getrennt. Zuschläge aus natürlichem Felsgestein werden in Steinbrechern, Prallmühlen und Walzen zerkleinert und dann gesiebt. Mehrfaches Brechen der Natursteine führt zu gedrungenen Körnern, die gewaschen als Edelsplitt angeboten werden. Der wichtigste natürliche Leichtzuschlag für Leichtbeton ist der Naturbims, ein hochporöses vulkanisches Glas, das vor rd. 11 000 Jahren bei der Vulkanexplosion am Laacher See ausgestoßen wurde und sich im Neuwieder Becken ablagerte. Leichtzuschlag wird künstlich vorwiegend aus → Ton, Tonschiefer, Schieferton, Schiefer, Flugasche oder Müll hergestellt und hat gegenüber Kiessand eine geringere Kornrohdichte und Schüttdichte.

□ Schädliche Bestandteile. Im Zuschlag können schädliche Bestandteile enthalten sein, die das → Erstarren oder das → Erhärten des Betons stören, die Festigkeit oder die Dichtigkeit des Betons herabsetzen, zu Absprengungen führen oder den → Korrosionsschutz der → Bewehrung beeinträchtigen. Schädlich können je nach Menge und Verteilung wirken: abschlämmbare, organische, erhärtungsstörende, erweichende, quellende, treibende (→ Treiben), brennbare und korrosionsfördernde Bestandteile (z. B. Chloride), bestimmte Schwefelverbindungen und Glimmer. Abschlämmbare Bestandteile sind meist tonige Anteile oder sehr feines Gesteinsmehl. Sie sind schädlich, wenn ihr Anteil sehr hoch ist und sie dann den Wasser- bzw. Zementleimanspruch erhöhen, wenn sie am Grobkorn haften, beim Mischen nicht abgerieben werden und den Verbund zwischen Zuschlag und Zementstein verhindern oder wenn sie als Knollen beim Mischen nicht verrieben werden und dann als Störstellen im Beton die Festigkeit vermindern. In Norddeutschland können im Zuschlag Anteile mit alkalilöslicher Kieselsäure, z. B. Opal, Chalcedon, reaktionsfähiger Flint, enthalten sein, die im Beton mit Alkalien. die meist aus dem → Zement stammen, reagieren. Wenn die Anteile bestimmte Grenzwerte überschreiten, kann der Zuschlag in Lösung gehen oder sein Volumen so vergrößern, daß der Beton durch Alkalitreiben zerstört wird. *Wesche*

Betonzuschlagprüfung. Nachweis der Eignung von Körnungen aus natürlichen Gesteinen und künstlichen mineralischen Stoffen für die Herstellung von → Beton oder → Mörtel bestimmter Güteanforderungen. Er wird durch eine ständige Gütekontrolle, bestehend aus einer Eigenüberwachung durch den Hersteller und Fremdüberwachung durch anerkannte Überwachungsgemeinschaften oder Prüfinstitute, erbracht. Die Anforderungen an → Betonzuschlag und die entsprechenden Prüfungen sind in DIN 4226 festgelegt.

Ausgehend von einer repräsentativen Probenzusammensetzung und einer i. d. R. in Abhängigkeit vom Durchmesser des Größtkorns festgelegten Prüfgutmenge sind allgemeine und zusätzliche Prüfverfahren angegeben. Zu den allgemeinen Prüfverfahren zählen:

– → Kornzusammensetzung, ermittelt durch Sieben der trockenen Zuschläge im genormten Prüfsiebsatz aus Drahtsiebböden und Lochblechen mit Quadratlochung,

– → Kornform, beurteilt nach Augenschein,

– Schüttdichte, errechnet als Quotient aus Gewicht einer getrockneten, nach Vorschrift in ein Meßgefäß eingefüllten Korngruppe und dem Volumen des Meßgefäßes,

– Kornrohdichte, errechnet als Quotient aus Gewicht und durch Wasserverdrängung bestimmten Volumen der Zuschlagprobe (Meßzylinder- oder Pyknometer-Verfahren). Bei Zuschlag für → Leichtbeton muß i. d. R. aufgrund der → Porig-

keit der Oberfläche vorab die → Benetzung mit
einer wasserabweisenden Flüssigkeit erfolgen.
– Widerstand gegen Frost; dabei werden die
wassergetränkten Proben mehrerer Frost-Tau-
Wechseln ausgesetzt, wobei die Frostbeanspruchung an der Luft oder unter Wasser abläuft und
die Auftauphase im Wasserbad erfolgt. Die Verfahren sind in DIN 52 104 festgelegt. Es darf eine
bestimmte Abwitterungsmenge nicht überschritten
werden.
– Schädliche Bestandteile, die die Erhärtung,
→ Festigkeit oder → Dauerhaftigkeit beeinträchtigen können, werden wie folgt ermittelt:
Abschlämmbare Bestandteile durch Auswaschen
oder Absetzen, Stoffe organischen Ursprungs durch
Farbreaktion in Natronlauge oder Aufschwimmen,
erhärtungsstörende Stoffe durch Festigkeitsprüfungen an Prismen oder Würfeln, Gehalte an Sulfat
und Chlorid auf naßchemischem Wege.

Als zusätzliche Prüfverfahren kommen zur Anwendung:
– für Zuschlag aus natürlichem Gestein die Alkali-
beständigkeit,
– für künstlich hergestellten Zuschlag die Bestimmung des Glühverlustes sowie die Beurteilung der
Raumbeständigkeit im Autoklavversuch,
– bei Zuschlag für Leichtbeton der Festigkeitsklassen LB 8 und höher die Auswirkung der Schwankungen von Kornrohdichte und Kornfestigkeit auf
Rohdichte und Festigkeit des Betons an Probewür-
feln. *Rehm/Neubert*

Literatur: *Iken, H.:* Handbuch der Betonprüfungen. Düsseldorf 1987. – Richtlinie „Vorbeugende Maßnahmen gegen
schädigende Alkalireaktionen im Beton". Düsseldorf, 1987.

Betriebsfestigkeit. Zeit- oder → Dauerschwingfestigkeit eines betriebsmäßig schwingend beanspruchten Konstruktionsteiles. Zur Ermittlung der
B. werden Dauerschwingversuche an Konstruktionsteilen auf einer programmgesteuerten Prüfmaschine (Programm-Pulser) durchgeführt.

Dieser Betriebsschwingungsversuch soll Auskunft über den Einfluß einer Dauerschwingbeanspruchung mit bestimmter Belastungsfolge (experimentell) ermittelte Häufigkeitskurve der Betriebsbeanspruchungen) auf die Dauerhaltbarkeit
eines Konstruktionsteiles geben. Die Ermittlung
eines solchen Belastungskollektives kann entweder durch Aufnahme eines Beanspruchungsdiag-
ram-
mes oder durch unmittelbare Zählung der Beanspruchungshäufigkeiten erfolgen, wobei eine ausreichend lange Beobachtungsdauer erforderlich
ist.

Zur Aufnahme eines Beanspruchungsdiagram-
mes wurden in der Regel → Dehnungen gemessen
und mittels schreibenden Dehnungsmeßgeräten
aufgezeichnet. Die Auswertung von Beanspru-

chungsdiagrammen geschieht nach Bild 1. Das Ergebnis ist eine Summenhäufigkeitskurve (Bild 2).
Die Erfassung und Auswertung kann heute auch
durch rechnergesteuerte elektronische Datenerfas-
sungssysteme (Transientenrecorder) mit integrierten Zähl- und Klassiereinrichtungen automatisiert
erfolgen.

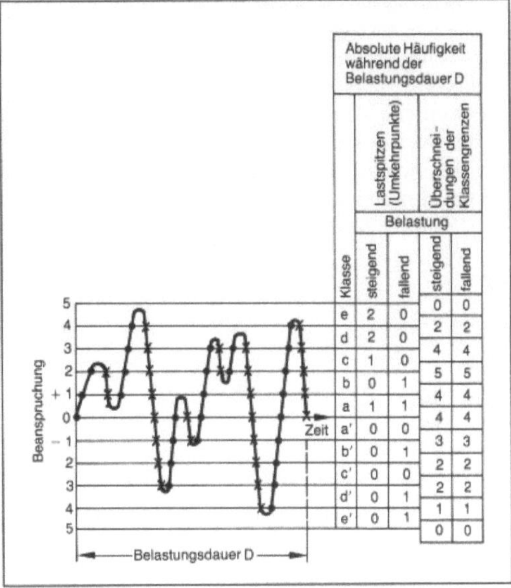

*Betriebsfestigkeit 1: Beanspruchungs-Diagramm
(Ausschnitt) und Auswertung.*

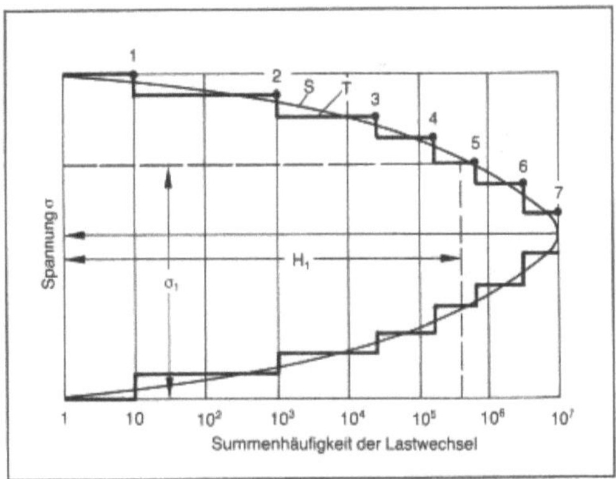

*Betriebsfestigkeit 2: Ableitung der Summenkurve S
aus dem betriebsmäßigen Spannungsablauf und Ersatz durch eine Summenkurve T. (H_1 – Häufigkeit
der Spannung σ_1).*

Bei der unmittelbaren Zählung von Beanspruchungshäufigkeiten findet während des Meßvor-
ganges bereits eine Auswertung statt. Die Unterteilung in einzelne Klassen erfolgt entweder im Anzeigegerät, wenn der Dehnungsgeber eine kontinuierliche Änderung der Meßgröße liefert (z. B.

→Dehnungsmeßstreifen, induktive oder piezoelektrische Geber) oder schon im Dehnungsgeber, der dann als Kontakt-Dehnungsgeber ausgebildet wird.

Im ersten Fall tritt als Anzeigegerät an Stelle des Oszillographen ein elektrisches Zählgerät, dessen einzelne Zählwerke auf die beliebig einstellbaren Spannungsgrenzen der Klassen ansprechen.

Die Kontakt-Dehnungsgeber liefern bei den vorher eingestellten Ausschlaggrößen (Klassen) Stromstöße oder Stromunterbrechungen, durch die mechanische Zählwerke betätigt werden.

Bei beiden Verfahren werden die in den einzelnen Klassen aufgetretenen Beanspruchungshäufigkeiten unmittelbar gezählt, ihre Auswertung liefert eine Summenhäufigkeitskurve (Bild 3).

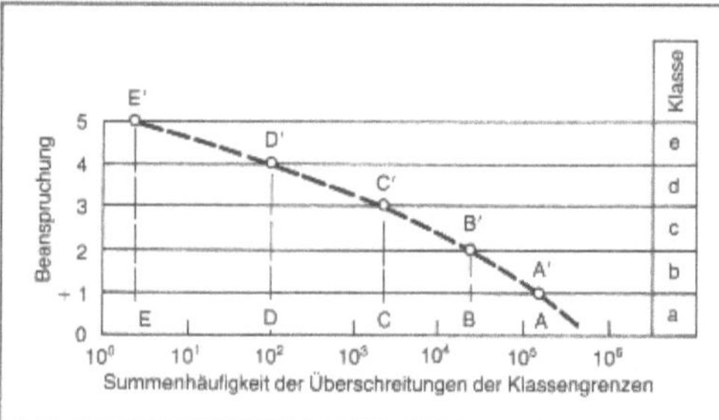

Betriebsfestigkeit 3: Kollektiv der Betriebsbeanspruchungen (A. . .E – Ablesungen der Zählwerke nach Gesamtdauer der Messung).

Für den Betriebsschwingversuch wird das Belastungskollektiv in ein Treppendiagramm (Bild 4) zerlegt. Infolge der gegensätzlich wirkenden Einflüsse der Werkstoffschädigung (bei hohen Beanspruchungen) und des Trainiereffektes (bei niedrigen Beanspruchungen) auf die B. muß der Aufeinanderfolge der Spannungsgrößen und der relativen Häufigkeit der einzelnen Laststufen besondere Beachtung geschenkt werden.

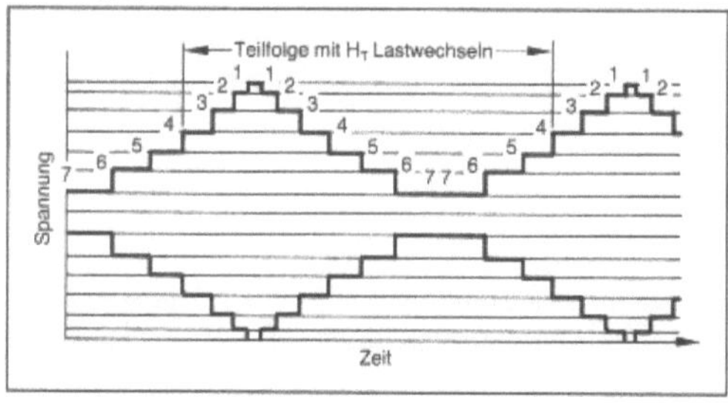

Betriebsfestigkeit 4: Ablauf des Betriebsschwingungsverlaufes in der Prüfmaschine, Aufteilung der Gesamtfolgen in gleichartige Teilfolgen.

Das Programmlast-Steuergerät der Prüfmaschinen wird so eingestellt, daß die treppenförmige Folge der Versuchbelastungen mit der zu jeder

Teillast gehörenden Lastwechselzahl innerhalb einer Teilfolge mit H_T Lastwechseln (Bild 4) abläuft und diese Teilfolge sich wiederholen, bis die gewünschte Zahl erreicht ist oder die Probe einen →Anriß zeigt.

Die B. ist gegenüber der Dauerschwingfestigkeit kein Einzelwert, sondern ein Belastungskollektiv. Für ihre eindeutige Kennzeichnung ist die Angabe der Höchstspannung des Kollektivs und der Häufigkeitsverteilung erforderlich. Bezeichnet die B. ein Zeitfestigkeitskollektiv, so ist zusätzlich die Angabe der Gesamthäufigkeit (Zahl der Teilfolgen) erforderlich. Im einzelnen Betriebsschwingversuch kann das Belastungskollektiv maßstäblich vergrößert oder verkleinert werden und die bis zum Brucheintritt ertragene Gesamthäufigkeit festgestellt werden.

Zwischen der B. und der Dauerschwingfestigkeit besteht i. a. kein eindeutiger Zusammenhang. Die B. bezeichnet grundsätzlich eine durch schwingende Vorbeanspruchung schädigend oder verbessernd beeinflußte Dauerschwingfestigkeit. *Kußmaul*

Literatur: *Becker, A.*: Laststeuer Automaten für Bauteil-Prüfmaschinen mit selbsttätigem Versuchsablauf. Z. VDI 92 (1950), S. 266/271. – *Dolan, T. J., F. E. Richart, u. C. E. Work*: The Influence of Fluctuations in Stress Amplitude on the Fatigue of Metals. ASTM 49 (1949), S. 646/679. – *Gassner, E.*: Betriebsfestigkeit. Eine Bemessungsgrundl. für Konstruktionsteile mit statistisch wechselnden Betriebsbeanspruchungen. Konstruktion 6 (1954), S. 97/104; Beanspruchungsmessungen u. Betriebsfestigkeitsversuche an Fahrzeugbauteilen. ATZ 53 (1951), S. 286f. – *Gassner, E.*: Betriebsfestigkeit. In: Lueger Lexikon der Technik. Band Fahrzeugtechnik. Stuttgart 1967. – *Gassner, E.*: Über bisherige Ergebnisse aus Festigkeitsversuchen im Sinne der Betriebsstatistik. Bericht 106 (1. Tl.) der Lilienthal Gesellschaft f. Luftfahrtforschung (1939), S. 9/14; Ergebnisse von Betriebsfestigkeitsversuchen mit Stahl- und Leichtmetallbauteilen. Bericht 152 der Lilienthal Gesellschaft f. Luftfahrtforschung (1942), S. 13. – *Gassner, E.*: Zur Aussagefähigkeit von Ein- und Mehrstufen-Schwingversuchen (Teil 1). Materialprüfung 2 (1960), Nr. 4, S. 121/128. – *Gassner, E.*: Zur experimentellen Lebensdauerermittlung von Konstruktionselementen mit zufallsartigen Beanspruchungen. Materialprüfung 15 (1973), Nr. 6, S. 197/205. – *Gassner, E., F. W. Griese, u. E. Haibach*: Ertragbare Spannungen und Lebensdauer einer Schweißverbindung aus St 37 bei verschiedenen Formen des Beanspruchungskollektivs. Archiv für das Eisenhüttenwesen 35 (1964), Nr. 3, S. 255/267. – *Gassner, E., u. A. Teichmann*: Ansatz u. Durchführung von Betriebsfestigkeitsversuchen. Bericht d. Deutschen Versuchsanstalt f. Luftfahrt (1943). – *Haibach, E., u. W. Lipp*: Verwendung eines Einheits-Kollektivs bei Betriebsfestigkeits-Versuchen. Frauenhofer-Institut für Betriebsfestigkeit (LBF), Darmstadt. Technische Mitteilung Nr. 15 (1965). – *Jacoby, G.*: Möglichkeiten der praxisgerechten Betriebslastensimulation. Materialprüfung 17. (1975) Nr. 6, S. 171/173. – *Lowak, H.*: Gesichtspunkte für die Einführung und Anwendung von standardisierten Lastfolgen am Beispiel der Standards TWIST und FALSTAFF. In: Anwendung von Prozeßrechnern bei Betriebsfestigkeitsuntersuchungen. 2. Sitzung des Arbeitskreises Betriebsfestigkeit. Hrsg.: Deutscher Verband für Materialprüfung, Berlin (1977), S. 107/117. – *Lowak, H., D. Schütz, M. Hück, u. W. Schütz*: Standardisiertes Einzelflugprogramm für Kampfflugzeuge – FALSTAFF –. Industrieanlagen-Betriebsgesellschaft, Ottobrunn, Bericht Nr. TF-568 (1976)/Frauenhofer-Institut für Betriebsfestigkeit (LBF), Darmstadt. Bericht Nr. 3045 (1976). – *Schütz, W.*: Über eine Beziehung zwischen der Lebensdauer bei konstanter zur Lebensdauer bei veränderlicher Beanspruchungsamplitude und ihre Anwendbarkeit auf die Bemessung von Flugzeugbauteilen. Dissertation TH München, (1965). – *Svenson, O.*: Unmittelbare Bestimmung der Größe u. Häufigkeit von Betriebsbeanspruchungen. Trans. Instrum. Measurem. Conf. Stockholm (1952), S. 243/248. – *Swanson, S. R.*: Evaluating Component Fatigue Performance Under Programmed Random and Programmed Constant Amplitude Loading. SAE Paper 690050 (1969). Society of Automotive Engineers. Warrendale. – *Swanson, S. R.*: Random Load Fatigue Testing: A State of the Art Survey. Materials Research and Standards 8 (1968), Nr. 4, pp. 11/44. ASTM. – *Walgreen, B.*: Fatigue Tests with Stress Cycles of Varying Amplitude. Mitt. Nr. 28, Flygtekniska Försöksanstalten. Stockholm 1949.

Beweglichkeit. Die B. von → Leerstellen, Zwischengitteratomen, → Fremdatomen, → Versetzungen und → Korngrenzen gibt an, welche Geschwindigkeit der Verlagerung des betr. Gitterdefektes bzw. Strukturelementes aus der Wirkung einer mechanischen oder elektrischen Kraft F resultiert: v = B. F. Die B. in Festkörpern wird bei erhöhter Temperatur in starkem Maße durch thermische → Aktivierung unterstützt und ist daher oft proportional zum Diffusionskoeffizienten D (→ Drift). *Ilschner*

Bewegungsreibung. → Reibung zwischen relativ zueinander bewegten Körpern. *Habig*

Bewehrung. Unter B. versteht man Stahleinlagen im → Beton, die in der Lage sind, Zugkräfte aufzunehmen und auf den Beton zu übertragen. Übliche B. sind → Betonstähle im → Stahlbeton und → Spannstähle im Spannbeton. *Schießl*

Bewehrungskorrosion → Betonstahlkorrosion, → Spannstahlkorrosion

Bewehrungsstahl. → Stähle die als Stahleinlagen im → Beton eingesetzt sind und in der Lage sind, Zugkräfte aufzunehmen und auf den Beton zu übertragen. Übliche Stahleinlagen sind → Betonstahl im Stahlbeton und → Spannstahl im Spannbeton. *Schießl/Dahl*

Bewitterung. Methode der Materialprüfung, wobei das zu untersuchende Material (z. B. Baustoffe, Anstriche usw.), welches für einen Einsatz im Außenbereich konzipiert ist, monate- oder jahrelang der Witterung ausgesetzt wird. Eine B. kann auch unter Standardbedingungen im Laboratorium vorgenommen werden. Man spricht dann von einer Kurzbewitterung oder besser von einer künstlichen B. im Gegensatz zu der sog. → Freibewitterung, welche Witterungseinflüsse wie Sonne, Hitze, Kälte, Regen, Industrieabgase usw. an einem bestimmten Ort der Erdoberfläche bei einer definierten Lagerung beinhaltet.

Die Veränderung, welche ein Material unter Witterungseinfluß erfährt, ist maßgeblich davon abhängig, in welcher Weise die Witterungsfaktoren einwirken:
– Land- und Gebirgsklima: mit geringer Luftverunreinigung, hohem Lichtanteil und nennenswerten Temperaturwechseln
– Industrie- und Stadtklima: mäßige bis starke Luftverunreinigung, reduzierte Licht- und Temperaturwechsel-Beanspruchung
– Feuchtklima: hohe Luftfeuchtigkeit, Kondenswasserbeanspruchung, häufige Beregnung
– Meeresklima: hoher Chloridgehalt, nennenswerte Feuchte, reduzierte Temperaturwechsel-Beanspruchung.

Die Art der B. ist also von Ort zu Ort sehr verschieden und von der klimatischen Situation und der Lage bezüglich der Himmelsrichtung abhängig. Jedes Klima beinhaltet die einzelnen Faktoren in unterschiedlichem Umfang, z. B. sind folgende Faktoren im Hinblick auf organisch aufgebaute Beschichtungen von besonderer Wichtigkeit:
– Sonnenlicht (insbesondere der U-V-Anteil)
– Temperatur (insbesondere hohe und schnell wechselnde)
– Sauerstoff (besonders auch Ozon)
– Wasser in jeder Form (Regen, Nebel, Schnee, Wasserdampf, Tau)
– Aggressive Luftverunreinigung (z. B. SO_2 und NO_x)

Die meisten Witterungsfaktoren haben eine geringe Tiefenwirkung. Die Bewitterungstechnik wurde deshalb ursprünglich für dünnschichtige Stoffe, z. B. Beschichtungen, Lackierungen, frühzeitig entwickelt. Der Angriff der B. äußert sich, z. B. bei Metallen, in der Bildung von Korrosionsprodukten, bei organischen Stoffen (z. B. Kunststoffbeschichtungen) im Abbau des organischen Bindemittels.

Einzelheiten über die Ausführung von Bewitterungsversuchen, insbesondere über die Lage und Anordnung der Prüfkörper, sind aus den entsprechenden Normen zu entnehmen. Eine Bewertung ist nur aus den Ergebnissen der anschließenden Untersuchungen zu erhalten, welche mit den entsprechenden Eigenschaftskennwerten im unbewitterten Zustand zu vergleichen sind, z. B. Farbe, Glanz, → Härte, Dehnverhalten, → Festigkeit, Korrosionsgrad.

Das Bestreben, sich von den Zufälligkeiten des Wetters abhängig zu machen und die Prüfdauer der

B. in der Atmosphäre abzukürzen, führten zur Entwicklung von Geräten zur künstlichen B., auch als Kurzzeitprüfung bzw. Kurzbewitterung bezeichnet.

Diese Geräte kommen in großem Ausmaß bei der Untersuchung von → Kunststoffen, insbesondere von → Anstrichen, zum Einsatz. Die Beanspruchungszeiträume liegen zwischen 14 und 42 Tagen (1 000 Stunden). In den einzelnen Geräten werden jeweils die gemeinsam wirkenden Klimafaktoren zusammengefaßt und aus den Einzelergebnissen eine Gesamtaussage hergeleitet.

Beispiele für Geräte: Xenotestgeräte, Kondenswassergeräte, Korrosionsprüfgeräte, Klimaprüfschränke.

Allen Geräten gemeinsam ist der Betrieb unter erhöhter Temperatur (35 °C bis 50 °C) zur Beschleunigung der physikalischen und chemischen Vorgänge. Die Übertragung der Ergebnisse aus der künstlichen B. in die Praxis ist nicht unproblematisch und erfordert eine große Erfahrung im Verhalten gleichartiger Materialien bei der künstlichen B. im Vergleich zur natürlichen B. *Rehm/Jäger*

Literatur: *Helmen, T.* und *E. Hess:* Bedeutung des Suntest-Gerätes für die Kurzbewitterung von Lacken. Farbe und Lack (1979) Nr. 10, S. 835–841. – *Helmen, T.:* Kurzbewitterung und Kreidungsmessung. Farbe und Lack (1981) Nr. 3, S. 181–189. – *Klopfer, H.:* Anstrichschäden. Wiesbaden 1976. – *van Oeteren, K.-A.:* Korrosionsschutz durch Beschichtungsstoffe. München, Wien 1980.

Bezugselektrode. Halbzelle, die sich durch ein zeitlich konstantes Potential (→ Elektrodenpotential) auszeichnet (DIN 50900). Bei Potentialmessungen werden die Meßwerte auf die B. bezogen. Der Standard aller B. ist die Normalwasserstoffelektrode (Wasserstoffelektrode). Aus praktischen Gründen werden vielfach B. 2. Art, sogenannte Metall/Metallionen-Elektroden verwendet (z. B. Kalomel-, Silberchlorid-, Quecksilbersulfat-, Kupfersulfatelektroden). *Wendler-Kalsch*

Literatur: *Ives, D.* u. *G. Janz:* Reference Electrodes. New York 1961.

BG-Glühung. → Wärmebehandlung vor allem von Einsatzstählen, bei der sich ein ferritisch-perlitisches → Gefüge mit gleichmäßig verteilten Perlitinseln ergibt (sog. Schwarz-Weiß-Gefüge). GKZ-Gefüge enthält dagegen kugeligen → Zementit mit niedrigerer → Zugfestigkeit bei erhöhter → Brucheinschnürung und kann daher besser umgeformt werden. *Dahl*

Literatur: Werkstoffkunde Stahl. 2 Bd. (Hrsg. VDEh). Berlin-Düsseldorf 1984/85.

Biegebruchspannung → Bruchspannung

Biegen, freies. Das f. B. zählt zu den Verfahren des → Biegeumformens mit geradliniger Werkzeugbewegung. Es ist gekennzeichnet durch freies Ausbilden der Werkstückform bei den beiden Varianten Durchbiegen und Abbiegen (Bild); hierbei wird das Biegemoment durch eine Querkraft hervorgerufen. Bei der Variante *querkraftfreies* → Biegen wird die Biegung dagegen allein durch ein Biegemoment erzeugt. Das f. B. ist ein wichtiges Grundverfahren des Biegeumformens, das in mannigfaltigen Abwandlungen in unterschiedlichen Anwendungsbereichen an Werkstücken aus → Blech, Platten, Rund- und Profilstäben, Rohren und anderen Hohlprofilen angewandt wird. Die Verfügbarkeit numerischer Steuerungen trägt vor allem bei Einsatz hydraulischer Pressen wesentlich zu einer hohen erreichbaren → Arbeitsgenauigkeit bei. *Lange*

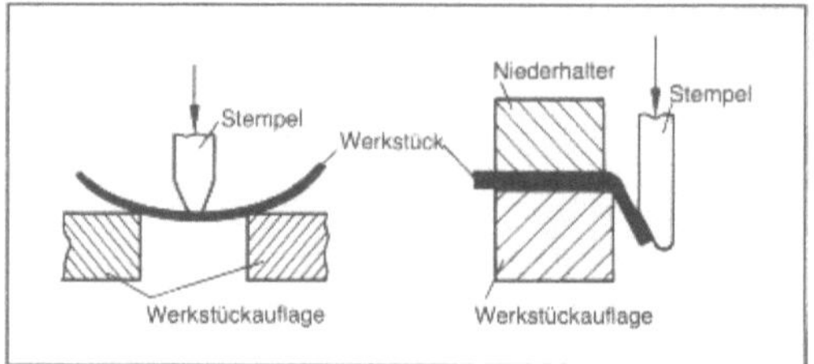

Biegen, freies: Schematische Darstellung.
a) Durchbiegen
b) Abbiegen.

Biegen, querkraftfreies. Q. B. ist freies → Biegen unter Einwirkung eines reinen Biegemoments gemäß Bild 1. Der Biegebogen bildet sich dabei als Kreisbogen aus. Die Werkzeugbewegung ist beim q. B. nicht geradlinig, sondern die das Moment einleitenden Spannbacken führen (z. B.) eine drehende Bewegung aus. Bei der in Bild 1 vorgestellten Einrichtung zum Biegen mit einem annähernd reinen Moment werden die Querkräfte durch einen sehr langen (theoretisch unendlich langen) Hebelarm vernachlässigbar klein. Gleichzeitig ist die Momentzunahme im Bereich der Biegeprobe so klein, daß das Moment mit genügender Genauigkeit als rein und konstant bezeichnet werden kann. Bei dem in Bild 1 gezeigten Prinzip des q. B. heben sich die an der Einspannung wirksamen Querkräfte gemäß Bild 2 im mittleren Bereich der Biegeprobe auf, so daß dort ein reines, konstantes Moment wirkt.

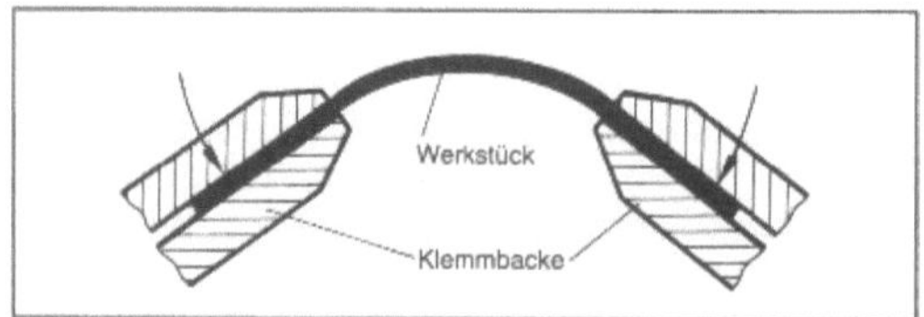

Biegen, querkraftfreies 1: Prinzipielle Darstellung.

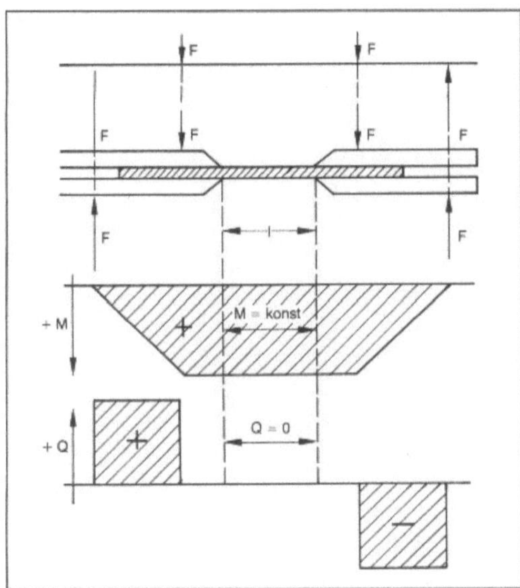

Biegen, querkraftfreies 2: Biegen durch ein reines Moment.

F Belastungen, M Moment (Schraffur Momentenfläche), Q Querkräfte (Schraffur Querkraftfläche), l Biegelänge der Probe

Das q. B. hat vornehmlich Bedeutung als Modellverfahren in Verbindung mit theoretischen Arbeiten über die Grundlagen des →Biegeumformens erlangt und spielt als Fertigungsverfahren nur eine untergeordnete Rolle. *Lange*

Literatur: *Wolter, K. H.:* Freies Biegen von Blechen. VDI-Forschungsh. 435. Düsseldorf 1952.

Biegerichten. Nach DIN 8586 ist B. freies →Biegen zum Richten von kürzeren Wellen, Stäben und ähnlichen Werkstücken. Dabei werden unerwünschte Krümmungen beseitigt bzw. in definierter Weise minimiert. Das Prinzip des B. sei am Beispiel eines geraden, eigenspannungsfreien Blechstreifens, der zunächst gebogen und dann wieder gerichtet wird, erläutert. Nach dem Biegen und Entlasten vom Biegemoment stellt sich der in Bild 1 gezeigte Eigenspannungsverlauf unter Annahme eines durch rein elastische fiktive Spannungen erzeugten Entlastungsmoments ein. Die Beseitigung der Krümmung erfolgt gemäß Bild 2 dadurch, daß das zunächst einer Randdehnung von $\varepsilon_{a1} = 4\,\varepsilon_F$ (1) unterworfene Blech mit $\varepsilon_{a2} = -1.37\,\varepsilon_F$ (2) zurückgebogen wird und nach Entlasten einen Dehnungsverlauf gemäß (3) gleich null aufweist, d. h. gerade ist. Der Blechstreifen ist aber nicht eigenspannungsfrei, wie der Verlauf der →Restspannung (3) im unteren Teilbild erkennen läßt. B. erfolgt in der Regel mit hydraulischen, hubgesteuerten Pressen, zunehmend mit numerischen Meßsteuerungen in vollautomatisierten Anlagen.

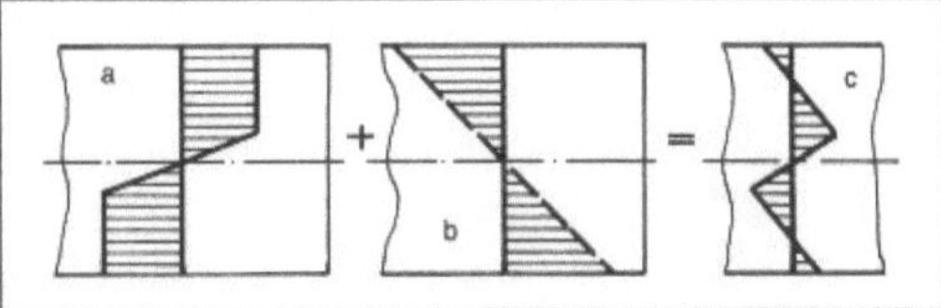

Biegerichten 1: Entstehung der Restspannungen beim Biegen.

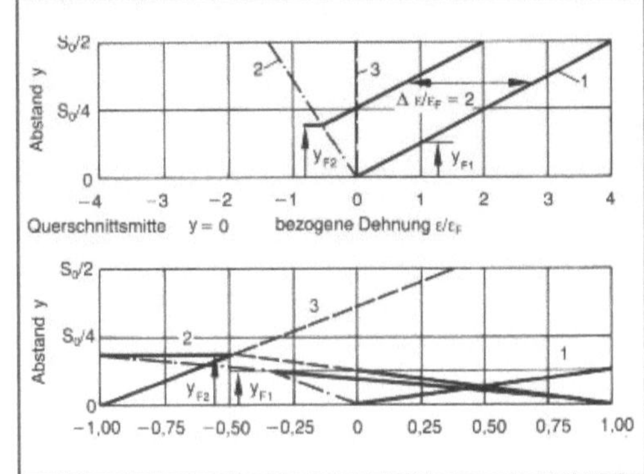

Biegerichten 2: Dehnungs- und Spannungsverlauf bei zweifachem Biegen (1 u. 2) und Entlasten (3).

Längere Blechbänder, Tafeln usw. werden durch →Walzrichten biegegerichtet. Dabei wird das Blech zwischen einer Anzahl versetzt angeordneter Walzen mehrfach hin- und hergebogen, bis es eben ist (Bild 3). Die Anzahl der Walzen (5 bis 30) richtet sich nach der Blechdicke, der →Fließgrenze und dem →E-Modul. Schwierig zu richten sind dünne Bleche mit hoher Fließgrenze und kleinem E-Modul. Mit zunehmender Walzenzahl werden die Restspannungen vermehrt abgebaut, so daß Ebenheit und nahezu Eigenspannungsfreiheit erreicht werden.

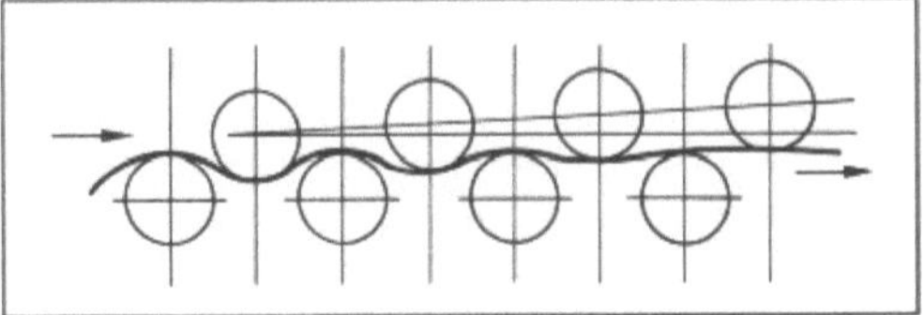

Biegerichten 3: Prinzip des Walzrichtens.

Während Bleche nur in einer bzw. zwei Ebenen gekrümmt sind und gerichtet werden, können Rundstäbe und Rohre, wie auch andere Profile, Krümmungen in unendlich vielen Ebenen aufweisen. Richteinrichtungen verfolgen stets das Prinzip des Dehnungs- und Spannungsabbaus durch Hin- und Herbiegen. Bild 4 zeigt verschiedene industrielle Walzrichtverfahren im Prinzip. Insgesamt haben die Biegerichtverfahren einen wichtigen Platz in der industriellen Produktion mit einem weiten Anwendungsbereich. *Lange*

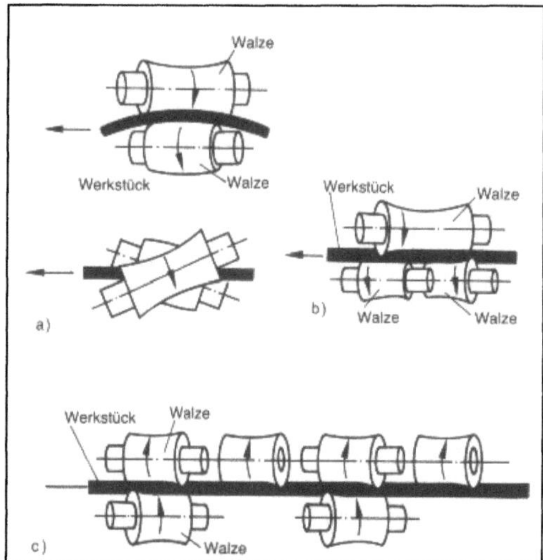

Biegerichten 4: Walzrichtverfahren für Stäbe und Rohre nach DIN 8586.
a) *Walzrichten mit zwei Walzen*
b) *Walzrichten mit drei Walzen*
c) *Walzrichten mit sechs Walzen.*

Literatur: *Pawelski, O.*: Richtkraft und Änderung des Stabdurchmessers beim Richten von Blankstahl in Dreiwalzen-Richtmaschinen. Stahl u. Eisen 82 (1962) S. 836/46. – *Schwark, H. F.*: Rückfederung an bildsam gebogenen Blechen. Diss. TH Hannover. 1952. – *Witte, H.-D.*: Untersuchungen über das Walzrichten von Metallbändern mit symmetrisch angestellter Fünf-Walzen-Richtmaschine. Ber. Nr. 46. Inst. Umformtechn. Universität Stuttgart. Essen 1970.

Biegericht-Stranggießanlage. Der Wunsch, größere Absenkgeschwindigkeiten zu erreichen und längere Strangteilstücke als beispielsweise 12 m zu erhalten, führte zum Bau der B.-S. *K. G. Speith* und *A. Bungeroth* sowie *B. Tarmann* und *E. Plökkinger* haben sich mit Untersuchungen über das → Biegen gegossener Stränge in B.-S. befaßt und kamen übereinstimmend zu der Erkenntnis, daß mit wachsender Dicke des Strangquerschnittes der Biegeradius größer und damit die Bauhöhenersparnis gegenüber → Senkrecht-Stranggießanlagen kleiner wird (Bild).

Die Teilsysteme einer solchen Anlage sind, beginnend mit dem Verteilergefäß bis einschließlich Transportrollensystem, gleich denjenigen einer → Senkrecht-Stranggießanlage. Unterhalb der Transportrollen wird der Strang mit Hilfe einer Biegerolle in einen Viertelkreis mit vorgegebenem Radius gelenkt und der waagerechten Ebene zugeführt. Diese Rolle dient auch dazu, den Fahrbolzenkopf vom Strangfuß zu trennen. Im Tangentenpunkt Viertelkreis/Waagerechte wird der Strang gerichtet. Danach wird er zerteilt.

B.-S. sind also durch senkrecht untereinander angeordnete Kokillen, Stütz- und Führungsrollen

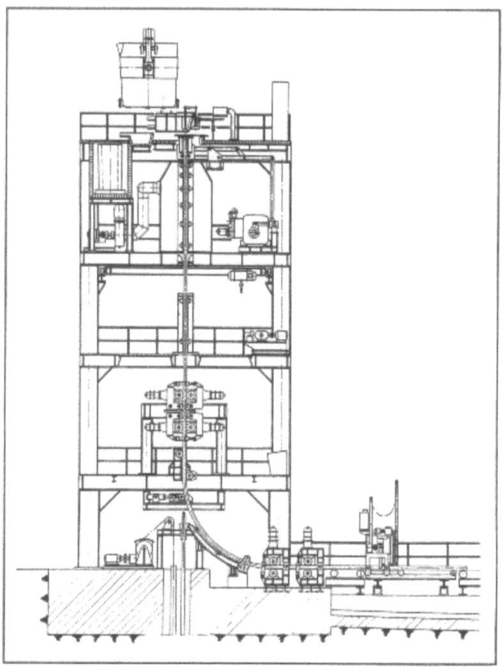

Biegericht-Stranggießanlage: B.-S. zur Herstellung von Stahlsträngen mit quadratischem Querschnitt

systeme, Transportrollensysteme sowie Systeme für das Aufnehmen und Bewegen der Anfahrbolzen gekennzeichnet. Die Bauhöhe einer solchen Anlage ist im wesentlichen von der Länge der Erstarrungsstrecke des gegossenen Stranges und der Größe des Biegeradius abhängig. Die Größen der möglichen Biegeradien für Anlagen, bei denen ein erstarrter Strang gebogen wird, sind durch die zulässigen Umformungen, Streckung und Stauchung der äußeren Fasern eines Stranges gegenüber der neutralen Faser, bestimmt. *Baumann*

Literatur: *Baumann, H. G.*: Stahlstrang-Gießanlagen. Düsseldorf 1976. – *Speith, K. G.* und *A. Bungeroth*: Berg- und Hüttenmännische Monatshefte 107 (1962) Nr. 4, S. 87/96. – *Tarmann, B.* und *E. Plöckinger*: Berg- und Hüttenmännische Monatshefte 107 (1962) Nr. 4, S. 107/118.

Biegeschwingversuch → Dauerschwingversuch

Biegeumformen. B. ist nach DIN 8582 und DIN 8585 → Umformen eines festen Körpers, wobei der plastische Zustand durch eine Biegebeanspruchung erreicht wird. Diese ist für einen querkraftfrei gebogenen Blechstreifen durch einen über die Blechdicke s im Vorzeichen von Druck (Innenseite) nach Zug (Außenseite) bzw. Stauchung und → Dehnung wechselnden Spannungs- bzw. Dehnungsverlauf gekennzeichnet (Bild 1). Wegen des elastischen Anteils an der Gesamtdehnung bei metallischen Werkstoffen läßt sich der vollplastische Biegezustand (d im Bild 1) nur näherungsweise erreichen; es verbleibt eine elastische Schicht mit der Dicke $2Y_F$ (c im Bild 1) um die mittlere Faser (teilplastisches Biegen). Für einen Werkstoff mit elastisch-idealplastischem Verhalten nach *Prandtl-Reuss* (c im Bild 1) errechnet sich das Biegemoment für querkraftfreies →Biegen zu

$$M = \frac{1}{4}\,\sigma_F\,bs_0{}^2 \left[1 - \frac{4}{3}\left(\frac{y_F}{s_0}\right)^2\right]$$

Es liegt dem Betrag nach zwischen dem Biegemoment für rein elastisches Biegen (a in Bild 1)

$$M_F = \frac{1}{6}\,\sigma_F\,bs_0{}^2 \qquad \text{(bei Fließbeginn } \varepsilon_a = \varepsilon_F\text{)}$$

und dem Biegemoment für vollplastisches Biegen

$$M_{Vpl} = \frac{1}{4}\,\sigma_F\,bs_0{}^2 = 1,5\,M_F.$$

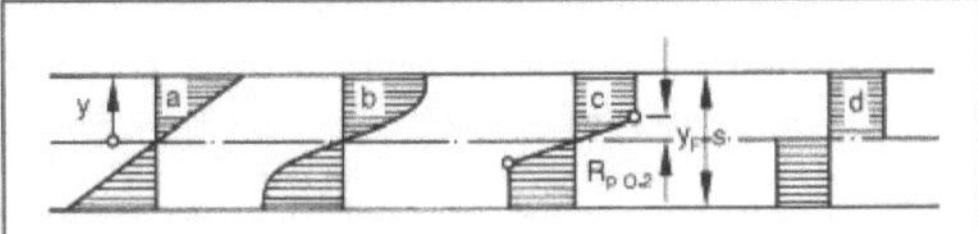

Biegeumformen 1: Dehnungen und Spannungen im Biegestreifen.
a) Dehnungsverlauf ($\varepsilon = y/r$)
b) Spannungsverlauf (schematisch)
c) idealisierter Spannungsverlauf
d) Spannungsverlauf beim vollplastischen Biegen.

s Blechdicke, y Koordinate, y_F Abstand bis zur Fließgrenze, $R_{p0,2}$ 0,2 % Dehngrenze, r Biegeradius

Die Verfahren des B. werden nach DIN 8582 in die Untergruppen B. mit geradliniger bzw. mit drehender Werkzeugbewegung eingeteilt. Insgesamt ergibt sich die in Bild 2 gezeigte Aufgliederung. Biegeverfahren haben eine hervorragende Bedeutung in zahlreichen Bereichen der Industrie. Für viele Anwendungen haben sich hochproduktive Sondermaschinen und Fertigungssysteme, auch flexible Fertigungssysteme, entwickelt und bewährt. *Lange*

Literatur: *Lange, K.* (Hrsg.): Umformtechnik. Handb. f. Ind. u. Wiss. 2. Aufl. Bd. 3. Blechumformung Berlin, Heidelberg, New York, Tokio 1990. – *Oehler, G.:* Biegen. München 1963. – *Proksa, F.:* Zur Theorie des plastischen Blechbiegens. Diss. TH Hannover. 1958. – *Rechlin, B.:* Vergleichende Untersuchungen verschiedener Kaltbiegeverfahren für Bleche. Fortschr.-Ber. R. 2, Nr. 18. Düsseldorf 1967. – *Spur, G.* (Hrsg.) u. *Th. Stöferle:* Handbuch der Fertigungstechnik. Bd. 2/3. Umformen – Zerteilen. München 1985.

Biegeversuch. (*engl.* bending test) Versuch mit zügiger Belastung zur Ermittlung der Biegefestigkeit und Verformungsfähigkeit bei weniger duktilen Werkstoffen (Guß- und Federwerkstoffe). Als technologischer B. (→Faltversuch) dient er bei duktilen Werkstoffen dazu, das Umformvermögen eines metallischen Werkstoffes oder Halbzeugs bei den Bedingungen des Versuches zu ermitteln. B. mit dynamischer Belastung: →Umlaufbiegeversuch, →Wechselfestigkeit, →Kerbschlagbiegeversuch.

Der B. kann als Dreipunktbiegeversuch (Bild 1) oder mit einer Belastung durch ein freies Biegemoment (Bild 2) durchgeführt werden. In der Regel wird der Dreipunktbiegeversuch angewandt.

Als Prüfkörper werden prismatische Proben mit

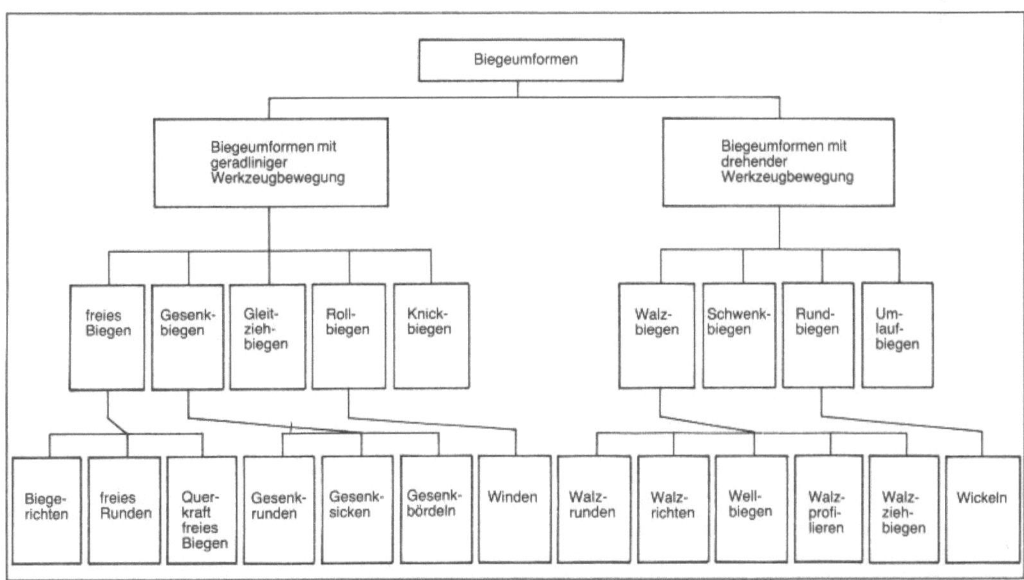

Biegeumformen 2: Einteilung der Biegeverfahren. (Quelle: DIN 8586)

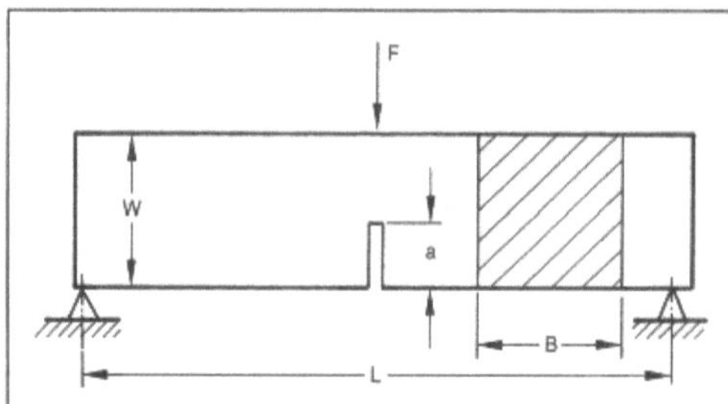

Biegeversuch 1: Dreipunktbiegeprobe.

F) äußere Kraft, W) Probenbreite, a) Kerbtiefe, B) Probendicke, L) Auflagerabstand

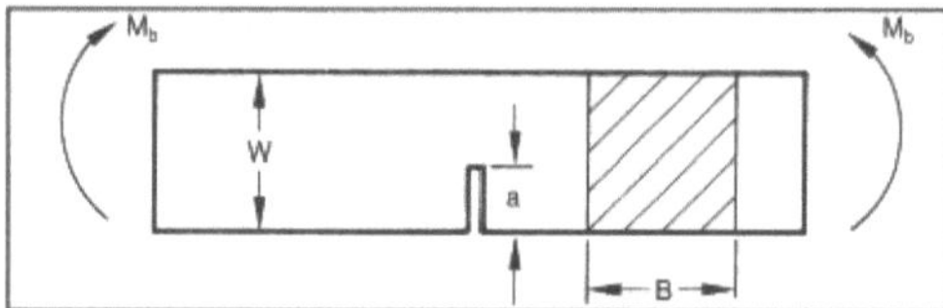

Biegeversuch 2: Mit freiem Biegemoment belastete Biegeprobe.

a) Kerbtiefe, B) Probendicke, W) Probenbreite

oder ohne Kerbe, aber auch Rundstäbe sowie Halbzeuge und Normteile verwendet.

Die Biegefestigkeit σ_{bB} erhält man als Quotienten aus dem Biegemoment F L/4 und dem Widerstandsmoment der Probe.

Die Durchbiegung f der Probe wird in der Kraftwirkungslinie gemessen und wird im Moment des Probenbruchs zur Bruchdurchbiegung f_B.

Die → Steifigkeit S (Durchbiegungsziffer) errechnet sich als Quotient aus der Biegefestikgeit und der Durchbiegung und entsprechend der Biegefaktor F_B als Quotient aus der Biegefestigkeit und der → Zugfestigkeit (→ Bruchmodul).

Nicht homogene, weniger duktile Gußwerkstoffe erfordern die Verwendung von Proben, die der maßgeblichen Wanddicke des Bauteils angepaßt sind. Für → Gußeisen sind die Prüfbedingungen in DIN 50110, Ausg. Feb. 1962, aufgeführt. An Blechen, Bändern und Streifen aus Federblech mit Dicken von 0,05–1,0 mm wird der → Elastizitätsmodul und die Federbiegegrenze σ_{FB} nach E-DIN 50151, Ausgabe März 1984, bestimmt. Die Federbiegegrenze gibt den Spannungswert an, bis zu dem Werkstoff unter den in der Norm definierten Bedingungen gebogen werden darf, ohne daß eine bestimmte kleine bleibende → Verformung überschritten wird.

Im technologischen B. (Faltversuch) – DIN 50111, Ausg. Nov. 1977 – wird das Umformvermögen metallischer Werkstoffe unter den angewandten Versuchsbedingungen bei Temperaturen von 18–28 °C geprüft. Die Probendicke soll bei Blechen, Bändern und Profilstäben der Dicke der Erzeugnis-

form entsprechen. Bei Dicken über 25 mm bzw. Durchmessern über 30 mm kann die Probe abgearbeitet werden. Bei der Versuchsdurchführung werden Auflagerabstand und Dicke, Rundungsdurchmesser des Stempels sowie Auflagerrollendurchmesser gemäß den Angaben der Normen für die Technischen Lieferbedingungen (z. B. DIN 17100 für Allgemeine Baustähle) ausgewählt und die Proben bis 180 ° − Biegewinkel zügig gebogen. Bewertet wird der erreichte Biegewinkel, bei dem gegebenenfalls Anrisse aufgetreten sind.

Eine Verschärfung der Beanspruchung wird durch den Doppelfaltversuch (Taschentuchversuch) erzielt, bei dem die gefaltete Probe im rechten Winkel zur ersten Faltung ein zweites Mal gefaltet wird.

Im Ringfaltversuch an Rohren – DIN 50136, Ausg. Nov. 1979 – werden Rohre mit Nennaußendurchmesser bis 400 mm (Stahl), 150 mm (Aluminium und -legierungen) bzw. 100 mm (Kupfer und -legierungen) und Nennwanddicken bis 15 % des Nennaußendurchmesser gemäß den Angaben der Technischen Lieferbedingungen (z. B. DIN 1629, Ausg. Okt. 1987, für nahtlose kreisförmige Rohre aus unlegierten Stählen für besondere Anforderungen) geprüft. Beim Versuch wird ein Rohrabschnitt senkrecht zur Rohrachse zwischen zwei Druckplatten bis zu einem bestimmten, von der Probengeometrie abhängigen, Abstand zusammengedrückt oder bis zur Anrißbildung oder dem Bruch gefaltet. Berühren sich die Innenflächen des Rohres mindestens zur Hälfte, so nennt man die Probe dichtgefaltet. Neben der Beurteilung des Verformungsverhaltens dient der Versuch dem Auffinden von makroskopischen Fehlern wie Schalen, Überlappungen, Risse, Riefen und Doppelungen.

Im Aufschweißbiegeversuch werden Allgemeine Baustähle – DIN 17100 – der Gütegruppe 3 in Dicken von 25–50 mm auf Sprödbruchunempfindlichkeit bzw. → Schweißeignung geprüft. Hierbei wird in eine Probe von der Dicke des Erzeugnisses eine Nut (Bild 3) gefräst und bei 20 °C mit einem geeigneten → Schweißzusatzwerkstoff in einer Lage überschweißt. Beim → Biegen der Probe mit der Schweißraupe auf der Zugseite (Bild 4) darf sich kein → Riß weiter wie 20 mm in den Grundwerkstoff hinein erstrecken bzw. kein → Sprödbruch auftreten.

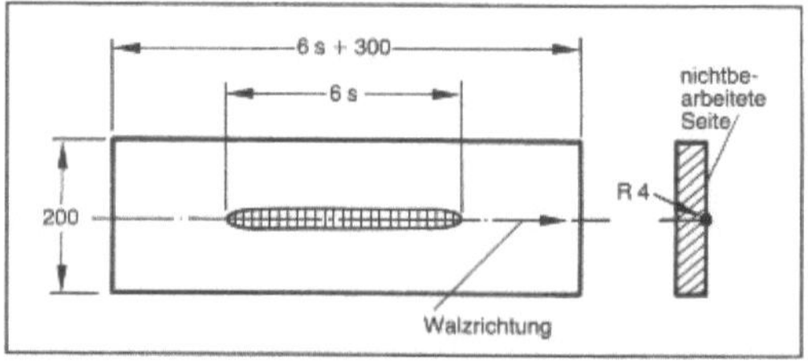

Biegeversuch 3: Probe für Aufschweißbiegeversuch. s = Erzeugniswanddicke bzw. 25–50 mm.

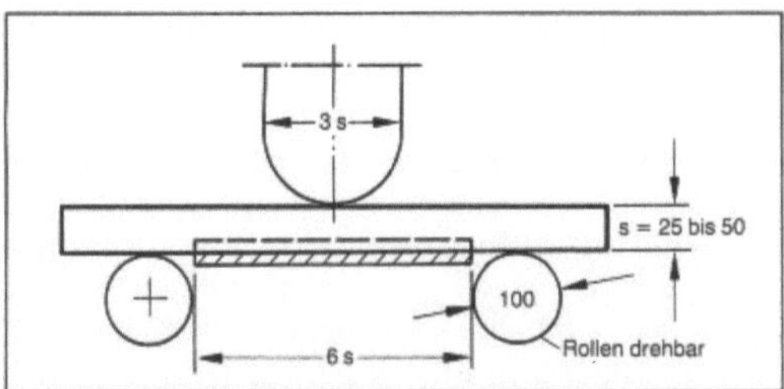

Biegeversuch 4: Aufschweißbiegeversuch.

Im technologischen B. an Schweißverbindungen (DIN 50121, Teil 1: Schmelzschweißverbindungen, Teil 2: Preßschweißverbindungen, Teil 3: Schmelzschweißplattierungen, Ausg. Jan. 1978) wird die Verformbarkeit der Naht bei Beanspruchung abhängig von der Entnahmerichtung (Bild 5) geprüft.

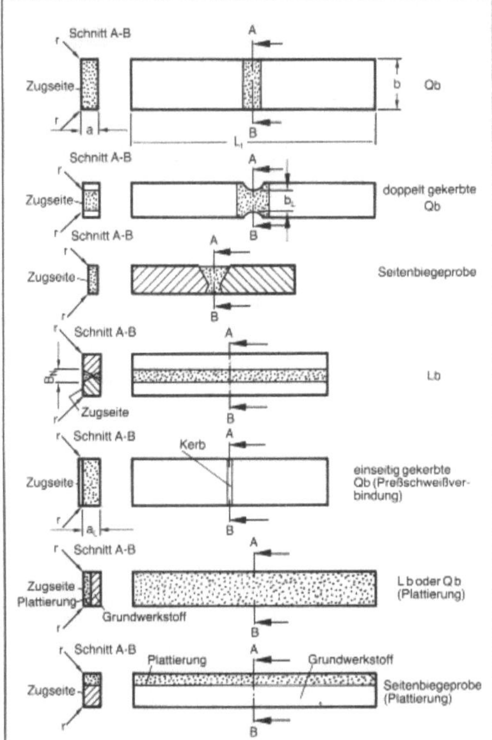

Biegeversuch 5: Proben für den technologischen B. an Schweißverbindungen (DIN 50121).

a) Probendicke, b) Probenbreite, a$_L$) Ligamentdicke, b$_L$) Ligamentbreite, L$_t$) Probenlänge, r) Kantenradius, Qb) Querbiegeprobe, Lb) Längsbiegeprobe

Der Abkantversuch ist ein B. über Kanten mit definierten Radien. Hierbei kann ermittelt werden, über welchen kleinsten Radius sich ein → Blech um 90° ohne → Anriß biegen läßt.

Der Hin- und Herbiegeversuch (DIN 50153,

Ausg. Aug. 1979) wird in ähnlicher Form wie bei der → Drahtprüfung auch für Bleche angewandt.

Außer an Proben werden B. auch an in profilierten Rollen gehaltenen Rohren, Kettengliedern, Schrauben, Nieten, Schraubenstahl, Muttern und anderen Normteilen (teilweise mit Zusatzkerben) durchgeführt. In jüngerer Zeit werden auch B. an Platten mit (großen) Bauteildicken durchgeführt (→ Großprobenprüfung, → Größeneinfluß). Unter anderen werden bei Korrosionsuntersuchungen Drei-Punkt-Biegeproben wie die WOL-Probe (*engl.* wedge open loaded specimen) eingesetzt.

Zum Nachweis ausreichender Verformbarkeit im Zuge der Herstellung können Warmbiegeversuche zwischen 700° und 1100 °C (Rotbruchgebiet) durchgeführt werden, die bei geringer → Duktilität Rückschlüsse auf Schwefel- und Sauerstoff- oder auch den Arsengehalt zulassen (→ Alterungsversuch). *Kußmaul*

Literatur: DIN 17100, Ausg. Jan. 1980.

Bikristall. Vorwiegend für Forschungszwecke verwendete Probe aus zwei → Einkristallen mit gezielt eingestelltem Orientierungsunterschied und vorherbestimmter Lage der → Korngrenze zwischen ihnen. Herstellung meist durch → Ziehen aus der Schmelze mit entsprechend präparierten Keimen. Wichtig zum Studium der Korngrenzen-Diffusion, -Gleitung, -Wanderung usw. *Ilschner*

Bildanalyse, quantitative. Das Ziel der q. B. ist die Gewinnung numerisch darstellbarer, nachprüfbarer Aussagen über den Inhalt von Bildern. Dies bedeutet einen sehr großen Fortschritt gegenüber qualitativen Aussagen der subjektiven Bildbetrachtung wie „langgestreckt", „abgerundet", „weitgehend homogen".

Bilder werden in vielfältiger Weise eingesetzt, um Werkstoffe zu charakterisieren und ihre Qualität zu kontrollieren, etwa
– zur Gefügeanalyse ausgehend von Anschnitten oder Schliffen (→ Metallographie)
– zur Untersuchung von Bruchflächen (Fraktographie)
– zur Charakterisierung bearbeiteter, beschichteter, usw. Werkstückoberflächen

Als Bildgeber stehen sowohl im Makrobereich arbeitende Photo- und Videokameras zur Verfügung, als auch alle Arten von optischen bzw. elektronenoptischen und mit anderen physikalischen Effekten arbeitende Mikroskope. Die so erzeugten Bilder werden im Wesentlichen auf drei verschiedenen Speichermedien zur Bildanalyse angeliefert:
□ Papierbilder oder Filme: Die Auflösung dieser Bilder ist durch die Granulierung des Photomaterials und durch Verzerrungen während des Entwicklungsprozesses begrenzt.

□ Videosignale: Die Bilder sind in Bildpunkte zerlegt, wobei jeder Bildpunkt einen bestimmten Grauton oder Farbton repräsentiert. Der Grauton ist durch analoge Spannungswerte vorgegeben. Durch Anordnung der einzelnen Bildpunkte (Pixels) in Zeilen und Spalten wird ein Videobild aufgebaut. Videokameras, die für die Bildverarbeitung eingesetzt werden, liefern zumeist Bilder mit 512 Zeilen und 768 Spalten.

□ Digitale Speicherung: Moderne Rastermikroskope stellen Bilddaten mit digitaler Grauwertangabe zur Verfügung, wobei 1 Pixel üblicherweise 256 verschiedene Grauwerte (d. h. 8 bit) annehmen kann.

Eine (auch in historischer Sicht) vorläufige Stufe der q. B. läßt sich ohne Computerunterstützung von Hand durchführen: Ausmessung von Längen und Abständen mit dem Lineal, Vergleich mit auf das Bild projizierten Standard-Kreisen bekannten Durchmessers, Vergleich mit genormten Richtreihen z. B. der →Korngröße.

Die nächste Entwicklungsstufe ergab sich nach dem Aufkommen einfacher Computer, indem die Meßwerterfassung (z. B. das Ausmessen von Längen) auf Digitalisiertischen von sog. Halbautomaten vorgenommen wurde, während die Erkennung von Bildelementen (Körnern, Korngrenzen, Rissen usw.) nach wie vor durch den Benutzer erfolgte.

Die dritte, den derzeitigen Standard darstellende Stufe der Bildanalyse verwendet Vollautomaten. In diesen kann die Form- und Mustererkennung durch den Computer selbst erfolgen. Im Idealfall läßt sich so die Bildanalyse wirklich vollautomatisch durchführen. In der Praxis ist jedoch vielfach eine Ergänzung durch den mit dem Bildinhalt allgemein vertrauten Benutzer erforderlich, ähnlich wie bei computergestützten Sprach-Übersetzungen (interaktives Arbeiten).

Die Durchführung einer q. B. in Vollautomaten erfordert als Vorbereitung im Regelfall eine Bildverarbeitung, welche die wirklich gesuchte Information aus der Vielfalt weiterer Merkmale des gleichen Bildes einschl. von Artefakten (Kratzern, Flecken) herausfiltert und eine Informations-Reduktion durchführt: Der Informationsgehalt eines Bildes der Standardgröße mit üblicher Grauwertverteilung ist enorm und muß auf wenige nützliche Informationen konzentriert werden, z. B. die Angabe einer Verteilung der Korngröße in 20 Größenklassen, eine Ja/Nein-Aussage im Sinne der Qualitätskontrolle usw. Hierzu steht eine Fülle verschiedener Algorithmen und Kenngrößen bereit.

Der erste Schritt ist stets die Digitalisierung analoger Bildsignale, d. h. ihre Überführung in eine Zahlenmatrix-Darstellung. Darauf folgen dann zur gezielten Bildreduktion mathematische Bildtransformationen, wie z. B. die *Fourier-* und die *Walsh*-Transformation. Die Aneinanderreihung verschiedener Bildtransformationen ermöglicht eine immer stärkere Informationsreduktion, mit deren Hilfe verschiedene Bildmerkmale extrahiert werden können. So können z. B. mittels der Fourier-Transformation periodische Strukturen in Bildern erkannt und verdeutlicht werden. Als nächster Schritt werden die verschiedenen Merkmale quantitativ erfaßt und in Klassen eingeteilt (klassifiziert).

Bei neuen Problemstellungen führt diese Abfolge von Bildtransformationen nur selten zu signifikanten Ergebnissen; infolgedessen müssen die einzelnen Schritte meist durch einen interaktiven Lernprozeß mit entsprechenden Modifikationen solange wiederholt werden, bis aussagefähige Resultate reproduzierbar erhalten werden können. Damit hat man einen Mustererkennungs-Algorithmus für den betreffenden Problem-Typ zur Verfügung.

Die Praxis beschränkt sich zumeist auf
– einfache Graubildtransformationen,
– Binärbildtransformationen und
– morphologische Bildtransformationen sowie
– auf die Klassifizierung mittels stereologischer Meßgrößen (Bild 1).

Zu den Graubildtransformationen gehören Filter ebenso wie Verfahren der Grauwert-Spreizung. Sie dienen in erster Linie der Bildverbesserung (Kontrastverstärkung); sie können die wichtige Funktion von Linien- oder Kantendetektoren übernehmen und damit verschiedene Gefügebestandteile (Körner, Phasen) gegeneinander abgrenzen.

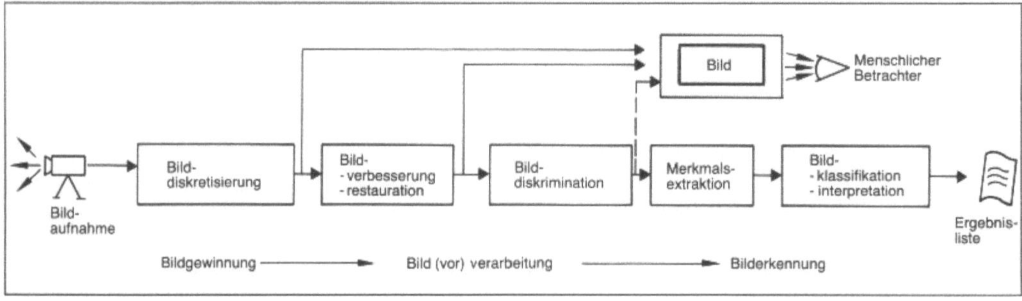

Bildanalyse, quantitative 1: Schritte der Bildverarbeitung und Bilderkennung bei der q. B.

Die Binärbildtransformationen reduzieren den Informationsgehalt eines Pixels (256 Werte) auf zwei Werte (1 Bit), indem sie einen Schwellenwert der Graustufe einführen und alle „helleren" Grauwerte als weiß, alle „dunkleren" Grauwerte als schwarz darstellen (Diskrimination). Auf diese Weise können die Bildinhalte als Anordnungen von weißen und schwarzen Objekten dargestellt werden.

Diese Schwarz-Weiß-Bilder bedürfen noch der morphologischen Bildtransformation, weil es infolge der Dreidimensionalität der wirklichen Objekte und auch wegen der Einflüsse der Proben-Präparation zu zahlreichen Überdeckungen verschiedener Objekte kommt, die einer nachträglichen Trennung bedürfen. Dies erfolgt z. B. durch Erosion, d. h. schichtweises Zurücknehmen der Berandung eines Objektes.

Wie bereits erwähnt, müssen überwiegend zweidimensionale Schnitte durch dreidimensionale Objekte (→ Gefüge) analysiert werden. Einige Bildverarbeitungssysteme verfügen über Software, mit deren Hilfe eine drei-dimensionale Rekonstruktion aus mehreren zwei-dimensionalen Schnitten erstellt werden kann (z. B. Stereobildpaare, Schliffe aus verschiedenen Tiefen des Objektes). Im Regelfall müssen jedoch die gesuchten Kenngrößen aus Bildvorlagen ermittelt werden, bei denen eine solche Rekonstruktion nicht möglich ist.

Zur Lösung dieser Aufgabe stellt nun die → Stereologie mathematische Verfahren zur Verfügung, mit denen sich Meßgrößen ebener Bilder in Kenngrößen räumlicher Gebilde umrechnen lassen. Dabei wird zunächst eine statistische Verteilung und isotrope Anordnung der Objekte im Raum vorausgesetzt. Bei Vorliegen von Texturen und anderen Anisotropien nimmt der Schwierigkeitsgrad der stereologischen Auswertung erheblich zu. Die Ausgangswerte werden mit den oben behandelten Methoden der q. B. bestimmt. Insbesondere sind folgende einfache Begriffe von großer praktischer Bedeutung:
Pp: derjenige Anteil aller Punkte eines gleichmäßigen, über das Bild gelegten Punktrasters, welcher auf eine bestimmte Phase entfällt;
L1: derjenige Anteil an der Gesamt-Linienlänge eines gleichmäßigen, über das Bild gelegten Rasters gerader Linien, welcher auf die Sehnen der geschnittenen Objekte entfällt.

Bereits mit diesen einfachen Meßwerten kann man interessierende Kenngrößen wie den Flächenanteil einer Phase in einem ebenen Schnitt (Aa) oder den Volumenanteil der gleichen Phase im räumlichen Gefüge (Vv) ermitteln (Bild 2). Es gilt (unter der Voraussetzung statistischer Anordnung, aber unabhängig von der Größenverteilung, Form und Anordnung der Phasenteilchen:
$$Vv = Aa = L = Pp$$

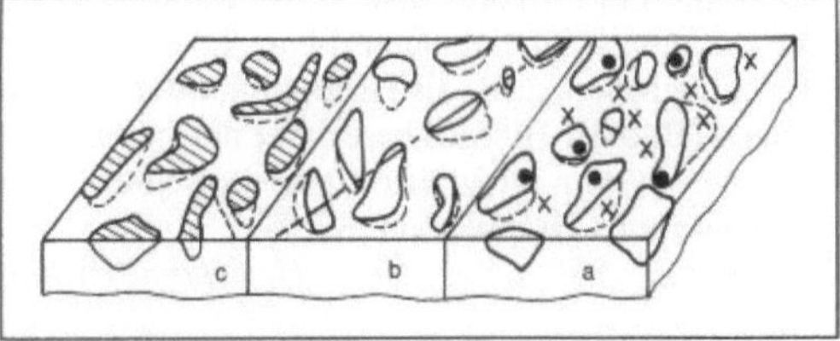

Bildanalyse, quantitative 2: Methoden zur bildanalytischen Erfassung von Flächenanteilen (c) in ebenen Anschliffen, durch Punktraster (a) bzw. Sehnen-Schnitt-Verteilungen (b).

Die mittlere räumliche Korngröße eines polykristallinen Gefüges kann im Allgemeinen nur dann bestimmt werden, wenn die Kornform bekannt ist. Daher verwendet man als Korngrößenmaß häufig die mittlere lineare Korngröße L, die wie folgt bestimmt werden kann:

$$L = L_0/N = 1/Nl$$

Hierbei ist N die Anzahl der Körner, welche von einer Meßlinie der Länge L_0 geschnitten werden, während Nl die Anzahl der Körner pro Längeneinheit ist.

Die hier behandelten Schritte der Bildverarbeitung sind in Bild 3 a/d als Realbilder dargestellt, und zwar am Beispiel eines Gefügeanschliffs von Guß-

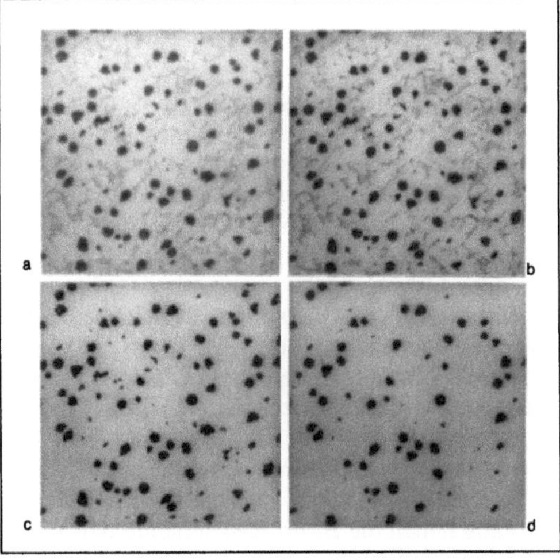

Bildanalyse, quantitative 3: Beispiel einer Bildverarbeitung an einem Gefügeschliff von Gußeisen mit Kugelgraphit.
a) Originalbild
b) kontrastverstärktes Bild
c) diskriminiertes Bild (schwache Grautöne eliminiert)
d) morphologische Selektion (nur kreisähnl. Objekte).
Anm.: Kommerzielle Geräte arbeiten mit farbigen Bildschirmen (Quelle: Cambridge Instruments)

eisen mit Kugelgraphit. Die letzte Stufe (d) liefert die Datenbasis für eine numerische Auswertung der Teilchengrößen, z. B. als Histogramm der Sehnenlängen (Bild 4). Hieraus berechnet der in das Bildanalysen-System integrierte Computer einen Volumenanteil des Graphits von 8,2 %.

H. Schmid/Ilschner

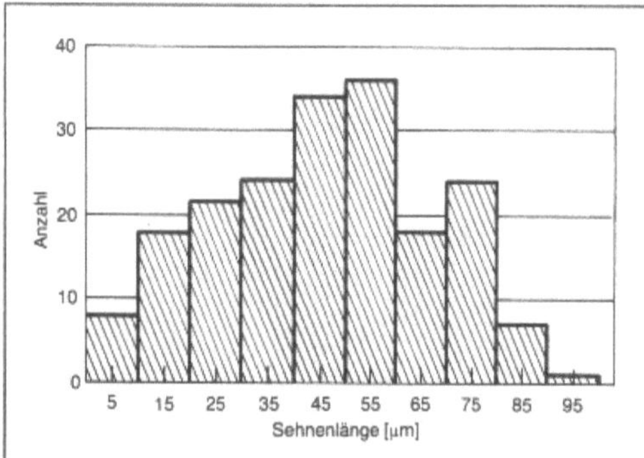

Bildanalyse, quantitative 4: Ergebnis der quantitativen Auswertung des Gefüges von Bild 3 d: Histogramm der Sehnenlängen. Der Volumenanteil des Graphits errechnet sich zu 8,2 %.

Literatur: *Chermant, J.-L.:* Rev. de Métallurgie. Mém. études scientif. 83 (1986) 15. – *Coster, M.* und *J.-L. Chermant:* Précis d'analyse d'images. Presses CNRS Paris 1989. – *Exner, H. E.* und *H. P. Hougardy:* Einführung in die quantitative Gefügeanalyse. DGM Informationsges. Oberursel 1986. – *Wahl, F. M.:* Digitale Bildsignalverarbeitung. Berlin 1984.

Bildkraft. Kraftwirkung auf Versetzungen in der Nähe von freien Oberflächen, welche der Einsparung von elastischer Verzerrungs-Energie im Umfeld der → Versetzung entspricht. Bei Annäherung von innen an die → Oberfläche fällt ein Teil des Verzerrungsfeldes in den Außenraum, d. h. Vakuum oder Gas, bleibt also energiefrei. Diese Energieeinsparung pro Gleitschritt ist gleichbedeutend mit einer Anziehungskraft. Sie kann dargestellt werden als B., die von einer virtuellen Versetzung entgegengesetzten Vorzeichens herrührt, welche spiegelsymmetrisch auf der anderen Seite der Grenzfläche liegt. Durch Oberflächenschichten, z. B. Oxide, wird die B. verändert. Praktische Bedeutung haben die B. für Bauelemente der Mikro- und Nanomechanik sowie für die Präparation durchstrahlbarer Folien für die Transmissions-Elektronenmikroskopie. Analoge B. wirken auf geladene Störstellen in der Nähe von Halbleiter-Oberflächen.

Ilschner

Bildungsenthalpie. Zum Einbau einer Punktfehlstelle in eine perfekte Gitterumgebung erforderlicher Energiebetrag. Da das perfekte Kristallgitter für konstante Temperatur und konstanten Druck einem Minimum der Enthalpie entspricht, verursacht jeder Einbau einer atomaren → Gitterfehlstelle einen zusätzlichen Enthalpiebedarf. Bezogen auf die Bildung von einer Fehlstelle des Typs i oder auch von 1 Mol solcher Fehlstellen spricht man von der atomaren bzw. molaren B. ΔH_b. Ihr Betrag wird entweder in eV oder in kJ/Mol angegeben (1 eV entspricht 96,47 kJ/mol). Der Wert der B. bestimmt über eine Arrhenius-Funktion die Konzentration der betr. Fehlstellensorte in Abhängigkeit von der Temperatur. Typische Werte der B. für Leerstellen in reinen Metallen (in eV) sind:

Al: 0,66±0,02 Ag: 1,16±0,02 Au: 0,97±0,01
Cu: 1,31±0,05 Ni: 1,7 ±0,1 Mo: 3,0 ±0,2
Ta: 2,8 ±0,6 W: 4,0 ±0,3

(Daten durch Positronen-Vernichtungs-Spektrometrie bestimmt).

Bei Anwesenheit von Legierungsatomen oder Verunreinigungen können die genannten Bildungsenergien aufgrund anziehender bzw. abstoßender Wechselwirkung Fremdatom-Leerstelle erniedrigt bzw. erhöht werden, was sich auf die Konzentration dieser Defekte auswirkt. Die B. für Zwischengitteratome liegen deutlich höher (Angaben in eV):

Al: 3,2±0,5 Cu: 2,2±0,7 Pt: 5,0±0,5.

In Ionenkristallen gibt man in der Regel die B. für elektrisch neutrale Defekte an (Schottky-, → Frenkel-Defekt).

Ilschner

Literatur: *Siegel, R. W.:* Positron annihilation Spectroscopy. Annual Rev. Mater. Sci. 10 (1980) pp. 393–425.

Bimetall → Verbundwerkstoffe, → Schichtverbundwerkstoffe

Bindemittel. B. ist der nichtflüchtige Anteil eines Anstrichstoffes ohne → Pigment und Füllstoff, aber einschl. Weichmachern, Trockenstoffen und anderen nichtflüchtigen Hilfsstoffen. Das B. verbindet die Pigmentteilchen untereinander und mit dem Untergrund und bildet so mit ihnen gemeinsam den fertigen → Anstrich. In pigment- und füllstofffreien Anstrichstoffen umfaßt das B. alle nichtflüchtigen Bestandteile. Auch reaktive flüchtige Stoffe gehören zum B., soweit sie durch chemische Reaktion Bestandteil des trockenen Anstriches werden. B. sind z. B. Leinöl bei Ölfarben, Wasserglas bei Silicatfarben, Bitumen bei Asphaltlacken, → Epoxidharz, → Alkydharz usw. Bei erhärtenden Mineralgemischen (→ Beton, → Mörtel) wird der bindende Stoff (→ Zement, Kalk, → Gips, Bitumen) als B. bezeichnet.

Sasse

Bindemittel, anorganisches. A. B. bilden zusammen mit mineralischen Zuschlagstoffen wie → Sand, → Kies, Schlacken etc. formbare Massen. Die Zuschlagstoffe werden während des Abbindeprozesses in die sich verfestigende Bindemittelmatrix eingebunden, um einen monolithischen Körper zu bilden.

A. B. können in silikatische (→ Zement) und nichtsilikatische (Kalk, → Gips) eingeteilt werden; ferner wird zwischen den Reaktionsmechanismen der Abbindung, also zwischen Luftbinder, hydraulische B. und hydrothermale B. unterschieden.

□ Luftbindebaustoffe: Branntkalk CaO wird zusammen mit Wasser versetzt und reagiert exotherm zu Löschkalk $Ca(OH)_2$ und bindet unter Aufnahme von CO_2 aus der Luft zu $CaCO_3 + H_2O$ ab. Vorgebrannter, d. h. entwässerter bzw. teilentwässerter Gips ($CaSO_4$ = Anhydrit, $CaSO_4 \cdot \frac{1}{2}H_2O$ = Halbhydrat) bildet zusammen mit Wasser an Luft sich verfilzende Gipskristalle ($CaSO_4 \cdot 2H_2O$ = Dihydrat).

□ Hydraulische Bindemittel: Sie reagieren mit Wasser unter Bildung unlöslicher Verbindungen. Typischer Vertreter ist der Portlandzement (→ Beton). Beim Abbinden gehen Reaktionen der Zement-Mineralphasen mit Wasser, das Auflösen relativ leicht löslicher Mineralien und die → Ausscheidung von Mineralphasen mit höherem Kondensationsgrad (silikatische Anionenkomplexe) vor, der genaue Abbindemechanismus ist jedoch z. Zt. noch nicht exakt geklärt.

□ Hydrothermale Bindemittel: Sie werden im Autoklaven bei ca. 200 °C und ca. 0,8–1,2 MPa aus Sand, Kalk und Wasser hergestellt. Die Abbindereaktionen laufen ähnlich der Zementerhärtung unter Bildung von Calciumsilikathydratphasen ab (Kalksandstein, Silikatbeton). Wasserglas und Phosphatbinder sind flüssige a. B., die an Luft zu festen Körpern austrocknen und gute Bindeeigenschaften besitzen. Sie sind nach dem Aushärten wasserlöslich, können aber bei höheren Temperaturen mit bestimmten Zuschlägen feuerfeste Verbindungen eingehen und werden daher in chemisch gebundenen Feuerfestprodukten bzw. feuerfesten Stampfmassen eingesetzt. *Hesse/Hennicke*

Bindung, heteropolare. H. B. ist eine andere Bezeichnung für Ionenbindung (→ Bindungskraft). *Gräfen*

Bindungsenergie. Die B. entspricht der Arbeit die erforderlich ist, um zwei in einem Kristallgitter benachbarte Atomrümpfe bei 0°K zu trennen. In einem ungestörten Raumgitter ist der kleinste Gleichgewichtsabstand zweier Atomrümpfe durch einen Minimalwert der B. gekennzeichnet. Die B. ist die Ursache der → Bindungskraft. *Gräfen*

Bindungskraft. Metalle bilden im festen Zustand Kristalle, die aus regelmäßigen, räumlich verteilten Gitteratomen bestehen. Der Unterschied in den Eigenschaften der Metalle ist u. a. im Elektronenzustand, Bindungsform, Gitteraufbau, Gefüge begründet.

Jedes Atom möchte in seiner äußersten Elektro-

nenschale einen stabilen, gestättigten Zustand (Edelgaszustand) annehmen. Dies erfolgt durch Abgabe oder Aufnahme von Elektronen, wodurch die elektrisch neutralen Atome zu negativen oder positiven Ionen werden. Ein Ion ist von einem elektrostatischen Feld umgeben und übt so eine Kraft (Kraftwirkung) auf seine Umgebung aus.

Je nach Verbindung von Metallen oder Gasen unterscheidet man vier Bindungsarten mit fortschreitend abnehmenden B.:

□ *Metallische Bindung:* Metallatome geben nur Elektronen ab, dadurch entstehen positiv geladene Metallionen. Im reinen Metall sind keine Atome vorhanden, die die Elektronen aufnehmen können. So entstehen aus den Valenzelektronen freie Elektronen, die das sog. negativ geladene Elektronengas bilden (Bild 1). Sie bewegen sich zwischen den Atomrümpfen und werden von diesen durch Gitterschwingungen mehr oder weniger stark gestreut.

Die Kräfte zwischen Elektronengas (−) und Metallionen (+) sind kennzeichnend für die metallische Bindung (Bild 2). Die metallische Bindung hat

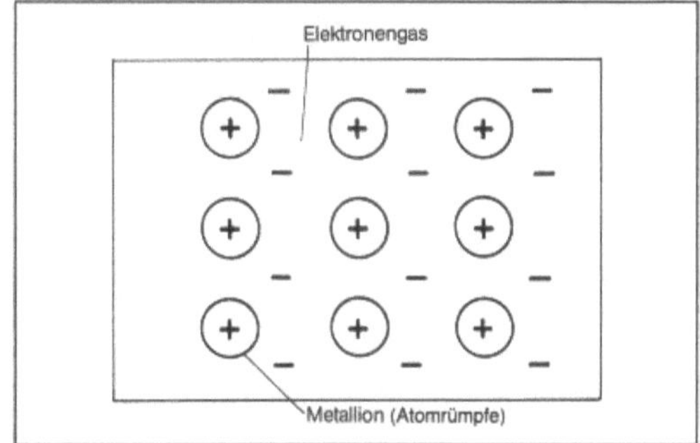

Bindungskraft 1: Metallische Bindung.

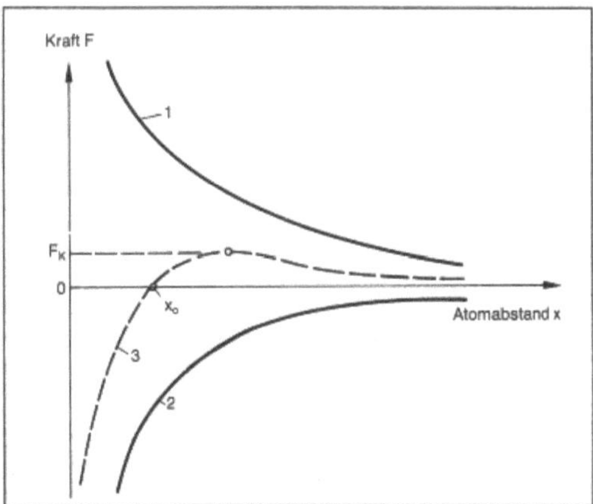

Bindungskraft 2: Kräfte der metallischen Bindung.

1 = anziehende Kräfte zwischen Atomrumpf (+) und Elektronengas (−), 2 = abstoßende Kräfte zwischen Atomrümpfen (+), 3 = resultierende Bindungskräfte, F_K = Kohäsionskraft, X_0 = kleinster Gleichgewichtsabstand zweier Atomrümpfe (Gitterkonstante)

die stärksten B., z. B. bei Metallen →Kupfer, →Aluminium, →Eisen, →Titan.

☐ *Ionenbindung:* Die starke B. der Ionenbindung (Bild 3) wirkt zwischen Kationen (Na^+) und Anionen (Cl^-), z. B. Natrium-Atome geben Elektronen an Chlor-Atome ab, dadurch entsteht das Molekül NaCl. Zwischen positiv und negativ geladenen Ionen bestehen Anziehungskräfte. Die Ionenbindung tritt auf bei Verbindungen von Metall und Nichtmetall, bei Metalloxiden und zwischen Nichtmetallen.

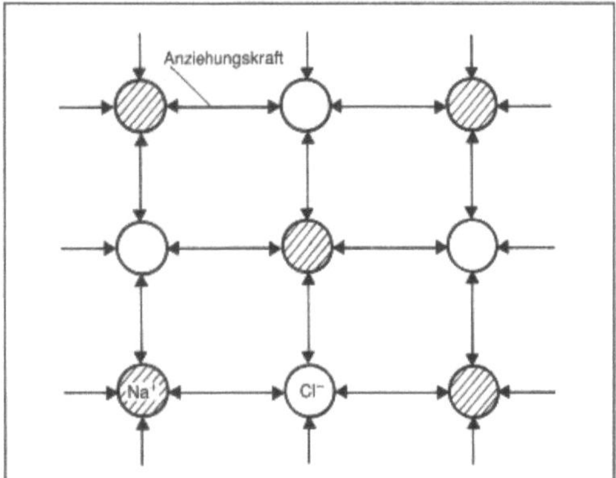

Bindungskraft 3: Ionenbindung

☐ *Kovalente Bindung:* Die schwächere kovalente Bindung (Bild 4), auch Elektronenpaarbindung genannt, tritt vor allem bei vierwertigen Halbleitern auf, z. B. bei →Silicium, Germanium. Zwei benachbarte Atome bilden eine Bindungsbrücke aus zwei Elektronen, so daß im Gitterverband wieder der stabile, gesättigte Zustand (Edelgaszustand) entsteht.

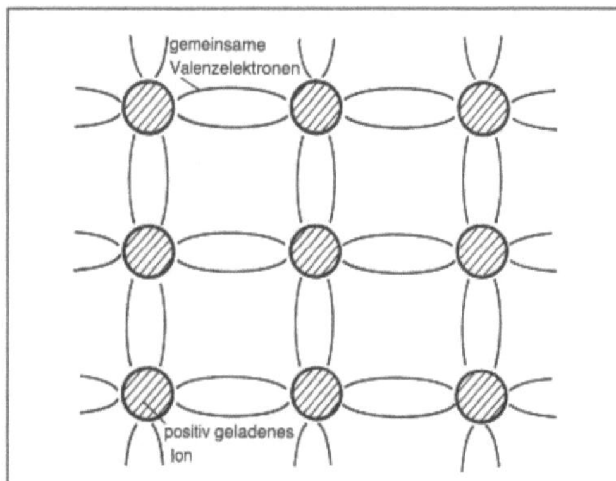

Bindungskraft 4: Kovalente Bindung

☐ *Gasbindung:* Die schwächsten B. hat die zwischen Gasen, z. B. Sauerstoff, Chlor, Methan, Wasserdampf, auftretende Gasbindung (Bild 5), auch *van-der-Waals*-Bindung genannt. Zwischen polarisierten Atomen (Dipolen) mit positiv und ne-

gativ geladenen Ladungsschwerpunkten treten schwache Anziehungskräfte auf. Deshalb können sich Gase leicht vermischen. *Heller*

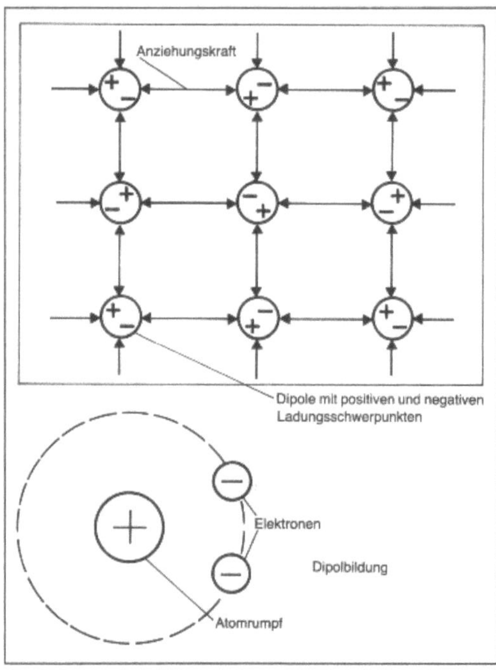

Bindungskraft 5: Gasbindung mit Dipolbildung

Bindungstyp →Bindungskraft

Biopolymer. B. oder natürliche →Polymere sind makromolekulare Naturstoffe, die als Energiespeicher, Gerüstsubstanzen und vor allem als Träger der Erbinformation die Grundlage aller lebenden Organismen bilden. Sie werden entsprechend ihrer Grundbausteine eingeteilt in:
– Polyisoprene (bzw. Polyprene)
– Polysaccharide
– Polypeptide (bzw. Proteine)
– Polynucleotide (bzw. Nucleinsäuren).

Polyisoprene werden von verschiedenen tropischen bzw. subtropischen Pflanzen produziert, wobei das cis-1.4-Polyisopren (aus Hevea brasiliensis) als sogenannter →Naturkautschuk große technisch-industrielle Bedeutung besitzt. Die Biosynthese läuft ausgehend von Essigsäure über Acetessigsäure und Mevalonsäure in mehreren Zwischenschritten zum Isopentenylpyrophosphat, das in einer enzymatischen →Polykondensation unter Freisetzung von Pyrophosphat zum Polyisopren verkettet wird.

Polysaccharide kommen bei Tieren und Pflanzen vor, bei den letzteren in großer Mannigfaltigkeit. Chemisch gesehen sind es Homo- und Copolymere verschiedener Monosaccharide (Zucker), wie Glucose (in →Cellulose, →Stärke und Gykogen), Fruktose (in Inulin), Galactose (in Agar-Agar), Mannose (in Guaran), Maltose (in Pullulan), etc. Polysaccharide besitzen im wesentlichen zwei verschiedene Funktionen, einmal als Gerüstmaterial, wie etwa Cellulose bei Pflanzen bzw. Chitin bei Insekten und Krebsen, und zum anderen als Reservestoff (Energiespeicher), bei Pflanzen als Stärke in Samen und Knollen und bei Tieren als Glykogen in der Leber.

Industriell verwertet wird im wesentlichen Cellulose als Faserrohstoff bzw. als Ausgangsmaterial für regenerierte Cellulose und die verschiedenen thermoplastischen Cellulosederivate (→Celluloseester). In neuerer Zeit werden bestimmte Polysaccharide zu technischen Produkten (Fasern, Folien, Filme) aufgearbeitet, die biologisch abbaubar sind.

Polypeptide (Eiweißstoffe) und Polynucleotide sind Copolymere; die ersteren bauen sich aus etwa 20 verschiedenen α-Aminocarbonsäuren, die letzteren aus Phosphorsäure und mit Purin- bzw. Pyrimidinbasen substituierte Ribose bzw. Desoxyribose auf. Technisch-industrielle Bedeutung, sieht man von der Lederherstellung ab, besitzen beide Naturstoffe noch nicht. Besonders die Polynucleotide sind in neuester Zeit Gegenstand biochemischer und molekularbiologischer Forschungen. *Zahradnik*

Literatur: *Ebert, G.:* Biopolymere. Darmstadt 1980. – *Karlson, P.:* Kurzes Lehrbuch der Biochemie. 13. Aufl. Stuttgart 1988. – Scott/Eagleson (Hrsg.): Concise Encyclopedia of Biochemistry. 2. Ed. Berlin 1988. – *Vollmert, B.:* Polykondensation in Natur und Technik. Karlsruhe 1983.

Bisphenol A. Das ist die übliche Kurzbezeichnung für p,p'-Dihydroxydiphenyl-2,2-propan:

$$HO-C_6H_4-C(CH_3)_2-C_6H_4-OH$$

Es wird zur Herstellung von Epoxidharzen und Polycarbonat, sowie bestimmten Polyarylsulfonen eingesetzt. *Zahradnik*

Bitterstreifen →Bereichsstruktur, magnetische

Bitumen- und Teerprüfung. Bitumen und Teere sind organische →Bindemittel, die im großen Umfang im Straßenbau, Wasserbau, Hoch- und Tiefbau sowie in der Abdichtungstechnik Verwendung finden. In der Regel werden sie in Mischungen mit Mineralien verarbeitet, nur in der Abdichtungstechnik kommen insbesondere Bitumen in unverfülltem Zustand zum Einsatz.

Bitumen wird in quasifester Form angeboten (Primärbitumen) und muß dann durch Erhitzen auf einen dem Verwendungszweck angemessenen Fließzustand gebracht werden. Durch Fluxung oder Emulgierung kann die Verarbeitungstemperatur beträchtlich herabgesetzt werden. Bitumen und Teere sind thermoplastische und viskoelastische Baustoffe mit recht kompliziertem Verformungsverhalten. Es werden deshalb zu ihrer Klassifikation international konventionelle Gebrauchsprüfungen angewandt, die nur in beschränktem Umfang Beziehungen herstellen zu ihrem rheologischen Verhalten. Im wesentlichen handelt es sich um Prüfungen, bei denen der Einfluß der Temperatur auf gewisse Fließzustände ermittelt oder kompensiert werden. Bitumen werden im allgemeinen durch folgende Prüfungen beschrieben:
– Nadelpenetration
– Erweichungspunkt Ring und Kugel
– Brechpunkt nach Fraass
– →Duktilität.

Aus Penetration und Erweichungspunkt Ring und Kugel läßt sich der Penetrationsindex PI ermitteln, der deutliche Hinweise auf den Charakter des Bitumens gibt und die Verbindung zu zeit- und temperaturabhängigen Steifigkeitsbetrachtungen herstellt.

Teere werden u. a. untersucht auf
– →Viskosität
– Siedeverhalten mit Aufteilung des Destillats in Leicht-, Mittel-, Schwer- und Anthracenöl.

Ihre Lösefähigkeit in organischen Lösemitteln ermöglicht es, die bituminösen Bindemittel durch Extraktion und anschließender Destillation quantitativ zurückzugewinnen und wieder qualitativ zu prüfen.

Asphalte lassen sich je nach Verwendungszweck ebenfalls untersuchen. Am gebräuchlichsten sind hier aus Standfestigkeitsgründen bei höheren Temperaturen ablaufende Verfahren, z. B. das Prüfverfahren nach *Marshall* für walzfähiges Mischgut oder Eindringversuche mit ebenen bzw. profilierten Stempeln für gießfähiges Material, z. B. Gußasphalt. Die Übertragbarkeit der konventionell ermittelten Stoff-Prüfdaten auf Praxiszustände ist generell beschränkt. Hier helfen nur Systemprüfungen weiter. *Rehm/Vordermeier*

Literatur: *Abraham:* Asphalt and allied Substances. 6. Aufl. 1960. – *Arbit:* Bitumen- und Asphalt-Taschenbuch. Wiesbaden 1976. – DIN 1996: Prüfung bituminöser Massen für den Straßenbau und verwandte Gebiete. – DIN 52 000 ff.: Prüfung bituminöser Bindemittel.

Blankstahl. →Stabstahl, der durch Entzunderung und spanlose Kaltformgebung oder durch spanabhebende Bearbeitung eine verhältnismäßig glatte, blanke Oberfläche und eine wesentlich größere Maßgenauigkeit erhalten hat. Zusätzliche Behandlungen, wie Schleifen oder Polieren, können vereinbart werden. Lieferung als B. ist für Baustähle, Einsatzstähle und Vergütungsstähle möglich.   *Dahl*

Blasenbildung. Unter wasserstoffinduzierter B. versteht man die durch Wasserstoffaufnahme entstehende B. unterhalb der metallischen → Oberfläche, die zu einem lokalen Auftreiben der Metalloberfläche führen kann (Bild). Die Blasen bilden sich durch Aufnahme von atomarem → Wasserstoff, der an inneren Grenzflächen des Werkstoffes zu molekularem Wasserstoff rekombiniert, dabei hohe Drücke (p ≫ 1 bar) aufbaut und ein örtliches Aufwölben der Metalloberfläche bewirkt.

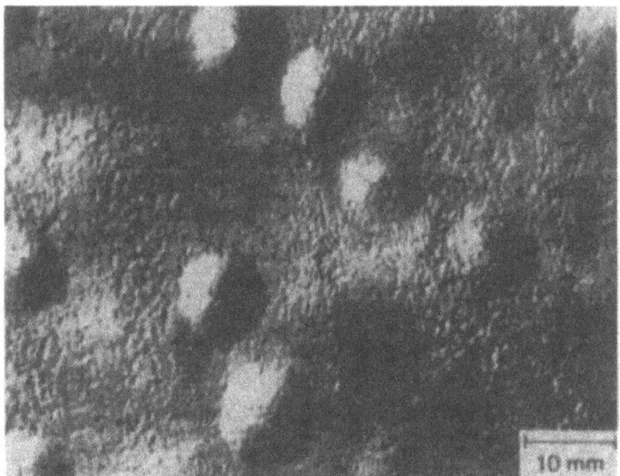

Blasenbildung: Wasserstoffinduzierte B. an einem unlegierten Stahl.

Derartige Blasen, die nur in oberflächennahen Bereichen bis zu einer Tiefe von ca. 1 mm auftreten, stehen häufig in Verbindung mit mikroskopisch kleinen nichtmetallischen Einschlüssen.

Wasserstoffinduzierte B. an → Eisen und unlegierten Stählen wird beispielsweise beim → Beizen (→ Beizblasen), bei Einwirkung von schwefelwasserstoffhaltigen wäßrigen Lösungen, sowie bei kathodischer → Polarisation ausgelöst.

B. an metallischen Überzügen bezeichnet das lokale Aufwölben des Metallüberzuges auf dem metallischen Grundwerkstoff (DIN 50903).

B. an organischen Beschichtungen entsteht durch blasenförmiges Abheben der → Beschichtung vom Untergrund.   *Wendler-Kalsch*

Literatur: *Wendler-Kalsch, E.*: Wasserstoff und Korrosion (Hrsg. D. Kuron). Bonner Studienreihe. Bonn 1986.

Blasfolie. Die B.-Herstellung erfolgt überwiegend aus → Polyethylen niederer Dichte (LDPE). Für zähe, mechanisch hochbeanspruchte Erzeugnisse, wie Säcke, Beutel, Tragetaschen, wählt man Typen mit Dichten um 0,918 g/cm³ und Dicken von 0,2 bis 0,3 mm. Aus Sorten mit höherer Dichte (bis 0,930 g/cm³) und höherem Schmelzindex (bis 4), die Gleitmittel und Antiblockmittel enthalten, kann man glasklare, dünne, aber etwas steifere Folien mit ho-

her Abzugsgeschwindigkeit erhalten. Aus HDPE (etwa 0,955/0,3) stellt man bis zu 6 µm dünne papierähnliche Folien mit trockenem Griff her, aus ähnlichen nicht ganz so hochmolekularen PE-Sorten die Ausgangsfolien für hochverstreckte PE-Spleißgarne.

B. werden auch aus PVC-Sorten hergestellt, und zwar hier vornehmlich aus → Hart-PVC. Bei → PVC ist die maßgebliche Kenngröße für die Verarbeitbarkeit der K-Wert. Dieser schwankt je nach → Polymerisationsverfahren für ein → Emulsionspolymerisat (E) oder das → Massepolymerisat (M) von 60 bis 57–60 beim → Suspensionspolymerisat. Prinzipiell kann man davon ausgehen, daß die Verarbeitungsschwierigkeiten mit steigendem K-Wert zunehmen und insofern scheinen PVC-Suspensionspolymerisate für die Verarbeitung zu B. günstiger zu sein.

Biaxial gereckte PVC-B. eignen sich für stoßfeste Fenster in Briefumschlägen und Kartonagen und als Schrumpffolien für Überpackungen.

Aus thermoplastisch verabeitbaren Polyurethanen lassen sich ebenfalls B. im Dickenbereich zwischen 0,05 und 1,7 mm erzeugen. Derartige Folien benutzt man u. a. zur Herstellung von Abwurfbehältern oder beschichtet damit Schlechtwetter- oder Sportkleidung sowie Packmaterial. Vorteile der Polyurethanfolien liegen in ihrer Schlagzähigkeit und Verschleißfestigkeit.

Neben anderem → Halbzeug für den Verpackungssektor gewinnen B. auf der Basis von Vinylchlorid-Polymerisaten mit Raumgewichten von 60–200 kg/m³ und Wanddicken im Bereich zwischen 0,1 und 3,5 mm, nachgeschäumt bis 6 mm dick, immer mehr an Bedeutung. Diese Erzeugnisse werden zu Eierpackungen, Minischalen, Einweggeschirr usw. warmgeformt.   *Doliwa*

Blasformen. Verfahren zur Herstellung von Hohlkörpern (Flaschen, Tanks, etc.) aus thermoplastischen Kunststoffen. Dabei wird mit Hilfe eines Extruders ein → Rohr geformt, in ein Werkzeug (Negativform) geführt und mittels Luft über einen Blasdorn zum Formteil aufgeblasen (→ Kunststoffverarbeitung).   *Zahradnik*

Blasstahlverfahren. Verfahren zur Stahlherstellung bei denen die → Oxidation der Begleitelemente in → Roheisen und → Schrott mit Sauerstoff in einem → Konverter erfolgt, in den zu Beginn einer Schmelze das flüssige Roheisen und der Schrott gefüllt werden.

Die klassischen Vorläufer sind das *Bessemer*- und das → *Thomas*verfahren, bei denen zum → Frischen der Schmelze Luft durch den Düsenboden des Konverters geblasen wurde. Diese Verfahren wurden abgelöst, seit in den Jahren 1952/53 das → LD-Verfahren zur Betriebsreife gebracht wurde, bei dem reiner Sauerstoff durch eine wassergekühlte Lanze auf das Bad aufgeblasen wird. Da die großen Mengen an →Stickstoff der Luft entfallen, verbessert sich die Wärmebilanz. In den B. können daher neben 800–950 kg Roheisen 300–150 kg Schrott eingesetzt werden um eine Tonne →Stahl zu erzeugen. Etwa 50 NM³ Sauerstoff je Tonne Stahl sind zum Frischen notwendig. Durch die freiwerdende Reaktionswärme wird der Schrott geschmolzen und das Bad von etwa 1 300 °C Roheisentemperatur auf 1 650 °C Abstichtemperatur erhitzt. Zugesetzter Kalk bildet mit den Oxiden der Begleitelemente die →Stahlwerksschlacke.

Neben dem ursprünglichen LD-Verfahren sind mehrere Verfahrensvarianten entwickelt worden.

Beim OBM-Verfahren wird der Sauerstoff durch Düsen im Konverterboden in das Bad geblasen. Kalk kann mit eingeblasen werden, so daß sich die Schlackenbildung beschleunigt. Da die Bodendüsen mit Kohlenwasserstoffen gekühlt werden, nimmt das Bad →Wasserstoff auf. Durch Spülen mit Argon wird dieser nach Blasende entfernt. Durch zusätzliche Düsen im Hut des Konverters kann Sauerstoff eingeblasen werden zur Nachverbrennung des CO im →Konvertergas. Damit gelingt es, den Schrottsatz zu steigern.

Beim KS-Verfahren wird mit dem Sauerstoff Feinkohle eingeblasen, die zu CO und teilweise zu CO_2 oxidiert wird. Das ermöglicht eine weitere Steigerung des Schrottsatzes bis hin zum reinen Schrottschmelzen.

Für die mit Lanzen ausgerüsteten Aufblasstahlwerke wurde das kombinierte Blasen entwickelt, bei dem zusätzlich durch den Konverterboden geringe Mengen Inertgas oder Sauerstoff während des Frischens eingeblasen werden, um die Badbewegung zu verbessern. Diese Arbeitsweise ist heute weit verbreitet.

Durch die Einführung der →Roheisenvorbehandlung wandeln sich die Verfahren neuerdings. Eine Roheisenentschwefelung führt bereits zu niedrigen Kalksätzen und Schlackenmengen. Werden auch →Silicium und →Phosphor vorher entfernt, so kann im Konverter fast ohne Schlacke nur noch entkohlt werden.

Bei allen genannten Verfahrensvarianten wird die Durchführung des Frischprozesses weitgehend durch Rechner gesteuert. Dazu werden Gewichte, Sauerstoffmenge, Temperaturen, Konvertergasanalyse bestimmt und vom Rechner in Verbindung mit Prozeßmodellen verarbeitet. So kann das Blasende vorbestimmt werden. Kurz vor diesem Zeitpunkt werden mit Hilfe einer in den Konverter abgesenkten Lanze Badtemperatur und Kohlenstoffgehalte gemessen. Mit diesen Werten korrigiert der Rechner seine Vorgabe, so daß mit hoher Genauigkeit Temperatur und Kohlenstoffgehalt der Schmelze getroffen werden.

Die B. zeichnen sich durch eine hohe Produktivität aus. Die reinen Blasezeiten betragen 15–18 Minuten und Chargenfolgezeiten von 35–45 Minuten werden erreicht.

In zunehmenden Maße werden in Blasstahlwerken Anlagen für →Pfannenmetallurgie und →Vakuumverfahren betrieben.

Ein Sonderverfahren ist die Stahlherstellung in einem AOD-Konverter. Eine Vorschmelze aus legiertem Schrott und Nickel wird zusammen mit kohlenstoffhaltigem Ferrochrom mit einem Gemisch aus Argon und Sauerstoff gefrischt. Da der Partial-

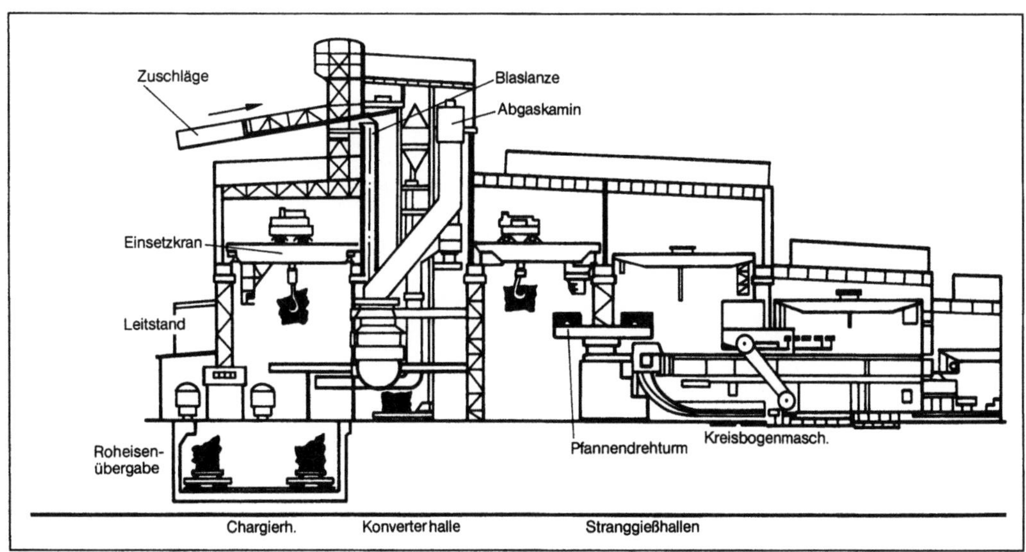

Blasstahlverfahren: Schnitt durch ein Sauerstoffaufblasstahlwerk. (Quelle: VDEh Düsseldorf)

druck des Sauerstoffs im Blaswind niedrig liegt, wird eine zu starke Oxidation und Verschlackung des Chroms vermieden. *Rellermeyer*

Literatur: *Burghardt, H.* und *G. Neuhof:* Stahlerzeugung. Leipzig 1983. – *Gmelin-Durrer:* Metallurgy of Iron. Bd. 7. 4. Aufl. (weitergeführt von H. Trenkler und W. Krieger). Berlin–Heidelberg–New York 1984.

Blasstahlwerk. B. sind Werke, in denen → Stahl nach einem → Blasstahlverfahren in → Konvertern hergestellt wird. Dabei werden die Begleitelemente des Roheisens, insbesondere → Kohlenstoff, → Silicium, → Phosphor, → Schwefel sowie → Mangan oxidiert und/oder verschlackt.

In neuzeitlichen B. sind zwischen Konverterhalle und Gießhalle die pfannenmetallurgischen Anlagen angeordnet. Das Bild zeigt das Layout eines solchen B. mit drei Konvertern, zwei Anlagen, die nach dem → Vakuum-Umlaufverfahren, auch RH-Verfahren (Ruhrstahl-Heraeus-Verfahren) genannt, arbeiten und zwei zweiadrigen → Stahlstrang-Gießanlagen für Brammenstränge sowie einer sechsadrigen Stahlstrang-Gießanlage für Rundstränge. Die Jahresproduktion dieses Werkes liegt bei 5,4 Mio. t Rohstahl. *Baumann*

Bläuen. Erzeugung einer dünnen → Oxidschicht auf Stahloberflächen durch oxidierende Behandlung der → Oberfläche, wobei eine blaue Interferenzfarbe entsteht (DIN 50 902). *Wendler-Kalsch*

Blausprödigkeit. Anlaßsprödigkeit, die sich bei Prüfung im Gebiet um 300 °C bemerkbar macht. Ursache ist die während der Verformung auftretende → Reckalterung. *Dahl*

Blech. Ausgewalztes Metall in Form von Tafeln von sehr flachem, rechteckigem Querschnitt: → Grobblech in einer Dicke über 4,75 mm, → Mittelblech von 3 bis 4,75 mm, → Feinblech unter 3 mm, → Feinstblech unter 0,5 mm.

Die Herstellung von Grob- und Mittelblech erfolgt in Warmwalzwerken über die → Bramme als Zwischenformat oder aus der → Rohbramme vorzugsweise im Breitbandwalzwerk und anschließender Unterteilung in Tafeln durch zumeist fliegende Scheren. *Dahl*

Blech, plattiertes. → Blech, bei dem auf den Grundwerkstoff ein Metallüberzug aufgebracht wird, der zumeist das Korrosionsverhalten verbessert. Das → Plattieren kann erfolgen durch → Walzplattieren, Gießplattieren, → Sprengplattieren oder Schweißplattieren. Je nach Verwendungszweck werden verschiedene metallische Werkstoffe auf meist niedrig legierte Stähle aufplattiert, wie z. B. nichtrostende ferritische oder austenitische → Stähle, → Kupfer und → Nickel oder ihre Legierungen sowie → Titan, → Aluminium, Tantal, → Niob oder Molybdän. *Dahl*

Literatur: Werkstoffkunde Stahl. 2 Bd. (Hrsg. VDEh). Berlin-Düsseldorf 1984/85.

Blechstraße → Blechwalzstraße

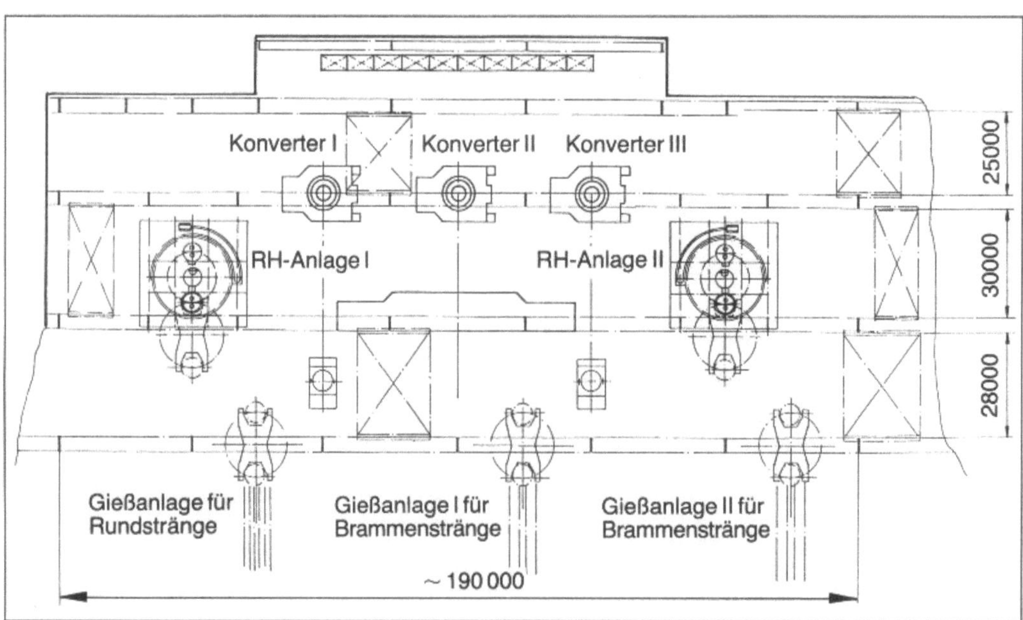

Blasstahlwerk: Layout eines B. mit zwei Vakuum-Umlaufanlagen.

Blechumformung. Der Begriff B. umfaßt in Abgrenzung zur → Massivumformung alle Fertigungsverfahren der Umformtechnik, durch die bei Änderung der gegebenen Form eines festen Körpers in eine andere Form in der Reihe → Ausgangsform – → Zwischenform – → Endform aus als flächenhaft zu beschreibenen Rohteilen – Bleche, Platten, Folien – Hohlwerkstücke mit annähernd konstanter, nicht bewußt veränderter Wanddicke, die der Rohteildicke entspricht, erzeugt werden (Bild). Die dazu benutzten Verfahren finden sich vorwiegend in den Gruppen → Zugdruckumformen (DIN 8584) und → Zugumformen (DIN 8585), teils auch beim → Biegeumformen (DIN 8586), z. B. → Walzprofilieren, → Walzrunden, → Gesenkbiegen, → Schwenkbiegen. Die obengenannte Definition der B. läßt sich jedoch nicht bei allen Verfahren des Biegeumformens, z. B. freies → Biegen, → Rundbiegen, → Winden, und des Schubumformens (DIN 8587) verwenden, da diese auch für massive Werkstücke mit gedrungenen Voll- und Hohlquerschnitten eingesetzt werden. Man wird daher hier zweckmäßigerweise nach der Querschnittsform der Ausgangswerkstücke unterscheiden. → Umformen an Werkstücken mit gedrungenen Voll- und Hohlquerschnitten wäre danach → Massivumformung, an flächenhaften Werkstücken B.

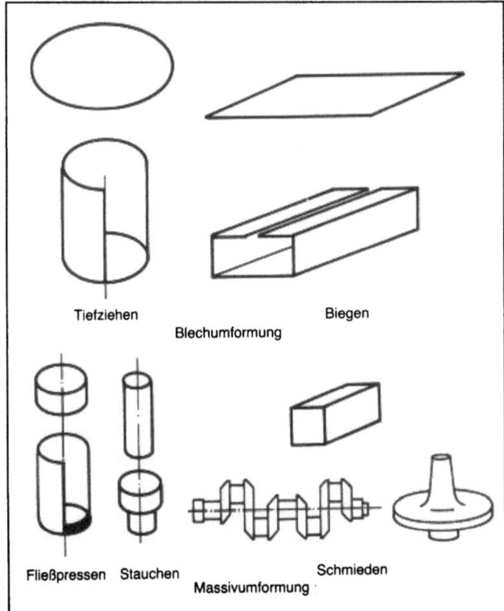

Blechumformung: B. und Massivumformung.

Das → Halbzeug Blech mit den Erzeugnisbereichsgrenzen, zu großen Dicken = Platte, Flachstab und zu sehr kleinen Dicken = Folie wird durch → Walzen, d. h. Massivumformen erzeugt. Die eigentlichen Blechumformverfahren gewinnen erst mit zunehmender Fertigungstiefe bei der Weiterbearbeitung technisch-wirtschaftliche Bedeutung. Die wichtigsten Abmessungen liegen in den Bereichen der Feinbleche (Blechdicke s unter 3 mm nach DIN 1541 und Mittelbleche, Blechdicke s zwischen 3 und 4,75 mm nach DIN 1542). Die vom Bedarf her bedeutenden Karosseriebleche für Personenkraftwagen liegen ganz in diesem Abmessungsbereich. Von der Werkstückhandhabung her handelt es sich bei der B. überwiegend um Stückgutfertigung, wenn auch die Fließgutfertigung ebenfalls anzutreffen ist, z. B. Walzprofilieren.

Die bezogenen Kräfte bei der B. sind wegen häufig nur partieller Umformung der Werkstücke niedrig (bis einige hundert N/mm^2). Die Werkzeugbeanspruchung ist relativ gering, und die Werkzeugmaschinen (Pressen, Biegemaschinen usw.) sind meist mit großflächigen Arbeitsräumen ausgestattet.

Lange

Literatur: *Lange, K.:* Entwicklungsstufen der Umformtechnik. Ind.-Anz. 87 (1965) S. 967/70. – *Lange, K.* (Hrsg.): Umformtechnik. Handb. f. Ind. u. Wiss. 2. Aufl. Bd. 1. Berlin, Heidelberg, New York, Tokio 1984.

Blechwalzstraße. B. sind Warmwalzstraßen, in denen meist → Grobblech mit Dicken gleich oder größer 4,76 mm, aber auch Mittelblech mit Dicken gleich oder größer 3 mm sowie kleiner 4,76 mm, und Breiten, je nach Baugröße der Straße, bis zu 5 500 mm hergestellt werden kann.
Neuzeitliche B. sind vor allem durch
– zunehmende Anwendung des kontrollierten Walzens mit niedrigen Temperaturen und
– Gleichmäßigkeit sowie Maßgenauigkeit der Blechdicke
gekennzeichnet.

Beim kontrollierten → Walzen mit niedrigen Temperaturen und hohen Stichabnahmen entstehen wegen des großen Formänderungswiderstandes sehr hohe Walzkräfte und Drehmomente. Dabei können die Walzkräfte in einem 5,5 m-Grobblechgerüst mehr als 100 000 kN erreichen. Eine solche Walzstraße wurde 1986 bei der Aktiengesellschaft der Dillinger Hüttenwerke in Betrieb genommen und ist auch 1990 noch die größte B. der Welt. Technische Kenndaten dieser B. sind:
– Arbeitswalzendurchmesser: 1 180 mm
– Stützwalzendurchmesser: 2 400 mm
– Ballenlänge der Walzen: 5 500 mm
– Maximale Walzkraft: 108 000 kN
– Antriebsleistung: 2 × 11 000 kW
– Ständergewicht (einteilig): 390 t
Zur Erzielung engster Blechdickentoleranzen ist eine hohe → Steifigkeit des Walzgerüstes und eine automatische Blechdickenregelung erforderlich. Die Steifigkeit des Walzgerüstes wird insbesondere durch entsprechende Stützwalzendurchmesser und Abmessungen der Walzenständer erreicht.

Baumann

Blei. Wird bei der Erzeugung von → Automaten-stählen neben → Schwefel als zusätzliches oder alternatives Legierungselement verwendet. Ausgehend von der Grundgüte 9 SMn 28 kann durch Zugabe von 0,1 % Blei eine Erhöhung der Schnittleistung von rd. 20 % erreicht werden.   *Dahl*

Bleilegierungen. Wichtigste → Legierungselemente für B. sind Antimon und Zinn.

Folgende Legierungsgruppen haben technische Bedeutung erlangt:

◻ *Hartblei* (DIN 1728, DIN 1397) enthält als Hauptlegierungselement Antimon, das das weiche → Blei erheblich härtet. Da im → Zweistoffsystem Blei-Antimon die Antimonlöslichkeit mit abnehmender Temperatur rückläufig ist, können antimonhaltige B. ausgehärtet (→ Ausscheidungshärtung) werden. Je nach → Legierung liegt der Antimongehalt zwischen 0,5 und 13 Gew% (→ Eutektikum).

Die technische Verwendung von Hartblei erstreckt sich von Akkumulatoren, Rohren und Armaturen in der chemischen Industrie (Schwefelsäuretransport) über Anoden für die Chromelektrolyse bis zu Kabelmänteln (Kabelhartblei). Weitere Anwendungen sind Trinkwasserrohre (R-PbSb0,75–1,25) und Schrotkugeln (PbSb2–3,8 As1,2–1,7), die neben Antimon geringe Gehalte von Arsen 0,05 bis 1,5 % enthalten. Eine Hartbleilegierung (PbSb5–8,5) wird außerdem als korrosionsbeständiger → Überzug von → Stahlblech in der chemischen Industrie benutzt. Hartblei wird auch als Druckgußlegierung verwendet (PbSb2–4 oder PbSb12–14).

◻ *Blei-Zinn-Lote* (DIN 1707) enthalten als Hauptlegierungselement Zinn. Zinn erhöht vor allem die → Zähigkeit von Hartblei (PbSbSn-Legierungen). Da Zinn den → Schmelzpunkt des Bleis von 327 °C bis auf 183 °C (Eutektikum bei 61,9 % Zinn) erniedrigt, zählen diese Legierungen aufgrund ihrer niedrigen → Arbeitstemperatur zu den niedrigschmelzenden → Weichloten, z. B. bleireiche Lote L-PbSn2 und L-PbSn60. Sie dienen zum → Löten von Schwermetallen und deren Legierungen und werden in Form von Platten, Streifen, Pillen, Draht oder Hohldraht, der mit → Flußmittel gefüllt ist, geliefert. Als weiteres Legierungselement ist in der Regel Antimon mit Gehalten von 0,5–3,3 Gew% enthalten, das eine erwünschte Feinkörnigkeit des Gefüges bewirkt. Als Beimengung ist der Eisengehalt je nach → Lot auf 0,05 bis 0,1 % und die Summe aus dem Nickel-, Arsen- und Kupfergehalt auf 0,1 bis 0,2 % begrenzt.

◻ *Lagermetalle* (DIN 1703), (→ Zinnlegierungen) enthalten neben Blei als Hauptlegierungselemente Antimon (bis 17 %) und Zinn (bis 10 %) oder außerdem → Kupfer (bis 1,5 %), Arsen (bis 1,5 %), Cadmium (bis 0,7 %) und Nickel (bis 0,6 %). Diese Lagerweißmetalle (z. B. PbSb15Sn5Cu1, PbSn10, PbSn6Cd) zeichnen sich durch gute Laufeigenschaf-

ten bei geringem → Verschleiß aus. Aufgrund ihres niedrigen Schmelzpunktes können die niedriglegierten Lagermetalle jedoch keinen zu großen Belastungen ausgesetzt werden. Eine Wagenlagerlegierung der Eisenbahn enthält außerdem geringe Gehalte an Alkali- und Erdalkalielementen.

◻ *Letternmetalle* (DIN 16 512), die im graphischen Gewerbe eingesetzt werden, enthalten neben Blei die Legierungselemente 1,5–31 % Zinn und 2,5–29 % Antimon. Sie zeichnen sich durch große Dünnflüssigkeit der Schmelze und durch geringes Schwinden beim → Erstarren aus.

◻ *Blei-Spritzguß-Legierungen* (DIN 1741) enthalten Antimon bis 14 %, Zinn bis 41 % und Kupfer bis 3,5 %. Aufgrund ihrer guten Vergießbarkeit verwendet man sie für die Herstellung genauer Gußstücke (Teile von Meßgeräten, → Kunstguß).

◻ *Blei-Dental-Legierungen* (DIN 1728) enthalten neben Zinn auch Wismut und werden für Prägestöcke verwendet.

◻ *Anoden aus B.* (DIN 1728). Neben Anodenhartblei (PbSb9–10) finden Legierungen mit Silber (PbAg0,8–1) insbesondere bei der Zinkelektrolyse Anwendung.   *Heller*

Bleischichten. Oberflächenschutzschichten, die vor allem durch elektrolytische Verfahren, teilweise auch durch physikalische → Abscheidung aus der Gasphase (PVD) oder → Schmelztauchen erzeugt werden. Sie dienen als → Einlaufschichten oder als → Korrosionsschutzschichten.   *Habig*

Bleischrott. Bleirückgewinnung (Recycling) aus Bleiakkumulatoren, Groß- und Kleinzellen und Batterien erhält immer mehr Bedeutung. Aus rund 400 Millionen Zellen, die jährlich in der Bundesrepublik Deutschland verbraucht werden, werden vor allem etwa 110 000 t Blei und andere Metalle zurückgewonnen.

Neben → Blei (ca. 60 %) werden aus verbrauchten Akkumulatoren und Batterien wiederverwendbares → Nickel und Zink, Cadmium und Quecksilber (Giftigkeit), sowie Silber (hoher Edelmetallpreis) zurückgewonnen. Die Recyclingverfahren lohnen nur für Metalle und beginnen mit dem Zerkleinern der verbrauchten Batterien und enden mit der elektrolytischen Abscheidung von Quecksilber (Quecksilber-Zink-Lösung) und dem Niederschlagen von Zink (Zinkhydroxid).   *Heller*

Blei-Zinnschichten. Oberflächenschutzschichten, die meistens durch elektrolytisches → Abscheiden erzeugt werden. Die Schichten besitzen eine gute → Korrosionsbeständigkeit und einen hohen Widerstand gegenüber → Adhäsion bzw. → Fressen, so daß sie als → Einlaufschichten geeignet sind.   *Habig*

Blend → Polymermischung, → Polymerblend

Blochwand → Bereichsstruktur, magnetische

Block. Metallische Werkstoffe durchlaufen beim Übergang vom flüssigen zum festen Zustand eine Volumenkontraktion, die als Schrumpfung bezeichnet wird. Beim konventionellen Blockgießen wird die theoretische Schrumpfung des Werkstoffs meist nicht erreicht, weil, wie die schematische Darstellung der zeitlichen Abfolge des Gießvorgangs (Bild 1, a–d) zeigt, beim fallenden → Gießen ein Teil der Schrumpfung des in der Bodenzone befindlichen Metalls infolge der dort einsetzenden schnellen → Erstarrung durch die im weiteren Gießverlauf einströmende Schmelze ausgeglichen wird. Zum Schluß entsteht üblicherweise ein Kopflunker (Bild 1 d). Größe und Ausbildung dieses Kopflunkers hängen von vielen Faktoren, wie Gießtemperatur, -geschwindigkeit, Kokillenabmessungen usw., ab. Je größer und vor allem in die Tiefe des B. ein solcher → Lunker geht, desto schlechter ist das → Ausbringen an Walzgut. Man ist deshalb beim Stahl- wie auch beim NE-Metallguß bestrebt, durch geeignete Maßnahmen das Blockausbringen zu verbessern. Angewendet wurden u. a. wärmedämmende oder exotherme Auskleidungen (Bild 2) der Blockhauben. Damit sollte erreicht werden, daß der B. dicht und ohne weiteres verwalzbar anfällt und lediglich ein kleiner Haubenrest durch Abschopfen oder als Walzabfall das Ausbringen geringfügig mindert.

Das Gießen von B. ist heute vielfach (zumindest bei der Massenware) durch das Stranggießen ersetzt. Blockguß im konventionellen Sinn gibt es praktisch nur noch für besondere → Edelstähle und ebenso für spezielle NE-Metalle.

Stahl wird aber nach wie vor für große Schmiedestücke in Kokillen besonderer Konstruktion (vielkantiger Querschnitt, sorgfältig berechnetes Höhen-Durchmesser-Verhältnis) gegossen. Der Stahlwerker fürchtet nicht so sehr den Kopflunker, und auch das Ausbringen spielt keine entscheidende Rolle, sondern er muß bei einem solchen viele Tonnen schweren B. verhindern, daß der Lunker sich

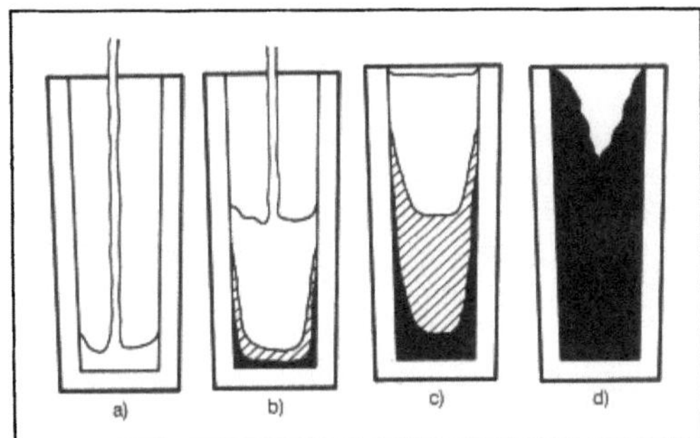

Block 1: Zeitliche Folge des Gießvorgangs.

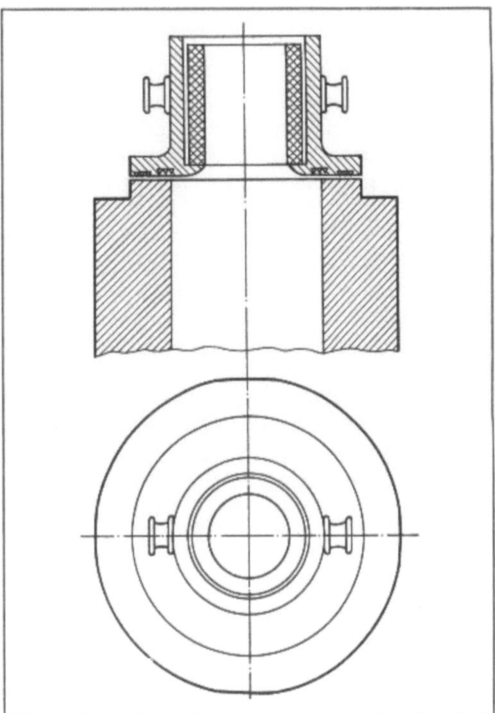

Block 2: Einsatz wärmedämmender Auskleidungen.

fadenförmig oder verteilt auf viele Sekundärlunker tief in den B. hinein fortpflanzt. Der B. muß aber nicht nur frei von Lunkern sondern auch frei von Gasblasen sein und für die Schmiedearbeit bereits ein bestimmtes, günstiges Gußgefüge aufweisen.

Doliwa

Blockcopolymer. Bei dieser Klasse von Copolymeren wechseln sich die unterschiedlichen Monomere in mehr oder weniger langen, polymerhomologen Kettenabschnitten, in Blöcken also, entlang der Molekülhauptkette ab. (→ Copolymerisation).

Zahradnik

Blockmetall. Fast alle Gießmetalle aus Neu-(Aufbau-) oder Umschmelzen kommen in Blockform oder als Masseln in den Handel. In der Metallgießerei-Praxis versteht man unter B. ein aus Altmetall erschmolzenes und mit Neumetall auflegiertes bzw. mit den erforderlichen Zusätzen versehenes Umschmelzmaterial. Mitunter findet man dafür die Bezeichnung „Legierungsblöcke“. Solches B. gibt es für die gesamte Palette der Schwer-(Guß-Zinnbronzen, Rotguß, Messing, ferner → Zinn-, → Blei- und → Zinklegierungen) sowie der Leichtmetalle (Al- und Mg-Legierungen).

B. ist gegenüber Neumaterial keineswegs minderwertiger, sofern die Lieferbedingungen, d. h. Analysentreue, Freiheit von anhaftendem Schmutz und Schlacke sowie von anderen Merkmalen, die auf eine nicht einwandfreie Metallqualität schließen lassen, eingehalten werden, wie z. B. in DIN 17 656 für Kupfergußlegierungen festgelegt. Die Lücke in dieser Norm, nämlich das Fehlen von Angaben über die zulässigen Grenzwerte an unerwünschten Stoffen sowie von einem Hinweis auf ein einfaches Analysenverfahren zur Bestimmung des Gehalts an Sauerstoff und oxidischen Verunreinigungen wurde durch die im VDG-Fachbericht 037 veröffentlichte Forschungsarbeit geschlossen.

Bei Messingguß wurde festgestellt, daß trotz der an sich guten →Gießbarkeit von Gußmessing Neumaterial schwieriger zu vergießen ist als Messing zweiter Schmelzung und man deshalb Aufbau-Chargen erst auf Blöcke vergießen sollte.

Die Metallgießereien sind aus Kostengründen gezwungen, alles Metall soweit wie möglich aus den Abfällen zurückzugewinnen. Angüsse und Speisereste aus eigener Produktion kann die Gießerei in der Regel selbst umschmelzen, dabei ggf. nachlegieren und verblocken, wogegen kleinere Abfälle unkontrollierbarer Zusammensetzung, aber auch Späne, an die dafür eingerichteten Umschmelzwerke abgeliefert werden sollten.

Was die Blockformate anbetrifft, so haben sich im Laufe der Zeit für die verschiedenen NE-Metalle feste Handelsformen, z. B. Blöcke mit einer Kerbe für Rg 5 und mit zwei Kerben für Rg 9 eingebürgert. Zusätzlich werden die Blöcke meist durch Einstempeln der Legierungsgattung gegen Verwechseln gesichert. *Doliwa*

Blow-Down-Versuch →Bauteilprüfung

Bogen-Stranggießanlage. Nach 1962 führte die Entwicklung der Stahlstrang-Gießtechnik zum Einsatz der dritten Stranggießanlagen-Bauform, der B.-S. Wesentliche Teilsysteme einer solchen Anlage sind
- Verteilergefäß,
- Kokille,
- Kokillenhubsystem,
- Stütz- und Führungsrollensystem,
- Richt-Transportrollensystem sowie
- Strangtrennsystem.

Die Teilsysteme einer B.-S. sind also, beginnend mit dem Verteilergefäß bis einschließlich Stütz- und Führungsrollensystem, abgesehen von der zum Teil bogenförmigen Anordnung und Gestaltung dieser Baugruppen, gleich denjenigen einer →Senkrecht-Stranggießanlage und einer →Biegericht-Stranggießanlage. Den Stütz- und Führungsrollensystemen nachgeordnet sind das Transport-Richtrollensystem, das Strangtrennsystem und die Transportvorrichtungen. Die Bauhöhe einer solchen Anlage ist im wesentlichen von der Größe des Bogenradius abhängig.

Es sind B.-S. mit gebogenen Kokillen und B.-S. mit geraden Kokillen zu unterscheiden. In B.-S. mit gebogenen Kokillen ist der die Kokille verlassende Strang bereits kreisbogenförmig. In B.-S. mit geraden Kokillen wird der Strang nach einem Erstarrungsweg von beispielsweise 1 500 mm unterhalb der Kokille schrittweise gebogen. Der Strang wird also hierbei einer Biege- und später einer Richt-Beanspruchung unterworfen. Diese Anlagen-Bauweise ist bei den Biegericht-Stranggießanlagen nicht aufgeführt worden, weil einerseits eine B.-S. auch so gebaut werden kann, daß in derselben Anlage wahlweise gerade oder gebogene Kokillen zum Einsatz gebracht werden können und andererseits die Bauhöhe solcher Anlagen etwa gleich derjenigen von B.-S. ist.

Für die zulässige Biegebeanspruchung eines Stranges in B.-S. sind ähnliche Empfehlungen gültig, wie diejenigen, welche für die Beanspruchung eines Stranges in Biegericht-Stranggießanlagen gegeben wurden. Der Radius einer B.-S. ist also, wie bei einer Biegericht-Stranggießanlage, von der zulässigen Formänderung durch das Biegen oder Richten abhängig.

Bei B.-S. mit Bogenkokillen, die den Strang in nicht kernerstarrtem Zustand richten, ist der Radius besonders von den zulässigen Formänderungen der inneren Fasern der Strangschalen an den Phasengrenzen flüssig/fest abhängig. Hier sollte die zulässige Verformung je nach Stahlsorte stets im Bereich zwischen $\mu = 0{,}2\,\%$ und $\mu = 0{,}4\,\%$ liegen. Ein in Bogenkokillen frei einfallender Gießstrahl kann bei kleinen Bogenradien das Wachstum der äußeren Strangschale an der Phasengrenze flüssig/fest beeinträchtigen. Deshalb sollte der Radius des Kokillenbogens in Produktionsanlagen erfahrungsgemäß eine Größe von etwa 4,5 m nicht unterschreiten.

Im Jahre 1964 wurde bei der Mannesmann AG, Hüttenwerk Huckingen, Duisburg eine einadrige Ovalbogen-Stranggießanlage, die auch →SLH-Stranggießanlage (Super Low Head-Anlage) genannt wird, die den nicht kernerstarrten Strang stufenweise richtet, in Betrieb genommen, berichtet.

1965 wurde die erste sechsadrige B.-S. bei der Armco Steel Corp., Sand Springs Plant, Sand Springs, Oklahoma, USA, zur Übernahme der gesamten Produktion des Schmelzbetriebes in Betrieb genommen. Infolge des verhältnismäßig kleinen Bogenradius von 4,8 m wurden die gegossenen Stränge in nicht kernerstarrtem Zustand gerichtet. Aufgrund der niedrigen Anlagen-Bauhöhe konnte der Gießbetrieb in der bestehenden Gießhalle untergebracht werden. Die mit der Gießanlage hergestellten Stränge hatten Querschnittsabmessungen zwischen 73 mm × 73 mm und 127 mm × 127 mm.

1965 wurde die erste Produktionsgießanlage für Stränge mit runder Querschnittsform zur Herstellung nahtloser Rohre in den Hüttenbetrieben des zum ARBED-Konzern gehörenden Eschweiler Bergwerks-Verein, EBV, in Eschweiler, in Betrieb genommen. Diese Anlage war so konstruiert, daß sowohl gerade Kokillen als auch Bogenkokillen eingesetzt werden konnten. Weil das Produktionsprogramm der Hüttenbetriebe des EBV neben nahtlosen Rohren auch → Walzdraht, Band- und → Stabstahl sowie Schrauben umfaßte, wurden auch Stränge mit quadratischen und flachen Querschnitten gegossen. Wegen der unterschiedlichen Strangquerschnitts-Formen sowie -Abmessungen und der Übernahme aller Schmelzen des → Lichtbogenofen-Stahlwerkes war die Gießanlage mit allen erforderlichen technischen Systemen für den schnellen Wechsel der Kokillen sowie Stütz- und Führungsrollensysteme ausgerüstet.

1967 wurden die ersten Produktions-Bogengießanlagen im neuen Blasstahlwerk des Hüttenwerkes Huckingen der Mannesmann AG, Duisburg, in Betrieb genommen. Bei diesen Anlagen hatte sich, neben dem verhältnismäßig niedrigen statischen Druck des flüssigen Stahles auf die Strangschale infolge der geringen Anlagenbauhöhe, insbesondere der Einsatz vieler angetriebener Stütz- und Führungsrollen auf dem Erstarrungsweg des Stranges bewährt. Mit solchen „Vielrollenantrieben" sind in den siebziger Jahren fast alle Brammen-Stranggießanlagen ausgerüstet worden. Die Brammen-Stranggießanlagen des Blasstahlwerkes haben einen Kokillen-Radius R_1 von 5 000 mm, nach dem ersten Richtpunkt einen Bogenradius R_2 von 6 625 mm, nach dem zweiten Richtpunkt einen Bogenradius R_3 von 9 875 mm und nach dem dritten Richtpunkt einen Bogenradius R_4 von 19 625 mm, der bis zum Biegepunkt Bogen/Waagerechte reicht. Dabei ist die Länge der gestützten Gießader 17 171 mm. *Baumann*

Literatur: *Baumann, H. G.:* Stahlstrang-Gießanlagen. Düsseldorf, 1976. – *Schrewe, H.* und *E. Keuper:* Klepzig Fachber. 80 (1972) Nr. 4, S. 189/192.

Bohrreibung. → Bewegungsreibung zwischen Körpern mit relativer Drehung um eine an der Kontaktstelle senkrecht zur → Oberfläche stehende Achse. B. tritt z. B. in Spitzenlagern auf. *Habig*

Boltzmann-Matano-Auswertung. Verfahren der Auswertung von Konzentrationsprofilen im Verlauf der → Diffusion in → Zweistoffsystemen für den Fall, daß der → Diffusionskoeffizient von der Zusammensetzung und somit vom Ort abhängt: $D = D(c)$ mit $c = c(x)$.

Das Verfahren, dessen theoretische Grundlage in der Substitution einer an die Differentialgl. der Diffusion angepaßten Variablen $u = x\sqrt{t}$ liegt, besteht im Wesentlichen aus einer graphischen Auswertung der Meßwerte $c(x)$ aus einem Diffusionsversuch der Dauer t: man bestimmt die sog. → Matano-Ebene

(Flächengleichheit ober- und unterhalb der Kurve) und dann durch Tangentenanlegen und Ausplanimetrieren den gemeinsamen chemischen Diffusionskoeffizienten (Interdiffusionskoeffizient) des Zweistoffsystems, $D(c)$ – und zwar für jeweils eine Konzentration c (Bild). Die Bedeutung des Verfahrens tritt heute gegenüber rechnergestützten Auswerteverfahren zurück. *Ilschner*

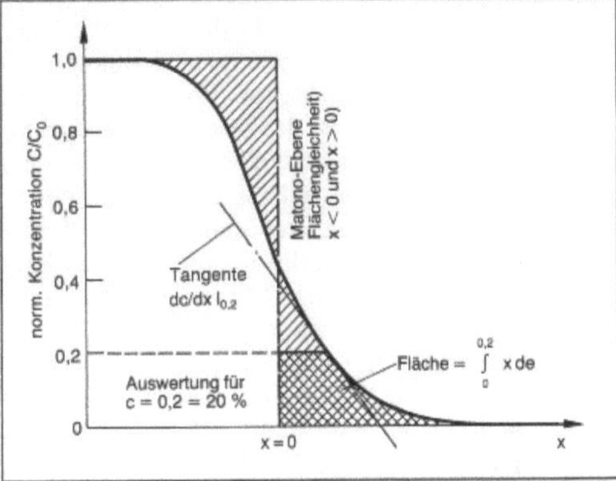

Boltzmann-Matano-Auswertung: Matano-Analyse zur Bestimmung des Interdiffusionskoeffizienten bei $c = 0,2\ c_o$.

Literatur: *Haasen, P.:* Physikalische Metallkunde. Berlin–Heidelberg 1984.

Bolzenschweißen → Schweißverfahren

Bor. B. wird → Stahl in geringen Mengen (unter 0,01 %) zugesetzt, um die → Härtbarkeit zu verbessern. Gelöstes B. reichert sich beim → Glühen an den Korngrenzen an, baut die Korngrenzenenergie ab und verzögert dadurch die → Umwandlung in der Perlitstufe. Die Durchvergütung wird dadurch verbessert. *Dahl*

Bordoni-Maximum. Im festen Zustand beobachtetes Dämpfungsmaximum bei einer Resonanzfrequenz (typisch 1 kHz bei 70 K), welche der Frequenz der thermischen aktivierten Bildung von Doppel-Kinken an einer Versetzungslinie, die in einer Peierls-Potential-Rinne liegt, entspricht (→ Versetzungen; → Reibung, innere). *Ilschner*

Literatur: *Fantozzi, G. and G. Esnouf, W. Benoit, I. G. Ritchie:* Internal friction and microdeformation due to the intrinsic properties of dislocations: The Bordoni relaxation. Progr. Materials Sci. 27, (1982), pp 311–451.

Boride, polykristalline → Faserwerkstoffe

Borieren. Anreichern der → Randschicht eines Werkstückes mit → Bor durch thermochemische → Behandlung. Nach der Art des Boriermittels kann man zwischen Pulver-, Salzbad-, Pasten-, Gas- und Plasmaborieren unterscheiden. Die Behandlungstemperatur liegt zwischen 850 und 1 000 °C.

Boriert werden vor allem →Stähle, aber auch →Hartmetalle und →Titanlegierungen.

Auf Stählen bildet sich in Abhängigkeit von der Behandlungsdauer und Stahlzusammensetzung eine Boridschicht mit einer Dicke zwischen 10–800 µm und einer Härte zwischen 1 400–2 200 HV 0,2 aus. Hinter der Boridschicht fällt die →Härte sprunghaft ab (Bild 1). Bei richtiger Behandlung entsteht auf unlegierten und niedriglegierten Stählen eine einphasige Boridschicht aus Fe_2B. Auf höherlegierten Stählen wächst dagegen im allgemeinen eine zweiphasige Boridschicht auf. Die äußere Randschicht besteht aus FeB, das sich im metallographischen Schliff dunkel anätzt (Bild 2), darunter liegt die Fe_2B-Schicht, die hell erscheint. Charakteristisch für Boridschichten auf Stählen ist die Verzahnung mit dem Grundwerkstoff, die unter anderem vom Chromgehalt abhängt. Mit steigendem Chromgehalt nimmt die Verzahnung ab.

Boridschichten auf Stählen zeichnen sich durch einen sehr hohen Widerstand gegenüber →Abrasion aus. Auch der Widerstand gegenüber →Adhäsion ist hoch, sofern sich auf den Boridschichten oxidische oder andere Reaktionsschichten bilden können. Bei Wälzbeanspruchungen sind borierte Stähle dagegen hohen Pressungen nicht gewachsen.

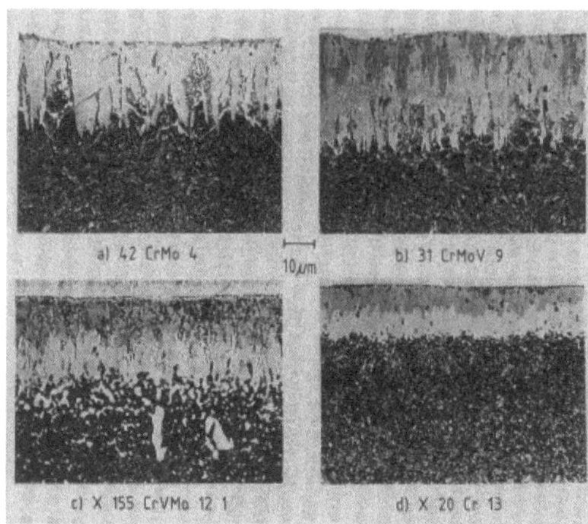

Borieren 2: Gefüge von borierten Stählen

Die →Korrosionsbeständigkeit, die in oxidierenden Medien gering ist, kann durch die nachträgliche Eindiffusion von →Chrom oder →Aluminium gesteigert werden.

Borierte Stähle werden vielfach zur Verschleißminderung bei Beanspruchungen durch harte, körnige mineralische Stoffe eingesetzt. Durch das B. kann die Gebrauchsdauer verschiedenartiger Werkzeuge erheblich verlängert werden. Schraubenradgetriebe mit borierten Schraubenrädern haben sich für hohe Beanspruchungen bewährt.   *Habig*

Literatur: *Kunst, H.* und *O. Schaaber:* Härterei-Techn. Mitt. **22** (1967) S. 1 – *v. Matuschka, A.:* Borieren. Vevey 1975. – *Fichtl, W.:* Industrie-Anzeiger **88** (1973) S. 2029 – *Habig, K.-H.:* VDI-Ber. **333** (1979) S. 43.

Bornitridschichten. Oberflächenschichten, die durch chemische oder physikalische →Abscheidung aus der Gasphase (CVD, PVD) gebildet werden. Sie dienen vor allem zur Reibungsminderung bei →Festkörperreibung, wenn eine →Schmierung mit Schmieröl oder →Schmierfett nicht möglich ist.   *Habig*

Boundary-Elemente-Methode. Die B.-E.-M. (kurz BEM, auch Randelemente- oder Randintegralmethode) ist ein Berechnungsverfahren für physikalische Vorgänge innerhalb eines Gebiets, wobei die physikalischen Zusammenhänge nur auf der Berandung des Gebiets beschrieben werden. Das Grundprinzip der BEM besteht darin, die in Form von Gebiets-Differentialgleichungen vorliegende Problembeschreibung eines physikalischen Sachverhalts durch eine entsprechende Beschreibung der Randeffekte in Form von Randintegralgleichungen zu ersetzen. Mit Hilfe der BEM wird also eine Gebiets-Problemformulierung auf eine reine Rand-Problemformulierung zurückgeführt. Damit ist die Problembeschreibung praktisch um eine Di-

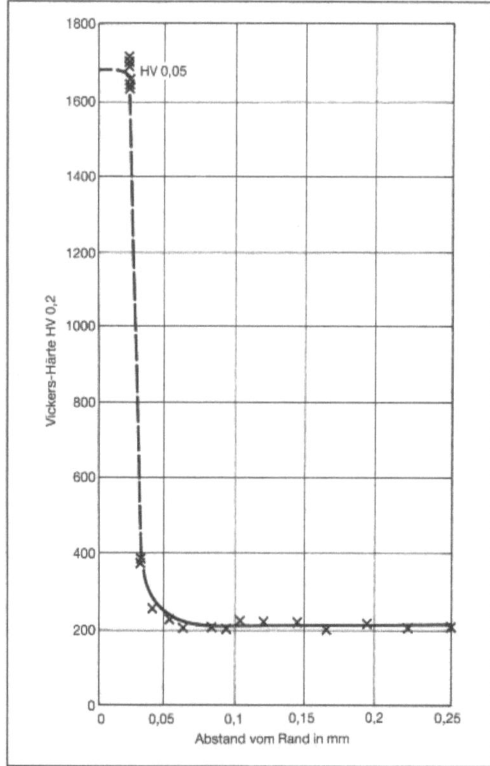

Borieren 1: Härteverlauf des borierten Stahles X20Cr13

mensionsstufe verringert, und so eine in vielfacher Hinsicht vorteilhaftere Ausgangsbasis für ein numerisches Lösungsverfahren gewonnen. Dies gelingt bei vielen linearen Problemstellungen (z. B. der Elastomechanik) bzw. bei stetigen Potentialfeldern (z. B. in der Strömungsmechanik).

Die Grundgleichungen der BEM lassen sich aus verschiedenen Methoden ableiten (*Green*scher Integralsatz, →Fehlerabgleichverfahren (*engl.* weighted residuals methods, Prinzip der virtuellen Arbeit in Verbindung mit dem Arbeitssatz von *Betti*). Vorgehensweise und Anwendungen der BEM ist vergleichbar mit der →Finite-Elemente-Methode (FEM).

Bei vielfältigen Anwendungen in Gebieten der Kontinuumsmechanik, in der →Bruchmechanik oder bei elektromagnetischen Problemen hat sich die BEM bewährt. Sie ist z. B. besonders geeignet zur Berechnung von „halbunendlichen" Problemen (Tunnelbau oder andere Gebiete der Bodenmechanik, Statik eines Schiffs im Meer usw.). Für endliche Probleme der Kontinuumsmechanik ist die BEM besonders für solche Körper geeignet, bei denen das Verhältnis von Oberfläche zu Volumen klein ist (kompakte Körper).

In der Umformtechnik eignet sich die BEM besonders zur Berechnung der elastischen →Verformungen und Spannungen von Bauteilen, z. B. Umformwerkzeugen (Stempel, Matrize) oder →Umformmaschinen (Pressengestell).

Um eine Berechnung durchzuführen, muß die Oberfläche des betrachteten Körpers diskretisiert, d. h. durch Punktkoordinaten beschrieben werden (günstige Kopplungsmöglichkeit an CAD-Systeme). An der Oberfläche angreifende Kräfte und Lagerreaktionen sowie auf den ganzen Körper oder Teilen davon einwirkende Temperaturen (stationäre Verteilung) bzw. Massenkräfte (Zentrifugal-, Schwerkraft) sind zusätzlich anzugeben.

Für zweidimensionale (ebener Spannungs- oder →Formänderungszustand) und axialsymmetrische Probleme genügt es, die begrenzende Kontur in Form eines Linienzugs zu idealisieren. So lassen sich im thermoelastischen Fall mit BE-Rechenprogrammen die Verschiebungen und Spannungen an der Oberfläche des betrachteten Körpers berechnen. *Lange*

Literatur: *Brebbia, C. A., J. C. F. Telles, L. C. Wrobel:* Boundary Element Techniques. Berlin, Heidelberg, New York 1984. – *Kuhn, G.:* „Boundary Elemente", eine sinnvolle Ergänzung zu finiten Elementen. Lehrgangsunterlagen. Techn. Akad. Esslingen. 1984.

Bramme (Stahl-). Erstes Walzformat aus dem →Rohblock bei der Herstellung von →Blech oder Band. Rohbrammen sind meist in Strang vergossene Gußteile, deren Breite mindestens doppelt so groß ist wie die Dicke. *Dahl*

Brammen-Straße →Brammenwalzstraße

Brammenwalzstraße. Als Brammenwalzen wird das →Umformen von →Rohbrammen zu Vorbrammen in
– Block-B.,
– B. oder
– Universal-B.
bezeichnet.

In Block-B. können sowohl Rohblöcke zu Vorblöcken als auch Rohbrammen zu Vorbrammen gewalzt werden. Kennzeichnend für diese Walzwerksart ist die kalibrierte Walze. →Walzkaliber sind konzentrische Vertiefungen in den Walzen. Zahl und Abmessungen der Kaliber sind vor allem von der Form und den Abmessungen des Walzgutes abhängig.

B. sind dadurch gekennzeichnet, daß in ihnen vorwiegend Brammen gewalzt werden und die Zahl der Kaliber geringer ist als in Block-B.

Block-Brammen- und B. haben zum Umformen jeweils zwei horizontal angeordnete Walzen, in denen sowohl Flach- als auch Stauchstiche durchgeführt werden. Beim Wechsel zwischen Flach- und Stauchstichen muß das Walzgut gekantet und die Walzenanstellung den Walzgutabmessungen angepaßt werden. Weil beim Walzen von Rohbrammen zu Vorbrammen zwischen Flach- und Stauchstichen häufig gewechselt werden muß, wird für das Kanten des Walzgutes und das Anstellen der Walzen verhältnismäßig viel Zeit benötigt, die dann als Walzzeit nicht mehr verfügbar ist.

Deshalb wurden Universal-B. entwickelt, die neben dem Horizontal- noch ein Vertikalwalzgerüst besitzen. Die vertikal angeordneten Walzen übernehmen den Teil der Staucharbeit, so daß die Zeit, welche für das Kanten und Anstellen benötigt wurde, entfällt. Das Walzgut kann gleichzeitig an vier Seiten umgeformt werden. In diesen →Walzstraßen werden meist nichtkalibrierte Walzen verwendet. *Baumann*

Brandverhalten. In ungefüllter Form sind alle im Bauwesen eingesetzten →Kunststoffe brennbar; eine Ausnahme bildet lediglich das nur als Gleitlagerwerkstoff einsetzbare PTFE. Bei Erwärmung über die Zersetzungstemperatur infolge Flammeneinwirkung durch eine fremde Zündquelle spalten sich niedermolekulare gasförmige Bruchstücke der Makromoleküle ab. Diese bilden i. d. R. mit dem Luftsauerstoff entflammbare Gemische. Das B. eines Baustoffes umfaßt die für die bauliche →Sicherheit wesentlichen Größen
□ Entflammbarkeit,
□ Fähigkeit zur Flammenausbreitung,
□ Beitrag zur Hitzeentwicklung,
□ Rauchentwicklung,
□ Entwicklung toxischer Brandgase.

Während das stoffliche B. von der chemischen Struktur der Polymere und von niedermolekularen Additiven sowie anorganischen Füll- und Verstärkungsstoffen bestimmt wird, spielen für das B. von Bauteilen außerdem geometrische und konstruktive Gegebenheiten eine wichtige Rolle:

□ Verhältnis von Oberfläche zu Volumen (dünne Platten und Schaumstoffe sind stärker brandgefährdet),

□ Stellung der Bauteile im Raum (lotrechte Bauteile, die unten gezündet werden, brennen infolge Konvektion lebhafter),

□ Wärmeableitung (dünne Beschichtungen auf gut wärmeleitendem Untergrund brennen kaum selbständig),

□ verfügbare Luftmenge (Schwelbrand bei Sauerstoffmangel).

Die von einem Brand ausgehenden Gefahren umfassen:

□ Rauchbildung (Sichtbehinderung in Fluchtwegen und für Feuerwehr, Panikwirkung, Erstickungsgefahr) als weitaus wichtigste Gefahr,

□ Hitzewirkung (Verbrennungsgefahr, Einsturzgefahr),

□ Entwicklung toxischer Brandgase (Vergiftungsgefahr).

Brennbarkeit. Die Anforderungen an das B. von Baustoffen und Bauteilen sind in DIN 4102 geregelt. Danach wird das B. anwendungsbezogen und unabhängig von der Art des Baustoffes geprüft und bewertet. Die Baustoffe teilt man ein in

□ nichtbrennbare Stoffe (Klasse A),

□ brennbare Stoffe (Klasse B).

Die Einstufung eines Baustoffes in die Klasse A besagt nicht, daß daraus hergestellte Bauteile feuerbeständig sind und im Brandfall während bestimmter Zeiten ihre Funktionen erfüllen. Sichergestellt ist jedoch, daß von eingebauten nichtbrennbaren Baustoffen im Brandfall keine Gefahren durch Rauch, Hitze und Toxizität für die im Gebäude befindlichen Menschen ausgehen, die nennenswert über die durch den Brand von Einrichtungsgegenständen, Lagergütern oder brennbaren Baustoffen gegebenen Gefahren hinausgehen. Nichtbrennbare Baustoffe werden u. a. für folgende Bauteile gefordert:

□ feuerbeständige Bauteile in tragenden und aussteifenden Konstruktionen,

□ Dächer und Fassaden bei Hochhäusern,

□ Lüftungskanäle,

□ Verkleidungen und Einbauten in bestimmten Räumen, z. B. Flure, Treppenhäuser.

Eine Einstufung von Kunststoffen in die Klasse A ist nur dann möglich, wenn das Volumen anorganischer Füll- oder Verstärkungsstoffe einen sehr hohen Anteil aufweist. Dies kann z. B. bei hochverstärkten →GFK und bei günstig aufgebauten Kunstharz- und Kunstharzschaumbetonen der Fall

sein. Unbrennbare Polymere, wie sie z. B. in der Raumfahrt und für spezielle Fälle im Maschinenbau und in der Elektrotechnik angewendet werden, sind aus Verarbeitungs- und Kostengründen im Bauwesen derzeit nicht anwendbar. Die brennbaren Baustoffe teilt man in drei Untergruppen ein:

□ Klasse B1: schwer entflammbar,

□ Klasse B2: normal entflammbar,

□ Klasse B3: leicht entflammbar.

Im eingebauten Zustand leicht entflammbare Stoffe dürfen in der Bundesrepublik Deutschland im Bauwesen nicht verwendet werden. Als schwer entflammbar gilt bei Einhaltung von Mindestdicken ohne Nachweis nach DIN 4102: PVC-hart (Rohre und Formstücke), und als normalentflammbar gelten u. a. PE, GF-UP, PMMA sowie die üblichen Hartschaumstoffe. Einige Kunststoffe unterliegen dickenabhängig Anwendungsbeschränkungen, da sie „brennend abfallen oder abtropfen" können. Entsprechende Angaben enthalten die bauaufsichtlichen Prüfbescheide, die alle nicht in DIN 4102, Tl. 4, aufgeführten Baustoffe der Klassen A, B1 und B2 haben müssen. Die Einteilung in Brennbarkeitsklassen wird z. Z. in den einzelnen Staaten nach sehr unterschiedlichen Prüfverfahren und Beurteilungskriterien vorgenommen. Sehr unvollkommen ist allgemein die Messung und Beurteilung der wichtigen Eigenschaft Rauchdichte. Bei sehr hohen Anforderungen kann auf die in der Luftfahrtindustrie angewendeten Verfahren zurückgegriffen werden. Das Bild gibt ein Beispiel für das unterschiedliche Verhalten von vier verschiedenen Hartschaumstoffen.

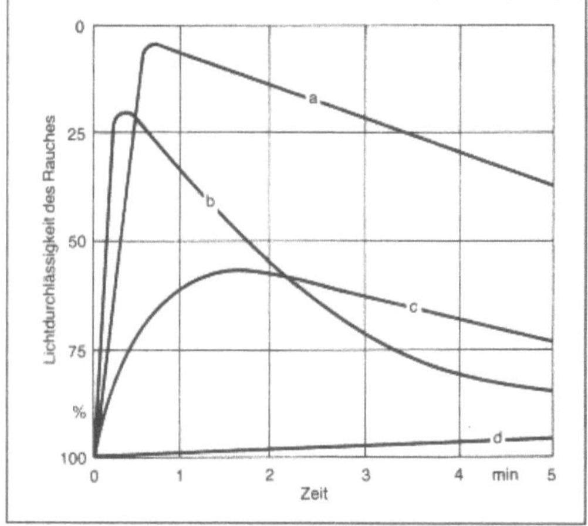

Brandverhalten: Rauchdichte unterschiedlicher Hartschaumstoffe (Normversuch).

a PUR (B1), b PS (B1) c Isocyanurate, d PF

Feuerwiderstandsfähigkeit. Das B. von Bauteilen, d. h. ihre →Feuerwiderstandsfähigkeit, wird durch die Mindestdauer in Minuten, während der das Bauteil im genormten Brandversuch bestimmte Anforderungen erfüllt, beurteilt. Die bauaufsichtlichen Bezeichnungen „feuerhemmend" und „feuerbeständig" sind dabei gleichbedeutend mit den Feuerwiderstandsklassen F 30 bzw. F 90 (Feuerwiderstandsdauer 30 bzw. 90 min) nach DIN 4102. Die an die Klassenbezeichnung angefügten Buchstaben bedeuten:

□ B: wesentliche Teile aus brennbaren Stoffen,
□ AB: wesentliche Teile aus nichtbrennbaren Stoffen,
□ A: Alle Teile aus nichtbrennbaren Stoffen.

Eine Einstufung von Bauteilen aus reinen Kunststoffen in Feuerwiderstandsklassen ist bisher nicht möglich. Durch Kombination mit anorganischen Stoffen können jedoch die Anforderungen für F 30-B und evtl. für F 90-B erreicht werden.

Flammschutzmittel. Obwohl es unmöglich ist, auf Grund ihrer chemischen Struktur brennbare Kunststoffe durch Herstellmodifikationen unbrennbar zu machen, so läßt sich doch die Brennbarkeit durch den Zusatz niedermolekularer → Flammschutzmittel merklich reduzieren. Dies kann auf physikalischen oder chemischen Prozessen beruhen; letztere werden z. Z. bevorzugt. Die Zusätze bewirken:

□ Kühlung, z. B. durch Verdampfung bei Aluminiumhydroxid,
□ Bildung einer → Schutzschicht aus unbrennbaren Gasen, die den Sauerstoffzutritt und die Wärmeübertragung behindern, z. B. Halogene (Bromverbindungen),
□ Verdünnung der zündfähigen Masse durch inerte Füllstoffe,
□ Absättigen der bei der Zersetzung entstehenden brennbaren Radikale, dadurch Verhinderung der exothermen Oxidation,
□ Ausbildung einer Kohleschicht auf der Kunststoffoberfläche, die wärmedämmend wirkt und den Luftzutritt behindert.

Zu beachten ist, daß einige (billige) Flammschutzmittel nur temporär wirksam sind, da sie infolge → Diffusion „ausschwitzen" können. Die Prüfvorschriften der Bundesrepublik Deutschland sehen Wiederholungsprüfungen nach längeren Lagerzeiten vor. Außerdem wirken sich die meisten Flammschutzmittel negativ auf die mechanischen und teilweise auch auf die nichtmechanischen Eigenschaften aus. So muß ggf. eine erhöhte Brandsicherheit z. B. mit geringeren Festigkeiten und verschlechtertem → Alterungsverhalten erkauft werden.

Toxische und korrosive Gase. Die Verbrennungsprodukte (Rauchgase) bei Kunststoffbränden enthalten außer Kohlendioxid und Wasser vor allem bei Schwelbränden giftiges Kohlenmonoxid und je nach Kunststoffart und Brandverlauf auch andere toxisch wirkende Gase, wie Salzsäure und zahlreiche kompliziert aufgebaute, theoretisch nicht vorhersehbare Polymerbruchstücke. Der Zusatz von Flammschutzmitteln erschwert i. d. R. eine chemische Identifikation der Brandgase noch weiter. Eine vollständige chemische Identifikation der vielfältigen Produkte stößt auch bei Anwendung modernster Analysenverfahren bisher auf fast unüberwindliche Schwierigkeiten. Die Toxizität von Brandgasen wird daher z. Z. im kritischen Tierversuch beurteilt. Trotz weltweit interdisziplinärer Forschungsaktivitäten liegen derzeit noch keine allgemein anerkannten Prüf- und Bewertungskriterien vor. Die Bedeutung dieses Mangels ist allerdings für die in tragender Funktion eingesetzten Kunststoffe im Vergleich zu anderen brandgefährdeten Materialien gering. Diese Materialien setzen vor allem bei Schwelbränden wesentlich mehr toxische Gase frei als fest installierte Baustoffe.

Einige Kunststoffe geben bei Überschreiten der Zersetzungstemperatur stark korrosionsfördernde Gase ab; z. B. entweichen bei → PVC und CR nennenswerte Chlormengen, die zu beträchtlichen Schäden an Betriebseinrichtungen führen können, die durch den eigentlichen Brand gar nicht beschädigt wurden. Die bei der Verbrennung von Bodenbelägen, Rohrleitungen, elektrischen Anlagen u. a. entstehenden Chlorgase verbinden sich mit dem Löschwasser zu Salzsäurenebel. Dieser wird durch die Brandthermik weiträumig verbreitet und schlägt sich an kalten Geräten oder Bauteilen aus Stahl sowie auch auf Stahlbeton/Spannbetonbauteilen nieder und führt zu starker Korrosion, bei Stählen im Beton infolge zeitabhängiger Diffusion durch die Betondeckung (→ Betonstahlkorrosion, → Spannstahlkorrosion). *Sasse*

Literatur: *Prager, F. H.:* Sicherheitskonzept für die brandschutztechnische Bewertung der Rauchgastoxizität. Diss. RWTH Aachen 1985. – *Troitsch, J.:* Brandverhalten von Kunststoffen. München 1981.

Breitband. Im allgemeinen unmittelbar vom Fertigwalzwerk aus zu einem Bund aufgewickelter → Flachstahl mit einer Breite über 600 mm. *Dahl*

Breitband-Straße → Warmbreitbandstraße

Breitflachstahl. Warmgewalztes Erzeugnis aus → Stahl mit rechteckigem Querschnitt, bei dem alle vier Flächen gewalzt sind sowie mit einer Breite von mehr als 150 mm und einer Dicke von mindestens 5 mm. *Dahl*

Breitflanschträger. Warmgewalzte breite I-Träger mit parallelen oder geneigten inneren Flanschflächen und verschieden schwerer Ausführung. *Dahl*

Brennfuge → Abtragen

Brennschneiden. Die Prüfung von brenngeschnittenen Flächen erfolgt überwiegend durch äußere,

z. T. auch durch innere Beurteilung. Die äußere Beurteilung bezieht sich nach DIN 8518 auf Kantenfehler, Schnittflächenfehler, anhaftende Schlacke, Risse und sonstige Fehler. Bei der inneren Beurteilung werden anhand eines metallografischen Schliffes der Härteverlauf in die Tiefe und die Ausdehnung der Wärmeeinflußzone ermittelt.
→ Abtragen *Kußmaul*

Literatur: Brennschneidfehler. Merkblatt über Fehlerkennzeichnung und -Ursachen. Beratungsstelle für Autogentechnik, Knapsack.

Brettschichtholz. B. besteht aus mindestens drei breitseitig faserparallel verleimten Brettern oder Brettlagen, deren Dicke in der Regel 33 mm nicht überschreiten darf. Durch Schäftung oder Keilzinkung der einzelnen Lagen kann B. in beliebiger Länge hergestellt werden; als gebogene Bauteile wurden Stützweiten um 100 m erreicht.

Zur Herstellung von verleimten Holzbauteilen, deren wichtigster Vertreter das B. ist, bedarf es einer Leimgenehmigung. Als → Holzart dient meist Fichte, als Leime (meist auf Harnstoff- oder Resorcinbasis) sind nur nach DIN 68 141 geprüfte Produkte zugelassen. Bei größeren Querschnittshöhen werden nahe der neutralen Faser Bretter geringerer Güte, in den hochbeanspruchten Außenzonen dagegen nur hochwertige Bretter eingesetzt. Vorteile des B. gegenüber → Vollholz sind:
□ Querschnitte und Längen nach Bedarf herstellbar
□ Krümmungen bis zum Radius 200 : 1 (bezogen auf Brettdicke) möglich
□ erhöhte zulässige Spannungen aufgrund der Vergleichmäßigung des Holzquerschnittes
□ verminderte Rißgefahr.

Gegenüber anderen Baustoffen zeichnet sich B. durch seine ästhetische Wirkung, das günstige Verhältnis von → Festigkeit zu Gewicht und die hohe → Widerstandsfähigkeit gegenüber aggressiven Chemikalien (bei Fabrikations- und Lagerhallen) aus. *Noack/Schwab*

Literatur: DIN 68 141 Holzverbindungen; Prüfung von Leimen und Leimverbindungen für tragende Holzbauteile. – *Kolb, H.:* Leimbauweisen. In Holzbau-Taschenbuch, Band 1. Verlag Ernst & Sohn Berlin 1986, S. 119–145.

Brettsperrholz → Sperrholz

Bridgeman-Verfahren → Kristallzüchtung

Brikettieren. B. ist eines der ältesten Verfahren zur Formung von körnigen oder kleinstückigem Material zwecks besserer Weiterverarbeitbarkeit und Versandfähigkeit. Das B. hat vor allem bei der Aufbereitung von Braun- und Steinkohlen (hier vor allem durch Zusatz von Pech, heute mehr mit Teeröl oder Sulfitablauge verpreßt) Anwendung gefunden. Getrocknete Braunkohle läßt sich auch ohne Binder zu Briketts verformen.

Einsatzstoffe für die Eisen- und Stahlerzeugung sind in feinkörniger Form wegen der großen Oxidationsgefahr und des hohen Staubauswurfs nicht brauchbar. Deshalb werden Späne und auch Feinerze brikettiert, wobei im letzteren Fall das B. heute in Wettbewerb mit dem → Sintern und Pelletisieren steht.

Die Brikettformate werden dem jeweiligen Verwendungszweck und der optimalen Verarbeitbarkeit beim → Pressen angepaßt. Wesentlichen Einfluß auf die Brikettformen hat auch deren Stapel- und Förderarbeit. Im Gießereibereich werden Briketts (hier auch als Preß- oder Formlinge bezeichnet), die meist mit → Zement, Wasserglas u. ä. gebundene Legierungsmetalle enthalten, zur Abstimmung der Grundgattierung auf die vorgeschriebenen Analysenwerte erfolgreich verwendet. *Doliwa*

Brinell-Härte → Härte

Brinelling. Bildung von Eindrücken in den Oberflächenbereichen eines Körpers durch wiederholte örtliche Stöße oder durch eine statische Überbeanspruchung. B. kann insbesondere in den Laufbahnen von Wälzlagern in Erscheinung treten. *Habig*

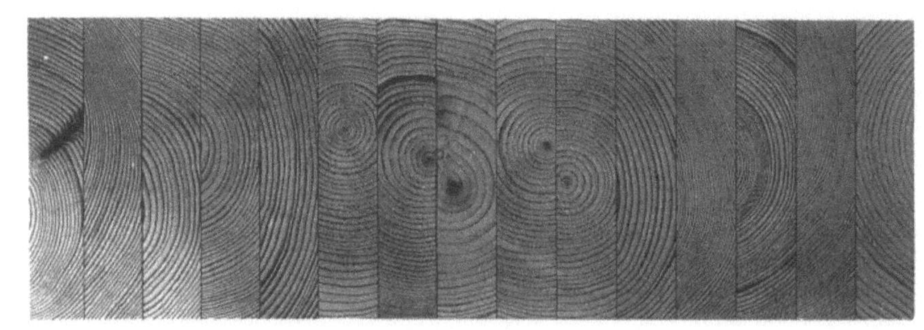

Brettschichtholz: Querschnitt durch ein 15lagiges Brettschichtholz.

Bronzeschichten. Oberflächenschutzschichten aus Kupfer-Zinn-Legierungen, die durch elektrolytisches → Abscheiden meistens auf → Stahl gebildet werden. Sie besitzen eine gute → Korrosionsbeständigkeit und können als Gleitpartner von Stahl eingesetzt werden. *Habig*

Bruch, interkristallin/transkristallin. Trennung des Werkstoffs, die zwischen den Kristalliten (interkristallin, d. h. entlang der → Korngrenze) oder durch die Kristallite hindurch (transkristallin) erfolgt.

Alle Metalle bestehen aus einem Haufwerk kleiner Kristalle mit unregelmäßiger Begrenzung (Kristallkörner, Kristallite). Bei der → Abkühlung der Schmelze bilden sich im Bereich der Erstarrungstemperatur an bevorzugten Punkten kleinste submikroskopische Kristallgebilde (Kristallisationskeime) aus, an die sich weitere Atome in regelmäßiger Anordnung (Kristallstruktur) anlagern. Aus den Keimen entstehen in der Schmelze feste Kristalle, die aufeinander zuwachsen. Das → Kornwachstum schreitet fort, bis benachbarte Kristalle aneinanderstoßen (polykristalliner Werkstoff). Dabei ergeben sich unregelmäßige Begrenzungsflächen, die mit Hilfe der → Metallographie im Mikroskop als Korngrenzen im → Gefüge sichtbar werden. Die Größe der Kristallkörner hängt von der Zusammensetzung der Schmelze und den Abkühlbedingungen ab. Die → Korngröße wirkt sich auf die → Festigkeit des Werkstoffs aus.

An den Begrenzungsflächen ist der Aufbau der Kristalle durch die gegenseitige Behinderung beim Zusammenwachsen gestört. Diese Störstellen (zweidimensionale Gitterfehler, → Versetzungen) haben durch den Zwangszustand, in dem sich die Atome befinden, bei technischen Werkstoffen im allgemeinen eine größere Festigkeit als der regelmä-

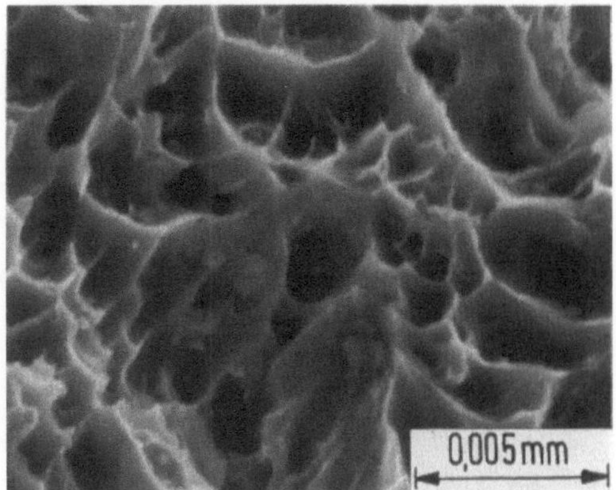

Bruch, interkristallin/transkristallin 2: Rasterelektronenmikroskopische Aufnahmen verschiedener Brucharten (Quelle: MPA).

transkristalliner Wabenbruch (oben), transkristalliner Spaltbruch (mitte), interkristalliner Bruch (unten)

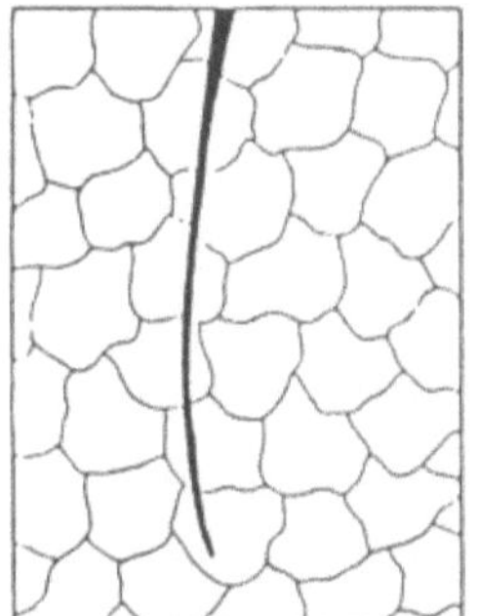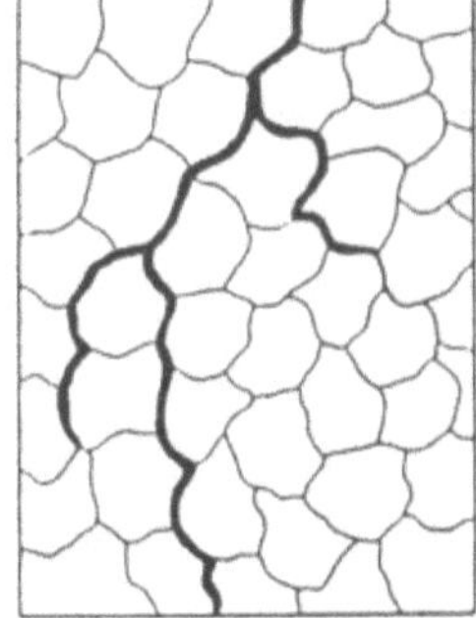

Bruch, interkristallin/transkristallin 1: Trans- und interkristalliner Riß im metallographischen Schliff, schematisch.

transkristallin (links), interkristallin (rechts)

ßig aufgebaute, mit weniger Gitterbaufehlern behaftete innere Teil der Körner.

Unter mechanischer Beanspruchung erfolgt eine Trennung bei Überschreiten der Werkstoffestigkeit im schwächsten Teil des Kornverbandes. Bei Raumtemperatur und niedrigeren Temperaturen verlaufen deshalb Risse in der Regel durch die Körner hindurch (transkristalliner Bruch). Für sprödes oder zähes Werkstoffverhalten ergeben sich verschiedene Formen der Tennung. Beim transkristallinen →Sprödbruch werden die Kristallite verformungslos gespalten (→Spaltbruch). Bei zähem Werkstoffverhalten tritt ein Abgleiten in kristallographisch bevorzugten Ebenen (Gleitebenen) mit Bildung von Mikroporen und Hohlräumen ein. Die Hohlräume weiten sich auf, dazwischen liegende Stege werden zu schmalen Rändern ausgezogen, wobei eine wabenartige Mikrostruktur entsteht (Wabenbruch, →Fraktographie). Unter Dauerschwingbeanspruchung (→Dauerschwingversuch) bilden sich transkristalline Anrisse mit Bruchbahnen und →Schwingstreifen (Fraktographie).

Bei höherer Temperatur werden die Atome beweglicher. Die Festigkeit der Korngrenzen nimmt ab. Brüche nach langer Belastungszeit bei hoher Temperatur (→Zeitstandversuch) folgen den Korngrenzen (interkristalliner Bruch).

Im Bereich der Raumtemperatur treten bei mechanischer Belastung i. B. nur dann auf, wenn die Korngrenzen durch Ausscheidungen oder Verunreinigungen geschwächt oder versprödet sind (→Rißbildung). Auch die Einwirkung von →Wasserstoff kann zu i. B. führen (wasserstoffinduzierte Risse).

Bei bestimmten Formen der →Korrosion folgt der Angriff ebenfalls den Korngrenzen (interkristalline Korrosion, →Kornzerfall, interkristalline →Spannungsrißkorrosion). *Kußmaul*

Brucharten. Unter Bruch versteht man eine den gesamten Querschnitt erfassende Werkstofftrennung. Je nach Beanspruchungsart unterscheidet man Gewaltbrüche (bei einsinniger Belastung) und Schwingbrüche (bei schwingender Belastung). Bruch kann nach größerer plastischer →Verformung als Verformungsbruch (Zähbruch) und als verformungsloser →Sprödbruch auftreten, wenn die plastische Verformung auf die unmittelbare Umgebung einer Kerbe oder eines Risses beschränkt ist.

Nach dem Bruchmechanismus ist zwischen →Gleitbruch und →Spaltbruch zu unterscheiden.
□ Spaltbruch tritt bei ferritischer Matrix vorwiegend bei tiefen Temperaturen und/oder hohen Beanspruchungsgeschwindigkeiten auf, wenn die größte herrschende →Normalspannung die mikroskopische Spaltbruchspannung erreicht. Beim transkristallinen Spaltbruch erfolgt die Werkstofftrennung längs der dichtest belegten Kristallebenen, beim interkristallinen Spaltbruch an geschwächten Korngrenzen.
□ Gleitbruch entsteht durch Bildung und Zusammenwachsen von Hohlräumen, die bevorzugt an Einschlüssen oder anderen zwei Phasen entstehen. Der Übergang vom transkristallinen Spaltbruch zum Gleitbruch kann durch eine →Übergangstemperatur gekennzeichnet werden. *Dahl*

Bruchausschluß →Basissicherheit

Bruchdehnung →Spannungs-Dehnungs-Diagramm

Brucheinschnürung →Spannungs-Dehnungs-Diagramm

Bruchfestigkeit →Zugfestigkeit

Bruchfläche →Zugfestigkeit

Bruchlastspielzahl →Dehnungswechselversuch

Bruchmechanik.
Allgemein. Quantitative Beschreibung der Beanspruchung und des Werkstoffverhaltens durch die Kenngrößen Spannungsintensitätsfaktor K, Rißspitzenaufweitung δ und J-Integral. Im Bereich der linearelastischen B. ist die mit genormten Proben ermittelte →Bruchzähigkeit eine geometrieunabhängige Werkstoffkenngröße. Bei größeren plastischen Verformungen vor der Rißspitze kann im Rahmen der Fließbruchmechanik unter einschränkenden Bedingungen mit den kritischen Werten der Rißspitzenaufweitung δ und des J-Integrals als Werkstoffkenngrößen gerechnet werden. Der Vergleich zwischen Beanspruchung und Werkstoffkennwert ermöglicht die Versagensanalyse von Bauteilen. *Dahl*

Prüfung. Die quantitative bruchmechanische Bewertung von Bauteilen geht zurück auf Ansätze von *Griffith* und *Irwin*.

Entsprechend der Verformungsfähigkeit des Werkstoffs ist die bruchmechanische Bauteilanalyse in Verfahren der linearelastischen und elastisch-plastischen B. unterteilt. Die Bauteilbewertung erfolgt durch den Vergleich der Belastungsgröße mit dem relevanten B.-Kennwert. Im linearelastischen Beanspruchungsbereich tritt Versagen durch spontanen →Sprödbruch ein (→Sprödbruchprüfung), im elastisch-plastischen Beanspruchungsbereich treten mit zunehmender Belastung an der Rißspitze plastische Verformungen auf, die zur Abstumpfung der Rißspitze (*engl.* blunting) führen.

Auf das „blunting" folgt die Rißinitiierung, d. h. der Beginn der Rißerweiterung. Daran schließt sich die Phase stabiler Rißerweiterung an, deren Ausdehnung abhängig ist von Werkstoff, Prüfbedingungen und →Spannungszustand. Bei Erreichen der kritischen Rißtiefe tritt instabile Rißerweiterung, d. h. Bruch der Probe ein.

Als Probenformen werden in den Prüfvorschriften ASTM E813 bzw. BS 5762 geometrisch ähnliche CT- (Compact-Tension)-Proben oder 3PB- (Dreipunkt-Biege)-Proben empfohlen.

Der Bruchmechanikparameter J-Integral wurde von *Rice* definiert als Linienintegral entlang eines beliebigen Weges um die Rißspitze, welches das örtliche Spannungs-Dehnungsfeld im Bereich der Rißspitze charakterisiert.

Das J-Integral kann anschaulich formuliert werden als →Energiefreisetzungsrate zweier identischer Körper mit geringfügig unterschiedlichen Rißlängen, gemäß

$$J = - \frac{dV}{dA_{Riß}}$$

Unter CTOD (crack tip opening displacement) versteht man die Aufweitung der Rißspitze infolge der Belastung. Sie kann experimentell nur mit großem Aufwand gemessen werden.

In der Prüftechnik unterscheidet man die Mehrprobentechnik und die Einprobentechnik.

Bei der Mehrprobentechnik (MPT) werden mindestens vier identische Proben bei gleichen Prüfbedingungen unterschiedlich hoch belastet. Nach dem Entlasten werden sie zur Bestimmung der Rißerweiterung bei tiefen Temperaturen aufgebrochen (Bild 1).

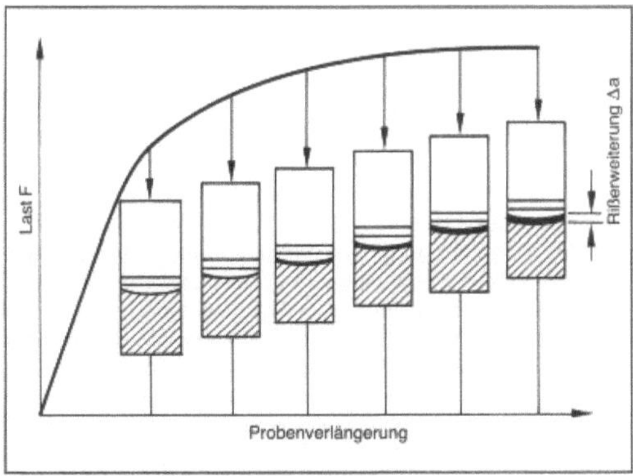

Bruchmechanik 1: Mehrprobentechnik. Last-Verlängerungsverhalten und Rißerweiterung.

Bei der Einprobentechnik (EPT) wird durch Teilentlastungen die aus der Rißerweiterung resultierende Steifigkeitsänderung der Probe gemessen, aus der dann die momentane Rißtiefe berechnet werden kann (Bild 2). Nach Versuchsende wird die Endrißtiefe entsprechend der MPT bestimmt.

Ziel der B. ist die Bestimmung der Rißeinleitungswerte J_{Ic} und $CTOD_i$ und die Bestimmung

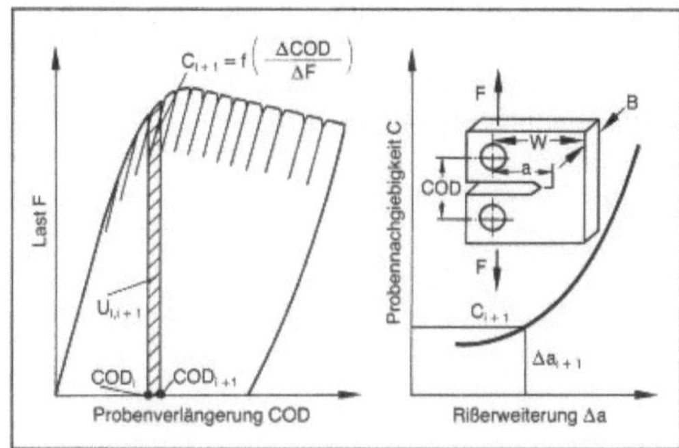

Bruchmechanik 2: Einprobentechnik. Last-Verlängerungsverhalten und Probennachgiebigkeit.

der Rißwiderstandskurve auf der Basis des J-Integrals und des CTODs als Funktion der Rißerweiterung.

Zur J_{Ic}-Bestimmung wird aus den Werkstoffkennwerten der Proben die Steigung m einer Geraden berechnet, die das plastische Abstumpfen der Rißspitze kennzeichnet. Es ist

$$m = (R_{p0,2} + R_m) = 2\,\sigma_{fl}$$

In ein J-Δa-Diagramm werden drei Geraden mit der Steigung m eingetragen. Die erste Gerade ist eine Ursprungsgerade und wird als „Blunting-Line" bezeichnet. Die beiden anderen Geraden werden als „Offset-Lines" bezeichnet und schneiden die Abszisse bei Δa = 0,15 mm und 1,5 mm (Bild 3).

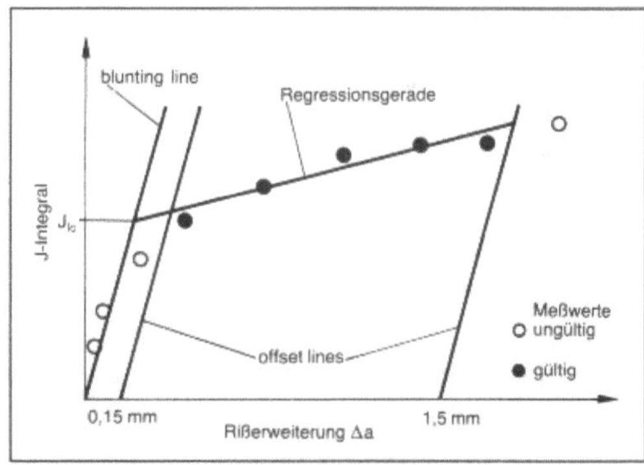

Bruchmechanik 3: Bestimmung von J_{Ic}.

In dieses Diagramm werden die J-Δa-Wertepaare der Proben eingezeichnet. Mindestens vier dieser Wertepaare müssen zwischen diesen Offset-Lines liegen. Durch die Punkte zwischen den Offset-Lines wird eine Ausgleichsgerade gelegt. Der Schnittpunkt dieser Gerade mit der „Blunting-Line" ist der B.-Kennwert J_{Ic}, der bei Einhaltung der Größenbedingungen als Werkstoffkennwert gilt.

In BS 5762 wird nur die MPT angegeben. Die prinzipielle Prüftechnik ist dieselbe wie nach ASTM E813. Bei der Bestimmung von $CTOD_i$ wird durch die CTOD-Δa-Werte eine Gerade oder eine Kurve gelegt, wobei der Schnittpunkt mit der Ordinate bei Δa = 0 den Bruchmechanikkennwert CTOD$_i$ bei Rißeinleitung ergibt (Bild 4).

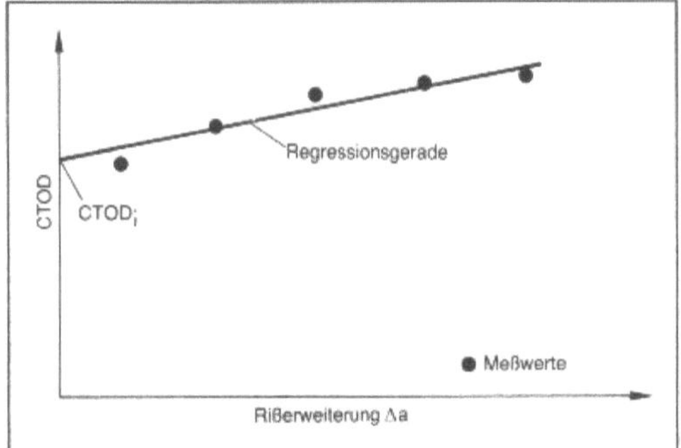

Bruchmechanik 4: Bestimmung von CTOD$_i$.

Neuere Überlegungen und experimentelle Untersuchungen haben ergeben, daß bei Bestimmung des Initiierungswertes nach der o. g. Methode häufig zu hohe Werte ermittelt werden.

Alternativ zu dem o. g. Verfahren ist es möglich, die J-Δa-Werte durch eine Kurve höherer Ordnung zu approximieren (Bild 5).

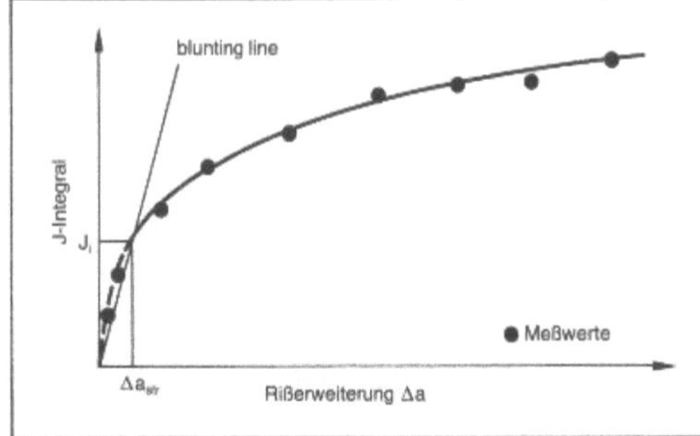

Bruchmechanik 5: J_R-Kurve und Bestimmung von J_i, nach DVM.

Der Schnittpunkt dieser Kurve mit der Parallelen schen Rißeinleitungswert J$_i$. Die Integration dieses Verfahrens in die Prüfvorschriften ist derzeit in Diskussion.

Dabei ist Δa_{str} der Betrag der plastischen Rißabstumpfung vor Rißeinleitung, der auf der → Bruchfläche mit Hilfe des Rasterelektronenmikroskops als Saum zwischen Ermüdungsanriß und stabiler Rißerweiterung zu erkennen ist.

Näherungsweise kann das J-Integral aus der von der Probe aufgenommenen Verformungsenergie berechnet werden als

$$J = U/\ (B*c) * g\ (a/W)\ \text{mit}$$
$$g\ (a/W) = 2\ \text{für TPB-Proben}$$
$$g\ (a/W) = 2 * [(1 + \eta)\ /\ (1 + \eta^2)]\ \text{für CT-Proben}$$

$$\eta = \sqrt{(2a/c)^2 + 4(a/c) + 2} \quad - ((2a/c) + 1)$$

$$c = W - a$$

mit U = Verformungsenergie aus der Last-Verlängerungskurve der Probe
 B = Probendicke
 W = Probenbreite
 a = Rißtiefe
g (a/W) = Formfaktor

Für die Rißerweiterung während des Versuchs zwischen der i-ten und der i+1-ten Teilentlastung wird der Wert des J-Integrals korrigiert
$$(U_{i+1} - U_i)]$$
$$[1- \gamma\ (a_{i+1} - a_i)/c]$$

$$\gamma = 1 + 0,76\ (c/W)\ \text{für CT-Proben,}$$
$$\gamma = 1\ \text{für 3PB-Proben.}$$

Die Rißspitzenaufweitung CTOD wird berechnet aus der Last F und der Kerböffnung → COD:

$$K_I = F/\ (B\sqrt{W}) \cdot f(a/W)$$
$$CTOD = K_I^2\ /(2\ R_{p0,2}\ E') +$$
$$[0,4\ (W - a) \cdot COD_{PL}/\ (0,4\ W + 0,6\ a)]$$

K$_I$ = Spannungsintensitätsfaktor
f(a/W) = Formfunktion
E'   = Elastizitätsmodul
COD$_{PL}$ = plast. Anteil der Kerböffnung

Um die Gültigkeit des J$_{Ic}$-Werts als Werkstoffkennwert zu gewährleisten, sind bei der J-Integralberechnung folgende Größenbedingungen zu beachten.

$$B_{netto} > 25\ J_{Ic}/\sigma_{fl}.$$
$$W - a > 25\ J_{Ic}/\sigma_{fl}.$$
$$dJ/da < \sigma_{fl}.$$
der Rißebene. *Kußmaul*

Literatur: ASTM E-813 – Standard Test for J$_{Ic}$: A Measure of Fracture Toughness. Am. Soc. for Testing and Materials. Philadelphia, 1981. – BS 5762 – Methods for Crack opening displacement (COD) testing. British Standards Institution, London, 1979. – Ermittlung von Rißinitiierungswerten und Rißwiderstandskurven bei Anwendung des J-Integrals. Normentwurf des Deutschen Verbandes für Materialprüfung (DVM). Stand Februar 1987. – *Flüge, S.* (Hrsg.): Handbuch der Physik Bd. 6. Elastizität und Plastizität. Berlin–Heidelberg 1958. – *Griffith, A. A.:* The Phenomena of Rupture and Flow in Solids. Phil. Trans Roy. Soc. London, Ser. A, 1920 pp 163–198. – *Rice, J. R.:* Mathematical Analysis in the Mechanics of Fracture in H. Liebowith (ed.), Fracture: On Advanced Treatise. Vol III, New York 1968.

Bruchmodul. (auch Biegefestigkeit, *engl.* modulus of rupture). Er wird bestimmt durch Belastung einer Biegeprobe konstanten Querschnitts bis zum Bruch: M ist das maximale Biegemoment, J das Flächenträgheitsmoment und c der Abstand der neutralen zur äußersten Faser:

$$B.S_M = \frac{M \cdot c}{J}$$

Da das Flächenträgheitsmoment aus den geometrischen Abmessungen der Probe im unbelasteten Zustand bestimmt wird, stimmt S_M nur bei rein linearelastischem Materialverhalten mit der maximal erreichten Spannung überein. Der B. kann dazu verwendet werden, das größte von einem Bauteil aufnehmbare Biegemoment abzuschätzen.

Kußmaul

Bruchspannung. Die B. σ_r ist die bei angerissenen Zug- oder Biegeproben in Abhängigkeit von der Temperatur zum Bruch der Probe führende → Spannung. Bei Biegeproben wird die B. als Biegebruchspannung bezeichnet. *Gräfen*

Bruchverhalten. Einfluß des Gefüges und der Beanspruchungsbedingungen auf das Werkstoffverhalten beim Bruch. *Dahl*

Bruchzähigkeit. Bruchmechanischer Zähigkeitskennwert, der im Bereich der linearelastischen → Bruchmechanik geometrieunabhängig ist:

$$K_{Ic} = \sigma\sqrt{\pi \cdot a} \cdot f\left(\frac{a}{W}\right),$$

wobei σ die angelegte Bruttospannung, a die Rißlänge und $f\left(\frac{a}{W}\right)$ eine Korrekturfunktion darstellt, die für verschiedene Geometrien aus Formeln berechnet oder aus Tabellen entnommen werden kann. *Dahl*

Brückenlager-Prüfung, Hochbaulager-Prüfung. Relativbewegungen und Kippungen bei Brücken, Hochbauten, Rohrleitungen und Behältern z. B. infolge von Temperatur- oder Laständerungen erfordern in der Regel Lagerungen. Insbesondere bei modernen, gekrümmten Großbrücken wurden wegen der Forderung nach allseitiger Beweglichkeit in bestimmten Lagerpunkten die klassischen stählernen Rollenlager durch → Gleitlager abgelöst. Bei den bisher größten Gleitlagern können Vertikalkräfte bis zu 120 MN großflächig in Widerlager oder Pfeiler übertragen werden. Nach derzeitiger Situation sind schätzungsweise nur weniger als 5 % aller gefertigten Brückenlager noch Rollenlager.

Ausführung, Herstellung und Überwachung derartiger → Lager werden in der Bundesrepublik Deutschland durch allgemeine bauaufsichtliche Zulassungen und DIN-Vorschriften (insbes. DIN 4141) geregelt. Die Einhaltung dieser Bestimmungen ist durch ein Güteüberwachungssystem, bestehend aus Eigen- und Fremdüberwachung, gewährleistet (Bild 1). Vom Institut für Bautechnik in Ber-

lin anerkannte Prüfstellen führen bei deutschen und ausländischen Lagerherstellern die vorgeschriebene Fremdüberwachung durch.

Brückenlager-Prüfung 1: Zulassungs- und Überwachungsmodalitäten bei Brückenlagern.

Als Lager im Hoch- und Anlagenbau finden heute unbewehrte Elastomerlager oder Gleitfolien (aus PE, POM oder → PVC) Verwendung. Einige der deutschen Gleitfolienhersteller unterziehen sich auf freiwilliger Basis einer Qualitätskontrolle, die in Anlehnung an die → Güteüberwachung bei Brückenlagern aufgebaut ist.

Bei Grundlagenuntersuchungen und laufenden Überwachungsversuchen mit Gleitsystemen für den Brücken-, Hoch- sowie Rohrleitungs- und Apparatebau hat sich ein Modellagerprüfstand der MPA Stuttgart (Bild 2), mit einem breit einstellbaren → Belastungskollektiv (Auflast bis 1000 kN, Geschwindigkeit von 0,01 bis rd. 10 mm/s und Temperaturbereich von −60 bis +150 °C) durch die nachgewiesene Übertragbarkeit der für das Betriebsverhalten relevanten Ergebnisse bewährt. Es wird insbesondere die Temperatur- und Gleitwegabhängigkeit des Reibungsverhaltens von Gleitpaarungswerkstoffen für die genannten Anwendungsbereiche untersucht.

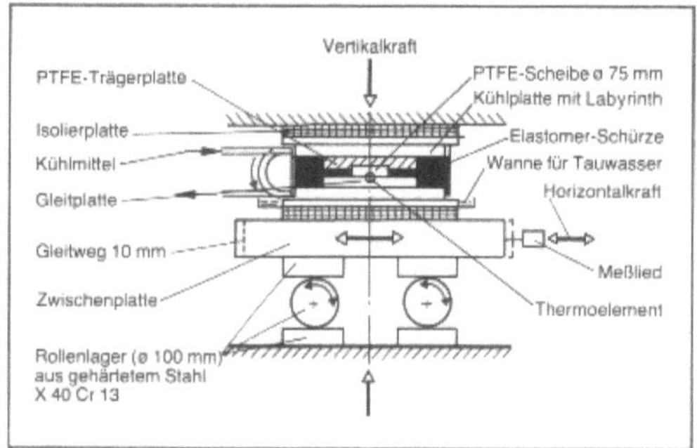

Brückenlager-Prüfung 2: Schematische Darstellung einer Modellagerprüfanlage für Brückenlagerkomponenten.

Wie in Reibungsversuchen mit Brückenlagerkomponenten (PTFE weiß gegen austenitischen Stahl geschmiert mit Siliconfett und Schmierstoffspeicherung) nachgewiesen wurde, steigt das Reibungsniveau mit zunehmendem Gleitweg degressiv an und läßt auch nach einem Gesamtgleitweg von 20 km noch kein Versagen des Prüflagers erkennen (Bild 3).

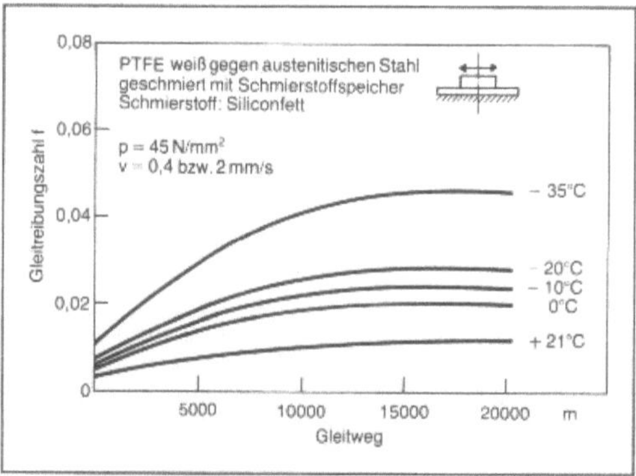

Brückenlager-Prüfung 3: Ergebnisse eines Langzeitversuchs mit Brückenlagerkomponenten.

Auf dem Hochbausektor werden Reibungsversuche mit Originalprobekörpern im Kurzzeit- und Dauerversuch bei Raumtemperatur sowie unterschiedlich tiefen Temperaturen (Tieftemperaturprogramm) durchgeführt. Diese in Basisuntersuchungen oder im Rahmen der Fertigungskontrolle ermittelten Ergebnisse dienen dem Verwender zur Bemessung von Bauwerken.

Die im Brückenlagerbereich bis jetzt eingetretenen Schadensfälle betreffen Rollen- und Gleitlager, die zum großen Teil noch nicht der allgemeinen bauaufsichtlichen Zulassung und damit der Güteüberwachung unterlagen, ferner solche, die infolge unplanmäßigen Einbaus – z. B. Hohlliegen der Gleit- oder Rollplatten – in ihrer Funktion beeinträchtigt oder gar funktionsunfähig sind. Derartige

Lager sind auf Sicherheitsrisiken zu beurteilen. Oft kann dann der Baubehörde aufgrund langjähriger Erfahrung eine Teilsanierung anstelle eines kostenaufwendigen kompletten Austausches vorgeschlagen werden.   *Kußmaul*

Brünieren → Oxidieren

Buckelschweißen → Schweißverfahren

BUNA*. Handelsname für ein Copolymerisat aus Butadien und Styrol, das als synthetischer Kautschuk Anwendung findet (→ Elastomer).
                Zahradnik

Bundesanstalt für Materialforschung und -prüfung (BAM). Bundesoberbehörde im Geschäftsbereich des Bundesministeriums für Wirtschaft (BMWi), technisch-wissenschaftliches Staatsinstitut für Werkstoffwissenschaften, Materialprüfung und Chemische Sicherheitstechnik.

Die BAM geht hervor aus der 1871 gegründeten preußischen Mechanisch-Technischen Versuchsanstalt, 1904 mit der Chemisch-Technischen Versuchsanstalt vereinigt zum Königlichen, nach 1918 Staatlichen Materialprüfungsamt, zu dem 1945 die Chemisch-Technische Reichsanstalt kam. 1954 wurde die bis dahin Berliner Einrichtung dem Bundesministerium für Wirtschaft zugeordnet, seit 1956 als „Bundesanstalt für Materialprüfung", seit 1987 als „Bundesanstalt für Materialforschung und -prüfung". Im Bereich Forschung und Entwicklung der BAM werden vor allem Probleme mit einer unmittelbaren Beziehung zur Praxis bearbeitet. Der Tätigkeitsbereich Prüfung und Untersuchung umfaßt nahezu ausschließlich Arbeiten auf Veranlassung Dritter. Zum aktiven Wissenstransfer berät die BAM Ministerien und bringt ihr Wissen in etwa 200 Gremien zur Weiterentwicklung von Gesetzen und Normen ein. Sie informiert die Öffentlichkeit, unterhält sieben Dokumentationsstellen und unterstützt die Arbeit des Fachinformationszentrums Werkstoffe. Sie ist in sieben Abteilungen gegliedert: Metalle und Metallkonstruktionen, Bauwesen, Organische Stoffe, Chemische Sicherheitstechnik, Sondergebiete der Materialprüfung, Stoffartunabhängige Verfahren, Wissenschaftlich-Technische Querschnittsaufgaben.

Leitung: Präsident. Kuratorium: Vertreter von Wissenschaft und Wirtschaft, Vorsitz Vertreter des BMWi.

Ressourcen: 1 013 Beschäftigte, 125,1 Mio DM aus dem Haushalt des BMWi (Soll 1989), dazu 12 Mio DM aus Prüfungs- und sonstigen Gebühren, 8,8 Mio DM von Dritten für Forschungsprojekte (1986).

(Bundesanstalt für Materialforschung und -prüfung, Unter den Eichen 87, 1000 Berlin 45).

Altenmüller

Buntmetallurgie. Die →Metallurgie, auch Hüttenkunde genannt, ist die Lehre von der Erzeugung und Herstellung von Metallen aus Erzen und Schrott (Gewinnung, Scheidung, Raffination, Legieren). Häufig wird die Technik der Weiterverarbeitung miteinbezogen.

Die Einteilung der Metalle wird nach verschiedenen Eigenschaften vorgenommen (z. B. spezifisches Gewicht, Schmelzpunkte, Farbe, →Gefüge, Herstellung). Steht die Farbe im Vordergrund, unterscheidet man Bunt-, Schwarz- oder →Edelmetalle.

Nach der Einteilung der Metalle ergeben sich besondere Gruppen:
- Eisen- oder Schwarzmetalle (wie Kohlenstoff-, Chrom-, Mangan-Stähle)
- Buntmetalle (nach ihrer schönen Farbe, wie →Kupfer, Kobalt, →Nickel, →Blei, Antimon, Wismut, Cadmium, Quecksilber, Zink, Zinn)
- Edelmetalle (wie Silber, Gold, Platin, Osmium, Rhodium)
- Leichtmetalle (mit einem spezifischen Gewicht unter $4,5\,g/cm^3$, wie →Aluminium, Magnesium, →Titan, Beryllium)
- Schwermetalle (mit einem spezifischen Gewicht über $4,5\,g/cm^3$, wie Zink, Blei, Eisen, Chrom, Nickel, Kupfer, Platin, Wolfram)
- Nichteisenmetalle (NE-Metalle, technisch genutzte Metalle und ihre Legierungen mit Ausnahme von Eisenmetallen).
- →Sondermetalle (in geringen Mengen verwendet, mit einzigartigen Eigenschaften, z. B. hochschmelzende Übergangsmetalle Titan, Zirkonium, Molybdän, Wolfram, →Seltene Erden, Halbleitermetalle →Silicium und Germanium)

Die B. befaßt sich mit der Erzeugung und Weiterverarbeitung der Buntmetalle und ihrer Legierungen. Sie wird als Metallhüttenkunde zusammengefaßt und gelehrt.

Heller

Literatur: *Bargel, H. J., u. G. Schulze:* Werkstoffkunde. Düsseldorf 1988. – *Hornbogen, E.:* Werkstoffe. Berlin 1983. – *Kieffer, R., u. G. Jangg, P. Ettmayer:* Sondermetalle. Berlin-Wien 1971. – Werkstoffhandbuch Nichteisenmetalle. Düsseldorf. – Werkstoffhandbuch Stahl und Eisen (Hrsg. Verein Deutscher Eisenhüttenleute) Düsseldorf.

Burgers-Vektor. Der B.-V. b gibt Betrag und Richtung der gegenseitigen Verschiebung zweier Gitterpunkte auf den beiden Ufern einer Gleitebene an, welche durch den Durchlauf einer Versetzungslinie bewirkt wird. Er charakterisiert somit die „Stärke" einer Versetzung in ihrer Eigenschaft als Träger der plastischen Verformung durch →Abgleitung; er ist ferner für das Ausmaß der durch die Versetzung bedingten lokalen Verzerrung ($\sim b/r$) und damit für ihre →Linienenergie ($\sim Gb^2$, G: →Schubmodul) maßgebend.

B.-V. verschiedener miteinander reagierender Versetzungen werden nach den Regeln der Vektoralgebra addiert. Der Betrag von b ergibt sich aus den Abmessungen der →Elementarzelle und den Richtungsfaktoren des Gleitsystems; er ist von der Größenordnung der Gitterkonstante. (→Versetzung).

Ilschner

Butylelastomer. Ein vernetztes →Copolymer aus Isobutylen und bis zu 5% Isopren. Es zeigt eine bemerkenswert hohe Beständigkeit gegen Ozon, Sauerstoff, Hitze, Licht, Säuren und Öle und eine außerordentlich geringe Gasdurchlässigkeit (→Elastomere).

Zahradnik

Butylkautschuk. B. (IIR) ist ein Copolymerisat aus Isobutylen und Isopren, das wegen seiner guten Alterungsbeständigkeit als →Dichtungsbahn und Fugenmasse eingesetzt wird.

Sasse

C

Cadmiumlegierungen. Niedriglegierte C. werden hauptsächlich als Lagerwerkstoffe mit guten Einlauf- und Notlaufeigenschaften in der Flugzeug- und Automobilindustrie eingesetzt. Diese Legierungen enthalten etwa 98 % Cadmium, Kupfer, Silber und Nickel (z. B. CdNi1,3; CdCu2Ag0,5; CdAg2,25Cu0,25) und werden für schnellaufende Maschinen bei geringem → Verschleiß und hoher Beanspruchung verwendet. Durch Indium kann die Korrosionsempfindlichkeit gegen säurehaltiges Öl verbessert werden (CdNi1,2In0,4). Weitere Legierungszusätze zu Cadmium sind Zink, Magnesium u. a.

Cadmium wird als Legierungsbestandteil von Loten und Legierungen mit niedrigem → Schmelzpunkt eingesetzt. Weiter wird Cadmium für Farbe, Elektronenröhren, Selenzellen und im NiCd-Akkumulator verwendet. Cd-Dampf findet als Oberflächenschutz vieler Stahl- und Eisenwaren Verwendung, um einen Rostschutz zu erreichen (Cadmierung). Da Cadmium jedoch giftig ist, kommt dieses Verfahren in der Nahrungsmittelindustrie nicht in Frage. *Heller*

Cadmiumschichten. Oberflächenschutzschichten, die meistens durch elektrolytisches → Abscheiden, teilweise auch durch → Plattieren aufgebracht werden. Sie bewirken einen kathodischen → Korrosionsschutz und dienen ähnlich wie Zink als → Opferanode. Gelegentlich werden sie auch als Gleitschichten eingesetzt. Da Cadmium zu den umweltbelastenden Stoffen gehört, soll es nur eingesetzt werden, wenn es keine Alternative gibt. *Habig*

Caprolactame → Copolymerisation

Carbide, polykristalline → Faserwerkstoffe

Carbonfaser. (*engl.* carbon fiber) Als C. werden solche Fasermaterialien bezeichnet, die einen Gehalt von mehr als 80 % elementaren → Kohlenstoff aufweisen. Im deutschen Sprachgebrauch ist es üblich zwischen Kohlenstoff- (Kohle-) und Graphitfasern zu unterscheiden, wobei → Kohlenstoffasern 80–94 %, Graphitfasern mehr als 99 % Kohlenstoff enthalten. Der Kohlenstoffgehalt ist abhängig von der bei der Herstellung angewandten maximalen Pyrolysetemperatur. Kohlenstoffasern erhält man

bei Temperaturen von 900–1500 °C, Graphitfasern bei Temperaturen bis 3000 °C.

Als technische Herstellungsverfahren haben sich die Pyrolyse von regenerierten Cellulose- (Rayon-) und Polyacrylnitril-(PAN-)fasern, sowie die Pyrolyse von Pech durchgesetzt. Cellulosefasern werden bei etwa 2500 °C carbonisiert. Gleichzeitig werden die Fasern gereckt, wodurch die Orientierung der Graphitkristalle in Faserrichtung erfolgt. Erst dadurch steigt der → Elastizitätsmodul auf den gewünschten Wert an.

PAN-Fasern werden im gespannten Zustand bei 200–300 °C oxidiert um die Faserform zu stabilisieren; ohne diesen Verfahrensschritt würden die Fasern schmelzen. Danach erfolgt die Carbonisierung bei 2000 °C über 24 Stunden in Wasserstoffatmosphäre. Anschließend wird unter Argon weiter erhitzt, wodurch besonders reißfeste HT-(high tensile)-Graphitfasern erhalten werden. Werden die carbonisierten Fasern nur kurzzeitig auf 2800–3000 °C unter Argon erhitzt, resultieren sogenannte HM-(high modulus)-Fasern. Allgemein gilt, je höher die maximale Verarbeitungstemperatur liegt, um so größer ist der Anteil an in Faserrichtung orientierten Kristallen und um so höher liegt der Elastizitätsmodul.

C. werden hauptsächlich mit → Epoxidharzen als Matrixmaterial zu hochwertigen → Verbundwerkstoffen verabeitet. Vor der Verarbeitung müssen die Fasern oder Gewebe oxidativ oberflächenbehandelt werden, wodurch reaktive Gruppen (Carboxyl-, Hydroxyl- oder Carbonylgruppen) an der Kohlenstoffaser-Oberfläche entstehen. Diese Gruppen reagieren mit dem Matrixmaterial unter Ausbildung kovalenter Bindungen zwischen Faser und Matrix, was zu einer erheblichen Steigerung der Festigkeitseigenschaften führt.

Anwendung finden C.-Verbundwerkstoffe vorwiegend in der Luft- und Raumfahrtindustrie, wo nicht mehr nur Teile für Innenanwendungen sondern auch ganze Höhen- und Seitenleitwerke (Militärflugzeuge, Airbus 320) aus solchen Materialien gefertigt werden. *Zahradnik*

Carbonitrieren. Anreichern der → Randschicht eines Werkstückes – meistens aus → Stahl – mit → Kohlenstoff und → Stickstoff durch thermochemische → Behandlung. Das C. wird im allgemeinen in Gas oder im Salzbad vorgenommen. Die Behandlung kann bei oder unterhalb der Austenitisierungs-

Carbonfaser. Tabelle: Eigenschaften verschiedener Fasermaterialien.

Material	Dichte g/cm³	Reißfestigkeit MPa	Reißdehnung %	E-Modul GPa	
Schafwolle	1,32	120–240			
Sisalfaser	1,45	840		30–37	
Baumwolle	1,54	420–680			
Reg. Cellulose	1,51	1 000		23,5	
Polyester	1,38	800–1 000	22–6	3–22	
Polyamid 66	1,14	830	23	3	
Kevlar 49	1,44	2 800	3	130	
Polyacrylnitril	1,17	400–450	12–25	2–16	
E-Glas	2,54	3 500	4	73	
S-Glas	2,49	4 800	5	90	
M-Glas	2,89	3 500	3	120	
Textilglas	2,52	1 850	2	70	
Aluminium	2,70	310		72	
Stahl	7,85	552		207	
Bor (W-Seele)	2,7	2 800–4 000		380–440	
Wolfram	19,3	1 400		400	
Kohlenstoff-HT (hochfest)	1,7	2 500–4 700	1,5–1,8	220–270	C-Gehalt: 92–94 %
HM (Hochmodul)	1,85	2 200	0,6	340–380	C-Gehalt: >99 %
UHM (Ultrahochmodul)	1,9	2 000	0,4	400–550	C-Gehalt: >99,9 %

temperatur erfolgen. Durch die Eindiffusion von Stickstoff wird die Austenitisierungstemperatur der Randschicht abgesenkt. Da die Kohlenstoffdiffusion im → Austenit wesentlich schneller als im → Ferrit verläuft, ist die Behandlungsdauer unter diesen Bedingungen relativ kurz. Ein weiterer Vorteil liegt darin, daß der Kernbereich nicht in Austenit umgewandelt wird, wodurch der Verzug sich in Grenzen hält.

Beim C. bildet sich in der äußeren Randschicht eine → Verbindungsschicht aus Carbonitrid. Schreckt man nach dem C. in Wasser oder Öl ab, so entsteht unter der Verbindungsschicht eine martensitische Stützschicht.

Auf ein Nacharbeiten von carbonitrierten Werkstücken sollte verzichtet werden, damit die äußere Verbindungsschicht nicht entfernt wird. Diese Schicht ist nämlich für einen hohen Widerstand gegenüber → Adhäsion verantwortlich. Ferner werden durch das C. der Widerstand gegenüber → Abrasion und → Oberflächenzerrüttung bzw. → Grübchenbildung, die → Dauerschwingfestigkeit und teilweise auch die → Korrosionsbeständigkeit erhöht. *Habig*

Literatur: *Stüdemann, H.:* Wärmebehandlung von Stahl, Gußeisen und Nicht-Eisenmetallen. München–Wien 1967 – *Wahl, G.:* Einsatzhärten und Nitrieren von Eisenwerkstoffen. In: *Kunst, H.:* Verschleiß metallischer Werkstoffe und seine Verminderung durch Oberflächenschichten. Grafenau (1982) S. 33.

Ceiling-Temperatur → Depolymerisation

Celluloid. C. ist mit Campher ($C_{10}H_{16}O$) versetztes Cellulosedinitrat und wurde 1869 von *Hyatt* in den USA als billiger Ersatz für Elfenbein (z. B. als Billardkugeln) entwickelt. (→ Cellulosenitrat; → Celluloseester). *Zahradnik*

Cellulose. C. ist die in der Welt am meisten verbreitete organische Substanz. In der Natur werden hiervon jährlich mehr als 7 Mrd. t erzeugt. Der gesamte Vorrat an C. auf der Welt wird auf mehr als 10^{11} t geschätzt, wovon etwa 80 % auf die Wälder entfallen, der überwiegende Rest auf Einjahrespflanzen, wie Gräser und Stroh.

Chemisch ist C. ein Kettenmolekül aus in 1-4-Stellung β-glucosidisch verknüpften Anhydro-Glucose-Einheiten. Die folgenden Bilder zeigen die

Konfigurationsformel und die Konformationsformel der C. Letztere gibt über die räumliche Anordnung der Glucoseringe in der Kette Auskunft. Der Durchschnittspolymerisationsgrad von nativen C. in den technisch interessanten cellulosehaltigen Rohstoffen liegt zwischen 7 und 14 000.

Cellulose 1: Konfigurationsformel der Cellulose.

Cellulose 2: Konformationsformel der Cellulose.

Da C. nicht in Reinform vorkommt, muß sie aus dem Pflanzengewebe isoliert werden. Ihre mengenmäßig wichtigsten Begleitstoffe sind → Lignin und Hemicellulosen. Im industriellen Maßstab geschieht dies zur Herstellung von Zellstoffen. Die native C. wird bei diesem Isolierungsprozeß vor allen Dingen hydrolytisch abgebaut. Der DP-Wert von technischen C. liegt zwischen 300 und 3 000. Die technisch wichtigen Einsatzgebiete von C. in Form von Zellstoffen sind die Herstellung von → Papier, Pappen, Cellulosederivaten und Celluloseregenerat. *Patt*

Celluloseacetat. C. ist die Bezeichnung für die Essigsäureester der → Cellulose. Sie finden Anwendung als Fasern (→ Acetatfasern) und thermoplastische → Kunststoffe (→ Celluloseester). *Zahradnik*

Celluloseacetobutyrat. C. ist der Essigsäure-Buttersäure-Mischester der → Cellulose. Es ist ein thermoplastischer → Kunststoff und ähnelt in seinen Eigenschaften dem → Celluloseacetat (→ Celluloseester). *Zahradnik*

Cellulosederivate. → Cellulose ist aufgrund von drei freien Hydroxylgruppen in 2-, 3- und 6-Position der Anhydro-Glucoseeinheit in der Lage Alkoholate, Ester und Ether zu bilden. Darüber hinaus kann sie zu Cellulose-Metallkomplexen und zu Propfpolymeren umgesetzt werden.

Die größte wirtschaftliche Bedeutung haben die → Celluloseester. Weltweit werden etwa 5 Mio. t Cellulose derivatisiert, was einem Anteil von etwa 4 % an der Weltzellstoffproduktion entspricht. Mehr als 90 % der in der chemischen Industrie eingesetzten Cellulose wird verestert, wobei die Cellulose-Xanthogenierung als Zwischenschritt bei der Herstellung von Celluloseregenerat nach dem Viskoseverfahren eingeschlossen ist.

Geringere Bedeutung hat heute die Herstellung von → Cellulosenitrat als Rohstoff für Explosivstoffe, Munition, Sprenggelatine und Raketentreibstoffe, sowie für Holz-, Metall-, Leder-, Folien- und Papierlacke, → Bindemittel in Druckfarben und Klebern und thermoplastische → Kunststoffe.

Der wichtigste organische Ester ist das → Celluloseacetat, das vorwiegend als Zigarettenfilter, Textilfasern, Fotofilme sowie thermoplastische Massen und Folien Anwendung findet. Geringere Bedeutung haben Mischester in Form von Celluloseacetopropionat und -acetobutyrat.

Celluloseether in Form von Methyl- und Carboxymethylcellulose werden vorwiegend in der Bau-, Lebensmittel-, Kosmetik-, Waschmittel- und Textilindustrie aufgrund ihrer Wasserretentions- und Klebkraft eingesetzt. *Patt*

Celluloseester. Die natürlich vorkommende → Cellulose in → Baumwolle, → Hanf, → Flachs, → Holz etc. ist ein → Polysaccharid, das pro Glucoseeinheit drei Hydroxyl-(OH-)Gruppen besitzt, die sich mit anorganischen und mit organischen Säuren teilweise oder ganz verestern lassen:

Cellulose

Säureanhydrid

Celluloseester

Diese C. werden in der Regel mit → Weichmachern gemischt und als thermoplastische → Kunststoffe eingesetzt. Technisch wichtig sind → Celluloseacetat, → Celluloseacetobutyrat, → Cellulosepropionat und → Cellulosenitrat (→ Nitrocellulose, → Celluloid).

Ausgangsmaterial zur Herstellung der C. sind im wesentlichen Baumwoll-Linters und Holz, mit einem Gehalt von 99–90 % an α-Cellulose. Dieses Rohmaterial muß gereinigt, mit Natronlauge aufgeschlossen und schließlich gebleicht werden. Ganz wesentlich für die weitere Aufarbeitung ist der → Feuchtigkeitsgehalt der zu veresternden Cellulose, der zwischen 4 und 8 % liegen muß. Zu starke Trocknung beeinträchtigt die Reaktivität der Cellulose bei der nachfolgenden Umsetzung mit Säure erheblich.

□ Celluloseacetat. Kurzzeichen (nach DIN 7728): CA.

Bei der Umsetzung von Cellulose mit Acetanhydrid in Eisessig oder in Methylenchlorid als Lösungsmittel und Schwefelsäure (2–15 % im Eisessig-Verfahren, 1 % im Methylenchlorid-Verf.) als Katalysator erhält man das Cellulosetriacetat (Primäracetat):

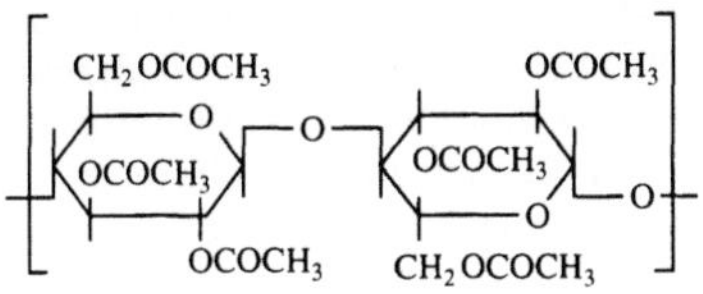

$$\left[\begin{array}{c} CH_2OCOCH_3 \quad\quad OCOCH_3 \\ OCOCH_3 \quad OCOCH_3 \\ OCOCH_3 \quad CH_2OCOCH_3 \end{array} \right]$$

Dieses Triacetat, mit einem Gehalt an gebundener Essigsäure von 62,5 %, ist schwerlöslich und schlecht verträglich mit → Weichmacher und anderen Zusatzstoffen, so daß seine Anwendung sehr begrenzt ist. Je geringer aber der Anteil an gebundener Essigsäure ist, um so günstiger werden Lösungs- und Mischungsverhalten. Daher wird das Triacetat in einer weiteren Reaktion durch Zugabe von Wasser oder verdünnter Essigsäure partiell hydrolysiert. Das dabei erhaltene sog. Sekundäracetat hat danach in Abhängigkeit von Reaktionstemperatur, Wassergehalt und Reaktionszeit nur noch 51–60 % gebundene Essigsäure, d. h. einem Veresterungsgrad von 2,2–2,8 (weshalb es gemeinhin als 2½-Acetat bezeichnet wird).

Formteile aus diesem Sekundäracetat zeichnen sich aus durch:
– hohe → Festigkeit und Schlagzähigkeit
– geringe Neigung zur Spannungsrißbildung
– hoher Oberflächenglanz, gute Griffigkeit, nicht kratzempfindlich
– hohes akustisches Dämpfungsvermögen (schalltot)
– hohe Lichtdurchlässigkeit
– hohe Kriechstromfestigkeit
– geringe elektrostatische Aufladbarkeit (staubfreie Oberfläche)
– hohe Beständigkeit gegen Hydrolyse.

Von Nachteil sind seine geringe Formbeständigkeit in der Wärme (< 80 °C) und seine reversible Feuchtigkeitsaufnahme, die zu Maßänderungen führt aber auch die elektrischen Eigenschaften nachteilig verändert. Allgemein ist zu bedenken, daß die Eigenschaften je nach verwendetem Weichmacher, Weichmacherkonzentration und auch Weichmacherkombination unterschiedlich sind.

Celluloseacetat (Tabelle 1) ist als Granulat klar oder gedeckt eingefärbt in fast allen Farbtönen auf dem Markt und wird mittels Spritzguß, → Extrusion und → Folienblasen zu Formteilen weiterverarbeitet. Glasfaserverstärkte Typen sind ebenfalls erhältlich.

□ Celluloseacetobutyrat. Kurzzeichen (nach DIN 7728): CAB.

Nach demselben Verfahren wie Celluloseacetat wird auch das Celluloseacetobutyrat, der Essigsäure-Buttersäure-Mischester der Cellulose, mit Essigsäureanhydrid und Buttersäureanhydrid in Gegenwart von wasserentziehenden Mitteln aus Cellulose hergestellt.

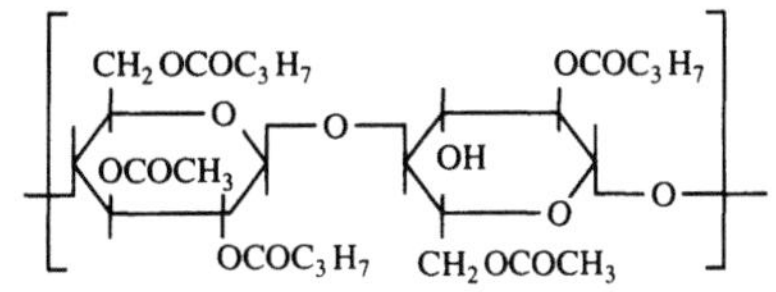

$$\left[\begin{array}{c} CH_2OCOC_3H_7 \quad\quad OCOC_3H_7 \\ OCOCH_3 \quad OH \\ OCOC_3H_7 \quad CH_2OCOCH_3 \end{array} \right]$$

Man erhält je nach Acylierungsmischung Produkte mit einem zwischen 19 und 23 % liegendem Ace-

Celluloseester. Tabelle 1: Eigenschaften von Celluloseacetat

Eigenschaft	Einheit	Triacetat	Sekundäracetat
Dichte	g/cm³	1,27−1,29	1,28−1,32
Zugfestigkeit	MPa	70	45
Biegefestigkeit	MPa	40−60	33−55
Biege-E-Modul	MPa	2 100	1 900
Lin. Ausdehnungskoeffiz.	$K^{-1} \cdot 10^6$	100	90
Wärmeleitfähigk.	W/mK	0,2	0,22
Schmelztemp.	°C	Zersetzung > 300	230−250
spez. Durchgangswiderstand	Ωcm	10^{13-15}	10^{13-15}
Durchschlagfestigkeit	kV/mm	28−30	30−35

tyl- und 43–47 % Butyrylgehalt. Das gemischte Anhydrid aus Essig- und Buttersäure (CH_3-CO-O-CO-CH_2-CH_2-CH_3) hat für die technische Herstellung von CAB keine Bedeutung erlangt.

In Aussehen und Eigenschaften ähneln die Celluloseacetobutyrate den Celluloseacetaten, besitzen dabei aber eine geringere Dichte, höhere Festigkeit, Härte, Zähigkeit, Formbeständigkeit in der Wärme und UV-Beständigkeit.

Sie sind gegenüber Wasser, Handschweiß, Benzin, Mineralöl und Terpentin beständig. Angegriffen werden sie von anorganischen Säuren und Laugen, Alkoholen, Estern, Ketonen, chlorierten Kohlenwasserstoffen und Benzol.

Zur Verarbeitung gelangen Granulate für Spritzguß und Extrusion, sowie Pulver zum → Beschichten. Inzwischen stehen auch textilglasverstärkte Typen zur Verfügung. Die Formmassen sind wasserhell oder in fast allen Farben durchscheinend und auch gedeckt eingefärbt.

Anwendungsbeispiele sind: Umspritzen von Autolenkrädern, Türbeschläge, Schaltbretter, Außenleuchten, Lichtkuppeln, Werbeschilder, Telephonapparate, Spielzeug, Brillengestelle und Verpackungsmaterialien.

□ Cellulosepropionat (Celluloseacetopropionat). Kurzzeichen (nach DIN 7728): CP.

Auch dieser Cellulosemischester wird entsprechend den anderen C. aus Cellulose mit Hilfe von Essigsäureanhydrid und Propionsäureanhydrid in Gegenwart von wasserentziehenden Mitteln hergestellt:

Der Gehalt an gebundener Essigsäure schwankt zwischen 3 und 8 %, der von Propionsäure zwischen 55 und 62 %.

Die charakteristischen Eigenschaften von CP sind seine gegenüber Celluloseacetat erhöhte Formbeständigkeit in der Wärme, Zähigkeit und → Lichtbeständigkeit (Tabelle 2). Es zeigt keine Spannungsrißempfindlichkeit. Seine → Chemikalienbeständigkeit gleicht der von Celluloseacetobutyrat.

Erhältlich sind CP-Massen in Granulatform, als harte und auch weichgemachte Typen. Bei den letzteren unterscheidet man zwischen weichmacherhaltigen und pfropf-polymer-modifizierten Typen. Sie sind wasserhell, in fast allen Farben durchscheinend oder gedeckt eingefärbt.

Anwendung findet das Cellulosepropionat auf den gleichen Gebieten wie Celluloseacetobutyrat.

□ Cellulosenitrat. Kurzzeichen (nach DIN 7728): CN.

Behandelt man Cellulose mit Salpetersäure, so erhält man Cellulosenitrat. Die andere oft benutzte

Celluloseester. Tabelle 2: Eigenschaften von C.

Eigenschaft	Einheit	DIN-Norm	CA	CAB	CP (CAP)
Dichte	g/cm³	53 479	1,27—1,31	1,17—1,22	1,20—1,23
Wasseraufnahme	%	53 495/1	3—5	1,5—3	2—3
Zugfestigkeit	MPa	53 455	30—58	38—57	40—58
Reißdehnung	%	53 455	3—4	3,5—5	3,4—4,5
Zug-E-Modul	GPa	53 457	1,5—3	0,8—2,3	1—2,4
Schlagzähigkeit	kJ/m²	53 453	70—oB	oB	oB
Kerbschlagzähigkeit	kJ/m²	53 453	2,5—18	2,5—25	2—15
Glasübergangstemperatur	°C	—	60—80	60—140	60—110
Vicat-Erweichungstemperatur	°C	Verf. B 53 460	50—84	65—110	68—100
Thermischer Längenausd.-koef.	1/K	53 752	$1-1,2 \cdot 10^{-4}$	$1-1,5 \cdot 10^{-4}$	$1,2-1,5 \cdot 10^{-4}$
Wärmeleitfähigkeit	W/(mK)	52 612	0,2	0,2	0,2
Dielektrischer Verlustfaktor	—	53 483	≈ 0,01	≈ 0,006	≈ 0,005
Spez. Durchgangswiderstand	Ω · cm	53 482	$10^{13}-10^{15}$	$10^{14}-10^{16}$	$10^{15}-10^{16}$
Durchschlagfestigkeit	kV/mm	53 481	30—35	35—38	34—36
Brennbarkeit			brennt	brennt	brennt

Bezeichnung für dieses Produkt, nämlich „Nitrocellulose" ist irreführend, da im Cellulosenitrat keine R_3C-NO_2-(Nitro-), sondern $R_3C-O-NO_2$-(Nitrat-) Gruppierungen vorliegen.

Je nach Konzentration der eingesetzten Nitriersäure (i. e. wässrige Mischung aus Salpeter- und Schwefelsäure) erhält man Cellulosenitrate mit wechselndem Substitutionsgrad:

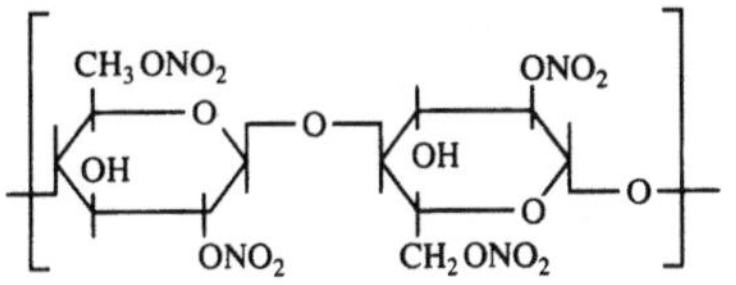

Nitriersäure			Stickstoffgehalt %	Substi.-grad
HNO$_3$ %	H$_2$SO$_4$ %	H$_2$O %		
25	55,8	19,2	10,9	1,95
25	56,6	18,4	11,3	2,05
25	59,0	16,0	12,1	2,30
25	59,5	15,5	12,3	2,35
25	66,5	8,5	13,4	2,70

Niedrig substiutiertes Cellulosenitrat findet Verwendung in der Celluloid- und Nitrolackherstellung, die hochsubstituierten Produkte werden zu Explosivstoffen weiterverarbeitet. Bei der Herstellung von Celluloid setzt man dem feuchten Cellulosenitrat, mit einem Stickstoffgehalt von 10,5–11 %, Campher (25–30 %) und Alkohol zu, und verarbeitet diese Mischung in Knetwerken zu einer gleichförmigen Paste. Anschließend walzt man die Masse aus, wobei der Alkoholgehalt abnimmt, und preßt die Walzfelle bei 80–90 °C zu großen Blöcken. Von diesen werden mit Hobelmaschinen Platten geschnitten, oder Stäbe und Rohre gearbeitet.

In reinem Zustand ist Celluloid glasartig durchsichtig, beliebig färbbar, fest und trotzdem elastisch. Es erweicht bei 80 °C und ist dann leicht formbar. Der große Nachteil ist seine leichte Brennbarkeit, was letzlich auch der Grund für seine Verdrängung durch andere Kunststoffe war.

□ Cellulosexanthogenat. Es tritt bei der Herstellung von regenerierter Cellulose als Zwischenprodukt auf, wird aber nicht isoliert. Es bildet sich bei der Umsetzung von → Alkalicellulose (Celluloseester) mit Schwefelkohlenstoff als viskose, orangerote wässrige Lösung:

$$\text{Cell} - O^- \, Na^+ + CS_2 \longrightarrow$$

$$\text{Cell} - O - \underset{\underset{S}{\|}}{C} - S^- \, Na^+$$

Das so hergestellte Cellulosexanthogenat wird in 3 %iger Natronlauge gelöst und als Viscose bezeichnet. Aus dieser Lösung wird durch Verspinnen in Fällbädern die Viscoseseide gewonnen. *Zahradnik*

Literatur: *Balser, K.* und *L. Hoppe; T. Eicher; M. Wandel, HJ. Astheimer:* Ullmann's Encyclopedia o. Indust. Chem. 5th ed., Cellulose Esters. Vol. A5. Weinheim 1986. – *Balser, K.:* Derivate der Cellulose. in: W. Burchard (Hrsg.): Polysaccharide. Heidelberg 1985. – *Rogovin, Z. A.,* u. *L. S. Galbraich, W. Albrecht* (Hrsg.): Die chemische Behandlung und Modifizierung der Cellulose, Stuttgart 1983. – *Saechtling, H.* und *W. Zebrowski:* Kunststoff-Taschenbuch. 19. Aufl. München 1974. – *Vieweg, R.* und *E. Becker:* Kunststoff-Handbuch. Bd. 3: Abgewandelte Naturstoffe. München 1965. – *Wadsworth, L. C.,* und *D. Daponte:* Cellulose Esthers. in: T. P. Nevell, S. H. Zeronian (Hrsg.): Cellulose Chemistry and its Applications. Chichester 1985.

Cellulosenitrat. Das ist der Salpetersäureester der → Cellulose, der zu → Celluloid und Nitrolacken weiterverarbeitet wird. Wegen seiner leichten Entflammbarkeit wird das C. weitgehend durch andere → Kunststoffe ersetzt. Hochnitrierte Cellulose findet Anwendung als Explosivstoff (Schießbaumwolle) und Raketentreibstoff (→ Celluloseester).

Zahradnik

Cellulosepropionat. C. ist der Propionsäureester der → Cellulose, der ähnlich dem → Celluloseacetat als thermoplastischer → Kunststoff Anwendung findet (→ Celluloseester). *Zahradnik*

Celluloseregeneratfasern. Regeneratfasern auf Cellulosebasis haben heute etwa einen Anteil von 20 % an der gesamten Chemiefaserproduktion. Von den cellulosischen Fasern werden wiederum ca. 85 % nach dem Viskoseverfahren hergestellt.

Das Ausgangsmaterial im Viskoseprozeß ist → Zellstoff, der zunächst durch Behandlung mit 17,5 %iger Natronlauge in Alkali-Cellulose überführt wird. Nach einem Reifeprozeß erfolgt die Umsetzung der Natroncellulose mit Schwefelkohlenstoff zum Cellulosexanthogenat, das in Natronlauge zu → Viskose aufgelöst wird. Diese Viskose wird durch Düsen in ein Fällbad gedrückt, das Schwefelsäure und Zinksulfat enthält. Durch Abspaltung von Schwefelwasserstoff und Natriumsulfat wird wasserunlösliche → Cellulose zurückgebildet. Durch Variation in der Fällbadzusammensetzung und der Spinntechnologie sowie der Nachbehandlung können die Fasereigenschaften in einem weiten Bereich beeinflußt werden. Die Hauptverwendungsgebiete liegen bei Bekleidungstextilien (Futterstoffe, Oberbekleidung, Tisch- und Bettwäsche, Unterwäsche, Sportbekleidung) und im technischen Bereich (Autoreifen, Gewebeeinlagen, Beschichtungsgewebe).

Abnehmende Bedeutung haben Celluloseacetatfasern. Die Herstellung erfolgt durch Umsetzung der Cellulose mit Essigsäureanhydrid. Durch Einstellung des Veresterungsgrades kann das Acetat in Aceton gelöst und durch Spinndüsen gedrückt, wonach das Lösungsmittel Aceton in einem Warmluftstrom abgetrennt wird. Die → Acetatfaser findet im textilen Bereich zur Herstellung von Blusen, Kleidern und Krawatten Verwendung.

Die Herstellung von Cellulosefasern nach dem Kupferhydroxid-Ammoniak-Verfahren (CUOXAM-Verfahren) hat nur noch marginale Bedeutung aufgrund der hohen Kosten und der dabei auftretenden Umweltprobleme. Die Cellulose wird in CUOXAM gelöst und in strömendem Wasser ausgefällt. Der Einsatz der Kupfer-Seide beschränkt sich auf wenige Spezialgebiete, wie z. B. die Herstellung von Hohlseide für medizinische Dialyse-Verfahren (künstliche Niere). *Patt*

CEN. Kurzform für *franz.* Comité Européen de Normalisation (Europäisches Komitee für Normung). → Normung, regionale. *Krieg*

CENELEC. Kurzform für *franz.* Comité Européen de Normalisation Electrotechnique (Europäisches Komitee für Elektrotechnische Normung); → Normung, regionale. *Krieg*

Cer. C.-Zusätze verbessern die → Haftfestigkeit der oxidischen → Deckschicht von Heizleiterlegierungen. Sie führen in → Baustählen zu Sulfiden mit hohen Erweichungstemperaturen (→ Sulfidformbeeinflussung), die beim → Warmwalzen nicht verformt werden und daher isotrope Zähigkeitseigenschaften ergeben. *Dahl*

Cermet. Begriff zur Kennzeichnung eines Verbundwerkstoffes aus → Keramik und Metall.

Zur genaueren Unterteilung wird zwischen Infracermets (metallische Phase 85 Vol.%) und Ultracermets (keramische Phase 85 Vol.%) unterschieden.

Keramische Phasen für C. sind → Oxide von Si, Al, Ca, Mg, Be, Ti, Zr, Hf, Cr, Fe, Th, U, Pu, Ce, La allein und in Verbindungen miteinander sowie SiC, Si_3N_4, B_4C, BN, amorpher → Kohlenstoff, → Graphit und Diamant.

Metallische Phasen für C. sind in erster Linie die Übergangsmetalle, ferner die Metalle Be, Mg, Zn, Sn, Pb, die Münzmetalle Cu, Ag, Au, aber auch Ge, Si, B sowie die Karbide, Silicide und Boride der Übergangsmetalle.

Das Gebiet der C. erstreckt sich vom nahezu reinen Metall bis zur fast 100%igen Keramik, wobei stets versucht wird, die jeweilig günstigen Eigenschaften von Metallen und Keramiken miteinander zu verknüpfen. C. werden auf pulvermetallurgischem Wege, oder über Sinter- und Heißpreßtechniken in Kombination mit Metalltränkungsverfahren

hergestellt. Eine geringe gegenseitige → Löslichkeit der Phasen ist unbedingte Voraussetzung.

Beispiele für die technische Anwendung von C. sind: Hochtemperaturheizelemente aus $MoSi_2 + SiO_2$, Thermoelementschutzrohre aus ZrO_2 (40–60 Vol.%) + Mo, Brennelemente und Sicherheitsstäbe für den Reaktorbetrieb aus UO_2 (90 Vol.%) + Mo(W,Cr), Turbinenwerkstoffe aus Ni (97 Vol.%) + ThO_2, sowie verschleißarme und korrosionsbeständige Gleitlager aus SiC (85–95 Vol.%) + Si.
→ Teilchenverbundwerkstoffe, → Durchdringungsverbundwerkstoffe, → Spritzverfahren, thermische
Hesse/Hennicke

Literatur: *Haase, T.:* Keramik. 3. Aufl. Leipzig 1970. – *Kieffer, R.* und *E. Eipeltauer, E. Gugel:* Neue Entwicklungen auf dem Gebiet der Cermets. Ber. DKG, 46 (1969), S. 468–492.

Chemikalienbeständigkeit. Textilien sind gegen Chemikalien, mit denen sie bei der Verarbeitung, bei der Veredlung oder im Gebrauch in Berührung kommen, mehr oder weniger empfindlich. Für bestimmte Verwendungszwecke, z. B. als Filtergewebe oder Säureschutzkleidung können nur solche Textilien eingesetzt werden, die gegen die in Frage kommenden Chemikalien eine genügende Beständigkeit besitzen. Da kein Faserstoff universell gegen alle Chemikalien beständig ist, sind verschiedene Beständigkeitsarten zu unterscheiden, z. B. die gegen Säuren und Alkalien, Chemikalien wie Salze, Oxydations- und Reduktionsmittel oder organische Lösungsmittel. Dabei sind die Konzentration, Temperatur und Einwirkungsdauer der angreifenden Substanz von großer Bedeutung.

Zur Beurteilung der → Widerstandsfähigkeit gegen Chemikalien werden meist folgende Eigenschaftsänderungen herangezogen:
□ Der durch teilweises Auflösen der Fasersubstanz eintretende Gewichtsverlust.
□ Die nach der Einwirkung der angreifenden Substanz gesteigerte → Löslichkeit des Faserstoffes in einem anderen Mittel.
□ Die Veränderung des Polymerisationsgrades.
□ Die Schrumpfung.
□ Der Festigkeits- und Dehnungsverlust.
□ Sonstige Veränderungen der äußeren Beschaffenheit oder Eigenschaften, die für den Verwendungszweck von Bedeutung sind.

Bei der Prüfung der Säurebeständigkeit werden meistens Schwefel-, Salz- und Salpetersäure verwendet. Die Alkalienbeständigkeit wird zumeist mit Natronlauge geprüft. Von Bedeutung sind noch die Beständigkeiten gegen Bleichmittel, wie z. B. Wasserstoffperoxyd und Hypochlorid, und gegen in der Färberei verwendete Salzlösungen.

Genaue Angaben über die Beständigkeiten unter Einbeziehung der Parameter Konzentration, Temperatur und Einwirkungsdauer, sind aus der Literatur zu entnehmen. Allgemeine Aussagen über die Beständigkeit bei einigen Faserstoffen lassen sich wie folgt angeben:

□ → Wolle: gut beständig gegen Säuren, sehr wenig beständig gegen Alkalien

□ → Baumwolle: gut beständig gegen Alkalien, wenig beständig gegen Säuren

□ Synthetische Faserstoffe: generell beständiger gegen Säuren und Laugen. *Kleinhansl*

Literatur: *Sommer, H.* und *F. Winkler:* Handbuch der Werkstoffprüfung; Bd. V. Berlin–Göttingen–Heidelberg 1961.

Chemische Korrosion → Korrosion

Chlorkautschuk.

Durch Chlorierung, d. h. Anlagerung und Substitution von Wasserstoff durch Chlor bei Naturkautschuk oder synthetischen Kautschuken in Chloroformlösung entstehen thermoplastische, in aromatischen Lösungsmitteln, Chlorkohlenwasserstoffen, Estern und Ketonen lösliche Produkte, die als Lackrohstoffe Verwendung finden.

Sie sind unlöslich in Benzin, Alkoholen, Laugen, Säuren und Wasser. *Zahradnik*

Chlorkautschuklackfarbe.

Gegen ständige Wasserbeanspruchung, Säuren und Laugen beständiges → Anstrichmittel, das auch als Unterwasseranstrich bei Wasserbecken verwendet wird. Es eignet sich auf Untergründen aus Putz, Beton und Metallen, ist nicht lösemittelbeständig und wird wegen Kapillarporosität des Filmes meist in drei oder vier Schichten aufgetragen. *Sasse*

Chloropren-Elastomer.

C.-E. ist vernetztes → Poly-2-chlorbutadien (→ Polychloropren), das als chemikalien- und alterungsbeständiges Elastomer Anwendung findet (→ Elastomere). *Zahradnik*

Chrom.

Verbessert als Legierungselement in Stahl die → Korrosionsbeständigkeit. Ab etwa 12 % Cr. bildet sich infolge einer submikroskopisch dünnen → Chromoxidschicht der für nichtrostende → Stähle charakteristische passive Zustand aus. Da für die Korrosionsbeständigkeit der Gehalt an freiem, ungebundenem Cr. entscheidend ist, wirken sich alle → Legierungselemente, die Cr., zum Beispiel als Karbid, abbinden, ungünstig aus. Cr. schnürt das γ-Gebiet im Zustandsschaubild mit → Eisen ein, so daß ab etwa 14 % Cr. im gesamten Temperaturbereich ein ferritisches → Gefüge mit kubisch-raumzentriertem → Gitter vorliegt. Da → Nickel die Korrosionsbeständigkeit in Säuren durch Verminderung der Passivierungsstromdichte weiter verbessert, enthalten die nichtrostenden Stähle meist Cr. und Nickel sowie weitere Legierungselemente. Je

nach Legierungsgehalt erhält man ferritisch-austenitische Stähle (Gefügeschaubilder nach *Strauß* und *Maurer* oder *Schaeffler*).

Cr. erhöht durch die Bildung von schützenden Oxidschichten auch die Oxidationsbeständigkeit von Stahl, besonders in Verbindung mit → Aluminium und/oder → Silicium. Cr. spielt ferner wegen seines Einflusses auf das → Umwandlungsverhalten und der starken Tendenz zur Karbidbildung in Werkzeugstählen, Vergütungsstählen und Einsatzstählen eine wichtige Rolle. Cr. ist ferner als Legierungselement in Dauermagnetwerkstoffen von Bedeutung. *Dahl*

Literatur: *Hondremont, E.:* Handbuch der Sonderstahlkunde. 1965. – Werkstoffkunde Stahl. 2 Bd. (Hrsg. VDEh). Berlin-Düsseldorf. 1984/85.

Chromalitieren.

Anreichern der → Randschicht eines Werkstückes – in der Regel aus hochwarmfestem Werkstoff auf Nickel- oder Kobaltbasis – durch thermochemische → Behandlung. Dies kann nacheinander durch → Chromieren und anschließendes → Alitieren oder durch gleichzeitige Eindiffusion von → Chrom und → Aluminium erfolgen. Der Schichtaufbau ist dem der Alitierschicht ähnlich. Chromalitierschichten sind aber gegenüber → Oxidation und Heißgasschwefelkorrosion beständiger als Alitierschichten. *Habig*

Literatur: *Simon, H.* und *M. Thoma:* Angewandte Oberflächentechnik für metallische Werkstoffe. München–Wien 1985

Chromat-Phosphat-Überzug.

Diese Überzüge werden seit ihrer Einführung im Jahre 1945 in großem Umfang in der aluminiumverarbeitenden Industrie verwendet, da sie einen ausgezeichneten Haftvermittler für Lacke darstellen und bei deren Beschädigung ein → Korrodieren angrenzender Bereiche verhindern.

Die Bäder des Chromat-Phosphat-Verfahrens sind zur Zerstörung der natürlichen → Passivschicht des Aluminiums flußsäurehaltig und ermöglichen daher den direkten Kontakt der schichtbildenden Elektrolytbestandteile mit der aktiven Metalloberfläche. Die Reaktionen, die bei der Bildung der Schicht ablaufen, sind komplex. Für die Zusammensetzung der Schicht läßt sich jedoch die mutmaßliche Formel $xCrPO_4 \cdot yAl_2O_3 \cdot 2H_2O$ angeben. Demnach ist das Chromat-Phosphat-Verfahren als Zwischenstufe zwischen den chemischen Oxidationsverfahren und der Phosphatierung anzusehen.

Im Gegensatz zu den relativ grobkristallinen Phosphatierungsschichten sind die Chromat-Phosphat-Schichten kompakt und werden als amorph angesehen. Ihre Farbe ist grün, die Schichtgewichte variieren zwischen 0,1 und 3 g/m² Metalloberfläche, wobei die kleineren Schichtgewichte bzw. Schichtdicken bei der → Grundierung für Lacke vorteilhaft sind, während größere Schichtdicken für dekorative Zwecke Anwendung finden.

Neben den C.-P.-Ü. verwendet man die eigentlichen Chromat-Überzüge (Chromat-Fluorid-Überzüge), die mit den C.-P.-Ü. verwandt sind. Speziell beim Gelbchromatieren können gelbe Umwandlungsüberzüge erzeugt werden, die im wesentlichen aus Chromoxidhydrat ($Cr_2O_3 \cdot CrO_3 \cdot XH_2O$) und Aluminiumoxidhydrat bestehen. *Wendler-Kalsch*

Chromatieren. → Beschichten von Bauteilen aus → Magnesiumlegierungen in einer wässerigen Lösung, die Chromoxid enthält. Es bildet sich Magnesiumchromat $MgCrO_4$, das als → Korrosionsschutz dient. Es dient häufig als Haftgrund für eine Lakkierung. Gelegentlich werden auch → Zink- und → Cadmiumschichten chromatiert. *Habig*

Chromatieren, alkalisches. Ist ein Verfahren zur Erzeugung von korrosionshemmenden Schutzschichten auf Metallen durch chemische Oxidation (stromlos). Man verwendet dieses Verfahren häufig zur Bildung von dichten Deckschichten auf bereits vorhandenen Überzügen aus korrosionsbeständigen Werkstoffen (Zink, Cadmium, → Aluminium), deren Korrosionsschutzfähigkeit aber erheblich von einer guten Belüftung des Bauteils abhängt.

A. C. von Zink verzögert den Beginn der → Korrosion erheblich, während bei Cadmium diese Wirkung nicht eindeutig feststellbar ist. Zink und Cadmium werden ausschließlich aus sauren Lösungen chromatiert. Dagegen benutzt man beim a. C. von Aluminium saure und alkalische Lösungen, wobei allerdings den sauren Lösungen der Vorzug gegeben wird. Die aus sauren Ansätzen erzeugten Deckschichten sind gleichmäßiger und liefern einen besseren Haftgrund für Anstriche. Der weite Anwendungsbereich des a. C. beruht aber gerade auf seiner Eignung als Vorbereitung der → Oberfläche für einen nachfolgenden → Anstrich, da die chromatierte → Deckschicht selbst fest auf der Unterlage haftet und somit eine gute Verankerung für den organischen Lackfilm bietet. *Doliwa*

Chromcarbidschichten. Oberflächenschutzschichten, die durch thermochemische → Behandlung oder chemische → Abscheidung aus der Gasphase (CVD) gebildet werden. Sie zeichnen sich durch einen hohen Widerstand gegen → Abrasion und → Adhäsion bei Paarung mit → Stahl aus. *Habig*

Chromieren. Anreichern der → Randschicht eines Werkstückes – meistens aus → Stahl – mit → Chrom durch thermochemische → Behandlung. Als chromabgebendes Medium wird meistens Pulver, gelegentlich auch Gas verwendet. Die Behandlung erfordert ein mehrstündiges → Glühen bei 1000 °C. Auf Stählen mit niedrigem Kohlenstoffgehalt entstehen in der Randschicht intermetallische Eisen-Chrom-Verbindungen und eine Chromdiffusionsschicht mit einer Dicke von 100 μm und mehr. Auf kohlenstoffreicheren Stählen ($C > 0,45\%$) bildet sich dagegen Chromcarbid $(Cr, Fe)_7C_3$, teilweise auch $(Cr, Fe)_{23}C_6$ mit einer Dicke bis zu 50 μm und einer Härte von 1 400 bis 2 000 HV 0,2. Die hohe Härte bewirkt einen hohen Widerstand gegenüber abrasivem → Verschleiß. Die intermetallischen Chrom-Eisen-Verbindungen sollen einen erhöhten Oxidationsschutz bei hohen Temperaturen hervorrufen. *Habig*

Chromlegierungen. Metallegierungen, bei denen der mittlere Gewichtsanteil an → Chrom höher als der jeden anderen Elementes ist. Weder für reines → Chrom noch für Chrombasislegierungen ist bisher der technische Durchbruch gelungen, obwohl die → Korrosionsbeständigkeit und die Zunderfestigkeit des Chroms und insbesondere der Chrom-Yttrium- (ca. 1 % Y) und Chrom-Nickel-Legierungen (40 % Ni) gut sind. Die Entwicklungsschwierigkeiten bestehen beim Verformen, da das nicht gut verformbare Chrom durch Zulegieren anderer Metalle an → Härte und Sprödigkeit zunimmt.

Chrom findet daher heute überwiegend Anwendung in Form von Ferrochrom in der Stahlindustrie für die Herstellung von Chrom- und Chrom-Nickel-Stählen sowie für chromhaltige warmfeste und zunderfeste Nickel- und Kobalt-Basislegierungen. Als *Vorlegierungen* haben Bedeutung erlangt: CrAl, CrB, CrCo, CrCu, CrMo, CrNb, CrTi und CrFe. Der größte Teil des Chroms wird als Ferrochrom mit 60–70 % Cr verwendet. Dabei geht der Trend zu immer reineren Ausgangsmaterialien (hauptsächlich von kohlenstoffreichen zu kohlenstoff-freien).

Je nach Herstellungsart werden drei handelsübliche Sorten unterschieden: Ferrochrom carburé (4–10 % C, aluminothermisches Erschmelzen im Niederschachtofen), Ferrochrom affiné (0,5–2 % C, einmaliges Erschmelzen im Elektroofen), Ferrochrom suraffiné (0,02–0,5 % C, mehrmaliges Umschmelzen im Elektroofen).

Herstellung und Verarbeitung von Chromstählen: Beachtliche Mengen an Reinchrom werden neben Chromhalogeniden auch für *Gasinchromierungsverfahren* (ca. 3 Stunden bei 1300–1400 °C von Chrompulver) verwendet. Bei kohlenstoffhaltigen Stählen (ca. 0,3 % C und mehr) erhält man hochverschleißfeste chromkarbidhaltige Deckschichten mit höchsten Härten (über 1000 kg/mm²). Dünne dekorative Glanzchromschichten (0,2–0,5 μm) oder verschleißfeste Hartchromschichten (0,07–0,3 mm) werden durch elektrolytische Abscheidung bei der galvanischen *Verchromung* erreicht. Diese mechanisch festen Chromschichten vertragen im Gegensatz zu den Inchromierungsschichten keine Temperaturbeanspruchung (Abblättern).

Auch für Hochtemperatur-Anwendungen (Raketentechnik) werden hochwarmfeste C. gesucht, die durch Mischkristallhärtung mit hochschmelzenden Metallen (V, Nb, Ta, Mo, W), durch Karbidhärtung (ZrC, NbC, TaC) oder durch Oxid-Dispersionshärtung (MgO) erreicht werden sollen. Als Hindernis steht bei hohen Temperaturen an Luft die starke Stickstoffversprödung im Wege.

Heller/Dahl

Literatur: *Dienst, W.*: Hochtemperaturwerkstoffe. Karlsruhe 1978. – *Kieffer, R.*, u. *G. Jangg, P. Ettmayer*: Sondermetalle, Berlin-Wien 1971.

Chromnitridschichten. → Verschleißschutzschichten, die durch physikalische → Abscheidung aus der Gasphase (PVD) erzeugt werden. Sie zeichnen sich durch einen sehr hohen Widerstand gegen → Abrasion aus. *Habig*

Chromoxidschichten. Oberflächenschutzschichten, die einmal als natürliche Oxidschichten auf hochchromhaltigen Stählen oder auf → Chromschichten vorhanden sind oder zum anderen durch thermisches → Spritzen aufgebracht werden. C. bewähren sich als Schutzschichten in oxidierenden Medien, sie haben ferner einen hohen Widerstand gegen → Adhäsion bei Paarung mit → Stahl.

Habig

Chromschichten. Oberflächenschutzschichten, die meistens durch elektrolytisches → Abscheiden, gelegentlich auch durch chemische oder physikalische → Abscheidung aus der Gasphase (CVD, PVD), gebildet werden. Zur elektrolytischen Abscheidung werden die entfetteten und gegebenenfalls geätzten Werkstücke zunächst in einem Aufrauhbad, das der Zusammensetzung des Verchromungsbades entspricht, als Anode geschaltet und durch Anlösen der → Oberfläche aufgerauht. Nach Überführen in das Verchromungsbad werden sie kathodisch mit → Chrom beschichtet. Das Verchromungsbad enthält üblicherweise 250 g/l CrO_3 und 1,6 g/l H_2SO_4. Die Abscheidungstemperatur liegt bei 55 °C, die → Stromdichte zwischen 20 und 80 A/dm^2, was Abscheidegeschwindigkeiten zwischen 20 und 45 µm/h ermöglicht. Die Schichtdicke der C. beträgt 5–1 000 µm, die → Härte liegt zwischen 800 und 1 100 HV.

C. weisen meistens Zugeigenspannungen auf, deren Größe von den Abscheidebedingungen abhängt. Durch die Eigenspannungen können in den C. Risse entstehen, welche teilweise erwünscht sind, weil sie in geschmierten → Tribosystemen als Ölreservoir dienen können und so der schlechten Benetzbarkeit mit Ölen entgegenwirken. Andererseits vermindern die Risse den → Korrosionsschutz, der sich durch eine Doppelverchromung oder durch eine vorherige Vernickelung verbessern läßt.

C. haben einen hohen Widerstand gegen → Abrasion. Der Widerstand gegen → Adhäsion ist für unterschiedliche Gegenkörperwerkstoffe aus der Tabelle ersichtlich.

Wegen der Zugeigenspannungen wird durch das → Verchromen in der Regel die → Dauerschwingfestigkeit vermindert. *Habig*

Literatur: *Simon, H.* und *M. Thoma*: Angewandte Oberflächentechnik für metallische Werkstoffe. München 1985.

Chromstahl. Stahl, bei welchem → Chrom das wichtigste → Legierungselement ist, meist in Verbindung mit weiteren Elementen (→ Eisen, → Stahl). *Dahl*

Chromvanadieren. Anreichern der → Randschicht eines Werkstückes – meistens aus → Stahl – mit → Chrom und → Vanadin durch thermochemische → Behandlung. Die Behandlung erfolgt in Pulver bei 1 000 °C. Es bilden sich Chrom-Vanadin-Mischcarbide mit einer Härte über 2 000 HV 0,1 und einer Dicke um 10 µm. *Habig*

Chromverarmungstheorie. Die C. gibt eine Erklärung für die interkristalline → Korrosion der nichtrostenden Chrom- und Chrom-Nickel-Stähle. Chromverarmung kann an diesen Werkstoffen im korngrenzennahen Bereich als Folge der Ausscheidung chromreicher Sondercarbide vom Typ $(Cr, Fe, Mo)_{23}C_6$ auf der → Korngrenze auftreten. Diese

Chromschichten. Tabelle: Geeignete und ungeeignete Gleitpartner von Chromschichten

sehr gut geeignet	gut geeignet	ungeeignet
Weißmetall	Gummi (mit Wasser)	Chrom
Aluminiumbronze	Kunststoffe (mit Wasser)	Leichtmetalle (Mg, Al, Ti)
Bleibronze	Stähle (weich und mittelhart)	Phosphorbronze
Gußeisen (feinkörnig)	harte Stähle (mit Schmierung, niedrige Geschwindigkeit)	harte Stähle (hohe Geschwindigkeit, hoher Druck)

Sondercarbide entziehen den benachbarten Bereichen Chrom. Sinkt der Chromgehalt unter den für die → Passivität erforderlichen Gehalt von ca. 13 % ab, so wird der → Stahl in diesen Bereichen aktiv (aktive Korrosion) und löst sich lokal längs der Korngrenzen auf. Als Folge davon tritt interkristalline Korrosion auf.

Anzumerken ist, daß die Ausscheidung chromreicher Sondercarbide auf den Korngrenzen und die damit verbundene Chromverarmung vorzugsweise bei unstabilisierten nichtrostenden Stählen, insbesondere bei unzureichender Absenkung des Kohlenstoffgehaltes, und nur bei unsachgemäßer → Wärmebehandlung (Sensibilisierungsglühung) erfolgt, wobei die Sensibilisierungstemperatur und Sensibilisierungsdauer von entscheidendem Einfluß sind (Kornzerfallsfelder im Temperatur-Glühdauer-Diagramm). *Wendler-Kalsch*

CIP-Verfahren. (*engl.* Chemical Ion Plating, Chemisches → Ionenplattieren). Das CIP-V. stellt eine Verfahrensvariante des CVP-Verfahrens (*engl.* Chemical Vapor Deposition, Chemische → Abscheidung aus der Dampfphase) mit überlagerter Glimmentladung dar.

Während die chemische Abscheidung von Oberflächenschichten aus der Dampfphase relativ hohe Temperaturen (800–1100 °C) erfordert, wird beim CIP-V. durch Überlagerung eines Plasmas einerseits die Reaktionstemperatur herabgesetzt und zum anderen eine erhöhte Zersetzungsrate des reagierenden Stoffes erreicht. Die geringere Temperaturbeanspruchung, häufig zwischen 400 bis 600 °C, der metallischen Trägerwerkstoffe verhindert deren Gefügeumwandlung und Härteverlust.

Technische Anwendung des CIP-V. haben beispielsweise das Ionitrieren (→ Plasmanitrieren) und Glimmborieren zur Oberflächenhärtung und das → Inchromieren zur Erhöhung der → Korrosionsbeständigkeit erlangt.

Beim Ionitieren werden stickstoffhaltige Gase in einen Reaktor (Unterdruck 1–10 mbar) eingeleitet und mit Hilfe eines elektrischen Feldes ionisiert. Die Ionen prallen mit hoher kinetischer Energie auf die Werkstückoberfläche und reagieren mit den abgestäubten Eisenatomen unter Nitridbildung. Die Reaktionsprodukte (γ'-Fe_4N bzw. ε-$Fe_{2-3}N$) schlagen sich auf der Werkstoffoberfläche nieder. Durch teilweisen Nitridzerfall diffundiert Stickstoff in das Trägermetall ein und bildet unterhalb der Nitridschicht eine Diffusionszone.

Durch das → Ionitrieren von geeigneten Nitrierstählen (z. B. 34CrAlNi7V) werden Nitriertiefen von bis zu 0,5 mm Tiefe mit einer Härte von 900–1200 HV 0,2 erreicht. Das Plasma- oder Ionitrieren dient zur Oberflächenhärtung von Maschinen- und Apparateteilen.

Mit Hilfe des CIP-V. lassen sich auch Boride abscheiden. Beim sogenannten Glimmborieren wird Bortrichlorid durch → Wasserstoff zu elementarem → Bor reduziert, das im Reaktorraum ionisiert und gegen das Substrat beschleunigt wird. Dabei bilden sich eine intermetallische Boridphase (FeB, Fe_2B) mit einer Dicke von ca. 20–200 µm. Die ablaufenden Reaktionen sind:

$$BCl_3 + {}^3\!/_2\, H_2 \xrightarrow{\;500-900\ °C\;} B + 3HCl$$

$$2B + 3Fe \xrightarrow{\hspace{3cm}} FeB + Fe_2B$$

Mit dem CIP-V. lassen sich Vergütungsstähle, Nickelwerkstoffe und → Sondermetalle (Ti, Ta, Mo, W) borieren, wobei Oberflächenhärten von 2000 HV 0,01 erzielt werden.

Die Abscheidung von → Chrom nach dem CIP-V. erfolgt durch → Reduktion von Chromchlorid durch Wasserstoff, gemäß:

$$CrCl_2 + H_2 \xrightarrow{\;840-1\,000\ °C\;} Cr + 2HCl$$

Das abgeschiedene Chrom diffundiert in die Stahloberfläche und es bildet sich eine FeCr-Legierung mit hohen Chromanteilen. Der Werkstoff wird damit korrosionsbeständiger, ohne seine mechanischen Eigenschaften im Kern zu verändern. *Wendler-Kalsch*

Literatur: *Böhm, G.:* Z. Werkstofftechnik, 15 (1984) S. 214–291.

cis-1.4-Polybutadien. (BR). Es ist ein stereotaktisches → Polymer aus Butadien-(1.3), das als Rohstoff zur Herstellung synthetischer Elastomere dient (→ Elastomere).

C. wird mit Hilfe von Ziegler-Natta-Katalysatoren aus hochgereinigtem Butadien-(1.3) in aromatischen oder aliphatischen Kohlenwasserstoffen bei Temperaturen zwischen 0 und 50 °C hergestellt:

$$n\, CH_2 = CH-CH = CH_2 \xrightarrow{\;Kat\;} \left[\begin{array}{c} H \quad\ \ H \\ \diagdown\ C = C\ \diagup \\ {}^{\underline{}}CH_2 \qquad CH_2 \end{array} \right]_n$$

Katalysatorkomp.	cis-Anteil
$Al(C_2H_5)_2Cl/CoCl_2$	96 %
$Al(C_2H_5)_3/BF_3/Ni$-Salz	95 %
$Al(C_2H_5)_3/TiCl_4/J_4$	94 %

So hergestelltes Polybutadien ist wegen seiner ungünstigen Verarbeitungseigenschaften (schlechte Konfektionsklebrigkeit, niedrige Filmfestigkeit) als alleinige Vulkanisationsgrundlage ungeeignet. Es wird vielmehr im Verschnitt zu 20–50 % mit → Styrol-Butadien-Copolymer oder → Naturkautschuk zur Herstellung von Automobil-Laufflächen sowie Seitenwänden großtechnisch eingesetzt. Günstige Eigenschaften von BR sind seine hervorragende Tieftemperaturbeständigkeit, die bei speziellen Typen bis zu −100 °C reicht, weiterhin seine gegenüber SBR geringere Erwärmung bei dynamischer Beanspruchung. *Zahradnik*

cis-1.4-Polyisopren. (synthetischer IR). Man erhält durch stereospezifische → Polymerisation von Isopren (2-Methylbutadien-(1.3)) mit Hilfe von Ziegler-Natta-Katalysatoren (z. B. $Al(C_2H_5)_3/TiCl_4$) oder Lithium bzw. Lithiumalkylen bei Temperaturen zwischen 0 und +20 °C:

$$n\,CH_2 = CH - \overset{\overset{\displaystyle CH_3}{|}}{C} = CH_2 \xrightarrow{Kat} \left[\overset{H}{\underset{CH_2}{}} C = C \overset{CH_3}{\underset{CH_2}{}} \right]_n$$

Die Eigenschaften des in Masse oder Lösung (→ Polymerisation) hergestellten Polyisopren hängen sehr stark vom sterischen Aufbau und von Störungen der Kristallinität (trans-1.4-Anteile) ab. Das mit Ziegler-Natta-Katalysatoren hergestellte → Polymerisat (95–96 % cis-Gehalt) kann als „synthetischer Naturkautschuk" angesprochen werden. Sein Vulkanisat erreicht aber nicht die Strukturfestigkeit, → Elastizität, gute Verarbeitbarkeit und Klebkraft von Naturkautschuk-Vulkanisation (→ Elastomere). *Zahradnik*

Clausius-Clapeyron-Gleichung → Schmelzpunkt

Closed-Loop-Anlage → Bauteilprüfung

CO_2-Verfahren. Ist die übliche Bezeichnung für ein Formverfahren, das auf der Verwendung eines Wasserglasbinders beruht, der durch Einleiten von Kohlensäure zum → Erhärten gebracht wird. Bezüglich seiner Anwendung in der Gießereipraxis hat dieses Verfahren ein ewiges Auf und Ab durchlaufen müssen. Gegenwärtig ist es wieder in den Blickpunkt des Interesses gerückt, weil es als ein umweltfreundliches Verfahren einzustufen ist. Darüber hinaus gelten folgende Vorteile: Fortfall der Ofentrocknung, gute Haltbarkeit der Formen, schnelle Fertigung der Gießbereitschaft, geringe Investitionskosten und beachtliche Maßgenauigkeit der Abgüsse. Diesen Vorteilen stehen aber auch erhebliche Nachteile gegenüber, und zwar vor allem in fertigungstechnischer Hinsicht, wie schnelles Aushärten von Formstoffmischungen an Luft, was kurze Verarbeitungszeiten oder Aufbewahrung in geschlossenen Behältern bedingt.

Viel bedeutender ist die Tatsache, daß Modelle und Kernkästen für das Kohlensäure-Erstarrungs-Verfahren eine stärkere als in der Sandformerei übliche Konizität haben müssen, weil ein Losklopfen von ausgehärteten Formen oder Kernen nicht mehr möglich ist. Mit der → Aushärtung ist eine Volumenvergrößerung verbunden, so daß die Modelle wie „einbetoniert" festsitzen. Dem Gießer bereitet außerdem vielfach des teilweise schlechten Kernzerfalls Sorge, weil dadurch beim Schwinden des Gußwerkstoffs Warmrisse entstehen können.

Diesen Minuspunkt hat die morderne gießereitechnische Forschung versucht abzuhelfen und nach den daraus resultierenden Erkenntnissen hat die Zulieferindustrie neuartige und verbesserte Produkte entwickelt, die einerseits zu einem besseren Zerfall ohne Schwindungsbehinderung und andererseits auch zu einer höheren Oberflächengüte geführt haben. *Doliwa*

Coble-Kriechen. Diffusionskontrollierter Mechanismus des Kriechens polykristalliner Werkstoffe bei hoher Temperatur, dadurch gekennzeichnet, daß Gitteratome durch → Diffusion längs Korngrenzen aus Bereichen unter elastischer Druckspannung (ggf. aufgrund → Querkontraktion) in solche unter Zugspannung transportiert werden (*R. L. Coble* 1963). Dadurch wird nicht nur die Form des einzelnen Korns, sondern die der gesamten Probe in der makroskopischen Zugrichtung verlängert. Das C.-K. unterscheidet sich somit vom *Nabarro-Herring*-Kriechen (dort Kornformänderung durch Volumen-Diffusion). Theoretisch ergibt sich die Kriechrate bei einem mittleren Korndurchmesser d_k zu

$$\dot{\varepsilon} = a\,(V_m\sigma/RT)\,(D_g\,w\,/d_k^3) \qquad [s^{-1}]$$

(V_m: Molvol. der am schnellsten diffundierenden Atomsorte, w: effektive Breite der Korngrenze, D_g: Korngrenzendiffusionskoeffizient, $a \approx 1$ ein numerischer Orientierungsfaktor).

C.-K. hat erhebliche praktische Bedeutung für die Hochtemperatur-Festigkeit keramischer Werkstoffe, von Superlegierungen und Werkstoffen der Nukleartechnik (→ Kriechen). *Ilschner*

COD. (*engl.* Crack Opening Displacement, Rißaufweitung). Gemeint ist die Aufweitung an der Rißspitze des Ermüdungsanrisses in Bruchmechanikproben (genauer daher CTOD = Crack Tip Opening Displacement). Die Aufweitung an der Rißspitze kann aus der Aufweitung an der Probenoberfläche berechnet werden (nach BS 5762, British Standard Institution, 1979, Neu-Entwurf 1986). Die beim Versagen der Proben gemessenen kritischen Werte der Rißaufweitung dienen als bruchmechanische Kenngröße zur Kennzeichnung des Zähigkeitsverhaltens, ähnlich wie die kritischen Werte von Spannungsintensität und J-Integral. *Dahl*

Coil. Ring oder Bund, zu dem Band, → Draht oder → Rohr nach der → Umformung oder → Wärmebehandlung aufgewickelt wird. *Dahl*

Cold-Box-Verfahren. Mit diesem Verfahren begann der Einstieg in die Anwendung organischer

→Bindemittel in die Gashärtungstechnologie zur maschinellen Herstellung von Kernen für den →Formguß. Ein Benzyletherpolyol wird mit einem Polyisocyanat zu einem →Polyurethan umgesetzt, wobei die Reaktion durch tertiäre Amine sekundenschnell ausgelöst wird. Als Vorteile des Verfahrens sind zu nennen: Sehr gute Fließfähigkeit der Sandmischung, schnelle homogene →Durchhärtung, kurze Härtezeiten, Arbeiten in kalten Werkzeugen, sehr gute Gußoberflächen, guter Zerfall und ziemlich problemlose Regenerierbarkeit des Altsandes.

Neuere Forschungsarbeiten haben gezeigt, daß Lösungsmittelverluste während des Mischens, Verarbeitens und Schießens für mitunter auftretende Festigkeitsschwankungen von Cold-Box-Formteilen verantwortlich sind. Dieser Fehler läßt sich im Cold-Box-Kompaktverfahren vermeiden, weil diese Verfahrenstechnik die Einhaltung eines fertigungsgerechten Lösungsmittelgehalts ermöglicht. Der geschlossene Mischer ist über der Schießmaschine angebracht und gibt den fertigen →Formstoff durch den zentralen Bodenverschluß direkt in den Übergabetrichter. Die Chargengröße des Mischers ist bewußt klein gehalten, er verfügt aber über eine hohe Mischgeschwindigkeit mit Mischzeiten unter einer Minute. Dadurch vermeidet man einen schädlichen Sandüberschuß in der Schießmaschine, andererseits läßt sich ein größerer Sandbedarf durch zwei oder mehrere aufeinanderfolgende Chargen decken. Die hohe Fluidität der Mischung nach der Aufbereitung im Schwingmischer unterstützt die gute Verschießbarkeit des Cold-Box-Formstoffs, so daß auch schwierige Fertigungsaufgaben, wie z. B. Rahmenkerne für den Automobil-Kokillenguß, lösbar sind.

In den letzten Jahren wurden glanzkohlenstoff- und blattrippenreduzierte Cold-Box-Systeme sowie solche mit besserem Zerfall bei Aluminiumguß und wesentlich verlängerter Verarbeitungszeit entwickelt. Ein Abschluß der Entwicklungsaktivitäten ist noch nicht erkennbar und das C.-B.-V. dürfte auch in den nächsten Jahrzehnten noch das führende Gashärtungsverfahren bleiben. *Doliwa*

Literatur: *Boenisch, D.* und *W. Lotz:* Giesserei 71 (1984), Nr. 5, S. 187/196.

Compound. Unter C. versteht man die zum Zwecke der besseren Verarbeitbarkeit und der Einstellung bestimmter Eigenschaften hergestellten Mischungen aus dem bei der Synthese als Pulver oder Schmelze anfallendem, thermoplastischen →Polymer und mehreren Zusatzstoffe (→Additive), wie →Weichmacher, →Stabilisatoren, Gleitmittel, →Pigmenten und verstärkenden Füllstoffen (→Kunststoffverarbeitung). *Zahradnik*

Considère-Konstruktion. Graphische Darstellung des mechanischen Stabilitätskriteriums für das Eintreten einer →Einschnürung im →Zugversuch, wie sie mit dem Erreichen der Maximalspannung im →Spannungs-Dehnungs-Diagramm zusammenfällt (*A. Considère* 1885). Die C.-K. bedient sich einer Auftragung der wahren Spannung über der technischen →Dehnung. In diesen Größen kann das mathematische Kriterium

$$d\sigma_w/d\varepsilon_0 = \sigma_w/(1+\varepsilon_0)$$

dargestellt werden, indem man an die Verfestigungskurve σ_w (ε_0) des Werkstoffs eine Tangente so anlegt, daß sie die Dehnungsachse bei $\varepsilon = -1$ schneidet (Bild); der Berührungspunkt der Tangente liefert dann die Spannung (R_m) und Dehnung im Maximum. *Ilschner*

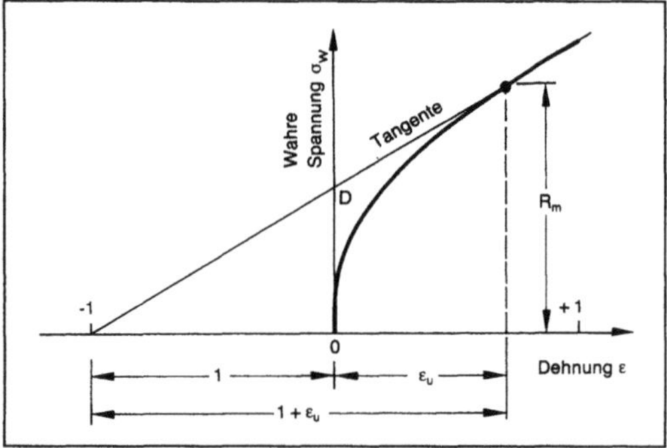

Considère-Konstruktion: C.-K. zur Bestimmung des Maximums der Spannungs-Dehnungs-Kurve.

Literatur: *Dieter, G. E.:* Mecanical Metallurgy. New York 1986.

Conversionsschicht →Konversionsschichten

Copolymer →Copolymerisation

Copolymerisation. C. sind Synthesen von Makromolekülen aus zwei verschiedenen Grundbausteinen (Monomeren). →Polymere aus drei und vier Monomeren nennt man Ter- und Quarterpolymere und bei noch größerer Monomeranzahl erhält man Multipolymere.

Viele technisch und wirtschaftlich wichtige Polymere sind Copolymere. Ihre umfangreiche Anwendung in nahezu allen Bereichen unseres Lebens verdanken die Copolymere der Möglichkeit, Eigenschaften verschiedener Homopolymere zu verbinden, und zwar deutlich ausgeprägter als dies durch entsprechende Polymermischungen zu erreichen wäre. Die Ursache dafür liegt in der Verknüpfung chemisch unterschiedlicher Monomereinheiten durch chemische Hauptvalenzbindungen. Wichtige Modifizierungen von Polymeren, die sich durch C. erreichen lassen, liegen beispielsweise im Bereich der Verarbeitbarkeit, der thermischen Stabilität, der →Elastizität, der Schlagzähigkeit oder der Anfärbbarkeit. Ebenso wie die Homopolymere können die Copolymere als lineare, verzweigte oder vernetzte Makromoleküle auftreten.

Je nach Anordnung zweier Monomere M_1 und M_2 werden verschiedene Typen von Copolymeren unterschieden. Statistische Copolymere haben eine unregelmäßige Abfolge von M_1 und M_2 während ein alternierendes Copolymer eine abwechselnde Anordnung aufweist. Daneben existieren Blockcopolymere bei denen längere Folgen von M_1 mit solchen von M_2 verknüpft sind. Die Synthese von Copolymeren unterliegt den gleichen Gesetzmäßigkeiten wie die Homopolymerisation. Über die Molmassenverteilung hinaus, müssen bei Copolymeren zusätzlich Uneinheitlichkeiten in bezug auf die Zusammensetzung und die Blocklänge der Monomereinheiten der einzelnen Makromoleküle beachtet werden. Dies erfordert eine umfangreiche Polymeranalytik.

Es konnte schon sehr früh gezeigt werden, daß zwei Monomere bei der C. mit unterschiedlichen Verhältnissen in die Kette eingebaut werden. Dieses Verhalten ist unterschiedlichen Reaktivitäten der beiden Monomere in der Mischung zuzuschreiben und führt im Verlauf der Polyreaktion zu einer sich ändernden Monomer- und damit Copolymerzusammensetzung.

Zur Beschreibung der C. wird von den möglichen Wachstumsreaktionsschritten zum →Makromolekül ausgegangen und hieraus die sogenannte Copolymerisationsgleichung hergeleitet:

$$\frac{d\,[M_1]}{d\,[M_2]} = \frac{[M_1]}{[M_2]} \cdot \frac{r_1\,[M_1] + [M_2]}{r_2\,[M_2] + [M_1]}$$

Die Copolymerisationsgleichung gibt die Änderung der molaren Verhältnisse $d[M_1]/d[M_2]$ im Copolymer in Abhängigkeit von dem molaren Verhältnis der Monomere in der Ausgangsmischung an. Die Copolymerisationsparameter r_1 und r_2 stellen die dimensionslosen Quotienten der Geschwindigkeitskonstanten von einem Homo- zu einem Heteropolymerisationsschritt dar. Der Einfluß der Copolymerisationsparameter auf die Zusammensetzung der Copolymere kann durch ein C.-Diagramm verdeutlicht werden, in dem die momentane Monomerzusammensetzung f_1 (Molenbruch von M_1 in der Monomermischung) gegen die momentane Copolymerzusammensetzung F_1 (Molenbruch von M_1 im Copolymer) aufgetragen wird.

Zur Auswertung einer C. und zur Bestimmung der Copolymerisationsparameter gibt es verschiedene Methoden, denen eine Linearisierung der Copolymerisationsgleichung und die Berechnung aus experimentell zugänglichen Daten gemeinsam ist. In den Handbüchern der makromolekularen Chemie sind für viele Systeme Copolymerisationsparameter tabelliert. *Finkelmann*

Literatur: *Bandrup, J.* and *E. H. Immergut* (Ed.): Polymer Handbook. 2nd Ed. New York 1975. – *Elias, H. G.*: Makromoleküle. 4. Aufl. Basel–Heidelberg–New York 1981.

Cottrell-Atmosphäre. Anreicherung beweglicher Fremdatome in der Dilatationszone einer Stufenversetzung, insbesondere von →Kohlenstoff in α-Eisen bzw. ferritischen Stählen. Durch den allmählichen Aufbau der C.-A. wird die in diesem Bereich gespeicherte elastische Verzerrungsenergie vermindert und somit die Lage der Versetzungslinie stabilisiert. Um letztere weiterzubewegen, ist daher eine zusätzliche Spannung erforderlich (→Portevin-Le Chatelier-Effekt; →Versetzungen). *Ilschner*

Cottrell-Wolken. Ansammlung von interstitiell gelösten Kohlenstoff- und Stickstoffatomen in den dilatierten Gebieten von Stufenversetzungen im kubisch-raumzentrierten →Ferrit. Die Triebkraft für diesen Vorgang ist die Verminderung der elastischen Verzerrungsenergie. Der Vorgang findet während einer nicht zu schnellen →Abkühlung oder bei →Auslagerung bei Raumtemperatur oder mäßig erhöhten Temperaturen statt. Da zur Trennung der Versetzungen von den C.-W. eine höhere →Spannung angelegt werden muß, kommt es zur ausgeprägten →Streckgrenze mit der Bildung von →Lüders-Bändern an der oberen Streckgrenze. *Dahl*

CPD-Rohrwalzverfahren. Zur Erfüllung der Marktforderungen nach minimalstem Investitionsaufwand und geringer Kapazität wurde das CPD-Verfahren (Abk. *engl.* Cross Roll Piercing Discher-Verfahren) zur Herstellung nahtloser →Stahlrohre entwickelt (Bild). Das CPD-Rohr-

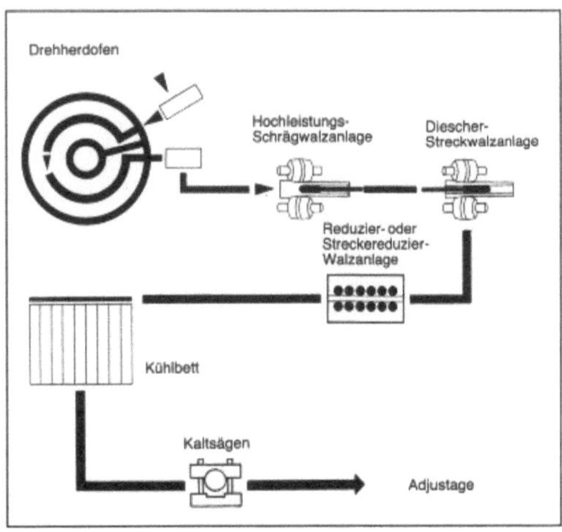

CPD-Rohrwalzverfahren: Schematische Darstellung des Fertigungsablaufes bei der Herstellung nahtloser Stahlrohre mit dem CPD-R.

werk zeichnet sich im wesentlichen durch drei Umformanlagen, hohes →Ausbringen und besonders kleine Wanddickentoleranzen aus. Mit dem CPD-R. können Rohre zwischen 5½ Zoll und 14 Zoll Durchmesser hergestellt werden. *Baumann*

CPD-Rohrwalzwerk. CPD-R. sind komplexe technische Systeme zur Herstellung nahtloser Rohre nach dem →CPD-Rohrwalzverfahren.

Baumann

CPE-Rohrwalzverfahren. Das CPE-Verfahren (Abk. *engl.* Cross Roll Piercing Elongating-Verfahren) zur Herstellung nahtloser →Stahlrohre ist durch die Kombination einer Schrägwalzanlage mit einer Streckwalzanlage gekennzeichnet (Bild). Hierbei ist die Streckwalzanlage beim →Umformen in der Lage, Rohrluppen mit Längen bis zu 22 m herzustellen. Ein CPE-Rohrwerk ist verhältnismäßig einfach, technisch leicht beherrschbar und erfordert Investitionen, die etwa 40 % niedriger als diejenigen für ein Konti-Rohrwerk sind. Mit dem CPE-R. können Rohre zwischen 1 Zoll und 7⅝ Zoll Durchmesser hergestellt werden. *Baumann*

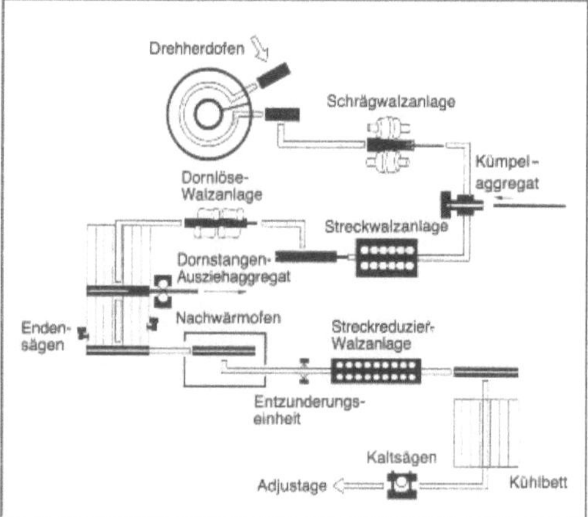

CPE-Rohrwalzverfahren: Schematische Darstellung des Fertigungsablaufes bei der Herstellung nahtloser Stahlrohre mit dem CPE-R.

CPE-Rohrwalzwerk. CPE-R. sind komplexe technische Systeme zur Herstellung nahtloser Rohre nach dem →CPE-Rohrwalzverfahren.

Baumann

Crash-Test. Prüfung eines Kraftfahrzeugs bei einem simulierten Unfall unter vereinbarten, reproduzierbaren Bedingungen (standardisierter Unfallversuch). Der Versuch erfolgt durch Aufprall des Testfahrzeugs aus einer vorgegebenen Fahrgeschwindigkeit (meist 30–50 km/h) auf feste Hindernisse verschiedener Formen bzw.

gegen andere Fahrzeuge und Verkehrsteilnehmer. Eine weitere Versuchstechnik verwendet ein Hilfsfahrzeug (Rammwagen) zum Aufprall gegen das stehende oder fahrende Testfahrzeug.

Der C.-T. wird für Struktur- und Sicherheitsuntersuchungen eingesetzt. Der Zweck von Strukturuntersuchungen ist die Ermittlung von Festigkeit und Verformungsfähigkeit des gesamten Fahrzeugs (deformierbare, energieverzehrende Knautschzonen, steifer, stabiler Fahrgastraum) und die Überprüfung des Verhaltens von Fahrzeugpartien und Fahrzeugteilen (Stoßfänger, Windschutzscheibe, Lenkung, Kraftstoffanlage) unter Unfallbedingungen. Sicherheitsuntersuchungen erfassen die Unfallauswirkung auf Fahrzeuginsassen (innere Sicherheit) und Fußgänger (äußere Sicherheit). Die innere Sicherheit betrifft Belastung und Bewegung der Insassen (simuliert durch Versuchspuppen, sog. Test Dummies), Auswirkung von Haltesystemen und Air-Bags, Verschiebung der Lenkanlage, Verhalten der Windschutzscheibe und die Dämpfungseigenschaften von möglichen Aufschlagzonen im Fahrgastraum.

Bezüglich sekundärer Unfallfolgen und der Befreiungsmöglichkeit von Fahrzeuginsassen nach einem Unfall wird die Stabilität des Überlebensraumes, die Möglichkeit der Türöffnung und die Dichtheit des Kraftstofftanks (Brandgefahr) im C.-T. untersucht. Die äußere Sicherheit wird durch Verletzungskriterien für angefahrene Fußgänger erfaßt.

Die Bewertung des Versuchsergebnisses erfolgt anhand von High-Speed-Filmen und physikalischen Meßwerten (Kräfte, Verzögerungen, Bewegungen, Verlagerungen, Deformationen). Für die Durchführung der Versuche gibt es Empfehlungen der Society of Automotive Engineers (SAE Recommended Practice).

C.-T. werden im Rahmen der Unfallforschung, im Zuge der Entwicklung und Erprobung von Fahrzeugtypen (Optimierung von Fahrzeugkomponenten) sowie zum Nachweis staatlicher Anforderungen bei der Typprüfung und der „Production Control" durchgeführt. Sie können auch der Überprüfung von rechnerisch ermittelten Unfallabläufen und Unfallauswirkungen dienen (Verifikation von Rechenprogrammen).

Für nachträgliche Unfallanalysen ist das Nachfahren von Realunfällen hilfreich. Ein weiteres Anwendungsgebiet sind Untersuchungen zur Reparaturmöglichkeit und zu den Reparaturkosten nach einem Unfall (Reparaturcrash).

Nach der Versuchsart unterscheidet man zwischen Wandaufprall, Seitenaufprall, Heckaufprall und Dachaufprall.
– Im Wandaufprall stößt das Fahrzeug senkrecht (Frontalaufprall) oder schräg (Schrägaufprall) ge-

gen ein starres Hindernis (Barriere), das eben, gestuft oder rund (Pfahlaufprall) sein kann.

– Der Seitenaufprall kann rechtwinkelig oder schräg auf ein stehendes oder fahrendes Fahrzeug (Kreuzungsunfall) mit Hilfe eines herkömmlichen Hilfsfahrzeugs oder eines speziell zugerichteten Rammfahrzeugs erfolgen.

– Der Heckaufprall wird meist mittels eines Rammfahrzeugs durchgeführt, wobei stoßende und gestoßene Fahrzeuge koaxial oder seitlich versetzt aufeinander prallen (Auffahrunfall).

– Der Dachaufprall wird durch einen Fallversuch oder durch einen Überschlagversuch (Roll Over) simuliert.

C.-T. im weiteren Sinne sind dynamische Unfallversuche an Komponenten und Baugruppen von Kraftfahrzeugen mit Hilfe eines Horizontalschlittens. Die zu prüfenden Teile werden auf einem Schlitten montiert, der einer Beschleunigung oder Verzögerung entsprechend einem Realunfall unterworfen wird (→ Kraftfahrzeugteileprüfung).

C.-T.-Anforderungen für das gesamte Fahrzeug aufgrund staatlicher Gesetze und Verordnungen bestehen in einigen europäischen Ländern nach den ECE-Regelungen 32 und 33 sowie in den USA nach den Motor Vehicle Safety Standards.   *Kußmaul*

Literatur: Fahrzeugtechnik EWG/ECE, Loseblatt-Textsammlung. Bonn-Bad Godesberg. – *Sievert, W.:* Die Aufprall-Versuchsanlage der Bundesanstalt für Straßenwesen. Automobiltechn. Z. 82 (1980) S. 507/511.

Crazes. (*engl.* für Pseudobruch bzw. Weißbruch) Bei transparenten (ungefüllten amorphen) Kunststoff-Formkörpern entstehen unter Zug- bzw. Biegebeanspruchungen nach Überschreiten einer kritischen → Dehnung senkrecht zur Spannungsrichtung sog. C. (Bild 1). Im Gegensatz zu echten Brüchen (leerer Raum zwischen den aufklaffenden Bruchflächen) sind diese C. (Fließzonen) mit Bündeln verstreckter Polymermoleküle gefüllt, die sich in Spannungsrichtung aus dem ungeschädigten Material herausziehen (Bild 2). Bei höheren Dehnungen reißen diese verstreckten Molekülbündel und es kommt zum Bruch.   *Zahradnik*

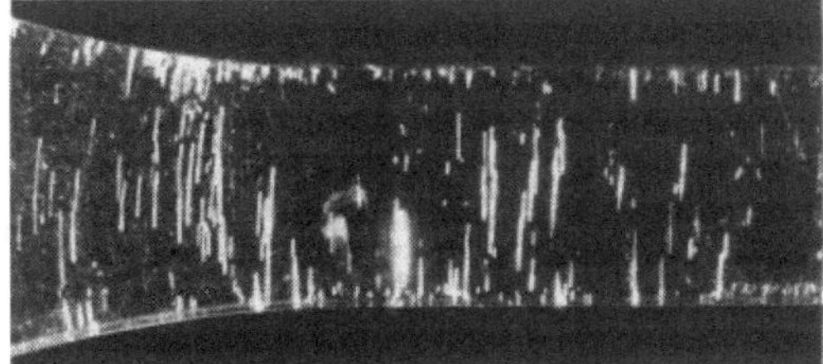

Crazes 1: C.-Bildung an einer im Dehnkriechversuch mit einer Spannung von 10 MPa belasteten Spritzgußprobe aus Polycarbonat.

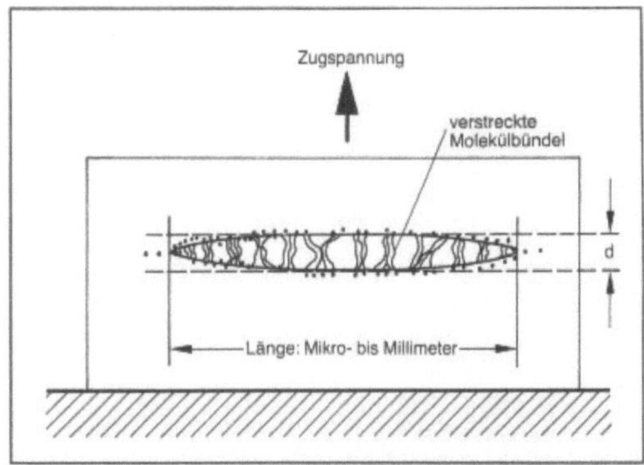

Crazes 2: Schematische Darstellung der Struktur eines C. Die Dicke d der C. ist materialabhängig und liegt in der Größenordnung von Teilen bis hin zu mehreren Mikrometeren.

Literatur: *Kambour, R. P.* in J. I. Kroschwitz (Hrsg.): Polymers: An Encyclopedic Sourcebook of Engineering Properties. New York 1987. – *Kausch, H. H.:* Polymer Fracture. 2nd. ed., Berlin-New York 1987. – *Menges, G.:* Kunststoffe 63, (1973), Nr. 95. – *Sandner, H.:* Diplomarbeit. Erlangen 1989.

Croning-Formmaskenguß. Bei diesem Formverfahren wird ein trockenes Sand-Kunstharzgemisch durch Aufkippen, Aufschütten oder Aufblasen auf eine warme Metallmodellplatte aufgebracht. Nach einer gewissen Zeit, deren Dauer von der Plattentemperatur, der gewünschten Maskendicke und der Art des als Binder dienenden Harzes abhängig ist, bildet sich infolge → Aushärtung des Harzes eine sogenannte Formmaske. Man versteht darunter eine erhärtete Formstoffschicht, die sich in möglichst gleicher Dicke um die Modellkontur gebildet hat. Diese Maske wird mit einer Abhebevorrichtung von der Modellplatte abgehoben und anschließend in einem Ofen fertig ausgehärtet. Den prinzipiellen Ablauf der Formmaskenherstellung veranschaulicht Bild 1 einer einfachen Maskenformmaschine. Solche Anlagen sind heute natürlich mit Zusatzeinrichtungen und in Mehrfachstationen weitgehend mechanisiert und automatisiert, ohne daß sich am grundsätzlichen Arbeitsmechanismus aber etwas geändert hat.

Nach dem gleichen Verfahren lassen sich auch Kerne (meist als Hohlkerne ausgebildet) herstellen. Die fertig montierten Maskenformen werden in Gruben oder Rahmen eingesetzt und zur Aufnahme des Gießdrucks mit Stahlkies oder anderen Materialien hinterfüllt.

An die Werkstoffe für die Modelle und die Modellplatten sind wegen der Erhitzung dieser Teile auf Aushärtetemperatur des Formstoffgemisches besondere Anforderungen zu stellen, so z. B. Temperaturbeständigkeit bis 350 °C, hohe Oberflächengüte nach der Bearbeitung, Verschleißfestigkeit

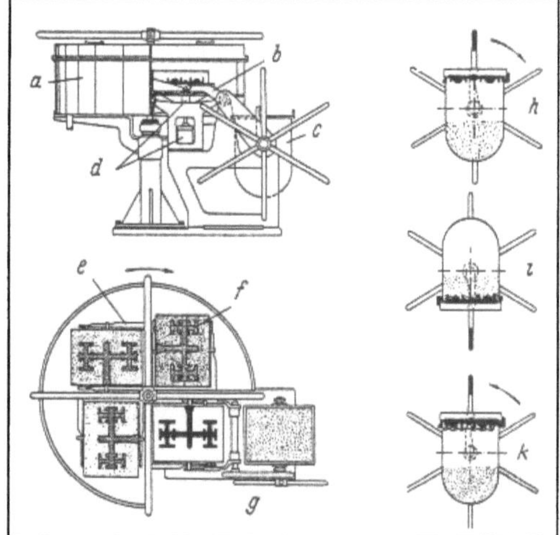

Croning-Formmaskenguß 1: Herstellung einer Formmaske auf einer einfachen Maskenformmaschine.

a Aushärteofen, b Wendearm, c Kippgefäß, d Preßluftabhebung, e Drehkreuz, f Platten im Aushärtervorgang, g Platte am Arbeitstisch zum Wenden und Abheben, h Platte deckt Kippgefäß, i Maske im Aufbau, k Platte fertig zum Wenden und Aushärten

und ein kleiner Wärmeausdehnungskoeffizient. Am besten geeignet ist → Gußeisen, gefolgt von Messing und → Bronze.

Die Maßgenauigkeit von nach dem *Croning*-Verfahren hergestellten Abgüssen umfaßt ein Toleranzfeld von 0,08–0,13 mm in der Teilungsebene, wogegen quer dazu mit etwa dem doppelten Betrag zu rechnen ist. Nur in Sonderfällen sind Toleranzen um 0,05 mm erreichbar. Als Beispiel für ein typisches Croning-Gußteil können die abgebildeten Schaufelräder aus Aluminium-Mehrstoffbronze dienen (Bild 2).

Croning-Formmaskenguß 2: Nach C.-F. hergestellte Schaufelräder aus Aluminium-Mehrstoffbronze.

Im Unterschied zum klassischen Croning-Verfahren kommt das *Dietert*-Verfahren mit einem kalten Metallmodell aus. Zur Herstellung der Formen verwendet man eine → Kernschießmaschine und einen

Kernrahmen, aus Gußeisen oder Aluminium, der die Konturen des Modells in etwa so wiedergibt, daß zwischen Rahmen und Modell ein Spalt ringsum von etwa 10 mm entsteht. In diesen Spalt wird das Formstoffgemisch eingeblasen und im Ofen ausgehärtet. Die ausgehärteten Masken werden zusammengesetzt, verklammert und gegossen. Das D-Verfahren hat den Vorteil, daß man Masken vorbestimmter Dicke herstellen kann, während beim Croning-Verfahren die Maskendichte eine Funktion der Maskenbildungszeit und der Beheizungsgleichmäßigkeit der Modellplatte ist. Dieser Punkt ist wichtig für die Lenkung der → Erstarrung und damit für die Gefügeausbildung im → Gußstück. Als → Bindemittel für das D-Verfahren verwendet man Spezialöle oder Phenolharze mit Zusatz von einem Spezialöl. Die Toleranzen entsprechen den im Croning-Prozeß erreichbaren. *Doliwa*

Literatur: *Pölzguter, F.:* Die Bedeutung des Formmaskenverfahrens nach Croning in der modernen Gießerei. Giesserei (1956) S. 270/280. – Die Praxis des Maskenformverfahrens. Düsseldorf 1971. Taschenbuch der Gießereipraxis. Berlin 1972. S. 278/300.

Crowdion. Atomare Konfiguration, die sich in elementaren Kristallgittern als Folge energiereicher Stöße z. B. mit Elektronen bildet. Das zunächst angestoßene Teilchen verläßt bei hinreichend starker Energieübertragung seinen Gitterplatz in einer nur statistisch zu erfassenden Richtung. Fällt diese mit einer dichtest gepackten Gitterrichtung (z. B. <110> in Cu) zusammen, so kann das primäre Rückstoßatom unter Zurücklassung einer → Leerstelle eine Konfiguration von $(n + 1)$ Atomen auf n Gitterplätzen in <110> bilden. Dieses C. bewegt sich vom primären Stoßort fort, bis die darin enthaltene kinetische Energie durch inelastische Streuung aufgebraucht ist (→ Strahlenschäden). *Ilschner*

Curie-Temperatur → Ferromagnetismus

Curie-Weiß-Gesetz. Die → Suszeptibilität paramagnetischer Substanzen wird als Funktion der Temperatur durch das C.-W.-G. beschrieben:

$$\chi = C/(T - \Theta).$$

Trägt man also $1/\chi$ gegen T auf, dann gewinnt man durch Extrapolation die paramagnetische Curietemperatur Θ. Für Ferromagnetika liegt Θ in der Nähe des ferromagnetischen Curiepunktes T_c, für Antiferromagnetika wird Θ aber negativ. Θ ist ein Maß für die Wechselwirkung zwischen den elementaren Dipolen eines paramagnetischen Stoffes, während C ein Maß für die Stärke der Dipole ist. *Hubert/Ilschner*

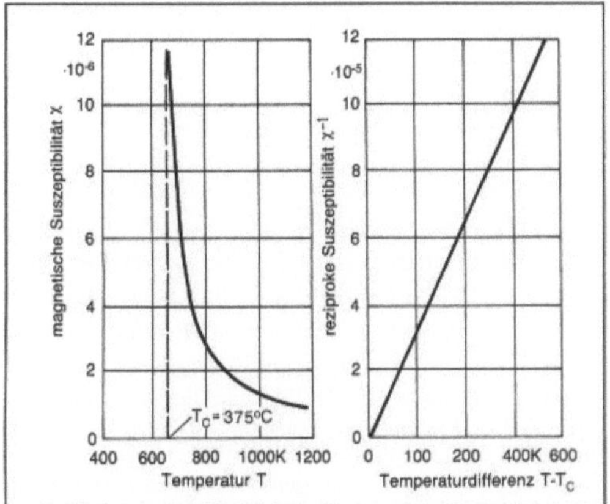

Curie-Weiß-Gesetz: Temperaturabhängigkeit der magnetischen Suszeptibilität in einem paramagnetischen Werkstoff entsprechend dem Gesetz von Curie-Weiß (Nickel).

Literatur: *Ilschner, B.:* Werkstoffwissenschaften, Berlin–Heidelberg. 1989.

CVD (*engl.* Chemical Vapour Deposition) → Abscheidung, chemische aus der Gasphase

Czochralski-Verfahren → Kristallzüchtung, → Kristallziehen

D

Dachbahnprüfung. Dichtungsbahnprüfung.
Dach- und Dichtungsbahnen sind Produkte für die Bauwerksabdichtung gegen Grund- und Tagwasser, Boden- und Luftfeuchtigkeit und Medien. Sie bestehen entweder aus bitumenhaltigen Stoffen – üblicherweise mit Trägereinlagen – und/oder aus Kunststoffen, meist ohne Träger, vielfach aber mit Kaschierungen. Bei Dach- und Dichtungsbahnen ist gegenüber den Beschichtungen bereits ein hoher Vorfertigungsgrad erreicht worden. Abdichtungen entstehen aber erst durch weitere Verarbeitung zu bauwerk-abdeckenden oder -umschließenden Bauteilen.

Bituminöse Bahnen werden in der Regel durch → Kleben oder → Schweißen zu mehrlagigen Dichtungen verarbeitet, während Kunststoffbahnen vorzugsweise einlagig oder aber auch in Verbindung mit bituminösen Bahnen verwendet werden. Bei einlagiger Verwendung von Kunststoffbahnen spielt die Fügetechnik eine herausragende Rolle.

□ Bituminöse Bahnen.
Extraktion zur Wiedergewinnung und Bewertung der Deckschichten und Einlagen. Feststellung von mineralischen und polymeren Zusätzen. Wärme- und Kältebeständigkeit sowie Festigkeitseigenschaften (einachsige Zugbeanspruchung) der Bahn.

In neuerer Zeit gewinnen Gebrauchsprüfungen an Bedeutung, wie → Bewitterung, Simulierung der Wind-Sog-Druck-Beanspruchung und Dauerhaftigkeit der Verklebungen und Fügungen, mehrachsige Prüfungen unter Kurzzeit- und Langzeit-Einwirkung.

Je nach Einsatzgebiet können für bituminöse Bahnen und aus ihnen gefertigte mehrlagige Dichtungsaufbauten weitere, zweckgebundene Prüfungen erforderlich sein.

□ Kunststoffbahnen.
Das stoffliche Spektrum ist bei Kunststoffbahnen wesentlich breiter als bei bituminösen Bahnen. Daraus ergeben sich stoffbezogene Prüfungsschwerpunkte mit Betonung der mechanisch-physikalischen Eigenschaften und deren Änderung durch die Einwirkung ihrer Umgebung.

In erster Linie sind ein-, vielfach auch mehrachsige → Zugversuche, Dichtigkeits- und Permeationsversuche vor und nach Lagerung in Medien, Eluaten, Wärme und Kälte und einer künstlichen oder natürlichen Bewitterung üblich. Spezielle Kurz- und Langzeitversuche befassen sich mit den Fügestellen (Stöße, Nähte) und der Verträglichkeit und gemeinsamen Verarbeitbarkeit verschiedenartiger Bahntypen (→ Bitumen- und Teerprüfung).

Rehm/Vordermeier

Literatur: DIN 16 726: Prüfung von Kunststoff-Dach- und Dichtungsbahnen. – DIN 18 195: Bauwerksabdichtungen. – DIN 52 123: Prüfung von Bitumen- und Polymer-Bitumenbahnen. – *TAKK:* Werkstoffblätter 1982. Hrsg. Techn. Arbeitsgruppe Kunststoff- und Kautschukbahnen für Dach- und Bauwerksabdichtung e. V. – *Lufsky:* Bauwerksabdichtung Stuttgart 1983. – Flachdachrichtlinien. Hrsg. Zentralverband des Deutschen Dachdeckerhandwerks.

Dachziegelprüfung. Das Ergebnis einer D. dient dem Nachweis der für Dachziegel genormten Materialeigenschaften. Damit eine geneigte, aus flächigen keramischen Bauteilen – den Dachziegeln – hergestellte Dachfläche ihre Funktion möglichst auf Dauer erfüllt, müssen Dachziegel die in DIN 456 geregelten Anforderungen an die Maß- und Formhaltigkeit, an die Wasserundurchlässigkeit, an die Frostbeständigkeit und an die Tragfähigkeit erfüllen.

Bei der Prüfung der Maßhaltigkeit sind bei verfalzten Preßdachziegeln und Strangdachziegeln vor allem die Prüfung der Decklänge und Deckbreite von Bedeutung. Hierbei werden in zwei Reihen jeweils zwölf Dachziegel mit gezogenen und anschließend mit gestoßenen Falzen verlegt, um dann über eine Länge bzw. Breite von zehn verfalzten Dachziegeln die Deckmaße zu bestimmen.

Bei der Prüfung der Formhaltigkeit wird die Verkrümmung in Längsrichtung der Dachziegel und die Flügeligkeit – Verwindung – in der Dachziegelfläche bestimmt.

Zur Prüfung der Wasserundurchlässigkeit wird auf die in einen Rahmen eingebauten Dachziegel Wasser 50 mm hoch über der tiefsten und 10 mm hoch über der höchsten Stelle des Dachziegels aufgeschüttet, um dann auf einen Tropfenabfall an der Unterseite des Dachziegels zu achten.

Für die Beurteilung der Frostbeständigkeit ist vorrangig das Verhalten der Ziegel auf dem Dach maßgebend. Zur Prüfung der Frostbeständigkeit ist DIN 52 253 in Vorbereitung, die direkte und indirekte Verfahren für die Prüfung der Frostwiderstandsfähigkeit von Dachziegeln enthält.

Zur Ermittlung der Tragfähigkeit werden die Dachziegel mittig in Längsrichtung auf Biegung mit einer Einzellast in Stützweitenmitte bis zum Bruch geprüft. Diese Prüfungen hat der Hersteller von

Dachziegeln in geregelten Abständen durchzuführen, um die geforderten Eigenschaften sicher zu gewährleisten. *Rehm/Zeus*

Dampfanlassen → Oxidieren

Dampfdruck. Der im Vakuum gemessene D. reiner Metalle ist temperaturabhängig (Dampfdruckformel, in 1. Näherung Arrhenius-Funktion). Nachstehende Tabelle gibt typische Werte des D. reiner Metalle bei ihrer Schmelztemperatur. Der D. ist maßgebend für die Verdampfungsgeschwindigkeit, deren techn. Bedeutung in den Hochvakuum-Bedampfungsverfahren liegt (→ Vakuumverfahren, → PVD). Beispiel: Metallisierung optischer Gläser.

Dampfdruck. Tabelle: Temperaturen wichtiger Elemente, bei denen der D. 1 kPa (= 10^{-2} bar) beträgt.

Element	Temperatur °C
Aluminium	1 150
Beryllium	1 245
Bismuth	680
Cadmium	265
Kohlenstoff	2 460
Chrom	1 400
Cobalt	1 520
Kupfer	1 260
Germanium	1 400
Gold	1 400
Indium	945
Blei	715
Magnesium	440
Mangan	940
Molybdän	2 350
Nickel	1 530
Osmium	2 910
Platin	2 090
Rhenium	3 065
Silizium	1 470
Silber	1 630
Tantal	3 060
Zinn	1 250
Titan	1 740
Wolfram	3 230
Uran	1 930
Vanadium	1 850
Yttrium	1 630
Zink	345
Zirkonium	2 400

In → Mehrstoffsystemen (Legierungen) ist die Messung des D. ein wichtiges Hilfsmittel zur Bestimmung der thermodynamischen Aktivität der Legierungspartner und somit zur quantitativen Beschreibung ihrer thermodynamischen Stabilität (freie Enthalpie). Ein geeignetes Verfahren ist die Messung der je Zeiteinheit aus einer kleinen Öffnung bekannten Querschnitts aus einem geschlossenen Gefäß (sog. Knudsen-Zelle) austretenden Dampfmenge.

Der besonders hohe D. einiger Legierungspartner (z. B. Zn, Cd, Mg, Mn) neben einem Grundmetall kann zur Reinigung des letzteren im flüssigen Zustand eingesetzt werden. Das Vorhandensein eines Inertgases reduziert bei nicht zu niedrigem Gasdruck durch Rückstöße die Verdampfungsgeschwindigkeit bei gegebenem D. (wichtig für die → Lebensdauer von Wendeln in Glühlampen). *Ilschner*

Dampfhärtung. → Erhärten silicatischer Baustoffe (Kalksandsteine, → Silicatbeton, → Gasbeton) im Autoklaven im gespannten Dampf bei etwa 200 °C entsprechend 16 bar (1,6 MPa). Bei Zugabe von Quarzmehl, das bei der hohen Temperatur reaktionsfähig wird, bilden sich zusammen mit Kalkhydrat, das man entweder als → Bindemittel zugibt oder das bei der Hydratation von → Zement entsteht (→ Erhärten), Calciumsilicathydrate hoher Festigkeit und Beständigkeit. *Wesche*

Dampfkesselverordnung (DampfkV). Die Verordnung über Dampfkesselanlagen vom 27. Februar 1980 gilt für die Errichtung und den Betrieb von Dampfkesselanlagen, die gewerblichen oder wirtschaftlichen Zwecken dienen und in deren Gefahrenbereich Arbeitnehmer beschäftigt werden. Zur Dampfkesselanlage gehören der Dampfkessel selbst sowie die für seinen Betrieb erforderlichen Einrichtungen, z. B. die Feuerung und die Einrichtungen für die Rauchgasreinigung. Dampfkesselanlagen dienen der Erzeugung von Strom, Prozeßwärme und Heizwärme. Für diese Zwecke wird im Dampfkessel entweder Wasserdampf oder Heißwasser erzeugt.

Die Verordnung gründet sich auf § 24 der *Gewerbeordnung* und trifft Vorsorge gegen potentielle Gefahren des Dampfkesselbetriebes.

Nach der Verordnung bedürfen Errichtung und Betrieb einer Dampfkesselanlage der Erlaubnis durch die zuständige Behörde. Die Dampfkesselanlage darf nach ihrer Errichtung erst in Betrieb genommen werden, nachdem der Sachverständige Prüfungen vorgenommen hat. Diese sind eine Bauprüfung, eine Wasserdruckprüfung und eine → Abnahmeprüfung des Dampfkessels und bestimmter Einrichtungen der Dampfkesselanlage. Für bestimmte Dampfkesselanlagen und für bauartzugelassene Teile von Dampfkesseln gelten Erleichterungen. Über die erstmaligen Prüfungen hinaus sind Dampfkessel in bestimmten Fristen wiederkehrenden Prüfungen zu unterziehen; sie bestehen aus inneren Prüfungen und Wasserdruckprüfungen des Dampfkessels und bestimmter Einrichtungen der Dampfkesselanlage und äußeren Prüfungen der gesamten Anlage. Für bestimmte Dampfkessel sind keine wiederkehrenden Prüfungen vorgeschrieben, oder es gelten Erleichterungen. Weitere Prüfungen kommen vor Wiederinbetriebnahme einer stillgesetzten Anlage, nach Schadensfällen oder aus besonderem Anlaß in Betracht. Zuständig für die Prüfungen sind Sachverständige der Technischen Überwachungs-Organisationen. Die Verordnung verpflichtet den Betreiber, seine Dampfkesselanlage in ordnungsgemäßem Zustand zu halten und zu betreiben, für bestimmte Dampfkessel einen Kesselwärter zu bestellen und der Aufsichtsbehörde unverzüglich Unfälle und Schäden anzuzeigen.

W. Hoffmann

Dampfstrahlen → Oberflächenbehandlung

Dämpfung. Unter D. versteht man den Energieverlust mechanischer Schwingungen. Sie wird häufig durch das logarithmische Dekrement Λ, das durch die Gleichung

$$\Lambda = \ln \frac{\alpha_1}{\alpha_2}$$

definiert ist, charakterisiert, wobei α_1 und α_2 die Amplitudenwerte zweier aufeinanderfolgender Schwingungen bedeuten. Der Energieverlust setzt sich aus zwei Anteilen zusammen, nämlich den Energieverlusten, die durch → Reibung mit der Umgebung, z. B. der Luft, entstehen, und solchen, die durch innere Reibung infolge werkstoffspezifischer Effekte bedingt sind. Im folgenden sollen nur die letzteren betrachtet werden.

Im → Spannungs-Dehnungs-Diagramm zeigen sich die Energieverluste im Auftreten einer mechanischen Hysterese. Die Be- und Entlastungskurven fallen nicht zusammen, wie es für einen ideal elastischen Werkstoff zu erwarten wäre, sondern es entsteht eine Hystereseschleife, deren Flächeninhalt den Verlusten proportional ist. Zwischen → Spannung und → Dehnung entsteht eine zeitliche Phasenverschiebung. Die Dehnung erreicht ihren Endwert erst nach einer bestimmten → Relaxationszeit, deren Größe von den im Werkstoff ablaufenden Prozessen abhängt. In gleicher Weise ist nach der Entlastung noch ein gewisser Restdehnungsbetrag zu finden, der erst nach längerer Zeit auf den Wert Null zurückgeht.

Die Energieverluste sind durch die Höhe der Belastung und die Belastungsgeschwindigkeit, d. h. bei Schwingungen durch die Amplitude und die Frequenz, bestimmt. Sie werden ferner durch die Temperatur beeinflußt.

Aus der Tatsache, daß zwischen dem Spannungs-

und dem Dehnungsmaximum eine zeitliche Phasenverschiebung existiert, kann geschlossen werden, daß die D. im Werkstoff durch zeitabhängige Prozesse hervorgerufen wird. Als solche sind beispielsweise Platzwechselvorgänge interstitiell gelöster Fremdatome in Einlagerungsmischkristallen mit kubisch-raumzentriertem → Gitter zu nennen. Im unbeanspruchten Werkstoff sind alle möglichen Plätze hinsichtlich ihrer Besetzung mit Zwischengitteratomen energetisch gleichberechtigt. Durch eine mechanische Beanspruchung werden die Atomabstände des Kristallgitters in Zugrichtung jedoch vergrößert. Die in dieser Richtung vorhandenen möglichen Zwischengitterplätze besitzen jetzt für die Einlagerung der Fremdatome energetisch günstigere Bedingungen, während Bereiche mit Druckbeanspruchung energetisch ungünstiger sind. Im Kristallgitter tritt daher eine Umordnung der eingelagerten Fremdatome ein. Diese Umordnung ist zeitabhängig und bewirkt eine zusätzliche Aufweitung des Kristallgitters in Zugrichtung, d. h. eine zusätzliche Dehnung.

Verändert sich im Verlauf der Schwingung die Beanspruchungsrichtung, so sind die zuvor energetisch günstigen Zwischengitterplätze durch diese Richtungsänderung energetisch ungünstiger geworden. Die eingelagerten Fremdatome ordnen sich nun auf den in der neuen Beanspruchungsrichtung vorhandenen energetisch begünstigten Zwischengitterplätzen an.

Die Energie für diese Platzwechselvorgänge wird der Schwingungsenergie entzogen und ist unter dem Begriff Snoek-D. (→ Snoek-Effekt) bekannt. Sie zeigt keine Abhängigkeit von der Amplitude, wohl aber von der Temperatur und der Frequenz. Ähnliche Verhältnisse liegen bei der als Zener-Effekt bekannten D. durch Platzwechselvorgänge von Doppelleerstellen vor.

Da die Relaxationszeiten der Platzwechselvorgänge temperaturabhängig und für verschiedene Atomarten unterschiedlich sind, ist jede Atomart durch ein Dämpfungsmaximum in dem bei konstanter Frequenz in Abhängigkeit von der Temperatur aufgenommenen Dämpfungsspektrum gekennzeichnet (Bild 1).

Als weitere amplitudenunabhängige Dämpfungsanteile sind Vorgänge zu nennen, die mit Strukturdefekten im Zusammenhang stehen und bei denen durch thermisch aktivierte Wechselwirkungen von Versetzungen mit Fremdatomen oder Leerstellen Schwingungsenergie verbraucht wird. Zu diesen Vorgängen gehören Platzwechselvorgänge von an Stufenversetzungen gebundenen Zwischengitteratomen und Leerstellen, Lagewechsel von Versetzungslinien zwischen benachbarten Leerstellen, die als Verankerungspunkte wirken können, sowie Platzwechsel von Versetzungssprüngen und -schleifen in bzw. senkrecht zur Gleitrichtung.

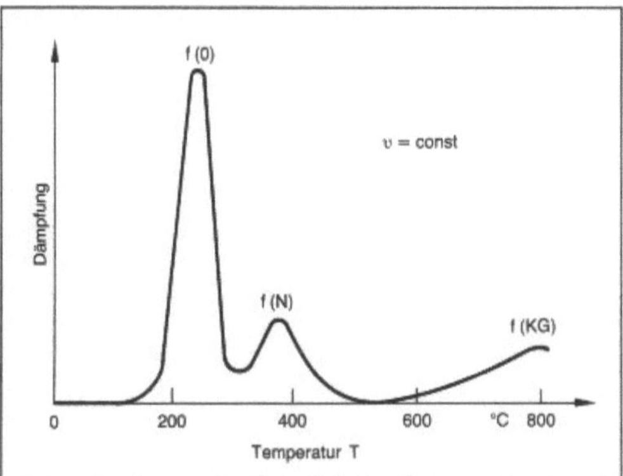

Dämpfung 1: Temperaturabhängigkeit der D. von Niob.

f(O) Dämpfungsmaximum durch gelöste Sauerstoffatome; f(N) Dämpfungsmaximum durch gelöste Stickstoffatome; f(KG) Dämpfungseinfluß der Korngrenzen. Die Höhe der einzelnen Maxima ist der Menge der gelösten Atome proportional

Weitere Energieverluste können durch thermoelastische Effekte hervorgerufen werden, die darauf beruhen, daß in Werkstoffen infolge Änderung der mechanischen Beanspruchung Temperaturänderungen auftreten. So ist bei Zugbeanspruchung neben der elastischen Dehnung noch eine Abkühlung des beanspruchten Werkstoffbereiches zu beobachten. Wird diesem Gebiet durch Wärmeleitung aus der Umgebung wieder Wärme zugeführt, so kann eine zusätzliche, aber zeitlich verzögerte, thermische Dehnung festgestellt werden. Bei nur wenigen Belastungszyklen in der Zeiteinheit, d. h. niedrigen Frequenzen, ist ein nahezu vollständiger, bei sehr hohen Frequenzen praktisch kein Temperaturausgleich möglich. In beiden Fällen ist daher eine geringe D. zu beobachten, während der durch thermoelastische Effekte hervorgerufene Dämpfungsanteil in mittleren Frequenzbereichen ein Maximum aufweist.

In ferromagnetischen Materialien tritt infolge der mechanischen Beanspruchung außerdem eine Drehung oder Verschiebung, d. h. Ausrichtung magnetischer Elementarbereiche ein. Dadurch wird die magnetische Bezirksstruktur entsprechend der Amplitude und Frequenz der Schwingungen verändert, so daß lokale Wirbelströme entstehen. Diese wiederum verursachen örtliche Energieumwandlungen und haben daher eine D. der Schwingungen zur Folge, die als magneto-elastische D. bezeichnet wird.

In polykristallinen Materialien tritt bei höheren Temperaturen und geringen Frequenzen ein weiterer Dämpfungsanteil in Erscheinung, der auf Fließbewegungen in stark gestörten Kristallbereichen zurückgeführt wird. Als solche sind Korn- und Zwillingsgrenzen sowie in heterogenen Werkstoffen Phasengrenzen zu nennen, die örtlich erhöhte Ver-

setzungsdichten aufweisen und als Bereiche mit großer Viskosität angesehen werden können. Eine Übersicht über die in Metallen auftretenden Dämpfungsmaxima sowie deren Ursachen ist in Bild 2 gegeben.

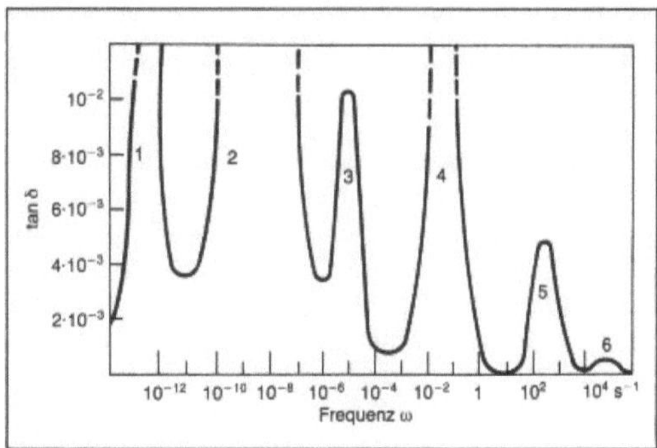

Dämpfung 2: Dämpfungsspektrum nach Zener.

1 Umordnung von Paaren gelöster Fremdatome in Mischkristallen; 2 Korngrenzenfließen; 3 Verschiebung von Zwillingsgrenzen; 4 Bewegung von Zwischengitteratomen; 5 Temperaturausgleich durch Wärmeleitung innerhalb der Kristallite; 6 Wärmeströme zwischen den Kristalliten

Ein ausgeprägtes Dämpfungsmaximum wird, wie Bild 3 zeigt, auch bei amorphen Strukturen, wie in hochpolymeren Werkstoffen im Bereich der Erweichungs- bzw. Einfriertemperatur, beobachtet. Es ist

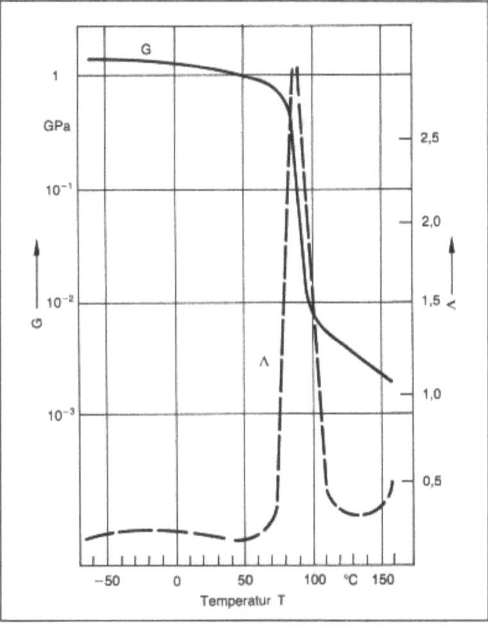

Dämpfung 3: Schematische Darstellung des Dämpfungsverhaltens eines Hochpolymeren im Einfrierbereich.

G Schubmodul; Λ logarithmisches Dekrement der Dämpfung

dem Freiwerden der mikrobrownschen Bewegung beim Übergang vom Glas- in den kautschukelastischen Zustand zuzuordnen. In diesem Übergangsbereich beginnt die → Beweglichkeit von Seitenketten und Molekülsegmenten, so daß molekulare Gleitprozesse ablaufen können. *Gräfen*

Literatur: Einführung in die Werkstoffwissenschaften (Hrsg. Werner Schatt), 6. Aufl.

Dämpfungsprüfung, mechanische.

Prüfung von Werkstoffen auf ihre Fähigkeit, bei einmaliger oder häufig wiederholter mechanischer Belastung Energie zu absorbieren. Die absorbierte Energie wird überwiegend in Wärme umgesetzt. An allen Werkstoffen durchführbar; Hauptanwendung bei → Kunststoffen.

Die Prüfung kann prinzipiell mit jeder Maschine erfolgen, die zur mechanischen Belastung von Werkstoffen geeignet ist. Häufig angewandt bei Kunststoffen sind der Biegeschwingungsversuch nach DIN 53440 und der Torsionsschwingungsversuch nach DIN 53445 (Bild 1). Die zeitlichen Verläufe der in der Probe wirkenden Spannungen σ und Dehnungen ε betragen dabei:

$$\varepsilon = \hat{\varepsilon} \cos \omega t$$
$$\sigma = \hat{\sigma} \cos (\omega t + \delta)$$

mit $\hat{\varepsilon}$, $\hat{\sigma}$: Scheitelwerte von → Dehnung und → Spannung
ω: Kreisfrequenz
t: Zeit
δ: Phasenverschiebung zwischen ε und σ

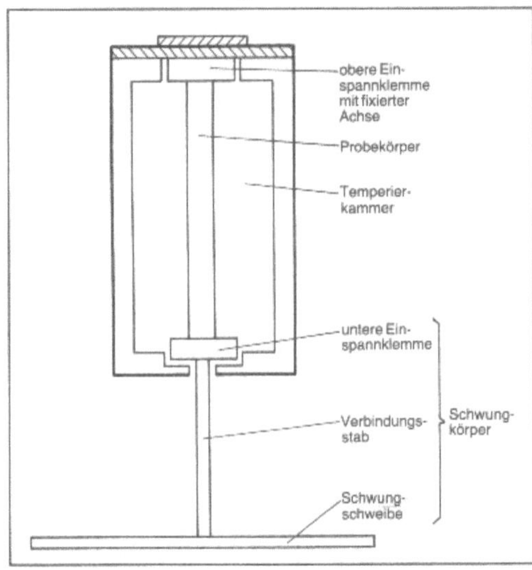

Dämpfungsprüfung 1: Schema eines Torsionsschwingungsgerätes.

Aus der Messung der Phasenverschiebung δ zwischen σ und ε kann der Verlustfaktor d ermittelt werden, der ein Maß für die → Dämpfung ist:
$$d = \tan \delta$$

Für nicht zu große Dämpfungen läßt sich d auch aus dem Logarithmischen Dekrement Λ ermitteln:

$$d = \frac{\Lambda}{\Pi},$$

wobei $\Lambda = \ln \dfrac{A_n}{A_{n+1}}$ ist mit A_n, A_{n+1} als Amplituden bei der n-ten und (n+1)-ten Schwingung (Bild 2). *Kußmaul*

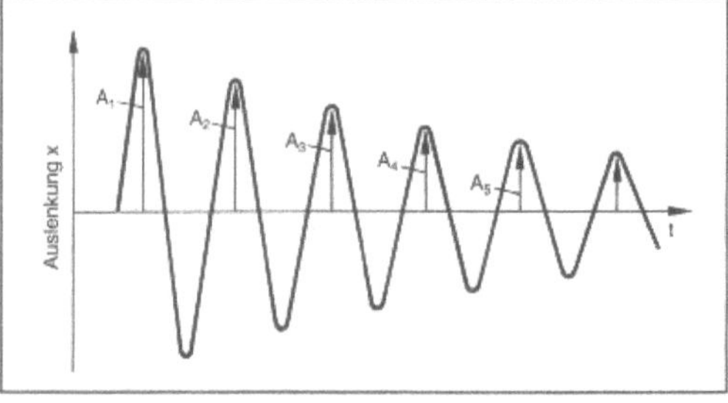

Dämpfungsprüfung 2: Gedämpfte freie Schwingungen, Bezeichnung der Schwingungsamplituden.

Literatur: DIN 53445. – *Schreyer, G.:* Konstruieren mit Kunststoffen. München 1972.

Darken-Faktor, Darken-Gleichungen.

In der Theorie der → Diffusion drückt der D.-F. den Sachverhalt aus, daß der Stoffstrom j_B einer Komponente B in einem → Mischkristall A-B nicht vom Gradienten der Konzentration c_B bzw. des Atomanteils X_B angetrieben wird, wie es das erste *Fick*-Gesetz nahelegt, sondern vom Gradienten des chemischen Potentials,

$$\text{grad } \mu_B = \text{grad}(\gamma_B X_B).$$

Solange das System dem Verhalten einer idealen Lösung folgt (Aktivitätskoeffizient $\gamma_B = 1$), ist diese Unterscheidung belanglos. In nicht-idealen Systemen hingegen, in denen $\gamma_B = f(X_B)$ ist, ergibt sich eine von grad X_B verschiedene Triebkraft, welche die Konzentrationsabhängigkeit des Aktivitätskoeffizienten berücksichtigt. Um gleichwohl die einfache Form des Fick-Gesetzes zu erhalten, schlug *L. S. Darken* vor, diesen Zusatzterm in den → Diffusionskoeffizienten zu integrieren, der nun mit einem Faktor

$$(1 + d \log \gamma_B / d \log X_B)$$

zu multiplizieren ist. Dieser D.-F., der offensichtlich bei idealem Verhalten gleich 1 ist, wird auch als thermodynamischer Faktor bezeichnet.

Darken zeigte ferner, daß aufgrund der unterschiedlichen Beweglichkeiten der A- und B-Atome im Mischkristall A-B durch die ursprüngliche Trennfläche der beiden Hälften eines Diffusionspaares („Schweißnaht") ungleiche Stoffströme j_A und j_B [mol/m²s] fließen. Infolgedessen verschiebt sich die Schweißnaht relativ zu einer weit entfernt im gleichen Körper liegenden Bezugsebene mit der Geschwindigkeit v. Nach *Darken* ist $v = (D_A - D_B)$. Schließlich ergibt sich der gemeinsame chemische D.-F. (Interdiffusionskoeffizient), wie man ihn aus der → Boltzmann-Matano-Auswertung erhält, aus den Atomanteilen und den individuellen D.-F. gemäß

$$D = X_A D_A + X_{D_B}$$

Die beiden letzten Gleichungen sind die *Darken*-Gleichungen. *Ilschner*

Dauerfestigkeit → Dauerschwingfestigkeit

Dauerfestigkeitsschaubild → Dauerschwingversuch

Dauerform. Im Gegensatz zur „verlorenen Form", die durch einmaligen Guß zerstört wird, erlaubt die D. das Abgießen einer größeren Zahl von gleichen Gußteilen.

Sofern D. aus metallischen Werkstoffen bestehen, werden sie üblicherweise als Kokillen bezeichnet. Gebräuchlicher Werkstoff ist → Gußeisen mit Lamellengraphit bestimmter Zusammensetzung, die durch Ausbildung eines möglichst umwandlungsfreien Gefüges hohe Formstabilität und Thermoschockfestigkeit gewährleistet.

Für die Erzeugung von → Druckguß aus Metallen oder Spritzguß aus Kunststoffen verwendet man D. aus legierten Stählen, die eine hohe Temperaturbeständigkeit, gute Polierfähigkeit und in manchen Fällen auch eine ausreichende → Korrosionsbeständigkeit aufweisen müssen.

Der Einsatz von Kupferkokillen ist seltener und auf ganz spezielle Anwendungsfälle beschränkt. Größere Bedeutung haben dagegen D. aus → Graphit erlangt und zwar sowohl beim Kokillen- und → Schleudergießen, wie auch in der Sintertechnik.

In der keramischen Industrie finden als D. u. a. seit langem Brennschalen aus Siliciumkarbid Verwendung, weil das SiC infolge seiner hohen Temperaturbeständigkeit lange Einsatzzeiten im Hochtemperaturbereich aushält. Erst wenn der → Kohlenstoff durch die oxidierende Atmosphäre in den Brennöfen weitgehend verbraucht ist, müssen die dann totgebrannten Brennschalen aus der Fertigung genommen werden.

Wo die Formen beim Einfüllvorgang nicht besonders druckbeansprucht, dafür aber später thermisch hoch belastet werden (Sinter- oder Brennvorgang), haben sich keramische Formen auf der Basis von Tonerde- oder Zirkonoxidmischungen für Mehrfacheinsatz bestens bewährt. *Doliwa*

Dauerhaftigkeit.

Holz. → Holz ist ein natürlicher Recyclingstoff, der durch organische Vorgänge entsteht und durch Organismen zu Stoffen abgebaut wird, aus denen wieder Holz wächst. Die an diesem Recycling beteiligten Organismen sind also ökologisch erwünscht und nützlich. Erst bei der Betrachtung der D. des Holzes als Bau- und Werkstoff werden sie zu Schädlingen. Als organischer Baustoff kann Holz bei ausreichender Feuchtigkeit durch Bakterieneinfluß faulen. Sein größter Nachteil ist aber, daß es durch Pilze, Tiere und Feuer leicht zerstört werden kann. Da gegen diese Angriffe nur wenige → Holzarten ausreichend widerstandsfähig sind, ist in den meisten Fällen eine Schutzbehandlung erforderlich. → Holzwerkstoffe sind i. a. so dauerhaft wie das Holz und die → Bindemittel bzw. → Klebstoffe, aus denen sie hergestellt sind. Die Beständigkeit gegen Verwitterung an der Atmosphäre schwankt in sehr weiten Grenzen in Abhängigkeit von der Beanspruchung, der Holzart und den Schutzmaßnahmen. Ohne Schutzbehandlung kann man bei einwandfreiem → Kernholz ohne andere Angriffe mit folgenden Lebensdauern rechnen:

□ im Freien ungeschützt 5–120 Jahre,
□ im Freien unter Dach 15–200 Jahre,
□ unter Wasser 30–800 Jahre,
□ trocken 100–1000 Jahre.

Dabei liegen Kiefer, Lärche und Eiche immer im oberen Bereich, Tanne immer an der unteren Grenze. In der Wasserwechselzone von Wasserbauten kann man selbst bei tropischen Hölzern nur mit einer → Lebensdauer von 20–30 Jahren rechnen.

Die → Widerstandsfähigkeit gegen mechanische Abnutzung steigt grundsätzlich
□ mit steigender Rohdichte,
□ mit steigender Härte,
□ mit steigendem Anteil an widerstandsfähigerem → Spätholz,
□ bei Kernholz gegenüber → Splintholz,
□ mit abnehmendem Porenanteil,
□ bei stehenden gegenüber liegenden Jahresringen,
□ mit abnehmender Holzfeuchte (→ Feuchtigkeitsgehalt),
□ mit abnehmendem Gehalt an Ölen und weichen Harzen,
□ bei → Oberflächenbehandlung durch Bohnern, Imprägnieren und Versiegeln.

Einzelne Holzarten sind gegen chemischen Angriff verhältnismäßig widerstandsfähig, vor allem bei Angriff von Säuren und Laugen im pH-Bereich zwischen 3 und 10. Außerhalb dieses Bereiches ist dagegen mit großer Festigkeitsminderung und Zerstörung zu rechnen. Im allgemeinen sind Nadelhölzer widerstandsfähiger als Laubhölzer. Auch gegenüber Gasen ist Holz verhältnismäßig resistent. Wegen dieser hohen Widerstandsfähigkeit wird Holz heute verstärkt zum Bau von Lagerhallen für die chemische Industrie verwendet. Insekten schädigen das Holz durch Zernagen, Pilze durch chemischen Abbau. Dadurch werden die physikalisch-mechanischen Eigenschaften bis zur völligen Zerstörung verringert. Manche Pilze verfärben nur das Holz, ohne die →Festigkeit zu beeinträchtigen. Splintholz ist nie ausreichend widerstandsfähig. Auch das Kernholz hat nur bei wenigen, meist tropischen Hölzern eine so große Widerstandsfähigkeit gegen Pilze und Insekten, daß man ohne Schutzbehandlung auskommen kann. Andererseits können die Schädlinge nur bei bestimmten, meist eng begrenzten Klimabedingungen leben. Alle Pilze und viele Insekten können sich nur bei einer so hohen Holzfeuchte entwickeln, wie sie im Hochbau unter normalen Verhältnissen nicht vorkommt.

Bei Vorhandensein einer Zündquelle beginnt Holz ab etwa 225 °C zu brennen, ohne Zündquelle sich ab 330–470 °C selbst zu entzünden. Dünnes Holz kann sich aber bei Wärmestau und langer Einwirkung hoher Temperaturen schon bei Werten unter 200 °C selbst entzünden. Ab 250–300 °C bildet sich auf der Holzoberfläche eine Holzkohleschicht, deren Wärmeleitfähigkeit nur noch etwa 20 % der des normalen Holzes beträgt. Dadurch wird die weitere Wärmezufuhr in das Holzinnere erheblich erschwert und die Abbrandgeschwindigkeit kleiner. Bei längerer Branddauer wird jedoch bei den meisten Hölzern der gesamte Querschnitt zerstört. Die Abbrandgeschwindigkeit hängt von Rohdichte, Holzfeuchte und Harzgehalt ab. Man kann senkrecht zur Faserrichtung
□ für Nadelholz mit 0,65–1,10 mm/min,
□ für Laubholz mit 0,39–0,66 mm/min
rechnen. Ringporige Laubhölzer (Eiche, Teak) sind widerstandsfähiger als zerstreutporige (Buche, Bongossi). In Faserrichtung sind die Werte etwa doppelt so groß.

Die Widerstandsfähigkeit wächst mit
□ steigender Rohdichte,
□ zunehmender Holzfeuchte durch Verbrauch der Verdampfungswärme,
□ abnehmendem Verhältnis Oberfläche/Volumen, da der Einfluß der natürlichen Schutzschicht durch Holzkohlebildung mit der Größe des Querschnitts wächst.

Die Widerstandsfähigkeit nimmt ab mit
□ zunehmendem Harzgehalt,
□ zunehmender Verformung,
□ größeren Schwindrissen und an Fugen,
□ höherem Sauerstoffangebot. *Wesche*

Beton. Guter →Beton ist ausreichend dauerhaft, d. h. er kann bei normaler Beanspruchung über viele Jahrzehnte ohne Beeinträchtigung seiner Eigenschaften in voller Funktionsfähigkeit genutzt werden. Wenn trotzdem die Schäden an Beton- und Stahlbetonbauwerken eine erschreckende Größen-

ordnung angenommen haben, so ist dies darauf zurückzuführen, daß der D. des Betons im Gegensatz zur →Festigkeit zu wenig Beachtung geschenkt wurde, obwohl die Einflüsse auf die D. in den letzten Jahrzehnten vielfältiger und intensiver wurden. Die Einflüsse kommen zunächst aus neuen Ausgangsstoffen der Betonherstellung, d. h. aus Bindemitteln (→Zement), Zuschlägen (→Betonzuschlag), →Betonzusätzen und deren Zusammenwirken. Wichtiger sind jedoch die äußeren Einflüsse, die entweder übliche Umwelteinflüsse sein können, wie Feuchte, Temperatur, Frost (→Betonverhalten bei niedrigen Temperaturen), Luft- und Wasserverschmutzung, oder aus dem Betrieb stammen, z. B. chemischer →Angriff, →Verschleiß, radioaktive Strahlung, Feuer.

Oberflächen- und Bodenwässer einschl. schädlicher Bestandteile der Böden, Atmosphärilien einschl. der Luftverunreinigungen sowie pflanzliche und tierische Stoffe können den Beton chemisch angreifen. Gase können in lufttrockenen Beton eindringen und mit verschiedenen Bestandteilen des Zementes reagieren. Die für diese chemischen Reaktionen notwendigen geringen Feuchtigkeitsmengen sind i. a. im Beton oder in der umgebenden Luft enthalten. Die Stärke des Angriffs von Wässern ist vor allem vom Gehalt an aggressiven Bestandteilen des Wassers und davon abhängig, ob es sich um stehendes oder fließendes Wasser handelt. Die Wirkung des Angriffs, d. h. der Korrosionswiderstand des Betons, beruht im wesentlichen auf der Wasserdichtheit, die wiederum von der Dichtigkeit, also von der Größe und Art des Porenraumes abhängt (→Betonwiderstandsfähigkeit).

Die meisten der heute sichtbaren Schäden an Stahlbetonbauten sind allerdings meist weniger auf die Qualität des Betons als auf eine geringe Betondeckung des Bewehrungsstahls zurückzuführen. Der Betonschaden ist nur sekundär: Der Beton wird durch die Korrosion des Stahls abgedrückt (→Betonstahlkorrosion). Unzureichende D. beginnt beim schlechten Aussehen des Betons, z. B. durch ungleichmäßig herabgelaufenes Regenwasser. Sie geht über Risse, Abtragung des Betons und Korrosion des Stahls bis zur Zerstörung des Bauwerks. Ausreichende D. beginnt beim dauerhaftigkeitsgerechten Entwurf des Bauwerks: Abhalten von Niederschlägen und angreifenden Stoffen und Einflüssen. Sie geht über die richtige Auswahl der Ausgangsstoffe und Betonzusammensetzung, die sachgemäße Herstellung und Nachbehandlung bis – wenn notwendig – zum Schutz des Betons, der von der →Imprägnierung bis zur mehr oder weniger dicken Bekleidung reichen kann (→Schutzmaßnahme). *Wesche*

Dauermagnet. Magnetische Körper, die ihre Magnetisierung mehr oder weniger unabhängig von äußeren Feldern, Erschütterungen und Temperaturänderungen beibehalten, werden D. oder Permanentmagnete genannt. Von der ältesten Anwendung als Kompaß bis zur modernen technischen Verwendung in Lautsprechern, Motoren, Meßgeräten, als Greif- und Haftmagnete reicht ihr Einsatzgebiet. Die permanenten magnetischen Eigenschaften beruhen mikroskopisch auf der Behinderung der Entstehung oder der Bewegung der Blochwände mit Hilfe eines inhomogenen Gefüges. Kristallitdurchmesser, Korngrenzen und unmagnetische Ausscheidungen spielen in allen D. die entscheidende Rolle.

Als Qualitätsmaß für D. dienen verschiedene Kenngrößen der Hystereseschleife (Bild):

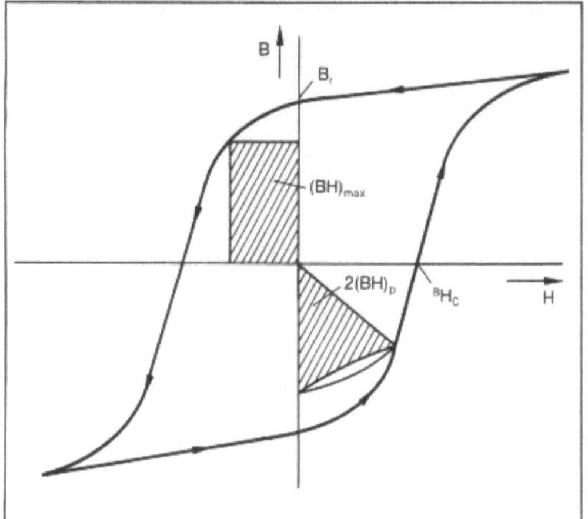

Dauermagnet: Definition der Kennwerte: B_r = Remanenz, H_c = Koerzitivfeldstärke – $(BH)_{max}$ = statisches Energieprodukt – $(BH)_p$ = dynamisches Energieprodukt.

☐ Die Koerzitivfeldstärke, wobei zwischen der auf die Magnetisierung bezogenen Koerzitivfeldstärke ^JH_c und der auf die Induktion bezogenen Koerzitivfeldstärke ^BH_c zu unterscheiden ist.
☐ Die remanente Induktion B_r
☐ Das maximale Energieprodukt $(BH)_{max}$, welches ein Maß für die mit einem Magneten in einem gegebenen Volumen maximal erzeugbare Feldstärke ist.
☐ Für dynamische Anwendungen wie z. B. in Motoren ist schließlich die maximale, beim Öffnen und Schließen eines magnetischen Kreises umsetzbare Arbeit $(BH)_p$ maßgeblich, die auch dynamisches Energieprodukt genannt wird.

Man unterscheidet bei den Werkstoffen zur Herstellung von Magneten
– Metallegierungen
– keramische Magnete
– kunststoffgebundene Magnete.

Zur ersten Gruppe gehören die → Alnico-Legierungen, Werkstoffe des Zusammensetzungsbereichs 0–25 Co, 14–28 Ni, 5–8 Al (jeweils in At. %) Rest Eisen, mit Zusätzen von Ti u. a. Sie sind ausgezeichnet durch eine hohe Remanenz (bis 1,45 Tesla) und eine geringe Temperaturabhängigkeit der magnetischen Kenngrößen. Die magnetische Härte beruht auf einer Festkörperreaktion, der spinodalen Entmischung, bei der sich regelmäßige, einige 10 nm weite Fasern einer stark magnetischen Phase (CoFe) in einer schwach magnetischen Phase (NiAl) ausscheiden. Alnico-Magnete finden bevorzugt in Meßinstrumenten Verwendung und stets dann, wenn eine hohe Temperaturstabilität gefordert wird. Ebenfalls zur ersten Gruppe gehören die stärksten Magnetwerkstoffe, die Selten-Erd-Übergangsmetall-Legierungen mit den wichtigsten Vertretern, den geordneten Legierungen Co_5Sm, $Co_{17}Sm_2$ und $Nd_2Fe_{14}B$. Letzterer Werkstoff, der erst kürzlich entdeckt wurde, leitete eine Revolution in der gesamten Dauermagnettechnik ein.

Die Gruppe der keramischen Magnete bilden die oxidischen Werkstoffe vom Typ $BaO \cdot 6Fe_2O_3$. Es handelt sich um ferrimagnetischer Werkstoff mit (hexagonaler) Magnetoplumbitstruktur, deren besonderer Vorzug in der magnetischen Härte und im niedrigen Preis liegt.

Ein technisch wichtiger Gesichtspunkt ist die Bearbeitbarkeit. Die Gruppe der kunststoffgebundenen Magnete zeichnet sich in dieser Beziehung besonders aus. Es gibt jedoch auch Legierungs-Werkstoffe, die sich in einem halbfertigen Zustand wie andere Metalle bearbeiten lassen, bevor man sie durch eine Schluß-Wärmebehandlung in den magnetisch optimalen Zustand versetzt. Zu dieser Gruppe gehören die FeCoV- und die CrCoFe-Legierungen. Derartige Werkstoffe bieten sich demnach zur Fertigung von Präzisionsteilen an.

Dauermagnet. Tabelle: Typische Werte der magnetischen Kennwerte einiger Dauermagnetwerkstoffe.

Werkstoff	B_r[T]	^JH_c[A/cm]	$(BH)_{max}$ [kJ/m³]
Alnico (FeCoNiAl)	0,7–1,3	500–1 000	10–75
Bariumferrit ($BaO \cdot 6Fe_2O_3$)	0,2–0,4	1 500–3 300	7–30
Samarium Kobalt ($SmCo_5$)	1,0	5 000–15 000	190–240
Neodym-Eisen-Bor ($Nd_2Fe_{14}B$)	1,25	10 000	280–300
FeCoCr*	0,8–1,2	500–800	20–60
FeCoV*	0,8–1,8	100–300	6–24

* vor der Schlußglühung verformbar

D. werden normalerweise mit weichmagnetischen Komponenten zu einem magnetischen Kreis zusammengebaut. Die Eigenschaften des Werkstoffs werden dann optimal genutzt, wenn man den Magneten erst im eingebauten Zustand aufmagnetisiert. Lediglich Werkstoffe mit besonders hoher Koerzitivfeldstärke ($\mu_0 H_c > J_r$) kann man ohne wesentliche Verluste als bereits fertig magnetisierte Einzelteile beziehen und einbauen. Letzteres ist z. B. für Selten-Erdmagnete und Bariumferrit möglich. Je größer die Koerzitivfeldstärke eines Werkstoffes, um so gedrungener kann ein einzelner Magnet geformt sein. Die klassische Form des Hufeisenmagneten war durch die niedrige Koerzitivfeldstärke der damals verwendeten Magnetstähle bedingt und ist heute veraltet.

Schwache D. kommen auch in der Natur vor. Die ersten Kompasse der alten Chinesen bestanden aus Magnetitkörpern, die wahrscheinlich durch einen Blitzschlag aufmagnetisiert worden waren. Viele eisenhaltige Gesteine und Sedimente weisen einen, wenn auch schwachen permanenten Magnetismus auf, der Aufschluß über die Richtung des Magnetfeldes der Erde zum Zeitpunkt der Entstehung dieser Formationen liefert. *Hubert*

Literatur: *Schüler, K.* und *K. Brinkmann:* Dauermagnete. Berlin 1970.

Dauermagnet-Stähle. Durch → Gießen oder → Sintern hergestellte → Eisenwerkstoffe, die zu den Dauermagnet-Werkstoffen gehören und die nach einer zweckentsprechenden → Wärmebehandlung als → Dauermagnete verwendet werden. *Dahl/Bolbzinker*

Dauermagnet-Werkstoffe → Dauermagnet

Dauerschlagversuch. Prüfung von Proben oder Bauteilen unter Dauerschlagbeanspruchung (Vielschlagbeanspruchung) mit in der Regel konstanter Schlagstärke. D. werden als Dauerschlagzug-, -druck-, -verdreh- und -biegeversuche oder bei kombinierten Schlagbeanspruchungen ausgeführt. Am häufigsten werden Dauerschlagbiegeversuche durchgeführt.

Ermittelt werden:
☐ Dauerschlagarbeit oder Grenzschlagarbeit als größte Schlagstärke, die von der Probe ohne Bruch und ohne bleibende → Formänderung unendlich oft ertragen wird;
☐ Dauerschlagfestigkeit als entweder auf den Probenquerschnitt bezogene Dauerschlagarbeit oder als entsprechende, unmittelbare Spannung der Probe;
☐ Bruchschlagzahl, die von der mit einer bestimmten Schlagstärke beanspruchten Probe bis Brucheintritt ertragen wird.

Die Ermittlung der Dauerschlagarbeit bzw. der Dauerschlagfestigkeit erfolgt wie beim → Dauerschwingversuch empirisch, in der Regel im Einstufen-D. nach dem *Wöhler*-Verfahren (→ Dauerschwingversuch). Das Wöhler-Schaubild des D. stellt zusammengehörige Wertepaare von Schlagstärke und Bruchschlagzahl graphisch dar. Die Wöhler-Linie des D. verläuft für Schlagzahlen oberhalb der Grenzschlagzahl bei gleichbleibender Schlagstärke (Grenzschlagarbeit). Die Grenzschlagzahl kann für → Stähle mit etwa 1–2 Millionen angenommen werden.

Beim Dauerschlagbiegeversuch liegt eine zylindrische, in der Regel mit einer Umlaufkerbe versehene Probe im Dauerschlagwerk zwischen zwei Auflagern und wird mittig vom Schlagbär getroffen. Die Schlagstärke des Einzelschlages wird aus dem Bärgewicht, der Hubhöhe und der Schlagfrequenz ermittelt. Die Probe kann während der Versuchsdauer vom Schlagbär immer an derselben Stelle getroffen werden oder aber auch zwischen zwei aufeinanderfolgenden Schlägen um ihre Längsachse um einen bestimmten Winkel verdreht werden. D. werden wegen der geringen Schlagfrequenz der Dauerschlagwerke meist als Vergleichs-Einzelversuche (→ Dauerschwingversuch) im Zeitfestigkeitsbereich durchgeführt, wobei die für eine bestimmte Schlagstärke erhaltenen Bruchschlagzahlen verschiedener Werkstoffe miteinander verglichen werden.

Die Ergebnisse sind von Einflüssen der Versuchsbedingungen und des Werkstoffes abhängig:
– bei gleicher Schlagstärke (Arbeitsinhalt) vom Bärgewicht und der Fallhöhe. Große Bärgewichte und kleine Fallhöhen ergeben höhere Beanspruchungen;
– vom Verdrehwinkel der Probe zwischen zwei aufeinanderfolgenden Schlägen. Die Dauerschlagarbeit ergibt sich am kleinsten im Wechselschlagversuch, bei dem die Probe jeweils um 180° verdreht wird;
– von der Kerbform und Stützweite der Probe;
– vom Elastizitätsmodul und der Werkstoffdämpfung des Probenwerkstoffes;
– von der Kerbschlagzähigkeit des Probenwerkstoffes bei D. im Zeitfestigkeitsbereich.

Vergleichende Biegeschwingungsversuche und D. mit gleichzeitiger Messung der Spannung in der schlagbeanspruchten Probe ergaben, daß die Dauerschlagbiegefestigkeit mit der Biegeschwingungsfestigkeit übereinstimmt. Infolge der klareren Beanspruchungsverhältnisse ist aber der Dauerschwingversuch dem D. vorzuziehen. D. werden daher zur → Werkstoffprüfung heute nur noch selten durchgeführt. Auf Versuchsdurchführung, Auswertung und Versuchsbedingungen sind die beim Dauerschwingversuch angeführten Grundlagen sinngemäß zu übertragen. *Kußmaul*

Literatur: *Berg, S.*: Zur Frage der Beanspruchung beim Dauerschlagversuch. Mitt. dtsch. Mat. Prüf.-Anst. H. 12 (1932), S. 180/182. – *Herold, W.*: Die Wechselfestigkeit metallischer Werkstoffe. Wien 1934. – *Ludwik, P.*: Schwingungsfestigkeit. Z. österr. Ing. u. Arch. Ver. 81 (1929), S. 403. – *Mailänder, R.*: In: Handb. der Werkstoffprüfung. (Hg. E. Siebel) Bd. II. Berlin-Göttingen-Heidelberg 1955. – *Thum, A.*, u. *F. Debus*: Vorspannung u. Dauerhaltbarkeit von Schraubenverbindungen. Mitt. Mat. Prüf. Anst. Darmstadt (1936) Nr. 7.

Dauerschwingfestigkeit. Bei schwingender Beanspruchung versagen metallische Werkstoffe bei niedrigeren Spannungen als im einsinnigen → Zugversuch. Die Anzahl der bis zum Bruch ertragbaren Lastwechsel (Bruch-Schwingspielzahl) nimmt mit abnehmender Spannungsamplitude zu (→ Wöhler-Kurve). Für die meisten ferritischen → Stähle tritt unterhalb eines bestimmten Spannungsausschlages kein Bruch mehr auf; dies ist der Bereich der D. (Kurzform: Dauerfestigkeit).

Die D. ist proportional zur → Zugfestigkeit, wobei aber höherfeste Stähle empfindlicher auf Kerben oder Unregelmäßigkeiten in der Nähe der Oberfläche reagieren. Der Einfluß unterschiedlich großer aufeinander folgender Spannungsamplituden wird durch die Ermittlung der → Betriebsfestigkeit berücksichtigt. *Dahl*

Dauerschwingversuch. Im D. werden Probestäbe oder Bauteile einer Dauerschwingbeanspruchung unterworfen. Die Versuchsdurchführung richtet sich nach dem Versuchsziel. Nach DIN 50100 sind möglich:

□ Stufenversuche zur Ermittlung der → Dauerschwingfestigkeit für eine bestimmte Beanspruchungsart.

– Einstufen-D. werden bei dem von *A. Wöhler* angegebenen Verfahren verwendet. Sechs bis zehn völlig gleichwertige Proben werden einer zweckmäßig gewählten Dauerschwingbelastung ausgesetzt, die während der Dauer der Prüfung nicht verändert wird. Die Prüfdauer einer Probe wird entweder durch ihren Bruch oder durch Erreichen der → Grenzlastspielzahl abgeschlossen.

– Mehrstufen-D. Dabei wird eine Probe entweder mit stufenweise gesteigerter Belastung oder abwechselnd mit hohen und niedrigen Belastungen des Zeit- oder Dauerfestigkeitsbereiches geprüft.

Entspricht die Änderung der Probenbelastung den Betriebsbelastungsfolgen, dann liegt ein Betriebs-Schwingversuch vor (→ Betriebsfestigkeit).

□ Serienprüfung zur Ausscheidung von fehlerhaften Stücken einer Fertigungsserie, wobei alle oder eine größere Zahl von Stücken dieser Serie im D. geprüft werden. Die Probenbeanspruchung wird meist nach Erfahrung gewählt, als Prüfdauer wird eine Lastspielzahl $N \geqq 2 \cdot 10^6$ festgelegt.

□ Einzelversuche dienen als Kontrollversuche der Feststellung, ob eine Probenart eine bestimmte Zeit- oder Dauerfestigkeit mindestens erreicht. Wegen der Streuungen sollen mindestens drei gleichartige Kontrollversuche durchgeführt werden.

□ Schwachstellenprüfung soll an Bauteilen die bruchgefährdetste Stelle aufzeigen. Dazu wird die Konstruktion einem Dauerversuch mit Beanspruchungen im Gebiet der → Zeitfestigkeit ausgesetzt und bis zum Auftreten des ersten Anrisses geprüft. Die Stelle des Dauerbruchbeginnes kann von der Höhe der Überbeanspruchung abhängig sein, wenn an einer anderen Schwachstelle – z. B. Kerbe – dadurch örtlich plastische Verformungen, Werkstoffverfestigungen oder ein Abbau der Spannungsspitze aufgetreten sind.

Die Probestäbe für D. sind mit geringer Spandicke, die von Bearbeitungsstufe zu Bearbeitungsstufe kleiner werden soll, herzustellen, um unzulässige Erwärmungen, Kaltverformungen und Eigenspannungen in der Oberflächenzone zu vermeiden; dies gilt auch für den Schleifvorgang. Die Probestäbe besitzen in der Regel verstärkte Einspannköpfe mit einem allmählichen Übergang zur Prüfschaftlänge durch eine Hohlkehle.

Die Probenbelastung wird bei Dauerprüfmaschinen mit der Kraftmeßeinrichtung gemessen und während der Versuchsdauer konstant gehalten. Sowohl die Messung wie auch die Regelung der Probenbelastung sind nur innerhalb gewisser Fehlergrenzen möglich, die bei ordnungsgemäßer Versuchsdurchführung bekannt sein sollen.

Von den D., bei denen die Probenbelastung konstant gehalten wird, unterscheiden sich grundsätzlich jene, bei denen die → Formänderung der Probe während der Versuchsdauer konstant gehalten wird.

Bei D. mit konstant bleibender Probenbelastung wird nach Eintreten des ersten Anrisses, abgesehen von der → Kerbwirkung, der nun kleinere Restquerschnitt höher beansprucht; bis zum vollen Durchbruch der Probe werden nur verhältnismäßig wenige Lastspiele notwendig sein.

Wird hingegen die Formänderung der Probe konstant gehalten, dann wird nach dem Anreißen eine Belastungsabnahme eintreten, die eine Verkleinerung der Beanspruchung des Restquerschnittes zur Folge haben kann, so daß eine verhältnismäßig große Lastspielzahl zwischen → Anriß und Bruch der Probe liegen kann (Bruchbild).

Bei D. mit gleichzeitigem Korrosionsangriff oder bei hohen Prüftemperaturen gibt es keine Grenzlastspielzahl.

In manchen Fällen (z. B. bei Stahlbaukonstruktionsteilen) werden D. bis zu einer konventionellen Grenzlastspielzahl (z. B. $2 \cdot 10^6$ Lastspiele) nahe der wirklichen Grenzlastspielzahl geführt. Folgende Grenzlastspielzahlen sind üblich:

Werkstoff	Grenzlastspielzahl N_G
Stahl	$3 \cdot 10^6 \ldots 10 \cdot 10^6$
Gußeisen	$3 \cdot 10^6 \ldots 10 \cdot 10^6$
Kupfer	$10^9 \ldots 10^{10}$
Messing	$10^7 \ldots > 10^{10}$
Bronze	$10^6 \ldots 10^8$
Nickel und Nickellegierungen	$10^8 \ldots 10^9$
Leichtmetalle	$3 \cdot 10^7 \ldots 5 \cdot 10^8$
Holz	etwa $2 \cdot 10^4 \ldots 3 \cdot 10^6$
Beton	nicht vorhanden. Dauerfestigkeit meist auf 1 Million Lastwechsel bezogen.

Die bei jedem D. ermittelten Wertepaare (Beanspruchungshöhe und zugehörige Bruch-Lastspielzahl) werden graphisch dargestellt als Wöhler-Kurve. Die Wöhler-Linie ist eine Ausgleichskurve, die durch die Versuchspunkte gelegt wird. Bei großer Probenzahl kann die Kurve durch Aufnahme von Linien gleicher Bruchhäufigkeit erweitert werden.

Die Anwendung statistischer Methoden ist erforderlich, wenn die Angabe einer mittleren Zeitschwing- oder Dauerschwingfestigkeit durch Aussagen über den zu erwartenden Streubereich ergänzt werden soll oder, wenn Aussagen über eine gesicherte →Lebensdauer bei gegebener Beanspruchung erforderlich sind oder, wenn eine gesicherte untere Grenze für die Dauerfestigkeit angegeben werden soll.

Mit Hilfe der Wöhler-Kurve werden Dauerfestigkeits-Schaubilder aufgestellt.

Vergleichende Versuche im Vakuum und in der Luftatmosphäre ergeben bei metallischen Werkstoffen eine Beeinflussung der Dauerschwingfestigkeit durch den Sauerstoff und Feuchtigkeitsgehalt der Luft, wobei besonders bei Nichteisenwerkstoffen (z. B. →Kupfer, →Bronze, →Blei) beträchtliche Unterschiede nachgewiesen wurden. Noch ausgeprägter ist der Abfall der Dauerschwingfestigkeit bei Einwirkung korrodierender Medien, wie z. B. Meerwasser. Auch die Temperatur der Probe während des Versuches ist von Einfluß auf die Dauerschwingfestigkeit, weshalb D. durchgeführt werden, bei denen diese besonderen Versuchsbedingungen vorliegen. *Kußmaul*

Literatur: *Bühler, H.*, u. *W. Schreiber*: Lösung einiger Aufgaben der Dauerschwingfestigkeit mit dem Treppenstufenverfahren. Archiv für das Eisenhüttenwesen 28 (1957), Nr. 3, S. 153/156. – DIN 50100: Dauerschwingversuch. Berlin 1978. – DDR-Standard TGL 19340/01: Dauerschwingfestigkeit. Allgemeine Forderungen. Berlin, Leipzig 1974. – *Haibach, E.*, u. *C. Matschke*: Normierte Wöhlerlinien für ungekerbte und gekerbte Formelemente aus Baustahl. Stahl und Eisen 101 (1981), Nr. 3, S. 21/27. – Handb. d. Werkstoffprüfung (Hg. E. Siebel) Berlin-Göttingen-Heidelberg 1955. – *Hempel, M.*: Das Dauerschwingverhalten der Werkstoffe. In: VDI-Ber. Nr. 71B. Düsseldorf 1963. – *Herold, W.*: Wechselfestigkeit metallischer Werkstoffe. Wien 1934 – *Just, E.*: Beziehung zwischen der Dauerfestigkeit und den Kenngrößen des Zugversuchs. Zeitschrift für wirtschaftliche Fertigung 73 (1978), Nr. 2, S. 95/102. – *Kaesche, H.*: Die Korrosion der Metalle. Berlin-Heidelberg-New York, 1979. – *Maennig, W. W.*: Bemerkungen zur Beurteilung des Dauerschwingfestigkeitsverhalten von Stahl und einige Untersuchungen zur Bestimmung des Dauerfestigkeitsbereiches. Materialprüfung 12 (1970), Nr. 4, S. 124/131. – *Ostermann, H.*: Kennzeichnung der Dauerfestigkeit durch Mittelwert und Streuung. In: Beispiele angewandter Forschung. Frauenhofer-Gesellschaft, München (1965), S. 33/40.

DD-Lack →Polyurethanlackfarbe

Debye-Frequenz. Höchste im Modell der →Debye-Theorie vorkommende Frequenz der Schwingungen des Atomgitters eines Festkörpers. *Heinz*

Debye-Länge. Charakteristische Länge L_D in Halbleitern und Isolatoren, die das stationäre, räumliche Abklingen einer aus freien Ladungsträgern lokal aufrecht erhaltenen Raumladungsdichte ρ_0 beschreibt.

Die Raumladung ist dabei mit einem Gradienten des elektrischen Feldes und damit mit einem Feldstromgradienten verbunden. Der Gradient in der Konzentration der freien Ladungsträger führt zu einem Diffusionsstrom. Die Stationarität verlangt die räumliche Konstanz des Gesamtstroms, so daß sich im eindimensionalen Fall die Raumladungsdichte in der Entfernung x zu $\rho = \rho_0 \exp(-x/L_D)$ ergibt. Dabei setzt sich L_D aus der Diffusionskonstanten D, der elektrischen →Leitfähigkeit σ und der Dielektrizitätskonstanten ε zusammen:
$$L_D = (D \varepsilon \varepsilon_0 / \sigma)^{1/2} \quad (\varepsilon_0 = \text{Influenzkonstante}). \quad \textit{Heinz}$$

Debye-Scherrer-Verfahren. Verfahren nach *P. Debye* und *P. Scherrer* zur Untersuchung von kristallinen Pulvern mit Röntgenstrahlen (→Röntgenbeugung), insbesondere zur Bestimmung von Gitterparametern (-konstanten) (Kristall).

Die Pulverprobe befindet sich in einem dünnen Glasröhrchen, das in der Achse einer zylindrischen Kamera angebracht wird. An deren Wand liegt der Röntgen-Film. Dabei verwendet man meist die von *Straumanis* vorgeschlagene Methode der asymmetrischen Lage des Films bezüglich des senkrecht zur Zylinderachse einfallenden, monochromatischen Röntgenstrahls (Bild 1, 2).

Da die Orientierung der Kristallite statistisch ist, ist für alle Netzebenenscharen im Beobachtungsbereich die *Bragg*-Gleichung erfüllt. Die abgebeugten Strahlen liegen für jede Netzebenenschar und jede Beugungsordnung auf einem Kegel um den Primärstrahl. Die *Debye-Scherrer*-Linien sind die Schnittfiguren dieser Kegel mit dem Röntgen-Film. Die Beugungswinkel Θ werden aus den Abständen der Linien bestimmt. Mit Hilfe der *Bragg*-Gleichung können daraus die Gitterparameter bestimmt werden. *Hümmer/Burzlaff/H. Zimmermann*

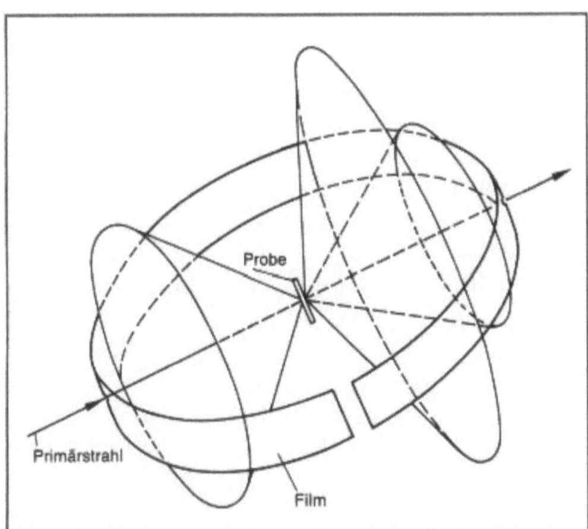

Debye-Scherrer-Verfahren 1: Geometrie der Strau-manismethode bei Röntgenbeugung.

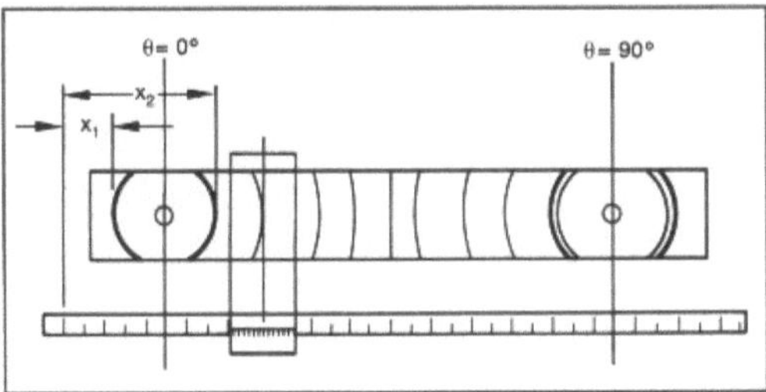

Debye-Scherrer-Verfahren 2: Belichteter Röntgen-film (nach Straumanis-Methode).

Debye-Sears-Effekt. Stehende Ultraschallwellen erzeugen in einer Flüssigkeit eine Dichtemodula-tion und damit eine Modulation des Brechungsin-dex. Eine solche Flüssigkeit wirkt auf einen Licht-strahl wie ein Beugungsgitter. Der D.-S.-E. kann zur Ablenkung und Modulation eines Lichtstrahls genutzt werden. Dabei werden als Arbeitsflüssig-keit organische Verbindungen wie z. B. Toluol ver-wendet. *Hubert*

Debye-Temperatur. Temperatur, die der maxi-malen Energie von Gitterschwingungen eines Fest-körpers nach der Vorstellung der → Debye-Theorie entspricht.

Ist ω_D die maximale Schwingungsfrequenz (→ Debye-Frequenz), so ist $\hbar\omega_D$ die maximale Schwingungsenergie ($\hbar$ = Plancksches Wirkungs-quantum $/2\pi$). Dann ergibt sich die D.-T. zu

$$\Theta = \frac{\hbar\omega_D}{k}$$

wobei k die Boltzmann-Konstante ist.

Die D.-T. spielt eine wichtige Rolle bei vielen thermischen Eigenschaften des Festkörpergitters (Debye-Theorie, → Debye-Waller-Faktor). Sie ist eine Materialkonstante (Tabelle), allerdings nur in

Debye-Temperatur. Tabelle: D.-T. einiger Substan-zen

Substanz	Debye-Tem-peratur (K)	Substanz	Debye-Tem-peratur (K)
Ag	225	Ne	75
Al	428	Nb	275
Ar	92	Ni	450
As	282	Os	500
Au	165	Pb	105
Ba	110	PbS	194
Be	1 440	Pd	274
Bi	119	Pt	240
C (Diamant)	2 230	Rb	56
C (Graphit)	420	Re	430
Ca	230	Rh	480
Cd	209	Ru	600
Co	445	Sb	211
Cr	630	Sc	360
Cs	38	Se	90
Cu	343	Si	645
Dy	210	Sn	200
Fe$_2$	470	Sr	147
FeS$_2$	637	Ta	240
GA	320	Te	153
Gd	200	Th	163
Ge	374	Ti	420
Hf	252	Tl	79
Hg	72	U	207
In	108	UO$_2$	160
Ir	420	V	380
K	91	W	400
KBr	174	Xe	64
KCl	235	Y	280
Kr	72	Yb	120
La	142	Zn	327
Li	344	ZnS	315
Lu	210	Zr	271
Mg	400		
MgO	946		
Mn$_3$	410		
Mo	450		
Na	158		
NaCl	321		
NaF	492		

nerhalb der einfachen Modellvorstellungen der Debye-Theorie. Um das →Modell gegenüber den in der Realität auftretenden Abweichungen zu retten, wird manchmal die D.-T. als temperaturabhängig angenommen, was ihrer ursprünglichen Bedeutung allerdings widerspricht. *Heinz*

Debye-Theorie. Einfache Vorstellung (auch *Debye*-Modell) zur mikroskopischen Beschreibung des Gitteranteils der spezifischen Wärme von Festkörpern. Sie basiert auf der Existenz quantisierter Gitterschwingungen (Phonon) und nimmt deren Energie-Impuls-Zusammenhang als linear an. (*Debye*-Näherung)

Da die spezifische Wärme die Änderung der inneren Energie U mit der Temperatur beschreibt, muß zunächst der Zusammenhang U(T) ermittelt werden. Dazu ist die Phononenzustandsdichte $D(\Omega)$ geeignet, die die Anzahl der Phononen pro Energieintervall bei der Frequenz Ω angibt. Sie gibt allerdings nur die möglichen Zustände an, ihre tatsächliche Besetzung, d. h. die tatsächliche Ausbildung der Gitterschwingungen und die Höhe ihrer Amplitude hängt von der (absoluten) Temperatur T ab, geregelt durch die *Bose-Einstein*-Statistik. Die im Mittel bei der Frequenz Ω angeregte Zahl von Phononen ergibt sich aus der Besetzungswahrscheinlichkeit $w(\Omega) = (\exp(\hbar\Omega/kT) - 1)^{-1}$, wobei k die Boltzmann-Konstante ist. Die Integration über alle Frequenzen ergibt die Gesamtenergie

$$U(T) = \int_0^\infty \left(w(\Omega) + \frac{1}{2}\right) D(\Omega)\, \hbar\Omega d\Omega$$

wobei das Glied 1/2 aus der Berücksichtigung der Nullpunktsenergie $\hbar\Omega/2$ eines harmonischen Oszillators resultiert. Kennt man nun $D(\Omega)$, so läßt sich U(T) errechnen und damit auch die spezifische Wärmekapazität des Gitters $MC_v = \partial U/\partial T$ (M = Gittermasse, C_v = spezifische Wärme). Der quantitative Verlauf der Zustandsdichte ist jedoch nur für wenige Kristalle bekannt. Es gelingt jedoch mit einem einfachen →Modell, wichtige Aussagen über die spezifische Wärme des Gitters zu machen.

Dies ist das sog. Debye-Modell (auch Debyesche Näherung, D.-T.), in der angenommen wird, daß der Kristall ein isotropes Kontinuum ist und die Gitterschwingungen dispersionsfrei sind, d. h. der $\Omega(K)$-Verlauf linear ist mit Ω/K = const. = c = Schallgeschwindigkeit (K = Phononimpuls/$\hbar$). Für den dreidimensionalen Fall ergibt sich dann die Zustandsdichte $D(\Omega) = V\Omega^2/2\pi^2\tilde{c}^2$, wobei V für das Kristallvolumen steht. Dabei ist $\tilde{c}^{-3} = c_L^{-3} + 2c_T^{-3}$ die Geschwindigkeitsmittelung bzgl. des longitudinalen (L) und der zwei transversalen (T) Schwingungsmoden. Natürlich muß diese Näherung für $D(\Omega)$ gewährleisten, daß die Gesamtzahl aller möglichen Schwingungsmoden richtig wiedergegeben

wird. Für einen Kristall mit N^3 Einheitszellen mit je s Atomen gibt es $3sN^3$ Moden. Entsprechend ist das Spektrum $D(\Omega)$ nach oben zu begrenzen. Die Grenzfrequenz, bei der im Debye-Modell die Zustandsdichte nach dieser Forderung abrupt auf Null sinkt, heißt →Debye-Frequenz Ω_D und ergibt sich aus

$$\int_0^{\Omega_D} D(\Omega)\, d\Omega = 3sN^3 \quad \text{zu} \quad \Omega_D = \frac{1}{\tilde{c}}\sqrt[3]{18\,\pi^2\, n}$$

wobei $n = sN^3/V$ die Teilchenzahldichte darstellt. Der Verlauf der Zustandsdichte in der Debyeschen Näherung ist für das Beispiel in Bild a gestrichelt eingezeichnet, die Fläche darunter ist gleich der Fläche unter dem wahren Verlauf. Mit der Näherung kann man den Energieinhalt berechnen und es ergibt sich

$$U(T) = \frac{9sN^3\, kT^4}{\Theta^3} \int_0^{\Theta/T} \frac{x^3\, dx}{e^x - 1} + U_0$$

wobei U_0 eine temperaturunabhängige Konstante und Θ die →Debye-Temperatur ist, bei der die thermische Energie $k\Theta$ gleich der höchsten Phononenenergie $\hbar\Omega_D$ ist, also $\Theta = \hbar\Omega_D/k$. Der Wert des Integrals im Ausdruck für U(T) hängt von der Temperatur selbst ab (Debye-Funktion), wobei sich für die Bereiche $T \ll \Theta$ und $T \gg \Theta$ einfache Ausdrücke finden lassen. Die spezifische Wärmekapazität bei konstantem Volumen wird für diese Bereiche für

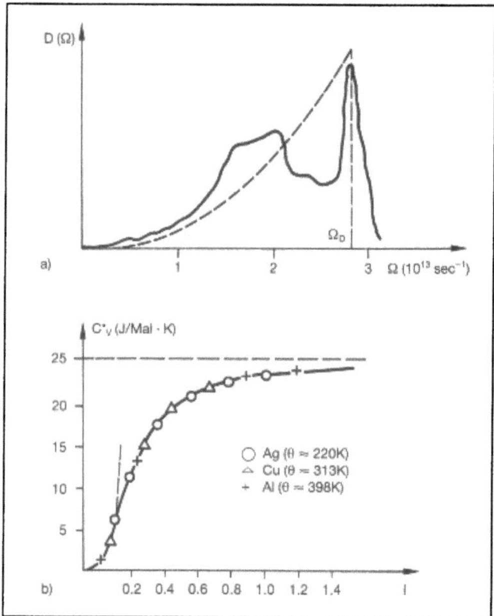

Debye-Theorie:
a) Phononenzustandsdichte (–) mit Debye'scher Näherung (– – –)
b) Molwärme als Funktion der auf die Debye-Temperatur Θ normierten Temperatur.

1 Mol eines aus s-atomigen Molekülen bestehenden Stoffes (Molwärme $C_V^* = M_{mol} C_v$, $N_L = N^3 = $ *Loschmidt*-Zahl $\approx 6 \cdot 10^{23}$/Mol = Anzahl der Moleküle/Mol)

$$C_V^* = 3ksN_L \text{ für } T \gg \Theta$$

und

$$C_V^* = \frac{12}{5} \pi^4 ksN_L \left(\frac{T}{\Theta}\right)^3 \text{ für } T \ll \Theta.$$

Im Hochtemperaturbereich ist die Molwärme also praktisch konstant (*Dulong-Petit*-Gesetz, $C_V^* \approx s \cdot 6$ cal/Mol $\cdot$ K $\approx s \cdot 25$ J/Mol $\cdot$ K) und im Tieftemperaturbereich ergibt sich das *Debye*sche T^3-Gesetz. Für den Übergangsbereich muß das obige Integral numerisch ausgewertet werden. Trägt man C_V^* als Funktion der auf Θ normierten Temperatur T/Θ auf, so gelingt eine stoffunabhängige Darstellung wie in Bild b. Im Oberflächenbereich eines Festkörpers weicht die Debye-Temperatur aufgrund der modifizierten Bindungsverhältnisse vom Volumenwert ab (Oberflächen-Debye-Temperatur).

Die Debye-Näherung ist besonders gut bei hochsymmetrischen (kubischen) und einatomigen (s = 1) Kristallen, für die die angenommene Isotropie und Dispersionsfreiheit am ehesten zutrifft. Bei kompliziert strukturierten Kristallen mit mehr als einer Atomsorte wird die Näherung weniger gut, da z. B. schon die Lücke zwischen dem akustischen und optischen Zweig im Debye-Frequenzspektrum nicht wiedergegeben wird. In solchen Fällen hilft man sich oft mit einer temperaturabhängigen Debye-Temperatur und rettet so den Debye-Formalismus.

Eine noch weitere Vereinfachung als die D.-T. macht das *Einstein*-Modell, indem es das Frequenzspektrum auf nur eine mittlere Frequenz reduziert. Es berücksichtigt jedoch bereits den Quantencharakter der Phononen und gibt den Beitrag optischer Phononen zur spezifischen Wärme relativ gut wieder, da deren Dispersionszweig relativ schmalbandig ist. Für hohe Temperaturen läßt sich immer eine mittlere Frequenz finden, die zum Resultat des Dulong-Petit-Gesetzes führt. Dagegen verläuft die Abhängigkeit für tiefe Temperaturen exponentiell im Gegensatz zum experimentellen T^3-Gesetz.

Die spezifische Wärme eines Festkörpers ist natürlich nicht nur durch den Energieinhalt der Phononen bestimmt. In Metallen kommt z. B. noch der Beitrag der Elektronen hinzu, der aber mit seinem zur Temperatur proportionalen Anteil erst bei tiefen Temperaturen eine merkliche Rolle spielt.

Heinz

Debye-Waller-Faktor. Bei der Beugung von Materieteilchen (z. B. Elektronen, Neutronen) und Röntgenstrahlung an kristallinen Festkörpern wird die Intensität des gebeugten Strahls durch die Temperaturbewegung der Festkörperatome um den D.-W.-F. geschwächt.

Da mit wachsender Temperatur die Ordnung zwischen den streuenden Atomen und damit die Translationssymmetrie des Kristalls immer mehr verloren geht, nimmt die Beugung in die durch die Symmetrie definierten Richtungen zugunsten einer räumlich diffusen Untergrundstreuung ab. Äquivalent kann dies auch durch inelastische Streuprozesse beschrieben werden, bei denen Phononen erzeugt oder vernichtet werden. Der D.-W.-F. gibt in diesem Bild den relativen Anteil der elastisch gestreuten Teilchen wieder. Er wird üblicherweise in der Form $\exp(-2M)$ geschrieben, wobei sich der Exponent 2M bei der Temperatur T ergibt zu

$$2M = a \left(\frac{1}{4} + \left(\frac{T}{\Theta}\right)^2 \cdot F\left(\Theta/T\right)\right)$$

mit $a = 3 h^2 |\Delta K|^2 / (mk\Theta)$ und

$$F(\Theta/T) = \int_0^{\Theta/T} x (\exp(x) - 1)^{-1} dx,$$

wobei ΔK der Impulsübertrag der gebeugten Strahlung an den Kristall ist, Θ die $\rightarrow$ Debye-Temperatur des Kristalls, m die Masse eines Kristallatoms, k die Boltzmannkonstante und $\hbar$ das durch 2π dividierte Plancksche Wirkungsquantum. Das Integral $F(\Theta/T)$ trägt der temperaturabhängigen Besetzung der Phononenzustände Rechnung.

Für $T \ll \Theta$ ergibt sich näherungsweise

$$2M = a \left(\frac{1}{2} + 1.642 \left(\frac{T}{\Theta}\right)\right) \text{ und für } T \gg \Theta \text{ erhält man}$$

$$2M = a \, T/\Theta.$$

Eine ähnliche Bedeutung wie bei der Beugung hat der D.-W.-F. in der *Mößbauer*spektroskopie. Er gibt den Anteil der ohne Rückstoßverlust emittierten oder absorbierten γ-Quanten an und ergibt sich aus den obigen Formeln für 2M indem lediglich für

$$a = \frac{6 \, E_R}{k \, \Theta} \text{ benutzt wird, wobei } E_R \text{ die Rückstoßenergie ist.}$$

Heinz

DECHEMA. Abk. für Deutsche Gesellschaft für chemisches Apparatewesen, Chemische Technik und Biotechnologie e. V. Die DECHEMA ist 1926 aus der 1918 gegründeten Fachgruppe Chemisches Apparatewesen des Verein Deutscher Chemiker hervorgegangen. Sie hat ca. 2 700 Mitglieder.

Ihr Zweck ist die technisch-wissenschaftliche Förderung des chemischen Apparate- und Maschinenwesens in der chemischen und Verbrauchsgüter-Technik im weitesten Umfang und über den Kreis der Mitglieder hinaus. Sie führt neben der Aktivitäten in Fort- und Weiterbildung Kongresse und Tagungen durch, insbesondere die Achema-Ausstellungstagung und das Internationale Treffen für Chemische Technik und Biotechnologie, die wohl international größte Tagung auf diesem Gebiet. *Debelius*

Deckanstrich. Der D. muß die unteren Anstrichschichten vor äußeren chemischen und physikalischen Einflüssen schützen und ästhetischen Anforderungen genügen. Die letzte Schicht des Anstrichsystems nennt man auch → Schlußanstrich. Wichtige Kriterien zur Auswahl des Anstrichmittels sind:

□ Wetterbeständigkeit. Vor allem bei Bauteilen, die starker Sonneneinstrahlung ausgesetzt sind, ist auf gute UV-Beständigkeit des Bindemittels und der Pigmentierung zu achten. Dunkle Farbtöne können zu starken Erwärmungen mit dadurch hervorgerufenen Zwängungsspannungen innerhalb des Anstrichaufbaus und des Untergrundes führen. Mögliche Rißbewegungen des Untergrundes werden dadurch verstärkt, und zahlreiche Anstrichstoffe erweichen reversibel und werden verschmutzungsempfindlicher.

□ Mechanischer Widerstand. → Härte und → Festigkeit müssen auf die zu erwartenden Beanspruchungen abgestimmt werden. Normale, je nach Nutzung des Bauwerks unterschiedliche Schlag-, Stoß- und Scheuerbeanspruchungen (Reinigung) dürfen nicht zu Absplitterungen, Rißfurchen oder großflächigem Abtrag durch Schleifverschleiß führen.

□ Glanzgrad. Matte Beschichtungen sind wegen ihrer mikrorauhen Oberfläche vor allem gegen Verschmutzung empfindlicher als stärker glänzende; auch die Reinigungsfähigkeit ist ungünstiger. An die Qualität der Applikation, vor allem bei Pinselauftrag, werden erhöhte handwerkliche Ansprüche gestellt, um größere Flächen gleichmäßig zu beschichten.

□ Widerstand gegen biologischen Angriff. Sockelbereiche, Umfassungsmauern und andere gefährdete Bereiche sollten zur Verhinderung biologischer Angriffe durch einen Zusatz fungizider Wirkstoffe zum → Anstrichmittel geschützt werden.

Die Eigenschaften der fertigen → Beschichtung werden außer von den Bindemitteleigenschaften in hohem Maße von der Art und Menge der Pigmente beeinflußt. Eine Grundkenngröße ist die Pigmentvolumenkonzentration (PVK) (Bild). Klarlackierungen sind gegen Adhäsionsversagen wesentlich empfindlicher als pigmentierte Beschichtungen. Die energiereichen UV-Strahlen können bis zur kritischen Haftzone durchdringen, während sie bei lichtundurchlässigen Stoffen Alterungsprozesse nur im Oberflächenbereich bewirken können. Der Begriff D. sagt nichts über das → Deckvermögen aus,

d. h. über die Eigenschaft, die Farbe des Untergrundes zu verdecken. *Sasse*

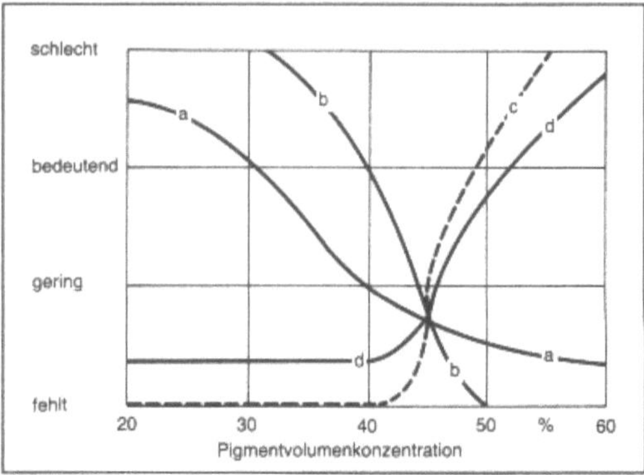

Deckanstrich: Einfluß der Pigmentvolumenkonzentration auf wichtige Beschichtungseigenschaften (Prinzip).

a Glanz, b Blasen, c Rosten, d Durchlässigkeit

Deckbeschichtung → Deckanstrich

Deckfurnier → Furnier

Deckschicht. Durch → Korrosion gebildete Schicht aus festen Reaktionsprodukten (→ Korrosionsprodukt), die die → Oberfläche mehr oder weniger gleichmäßig bedeckt und die Korrosion verlangsamen kann. Sie stellt nur dann eine → Schutzschicht dar, wenn sie gleichmäßig ausgebildet, festhaftend und porenfrei ist und die → Korrosionsgeschwindigkeit wesentlich erniedrigt wird (z. B. Oxid- oder → Passivschicht).

Unter D. sind nicht nur Verbindungen metallischer Werkstoffe mit Sauerstoff zu verstehen, sondern alle festen Reaktionsprodukte, die in dem jeweiligen Elektrolyten nahezu unlöslich sind, so z. B. auch Salze und bestimmte Hydride.

Die Deckschichtbildung erfolgt durch unterschiedliche Bildungsweisen. In der → Elektrolytlösung vorhandene Oxidationsmittel führen bei hinreichender Oxidationskapazität zur Ausbildung von Oxiden oder Hydroxiden (→ Oxidbildung). Durch → Reduktion des Metalles mit dem Anion des angreifenden Elektrolyten können auch feste Reaktionsprodukte in Form von Salzen entstehen. Als Beispiele sind die Bildung von nahezu unlöslichem Bleisulfat in Schwefelsäure (Bleiakkumulator) oder Silberchlorid in Salzsäure anzuführen.

Deckschichtbildung kann grundsätzlich durch chemische oder elektrochemische Reaktionen bewirkt werden. Bei passivierbaren Metallen, die unter freien Korrosionsbedingungen durch aktive Korrosion angegriffen werden, kann Deckschichtbildung durch anodische → Polarisation erzwungen werden (→ Korrosionsschutz, anodischer). Durch anodische → Oxidation ist es auch möglich, die Dikke der Schutzschicht von passiven Metallen zu erhöhen. Ein technisches Beispiel ist die anodische Oxidation von Aluminiumwerkstoffen (→ Eloxieren). → Oxalat-Verfahren   *Wendler-Kalsch*

Deckschichtbildung → Deckschicht

Deckvermögen → Deckanstrich

Defekt. Oberbegriff für jede Art von Baufehlern in kristallinen Festkörpern.

D. beeinflussen viele Festkörpereigenschaften entscheidend, wie z. B. mechanische Verformbarkeit, → Härte, elektrische Leitfähigkeit oder optische Eigenschaften. Sie können bereits bei der → Kristallzüchtung entstehen, aber auch durch Beschuß des Kristalls mit energiereicher Strahlung oder Teilchen oder durch mechanische Beanspruchung. Zu unterscheiden sind prinzipiell die chemische Fehlordnung, bei der die Stöchiometrie durch Fremdatome gestört ist, und Strukturbaufehler, wie Punktdefekte und ausgedehnte Defekte (→ Versetzungen, Flächendefekte). Jeder Kristall enthält im thermischen → Gleichgewicht eine temperaturabhängige Konzentration von Strukturdefekten, wobei die dazu notwendige Fehlordnungsenergie thermisch aufgebracht wird.

□ Punktdefekte: Hierzu gehört der *Schottky*-Defekt, d. h. eine → Leerstelle im Kristall, wobei der fehlende Gitterbaustein aus dem Volumen auf einen Gitterplatz an der → Oberfläche gewandert ist. Die Fehlordnungsenergie ist dabei die Differenz φ_s der → Bindungsenergie des Bausteins im Volumen und an der Oberfläche, so daß sich im thermischen Gleichgewicht die Konzentration n_s der Schottky-Defekte mit der Temperatur T nach

$$n_s \sim \exp\,(-\varphi_s\,/\,kT)$$

ändert (k = Boltzmannkonstante). Bei Ionenkristallen, deren Gitterbausteine abwechselnd aus positiv und negativ geladenen Ionen bestehen, müssen sich aus Neutralitätsgründen Schottky-Paare bilden, d. h. je ein Schottky-Defekt im positiven und negativen → Gitter. Verbleibt der fehlende Gitterbaustein im Volumen auf einem Zwischengitterplatz, so spricht man von einem *Frenkel*-Defekt.

□ Versetzungen: Bei den Stufenversetzungen ist eine zusätzliche halbe Netzebene in den Kristall eingeschoben, ihre gerade Endkante heißt Versetzungslinie (z-Achse, Bild 1 a). Sie ist die Achse eines Zylinders, in dem der Kristall verformt ist. Ein solcher Deformationsbereich ergibt sich auch bei der Schraubenversetzung (Bild 1 b), bei der man sich anschaulich den Kristall bis zur Mitte aufge

schnitten und die Schnittebene am Rand um einen Netzebenenabstand verschoben denken kann. Die gerade Endkante des Schnitts im Kristallinnern heißt auch hier Versetzungslinie (z-Achse). Meist treten Kombinationen von Versetzungen auf, die zu komplizierten Defektstrukturen führen können (→ Versetzung).

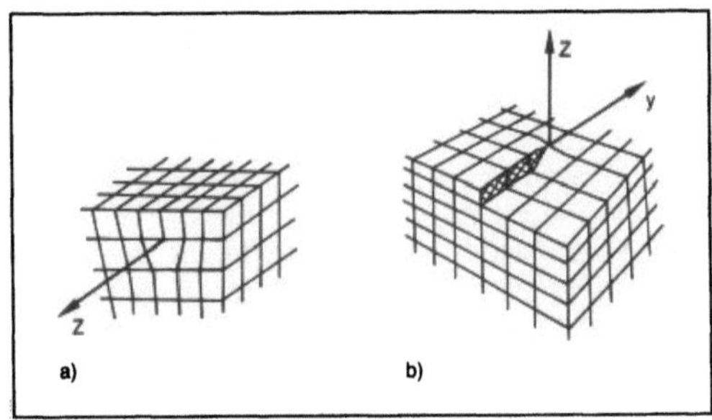

Defekt 1: Stufenversetzung (a) und Schraubenversetzung (b) schematisch dargestellt.

□ Flächendefekte: Hierbei handelt es sich entweder um fehlerhafte Packungen von Netzebenen (Stapelfehler) oder um eine Häufung von Punktdefekten oder Versetzungen. Zu den letzteren gehören die Kleinwinkelkorngrenzen oder Mosaikblockgrenzen (Bild 2), bei denen der Gesamtkristall in Blöcke aufgeteilt ist, die zueinander kleine Winkel ($\approx$ 10/) einnehmen und deren Zwischenräume durch zusätzliche Netzebenen aufgefüllt werden. Bei größeren Orientierungswinkeln, wie sie meist in polykristallinem Material mit sehr kleinen Einkristallen vorliegen, spricht man von Großwinkelkorngrenzen (oft auch nur: Korngrenzen).

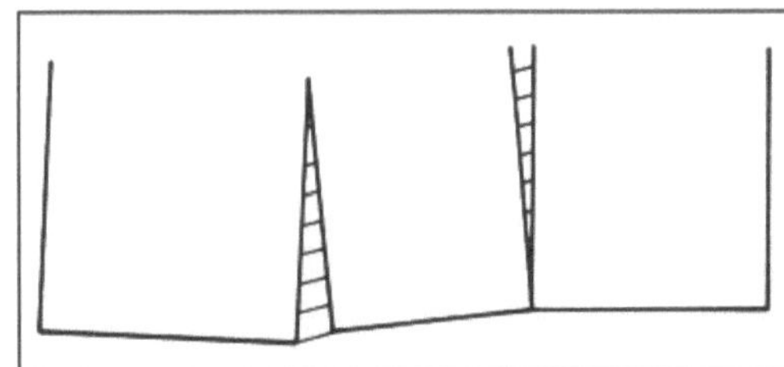

Defekt 2: Mosaikblock-Grenzen. Aufgefüllte Bereiche zwischen den Blöcken sind schraffiert.

□ Chemische Fehlordnung entsteht durch Einbau von Fremdatomen auf Gitterplätzen (Substitution) oder auf Zwischengitterplätzen. Dabei können auch Assoziationen, d. h. Häufungen zu größeren Zentren entstehen. In Halbleitern spielen Fremdatome als Donatoren oder Akzeptoren eine wichtige Rolle. Auch die Ersetzung eines negativen Ions in einem Ionenkristall durch ein Elektron wird oft zur chemischen Fehlordnung gezählt. Sie führt zu einem Farbzentrum.   *Heinz*

Literatur: *Balian, R., M. Kleman* and *J.-P. Poirier:* Physics of Defects. Amsterdam 1981.

Defektelektron. Fehlendes Elektron im Valenzband eines Halbleiters (daher auch oft als *Loch* bezeichnet).

Wird in einem Halbleiter durch z. B. thermische oder optische Anregung ein Elektron aus dem Valenzband herausgenommen, so entsteht eine Lücke (Loch, D.). In diese kann ein anderes Valenzelektron springen, dessen Lücke erneut von einem weiteren Elektron eingenommen wird. Dadurch kommt es zum Ladungstransport, d. h. Strom. Äquivalent damit ist die Vorstellung, daß nur die Lücke gewandert ist. Diese Betrachtungsweise ist beim Vorliegen relativ weniger Lücken sogar wesentlich einfacher, als die Behandlung der Bewegung der großen Zahl von Elektronen. Man interpretiert die Lücke daher formal als Ladungsträger, d. h. D. mit positiver Ladung und eigener effektiver Masse. *Heinz*

Deformationsband → Plastizität

Dehngrenze. Bei Belastung eines metallischen Körpers erfolgt im Anschluß an die elastische → Verformung, die dem → *Hooke*'schen Gesetz folgt, plastische, irreversible Verformung. Bei Entlastung nimmt die Spannung parallel zur Hooke'schen Gerade ab. Als D. wird die auf den Ausgangsquerschnitt bezogene Last bezeichnet, bei der nach Entlastung ein festgelegter Betrag an bleibender → Dehnung erreicht wird, zum Beispiel $R_{p0,2}$: D. bei 0,2 % Dehnung.
→ Zugversuch *Dahl*

Dehngrenzlinie. Die D. verbindet in einem die → Warmfestigkeit metallischer Werkstoffe beschreibenden Diagramm der mechanischen Zugspannung [N/mm^2] über dem Logarithmus der Zeit diejenigen Zeitpunkte, die bei einer bestimmten Last zu einer vorgegebenen → Dehnung führen (z. B. 1 %-D.). Sie ist zu unterscheiden von der Zeitstandlinie, welche diejenigen Zeitpunkte verbindet, die bei vorgegebener Belastung zum Bruch

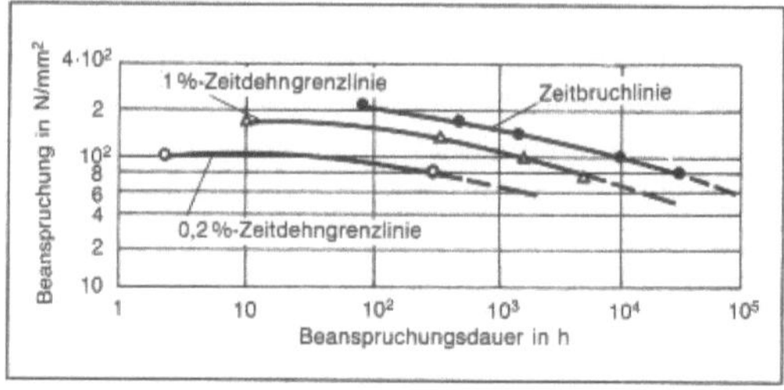

Dehngrenzlinie 1: Auswertung von Zeitstandversuchen bei 700 °C an einem hochwarmfesten austenitischen Stahl mit rd. 0,12 % C, 20 % Co, 21 % Cr, 3,2 % Mo, 20 % Ni und 2,5 % W (X 12 CrCoNi 21 20).

führen. Sofern die → Bruchdehnung mehr als 1 % beträgt, liegt also die D. (oder Zeitdehnlinie) links unterhalb der Zeitstandlinie (Bild 1, 2).

Für die Auslegung von Bauteilen, die für Einsatz unter Kriechbedingungen bestimmt sind, ist die Kenntnis der D. mindestens ebenso wichtig wie die der Zeitstandlinie. Ihre experimentelle Ermittlung im → Kriechversuch setzt entweder kontinuierliche Dehnungsmessung an der belasteten, heißen Probe oder intervallmäßige Dehnungsmessung an der jeweils ausgebauten Probe voraus. Im erstgenannten Fall ist ein → Extensometer mit (heute meist induktivem) Weggeber erforderlich. *Ilschner*

Literatur: *VDEh (Hrsg.): Werkstoffkunde Stahl. Berlin–Heidelberg 1984.*

Dehnung. Verlängerung eines Bauteils bzw. einer Probe oder von Teilbereichen derselben unter der Wirkung einer Kraft (bzw. Spannung), einer Temperaturerhöhung (thermische → Ausdehnung), einer → Phasenumwandlung oder anderer Parameter, welche den mittleren Atomabstand in einem Festkörper vergrößern. Eine negative D. wird als Schrumpfung bezeichnet. *Ilschner*

Umformen. Als D. bezeichnet man den Grenzwert der Verlängerung eines Linienelements, bezo-

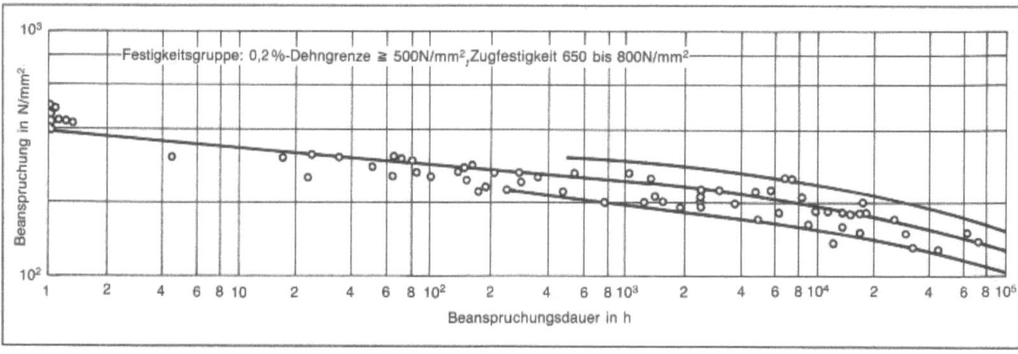

Dehngrenzlinie 2: Streuband der Zeitstandfestigkeit des Stahls X 20 Cr Mo (W) V 121 bei 550 °C.

gen auf seine Ausgangslänge, wenn die Ausgangslänge gegen null geht. Für kleine Verformungen gilt damit z. B. für die einachsige D. in x-Richtung

$$\varepsilon_x = \frac{\partial u_x}{\partial x}$$

wobei u_x die Verschiebung des Punkts P in x-Richtung darstellt.

Entsprechendes gilt für die D. ε_y und ε_z (Bild 1). In der Festigkeitslehre (z. B. $\rightarrow$ Zugversuch) wird bei einachsiger, gleichförmiger Beanspruchung häufig in Vereinfachung der obigen Beziehung die D. ε nach der Gleichung

$$\varepsilon = \frac{l_1 - l_0}{l_0} = \frac{\Delta l}{l_0}$$

berechnet. Dabei bezeichnen l_0 die Anfangs- und l_1 die Endlänge des Linienelements. Der Fehler, der hierbei gemacht wird, dadurch daß an Stelle der augenblicklichen Länge l die Ausgangslänge l_0 eingesetzt wird, ist für kleine D. gering, kann aber bei großen (z. B. plastischen) D. nicht mehr ohne weiteres vernachlässigt werden.

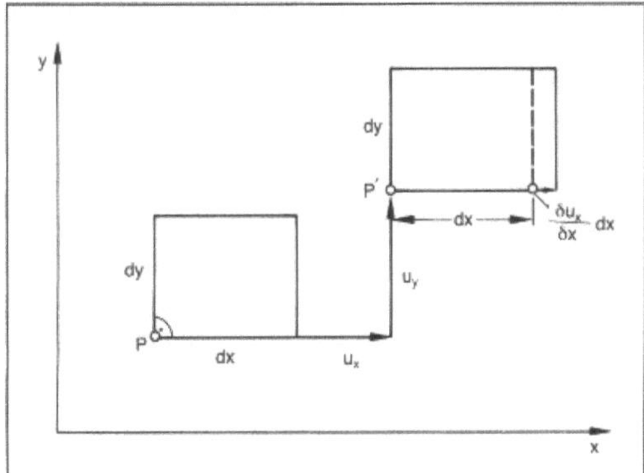

Dehnung 1: Verformung einer zur x-y-Ebene parallelen Fläche eines Werkstoffelements, einachsige Dehnung des Linienelements d_x in x-Richtung.

In der Umformtechnik wird Dehnen stets als bleibendes Dehnen (bleibende D.) behandelt. Bleibende D. ε_r tritt ein bei Beanspruchung durch ein- oder mehrachsige Zugspannungen ($\rightarrow$ Zugumformen) nach Überschreiten der $\rightarrow$ Fließgrenze bzw. $\rightarrow$ Proportionalitätsgrenze eines Werkstoffs (Bild 2). Als Maß für die $\rightarrow$ Formänderung durch Dehnen eines Stabs z. B. im Zugversuch gilt die D. $\varepsilon = \Delta l/l_0$. Ausgezeichnete D.-Kenngrößen gem. DIN 50145 sind die Gleichmaß-D. A_g und die Bruch-D. A. Die D. im Augenblick des Eintretens des plastischen Zustands (D. bei $\rightarrow$ Fließbeginn) wird meist mit ε_F bezeichnet. Da in der Umformtechnik bei großen plastischen Formänderungen der spannungslose Ausgangszustand einer Probe nach Überschreiten der Fließgrenze keine Bedeutung mehr hat, wird als

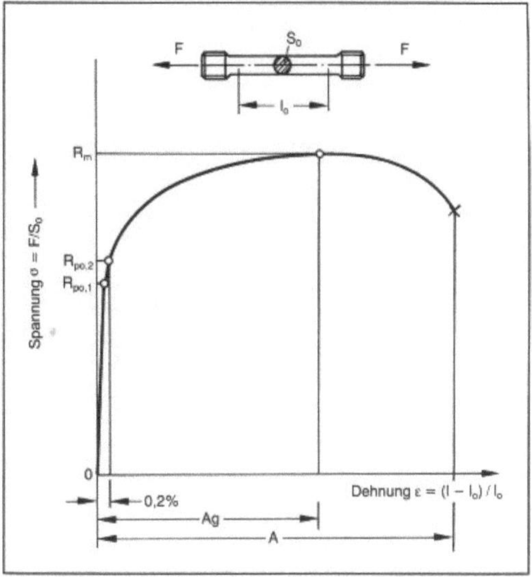

Dehnung 2: Schematisches Spannungs-Dehnungs-Schaubild eines Metalls ohne ausgeprägte Streckgrenze im Zugversuch.

Formänderungsmaß der momentane Zuwachs der Formänderung bezogen auf die augenblickliche Abmessung dl/l verwendet. Über die gesamte Formänderung integriert ergibt sich daraus der $\rightarrow$ Umformgrad $\varphi = \ln l_1/l_0$. Zwischen φ und ε besteht folgender Zusammenhang: $\varphi = \ln(1+\varepsilon)$.

D. sind somit ein Teil der Formänderung ($\rightarrow$ Formänderungszustand).

$\rightarrow$ Formänderungsvermögen   *Lange*

Dehnungsinduzierte Spannungsrißkorrosion
$\rightarrow$ Spannungsrißkorrosion

Dehnungsmeßstreifen (DMS). Es sind die wichtigsten elektrischen Meßaufnehmer für relative Längenänderungen. Das Prinzip wurde 1856 durch *Lord Kelvin* entdeckt und in den 30er Jahren dieses Jahrhunderts erstmals praktisch angewendet.

Eine relative Längenänderung wird in der Technik auch mit $\rightarrow$ Dehnung oder – wenn sie ein negatives Vorzeichen hat – auch mit Stauchung bezeichnet. Wenn auf einen Leiter mit der Länge l und dem Querschnitt A eine Zugkraft ausgeübt wird, nimmt l zu (Dehnung) und A ab ($\rightarrow$ Querkontraktion, Poisson-Effekt). In Bild 1 ist der ungedehnte und (stark übertrieben) der gedehnte Leiter gezeichnet. Es leuchtet ein, daß der elektrische Widerstand des gedehnten Leiters größer wird, weil dieser länger und dünner geworden ist. Weiterhin ändert sich auf Grund der im Material auftretenden mechanischen Spannung auch der spezifische Widerstand. Dieser

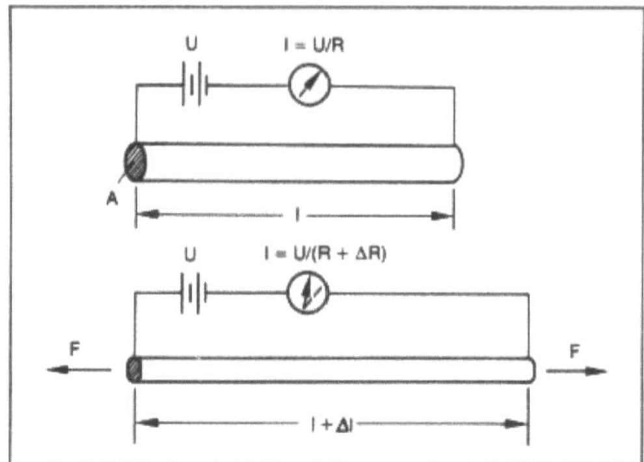

Dehnungsmeßstreifen 1: Grundlagen.

$$R = \rho \cdot \frac{l}{A} = \text{Widerstand}$$

l = Länge des Leiters
A = Querschnittsfläche des Leiters
ρ = spezifischer Widerstand

$$K = \frac{\Delta R/R}{\Delta l/l} = \frac{\Delta R/R}{\varepsilon} = \text{Empfindlichkeit des DMS}$$

(„K-Faktor")

$\Delta R/R$ = relative Widerstandsänderung
$\Delta l/l$ = ε = relative Längenänderung (Dehnung)
F = angreifende Zugkraft

Effekt ist bei den üblichen Widerstandsmaterialien gering, so daß die Widerstandsänderung hauptsächlich von der → Formänderung verursacht wird. Bei Halbleiter-DMS überwiegt jedoch der Einfluß des veränderten spezifischen Widerstandes. Soweit das Leitermaterial nicht überdehnt wird, gilt ein linearer Zusammenhang zwischen der relativen Widerstandsänderung $\Delta R/R$ und der Dehnung ε:

$$\frac{\Delta R}{R} = K \frac{\Delta l}{l} = K \cdot \varepsilon$$

Dabei ist K die Empfindlichkeit des DMS. Übliche Werte für K liegen bei Metall-DMS zwischen 2 und 4, bei Halbleiter-DMS können Werte zwischen -100 und $+130$ erreicht werden.

□ Ausführungsformen: Bild 2 zeigt einen DMS aus Widerstandsdraht (häufig → Konstantan mit etwa 20 bis 30 μm Durchmesser). Im Längs- und Querschnitt erkennt man den Träger aus Papier und Kunstharz, in den Meßdraht und Anschlußdrähte eingebettet sind. Der Träger ist auf den Körper aufgeklebt, dessen Dehnung gemessen werden soll. Außer Konstantan werden noch einige andere Legierungen eingesetzt.

Anstelle von Widerstandsdrähten kann man auch Folien (Dicke 2–10 μm) aus Widerstandsmaterial verwenden, von denen man je nach Verwendungszweck die nicht benötigten Flächen wegätzt (Bild 3). Folien-DMS haben eine höhere → Festigkeit, sie lassen sich in beliebigen Formen herstellen.

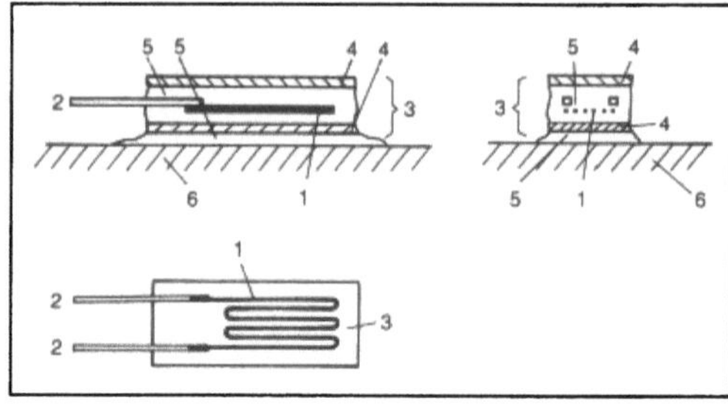

Dehnungsmeßstreifen 2: Draht-DMS.

1 Meßdraht, 2 Anschlußdrähte, 3 Träger, 4 Papier, 5 Klebstoff, meist auf Kunstharzbasis, 6 Meßobjekt, dessen Dehnung erfaßt werden soll

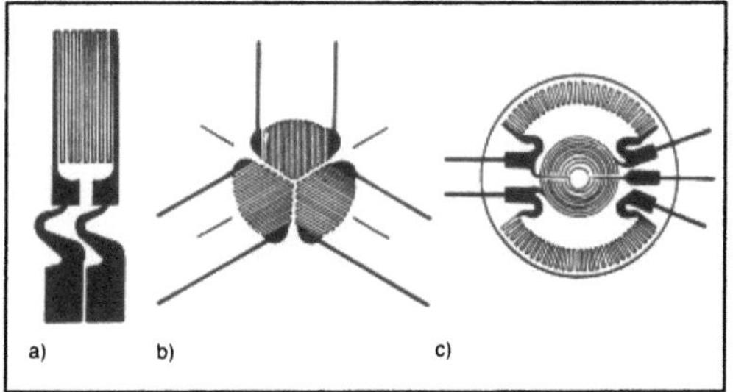

Dehnungsmeßstreifen 3: Folien-DMS. (Quelle: Hottinger Baldwin Meßtechnik GmbH)
a) DMS, empfindlich für eine Richtung
b) Delta-Rosette, 60°
c) 4-Element-Rosette für Messungen an Membranen.

Noch dünnere DMS werden im Vakuum direkt auf den Körper aufgedampft, an dem gemessen werden soll. Dies ist z. B. notwendig bei sehr dünnen Federn, bei denen ein Folien-DMS und die zugehörige Klebung zu stark auf das Meßobjekt zurückwirken würden.

Halbleiter-DMS auf Silicium-Basis haben eine wesentlich größere Empfindlichkeit, so daß sie vielfach keinen gesonderten Verstärker mehr benötigen. Allerdings ist die Linearität weniger gut als bei Metall-DMS, außerdem muß man mit einer stärkeren Temperaturabhängigkeit des K-Faktors rechnen.

□ Anwendung. Es sind zwei verschiedene Einsatzbereiche zu unterscheiden:
– Anwendungen, bei denen die Messung einer Dehnung der primäre Zweck der Messung ist, z. B. Dehnung von Maschinenteilen, Schiffskörpern, Brückenkonstruktionen.
– Anwendungen, bei denen über die Dehnung eine andere Größe gemessen wird, z. B. Kraft, Druck, Stoß, Beschleunigung und andere mit der wirkenden Kraft verknüpfte Größen.

Übliche Nennwiderstände für DMS sind 120 Ω, 300 Ω und 600 Ω. Da die meisten Materialien, an denen man messen möchte, einen elastischen Bereich bis ca. 1‰ Dehnung haben, kann man bei K = 2 mit einer maximalen relativen Widerstandsänderung von nur 2‰ rechnen. Derart geringe Widerstandsänderungen werden zweckmäßig mit Wheatstone-Brücken (Meßbrücke) in elektrische Spannungsänderungen umgesetzt. Diese Brücken werden mit Gleichspannung oder mit Wechselspannung (225 Hz, 5 kHz, 50 kHz) betrieben. Bei entsprechend sorgfältiger Ausführung von Klebung (→ Klebstoff) und Anschluß der DMS und gut ausgelegter Auswerteschaltung (Elimination von Störgrößen wie z. B. Temperatur, Störspannungen) lassen sich mit Hilfe von DMS Kraftaufnehmer für eichpflichtige Waagen herstellen.

Hammerschmidt

Literatur: *Profos, P.:* Handbuch der industriellen Meßtechnik. 3. Aufl. Essen 1984. – *Schrüfer, E.:* Elektrische Meßtechnik. 4. Aufl. München 1990.

Dehnungsmeßtechnik. Die experimentelle → Spannungsanalyse bedient sich der D. zur Ermittlung von Dehnungen in Bauteilen oder Modellen, aus denen wiederum die Beanspruchungen (Spannungen) abzuleiten sind. Die D. verfügt über eine Vielzahl von unterschiedlichen Methoden, die sich je nach Meßprinzip und Funktionsweise einteilen lassen in
– mechanische
– fluidische
– hydraulische
– elektrische
– optische
Verfahren, wobei auch vielfältig Kopplungen der einzelnen Gruppen realisiert sind.

Mechanische und insbesondere mechanisch-elektrische Verfahren spielen in der experimentellen Spannungsanalyse eine große Rolle. Bis etwa 1940 dominierten noch weitgehend Meßmethoden und -einrichtungen nach rein mechanischen Prinzipien, u. a. Setzdehnungsmessung mit allen damit zusammenhängenden Problemen der Meßwerterfassung und -verarbeitung, die heute nur noch vereinzelt, insbesondere bei Langzeitmessungen zum Einsatz kommen. Mit der Erfindung der → Dehnungsmeßstreifen (DMS) im Jahre 1938 und ihrer raschen Weiterentwicklung verloren die mechanischen Verfahren stark an Bedeutung, obwohl gerade sie die Grundprinzipien der Dehnungsmessung am anschaulichsten nachempfinden.

Die wichtigsten optischen Verfahren der D. sind die Spannungsoptik, das → Moiré-Verfahren, die → Holographie und die → Speckle-Meßtechnik. In gewissem Sinne kann auch das → Reißlack-Verfahren den optischen Methoden zugeordnet werden. Die optischen Methoden, die zunächst überwiegend als Laborverfahren, teils unter Verwendung von Modellen zu betrachten waren, haben auf Grund neuerer Verfahrens- und gerätetechnischer Ent-

wicklungen Eingang in die → Bauteilprüfung auch „vor Ort" gefunden.

Die wohl größte Bedeutung in der D. hat heute nach wie vor die DMS-Technik, nicht zuletzt auch wegen der heute vorhandenen Typen-Vielfalt, der Möglichkeit der elektrischen Fernübertragung, der Rechnerverarbeitung und der Einsatzmöglichkeiten bei vielen extremen Umgebungs- und Randbedingungen wie tiefe und hohe Temperaturen, aggressive Medien oder in und an porösen bzw. inhomogenen Stoffen wie z. B. → Beton. *Kußmaul*

Dehnungswechselversuch. (auch Low Cycle Fatigue-Versuch, → LCF) Prüfverfahren zur Festigkeitsprüfung bei niederen und höheren Temperaturen im Bereich der → Zeitfestigkeit (Versagen der Probe bis 10^5 Lastwechsel). Die Belastung kann sowohl last- (spannungs-) als auch weg- (dehnungs-) gesteuert durchgeführt werden. Das Verhältnis Mitteldehnung bzw. -spannung zum Spannungsausschlag kann unterschiedlich eingestellt werden (*Wöhler*-Versuch).

In der Regel werden D. dehnungsgesteuert im Zugdruckbereich mit einer Mitteldehnung von $\varepsilon_m = 0$ an glatten Proben durchgeführt. Hierbei ist die → Dehnung bzw. Verlängerung die beeinflussende Größe, die über eine elektronische Einrichtung der Prüfmaschine vorgegeben wird. Die beeinflußte Größe ist die → Spannung. Der Dehnungsausschlag ε_{at} wechselt während eines Versuches mit einstellbarer Dehnungsgeschwindigkeit $\dot{\varepsilon}$ zwischen konstant bleibenden Grenzen. Die Dehnung kann bei ihrem maximalen Ausschlag eine beliebig lange Zeit sowohl auf der Zugseite (Zughaltezeit) als auch auf der Druckseite (Druckhaltezeit) konstant gehalten werden. Ein Wechsel vollzieht sich innerhalb der Zykluszeit t_C (Bild 1).

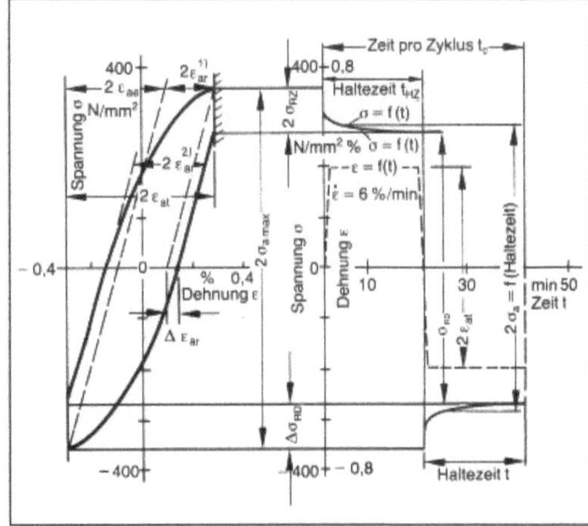

Dehnungswechselversuch 1: Begriffsbestimmungen des D. 1) Versuch ohne Haltezeit, 2) Versuch mit Haltezeit.

Isotherme Versuche werden bei konstanten Temperaturen, anisotherme Versuche bei wechselnden Temperaturen durchgeführt.

Versuche ohne Haltezeiten werden in der Regel als Ermüdungsversuche bezeichnet, da bei genügend hoher Dehngeschwindigkeit → Ermüdung als vorwiegender Schädigungsmechanismus zu bezeichnen ist.

Unter den Begriff → Kriechermüdung fallen Versuche mit Haltezeiten im Bereich höherer Temperaturen. Während der Haltezeit relaxiert der Werkstoff, d. h. der Maximalspannungsausschlag bei Erreichen der → Dehngrenze verringert sich (→ Entspannungs- oder → Relaxationsversuch) aufgrund einer Umwandlung von elastischen Dehnungsanteilen in plastische.

Der Schädigungsmechanismus bei dieser Versuchsführung ist eine Überlagerung von Kriech- und Ermüdungsschädigung (Creep-fatigue-interaction, → Schadensakkumulation). Die gegenseitige Beeinflussung ist abhängig von der Höhe der Dehnungsschwingbreite bzw. der Länge der Haltezeit.

Während des dehnungsgesteuerten Versuchsablaufes verändert sich meist der resultierende Spannungsausschlag. Dieses werkstoffabhängige zyklische Werkstoffverhalten wird mit den Begriffen Ver- bzw. → Entfestigung bezeichnet.

Entfestigung liegt vor, wenn die Spannungsausschläge während des Versuchs in ihrer Höhe abnehmen; → Verfestigung tritt auf, wenn die Spannung zunimmt. Neutrales Verhalten bezeichnet einen Zustand, bei dem sich die Spannung nicht ändert. In der Regel tritt nach einer anfänglichen Ver- bzw. Entfestigungsphase der neutrale Zustand ein (Sättigungszustand).

Bei bestimmten Werkstoffen (z. B. → Austenit mit niedriger Beanspruchung) kann auch gemischtes Verhalten, d. h. Ver- und Entfestigungsvorgänge während eines Versuches beobachtet werden.

Die Versuche werden entweder bis zum Auftreten eines Anrisses N_A oder bis zum Bruch N_B gefahren. Die Bestimmung der → Anrißlastspielzahl N_A erfolgt in der Regel mittels graphischer Methoden z. B. Auftragung des Spannungsausschlages über der Lastwechselzahl. Der → Anriß ist gekennzeichnet durch einen Abfall des Spannungsausschlages. Zur besseren Bestimmung dieses Punktes kann eine Tangente an den Sättigungsbereich gelegt werden (Bild 2) oder aber aber das Verhältnis Druck/Zugspannungsausschlag aufgetragen werden.

Andere Methoden der Bestimmung der Anrißlastspielzahl können z. T. zu einer Festlegung kleinerer Anrißwechselzahlen führen, dies ist auf eine empfindliche Verfahrensweise zurückzuführen. Graphische Methoden erfordern Rißtiefen von 0,5–1 mm Tiefe bei einem Durchmesser der Proben von 10–20 mm. Elektronische Meßmethoden wie z. B.

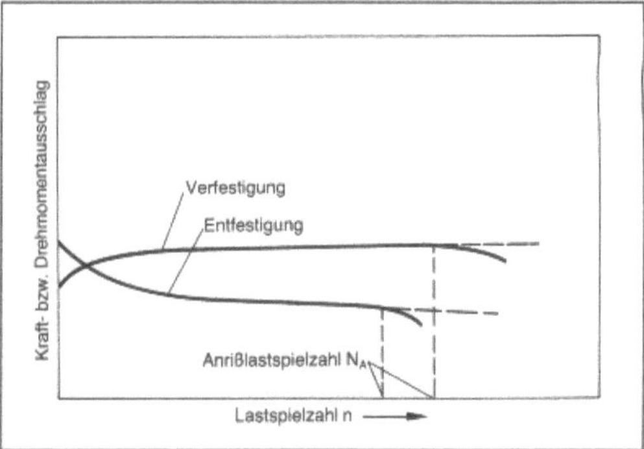

Dehnungswechselversuch 2: Bestimmung der Anriß-lastspielzahl.

die → Potentialsonde detektieren deutlich weniger tiefe Anrisse.

Trägt man die erreichten Spannungsausschläge bei einer bestimmten Laufzeit eines Versuches (allgemein üblich bei $n/N_A = 0{,}5$) über dem zugehörigen Dehnungsausschlag auf und verbindet die so erhaltenen Punkte aus mehreren Versuchen miteinander, dann erhält man die zyklische → Fließkurve. Sie unterscheidet sich von der statischen, die beim normalen → Zugversuch ermittelt wird. Je nach dem ob die zyklische Fließkurve oberhalb oder unterhalb der statischen liegt, hat sich der Werkstoff ver- oder entfestigt.

Die Darstellung der Ergebnisse der D. erfolgt in Form von Anrißkennlinien. Hierbei wird im doppeltlogarithmischen Maßstab die Dehnungsschwingbreite über der Anrißlastspielzahl aufgetragen (Bild 3). In der Regel ist davon auszugehen, daß mit zunehmender Temperatur und länger werdenden Haltezeiten die Anrißkennlinien nach links, d. h. zu kleineren Anrißspielzahlen bei gleicher Dehnungsschwingbreite verschoben werden.

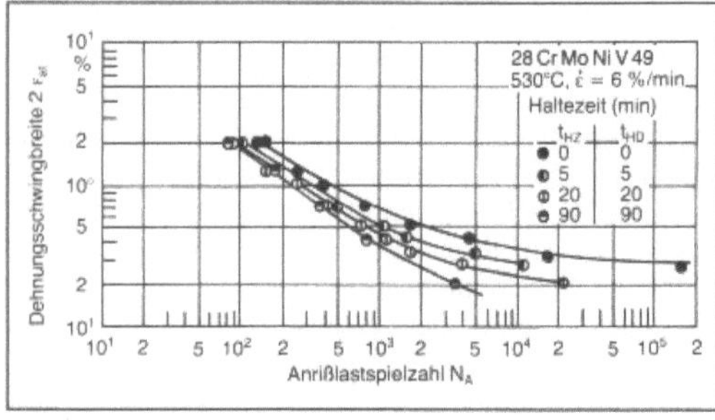

Dehnungswechselversuch 3: Anrißkennlinien für den Werkstoff 28CrMoNiV49 aus Versuchen ohne und mit Haltezeiten.

Bei der Übertragung der Ergebnisse auf Bauteile ergibt sich das Problem der Extrapolation der Versuche auf bauteilwirkliche Beanspruchungen (kleine Dehnungsschwingbreite, lange Haltezeiten).

Ferner ist die Bewertung der Überlagerung von → Kriechen und Ermüden im Sinne einer Schadensakkumulationshypothese (→ Schadensakkumulation) in diesen Bereichen noch nicht zufriedenstellend gelöst. *Kußmaul*

Dekapieren. Kurzzeitiges → Beizen, hauptsächlich in Säurelösungen, zum Entfernen dünner Anlaufschichten und zum Aktivieren metallischer Oberflächen, vornehmlich vor weiteren Oberflächenbehandlungen, z. B. vor einer galvanischen Behandlung (DIN 50 902). *Wendler-Kalsch*

Delamination → Verbundwerkstoffe

Demulgator. → Schmierstoffadditiv, das bei Zutritt von Wasser zu Schmierstoffen die Bildung von stabilen Wasser-Öl-Emulsionen verhindern soll. Als D. werden grenzflächenaktive Verbindungen verwendet, insbesondere anionaktive Verbindungen vom Sulfonsäuretyp wie Dinonylnaphthalinsulfonate in Form der Alkali- oder Erdalkalisalze. *Habig*

Literatur: *Klamann, D.:* Schmierstoffe und verwandte Produkte. Weinheim 1982.

Dendrit. Als D. bezeichnet man baumartig verästelte Kristallite, die sich bei der → Erstarrung unterkühlter reiner Schmelzen oder bei der Erstarrung mehrkomponentiger metallischer oder anorganisch-nichtmetallischer Schmelzen bilden; im letzteren Fall befindet sich die Hauptmasse der Schmelze auf einer Temperatur oberhalb T_s, die → Kristallisation geht von einer gekühlten Fläche aus. D. stellen ein sehr häufig auftretendes, charakteristisches Gefügemerkmal dar (Bild 1).
Die Entstehung der D. beruht auf der Instabilität planarer Erstarrungsfronten: Bei der Kristallisation einer Legierungsschmelze ist einerseits die → Schmelzwärme durch → Wärmeleitung in der festen Phase in Richtung auf die gekühlte Außenwand abzuführen, andererseits muß die dem → Zustandsdiagramm entsprechende Umverteilung der Legierungselemente zwischen Festkörper und Restschmelze (→ Seigerung) realisiert werden. Beides ist in einer einachsigen Geometrie (z. B. mit Temperaturgradient in z-Richtung) prinzipiell denkbar. Eine höhere Erstarrungsgeschwindigkeit resultiert jedoch aus einer Vergrößerung der Erstarrungsfront durch Vorauseilen günstig orientierter Erstarrungsbereiche. Die so entstehenden „Äste" besitzen kristallographisch definierte Achsen, die sich aus der → Anisotropie der → Grenzflächenenergie und aus der Einbaurate von Atomen in bestimmte Gitterebenen ergeben. Auf diese Weise werden sowohl der Abtransport der freigesetzten Schmelz-

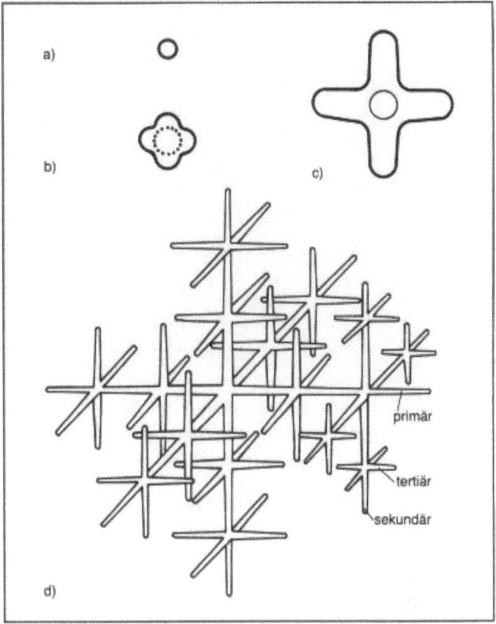

Dendrit 1: Dendritenwachstum (schematisch): a) b) c) Entwicklung eines primären D. durch instabiles Wachstum eines zunächst sphärischen Keims. d) Dreidimensionale Schemazeichnung einer dendritisch wachsenden Phase mit primären, sekundären und tertiären Verzweigungen.

wärme als auch die erwähnte Umverteilung der Legierungselemente im Hinblick auf ihre Kinetik optimiert.
Neben primären entstehen so auch sekundäre und tertiäre Dendritenarme; das Prinzip der Optimierung durch Verästelung wird jedoch schließlich durch den Mehraufwand an Grenzflächenenergie und die Behinderung des Stofftransports in der Restschmelze bei einem zu raschen Voreilen begrenzt, sodaß keine beliebig feinen D. entstehen.
Dendritische Gußgefüge weisen gegenüber solchen mit isotropen, mehr der Kugelform entsprechenden Kristalliten (Körnern) häufig schlechtere mechanische Eigenschaften auf. Außerdem sind die Zwischenräume der Dendritenarme bevorzugte Orte für die Anreicherung von Verunreinigungen oder die Bildung von Mikroporen aufgrund der Volumenkontraktion beim → Erstarren der Schmelze. Vielfach werden daher Umformvorgänge (→ Schmieden, → Warmwalzen, → Strangpressen) nachgeschaltet, um das dendritische Skelett wenigstens teilweise in ein normales Korngefüge umzuwandeln. Dabei kann auch die lokale Seigerung (Mikroseigerung) weitgehend abgebaut werden.
Die Dendritenbildung bei der Erstarrung kann heute dank erfolgreicher theoretischer Arbeiten in Verbindung mit numerischen Simulationsmethoden

Dendrit 2: D. von primär erstarrten Blei (neben primären Eutektikum) in einer Bleilegierung mit 12 % Antimon und 4 % Zinn (Weichlot).

modellmäßig (auch quantitativ) nachvollzogen werden.

In Gesteinen bilden sich (mineralogische) D. häufig auf Schichtflächen durch Abscheidung aus eindringenden Lösungen; sie werden fälschlicherweise oft als „versteinertes Moos" bezeichnet.   *Ilschner*

Literatur: *Kurz, W. und R. Trivedi:* Solidification Microstructures: Recent Developments and Future Directions. (Overview No. 87) Acta metall. mater. <u>38</u> (1990) pp. 1–17. – *Porter, D. A.* and *K. E. Easterling:* Phase Transformations in Metals and Alloys. New York 1989. – *Trivedi, R.:* Dendritic Solidification. in: M. E. Bever (Hrsg.) Encyclopedia of Materials Science and Engineering. Vol. 2, pp. 1044–1047. Oxford 1986.

Dentallegierungen →Edelmetalle und Edelmetall-Legierungen

Dentalwerkstoffe. Werkstoffe, die der Mundhygiene und den medizinischen Verträglichkeitsanforderungen sowie ästhetischen und funktionellen Aspekten gerecht werden. Dazu gehören Dentalkeramiken sowie keramisch beschichtete Edelmetallegierungen, Edelmetallegierungen, Füllzemente und →Kunststoffe auf der Basis von Heiß- und Kaltpolymerisaten.

Die aus Edelmetallegierungen zusammengesetzten D. enthalten mindestens 50 Gew.% Au + Pd + Pt (→Korrosionsbeständigkeit). Für prothetische Zwecke bzw. Implantate kommen daneben noch Cr-Co- und Cr-Co-Ni-Legierungen in Betracht. Als metallische Füllwerkstoffe werden bevorzugt Silberamalgane verwendet. Dazu wird eine feinkörnige Ag-Sn-Legierung in flüssigem Quecksilber zerrieben, dies erhärtet unter Bildung von Ag-Hg- und Sn-Hg-Mischkristallen.

Kunststoffe werden in Form von Heißpolymerisaten (→Polymethylmethacrylat) und Kaltpolymerisaten (aromatische Amine + Peroxid) für Prothesen benutzt. Kunststoffzähne werden aus oberflächig vernetztem Acryl hergestellt. Kunststofffüllungen bestehen in erster Linie aus dem Umsetzungsprodukt aus Glycidylmethacrylat und Bis-Phenol A, die mit Amine und Peroxid zum Aushärten gebracht werden.

Dentalkeramiken werden in Form von speziellen Zahnporzellanen aus 70–80 Gew.% Feldspat, 10–30 Gew.% Quarz und 0–3 Gew.% Kaolin gebrannt. Die Rohstoffe werden zum Erhalt einer möglichst hohen Transparenz vorgefrittet (→Fritte). Ähnlich der Emailliertechnik werden metallkeramische Kronen hergestellt, indem auf einer Edelmetallegierung oder auch Nichtedelmetallegierung eine zahnkeramische Masse aufgeschmolzen wird.

Füllzemente sind plastische Massen aus einem Pulver und einer meist anorganischen Flüssigkeit. Sie werden nach ihrer chemischen Zusammensetzung in Silicat-, Silicophosphat-, Zinkphosphat- und Calciumhydroxidzemente unterteilt.

Hesse/Hennicke

Literatur: *Eichner, K.:* Zahnärztliche Werkstoffe und ihre Verarbeitung. Heidelberg–Mainz–Basel, 1974.

Depolarisation. Die elektrochemische D. bezeichnet Vorgänge, welche die →Polarisation verringern. Die →Konzentrationspolarisation kann beispielsweise durch Elektrolytbewegung oder Erhöhung der Konzentration der Reaktionsteilnehmer erniedrigt werden. Die Verringerung der Widerstandspolarisation ist durch Erhöhung der Leitfähigkeit und das Entfernen von Oberflächenschichten möglich. Depolarisationsmittel sind Stoffe, die der →Elektrolytlösung zugesetzt, eine Teilreaktion mit hoher Polarisation (z. B. kathodische Wasserstoffabscheidung) durch eine andere Teilreaktion mit geringerer Polarisation (z. B. kathodische Sauerstoffreduktion) ersetzen. Die D. ist im allgemeinen mit einer Erhöhung der →Korrosionsgeschwindigkeit verbunden.   *Wendler-Kalsch*

Depolymerisation. Als D. bezeichnet man die Rückreaktion der →Polymerisation, bei der von einem aktivierten Molekülkettenende in Art einer „Salami"-Reaktion →Monomer abgespalten wird:

$$\sim CH_2 - \underset{\underset{C_6H_5}{|}}{\overset{\overset{CH_3}{|}}{C}} - CH_2 - \underset{\underset{C_6H_5}{|}}{\overset{\overset{CH_3}{|}}{C}} - CH_2 - \underset{\underset{C_6H_5}{|}}{\overset{\overset{CH_3}{|}}{C}} \cdot \longrightarrow$$

Makromolekül mit radikalischem Endglied

$$\sim CH_2 - \underset{\underset{C_6H_5}{|}}{\overset{\overset{CH_3}{|}}{C}} - CH_2 - \underset{\underset{C_6H_5}{|}}{\overset{\overset{CH_3}{|}}{C}} \cdot \; + \; CH_2 = \underset{\underset{C_6H_5}{|}}{\overset{\overset{CH_3}{|}}{C}}$$

Monomer

Man unterscheidet zwischen D. bei der Synthese

von Polymerisaten und der D. im polymeren Festkörper.

Bei der Synthese von Polymerisaten stehen Polymer-Wachstumsreaktion und D., also Monomer-Rückbildungsreaktion, im → Gleichgewicht:

$$P_n^* + M \;\underset{\text{Depolymerisation}}{\overset{\text{Polymerisation}}{\rightleftharpoons}}\; P_{n+1}^*$$

$$K_{gl} = \frac{[P_{n+1}^*]}{[P_n^*]\cdot[M]}; \text{ für } n \gg 1: [P_{n+1}^*] \sim [P_n^*]$$

$$\Rightarrow K_{gl} = \frac{1}{[M]_{gl}}$$

Die Gleichgewichtskonstante K_{gl} ist dabei umgekehrt proportional zur Monomerkonzentration im Gleichgewicht, da sich bei großen Polymerisationsgraden der Unterschied zwischen $[P_n^*]$ und $[P_{n+1}^*]$ aufhebt. Ist demnach in einem Polymerisationsansatz die Monomerkonzentration größer als die Gleichgewichtskonzentration $[M]_{gl}$, so bildet sich solange Polymeres, bis die Gleichgewichtskonzentration wieder erreicht ist. Umgekehrt erfolgt D., wenn die Monomerkonzentration kleiner als die Gleichgewichtskonzentration ist.

Bei den meisten Polymeren ist die Gleichgewichtskonstante sehr groß und somit die Monomerkonzentration sehr klein (Ethylen: $\approx 4\,10^{-10}$ [mol/l]; Styrol: $2\,10^{-6}$ [mol/l]; → Methylmethacrylat: $2,9\,10^{-3}$ [mol/l], gemessen bei 25 °C). Eine bekannte Ausnahme ist das α-Methylstyrol, dessen Monomer-Gleichgewichtskonzentration bei 2,6 [mol/l] (25 °C) liegt.

Aus der Temperaturabhängigkeit der freien Polymerisationsenthalpie ergibt sich, daß eine Temperatur existieren muß, bei der die freie Polymerisationsenthalpie gleich Null wird. Diese Grenztemperatur heißt *Ceiling*-Temperatur und markiert den Punkt, bei der Polymerisation und D. im Gleichgewicht stehen. Oberhalb dieser Temperatur überwiegt die D. und es wird kein → Polymer gebildet, unterhalb dagegen ist das Gleichgewicht auf die Seite der Polymerisation verschoben. Für Styrol findet man die Ceiling-Temperatur bei 310, für Methylmethacrylat bei 220 und für α-Methylstyrol schon bei 61 °C.

In polymeren Festkörpern tritt ebenfalls unter bestimmten Bedingungen D. auf. So entstehen bei thermischer oder mechanischer Schädigung bzw. bei der Einwirkung von Licht durch Kettenspaltungsreaktionen Bruchstücke, die aktive Endglieder (im oben gezeigten Beispiel ein radikalisches Kettenende) tragen. Von diesen aktiven Enden werden in Abhängigkeit von der Molmasse und der Molmassenverteilung des Ausgangspolymeren, von der Temperatur und der Einwirkung von Druck oder Vakuum meist über eine radikalisch ablaufende D. mehr oder weniger Monomermoleküle abgespalten. *Zahradnik*

Desoxidation. Verfahrensschritt bei der Stahlherstellung, bei dem der Überschuß an gelöstem Sauerstoff zu Ende des Frischens abgebaut wird. In flüssigem Stahl gelöster Sauerstoff reagiert bei der → Erstarrung mit → Kohlenstoff unter Bildung von Gasblasen, die teilweise im erstarrten Stahl verbleiben. Ferner bilden sich Eisenoxide und Eisenoxisulfide, die die Warmverformbarkeit des Stahls verschlechtern.

Die D. durch Zugabe von unedleren Elementen als → Eisen, in erster Linie → Aluminium und → Silicium, bewirkt, daß schon in der flüssigen Schmelze Sauerstoff zu Oxiden dieser Elemente abgebunden wird. Diese → Oxide können zu einem großen Teil aufsteigen und nur ein Rest verbleibt im erstarrten Stahl. Das Abscheiden der Oxide wird unterstützt durch Bewegung im Stahlbad, hervorgerufen durch Rühren mit Spülgas, durch Induktionsspulen oder durch den Umlauf bei den → Vakuumverfahren mit Teilmengenentgasung. Eine D. durch Kohlenstoff im flüssigen Stahl ist wirksam beim abgesenkten Druck in den Vakuumverfahren durchzuführen, da das → Gleichgewicht dieser Reaktion druckabhängig ist. Gibt man erst anschließend Aluminium oder Silicium zu, so entstehen wenige Oxide und man erreicht einen verbesserten oxidischen → Reinheitsgrad des Stahles.

Das Abscheiden von nichtmetallischen Einschlüssen, aber auch die Verteilung der im erstarrten → Block verbleibenden → Einschlüsse und ihr Verhalten bei der anschließenden → Warmumformung, wird durch ihre Zusammensetzung beeinflußt. Daher werden je nach Zielsetzung komplexe Desoxidationsmittel mit z. B. Calcium, Magnesium, Barium, Cer eingesetzt, um bestimmte Eigenschaften der Einschlüsse zu erhalten. Eine besondere Rolle spielt die Beeinflussung der Einschlußzusammensetzung bei Stählen zur spanabhebenden Bearbeitung. Die Art der D. ist dabei eng verknüpft mit dem Gehalt an → Schwefel im Stahl und seinem Ausscheidungsverhalten. *Rellermeyer*

Literatur: *Knüppel, H.:* Desoxidation und Vakuumbehandlung von Stahlschmelzen. Bd. I. Düsseldorf, 1970.

Detergent. → Schmierstoffadditiv, das Fremdpartikel im Öl in Suspension halten und Ablagerungen auf den Festkörperoberflächen verhindern soll. D. werden insbesondere Motorenölen zugesetzt, um ölunlösliche Verbrennungsrückstände sowie harz- und asphalthaltige Oxidationsprodukte in der Schwebe zu halten. Gelegentlich wird der Begriff D. auch synonym mit dem Begriff → *Dispersant* benutzt. *Habig*

Literatur: *Klamann, D.:* Schmierstoffe und verwandte Produkte. Weinheim 1982.

Detonationsspritzen. → Beschichten mit einer Detonationskanone (Bild), in der Reaktionsgase,

z. B. Azetylen und Sauerstoff gemeinsam mit dem Fördergas (→ Stickstoff) und dem Beschichtungspulver zur Explosion gebracht werden. Das Beschichtungspulver wird dabei erhitzt und mit einer Geschwindigkeit von ca. 800 m/s auf die 75 mm entfernte Bauteiloberfläche geschossen. Die hohe kinetische Energie der Pulverteilchen bewirkt ein zumindest teilweises Verschweißen mit der Werkstückoberfläche; es entstehen haftfeste und besonders dichte Oberflächenschutzschichten. Das Bauteil erwärmt sich beim D. im allgemeinen nur auf etwa 200 °C.   *Habig*

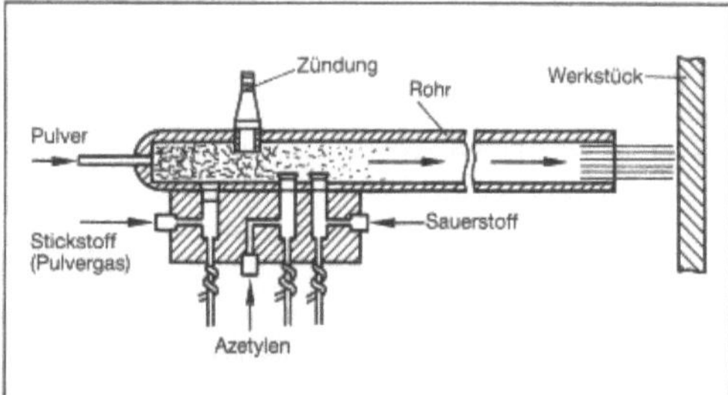

Detonationsspritzen: Detonationskanone

Literatur: *Simon, H.* und *M. Thoma:* Angewandte Oberflächentechnik für metallische Werkstoffe. München–Wien 1985.

Deutsche Forschungsanstalt für Luft- und Raumfahrt e. V. (DLR). Großforschungseinrichtung für die Gebiete Luftfahrt, Raumfahrt und Energietechnik.

Die DLR wurde 1969 als Deutsche Forschungs- und Versuchsanstalt für Luft- und Raumfahrt (DFVLR) gegründet; Vorgängerinstitutionen sind die Aerodynamische Versuchsanstalt, Göttingen (1907 gegr.), die Deutsche Versuchsanstalt für Luftfahrt, Berlin (1912), die Deutsche Forschungsanstalt für Luftfahrt, Braunschweig (1936). 1989 erhielt sie ihren heutigen Namen. Sie hat die Aufgabe, die wissenschaftlich-technische Basis für die Entwicklung zukünftigen Luft- und Raumfahrtgeräts wesentlich mitzugestalten; davon ausgehend befaßt sie sich in der Energietechnik vor allem mit Solarenergie- und Wasserstofftechniken. Nach der seit 1988 geltenden neuen Struktur sind die Institute der DLR disziplinorientiert zusammengefaßt in den Forschungsbereichen Flugmechanik/Flugführung, Strömungsmechanik, Werkstoffe und Bauweisen, Energetik, Nachrichtentechnik und Erkundung; dazu kommen die Bereiche Wissenschaftlich-Technische Betriebseinrichtungen, Raumfahrt, Technische Dienste, Verwaltung sowie die Hauptabteilung Windkanäle; die DLR ist Projektträger für Weltraumforschung/Weltraumtechnik sowie für Arbeit, Umwelt und Gesundheit. Hauptsitz der DLR ist Köln-Porz; Forschungszentren bestehen außerdem in Braunschweig, Göttingen, Stuttgart (Energie-

technik), Oberpfaffenhofen, Außenstellen in Berlin, Hamburg, Trauen, Lampoldshausen, Weilheim-Lichtenau (Zentrale Deutsche Bodenstation), Emmeloord (Deutsch-Niederländischer Windkanal). Das Ausbildungs- und Trainingszentrum für die europäischen Astronauten sowie der Europäische Trans-Schall-Windkanal (ETW) befinden sich bei der DLR in Köln-Porz. Die Forschungs- und Entwicklungsarbeiten der DLR sind in interdisziplinäre Schwerpunkte und Programme gegliedert in den Schwerpunkten

□ Luftfahrt

□ Raumfahrt (Raumfahrzeuge, Raumfahrtnutzung, Betriebsaufgaben für Raumfahrtmissionen sowie Managementaufgaben der Raumfahrt, von denen wesentliche Teile von der 1989 gegründeten Deutschen Agentur für Raumfahrtangelegenheiten (DARA) übernommen wurden)

□ Luft- und raumfahrtverwandte Technologien (Energietechnik).

Organe: Mitgliederversammlung, Senat (Aufsichtsorgan, Vorsitz: Bundesvertreter) mit Personal- und Finanzausschuß sowie Wissenschaftlich-Technischem Ausschuß, sechsköpfiger Vorstand, Wissenschaftlich-Technischer Rat.

Ressourcen: 2 940 Beschäftigte, 562,3 Mio DM (Soll 1989. Institutionelle Förderung: Bundesministerien für Forschung und Technologie sowie für Verteidigung 90 %, Sitzländer der DLR-Einrichtungen – Baden Württemberg, Bayern, Niedersachsen, Nordrhein-Westfalen – 10 %, dazu rund 30 % der Gesamtsumme Eigenerträge).

(Deutsche Forschungs- und Versuchsanstalt für Luft- und Raumfahrt e. V., Porz, Linder Höhe, 5000 Köln 90).   *Altenmüller*

Deutsche Forschungsgemeinschaft e. V. (DFG). Zentrale Selbstverwaltungsorganisation der Wissenschaft in der Bundesrepublik Deutschland. Finanzielle Unterstützung von Forschungsvorhaben, Koordinierung der Grundlagenforschung, Beratung von Parlamenten und Behörden, Pflege der wissenschaftlichen Beziehungen zum Ausland.

Die DFG ist 1951 durch den Zusammenschluß des Deutschen Forschungsrates (gegr. 1949) und der Notgemeinschaft der Deutschen Wissenschaft (1920 gegr., 1949 neu gegr.) entstanden. Ihre Mitglieder sind in den westlichen Bundesländern 53 wissenschaftliche Hochschulen, 13 andere Forschungseinrichtungen, fünf Akademien der Wissenschaften, drei wissenschaftliche Verbände.

Als gemeinnütziger Verein dient die DFG laut Satzung „der Wissenschaft in allen ihren Zweigen durch die finanzielle Unterstützung von Forschungsaufgaben und durch die Förderung der Zusammenarbeit unter den Forschern. Sie berät Parlament und Behörden in wissenschaftlichen Fragen und pflegt die Verbindungen der Forschung zur Wirtschaft und zur ausländischen Wissenschaft. Der Förderung und Ausbildung des wissenschaftlichen Nachwuchses gilt ihre besondere Aufmerksamkeit." Ihre Fördermittel erhält die DFG nach für die einzelnen Aktivitäten festgelegten Schlüsseln vom Bund (707 Mio DM 1989) und von den Ländern (450 Mio DM) sowie von Stiftungen (4,9 Mio DM) und als eigene Einnahmen (3,1 Mio DM). Von den 1988 bewilligten Fördermitteln in Höhe von 1 110 Mio DM entfielen 35,4 % auf Biologie und Medizin, 24,8 % auf Naturwissenschaften, 24,5 % auf Ingenieurwissenschaften, 15,3 % auf Geistes- und Sozialwissenschaften.

Die Fördermittel werden nach wissenschaftlicher Begutachtung in unterschiedlichen Verfahren vergeben. Im Bereich der Allgemeinen Forschungsförderung (je zur Hälfte vom Bund und den Ländern finanziert) sind dies:

□ Normalverfahren. Jeder Forscher mit einer abgeschlossenen Ausbildung kann Anträge auf Finanzierung von Projekten stellen. 1989 wurden 6541 Anträge bearbeitet und 4 594 Bewilligungen mit insgesamt 498,4 Mio DM ausgesprochen: Sachbeihilfen für Personal und Geräte, Reisebeihilfen, Stipendien für den wissenschaftlichen Nachwuchs, Forschungsfreijahre, wissenschaftliche Veranstaltungen, Druckbeihilfen.

□ Schwerpunktverfahren. Forscher in verschiedenen Institutionen können sich zur zeitlich begrenzten koordinierten Zusammenarbeit im Rahmen einer vorgegebenen Thematik zusammenschließen. 1989 wurden 1 912 Anträge aus 117 Schwerpunkten bearbeitet und 1 609 Bewilligungen mit insgesamt 197,0 Mio DM ausgesprochen.

□ Forschergruppen. Zur Bearbeitung einer besonderen Forschungsaufgabe können sich mehrere, in der Regel an einem Ort wirkende Wissenschaftler längerfristig zusammenschließen. 1989 wurden 49 Forschergruppen mit 47,8 Mio DM gefördert.

□ Hilfseinrichtungen der Forschung. Einrichtungen von überregionaler Bedeutung mit besonderer personeller und apparativer Konzentration werden als Instrumente der forschungsrelevanten Infrastruktur gefördert. 1989 wurden für fünf Hilfseinrichtungen (Zentralinstitut für Versuchstierzucht, Hannover; Zentrallaboratorium für Geochronologie, München; Seismologisches Zentralobservatorium, Gräfenberg; Kiepenheuer-Institut für Sonnenphysik, Freiburg; Forschungsschiff „Meteor", Hamburg) 15,8 Mio DM aufgewendet.

□ Wissenschaftliches Bibliothekswesen. Die DFG konzentriert ihre Förderung auf überregional bedeutsame Vorhaben und Aufgaben, z. B. Sondersammelgebiete, Zentrale Fachbibliotheken, Spezialbibliotheken, Gesamtkataloge. 1989 wurden dafür insgesamt 21,5 Mio DM aufgewendet.

□ Auslandsbeziehungen. Für die Bundesrepublik Deutschland vertritt die DFG die Belange der Forschung auf der nicht-gouvernementalen internationalen Ebene; insofern nimmt sie Funktionen wahr, die in anderen Ländern nationalen Akademien der Wissenschaft zufallen: Vertretung in internationalen wissenschaftlichen Organisationen, projektgebundene Förderung der internationalen Zusammenarbeit, bilaterale Zusammenarbeit mit ausländischen Forschungsförderungsorganisationen. Für Auslandsbeziehungen wurden 1989 23,2 Mio DM aufgewendet.

Vier Programme zählen nicht zur Allgemeinen Forschungsförderung:

□ Sonderforschungsbereiche (SFB). In langfristig, in der Regel auf 12 bis 15 Jahre, angelegten Forschungseinrichtungen der wissenschaftlichen Hochschulen arbeiten Wissenschaftler im Rahmen eines fächerübergreifenden Forschungsprogramms zusammen. Im Jahre 1989 wurden 167 SFB mit 349 Mio DM gefördert. 75 % der Mittel stammen vom Bund, 25 % von den Ländern.

□ *Heisenberg*-Programm zur Förderung des wissenschaftlichen Nachwuchses. Junge Wissenschaftler können sich mit Stipendien bis zu fünf Jahre der Forschung widmen. 1989 wurden für 70 Stipendien 19 Mio DM aufgewendet. Die Mittel stammen je zur Hälfte vom Bund und den Ländern.

□ Postdoktorandenprogramm. Junge Wissenschaftler mit besonders qualifizierter Promotion können maximal drei Jahre in der Grundlagenforschung arbeiten. 1989 wurden für 213 Stipendien 13 Mio DM aufgewendet. Das Programm wird mit Sondermitteln des Bundes finanziert.

□ *Gottfried Wilhelm Leibniz*-Programm. Auf Vorschlag Dritter kann hervorragenden Wissenschaftlern der Förderpreis für deutsche Wissenschaftler verliehen werden. Innerhalb von fünf Jahren stehen ihnen für ihre Forschungen jeweils bis zu 3 Mio DM zur Verfügung. Die Mittel stammen vom Bund (75 %) und den Ländern (25 %). 1989 wurden für 12 Forscher(-gruppen) 30 Mio DM bereitgestellt.

□ *Gerhard-Hess*-Programm. Junge, herausragend qualifizierte Wissenschaftler können aufgrund einer Förderungszusage für fünf Jahre ihre Forschung auf längere Sicht planen und eigene Arbeitsgruppen aufbauen. Jährlich können ab 1988 vorerst bis zu fünf Bewilligungen mit bis zu je 200000 DM pro Jahr ausgesprochen werden. Das Programm wird zunächst vom Stifterverband für die Deutsche Wissenschaft finanziert.

Im Rahmen des Normal- und des Schwerpunktverfahrens sowie des SFB-Programms finanziert die DFG Großgeräte einschließlich Rechenanlagen für die Forschung mit einem Anschaffungswert von mehr als 100000 DM. 1989 standen dafür 30,5 Mio DM zur Verfügung.

Zur Beratung von Legislative und Exekutive insbesondere auf den Gebieten des Arbeits-, Gesundheits- und Umweltschutzes sowie zur Koordination und für Initiativen auf bestimmten wissenschaftlichen Gebieten bestehen 22 Senatskommissionen und -ausschüsse der DFG mit 305 Mitgliedern und 28 ständigen Gästen (1989).

Organe: Mitgliederversammlung, Präsidium (hauptamtlicher wissenschaftlicher Präsident, sieben wissenschaftliche Vizepräsidenten; Vorstandsvorsitzender des Stifterverbandes für die Deutsche Wissenschaft als beratendes Mitglied), Kuratorium (die Mitglieder des Senats, sechs Vertreter des Bundes, elf Vertreter der Länder, 5 Vertreter des Stifterverbandes für die Deutsche Wissenschaft. Allgemeine finanzielle Angelegenheiten), Senat (33 wissenschaftliche Mitglieder. Forschungspolitische Grundsätze), Hauptausschuß (15 Mitglieder aus dem DFG-Senat, je sechs Vertreter des Bundes und der Länder, zwei Vertreter des Stifterverbandes für die Deutsche Wissenschaft. Finanzielle Förderung der Forschung), 36 Fachausschüsse mit 459 Fachgutachtern auf insgesamt 176 Fachgebieten, Bewilligungsausschuß für die Förderung der Sonderforschungsbereiche, Auswahlausschuß für das Heisenberg-Programm. Geschäftsstelle: Generalsekretär, Bereiche Zentralverwaltung, fachliche Angelegenheiten der Forschungsförderung, Allgemeine Förderungsverfahren, Sonderforschungsbereiche. 434 Stellen.

(Deutsche Forschungsgemeinschaft, Kennedyallee 40, 5300 Bonn 2). *Altenmüller*

Literatur: Zweibändige Jahresberichte (Tätigkeitsbericht; Programme und Projekte). – Perspektiven der Forschung und ihrer Förderung – Aufgaben und Finanzierung VII, 1987 bis 1990 (Grauer Plan). – forschung (vierteljährliche Mitteilungen). – Denkschriften zur Lage der deutschen Wissenschaft. – Forschungsberichte. – Veröffentlichungen der Senatskommissionen u. a.

Deutsche Gesellschaft für Warenkennzeichnung, DGWK.

Die DGWK ist für die Errichtung, Verwaltung und Überwachung von Zertifizierungssystemen, insbesondere auf der Grundlage von DIN-Normen, zuständig (→ Normenkonformität). Die DGWK ist ein Tochterunternehmen des DIN Deutsches Institut für Normung e. V. und vertritt das DIN auf dem Gebiet der Warenkennzeichnung auch auf internationaler Ebene, so im Warenkennzeichnungverband (CENCER) des Europäischen Komitees für Normung (CEN) (→ Normung, regionale) und im Komitee für Warenkennzeichnung (CASCO) der Internationalen Normungsorganisation (ISO) (→ Normung, internationale).

Die Tätigkeit der DGWK besteht hauptsächlich in der Vergabe der Berechtigung zum Führen von Zeichen und der Einräumung von Rechten über Form und Inhalt der Verbreitung entsprechender informativer Angaben.

Weiterhin ist die DGWK für die Anerkennung und Bezeichnung von Prüf- und Überwachungsstellen zuständig, sofern solche für eine neutrale und unabhängige Feststellung der Normenkonformität und Beurteilung von Produkten auf der Grundlage von Normen herangezogen werden. Bei der Ermittlung der fachlichen Kompetenz der Prüf- und Überwachungsstellen wird sie von den jeweils zuständigen Normenausschüssen unterstützt.

Die Ausarbeitung der für die Zeichenvergabe notwendigen einzelnen Zertifizierungsprogramme, d. h. von Zertifizierungssystemen für bestimmte Erzeugnisse, Verfahren oder Dienstleistungen, auf welche sich dieselben besonderen Normen und Regeln sowie auch die gleiche Prozedur anwenden lassen, wird ebenfalls in Zusammenarbeit zwischen der DGWK und dem jeweils für die betreffenden DIN-Normen zuständigen Normenausschuß des DIN gemäß den „Grundsätzen für die Zertifizierungsarbeit" durchgeführt.

Für Zwecke der Konformitätskennzeichnung hat das → DIN Deutsches Institut für Normung e. V. der DGWK Nutzungsrechte am Verbandszeichen DIN und am DIN-Prüf- und Überwachungszeichen (→ Normenkonformität) eingeräumt.

Beide Aktivitäten der DGWK, die Zeichenvergabe und die Anerkennung der Prüfstellen, vollziehen sich auf der Grundlage öffentlich zugänglicher Regelungen,
– der Richtlinien für die Erteilung des DIN-Prüf- und Überwachungszeichen (als ausfüllender Bestandteil der betreffenden Zeichensatzung) und
– der Richtlinien für die Anerkennung und Bezeichnung von Prüf- und Überwachungsstellen (sie enthalten die Erfordernisse für die Auswahl, Beurteilung und Arbeitsweise der Prüfstellen und müssen von diesen rechtsverbindlich anerkannt werden).

International und im Zusammenhang mit der Errichtung eines gemeinsamen Marktes in Westeuropa, gewinnt die Zertifizierung, insbesondere in Fragen zum Abbau technischer Handelshemmnisse, immer mehr an Bedeutung. *Krieg*

Literatur: Normenheft 10. Grundlagen der Normungsarbeit des DIN. 5. Auflage. Berlin, 1987. – *Volkmann, D.:* Normenkonformitätsvorschriften und Zertifizierung. In: DIN-Mitteilungen. Band 64 (1985), Nr. 1, S. 12/13. – *Volkmann, D.:* Grundsätze für die Zertifizierungsarbeit. In: DIN-Mitteilungen. Band 64 (1985), Nr. 4, S. 171 bis 173. – *Volkmann, D.:* Struktur eines Zertifizierungssystems. In: DIN-Mitteilungen. Band 63 (1984), Nr. 10, S. 548 bis 550. – *Böshagen, U.:* Europäische Aktivitäten im Bereich der Zertifizierung – Wirtschaftliche Aspekte aus der Sicht der Industrie. In: DIN-Mitteilungen. Band 68 (1989), Nr. 3. S. 132 bis 134. – *Krückeberg, F.:* Zertifizierung im Bereich der Informationstechnik. In: DIN-Mitteilungen. Band 68 (1989), Nr. 4. S. 208 bis 209.

Deutsche Gesellschaft zur Zertifizierung von Qualitätssicherungssystemen mbH (DQS). Die DQS wurde gemeinsam vom →DIN Deutsches Institut für Normung e. V. und der Deutschen Gesellschaft für Qualität e. V. (→DGQ) gegründet. Die DQS hat das Ziel, auf Antrag von Unternehmen deren Qualitätssicherungssystem daraufhin zu prüfen, ob es den relevanten anerkannten Regeln der Technik oder anderen mit dem Auftraggeber (Unternehmen) vereinbarten Regeln entspricht. Die Prüfung der Qualitätssicherungssysteme erfolgt durch von der DQS berufene neutrale Fachleute.

Das Ergebnis der Beurteilung des Qualitätssicherungssystems wird in einem Bericht festgehalten. Dieser enthält eine Aussage über die festgestellte Erfüllung oder Nichterfüllung der Qualitätssicherungs-Nachweisforderungen. Im Fall der Erfüllung erteilt die DQS auf Antrag das DQS-Zertifikat.

Technologische Entwicklungen haben auf allen Gebieten der Technik zu Verfahren und Produkten geführt, deren Qualität nur noch von spezialisierten Fachleuten beurteilt werden kann.

Zur Erlangung eines erhöhten Vertrauens in die Qualitätsfähigkeit eines Lieferers werden im internationalen Handel zunehmend Nachweise über, für den Abnehmer besonders wichtige, Qualitätssicherungselemente verlangt. Zahlreiche Industriebetriebe, insbesondere Lieferer militärischen Materials, haben bereits Erfahrungen mit solchen Qualitätssicherungs-Nachweisführungen, die allerdings auf verschiedenen technischen Regeln basieren, gemacht. Aufbauend auf eine national und international sachlich übereinstimmende Normung der Begriffe auf dem Gebiet der →Qualitätssicherung, wurden von der ISO (→Normung, internationale) Internationale Normen für gestufte Nachweisforderungen für Qualitätssicherungssysteme erarbeitet. Ziel ist es dabei, die zahlreichen, in Normen und anderen technischen Regeln zum Teil branchenabhängig festgelegten Qualitätssicherungs-Nachweisforderungen, weitgehend produktunabhängig, weltweit zu vereinheitlichen und zu harmonisieren.

Da es im Ausland, z. B. in der Schweiz und in Großbritannien, schon seit einiger Zeit Gesellschaften gibt, die Zertifikate über Qualitätssicherungssysteme von Firmen ausstellen, entstand auch in der Bundesrepublik Deutschland der Wunsch, ein für interne Zwecke eingerichtetes Qualitätssicherungssystem einer Prüfung durch eine unabhängige, national und international anerkannte Stelle unterziehen lassen zu können. Diese Forderung und die weitgehende Einbindung der deutschen Wirtschaft in den internationalen Handel sowie die internationale Normenentwicklung auf diesem Gebiet haben das DIN Deutsches Institut für Normung e. V. und die Deutsche Gesellschaft für Qualität e. V. dazu bewogen, die Deutsche Gesellschaft zur Zertifizierung von Qualitätssicherungssystemen mbH (DQS) zu gründen. Die DQS arbeitet auf der Grundlage von Regeln, die auch die gegenseitige internationale Anerkennung der Zertifikate ermöglichen. Die Regeln betreffen vor allem die Durchführung der Prüfung des Qualitätssicherungssystems (Qualitätsaudits), ferner die Qualifikation der Auditoren und die Verwendung der Normen DIN ISO 9001 bis DIN ISO 9003 (sie wurden auch in das Europäische Normenwerk eingeführt), als Grundlagen für die Qualitätsaudits und Zertifikate.

Mit den im →VdTÜV zusammengefaßten Technischen Überwachungsvereinen ist eine Zusammenarbeit im Hinblick auf eine einheitliche Zertifizierung von Qualitätssicherungssystemen und die zugehörige einheitliche Durchführung von Audits vereinbart worden.

Damit die in unterschiedlichen Ländern ausgegebenen Zertifikate über Qualitätssicherungssysteme von Unternehmen nicht zu Handelshemmnissen im Import und Export führen, bringt die DQS die Anerkennung ihrer Zertifikate in anderen Ländern im Sinne einer Gegenseitigkeit ein.

Sitz der Gesellschaft, die sich als Selbstverwaltungsorgan der Deutschen Wirtschaft versteht und die nach den Prinzipien der Gemeinnützigkeit arbeitet, ist Berlin. *Krieg*

Literatur: Satzung der DQS Deutsche Gesellschaft zur Zertifizierung von Qualitätssicherungssystemen mbH, 1985. – DIN 55 350 Teil 11, Begriffe der Qualitätssicherung und Statistik; Grundbegriffe der Qualitätssicherung. – DIN ISO 9000, Leitfaden zur Auswahl und Anwendung der Normen zu Qualitätsmanagement, Elementen eines Qualitätssicherungssystems und zu Qualitätssicherungs-Nachweisstufen; identisch mit ISO 9000, Ausgabe 1987. – DIN ISO 9001, Qualitätssicherungssysteme; Qualitätssicherungs-Nachweisstufe für Entwicklung und Konstruktion, Produktion, Montage und Kundendienst; identisch mit ISO 9001, Ausgabe 1987. – DIN ISO 9002, Qualitätssicherungssysteme; Qualitätssicherungs-Nachweisstufe für Produktion und Montage; identisch mit ISO 9002, Ausgabe 1987. – DIN ISO 9003, Qualitätssicherungssysteme; Qualitätssicherungs-Nachweisstufe für Endprüfungen; identisch mit ISO 9003, Ausgabe 1987. – DIN ISO 9004, Qualitätsmanagement und Elemente eines Qualitätssicherungssystems; Leitfaden; identisch mit ISO 9004, Ausgabe 1987. – *Petrick, K.* und *H. Reihlen:* Die neuen Internationalen und nationalen Normen zum Thema Qualitätssicherungssysteme. In: DIN-Mitteilungen. Band 66 (1987), Nr. 5, S. 236 bis 239. – *Volkmann, D.:* Aktivitäten in der EG auf dem Gebiet der Zertifizierung und Qualitätssicherung. In: DIN-Mitteilungen. Band 66 (1987), Nr. 9, S. 419 bis 421. – *Hansen, W.:* Zertifizierung von Produkten und Dienstleistungen – Zertifizierung und Qualitätssicherungssysteme. In: DIN-Mitteilungen. Band 68 (1989), Nr. 4. S. 205 bis 207.

Deutsche Norm. Eine D. N. ist eine im →DIN Deutsches Institut für Normung e. V. aufgestellte und mit dem Zeichen DIN herausgegebene →Norm, kurz auch – →DIN-Norm genannt) (→Normungsarbeit). *Krieg*

Deutsches Institut für Normung →DIN Deutsches Institut für Normung e. V.

Deutsches Normenwerk. Das D. N. ist die Gesamtheit der vom →DIN Deutsches Institut für Normung e. V. herausgegebenen Deutschen Normen (kurz auch – →DIN-Normen genannt). (→Normungsarbeit). *Krieg*

DGQ. Abk. für Deutsche Gesellschaft für Qualität e. V. (DGQ).

Zweck der seit 1972 rechtlich selbständigen Gesellschaft ist die Förderung des Qualitätsgedankens und der →Qualitätssicherung in allen Zweigen der Wirtschaft durch berufsbegleitende Aus- und Weiterbildung in Lehrgängen und Seminaren, durch Erfahrungsaustausch in Regionalkreisen und Erarbeiten und Herausgabe von Schriften zur Vermittlung in der Praxis bewährten Fachwissens unter Berücksichtigung des neuesten Standes nationaler und internationaler Normenwerke. *Debelius*

Diamagnetismus. Gemeinsame Eigenschaft aller Stoffe, die Elektronen enthalten. Auf Grund eines Induktionseffekts ruft ein äußeres magnetisches Feld eine Polarisation hervor, welche dem äußeren Feld entgegengerichtet ist (*Lenz*sche Regel). Daraus ergibt sich eine negative Suszeptibilität κ der Größenordnung 10^{-5}–10^{-6}, die in der Regel temperaturunabhängig ist. Der D. ist nur meßbar in Stoffen, die keine magnetischen Momente auf Grund unabgesättigter Elektronenschalen enthalten, da er sonst vom →Paramagnetismus überdeckt wird. Diamagnetisch sind also die Elemente und Verbindungen der Hauptgruppen des periodischen Systems und insbesondere die meisten organischen Substanzen. Für letztere ist die Messung der diamagnetischen Suszeptibilität ein wichtiges Hilfsmittel zur Strukturaufklärung. Nach dem Gesetz von *Pascal* läßt sich nämlich die diamagnetische Suszeptibilität in guter Näherung als eine Summe von Beiträgen der beteiligten Atome oder Atomgruppen und bestimmter Bindungen darstellen, und diese Beiträge sind bekannt und tabellarisch erfaßt. Anomal große diamagnetische Effekte finden sich in sehr reinen Kristallen bei tiefen Temperaturen (*de Haas-van Alphen*-Effekt). Auch die Supraleiter zeigen im Magnetfeld ein diamagnetisches Verhalten, sie sind unterhalb des kritischen Magnetfeldes sogar als ideale Diamagneten ($\kappa = -1$) anzusprechen.

Diamagnetische Partikel (z. B. aus →Graphit) können über einem Magneten im Vakuum frei schweben. Diese Erscheinung läßt sich für höchstempfindliche Beschleunigungsmesser ausnutzen. *Hubert*

Diamantstruktur. Kristallstrukturen mit der Koordinationszahl 4: vier nächste Nachbarn in tetraedri-

scher Anordnung, durch überwiegend kovalente Bindungskräfte verknüpft. Modellstruktur ist das Diamantgitter; typischerweise aber auch von Halbleitern, wie Silicium und Germanium, verwirklicht. Ein anderes Beispiel ist die Zinkblende (eine der Modifikationen des Zinksulfids ZnS), wobei hier allerdings sechs Bindungselektronen vom Schwefel und zwei vom Zink beigetragen werden.

Das Bild zeigt einen Vergleich zwischen dem Diamantgitter und dem →Gitter des Graphits. Der C-C-Abstand bei Diamant beträgt 1,54 Å (in jeder Richtung), bei Graphit (in der Schichtebene) 1,42 Å. *Bausch*

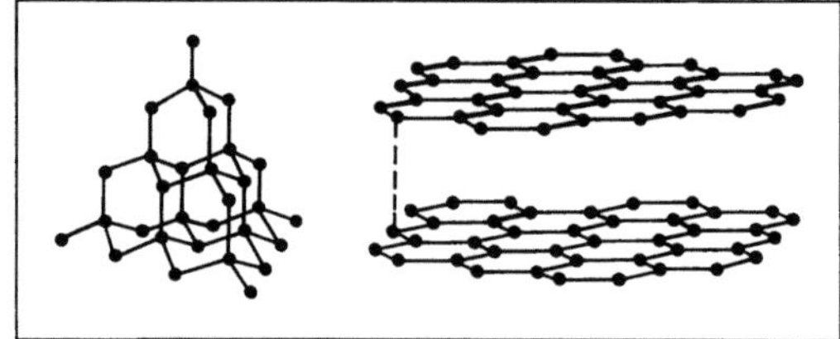

Diamantstruktur: Vergleich zwischen den Kristallgittern von Diamant (links) und Graphit (rechts), schematisch.

Dichtheitsprüfung. Im Kraftwerks- und Behälterbau werden bestimmte Komponenten und Systeme einer D. unterzogen. Das Augenmerk liegt dabei besonders auf Schweißnähten und Dichtflächen von Blinddeckeln und Flanschverbindungen aller Art. Zur Prüfung der Schweißnähte hat sich z. B. bei Rohrschlangen in Rauchgaszügen von Kesselanlagen die Nebelprobe oder das Benetzen mit einer schaumbildenden Flüssigkeit als wirksam erwiesen, wobei vorher durch ein Gebläse ein Überdruck erzeugt wird. Die Dichtheit kann auch im Zuge der Wasserdruckprüfung kontrolliert werden.

Für den Sicherheitsbehälter eines Druckwasserreaktors kann dagegen aufgrund der Vielzahl von Schleusen und Durchführungen die Dichtheit nur über eine zulässige Leckrate definiert werden, die im Einzelfall festgelegt und überprüft wird.

Kußmaul

Dichtstoff. Nach DIN 52 460 sind D. Werkstoffe zum Abdichten von →Fugen zwischen Bauteilen aus gleichem oder unterschiedlichem Material, z. B. Beton/Beton oder Glas/Stahl. Je nach dem Einsatzgebiet haben D. die Aufgabe, das Eindringen von Wasser, Wasserdampf oder Luft im Bereich einer Fuge zu verhindern. Die der Fuge benachbarten Bauteile können in bestimmten Grenzen Bewegungen gegeneinander ausführen, die durch Verformungen der gummielastischen D. zwängungsarm aufgenommen werden. Man unterteilt D. in

□ Fugendichtungsmassen, das sind D., die zur Verarbeitung im plastischen Zustand vorliegen, und
□ Profildichtungen, das sind vorgefertigte profilierte Dichtungsbänder. *Sasse*

Dichtstoffprüfung. Damit Fugenabdichtungen funktionstüchtig sind, sind folgende Grundanforderungen an die → Dichtstoffe zu stellen, deren Erfüllung durch Prüfungen nachzuweisen ist:
- Dichtwirkung
- Aussehen
- Verträglichkeit
- Beständigkeit
- → Brandverhalten.

Mit Ausnahme der Prüfung des Brandverhaltens sind die Prüfmethoden und die daraus abgeleiteten Detailanforderungen der Art des Dichtstoffs (→ Fugendichtungsmasse, → Profildichtung) und dem Einsatzgebiet (z. B. Betonfugen, Verglasung) angepaßt.
□ Dichtwirkung.

Fugendichtungen müssen je nach Art der Ausführung luft- und wasserdicht oder zumindest schlagregendicht sein. Bei Fugendichtungsmassen ist die Dichtwirkung gegeben, wenn keine Ablösungen von den angrenzenden Bauteilen und keine → Rißbildung in der Masse auftreten. Zur Prüfung werden 50 mm lange Fugenmodelle im → Zugversuch um ein bestimmtes Maß gedehnt und diese → Dehnung 24 h lang aufrechterhalten (Bild).

Dichtstoffprüfung: Ungedehntes (links) und gedehntes (rechts) Fugenmodell aus Fugendichtmasse zwischen Beton.

Bei Profildichtungen werden Shorehärte, → Zugfestigkeit, Dehnung bei Höchstzugkraft, Weiterreißfestigkeit oder Druckverformungsrest an Proben aus den Bändern ermittelt. Bei Elastomer-Dichtprofilen können diese Proben auch aus Versuchsklappen von der gleichen Kautschuk-Mischungs-Charge entnommen werden.
□ Aussehen.

Fugendichtungsmassen müssen in Fugen ausrei-

chend standfest sein, dürfen nicht ablaufen und dürfen angrenzende Baustoffe nicht durch Bindemittel- oder Weichmacherwanderung verfärben.

Zur Prüfung des Standvermögens bzw. der Ablaufneigung werden U-förmige Aluminium-Profile mit Fugendichtungsmasse gefüllt und diese in Prüfräumen mit 5 °C und 70 °C verbracht, wobei die Dichtstoffoberfläche senkrecht steht. Ausbuchtungen und Ablaufen werden beurteilt.

Zur Prüfung der Verfärbung angrenzender Baustoffe wird Fugendichtungsmasse streifenförmig auf den Baustoff – für Beton Probekörper aus Weißzement – aufgetragen. Die beschichteten Probekörper werden fünf Tage lang hochkant stehend zur Hälfte in Wasser eingetaucht gelagert.
□ Verträglichkeit.

Dichtstoffe müssen mit den angrenzenden Baustoffen verträglich sein.

Zur Prüfung von Dichtstoffen, die mit → Beton, → Mörtel oder Putz in Berührung kommen oder zwischen Beton eingebaut werden, werden Fugenmodelle oder Probekörper aus dem Dichtstoff in $Ca(OH)_2$-gesättigtes Wasser (Kalkmilch) eine bestimmte Zeit gelagert und anschließend die Dichtwirkung oder die Stoffveränderungen im Zugversuch überprüft.

Zur Verträglichkeitsprüfung von Profildichtungen mit Bitumen werden Probekörper in Bitumen 85/25 eingegossen und bei 70 °C längere Zeit gelagert. Anschließend werden die Stoffveränderungen im Zugversuch überprüft.
□ Beständigkeit.

Fugenabdichtungen sollten die Anforderungen der Dichtwirkung und des Aussehens über längere Zeit erfüllen. Nach UEAtc-Richtlinie wird bei Fugendichtungsmassen von einer Mindestdauer von zehn Jahren ausgegangen.

Die Dichtstoffe müssen demnach beständig sein gegen
- Klimaeinflüsse wie Temperaturen, Wasser, Sonneneinstrahlung, Zusammensetzung der Atmosphäre
- einmalige und sich wiederholende Dimensionsänderungen der angrenzenden Bauteile, welche eine Breitenänderung der Fugen und damit eine Verformungsbeanspruchung des Dichtstoffs bewirken, wie z. B. → Dehnung, Stauchung, → Scherung.

Die Beständigkeit von Fugendichtungsmassen gegen Klimaeinflüsse wird durch eine mehrwöchige Wechsellagerung von Fugenmodellen in Wärme (70 °C) und Wasser (23 °C) mit anschließendem Zugversuch bei −20 °C überprüft.

Die Verformungswilligkeit der Fugendichtungsmasse auch nach längerer Einbauzeit wird im Labor durch wechselnde Dehn-Stauchbeanspruchung von zuvor wechselgelagerten Fugenmodellen bei gleichzeitiger Einwirkung von Temperatur überprüft (Dehnung bei Kälte, Stauchung bei Wärme). Außerdem wird das Rückstellvermögen an gleichartig vorbehandelten Fugenmodellen ermittelt.

Zur Beständigkeitsprüfung von Profildichtungen wird der Einfluß von Wärme (70 °C oder 100 °C), Kälte (−20 °C oder −10 °C), künstl. →Bewitterung im Xenontestgerät (thermoplastische Dichtungen) bzw. von Ozoneinwirkung (Elastomer-Dichtprofile) auf das Zug-Dehnungsverhalten festgestellt. Die dauerhafte Verformungswilligkeit kann durch Ermittlung der Druckverformungsreste oder durch Relaxationsversuche (Rückgang des Anpreßdrucks) beschrieben werden; die Probekörper sollten hierzu ebenfalls zuvor einer Alterungslagerung (Wärme, künstl. Bewitterung) unterzogen worden sein.

□ Brandverhalten.

Nach den Landesbauordnungen der Länder der BRD dürfen sämtliche Baustoffe – also auch Dichtstoffe – im eingebauten Zustand nicht leichtentflammbar sein. D. h. sie müssen mindestens der Baustoffklasse B 2 nach DIN 4102 (normalentflammbar) angehören. Der Nachweis der Baustoffklasse B 2 ist gemäß DIN 4102 Teil 1 zu führen, Fugendichtungsmassen sind dabei im ausgehärteten Zustand in Fugenmodellen zu prüfen. Dichtstoffe, die in DIN 4102 Teil 4 als normalentflammbar aufgeführt sind, brauchen nicht mehr geprüft zu werden. *Rehm/Jagfeld*

Literatur: DIN 7 863 – Nichtzellige Elastomer-Dichtprofile im Fenster- und Fassadenbau. – DIN 18 540 – Abdichten von Außenwandungen im Hochbau mit Fugendichtungsmassen. – DIN 18 541 – Fugenbänder aus thermoplastischen Kunststoffen zur Abdichtung von Fugen im Beton. – DIN 18 545 – Abdichten von Verglasungen mit Dichtstoff. – UEAtc-Richtlinie – Fugendichtungsmassen im Hochbau.

Dichtungsbahn →Folie

Dichtungsbahnprüfung →Dachbahnprüfung

Dichtungsprüfung. Mit ihr soll die Eignung von Dichtungen untersucht werden, ferner sollen die für die Berechnung von Flanschverbindungen wichtigen Dichtungskennwerte ermittelt werden.

□ Je nach den auszugleichenden Unebenheiten der Flanschblätter ist eine mehr oder minder große plastische →Verformung der Dichtung nötig, bis alle Lücken so weit geschlossen sind, daß kein Druckmittel mehr durchtreten kann. Die dazu benötigte Flächenpressungen der Dichtung im Einbau und Betriebszustand werden im →Innendruckversuch bestimmt, der daher allen Dichtungen gemeinsam ist. Die Dichtung wird zwischen zwei ebene Druckplatten bestimmter →Oberflächenrauheit gelegt und in einer →Presse belastet (Bild 1). Druckmittel wird langsam aufgegeben, bis es austritt (Leckdruck). Bei gasförmigem Druckmittel wird der Austritt z. B. durch einen Wassermantel beobachtet,

bei Flüssigkeit direkt im Spalt. Soll bei Gasen eine bestimmte Verlustmenge zugelassen werden, so wird statt des Leckdrucks der Druck ermittelt, bei dem die zulässige Menge austritt (Messung mittels kalibrierter Steigrohre usw.). Aus mehreren Versuchspunkten erhält man charakteristische Kurven der Dichtungsflächenpressung in Abhängigkeit vom Leckdruck (Bild 2), wobei besonders die kritische Vorpreßkraft σ_{VU} und das Verhältnis $m = \sigma_{BU}/p$ der Mindest-Betriebsdichtungsflächenpressung σ_{BU} zum Leckdruck p interessieren.

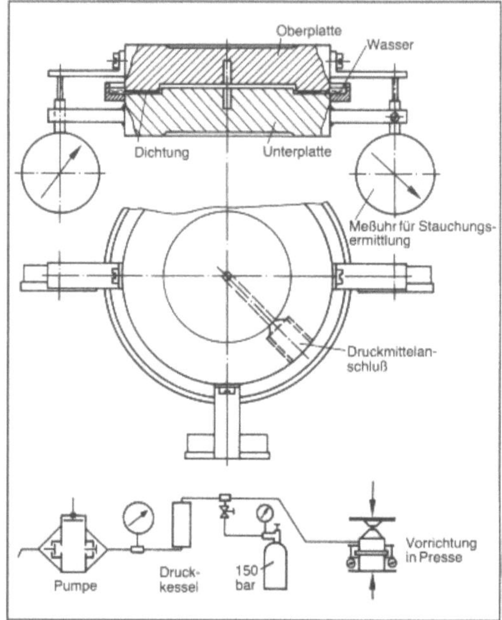

Dichtungsprüfung 1: Prüfvorrichtung für Innendruckversuche mit Anlage.

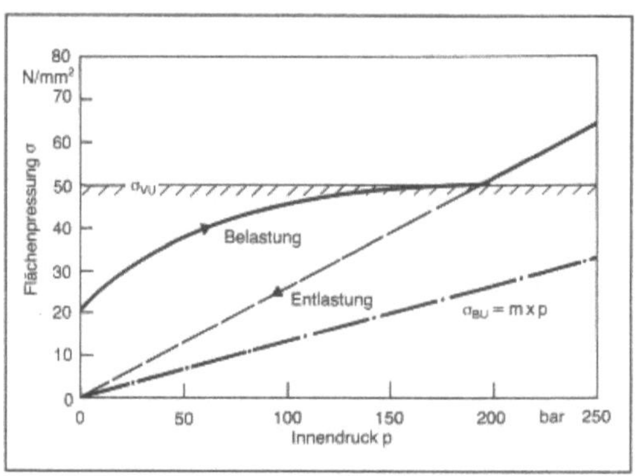

Dichtungsprüfung 2: Schematische Darstellung der Innendruck-Charakteristik einer Dichtung.

□ Für Betrieb bei höheren Temperaturen ist wichtig, daß die Dichtung nicht kriecht oder fließt, weil sich sonst die Flanschverbindung entspannt und infolge Absinkens der Dichtungsflächenpressung un-

170

dicht werden kann. Insbesondere für Weichstoffdichtungen wird im Druckstandversuch (z. B. nach DIN 52913 für It-Dichtungswerkstoffe) die Druckstandfestigkeit bestimmt. Dazu wird ein Dichtring zwischen zwei Druckplatten gelegt und durch eine als Dynamometer ausgebildete Spannschraube belastet. Dann werden die Druckplatten auf Betriebstemperatur beheizt; das Entspannen der Vorrichtung infolge des Kriechens der Dichtung wird laufend verfolgt. Die sich nach bestimmter Prüfzeit einstellende Druckstandfestigkeit als Funktion von Ausgangsflächenpressung, Temperatur, Aufheizgeschwindigkeit und Federsteifigkeit des Gerätes dient als Berechnungsunterlage und Qualitätskontrolle. Bild 3 zeigt ein Beispiel für Entspannungskurven. Ein ähnliches, einfacheres Gerät ist in den USA im Gebrauch, bei dem zwar durch eine Schraube belastet wird, die → Kraftmessung aber mit einem besonderen Meßgerät erfolgt; die ganze Vorrichtung wird dann im Ofen erhitzt. Die Bestimmung von Zwischenwerten ist mit diesem Gerät kaum möglich. Ein weiteres nach dem Entspannungsprinzip arbeitendes Gerät wird von *Farnam* beschrieben.

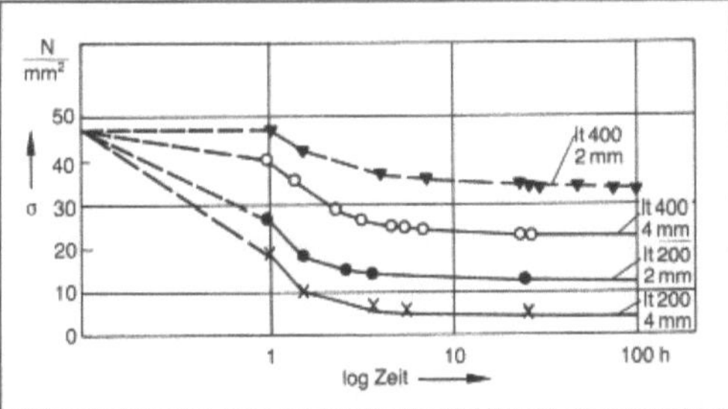

Dichtungsprüfung 3: Verhalten der It-Dichtungen im Druckstandversuch bei 300 °C.

Ein Vorgänger des Druckstandversuchs in Deutschland ist der *Klinger*-Versuch, der zwar einfacher ist und weniger Zeitaufwand erfordert, aber keine Berechnungsunterlagen ergibt. Der Versuch wurde von der Deutschen Bundesbahn als Abnahmeversuch übernommen. Ein Dichtring wird zwischen zwei Druckplatten auf 50 N/mm² belastet und bei konstanter Belastung innerhalb 1/2 h auf 300 °C aufgeheizt; die zulässige Dickenabnahme ist festgeschrieben.

Bei bestimmten Dichtungswerkstoffen, z. B. asbesthaltigen It-Weichstoffdichtungen ändert sich bei höherer Temperatur die Substanz, so daß die Proben nach dem Druckstandversuch auf ihre Gasdurchlässigkeit geprüft werden müssen. Das kann im Innendruckversuch erfolgen, wobei jedoch die hartgewordene Dichtung gegen die Druckplatte besonders abgedichtet werden muß (→ Gummierung u. a.), oder gleichzeitig im Druckstand-Prüfgerät (Druckmittel zwischen zwei konzentrische Ringe

eingeführt). Neben der Gasundurchlässigkeit läßt sich auch die Gasdurchlässigkeit als Verlustmenge/Zeiteinheit angeben.

□ Die Stauchung (Zusammendrückbarkeit) wird an einem Ring zwischen ebenen Druckplatten ermittelt (Belastung in einer Presse, Messung und Meßuhren) und in Abhängigkeit von der Stauchkraft aufgetragen. Besonders wichtig ist die Entlastungskurve, die die Rückfederung der Dichtung bestimmt.

□ Sonderprüfverfahren ergeben sich durch besondere Betriebsverhältnisse, so Prüfung auf chemische und Ölbeständigkeit. Letztere ist für Metalldichtungen unwesentlich. Für It-Dichtungen wird bis jetzt i. a. die Änderung der → Zugfestigkeit nach Einlegen der Proben in Öl, ferner die → Quellung (Volumen- und Gewichtszunahme) bestimmt. Alle diese Versuche wie auch der gemäß British Standard 1832 nach dem Prinzip des Druckabfalls durchgeführte erlauben keine eindeutigen Rückschlüsse auf die Eignung der Dichtungen gegenüber Öl oder Säuren.

□ Zur Kennzeichnung der Eigenschaften von Dichtungen weniger geeignet sind Prüfungen wie → Zugversuch und Bestimmung des Glühverlustes sowie der Wichte (DIN 3754). Alle sind betriebsfremd und nicht zur Kennzeichnung der → Qualität geeignet; trotzdem ist auch im Ausland der Zugversuch sehr verbreitet, da er eine gewisse Fertigungskontrolle erlaubt. Je fünf längs und quer zur Walzrichtung entnommene Proben werden nach DIN 52910 in der Zugprüfmaschine zerrissen, die Zugfestigkeit in Längs- und Querrichtung wird angegeben, ebenso evtl. festgestellte Fehler. Der Glühverlust wird nach DIN 52911 bei 800 °C bestimmt als Gewichtsverlust, bezogen auf das Ausgangsgewicht.

Nach ASTM Standard D 733 werden von Proben aus It-Material Zugfestigkeit, Stauchfähigkeit und Biegbarkeit (180° um eine Dorn) ermittelt, und zwar vor und nach künstlicher → Alterung (96 h bei 70 °C im Ofen); weiterhin werden Quellung und Korrosionseinfluß geprüft, letzterer nur als sichtbarer Angriff. *Kußmaul*

Literatur: *Bartonicek, J.*: Int. Dichtungstagung, Lenggries 1986. – *Boon, E. F.* u. a.: Gummi und Asbest 10 (1957), S. 430. – *Farnam, R. G.*: Mechan. Eng. VI (1951), H. 3. – *Krägeloh, E.*: Diss. Techn. Hochsch. Stuttgart 1954. – *Krägeloh, E.*: Gummi und Asbest 8 (1955), S. 190, 628. – *Lok, H. H.*: Diss. Techn. Hochsch. Delft 1960. – *Raible, A.*: Diss. Techn. Hochsch. Stuttgart 1937. – *Roberts, J.*: Journ. Appl. Mech. (1950), S. 169. – *Schwaigerer, S.*, u. *W. Seufert*: Brennst.-Wärme-Kraft 3 (1951), S. 114. – *Siebel, E.*, *W. G. Häring*, u. *A. Raible*: Forsch. Ingenieurw. Bd. 5 (1934), S. 297. – *Siebel, E.*, u. *E. Krägeloh*: Konstr. 7 (1955), S. 123 und 187. – *Wellinger, K.*, u. *E. Krägeloh*: Gummi und Asbest 11 (1958), S. 768.

Dickenmessung (elektrisch). Bei der D. besteht die Aufgabe, die Dicke des betrachteten Meßobjekts kontinuierlich in der SI-Einheit m zu erfassen. Aus der Dicke kann man bei bekannter Dichte auf das Flächengewicht schließen. Besonders wichtig in vielen Herstellungsprozessen ist das Messen der Schichtdicken. Die D. gehört zur Längenmessung. Bei der D. und Flächengewichtsmessung durch mechanisches Abtasten sind Diamant-Meßkugeln oder -Rollen mit einem Tastsystem verbunden, dessen Abstandsänderungen durch Wegaufnehmer in elektrische Signale umgewandelt werden. Ihr Zeitverhalten ist bestimmt durch die Masse der Tastsysteme, den einstellbaren Meßdruck und den Meßumformer. Mechanische Abtastgeräte haben normalerweise eine Meßtiefe von max. 100 mm. Sie sind an warmem und plastischem Meßgut nicht zu verwenden und messen insbesondere nicht berührungslos.

Zur D. von leitenden Materialien bzw. zur Schicht-D. von nichtleitenden Schichten auf NE-Metallen lassen sich Wirbelströme verwenden. Das Wechselfeld einer Spule erzeugt im leitenden Material Wirbelströme (Wirbelstrom), deren Rückwirkung je nach Schichtdicke die Induktivität der induzierenden Spule oder die Kopplung zweier Spulen verändert. Nach Weiterverarbeitung und Linearisierung erhält man ein der Schichtdicke proportionales Signal.

Auch der Queranker-Aufnehmer (Längenmessung) läßt sich zur D. nichtmagnetischer Schichten verwenden.

Insbesondere zur D. von Kunststoffolien lassen sich kapazitive → Aufnehmer (Meßaufnehmer, kapazitive) verwenden. Bei einem Plattenkondensator verändert sich die Kapazität durch die dickeabhängige Veränderung des Dielektrikums. Die Spannungsänderung, die die Kapazitätsänderung hervorruft, wird in einem nachgeschalteten Operationsverstärker aufbereitet.

Mittels ionisierender Strahlung läßt sich sowohl die Flächengewichtsbestimmung wie auch die Schicht-D. durchführen. Grundlage hierfür ist das Absorptionsgesetz

$$I_s = I_{so} \cdot e^{-\mu d}$$

mit I_{so} ungeschwächte Strahlungsintensität,
  I_s geschwächte Strahlungsintensität,
  μ Absorptionskoeffizient,
  d Dicke des durchstrahlten Materials.

Der Absorptionskoeffizient μ ist von der Art der Strahlung und den Materialeigenschaften des Absorbers abhängig, insbesondere von der Dichte des durchstrahlten Materials. Es läßt sich die Dicke von Kunststoff- oder Metallbändern messen, wenn die Dichte des Materials bekannt und konstant ist, und die Dichte eines Materials bei konstanter Dicke (Dichtemessung). Neben der Messung des durchgelassenen Strahls wird häufig auch die Rückstreuung zur Messung verwendet. Man verwendet Röntgen-,

β- und γ-Strahlen zum Messen (Strahlungsmeßtechnik).

Mittels Laufzeitauswertung von Ultraschall ist eine berührungslose D. im Bereich zwischen 0,25 bis 300 mm möglich. Man wendet sie beim Prüfen von Behältern und Rohrleitungen an. Bei der D. mit Mikrowellen von 35 GHz arbeitet das Meßsystem als Interferometer. Es dient zum Bestimmen der Dicke metallischer Beschichtungen auf Kunststoff-Trägermaterial, zwischen 5 und 250 nm, wie etwa bei Kondensatorfolien oder der Compaktdisk.
F. Schneider

Dielektrikum. Materie reagiert auf ein elektrisches Feld mit der Verschiebung innerer Ladungen (Elektronen oder Ionen). Soweit dabei kein elektrischer Strom fließt, bezeichnet man einen solchen Stoff als D. Die mit den Ladungsverschiebungen verbundene dielektrische Polarisation ist verantwortlich für die Kapazität der Kondensatoren, aber auch für die Brechung des Lichtes in transparenten Medien. Als Maß für dielektrische Polarisierbarkeit dient die Dielektrizitätskonstante oder Permittivität ε_r eines Stoffes, die sich am einfachsten an Hand der Kapazität eines mit diesem Stoff gefüllten Kondensators definieren läßt:

$$\varepsilon_r = C/C_0 \tag{1}$$

wobei C_0 die Kapazität des gleichen Kondensators ohne diesen Stoff sei. In der Sprache der Maxwellschen Gleichungen gilt

$$D = \varepsilon_r \varepsilon_0 E \tag{2}$$

wobei D die dielektrische Verschiebungsdichte, E die elektrische Feldstärke und ε_0 die elektrische Feldkonstante $\varepsilon_0 = 8{,}8543 \cdot 10^{-12}$ As/Vm ist.

Die Formel von *Clausius* und *Mosotti* verknüpft die Dielektrizitätskonstante mit der atomaren Polarisierbarkeit:

$$\frac{3(\varepsilon_r - 1)}{(\varepsilon_r + 2)} = \frac{N\alpha}{\varepsilon_0} \tag{3}$$

Hierbei sei N die Anzahl der Atome pro m³ und α die Polarisierbarkeit der Atome (Ladung × Abstand/Feldstärke). Der Ausdruck auf der linken Seite rührt von der gegenseitigen Beeinflussung der Dipole her.

Die Dielektrizitätskonstante ist von der Temperatur und von der Frequenz abhängig. Aus der Analyse der Frequenz- und Temperaturabhängigkeit hat man geschlossen, daß vor allem drei Mechanismen zur Polarisierbarkeit beitragen (Bild).

☐ Der erste ist die Elektronenpolarisierbarkeit, die auf der Verschiebung der Elektronen relativ zum Atomkern beruht. Diese Polarisierbarkeit ist für

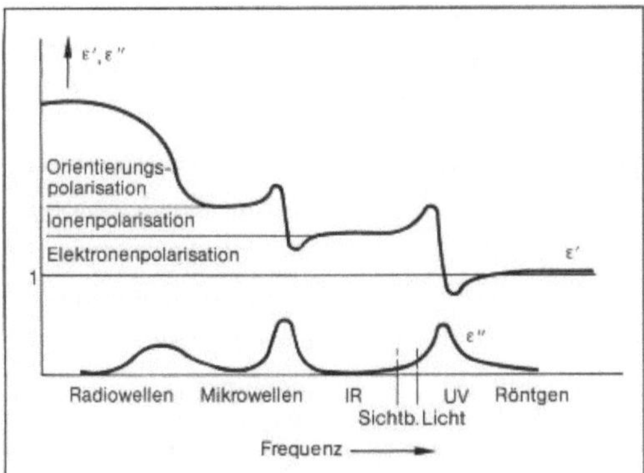

Dielektrikum: Dielektrische Polarisierbarkeit als Funktion der Frequenz.

alle Stoffe bis zu Frequenzen des sichtbaren und ultravioletten Lichts wirksam.

□ Der zweite Beitrag ist die Ionenpolarisierbarkeit, die in ionischen Substanzen durch die gegenseitige Verschiebung der Ionen verursacht wird. Diese Polarisierbarkeit wird bei Frequenzen oberhalb des infraroten Lichts unwirksam.

□ Der dritte Beitrag zur Polarisierbarkeit tritt auf, wenn der Stoff bereits Dipole enthält, die sich im elektrischen Feld reorientieren können. Diese Umorientierung steht im Widerstreit mit der thermischen Fluktation, weshalb dieser Beitrag im Gegensatz zu den anderen beiden temperaturabhängig ist. Er wird je nach dem genauen Mechanismus Orientierungspolarisation oder Ordnungspolarisation genannt und ist bis zu Frequenzen im Mikrowellenbereich wirksam. Substanzen, die eine Orientierungspolarisation aufweisen, werden polare Substanzen genannt.

Mit der dielektrischen Polarisierung sind im Wechselfeld stets auch dielektrische Verluste verbunden, die am einfachsten durch einen imaginären Beitrag zu Dielektrizitätskonstante dargestellt werden können (Imaginärteil ε''). Der durch tan $\delta = \varepsilon''/\varepsilon'$ definierte Winkel δ wird dielektrischer Verlustwinkel genannt und dient zur Charakterisierung eines Werkstoffs. Elektronen- und Ionenpolarisation zeigen die charakteristischen Merkmale einer Resonanz. Demgegenüber wird die Reorientierung der Dipole besser durch einen Relaxationsprozeß beschrieben.

Häufig sind in einer konkreten Substanz mehrere Relaxationsprozesse überlagert. Die Auftragung von ε' gegen ε'' gibt Aufschluß über die Natur der jeweiligen Prozesse (*Cole-Cole*-Diagramm). Die einfachsten Vorgänge erscheinen in dieser Darstellung in Form von Kreisen oder Halbkreisen.

Die Dielektrizitätskonstante ist allgemein mit dem Brechungsindex n durch die Formel

$$n^2 = \varepsilon_r \mu_r$$

verknüpft, wobei μ_r die magnetische Permeabilität bedeutet, die man aber im optischen Bereich meist gleich Eins setzen darf. Ein Imaginärteil in der Dielektrizitätskonstante führt zu einem optischen Absorptionskoeffizienten.

Besitzt ein Stoff eine elektrische → Leitfähigkeit, dann wirkt sich diese bei Wechselstrom wie ein Beitrag zum dielektrischen Verlust aus. Man kann eine effektive Dielektrizitätskonstante

$$\varepsilon_{\text{eff}} = \varepsilon \left(1 - \frac{i\sigma}{\varepsilon_r \varepsilon_0 \omega} \right) \qquad (4)$$

angeben, wobei σ die Leitfähigkeit ist und ω die Kreisfrequenz.

Inhomogene Substanzen besitzen häufig wesentlich kompliziertere Eigenschaften. Ladungsansammlungen an inneren oder äußeren Grenzflächen können sehr große Polarisierbarkeiten simulieren, besonders, wenn metallische Phasen beteiligt sind. Derartige Beiträge zur Polarisierbarkeit werden allerdings meist bereits bei Frequenzen im Radiowellenbereich unwirksam.

Kristalle oder Körper mit geringerer als kubischer Symmetrie sind i. a. dielektrisch anisotrop. Die Dielektrizitätskonstante ist in diesem Fall durch einen symmetrischen Tensor zu ersetzen. Im Optischen entspricht der dielektrischen Anisotropie die Erscheinung der Doppelbrechung. Wird der Tensor sogar unsymmetrisch, dann spricht man in der Optik von optischer Aktivität.

Besonders in der Laseroptik treten Fälle auf, in denen die lineare Beziehung (2) zwischen D und E nicht ausreicht. Es sind höhere, nichtlineare Terme heranzuziehen, und man spricht deshalb von nichtlinearer Optik.

Im Fall der Ferroelektrika besteht eine spontane elektrische Polarisation, die sich im Feld umorientieren läßt. Ein linearer Zusammenhang zwischen D und E besteht außer in Grenzfällen nicht. Der Zusammenhang zwischen D und E wird vielmehr wie bei den ferromagnetischen Stoffen durch eine Hystereseschleife beschrieben.

Als dielektrische Werkstoffe im engeren Sinne werden die Kondensatordielektrika bezeichnet, bei denen die dielektrische Polarisierbarkeit eine wesentliche Rolle spielt im Gegensatz zu den Isolierwerkstoffen. Wichtigste Qualitätsmerkmale eines dielektrischen Werkstoffes sind eine möglichst frequenz-, temperatur- und zeitunabhängige hohe Polarisierbarkeit, niedrige dielektrische Verluste und eine hohe Spannungsbelastbarkeit, also eine hohe Durchbruchsfeldstärke. Aus Dielektrizitätskonstante ε_τ und Durchbruchsfeldstärke E_D ergibt sich die maximal in dem Kondensator speicherbare Energiedichte $\varepsilon_\tau \, \varepsilon_0 E_D^2/2$. Ein weiteres, in der Praxis wichtiges Kriterium ist das Verhalten des Kondensators bei einem Durch-

Dielektrikum. Tabelle: Überblick über die wichtigsten dielektrischen Werkstoffe

Werkstoffklasse	Beispiel	ε_r	$\tan \delta$	E_D(kV/cm)	Anwendungsbeispiel
Papier (getränkt)		4	0.003	500	Leistungskondensatoren
Nicht-polare Kunststoffe	Polystyrol	2.5	0.0003	1000	Präzisionskondensatoren
Polare Kunststoffe	Polycarbonat	3	0.001	1000	Allg. HF-Anwendung
Glimmer		6	0.005	500	Normalkondensatoren
Polare Keramik	TiO_2	100	0.0005	150	Schwingkreise
Ferroelektrische Keramik	$BaTiO_3$	10000	0.01	10	Kopplungs-, Entstörkondensatoren

schlag. Günstige Materialien erlauben das Ausheilen eines lokalen Durchschlags (Selbstheilungseffekt).

Zwei prinzipiell verschiedene Bauformen erfordern unterschiedliche dielektrische Werkstoffe: Entweder ist das D. eine selbsttragende Folie oder Scheibe und die Elektroden werden als dünne Schicht oder Folie aufgebracht, oder das D. wird als dünne Schicht auf eine tragende Elektrode aufgebracht. Im ersten Fall verwendet man eine Vielfalt von Werkstoffen von ölgetränktem Papier bis zu keramischen Stoffen (Tabelle). Im zweiten Fall werden häufig die Oxide der Elektroden als D. verwendet, so Al_2O_3 im Aluminium-Elektrolytkondensator und SiO_2 in der Silicium-Planartechnologie.

Eine Sonderform stellen die Grenzschichtkondensatoren dar, bei denen elektronische Verarmungszonen an den Korngrenzen von dotiertem $BaTiO_3$ als Kondensatordielektrikum dienen.

Hubert

Literatur: *Feldtkeller, E.:* Dielektrische und Magnetische Materialeigenschaften. Mannheim 1973. – *Fröhlich, H.:* Theory of Dielectrics. Oxford 1968.

Dielektrizitätskonstante →Dielektrikum

Diescherwalzverfahren. Bei dem nach seinem Erfinder *S. E. Diescher* benannten Verfahren wird der nach dem →Tonnen-Lochwalzverfahren hergestellte Hohlblock über eine Stange als Innenwerkzeug zum fertigen nahtlosen →Stahlrohr gestreckt. Dabei ist der Walzspalt zwischen den beiden tonnenförmigen Arbeitswalzen nicht durch feststehende Führungslineale, wie beim Tonnen-Lochwalzverfahren, begrenzt, sondern durch rotierende sog. Diescherscheiben mit einer dem Walzkaliber angepaßten Kalibrierung geschlossen (Bild). Damit wird eine günstige Werkstoffbewegung erreicht und die Herstellung verhältnismäßig dünnwandiger →Stahlrohre ermöglicht. *Baumann*

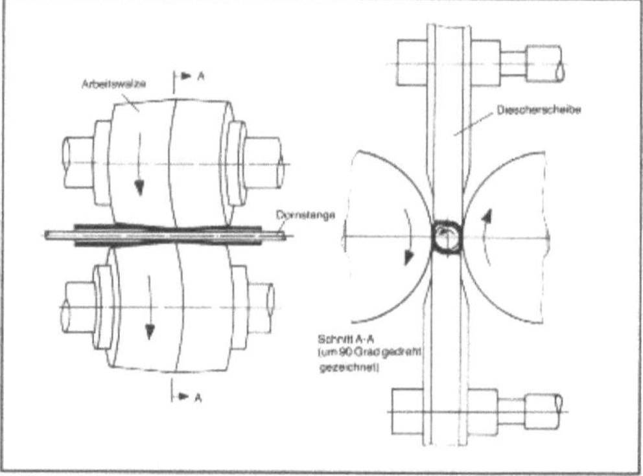

Diescherwalzverfahren: Schematische Darstellung.

Dietert-Verfahren →Croning-Formmaskenguß

Differentialthermoanalyse. (DTA). Experimentelles Verfahren zur Untersuchung zeit- und temperaturabhängiger Vorgänge in Festkörpern und an Festkörperoberflächen, welches die auftretende Wärmetönung als Indikator für die Umsetzungskinetik verwendet. Für konstante Wärmetönung pro Formelumsatz, $dH/dN = const$ [kJ/mol] ist die Umsetzungsrate dN/dt [mol/s] zur Wärmeentwicklung/absorption in der Reaktionszelle proportional:

$$dN/dt = (dH/dt)/(dH/dN),$$

dH/dt wird meßtechnisch dadurch bestimmt, daß die Reaktionszelle mit der Probe in kontrollierter Weise thermisch isoliert wird, so daß eine Temperaturänderung ΔT gegenüber einer symmetrisch angeordneten Vergleichsprobe auftritt, die unter gewissen Voraussetzungen zur Wärmetönungsrate proportional ist:

$$\Delta T = k \cdot (dH/dt)/c_p \; [K]$$

(k: Geometrie- und Apparate-Faktor; c_p: spezif. Wärme des Probenmaterials).

DTA kann z. B. mit konstanter Anstiegsrate der Mitteltemperatur betrieben werden; $\overline{T}$-Bereiche, in denen die Gleichgewichtslage in Verbindung mit der (meist thermisch aktivierten) Kinetik zu merklichen Umsetzungsraten führt, machen sich durch „peaks" von $\Delta T(\bar{T})$ bemerkbar (Bild 1, 2). Moderne Anlagen steuern die Aufheizgeschwindigkeit $d\bar{T}/dt$ durch rechnergestützte Rückkopplung mit ΔT. Das zunächst einfach erscheinende, sehr empfindliche Verfahren erfordert bei quantitativen Untersuchungen erhebliche Sorgfalt bei der Durchführung und insbesondere bei der Auswertung. – Nach gleichem Prinzip, aber isotherm, arbeitet die Differentialkalorimetrie. (→ Analyse, thermische).

Ilschner

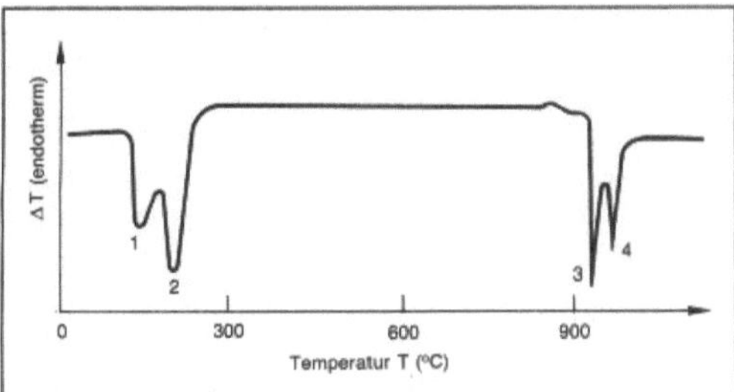

Differentialthermoanalyse 1: DTA von BaCl₂, Aufheizrate 20 K/min, bei 130 und 187 °C Kristallwasserabspaltung in zwei Stufen, bei 923 °C allotrope Umwandlung orthorhombisch-kubisch (3), bei 950 °C (4) Schmelzen.

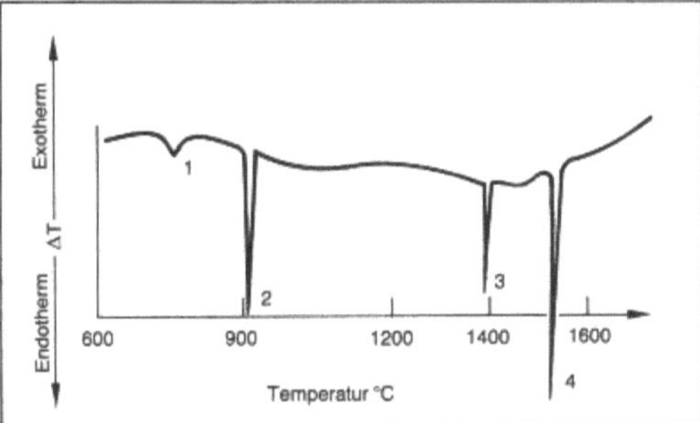

Differentialthermoanalyse 2: DTA von Eisen, Aufheizrate 20 K/min bei 757 °C (1) Magnetische Umwandlung des α-Eisens bei 757 °C (2) a/γ-Umwandlung bei 910 °C (3) γ-δ-Umwandlung bei 1 389 °C (4) Schmelzpunkt: 1 535 °C.

Literatur: *Wendlandt, W. W.:* Thermal Methods of Analysis. New York 1972.

Diffusion. Prozeß, bei dem Teilchen ohne äußere Kräfte transportiert werden, meist aufgrund eines räumlichen Gradienten ihrer Konzentration. Beispiele aus dem Alltag sind die Ausbreitung von Duftstoffen oder die Mischung verschiedenfarbiger oder verschieden stark gesüßter Flüssigkeiten. Als Folge der *Brown*schen Molekularbewegung bewegen sich mehr Teilchen vom Ort hoher zum Ort niedriger Konzentration als umgekehrt, sodaß der statistischen, thermischen Geschwindigkeit eine, wenn auch sehr viel kleinere, Drift- oder Diffusionsgeschwindigkeit überlagert ist.

Für nicht zu hohe Konzentrationen n und Gradienten $\frac{dn}{dx}$ in Gasen gilt das erste *Fick*-Gesetz, das die Zahl $\frac{dN}{dt}$ der pro Zeiteinheit durch den Flächenquerschnitt A senkrecht zur x-Richtung diffundierenden Teilchen zu $\frac{dN}{dt} = D\,A\,\frac{dn}{dx}$ angibt. D heißt Diffusionskonstante oder → Diffusionskoeffizient und ergibt sich zu $D = \frac{1}{3}\,v\,\lambda$, wobei v die mittlere thermische Geschwindigkeit und λ die mittlere freie Weglänge bedeutet. Letztere berücksichtigt, daß ein Teilchen nach einer mittleren Zeit τ mit einem anderen zusammenstößt und seine Bewegungsrichtung ändert. Damit ist $\lambda = v\tau$, so daß sich $D = \frac{1}{3}\,v^2\tau = kT\tau/m$ ergibt, wobei m die Teilchenmasse und $\frac{3}{2}\,kT = \frac{1}{2}\,m\,v^2$ die thermische Bewegungsenergie bedeutet. Der Quotient $b \equiv \tau/m$ beschreibt die Beweglichkeit der Teilchen, so daß $D = kTb$ (für Elektronen ist $b = e\tau/m$ und somit $D = kTb/e$ (*Einstein* Beziehung)). Der Diffusionsstrom ändert die Teilchenkonzentration mit der Zeit, was durch das zweite *Fick*-Gesetz beschrieben wird:

$$\frac{\delta n}{\delta t} = D\,\frac{\delta^2 n}{\delta x^2}$$

D. tritt sowohl in Gasen wie auch in Flüssigkeiten und festen Körpern auf, wobei allerdings die Diffusionsgeschwindigkeit in dieser Reihenfolge stark fällt. Beim Festkörper hängt sie zudem sehr vom Diffusionsmechanismus ab, wie direkter Austausch von Atomen auf benachbarten Plätzen, Wanderung von Atomen auf Zwischengitterplätzen oder D. von Leerstellen (→ Defekt). Die D. von Fremdatomen in Festkörpern spielt eine wichtige Rolle z. B. bei der Dotierung von Halbleitern, bei der Behandlung von Oberflächen oder bei der Korrosion. Die Abhängigkeit des Diffusionskoeffizienten von der Teilchenmasse wird u. a. zur Entmischung von Gasen angewandt. Dabei streicht das Gemisch über eine poröse Trennwand, durch die die leichteren Moleküle infolge ihrer höheren thermischen Geschwindigkeit bevorzugt diffundieren. Diese Methode der Diffusionstrennung wird zur Trennung von Isotopen benutzt. Besonders wichtig ist dabei die Anreicherung von ²³⁵UF₆ im natürlich vorkommenden Uranhexafluorid, das zu 99,3 % aus ²³⁸UF₆ besteht. Behindert man die Durchmischung von z. B. zwei Flüssigkeiten durch eine semipermeable, d. h. nur für eine Komponente durchlässige Wand, so entsteht ein osmotischer Druck, der in der Biologie eine wichtige Rolle spielt (Osmose).

Sind die diffundierenden Teilchen geladen, wie z. B. bei Elektrolyten oder in einem Plasma mit Elektronen und Ionen, so wird die D. zusätzlich durch elektrostatische Kräfte beeinflußt. Die unterschiedlichen →Beweglichkeiten der verschiedenen Ladungsträger führen zur Ausbildung einer elektrischen Doppelschicht, innerhalb der sich das elektrische Potential ändert (→Diffusionspotential). Das zugehörige elektrische Feld bremst die schnelleren Ladungsträger und beschleunigt die langsameren, so daß sich gleiche Diffusionsgeschwindigkeiten ergeben. Diese ambipolare D. kann durch einen gemeinsamen Diffusionskoeffizienten $D = (D^+\sigma^- + D^-\sigma^+)/(\sigma^+ + \sigma^-)$ beschrieben werden ($\sigma^\pm$ bezeichnet die elektrische →Leitfähigkeit der verschiedenen Ladungsträger, $D\pm$ ihren Diffusionskoeffizienten).

Die Transportvorgänge in Gase, die Wärmeleitung und D., sind nicht voneinander unabhängig. So erzeugt die D. eine Temperaturdifferenz und Temperaturdifferenzen erzeugen Druckdifferenzen (*Knudsen*-Effekt) oder ein Konzentrationsgefälle (Thermodiffusion). Bei letzterem Fall wandern Moleküle größerer Masse zum Ort niedrigerer Temperatur, was ebenfalls zur Isotopentrennung ausgenutzt werden kann.

→Verbundwerkstoffe *Heinz*

Literatur: *Perry, R. H.* and *C. H. Chilton:* Chemical Engineers' Handbook. 5th ed. New York 1973. – *Shewmon, P. G.:* Diffusion in Solids. New York. 1963. – *Slattery, J. C.:* Momentum, Energy and Mass Transfer in Continua. New York. 1972. – *Waldmann, L.:* Transporterscheinungen in Gasen von mittlerem Druck. In Handbuch der Physik Bd. 12, Berlin. 1958. – *Welty, J. R.* and *C. E. Wicks, R. E. Wilson:* Fundamentals of Momentum. Heat and Mass Transfer. New York. 1969.

Diffusionskoeffizient. Maß für die Diffusionsrate einer Größe q, definiert als Faktor D in der die →Diffusion beschreibenden Gleichung

$$\frac{\delta q}{\delta t} = D \, \nabla^2 q$$

wobei ∇^2 den *Laplace* Operator darstellt. D hat die Dimension Geschwindigkeit · Länge. Am bekanntesten ist der Fall der Teilchendiffusion. *Heinz*

Diffusionspotential. Als D. bezeichnet man die Potentialdifferenz, die an der Berührungsstelle zweier verschieden konzentrierter →Elektrolytlösungen auftritt.

Das D. rührt daher, daß Anionen und Kationen zunächst unabhängig voneinander von der konzentrierteren Seite in die weniger konzentrierte Lösung eindiffundieren. Die schneller diffundierenden Ionen laufen den langsameren, entgegengesetzt geladenen voraus, wodurch ein elektrisches Feld aufgebaut wird. Dieses bremst schließlich die schnelleren und beschleunigt die langsameren so weit, daß es letzten Endes zu einer gleich schnellen →Diffusion

beider Ionensorten kommt. Haben beide Ionen die gleiche Ladungszahl, so berechnet sich das D. zu

$$E_{\text{Diff}} = \frac{u^- - u^+}{u^+ + u^-} \cdot \frac{RT}{n_e F} \cdot \ln \frac{a_1}{a_2}$$

wobei u^+ und u^- die elektrischen Beweglichkeiten der Ionen, R die Gaskonstante, T die absolute Temperatur, n_e die Zahl der an der elektrochemischen Reaktion beteiligten Elektronen, F die Faraday-Konstante und a_1 und a_2 die Aktivitäten (näherungsweise die Konzentrationen) der beiden Lösungen bedeuten (→Elektrochemie). *Wedler*

Literatur: *Hamann, C. H.* u. *W. Vielstich:* Elektrochemie I. 2. Aufl. Weinheim 1985. – *Wedler, G.:* Lehrbuch der Physikalischen Chemie. 3. Aufl. Weinheim 1987.

Diffusionsschicht. →Randschicht eines Werkstückes, in dem der Gehalt eines oder mehrerer Elemente gegenüber der ursprünglichen chemischen Zusammensetzung des Werkstückes geändert wurde. D. werden vor allem durch thermochemische →Behandlungen gebildet. *Habig*

Diffusionsschweißen. In einem Vakuum- oder Schutzgasofen, der auf die gewünschte Schweißtemperatur (Diffusionstemperatur) gebracht wird, werden die zu verbindenden Teile über längere Zeiten (z. B. 1–24 h) einem Druck ausgesetzt. Durch die →Diffusion und den aufgebrachten Druck, der ein örtliches →Kriechen zur Folge hat, tritt die Verbindung ein. Das aufwendige Verfahren findet insbesondere beim Verschweißen solcher Werkstoffe und Werkstoffkombinationen Anwendung, bei denen ein →Schweißen im flüssigen Zustand wegen →Versprödung durch grobkörnige →Kristallisation oder Bildung →intermetallischer Phasen nicht zu befriedigenden Ergebnissen führt. *Dorn*

Dilatometer.

1. Gerät zur Bestimmung von kleinen Volumenänderungen von Flüssigkeiten, wie sie z. B. bei teilweiser →Erstarrung derselben auftreten.

2. Gerät zur Bestimmung sehr kleiner Längenänderungen von Festkörpern, wie sie z. B. bei thermischer →Ausdehnung oder →Phasenumwandlungen auftreten. *Schuh*

DIN. Das Wort DIN ist seit 1975 Namensbestandteil des →DIN Deutsches Institut für Normung e. V. Als Bestandteil des Namens der deutschen Normungsorganisation ist das Wort DIN nach § 12 des Bürgerlichen Gesetzbuches (BGB) und § 16 des Gesetzes gegen den unlauteren Wettbewerb (UWG) gegen Mißbrauch geschützt. DIN wird ständig als Abkürzung für die Benennung Deutsches Institut für Normung benutzt. In der inzwischen zurückgezogenen Norm DIN 31 hieß es hierzu:

Das Wort DIN war ursprünglich die Abkürzung für Deutsche Industrie-Norm. Nachdem der „Normenausschuß der deutschen Industrie" im Jahre 1926 die Bezeichnung „Deutscher Normenausschuß" erhalten hatte, wurde DIN als „Das ist Norm" gedeutet.

Beide Deutungen sind überholt.

Das Wort DIN ist auch in dem Verbandszeichen DIN enthalten. Mit ihm werden z. B. die herausgegebenen Ergebnisse der Normungsarbeit (z. B. DIN-Normen) und sonstige Veröffentlichungen des DIN Deutsches Institut für Normung e. V. gekennzeichnet.

Als Aussage der → Normenkonformität, insbesondere von technischen Erzeugnissen, findet man das Zeichen DIN auch auf Waren außerhalb des Tätigkeitsbereiches des DIN. *Krieg*

DIN Deutsches Institut für Normung e. V. Das DIN Deutsches Institut für Normung e. V. ist die zentrale, national wie international als normenschaffende Körperschaft anerkannte deutsche „Nationale Normungsorganisation".

Seine Hauptaufgabe besteht darin, Normen (→ Normung, technische) zu erstellen, anzuerkennen oder anzunehmen, sowie diese der Öffentlichkeit zugänglich zu machen.

Das DIN ist Mitglied in den entsprechenden regionalen (europäischen) und internationalen Normungsorganisationen (→ Normung, regionale; → Normung, internationale). Ergebnisse der Normungsarbeit im DIN sind Deutsche Normen (→ DIN-Normen), die unter dem Verbandszeichen DIN vom DIN herausgegeben werden und das Deutsche Normenwerk bilden. Internationale und Europäische Normen, ausländische Normen sowie technische Regeln anderer Regelsetzer werden (z. B. als → DIN-ISO-Normen oder → DIN-EN-Normen) auch als Deutsche Normen in das Deutsche Normenwerk übernommen.

Das DIN hat die Rechtsform eines eingetragenen Vereins auf ausschließlich gemeinnütziger Grundlage mit Sitz in Berlin. Gegründet wurde es 1917.

Das DIN vertritt Deutschland in den internationalen Normungsorganisationen. Bis 1961 hatte es dies gemäß Kontrollratsbeschluß aus dem Jahre 1946 für alle vier Besatzungszonen getan. Die ab 1968, als die Mitgliedsfirmen aus der ehemaligen DDR ihren Austritt aus dem DIN erklärten, geltende Beschränkung seiner Tätigkeit auf das damalige Bundesgebiet einschließlich Berlin (West) wurde mit der Verwirklichung des geeinten Deutschlands wieder aufgehoben.

Oberstes Organ des DIN ist die Mitgliederversammlung. Mitglied des DIN können Firmen oder Verbände sowie alle an der Normung interessierten Körperschaften, Behörden und Organisationen sein. Einzelpersonen können nicht Mitglied des DIN werden. Zur Zeit hat das DIN etwa 6 000 Mitglieder.

Der Finanzbedarf des DIN wird gedeckt aus:
– Mitgliedsbeiträgen und zweckbestimmten Fachförderungen. Der zu entrichtende Mitgliedbeitrag wird nach der Anzahl der Mitarbeiter (Betriebsangehörigen) eines Mitglieds errechnet (etwa 20 % Anteil am Haushalt des DIN).
– Zuwendungen von Bund und Ländern als Projektmittel für im Interesse der Öffentlichkeit durchgeführte Normungsarbeiten (etwa 20 % Anteil am Haushalt des DIN).
– Erlöse aus dem Verkauf der Arbeitsergebnisse. Etwa 60 % der Einnahmen des DIN werden hauptsächlich durch die Verkaufserlöse der Normen und Norm-Entwürfe sowie der DIN-Taschenbücher erreicht.

Im Jahre 1975 hat das DIN mit der Bundesrepublik Deutschland einen Vertrag (Normenvertrag) geschlossen. Demzufolge betrachtet die Bundesregierung das DIN nach Maßgabe der DIN-internen Regularien als die zuständige Normungsorganisation in nichtstaatlichen internationalen Normungsorganisationen. Der Normenvertrag findet auch in den neuen fünf Bundesländern sinngemäße Anwendung. Das DIN verpflichtet sich in dem Normenvertrag, bei seinen Normungsarbeiten das öffentliche Interesse zu berücksichtigen und bei der Ausarbeitung der DIN-Normen insbesondere dafür Sorge zu tragen, daß die Normen bei der Gesetzgebung, in der öffentlichen Verwaltung und im Rechtsverkehr als Umschreibungen technischer Anforderungen herangezogen werden können.

Dieser Normenvertrag regelt die Beziehungen zwischen dem DIN und dem Staat in einer Weise, die die Grundsätze der Normungsarbeit des DIN gewährleistet. Diese neun Grundsätze (Maxime der Normung) sind gleichzeitig auch die wesentlichen Randbedingungen des eigentlichen Normungsprozesses. Im einzelnen sind es folgende:

☐ Freiwilligkeit. Jedermann – wenn die Gegenseitigkeit gewährleistet ist, auch am Markt vertretene ausländische interessierte Kreise – hat das Recht, mitzuarbeiten, niemand wird jedoch dazu gezwungen. Die Arbeitsergebnisse sind Empfehlungen, die keine andere Macht hinter sich haben, als den in ihnen liegenden akkumulierten Sachverstand.

☐ Öffentlichkeit. Alle Normungsvorhaben und Entwürfe zu DIN-Normen werden öffentlich bekannt und für jedermann zugänglich gemacht.

☐ Beteiligung aller interessierten Kreise. Jedermann kann sein Interesse einbringen. Der Staat ist dabei ein wichtiger Partner neben anderen. Kritiker werden an den Verhandlungstisch gebeten. Ein Schlichtungs- und Schiedsverfahren sichert die Rechte von Minderheiten.

☐ Einheitlichkeit und Widerspruchsfreiheit. Das Deutsche Normenwerk befaßt sich insbesondere mit allen technischen Disziplinen. Die Regeln der Normungsarbeit sichern seine Einheitlichkeit.

□ Sachbezogenheit. Das DIN normt keine Weltanschauung. DIN-Normen sind ein Spiegelbild der Wirklichkeit. Sie werden abgefaßt auf der Grundlage technisch-wissenschaftlicher Erkenntnisse, ohne sich darin zu erschöpfen.

□ Ausrichtung am allgemeinen Nutzen. DIN-Normen haben gesamtgesellschaftliche Ziele einzubeziehen. Es gibt keine wertfreie Normung. Der Nutzen für alle steht über dem Vorteil einzelner.

□ Ausrichtung am Stand der Technik. Die Normung des DIN vollzieht sich in dem Rahmen, den die naturwissenschaftlichen Erkenntnisse und die Erfahrungen der Praxis setzen. Sie sorgt für die schnelle Umsetzung neuer Erkenntnisse. DIN-Normen sind Niederschrift des Standes der Technik.

□ Ausrichtung an den wirtschaftlichen Gegebenheiten. Jede Normensetzung wird auf ihre wirtschaftlichen Wirkungen hin untersucht. Es wird nur das unbedingt Notwendige genormt.

□ Internationalität. Das DIN will einen von technischen Handelshemmnissen freien Welthandel und unterstützt im Rahmen seiner Möglichkeiten die internationale Zusammenarbeit, Verständigung und den Erfahrungsaustausch auf allen Gebieten. Die Aufgaben der Normung in Deutschland sind demzufolge nicht nur auf das Inland beschränkt. Als Richtschnur werden hierfür Internationale Normen und im Rahmen der internationalen Normung (→ Normung, regionale) Europäische Normen benötigt.

In Anbetracht dieser Normungsgrundsätze und aufgrund ihres qualifizierten Erfahrungspotentials, eignen sich DIN-Normen auch für Anwendungen im rechtlichen Bereich, obwohl sie von ihrer Bestimmung her vorrangig zur Anwendung im technisch-wirtschaftlichen, technisch-wissenschaftlichen Bereich gedacht sind (→ DIN-Normen).

Die eigentliche fachliche Arbeit (→ Normungsarbeit) des DIN wird in Arbeitsausschüssen geleistet, die in der Regel zu Normenausschüssen zusammengefaßt sind.

Normen sind immer erst dann wirksam, wenn sie angewendet werden. Je häufiger und je früher DIN-Normen angewendet werden, desto größer ist der wirtschaftliche Nutzen, der aus der Normung des DIN erwächst.

Zu den Aufgaben eines Normenausschusses gehört es deshalb auch, sich im Rahmen seiner Normungsarbeit für die Einführung und Anwendung der Normen einzusetzen. Ein Beispiel hierfür sind die gemeinsam mit der → Deutschen Gesellschaft für Warenkennzeichnung, DGWK wahrgenommenen Zertifizierungsaktivitäten (→ Normenkonformität).

Mit der Aufgabe, die Einführung der DIN-Normen in die betriebliche Praxis zu erleichtern sowie der Allgemeinheit die Vorteile der Normung aufzuzeigen, befaßt sich insbesondere der Ausschuß Nor-

menpraxis (ANP) im DIN. Er setzt sich zum großen Teil aus Mitarbeitern zusammen, die in der Industrie, Wirtschaft, Wissenschaft und Verwaltung in der Normung (Werknormung, → Werknorm), tätig sind. Der im ANP betriebene Erfahrungsaustausch bildet hierbei ein wirksames Instrument einer anwenderbezogenen Normenkontrolle, der Zweckmäßigkeitsbeurteilung und der Einführung der DIN-Normen in die Praxis. Gleiches, nur auf internationaler Ebene, gilt für die im Rahmen der → ISO wirkende Internationale Föderation der Ausschüsse Normenpraxis (IFAN), ein weltweiter Zusammenschluß der nationalen Organisationen Normenpraxis.

Mit der Interessenwahrnehmung einer weiteren Gruppe von Normenanwendern, den nicht gewerblichen Letztverbrauchern, befaßt sich der Verbraucherrat im DIN. Sein Ziel ist es, die Ausgewogenheit der Interessen zwischen Herstellern und Verbrauchern zu verbessern. So berät und unterstützt er die Lenkungs- und Arbeitsgremien des DIN in allen Fragen, die für den Verbraucher von Bedeutung sind. Wie der ANP stellt der Verbraucherrat selbst keine Normen auf, wirkt aber durch ehren- und hauptamtliche Mitarbeiter in der Facharbeit mit.

Der Nutzen der Normung des DIN kann nur dann seine volle Wirkung erzielen, wenn die Informationsquellen über die Normung den potentiellen Anwendern bekannt sind und die Informationsbeschaffung problemlos zu handhaben ist. Aus diesem Grunde bietet das DIN neben den von seinem Deutschen Informationszentrum für technische Regeln (DITR) angebotenen Dienstleistungen noch folgende Informations- und Beschaffungsmöglichkeiten an.

□ Beuth Verlag GmbH. Der Beuth Verlag ist die zentrale Bezugsquelle für technische Regeln in der Bundesrepublik Deutschland. Neben DIN-Normen und anderen deutschen technischen Regeln liefert der Beuth Verlag die Normen aller Mitgliedsländer der ISO sowie alle ausländischen nationalen Normen.

Der Verlag bietet folgende *Dienstleistungen:*
45 000 deutsche technische Dokumente und Buchtitel aus 30 technisch-wissenschaftlichen Institutionen,
260 000 ausländische Normen, Abonnementsdienste für Normen und andere Publikationen.

DIN-Mitteilungen + elektronorm. Die DIN-Mitteilungen + elektronorm, eine Zeitschrift, ist das Zentralorgan der deutschen Normung und die Chronik des Deutschen Normenwerkes. Sie enthält monatlich Informationen, in denen alle Veränderungen am Deutschen Normenwerk, im Bereich der europäischen Normung und anderen technischen Regelwerken (AD, → VDI, → VdTÜV usw.) aufgezeigt werden.

DIN-Taschenbücher enthalten auf A5 verkleinerte wichtige DIN-Normen eines Fach- oder Anwendungsbereiches.

Bibliothek. In der Bibliothek des DIN können

viele deutsche technische Regelwerke sowie ein breites Spektrum an Tertiärliteratur zur Normung eingesehen werden.

Auslandsarchiv. Das DIN tauscht mit den nationalen Normungsinstituten von mehr als 70 europäischen und überseeischen Ländern seine Normen aus. Die Anzahl der Auslandsnormen, die für die deutsche Wirtschaft zur Verfügung stehen, beträgt rund 40 000 Exemplare.

DIN-Bezugsquellen für normgerechte Erzeugnisse im Seibt-Industriekatalog. Bestandteil des Seibt-Industriekataloges ist ein DIN-numerischer Bezugsquellenteil für DIN-genormte Erzeugnisse und deren Hersteller bzw. Händler.

Beuth-Kommentare. In den Beuth-Kommentaren werden bereits zum Erscheinungstermin von wichtigen Normen eines Fachgebietes Hinweise und Vorschläge zur Anwendung sowie Beispiele aus der Praxis für dieses Gebiet gegeben.

Darüber hinaus wird über den Zusammenhang mit Gesetzen, Verordnungen und Richtlinien sowie sonstigen Festlegungen von Staat und Wirtschaft informiert. *Krieg*

Literatur: Normenheft 10. Grundlagen der Normungsarbeit des DIN. 5. Auflage. Berlin, 1987. – Handbuch der Normung, Innerbetriebliche Normungsarbeit; Band 1. Grundlagen der Normungsarbeit. 7. Auflage. Berlin, 1989.

DIN-EN-Norm. In das → Deutsche Normenwerk als → DIN-Norm unverändert übernommene Europäische Norm (EN-Norm) von CEN/CENELEC (→ Normung, regionale). *Krieg*

DIN-IEC-Norm. In das → Deutsche Normenwerk als → DIN-Norm unverändert übernommene Internationale Norm (IEC; → Normung, internationale). *Krieg*

DIN-ISO-Norm. In das → Deutsche Normenwerk als → DIN-Norm unverändert übernommene Internationale Norm der → ISO (→ Normung, internationale). *Krieg*

DIN-Normen. D. sind auf nationaler Ebene durch ehrenamtlich tätige Fachleute aus den interessierten Kreisen in Normenausschüssen erarbeitete (→ Normungsarbeit) und vom → DIN Deutsches Institut für Normung e. V. herausgegebene technische Normen. D. enthalten Festlegungen (Angaben, Anweisungen, Empfehlungen oder Anforderungen) z. B. für

□ die Verständigung (zwischen verschiedenen Fachbereichen),

□ die Beschaffenheit und Prüfung technischer Erzeugnisse (→ Normenkonformität),

□ die Herstellung, Instandhaltung und Handhabung von Gegenständen und Anlagen,

□ die Gestaltung und den organisatorischen Ablauf von Verfahren und Dienstleistungen,

□ die Sicherheit, Gesundheit und den Umweltschutz.

Aufgrund ihres Inhaltes oder dem Grad der Normung kann zwischen verschiedenen Normenarten unterschieden werden. D. werden allgemein beachtet und angewendet.

D. unterscheiden sich von den überbetrieblichen Empfehlungen (→ technische Regel) anderer Regelsetzer, weil sie nach den u. a. in den Normen der Reihe DIN 820 enthaltenen Grundsätzen und festgelegten Verfahrensregeln des DIN erstellt und herausgegeben werden. Ein wesentlicher Aspekt ist hierbei die selbstauferlegte und durch den Normenvertrag bestätigte Pflicht, bei der Normungsarbeit das öffentliche Interesse zu berücksichtigen sowie die Beteiligung der Öffentlichkeit an der Normensetzung sicherzustellen.

Ein weiteres Unterscheidungsmerkmal ist auch darin zu sehen, daß allein durch D. die Verbindung mit den Internationalen Normen und Europäischen Normen hergestellt wird. Durch die Übernahme der meisten dieser multinationalen Normen in das → Deutsche Normenwerk, leisten D. einen wichtigen Beitrag zum Abbau von Handelshemmnissen.

Einen Sonderfall im Rahmen der Normungsarbeit des DIN stellen die Vornormen dar. Durch die Möglichkeit, das nach DIN 820 Teil 4 vorgeschriebene Aufstellungsverfahren zu variieren, kann, auch auf technischen Gebieten, die einer raschen Entwicklung unterliegen, technischen Neuerungen kurzfristig Rechnung getragen werden.

D. stehen jedermann zur Anwendung frei. Eine Anwendungspflicht kann sich aus Rechts- oder Verwaltungsvorschriften, Verträgen oder aus sonstigen Rechtsgrundlagen ergeben. Als zeitgerechte (D. müssen spätestens alle fünf Jahre auf ihre Aktualität hin überprüft werden) Spiegelung des Standes der Technik (→ technische Regel) sind sie eine wichtige Erkenntnisquelle für fachgerechtes und marktgerechtes Verhalten im Normalfall und bilden damit einen Maßstab für einwandfreies technisches Verhalten. Dieser Maßstab ist auch im Rahmen der Rechtsordnung von Bedeutung. So sollen sich die D. als „anerkannte Regeln der Technik" einführen und zur Ausfüllung der unbestimmten Rechtsbegriffe „anerkannte Regel der Technik" oder „Stand der Technik" durch den Gesetzgeber herangezogen werden können. Bei sicherheitstechnischen Festlegungen in D. besteht sogar eine tatsächliche Vermutung dafür, daß sie „anerkannte Regeln der Technik" sind (Beispiele hierfür sind die auf dem elektrotechnischen Gebiet herausgegebenen DIN-VDE-Normen, die zugleich VDE-Bestimmungen sind). Durch das Anwenden von D. entzieht sich jedoch niemand der Verantwortung für eigenes Handeln. D. sind urheberrechtlich geschützt. Die

Urheberrechte nimmt das DIN wahr. Vervielfältigungen von D., auch das Einpeichern von D. und Norm-Inhalten in EDV-Anlagen, müssen durch das DIN genehmigt werden. Der Vertrieb der D. wird vom Beuth Verlag, Berlin, wahrgenommen. Auskünfte zu D. und anderen technischen Regeln erteilt das Deutsche Informationszentrum für technische Regeln (DITR) im DIN. *Krieg*

Literatur: Normenheft 10: Grundlagen der Normungsarbeit des DIN. 5. Aufl. Berlin: Beuth Verlag GmbH, 1987 – *Budde, E.* und *Reihlen, H.:* Zur Bedeutung technischer Regeln in der Rechtsprechungspraxis der Richter. In: DIN-Mitt. Bd. 63 (1984), Nr. 5, S. 248 bis 250. – *Hesser, W.:* Untersuchungen zum Beziehungsfeld zwischen Konstruktion und Normung. Dissertation, TU-Berlin (1980). – Normungskunde Bd. 16. Berlin: Beuth Verlag GmbH, 1981 – *Muschalla, R.:* Überregelung – Sachzwang oder menschliches Versagen? In: DIN-Mitt. Bd. 61 (1982), Nr. 9, S. 513 bis 517.

DIN-Prüf- und Überwachungszeichen. Das DIN-P. Ü. ist ein Verbandszeichen des → DIN Deutsches Institut für Normung e. V. und dient der Kennzeichnung der → Normenkonformität (→ Deutsche Gesellschaft für Warenkennzeichnung, DGWK). *Krieg*

Dip-Test → Spannung, innere

Dipol → Dielektrikum

Direkthärten. → Härten unmittelbar im Anschluß an das → Aufkohlen von der Aufkohlungstemperatur. Bei höheren Randkohlenstoffgehalten nimmt wegen des dann verstärkt auftretenden Restaustenits die erreichbare → Härte ab, so daß eine zusätzliche → Wärmebehandlung zum Härten erforderlich wird (Einfachhärtung). *Dahl*

Direktreduktion. Als D. wird die Herstellung von festem → Eisenschwamm durch → Reduktion von → Eisenerzen bezeichnet. Als Reduktionsmittel werden entweder ein → Reduktionsgas oder Kohle verwendet.

Die Gasreduktionsverfahren verwenden einen Schachtofen, in den das heiße Reduktionsgas unten eingeblasen und das Erz oben aufgegeben wird und im Schacht absinkt. Das Eisenoxid wird dabei im Gegenstrom durch CO und H_2 im Gas reduziert. Der metallische Schwamm wird entweder vor dem Austrag im unteren Teil des Ofens durch eingeblasenes kaltes Gas abgekühlt, oder heiß ausgetragen und dann heiß brikettiert. Das Reduktionsgas wird überwiegend durch → Umformen von Erdgas erzeugt.

Direktreduktionsöfen werden heute mit einer Kapazität von 250–600 000 t/Jahr gebaut.

Die wichtigsten Schachtofenverfahren sind *Midrex* (Bild) und *Hyl III*.

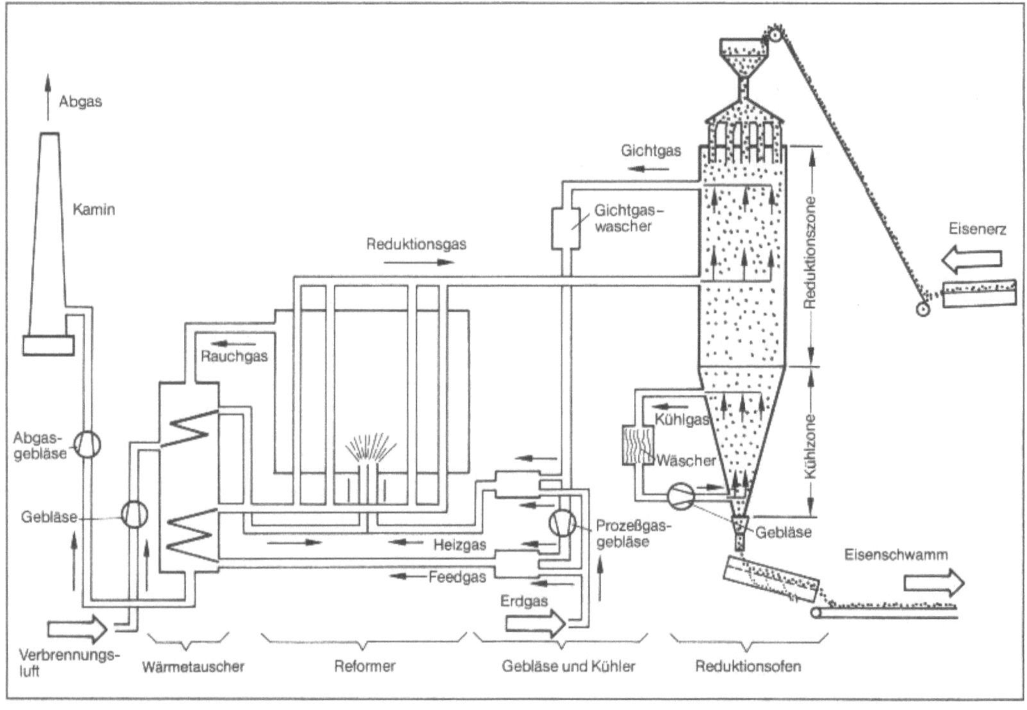

Direktreduktion: Schema der D. nach dem Midrexverfahren. (Quelle: Stahlberatung Düsseldorf).

Neben den kontinuierlich arbeitenden Schacht-öfen gibt es eine Reihe älterer Anlagen nach dem Hyl I-Verfahren, die mit Retorten und chargenweisem Einsatz arbeiten. Dabei sind vier Retorten in einer Gruppe zusammengefaßt, die jeweils in einer anderen Phase des Prozeßablaufes sind. So wird eine kontinuierliche Abnahme des Reduktionsgases sichergestellt.

Alle Gasreduktionsverfahren erfordern sorgfältig vorbereitete Einsatzstoffe um eine gute Gasdurchlässigkeit und in Schachtöfen ein gleichmäßiges Absinken der Beschickung sicherzustellen. Daher werden überwiegend Pellets eingesetzt. Der Eisengehalt von Direktreduktionspellets ist mit 65–68 % sehr hoch und der Gehalt an Gangart mit 3–6 % niedrig.

Ein anders geartetes Gasreduktionsverfahren ist das FIOR-Verfahren. Bei diesem Verfahren werden Feinerze in einem Wirbelschichtreaktor mit Gas reduziert. Bis heute arbeitet nur eine Anlage mit einer Kapazität von 300 000 t/Jahr. Die Anlage hat nach langjähriger Entwicklungsarbeit die Nennkapazität erreicht. Die zukünftigen Möglichkeiten dieses Verfahrens können noch nicht hinreichend beurteilt werden.

Fast alle Verfahren der D., die mit Kohle als Energieträger arbeiten, als wichtigste SL-RN und CODIR, führen die Reduktion in einem Drehrohrofen durch. Die Öfen haben einen Durchmesser von 3,5–4 m und eine Länge von 35–40 m. Pellets oder Stückerze werden zusammen mit Kalk oder Dolomit und Kohle aufgegeben. Vom Austragsende des Ofens her wird mit einer Kohlenstaub- oder Ölfeuerung beheizt. Zur Regulierung der Temperatur über die Ofenlänge kann Luft durch regelbare Düsen im Ofenmantel eingeblasen werden. Die Wärmeübertragung an die Beschickung erfolgt sowohl direkt durch die Flamme wie auch indirekt über das aufgeheizte Futter des Ofens. Der Ofenaustrag wird in einer wassergekühlten Drehtrommel abgekühlt. Feiner Kalk bzw. Dolomit und Kohleasche werden ausgesiebt. In einer anschließenden Magnetscheidung wird nicht verbrauchter Überschußbrennstoff vom Eisenschwamm getrennt und zurückgeführt. Die Kapazität von Drehrohröfen liegt bei 50–150 000 t/Jahr.

Der Energieverbrauch dieser Verfahren ist höher als bei Schachtöfen mit Gasreduktion. Um einen Eisenschwamm mit geringem Gangartanteil zu erhalten müssen Erze oder Pellets hohe Eisengehalte haben. Da Kohleasche und Zuschläge nicht vollständig ausgesiebt werden können, liegt der Gangartanteil höher als bei Gasreduktionsanlagen.

Im Jahre 1985 betrug die Kapazität aller Direktreduktionsanlagen der Welt etwa 23 Mio t/Jahr. Weitere 10 Mio t sind in Bau. Aus wirtschaftlichen Gründen wurden aber viele Anlagen nicht betrieben, so daß die tatsächliche Erzeugung im gleichen Jahr 11 Mio t betrug. 93 % dieser Menge wurden in Gasreduktionsanlagen erzeugt. *Rellermeyer*

Literatur: Direktreduktion von Eisenerz. Düsseldorf 1976. – *Stephenson, R. L.* u. a.: Direct Reduced Iron. The Iron an Steel Society of AIME Warrendale. Pa. 1980.

Direktreduktionsverfahren. D. sind Verfahren zur Herstellung von → Eisenschwamm durch → Reduktion von → Eisenerz mit festen oder gasförmigen Reduktionsmitteln, die unter Umgehung des Hochofenverfahrens durchgeführt werden. Solche Verfahren sind beispielsweise das → Hojalata-y-Lamina-Verfahren, → Purofer-Verfahren, → Midland-Ross-Verfahren und das → SL/RN-Verfahren. *Baumann*

Dispersant. → Schmierstoffadditiv, das eine Ausflockung bzw. Koagulation kolloidaler Teilchen im Schmieröl verhindern soll. Es soll insbesondere kalten Ölschlamm dispergieren (→ Detergent). *Habig*

Dispersionsfarbe. Gruppe von in Wasser unlöslichen Farbstoffen, die mit Dispergiermitteln eine Dispersion bilden und Synthesefasern durch Bildung fester Lösungen in der → Faser färben. Als Dispersionsfarbstoffe werden hauptsächlich Azofarbstoffe und Antrachinonderivate verwendet. *Finkelmann*

Literatur: Ullmann's Encyclopedia of Industrial Chemistry, Vol. A8, Weinheim 1987.

Dispersionshärtung → Härtungsmechanismus

Dispersionsschichten. Metallische Oberflächenschutzschichten mit eingelagerten Partikeln, die durch galvanisches → Abscheiden hergestellt werden. Technische Bedeutung haben vor allem elektrolytisch abgeschiedene Nickel-Schichten mit eingelagerten Siliciumcarbidpartikeln und in geringerem Maße auch fremdstromlos abgeschiedene Nickel-Phosphor-Schichten mit eingelagerten Diamantpartikeln gewonnen. Die Nickel- bzw. Nickel-Phosphor-Matrix dient zum → Korrosionsschutz, während die eingelagerten Hartstoffpartikel den Widerstand gegen → Abrasion erhöhen. *Habig*

Dispersionswerkstoffe → Teilchenverbundwerkstoffe

Dispersoide → Teilchenverbundwerkstoffe

Doppelhärtung. Nach dem → Aufkohlen wird zunächst von einer Temperatur oberhalb der Umwandlungstemperatur des Kernmaterials gehärtet und dadurch ein feines → Korn erzielt. Anschließend erfolgt → Härtung von einer auf den Randkohlenstoffgehalt abgestimmten niedrigeren Temperatur. *Dahl*

Doppelleerstelle → Gitterfehlstelle

DQS. Kurzform für → Deutsche Gesellschaft zur Zertifizierung von Qualitätssicherungssystemen mbH. *Krieg*

Draht. Walzdraht ist ein Walzstahl-Fertigerzeugnis, das im warmen Zustand aufgehaspelt wird. Sein Querschnitt kann kreisrund, oval, quadratisch, rechteckig, sechs- oder achteckig, halbrund oder anders geformt sein, der Durchmesser oder die Breite ist im allgemeinen größer oder gleich 5,5 mm. Durch → Ziehen kann → Walzdraht weiterverformt werden zum Erreichen kleinerer Abmessungen, besserer Oberflächen und höherer → Festigkeit. *Dahl*

Drahterkennbarkeit → Werkstoffprüfung, zerstörungsfreie

Drahtflammspritzen → Flammspritzen

Drahtprüfung. Ermittlung von Festigkeits- und Verformbarkeitskennwerten, Gleichmäßigkeit über die Länge, → Oberflächenbeschaffenheit und → Haftung von Überzügen an neuen und gerichteten Drähten (→ Drahtseilprüfung).

Beim → Zugversuch nach DIN 51210 (Ausg. April 1976) an Rund- und Formdrähten wird die → Zugfestigkeit und → Bruchdehnung an kurzen oder langen Proportionalstäben oder mit Meßlängen von 100 oder 200 mm bestimmt. Dabei soll der Bruch nicht an oder nahe der Einspannung erfolgen. Ist dies jedoch der Fall und der Bruchdehnungswert nicht ausreichend, darf der Versuch wiederholt werden ohne als Wiederholungsversuch gewertet zu werden. Die Auswertung erfolgt gemäß DIN 50145 (Ausg. Mai 1975).

Außerdem werden nachstehende technologische Prüfungen durchgeführt, wobei zur Beurteilung die zugehörigen Anforderungen aus Drahtnormen und den Verwendungszweck berücksichtigenden Normen (z. B. Seilnormen, Bergbauverordnungen) heranzuziehen sind
– Hin- und Herbiegeversuch nach DIN 51211 (Ausg. Sep. 1978) an Drähten mit Durchmessern von 0,3–10 mm. Er dient der Ermittlung der Verformbarkeit von kaltgeformten oder kaltgeformten und wärmebehandelten neuen Drähten sowie kaltgerichteten Drähten aus Drahtseilen durch mehrfaches Hin- und Herbiegen der Drähte in einer Ebene mittels eines Hin- und Herbiegegerätes gemäß DIN 51211, Ziffer 5.
– Verwindeversuche nach DIN 51212 (Ausg. Sep. 1978) an Drähten mit Durchmessern von ≥ 0,3 bis

≤ 5 mm. Er dient der Ermittlung der Verformbarkeit und Gleichmäßigkeit durch Verwindeverformung in einer Richtung
– Knoten-Zugversuch nach DIN 51214 (Ausg. Feb. 1977) an Drähten mit Durchmessern ≤ 0,5 mm. Er dient der Ermittlung der Verformbarkeit von dünnen Drähten, bei denen der Hin- und Herbiegeversuch und der Verwindeversuch nicht zu eindeutigen Ergebnissen führt. Bei diesem Versuch wird für Drahtseile nach DIN 3051 (Ausg. März 1972) verlangt, daß ein Draht – zu einem Knoten gebunden – im Zugversuch mindestens 50 % der vorgeschriebenen Nennfestigkeit aufweist. Nach der Norm wird außer der Höchstkraft das Knoten-Zugverhältnis in % ermittelt (Quotient von Ergebnissen von Proben mit Knoten und solchen ohne Knoten)
– Wickelversuch nach DIN 51215 (Ausg. Sept. 1979). Er dient der Prüfung der Umformbarkeit, Gleichmäßigkeit und Oberflächenbeschaffenheit von Drähten sowie des Haftvermögens von metallischen und nichtmetallischen Überzügen. Die Prüfbedingungen sind den betreffenden Normen oder Lieferbedingungen des Drahtes oder Fertigproduktes zu entnehmen. Für die Prüfung von Zinn- und Zinküberzügen auf Drähten wird neben dem Wickelversuch ein chemisches Ablöseverfahren nach DIN 51213 (Ausg. Dez. 1970) angewandt, bei dem aus dem Gewichtsverlust des Drahtes und dem bei der Ablösung sich entwickelnden Wasserstoff das Flächengewicht des Zinküberzugs in g/m^2 errechnet wird. *Kußmaul*

Drahtseilprüfung. Ermittlung von Kennwerten zum Nachweis geforderter Eigenschaften an unverseilten und verseilten Drähten bzw. an ganzen Seilen.
□ Drahtseile für Hebezeuge und Fördermittel, Schiffahrt und Bergbau.

Die bei der Drahtseilherstellung verwendeten Runddrähte weisen die Festigkeitsklassen 1570 bzw. 1770 N/mm² auf, die gemäß DIN 3051, Blatt 4 (Ausg. März 1972) mit vom Durchmesser abhängigen Plustoleranzen versehen sind. Gemäß den Normangaben ist außerdem eine ausreichende Verformbarkeit an unverseilten Drähten nachzuweisen.

Hierzu ist bei Drähten mit Nenndurchmessern von 0,18–0,37 mm im Knotenzugversuch nach DIN 51214 bei einem zum Knoten gebundenen → Draht eine Minimalbruchlast nachzuweisen, die mindestens 50 % der vorgeschriebenen Nennfestigkeit des Drahtes beträgt. Bei Drähten mit Nenndurchmessern von 0,4–3,5 mm ist der entsprechende Nachweis ausreichender Verformbarkeit durch Hin- und Herbiegeversuche oder Verwindeversuche und bei Drähten mit 3,6–5 mm im Hin- und Herbiegeversuch anhand der im Regelwerk aufgeführten Mindestanforderungen zu führen.

Bei der Prüfung des fertigen Seils wird zwischen →Drahtprüfung und →Seilprüfung unterschieden.

Zur Ermittlung der Gütewerte der Drähte genügt nach DIN 3051 Blatt 4 (Ausg. März 1972) die Prüfung aller Drähte einer Litze je Art und Abmessung. Hierbei dürfen im →Zugversuch und im Hin- und Herbiegeversuch maximal 5 % der Drähte je Litze die zulässigen Abweichungen bzw. Mindestwerte nicht einhalten bzw. unterschreiten. Beim Verwindeversuch und Knotenzugversuch gelten die gleichen Anforderungen.

Bei der Bestimmung der Bruchkraft des Seils unter zügiger Beanspruchung unterscheidet man nach DIN 3051, Blatt 3 (Ausg. Febr. 1972) zwischen
– der aus dem metallischen Seilquerschnitt und der Nennfestigkeit der Drähte ermittelten „Rechnerischen Bruchkraft". Aus der „Rechnerischen Bruchkraft" erhält man durch Multiplikation mit einem den Verseilungsverlust berücksichtigenden Faktor (Verseilfaktor) die „Mindestbruchkraft".
– der aus den Bruchkräften aller geprüften Einzeldrähte erhaltenen „Ermittelten Bruchkraft"
– der im Zugversuch an einem Seilabschnitt ermittelten „Wirklichen Bruchkraft" (Höchstkraft bis zum Brechen des Seils)

Für hochwertige Seile (z. B. Förderseile) ist nach DIN 51201 die „Ermittelte Bruchkraft" unter Zugrundelegung aller Einzeldrähte festzustellen. Sonst genügt im allgemeinen für die „Ermittelte Bruchkraft" die Prüfung von 10 % aller Drähte.

Zur Ermittlung der „Wirklichen Bruchkraft" werden nach DIN 51201 (Ausg. März 1961) Seilabschnitte mit einer Versuchslänge größer 600 mm (mindestens jedoch 30 x Seildurchmesser) verwendet. Hierbei sind die Seilenden in Vergußmuffen oder nach Vereinbarung in dem Verwendungszweck entsprechenden Halterungen so zu halten, daß alle Drähte an der Aufnahme der Belastung teilnehmen. Es hat sich als zweckmäßig erwiesen, hierzu die Seilenden vor dem Vergießen mit Tonerdeschmelzzement, Weißmetall oder Zink zu einem Büschel aufzulösen. Die Prüfung erfolgt zügig mit einer Belastungszunahme $\leq$ 1 kp/mm^2 je Sekunde.

Liegt die „Ermittelte Bruchkraft" unter dem Wert der „Rechnerischen Bruchkraft", so ist die „Ermittelte Bruchkraft" unter Zugrundelegung aller Drähte des Drahtseils erneut zu bestimmen.

Nach Vereinbarung sind dem Verwendungszweck angepaßte Dauerschwingversuche durchzuführen.

□ Drahtseile für Hauptseilfahrtanlagen. Ermittlung der „Ermittelten Bruchkraft" unter Zugrundelegung aller Einzeldrähte; gleicher Prüfumfang bei Hin- und Herbiegeversuchen. Die Grundlage für die Bewertung der Tragfähigkeit des Seils und der Seilauflegezeit sind in den Bergverordnungen der Oberbergämter für Hauptseilfahrtanlagen der Bundesländer niedergelegt. *Kußmaul*

Drahtwalzstraße. D. sind Einzweck-Walzstraßen zur Herstellung von →Stahldraht durch →Warmwalzen. Solche einadrigen Straßen bestehen im allgemeinen aus Vorstraße, Zwischenstraße und Fertigstraße, auch Fertigwalzblock oder Drahtblock genannt (Bild 1). In mehradrigen Straßen sind nach der Zwischenstraße der Aderzahl entsprechend viele Fertigwalzblöcke, meist parallel zueinander angeordnet (Bild 2). (Bilder, S. 184)

Die Entwicklung der D. ist seit Einführung des drallfreien Fertigwalzblockes und der kontrollierten →Abkühlung des Walzdrahtes durch außergewöhnliche Leistungssteigerungen gekennzeichnet. 1990 werden
– Fertigwalzgeschwindigkeiten von mehr als 100 m/sec erreicht,
– Knüppelquerschnitte zwischen 135 mm × 135 mm und 160 mm × 160 mm eingesetzt,
– Bundgewichte von mehr als 2 t erzielt sowie
– Aderleistungen bis zu 400 000 t je Jahr erreicht.

Bedeutsame Merkmale neuzeitlicher D. sind:
– mögliche Anstichtemperaturen von nur etwa 950 °C,
– drallfreies →Walzen in der gesamten Straße,
– zugfreie Fahrweise in der Zwischenstraße,
– gezielte Wasserkühlung in der Zwischenstraße sowie vor und innerhalb des Fertigwalzblockes.

Neuartige Draht-Windungsleger sind bereits für Drahtgeschwindigkeiten bis 150 m/s ausgelegt. *Baumann*

Drahtziehen. D. gehört nach DIN 8584, Bl. 2, zu den Verfahren des Durchziehens und ist als Gleitziehen von →Draht durch ein Werkzeug (Ziehstein, Zieheisen) mit kreisförmiger oder andersgeformter Austrittsöffnung (→Ziehen von Runddraht bzw. Profildraht) definiert.

Der Vorgang des D. ist hinsichtlich →Formänderungs- und →Spannungszustand identisch mit dem →Stabziehen. Das D. ist jedoch stets ein kontinuierlicher Prozeß mit Ab- und Aufhaspeln des Ziehguts vor und hinter der Maschine. Die Geschwindigkeiten sind dabei teils erheblich höher, besonders bei kleinen Abmessungen – Durchmesserbereich beim D. zwischen 50 mm und $\approx$ 10 µm – als beim Stabziehen. Üblicherweise verläuft das D. bei größeren Abmessungen (d $\geq$ 8 mm) im Einzelzug, bei kleineren und kleinsten Abmessungen im Mehrfachzug mit Ziehgeschwindigkeiten bis $\approx$ 20 m/s bei kleinen Umformgraden und kleinen Ziehdüsenöffnungswinkeln. Bild 1 zeigt prinzipiell den Vorgang bei Einfach- und Mehrfachziehmaschinen. Der auf der Haspel befindliche Draht wird mit der an der Ziehtrommel befestigten Zange durch das Ziehwerkzeug gezogen und auf die Zieh-

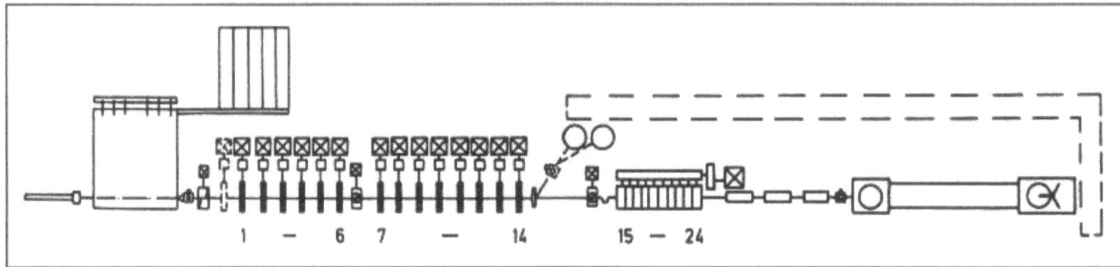

Drahtwalzstraße 1: Schematische Darstellung einer einadrigen D.

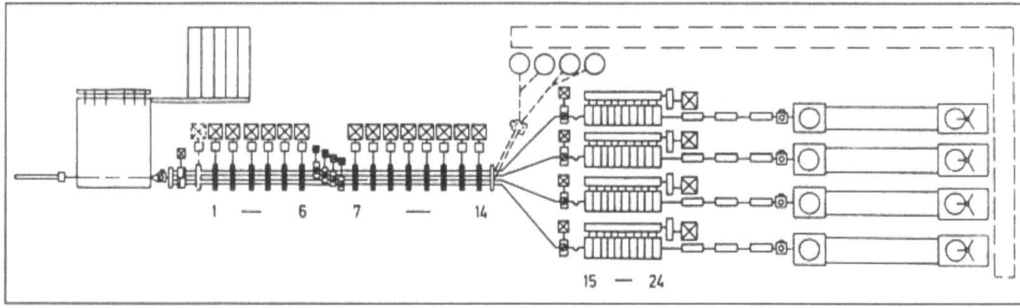

Drahtwalzstraße 2: Schematische Darstellung einer vieradrigen D.

trommel aufgehaspelt. Je nach Lagerung der Ziehtrommel werden Vertikal- und Horizontal-Einfachziehmaschinen unterschieden. Beim Mehrfachzug kommt es bedingt durch die Querschnittsabnahme und die damit verbundene Verlängerung des Drahts nach jeder Ziehstufe zu einer Geschwindigkeitserhöhung, die eine entsprechende Trommeldrehzahl erfordert. Lösungen hierfür bilden für den Trockenzug die gleitlos arbeitenden Mehrfachziehmaschinen mit und ohne Drahtansammlung zwischen den Stufen und für den Naßzug die gleitend arbeitende Ziehmaschine.

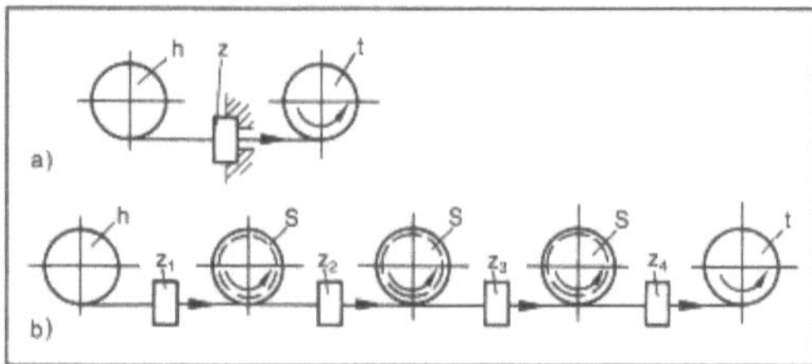

Drahtziehen 1: Drahtziehmaschinen. (Quelle: Spur/ Stöferle)
a) Einfachziehmaschine
b) Mehrfachziehmaschine.

h Haspel, s Scheibe, t Ziehtrommel, z, z_1 bis z_4 Ziehwerkzeuge

Als Ziehwerkzeuge wurden für das D. sog. Zieheisen aus in Öl oder an Luft härtenden Stählen verwendet. Heute benutzt man je nach Anwendung Ziehsteine aus Stählen mit hoher Härte, Hartmetall oder Diamant. Bild 2 zeigt einige Beispiele von Ziehwerkzeugen für das D. *Lange*

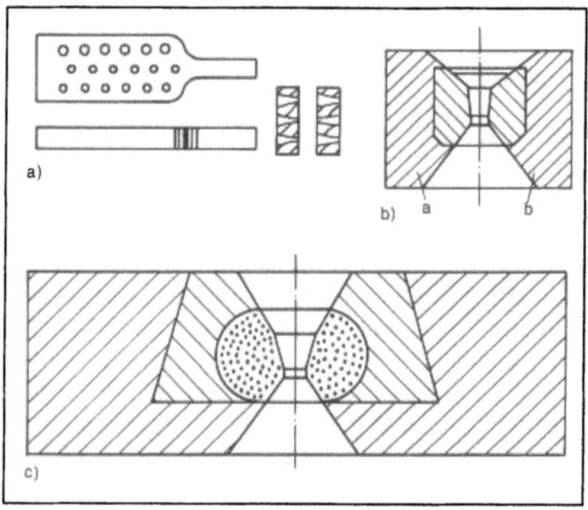

Drahtziehen 2: Drahtziehwerkzeuge (Beispiele).
a) Zieheisen
b) Ziehstein mit Hartmetallkern. (Quelle: DIN 1547)
c) Ziehstein mit Diamant-Kern (hartgelötet).

a) Fassung, b) Kern

Literatur: *Lange, K.* (Hrsg.): Umformtechnik. Handb. f. Ind. u. Wiss. 2. Aufl. Bd. 2. Massivumformung. Berlin, Heidelberg, New York, Tokio 1988. – *Spur, G.* (Hrsg.) u. *Th. Stöferle:* Handbuch der Fertigungstechnik. Tl. 2/2. Umformtechnik. München 1984.

Drehgrenze → Kleinwinkelkorngrenze

Dreistoffsystem. Viele technische Werkstoffe bestehen aus mehr als zwei Komponenten. Zur Charakterisierung der Gleichgewichtszustände ist daher – konstanten Druck vorausgesetzt – neben der Angabe der Temperatur die Festlegung mehrerer Konzentrationen als Zustandsgrößen erforderlich. Für die Darstellung der Phasengleichgewichte im → Zustandsdiagramm sind bei einem D. (ternäres System) räumliche Koordinaten erforderlich. Zur Angabe der Zusammensetzung von Dreistofflegierungen wird das im Bild 1 gezeigte und durch die Punkte ABC aufgespannte gleichseitige Dreieck benutzt. Die Eckpunkte dieses Konzentrationsdreiecks entsprechen den reinen Komponenten. Auf den Seiten können Zusammensetzungen der drei Zweistoffsysteme A–B, B–C und C–A entnommen werden. Jeder Punkt P_i der Dreieckfläche entspricht der Zusammensetzung einer Dreistofflegierung. Die Konzentration der einzelnen Komponenten in der → Legierung kann auf den drei Konzentrationsskalen abgelesen werden. Ihre Summe ergibt sich zu $c_{A_i} + c_{B_i} + c_{C_i} = 100\,\%$. Die beispielsweise durch den Punkt P_1 festgelegte Legierung enthält $c_{A_1}\,\%$ der Komponente A, $c_{B_1}\,\%$ der Komponente B und $c_{C_i}\,\%$ der Komponente C.

→ Zweistoffsystem zum D. folgende Veränderungen:

Zweistoffsystem	*Dreistoffsystem*
Phasenflächen	→ Phasenräume
Phasengrenzlinien (z. B. Liquidus-, Soliduslinie)	→ Phasengrenzflächen (z. B. Liquidus-, Solidusfläche)
binäre eutektische, peritektische und eutektoide Punkte	→ binäre eutektische, peritektische und eutektoide Kurven räumlicher Krümmung ternärer eutektischer Punkt

Im Bild 2 ist ein D. dargestellt, das aus drei eutektisch erstarrenden Zweistoffsystemen aufgebaut ist. Die Liquidusfläche wird durch die Schmelzpunkte der drei Komponenten T_{SA}, T_{SB}, T_{SC}, durch die binären Eutektika E_{AB}, E_{BC}, E_{AC} und durch den ternären eutektischen Punkt E_{ABC} aufgespannt. Die eutektischen Punkte der Zweistoffsysteme setzen sich als binäre eutektische Rinnen im ternären Tem-

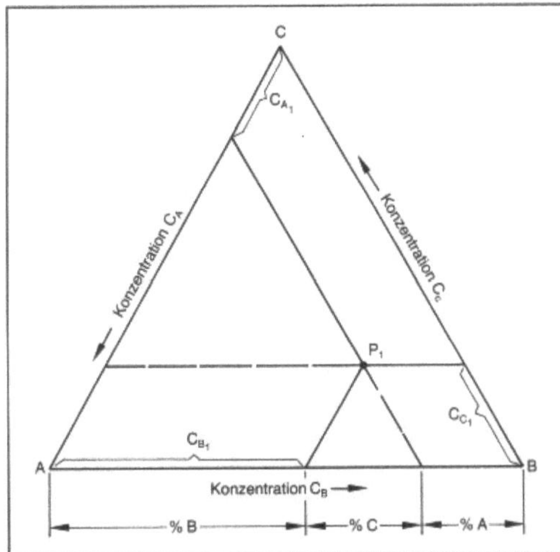

Dreistoffsystem 1: Konzentrationsdreieck zur Angabe der Zusammensetzung von Dreistofflegierungen.

Die Temperaturachse des ternären Systems steht senkrecht auf dem Konzentrationsdreieck. Das Zustandsdiagramm eines D. ist damit ein Prisma, auf dessen Kanten die Gleichgewichtszustände der reinen Komponenten, auf dessen Seitenflächen die Zustände in den drei binären Teilsystemen und in dessen Volumen die Gleichgewichtszustände des D. angegeben werden. Die Existenzbereiche der Phasen erhalten jetzt dreidimensionale Ausdehnung. Im einzelnen entstehen beim Übergang vom

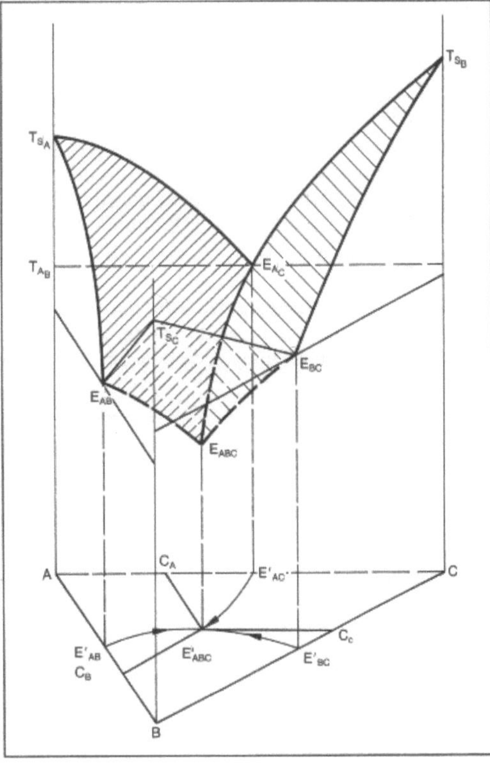

Dreistoffsystem 2: Zustandsdiagramm eines D., das aus drei eutektisch erstarrenden Zweistoffsystemen aufgebaut ist.

peratur-Konzentrations-Raum fort. Sie stellen räumlich gekrümmte Kurven dar, die sich als Schnittlinien der drei zwischen den Liquiduslinien der binären Teilsysteme aufgespannten Schmelzflächen ergeben. Mit sinkender Temperatur laufen die eutektischen Rinnen aufeinander zu und treffen sich im ternären eutektischen Punkt. Sie sind im Bild 2 in die Konzentrationsebene projiziert worden.

Die an den in die Konzentrationsebene projizierten eutektischen Rinnen angebrachten Pfeile geben die Richtung fallender Temperatur an. Die ternäre eutektische Legierung mit der Zusammensetzung c_A, c_B, c_C hat die niedrigste Erstarrungstemperatur des D. Die Solidusfläche stellt im vorliegenden Fall eine zum Konzentrationsdreieck parallele Ebene durch den Punkt E_{ABC} dar. In Zustandsdiagrammen mit vollständiger oder teilweiser Mischbarkeit der Komponenten erscheint sie als räumlich gekrümmte Fläche bzw. Ebene mit räumlich gekrümmten Flächenanteilen.

Die Erstarrung beginnt im Konzentrationsbereich A, E'_{AB}, E'_{AC}, E'_{ABC} mit der primären → Ausscheidung von A-Kristallen, im Konzentrationsbereich B, E'_{AB}, E'_{BC}, E'_{ABC} mit der Ausscheidung von B-Kristallen und im Bereich C, E'_{BC}, E'_{AC}, E'_{ABC} mit der Ausscheidung von C-Kristallen aus der Schmelze. Verändert die Schmelze im Verlaufe der Erstarrung ihre Zusammensetzung so, daß eine der eutektischen Rinnen erreicht wird, dann sind folgende drei binären Reaktionen möglich: $S \rightarrow A + B$; $S \rightarrow B + C$; $S \rightarrow A + C$. Nimmt die Restschmelze schließlich die Zusammensetzung des ternären Eutektikums E_{ABC} an, so scheiden sich Kristalle aller drei Komponenten gleichzeitig entsprechend der ternären eutektischen Reaktion $S \rightarrow A + B + C$ aus.

Für die Darstellung aller bei einer bestimmten Temperatur T vorliegenden Phasen werden isotherme Schnitte durch das Raumdiagramm gelegt. Man gibt die Phasen dann in einer bei der interessieren-

den Temperatur T zur Konzentrationsebene parallelen Ebene an. Sollen dagegen die im Verlaufe der → Abkühlung einzelner Legierungen auftretenden Phasen dargestellt werden, so benutzt man hierfür zur Konzentrationsebene senkrechte Schnitte. Dabei werden häufig zwei Arten bevorzugt:
– Schnitte, die von einem Eckpunkt zur gegenüberliegenden Seite des Zustandsdiagramms gehen. Sie enthalten Legierungen, in denen das Mengenverhältnis der anderen Komponenten konstant ist.
– Schnitte, die zu einer Seite des Konzentrationsdreiecks parallel sind. Sie enthalten Legierungen, in denen der Gehalt an der Komponente konstant ist, die der Dreiecksseite gegenüber liegt.

Auf diese Weise ist auch bei D. eine übersichtliche Darstellung der auftretenden Phasen möglich.

Gräfen

Literatur: *Hornbogen, E.:* Werkstoffe. 3. Aufl. Berlin–Heidelberg 1983. – *Schatt, W.* (Hrsg.): Einführung in die Werkstoffwissenschaft. 6. Aufl. Leipzig 1987.

Dreiwalzen-Schrägwalzanlage. D.-S. sind komplexe technische Systeme zur Herstellung nahtloser Stahlrohre nach dem → Dreiwalzen-Schrägwalzverfahren.

Baumann

Dreiwalzen-Schrägwalzverfahren. Das D.-S. zur Herstellung nahtloser Stahlrohre wird nach seinem Erfinder *W. J. Assel* auch → Asselwalzverfahren genannt. Dieses Schrägwalzverfahren arbeitet mit drei kegelförmigen Walzen, die symmetrisch, je 120 Grad versetzt, um die Walzmitte angeordnet und gegen die Walzgutebene geneigt sind (Bild).

Wesentliches Merkmal der Walzenkalibrierung ist die sog. Schulter, deren „Höhe" die Verringerung der Wanddicke des Hohlblockes bestimmt. Der Auslaufteil der Walzenkalibrierung ist so gestaltet, daß ein Lösen des Rohres vom Innenwerkzeug und ein Glätten und Runden der Außenoberfläche stattfindet. Als Innenwerkzeug dient eine im

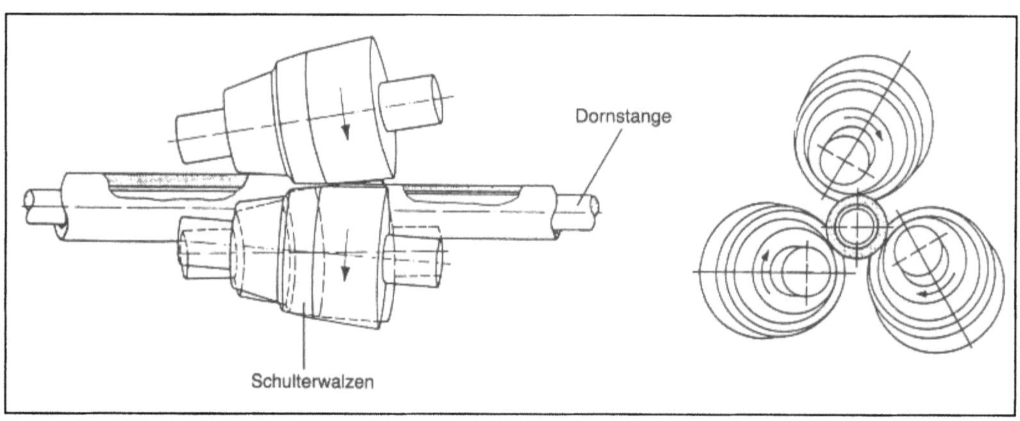

Dreiwalzen-Schrägwalzverfahren: Schematische Darstellung.

allgemeinen frei mitlaufende Dornstange, die nach beendetem Walzvorgang aus dem → Stahlrohr gezogen wird. Eine anschließende Maßwalzanlage oder eine Reduzierwalzanlage dient der Kalibrierung der Rohre oder der Herstellung von Rohren mit Zwischenabmessungen.

Mit dem D.-S. werden nahtlose Stahlrohre in Längen bis zu 9 m mit Außendurchmessern von 60–250 mm hergestellt. Die mit diesem Verfahren hergestellten Rohre haben eine besonders gute Zentrizität und werden vorzugsweise für Drehteile, beispielsweise Wellen und Achsen, sowie für die Kugellagerfertigung verwendet. *Baumann*

Drift. Als D. bezeichnet man den durch ein Kraftfeld bzw. einen Potentialgradienten verursachten diffusionsgesteuerten Stofftransport einer Teilchensorte in einer Matrix, insbesondere im Sinne eines verzögernden Nachziehens. Beispiel: Fremdatome in einem Metallgitter im Spannungsfeld von Versetzungen oder Korngrenzen.

Die Driftgeschwindigkeit ist durch die → Beweglichkeit der betr. Atome begrenzt. In Verbindung mit der Wechselwirkung des Kraftfeldes hemmt daher die D. der Fremdatome die Bewegung der → Versetzungen bzw. → Korngrenzen, mit denen sie wechselwirken. Für die Driftgeschwindigkeit v setzt man i. a. eine lineare Beziehung mit der Beweglichkeit $B = D/kT$ an: $v = B \cdot F$, wobei U das Potential der Kraft F ist. (→ Cottrell-Atmosphäre, Suzuki-Atmosphäre, → Portevin-LeChatelier-Effekt, → Rekristallisation). *Ilschner*

Driftgeschwindigkeit → Drift

Druckbehälter. D. haben stets umschließende Funktion. Einsatzziele bestehen darin, eingeschlossene Medien zu lagern, Verluste zu vermeiden, den Zutritt von Fremdstoffen zu unterbinden, gewünschte Austauschvorgänge einzuleiten bzw. durchzuführen oder auch bestimmte Reaktionsbedingungen einzustellen. In aller Regel ist die Anwendung hoher Drucke vorteilhaft. Einmal lassen sich bei Gasen und Dämpfen große Stoffmengen in verhältnismäßig kleinen Räumen unterbringen. Bei Gasreaktionen führt eine Druckerhöhung zudem zu besseren Ausbeuten, wenn die entstehenden Produkte ein geringeres Volumen als die Ausgangsstoffe besitzen (Prinzip des kleinsten Zwanges von *Le Chatelier*). Unterscheidungsmerkmale konstruktiver Art sind Bauform (Geometrie) (Bild 1), schweißtechnische Gestaltung, Lastangriff, Lagerung und Anschlüsse; in funktioneller Hinsicht Verfahrensziel, Phasensysteme und -verteilung, Strömungszustand und Stromführung der eingeschlossenen Medien. Behälter für Lagerung und Transport fluider Stoffe werden auch Tanks genannt.

Gliederung nach der Bauform (Geometrie)	
	Turm (Kolonne), abgestzt (Konus) – nicht abgesetzt – mit Fußzarge (zylindrisch, konisch); Rohrleitungsanschlüsse; Anschlüsse für Bühnen und Leitern
	Turm (Kolonne) mit Laternenlast
	Apparat im Stahl-(Beton-)gerüst, eventuell Aufkocher, Rohrbündelwärmeaustauscher mit/ohne Kompensator. Abstützung über Pratzen direkt an Apparatewand bzw. an Verstärkungen oder über Ring
	Liegende Behälter mit Fußkonstruktion, eventuell mit zusätzlichen Lasten oder darüber angeordneten weiteren Apparaten. Anschlüsse für Rohrleitungen
	Rohrbündelwärmeaustauscher, auch als Verd.-Typ ausgebildet, als Festrohr- oder Schwimmkopfapparat mit/ohne Kompensator, liegend mit Fußkonstruktion, Anschluß f. Rohrleitung; evtl. weitere Lasten d. darüb. angeordn. Appar.
	Kugelbehälter, Angriff der Stützen direkt am Mantel oder an Verstärkungsblechen
	Dünnwandige Tanks (Festdach-, Schwimmdachkonstruktion), Wanddicke nach Höhe abgesetzt

Druckbehälter 1: Gliederung nach der Bauform (Geometrie).

Grundsätzlich sind Lagerbehälter, Flaschen, Wärmetauscher-, Stoffaustausch- und Reaktionsapparate als D. zu bezeichnen, wenn sie einen höheren Druck als Umgebungsdruck aufweisen. Solche Behälter unterliegen Abnahme- und Prüfvorschriften. Bau und Betrieb von D. unterliegen Vorschriften und Verordnungen, welche die Anwendung technischer Regeln für einen sicheren und unfallfreien Betrieb fordern. Hier sind besonders die Merkblätter der „Arbeitsgemeinschaft Druckbehälter" (→ AD-Merkblätter) zu nennen.

Zur Beherrschung hoher Drücke und Temperaturen werden vorzugsweise D. in Mehrlagenbauweise angewendet. Der lamellare Aufbau ist vorteilhafter als eine dickwandige Bauweise, da hierdurch eine höhere Sprödbruchsicherheit erreicht wird. Die wichtigsten Bauprinzipien sind im Bild 2 dargestellt. *Strohmeier/Gräfen*

Art des Verbund.	Bauelemente	System-bezeichnung	Mantelaufbau
mechanisch / gezielter	geschweißtes Kernrohr und nahtlose Ringe	FERRAND	
	geschweißtes Kernrohr mit Profilband-Wicklung	SCHIERENBECK	α ≈ 70°
geschweißt / ungezielter Schrumpf / Blech- oder Breitband-„Schalenbehälter"	Dickwand 25 ... 50 mm	MULTIWALL	
		MULTILAYER	
	Dünnwand 6,5 ... 20 mm	COILLAYER	
		PLYWALL	

Druckbehälter 2: Mehrlagendruckbehälter – Bauprinzipien.

Literatur: *Klapp, E.:* Apparatetechnik und Anlagentechnik. Berlin–Heidelberg. 1980. – *Strohmeier:* Beitrag zur Berechnung zylindrischer Mehrlagenbehälter für statische Innendruckbelastung (Teil I u. Teil II), Konstruktion 1974 S 187–191 und S. 217–223.

Druckbehälterverordnung (DruckbehV). Die Verordnung über → Druckbehälter, Druckgasbehälter und Füllanlagen (DruckbehV) vom 27. Februar 1980 basiert auf § 24 der Gewerbeordnung (GewO) und § 13 Absatz 2 des Energiewirtschaftsgesetzes. „Druckbehälter außer Dampfkesseln" und „Anlagen zur Abfüllung von verdichteten, verflüssigten oder unter Druck gelösten Gasen" sind in § 24 Abs. 3 Ziffer 2 und 3 GewO als „überwachungsbedürftige Anlagen" genannt.

An Druckbehälter, Druckgasbehälter und Füllanlagen werden wegen ihres Gefährdungspotentials für Beschäftigte oder Dritte materielle Anforderungen und Prüfanforderungen gestellt. Das Gefährdungspotential für Druckbehälter im Versagensfall wird in grober Näherung aus dem Produkt von Inhalt in Litern und Druck in Bar abgeleitet. Für Druckbehälter, die mit Gasen oder Dämpfen betrieben werden, gilt: Bei einem Druck-Inhalts-Produkt kleiner oder gleich 1 000 Bar-Liter sind wiederkehrende Prüfungen durch den Sachkundigen durchzuführen. Druckbehälter mit einem Druckinhaltsprodukt, das größer als 200 Bar-Liter ist, müssen einer erstmaligen Prüfung und einer → Abnahmeprüfung durch den Sachverständigen unterzogen werden. Druckbehälter mit einem Druckinhaltsprodukt, das größer als 1000 Bar-Liter ist, unterliegen wiederkehrenden Prüfungen durch den Sachverständigen.

Die Regelungen über Druckgasbehälter und Füllanlagen in den Abschnitten 3 und 4 der DruckbehV gehen auf die frühere Druckgasverordnung zurück. Größenabstufungen hinsichtlich der Prüfanforderungen sind hierfür nicht vorgesehen.

Druckbehälter sind in der D. der weitaus größte Regelungsgegenstand, der vor Inkrafttreten der D. also bis zum 30. Juni 1980 durch die Unfallverhütungsvorschrift „Druckbehälter" (VBG 17) abgedeckt war.

Die Anwendungspalette von Druckbehältern ist sehr umfangreich. Im Anhang II zu § 12 der D. sind Abweichungen vom zweiten Abschnitt der Verordnung geregelt. Mit den spezifischen Anforderungen im Anhang II kann auf die sicherheitstechnischen Belange der einzelnen Druckbehälterart näher eingegangen werden. Bei diesen Regelungen handelt es sich sowohl um Erleichterungen als auch um Verschärfungen für die besonderen Arten von Druckbehältern (z. B. Druckspritzbehälter für Desinfektions-, Imprägnier- oder Pflanzenschutzmittel, Steinhärtekessel, Lagerbehälter für Getränke).

Die Technischen Regeln für Druckbehälter sind in den TRB niedergelegt, die der berufsgenossenschaftliche Fachausschuß „Druckbehälter" (FAD) ermittelt.

Gemäß § 36 DruckbehV ermittelt der Deutsche Druckbehälter-Ausschuß (DBA) die Technischen Regeln Druckgase (TRG), die auf Druckgasbehälter und Füllanlagen anzuwenden sind.

TRB und TRG werden nach ihrer Ermittlung im Bundesarbeitsblatt vom Bundesminister für Arbeit und Sozialordnung bekanntgemacht.

W. Hoffmann

Drücken. D. ist ein Oberbegriff für eine Reihe von Verfahren zum Herstellen von meist rotationssymmetrischen Hohlkörpern mit zylindrischer oder komplexer Mantellinie. Die zugehörigen Verfahren sind in einer Untergruppe des Zugdruckumformens nach DIN 8584, Bl. 4, zusammengefaßt. Dazu rechnen die Verfahren D. von Hohlkörpern (mit verschiedenen Varianten), → Weiten durch D. sowie Engen durch D. Bei den Drückverfahren wird als Ausgangsform eine Blechronde oder ein Hohlkörper aus → Blech zu einem Hohlkörper mit anderer Mantellinie umgeformt, wobei keine gewollte Änderung der Blechdicke auftritt (Bild 1).

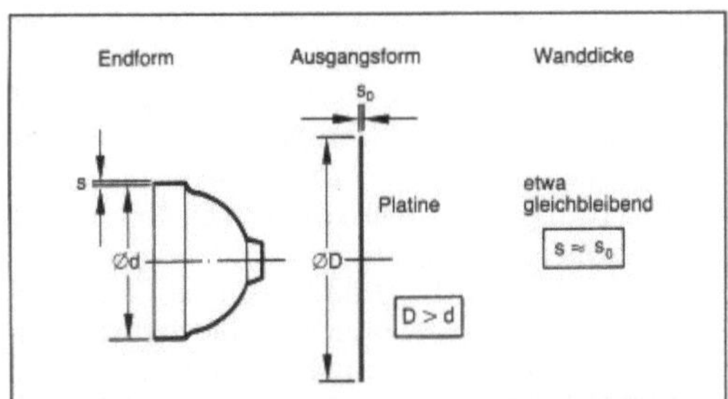

Drücken 1: Ausgangsform und Endform.

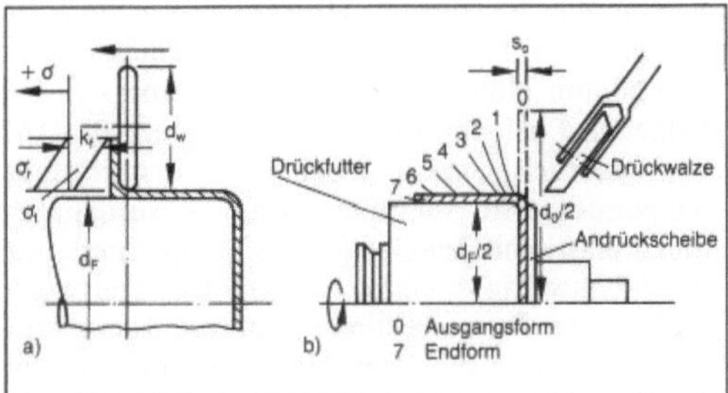

Drücken 2: Hohlkörper.
a) Einstufig
b) Mehrstufig.

s_0 Blechdicke, d_F Drückfutterdurchm., d_w Drückwalzen-durchm.; σ_r = radiale Zugspannung, σ_t = tangentiale Druck-spannung, k_f = Fließspannung.

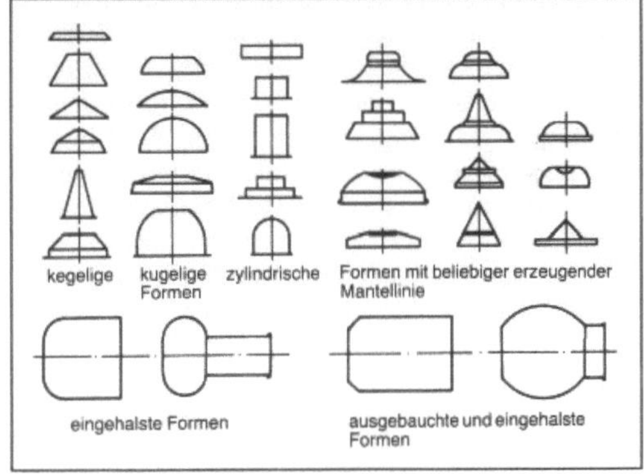

Drücken 3: Mantellinien-Formen. (Quelle: Sellin)

Wesentliches Merkmal der Drückverfahren ist, daß das → Umformen nicht in einer die Rotationsebene des Werkstücks umschließenden Zone erfolgt, sondern daß die relativ zum Werkstück verschobenen Werkzeuge nur in einem örtlich eng begrenzten Bereich angreifen, in dem die plastische → Formänderung stattfindet. Diese wegen Rückwirkung des weitaus größeren elastischen Teils des Werkstücks nur schwer analytisch beschreibbare Umformzone läuft wegen der Werkstückrotation auf einer Schraubenlinie mit sehr geringer Steigung um, wobei die einzelnen Werkstückbereiche mehrfach plastifiziert werden.

Beim D. wird eine Blechronde mit einer Andrückscheibe gegen ein von der Hauptspindel der Drückmaschine angetriebenes Drückfutter gespannt und in Drehung versetzt. Mit einer vom Kreuzsupport geführten Drückwalze wird dann die Ronde Stufe für Stufe oder – bei einfacher Mantellinie und kleinen Formänderungen auch einstufig – umgeformt (Bild 2). Verfahrensgrenzen sind Faltenausbildung durch tangentiale Druckspannungen, tangentiale Risse durch Zugspannungen, radiale Risse durch tangentiale Zugspannungen an umgeklappten Werkstückrändern (Flanschen). Bild 3 zeigt eine Übersicht über erzielbare Mantellinienformen. Moderne Drückmaschinen erlauben bei relativ geringen Werkzeugkosten/Werkstück die flexible Fertigung von Werkstücken im Abmessungsbereich zwischen weniger als 100 mm bis zu etwa 5 m Durchmesser aus einer Vielzahl von Blechwerkstoffen: C-Stähle, warmfeste und nichtrostende → Stähle, NE-Schwer- und -Leichtmetalle durch D. bei Raumtemperatur und von → Titan-, → Wolfram-, → Zirkonium- und → Molybdänlegierungen bei erhöhter, werkstoffspezifischer Temperatur. Typische Produkte sind Lampengehäuse, Kochtöpfe für Großküchen, Gehäuse und Behälter verschiedener Art, Waschmaschinentrommeln, Behälterböden, Parabolspiegel, Teile für Luft- und Raumfahrt u. a. m. Bei der Fertigung dieser Teile wird neben dem D. vor allem für das Oberflächenglätten und das Einstellen bestimmter Wanddickenverläufe auch das → Drückwalzen in der gleichen Aufspannung eingesetzt.

Die seit mehreren Jahrhunderten handwerklich betriebene Technik des D. hat – teils in Verbindung mit dem Drückwalzen – seit etwa 1950 eine zunehmende Bedeutung erlangt, bedingt durch geringe werkstückgebundene Werkzeugkosten und die hohe, dem D. eigene Flexibilität. Einen beträchtlichen Entwicklungsschub brachten neue Maschinen- und Steuerungskonzepte etwa ab 1960, die zu erheblichen Produktivitätssteigerungen und Qualitätsverbesserungen geführt haben. CNC-Drückmaschinen und Bearbeitungszentren mit bis zu achtfachen Werkzeugträgern kennzeichnen den Stand der Technik ab 1970 bis in die achtziger Jahre. *Lange*

Literatur: *Lange, K.* (Hrsg.): Umformtechnik. Handb. f. Ind. u. Wiss. 2. Aufl. Bd. 3. Blechumformung. Berlin, Heidelberg, New York, Tokio 1990 – *Spur, G.* (Hrsg.) u. *Th. Stöferle:* Handbuch der Fertigungstechnik. Bd. 2/3. Umformen/Zerteilen. München 1985.

Druckerweichungsversuch. (auch → Druckfeuerbeständigkeit). Prüfverfahren für keramische Massen nach DIN 1064. *Gräfen*

Druckfeuerbeständigkeit. (DFB). Verfahren zur Prüfung feuerfester keramischer Werkstoffe, bestehend in gleichbleibender Druckbeanspruchung bei steigender Temperatur mit zylindrischen Proben von 50 mm Höhe und 50 mm Durchmesser. Die Höhe wird bei gleichbleibender Aufheizrate dT/dt kontinuierlich gemessen; bei der → Erweichungstemperatur wird die thermische → Ausdehnung durch plastisches Fließen gerade kompensiert, was durch Umschlag von dl/dt > 0 in dl/dt < 0 angezeigt wird. In der Praxis bestimmt man die Temperaturen, bei denen die Probe um 0,3 mm bzw. um 10 mm zusammengedrückt ist. Beide Werte hängen wegen der Temperaturabhängigkeit des plastischen Fließens von der Aufheizrate ab, die daher genormt sein muß. *Ilschner*

Druckgießform. Die D. hat wesentlichen Einfluß auf Maßhaltigkeit, Oberflächengüte, Gußbeschaffenheit und nicht zuletzt auf die wirtschaftliche Herstellung eines Druckgußteils. Deshalb wird auf Gestaltung und Bauweise dieses Gießwerkzeugs, zumal es sich dabei um eine → Dauerform handelt, größte Sorgfalt aufgewendet. Da der Konstrukteur die D. sozusagen um das Gußteil herum bauen muß und darüber die fertigungstechnischen Gesichtspunkte nicht außer acht lassen darf, gibt es D. für Warm- und Kaltkammermaschinen in großer Vielfalt. Man unterscheidet zwischen Auswerfer-, Kern-

zug-, Abstreif-, Zweistufen-Auswerfer-D., Auswerfer- und Kernzug-D., ferner solchen mit hydraulisch betätigten Seitenschiebern, mit mechanisch betätigten Kernzügen (Schrägstifte), mit seitlichen beweglichen Backen, mit Schieberzügen und schrägem Kernzug und letztlich zwischen D. für Gußteile mit Gewinden.

Bei der Auswerf-D. (Bild 1) wird das Druckgußstück nach dem → Erstarren mit Hilfe der Auswerfstifte A von der auswerfseitigen Formplatte abgehoben. Dieser Formenaufbau ist die einfachste, allgemein anzustrebende Ausführungsart und die weitaus meisten Druckgußteile werden auf diese Weise gefertigt. Die Rückstoßstifte R bringen beim Formschluß die Auswerfer automatisch wieder in die Gießstellung zurück.

Ohne Auswerfer arbeitet die Kernzug-D. Sämtliche Partien, wo das Gießmetall aufgeschrumpft ist, werden hier durch einen Kernzug befreit und anschließend läßt sich das Teil aus der geöffneten Form entnehmen.

Um das nachträgliche Entfernen des Eingußsystems bzw. der Gießläufe vom Druckgußteil zu vermeiden, wurde das Zweistufen-Auswerfen entwickelt, bei dem das Druckgußteil vor dem Gießlauf oder umgekehrt der Gießlauf vor dem Druckgußstück ausgeworfen wird (Bild 2).

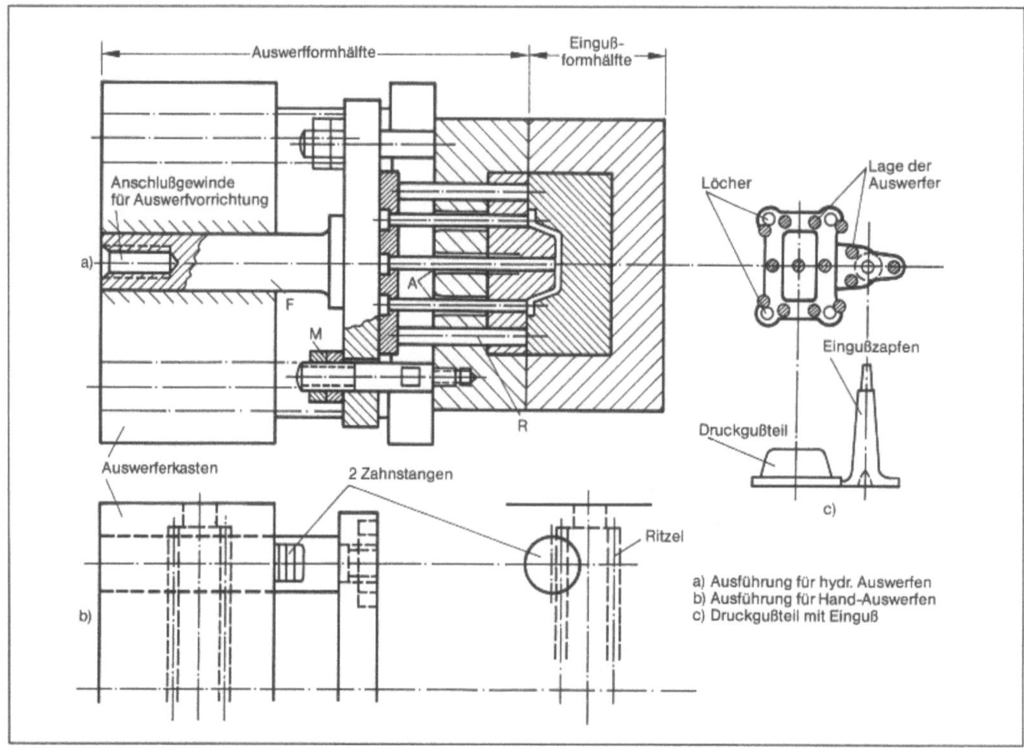

Druckgießform 1: Auswerf-D. (für Kaltkammer-Druckgießmaschine senkrechte Druckkammer).

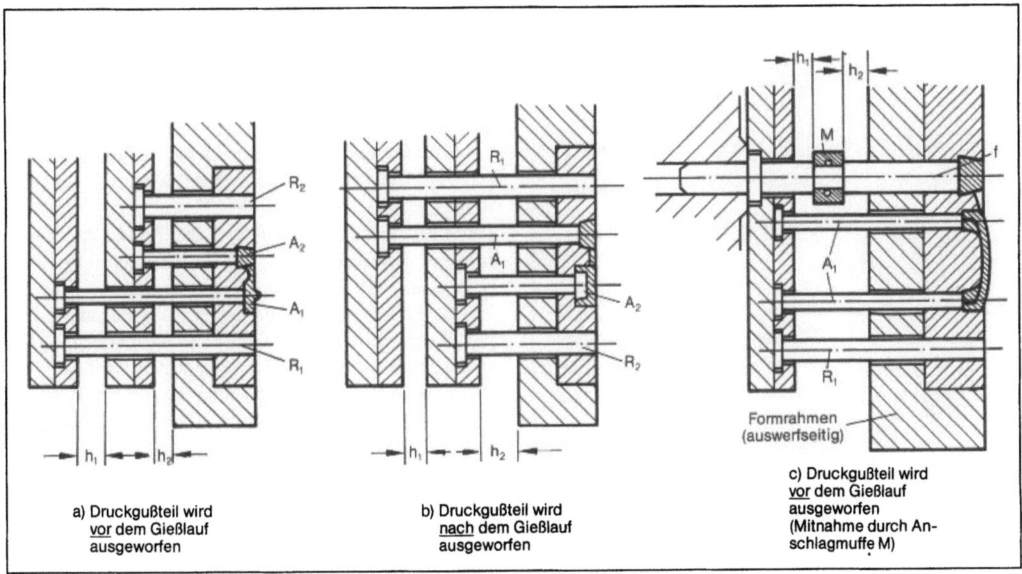

Druckgießform 2: Möglichkeiten des Zweistufen-Auswerfens.

Aus den Konstruktionsbeispielen geht hervor, daß D. ein kostenintensives Wirtschaftsgut sind, deren Amortisation wesentlich von der → Lebensdauer der Formen abhängt. Um eine optimale Werkstoffauswahl für den Formenbau treffen zu können, muß man zunächst die Verschleißbeanspruchung kennen. Die Form unterliegt einmal mechanischem → Verschleiß, hervorgerufen durch das mit hoher Geschwindigkeit einströmende Metall und gleichzeitig einem Lösungsverschleiß infolge des Legierungsbestrebens des flüssigen Metalls mit dem → Eisen und den Legierungsbestandteilen des Stahls. Zusammenfassend kann man feststellen, daß die Lebensdauer einer D. aus Warmarbeitsstahl wesentlich von der chemischen Zusammensetzung und → Warmfestigkeit des Formenbaustoffs, seiner Härteeigenschaften und → Wärmebehandlung sowie von seiner Verschleißfestigkeit und → Temperaturwechselbeständigkeit abhängt.

Als Anforderungen an Formenbaustähle sind im VDG-Merkblatt M 82 enthalten:
– Einhaltung der festgelegten Analysenwerte nach DIN 17 350, Tab. 4
– Schwefelgehalt max. 0,008 %
– Hoher → Reinheitsgrad des Gefüges
– Möglichst wenig Seigerungen (Erschmelzungsart!)
– → Gefüge aus gleichmäßig angelassenem → Martensit mit möglichst wenig → Bainit
– Quasi-isotrope mechanische Eigenschaften (Durchschmiedungsgrad!)
– Schlagarbeit A_v mind. 200 J.
Diese Vorschriften gelten besonders für die vielfach verwendeten Stähle 1.2343 und 1.2344. *Doliwa*

Literatur: *Lieby, G.:* Konstruktionsmerkmale von Druckgießformen. Giesserei 50 (1963), S. 260/269. – *Schönert, K.:* Beitrag zur Verschleißbeanspruchung von Druckgießformen. Giesserei 48 (1961) S. 257/260.

Druckgießmaschine. Druckgießen ist ein seit langem bekanntes Formgebungsverfahren. Schon vor dem ersten Weltkrieg wurden auf sehr kleinen, meist handbetätigten Maschinen formschwierige Abgüsse hergestellt. Seitdem hat sich das Druckgießen vom Handwerk zur Präzisions-Serienfertigung fortentwickelt und entsprechend wurde die D. in ihrer Bauweise und Größe dem Fortschritt angepaßt (Bild).

Zu unterscheiden ist zwischen Warmkammer- und Kaltkammermaschinen.

Bei der Warmkammermaschine befindet sich die Druckkammer im Schmelzbehälter, was eine hohe thermische Belastung aller mit dem flüssigen Metall in Kontakt stehenden Bauteile zur Folge hat. Unnötige Überhitzungen des Gießmetalls wird man deshalb nicht nur mit Rücksicht auf die → Qualität des Druckgußstücks, sondern auch zur Verhütung von hohem → Verschleiß an der Gießeinrichtung vermeiden.

Die Kaltkammermaschinen erhalten ihr Metall aus einem Schmelz- bzw. Warmhalteofen außerhalb der D. zugeführt. Bei dieser Verfahrenstechnik werden die wesentlichen Bauteile der Gießeinheit einer D., wie Druckkammer und Kolben, weniger hart beansprucht, jedoch muß man mit hohen Einspritzdrücken und Kolbengeschwindigkeiten zur Erzeugung hochwertiger Druckgußstücke arbeiten.

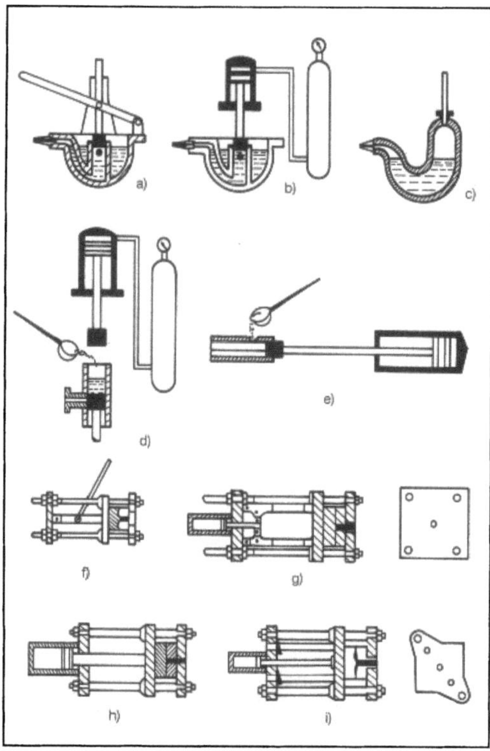

Druckgießmaschine: Prinzipieller Aufbau und Arbeitsweise.

a) Warmkammer, handbetätigte Kolbenpumpe
b) Warmkammer, Kolbenpumpe mit Preßluft- oder Hydraulikantrieb
c) Warmkammer, Druckbehälter mit Preßluft beaufschlagt
d) Kaltkammer, mit senkrechter Druckkammer
e) Kaltkammer mit waagerechter Druckkammer
f) handbetätigter Kniehebelverschluß, vier Führungssäulen
g) hydraulischer Doppelkniehebelverschluß, vier Führungssäulen
h) unmittelbar wirkender hydraulischer Verschluß, zwei Führungssäulen
i) hydraulischer Verschluß mit zusätzlicher Verriegelung, zwei Führungssäulen mit Keilverschluß.

Vom Konstruktionsprinzip her gliedert sich jede D. in zwei Baugruppen, die Gieß- und die Schließeinheit. Während die Gießeinheit das Füllen der Form mit Metall unter Druck besorgt, hat die Schließeinheit die Aufgabe, einmal die Schließ- und Öffnungsbewegungen der Form auszuführen, zum andern aber vor allem die Kräfte aufzunehmen, die beim Gießvorgang entstehen. Die Schließeinheit muß in der Lage sein, das Gießwerkzeug absolut geschlossen zu halten, um Arbeitssicherheit und Einhaltung der Maßtoleranzen zu gewährleisten. Dazu muß eine Kraft aufgebracht werden, die grö-

ßer ist als die vom Gießdruck herrührende Kraft, die das Werkzeug auftreiben will. In der Gieß- und Nachdruckphase erzeugt die unter Druck stehende Metallschmelze eine Sprengkraft F_{Sp}, die der Schließkraft entgegenwirkt und in ihrer Größe von der Formfläche A und dem Innendruck p ($F_{Sp} = p \cdot dA$) abhängt. Die Sprengkraft wird teils von der Schließeinheit teils von der Form aufgenommen. Deshalb muß man den Begriff der Zuhaltekraft einführen, d. h. die Kraft, mit der die Schließeinheit bei einem bestimmten Werkzeug dem Auftreten der Formsprengkraft entgegenwirkt. Die maximale Zuhaltekraft ist erreicht, wenn die Werkzeughälften sich gerade noch berühren; sie sind demnach von den Federkonstanten der belasteten Maschinenteile und dem Vorspannmaß abhängig und insofern eine Maschinenkonstante.

Grenzen sind den bisherigen D. u. a. dadurch gesetzt, daß die Einrichtungen zur Formzuhaltung auch das Öffnen und Schließen der Form besorgen muß, und zwar sowohl bei formschlüssigen (Kniehebel) wie auch bei kraftschlüssigen Zuhaltungen. Ebenso besteht eine Abhängigkeit zwischen der Größe der → Aufspannplatte und der Zuhaltekraft. Neuere Entwicklungen im Druckgießmaschinenbau führen deshalb zu Bauarten mit entriegelbaren Zugstangen oder mit drehbaren Aufspannplatten. Die entriegelbaren Zugstangen gestatten, die Auswerferformhälfte nach dem linearen Öffnen gegebenenfalls drehend zur Seite zu bewegen. Im andern Fall sind die Aufspannplatten um eine gemeinsame Achse drehbar. Damit können sie gleichzeitig zwei Formen aufnehmen, die im Wechsel zum → Gießen, Entnehmen des Gußstücks und Sprühen kommen und somit die Leistung auf etwa das Doppelte steigern. Beide Bauarten können in horizontaler und vertikaler Anordnung ausgeführt werden.

Vakuumgießeinrichtungen für das Druckgießverfahren sind seit längerem bekannt, aber verfahrenstechnisch nicht problemlos. Hauptnachteile sind die Gefahr des Mitreißens von Öl- und Fettröpfchen in die Form sowie → Blasenbildung im → Gußstück infolge der plötzlichen Entspannung eines gashaltigen Metalls in der evakuierten Form. Neuere Vakuumgießeinrichtungen sind dieser Problematik wenigstens zum Teil erfolgreich begegnet.

Große Fortschritte sind auf dem Gebiet der Steuerungen zu verzeichnen, die bei modernen Maschinen in einer CNC-Steuerung gipfeln. Mit Hilfe solcher Steuerungen ist es möglich, die Teilequalität und die Produktion zentral zu überwachen, zu protokollieren und statistisch auszuwerten. *Doliwa*

Literatur: DIN 24 480: Druckgießmaschinen. – E DIN 24 482: Waagerechte Kaltkammer-Druckgießmaschinen.

Druckguß. Beim Druckgießverfahren wird das Gießmetall maschinell unter Druck in die Form gepreßt. Diese Verfahrenstechnik stellt hohe Anforderungen an die dafür verwendbaren Metalle, die Druckgießformen sowie an Kenntnisse und Erfahrung bei Konstrukteuren und Gießern. Im Bild sind die Haupteinflußgrößen auf die Güte eines Druckgußteils, wie Zustand des Gießmetalls, Füllzeit und die Formtemperatur, in ihren gegenseitigen Abhängigkeiten dargestellt. Das Metall sollte sich ohne Ausscheidungen warm oder flüssig halten lassen, auch bei großen Eintrittsgeschwindigkeiten in kleine Formquerschnitte ohne Umwandlungen ein homogenes → Gußstück liefern, ferner möglichst seigerungs- und lunkerunempfindlich sein. Letztlich wird gefordert, daß die → Legierung maß-, gefüge- und weitgehend korrosionsbeständig ist. Die für D. hauptsächlich verwendeten Legierungen sind ge-

normt und haben sich in der Praxis bewährt. Einen Auszug über die Druckgußwerkstoffe auf Al-, Zn-, Cu-Zn- und Mg-Basis geben die Tabellen 1, 2, 3, 4 wieder. Darüberhinaus sind die Blei-Druckgußlegierungen in DIN 1741 und die Zinn-Druckgußlegierungen in DIN 1742 genormt.

Verarbeitungszeit und Verarbeitungstemperatur hängen vor allem von der verwendeten → Druckgießmaschine ab. Es ist nicht einerlei, ob die gleiche Legierung, falls eine Wahl überhaupt möglich ist, auf einer Warmkammer- oder einer Kaltkammermaschine verarbeitet wird. Bei einer Warmkammermaschine ist die Gießtemperatur etwa gleich der Metalltemperatur im Schmelzbehälter. Die Gießtemperatur sollte niemals unnötig hoch gewählt werden, weil dadurch die Gefahr von Lunker- und

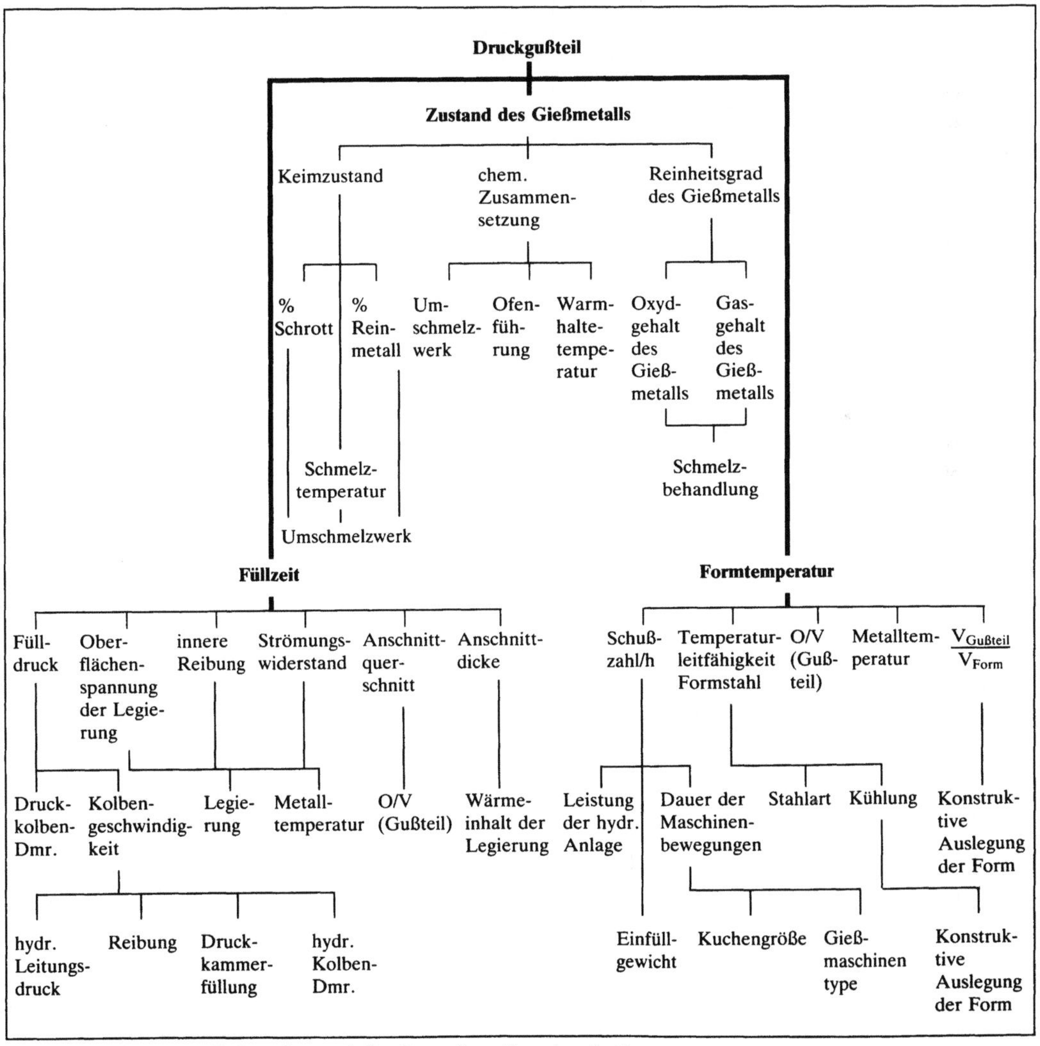

Druckguß: Haupteinflußgrößen auf die Güte eines Druckgußteils.

Druckguß. Tabelle 1: Aluminium-D. nach DIN 1725, Teil 2, Februar 1986 (Auszug).

Werkstoff-Kurzzeichen	Werkstoff-nummer	Gießverfahren und Lieferzustand	Werkstoffeigenschaften			
			0,2%-Grenze $R_{p0,2}$ N/mm^2	Zugfestigkeit R_m N/mm^2	Bruch-dehnung A_{10} %	Brinellhärte HB 5/250
GD-AlSi9 Cu3	3.2163.05	Druckguß Gußzustand	140 bis 240	240 bis 310	0,5 bis 3	80 bis 120
GD-AlSi12 (Cu)	3.2982.05	Druckguß Gußzustand	140 bis 200	220 bis 300	1 bis 3	60 bis 100
GD-AlSi12	3.2852.05	Druckguß Gußzustand	140 bis 180	220 bis 280	1 bis 3	60 bis 100
GD-AlSi10Mg	3.2382.05	Druckguß Gußzustand	140 bis 200	220 bis 300	1 bis 3	70 bis 90
GD-AlMg9	3.3992.05	Druckguß Gußzustand	140 bis 220	200 bis 300	1 bis 5	70 bis 100

Druckguß. Tabelle 2: Zink-D. nach DIN 1743, Teil 2, April 1978, (Auszug).

Kurzzeichen (Kennzeichen)	Werkstoff-nummer	Festigkeitseigenschaften					Dichte kg/dm^3
		Zug-festigkeit R_m (σ_8) N/mm^2	0,2-Grenze $R_{p0.2}$ $(\sigma_{0,2})$ N/mm^2	Bruch-dehnung A_5 (δ_5) %	Brinell-härte HB	Biegewech-selfestigkeit bei $20 \cdot 10^4$ Lasten-wechsel σ_{LW} $(20 \cdot 10^6)$ N/mm^2	$\approx$
GD-ZnAl4Cu1 (Z410)	2.2141.05	280 bis 350	220 bis 250	2 bis 5	85 bis 105	70 bis 100	6,7
GD-ZnAl4 (Z 400)	2.2140.05	250 bis 300	200 bis 230	3 bis 6	70 bis 90	60 bis 80	6,6

Warmrißneigung steigt, die Abkühlzeit bis zur Auswerftemperatur sich verlängert, die Kornfeinheit im Gußgefüge leiden kann und letztlich die Gießeinrichtung schneller verschleißt. Im allgemeinen wird man deshalb eine Gießtemperatur auf oder unterhalb der Liquidustemperatur wählen. Bei Kaltkammermaschinen kann die Gießtemperatur bei Anwendung sehr hoher Drücke und bei bestimmten Metallen, z. B. GD-Ms 60, sogar unter Liquidus gesenkt werden.

Die Formtemperierung ist ein wichtiger Faktor hinsichtlich der erreichbaren →Qualität von Druckgußteilen. Mit der Beherrschung der Formtemperatur bekommt der Gießer Oberflächengüte, →Schwindung, Verzug, Fließfähigkeit und Zykluszeit in den Griff. Gießereiseitig ist man deshalb am

Einsatz wirksamer Temperiersysteme interessiert. Solche Systeme bestehen im wesentlichen aus drei Teilen: Temperierkanalsystem mit ausreichender Kanaloberfläche und möglichst großem Kanalquerschnitt in der Form, Temperaturregelgerät mit hinreichender Heiz-, Kühl- und Pumpenleistung, sowie aus einem Wärmeträger mit guten Wärme-Übertragungseigenschaften, um in kurzer Zeit, große Wärmemengen abführen zu können.

Wie sehr der Druckgießprozeß die mechanischen Eigenschaften von Druckgußteilen beeinflußt, wird am Beispiel von Zink-Druckgußteilen besonders deutlich. Von solchen Teilen wird verlangt, daß sie immer dünnwandiger konstruiert, von gleichbleibender hoher Qualität sind. Dünnwandige Zink-Druckgußteile müssen häufig auch dekorati-

Druckguß. Tabelle 3: Kupfer-Zink-D. nach DIN 1709, November 1981, (Auszug).

Kurzzeichen	Werkstoff-Nummer	Lieferform	Werkstoffeigenschaften im Probestab				Dichte kg/dm³
			0,2-Grenze $R_{p0,2}$ N/mm² min.	Zugfestig-keit R_m N/mm² min.	Bruch-dehnung A_5 % min.	Brinellhärte HB 10	$\approx$
GD-CuZn37Pb	2.0340.05	Druckguß	120	280	4	75	8,5
GD-CuZn15Si4	2.0492.05	Druckguß	300	550	8	125	8,6

Druckguß. Tabelle 4: Magnesium-D. nach DIN 1729, Blatt 2, Juli 1973 (Auszug).

Kurzzeichen	Werkstoff-nummer	Werkstoffeigenschaften				Handels-übliche Bezeich-nung
		0,2-Grenze N/mm²	Zugfestigkeit N/mm²	Bruch-dehnung %	Brinellhärte HB 5/250	
GD-MgAl18Zn1	3.5812.05	140 bis 160	200 bis 240	1 bis 3	60 bis 85	AZ 81
GD-MgAl9Zn1	3.5912.05	150 bis 170	200 bis 250	0,5 bis 3,0	65 bis 85	AZ 91
GD-MgAl6	3.5662.05	120 bis 150	190 bis 230	4 bis 8	55 bis 70	A 6
GD-MgAl6Zn1	3.5612.05	130 bis 160	200 bis 240	3 bis 6	55 bis 70	AZ 61
GD-MgAl4Si1	3.5470.05	120 bis 150	200 bis 250	3 bis 6	60 bis 90	AS 41

Diese Norm gilt für die Werkstoffeigenschaften und Zusammensetzungen von Sand-, Kokillen- und Druckgußstücken.
Die Legierungszusammensetzung gilt nach Vereinbarung auch zur Herstellung von Gußstücken nach anderen Gießverfahren, z. B. Feinguß, Schleuderguß.
Die Angaben über die Zusammensetzung gelten auch für die Masseln (Blockmetalle).
Die Masseln sollten weitgehend frei von Salzanhaftungen, Salzeinschlüssen, Korrosions- und Brandstellen sein.
Die Angaben dieser Norm gelten auch für Schweißstäbe und Schweißdrähte von gleicher Zusammensetzung wie die zu schweißenden Geräte.

ven Ansprüchen genügen, woraus hohe Anforderungen an die → Oberflächenbeschaffenheit resultieren.

Die Oberflächenqualität der Gußstücke wird primär durch das Fehlen oder Auftreten von Kaltschweißen, Schlieren, Blasen oder Zugstreifen bestimmt. Einen wesentlichen Einfluß auf die Oberflächengüte hat auch in diesem Fall neben Schußventileinstellung, Ladedruck und Formtemperatur die Formfüllzeit. Die tatsächliche Formfüllzeit wird wesentlich durch die Gießkolbengeschwindigkeit bestimmt. → Zugfestigkeit sowie 0,2 %-Dehngrenze und Rauhtiefe nehmen mit sinkender Gießkolbengeschwindigkeit, d. h. mit längerer Formfüllzeit, zu, der → Elastizitätsmodul dagegen ab.

Typische Einsatzgebiete für Zink-D. sind Kameragehäuse und andere Teile für die optische und Foto-Industrie, während Aluminium-D. u. a. für Teile im Motoren- und Fahrzeugbau, im Flugzeugbau sowie in vielen Zweigen des allgemeinen Maschinenbaus eingesetzt werden. Wo es auf besondere Leichtigkeit der Bauteile ankommt, verwendet man die Magnesium-D.-Werkstoffe. Messing-D. liefert vorwiegend Armaturen, Nippel u. ä. in blanker Ausführung.

Zu beachten ist, daß die Herstellung von Druckgießformen kostenaufwendig ist, so daß Druckgußteile nur als Serien in großen Stückzahlen erzeugt werden können. *Doliwa*

Literatur: *Doliwa, H. U.:* Gegossene Werkstücke. München 1960. – *Schneider, P.,* u. *H. E. Hilger:* Gießerei 48 (1961), S. 245/265. „Analyse des Druckgießprozesses unter Berücksichtigung der mechanischen und physikalischen Gußstückeigenschaften von Zinklegierungen." Gießerei-Erfahrungsaustausch 3/87, S. 85/91.

Druckluftspritzen → Applikationstechnik

Druckluftverordnung. Die Verordnung über Arbeiten in Druckluft basiert auf
- § 120 e der Gewerbeordnung,
- § 9 Absatz 2 der Arbeitszeitordnung,
- § 37 Absatz 2 des Jugendarbeitsschutzgesetzes,
- § 4 Absatz 4 des Mutterschutzgesetzes,
- Artikel 129 Absatz 1 des Grundgesetzes.

Die D. regelt materielle Anforderungen und Prüfanforderungen, die die gewerblich betriebenen Arbeitskammern, in denen Arbeiten in Druckluft ausgeführt werden, zum Schutz der Beschäftigten erfüllen müssen. Arbeitgeber müssen nach dieser Verordnung spätestens zwei Wochen vor Beginn Arbeiten in Druckluft der zuständigen Behörde – in der Regel der Gewerbeaufsicht – anzeigen. Die Beschaffenheitsanforderungen der Arbeitskammern und der ihrem Betrieb dienenden Einrichtungen sind in Anhang 1 (§§ 4 und 17 Absatz 2 der Verordnung über Arbeiten in Druckluft) niedergelegt. Anhang 2 (§ 21 Abs. 1 der Verordnung über Arbeiten in Druckluft) gibt eine Übersicht über die Ausschleusungszeiten, die Beschäftigte in Abhängigkeit von dem Druck in der Arbeitskammer und der Aufenthaltsdauer in der Druckluft einhalten müssen. Anhang 3 (nach § 18 Absatz 1 Nr. 4 der Verordnung über Arbeiten in Druckluft) enthält Anweisungen für Schleusenwärter, die während der Arbeiten in Druckluft an den Schleusen ständig anwesend sein müssen.

Schleusen, Schachtrohre und elektrische Anlagen von Arbeitskammern müssen vor ihrer ersten Inbetriebnahme und wiederkehrend spätestens drei Jahre nach der letzten Prüfung sowie nach wesentlichen Änderungen durch einen behördlich anerkannten Sachverständigen geprüft werden. Bei der Prüfung vor der ersten Inbetriebnahme handelt es sich um die Bauprüfung, um die Wasserdruckprüfung mit dem 1,5fachen des zulässigen Betriebsüberdruckes sowie um die → Abnahmeprüfung. Die wiederkehrende Prüfung besteht aus einer inneren Prüfung, einer Wasserdruckprüfung mit dem 1,5fachen des zulässigen Betriebsüberdruckes sowie einer äußeren Prüfung.

Die D. spricht ein Beschäftigungsverbot für Arbeiten in Druckluft über 3 bar aus. Arbeitnehmer, die noch nicht 21 Jahre alt und solche, die älter als 50 Jahre sind, dürfen nach der D. mit Arbeiten in Druckluft nicht beschäftigt werden. Die §§ 10 und 11 behandeln ärztliche Vorsorgeuntersuchungen und weitere ärztliche Vorsorgemaßnahmen. Allgemeine Aufgaben und Erreichbarkeit des ermächtigten Arztes sowie die Anforderungen, die ermächtigte Ärzte erfüllen müssen, sind in den §§ 12 und 13 geregelt. Arbeitgeber, die Arbeitnehmer Arbeiten in Druckluft verrichten lassen, müssen eine Gesundheitskartei nach § 16 führen und über Krankendruckluftkammern, Erholungsräume und sanitäre Einrichtungen nach § 17 verfügen. Der Arbeitgeber hat ferner Fachkräfte (Fachkundige, Sachkundige und Schleusenwärter) nach § 18 zu bestellen, die die Arbeiten in Druckluft überwachen. *W. Hoffmann*

Druckpolieren. Polierverfahren, mit dem die Mikrorauhigkeit von Oberflächen, nicht jedoch deren Makrogestalt, verändert wird. Dazu werden mit einem Polierstrahl die von der Vorbearbeitung zurückgebliebenen Rauheitshügel eingeebnet. *Habig*

Druckprobe (auch Abdrückversuch) → Innendruckversuch

Druckumformen. D. ist die erste von fünf Gruppen der Hauptgruppe → Umformen nach DIN 8580/8582. Danach ist D. Umformen eines festen Körpers, wobei der plastische Zustand durch eine ein- oder mehrachsige Druckbeanspruchung herbeigeführt wird. Nach DIN 8583, Bl. 1–6, gliedert sich D. auf in → Walzen, → Freiformen, → Gesenkformen, → Eindrücken und → Durchdrücken.

Die zum D. gehörenden Verfahren zählen überwiegend zum → Massivumformen und nehmen in der industriellen Produktion der ersten Verarbeitungsstufe der Eisenhütten- und Metallindustrie eine dominierende Rolle ein. Aber auch in der Weiterbearbeitung von Walz- und Preßwerksprodukten zu Einzelwerkstücken in der zweiten Verarbeitungsstufe spielen Verfahren des D. eine wichtige Rolle. Während in der ersten Verarbeitungsstufe überwiegend bei z. B. Schmiedetemperatur, Walztemperatur warm umgeformt wird, nehmen in der zweiten Verarbeitungsstufe neben Warmumformverfahren wie Gesenkschmieden, → Strangpressen wegen höherer Maß- und Formgenauigkeit sowie besserer → Oberflächenbeschaffenheit bis hin zu einbaufertigen, funktionsfähigen Bauteilen Kaltumformverfahren einen wichtigen Platz ein, z. B. → Gewindewalzen, Kaltfließpressen und andere Verfahren der Kaltmassivumformung. *Lange*

Druckversuch. Ermittlung des Verhaltens von Werkstoffen unter zügiger einachsiger, über den Querschnitt gleichmäßig verteilter Druckspannung. Der D. wird häufig angewandt zur Prüfung von Baustoffen, spröden Metallen und zur Beurteilung der zulässigen Flächenpressung bei Lagerwerk- und Kunststoffen.

Nach DIN 50106, Ausg. Dez. 1978, werden bei metallischen Werkstoffen im D. mittels zylindrischer Druckproben mit einem Verhältnis Höhe h_0 zu Durchmesser d_0 von ≥ 1 und ≤ 2 die Druckfestigkeit, Stauchgrenzen, natürliche → Quetschgrenze, Bruchstauchung und Längenänderung ermittelt. Während des Versuchs wird eine Druckspannungs-Stauchungskurve aufgezeichnet (→ Stauchversuch).

Die Druckfestigkeit ist der Quotient aus der Druckkraft, die beim Auftreten des ersten Anrisses oder des Bruches gemessen wird und dem Anfangsquerschnitt. Tritt kein → Anriß auf, gilt als Druckfestigkeit der Quotient aus der Druckkraft, die einer vereinbarten Gesamtstauchung zugeordnet ist und dem Anfangsquerschnitt.

Stauchgrenzen sind die Quotienten aus den Druckkräften, die einer kleinen ($\leq 2\%$) Gesamt- oder bleibenden Stauchung zugeordnet sind und dem Anfangsquerschnitt. Bei metallischen Werkstoffen mit stetig verlaufender Druckspannungs-Stauchungskurve wird die 0,2%-Stauchgrenze anstelle der Quetschgrenze bestimmt.

Die natürliche Quetschgrenze ist der Quotient aus der Druckkraft, bei der der Anstieg der Druckspannungs-Stauchungs-Kurve (Bild 1) unter Auftreten einer merklichen, bleibenden Stauchung die erste Unstetigkeit zeigt und dem Anfangsquerschnitt.

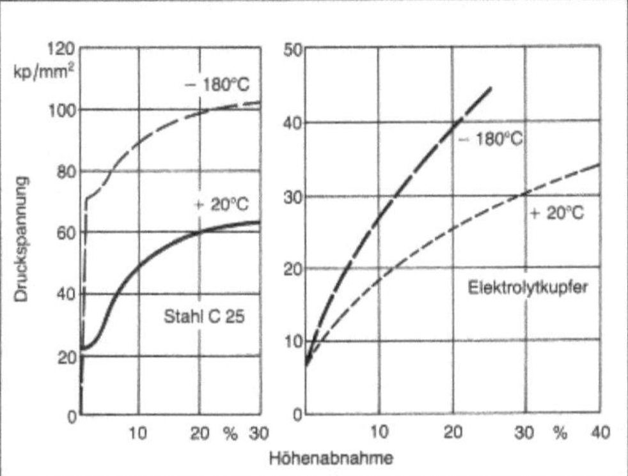

Druckversuch 1: Druckfließkurven von Stahl (kubisch-flächenzentriertes Gitter) und Kupfer (kubischraumzentriertes Gitter) bei verschiedenen Temperaturen.

Die Bruchstauchung, ist das Verhältnis der bleibenden Längenänderung nach dem ersten Anriß oder dem Bruch zur Anfangsmeßlänge in %.

Die Längenänderung ist in jedem Zeitpunkt des Versuchs der Unterschied zwischen der Anfangsmeßlänge und der jeweiligen aktuellen Meßlänge.

Der D. wird mit einer Druck- oder → Universalprüfmaschine durchgeführt, wobei die Druckplatten vor jedem D. leicht geschmiert (Vaseline oder Molybdändisulfid) werden sollen. Die Spannungszunahmegeschwindigkeit soll den Wert von 30 N/mm² je Sekunde nicht überschreiten. Die Druckplatten müssen eben, poliert und härter als der zu prüfende Werkstoff sein.

Beim D. wird die Ausbildung einer gleichmäßigen → Verformung durch Reibungskräfte an den Probenenden behindert, weshalb die erhaltenen Stauchkurven von der Probengeometrie abhängig

sind. Um die Reibungskräfte herabzusetzen, wurde deshalb von *Siebel-Pomp* eine Kegelstauchvorrichtung mit stumpfen Kegeln als Druckplatten und Probenenden entwickelt. Darüberhinaus gewährleistet die Vorrichtung eine exakte Parallelität der Druckplatten.

Der Bruch erfolgt bei einem spröden Werkstoff im allgemeinen in der Ebene der größten Schubspannung unter etwa 45 ° zur Druckrichtung (Bild 2 a). Ein zäher verformungsfähiger Werkstoff, z. B. weicher Stahl bricht nicht; es kommt lediglich nach starker Verformung zu einem Aufreißen der Probenränder infolge von Querzugspannungen (Bild 2 b).

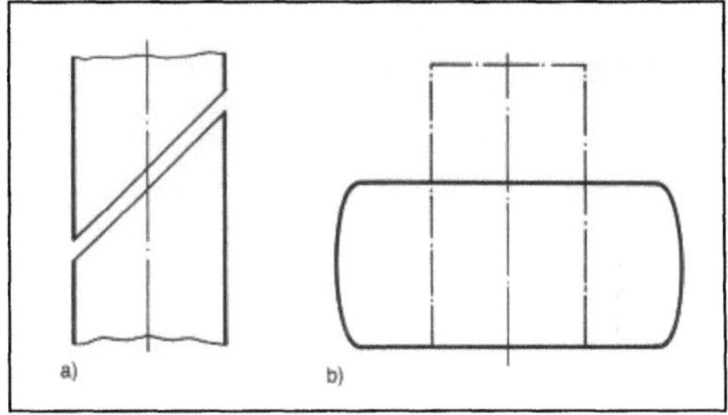

Druckversuch 2: Bruch
a) Spröder Werkstoff
b) Duktiler Werkstoff.

Aus Gründen der → Verfügbarkeit wird bei Stahl häufig die → Streckgrenze bzw. 0,2-Dehngrenze aus dem → Zugversuch als Ersatzwert auch für Kennwerte des D. verwandt (Tabelle, S. 198). *Kußmaul*

Literatur: *Kußmaul, K.*: Vorlesungsmanuskript Schadenskunde, 1983. Univ. Stuttgart Lehrstuhl für Materialprüfung, Werkstoffkunde und Festigkeitslehre. – *Siebel, E.*: Handbuch der Werkstoffprüfung. Berlin-Heidelberg 1955. – *Wellinger-Dietmann*: Festigkeitsberechnung. Stuttgart 1969.

Drückwalzen. D. ist nach DIN 8583, Bl. 2, Schrägwalzen von Hohlkörpern über sich drehendem zylindrischen oder anders geformten Drückfutter mit gewollter Wanddickenänderung durch die achsparallel entsprechend der Mantellinienform bewegte(n) Drückwalze(n) (Bild 1); bei dieser → Umformung überwiegen Druckspannungen. Dadurch ist das D. deutlich vom → Drücken zu unterscheiden, wenn auch die Kinematik beider Verfahren zum großen Teil gleich ist (Bild 2). Auch ist die Umformzone in beiden Fällen klein gegenüber den plastisch-starren Bereichen des Werkstücks.

Das D. von zylindrischen Hohlkörpern – auch Abstreckdrücken genannt – wird nach dem Gleichlauf- oder Gegenlaufprinzip durchgeführt. Beim Gleichlauf-Verfahren wird ein Hohlkörper mit Boden zwischen Drückfutter und Gegenhalter eingespannt, beim Gegenlauf-Verfahren wird ein Rohr-

Druckversuch Tabelle: Werkstoffkennwerte bei Raumtemperatur

Beanspruchungsart	Werkstoffkennwert			für Berechnung gegen
	Bezeichnung	Zeichen	Ersatzwert bei Stahl	
Zug	Streckgrenze (Fließgrenze)	$\sigma_s(\sigma_F)$	–	Verformen
	0,2-Dehngrenze	$\sigma_{0,2}$	–	Verformen
	Zugfestigkeit	σ_B	–	Bruch
Druck	Quetschgrenze (Druckfließgrenze)	σ_{dF}	$= \sigma_F$	Verformen
	0,2-Stauchgrenze	$\sigma_{d0,2}$	$= \sigma_{0,2}$	Verformen
	Druckfestigkeit	σ_{dB}	–	Bruch
Biegung	(Biege-)Fließgrenze	σ_{bF}	$= \sigma_F$	Verformen
	0,2-(Biege-)Dehngrenze	$\sigma_{b0,2}$	$= \sigma_{0,2}$	Verformen
	Biegefestigkeit	σ_{bB}	–	Bruch
Torsion	(Torsions-)Fließgrenze	τ_F	$\approx 0{,}58 \cdot \sigma_F$	Verformen
	0,4-(Torsions-)Dehngrenze	$\tau_{0,4}$	$\geqq 0{,}58 \cdot \sigma_{0,2}$	Verformen
	Torsionsfestigkeit	τ_B	$\approx \sigma_B$	Bruch
Scherung	Scherfestigkeit	τ_{aB}	$(0{,}65 \div 0{,}75)\,\sigma_B$	Bruch

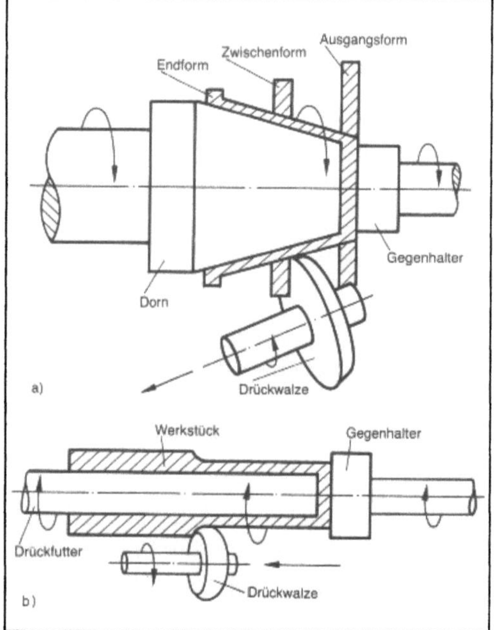

Drückwalzen 1:
a) Über sich drehendem kegeligen Drückfutter
b) Über sich drehendem zylindrischen Drückfutter.

Die Mantellinie bei a) kann auch parabolisch oder anders geformt sein; beide Verfahrensvarianten sind auch ohne Schrägstellung der Walzen durchführbar.

abschnitt über einen formschlüssigen Mitnehmer mit dem Drückfutter gedreht. Für größere Werkstücke wurden Sondermaschinen als Drei-Walzen-Drückmaschinen mit steifem, dreieckförmigem Rahmen zur Aufnahme der radial und axial gering-

Verfahrens-bezeichnung	Wanddicke	Mantellinie	Ausgangsform	Endform
Drücken (DIN 8584 Bl.4)	gleichbleibend	beliebig		
Drückwalzen (DIN 85 83 Bl.2)	abnehmend	zylindrisch		
		kegelig oder gekrümmt		

Drückwalzen 2: Verfahrensmerkmale des D. und Drückens.

fügig gegeneinander versetzten D. entwickelt. Damit lassen sich sehr dünnwandige Werkstücke mit mehreren Metern Länge mit hoher Durchmesser- und Wanddickengenauigkeit herstellen, z. B. für hochtourige Gaszentrifugen. Wegen der gegenüber dem Drücken sehr viel größeren Radialkräfte muß beim D. zum Verhindern des Durchbiegens vor allem langer, dünner, zylindrischer Drückfutter zumindest mit zwei gegeneinander wirkenden D. bei Drückwalzmaschinen mit Kreuzsupport gearbeitet werden.

Die Verfahrensgrenze beim D. ist durch das →Formänderungsvermögen des Werkstückwerkstoffs gegeben. Bei gut umformbaren Stählen lassen sich Wanddickenabnahmen von 80–85 % erzielen. Das Auftreten der den Vorgang behindernden Wulstbildung (Aufdickung) vor der Walze infolge der radialen Werkstoffflußkomponente kann durch Wahl der Wanddickenabnahme je Durchlauf (Stich), des Walzenvorschubs und der Verfahrensvariante Gleich- bzw. Gegenlauf sowie durch Einsatz von Walzen mit spezieller Geometrie minimiert werden. Die Aufweitung, eine Vergrößerung des Werkstückinnendurchmessers infolge tangentialer

Komponente des vorwiegend axialen Werkstoffflusses, läßt sich durch einen größeren D.-Durchmesser und -rundungshalbmesser klein halten. Beim D. mit kegeliger oder andersgeformter Mantellinie – auch Projizierstreckdrücken genannt – wird gemäß Bild 1 a) eine Ronde oder ein vorgeformter Hohlkörper in einen Hohlkörper mit in Teilbereichen verminderter Wanddicke umgeformt; die sich einstellenden Wanddicken errechnen sich aus einfachen Winkelbeziehungen. Eingesetzt werden Drückwalzmaschinen mit Kreuzsupport zur Realisierung der Bahnkurven der D. Hydraulische Nachformsteuerungen werden von NC- bzw. CNC-Steuerungen verdrängt; die modernen Maschinen mit in Europa bis etwa 150 kN Radialkraft und 550 kN Axialkraft je Walze, in den USA bis 300 kN Radialkraft/Walze sind mit bis zu sechs steuerbaren Achsen ausgerüstet und haben meist Mehrfachwerkzeugwechselsysteme. Sie zeichnen sich durch hohe, reproduzierbare Genauigkeit aus und sind als hochflexible Maschinen den wachsenden Bedingungen der Klein- und Mittelserienfertigung gut angepaßt. In Verbindung mit dem Drükken hat das D. insgesamt einen festen Platz in der industriellen Produktion von Präzisions-Hohlkörpern mit einem weiten Bereich von Formen und Abmessungen sowie Werkstoffen inne (Bild 3).

Lange

Literatur: *Lange, K.* (Hrsg.): Umformtechnik. Handb. f. Ind. u. Wiss. 2. Aufl. Bd. 2. Massivumformung. Berlin, Heidelberg, New York, Tokio 1988. – *Spur, G.* (Hrsg.) u. Th. Stöferle: Handbuch der Fertigungstechnik. Bd. 2/1. Umformen. München 1983.

Druckwasserstoff. → Druckwasserstoffschädigung; → Korrosion durch Druckwasserstoff; → Spannungsrißkorrosion

Druckwasserstoffbeständigkeit. Unter Einwirkung von hochgespanntem → Wasserstoff können in → Stahl bei Temperaturen oberhalb etwa 200 °C Schäden durch Reaktion zwischen eindiffundiertem Wasserstoff und dem in Karbiden gebundenen Kohlenstoff auftreten. Das dabei entstehende Methan führt zusammen mit der → Entkohlung zu Gefügeauflockerungen. D. kann durch → Legieren mit

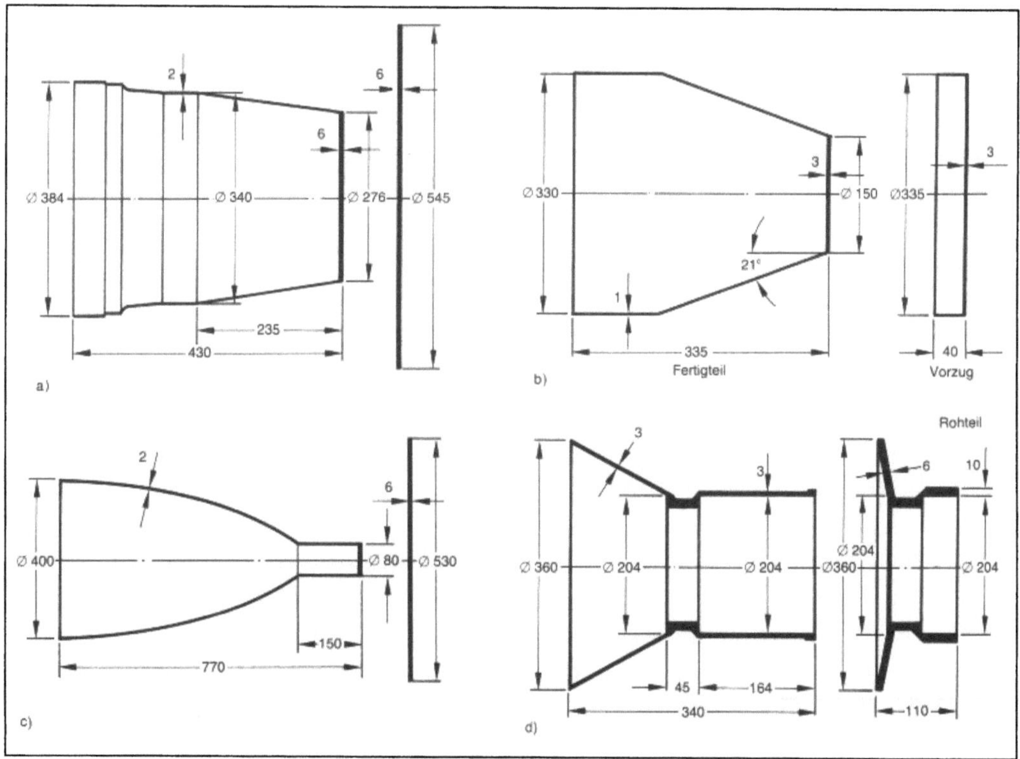

Drückwalzen 3: Beispiele für durch Drücken und D. hergestellte Hohlteile. (Quelle: Bohmer & Köhle)
a) Gasturbinenteil aus hochfestem, hitzebeständigem Stahl
b) Behälter für Melkmaschine aus nichtrostendem Stahl
c) Flugzeugteil aus Aluminiumlegierung
d) Gehäuse aus Stahl.

→Chrom, Wolfram oder Molybdän erreicht werden, da sich beständige →Karbide bilden, die nicht zersetzt werden. Auch →Vanadin, →Titan, Zirkon und →Niob bilden sehr stabile Karbide, doch muß darauf geachtet werden, daß der Kohlenstoff vollständig abgebunden ist. *Dahl*

Literatur: Werkstoffkunde Stahl. 2 Bd. (Hrsg. VDEh). Berlin–Düsseldorf 1984/85.

Druckwasserstoffschädigung. Unlegierte und niedriglegierte →Stähle können unter der Einwirkung von molekularem heißen Druckwasserstoff (T > 200 °C) durch chemische Reaktion des absorbierten Wasserstoffs mit den Zementitausscheidungen (Fe₃C) geschädigt werden. Durch die hierbei ablaufende chemische Reaktion

$$Fe_3C + 4\{H\}_{Fe} = 3\,Fe + CH_4$$

tritt einerseits →Entkohlung und andererseits die Bildung von Methan (CH₄) auf.

Bei unlegierten Stählen wird aufgrund der vorzugsweisen Zementitausscheidung auf Korngrenzen eine beträchtliche Verschlechterung der mechanischen Eigenschaften der Werkstoffe durch Entkohlung hervorgerufen. Hinzu kommt, daß durch die Anreicherung des Methans an Fehlstellen des Metalles hohe Gasdrücke aufgebaut werden, die zu mikroskopischen Materialtrennungen im Werkstoffinneren führen und unter der Einwirkung äußerer mechanischer Zugspannungen auch Makrorisse zur Folge haben können. Als entscheidende Einflußgrößen für den Grad der Werkstoffschädigung sind der Wasserstoffpartialdruck, die Betriebstemperatur, insbesondere auch die Werkstoffart anzuführen (Bild).

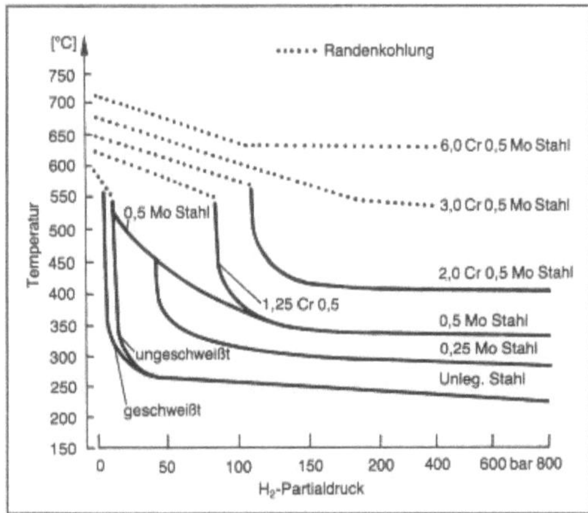

Druckwasserstoffschädigung: Beständigkeit von Stählen gegen heißen Druckwasserstoff.

Durch legierungstechnische Maßnahmen konnte das Problem der D. von Stählen weitgehend gelöst werden. So stehen heutzutage eine Reihe druckwas-serstoffbeständiger Stähle zur Verfügung. In Abhängigkeit von den Beanspruchungsbedingungen hinsichtlich Wasserstoffpartialdruck und Betriebstemperatur eignen sich warmfeste ferritische Stähle, deren Kohlenstoffgehalt durch starke Carbidbildner (z. B. Cr, Mo) abgebunden ist, bzw. bei extremeren Beanspruchungsbedingungen austenitische CrNi-Stähle.

Bei Einwirkung von kaltem Druckwasserstoff (T < 200 °C) auf ferritische Stähle kann unter dynamisch plastischer →Verformung wasserstoffinduzierte →Spannungsrißkorrosion ausgelöst werden. *Wendler-Kalsch*

Literatur: Amer. Petroleum Inst. Refining Department: Steels for hydrogen service at elevated temperatures and pressures in petroleum refineries and petroleum plants. API-Publ. 941 (1983). – *Wendler-Kalsch, E.,* u. *H. Spähn:* in Wasserstoff und Korrosion (Hrsg. D. Kuson). Bonner Studien, Reihe Bonn 1986, S. 21–22 und 155–203.

Dualphasen-Stahl. Ferritischer →Stahl mit rd. 20 bis 30 % inselartig eingelagertem Martensitanteil. Der →Martensit wird durch schnelle →Abkühlung eines kohlenstoffarmen Stahls aus dem teilaustenitisierten Zustand, dem α + γ-Zweiphasengebiet, erhalten (→Eisen-Kohlenstoff-Zustandsschaubild). Als →Warmband kann das Dualphasengefüge unmittelbar aus der Walzhitze oder durch eine Warmbandglühung mit schneller Abkühlung in einem Durchlaufofen erzeugt werden. Aufgrund der sehr schnellen Abkühlung im Durchlaufofen kann ein geringerer Legierungsgehalt verwendet werden. Kaltgewalztes Flachzeug mit Dualphasengefüge wird durch →Glühen in α + γ-Zweiphasengebiet im Durchlaufofen bei 750 bis 900 °C mit abschließendem beschleunigtem Abkühlen hergestellt.

D.-S. lassen sich gut kaltverformen, weil sie geringe Streckgrenzenwerte (200–500 N/mm²), hohe Zugfestigkeitswerte (400–1000 N/mm²) und günstige Bruchdehnungswerte aufweisen. Sie haben keine ausgeprägte →Streckgrenze, da durch die Martensitbildung freie Versetzungen entstehen, und zeigen daher beim Verformen keine Fließfiguren. Die →Verfestigung ist vor allem bei kleinen Verformungsgraden sehr hoch, und eine zusätzliche Steigerung der Streckgrenze ist beim Lackeinbrennen zu erzielen. *Dahl*

Duktilität. Nicht streng definierter Begriff zur Kennzeichnung der Verformungsfähigkeit von Werkstoffen ohne Schädigung bzw. →Rißbildung. Die D. kann anhand der →Bruchdehnung bzw. →Brucheinschnürung (→Zugversuch) im Werkstoffvergleich beurteilt werden. *Ilschner*

Dünne Schichten. Von d. S. eines Stoffes spricht man i. a. wenn sie aus einem Dampf oder einer

Lösung, also aus der dispersen Phase abgeschieden werden. Im Gegensatz dazu spricht man bei einer Herstellung aus einem festen oder flüssigen Ausgangsstoff (Gießen, Walzen) von →Folien. Vier Herstellungsverfahren für d. S. sind zu unterscheiden.

□ Aufdampfen im Vakuum: Die Substanzen werden im Vakuum (besser als 10^{-4} mbar) entweder aus einem elektrisch beheizten Tiegel im Elektronenstrahl verdampft, so daß die Atome ohne weitere Störungen oder Zusammenstöße abgeschieden werden.

□ Kathodenzerstäubung (*engl.* sputtering): In einer Gasentladung wird der Kathodenwerkstoff durch Ionenbeschuß zerstäubt (in atomarer Form freigesetzt) und auf der Gegenelektrode niedergeschlagen.

□ Abscheidung aus der Lösung: In Frage kommt hierbei die Abscheidung aus einer übersättigten Lösung, die Abscheidung durch chemische Reaktionen mit dem Substrat, sowie die elektrolytische (galvanische) Abscheidung.

□ Abscheidung aus der Dampfphase: Auch hierbei ist wieder die Abscheidung aus einem übersättigten Dampf und die Abscheidung auf Grund einer chemischen Reaktion (*engl.* →CVD, chemical vapour deposition) zu unterscheiden.

Vor- und Nachteile der einzelnen Verfahren lassen sich nicht allgemein angeben. Die Aufdampfmethode ist sicherlich die universellste. Sie findet ihre Grenzen bei Substanzen, die sich nicht ohne chemische Zersetzung in die Dampfform überführen lassen. Die anderen Methoden können in diesen Fällen helfen, sie bieten auch vielfach, wenn sie angewandt werden können, Kostenvorteile, da der Prozeßschritt der Evakuierung entfällt. Die Kathodenzerstäubung erzeugt glattere Schichten, da bei ihr eine größere Zahl von Keimen gebildet wird.

Die Schichtdicke der d. S. wird am häufigsten mit Hilfe der Resonanzfrequenz eines mitbedampften Quarzoszillators bestimmt. In manchen Fällen wird auch die Durchlässigkeit oder Reflexivität einer Schicht als Maß für die Dicke benutzt.

Die Struktur der d. S. ist je nach den Herstellungsbedingungen verschieden. Normalerweise entsteht eine sehr feinkristalline, stark gestörte Schicht mit einem wesentlichen Fremdstoffgehalt, der aus dem Dampf oder Lösungsmittel mit eingebaut wird. Schnelle Abscheidung auf einen gekühlten Träger führt bei geeigneter Zusammensetzung zu amorphen, glasartigen Schichten. Langsame Abscheidung auf einen erhitzten, einkristallinen Träger führt bei günstigen Bedingungen zur Bildung von einkristallinen Schichten (→Epitaxie). Perfekte Schichten im Aufbau und in der Zusammensetzung lassen sich mit der sog. Molekularstrahlepitaxie erzeugen, im wesentlichen einem Aufdampfverfahren im Ultrahochvakuum.

Es bestehen drei breite industrielle Anwendungsbereiche für d. S.:

□ Metallische Schichten zur Oberflächenbehandlung und Vergütung, angefangen von galvanischen Schutzschichten auf Metallen bis zu den auf Glas, Keramik und Plastikwerkstoffen aufgedampften Metallisierungen und Dekorschichten.

□ Optisch wirksame Schichten z. B. zur Reflexminderung, als Spiegel oder Filter.

□ Elektronische Bauteile und Komponenten von integrierten Schaltungen bis zu magnetischen Speichern.

Darüber hinaus besteht ein breites Forschungsinteresse, das von den speziellen elektronischen Eigenschaften etwa monoatomarer Schichten bis zum Studium von nur in Form dünner Schichten stabiler metallographischer Phasen reicht.

Dünne Metallschichten (Metallisierungen) dienen, auf Plastikfolien aufgedampft, z. B. als Kondensatorelektroden oder zur thermischen Isolation (Reflexion der Wärmestrahlung). Kontakte keramischer dielektrischer Werkstoffe werden ebenso durch Aufdampfen hergestellt. Die gleiche Technik dient zur Dekoration von Glas und Plastikteilen und zur Herstellung von Spiegeln.

Optischen Zwecken dienen transparente Schichten (sog. dielektrische Schichten), deren Schichtdicke im Bereich der optischen Wellenlänge λ liegt, so daß Interferenzeffekte auftreten. So beseitigt eine Schicht, deren Dicke $d = n \cdot \lambda/4$ erfüllt, und für deren Brechungsindex $n = \sqrt{n_0}$ gilt, wobei n_0 der Brechungsindex des Substrats ist, die Reflexion der betreffenden Oberfläche (Optische Vergütung). Für gewöhnliches Glas ($n = 1.5$) erfüllt eine etwa 100 nm dicke Schicht aus MgF_2 ($n = 1.39$) angenähert diese Bedingung. Mehrfache Schichten ergeben verbesserte Entspiegelungen, aber auch z. B. verlustfreie Hochleistungsspiegel, wie sie in der Lasertechnik benötigt werden. Alle Interferenzeffekte sind wellenlängenabhängig, so daß transparente d. S. auch Farberscheinungen zeigen (Farben dünner Blättchen), die für dekorative Zwecke sowohl von der Natur (Schmetterlingsflügel) wie in der Schmuckindustrie verwendet werden. Durch gezielte Kombination verschiedener Schichten lassen sich farbselektive Spiegel (Kaltlichtspiegel, Wärmereflexionsfilter) und Filter (Interferenzfilter) konstruieren. Die wichtigsten Werkstoffe für transparente Schichten sind neben dem schon genannten MgF_2 Kryolith ($n = 1.31$), SiO ($n = 1.97$), ZnS ($n = 2.34$) und TiO_2 ($n = 2.66$).

In der Elektrotechnik dienen d. S. unter anderem zur Herstellung integrierter Schaltungen hoher Zuverlässigkeit (Dünnschichttechnik). Leiterbahnen, Widerstände und kleine Kondensatoren werden dabei durch Aufdampfen hergestellt. D. S. spielen auch eine Rolle in der Silicium-Planartechnologie, sei es als leitende Verbindung zwischen den einzelnen Bauelementen, sei es als isolierende Schicht zwischen den verschiedenen Lagen einer integrierten Schaltung. Ein wichtiges Qualitätskriterium in diesen Anwendungen ist der Flächenwiderstand. Er ist ein Maß für den Widerstand einer dünnen Schicht, definiert als der Quotient zwischen spezifischem Widerstand und Schichtdicke (Einheit: $\Omega m/m = \Omega$; oft auch als $\Omega/\square$, ohm per square dargestellt).

Magnetische d. S. erfüllen vielfältige Funktionen vor allem in der Speicher- und der Meßtechnik. Am verbreitesten sind die Nickeleisen- oder Permalloyschichten, die zu etwa 80 % aus Nickel bestehen. Anwendung finden sie z. B. als Steuerelement im Magnetblasenspeicher und als Schreib- und Lesekopf-Elemente in der magnetischen Aufzeichnung. Die eigentliche Trägerschicht der Magnetblasen stellt auch eine magnetische d. S. dar. Andere, hartmagnetische d. S. werden als Aufzeichnungsmedium in der magnetischen und magnetooptischen Aufzeichnung (→ Magnetspeicher) eingesetzt. Supraleitende d. S. dienen z. B. im Josephson-Magnetometer zum Nachweis extrem schwacher Magnetfelder. *Hubert*

Duplex-Gefüge. Ein aus zwei Phasen bestehendes → Gefüge. Ein typisches Beispiel ist der Duplex-Stahl mit α- und γ-Gefüge. *Gräfen*

Duplex-Schicht → Schichtverbundwerkstoffe

Durchbruchspotential. Kritisches Potential, bei dessen Überschreiten transpassive Korrosion auftritt (DIN 50 900) (→ Transpassivität, → Stromdichte-Potential-Kurve). *Wendler-Kalsch*

Durchdringungsverbundwerkstoffe. Werkstoffe, in denen die einzelnen beteiligten Phasen oder Komponenten zusammenhängende Gerüste bilden, werden als D. bezeichnet. Bezieht man sich auf das Herstellungsverfahren, so spricht man auch von Tränkwerkstoffen oder von Tränklegierungen, sofern die eine Komponente aus einem niedrigschmelzenden und die andere aus einem hochschmelzenden Metall besteht. Hochschmelzende Metalle, die bei Tränklegierungen zum Einsatz kommen, bestehen aus Wolfram, Molybdän oder → Eisen. Als niedrigschmelzende Komponenten – das Tränkmetall – dienen u. a. → Blei, → Kupfer oder Silber. Bei der hochschmelzenden Komponente kann es sich auch um einen keramischen Werkstoff handeln, in den ein Metall infiltriert wird. Auf diese metallkeramischen Werkstoff-Kombinationen wird auch der Begriff → Cermets (ceramic + metal) angewandt.

Zur Herstellung von D. werden Infiltrationstechniken eingesetzt. Zuerst wird ein porenhaltiges Gerüst aus der hochschmelzenden Komponente gesin-

tert und anschließend die niedrigschmelzende Komponente infiltriert.

Die Infiltration kann durch Tauchen des porenhaltigen Sintergerüsts in eine Schmelze erfolgen (Tauchtränken). Die Technik, das Tränkmetall zunächst in fester Form auf oder unter das Sintergerüst zu legen (Auf- und Unterlagetränken) (Bild 1) und in einer Graphitform über seine Schmelztemperatur zu erwärmen, findet ebenfalls Anwendung.

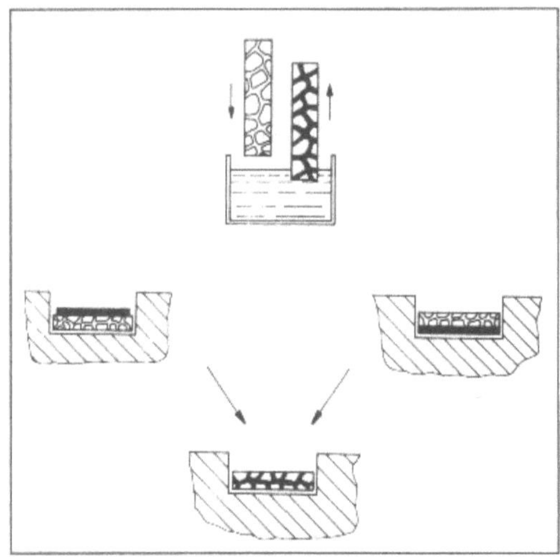

Durchdringungsverbundwerkstoffe 1: Infiltrationstechniken, Tauchen, Auflage- und Unterlagetränken.

Die → Infiltrationstechnik hat sich überall dort bewährt, wo durch unterschiedliche Sintercharakteristiken das direkte Herstellen von Sinter-Verbundwerkstoffen auf Probleme stößt. Die Infiltrationstechnik ist ihrerseits mit Problemen verbunden, wenn wegen schlechter → Benetzung die Kapillarkräfte zu gering sind und der Tränkwerstoff nicht genügend weit in das Sintergerüst eindringen kann. Derartige Schwierigkeiten treten meist bei Cermets auf. Es besteht jedoch die Möglichkeit, die Benetzung durch geeignete Maßnahmen wie Metallisierung des Keramikskeletts oder eine spezielle Zusammensetzung des Tränkmetalls zu verbessern. Auch die Druckinfiltration in Autoklaven ist möglich. Ein spezielles Verfahren stellt das → Reaktionstränken dar, das z. B. zur Herstellung dichter Siliciumcarbid-Körper benutzt wird. In diesem Fall wird flüssiges Silicium in einen Siliciumcarbid-Kohlenstoff-Vorpreßling infiltriert und reagiert mit dem Kohlenstoff zu Siliciumcarbid (Bild 2).

D. werden in unterschiedlichen Bereichen eingesetzt. Einige Hartmetalle sind z. B. zu den D. zu zählen. Diese werden vor allem für Werkzeuge und Verschleißteile eingesetzt, wie z. B. für Bohrer, Fräser, spanabhebende Werkzeuge und Ziehsteine.

Durchdringungsverbundwerkstoffe 2: Laufrad für Turbolader aus siliciuminfiltriertem Siliciumcarbid Si/SiC/SIGRI/.

→Gleitlager und Gleitschienen werden vielfach ebenfalls aus D. hergestellt. Die niedrigschmelzende Komponente hat hier die Funktion, die →Schmierung zu gewährleisten (selbstschmierende Gleitlager) oder die Einlauf- und Notlaufeigenschaften zu verbessern.

Auch für die Düsen von Raketentriebwerken finden D. Verwendung. Bewährt hat sich hier die →Tränklegierung aus W mit 12 Gew. % Ag. Während des Betriebs schmilzt und verdampft teilweise das Silber. Dies bewirkt eine stärkere Wärmeabfuhr als es mit reinem Wolfram möglich ist.

Als Strahlenschutz von Röntgenröhren hat sich eine Wolfram-Blei-Tränklegierung als vorteilhaft erwiesen. Dieser Verbundwerkstoff bewirkt eine gleichmäßigere Absorption der Strahlung als jedes der beiden reinen Metalle.

In der Schweißtechnik hat sich zur Armierung von Stumpfschweißbacken der Einsatz der Tränklegierung Wolfram-Kupfer bewährt. Sowohl die hohe →Härte des Verbundwerkstoffs als auch beachtliche Wärme- und elektrische →Leitfähigkeit erhöhen die →Lebensdauer der →Elektrode erheblich.

Verbreiteten Einsatz finden D. auch in der Elektrotechnik, vor allem als Kontaktwerkstoffe. Deren kennzeichnende Eigenschaften sind:
- geringer volumenmäßiger →Abbrand
- geringe Neigung zum →Materialtransport
- geringe Schweißneigung
- hohe Härte der hochschmelzenden Komponente
- hohe elektrische und thermische Leitfähigkeit sowie
- →Duktilität der niedrigschmelzenden Komponente.

Einer der bekanntesten Vertreter der Kontaktwerkstoffe ist die Tränklegierung W/Cu. Wie auch bei Raketentriebwerksdüsen übt das Kupfer die Funktion der Kühlung des Wolframskeletts aus. Gegenüber W/Cu-Teilchenverbundwerkstoffen weisen W/Cu-D. gleicher chemischer Zusammensetzung ein besseres Abbrandverhalten auf, da das Herausschleudern von Wolframteilchen in Kupferschmelztropfen nicht möglich ist. Wolfram-Kupfer-Verbundwerkstoffe werden in Hochspannungsschaltgeräten eingesetzt, z. B. in Leistungstrenn- und Transformatorenregel-, Niederspannungs- und Kleinölschaltern. *Steffens*

Literatur: *N. N.:* Metallische Verbundwerkstoffe. Karlsruhe 1977. – *Thümmler, F.:* Neue Entwicklungen in der Pulvermetallurgie. Z. für Werkstofftechnik, 3. (1972), Nr. 8, S. 394–414.

Durchdrücken. D. ist eine Untergruppe des →Umformens (DIN 8580) und ist als →Druckumformen eines Werkstücks durch teilweises oder vollständiges Hin-D. durch eine formgebende Werkzeugöffnung unter Vermindern des Querschnitts oder des Durchmessers definiert.

Das D. teilt sich nach DIN 8583, Bl. 6, in →Verjüngen, →Strangpressen und →Fließpressen auf. Überwiegend werden diese Verfahren mit ihren nach der Kinematik (Vorwärts-, Rückwärts- oder Quer-Strang- bzw. Fließpressen) und nach der Querschnittsart (Voll- oder Hohlquerschnitt) untergliederten Varianten mit starren Werkzeugen durchgeführt. Daneben gibt es für Sonderanwendungen bezüglich Werkstückwerkstoff und -geometrie das Strang- bzw. Fließpressen mit Wirkmedien als hydrostatisches Strang- bzw. Fließpressen. Wirkmedien im Sinne von DIN 8583, Bl. 6, dienen zur Kraftübertragung (Wirkmedien mit kraftgebundener Wirkung), wobei die Formgebung des Werkstücks in Verbindung mit Werkzeugteilen erfolgt.

Alle Durchdrückverfahren zählen zu den Umformverfahren mit mittelbarer Einleitung der →Umformkraft und damit zu den Verfahren mit quasistationärem Werkstofffluß. Während das Verjüngen und das Fließpressen meist bei Raumtemperatur (Kaltfließpressen) oder im halbwarmen Temperaturbereich bei der Produktion einzelner Werkstücke angewendet werden, gehört das Strangpressen zum Warmumformen von →Halbzeug. Die Werkzeuge sind mechanisch und – beim Strangpressen – zusätzlich thermisch hoch beansprucht. Die Durchdrückverfahren haben einen wichtigen Platz in der industriellen Fertigung; die erzielbaren Maß- und Formtoleranzen sowie die Oberflächenqualität verleihen den Produkten häufig die Qualität von Fertigteilen. *Lange*

Literatur: *Lange, K.* (Hrsg.): Umformtechnik. Handb. f. Ind. u. Wiss. 2. Aufl. Bd. 2. Massivumformung. Bd. 4. Sonderverfahren. Berlin, Heidelberg, New York, Tokio 1988/1992.

Durchhärtung. Beim →Härten Erzielung eines gleichmäßigen martensitischen Gefüges über den gesamten Querschnitt. Eine D. wird bei größeren Querschnitten nur durch höhere Legierungsgehalte erreicht, die die kritische Abkühlgeschwindigkeit verringern (→Zeit-Temperatur-Umwandlungsschaubild). *Dahl*

Durchschallungsverfahren. Ein bestimmtes Verfahren der →Ultraschallprüfung, das zwei Prüfköpfe und damit beidseitige Zugänglichkeit der Prüfstelle an einem Prüfstück erfordert. Ultraschall wird auf der einen Prüfstückseite von einem Sender-Prüfkopf im Prüfstück angeregt und nach dessen Durchquerung auf der Gegenseite von einem Empfänger-Prüfkopf empfangen. Änderungen im Empfangssignal gegenüber Referenzsignalen, die an Vergleichsstücken oder Vergleichsstellen am Prüfstück gewonnen werden, zeigen Inhomogenitäten im Prüfstück an. *Kußmaul*

Durchschlagfestigkeit. Bei allen →Isolierstoffen können elektrische Durchschläge auftreten; der hierdurch hervorgerufene Stromfluß beschränkt sich auf den Durchbruchskanal, der bei festen Isolierstoffen eine bleibende Materialveränderung hervorruft. Im Gegensatz zu einem Durchschlag, bei dem der Stromfluß innerhalb des Isolierstoffes stattfindet, entsteht bei einem Überschlag die Strombahn längs der Oberfläche eines Isolierstoffes.

Die für einen Durchschlag maßgebliche Größe ist die D., d. h. die Feldstärke E_d, bei der mit einem Durchschlag zu rechnen ist. Als D. wird hierbei der Quotient aus der Durchschlagspannung U_d und dem Abstand der beiden Elektroden bezeichnet, zwischen denen die Spannung angelegt wird. Die Durchschlagspannung U_d stellt den Wert einer sinusförmigen Wechselspannung dar, bei dem die Spannung zwischen den Elektroden unter Zerstörung des Isolierstoffes zusammenbricht.

Der Begriff D. gilt exakt nur, wenn zwischen den Elektroden ein homogenes Feld vorhanden ist. Die D. ist hierbei keine Materialkonstante, sondern sie hängt von vielen Parametern ab, z. B.:
- Frequenz, Wellenform, Betrag und Zeit der Spannungsbeanspruchung
- Dicke, Homogenität und vorhergehende Behandlung des Probekörpers
- Umgebungstemperatur, Luftdruck, Luftfeuchte
- Anwesenheit von gasförmigen Einschlüssen, Feuchtigkeit oder anderen Verunreinigungen sowie Vorhandensein mechanischer Spannungen

- Maße und thermische Leitfähigkeit der Prüfelektroden
- Intensität der Oberflächen-Teilentladungen vor dem Durchschlag
- Fläche bzw. Volumen zwischen den Elektroden, die der höchsten Spannungsbeanspruchung unterliegen.

Für den Durchschlag in festen Isolierstoffen können grundsätzlich drei verschiedene Bereiche angegeben werden:
□ rein elektrischer Durchschlag, der bei Kurzzeitbeanspruchungen (t ~ 1 µs) und bei nicht zu hohen Temperaturen zu erwarten ist;
□ Wärmedurchschlag, der bei Beanspruchungszeiten (t ~ 1 ms) auftritt; ein Wärmedurchschlag ist dann zu erwarten, wenn die im →Isolierstoff entstehende Verlustwärme nicht durch →Wärmeleitung an die Umgebung abgeführt werden kann.
□ Erosionsdurchschlag als Folge von Alterungsvorgängen in elektrisch hochbeanspruchten Isolierstoffgebieten.

Bei flüssigen Isolierstoffen (z. B. Transformatoröl) haben Verunreinigungen (Wasser, Faserstoffe, Gase) einen großen Einfluß auf die D., und sie wird durch diese Beimengungen erheblich herabgesetzt. Der elektrische Durchschlag geht von Verunreinigungen aus, indem sich dort aufgrund der Feldstärke leitende Brücken bilden.

Gase stellen bei niedrigen Feldstärken einen guten →Isolator dar; sie verlieren diese Eigenschaft, wenn die Spannung zwischen den Elektroden über einen Grenzwert gesteigert wird. Beim elektrischen Durchschlag werden die Ladungsträger beschleunigt und sie erreichen Energien, so daß neutrale Gasatome ionisiert werden. Hierdurch tritt eine selbständige Entladung an den Orten höchster Feldstärke in Form von Glimmen auf. Bei weiterem Spannungsanstieg bilden sich Büschelentladungen aus, die bei Überschreiten einer kritischen Stromstärke zu einem Funkendurchschlag führt.

Die Prüfung der D. hat nach DIN VDE 0303 Teil 2/11.74 spätestens nach 2 min (bei flüssigen Isolierstoffen 10 min) nach der Entnahme der Probe zu beginnen. Die Wechselspannung wird von 0 Volt an gleichmäßig gesteigert, so daß die Spannung zwischen den Elektroden unter Zerstörung des Isolierstoffes durchschnittlich nach 10–20 s zusammenbricht. Liegen keine gültigen VDE-Bestimmungen bzw. Normen für den untersuchten Isolierstoff vor, werden zur Bildung des Mittelwertes mindestens fünf Proben geprüft. *Kußmaul*

Literatur: *Beyer, M., W. Boeck, K. Möller* u. *W. Zaengl:* Hochspannungstechnik, Theoretische und praktische Grundlagen für die Anwendung. Berlin-Heidelberg 1986. – DIN VDE 0303 Teil 2/11.74: VDE-Bestimmungen für elektrische Prüfungen von Isolierstoffen. Durchschlagspannung, Durchschlagfestigkeit. – DIN VDE 0370 Teil 1/12.78: Isolieröle. Nur Isolieröle für Transformatoren, Wandler und Schaltgeräte.

Durchsetzen. D. ist ein Verfahren des →Schubumformens (DIN 8587) und zählt zur Untergruppe Verschieben, d. h. zu den Schubumformverfahren mit geradliniger Werkzeugbewegung. Dabei werden in der Umformzone benachbarte Querschnittsflächen des Werkstücks gegeneinander verlagert, wobei in den Flächen Schubspannungen in Höhe der Schubfließspannung k hervorgerufen werden (Bild 1). Teilmassen eines Werkstücks werden mit diesem Verfahren gegeneinander verschoben. Beispiele sind das D. von Kurbelhüben an freiformgeschmiedeten Großkurbelwellen oder, bei sehr kleinen Abmessungen, das Herstellen von Schweißbukkeln oder Distanzpunkten an Blechwerkstücken (Bild 2, Bild 3). *Lange*

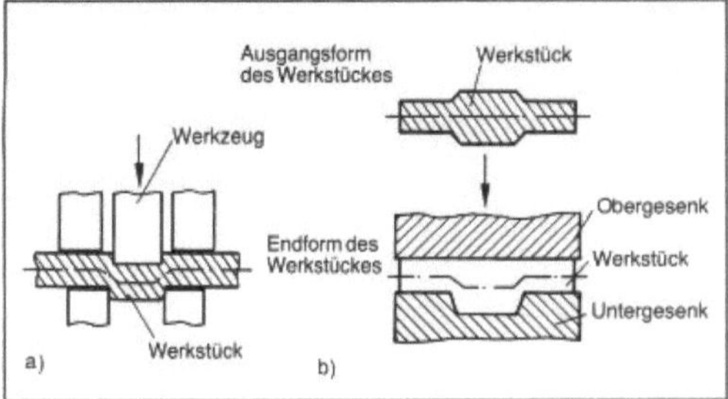

Durchsetzen 1: Beispiele.
a) D. eines Stabes
b) D. eines Formteils.

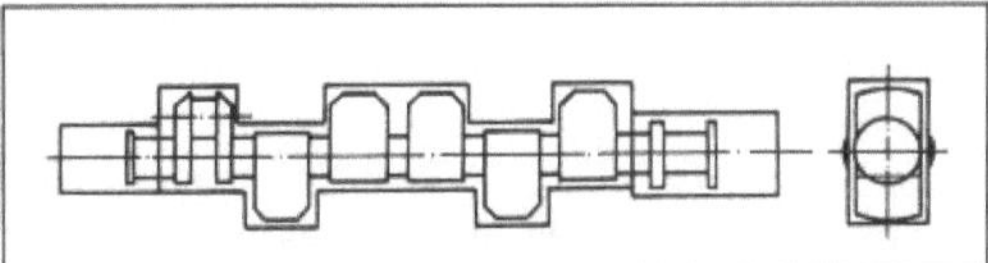

Durchsetzen 2: Großkurbelwelle mit durchgesetzten Hüben.

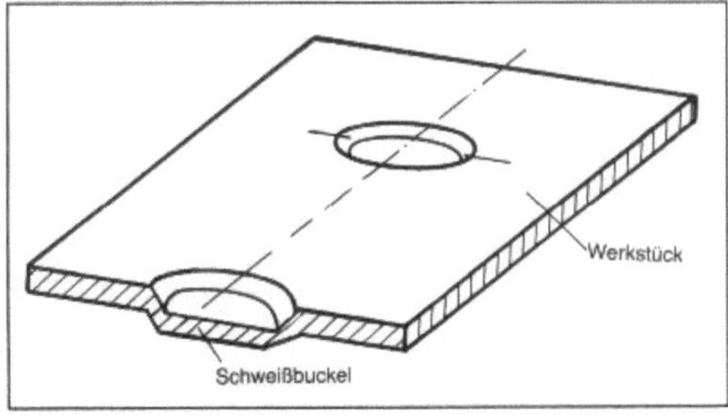

Durchsetzen 3: D. zum Herstellen von Schweißbukkeln.

Durchstoßversuch. Der D. an Folien und dünnen, ebenen Platten ist ein mechanisches Untersuchungsverfahren der →Werkstoffprüfung, gekennzeichnet durch schlagartige, biaxiale Beanspruchung.

☐ Fallbolzenversuch an Platten. (DIN 53443 Teil I, ASTM 3029-72, BS 2782-Meth. 306 C). Anzuwenden, wenn zur Charakterisierung des Schlagverhaltens die Angabe einer Schädigungsarbeit ausreicht, z. B. bei Eingangs- und Qualitätskontrollen oder beim Produktvergleich. Durchführung: Ein auf einem Auflagering frei aufliegender oder festgespannter Probekörper wird durch einen Fallbolzen mit Stoßkörper senkrecht zur Probekörperoberfläche zentrisch beansprucht. Durch Variation von Fallmasse und/oder Fallhöhe wird die zur Schädigung führende Fallenergie in Abhängigkeit von Temperatur und Feuchtigkeitsgehalt ermittelt. Schädigungsmerkmale sind →Anriß, Durchriß, Durchstoß und Beulung. In der Regel wird die 50 %-Schädigungsarbeit W_{50} ermittelt. W_{50} ist das Produkt aus Fallmasse, Fallbeschleunigung und Fallhöhe, bei dem 50 % der Probekörper geschädigt werden.

☐ D. mit elektronischer Meßwerterfassung an Folien und Platten (DIN 53443 Teil 2, DIN 53373). Anzuwenden, wenn die Prüfung mit konstanter Prüfgeschwindigkeit oder in einem Dispersionsgebiet durchgeführt werden soll, nur eine geringe Probenanzahl zur Verfügung steht oder wenn die gewünschten Meßdaten nur einem Kraft-Verformungs-Diagramm entnommen werden können.

Prüfgerät, Durchstoßkörper und Einspannvorrichtung sind gleich wie beim Fallbolzenversuch. Zusätzlich sind Meßgeräte für die Kraft- und Wegmessung erforderlich. Ermittelt wird die bis zum vereinbarten Schädigungspunkt (z. B. erster oder Haupt-Kraftabfall) am Probekörper geleistete Schädigungsarbeit W_s, Schädigungskraft F_s und Schädigungsverformung l_s sowie die gesamte am Durchstoßkörper geleistete Durchstoßarbeit W_{ggs} (Tabelle). *Pöllet/Eyerer*

Durchstoßversuch. Tabelle: Schädigungsarbeit WS an verschiedenen Kunststoffen.

Produkt	WS/d [Nm/mm]	F [N]	l [mm]
PC	5 500	9 000	23
ABS	1 450	3 600	16
PS	ca. 30	300	3
PE	1 550	2 600	20
HIPVC	3 300	5 400	18

d = Plattendicke

Literatur: *Carlowitz, B.:* Tabellarische Übersicht über die Prüfung von Kunststoffen. 5. Aufl. Isernhagen 1981. – *Grimminger, A.,* u. a.: Kunststoffe 59 (1969), S. 375. – *Heck S.* und *P. Pöllet:* Automatisches Mikrohärteprüfgerät und Durchstoßprüfmaschine für Kunststoffe, VDI-Ber. Nr. 731, 1989.

Durchstrahlungs-Rasterelektronenmikroskop.
Dieses Mikroskop (*engl.* Scanning Transmission
Electron Microscope, STEM) liefert Bilder durchstrahlbarer Objekte durch Abtasten mit einer feinen
Elektronensonde, wobei die Transmissions-Streu-
verteilung durch Elektronendetektoren geeigneter
Geometrie und das Energieverlustspektrum durch
einen Energieanalysator gemessen und für den Bildkontrast genutzt werden. Zusätzlich können Bilder
mit den meisten Signalen des →Rasterelektronen-
mikroskops für Oberflächen erzeugt werden. Da die
Auflösung in dünnen Objekten nicht durch einen
Elektronendiffusionshof begrenzt ist, läßt sich
durch Verkleinerung der bestrahlenden Elektronensonde die Auflösung bis auf atomare Größenordnung ($< 0{,}3\,\mathrm{nm}$) verbessern. Aus Intensitäts-
gründen ist hierfür eine Feldemissionsquelle als
Elektronenstrahler unumgänglich.

Die besondere Stärke des Gerätes ist der hochef-
fiziente Dunkelfeldkontrast, der durch einen den
Primärstrahlkegel umgebenden Ringdetektor erzeugt wird. Einzelatome wurden so erstmals mit
hohem Kontrast wiedergegeben. Vorteilhaft gegenüber dem konventionellen →Durchstrahlungselek-
tronenmikroskop für die Abbildung dickerer Objekte ist auch, daß die unelastisch gestreuten Elektronen nicht mehr zum Farbfehler der die Auflösung bestimmenden Elektronenlinsen beitragen.
Die parallele Verfügbarkeit mehrerer Bildsignale
ermöglicht die rechnerische Erzeugung neuer Kon-
trastarten in Echtzeit oder auch nachträglich mit
elektronischer Zwischenspeicherung.   *Herrmann*

Literatur: *Reimer, L.:* Scanning Electron Microscopy. Berlin,
Heidelberg, New York 1985.

Durchstrahlungselektronenmikroskop. Ein D.
dient der hochvergrößerten Abbildung dünner Objekte mit Elektronenstrahlen, deren kleine Mate-
rienwellenlänge eine Auflösung in atomarer Größenordnung ermöglicht. Es enthält einen Elektronenstrahler, mehrere magnetische Elektronenlinsen, die der Bestrahlung des Objektes (Kondenso-
ren) oder seiner Vergrößerung dienen (Objektiv
und Projektive), sowie Einrichtungen für die Beobachtung des Bildes auf einem Leuchtschirm oder
mittels eines Bildverstärkers und für seine Registrierung auf Photoplatten.

Das Objekt wird in einen in das Objektiv eingebauten Verstelltisch mit Objekthaltern einge-
schleust, die noch verschiedene Sonderfunktionen
(Kippung, Heizung, Kühlung, Dehnung) übernehmen können. Elektronische Regel- und Steuereinrichtungen stabilisieren die Beschleunigungsspannung und die Linsenströme und sorgen für
weitgehende Automatisierung aller optischen,
vakuumtechnischen und mechanischen Hilfsfunk-
tionen.

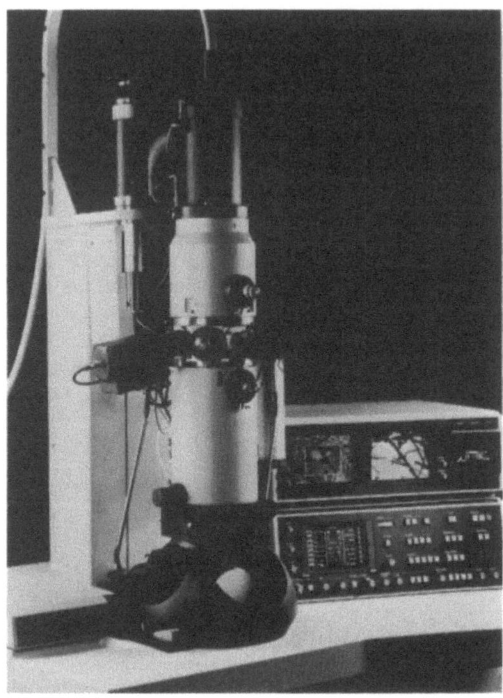

*Durchstrahlungselektronenmikroskop: 120 keV-Ge-
rät. (Quelle: Philips)*

D. mit Beschleunigungsspannungen zwischen 80
und 1 200 kV werden heute industriell gefertigt und
bis 3 MV in Forschungszentren betrieben. Sie erlauben nicht nur die Abbildung in einem Vergröße-
rungsbereich zwischen 200 und 10^6, sondern auch
die Elektronenbeugung an ausgewählten Objektbe-
reichen. Durch Zusatzeinrichtungen können sie zu
Rastermikroskopen und zu analytischen Elektronenmikroskopen ausgebaut werden. Nachdem die
außerordentlich hohen Forderungen an die Kon-
stanz elektrischer Versorgungen ($\Delta U/U = 2 \cdot 10^{-6}$),
an die mechanische Stabilität, die Güte des Vaku-
ums und die Abschirmung von mechanischen und
magnetischen Störungen erfüllt wurden, wird die
Auflösung nur noch durch die Materiewellenlänge
und die unkorrigierbare Öffnungsfehlerkonstante 4
begrenzt. Eine Senkung der Materiewellenlänge λ
wirkt sich auf die Auflösung nur proportional zu $\lambda^{1/2}$
aus, da infolge magnetischer Sättigung des Pol-
schuhmaterials $C_S \cdot \lambda$ etwa konstant bleibt. Der außerdem die Auflösung begrenzende Einfluß des
Farbfehlers durch die endliche Energiebreite ΔU
der Elektronenstrahlen läßt sich durch Erhöhung
der Beschleunigungsspannung wirksam bekämp-
fen.

Die Bildkontraste in der Elektronenmikroskopie
beruhen auf der Streuung der Elektronen an den
Potentialfeldern der Atome, die man durch eine in
der hinteren Brennebene des Objektivs angeordne-

te Blende in masseabhängigen Kontrast (*Streuabsorptionskontrast*) umwandelt. Durch zusätzliche schweratomige Kontrastmittel verstärkt man den Kontrast in biologischen Präparaten. Für höchste Auflösung wird meist der Phasenkontrast genutzt. Dadurch werden ausreichende Bildsignale sogar von Einzelatomen erzielt. Der Phasenkontrast erfordert eine hochkohärente Bestrahlung und hat den Nachteil einer oszillierenden Übertragungsfunktion, da die dem *Zernike*verfahren entsprechende Phasenverschiebung nicht wie in der Lichtmikroskopie durch ein materielles Phasenplättchen in einer korrigierten Linse, sondern nur durch Öffnungsfehler und Defokussierung erzielt wird. Die damit verbundenen Interpretationsschwierigkeiten lassen sich durch nachträgliche Bildverarbeitungsverfahren beseitigen.

In kristallinen Objekten werden die Kontraste überwiegend durch Elektronenbeugung bestimmt. Die mit modernen Hochauflösungsmikroskopen zugängliche atomare Auflösung erweist sich als sehr wertvoll für die Grundlagenforschung in der Materialwissenschaft. In der Biologie kann sie wegen der Strahlenempfindlichkeit molekularer Objekte nur an Biokristallen genutzt werden.   *Herrmann*

Literatur: *Reimer, L.:* Transmission Electron Microscopy. Berlin, Heidelberg, New-York 1989.

Durchstrahlungsprüfung. Die D. ist ein zerstörungsfreies Prüfverfahren, bei dem Prüfstücke mittels Röntgen-, Gamma- oder Neutronenstrahlen durchstrahlt werden. Die entsprechend der Prüfstückdicke und -dichte geschwächte Strahlung kann auf einem Röntgen-Film (bei Neutronenstrahlen nach entsprechender Konvertierung) aufgezeichnet (Radiographie) oder mittels eines Leuchtschirms direkt sichtbar gemacht (Durchleuchtung) werden.

Eine weitere Möglichkeit der Strahlungsregistrierung stellt die rasterförmige Messung der Strahlendosisleistung und deren meßtechnische Auswertung (Radiometrie) dar. Wird diese Methode auf eine Querschnittsebene eines Prüfstückes mehrfach bei ausreichend vielen unterschiedlichen Durchstrahlungsrichtungen angewandt, so läßt sich aus den Rastermeßwerten eine Rekonstruktion der Dichte- bzw. Dickenverhältnisse in der durchstrahlten Querschnittsebene rechnerisch ermitteln. Dieses, in der Medizin als Röntgen-Computer-Tomographie schon länger benutzte Verfahren findet zunehmend auch in der zerstörungsfreien → Werkstoff- und → Bauteilprüfung Verwendung. Beispiele hierfür sind die Prüfung von Brennstäben für Kernreaktoren und Pulverladungen von Feststoffraketen.

□ Radiographie. Die sachkundig angewandte Radiographie liefert Durchstrahlungsbilder mit sehr guter Fehlererkennbarkeit, die ein Dokument des Fehlerzustands eines Prüfstücks darstellen. Die Beurteilung der Durchstrahlungsbilder erfolgt visuell in abgedunkelten Räumen vor Betrachtungsgeräten – nach DIN 54 116, Teil 2 – mit verstellbarer Leuchtdichte, die häufig auch variable Leuchtflächen aufweisen. Das Erkennen von Fehlern im Prüfstück und deren Unterscheiden von ggf. vorhandenen Filmfehlern und Scheinanzeigen erfordert neben einem guten Sehvermögen des Betrachters auch ausreichende praktische Erfahrung. Das Sehvermögen von Personen, die Durchstrahlungsaufnahmen beurteilen, sollte daher in regelmäßigen Abständen überprüft werden (Visustest). Bei Fehlerverdachten empfiehlt sich eine Kontrolldurchstrahlung an der Verdachtstelle bzw. der Gebrauch von Referenzbildern mit bekannten Fehlern.

– Aufnahme von Durchstrahlungsbildern: Zur Herstellung eines Durchstrahlungsbildes ist das Prüfstück so zwischen Strahlenquelle (Strahlenanlagen) und Film anzuordnen (Bild 1), daß bei möglichst großem Abstand zwischen Strahlenquelle und Film der Abstand zwischen Prüfstück und Film möglichst klein ist. Kontrastminderung im Durchstrahlungsbild durch nicht bildzeichnende Strahlung (Streustrahlung) und Überschreitung des zulässigen Schwärzungsumfangs sind durch geeignete Maßnahmen zu vermeiden. Für die Prüfung von Schweißverbindungen metallischer Werkstoffe mit Röntgen- und Gammastrahlen sind Einzelheiten hierzu und zu der zu erreichenden Bildgüte in DIN 54 111, Blatt 1 festgelegt. Das Durchstrahlungsbild ist zweifelsfrei zu kennzeichnen.

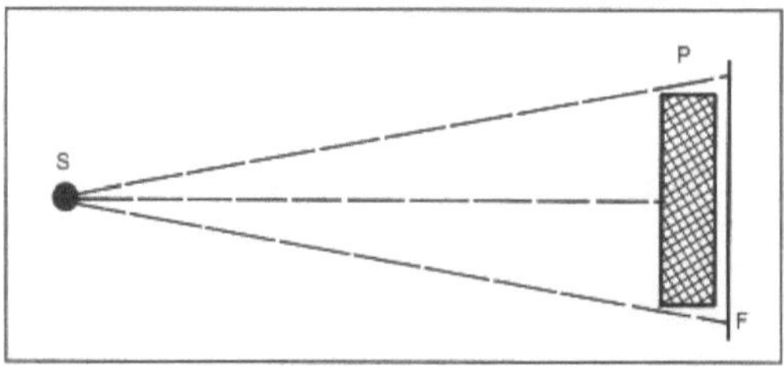

Durchstrahlungsprüfung 1: Anordnung (schematisch) von Strahlenquelle (S), Prüfstück (P) und Film (F) bei der Radiographie.

– Bildgüte von Durchstrahlungsbildern: Diese wird von der Unschärfe, dem Kontrast und dem Schwärzungsumfang bestimmt. Bei der Prüfung von Schweißverbindungen metallischer Werkstoffe, kann die Bildgüte optimal eingestellt werden, wenn die Aufnahmebedingungen nach DIN 54 111 (s. o.) eingehalten werden.

Die Unschärfe setzt sich aus der inneren Unschärfe und der geometrischen Unschärfe zusammen. Während die innere Unschärfe eine reine Eigenschaft der Kombination Film-Folie ist, wird die geometrische Unschärfe von den geometrischen Aufnahmebedingungen beeinflußt. Sie wird infolge nicht punktförmiger Strahlenquelle durch Halbschatteneffekt (Bild 2) verursacht und ist um so größer, je größer die Abmessungen der Strahlenquelle und je kleiner der Abstand zwischen Strahlenquelle und Film ist. Da die geometrische Unschärfe nicht zu vermeiden ist, wird sie in der Praxis so optimiert, daß sie höchstens gleich der inneren Unschärfe wird.

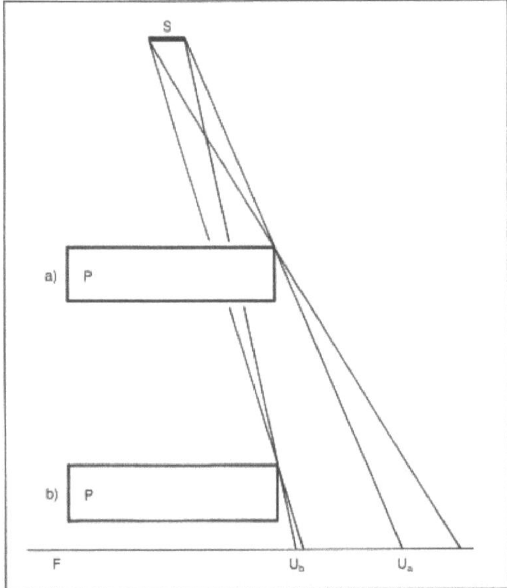

Durchstrahlungsprüfung 2: Geometrische Unschärfe U_a und U_b der Kante eines Prüfstücks (P) bei nicht punktförmiger Strahlenquelle (S) und großem (a) bzw. kleinem (b) Abstand zwischen Prüfstück und Film (F).

Der Bildkontrast wird im wesentlichen durch die Wahl der Strahlenart beeinflußt und wird umso größer, je weicher (energieärmer) die angewandte Strahlenart ist. Der Schwärzungsumfang ist durch die Wahl der Strahlenart und die Prüfstückgeometrie beeinflußbar.

Wegen der Blendgefahr bei der Betrachtung der Durchstrahlungsbilder sollte die größte Schwärzungsdifferenz 1,5 nicht überschreiten.

Die Kontrolle der Bildgüte erfolgt bei metallischen Werkstoffen, i. a. mittels eines Bildgüteprüfkörpers nach DIN 54 109, Teil 1. Das System des Bildgüteprüfkörpers beruht auf einer Reihe von 19 Drähten des gleichen Werkstoffs und unterschiedlichen Durchmessern, die entsprechend der Rundwertreihe R 10 nach DIN 323, Teil 1, abgestuft sind. Der dickste Draht mit einem Durchmesser von 3,2 mm hat die Nummer 1, der dünnste Draht mit dem Durchmesser von 0,05 mm hat die Nummer 19. Diese Drähte von 10,25 oder 50 mm Länge sind in

vier sich jeweils überschneidenden Gruppen von sieben aufeinanderfolgenden Drahtnummern unterteilt und in eine Hülle aus schwach absorbierendem Werkstoff eingebettet.

In dieser Form bildet jede Gruppe einen Bildgüteprüfkörper, der bei der Aufnahme des Durchstrahlungsbildes im Strahlengang möglichst auf der filmfernen Seite des Prüfstücks anzubringen ist.

Die nach DIN 54 109, Blatt 2, für die Aufnahme eines Durchstrahlungsbildes festgelegte Bildgütezahl ist erreicht, wenn im Durchstrahlungsbild der Draht mit der der Bildgütezahl entsprechenden Nummer auf eine Länge von mindestens 10 mm eindeutig erkennbar ist.

Bei Prüfungen, die nach ausländischen Regelwerken durchgeführt werden, sind häufig treppenförmig abgestufte, mit bestimmten Bohrungen versehene, Körper, sog. Penetrameter, vorgeschrieben.

– Filmmaterial: Als Träger eines Durchstrahlungsbildes dient ein beidseitig lichtempfindlich beschichteter (technischer) Röntgen-Film. Die bei der Bestrahlung auf beiden Seiten erzielten Schwärzungen addieren sich daher bei der Betrachtung im Durchlicht. Der Film wird je nach dem, welcher Anwendungsfall und welche Strahlenqualität vorliegt, ohne oder zwischen Verstärkerfolien verwendet. Verstärkerfolien können unter Strahleneinfluß optisch wirkende Salzfolien oder elektronenemittierende Metallfolien sein, welche den Schwärzungsprozeß im Film beschleunigen. Die Entwicklung des Filmmaterials erfolgt in speziellen Röntgen-Entwicklern. Neben den technischen Röntgen-Filmen finden häufig auch naß und trocken zu entwickelnde Röntgen-Papiere Verwendung. Deren Verwendung beschränkt sich allerdings auf Fälle, wo man mit einer deutlich eingeschränkten Fehlerauffindbarkeit auskommt.

– Strahlenquellen: Als Strahlenquellen für die Radiographie mit Röntgen-Strahlen finden (nach aufsteigenden Grenzenergien geordnet) Röntgen-Röhren (bis ca. 400 keV), Linearbeschleuniger (3 bis ca. 20 MeV) und Betatrone (3 bis ca. 30 MeV) Verwendung. Für die Radiographie mit Gammastrahlen werden mit Radionukliden bestückte Gamma-Arbeitsgeräte verwendet. Gebräuchliche Radionuklide sind (nach aufsteigenden mittleren Quanten-Energien geordnet): Thulium-170 (^{170}Tm), Ytterbium-169 (^{169}Yb), Iridium-192 (^{192}Ir) und Kobalt-60 (^{60}Co).

– Anwendungsgebiete: Die Radiographie mit Röntgen- und Gammastrahlen wird im technischen Bereich überall dort eingesetzt, wo ein Dokument der Fehlerfreiheit eines Prüfstücks benötigt wird. Der Hauptanwendungsbereich liegt jedoch bei der zerstörungsfreien Prüfung von Stumpfschweißnähten, insbesondere an hochbeanspruchten Rohrleitungen und Behältern.

□ Durchleuchtung. Bei der Durchleuchtung wird das Prüfstück meistens fernbedienbar zwischen eine Strahlenquelle und einen Leuchtschirm gebracht und das Schattenbild des Prüfstücks beobachtet. Zur Erzielung eines scharfen Bildes sollte der Abstand zwischen Strahlenquelle und Prüfstück möglichst groß und der zwischen Prüfstück und Leuchtschirm möglichst klein sein. Der Leuchtschirm besteht aus Bleiglas (Strahlenschutz) und ist auf der der Strahlenquelle zugewandten Seite mit einem fluoreszierenden Leuchtstoff belegt. Als Leuchtstoff finden meist →Sulfide und Selenide von Zink und Cadmium sowie verschiedene Silikate und Wolframate Verwendung.

Die Leuchtfarben liegen meist zwischen gelbgrün (Wellenlänge des Maximums ca. 550 nm) und blau (Wellenlänge des Maximums ca. 450 nm). Als Strahlenquelle finden im Bereich der technischen Prüfungen ausschließlich Röntgen-Röhren mit Grenzenergien meist kleiner als 200 keV Verwendung. Dies ist u. a. einerseits durch den Strahlenschutz und die mit höheren Energien rasch nachlassende Lichtausbeute der gebräuchlichen Leuchtstoffe begründet. Andererseits ist die Strahlungsintensität der Röntgenröhre regelbar und kann damit in weiten Grenzen dem Prüfproblem (Werkstoff, Prüfstückgeometrie) angepaßt werden.

Die Durchleuchtung erreicht nicht die Fehlererkennbarkeit der Radiographie, besitzt jedoch den Vorteil, daß das Prüfergebnis sofort vorliegt. Außerdem kann das Prüfobjekt während der Prüfung bewegt und so in allen Richtungen durchleuchtet bzw. in eine optimale Prüfposition gebracht werden. Ist der Brennfleck der Röntgenröhre entsprechend klein (Fein-Fokus-Röhre), sind vergrößerte Schattenbilder möglich. Häufig sind Durchleuchtungseinrichtungen zur Dokumentation mit photografischen Geräten, elektronischen Bildwandlern oder Fernsehsystemen ausgestattet. Letztere erlauben in Verbindung mit einem Computer eine Bildaufbereitung und ggf. eine automatische Fehlererkennung und -dokumentation.

Verwendung finden Durchleuchtungseinrichtungen hauptsächlich bei der Serienprüfung leichter Bauteile mit einfacher Geometrie wie beispielsweise Autoreifen, Turbinenschaufeln oder Platinen für elektronische Schaltungen.

□ Radiometrie. Bei manchen Prüfaufgaben ist es ausreichend, eine Gut-/Schlecht-Aussage machen zu können, ohne zunächst ein Dokument des Prüfstückzustandes zu benötigen (z. B. Nachweis von Betonbewehrungen, Hohlstellen in Testkörpern etc.). Hier genügt es, das Prüfstück mit einem Strahlenbündel abzutasten und die Strahlungsintensität in Durchstrahlungsrichtung hinter dem Prüfstück mit einem Zählrohr zu messen (Bild 3). Die Prüfaussage kann dann aus dem Verlauf des Zählrohrsignals abgeleitet werden. *Kußmaul*

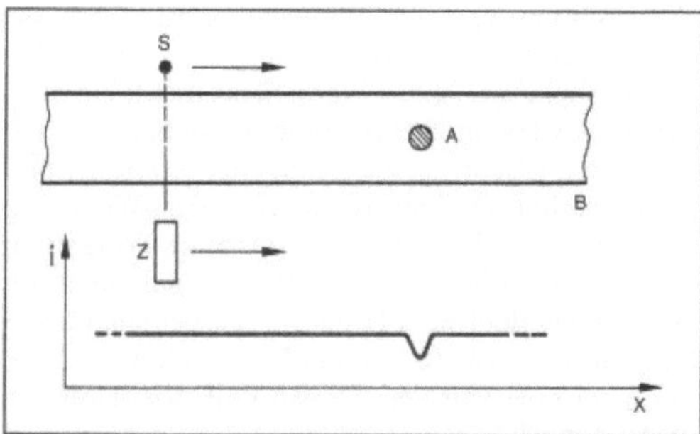

Durchstrahlungsprüfung 3: Verlauf (schematisch) der mittels des Zählrohrs Z gemessenen Dosisleistung I einer Strahlung aus der Strahlenquelle S hinter einer Betonwand B mit Stahlarmierung A (Schwächungskoeffizient von Stahl ist größer als der von Beton), die längs des Wegs X durchstrahlt wird.

Literatur: *Mc Master, R. C., P. Mc Intire,* u. *M. L. Mester* (Ed.): Nondestructive Testing Handbook. American Society for Nondestructive Testing, 1986. – *Müller, E. A. W.*: Handbuch der zerstörungsfreien Materialprüfung. München 1975. – *Reimers, P., J. Goebbels, H. Heidt, H.-P. Weise,* u. *K. Wilding*: Röntgen- und Gammastrahlen Computer-Tomographie. Forschungsber. 101, BAM Berlin 1984. – *Shepp, L. A.* (Ed.): Computed Tomography, Proceedings of Symposia in applied Mathematics. Vol. 27. American Mathematical Society 1983.

Durchstrahlungsverfahren →Durchstrahlungsprüfung

Durchtrittsüberspannung. Als D. wird diejenige Überspannung bezeichnet, die durch einen gehemmten Ladungsdurchtritt an einer →Elektrode (z. B. Metall/Elektrolytlösung) entsteht.
Wendler-Kalsch

Durchtrittswiderstand. Quotient aus →Durchtrittsüberspannung und dem zugehörigen →Teilstrom einer →Elektrodenreaktion (→Polarisation). *Wendler-Kalsch*

Durchziehen. In der zum →Zugdruckumformen gehörenden Untergruppe D., DIN 8584, Bl. 2, sind zahlreiche wesentliche Fertigungsverfahren der Präzisions-Halbzeug- bzw. -Einzelteilfertigung zusammengefaßt. Die Plastifizierung des Werkstoffs in der Umformzone wird dabei durch die Kombination axialer Zugspannungen (direkt aufgebracht) mit radialen und tangentialen Druckspannungen (indirekt erzeugte Reaktionsspannungen im Ziehwerkzeug) bewirkt. Die Verfahrensgrenze ist durch die durch den umgeformten Endquerschnitt übertragbaren Spannungen ohne →Einschnürung und Bruch, d. h. durch die →Zugfestigkeit R_m, gegeben.

D. als →Ziehen eines Werkstücks durch eine in

Ziehrichtung verengte Werkzeugöffnung teilt sich in Gleitziehen und Walzziehen auf. Gleitziehen wird dabei als D. eines Werkstücks durch ein meist geschlossenes, in Ziehrichtung feststehendes Ziehwerkzeug (Ziehring, Ziehstein (bei → Draht) definiert). (Bild 1). Der Innenraum des Werkzeugs heißt Ziehhol. Walzziehen ist D. eines Werkstücks durch eine Öffnung, die von zwei oder mehreren Walzen gebildet wird (Bild 2). Bei beiden Verfahrensvarianten ist ferner unter Verwendung geeigneter Innenwerkzeuge das D. von Voll- oder Hohlkörpern möglich.

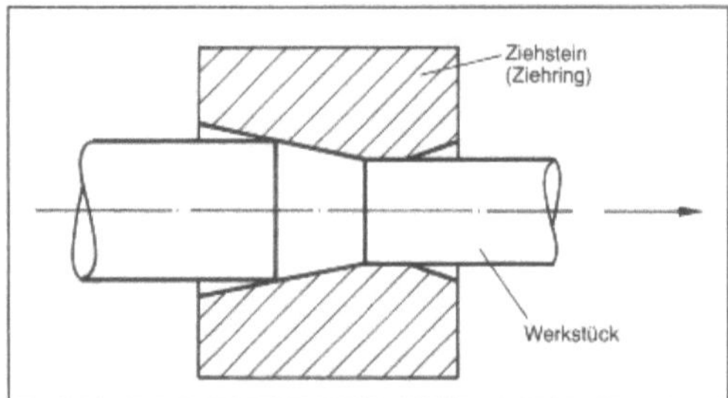

Durchziehen 1: Gleitziehen von Runddraht oder Rundstäben (Drahtziehen bzw. Stabziehen).

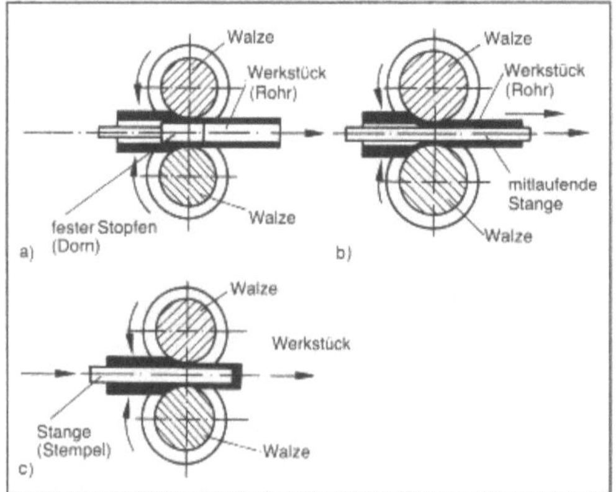

Durchziehen 2: Walzziehen von Rohren.
a) Walzziehen über festen Stopfen (Dorn)
b) Walzziehen über mitlaufende Stange (über langen Dorn)
c) Abstreck-Walzziehen zum Herstellen eines Rohrs.

Die Durchziehverfahren nehmen in der industriellen Produktion sowohl in der 1. als auch der 2. Verarbeitungsstufe eine hervorragende Stellung ein. Wichtige Verfahren des Gleitziehens sind das Draht-, Stab-, Rohr- und Profilgleitziehen sowie Abstreck-Gleitziehen von Hohlkörpern mit Boden (Bild 3). Wichtige Verfahren des Walzziehens sind das Walzziehen von Rohren über feste Stopfen (Dorn), über mitlaufende Stange (über langen Dorn) und das Abstreck-Walzziehen. *Lange*

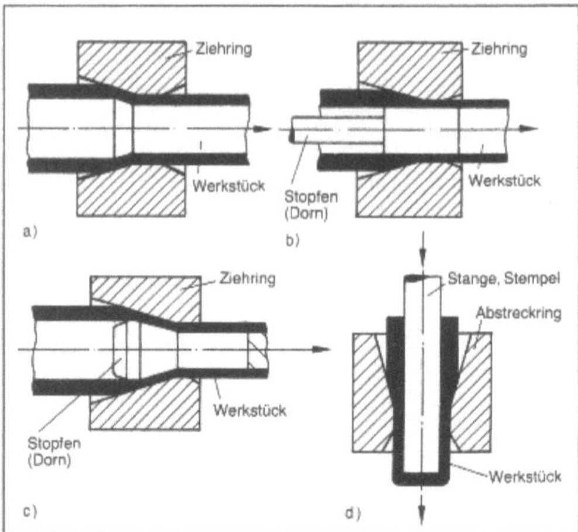

Durchziehen 3: Gleitziehen von Rohren und Hohlkörpern.
a) Hohl-Gleitziehen eines Rohrs
b) Gleitziehen über festen Stopfen (Dorn)
c) Gleitziehen über losen (fliegenden oder schwimmenden) Stopfen (Dorn)
d) Absteck-Gleitziehen eines Napfes.

Literatur: *Lange, K.* (Hrsg.): Umformtechnik. Handb. f. Ind. u. Wiss. 2. Aufl. Bd. 2. Massivumformung. Berlin, Heidelberg, New York, Tokio 1988. – *Spur, G.* (Hrsg.) u. *Th. Stöferle:* Handbuch der Fertigungstechnik. Bd. 2/2. Umformen. München 1984.

Duromere. D., auch Duroplaste (*engl.* thermosetting plastics) genannt, sind engmaschig räumlich vernetzte Polymer-Werkstoffe. Nach der → Vernetzung (→ Härtung), die gleichzeitig oder nach der Formgebung erfolgt, kann das Material nicht mehr umgeformt werden. D. können keine kristallinen Bereiche ausbilden. Bei Raumtemperatur zeigen sie kein viskoses Fließen, sondern zeigen bei sehr begrenzter Deformierbarkeit schwach entropie-elastisches Verhalten. D. sind nicht schmelzbar, nicht schweißbar, unlöslich und nur schwach quellbar. D. werden als unvernetzte Vorkondensate aus dem gelösten, flüssigen oder plastischen Zustand geformt und anschließend gehärtet. Sie finden hauptsächlich Verwendung als Preßmassen, Gießharze, Leim- und Lackharze.

Beispiele für D. sind: ungesättigte Polyesterharze (UP), → Epoxidharze (EP), Phenol-Formaldehydharze (PF) und Silikonharze (SI).

Finkelmann/Zahradnik

Literatur: *Elias, H.:* Makromoleküle. 4. Aufl. Basel 1981.

Duroplaste → Duromere

DVGW-Merkblätter → Regelsetzer, technischer

DVM. Der Deutsche Verband für Materialforschung und -prüfung e. V. (DVM) befaßt sich mit allen Aspekten der Prüfung und Untersuchung sowie der Forschung und Entwicklung auf dem Gebiet der Materialeigenschaften und -kennwerte im weitesten Sinne. Hierzu gehören u. a. die Prüftechnik, die Kennwertermittlung, die Aussagefähigkeit von Kennwerten und deren Übertragbarkeit auf Bauteile, die Bauteileigenschaften und insbesondere die Bauteillebensdauer. Dabei werden konstruktive, fertigungstechnische Einflüsse ebenso berücksichtigt wie betriebliche Beanspruchungen jeder Art sowie die Analyse und Bewertung von Schäden. Er verfolgt das Ziel, die folgenden Aufgaben zu erfüllen:

- Anregung und Förderung von Forschungs-, Entwicklungs- und Normungsarbeiten,
- Pflege der sachlichen und organisatorischen Zusammenarbeit auf nationaler und internationaler Ebene,
- Verbreitung der Kenntnisse auf dem Gebiet der Materialforschung und -prüfung und Mitwirkung bei der Heranbildung des Nachwuchses,
- Förderung und Entwicklung von Prüfverfahren zur Ermittlung der für den technischen Einsatz wichtigen Eigenschaften insbesondere auch neuer Stoffe sowie der Vervollkommnung der hierzu dienenden Einrichtungen,
- Koordinierung von Gemeinschaftsuntersuchungen und -entwicklungen in den verschiedenen Stoffbereichen,
- Förderung und Verbesserung des Kenntnisstandes über die Bauteilprüfung sowie Anwendung von Werkstoffkennwerten zur Beurteilung von Bauteilen,
- Fachliche Beratung und Unterstützung in Güte- und Prüffragen,
- Förderung des Schrift-, Bild- und Vortragswesens. *Debelius*

DVM-Kriechgrenze → Zeitstandversuch

DVS. Abk. für Deutscher Verband für Schweißtechnik e. V. Der 1947 durch Zusammenschluß zahlreicher auf das Jahr 1897 zurückgehender Vorgängerverbände entstandene Verband betreut rd. 20 000 Mitglieder in 14 Landesverbänden und 92 Bezirksverbänden, die auch in den fünf neuen deutschen Bundesländern tätig sind.

Als wettbewerbsneutrale gemeinnützige Einrichtung koordiniert und fördert der DVS die Belange der Schweiß- und Schneidtechnik und ihrer angrenzenden Fachgebiete in den Bereichen Ausbildung, Anwendung und Forschung auf nationaler und internationaler Ebene. Dies gilt für große und kleine Betriebe, die Industrie und das Handwerk gleichermaßen.

Die technisch- wissenschaftliche Gemeinschaftsarbeit wird zu einem wesentlichen Teil vom Technischen Ausschuß mit weit über 1 000 ehrenamtlich tätigen Fachleuten in mehr als 30 Arbeitsgruppen und 100 Untergruppen geleistet. Eine seiner wichtigsten Aufgaben sieht der DVS in der schweißtechnischen Aus- und Weiterbildung. Die rd. 400 DVS-anerkannten Schulungseinrichtungen verschiedener Größe werden jährlich von mehr als 100 000 Teilnehmern besucht. Dabei reicht die Qualifikationsskala vom Schweißer bis hin zum Schweißfachingenieur, der sich im In- und Ausland sehr hoher Wertschätzung erfreut. *Debelius*

DVS-Richtlinien → Regelsetzer, technischer

Dynamische Viskosität → Viskosität

E

E-Modul → Elastizitätsmodul

ECC → Zementbeton, kunstharzmodifizierter

Edelmetalle und Edelmetall-Legierungen. Als E. werden die Elemente Silber (Ag) und Gold (Au) (1. Nebengruppe des Periodensystems) sowie die sechs Platinmetalle Ruthenium (Ru), Rhodium (Rh), Palladium (Pd), Osmium (Os), Iridium (Ir) und Platin (Pt) (8. Übergangsgruppe des Periodensystems) bezeichnet. Da sie elektrochemisch sehr edel sind, werden sie mit hoher Korrosions- und Oxidationsbeständigkeit in der Chemie- und Elektroindustrie eingesetzt. Die Platinelemente sind sich als Elemente und in ihren Verbindungen sehr ähnlich, was von ihrem Atomaufbau herrührt. Ihre Gewinnung, Trennung und Raffination ist sehr aufwendig, weshalb sie auch sehr teuer sind.

□ *Vorkommen.* In primären Lagerstätten tritt Gold in Form metallischer Adern in Quarz- oder Pyritgestein auf (5 bis 15 g Au pro Tonne), meistens jedoch mit kleinen Anteilen von Silber und Kupfer. Bei den sekundären Lagerstätten handelt es sich um Sedimentationen von Gold in Flüssen (Auswaschungen von goldhaltigen Gesteinen), deren Goldnuggets von Sandkorngröße bis zu Goldklumpen (größter 110 kg) schwankt. Die größten bekannten Lagerstätten liegen in der Republik Südafrika und in der Sowjetunion, die Weltproduktion betrug 1975 insgesamt 1370 Tonnen Au.

Silber tritt in Erzen gebunden entweder als Chlorid oder häufiger als Sulfid auf. Während früher diese Erze mit Hilfe von Quecksilber oder Cyaniden ausgelaugt wurden, fällt heute der überwiegende Anteil des Silbers als Nebenprodukt bei der Verhüttung von Blei- und Kupfererzen an. Die Silberproduktion wird zwar in fast allen Ländern betrieben, die wichtigsten Produzenten sind jedoch Mexiko, Kanada, USA, UdSSR, Australien und Peru. Die Minenproduktion in der westlichen Welt betrug 1978 etwa 8200 Tonnen.

Platinmetalle treten in primären Lagerstätten im allgemeinen mit Nickel- und Kupfererzen auf, aber auch in sekundären Lagerstätten. Die größten bekannten Lagerstätten von Platinmetallen liegen in Kanada, der Sowjetunion und der Republik Südafrika.

□ *Gewinnung.* Die Gewinnung und Raffination ist sehr aufwendig (Gold, Silber, Platin). Die Wiederaufarbeitung der edelmetallhaltigen Abfälle hat besondere Bedeutung wegen der hohen Nachfrage und des hohen Edelmetallwertes. Vier Arten von edelmetallhaltigen Rohmaterialien werden unterschieden: Scheidgut, Gekrätz, Hüttengüldisch und Rohmetalle.

Scheidgut ist die Bezeichnung für metallische Abfälle (z. B. Rückläufe der Schmuckindustrie, Dentallegierungen, elektrische Kontakte, Münzen), woraus die einzelnen E. schrittweise ausgefällt werden. Scheidgut wird mit Blei eingeschmolzen, das mit Luft entstehende Bleioxid löst die Unedelmetalloxide auf, und die zurückbleibende Silber-Gold-Legierung wird elektrolytisch abgeschieden. Scheidgut mit höheren Platingehalten wird in Säuren aufgelöst und schrittweise ausgefällt. Edelmetallarmes Scheidgut (z. B. Kupfer) wird elektrolytisch raffiniert, und der Anodenschlamm durch Auslaugen, Rösten u. a. getrennt.

Gekrätze bestehen hauptsächlich aus nichtmetallischen Abfällen, die oft nur sehr geringe Edelmetallgehalte besitzen (z. B. Fotopapier, Filme, galvanische Bäder, elektronische Leiterplatten), wobei zuerst Nichtmetalle von → Metallen durch Verbrennen und reduzierendes → Schmelzen im Schachtofen und dann das Scheidgut getrennt werden.

Hüttengüldisch ist ein Nebenprodukt bei der Gewinnung von Blei, Kupfer und Zink aus edelmetallhaltigen Erzen und enthält mehr als 90 % Silber, der Rest sind Gold und Platinmetalle.

Rohmetalle werden ebenso wie Hüttengüldisch elektrolytisch raffiniert.

□ *Physikalische Eigenschaften.* Einige physikalische und besonders mechanische Eigenschaften der E. sind in Tabelle 1 und 2 zusammengestellt.

□ *Verwendung von Gold und Goldlegierungen.* Der überwiegende Anteil von Gold wird als Goldlegierungen für Schmuckgold (1975 etwa 45 %) verwendet, der Rest für Münzen (etwa 20 %), Barrengold, Dentallegierungen, in der Elektroindustrie und anderen industriellen Anwendungen verkauft. Die Verwendung ist von vielen Faktoren wie dem Goldpreis, von neuen Technologien, der politischen und wirtschaftlichen Stabilität abhängig.

Bei den Schmucklegierungen wird zwischen Farbgold und Weißgold unterschieden (Tabelle 3). Der Goldgehalt wird in Tausendstel Gewichtsanteilen angegeben, z. B. 333/1000 (= 8 Karat; alte Bezeichnung 1 Karat = 1/24 des Gesamtgewichts), 585/1000 (= 14 Karat), 750/1000 (= 18 Karat). Farbgold besteht aus ternären Au-Ag-Cu-Legierungen oder

Edelmetalle. Tabelle 1: Physikalische Eigenschaften der E.

	Ag	Au	Ru	Rh	Pd	Os	Ir	Pt
Ordnungszahl	47	79	44	45	46	76	77	78
Atomgewicht	107,868	196,9665	101,07	102,9055	106,4	190,2	192,22	195,09
Schmelzpunkt in °C	961,9	1 064,4	2 310	1 966±3	1 552	3 045±30	2 410	1 772
Siedepunkt in °C	2 212	2 807	3 900	3 727±100	3 140	5 027±100	4 130	3 827±100
Dichte in g/cm^3 bei 20 °C	10,50	19,32	12,41	12,41	12,02	22,57	22,42	21,45
Kristallform	kfz	kfz	hex	kfz	kfz	hex	kfz	kfz
Wärmeleitfähigkeit in $Wm^{-1} K^{-1}$ bei 0 °C	$4,29\cdot10^2$	$3,19\cdot10^2$	$1,17\cdot10^2$	$1,51\cdot10^2$	$0,716\cdot10^2$		$1,48\cdot10^2$	$0,717\cdot10^2$
Spezifische Wärmekapazität in $Jg^{-1} K^{-1}$ bei 25 °C	0,235	0,129	0,238	0,243	0,244	0,130	0,131	0,133
Wärmeausdehnungskoeffizient in K^{-1} bei 25 °C	$19\cdot10^{-6}$	$14,2\cdot10^{-6}$	$9,6\cdot10^{-6}$	$8\cdot10^{-6}$	$12,4\cdot10^{-6}$	$5\cdot10^{-6}$	$6\cdot10^{-6}$	$9\cdot10^{-6}$
Elektrischer Widerstand in Mikroohm · cm	1,59 (20 °C)	2,35 (20 °C)	7,6 (0 °C)	4,51 (20 °C)	10,8 (20 °C)	9,5 (20 °C)	5,3 (10 °C)	10,6 (20 °C)

Edelmetalle. Tabelle 2: Mechanische Eigenschaften der E. bei Raumtemperatur (293 K)

	Ag	Au	Ru	Rh	Pd	Os	Ir	Pt
Ordnungszahl	47	79	44	45	46	76	77	78
Vickershärte HV in kp/mm^2	26	25±3	250[1])−500	130±10	50±10	300-680[1])	200±20	48±8
Streckgrenze $R_{p0.2}$ in N/mm^2	25	25	370	69	49	−	88	49
Zugfestigkeit R_m in N/mm^2	137±10	128±10	490	412	195±10	−	490	137±10
Bruchdehnung A in %	45±5	45±5	ca. 3	ca. 9	30±5	−	ca. 6	40±10
Brucheinschnürung Z in %	90	90	ca. 2	20±10	80±10	−	10	90
Elastizitätsmodul E in $10^3 N/mm^2$	80	70	476	379	121	560	528	170
Schubmodell G in $10^3 N/mm^2$	26	28	170	150	50	215	210	66±5
Querkontraktionszahl	0,37	0,42	0,29	0,26	0,39	0,25	0,26	0,39

Edelmetalle. Tabelle 3: Typische Schmuckgoldlegierungen, Legierungsbestandteile in Gewichtsprozent

	Au	Ag	Cu	Zn	Ni	Pd
Farbgold 18kar.	75,0	0–20	5 –25			
Farbgold 14kar.	58,5	8–34	1,5–33,5			
Farbgold 8kar.	33,3	8–35	30 –55	0–20		
Weißgold 18kar.	76,0		4 – 8	3– 6	10–18	
Weißgold 18kar.	75,0	0–10	Cu + Zn : 5			10–20
Weißgold 14kar.	59		15 –25	5– 8	10–16	
Weißgold 14kar.	59	10–30	0 –10			10–20

enthält noch Zusätze von Nickel und/oder Zink. Es kann in der Farbe bei konstantem Goldgehalt mit zunehmendem Silbergehalt von rötlich nach gelb verändert werden, wodurch auch seine → Festigkeit und → Härte steigen (→ Legierungsbildung). Weißgold wurde als preiswerte Alternative zu den Platinlegierungen entwickelt, besonders durch Zusätze von Nickel (aushärtbar) oder Palladium (nicht aushärtbar und deutlich weicher).

Lote mit entsprechendem Goldgehalt und Farbe enthalten neben Silber und Kupfer zur Senkung der Schmelztemperatur noch Zusätze von Kadmium und Zink. Goldhartlote auf der Basis AuCu und AuNi erreichen Arbeitstemperaturen von 910 bis 1060 °C.

Münzgoldlegierungen enthalten neben Gold nur noch Kupfer und geringfügige Verunreinigungen und liegen zwischen 900/1000 und 987/1000 Goldgehalten. Die weitaus häufigste Goldmünze ist der südafrikanische Krügerrand (917/1000). Barrengold hat mit der Bezeichnung Feingold 999,9/1000 Goldgehalt, als Good Delivery international 995/1000.

Goldlegierungen werden in der Elektrotechnik und Mikroelektronik wegen der hohen elektrischen Leitfähigkeit und der hervorragenden → Korrosionsbeständigkeit in Form → dünner Schichten, Überzüge und Plattierungen an Fest- und Gleitkontakten eingesetzt, aber auch durch → Galvanisieren, Bedampfen und Aufsputtern von Gold auf geeignet abgedeckte mikroelektronische Bauelemente (Dickfilm-, Dünnschichttechnik).

Weitere Anwendungen von Goldlegierungen beruhen auf ihrer hohen Korrosions- und Oxidationsbeständigkeit, wie Tafelbestecke, Pokale, Meßkelche oder Goldüberzüge für Schmuck (Golddoublé) und Dekorationszwecke sowie Goldschlägerfolien (0,2 bis 1 µm) zum Vergolden von Plastiken oder Goldprägungen im Buchdruck. Ebenso spielen in der Chemietechnik bei der Edelmetallgalvanik Goldüberzüge eine große Rolle. Goldlegierungen

werden häufig in der Zahnheilkunde als Dentalwerkstoffe verwendet.

□ Verwendung von Silber und Silberlegierungen. Mehr als 90 % des Silbers wird in der Industrie, der Rest für Münzprägungen verbraucht. Die wesentlichen industriellen Anwendungen sind Kontakte und Lote in der Elektroindustrie, Fotopapiere und Filme, Schmuckwaren, Bestecke, Katalysatoren und Rohre in der Chemieindustrie und Silberamalgane als → Dentalwerkstoffe.

Die hohe elektrische Leitfähigkeit und Oxidationsbeständigkeit von Silber sind maßgebend für die Verwendung bei elektrischen Kontakten, bei Leistungsschaltern oder in der Hochfrequenztechnik (Skineffekt). Beim Metallisieren keramischer Trägermaterialien für Kondensatoren und Widerstände werden Silber- oder Goldpasten aufgetragen und deren organische Bestandteile durch anschließende → Wärmebehandlung (250 bis 400 °C) zersetzt, so daß eine hochleitfähige, gleichmäßige Ag- oder Au-Schicht entsteht (Mikroelektronik). Die positiven Elektroden von Silberakkumulatoren und Knopfbatterien bestehen aus Silber, wodurch ein niedrigeres Leistungsgewicht erzielt wird.

Drei binäre Silber-Kupfer-Legierungen werden praktisch für Schmuck, Bestecke und Metallwaren verwendet: Sterlingsilber mit 92,5 Gew.% Ag, 835-Silber mit 83,5 Gew.% und 800-Silber mit 80 Gew.%. Die Kupferreicheren Legierungen haben höhere Festigkeit und Härte und sind preiswerter. Bei Bestecken und Schmuckwaren wird das Alpacca (CuNiZn-Legierung) galvanisch versilbert. Ein Besteck mit 90-Silberauflage bedeutet, daß auf jeweils ein Dutzend Eßlöffel bzw. Gabeln eine Silbermenge von 90 g abgeschieden wird, was einer mittleren Schichtdicke von etwa 35 µm entspricht.

In der Chemie-, Nahrungsmittel- und pharmazeutischen Industrie werden Silberlegierungen wegen ihrer guten → Chemikalienbeständigkeit und wegen der olygodynamischen Wirkung des Silbers (hemmt das Bakterienwachstum) für spezielle Gefäße,

Rohrleitungen, Armaturen u. ä. verwendet. Neben Teilen aus massivem Silber werden Gegenstände mit Silber plattierten oder galvanisierten Grundwerkstoffen (Stahl oder → Kupferlegierungen) gebraucht. Wesentlich bei solchen Auskleidungen ist eine geringe → Porosität und → Korngröße. Neben nickelhaltigem Silber und Feinsilber haben sich vor allem AgSi-Legierungen (1,5 bis 3 % Si) bewährt.

Medaillen aus Silber haben einen steigenden Verbrauch, während er bei Silbermünzen stark rückläufig ist. Außerdem wird Silber beim → Versilbern von Spiegelglas, Textilien und Kunststoffen für dekorative Zwecke sowie für Silber-Arzneimittel verwendet.

□ *Platin.* Wird vor allem als Katalysator in der Chemie-Industrie, in der Glasindustrie, zur Temperaturmessung und als Heizleiter verwendet.

Als Katalysatoren für die Verbrennung von Ammoniak zu Stickoxid haben sich Netze aus sehr dünnen PtRh10-Drähten (ca. 70 µm) bewährt. Pt-Katalysatoren werden weiterhin für die Raffination von Erdöl zu Benzin, die Reinigung von Kokereigas, die Abgasreinigung von Verbrennungsmotoren, die Verbrennung in Katalytöfen usw. verwendet.

In der Glasindustrie wird Platin trotz seines hohen Preises wegen seiner guten Beständigkeit gegen Glasschmelzen eingesetzt. Dies gilt besonders, wenn bei optischen Gläsern besondere Anforderungen an die Reinheit gestellt werden. Unlegiertes Platin und PtRh-Legierungen werden daher für Tiegel, Auskleidungen von Kippöfen, für Thermoelemente, zur Umkleidung von Rührern, Trichtern, Düsen u. ä. gebraucht. Bei diesen Anwendungen ist wichtig, daß an der Grenzfläche zwischen Platin und Glasschmelze stets oxidierende Bedingungen herrschen, da andernfalls Glasbestandteile zu ihrer metallischen Form reduziert werden können und dann mit Platin niedrigschmelzende Phasen bilden können. Die Folge ist ein Anschmelzen des Platins.

Platinlegierungen werden sowohl für Thermoelemente als auch für Widerstandsthermometer verwendet (Tabelle 4). Widerstandsthermometer mit Meßwicklungen aus Platindraht arbeiten im Temperaturbereich von −250 °C bis +850 °C. Die Einhaltung der Legierungszusammensetzung und Reinheit ist wichtig, da durch sie sowohl die Thermospannung als auch der Temperaturkoeffizient des elektrischen Widerstandes stark beeinflußt werden.

Für widerstandsbeheizte Langzeit-Öfen verwendet man Heizleiter aus Platin (bis 1600 °C) oder aus PtRh20 bis PtRh40 (bis 1700 °C). In der Schmuckindustrie wird Platin wegen seines hohen Preises nur für hochwertige Schmuckstücke verwendet (Juwelierplatin mit 96 Gew.% Pt und 4 Gew.% Cu). Platin ist ein Bestandteil fast aller hochwertigen goldreichen Dentallegierungen. Dauermagnete aus einer PtCo50-Legierung haben ein hohes magnetisches Energieprodukt, was zu kompakten Baugrößen (Miniaturanwendungen) führt.

Das Urmeter in Paris besteht wegen der guten chemischen Beständigkeit, der mechanischen Festigkeit und der Wärmeausdehnung aus einer PtIr10-Legierung.

□ *Palladium.* Die Hauptanwendungen von Palladium liegen auf den Gebieten der Katalyse, der Schmucklegierungen (Weißgold), der Dentallegierungen, der Hartlote, der Reinigung und Erzeugung von Wasserstoff, der Thermoelemente und der elektrischen Kontakte und Widerstände. Palladiumschwamm, Palladiumsalzlösungen und Palladiumträger sind für die katalytische Reaktion sehr geeignet. Palladium besitzt eine sehr hohe Löslichkeit für Wasserstoff, und Wasserstoff kann in Palladium sehr schnell diffundieren. Deshalb wird es für Wasserstoffdiffusoren zur Erzeugung von reinem, trockenen Wasserstoff verwendet. Für elektrische Kontakte werden Legierungen aus PdAg15, PdCu40, PdRu5–10 sowie Mehrstofflegierungen

Edelmetalle. Tabelle 4: Edelmetall-Thermoelemente

Meßbereich	positiver Schenkel	negativer Schenkel
−270 bis −230 °C	Cu	AuFe0,02at%
−240 bis 0 °C	Cu	AuCo2,1at%
0 bis 700 °C	PtIr10	AuPd40
0 bis 1 200 °C	PtPd12,5	AuPd46
0 bis 1 200 °C	Pd83Pt14Au3	AuPd35
850 bis 1 600 °C	PtRh10	Pt
1 000 bis 1 800 °C	PtRh30	PtRh6
1 000 bis 2 200 °C	RhIr60	Ir

mit 40–50 % Pd und Au, Ag, Pt eingesetzt. Für Präzisionswiderstände und -kontakte werden PdAg40, PdAu55Mo und PdAu45Fe10 wegen der hohen Korrosionsbeständigkeit und → Duktilität aufgetragen in dünnen Schichten verwendet.

☐ *Iridium.* Wird wegen der schlechten Verformbarkeit und → Warmfestigkeit hauptsächlich als Legierungszusatz zu Platin verwendet. PtIr-Legierungen werden zur Herstellung von Präzisionsmaßen und -gewichten gebraucht. Für verschiedene Dentallegierungen wirkt Iridium als Kornfeinungszusatz. Weitere Anwendung findet es bei Thermoelementen für sehr hohe Temperaturen (Tabelle 4) und in Hochfrequenzöfen.

☐ *Rhodium.* Ist leichter bearbeitbar und weniger leicht flüchtig als Iridium. Deshalb wird es als Heizleiterwerkstoff in Rhodiumbandöfen bis zu 1800 °C eingesetzt. Hauptsächlich wird Rhodium als Legierungszusatz zu Platin verwendet. Wegen der guten Korrosionsbeständigkeit, des hohen Reflexionsvermögens und der silberähnlichen Farbe werden Silberlegierungen häufig mit einem galvanischen Rhodiumüberzug (0,2 µm dick) vor dem → Anlaufen geschützt (Rhodinieren von Schmucklegierungen). Ebenso wie Iridium wirkt Rhodium kornfeinend in Dentallegierungen.

☐ *Ruthenium.* Wird nur als Legierungselement verwendet. In hochgoldhaltigen Dentallegierungen wirkt es kornfeinend. Platin wird legiert mit 5 Gew.% Ru von Glasschmelzen weniger stark benetzt. Rutheniumreiche Legierungen werden ebenso wie Iridium und Osmium für harte, tintenbeständige Spitzen von Füllfederhaltern verwendet.

☐ *Osmium.* Ist außerordentlich hart und wie Iridium praktisch nicht verformbar. Os wird ebenso wie Ir und Ru in Schreibfederspitzen verwendet. Gebräuchlich sind hierfür OsWCo- und OsWNi-Legierungen. *Heller*

Literatur: Edelmetall-Taschenbuch. (Hrsg. Degussa) Frankfurt 1967. – Gesellschaft Dt. Metallhütten- und Bergleute: Sondermetalle. Weinheim 1982. – *Hampel, C. A.*: Rare Metals Handbook. New York 1954. – *Kieffer, R.*, u. *G. Jangg, P. Ettmayer*: Sondermetalle. Berlin-Wien 1971. – *Raub, E.*: Die Edelmetalle und ihre Legierungen. Berlin 1940. – Werkstoff-Handbuch Nichteisenmetalle. Düsseldorf 1960.

Edelstahl. Stahlsorten, die im allgemeinen für eine besondere Wärmebehandlung bestimmt sind und darauf gleichmäßig ansprechen müssen. Daneben weisen sie aufgrund ihrer Herstellungsbedingungen eine größere Reinheit als die Qualitätsstähle auf, von denen sie jedoch nicht durch eindeutige Zahlenwerte für Prüfungen abzugrenzen sind (Euronorm 20–74). Erschmelzung, → Warm- und → Kaltumformung, → Wärmebehandlung und Prüfung während der Erzeugung und bei der Ablieferung erfordern besondere Sorgfalt und sind auf den vorgesehenen Verwendungszweck ausgerichtet (→ Eisen, → Stahl). *Dahl*

Effekt, galvanomagnetischer → Galvanomagnetischer Effekt

Effekt, piezoelektrischer → Piezoelektrischer Effekt

Effekt, pyroelektrischer → Pyroelektrischer Effekt

Effekt, thermoelektrischer → Thermoelektrischer Effekt

Egalisierung → Grundierung

Eigenschaften von Holz → Holzeigenschaften

Eigenspannungen.
Grundlagen. E., auch: Innere Spannungen, sind lokale Spannungszustände in Festkörpern, welche zurückbleiben, wenn alle von außen auf den Körper wirkenden Spannungen (äußere Spannungen, Fremdspannungen) auf Null reduziert werden. Die insgesamt an einem beliebigen Ort eines belasteten Festkörpers wirkende → Spannung ist die Summe der E. und Fremdspannungen. Damit der Körper makroskopisch kräftefrei bleibt, muß in seinem Inneren mechanisches → Gleichgewicht herrschen. Die Summe aller den E. zuzuordnenden Kräfte und Momente muß daher unter Berücksichtigung ihrer Vorzeichen Null sein; z. B. müssen Druckeigenspannungen in oberflächennahen Zonen durch Zugeigenspannungen im Inneren kompensiert werden.

In der deutschen Fachliteratur wird zwischen E. 1., 2. und 3. Art unterschieden, je nachdem ob die Spannungen nach Betrag und Richtung in Bereichen angenähert konstant bleiben, welche
☐ dem Bauteil- bzw. Proben-Volumen oder
☐ einem der Korngröße vergleichbaren Volumen oder
☐ einem Volumen deutlich unterhalb der Korngröße entsprechen.

In der angelsächsischen Literatur beschränkt man sich auf die Unterscheidung von Makro- und Mikro-E. Das Kriterium der Konstanz in einem Volumen trifft ohnehin selten zu: die Spannungsverteilung vor einer Rißfront ist völlig inhomogen, und beim Umlauf um eine Stufenversetzung wechselt sie Betrag und Vorzeichen. – Aus physikalischer Sicht kann man die Quellen der Eigenspannungsfelder wie folgt einteilen:
– Verzerrungen, welche wesentliche Bereiche eines ganzen Bauteils umfassen (z. B. Oberflächenzonen, Schweißnähte, Blockseigerungen);
– Verzerrungen, die an mikroskopische Gefügebe-

standteile gekoppelt sind (→ Einschlüsse, → Ausscheidungen, Martensitplatten, Rißfronten, Kornseigerungen);
– Verzerrungen, die von Gitterdefekten ausgehen (→ Versetzungen, → Subkorngrenzen, → Strahlenschäden, → Fremdatome).

Als Ursache makroskopischer E. kommen generell mechanische, thermomechanische sowie (seltener) chemische oder durch γ- bzw. Teilchenstrahlung erzeugte Inhomogenitäten infrage. Ihre Ausbildung hängt in der Regel entweder mit Vorgängen bei der Herstellung und Bearbeitung von Komponenten bzw. Proben oder mit den thermischen bzw. mechanischen Belastungsabläufen im Einsatz zusammen.

Beispiele: Räumlich ungleichmäßige → Abkühlung größerer Gußstücke nach der → Erstarrung oder bei raschen Temperaturwechseln im Einsatz, Blockseigerung von Begleitelementen bei der Erstarrung, ungleichmäßige Abkühlung zusammengesetzter Komponenten nach dem → Schweißen, Unterschiedliche → Kaltverformung in Kern- und Randzonen von Werkstücken beim → Walzen und → Strangpressen sowie bei spanender Bearbeitung einschl. Schleifen, Oberflächenvergütung durch → Kugelstrahlen, → Festwalzen, Laserbehandlung, Zementieren, → Nitrieren, → Beschichtungsverfahren aller Art. Fast jeder fertigungstechnische Teilschritt kann somit das Auftreten von E. verursachen.

Die technisch bedeutsamen thermisch induzierten (d. h. meist abkühlungsbedingten) E. werden von Wärmespannungen (thermoelastischen Spannungen) verursacht. Diese treten auf, wenn wegen der begrenzten Wärmeleitfähigkeit der Werkstoffe größere Temperaturgradienten in Richtung des Wärmeflusses aufgebaut werden, die nach Maßgabe des Ausdehnungskoeffizienten zu unterschiedlichen thermischen Längenänderungen und damit (wegen des Hooke'schen Gesetzes) zu Spannungen führen (Bild 1). Selbst bei sehr langsamer und daher praktisch gleichförmiger Abkühlung können thermoelastische Spannungen auftreten, und zwar dann, wenn infolge von Konzentrationsunterschieden (Seigerungen, Mehrphasigkeit, Faserverbunden) der thermische → Ausdehnungskoeffizient ortsabhängig ist (Bild 2).

Bei hinreichend geringen Temperaturänderungen bleiben die so erzeugten Wärmespannungen unterhalb der → Fließgrenze im elastischen Bereich, sind also prinzipiell durch Rückgang auf die Ausgangstemperatur reversibel. Elastische Wärmespannungen in homogenem Material verschwinden, sobald die Temperaturgradienten abge-

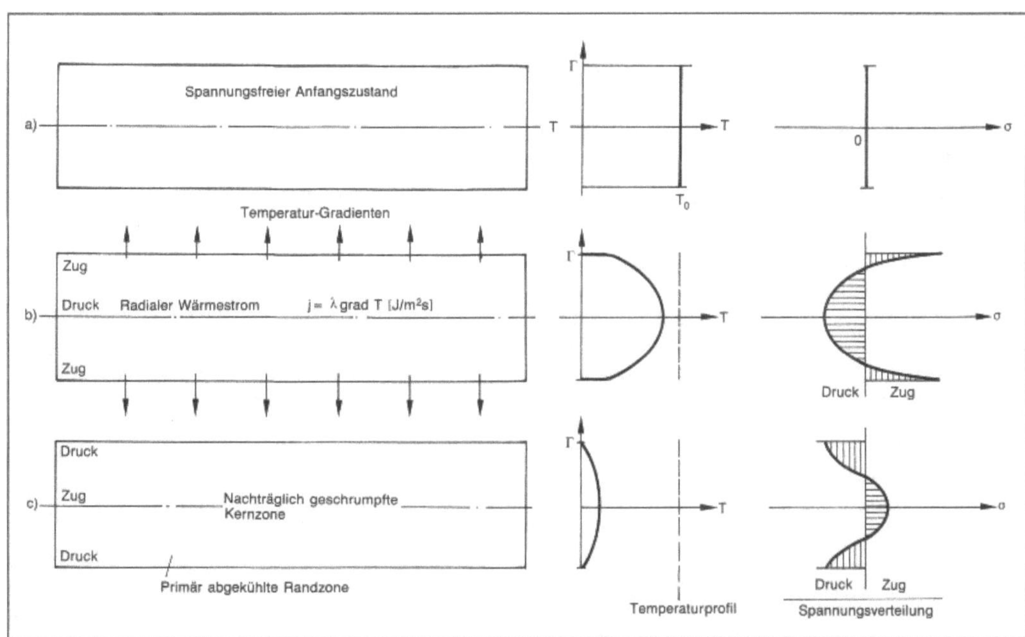

Eigenspannungen 1: Schema der Ausbildung von thermoelastischen Spannungen und E. bei der raschen Abkühlung von massiven Proben;
a) Ausgangszustand bei hoher Temperatur
b) Ausbildung elastischer Wärmespannungen aufgrund radialer Temperaturgradienten
c) Ausbildung von E. aufgrund der Plastizität der Kernzone.

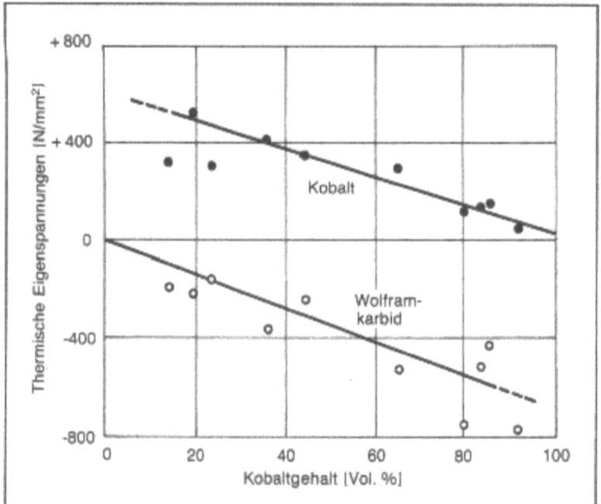

Eigenspannungen 2: Thermisch induzierte E. in einem polykristallinen Zwei-Phasen-Gefüge, hier: WC-Co (aufgrund röntgenographischer Spannungsmessung).

baut sind. Da der weitaus größte Teil aller technisch genutzten Werkstoffe nur ein Mal (nach dem Guß, der Warmformgebung, dem Schweißen) abgekühlt wird, ist die erwähnte Reversibilität in mehrphasigen Gefügen ohne praktische Bedeutung; insofern sind die bis zum Erreichen der Raumtemperatur aufgebauten thermoelastischen Spannungen zu recht als E. einzustufen.

In zahlreichen Fällen wird jedoch die Fließgrenze während der Ausbildung innerer Spannungen lokal überschritten, so daß es zu plastischer → Verformung kommt; bei höheren Temperaturen werden dementsprechend thermisch aktivierte Kriechvorgänge ausgelöst. Beide Vorgänge vermindern die bei Raumtemperatur anzutreffenden inneren Spannungen; deren Reversibilität bei Rückgang auf die Ausgangstemperatur ist dann nicht mehr gegeben (Bild 3 a). Die Berechnung der Eigenspannungswerte wird dadurch gegenüber dem rein elastischen Fall sehr erschwert; sie setzt den Einbau gut angepaßter Stoffgesetze in die entsprechenden Finite-Element-Algorithmen voraus. Noch komplexer werden die Verhältnisse, wenn während der Temperaturänderung in unterschiedlichen Gefügebereichen → Phasenumwandlungen, die mit einer Volumenänderung verbunden sind, auftreten (typisch für Stähle, Bild 3 b).

Auf der anderen Seite läßt sich die thermisch aktivierte Kriechverformung ausnutzen, um fertigungsbedingte E. (z. B. Schweißeigenspannungen) abzubauen (Spannungsarmglühen). Temperaturbereich, Zeitdauer und Abkühlungsverlauf solcher Maßnahmen müssen jedoch sorgfältig gewählt werden, um die beim Abkühlen aus der Wärmebehandlung neu entstehenden Wärmespannungen ebenso unter Kontrolle zu halten wie unerwünschte Anlaß-Effekte des Mikrogefüges.

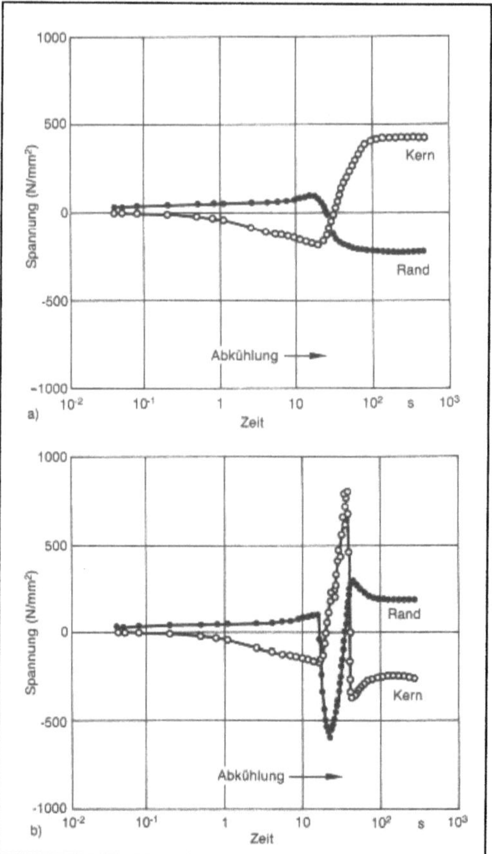

Eigenspannungen 3: Berechnung der zeitlichen Entwicklung der E., unter Berücksichtigung der plastischen Verformung während der Abkühlung
a) eines umwandlungsfreien austenitischen Stahls
b) für einen Stahl mit Martensit-Umwandlung bei 420 °C.

Als typisches Beispiel für rein mechanisch (d. h. ohne Abkühlungs-Effekte) bedingte E. gilt die in Längsrichtung auftretende Druckeigenspannung in der Oberfläche kaltgewalzter Bänder und Bleche. Diese wird dadurch verursacht, daß die für den Walzvorgang erforderliche → Reibung zwischen Walzzylinder und Blechoberfläche die Oberflächenzone stärker zu strecken versucht als das Innere des Bandquerschnittes. Da aber ein Voreilen der Randzone über die gesamte Bandlänge gesehen, unmöglich ist, wird dieser Längenzuwachs jeweils durch elastische Kompression ausgeglichen. Ähnliche Überlegungen gelten für Verformung durch Biegung.

Ein Zusammenwirken von plastischer Verformung mit lokaler Erhitzung führt zu erheblichen Zugspannungen beim Schleifen (Bild 4). Beim Kugelstrahlen wird die Randzone senkrecht zur Oberfläche plastisch gestaucht; die daraus resultierende

Längsdehnung kann infolge der „Zwängung" durch die Kernzone nicht realisiert werden und setzt sich in Druck-E. um. Ähnliches gilt für andere Verfahren der mechanischen Oberflächenvergütung (Festwalzen), welche auf diese Weise eine deutliche Verbesserung der Ermüdungsfestigkeit bewirken.

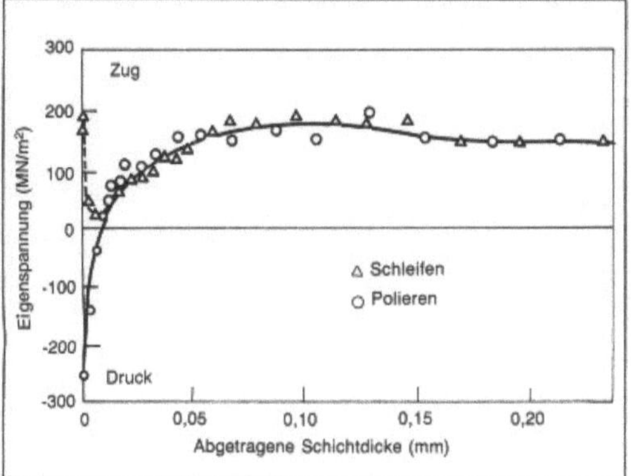

Eigenspannungen 4: E. in der Oberfläche einer Probe aus mikrolegiertem Stahl nach dem Schleifen bzw. Polieren, gemessen nach schrittweisem Abtragen der Außenzone.

Die, wie erwähnt, fast in jedem Bauteil anzutreffenden E. haben sowohl negative als auch positive technische Auswirkungen. Eine Gefahr geht insbesondere von hohen Beträgen der Zugeigenspannungen aus, weil diese die Rißeinleitung und Rißausbreitung auslösen bzw. begünstigen; hierbei ist die Addition äußerer und innerer Spannungen zu berücksichtigen. Bei wiederholtem Durchlaufen einer Temperaturänderung kann dies zur Zerrüttung des Werkstoffs führen (thermische → Ermüdung). Es ist bekannt, daß Zugeigenspannungen in der Werkstückoberfläche durch Förderung der Anrißbildung die → Lebensdauer unter Ermüdungsbeanspruchung erheblich vermindern. Beim Abkühlen von Stahl tritt zusätzliche Gefährdung durch das bereits erwähnte Durchlaufen der → Austenitumwandlung mit der dadurch bedingten Volumenzunahme statt: Zwar wird die Umwandlung in der zuerst erstarrenden Oberfläche durch den noch plastischen Kern praktisch nicht beeinträchtigt, wohl aber die spätere Umwandlung des Kerns in einem bereits kalten und daher starren Mantel. Letzterer gerät unter erhebliche Zugspannung von innen her und neigt zur Ausbildung von Härterissen.

Beim Abkühlen von → Glas, dessen Wärmeleitfähigkeit wesentlich geringer ist als die von Metallen, wodurch steile Temperaturgradienten begünstigt werden, erstarrt zuerst die Oberfläche bei noch heißem, viskosem Inneren. Wenn dieser Teil dann nachträglich abkühlt und wegen der thermisch bedingten Volumenkontraktion die stärker abgekühlte, also festere Oberflächenschicht unter Druck-

spannung setzt, bewirkt der Vorgang eine erhebliche Steigerung der → Bruchfestigkeit von Glas (insbes. Flachglas) (Bild 5). Auf ganz andere Weise wird ein analoger Effekt durch chemische Härtung erzeugt: Ionenaustausch zwischen der zu härtenden Oberfläche und einem Salzbad führt zum Ersatz zahlreicher kleiner Ionen (z. B. Na^+) gegen größere, z. B. K^+, und zu deren Eindiffusion in die Oberflächenschicht des Glases; auf diese Weise werden in einer (dünnen) Diffusionszone Druckeigenspannungen aufgebaut. Die durch E. in Glas eingeführte → Anisotropie hat Auswirkungen auf das optische Verhalten (es entsteht Doppelbrechung); insbes. bei optischen Gläsern ist daher sehr langsame und sorgfältig kontrollierte Abkühlung von der Guß- oder → Arbeitstemperatur unerläßlich.

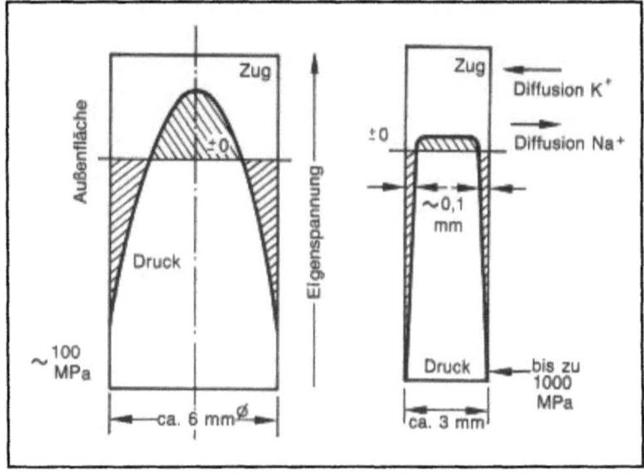

Eigenspannungen 5: (a) Thermische und (b) chemische Härtung von Glas durch Einbringen von Druckspannungen in die Oberfläche (schematisch nach realen Zahlenwerten).

Um Eigenspannungszustände in Werkstückoberflächen nach bestimmten Fertigungsschritten oder Einsatzbedingungen quantitativ zu untersuchen, setzt die → Werkstoffprüfung hauptsächlich zwei Verfahren ein: die röntgenographische Spannungsmessung (RSM) und mechanische Abtrageverfahren.

Bei der sehr verbreiteten RSM dienen die oberflächennahen Netzebenenabstände als innere Dehnungsindikatoren. Durch Einstrahlen von monochromatischem Röntgenlicht und Messung seiner rückgestreuten Intensität als Funktion des Einfallswinkels kann zunächst die Bragg-Beziehung an unverspanntem Werkstoff verifiziert und ein Basiswert d_0 bestimmt werden. Danach ermittelt man die in der Eigenspannungszone veränderte Gitterkonstante d'. Die Differenz $(d' - d_0)$ ist wegen des Hooke'schen Gesetzes zum Betrag der E. proportional. Unter Hinzuziehung der Elastizitätstheorie läßt sich die E. sowohl in ihre Hauptspannungskomponenten zerlegen, als auch richtungsmäßig analysieren. Wegen der geringen → Eindringtiefe der Röntgenstrahlen erfaßt man nur eine dünne Oberflächenzone (ca. 20 µm); wegen des üblicherweise starken Spannungsgradienten ist dies eher ein Vorteil. – Neben ortsfesten Geräten sind auch speziell für die RSM auf Baustellen entwickelte Geräte im Einsatz.

Bei den mechanischen Verfahren handelt es sich darum, durch vorsichtiges Abtragen von Teilbereichen des zu untersuchenden Körpers in das innere Gleichgewicht der E. einzugreifen. Dies führt zur Veränderung der lokal wirksamen Makro-E. und daher zu einer →Formänderung (Verbiegung usw.). Diese kann in Abhängigkeit von der abgetragenen Materialdicke mit einem elektromechanischen Weggeber oder mit aufgeklebten →Dehnungsmeßstreifen bestimmt werden. Daraus läßt sich unter Benutzung der Elastizitätstheorie die Eigenspannungsverteilung auch als Tiefenprofil messen. Das Abtragen kann je nach Form und Material des Werkstückes durch Ausbohren von Zylindern, schrittweises Abtragen von Flachprofilen usw. erfolgen. Es ist klar, daß diese mechanischen Verfahren im Gegensatz zur RSM nicht zerstörungsfrei sind.

Weitere, noch in der Entwicklung stehende zerstörungsfreie Prüfverfahren für E. beruhen auf der deren Auswirkungen auf die Laufzeit akustischer Wellen bzw. auf das ferromagnetische Phänomen des Barkhausen-Rauschens.   *Ilschner*

Literatur: ASTM-Norm E 837-85: Determining Residual Stresses by the Hole-Drilling Strain-Gage Method. ASTM 1985 (5 S.). – *Bernasconi, J.* and *M. Roth:* The Niku-Lari-Method and the stress source method: Application to Residual stress distribution of shot peened plates. In: Niku-Lari, A. (Hrsg.): Advances in Surface Treatments. London 1988. – *Blumenauer, H.* (Hrsg.): Werkstoffprüfung. Leipzig 1984. – *Dahl, W.* in: *Jäniche, W.* et al. (Hrsg.): Werkstoffkunde Stahl. Bd. 1: Grundlagen Berlin und Düsseldorf 1984. – *Dieter, G. E.:* Mechanical Metallurgy. New York 1986. – *Macherauch, E.:* Praktikum in Werkstoffkunde. Braunschweig-Wiesbaden 1981. – *Noyan, I. C.* and *J. B. Cohen:* Residual Stress: Measurement by Diffraction and Interpretation. New York 1987. – *Tietz, H. D.:* Grundlagen der Eigenspannungen. Leipzig 1984.

Umformtechnik. Umform-E. sind definiert als elastische Spannungen, die in einem abgeschlossenen System bei Fehlen äußerer Kräfte und Momente vorhanden sind.

In Werkstücken, die durch umformtechnische Fertigungsverfahren hergestellt werden, sind E. unvermeidbar. Ihre Formgebung ist nur möglich durch örtlich unterschiedliche plastische →Verformungen. Diese sind fast immer unverträglich mit denjenigen benachbarter Werkstückteilchen, was zu einer gegenseitigen Formbehinderung und damit zu E. führt. Die örtliche Inkompatibilität der bleibenden Verformungen ist die Ursache aller E.

Je nach Größe und Verteilung wird unterschieden zwischen E. I., II. und III. Art. Diese Unterteilung beruht auf der räumlichen Auflösung der verschiedenen Arten (Tabelle). Der lokale Eigenspannungswert σ ist in realen Fällen eine Überlagerung der drei E.-Arten (Bild 6). Mit den heute eingeführten E.-Meßverfahren werden vorwiegend E. I. Art (Makro-E.) erfaßt. Die meßtechnische Erfassung und Trennung der E. II. und III. Art (Mikro-E.) ist z. Z. noch unbefriedigend.

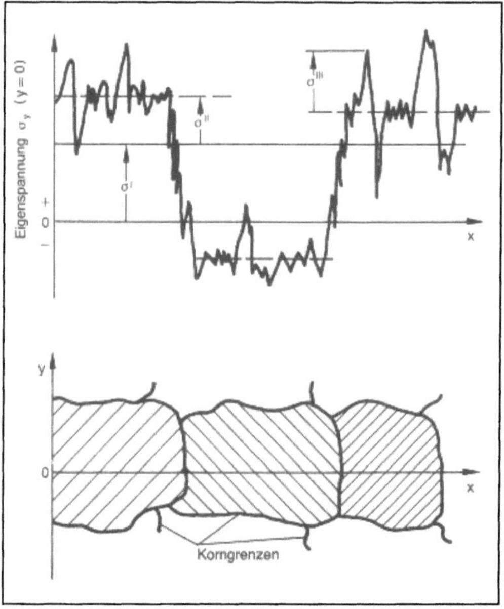

Eigenspannungen 6: Überlagerung von E. I., II. und III. Art.

E. in umgeformten Werkstücken können sich auf deren späteren betrieblichen Einsatz auswirken. Dieser Einfluß kann sowohl positiv als auch negativ sein. Im folgenden sind die Auswirkungen von E. nach unterschiedlichen Gesichtspunkten zusammengefaßt.

□ →Streckgrenze: In der Regel bewirken E. bei einer Überlagerung von Lastspannungen eine Streckgrenzenverminderung.

□ Statischer Bruch: Duktilen Brüchen geht stets eine plastische →Formänderung voran, so daß kein Einfluß der E. auf den Bruch zu vermerken ist. Nach einer geringen →Verformung werden die E. nahezu vollständig abgebaut. Bei spröden Brüchen ist dies nicht der Fall. Hier ist es wichtig, den E.-Zustand auf den Lastspannungszustand abzustimmen.

□ →Dauerschwingfestigkeit: Druck-E. in den oberflächennahen Bereichen eines Werkstücks erhöhen die Dauerschwingfestigkeit.

□ →Spannungsrißkorrosion: Druck-E. in Bauteilbereichen, die mit einem aggressiven Medium in Kontakt sind, verzögern die Rißausbreitung. Aus einer Studie des japanischen Eisen- und Stahlver-

Eigenspannung. Tabelle: Eigenschaften der E. I., II. und III. Art.

Eigenschaften	Eigenspannungen		
	I. Art	II. Art	III. Art
Spannungen sind über	größere Bereiche (mehrere Körner) nahezu homogen	kleinere Bereiche (ein Korn o. Kornbereiche) nahezu homogen	kleinste Bereiche (mehrere Atomabstände) inhomogen
Die mit den Eigenspannungen verbundenen Kräfte u. Momente sind im Gleichgewicht über	den ganzen Körper	hinreichend viele Körner	einen hinreichend großen Teil eines Korns
Bei Eingriffen in das Gleichgewicht	treten immer makroskopische Maßänderungen auf	können makroskopische Maßänderungen auftreten	treten keine makroskopische Maßänderungen auf
Mathematische Beschreibung im Überlagerungsfall	$\sigma^{\mathrm{I}} = \left(\dfrac{\int \sigma df}{\int df}\right)_{\text{mehrere Körner}}$	$\sigma^{\mathrm{II}} = \left(\dfrac{\int \sigma df}{\int df}\right)_{\text{ein Korn}} - \sigma^{\mathrm{I}}$	$\sigma^{\mathrm{III}} = \sigma - (\sigma^{\mathrm{I}} + \sigma^{\mathrm{II}})$
Bedeutung im Überlagerungsfall	Mittelwert	Mittelwert der Schwankungen um σ^{I}	Schwankungen um $(\sigma^{\mathrm{I}} + \sigma^{\mathrm{II}})$

bands geht hervor, daß 80 % der untersuchten Schadensfälle infolge einer Spannungsrißkorrosion durch Zug-E. verursacht bzw. beschleunigt werden.

□ Weitere Auswirkungen: E. können sich auf Instabilitätserscheinungen auswirken und unerwünschte Geometrieänderungen hervorrufen. Dies gilt z. B. für Maßabweichungen eines Werkstücks bei einer Nachbearbeitung.

Die Ermittlung von E. nach einer →Kaltumformung ist Voraussetzung für eine Optimierung des Umformverfahrens in Hinblick auf einen günstigen E.-Zustand. In der →Massivumformung kann das Vorhandensein von E. beispielsweise bei kaltgezogenen Werkstücken unmittelbar beobachtet werden. Scheinbar ohne jede äußere Einwirkung kann beim längeren Lagern von gezogenen Rohren, Stangen und Draht plötzlich oder allmählich ein Aufreißen erfolgen. Auf Grund dessen wurden die Durchziehverfahren hinsichtlich der erzeugten E. intensiv untersucht, und es wurden auch Möglichkeiten zur E.-Reduktion angegeben.

Bild 7 zeigt die E.-Verteilung in einem gezogenen Draht nach dem →Ziehen mit einem bzw. zwei Ziehsteinen. Das Ziehen durch einen zweiten Ziehstein mit einer sehr geringen Querschnittsabnahme bewirkt dabei eine erhebliche Reduktion der E.

In der →Blechumformung haben die sog. Biegerichtverfahren die Aufgabe, in Blechen vorhandene unerwünschte Krümmungen zu beseitigen. Ihre Entstehungsursache sind u. a. unsymmetrische E.-Ausbildung beim →Umformen und Auslösen von

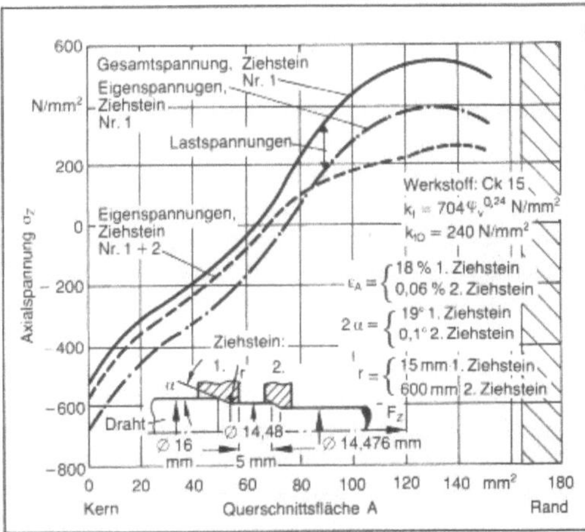

Eigenspannungen 7: Axialspannungen beim Drahtziehen mit einem bzw. zwei Ziehsteinen. (Quelle: Gerhardt, J.)

E. durch spanende Bearbeitung. Das Prinzip des Blechrichtens am Beispiel eines geraden, eigenspannungsfreien Bleches, das zunächst gebogen und dann wieder gerichtet wird, ist in Bild 2 des Begriffs →Biegerichten dargestellt.

Die Ermittlung von E. erfolgte bislang fast ausschließlich mittels experimenteller Methoden. In jüngster Zeit gewinnen aber auch numerische Simulationsverfahren zunehmend an Bedeutung. Die experimentellen Meßverfahren lassen sich in zerstörende und zerstörungsfreie Verfahren unterteilen. Zu den zerstörenden Verfahren (mechanisch-elektrisch) gehören die Zerlege-, Ausbohr-, Abdreh-, Ringfuge- und Bohrlochverfahren. Für die E.-Messung mit zerstörungsfreien Verfahren werden die Röntgen-, Neutronenstrahl-, Ultraschall- und die magnetischen Verfahren herangezogen. *Lange*

Literatur: *Bühler, H.* u. *E. H. Schulz:* Die Verminderung der beim Kaltziehen in Stangen entstehenden Eigenspannungen. Stahl u. Eisen 70 (1950) Nr. 25. – *Dieter, G. E.:* Mechanical Metallurgy. 2. Aufl. Tokio 1976. – *Elfinger, F. X., A. Peiter, W. A. Theiner, E. Stücker:* Verfahren zur Messung von Eigenspannungen. VDI-Ber. 439 (1982). – *Gerhardt, J.* u. *A. E. Tekkaya:* Simulation of Drawing Processes by the Finite Element Method. In: Proceedings of the 2nd ICTP. (Hrsg. K. Lange) Berlin, Heidelberg, London, New York, Paris, Tokio 1987. – *Lange, K.* (Hrsg.): Lehrbuch der Umformtechnik 2. Aufl., Bd. 3. Blechumformung. Berlin, Heidelberg, New York, Tokio 1990. – *Macherauch, E.:* Bewertung von Eigenspannungen. In: Eigenspannungen. Entstehung – Messung – Bewertung. Oberursel 1980. – *Macherauch, E., H. Wohlfahrt* u. *U. Wolfstieg:* Zur zweckmäßigen Definition von Eigenspannungen. HTM 28 (1973) Nr. 3. – *N. N.:* X-Ray Stress Analyser. Application Report. Sonderdruck der Rigaku Corp. Nr. AED 29A. 1981. – *Ostermann, M.:* Das Aufreißen von Messing. Metallwirtsch., Metallwiss., Metalltechn. 10 (1931) Nr. 17. – *Peiter, A.:* Werkstückverzug durch Eigenspannungsänderung. Werkstatttechn. 57 (1967) Nr. 6. – *Tekkaya, A. E.:* Ermittlung von Eigenspannungen in der Kaltmassivumformung. Ber. Inst. Umformtechn. Stuttgart. Nr. 83. Berlin, Heidelberg, New York, Tokio 1986.

Messung. E. sind mikroskopische oder makroskopische innere Verspannungen eines Körpers, ohne daß irgendwelche äußere Einwirkungen vorliegen. E. werden je nach der räumlichen Erstreckung des gegebenen Gleichgewichtszustandes in verschiedene Arten unterteilt, wobei nur stofflich zusammenhängende Verbände betrachtet werden. Schrauben- und Schrumpfverbindungen werden hierbei ausgeschlossen.

Der Eigenspannungsbegriff wurde erstmals 1841 von *Neumann* in der königlichen Akademie der Wissenschaften zu Berlin geprägt. Neumann berichtet dort über „Prinzipien der Theorie der inneren Spannungen, welche aus bleibenden Dilatationen in einem festen Körper enstehen". Im Jahre 1860 stellte *Wöhler* im Rahmen einer Untersuchung über Achsbrüche an Eisenbahnfahrzeugen die erste korrekt beschriebene Eigenspannungsverteilung in einem realen Bauteil dar. Zur Ermittlung von Längseigenspannungen in kaltgezogenen Messingstangen und -rohren wurde 1911 von *Heyn* und *Bauer* erstmals ein Abdreh- und Ausbohrverfahren entwickelt. 1925 wurde dann von *Masing* eine Definition und Einteilung von E. vorgenommen, die im Laufe der Zeit mehrfach überarbeitet wurde. Aufgrund des gegenwärtigen Kenntnisstandes bieten sich die folgenden E.-Definitionen an:

□ E. I. Art sind über größere (makroskopische) Werkstoffbereich (mehrere Körner) nahezu homo-

gen. Dabei kann der „größere Werkstoffbereich" flächenhaft ausgedehnt und von geringer Dicke sein. Senkrecht dazu sind steile Gradienten der E. I. Art zugelassen. Die mit E. I. Art verbundenen inneren Kräfte sind bezüglich jeder Schnittfläche durch den ganzen Körper im → Gleichgewicht. Ebenso verschwinden die mit ihnen verbundenen inneren Momente bezüglich jeder Achse. Bei Eingriffen in das Kräfte- und Momentengleichgewicht von Körpern, in denen E. I. Art vorliegen, treten immer makroskopische Maßänderungen auf.

□ E. II. Art sind über kleine Werkstoffbereiche (ein → Korn oder Kornbereiche) nahezu homogen. Die mit E. II. Art verbundenen inneren Kräfte und Momente sind über hinreichend viele Körner im Gleichgewicht. Bei Eingriffen in dieses Gleichgewicht können makroskopische Maßänderungen auftreten.

□ E. III. Art sind über kleinste (mikroskopische bzw. submikroskopische) Werkstoffbereiche (mehrere Atomabstände) inhomogen. Die mit E. III. Art verbundenen inneren Kräfte und Momente sind in kleinen Bereichen (hinreichend großen Teilen eines Korns) im Gleichgewicht. Bei Eingriffen in dieses Gleichgewicht treten keine makroskopischen Maßänderungen auf.

Diese Definitionen beschreiben idealisierte Eigenspannungszustände. Sie sind aber ebenso anwendbar im Fall von Überlagerungen der E. I. bis II. bzw. mikroskopischer und makroskopischer Art, wie sie in technischen Werkstoffen immer vorliegen (Bild 6).

Die Entstehung von E. folgt immer den gleichen Gesetzmäßigkeiten.
– Ungleichmäßige und teilweise überelastische → Verformung durch zeitlich oder örtlich ungleichmäßige Beanspruchung
– Thermische Vorgänge in Verbindung mit plastischen Verformungen
– Oberflächenbearbeitung durch Entfernen, Hinzufügen oder Verändern von Oberflächenschichten
– Gefügeumwandlungen mit örtlichen Volumenänderungen

Es sind immer Unverträglichkeiten von Teilchen mit denjenigen benachbarter Werkstoffteilchen, was zu einer gegenseitigen Verformungsbehinderung und damit zu Eigenspannungen führt. Diese örtliche Unverträglichkeit (Inkompatibilität) der Verformung ist die Ursache aller E. Dabei läßt sich eine Einteilung in äußere und innere Ursachen vornehmen. Ungleichmäßige mechanische oder thermische Beanspruchungen als Beispiel für äußere Ursachen erzeugen auch in homogenen und isotropen Werkstoffen E. Im Gegensatz dazu entstehen als Folge innerer Ursachen auch bei homogener äußerer Belastung aufgrund struktureller oder materialbedingter Unterschiede im Körperinneren E. Die Technologie der Herstellung ist bei der Eigenspannungsentstehung beteiligt, wobei sich i. a. mehrere Entstehungsursachen überlagern. Als ein Beispiel ist in Bild 8 die E.-Ausbildung bei Schweißplattierungen dargestellt. Höhe und Verteilung der E. hängt vom jeweiligen Entstehungsmechanismus ab. Sie können sich über das ganze Bauteil erstrekken oder auf kleinste Bereiche beschränkt sein.

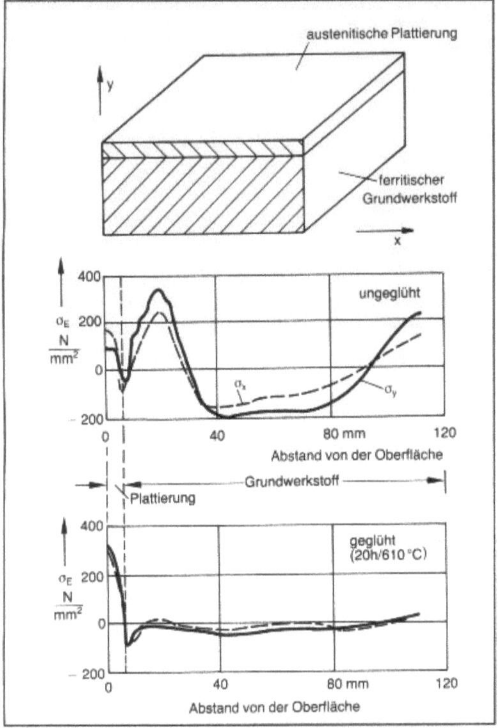

Eigenspannungen 8: E. bei Schweißplattierungen.

a) ungeglüht: Überlagerung der Eigenspannungen infolge äußerer Ursachen (inhomogene thermische Belastung beim Plattieren) und innerer Ursachen (Werkstoffe mit unterschiedlicher Wärmeausdehnung), b) geglüht (20 h/610 °C): auch nach der Spannungsarmglühung bleiben auf Grund struktureller Werkstoffinhomogenitäten als innere Ursache Eigenspannungen erhalten

E. können praktisch in jedem Bauteil auftreten. Sie überlagern sich den Betriebsanspruchungen und führen in vielen Fällen zu einer Verminderung der → Gestaltfestigkeit und unberücksichtigt zu Schäden, Maß- und Formänderungen (Verzug), → Rißbildung, Verringerung der Belastbarkeit bzw. → Lebensdauer. Hinsichtlich Vorzeichen und Verteilung gezielt günstig erzeugte E. können aber auch technische Vorteile bringen.

Die Bewertung von E. ist von großer Bedeutung für → Qualitätssicherung, Festigkeits- und → Schadensanalyse. In vielen Fällen ist es praktisch nicht möglich, ausreichende Kenntnis über die Verteilung und Höhe der E. zu erhalten, insbesondere bei Schweißverbindungen → metallischer Werkstoffe.

Die → Sicherheit beruht dann i. w. auf der Fähigkeit dieser Werkstoffe, auch größere E. zu ertragen bzw. durch Plastifizierung abzubauen; entsprechend ist die Werkstoffauswahl zu treffen bzw. das → Schweißverfahren zu optimieren.

Voraussetzung für die Optimierung von Fertigungsprozessen und die Analyse von Schadensfällen ist die Kenntnis des Eigenspannungszustandes. Eine hinreichende rechnerische Bestimmung von E. ist nur in wenigen Fällen durch entsprechende Modellierung der physikalischen Vorgänge bei der Entstehung möglich. Man ist deshalb fast ausschließlich auf experimentelle Methoden angewiesen (Bild 9). Die E.-Meßverfahren sind in zerstörende und zerstörungsfreie Verfahren eingeteilt.

Eigenschaft		Verfahren
vollständig	zerstörend	Zerlegeverfahren Ausbohr- und Abdrehverfahren Abtragverfahren Schlitzverfahren
teilweise		Nutverfahren Bohrlochverfahren Ringkern- oder Ringnutverfahren
zerstörungsfrei		Röntgenverfahren Ultraschallverfahren Magnetische Verfahren

Eigenspannungen 9: Verfahren zur E.-Ermittlung

Mit den heute eingeführten E.-Meßverfahren werden vorwiegend Eigenspannungen I. Art (Makroeigenspannungen) erfaßt. E. II. und III. Art (Mikroeigenspannungen) sind bei mehrphasigen Werkstoffen, bei Fließ-, Verfestigungs-, Verschleiß- und Bruchvorgängen von Bedeutung. Die meßtechnische Erfassung und Trennung dieser Mikroeigenspannung ist z. Zt. noch unbefriedigend.

Die Eigenspannungsermittlung nach mechanischen und röntgenographischen Verfahren geht von den zugeordneten Verformungen aus. Mit bestimmten Werkstoffkennwerten lassen sich hieraus die E. berechnen. Bei den zerstörenden bzw. teilzerstörenden mechanischen Verfahren werden die makroskopischen Maßänderungen infolge des Eingriffs in das Eigenspannungsgleichgewicht heute fast ausschließlich mit → Dehnungsmeßstreifen erfaßt. Bei der röntgenographischen Eigenspannungsermittlung werden submikroskopische Kristallgitterdehnungen der Körner eines Vielkristalls (Änderungen der Atomabstände) gemessen. Die Beugungswinkel weicher Röntgenstrahlen sind mit dem Atomgitterabstand korreliert; Änderungen der Atomabstände durch E. verursachen Verschiebungen der Beugungslinien oder -winkel, aus denen rückwirkend die Atomgitterdehnungen ermittelt werden können. Charakteristisch für die röntgenographische Eigenspannungsermittlung ist, daß nur dünne Oberflächenschichten und bei mehrphasigen Werkstoffen einzelne Phasen selektiv erfaßt werden.

Die Ultraschall- und magnetischen Verfahren sind derzeit i. a. als noch in der Entwicklung befindlich zu betrachten. *Kußmaul*

Literatur: *Heyn, E.*, u. *O. Bauer*: Int. Z. Metallogr. 1 (1911) S. 16–50. – *Macherauch, E.*, u. *V. Hauk* (Hrsg.): Eigenspannungen: Entstehung – Messung – Bewertung Vortragstexte des DGM-Symposiums 1983, Karlsruhe. – *Masing, G.*: Z. techn. Physik 6 (1925) S. 569–573. – *Neumann, F. E.*: Abh. Königl. Akademie der Wiss. Berlin 2. Teil (1841) 1–247. – *Tietz, H. D.*: Grundlagen der Eigenspannungen. Leipzig-Wien-New York 1983. – *Wöhler, A.*: Z. Bauwesen 10 (1860) S. 583–616.

→ Autofrettage, → Schrumpfverband, → Mehrlagenbehälter

Eigenspannungsmessung → Eigenspannungen

Einbettfähigkeit. Fähigkeit eines Gleitwerkstoffes, harte Partikel in die Laufschicht aufzunehmen. Hierbei wirkt sich insbesondere eine niedrige Werkstoffhärte, wie sie z. B. → Blei- oder → Zinnlegierungen haben, positiv aus. Erfolgt die Einbettung nur teilweise, so kann auf dem Gegenkörper eine starke → Abrasion hervorgerufen werden. Da durch die Einbettung außerdem der Widerstand gegen → Oberflächenzerrüttung vermindert werden kann, werden Partikel, die in einem Ölkreislauf enthalten sind, nach Möglichkeit durch eine Filterung unschädlich gemacht, so daß der E. heute eine verminderte Bedeutung zukommt. *Habig*

Einbringverfahren → Holzschutz

Eindringtiefe. Bei Diffusionsvorgängen, die von einer Grenzfläche aus zum Eindringen einer Atomsorte (z. B. C in Stahl während der Aufkohlung) führen, bezeichnet die E. die zeitabhängige Lage der Diffusionsfront. Als solche bezeichnet man den Ort einer vorgewählten Konzentration C^*, die kleiner als die Gleichgewichtskonzentration an der Grenzfläche ist, z. B. $c^* = 0,5\ c_0$. Für $X = x(c^*)$ als Funktion der Zeit gilt dann $X(t) = \sqrt{Dt}$, wobei $D = D(T)$ der → Diffusionskoeffizient ist. (→ Fick-Gesetze). *Ilschner*

Eindrücken. E. ist eine Untergruppe des Umformens (DIN 8580) und ist als → Druckumformen mit einem Werkzeug, das örtlich in ein Werkstück eindringt, definiert.

Das E. unterteilt sich entspr. DIN 8583, Bl. 5, in Verfahren mit geradliniger bzw. mit umlaufender Werkzeugbewegung und ferner danach, ob während des Vorgangs Gleiten zwischen Werkzeug und Werkstück stattfindet oder nicht. Wichtige Verfahren des E. mit geradliniger Bewegung ohne Gleiten sind das Körnen, das Kerben (z. B. zum Feilenhauen), das Einprägen und das Einsenken, das Prägerichten und in der Schmiedetechnik das Dornen und Hohldornen; beim Glattdrücken und Anreißen findet dagegen Gleiten statt (Bild 1). Eindrückverfahren mit umlaufender Bewegung ohne Gleiten sind das Wälzprägen, das Rändeln und Kordeln; mit Gleiten werden die Verfahren Gewindefurchen und Glattdrücken mit umlaufender Bewegung durchgeführt (Bild 2).

Die Eindrückverfahren werden teils mit Pressen (und Hämmern), teils mit Sondermaschinen und Sonderwerkzeugen z. B. für Bearbeitungszentren-

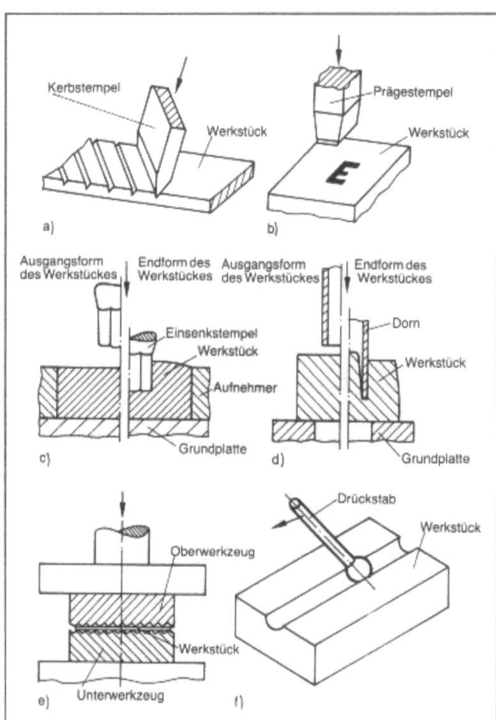

Eindrücken 1: Eindrückverfahren mit geradliniger Werkzeugbewegung. (Quelle: DIN 8583, Bl. 5)
a) Kerben
b) Einprägen
c) Einsenken
d) Hohldornen
e) Prägerichten
f) Glattdrücken mit geradliniger Bewegung mit Gleiten

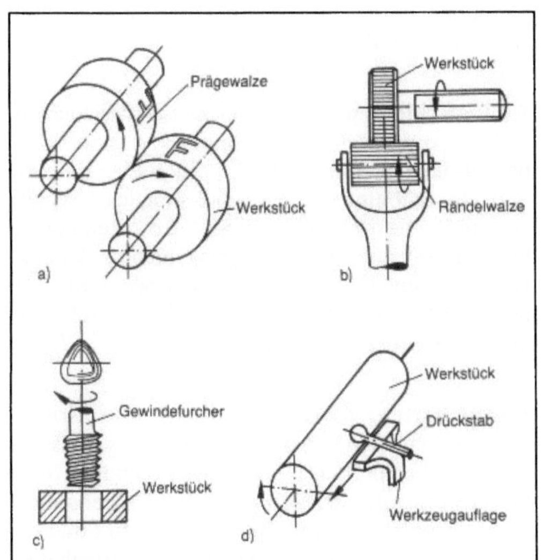

Eindrücken 2: Eindrückverfahren mit umlaufender Werkzeugbewegung. (Quelle: DIN 8583, Bl. 5)
a) Wälzprägen
b) Rändeln
c) Gewindefurchen von Innengewinden
d) Glattdrücken mit umlaufender Bewegung.

durchgeführt. Das Einsenken ist ein wichtiges Verfahren für die Herstellung von Umform- und Kunststoffspritzgußwerkzeugen bei größeren Serien.

Lange

Literatur: *Lange, K.* (Hrsg.): Umformtechnik. Handb. f. Ind. u. Wiss. Bd. 2, Massivumformung. Berlin, Heidelberg, New York, Tokio 1988.

Einfachelektrode. →Elektrode, an der nur eine →Elektrodenreaktion abläuft. *Wendler-Kalsch*

Einfriertemperatur →Erweichungstemperatur

Eingriffsverhältnis. Verhältnis der geometrischen →Kontaktfläche zur insgesamt überstrichenen Lauffläche. Bei einem Stift-Scheibe-Prüfsystem hat der Stift ein E. von 100 %, während das Eingriffsverhältnis der als Gegenkörper dienenden Scheibe

deutlich unter 100 % liegt (Bild). Vom E. hängen z. B. die reibbedingte Temperaturerhöhung und die Bildung von Reaktionsschichten ab. In der Tabelle sind exemplarisch E. der Grund- und Gegenkörper einiger Tribosysteme wiedergegeben. *Habig*

Eingriffsverhältnis ε

$$- \text{ Grundkörper: } \varepsilon = \frac{\frac{\pi}{8}(d_1-d_2)^2}{\frac{\pi}{8}(d_1-d_2)^2} \cdot 100\% = 100\%$$

$$- \text{ Gegenkörper: } \varepsilon = \frac{\frac{\pi}{8}(d_1-d_2)^2}{\frac{\pi}{4}(d_1^2-d_2^2)} \cdot 100\%$$

$$\varepsilon = \frac{d_1-d_2}{2(d_1+d_2)} \cdot 100\% \ll 100\%$$

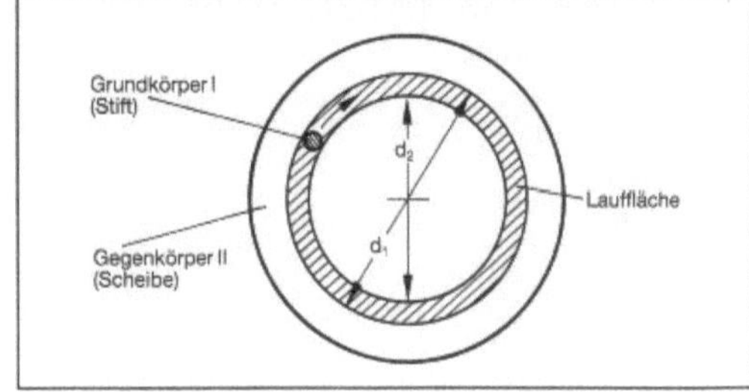

Eingriffsverhältnis: E. der Komponenten eines Stift-Scheibe-Tribometers

Einhärtbarkeit. Beim →Härten von →Stahl wird die gewünschte Martensitbildung in dem Teil des Werkstücks erreicht, in dem die kritische Abkühlzeit unterschritten wird (→Zeit-Temperatur-Umwandlungsschaubild). Mit E. wird die erreichte Einhärtungstiefe bezeichnet, z. B. die Tiefe bis zu der ein bestimmter Härtewert überschritten wird. Zur Kennzeichnung des Umwandlungsverhaltens von Vergütungsstählen dient z. B. die Stirnabschreckhärtekurve, bei der eine auf Austenittemperatur erhitzte zylindrische Stahlprobe an einer Stirnseite mit Wasser abgeschreckt und der erzielte Härteverlauf ermittelt wird (→Härtbarkeit). *Dahl*

Literatur: Werkstoffkunde Stahl. 2 Bd. (Hrsg. VDEh). Berlin–Düsseldorf 1984/85.

Eingriffsverhältnis. Tabelle: E. von Grund- und Gegenkörper einiger Tribosysteme

Tribosystem	Grundkörper		Gegenkörper	
	Bezeichnung	Eingriffsverhältnis	Bezeichnung	Eingriffsverhältnis
Radialgleitlager	Lagerschale	100 %	Welle	< 100 %
Gleitringdichtung	Gleitring I	100 %	Gleitring II	100 %
Zahnradgetriebe	Zahnrad I	< 100 %	Zahnrad II	< 100 %
Drehmeißel/Werkstück	Drehmeißel	100 %	Werkstück	≪ 100 %
Rad/Schiene	Rad	< 100 %	Schiene	≪ 100 %

Einhärtungstiefe → Härtbarkeit von Stahl

Einkristall. Probe oder Bauteil aus einem nichtmetallisch-anorganischen oder metallischen Stoff (einschl. →Legierungen, →intermetallischen Phasen usw.), aus einem einzigen Kristall bestehend, also ohne →Korngrenzen. E. können, ausgehend von geeigneten Keimen, mit gewünschter Kristallorientierung nach verschiedenen Verfahren gezüchtet werden: *Bridgeman-, Czochralski-, Verneuil-Verfahren.*

Ursprünglich nur für Forschungszwecke verwendet (→Plastizität der Kristalle), haben E. in der modernen Technik große praktische Bedeutung erlangt: Piezoquarze, Halbleiter, Laser, Magnetwerkstoffe, neuerdings auch hochwarmfeste Bauteile der Antriebstechnik wie E.-Turbinenschaufeln. →Kristallzüchtung   *Ilschner*

Einkristall: Herstellung eines Si-Einkristalls durch Ziehen aus der Schmelze (Czochralski-Verfahren). (Quelle: BMFT/KFA)

Einlagerungsgefüge   →Mikrostruktologie, →Teilchenverbundwerkstoffe

Einlagerungsmischkristall   →Mischkristall, →Lösung, interstitielle

Einlaßmittel →Grundierung

Einlauffähigkeit. Fähigkeit eines tribologischen Systems, eine erhöhte Anfangsreibung und einen erhöhten Anfangsverschleiß in möglichst kurzer Zeit herabzusetzen. Dies kann durch die Verwendung geeigneter Werkstoffpaarungen, spezieller →Schmierstoffe oder durch eine optimale konstruktive Gestaltung erreicht werden.   *Habig*

Einlaufschichten. Oberflächenschutzschichten, mit denen während des Einlaufes von tribologisch beanspruchten Bauteilen eine erhöhte →Reibung und ein erhöhter →Verschleiß möglichst schnell vermindert werden sollen, ohne daß es zu einer bleibenden Störung des Betriebsverhaltens kommt. Dazu dienen z. B. Blei-Zinn-Schichten auf Verbundgleitlagern oder Phosphatschichten auf Nokken/Nockenfolger-Systemen.   *Habig*

Einsatzhärten. (*engl.* carburizing). Zur Gruppe der thermochemischen Verfahren gehörende →Wärmebehandlung, um eine gegenüber dem Grundwerkstoff höherfeste Oberflächenschicht durch Eindiffusion von →Kohlenstoff zu erhalten. Beim E. werden →Stähle mit Kohlenstoffgehalten zwischen 0,1 und 0,25 % in der →Randschicht auf etwa den eutektoidischen Kohlenstoffgehalt aufgekohlt und anschließend gehärtet. Typische Maschinenelemente, für die eine harte, verschleißfeste →Oberfläche und ein zäher Kern erwünscht ist, sind Wellen, Lager, Lagerzapfen, Zahnräder usw. Die Aufkohlung erfolgt bei Temperaturen um A_{c3} (900–980 °C), da hier die Diffusionsgeschwindigkeit des Kohlenstoffs und seine →Löslichkeit im γ-Eisen groß sind. Bei der gewählten Temperatur und dem größten Kohlenstoffgehalt dürfen keine →Karbide entstehen, da im Zweiphasengebiet der Kohlenstoffgehalt nicht gezielt eingestellt werden kann.

Für die Aufkohlung des Stahles ist es wesentlich, daß der Kohlenstoff gasförmig mit der Oberfläche des Metalles in Berührung kommt. Bei den festen Aufkohlungsmitteln, die in der Regel aus 60 % Holzkohle oder Koks mit Zusätzen von 40 % Bariumkarbonat als Aktivierungsmittel bestehen, erfolgt die Aufkohlung über Kohlenmonoxid. Maßgebend ist dabei das *Boudouard*-Gleichgewicht. Als flüssige Aufkohlungsmittel werden Cyanide verwendet, die in Gegenwart von →Eisen zerfallen, wobei sich atomarer Kohlenstoff und →Stickstoff bilden, die in den Stahl eindiffundieren. Die entstehenden Nitride tragen ebenfalls zur →Festigkeitssteigerung des Stahles bei, insbesondere in Gegenwart von →Aluminium, →Chrom oder →Vanadin. Als gasförmige Aufkohlungsmittel kommen Butan, Propan, Methan usw. in Frage, die zersetzt und zu CO oxidiert werden. →Härten unmittelbar von der Aufkohlungstemperatur bezeichnet man mit →Direkthärten, Härten nach →Abkühlung und Wiedererwärmen mit Einfachhärten (→Doppelhärten, →Eisen, →Stahl, →Karbonitrieren, →Nitrieren, →Wärmebehandlung, →Induktionshärtung).   *Dahl*

Einsatzstahl. → Stahl, der zum → Einsatzhärten geeignet ist (z. B. DIN 17210, Euronorm 84, ISO/R 683). Wichtige → Legierungselemente sind → Mangan, → Chrom, Molybdän und → Nickel, die einzeln oder kombiniert zum Erreichen der gewünschten Eigenschaften bei gegebenen Abmessungen angewendet werden. *Dahl*

Literatur: Werkstoffkunde Stahl. 2 Bd. (Hrsg. VDEh). Berlin–Düsseldorf 1984/85.

Einschlüsse. (*engl.* inclusions). In der → Metallurgie sind E. meist Teilchen aus nichtmetallischen Verbindungen, die in Nestern oder Zeilen im → Stahl vorliegen. → Oxide, → Sulfide und Silicate stammen aus der Schlacke oder der Feuerfestauskleidung der metallurgischen Gefäße. Auch in der Schmelze können E. vor allem durch Reaktion mit dem Sauerstoff bei der → Desoxidation oder beim → Gießen und → Erstarren entstehen.

E. sind in hochfesten Stählen vor allem bei schwingender Beanspruchung von Nachteil, da die Grenzfläche zur Matrix Ausgangspunkt von feinen Rissen sein kann. Bei der Warmformgebung werden die üblicherweise als MnS vorliegenden Sulfide mitausgestreckt und führen zu einer → Anisotropie der Zähigkeitseigenschaften. Abhilfe ist durch Absenkung des Schwefelgehaltes oder Überführung der Sulfide in hochschmelzende, unverformbare Verbindungen wie CeS möglich. *Dahl/Schuh*

Einschlüsse, nichtmetallische → Einschlüsse

Einschnürung → Querschnittsverformung

Einstufenversuch → Dauerschwingversuch

Eisen. Chemisch reines E. wird hauptsächlich in der → Pulvermetallurgie und für chemische Anwendungszwecke eingesetzt. In der Chemie dient es als Katalysator oder Grundbestandteil von Eisenoder eisenhaltigen Chemikalien. E. ist in überwiegendem Maße Hauptbestandteil von → Gußeisen und → Stahl. Die herausragenden Eigenschaften der Legierungen auf Eisenbasis sind ihre → Festigkeit und → Zähigkeit bei geringen Kosten im Vergleich zu anderen Metallen mit ähnlichen Anwendungsgebieten. Die → Eisenwerkstoffe können aufgrund ihrer Anteile an Legierungselementen eingeteilt werden in: Reines E., Stähle und Gußeisen. Daneben bestehen zahlreiche Gruppen und Untergruppen in der Gesamtfamilie der Eisenwerkstoffe.

□ Reines E. enthält nur Spuren von Kohlenstoff und anderen Elementen; es ist gut umformbar (Tabelle). Reines E. ist magnetisch weich.

□ Stähle sind Legierungen des E. und Kohlenstoffs. Weitere Elemente können zulegiert werden. Stahl ist der Sammelbegriff für alle Eisenwerkstoffe, die eine Eignung für die → Warmumformung besitzen. Mit Ausnahme bestimmter chromreicher Stähle beträgt der Kohlenstoffgehalt weniger als 2% (→ Eisen-Kohlenstoff-Zustandsschaubild).

□ → Gußeisen sind Legierungen des E. und Kohlenstoffs, die zusätzlich andere Elemente enthalten können. Der Kohlenstoffgehalt liegt bei rd. 2% bis rd. 4,5%.

Bei der Eisenherstellung werden Eisenerze, also Eisen-Sauerstoff-Verbindungen oder Eisen-Oxide, mit Hilfe geeigneter Reduktionsmittel in der Wärme reduziert. Der Sauerstoff geht dabei eine Verbindung mit dem Reduktionsmittel ein, und das E. wird frei. Als Reduktionsmittel dienen meist Kohlenstoff (z. B. Koks), Kohlenmonoxid, Wasserstoff und Kohlenwasserstoffe (z. B. Methan). Bei Anwendung von Kohlenmonoxid verläuft die → Reduktion exotherm (Wärmeabgabe); mit den

Eisen. Tabelle: Typische Analysen verschiedener Reineisensorten.

Bestandteil	Armco-Eisen	Elektrolyt-Eisen	Karbonyl-Eisen	Wasserstoff-gereinigtes Eisen
in Prozent				
Kohlenstoff	< 0,020	0,006	0,0004	0,005
Mangan	< 0,020	–	–	0,028
Phosphor	0,005	0,005	–	0,004
Schwefel	0,020	0,004	–	0,003
Silizium	Spuren	0,005	–	0,001
Kupfer	0,040	–	–	–
Sauerstoff	Einige	Einige	< 0,01	0,003
Stickstoff	0,004	–	–	0,0001

anderen Reduktionsmitteln läuft die Reduktion endotherm ab (Wärmeverbrauch).

Ziel der Reduktion der Eisenerze ist die Herstellung von Stahl mit bestimmten Gebrauchseigenschaften. Dazu werden je nach Kosten und Verfügbarkeit für Rohstoffe und Energie hauptsächlich drei Wege eingeschlagen:
– Koksmetallurgie: Dieser wichtigste Verfahrensweg führt in zwei Stufen über die Erzeugung von flüssigem Roheisen im → Hochofen und die Umwandlung des Roheisens im Sauerstoff(auf)blas-Verfahren zum Stahl.
– Eisenschwammetallurgie: Ein anderer, erst in jüngster Zeit angewandter Weg führt über die Eisenerzeugung außerhalb des Hochofens nach einem → Direktreduktionsverfahren zu festem → Eisenschwamm, der im → Elektrolichtbogenofen weiter zu Stahl verarbeitet wird.
– Schrottmetallurgie: → Schrott wird meist im → Elektrolichtbogenofen, früher auch im Siemens-Martin-Ofen eingeschmolzen und raffiniert.

Zu den drei Hauptverfahrenswegen treten heute zunehmend weitere Möglichkeiten zur Stahlerzeugung. Am wichtigsten ist die Tendenz, die Stahlherstellung in Einzelschritte aufzuteilen und diese getrennt in optimaler Weise ablaufen zu lassen. Diese Entwicklung wird als → Pfannenmetallurgie bezeichnet. Zu den Sonderentwicklungen sind auch die Überlegungen zur kontinuierlichen Stahlerzeugung zu zählen. *Dahl/Bolbrinker*

Eisen-Kohlenstoff-Gußwerkstoff. Unter diesem Oberbegriff ist eine umfangreiche Palette von industriell in großem Umfang verwendeten Werkstoffen zusammengefaßt. Einen informativen Überblick vermitteln die → Eisen-Kohlenstoff-Zustandsschaubilder, aus denen hervorgeht, daß der → Kohlenstoff in zwei Modifikationen auftreten kann, und zwar
– in gebundener Form als Eisencarbid Fe_3C (metallographisch als → Zementit bezeichnet) gemäß dem metastabilen System (Bild 1 a) und
– als freier Kohlenstoff (→ Graphit) entsprechend dem → Zustandsdiagramm (Bild 1 b) dem stabilen System.

Die Neigung zur Bildung von Graphit zeigt an, daß das → Eisen oder eisenreiche Mischkristalle nur mit freiem Kohlenstoff (Graphit) ein stabiles → Gleichgewicht bilden können. Voraussetzungen für die Graphitausscheidung sind eine ausreichende Kohlenstoffkonzentration und langsame → Abkühlung während des Erstarrungsablaufs. Der Unterschied zwischen den beiden Systemen äußert sich in den verschiedenen Lagen der Soliduslinie E–F bzw. E'–F', unterhalb der es nur noch feste Phase gibt. Die benachbarte Lage dieser einander entsprechenden Gleichgewichtslinien läßt erkennen, daß der

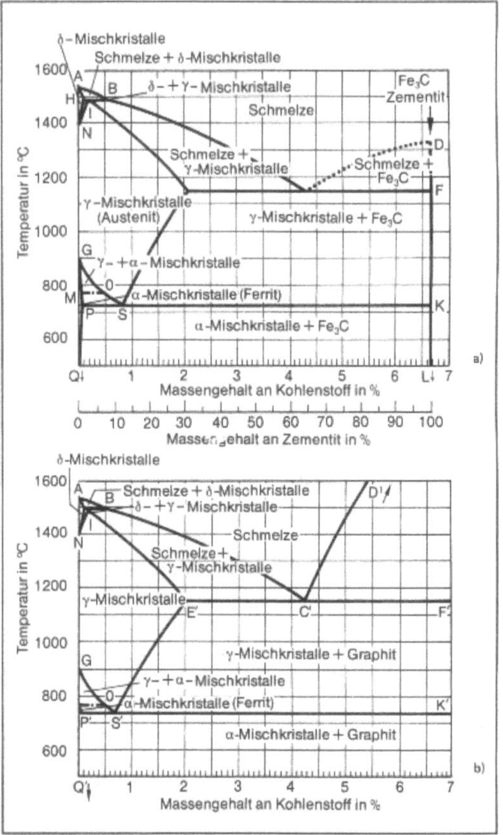

Eisen-Kohlenstoff-Gußwerkstoff 1: Zustandsschaubilder. Auftreten von Kohlenstoff.
a) in gebundener Form,
b) als Graphit.

Stabilitätsunterschied zwischen Carbid und Graphit in den Legierungen nicht groß ist.

Der Aufbau der Stähle wird in erster Linie vom metastabilen Gleichgewicht Eisen-Eisencarbid bestimmt. Nach der Euronorm 20 „Einteilung und Benennung der Stahlsorten" lautet die Begriffsbestimmung für Stähle: „Stähle sind → Eisenwerkstoffe, die im allgemeinen eine Eignung für die → Warmumformung aufweisen. Mit Ausnahme bestimmter chromreicher Stähle enthalten sie weniger als 1,9 % Kohlenstoff, ein Gehalt, der sie gegen → Roheisen abgrenzt." Hinsichtlich der chemischen Zusammensetzung unterscheiden sich die für die Warmumformung (→ Walzen, → Schmieden) bestimmten Stähle von entsprechenden Stahlgußsorten nicht. Der Stahlgießer muß allerdings auf eine nachfolgende Formung im warmen oder kalten Zustand verzichten und damit auf die Möglichkeit, kleinere Fehler auf diese Weise zu beseitigen.

Für die Auswahl der auf den Verwendungszweck

abgestimmten Stahlgußsorte stehen dem Verbraucher folgende Normen und Werkstoffblätter zur Verfügung: national: →DIN-Normen und Stahl-Eisen-Werkstoffblätter; international: Euro-Normen und ISO-Vorschriften.

→Stahlguß für allgemeine Verwendungszwecke ist in DIN 1681 (ISO DP 3755/1) genormt. Diese →Norm umfaßt grundsätzlich vier Sorten mit Festigkeiten von 380–600 N/mm² bei gegenläufigen Dehnungen von 25–15 %. Leicht mit →Mangan (1,0–1,5 %) legiert sind die Stahlgußsorten mit verbesserter Schweißneigung und →Zähigkeit nach DIN 17 182 (ISO DP 3755/2).

Die Norm DIN 17 445 gibt Auskunft über Zusammensetzung der nichtrostenden Stahlgußsorten, wobei auffällt, daß man in der Werkstoffentwicklung großes Gewicht auf niedrigen Kohlenstoffgehalt zur Erhöhung der →Schweißbarkeit und des Korrosionswiderstands gelegt hat.

Warmfeste Stahlgußsorten sind in DIN 17 245 (ISO DP 4991) genormt. Diese Stähle eignen sich vor allem für Einsatzfälle, wo die 0,2-%-Dehnung auch bei höheren Temperaturen (bis etwa 650 °C) noch relativ hohe Werte erreichen muß. Die Norm enthält auch Angaben über die Durchführung einer zweckentsprechenden →Wärmebehandlung. Die in der Chemie, beim Transport von Gasen im verflüssigten Zustand und auch in der Lebensmittelbehandlung immer mehr an Bedeutung gewinnende Tieftemperaturtechnik hat zur Entwicklung kaltzäher Stahlgußsorten nach Stahl-Eisen-Werkstoffblatt 685 geführt. Diese Stähle zeichnen sich durch das Verkraften einer hohen →Kerbschlagarbeit (ISO-V) bis zu maximal etwa 50 J bei −180 °C aus. SEW 685 macht auch Angaben über die Schweißtechnik (geeignete Elektroden und die zweckmäßige nachfolgende Wärmebehandlung).

Weitere Normen bzw. Stahl-Eisen-Werkstoff-Blätter befassen sich mit hitzebeständigem Stahlguß, Vergütungsstahlguß, Stahlguß für Flamm- und Induktionshärtung usw. Hier muß auf das Normen- und Fachschrifttum verwiesen werden.

Sobald der Kohlenstoffwert die 2,0-%-Grenze übersteigt, vermindern sich die Dehnungswerte des Stahls und man kommt in das Gebiet des Gußeisens. Wie nahtlos sich die verschiedenen E.-K.-G. in ihren Eigenschaften ergänzen, zeigt Bild 2, wo als Gütemaßstab der von *J. Czikel* eingeführte Quotient Zugfestigkeit/Brinellhärte eine gute Einordnung der verschiedenen Werkstoffe erlaubt. Die zur Gruppe →Gußeisen zählenden Werkstoffe werden ganz wesentlich durch ein weiteres Element, nämlich →Silicium, beeinflußt. Das →Eutektikum wird mit steigenden Siliciumgehalt zu geringeren Kohlenstoffwerten verschoben. Der Zusammenhang zwischen Kohlenstoff und Silicium wird durch den Sättigungsgrad

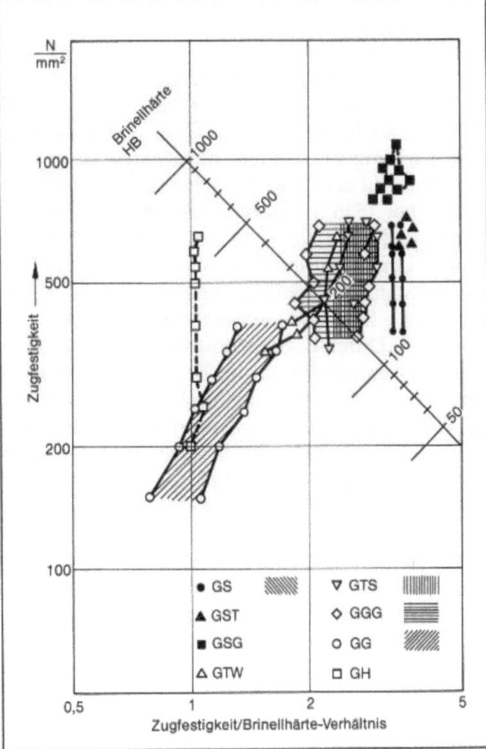

Eisen-Kohlenstoff-Gußwerkstoff 2: Einordnung verschiedener Werkstoffe nach dem Quotient Zugfestigkeit/Brinellhärte

$$S_C = \frac{\% \ C_{Analyse}}{4,3 - \tfrac{1}{3} \ (\% \ Si + + P)} \qquad (1)$$

bzw. nach der angelsächsischen Literatur durch das →Kohlenstoffäquivalent

$$CE = \% \ C_{Analyse} + \tfrac{1}{3} \ (\% \ Si + \% \ P) \qquad (2)$$

definiert. Daraus geht hervor, daß etwa drei Gewichtsteile Silicium ein Teil Kohlenstoff ersetzen können. Silicium zählt zu den die Graphitausscheidung fördernden Legierungselementen. Gußeisensorten mit hohen Sättigungsgrad bzw. CE-Wert sind leicht bearbeitbar. Leider besteht eine gewisse Diskrepanz zwischen Festigkeitsanforderungen und der für die Bearbeitbarkeit ausschlaggebenen →Härte. Je höher die Festigkeitsanforderung, desto höher die Härte und folglich um so schwerer das spanende Bearbeiten. Eine gewisse Milderung kann man durch Legierungszusätze (Impfmittel) erzielen. *Doliwa*

Literatur: *Czikel, J.*: Gießerei 55 (1968) S. 345/350. – DIN-Normen: Berlin, Köln. – *Doliwa, H. U.*: Gegossene Werkstücke. München 1960. – *Doliwa, H. U.*: Werkstatt u. Betrieb: 100 (1967). S. 256/258. – Giesserei-Lexikon. Berlin 1988. – Taschenbuch der Gießerei-Industrie. Düsseldorf.

Eisen-Kohlenstoff-Zustandsschaubild. Das E.-K.-Z. zeigt die bei der →Legierung mit →Kohlenstoff auftretenden Phasengebiete. Technisch wichtig ist vor allem das metastabile Gleichgewichtsschaubild Eisen-Zementit (Bild). Das stabile Gleichgewichtssystem Eisen-Graphit, das für Gußeisen wichtig ist, soll hier nicht näher besprochen werden. Auf der Ordinatenachse ist angegeben, daß Eisen bei 1536 °C als raumzentriertes δ-Eisen erstarrt und bei 1392 °C in das flächenzentrierte γ-Eisen, den →Austenit, umwandelt. Bei 911 °C erfolgt sodann bei weiterer →Abkühlung die →Umwandlung in das raumzentrierte α-Eisen, den →Ferrit. Durch Legieren mit Kohlenstoff sinkt die Liquidustemperatur ab, bis bei einem Kohlenstoff von etwa 4,3 % die eutektische Temperatur von 1147 °C erreicht ist. Das Austenitgebiet wird durch Zulegieren von Kohlenstoff aufgeweitet. Die obere Grenze ist das →Peritektikum bei dem Gehalt von 0,16 % C und der Temperatur 1493 °C. Die maximale Löslichkeit im Austenit beträgt 2,06 % bei 1147 °C. Bei langsamer Abkühlung gelangt man unterhalb der Linie GOS in das Zweiphasengebiet Ferrit/Austenit. Bei 723 °C sind im Ferrit maximal 0,02 % Kohlenstoff gelöst. Am Punkt S, der Konzentration von 0,8 % Kohlenstoff, bildet sich aus dem Austenit bei weiterer langsamer Abkühlung →Perlit, ein feinstreifiges →Gefüge mit Lamellen aus Ferrit und Karbid. Bei Kohlenstoffgehalten oberhalb von 0,8 % scheidet sich bei Abkühlung aus dem Austenit zunächst →Zementit und unterhalb von 723 °C ebenfalls wieder Perlit aus.

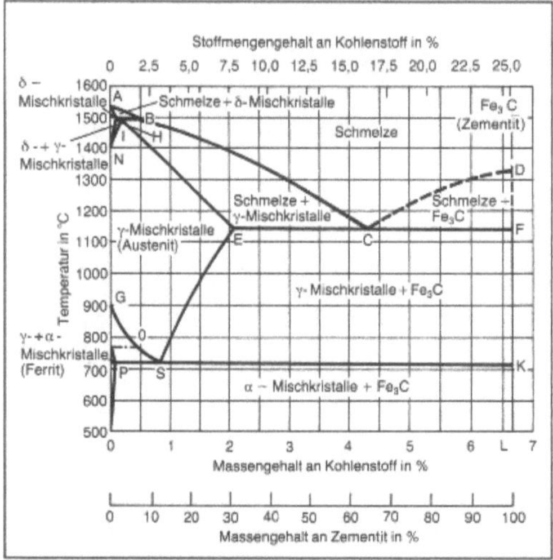

Eisen-Kohlenstoff-Zustandsschaubild: Zustandsfelder in dem metastabilen System Eisen-Eisenkarbid.

Das flächenzentrierte γ-Eisen und das raumzentrierte δ- und α-Eisen sind oberhalb von 768 °C paramagnetisch. α-Eisen wird unterhalb der →Curie-Temperatur (768 °C) ferromagnetisch. Auf den →Ferromagnetismus ist die Umwandlung des flächenzentrierten Austenits in den raumzentrierten Ferrit zurückzuführen.

Das E.-K.-Z. ist von großer Bedeutung für die Erklärung der Gefügeentstehung bei der →Wärmebehandlung von →Stahl. Zwar handelt es sich um ein metastabiles Gleichgewichtsdiagramm, doch kennzeichnen die verschiedenen Phasenräume den jeweiligen Ausgangszustand bei einer Wärmebehandlung. Der Umwandlungsverlauf wird dann in Diagrammen beschrieben, in denen die Umwandlung in Abhängigkeit von der Zeit bei verschiedenen Abkühlgeschwindigkeiten dargestellt wird: Zeit-Temperatur-Umwandlungsdiagramm (→ZTU-Diagramm). →Legierungselemente verändern die Lage der Phasenfelder und beeinflussen auch dadurch das →Umwandlungsverhalten. Hinzu kommt die Wirkung auf die Kinetik der Umwandlung. *Dahl*

Eisenbahn-Oberbau. Im E.-O. werden →Stähle für Schienen, Weichen, Schwellen sowie Verbindungs- und Befestigungselemente verwendet. Die größte technische und wirtschaftliche Bedeutung haben die Schienen. Für deren Verhalten im Betrieb sind die mechanischen Eigenschaften und der →Verschleißwiderstand wichtige Gebrauchseigenschaften. Für hohe Achslasten und enge Kurven werden Stähle bis zu Werten der →Zugfestigkeit von 1080 N/mm² eingesetzt. Für besonders hoch beanspruchte Teile von Weichen kommen Vergütungsstähle mit Zugfestigkeiten bis zu 1400 N/mm² und auch Manganhartstahl mit rd. 0,7 % C und 14 % Mn zum Einsatz. *Dahl*

Eisenboridschicht →Borieren

Eisenerz. E. sind in der Natur vorkommende Eisenoxide in Verbindung mit unterschiedlichen Mengen an Gangart. Sie sind Grundstoff für die Erzeugung von →Eisen und →Stahl.

Die heute bekannten Eisenerzvorkommen werden auf mehr als 100 Milliarden t geschätzt. Die jährliche Förderung beträgt 750 bis 850 Mio t (Bild). Aus wirtschaftlichen Gründen werden heute überwiegend Reicherze mit mehr als 55 % Fe abgebaut. Diese werden in mehreren Stufen auf etwa 50 mm gebrochen und das →Korn unter 8 mm wird abgesiebt. So gewonnene Stückerze werden im →Hochofen direkt verwendet. Der Anteil unter 8 mm muß durch →Sintern stückig gemacht werden.

Bei armen Erzen wird der Eisengehalt durch eine →Aufbereitung angereichert. Das dabei anfallende Konzentrat, das dann einen Eisengehalt von 60 bis 70 % haben kann, ist sehr feinkörnig und wird durch →Pelletieren stückig gemacht. *Rellermeyer*

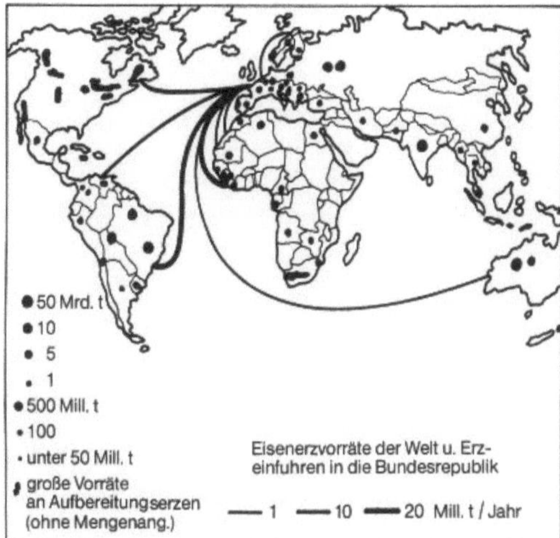

Eisenerz: Eisenerzvorräte und Eisenerzeinfuhren.
(Quelle: VDEh Düsseldorf)

Literatur: *Gmelin, L.* und *R. Durrer:* Metallurgie des Eisens.
4. Aufl. Weinheim 1971.

Eisenkern. Viele Geräte der Elektrotechnik wie
Motoren, Generatoren, Transformatoren, Drosseln, Relais, Elektromagnete usw. enthalten als wesentlichen Bestandteil einen magnetischen Kern,
der im Arbeitsrhythmus des Geräts ummagnetisiert
wird. Der magnetische Kern oder E. erhöht die
Wirkung (und den Wirkungsgrad) der Geräte um
den Faktor der relativen → Permeabilität, also
meist um viele Zehnerpotenzen (→ weichmagnetische Werkstoffe). Die maximale Magnetisierbarkeit des E., also die → Sättigungsmagnetisierung,
bestimmt die Baugröße der Geräte.

Im Bereich der Energietechnik besteht der E.
meist aus einem Blechpaket aus Siliciumeisen, dessen einzelne Bleche durch Lack-, Oxid- oder Glas-
schichten voneinander isoliert sind, um Wirbelströme zu vermeiden. Für statische Anwendungen (Relais; Elektromagnet) wird Reineisen wegen seiner
hohen Sättigung bevorzugt, bei höheren Frequenzen kommen hochpermeable Nickeleisenlegierun-
gen und Ferrite zur Anwendung. Da letztere isolierend sind, können sie in komplizierten, optimierten
Topfformen gestaltet werden. Einige Geräte
(Transduktoren, Magnetische Verstärker und
Spannungsregler, Sättigungsdrosseln) nutzen die
nichtlinearen (Sättigungs-)Eigenschaften des E.
aus. Schließlich werden magnetische Kerne auch zu
Speicher- und Schaltzwecken (Kernspeicher) eingesetzt. *Hubert*

Eisennitridschicht → Nitrieren

Eisenschwamm. In → Direktreduktionsverfahren
durch → Reduktion von Pellets oder Stückerzen

ohne → Schmelzen hergestelltes Zwischenerzeugnis
für die → Stahlherstellung. Die Bezeichnung E. ist
von dem schwammartigen, porigkörnigem Aussehen abgeleitet.

Der Kohlenstoffgehalt von E. liegt unter 2 %, der
Reduktionsgrad sollte über 90 % liegen. Der Anteil
an Gangart ist abhängig vom Gehalt der eingesetzten Pellets oder Erze. Er sollte unter 6 % liegen, da
sonst bei der nachfolgenden Stahlerzeugung unerwünscht hohe Schlackenmengen anfallen.

Da E. bei Zutritt von Feuchtigkeit oxidiert und
sich entzünden kann, muß er trocken gelagert werden. Um Lager- und Transportfähigkeit zu verbessern wird er teilweise heiß brikettiert. *Rellermeyer*

Eisenwerkstoffe. Als E. werden Metallegierungen
bezeichnet, bei denen der mittlere Gewichtsanteil
an → Eisen höher als der jedes anderen Elementes
ist. Die E. lassen sich unterteilen in reines Eisen,
→ Stähle und → Gußeisen. Als Stahl werden E.
bezeichnet, die im allgemeinen für eine Warmformgebung geeignet sind. Dieser enthält zum Unterschied zu Gußeisen mit Ausnahme einiger chromreicher Sorten höchstens 2 % → Kohlenstoff.

Während reines Eisen bei seiner geringen → Festigkeit für besondere physikalische Zwecke, z. B.
als → weichmagnetischer Werkstoff, wegen seiner
guten elektrischen Leitfähigkeit oder als Katalysator eingesetzt wird, spielen die Stähle wegen der
Vielfalt der durch das unterschiedliche → Gefüge
einstellbaren Eigenschaften die technisch größere
Rolle. Dabei kann das Gefüge durch die → Legierung und die → Wärmebehandlung beeinflußt und
eingestellt werden.

Eisen wurde im 2. Jahrtausend vor Christus in
Europa, in Kleinasien und Ägypten aus den Erzen
durch → Reduktion mit Kohlenstoff aus → Holz
oder Holzkohle bei Temperaturen zwischen 800 und
1000 °C hergestellt. Als später durch Vergrößerung
der Öfen und Verwendung von Blasebälgen höhere
Temperaturen erreicht werden konnten, nahm auch
die → Löslichkeit für Kohlenstoff im Eisen zu, so
daß schließlich nichtschmiedbares Gußeisen entstand, das direkt in Fertigteile vergossen werden
konnte.

Erst nach der Erfindung des Windfrischverfah-
rens von *H. Bessemer* um die Mitte des vorigen
Jahrhunderts konnte das zunächst gewonnene
→ Roheisen mit hohem Kohlenstoffgehalt zu
schmiedbarem Stahl mit maximal 2 % Kohlenstoff
gefrischt werden. *Dahl*

Elastizität.
Festkörper. Grundlegendes mechanisches Verhalten, gekennzeichnet durch eine → Formänderung unter Last, welche grundsätzlich reversibel
und in der Mehrzahl der Fälle proportional zur wirkenden → Spannung ist.

Das Materialgesetz, welches elastisches Verhalten beschreibt, ist das lineare → Hooke-Gesetz

$$\sigma = E \cdot \varepsilon,$$

σ = Spannung, ε = → Dehnung = relative Längenänderung $\Delta l / l_0$. Die Spannung wird als Last/Querschnitt in N/m^2 bzw. (technisch) MN/m^2 oder N/mm^2 bzw. (häufig in wiss. Lit.) in Pa angegeben. Der Proportionalitätsfaktor (→ Elastizitätsmodul) E hat folglich dieselbe Maßeinheit, wegen der Größenordnung häufig in $GN/m^2 = kN/mm^2 = GPa$ ausgedrückt. E ist zugleich ein Maß für die durch Formänderung gespeicherte elastische Energie

$$U_{el} = \int \sigma \, d\varepsilon = \tfrac{1}{2} E \, e^2$$

Anwendung: Federn für Antriebssysteme (Uhrwerk) bzw. Stoßdämpfer. E beschreibt die → Steifigkeit eines Bauteils gegenüber Zugbeanspruchung. Für Scherbeanspruchung gilt das Hooke-Gesetz in der Form

$$\tau = G \cdot \gamma$$

mit dem Scher- oder → Schubmodul G. Für isostatische Kompression durch den Druck p ist analog der Kompressionsmodul K anzuwenden:

$$p = K(-V/V_0)$$

E und G sind mittels der → Poisson-Zahl $\nu \approx 0{,}3$ miteinander verknüpft:

$$E = 2(1+\nu)G$$

Der Wert von E wird durch den Verlauf des Gitterpotentials U(a) als Funktion des Atomabstandes a in der Nähe des unbelasteten Zustandes ($a = a_0$) bestimmt, genauer durch die Krümmung im Minimum (Bild 1): $E = (1/a) \, d^2U/da^2 {}_{a\,0}$. Er hängt daher stark von der Elektronenstruktur bzw. dem → Bindungstyp der den Festkörper aufbauenden Atome ab (Tabelle 1).

Innerhalb einer Werkstoffgruppe (z. B. → Metalle) steigt der Wert von E mit der Schmelztemperatur T_s (Maß für Bindungsstärke). Außerdem ist E wegen seiner Abhängigkeit vom Gitterpotential

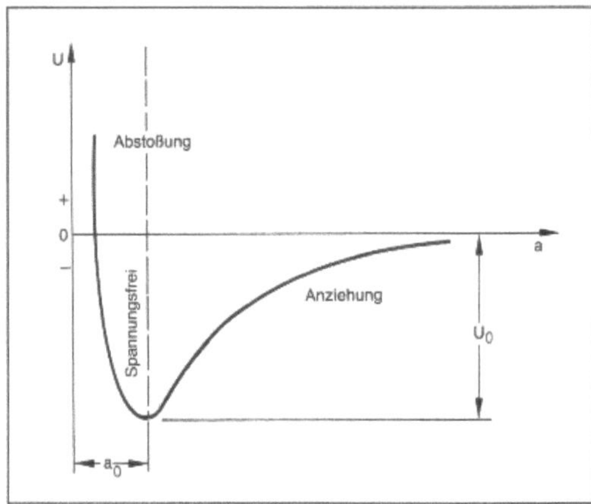

Elastizität 1: Gitterpotential als Funktion des Atomabstandes a.

(s. o.) anisotrop, d. h. von der Richtung im Kristallgitter abhängig (Tabelle 2). Dies ist wichtig für das elastische Verhalten von → Einkristallen sowie von Blechen, Drähten usw. mit Vorzugsorientierung (→ Textur). – Mit steigender Temperatur sinkt der Wert von E korrespondierend zur Gitterstabilität (Bild 2).

Die Messung des → Elastizitätsmoduls erfolgt entweder statisch im → Zugversuch (Anfangssteigung der Spannungs-Dehnungskurve) oder dynamisch, z. B. aus Resonanzstellen von Probestäben bei Biegeschwingungen, oder aus der Fortpflanzungsgeschwindigkeit von Ultraschallwellen.

Der elastische Dehnungsbereich ist nach oben durch das Einsetzen von Fließvorgängen, d. h. von plastischer → Verformung, oder durch das Eintreten von → Sprödbruch begrenzt und meist sehr klein ($\leq 10^{-3}$). Die nach dem Hooke-Gesetz zugeordnete → Grenzspannung bezeichnet man nach geringfügig abweichenden Definitionen als → Proportionalitätsgrenze, → Fließgrenze, → Streckgrenze, 0,2 %-Grenze (→ Zugversuch).

Vom linearen Zusammenhang zwischen σ und ε gibt es Abweichungen – d. h. $E = E(\varepsilon)$ – z. B. für → Gußeisen, bei dem die Graphitlamellen und die

Elastizität. Tabelle 1: Elastizitätsmodule.

Werkstoff E (GN/m^2)	Al	Cu	Fe	W	Glas	Al_2O_3	WC	PE	PMMA
	72	125	210	360	75	400	650	0,4	4

Elastizität. Tabelle 2: Abhängigkeit des E-Moduls von der Orientierung des Kristallgitters.

	Al	Cu	Au	Fe	W	MgO	TiC
$\dfrac{E\,[111]}{E\,[100]}$	1,19	2,87	2,72	2,18	1,00	1,40	0,901

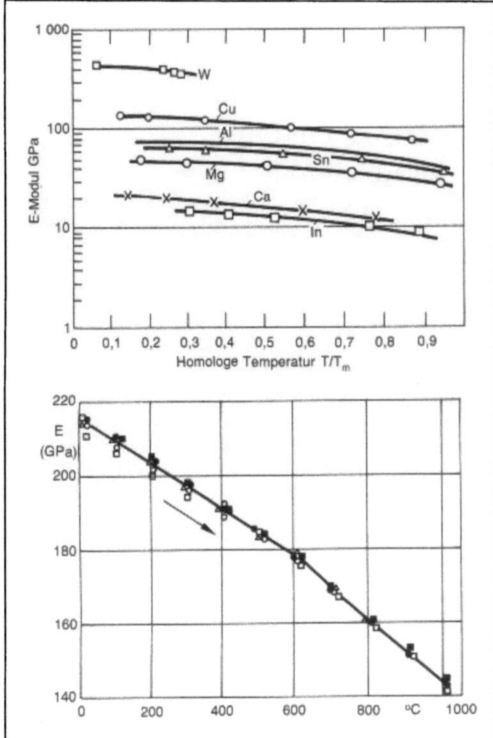

Elastizität 2: Temperaturabhängigkeit des Elastizitätsmoduls
a) von reinen Metallen
b) einer warmfesten Nickelbasislegierung.

α-Fe-Grundmasse nacheinander auf die Belastung reagieren. Bei amorphen, nicht vollständig vernetzten Kunststoffen und insbesondere gummiartigen Stoffen kann eine sehr hohe elastische Dehnung bis 1 000 % auftreten, mit ebenfalls nichtlinearem Verhalten. Hierbei ist die Entropie der als ungeordnete Knäuel vorliegenden Makromoleküle maßgebend (→ Gummi). (→ Anelastizität, Viskoelastisches Verhalten). *Ilschner*

Literatur: *Dieter, G. E.:* Mecanical Metallurgy. New York 1986. – *Meyers/Chawla:* Mecanical Metallurgy. Wood Lane End 1984.

Polymere. Fähigkeit eines Körpers, eine durch äußere Kräfte verursachte → Formänderung wieder rückgängig zu machen, d. h. nach Beendigung der Krafteinwirkung seine ursprüngliche Form wieder einzunehmen.

Es werden zwei Arten von E. unterschieden: Energieelastizität und Entropieelastizität. Sie unterscheiden sich in der Ursache für das elastische Verhalten.

Bei energieelastischen Körpern führt die Einwirkung einer äußeren Kraft zu einer kleinen Auslenkung von Atomen aus ihrer Ruhelage. Nach Been-

digung der Krafteinwirkung nehmen die Atome wieder ihre ursprüngliche Position ein. Der zur → Verformung aufgewendete Energiebetrag führt im Idealfall nur zu einer Erhöhung der inneren Energie des Körpers, daher der Name Energieelastizität. Es sind nur geringe Deformationen (<1 %) möglich, ohne den Körper irreversibel zu zerstören. Nahezu ideale Energieelastizität wird bei kristallinen und glasartigen Stoffen bei kleinen Auslenkungen gefunden.

Entropieelastizität tritt bei schwach vernetzten Polymeren (→ Elastomer) auf. Eine mechanische Deformation des Körpers führt zu einer Änderung der Konformationsverteilung der Polymerketten. Die aufgewendete Energie hat hier eine Verringerung der Entropie zur Folge, daher der Name Entropieelastizität. *Finkelmann*

Literatur: *Elias, H.:* Makromoleküle. 4. Aufl. Basel 1981.

Elastizitätsgrenze → Spannungs-Dehnungs-Diagramm

Elastizitätsmodul. Der E. auch E-Modul des Betons wird im Stahlbetonbau zur Berechnung der Bauwerksverformung, vor allem jedoch im Spannbetonbau zur Berechnung der notwendigen Vorspannkräfte benötigt, die sich aus der entsprechenden Stahldehnung zuzüglich der Betonverformungen ergeben, d. h. aus der elastischen → Verformung, dem → Kriechen und dem Schwinden. Da die Kriechwerte aus dem Verhältnis der Kriechverformung zur elastischen Verformung berechnet werden (→ Betonkriechen), ist der E-Modul nicht nur für die Berechnung der elastischen Verformung, sondern auch der Kriechverformung maßgebend. Im → Beton sind unter normalen Klimabedingungen wegen des inhomogenen Gefüges und des Schwindens des Zementsteins immer Mikrorisse (→ Betonschwinden) vorhanden, die sich bei Belastung vergrößern. Außerdem treten bei jeder Belastung außer den rein elastischen Verformungen auch verzögert-elastische, bleibende und viskose Verformungen auf. Die Spannungs-Dehnungs-Linie ist daher vom Ursprung an gekrümmt, und der E-Modul nimmt als Sekantenmodul mit zunehmender Spannung ab. Den E-Modul des Betons bestimmt man aus diesem Grunde nach DIN 1048 bei einer Prüfspannung von einem Drittel der Druckfestigkeit nach mehrmaliger Vorbelastung. Durch diese Vorbelastung werden die σ,ε-Linie gestreckter und die zeitabhängigen Verformungen bei der Belastung geringer. Im Gegensatz zur Druckfestigkeit (→ Betondruckfestigkeit), die im wesentlichen nur von den Zementsteineigenschaften abhängig ist, wird der E. auch stark vom E. des Zuschlags und damit auch vom Volumen des Zementleims bzw.

des Zuschlags beeinflußt. Trotz dieser komplexen Zusammenhänge wird in der Stahlbetonnorm DIN 1045 der einfacheren Berechnung wegen der E-Modul im Alter von 28 Tagen mit Werten zwischen 22 000 und 39 000 N/mm^2 nur in Abhängigkeit von der Festigkeitsklasse angegeben. Genau wie die Druckfestigkeit nimmt der E. mit zunehmendem Alter zu. Im Gegensatz zur Druckfestigkeit ist die Entwicklung aber im frühen Alter stärker; dafür ist die Zunahme oberhalb 28 Tage nur noch gering. *Wesche*

Elastizitätsmodul → Spannungs-Dehnungs-Diagramm; → Elastizität; → Energie, elastische

Elastizitätsmodul, spezifisches → Faserwerkstoffe

Elastomere.
Chemie. Polymere Verbindungen, die sich unter Einwirkung einer kleinen äußeren Kraft über einen großen Bereich reversibel verformen, werden E. genannt. Bekanntes Beispiel ist vulkanisierter → Naturkautschuk (→ Kautschuk).

E. zeichnen sich durch die folgenden Eigenschaften aus: unter Einwirkung einer äußeren Kraft können sie bis auf ein vielfaches ihrer Ausgangslänge gedehnt ohne zerstört zu werden. Nach Ende der mechanischen Beanspruchung nehmen sie innerhalb kurzer Zeit ihre ursprüngliche Länge wieder ein. Bei großer → Dehnung weisen sie eine hohe → Zugfestigkeit und einen hohen → Elastizitätsmodul auf.

Die thermoelastischen Eigenschaften von E. wurde schon in den Jahren 1805 und 1859 von *Gough* und *Joule* bei Arbeiten mit Naturkautschuk entdeckt (Gough-Joule-Effekt): wird ein E. unter konstanter → Spannung gehalten so zieht er sich bei Temperaturerhöhung zusammen. Die zweite Beobachtung ist die reversible Abgabe von Wärme an die Umgebung bei der Dehnung eines E.

Um ein Material mit elastomeren (kautschukelastischen) Eigenschaften zu erhalten, sind die folgenden Anforderungen an die molekulare Struktur der Polymere zu stellen: die Polymerketten müssen sehr lang und zu einem dreidimensionalen Netzwerk verkettet sein. Die Ketten müssen hochflexibel sein, d. h. der Glaspunkt liegt weit unterhalb der Gebrauchstemperatur.

Der Vorgang bei dem die Polymerketten miteinander verkettet werden, wird → Vulkanisation genannt. Durch die → Vernetzung wird verhindert, daß die Polymerketten bei der Deformation aneinander abgleiten, was zu einem Fließen des Materials und Verlust der Formstabilität führen würde.

Technisch wichtig sind die folgenden E.:
— Natur- und -Synthesekautschuk (Polyisopren):

$$- CH_2 - \underset{\underset{CH_3}{|}}{C} = CH - CH_2 -$$

— → Butylkautschuk:

$$- CH_2 - \underset{\underset{CH_3}{|}}{\overset{\overset{CH_3}{|}}{C}} -$$

Styrol-Butadienkautschuk:

— Nitrilkautschuk:

$$- CH_2 - \underset{\underset{CN}{|}}{CH} - / - CH_2 - CH = CH - CH_2 -$$

— → Siliconkautschuk:

$$- \underset{\underset{CH_3}{|}}{\overset{\overset{CH_3}{|}}{Si}} - O -$$

Finkelmann

Literatur: *Donnet, J. u. A. Vidal;* Adv. Polym. Sci. 76, (1986) 103. – Ullmanns Encyclopädie der technischen Chemie. 4. Aufl., Bd. 13, Weinheim 1977.

Werkstoffe. (*engl.:* elastomers) Sammelbezeichnung für natürliche oder synthetische, makromolekulare Stoffe, die sich reversibel mindestens auf das Doppelte bis Mehrfache ihrer Ausgangslänge dehnen lassen, einen niedrigen → Elastizitätsmodul und hohe Rückprallelastizität besitzen.

Neben der umfassenden Bezeichnung E. werden im allgemeinen Sprachgebrauch häufig auch die Ausdrücke → Kautschuk und → Gummi verwendet. Dabei spricht man von Kautschuk, wenn das unvernetzte Ausgangsprodukt, von Gummi, wenn das vernetzte Endprodukt, das eigentliche E., gemeint ist.

E. bauen sich aus langen, geknäulten oder teilweise kristallin angeordneten Makromolekülen auf, die untereinander weitmaschig vernetzt sind. Durch das Einführen (→ Vulkanisation) solcher vernetzenden Bindungen (Vernetzungspunkte) werden die ursprünglich gegeneinander verschiebbaren Molekülketten daran gehindert unter Zug- oder Druckbelastung aneinander abzugleiten. Thermodynamisch gesehen gehen die Makromoleküle (exakter die Molekülsegmente zwischen den Vernetzungspunkten) bei → Verformung von einer ungeordneten Gleichgewichtslage (Knäuel; Zustand hoher Entropie) in eine entropisch ungünstigere, geordnete Lage (gestreckte Kette; Zustand niedrigerer Entropie) über. Die Verformung ist also aufgrund der Fixierung der Moleküle über Vernetzungspunkte mit einer Entropieerniedrigung verbunden. Beim Nachlassen der äußeren Kraft nehmen die Makromoleküle wieder ihre ursprüngliche Lage ein, es stellt sich also wieder die wahrscheinlichste Verteilung der Konformationen (Knäuel) ein.

Da diese →Elastizität auf einer Entropieänderung beruht, bezeichnet man dieses Phänomen als →Entropieelastizität.

Nach DIN 7724 (Febr. 1972) sind E. hochmolekulare Werkstoffe, deren Kettenmoleküle bis hin zur Zersetzungstemperatur T_z weitmaschig vernetzt sind und deren dynamisch-mechanisch gemessene →Glastemperatur T_g (bei amorphen E.) bzw. deren dynamisch-mechanisch gemessene Schmelztemperatur T_m (bei teilkristallinen E.) unterhalb 0 °C liegt (Bild). Sie verhalten sich unterhalb T_g bzw. T_m energieelastisch und zeigen bei hohen Temperaturen kein viskoses Fließen. Von der Temperatur T_g bzw. $T_m + 20\,K$ bis hin zur Zersetzungstemperatur T_z zeigen sie leicht mit der Temperatur ansteigende Schubmodulwerte zwischen 10^5 und 10^7 Pa.

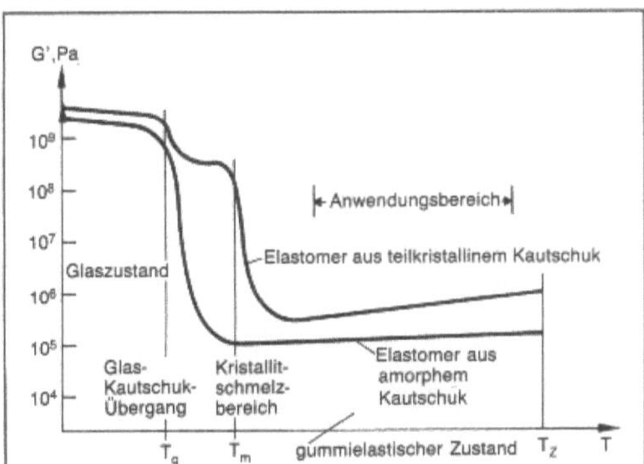

Elastomere: Schematische Darstellung des Verlaufes des Schubmoduls G bei E. in Abhängigkeit von der Temperatur bei einer Frequenz von 1 Hz.

Die E. werden in Gruppen unterteilt, die sich auf den unterschiedlichen chemischen Aufbau des unvernetzten Ausgangsstoffes, des Rohkautschuks, beziehen. Der Gruppenbuchstabe steht hierbei als letzter Buchstabe im Kurzzeichen, entsprechend DIN-ISO 1629 (1981):

– Kautschukgruppen:

M	Kautschuke mit einer gesättigten Kette vom Polymethylen-Typ
N	Kautschuke mit Stickstoff in der Polymerkette
O	Kautschuke mit Sauerstoff in der Polymerkette
R	Kautschuke mit einer ungesättigten Kohlenstoffkette, z. B. Naturkautschuk und synthetische Kautschuke aus Dienen, wie Polybutadien
Q	Kautschuke mit Siloxangruppen in der Polymerkette
T	Kautschuke mit Schwefel in der Polymerkette
U	Kautschuke mit Kohlenstoff, Sauerstoff und Stickstoff in der Polymerkette.

– Kurzzeichen:

M-Gruppe (gesättigte Kohlenstoffkette):

ACM	Copolymere aus Ethylacrylat oder anderen Acrylaten mit einem geringen Anteil eines Monomeren, welches die Vulkanisation erleichtert.
ANM	Copolymere aus Ethylacrylat oder anderen Acrylaten und Acrylnitril.
CM	Chloriertes Polyethylen.
CFM	Polychlortrifluorethylen (auch PCTFE).
CSM	Chlorsulfoniertes Polyethylen.
EAM	Ethylen-Vinylacetat-Copolymer (auch EVA)
EPDM	Terpolymere aus Ethylen, Propylen und einem Dien mit einem ungesättigten Teil des Diens in der Seitenkette.
EPM	Copolymere aus Ethylen und Propylen.
FPM	Fluorhaltige Kautschuke (auch FKM).
IM	Polyisobuten (auch PIB).

– O-Gruppe (Sauerstoff in der Polymerkette):

CO	Epichlorhydrin-Kautschuke.
ECO	Copolymere aus Ethylenoxid und Epichlorhydrin.
GPO	Copolymere aus Propylenoxid und Allylglycidether.

– R-Gruppe (ungesättigte Kohlenstoffkette):

ABR	Acrylat-Butadien-Kautschuke
BIIR	Brom-Isobuten-Isopren-Kautschuke
BR	Butadien-Kautschuke
CIIR	Chlorisobuten-Isopren-Kautschuke (auch Chlorbutyl-Kautschuk)
CR	Chloropren (Chlorbutadien) -Kautschuke
IIR	Isobuten-Isopren-Kautschuke
IR	synthetische Isopren-Kautschuke
NBR	Acrylnitril-Butadien-Kautschuke
NCR	Acrylnitril-Chloropren-Kautschuke
NIR	Acrylnitril-Isopren-Kautschuke
NR	Naturkautschuk (Poly-cis-isopren)
PBR	Vinylpyridin-Butadien-Kautschuke
PNR	Polynorbornen-Kautschuke
PSBR	Vinylpyridin-Styrol-Butadien-Kautschuke
SBR	Styrol-Butadien-Kautschuke
SCR	Styrol-Chloropren-Kautschuke
SIR	Styrol-Isopren-Kautschuke
TOR	Polyoctenamer
TPR	Trans-Polypentenamer

– Kautschuke mit Carboxylgruppen (-COOH) an der Hauptkette werden mit einem vorgestellten X gekennzeichnet:

XSBR	Carboxylgruppenhaltige Styrol-Butadien-Kautschuke

XNBR Carboxylgruppenhaltige Acrylnitril-Buta-
dien-Kautschuke
– Q-Gruppe (Siloxangruppen in der Polymerket-
te):
MFQ Methyl-Fluor-Siliconkautschuke (auch
FMQ)
MPQ Methyl-Phenyl-Siliconkautschuke (auch
PMQ)
MPVQ Methyl-Phenyl-Vinyl-Siliconkautschuke
(auch PVMQ)
MQ Methyl-Siliconkautschuke (Polydimethylsi-
loxan)
MVQ Methyl-Vinyl-Siliconkautschuke (auch
VMQ)
– U-Gruppe (Kohlen-, Sauer- und Stickstoff in der
Polymerkette):
AFMU Terpolymer aus Tetrafluorethylen, Tri-
fluornitrosomethan und Nitrosoperfluor-
buttersäure
AU Polyesterurethan-Kautschuke (auch PUR)
EU Polyetherurethan-Kautschuke (auch PUR)
Eine andere Einteilung der E. ergibt sich auf-
grund der unterschiedlichen Synthesereaktionen
der im E. vernetzten Rohkautschuke:
□ Polymerisate:
Sie entstehen in einer Synthesereaktion, bei der
Monomere mit reaktionsfähigen Doppelbindungen
oder Ringstrukturen ohne Abspaltung von nieder-
molekularen Produkten zu Polymeren reagieren.
Zu dieser Gruppe gehört die Mehrzahl der Synthe-
sekautschuke, wie z. B.:
ACM Acrylat-Copolymer-Kautschuke
CM Chlorierter-Polyethylen-Kautschuk
CSM Chlorsulfonierter Polyethylen-Kautschuk
EAM Ethylen-Vinylacetat-Copolymer
EPDM Ethylen-Propylen-Dien-Kautschuk
EPM Ethylen-Propylen-Copolymer
FPM Fluor-Kautschuke
ECO Ethylenoxid-Epichlorhydrin-Copolymer
ABR Acrylat-Butadien-Kautschuke
BR Butadien-Kautschuk
CR Chloropren-Kautschuk
IIR Isobuten-Isopren-Kautschuk
NBR Acrylnitril-Butadien-Kautschuk
SBR Styrol-Butadien-Kautschuk
□ Polykondensate:
Hierbei werden Monomere mit funktionellen Grup-
pen unter Abspaltung niedermolekularer Substan-
zen (wie Wasser, Chlorwasserstoff, Schwefelwas-
serstoff etc.) zu Makromolekülen verknüpft. Für
die Synthesekautschuk-Produktion ist diese Her-
stellungsmethode von geringerer Bedeutung. Hier-
her gehören:
Q Silicon-Kautschuke
TM Polysulfid-Kautschuke
□ Polyaddukte:
Sie entstehen in einer Polymersynthese, bei der re-
aktionsfähige Monomere durch schrittweise Addi-

tion zu Polymeren reagieren. Die Kettenverknüp-
fung ist dabei mit der Wanderung eines Wasserstoff-
atoms verbunden. Beispiele für diese Gruppe
sind:
AU Polyesterurethan-Kautschuke
EU Polyetherurethan-Kautschuke.
Als klassifizierender Faktor für die E. werden
häufig deren Glastemperaturen herangezogen. Sie
hängen ab von der Kettenbeweglichkeit (Kettenfle-
xibilität), die ihrerseits wieder eine Reihe von
Grundeigenschaften der E. bestimmt. Mit abnehmender Glastemperatur steigen die Werte für die
Kältefestigkeit, den Abriebwiderstand, die Elastizität und die → Permeabilität an. Dagegen nimmt der
→ Reibungskoeffizient, eine sehr wichtige Eigenschaft bei Automobilreifen, ab. Diese gegenläufige
gegenseitige Abhängigkeit von Abriebwiderstand
und Reibungskoeffizient erfordert einen Kompromiß, der in der Regel für Autoreifenmischungen bei
einer Glastemperatur von $-70\,°C$ liegt (Tabelle 1, 2) (→ cis-1,4-Polyisopren, → cis-1,4-Polybuta-
dien, → Styrol-Butadien-Copolymerisat, → Acryl-
nitril-Butadien-Copolymerisat, → Poly-2-chlor-
butadien, → Isobutylen-Isopren-Copolymerisat,
→ Ethylen-Propylen-Copolymerisat, → Ethylen-
Vinylacetat-Copolymere, → Polyurethanelastomere, → Polysulfidelastomere, Polyacrylelastomere,
→ Polyepichlorhydrinelastomere, → Polyethylen,
sulfochloriertes, → Fluorelastomere, → Siliconelastomere, → Poly-1,5-trans-Pentenamer).

Zahradnik

Baustoffe. E. setzt man im Bauwesen für Anwendungen ein, bei denen ihre sehr kleinen Elastizitätsmoduln und ihre sehr großen Bruchdehnungen ausgenützt werden, z. B. für flächenhafte und linienförmige Abdichtungen oder → Verformungslager.
Sie werden als → Halbzeuge, z. B. Folien, Profile,
eingebaut oder erhärten als Ein- oder Mehrkompo-
nentenmaterialien am Bauwerk aus. Außer den üblichen Hilfsstoffen, wie Alterungsschutzmitteln,
Vernetzungshilfen, Weichmachern usw., spielt für
die Produkteigenschaften die Verstärkung durch
aktive Feinstoffe, vor allem Ruß und hochdisperse
Kieselsäure (weißer Ruß), eine große Rolle. Die
sehr großen, an Laborproben ermittelbaren Bruchdehnungen (200–600 %) können im baupraktischen
Einsatz nur unter Ansatz eines sehr hohen Sicher-
heitsbeiwertes (Größenordnung 20–50) ausgenutzt
werden. Obwohl E. (außer bei Elastomerlagern) im
herkömmlichen Sinne keine Baustoffe in tragender
Funktion sind, so üben sie doch in vielen Fällen sehr
wichtige Funktionen auch für → Sicherheit und
→ Dauerhaftigkeit bei Ingenieurbauwerken aus.
Beispiele sind Abdichtungen gegen nichtdrücken-
des und drückendes Wasser im Hochbau, unterirdi-
sches Bauen und Erdbau (Dämme, Deponien
u. a.), Fugenmassen und -profile. *Sasse*

Elastomere. Tabelle 1: Eigenschaftswerte von E.

Eigenschaft		NR	IR	SBR	BR	IIR	EPM EPDM	EVA	CR	NBR
Dichte, unvulkanisiert	g/cm³	0,93	0,93	0,94	0,94	0,93	0,86	0,98	1,25	1,0
Glastemperatur	°C	−75	−70	−60	−100	−70	−50		−30	−40
Zugfestigkeit unverst.	MPa	22	1	5	5	5	4	5	11	6
verst.	MPa	28	24	25	18	21	25	18	25	25
Reißdehnung	%	600	500	500	450	600	500	500	400	450
Anwendungsbereich von	°C	−60	−60	−30	−80	−30	−50	−30	−30	−20
bis	°C	60	60	70	90	120	120	120	90	110
DIN-Abrieb	mm³	152	160	150	69					145
Spez. Durchgangswiderstand	Ωm	10^{17}		10^{17}				10^{16}	10^{15}	10^{13}
dielektrischer Verlustfaktor		0,008		0,1				0,015	0,015	0,015
Beständigkeit gegen org. Lösungsmittel		−	−	−	−	−	−	−	−	+
Mineralöl		−	−	−	−	−	−	−	+	++
Wasser, Säuren, Laugen		+	+	+	+	+	+	−	+	−
Oxidation		−	−	+	+	+	++	++	+	+

Erläuterungen: ++ = sehr gut; + = gut; − = gering bis unbeständig

Elastomerherstellung. Die Verarbeitung natürlicher und synthetischer Rohkautschuke zu gebrauchsfähigen technischen Elastomerwerkstoffen geschieht in mehreren Schritten, wobei der →Vernetzung (→Vulkanisation) die größte Bedeutung zukommt.

Als Ausgangsmaterial dient bei →Naturkautschuk der aus dem →Latex (Milchsaft des tropischen Kautschukbaumes *Hevea bras.*) abgetrennte Rohkautschuk (Naturkautschuk). Bei synthetischen Elastomeren werden die reinen Polymerisate (z. B. Polybutadien, Polyisopren, Styrol-Butadien-Copolymere, Acrylnitril-Butadien-Copolymere, →Polychloropren etc.) bzw. die reinen Polykondensate (Polysiloxane, Polyalkylensulfide) und Polyaddukte (Polyurethane) zur Aufarbeitung herangezogen. Natürlicher Rohkautschuk ist eine klebrige schlecht zu handhabende Substanz mit niedriger →Plastizität und einer mittleren Molmasse von mehr als 10^6 g/mol. Zur weiteren Verarbeitung müssen dieser Rohkautschuk und einige synthetische Polymere plastifiziert werden, d. h. diese Ausgangsstoffe müssen so behandelt werden, daß sie weitgehend ihre reversible Dehnbarkeit verlieren und plastisch verformbar werden. Dies geschieht auf beheizten Walzen (100–170 °C) mit entsprechenden Zusätzen (sog. Mastikationshilfsmitteln). Bei diesem als Mastikation bezeichneten Vorgang tritt durch mechanische Kräfte (→Scherung) und Autoxidation ein Abbau der Kettenmoleküle ein, der bis zum Erreichen des gewünschten Plastizitätsniveaus ausgeführt wird.

In der nächsten Verarbeitungsstufe werden den so behandelten Rohkautschuken notwendige Hilfs-

Elastomere. Tabelle 2: Eigenschaftswerte von E.

Eigenschaft		PU	PSR	AR	CHR	CSM	FE	SIR	TPR
Dichte, unvulkanisiert	g/cm^3	1,25	1,35	1,10	1,30	1,25	1,85	1,25	0,95
Glastemperatur	°C	−60		−25			−30	−50	−100
Zugfestigkeit unverst.	MPa	20	2	4	5	18	2	1,5	
verst.	MPa	30	8	12	15	20	15	10	18
Reißdehnung	%	450	300	250	250	300	450	250	360
Anwendungsbereich von	°C	−30	−50	−10	−10	−30	−10	−80	
bis	°C	100	120	140	150	120	260	250	
DIN-Abrieb	mm^3								105
Spez. Durchgangs-widerstand	Ωm		10^{17}				10^{21}	10^{18}	
dielektrischer Verlustfaktor							0,001	0,009	
Beständigkeit gegen org. Lösungsmittel		+	++	−	−	−	+	+	−
Mineralöl		++	++	++	++	+	++	++	−
Wasser, Säuren, Laugen		+	+	−	+	+	++	−	+
Oxidation		+	+	++	+	++	+	++	−

Erläuterungen: ++ = sehr gut; + = gut; − = gering bis unbeständig

stoffe auf Innenmischern, Knetern oder Walzwerken zugemischt.

Je nach ihrem Verwendungszweck unterscheidet man folgende Hilfsstoffgruppen:
– Vernetzungssysteme.

Das älteste (Goodyear 1839) und auch heute noch am meisten angewandte Vernetzungssystem bildet Schwefel in Verbindung mit weiteren Zuschlagstoffen, wie Vulkanisationsaktivatoren, -beschleunigern oder -verzögerern. Bei dieser Vernetzung reagiert der Schwefel unter Erhalt der Kohlenstoff-Hauptkette und Ausbildung von kovalenten, zwischenmolekularen Bindungen, den Vernetzungspunkten. Aus den ursprünglich nur ineinander verschlungenen Knäuel linearer Polymerketten entsteht dadurch ein dreidimensionales Netzwerk. Der →Vernetzungsgrad, d. h. die Anzahl Schwefel-brücken pro Volumeneinheit, wird einmal bestimmt durch die Menge und Verteilung des Schwefels, so entsteht bei geringer Schwefelzugabe ($\approx$ 3%) Weichgummi, bei hoher ($\approx$ 30%) →Hartgummi, zum anderen durch die Zustandsform des Schwefels, seine Aktivität, die Reaktionstemperatur und -zeit. Vulkanisationsbeschleuniger bestimmen die Art der Vernetzung, d. h. ob mono-, di- oder polysulfidische Schwefelbrücken gebildet werden. Vulkanisationsverzögerer steuern bzw. verhindern zu schnelle Vernetzungsreaktionen.

Kautschuke, die keine Doppelbindungen in ihren Molekülketten tragen können durch Peroxide, Metalloxide, Diamine, Phenole, Phenolharze, Chinondioxin, Isocyante u. a. vernetzt werden (Vulkanisation) (Tabelle 1).
– Füllstoffe.

Elastomerherstellung. Tabelle 1: Einige Kautschuke und die bei ihnen üblichen Vernetzungsstoffe

Kautschuke	Schwefel	Peroxide	Metalloxide	Diamine	Phenole
M-Gruppe:					
ACM			×		
CM		×			
CFM		×		×	
CSM			×	×	×
EAM		×			
EPDM	×	×			
O-Gruppe:					
CO					×
ECO					×
R-Gruppe:					
BIIR	×	×	×		×
BR	×				
CIIR	×		×		×
CR			×		
IIR	×				×
IR	×				
NBR	×	×			
NCR	×	×			
NR	×				
PNR	×				
SBR	×				
SCR	×				
Q-Gruppe:		×			
T-Gruppe:			×		
U-Gruppe:	mit Diisocyanaten				

Elastomerherstellung. Tabelle 2: Rußtypen

Rußtype	ASTM-Bezeichnung	Teilchengröße (mm)	Verwendung
SAF	N 110	18	Lauffläche
ISAF	N 220	22	Lauffläche
HAF	N 330	27	Lauffläche Karkasse Förderbänder
FEF	N 550	41	Karkasse Spritzartikel
GPF	N 660	50	Karkasse Techn. Artikel
SRF	N 762	75	Karkasse Spritzartikel

Sie werden zum Zwecke der Qualitätserhöhung, zum Einstellen höherer Härten oder zur Verbilligung der Vulkanisate eingesetzt. Man unterscheidet je nach ihrer Wirkung zwischen aktiven und inaktiven Füllstoffen.

– – Aktive Füllstoffe besitzen eine extreme Teilchenfeinheit und große Oberfläche. Sie bewirken eine deutliche Verbesserung der mechanischen Eigenschaften, besonders der Zug- und Abriebsfestigkeit. Die wichtigsten aktiven Füllstoffe sind verschiedene Rußtypen (Hochaktivruße), die durch unvollständige Verbrennung oder Zersetzung von organischen Substanzen hergestellt werden (Tabelle 2).

Im allgemeinen liegt die optimale Dosierung für diese Ruße bei 40–50 Teile auf 100 Teile Rohkautschuk. Neben diesen Rußen kommen als weitere aktive Füllstoffe kolloidale Kieselsäure (sog. weißer Ruß), Aluminium- und Calciumsilikat, Calcium- und Magnesiumcarbonat sowie Zinkoxid zur Anwendung. Die Dosierung erfolgt entsprechend der der aktiven Rußtypen.

– – Inaktive Füllstoffe werden in großen Mengen zur Verbilligung und Einfärbung der Elastomere eingesetzt. Sie ergeben keine qualitative Verbesserung der Vulkanisate. Aus Preisgründen kommen nur mineralische Füllstoffe in Betracht, wie Kreide, Kaolin, Schwerspat, Kieselgur und verschiedene Tone. Sie werden bei billigen Artikeln bis zu 500 Teile auf 100 Teile → Kautschuk dosiert. Als Farbstoffe in den nicht mit Ruß gefüllten Elastomeren werden entweder anorganische Pigmente (Lithopone, Titandioxid, Eisenoxid, Chromoxidhydratgrün, versch. Cadmiumverbindungen) oder organische Farbstoffe (Azo-, Alizarin und Phthalocyanin-Farbstoffe verwendet. Der Vorteil der anorganischen Farbpigmente ist ihre höhere Stabilität, während die organischen Farbstoffe farbkräftiger sind.

– → Weichmacher.

Diese Zusatzstoffe sind organische Substanzen, die zur Verbesserung der Verarbeitbarkeit, der → Elastizität und des Kälteverhaltens eingesetzt werden. Dabei stehen die Verbesserung der Verarbeitbarkeit der Rohkautschukmischungen im Vordergrund und nicht die Eigenschaften des fertigen Vulkanisates, die nur geringfügig beeinflußt werden.

Für unpolare oder schwach polare Rohkautschuktypen (Naturkautschuk, Styrol-Butadien-Copolymerisate, Polybutadien, Isobutylen-Isopren-Copolymerisate, usw.) werden vorwiegend Mineralölprodukte verwendet.

Die stärker polaren Typen (Acrylnitril-Butadien-Copolymerisate, Polychloropren usw.) werden mit Phthalsäureester (Dibutyl- oder Dioctylphthalat) Phosphorsäureester (Trikresylphosphat) und in geringem Maße auch mit aromatenreichen Mineralölen versetzt. Neben diesen Weichmachern werden häufig, ebenfalls zur Verbesserung der Verarbeitbarkeit, noch weitere Verarbeitungshilfsstoffe zugesetzt. Hierzu zählen Faktisse (mit Schwefel oder Chlorschwefel behandelte pflanzliche Öle), Wollfett, Weichparaffin, Weichpolyethylen, Bitumen und Pech.

Die Dosierung der Weichmacher liegt bei 5–30 Teilen auf 100 Teile Rohkautschuk, die der anderen Verarbeitungshilfsstoffe nicht über fünf Teilen.
– Alterungsschutzmittel.

Sie werden den Rohkautschukmischungen beigegeben, um eine bessere Beständigkeit des fertigen Vulkanisates gegenüber Sauerstoff, Lichteinwirkung und dynamischer Beanspruchung zu erreichen.

Elastomeren, deren Makromoleküle Doppelbindungen enthalten, werden Amine und Phenole zum Schutz gegen Sauerstoff und Ozon beigemischt. Als Lichtschutzmittel kommen paraffinische Substanzen wie Ceresin und Ozokerit zur Anwendung.

Zur Verhinderung von Ermüdungsrissen bei dynamischer Beanspruchung setzt man Dienelastomeren sog. Ermüdungsschutzmittel (alkylierte und arylierte p-Phenoldiamine) zu.

Den zur Hydrolyse neigenden esterhaltigen Elastomeren (Urethanelastomere, Copolymere des Vinylacetats) mischt man zur Verzögerung der Hydrolyse Polycarbodiimine bei.
– Sonstige Hilfsstoffe.
– – Mittel zur Beeinflussung der Klebrigkeit sind einmal Substanzen, die das unerwünschte Kleben der Rohkautschukmischungen auf der Walze, bzw. dem Kalander verringern, und zum anderen Stoffe, die die Klebrigkeit der Rohkautschuke z. B. beim Konfektionieren verbessern sollen.
– – Haftmittel sind notwendig zur Herstellung fester Verbindungen von Elastomeren und Metallen sowie von Verbundmaterialien aus Gewebe, hauptsächlich als Reifenkonstruktionsmaterial und für Transportbänder.
– – Treibmittel sind Substanzen, die durch die Hitze bei der Vulkanisation Gase abspalten und auf diese Weise poröse Vulkanisate erzeugen (offene Zellen = Schaumgummi; geschlossene Zellen = Moosgummi oder Zellgummi).

Das Zumischen der Hilfsstoffe in der plastischen Phase ist ein wichtiger Arbeitsvorgang bei der Fertigung eines Elastomeren; sowohl die Verarbeitungseigenschaften der Rohmischung, als auch die Qualität des fertigen Vulkanisates hängen im besonderen Maße von der Mischungsherstellung ab.

Zur Mischungsherstellung werden Innenmischer eingesetzt. In einer geschlossenen Mischkammer drehen sich zwei heiz- bzw. kühlbare Knetschaufeln gegeneinander (20–80 Umdrehungen/min). Da sich die Rohkautschukmischungen bei diesen hohen Umdrehungszahlen im Innenmischer stark erwärmen, setzt man keine Vernetzungsagentien zu. Vielmehr schaltet man ein Walzwerk, bestehend aus zwei parallel liegenden, horizontal angeordneten heiz- und kühlbaren Hohlwalzen mit gehärteter Oberfläche, dahinter, auf dem die aus dem Innenmischer entnommenen Rohmischungen erst mit Schwefel und Beschleuniger versetzt werden.

Neben der Wirksamkeit des Mischaggregates hat die Reihenfolge der Zugabe der Hilfsstoffe einen entscheidenden Einfluß auf die Qualität des Elastomers. Schwer einmischbare und die Vernetzung nicht initiierende Substanzen werden zuerst dazugegeben, sodann die Weichmacher und Füllstoffe, und zum Schluß die Vulkanisieragentien.

Nach dem Zumischen der Hilfsstoffe schließt sich als nächster Arbeitsgang die Formgebung und die Vulkanisation an.

Zur Formgebung, die sich in der Regel nicht unmittelbar an die Mischungsherstellung anschließt, stehen folgende Verfahren zur Verfügung: → Kalandrieren, → Extrusion, Formpressen und Spritzguß. Dabei unterscheiden sich Kalandrieren und Extrusion von den beiden anderen Verfahren dadurch, daß sie reine Formgebungsverfahren sind, denen sich in einem zweiten Arbeitsgang die Vulkanisation anschließt. Beim Formpressen und Spritzguß erfolgt demgegenüber die Vulkanisation direkt im Formwerkzeug.
□ Formgebung durch Kalandrieren.

Kalander sind Verarbeitungsmaschinen, die im wesentlichen aus zwei bis vier heiz- und kühlbaren Walzen bestehen. Hierbei wird die Kautschukmischung in den oberen Walzenspalt eingelegt, erwärmt und plastifiziert. In den nachlaufenden Walzen wird das Rohmaterial zu Platten geformt oder auf Gewebebahnen aufgebracht (Frikionieren) (Bild 1).

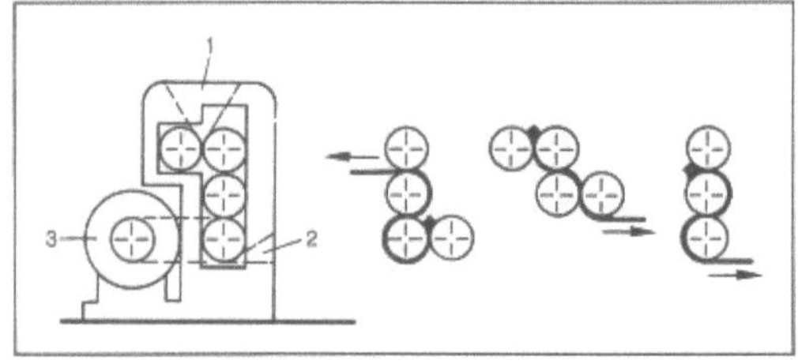

Elastomerherstellung 1: Schematische Darstellung eines Kalanders und verschiedenen Walzenanordnungen. Bei der dargestellten Vier-Walzen-Kalander wird die Rohkautschukmischung bei 1) aufgegeben plastifiziert und zu Bahnen geformt, die bei 2) entnommen werden. Die Walzen werden vom Motor 3) angetrieben.

□ Formgebung durch Extrusion.
Bei diesem Verfahren wird die Kautschukmischung in Form von Streifen oder Granulat dem

Extruder (→ Kunststoffverarbeitung) zugeführt, durch Erwärmen plastifiziert und in einem Werkzeug zu Bändern, Schläuchen oder Profilen geformt.

Man unterscheidet zwischen Warm- und Kaltfütterverfahren. Bei ersterem wird dem Extruder ein auf einem vorgeschalteten Walzwerk vorgewärmter und plastifizierter Streifen Kautschukmischung zugeführt. Vorteile dieser Methode sind kurze Schnecken im Extruder und damit verbunden eine geringe mechanische Beanspruchung der Mischung. Beim Kaltfütterverfahren wird eine kalte Kautschukmischung aufgegeben. Die Erwärmung und Plastifizierung erfolgt dann im Extruder, was eine entsprechend lange Schnecke bedingt.

□ Formgebung durch Formpressen.

Hierbei wird ein Rohling aus der Kautschukmischung, der durch → Schneiden oder Stanzen z. B. aus Platten erhalten wurde, in ein Formwerkzeug, das in einer hydraulischen → Presse eingespannt ist, eingelegt. Durch Erwärmen wird der Rohling plastifiziert und unter Druck in die Form gepreßt. Unter weiterer Druckanwendung und erhöhter Temperatur vulkanisiert das Formteil aus (Bild 2). Transfer-moulding- und Flashless-Verfahren sind Varianten dieses Preßverfahrens, bei dem die Beschickung des Formwerkzeuges mit Preßkolben erfolgt. Dadurch lassen sich die Formen exakter füllen und maßhaltigere Artikel herstellen.

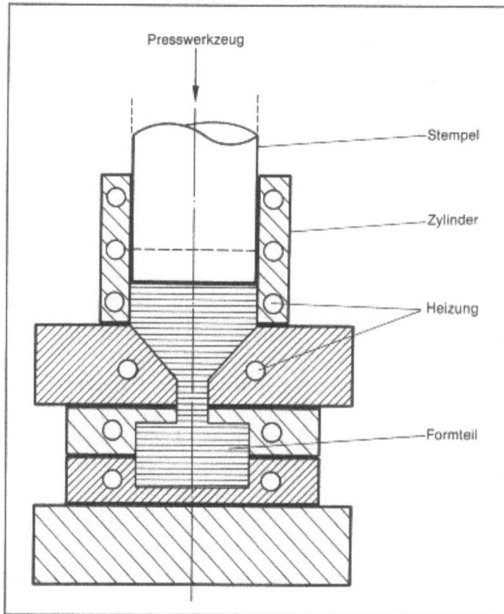

Elastomerherstellung 2: Schematische Darstellung einer heizbaren Formpresse.

□ Formgebung durch Spritzguß.

Mit diesem technisch bedeutenden Verfahren (→ Kunststoffverarbeitung) werden auch komplizierte Elastomerartikel in einem Arbeitsgang geformt und vulkanisiert. Die in der Regel granulierte Kautschukmischung wird einer Schneckenmaschine mit horizontal beweglicher Schnecke zugeführt, in ihr erwärmt und plastifiziert. Durch eine Vorwärtsbewegung der Schnecke wird die fließfähige Kautschukmischung in das Formwerkzeug gepreßt und vulkanisiert.

Wie bei dem vorgenannten Verfahren ist auch hier von großer Wichtigkeit, daß die Kautschukmischung während der Plastifizier- und Spritzphase gut fließfähig bleibt und nicht anvulkanisiert.

Wie oben bereits angesprochen, müssen durch Extruder bzw. Kalander geformte Halbzeugteile in einem weiteren Arbeitsgang vulkanisiert werden. Diese nachgeschaltete Vulkanisation kann auf verschiedene Art erfolgen, entweder diskontinuierlich oder kontinuierlich.

In diskontinuierlichen Verfahren werden die geformten Teile in heizbare Druckkessel oder sog. Vulkanisationspressen eingelegt und unter Druck und erhöhter Temperatur vulkanisiert.

Bei den kontinuierlichen Vulkanisationsverfahren werden extrudierte Artikel in Heißluft, Dampf oder im Salzbad vulkanisiert. Das älteste Verfahren ist die Vulkanisation in Heißluft, bei der die Extrudate unter Normaldruck auf Transportbändern durch Heißluftschränke (Temp.: 160–300 °C; Länge bis zu 150 m) geführt werden. Von Nachteil ist dabei die schlechte Wärmeübertragung und damit geringe Energieausnutzung der Heißluft.

Eine bessere Wärmeübertragung ist bei der Anwendung von Heißdampf gegeben. Dieses Dampfrohrverfahren wird in der Kabelindustrie angewandt.

Ein weiteres druckloses, kontinuierliches Verfahren ist die Vulkanisation im Salzbad (LCM, *engl.* liquid cure medium). Extrudierte Profile und Schläuche werden dabei direkt im Anschluß an die Formgebung in ein Bad mit geschmolzenen Salzen geleitet. Die häufigste Verwendung findet eine Mischung aus Kaliumnitrat (KNO_3, 45–55 %), Natriumnitrit ($NaNO_2$, 35–45 %) und Natriumnitrat ($NaNO_3$, 5–10 %). Solche Salzmischungen schmelzen je nach Zusammensetzung zwischen 120 und 175 °C. Zur Vulkanisation werden sie auf 200–230 °C erhitzt. Gegenüber dem Heißluft-Verfahren lassen sich wegen der ausgezeichneten Wärmeübertragung auch dickwandige Profile vulkanisieren.

Zur Anwendung bei polaren Kautschuken, wie Nitril-Butadien (NBR), Chloropren (CR) und chlorsulfoniertes Polyethylen (CSM), kommt die Mikrowellenvorwärmung in Verbindung mit dem Heißluft-Verfahren. Dabei werden die zu vulkanisierenden Extrudate, besonders dickwandige Teile, vor der Heißluft-Strecke mit Mikrowellen-Geräten (Frequenz: 2450 MHz) rasch aber kontrollierbar aufgeheizt. *Zahradnik*

Literatur: *Becker/Braun*: Kunststoff-Handbuch. Bd. 7. Polyurethane. München 1983. – *Boström, S.*: Kautschukhandbuch. Stuttgart 1958–62. – *Elias, H. G.*: Makromoleküle. 3. Aufl. Basel–Heidelberg 1975. – *Gohl, W. u. a.*: Elastomere: Dicht- und Konstruktionswerkstoffe. 3. Aufl. Grafenau 1983. – *Heinisch, K. F.*: Kautschuk-Lexikon. 2. Aufl. Stuttgart 1977. – *Hofmann, W.*: Kautschuk-Technologie. Stuttgart 1980. – *Hofmann, W. u. S. Koch*: Handbuch für die Gummiindustrie. Stuttgart 1971. – *Schmitt, W.*: Kunststoffe und Elastomere in der Dichtungstechnik. Stuttgart 1987. – *Vieweg, Reiher, Scheurlen* (Hrsg.): Kunststoff-Handbuch. Bd. XI. Epoxidharze. Fluorpolymere, Silicone. München 1971. – *Walter, G.*: Kunststoffe und Elastomere in Kraftfahrzeugen. Stuttgart 1985.

Elastoplast. E. sind reversibel vernetzte Polymere. Die → Vulkanisation erfolgt durch eine physikalische → Vernetzung im Gegensatz zu den chemisch vernetzten → Elastomeren. Andere Bezeichnungen für E. sind thermoplastische Elastomere und Plastomere.

Strukturell sind E. Copolymere mit längeren Sequenzen aus harten und weichen Blöcken. Es kann sich um Blockcopolymere, sequentielle Copolymere oder Propfpolymere handeln. Die harten und weichen Sequenzen sind miteinander unverträglich und entmischen sich lokal. Die Domänen der Hartsequenzen bilden die Vernetzungsstellen in der kontinuierlichen Matrix der Weichsequenzen. Bei der Gebrauchstemperatur verhalten sich E. wie Elastomere. Bei Erwärmung über den → Schmelzpunkt bzw. → Glasübergang der Hartsequenz wird die Vernetzung aufgehoben und die E. können wie Thermoplaste verarbeitet werden. *Finkelmann*

Literatur: *Elias, H. G.*: Makromoleküle. 4. Aufl. Basel 1981.

Elektret. Körper, die analog zu den Magneten ein permanentes elektrisches Feld erzeugen. Da im Gegensatz zum → Magnetismus freie elektrische Ladungen existieren, ist man bei der Herstellung von E. nicht auf dipolare oder gar ferroelektrische Substanzen beschränkt. Jeder geladene Kondensator stellt im Grund einen Elektreten dar, der sich jedoch wegen der zu hohen elektrischen → Leitfähigkeit der gewöhnlichen Kondensatordielektrika schnell wieder entlädt. Zuerst wurden die Eigenschaften der E. an Carnauba- und Bienenwachs demonstriert. Heute stellt man E. aus hochisolierenden Kunststoffen (Teflon, Polykarbonat u. a.) her, in die Ladungsträger durch Elektronenbeschuß oder bei erhöhter Temperatur eingebracht werden. Diese Ladungen können eine über Jahrzehnte konstante elektrische Spannung erzeugen, die als Vorspannung in Mikrophonen und Kopfhörern Anwendung findet. *Hubert*

Elektroblech.
Werkstoffe. Zur Gruppe der → weichmagnetischen Werkstoffe gehörende und für elektrische Maschinen, Transformatoren und Geräte verwendete, kalt- oder warmgewalzte, unlegierte oder legierte (0,5–4,5 % Si, auch Ni, Co) Eisenbleche mit hoher → Magnetisierbarkeit und geringen → Ummagnetisierungsverlusten (DIN 46400).

Bei Transformatoren, Wandlern, Drosseln und Maschinen kleiner Leistung werden unlegierte oder schwach legierte E., auch im Paket geglühte Schwarzbleche verwendet, da vor allem eine hohe Sättigungsinduktion angestrebt wird. Zur Verminderung der Ummagnetisierungsverluste werden bei elektrischen Maschinen mittlerer Leistung E. mit Verlustwerten von 2–3 W/kg (bei 50 Hz und 1 T), bei Maschinen großer Leistung E. mit Verlustwerten von 1,5 bis 1 W/kg verwendet, die durch zunehmenden Si-Gehalt erreicht werden. Die Obergrenze des Legierungsgehaltes ist durch die Kaltverarbeitbarkeit gegeben. In Turbogeneratoren als Ständerbleche und in Transformatoren werden auch kornorientierte Bleche verwendet, die durch spezielle → Wärmebehandlung eine ausgeprägte Kristall-Vorzugsorientierung (→ Goss-Textur) und bessere magnetische Eigenschaften in ihrer Vorzugsrichtung besitzen. Kobalt-Eisenlegierungen besitzen eine besonders hohe Sättigungsinduktion, finden jedoch wegen des hohen Werkstoffpreises nur in Flugzeugen oder für militärische Zwecke Anwendung. *Dahl*

Prüfung. E. müssen leicht magnetisierbar sein, d. h. mit einer kleinen Erregerfeldstärke soll eine hohe → Polarisation erzielt werden. Gleichzeitig soll ein möglichst geringer Anteil der zugeführten elektrischen Leistung in Wärmeleistung umgesetzt werden, d. h. die E. sollen niedrige Ummagnetisierungsverluste besitzen.

Diese Eigenschaften werden durch Reduzierung der Blechdicke, durch Erhöhung des spezifischen elektrischen Widerstandes und durch die Erzeugung von Blechen mit → Textur erreicht.

In Transformatoren und Drosseln werden 0,23–0,35 mm dicke E. mit einer ausgeprägten Kristall-Vorzugsorientierung, der *Goss*-Textur verarbeitet. Man spricht von kornorientierten (KO) E. mit einer großen magnetischen → Anisotropie. Bei diesen Blechen werden Ummagnetisierungsverluste ≤ 1,0 W/kg bei einer Polarisation von 1,7 T bei einer Blechdicke von 0,30 mm erreicht. Durch Verfeinerung und Vergleichmäßigung der Weiß-Bezirke z. B. durch oberflächliche Laser-Behandlung der E. können die Ummagnetisierungsverluste weiter gesenkt werden (≤ 0,80 W/kg bei 1,7 T und einer Blechdicke von 0,23 mm).

Einen Einfluß auf die Geräuschentwicklung von Transformatoren hat die → Magnetostriktion (periodische Längenänderungen des E. unter dem Einfluß des magnetischen Wechselfeldes). Durch Verschärfung der Textur der KO-E. sowie durch Aufbringung einer Blechisolation, die eine permanente Zugspannung im →Blech erzeugt, kann die Magnetostriktion reduziert werden.

Bei rotierenden elektrischen Maschinen (Generatoren, Motoren) werden 0,35–1,00 mm dicke E. ohne ausgeprägte Textur und magnetische Anisotropie verarbeitet. Man spricht von nichtorientierten (NO) E. Bei Spitzenqualitäten werden Ummagnetisierungsverluste von ≤ 1 W/kg bei einer Polarisation von 1 T und einer Blechdicke von 0,35 mm erreicht.

NO-E. werden im schlußgeglühten wie auch im nicht schlußgeglühten Zustand gefertigt. Letztere Bleche müssen nach dem Stanzen noch einer entkohlenden Glühung unterzogen werden.

Mit den wichtigsten Kenngrößen eines E., der elektrischen Polaristaion J bei definierten magnetischen Feldstärken H sowie den Ummagnetisierungsverlusten P bei definierten Polarisationen J erfolgt die Sorteneinteilung.

Die Prüfung dieser Kenngrößen erfolgt nach DIN 50462 im 25 cm-Epsteinrahmen bei Netzfrequenz. Es handelt sich hierbei um vier rahmenförmig angeordnete Spulen zum Einschichten von Streifenproben (280 x 30 mm), so daß ein geschlossener magnetischer Kreis, der zusammen mit dem Probenpaket einen Transformator darstellt, entsteht. Diese Einrichtung sowie das Meßverfahren sind auch international genormt (z. B. Euronorm 118).

Weitere z. Z. noch nicht genormte Meßeinrichtungen sind Tafel- oder Streifenmeßeinrichtungen, mit denen schnelle Messungen auch während Fertigungsprozessen möglich sind.

Eine absolute Vergleichbarkeit von „Epsteinwerten" und „Ganztafelwerten" ist jedoch nicht gegeben.

Die Prüfung geometrischer Deformationen, wie z. B. →Welligkeit, Bogigkeit sowie innerer →Spannungen über die Schnittlinienabweichung erfolgt nach DIN 50642. *Kußmaul*

Literatur: *Heck, C.*: Magnetische Werkstoffe und ihre technische Anwendung. Heidelberg 1975.

Elektrochemie. Die E. ist die Sparte der Physikalischen Chemie, die sich mit den Eigenschaften geladener Teilchen beschäftigt. Dazu gehören
□ der Transport solcher Teilchen in Festkörpern, Flüssigkeiten und Gasen,
□ die gegenseitige Umwandlung von chemischer und elektrischer Energie und
□ die Kinetik von Elektrodenprozessen.
Luigi Galvani und *Alessandro Volta*, die am Ende des 18. Jahrhunderts erste Experimente über die Erzeugung und Wirkung elektrischer Ströme aus-

führten, kann man als Begründer der E. als Wissenschaft ansehen. *William Nicholson* und *Anthony Carlisle* führten im Jahre 1800 mit der elektrochemischen Wasserzersetzung die erste Elektrolyse durch. 33 Jahre später fand *Michael Faraday* den quantitativen Zusammenhang zwischen den chemischen Veränderungen als Folge der Elektrolyse und dem geflossenen Strom. Er postulierte die Existenz von positiv und negativ geladenen Teilchen, den Kationen und Anionen. *Johann Wilhelm Hittorf* zeigte 1853, daß Kationen und Anionen als getrennte Teilchen existieren und daß sie in Lösung im elektrischen Feld mit unterschiedlicher Geschwindigkeit wandern. 1887 postulierte *Swante Arrhenius*, daß gelöste Salze spontan in Ionen dissozieren. *Peter Debye* und *Ernst Hückel* veröffentlichten 1923 eine Theorie, die die Wirkung der zwischen den Ionen herrschenden *Coulomb*-Kräfte auf ihr Verhalten beschreibt. Bereits 1882 hatte *Hermann v. Helmholtz* den Zusammenhang zwischen der elektromotorischen Kraft (EMK) galvanischer Ketten und der freien Energie gefunden. *Walther Nernst* entwickelte dann 1889 eine umfassende osmotische Theorie der galvanischen Elemente.

Elektrische Leiter lassen sich den vorliegenden Ladungsträgern entsprechend in zwei Gruppen einteilen, in die Elektronenleiter und in die →Ionenleiter. Die Metalle und Stoffe wie Germanium oder →Silicium sind typische Vertreter der Elektronenleiter. Ionenleiter sind geschmolzene Salze und Lösungen von Säuren, Basen und Salzen. Die Elektronenleiter gliedert man noch auf in die metallischen Leiter und die elektronischen Halbleiter. Bei den ersteren ist die Konzentration an Ladungsträgern unabhängig von der Temperatur, bei letzteren nimmt sie mit der Temperatur zu. Manche Stoffe, wie nicht stöchiometrisch zusammengesetzte Oxide, weisen sowohl Elektronen- als auch Ionenleitung auf.

Bei einem Elektronenleiter ist der Stromfluß mit keinem nach außen hin sichtbaren Massetransport verknüpft, wohl aber bei einem Ionenleiter. Der Übergang von Elektronen- zu Ionenleitung in einem Stromkreis ist stets mit chemischen Veränderungen an der →Phasengrenze, d. h. an den Elektroden verknüpft, die durch Oxidations- oder Reduktionsreaktionen zustande kommen.

Eine elektrolytische Lösung enthält eine äquivalente Menge an positiv und negativ geladenen Teilchen, weshalb Elektroneutralität herrscht. Unter dem Einfluß eines Potentialgradienten bewegen sich die Kationen und Anionen in entgegengesetzten Richtungen und entsprechend ihren elektrischen Beweglichkeiten mit unterschiedlichen Geschwindigkeiten. Sie transportieren dabei unterschiedliche Anteile am Gesamtstrom, was durch die Überführungszahlen ausgedrückt wird. Die Leitfähigkeit eines Elektrolyten hängt von zahlreichen

Einflußgrößen ab, von der Größe der Ionen, dem Ausmaß ihrer Hydratation, ihrer Ladung, von der Dielektrizitätskonstanten und der → Viskosität des Lösungsmittels und dadurch auch von der Temperatur.

Dividiert man die Leitfähigkeit durch die herrschende Konzentration an Elektrolyt, so sollte man eine konzentrationsunabhängige Größe erwarten. Doch zeigt sich, daß diese molare Leitfähigkeit mit zunehmender Konzentration abnimmt. Bei den sog. schwachen Elektrolyten ist die Abnahme sehr stark. Sie hat ihre Ursache in der Konzentrationsabhängigkeit des Dissoziationsgrades (*Ostwald*'sches Verdünnungsgesetz). Nicht dissoziierte Teilchen sind nicht geladen und leiten den Strom nicht. Bei den sog. starken Elektrolyten liegt zwar vollständige Dissoziation vor, doch ist gerade dadurch die Konzentration an Ionen so hoch, daß sie sich durch Coulombkräfte gegenseitig in ihrer Bewegung behindern (Ionenwolke, *Debye-Hückel-Onsager*-Theorie, *Kohlrausch*-Quadratwurzelgesetz).

Die selbst in verdünnten Lösungen beobachtbare interionische Wechselwirkung zwingt dazu, bei thermodynamischen Berechnungen an Stelle der vorliegenden Konzentrationen effektive Ionenkonzentrationen einzuführen, die sog. Aktivitäten a_i. Man erhält sie durch Multiplikation der Konzentrationen c_i mit einem konzentrationsabhängigen Aktivitätskoeffizienten y_i, der sich nach der *Debye-Hückel*-Theorie berechnen läßt.

Die Verknüpfung der E. mit der Thermodynamik gelingt mit Hilfe der Beziehung

$$\Delta G = - zFE \qquad (1)$$

wobei ΔG die freie Reaktionsenthalpie, z die Ladungszahl der elektrochemischen Reaktion, F die *Faraday*-Konstante und E die elektromotorische Kraft (EMK) der galvanischen Zelle bedeuten. Nimmt man noch die Van't-Hoffsche Reaktionsisotherme (Thermodynamik, chemische) hinzu

$$\Delta G = \Delta G^0 + RT \cdot \ln \Pi a^{y_i} \qquad (2)$$

so erhält man unmittelbar die *Nernst*-Gleichung

$$E = E_0 - \frac{RT}{zF} \ln \Pi \, a_i^{y_i} \qquad (3)$$

Die Standard-EMK E^0 ergibt sich aus der → Spannungsreihe.

Gl. (1) zeigt, daß eine galvanische Zelle, bei der chemisches → Gleichgewicht herrscht ($\Delta G = 0$, Gleichgewicht, chemisches) keinen Strom liefern kann, da auch die EMK E Null ist. Da Gl. (1) auch für die Standardzustände (ΔG^0, E^0, Massenwirkungsgesetz) gilt, kann man auf elektrochemischem Wege sehr gut Gleichgewichtskonstanten ermitteln. Gleiches gilt wegen

$$(\partial E^0/\partial T)_p = - (1/zF)(\partial \Delta G^0/\partial T)_p = (1/zF)\Delta S^0 \quad (4)$$

auch für die Standard-Reaktionsentropie ΔS^0, die

aus der Temperaturabhängigkeit der Standard-EMK E^0 folgt.

Nur bei einer unter sehr niedrigen Stromdichten durchgeführten Elektrolyse, der Umkehr der Stromerzeugung in einer galvanischen Kette, nähert sich die für den Ablauf der Elektrolyse notwendige Elektrodenspannung in der Größe den reversiblen EMK-Werten an, weicht von diesen allerdings etwas ab wegen eines Spannungsabfalls in der Lösung und einer möglichen → Konzentrationspolarisation. Die Konzentration an der → Elektrode kann nämlich von der im Innern der Lösung verschieden sein. Für hohe Stromdichten überschreitet die zur Elektrolyse erforderliche Spannung die reversible EMK. Diese zusätzliche Spannung ist als Überspannung bekannt und hat ihren Ursprung in Energiebarrieren an der Elektrode. Dies ist das Gebiet der Elektrodenkinetik.

Die E. findet weite Anwendung in Wissenschaft und Technik. Viele analytische Verfahren und zahlreiche technische Prozesse basieren auf elektrochemischen Vorgängen. *Wedler*

Literatur: *Hamann, C. H.* u. *W. Vielstich*: Elektrochemie I. 2. Aufl. Weinheim 1985. – *Hamann, C. H.* u. *W. Vielstich*: Elektrochemie II. Weinheim 1981. – *Kortüm, G.*: Lehrbuch der Elektrochemie. 5. Aufl. Weinheim 1972. – *Wedler, G.*: Lehrbuch der Physikalischen Chemie. 3. Aufl., Weinheim 1987.

Elektrochemische Korrosion → Korrosion

Elektrode.

Korrosion. Als E. im Sinne der → Korrosion wird ein elektronenleitender Werkstoff (Metall oder Halbleiter) in einer ionenleitenden Phase (z. B. wäßrige → Elektrolytlösung, Salzschmelze) bezeichnet. Das System E./ionenleitende Phase bildet eine Halbzelle. Fließt durch die → Phasengrenze ein elektrischer Strom, so wird je nach Stromrichtung die E. zur Anode oder zur Kathode (DIN 50 900). *Wendler-Kalsch*

Lichtbogenschweißen. Stromführende, im Lichtbogen abschmelzende stab-, draht- oder bandförmige Zusatzwerkstoffe für das → Lichtbogenschweißen.

Der Kerndraht umhüllter Stab-E. entspricht in seiner chemischen Zusammensetzung den zu verbindenden Werkstücken. Der Kerndraht kann dünn, mitteldick oder dick umhüllt sein. Je nach der Umhüllung unterscheidet man unter den E. vier Grundtypen: rutil- (R), sauer- (A), basisch- (B), zelluloseumhüllte E. (C) sowie Sondertypen. Die Umhüllung bildet beim Aufschmelzen eine Schlackeschicht, die, da sie spezifisch leichter als das aufgeschmolzene Metall ist, an der Oberfläche schwimmt und das flüssige Elektrodenende, die übergehenden Tropfen und das Schweißgut gegen die Gase der Atmosphäre schützt. Außerdem kann sie auch metallurgische Aufgaben (z. B. Auflegieren oder Desoxidieren) haben. Bei sog. Hochleistungs-E. dient die neben Schlackebildnern metallische Zusätze enthaltende Umhüllung der Erhöhung der Abschmelzleistung. Zusätzlich dient die E.-Umhüllung zur Lichtbogenstabilisierung und zum besseren Zünden des Lichtbogens.

Die Ausbringung der E. bezeichnet das Verhältnis der in die Schweißfuge eingebrachten bzw. auf das Werkstück aufgebrachten Schweißgutmasse zur abgeschmolzenen Schweißzusatzmasse, d. h. beim Lichtbogenhandschweißen die Masse abgeschmolzenen Kernstabs.

Der Werkstoffübergang im Schweißlichtbogen führt infolge von Reaktionen mit der Umgebung (atmosphärische Gase, nicht inerte Schutzgase, Schlacke) zu einer Veränderung der Zusammensetzung des abgeschmolzenen E.-Werkstoffs.

Man unterscheidet Zu- und Abbrand von Legierungselementen, je nachdem ob der Legierungsgehalt des Schweißzusatzwerkstoffs vor dem → Schweißen niedriger (Zubrand) oder höher (→ Abbrand) war als der Legierungsanteil des unvermischten Schweißguts nach dem Schweißen.

→ Punktschweißen; → Schweißverfahren   *Dorn*

Literatur: *Killing, R.:* Handbuch der Schweißverfahren, Tl. I. Lichtbogenschweißverfahren. Düsseldorf 1984. – DIN 1913. Tl. 1. Stabelektroden für das Verbindungsschweißen von Stahl. Berlin, Köln 1984.

Elektrodenpotential. Elektrisches Potential (→ Potential) eines → Metalles oder eines elektronenleitenden Festkörpers in einer ionenleitenden Phase (DIN 50900). Die ionenleitende Phase ist in der Regel eine → Elektrolytlösung, oder auch eine Salzschmelze. Das E. kann nur als eine Spannung gegen eine → Bezugselektrode gemessen werden. Das E. ist somit die Elektromotorische → Kraft (EMK) der hintereinandergeschalteten Halbzellen Elektrode/Elektrolytlösung/Bezugselektrodenelektrolytlösung/Bezugselektrode   (→ Potentialmessung).   *Wendler-Kalsch*

Elektrodenreaktion. Elektrolytische Reaktion an der → Phasengrenze Elektrode/Elektrolyt unter Durchtritt von Elektronen und/oder Ionen durch die Phasengrenze (DIN 50900).   *Wendler-Kalsch*

Elektrokeramik. Keramische Werkstoffe, deren unterschiedliche elektrische und magnetische Eigenschaften in großer Vielfalt in der Elektrotechnik genutzt werden. Hauptanwendungsbereiche sind keramische Isolatoren, Magnetokeramik (→ Ferrite), Kondensator-Dielektrika (dielektrische Werkstoffe), Piezokeramik (PTZ-Keramik), → Ionenleiter.

Ein klassisches Merkmal keramischer Werkstoffe ist ihre geringe elektrische → Leitfähigkeit und infolge dessen ihre Einsetzbarkeit als Isolatorwerkstoff. Ihr wichtigster Vorzug gegenüber den ebenfalls z. T. elektrisch isolierenden Polymerwerkstoffen ist ihre höhere → Durchschlagfestigkeit und Kriechstromfestigkeiten nach elektrischem Durchschlag, nachteilig ist hingegen ihr höheres spezifisches Gewicht.

Als keramische Isolatorwerkstoffe sind das Tonerdeporzellan (→ Keramik) für Hochspannungsisolatoren zu nennen, sowie verschiedene Keramiken im System $MgO\text{-}Al_2O_3\text{-}SiO_2$ (Steatit, Cordierit u. a.) als Bauelemente bzw. Träger in der Hochfrequenz- und Niederspannungstechnik. Keramiken aus hochreinem Al_2O_3 werden als Isolatoren für Zündkerzen und als Substrate für Mikrochips benutzt. Bleititanatzirkonat-(PTZ)-Keramiken bzw. Bariumtitanat-Keramiken sind Werkstoffe mit ausgeprägten piezoelektrischen Eigenschaften und sehr hohen Dielektrizitätskonstanten. Sie werden daher bevorzugt zur Miniaturisierung von Kondensatoren eingesetzt.

Eine besondere Materialgruppe sind die Hochtemperatur-Supraleiter-Keramiken   (→ Supraleitende Werkstoffe) mit Sprungtemperaturen zwischen 70–100 K. Sie können aus Systemen wie $La_{1-x}Ba_xCuO_{4-y}$ bzw. $YBa_2Cu_3O_{7-x}$ hergestellt werden, ihre Entwicklung steht allerdings noch in den Anfängen und stellt z. Zt. eine der größten Herausforderungen im Bereich der nichtmetallischen Werkstoffe dar.

→ Isolierstoff (elektrisch); → Piezoelektrischer Effekt; → Weichmagnetische Werkstoffe; → Dauermagnet; → Dielektrikum   *Hesse/Hennicke*

Literatur: *Hecht, A.:* Elektrokeramik. Berlin 1976. – *Lundy, D. R. and L. J. Swartzendruber; L. H. Bennett:* A Brief Review of Recent Superconductivity Research at NIST. J. of Research of the Institute of Standards and Technology, Vol. 94, 1989 No. 3.

Elektrolichtbogenofen. Ofen zur Stahlherstellung aus → Schrott und → Eisenschwamm, bei dem die Energie zum Erwärmen und → Schmelzen durch Lichtbögen zwischen Graphitelektroden und dem Schmelzgut zugeführt wird. E. werden überwiegend mit Drehstrom betrieben und haben daher drei Elektroden.

Der runde Ofenkessel, der auf einer Wiege kippbar ist, ist im unteren Teil, dem Herd, mit feuerfesten Steinen ausgemauert. Der Herd nimmt die Schmelze auf. An einer Seite ist erkerförmig der → Abstich angeordnet. Die Kesselwände sind heute meist aus wassergekühlten Elementen aufgebaut, an denen sich innen eine schützende Schlackenschicht ansetzt. Durch die Wand sind in vielen Öfen Brennstoff-Sauerstoffbrenner geführt. An der dem Abstich gegenüberliegenden Seite ist eine Ofentür angeordnet. Der abhebbare Ofendeckel ist ebenfalls mit Wasser gekühlt. Er hat Durchführungen für die Elektroden, die Absaugung der Ofengase und ggf. für die kontinuierliche Zugabe von Eisenschwamm. An einem Portal außerhalb des Ofens sind die Deckelhebe- und -schwenkvorrichtung und die Elektrodenhub- und -tragvorrichtung angebracht. Zum Chargieren des Schrotts mit Schrottkörben wird der Deckel angehoben und ausgeschwenkt. Der Abstich der Schmelze erfolgt bei modernen Öfen durch einen exzentrischen Bodenabstich oder durch einen Syphonabstich. Damit ist ein schlackenfreies Ausleeren des Stahles möglich, eine Notwendigkeit für die nachfolgende Verfahrensstufe der → Pfannenmetallurgie.

Zur elektrischen Ausrüstung des Ofens gehören die Schaltanlage, Blindstromkompensation, Ofentransformator, Elektrodenregelung und Hilfsbetriebe. Der Anschluß des Ofentransformators erfolgt über einen Umspanntransformator oder direkt an das Hochspannungsversorgungsnetz.

E. haben ein Fassungsvermögen von 10–300 t je Schmelze. Die spezifische Transformatorscheinleistung beträgt bis zu 800 kVA/t. Öfen mit hoher Leistung werden als Ultra-High-Power-(UHP)-Öfen bezeichnet.

Mit Drehstrom betriebene Lichtbogenöfen entwickeln beim Einschmelzen von Schrott durch das Abreißen und Zünden der Lichtbögen mit der Netzfrequenz erheblichen Lärm. Ferner hat ihr Betrieb Rückwirkungen auf das versorgende Netz durch starke Schwankungen der Stromaufnahme. In den letzten Jahren sind daher Gleichstromlichtbogenöfen entwickelt worden, die diese Nachteile vermeiden sollen. Diese Öfen haben eine zentrale Elektrode und im Herd angebrachte Gegenelektroden. Der Lichtbogen wird, wenn keine Schmelze im Ofen ist, über eine Hilfselektrode gezündet. Einige Öfen mit Schmelzgewichten bis zu 100 t sind inzwischen in Betrieb gegangen.

Aus den gleichen Gründen sind neuerdings → Plasmaöfen entwickelt worden, bei denen Plasmabrenner die Beheizung durch Lichtbögen ersetzen. *Rellermeyer*

Literatur: *Plöckinger, E.* u. *O. Etterich:* Elektrostahlerzeugung. Düsseldorf 1979.

Elektrolytische Korrosion → Korrosion

Elektrolytlösung.
Ionenleitende wäßrige Lösung, d. h. alle wäßrige Lösungen und auch reines Wasser sind E. *Wendler-Kalsch*

Elektrolytwiderstand.
Ohmscher Widerstand des ionenleitenden Korrosionsmediums. *Wendler-Kalsch*

Elektromigration.
E. wird der Transport von Atomen in leitfähigem Material genannt, das von einem elektrischen Strom durchflossen wird. Merklich wird dieser Effekt erst ab Stromstärken von mehr als $10^5 A/cm^2$. Positiv geladene Metallionen werden durch den direkten Impulsübertrag von den Elektronen und unter dem Einfluß des elektrischen Feldes bewegt. E. tritt sowohl bei Leiterbahnen als auch an Kontakten von elektronischen Bauelementen auf. Durch E. kommt es an Schwachstellen der Leiterbahnen wie Stufen zu einem Materialabtransport. In der Nähe tritt Materialanhäufung auf (Hillocks). Es führt schließlich zum Abreißen der Leiterbahn. Besonders ausgeprägt ist der Effekt bei → Aluminium.

Der → Materialtransport steigt mit der Temperatur und der → Stromdichte. Hochschmelzende → Metalle sind wesentlich resistenter gegen E. als niedrigschmelzende. Von besonderer Bedeutung für die E. sind die → Korngrenzen im Material, da hier die Struktur weniger dicht ist und dadurch der Materialtransport weniger behindert wird. Bei feinkörnigem Material tritt ein stärkerer Materialtransport auf als bei grobkörnigem.

Verringern läßt sich die Anfälligkeit gegen E. durch:

□ Vergrößerung des Leitungsquerschnitts (bzw. Verringern der Stromdichte),

□ Verwendung hochschmelzender Metalle,

□ Vergrößerung der → Korngröße durch Variation der Prozeßparameter bei der Herstellung der Metallisierungsschicht,

□ Verwendung von Legierungen wie z. B. Aluminium mit 4 % Kupfer (Kupfer lagert sich an den Korngrenzen an und verringert deren o. g. Einfluß),

□ → Beschichtung des Metallfilms durch eine Passivierungsschicht aus einem Isolatormaterial (SiO_2, Al_2O_3) das eine Zugspannung ausübt, wodurch die Materialdiffusion beeinträchtigt wird. *Ryssel*

Elektromotorische Kraft → Kraft, elektromotorische

Elektronenaustrittsarbeit.
Die E., oft auch nur als Austrittsarbeit bezeichnet, ist der Mindestbetrag, den man einem Leitungselektron an Energie zuführen muß, damit es aus dem Metall in das Vakuum austreten kann.

Wird die Energie thermisch, d. h. durch Temperaturerhöhung, zugeführt, dann spricht man von Glühelektronenemission. Bei der Photoelektronenemission erfolgt die Energiezufuhr durch Einstrahlen von Licht hinreichend kurzer Wellenlänge (Einstein-Frequenzgesetz). Das Analogon zur E. von Metallen ist die Ionisierungsenergie von Atomen und Molekülen. *Wedler*

Elektronenbeugung. Beugung von Elektronenwellen an Kristallen als Hilfsmittel der Mikrostrukturanalyse. Die Wellennatur der Elektronenstrahlen verursacht bei der Überlagerung kohärenter Wellenfelder Beugungserscheinungen, die sich in verschiedener Weise für die Mikrostrukturanalyse nutzen lassen.

Neben der Elektroneninterferometrie ist die E. an Kristallgittern von besonderer Bedeutung. Sie ist in allen Bauarten von →Elektronenmikroskopen eine wertvolle zusätzliche Informationsquelle und bestimmt die Bildkontraste kristalliner Objekte. Die Theorie der Wellenfelder in Kristallen ist daher auch die Grundlage der Bildinterpretation in der Materialwissenschaft. Auf Grund der *Bragg*schen Gleichung

$$\sin \frac{\Theta}{2} = \frac{\lambda}{2\,d_{hkl}}$$

können die Winkel θ der Beugungsreflexe formal auf eine Reflexion an Netzebenenscharen mit den Abständen d_{hkl} zurückgeführt werden (λ Materiewellenlänge der Elektronen).

Wie in der Röntgenstrukturanalyse lassen sich durch Auswertung des gesamten Reflexsystems die Netzebenenabstände von ein- und polykristallinen Objekten bestimmen und weitere kristallphysikalische Fragen beantworten. Wegen der gegenüber Röntgenstrahlen viel stärkeren Streuung der Elektronen sind aber weit geringere Materialmengen erforderlich, die sich im Abbildungsmodus des Elektronenmikroskops auswählen lassen. Zu den lange bekannten Verfahren der Transmissions- und Reflexionsbeugung an dünnen Schichten bzw. an Oberflächen sowie der Niederenergiebeugung (*engl.* Low Energy Electron Diffraction) für oberflächenphysikalische Untersuchungen sind inzwischen weitere Verfahren getreten, die durch Nutzung der vielfältigen elektronenoptischen Möglichkeiten moderner →Elektronenmikroskope Informationsgewinne erzielen.

Gleichzeitige Bestrahlung des Objekts aus einem größeren Raumwinkel (z. B. in →Durchstrahlungs-Rasterelektronenmikroskopen) ergibt die Beugung im konvergenten Bündel. *Channeling patterns* entstehen in →Rasterelektronenmikroskopen bei Variation der Einstrahlrichtung als Modulation des Bildsignals infolge *Bragg*scher Reflexion. Für die Bestimmung von Molekülstrukturen ist die E. an Gasen ein wertvolles Untersuchungsverfahren.

Herrmann

Literatur: *Goodman, P.* (Hrsg.): Fifty Years of Electron Diffraction. Dordrecht 1981.

Elektronenmikroskop. E. sind abbildende Geräte zur hoch vergrößerten Darstellung kleinster Objekte mit Hilfe von Elektronenstrahlen, welche vorwiegend für die Mikrostrukturforschung in Materialwissenschaft und Biologie eingesetzt werden. Die Auflösung abbildender Mikroskope ist nach *E. Abbe* durch die Wellenlänge der verwendeten Strahlung begrenzt. Während Lichtmikroskope nur etwa 0,3 µm auflösen, ermöglicht die kleine Materiewellenlänge beschleunigter Elektronen (3,7 pm bei einer Energie von 100 keV) die Lieferung von Strukturinformationen bis in atomare Dimensionen (0,1 nm). Mit Elektronenlinsen lassen sich verschiedenartige optische Systeme aufbauen, die die Abbildung, die →Elektronenbeugung und mit Zusatzgeräten auch die analytische Elektronenmikroskopie ermöglichen.

Neben dem „klassischen" →Durchstrahlungselektronenmikroskop, das einen hohen Reifegrad erreicht und mit vielfältiger Zusatzausstattung ein weites Anwendungsfeld in Biologie und Materialwissenschaft gefunden hat, wurden →Rasterelektronenmikroskope und →Durchstrahlungs-Rasterelektronenmikroskope entwickelt, deren sequentielle Bilderzeugung manche Vorteile für die analytische Elektronenmikroskopie und für die Bildauswertung on-line bietet. Geringer Präparationsaufwand, hohe Tiefenschärfe und einfache Handhabung haben den Rastermikroskopen trotz ihrer schlechteren Auflösung (um 3 nm) zu einer weiten Verbreitung verholfen. Ihre Anwendung umfaßt biologische und physikalische Gebiete und reicht bis in die Entwicklung und Fertigung mikroelektronischer Bauelemente (Elektronenstrahlmeßtechnik).

Die Bildkontraste in E. werden durch elastische und unelastische Streuung der Elektronen im Objekt bestimmt. Die unelastische Wechselwirkung der Elektronen mit den atomaren Energieniveaus des bestrahlten Objekts liefert analytische Informationen über die Spektren der emittierten Röntgenstrahlung, der Augerelektronen und der Elektronenenergieverluste. Durch geeignete Spektrometer können daher E. für die →Mikroanalyse ausgebaut werden. In Durchstrahlungselektronenmikroskopen ist eine Rastereinheit für den feinfokussierten Elektronenstrahl zu benutzen, wenn die örtliche Verteilung von Elementen aufgezeichnet werden soll (Ausnahme: abbildende Energiefilter).

Die Standard-Ausrüstung für die Röntgenmikroanalyse ist der Si(Li)-Detektor, der gemeinsam mit dem Feldeffekttransistor des ladungsempfindlichen Vorverstärkers auf die Temperatur des flüssigen Stickstoffs gekühlt wird. Die in einem Vielkanalanalysator akkumulierte Impulshöhenverteilung – das Spektrum der Quantenenergien – kann auf einem Monitor beobachtet werden, beliebige Quantenenergien können als Signal eines Rasterbildes ausgewählt werden. Energieauflösungen unter 150 eV sind erreichbar, fensterlose Detektoren arbeiten bis zur Bor Kα-Strahlung herab. Die erzielbare Ortsauflösung ist bei massiven Objekten durch die Reichweite der Elektronen im Festkörper, bei durchstrahlbaren Präparaten allein durch die Größe der Elektronensonde begrenzt.

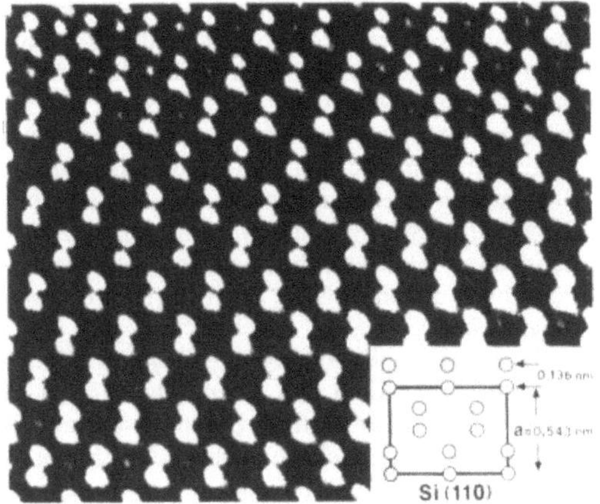

Elektronenmikroskop: Abbildung eines Siliciumeinkristalls in 110-Orientierung mit einem 400 keV-Hochauflösungsmikroskop. (Quelle: J. L. Hutchison, T. Honda und E. D. Boyes)

Ein Elektronenenergieanalysator in einem Durchstrahlungselektronenmikroskop macht das Energieverlustspektrum der Elektronen für die Mikroanalyse nutzbar. Vorteilhaft gegenüber der Röntgenmikroanalyse ist der hohe Nutzungswirkungsgrad der unelastisch gestreuten Elektronen und die Eignung des Verfahrens für Elemente kleiner Ordnungszahl. Nachteilig dagegen sind der hohe Untergrund des Spektrums, der bei quantitativen Aufgaben zu subtrahieren ist, sowie die Beschränkung auf dünnste Präparate.

Für Durchstrahlungselektronenmikroskope sind neuerdings aberrationsarme abbildende Energiefilter entwickelt worden, die das Bild achromatisch übertragen, aber in einer energiedispersiven Zwischenebene den Energiebereich selektieren, der zum Endbild beiträgt. Diese Geräte erlauben nicht nur das Objektbild, sondern auch das Beugungsbild zu filtern und das Energieverlustspektrum eines ausgewählten Objektbereichs aufzuzeichnen.

Augerelektronen werden für die Oberflächenanalytik genutzt. Mit einem zylindrischen Spiegelanalysator ausgerüstete Augermikrosonden erreichen eine Auflösung von nahezu 30 nm. Wegen der geringen Informationstiefe der Augerelektronen ist UHV hierfür unerläßlich. *Herrmann*

Literatur: *Picht, J.* und *J. Heydenreich:* Einführung in die Elektronenmikroskopie. Berlin 1966. – *Reimer, L.:* Transmission Electron Microscopy. Berlin, Heidelberg, New York 1989. – *Reimer, L.:* Scanning Electron Microscopy. Berlin, Heidelberg, New York 1985.

Elektronenspektroskopie →Oberflächenanalytik

Elektronenstrahlhärten. →Härten der äußeren →Randschicht von Werkstücken bzw. Werkzeugen aus →Stahl mit einem Elektronenstrahl, der die Randschicht auf Austenitisierungstemperatur aufheizt. Durch Selbstabschreckung aufgrund des steilen Temperaturgradienten zum Werkstoffinneren hin bildet sich ein martensitisches →Gefüge hoher →Härte. Die Behandlung muß im Vakuum erfolgen. Wegen des geringen Härteverzuges ist kein Nacharbeiten erforderlich, so daß sich das Verfahren zum →Randschichthärten von Präzisionsteilen eignet. Dabei ist eine lokal begrenzte →Härtung ausgewählter Randschichtbereiche möglich. *Habig*

Elektronenstrahlmikroanalyse →Oberflächenanalytik

Elektronenstrahlofen. Ofen zum Umschmelzen von →Edelstählen und Sonderwerkstoffen.

Im Regelfall werden, wie bei den anderen →Umschmelzverfahren aus einer Vorschmelze Elektroden gegossen. Diese werden in einem Vakuumgefäß mit Hilfe von Elektronenstrahlern, die auf die Elektrodenspitze gerichtet sind, abgeschmolzen. Das abgeschmolzene Metall erstarrt in einer →Kokille zu einem →Block.

Es gibt aber auch Öfen, bei denen ein flaches Schmelzbad beheizt wird, in das Granulat, Schwamm oder →Schrott zugegeben werden können. Aus dem Bad fließt kontinuierlich Schmelze in eine Kokille und erstarrt dort. In den Vakuumkesseln von E. ist ein sehr niedriger Betriebsdruck von etwa 10^{-2}–10^{-5} mbar zu erreichen.

Es gibt zur Zeit Umschmelzöfen bis zu 18 t Blockgewicht und einer Leistung der Elektronenquelle bis 1 200 kW. *Rellermeyer*

Literatur: *Plöckinger, E.* u. *O. Etterich:* Elektrostahlerzeugung. Düsseldorf 1979.

Elektronenstrahlschneiden →Abtragen

Elektronenstrahlumschmelzen. (auch →Randschichtumschmelzen) Aufschmelzen der →Randschicht von Werkstoffen mit einem Elektronenstrahl. Bei der anschließenden →Erstarrung entsteht wegen des steilen Temperaturgradienten zum Werkstoffinneren ein feinkörniges →Gefüge. Durch das vorherige Aufbringen von Zusatzstoffen können Randschichten erzeugt werden, deren chemische Zusammensetzung vom Grundwerkstoff abweicht. *Habig*

Elektronenstrahl-Umschmelzofen. Wichtigste Voraussetzungen für den großtechnischen Einsatz der E.-U. war Mitte der fünfziger Jahre die Entwicklung leistungsfähiger Elektronenstrahler. Seit etwa 1960 hat die Größe dieser Öfen ständig zugenommen und hat damit an Bedeutung für die Stahlherstellung gewonnen. Gleichzeitig fächerte sich die konstruktive Ausführung der Elektronenstrahlquellen auf und führte zu verschiedenen eigenständigen Strahlertypen, beispielsweise den Ringstrahl-, Flachstrahl- oder Kreisstrahlkanonen sowie dem Mehrkammerstrahler. Die technisch herstellbaren Blockgrößen werden mit einem maximalen Blockgewicht von 18 t bei Blockdurchmessern bis 800 mm angegeben.

Neben den Änderungen der konstruktiven Auslegung der Elektronenstrahlkanonen ergaben sich, je nach gewähltem mechanischen Aufbau der Elektronenstrahl-Umschmelzöfen, vielfältige Möglichkeiten der Verfahrensabläufe beim Elektronenstrahlschmelzen. Dabei haben sich drei Bauarten von E.-U. in der Praxis durchgesetzt (Bild 1).

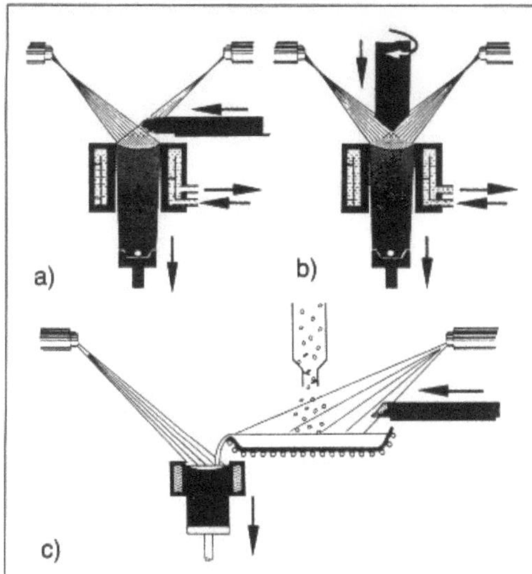

Elektronenstrahl-Umschmelzofen 1: Bauarten.

Bild 1 b zeigt den Schmelzvorgang bei einer Abtropfschmelze mit vertikal zugeführter Elektrode. Bei Anwendung mehrerer gleichmäßig angeordneter Strahlerkanonen gewährleistet dieses Verfahren gleichmäßige Schmelzgeschwindigkeiten, eine axialsymmetrische Leistungsverteilung auf das Schmelzbad und konstante Erstarrungsbedingungen im Tiegel. Es bietet weiterhin den Vorteil weitgehender Unabhängigkeit vom Durchmesser der Abschmelzelektrode.

Die im Bild 1 a gezeigte horizontale Zuführung der Umschmelzelektrode wird überwiegend in Osteuropa angewendet. Auch hier läßt sich das Verhältnis von reiner Umschmelz- zur Warmhalteenergie an der Kokillenoberfläche in weiten Grenzen ändern.

Eine Weiterentwicklung dieser Ofenbauart sind die sog. Elektronenstrahl-Mehrkammeröfen (Bild 2, S. 250). Kennzeichnend für diese Ofenbau-

art ist die Verwendung nur eines Elektronenstrahlers und magnetischer Linsen zur Strahlführung durch enge, als Strömungswiderstand verwendete gekühlte Rohre sowie zur Einstellung des Strahldurchmessers. Kurz vor Eintritt in den Schmelzraum durchläuft der Elektronenstrahl ein magnetisches Ablenksystem, das sowohl eine zeitlich konstante, als auch eine periodische Strahlablenkung gestattet. Der Strahl wird entsprechend den technologischen Bedingungen auf Abschmelzelektrode und Schmelzoberfläche in der wassergekühlten Kupferkokille geführt. Der Strahlerzeugungsraum ist vom Schmelzraum vakuummäßig weitgehend entkoppelt, so daß der Druck im Schmelzraum bis auf $1{,}3 \cdot 10^{-5}$ bar ansteigen kann.

Wenn beim →Elektronenstrahl-Umschmelzen bewußt auf eine Trennung von Umschmelzen und Raffination einerseits und Abgießen des flüssigen Stahles andererseits hingearbeitet wird, dann kann das im Bild 1 c dargestellte Überlaufschmelzen eingesetzt werden. Durch eine entsprechende Verteilung der Elektronenstrahlleistungen auf der Oberfläche des Schmelzbades in der →Kokille kann das Bad so flach gehalten werden, daß infolge des dann geringen Flüssigkeitsdruckes eine optimale, dem Vakuum entsprechende Entgasung und die Destillation leicht flüchtiger, schädlicher Spurenelemente möglich werden. *Baumann*

Literatur: *Plöckinger, E.* und *O. Etterich:* Elektrostahl-Erzeugung. Düsseldorf 1979.

Elektronenstreuverfahren →Oberflächenanalytik

Elektroplattieren. Als E. wird die kontinuierliche elektrolytische Metallabscheidung bezeichnet. Das →Galvanisieren (→Galvanotechnik) erfolgt hierbei im kontinuierlichen Durchlaufverfahren und ist zur Abscheidung metallischer Überzüge auf Bändern und Drähten geeignet. *Wendler-Kalsch*

Elektropolieren. Erzeugung einer mikroskopisch glatten Metalloberfläche mit Hilfe elektrochemischer Verfahren. Das E. stellt die Umkehrung der Vorgänge bei der galvanischen Metallabscheidung dar. Das Werkstück wird als Anode geschaltet und löst sich auf. Durch die bevorzugte Auflösung der hervorstehenden Rauheitsspitzen wird eine spiegelblanke, kratzerfreie Metalloberfläche erzielt, deren Güte vergleichbar ist mit mechanisch polierten Oberflächen. Als Polierlösungen werden je nach Werkstoffart die verschiedenartigsten Elektrolyte benutzt. Zum Beispiel enthält ein für rostfreie Stähle geeigneter Elektrolyt Phosphorsäure und Butylalkohol.

Im Gegensatz zum mechanischen Polieren, bei dem die →Oberfläche stets eine gewisse →Verfor-

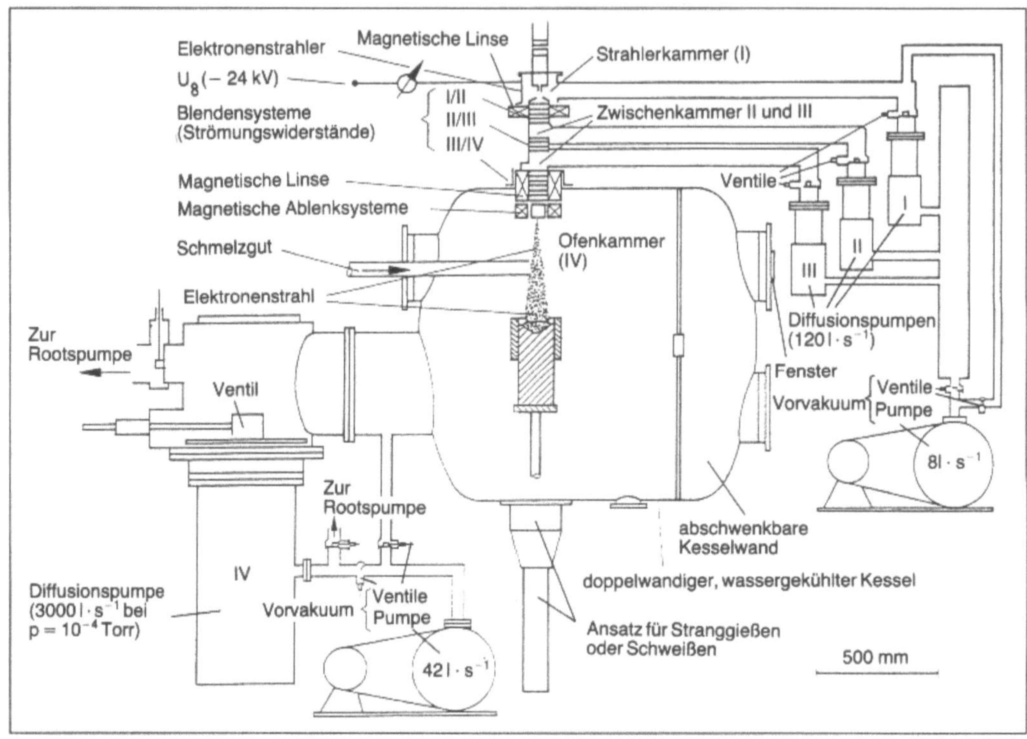

Elektronenstrahl-Umschmelzofen 2: Schematische Darstellung eines 60-kW-Elektronenstrahl-Mehrkammerofens.

mung erfährt, sind elektropolierte Oberflächen völlig verformungsfrei. Vielfach wird beim elektrolytischen Polieren gleichzeitig auch das Gefügebild entwickelt (Ätzpolieren), (→ Metallographie).

Eine wichtige kommerzielle Anwendung ist das E. von Massengütern unterschiedlicher Formen, die sich schwierig oder überhaupt nicht mechanisch polieren lassen. → Stähle, → Kupfer und seine Legierungen, Monel, → Aluminium und viele andere Legierungen können elektropoliert werden. *Kußmaul*

Literatur: *Schumann*: Metallographie. Leipzig 1974.

Elektroschlacke-Schweißen. Das E.-S. ist ein äußerst wirtschaftliches Verfahren zum → Schweißen vorwiegend dickerer Bleche. Durch Widerstandserwärmung wird ein flüssiges Schlackenbad erzeugt, das sowohl den Grundwerkstoff als auch die zugeführte Draht- bzw. Bandelektrode anschmilzt. Das Schmelzbad wird nach außen durch wassergekühlte Kupferbacken gehalten. Das Verfahren ist nur in senkrechter bzw. annähernd senkrechter → Schweißposition funktionsfähig. *Strohmeier*

Elektroschlacke-Umschmelzofen. Beim Elektroschlacke-Umschmelzen (ESU) wird eine Metallelektrode in einer metallurgisch wirksamen Schlacke abgeschmolzen. Die für den Umschmelzprozeß

notwendige Wärme entsteht beim Durchgang von elektrischem Strom durch die als ohmscher Widerstand wirkende Schlackenschmelze. Beim Abschmelzen und beim Schlackendurchgang der Schmelze wird das Elektrodenmetall raffiniert und erstarrt anschließend in einer wassergekühlten → Kokille zu einem → Block mit vorzugsweise parallel zur Längsachse orientierter Struktur.

Zum Betrieb einer ESU-Anlage sind folgende Einrichtungen erforderlich (Bild):

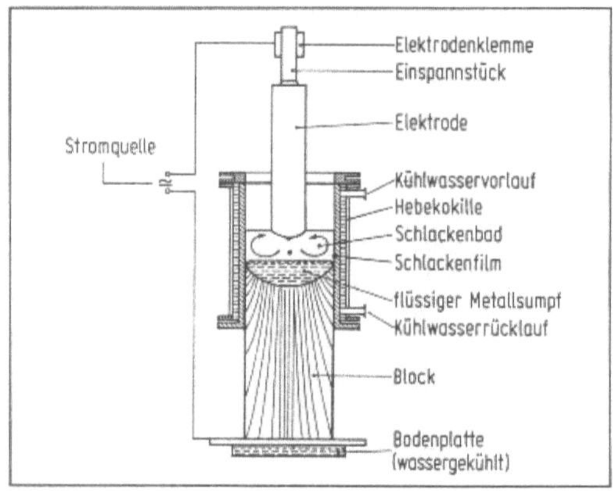

Elektroschlacke-Umschmelzofen: *Schematische Darstellung des Verfahrens.*

– Eine wassergekühlte Kokille, in der der Block aufgebaut wird.
– Eine wassergekühlte Bodenplatte unter der Kokille.
– Elektrodenhalterung zum Klemmen der mit einem Zwischenstück versehenen Abschmelzelektrode. Die Elektrodenhalterung ist auf einem Wagen fahrbar an einer Säule angeordnet.
– Die Energiezufuhr aus dem Versorgungsnetz mit einem oder mehreren Transformatoren. Der Hochstromkreis wird aus den Kupferleitungen zur Elektrodenklemme, der Elektrode mit dem Zwischenstück, dem Schlackenbad, dem ESU-Block, der Bodenplatte sowie den Stromleitungen, die wieder zum Transformator führen, gebildet.

Als Kokillenwerkstoffe werden →Kupfer oder →Kupferlegierungen verwendet. Die Kokillenwände sind wassergekühlt.

Im Gegensatz zu →Vakuum-Lichtbogenöfen, in denen nur die Herstellung von Rundblöcken möglich ist, besteht beim Elektroschlacke-Umschmelzen die Möglichkeit, eine Vielzahl von Sonderformen zu erzeugen. Neben der Herstellung von Rund- oder Polygonalblöcken werden ESU-Anlagen zur Erzeugung von Quadratblöcken, Flachblöcken mit unterschiedlichen Breiten/Dickenverhältnissen und Formstücken eingesetzt. *Baumann*

Literatur: *Plöckinger, E.* und *O. Etterich:* Elektrostahl-Erzeugung. Düsseldorf 1979.

Elektroschlackeschweißen →Schweißverfahren

Elektrostahl. Nach dem Herdschmelzverfahren im Elektroofen hergestellter →Stahl. Größere Bedeutung hat nur der Lichtbogenofen, in dem früher vor allem hochlegierte Stähle erschmolzen wurden. Durch die Entwicklung zum Hochleistungs-Elektroofen (*engl.* Ultra High Power, UHP-Ofen) wurden die Einschmelzzeiten drastisch verkürzt und damit die Erschmelzung auch niedriglegierter Stähle, vor allem an den Standorten kleinerer Stahlwerke (Ministahlwerke), wirtschaftlich (→Elektrostahlverfahren). *Dahl*

Elektrostahlverfahren. Verfahren zur Stahlherstellung, bei denen →Schrott und →Eisenschwamm mit elektrischer Energie eingeschmolzen werden. In →Umschmelzverfahren werden →Stähle mit besonderen Eigenschaften und Sonderwerkstoffe hergestellt.

Das Wichtigste dieser Verfahren ist die Stahlherstellung im →Elektrolichtbogenofen. Die Weiterentwicklung dieses Ofens und die breite Einführung der →Pfannenmetallurgie haben die Arbeitsweise stark verändert. Bisher schloß sich an das Einschmelzen immer eine Frisch- und Feinungsphase an, in der →Phosphor und →Schwefel verschlackt

und gegebenenfalls im Ofen bereits Legierungsmittel zugesetzt wurden. Heute werden dagegen die Elektrolichtbogenöfen meist als reine Einschmelzaggregate betrieben, deren Aufgabe nur noch ist, den festen Einsatz zu schmelzen und das Bad auf die notwendige Abstichtemperatur zu erhitzen.

Zu Beginn einer Schmelze wird Schrott aus einem Korb bei seitlich ausgeschwenktem Deckel in das Ofengefäß gefüllt. Je nach Schüttgewicht des Schrotts wird ein zweiter und dritter Korb in zeitlichem Abstand chargiert. Der Schrott kann, um die Schmelzdauer zu verkürzen, in einer vorgeschalteten Anlage mit dem aus dem Ofen abgesaugten Gas vorgewärmt werden. Steht Eisenschwamm zur Verfügung, so wird er durch eine Öffnung im Deckel des Ofens kontinuierlich zugegeben. Das Einschmelzen kann durch Einblasen von Sauerstoff in den Schrott oder durch Öl- bzw. Gas-Sauerstoffbrenner unterstützt werden. Es schließt sich eine Wärmephase an, in der das Bad auf die Abstichtemperatur erhitzt wird. Die beim Einschmelzen mit dem Kalk gebildete Schlacke läuft in dieser Zeit teilweise aus dem Ofen ab. Dabei wird Phosphor aus dem Bad entfernt. Nach Erreichen der Abstichtemperatur wird die Schmelze in die Gießpfanne abgestochen. Schmelzzeiten unter 70 Minuten können in UHP-Öfen erreicht werden.

Neben den üblichen Drehstromlichtbogenöfen sind Gleichstromlichtbogenöfen und →Plasmaöfen entwickelt worden, die metallurgisch die gleiche Aufgabe erfüllen. In Edelstahlwerken und Stahlgießereien werden auch Induktionsöfen zur Stahlherstellung benutzt. Auch diese werden häufig nur als Vorschmelzaggregat in Verbindung mit pfannenmetallurgischen Anlagen oder AOD-Konvertern betrieben.

Die weitere Behandlung der Schmelze in der Gießpfanne nach dem →Abstich hängt weitgehend davon ab, welche Stahlgüten erzeugt werden und welche Anlagen zur Durchführung der Pfannenmetallurgie zur Verfügung stehen. Dort wird die Schmelze zum →Gießen in Stranggießanlagen oder im Blockguß fertig gemacht.

Bei der Herstellung von Chrom-Nickel-Stählen wird in Elektrolichtbogen- oder Induktionsöfen eine Vorschmelze aus legiertem Schrott und Nickel erschmolzen, die dann entweder in einem →Blasstahlverfahren im AOD-Konverter oder in einem →Vakuumverfahren, dem VOD-Verfahren, fertig gemacht wird. Für Stähle und Sonderwerkstoffe, an die sehr hohe qualitative Anforderungen gestellt werden, werden die verschiedenen Umschmelzverfahren eingesetzt. *Rellermeyer*

Literatur: *Plöckinger, E.* u. *O. Etterich:* Elektrostahlerzeugung Düsseldorf 1979.

Elektrostahlwerk. In E. wird die erforderliche Wärme für die zu schmelzenden Metalle durch

Elektrizität erzeugt. Technisch-wirtschaftliche Möglichkeiten zur Umwandlung elektrischer Energie in Wärme zum Zwecke des Schmelzens sind im wesentlichen durch → Lichtbogen-Schmelzöfen und → Induktionsöfen gegeben. Dementsprechend sind E. in → Lichtbogenofen-Stahlwerke und Induktionsofen-Stahlwerke einzuteilen.

Die Wirkungsweise der Induktionsöfen läßt sich mit der von Transformatoren vergleichen. Ein durch eine Spule fließender Wechselstrom erzeugt nach den Gesetzen der Elektrotechnik in den zu schmelzenden Metallen einen starken Strom der diese hocherhitzt. Die Induktionsöfen der Stahlindustrie bestehen im allgemeinen aus einem tiegelförmigen Schmelzgefäß, das von einer wassergekühlten Kupferspule umgeben ist. Solche Öfen werden in abnehmendem Maße zur Rohstahlproduktion sondern meist als Umschmelz-, Legierungs- und Wärmöfen eingesetzt. Ihr Fassungsvermögen reicht von wenigen kg bis etwa 100 t Stahl.

Mehr als 90 % des Elektrostahles wird in Lichtbogenofen-Stahlwerken hergestellt. Das → Lichtbogenofen-Stahlwerk war lange Zeit wegen seines hohen Energieverbrauches und seiner begrenzten Wirtschaftlichkeit der Herstellung von → Edelstahl vorbehalten. Das änderte sich mit der Erhöhung der Abstichgewichte und der entscheidenden Verringerung der Kosten für Energie, Elektroden, Feuerfestmaterial und Investitionen. In den 70er und 80er Jahren ist die Elektrostahl-Erzeugung mit Lichtbogenofen-Stahlwerken ständig gestiegen.

Baumann

Elektrotauchlackierung. Lackierverfahren für elektrisch leitfähige Produkte, bei dem die Lackteilchen unter Einwirkung eines elektrischen Feldes auf dem Lackierkörper abgeschieden werden.

Der Werkstoff wird als Anode (Anaphorese) oder Kathode (Kataphorese) in das Lackierbad eingetaucht. Die Beckenwand wird als Gegenelektrode geschaltet. Unter dem Einfluß des elektrischen Feldes wandern die aufgeladenen, dispergierten Lackteilchen zum Werkstoff und werden darauf abgeschieden. Die angelegte Spannung liegt zwischen 50–400 V. Die abgeschiedene Lackmenge ist proportional zur zugeführten Ladung, damit kann die Schichtdicke sehr einfach kontrolliert werden. Auch kritische Stellen wie Kanten und schwer zugängliche Stellen werden gleichmäßig beschichtet. Dadurch treten keine Spritzverluste auf. Ein weiterer Vorteil liegt in der Verwendung von Wasser als Lösungsmittel. Angewendet wird die E. für industrielle Massenprodukte wie z. B. Autokarosserien.

Finkelmann

Literatur: *Machu, W.:* Die Elektrotauchlackierung. Weinheim 1974.

Element, galvanisches. Ein g. E. ist eine elektrolytische Zelle, in der durch elektrochemische Vorgänge elektrische Energie erzeugt wird. Eine Batterie besteht aus mehreren g. E.

Es gibt verschiedene Möglichkeiten, in einer elektrochemischen Zelle eine Spannungsdifferenz zu erzeugen. Ein einfaches Beispiel ist eine Konzentrationskette, bei der zwei aus dem gleichen Metall bestehende Elektroden in zwei die betreffenden Kationen enthaltende Lösungen unterschiedlicher Konzentrationen eintauchen. Durch die unterschiedlichen Aktivitäten an beiden Elektroden entsteht zwischen den Elektroden eine Potentialdifferenz. Die zugehörigen Halbzellen bestehen jeweils aus einem Elektrolyten und einer → Elektrode. Verbindet man die beiden Halbzellen, so ändert sich die freie Energie und damit wird elektrische Energie freigelegt.

Eines der ältesten und bekanntesten g. E. ist das *Daniell*-Element. Überschichtet man eine konzentrierte Lösung aus Kupfersulfat, in der sich eine Kupferelektrode befindet, mit einer verdünnten Zinksulfatlösung, in die eine Zinkelektrode eintaucht, so fließt bei Verbindung der beiden Metallelektroden ein Elektronenstrom vom Zink zum → Kupfer. Dabei geht Zink in Lösung, während Kupfer aus der Lösung abgeschieden wird. Die unterschiedliche spezifische Schwere der beiden Elektrolyte verhindert oder verzögert zumindest ihre Vermischung. Konzentrationsketten sind zwar theoretisch von Interesse, haben aber keine praktische Bedeutung.

Die Mehrzahl der Elemente, die praktische Bedeutung erlangt haben, bestehen aus zwei verschiedenen Metallelektroden, die in eine saure, basische oder auch eine wäßrige Salzlösung eintauchen. Ein Beispiel ist das *Volta*-Element. Es besteht aus einer Kupfer- und einer Zinkelektrode in verdünnter Schwefelsäure. Während der Entladung wird die negative Elektrode oxidiert und gibt Elektronen ab, und die positive Elektrode reduziert. Da per Definition der Oxidationsvorgang an der Anode abläuft, wird die negative Elektrode im allgemeinen als Anode bezeichnet und die positive Elektrode als Kathode. Diese Terminologie gibt manchmal Anlaß zu Verwechslungen.

Kostenmäßig können g. E. nicht mit anderen Energiequellen konkurrieren. So liegen die Energiekosten bei wiederaufladbaren Elementen (Sekundärelemente) weit höher, und bei Primärelementen, die nur für eine einmalige Entladung verwendbar sind, nochmals deutlich höher. Als Ursache sind der geringe Wirkungsgrad sowie hohe Materialkosten anzuführen. Und dennoch haben auch heutzutage galvanische Zellen eine große praktische Bedeutung, so z. B. als transportable Energiequellen, für Notstrombeleuchtung, Elektrokarren und Autobatterien (Batterie). Normalelemente dienen als Spannungsnormal; das beständigste ist das *Weston*-Element, das nach der internationalen Festsetzung der elektrischen Einheiten bei 20 °C eine Spannung von 1,01865 V besitzt. Zur Vermeidung der Emissionen von Verbrennungsmaschinen besteht neuerdings Interesse, g. E. für elektrobetriebene Autos zu verwenden.

Brennstoff-Elemente (Brennstoffzelle) stellen im Rahmen der g. E. eine Sonderklasse dar, da sie durch direkte einseitige Umwandlung der Ausgangsstoffe elektrische Energie erzeugen. Sie nutzen die Reaktionsarbeit von Verbrennungsvorgängen zur Erzeugung elektrischer Energie aus.

In der →Korrosion besteht ein g. E. aus Anode und Kathode, die metallisch und elektrolytisch leitend verbunden sind (DIN 50 900). Ein solches Element ist eine heterogene →Mischelektrode mit örtlich unterschiedlichen Summenstromdichten.

Im Unterschied zu galvanischen Stromquellen handelt es sich hier um mehr oder weniger niederohmig kurzgeschlossene g. E. *Wendler-Kalsch*

Elementarzelle →Gitter

Elementbildung. Bildung eines galvanischen →Elementes oder eines →Korrosionselementes. Vielfach wird als E. der spezielle Fall der Bildung eines Kontaktelementes verstanden (→Kontaktkorrosion). *Wendler-Kalsch*

Eloxieren. Aufbringen einer zunächst röntgenamorphen oxidischen →Oberflächenschutzschicht auf →Aluminiumlegierungen durch anodische →Oxidation, welche z. B. durch Behandlung in heißem Wasser in γ-Al$_2$O$_3$-H$_2$O umgewandelt werden kann, wodurch eine Verdichtung erzielt wird. Die Schicht besteht aus einer an den Grundwerkstoff grenzenden, dichten Sperrschicht und einem darauf aufgebrachten porösen Anteil. Das normale E. kann nach dem Gleichstrom-Schwefelsäure (GS)-Verfahren oder nach dem Chromsäure-*(Bengough-)*Verfahren erfolgen. In GS-Eloxalschichten können durch eine Tauchbehandlung in wässerigen Lösungen organische Farbstoffe vor dem Verdichten eingefärbt werden. Eloxalschichten wachsen zur Hälfte bis zu zwei Dritteln in den Werkstoff hinein, die restliche Schichtdicke trägt auf. Die

Schichten werden im allgemeinen nicht nachgearbeitet. *Habig*

Literatur: *Simon, H.* und *M. Thoma:* Angewandte Oberflächentechnik für metallische Werkstoffe. München–Wien 1985.

EMA →Oberflächenanalytik

Email. E. kann als eine durch →Schmelzen entstandene, vorzugsweise glasig erstarrte Masse mit anorganischer, in der Hauptsache oxidischer Zusammensetzung, die in einer oder mehreren Schichten auf Werkstücke aus Metall aufgeschmolzen ist, definiert werden.

E. sind Spezialgläser von der Art der chemisch beständigen, aluminiumhaltigen Borosilikatgläser (Tabelle 1, 2). Die Grundeigenschaften des E. können aus der Kenntnis der Glasstruktur abgeleitet werden. Demnach besteht das Glasnetzwerk silikatischer E. aus räumlich verknüpften Baugruppen von SiO$_4$-Tetraedern, in dessen Hohlräumen sich die Alkaliionen oder andere Ionen niedriger Wertigkeit befinden.

Emailliert werden vor allem →Gußeisen oder →Stahlblech, in geringem Umfang Nichteisenmetalle wie →Aluminium oder →Kupfer. Durch die Oberflächenbeschichtung wird die →Oberfläche des Metalles vor →Korrosion geschützt, sie werden aber auch zur Verschönerung von Oberflächen aufgebracht. Unterschieden wird zwischen Grundemail, das die Verbindung zwischen metallischem Werkstoff und E. vermittelt, und Deckemail mit den gewünschten Eigenschaften.

Charakteristisch für Grundemails ist der Gehalt von 1–3 % an Cobalt- und Nickeloxid, den sog. Haftoxiden. Beim Einbrennen des Grundemails löst sich das an der Oberfläche sich bildende Eisenoxid auf, gleichzeitig findet die →Oxidation des im Stahl vorhandenen Kohlenstoffs statt. Durch die Haftoxide, die nur eine Vermittlerrolle bei Entstehung der →Haftung, aber keine Funktion in der →Haftschicht selbst ausüben, erfolgt eine besonders intensive Aufrauhung der Metalloberfläche.

Deckemails unterscheiden sich in der chemischen Zusammensetzung nur wenig von den Grundemails. Sie haben aber eine große Variationsbreite hinsichtlich ihrer chemischen Beständigkeit und ih-

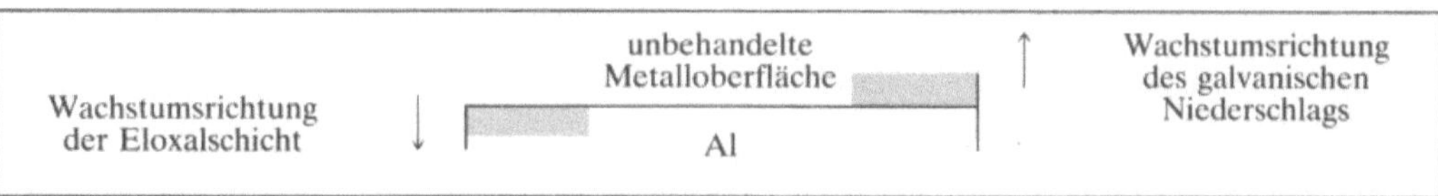

Eloxieren: Schichtwachstum: Eloxalschicht-Galvanischer Überzug (Quelle: Doliwa).

Email. Tabelle 1: Chemische Zusammensetzung in Gew.-% eines Grundemails zur Emaillierung von Stahlblech im chemischen Apparatebau

SiO_2	Al_2O_3	B_2O_3	Na_2O	K_2O	CaO	TiO_2	CaF_2
45—46	1—6	13—30	12—14	1—2	1—4	bis 5	2—6
dazu MnO_2 und Haftoxide (je 1—2)							

Email. Tabelle 2: Chemische Zusammensetzung für farbige Deckemails

	Rotbraun	Gelb	Schwarz	Pastellgrün	Blau	Blau
SiO_2	61,5	50	47	49	51	47—49
Al_2O_3	8	6	6	9	9	3,5—7
B_2O_3	8	bis 15	14,5	9	6	10—12
ZnO		8	3	(TiO_2 13)		(TiO_2 4)
CaO	(BaO 2)		4	(MgO 2)	6	2
R_2O	17,5	bis 20	19,5	18	26	24—29
F	3—4	4	1,5	5	1,5	1,5
Na_2SiF_6	3					4—7
Na_3ALF_6						7—14
$Fe_2O_3 + Cr_2O_3$			1,8			
CoO			1,2		2	5
MnO			3,5			

rer Verträglichkeit mit Trübungs- und Farbkörpern.

Als wichtigstes E. sei das Weißemail genannt, Stahlblech wird ausschließlich mit Bortitanweißemails emailliert. Die Trübung entsteht durch → Kristallisation eines Anteils des darin gelösten Titanoxids.

E. zeigen als silikatische Gläser eine bevorzugte Beständigkeit gegen saure Lösungen, die Beständigkeit gegenüber alkalischen Lösungen ist meist etwas geringer als die gegen Säuren. Thermisch sind E. stabil bis zu Temperaturen von 450 °C. E. haben eine hohe Druckfestigkeit, sind jedoch empfindlich gegenüber Zugspannungen. Daher müssen die thermische → Ausdehnung von E. und Unterlage so aufeinander abgestimmt sein, daß die Emailschicht während des Gebrauchs nie in den Bereich einer Zugspannung gelangt. Zum Aufbringen von E. werden fein gemahlene Fritten auf eine vorbehandelte Metalloberfläche im nassen Zustand durch Spritzen oder Tauchen aufgebracht. Der nasse Emailauftrag wird getrocknet und anschließend, wie etwa bei Stahlblech, bei ca. 800 °C eingebrannt. In den letzten Jahren findet die Direktweißemaillierung eine verbreiterte Anwendung, hier übernimmt das Deckemail die Funktion des Grundemails. *Hesse/Hennicke*

Literatur: *Dietzel, A.*: Emaillierung. Berlin–Heidelberg–New York 1981. – *Petzold, A.* und *H. Pöschmann*: Email und Emailliertechnik. Berlin–Heidelberg–New York–Tokio–London–Paris 1987.

Emaillieren. Wegen der guten chemischen und auch Hitzebeständigkeit werden Emailüberzüge in großem Umfang eingesetzt. Für die → Haftfestigkeit der Emailschichten sind Kohlenstoff- und Schwefelgehalt des metallischen Trägers (Bleche oder Guß) sowie die Vorbehandlung dieser Trägerwerkstoffe verantwortlich. Über lange Zeit glaubte man nicht ohne Zwischenschichten zur Erhöhung der Haftfestigkeit des → Email auskommen zu können. Inzwischen wurden speziell für den Bereich der sogenannten „weißen Ware" Spezialbleche entwickelt, die eine Direkt-Weißemaillierung zulassen.

Für die verschiedensten Zwecke wurden Sonderemails entwickelt, wie hoch- oder niedrigeinbrennende Grundemails, Emails mit besonders hoher chemischer oder thermischer → Widerstandsfähigkeit sowie auch zirkonoxidhaltige Sondertypen.

Je nach dem Trägerwerkstoff sind die Herstellungsbedingungen der Schichten und die Zusammensetzung des Emails unterschiedlich. Bereits die

Form der Rohware ist zu beachten. Wichtiger ist aber die chemische Zusammensetzung des Werkstoffs. Bei Stahlblechen haben bereits geringe Zusätze von → Titan bewirkt, daß werkstoffseitige Störungen beim E. vermieden werden. Von besonderer Bedeutung ist bei Stählen die Verteilung des Wasserstoffs und seine → Löslichkeit in den verschiedenen → Stahlsorten, da hierdurch die Neigung zum Wiederaufkochen des Emails beeinflußt wird. Außerdem besteht ein Zusammenhang zwischen der Oxidationsgeschwindigkeit von Stählen, der Benetzbarkeit und der Haftfestigkeit des Emails.

Bei Gußteilen ist die Emailhaftung in erster Linie von der Form, den Erstarrungsbedingungen (Graphitausbildung), der Schichtdicke des Grundemails und seinen Herstellungsbedingungen abhängig. Bei dünnen Gußteilen wirkt sich das → Gefüge sowie der Sauerstoff-, Wasserstoff- und Stickstoffgehalt erheblich aus, noch mehr aber verursachen Formstoffeinschlüsse → Fehler in der Emaillierschicht. Emailschichten auf → Gußeisen gibt es vor allem bei der Badewannenproduktion, aber auch bei Armaturen für die chemische Industrie (hier meist mit Kobaltoxiden vermischt).

Emailliertes Aluminium hat sich in der Architektur einen beachtlichen Anwendungsbereich erobert. *Doliwa*

Emissionsspektralanalyse. Verfahren, bei dem durch Messung der Wellenlänge und Intensität von optischen Spektrallinien der Elementgehalt einer Probe bestimmt wird.

Alle Stoffe senden unter geeigneten Anregungsbedingungen elektromagnetische Strahlung charakteristischer Frequenz (bzw. Wellenlänge) aus. Ein Beispiel ist das farbige Leuchten der Gasflamme beim Hineinbringen alkali- oder erdalkalihaltiger Stoffe. Die Methode läßt sich auf alle Elemente anwenden, wobei oft allerdings eine stärkere Anregung erforderlich ist, als in der Flamme vorhanden, z. B. eine elektrische Entladung oder intensive Lasereinstrahlung. Einige Elemente, wie Natrium und Kalium, besitzen, bei nicht zu starker Anregung, einfache Emissionsspektren mit nur wenigen scharfen Linien und können durch visuelle Beobachtung identifiziert werden, andere, wie Eisen und Uran, haben überaus verwickelte Spektren mit einer Vielzahl von Linien, die nur mit einem hochauflösenden Spektrographen nachgewiesen werden können. Unter sorgfältig kontrollierten Bedingungen ist die Intensität der von der Probe bei geeigneter Anregung ausgesandten Strahlung ein Maß für die Elementkonzentration. Auf dieser Beziehung beruht die quantitative E.

Zur Bestimmung der Wellenlänge mißt man den Ablenkungswinkel beim Durchgang des Lichtes durch ein Prisma, oder, genauer, bei der Beugung an einem → Gitter. In der Praxis benutzt man zur Wellenlängeneichung das bekannte Bogen- oder Funkenspektrum des Eisen, das gleichmäßig verteilt im gesamten sichtbaren und ultravioletten Bereich eine Vielzahl von Linien aufweist. Zum Nachweis und zur Intensitätsmessung eines monochromatischen Lichtstrahls verwendet man im sichtbaren und ultravioletten Bereich einen Sekundärelektronenvervielfacher (Photomulitplier).

Bei der qualitativen Analyse vergleicht man das gemessene Spektrum entweder mit tabellierten Spektren reiner Substanzen oder mißt die Spektren von Probe und Eichsubstanzen, die jene Elemente enthalten, die in der Probe vermutet werden. Auch bei der quantitativen Analyse bedient man sich eines Vergleichsverfahrens, wobei Wellenlänge und Intensität der Spektrallinien von Probe und Vergleichssubstanz (innerer Standard) möglichst nahe beieinander liegen sollten.

Als Beispiel sei die Bestimmung von Magnesiumspuren in Lösung mit Molybdän (Ammoniummolybdat) als Standard angeführt. Die Anregung zur Emission des Magnesiums erfolgt in einem Funken zwischen senkrechten Kupferzylindern (40 mm lang, 6 mm Durchmesser). Ein Tropfen der Probe- bzw. Standardlösung wird auf die waagerechte Oberfläche des unteren Kupferzylinders gebracht und eingedampft. Angeregt wird bei einem Abstand der Kupferelektroden von 2 mm und einer Spannung von 25 000 V. Bestimmt werden die Intensitäten der Linien bei 279,55 mm (Mg) bzw. 284,82 mm (Mo). 10^{-10} g Magnesium sind noch mit einer Genauigkeit von ± 10 % bestimmbar.

Zu den Methoden der Emissionsspektroskopie gehört die Flammenphotometrie bei der mit einer Flamme zur Emission angeregt wird, sowie die Fluoreszenz- und Phosphoreszenzspektroskopie, wo die Anregung mit Licht geeigneter Frequenz geschieht. Andere Methoden beruhen auf der Anregung mittels elektrischer Funken oder mittels induktiv gekoppeltem Plasma (ICP) oder durch Glimmentladung, welche auch die Aufnahme von Tiefenprofilen ermöglicht. Bei allen diesen Methoden findet zunächst Absorption von Energie durch die Atome bzw. Moleküle statt, die dabei in bestimmte höhere Energiezustände übergehen. Die Rückkehr in energetisch tiefer liegende Zustände oder den stabilen Grundzustand erfolgt dann unter Strahlungsemission charakteristischer Frequenz. Methodisch verwandt ist die *Raman*- und *Rayleigh*-Streuung von Licht, wenn auch der Mechanismus der Licht-Materie-Wechselwirkung dabei anders ist (Flammenphotometrie- und Spektrometrie; Fluorimetrie; Turbidimetrie; Atom-Absorptions-Spektrometrie; ICP). *Kußmaul/Heidberg*

Literatur: *Mannkopf, R.* u. *G. Friede:* Grundlagen und Methoden der chemischen Emissions-Spektralanalyse. Weinheim-New York 1975.

Emulsionspolymerisat → Polymerisationsverfahren

Emulsionspolymerisation. → Polymerisationsverfahren für wasserunlösliche Monomere in Wasser. Wie bei der Suspensionspolymerisation wird das → Monomer in Wasser fein verteilt und in dieser Form radikalisch polymerisiert (→ Polymerisation, radikalische).

Das Reaktionssystem enthält mindestens vier Bestandteile: Wasser, Monomer, Initiator, Emulgator. Die Verteilung des Monomers erfolgt durch mizellbildende Substanzen (Emulgatoren). Die Emulgatoren bilden in Wasser geschlossene Assoziate. Im Innern der etwa 3,5 nm großen Mizellen werden die Monomeren angereichert. Gleichzeitig sind im Wasser Monomertröpfchen mit einem Durchmesser von ca. 1000 nm vorhanden. Als Initiator werden wasserlösliche Verbindungen (Kaliumperoxodisulfat, Redoxsysteme) verwendet. Der Initiator ist in den Monomertröpfchen unlöslich. Die Polymerisation findet ausschließlich in den Mizellen, nicht in den Monomertröpfchen statt. Die Mizellen quellen dabei zu Latexteilchen mit einem Durchmesser von 40–400 nm auf. Die → Reaktionsgeschwindigkeit hängt bei konstanter Initiatorkonzentration von der Zahl der Mizellen und damit von der Emulgatorkonzentration ab.

Die E. ermöglicht die Herstellung von Polymeren mit sehr hohen Molekulargewichten (mittleres Molekulargewicht) bei hohen Polymerisationsgeschwindigkeiten. Durch die Verwendung von Redoxsystemen als Initiator kann die Reaktionstemperatur sehr niedrig gehalten werden (unter 20 °C).

Die E. ist ein wichtiger technologischer Prozeß. Nach diesem Verfahren werden u. a. Acrylpolymere, → PVC (→ Polyvinylchlorid), → Polyvinylacetat und zahlreiche Copolymere hergestellt.

Finkelmann

Literatur: *Hoffmann, M.* u. *H. Krömer; R. Kuhn:* Polymeranalytik I. Stuttgart 1977.

EN-Norm. → Europäische Norm, → Normung, regionale.

Endform. Nach DIN 8580 heißt im Fertigungsablauf eines Werkstücks diejenige Form, die am Ende eines Arbeitsvorgangs entsteht, E. Auch wird die Form eines Werkstücks, die in der Ablaufkette → Ausgangsform, → Zwischenform, aus der letzten Zwischenform oder auch direkt aus der Ausgangsform entsteht, E. genannt, wenn sie durch keinen Arbeitsvorgang mehr geändert wird. Das in der E. vorliegende Werkstück heißt Fertigteil. *Lange*

Literatur: DIN 8580: Fertigungsverfahren. Begriffe, Einteilung. Hrsg. Dt. Inst. f. Normung. Ausg. Entw. Juli 1985.

Energie, elastische. Die elastische Verzerrung kristalliner oder amorpher Festkörper (also auch von Verbundwerkstoffen, porösen 3-D-Strukturen, Geweben usw.) erfordert eine Kraftwirkung und somit mechanische Arbeit. Im einfachsten Falle – bei Gültigkeit des → Hooke-Gesetzes in einem isotropen Körper, ergibt sich diese Energie aus dem Integral

$$\int \sigma \, d\varepsilon = E \int \varepsilon \, d\varepsilon = (½) \, E \, \varepsilon^2 \text{ bzw. } (½) \, \sigma^2/E \, [N/m^2]$$

Die Dimension $[N/m^2]$ kann auch als $[Nm/m^3]$, d. h. als räumliche Energiedichte, gelesen werden. E. E. kann makroskopisch auftreten (als gespanntes Federelement oder, weiträumig lokalisiert, in Form von Eigenspannungen, z. B. in abgeschreckten, gehärteten Bauteilen. E. E. kann ferner mikroskopisch gespeichert sein, insbesondere in der Umgebung von Teilchen dispergierter Phasen nach → Abkühlung infolge des unterschiedlichen Ausdehnungskoeffizienten, in Spannungskonzentrationen vor Rißfronten, oder in Versetzungsanordnungen. Wegen des relativ niedrigen Wertes der → Streckgrenze sind die betr. Energiebeträge niemals sehr groß, verglichen mit thermischen oder chemischen Energiebeiträgen. *Ilschner*

Energiefreisetzungsrate. Die E. G ist in der linear-elastischen → Bruchmechanik diejenige Energie pro Flächeneinheit, die bei infinitesimaler Rißverlängerung aus der potentiellen Energie des Systems freigesetzt wird. Sie ist mit dem Spannungsintensitätsfaktor K verknüpft nach der Formel

$$G = \frac{K^2}{E'}$$

$$E' = E \text{ oder } = \frac{E}{(1 - v^2)}$$

für den ebenen Spannungs- oder den ebenen Dehnungszustand. Bei linear-elastischem Verhalten ist G gleich dem J-Integral. Bei größeren plastischen Verformungen in der Nähe der Rißspitze verliert das J-Integral die Bedeutung einer E., da ein Teil der geleisteten Arbeit irreversibel in Verformungswärme umgesetzt wird. *Dahl*

Energieprodukt, magnetisches → Dauermagnet

Entfestigung → Dehnungswechselversuch

Enthalpie. Führt man einem reinen homogenen Stoff bei konstantem Volumen V thermische Energie in Form einer Wärmemenge dQ zu, so erhöht sich seine Temperatur. Wird dabei keine Arbeit umgesetzt, entspricht die ausgetauschte Wärme der Änderung der inneren Energie U:

$$dU = dQ_V$$

Dies ist gegeben, wenn das Volumen konstant bleibt, was durch den Index v bei Q gekennzeichnet wird.

Für die Beschreibung von Vorgängen, die bei konstantem Druck p ablaufen, wie es beim →Schmelzen und →Legieren im allgemeinen der Fall ist, wird eine weitere Energiegröße, Zustandsgröße, verwendet, die E. H. Sie ist definiert als

$$H = U + pV·$$

Wird einem Stoff eine Wärmemenge dQ bei konstantem Druck zugeführt, so erhöht sich seine innere Energie, und gleichzeitig wird Volumenarbeit geleistet. Die E. ist gleichbedeutend mit dem Wärmeinhalt eines Systems.

$$dH = dU + pdV$$

Zustandsänderungen im festen Zustand sind meist mit nur geringen Änderungen des Volumens verbunden. Man kann für solche Vorgänge daher sowohl mit der inneren Energie als auch mit der E. rechnen, es gilt dann $\Delta U \approx \Delta H$. *Gräfen*

Entkohlung. Bei der Stahlherstellung der Abbau des Kohlenstoffgehaltes im →Roheisen durch →Frischen mit Sauerstoff. Im festen Zustand die meist unerwünschte Abnahme des Randkohlenstoffgehaltes beim →Glühen in oxidierender oder reduzierender Atmosphäre. Die infolge des niedrigen Kohlenstoffgehaltes nach dem →Härten geringere →Festigkeit führt bei Federn zur Verringerung der Dauerfestigkeit, die entscheidend von den Eigenschaften der →Oberfläche abhängt. →Silicium fördert die Neigung zum Entkohlen. *Dahl*

Entmischung →Mischkristall, →Zweistoffsystem, →Ausscheidung

Entropieelastizität →Elastizität

Entrosten. Entfernen von →Rost auf Eisen- und Stahloberflächen durch mechanische, thermische oder chemische Verfahren, wie sie beim →Entzundern eingesetzt werden. *Wendler-Kalsch*

Entspannungsgeschwindigkeit →Entspannungsversuch

Entspannungsversuch. Auch →Relaxationsversuch, Festigkeitsprüfung bei höherer Temperatur. Die Probe wird bei Prüftemperatur soweit belastet, bis eine bestimmte →Dehnung erreicht ist. Diese wird dann in der Versuchszeit konstant gehalten. Durch →Kriechen zeitlich zunehmende plastische Dehnung wird dabei durch Rücknahme der Belastung (elastische Dehnung) ausgeglichen.

Während des Versuchs wird die →Spannung der Probe in Abhängigkeit von der Zeit registriert. Als Kennwert wird die →Restspannung nach bestimmter Laufzeit bestimmt.

Testparameter sind die Anfangsdehnung und die Prüftemperatur. Entspannungsgeschwindigkeit ist die Geschwindigkeit, mit der die Beanspruchung der Probe abfällt. Als Entspannungs- oder Relaxationszeit wird die Zeit bezeichnet, nach der die Restspannung gleich 1/e der Anfangsbeanspruchung ist (e = 2,718).

Die Kenntnis des Relaxationsverhaltens ist z. B. wichtig für die Auslegung von temperaturbeanspruchten Schraubenverbindungen; die Restspannung muß hier so groß sein, daß eine ausreichende Klemmkraft verbleibt. *Kußmaul*

Literatur: *Pomp, A.*: Festigkeitsuntersuchungen bei hohen Temperaturen. In: E. Siebel: Handbuch der Werkstoffprüfung. Bd. 2. Berlin-Göttingen-Heidelberg 1955 – Relaxationsverhalten warmfester Stähle für Schrauben. Verein Deutscher Eisenhüttenleute (Hrsg.). Schlußbericht zum EGKS – Forschungsvorhaben 6210-KF/1/101, Düsseldorf 1978.

Entzinkung. Selektive →Korrosion bei Kupfer-Zinklegierungen (Messing), bei der das unedlere Zink bevorzugt aufgelöst wird und poröser Kupferschwamm zurückbleibt oder durch Wiederabscheidung entsteht. Die ursprüngliche Form des Werkstückes bleibt dabei weitgehend erhalten, jedoch wird wegen der geringen →Festigkeit des Kupferschwammes der tragende Querschnitt des Bauteiles geschwächt. E. wird hauptsächlich in chloridhaltigen wäßrigen Medien ausgelöst. Bei der Lagenentzinkung tritt der selektive Angriff gleichmäßig über die gesamte →Oberfläche und bei der Pfropfenentzinkung örtlich begrenzt auf und schreitet schnell in die Tiefe fort.

Während die einphasigen α-Legierungen (Zn $\leq 37\%$) erst oberhalb eines Zinkgehaltes von 15% mit zunehmender Zinkkonzentration zu dieser →Korrosionsart neigen, sind die (α + β)-Legierungen (Zn $> 37\%$) in verstärktem Maße anfällig, wobei ein bevorzugter Angriff mit teilweise vollständiger Auflösung der zinkreicheren unedleren β-Phase erfolgt.

Der E. begegnet man durch geringe Legierungszusätze von Arsen, Phosphor, Zinn oder Antimon. Während bei den einphasigen α-Legierungen hierdurch ein weitgehender Schutz vor E. erreicht wird, kann bei den (α + β)-Legierungen die Empfindlichkeit nicht gänzlich unterdrückt werden.

Wendler-Kalsch

Entzundern. Entfernen der auf der →Oberfläche von →Metallen bei hohen Temperaturen gebildeten Zunderschichten (→Zunder) durch mechanische, thermische oder chemische Verfahren.

Zum mechanischen E. eignen sich Drahtbürsten und Strahlverfahren, bei denen ein Strahlmittel, wie →Sand (→Sandstrahlen), Korund, →Hartguß u. a. durch Druckluft oder Schleuderräder auf das zu entzundernde Gut geschleudert wird.

Beim →Flammstrahlen wird eine Acetylen/Sauerstoff-Flamme über die Werkstückoberfläche geführt, wobei die Zunderschicht abgesprengt wird, was auf der unterschiedlichen thermischen Ausdehnung des Zunders und des Grundmetalles beruht.

Das chemische oder elektrochemische E. erfolgt je nach Werkstoffart hauptsächlich in Säurelösungen, z. T. auch in Laugen (→Beizen).

Technische Bedeutung hat das E. von →Stahl, z. B. das Entfernen von →Walzzunder, der aus $FeO/Fe_3O_4/Fe_2O_3$-Schichten besteht. Während mit dem Strahlverfahren der harte und rissige Magnetit (Fe_3O_4) und Hämatit (Fe_2O_3) am leichtesten entfernbar ist, wird beim chemischen Beizen der Wüstit (FeO) bevorzugt aufgelöst.   *Wendler-Kalsch*

EP-Additiv →Hochdruckzusatz

Epichlorhydrin-Elastomere →Elastomere

Epitaxie. E. ist das gerichtete und geordnete Aufwachsen von Kristallen.

Man unterscheidet:

□ Flüssigphasen-Epitaxie (Bauser-Verfahren, *engl.* liquid phase epitaxy, LPE)

□ Gasphasen-Epitaxie (*engl.* vapor phase epitaxy, VPE)

□ Molekularstrahl-Epitaxie (*engl.* molecular beam epitaxy, MBE)   *Steffens*

Epoxidharze. (Kurzzeichen: EP) (*engl.* epoxy resins). Bei der Umsetzung von Epichlorhydrin mit hydroxylgruppenhaltigen Verbindungen in Gegenwart von Alkali bilden sich Substanzen bzw. Substanzgemische, deren Moleküle mindestens zwei Epoxidgruppen (Oxiran-Gruppen) enthalten:

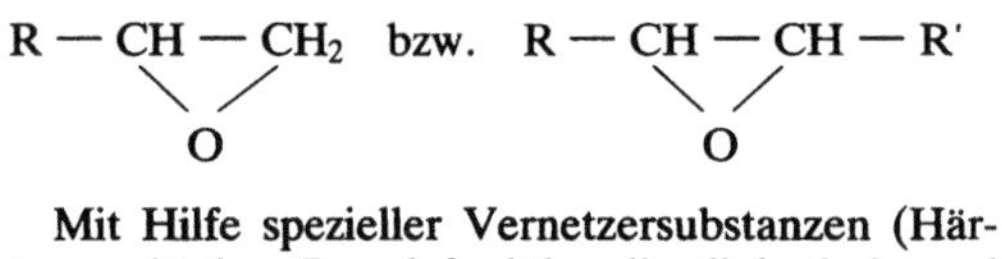

$$R - CH - CH_2 \quad \text{bzw.} \quad R - CH - CH - R'$$

Mit Hilfe spezieller Vernetzersubstanzen (Härtungsmittel, z. B. polyfunktionelle aliphatische und aromatische Amine, Carbonsäuren, Carbonsäureanhydride oder Phenole) werden sie nach der Formgebung zu räumlich vernetzten, duroplastischen Stoffen umgesetzt. Im allgemeinen Sprachgebrauch bezeichnet man sowohl die unvernetzten, flüssigen als auch die vernetzten, festen Stoffe als EP.

Die Ausgangsstoffe der wichtigsten EP sind das Bisphenol A (I) (2,2-(Di-p-hydroxyphenyl)-propan oder Diphenylolpropan) und Epichlorhydrin (II), deren Umsetzung in Gegenwart von überschüssiger Natronlauge zum Diglycidylether (III) führt:

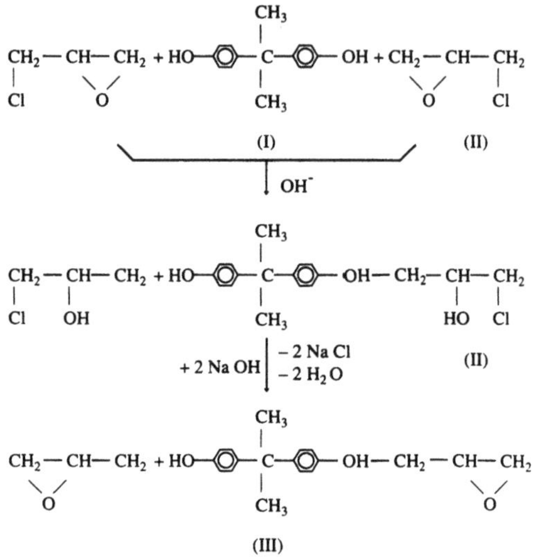

In Abhängigkeit von der eingesetzten Menge an Bisphenol A und Epichlorhydrin erhält man Produkte unterschiedlicher Molekülgröße, die sich im →Schmelzpunkt und in der →Löslichkeit unterscheiden. Technische Verwendung finden Produkte mit einer Molekularmasse von 350 bis 4000 g/mol.

Zur →Vernetzung (Kalt- oder Warmhärtung) werden vorwiegend polyfunktionelle Amine eingesetzt, die mit den endständigen Oxiranringen mehrerer Molekülketten reagieren:

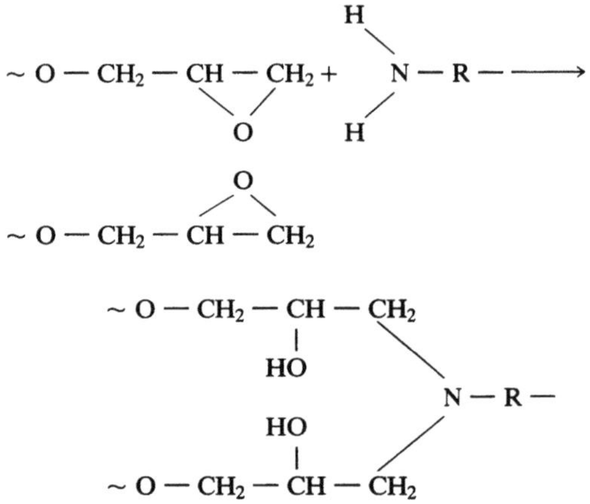

Die Eigenschaften der E. sind durch die große Vielzahl an einsetzbaren Verbindungen (außer Bisphenol A andere Phenole, Alkohole, Carbonsäuren, prim. und sek. aliphatischen und aromatischen Amine, Parabansäure, Hydantoin) und Vernetzersubstanzen, sowie der unterschiedlichsten Füllstoffe (Sand, Metallpulver, Metalloxide, -carbonate, -silikate) und Verstärkungsmaterialien (Glas-, Asbest-, Natur-, Chemie-, Kohle- und auch Borfasern) weitgehend zu variieren. Die Mög-

Epoxidharze. Tabelle: Eigenschaftswerte von EP-Formteilen

Glasgehalt	%	0	50	65	65	67—78
Textilglasbau		—	Gelege + quer	längs gleich	100 % längs	92 % längs + Spezialharz
Dichte	g/cm³	1,2	1,6	1,8	1,8	1,8—2,0
Zugfestigkeit	MPa	60	230	340	750	1300—1700
Biegefestigkeit	MPa	130	280	420	800	1200—1600
Druckfestigkeit	MPa	—	20	—		
E-Modul	GPa	4	11	18	30	60
spez. Durchgangswiderstand	Ωm	$2-8 \cdot 10^{17}$	—	—	—	—
Durchschlagfeldstärke	V/m	$18-24 \cdot 10^5$	—	—	—	—
Dielektr. Verlustfakt.	(50 Hz)	0,002—0,004	—	—	—	
Dielektrizitätskonst.	(50 Hz)	3—5	—	—	—	—

lichkeiten reichen von flexiblen Harzen mit niedriger Wärmeformbeständigkeit und großer →Zähigkeit bis zu hochvernetzten, harten Harzen mit sehr hoher Wärmeformbeständigkeit, guter Kriechstromfestigkeit und Lichtbogenbeständigkeit.

Die vorteilhaften Eigenschaften der EP sind ihre chemische – besonders gegenüber Alkalilaugen – und thermische Beständigkeit, ihr geringer Schrumpf bei der Vernetzung, sowie ihre ausgezeichnete →Haftung auf vielen Stoffen (Tabelle). Ihre Anwendungsgebiete sind daher außerordentlich vielfältig. Sie werden als Formteile im Apparate-, Flugzeug- und Maschinenbau, in der Elektroindustrie für Isolierzwecke, für gedruckte Schaltungen, als Kleblacke, Gießharze, Beschichtungs- und Preßmassen, Kitte und Laminierungsharze eingesetzt. *Zahradnik*

Epoxidharzlackfarbe. E. (auch EP-Lackfarben) sind chemisch härtende, zur Viskositätserniedrigung manchmal auch Lösemittel enthaltende Zweikomponentenanstrichstoffe. Die niedrigsten Anwendungstemperaturen betragen je nach Modifikation +15 °C–+5 °C. Sie zeigen eine sehr gute Beständigkeit gegen Wasser und übliche chemische Angriffe, auch gegen Öle und Lösemittel. Bei →Bewitterung neigen sie im Laufe der Zeit zur Kreidung. EP-Lackfarben haben eine sehr gute →Haftfestigkeit auf allen mineralischen Untergründen und auf Metallen, in sehr niedrigviskoser →Konsistenz auch als →Grundanstrich. *Sasse*

Erhärten. Am Erstarrungsende (→Erstarren) sind bereits etwa 15 % des Zementes hydratisiert. Das Erstarren geht in das E. über, indem die Hydratation von der Zementkornoberfläche ins Korninnere vordringt und die CSH-Phasen (Erstarren) den wassergefüllten Zwischenraum zwischen den Zementkörnern überbrücken. Später wachsen weitere CSH-Phasen in die noch vorhandenen Poren hinein und verdichten das Grundgefüge. Dabei muß das Wasser, um an den unhydratisierten Kern zu kommen, durch immer dichter werdende Gelschichten dringen; dadurch verlangsamen sich die Hydratation und damit die Festigkeitsentwicklung mit der Zeit. Erst wenn bei ausreichendem Wasserangebot der →Zement völlig hydratisiert ist, was einige Jahre dauern kann, ist die Endfestigkeit erreicht. Dies wird um so später geschehen, je dicker das Zementkorn, d. h. je geringer die →Mahlfeinheit ist. Im Alter von 28 Tagen ist einerseits bereits eine ausreichende →Festigkeit vorhanden, andererseits bei manchen Zementen kein größerer Festigkeitszuwachs mehr zu erwarten. Deshalb gilt allgemein die Festigkeit im Alter von 28 Tagen als Kriterium für die Güte (Festigkeitsklasse) des Zements und Betons. Als Kennzahl der Festigkeitsklasse gilt die Mindestdruckfestigkeit nach Wasserlagerung im Alter von 28 Tagen, ggf. mit einem nachgestellten Kennbuchstaben L (langsam), z. B. HOZ 45 L, oder F (frühfest), z. B. PZ 45 F, für die Anfangserhärtung. Ein langsam erhärtender Zement hat über 28 Tage hinaus eine große Nacherhärtung, ein frühfester Zement nimmt nach 28 Tagen kaum noch an

Festigkeit zu. Feuchtigkeit und Temperatur, denen erhärtender → Zementleim oder → Beton ausgesetzt ist, haben einen wesentlichen Einfluß auf Erhärtungsverlauf und Endfestigkeit. Maximale Festigkeiten lassen sich nur bei dauernder Feuchtlagerung erreichen. Wird das zur Hydratation notwendige Wasser entzogen, so hört die Erhärtung auf. Bei dauernder Luftlagerung wird eine Endfestigkeit erreicht, die weit unter der normalen Festigkeit nach 28 Tagen liegt. Als chemische Reaktion ist die Zementerhärtung von der Temperatur abhängig: Bei hoher Temperatur verläuft sie schneller und umgekehrt. *Wesche*

Erholung. Als E. bezeichnet man mikroskopische Vorgänge, welche insbesondere nach der Erzeugung von Punktfehlstellen durch → Abschrecken oder Partikelbestrahlung bzw. nach einer Erhöhung der Versetzungsdichte durch plastische → Verformung ablaufen, und zwar in Richtung auf gleichgewichtsnähere, defektarme Zustände.

Die E. von Punktfehlstellen erfolgt durch Diffusionsprozesse im → Gitter oder in Zwischengitterpositionen. Dies führt zur Elimination der Defekte an Grenzflächen oder Versetzungen, bzw. zur gegenseitigen Auslöschung durch Rekombination von Zwischengitteratomen mit Leerstellen. Eine weitere Möglichkeit ist die Kondensation bzw. → Ausscheidung unter Bildung von Mikroporen.

Die E. von Versetzungen kann nur in begrenztem Umfang durch → Gleitung erfolgen. In der Regel ist thermische → Aktivierung bzw. → Klettern erforderlich, um die durch plastische Verformung eingebrachten Versetzungen bzw. die mit ihnen verbundene elastische Verzerrungsenergie abzubauen. Elementarvorgänge, welche dies bewirken, sind:
– Auslöschung von Versetzungssegmenten entgegengesetzten Vorzeichens in einer Gleitebene;
– Auflösung von Versetzungsringen durch Emission/Absorption von Punktdefekten;
– Austritt von Versetzungen aus dem Gitter in Grenz- und Oberflächen;
– Einbau von Einzelversetzungen in Versetzungsanordnungen niedriger Energie wie Subkorngrenzen.

Während der E. bleibt das polykristalline Grundgefüge erhalten, Korngrenzen bleiben unverändert liegen, im Gegensatz zur → Rekristallisation. Da E. keine → Keimbildung benötigt, ist die Erholungskinetik in der Regel durch einen einfachen asymptotischen Verlauf gekennzeichnet (Bild):

$$X = X_a + (X_a + X_e) \exp(-t/\tau)$$

(X: Meßgröße, z. B. elektr. Widerstand, Härte; X_a: Anfangswert, X_e: Endwert von X, oft ≈ 0; τ: temperaturabhängige Zeitkonstante.) *Ilschner*

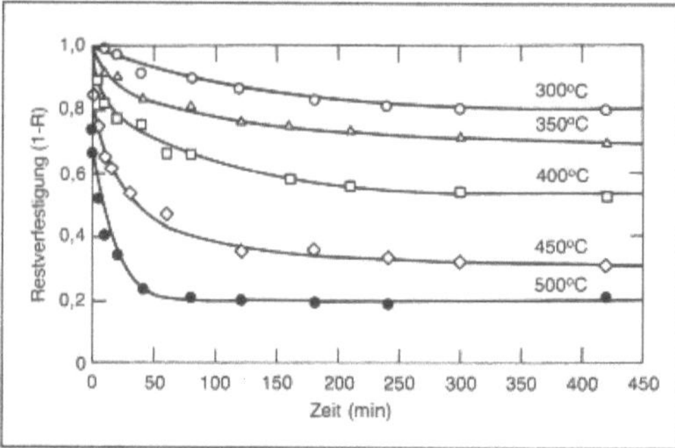

Erholung: Erholungskinetik der Kaltverformung von Eisen bei verschiedenen Temperaturen. (1 − R) ist der nach E. verbleibende Verfestigungsanteil.

Literatur: *Leslie, W. C.:* Iron and its dilute solid solutions. New York 1963.

Ermüdung. (*engl.* fatigue) Das Versagen von Werkstoffen durch fortschreitendes Rißwachstum, welches durch wiederholte Spannungszyklen verursacht wird. Meist beginnt das Rißwachstum an der Oberfläche des Werkstücks, wo durch Unregelmäßigkeiten wie Kerben, Kratzer oder Eindrücke und damit verursachte Querschnittsreduktion. Hierdurch treten Spannungskonzentrationen auf. Bei jedem Spannungszyklus wächst der Riß um eine Wegstrecke weiter in den Werkstoff hinein, so daß anhand der Haltelinien auf der → Bruchfläche die Zahl der Beanspruchungszyklen abgelesen werden kann. Die Ermüdungsgefahr kann reduziert werden durch Erzeugung einer hohen Oberflächengüte: durch Schleifen und Polieren werden Oberflächenfehler entfernt und somit die Möglichkeit des Rißbeginns reduziert. Es verbleibt jedoch noch die Möglichkeit der Rißbildung an inneren Materialfehlern wie → Einschlüssen und → Ausscheidungen.

Die Spannung, bei welcher der Werkstoff durch E. zerstört wird, liegt deutlich unter der Zugfestigkeit. Je höher die Zahl der aufgebrachten Lastwechsel ist, um so niedriger wird die zum Bruch führende Spannung. Dieses Verhalten wird in der *Wöhler-Kurve* sichtbar, in welcher der maximale Spannungsausschlag bei wechselnder Belastung gegen die Lastwechselzahl aufgetragen ist, die zu Bruch führt. Der Fall, daß unterhalb einer Spannung unabhängig von der Lastspielzeit kein Bruch mehr auftritt, wird als → Dauerfestigkeit bezeichnet (→ Festigkeitsverhalten).

Die üblichste Versuchsanordnung, um das Ermüdungsverhalten zu testen, ist ein rotierender Balken, welcher in Biegung beansprucht wird.

Unter *Korrosionsermüdung* versteht man das Versagen eines Werkstoffes, welcher durch eine gleichzeitige Einwirkung von Korrosion und wechselnder mechanischer Belastung hervorgerufen wird. Beide Faktoren können zwar schon für sich

Werkstoffschädigungen hervorrufen, durch die überlagerte Beanspruchung wird der Schadensvorgang jedoch wesentlich beschleunigt.

Schuh/Kußmaul

Ermüdung, thermische. Spezialfall der → Ermüdung, der nicht primär durch periodisch wechselnde mechanische Beanspruchung, sondern als Folge einer periodischen Änderung der Temperaturverteilung in einer Probe (einem Bauteil) verursacht wird. Die Temperaturunterschiede entstehen durch Wärmezufuhr von der → Oberfläche her (Reibungswärme, auftreffende heiße Gas- oder Flüssigkeitsströme, Laserbestrahlung usw.), wodurch die Oberflächentemperatur periodisch angehoben und abgesenkt wird. Ein Teil der zugeführten bzw. erzeugten Wärme wird an den Außenraum abgegeben (u. a. durch Strahlung), ein anderer führt zur Temperaturerhöhung des Festkörpers, ein dritter Teil wird durch → Wärmeleitung abgeführt. Es ist dieser Anteil, der einen Temperaturgradienten aufbaut, welcher wegen der in erster Näherung linearen thermischen → Ausdehnung einem Dehnungsgradienten entspricht. Wegen der Einzwängung in die kältere Umgebung können diese Dehnungen sich nicht realisieren bzw. werden durch entsprechende Gegenspannungen unterdrückt. Die Folge sind periodisch wechselnde elastische, bei höheren Temperaturänderungen auch plastische Formänderungen, welche zur Schädigung und zum Werkstoffversagen durch trans- oder interkristallinen → Bruch führen.

Die Druck- oder Zugspannungs-Belastungen sind – im Gegensatz zum Fall des isothermen Low Cycle Fatigue (→ LCF) – jeweils dem höheren oder dem niedrigeren Temperaturniveau zugeordnet. Dieser Zusammenhang beeinflußt das Verformungsverhalten sowie die Rißeinleitung bzw. andere Schädigungsmechanismen. Außerdem liegt in der Hochtemperatur-Phase eine besondere Gefährdung durch Oxidationsvorgänge vor, mit entsprechendem Einfluß auf die → Lebensdauer.

Die experimentelle Untersuchung der Beständigkeit gegen t. E. wird vielfach als → Bauteilprüfung an realen Bauteilen (z. B. Gasturbinenschaufeln) durchgeführt. Schnelle Erhitzung und → Abkühlung wird entweder durch Flamm-Düsen und Druckluft, oder durch Induktionsheizung und Druckluft, oder durch Eintauchen in Wirbelschichten verschiedener Temperatur simuliert. Stärker idealisierte Probenformen (z. B. keilförmige Scheiben) haben den Vorteil, leichter berechenbar zu sein.

Ilschner

Literatur: *Rezaï-Aria, F.:* Thermal Fatigue of MAR-M 509 Superalloy: The Influence of Specimen Geometry, Fatigue Fract. Engg. Mat. Struct. 11 (1988) 277–289 – *Rezaï-Aria, F.* and *L. Remy:* An Oxidation-Fatigue Interaction Damage Model for Thermal Fatigue Crack Growth. Engg. Fract. Mech. 34 (1989) p. 283–294 – *Spera, D. A.:* What is Thermal Fatigue? In: Thermal Fatigue of Materials and Components. ASTM Special Technical Publication 1976, p. 3–9.

Erosion. → Verschleißart, bei welcher → Verschleiß durch einen Gas- oder einen Flüssigkeitsstrom hervorgerufen wird, der Partikel enthalten kann.

Habig

Erosionskorrosion. E. entsteht durch Zusammenwirken von mechanischer Oberflächenabtragung (→ Erosion) und → Korrosion, wobei die Korrosion im allgemeinen durch Zerstörung von Schutzschichten als Folge der Erosion ausgelöst wird (DIN 50900). Als Mechanismus wird das Wechselspiel zwischen Deckschicht- oder Passivschichtzerstörung und Ausheilvorgängen angenommen, wobei die Geschwindigkeit der Schutzschichtnachbildung von wesentlichem Einfluß ist.

E. wird in strömenden Flüssigkeiten ausgelöst und führt vorwiegend zu furchenartigen Vertiefungen in Strömungsrichtung. Häufig werden auch hufeisen- oder dreieckige Vertiefungen beobachtet. Mehrphasenströmungen mit Feststoffen oder Gasblasen in der Flüssigkeit erhöhen die Anfälligkeit.

E.-Schäden treten nach Überschreiten der werkstoff- und medienabhängigen kritischen Strömungsgeschwindigkeit auf und werden daher bei zu hoher Strömungsgeschwindigkeit, insbesondere an Stellen hoher Turbulenz (z. B. Rohrverengungen, Zulaufrohre mit Eintrittskanten, Pumpenlaufräder) ausgelöst.

Geeignete Schutzmaßnahmen sind die beanspruchungsgerechte Werkstoffauswahl, Erniedrigung der Strömungsgeschwindigkeit, konstruktive, hydraulisch günstige Gestaltung der Bauteile mit einer strömungsgünstigen Form.

Wendler-Kalsch

Erschöpfungskriechen. Ein auch bei niedrigen Temperaturen ($<0{,}3\ T_s$) stattfindender zeitabhängiger Verformungsprozeß unter konstanter Belastung, der schon nach sehr kleinen Formänderungen zum Stehen kommt. Die Dehnung folgt meist einem logarithmischen Zeitgesetz. E. beruht auf der thermisch aktivierten Ablösung einzelner Versetzungssegmente von Verankerungspunkten (Potentialmulden) unterschiedlicher Tiefe (Haftstärke), bis zur Erschöpfung des Vorrats an ablösefähigen Segmenten. Wichtig für die → Spannungsrelaxation bei niedrigen Temperaturen sowie die Langzeitstabilität von Präzisionsbauteilen.

Ilschner

Literatur: *Ilschner, B.:* Hochtemperatur-Plastizität. Berlin 1973.

Erstarren. Wenn an Stelle von Portlandzement (PZ) nur feingemahlener PZ-Klinker (→ Zement) mit Wasser gemischt wird, reagiert das beim Brennen des Klinkers gebildete Tricalciumaluminat

(C₃A) sehr schnell mit dem Wasser und bewirkt dadurch eine unerwünschte zu frühe →Verfestigung des Gemisches. Um daher →Beton in ausreichender Zeit sachgemäß herstellen, transportieren und verarbeiten zu können, muß dem Klinker Calciumsulfat in Form von →Gips oder Anhydrit zugesetzt werden. Das Sulfat bildet mit den Aluminaten des Klinkers sofort das Trisulfat Ettringit ($3CaO \cdot Al_2O_3 \cdot 3CaSO_4 \cdot 32H_2O$), das praktisch keine →Festigkeit hat und daher die Verarbeitung des Frischbetons gewährleistet. Der PZ beginnt sofort nach der Zugabe des Anmachwassers zu hydratisieren, d. h. er bindet chemisch Wasser. Zunächst werden Calciumhydroxid $Ca(OH)_2$, das ebenfalls keine Festigkeit aufweist, und nach einer Stunde bis mehreren Stunden Calciumsilicathydrate, die sog. CSH-Phasen, gebildet, die für die Festigkeitsentwicklung des PZ maßgebend sind. Die sehr feinen CSH-Kristalle verwachsen miteinander, bilden ein Netzwerk und zusammen mit dem Wasser ein →Gel mit einer spezifischen Oberfläche, die etwa 1 000mal so groß ist wie die Oberfläche des Zementes vor der Hydratation. Dadurch werden außer den chemischen Bindungen sehr große Massenanziehungskräfte (Van-der-Waals-Kräfte), die die Festigkeit hervorrufen, innerhalb des Gels wirksam. Mit der Bildung der CSH-Phasen tritt eine merkliche Verfestigung auf, die man den Erstarrungsbeginn nennt. Er wird durch größeren Wasserzusatz und ebenso durch niedrigere Temperatur verzögert, da bei höherem Wassergehalt die reagierenden Zementkörner durch dickere Wasserschichten getrennt sind und chemische Reaktionen bei niedrigeren Temperaturen i. a. langsamer ablaufen. Nach DIN 1164 darf der Erstarrungsbeginn frühestens nach 1 h und muß das Erstarrungsende spätestens nach 12 h eintreten.   *Wesche*

Erstarrung, eutektische. Die Bedingungen für eine vollständige Löslichkeit im festen Zustand werden nur von wenigen Lösungspartnern erfüllt, so daß im festen Zustand meist eine begrenzte Löslichkeit besteht, die bis zu praktisch vollständiger Unlöslichkeit gehen kann. Bei den →Zweistoffsystemen mit beschränkter Löslichkeit im festen Zustand sind zwei verschiedene Umwandlungsmechanismen bedeutsam: die eutektische und die peritektische Reaktion, von denen die eutektische für die Werkstoffanwendung zweifellos die wichtigere ist.

Ein System mit Eutektikum ist in Bild 1 wiedergegeben. Die Begrenzungen der Phasenbereiche stellen die Lösungsgrenzlinien der Phasen dar. In dem dargestellten System treten eine flüssige Lösung S und die beiden festen Lösungen α und β auf. Die A-reiche Phase α hat die gleiche Gitterstruktur wie A, die B-reiche Phase β die Gitterstruktur von B. Die Lösungsfähigkeiten von B in A (α) und von A in B (β) sind deutlich eingeschränkt. Die beiden

Äste der →Liquiduslinie a₁ (Löslichkeitsgrenze von A in S) und a₂ (Löslichkeitsgrenze von B in S) schneiden sich im Punkt E.

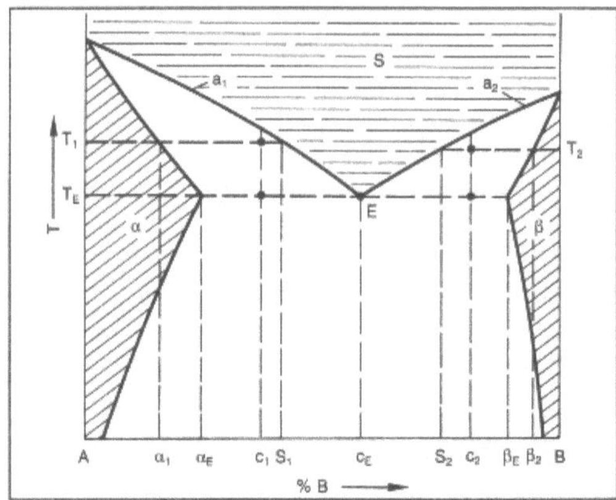

Erstarrung, eutektische 1: Zweistoffsystem mit beschränkter Löslichkeit der Komponenten im festen Zustand und Eutektikum. Zusammensetzung der Einzelphasen von Legierungen c₁, c_E und c₂ bei Temperaturen T₁, T_E und T₂. (E-eutektischer Punkt). Die durch E laufende Waagerechte wird Eutektikale genannt.

Im Punkt E ist nun die Schmelzphase sowohl an A als auch an B gesättigt. Bei →Unterkühlung der Schmelze unter T_E ist sie sowohl an A als auch an B übersättigt. Eine solcherart übersättigte Schmelze erstarrt dann eutektisch, indem aus ihr die beiden Phasen α und β der Zusammensetzungen α_E bzw. β_E gebildet werden. Die →Keimbildung der einen Phase führt in der Schmelze lokal zu einer stärkeren Übersättigung an der anderen Komponente und löst damit ihrerseits eine Keimbildung der anderen Phase aus. Beide Phasen wachsen also gleichzeitig und behindern sich gegenseitig in ihrem →Kristallwachstum. Viele Eutektika zeigen daher eine feinkörnige Gefügeausbildung mit nebeneinander liegenden Lamellen von α und β. Bei der Erstarrung wächst eine Front von α- und β-Lamellen in die Schmelze hinein, die für die →Umwandlung der Phase S mit der Zusammensetzung E in die beiden Phasen α und β mit den Zusammensetzungen α_E bzw. β_E erforderlichen Diffusionsprozesse finden vor dieser Wachstumsfront statt.

Im Bild 2 sind die Diffusionswege der B-Atome durch Pfeile gekennzeichnet, in umgekehrter Richtung findet eine →Diffusion von A-Atomen statt. Eine höhere Abkühlgeschwindigkeit führt zu erhöhter Keimdichte und damit zu einer feineren Lamellierung der beiden Phasen.

Bild 3 zeigt ein System mit Eutektikum mit schematischen Gefügedarstellungen einer untereutektischen (c₁), der eutektischen (c_E) und einer übereutektischen (c₂) Substanz bei Temperaturen dicht

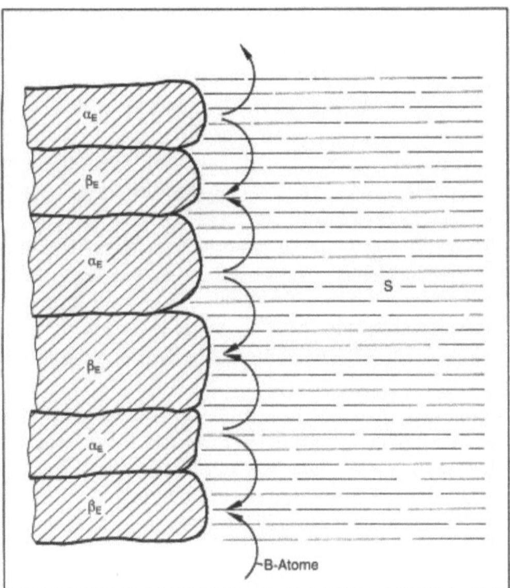

Erstarrung, eutektische 2: Wachstum einer eutektischen Erstarrungsfront.

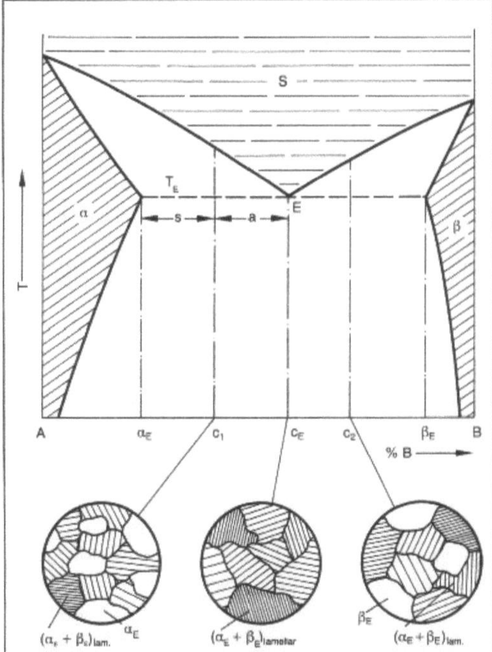

Erstarrung, eutektische 3: Erstarrungsgefüge unter-eutektischer, eutektischer und übereutektischer Legierungen.

unterhalb T_E an den mit x gekennzeichneten Punkten. Als untereutektisch werden Substanzen mit Zusammensetzungen zwischen α_E und c_E bezeichnet. Sie scheiden bei der Erstarrung zunächst sog.

primäre α-Kristalle aus der Schmelze aus, die Restschmelze nimmt bei $T = T_E$ mit einem Mengenanteil von $\dfrac{s}{s+a}$ eutektische Zusammensetzung c_E an und erstarrt dann eutektisch. Für die übereutektische Substanz mit der Zusammensetzung c_2 gilt Entsprechendes. Dagegen weisen eutektische Substanzen c_E ein besonderes Erstarrungsverhalten auf, wodurch sie vorteilhaft als Guß- oder Lotwerkstoff angewendet werden können. Die Besonderheit des Erstarrungsverhaltens besteht darin, daß eutektisch zusammengesetzte Schmelzen im allgemeinen in feiner Gefügeausbildung und – obwohl zweiphasig – wie eine reine Komponente mit einem → Schmelzpunkt, der überdies bei der niedrigsten in dem System auftretenden Temperatur T_E liegt, erstarren.

Findet eine der eutektischen Umwandlung analoge Phasenreaktion im festen Zustand statt, so wird diese eutektoid genannt (eutektoider Zerfall).

Gräfen

Erstarrung, glasartige. Bei einfach aufgebauten Stoffen, in denen die Atome in der Schmelze hohe → Beweglichkeit haben, und deren Kristallstruktur durch unkomplizierte, kleine Elementarzellen gekennzeichnet ist, erfolgt der Aufbau von Keimen und die Ankristallisation weiterer Bausteine an diese Keime schneller, als der Wärmeentzug durch die Kühlung von außen. Solche Stoffe kristallisieren leicht.

Kompliziert aufgebaute Schmelzen, wie etwa geschmolzene Silicatgläser, geschmolzener Quarz, geschmolzene Hochpolymere hingegen haben große Schwierigkeiten bei der → Kristallisation: Die Umlagerung ihrer oft in lange Ketten verwickelten Grundbausteine zu kristallinen Anordnungen – die durchaus denkbar sind – erfordert auch bei hoher Temperatur lange Zeit. Die Umordnungsprozesse, die zur Kristallisation führen könnten, werden daher, sofern man nicht extrem langsam kühlt (wie unter geologischen Bedingungen), von der Wärmeabfuhr „überrollt": Die atomaren Bausteine vermögen sich bei sinkender Temperatur nur noch geringfügig gegenüber dem Schmelzzustand zu arrangieren und dabei eine gewisse Verdichtung zu erreichen – im wesentlichen bleibt die Struktur der Schmelze erhalten und nur die im flüssigen Bereich vorhandene Beweglichkeit (Fluidität) verschwindet: Es bildet sich ein → Glas. Es besitzt nur eine Nahordnung (→ Mischkristall). Strukturell bezeichnet man diesen Zustand als amorph. Das Bild zeigt einen Vergleich zwischen amorphen und kristallinen Körpern hinsichtlich der Anordnung der Atome, ihrer Vertiefung und des Energieinhaltes.

Der Übergang Schmelze/Glas ist im Gegensatz zur Kristallisation unscharf, es kann ihm nicht eine

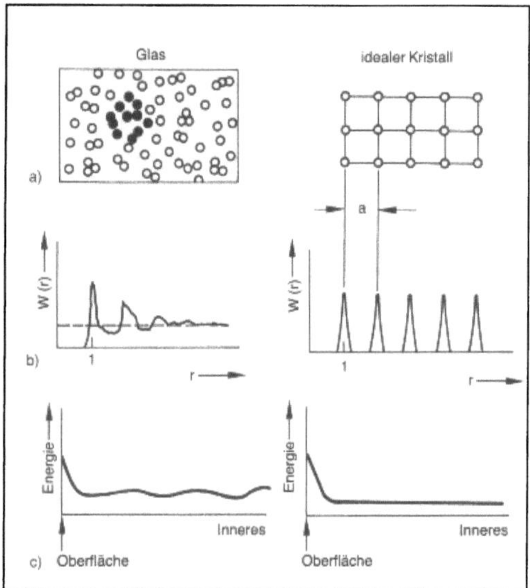

Erstarrung, glasartige: Vergleich eines amorphen Körpers (Glas) und eines idealen Kristalls.
a) Atomanordnung
b) Wahrscheinlichkeitsverteilung von Atomen
c) Energieprofil.

exakte Temperatur zugeordnet werden, bei der etwa ein → Gleichgewicht Schmelze/Glas eingestellt wäre. Die „Glasbildungstemperatur" ist vielmehr eine Frage der Übereinkunft: Man kann sich darauf einigen, von Glasbildung dann zu sprechen, wenn die Beweglichkeit der Bausteine (z. B. SiO₂-Tetraeder, Polymerketten) aufhört, so daß bei weiterer → Abkühlung keine Umordnung (und Verdichtung unter Beseitigung von Leervolumina) mehr stattfinden kann, sondern nur noch normale thermische Kontraktion wie in jedem Festkörper. Aber ab welcher Temperatur hört die → Beweglichkeit wirklich auf? Da sie einer *Arrhenius*-Funktion gehorcht, gibt es gar keine Temperatur, bei der sie „aufhört" – sie wird nur immer schwächer. Man kann wohl definieren: „Als Glasbildungstemperatur soll diejenige Temperatur gelten, bei der die Beweglichkeit so klein geworden ist, daß während der Abkühlung um ein weiteres Grad Kelvin keine meßbare Umordnung mehr erfolgt." Aber diese Definition hängt offensichtlich davon ab, ob die Abkühlung um ein weiteres Grad in $\frac{1}{10}$ s, in 10 s, 100 s oder in geologischen Zeiträumen erfolgt! Die so definierte → Glasbildungstemperatur liegt also um so tiefer, je langsamer die Abkühlung erfolgt.

Prinzipiell ist das entstandene Glas thermodynamisch instabil: Der stabile Zustand mit dem minimalen thermodynamischen Potential ist der kristalline Zustand. Deshalb hat das Glas die Tendenz, zu kristallisieren, wenn man es unter erhöhte Tempe-

ratur bringt und ihm Zeit (für thermisch aktivierte Umlagerungen) gibt: Das Glas „entglast", in dem es im festen Zustand kristallisiert. Für Archäologen und Kunsthistoriker ist die Entglasung antiker Gläser ein Störfaktor, den man aber auch technisch ausnutzen kann: Durch Zugabe von Fremdkeimen (z. B. TiO₂) können Gläser hergestellt werden, die bei längerem Halten auf erhöhter Temperatur in kontrollierbarer Weise mit technisch vertretbarer Geschwindigkeit teilweise kristallisieren. Man spricht dann von „→ Glaskeramik"; sie kann als Mehrphasengemisch so hergestellt werden, daß ihr thermischer → Ausdehnungskoeffizient angenähert Null ist.

Metalle erstarren praktisch stets kristallin. In den letzten Jahren konnte jedoch der Nachweis erbracht werden, daß Werkstoffe auf metallischer Basis bei Abkühlgeschwindigkeiten von $> 10^5$–10^6 Ks^{-1} amorph erstarren können (→ Glas, metallisches). Die Unterdrückung der Kristallisation gelingt bevorzugt bei solchen Zusammensetzungen, die in der Nähe eines tief schmelzenden Eutektikums liegen. Erleichtert wird die amorphe Erstarrung durch spezielle Legierungssysteme, wo Übergangsmetalle mit Metalloiden (Stabilisatoren der amorphen Struktur) der Zusammensetzung Me$_{1-x}$ Moid$_x$ $(0{,}15 < x < 0{,}25)$ gewählt werden. *Gräfen*

Erstarrung, kristalline. Die → Kristallisation aus dem flüssigen Zustand (Erstarrung) geht von Keimen aus, an die sich Atome, Ionen oder Moleküle der sie umgebenden flüssigen Ausgangsphase anlagern. Der Ablauf der Kristallisation ist daher durch zwei Teilvorgänge gekennzeichnet, die → Keimbildung und das → Kristallwachstum (Bild). Der Übergang flüssig/fest wird auch als Primärkristallisation, das dabei entstehende → Gefüge als Primärgefüge bezeichnet. Durch thermische und thermomechanische → Behandlung kristallisiert der Werkstoff im festen Zustand um, und es entsteht das Sekundärgefüge. *Gräfen*

Erstarrung, peritektische. Das → Zustandsdiagramm für eine p. E. ergibt sich aus der Entmischung der Komponenten eines → Zweistoffsystems, die im flüssigen Zustand vollständig miteinander mischbar, im festen Zustand aber nur begrenzte Löslichkeit besitzen und kein Schmelzpunktminimum aufweisen. Letzteres bedeutet, daß eine Komponente einen → Schmelzpunkt unterhalb des Dreiphasen-Gleichgewichts (peritektischer Punkt) besitzt.

Eine peritektische Reaktion liegt dann vor, wenn die Schmelze S mit einer primär ausgeschiedenen, festen Phase α eine neue feste Phase β bildet. Dies erfolgt in dem im Bild wiedergegebenen System A-B nach dem Reaktionsschema S + α → β, wenn

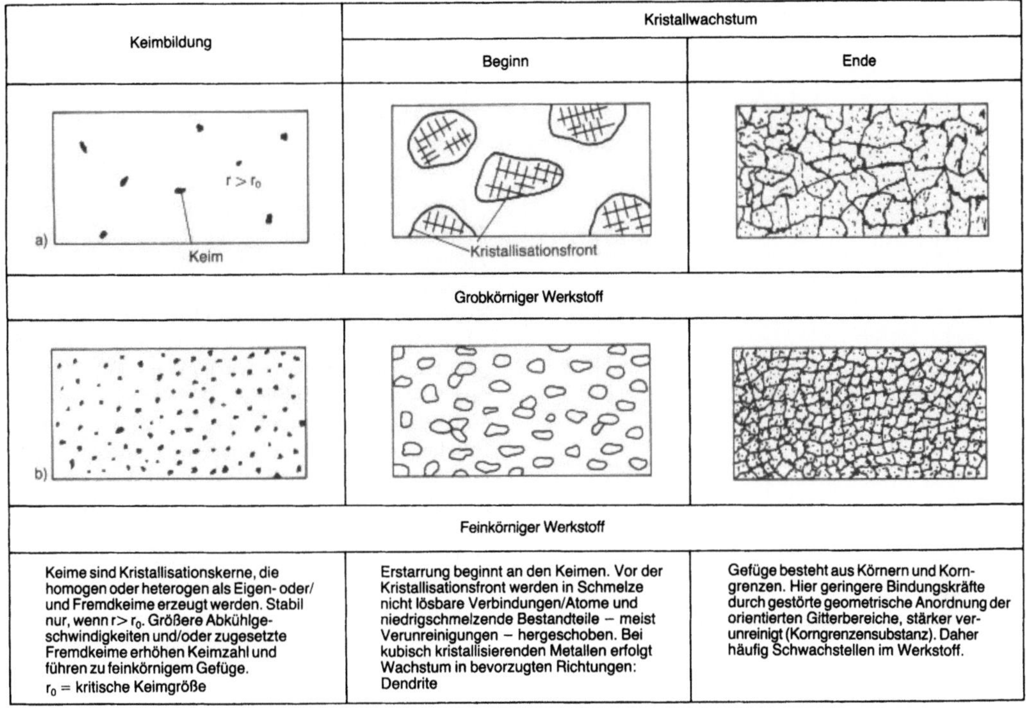

Keimbildung	Kristallwachstum	
	Beginn	Ende

Grobkörniger Werkstoff

Feinkörniger Werkstoff

| Keime sind Kristallisationskerne, die homogen oder heterogen als Eigen- oder/ und Fremdkeime erzeugt werden. Stabil nur, wenn r> r₀. Größere Abkühlge- schwindigkeiten und/oder zugesetzte Fremdkeime erhöhen Keimzahl und führen zu feinkörnigem Gefüge. r₀ = kritische Keimgröße | Erstarrung beginnt an den Keimen. Vor der Kristallisationsfront werden in Schmelze nicht lösbare Verbindungen/Atome und niedrigschmelzende Bestandteile – meist Verunreinigungen – hergeschoben. Bei kubisch kristallisierenden Metallen erfolgt Wachstum in bevorzugten Richtungen: Dendrite | Gefüge besteht aus Körnern und Korn- grenzen. Hier geringere Bindungskräfte durch gestörte geometrische Anordnung der orientierten Gitterbereiche, stärker ver- unreinigt (Korngrenzensubstanz). Daher häufig Schwachstellen im Werkstoff. |

Erstarrung, kristalline: Erstarrungsvorgänge (schematisch).

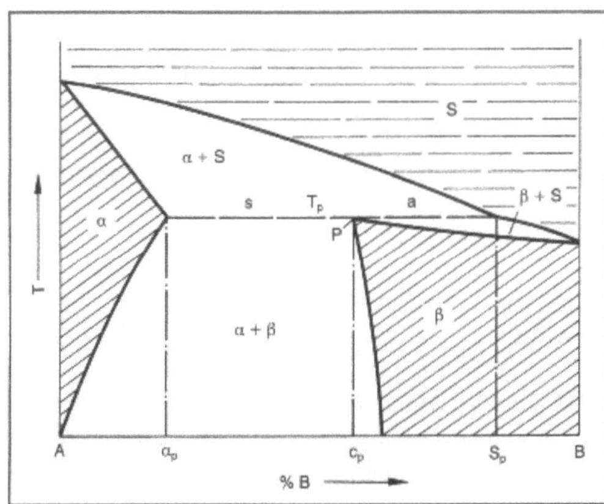

Erstarrung, peritektische: Zweistoffsystem mit be- schränkter Löslichkeit der Komponenten im festen Zustand und Peritektikum. Die durch p laufende Waagerechte wird Peritektikale genannt. (p – peritek- tischer Punkt, Tp – peritektische Temperatur).

eine Schmelze der Zusammensetzung S_p mit einer α-Phase der Zusammensetzung α_p im Mengenver- hältnis s/a unter die Temperatur T_p unterkühlt wird. Die peritektische Reaktion zwischen Schmelzpha- se S und fester Phase α beginnt an deren Grenzflä- che, d. h., die α-Körner werden im Zuge der Umwandlungsreaktion schalenförmig von der

β-Phase umhüllt. Hierdurch werden die Reaktions- partner α und S voneinander getrennt, so daß der weitere Verlauf der peritektischen Umwand- lung außerordentlich gehemmt ist und nur bei ex- trem langsamer → Abkühlung eine dem → Gleich- gewicht entsprechende Gefügeausbildung zu er- warten ist.

Findet eine der peritektischen Umwandlung ana- loge Phasenreaktion im festen Zustand statt, so wird sie peritektoid genannt. *Gräfen*

Erstarrungskurve → Analyse, thermische

Erweichungstemperatur. Der Begriff E. ist phäno- menologisch definiert und beschreibt die Tem- peratur, bei der ein → Polymer von einem festen in den fließfähigen Zustand übergeht. Die Umkehrung stellt die Einfriertemperatur dar. Zwischen beiden Temperaturen liegt die → Glastemperatur. In den meisten Fällen ist eine Unterscheidung der drei Temperaturen belanglos. *Finkelmann*

ESCA → Oberflächenanalytik

Esso-Test. Große, dicke Platten mit Seitenkerben (Bild) werden auf Großprüfanlagen durch konstan- te Kräfte bis max. 100 MN beansprucht, wobei durch Kühlen der Stirnseite mit V-Kerbe und Hei- zen der gegenüberliegenden, in Kerbebene ein

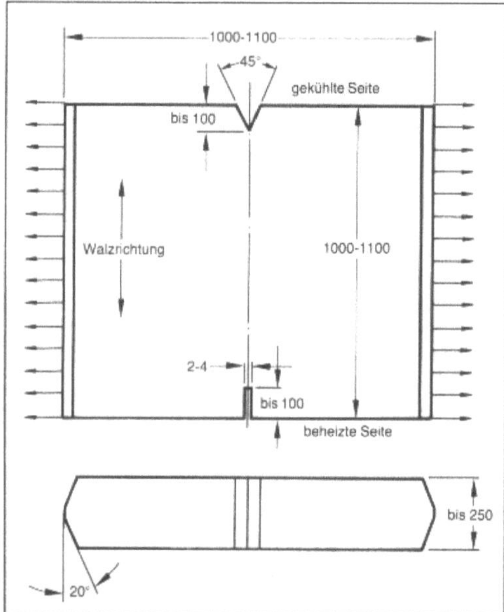

Esso-Test: Abmessungen der Esso-Probe.

Temperaturgradient erzeugt wird. Durch dynamisches Eintreiben eines Keils in die V-Kerbe mittels eines Fallwerks oder einer pneumatischen Schlagvorrichtung wird ein → Riß initiiert, der abhängig von der anliegenden Zugspannung und der Temperatur an der Rißspitze im Kerbquerschnitt zum Stoppen kommt. Für die Bedingungen bei Rißstopp (Crack Arrest) wird eine Spannungsintensität K_{Ia} definiert und berechnet, die auch als Rißarrestzähigkeit bezeichnet wird. Abhängig von der → NDT-Temperatur des Werkstoffes kann der K_{Ia}-Wert mit der K_{IR}-Referenzkurve nach ASME, Sec. III verglichen werden, wobei die ASME-Kurve sich auf die niedrigsten bisher gemessenen Werte abstützt.

Kußmaul

Ethylen-Acrylester-Copolymer (EEA, EMA) → Polyolefine

Ethylen-Chlortrifluorethylen-Copolymer → Fluorpolymere

Ethylen-Propylen-Copolymer (EPM) → Polyolefine

Ethylen-Propylen-Copolymerisate. (Kurzzeichen EPM und EPDM). Diese erhält man durch → Copolymerisation von Ethylen und Propylen unter Verwendung von speziellen Katalysatoren ($Al(C_2H_5)_2Cl/VCl_4$, $Al(i-C_4H_9)_3/VOCl_3$, $Al(C_2H_5)_2Cl/Vanadintriacetylacetonat$):

$$x\,CH_2 = CH_2 + y\,CH_2 = CH \longrightarrow$$

Die Copolymerisate weisen einen Gehalt von 60–70 % Ethylen auf. Sie werden mit Peroxiden unter Zusatz geringer Mengen Schwefel vernetzt.

Setzt man dem Polymerisationsansatz eine dritte Komponente zu (Pentadien-(1.4), Hexadien-(1.4) oder -(1.5), Norbornen-(2), Norbornadien-(2.5) oder Dicyclopentadien) so erhält man Terpolymerisate, die sich mit üblichen Vernetzungssystemen (Schwefel) vulkanisieren lassen (EPDM). Allen Ethylenco- und -terpolymerisaten müssen aktive Füllstoffe zum Erreichen guter mechanischer Eigenschaften beigemischt werden. Ihre Vorteile sind die durch den gesättigten Molekülaufbau bedingte ausgezeichnete Alterungsbeständigkeit, das günstige elastische Verhalten und die gute Wärmebeständigkeit.

Hauptanwendungsgebiet sind technische Gummiwaren, sowie die Reifenfabrikation, wo EPM in Mischungen mit anderen Elastomeren zur Anwendung kommt.

Zahradnik

Ethylen-Propylen-Terpolymer. (auch EPDM). Die dritte Komponente des Terpolymerisates besteht aus unterschiedlichen Dienen; hierdurch ergibt sich eine große Typenvielfalt. Wegen seiner sehr guten Alterungsbeständigkeit wird EPDM für Dichtungsbahnen und -profile und für Elastomerlager verwendet.

→ Polyolefine

Sasse

Ethylen-Tetrafluorethylen-Copolymer → Fluorpolymere

Ethylen-Vinylacetat-Copolymere. (Kurzzeichen EVA). EVA lassen sich mit radikalischen Katalysatoren im Mitteldruckbereich (200–500 bar) und Temperaturen zwischen 50 und 70 °C aus Ethylen und Vinylacetat (30–70 %) in Lösung darstellen:

$$x\,CH_2 = CH_2 + y\,CH_2 = CH$$

Die → Vernetzung erfolgt mit Peroxiden. Diese Vulkanisate zeigen eine hohe Wärmestandfestigkeit. Ozon- und Ölbeständigkeit. Hauptanwendungsgebiete sind technische Gummiwaren (Dichtungen) und die Kabelisolation.

→ Polyolefine → Elastomere *Zahradnik*

Ethylen-Vinylalkohol-Copolymer (EVAL)
→ Polyolefine

Europäische Normen. Kurzform: EN-Normen, → Normung, regionale.

Eutektikum → Erstarrung, eutektische

eutektische Rinne → Dreistoffsystem

Eutektoid → Erstarrung, eutektische

Eutektoider Zerfall → Erstarrung, eutektische

Evans-Element. Das E.-E. ist ein → Belüftungselement. Es stellt ein → Konzentrationselement dar, das durch unterschiedliche Belüftung der → Elektrolytlösung gebildet wird. Wie am Beispiel des Eisens dargelegt, geht an der schlecht belüfteten Lokalanode das Metall in Lösung (Fe = Fe^{2+} + 2e$^-$) und die Elektrolytlösung wird durch Hydrolyse sauer (Fe^{2+} + H$_2$O = FeOH$^+$ + H$^+$). An der gut belüfteten Lokalkathode wird Sauerstoff zu Hydrowobei zunehmende Alkalisierung auftritt, d. h. der pH-Wert ansteigt, was schließlich zur → Passivierung der Lokalkathode führt. *Wendler-Kalsch*

Explosionsplattieren. Durch → Sprengplattieren lassen sich zwei Werkstoffe miteinander verbinden, was auf keinem anderen Wege wegen spröder Bindezonen möglich wäre. Ausgehend von der Druckwelle bei der Detonation von Sprengstoffen bewegen sich die Verbindungsflächen mit hoher Geschwindigkeit aufeinander zu; die Verbindung entsteht durch mechanisches Verzahnen bei örtlich plastischer → Verformung der Berührungsstellen.
Strohmeier

Explosionsumformen. E. gehört zur → Hochgeschwindigkeits- bzw. → Hochleistungsumformung und ist ein Umformverfahren mit Wirkmedien mit energiegebundener Wirkung des Weitens und Tiefens nach DIN 8585.

Die bei einer Explosion oder Detonation z. B. unter Wasser entstehende Stoß- oder Schockwelle transportiert die Energie durch das Medium und gibt einen Teil ihrer Energie an das Werkstück ab.

Dieses wird auf eine Geschwindigkeit bis » 100 m/s beschleunigt, trifft auf das formgebende, einteilige starre Werkzeug und wird durch die in ihm enthaltene kinetische Energie umgeformt. Der Wirkungsgrad beträgt dabei einige Prozent der in der Explosivstoffladung enthaltenen Energie. Der Schockwelle folgt mit zeitlicher Verzögerung ein geringerer Druckanstieg der aus den Umsetzungsprodukten entstehenden Gasblase, die schließlich als „Fontäne" durch die Oberfläche des Wassertanks bricht (Bild). Die Anfangsgeschwindigkeit der Schockwelle hängt vom verwendeten Explosivstoff ab – bei Niederdruck-Explosivstoffen (Schießstoffen) beträgt die Umsetzgeschwindigkeit 2500–3000 m/s, bei Hochdruck-Explosivstoffen (Sprengstoffen) bis 8000 m/s – und fällt nach einer gewissen Ausbreitung auf die Schallgeschwindigkeit des Mediums (im Wasser ≈ 2000 m/s) zurück. Wegen der hohen Geschwindigkeit beim → Umformen des Werkstücks, vornehmlich durch → Tiefen oder → Weiten, muß der Werkzeughohlraum evakuiert werden, damit die → Umformung nicht behindert wird, keine zu hohen Kompressionstemperaturen entstehen und bei Anwesenheit von Fett oder Öl kein „Dieseleffekt" auftritt.

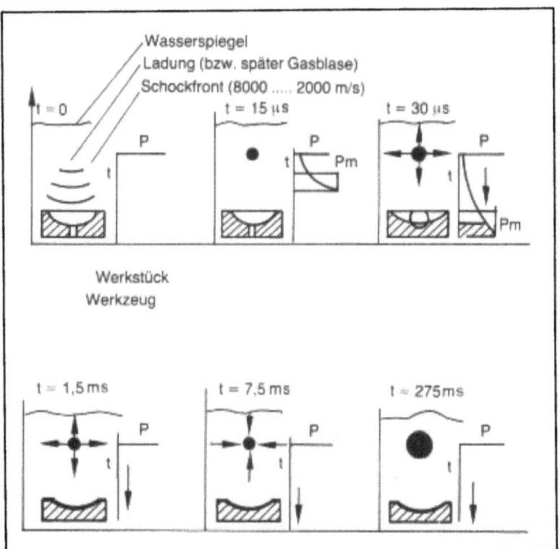

Explosionsumformen: Kugelkalotte im Wassertank. (Quelle: Boes)

Platinendurchmesser 1500 mm, Blechdicke 5 mm, Kalottentiefe 500 mm, Wertestoff: Stahl, Schockwellenanfangsgeschwindigkeit ~ 8000 m/s auf 3500 m/s abfallend; ab t ~ 15 µs Beginn der Glasblasendehnung, die bei t ~ 30 µs eine Geschwindigkeit von 500 m/s erreicht.

Das E. erfordert umfangreiche Sicherheitsmaßnahmen, speziell ausgebildetes Personal und abseits von Fertigungs- und Wohnanlagen gelegene Einrichtungen. Herstellbar sind Werkstücke von kleinen bis zu sehr großen Abmessungen (Rohre ab 20–30 mm, Platinen ab 50 mm bis zu 5000 mm Durchmesser und darüber bei Wanddicken zwischen 1 mm und 30 mm, ggf. auch darüber). Die meist einteiligen Werkzeuge bestehen aus Stahl, Gußeisen, Beton, Kunststoff und ggf. aus Eis. Bei der Herstellung kleiner Mengen großer Werkstücke, insbesondere aus schwer umformbaren Werkstoffen, hat das E. folgende Vorteile: Vergleichsweise geringe Investitionskosten, geringe Werkzeugkosten, Einsparung von Arbeitsgängen gegen herkömmliche Fertigung. Demgegenüber stehen die Nachteile: Schwierige Bestimmung des Umformverlaufs und der Werkzeugauslegung, geringe Mengenleistung, Sicherheitsmaßnahmen. Insgesamt haben sich die technischen Vorteile als nicht durchschlagend und die wirtschaftlichen Nachteile als gravierend erwiesen. Das E. wird daher weltweit nur sehr begrenzt angewandt. Auch die Entwicklung von Einrichtungen zum E. in geschlossenen Werkzeugen mit patronierten Explosivstoffen hat diese Entwicklung nicht positiv beeinflussen können. *Lange*

Literatur: *Lange, K.* (Hrsg.): Lehrbuch der Umformtechnik. Bd. 3. Blechumformung. Berlin, Heidelberg, New York 1975.

Explosivstoffprüfung. Explosivstoffe sind feste oder flüssige chemische Verbindungen (z. B. Trinitrotoluol oder Nitroglycerin) oder Stoffgemische (gewerbliche Sprengstoffe), die einen Arbeits- bzw. Energievorrat gespeichert enthalten. Durch Zufuhr einer ausreichenden Energiemenge wird in ihnen unter extrem rascher Freisetzung der gespeicherten Energie eine chemische Reaktion ausgelöst. Weil sich diese Energiefreisetzung auch ungewollt und damit in der Regel schädigend, weil zerstörend, auf die Umgebung auswirken kann, zählen die Explosivstoffe weltweit zu den Gefahrstoffen, deren Herstellung, Lagerung, Beförderung und Verwendung in den meisten Ländern durch Vorschriften reglementiert ist. Ein wesentlicher Teil dieser Vorschriften umfaßt die Prüfung der Explosivstoffe auf Handhabungs- und Verwendungssicherheit. Die Prüfungen dienen somit dem Schutz der Öffentlichkeit und der Arbeitssicherheit.

Bei der Prüfung der Explosivstoffe werden folgende Zielsetzungen unterschieden:
□ Prüfung zur Identifizierung und Charakterisierung
□ Prüfung der allgemeinen Handhabungssicherheit
□ Prüfung zur Gefahrklassifizierung
□ Prüfung der Verwendungssicherheit.

Zur Identifizierung und Charakterisierung der Explosivstoffe werden einerseits Daten wie Zusammensetzung, Dichte, →Schmelzpunkt usw. sowie sprengtechnische Daten wie kritischer Durchmesser, Detonationsgeschwindigkeit, Brisanz und →Arbeitsvermögen herangezogen. Die Zusammensetzung, Korngrößenverteilung, Dichte und

Schmelzpunkt werden nach den üblichen Untersuchungsverfahren bestimmt. Die sprengtechnischen Daten sind in besonderer Weise von den jeweils angewendeten Prüfverfahren abhängig. Zur Ermittlung des kritischen Durchmessers wird der kleinste Durchmesser eines Explosivstoffzylinders bestimmt, bei dem der Explosivstoff noch vollständig detoniert. Die Prüfung erfolgt wie die Bestimmung der Detonationsgeschwindigkeit entweder mit freiliegenden Ladungen oder mit Ladungen unter Einschluß.

Die Brisanz von Explosivstoffen wird mit Stauchverfahren oder durch Messung der Ausbeulung von dicken Stahlplatten ermittelt.

Das Arbeitsvermögen der Explosivstoffe wird entweder mit dem Bleiblockverfahren nach *Trauzl*, bei dem die durch die Detonation von 10 ml Explosivstoff in einem Bleiblock hervorgerufene Aushöhlung volumetrisch vermessen wird, oder mittels des ballistischen Pendels, durch Messung des Pendelausschlags aufgrund der Rückstoßwirkung der Detonation einer im Pendelkörper untergebrachten Explosivstoffladung bestimmt.

Die Prüfung der Explosivstoffe auf Handhabungssicherheit umfaßt zum einen Verfahren, mit denen die Stabilität untersucht wird, und zum anderen Methoden zur Bestimmung der Empfindlichkeit gegenüber der Beanspruchung durch Anzündmittel, mechanische und thermische Stimuli sowie Detonationsstoß. Zur Ermittlung der Stabilität wird neben der Anwendung stoffspezifischer Methoden (z. B. *Abel*-Test) das Verhalten der Explosivstoffe bei 48stündiger Lagerung bei 75 °C geprüft. Die Untersuchung der Reaktion der Explosivstoffe bei Einwirkung verschiedener Anzündmittel wie Funken, Flammen und glühender Gegenstände dient der Ermittlung des Entzündungsverhaltens.

Die Prüfung des Verhaltens der Explosivstoffe bei mechanischer Beanspruchung umfaßt die Bestimmung der Schlag- und der Reibempfindlichkeit mit Fallhammerapparaten bzw. Reibmaschinen. Im →Fallhammer wird die Reaktion des Explosivstoffes beim Auftreffen eines aus vorgegebener Höhe herabfallenden Schlaggewichts ermittelt. Die verschiedenen Prüfapparate unterscheiden sich im wesentlichen in der Anordnung der Explosivstoffprobe in bezug auf die Schlagmasse. Für die Prüfung der Reibempfindlichkeit wird der Explosivstoff ein- oder mehrmals zwischen definiert belasteten Reibflächen gerieben und seine Reaktion beobachtet. Die verschiedenen Verfahren unterscheiden sich im Material und der Rauhigkeit der Reibflächen und der Art ihrer Belastung.

Bei der Ermittlung der thermischen Empfindlichkeit werden die Explosivstoffe unter definierten Bedingungen einer Wärmezufuhr ausgesetzt. Die verschiedenen Verfahren unterscheiden sich in der Masse der eingesetzten Stoffproben, ihrer Einschlußbedingungen, der Art und Geschwindigkeit der Wärmezufuhr sowie in der Art des Reaktionsnachweises (z. B. Messung der Druckanstiegsgeschwindigkeit, Zerlegungsart der Umhüllung in Abhängigkeit vom Einschluß).

Der Bestimmung der Druckstoßempfindlichkeit der Explosivstoffe dient der Gap-Test, bei dem die Stoffprobe einem definiert geschwächten Detonationsstoß einer standardisierten Sprengstoffladung ausgesetzt wird.

Die Klassifizierungsprüfungen spielen bei der Einordnung der Explosivstoffe nach den Beförderungs- und Lagervorschriften eine bestimmende Rolle. Diese Prüfungen werden an versandmäßig verpackten Explosivstoffen in Massen bis zu 100 kg durchgeführt. Die Untersuchungen dienen der Ermittlung der Wirkung bei definierter Zündung, Anzündung und Brandeinwirkung. Besonderes Augenmerk wird dabei auf die Übertragung der Reaktion von Versandeinheit auf Versandeinheit gerichtet (Massenexplosion).

Besondere Bedeutung hat die Prüfung gewerblicher Sprengstoffe auf Verwendungssicherheit. Hierzu zählen die Bestimmung der Zündfähigkeit gegenüber standardisierten Sprengzündern, die Untersuchung der Detonationsübertragung unter definierten Einschlußbedingungen und die Wasserfestigkeit der Sprengstoffe. Für die unter Tage eingesetzten Sprengstoffe ist zusätzlich die Schwadensicherheit zu gewährleisten. Bei dieser Prüfung wird der Sprengstoff in der für die Verwendung vorgesehenen Form in einer natürlichen Sprengkammer in Bohrlöchern gezündet und die Zusammensetzung der entstehenden Sprengschwaden auf CO und NO_x, die beide bestimmte Maximalwerte nicht übersteigen dürfen, analysiert.

Für die im Kohlebergbau verwendeten Wettersprengstoffe ist außerdem noch die Kohlenstaub- und Schlagwettersicherheit zu prüfen. Bei diesen, in sog. Wetterstrecken ausgeführten Prüfungen, wird der Sprengstoff in „Mörsern" in einer zündfähigen Kohlenstaub- bzw. Schlagwetteratmosphäre gezündet. Die Detonation der Sprengstoffe darf dabei die Atmosphäre selbst nicht zünden. Die Verwendungssicherheit der geprüften Sprengstoffe wird vor der endgültigen Zulassung zur Verwendung im Rahmen einer praktischen Erprobung überprüft und sichergestellt. *Steidinger*

Literatur: Bekanntmachung von Prüfvorschriften für Sprengstoffe, Zündmittel, Sprengzubehör sowie pyrotechnische Gegenstände und deren Sätze vom 12. 3. 1982; BAnz. Nr. 59 vom 26. 3. 1982. – Sprengstofflagerrichtlinie 010: Richtlinien für das Zuordnen explosionsgefährlicher Stoffe zu Lagergruppen; Bek. des BMA vom 25. 4. 1978, ArbSch. H. 6/1978 S. 231 – United Nations (Ed.): Recommendation on the Transport of Dangerous Goods, Tests and Criteria. 2.nd Ed. (ST/SG/AC.10/11/Rev. 1) 1990.

Extensometer. Eine Einrichtung, um kleine Längenänderungen zu bestimmen, wie sie durch → Spannung verursacht werden. So wird ein E. verwendet, um die Längenänderungen einer Zugprobe im Spannungs-Dehnung-Versuch zu bestimmen. *Schuh*

Extrahartplatte → Holzfaserplatte

Extrusion. In der Kunststoffindustrie angewendeter Verarbeitungsprozeß für → Polymere. Beim Extrudieren wird eine plastisch verformbare Polymermasse aus einer Düse gepreßt und unmittelbar danach durch Abkühlen, Trocknen oder Aushärten in den festen Zustand überführt.

Beim überwiegend verwendeten Schneckenextruder wird das vorgewärmte Material mit einer rotierenden Schnecke aus dem Extruder herausbefördert und an der Luft oder in einem Bad abgekühlt. Im Extruder ist eine in mehrere Temperaturzonen aufgeteilte Heizung vorhanden. Im Extruder werden die folgenden Prozesse ausgeführt:

□ Förderung der Polymermasse in das Zylinderinnere.

□ Erwärmen, → Schmelzen und Verdichten der Masse zu einer homogenen, viskoelastischen Schmelze.

□ → Drücken der Schmelze durch die Düse.

Es können → Thermoplaste, → Elastomere und → Duromere verarbeitet werden. Beim Extrudieren von Duromeren wird das → Monomer oder ein → Präpolymer in den Extruder eingespeist. Die → Polymerisation und die Formgebung erfolgen dann gleichzeitig im Extruder. *Finkelmann*

→ Kunststoffverarbeitung

Literatur: *Batzer, H.:* Polymere Werkstoffe. Bd. III, Stuttgart 1984.

F

Fahrzeug-Sicherheitsglas-Prüfung. Nach § 40 StVZO müssen sämtliche Scheiben (ausgenommen Spiegel und Abdeckscheiben) in Kraftfahrzeugen aus Sicherheitsglas bestehen. Als Sicherheitsglas gilt → Glas oder glasähnlicher Stoff, deren Bruchstücke keine ernstlichen Verletzungen verursachen können. Scheiben, die für die Sicht des Fahrers von Bedeutung sind, müssen klar, lichtdurchlässig und verzerrungsfrei sein. Für diese Anforderungen bestehen technische Prüfvorschriften. Als bedingungsgemäß werden im wesentlichen zwei Arten von Sicherheitsglas zugelassen:
– Vorgespanntes Einscheiben-Sicherheitsglas, das bei Bruch zahllose kleine Bruchstücke erzeugt, die stumpfkantig und unscharf sind,
– Verbundglas (Mehrschichtenglas), bei dem zwei Scheiben mit einer Kunststoffolie zusammengeklebt sind. Bei Bruch werden die einzelnen Glasscherben beider Scheiben von der dazwischen liegenden Folie zusammengehalten.

Frontscheiben in deutschen PKW bestehen überwiegend aus Verbundglas, dem bei manchen Fahrzeugkonstruktionen eine (mit-) tragende Funktion zukommt. Bei Beschädigung durch aufgeschleuderte Steine sind unter bestimmten Bedingungen (Kraterdurchmesser, Rißlänge) Reparaturen möglich und zulässig.

Die Prüfverfahren und die Auswertung der Versuche sind in den Technischen Anforderungen (TA) an Fahrzeugteile bei der Bauartprüfung nach § 22 a StVZO unter Bezug auf DIN-Normen festgelegt. Die Prüfung der optischen Eigenschaften nach DIN 52305 und DIN 4646 betrifft die Lichtdurchlässigkeit, den Ablenkwinkel und die Brechwertänderung des Lichts. Ferner muß die Freiheit von Blasen, Einschlüssen und milchigen Trübungen nachgewiesen werden.

Das → Bruchverhalten wird durch Anschlagen der Scheibe sowie in Belastungsversuchen mit stumpfen, kugelförmigen und spitzen Körpern untersucht, die im freien Fall aus 0,5 bis 3 m Höhe auf die Scheibe aufschlagen. Diese dynamischen Versuche sind in DIN 52310 (Phantomfallversuch), DIN 52306 (→ Kugelfallversuch) und DIN 52307 (Pfeilfallversuch) genormt. Dabei wird die → Widerstandsfähigkeit gegen Schlageinwirkung als Bruchfallhöhe, die Gefährdung durch Splitter (Splittersicherheit) und die Sicht nach Bruch durch Zahl, Größe und Form der Krümel, Splitter und Risse bewertet.

Die Beständigkeit gegen Witterungs- und Temperatureinflüsse ist nach DIN 53387 (Kurzprüfung der Wetterbeständigkeit) und DIN 52308 (Kochversuch an Verbund-Sicherheitsglas) nachzuweisen. Bei Silikatglas wird eine ausreichende Beständigkeit im allgemeinen als gegeben vorausgesetzt. Für glasähnliche Stoffe (→ Kunststoff) muß außer der Witterungs- und Temperaturbeständigkeit noch zusätzlich die Formbeständigkeit, die Beständigkeit gegen Chemikalien, das Brennverhalten und die Biegsamkeit geprüft werden.

An Heizscheiben darf nach vierstündiger Beheizung die Oberflächentemperatur 70 °C nicht übersteigen.   *Kußmaul*

Literatur: *Barth, W.,* u. *J. Wehrmeister*: Straßenverkehrs-Zulassungs-Ordnung. Bonn-Bad Godesberg.

Fallgewichtsversuch → Sprödbruchprüfung

Fallhammer. F. gehören zu den → Umformmaschinen mit energiegebundener Wirkung. Die in einem zwischen Gleitführungen freifallenden Hammerbär in kinetische Energie umgesetzte potentielle Energie (Produkt aus Bärmasse und Fallhöhe) wird in sehr kurzer Druckberührzeit auf das umzuformende Werkstück übertragen. F. dienen überwiegend zum Gesenkschmieden, teils auch zur → Blechumformung.   *Lange*

Fällungspolymerisation. → Polymerisation in einem Lösungsmittel in dem die → Monomere löslich, die entstehenden → Polymere jedoch unlöslich sind. Die Polymere fallen während der Reaktion aus. Eine F. kann auch ohne Lösungsmittel durchgeführt werden, falls die entstehenden Polymere in der flüssigen Monomerphase unlöslich sind. Beispiele hierfür sind → Polyvinylchlorid und → Polyacrylnitril (Polyacrylate). Der Vorteil, der F. liegt im direkten Anfallen des Polymers in fester Form. *Finkelmann*

Literatur: *Hoffmann, M.* u. *H. Krömer; R. Kuhn:* Polymeranalytik. I. Stuttgart 1977.

Faltversuch → Biegeversuch

Faraday-Gesetz. Das F. G. beschreibt den Stoffumsatz an einer stromdurchflossenen → Elektrode. Die umgesetzte Stoffmenge m ist proportional zur Stromstärke J und Dauer des elektrischen Stromflusses t, d. h. proportional zur umgesetzten Ladungsmenge $Q = J \cdot t$. Für den Stoffumsatz eines elektrochemischen Äquivalentes (Molmasse M/Ladungszahl z) ist die Ladungsmenge von 96.487 Coulomb (A · s) (= 1 Faraday) erforderlich.

Damit ergibt das F. G. im Sinne der → Korrosion:

$$m = \frac{M}{z \cdot F} \cdot J \cdot t$$

m = umgesetzte Stoffmenge (g)
M = Molmasse (g/Mol)
J = Stromstärke (A)
t = Zeit (s)
F = Faraday'sche Konstante = 96.487 A · s/Mol
Z = Ladungszahl, Elektrodenreaktionswertigkeit.
Wendler-Kalsch

Farbechtheitsprüfung. Farbechtheit ist die → Widerstandsfähigkeit der Farbe von Färbungen und Drucken auf Textilien gegen verschiedenartige Einwirkungen, denen sie bei der Fabrikation und im Gebrauch üblicherweise ausgesetzt sind. Die Änderung der Farbe und das Anbluten an ungefärbtes Begleitgewebe werden bewertet und als Echtheitszahlen angegeben. Die Methoden der F. sind international festgelegt in der ISO 105 Sektion A bis Z. Die deutschen Normen stimmen sachlich mit ihnen überein und sind in der Reihe DIN 54000 bis 54072 zusammengefaßt.

Zur Bestimmung der Farbechtheit wird eine Probe des Textilmaterials einer der festgelegten Einwirkungen ausgesetzt. Die Einwirkung erfolgt auf die Probe allein, wenn die Änderung der Farbe geprüft werden soll. Wird auch das Anbluten bestimmt, muß die Probe mit ungefärbten Begleitgeweben vernäht werden. Das Anbluten ist die Farbänderung der Begleitgewebe durch Farbstoffaufnahme des von der Probe abgegebenen Farbstoffs. Die Echtheitszahlen werden unter Verwendung von fünfstufigen Graumaßstäben ermittelt. Für die Bewertung der Lichtechtheit steht ein achtstufiger Blaumaßstab zur Verfügung.

Der Graumaßstab zur Bewertung der Änderung der Farbe besteht aus fünf Paaren (nach ISO 105 A02 auch neun Paaren) matter grauer Farbplättchen oder Gewebeabschnitte. Der erste Abschnitt jeden Paares ist neutral grau, der zweite Abschnitt zeigt von ebenfalls neutral grau zunehmend hellere Graustufen, die farbmetrisch festgelegt sind und den Echtheitszahlen 5 (keine Änderung der Farbe) bis 1 (starke Änderung der Farbe) zugeordnet sind.

Der Graumaßstab zur Bewertung des Anblutens ist identisch aufgebaut. Bei dem Paar der Echtheitszahl 5 (kein Anbluten) sind beide Abschnitte weiß. Bei den übrigen Paaren ist der erste Abschnitt weiß, die zweiten Abschnitte zeigen bis zur Echtheitszahl 1 (starkes Anbluten) zunehmende Graustufen.

Der Lichtechtheitsmaßstab, auch Blaumaßstab genannt, besteht aus einer Reihe von acht genormten Typfärbungen mit blauen Farbstoffen auf Wollgewebe. Sie sind nach steigender → Lichtbeständigkeit geordnet und mit den Zahlen 1 (sehr geringe Lichtbeständigkeit) bis 8 (sehr hohe Lichtbeständigkeit) bezeichnet. Da die acht Stufen bei der Prüfung mitbelichtet werden, muß für jede Prüfung ein neuer Maßstab verwendet werden. Der amerikanische Maßstab besteht aus den acht Blautypen L2 bis L9, die sich durch verschiedene Anteile eines lichtunbeständigen und eines lichtbeständigen Farbstoffs aufbauen. Die mit beiden Maßstäben erhaltenen Resultate sind nicht vergleichbar.

Das Begleitgewebe ist ein Abschnitt ungefärbten Gewebes einer Fasergattung (Einzelfaser-Begleitgewebe) oder ein aus sechs Fasergattungen von je 15 mm Breite bestehendes Gewebeband (Mehrfaser-Begleitgewebe) mit standardisierten Eigenschaften. Die Begleitgewebe haben die gleiche Größe wie die Probe und bedecken sie von beiden Seiten, bei der Verwendung von Mehrfaser-Begleitgeweben nur von einer Seite. Welche Fasergattung für die Prüfung eingesetzt wird, hängt von der Faserstoffzusammensetzung der Probe ab.

Für einige Prüfungen werden zusätzlich eine Kontrollfärbung und eine Standardfarbvorlage benötigt. Die Kontrollfärbung ist eine Ausfärbung mit einem Farbstoff, dessen Verhalten bei der zu prüfenden Einwirkung bekannt ist. An Hand der definierten Änderung der Farbe und/oder des Anblutens der Kontrollfärbung kann die ordnungsgemäße Durchführung der Prüfung festgestellt werden. Die Standardfarbvorlage ist ein gefärbtes Gewebe, das die Farbe aufweist, zu der sich die Kontrollfärbung während der Einwirkung ändern soll.

Nach erfolgter Einwirkung wird die Echtheit bewertet. Hierzu werden ein Stück des ursprünglichen Textils und die geprüfte Probe in einer Ebene mit dem Graumaßstab nebeneinandergelegt. Die zu vergleichenden Oberflächen werden im Winkel von 45 ° durch von Norden einfallendes Tageslicht von oben annähernd senkrecht zu den Oberflächen betrachtet. Bei der Bewertung der Änderung der Farbe beruht die Einstufung auf dem Gesamteindruck des sichtbaren Hell/Dunkel-Kontrasts zwischen behandelter und unbehandelter Probe. Die Stufe des Graumaßstabs, die dem Kontrast am nächsten kommt, wird als Echtheitszahl angegeben. Liegt der beobachtete Kontrast zwischen zwei Stufen, werden Zwischenzahlen gegeben. Soll die Abweichung in den Komponenten Farbton, Farbtiefe und Reinheit zusätzlich bewertet werden, können an die ermittelten Echtheitszahlen standardisierte Begriffe angefügt werden, die den veränderten Farbeindruck beschreiben.

Bei der Bewertung des Anblutens wird der Farbkontrast zwischen ursprünglichem und dem im Prüfverfahren behandelten Begleitgewebe mit dem Graumaßstab für die Bewertung des Anblutens verglichen. Die große Schwierigkeit bei dieser Bewertung besteht darin, die zu bewertenden Kontraste von bunten Farben in die Skala des Graumaßstabs einzustufen.

Seit 1988 besteht die Möglichkeit, mit Hilfe der Farbmetrik den Farbabstand zu bestimmen und in Echtheitszahlen umzurechnen. Ein ähnliches Verfahren für die Bewertung der Änderung der Farbe ist in Arbeit.

Die Bewertung der Lichtechtheit wird an Hand des mitbelichteten Blaumaßstabs ebenfalls durch Vergleich der Kontraste von Maßstab und Probe vorgenommen.

Für die Bestimmung der Farbechtheit sind folgende Prüfungen möglich:

Alkali-, Avivier-, Beuch-, Bügel-, Bleich-, Chlorbadewasser-, Chlorit-, Dekatier-, Dämpf-, Entbastungs-, Formaldehyd-, Heißwasser-, Hypochlorit-, Kaltvulkanisier-, Karbonisier-, Licht-, Lösemittel-, Meerwasser-, Merzerisier-, Metallsalz-, Peroxid-, Potting-, Reib-, Säure-, Saures Chlorieren, Schwefel-, Schweiß-, Sodakoch-, Sublimier-, Stickoxid-, Trockenhitzefixier-, Trockenreinigungs-, Überfärbe-, Walk-, Wasch-, Wasser-, Wassertropfen-, Wetter- und Weichmacherechtheit.

Bei allen Prüfungen, ausgenommen die der Wetterechtheit, wird jeweils nur eine Echtheitseigenschaft bestimmt. Da an Textilien immer höhere Anforderungen hinsichtlich der Gebrauchstauglichkeit gestellt werden, ist in Zukunft mit Prüfverfahren zu rechnen, bei denen zwei oder mehr Einwirkungen gleichzeitig erfolgen. Ein erstes Ergebnis ist das Prüfverfahren für Automobilstoffe, bei dem zusätzlich zur Lichteinwirkung eine Wärmeeinwirkung stattfindet.

Die nach den verschiedenen Prüfmethoden ermittelten Echtheitszahlen sind keine Qualitätsmerkmale. Eine Beurteilung kann nur vorgenommen werden, wenn die beabsichtigte Verarbeitung oder der Verwendungszweck bekannt sind.

Schiller

Literatur: *Söll, M.:* Neuere Tendenzen in der Farbechtheitsprüfung Melliand Textilber. 64 (1983) 843. – *Stern, H.:* Spezielle Echtheitsanforderungen an Textilien, Textilveredlung 18 (1983) 234. – DIN Taschenbuch Nr. 16, Berlin 1985.

Farbeindringprüfung. Die F. ist ein Verfahren der zerstörungsfreien → Werkstoffprüfung zum Nachweis von → Fehlern, die von der Prüfstückoberfläche ausgehen oder mit ihr unmittelbar in Verbindung stehen. Typische Beispiele hierfür sind Risse, Poren, Kerben, Überwalzungen und Pilgerdurchschläge.

Bei der F. wird die Kapillarwirkung feiner Oberflächenöffnungen ausgenutzt. Eingefärbte Flüssigkeiten mit geringer → Oberflächenspannung drin-

gen in solche Öffnungen ein und können dort mit geeigneten Kontrastmittels nachgewiesen werden.
□ Prüfvorgang (Bild): Die sachgerecht durchgeführte F. beginnt mit der sorgfältigen Reinigung der zu prüfenden → Oberfläche. Der Reinigungsvorgang richtet sich nach dem Grad der Verschmutzung und reicht von der mechanischen Entfernung von → Zunder, → Rost oder Farben bis zur Behandlung mit Dampf oder Lösungsmitteln, wenn die Gefahr besteht, daß Schmutz in Oberflächenöffnungen eingedrungen ist. Nach einer Naßreinigung ist das Prüfstück sorgfältig zu trocknen.

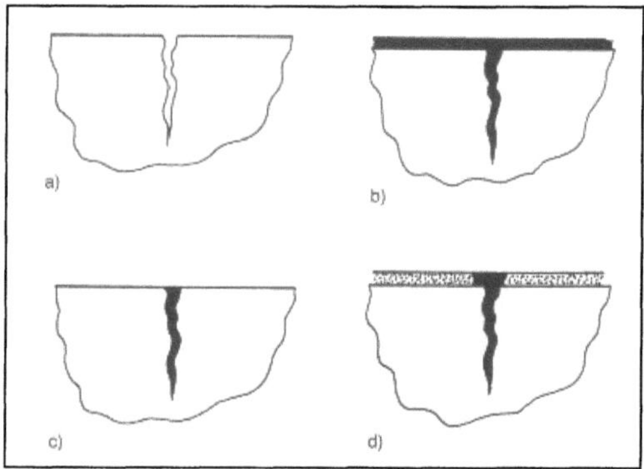

Farbeindringprüfung: Schematische Darstellung einer Werkstückoberfläche mit Riß.
a) gereinigt
b) nach Aufbringen des Eindringmittels
c) nach Abwaschen des Eindringmittels
d) mit Fehleranzeigen in der Entwicklerschicht.

Beim nächsten Prüfschritt wird das Eindringmittel aufgebracht. Kleine Prüfstücke werden hierzu zweckmäßig eingetaucht. Bei großen Prüfstücken wird das Eindringmittel aufgesprüht oder mit dem Pinsel aufgetragen. Hierbei ist darauf zu achten, daß das Eindringmittel während der Eindringzeit nicht antrocknet. Die Eindringzeit ist um so länger, je feiner die nachzuweisenden Oberflächenfehler sind.

Der dritte Prüfschritt dient der Entfernung der überschüssigen Eindringmittel von der Prüfstückoberfläche. Auswahl sowie Dauer und Art der Anwendung des Waschmittels hat so zu erfolgen, daß das Eindringmittel in den nachzuweisenden Fehlern verbleibt.

Als letzter Prüfschritt erfolgt die Entwicklung der Anzeige eines ggf. vorhandenen Fehlers. Hierzu werden Mittel mit hoher → Saugfähigkeit auf die Prüfstückoberfläche aufgebracht, die daneben auch einen guten Kontrast zur Farbe des Eindringmittels bilden. Der Entwickler saugt das Eindringmittel aus dem Fehler heraus und zeigt ihn infolge des Kontrasts an. Die Entwicklungszeit ist ebenfalls um so länger, je feiner die zu erwartenden Fehler sind.
□ Prüfmittel: Die Auswahl der Prüfmittel richtet

sich nach den Werkstoffen der Prüfstücke und der Art der darin enthaltenen Oberflächenfehler. Es ist empfehlenswert, die angebotenen Mittel an geeigneten Teststücken zu erproben. Als Eindringmittel werden meist wasser- oder lösungsmittellösliche Farben verwendet, die wasserabwaschbar sind. Meist sind die Farben leuchtend rot oder fluoreszierend. Als Entwickler werden überwiegend in Lösungsmitteln oder Wasser aufgeschlämmte mattweiße Pulver verwendet. Zur Kontrolle der Prüfmittel werden geeignete Testkörper verwendet. Dies können beispielsweise Testkörper mit verstellbaren, künstlichen Spalten sein oder es finden Platten aus → Aluminiumlegierungen oder hartverchromtem → Stahl Verwendung, in deren Oberflächen Risse durch Erhitzen und → Abschrecken eingebracht werden.

□ Verwendung: Das → Farbeindringverfahren kann prinzipiell bei allen Feststoffen angewendet werden. Bei porösen Stoffen sind aber spezielle Eindringmittel notwendig. Das Hauptanwendungsgebiet im Bereich der → metallischen Werkstoffe liegt bei den nichtmagnetisierbaren Stählen, → Aluminium, den Buntmetallen und spezielle Werkstoffe des Flugzeugbaus, z. B. → Titan etc. Für magnetisierbare Werkstoffe, wie z. B. die ferritischen → Stähle, ist die → Magnetpulverprüfung vorzuziehen. *Kußmaul*

Literatur: *Betz, C. E.*: Principles of Penetrants. Chicago 1963. – *Müller, E. A. W.*: Handbuch der zerstörungsfreien Materialprüfung. München 1975.

Farbeindringverfahren. Für die Überprüfung von Werkstücken auf Oberflächenrisse stehen Oberflächenriß-Prüfverfahren zur Verfügung, nämlich visuell, Farbeindring- oder Magnetpulver-Verfahren. Für die visuelle Prüfung dient das menschliche Auge sowie einige Hilfsmittel z. B. Lupen. Beim F. dringt eine Penetrierflüssigkeit in die Fehler ein, die nach Aufbringen eines Entwicklers nachzuweisen sind (→ Farbeindringprüfung; → Werkstoffprüfung, zerstörungsfreie). *Strohmeier*

Faser. F. sind langgestreckte Werkstoffe mit einem Länge/Durchmesser-Verhältnis von $10^3 \!-\! > 10^6$ und Querschnittsflächen < 0,05 mm². Nichtmetallische anorganische F. zeichnen sich durch hohe Festigkeiten im Vergleich zum kompakten Werkstoff und durch gute Biegsamkeiten aus.

Die → Faserwerkstoffe des nichtmetallischen anorganischen Bereichs können in synthetische und natürliche F. eingeteilt werden, als weitere Einteilung wird zwischen → Whisker, polykristalline F. und → Glasfasern unterschieden. Sämtliche Faserprodukte sind aufgrund ihrer hohen spezifischen Oberfläche chemisch leicht angreifbar.

□ Natürliche F.: Als Sammelbegriff für natürliche silikatische F. gilt der Asbest, welcher der Gruppe der Hornblenden- und Serpentinenminerale zuzuordnen ist. Sie wurden als Verstärkungskomponenten in diversen Baustoffen und als Textilien für Feuerschutzkleidung eingesetzt, werden aber aufgrund ihrer krebserregenden Wirkung heutzutage nicht mehr verwandt.

□ Synthetische F. werden aus natürlichen oder synthetischen Rohstoffen über Schmelzfluß mit anschließendem Verdüsen oder Verblasen hergestellt, ausgenommen F. aus reinen Oxiden und nichtoxidische F. (Whisker). Bis auf die optischen Glasfasern werden sie als Lang- oder Kurzfasern zu Matten gepreßt oder gewebt. In der Reihe der mischoxidischen F. haben die Glasfasern mit Abstand von allen anderen Faserwerkstoffen die größte Bedeutung (→ Faser, synthetische).

□ Mineralfasern bzw. Gesteinsfasern werden aus silikatischen Schlackengläsern bzw. Naturgesteinen (Schiefer, Diabas, Basalt) hergestellt. Sie haben im Vergleich zu Glasfasern geringere Festigkeiten und chemische Beständigkeiten und werden im Bauwesen zu Isolationszwecken verarbeitet.

□ Aluminiumsilikatische F. können je nach chemischer Zusammensetzung als Hochtemperaturisolationswerkstoff eingesetzt werden (Ofen, Werkstoffe). Diese F. erstarren meist teilkristallin und entglasen während des Hochtemperatureinsatzes völlig. *Hesse/Hennicke*

Faser, monokristalline → Whisker, → Faserwerkstoffe

Faser, organische → Faserwerkstoffe

Faser, polykristalline → Faserwerkstoffe

Faser, synthetische. Die wichtigsten Vertreter der s. F. sind Erzeugnisse auf der Basis von → Polyamiden, → Polyethylenterephthalat und → Polyacrylnitril.

– Polyamidfasern zeigen eine hohe → Zugfestigkeit, ausgezeichnete Scheuerbeständigkeit, eine hohe Zunahme der → Dehnung bei geringer → Spannung und eine geringe Licht- und Wetterbeständigkeit.

– Polyethylenterephthalatfasern zeigen gute elastische Eigenschaften, hohe Formbeständigkeit und Knittererholung, hohe Zugfestigkeit und eine bessere Beständigkeit gegen Licht und Hitze als Polyamidfasern.

– Polyacrylnitrilfasern zeigen eine unübertroffene Licht- und Wetterbeständigkeit, einen wollähnlichen Griff, eine niedrige Dichte, aber nur geringe Zugfestigkeit und schlechte Scheuerbeständigkeit. Polyamidfasern lassen sich leicht anfärben, sehr viel schwerer die Polyethylenterephthalatfasern, die nur mit Spezialfarbstoffen bzw. unter Modifizierung des

Substrates oder erhöhter Temperatur (über 100 °C) brauchbare Ergebnisse liefern. Kaum anfärbbar mit den üblichen Methoden sind reine Polyacrylnitrilfasern. Sie müssen vor dem Anfärben modifiziert werden.

– Modacrylfasern sind Materialien aus einem Copolymerisat von mindestens 35 % und höchstens 85 % Acrylnitril und Vinylchlorid. Sie besitzen wie die Polyacrylnitrilfasern eine ausgezeichnete Licht- und Wetterbeständigkeit, einen angenehmen Griff, bessere Scheuerbeständigkeit als Polyacrylnitrilfasern und auch eine höhere Zugfestigkeit.

– Saran (Handelsname der Dow Chemical) ist ein Copolymerisat aus 85 % Vinylidenchlorid, 13 % Vinylchlorid und 2 % Acrylnitril.

– Spandex sind Fasern, die zu mindestens 85 % Polyurethanglieder in ihren Makromolekülen enthalten. Die typischen Eigenschaften dieser Polyurethanelastomerfasern sind bedingt durch ihren Aufbau: In den Makromolekülen wechseln längere, bewegliche, weiche Segmente mit kurzen, hochschmelzenden, harten Segmenten ab. In den kristallinen Bereichen bewirken starke Wasserstoffbrücken eine physikalische Vernetzung. Diese Fäden besitzen einen zwei- bis dreimal höheren → Elastizitätsmodul als Gummifäden, eine ausgezeichnete Zugfestigkeit und sind besonders abriebfest.

– Polypropylenfasern besitzen eine mittlere Zugfestigkeit und eine gute Scheuerbeständigkeit. Die Licht- und Wetterbeständigkeit ist gering, der Griff unangenehm, paraffinartig. Die Faserstoffe aus → Polypropylen werden deshalb vorwiegend auf dem Teppichsektor (Grundgewebe für Tuftings) und auf dem technischen Gebiet für Seile und Netze eingesetzt.

– Polytetrafluorethylenfasern besitzen eine sehr hohe Hitzebeständigkeit (bis 330 °C) und werden von Säuren, Laugen und Lösungsmitteln nicht angegriffen. *Zahradnik*

Faserbeton. Bei besonderen Anforderungen, wie erhöhte Grünfestigkeit, → Zugfestigkeit, Schlagfestigkeit und Rißsicherheit werden dem → Mörtel oder → Beton in eng begrenzten Anwendungsbereichen Fasern zugemischt, soweit die dadurch erhöhten Kosten noch wirtschaftlich sind, z. B. bei → Spritzbeton, bei Schutzraum- und Tresorbauten und bei Rammpfählen. Von praktischer Bedeutung sind nur → Kunststoff-, → Glas- und Stahlfasern, letztere vor allem beim Spritzbeton. Die Fasern behindern vor allem die Bildung und Ausbreitung von Rissen. Diese Wirkung ist besonders groß, wenn die Fasern möglichst dünn und lang und in Zugrichtung orientiert sind. Sie ist daher bei Mörtel größer als bei Beton. *Wesche*

Faserdiagramm. Bei Röntgenaufnahmen von → Polymeren beobachtet man F. wenn eine faser-

artige Orientierung der Polymerketten vorliegt (Längsachsen der Moleküle bevorzugt parallel zur Streckrichtung). Sie entsprechen den Drehaufnahmen von Einkristallen. Die Reflexe liegen auf Schichtlinien, welche auf einem zylindrisch um die Faser angeordneten Film als parallele Geraden abgebildet werden. Mit Hilfe der *Ewald*-Konstruktion kann eine Indizierung der Reflexe und damit eine Bestimmung der Kristallstruktur vorgenommen werden. *Finkelmann*

Literatur: *Hoffmann, M. u. H. Krömer; R. Kuhn:* Polymeranalytik. II. Stuttgart 1977.

Faserherstellung. Zur Herstellung von → Fasern, dem Verspinnen, muß der Spinnrohstoff in einen fließfähigen Zustand gebracht und durch engporige Öffnungen (Spinndüsen) in ein Medium (Fällmittel) ausgepreßt werden, in dem er sich verfestigt. Prinzipiell sind zwei Möglichkeiten gegeben einen makromolekularen Stoff zu verspinnen:
– Lösungsspinnen
– Schmelzspinnen.

Beim Lösungsspinnen wird der Spinnrohstoff in einem geeigneten Lösungsmittel gelöst und diese Lösung durch die Spinndüse gedrückt. Um dabei Fasern zu erhalten bedient man sich zwei verschiedener Verfahren: Naßspinnverfahren und Trockenspinnverfahren.

Im Naßspinnverfahren wird die Spinnlösung hinter der Düse in ein geeignetes Fällbad geführt, in dem die Faser koaguliert.

Beim Trockenspinnverfahren wird die → Verfestigung der Faser durch Verdampfen des Lösungsmittels mit heißer Luft erreicht.

Beim Schmelzspinnen wird der Spinnrohstoff aufgeschmolzen und durch die Düse gepreßt. Die Verfestigung der Faser erfolgt dabei durch Abkühlen.

Welches dieser Verfahren man zum Verspinnen anwendet hängt davon ab, ob die zwischenmolekularen Kräfte im polymeren Rohstoff ohne chemische Zersetzung entweder durch Solvatation (Lösungsspinnen) oder durch die thermische Bewegung der Moleküle (Schmelzspinnen) besser zu überwinden sind. Manche Stoffe können nach beiden Verfahren, die meisten aber nur nach einem versponnen werden. Wichtigster Bestandteil der Spinnapparatur ist die Düse, durch die der Rohstoff in Faserform gebracht wird. Sie ist ein einseitig verschlossener, kurzer Zylinder mit einem Durchmesser von ungefähr 1–10 cm und ist aus → Glas, hochwertigem → Stahl, → Nickel, Tantal oder Edelmetallegierungen (Gold, Platin, Rhodium) gefertigt. Die bis zu mehreren tausend Spinnkanäle in der Bodenplatte besitzen einen Durchmesser zwischen 0,02 und 1 mm. Ihre Form ist im Querschnitt meist rund, im Längsschnitt zylindrisch, konisch oder trichterförmig.

Neben den Düsen kommt den Pumpen, die das Spinngut zur Düse fördern, eine entscheidende Bedeutung zu. Ihre Präzision ist für die Gleichmäßigkeit des Spinnvorganges ausschlaggebend. Man verwendet hauptsächlich Zahnradpumpen, mit denen Förderdrücke bis zu 30 bar erzeugt werden können.

Hinter den Düsen müssen die Fasern durch geeignete Vorrichtungen (Galetten) erfaßt und abgezogen werden. Sie werden daraufhin gegebenenfalls nachbehandelt und getrocknet, und schließlich auf Spulen gewickelt oder in Zentrifugentöpfen als Spinnkuchen gesammelt.

Von dem Abzug an der Düse, sowie von der pro Zeiteinheit geförderten Menge des Spinngutes wird die Dicke der Faser bestimmt. Für die Qualität der Faser ist daher eine sorgfältige und gleichbleibende Einstellung von Abzug und Förderung wichtig. Verschmutzte Düsen, inhomogenes Spinngut, schwankende Förderung oder unregelmäßiger Abzug führen zu Fadenbrüchen, Verklebungen und anderen Fehlern.

Maßsystem für Fasern: Als Gewichtstiter bezeichnet man die Masse von 1000 m einer Faser in Gramm; seine Einheit ist das „tex". In der Praxis wird meist das Decitex „dtex" benutzt, das sich auf die Masse von 10000 m einer Faser bezieht. Gebräuchlich ist auch die Angabe der → Faserlänge, bezogen auf 1 g (Nm = Nummer metrisch).

☐ Naßspinnverfahren.

Hierzu zählen das *Viscose-* und das *Cuoxam*verfahren, wobei das erste die größte wirtschaftliche Bedeutung zur Herstellung von Fasern aus abgewandelter → Cellulose besitzt. Weiterhin werden nach diesem Verfahren Homo- und Copolymerisate (besonders mit Acrylnitril) von Vinylchlorid, sowie seit einigen Jahren auch → Polyacrylnitril versponnen. Voraussetzung für eine Verarbeitung nach diesem Verfahren (Bild 1) ist eine einwandfreie Spinnlösung des makromolekularen Stoffes. Neben der erforderlichen Reinheit kommt es besonders auf eine günstige Viscosität der Lösung an. Gewöhnlich

wird die Spinnlösung in großen Kesseln unter Rühren und bei erhöhter Temperatur hergestellt. Dabei werden ihr sämtliche Zusatzstoffe beigemischt, die zur besseren Verarbeitbarkeit oder zur Qualitätssteigerung der Faser dienen (→ Stabilisatoren, Farbpigmente usw.).

Die so hergestellte Spinnlösung muß anschließend filtriert und entgast werden, um Störungen beim Verspinnen durch Fremdkörper, ungelöstes → Polymer oder Gasbläschen zu vermeiden. Sie gelangt über eine Verteilerleitung zur Spinnpumpe und wird von ihr, nochmals über einen Filter, zur Spinndüse gedrückt. Diese liegt im Fällbad und ist entweder für einen horizontalen oder senkrecht nach oben gerichteten Fadenabzug eingestellt. Bei diesem Verfahren werden Düsen mit 3000 bis 50000 Löchern von 0,03–0,15 mm Bohrungsdurchmesser verwendet.

Das Fällbadmedium, das sich während des Spinnens fortlaufend mit Lösungsmittel aus der Spinnlösung verdünnt, wird kontinuierlich aus dem Bad abgeleitet und strömt nach Titration, Temperierung und Korrektur seiner Zusammensetzung wieder ins Fällbad zurück.

Zusammensetzung von Fällbädern:

Viscoseverfahren:

Schwefelsäure	100–25 g/l
Natriumsulfat	230–320 g/l
Zinksulfat	5–10 g/l
od. Magnesiumsulfat	8–17 g/l

Cuoxamverfahren:
Schwefelsäure und Wasser
Polyacrylnitril:
70 Teile Dimethylformamid
30 Teile Wasser oder Dimethylsulfoxid

Die Konzentrationsverhältnisse und die Temperatur des Fällbadmediums sind von entscheidender Bedeutung für die Faserbildung und müssen deshalb sorgfältig überwacht und konstant gehalten werden.

Weiterhin ist wichtig, daß die für die Koagulation der Fasern notwendige Kontaktzeit mit der Badflüssigkeit eingehalten wird. Sie wird durch die Abzugsgeschwindigkeit gesteuert. Das ersponnene Gut wird bei der Herstellung von Endlosmaterial auf Spulen aufgewickelt oder in Zentrifugentöpfen abgelegt. Soll die Faser noch verstreckt werden, so führt man sie vor dem Aufwickeln über mehrere mit zunehmender Umlaufgeschwindigkeit rotierende Walzen. Die aufgewickelten Fasern werden anschließend gewaschen, um das Fällbadmedium vollständig zu entfernen, mit Präparationsmittel versetzt und getrocknet.

☐ Trockenspinnverfahren.

Im Gegensatz zum Naßspinnverfahren, wo die Koagulation der Faser durch Kontakt mit einem flüssigen Medium erreicht wird, benutzt man beim Trockenspinnverfahren (Bild 2) ein Trocknungsgas,

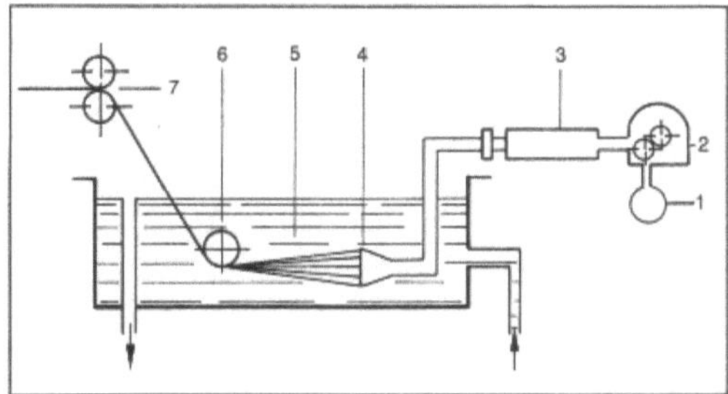

Faserherstellung 1: Prinzipieller Aufbau einer Naßspinnanlage.

1) Rohrleitung für Spinnlösung, 2) Spinnpumpe, 3) Filter, 4) Spinndüse, 5) Fällbad mit Zu- und Ableitung, 6) Umlenkrolle, 7) Abzugswalzenpaar

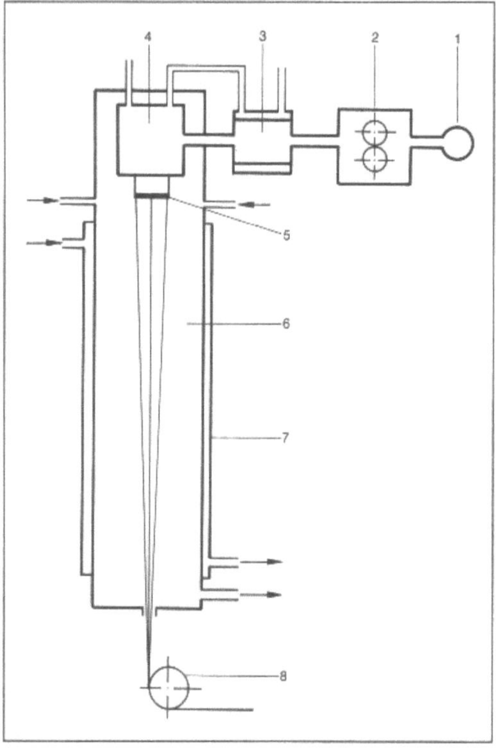

Faserherstellung 2: Prinzipieller Aufbau einer Trockenspinnapparatur.

1) Rohrleitung für Spinnlösung, 2) Spinnpumpe, 3) Filter mit Thermostiereinrichtung, 4) Spinnkopf mit Thermostiereinrichtung, 5) Spinndüse, 6) Spinnschacht, 7) Thermostiereinrichtung

um der durch die Düse gedrückten Spinnlösung das Lösungsmittel zu entziehen und so die Faser zu verfestigen. Nach diesem Verfahren werden hauptsächlich →Celluloseacetat; →Polyacrylnitril; →Polyvinylalkohol und →Polyvinylchlorid versponnen.

Am oberen Ende eines heizbaren Rohres, des Spinnschachtes (Länge: 4–8 m, Durchmesser: 15–30 cm) sitzt der ebenfalls heizbare Spinnkopf mit einer oder mehreren Düsen, die mittels Zahnradpumpen mit der Spinnlösung (Naßspinnverfahren) versorgt werden.

Den ausgepreßten Fasern gleich- oder entgegengesetzt gerichtet strömt im Spinnschacht das Trocknungsgas, das auf eine dem Siedepunkt des Lösungsmittels angepaßte Temperatur erhitzt ist. Da die Verweilzeit des Spinngutes bei den normalerweise üblichen Abzugsgeschwindigkeiten von 200 bis 800 m/min sehr gering ist, muß das Verdampfen des Lösungsmittels rasch vor sich gehen. Es sollte also eine niedrige Verdampfungswärme besitzen, daneben aber auch ein gutes Lösungsvermögen, geringe Explosionsneigung und erträgliches physiologisches Verhalten. Praktische Bedeutung haben nur Methylenchlorid, Aceton und Dimethylformamid erlangt.

Als Trocknungsgas verwendet man entweder Frischluft oder mit Stickstoff angereicherte Luft. Von besonderer wirtschaftlicher Bedeutung ist dabei die möglichst vollkommene Rückgewinnung des Lösungsmittels, entweder durch Kondensation oder Adsorption an Aktivkohle bzw. Silikagel.

□ Schmelzspinnen.

Bei diesem Verfahren wird der makromolekulare Rohstoff aufgeschmolzen und versponnen, wobei die Verfestigung der Faser durch Abkühlen eintritt. Der Vorteil dieses Verfahrens (Tabelle) liegt auf der Hand: Es sind weder Lösungsmittel noch Fällbäder notwendig und es erlaubt die Anwendung hoher Spinngeschwindigkeiten (bis zu mehreren 1000 m/min).

Die Anwendung dieses Verfahrens ist allerdings auf solche Stoffe beschränkt, die ohne Zersetzung aufgeschmolzen werden können und deren Schmelzen eine zum Verspinnen geeignete niedrige →Viskosität besitzen. Es sind dies Polyamid 66, Polyamid 6, Polyethylenterephthalat, →Polypropylen, sowie Vinylidenchloridhomo- und -copolymerisate.

Faserherstellung. Tabelle: Verarbeitungsdaten beim Schmelzspinnen für verschiedene Polymere.

Spinnrohstoff	Abschmelztemp. °C	Spinntemp. °C	Düsendimensionen		Abzugsgeschw. m/min
			Lochzahl	Lochdurchmesser, mm	
Polyamid 66	285	280	50–500	0,2–0,4	800–2 000
Polyamid 6	260–280	275	50–500	0,2–0,4	600–1 100
Polyethylenterephthalat	270–290	280	12–500	0,2–0,4	800–1 500
Polypropylen		260	50–500	0,1	500–1 000
Polyvinylchlorid		145–180			
Polyvinylidenchlorid		160–175	18–24	0,8–1,0	300–500

Heute werden in der Praxis zwei unterschiedliche Schmelzspinnverfahren angewandt: Einmal die Aufarbeitung des Spinnrohstoffes mit Abschmelzrosten und zum anderen die über Extruder. In beiden Verfahren wird der Rohstoff als Granulat vorgelegt.

Bei dem ersten Verfahren kommt das Granulat unter Stickstoffatmosphäre aus den Vorratsbehältern auf die Abschmelzroste. Dies sind nebeneinanderliegende Rohre, die mit Diphenyldampf oder elektrisch beheizt werden. Von hier tropft die Schmelze ab und sammelt sich im Spinntopf. Sie wird dann mittels Pumpen unter Drücken bis zu 100 bar durch die Spinndüse gedrückt. Die Düse besteht in der Regel aus gehärtetem Stahl und besitzt zwischen 50 und 500 Löcher mit einem Durchmesser von 0,2–0,5 mm.

Bei dem zweiten Verfahren wird zum Aufschmelzen ein Extruder eingesetzt.

Die von den Spinndüsen abgezogenen Fasern verfestigen sich durch Abkühlen mit Luft, bisweilen auch mit Wasser, in Spinnschächten von 3–6 m Länge. Unterhalb der Schächte sitzen die Abzugseinheiten. Ihnen schließt sich ein Präparationsbad an, in das die Fasern eintauchen und mit für die Weiterverarbeitung notwendigen Hilfsstoffen versehen werden.

□ Weiterverarbeitung.

Die dem Spinnprozeß nachfolgenden Arbeitsgänge, Verstrecken und → Tempern, Kräuseln und → Schneiden, Zwirnen, chemische Nachbehandlung dienen in erster Linie einer Verbesserung der Fasereigenschaften und werden unabhängig vom Spinnverfahren bei allen Fasern angewandt.

Durch das Verstrecken, d. h. Dehnen der Faser auf das 2- bis 6fache ihrer Länge erreicht man eine Steigerung der → Festigkeit der Faser. Es wird sowohl im nassen Zustand der Faser, wie etwa bei Cellulose, als auch im trockenen, bei synthetischen Polymeren, ausgeführt. Die dabei aufzuwendenden Kräfte richten sich nach dem Widerstand, den die betreffende Faser einer Strukturänderung entgegensetzt. Sie sind dort niedrig, wo die Fadenmoleküle bereits in einer vorwiegend gestreckten Form vorliegen (→ Cellulose), sie sind dagegen groß, wenn Form und Lage der Moleküle stark verändert werden müssen (synth. Polymere).

Die technische Durchführung der Verstreckung geschieht mit zwei bis drei Walzen, von denen die jeweils nachfolgende mit höherer Umlaufgeschwindigkeit läuft, und so die Faser um einen genau einstellbaren Betrag schneller transportiert als die vorausgehende. Zu einer einwandfreien Verstreckung gehört auch eine sorgfältige Temperatureinstellung und -konstanz.

Durch Tempern bzw. Fixieren, d. h. Erwärmen der Faser bis wenige Grade unterhalb der → Erwei-

chungstemperatur während eines bestimmten Zeitraumes (5–30 s) und rasches Abkühlen, werden insbesondere die elastischen Eigenschaften und die Formbeständigkeit (Schrumpf-, Knitter- und Kräuselbeständigkeit) verbessert.

Durch die Kräuselung ist es möglich, den synthetischen Fasern eine höhere Voluminosität zu verleihen, wodurch sich die Wärmehaltung verbessert, und sie so den Naturfasern anzupassen. Voraussetzung dazu ist Thermoplastizität und ausreichende Festigkeit des Materials. Angewandt wird die Kräuselung praktisch nur bei Polyamiden und Polyestern. Sie kann auf verschiedene Arten erzeugt werden, entweder durch Ausnutzung kleiner Unterschiede im inneren Aufbau der Faser, wie etwa in der Molekülorientierung oder der Dichte, oder durch äußere mechanische Einwirkung.

Diese Stauchkräuselung wird am häufigsten angewandt. Dabei wird die Faser durch Walzen in einen temperierbaren Kanal (Stauchkanal) gedrückt, der am entgegengesetzten Ende mit einer Klappe verschlossen ist. Durch den erzeugten Stauchdruck wird die Faser gekräuselt. Ist der Gegendruck der Klappe erreicht, so öffnet sie sich und die Faser wird ausgestoßen. Danach wiederholt sich der Vorgang.

Fernerhin ist die chemische Nachbehandlung (Präparation) zu erwähnen. Sie besteht im wesentlichen aus einer Befeuchtung der Faser mit wäßrigen Lösungen oder Emulsionen, und dient der störungsfreien Verarbeitung auf den Textilmaschinen.

Von der Präparation zu unterscheiden sind Verfahren, bei denen eine chemische Reaktion an der Faser ausgeführt wird, wie etwa die Acetalisierung von Polyvinylalkoholfasern oder die Herstellung von Pfropfcopolymeren.   *Zahradnik*

Literatur: *Ludewig, H.*: Polyester-Fibres. New York 1971. – *Mark, H. F.* u. *S. M. Atlas, E. Cernia*: Man-Made Fibres. New York 1967. – *Moncrieff, R. W.*: Man-Made Fibres, New York 1971.

Faserkräuselung. Die Kräuselung einer → Faser ist für die Verarbeitbarkeit und den Warenausfall von großer Bedeutung. Die Kräuselung der → Wolle ist relativ regelmäßig und durch richtige Bögen gekennzeichnet.

Chemiefasern dagegen können unregelmäßig gekräuselt sein und die Form sehr unterschiedlich ausfallen (Bild 1).

Für die Beschreibung der Kräuselung lassen sich mehrere Kenngrößen festlegen, von denen üblicherweise zwei in der Praxis angewandt werden.

□ Kräuselbogenzahl.

Die Kräuselbogenzahl wird pro cm angegeben. Bei der Zählung der Bögen, die entweder direkt an der Faser mit Hilfe einer Lupe oder über vergrößerte Bilder, beispielsweise mit einem Projektor, ge-

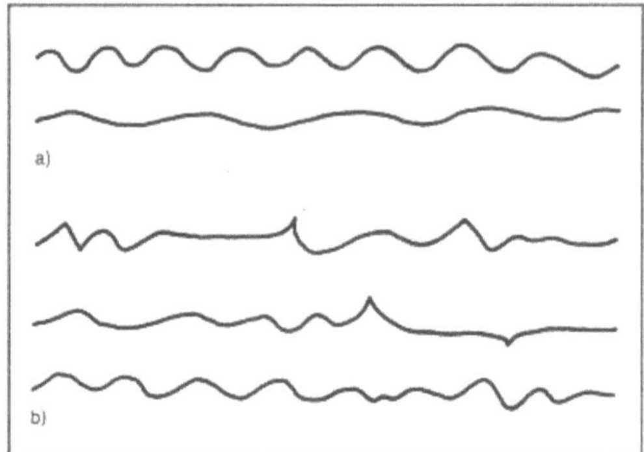

Faserkräuselung 1: Kräuselformen.
a) Wolle
b) Chemiefasern (Stauchkräuselung).

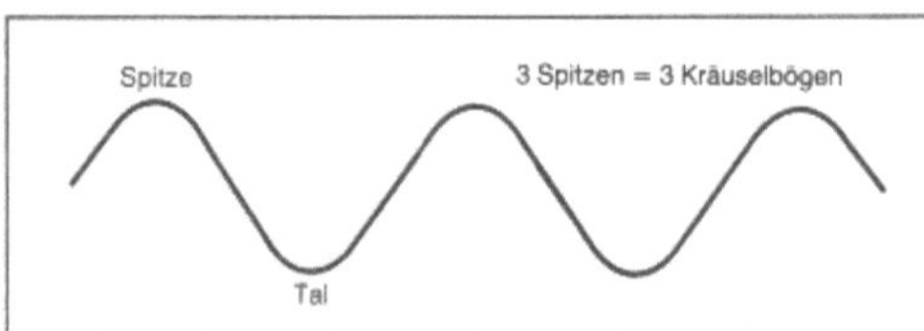

Faserkräuselung 2: Zählweise der Kräuselbögen.

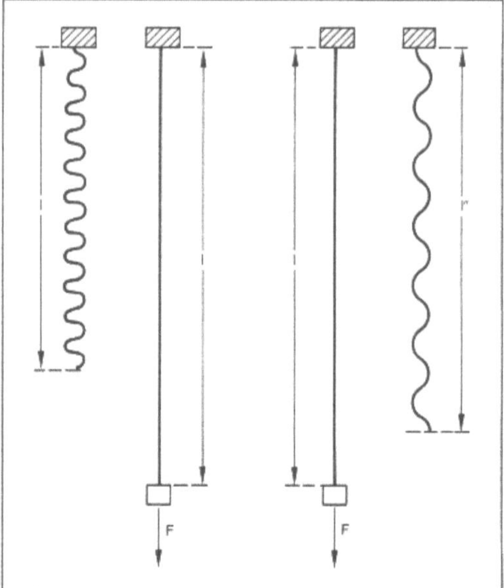

Faserkräuselung 3: Einkräuselung und Kräuselungsbeständigkeit.

Einkräuselung E

$$E = \frac{l - l'}{l} \quad \text{oder } E\,\% = \frac{l - l'}{l} \cdot 100\,\%$$

Kräuselungsbeständigkeit B

$$B = \frac{l - l''}{l - l'} \quad \text{oder } B\,\% = \frac{l - l''}{l - l'} \cdot 100\,\%$$

Literatur: *Sommer, H.* und *F. Winkler:* Handbuch der Werkstoffprüfung. Bd. V. Berlin–Göttingen–Heidelberg 1961.

zählt werden, ist zu beachten, daß entweder nur die „Bergspitzen" oder nur die „Täler" gezählt werden (Bild 2).

☐ Einkräuselung und Kräuselungsbeständigkeit.

Die Einkräuselung E wird durch die gekräuselte und die entkräuselte Länge einer Faser definiert (Bild 3).

Das Strecken der Faser soll so erfolgen, daß nur die Kräuselbögen herausgezogen werden und praktisch noch keine Materialdehnung eintritt.

Als weitere Kenngröße wird die Kräuselungsbeständigkeit B definiert, die zusammen mit der Einkräuselung gemessen werden kann. Die Faser, die für die Messung der entkräuselten Länge gestreckt wurde, bleibt 5 min lang unter dieser Krafteinwirkung. Dann wird entlastet, die Faser verkürzt sich wieder je nach Kräuselungsbeständigkeit um einen bestimmten Teil. Daraufhin wird die Länge gemessen (Bild 3).

Für eine rationelle Messung und eine definiertere Handhabung ist eine sogenannte Kräuselwaage entwickelt worden. Insbesondere die definierte Belastung der Fasern durch die Zugkräfte wird dabei gewährleistet.

Die Längenänderung von der gekräuselten zur gestreckten Länge einer Faser läßt sich auch mit einer Zugfestigkeitsprüfmaschine messen.

Trotz vielfältiger Bemühungen ist es noch nicht gelungen, die Prüfparameter und die Handhabung so festzulegen, daß zwischen verschiedenen Prüfstellen die Ergebnisse übereinstimmen. Eine Normung war deshalb nicht möglich. *Kleinhansl*

Faserlänge. Die F. ist ein wichtiges Qualitätsmerkmal und auf den Spinnprozeß sowie das textile Endprodukt von großem Einfluß. Für die Messung der F. sind insbesondere bei Naturfasern viele Einzelwerte erforderlich, da die Länge stark streut und außerdem meist eine inhomogene Verteilung vorliegt. Bei Chemiefasern streut sie zwar wesentlich weniger, da diese mit wenigen Ausnahmen auf eine bestimmte Länge geschnitten werden, sie kann sich jedoch durch die Beanspruchung während der Verarbeitung mehr oder weniger einkürzen. Für das Messen der Faserlänge existieren verschiedene Methoden:

☐ Einzelfaserlängenmessung (DIN 53808 T 1).

Mit zwei Pinzetten wird eine →Faser an ihren beiden Enden erfaßt, die Kräuselung durch leichte Anspannung herausgezogen und an einem Maßstab die Länge in mm abgelesen. Durch mechanisierte Vorrichtungen läßt sich der Meßvorgang rationalisieren (Bild 1).

Die Darstellung der Ergebnisse erfolgt in Form einer Summenhäufigkeitsschaulinie (Bild 2), berechnet werden mittlere F. und Variationskoeffizient.

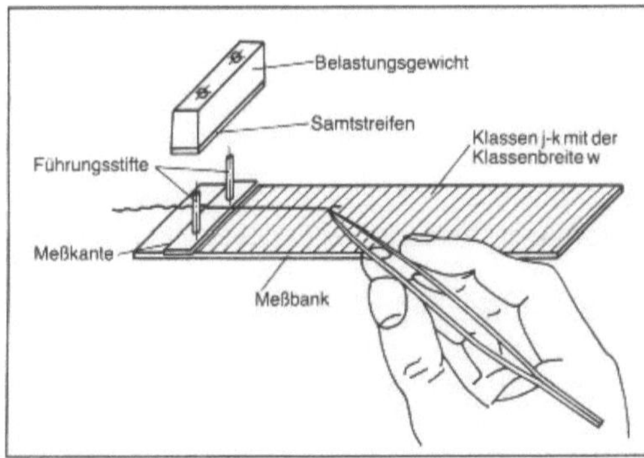

Faserlänge 1: Einzelfaser-Meßverfahren.

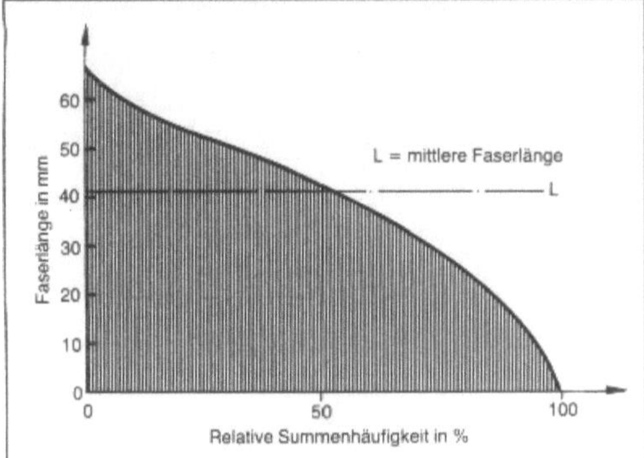

Faserlänge 2: Summenhäufigkeitsschaulinie L – mittlere F.

□ Kammstapelmethode (DIN 53806 T 1).

Eine vorbereitete Faserprobe mit mindestens ca. 10 000 Fasern wird mit Hilfe zweier Kammfelder und einer Spezialzange zunächst endengeordnet (Bild 3). Die Abstände der Nadelstäbe richten sich nach der zu prüfenden Faserart, bei → Baumwolle 3 mm, bei längerer → Wolle, beispielsweise 10 mm und bei Chemiefasern (→ Faser, synthetische) je nach Länge meist dazwischen. Dieser Abstand ist die Klassenbreite für die Längenklassen.

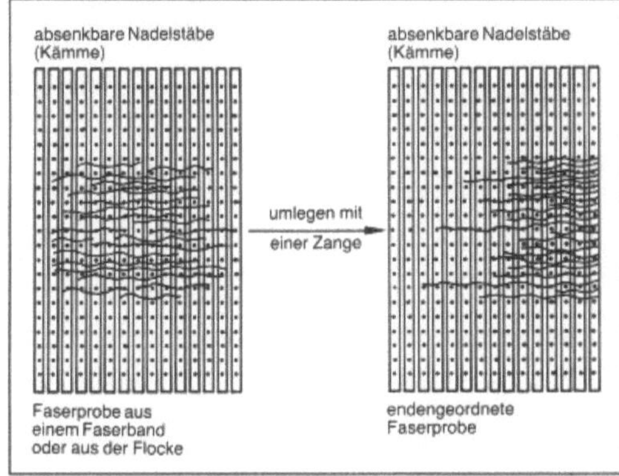

Faserlänge 3: Prinzip der Kammstapelmethode.

Nach dem Endenordnen werden die Fasern der einzelnen Längenklassen aus dem Kammfeld herausgezogen und abgewogen. Aus dem Gewicht läßt sich die Faseranzahl jeder Klasse errechnen und daraus die mittlere F. und der Variationskoeffizient.

Für eine Abkürzung dieser relativ langwierigen Meßverfahren wurden Maßnahmen in zwei Richtungen ergriffen:

– Mechanisieren bzw. Automatisieren des Endenordnens

– Abtasten der Längenklassen mittels elektronischer Sensoren, kapazitiv oder optisch

□ Kapazitive Meßmethode (DIN-Norm in Vorbereitung, IWTO-16–67, IWTO-17–85)

Der von einem automatischen Faserrichter vorbereitete Faserbart wird in einem Meßkondensator abgetastet (Bild 4, 5).

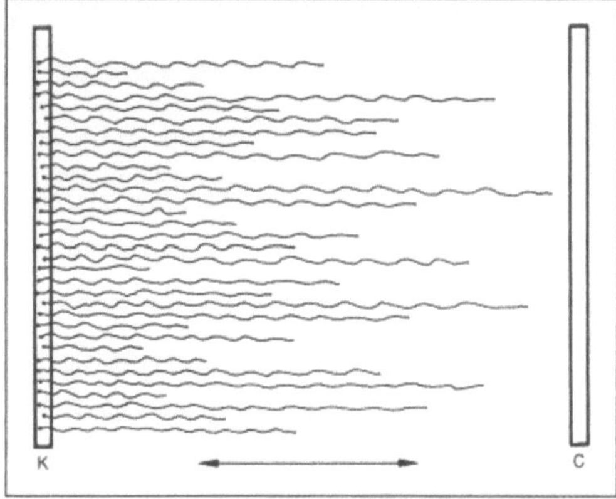

Faserlänge 4: Kapazitives Meßprinzip K – Klemme mit endengeordnetem Faserbart, C – Meßkondensator.

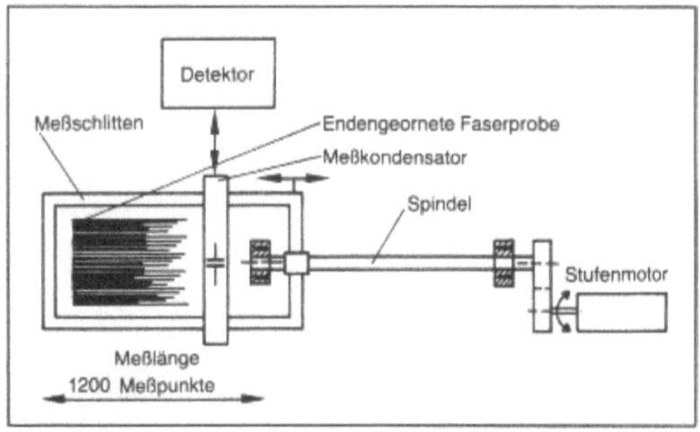

Faserlänge 5: Prinzipskizze eines kapazitiven Meßgerätes.

□ Optische Meßmethode (DIN-Norm in Vorbereitung) (Bild 6).

Das einzige bekannte, nach diesem Prinzip arbeitende Meßgerät verzichtet auf eine endengeordnete Faserprobe. Die Fasern werden (Bild 6) zufällig geklemmt. Als Kennwerte werden, anstatt mittlerer

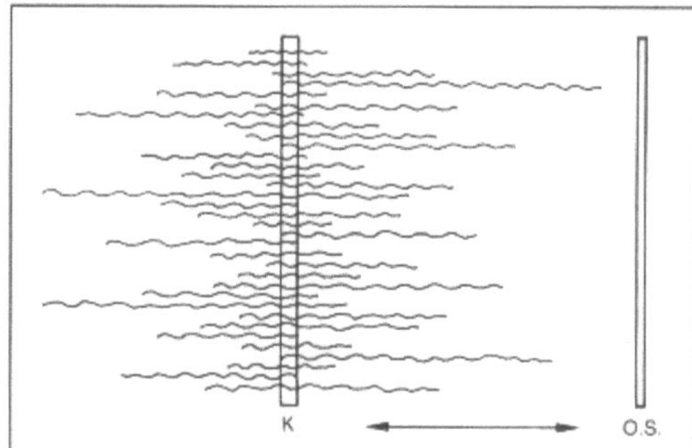

Faserlänge 6: Optisches Meßprinzip K – Klemme mit nichtendengeordnetem Faserbart o S – optisches Meßsystem.

F. und der oben beschriebenen Summenhäufigkeitsschaulinie, sogenannte Spannlängen-Werte definiert. Die Häufigkeitsschaulinie wird als Fibrogramm bezeichnet (Bild 7). Eingeführt hat sich die Angabe der Spannlänge bei 2,5 % und 50 % Häufigkeit, abgekürzt 2,5 % SL-Wert und 50 % SL-Wert und eines Gleichförmigkeitsindex, der mit der Streuung der F. korreliert. Dieses Gerät ist nur bei kürzeren F. einsetzbar, insbesondere bei Baumwolle.

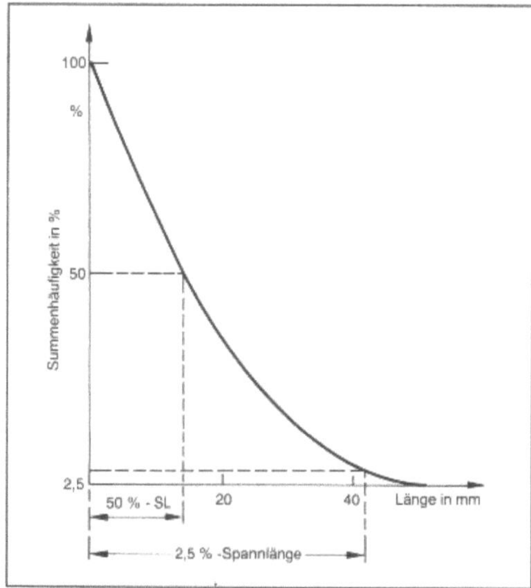

Faserlänge 7: Fibrogramm mit den 2,5 %- und 50 %-Spannlängen-Werten (Optisches Meßprinzip).

Neuere Entwicklungen befassen sich mit der Messung der Länge einzelner Fasern, die mittels eines Luftstroms parallelisiert an einem Laserstrahlmeßsystem vorbeigeführt werden. *Kleinhansl*

Literatur: DIN 53808 T1: Längenbestimmung an Spinnfasern, Einzelfaser-Meßverfahren. 1982. – DIN 53806 T1: Bestimmung der Länge von Spinnfasern, Kammstapelverfahren. 1970. – IWTO-16-67: „Prüfverfahren zum Bestimmen der Fa-serlänge von Wolle mit Hilfe der WIRA-Faserdiagramm-Maschine. 1967. – IWTO-17-85: Bestimmung der Kenngrößen der Wollfaser-Längenverteilung mit Hilfe des ALMETER-Gerätes. 1985. – *Sommer, H.* und *F. Winkler:* Handbuch der Werkstoffprüfung. Bd. V. Berlin–Göttingen–Heidelberg 1961.

Faserlänge, kritische → Verbundwerkstoffe

Faserorientierung → Faserverbundwerkstoffe

Faserschädigungsprüfung. Die Ursachen von Faserschädigungen können mechanischer bzw. physikalischer, chemischer oder biologischer Art sein. Zu ihrem Nachweis bedient man sich entsprechender Untersuchungsmethoden. Aus der Vielzahl der je nach der Art der Schädigung anzuwendenden Untersuchungsmethoden, können nur einige typische genannt werden. Sie sind außerdem bei den einzelnen Faserstoffen zum Teil sehr unterschiedlich.

□ Mikroskopische Methoden.

Mechanische Schädigungen, thermische durch überhöhte Reibungsbeanspruchung, Schädigungen an der Schuppenstruktur bei → Wolle, Anscheuerungen, biologische Schädigungen durch Insektenfraß oder durch Pilzbefall lassen sich mittels Lichtmikroskopen oder Rasterelektronenmikroskopen nachweisen.

□ Chemische Methoden.

Schädigungen, die eine Veränderung der Molekularstruktur bzw. des Molekulargewichts bewirken, lassen sich durch Viskositätsmessungen oder DP-Grad-Bestimmungen (DP = Durchschnitts-Polymerisationsgrad) nachweisen. Bei Zellulosefasern ist ein Nachweis einer Schädigung durch Bestimmung von Oxy- und/oder Hydrozellulose möglich. Weitere Indizien: Löslichkeitsverhalten, Farbstoffaufnahme.

□ Physikalische Methoden.

Bestimmung des Festigkeits- und Dehnungsrückganges mittels Zugversuchen an Fasern, Garnen und Flächengebilden. Mögliche Veränderungen in den Dauerbiege- oder Dauerknickbrucheigenschaften.

In gewissen Fällen läßt die Anwesenheit bestimmter Begleitsubstanzen, die mikroskopisch oder chemisch nachweisbar sind, Schlüsse auf die Schädigung zu. *Kleinhansl*

Literatur: *Sommer, H.* und *F. Winkler:* Handbuch der Werkstoffprüfung. Bd. V. Berlin–Göttingen–Heidelberg 1961.

Faserstoffanalyse. Unter F. versteht man
1. Faserbestimmungen nach Faserart (qualitative Analysen)
2. Faserbestimmungen nach Menge in Fasermischungen (Quantitative Analysen)
□ Bestimmung der Faserart (qualitative Analyse).

– Mikroskopische Methode. Viele Faserarten, bei den Naturfasern praktisch alle, lassen sich im mikroskopischen Längs- oder Querschnittsbild identifizieren. Bei den Wollen und Haaren (tierische Fasern) ist die Herkunftsbestimmung nach Tierart meist nur mit dem →Rasterelektronenmikroskop möglich.

– Bestimmung über die →Löslichkeit in Chemikalien: Faserarten, die sich nicht eindeutig unter dem Mikroskop identifizieren lassen – dazu gehören fast alle Chemiefasern – lassen sich durch Löslichkeitstests in Säuren, Laugen oder organischen Lösemitteln bestimmen. Hierzu existiert ein regelrechtes Löslichkeitsschema, das die Bestimmung einer unbekannten →Faser auf rationale Weise erleichtern kann.

– Bestimmung mit Anfärbetests: Mit einem Spezialfarbstoff (Neocarmin), der die verschiedenen Faserarten unterschiedlich anfärbt, läßt sich ein größerer Teil der Fasern auf einfache Weise identifizieren. Voraussetzung hierzu ist, daß die Fasern ungefärbt bzw. nur hell angefärbt sind.

– Bestimmung mittels Infrarotspektroskopie: Da das Infrarotspektrum der einzelnen Faserstoffe einen charakteristischen Verlauf zeigt, ist eine Identifizierung möglich. Es wird vor allem in den Fällen angewandt, in denen die davor erwähnten Methoden kein eindeutiges Ergebnis zeigen.

□ Quantitative Bestimmung der Anteile von Fasermischungen

– Mikroskopische Methode: Bei Garnen läßt sich der Anteil der verschiedenen Faserarten größenordnungsmäßig abschätzen, wenn sich die Fasern im Querschnitt deutlich unterscheiden. Hierzu werden Garnquerschnitte angefertigt und die einzelnen Faserarten ausgezählt. Über Faserquerschnittsflächenbestimmungen und die bekannte Dichte der Faserstoffe kann auch der gewichtsmäßige Anteil berechnet werden. Diese Methode ist sehr aufwendig, wenn eine gewisse Genauigkeit verlangt wird. Wegen der Streuung des Mischungsverhältnisses müssen viele Garnquerschnitte ausgezählt werden. Sie ist jedoch die einzige Methode für Mischungen von Fasern unterschiedlicher Feinheit, jedoch gleicher Art.

– Chemische Trennungsverfahren mit Lösemitteln: Die quantitative Bestimmung beruht auf dem Herauslösen eines oder mehrerer Anteile der Probe durch ein Lösemittel. Diese Fasertrennung ist in vielerlei Hinsicht nicht mit einer quantitativen Analyse der anorganischen oder organischen Chemie zu vergleichen. Das Löseverhalten der zu lösenden Anteile kann sich durch verschiedene Einflüsse ändern, wie z. B. durch Modifizierung einer Fasertype, durch chemische, thermische oder mechanische Behandlung, durch Ausrüstungsmittel. Ebenso wird die Genauigkeit durch diese Parameter beeinflußt.

Die Grundlagen und der Anwendungsbereich sind in der DIN 54200 (1974) näher beschrieben, die allgemeinen Arbeitsanweisungen in DIN 54201 (1975).

Die nachstehend aufgeführten Trennverfahren gelten für binäre Fasermischungen. Jede Mischung aus mehr als zwei Anteilen kann grundsätzlich nach dem Prinzip mehrerer binärer Mischungen analysiert werden.

DIN 54204 Wolle mit anderen Fasern (Kalilauge-Verfahren) (1975)

DIN 54205 Natürliche oder regenerierte Cellulosefasern mit Polyesterfasern (Schwefelsäure-Verfahren) (1975)

DIN 54206 Proteinfasern mit anderen Fasern (Hypochlorit-Verfahren) (1975)

DIN 54208 Regenerierte Cellulosefasern mit anderen Fasern, besonders Baumwolle (Ameisensäure/Zinkchlorid-Verfahren) (1984)

DIN 54209 Entbastete Maulbeerseide mit Wolle (Ameisensäure/Zinkchlorid-Verfahren) (1975)

DIN 54210 Acetatfasern mit anderen Fasern (Aceton-Verfahren) (1975)

DIN 54211 Triacetatfasern mit anderen Fasern (Dichlormethan-Verfahren) (1975)

DIN 54212 Kaseinfasern mit anderen Fasern (Trypsin-Verfahren) (1975)

DIN 54215 Polypropylenfasern mit anderen Fasern (Xylol-Verfahren) (1977)

DIN 54216 Polyvinylchloridfasern mit anderen Fasern (Schwefelkohlenstoff/Aceton-Verfahren) (1975)

DIN 54217 Polyacrylnitril-, Modacryl- und bestimmte Polyvinylchloridfasern mit anderen Fasern (Dimethylformamid-Verfahren) (1975)

DIN 54218 Acetatfasern mit Polyvinylchloridfasern (Essigsäure-Verfahren) (1975)

DIN 54220 Polyamid 66 – oder Polyamid 6-Fasern mit anderen Fasern (Salzsäure-Verfahren) (1975)

Da die Fasern auch mehr oder weniger Feuchtigkeit enthalten, werden die Analysen zunächst auf die Trockensubstanz bezogen.

Für die Berechnung der Mischungsverhältnisse sind die in DIN 54201 vorgeschriebenen Feuchtigkeitszuschläge zu verwenden. *Kleinhansl*

Literatur: DIN-Normen (oben aufgeführt). – *Sommer, H.* und *F. Winkler:* Handbuch der Werkstoffprüfung. Bd. V. Berlin–Göttingen–Heidelberg 1961. – *Stratmann, M.:* Untersuchungsschema zur qualitativen chemischen Analyse der Faserstoffe. Melliand Textilberichte 39 (1958) S. 1144.

Faserverbundwerkstoffe. F. sind Werkstoffe, in denen Fasern (→Faserwerkstoffe) gezielt eingelagert sind. Die Fasern tragen im allgemeinen dazu bei, den Matrixwerkstoff zu verstärken. Dieser verfügt über spezifische Eigenschaften, z. B. geringe Dichte, jedoch auch meist geringe Festigkeiten und Steifigkeiten. F. mit mehreren unterschiedlichen Faserwerkstoffen werden zu den Hybridwerkstoffen gezählt.

Durch das Einlagern geeigneter Faserwerkstoffe hoher → Festigkeit wird ein → Verbundwerkstoff geschaffen, der hohe Festigkeiten gegebenenfalls auch hohe Steifigkeiten bei geringem spezifischen Gewicht besitzt. Damit empfiehlt er sich für den Einsatz im Leichtbau. Des weiteren kommen F. im Hochtemperaturbereich zur Anwendung. Die Fasern erfüllen hier den Zweck, dem Werkstoff bei höheren Temperaturen ausreichende Festigkeiten zu verleihen.

Ein Einlagern von Fasern in einen Werkstoff kann jedoch auch erfolgen, um spezifische elektrische oder magnetische Eigenschaften zu erzielen.

Die Eigenschaften von F. werden wesentlich durch verschiedene Einflußfaktoren (Bild 1) bestimmt und können durch Variation dieser Faktoren in einem großen Bereich verändert werden.

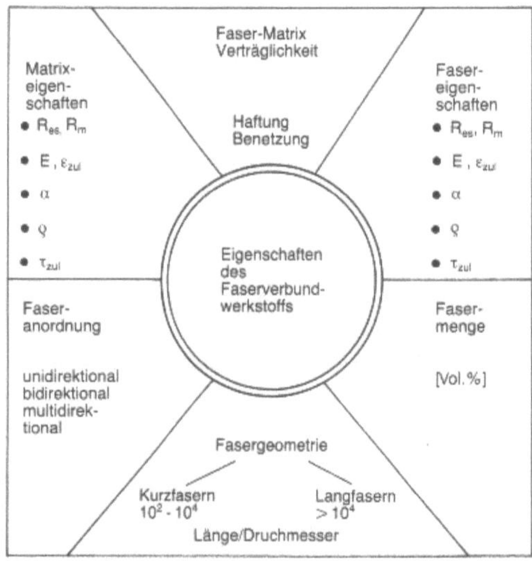

Faserverbundwerkstoffe 1: Faktoren, die die Eigenschaften von F. bestimmen.

Bei gegebenem Faser- bzw. Matrixwerkstoff sowie Fertigungsverfahren kann eine Eigenschaftsoptimierung durch Variation der → Faserorientierung und des Fasergehalts erfolgen. Zudem besitzt auch die Fasergeometrie einen Einfluß auf die Eigenschaften, wobei dem Verhältnis Länge/Durchmesser (L/D) eine herausragende Bedeutung zukommt.

Bei kleinem L/D-Verhältnis (L/D < 10^4) liegen Kurzfasern vor, bei großem L/D-Verhältnis Langfasern. Man bezeichnet die Verstärkung mit Kurzfa-

sern auch als diskontinuierlich und die mit Langfasern als kontinuierlich. Sind sämtliche Fasern in einer Richtung angeordnet, wird von unidirektionaler Verstärkung gesprochen; liegen zwei Vorzugsrichtungen vor, handelt es sich um bidirektionale und bei mehreren um multidirektionale Verstärkung (Bild 2).

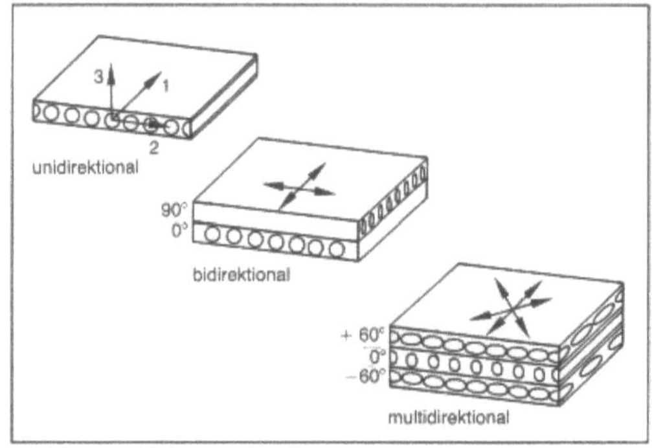

Faserverbundwerkstoffe 2: Möglichkeiten zur Verstärkung von Werkstoffen.

Bei Orientierung der Fasern in einer Vorzugsrichtung weist der Verbundwerkstoff ein ausgeprägtes anisotropes Verhalten (→ Anisotropie) auf. So verfügt er in Richtung der Fasern über eine hohe Festigkeit, senkrecht dazu über eine verhältnismäßig niedrige.

Die ausgeprägte Anisotropie von F. erfordert bei der Dimensionierung von Bauteilen eine genaue Analyse der auftretenden Belastungen (→ Kontinuumstheorie). Um die Festigkeit der Fasern voll ausnützen zu können, werden sie, soweit es die Bauteilgeometrie und das Fertigungsverfahren ermöglichen, in Richtung der maximal auftretenden Zugspannungen orientiert. Die Materialoptimierung ist somit meist direkt mit einer Bauteilgestaltung gekoppelt.

Die Vielzahl der Parameter, die zu einer Streuung der Eigenschaften von F. führen können, erfordert das Einhalten exakter Fertigungsbedingungen. So muß gewährleistet sein, daß die Fasern gleichmäßig in der Matrix verteilt sind, eine einheitliche Ausrichtung der Fasern in der gewünschten Orientierung gegeben ist sowie eine ausreichende Bindung zwischen Faser und Matrix erfolgt. Starke chemische Reaktionen zwischen Faser und Matrix sowie eine mechanische Beschädigung der Faser sollten während der Herstellung ausgeschlossen bleiben.

Für → Kunststoffe lassen sich folgende wesentliche Fertigungsverfahren aufzählen:

□ für langfaserverstärkte Kunststoffe

– das → Wickeln von getränkten Fasern/Faserbündeln (→ Rowings) und Gewebebändern (→ Wickeltechnik)

– das Heißpressen von vorimprägnierten Matten (→ Prepregs)

– das Strangziehverfahren, bei welchem zuvor getränkte Rowings, Matten und Bänder durch eine beheizte Form zur Profilierung gezogen werden

□ für kurzfaserverstärkte Kunststoffe

– das Faserspritzen, bei welchem in einen Harzstrahl geleitete Kurzfasern auf eine Form gespritzt werden

– das Schleuderverfahren, bei welchem Kurzfasern und → Harz in eine sich drehende → Kokille eingeführt werden

– das Heißpreßverfahren, bei welchem vorimprägnierte Matten in Formen unter Druck und Wärme verarbeitet werden.

Die Herstellungsverfahren für faserverstärkte metallische → Matrixwerkstoffe lassen sich in direkte und indirekte Verfahren unterteilen. Bei den indirekten Verfahren – auch als *in situ Verfahren* bezeichnet – wird die Faser erst während des Herstellungsprozesses erzeugt.

□ Wesentliche direkte Herstellungsverfahren sind (Bild 3):

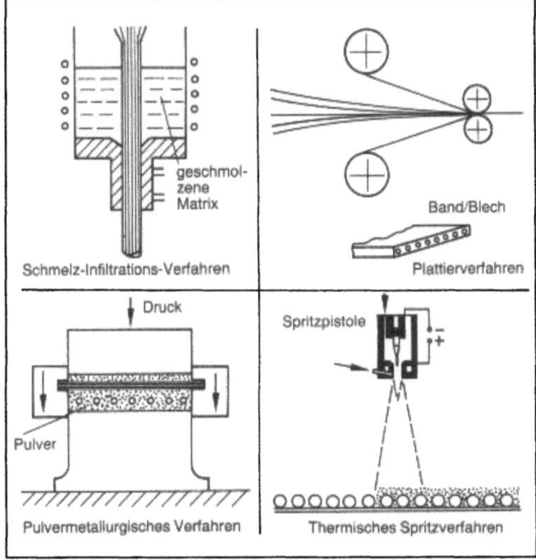

Faserverbundwerkstoffe 3: Schematische Darstellung der wichtigsten Herstellungstechniken für faserverstärkte metallische und keramische Werkstoffe.

– Schmelzinfiltration.

Bei diesem Verfahren werden die Fasern in eine Form eingelegt bzw. eingespannt. Der Verbund wird durch Infiltration des schmelzflüssigen Matrixmaterials zum Teil unter Druck oder im Vakuum erzeugt.

– Plattierverfahren,

Fasern werden in dünne Folien des Matrixwerkstoffs eingewalzt. Man erhält Bleche oder Bänder, sogenannte Tapes, die weiterverarbeitet werden können.

– Pulvermetallurgische Verfahren.

Hier werden Faser- und Matrixmaterial unter ho-

hem Druck und hoher Temperatur durch → Sintern verbunden. Die Verfahren eignen sich auch zum Einlagern von Fasern in keramische Werkstoffe.

– Thermisches Spritzen (→ Spritzverfahren, thermisches)

Aufgeschmolzene Teilchen aus Matrixwerkstoff werden auf vorfixierte Fasern gespritzt. Mit derartigen Verfahren lassen sich sowohl metallische als auch keramische Werkstoffe verarbeiten und mit metallischen und nichtmetallischen Fasern kombinieren.

□ Wesentliche indirekte Herstellungsverfahren sind:

– → Strangpressen von Sinterkörpern.

Bei diesen Verfahren liegt der Verstärkungswerkstoff nach dem Sintern in Teilchenform vor und wird durch → Pressen ausgerichtet und in Faserform gebracht.

– Gerichtete → Erstarrung eutektischer Legierungen.

Hier werden durch gerichtetes, langsames Abkühlen einer eutektischen Schmelze parallel ausgerichtete Fasern oder Lamellen von wenigen µm Durchmesser in der Matrix erzeugt. Die so erzeugten Werkstoffe werden auch als eutektische → Verbundwerkstoffe bezeichnet.

Die bekanntesten Vertreter von F. sind glasfaserverstärkte (→ GFK) sowie kohlefaserverstärkte Kunststoffe (CFK). Sie bildeten auch die ersten gezielt entwickelten faserverstärkten Werkstoffe, wenn man davon absieht, daß schon früher Lehmziegel mit Stroh verstärkt wurden. Das erste Einsatzgebiet der faserverstärkten Kunststoffe lag im Flugzeugbau.

Heute findet man GFK und CFK fast überall dort, wo bei begrenzter Temperaturbeständigkeit leichte, jedoch hochfeste und korrosionsbeständige Werkstoffe gefordert sind. Die faserverstärkten Kunststoffe eignen sich lediglich für Anwendungstemperaturen bis zu ca. 400 °C. Aus diesem Grund wurden schon in den sechziger Jahren Anstrengungen unternommen, Leichtmetalle (→ Aluminium- und → Titanlegierungen) zu verstärken, um einen hochfesten, Leichtbau-Werkstoff zu erhalten, der auch bei höheren Temperaturen noch günstige Festigkeitseigenschaften besitzt. Als günstig für die Verstärkung von Aluminium haben sich u. a. mit SiC beschichtete Borfasern, SiC-Fasern und Al_2O_3-Fasern erwiesen. Anwendungs- sowie Erprobungsbeispiele für faserverstärktes Aluminium sind der Rumpfträger des amerikanischen Space-Shuttle, die Vertikalrippe des Großraum-Verkehrsflugzeugs DC-10 sowie Verdichterschaufeln (Bild 4). Für wesentlich höhere Temperaturen scheiden diese Matrixwerkstoffe jedoch – wie schon bei tieferen Temperaturen die Kunststoffe – aus. Bei höheren Temperaturen haben sich vor allem eigenfaserverstärkte Werkstoffe bewährt. Als Beispiel seien hier kohlen-

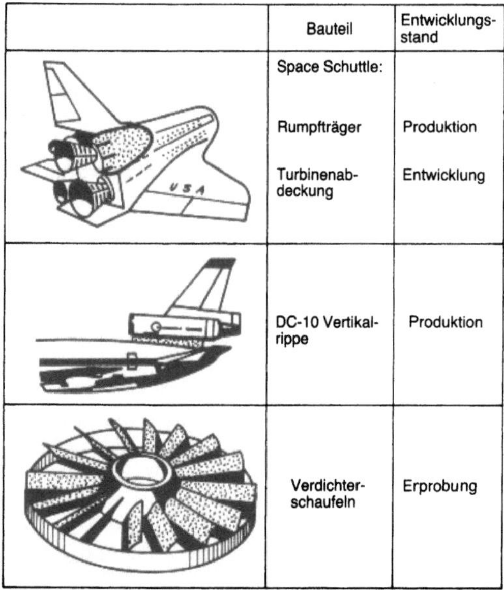

	Bauteil	Entwicklungs-stand
	Space Schuttle:	
	Rumpfträger	Produktion
	Turbinenab-deckung	Entwicklung
	DC-10 Vertikal-rippe	Produktion
	Verdichter-schaufeln	Erprobung

Faserverbundwerkstoffe 4: Anwendungsbeispiele für faserverstärktes Aluminium.

stoffaserverstärkter Kohlenstoff C/C und die eigenfaserverstärkte →Keramik Sic/Sic genannt. So sind beispielsweise die thermisch hochbelasteten Bremsscheiben des Flugzeugs Concorde aus C/C hergestellt.

Ein weiteres Einsatzgebiet der F., bei dem nicht die spezifische Festigkeit der Werkstoffe maßgebend ist, liegt in der Elektrotechnik, wo z. B. Werkstoffe für Kontakte und Dauermagneten als F. ausgelegt sind. *Steffens*

Literatur: N. N.: Metallische Verbundwerkstoffe. Karlsruhe 1977. – N. N.: Verbundwerkstoffe mit Metallmatrix. Fortbildungspraktikum der DGM, Köln-Porz. – *Taprogge, R.* u. a.: Faserverstärkte Hochleistungs-Verbundwerkstoffe – zukünftige Entwicklung und Anwendung. Würzburg 1975. – VDI-Bericht 563: Konstruieren mit Verbund- und Hybridwerkstoffen – Entwicklung, Konstruktion und Vertrieb. Düsseldorf 1985.

Faserverbundwerkstoffe, hybride →Hybridwerkstoffe, →Faserverbundwerkstoffe

Faserverstärkung →Faserwerkstoffe

Faservolumenanteil →Konzentrationsfaktor, →Mikrostruktologie

Faserwerkstoffe. Liegt ein Werkstoff in Form eines sehr dünnen Drahtes vor, d. h. das Verhältnis Länge/Durchmesser (L/D) ist sehr viel größer als 1, spricht man von →Faser; bei sehr großem Verhältnis L/D von Langfasern, bei kleinerem (L/D < 10^4) von Kurzfasern. Einige Werkstoffe besitzen als Faser eine wesentlich höhere →Festigkeit als in kompakter Form. Monokristalline Fasern (→Whisker) erreichen sogar annähernd theoretische Festigkeiten.

In der technischen Anwendung werden die Fasern in einen Werkstoff, den sogenannten Matrixwerkstoff, mit unterschiedlichen Techniken eingelagert. Der Matrixwerkstoff gewährleistet u. a. das Fixieren der räumlichen Anordnung der Fasern und die Krafteinleitung. Derartige mit Fasern verstärkte Werkstoffe werden als →Faserverbundwerkstoffe bezeichnet. Ein Hauptanwendungsgebiet der Faserverbundwerkstoffe liegt im Leichtbau. Eine wesentliche Forderung an Fasern für Leichtbau-Verbundwerkstoffe ist eine hohe spezifische Festigkeit, d. h. ein hoher, auf das spezifische Gewicht bezogener Kennwert. Da es sich bei diesem Kennwert von der Einheit her um eine Länge handelt, spricht man auch von →Reißlänge. Für die Verwendung von Fasern in einem Hochleistungsverbundwerkstoff ist neben der Festigkeit ein hoher →Elastizitätsmodul entscheidend, bei Leichtbauanwendung wiederum der spezifische Elastizitätsmodul (Bild 1). Die bekanntesten und in vielen Kunststoffmatrix-Faserverbunden eingesetzten Verstärkungswerkstoffe sind Glasfasern. Sie werden in großtechnischem Maßstab hergestellt. Der Materialpreis ist relativ gering, doch eignen sie sich nur bedingt für höhere Einsatztemperaturen. Man unterscheidet u. a.:
– E-Glasfasern (elektrisch hochwertiges Glas)
– S-Glasfasern (64 % SiO_2, 26 % Al_2O_3, 10 % MgO)
– Quarz (99,9 % SiO_2)

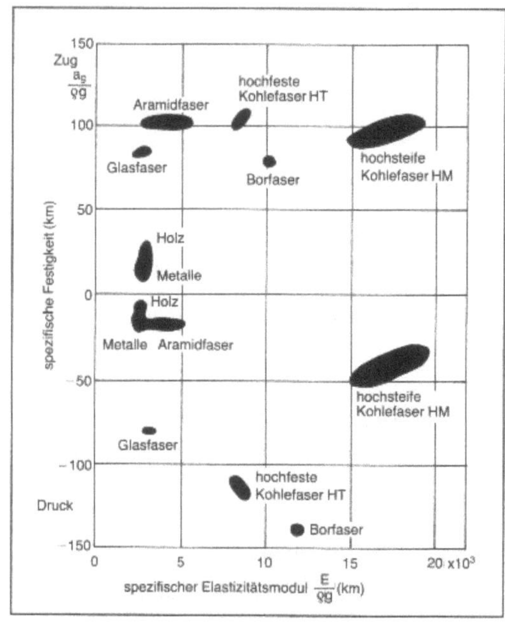

Faserwerkstoffe 1: Spezifische Werkstoffkenngrößen verschiedener F. ($\varrho \cdot g$ = spezifisches Gewicht, ϱ = Dichte, g = Erdbeschleunigung).

Besonders hohe spezifische Festigkeiten und Elastizitätsmoduli weisen → Kohlenstoffasern auf (Bild 2). Ausgangsmaterialien zur Herstellung von Kohlenstoffasern sind Polyacrylnitrid (PAN) und Zellulosefasern (REYON). Das gebräuchlichste Herstellungsverfahren ist die Pyrolyse, d. h. die thermische → Umformung bzw. Aufspaltung der Kohlenstoffverbindungen in inerter Atmosphäre. Die Kennwerte der Kohlefasern sind von der Prozeßführung und dem Ausgangsmaterial abhängig. Derzeit verfügbare Kohlenstoffaser-Typen sind z. B.:

- HM-Fasern (High-Modulus / hoher Elastizitätsmodul)
- HT-Fasern (High-Tensile / hohe Festigkeit).

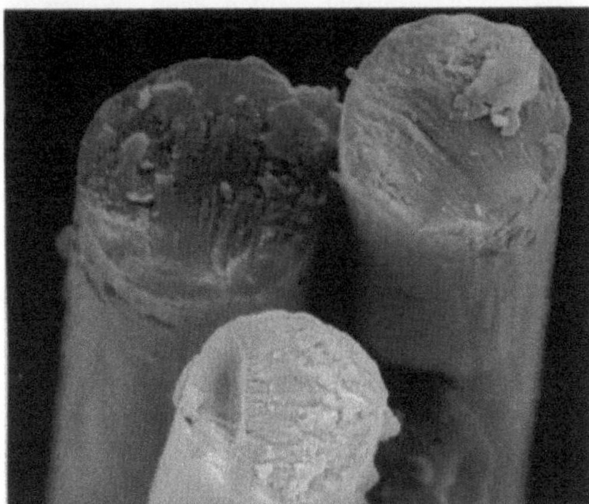

Faserwerkstoffe 2: Rasterelektronenmikroskopische Aufnahmen von Kohlenstoffasern.

Kohlefasern sind anisotrope Fasern. Dies muß bei der Dimensionierung von Faserverbundbauteilen berücksichtigt werden. Interessant an diesen Fasern ist ferner die Hochtemperaturfestigkeit, die in inerter Atmosphäre bis etwa 2 000 °C nahezu konstant bleibt. Außer → Kunststoff, wird mit Kohlenstoffasern auch → Kohlenstoff selbst verstärkt. In diesem Fall handelt es sich dann um den eigenfaserverstärkten Verbundwerkstoff C/C. (→ kohlenstoffaserverstärkter Kohlenstoff).

Neben diesen bedeutenden F. existieren noch eine ganze Reihe weiterer Verstärkungsmaterialien. Eine Einteilung läßt sich vornehmen in:
- Metallfilamente/-drähte
- organische Fasern
- monokristalline Fasern
- polykristalline Fasern (Boride, Carbide, Nitride, → Oxide)
- → Verbundfasern
- natürliche keramische Fasern.

□ Metallfilamente sind Fasern aus rein metallischen Werkstoffen. Durch geeignete Herstellungsverfahren, wie z. B. dem Düsenziehverfahren – → Umformen in fester Phase – oder dem Auspressen von Schmelzen aus Düsenöffnungen, werden hohe Festigkeitswerte erzielt. Metallfilamente haben jedoch eine relativ geringe → Warmfestigkeit und ein hohes spezifisches Gewicht (Dichte), so daß ihr Einsatz nur für wenige Anwendungen in Frage kommt (z. B. Reifenkord, Drahtglas).

□ Die bekanntesten organischen Fasern sind Aramidfasern. Sie bestehen aus aromatischen Polyamiden. Der Elastizitätsmodul von p-Aramid, auch unter dem Namen → Kevlar bekannt, ist eine Funktion der Molekülorientierung in Faserrichtung. Die → Zugfestigkeit von organischen Fasern wird von den Strukturparametern Molekülgewicht, Orientierung der Moleküle, Kristallinität und gewissen Defekten bestimmt. Aramidfasern werden vor allem zur Verstärkung von Kunststoffen eingesetzt.

□ Monokristalline Fasern – die geläufigere Bezeichnung ist Whisker – sind Einkristalle, die durch Abscheidung aus der Gasphase, durch elektrolytische → Ausscheidung oder durch → Reduktion von Metallhalogeniden gewonnen werden. Durch das Fehlen von Versetzungen und Leerstellen besitzen sie sehr hohe, annähernd theoretische Schubfestigkeiten (G/30, G = Schubmodul); d. h. eine Festigkeit die sich errechnet, wenn ein idealer Kristall betrachtet wird, der in einer bestimmten Ebene (Gleitebene) längs einer bestimmten Richtung (Gleitrichtung) abgeschert werden soll. Problematisch ist bei Whiskern u. a. die schlechte Reproduzierbarkeit der Eigenschaften, was ein Aussortieren erfordert. Insgesamt ist die Handhabung und Herstellung der Whisker sehr aufwendig, was hohe Kosten bedingt und bisher ihrem verbreiteten Einsatz entgegensteht.

□ Polykristalline Nitride, Oxide, Carbide, Boride – keramische Werkstoffe – sind in Faserform weitere Verstärkungswerkstoffe. Die bekanntesten sind Al_2O_3 und SiC (Bild 3, Bild 4).

Die Herstellung polykristalliner Fasern, z. B. Extrudieren aus der Schmelze, ist ebenfalls sehr aufwendig. Neue Verfahrenstechniken haben jedoch dazu geführt, daß auch diese Fasern zunehmend zum Einsatz kommen. Meist finden sie Verwendung bei höheren Temperaturen, da sie vor allem hierfür gut geeignet sind. Beispiel: Verstärkung der Flanken von Kolben von Verbrennungsmotoren mit Al_2O_3-Kurzfasern. Die meisten polykristallinen Werkstoffe in Faserform sind spröde und ihre Handhabung deshalb aufwendig. Bringt man den polykristallinen Werkstoff auf einen Wolframfaden oder Kohlenstoffaden auf, z. B. durch chemische → Abscheidung aus der Gasphase (CVD = chemical vapour deposition) erhält man eine Verbundfaser. Die Faser läßt sich einerseits relativ kostengünstig herstellen, andererseits besser handhaben, da sie nicht mehr so spröde ist.

□ Verbundfasern sind z. B. SiC-Fasern, Trägermaterial ist Wolfram (Bild 4). Bor-Verbundfasern

Faserwerkstoffe 3: Kurzfasern – polykristalliner Faserwerkstoff Al₂O₃.

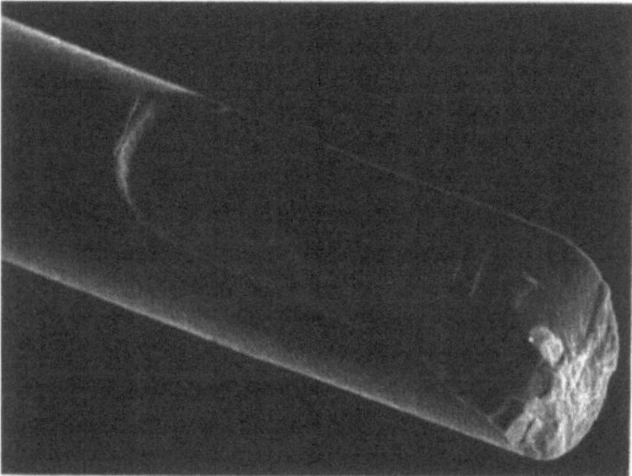

Faserwerkstoffe 4: SiC-Faser mit Wolframseele.

werden zudem oft mit SiC ummantelt – BorSiC-Fasern –, um die chemische Verträglichkeit mit metallischem Matrixmaterial zu verbessern. Borfasern werden z. B. zur Verstärkung von Aluminiumträgern des Space-Shuttle eingesetzt.

□ Unter natürlichen Fasern versteht man in der Hauptsache Asbest, d. h. natürlich vorkommende Silikatmineralien in Form von Fasern und Kristallen. Asbest-Fasern werden häufig zur Verstärkung von Wärmedämmstoffen eingesetzt. Zur Verstärkung von Konstruktionswerkstoffen wie z. B. Kunststoff haben sie jedoch eine untergeordnete Bedeutung. *Steffens*

Literatur: *Taprogge, R.:* Faserverstärkte Hochleistungs-Verbundwerkstoffe – zukünftige Entwicklung und Anwendung. Würzburg 1975. – VDI-Bericht 563: Konstruieren mit Verbund- und Hybridwerkstoffen – Entwicklung, Konstruktion und Vertrieb. Düsseldorf, 1985.

Faserwinkel → Faserverbundwerkstoffe, → Mikrostruktologie

Faulbruch. Eine dem Bruchaussehen von → Grauguß ähnliche Bruchausbildung an → Temperguß. Ursache ist im Temperrohguß enthaltener Lamellengraphit. Als Temperrohguß wird weiß erstarrtes

→ Gußeisen mit → Kohlenstoff in gebundener Form als Eisenkarbid angestrebt. Bei falscher Zusammensetzung, d. h. zu hohen Gehalten an Kohlenstoff und dem graphitisierenden Elementen → Silicium sowie verzögerter → Abkühlung (große Wanddicke) kann sich freier Kohlenstoff als Graphitlamellen (meist in Nesterform) aus der Schmelze abscheiden. Der → Graphit wird durch die nachfolgende Temperung nicht mehr verändert und bewirkt einen Abfall der → Zugfestigkeit (→ Zugversuch) und der → Bruchdehnung. *Kußmaul*

Federstahl. → Stahl für Federn, der sich vor allem durch eine hohe → Elastizitätsgrenze auszeichnet und damit in einem großen Spannungsbereich rein elastisch beansprucht werden kann. Wegen der stark wechselnden Belastungen ist ferner eine hohe Dauerfestigkeit erwünscht, um eine ausreichende → Lebensdauer der Federn zu erzielen. Als Sicherheit bei Überbeanspruchung wird auch gute → Zähigkeit gefordert. Je nach den Anforderungen werden unterschiedliche Stähle, von unlegierten Stählen, die kalt geformt werden, bis zu Vergütungsstählen mit Kohlenstoffgehalten bis zu etwa 0,75 %, verwendet. Federn können auch für höhere und sehr niedrige Temperaturen sowie für Einsatz in korrosiven Medien ausgelegt werden.

Wegen der schwingenden Beanspruchung kommt der → Oberflächenbeschaffenheit besondere Bedeutung zu. *Dahl*

Federstahldraht. Blanker → Draht aus → Federstahl, meist gezogen, patentiert-gezogen oder vergütet. *Dahl*

Fehler. Qualitätslehre: Nichterfüllung einer Forderung (DIN 55350, Tl. 11). Demnach ist eine Abweichung vom Sollwert innerhalb zugelassener Grenzwerte kein F. im Sinn der Qualitätslehre. Eine Einheit (definiert als abgrenzbares, als solches prüf- und beurteilbares Produkt, Zwischenprodukt, Teil oder Materialeinheit, aber auch Dienstleistung oder Tätigkeit) kann so viele F. aufweisen, wie sie quantifizierbare Qualitätsmerkmale hat, doch wird sie schon mit einem F. fehlerhaft (Fehlprodukt).

Eine fehlerhafte Einheit kann dennoch ihren Zweck erfüllen. Die Grenzwerte sind z. B. unzweckmäßig vorgegeben. Daher ist zwischen dem technischen Begriff F. und dem juristischen Begriff Mangel zu unterscheiden.

Nach ihren Auswirkungen werden F. in drei Klassen eingeteilt:

□ kritische F. (ihr Auftreten verursacht eine Gefahr für das Leben oder die Gesundheit von Menschen)

□ Hauptfehler (sie machen die Betrachtungseinheit funktionsunfähig oder beeinträchtigen ihre Funktion wesentlich)

□ Nebenfehler (sie beeinträchtigen die Funktion der Betrachtungseinheit nur wenig oder sie sind Schönheitsfehler).

F. werden nach
- F.-Art (welches Qualitätsmerkmal ist betroffen),
- F.-Ort (wo ist der F. aufgetreten),
- Zeitpunkt des Auftretens
und anderen Kriterien quantitativ analysiert, um ihre Ursachen zu ermitteln und abzustellen. Nur damit läßt sich ein Wiederauftreten verhindern (F.-Verhütung).

Die F.-Häufigkeit wird in Prozent, ggf. Bruchteilen von Prozent, ausgedrückt. Im Zuge fortschreitender Qualitätsverbesserung bürgert sich die Maßzahl ppm (parts per million) ein. Ein Prozent entspricht 10 000 ppm. Nicht immer ist es technisch möglich oder wirtschaftlich sinnvoll, fehlerhafte Einheiten durch Nachbessern in den ursprünglich angestrebten Zustand zu bringen. Eine aus diesem Grund ausgeschiedene Einheit wird Ausschuß. Der Begriff Schrott sollte nicht synonym mit Ausschuß verwendet werden.

Eine davon abweichende Bedeutung hat der F. bei statistischen Schlußverfahren (Prüfung von Hypothesen durch Stichproben). Zwei F.-Arten sind möglich:

□ F. 1. Art: Die Hypothese wird verworfen, obwohl sie richtig ist.

□ F. 2. Art: Die Hypothese wird angenommen, obwohl sie falsch ist.

In der Praxis spielt ein weiterer F. eine große Rolle: Die Stichprobe ist für das Los nicht repräsentativ. Alle Schlußfolgerungen aus dieser Stichprobenprüfung sind fragwürdig. *Masing*

Literatur: DIN 55350, Tl. II: Hrsg. Dt. Inst. für Normung. Ausg. Mai 1987. – *Geiger, W.:* Handb. Qualitätssicherung. 1. Aufl. Kap. 4. Fehler. München, Wien, 1980. – *Geiger, W.:* Die Abweichung und der Fehler. Feinwerktechn. & Meßtechn. 87 (1979) Nr. 1, S. 16/22. – *Geiger, W.:* Jeder Mangel ist ein Fehler, aber nicht umgekehrt. Werkstatt Betrieb 110 (1977) Nr. 11, S. 782/84.

Fehlerabgleichverfahren. Die F. (*engl.* weighted residual methods) sind Näherungsverfahren und haben ihren Ursprung in der direkten Behandlung von Problemen der Variationsrechnung.

In der Umformtechnik werden die F. zur näherungsweisen Ermittlung des Spannungs- und → Formänderungszustands bei Verwendung des starrplastischen → Werkstoffmodells eingesetzt.

Da das aus den Stoffgleichungen resultierende Differentialgleichungssystem einer analytischen Behandlung nur in seltenen Fällen zugänglich ist, benutzt man eine Integralformulierung, z. B. in Form des Markovschen Extremalprinzips (→ Schrankenverfahren)

$$F = k_f \int_V \sqrt{\dot{\varepsilon}_{ij}\,\dot{\varepsilon}_{ij}}\; dV - \int \sigma_i\, v_i\, dA$$

k_f Fließspannung,
$\dot{\varepsilon}_{ij}$ Formänderungsgeschwindigkeiten,
v_i Geschwindigkeiten,
V Volumen,
A Oberfläche,

und verwendet die Tatsache, daß dieses Funktional F für die Lösung einen Extremwert annimmt, zur Bestimmung konstanter Parameter A_j in den Ansätzen für die Spannungen oder die Geschwindigkeiten. Setzt man z. B. die Geschwindigkeitskomponenten v_i in der Form

$$v_i = v_i\,(A_j,\, x,\, y,\, z)\; (j = 1,2 \ldots N)$$

an, so besteht die Aufgabe darin, die Konstanten A_j so zu bestimmen, daß das Funktional F mit dem Ansatz für v_i einen Kleinstwert annimmt. Mit den notwendigen Bedingungen für einen Extremwert

$$\frac{\partial F}{\partial A_i} = o\; (i = 1,2,\, \ldots N)$$

erhält man ein algebraisches Gleichungssystem für die Parameter A_j, von dessen Lösung man annehmen darf, daß damit ein Geschwindigkeitsfeld gefunden ist, das im Rahmen des Ansatzes der Lösung am nächsten kommt.

Die Ansatzfunktionen sind prinzipiell frei wählbar, doch hängen von der geeigneten Wahl der Funktionen sowohl die erzielbare Genauigkeit als auch der Rechenaufwand entscheidend ab. Für die Probleme der → Plastizitätstheorie werden einfach Polynomfunktionen in den Koordinaten für die sog. Strom-(Geschwindigkeits-) und Spannungsfunktionen angesetzt.

Dabei werden die Ansatzfunktionen möglichst so gewählt, daß sie die Rand- und Zusatzbedingungen (z. B. → Kontinuitätsbedingung) direkt erfüllen. Gelingt dies nicht, so müssen sie durch zusätzliche Gleichungen, die man dem Funktional F beifügt, erzwungen werden.

Die freien Parameter in den Ansatzfunktionen A_j werden so bestimmt, daß der → Fehler, der sich daraus ergibt, daß man Ansätze benutzt, die nicht die exakte Lösung des Funktionals darstellen, minimal wird. Hierzu kann beispielsweise die Methode der kleinsten Fehlerquadrate herangezogen werden.

Bei dem beschriebenen Verfahren ergibt sich wegen der Nichtlinearitäten im Stoffgesetz bei einer direkten Anwendung der Bedingungen für einen Extremwert ein nichtlineares algebraisches Gleichungssystem für die Parameter der Ansätze, das schwierig zu behandeln ist. Daher werden mit dem Lösungsverfahren Iterationsmethoden verbunden, die von einer Linearisierung der Grundgleichungen ausgehen und durch schrittweise Änderung dieser Gleichungen Lösungen anstreben, die befriedigende Näherungslösungen der ursprünglichen Aufgabenstellung darstellen.

Damit ergibt sich wiederum ein lineares Gleichungssystem für die Parameter A_j, dessen Lösung keine Schwierigkeiten bereitet. Die Iteration wird solange fortgesetzt, bis die Differenz zwischen den Formänderungsgeschwindigkeiten (und den zugehörigen Spannungen) in aufeinanderfolgenden Schritten unterhalb einer vorgegebenen Grenze liegt.

Das Bild zeigt eine Lösung, die mit F. gewonnen wurde. Man erkennt, daß hiermit sehr detaillierte Aussagen über Spannungs- und Bewegungszustände möglich sind, die eine weitere Auswertung, z. B.

zur Berechnung von Temperaturverteilungen, der Werkstoffeigenschaften von Fertigteilen oder, durch Vergleich mit experimentellen Ergebnissen, eine Untersuchung von Reibeinflüssen und anderen Verfahrensgrößen erlauben.

In jüngerer Zeit werden die „klassischen" F., bei denen die Ansätze für das gesamte betrachtete Gebiet gültig sind, immer stärker durch die →Finite-Elemente-Methode (FEM) verdrängt, bei der die Ansatzfunktionen nur bereichsweise (innerhalb der Elemente) gültig sind. *Lange*

Literatur: *Betten, J.:* Elastizitäts- und Plastizitätslehre. Braunschweig, Wiesbaden 1985. – *Hill, R.:* The Mathematical Theory of Plasticity. Oxford 1950. – *Ismar, H. u. O. Mahrenholtz:* Technische Plastomechanik. Braunschweig, Wiesbaden 1979. – *Lange, K.* (Hrsg.): Umformtechnik. Handb. f. Ind. u. Wiss. 2. Aufl. Bd. 1. Grundlagen. Berlin, Heidelberg, New York, Tokio 1984. – *Lippmann, H.:* Mechanik des plastischen Fließens. Berlin, Heidelberg, New York 1981. – *Lippmann, H. u. O. Mahrenholtz:* Plastomechanik der Umformung metallischer Werkstoffe. Berlin, Heidelberg 1967. – *Prager, W. u. P. G. Hodge:* Theorie ideal-plastischer Körper. Wien 1954. – *Roll, K.:* Einsatz numerischer Näherungsverfahren bei der Berechnung von Verfahren der Kaltumformung. Ber. 66 Inst. f. Umformtechnik. Universität Stuttgart. Berlin, Heidelberg 1982.

Fehlerbaum →Zuverlässigkeit

Fehlordnung. Unter F. versteht man die Abweichung vom ideal-kristallinen Aufbau. Das Ausmaß der F. äußert sich sowohl in den thermodynamischen Eigenschaften von Festkörpern z. B. in der Fehlordnungsentropie, als auch in anderen physikalischen und chemischen Eigenschaften. Es beeinflußt die mechanische →Festigkeit, den Stoff- und Ladungstransport sowie die chemische Reaktivität der Festkörper (→Gitterfehlstelle, →Kristallbaufehler).

Zur eindimensionalen F. zählen die →*Versetzungen*. Sie durchziehen als Linien den kristallinen Aufbau von Werkstoffen und stellen für die Eigenschaften entscheidende Instabilitäten dar.

Technische Werkstoffe bestehen aus einer Vielzahl von Kristalliten bzw. Körnern. An den Grenzen eines Korns zu einem anderen erfährt die Lage des Gitters, d. h. seine Orientierung eine unstetige Änderung. Die Begrenzung des Kristallitvolumens stellt eine flächenhafte also zweidimensionale F. in der Struktur dar. Diese zweidimensionalen Baufehler können nach Größe und Art eingeteilt werden in →*Kleinwinkel-* und →*Großwinkelkorngrenzen*, in Dreh- und in *Kippgrenzen* und schließlich in →*Zwillingsgrenzen*. In Werkstoffen, die aus mehreren Kristallitarten, d. h. mehreren Phasen bestehen (heterogene Werkstoffe), sind als Begrenzung der zusammenhängenden Kristallitbereiche auch noch die →*Phasengrenzen* zu nennen. *Gräfen/Wedler*

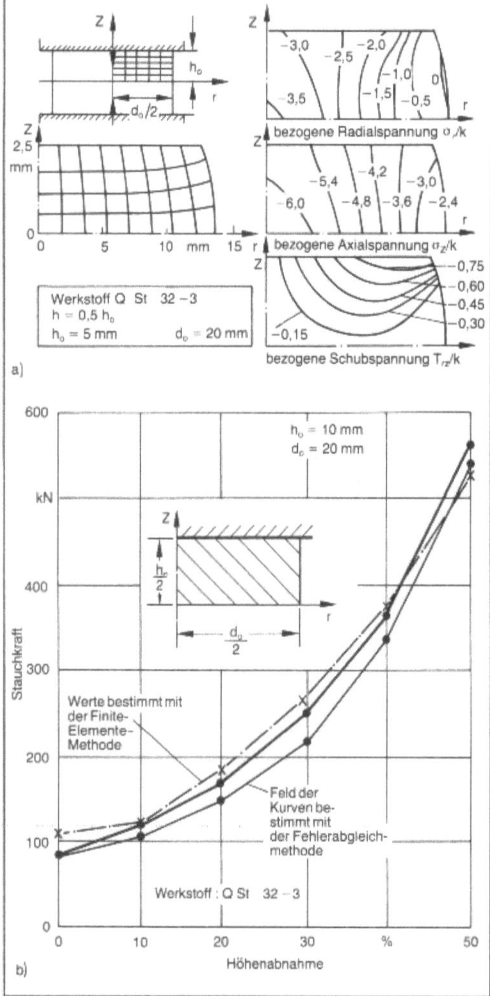

Fehlerabgleichverfahren:
a) Spannungen beim axialsymmetrischen Stauchen mit Reibung
b) Kraftverlauf beim axialsymmetrischen Stauchen, berechnet nach F. und Finite-Elemente-Methode. (Quelle: Roll, K.)

Feinblech. →Blech mit einer Dicke unter 3 mm.

Dahl

Feinblech und Band zum Kaltumformen. Warm- oder kaltgewalztes →Blech und Band, das für die Weiterverarbeitung durch Formgebung ohne Erwärmung bestimmt ist. Die wichtigste Verarbeitungseigenschaft ist die →Kaltumformbarkeit. Als Kenngrößen dienen die senkrechte →Anisotropie r, die das Verhältnis der →Verformung aus der Breite und der Dicke im →Zugversuch an Flachproben beschreibt, und der „Verfestigungsexponent" n, der ebenfalls im Zugversuch bestimmt wird und der als Exponent in der von *Hollomon* vereinfachten *Ludwik*-Gleichung steht: $\sigma = k\,\Phi^n$. Dabei ist σ die wahre Spannung, Φ die wahre Dehnung und k eine Konstante.

Dahl

Feinguß. F. wird mit Hilfe von ausschmelzbaren Modellen in ungeteilten Formen hergestellt. Weil durch das Fehlen von Formteilungen die damit verbundenen Maßabweichungen und Grate vermieden werden, gestattet das Feingießen die Erzeugung von Gußstücken mit höchstmöglicher Maßgenauigkeit.

Als Modellwerkstoffe verwendet man in der Serienproduktion Spezialwachse oder geeignete →Thermoplaste, die in eine vorher nach einem Urmodell oder durch Gravur entstandene Form eingespritzt werden. In der Regel werden mehrere solcher Modelle um einen Eingußstamm herum durch Anschweißen befestigt und es entsteht auf diese Weise eine Gießtraube, die dann üblicherweise durch Tauchen mit einer keramischen Masse, bestehend aus feingemahlenen feuerfesten Stoffen und gelierenden kolloidalen Kieselsäuredispersionen als →Bindemittel, überzogen wird. Nach dem Abbinden des Überzugs durch Lufttrocknung wird die Traube in einem Kasten geeigneten Formats eingebettet und mit weniger hochwertigem →Formstoff hinterfüllt. Anschließend wird das Ganze bei etwa 1000 °C gebrannt, wobei die Modelle ausschmelzen bzw. vergasen und sich aus den Überzügen eine keramische Form bildet. Nach dem Abgießen, Erkalten und Ausleeren braucht man die einzelnen Abgüsse nur noch mit einer Trennschleifmaschine abzutrennen (Bild 1).

Grundsätzlich sind im F. (Bild 2, 3) alle Gußwerkstoffe einsetzbar, so z. B. auch Leichtmetalle (für Nähmaschinenteile), Messinge (für Brennerelemente und -düsen) und →Gußeisen mit Lamellen- und Kugelgraphit (für Kupplungsklauen, Greiferhebel u. a. m.), aber zum Hauptanwendungsgebiet des Feingießens gehören niedrig und hochlegierte →Stähle, Stellite, hochwarmfeste Nickelbasislegierungen und andere, vor allem spanend schwer bearbeitbare Werkstoffe.

Das benötigte Spritzwerkzeug für die Anfertigung der Ausschmelzmodelle, die Modellherstel-

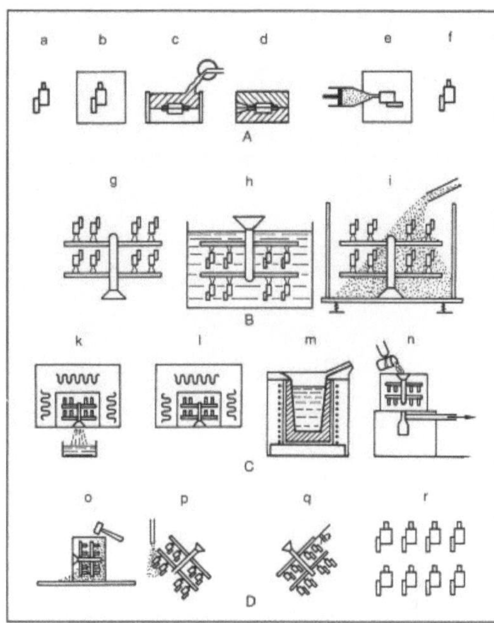

Feinguß 1: Schematische Darstellung des Arbeitsablaufes beim Modellausschmelzverfahren.
a) Urmodell
b) in Gips einbetten
c) Guß der 1. Kokillenhälfte in Weichmetall
d) fertige Weichmetall-Kokille
e) Wachs einspritzen
f) Wachsmodell
g) vollständige Traube
h) Tauchen in feuerfeste Überzugsmasse
i) Einfüllen der Formmasse und rütteln
k) Wachsausschmelzen
l) Brennen
m) Metall schmelzen
n) Statisches Gießen unter Vakuum
o) Ausschlagen des Gusses
p) Sandstrahlen
q) Abtrennen der einzelnen Gußstücke
r) fertige Gußstücke.

lung selbst und deren Verbindung zur Gießtraube (im wesentlichen immer noch von Hand) sowie die relativ teuren Formstoffe verursachen beträchtliche Herstellungskosten, deren Amortisation eine bestimmte Losgröße sowie Wegfall oder zumindest starke Reduzierung der Bearbeitung erfordern. Deshalb gilt grundsätzlich, daß F. dann wirtschaftlich sein wird, wenn das Teil infolge seiner Werkstoffeigenschaften durch spanende Formung nicht oder nur kostenaufwendig herstellbar ist. Feingußteile aus gut bearbeitbaren Gußwerkstoffen müssen als Seriengußstücke praktisch einbaufertig aus der Form kommen.

Hinsichtlich der erzielbaren Maßgenauigkeit bestehen bei den Gußverbrauchern mitunter nicht er-

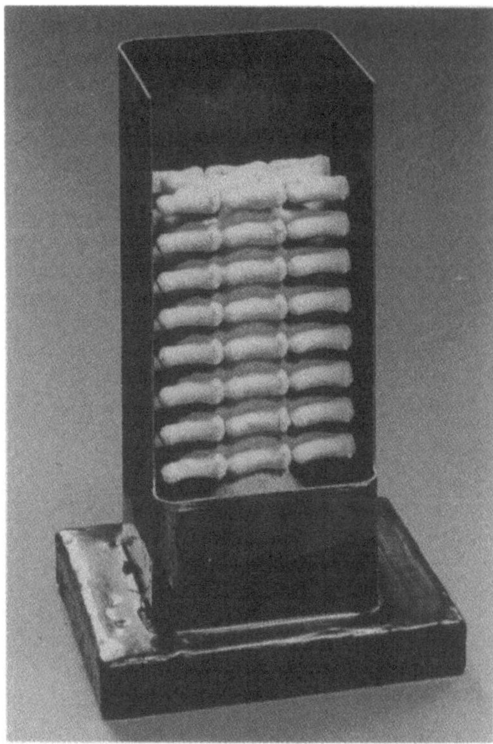

Feinguß 2: Schnitt durch eine gießfertige Traube.

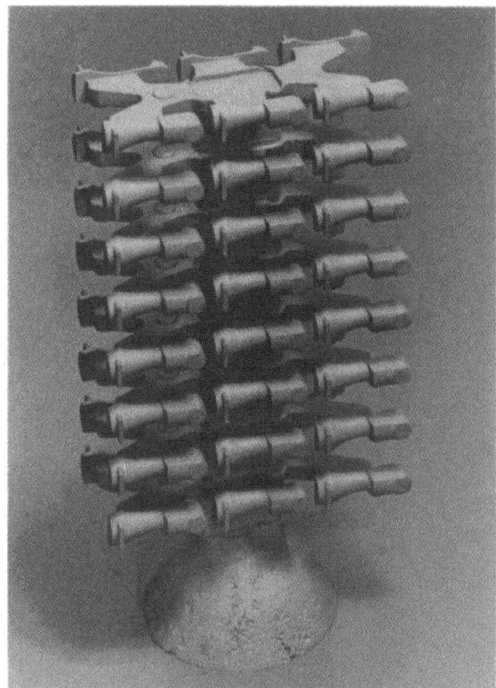

Feinguß 3: Fertig gegossene Traube.

füllbare Vorstellungen. Der Verein Deutscher Gießereifachleute hat mit dem Merkblatt P 690 E (Entwurf April 1986) „Feinguß-Maßtoleranzen, Bearbeitungszugaben" den Versuch unternommen, hier Klarheit zu schaffen. Die → Schwindung beim Brennen der Formen, unterschiedliches Schwinden der Gußwerkstoffe in Abhängigkeit von der Gießtemperatur und andere Faktoren mehr lassen Einhalten von Maßen im Toleranzfeld von ± 0,01 mm illusorisch werden. Dazu ist anzumerken, daß bei der Großserienfertigung in Sonderfällen durch eine Langzeiterprobung und der bei der Großserie möglichen Konstanthaltung vieler Einflüsse eine besonders hohe Maßtreue mit sehr geringen Schwankungsbreiten von Stück zu Stück erzielbar ist.

Doliwa

Feingußlegierung, hochwarmfeste. Hochwarmfeste → Nickel- und → Kobaltlegierungen, die nicht umformbar sind. Im Unterschied zu den Schmiedelegierungen enthalten sie zusätzliche Gehalte an Tantal, Wolfram, Zirkon und/oder → Aluminium (→ Legierungsbildung). *Dahl*

Feinheitsbestimmung. Die Feinheit einer → Faser oder eines Garnes ist definiert als Masse, bezogen auf eine Länge (längenbezogene Masse). Im international eingeführten Tex-System wird die Masse in g auf 1 km Länge bezogen (DIN 60905 · T1; 1985)
1 tex = 1 g/1 km

Abgeleitete Einheiten sind:
1 ktex = 1 kg/1 km (= 1 g/1 m)
1 mtex = 1 mg/1 km

Eine bei Fasern häufig angewandte, abgeleitete Einheit ist:
1 dtex = 1 dg/1 km (oder = 1 g/10 km) (gelesen decitex bzw. decigramm)

Die Bestimmung der Feinheit läßt sich folglich mit einer Längenmessung und einer Wägung vornehmen. Diese Art der Messung wird als gravimetrische Methode bezeichnet.

□ Gravimetrische Methode bei Fasern (DIN 53812 T1):

Ein sorgfältig parallelisiertes und ausgekämmtes Faserbündel wird beidseitig geschnitten. Die Länge ist möglichst groß zu wählen. Aus diesem Bündel werden zehn Gruppen à 50 Fasern entnommen. Aus der Schnittlänge und der Anzahl der Fasern errechnet sich die Gesamtlänge. Von den einzelnen Fasergruppen wird die Masse durch Wiegen bestimmt und aus Masse und Länge die Feinheit berechnet.

□ Gravimetrische Methode bei Garnen (DIN 53830 T1 bis T4):

Wenn genügend Garn zur Verfügung steht, wird das Weifverfahren angewandt. Auf einer Präzisionsweife mit 1 m Umfang werden Stränge mit 100 m Garnlänge hergestellt und gewogen. Das

Wiegen erfolgt entweder auf Quadrantenwaagen mit Skaleneinteilung in Tex-Feinheit oder entsprechenden elektrischen Waagen, ebenfalls mit der Feinheitsanzeige.

Bei der F. an kürzeren Garnstücken, die z. B. aus textilen Flächengebilden entnommen werden, wird das Abschnittsverfahren angewandt. Das Messen der Länge erfolgt möglichst unter der vorgeschriebenen Vorspannung, z. B. senkrecht hängend vor einem Längenmaßstab. Anschließend wird das Garnstück gewogen und die Feinheit berechnet.

Für die F. an Fasern kommen noch eine Reihe anderer Methoden zur Anwendung:

□ Bestimmung der Faserfeinheit über den Faserdurchmesser (mikroskopisch) – Lanameter (DIN 53811):

Bei der → Wolle ist neben der mittleren Faserfeinheit die Kenntnis der Feinheitsverteilung der einzelnen Fasern von Bedeutung. Deshalb wird an den einzelnen Fasern der Durchmesser gemessen. Voraussetzung hierfür ist ein kreisförmiger Faserquerschnitt. Das Längsbild der Wollfasern wird auf einen Bildschirm projiziert und die Breite (Durchmesser) in μm gemessen.

Gegenwärtig sind neue Meßverfahren mit elektronischen Bildauswertesystemen in Entwicklung, mit deren Hilfe der Durchmesser an vielen einzelnen Faserabschnitten in sehr kurzer Zeit gemessen werden kann.

□ Bestimmung der Faserfeinheit nach dem Schwingungsverfahren (DIN 53812 T2):

Die Resonanzfrequenz einer zum Schwingen angeregten Faser hängt u. a. von deren Feinheit ab. Dies wird als Meßprinzip für die Bestimmung der Feinheit an einzelnen Fasern benutzt.

□ Bestimmung der Faserfeinheit über den Luftwiderstand eines Faserpfropfens (DIN 53941):

Zur Bestimmung der mittleren Faserfeinheit läßt man in einer Meßkammer durch einen Faserpfropfen Luft strömen (Bild). Die Menge der pro

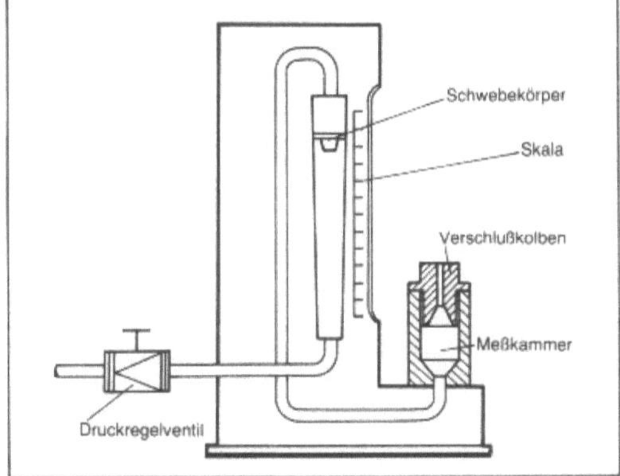

Feinheitsbestimmung: Schematische Darstellung des Luftstrom-Prüfgerätes für Faserfeinheitsmessung.

Zeiteinheit durchströmenden Luft ist ein Maß für den „Luftwiderstand" und dieser hängt von der Faserfeinheit ab. Je feiner die Faser, um so höher der Luftwiderstand. Dieses Verfahren wird bei → Baumwolle und Wolle angewandt. Die Feinheit wird in sogenannten „Micronaire-Werten" angegeben, die nur bei Kenntnis bestimmter Parameter in die Werte für die längenbezogene Masse umrechenbar sind.

Nach diesem Verfahren lassen sich in kurzer Zeit sehr viele Messungen durchführen.   *Kleinhansl*

Literatur: DIN 53810: Feinheit von Spinnfasern – Begriffe und Meßprinzipien. 1981. – DIN 53812 T1: Bestimmung der Feinheit von Spinnfasern – Gravimetrisches Verfahren. 1979. – DIN 53812 T2: Schwingungsverfahren. 1981. – DIN 53811: Faserdurchmesser-Messung in Mikroprojektion der Längsansicht. 1970. – DIN 53941: Bestimmung des Micronaire-Wertes von Baumwollfasern. 1983. – DIN 53830 T1–T4: Bestimmung der Feinheit von Garnen und Zwirnen. 1981. – *Sommer, H.* und *F. Winkler:* Handbuch der Werkstoffprüfung. Bd. V. Berlin–Göttingen–Heidelberg 1961.

Feinkornstahl. Meist Feinkornbaustähle. Durch Kornfeinung wird die → Streckgrenze und in geringerem Maße der weitere Verlauf der Spannungs-Dehnungs-Kurve zu höheren Werten verschoben. Für die Streckgrenze gilt die *Hall-Petch*-Gleichung:

$$R_{el} = \sigma_{iy} + k_y \cdot d^{-1/2}.$$

Dabei ist σ_{iy} die Reibungsspannung, also die Spannung, die in einem sehr großen → Korn angelegt werden muß, um die → Versetzungen zu bewegen. k_y gibt den Korngrenzenwiderstand an und ist weitgehend von Temperatur und Beanspruchungsgeschwindigkeit unabhängig. d ist die → Korngröße.

Im Gegensatz zu allen anderen festigkeitssteigernden Mechanismen verbessert Kornfeinung die → Zähigkeit. Die → Übergangstemperatur wird erniedrigt, weil die mikroskopische Spaltbruchspannung bei gegebener Kornfeinung etwa viermal stärker ansteigt als die Streckgrenze. Auch in der Hochlage wird die Zähigkeit verbessert.

In → Baustählen führt die Zugabe von → Aluminium zur Kornfeinung, da der → Stickstoff zu Aluminiumnitrid abgebunden wird. Dadurch wird einmal die Alterungsanfälligkeit verringert, zum anderen hemmen die Aluminiumnitridteilchen das → Kornwachstum bei der Austenitisierung und führen bei der → Umwandlung auch zu feinerem Sekundärkorn des Ferrits. Die → Schweißeignung der Stähle wird verbessert, da auch die Neigung zur Grobkornbildung in der Wärmeeinflußzone verringert wird.

Bei der thermomechanischen → Behandlung wird Feinkorn durch → Walzen bei niedriger Endwalztemperatur und beschleunigter → Abkühlung erreicht.

F. können erfolgreich auch bei mäßig erhöhten

Temperaturen eingesetzt werden, wobei sie ihre günstigen Festigkeits- und Zähigkeitseigenschaften behalten solange noch kein Korngrenzenkriechen auftritt. *Dahl*

Feinstblech. →Blech mit einer Dicke unter 0,5 mm. *Dahl*

Feinstruktur-Untersuchung. Als Feinstruktur bezeichnet man den geometrischen Aufbau der Materie im Bereich submikroskopischer Dimensionen, insb. die räumliche Anordnung von Atomen und Atomgruppen, weshalb man auch von atomarem →Gefüge spricht. Da die oberste Grenze submikroskopischer Abmessungen durch das Auflösungsvermögen des Lichtmikroskops gegeben ist, sind zur F.-U. nicht nur die Verfahren, die unter Auflösung submikroskopischer Dimensionen direkt ein vergrößertes Bild des untersuchten Objektes ergeben (→Elektronenmikroskop), sondern ebenso auch die ein Interferenzmuster liefernden Methoden der Röntgenbeugung, der →Elektronenbeugung und der →Neutronenbeugung zu zählen. Die genannten Beugungsverfahren ergänzen sich gegenseitig sowohl hinsichtlich der zu untersuchenden Materialien als auch der erzielbaren Information.

Kußmaul

Literatur: *Cahn, R. W. and P. Haasen:* Physical Metallurgy. Amsterdam 1983. – *Steeb, S.:* Physikalische Analytik. Ehningen 1988. – *Stüwe, H. P. und G. Vibrans:* Feinstrukturuntersuchungen in der Werkstoffkunde. Mannheim 1974.

Fernordnung →Mischkristall

Ferrimagnetismus →Magnetismus

Ferrit. Oxidkeramisches Werkstoff mit ferromagnetischen Eigenschaften. Je nach Kristallstruktur unterscheidet man zwischen hartmagnetischen- und weichmagnetischen F.

F. können in drei verschiedenen Kristallstrukturen vorliegen:
- Spinellstruktur $Me_xFe_{3-x}O_4$
- hexagonale Magnetoplumbitstruktur
- Granatstruktur

Je nach ihrer Magnetisierung unterscheidet man weiterhin:

□ Hartmagnetische F. mit hexagonaler Struktur, die als Dauermagnete Anwendung finden (→Ferrit, hexagonal; →Bariumferrit, Strontiumferrit).

□ Weichmagnetische F., die bereits bei der Einwirkung schwacher äußerer magnetischer Felder ferromagnetische Eigenschaften zeigen und nach deren Entfernung leicht in den unmagnetischen Zustand zurückkehren (inverser oder teilinverser Spinelltyp). Diese F. finden Anwendung in der Hoch- und Ultrahochfrequenztechnik (150 MHz – 1 GHz). Im Gegensatz zu metallischen Weichmagneten haben sie keine Wirbelstromverluste, da sie Nichtleiter sind. Folgende F. finden technische Anwendung:
- MnZn-Ferrite: Kerne in Zeilentrafos, Schwing- und Filterkreisen
- NiZn-Ferrite: Antennenstäbe
- MgMn-Ferrite: Speicherkerne und Schaltelemente (→Speicherferrit)
- Co-Ferrite: Magnetostriktive Schwinger und Filter.

→Weichmagnetische Werkstoffe; →Dauermagnetwerkstoffe *Hesse/Hennicke*

Ferrit, hexagonales. H. F. bilden die Gruppe ferromagnetischer →Oxide mit sog. Magnetoplumbit-Kristallstruktur. Sie zeichnen sich durch eine hohe Kristall-Anisotropie-Energie aus, was sich nach vorheriger Magnetisierung in einem starken Dauermagnetismus äußert.

Die Magnetoplumbit-Struktur der h. F. baut sich aus Sauerstoffschichten dichtester Packung allein und dazwischenliegenden Sauerstoffschichten in hexagonal dichtester Packung unter Einbeziehung von großen Metall-Ionen (z. B. Ba^{2+}) auf. Die Fe^{3+}-Ionen liegen in den Lücken dieses Packungsgerüstes und unterscheiden sich in fünf nichtäquivalenten Platzarten, so daß eine komplizierte Wechselwirkung für die Magnetisierung zwischen den Untergittern entsteht. Aufgrund der hohen Kristall-Anisotropie-Energie dieses Gittertyps wird eine Magnetisierung entlang der hexagonalen c-Achse gebunden, es liegt ein →Dauermagnet bzw. Hartmagnet vor (hohe Koerzitivfeldstärke).

Weiterhin lassen sich bei h. F. die magnetischen Eigenschaften polykristalliner Körper durch Erzeugen von Texturen günstig beeinflussen. Durch Einwirkung eines starken Magnetfeldes vor oder während des Preßvorgangs (Formgebung vor dem keramischen Brand) erreicht man eine weitgehende Ausrichtung der Kristallite mit ihren hexagonalen Achsen parallel und antiparallel zu den magnetischen Feldlinien.

Typische dauermagnetische h. F. sind das →Bariumferrit, Strontiumferrit, Barium-Strontium-Mischferrite und Bleiferrit (→Ferrit). Letzteres wird aufgrund gesundheitsschädlicher Bleidämpfe während der Herstellung großtechnisch nicht erzeugt. Hexaferritische Dauermagnete finden Anwendung in Kleinstmotoren, Lautsprechern, Kupplungen, magnetischen Schnappverschlüssen u. a.

Hesse/Hennicke

Ferroelektrizität. Eine Erscheinung, die in Analogie zum →Ferromagnetismus eine durch spontane, mittels eines elektrischen Feldes umpolbare elektrische Polarisation gekennzeichnet ist. Nach der ersten als ferroelektrisch erkannten Substanz, dem *Seignettesalz* (1921), heißt die F. gelegentlich auch *Seignette*-Elektrizität. Das heute technisch wichtigste Ferroelektrikum, das → Bariumtitanat, wurde 1945 entdeckt. Alle Ferroelektrika gehen unterhalb einer kritischen (Curie-)Temperatur T_c in den geordneten, polarisierten Zustand über. Sie können dann analog zu den Ferromagnetika durch die Verschiebung von Domänenwänden umpolarisiert werden, was zu sehr hohen effektiven Permittivitäten (ε_r bis zu 10 000) führt. Allerdings treten ebenso wie bei Ferromagnetika auch Hystereseerscheinungen auf. Unterschiede zum Ferromagnetismus bestehen in drei Punkten:

□ Die elektrische Polarisation kann durch freie Ladungsträger nach außen hin neutralisiert werden und nach innen stabilisiert werden, z. T. auch noch über den Curiepunkt hinaus. Es gelingt in der Regel nicht, mit Hilfe von Ferroelektrika ein permanentes elektrisches Feld, also einen → Elektreten, zu erzeugen.

□ Die mit der Polarisation verbundenen Gitterverzerrungen sind in der Regel um einige Größenordnungen stärker als die analogen magnetostriktiven Verzerrungen. Auch die Vorzugsrichtungen sind stärker ausgeprägt, so daß man im Ferroelektrikum nicht mit Drehungen der Polarisation rechnen muß.

□ Die 180°-Domänenwände sind auf Grund der Natur der Wechselwirkungen nur von atomarer Dicke und daher nur thermisch aktiviert zu verschieben.

Die Wechselwirkungen, die zur Ausbildung des ferroelektrischen Ordnungszustands führen, sind rein elektrostatischer Natur. Quantenmechanische Effekte sind nicht beteiligt. Voraussetzung für die F. ist eine gewisse Instabilität des Gitters, die eine leichte Verschiebung der Ionen begünstigt.

Die vor allem in der Umgebung der Curietemperatur hohen Permittivitäten erlaubt die Verwendung als → Dielektrikum kompakter Kondensatoren. Hierzu dienen vor allem Bariumtitanat-Calciumtitanat-Mischkeramiken. Eine andere Anwendung besteht in der Ausnutzung des mit F. stets auch verbundenen → piezoelektrischen Effekts.

Der pyroelektrische Effekt wird für den Bau von Infrarotdetektoren genutzt. Schließlich sind auch in den Kaltleitern und in den Sperrschicht-Kondensatoren ferroelektrische Substanzen enthalten. In der Tabelle sind die Grunddaten der wichtigsten Ferroelektrika zusammengefaßt.

Manche Stoffe wie WO_3, $SrTiO_3$ u. a. besitzen unterhalb einer Ordnungstemperatur spontane, elektrische Dipole, die sich aber gegenseitig kompensieren, so daß nach außen keine Polarisation in Erscheinung tritt. Man spricht hier von einem Antiferroelektrikum. Varianten sind Ferrielektrika (teilweise Kompensation der elektrischen Dipole mit resultierender elektrischer Polarisation) und Ferroelastika (die spontane Ordnung besteht in einer elastischen Verzerrung oder Drehung von Teilen der Elementarzelle des Gitters). *Hubert*

Literatur: *Fatuzzo, E.* und *W. J. Merz:* Ferroelectricity. Amsterdam 1967. – *Jona, F.* und *G. Shirane:* Ferroelectric Crystals. Oxford 1962. – *Martin, H. J.:* Die Ferroelektrika. Leipzig 1964.

Ferrolegierungen. F. sind Legierungen des → Eisens mit Elementen, die bei der Stahlerzeugung zugesetzt werden um die erwünschten Eigenschaften einzustellen. Einige bewirken auch eine → Desoxidation des Stahles.

Die Zusammensetzung von F. ist in den DIN-Normen 17560–17569 geregelt.

Die am meisten gebrauchten F. sind Ferromangan, Ferrosilicium und Silicomangan, sowie Ferrochrom und Ferronickel. Ferrovanadin, Ferrotitan, Ferromolybdän, Ferroniob, Ferrocalziumsilicium, Ferrophosphor, werden in geringeren Mengen in niedrig legierten Stählen benötigt.

Die Herstellung der F. erfolgt überweigend in Elektroöfen, da hohe Temperaturen für die → Reduktion der → Legierungselemente erforderlich sind. Lediglich ein Teil des Ferromangans wird in → Hochöfen erzeugt.

Sind niedrige Kohlenstoffgehalte erforderlich, wie bei einem Teil des Ferromangans und des Fer-

Ferroelektrizität. Tabelle: Ferroelektrische Substanzen

Substanz	Abkürz./Formel	T_c[K]	P_s[A$_s$/m^2]
Seignettesalz	Ka-Na-Tartrat	297	0,024 (bei 0 °C)
Triglyzinsulfat	TGS	321	0,024 (bei 0 °C)
Triglyzinfluoberyllat	TGFB	346	0,045 (bei 20 °C)
Kaliumdihydrogensulfat	KDP	123	0,047 (bei 100 K)
Bariumtitanat	BaTiO$_3$	383	0,25 (bei 20 °C)
Bleititanat	PbTiO$_3$	763	0,5 (bei 20 °C)
Kaliumniobat	KNbO$_3$	708	0,3 (bei 20 °C)

T_c = Curietemperatur, P_s = Sättigungspolarisation

rochroms, so wird eine Kohlenstoffoxidation im Sauerstoffkonverter durchgeführt.

Abhängig von der Zusammensetzung der Erze und der gewünschten Legierung gibt es daneben mehrstufige Herstellungsverfahren. *Rellermeyer*

Literatur: *Durrer, R. u. G. Volkert:* Metallurgie der Ferrolegierungen. Berlin – Heidelberg – New York 1972.

Ferromagnetika, amorphe. Metallische → Gläser der typischen Zusammensetzung $T_{80}M_{20}$ mit T = Übergangsmetall (z. B. Fe, Co, Ni) und M = Metalloid (z. B. B, Si, C). Sie besitzen generell ausgezeichnete weichmagnetische Eigenschaften kombiniert mit hohen mechanischen Festigkeiten.

Die sog. → Nahordnung der Atome (→ Glas) in metallischen Gläsern ist der Anordnung der Atome im kristallinen Metall sehr ähnlich, worin die Erklärung der ferromagnetischen Eigenschaften amorpher Metalle zu finden ist. Folgend sollen einige typische Charakteristika von a. F. beschrieben werden:

Die → Sättigungsmagnetisierung sowie die Curietemperatur amorpher Metalle ist stets geringer als die der entsprechenden kristallinen Systeme. Trotz der anisotropen Natur eines Glases können aufgrund eingefrorener mechanischer Spannungen (sehr schneller Abkühlprozeß) magnetische Anisotropieeffekte und eine damit einhergehende → Magnetostriktion auftreten. Durch Temperung oberhalb der → Curie-Temperatur werden diese Spannungen abgebaut, man erhält eine Null-Magnetostriktion. Die für Weichmagnete entscheidende Koerzitivfeldstärke ist mit 3–100 mA/cm niedriger als in allen bekannten kristallinen Systemen. Weiterhin ist die reversible → Permeabilität mit 50 000–500 000 sehr hoch, die Anfangspermeabilität beträgt jedoch nur einige Tausendstel der reversiblen. Durch Temperprozesse im magnetischen Feld kann weiterhin die Remanenz erhöht und die Koerzitivfeldstärke erniedrigt werden.

A. F. finden Anwendung in Tonbandköpfen (hohe Permeabilität, Null-Magnetostriktion), Kernen in Netztransformatoren (niedrige magnetische Verluste), Meßgrößenumwandlern (Abhängigkeit der magnetischen Eigenschaften von mechanischen Spannungen) und magnetischen Abschirmungen (gewebte bzw. eingewebte amorphe Metallglasfasern). *Hessel/Hennicke*

Literatur: *Anantharaman, T. R.:* Metallic Glasses – Production, Properties, Applications. – Trans Tech Pub. 1984, Switzerland-Germany-UK-USA.

Ferromagnetismus. F. nennt man die spontane Parallel-Ausrichtung der magnetischen Elementarmagnete in Festkörpern. Die Erscheinung ist nach dem Eisen benannt, dem bekanntesten ferromagnetischen Stoff. Die vorwiegend vom Spin der Elektronen herrührenden Elementarmagnete besitzen in den Ferromagnetika eine starke Wechselwirkung, die sie parallel auszurichten trachtet, und die – wie zuerst *Heisenberg* erkannte – auf die quantenmechanische Austauschwechselwirkung zurückzuführen ist.

Unterhalb einer kritischen Temperatur, der Curietemperatur T_c, setzt sich die Tendenz zur Ausrichtung gegen die thermische Unordnung durch. Es entsteht eine spontane Magnetisierung, die unterhalb T_c steil ansteigt, um am absoluten Nullpunkt ihren größten Wert, die absolute Sättigung anzunehmen. Die bei endlichen Temperaturen unterhalb T_c beobachtete spontane Magnetisierung, die auch technische Sättigungsmagnetisierung J_s genannt wird, ist kleiner als die absolute Sättigung, da wellenförmige thermische Anregungen, die Spinwellen, die absolute Ordnung verhindern.

Die genaue statistische Theorie dieses Ordnungsvorgangs ist bis heute nicht vollständig gelöst. Man benutzt einfache Modelle der Wechselwirkung, wie z. B. das *Heisenberg*-Modell, bei dem die Wechselwirkung nur vom Winkel zwischen benachbarten Magnetisierungsrichtungen abhängt, die Magnetisierungsvektoren selbst aber frei drehbar sind. Ein anderes Modell ist das *Ising*-Modell, bei dem die Momente auf eine einzige Achse festgelegt sind und die Wechselwirkung nur vom relativen Vorzeichen der Nachbarmomente abhängt. Selbst für diese vereinfachten Modelle gelingt eine Lösung nur mit großem Aufwand. (Berühmt geworden ist die Lösung des Ising-Modells in zwei Dimensionen durch *Onsager*).

Da die elementare Wechselwirkung sich nur jeweils auf die unmittelbaren Nachbarn eines Atoms bezieht, müssen größere Körper nicht unbedingt homogen magnetisiert sein. Im allgemeinen teilt sich ein makroskopischer Ferromagnet in magnetische Domänen oder → Bereichsstrukturen auf, die jeweils in sich gesättigt sind, aber verschiedener Magnetisierungsrichtung sind, so daß sich die magnetische Wirkung nach außen ganz oder teilweise aufhebt. Getrennt sind die Domänen durch die Blochwände, die in einem magnetischen Feld in der Regel leicht verschoben werden können. Diese leichte Magnetisierbarkeit der Ferromagnete ist die Grundlage für vielfältige technische Anwendungen (→ Magnetische Werkstoffe).

Bei Raumtemperatur ferromagnetisch sind die Elemente Eisen, Kobalt, Nickel und Gadolinium, bei tiefen Temperaturen auch noch Dysprosium, Holmium, Terbium und Erbium, dazu viele Legierungen der genannten Elemente, einige Verbindungen wie CrO_2 und EuO, sowie einige intermetallische Verbindungen und Legierungen, die keines der ferromagnetischen Elemente enthalten, wie z. B. MnBi oder die → Heuslerschen Legierungen wie Cu_2MnAl. Die meisten magnetischen Verbindungen, insbesondere die Oxide, sind dagegen ferrimagnetisch. In ihnen sind benachbarte Elementarmagnete antiparallel ausgerichtet, wobei eine Sorte überwiegt, wodurch eine resultierende Magnetisierung wie bei den Ferromagneten entsteht. Die Ursache für die Erscheinung des → Ferrimagnetismus liegt im umgekehrten Vorzeichen der Austauschwechselwirkung.

Ferromagnetismus. Tabelle: Die Grundeigenschaften ferromagnetischer Substanzen

Stoff	$T_c[°C]$	$J_s[\text{Tesla}]$
Fe	770	2,15 (bei 20 °C)
Co	1121	1,76 (bei 20 °C)
Ni	358	0,68 (bei 20 °C)
Gd	20	2,52 (bei 0 K)
Tb	− 33	1,72 (bei 0 K)
Dy	−186	2,33 (bei 0 K)
Ho	−253	2,87 (bei 0 K)
Er	−253	2,93 (bei 0 K)
$Fe_{65}Co_{35}$	920	2,45 (bei 20 °C)
$Fe_{80}B_{20}$ (amorph)	375	1,6 (bei 20 °C)
MnBi	360	0,78 (bei 20 °C)
CrO_2	127	0,62 (bei 20 °C)
EuO	−195	2,3 (bei 20 K)

T_c = Curiepunkt, J_s = Sättigungsmagnetisierung

Die ferromagnetische Ordnung ist nicht an die kristalline Struktur gebunden. Auch amorphe metallische Gläser, wie z. B. $Fe_{80}B_{20}$, sind ferromagnetisch. Selbst Schmelzen könnten im Prinzip ferromagnetisch sein, jedoch wurden hierfür bisher noch keine Beispiele gefunden. (Die als → magnetische Flüssigkeiten bekannten Substanzen sind kolloidale Suspensionen fester magnetischer Partikel).

Den höchsten Curiepunkt aller Ferromagnetika besitzt das Kobalt mit 1121°C, die höchste Sättigungsmagnetisierung bei Raumtemperatur die Legierung $Fe_{65}Co_{35}$ mit 2,45 Tesla. *Hubert*

Literatur: *Chikazumi, S.*: Physics of Magnetism. New York 1964. – *Kneller, E.*: Ferromagnetismus. Berlin 1962. – *Martin, D. H.*: Magnetism in Solids. Cambridge 1967.

Ferromagnetismus, schwacher → Magnetismus

Ferrosiliciumlegierung. → Vorlegierung, die dem flüssigen Stahl zur → Desoxidation oder Einstellung des Siliciumgehaltes zulegiert wird (→ Ferrolegierung). *Dahl*

Fertigerzeugnisse. Als F. werden Walzerzeugnisse bezeichnet, deren Formgebung im → Hüttenwerk beendet ist. Ihr Querschnitt ist über die Länge gleichbleibend, er ist meist durch eine → Norm festgelegt, in der die Abmessungen sowie die zulässigen Maß- und Formabweichungen angegeben sind. Querschnitt und Oberfläche sind meist so beschaffen, daß ein solches Erzeugnis nur auf die Gebrauchslänge zu bringen ist. *Baumann*

Fertigwalzanlage. F. sind hüttentechnische Systeme, in denen → Fertigerzeugnisse durch Warmoder Kaltwalzen hergestellt werden. *Baumann*

Festbeton. → Beton
□ Porenraum. Wenn der Frischbeton erhärtet, wird bis zur völligen Hydratation so viel Wasser chemisch gebunden, d. h. in den festen Zustand überführt, daß der Wassergehalt in einem guten Beton und damit der Zementsteinporenraum (→ Zementstein) um fast die Hälfte zurückgeht. Jede Verminderung der Hydratation (→ Erhärten) erhöht also den Porenraum und verschlechtert die Eigenschaften des F. Der Porenraum in einem guten Beton beträgt 8–12 % (→ Porigkeit). Da die Hydratation und damit die Erhärtung in den ersten Tagen schneller abläuft als später, muß man den Beton ausreichend lange nachbehandeln, d. h. man muß ihn während der ersten Zeit des Erhärtens gegen schädigende Einflüsse, wie Hitze, Wind (Austrocknen), Kälte, strömendes Wasser (Auswaschen), chemische Angriffe und Erschütterungen, schützen. Besonders wichtig ist die Nachbehandlung
– bei Betonen, die an der Oberfläche sehr stark beansprucht werden, wie z. B. Beton, der hohen Widerstand gegen Frost, chemischen → Angriff und → Verschleiß haben soll,
– bei wasserundurchlässigem Beton,
– bei → Sichtbeton und
– bei dünnen Schichten, wie z. B. Estrichen.
Für die Nachbehandlung kommen folgende Maßnahmen in Betracht: Feuchthalten durch Besprühen und feuchte Tücher, Schutz gegen Austrocknen durch Schutzdächer und Abdeckungen mit Gewebebahnen, Schilfmatten, Strohmatten, Kunststofffolien und Nachbehandlungsfilmen, die nach leichtem Abtrocknen des Betons aufgesprüht werden. Beim Besprühen mit Wasser ist plötzliches Abkühlen zu vermeiden, da es zu unerwünschten Temperaturspannungen führt. Da der Hydratationsverlauf und damit der F.-Porenraum maßgebend von der Temperatur beeinflußt wird, muß während der kalten Jahreszeit dafür gesorgt werden, daß vor allem bei dünnen Bauteilen die im Beton erzeugte → Hydratationswärme nicht zu schnell abfließt.
□ Prüfung. Da Größe und Gestalt der Prüfkörper die → Festigkeit beeinflussen, sind sie in den Prüfnormen festgelegt. Nach der Stahlbetonnorm DIN 1045 ist für die Einteilung in Festigkeitsklassen (Be-

tondruckfestigkeit) die an Würfeln von 200 mm Kantenlänge ermittelte Druckfestigkeit maßgebend. International wird dagegen entweder der 150 mm-Zylinder oder 150 mm-Würfel empfohlen. Das Herstellen, Lagern und Prüfen der Prüfkörper ist in DIN 1048 geregelt. Bei der Prüfung wird der Prüfkörper zwischen Stahlplatten auf Druck beansprucht. Ohne Zwischenschichten ist eine freie Querdehnung nur außerhalb der unter Querdruck stehenden Doppelpyramide möglich. Der Beton bricht durch Zug-Scherspannungen entlang des Pyramidenrandes; die Doppelpyramide bleibt stehen (Bild). Beim Gütenachweis unterscheidet man zwischen

– Eignungsprüfung zur Bestätigung eines Mischungsentwurfs,
– Güteprüfung zur Kontrolle der laufenden Betonproduktion und
– Erhärtungsprüfung zur Bestimmung von Ausschal- und Vorspannterminen.

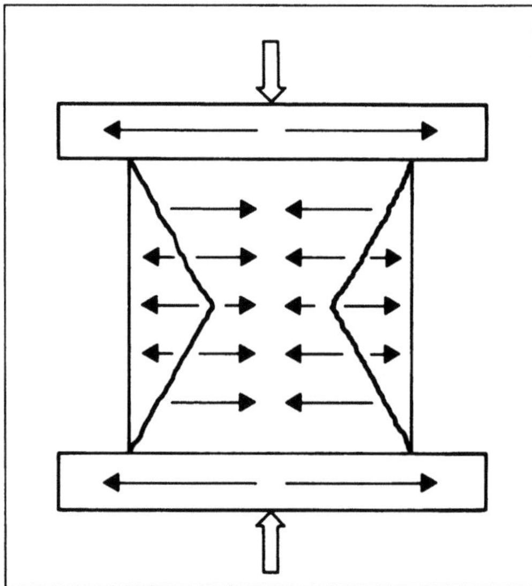

Festbeton: Spannungszustand in einem Betonwürfel während der Druckfestigkeitsprüfung.

Bei der Erhärtungsprüfung werden die Prüfkörper auf oder neben zugehörigen Bauteilen gelagert, um die wirkliche Betonfestigkeit im Bauwerk festzustellen, während Eignungsprüfkörper und Güteprüfkörper bei normalen Bedingungen lagern (+20 °C, sieben Tage feucht, dann an Raumluft). Eine Prüfung der Betonfestigkeit im Bauwerk selbst ist daher immer eine Erhärtungsprüfung, deren Ergebnis fast immer niedriger als der Wert der entsprechenden Güteprüfung liegt. Die Prüfung im Bauwerk wird notwendig, wenn die Güteprüfung nicht ordnungsgemäß ausgeführt wurde oder unzureichende Ergebnisse brachte. Man kann sie zerstörend an Bohrkernen, die direkt einen Aufschluß

über → Gefüge und Druckfestigkeit geben, oder zerstörungsfrei vornehmen.

Das zerstörungsfreie Prüfverfahren, das sich am meisten durchgesetzt hat und auch in DIN 1048, Tl. 2, genormt ist, besteht in der Messung des Rückpralls mit dem Rückprallhammer. Bei dieser Schlagprüfung trifft ein Schlagbolzen, der unter der Wirkung einer Feder beschleunigt wird, auf die Oberfläche des Betons. Die Schlagenergie wird z. T. für die Erzeugung eines bleibenden Eindrucks in der Betonoberfläche, z. T. für den elastischen Rücksprung des Schlaggewichtes verbraucht. Bei einem weiteren zerstörungsfreien Prüfverfahren schickt man einen Ultraschallimpuls durch den Beton, mißt die Schallaufzeit zwischen Sender und Empfänger und ermittelt daraus die Schallgeschwindigkeit, aus der man den → Elastizitätsmodul berechnen kann. Beide Verfahren haben den Nachteil, daß die Druckfestigkeit nur indirekt über die elastischen Eigenschaften bestimmt wird, denn der Zusammenhang zwischen Druckfestigkeit und Elastizitätsmodul unterliegt sehr großen Streuungen. Deswegen ist eine genauere Prüfung über große Flächen hinweg nur durch die Kombination von zerstörenden und zerstörungsfreien Prüfverfahren möglich (DIN 1048, Tl. 4).   *Wesche*

Festigkeit. F. ist die Fähigkeit eines Körpers, den auf ihn wirkenden Kräften Widerstand gegen → Verformung (→ Formänderung) entgegenzusetzen. Neben dieser allgemeinen Bedeutung wird eine Anzahl spezieller Kennwerte gebraucht, die die F. eines Werkstoffs je nach Art der Beanspruchung kennzeichnen. Diese sind struktur- und temperaturabhängige Größen, die nach genormten Verfahren an genormten Proben von geometrisch einfacher Form bestimmt werden. Damit wird ein weitgehend einfacher → Spannungszustand in der Probe erreicht und gewährleistet, daß auch Kennwerte, die an verschiedenen Werkstoffen ermittelt wurden und die keine Werkstoffkonstanten sind, verglichen werden können. F.-Kennwerte geben Bedingungen für das Versagen eines Werkstoffs durch Bruch (oder Brucheinleitung) oder durch unzulässige Verformung in Form von zulässigen Spannungen an. Entsprechend der technisch auftretenden Beanspruchungsfälle wird unterschieden

– nach Art der Krafteinleitung: Zug-F., Druck-F., Biege-F., Torsions-F.
– nach Art des zeitlichen Verlaufs der Beanspruchung: statische F., dynamische F., → Wechselfestigkeit, → Zugfestigkeit aus dem → Schlagzugversuch
– bei höherer Temperatur: Kriechfestigkeit, → Zeitstandfestigkeit.

Werden die an einfachen Proben ermittelten Kennwerte zur Berechnung von Bauteilen, in denen ein mehrachsiger Spannungszustand herrscht, herangezogen, so müssen sie anhand der zugrundezulegenden → Festigkeitshypothese umgerechnet werden (→ Spannungs-Dehnungs-Diagramm, → Zugversuch, → Kriechversuch, → Ermüdung). *Kußmaul*

Festigkeit von Holz → Holzeigenschaften

Festigkeit, spezifische → Faserwerkstoffe

Festigkeitshypothese. Die technischen Bauteile sind im Regelfall mehrachsig beansprucht. Diese mehrachsigen Spannungszustände müssen mit einachsigen Versuchswerten, den sog. Werkstoffkennwerten verglichen werden. Hierzu bedarf es einiger Hypothesen, die den mehrachsigen → Spannungszustand auf einen einachsigen Spannungszustand vergleichbar zurückrechnen können. Bewährt haben sich insbesondere Normalspannungshypothese, → Schubspannungshypothese und Gestaltänderungs-Energie-Hypothese. Die mit solchen Hypothesen berechenbare → Spannung wird → Vergleichsspannung genannt, weil sie mit den einachsigen Versuchswerten verglichen werden darf.
Strohmeier

Festigkeitssteigerung. Bei Belastung verformen sich → metallische Werkstoffe zunächst elastisch. Der Zusammenhang zwischen angelegter Spannung σ und der Dehnung ε wird durch das *Hooke*'sche Gesetz $\sigma = E \cdot \varepsilon$ beschrieben, in dem E der Elastizitätsmodul ist. Beim Erreichen einer bestimmten Spannung beginnt irreversible plastische → Verformung (→ Dehngrenze, ausgeprägte → Streckgrenze), weil sich → Versetzungen im → Gitter bewegen und dadurch Abgleitungen hervorrufen können.

Steigerung der → Festigkeit bedeutet Behinderung der Bewegung der Versetzungen. Die Hindernisse werden nach ihrer Dimension eingeteilt in
– Null-dimensionale Hindernisse, wie Fremdatome, die interstitiell oder substitutionell im → Mischkristall eingebaut werden,
– eindimensionale Hindernisse, wie Versetzungslinien, deren Zahl bei der Verformung stark ansteigt und deren Spannungsfelder die weitere Bewegung von Versetzungen behindern,
– zweidimensionale Hindernisse, wie Korngrenzen, deren Wirkung auch deshalb gründlich untersucht und vielfach ausgenutzt wird, weil mit höherer Festigkeit durch feineres → Korn eine Verbesserung der → Zähigkeit verbunden ist (→ Feinkornstähle) und
– dreidimensionale Hindernisse, wie Ausscheidungen, (→ Ausscheidungshärtung).

Bei der Einstellung des Gefüges durch Zusammensetzung und → Wärmebehandlung werden die verschiedenen Möglichkeiten zur F. ausgenutzt. Die Wirkung der harten Hindernisse, wie festliegende Versetzungen und nicht schneidbare Teil-

chen, addiert sich dabei entsprechend der Wurzel aus der Summe der Quadrate der Einzeleffekte, die übrigen Teilbeträge addieren sich linear. *Dahl*

Literatur: Werkstoffkunde Stahl. 2 Bd. (Hrsg. VDEh). Berlin–Düsseldorf 1984/85.

Festigkeitsverhalten (des Stahls). Als F. bezeichnet man das Verhalten eines Bauelementes aus einem größeren Tragwerk unter der Einwirkung vorgegebener Belastungen. Damit ist einmal das Verformungsverhalten des Bauelementes und darüber hinaus des Gesamttragwerkes bis zum Erreichen der Festigkeitsgrenze, zum anderen das Verhalten nach Überschreiten der Festigkeitsgrenze zu verstehen.

Mit Erreichen dieser Grenze wird das Tragwerk funktionsunfähig, die zugehörige Belastung wird als Traglast definiert und ist vielfach systembedingt (Stabilisationstheorie). Das Tragwerk ist immer so zu bemessen, daß ein ausreichender Sicherheitsabstand zwischen den real vorhandenen Nutzlasten und der Traglast eingehalten wird.

Das F. eines Bauelementes hängt von einer Reihe von Parametern ab, die einmal durch den Werkstoff vorgegeben sind (Zusammensetzung und Herstellungsprozeß des Stahls), die zum andern aber durch den Beanspruchungszustand, der in diesem Bauelement infolge seiner Eingliederung in ein größeres Tragwerk vorherrscht, festgelegt werden.

Eine wichtige Unterscheidung ist zwischen der statischen (vorwiegend ruhenden) und der dynamischen → Beanspruchung eines Tragwerkes zu treffen. Dynamische Beanspruchungen, besonders bei häufig wechselnden Lastintensitäten, beeinflussen die Werkstoffkenngrößen und verändern das F. des Stahls (→ Ermüdung).

Das F. wird an Prüfkörpern im Labor bestimmt, die so konzipiert sind, daß sich die Einflüsse der folgenden wichtigsten Parameter gezielt untersuchen lassen:
– Werkstoffeigenschaften
– Form eines Bauelementes
– Art des Spannungszustandes
– Geschwindigkeit des Belastungsvorganges
– Zahl der Lastspiele und Höhe der Einzelbelastungen bei wiederholten Lastvorgängen
– Temperatur.

Die weiteren Ausführungen beschränken sich weitgehend auf die → Werkstoffeigenschaften, speziell des Werkstoffes → Stahl.

Bis zum Erreichen der Traglast unter statischer Belastung durchläuft ein Stahltragwerk verschiedene Stadien, die von der jeweiligen Höhe der Lastintensität abhängen. Zunächst verhält sich das Tragwerk elastisch, die auftretenden Verformungen gehen nach einer Entlastung auf den unbelasteten Ausgangszustand vollständig zurück. Mit zunehmender Lastintensität treten bleibende (plastische)

Verformungen auf, bis mit Erreichen der Traglast das Verformungsverhalten labil wird. Die teilplastifizierten Querschnitte sind nicht mehr in der Lage, einen stabilen Gleichgewichtszustand zwischen den äußeren Lasten des Tragwerkes und den inneren Schnittgrößen aufrecht zu erhalten.

Das Verformungsverhalten unter statischer Belastung wird maßgebend durch das Spannungs-Dehnungs-Gesetz des Werkstoffs bestimmt, welches durch den → Zugversuch an einem Probestab ermittelt wird. Bild 1 zeigt typische Spannungs-Dehnungs-Linien für verschiedene → Stahlsorten, wie sie der Zugversuch liefert.

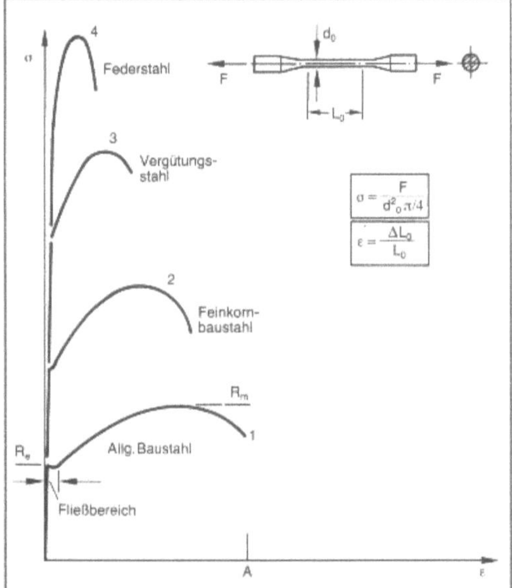

Festigkeitsverhalten 1: Spannungs-Dehnungs-Diagramme von Stahl.

σ Normalspannung, ε Dehnung, L_0 Meßstrecke am Prüfstab, ΔL Längenänderung der Meßstrecke infolge F, R_E Fließspannung

Der Zugversuch läßt die folgenden wichtigen Eigenschaften einer Stahlsorte erkennen:
- Zugspannung R_m
- → Bruchdehnung A
- → Fließspannung R_e
- Ausdehnung des Fließbereiches.

Die Stahlsorten, die normalerweise im Bauwesen und Maschinenbau verwendet werden, weisen einen ausgeprägten Fließbereich auf (Kurve 1 in Bild 1). Er ist ausschlaggebend für das oben geschilderte Verformungsverhalten eines Stahltragwerkes. Das plastische Verformungsvermögen des Stahls wirkt sich dabei in zweierlei Hinsicht aus:

Zunächst bleiben die Spannungen in einem Tragwerk rechnerisch unter der Fließgrenze R_e. In Wirklichkeit treten jedoch in den einzelnen Bauelemen-

ten konstruktionsbedingt örtlich höhere Spannungsspitzen auf (Kerbspannungen). Dank seines Plastifizierungsvermögens ist der Stahl in der Lage, diese Spannungsspitzen bis auf die Höhe der Fließgrenze abzubauen und auf weniger beanspruchte Nachbarbereiche umzulagern. Trotz örtlich begrenzter plastischer Verformungen ist das Verformungsverhalten des Gesamttragwerkes nahezu elastisch, so daß ein Nachweis dieser Kerbspannungen in statischen Berechnungen normalerweise nicht erforderlich ist. Dem Statiker ist diese Vereinfachung beim üblichen Spannungsnachweis, die nur aufgrund der günstigen Werkstoffeigenschaften zulässig ist, meist gar nicht mehr bewußt.

Dieser Ausnutzung des Plastifizierungsvermögens „im kleinen" steht die direkte Anwendung der → Plastizitätstheorie gegenüber. Mit zunehmender Belastung breiten sich in den maximal beanspruchten Querschnitten plastische Zonen aus, die näherungsweise mit Fließgelenken vergleichbar sind. Der Stahl entzieht sich in diesen Bereichen einer weiteren Spannungsaufnahme, die zum Bruch führen würde, durch große Verformungen. Dadurch wird die weitere Beanspruchung auf bisher weniger beanspruchte Teile des Gesamttragwerkes umgelagert und ermöglicht eine bessere Ausnutzung aller Tragwerksteile bis zum Erreichen der Traglast.

Stähle ohne ausgeprägten Fließbereich (Kurve 3, 4 in Bild 1) sowie Guß reagieren wesentlich empfindlicher auf Überbeanspruchungen und örtliche Spannungsspitzen. Es fehlt die ausgleichende Wirkung des Plastizierens und es kommt daher schneller zum Bruch. Der Bruch im Tragwerk erfolgt plötzlich und wird nicht durch auffällig große plastische Systemverformungen eingeleitet. Stahlsorten mit diesen Eigenschaften neigen zum → Sprödbruch (Bruch) und werden im praktischen Stahlbau möglichst vermieden, zumindest dort, wo mit hohen Kerb- und/oder Eigenspannungen zu rechnen ist.

Die Fähigkeit des Stahls zu plastizieren – oder umgekehrt ausgedrückt die Gefahr eines auftretenden Sprödbruchs wird durch weitere Faktoren bestimmt, die dem einfachen → Spannungs-Dehnungs-Diagramm nicht mehr zu entnehmen sind:
- Mehrachsigkeit des Spannungszustands,
- → Alterung des Stahls,
- Schlagbeanspruchung,
- Tiefe Temperaturen.

Unter ungünstigen Einflüssen kann sich auch ein Stahl, der im einfachen Zugversuch einen normalen Fließbereich erkennen läßt, im Bauelement spröde verhalten. Um diese Einflüsse erfassen zu können, werden im Labor spezielle Versuche durchgeführt, wie z. B. Kerbschlagversuche, Aufschweißbiegeproben oder Zugversuche an verschiedenen Kerbstäben. Wichtigstes Merkmal all dieser Versuche ist es, daß die Ergebnisse weniger absolut als relativ zu werten sind.

Die Versuche unter genormten Bedingungen ermöglichen einen Vergleich der Stahlsorten untereinander, so daß sich eine Rangordnung hinsichtlich ihrer Sprödbruchanfälligkeit aufstellen läßt. Auf der anderen Seite muß man die Bauelemente und Tragwerke in Gruppen einteilen, die jeweils die gleichen ungünstigen Merkmale konstruktiver Art hinsichtlich der Sprödbruchgefahr aufweisen. Sprödbruchanfällige Stähle wird man nur dort einsetzen, wo auch konstruktiv keine Sprödbruchgefahr vorliegt. Ihr kann niemals durch eine Verminderung der zulässigen Spannungen begegnet werden, sondern in erster Linie nur durch die Entwicklung und Auswahl geeigneter Stahlsorten.

Mehrachsige Spannungszustände in einem Bauelement können dann zu einem Sprödbruch (Bruch) führen, wenn es sich um einen Zugspannungszustand mit nahezu gleichgroßen Komponenten in den drei Achsenrichtungen bei geringen Schubspannungen handelt (hydrostatischer Zugspannungszustand).

Dieser → Spannungszustand behindert das Fließen des Stahls, setzt aber die → Zugfestigkeit herauf. Zugversuche an Rundstäben mit unterschiedlich ausgerundeten Kerben, durch deren Form unterschiedliche Grade der Mehrachsigkeit des Spannungszustandes im Kerbgrund erreicht werden können, lassen die → Versprödung des Bruchverhaltens erkennen (Bild 2).

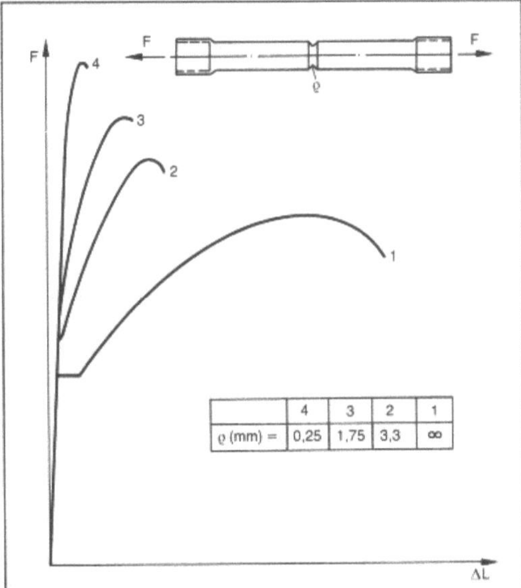

	4	3	2	1
ϱ (mm) =	0,25	1,75	3,3	∞

Festigkeitsverhalten 2: Verlängerung des Prüfstabes infolge einer Zuglast P bis zum Erreichen der Bruchlast.

Prüfstab, F Zuglast, ϱ Ausrundungsradius der Rundkerbe (ϱ = ∞ bezeichnet den Stab ohne Kerbe)

Die Zunahme der → Festigkeit geht auf Kosten der Bruchdehnung (Kerbspannung). In Bauelementen treten solche ungünstigen, mehrachsigen Zugspannungszustände vor allem bei Eigenspannungen, die durch das → Schweißen bedingt sind, auf. Mit Beginn der Schweißtechnik, als man diese Zusammenhänge noch weniger beherrschte, gab es eine Reihe von Sprödbrüchen in Bauwerken, die auf diese Ursache zurückzuführen waren.

Andere Versprödungseinflüsse wie z. B. die Alterung (→ Ausscheidungshärtung), die → Kaltverformung oder durch die → Härtung des Stahls (→ Eisen, Eisenlegierungen), sind herstellungsmäßig bedingt. Bei der Kaltverformung werden die Profile nicht wie beim → Walzen unter hohen Temperaturen hergestellt, sondern durch Abkanten von Blechen unter Normaltemperatur. Dieses Verfahren wird in erster Linie für dünnwandige Profile des Stahlleichtbaues angewandt, es ermöglicht die Herstellung fast beliebiger Profilformen. Durch die Kaltverformung wird jedoch in der unmittelbaren Umgebung der kalteingewalzten Winkel und Ecken der Profile die Festigkeit des Werkstoffes heraufgesetzt, während gleichzeitig das Fließvermögen abnimmt (Härtung). Die Verwendung solcher Profile ist dann problematisch, wenn rechnerisch das Plastifizierungsvermögen des Stahls zur Erzielung höherer Traglasten ausgenutzt werden soll.

Eine Schlagbeanspruchung tritt bei Stahlbauwerken nur in Ausnahmefällen auf. Die Versprödung des Stahls unter Schlageinwirkung wird jedoch in den Kerbschlagversuchen ausgenutzt, um eine Klassifizierung der Stähle hinsichtlich ihrer Sprödbruchanfälligkeit aufzustellen. Dabei werden gekerbte Prüfstäbe mit einem Schlaghammer gebrochen, wobei die für die → Verformung bis zum Bruch erforderliche Energie (Schlagenergie) ein Maß für die → Kerbschlagarbeit des Stahls ist. Diese Versuche lassen sich unter verschiedenen Temperaturen ausführen und lassen so die Versprödung bei Kälte erkennen.

Die Werkstoffgrößen, die unter einachsiger Zugbeanspruchung an einem Prüfstab ermittelt wurden (Bild 1) sagen zunächst noch nichts darüber aus, wann im gleichen Werkstoff unter einer mehrachsigen Beanspruchung Fließen oder Bruch eintritt. Es gibt kaum reale Tragwerke, bei denen die Werkstoffelemente nicht zweiachsigen oder gar dreiachsigen Beanspruchungen ausgesetzt sind, so daß die Beantwortung obiger Frage für die Beurteilung des F. von Bauelementen eine wesentliche Voraussetzung darstellt.

Durch die verschiedenen → Festigkeitshypothesen wurde versucht, einen mehrachsigen Spannungszustand so in einen einachsigen Zustand mit einer einzigen theoretischen → Vergleichsspannung

σ_v umzurechnen, daß in bezug auf das F. des Werkstoffes beide Spannungszustände gleichwertig sind. Sobald die rechnerische Vergleichsspannung σ_v die → Fließgrenze des Werkstoffes, so wie sie im einachsigen Zugversuch ermittelt wurde, erreicht, tritt im mehrachsigen wirklichen Spannungszustand Fließen ein.

Mit Hilfe dieser Festigkeitshypothesen ist es auch möglich, auf den Bruch oder Dauerbruch bezogene Vergleichsspannungen anzugeben.

Die verschiedenen Festigkeitshypothesen versuchen, der jeweiligen → Versagensart des Werkstoffes Rechnung zu tragen. Erfahrungsgemäß läßt sich die Versagensart eines Tragwerkes – Fließen, Bruch oder Dauerbruch – unter allen gegebenen Bedingungen ziemlich sicher voraussagen, so daß zur Berechnung der Vergleichsspannungen nur ganz bestimmte Festigkeitshypothesen zutreffen können. Aber obwohl im Laufe der Entwicklung eine Unmenge von Versuchen durchgeführt wurde, mit gezielt vorgegebenen Spannungszuständen und Versuchsbedingungen, war es nicht möglich, eine endgültige Auswahl der zur Verfügung stehenden Festigkeitshypothesen vorzunehmen. Fast alle Festigkeitshypothesen decken nur bestimmte Versagensarten gut ab. Umgekehrt können mehrere Hypothesen nahezu gleichgute Aussagen über einen Spannungszustand liefern. Nachfolgend werden einige der wichtigsten Fließ- und Bruchhypothesen aufgeführt.

Die Normalspannungshypothese besagt, daß allein die absolut größte → Normalspannung für den Bruch im Werkstoff maßgebend ist, während nach der → Schubspannungshypothese der größten Schubspannung diese Rolle zukommt. Beide Hypothesen gehen von den Extremfällen, dem normalspannungsbedingten Trenn- oder Sprödbruch und dem schubspannungsbedingten → Gleitbruch, aus und erfassen jeweils für sich nur einen Teil der möglichen Versagensarten.

In der *Mohr*'schen Hypothese wird eine Verbindung zwischen den zwei erstgenannten Hypothesen gesucht. Die kritische Schubspannung, bei der das Gleiten einsetzt und zu Fließen (→ Kriechen) oder Bruch führt, wird nicht mehr als werkstoffabhängige Konstante angesehen. Die Zug- oder Druckspannungen, die gleichzeitig auf die Gleitebene der Schubspannungen wirken, verringern oder vergrößern die kritische Schubspannung. Auch diese Hypothese läßt jedoch einen Teil der Komponenten eines allgemeinen mehrachsigen Spannungszustandes unberücksichtigt, zeigt aber trotzdem eine gute Übereinstimmung mit vielen Versuchsergebnissen.

Von grundsätzlich anderen Überlegungen gehen die Energiehypothesen aus. Die mechanische Arbeit, die zur Erzeugung einer bestimmten Deformation eines Werkstoffelementes geleistet werden

muß, wird im verformten Element als elastische Energie gespeichert. Sie hängt von allen Komponenten eines mehrachsigen Spannungszustandes ab. Sobald diese Energie einen werkstoffeigenen Grenzwert erreicht hat, tritt Fließen oder Bruch im Werkstoffelement ein. Zu diesen Hypothesen gehört insbesondere die Gestaltänderungshypothese (oft auch nach den drei Autoren *Huber, Mises* und *Hencky* benannt). Der hydrostatische Zugspannungszustand wird in dieser Hypothese ausgeklammert, so daß sie als Sprödbruchhypothese nicht geeignet ist. Sie wird bei Traglastberechnungen am häufigsten zur Erfassung des Fließbeginns von Stahl unter mehrachsiger Beanspruchung herangezogen und ist auch in mehreren DIN-Vorschriften verankert.

Die meisten Tragwerke sind wechselnden Belastungen aus Verkehr, Wind und Schnee ausgesetzt. Dadurch ändern sich fortwährend ihre Beanspruchungen, was sich auch auf das F. des Stahls auswirken kann. Von einer bestimmten Häufigkeit und Größe ab, mit der diese Lastwechsel auftreten, spricht man daher von „auf Dauerfestigkeit beanspruchten Tragwerken" und grenzt sie gegen die „vorwiegend ruhend belasteten Tragwerke" ab. Typische Tragwerke, die auf Dauerfestigkeit zu untersuchen sind, sind schwingend beanspruchte Maschinenteile sowie stählerne Eisenbahnbrücken; jeder Zug, der über die Brücke fährt, ergibt nahezu die rechnerische Vollast für die Brücke. Die Beanspruchungen im Tragwerk aus dem Lastfall „Verkehr" schwanken in kurzen Abständen zwischen dem Wert Null und dem Maximalwert.

Unter den vorwiegend ruhend beanspruchten Tragwerken gibt es solche, die ihre rechnerische Höchstbelastung zwar bei jedem Lastwechsel erhalten, bei denen aber die Zahl der Lastwechsel während der → Lebensdauer des Tragwerkes relativ gering ist, z. B. bei Silos (Behälter). Umgekehrt gehören zu dieser Gruppe Tragwerke, deren Belastung sich sehr häufig ändert, wobei aber die Lastschwankungen gering bleiben und die rechnerische Maximallast so gut wie nie erreicht wird, z. B. bei Hochhäusern und großen Straßenbrücken. In diesen Fällen kommt eine Bemessung auf Dauerfestigkeit normalerweise nicht in Betracht. Der Einfluß der Lastwechsel auf das F. des Werkstoffes ist vernachlässigbar gering. An den Stellen, wo unter Gebrauchslasten die Fließgrenze erreicht oder überschritten wird, z. B. an den Kerben, treten zwar zunächst plastische Verformungen im Kerbgrund auf. Der größere elastisch gebliebene Teil des Querschnitts strebt nach der Entlastung in den unverformten Ausgangszustand zurück, was ihm aber wegen der plastischen Verformungen im Kerbbereich nicht möglich ist. Diese Unverträglichkeit zwischen beiden Bereichen ruft Zwängungsspannungen hervor, die im Kerbgrund ein zu den Lastspannungen entgegengesetztes Vorzeichen haben. Bei jedem Lastwechsel werden dadurch die Maximalspannungen im Kerbgrund und die neuen plastischen Verformungsanteile kleiner. Nach einer bestimmten Zahl von Lastwechseln bleibt die Summe der plastischen Dehnungen nahezu konstant. Im Spannungs-Dehnungs-Diagramm bildet sich eine Hysteresisschleife (Bild 3) als Zeichen eines stationären Beanspruchungszyklus. Das Bauelement verhält sich bei weiteren Lastwechseln rein elastisch.

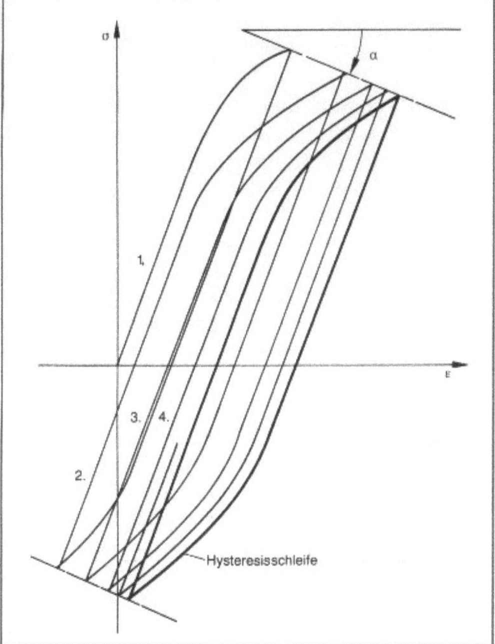

Festigkeitsverhalten 3: Spannungs-Dehnungs-Diagramm bei wiederholter Belastung und dehnungsbegrenzter Beanspruchung.

Die eigentliche Ursache für die Stabilisierung des Beanspruchungszyklus ist die innere Dehnungsbegrenzung im Querschnitt, die von den rein elastisch beanspruchten Querschnittsteilen auf den anfangs plastisch verformten Kerbbereich ausgeübt wird. Sie beeinflußt die Größe des Winkels α der Grenzgeraden (Bild 3). Verläuft diese Grenzgerade horizontal ($\alpha = 0$), so liegt keine Dehnungsbegrenzung vor, bei jeder neuen Belastung summieren sich die plastischen Verformungen weiter auf und führen schließlich zum Bruch im Werkstoff. Je größer der elastische Querschnittsbereich im Verhältnis zum durchplastizierten Kerbgrund ist, um so größer ist die Dehnungsbegrenzung und um so schneller stabilisiert sich der Beanspruchungszustand.

Sehr viel ungünstiger ist der Einfluß von Kerben bei auf Dauerfestigkeit beanspruchten Tragwerken

zu beurteilen. Schon die Dauerbeanspruchung allein bewirkt eine Verminderung der Bruchspannung im Stahl, Kerben verstärken diesen Einfluß noch. Tragwerke, die unter diese Kategorie fallen, sind daher gegen verminderte zulässige Spannungen abzusichern, wobei die Art der Lastwechsel (Dauerfestigkeit) und die Schärfe der Kerben eine wesentliche Rolle spielen.

Den ungünstigsten Einfluß auf die Dauerfestigkeit hat eine reine Wechselbeanspruchung mit gleich großen positiven und negativen Spannungen bei jedem Lastwechsel. Im allgemeinen schwingen die Spannungen in den Bauelementen jedoch um einen konstanten Mittelwert, der durch die ruhende Eigengewichtsbelastung vorgegeben ist. Die Dauerfestigkeit (Ermüdung) wird an Prüfstäben und zum Teil auch direkt an Bauelementen ermittelt. Die Versuchsergebnisse werden zeichnerisch aufgetragen: ein einzelner Dauerversuch liefert für eine ganz bestimmte Oberspannung die maximale Lastspielzahl N, nach der der Bruch im Werkstoff auftritt. Die in einem Diagramm aufgetragenen Oberspannungen über der maximalen Lastspielzahl N ergeben eine Wöhlerlinie. Jede Wöhlerlinie erfordert eine Vielzahl von Einzelversuchen, wobei jeweils die Oberspannung konstant gehalten wird. Die Wöhlerlinien werden von mehreren Parametern beeinflußt, wie z. B. von der Mittelspannung, um die die Lastspannungen schwingen, von der Kerbform, von der Stahlsorte usw. Im Stahlbau geht man davon aus, daß ein Bauwerk maximal 2 Millionen Lastwechsel während seiner Lebensdauer erfährt. Die Spannungshöhe, die von einem Bauelement bei dieser Lastspielzahl gerade noch ertragen werden kann, läßt sich aus der Wöhlerlinie abgreifen und ist ein Maß für die Festsetzung der zulässigen → Spannung dieses Bauteiles. Dabei müssen die Bedingungen, die das Bauteil im Gesamttragwerk vorfindet, mit den Versuchsbedingungen weitgehend übereinstimmen.

Die Erforschung der Dauerfestigkeit von Bauelementen aus Stahl hat sich mittlerweile zu einem eigenen Forschungsbereich entwickelt. Das eigentliche Ziel besteht darin, den Einfluß einer Dauerbeanspruchung auf das F. eines Bauelementes auch rechnerisch erfassen zu können.

Zur Beurteilung der Eigenschaften metallischer Werkstoffe bei erhöhten Temperaturen können die Ergebnisse aus bei Raumtemperatur durchgeführten Versuchen i. a. nicht mehr herangezogen werden. Man unterscheidet zwischen zügiger Beanspruchung, bei der der Einfluß der Zeit vernachlässigt werden kann, Zeitstand- und Wechselbeanspruchung. Als Kennwerte für zügige Beanspruchung werden die → Warmstreckgrenze oder $R_{P0,2}$-Grenze und die Warmzugfestigkeit im → Warmzugversuch nach DIN bestimmt. Im → Zeitstandversuch wird an Zugproben bei vorgegebener Temperatur und Spannung die Zeit bis zum Brucheintritt ermittelt. *Kußmaul/Friemann*

Literatur: *Chwalla, E.*: Einführung in die Baustatik. Köln 1954. – *Dietmann, H.*: Spannungszustand und Festigkeitsverhalten. Techn. wiss. Ber. der Materialprüfungsanstalt, Stuttgart 68-04. – *Klöppel, K.*: Über zulässige Spannungen im Stahlbau. Veröffentlichungen des Deutschen Stahlverbandes (1958) Nr. 6.

Festkörperreibung. → Reibung bei unmittelbarem Kontakt der Reibpartner. *Habig*

Festschmierstoff. → Schmierstoff im festen Aggregatzustand. F. werden häufig bei extremen Bedingungen eingesetzt, bei denen flüssige Schmierstoffe nicht anwendbar sind, wie im Vakuum, bei sehr hohen oder sehr niedrigen Temperaturen, oszillierenden Gleitbewegungen, kleinen Gleitgeschwindigkeiten, sehr hohen Flächenpressungen u. a.

Die wichtigsten F. sind → Graphit und Molybdändisulfid. Beide Stoffe besitzen ein hexagonales Schichtgitter, dessen Basisebenen aufeinander abgleiten können. Dazu ist bei Graphit die Absorption von Wassermolekülen notwendig, durch welche die Bindungskräfte zwischen den Basisebenen herabgesetzt werden. Daher verliert Graphit im Vakuum seine reibungsmindernde Wirkung (Bild). Die → Reibungszahl von Molybdändisulfid steigt dagegen bei Anwesenheit von Wasser an, was mit der Bildung von Wasserstoffbrückenbindungen an den Kristallkanten erklärt wird.

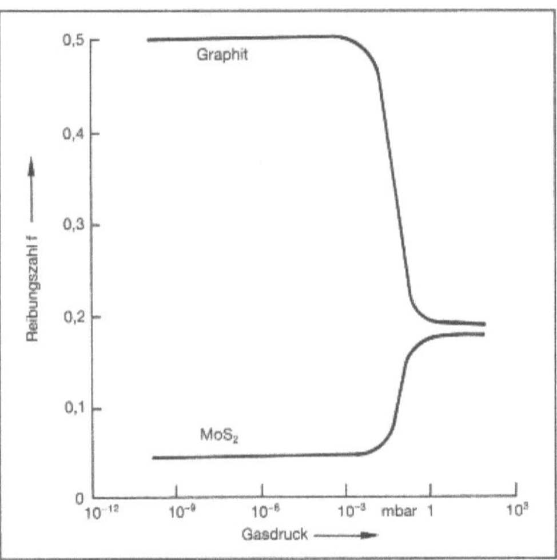

Festschmierstoff: Reibung von Graphit und MoS$_2$ in Abhängigkeit vom Gasdruck des Umgebungsmediums.

Weitere wichtige F. sind hexagonales Bornitrid, die Sulfide und Selenide des Molybdäns, Wolframs, Niobs und Tantals. *Habig*

Literatur: *Buckley, D. H.*: Surface effects in adhesion, friction, wear and lubrication. Amsterdam–Oxford–New York 1981.

Festwalzen. → Verfestigung der → Randschicht von → metallischen Werkstoffen durch den ständigen Kontakt eines verformenden Werkzeuges (Rolle, Kugel), das mit einer bestimmten Kraft gegen das zu bearbeitende Werkstück gepreßt und relativ zu diesem bewegt wird. Durch das Festwalzen steigt die → Härte der Randschicht; außerdem werden Druckeigenspannungen erzeugt, welche die → Dauerschwingfestigkeit erhöhen. Typische Bauteile, die serienmäßig durch Festwalzen bearbeitet werden, sind Kurbelwellen, Nockenwellen, Achsschenkel, Motorenventile, Zahnräder, Schrauben u. a. *Habig*

Literatur: *Kaiser B.:* VDI-Ber. Nr. 506 (1983) S. 23.

Feucht-Wechselklima. F.-W. entsteht nach DIN 50016 durch abwechselnde Anwendung der Konstantklimate 23/83 (Lufttemperatur t = 23 °C, Relative Luftfeuchte U = 83 %, Taupunkttemperatur t_d = 20 °C) und 40/92 (t = 40 °C, U = 92 %, t_d = 38,4 %) (Klimate). Die Beanspruchung im F.-W. besteht somit in der Einwirkung von feuchter Luft und Schwitzwasser (Betauung). Das Schwitzwasser bildet sich in den Übergangsperioden an solchen Flächen, deren Temperatur unter dem Taupunkt der angreifenden Luft liegt. *Wendler-Kalsch*

Feuchtedehnung (von Holz). Das Schwinden und Quellen (→ Holzbau), das in der Praxis auch als „Arbeiten" des Holzes bezeichnet wird, beruht auf einer Änderung des Feuchtigkeitsgehaltes der Holzfasern, d. h. der Zellwände. Beim Austrocknen werden die Zellwände durch Kapillarkräfte und von einer Holzfeuchte von massebezogen rd. 15 % ab durch die Abgabe von Wassermolekülen zwischen den Mizellen in den Cellulosefasern zusammengezogen. Bei Befeuchtung geht der Vorgang umgekehrt vor sich. Das freie Wasser in den Holzzellen selbst hat auf Schwinden und Quellen kaum Einfluß. Daher tritt oberhalb des Fasersättigungsbereiches keine F. auf. Unterhalb dieses Bereiches ist die F. etwa linear von der Holzfeuchte abhängig. Auch beim eingebauten Holz muß also bei wechselnder Luft- und damit auch Holzfeuchte immer mit F. gerechnet werden. Wegen der Ausrichtung der Cellulosefasern und der unterschiedlichen Verformbarkeit der Holzzellen verhalten sich die F. von Nadelholz in Längs-, Radial- und Tangentialrichtung wie etwa 1:10:20. Bei den Laubhölzern, die ein stärker unterschiedliches → Gefüge als Nadelholz aufweisen (→ Holz), können die Verhältniswerte von denen des Nadelholzes wesentlich abweichen. Insgesamt betragen die Maximalwerte der F. je nach Holzart und Rohdichte

☐ in Längsrichtung zwischen 0,1 und 0,6 %,
☐ in Radialrichtung zwischen 2,2 und 7,4 %,
☐ in Tangentialrichtung zwischen 3,6 und 13,0 %.

Wie groß die F. von Holz ist, soll das Beispiel eines Fichtenholzbrettes von 140 mm Breite mit parallel zur Breite liegenden Jahresringen zeigen. Wenn sie durch Feuchtigkeitsaufnahme die Holzfeuchte massebezogen von 10 auf 30 % erhöht, beträgt das Quellmaß in Richtung der Brettbreite etwa 7–10 mm.

Bei der Beurteilung und beim Vergleich von Schwind- und Quellmaßen ist zu beachten, daß diese entgegen der Terminologie bei anderen Baustoffen auf verschiedene Ausgangsmaße bezogen werden. So bezieht man das lineare Quellmaß auf die Länge im darrtrockenen Zustand, das lineare → Schwindmaß dagegen auf die Länge im nassen Zustand. Durch die verschiedenen Bezugsmaße kann somit das lineare Quellmaß bei gleicher Größe des Schwindens und Quellens bis zu 1,5 Prozentpunkte größer als das Schwindmaß sein. Bei flächigen Holzwerkstoffen ist die Dickenquellung etwa 20mal so groß wie die Längen- und Breitenquellung. Diese starke Dickenquellung kann bei direkter Feuchtigkeitseinwirkung, z. B. bei Fassadenbekleidungen, zum Verwerfen und Ausbeulen führen. Bei Feuchtigkeitseinwirkung sollten daher nur Platten verwendet werden, deren Dickenquellung bei 24stündiger Wasserlagerung unter 10 % liegt.

Das Stehvermögen, d. h. der Widerstand gegen sichtbare Verformungen und gegen das Reißen des Holzes ist im wesentlichen vom Unterschied zwischen Schwinden oder Quellen in tangentialer und radialer Richtung, d. h. von der → Anisotropie der F. abhängig. Besonders Angelique *(Basralocus)*, Eiche, Buche und Keruing neigen zum Reißen und Verwerfen, wenn sie nicht sehr vorsichtig getrocknet werden. Durch das über den Querschnitt unterschiedliche Formänderungsverhalten und durch unterschiedliche Feuchten in Kern und Splint nehmen die Formänderungen vom Mark nach außen zu, so daß beim Austrocknen zu feucht gesägter Hölzer und auch bei späteren größeren Änderungen der Holzfeuchte unregelmäßige Verformungen auftreten (Bild). Der bei der Behinderung des Quellens

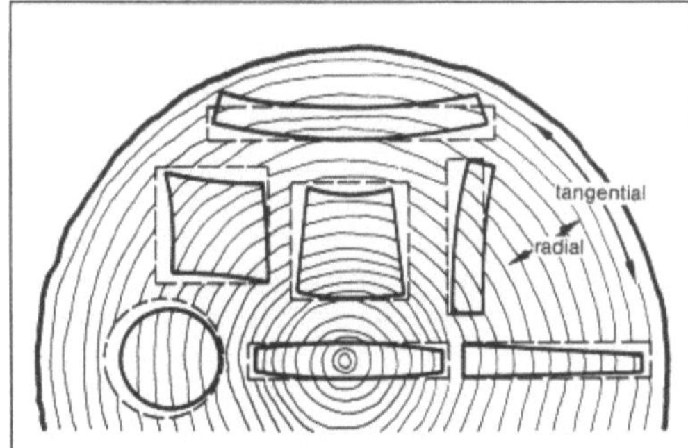

Feuchtedehnung: Verformungen durch Feuchtedehnung je nach Lage im Querschnitt des Baumstammes. (US Forests Products Laboratory, Madison).

von Holz entstehende Quellungsdruck ist so groß, daß früher im Steinbruch Fels durch die Wassersättigung trockener Holzkeile abgedrückt wurde. Bei Feuchtigkeitsschäden kann der Quellungsdruck, z. B. von Parkettböden, zu Spannungen bis zu 5 N/mm^2 und dadurch zum Ausknicken bis zur Unbegehbarkeit von Böden oder zum Wegdrücken von dünnen Wänden führen. *Wesche*

Feuchtigkeitsbestimmung. Faserstoffe und daraus hergestellte Textilien nehmen aus der Luft in Abhängigkeit von der relativen Luftfeuchte unterschiedlich Wasser auf. Auch bei den Naßprozessen, beispielsweise beim Färben, hängt die Wasseraufnahme u. a. vom Faserstoff ab. Die Feuchtigkeit beeinflußt verschiedene physikalische Eigenschaften und ist bei der Berechnung des Handelsgewichtes von kommerzieller Bedeutung, weshalb ihre Bestimmung zu den wichtigsten Messungen der → Textilprüfung zählt.

□ Direkte Methode über die Trockengehaltsbestimmung durch Ofentrocknung (DIN 53800).

Das zu prüfende textile Gut (Faserflocke, Garn oder textiles Flächengebilde) wird in einem sogenannten Konditionierofen mit bewegter Heißluft von 105 °C ± 1 °C bis zur praktischen Gewichtskonstanz getrocknet, d. h. bis der Unterschied von zwei Wägungen im Abstand von 10 min weniger als 0,05 % beträgt. In Ausnahmefällen erfolgt die Trocknung über einen festgelegten Zeitraum, da die obige Bedingung wegen anderer Verluste bei der Hitzeeinwirkung nicht oder erst nach längerer Zeit eingehalten werden kann. Die Proben werden vor und nach dem Trocknen gewogen und die Feuchtigkeit in Prozent, bezogen auf das Trockengewicht (= 100 %), berechnet. Bei → Wolle, → Baumwolle und Viskosefasern sind die in der DIN-Norm angegebenen Korrekturfaktoren anzuwenden, wenn die zum Trocknen zugeführte Luft vom Normklima abweicht.

Die so bestimmte Feuchtigkeit dient u. a. zur Berechnung des Handelsgewichtes. Hierbei werden sogenannte Handelsfeuchten zugrunde gelegt, die zwischen den Handelspartnern durch entsprechende Kontrakte oder Lieferbedingungen vereinbart sind. Für die Berechnung der jeweiligen Faseranteile in einem Textilerzeugnis gelten die im Textilkennzeichnungsgesetz Teil I, Anlage 2 (1972) (auch DIN 54201, 1975) vorgeschriebenen Feuchtigkeitszuschläge.

□ Indirekte Bestimmung des Feuchtigkeitsgehaltes.

Durch die Feuchtigkeit in einem textilen Gut werden verschiedene Eigenschaften beeinflußt. Dazu gehören in erster Linie elektrische Eigenschaften, wie z. B. die Leitfähigkeit oder das Verhalten in einem elektrischen Feld (Dielektrizitätskonstante in einem Kondensator). Geräte, die nach diesen

Prinzipien arbeiten, gewährleisten keine von anderen Faktoren unbeeinflußten Meßergebnisse. Pakkungsdichte, ungleichmäßige Verteilung der Feuchtigkeit in der Probe oder Spuren von anderen Substanzen, wie z. B. textile Hilfs- oder Ausrüstungsmittel beeinflussen zum Teil das Ergebnis erheblich. Für laufende Kontrollen im Produktionsprozeß oder für die Überwachung an Maschinen, wie z. B. Trockner, werden solche Feuchtigkeitsmeßgeräte eingesetzt.

Es eignen sich auch Meßgeräte, die auf der Basis der Mikrowellen- oder Infrarotstrahlung oder radioaktiver Strahlung (Beta-Strahlen) arbeiten.

Die Aufnahme von Wasser aus der flüssigen Phase wird noch auf andere Weise geprüft (→ Saugfähigkeit, → Wasserrückhaltevermögen, → Beregnungsversuch). *Kleinhansl*

Literatur: DIN 53800: Bestimmung des Trockengewichtes durch Trocknen im Heißluftstrom. 1979. – *Sommer, H.* und *F. Winkler:* Handbuch der Werkstoffprüfung. Bd. V. Berlin–Göttingen–Heidelberg 1961.

Feuchtigkeitsgehalt. Der F. frisch geschlagenen Holzes liegt i. a. zwischen etwa 40 und 60 % (massebezogen). Er kann in Extremfällen, z. B. im → Splintholz der Tanne, bis zu 200 % erreichen. Beim Austrocknen wird zunächst das freie Wasser aus den Zellhohlräumen abgegeben. Anschließend erst verdunstet das Wasser aus den feineren Poren der wassergesättigten Fasern der Zellwände. Diese Grenzfeuchte zwischen den beiden Austrocknungsbereichen bezeichnet man als Fasersättigungspunkt. Da jedoch dieser F. beim gleichen Holz wegen seiner Abhängigkeit von der Rohdichte sogar im selben Stamm und im selben Querschnitt keine Konstante ist, spricht man besser vom Fasersättigungsbereich. Bei den europäischen Hölzern kann man mit Fasersättigung bei einer Holzfeuchte von massebezogen 22–35 %, im Mittel von rd. 30 % rechnen. An der unteren Grenze liegen Nadelhölzer mit hohem Harzgehalt und ringporige Laubhölzer, an der oberen Nadelhölzer ohne Kern und zerstreutporige Laubhölzer. Vom Fasersättigungsbereich ab bis etwa 15 % wird das Wasser in den Kapillaren angelagert. Von 15–6 % wird es durch Van-der-Waals-Kräfte und unterhalb 6 % durch chemische Reaktion an die Cellulosefasern gebunden. Die mittlere Gleichgewichtsfeuchte des → Holzes im Bauwerk beträgt etwa 6–25 %. Sie hängt vom Querschnitt und von der Lage des Bauteils, von der relativen Luftfeuchte und von der Temperatur ab. Durch Änderung der Lufttemperatur um ± 10 K ändert sich die Gleichgewichtsfeuchte um etwa ∓0,2 bis ∓0,5 %. Splintholz ist i. a. feuchter als → Kernholz.

→ Holzwerkstoffe haben auf Grund ihres Leim- und Bindemittelgehaltes geringere Gleichgewichtsfeuchten als das in ihnen verarbeitete Holz. Da die Holzfeuchte fast alle Eigenschaften des Holzes maßgebend beeinflußt, sind Holzbauteile möglichst mit einem F. einzubauen, der etwa der zu erwartenden Gleichgewichtsfeuchte entspricht. Auf jeden Fall muß diese bei rascher Nachtrocknung in Kürze erreicht werden, ohne daß das Tragwerk durch Schwindverformung beeinträchtigt wird. Die Feuchte von Holz für Leimbauteile darf höchsten 15 % (massebezogen) betragen, soll aber möglichst im unteren Teil der genannten Feuchtebereiche liegen, weil bei → Feuchtedehnung Quellen weniger zum Reißen führt als Schwinden. Bauholz wird nach seinem F. bezeichnet als trocken bis 20 % (massebezogen), als halbtrocken bis 30 %, bei Querschnitten über 200 cm² bis 35 %, darüber als frisch. Bei Holzwerkstoffen dürfen je nach der Art des Werkstoffes F. von 12–21 % (massebezogen), kurzfristig bis 25 % nicht überschritten werden. *Wesche*

Feueraluminieren → Schmelztauchen

Feuerbeständigkeitsprüfung. Sie soll klären, wie sich tragende und/oder raumabschließende Bauteile im Brandfall verhalten. Wesentliche Einflüsse (nach DIN 4102 Teil 4, A.1.1):
□ Brandbeanspruchung (ein- oder mehrseitig),
□ verwendeter → Baustoff oder Baustoffverbund,
□ Bauteilabmessungen (Querschnittsabmessungen, Schlankheit, Achsabstände usw.),
□ bauliche Ausbildung (Anschlüsse, Auflager, Halterungen, Befestigungen, Fugen, Verbindungsmittel usw.),
□ statisches System (statisch bestimmte und unbestimmte Lagerung, einachsige oder zweiachsige Lastabtragung, Einspannungen usw.),
□ Ausnutzungsgrad der Festigkeiten der verwendeten Baustoffe infolge äußerer Lasten und
□ Anordnung von Bekleidungen (Ummantelungen, Putze, Unterdecken, Vorsatzschalen usw.).

Das Versagen eines raumabschließenden Bauteils führt zur Ausbreitung des Feuers. Handelt es sich z. B. um eine Wand, die auch tragende Funktion hat, so wird die Decke (i. d. R. selbst tragend und raumabschließend) zusammenbrechen, und das Feuer breitet sich auch nach oben aus.

Ziel des vorbeugenden baulichen Brandschutzes ist es, die Bauteilfunktion Raumabschluß und/oder Tragfähigkeit solange zu erhalten, wie es die Zeit zur Rettung von Menschen und Tieren sowie für wirksame Löscharbeiten erfordert. Diese Feuerwiderstandsdauer wird von der Baurechtsbehörde für das zu genehmigende Gebäude bzw. für dessen Bauteile festgelegt. Der Nachweis ist durch eine erfolgreiche F. zu erbringen, experimentell in besonderen Prüföfen nach DIN 4102 Teil 2 (Bild), analytisch in einfacheren Fällen des Industriebaus nach DIN 18 230. Wegen des komplexen Zusammenwirkens der Einflußgrößen ist dies nur durch

Feuerbeständigkeitsprüfung: Anlage zur Prüfung wandähnlicher Bauteile auf Brandverhalten.

anerkannte Fachleute zu beurteilen. Der Begriff „Feuerbeständigkeit" heißt nicht, daß ein Gebäude trotz Feuer schlechthin „Bestand" hat; „feuerbeständig" ist ein Bauteil nach Baurecht zu nennen, das im „Normbrand" mindestens 90 min lang widerstandsfähig im Sinne von DIN 4102 Teil 2 bleibt.

Rehm/Teichen

Literatur: DIN 18 230 Teil 1 (Vornorm 1982): Brandschutz im Industriebau. – *Klose, A.:* Brandsicherheit baulicher Anlagen. Bd. 1, 2. Düsseldorf 1978, 1982. – *Kordina, K.* und *C. Meyer-Ottens:* Beton-Brandschutz-Handbuch. Düsseldorf 1981. – *Kordina, K.* und *C. Meyer-Ottens:* Holz-Brandschutz-Handbuch. München 1983.

Feuerbeton. Für Bauteile, die hohen Temperaturen ausgesetzt sind, z. B. Kernreaktoren, Industrieöfen, Winderhitzer und Schornsteine, kann hitzebeständiger und für die Auskleidung von Öfen sogar feuerfester → Beton verwendet werden. Derartige Betone bewahren ihre physikalisch-mechanischen Eigenschaften in bestimmten Grenzen auch bei lange andauernder Einwirkung hoher Temperaturen, mit feuerfesten Zuschlägen sogar bis +2 000 °C. Als → Bindemittel werden Tonerdezement, Wasserglas oder Phosphatbindemittel, ggf. bei speziellen feingemahlenen Zuschlägen auch Portlandzement verwendet. *Wesche*

Feuerverbleien → Schmelztauchen

Feuerverzinken → Schmelztauchen

Feuerverzinnen → Schmelztauchen

Feuerwiderstandsfähigkeit → Brandverhalten

Fick-Gesetze. Grundgleichungen des Stofftransports durch → Diffusion für stationäre (I) und insta-

tionäre (II) Vorgänge, unter der Annahme, daß der → Diffusionskoeffizient D eine konzentrationsunabhängige Stoffkonstante ist und daß der Diffusionsstrom allein vom Konzentrationsgradienten angetrieben wird. Die mathematische Form und somit die Lösungsansätze entsprechen denen der → Wärmeleitung:

$$j = - D \text{ grad } c \tag{1}$$
$$\partial c/\partial t = D \, \Sigma \partial^2 c/\partial x^2 \tag{2}$$

(j = Stoffstromdichte in mol/m²s, c = Konzentration in mol/m³, D in m²/s, t = Zeit [s], x = Ortskoordinaten [m]).

Gl. (1) dient hauptsächlich zur Behandlung der Diffusion durch Membranen und von sog. quasistationären Vorgängen wie diffusionsgesteuertes Schichtwachstum. Bei der → Deckschichtbildung darf grad c als Mittelwert eingesetzt werden: $\Delta c/X$, wobei Δc der Konzentrations-Unterschied zu beiden Seiten der Schicht, X Schichtdicke. Das Schichtdickenwachstum ist durch $dX/dt = j\, V_m$ gegeben, wobei V_m [m³/mol] der je mol Diffusionsstrom bewirkte Volumen-Zuwachs der Schicht ist. Hieraus folgt

$$dX/dt = V_m D \; \Delta c/X \;\; \text{bzw.} \;\; X(t) = \sqrt{kt}$$
$$\text{mit } k = 2DV_m\Delta c \; [\text{m}^2/\text{s}]$$

(sog. *parabolisches Wachstumsgesetz*).

Standardlösungen des F.-G. für instationäre Vorgänge (z. B. Eindringen einer Diffusionsfront von der Oberfläche her in das Innere des Körpers) werden mittels des *Gauss* Fehlerintegrals erf(Z) gebildet, z. B.:

$$c\,(x,t) = c_s - (c_s - c_0)\; \text{erf}(x/2\sqrt{Dt})$$

Auch hier tritt eine charakteristische → Eindringtiefe auf (Bild 1).

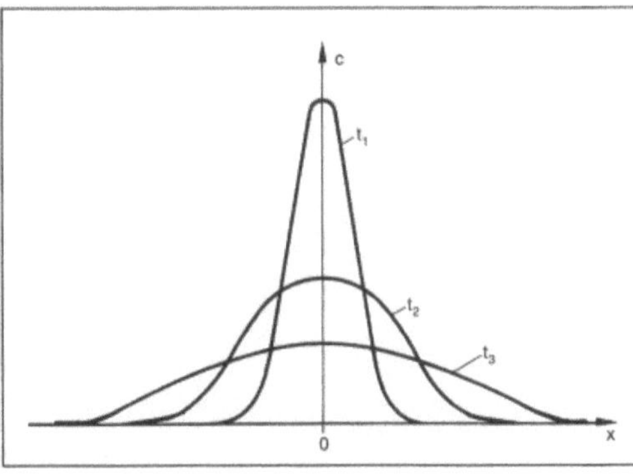

Fick-Gesetze 1: Auseinanderfließen einer breit vorhandenen Konzentrationsspritze der Funktion der Diffusionszeit gemäß den F.-G.

Bei der Eindiffusion in → dünne Schichten und Bleche von der Außenfläche her (z. B. Aufkohlung) interessiert oft nur die insgesamt aufgenommene Menge der Zusatzatome, also $\int c(x, t)\, dx$. Die entsprechende mittlere Dichte ergibt sich für eine Blechdicke d in 1. Näherung zu

$$\bar{c}(t) = (8c/\pi^2)\, \exp\,(-\pi^2 Dt/d^2)$$

Zahlreiche Rand- und Anfangsbedingungen werden in der Literatur behandelt, wobei wegen der Analogie von Diffusions- und Wärmeleitungsgl. die Lösungen der letzteren beachtet werden sollten (Bild 2). *Ilschner*

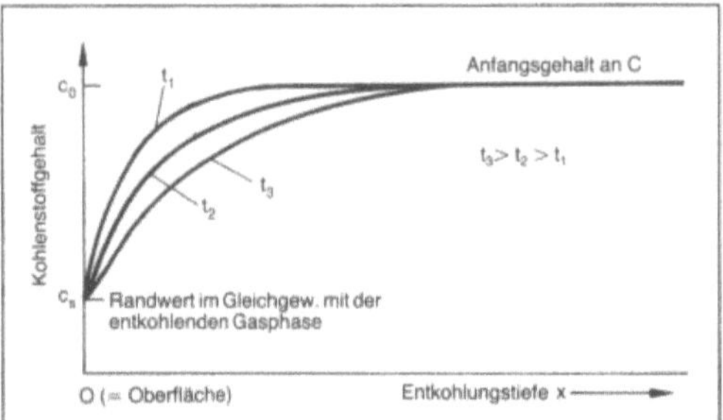

Fick-Gesetze 2: Diffusion von Kohlenstoff aus einem dicken Stahlblech während eines Entkohlungsvorgangs (schematisch).

Literatur: *Benard, J.* et al.: Métallurgie générale. Paris 1984. – *Carlslaw, H. S.* and *J. C. Jaeger:* Conduction of Heat in Solids. Oxford 1959. – *Crank, J.:* Mathematics of Diffusion. London 1975. – *Shewman, P. G.* in: Chan, R. W. (ed.): Physical Metallurgy. Amsterdam 1970.

Filigrankorrosion. F., auch als Faden- oder Filiformkorrosion bezeichnet, stellt einen örtlichen fadenförmigen Korrosionsangriff mit feinen filigranartigen Verästelungen dar. Die Korrosionsspuren beginnen an einer punktförmigen Korrosionsstelle und schreiten linear mit scheinbar willkürlicher Richtung auf der Metalloberfläche fort. Die Tiefenausdehnung beträgt maximal einige μm. F. tritt vorzugsweise unter dünnen →Beschichtungen, gelegentlich auch unter dünnen Oxidfilmen, z. B. an anodisierten Aluminiumwerkstoffen, auf (Bild). *Wendler-Kalsch*

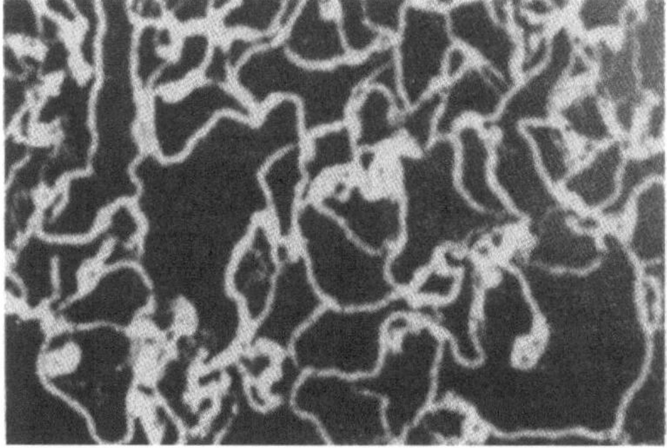

Filigrankorrosion: F. an einem Aluminiumwerkstoff.

Filtrieren. →Einschlüsse in einem Guß- oder Schmiedestück, herrührend von Schlacken, Reaktionsprodukten aus der metallurgischen Behandlung der Schmelze, nichtgelöste Zusätze, Losspülungen aus Pfannenfutter oder →Formstoff während der Formfüllung beeinträchtigen des öfteren die physikalischen Werkstoffwerte und die Dichtigkeit von Gußstücken gegenüber Druckbeanspruchung von gasförmigen oder flüssigen Medien. Diese Problematik besteht grundsätzlich bei allen Gußwerkstoffen und auch unabhängig vom angewendeten Formverfahren. Um die erwähnten →Fehler weitgehendst zu vermeiden, setzt man Filter verschiedener Art ein, je nachdem, ob man eine Schmelze schon beim →Abstich in die Gießeinrichtung (Pfanne o. ä.) oder erst beim Eingießen in eine Form oder in eine Stranggießanlage filtrieren will. Weiterhin hängt die Filterwahl auch davon ab, welches Metall gefiltert werden soll, etwa →Gußeisen mit Lamellen- oder Kugelgraphit, Leichtmetall- oder Schwermetall-Legierungen, wie hoch sind die Durchsatzmengen u. v. a. m.

Die Gießleistung (kg/s) hängt stark von der Siebfeinheit des Filters ab. Je feiner das Sieb, desto besser ist in der Regel der Abscheidungsgrad, aber je geringer ist die zeitbezogene Durchsatzleistung und bei Gußstücken kann es dazu kommen, daß die Teile bei zu großer Siebfeinheit in der Form nicht mehr auslaufen. Man muß auch wissen, was abgeschieden werden soll. Im Aluminiumbereich geht es im wesentlichen um das Zurückhalten von Oxidhäutchen, die relativ leicht auch von etwas gröberen Sieben zurückgehalten werden können. Ganz anders verhält es sich mit der Abscheidung von Reaktionsprodukten bei Gußeisen mit Kugelgraphit, die sehr feinteilig sind und sich relativ spät aus ihrer Suspension in der Schmelze lösen. Hier hat das Filter eine wesentlich schwierigere Aufgabe.

Als Filterbauformen stehen Filter mit runden, vierkantigen oder dreieckigen Durchlässen in Vollkeramik, ferner Typen in Schaumkeramik, Glasfasergewerbefilter sowie Wickelkonstruktionen aus Mineralfasern zur Verfügung. *Doliwa*

Finite-Elemente-Methode. Die Methode der Finiten Elemente (FEM) ist ein numerisches Verfahren zur näherungsweisen Lösung von Systemen partieller Differentialgleichungen, die in Verbindung mit Rand- und evtl. Anfangsbedingungen Probleme der Physik und Technik beschreiben. Der Grundgedanke der FEM beruht auf der Unterteilung des i. a. komplexen Gebiets, für das eine Lösung gesucht wird, in geometrisch einfache Teilbereiche, die Elemente, und der Annäherung der Lösungsfunktion innerhalb dieser Elemente. Für eine Gruppe von Rand- und Anfangswertproblemen existieren Variations- oder Extremalprinzipien, die Aussagen über Extremwerte (Minima, Maxima) oder

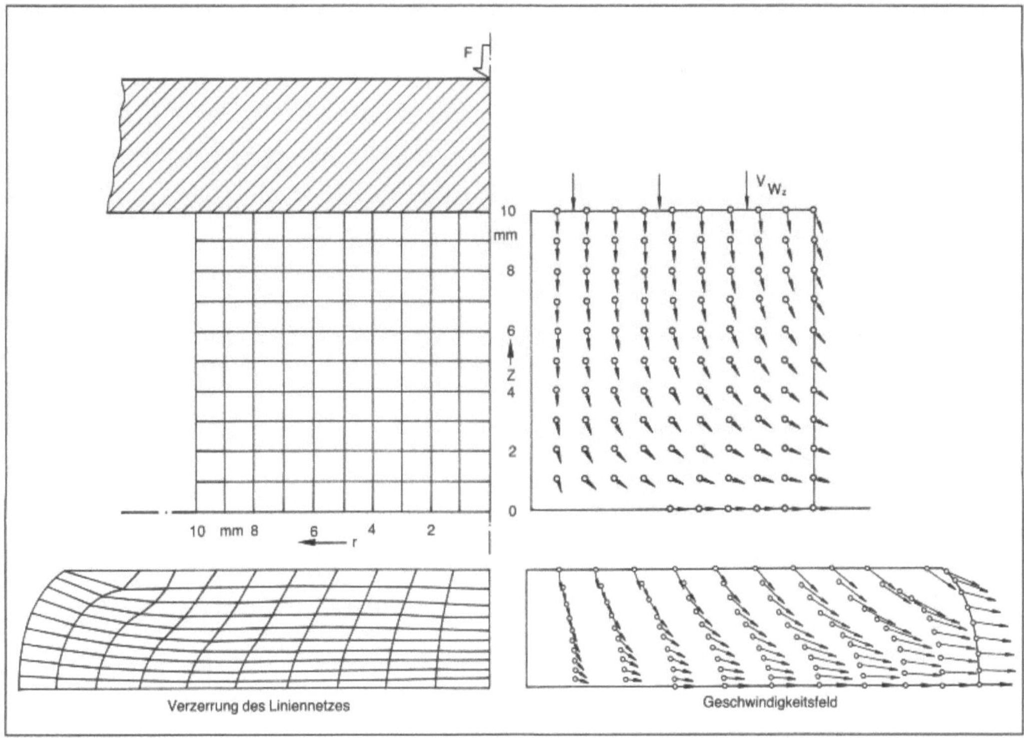

Finite-Elemente-Methode 1: Axialsymmetrisches Stauchen mit starr-plastischem Werkstoffverhalten. (Quelle: Roll, K.)

stationäre Punkte zulassen und zur Herleitung der Grundgleichungen der Formulierung herangezogen werden können. Sind keine echten Extremalprinzipien bekannt, so muß versucht werden, das Differentialgleichungssystem durch geeignete Ansätze näherungsweise so zu lösen, daß der resultierende Fehler beim Einsetzen der Näherungslösung in das Differentialgleichungssystem möglichst klein ist. Diese Vorgehensweise entspricht dem Verfahren der gewichteten Residuen. Die FEM hat ihren Ursprung in der Strukturanalyse von Konstruktionen der Luftfahrttechnik und des Bauwesens. Seit ca. 1970 wird die FEM auch in zunehmendem Maß zur Berechnung von Umformvorgängen, d. h. zum Untersuchen des Werkstoffflusses sowie zur Ermittlung der lokal auftretenden → Spannungen und → Formänderungen, eingesetzt.

Die → Prozeß-Analyse von Umformvorgängen gestaltet sich insofern schwierig, als hier die zugrunde liegenden Gleichungen stark nichtlinearen Charakter besitzen. Die Ursachen hierfür liegen in

□ der geometrischen Nichtlinearität infolge der großen plastischen → Formänderungen,

□ der materiellen Nichtlinearität; die → Werkstoffmodelle zur Beschreibung des plastischen Verhaltens → metallischer Werkstoffe liefern einen nichtlinearen Zusammenhang zwischen den Spannungen

und Formänderungen bzw. Formänderungsgeschwindigkeiten und

□ den wechselnden Randbedingungen, die durch Anlege- bzw. Ablösevorgänge zwischen Werkstückbereichen und der Werkzeugoberfläche, insbesondere bei abformender → Gestalterzeugung, bedingt sind.

Die genannten Punkte erfordern eine inkrementelle (schrittweise) und iterative Vorgehensweise bei der Berechnung von Umformvorgängen, was sich bereits für einfache Problemstellungen in einem hohen Rechenaufwand niederschlägt. Gegenwärtig werden hauptsächlich zwei Lösungsansätze verfolgt:

□ die starr-plastische bzw. starr-viskoplastische Analyse für diejenigen Vorgänge (z. B. in der → Warmumformung), bei denen die elastischen Formänderungen vernachlässigt werden können, und

□ die elastisch-plastische Analyse, falls, wie z. B. in der → Blechumformung, die elastischen Spannungen und Dehnungen für den Vorgang von Bedeutung sind.

Bei der starr-(visko-)plastischen Analyse erfolgt die Beschreibung des Fließvorgangs meist in einem raumfesten Koordinatensystem. Instationäre Vorgänge werden durch eine Folge von stationären Zwischenstufen beschrieben. Dabei ist zu beachten, daß in starren Bereichen, d. h. in Gebieten, in denen keine plastischen Formänderungen auftreten, keine exakte Aussage über den →Spannungszustand möglich ist. Analog zu den →Fehlerabgleichverfahren wird bei der starr-plastischen Analyse vom Markovschen Extremalprinzip (→Schrankenverfahren), das zu einer oberen Schranke für die Umformleistung führt, ausgegangen. Die elastischplastischen Formulierungen basieren auf dem Prinzip der virtuellen Arbeit, wobei i. a. davon ausgegangen wird, daß für die metallischen Werkstoffe eine additive Zerlegung der Gesamtdehnungsgeschwindigkeit in einen elastischen und, bei Überschreiten der →Fließgrenze, einen plastischen Anteil zulässig ist.

$$\dot{\varepsilon}_{ges} = \dot{\varepsilon}_{el} + \dot{\varepsilon}_{pl}$$

Der grundlegende Unterschied zu den Fehlerabgleichverfahren ist, daß die Ansätze für die Lösungsfunktionen bei der FEM nur bereichsweise – innerhalb der „finiten" Elemente – gültig sein müssen, während im anderen Fall der Ansatz für das gesamte betrachtete Gebiet aufgestellt werden muß. Diese Tatsache bringt bei komplexen Umformvorgängen entscheidende Vorteile für die FEM.

In jüngerer Zeit werden in zunehmendem Maß gekoppelte mechanisch-thermische Analysen durchgeführt. Hierdurch kann nicht nur die in der Warmumformung wichtige Temperaturentwicklung in Werkstück und Werkzeug, die sich aufgrund des Wärmeaustauschs zwischen dem erwärmten Werkstück und seiner Umgebung einstellt, berechnet, sondern auch die Erwärmung des Werkstücks durch die dissipierte Umform- und Reibarbeit berücksichtigt werden. Dabei wird die Berechnung der Temperaturen häufig mit Hilfe von Finite-Differenzen-Verfahren durchgeführt, während die mechanische Analyse durchweg mit Hilfe der FEM ausgeführt wird. Bild 1 bis 3 zeigen Beispiele der Berechnung

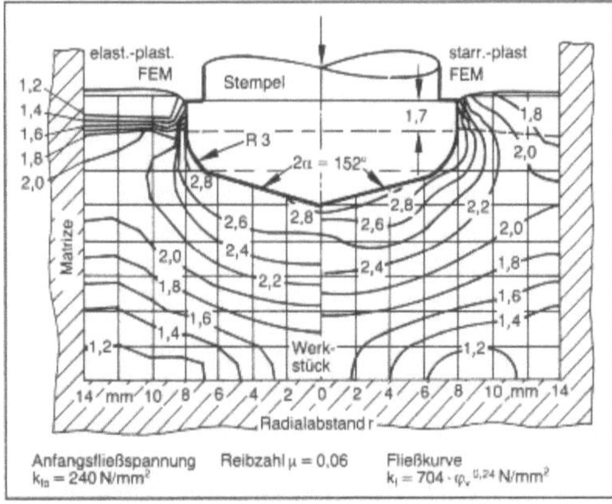

Finite-Elemente-Methode 2: Vergleich eines elastisch-plastischen FE-Programms mit einem stauplastischen an Hand der berechneten relativen Vergleichsspannung σ_v/k_{f_0} beim Napf-Rückwärts-Fließpressen. (Quelle: Tekkaya, A. E.)

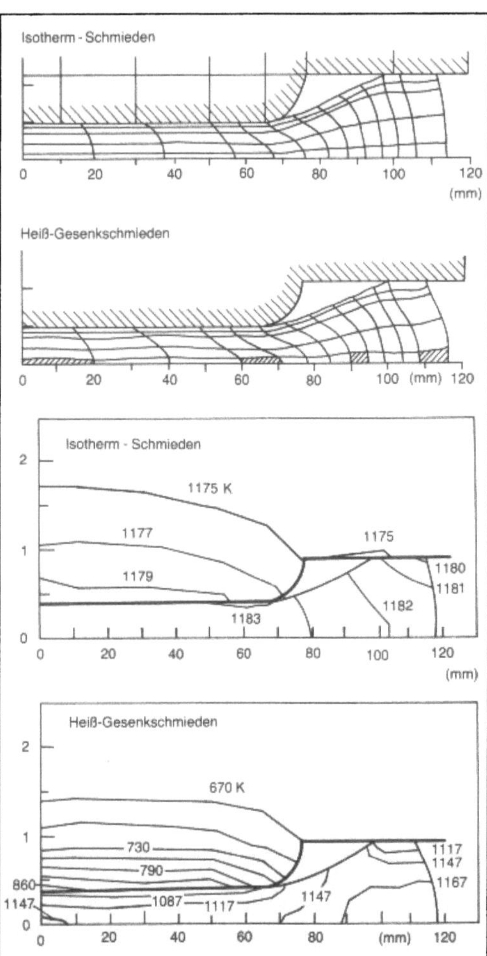

Finite-Elemente-Methode 3: Netzverzerrung und Temperaturverteilung beim Schmieden einer Turbinenscheibe. (Quelle: Kobayashi, S.)

von Umformvorgängen mit der FEM. Ein weiterer Anwendungszweig befaßt sich mit der Berechnung und Auslegung von Umformwerkzeugen. Hierzu werden allerdings meist FE-Programme für linear-elastische Analysen, die ggf. noch kleine plastische Formänderungen erfassen, eingesetzt. Die direkte Kopplung mit der Analyse des Umformvorgangs ist möglich, wird aber mit Rücksicht auf die Rechenkosten nur selten angewandt. *Lange*

Literatur: *Argyris, J. H.* u. *H.-P. Mlejnek:* Die Methode der Finiten Elemente. Bd. 2. Braunschweig 1987. – *Bathe, K.-J.:* Finite Element Procedures in Engineering Analysis. Englewood Cliffs 1982. – *Boer, C. R.,* et al: Process Modelling of Metal Forming and Thermomechanical Treatment. Berlin, Heidelberg, New York 1986. – *Kobayashi, S.:* Thermoviscoplastic Analysis of Metalforming Problems by the Finite Element Method. In: Numerical Analysis of Forming Processes. (Hrsg.) J. F. T. Pittman et al. Chicester 1984. – *Owen, D. R. J., E. Hinton:* Finite Elements in Plasticity. Swansea 1980. –

Owen, D. R. J., E. Hinton, E. Onate: Computational Plasticity. Swansea 1987. – *Pittman, J. F. T.,* et al: Numerical Methods in Industrial Forming Processes. Swansea 1982. – *Pittman, J. F. T.,* et al: Numerical Analysis of Forming Processes. Chichester 1984. – *Roll, K.:* Einsatz numerischer Näherungsverfahren bei der Berechnung von Verfahren der Kaltmassivumformung. Ber. 66 Inst. Umformtechn., Universität Stuttgart. Berlin, Heidelberg, New York 1982. – *Tekkaya, A. E.:* Ermittlung von Eigenspannungen in der Kaltmassivumformung. Ber. 83 Inst. Umformtechn., Universität Stuttgart. Berlin, Heidelberg, New York 1986. – *Zienkiewicz, O. C.:* The Finite Element Method. 3. Aufl. London 1982.

Flächenkorrosion. → Korrosion mit nahezu gleichförmigem Korrosionsabtrag auf der gesamten Werkstoffoberfläche, was zu einer weitgehend gleichmäßigen Verringerung der Wanddicke eines Bauteiles führt.

Als Maß für die → Korrosionsgeschwindigkeit dient die flächenbezogene Massenverlustrate v. Sie ergibt sich aus dem Betrag des Massenverlustes Δm, der korrosionsbeanspruchten Metalloberfläche A und der Korrosionsdauer t.

$$v = \frac{\Delta m}{A \cdot t} \quad \text{(Angabe in } g/m^2 h)$$

Die Abtragungsgeschwindigkeit w bezeichnet die Dickenabnahme Δd pro Jahr a, entsprechend:

$$w = \frac{\Delta d}{a} \quad \text{(Angabe in mm/a)}.$$

Sie ergibt sich aus der flächenbezogenen Massenverlustrate v und der Dichte ρ des Werkstoffes nach

$$w = \frac{v}{\rho}$$

In der Praxis gilt ein Werkstoff in vielen Anwendungsbereichen als hinreichend beständig gegen gleichmäßige Korrosion, wenn die → Abtragungsrate $\leq 0,1$ mm/a beträgt (Isokorrosionskurven).

Wendler-Kalsch

Flächenregel. Unter F. im Sinne der → Korrosion versteht man den Einfluß der Flächenverhältnisse von → Anode und → Kathode auf die → Korrosionsgeschwindigkeit. Wird die Korrosionsgeschwindigkeit im wesentlichen nur durch eine → Teilreaktion, z. B. die kathodische Teilreaktion bei wenig polarisierter anodischer Teilreaktion kontrolliert, so ist die Korrosionsgeschwindigkeit proportional zur Kathodenfläche. Die F. spielt eine entscheidende Rolle bei der → Kontaktkorrosion. Hierbei nimmt die Gefährdung der Kontaktkorrosion mit dem Flächenverhältnis Kathode/Anode zu und mit dem spezifischen kathodischen → Polarisationswiderstand ab. *Wendler-Kalsch*

Flacherzeugnisse. Oberbegriff für warm- und kaltgewalzte → Fertigerzeugnisse mit rechteckigem Querschnitt, deren Breite viel größer als die Dicke ist. Die → Oberfläche ist glatt und eben, kann aber auch Vertiefungen und Erhöhungen von regelmäßigem Muster aufweisen (z. B. Riffelbleche, Tränenbleche, Warzenbleche). Zu den F. gehören → Bleche, Bänder und → Flachstahl (→ Eisen und → Stahl).

Nach den Anforderungen und Eigenschaften werden die F. zum Kaltumformen unterschieden in kaltgewalzte aus nichtrostenden Stählen, kaltgewalzte aus normalfesten und höherfesten Stählen, kaltgewalzte aus weichen Stählen, warmgewalzte aus normalfesten und höherfesten Stählen sowie warmgewalzte aus weichen Stählen. *Dahl*

Flacherzeugnisse, emaillierte. Durch → Emaillieren oberflächenveredelte → Flacherzeugnisse. Unter → Email versteht man eine blasig erstarrte Masse aus Quarz und anderen Oxiden, die in einer oder mehreren Schichten auf das Werkstück aufgebracht wird.

Beim konventionellen Emaillieren wird der → Stahl mit einem Grund- und einem Deckemail beschichtet, der jeweils eingebrannt wird. In den letzten Jahren hat sich das einschichtige Direktemaillieren in großem Umfang eingeführt. Vor dem Emaillieren muß die Stahloberfläche entfettet und gebeizt werden. Da beim Brennen durch → Entkohlung des Stahls im Email Kohlenmonoxidblasen entstehen können, wird zum Emaillieren Stahl mit niedrigem Kohlenstoffgehalt oder mit Legierungselementen eingesetzt, die stabile → Karbide bilden, wie → Titan oder → Niob. Dem entstehenden → Wasserstoff sollten „Fallen" angeboten werden, die früher im unberuhigten Stahl als → Oxide vorlagen, und die die Bildung von Fischschuppen verhindern. *Dahl*

Flacherzeugnisse, verzinkte. Durch elektrolytisches → Verzinken oder → Feuerverzinken oberflächenveredelte → Flacherzeugnisse. Die → Zinkschicht kann zweiseitig, einseitig oder auch in unterschiedlicher Dicke auf beiden Seiten (differenzverzinkt) aufgebracht werden. Die Schichtdicke liegt beim elektrolytischen Verzinken zwischen 1 und 15 µm, beim Feuerverzinken von Band zwischen 10 und 50 µm. Der Korrosionswiderstand wird durch Verzinken stark erhöht, Zahlenwerte sind wegen der unterschiedlichen Bedingungen bei Versuchen im Labor und auf Prüfständen sowie beim praktischen Einsatz stark streuend. Praktisch alle gebräuchlichen → Stähle, die als kaltgewalztes Band hergestellt werden, sind zum Verzinken geeignet, wegen unerwünschter Reaktionen gelten Einschränkungen nur für den Siliciumgehalt. *Dahl*

Flachpreßlatte → Spanplatte

Flachs. Als Faserstoff die Bastfasern der einjährigen Faserpflanze *Linum usitatissimum* L., die in anderen Varietäten auch zur Ölgewinnung angebaut wird. Im Rindenparenchym des Flachsstengels finden sich – ähnlich wie bei anderen Bastfaserpflanzen, z. B. → Hanf, → Jute und → Ramie – konzentrisch eingelagert Faserbündel aus versetzt aneinander liegenden Einzelzellen (Elementarfasern), die durch Aufbereitung als technische → Faser freigelegt werden müssen. Hierzu dienen zuerst die biologische oder auch chemische Röste, anschließend die mechanische Ausarbeitung zum Abtrennen der Faserbündel vom → Holz des Pflanzenstengels. Nach der Ernte der Flachspflanzen (Raufen – nicht mähen, um die Faserbündel aus den Stengeln in voller Länge gewinnen zu können – und Riffeln, d. h. Entfernen der Samenkapseln) erfolgt in der Kaltwasser- oder Warmwasserbassin-Röste durch Bakterien ein Mürbemachen (Verrotten) der Rindenschicht des Stengels, nach welchem die Bastfaserbündel durch Brechen, Schwingen und Hecheln freigelegt werden können. Neben dem so gewonnenen Langflachs (Faserbündel von 50–90 cm Länge, aus etwa 20–40 feinen Elementarfasern von 10–50 mm Länge bestehend) fallen beim Schwingen und Hecheln auch Kurzfasern, *Werg*, an, die zu Gespinsten geringerer Güte verarbeitet werden. Die durch chemisch-mechanische Verfahren aus Werg gewonnenen F.-Elementarfasern (Flockenflachs) lassen sich mit → Baumwolle oder Chemiefasern zusammen verspinnen.

Unter dem Mikroskop erscheinen die F.-Elementarfasern glatt und zylindrisch mit einem feinen Zellkanal (Lumen) im Inneren; charakteristisch sind Quer- und Schrägrisse (Verschiebungen), oft mit knotigen Anschwellungen. Die Querschnitte der technischen Flachsfaser bestehen aus polygonalen oder länglich abgerundeten Einzelzellen mit kleinem, rundem Lumen im Innern. Länge und Feinheit der Elementarfasern entsprechen in etwa der der Baumwolle. Die → Festigkeit liegt höher, Dehnbarkeit und → Elastizität sind geringer. Faserflachs wird fast ausschließlich in Europa angebaut; Haupterzeuger sind die Sowjetunion einschl. der baltischen Staaten, daneben Polen, die Niederlande, Belgien und Frankreich. Weltanbaufläche 1982: 1 330 000 ha (Tendenz steigend), Weltproduktion 1985: 600 000 t.

Der Hechelflachs wird in der Langflachsspinnerei versponnen, das Hechelwerg in der Wergspinnerei. Als Garn oder Gewebe wird der F. zur Entfernung der natürlichen Farbstoffe und der Faserbegleitsubstanzen gebleicht. Im Gewebe ist F. glänzender und glatter als Baumwolle und wird vor allem für Bett-, Leib- und Tischwäsche eingesetzt.

Koch

Literatur: *Wagner, E.:* Die textilen Rohstoffe. 6. Aufl. Frankfurt/M. 1981.

Flachstahl. F. ist der Oberbegriff für gewalzte → Fertigerzeugnisse aus → Stahl mit rechteckigem Querschnitt, deren Breite viel größer als die Dicke ist. Die Oberfläche des F. ist im allgemeinen glatt und eben, kann aber auch Vertiefungen und Erhöhungen aufweisen, die ein regelmäßiges Muster bilden (beispielsweise Riffeln, Warzen oder Tränen). F. kann gewellt oder gerippt sein. Zur Gruppe der Flachstahlprodukte gehören → Stahlband, → Stahlblech und → Breitflachstahl.

Baumann

Flachstahl-Kaltwalzwerk. F.-K. sind komplexe technische Systeme zur Herstellung von Flachstahl durch Kaltwalzen.

Baumann

Flachstahl-Walzwerk. F.-W. sind komplexe technische Systeme zur Herstellung von Flachstahl durch Warmwalzen oder Kaltwalzen.

Baumann

Flachstahl-Warmwalzwerk. F.-W. sind komplexe technische Systeme zur Herstellung von Flachstahl durch Warmwalzen.

Baumann

Flachwalzerzeugnisse → Flacherzeugnisse

Flammhärten. F. ist das → Härten nach Erwärmen (Austenitisieren) eines mehr oder weniger großen Bereiches des Bauteilquerschnitts. Beim F. wird die Flamme meist durch ein Leuchtgas- oder Acetylen-Sauerstoffgemisch erzeugt. Abschließend wird schnell abgekühlt (abgeschreckt). Dies geschieht durch Abbrausen oder Eintauchen in Wasser, seltener mit Hilfe von Luft oder Ölemulsionen. Je nach Ausbildung des zu härtenden Bauteils wird das Bauteil oder das Brenner-System bewegt. Das vergleichsweise kühle Innere des Werkstücks beschleunigt die → Abkühlung der Oberfläche durch → Wärmeleitung. Die durch F. erreichbaren Einhärtetiefen liegen zwischen 1 mm und rd. 6,5 mm und sind abhängig von den Werkstückquerschnitten, der Brennereinstellung und der Erhitzungsdauer. Der Härteverzug ist geringer als bei normal gehärteten Teilen.

Solange beim F. weder → Kohlenstoff noch → Stickstoff in die Oberfläche gebracht werden, kommen nur → Stähle mit ausreichend hohen Kohlenstoffgehalten, die schnell nach dem → Abschrecken härten und eine befriedigende → Härte erreichen, in Betracht. Der geeignete Kohlenstoffgehalt liegt zwischen 0,35 % und 0,7 %. Der Flammhärtung folgt zum Abbau des Härteverzugs ein → Anlassen bei niedrigen Temperaturen. Es gibt für das Flamm- und → Induktionshärten besondere Stähle. Typische Anwendungen des F. sind Getriebezähne, Nocken, Lager- und Laufflächen, Kurbelwellen und viele andere Maschinenteile sowie Werkzeuge.

Bolbrinker

Flammpunkt. Temperatur, bei der unter standardisierten Bedingungen das über einer Flüssigkeit befindliche Luft-Dampf-Gemisch erstmalig aufflammt, jedoch nicht weiterbrennt, wenn eine definierte Zündflamme unter definierten Bedingungen der → Oberfläche der Flüssigkeit genähert wird. Der F. dient zur Klassifizierung feuergefährlicher Flüssigkeiten nach Gefahrenklassen (Tabelle).

Habig

Flammpunkt. Tabelle: F.-Bestimmungen und Gefahrenklassen

Gefahr-klasse	Flammpunkt	Methode	Norm
I	unter + 21 °C	geschl. Tiegel ABEL-PENSKY	DIN 51 755
II	unter + 55 °C	geschl. Tiegel ABEL-PENSKY	DIN 51 755
III	bis 100 °C	geschl. Tiegel PENSKY-MARTENS	DIN 51 758
ohne Gefahr-klasse	über 100 °C	offener Tiegel CLEVELAND	DIN 51 376

Flammschutzmittel → Brandverhalten

Flammspritzen. Thermisches → Spritzverfahren, bei dem der Spritzwerkstoff mit geregeltem Vorschub oder mit geregelter Mengenförderung in einer Brenngas-Sauerstoff-Flamme aufgeschmolzen, zerstäubt und mit dem Druck der Brenngase, gegebenenfalls mit dem zusätzlichen Druck eines Druckgases, auf die Werkstückoberfläche gespritzt wird. Die → Haftung zwischen Spritzschicht und Grundwerkstoff wird durch mechanische Verankerung, Verschweißung, → Adhäsion und Schrumpfkräfte bewirkt.

Als Brenngas werden Acetylen, Propan oder → Wasserstoff verwendet. Metallische Spritzwerkstoffe werden gewöhnlich als → Draht benutzt, während keramische Spritzwerkstoffe meistens als Pulver vorliegen. Sie können aber auch zu Stäben gesintert und mit Spezialpistolen mit langsamem Vorschub verspritzt werden (Bild 1, 2).

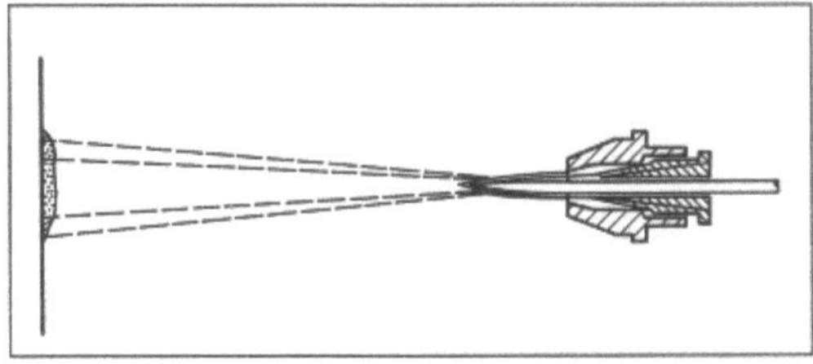

Flammspritzen 1: Draht-Flammspritzen.

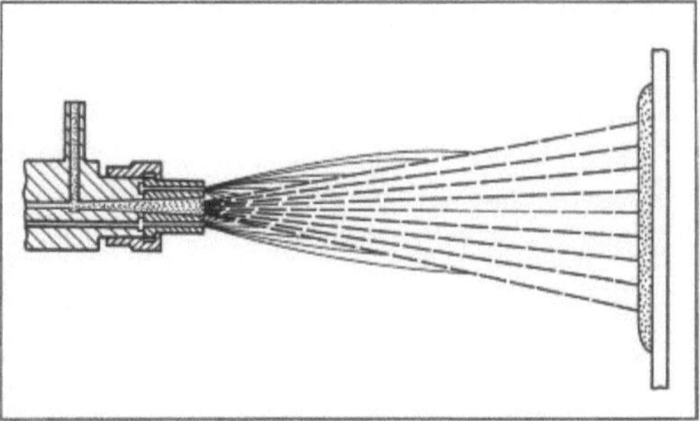

Flammspritzen 2: Pulver-Flammspritzen.

Beim F. wird am Spritzdüsenausgang eine Temperatur von etwa 2 500 °C erreicht. Die Geschwindigkeit der gespritzten Partikel liegt zwischen 50 und 120 m/s.

→ Spritzen, thermisches *Habig*

Literatur: *Simon H. und M. Thoma:* Angewandte Oberflächentechnik für metallische Werkstoffe. München, Wien 1985.

Flammstrahlen → Oberflächenbehandlung

Fließbedingung. Die phänomenologische → Plastizitätstheorie geht davon aus, daß plastische (bleibende) → Formänderungen in → metallischen Werkstoffen dann auftreten, wenn die wirkenden Spannungen eine werkstoffabhängige, kritische Größe, die sog. → Fließgrenze erreichen.

Die F. (Fließkriterium) beschreibt den Zusammenhang zwischen den Spannungen bei → Fließbeginn und der → Fließspannung.

Die Darstellung der F. im Spannungsraum wird als → Fließfläche (auch Fließort) bezeichnet.

Beim einachsigen → Spannungszustand (z. B. → Zugversuch) tritt Fließen dann ein, wenn die wirkende → Spannung gleich der Fließspannung ist. Bei mehrachsigen Spannungszuständen wird mit Hilfe von Modellen (Hypothesen) eine skalare Vergleichsgröße, die → Vergleichsspannung σ_v, bestimmt, die dann einen Vergleich mit der Fließspannung erlaubt.

Die grundlegende Form einer F. lautet:

$$\sigma_v = k_f$$

mit der Fließspannung k_f als Werkstoffkennwert.

In der Plastizitätstheorie erfolgt die Berechnung der Vergleichsspannung für isotrope Werkstoffe nach den Hypothesen von *Tresca* bzw. v. *Mises* (→ Schubspannungshypothese, → Gestaltänderungsenergiehypothese).

Die beiden Hypothesen liefern unterschiedliche Berechnungsformeln für die Vergleichsspannung σ_v.

Nach *Tresca* tritt Fließen dann ein, wenn die

größte Schubspannung einen kritischen Wert (Schubfließgrenze) erreicht:

$$|\tau_{max}| = k$$

Mit Hilfe des →Mohr- Spannungskreises (Bild 1) läßt sich dieser Zusammenhang mit der größten Hauptspannung σ_1 und der kleinsten Hauptspannung σ_3 auch angeben mit

$$\sigma_v = \sigma_1 - \sigma_3 = k_f$$

da $|\tau_{max}| = \dfrac{\sigma_1 - \sigma_3}{2}$

falls $\sigma_1 > \sigma_2 > \sigma_3$

oder auch allgemeiner

$$[(\sigma_1 - \sigma_2)^2 - k_f{}^2]\,[(\sigma_2 - \sigma_3)^2 - k_f{}^2]\,[(\sigma_3 - \sigma_1)^2 - k_f{}^2] = 0.$$

Die räumliche Darstellung der Trescaschen Fließhypothese ergibt einen gleichseitigen Sechskantzylinder (Bild 2) als Fließfläche, der im Hauptspannungsraum so geneigt ist, daß die Zylinderachse mit der hydrostatischen Achse zusammenfällt. Somit erfüllt das Trescasche Fließkriterium die Forderung, daß die mittlere Normalspannung σ_m keinen Einfluß auf den Fließbeginn hat.

Die v. Misessche F. hat die Form

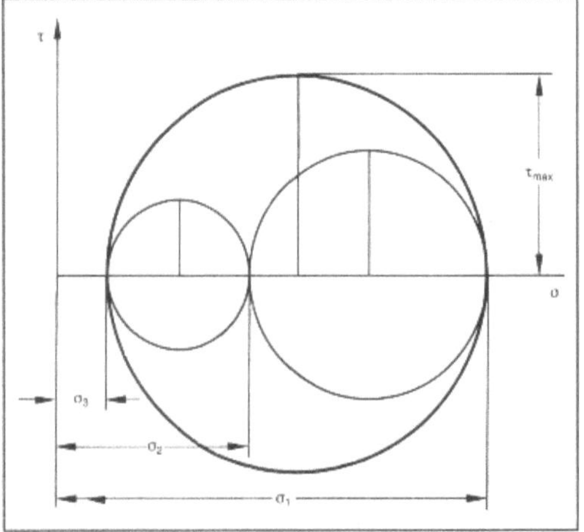

Fließbedingung 1: Spannungskreise für den räumlichen Spannungszustand.

$$\sigma_v = \sqrt{\tfrac{3}{2}\left[(\sigma_x - \sigma_m)^2 + (\sigma_y - \sigma_m)^2 + (\sigma_z - \sigma_m)^2 + 2\,\tau_{xy}{}^2 + 2\,\tau_{yz}{}^2 + 2\,\tau_{zx}{}^2\right]}$$

mit der mittleren Normalspannung

$$\sigma_m = \tfrac{1}{3}\,(\sigma_x + \sigma_y + \sigma_z)$$

bzw. in Hauptspannungen

$$\sigma_v = \sqrt{\tfrac{1}{2}\left[(\sigma_1 - \sigma_2)^2 + (\sigma_2 - \sigma_3)^2 + (\sigma_3 - \sigma_1)^2\right]}$$

und beschreibt einen Kreiszylinder mit der gleichen Zylinderachse (Bild 2).

Der maximale Unterschied der nach den beiden Hypothesen berechneten Fließspannungen tritt im Fall der reinen Schubbeanspruchung ein und beträgt 15 % (z. B. Punkte A und B in Bild 2). Bei einachsiger Beanspruchung führen beide Fließkriterien zum gleichen Grenzwert für den Fließbeginn. Insgesamt wurde in Experimenten festgestellt, daß die von Misessche Hypothese die wirklichen Verhältnisse etwas genauer wiedergibt. Im Rahmen der Plastizitätstheorie werden beide Fließkriterien verwendet, und zwar ist das Trescasche Kriterium Grundlage der sog. elementaren Plastizitätstheorie während die v. Mises-Hypothese innerhalb der höheren Plastizitätstheorie eingesetzt wird.　　　　　　　　　　　　　　*Lange*

Literatur: *Betten, J.:* Elastizitäts- und Plastizitätslehre. Braunschweig, Wiesbaden 1985. – *Hill, R.:* The Mathematical Theory of Plasticity. Oxford 1950. – *Ismar, H.* u. *O. Mahrenholtz:* Technische Plastomechanik. Braunschweig, Wiesbaden 1979. – *Lange, K.* (Hrsg.): Umformtechnik. Handb. f. Ind. u. Wiss. 2. Aufl. Bd. 1. Grundlagen. Berlin, Heidelberg, New York, Tokio 1984. – *Lippmann, H.:* Mechanik des plastischen Fließens. Berlin, Heidelberg, New York 1981. – *Lippmann, H.* u. *O. Mahrenholtz:* Plastomechanik der Umformung metallischer Werkstoffe. Berlin, Heidelberg 1967. – *Prager, W.* u. *P. G. Hodge:* Theorie ideal-plastischer Körper. Wien 1954.

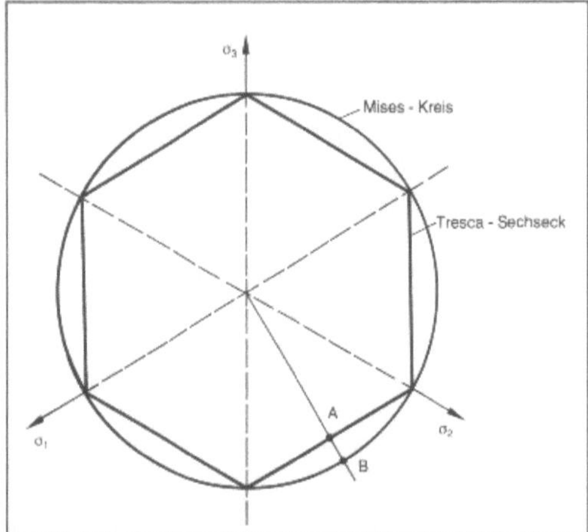

Fließbedingung 2: Schnitt durch Tresca- bzw. v. Mises-Fließzylinder senkrecht zur Raumdiagonalen (Zylinderachse).

Fließbeginn. F. bedeutet den Übergang von elastischer zu plastischer →Verformung. Im einachsigen

→ Zugversuch tritt dies bei Erreichen der → Streckgrenze ein (→ Spannungs-Dehnungs-Diagramm, → Fließkurve). Die → Fließspannung für das Einsetzen plastischer Verformungen setzt sich i. a. aus drei Bestandteilen zusammen:

$$\sigma_F = \sigma_o + c_1 \cdot \sqrt{N} + c_2/\sqrt{d}$$

σ_o ist die Spannung, die zur Bewegung von Versetzungen im Vielkristall erforderlich ist, $c_1 \cdot \sqrt{N}$ berücksichtigt die Behinderung durch bereits vorhandene Versetzungen (N = Versetzungsdichte) und $c_2/\sqrt{d}$ die → Korngröße (d = mittlerer Korndurchmesser).

Da die Maximalspannung im Bauteil örtlich begrenzt ist, ist das Erreichen des F. keinesfalls gleichzusetzen mit der Traglast, d. h. dem Versagen des Bauteils. Erst wenn die Streckgrenze über den gesamten Querschnitt erreicht wird, ist theoretisch mit dem Versagen des Bauteils zu rechnen.

Strohmeier/Gräfen

Fließfläche. Die *Tresca*sche und *von Mises*sche → Fließbedingung lassen sich im dreidimensionalen geometrisch anschaulich in Form der F. darstellen.

Die Trescasche Fließhypothese beschreibt einen gleichseitigen Sechskantzylinder, der im Hauptspannungsraum so geneigt ist, daß seine Achse mit der Raumdiagonalen zusammenfällt (Bild 1). Die v. Misessche-Hypothese liefert einen Kreiszylinder mit derselben Achse (Bild 2).

Jeder Spannungspunkt auf dem Fließzylinder erfüllt das Fließkriterium und bedeutet somit Plastifizierung. Spannungspunkte innerhalb des Fließzylinders bedeuten rein elastischen Zustand. Spannungspunkte außerhalb der F. sind nicht möglich. Der hydrostatische → Spannungszustand ist als Raumdiagonale mit der Achse des Fließzylinders identisch und kann somit nicht zur Plastifizierung führen.

Lange

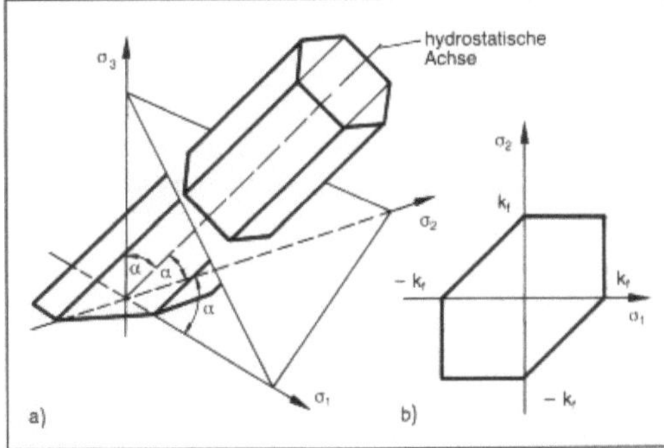

Fließfläche 1:
a) Fließzylinder für die Trescasche Fließbedingung
b) Schnitt der Fließzylinder mit der (σ_1–σ_2)-Ebene (Tresca-Sechseck).

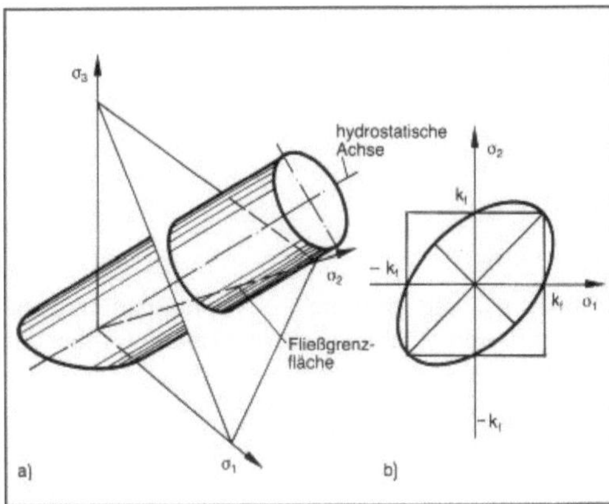

Fließfläche 2:
a) Zur v. Misesschen Fließbedingung
b) Schnitt des Fließzylinders mit der (σ_1–σ_2)-Ebene (v. Mises-Ellipse).

Literatur: *Betten, J.:* Elastizitäts- und Plastizitätslehre. Braunschweig, Wiesbaden 1985. – *Hill, R.:* The Mathematical Theory of Plasticity. Oxford 1950. – *Ismar, H. u. O. Mahrenholtz:* Technische Plastomechanik. Braunschweig, Wiesbaden 1979. – *Lange, K.* (Hrsg.): Umformtechnik. Handb. f. Ind. u. Wiss. 2. Aufl. Bd. 1. Grundlagen. Berlin, Heidelberg, New York, Tokio 1984. – *Lippmann, H.:* Mechanik des plastischen Fließens. Berlin, Heidelberg, New York 1981. – *Lippmann, H. u. O. Mahrenholtz:* Plastomechanik der Umformung metallischer Werkstoffe. Berlin, Heidelberg 1967. – *Prager, W. u. P. G. Hodge:* Theorie ideal-plastischer Körper. Wien 1954.

Fließgesetz. Die → Werkstoffmodelle für → metallische Werkstoffe haben außer der → Fließbedingung auch das F. (auch Fließregel genannt) zum Inhalt. Während die Fließbedingung den Beginn der Plastifizierung beschreibt, legt das F. den Zusammenhang zwischen dem → Spannungs- und → Formänderungszustand fest. Für den idealplastischen Körper wird das F. von einem Fließpotential, das allein eine Funktion des Spannungszustands ist, abgeleitet:

$$F = F\,(\underline{\sigma}).$$

Als Fließpotential kann das Fließkriterium gesetzt werden.

Unter der Annahme der von Misesschen Fließbedingung

$$F\,(\underline{\sigma}) = (\sigma_x - \sigma_m)^2 + (\sigma_y - \sigma_m)^2 + (\sigma_z - \sigma_m)^2 + 2\,(\tau_{xy}^2 + \tau_{yz}^2 + \tau_{zx}^2)$$

(2. Variante des Spannungsdeviators)

führt das Potentialgesetz

$$\dot{\lambda}\,\frac{\partial F}{\partial \sigma} = \dot{\varepsilon}$$

auf die Lévy-von-Misesschen Gleichungen

313

$$\dot{\varepsilon}_x = \dot{\lambda}\,(\sigma_x - \sigma_m),$$

$$\dot{\varepsilon}_y = \dot{\lambda}\,(\sigma_y - \sigma_m),$$

$$\dot{\varepsilon}_z = \dot{\lambda}\,(\sigma_z - \sigma_m),$$

$$\dot{\varepsilon}_{xy} = \dot{\lambda}\,\tau_{xy},$$

$$\dot{\varepsilon}_{yz} = \dot{\lambda}\,\tau_{yz},$$

$$\dot{\varepsilon}_{zx} = \dot{\lambda}\,\tau_{zx},$$

wobei σ_m die mittlere $\rightarrow$ Normalspannung beschreibt und $\dot{\lambda}$ eine positive skalare Größe darstellt:

$$\dot{\lambda} = \frac{\sqrt{\dot{\varepsilon}_x{}^2 + \dot{\varepsilon}_y{}^2 + \dot{\varepsilon}_z{}^2 + 2\,(\dot{\varepsilon}_{xy}{}^2 + \dot{\varepsilon}_{yz}{}^2 + \dot{\varepsilon}_{zx}{}^2)}}{\dfrac{1}{3}\,k_f{}^2};$$

k_f = Fließspannung.

Die Volumenkonstanz ist in den Lévy-von Mises-Gleichungen implizit enthalten. *Lange*

Literatur: *Betten, J.:* Elastizitäts- und Plastizitätslehre. Braunschweig, Wiesbaden 1985. – *Hill, R.:* The Mathematical Theory of Plasticity. Oxford 1950. – *Ismar, H.* u. *O. Mahrenholtz:* Technische Plastomechanik. Braunschweig, Wiesbaden 1979. – *Lange, K.* (Hrsg.): Umformtechnik. Handb. f. Ind. u. Wiss. 2. Aufl. Bd. 1. Grundlagen. Berlin, Heidelberg, New York, Tokio 1984. – *Lippmann, H.:* Mechanik des plastischen Fließens. Berlin, Heidelberg, New York 1981. – *Lippmann, H.* u. *O. Mahrenholtz:* Plastomechanik der Umformung metallischer Werkstoffe. Berlin, Heidelberg 1967. – *Prager, W.* u. *P. G. Hodge:* Theorie ideal-plastischer Körper. Wien 1954.

Fließgrenze $\rightarrow$ Spannungs-Dehnungs-Diagramm

Fließkurve.

Umformtechnik. Grundlage aller Berechnungsverfahren der $\rightarrow$ Plastizitätstheorie ist die möglichst exakte Kenntnis des Umformverhaltens der Metalle. Eine der wichtigsten Kenngrößen zur Beschreibung des Umformverhaltens ist die $\rightarrow$ Fließspannung.

Damit bei einem Umformvorgang plastisches Fließen auftritt, müssen die *tatsächlich* wirkenden Spannungen eine bestimmte charakteristische Größe, die Fließspannung, erreichen. Die Ermittlung der Fließspannung erfolgt meist im einachsigen $\rightarrow$ Zug- oder $\rightarrow$ Stauchversuch. Analog zum $\rightarrow$ Spannungs-Dehnungs-Diagramm in der Festigkeitslehre wird dabei die F. aufgezeichnet, wobei allerdings die Auftragung der Fließspannung k_f meist über dem $\rightarrow$ Umformgrad φ erfolgt (Bild 1):

$$k_f = k_f\,(\varphi)$$

Für unlegierte oder niedriglegierte $\rightarrow$ Stähle lassen sich die F. bei Raumtemperatur bis $\varphi \approx 1{,}0$ in Form einer Potenzfunktion

$$k_f = C\,\varphi^n$$

darstellen.

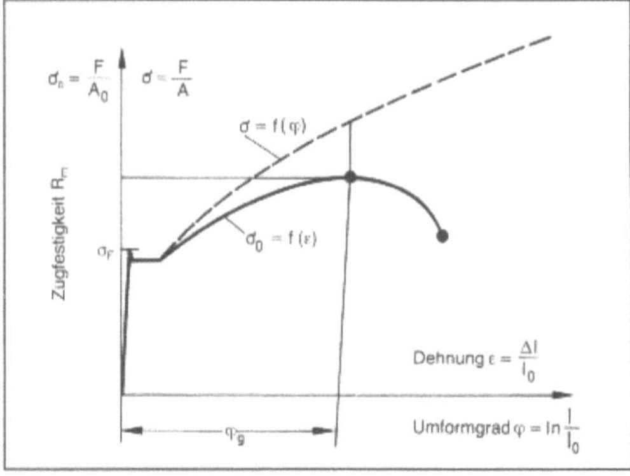

Fließkurve 1: Vergleich der Fließkurve mit dem Spannungs-Dehnungs-Diagramm für einen Werkstoff mit ausgeprägter Streckgrenze.

φ_g Umformgrad bei Beginn der lokalen Einschnürung

Die Konstanten C und n (Verfestigungsexponent) können nach folgenden Beziehungen bestimmt werden:

$n = \varphi_g$ (Umformgrad bei Beginn der lokalen $\rightarrow$ Einschnürung),

$$C = R_m \left(\frac{e}{n}\right)^n \qquad e = 2{,}718\ldots,$$

wobei R_m die $\rightarrow$ Zugfestigkeit darstellt.

Die F. ist neben dem Umformgrad φ auch von der Temperatur T und der $\rightarrow$ Umformgeschwindigkeit $\dot{\varphi}$ abhängig.

Die F. unterscheidet sich vom Spannungs-Dehnungs-Diagramm des Zugversuchs dadurch, daß nicht die technologische $\rightarrow$ Spannung $\sigma_0 = F/A_0$ und $\rightarrow$ Dehnung $\varepsilon = \Delta l/l_0$ verwendet werden (die im Grunde nur eine bezogene Kraft bzw. eine bezogene Verlängerung darstellen), sondern die wahre Spannung und Dehnung. Um die wahre Spannung zu bekommen, muß F auf den jeweiligen Momentanquerschnitt A bezogen werden:

$$\sigma = \frac{F}{A}$$

Bis zum Erreichen der $\rightarrow$ Gleichmaßdehnung ist eine Umrechnung von σ nach σ_0 möglich, da hier gilt:

$$\frac{\sigma}{\sigma_0} = \frac{F/A}{F/A_0} = \frac{A_0}{A}.$$

Ebenso muß, um den wahren Wert der Dehnung zu bekommen, die Verlängerung auf die jeweilige Momentanlänge 1 bezogen werden. Dies liefert dann den Dehnungszuwachs

$$d\varphi = \frac{dl}{l}$$

und integriert

$$\varphi = \int_{l_o}^{l} \frac{dl}{l} = \ln \frac{l}{l_o} = \ln \frac{l_o + \Delta l}{l_o} = \ln (1 + \varepsilon).$$

Lange

Literatur: *Betten, J.:* Elastizitäts- und Plastizitätslehre. Braunschweig, Wiesbaden 1985. – *Hill, R.:* The Mathematical Theory of Plasticity. Oxford 1950. – *Ismar, H. u. O. Mahrenholtz:* Technische Plastomechanik. Braunschweig, Wiesbaden 1979. – *Lange, K.* (Hrsg.): Umformtechnik. Handb. f. Ind. u. Wiss. 2. Aufl. Bd. 1. Grundlagen. Berlin, Heidelberg, New York, Tokio 1984. – *Lippmann, H.:* Mechanik des plastischen Fließens. Berlin, Heidelberg, New York 1981. – *Lippmann, H. u. O. Mahrenholtz:* Plastomechanik der Umformung metallischer Werkstoffe. Berlin, Heidelberg 1967. – *Prager, W. u. P. G. Hodge:* Theorie ideal-plastischer Körper. Wien 1954.

Werkstoffprüfung. Zur Beurteilung des Verhaltens eines Bauteils unter Belastung genügt bei homogener einachsiger Beanspruchung die Kenntnis des → Spannungs-Dehnungs-Diagramms sowie der aus dem → Zugversuch bestimmten Kennwerte. In technischen Bauteilen herrscht jedoch im allgemeinen eine ungleichmäßige Spannungsverteilung, so daß mit steigender Last im Gegensatz zur gleichmäßigen Spannungsverteilung zuerst nur an der höchst beanspruchten Stelle nach Überschreiten einer bestimmten → Vergleichsspannung Fließen einsetzt. Da die Vergleichsspannung in den der höchst beanspruchten Stelle benachtbarten Bereichen die → Fließgrenze noch nicht erreicht hat, werden diese, noch elastischen Bereiche stärker zum Mittragen herangezogen. Für die Spannungsumlagerung ist der weiterhin bestehende materielle Zusammenhang der unterschiedlich verformten Werkstoffbereiche maßgebend. Steigt die Last weiter an, dehnt sich der plastifizierte und verfestigte Bereich bei Erreichen der Traglast schließlich über den gesamten Querschnitt des Bauteils aus. Damit wird das Bauteil instabil und eine weitere Steigerung der Belastung ist nicht mehr möglich.

Die grafische Darstellung des Zusammenhangs zwischen Last und → Dehnung an der höchst beanspruchten Stelle wird als F. bezeichnet. Bis zum Beginn der plastischen → Verformung zeigt diese Kurve einen linearen Verlauf, danach nimmt die Dehnung mit zunehmender Ausdehnung des plastifizierten Bereichs immer schneller zu.

Wesentlicher Unterschied zwischen dem Verhalten eines Bauteils mit gleichmäßiger und einem mit ungleichmäßiger Spannungsverteilung ist, daß beim letzteren nach Erreichen der Fließgrenze an der höchst beanspruchten Stelle die Last noch weiter gesteigert werden kann, was beim Bauteil mit gleichmäßiger Spannungsverteilung erst wieder mit Beginn der → Verfestigung möglich ist.

Maßgebend für die Auslegung eines Bauteiles ist die höchst beanspruchte Stelle. Hierfür wird ein gewisses Maß an Dehnung zugelassen; die entsprechende zulässige Belastung kann aus der experimentell oder rechnerisch bestimmten F. entnommen werden.

Den Vorgang der Spannungsumlagerung vom bereits plastisch verformten Bereich auf die noch elastisch gebliebenen Nachbarschaftsgebiete im Falle der ungleichmäßigen Spannungsverteilung wird Stützwirkung genannt. Als Maß für die nach → Fließbeginn an der höchst beanspruchten Stelle noch vorhandene Tragfähigkeitsreserve wird die → Stützziffer n definiert, die das Verhältnis der Last P bei Erreichen der zugelassenen Dehnung ε_{max} an der höchst beanspruchten Stelle zur Last P_{FB} bei Fließbeginn eines Bauteils angibt. Die Abhängigkeit der Stützziffer von der Art des Spannungszustandes im Bauteil zeigt das Bild 2 am Beispiel verschieden scharf gekerbter Zugstäbe. *Kußmaul*

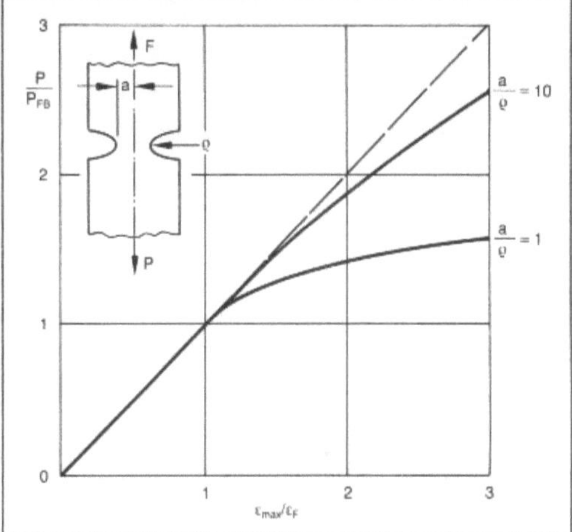

Fließkurve 2: F. von Kerbzugstäben verschiedener Kerbschärfe. ε_F ist die Dehnung bei Fließbeginn.

Fließkurve, zyklische → Dehnungswechselversuch

Fließortkurve. Der Fließort ist identisch mit der → Fließfläche. Für Werkstoffe, die während der plastischen → Formänderung ihr Volumen nicht ändern, läßt sich die → Fließbedingung im Hauptspannungsraum, ohne Einbuße an Verallgemeinerungen, in einer Hauptebene als F. (Bild 1) darstellen.

Die F. ist von besonderer Bedeutung für anisotrope Werkstoffe (z. B. Blechwerkstoffe), d. h., wenn der Fließzylinder von der Kreisform abweicht (Bild 2).

Die experimentelle Ermittlung von F. ist schwierig, da hierzu der → Fließbeginn für definierte zweiachsige Spannungszustände bestimmt werden muß. *Lange*

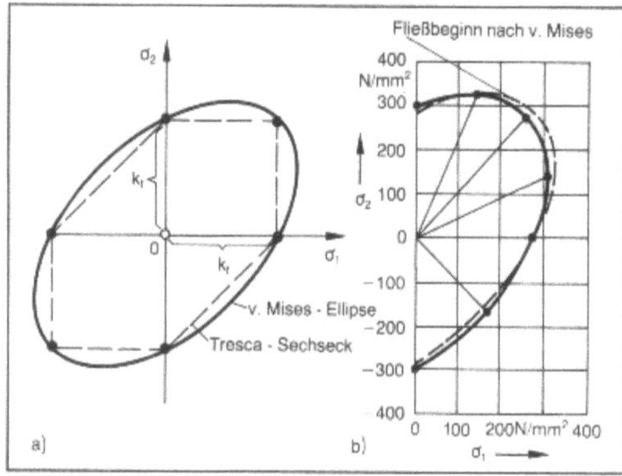

Fließortkurve 1:
a) Vergleich der Trescaschen mit der v. Misesschen Hypothese; ideal isotrop
b) Reale Kurve für eine Stahlprobe. (Quelle: Reissner, J.)

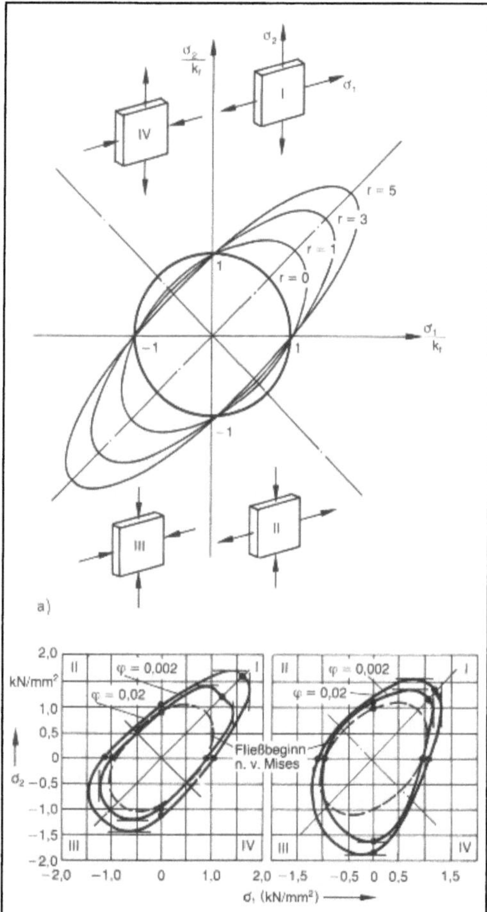

Fließortkurve 2: Für Blechwerkstoffe.
a) Anisotrop für verschiedene Werte der senkrechten Anisotropie r
b) Gemessene Werte für ein Ti 6 Al4V Blech mit Textur. (Quelle: Lowden, U. A. W., W. B. Hutchinson)

Literatur: *Lowden, U. A. W. u. W. B. Hutchinson:* Texture strengthening and strength differential in Ti 6 Al 4 V. Met. Trans. GA (1975), S. 765/71. – *Reissner, J.:* Bedeutung der Fließkurve in der Blechumformung. Blech Rohre Profile 28 (1981), S. 106/10.

Fließpressen. Die Verfahren des F. gehören zum →Druckumformen, Untergruppe →Durchdrücken nach DIN 8583, Bl. 6. Danach ist F. als Durchdrücken eines zwischen Werkzeugteilen aufgenommenen Werkstücks, z. B. Stababschnitt, Blechausschnitt, vornehmlich zum Erzeugen einzelner Werkstücke definiert. Im Unterschied zum →Verjüngen sind beim F. größere →Formänderungen möglich. In der Umformzone ergeben sich Druckspannungen in Axial-, Tangential- und Radialrichtung. Je nach Umformtemperatur unterscheidet man Kalt-F. (bei Raumtemperatur), Halbwarm-F. (bei Temperaturen bis ca. 750 °C (bei →Stahl)) und Warm-F. (bei Schmiedetemperatur).

Bild 1 gibt eine Übersicht über die Verfahren des F., von denen die hydrostatischen Fließpreßverfahren noch kaum Anwendung in der industriellen Produktion gefunden haben. Die Verfahren mit starren Werkzeugen werden nach der Richtung des Werkstoffflusses bezogen auf die Wirkrichtung der Maschine (Werkzeugbewegung) in Vorwärts-, Rückwärts- und Quer-F., nach der Werkstückgeometrie in Voll-, Hohl- und Napf-F. unterteilt. Die meist verwendeten Verfahren sind in Bild 2 dargestellt. Daneben kommen Kombinationen der Grundverfahren untereinander und auch mit anderen Massivumformverfahren wie →Stauchen, Anstauchen, Prägen, Abstreckgleitziehen zum Erzeugen komplexer Geometrien vermehrt zur Anwendung, teilweise bei mehrstufiger Fertigung in Verfahrensfolgen (Bild 3). Von besonderer technischer und wirtschaftlicher Bedeutung ist das Kalt-F. von Stahl und NE-Metallen. Es wird in Verbindung mit anderen Verfahren zur Fertigung von Werkstücken mit Stückmassen zwischen einigen Gramm bis etwa 50 kg eingesetzt. Die große Menge der Kaltfließpreßteile liegt im Bereich bis etwa 3 kg Stückmasse. Wichtigste Abnehmer sind die Automobilindustrie und ihre Zulieferer vornehmlich wegen der dort benötigten großen Stückzahlen. Es folgen die Wehrtechnik, der allgemeine Maschinenbau, die Elektroindustrie und das Bauwesen. Durch Einführung rechnerunterstützter, z. T. wissensbasierter Methoden für die Stadienfolge bei mehrstufiger Fertigung und für die Werkzeugkonstruktion (CAD) sowie durch Werkzeugfertigung mit NC-Werkzeugmaschinen (CAM) unter Verwendung von CAD-Datensätzen sowie durch Schnellumrüstsysteme für die Fertigungseinrichtungen wird das F. auch für mittlere bis kleine Bedarfsmengen wirtschaftlich interessant.

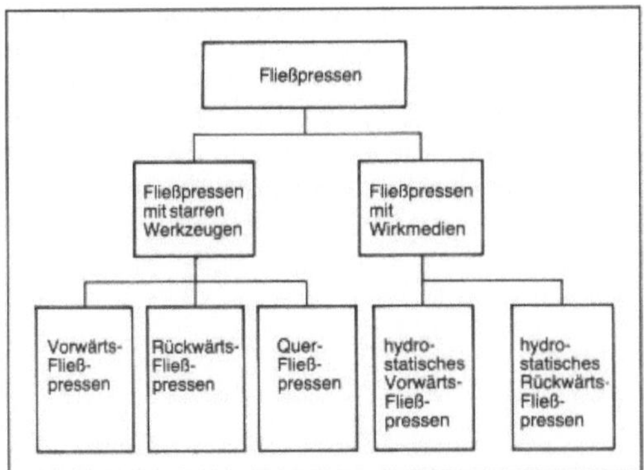

Fließpressen 1: Einteilung der Fließpreßverfahren. (Quelle: DIN 8583, Bl. 6)

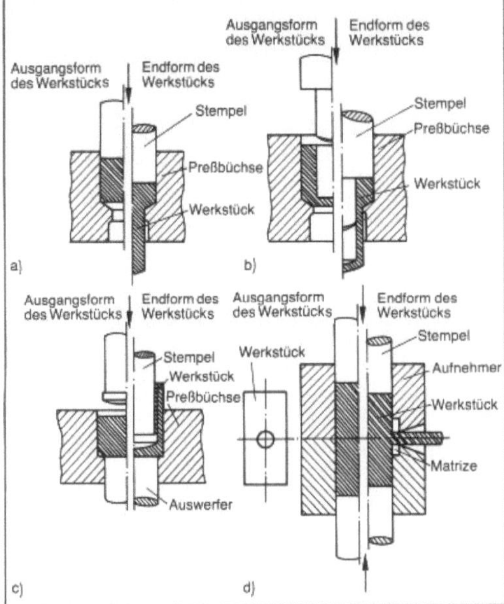

Fließpressen 2: Prinzipdarstellung der meist verwendeten Verfahren. (Quelle: DIN 8583, Bl. 6).
a) Voll-Vorwärts-Fließpressen
b) Hohl-Vorwärts-Fließpressen
c) Napf-Rückwärts-Fließpressen
d) Voll-Quer-Fließpressen.

Die Vorteile des Kalt-F.: optimale Werkstoffausnutzung und niedrige Materialkosten (Bild 4), hohe Mengenleistung, hohe reproduzierbare Maßgenauigkeit und Oberflächenqualität auch in der Massenfertigung, hohe statische und dynamische Beanspruchbarkeit durch Ausnutzung von → Kaltverfestigung und beanspruchungsgerechten Faserverlauf in den Werkstücken sind gute Voraussetzungen für ein Wachstum in der Zukunft.

Werkstoffe für Kaltfließpreßteile sind Stähle – C-Stähle und niedrig legierte Stähle – und NE-Me-

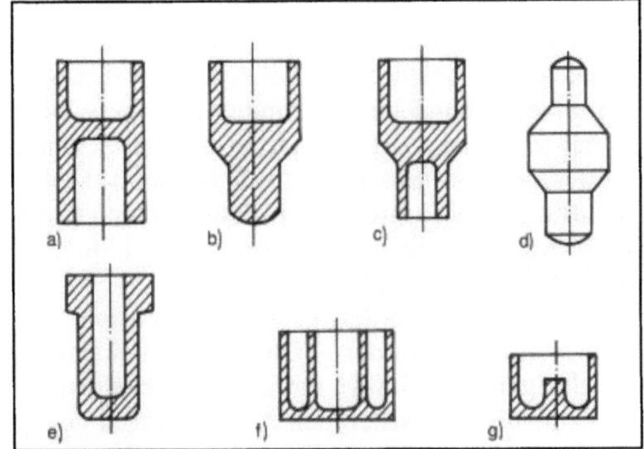

Fließpressen 3: Verfahrenskombinationen.
a) Napf-Vorwärts mit Napf-Rückwärts
b) Voll-Vorwärts mit Napf-Rückwärts
c) Hohl-Vorwärts mit Napf-Rückwärts
d) Voll-Vorwärts mit Voll-Rückwärts
e) Napf-Rückwärts mit Flanschanstauchen
f) Napf-Rückwärts mit Napf-Rückwärts
g) Voll-Rückwärts mit Napf-Rückwärts.

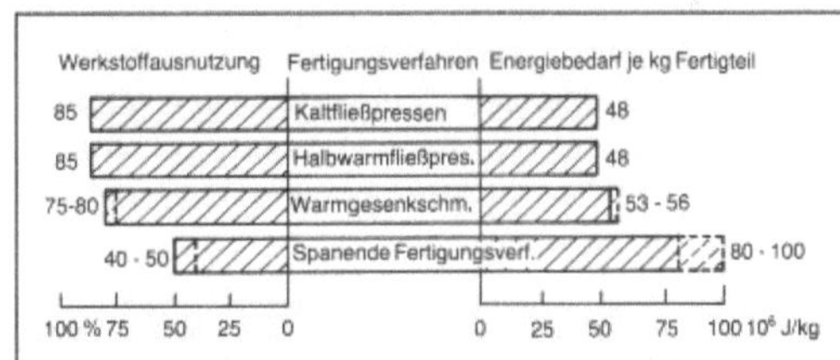

Fließpressen 4: Energiebedarf verschiedener Fertigungsverfahren unter Berücksichtigung der Werkstoffausnutzung.

(Energiebedarf für 1 kg Fertigteil einschl. Aufwand für die Stahlherstellung und Energieinhalt des Abfalls)

talle auf Cu- und Al-Basis. Verbesserte Metallurgie und Glühbehandlungen haben bei Stählen die Anzahl geeigneter Typen stark anwachsen lassen. Die Verfahrensgrenze beim F. ist durch die hohen Beanspruchungen ausgesetzten Werkzeuge gegeben: Axiale Stempelbelastungen z. B. beim Napf-F. bis zu 2 500 N/mm^2 und tangentiale Zugspannungen an der Matrizeninnenseite bis zu 2 000 N/mm^2, hervorgerufen durch radiale Innendrücke in dem Betrage nach gleicher Höhe sind Stand der Technik. An die Werkzeugkonstruktion und -herstellung wurden daher die höchsten Anforderungen gestellt; das gleiche gilt für die Werkstoffauswahl: Hochleistungs-Werkzeugstähle und Sinterhartmetalle. Die Matrizen werden einfach oder zweifach mit Stahlringen armiert oder auch durch Bandwickeltechnik zur Kompensation der tangentialen Zugspannungen vorgespannt.

Wichtig ist die → Schmierung zwischen Werkzeug und Werkstück angesichts der hohen Drücke. Wegen der Neigung zur Kaltverschweißung mit dem

Werkzeug reicht die Schmierung der Rohteile bzw. Werkstücke in vielen Fällen nicht aus. Stahlwerkstücke erhalten daher eine mit dem Werkstückstoff kristallin verbundene → Schmierstoffträgerschicht, in der Regel eine → Phosphatschicht. Als Schmierstoffe finden → Festschmierstoffe (Graphit, Molybdändisulfid, Stearate) oder Flüssigschmierstoffe (additivierte → Mineralöle) besonders bei Mehrstufenfertigung Verwendung.

Die Rohteile werden nach dem Trennen vom Stab oder Draht vor der → Oberflächenbehandlung weichgeglüht (→ Gefüge mit kugelig eingeformtem → Zementit). Zwischen den Arbeitsgängen genügt ein Entfestigungsglühen. Es muß daher durch optimierte Prozeßgestaltung für eine Minimierung der Anzahl von Glüh- und Oberflächenbehandlungen gesorgt werden.

Die erzielbaren Werkstückgenauigkeiten liegen zwischen IT 8 und IT 12, in Einzelfällen bis IT 7. Die → Oberflächenrauheit liegt zwischen $R_z = 4\ \mu m$ und 15 μm, bei Abstreckgleitziehen auch darunter.

Das F. erfolgt auf mechanischen Pressen (Kurbel-, Exzenter- und Kniehebelpressen) sowie auf hydraulischen Pressen. Flexible Automatisierung in Verbindung mit Mikroprozessor-Steuerung aller Abläufe und mit automatischem Werkzeugwechsel und Umrüsten findet sich zunehmend bei modernen Maschinen für das F. *Lange*

Literatur: *Lange, K.* (Hrsg.): Umformtechnik. Handb. f. Ind. u. Wiss. 2. Aufl., Bd. 2. Massivumformung. Berlin, Heidelberg, New York, Tokio 1988. – *Spur, G.* (Hrsg.) u.*Th. Stöferle:* Handbuch der Fertigungstechnik. Bd. 2/2. Umformen. München 1984. – VDI 3138, Bl. 1–3: Kaltfließpressen von Stählen und NE-Metallen: Grundlagen, Anwendungen, Arbeitsbeispiele, Wirtschaftlichkeit. Hrsg. Verein Dt. Ingenieure. Ausg. Okt. 1970. – VDI 3143, Bl. 1: Stähle für das Kaltfließpressen. Auswahl, Wärmebehandlung. Hrsg. Verein Dt. Ingenieure. Ausg. Dez. 1975. – VDI 3143, Bl. 2: NE-Metalle für das Kaltfließpressen. Auswahl. Wärmebehandlung. Hrsg. Verein Dt. Ingenieure. Ausg. Juni 1975.

Fließscheide. Die F. ist nach VDI 3137 die Grenze zwischen Bereichen, in denen der Werkstoff bei Massivumformvorgängen in ausgeprägter Weise in verschiedenen Richtungen abfließt. An den F. herrschen die maximalen Normaldruckspannungen.

Beim → Stauchen zwischen ebenen Werkzeugen treten radiale Reibschubspannungen in der Kontaktzone Werkstück-Werkzeug auf, die dem Werkstoff beim radialen Abfließen einen von Reibzahl μ und Abstand vom freien Rand bestimmten Widerstand entgegensetzen (Bild 1). Bei Stauchteilen mit Kreisquerschnitt bleibt deshalb die Kreisform während des Vorgangs erhalten, bei nicht kreisrunden Werkstücken, z. B. Quadrat, Rechteck, fließt der Werkstoff auf kürzestem Weg zum Rand hin ab. Dadurch werden quadratische und bei fortschreitendem Stauchen auch rechteckige Querschnitte senkrecht zur Beanspruchungsrichtung schließlich

annähernd kreisrund. Hiervon macht man in der Praxis des Gesenkschmiedens Gebrauch, indem Abschnitte von preiswerteren quadratischen Knüppeln (Vormaterial für Walzwerksendprodukte) in einem Hub zu scheibenförmigen Zwischenformen für Gesenkschmiedestücke gestaucht werden.

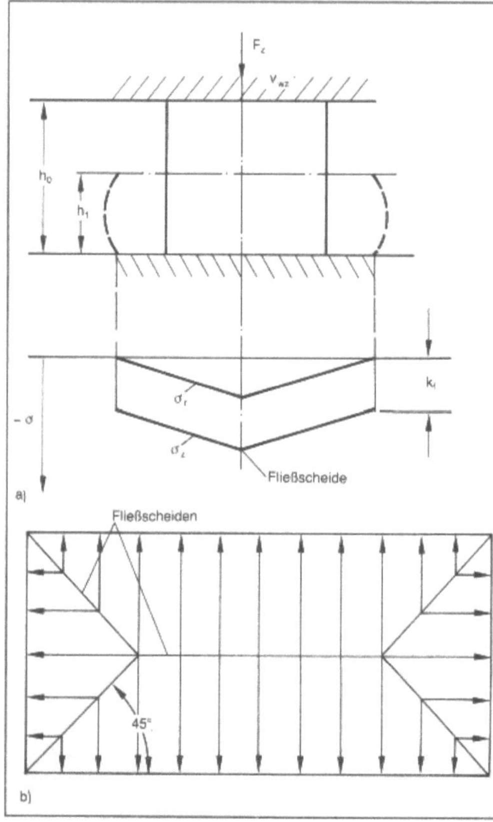

Fließscheide 1: Spannungen an der Kontaktfläche Werkzeug-Werkstück beim axialsymmetrischen reibungsbehafteten Stauchen (a)) und Fließscheidenausbildung beim Stauchen eines rechteckigen Körpers (b)).

Beim Recken und Breiten – dies sind inkrementelle Stauchvorgänge an Freiformschmiedestücken – nützt man die F., indem rechteckige Werkzeuge, sog. Schmiedesättel, derart am Schmiedestück angesetzt werden, daß der Werkstoff quer zur langen Seite leicht abfließen kann, d. h. beim Recken von Stäben in Längsrichtung (Bild 2).

Auch beim Stauchen von Ringen oder flachen Rohteilen mit einer kleinen zentrischen Bohrung läßt sich eine den Werkstofffluß beherrschende F. angeben, von der der Werkstoff nach außen und nach innen abfließt (Bild 3). Mit dem Ringstauchversuch lassen sich dadurch z. B. Reibzahlen bestimmen; beim Zapfenpressen läßt sich die Zapfenhöhe steuern.

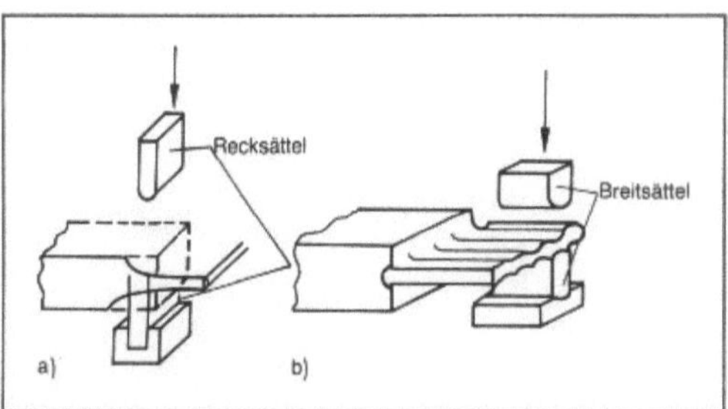

Fließscheide 2: Nutzung des Werkstoffflusses nach der Fließscheidenregel durch Arbeitsrichtung der Werkzeuge beim Freiformschmieden.
a) Recken
b) Breiten.

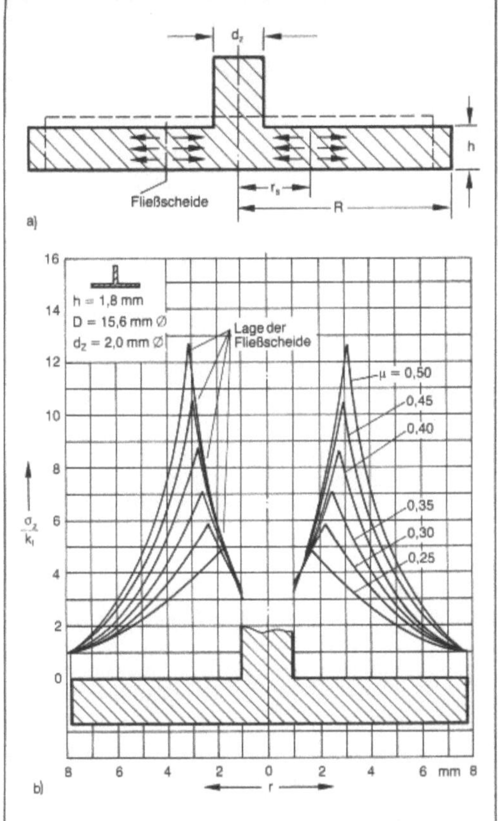

Fließscheide 3: Werkstofffluß (a)) und Einfluß der Reibzahl auf die Lage der Fließscheide (b)) beim Zapfenpressen. (Quelle: Burgdorf, M.)

Beim → Walzen stellt sich auf Grund von Relativgeschwindigkeiten zwischen Walzgut und Horizontalkomponente der Walzenumfangsgeschwindigkeit eine F. ein, die die Nacheilzone (Bereich des Greifens und Durchziehens) von der Voreilzone trennt. An der F. herrscht das Maximum der axialen

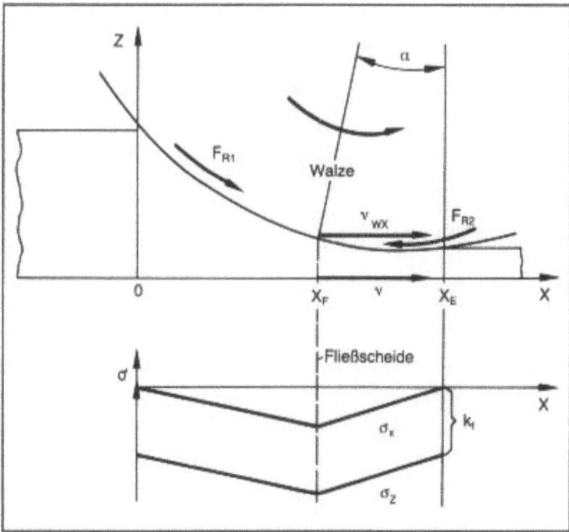

Fließscheide 4: Lage der Fließscheide und Spannungen im Walzspalt beim Flach-Längswalzen.

υ_{wx} Walzenumfangsgeschwindigkeitskomponente in x-Richtung, υ Walzgutgeschwindigkeit, F_{R1} Reibkraft in der Nacheilzone 0-x_F, F_{R2} Reibkraft in der Voreilzone x_F-x_E.

und radialen Spannungen; sie ist die grundlegende Voraussetzung für das Walzen (Bild 4).

Auch bei anderen Umformvorgängen, z. B. beim Abstreckgleitziehen mit sehr kleinem Werkzeugöffnungswinkel 2α läßt sich eine F. definieren, derzufolge der Werkstoff gegenüber dem Stempelboden voreilt und von diesem abhebt. *Lange*

Literatur: *Burgdorf, M.:* Untersuchungen über das Stauchen und Zapfenpressen. Ber. Nr. 5 Inst. Umformtechn. T. H. Stuttgart. Essen 1966. – *Lange, K.* (Hrsg.): Umformtechnik. Handb. f. Ind. u. Wiss. 2. Aufl. Bd. 1: Grundlagen. Bd. 2: Massivumformung. Berlin, Heidelberg, New York 1984, 1988.

Fließspannung. Die F. ist eine Werkstoffkenngröße, die bei einem Umformvorgang in der Umformzone erreicht werden muß, damit der Werkstoff zu fließen, d. h. sich plastisch oder bleibend zu verformen beginnt. Die F. läßt sich nur in Modellversuchen bei vorwiegend einachsigem → Spannungszustand (→ Zugversuch, reibungsfreier → Stauchversuch) ermitteln. In allen anderen Fällen bedarf es einer Fließhypothese zum Vergleich der F. mit dem herrschenden Spannungszustand (→ Fließbedingung, → Vergleichsspannung). Die F. hängt ab von → Umformgrad, → Umformgeschwindigkeit, Temperatur sowie vom Werkstoff und dessen Vorgeschichte (vorausgegangene Umformungen nach Art, Größe und Richtung). Die genaue Kenntnis der F. bzw. ihrer Abhängigkeit von der → Dehnung bzw. Dehnungsgeschwindigkeit ist für die Berechnung und Simulation von Umformvorgängen mit mathematischen oder physikalischen Modellen eine wesentliche Voraussetzung. Wegen der zahlreichen Einflüsse auf die F. muß jedoch stets mit gewissen

Ungenauigkeiten gerechnet werden ($\rightarrow$ Plastizitätstheorie, $\rightarrow$ Prozeß-Analyse).
$\rightarrow$ Spannungs-Dehnungs-Diagramm   *Lange*

Flugrost. Als F. bezeichnet man den leicht entfernbaren $\rightarrow$ Rost auf $\rightarrow$ Stahl, der bei der anfänglichen $\rightarrow$ Korrosion von $\rightarrow$ Eisen und Stahl an der Atmosphäre entsteht.   *Wendler-Kalsch*

Fluidisieren. F. ist eine Technik, mit deren Hilfe man das Fördern oder das gleichmäßige Verdichten körniger oder pulvriger Substanzen, die durch ihre $\rightarrow$ Adhäsion an Wänden oder infolge innerer $\rightarrow$ Reibung der Einzelteilchen aneinander zur Brükkenbildung neigen, ermöglichen oder verbessern will. Das Maß für die Fluidität φ ist der Kehrwert der dynamischen $\rightarrow$ Zähigkeit η, also $\varphi = 1/\eta$. Als Fluidisierungsmittel dienen neben Druckluft auch expandierende Brenngase.

Industrielle Anwendung findet das F. u. a. beim $\rightarrow$ Wirbelsintern ($\rightarrow$ Oberflächenbehandlung, $\rightarrow$ Beschichten) oder bei der Formherstellung nach dem Prinzip der $\rightarrow$ Impulsverdichtung, wo sich die vorteilhafte Wirkung des F. am augenfälligsten aufzeigen läßt. Bild 1 zeigt eine Anordnung, bei der durch asymmetrisches F. nur an den Formkastenseiten a und b der Verdichtungsschwerpunkt A in Pfeilrichtung verlagert wurde, wie aus den Ergebnissen (Bild 2) hervorgeht. Die Festigkeiten im Modellschatten (Formwände I und II) liegen im Mittel bei 8 N/cm². Auffällig ist der Festigkeitsgradient in der offenen Formwand III der aus dem Fluidbereich in Richtung der nicht fluidisierten Lagen (Wände c und d) um etwa ein Drittel abfällt. Daraus wird deutlich, daß die gesamte Formsandmasse während der Verdichtung unter Einwirkung ihrer Seitendrücke in Richtung der fluidisierten Lockerbereiche gepreßt wird.   *Doliwa*

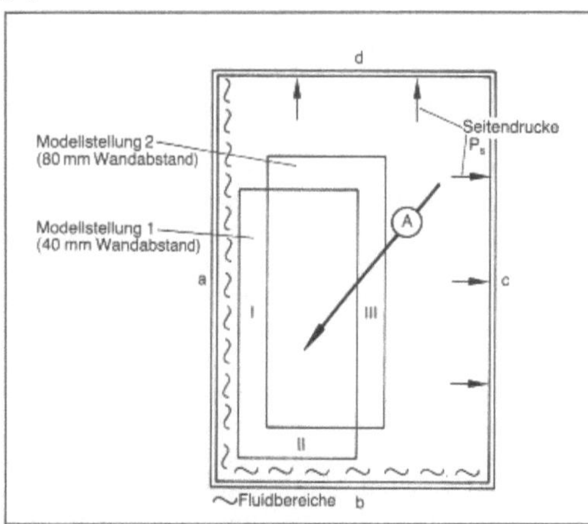

Fluidisieren 1: Anordnung zur Verlagerung des Verdichtungsschwerpunktes durch F.

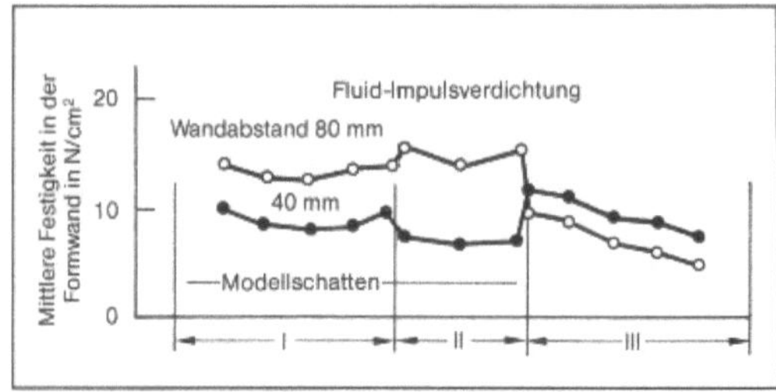

Fluidisieren 2: Festigkeiten erzielt durch die Anordnung im Bild 1.

Fluktuation. Instabile transitorische Konzentrationsschwankungen in $\rightarrow$ Mischkristallen, die bei geeigneten thermodynamischen Randbedingungen stationär und metastabil werden können, wodurch eine $\rightarrow$ Entmischung ohne Neubildung von Phasen eintritt (spinodale Entmischung).   *Ilschner*

Fluorelastomere. Hierzu gehören die Copolymerisate aus
– Trifluorchlorethylen und Vinylidenfluorid
– Perfluorpropylen und Vinylidenfluorid
– Tetrafluorethylen und Trifluornitrosomethan
sowie das Terpolymersiat aus Tetrafluorethylen, Trifluornitrosomethan und Nitrosoperfluorbuttersäure.

Diese fluorhaltigen Polymeren können mit Peroxiden, polyfunktionellen Aminen oder energiereicher Strahlung vernetzt werden. Als Füllstoffe verwendet man Aktivruß oder hochaktive Kieselsäure. Die Vulkanisate zeigen sehr gute Chemikalienresistenz und sind noch bei sehr hohen Temepraturen (260 °C) beständig. Ihr Hauptanwendungsgebiet liegt auf dem Dichtungssektor ($\rightarrow$ Fluorpolymere, $\rightarrow$ Elastomere).   *Zahradnik*

Fluorkautschuke $\rightarrow$ Elastomere; $\rightarrow$ Fluorpolymere

Fluorpolymere. Sammelbezeichnung für hochmolekulare Stoffe, die in ihrer Grundeinheit ein oder mehrere Fluoratome gebunden enthalten. Die Moleküle dieser Substanzen bauen sich aus linearen, verzweigten oder auch vernetzten Kohlenstoffketten auf und können neben Fluor noch Wasserstoff und/oder Chlor aufweisen.

Hervorstechendstes Merkmal aller F. ist ihre durch die sehr feste Kohlenstoff-Fluor-Bindung verursachte außerordentlich hohe chemische und thermische $\rightarrow$ Widerstandsfähigkeit.

Das erste F., das Polytrifluorchlorethylen (PCTFE), wurde 1934 bei der I. G. Farbenindustrie von *F. Schlotter* und *O. Scherer* hergestellt, aber erst 1950 in technischem Maßstabe produziert (Hoechst AG). 1938 wurde $\rightarrow$ Polytetrafluorethylen (PTFE) bei Du Pont von *R. J. Plunkett* synthetisiert. Dieses

F. besitzt heute die größte technische Bedeutung. Seine Herstellung allein umfaßt etwa 90 % der Gesamtproduktion von F.

□ Polytetrafluorethylen. Kurzzeichen (nach DIN 7728): PTFE.

Die Herstellung von PTFE erfolgt durch Suspensions- oder →Emulsionspolymerisation in wässrigem Medium bei hohen Drücken aus Tetrafluorethylen ($CF_2 = CF_2$) das wiederum durch Pyrolyse von Chlordifluormethan ($CHClF_2$) bei etwa 800 °C dargestellt wird:

$$n\ CF_2 = CF_2 \longrightarrow \left[\begin{array}{cc} F & F \\ | & | \\ C & C \\ | & | \\ F & F \end{array} \right]_n$$

PTFE

Bei der Suspensionspolymerisation fällt das PTFE als Pulver (bis zu 95 % kristallin), bei der Emulsionspolymerisation als wässrige Dispersion an. Die mittlere Molmasse so hergestellter technischer Produkte liegt zwischen 400 und 9000 kg/mol. Die nahezu unverzweigten, linear gebauten Makromoleküle sind um ihre Längsachse wendelförmig verdreht, sodaß die Fluoratome die Kohlenstoffkette wie eine Hülle umgeben und abschirmen. Die Kristallitschmelztemperatur liegt bei 327 °C. PTFE ist bei Raumtemperatur in allen bekannten Lösungsmitteln unlöslich, lediglich wenige fluorhaltige Substanzen (z. B. perfluoriertes Kerosin) vermögen bei Temperaturen oberhalb 300 °C zu lösen.

Polytetrafluorethylen ist ein zähelastischer Werkstoff, der im reinen Zustand bei Raumtemperatur opak vorliegt. Es besitzt nur geringe →Festigkeit und →Härte und neigt zum →Kriechen. Der Grund dafür wird in der Kristallitumwandlung bei 19 °C gesehen, die mit einer Volumenvergrößerung verbunden ist. Die anderen Umwandlungstemperaturen sind bei dynamischen Messungen deutlich zu erkennen.

Weitere charakteristische Eigenschaften sind: Außergewöhnlich hohe Chemikalien- und absolute Witterungsbeständigkeit, keine →Spannungsrißkorrosion, hohe Thermostabilität (einsetzbar von −270 bis +270 °C), nicht brennbar, sehr gute elektrische und dielektrische Eigenschaften (hohes Isoliervermögen auch bei hoher Luftfeuchtigkeit, niedrige dielektrische Verluste), niedriger →Reibungskoeffizient, niedriger →Elastizitätsmodul, physiologisch unbedenklich und nicht plastisch verformbar.

Das am häufigsten angewandte Verfahren zur Herstellung von Formteilen ist die Preßverarbeitung mit nachfolgendem Freiform- oder auch Drucksintern.

Beim Freiformsintern wird das grobkörnige →Suspensionspolymerisat bei Raumtemperatur zu vorwiegend geometrisch einfachen Formkörpern verpreßt (Preßdrücke: 100–400 bar), der →Preßform entnommen, auf die Sintertemperatur (380–400 °C) erhitzt und eine bestimmte Zeit gehalten. Danach wird abgekühlt, wobei die Abkühlgeschwindigkeit die Kristallinität und damit die Eigenschaften des Fertigteiles bestimmt:

– Schnelles Abkühlen liefert Formteile mit geringem Kristallinitätsgrad und niedriger Dichte, die zäh und flexibel sind.

– Langsames Abkühlen liefert Teile mit hohem Kristallinitätsgrad und hoher Dichte, die hart und formstandfest sind.

Dieses →Sintern ohne Druck führt zu Produkten, die nicht porenfrei sind.

Beim Drucksintern verbleibt das Teil zum Sintern in der Druckform. So hergestellte Formteile sind porenfrei, von höchster Dichte und Festigkeit.

Mit Hilfe der Ram-Extrusion (Pulverextrusion), einem quasi kontinuierlichen Preß- und Sintervorgang, stellt man Stäbe und dickwandige Rohre her, wobei einem Kolbenextruder vortabletiertes Pulver zugeführt und durch das Werkzeug geformt und gesintert wird. Die Produktionsgeschwindigkeiten sind dabei gering, sie liegen für einen 100 mm dikken Vollstab bei 0,55 m/h.

Ein weiteres Verarbeitungsverfahren, besonders zur Herstellung von dünnwandigen Schläuchen ist die Pastenextrusion, in dem →Emulsionspolymerisat mit etwa 20 % Testbenzin zu einer knetbaren Masse angeteigt und ohne Wärmezufuhr mittels eines Kolbenextruders durch ein Werkzeug geformt wird. Im nachgeschalteten Sinterabschnitt wird das Gleitmittel verdampft und das Formteil gesindert.

Wässrige PTFE-Dispersionen (PTFE-Gehalt etwa 60 %) dienen zum Imprägnieren von Glasfasergeweben und Formteilen aus Graphit und porösen Metallen. Mit diesen Dispersionen lassen sich weiterhin Gießfolien herstellen. Ein anderes Herstellungsverfahren für PTFE-Folien ist das Schälen von gesinterten Blöcken.

Das →Beschichten metallischer oder keramischer Oberflächen (z. B. Bratpfannen etc.) wird mit oder ohne Haftvermittler angewandt.

→Schweißen im klassischen Sinne ist bei PTFE nicht möglich. Lediglich dünne Folien lassen sich unter Druck bei 360–380 °C verbinden.

→Kleben von PTFE-Formteilen ist nach einer Vorbehandlung der Oberflächen (z. B. mit Natrium) mit Epoxidharz-Zweikomponenten- oder Cyanacrylat-Klebstoffen möglich.

Das am Markt erhältliche Sortiment umfaßt eine Reihe verschiedener PTFE-Typen, die sich durch ihre Zusatzstoffe unterscheiden. Diese Zusatzstoffe sind notwendig um Verbesserungen der physikalischen und mechanischen Eigenschaften zu erreichen. Hauptsächlich eingesetzt werden folgende Stoffe:

– →Graphit zur Erhöhung des Abriebwiderstandes

– →Bronze zur Verbesserung der Zeitstand- und Verschleißfestigkeit

– Molybdändisulfid zur Verbesserung der Gleiteigenschaften

– Textilglas zur Erhöhung der →Zeitstandfestigkeit.

□ Polyvinylfluorid. Kurzzeichen: PVF.

PVF ist ein teilkristalliner →Thermoplast mit folgendem molekularen Aufbau:

$$\left[\!\!\begin{array}{c} CH - CH_2 \\ | \\ F \end{array}\!\!\right]_n$$

Es ähnelt in seinen Eigenschaften denjenigen des Polyvinylchlorids, zeigt aber ungünstigeres Flammwidrigkeitsverhalten, indem es nach dem Entzünden weiterbrennt. Es ist oberhalb 110 °C in speziellen Lösungsmitteln löslich. Aus solchen Lösungen lassen sich Gießfolien herstellen. Anwendung findet das PVF wegen seiner guten Witterungsbeständigkeit als Korrosionschutzfolie in Außenanwendungen.

□ Polyvinylidenfluorid. Kurzzeichen: PVDF.

PVDF ist ein teilkristalliner Thermoplast mit folgendem molekularen Aufbau:

$$\left[\!\!\begin{array}{c} F \\ | \\ C - CH_2 \\ | \\ F \end{array}\!\!\right]_n$$

Es zeichnet sich durch hohe mechanische Festigkeit, →Steifigkeit und →Zähigkeit auch bei tiefen Temperaturen aus. Seine elektrischen Eigenschaften sind gut (nicht im Hochfrequenzbereich), die Chemikalien- und Witterungsbeständigkeit ebenfalls. Weiterhin ist es selbstverlöschend und physiologisch unbedenklich.

Es läßt sich nach den gängigen Thermoplast-Verarbeitungsverfahren ur- und umformen, die Verarbeitungstemperaturen liegen zwischen 230 und 270 °C.

□ Ethylen-Tetrafluorethylen-Copolymer. Kurzzeichen: ETFE.

Dieses thermoplastisch verarbeitbare →Copolymer enthält in seinen Molekülen etwa 75 % Tetrafluorethylen-Bausteine und ähnelt daher in seinen Eigenschaften denen des Polytetrafluorethylens.

$$\left[\!\!\begin{array}{c} (CH_2 - CH_2)_x - \ldots - (CF_2 - CF_2)_y \end{array}\!\!\right]_n$$

Es besitzt eine höhere Steifigkeit als PTFE und kann mit Textilglas verstärkt werden, während seine Gleit- und Reibungseigenschaften schlechter sind als bei diesem. Sein Gebrauchstemperaturbereich reicht von −180 bis +150 °C. Die Verarbeitungstemperaturen liegen zwischen 300 und 340 °C.

□ Perfluorethylenpropylen. Kurzzeichen: FEP. Andere Bezeichnung: Tetrafluorethylen-Hexafluorpropylen-Copolymer.

FEP ist ein teilkristalliner Thermoplast mit folgendem molekularen Aufbau:

$$\left[\!\!\begin{array}{c} (CF_2 - CF_2)_x - \ldots - (CF - CF_2)_y \\ | \\ CF_3 \end{array}\!\!\right]_n$$

$$10-50\,\% \qquad\qquad 90-50\,\%$$

In der Chemikalien- und Witterungsbeständigkeit und den elektrischen Eigenschaften ähnelt FEP dem Polytetrafluorethylen. Seine Dauergebrauchstemperatur liegt mit +200 °C tiefer als bei PTFE, im Gegensatz zu diesem läßt es sich aber bei 392 °C thermoplastisch ur- und umformen. Im Wirbelsinterverfahren lassen sich porenfreie, korrosionsfeste Überzüge auf Metall und durch →Blasformen Hohlkörper herstellen.

□ Perfluoralkoxy-Copolymer. Kurzzeichen: PFA.

PFA ist ein teilkristalliner Thermoplast mit folgendem molekularen Aufbau:

$$\left[\!\!\begin{array}{c} (CF_2 - CF_2)_x - \ldots - (CF - CF_2)_y \\ | \\ O - C_n F_{2n+1} \end{array}\!\!\right]_n$$

PFA ähnelt in seinen Eigenschaften denen des Perfluorethylenpropylen-Copolymeren. Der Anwendungstemperaturbereich reicht bis 250 °C, die Verarbeitungstemperatur liegt oberhalb 300 °C.

□ Polychlortrifluorethylen. Kurzzeichen: PCTFE.

PCTFE ist ein teilkristalliner Thermoplast mit folgendem molekularen Aufbau:

$$\left[\!\!\begin{array}{c} CF - CF_2) \\ | \\ Cl \end{array}\!\!\right]_n$$

Es ähnelt in seinen chemischen, mechanischen und elektrischen Eigenschaften weitgehend denen des Polytetrafluorethylens. Es ist aber härter als jenes und weniger temperaturbeständig. Seine Dauergebrauchstemperatur liegt bei etwa 150 °C, die Kristallitschmelztemperatur bei 220 °C. Es läßt sich über Spritzguß, →Extrusion und Preßformen bei Temperaturen zwischen 270 und 300 °C verarbeiten.

□ Ethylen-Chlortrifluorethylen-Copolymer. Kurzzeichen: ECTFE.

ECTFE ist ein teilkristalliner Thermoplast, in dessen Molekülen Ethylen- und Chlortrifluorethylen-Baustein alternierend eingebaut sind:

$$\left[\!\!\begin{array}{c} (CH_2 - CH_2)_x - \ldots - (CF - CF_2)_y \\ | \\ Cl \end{array}\!\!\right]_n$$

In seinen mechanischen Eigenschaften bei Raumtemperatur ist das ECTFE denen des Polyamid 6

Fluorpolymere. Tabelle: Eigenschaften einiger F. (Fortsetzung S. 324)

Eigenschaft	Einheit	DIN-Norm	PTFE	PVF	ETFE
Dichte	g/cm^3	53 479	2,15–2,2	1,38–1,57	1,7
Wasseraufnahme	%	53 495/1	0,0	0,5	0,1
Zugfestigkeit	MPa	53 455	25–36	49–127	30–54
Reißdehnung	%	53 455	250–550	115–250	400–500
Zug-E-Modul	GPa	53 457	0,40–0,75	1,80	1,10
Biegefestigkeit	MPa	53 452			
Biege-E-Modul	GPa	53 457	0,62		1,40
Druckfestigkeit	MPa	53 454	12		
Kerbschlagzähigkeit	ft.lbf in not	ASTM D 256	3,0		
Glasübergangstemperatur	°C	–	127	41	120
Kristallitschmelztemp.	°C	–	327	200	270
Dauergebrauchs-temperatur max.	°C	–	250	120	155
Thermischer Längenausd.-koef	1/K	53 752	$1,2 \cdot 10^{-4}$	$2 \cdot 10^{-5}$	$4 \cdot 10^{-5}$
Wärmeleitfähigkeit	W/(mK)	52 612	0,25		0,23
Dielektrischer Verlust-faktor	bei 1 000 Hz	53 483	0,0002	0,008	0,0008
Spez. Durchgangswider-stand	$\Omega \cdot$ cm	53 482	$>10^{18}$	$3 \cdot 10^{18}$	$>10^{16}$
Durchschlagfestigkeit	kV/mm	53 481	60–80		80
Brennbarkeit			brennt nicht	langsam brennend	brennt nicht

vergleichbar. Allerdings ist sein Gebrauchstemperaturbereich ausgedehnter, er reicht von −40 bis 180 °C. Die Verarbeitungstemperaturen liegen zwischen 260 und 300 °C. Seine → Chemikalienbeständigkeit ist ebenfalls sehr gut.

Durch Bestrahlen kann die Wärmestandfestigkeit noch erhöht werden.

□ Fluorcarbon-Elastomere. Kurzzeichen: FKM.

– Hexafluorpropylen-Vinylidenfluorid-Elastomer. Dieses → Elastomer besitzt folgenden molekularen Aufbau:

$$\left[(CH_2 - CF_2)_x - \ldots - \underset{\underset{CF_3}{|}}{(CF} - CF_2)_y \right]_n$$

Dabei bilden die Wasserstoffatome die Vernetzungsstellen, die durch Peroxyde, Amine, Gamma- oder Betastrahlen zwischen den Molekülen geknüpft werden. Die Anteile der Monomere variieren bei den verschiedenen Produkten, denen aber allen die hohe Chemikalien- und Hitzebeständigkeit, gute Gleiteigenschaften und Unbrennbarkeit gemeinsam sind. Nicht so gut beurteilt wird ihre

→ Elastizität. Der Gebrauchstemperaturbereich reicht bis 200 °C.

– Chlortrifluorethylen-Vinylidenfluorid-Elastomer.

$$\left[(CH_2 - CF_2)_x - \ldots - \underset{\underset{Cl}{|}}{(CF} - CF_2)_y \right]_n$$

Auch dieses mit Peroxiden vernetzte → Fluorelastomer zeichnet sich durch hohe Chemikalien- und Witterungsbeständigkeit aus und ist bis 200 °C einsetzbar.

– Tetrafluorethylen-Hexafluorpropylen-Vinylidenfluorid-Terpolymer.

Dieses Produkt ist ein weicher, flexibler Thermoplast, der aufgrund seiner gummiähnlichen Eigenschaften als Material für Schläuche und flexible Überzüge eingesetzt wird. Sein Gebrauchstemperaturbereich reicht von −50 bis +130 °C. *Zahradnik*

Flußlinie → Supraleitende Werkstoffe

Flußmittel. F. sind nichtmetallische Stoffe (Säuren, Salze, Harze), die auf Grund ihrer chemischen Reaktivität das Hart- und → Weichlöten von Metal-

Fluorpolymere. Tabelle: Eigenschaften einiger F. – Fortsetzung

Eigenschaft	Einheit	DIN-Norm	FEP	PFA	ECTFE
Dichte	g/cm³	53 479	2,12–2,17	2,12–2,17	1,70
Wasseraufnahme	%	53 495/1	0,01	0,03	0,1
Zugfestigkeit	MPa	53 455	22–28	32	49
Reißdehnung	%	53 455	250–330	300	150–450
Zug-E-Modul	GPa	53 457	0,35		1,69
Biegefestigkeit	MPa	53 452			49
Biege-E-Modul	GPa	53 457		0,84	1,69
Druckfestigkeit	MPa	53 454	16		
Kerbschlagzähigkeit	ft.lbf in not	ASTM D 256			oB
Glasübergangstemperatur	°C	–	77	100	
Kristallitschmelztemp.	°C	–	290	300–310	190
Dauergebrauchstemperatur max.	°C	–	200	200	140
Thermischer Längenausd.-koef	1/K	53 752	$8 \cdot 10^{-5}$	$12 \cdot 10^{-5}$	$8 \cdot 10^{-5}$
Wärmeleitfähigkeit	W/(mK)	52 612	0,25		0,15
Dielektrischer Verlustfaktor	–	53 483	0,0002	0,00002	0,0015
Spez. Durchgangswiderstand	$\Omega \cdot cm$	53 482	$>2 \cdot 10^{18}$	10^{15}	$>10^{15}$
Durchschlagfestigkeit	kV/mm	53 481	80		
Brennbarkeit			brennt nicht	brennt nicht	brennt nicht

len erleichtern. Sie sind in DIN 8511 genormt und haben die Aufgabe, nach erfolgter Vorreinigung der Lötfläche noch vorhandene Oberflächenfilme zu beseitigen und eine Neubildung zu verhindern, damit das → Lot die Stoßflächen benetzen kann.

F., die auch nach erfolgter → Abkühlung ätzende Wirkung haben, führen beim Verbleiben an der Lötstelle zu → Korrosion und sind daher zu entfernen. Nicht korrosive Lötmittel sind bei Raumtemperatur neutral und entfalten ihre ätzende Wirkung erst bei Löttemperatur; sie brauchen daher i. a. nicht entfernt zu werden (→ Löten; → Schweißen). *Dorn*

Literatur: DIN 8511: Flußmittel zum Löten metallischer Werkstoffe. T 1 (1985), T 2 (1988), T 3 (1986).

Flüssigkeit, magnetische → Magnetische Flüssigkeit

Flüssigkeitsreibung. → Reibung in einem die Reibpartner lückenlos trennenden, flüssigen Film, der durch hydrostatische oder hydrodynamische → Schmierung erzeugt werden kann. → Tribologie *Habig*

Flüssigkristall, polymerer → Polymer, flüssigkristallines.

Flußstahl. Veraltete Bezeichnung aus der Zeit, als man nach dem Zeitalter des Schweißstahls oder auch Frischfeuer- oder Puddelstahls durch höhere Temperaturen erstmals flüssigen Stahl erzeugen konnte. Heute wird für den flüssigen Stahl allgemein der Begriff Stahl oder Rohstahl verwendet (→ Eisen, → Stahl). *Dahl*

Folie.

Kunststoffchemie. F. sind flächenartige selbsttragende Gebilde. Sie werden meist durch → Extrusion einer Polymerschmelze mit einem Extruder hergestellt. Im Extruder transportiert eine Schnecke die Polymerschmelze zu einer Düse. Je nach Form der Düsen – flach- oder ringförmig – erhält man Flach- oder Schlauchfolien (Flachfolienextrusion, Blasfolienverfahren).

Die mechanischen Eigenschaften der F. können durch einen sich anschließenden Reckvorgang verbessert werden. Wird die Probe hierbei nur in eine Richtung, also uniaxial, verstreckt, so hat

Folie. Tabelle: F. im Bauwesen.

Kunststoffart	PVC-weich	PE-HD	PIB	ECB	EPDM	CR
Verbindungsart						
thermisches Schweißen	×	×	×	×	–	–
Quellschweißen	×	–	×	–	(×)	–
Kleben	–	–	(×)	–	×	×
Verwendungsart						
Dachbahnen	×	–	×	×	–	×
Bautenabdichtung allgemein	×	–	×	×	×	–
Ingenieurtiefbau	×	–	×	–	–	–
Erdbau (Dämme, Deponien, Straßenunterbau)	×	×	–	–	–	–
Wasserbehälter, Stollen, Tunnel	×	×	–	–	–	–
Dehnfugenbänder, Profile	×	–	–	–	×	×
Dampfsperren, Dachunterspannbahnen	–	×	–	–	–	–

sie in Reckrichtung eine verbesserte → Reißfestigkeit.

Bessere Eigenschaften werden durch biaxiales Recken erreicht. In vielen Fällen schließt sich ein → Tempern an. Durch den Verarbeitungsprozeß werden Spannungen im Material beim Abkühlvorgang der Schmelze eingefroren. Beim Wiedererwärmen relaxieren diese Spannungen und führen zum Schrumpfen der F. Dies wird bei Verpackungen durch die sogenannte Schrumpffolie ausgenutzt. F. können aus vielen polymeren Werkstoffen hergestellt werden, wobei die wichtigsten → Polypropylen (PP), → Polyethylen (PE), → Polyvinylchlorid (→ PVC) und → Polystyrol (PS) sind. *Finkelmann*

Baustoffe. F. aus weichgemachten → Thermoplasten und aus → Elastomeren haben in weiten Bereichen des Bauwesens die traditionellen bituminösen Dach- und Dichtungsbahnen verdrängt; für die wichtigsten Bereiche liegen Normen vor. Gemeinsame Merkmale der zahlreichen marktüblichen Materialien sind einfache Verlegbarkeit (teilweise großflächig vorkonfektioniert), hohe Reißdehnung, Verrottungsbeständigkeit (Tabelle). *Sasse*

Folienblasen. Im Unterschied zum → Blasformen wird beim F. der aufgeblasene Schlauch nicht durch eine Form in eine bestimmte Gestalt gezwungen. Der Druck, der den Schlauch weitet, ist gering, er liegt nur wenige Hundertstel bar über dem Luftdruck.

Eine Folienblasanlage in horizontaler Bauweise zeigt Bild 1. Der Schlauch durchläuft schon vor dem Aufblasen einen Kühlring und wird auch nach dem Aufblasen mit Luft gekühlt. Das Kühlen vor dem Aufblasen sichert eine gleichmäßige Dicke der → Folie und einen gleichmäßigen Durchmesser des Schlauchs.

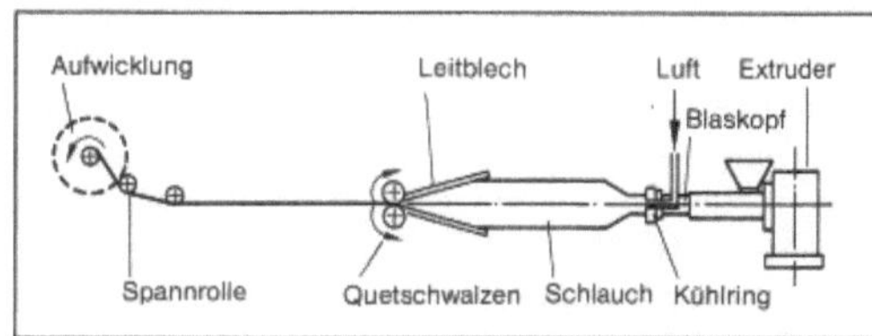

Folienblasen 1: Anlage in horizontaler Bauweise.

Die früher erprobte Anordnung eines nach unten arbeitenden Extruders wurde fallengelassen, weil eine zusätzliche Sicherung der Schnecke im Extruder in axialer Richtung die Anlage zu sehr verteuerte. Daraus ergaben sich Anordnungen nach Bild 2. Die durchgehend horizontale Fahrweise hat den Vorteil, daß man die Abzugsstrecke, also die Strecke zwischen der Düse und den Abquetschwalzen, beliebig variieren kann.

Wichtig ist in jedem Fall, daß der aufgeweitete Folienschlauch ruhig bleibt, bis er völlig erstarrt ist. Wenn er flattert oder seitlich ausgelenkt wird, gibt es Falten und Wellen und folglich Beulen in der fertigen Folie sowie Maßabweichungen und schlechte Wickel. Als Abhilfe baut man Leitstangen um die Folienblase herum.

Bei der horizontalen Arbeitsweise kommt zu dem Problem des Durchhängens noch das Wärmegefälle zwischen Ober- und Unterseite des Schlauchs, hervorgerufen dadurch, daß die kalte Raumluft sich an der Unterseite der Formblase erwärmt, dann an der Blase als erwärmte Luft vorbeistreicht und die Schlauchoberseite immer weniger kühlt. Dies ist

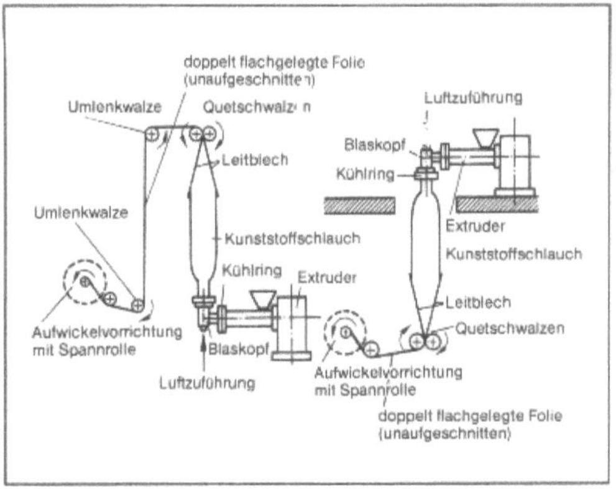

Folienblasen 2: Anordnungen für vertikale Extrusion.

eine wesentliche Schwäche beim Horizontalverfahren.

Die vertikale → Extrusion kann nach unten oder nach oben (Bild 2) durchgeführt werden. Beim Extrudieren nach unten hat man einen einfachen Anlagenbau, Platzersparnis und eine gute Kühlung (der Schlauch wird gewissermaßen im Gegenstrom gekühlt) als Vorteile, muß dafür aber als Nachteil in Kauf nehmen, daß der Schlauch wegen der notwendigen Reckung etwas schneller abgezogen werden muß als er aus der Düse austritt. Belastet mit seinem Eigengewicht hängt alles an dem plastischen Teil des Schlauchs, der nur geringe Kräfte aufnehmen kann, so daß die Gefahr des Abreißens groß ist. Nach unten extrudiert man deshalb dünne Folien (Extrudergrößen bis 45 mm Schneckendurchmesser), dickere Folien (z. B. Schwersackfolien für Düngemittel) nach oben, obwohl in diesem Fall die Kühlung schlechter ist. *Doliwa*

Formaldehydkondensate. Sammelbegriff für solche duromeren → Kunststoffe, die durch → Polykondensation von Formaldehyd mit Phenol (→ Phenoplaste), Harnstoff und Melamin (→ Aminoplaste) hergestellt werden. *Zahradnik*

Formänderung. Der Begriff Formändern, F. hat mehrfache Bedeutung. Nach DIN 8580 werden die Hauptgruppen der Fertigungsverfahren: → Umformen, Trennen, → Fügen, → Beschichten unter dem Begriff „Ändern der Form" zusammengefaßt. F. ist danach die Änderung der gegebenen Form eines festen Körpers durch ein Fertigungsverfahren, d. h. auch durch Umformen. In der Umformtechnik beschreibt der Begriff F. daneben aber auch, durch welche Vorgänge (→ Dehnungen, → Schiebungen) ein Umformvorgang bewirkt wird. Diese werden in der Kontinuumsmechanik, → Plastizitätstheorie mathematisch formuliert.

Aus den Änderungen der Abmessungen beim Umformen eines festen Körpers lassen sich F.-Maße ableiten wie z. B. → Dehnung, Stauchung, Breitung, die als relative Maßänderungen $\varepsilon = \Delta 1/1_0 = (1_1 - 1_0)/1_0$ usw. definiert sind. In der Umformtechnik wird daneben auch für die Abmessungsänderungen am ganzen Körper das Maß → Umformgrad $\varphi = \ln 1_1/1_0$ usw. verwendet. Dabei entsprechen die örtlichen F. im Körper wegen der bei realen Vorgängen stets auftretenden Reibungs- und Scherungsverluste dem aus den Maßänderungen am ganzen Körper errechneten Umformgrad jedoch nicht. Übereinstimmung besteht nur für den Idealfall der homogenen → Umformung. Bei Körpern mit einer dem betreffenden Werkstoff entsprechenden relativen Dichte von 100 % wird die plastische F. durch das Gesetz der Volumenkonstanz (→ Kontinuitätsbedingung) mitbestimmt. *Lange*

Formänderungsanalyse. Die F. ist eine Methode zum Ermitteln von Schwachstellen in durch → Tiefziehen, → Streckziehen oder → Karosserieziehen hergestellten Blechformteilen. Sie ermöglicht eine Aussage über die Fertigungssicherheit bzw. Prozeßbeherrschung für ein gegebenes Teil unter gegebenen Bedingungen (Maschine, Werkzeug, Blechwerkstoff, Schmierstoff usw.) in Verbindung mit dem für Werkstoff und Blechdicke bekannten (oder ggf. in Laboratorium zu ermittelnden) → Grenzformänderungs-Schaubild.

Voraussetzung für eine F. ist das Vorliegen eines Werkzeugs, mit dem zumindest ein Blechzuschnitt unter fertigungsähnlichen Bedingungen in der Versuchswerkstatt (oder auch in der Fertigung direkt mit laufender Produktionsüberwachung) gezogen werden kann. Entweder der ganze Blechzuschnitt oder, weniger aufwendig, die Bereiche, in denen kritische → Formänderungen erwartet werden, werden mit einem Meßnetz aus Kreisen (Grenzformänderungsschaubild) versehen. Nach dem → Umformen werden die verzerrten Netze lokal ausgemessen, und es werden die Formänderungen (lokale Umformgrade) berechnet und in das Grenzformänderungsschaubild eingetragen. Aus der Lage der Meßpunkte zur → Grenzformänderungskurve lassen sich Schlüsse über die Prozeßsicherheit ziehen und Maßnahmen zu ihrer Verbesserung (Werkstoffwechsel, Schmierstoffwechsel, Werkzeugänderung, Änderung der Maschineneinstellung usw.) ableiten. Ist die Prozeßsicherheit sehr groß, läßt sich auch eine Verbilligung durch Wahl einer geringeren Werkstoffqualität in Betracht ziehen.

Das systematische Vorgehen bei der F. zeigt Bild 1. In Bild 2 und 3 sind zwei Beispiele vorgestellt, die das Vorgehen veranschaulichen. Sind z. B. Bereiche mit Versagen (→ Einschnürung, Bruch) ermittelt, wie die Bereiche C, E und F in Bild 2, dann sollten die Umformbedingungen geändert werden, um die kritischen Stellen zu eliminie-

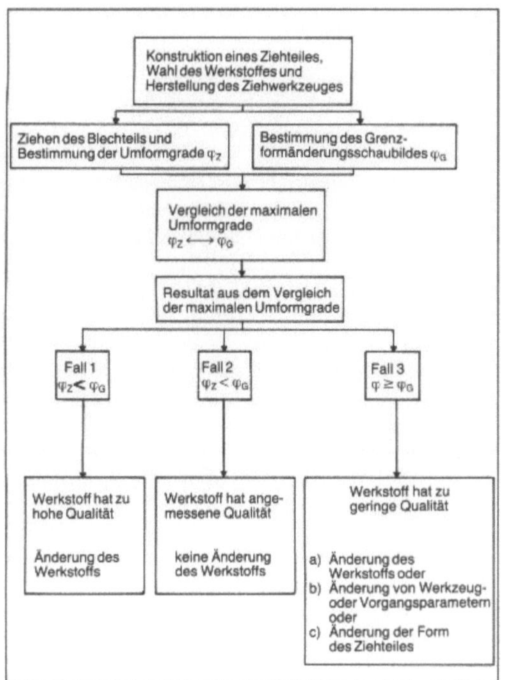

Formänderungsanalyse 1: Schema. (Quelle: Lange, K.)

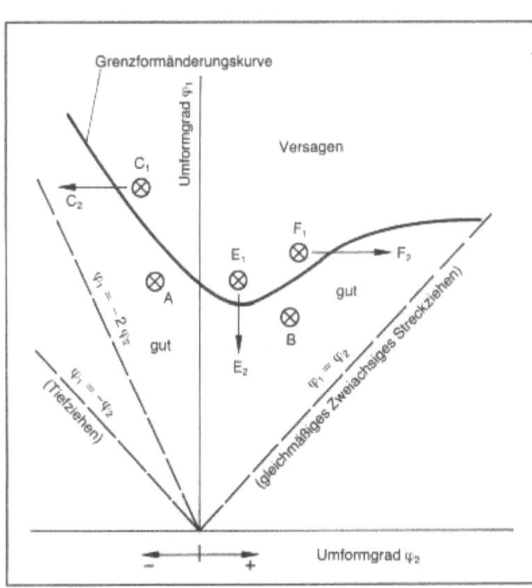

Formänderungsanalyse 2: Schema der Korrekturarten. (Quelle: Suy, J.)

ren. Dies läßt sich erreichen durch Vergrößern des Umformgrades $\varphi_2(F_1 \rightarrow F_2)$ oder durch Verkleinern der Umformgrade φ_1 bzw. $\varphi_2(C_1 \rightarrow C_2$ und $E_1 \rightarrow E_2)$. Für diese Art der Korrektur ist es notwendig, eine oder mehrere der technologischen Bedingungen des Ziehvorgangs wie Form und Maße der Platine, Nie-

derhalterform und -druck, Zahl, Form und Anordnung der Ziehstäbe, Ziehradius, Schmierung, Werkstoff oder Form des Ziehteils zu ändern.

Ein anderes Beispiel für die Anwendung der F. ist Änderung der Blechqualitäten (Bild 3).

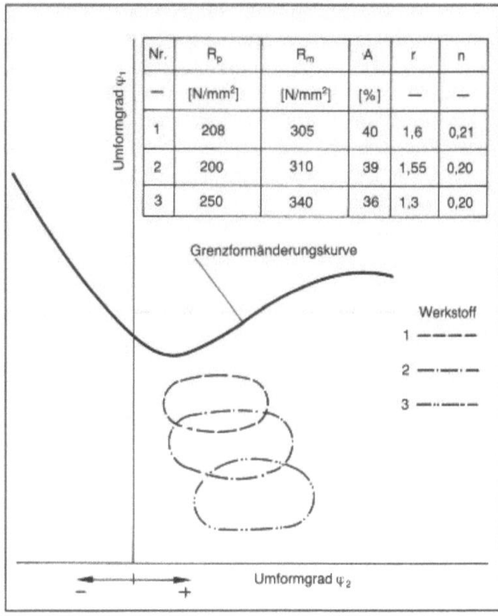

Formänderungsanalyse 3: Einfluß der Blechqualität. (Quelle: Suy, J.)

Nachteilig bei der F. ist, daß ein Werkzeug bereits vorhanden sein muß; dafür ist bereits ein großer Aufwand erforderlich. Die Entwicklung geht daher dahin, eine entsprechende Schwachstellenanalyse mit rechnerunterstützten Verfahren, z. B. der → Prozeß-Analyse bzw. Prozeß-Simulation vorzunehmen. Trotz dieser Einschränkungen ist die F. in vielen Fällen eine geeignete, zuverlässige Methode zum Erhöhen der Prozeßsicherheit in der → Blechumformung. *Lange*

Literatur: *Lange, K.* (Hrsg.): Umformtechnik. Handb. f. Ind. u. Wiss. 2. Aufl. Bd. 3. Blechumformung. Berlin, Heidelberg, New York, Tokio 1990. – *Müschenborn, W.,* u. a.: Die Formänderungsanalyse nach dem Meßrasterverfahren. Bänder Bleche Rohre 10 (1974), S. 407/12. – *Suy, J.:* Ziehen unregelmäßiger Blechteile. Ind.-Anz. 99 (1977), S. 174/76.

Formänderungsfestigkeit. Die F. ist derjenige Widerstand, ausgedrückt als → Spannung, den ein Werkstoff plastischer → Formänderung entgegensetzt. Sie ist die in der Umformtechnik gebräuchliche Größe zur Charakterisierung des Werkstoffwiderstandes. Die F. wird als Funktion der Formänderung im → Zugversuch oder im → Stauchversuch an einem zylindrischen Stab ermittelt. Da für das Einsetzen von Fließen nach der → Schubspannungshypothese die Differenz der beiden Hauptspannungen (Spannung in Längsrichtung der Zugprobe σ_l und Querspannung σ_q) maßgebend ist, ergibt sich die F. zu

$$k_f = \sigma_l - \sigma_q;$$

Bis zum Erreichen der Höchstlast herrscht ein gleichmäßiger einachsiger →Spannungszustand in der Zugprobe, es tritt keine Querspannung auf ($\sigma_q = 0$), die F. ist also gleich der wahren Spannung σ_l (Kraft in Längsrichtung bezogen auf den momentanen Querschnitt der Probe). Nach Beginn der →Einschnürung wirkt im Einschnürungsbereich eine zusätzliche Querspannung, die eine Behinderung des Fließens verursacht. Die F. k_f liegt nun mit zunehmender →Dehnung immer weiter unter dem Wert der wahren Spannung. Das Bild zeigt den Verlauf der fiktiven Spannung σ_0 (Kraft in Stabrichtung bezogen auf die Ausgangsquerschnittsfläche), der wahren Spannung σ_l und der F. in Abhängigkeit von der relativen Querschnittsabnahme bei Raumtemperatur. Im Gebiet der Warmformgebung oberhalb der Rekristallisationstemperatur ist die F. eine Funktion der Temperatur und der Verformungsgeschwindigkeit. *Kußmaul*

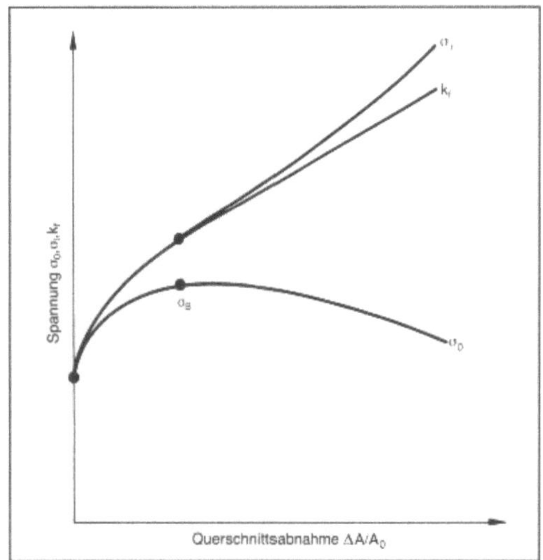

Formänderungsfestigkeit: Verlauf von Spannung, F. und wahrer Spannung beim Zugversuch.

Formänderungsvermögen. F. ist die Fähigkeit eines Werkstoffs, sich vor dem Bruch plastisch zu verformen. Wie ausgeprägt diese Fähigkeit in Erscheinung tritt, hängt wesentlich von zwei voneinander unabhängigen Gegebenheiten ab, nämlich vom Werkstoff selbst und vom →Spannungszustand im belasteten Bauteil, außerdem von der Temperatur, der Beanspruchungsgeschwindigkeit und der vorangegangenen →Umformung. Der Zustand des Werkstoffs ergibt sich aus den Legierungsbestandteilen, der →Wärmebehandlung (Umformung

durch →Anlassen, →Vergüten, →Härten) sowie der Bearbeitung im Laufe der Herstellung eines Bauteils (→Gießen, →Schmieden, →Walzen); der Spannungszustand wird bestimmt durch die geometrische Form des Bauteils und die an ihm angreifenden Kräfte.

Eine Zunahme des F. zeigt sich bei höherer Temperatur oder allseitigem Druck, eine Abnahme bei höherer Beanspruchungsgeschwindigkeit oder ausgeprägter Mehrachsigkeit des Spannungszustandes. Der Einfluß der Mehrachsigkeit zeigt sich bei Bauteilen mit Kerben und wird im →Kerbzugversuch ermittelt (→Festigkeitsverhalten). Aufgrund der Dehnungsbehinderung durch weniger beanspruchte Gebiete in Kerbnähe zeigen Kerbzugproben wesentlich geringere →Verformung an der Bruchstelle als ungekerbte.

Dies erklärt auch, daß Bauteile aus Werkstoffen, die im Normzugversuch beträchtliche →Einschnürung zeigen, unter Beanspruchung durch einen mehrachsigen Spannungszustand weitgehend verformungslos zu Bruch gehen können.

Als Maß für das F. dienen vorwiegend die aus dem →Zugversuch bestimmten Werte von Einschnürung und in eingeschränkter Form die →Bruchdehnung sowie die aus dem →Kerbschlagbiegeversuch bestimmte →Kerbschlagarbeit. Den Einfluß der Temperatur zeigt die Kerbschlagarbeits-Temperatur-Kurve (A_v-T-Kurve).

Zur Beurteilung rißbehafteter Bauteile werden bruchmechanische Versuche an verschiedenen Probengeometrien durchgeführt (→Bruchmechanik, →Spannungen, →Spannungs-Dehnungs-Diagramm, →Dehnung, →Zugversuch, →Umformen). *Kußmaul*

Formänderungszustand. Wirken äußere Kräfte auf einen Körper, so rufen diese nicht nur Spannungen in demselben hervor, sondern der Körper ändert seine Lage im Raum durch die Verschiebung seiner materiellen Teilchen.

Die Gesamtheit aller Verschiebungen kennzeichnet den Verschiebungszustand, der durch Translation, Rotation und →Formänderung (Verformung, Verzerrung) beschrieben ist.

Die gesamte Formänderung setzt sich aus zwei Anteilen, den →Dehnungen und den →Schiebungen zusammen. Dabei bezeichnen die Dehnungen Längenänderungen und die Schiebungen Winkeländerungen. Unter der Voraussetzung kleiner Verformungen gilt für die Dehnungen (in kartesischen Koordinaten)

$$\varepsilon_x = \frac{\partial u_x}{\partial x}, \; \varepsilon_y = \frac{\partial u_y}{\partial y}, \; \varepsilon_z = \frac{\partial u_z}{\partial z},$$

und Schiebungen

$$\gamma_{xy} = \frac{\partial u_y}{\partial x} + \frac{\partial u_x}{\partial y}, \quad \gamma_{yz} = \frac{\partial u_z}{\partial y} + \frac{\partial u_y}{\partial z}, \quad \gamma_{zx} = \frac{\partial u_x}{\partial z} + \frac{\partial u_z}{\partial x},$$

wobei u_x, u_y, u_z die Verschiebungen des betrachteten Punkts P in Richtung der Koordinatenachsen bezeichnen.

Mit

$$\varepsilon_{xy} = \frac{1}{2}\,\gamma_{xy} = \frac{1}{2}\left(\frac{\partial u_y}{\partial x} + \frac{\partial u_x}{\partial y}\right),$$

$$\varepsilon_{yz} = \frac{1}{2}\,\gamma_{yz} = \frac{1}{2}\left(\frac{\partial u_z}{\partial y} + \frac{\partial u_y}{\partial z}\right),$$

$$\varepsilon_{zx} = \frac{1}{2}\,\gamma_{zx} = \frac{1}{2}\left(\frac{\partial u_x}{\partial z} + \frac{\partial u_z}{\partial x}\right),$$

läßt sich der Formänderungstensor (Verzerrungstensor) angeben mit

$$\underline{\varepsilon} = \begin{pmatrix} \varepsilon_x & \varepsilon_{xy} & \varepsilon_{xz} \\ \varepsilon_{yx} & \varepsilon_y & \varepsilon_{yz} \\ \varepsilon_{zx} & \varepsilon_{zy} & \varepsilon_z \end{pmatrix}.$$

Der Verzerrungstensor hat viele Eigenschaften mit dem Spannungstensor gemein. Er ist symmetrisch und besitzt ebenfalls drei reelle Invarianten. Die erste Invariante, die mittlere Dehnung

$$\varepsilon_m = \frac{1}{3}\,(\varepsilon_x + \varepsilon_y + \varepsilon_z)$$

ist proportional der Volumendrehung

$$\varepsilon_{vol} = 3\,\varepsilon_m = \varepsilon_x + \varepsilon_y + \varepsilon_z$$

Analog zum Spannungstensor existieren auch für den Formänderungstensor drei sog. Hauptachsen, und die Dehnungen in Richtung dieser Hauptachbezeichnet.

Sind für einen Punkt P alle sechs Komponenten des Formänderungstensors bekannt, so ist der F. in diesem Punkt vollständig beschrieben. Wichtige Sonderfälle sind der axialsymmetrische und der ebene Formänderungszustand.

□ Axialsymmetrie (in Zylinderkoordinaten, vgl. →Spannungszustand)

$$\varepsilon_r = \frac{\partial u_r}{\partial r} \qquad \varepsilon_{rz} = \frac{1}{2}\left(\frac{\partial u_z}{\partial r} + \frac{\partial u_r}{\partial z}\right),$$

$$\varepsilon_z = \frac{\partial u_z}{\partial z},$$

$$\varepsilon_\vartheta = \frac{u_r}{r};$$

alle anderen Komponenten sind null;
□ ebener F.

$$\varepsilon_x, \varepsilon_y, \varepsilon_{xy} \neq 0,$$

$$\varepsilon_z, \varepsilon_{yz}, \varepsilon_{zx} = 0,$$

($\to$Gleitlinientheorie).

Die →Werkstoffmodelle, die in der Umformtechnik und Plastomechanik verwendet werden, verknüpfen meist die Spannungen und Formänderungsgeschwindigkeiten.

Zum Berechnen der Formänderungsgeschwindigkeiten werden an Stelle der Verschiebungen u_x, u_y, u_z die Verschiebungsgeschwindigkeiten v_x, v_y, v_z in die obenangegebenen Gleichungen eingesetzt, z. B.:

$$\dot{\varepsilon}_x = \frac{\partial v_x}{\partial x},$$

$$\vdots$$

$$\gamma_{xy} = \frac{\partial v_y}{\partial x} + \frac{\partial v_x}{\partial y} \ \text{usw.}$$

Entsprechend lautet der Formänderungsgeschwindigkeitstensor

$$Vl\underline{\dot{\varepsilon}} = \begin{pmatrix} \dot{\varepsilon}_x & \dot{\varepsilon}_{xy} & \dot{\varepsilon}_{xz} \\ \dot{\varepsilon}_{yx} & \dot{\varepsilon}_y & \dot{\varepsilon}_{yz} \\ \dot{\varepsilon}_{zx} & \dot{\varepsilon}_{zy} & \dot{\varepsilon}_z \end{pmatrix},$$

wobei

$$\dot{\varepsilon}_{xy} = \frac{1}{2}\,\dot{\gamma}_{xy}$$

Die erste Invariante des Tensors ist identisch mit der →Kontinuitätsbedingung und muß somit für inkompressible Werkstoffe null sein. *Lange*

Literatur: *Betten, J.*: Elastizitäts- und Plastizitätslehre. Braunschweig, Wiesbaden 1985. – *Hill, R.*: The Mathematical Theory of Plasticity. Oxford 1950. – *Ismar, H. u. O. Mahrenholtz*: Technische Plastomechanik. Braunschweig, Wiesbaden 1979. – *Lange, K.* (Hrsg.): Umformtechnik. Handb. f. Ind. u. Wiss. 2. Aufl. Bd. 1. Grundlagen. Berlin, Heidelberg, New York, Tokio 1984. – *Lippmann, H.*: Mechanik des plastischen Fließens. Berlin, Heidelberg, New York 1981. – *Lippmann, H. u. O. Mahrenholtz*: Plastomechanik der Umformung metallischer Werkstoffe. Berlin, Heidelberg 1967. – *Prager, W. u. P. G. Hodge*: Theorie ideal-plastischer Körper. Wien 1954.

Formbeständigkeitsprüfung. Unter Formbeständigkeit von →Kunststoffen versteht man die Konstanz der Geometrie von Bauteilen über längere Zeit insbesondere bei erhöhten Temperaturen. Die Formbeständigkeit in der Wärme kann an Proben oder auch an ganzen Bauteilen geprüft werden, indem diese bei stufenweise erhöhter Temperatur mit den in der Praxis auftretenden Kräften beansprucht werden. Die Temperaturgrenze bei der noch keine unzulässig hohe Deformation eintritt wird dabei ermittelt. Diese Prüfungen sind sehr aussagekräftig, jedoch auch aufwendig.

In der Praxis werden häufig wesentlich einfachere Methoden angewandt, um den Temperaturanwendungsbereich abzugrenzen. Man ermittelt dabei die Formbeständigkeit in der Wärme nach *Martens* DIN 53462, die *Vicat*-Erweichungstemperatur DIN

53460 und die Formbeständigkeitstemperatur DIN 53461, ISO 75.

Bei der Bestimmung der Formbeständigkeit in der Wärme nach Martens werden duroplastische Formteile und Schichtpreßstoffe überwacht. Probekörper mit den Abmessungen $120 \times 15 \times 10$ mm³, $60 \times 15 \times 4$ mm³, $50 \times 6 \times 4$ mm³, werden unter folgenden Bedingungen geprüft (Bild 1): Über den Hebelarm x wird das Gewicht G so verstellt, daß durch das Biegemoment M sich eine konstante Biegespannung von $\sigma = 5$ N/mm² ergibt.

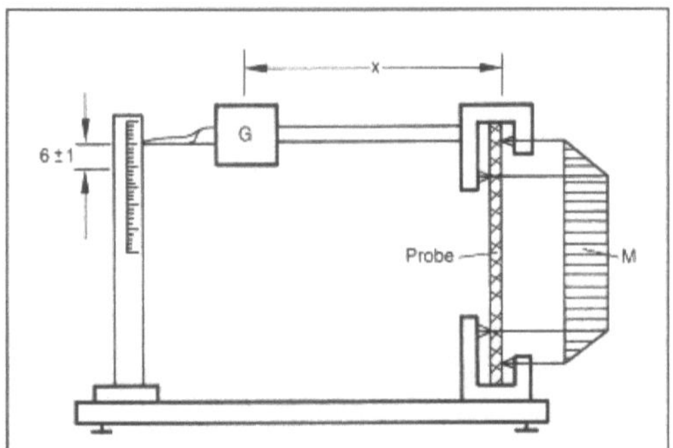

Formbeständigkeitsprüfung 1: Bestimmung der Formbeständigkeit in der Wärme nach Martens zur Überwachung von Probekörpern aus Duroplasten und Schichtpreßstoffen.

Probekörper und Prüfvorrichtung sind in einem Wärmeschrank, der für eine Temperatursteigerung von 50 ± 1 K/h sorgt.

Ergebnis: Mit einem Fühler in Probennähe wird, sobald der Zeiger am Hebelende um 6 ± 1 mm abgesunken ist, die Temperatur bestimmt, die als Formbeständigkeit in der Wärme nach Martens $t_{Martens}$ definiert ist.

Die *Vicat*-Erweichungstemperatur wird ausschließlich bei Thermoplasten gemessen. Die Probekörper mit den Abmessungen $10 \times 10 \times (3$ bis $6,4)$ mm³ werden unter folgenden Bedingungen geprüft (Bild 2):

Der zylindrische Vicatstift mit $1 \pm 0,015$ mm² Querschnitt (1,13 mm) drückt auf die Probe mit einer Prüfkraft G (incl. Lastübertragungselemente) und gleichzeitig wird die Temperatur gesteigert.

Kurzzeichen	Prüfkraft N	Temperatur-steigerung K/h
VST/A/50	9,81	50
VST/A/120	9,81	120
VST/B/50	49,05 5 kg	50
VST/B/120	49,05	120

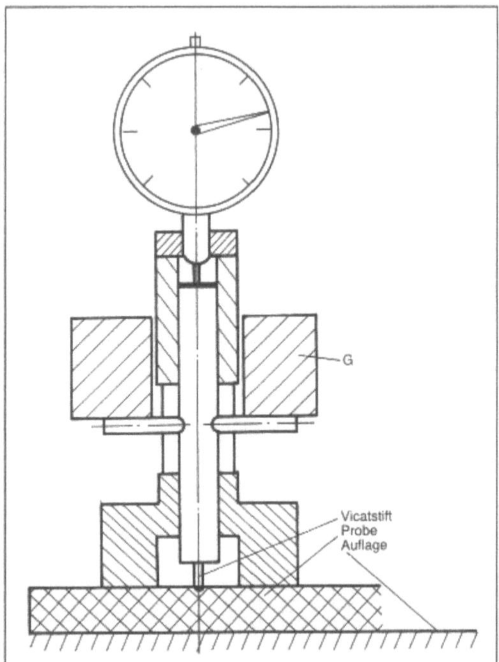

Formbeständigkeitsprüfung 2: Bestimmung der Vicat-Erweichungstemperatur bei Thermoplasten.

Wärmeübertragung durch Flüssigkeit (Paraffinöl, Glyzerinöl, Silikonöl usw. oder in Luft, wenn keine geeignete Flüssigkeit gefunden werden kann, die die Probe chemisch nicht beeinflußt. Die in Luft gemessenen Vicat-Temperaturen sind um etwa 10 K höher als die in Öl ermittelten. Am häufigsten angewandt VST/B/50 Vicat-Softening-Temperature/49,05 N/50 K/h.

Ergebnis: Mit einem Fühler in Probennähe wird, sobald der Vicatstift um $1 \pm 0,1$ mm tief in die Probe eingedrungen ist, die Temperatur bestimmt, die als Vicat-Erweichungstemperatur definiert ist.

Die Formbeständigkeitstemperatur wird an Thermoplasten und Duroplasten vorwiegend in USA ermittelt. Die Probe mit den Abmessungen $110 \times (3...4,2) \times (9,8...15)$ mm³ werden unter folgenden Bedingungen geprüft (Bild 3):

Drei-Punkt-Biegeversuch; durch Gewichtsbelastung konstante Biegespannung mit Maximum in Probenmitte

$\sigma = 1,80$ N/mm² Verfahren A
$\sigma = 0,45$ N/mm² Verfahren B
$\sigma = 5,0$ N/mm² Verfahren C

In einem Bad (Paraffinöl, Glycerinöl, Silikonöl) wird die Probe um 2 K/min erwärmt.

Ergebnis: Mit einem Fühler in Probenähe wird, sobald der Probekörper eine bestimmte Grenzdurchbiegung erreicht hat, die Temperatur be-

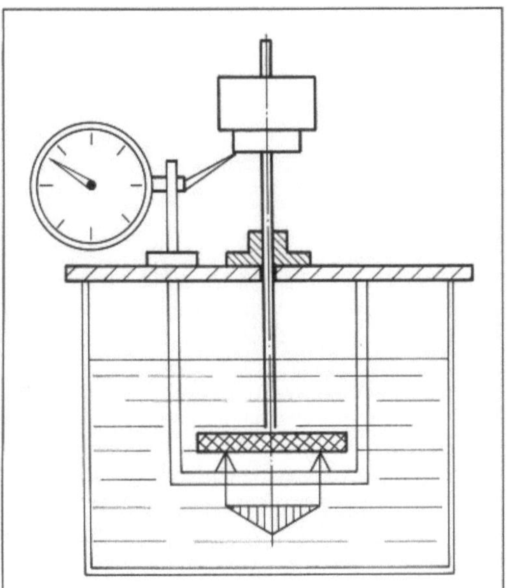

Formbeständigkeitsprüfung 3: Ermittlung der Formbeständigkeitstemperatur im Drei-Punkt-Biegeversuch.

stimmt, die als Formbeständigkeitstemperatur definiert ist. HDT/A, HDT/B und HDT/C (*engl.* HDT, heat deflection temperature). Die Grenzdurchbiegung entsprechend einer Randfaserdehnung von 0,25 %, ist in der Norm für verschiedene Höhen der Probekörper angegeben und beträgt z. B.

0,32 mm für h = 10 mm
0,21 mm für h = 15 mm.

Diese Prüfungen liefern dem Konstrukteur einen groben Anhalt für die Auswahl eines Kunststoffes hinsichtlich Formstabilität in der Wärme. Die ermittelten Temperaturen dürfen keinesfalls als maximale Gebrauchstemperatur angesehen werden.

Eine große Bedeutung haben diese einfachen Prüfungen zur Bestimmung der Wärmeformbeständigkeit bei der Produktionsüberwachung und der Wareneingangskontrolle. *Pöllet/Eyerer*

Formfaktor → Mikrostruktologie

Formgedächtnis-Legierung. Legierungen, die nach geeigneter Behandlung auf Grund einer martensitischen → Umwandlung ihre Gestalt in Abhängigkeit von der Temperatur ändern, werden als Memory-Legierungen oder F.-L. bezeichnet.

Voraussetzung für das Auftreten des Formgedächtniseffektes ist eine Umwandlung von einer Kristallstruktur – einer geordneten kubisch raumzentrierten Struktur – in eine martensitische mit einer bestimmten Stapelfolge.

Die Umwandlung ist reversibel. Die Reversibilität des Martensits ist darauf zurückzuführen, daß nur geringe elastische Spannungen bei der Umwandlung entstehen, die praktisch keine irreversible → Verformung durch Versetzungsbewegung bewirken.

Beim Formgedächtnisverhalten unterscheidet man den Einweg-, den Zweiwegeffekt und die → Pseudoelastizität (Bild). Beim Einwegeffekt wird die ursprüngliche Form nach einer starken, scheinbar plastischen Verformung beim Erwärmen wieder angenommen. Als Zweiwegeffekt bezeichnet man die Erscheinung, bei der sich ein Werkstoff sowohl bei Temperaturerhöhung als auch bei → Abkühlung an seine „eintrainierte" Form erinnert; d. h. – der Werkstoff wird mehrfach in Richtung der gewünschten → Formänderung hin- und hergebogen. Anschließend werden beim Zweiwegeffekt keine äußeren Kräfte benötigt. Der Werkstoff nimmt bei Temperaturänderungen in einem für jede Legierung charakteristischen Temperaturbereich die eintrainierte Form ein.

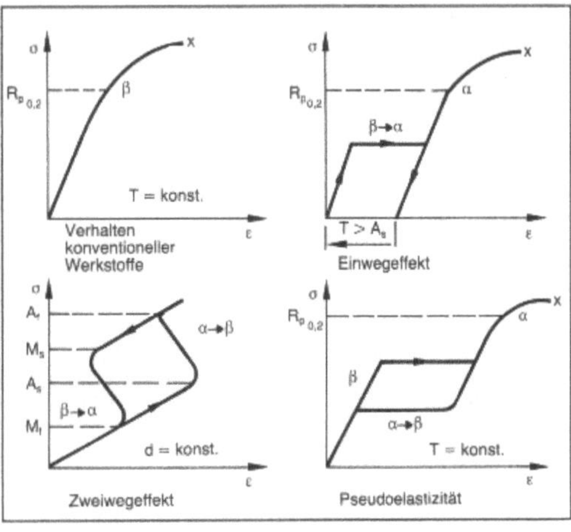

Formgedächtnis-Legierung 1: Gegenüberstellung unterschiedlichen Formgedächtnisverhaltens.

M_s Martensitstart, M_f Martensitende, A_s Austenitstart, A_f Austenitende

Von Pseudoelastizität spricht man, wenn das Metall ein gummiartiges Verhalten zeigt. Wie beim Einwegeffekt wird eine starke, scheinbar plastische Verformung aufgebracht, die aber schon beim Entlasten quasi-elastisch zurückgeht. Es treten wie beim → Gummi hohe Verformungswege bei geringer Änderung der → Spannung auf. Als entsprechende Werkstoffe haben sich β-Cu und β-NiTi-Legierungen bisher in der Praxis bewährt. Anwendung finden F.-L. derzeit schon in der Medizintechnik, u. a. z. B. für Endoskope, und in der Elektrotechnik, z. B. als Schaltelemente. *Steffens*

Literatur: *Hornbogen, E.:* An Explorating Study on Shape Memory Composites. Vortragsband: Verbundwerkstoffe, SFB 316, Univ. Dortmund, 11.–12. Dez. 1986.

Formguß. F. ermöglicht die Herstellung von Konstruktionsbauteilen mit den Endabmessungen nahekommenden Rohmaßen durch → Gießen von flüssigem Metall in eine entsprechende Form. Je nach Art des Formenbaustoffs und der Formfüllungstechnik unterscheidet man verschiedene Formgießverfahren, wie → Sandguß (→ Naßguß), Kokillenguß, → Schleuderguß, → Strangguß, → Druckguß, → Genauguß (→ Feinguß) usw. Die Wahl des fertigungsgerechten Formgießverfahrens wird im wesentlichen durch folgende Einflußgrößen bestimmt: Art und Eigenschaften des Gußwerkstoffs, Stückgewicht, Stückzahl, gießgerechte oder verwickelte Konstruktion, verlangte Maßgenauigkeit und Oberflächengüte.

Gießen bietet von allen üblichen Herstellungsverfahren dem Konstrukteur die weitgehendste Freizügigkeit hinsichtlich der Gestaltung eines Bauteils, aber nur eine „gießgerechte Konstruktion" wird auch eine wirtschaftliche Fertigung ermöglichen. Gießgerecht ist eine Konstruktion, wenn folgende Grundregeln wenigstens prinzipiell eingehalten wurden:
- Gute Formbarkeit durch ausreichend bemessene Formschrägen,
- gleichmäßige Wanddicken,
- erstarrungsgerechte Ausbildung von Knotenpunkten durch Vermeidung unnötiger Stoffanhäufungen und vor allem von scharfen Kanten bei Abzweigungen,
- genügend große und zahlenmäßig ausreichende Öffnungen im → Gußstück zur sicheren Lagerung der Kerne und damit gleichzeitig auch zur Verbesserung der → Zugänglichkeit bei den Putzarbeiten,
- richtige Ausbildung von Rippen und anderen Versteifungselementen.

Eine allen Vorstellungen entsprechende gießgerechte Konstruktion läßt sich selbst bei vorhandenem know-how zu diesem Problem auf beiden Seiten letztlich von Fall zu Fall nur in enger Zusammenarbeit zwischen Konstrukteur und Gießer verwirklichen. Mitunter erhöhen einfache Änderungen in der Formgebung in hohem Maß die Wirtschaftlichkeit der Fertigung.

Hinsichtlich der physikalisch-mechanischen Eigenschaften haben Formgußstücke gegenüber Schmiede- oder Preßteilen keine ausgeprägte, durch das Fertigungsverfahren hervorgerufene Vorzugsrichtung. Bei sachgemäßer Gußausführung sind die mechanischen Eigenschaften in allen Achsrichtungen praktisch gleich, etwaige Abweichungen basieren auf unterschiedlicher Gefügeausbildung infolge ungleicher Abkühlungsbedingungen und in Extremfällen auf Mikro- oder Makroporositäten, hervorgerufen durch schlechte Speisungsmöglichkeiten.

Als Anhalt für einen Vergleich, welches Verfahren unter welchen Bedingungen vorteilhaft ist, kann die Tabelle dienen, in der die gebräuchlichen Herstellmethoden von geschlossenen Turboverdichter-Laufrädern übersichtlich aufgelistet sind. *Doliwa*

Literatur: Konstruieren und Gießen. Hrsg.: Zentrale für Gußverwendung, Düsseldorf.

Formmaskenguß → Croning-Formmaskenguß

Formschmelzen. Herstellung von Bauteilen durch Abschmelzen von drahtförmigen Elektroden. Ähnlich wie beim Auftragsschweißen können im kontinuierlichen Verfahren vorzugsweise rotationssymetrische Körper auch komplizierter Form gefertigt werden. Das → Gefüge ist wie bei Schweißgut mit mehrfacher Nachwärmung feinkörnig kristallisiert. Bei Wirtschaftlichkeitsbetrachtungen muß im Vergleich zu Schmiedestücken das → Ausbringen und die Gleichmäßigkeit der Eigenschaften in Betracht gezogen werden. *Dahl*

Formschweißen. Hierunter versteht man eine neue Technologie, die nach der Begriffsbestimmung der Fertigungsverfahren (DIN 8580) in die Gruppe 4.4 „Fügen durch Urformen" einzuordnen ist. Von dieser Fertigungstechnologie wird vor allem im komplizierten Behälterbau sowie bei Bauteilen für die Kerntechnik Gebrauch gemacht. Hier stellt man ein Werkstück, z. B. einen Behälterboden, durch mehrlagiges → Schweißen her; es handelt sich hier also um ein echtes Formgebungsverfahren. Damit kann man Bauteile fertigen, die sich weder durch → Gießen noch durch → Umformen herstellen lassen, weil die ausgewählten Werkstoffe weder gute Gießeigenschaften noch eine ausreichende Umformfähigkeit, z. B. durch → Tiefziehen usw., haben. *Doliwa*

Formstahl. F. ist ein warmgewalztes → Fertigerzeugnis in Profilform, das in geraden Stäben gewalzt wird und dessen Querschnitt an die Buchstaben I, H, U und Omega erinnert und folgenden Bedingungen entspricht:

Die Höhe beträgt mindestens 80 mm, die Stegflächen gehen mit Ausrundungen in die Innenflächen des Flansches über, die Außenflächen der Flansche sind parallel, die Kanten der Flansche sind an den Außenseiten sowie auf den Innenseiten scharf oder abgerundet und die Dicke des Flansches nimmt entweder vom Steg nach außen leicht ab oder bleibt gleich (parallelflanschige Erzeugnisse). Zum Formstahl gehören beispielsweise I- und H-Profile (→ Breitflanschträger), U-Stahl und Belagstahl. Ferner gehören dazu I- und U-Stähle mit ungleichen oder unsymmetrischen Flanschen, Grubenausbaustahl, Wagenbaustahl sowie geometrisch ähnliche

Formguß. Tabelle: Gebräuchliche Herstellungsmethoden von geschlossenen Turboverdichter-Laufrädern.

	Schmiedewerkstoffe		Gußwerkstoffe	
	gefräst und genietet	geschweißt	als komplette Einheit gegossen	in Elementen gegossen und gelötet
Vorteile	Praktisch unbeschränkte Werkstoffauswahl Sehr hohe Fertigungsgenauigkeit Keine Begrenzungen bezüglich der minimalen Schaufelkanalbreiten; damit für beliebige Abmessungen anwendbar	Große Freizügigkeit bezügl. der Laufradgestaltung prinzipiell gegeben Ggf. bes. kostengünstige Fertigung möglich, wenn einfache Laufradformen mit geraden oder nur leicht gekrümmten Schaufeln zum Einsatz kommen.	Größte Freizügigkeit bei der strömungstechnischen und festigkeitsmäßigen Gestaltung der Laufräder Sehr homogene Werkstoffeigenschaften	Hohe Maßgenauigkeit auch bei kleinsten Laufradabmessungen bei ggf. wesentlich geringeren Herstellkosten (Modellkosten) gegenüber dem „fertig" gegossenen Laufrad
Anwendungsgrenzen	Beschränkungen bezüglich der anwendbaren Schaufelformen und Kanalverläufe, da die Erfordernisse der Nietverbindung berücksichtigt werden müssen Ggf. hoher Zerspanungsaufwand	Nicht für beliebige Laufradabmessungen anwendbar, da bestimmte Zugänglichkeit der Schaufelkanäle zur Erzielung einer einwandfreien und prüfbaren Schweißverbindung gewährleistet sein muß Beschränkungen in der Werkstoffauswahl.	Spezielle Werkstoffsorte erforderlich Maßgenauigkeit sinkt mit kleiner werdenden Laufradabmessungen. Für sehr kleine Laufräder ($\leq$ 300 mm $\varnothing$) i. a. Feinguß erforderlich.	Bei großen Laufradabmessungen aus technologischen Gründen kaum realisierbar.
Besondere Fertigungserfordernisse	Spezielles knowhow zur Erzielung hochwertiger Nietverbindungen	Spezielle Schweißtechnologie und Wärmebehandlungsverfahren	Hochentwickelte Form- und Gießtechnik	Spezielles Knowhow zur Erzielung einwandfreier Lötverbindungen erforderlich
Zweckmäßiger Anwendungsbereich	Einzelfertigung von „konventionellen" Laufrädern mit unverwundenen Schaufeln, insbesondere für mittlere u. kleine Abmessungen u. f. größere Laufräder (> 600 m $\varnothing$) mit kleinen relativen Kanalbreiten b_2/D	Alle Laufräder ab mittleren Durchmessern u. mit mittleren bis großen relativen Kanalbreiten b_2/D	„Konventionelle" Laufräder ab mittl. b_2/D, die im Sandgußverfahren bei mehrfacher Modellausnutzung hergestellt werden können und Hochleistungslaufräder mit komplizierten Schaufelformen.	Hochleistungs-Laufräder mit kleinen bis mittleren Durchmessern ($\leq$ 500 mm $\varnothing$) bis zu kleinsten relativen Kanalbreiten b_2/D.

Profile, sofern ihre Abmessungen den obigen Angaben entsprechen. *Baumann*

Formstoffe. Die heutige Gießereitechnologie ermöglicht die Herstellung besserer Formen und die Anwendung rationellerer Formverfahren als in den Jahren nach dem zweiten Weltkrieg. Voraussetzung war die Entwicklung hochwertiger und teilweise neuartiger F.

Bei den Formgrundstoffen dominieren nach wie vor die gewaschenen und nach Korngrößen klassifizierten Quarzsande, vor allem als Basis für tongebundene F. (Naßgußverfahren) sowie als Hauptbestandteil von Kernsandmischungen. Inzwischen hat sich die Umstellung von Naturformsanden zu synthetischen Formsandmischungen in allen Industrieländern fast völlig vollzogen. In Westeuropa werden Natursande praktisch nur noch für → Kunstguß verwendet. Die Stahlgießereien verarbeiten Chromitsand aus Südafrika und Finnland, weil er nur wenig bereit ist, mit dem flüssigen → Stahl zu reagieren. Wegen dieser Eigenschaft hat er den teuren und schweren Zirkonsand teilweise ersetzt. Die breite Anwendung von Olivinsanden, obwohl zur Herstellung von Manganhartstahl sehr geeignet, scheitert daran, daß sie für eine Bindung mit säurehärtenden Kunstharzen so gut wie ungeeignet sind.

Grundsätzlich ist zwischen tongebundenen Formsanden, Sandmischungen mit anorganischen oder organischen Bindern sowie bindemittellosen Formstoffen mit physikalischer Bindung (Vakuum-Formverfahren) zu unterscheiden.

□ Tongebundene Formsande.

Gebräuchlicher Binder für Naßgußsand ist Bentonit, eine Tonart mit hohem Gehalt an Montmorillonit, dessen → Gitter durch Wasserzugabe ziehharmonikaartig quillt und sich bei Verringerung des Wassergehalts (durch Verdunstung oder Austreiben) wieder zusammenzieht. Die mit der Bentonitaufschlämmung bei der Formstoffmischung gut umhüllten einzelnen Quarzkörner werden auf diese Weise fest eingebunden. Vorausgehen muß eine Verdichtung des F. durch → Pressen, Rütteln, Gasdruck oder Vakuum.

Bentonit wird außer nach seinem Montmorillonitgehalt nach dem Anteil an unerwünschten Verunreinigungen, die für die thermische Beständigkeit des Bentonits verantwortlich sind, beurteilt. Deutsche Bentonitvorkommen mit Montmorillonitgehalten von 60–90 % befinden sich in Bayern im Gebiet Moosburg-Mainburg-Landshut. Der Gießer bevorzugt wegen seiner bessern Eigenschaften i. a. Na-Bentonite, weshalb Ca-reiche Bentonite mit Na-Ionen aktiviert werden.

□ F. mit anorganischen Bindern.

Wasserglasbinder entwickeln ihre Bindekraft entweder durch die zur Gelbildung notwendige CO_2-Begasung, Mikrowellenenergie oder → Härtung mittels Warmluft. Solche Mischungen werden überwiegend als → Kernsand eingesetzt, in geringerem Umfang zur Herstellung von Formen nach dem CO_2-Erstarrungsverfahren.

Wegen der verschärften Umweltschutzauflagen bekommt die Produktion von Einzel- und Großgußstücken nach dem → Zementsand-Formverfahren wieder Auftrieb, zumal die Aushärtezeiten von Zementsand-Mischungen durch Zusatz eines neuentwickelten Aktivators (Mischung von Na- und Ca-aluminat) auf 15–20 min verkürzt werden können. Eine geringe Zugabe von Aluminiumpulver verkürzt das Aushärten weiter auf 8–12 min. Für die Herstellung einer 10-t-Kokille benötigt man auf diese Weise knapp 14 Std. gegenüber 46 Std. bei Einsatz von tongebundenem Formsand, wobei die Arbeitszeiten für Form- und Kernherstellung 8 bzw. 24 Stunden betragen.

□ F. mit organischen Bindemitteln.

Für die Herstellung von Formen werden fast ausschließlich Sande mit kalthärtenden Harzen als Binder eingesetzt. In der Praxis am häufigsten anzutreffen sind die drei Basissysteme Harnstoff-Formaldehydharz, Phenol-Formaldehydharz und die aus Furfuryl-Alkohol entwickelten Furanharztypen. Die Kalthärtung dieser Harze erfolgt durch Zusatz von Säuren, meist Toluolsulfonsäure oder Phosphorsäure, als Härter.

Die Entwicklung auf diesem Gebiet ist noch nicht abgeschlossen; so wird beispielsweise für → Stahlguß der Einsatz von → Alkydharzen erprobt oder ein selbsthärtendes, → Polyvinylalkohol enthaltendes → Bindemittel.

Warmhärtende Harze werden überwiegend als Binder für Kernsande verwendet.

□ Zusatzstoffe.

Bei der Herstellung von → Gußeisen mit Lamellen- oder Kugelgraphit, → Temperguß und bestimmten NE-Metallgußlegierungen muß man den bentonitgebundenen Formsanden kohlenstoffhaltige Zusätze beimischen, um ein Anbrennen des F. am → Gußstück sowie Penetration des flüssigen Metalls in die → Sandform zu verhindern. Der durch solche Zusätze gebildete Glanzkohlenstoff verhindert eine unerwünschte Reaktion des Gießmetalls mit dem F.

Üblich ist der Zusatz von Steinkohlenstäuben, deren Wirksamkeit vor allem durch ihren Gehalt an flüchtigen Bestandteilen, das Glanzkohlenstoffbildungsvermögen, die Körnung und die CO-Bildung beeinflußt wird. Neuerdings verwendet man aber auch vermahlene Kunststoffe (→ Polystyrol, → Polyethylen, → Polyester und Polyurethane), ferner aliphatische, aromatische und ungesättigte Öle bzw. Kohlenwasserstoffharze sowie Asphaltite und in geringerem Umfang noch Bitumina und Peche.

□ Sandregenerierung und Deponieverhalten.

In einer Formgießerei werden erhebliche Mengen

an Form- und Kernsand durchgesetzt. Je nach Art der Gußstücke (Stückgewicht, Sperrigkeit, kernreich-kernarm usw.) schwankt der Anteil an Form- und Kernsand bezogen auf das Metallgewicht in weiten Bereichen; er kann sogar Werte von 1 t Formstoff auf 1 t Guß erreichen.

Beim Gießvorgang wird der F. an der Berührungsfläche Form/Metall und bis in eine vom Wärmeinhalt (Wanddicke) der Gußstückpartie abhängigen Tiefe in die Formwand hinein hoch erhitzt.

Bei Naßgußsanden bleibt der totgebrannte Bentonit nicht immer als Staub zurück, sondern er umhüllt als quasi keramischer Aufbrand die einzelnen Quarzkörner (Oolithisierungseffekt). Hoch oolithisierter → Sand hat eine verringerte Feuerbeständigkeit und liefert damit schlechtere Gußoberflächen. Dieser Teil muß aus dem Kreislaufsand entfernt werden.

Tongenbundene F. lassen sich relativ einfach regenerieren, und zwar durch mechanische Regenerierverfahren, wie Kühlen des vom Ausschlagrost kommenden heißen Sandes, Befreien von Spritzeisen und sonstigen Metallteilen über Magnetabscheider, Brechen von Knollen, Sieben, Entstauben und anschließende Rückführung in einen Altsandbunker, aus dem der nunmehr regenerierte Altsand dem Sandkreislauf wieder zugeführt wird. Der bei der Regenerierung angefallene Schutt kann auf einer Normaldeponie abgelagert werden, sofern er nicht zu hohe Anteile an Harzrückständen aus dem Kernsandabfall oder Verunreinigungen durch Metalloxide und Schlacken über einen Grenzwert hinaus enthält.

Schwieriger ist die Regenerierung von F. mit anorganischer oder organischer Bindung. Um hier wieder zu rieselfähigen Quarzsanden zu kommen, genügt in vielen Fällen die mechanische → Aufbereitung durch Zerkleinern und Sieben nicht, sondern es wird eine thermische Aufbereitung bzw. eine kombinierte thermo-mechanische Sandregenerierung notwendig. Der hierbei anfallende Kernsandschutt muß meist zu Sondermülldeponien gebracht werden. *Doliwa*

Literatur: *Hofmann, F. u. U. Kleinheyer; K.-A. Krekeler:* Bessere Formen mit neuen Formstoffen und rationelleren Formverfahren. Giesserei 71 (1984) Nr. 1/2, S. 41/49. – VDG-Merkblatt F 10: Formverfahren, Schema zur Verfahrengegenüberstellung. Düsseldorf April 1983.

Formverfahren, keramisches → Shaw-Verfahren; → Feinguß

Formzahl → Kerbwirkung

Formziehen im Gesenk. F. i. G. oder Gesenkziehen (früher Formstanzen) ist nach DIN 8585, Bl. 4, die Bezeichnung für die für die → Blechumformung wichtige Kombination verschiedener Verfahren des Tiefziehens, Tiefens (bes. → Hohlprägen) sowie des Biegens und Gesenkdrückens (→ Gesenkformen).

Eine wichtige Anwendung des F. i. G. ist das → Karosserieziehen. Die örtlich sehr unterschiedliche Beanspruchung und Formänderungsverteilung bei geometrisch komplexen Blechformteilen, die z. T. auch Bereiche ohne plastische → Formänderung aufweisen, macht die auf Berechnungen gestützte Verfahrens- und Werkzeugauslegung sehr schwierig. Rechnergestützte Methoden, wie CAD und nichtlineare FEM-Analysis tragen jedoch dazu bei, die auf diesem Gebiet industrieller Produktion noch dominierende Empirie allmählich abzulösen. Hierbei ist die → Formänderungsanalyse ein wichtiges Hilfsmittel. *Lange*

Forschungszentrum Jülich GmbH (KFA). Großforschungseinrichtung mit den Schwerpunkten Stoffeigenschaften und Materialforschung; Grundlagenforschung zur Informationstechnik; Gesundheit, Umwelt, Biotechnologie; Energieforschung und -technik; Kernfusion; Nukleare Grundlagenforschung; Analysen, Daten, Methoden.

Die Kernforschungsanlage Jülich GmbH (KFA) ist 1968 als Nachfolgeinstitution der 1956 vom Lande Nordrhein-Westfalen gegründeten Gesellschaft zur Förderung der Kernphysikalischen Forschung e. V. gegründet worden. Seit 1. 1. 1990 trägt sie den jetzigen Namen. Gesellschafter sind die Bundesrepublik Deutschland und das Land Nordrhein-Westfalen. Im wissenschaftlichen Spektrum der KFA, das von der Grundlagen- bis zur techniknahen anwendungsorientierten Forschung reicht, stehen jetzt als Programmschwerpunkte Umwelt- und Materialforschung sowie Grundlagen der Informationstechnik im Vordergrund. Zusammen mit dem Deutschen Elektronensynchrotron (DESY) und der Gesellschaft für Mathematik und Datenverarbeitung (GMD) wird ein Höchstleistungsrechenzentrum errichtet. Charakteristika der KFA sind Interdisziplinarität und enge Kooperation mit Hochschulen, die die Basis für grundlegende Arbeiten zur Entwicklung des Hochtemperaturreaktors, nuklearmedizinische Forschung und Nuklearchemie, Biotechnologie, Plasma- und Kernphysik sowie Energieforschung bilden.

Forschungseinheiten der KFA sind die Institute für Reaktorwerkstoffe und Heiße Zellen, Reaktorbauelemente, Kernphysik, Plasmaphysik, Chemie, Biologische Informationsverarbeitung, Radioagronomie, Reaktorentwicklung, Chemische Technologie der Nuklearen Entsorgung, Nukleare Sicherheitsforschung, Festkörperforschung, Grenzflächenforschung und Vakuumphysik, Medizin, Biotechnologie, die Arbeitsgruppe für Schichten und Ionentechnik, die Projekte Kernfusion, Entwicklungsarbeiten für Hochtemperaturreaktor-Anlagen/Brennstoffkreislauf, die Programmgruppen Systemforschung und Technologische Entwicklung, Technik und Gesellschaft sowie die Forschungsgruppe Wirtschaft, Energie, Investitionen, außerdem zehn zentrale Einrichtungen der wissenschaftlich-technischen Infrastruktur.

Bei der KFA liegen die Projektträgerschaften im Auftrag des Bundesministers für Forschung und Technologie für: Biologie, Ökologie, Energie; Material- und Rohstofforschung; Hochtemperaturreaktor; Nukleare Festkörperforschung und Nuklearchemie.

Großgeräte: Forschungsreaktor DIDO, Kugelhaufenreaktor, Fernenergieversuchsanlage EVA/ADAM, Fusionsversuchsanlage TEXTOR, Isochron-Zyklotron, Kompaktzyklotron, Cooler-Synchrotron COSY (im Bau).

Organe: Gesellschafterversammlung, Aufsichtsrat (Vorsitz: Bundesvertreter), Wissenschaftlich-Technischer Rat mit zwölfköpfiger Hauptkommission, fünfköpfiger Vorstand.

Ressourcen: 3 581 Beschäftigte, 546,8 Mio DM (Soll 1989), dazu rund 10 % eigene Erträge, rund 5 % Projektförderungen.

(Kernforschungsanlage Jülich, Postfach 1913, 5170 Jülich 1). *Altenmüller*

Fraktographie.

Metallische Werkstoffe. Beschreibung und Beurteilung von Brüchen → metallischer Werkstoffe. Die makroskopischen und mikroskopischen Bruchmerkmale dienen zur Ermittlung der Bruchart, des Werkstoffverhaltens und der Beanspruchungsart vor allem bei der → Schadensanalyse.

Makrofraktographische Bruchmerkmale bei visueller Betrachtung, auch unter Zuhilfenahme einer Lupe bzw. eines Stereomikroskops, sind zunächst Bruchlage und Bruchrichtung in bezug auf die Bauteilgeometrie sowie Verformungen. Die → Bruchfläche wird gekennzeichnet durch Topographie und Rauhigkeit sowie Beläge, Anlauffarben und Tönungsunterschiede. Mattes, samtartiges, glänzendes oder glitzerndes (kristallines) Aussehen weist auf den → Versagensmechanismus hin. Topographische Merkmale wie Bruchlinien, Rastlinien, Absätze geben Hinweise auf Bruchausgang, → Rißwachstum und Bruchende. Die gesamte Erscheinungsform des Bruches läßt Schlüsse auf die Bruchart, z. B. Gewaltbruch, Dauerschwingbruch (→ Schwingfestigkeit), Zeitstandbruch (→ Zeitstandversuch), Bruch unter Beteiligung von → Korrosion sowie die Art der Belastung (Zug, Druck, Biegung, Torsion) zu (Bild 1). Die makroskopische Bruchausbildung kann darüberhinaus Erkenntnisse über das Werkstoffverhalten (zäh, spröd), die Werkstoffherstellung und -verarbeitung (Guß- oder Schmiedewerkstoff, → Wärmebehandlung) und über die Werkstoffhomogenität (Zeiligkeit, → Einschlüsse, Hohlräume) liefern.

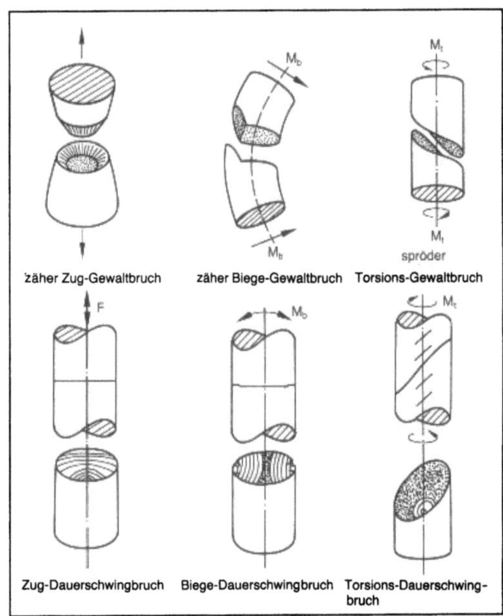

Fraktographie 1: Verschiedene Brucharten.

Im engeren Sinne versteht man unter F. die Mikrountersuchung von Bruchflächen mit dem → Rasterelektronenmikroskop (REM) bei fotographischer Dokumentation der Befunde.

Kennzeichnende Mikrostrukturen bei zügiger (statischer) mechanischer Beanspruchung sind transkristalline Brüche mit der Ausbildung von Waben (zäher Gewaltbruch) oder Spaltflächen (→ Sprödbruch, → Bruch, interkristallin/transkristallin). Transkristalline Bruchbahnen mit → Schwingstreifen sind Merkmale eines Dauerschwingbruches (Bild 2). Die Schwingstreifen sind

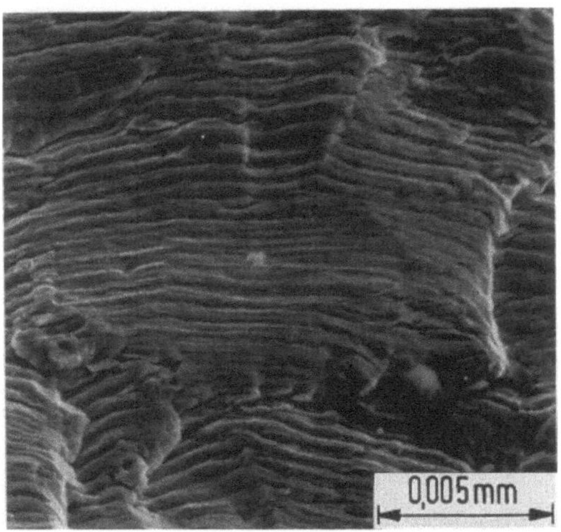

Fraktographie 2: Schwingstreifen im Dauerschwingbruch an Chrom-Nickel-Stahl (Austenit). (Quelle: MPA)

linienförmige Rißwachstumsmarkierungen quer zur Rißfortschrittsrichtung. In vielen Fällen entspricht ein Schwingstreifen einem Schwingspiel (Schwingfestigkeit). Bei transkristallinen Brüchen unter mechanischer und gleichzeitig chemischer Beanspruchung ($\rightarrow$ Spannungsrißkorrosion) treten Gleitstufen, Fächer- und Federstrukturen auf. Interkristalline Brüche entlang den Korngrenzen lassen die polygonalen Kornflächen erkennen, deren Feinstrukturen (Mikrowaben, Mikroporen, Haarlinien) Aufschluß über den Entstehungsmechanismus des Bruches geben.

Die Mikrofraktographie liefert zusätzlich Informationen über das $\rightarrow$ Gefüge ($\rightarrow$ Korngröße, Stengelkörner), $\rightarrow$ Ausscheidungen, $\rightarrow$ Einschlüsse, Hohlräume.

Zur F. kann noch die Untersuchung des Bruchverlaufes, der Bruchflanken und des umgebenden Gefüges im metallographischen Schliff mit den Hilfsmitteln der Lichtmikroskopie gezählt werden. *Kußmaul*

Literatur: VDI-Richtlinie 3822: Schadensanalyse. Düsseldorf. – *Engel, L.*, u. *H. Klingele:* Rasterelektronenmikroskopische Untersuchungen von Metallschäden. München 1982.

Nichtmetallische Werkstoffe. Visuelle Untersuchung von Bruchoberflächen zur Charakterisierung des Bruchverlaufs sowie zur Lokalisierung des Rißausgangspunkt.

Nichtmetallische anorganische Werkstoffe sind im Gegensatz zu Metallen außerordentlich zugspannungsempfindlich und zeichnen sich durch ihr $\rightarrow$ Sprödbruchverhalten aus. Bruchauslösend wirken dabei Materialfehler wie Kratzer, Poren, Risse, Mikrorisse, Korngrenzen etc., an denen es zu starken Zugspannungsüberhöhungen kommt ($\rightarrow$ *Griffith*-Bruchtheorie).

Durch visuelle Untersuchung der Bruchoberfläche bzw. des Bruchgefüges (je nach Werkstoff mit bloßem Auge oder hochauflösendem $\rightarrow$ Rasterelektronenmikroskop) können zum einen Rückschlüsse auf die Rißentstehung, zum anderen aber auch wichtige Informationen über den Rißverlauf und somit Erkenntnisse zur Gefügeoptimierung gewonnen werden. Je nach Rißausbreitungsgeschwindigkeit, $\rightarrow$ Porosität, grob- oder feinkörnigen $\rightarrow$ Gefüge, Einbau von Verstärkungskomponenten ($\rightarrow$ Verbundwerkstoffe, umwandlungsverstärkte $\rightarrow$ Oxidkeramik), Glasphasenanteil, Temperatur etc. können die Bruchgefüge ein sehr unterschiedliches Aussehen haben.

Für $\rightarrow$ Keramik gilt generell, daß bei einem langsamen Rißfortschritt (Ermüdungsbruch) der $\rightarrow$ Riß interkristallin verläuft, bei schneller Rißausbreitung der Riß jedoch transkristallin verläuft. Rückschlüsse aus fraktographischen Untersuchungen zur Gefügeoptimierung sind jedoch nur für den jeweils unter-

suchten Werkstoff zulässig und haben keine Allgemeingültigkeit. *Hessel/Hennicke*

Frank-Read-Quelle. Mechanismus zur Vergrößerung der Versetzungsdichte in Kristallen unter Last durch einen periodischen Vorgang; dieser besteht in der Ausbauchung, Umstülpung und Abschnürung eines Versetzungsteilstückes, welches an zwei Punkten einer Gleitebene verankert ist. Im Bild erkennt man die primäre Wirkung der angreifenden Schubspannung τ; das Versetzungsteilstück wird wie eine $\rightarrow$ Membran gedehnt. Im Teilschritt C stehen sich zwei Linienelemente mit verschiedenem Vorzeichen (s. Pfeilrichtung) gegenüber, wodurch sie sich anziehen und gegenseitig auslöschen. Auf diese Weise löst sich ein Versetzungsring ab; der Vorgang ist beliebig oft wiederholbar, solange die Schubspannung aufrechterhalten wird. Untergrenze ist $\tau = Gb/d^*$ ($\rightarrow$ Orowan-Spannung), wobei G der $\rightarrow$ Schubmodul, b der $\rightarrow$ Burgers-Vektor und d* der Abstand der beiden Verankerungspunkte in der Gleitebene ist. *Ilschner*

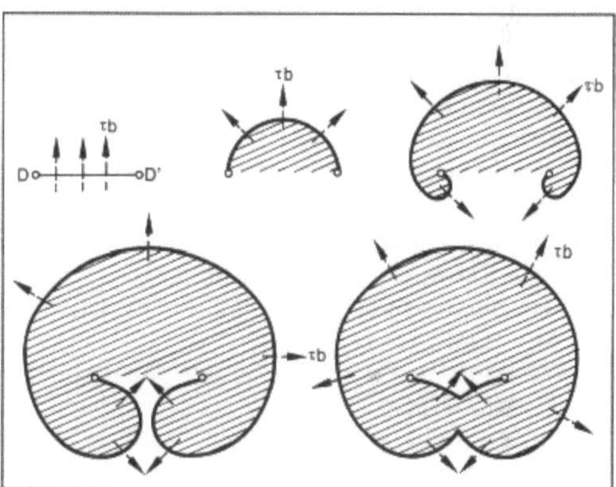

Frank-Read-Quelle: Reproduzierbare Erzeugung von Versetzungsringen durch Spannungseinwirkung auf eine F.-R.-Q.

Literatur: *Haasen, P.:* Physikalische Metallkunde. Berlin–Heidelberg 1984.

Fräsen $\rightarrow$ Oberflächenbehandlung

Fraunhofer-Gesellschaft zur Förderung der angewandten Forschung e. V. (FhG). Trägerorganisation von Instituten für natur- und ingenieurwissenschaftliche angewandte Forschung, Vertragsforschung für Wirtschaft und öffentliche Hand, wissenschaftliche Dienstleistungen, verteidigungsbezogene Forschung.

Die FhG betreibt in 27 Vertragsforschungsinstituten Auftragsforschung für Wirtschaft und öffentliche Hand; Schwerpunkte sind FuE für mittelständische Unternehmen und Projektförderung im Rahmen staatlicher Programme sowie Verbundforschung mit Wirtschaftsunternehmen und anderen Forschungseinrichtungen. Eigenforschungsvorhaben sollen die wissenschaftliche Qualität erhalten und neue Forschungsbereiche im Vorfeld von Auftrags- und Projektforschung erschließen. In sechs Fraunhofer-Instituten (FhI) wird Ressortforschung für den Bundesminister der Verteidigung betrieben. Zwei Einrichtungen üben Servicefunktionen aus.

Die Einrichtungen der FhG sind neun Fachbereichen zugeordnet (mit einigen Mehrfachzuordnungen):

□ Mikroelektronik (1987: 475 Beschäftigte, 63 Mio. DM):

FhI für Angewandte Festkörperphysik, Freiburg; Festkörpertechnologie, München; Mikrostrukturtechnik, Berlin; Mikroelektronische Schaltungen und Systeme, Duisburg; Fraunhofer-Arbeitsgruppe für Integrierte Schaltungen, Erlangen.

□ Informationstechnik (328 Beschäftigte, 44 Mio. DM), sowie

□ Produktionsautomatisierung (441 Beschäftigte, 59 Mio. DM):

FhI für Informations- und Datenverarbeitung, Karlsruhe; Produktionstechnik und Automatisierung (IPA), Stuttgart; Produktionsanlagen und Konstruktionstechnik, Berlin; Arbeitswirtschaft und Organisation, Stuttgart; Transporttechnik und Warendistribution, Dortmund; Physikalische Meßtechnik, Freiburg; Fraunhofer-Arbeitsgruppe für Graphische Datenverarbeitung, Darmstadt; Technologie-Entwicklungsgruppe Stuttgart.

□ Fertigungstechnologien (235 Beschäftigte, 31 Mio. DM), sowie

□ Werkstoff- und Bauteilverhalten (542 Beschäftigte, 72 Mio. DM):

FhI für Produktionstechnologie, Aachen; Lasertechnik, Aachen; Betriebsfestigkeit, Darmstadt-Kranichstein; Zerstörungsfreie Prüfverfahren, Saarbrücken; Werkstoffmechanik, Freiburg; Angewandte Materialforschung, Bremen-Lesum; Silicatforschung, Würzburg; Fraunhofer-Forschungsgruppe für Hydroakustik, Ottobrunn.

□ Verfahrenstechnik (350 Beschäftigte, 47 Mio. DM), sowie

□ Energie- und Bautechnik (266 Beschäftigte, 35 Mio. DM):

FhI für Treib- und Explosivstoffe, Pfinztal-Berghausen; Grenzflächen- und Bioverfahrenstechnik, Stuttgart; Lebensmitteltechnologie und Verpackung, München; Solare Energiesysteme, Freiburg; Bauphysik, Stuttgart und Holzkirchen; Kurzzeitdynamik (Ernst-Mach-Institut), Freiburg; Holzforschung (Wilhelm-Klauditz-Institut), Braunschweig und Stuttgart.

□ Umweltforschung (386 Beschäftigte, 51 Mio. DM): FhI für Toxikologie und Aerosolforschung, Hannover; Umweltchemie und Ökotoxikologie, Schmallenberg/Grafschaft; Atmosphärische Umweltforschung, Garmisch-Partenkirchen.

□ Technisch-wirtschaftliche Studien/Fachinformation (197 Beschäftigte, 26 Mio. DM):

FhI für Systemtechnik und Innovationsforschung (ISI), Karlsruhe; Naturwissenschaftlich-Technische Trendanalysen, Euskirchen; Patentstelle für die Deutsche Forschung (PST), München; Informationszentrum Raum und Bau, Stuttgart (IRB, Fachinformationseinrichtung); Historische Fraunhofer-Glashütte, Benediktbeuren.

Organe, Gremien: Mitgliederversammlung (rund 600 Mitglieder), Senat (Grundzüge der Forschungspolitik, Forschungs- und Ausbauplanung, Errichtung bzw. Auflösung der Institute), Vorstand (Präsident und zwei weitere Vorstandsmitglieder), Hauptverwaltung, Wissenschaftlich-Technischer Rat (Mitglieder der Institutsleitungen und Vertreter der technisch-wissenschaftlichen Mitarbeiter), Institutskuratorien.

Ressourcen (1987): Aufwand 428 Mio. DM, Erlöse 240 Mio. DM; bei den 27 Vertragsforschungsinstituten rund 65 % eigene Erträge, 35 % erfolgsabhängige institutionelle Förderung (90 % vom Bund/BMFT, 10 % von sieben Ländern); bei den zwei Dienstleistungseinrichtungen (PST und IRB) 25 % eigene Erträge, 75 % institutionelle Förderung; die sechs Einrichtungen für verteidigungsbezogene Forschung werden zu 100 % vom Bund (BMVg) finanziert. 2840 Mitarbeiter, davon 1109 Forscher. (Fraunhofer-Gesellschaft zur Förderung der angewandten Forschung e. V., Leonrodstraße 54, 8000 München 19). *Altenmüller*

Freibewitterung. Naturversuche zur Ermittlung des Korrosionsverhaltens ungeschützter und mit Überzügen oder Beschichtungen geschützter Metalle bei atmosphärischer Beanspruchung (→ Korrosion, atmosphärische). Da die klimatischen Bedingungen und die Zusammensetzung der Atmosphäre örtlichen und zeitlichen Schwankungen unterliegen, sind Langzeitversuche (mind. ein Jahr) unter F. am jeweiligen Prüfort durchzuführen. Die Prüfbedingungen sind in DIN 50917 festgelegt. *Wendler-Kalsch*

Freie Weglänge → Diffusion

Freiflächenverschleiß. → Verschleiß, der von der Freifläche eines Schneidwerkzeuges ausgeht. Als → Verschleiß-Meßgröße dient die Verschleißmarkenbreite VB (Bild). *Habig*

Freiformen. F. ist eine Untergruppe des Umformens (DIN 8580) und ist als → Druckumformen mit nicht oder nur teilweise die Form des Werkstücks enthaltenden, gegeneinander bewegten Werkzeugen definiert. Die Werkstückform entsteht dabei durch freie oder programmgesteuerte Relativbewegung zwischen Werkzeug und Werkstück, sog. kinematische → Gestalterzeugung.

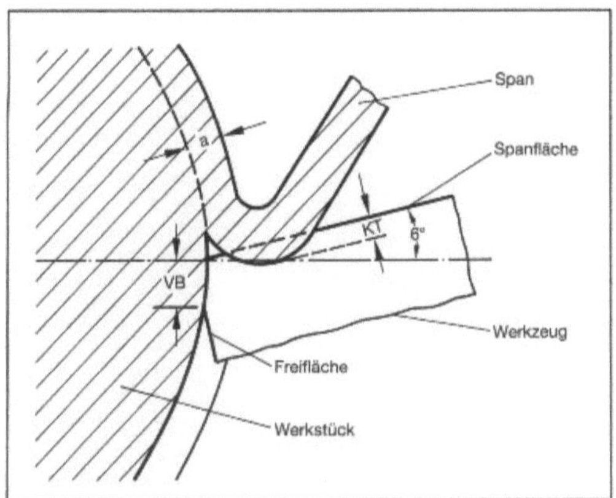

Freiflächenverschleiß: Verschleiß eines Zerspanungswerkzeuges.

Nach DIN 8583, Bl. 3, zählen zum F. die Verfahren Recken, Rundkneten, Breiten, → Stauchen, → Treiben, Schweifen und Dengeln mit einer Reihe von Unterverfahren z. B. beim Recken (Bild 1) und Stauchen (Bild 2).

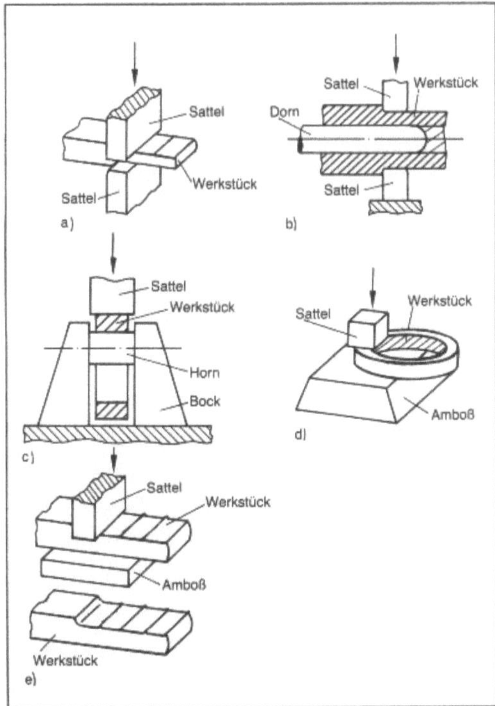

Freiformen 1: Verfahren des Reckens. (Quelle: DIN 8583, Bl. 3).
a) Recken von Vollkörpern
b) Recken von Hohlkörpern
c) Aufweiten
d) Beihalten
e) Absetzen.

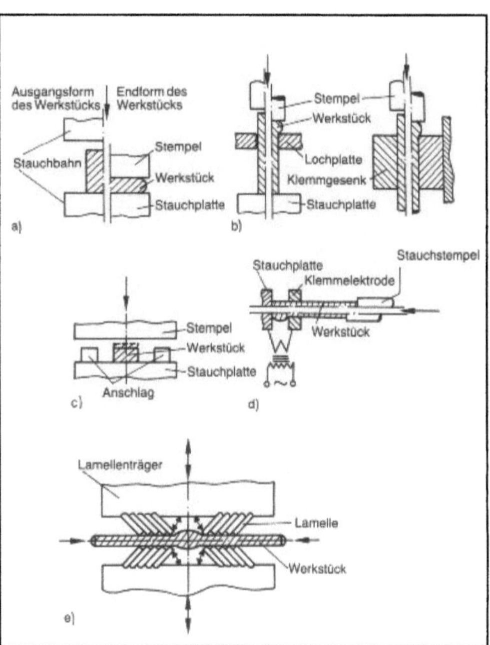

Freiformen 2: Verfahren des Stauchens. (Quelle: DIN 8583, Bl. 3).
a) Stauchen
b) Anstauchen (Wirkrichtung der Druckkraft in Wirkrichtung der Umformmaschine)
c) Maßprägen
d) Elektroanstauchen
e) Anstauchen (Wirkrichtung der Druckkraft senkrecht zur Wirkrichtung der Umformmaschine).

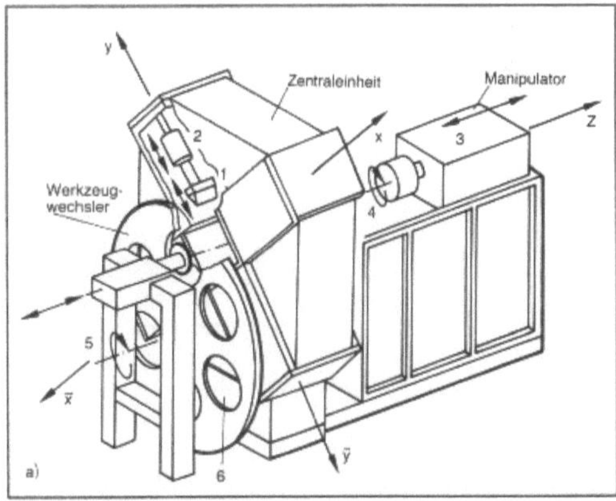

Freiformen 3: Numerisch gesteuertes Radialumformen. Flexible Radialumformmaschine.

(Inst. f. Umformtechnik, Universität Stuttgart) Technische Daten: Stößelnennkraft 500 kN, Stößelgeschwindigkeit 50 mm/s, Stößelhub max. 50 mm. Werkstückabmessungen max. 150 x 150 x 800 mm, Werkzeugkapazität 6 Werkzeuge (davon 5 im Speicher)
Zentraleinheit: 1 Hub (hydraulisch), 2 Hublage (mechanisch);
Manipulator: 3 Vorschub, 4 Drehen, Werkzeugwechsel: 5 Wechselbewegung, 6 Speicherposition

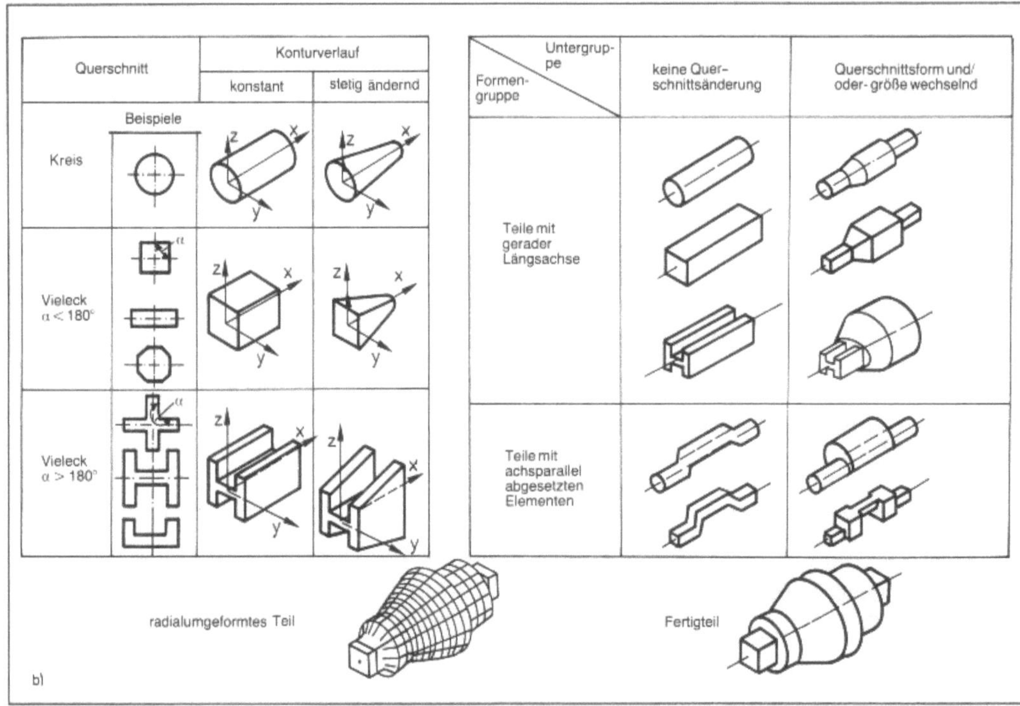

Freiformen 4: Numerisch gesteuertes Radialumformen: Werkstückgeometrie-Spektrum.

Die Freiformverfahren sind die Grundverfahren des Freiformschmiedens und haben daneben auch für die Vor- und Zwischenformung beim Gesenkschmieden eine große Bedeutung. Unter dem Einfluß numerischer Steuerungen haben sich Freiformverfahren z. T. zu wirtschaftlichen und genauen neuen Technologien, z. B. NC-Radialumformen mit neuen Maschinenkonzepten, entwickelt (Bild 3, 4).

Die Freiformverfahren sind die Kernverfahren des Freiformschmiedens (→ Schmieden). *Lange*

Literatur: *Lange, K.:* NC-Radial Forging – a new concept in flexible automated manufacturing of precision forging in small quantities. Proc. 25th MTDR Conf. University of Birmingham. 1985. – *Lange, K.:* Umformtechnik. Handb. f. Ind. u. Wiss. Bd. 1: Grundlagen Bd. 2: Massivumformung. Berlin, Heidelberg, New York, Tokio 1984/1988.

Fremdatom. Allgemeine, nicht streng definierte Bezeichnung für Atome, die nicht zur Grundzusammensetzung eines Festkörpers gehören (also nicht Legierungsatome im engeren Sinne sind) und die atomar gelöst sind. Wegen ihrer von der Matrix verschiedenen Eigenschaften (Atomradius, Elektronenkonfiguration, Bindungskräfte) haben sie die Tendenz, mit Punktfehlstellen, Versetzungen und inneren Grenzflächen in Wechselwirkung zu treten. In der Regel reichern sie sich an Versetzungen und Grenzflächen an bzw. bilden Leerstelle-Fremd-atom-Paare. Insofern beeinflussen sie deren → Beweglichkeit und üben einen überproportional hohen Einfluß auf die kritische Schubspannung, die → Rekristallisation, das Ummagnetisierungsverhalten der Ferromagnetika, die optischen und elektrischen Eigenschaften der Halbleiter aus (Störstellen, Farbzentren). Diese Beobachtung hat zu erheblichen Bemühungen um die Herstellung fremdatomfreier Reinststoffe geführt. *Ilschner*

Fremdrost. Ablagerung von → Rost, der nicht an der betreffenden Stelle entstanden, sondern aus vorgeschalteten Apparaten, vornehmlich aus Rohrleitungen eingeschleppt wurde. An → metallischen Werkstoffen wird durch F. eine örtlich beschleunigte → Korrosion unterhalb der Rostablagerung ausgelöst, die unter Umständen bis zur vollständigen Perforation einer Blechwandung oder eines Rohres führen kann. Diese Art einer → Lokalkorrosion wird je nach den vorliegenden Bedingungen durch unterschiedliche Belüftung (→ Belüftungselement) oder → Spaltkorrosion verursacht. *Wendler-Kalsch*

Fremdstrom. Als F. bezeichnet man den beim elektrochemischen Korrosionsschutz durch Fremdstromschutzanlagen aufgeprägten Schutzstrom (→ Korrosionsschutz, elektrochemischer).

Wendler-Kalsch

Frenkel-Defekt. Spezieller Gitterdefekt, der dadurch entsteht, daß ein Atom von seinem Gitterplatz weggestoßen und auf einem →Zwischengitterplatz deponiert wird. Der F.-D. besteht also einem Defekt-Paar von →Leerstelle und Zwischengitterplatz. Da die →Bildungsenthalpie des Frenkel-Paares sehr hoch ist, wird der Defekt praktisch nicht im thermischen →Gleichgewicht gebildet, sondern entsteht als Folge interner Verlagerungsstöße durch energiereiche Teilchen bzw. sekundäre Rückstoßatome (→Strahlenschäden). *Ilschner*

Fressen. Starke Schädigung (Aufrauhung, Zerklüftung) der Oberflächenbereiche sich berührender Körper bei überhöhten tribologischen Beanspruchungen durch →Adhäsion. F. kann zum spontanen Festsitzen (Festfressen) der Bewegungssysteme von Maschinen führen, wenn die →Schmierung versagt. *Habig*

Fretz-Moon-Anlage →Fretz-Moon-Rohrschweißverfahren

Fretz-Moon-Rohrschweißverfahren. Das F.-M.-R. ist ein Feuer-Preßschweißverfahren, welches nach seinen Erfindern *Fretz* und *Moon* benannt wurde. Bei diesem Verfahren wird das auf Schweißtemperatur erwärmte →Stahlband mit kalibrierten Walzen kontinuierlich zu einem Schlitzrohr umgeformt und die unter Druck zusammengepreßten Kanten durch sog. „Feuerpreßschweißen" miteinander verbunden (Bild). So können Stahlrohre mit Außendurchmessern zwischen 40 mm und 114 mm hergestellt werden.

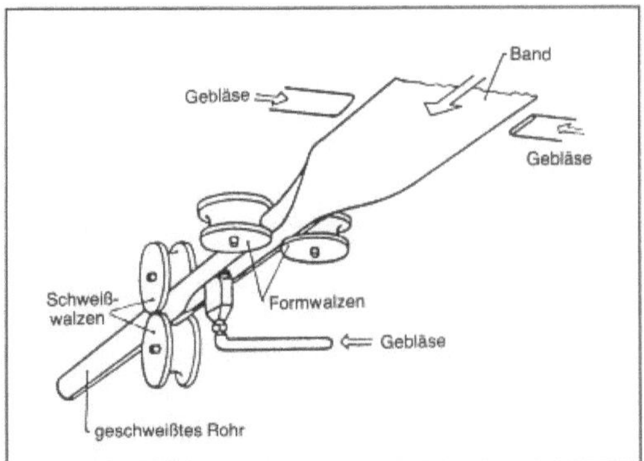

Fretz-Moon-Rohrschweißverfahren: Schematische Darstellung.

Das in einer automatisierten Rohrschweißanlage ablaufende Verfahren ist in neuzeitlichen Produktionslinien mit dem Streckreduzier-Walzverfahren zu einer Verfahrenskette verbunden. Dabei wird das als Vormaterial dienende, zu Bunden aufgewickelte, Stahl-Warmband mit verhältnismäßig großer Geschwindigkeit abgehaspelt und in Schlingen gespeichert. Damit wird eine Beeinträchtigung des kontinuierlichen Fertigungsablaufes durch das stumpfe Anschweißen des jeweils folgenden Bandanfanges des nächsten Bundes vermieden. Das so zu einer unbegrenzten Länge aneinandergeschweißte Stahlband wird durch einen Tunnelofen geführt und auf hohe Temperatur erwärmt. Seitlich angeordnete Brenner erhöhen die Temperatur an den Bandkanten gegenüber der Bandmitte in einer Größenordnung von etwa 150 °C auf Schweißtemperatur. In einem folgenden Walzaggregat wird das kontinuierlich einlaufende Stahlband zum Schlitzrohr geformt und dessen Umfang in dem nachfolgenden 90° versetzten Schweißwalzaggregat geringfügig (etwa 3 %) verkleinert. Der so entstehende Stauchdruck führt zum Verschweißen der zusammengepreßten Kanten. Das Schweißgefüge wird in den nachfolgenden, jeweils 90° versetzten Reduzier-Walzgerüsten zum Kalibrieren des Stahlrohres noch weiter verdichtet.

Bei modernen Fretz-Moon-Anlagen wird der endlose Rohrstrang in gleicher Hitze unmittelbar in einer in der Auslauflinie angeordneten Streckreduzier-Walzanlage zu Rohren verschiedener Durchmesser bis etwa 13 mm heruntergewalzt, die anschließend in Einzellängen zerteilt auf Kühlbetten abgelegt werden. Diese Kombination hat den Vorteil, daß die Fretz-Moon-Anlage mit konstantem Rohrdurchmesser arbeiten kann und das aufwendige Umstellen der Anlage entfällt. *Baumann*

Frischbeton. →Beton.
□ Verarbeitbarkeit. Die Verarbeitbarkeit des F. hängt von der →Viskosität und Menge des Zementleims sowie von der →Kornzusammensetzung und →Kornform des Zuschlags ab. Sie läßt sich weiterhin durch →Betonzusätze (→Betonzusammensetzung), vor allem durch Betonverflüssiger, Fließmittel, LP-Mittel und Flugasche, günstig verändern. Die Verarbeitbarkeit bestimmt das Verhalten des F. unter äußerer Beanspruchung beim →Mischen, Transportieren, Einbringen und Verdichten, und sie muß daher auf die dazu benutzten Geräte abgestimmt werden. Die Verarbeitbarkeit ist eine komplexe, physikalisch nicht genau definierbare rheologische Eigenschaft, die die Begriffe Mischbarkeit, Transportierbarkeit (Widerstand gegen Entmischen beim Transport) und Verdichtbarkeit umschließt. Sie läßt sich daher auch nicht physikalisch bestimmen. Statt dessen prüft man die →Konsistenz. Hierzu gibt es zahlreiche Verfahren, die je nach Prüfgerät und Versuchsablauf mehr oder weniger zu einem der o. g. Begriffe neigen. Außer der Druckfestigkeit ist die Konsistenz eine maßgebende Betoneigenschaft, die man bei der Bestellung angeben muß. Ihre Wichtigkeit wird durch die Angabe der Konsistenzgruppen steif KS, plastisch KP, weich (Regelkonsistenz KR) und fließfähig KF in der

Stahlbetonnorm DIN 1045 und durch die Festlegung von Prüfverfahren (Ausbreitversuch, Verdichtungsversuch) in der Betonprüfnorm DIN 1048 unterstrichen.

□ Verdichten. Würde der F., vor allem bei steifer und plastischer Konsistenz nach dem Einbringen ohne weitere Bearbeitung erhärten, so enthielte der Festbeton Luftporen, die den Zementsteinporenraum vergrößern und damit fast alle Betoneigenschaften negativ beeinflussen (→ Zementstein). Da der Zementstein i. a. rd. ⅓ des Betonvolumens einnimmt, entspricht etwa 1 % Luftporen im Beton 3 % Poren im Zementstein, was wiederum die Druckfestigkeit um rd. 10 % und demgemäß auch die → Dauerhaftigkeit vermindert. Es ist also notwendig, den F. mit geeigneten Geräten und Verfahren möglichst vollkommen zu verdichten. Hierzu genügt beim Fließbeton (→ Betonzusatz) leichtes Stochern, während beim steifen Beton kräftiges Rütteln notwendig ist. Beim Rütteln werden die statischen Kräfte aufgehoben. Der Beton verhält sich ähnlich wie eine Flüssigkeit: Die schweren Teile sinken nach unten und nehmen eine dichtere Lagerung ein. Daher darf Rüttelbeton nicht zu weich sein, da er sich sonst beim Rütteln entmischt.

□ Porenraum. Der Porenraum des F. besteht aus Verdichtungsporen, die bei unvollkommener Verdichtung auftreten und ggf. aus Mikroluftporen, die künstlich in den F. eingeführt werden (→ Betonzusatz). Aus Dichte bzw. Rohdichte der Betonausgangsstoffe → Zement, Zuschlag, Wasser und ggf. Zusatzstoff kann man die Soll-Rohdichte des F. und dann im Vergleich mit der an Frischbetonproben ermittelten Rohdichte den Luftporengehalt berechnen. Der Porenraum in einem gut verdichteten F. liegt zwischen 0 und 2 %. Bei einem Beton mit Mikroluftporen wird der Luftporengehalt mit einem Luftporenprüfgerät über die Zusammendrückbarkeit der im Beton vorhandenen Luft bestimmt.

Wesche

Literatur: *Wesche, K.:* Baustoffe für tragende Bauteile. Bd. 2; 2. Aufl. Wiesbaden 1981; s. bes. S. 181/84.

Frischbetonprüfung. Prüfung der Eigenschaften und Zusammensetzung von → Mörtel oder → Beton im frischen, noch verarbeitungsfähigen Zustand.

Die wichtigste Kenngröße für die Verarbeitbarkeit und die Eignung für bestimmte Betoniermaßnahmen ist die → Konsistenz. Sie wird i. a. mit dem Ausbreitversuch nachgewiesen. Dabei wird mittels einer Kegelstumpfform eine bestimmte Betonmenge auf einen Ausbreittisch aufgesetzt und durch definierte Stoßbewegungen ausgebreitet. Der mittlere Durchmesser der ausgebreiteten Betonmenge stellt das Ausbreitmaß a dar. Bei steifen Betonen oder Splittbeton kann statt des Ausbreitversuchs ein Ver-

dichtungsversuch zweckmäßig sein, wobei ein sich im Prüfbehälter einstellendes Absetzmaß in ein Verdichtungsmaß v umgerechnet wird. International ist der sog. *slumptest* weit verbreitet, der eine Ähnlichkeit mit dem Ausbreitversuch aufweist. Als Meßgröße dient dabei die durch die Stoßbewegungen der Aufsetzfläche verursachte Verringerung der Höhe des Kegelstumpfes gegenüber dem Ausgangszustand.

Mit den Versuchswerten a oder v kann der Frischbeton den in DIN 1045 definierten Konsistenzbereichen zugeordnet werden: KS steifer Beton, KP plastischer Beton, KR Regelkonsistenz (a = 42 bis 48 cm), KF fließfähiger Beton.

Neben rste Beurteilung über die spätere Betongüte.

□ Temperatur: Sie gibt Aufschluß über die zu erwartende Erhärtungs- und Festigkeitsentwicklung.

□ Luftgehalt als Maß für die erreichbare Verdichtung oder zur Kontrolle der Wirksamkeit eines luftporenbildenden Zusatzmittels. Die Bestimmung erfolgt in einem für diese Prüfung konstruierten LP-Topf.

□ Wasser-Zement-Wert als Kontrollmaß für die späteren Betoneigenschaften. Er wird entweder im *Darr*versuch (Trocknung des Betons) oder durch das Verfahren von *Thaulow* (Ermittlung des Gewichts des entlüfteten Betons in Wasser) bestimmt.

Rehm/Neubert

Literatur: DIN 1048 Teil 1

Frischen. Hüttenmännischer Ausdruck für die → Umwandlung von Roheisen- oder Schrottschmelzen in → Stahl. Die unerwünscht hohen Gehalte an Begleitelementen, → Kohlenstoff, → Mangan, → Silicium, Phosphor, → Schwefel, werden beim F. durch → Oxidation abgesenkt. Aus dem spröden und nicht verformbaren Roheisen wird der „gefrischte" verformbare Stahl.

Rellermeyer

Frischluft-Abluft-Trocknung → Holztrocknung

Frischmörtelprüfung → Frischbetonprüfung

Fritte.

1. Ein körniges meist in Wasser oder Luft abgeschrecktes Schmelzprodukt eines → Glas-, → Email- oder Glasurgemenges.

In der Glasstruktur der F. können wasserlösliche (z. B. Soda, Borax etc.) oder giftige Stoffe (z. B. Bleiverbindungen) als unlösliche bzw. ungiftige Rohstoffe fest eingebunden werden. Die in den F. eingebundenen giftigen und/oder wasserlöslichen Rohstoffe sind zur Erzielung bestimmter Effekte wie Farbgebung, Erweichungs- und Fließverhalten beim Glasieren oder → Emaillieren oft unentbehrlich. Der Vorgang der Frittenherstellung umfaßt die

Versatzeinwaage, das → Mischen, Aufschmelzen, Abkühlen und Granulieren – meist durch → Abschrecken in Wasser verbunden durch gleichzeitiges Auswaschen der löslichen Reste. Zur Weiterverarbeitung in Glasuren oder Emails werden die F. fein aufgemahlen.

2. Filterkörper aus granuliertem Glas, der durch vorsichtiges Erhitzen von Glaspulver entsteht, so daß die Partikeloberflächen aneinander haften.

Meist sog. Glasfritten, die als Glasfilter mit bestimmten Porenradien hergestellt werden können und in Laborfiltrationsgeräten Anwendung finden. *Hesse/Hennicke*

Fritten. Zusammenbacken eines Glas-, Keramik- oder Metallpulvers durch Erhitzen bis zum teilweisen Anschmelzen. Frittenporzellan heißt eine aus Glaspulver hergestellte durchscheinende Vorläuferform des echten Porzellans. Als Glasfritte bezeichnet man ein Glaspulver, das zum Aufschmelzen von Glasuren und Emails verwendet wird. Auch ein Filter-Laborgerät, in welchem der Filter aus einer porösen Glas- oder Porzellanmasse besteht, wird als Fritte bezeichnet. In der Elektrotechnik bezeichnet f. den Vorgang der Herstellung eines elektrischen Kontakts, wenn eine (Oxid-)Fremdschicht mit Hilfe eines elektrischen Durchschlags zerstört wird. *Hubert*

Frühholz → Holz

Fügen. Unter F. werden im fertigungstechnischen Sinne alle diejenigen Verfahren zum Herstellen von Verbindungen zusammengefaßt, bei denen durch Zusammenbringen von zwei oder mehr Werkstücken geometrisch bestimmter fester Form oder von ebensolchen Werkstücken mit formlosem Stoff jeweils örtlich und somit im Ganzen ein höherer Zusammenhalt geschaffen wird. Hierzu zählt auch das F. verschiedener Stellen eines und desselben Körpers, z. B. eines Rings. Mit Ausnahme derjenigen Fertigungsverfahren, bei denen durch Aufbringen von Schichten aus formlosen Stoffen keine makrogeometrischen Formveränderungen während des Fertigungsablaufs erzeugt werden, sind die Fügeverfahren nach DIN 8593 (Bild 1), nach den Oberbegriffen Zusammensetzen, Füllen, An- und Einpressen, F. durch → Urformen, → Umformen, → Schweißen, → Löten, durch → Kleben sowie textiles F. geordnet. Die Fügeverfahren haben insbesondere in der Montagetechnik große Bedeutung.

Zusammensetzen ist das Zusammenbringen von Werkstücken durch Auflegen, Einlegen, Ineinanderschieben, Einhängen, Einrenken und federnd Einspreizen. Das Verbleiben im gefügten Zustand wird i. a. durch Schwerkraft, Kraftschluß, Formschluß oder Kombinationen davon bewirkt (Bild 2).

Füllen ist eine Sammelbenennung für das Einbringen von gas- oder dampfförmigen, flüssigen, breiigen oder pastenförmigen, ferner von festen, pulverigen oder körnigen Stoffen oder kleinen Körpern in hohle oder poröse Körper.

Zum An- und Einpressen zählen die Fügeverfahren, bei denen die Fügeteile sowie etwaige Hilfsfügeteile nur elastisch verformt werden und unge-

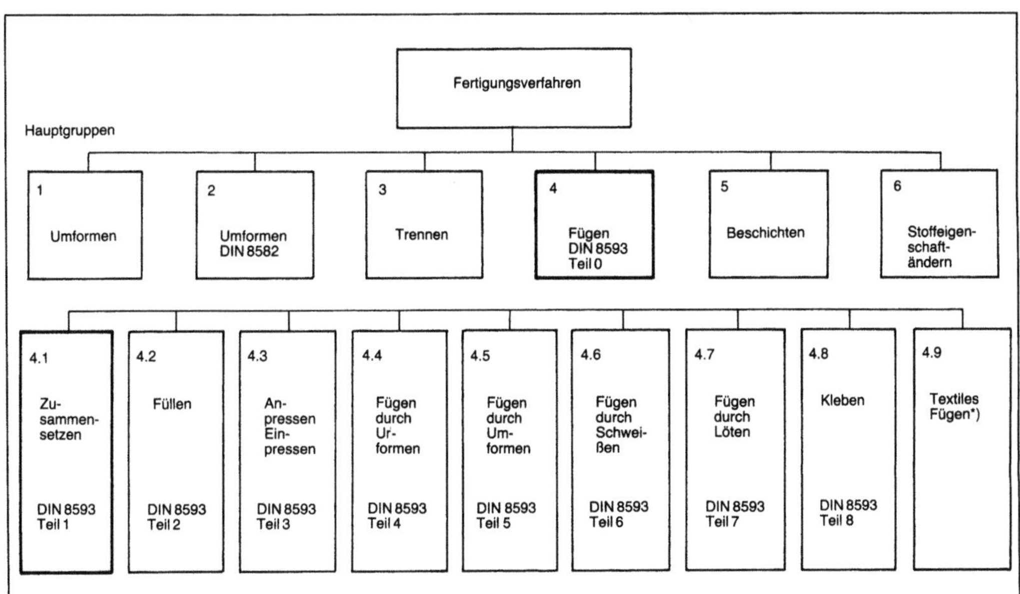

Fügen 1: Einteilung der Fügeverfahren. (Quelle: DIN 8593)

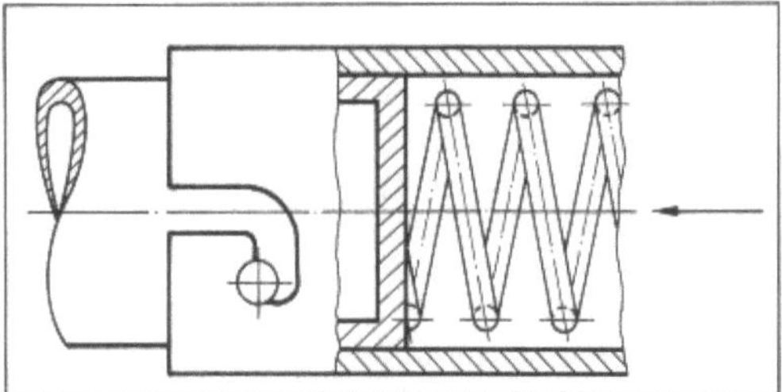

Fügen 2: Einrenken. (Quelle: DIN 8593)

wolltes Lösen durch Haftkraft verhindert wird. Hierzu gehört das Schrauben (Bild 3), das Klemmen (Bild 4), das Klammern (Bild 5), das F. durch Preßverbindung (Bild 6) sowie das Nageln, Verkeilen und das Verspannen (Bild 7).

F. durch Urformen ist ein Oberbegriff für die Verfahren, bei denen zu einem Werkstück ein Ergänzungsstück aus formlosem Stoff gebildet wird (z. B. → Ausgießen einer Lagerschale in einem Gehäuse) oder bei denen mehrere Fügeteile durch dazwischengebrachten formlosen Stoff verbunden oder in den formlosen Stoff Metallteile o. ä. (z. B. zum Erhöhen der → Festigkeit) eingelegt werden (Bild 8, 9).

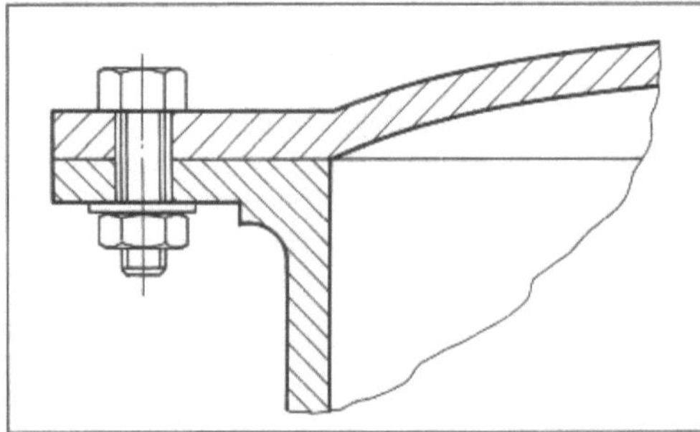

Fügen 3: Schrauben.

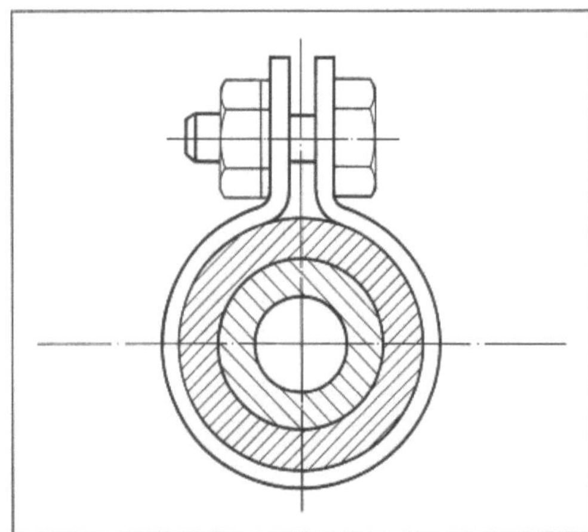

Fügen 4: Klemmen.

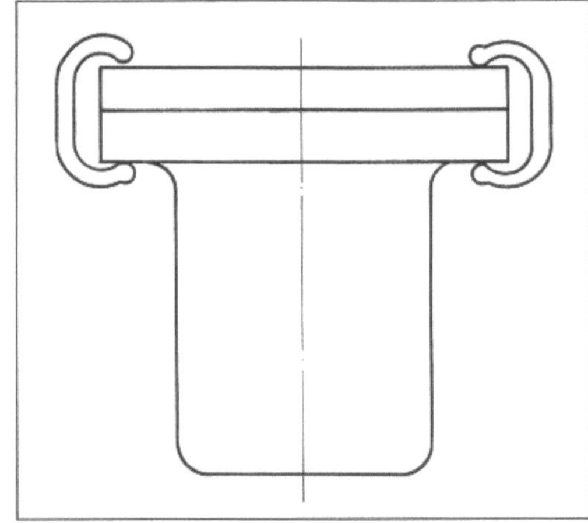

Fügen 5: Klammern.

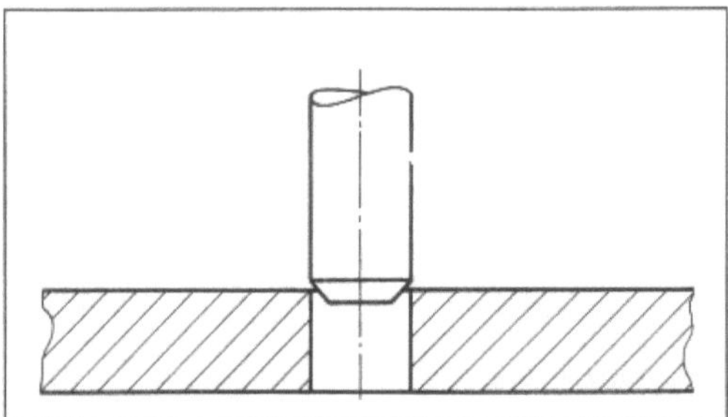

Fügen 6: Verstiften.

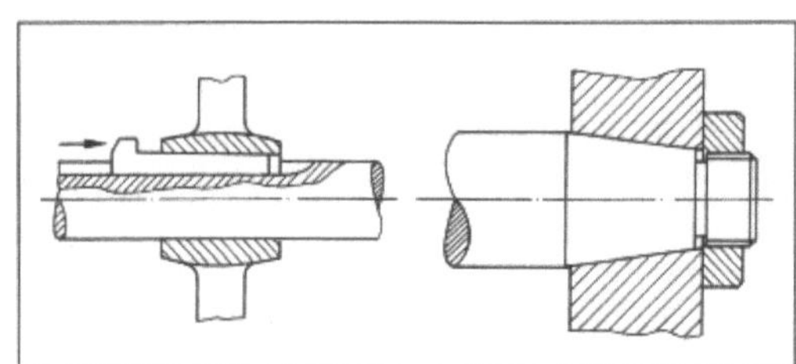

Fügen 7: Verkeilen und Verspannen. (Quelle: DIN 8593)

Das F. durch Umformen umfaßt Verfahren, bei denen die Fügeteile oder Hilfsfügeteile örtlich oder auch ganz umgeformt werden. Die Umformkräfte können mechanischer, hydraulischer, elektro-magnetischer Natur sein. Die Verbindung ist durch Formschluß gegen ungewolltes Lösen gesichert. Hierzu zählt das Drahtflechten (Bild 10), das gemeinsam → Verdrehen, Verseilen, Spleißen, Knoten und → Wickeln mit Draht (Bild 11), das Körnen und Kerben (Bild 12), das → Fließpressen, Ummanteln, → Weiten, Engen, Bördeln, Umwickeln, Verlappen, gemeinsam → Biegen oder Verdrehen und Einspreizen (Bild 13 bis 16) sowie das Nieten (Bild 17).

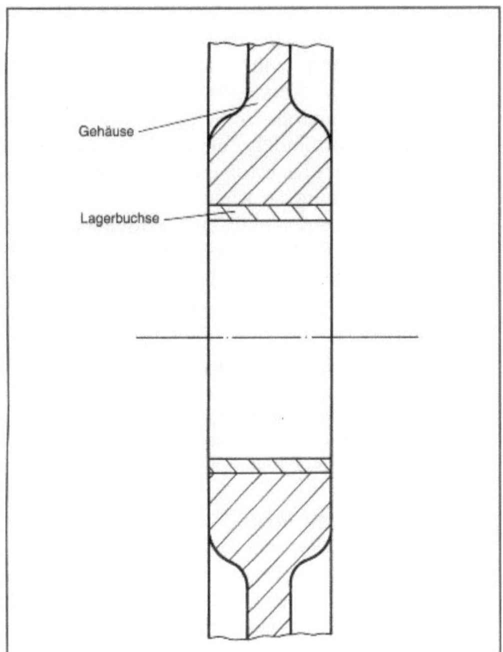

Fügen 8: Ausgießen einer Lagerschale in einem Gehäuse.

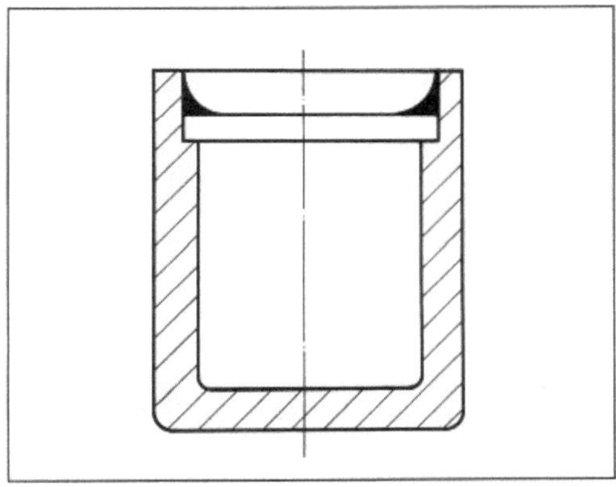

Fügen 9: Vergießen eines Deckels. (Quelle: DIN 8593)

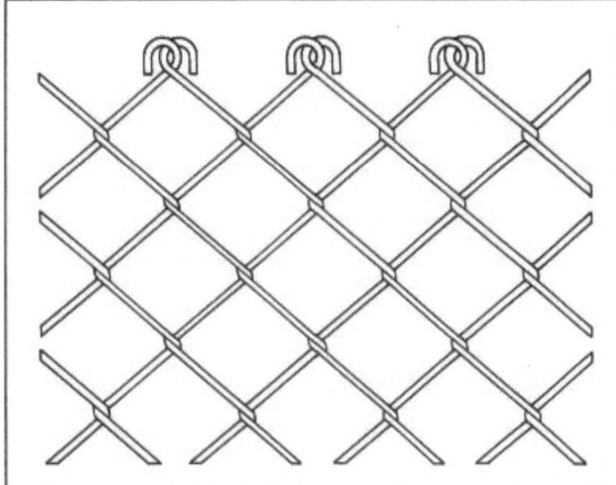

Fügen 10: Drahtflechten.

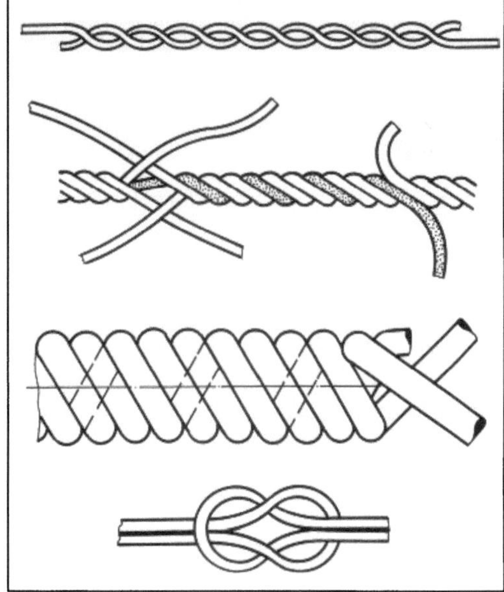

Fügen 11: Verdrehen, Verseilen, Spleißen und Knoten.

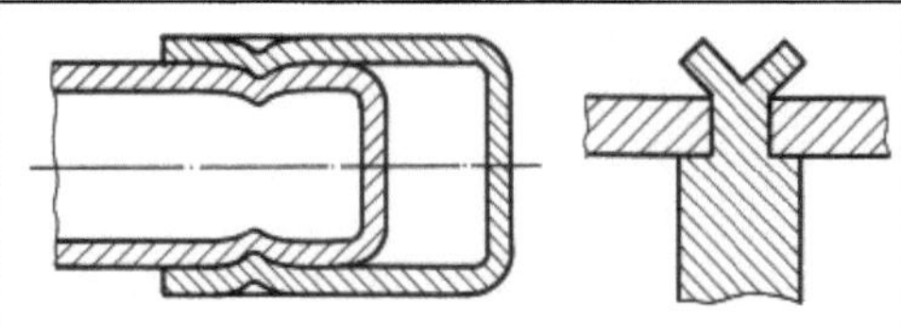

Fügen 12: Körnen und Kerben.

F. durch Schweißen ist das Vereinigen von Werkstoffen in der Schweißzone unter Wärme und/oder Kraft mit oder ohne →Schweißzusatz. Es kann durch Schweißhilfsstoffe, z. B. Schutzgase, →Schweißpulver oder Pasten, ermöglicht oder erleichtert werden. Die dazu nötige Energie wird von außen zugeführt. Das Schweißen wird sowohl zum F. (→Verbindungsschweißen) als auch zum →Beschichten (Auftragsschweißen) verwendet. Nach DIN 1910 unterscheidet man als Oberbegriffspaare das Metall- und →Kunststoffschweißen, das Schmelz- und →Preßschweißen.

Das F. durch Löten ist nach DIN 8505 ein thermisches Verfahren zum stoffschlüssigen F. (→Verbindungslöten) und Beschichten (→Auftragslöten) von Werkstoffen, wobei eine flüssige Phase durch →Schmelzen eines Lotes (Schmelzlöten) oder durch →Diffusion an der Grenzfläche Lot-Grund-

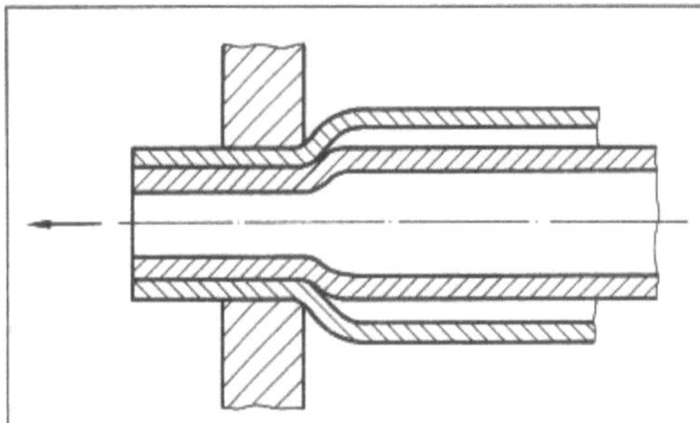

Fügen 13: Ummanteln.

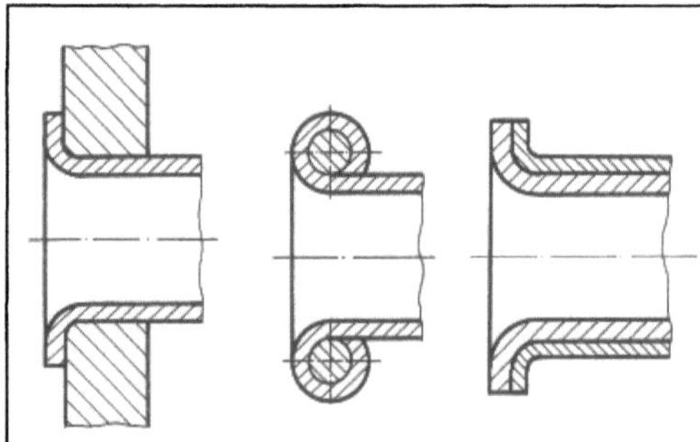

Fügen 14: F. durch Bördeln.

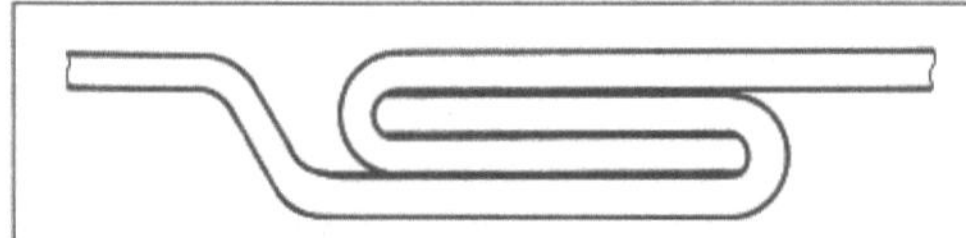

Fügen 15: Falzen.

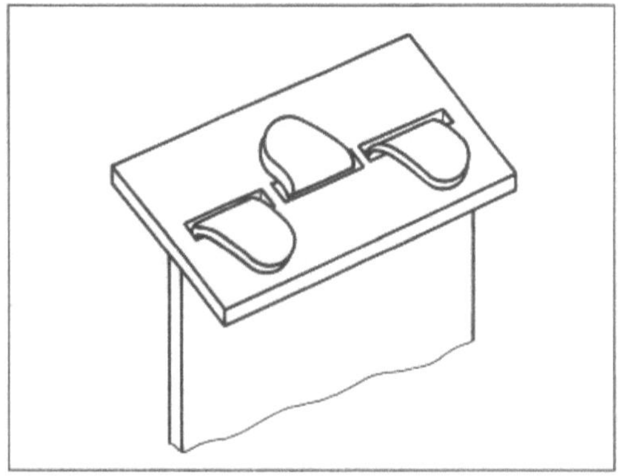

Fügen 16: Verlappen durch Biegen.

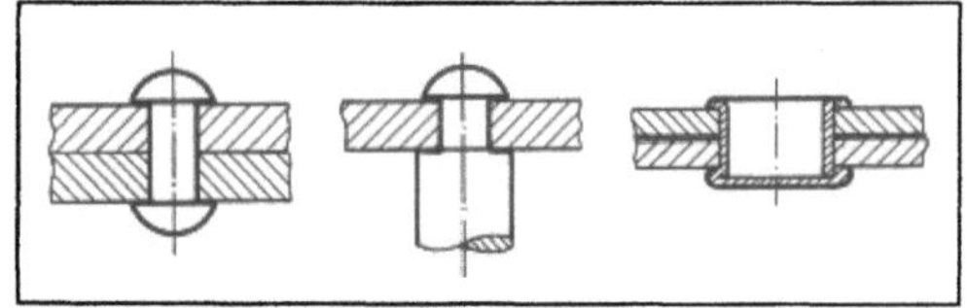

Fügen 17: Nieten. (Quelle: DIN 8593)

werkstoff (Diffusionslöten) entsteht. Die Grundwerkstoffe werden dabei nicht aufgeschmolzen.

Kleben ist das F. mit →Klebstoff, d. h. eines nichtmetallischen Werkstoffs, der F.-Teile durch Flächenhaftung und innere Festigkeit (→ Adhäsion und Kohäsion) verbindet. Zum Erreichen optimaler Adhäsion muß der Klebstoff die Klebflächen benetzen. Die Abbindung der Klebschichten kann physikalisch (Verdunsten, Abkühlen) und/oder chemisch (Reaktion der Klebstoffkomponenten) erfolgen. Während des Abbindens sind alle Klebungen unter ausreichendem Preßdruck in der gewünschten Fügelage zu fixieren. *Dorn*

Literatur: DIN 8593: Fertigungsverfahren Fügen. Berlin, Köln 1985. – DIN 1910: Schweißen T 2 und 3 Berlin, Köln 1983. – DIN 8505: Löten. Berlin, Köln T 1 und 2 1979. – DIN 8593, T 8: Fertigungsverfahren Fügen; Kleben; Einordnung; Unterteilung; Begriffe. Berlin, Köln 1985.

Fügen durch Umformen. Fügen ist das auf Dauer angelegte Verbinden oder sonstige Zusammenbringen von zwei oder mehr Werkstücken geometrisch bestimmter Form. Nach DIN 8593 bezieht sich F. d. U. auf alle Verfahren, bei denen durch Formschluß eine Verbindung hergestellt und gegen ungewolltes Lösen gesichert wird. Die Fügeteile werden meistens nur örtlich umgeformt. Das Lösen von durch →Umformen gefügten Verbindungen bewirkt an den betreffenden Teilen Veränderungen, Schädigungen oder gar Zerstörung. Entsprechend der Einteilung nach DIN untergliedert sich das F. d. U. in die drei Bereiche:
- F. d. U. drahtförmiger Körper,
- F. d. U. bei Blechen, Rohren und Profilen,
- Fügen durch Nietverfahren.

Fügen drahtförmiger Körper erfordert eigene Verfahren wie das Drahtflechten, Spleißen und das Verseilen zum Herstellen von Seilen und Kabeln. Das Verfahren →Wickeln kommt bei drahtförmigen Werkstoffen als Umwickeln bzw. Auf- und Abwickeln häufig zur Anwendung (z. B. Spulen- und Motorenherstellung). Das Umwickeln wird neben dem Haupteinsatzgebiet Elektrotechnik auch für Isolationen im Bereich der Wärme- und Kältetechnik angewendet. Heften durch Umformen drahtförmiger Körper gehört ebenso in die Gruppe Fügen.

Beim F. d. U. von Blechen, Rohren und Profilteilen sowie beim Nieten erfolgt die Verbindung der Werkstücke durch plastisches Verformen, deren Verfahrensmerkmale z. T. aus den Fertigungsverfahren der Umformtechnik hergeleitet werden können.

Kerben und Körnen werden vorzugsweise in der Feinwerktechnik eingesetzt. Kerben findet vielfach bei der Verdrahtung Einsatz; Körnen gilt als ein bekanntes Verfahren zur Drehsicherung von Schrauben und Muttern.

Beim →Weiten wird der Formschluß dadurch erzielt, daß ein hohles Innenteil in ein Loch im Gegenwerkstück gesteckt wird und durch Innen- oder Randdruck eine unlösbare Verbindung entsteht. Alle metallischen Hohlkörper können durch →Knickbauchen oder durch Aufweiten mit kugeligen oder kegeligen Dornen geweitet werden.

Rohre aus metallischen Werkstoffen fügt man durch →Kaltumformung, z. T. durch den Einsatz von Wirkmedien (Innendruck) oder Wirkenergien (z. B. elektromagnetisches Umformen). Beim Fügen durch Engen werden immer rotationssymmetrische Teile – meistens Rohrstücke – verbunden. Dabei wird ein Außenteil über ein Innenteil geschoben und kraft- oder formschlüssig verjüngt. Zu diesem Verfahren gehört das Rundkneten (z. B. Reduzieren von Rohrdurchmessern), Einhalsen (Bild 1) und →Sicken. Beim Einsatz von wärmeschrumpfenden Kunststoffen kann durch Engen eine isolierende Hülle über ein Werkstück geschrumpft werden.

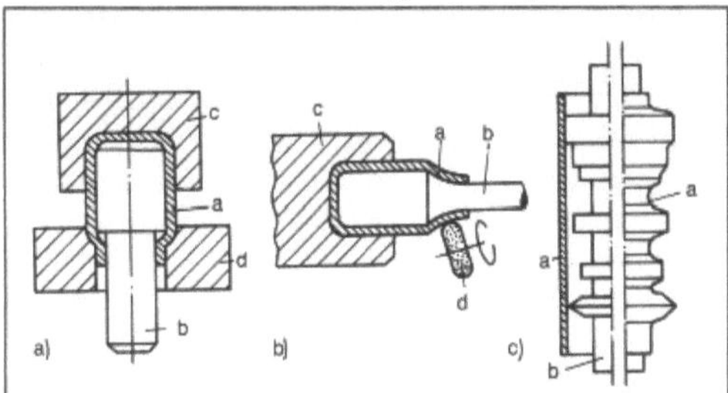

Fügen durch Umformen 1: Fügen durch Einhalsen.
a) Einhalsen durch Durchdrücken
b) Einhalsen durch partielles Drücken
c) Einhalsen durch Erwärmen.

a, b Fügeteile, c, d Werkzeuge

Beim Bördeln von Blechen werden die Werkstückränder winklig gestellt. Zum Fügen genügt ein Bördel an den zu verbindenden Werkstücken. Durch Zusammenlegen, Ineinanderstecken und Umklammern werden unter Anwendung einfacher Umformvorgänge (→Stauchen, Strecken) nicht lösbare, starre Verbindungen hergestellt.

Das Fassen von Linsen in metallische Rahmen erfolgt z. B. durch Bördeln.

Ein Fertigungsverfahren des →Biegeumformens ist das Falzen, bei dem keine Wanddickenminderung erfolgt. Unter Falzen versteht man das Umbiegen, Zusammendrücken und Zusammenhaken von Blechen (Bild 2). Durch plastische →Verformung an den Rändern stellt man durch Einfachfalzen eine unlösbare Verbindung her. Werden an einem Teil zwei 180° Abbiegungen vorgenommen, entsteht ein sog. Doppelfalz, der sich durch eine große →Steifigkeit und Dichtheit gegen Auslaufen von Flüssigkeiten auszeichnet. Daher müssen Werkstoffe mit hoher →Dehnung eingesetzt werden.

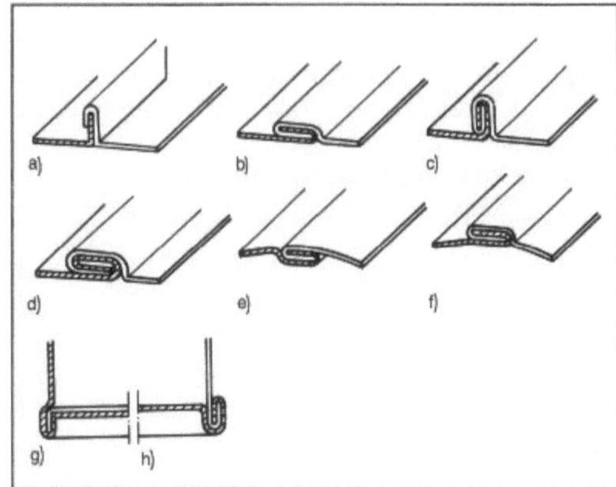

Fügen durch Umformen 2: Falzarten zum Verbinden von Blechen.
a) Stehender Falz
b) Liegender Falz
c) Stehender Doppelfalz
d) Liegender Doppelfalz
e) Innenfalz
f) Außenfalz
g) Einfacher Bodenfalz
h) Doppelter Bodenfalz.

Das gebräuchlichste Verfahren zum Verbinden von Blechteilen bis ca. 2 mm Dicke ist das Verlappen (Bild 3). Eines der zu verbindenden Werkstücke trägt dabei eine vorstehende Kappe, die man in die Durchbrüche des anderen Werkstücks setzt. Man unterscheidet zwischen formschlüssigem Biegelappen und kraftschlüssigem Drehlappen. Vorteilhaft ist, daß die Verlappung bereits an den zu fügenden Werkstücken angebracht wird und durch einfache Umformvorgänge starre Verbindungen herzustellen sind. Verlappungen sind jedoch nur bedingt lösbare Verbindungen, die insbesondere nicht mehrmals zu fügen und zu lösen sind.

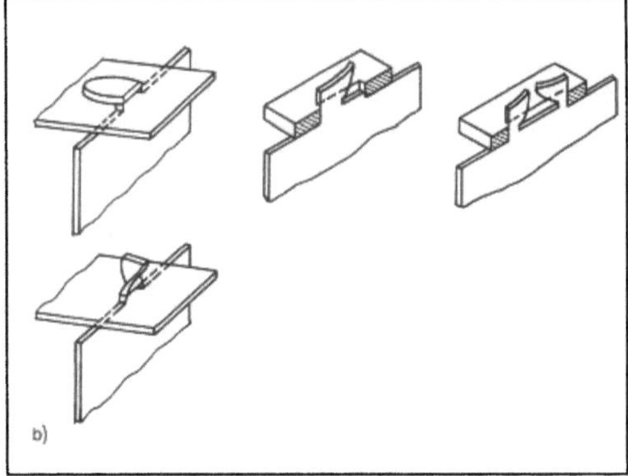

Fügen durch Umformen 3: Arten der Verlappungen.
a) Biegeverlappungen
b) Drehverlappungen.

Weitere unlösbare Fügeverbindungen entstehen durch Einspreizen (Bild 4). So können metallische Werkstücke (Bolzen, Bleche) in nachgiebigere Stoffe (z. B. →Holz, →Kunststoffe) eingespreizt werden. Das Verfahren findet häufig Einsatz beim Anbringen von Befestigungselementen.

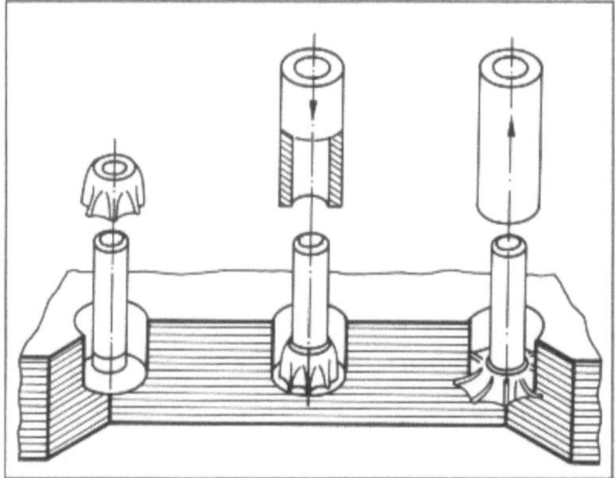

Fügen durch Umformen 4: Spreizverbindungen.

Als ein jüngeres Verfahren hat sich das Durchsetzfügen bewährt. Durch Einschneiden mit nachfolgendem Stauchen werden zwei übereinanderliegende Bleche mit einem breiten Formschluß gefügt. Durch dieses Verfahren lassen sich zwei Werkstoffe unterschiedlicher Eigenschaften kostengünstig verbinden.

Zu der letzten Gruppe von F. d. U. gehört das Nieten, Hohlnieten, das Zapfnieten und das Hohlzapfnieten; dadurch stellt man kraft- und formschlüssige Verbindungen zweier Werkstücke her. Je nach Art des Niets kann das Umformen als axiales Stauchen des Schaftes oder Anstauchen des Kopfes, durch Weiten und Anbördeln zu der Nietverbindung führen. Für stärkere Bleche setzt man immer Vollniete ein. *Lange*

Literatur: *Lange, K.* (Hrsg.): Umformtechnik. Handb. f. Ind. u. Wiss. 2. Aufl. Bd. 3: Blechumformung. Berlin, Heidelberg, Blechteile unlösbar verbinden nach dem Druckfügeverfahren. Bänder Bleche Rohre 25 (1984) Nr. 4, S. 99/102. – *Spur, G.* (Hrsg.) u. *Th. Stöferle:* Handbuch der Fertigungstechnik. Bd. 5: Fügen. München 1984.

Fugendichtungsmasse. F. sind Dichtstoffe, die bei der Verarbeitung im plastischen Zustand vorliegen. Ihre Grundstoffe sind Produkte auf der Basis Polysulfid, →Polyurethan, →Silicon, →Polyacrylat, Butyl u. a. Die →Vernetzung zum →Elastomer geschieht durch Zumischung eines chemisch reaktiven zweiten Stoffes (→Reaktionsharz). Im Handel sind auch einkomponentige Fugenmassen, die durch Reaktion mit Luftbestandteilen härten oder durch Verdunsten von Lösemitteln trocknen (Kitte). Je nach der Aufgabenstellung zeigen die Massen ein vollelastisches Verhalten, z. B. bei Vergla-

sungen oder im Sanitärbereich, oder sie haben teilplastische Eigenschaften, z. B. bei Außenwandfugen. Durch die plastischen bzw. verzögert elastischen Verformungen wird verhindert, daß sich bei Fugenverbreiterung, z. B. bei kalter Witterung, hohe Zugspannungen in der Fugenmasse aufbauen, die zu Ablösungen an den Flanken oder zu Rissen im Material führen können.

Eine Regelausbildung bei massiven Bauteilen zeigt das Bild. Besondere Sorgfalt ist der Vorbereitung der Fugenflanken zu widmen. Sie müssen ausreichend fest, sauber und trocken sein, da sonst Adhäsionsschäden zu befürchten sind. Durch die Anordnung einer →Profildichtung aus →Weichschaumstoff o. ä. wird ein hoher Anpreßdruck beim Spritzen der Fugenmassen ermöglicht, der ebenfalls Voraussetzung für eine sichere Flankenhaftung ist. Obwohl die Dehnfähigkeiten der meisten Dichtstoffe im Laborversuch mehrere 100 % betragen, sollten je nach Produkt im praktischen Einsatz nur etwa 5–10 %, maximal bei einigen Stoffen bis 20 % der mittleren Fugenbreite, zugelassen werden. Nur dann lassen sich – sorgfältige Handwerksarbeit vorausgesetzt – Lebensdauern erreichen, die wesentlich über etwa zehn Jahren liegen. Die Instandsetzung geschädigter Fugen kann ein Mehrfaches der erstmaligen Kosten verursachen. Außer guter Dehnfähigkeit, geringen Zwängungskräften und sicherer Flankenhaftung werden je nach Einsatzbereich weitere Eigenschaften gefordert, z. B. UV-Beständigkeit, Widerstand gegen biologischen Angriff, Farbkonstanz und unkritisches →Brandverhalten (DIN 18 540). *Sasse*

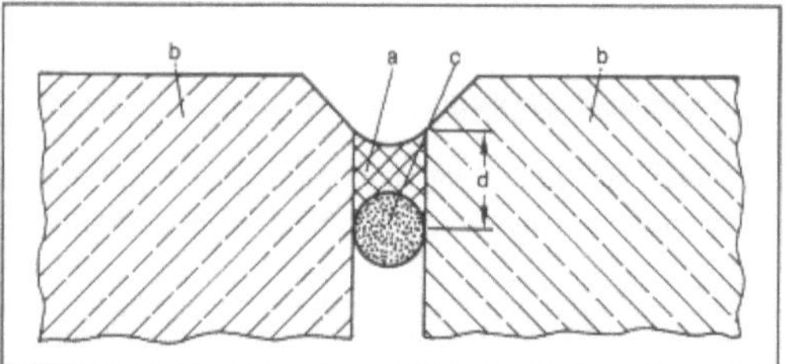

Fugendichtungsmasse: Stoßfuge.

a Fugendichtungsmasse, b Bauteil, c Hinterfüllmaterial, d Haftfläche

Fugenlöten →Löten

Funkenprüfung. Einfache Methode zur Grobsortierung von Stahllegierungen anhand von deren charakteristischen Funkenformen und -farben.

Die Prüfung wird mit Korundschleifscheiben mit keramischer Bindung möglichst in einem abgedunkelten Raum vorgenommen.

Eine zweckmäßige Vorgehensweise ist das gleichzeitige und gleichartige Beschleifen der Probe und einer Reihe von Vergleichsproben bekannter Zusammensetzung und einem der Probe vergleichbaren Werkstoffzustand. Aus dem Vergleich der Funkenbilder wird dann auf den Werkstoff der Probe geschlossen.

Stehen keine geeigneten Vergleichsproben zur Verfügung, empfiehlt sich die Verwendung eines Schleiffunkenatlas. Um einwandfreie Schleiffunkenbilder zu erhalten, ist es wichtig, die Schleifscheiben griffig und frei von aufgeschmiertem Metall zu halten. *Kußmaul*

Literatur: *Tschorn, G.*: Schleiffunkenatlas. Leipzig 1961.

Furchungsverschleiß. → Verschleißart, bei der während der Gleitbeanspruchung einer Oberfläche → Verschleiß durch → Abrasion hervorgerufen wird. *Habig*

Furnier. F. sind dünne Holzblätter (Dicken zwischen 0,4 und 8 mm), die durch Messern oder Schälen (seltener Sägen) vom Stamm oder Stammteil abgetrennt wurden. Unterscheidung nach der Art der Herstellung:

□ *Messerfurnier* wird auf einer Messermaschine vom starr eingespannten Holzblock durch ein parallel zur Auflageebene des Blockes wirkendes Messer abgetrennt. Die einzelnen Furnierblätter werden stammweise gehandelt. Messerfurniere (meist 0,5 bis 1 mm dick) von hochwertigen → Holzarten, z. B. Amerik. Mahagoni, Eiche, Kiefer, Kirschbaum, Nußbaum, Palisander, Sapelli-Mahagoni und Teak dienen meist als dekorative Deckfurniere. Nach der Schnittführung wird zwischen Spiegelschnitt (Quartierschnitt, Radialschnitt) und Flader-

schnitt (Flachschnitt, Tangentialschnitt) unterschieden (→ Holz).

□ *Schälfurnier* wird auf einer Schälmaschine vom rotierenden Stamm durch ein feststehendes parallel zur Stammachse angeordnetes Messer abgetrennt. Beim zentrisch rotierenden Stamm (Rundschälfurnier) entsteht nach dem Anschälen ein kontinuierliches Furnierband, das als wenig dekorativ gilt. Rundschälfurniere (meist 2–6 mm dick) aus gleichmäßig strukturierten Holzarten, z. B. Abachi, Birke, Buche, Limba, Pappel, Okoume und verschiedenen Nadelhölzern dienen meist zur Herstellung von → Sperrholz. Sehr dekorativ können Exzenter-Schälfurniere (exzentrisch rotierender Stamm) und Radialfurniere (nach dem Prinzip des Bleistiftspitzers) sein.

□ *Sägefurnier* wird auf Furniergatter oder Furnierkreissäge gewonnen, heute kaum noch hergestellt.

Unterscheidung nach dem Verwendungszweck:
□ *Deckfurniere*, die als Sichtflächen von Möbel- und Innenausbauteilen insbesondere dekorative Funktion haben. Als Trägermaterial dienen überwiegend → Holzwerkstoffe.

□ *Unterfurniere*, Blindfurniere und Absperrfurniere, die unterhalb der Deckfurniere zur Verbesserung der Oberfläche und/oder der Formbeständigkeit dienen. *Noack/Schwab*

Literatur: DIN 68 330 Furniere; Begriffe. – Kollmann, F. (Hrsg.): Furniere, Lagenhölzer und Tischlerplatten. Springer Verlag Berlin, Heidelberg, New York 1962.

Furniersperrholz → Spanplatte

G

Galvanik → Galvanotechnik

Galvanisches Abscheiden → Abscheiden, elektrolytisches

Galvanisieren → Oberflächenbehandlung

Galvanomagnetischer Effekt. Effekt, der auf dem Zusammenwirken eines magnetischen Feldes mit einem elektrischen Strom beruht. Grundlage aller galvanomagnetischen Erscheinungen ist die Ablenkung eines Elektrons in einem Magnetfeld vermöge der *Lorentz*kraft:

$$K = e \, (v \times B) \tag{1}$$

Hierbei ist e die Ladung des Elektrons, v seine Geschwindigkeit und B die magnetische Induktion. Die direkte Folge der Lorentzkraft ist der *Hall*-Effekt: legt man senkrecht zu einem elektrischen Strom ein Magnetfeld an, dann entsteht ein elektrisches Feld senkrecht und proportional zu beiden, das sich in folgender Form darstellen läßt:

$$E_H = R_H \, (j \times B) \tag{2}$$

j = Stromdichte, B = magnetische Induktion.

Die Spannung $U_H = E_H \cdot d$ (Bild) heißt die Hallspannung. R_H ist die Hallkonstante und der Winkel ϑ, welchen das elektrische Feld mit der Stromrichtung bildet, heißt der Hallwinkel. Es gilt $\tan \vartheta = R_H B / \sigma$, σ = elektrische Leitfähigkeit.

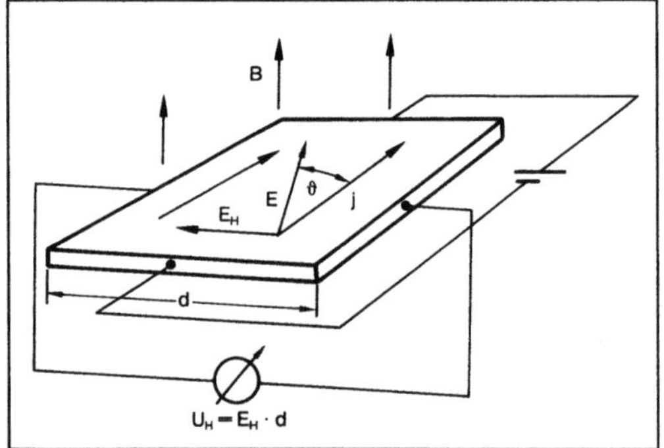

Galvanomagnetischer Effekt: Schema des Halleffekts.

Wird der Strom durch eine Ladungsträgerart der Ladung e und der Dichte n hervorgerufen, dann folgt aus j = env durch Vergleich mit der Formel für die Lorentzkraft die einfache Beziehung

$$R_H = 1/ne \tag{3}$$

Die Hallkonstante gibt also unmittelbar Auskunft über das Vorzeichen und die Dichte der Ladungsträger. Analog zum Hall-Effekt ist der *Ettingshausen-Nernst*-Effekt, nur daß an Stelle der elektrischen Feldstärke ein Temperaturgradient erzeugt wird.

Zusätzlich zu diesen beiden in B linearen Effekten gibt es quadratische Effekte, nämlich die magnetische Widerstandsänderung und die magnetisch induzierte Änderung der Wärmeleitfähigkeit. In beiden Fällen ist noch der longitudinale und der transversale Effekt zu unterscheiden, je nach der Orientierung des Magnetfeldes relativ zum Strom. Die Effekte sind in Metallen i. a. klein und erst in extrem großen Magnetfeldern merklich. Lediglich in ferromagnetischen Stoffen können kleine äußere Felder schon zu Widerstandsänderungen in der Größe einiger Prozent führen, wenn dabei die Magnetisierungsrichtung um 90° gedreht wird. Dieser Effekt wird zum Auslesen der Information in magnetischen Speichern genutzt (Magnetoresistive Sensoren). Um Größenordnungen stärkere Effekte ergeben sich in Halbleitern. Hall-Effekt-Bauelemente auf Halbleiterbasis (InSb, InAs) dienen zur Messung magnetischer Felder und auch die magnetische Widerstandsänderung in Indiumantimonid kann diesem Zweck dienen, wenn man den dabei störenden Halleffekt durch eingelagerte leitende Nadeln aus Nickelantimonid neutralisiert (Feldplatte).

Wesentlich stärkere g. E. zeigen sich in reinen Metallen bei tiefen Temperaturen, wenn die freie Weglänge der Elektronen so groß wird, daß sie im Magnetfeld einen vollen Umlauf ohne Streuung durchlaufen können. In diesem Bereich treten auch Quanteneffekte auf, von denen der bekannteste der *de Haas-van Alphen*-Effekt ist. *Hubert*

Literatur: *Weiß, H.:* Physik und Anwendung galvanomagnetischer Bauelemente. Braunschweig 1969.

Galvanostat. Galvanostatische Meßanordnung zur experimentellen Aufnahme einer → Stromdichte-Potential-Kurve. Bei diesem Meßprinzip wird der → Summenstrom konstant vorgegeben und das zugehörige → Elektrodenpotential bestimmt.

Als Konstantstromquelle dient entweder ein

Stromgenerator mit belastungsunabhängigem Stromausgang oder ein Gleichspannungsnetzgerät mit hoher Ausgangsspannung (U > 200 V) und in Serie geschalteten regelbaren hochohmigen Widerständen. *Wendler-Kalsch*

Galvanotechnik. Ziel der G. ist die Abscheidung metallischer Schichten auf Werkstoffoberflächen durch die Reduktion der Ionen einer → Elektrolytlösung. Mit den dabei erhaltenen Überzügen wird in der Regel beabsichtigt, die physikalischen und chemischen Oberflächeneigenschaften von Werkstoffen in günstigem Sinne zu verändern, sei es, daß ihnen lediglich zu dekorativen Zwecken metallischer Glanz verliehen werden soll, oder aber daß ihnen technisch wichtige Eigenschaften wie → Lötbarkeit, elektrische → Leitfähigkeit, Widerstand gegen Abrieb und Verschleiß, → Korrosionsbeständigkeit usw. oder eine Kombination dieser Eigenschaften vermittelt werden müssen. Darüber hinaus kennt man Spezialbereiche der G. in denen durch den Metallauftrag zum Zwecke der Reparatur eines Maschinenteils lediglich eine Änderung von dessen Abmessungen angestrebt wird. Schließlich kann man auf galvanotechnischem Wege sogar komplizierte Werkstücke fertigen.

In der Regel gehen der galvanischen Metallabscheidung eine Reihe von Vorbehandlungsprozessen voraus, in denen die zu beschichtenden Werkstoffe u. a. mechanisch geschliffen und poliert, auf mehrfache Weise entfettet, zur Entfernung von Zunderschichten gebeizt und zwischendurch jeweils gespült werden. Das elektrolytische → Abscheiden erfolgt meist unter Zuhilfenahme einer äußeren Stromquelle, die bei einer verhältnismäßig geringen Spannung von weniger als ca. 25 V hohe Gleichströme liefern muß, die von geeigneten Gleichrichtern erzeugt werden. Zu beschichtende Gegenstände tauchen während der Abscheidung als Kathode in den Elektrolyten, die ebenfalls im Elektrolyten befindliche Anode besteht entweder aus dem abzuscheidenden Metall oder aus einer inerten → Elektrode.

Daneben kennt man das fremdstromlose → Abscheiden von Metallen, bei der die zur Reduktion der niederzuschlagenden Ionen benötigten Elektronen durch geeignete Reduktionsmittel geliefert werden, die ihrerseits oxydiert werden. Dieser Prozeß darf jedoch nicht spontan im gesamten Elektrolytvolumen ablaufen, sondern muß auf die → Oberfläche der zu beschichtenden Waren beschränkt bleiben. Dies wird durch den Zusatz von Stabilisatoren zu den Elektrolyten einerseits und durch die „Aktivierung" der Oberfläche mit Hilfe von Katalysatoren erreicht, und zwar nicht nur auf Metallen, sondern auch auf geeigneten Kunststoffen bzw. Nichtleitern.

In jedem Falle müssen jedoch zur Erreichung guter Niederschläge die Elektrolytbäder sorgfältig gewartet werden, d. h., es muß insbesondere die Badzusammensetzung, die sich während des Abscheideprozesses ändert, mit Hilfe von chemischen Analysen genau eingehalten werden. Dies ist nicht immer einfach, da die Elektrolyte außer den Ionen der abzuscheidenden Metalle eine Vielzahl weiterer Zusätze wie z. B. Netzmittel, Glanzmittel, Einebner usw. in Form von organischen Verbindungen enthalten und somit eine sehr komplizierte Zusammensetzung aufweisen. Bei optimaler Badführung und richtiger Badauswahl gelingt es jedoch meistens, Niederschläge der gewünschten Qualität zu erhalten. Wichtige Qualitätsmerkmale von galvanischen Niederschlägen stellen dabei u. a. ihre → Haftfestigkeit, ihre → Porosität und Rissigkeit, der Umfang ihrer inneren Spannungen (→ Eigenspannungen), ihre → Duktilität und die Gleichmäßigkeit der Schichtdicke auf kompliziert geformten Teilen dar. In einer Reihe von Fällen erhält man optimale Ergebnisse erst durch die Kombination mehrerer Niederschläge. Ein Beispiel hierfür stellen moderne Mehrfachnickelschichten und Kupfer-Nickel-Chrom-Schichtkombinationen dar, die u. a. in der Automobilindustrie von Bedeutung sind.

Kaiser/Habig

Literatur: *Dettner, W.* und *J. Elze:* Handbuch der Galvanotechnik. München 1964. – *Raub, E.* und *K. Müller:* Fundamentals of Metal Deposition. Amsterdam–London–New York 1967.

Garndrehung. Um einem Faserverband Zusammenhalt und → Festigkeit zu verleihen, wird er um seine Längsachse gedreht. Die Anzahl der Drehungen in einem solchen Faserverband, d. h. in einem Garn, hängt von dessen Verwendungszweck und hauptsächlich von seiner Feinheit ab. G. und Feinheit hängen wie folgt zusammen:

$$T/m = \alpha \cdot \sqrt{1000/T_t}$$

T/m = Drehungen pro m
T_t = Garnfeinheit in tex
α = Drehungsbeiwert

Drehungsbeiwert α hängt im wesentlichen von → Faserlänge, Faserfeinheit und Verwendungszweck der Garne ab, es werden Werte von 40 bis 130, in extremen Fällen bis 200 angewandt. Für die Bestimmung der G. gibt es eine direkte und einige indirekte Methoden.

□ Direkte Methode – Aufdrehverfahren (DIN 53832 T1).

Beim Aufdrehverfahren wird das Garn bis zur Parallellage der Fasern aufgedreht und die Anzahl der dazu erforderlichen Drehungen gezählt. Die Einspannlänge darf dabei nicht länger als die längsten Fasern sein. Die Anzahl der Drehungen wird dann auf 1 m umgerechnet.

Da die Einspannlänge relativ kurz ist – z. B. bei

→Baumwolle 25 mm – und die Drehungen in diesen kurzen Garnabschnitten stark streuen, sind viele Einzelmessungen erforderlich. Eine weitere Schwierigkeit ist die Feststellung der Parallellage der Fasern, d. h. des ungedrehten Zustandes des Faserverbandes. Nicht bei allen Garnen ist dies möglich.

Das Prüfdrehverfahren wird auch bei der Bestimmung der Zwirndrehung angewandt. Die Einspannlänge beträgt hier 500 mm. Die Feststellung der Parallellage der für den Zwirn verwendeten Einfachgarne bzw. Vorzwirne ist hier im Gegensatz zu den Fasern sehr einfach und immer eindeutig.

□ Indirekte Methoden.
– Spannungsfühlerverfahren DIN 53832 T2.

Ein Faserverband verkürzt sich bei Drehungserteilung und längt sich beim Aufdrehen. Ein Garnabschnitt von 500 mm wird unter definierter Vorspannung eingespannt, dann aufgedreht über die Nulldrehung hinweg, in der Gegenrichtung wieder zugedreht. Wenn wieder die Einspannlänge von 500 mm unter derselben Vorspannung erreicht ist, müssen ca. die doppelte Anzahl von Drehungen für Auf- und Wiederzudrehen aufgebracht worden sein.
– Weitere Verfahren sind das Schleifverfahren und das Bruchtorsionsverfahren. Beide sind nicht genormt.

Sowohl das direkte wie auch die indirekten Verfahren sind bei den klassischen Spinnverfahren anwendbar, jedoch nicht bei Rotorgarnen, Luftspinn- und Friktionsgarnen. *Kleinhansl*

Literatur: DIN 53832 T1: Bestimmung der Drehung von Garnen, Aufdreh- oder Parallellageverfahren. 1981 (Neubearbeitung als Entwurf). – DIN 53832 T2: Bestimmung der Drehung von Garnen, Spannungsfühlerverfahren für Spinnfasergarne. (Entwurf) – *Sommer, H.* und *F. Winkler:* Handbuch der Werkstoffprüfung. Bd. V. Berlin–Göttingen–Heidelberg 1961.

Garngleichmäßigkeit. Sowohl für den Warenausfall wie auch für die störungsfreie Weiterverarbeitung ist die G. ein wichtiges Merkmal.

Die Gleichmäßigkeit von Garnen kann mit Hilfe von visuellen Methoden beurteilt werden, wobei für den visuellen Eindruck mehr die Durchmesser- bzw. Volumenschwankungen maßgebend sind. Für objektive Meßmethoden ist die Massenschwankung das Kriterium, wobei diese durch gravimetrische Methoden, d. h. durch Wiegen von Garnabschnitten oder durch kapazitive Abtastung am laufenden Faden bestimmt wird.

Die Schwankungen können kurz- oder langwelliger Art sein, es kann sich um besondere Verdickungen, sogenannte Dickstellen, Noppen, Nissen oder auch um Dünnstellen handeln, die im Regelfall mehr oder weniger als seltene Ereignisse auftreten.

Eine Definition der verschiedenen Garnfehler ist in DIN 53818 enthalten.
□ Visuelle Methoden.

Hierzu werden die Garne auf schwarze Kontrasttafeln, in Abhängigkeit von ihrer Feinheit mehr oder weniger eng gewickelt. Die Beurteilung erfolgt nach den Kriterien Gleichmäßigkeit und Reinheit (Nissigkeit), wobei – sofern vorhanden – Garnstandards mit abgestufter Gleichmäßigkeit und Reinheit als Vergleichsmaßstab dienen können (z. B. Reutlinger Garnstandards für kardierte und gekämmte Baumwollgarne und Denkendorfer Garnstandards für Rotorgarne aus Baumwolle).
□ Gravimetrische Methode.

Durch Wiegen von Garnabschnitten mit einer bestimmten Länge läßt sich Mittelwert und Variationskoeffizient der Masse ermitteln. Der Variationskoeffizient der Masse, jeweils einer bestimmten Abschnittslänge zugeordnet, ist ein Maß für die G.

Insbesondere bei größeren Abschnittslängen, z. B. 100 m, wird diese Methode häufig angewandt, wobei die Streuung bzw. Ungleichmäßigkeit innerhalb einer Aufmachungseinheit (Spule, Kops) und zwischen den Aufmachungseinheiten interessieren kann.

Für die Bestimmung solcher größerer Garnlängen dient eine Garnweife mit 1 m Umfang. (DIN 53830, T1: Bestimmung der Feinheit von Garnen und Zwirnen; Weifverfahren) Der Variationskoeffizient der Masse kann in Abhängigkeit von der Abschnittslänge graphisch aufgetragen werden. Solche Kurven sind unter der Bezeichnung „Längenvariationskurven der Garnungleichmäßigkeit" bekannt.
□ Kapazitive Methode am laufenden Faden.

Beim Durchlauf eines Garnes durch das elektrische Feld eines Kondensators ändert sich in Abhängigkeit der Garnmasse dessen →Dielektrikum. Das Meßsignal wird über entsprechende Verstärker an einem Integrator ausgewertet und der Variationskoeffizient zur Anzeige gebracht. Über einen Diagrammschreiber läßt sich der Masseverlauf aufzeichnen. Mit Hilfe spezieller Zusatzeinheiten können Dünn- und Dickstellen sowie Nissen gezählt und ein Wellenlängenspektrum aufgezeichnet werden.

Das hierfür seit über 40 Jahren praktisch als einziges Fabrikat eingesetzte G.-Prüfgerät USTER, in seiner neuesten Ausführung voll-computerisiert und automatisiert als USTER Tester 3 (Zellweger AG, Uster, Schweiz) bezeichnet, arbeitet mit Prüfgeschwindigkeiten bis zu 400 m/min.

Dieses Prüfverfahren ist in DIN 53817, T2 beschrieben. *Kleinhansl*

Literatur: DIN 53817, T1: Bestimmung der Ungleichmäßigkeit an Faserbändern, Garnen und Zwirnen; Allgemeine Grundlagen. 1981. – DIN 53817, T2: Bestimmung der Ungleichmäßigkeit an Faserbändern, Garnen und Zwirnen; Kapazitives Meßverfahren. 1980. – DIN 53818: Fehler in Spinnfasergarnen bzw. -zwirnen und Vorprodukten. 1982. – *Sommer, H. und F. Winkler:* Handbuch der Werkstoffprüfung. Bd. V. Berlin–Göttingen–Heidelberg 1961.

Gas, toxisches und korrosives → Brandverhalten

Gasaufkohlen → Aufkohlen

Gasbeton. G. ist kein Beton, sondern wird aus einem flüssigen → Mörtel hergestellt, der aus → Bindemittel (meist → Zement und Kalk), gemahlenem silicatreichem Zuschlag, z. B. Quarzsand, und einem Treibmittel (meist Aluminiumpulver) besteht. Dieses Treibmittel reagiert mit dem Calciumhydroxid des Bindemittels (→ Erstarren). Dabei wird Wasserstoff frei, der den Mörtel soweit aufbläht, bis er die Form ausfüllt. Die Bauteile werden nach dem Erstarren dampfgehärtet, wobei der Zuschlag, dessen Reaktionsfläche durch das Mahlen vergrößert wurde, durch die hohen Temperaturen reaktionsfähig wird und sich mit dem CaO des Bindemittels zu ähnlichen Kalksilicathydraten hoher Festigkeit verbindet, wie sie bei der Zementerhärtung auftreten (→ Erhärten). Bei Rohdichten zwischen 300 und 1 000 kg/m^3 liegt die → Porigkeit zwischen 60 und 90 %. Die Druckfestigkeit reicht bis etwa 10 N/mm^2, der → Elastizitätsmodul bis etwa 3 000 N/mm^2. Der Wärmedehnungskoeffizient beträgt etwa $8 \cdot 10^{-6}$/K, die Wärmeleitfähigkeit etwa 0,14–0,25 W/(m K). Durch die Bindung des Calciumhydrats der Bindemittel an die Silicate des Zuschlags ist G. nur wenig alkalisch (pH = 9 bis 10,5). Außerdem ist er durch die hohe Porigkeit stark durchlässig gegenüber Wasserdampf und dem Sauerstoff der Luft. Der → Betonstahl in bewehrtem G. muß daher immer durch einen besonderen Überzug geschützt werden. *Wesche*

Gasbeton-Prüfung, Schaumbeton-Prüfung. Nachweis zur Einhaltung der Güteanforderungen von werkmäßig hergestellten Fertigteilen aus → Gasbeton und → Schaumbeton. Dazu zählen dampfgehärtete Blocksteine, unbewehrte Bauplatten sowie bewehrte Dach- und Wandbauteile. Die Anforderungen und Prüfungen von dampfgehärteten Gasbeton-Blocksteinen sind in DIN 4165, die von Gasbeton-Bauplatten in DIN 4166 festgelegt. Für bewehrte Dach- und Deckenplatten aus dampfgehärtetem Gas- und Schaumbeton gibt DIN 4223 diesbezüglich Auskunft. Ebenfalls ist noch DIN 4164 aus dem Jahre 1951 gültig. Die → Güteüberwachung erfolgt auf der Grundlage von DIN 18200 (Eigenüberwachung durch den Hersteller und Fremdüberwachung durch anerkannte Überwachungsgemeinschaften oder Prüfinstitute).

Die Prüfung umfaßt die
– Einhaltung der Abmessungen der Bauteile innerhalb vorgegebener Toleranzen,
– Rohdichte je gefertigter Rohdichteklasse bei den unbewehrten Bauteilen bzw. bei den bewehrten Platten,
– Druckfestigkeit bei den Gasbetonblocksteinen und den bewehrten Platten,
– Biegefestigkeit bei den unbewehrten Platten.

Bei den bewehrten Gasbetonbauteilen ist darüber hinaus das herstellungsbedingte Nachschwinden zu ermitteln. Ferner ist die Güte des eingelegten Betonstahls und die Tragfähigkeit der Schweißknoten der Bewehrungsmatten zu ermitteln.

Aufgrund der hohen → Porosität des Gasbetons gilt dem Korrosionsschutzmittel für die → Bewehrung besondere Beachtung. Seine Eignung wird in einer Langzeitprüfung bei Lagerung in Feuchtklima sowie im → Kurzzeitversuch bei Wechsellagerung in Luft und Kochsalzlösung bzw. in feuchtwarmem Wechselklima nachgewiesen. Nach der Prüfung darf nicht mehr als 5 % der Staboberfläche mit Rost bedeckt sein. Blätterrost ist nicht zulässig. Die Tragfähigkeit der bewehrten Platten ist mittels einer Durchbiegungsprüfung nachzuweisen; ein oberer Grenzwert für das Maß der Durchbiegung darf nicht überschritten werden.

Zu den einzelnen Prüfungen sind in den aufgeführten Normen genaue Angaben über Prüfkörperabmessungen, Prüfkörperanzahl, Feuchtezustand der Probekörper und Häufigkeit der Durchführung enthalten. *Rehm/Neubert*

Gasborieren → Borieren

Gascarbonitrieren → Carbonitrieren

Gasdruck-Formverfahren → Impulsverdichtung

Gase im Metall. Bei den Reaktionen der Verhüttung und Raffination entstehen z. T. erhebliche Gasmengen. Häufig werden Gase auch zur Durchführung der Reaktionen in die Schmelze eingeleitet. Dabei nimmt das Metall Gas auf. Auch bei der Herstellung von → Formguß oder beim → Schweißen wird z. B. Gas in geringen Mengen aufgenommen.

→ Metalle können andere Stoffe in der Schmelze oder innerhalb des Kristallgitters lösen. Das gilt auch für Gase. Aus der Mehrzahl der Zustandsschaubilder ist zu entnehmen, daß die Löslichkeit im festen Zustand meist begrenzt ist, während sich Metalle im flüssigen Zustand oft vollständig lösen. Stoffe, die bei den üblichen Temperaturen von Metallschmelzen gasförmig sind, sind auch in der Schmelze nur begrenzt löslich (Bild 1) (→ Sievert-Gesetz). Die Gasaufnahmefähigkeit im flüssigen

Zustand beträgt meist das Mehrfache der Aufnahmefähigkeit im festen Zustand. Die Lage und Größe des Erstarrungsintervalls ist dabei natürlich auch von der Gasart und der Gaskonzentration abhängig.

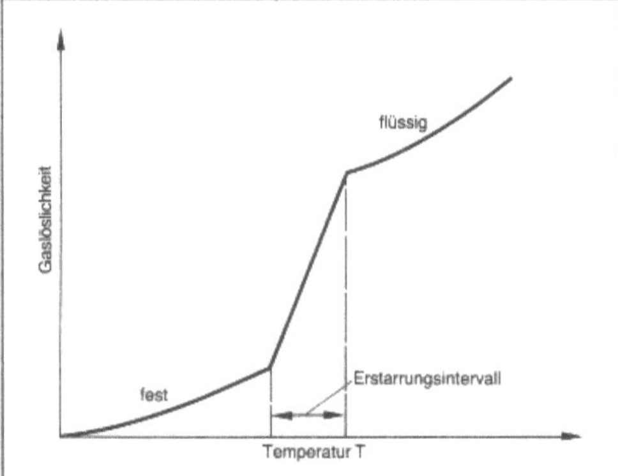

Gase in Metallen 1: Abhängigkeit der Gaslöslichkeit im Metall von der Temperatur (schematisch).

Wird beim Abkühlen die obere Grenze des Erstarrungsintervalls, die → Liquiduslinie, erreicht, so bilden sich Primärkristalle, die gemäß Bild 1 nur einen wesentlich geringeren Gasgehalt gegenüber der Schmelze haben können. Die verbleibende Schmelze reichert sich folglich mit Gasen an. Bei weiterer → Kristallisation erreicht der Gasgehalt der Restschmelze schließlich die Löslichkeitsgrenze: es scheiden sich Gase aus.

Sind die entstehenden Gasblasen groß genug, so können sie in der Schmelze aufsteigen. Die Schmelze gerät in brodelnde Bewegung, sie „kocht". Kleine Gasblasen, die nicht oder nur sehr langsam aufsteigen können, werden im erstarrenden Metall eingeschlossen. Dann ergibt sich z. B. die in Bild 2 gezeigte, charakteristische Verteilung von Blasen.

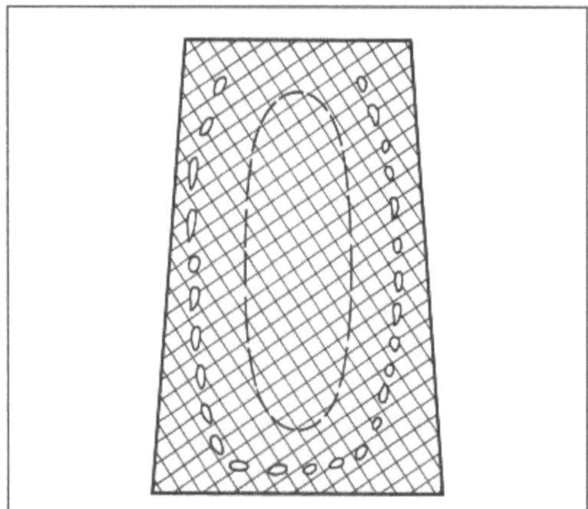

Gase in Metallen 2: Verteilung von Gasblasen im Blockguß (schematisch).

Das Volumen der freiwerdenden Gase kann sehr erheblich sein. Die in den Zustandsschaubildern angegebenen Massenprozente führen bei Berücksichtigung der geringen Dichte der Gase zu wesentlich größeren Volumenanteilen. So liegt z. B. die Sättigungsgrenze für Wasserstoff in flüssigem Kupfer bei Schmelztemperatur weit unter 0,01 Massenprozent. Beim → Erstarren einer mit Wasserstoff gesättigten Kupferschmelze werden jedoch je m^3 Schmelze 0,3 bis 0,4 m^3 Wasserstoffgas frei.

Neben den Gasblasen können zusätzlich Verbindungen entstehen, die wiederum zu nichtmetallischen Einschlüssen führen. Je nach der bei der entsprechenden Temperatur vorliegenden Affinität des Metalls zu den freiwerdenden Gasen bilden sich Oxide, Nitride, Hydride.

Das Problem der Gasentstehung (Gasentbindung) ist am größten beim Blockguß, und zwar insbesondere für Sauerstoff. Dieser wird benötigt für die Wärmeerzeugung bei der → Reduktion und für die Verbrennung von Verunreinigungen bei der Raffination. Zur Vermeidung von Gasblasen werden der Schmelze Elemente zugesetzt, die eine besonders hohe Affinität zu Sauerstoff haben, also Oxide bilden. Diese → Desoxidation wird z. B. bei → Stahl durch Zusatz von → Mangan, → Silicium oder → Aluminium erreicht. Da die desoxidierte Schmelze keine oder nur wenige Gasblasen bildet, erstarrt sie ohne „Kochen".

Für hochwertige Werkstoffe wird häufig die Vakuumentgasung angewendet. Diese beruht auf dem Prinzip, daß die Löslichkeit eines Gases in der Schmelze vom Partialdruck (Teildruck) des Gases im umgebenden Medium abhängt. Durch starke Verminderung des Umgebungsdruckes (Vakuum) werden auch die Partialdrücke der einzelnen Gase verringert. Die Folge ist, daß aus der jetzt übersättigten Schmelze das überschüssige Gas entweicht und von Vakuumpumpen abgesaugt wird. Der Vorteil der Vakuumentgasung gegenüber der Desoxidation ist, daß
– sie für alle Gase wirksam ist,
– keine zusätzlichen Verunreinigungen entstehen und
– auch die Menge der vorhandenen Verunreinigungen verringert wird.

Bei der Weiterverarbeitung von Blockguß werden die vorhandenen Gasblasen oft durch die Druckkräfte im Walzwerk verschweißt. Ein Verschweißen ist nicht möglich, wenn das Metall und Gas miteinander reagiert haben und die Reaktionsprodukte an der Blaseninnenwand eine Bindung verhindern. Es entstehen dann beim → Walzen Werkstofftrennungen.

Im Formguß ist die Gasaufnahme je nach Erschmelzungsart gegebenenfalls erheblich geringer. Sie ist meist nur möglich über die → Oberfläche der Schmelze im Ofen und durch die Gießstrahloberfläche beim Abfüllen in die Gießpfanne und in die Form. In der Gießpfanne selbst wird die Oberfläche der Schmelze oft abgedeckt. Die Gefahr der Bildung von Gasblasen ist dadurch gegenüber Blockguß verringert. Gasblasen in Formguß vermindern die → Festigkeit eindeutig, weil die Möglichkeit eines Verschweißens durch Verformungsvorgänge entfällt. Die aufsteigenden Blasen sammeln sich häufig dicht unter der Oberfläche, weil das an der Formwand schnell erstarrende Material ihren Austritt verhindert. Bei der spanenden Bearbeitung werden solche Ansammlungen von Blasen dann angeschnitten. Die bei Blockguß üblichen Verfahren zum Verringern des Gasgehalts werden grundsätzlich auch bei Formguß angewendet.

Ein besonderes Problem in der Technik bereitet die Wasserstoffaufnahme von Metallen. Die große Löslichkeit in der Schmelze führt beim Abkühlen zur Übersättigung im festen Zustand, so daß Wasserstoff wegen seiner besonders nachteiligen Auswirkungen bereits aus der Schmelze unbedingt entfernt werden sollte.

Die bei Übersättigung einsetzende → Diffusion der Wasserstoffatome führt zu Anreicherungen und zur Bildung von Wasserstoffmolekülen an Fehlstellen im → Gefüge, insbesondere in Hohlräumen und an Einschlüssen. Die größeren Wasserstoffmoleküle können nicht mehr diffundieren. Es entstehen große Gasdrücke, deren Spannungen zu Werkstofftrennungen führen können (Flockenrisse, Wasserstoffrisse bei Schweißverbindungen). Ein ähnlicher Mechanismus liegt der Wasserstoffkrankheit von Kupfer zugrunde.

Das Problem der Wasserstoffaufnahme besteht nicht nur bei höheren Temperaturen. Auch bei niedrigen Temperaturen nehmen Metalle Wasserstoff auf, wenn dieser bei einem Prozeß in atomarer Form entsteht, wie z. B. beim → Beizen und Ätzen von Metallen (→ Beizblasen). Ursache ist die geringe → Aktivierungsenergie, die der atomare Wasserstoff wegen seines kleinen Atomradius zur Bewegung im → Gitter des festen Metalles benötigt. Die Wasserstoffaufnahme wird durch sog. Promotoren (z. B. H_2S), welche die Rekombination der entstehenden Wasserstoffatome zum Molekül (H_2) verhindern, erheblich gefördert (→ Wasserstoffversprödung). *Gräfen*

Gasnitrieren → Nitrieren

Gasreibung. → Reibung in einem die Reibpartner lückenlos trennenden, gasförmigen Film, der durch aerostatische oder aerodynamische → Schmierung erzeugt werden kann. *Habig*

Gasreinigungsschlamm. In den Naßentstaubungsanlagen für → Gichtgas, → Konvertergas und andere Abgase bei der Roheisen- und → Stahlherstellung anfallende Schlämme.

Bedingt durch die Art der Reinigung werden die im Gas enthaltenen Stäube vom Waschwasser ausgetragen und setzen sich als Schlämme in den Absetzbecken des Wasserkreislaufs ab. In Filterpressen lassen sich die Wassergehalte von mehr als 50 % auf 20–25 % herabsetzen. Auch mit diesen Gehalten sind die Schlämme aber sehr schwer zu handhaben. Da sie meist hohe Eisengehalte haben, ist ihre Verwertung wünschenswert. Alle bisher untersuchten Verfahren haben aber zu keiner durchgreifenden Lösung geführt, da die notwendige Verdampfung des Wassers einen unvertretbar hohen Aufwand an thermischer Energie erfordert. *Rellermeyer*

Gasreinigungsstaub. Trockene Stäube aus den Gasreinigungsanlagen von → Hochöfen, → Konvertern, → Elektrolichtbogenöfen und anderen Anlagen der Stahlindustrie. Solche trockenen Stäube fallen an, wenn einer Naßreinigung eine Trockenabscheidung von Grobstäuben vorgeschaltet ist, wie z. B. bei der Reinigung des Gichtgases der Hochöfen. Diese Stäube werden in Anlagen zum → Sintern von Feinerzen wieder eingesetzt. Auch Feinststäube können in trockenen Entstaubungsanlagen wie z. B. Trocken-Elektrofiltern oder Schlauchfiltern abgeschieden und im allgemeinen auch von Sinteranlagen aufgenommen werden. Sie haben zwar niedrige Korngrößen, ihre Mengen sind aber begrenzt, so daß die Gasdurchlässigkeit der Sintermischung nicht zu sehr verschlechtert wird. Sind Konverteranlagen der → Blasstahlverfahren mit einer Trockenreinigung des Konvertergases und einer CO-Gasgewinnung ausgerüstet, fallen Stäube an mit hohen Gehalten an metallischem Eisen. Diese Stäube lassen sich in einer Brikettieranlage heiß brikettieren, so daß sie im → Stahlwerk wieder eingesetzt werden können. Steigen die Gehalte an Zinkoxid durch den Einsatz verzinkten Schrotts zu hoch an, können Teilmengen der Briketts ausgeschleust werden.

Da in → Elektrolichtbogenöfen überwiegend nur → Schrott zur Stahlherstellung eingesetzt wird, fallen in ihren Entstaubungsanlagen Stäube mit hohen Gehalten an Zinkoxid und auch etwas Bleioxid an. Überschreiten diese Gehalte 20 %, so können sie zur Zink- und Bleigewinnung an Metallhütten abgegeben werden. *Rellermeyer*

Gasschmelzschweißen → Schweißverfahren

Gauß-Verteilung. → Normalverteilung

GDCh. Die Gesellschaft Deutscher Chemiker (GDCh) mit Sitz in Frankfurt ist die größte wissenschaftliche Vereinigung auf dem Gebiet der Chemie in der Bundesrepublik Deutschland. Sie vertritt über 25 000 Chemiker aus Wissenschaft, Wirtschaft, Behörden und freier Tätigkeit, darunter auch etwa 5 000 Studenten.

Neben ihrer umfassenden Tätigkeit zur Förderung der Chemie und der Chemiker in gemeinnützigem Auftrag leistet die GDCh in 60 Ortsverbänden und 19 Fachgruppen eine intensive Breitenarbeit, die vor allem der Weiterbildung der im Beruf stehenden Chemiker gilt. Immer neue chemische Methoden, vor allem in der Analytik und Biochemie, und neue Techniken, beispielsweise für den Umweltschutz, machen ein lebenslanges Lernen für jeden Chemiker zum vordringlichen Gebot.

Die GDCh wird dieser Aufgabe durch ein breitgefächertes Programm von nationalen und internationalen Kongressen, Vortragstagungen und Fortbildungskursen gerecht. Daneben dienen auch die Publikationen der zu 90 % der GDCh gehörenden „VCH Verlagsgesellschaft", vor allem die von der GDCh herausgegebenen wissenschaftlichen Zeitschriften dem Ziel, Wissen zu vermitteln und die neuesten Ergebnisse aus Forschung und Entwicklung zügig weiterzugeben.

Die GDCh ist auch am Fachinformationszentrum Chemie (FIZ Chemie) in Berlin beteiligt, das aus der früheren GDCh-Abteilung Chemieinformation und -dokumentation hervorgegangen ist. Das FIZ Chemie recherchiert in eigenen und fremden Datenbanken, publiziert mehrere Informationsdienste und weist Fachliteratur jeder Art für Kunden aus Hochschulen, Behörden, Unternehmen und Verbänden nach.

Zu ihren vordringlichsten Aufgaben zählt die GDCh ferner die Ausbildung des Chemiker-Nachwuchses. Sie kümmert sich intensiv um die Bildungs- und Hochschulpolitik und widmet auch dem Chemieunterricht an den Schulen große Aufmerksamkeit.

Ihr neutraler Standort zwischen Wissenschaft, Wirtschaft und Staat legitimiert die Gesellschaft Deutscher Chemiker und einschlägige GDCh-Fachgruppen zur beratenden Mitarbeit auch bei politischen Entscheidungen, insbesondere bei der Gesetzgebung, soweit naturwissenschaftliche Gesichtspunkte berührt werden. Deshalb wurde unter anderem auch das Beratergremium für umweltrelevante Altstoffe (BUA) im Einvernehmen zwischen Bundesregierung, Wissenschaft und Industrie 1982 bei der GDCh eingerichtet.

Über den Deutschen Zentralausschuß für Chemie, dessen Geschäftsführung die GDCh innehat, beteiligt sich die GDCh aktiv an der Arbeit der Internationalen Union für Reine und Angewandte Chemie (IUPAC). Die Zusammenarbeit von inzwischen 38 chemischen Gesellschaften aus West und Ost in der 1970 gegründeten Föderation Europäischer Chemischer Gesellschaften (FECS) geht entscheidend auf die Aktivitäten der GDCh zurück. *Fritsche/Debelius*

GDOS → Oberflächenanalytik

Gebrauchswertprüfung. Zur Beurteilung des Gebrauchswertes eines Textilerzeugnisses sind zwei Kriterien von Bedeutung:
□ Die Eignung des Erzeugnisses für einen bestimmten Verwendungszweck, d. h. ob die für den Gebrauch wichtigen Eigenschaften von vornherein in ausreichender Höhe vorhanden sind.
□ Die Beständigkeit dieser Eigenschaften, beurteilt nach ihrer zeitabhängigen Güteminderung (→ Verschleiß) bei Einwirkung von Umwelteinflüssen und Gebrauchsbeanspruchungen als relatives Maß der voraussichtlichen → Lebensdauer.

Mit diesen beiden Forderungen wird gewöhnlich der Begriff Gebrauchswert als Eignung eines Erzeugnisses zur Ausübung bestimmter Funktionen über eine längere Zeit umschrieben.

Der im allgemeinen auf Fertigerzeugnisse angewandte Begriff des Gebrauchswertes ist auch für den Faserrohstoff gültig. Neben den Eigenschaften, die für seine Verarbeitbarkeit in Spinnerei, Weberei und Ausrüstung erforderlich sind, muß der Faserrohstoff auch solche Eigenschaften aufweisen, die eine Grundlage für den Gebrauchswert der aus ihm hergestellten Erzeugnisse bilden.

Wegen der komplexen Zusammenhänge der einzelnen, den Gebrauchswert charakterisierenden Eigenschaften, ist eine einfache Aufgliederung nicht möglich. Das Bild zeigt die wichtigsten Merkmale bzw. Arten der Beanspruchung, die mit den Gebrauchseigenschaften zusammenhängen. Bei Textilerzeugnissen, die speziellen Beanspruchungen ausgesetzt sind, können noch weitere oder ergänzende Merkmale hinzukommen.

Die G. richtet sich nach den für den jeweiligen Verwendungszweck des Erzeugnisses zu stellenden Anforderungen. Sie setzt sich in der Regel aus Eignungs- und Beständigkeitsprüfung zusammen. Die Langzeitprüfung wird durch geeignete zeitraffende Maßnahmen auf eine vertretbare Zeitdauer reduziert. Häufig werden hierbei sogenannte Simulationsprüfverfahren angewandt, wobei die zeitbeeinflussenden Parameter nur so verändert werden dürfen, daß sie gesicherte Aussagen auf das → Langzeitverhalten zulassen.

Wenn geeignete Prüfmethoden nicht vorhanden sind oder den im Gebrauch auftretenden Beanspruchungen nicht ausreichend entsprechen, muß an ihre Stelle der Praxisversuch (Trageversuch) treten. *Kleinhansl*

Literatur: *Sommer, H.* und *F. Winkler:* Handbuch der Werkstoffprüfung. Bd. V. Berlin–Göttingen–Heidelberg 1961.

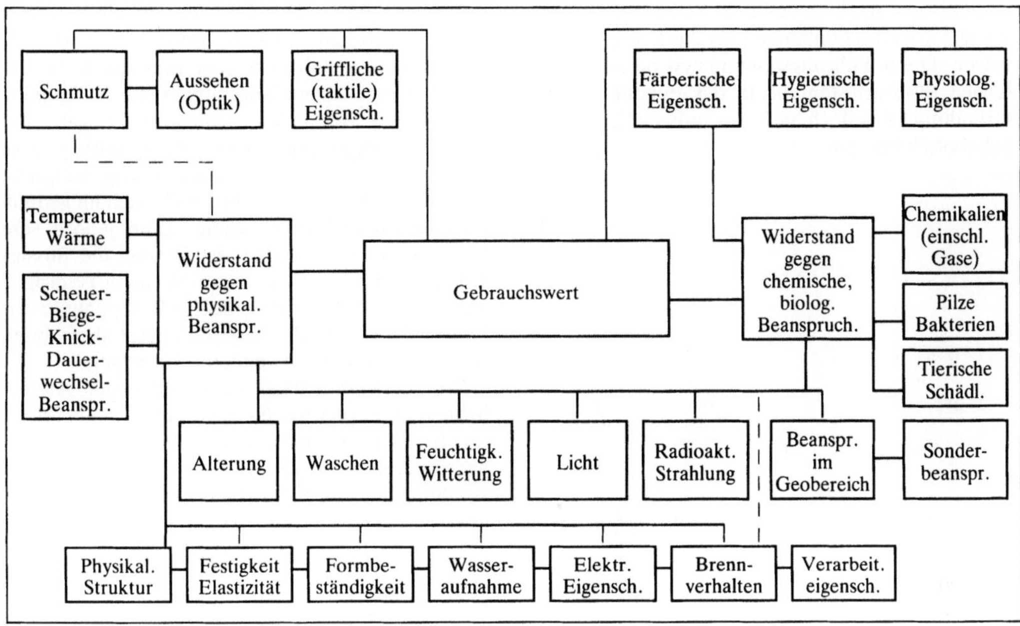

Gebrauchswertprüfung: Gebrauchseigenschaften.

Gefüge. → Metallische Werkstoffe sind vielkristallin. Sie bestehen aus einer Vielzahl von Kristallen, die zur Unterscheidung von frei gewachsenen Kristallen als Kristallite oder Körner bezeichnet werden. Der Verband der Körner bildet das G., wobei die strukturellen Baufehler und Inhomogenitäten wesentlichen Einfluß auf die Eigenschaften des Kristallitverbandes nehmen und damit die physikalischen, chemischen und technologischen Eigenschaften des Metalles mit bestimmen. *Gräfen*

Stähle. Die umfassendste Beschreibung des G. würde für alle Atome angeben, an welchem Ort sie sich befinden und von welcher chemischen Art sie sind. Da diese Definition unrealistisch ist, muß die Beschreibung eines G. den Beobachtungsmöglichkeiten angepaßt und stark vereinfacht werden. Dazu werden die einphasigen Mikrobereiche zusammengefaßt und durch Größe, Gestalt, Kristallorientierung und örtliche Lage beschrieben. Dabei kann es sich um Körner oder um Ausscheidungen und andere Phasenanteile wie → Einschlüsse handeln.

Unterschiedliche Kristallorientierungen weisen auch Zwillinge auf. Bei der Beschreibung des G. müssen auch → Seigerungen innerhalb einphasiger Mikrobereiche und Gitterdefekte wie → Leerstellen oder → Versetzungen berücksichtigt werden.

Die quantitative Erfassung von Gefügedaten erfolgt vorzugsweise mit licht- oder elektronenoptischen Geräten (Mikroskop, → Elektronenmikroskop). Zur Darstellung der verschiedenen → Gefügebestandteile ist eine sorgfältige metallographische → Probenvorbereitung durch Schleifen, Polieren, Ätzen oder Bedampfen erforderlich (→ Kristallographie). Die Auswertung erfolgt teilweise über eine numerische Datenverarbeitung.

Im Deutschen wird von G. die Struktur (*engl.* structure) unterschieden, welche mit dem Kristallgitter identisch ist. *Dahl*

Gefüge-Eigenschaftsgleichung → Mikrostruktologie

Gefügebestandteile. G. eines metallischen Werkstoffes sind Körner (Kristallite), → Einschlüsse (unbeabsichtigte Verunreinigungen), → Ausscheidungen (dispersionsartig verteilte Teilchen, durch → Wärmebehandlung abgeschieden), eutektische und martensitische Ausbildungen und die Versetzungsanordnungen. *Gräfen*

Gegenschlaghammer. G. sind arbeitsgebundene → Umformmaschinen mit zwei überwiegend gleichgroßen, teils auch unterschiedlichen Bären, die mit mechanischer oder hydraulischer Kopplung oder auch frei mit gleichen oder verschiedenen Geschwindigkeiten gegeneinanderschlagen (Bild). Wesentliches Merkmal ist das Entfallen der bei üblichen Schabottehämmern benötigten schweren, im Erdreich mit Schwingungsisolierung gegründeten Schabotte. Dadurch verringern sich einerseits die Baumassen von G. verglichen mit Schabottehämmern gleichen Arbeitsvermögens um über 50 %, andererseits wird theoretisch keine Stoßverlustenergie über das Fundament auf das Erdreich übertragen. Durch Führungsreibung und Bärkippen gelangen Stoßverlustanteile in das Fundament; die Gründung ist jedoch nicht so aufwendig wie bei Schabottehämmern.

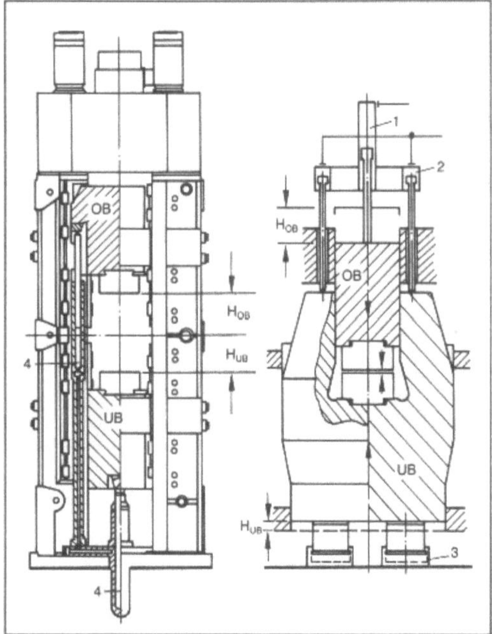

Gegenschlaghammer:
a) Mit gleichen Bärmassen. (Quelle: Beche & Grohs)
b) Mit ungleichen Bärmassen. (Quelle: Lasco)

Antrieb elektro-ölhydraulisch, Bärkopplung bei a) hydraulisch (Quelle: Lange, K. a. a. O.) 1 Antrieb des Oberbären (OB), 2 hydraulischer Antrieb des Unterbären (UB) für Ausgangsstellung, 3 Luftzylinder für Aufwärts(Arbeits)bewegung des Unterbären, 4 hydraulische Bärkopplung, H_{OB}, H_{UB} Hub von Ober- bzw. Unterbär

G. werden fast ausschließlich für das Gesenkschmieden von →Stahl eingesetzt. Moderne Bauarten, stehend oder liegend, werden mit Drucköl oder Druckluft betrieben (→Umformmaschine) und haben teils speicherprogrammierbare Steuerungen. Die G. haben →Oberdruckhämmer in Europa für Arbeitsvermögen $E_N > 100$ kJ weitgehend verdrängt; die größten ausgeführten G. haben ein Arbeitsvermögen von 1 250 kJ und 1 500 kJ bei Bärmassen von über 100 t. *Lange*

Literatur: *Lange, K.* (Hrsg.): Umformtechnik. Handb. f. Ind. u. Wiss. 2. Aufl. Bd. 1: Grundlagen. Berlin, Heidelberg, New York 1984. – *Lange, K. u. H. Meyer-Nolkemper: Gesenkschmieden. 2. Aufl. Berlin, Heidelberg, New York 1977.*

Gel. Von →Gelatine abgeleitete Bezeichnung für ein aus mindestens zwei Komponenten bestehendes disperses System. Die feste Komponente besteht aus einem dreidimensionalen polymeren Netzwerk. Die einzelnen Polymerketten sind durch Haupt- und Nebenvalenzbindungen über die Netzpunkte miteinander verbunden. Durch die Zugabe der zweiten Komponente, eines Lösungsmittels, wird das Netzwerk zu einem G. angequollen. Aufgrund der Netzwerkstruktur bleibt ein G. auch im gequollenen Zustand formbeständig, kann jedoch sehr leicht deformiert werden. Ist Wasser die flüssige Komponente, so spricht man von einem Hydrogel. Xerogele sind G., die ihre flüssige Komponente verloren haben, z. B. die in chemischen Laboratorien zur Stofftrennung verwendeten Kieselgele.

Weitere Verwendung: in verschiedenen Arzneiformen (z. B. pharmazeutische Cremes), als Träger für die Elektrophorese von Proteinen, in der Lebensmittelindustrie als Geliermittel zur Herstellung von Suppen, Soßen, Puddings und Gelees (Gelatine). *Finkelmann*

Literatur: *ter Meer, H.:* Polysaccharide. Berlin 1985.

Gelatine. G. ist das Hydrolyseprodukt des Kollagens (Faserprotein des Bindegewebes). Es wird durch Aufschluß von Knochen und Haut von Schlachtvieh mit verdünnter Salzsäure und Auslaugen mit Wasserdampf gewonnen.

G. ist in Wasser löslich. Beim Abkühlen bilden sich gallertartige Massen. Die Zusammensetzung schwankt je nach Herkunft erheblich. Hauptbestandteile sind die Aminosäuren Glycin, Prolin, Alanin und Hydoxyprolin. Die Molekulargewichte schwanken zwischen 40 000 und 100 000.

G. wird in der Nahrungsmittelindustrie als Verdickungsmittel (Pudding, Eis, Aspik usw.) verwendet. Weitere Verwendung findet G. in der Medizin als Einschlußmaterial für Arzneimittel und in der Photoindustrie. *Finkelmann*

Literatur: *Elias, H.:* Makromoleküle. 4. Aufl. Basel 1981.

Gelpunkt. Kritischer Umsatz bei der Bildung eines polymeren Netzwerkes (→Elastomer). Am G. sind alle Polymerketten miteinander verknüpft. Das →Polymer wird unlöslich und geht vom flüssigen in den gummielastischen Zustand (→Gummielastizität) über. *Finkelmann*

Literatur: *Batzer, H.:* Polymere Werkstoffe. Bd. I. Stuttgart 1984. – *ter Meer, H.:* Polysaccharide. Berlin 1985.

Gelspinnen. Spinnverfahren zur Herstellung von →Synthesefasern. Die Fasern werden aus 35–55%igen Lösungen versponnen. Wie beim →Naßspinnen werden die Lösungen mit einer Pumpe durch eine Düse befördert. Die entstehenden Fäden werden in einem Fällbad koaguliert und in einem Streckbad verstreckt. Durch den Spinnprozeß werden die Polymerketten orientiert. Die entstehenden

Fäden zeigen dadurch in Richtung der Faserachse eine stark erhöhte →Zugfestigkeit. Im Vergleich zum Naßspinnen werden beim G. eine höhere Formstabilität der Fäden und dadurch bedingt, höhere Abzugsgeschwindigkeiten (bis zu 500 m/min) erreicht. Weitere Spinnverfahren sind das Trockenspinnen, bei dem Luft das Fällbad bildet und das Schmelzspinnen, bei dem ohne Lösungsmittel gearbeitet wird. *Finkelmann*

Literatur: *Elias, H.:* Makromoleküle. 4. Aufl. Basel 1981.

Genauguß. Oft auch als →Präzisionsguß bezeichnet, ist dadurch gekennzeichnet, daß solche Gußstücke eine wesentlich höhere Maßgenauigkeit als nach den üblichen Freimaßtoleranzen für Gußteile vorgesehen, aufweisen. Voraussetzung für die erzielbare hohe Maßtreue sind spezielle Formverfahren und maßhaltige Modelle. Jeder Gußverbraucher sollte bedenken, daß ein Abguß nicht maßgenauer ausfallen kann als das →Modell. Deshalb muß man dem Gießer zur Herstellung hochpräziser Abgüsse auch hochwertige Modelle zur Verfügung stellen. Die Maßgenauigkeit eines Abgusses wird aber auch durch Formteilungen, Kernlagerungsmöglichkeiten und die mit den verwendeten Formstoffen erzielbare Formstabilität beeinflußt. So liegen die Toleranzen innerhalb der Formteilungsebene erheblich niedriger als quer zur Formteilung.

Zu den G.-Verfahren rechnet man üblicherweise den →Croning-Formmaskenguß und dessen Variante das D-Verfahren, das →Shaw-Verfahren mit nachfolgenden Brennen sowie das Kohlensäure-Erstarrungsverfahren (CO_2-Verfahren), das →Vollformgießen und den →Feinguß.

Die G.-Verfahren erfordern allesamt eine besondere Gieß- und Formtechnik, durch die der Erstarrungsablauf wesentlich beeinflußt wird und in gewissem Rahmen auch gelenkt werden kann. Deshalb ist man in der Lage, Genaugußstücke auch mit einer auf die vorgesehene Beanspruchung abgestimmten Gefügestruktur zu erzeugen. Im allgemeinen will man in Gußstücken isotrope Eigenschaften erreichen, in Feingußstücken, z. B. bei gegossenen Turbinenschaufeln, ist man dagegen bestrebt, durch gelenkte →Erstarrung eine Vorzugsrichtung der Kristalle über die Schaufellänge zu erreichen.

Es ist offensichtlich, daß die erzielbaren Toleranzen nicht nur davon abhängen, ob geteilte oder ungeteilte Formen verwendet werden, sondern auch von den Hauptabmessungen der Teile. In vielen Fällen reichen die beim Croning-Formmaskenguß und insbesondere beim Feinguß erzielbaren Maßgenauigkeiten aus, um auf eine nachfolgende spanende Bearbeitung der Gußstücke gänzlich verzichten zu können oder zumindest das Nacharbeiten auf Schleifen zu begrenzen.

Das →Vollformgießen und das Kohlensäure-Erstarrungsverfahren finden vor allem bei größeren Gußstücken Anwendung und erfordern dementsprechend größere Toleranzen, die aber in der Regel deutlich unter den Freimaßtoleranzen nach Norm liegen und meist knapp bemessene Bearbeitungszugaben zulassen. Gerade auf dem Gebiet der Maßhaltigkeit hat die Gußerzeugung in den letzten Jahrzehnten durch die Erfindung neuer Formstoffe, besonders in Verbindung mit heiß- oder kalthärtenden Kunststoffen als Binder, besserer Form- und Kernherstellungstechnologien sowie verbesserte Kenntnis über das Schwindungsverhalten der verschiedensten Gußwerkstoffe wesentliche Fortschritte gemacht. *Doliwa*

Gerbstoffe. Als G. bezeichnet man verschiedene phenolische Verbindungen, die in der Rinde, im →Holz, in Früchten, Blättern oder Wurzeln verschiedener Pflanzen vorkommen und zur Gerbung von Häuten verwendet werden können. Besonders gerbstoffreich mit Anteilen bis zu 50 % sind die Rinden von Eukalyptus, Akazie, Quebracho, Mangroven, Kastanie, Eiche sowie Fichte, Kiefer und Lärche. Im Holz kommen G. in größeren Mengen bei Eukalyptus, Akazie, Quebracho, Eiche und Kastanie vor. Die Konzentrationen sind durchschnittlich geringer als in der Rinde.

Aufgrund ihrer chemischen Struktur unterscheidet man zwei unterschiedliche Hauptgruppen vegetativer G.: hydrolysierbare und kondensierte G. Bei den hydrolysierbaren G. handelt es sich um Glucose-Derivate, in denen die alkoholischen Gruppen mit Gallussäure, Digallussäure, Hexaoxidiphensäure oder Ellagsäure verestert sind. Mit verdünnten Mineralsäuren können sie hydrolysiert werden.

Bei den kondensierten G. handelt es sich um Kondensationsprodukte niedermolekularer, phenolischer Pflanzenstoffe, insbesondere von Catechinen. Die Gewinnung der G. erfolgt durch Heißwasserextraktion, meist bei Temperaturen zwischen 80–100 °C aus dem zerkleinerten Pflanzenmaterial. Die sich ergebende Brühe wird gefiltert, in Mehrstufeneindampfanlagen aufkonzentriert und in Sprühtrocknern pulverisiert. G. mit Molgewichten zwischen 500 und 3 000 dienen zur Gerbung von Häuten zur Lederherstellung. Hierbei werden sie in den nicht-kristallinen Bereich der Collagenfibrillen eingelagert, wo sie aufgrund ihres phenolischen Charakters an den basischen Zentren der Eiweißketten gebunden werden. Dadurch werden Collagenfasern hydrophobiert. Weiterhin wird ihre Beständigkeit gegen chemisch-hydrolytischen und bakteriellen Abbau erhöht. *Patt*

Gesenkbiegen. G. ist ein Verfahren des →Biegeumformens und ist nach DIN 8586 als →Biegen zwischen Biegestempel und Biegegesenk bis zur Anlage des Werkstücks im Gesenk definiert. In

Schenkelrichtung schrittweise fortschreitendes G. zum Runden heißt Gesenkrunden (Bild 1).

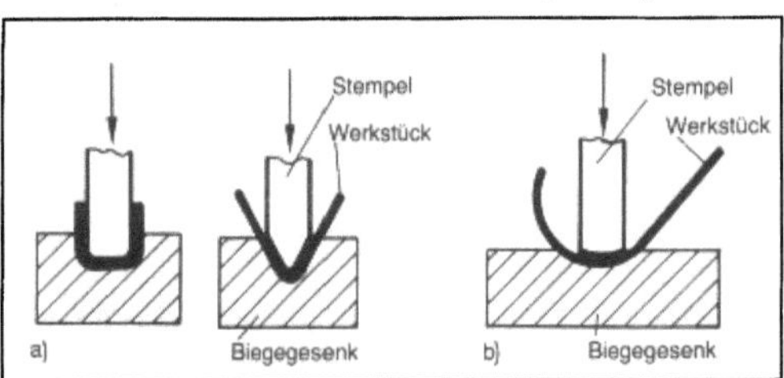

Gesenkbiegen 1: Prinzipdarstellung.
a) Gesenkbiegen
b) Gesenkrunden.

Von den beiden Verfahrensvarianten des G. – Biegen im V- und im U-Gesenk – hat das Biegen im V-Gesenk die größere Bedeutung. Man muß bei diesem Verfahren zwei Teilvorgänge unterscheiden: 1. Freibiegevorgang, 2. Nachdrücken im Gesenk. Für den Freibiegevorgang gelten die Gesetzmäßigkeiten des freien Biegens. Er ist beendet, wenn sich die Biegeschenkel an die Gesenkwände anlegen ($\alpha = \alpha_G$, Fall b in Bild 2) oder wenn der kleinste Biegeteilinnenradius kleiner als der Stempelradius wird, Fall b in Bild 3.

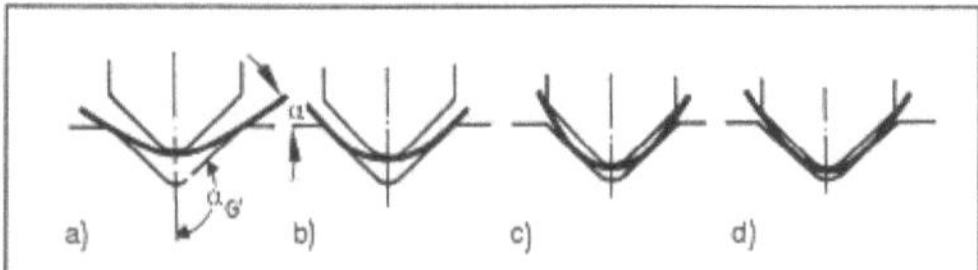

Gesenkbiegen 2: Biegen im V-Gesenk mit kleinem Stempelradius.

a freies Biegen, b Ende des Freibiegevorgangs, c Ende des Überbiegens, d Rückbiegen

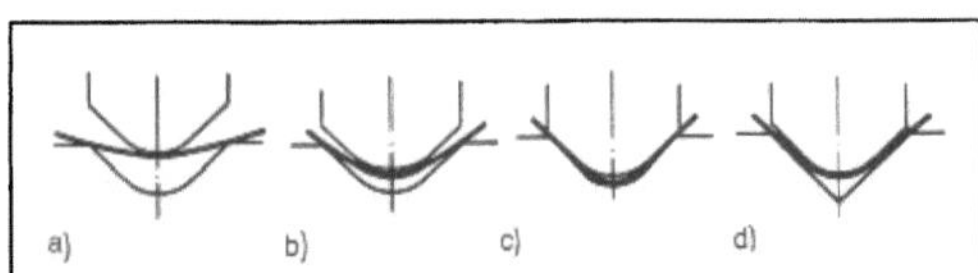

Gesenkbiegen 3: Biegen im V-Gesenk mit großem Stempelradius.

a freies Biegen, b Zweipunktauflage an der Stempelrundung, c Nachdrücken (Beginn)

Für das Nachdrücken im Gesenk zwecks Anpassen des Biegeteils an die Werkzeugform ist die Ausbildung der Biegeteilrundung am Ende des Freibiegevorgangs entscheidend: Bei kleinen Stempelradien (Bild 2) wird bei Anlegen der Schenkel des Biegeteils an den Stempel der Biegewinkel größer als der Gesenkwinkel, und die Schenkel müssen im weiteren Verlauf zurückgebogen werden. Daraus folgt ein Kraftmaximum vor dem Steilanstieg der Kraft beim Nachdrücken (Bild 4, Kurve a); bei großem Stempelradius liegt das Biegeteil vor dem

Nachdrücken an zwei Punkten am Stempel an, der Vorgang verläuft bis zum Steilanstieg der Kraft monoton ansteigend (Bild 4, Kurve b). Wegen der Rückfederung der Biegeteile nach der Entlastung müssen die Biegegesenke um den Rückfederungswinkel vorkorrigiert werden. Mit steigender Nachdrückkraft und -zeit wird die Abbildegenauigkeit verbessert; Schwankungen in der Serienfertigung werden bei Verwendung mit Pressen mit geringerer Längssteifigkeit geringer als bei Pressen mit hoher Steifigkeit.

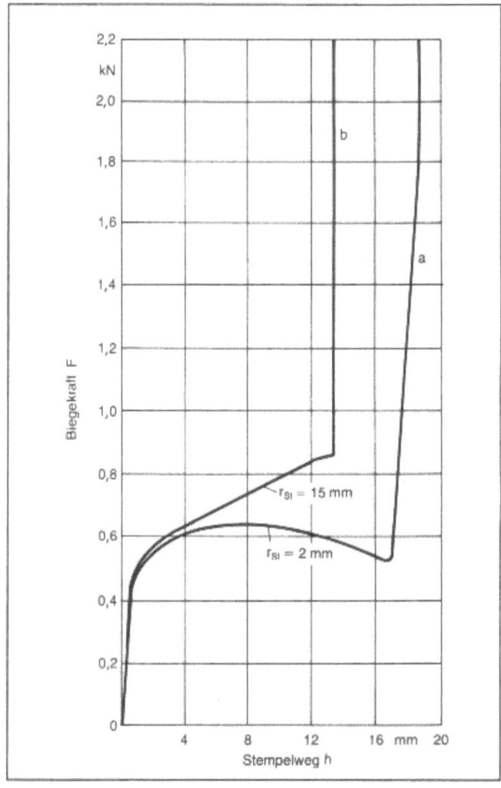

Gesenkbiegen 4: Kraft-Weg-Verlauf beim V-Gesenkbiegen.

90°-V-Gesenk, Blechdicke $S_o = 2\,mm$, Gesenkweite $w = 42\,mm$

In der industriellen Produktion hat das G. von einzelnen Teilen und von sog. Profilstäben auf Gesenkbiegepressen (auch Abkantpressen genannt) eine sehr große Bedeutung. Für die Fertigung von Profilstäben (in Konkurrenz zum → Walzprofilieren) werden Schienenstempel und Schienengesenke, letztere auf vier Seiten mit verschiedenen Gesenkformen versehen, verwendet (Bild 5a). In Sonderfällen wird auch mit einem nachgiebigen Gesenk, Gummikissen in Stahlkoffer, gearbeitet (Bild 5b). Einige Beispiele für Arbeitsfolgen und Profilquerschnitte zeigt Bild 6.

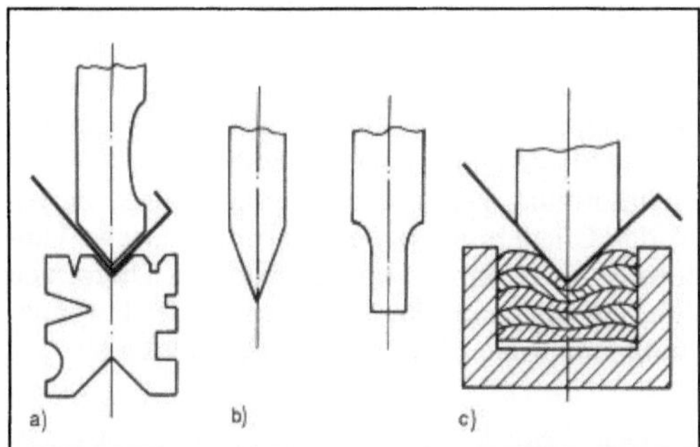

Gesenkbiegen 5: Gesenkbiegewerkzeuge. (Quelle: Spur/Stöferle)
a) Schienengesenk und Schienenstempel für Gesenkbiegepresse
b) Beispiele für Stempelformen
c) Gummikissen-Gesenk.

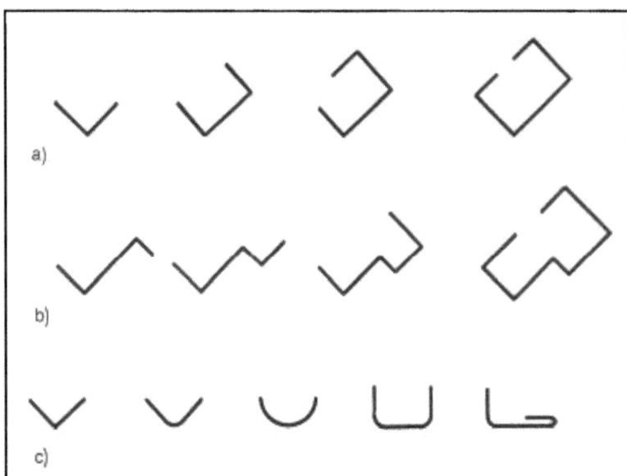

Gesenkbiegen 6: Gesenkbiegeprofile. (Quelle: Spur/ Stöferle)
a) Gleichsinnig gebogen
b) In verschiedenen Richtungen gebogen
c) Beispiele für Profilquerschnitte an der Biegestelle.

Moderne Gesenkbiegepressen haben überwiegend hydraulischen Antrieb mit CNC-Steuerung für Biegestempelzustellung, Anschlagschienenverstellung, Nachdrückkraft und -zeit. Über Sensoren werden dabei die beiden Antriebskolbenwege zum gleichmäßigen Verlauf des Pressenstößels (auch Biegewange genannt) gesteuert. Ebenso kann über die Steuerung der Stößelbewegung auch die Biegeteilrückfederung kompensiert werden, wenn auf das Kalibrieren durch Nachdrücken im Gesenk verzichtet werden kann. Zur Verbesserung der Flexibilität wurden auch Pressen mit automatischem Werkzeugwechsel (Schiebetisch und Paternoster) entwikkelt. Biegegesenke mit numerisch gesteuertem Boden ermöglichen sehr genaue Biegungen mit einigen Winkelminuten Abweichung vom Sollwert. Neue Entwicklungen für Biegungen an einzelnen Werkstücken erlauben das vollautomatische Biegen um mehrere Kanten mittels Handhabungs- und Positio-

nierautomatik. Durch Verketten mit CNC-Platinenausschneidmaschinen (mechanisch durch Nibbeln oder mit Laser) und mit automatischen Schmelz- und Punktschweißmaschinen ergeben sich flexible Fertigungseinrichtungen für Blechformteile, z. B. Gehäuse unterschiedlicher Form. *Lange*

Literatur: *Dannenmann, E.:* Die Abbildegenauigkeit beim Biegen im 90°-V-Gesenk und ihre Beeinflussung durch Nachdrücken im Gesenk. Ber. Nr. 8 Inst. Umformtechn. Universität Stuttgart. Essen 1969. – *Koch, G.:* Automatisches Biegen von komplizierten Blechteilen. Stahl und Eisen 107 (1987), S. 561/65. – *Lange, K.* (Hrsg.): Umformtechnik. Handb. f. Ind. u. Wiss. 2. Aufl. Bd. 3: Blechumformung. Berlin, Heidelberg, New York, Tokio 1990. – *Oehler, G.* u. *F. Kaiser:* Schnitt-, Stanz- und Ziehwerkzeuge. 6. Aufl. Berlin, Heidelberg, New York 1973. – *G. Spur* (Hrsg.) u. *Th. Stöferle:* Handbuch der Fertigungstechnik. Bd. 3: Umformen, Zerteilen. München 1985.

Gesenkformen. G. ist eine Untergruppe des →Umformens (DIN 8580) und ist als →Druckumformen mit gegeneinander bewegten Formwerkzeugen (Gesenken), die das Werkstück ganz oder zu einem wesentlichen Teil umschließen und dessen Form enthalten, definiert; sog. abformende →Gestalterzeugung.

Nach DIN 8583, Bl. 4, ist das G. in Gesenkformen mit teilweise bzw. mit ganz umschlossenem Werkstück zu untergliedern. Zu den Verfahren mit teilweise umschlossenem Werkstück gehören Formrecken, Reckstauchen, Formrundkneten, Schließen im Gesenk und Formstauchen (Bild 1); zu den Ver-

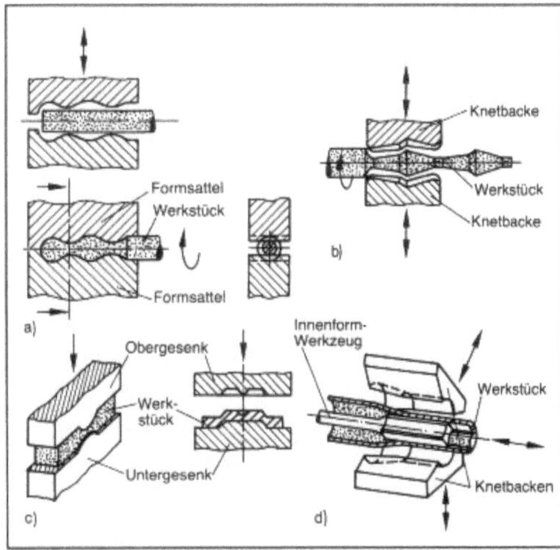

Gesenkformen 1: Verfahren des Gesenkformens nach DIN 8583, Blatt 4, mit teilweise umschlossenem Werkstück.
a) Formrecken
b) Formrundkneten von Außenformen
c) Formstauchen
d) Formrundkneten von Innenformen (nur zwei von drei Knetbacken dargestellt).

fahren mit ganz umschlossenem Werkstück zählen Anstauchen im Gesenk, Formpressen ohne Grat, Formpressen mit Grat und Gesenkrichten (Bild 2). Das Formpressen ohne Grat läßt sich weiter in Setzen, Gesenkrichten und Vollprägen unterteilen. Die Verfahren des G. haben für die industrielle Produktion genauer Werkstücke, die teils ohne spanende Fertigbearbeitung verwendbar sind, eine herausragende Bedeutung. Erwähnt seien z. B. das Präzisionsgesenkschmieden von Verzahnungsteilen, Turbinenschaufeln.

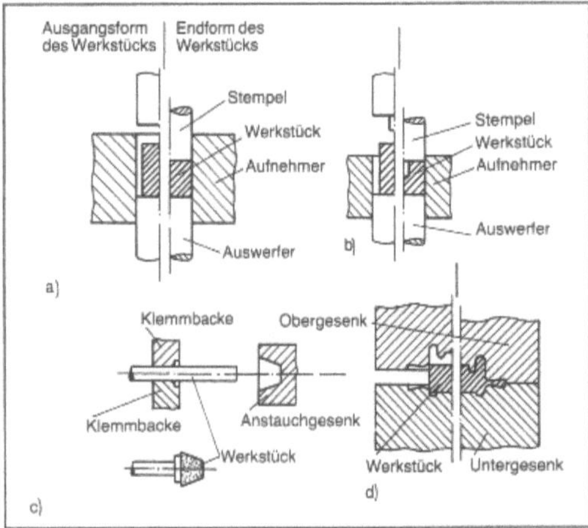

Gesenkformen 2: Verfahren des Gesenkformens nach DIN 8583, Blatt 4, mit ganz umschlossenem Werkstück.
a) Setzen
b) Formpressen ohne Grat
c) Kopfanstauchen im Gesenk
d) Formpressen mit Grat.

Die Verfahren Formpressen mit und ohne Grat sowie Anstauchen im Gesenk sind die Kernverfahren des Gesenkschmiedens (→ Schmieden).

Sowohl für das G. als auch für das → Freiformen ist nach Bild 3 die Erzeugung der Werkstückgeometrie im ganzen oder schrittweise (kinematisch) möglich. Dabei gibt es außer den Verfahren der → Massivumformung auch solche der → Blechumformung, die sich nach den gleichen Kriterien in das Gliederungssystem: Ungebundenes → Umformen (Freiformen) und gebundenes Umformen (G.) einordnen lassen. Mit zunehmender Formbindung nimmt die Flexibilität der Verfahren ab.

Lange

Literatur: *Lange, K. u. H. Meyer-Nolkemper:* Gesenkschmieden. 2. Aufl. Berlin, Heidelberg, New York, Tokio 1977. – *Lange, K.* (Hrsg.): Umformtechnik. Handb. f. Ind. u. Wiss. 2. Aufl. Bd. 1: Grundlagen. Berlin, Heidelberg, New York, Tokio 1984.

Gespann → Gießen

Gestaltänderungsenergiehypothese. Die G. ist formal identisch mit der von Misesschen Fließhypothese. Die Interpretation der Beziehung nach *Hencky* besagt, daß Fließen dann eintritt, wenn die Speicherfähigkeit des Werkstoffs für die mit der Gestaltänderung verbundene elastische Energie erschöpft ist (→ Fließbedingung). *Lange*

Gestalterzeugung, abformende. Der Begriff a. G. wird für alle Formgebungsvorgänge verwendet, bei denen die Geometrie eines Werkzeugs, meist Hohlformwerkzeug, die Geometrie eines darin abgeformten Werkstücks überwiegend bestimmt. Das ist der Fall z. B. in der Sintertechnik, in der Metalldruckgießtechnik, Kunststoffspritzgußtechnik und Umformtechnik.

In der Umformtechnik wird als synonymer Begriff vornehmlich das „gebundene Umformen" =

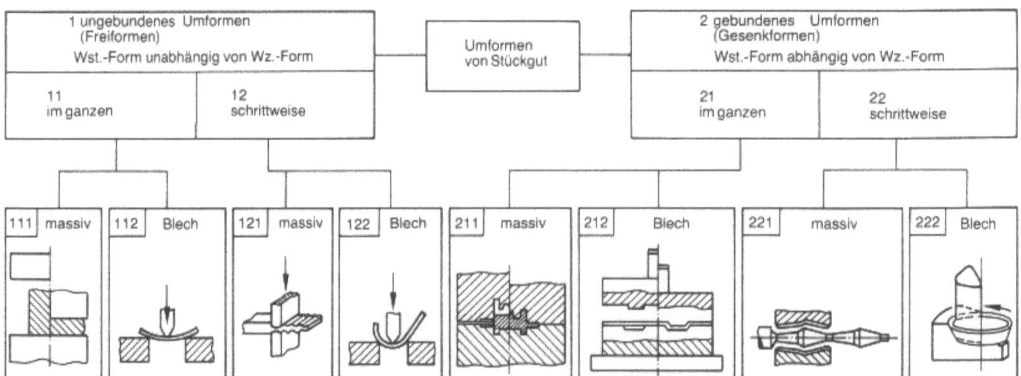

Gesenkformen 3: Umformverfahren für einzelne Werkstücke. Gebundenes und ungebundenes Umformen. (Quelle: DIN 8583 u. 8585)

→Umformen mit enger Formbindung zwischen Werkzeug und Werkstück verwendet (→Gesenkformen). Bei vielen Verfahren ist die Bindung der Werkstückgeometrie an die Werkzeuggeometrie nur teilweise gegeben, und es bestehen Übergänge zur kinematischen G. Die Werkstückgenauigkeit ist bei Verfahren des gebundenen Umformens besser als beim ungebundenen Umformen. Sie hängt von der Werkzeuggenauigkeit ab. *Lange*

Literatur: *Lange, K.* (Hrsg.): Umformtechnik. Handb. f. Ind. u. Wiss. 2. Aufl. Bd. 1: Grundlagen. Berlin, Heidelberg, New York, Tokio 1984.

Gestalterzeugung, kinematische. Der Begriff k. G. wird für alle Formgebungsverfahren verwendet, bei denen die Geometrie eines Werkstücks durch freie oder gesteuerte Relativbewegungen zwischen Werkzeug und Werkstück erzeugt wird. Hierzu gehören vor allem die Trennverfahren nach DIN 8580.

Auch in der Umformtechnik gibt es in der →Massiv- und in der →Blechumformung zahlreiche Verfahren, bei denen die Werkstückgestalt kinematisch erzeugt wird, z. B. beim →Freiformen und →Biegen. Als synonymer Begriff wird vornehmlich das „ungebundene Umformen" = →Umformen ohne Formbindung zwischen Werkzeug und Werkstück verwendet. In einigen Fällen gibt es Übergänge zwischen dem ungebundenen und dem gebundenen Umformen, wenn kinematisch gesteuerte Formwerkzeuge, z. B. beim Formrundkneten eingesetzt werden. Bei Verfahren des ungebundenen Umformens ist in der Regel die Werkstückgenauigkeit schlechter als beim gebundenen Umformen.

Lange

Literatur: *Lange, K.* (Hrsg.): Umformtechnik. Handb. f. Ind. u. Wiss. 2. Aufl. Bd. 1: Grundlagen. Berlin, Heidelberg, New York, Tokio 1984.

Gestaltfestigkeit →Betriebsfestigkeit

Gestell. Der untere zylindrische Teil eines →Hochofens wird G. genannt. Das ist der Sammelraum für flüssiges Roheisen und flüssige Schlacke. *Baumann*

Getriebeöl. Schmieröl zur →Schmierung von Getrieben. Die Schmierung von Zahnradgetrieben ist ein diskontinuierlicher Vorgang. Bei jedem neuen Zahneingriff muß sich zwischen den Zahnflanken ein neuer, tragender Schmierfilm aufbauen; dabei können unterschiedliche Reibungs- bzw. Schmierungszustände durchlaufen werden: Hydrodynamische Schmierung, Elastohydrodynamische Schmierung, →Mischreibung. Damit sich ein weitgehend trennender Schmierfilm ausbilden kann, besitzen G. im allgemeinen eine hohe →Viskosität. Zur

Vermeidung des →Fressens bei Mischreibung enthalten sie →Hochdruckzusätze. *Habig*

Gewinderohr. G. sind geschweißte Stahlrohre oder nahtlose →Stahlrohre, die nach Anbringen von Außen- oder Innengewinden für Rohrverbindungen (Rohrleitungen) verwendet werden. Dabei werden mittelschwere und schwere G. voneinander unterschieden. *Baumann*

Gewindewalzen. G. ist nach DIN 8583, Bl. 2, die Erzeugung von Gewindeprofilen an Werkstücken durch Profil-Schrägwalzen mit Walzwerkzeugen, die das Gewindeprofil als Gegenform enthalten. Dabei wird der Werkstückstoff nicht bis in den Kern plastifiziert; Der Werkstofffluß erfolgt radial. Die mit Gewinde zu versehenden Werkstückteile müssen sehr genau auf den Flankendurchmesser durch Spanen oder →Umformen (z. B. →Verjüngen) vorbereitet werden.

Neben den Profilen von Befestigungsgewinden werden auch solche anderer Gewindearten gewalzt (Trapezgewinde, Rundgewinde, Sägengewinde, Sondergewinde). Man benutzt dazu Flach- und Rundwerkzeuge. Beim →Walzen mit Rundwerkzeugen im Durchlaufverfahren können auch Gewinde gewalzt werden, deren Länge größer ist als die Breite der Walzen.

Beim Eindringen des Werkzeugs in das Werkstück steigt der Werkstoff an den Flanken der eindringenden Gewindegänge stärker hoch, als zwischen den Gängen (Bild 1). Besonders bei Spitzgewinden kann es dadurch zur Bildung einer sog. Schließfalte kommen. Diese erreicht u. U. 20 % der Gewindetiefe. Harte Werkstoffe bilden tiefere Schließfalten als weiche. Die Tragfähigkeit der Gewinde wird durch eine Schließfalte nicht verringert.

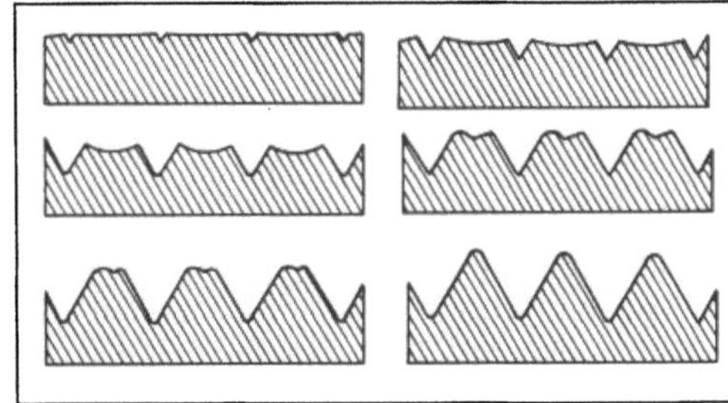

Gewindewalzen 1: Werkstofffluß.

Durch die →Verfestigung steigt die Härte des Werkstoffs im Bereich des Gewindeprofils örtlich teilweise bis fast auf den doppelten Wert der Ausgangshärte (Bild 2). Geht man bei der Berechnung des größten örtlichen Umformgrades von der Verlängerung des Umrisses eines Längsschnitts aus, so erhält man z. B. für die Gewinde M 12 bis M 20

$\varphi_{max} \approx 0,54$. Die Tragkrafterhöhung infolge der Verfestigung liegt z. B. bei Stahlschrauben M 10 bei 6 bis 12 % gegenüber spanend hergestellten Gewinden. Stärker wirkt sich die Verfestigung auf die → Wechselfestigkeit aus. Die im Schrifttum angegebenen Werte für die Biegewechselfestigkeit lassen sich vereinfacht wie in der Tabelle darstellen. Ist eine → Wärmebehandlung erforderlich, so wird diese möglichst vor dem Walzen durchgeführt, da die Verfestigung bei Erwärmen nach dem Umformen wieder abgebaut wird.

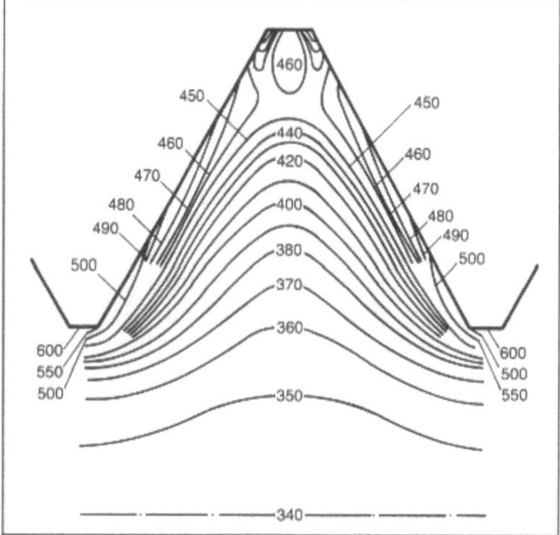

Gewindewalzen 2: Härteverteilung nach dem G.

Gewinde M8, Werkstoff Chrom-Vanadiumstahl, vergütet, Kernhärte $HV_{0,1} = 340$

Gewindewalzen. Tabelle: Vergleich der Biegewechselfestigkeit von Gewindebolzen.

Zustand 1	Zustand 2	$\sigma_{bw1}/\sigma_{bw2}$
gewalzt – vergütet	vergütet – gewalzt	$\approx 1 : 2$
vergütet – geschnitten	vergütet – gewalzt	$\approx 1 : 3$
geschnitten – vergütet	gewalzt – vergütet	$\approx 1 : 1$

□ Verfahren:
– G. mit Flachwerkzeugen. Das Gewinde wird durch Walzen zwischen zwei Gewindewalzbacken erzeugt, von denen die eine ortsfest gelagert ist. Die zweite wird, auf einem Schlitten befestigt, relativ dazu bewegt, durch Kurbeltrieb, (Bild 3 a). Die Backen sind so ausgebildet, daß das Gewinde im Einlauf erzeugt wird. Dieser ist abgeschrägt und hat eine Länge von ca. 1,5 U (U Bolzenumfang).

Im anschließenden parallelen Teil (2 bis 4 U) wird das Gewinde lediglich geglättet und kalibriert. Der folgende kurze Auslauf ist wieder abgeschrägt, damit das fertige Gewinde nicht beschädigt wird. Die bewegliche Backe ist länger als die feste. Dadurch

wird ein sicheres Auswerfen garantiert. Erzeugt man in der Einlaufzone zu schnell die volle Gewindetiefe, wird der Bolzen unrund. Diese Unrundheit kann im Kalibrierteil nicht mehr ganz beseitigt werden.

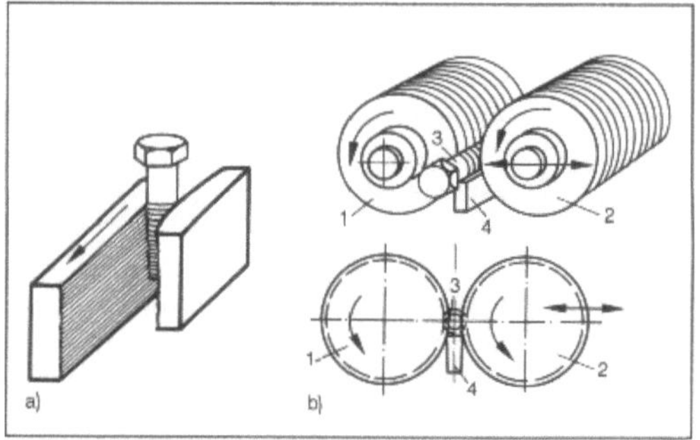

Gewindewalzen 3:
a) G. mit Flachbacken
b) G. mit Rundwerkzeugen im Einstechverfahren.

1 ortsfestes Werkzeug, 2 verstellbares Werkzeug, 3 Werkstück, 4 Werkstückauflage

Bildet man die Walzen als Segmentwalzwerkzeuge aus, kann die Produktivität im Einstechverfahren stark erhöht werden (Bild 4).

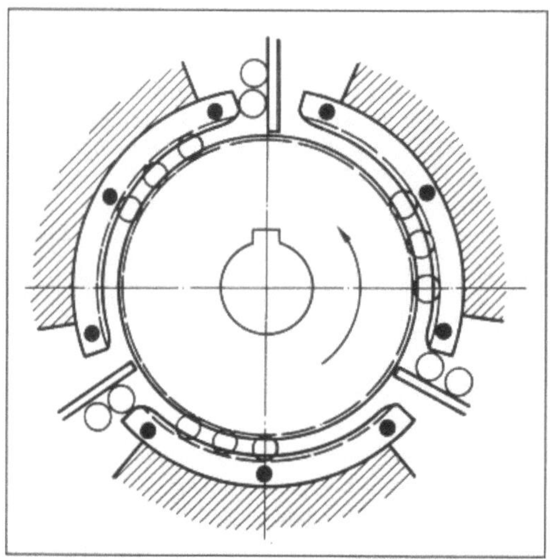

Gewindewalzen 4: Segment-Walzwerkzeuge mit feststehenden konkaven Segmenten.

– G. mit Rundwerkzeugen. Beim Einstechverfahren arbeiten zwei in gleicher Drehrichtung und mit gleicher Drehzahl angetriebene Walzen zusammen (Bild 3 b). Die eine ist ortsfest gelagert, die andere wird während des Walzvorgangs radial gegen die erste hydraulisch zugestellt. Das Werkstück stützt sich dabei entweder auf einem Lineal ab oder wird zwischen Spitzen aufgenommen. Bei Auflage auf ein Lineal wird dieses so eingestellt, daß die Werkstückachse leicht unterhalb der Ebene der Werkzeugachsen liegt. Dadurch wird das Werkstück mit Sicherheit gegen das Lineal gedrückt.

Die Gewindegänge der Walzen müssen den gleichen Steigungswinkel wie das Werkstück aufweisen. Da andererseits der Rillenabstand an der Mantellinie gleich der Steigung h des Gewindes sein muß, werden die Walzwerkzeuge mehrgängig ausgeführt. Die erforderliche Gangzahl entspricht dem Verhältnis Walzendurchmesser zu Gewindedurchmesser

$$d_{Wz}/d_{Wst} = z_{Wz}/z_{Wst}$$

Im Durchlaufverfahren sind drei verschiedene Arbeitsweisen möglich (Bild 5):

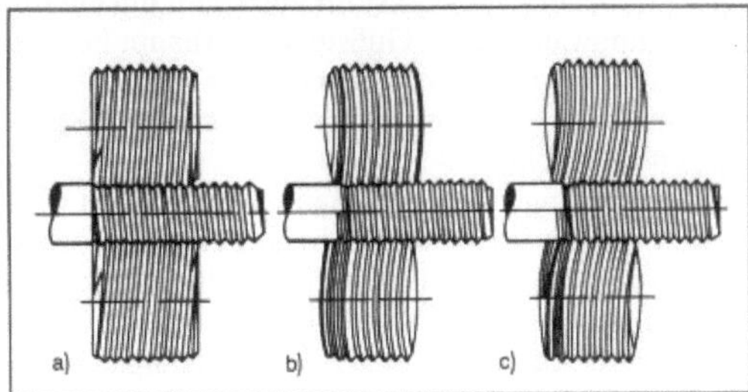

Gewindewalzen 5: G. im Durchlaufverfahren.
a) Achsparallele Walzen
b) Geschwenkte Walzen
c) Geschwenkte Walzen.

Profil mit Steigung $\alpha_1 + \alpha_2 = \alpha_{Wst}$

1. Durch achsparallele Walzen, deren Profile einen Steigungswinkel $\alpha_2 > \alpha_{Wst}$ haben, wird ein Vorschub in Achsrichtung bewirkt. Die Abweichung des Winkels α_2 von α_{Wst} darf jedoch nicht zu groß sein, da sonst Beschädigungen der Gewindeflanken auftreten.

2. Verwendet man Walzen mit steigungslosem Profil, so müssen diese um den Winkel $\alpha_1 = \alpha_{Wst}$ geschwenkt werden. Die geringe Berührungslänge zwischen Werkzeug und Werkstück bei großen Steigungen setzt dieser Arbeitsweise eine Grenze. Von Vorteil ist dagegen, daß für verschiedene Steigungswinkel und Durchmesser bei gleichem Profil nur ein Satz Walzwerkzeuge erforderlich ist.

3. Das dritte Verfahren ergibt sich durch Kombinieren der Verfahren 1 und 2, in dem man um den Winkel α_1 geschwenkte Walzen mit einem Steigungswinkel α_2 verwendet ($\alpha_1 + \alpha_2 = \alpha_{Wst}$). Es erlaubt das Gewindewalzen im Durchlaufverfahren bei großer Steigung und hoher Genauigkeit.

Das zweite Verfahren wird hauptsächlich beim Walzen mit Gewindewalzköpfen angewandt (Bild 6). Die Gewindewalzköpfe können auf Drehmaschinen aufgesetzt werden. Bei kleinen Gewinden (d < 3 mm) haben sie zwei, sonst drei Walzen.

Gewindewalzen 6: Gewindewalzkopf. (Quelle: Fette)

– → Arbeitsgenauigkeit. Durch G. können Gewinde mit Fein-Toleranz nach DIN 13, Bl. 15, hergestellt werden. Die Formfehler des Ausgangsteils (Unrundheit, Kegeligkeit) werden nicht beseitigt. Schwankungen des Vorbearbeitungsdurchmessers haben ungenaue Gewindeaußendurchmesser zur Folge. Die folgenden Angaben sollen als Anhaltswerte für die Maßhaltigkeit und Oberflächengüte gelten:

Toleranz des Flankendurchmessers $d_F \geq$ 0,02 mm, Steigungsfehler 0,05 bis 0,1 mm/100 mm, Rauhtiefe der Flanken $R_t \leq 5\,\mu m$. Bei zu großen Überwalzzahlen kommt es besonders bei scharfkantigen Gewindegründen zu Schuppenbildung.

Lange

Literatur: VDI 3174: Walzen von Außengewinden durch Kaltumformung. Hrsg. Verein Dt. Ingenieure. – *Lange, K.* (Hrsg.): Lehrbuch der Umformtechnik. Bd. 2: Massivumformung. Berlin, Heidelberg, New York 1974. – *Lange, K.* (Hrsg.): Umformtechnik. Handb. f. Ind. u. Wiss. 2. Aufl. Bd. 2: Massivumformung. Berlin, Heidelberg, New York, Tokio 1988.

GFK. Abk. für glasfaserverstärkte → Kunststoffe. Als Verbundwerkstoff bestehen sie aus einer Matrix aus → Kunststoff (→ Polyester, → Polyamid, → Epoxidharz) und der als Verstärker wirkenden → Glasfaser.

Durch den Zusatz von Glasfasern können die mechanischen Eigenschaften von Kunststoffen, insbesondere die → Zugfestigkeit erheblich verbessert werden. Die Glasfasern haben einen Durchmesser von 7 bis 15 μm und können statistisch in Form von Kurzfasern (1 bis 2 mm) und Matten oder gerichtet als Faserstrang oder Gewebe in die Polymermatrix eingebracht werden.

Finkelmann

Literatur: *Batzer, H.:* Polymere Werkstoffe. Bd. II, Stuttgart 1984.

Gibbs-Thomson-Gleichung. Beschreibt die Veränderung des chemischen Potentials von Atomen bzw. Leerstellen in Festkörpern aufgrund der Kapillarkräfte, die von gekrümmten Oberflächensegmenten mit dem Krümmungsradius r ausgehen (z. B. Kerben, Poren, Pulverteilchen). Der Zusatzterm zum chemischen Potential lautet nach *Gibbs* und *Thomson:*

$$d\mu_1 = 2\,\gamma V_m/r$$

(γ = spezif. Oberflächenenergie in J/m^2, V_m = Molvolumen in m^3/mol). Es resultiert eine Beeinflussung der Konzentration der Atom- oder Fehlstellensorte i gemäß

$$dc_i = c_o\,\exp(\pm 2\gamma V_m/rRT)$$

(Das Vorzeichen richtet sich danach, ob die Oberfläche konkav oder konvex ist).

Diese Konzentrationsdifferenzen steuern Diffusionsströme bzw. allgemein den Stofftransport zwischen Oberflächensegmenten unterschiedlicher Flächenkrümmung. Praktische Bedeutung hat die G.-T.-G. daher in der Pulvertechnologie, beim → Sintern, sowie bei der → Alterung von Teilchendispersionen (→ Ostwald-Reifung). *Ilschner*

Gicht. G. ist die allgemeine Bezeichnung für den oberen Teil von Schachtöfen, beispielsweise → Hochöfen und → Kupolöfen. Die Beschickung solcher Schachtöfen erfolgt durch die G. *Baumann*

Gichtgas. G. entsteht bei der Herstellung von → Roheisen im → Hochofen. Es wird so bezeichnet, weil es an der → Gicht des Hochofens aus der Feststoffsäule austritt und von dort aus dem Ofen abgeleitet wird.

Das durch die Teilverbrennung des Kokses vor den Formen gebildete Gas mit etwa 35 % CO und 65 % N_2 ändert beim Durchströmen der Feststoffsäule aus Erz und Koks durch die ablaufenden Reaktionen seine Zusammensetzung, so daß das G. etwa 20–22 % CO, 22–24 % CO_2, 2–4 % H_2 und 53–55 % N_2 enthält. Es hat einen Heizwert von rd. 3 000 kJ/Nm^3.

Rund 30 % der anfallenden Gichtgasmenge von etwa 1 700 Nm^3/t RE werden im Hochofenbetrieb selbst für das Aufheizen des Windes in den Winderhitzern verwendet. Der Überschuß wird je nach der Struktur der Energiewirtschaft des Hüttenwerkes unterschiedlich genutzt. Es kann in Koksofenbatterien oder Walzwerksöfen zur Beheizung oder zur Unterfeuerung in Kraftwerken eingesetzt werden. *Rellermeyer*

Gieß-Preß-Walzanlage. G.-P.-W. arbeiten nach dem → Stahlstrang-Gießwalzverfahren. In solchen Anlagen wird etwa 50 mm dickes → Stahlband gegossen, unterhalb der → Kokille mit zwei Walzen auf eine Dicke zwischen 15 mm und 20 mm gebracht und nach einem Temperaturausgleich mit

zwei Walzgerüsten zu einem kaltwalzfähigen → Warmband umgeformt. *Baumann*

Literatur: *Schulz, E.* und *D. Ameling, B. Gerstenberg, E. Höffken, K.-H. Peters, R. W. Simon:* Stahl und Eisen 109 (1989) 22, S. 1047/1056.

Gießbarkeit. Dieser Begriff umfaßt eine Reihe von Gießeigenschaften, wie Fließvermögen, Formfüllungs- und Speisungsvermögen, Warmrißneigung sowie Größe und Ausbildung des Volumendefizits.

Moderne Gußkonstruktionen im Leichtbau haben dünne Querschnitte auch bei großflächigen Teilen und der Gießer muß deshalb zuallererst wissen, ob das Fließvermögen des vorgesehenen bzw. vorgeschriebenen Gußwerkstoffs ausreicht, um ein solches dünnwandiges → Gußstück überhaupt herstellen zu können. Unter Fließvermögen versteht man die Fließweite in einem waagerecht liegenden Kanal engen Querschnitts.

Zur Prüfung verwendet man eine nach dem Croning-Formmaskenverfahren hergestellte Gießspirale, deren Unterteil (Bild 1) den Spiralhohlraum aufnimmt, während das Oberteil (Bild 2) den Durchbruch und Aufnahmestutzen für den Eingießkanal enthält. Bild 3 zeigt die zusammengesetzte und -geklebte, gießfertige Prüfeinrichtung. Die Spirale hat eine Länge von 200 cm bei einem trapezförmigen Querschnitt von 42 mm^2. Zur Messung des ausge-

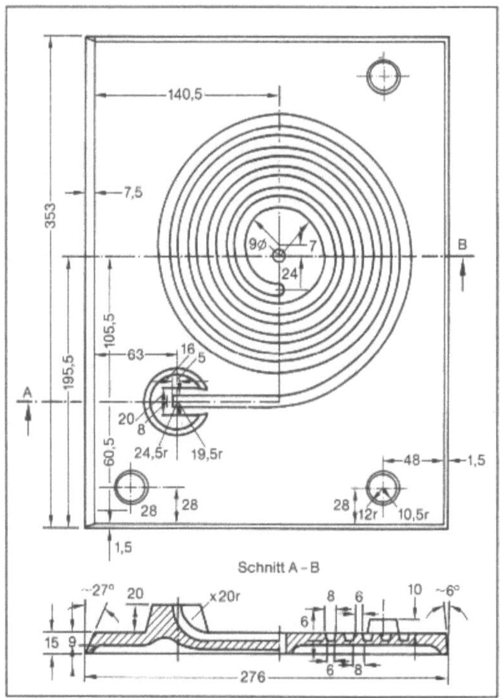

Gießbarkeit 1: Prüfeinrichtung mit Gießspirale-Unterteil.

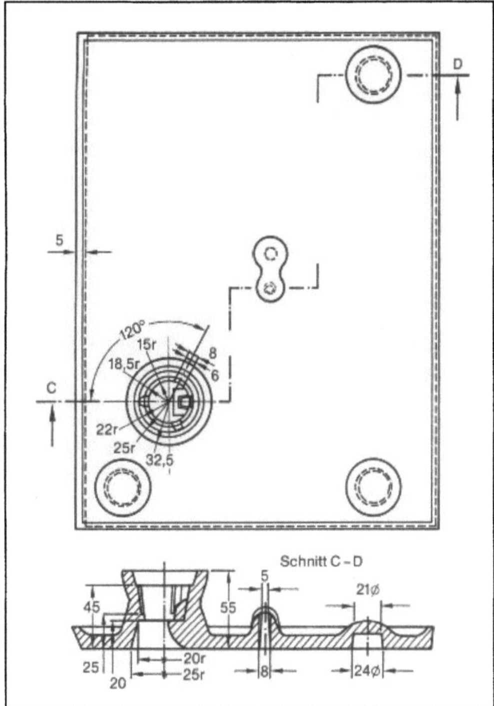

Gießbarkeit 2: Prüfeinrichtung mit Gießspirale-Oberteil.

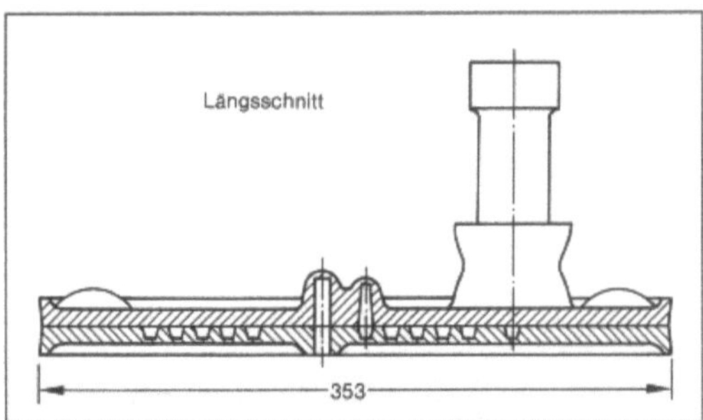

Gießbarkeit 3: G.-Prüfeinrichtung.

gossenen Spirallänge, die das Maß für das Fließvermögen darstellt, verwendet man eine Ausmeßschablone mit Zentimetereinteilung.

Die Bestimmung des Fließvermögens kann auch zur Beurteilung der Wirkung von Schmelzbehandlungen herangezogen werden, sofern diese Einfluß auf das Fließvermögen haben, wie z. B. die Wirksamkeit einer Reinigungsbehandlung von Aluminiumschmelzen. Da von nichtmetallischen Verunreinigungen freie Schmelzen ein besseres Fließvermögen haben, ist somit eine indirekte qualitative Aussage über den Oxidgehalt möglich. Bei der Durchführung der Prüfung muß die Gießtemperatur jeweils sorgfältig gemessen werden, weil diese aufgrund des damit gegebenen Wärmeinhalts einen

großen Einfluß auf die beim Versuch erreichbare Spirallänge hat.   *Doliwa*

Literatur: Gießerei, techn.-wiss. Beih. (1952) Nr. 6/8, S. 379/81. – Gießerei 46 (1959), S. 897/904.

Gießen. G. ist nach dem üblichen Sprachgebrauch das Einfüllen von flüssigem Metall in Formen und Kokillen. Je nach Gießaufgabe erfolgt das G. mittels Handpfannen, Tiegeln oder Kranpfannen, wobei zwischen Kipp-Pfannen und solchen mit Bodenausguß (Stopfenpfannen) zu unterscheiden ist. Sehr verschieden ist die Gießtechnik bei der Erzeugung von →Halbzeug und →Formguß. Mit Halbzeug bezeichnet man Vormaterial, das zur Weiterverarbeitung durch →Umformen, bei Gußeisenwerkstoffen u. U. auch zur spanenden Bearbeitung bestimmt ist. Zu unterscheiden ist hierbei zwischen dem G. von Blöcken oder Ingots im →Standguß oder der modernen Technologie des Stranggießens.

Die Blöcke werden in Kokillen mit quadratischem, rundem, polygonalen für Ingots oder rechteckigem Querschnitt für Brammen gegossen. Größere Blöcke gießt man meist fallend, d. h. das Gießmaterial wird direkt von oben in die auf einer Grundplatte aus →Gußeisen stehende ebenfalls gußeiserne →Kokille eingefüllt. Bei Stählen besteht bis zu einem Blockgewicht von etwa 6 t ein Unterschied hinsichtlich der Kernseigerung zwischen normalkonisch und umgekehrt-konisch abgegossenen Blöcken (Bild 1). Normalkonische 4-t-Blöcke haben beispielsweise eine um 5 % höhere Gesamtseigerung als umgekehrt konische Blöcke gleichen Gewichts.

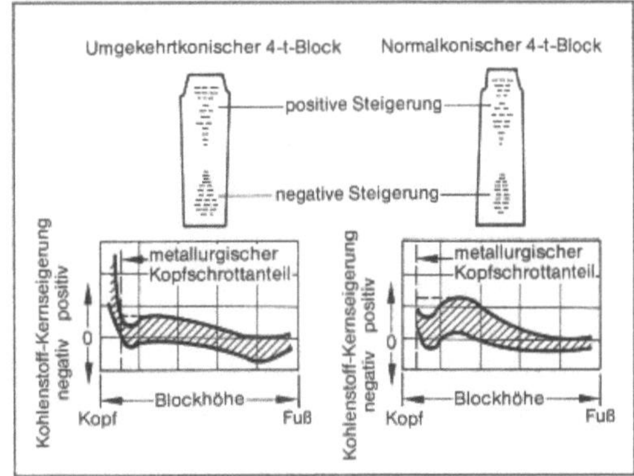

Gießen 1: Normalkonisch und umgekehrt-konisch gegossener Block.

Kleinere Blöcke werden meist steigend gegossen, und zwar zu mehreren gleichzeitig in einem Gespann (Bild 2). Hierbei tritt das Metall von unten über Eingußrohr, einen Verteiler und daran angeschlossene Kanalsteine aus feuerfestem Material, die in der Gespannplatte aus Gußeisen angeordnet sind, in die Kokillen ein. Diese Gießtechnik liefert im Gegensatz zum fallenden G. meist bessere Blockoberflächen, ist aber erstarrungstechnisch ungünstiger als das fallende G. Angewandt wird der Gespannguß hauptsächlich beim Blockgießen von beruhigten und legierten bis hochlegierten Stählen mit besonderen Qualitätsanforderungen.

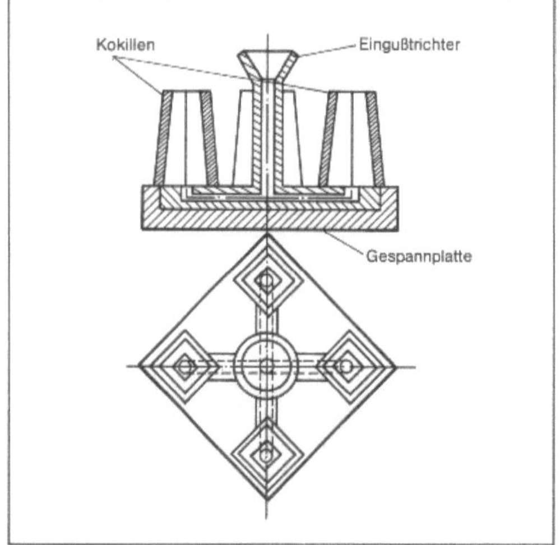

Gießen 2: Steigendes G. kleinerer Blöcke.

Als moderne und weltweit angewendete Methode zur Erzeugung von Halbzeug und anderem Vormaterial hat sich das Stranggießen durchgesetzt. Ursprünglich war dieses Verfahren für die Herstellung von Halbzeug aus Schwermetall-Legierungen in den USA entwickelt worden. Um der Gefahr von Entmischungen wegen der unterschiedlichen spezifischen Gewichte der verschiedenen Legierungsbestandteile zu begegnen, wurden die ersten Anlagen (Bild 3) für vertikales Stranggießen ausgelegt. Diese Bauweise führt zu hohen Gebäuden und so war man bei der Übernahme des Stranggießens auf die Werkstoffgruppen → Stahl und → Gußeisen bestrebt, den Vertikalguß möglichst in die horizontale Ebene zu verlegen.

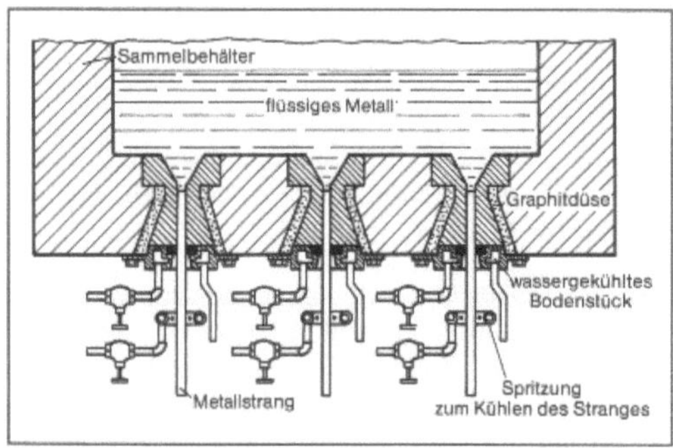

Gießen 3: Anlage zum vertikalen Stranggießen.

Beim vertikalen G. ohne oder mit Umlenkung des Stranges sind die Bauhöhen von Stahl-Stranggießanlagen in erster Linie von der Erstarrungsstrecke des gegossenen Stranges und den geforderten Längen der Strangteilstücke abhängig. Bauhöhen von Senkrechtanlagen reichen bis 45 mm, die von Biegericht-Anlagen bis zu 35 m und die von Bogen-Anlagen bis zu 15 m.

Die Entwicklung der Stranggießtechnik vom Vertikal- zum heute bei Stahl noch üblichen Bogengießen kann zum waagerechten G. führen. Unterschiede zu Bogen-Gießanlagen sind:
– Wegfall der Beanspruchung des Stranges durch → Biegen und/oder Richten,
– die Bauhöhe der Gießanlage ist sehr niedrig,
– der Grundflächenbedarf einer Horizontal-Anlage ist dagegen groß, der Anteil der mechanischen Einrichtungen an der Gießanlage wiederum klein.

Bereits 1979 hatte die Böhler AG mit der Entwicklung einer geeigneten Anlagen- und Verfahrenstechnik für das horizontale Stranggießen von → Edelstahl begonnen. Neben Vorteilen auf der Investitions- und Kostenseite bietet der Horizontalstrangguß die Möglichkeit, Verteiler und Kokille als eine geschlossene Einheit (Bild 4) auszubilden. Damit entfällt der sonst bei Trennung von Verteiler und Kokille notwendige Schutz vor Gießstrahloxidation wodurch die Produktion kleiner Abmessungen unter 100 mm Durchmesser oder Vierkant möglich wird. Im Gegensatz zur konventionellen Stranggießtechnik oszilliert bei der Böhler-Anlage der Strang, der diskontinuierlich abgezogen wird, und zwar schrittweise. Nach jedem Schritt wird der Strang um einen Bruchteil der Schrittlänge in die Kokille zurückgeschoben.

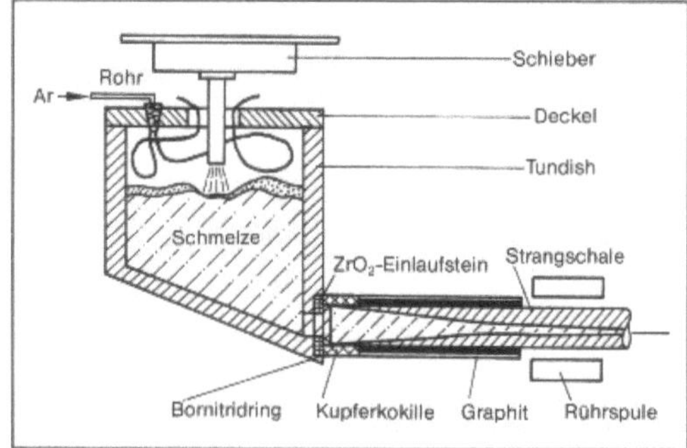

Gießen 4: Anlage zum horizontalen Stranggießen; Kokille und Verteiler bilden eine geschlossene Einheit.

Bei der Herstellung von Halbzeug aus Gußeisenwerkstoffen hat sich das Horizontalverfahren eindeutig durchgesetzt. Ab 1963 wurden Anlagen mit Mehrfachantrieb entwickelt, die heute in aller Welt in Betrieb sind. Für größere Strangquerschnitte ist die Anordnung mehrerer Rollenantriebe auf einen

Strang vorgesehen, so daß dann auch Formate bis zu 500 mm Durchmesser abgezogen werden können. → Strangguß aus Gußeisenwerkstoffen ist heute im Bereich Hydraulik, für den Glasformenbau sowie allgemein bei der Herstellung von druckdichten und verschleißfesten Bauteilen ein unentbehrliches Material.

Beim G. → metallischer Werkstoffe in Formen und Kokillen sind vor allem die Strömungsgesetze zu beachten. Das Eingußsystem bei Sandformen besteht prinzipiell aus drei Elementen: dem Einguß (mit oder ohne Erweiterung zum Gießkümpel), einem Verteilerlauf und den Anschnitten zum → Gußstück (Bild 5). Bei der Dimensionierung dieser Einzelelemente muß auf die sorgfältige gegenseitige Abstimmung der Einflußgrößen → Gußwerkstoff, Formstabilität und Gießzeit geachtet werden. Obwohl diese Berechnungen heute rechnerunterstützt durchgeführt werden können, ist zur Optimierung der Auslegung immer noch viel Erfahrung erforderlich. Die gestiegenen Ansprüche an die Qualität der Gußstücke bedingen, daß die Abgüsse völlig frei von nichtmetallischen Einschlüssen, hervorgerufen durch Formstofferosion oder Reaktionsprodukte aus einer vorausgegangenen metallurgischen Schmelzbehandlung, sein müssen. Deshalb wird teilweise mit Syphonpfannen gegossen oder man baut neuerdings vor Eintritt des Gießmetalls in den Gußstückbereich in das Gießsystem Filter ein.

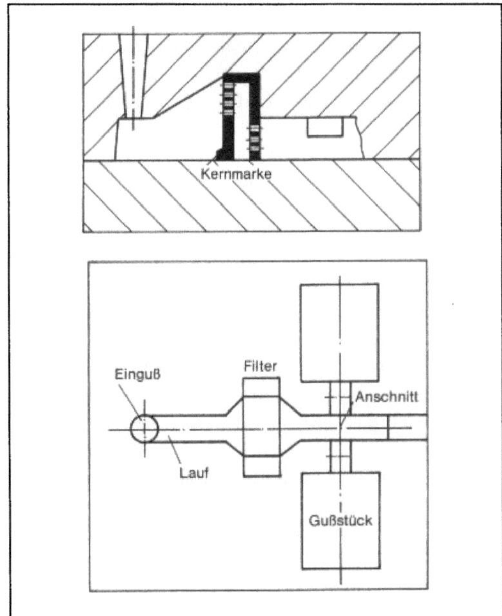

Gießen 5: Eingußsystem bei Sandformen.

E. Einguß, L. Lauf, A. Anschnitt, G. Gußstück, F. Filter, K. Kernmarke

Bei modernen Formanlagen mit hohem Mechanisierungsgrad werden auch Vergießöfen mit Stopfenausguß eingesetzt, die die auf einem Förder stehenden Gießformen taktweise automatisch abgießen. Stopfenöffnungszeiten und Korrekturen zur Lage des Eingusses der Form werden durch optische oder andere Einrichtungen geregelt.   *Doliwa*

Literatur: *Doliwa, H. U.*: Gegossene Werkstücke. München 1960. – *Haisig, M.*, u. *H. Dören; S. Wilmes*: Stand der Entwicklung des Horizontal-Stranggießens von Edelstahl bei der Böhler AG. Stahl u. Eisen 101 (1981) Nr. 6, S. 91/97. – *Krall, H.*, u. *B. Düker*: Stranggießverfahren für Gußeisen und Stahl. Gießerei 71 (1984), Nr. 1/2, S. 63/64. – *Sieverding, F.*: Innovation im Maschinenbau für die Hüttentechnik. Stahl u. Eisen 101 (1981) Nr. 13/14, S. 149/150. – *Zimmermann, K.-A.*, u. *F. Weber; W. Kleine-Kleffmann, R. Bertram*: Planung und Ausführung der Brammenstranggießanlage Bruckhausen. Stahl u. Eisen 101 (1981) Nr. 1/2, S. 17/24.

Gießerei-Roheisen. Das ist die übliche Sammelbezeichnung für eine breite Palette von Roheisensorten, die zum Einsatz in Schmelzanlagen zur Erzeugung von Eisen-Kohlenstoff-Gußwerkstoffen bestimmt sind.

Zu den „klassischen" Roheisensorten zählt das Hämatit-Roheisen, gekennzeichnet durch mittelhohe (2,0–2,5 %) und hohe (2,5–3,0 %) Siliciumgehalte bei niedrigen Phosphorwerten unter 0,1 % und Schwefelwerten unter 0,04 %. Hämatit-Roheisen kommt hauptsächlich beim Kupolofenschmelzen von → Gußeisen mit Lamellengraphit zum Einsatz.

Von den Gießern als eigentliches G.-R. bezeichnete Sorten unterscheiden sich vom Hämatit im wesentlichen nur dadurch, daß hier der Phosphorgehalt mit 0,5–0,7 % deutlich höher liegt.

Neben niedriggekohlten (C = 2,4–2,8 %) und zugleich manganarmen, ferner titanhaltigen und kupferlegierten Spezialroheisen haben die Sonderqualitäten für die Herstellung von Gußeisen mit Kugelgraphit besondere Bedeutung erlangt. Von diesen Roheisensorten verlangt man generell einen niedrigen Schwefelgehalt, i. a. unter 0,010 % S; höchstwertige Sorten haben nur 0,06–0,08 % S. Ebenso werden auch niedrige Phosphorgehalte gefordert von unter 0,04 %, wobei einige Sorten P = 0,03 % erreichen. Da die meisten Gußstücke aus Gußeisen mit Kugelgraphit (GGG) mit ferritischem → Gefüge, das man aus Kostengründen ohne → Glühen im Gußzustand erreichen möchte, geliefert werden, muß auch der Mangangehalt niedrig, d. h. deutlich unter 0,10 % liegen. Einige Hersteller garantieren 0,009 % Mn.

Für die Erzeugung von GGG geeignete Roheisensorten müssen ferner praktisch frei von allen die Kugelgraphitbildung behindernden Bestandteilen, den sogenannten Störelementen, sein. Somit sind Ti auf max. 0,03 %; Co und V auf 0,02 %; Cu auf 0,015 %; Sn und As auf 0,005 % und Pb auf max. 0,001 % begrenzt.

Für die Herstellung von →Temperguß (GTW und GTS) gibt es verschiedene Temperrohgußeisen, wobei die Skala im Kohlenstoffgehalt mit 3,4–4,0 % und im Siliciumgehalt mit 0,4–4,0 % weit gespannt ist. Alle Sorten haben niedrigen Phosphor- und Schwefelgehalt. Die Palette wird abgerundet durch Manganzusatzeisen mit 1,0–5,0 % Mn und Spiegeleisen mit 6,0–30,0 % Mn sowie hohem Kohlenstoffgehalt von 4,0–5,0 % als Mangantäger beim Schmelzen von Gußeisen mit Lamellengraphit (GG). *Doliwa*

Gießmaschine. Derartige Maschinen werden insbesondere bei der Herstellung von Kokillenguß eingesetzt und dienen hier zu einer Mechanisierung des Gießprozesses, aber auch in nicht seltenen Fällen zur Verbesserung der gießtechnischen Bedingungen (Bild).

Gießmaschine: Kokillen-Kippgießmaschine, bei der die Kippbewegung proportional gesteuert sowie Geschwindigkeit und Kippwinkel frei gewählt werden können.

Beim →Gießen leicht oxidierbarer und zu Einschlüssen neigender →Gußwerkstoff in Kokillen kommt es sehr darauf an, daß beim Einfüllen der Schmelze eine möglichst laminare Strömung erreicht wird. Der Gießer kippt deshalb die →Kokille anfänglich in eine Lage, wo das Metall ohne erhebliches Gefälle in die Kokille einströmen kann. Im Verlauf der Formfüllung wird die Kokille bis zu ihrer Endlage mehr und mehr aufgerichtet. Ausströmgeschwindigkeit aus der Pfanne und die Kokillenbewegung müssen gut aufeinander abgestimmt sein, was bei solchen Maschinen mit einer modernen Steuerung durchaus möglich ist.

Im NE-Metallbereich ist eine wesentliche Voraussetzung für eine Mechanisierung des Kokillen- und auch des Druckgießens die Zuführung des flüssigen Metalls über Dosiergeräte. Zur Lösung dieser Aufgabe gibt es verschiedene Techniken. Eine der betrieblich zuverlässigsten ist die Zuteilung mittels eines „mechanisierten Löffels". Die Bewegungsabläufe derartiger Dosiergeräte werden über Mikroprozessoren gesteuert und trotzdem bleiben die Dosiermenge und die angefahrene Position in der Gießstellung während des automatischen Ablaufs korrigierbar. Mit solchen Geräten erreicht man eine Dosiergenauigkeit von ± 1 %. *Doliwa*

Gips. Die Bezeichnung G. ($CaSo_4 \cdot 2H_2O$) wird im deutschen Sprachgebrauch und in der Mineralogie für den Rohstoff *Gipsstein* sowie für den *gebrannten G.* und den *abgebundenen G.* verwendet. Die Bedeutung des G. beruht auf seiner Fähigkeit, durch Wärmezufuhr partiell ($CaSO_4 \cdot \frac{1}{2}H_2O$) oder ganz ($CaSO_4$) zu entwässern und anschließend durch Wasserzugabe in seinen ursprünglichen Zustand, den abgebundenen G., wieder überzugehen.

Das System $CaSO_4/H_2O$ umfaßt fünf Phasen: Calciumsulfat-Dihydrat ($CaSO_4 \cdot 2H_2O$), Calciumsulfat-Halbhydrat ($CaSO_4 \cdot \frac{1}{2}H_2O$), Anhydrit I, II, III ($CaSO_4$). Die Phase des Calciumsulfat-Dihydrats ist das jeweilige Ausgangsprodukt bei der Dehydration und Endprodukt bei der Rehydration. Das Bild veranschaulicht die möglichen Phasenumwandlungen.

Anhydrit I ist eine Hochtemperaturmodifikation, die sich bei der Erhitzung des Anhydrit II bildet. Die Fähigkeit dieser Phase mit Wasser zu reagieren ist gering. Anhydrit II ist die einzige bei Raumtemperatur beständige Modifikation, es bindet rel. langsam mit Wasser zu Dihydrat ab. Anhydrit III ist ein metastabiles Zwischenprodukt, das durch weitere Entwässerung des α/β-Halbhydrats entsteht. Bei weiterem Erhitzen wandelt es sich zum stabilen Anhydrit II um. Das Halbhydrat ist ein Zwischenprodukt bei der Entwässerung des Dihydrats zum Anhydrit. Erfolgt die Entwässerung des Dihydrats in gesättigter Wasserdampfatmosphäre oder im flüssigen Wasser, d. h. unter Autoklavbedingungen, so entsteht das α-Halbhydrat mit kompakten gut ausgebildeten Kristallen einer mittleren Teilchengröße von 10–20 µm.

Im Gegensatz dazu entsteht das β-Halbhydrat bei der Entwässerung des Dihydrats an trockener Luft, es baut sich aus sehr feinen, zerklüfteten Kristallen (1–5 µm) auf. Auf Grund der unterschiedlichen Teilchengrößen bindet das β-Halbhydrat deutlich schneller mit Wasser zum Dihydrat ab als das α-Halbhydrat. Das α-Halbhydrat weist jedoch nach dem Abbindeprozeß höhere Festigkeiten auf. Allgemein läßt sich der Abbindeprozeß aller Anhydrate und Halbhydrate zum Dihydrat folgendermaßen beschreiben:

$$CaSO_4 + 2H_2O \cong CaSO_4 \cdot 2H_2O$$
$$CaSO_4 \cdot 1/2H_2O + 1\frac{1}{2}\,H_2O \cong CaSO_4 \cdot 2H_2O$$

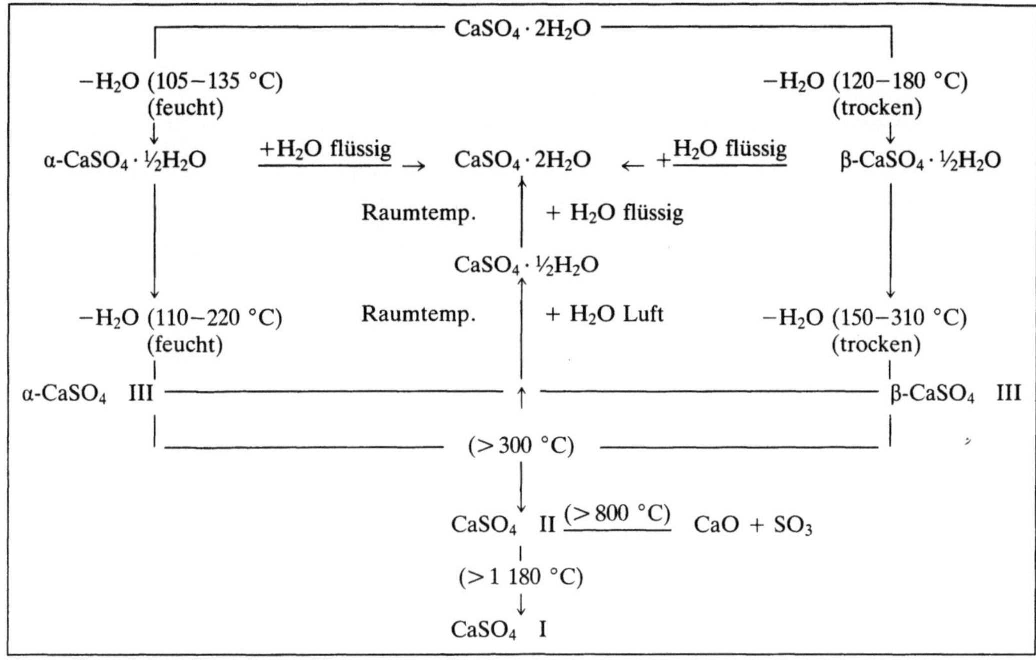

Gips: Phasenumwandlungen im System CaSO₄–H₂O.

In Anwesenheit von Wasser löst sich ein Teil der Ca^{2+} und SO_4^{2-}-Ionen des Anhydrits bzw. Halbhydrats. Diese Lösung ist gegenüber dem Halbhydrat gesättigt, gegenüber dem Dihydrat jedoch übersättigt, so daß folglich nadelartige Kristalle aus der Lösung ausfällen und sich unter Bildung einer festen, porösen Struktur ineinander verflechten. Durch Zusätze kann das Abbindeverhalten noch zusätzlich beeinflußt werden.

Das Dihydrat, welches in Form von Gipsstein in der Natur vorkommt, ist hingegen ein kompakter Rohstoff. Ferner fällt Dihydrat als industrielles Abfallprodukt in Form von sog. Chemiegips (z. B. aus der Naßphosphorsäure- und Flußsäureherstellung) an, sowie in Rauchgasentschwefelungsanlagen (sog. REA-Gips). Letzteres wird im Rahmen zunehmender Entschwefelung von Rauchgasen im stark zunehmenden Maße anfallen, so daß z. Zt. intensiv an weiteren Verwertungsmöglichkeiten dieses Abfallprodukts gesucht wird.

Typische technische Gipsprodukte sind Branntgips, Autoklavgips, Estrichgips und → Baugips.

Branntgips besteht in erster Linie aus β-Halbhydrat, er bindet zusammen mit Wasser schnell ab und enthält daher noch das Abbindeverhalten regelnde Zusätze.

Autoklavgips besteht überwiegend aus α-Halbhydrat und bindet entsprechend langsam ab, hat allerdings hohe Endfestigkeiten.

Estrichgips wird durch Brennen von Gipsstein oberhalb 800 °C hergestellt. Hauptbestandteil ist Anhydrit II neben CaO durch teilweise dissoziertes $CaSO_4$. Er zeichnet sich durch hohe Reaktivität und Festigkeiten aus.

Zu den Baugipsen zählt der Stuckgips (Innenputz, Gipsplatten) und Putzgips (Innenputz). Sie bestehen aus Dehydrationsprodukten des Dihydrats aus dem Hoch- und Niedertemperaturbereich.

Für vorgefertigte Gipsbauteile (Gipskarton-, Gipsdeckenplatten etc.) wird als Ausgangsgips in erster Linie β-Halbhydrat benutzt.

Ferner findet G. Anwendung in der Keramik als Formengips, so wie in der Medizin als Dentalgips oder Verbandgips.   *Hesse/Hennicke*

Literatur: *Knauf, A. N.:* Sammlung von Schriftumsangaben über Gips. Merzig 1973. – *Schwiete, H. E.* und *A. N. Knauf:* Gips-Alte und neue Erkenntnisse in der Herstellung und Anwendung der Gipse. Merzig 1969. – *Wirsching, F.:* Gips, in: Ullmanns Encyclopädie der technischen Chemie Bd. 12 S. 289–315. Weinheim/Bergstraße, 1976.

Gipsmodell → Modell

Gipsprüfung. Die Materialprüfungen an → Baugipsen nach DIN 1168 umfassen Prüfverfahren für die Kenngrößen Kornfeinheit, Wassergipswert, Versteifungsbeginn, Biegezug- und Druckfestigkeit, → Härte sowie Haftzugfestigkeit. Entsprechende Anforderungen an die Materialeigenschaften sind in Form von Grenzwerten in der Norm festgelegt.

Die Kornfeinheit wird über den Siebrückstand auf den Prüfsieben 3,15, 1,25 und 0,2 mm bestimmt.

Der Wassergipswert wird für Baugipse mit werkseitig beigegebenen Zusätzen (Stellmittel, Füllstoffe) mit Hilfe des Ausbreitmaßes ermittelt. Unter dem Ausbreitmaß wird der Durchmesser eines Formkörpers („Kuchen") verstanden, der sich unter der Einwirkung von Hubstößen aus einem Gips-Wasser-Gemisch bildet. Bei Baugipsen ohne werkseitige Zusätze wird der Wassergipswert über die Gipsmenge berechnet, die beim Einstreuen in ein vorgegebenes Wasservolumen durchfeuchtet wird.

Der Versteifungsbeginn von Baugipsen ohne werkseitige Zusätze wird durch die Zeitspanne ab Beginn des Einstreuens in Wasser charakterisiert, nach der die Ränder eines durch einen Formkuchen geführten Messerschnittes nicht mehr zusammenfließen. Bei Baugipsen mit Zusätzen ist der Versteifungsbeginn als der Zeitpunkt definiert, bei dem ein Tauchkonus (Vicatgerät) beim Eindringen in einen Formkörper in einer festgelegten Höhe über der Unterlage steckenbleibt.

Die Biegezug- und Druckfestigkeit wird mit Hilfe eines Biegezugprüfgeräts bzw. einer Druckprüfmaschine ermittelt. Dabei wird ein definierter Probekörper durch eine kontinuierlich steigende Prüfkraft bis zur Bruchgrenze belastet.

Die Härte eines Prüfkörpers wird über die → Eindringtiefe einer Stahlkugel bestimmt, die durch eine definierte Prüfkraft während einer festgelegten kurzen Belastungsdauer hervorgerufen wird.

Bei der Prüfung auf Haftzugfestigkeit wird ein Probekörper mit einem Abziehgerät bei steigender Zugbeanspruchung senkrecht von einer vorgegebenen Unterlage (Asbestzementplatten, Gipskarton-Bauplatten oder Gips-Wandbauplatten) abgerissen. Die zum Abreißen erforderliche → Spannung ist als Maß für die Haftzugfestigkeit festgelegt.

Das Einhalten der für Baugipse geforderten Materialeigenschaften muß durch Eigen- und Fremdüberwachung in bestimmten Zeitintervallen überprüft werden. *Rehm/Laskowski*

Gipsverfahren. Die Gipsformtechnik eignet sich wenig zur Serienfertigung, sondern ist auf Einzelfertigung von Sondergußstücken im wesentlichen abgestellt. Vergossen werden fast ausschließlich Leichtmetall- und seltener Schwermetall-Legierungen. In der Bundesrepublik Deutschland stößt das Verfahren überdies auf Schwierigkeiten, weil in der Regel den Gipsbreimischungen zur Erhöhung der

→ Festigkeit und zur Vermeidung von Rissen beim → Glühen der Gipsformen Asbest (vorzugsweise Anthophyllit-Asbest, der sich leicht zu feinem Pulver zerreiben läßt) zugesetzt werden, deren Verwendung wegen der möglichen Krebserregung verboten wird. Die mit Asbest gefüllten Gipsformen können ohne Vorwärmung schnell auf 800–820 °C erhitzt werden, jedoch sind solche Formen gegen plötzliche → Abkühlung sehr empfindlich und sollten aus dem Ofen erst bei 300 °C entfernt werden.

Eine weitere Behandlungsmöglichkeit ist die → Dampfhärtung. Hierbei wird eine Form aus Gipsdoppelhydrat nach dem Abbinden in einem Autoklaven über 6 bis 8 Stunden mit einem Dampf von 1,2–1,3 bar und 125 °C behandelt.

Da eine Trocknung der Gipsform vor dem Abgießen praktisch unumgänglich ist, ergibt sich das Problem der Maßhaltigkeit. Zur Einhaltung einer möglichst hohen Maßhaltigkeit sollte das Trocknen langsam und bei Temperaturen zwischen 250 und 300 °C erfolgen. Nur in Fällen, wo das Kristallwasser restlos entfernt sein muß, wie z. B. beim → Gießen von → Kupfer- und → Magnesiumlegierungen, ist ein Glühen im Temperaturbereich bis zu 800 °C nötig.

Mit Hilfe von Gipsformen kann man dünnwandige Gußstücke aus → Aluminium, Magnesium, → Blei und anderen relativ niedrig schmelzenden Gußwerkstoffen herstellen. Unter Vakuum lassen sich äußerst dünnwandige Gußstücke aus Aluminium, wie z. B. Turbinenteile komplizierter Form mit einer Dicke an Kanten bis zu 0,2 mm herstellen.

Viele Aufgaben der Gipsformerei haben die neuzeitlichen Feingießverfahren übernommen, so daß die Gipsformverfahren erheblich an Bedeutung verloren haben und im industriellen Bereich mehr oder minder nur noch für die Prototypenherstellung oder für Sonderzwecke angewendet werden. Im → Kunstguß allerdings spielen diese Verfahren noch immer eine nicht unbedeutende Rolle. *Doliwa*

Gitter. In der Geometrie und → Kristallographie eine Menge Γ aller ganzzahligen Linearkombinationen von n linear unabhängigen Vektoren b_ν (ν = 1, . . ., n) eines n-dimensionalen Raumes (n-dimensionales G.):

$$\Gamma = \{b_1 \cdot m^1 + b_2 \cdot m^2 + \ldots + b_n \cdot m^n \,|m^1, \ldots, m^n \in \mathbb{Z}\},$$

wobei $\mathbb{Z}$ die Menge der ganzen rationalen Zahlen bezeichnet. Die Menge $B = \{b_1, \ldots, b_n\}$ heißt eine Basis des G. (Gitterbasis). Betrachtet man die Vektoren von Γ als Ortsvektoren von einem festen Anfangspunkt 0 (Nullpunkt) aus, so spricht man von einem Punktgitter und nennt die Elemente von Γ

Gitterpunkte; werden die Vektoren als Verschiebungen (Translationen) des Raumes angesehen, so nennt man Γ ein Translationsgitter. Eindimensionale G. werden als Ketten, zweidimensionale G. als Netze bezeichnet. Das Parallelepiped, das von den Basisvektoren b_ν aufgespannt wird, heißt →Elementarzelle (Zelle) des G.

Die Beschreibung eines G. erfolgt durch Angabe der Gitterbasis mit Hilfe der Gitterparameter oder des Metriktensors. Gitterparameter (Gitterkonstanten) sind die n Längen $b_1, \ldots, b_n$ der Basisvektoren b_ν sowie die $\frac{n \cdot (n-1)}{2}$ Winkel $\alpha_{\mu\nu}$ zwischen den Basisvektoren b_μ und b_ν. Der Metriktensor $G_* = (g_{\mu\nu}) = \mu\, 1, \ldots, n;\ \nu = 1, \ldots, \mu$ ist gegeben durch die Skalarprodukte $g_{\mu\nu} = b_\mu \cdot b_\nu \cos \alpha_{\mu\nu}$.

Jede Gerade des n-dimensionalen Raumes, die wenigstens zwei Gitterpunkte durchläuft, enthält auch unendlich viele Gitterpunkte. Solche Teilmengen von Γ heißen Gittergeraden. Analog ist durch je drei nicht auf einer Geraden liegende Gitterpunkte eine Netzebene des G. bestimmt.

Topologisch betrachtet gehören Punktgitter zu den abzählbaren, diskreten Punktmengen. Vom Standpunkt der affinen Geometrie sind alle n-dimensionalen G. des n-dimensionalen Raumes äquivalent, da sie durch nicht-singuläre affine Abbildungen einander zugeordnet werden können. Auch gruppentheoretisch sind alle n-dimensionalen gitterhaften Translationsgruppen isomorph zur freien abelschen Gruppe Z^n vom Rang n. Erst eine Verschärfung der topologischen Betrachtung sowie Folgerungen aus Metrik und Symmetrie gestatten geeignete Klassifikationen, die zur Definition von Gittertypen führen. Die Bedeutung der G. für die Kristallographie beruht auf dem dreidimensional gitterhaften Aufbau der Kristalle. Deshalb soll im folgenden nur die Theorie der dreidimensionalen G. erwähnt werden, wenn auch höherdimensionale Gitter für die Beschreibung von Quasikristallen aktuelle Bedeutung gewonnen haben.

Eine Verschärfung der topologischen Betrachtung erhält man durch die Untersuchung des Wirkungsbereichs (*Dirichlet*-Bereich, *Wigner-Seitz*-Zelle) eines Gitterpunkts; das ist die Menge aller Punkte des Raumes, die näher an dem betrachteten Gitterpunkt als an allen anderen Gitterpunkten liegen. Der Wirkungsbereich eines Gitterpunkts ist ein konvexes Polyeder, und alle Wirkungsbereiche von Gitterpunkten eines G. sind kongruent. Da der Wirkungsbereich das G. eindeutig bestimmt, ist er zur Charakterisierung von G. geeignet. Es treten nur fünf topologisch verschiedene Polyedertypen auf, die als *Voronoi*-Typen bezeichnet werden. Der Klassifikation der G. nach metrischen Gesichtspunkten liegt das Bedürfnis zugrunde, jedem G. eine eindeutig bestimmte Gitterbasis zuzuordnen.

Dabei wird durch Reduktionsverfahren eine Folge von Basistransformationen konstruiert, wobei jeder Schritt des Verfahrens von den jeweils vorliegenden Gitterparametern abhängt. Bekannte Reduktionsverfahren wurden von *Dirichlet, Niggli, Delaunay, Buerger* und *Gruber* entwickelt. Die Elementarzelle, die in einem solchen Verfahren erzeugt wird, heißt reduzierte Zelle und zeichnet sich durch bestimmte Minimalitätseigenschaften aus. Durch die Größenordnung der Gitterparameter der reduzierten Zellen werden entsprechend dem jeweiligen Reduktionsverfahren metrische Gittertypen definiert.

Die gebräuchlichste Klassifikation von G. verwendet die Symmetrieeigenschaften. Jeder Gitterpunkt und damit der zugehörige Wirkungsbereich besitzt eine der sieben Holoedrien (Symmetrie; Kristall) als Punktsymmetriegruppe. Durch die Holoedrien werden symmetriebezogene, konventionelle Basen ausgezeichnet, die keine Gitterbasen im obigen Sinn darstellen, da nicht alle Gitterpunkte ganzzahlig aus den Basisvektoren linear kombiniert werden können. Die Elementarzelle der konventionellen Basis enthält Gitterpunkte, die als Zentrierungen bezeichnet werden. Enthält sie keine Zentrierungen, nennt man sie primitiv und bezeichnet den Zentrierungstyp durch P. Enthält die konventionelle Zelle genau im Mittelpunkt einen Gitterpunkt, so heißt sie innenzentriert I, sind alle Seitenflächenmittelpunkte Gitterpunkte, so nennt man sie allseitig flächenzentriert F, ist nur eine Seitenfläche zentriert, so wird der Zentrierungstyp durch A, B oder C bezeichnet, wenn der konventionelle Basisvektor a, b oder c nicht parallel zu dieser Fläche verläuft. Wird in einer Elementarzelle die lange Raumdiagonale durch Gitterpunkte dreigeteilt, so heißt der Zentrierungstyp R. Klassifiziert man die G. simultan nach ihrer Holoedrie und dem Zentrierungstyp ihrer konventionellen Zelle, so erhält man die wichtigste Gitterklassifikation, die in den 14 *Bravais*-Gitter-Typen resultiert. Man bezeichnet sie durch einen kleinen Buchstaben für die Holoedrie und einen Großbuchstaben für den Zentrierungstyp. Dieselbe Klassifikation erhält man, wenn man für jedes G. die Gruppe aller Deckoperationen (Raumgruppe) bestimmt und zwei G. demselben Bravais-Gitter-Typ zuordnet, wenn die zugehörigen Raumgruppen isomorph sind (Bild, S. 374).

Eine feinere Klassifikation der G. folgt aus der Untersuchung der Lagemöglichkeiten der Symmetrieachsen bezüglich des Wirkungsbereichs. Sie resultiert in 24 symmetrischen Sorten, die eng mit der *Delaunay*-Reduktion zusammenhängen.

Gelegentlich findet man den Begriff Kristallgitter auch synonym zu Kristallstruktur gebraucht.

H. Zimmermann/Burzlaff/Hümmer

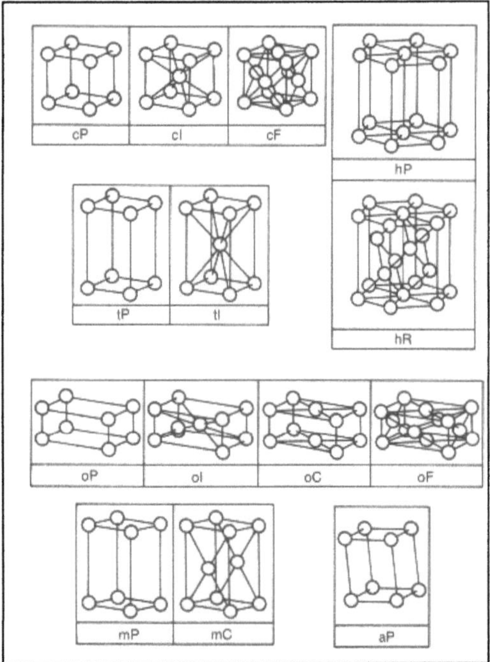

Gitter: Parallelprojektionen der konventionellen Elementarzellen für die 14 Bravais-Gitter-Typen.

Literatur: *Buerger, M. J.:* Reduced Cells. Z. Krist. 109 (1957) S. 42–60. – *Burckhardt, J. J.:* Die Bewegungsgruppen in der Kristallographie. Basel 1966. – *Delaunay, B.:* Neuere Darstellung der geometrischen Kristallographie. Z. Krist. 84 (1932) S. 109–149. – *Gruber, B.:* Comments on Bravais Lattices. Karls-Universität, Prag 1978. – *Niggli, P.:* Krystallographische und strukturtheoretische Grundbegriffe. Handbuch der Experimentalphysik Bd. 7, 1. Teil, Leipzig 1928.

Gitterfehlstelle. Der Begriff bezeichnet lokalisierte Abweichungen von der perfekten Ordnung im Raumgitter kristalliner Werkstoffe. Man unterscheidet je nach geometrischer Ausdehnung

☐ Punktfehlstellen, d. h. Leerstellen, Zwischengitteratome. Hierzu zählen auch Doppelleerstellen und Leerstelle-Fremdatom-Paare, welche energetisch günstiger sein können als zwei getrennte Leerstellen bzw. ein → Fremdatom und eine ungekoppelte Leerstelle.

☐ Linienhafte Defekte, d. h. → Versetzungen

☐ Flächenhafte (zweidimensionale) Defekte, d. h. → Korngrenzen, → Subkorngrenzen, → Zwillingsgrenzen, Antiphasengrenzen, → Stapelfehler.

Sämtliche G. benötigen zu ihrer Entstehung aus dem energetisch optimalen perfekten → Gitter zusätzliche Bildungsenergie bzw. → Linienenergie bzw. → Grenzflächenenergie. Die Bildungsenergie der Punktfehlstellen wird durch thermische → Aktivierung, durch Strahlungsschäden oder durch mechanische Prozesse (→ Schneiden von Versetzungslinien) aufgebracht; die Linienenergie der Verset-

zungen, deren Gesamtlänge und räumliche Anordnung nicht einem thermodynamischen → Gleichgewicht entspricht, wird durch äußere Arbeitsleistung während der → Verformung oder durch kinetisch bedingte Spannungen bei der → Kristallisation aufgebracht. Flächenhafte Gitterdefekte entstehen während des Kristallwachstums durch Aneinanderstoßen verschiedener Keime oder nachträglich durch → Rekristallisation, wobei sich die Linienenergie von Versetzungen in Grenzflächenenergie umsetzt.

Sämtliche G. sind als Störungen von Verzerrungsfeldern umgeben, welche eine elastische Wechselwirkung mit anderen G. sowie mit Fremdatomen verursachen, die z. B. zur Segregation führen (→ Seigerung). In Ionenkristallen stellen Punktfehlstellen, die an die Stelle von Ionen treten, lokalisierte Ladungszustände dar; auch Versetzungen und Grenzflächen in Ionenkristallen können von Raumladungsrandschichten umgeben sein.

Punktfehlstellen sind für → Diffusion und Ionenleitung in Festkörpern verantwortlich, Versetzungen für den Gesamtbereich der plastischen Verformung und → Festigkeit; innere Grenzflächen treten mit beiden anderen Gitterdefekt-Typen in Wechselwirkung und übernehmen ebenfalls Funktionen als Stofftransportwege sowie bei Verformung und Bruch. Die praktische Bedeutung der G. ist daher außerordentlich groß, die Kontrolle ihrer Konzentration und Anordnung ein zentrales Thema der Werkstofftechnik. *Ilschner*

Gitterpolymer. G. sind → Makromoleküle die ein dreidimensionales regelmäßiges Netzwerk ausbilden. Wegen der Koordinationszahl 4 des Kohlenstoffs sind solche organischen G. sehr selten. Bei anorganischen Verbindungen sind G. häufiger, wie z. B. beim Quarz $(SiO_2)_x$ oder beim schwarzen Phosphor $(P)_x$, zu finden. *Finkelmann*

GKSS-Forschungszentrum Geesthacht GmbH. Großforschungseinrichtung mit den Schwerpunkten Materialforschung, Unterwassertechnik, Umwelt- und Klimaforschung sowie Umwelttechnik, Reaktorsicherheitsforschung.

Die Gesellschaft für Kernenergieverwertung in Schiffbau und Schiffahrt mbH Hamburg (GKSS) wurde 1956 gegründet. Das Stammkapital wird von der Bundesrepublik Deutschland, den vier Küstenländern Bremen, Hamburg, Niedersachsen und Schleswig-Holstein, der Kernenergiestudiengesellschaft sowie mehreren Unternehmen und Banken gehalten. Nach Beendigung ihrer ersten Aufgabe – Entwicklung des Kernenergieschiffsantriebs („Otto Hahn") – 1978/79 hat sie sich schwerpunktmäßig anderen Schwerpunkten zugewandt.

Nach Abschluß fast aller Arbeiten beschränkt sich die Reaktorsicherheitsforschung auf die Untersuchung von Reaktorsicherheitsbehältern. In der Materialforschung stehen Mikrostruktur der Werkstoffe und Werkstofftechnik im Vordergrund. Mit Hilfe der GKSS-Unterwassersimulationsanlage GUSI werden Unterwasserarbeits- und Tauchtechniken entwickelt; weitere Themen sind rechnergestützte Handhabungsgeräte, Struktur- und Hydromechanik sowie Sicherheit und Ausbildung. In der Umwelt- und Klimaforschung werden insbesondere Fragestellungen aus der norddeutschen Küstenregion bearbeitet: Belastungszustände und Transportvorgänge in Tidegewässern, Fernmeßverfahren in der Atmosphäre, Spurenanalytik, Fernerkundung von Atmosphäre und Ozean, Seegangsanalyse und Prognose, Mesoscalige Modelle der Atmosphäre; in der Umwelttechnik werden Membranverfahren für Stofftrennungen entwickelt.

Das GKSS ist fachlich in vier Institute (Anlagentechnik, Werkstofforschung, Physik, Chemie) und zwei Zentralabteilungen (Forschungsreaktoren, Technikum) gegliedert.

Organe: Gesellschafterversammlung, Aufsichtsrat (Vorsitz: Bundesvertreter), externer Technisch-Wissenschaftlicher Beirat, interner Wissenschaftlich-Technischer Rat, zwei Geschäftsführer.

Ressourcen: 545 Beschäftigte, 96,6 Mio DM (Soll 1989) sowie eigene Erträge.

(GKSS-Forschungszentrum Geesthacht, Max-Planck-Straße, 2054 Geesthacht). *Altenmüller*

Glänzen. Hierunter versteht man elektrolytisches und chemisches Polieren. Als wichtigste Faktoren beim → Elektropolieren sind zu berücksichtigen: Zusammensetzung und Temperatur des Elektrolyten, Bewegung des Elektrolyten, Stromspannung und Stromstärke.

Das befriedigende Ergebnisse liefernde Elektropolieren von Kohlenstoffstählen wurde erst möglich, nachdem ein modifizierter Standardelektrolyt aus $H_2SO_4 - H_3PO_4 - CrO_3 - Cr_2O_3 - FeSO_4 - CH_3COOH$ benutzt wurde. Bei Maschinenteilen aus unlegierten oder niedrig legierten Kohlenstoffstählen sowie aus → Aluminium und seinen Legierungen werden Universalbäder aus 63 %iger Phosphorsäure, 15 %iger Schwefelsäure, 6 % Chromsäureanhydrid und 14 % Wasser verwendet. Ein auf der gleichen Basis aufgebauter Elektrolyt hat sich zum G. von Teilen aus nichtrostendem → Stahl bewährt.

Für das Glanzvernickeln wurden spezielle Bäder entwickelt, ferner ist auch ein Glanzvernickeln in Trommeln möglich. Das G. erfolgt mit Tripelkompositionen, das Abklären mit Wiener-Kalk. Zusammengesetzte Überzüge mit äußeren Glanznickelschichten verhielten sich in Industrieatmosphäre besser als Mattnickelüberzüge, in Küstenatmosphäre war es aber umgekehrt. Obwohl die atmosphärischen Einwirkungen auf die Nickelschichten noch

nicht völlig geklärt sind, steht eine Abhängigkeit des Korrosionswiderstands von der Dicke der → Nickelschicht fest. *Doliwa*

Glanzvernickeln → Oberflächenbehandlung; → Beschichten

Glas. Anorganischer Werkstoff, der im physikalisch-chemischen Sinne als eingefrorene, unterkühlte Schmelze anzusehen ist. Strukturell zeichnet sich der Glaszustand durch die Abwesenheit einer periodisch aufgebauten Anordnung der atomaren Bauteile aus, es liegt ein nichtkristalliner (amorpher) Strukturzustand vor.

Im allgemeinen bezieht sich die Bezeichnung G. auf ein anorganisches, meist oxidisches Schmelzprodukt, das durch einen Einfriervorgang ohne → Kristallisation in den festen Zustand überführt wurde. Die Temperatur des Einfriervorgangs wird zur Charakterisierung von G. herangezogen (Bild). (→ Abkühlungskurve). Sie äußert sich u. a. in der Änderung der thermischen Ausdehnung des G. beim Aufheizen. Die Temperatur bzw. Temperaturbereich, bei der diese Änderung eintritt, wird als Transformationstemperatur T_g bzw. Transformationstemperaturbereich bezeichnet. T_g ist von der thermischen Vorgeschichte des G. abhängig, ein Vergleich ist daher nur bei einer vorherigen → Abkühlung aus der Schmelze mit 1 K/min und einer anschließenden Aufwärmung mit 5 K/min zulässig. Die Viskosität des G. beträgt bei T_g ca. 10^{13} dPa · s und ist somit als „fest" anzusehen, d. h. das G. verhält sich unterhalb T_g als spröd-elastischer Körper. Oberhalb T_g erweicht das G. mit zunehmender Temperatur, es zeigt viskoelastisches Verhalten.

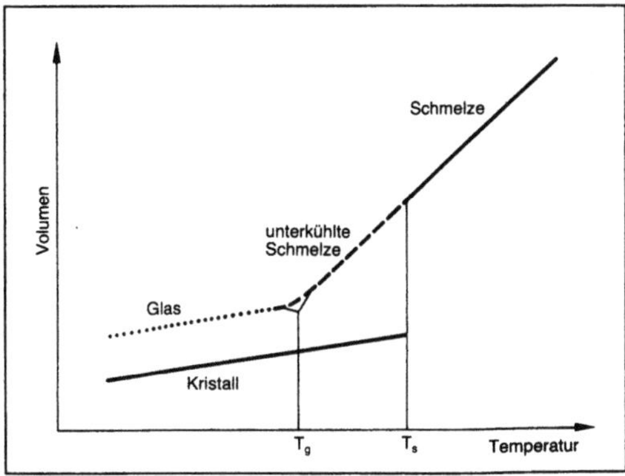

Glas: Temperaturverlauf des Volumens V im schmelzflüssigen, glasigen und kristallinen Zustand. T_s-Schmelztemperatur, T_g-Transformationstemperatur.

Zu den kommerziell bedeutendsten G. zählen die Silicatgläser, hier insbesondere die Kalk-Natron-Silicatgläser, die für Massenartikel wie Flach- und

Hohlglas verwendet werden (Tabelle). Die chemische Zusammensetzung der Silicatgläser beeinflußt die physikalischen und chemischen Eigenschaften des G., wobei für die Verarbeitung und Herstellung sowie für die Anwendung deren Temperaturabhängigkeit und deren chemische Resistenz am wichtigsten sind. So wird z. B. der Verarbeitungstemperaturbereich durch Zugabe von Al_2O_3, MgO, oder K_2O erweitert (langes G.), durch Zugabe von B_2O_3 verringert (kurzes Glas) bzw. (kurzes G.).

Die mechanische →Festigkeit wird von der chemischen Zusammensetzung der G. nur gering beeinflußt. Vielmehr ist hier die Beschaffenheit der →Oberfläche (Risse, Kratzer etc.) festigkeitsbestimmend (→Griffith-Bruchtheorie, →Abschrecken).

Die industrielle Herstellung von G. erfolgt in einer kontinuierlich betriebenen feuerfest ausgekleideten Schmelzwanne. Das für z. B. Kalk-Natron-G. vorher homogenisierte Gemenge aus Quarzsand, Soda und Kalk, wird maschinell eingelegt und bei 1 500–1 600 °C erschmolzen. Die Beheizung der Wannen erfolgt meist regenerativ mit Erdgas oder Heizöl. Die Homogenisierung der Glasschmelze geschieht bei Maximaltemperatur durch Einblasen von Luft, durch gasabspaltende sog. Läutermittel oder durch mechanisches Rühren. Die Formgebung des G. erfolgt durch →Pressen, →Ziehen, Schleudern etc. bei Temperaturen zwischen 1 250–1 000 °C. Dabei können die Durchsätze in z. B. der Flachglasproduktion bis zu 750 t/Tag in einer sog. Floatglasanlage betragen.

Neben den Massengläsern gibt es diverse Spezialgläser. Erwähnt seien hier G. für optische Lichtwellenleiter, phototrope G., Lasergläser, halbleitende G., Strahlenschutzgläser, Glaskeramiken und Glaslote.

Prinzipiell können alle Feststoffe in einen Glaszustand überführt werden, wenn die Abkühlgeschwindigkeit hinreichend groß ist (→Glas, metallisches) und durch Kondensation von Molekülen aus der Dampfphase auf gekühlten Substraten. Neben dem traditionellen Erschmelzen von G. können auch auf naßchemischen Weg mittels metallhaltiger organischer Lösungen, sog. Alkoxiden, über Polykondensation/Hydrolysereaktionen und anschließenden Trocknen (Sol-Gel Prozeß) ebenfalls Mehrkomponentengläser hergestellt werden. Größere monolithische Glasstücke sind mit dieser Technik z. Zt. noch nicht herstellbar, sie wird aber schon zum Auftragen von z. B. Entspiegelungsschichten auf Flachglas angewandt. *Hesse/Hennicke*

Literatur: *Nölle, G.*: Technik der Glasherstellung. Leipzig 1979. – *Scholze, H.*: Glas-Natur, Struktur, Eigenschaften. 3. Aufl. Berlin–Heidelberg–New York 1988.

Glas, metallisches. Normalerweise sind alle Metalle und Legierungen kristallin aufgebaut. Durch extrem schnelles Abkühlen der Schmelze (10^5 bis 10^6 Grad/s) kann man jedoch in gewissen Legierungen eine →Kristallisation bei der →Erstarrung unterdrücken: sie entstehen dann als nicht-kristalliner, d. h. amorpher Festkörper. Allerdings lassen sich wegen der erforderlichen schnellen Abschreckung nur dünne Bänder (0,03–0,07 mm dick) herstellen, diese allerdings kontinuierlich als fast beliebig lange Streifen von z. B. 2–25 mm Breite. Man erreicht dies durch Aufspritzen eines dünnen Schmelzstrahls auf den Rand eines wassergekühlten, rasch rotierenden Kupferrades von z. B. 12 cm Durchmesser (→Schmelzspinnverfahren). Es gibt zahlreiche technische Varianten dieses Herstellungsprozesses, der neuerdings auch kommerziell durchgeführt wird.

Voraussetzung zur amorphen Erstarrung ist eine besondere Legierungszusammensetzung, nämlich etwa zu ¾ aus Metallatomen und zu ¼ bis ⅕ aus Metalloiden, d. h. Nichtmetallatomen. Dies ist u. a. thermodynamisch durch die Zustandsdiagramme bedingt (tiefschmelzende Eutektika sind besonders geeignet).

Typische m. G. sind Fe-Fe-P, Fe-P-B, Fe-Ni-P, Fe-Ni-B, Fe-Ni-P-B, Fe-Ni-Cr-P- u. a. Diese sind entweder Metall-Halbleiter-Legierungen (z. B. $Fe_{80}P_{13}C_7$, $Au_{81}Si_{19}$), Übergangsmetall-Legierungen (z. B. $Cu_{60}Zr_{40}$, $Ni_{60}Nb_{40}$) oder Legierungen zwischen Hauptgruppenmetallen (z. B. $Ca_{65}Al_{35}$, $Ca_{65}Zn_{35}$).

Glas. Tabelle: Chemische Zusammensetzung einiger industriell hergestellter Gläser in Gew. %

Glasart	SiO_2	B_2O_3	Al_2O_3	PbO	CaO	MgO	BaO	Na_2O	K_2O
Behälterglas	73	–	1,5	–	10	0,1		14	0,6
Flachglas	72	–	0,3	–	9	4		14	–
Glühlampenglas	73	–	1	–	5	4	–	17	–
Fernsehkolbenglas	67	–	4	–	–	–	13	8	8
Laborgeräteglas	81	13	2	–	–	–	–	4	–
Bleikristallglas	60	1	–	24	–	–	1	1	13
Faserglas (E-Glas)	54	10	14	–	17,5	4,5	–	–	–

Es sind die speziellen Eigenschaften bzw. besonders gute Eigenschaftskombinationen der m. G., die sie auszeichnen und deshalb sowohl in Forschung wie Technologie einen starken Aufschwung verzeichnen lassen: hohe mechanische Festigkeiten (z. T. besser als gehärteter Stahl) verbunden mit magnetischer Weichheit (als Anwendung z. B. für Tonköpfe in Magnetbandgeräten interessant), bei Cr-Zusatz auch gute Korrosionseigenschaften, u. a. Das Gebiet ist noch stark in der Entwicklung begriffen. *Ilschner/v. Heimendahl*

Literatur: *Luborsky, F. E., Scott, M. G., Spaepen, F.:* Metallic Glasses, in: M. B. Bever (Ed.), Encyclopedia of Materials Science and Engineering, Oxford 1986, pp. 2963–2979. – *Steeb, S.:* Glasartige Metalle (Kontakt & Studium Band 290), Ehningen 1990.

Glasbildungstemperatur →Erstarrung, glasartige

Glasfaser. Aus einer Glasschmelze (meist Silikatglas) oder erweichtem → Glas hergestellte → Faser. Zu unterscheiden sind Endlosfasern (Glasfäden), endliche Fasern (Stapelfasern), technische Fasern (Textilfasern) und optische Fasern (Nachrichtenübertragung). Faserdurchmesser liegen je nach Verwendung zwischen 5–100 μm.

Bei den technischen G. erfolgt eine weitere Unterscheidung zwischen verspinnbaren und nicht verspinnbaren Fasern. Verspinnbare Fasern werden im wesentlichen für Textilglasfasern benutzt. Als Glasarten finden für Textilglasfasern alkalifreie Bor-Aluminium-Silicat-Glaszusammensetzungen Verwendung, die sich durch Wasserunempfindlichkeit, hohe → Erweichungstemperatur und Säurefestigkeit auszeichnen. Ein Hauptanwendungsgebiet für Textilglasfasern ist der sog. glasfaserverstärkte → Kunststoff. Die in Kunststoff eingebetteten G. übernehmen aufgrund ihres höheren E-Moduls jegliche Belastung.

Nichtverspinnbare G., sog. Stapelglasfasern, werden in der Regel aus Kalknatronglasschmelzen gezogen. Aus ihnen werden in erster Linie für Wärmeisolierzwecke Glaswolle, Matten und Filze hergestellt, weiterhin Schalen und Preßteile.

Optische G. werden aus reinsten Rohstoffen (z. B. CVD) hergestellt. Durch besondere Herstellungsverfahren wie das Doppeltiegel- bzw. Stab/Rohrglasfaserziehverfahren werden optische G. hergestellt, die im Innern aus einem hochbrechenden Glaskern und von außen mit einem niedrig brechenden Mantelglas umhüllt sind. Aufgrund der Totalreflexion des Lichtes im Innern der Faser werden diese Fasern als Lichtleiterfasern eingesetzt. Je nach Brechungsindexverlauf im Querschnitt der Faser werden Stufenindexfasern und Gradientenindexfasern voneinander unterschieden.
→Faserwerkstoffe *Hesse/Hennicke*

Glaskeramik. G. ist ein Werkstoff, der durch kontrollierte →Kristallisation von Gläsern einer definierten Zusammensetzung hergestellt wird. Das →Gefüge besteht neben der kristallinen Phase noch aus einem Anteil an Glasphase. Bei der Herstellung von technischen Gläsern ist die Kristallisation i. a. unerwünscht, da eine Festigkeitsminderung durch örtliche Spannungen und →Rißbildung auftreten kann. G. besitzen ein feinkristallines, porenfreies und gleichmäßiges Gefüge.

Bei der Herstellung wird zunächst ein →Glas aus üblichen Rohstoffen und nach traditionellen Verfahren erschmolzen. Anschließend wird das Glas durch eine gezielte zweistufige thermische Behandlung zuerst zur →Keimbildung und anschließend zur Kristallisation gebracht. Als Keimbildner dienen Oxide (TiO_2), Metalle (Pt), sowie Fluoride und Phosphate.

Aufgrund einer niedrigen Wärmedehnung und einer sehr guten →Temperaturwechselbeständigkeit werden G. als Herdplatten, Geschirr und Laborgerät eingesetzt. Weitere Anwendungen sind Wärmetauscher, Substratmaterial und Teleskopspiegelträger. *Hesse/Hennicke*

Glasprüfung. →Glas, zur Verwendung im Bau- und Kraftfahrzeugbereich wird auf mechanische-, thermische-, akustische-, elektrische-, chemische- und optische Eigenschaften sowie des →Bruchverhaltens geprüft. Darüber hinaus werden im Kraftfahrzeugbereich die biomechanischen Eigenschaften des Glases ermittelt. G. zu o. g. Verwendungsbereichen sind nachfolgend mit Angabe der Normen aufgeführt.

Weitere genormte G. werden an Behältnissen und Leuchtengläsern durchgeführt. *Sieland*

Literatur: DIN 1286 – Teil 1: Mehrscheiben-Isolierglas, luftgefüllt; Zeitstandverhalten, Überwachung. 2. 84.
DIN E 1286 – Teil 2: Mehrscheiben-Isolierglas, gasgefüllt; Zeitstandverhalten, zulässige Abweichungen der Gaskonzentration; Überwachung. 7. 85.
DIN 4102 – Teil 5: Brandverhalten von Baustoffen und Bauteilen. Feuerschutzabschlüsse, Abschlüsse in Fahrschachtwänden und gegen Feuer widerstandsfähige Verglasungen, Begriffe, Anforderungen und Prüfungen. 9. 77.
DIN 12111: Prüfung von Glas; Grießverfahren zur Prüfung der Wasserbeständigkeit von Glas als Werkstoff bei 98 °C und Einteilung der Gläser in hydrolytische Klassen. 5. 76.
DIN 18032 – Teil 3: Sporthallen; Hallen für Turnen und Spiele, Prüfung der Ballwurfsicherheit. 9. 79.
DIN 52210 – Teil 1: Bauakustische Prüfungen, Luft- und Trittschalldämmung, Meßverfahren. 8. 84.
DIN 52210 – Teil 2: Bauakustische Prüfungen, Luft- und Trittschalldämmung, Prüfstände für Schalldämm-Messungen an Bauteilen. 8. 84.
DIN 52210 – Teil 3: Bauakustische Prüfungen, Luft- und Trittschalldämmung, Prüfung von Bauteilen in Prüfständen und zwischen Räumen am Bau. 2. 87.
DIN 52210 – Teil 4: Bauakustische Prüfungen, Luft- und Trittschalldämmung, Ermittlung von Einzahl-Angaben. 8. 84.
DIN 52210 – Teil 5: Bauakustische Prüfungen, Luft- und Tritt-

schalldämmung, Messung der Luftschalldämmung von Außenbauteilen am Bau. 7. 85.

DIN 52290 – Teil 1: Angriffhemmende Verglasungen; Begriffe. 11. 87.

DIN 52290 – Teil 2: Angriffhemmende Verglasungen; Prüfung auf durchschußhemmende Eigenschaft und Klasseneinteilung. 5. 81.

DIN 52290 – Teil 3: Angriffhemmende Verglasungen; Prüfung auf durchbruchhemmende Eigenschaft gegen Angriff mit schneidfähigem Schlagwerkzeug und Klasseneinteilung. 6. 84.

DIN 52290 – Teil 4: Angriffhemmende Verglasungen; Prüfung auf durchwurfhemmende Eigenschaft und Klasseneinteilung. 6. 84.

DIN 52290 – Teil 5: Angriffhemmende Verglasungen; Prüfung auf sprengwirkungshemmende Eigenschaft und Klasseneinteilung. 11. 87.

DIN 52292 – Teil 1: Prüfung von Glas und Glaskeramik; Bestimmung der Biegefestigkeit; Doppelring-Biegeversuch an plattenförmigen Proben mit kleinen Prüfflächen. 4. 84.

DIN 52292 – Teil 2: Prüfung von Glas und Glaskeramik; Bestimmung der Biegefestigkeit; Doppelring-Biegeversuch an plattenförmigen Proben mit großen Prüfflächen. 9. 86.

DIN 52293: Prüfung von Glas; Prüfung der Gasdichtheit von gasgefüllten Mehrscheiben-Isolierglas. 10. 83.

DIN 52294: Prüfung von Glas, Bestimmung der Beladung von Trocknungsmitteln in Mehrscheiben-Isolierglas. 11. 83.

DIN 52303 – Teil 1: Prüfverfahren für Flachglas im Bauwesen; Bestimmung der Biegefestigkeit; Prüfung bei zweiseitiger Auflagerung. 8. 84.

DIN 52303 – Teil 2: Prüfung von Glas; Bestimmung der Biegefestigkeit; Prüfung von Profilbauglas. 3. 83.

DIN 52305: Prüfung von Glas; Optische Prüfung von Sicherheitsglas, Bestimmung des Ablenkungswinkels und des Brechwertes (Projektionsverfahren). 2. 60.

DIN 52306: Kugelfallversuch an Sicherheitsscheiben für Fahrzeugverglasung. 2. 73.

DIN 52307: Pfeilfallversuch an Sicherheitsscheiben für Fahrzeugverglasung. 11. 76.

DIN 52308: Kochversuch an Verbundglas. 7. 84.

DIN 52310: Phantomfallversuch an Sicherheitsscheiben für Fahrzeugverglasung. 7. 86.

DIN 52313: Prüfung von Glas; Bestimmung der Temperaturwechselbeständigkeit von Glaserzeugnissen. 3. 78.

DIN 52314: Prüfung von Glas; Bestimmung des spannungsoptischen Koeffizienten im Zugversuch. 11. 77.

DIN 52328: Prüfung von Glas; Bestimmung des mittleren thermischen Längenausdehnungskoeffizienten. 3. 85.

DIN E 52333: Prüfung von Glas- und Glaskeramik; Härteprüfung nach Knoop. 3. 85.

DIN 52335: Bestimmung der optischen Verzerrung von Sicherheitsscheiben für Fahrzeugverglasung. 2. 81.

DIN 52337: Prüfverfahren für Flachglas im Bauwesen; Pendelschlagversuche. 9. 85.

DIN 52338: Prüfverfahren für Flachglas im Bauwesen; Kugelfallversuch für Verbundglas. 9. 85.

DIN 52344: Prüfung von Glas; Klimawechselprüfung an Mehrscheiben-Isolierglas. 5. 84.

DIN 52345: Prüfung von Glas; Bestimmung der Taupunkttemperatur an Mehrscheiben-Isolierglas, Prüfung im Laboratorium. 4. 80.

DIN E 52347: Prüfung von Glas und Kunststoff; Verschleißprüfung, Reibradverfahren mit Streulichtmessung. 2. 85.

DIN 52348: Prüfung von Glas und Kunststoff; Verschleißprüfung; Sandriesel-Verfahren. 2. 85.

DIN 52349: Prüfung von Glas; Bruchstruktur von Glas für bauliche Anlagen. 8. 77.

DIN 52619 – Teil 1: Wärmeschutztechnische Prüfungen,

Bestimmung des Wärmedurchlaßwiderstandes und Wärmedurchgangskoeffizient von Fenstern, Messung an der Gesamtkonstruktion. 11. 82.

DIN 52619 – Teil 2: Wärmeschutztechnische Prüfungen, Bestimmung des Wärmedurchlaßwiderstandes und Wärmedurchgangskoeffizient von Fenstern, Messung an der Verglasung. 2. 85.

Glastemperatur → Glasübergangstemperatur

Glasübergang → Erstarrung, glasartige

Glasübergangstemperatur. Die G. kennzeichnet den Übergang der → Kunststoffe vom weichen bzw. zäh-elastischen Verhalten zum harten Zustand bei → Abkühlung. Sie wurde bisher bei Abkühlung auch als Einfriertemperatur und bei Erwärmung als → Erweichungstemperatur bezeichnet (Bild).

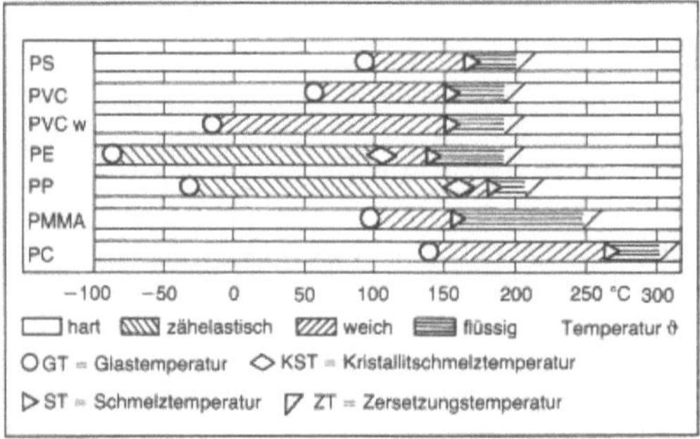

Glasübergangstemperatur: Zustandsbereiche von Plastomeren.

Unterhalb dieser Temperatur kommen die Schwingbewegungen der Makromoleküle zum Stillstand, sie „frieren ein". Die zwischenmolekularen Anziehungskräfte werden voll wirksam und verleihen dem Material seine → Festigkeit und → Härte.

Zunächst noch in geringerem Umfang elastisch (hartelastisch), gehen die Plastomere mit weiter sinkender Temperatur in einen immer stärker ausgeprägten glasig-harten Zustand über, bis zur völligen → Versprödung bei extrem tiefer Temperatur.

Mit dem Übergang von einem Zustand in den anderen ändern sich nicht nur mechanisch-technologische, sondern auch elektrische und andere physikalische Eigenschaften.

Zur Bestimmung der G. wird die Veränderung der spezifischen Wärme bzw. des spezifischen Volumens mit der Temperatur herangezogen. *Gräfen*

Glaszustand → Erstarrung, glasartige

Glättwalzanlage. G. sind komplexe technische Systeme zum Glätten der äußeren und inneren Oberflächen von Stahlrohren nach dem Glättwalzverfahren. *Baumann*

Glättwalzverfahren. Das G. dient dem Glätten der äußeren und inneren Oberfläche eines →Stahlrohres sowie der Beseitigung kleinerer Rohrwand-Verdickungen. Dieses Verfahren ist dem →Mannesmann-Schrägwalzverfahren ähnlich und wird auch mit einem im →Walzkaliber angeordneten Stopfen durchgeführt. *Baumann*

Gleichgewicht. G. herrscht zwischen zwei „kommunizierenden" Bereichen eines Systems – zwischen denen also Austausch von Stoff, Wärme, Kräften möglich ist – dann, wenn ein von zwei alternativen Kriterien erfüllt ist:

□ Energiekriterium: Die potentielle Energie des Gesamtsystems nimmt ein Minimum ein. Im Falle des chemischen G. tritt an die Stelle der potentiellen Energie die freie Enthalpie (thermodynamisches Potential nach *Gibbs*).

□ Kräftekriterium: An jedem Systempunkt ist die Summe aller wirkenden Kräfte gleich Null. Im Falle des chemischen G. bedeutet dies: die chemischen Potentiale (partiellen freien Enthalpien) aller Bestandteile sind in sämtlichen Phasen bzw. örtlichen Bereichen des Gesamtsystems gleich.

In den Materialwissenschaften treten sehr vielfältige G.-Probleme auf, für die nachstehend Beispiele gegeben werden (unvollständ. Auflistung):

– Die Konzentration punktförmiger Gitterdefekte, z. B. Leerstellen stellt sich innerhalb einer Phase bei hinreichend hoher Temperatur als G.-Konzentration ein, indem der Aufwand an →Bildungsenthalpie durch den Gewinn an (Konfigurations-) Entropie ausgeglichen wird.

– Chemische G. zwischen verschiedenen Phasen oder Gefügebestandteilen eines →Mehrstoffsystems, z. B. Schmelze-Festkörper bei der Erstarrung bzw. beim Zonenreinigen, oder zwischen Karbiden und Ferritmatrix legierter Stähle (→Zustandsdiagramm).

– Chemische G. an Oberflächen in Kontakt mit flüssigen oder gasförmigen Umgebungen, z. B. niedriglegierter Stahl in auf- oder entkohlenden Atmosphären, NiCrAl-Legierung in Sauerstoff, nichtstöchiometr. Eisen-II-Oxid in CO/CO_2-Gemisch.

– Chemische G. zwischen Korninnerem und Korngrenzen bzw. Oberflächen, welche durch ihre besondere Struktur die chemischen Potentiale der Legierungsbestandteile bzw. Fremdatome unterschiedlich beeinflussen.

– Mechanische G. zwischen den Grenzflächenspannungen von drei Korngrenzen, die in einem „Tripelpunkt" zusammentreffen; dieses Grenzflächenspannungs-G. bestimmt die Kornform in polykristallinen Gefügen.

– Gemischtes chemisch-mechanisches G.: unterschiedliche Dampfdrücke über verschieden gekrümmten Oberflächen (→Gibbs-Thomson-Glei-

chung); Anreicherung von Fremdatomen im elastischen Verzerrungsfeld einer Versetzung (→Cottrell-Atmosphäre).

– Gemischtes chemisch-elektrostatisches G., typisch für die angewandte →Elektrochemie. Raumladungsrandschichten in →Ionenleitern, Anreicherung verschieden geladener Ionen in verschiedenen Bereichen eines elektrischen Potentialgradienten (Elektrotransport).

– Mechanische G. zwischen äußeren Kräften und inneren Spannungen, z. B. Aufstau von Versetzungen vor einer Korngrenze (→Hall-Petch-Beziehung), Aufspaltung von →Stapelfehlern.

In der Mehrzahl der Fälle erfordert die Einstellung des Gleichgewichtszustandes in Festkörpern diffusiven Stofftransport oder andere thermisch aktivierte Vorgänge, somit also eine Mindestaufenthaltsdauer bei erhöhter Temperatur. Steht diese nicht zur Verfügung, z. B. beim →Abschrecken, so kann das zur aktuellen Temperatur gehörende G. sich nicht einstellen, d. h. der bei hoher Temperatur eingestellte Zustand wird „eingefroren". Derartige Ungleichgewichte spielen in der Werkstoffwissenschaft und -technik eine mindestens ebenso große Rolle wie die vorerwähnten G. Die Differenz der thermodynamischen Energieniveaus zwischen dem aktuellen Ungleichgewichtszustand und dem angestrebten stabilen Gleichgewichtszustand ist die Triebkraft von Festkörperreaktionen.

Der Ausdruck dynamisches G. wird verwendet, um den kommunizierenden Charakter der Teilsysteme zu unterstreichen, ohne den ein G. sich nicht einstellen kann. Beispiel: der Gleichgewichtsdampfdruck über einer festen bzw. flüssigen Oberfläche entspricht einem dynamischen G. zwischen der Verdampfungs- und der Kondensations-Geschwindigkeit der Atome/Moleküle. *Ilschner*

Gleichgewichtspotential. →Elektrodenpotential, bei dem sich die betreffende →Elektrodenreaktion im thermodynamischen →Gleichgewicht befindet. In Abhängigkeit von der jeweiligen Elektrodenreaktion unterscheidet man nach DIN 50900 folgende G.:

□ Metallelektroden-G.: G. einer Metall/Metallionen-Reaktion, $Me = Me^{z+} + ze^-$.

Nach der *Nernst*-Gleichung berechnet sich das G. $E_{Me/Me^{z+}}$ dieser Elektrodenreaktion wie folgt:

$$E_{Me/Me^{z+}} = E^\circ_{Me/Me^{z+}} + \frac{RT}{z \cdot F} \ln a_{Me^{z+}},$$

wobei $E^\circ_{Me/Me^{z+}}$ das Standardpotential (Normalpotential) und $a_{Me^{z+}}$ die Aktivität der Metallionen Me^{z+} bedeuten.

□ →Standardpotential (Normalpotential): G. für eine Elektrodenreaktion, bei der die Reaktionspartner im Standardzustand vorliegen. Bei

Metall/Metallionen-Reaktionen bedeutet dies, daß die Aktivität der betreffenden Metallionen gleich „eins" ist (Metallelektrodenpotential).

□ Standardwasserstoffpotential: G. der Standardwasserstoffelektrode, das per Definition Null ist (Wasserstoffelektrode).

□ →Redoxpotential: G. einer elektrolytischen →Redoxreaktion, bei der die Reduktions- und →Oxidationsreaktion umkehrbar ungehemmt abläuft und der Ladungsaustausch über Elektronen erfolgt.

Das Redoxpotential $E_{Ox/Red}$ berechnet sich nach der Nernst-Gleichung zu:

$$E_{Ox/Red} = E^{\circ}_{ox/Red} + \frac{R \cdot T}{zF} \cdot \ln \frac{a_{Ox}}{a_{Red}}$$

wobei E° das zugehörige Standardpotential und a die Aktivität bedeuten.

Ein Beispiel ist das Umladen von Ionen in Elektrolytlösungen, wobei der Elektronenaustausch über eine inerte Metallelektrode (Platin) erfolgt: $Fe^{3+} + e^{-} \rightleftharpoons Fe^{2+}$ *Wendler-Kalsch*

Gleichgewichtsschaubild. Auch Zustandsschaubild. (→Eisen-Kohlenstoff-Zustandsschaubild) Darstellung der verschiedenen Zustandsfelder in →Mehrstoffsystemen nach Temperatur und Zusammensetzung. *Dahl*

Gleichmaßdehnung. Die G. A_g ist der im →Zugversuch ermittelte Dehnungswert, der der →Zugfestigkeit R_m im Spannungs-Dehnungsschaubild zugeordnet ist (→Dehnung). Bei weiter zunehmender Beanspruchung beginnt die →Einschnürung, gefolgt vom Bruch mit der Bruchdehnung A.

In der Umformtechnik ist die G. eine wichtige Verfahrensgrenze bei →Zugumformverfahren, z. B. beim einachsigen Auf-Länge-Strecken von Stäben und Profilstäben, beim zweiachsigen →Streckziehen von Blechformteilen. In diesen Fällen ist mit Rücksicht auf die Beanspruchung oder auch aus ästhetischen Gründen kein Einschnüren zugelassen. Bei mehrachsigen Beanspruchungen beim Blechumformen ändert sich ggf. der Einschnürbeginn, d. h. der Kennwert der G. Hierzu wird auf das →Grenzformänderungs-Schaubild verwiesen.

→Spannungs-Dehnungs-Diagramm *Lange*

Gleitband. Die plastische Verformung kristalliner Stoffe vollzieht sich durch das Gleiten von Versetzungen auf kristallographisch wohldefinierten Gleitsystemen. Da die Quellen dieser Versetzungen einerseits im →Gefüge lokalisiert sind, andererseits unter Spannung zahlreiche →Versetzungen emittieren, kommt es zu einer Bündelung der Abgleit-

prozesse in benachbarten Gitterebenen, während dazwischen liegende Gitterbereiche weitgehend unverformt bleiben. Diese Abgleitungs-Pakete sind mit dem Lichtmikroskop, manchmal schon mit dem bloßen Auge, auf der zuvor polierten Oberfläche verformter Proben als Gleitstufen sichtbar und können quantitativ ausgewertet werden. Sie entsprechen dem gebündelten Effekt der →Abgleitung von 10 bis ca. 100 Versetzungen. In der Aufsicht auf die Probe stellen sich die Stufen als G. dar (→Abgleitung; →Plastizität; →Versetzungen). *Ilschner*

Gleitband, persistentes →Ermüdung

Gleitbruch. Beim Mikromechanismus des Bruchs wird →Spaltbruch und G. unterschieden. G. entsteht in technischen Werkstoffen durch →Keimbildung und Wachstum von Hohlräumen, meist an Einschlüssen oder anderen zweiten Phasen. Bruch erfolgt durch Vereinigung der Hohlräume. Von einem schon vorhandenen →Anriß oder dem zunächst gebrochenen Bereich ausgehend kann bei weiterer Belastung stabiles →Rißwachstum auftreten, das schließlich zum Trennen der Werkstückbereiche führt. Die erreichbare →Formänderung bis zum Bruch nimmt mit besserem →Reinheitsgrad zu und mit stärker mehrachsigem →Spannungszustand ab. *Dahl*

Gleitlack. →Schmierstoff, der aus einem →Festschmierstoff und einem →Bindemittel zusammengesetzt ist. Als Bindemittel dienen →Harze, →Kunststoffe oder anorganische, meist keramische Stoffe. G. dienen vielfach zur Einschränkung des →Schwingungsverschleißes. *Habig*

Gleitlager. Ohne eine laufende Schmierstoffzufuhr treten auch bei sorgfältig bearbeiteten, hochfesten metallischen Gleitflächen Verschleiß- und Freßerscheinungen auf, die die →Lebensdauer und die Höhe der Reibungszahlen ungünstig beeinflussen. Bei Verwendung bestimmter, in gewissen Grenzen plastisch verformbarer Kunststoffe als Gleitpartner für harte polierte Metallflächen stellt sich ein sehr gleichmäßiges Tragbild ein, das den Bau großflächiger G. vorzugsweise für den Brückenbau ermöglicht (→Lager). Als →Baustoff kommen für untergeordnete Zwecke →Polyethylen (PE), →Polypropylen (PP), →Polyvinylchlorid (PVC) und →Polyamide (PA) in Betracht, für Gleitlager mit exakt definierten Eigenschaften nur das wesentlich teurere und schwieriger verarbeitbare →Polytetrafluorethylen (PTFE). Die Hauptschwierigkeit besteht darin, ein gut plastisch verformbares, aber noch ausreichend tragfähiges Material herzustellen. Einen brauchbaren Kompromiß zwischen diesen gegensätzlichen Forderungen bietet das freigesinterte, nicht nachverdichtete PTFE, das zur Erzielung möglichst kleiner Reibungszahlen auch keine verstärkenden Füllstoffe enthalten darf. In allen bauaufsichtlich zugelassenen G. wird dieser PTFE-Typ verwendet.

Die → Reibungszahl ungeschmierter PTFE-Lager ist keine Konstante, sondern eine u. a. von Temperatur, Geschwindigkeit, aufaddiertem Gleitweg, mittlerer Pressung abhängige Größe. Der Maximalwert tritt zu Beginn der Bewegung auf (Haftreibung, Anfahrreibung), die Gleitreibung ist, sofern kein → Fressen auftritt, immer kleiner. Der Verschleiß ist in erster Linie dem Produkt aus der Pressung und der Geschwindigkeit proportional. Um den Verschleiß gering zu halten und die Gleitreibungszahlen zu senken, wendet man Schmierstoffe vor allem auf Siliconbasis an. Diese sind speziell auf gute Schmiereigenschaften bei niedrigen Temperaturen ausgelegt, da das Verhalten bei −35 °C für die Festlegung der zulässigen Reibungszahlen verwendet wird. Um über einen längeren Zeitraum eine Art Nachschmiereffekt zu erhalten und vorzeitigen Trockenlauf zu vermeiden, ordnet man in den PTFE-Platten mit Siliconfett gefüllte Schmiertaschen an. Hierdurch werden Lebensdauern von mehreren Jahrzehnten auch bei hoch belasteten Eisenbahn- und Straßenbrücken erreicht. Regelmäßige Kontrollen sind vorgeschrieben. Das Auswechseln der G. geschieht durch hydraulisches Anheben des Brückenüberbaues.

Im Brücken- und Ingenieurbau werden ausschließlich exakt für den betreffenden Lagerungsfall dimensionierte, maschinenbaumäßig hergestellte und von Fachfirmen des Ingenieurbaues versetzte Lager verwendet. Im Hochbau liegen weit unübersichtlichere Verhältnisse vor. Als Maßnahme gegen die zahlreichen Risse unter Flachdächern ordnet man z. B. einfache G. in Form von Kunststoffolien an. Zweilagige Folien von je 0,1–0,5 mm Dicke sind allerdings nicht in der Lage, einen durchaus üblichen Drehwinkel von 0,01–0,02 aufzunehmen: Es tritt eine bis zu mehreren Millimetern weite klaffende Fuge und eine große, zu Abplatzungen führende Kantenpressung auf. Die Gleitfolien müssen daher beidseitig mit einem geeigneten verformbaren Material von mindestens 4 mm Gesamtdicke kaschiert werden. Hierdurch lassen sich auch die bauüblichen Unebenheiten in der Auflagerfläche etwas ausgleichen. Einfache Schaumstoffe oder Kork ergeben allerdings weiche, wenig dauerhafte Kaschierungen, die ihrer Aufgabe nicht gerecht werden. Zur Aufnahme von Verdrehwinkeln müssen G. für den Brücken- und Ingenieurbau mit einem Kippteil kombiniert werden, z. B. mit einem Elastomertopflager oder einem Kalottenteil (Bild 1, 2).   *Sasse*

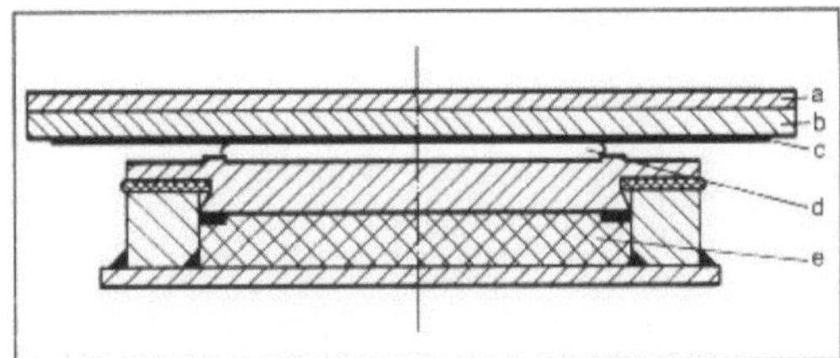

Gleitlager 1: Topfgleitlager.

a Ankerplatte, b Gleitplatte, c Gleitblech, d PTFE, e Topflager

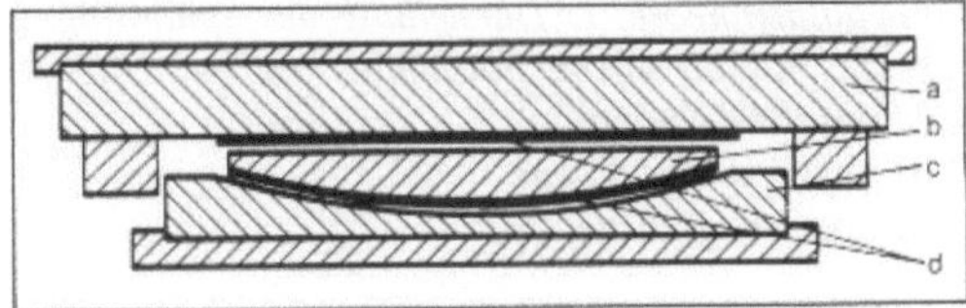

Gleitlager 2: Kalottenlager.

a Lageroberteil, b Kalotte, c Lagerunterteil, d Gleitfläche: PTFE/Hartchrom bzw. PTFE/Stahl (CrNi Mo)

Gleitlinientheorie. Die G. ist das älteste Berechnungsverfahren der → Plastizitätstheorie.

Ausgehend von der → Fließbedingung lassen sich für den ebenen → Formänderungszustand Gleichungen herleiten, die unter der Annahme des starr-idealplastischen → Werkstoffmodells analytisch lösbar sind.

Aus der Kombination der Fließbedingung mit den sog. Gleichgewichtsbedingungen und der Transformation des dabei erhaltenen Differentialgleichungssystems auf ein krummliniges, orthogonales Koordinatensystem ergeben sich spezielle geometrische Eigenschaften der Gleitlinien, die von *Hencky* und *Prandtl* erkannt und systematisch genutzt wurden.

Mit der Fließbedingung, ausgedrückt in den Hauptspannungen ($\sigma_1 > \sigma_2 > \sigma_3$)

$$\tau_{max} = \frac{\sigma_1 - \sigma_3}{2} = k$$

ergeben sich für den ebenen Formänderungszustand folgende Beziehungen für die Spannungen (Bild 1)

$$\sigma_x = \sigma_m + k \sin 2\vartheta$$

$$\sigma_y = \sigma_m - k \sin 2\vartheta$$

$$\tau_{xy} = -k \cos 2\vartheta$$

wobei k die Schubfließgrenze und σ_m die mittlere → Normalspannung bezeichnen. Dabei gilt folgender einfacher Zusammenhang zwischen der Schubfließgrenze und der → Fließspannung

$$k = k_f / \sqrt{3} \qquad \text{v. Mises-Modell,}$$

$$k = k_f / 2 \qquad \text{Tresca-Modell.}$$

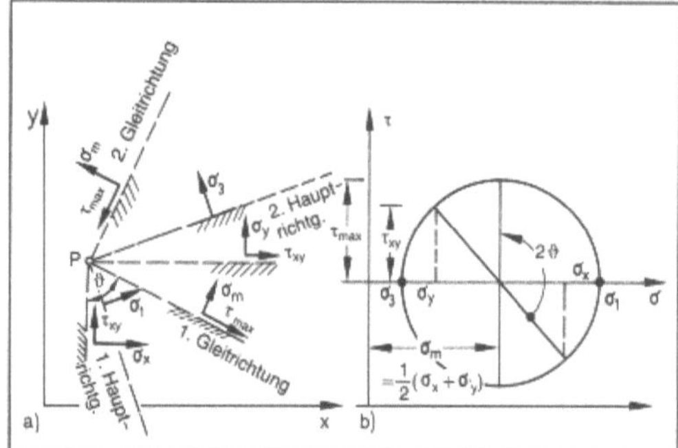

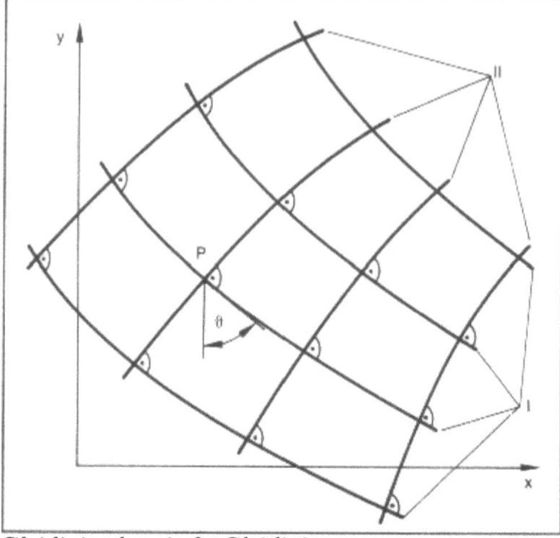

Gleitlinientheorie 1: Darstellung des Spannungszustands für die ebene Formänderung mit Hilfe des Mohrschen Kreises.
a) physikalische Ebene
b) Spannungsebene.

Gleitlinientheorie 2: Gleitliniennetz.

I Gleitlinien 1. Gleitrichtung, II Gleitlinien 2. Gleitrichtung

Für ebene →Formänderung gilt dabei speziell

$$\sigma_m = \sigma_2 = \frac{1}{2}(\sigma_1 + \sigma_3) = \frac{1}{2}(\sigma_x + \sigma_y)$$

Das Einsetzen dieser Beziehungen in die Gleichgewichtsbedingungen

$$\frac{\partial \sigma_x}{\partial x} + \frac{\partial \tau_{xy}}{\partial y} = 0$$

$$\frac{\partial \tau_{xy}}{\partial y} + \frac{\partial \sigma_y}{\partial y} = 0$$

und die anschließende Transformation des entstehenden Gleichungssystems führt auf die einfachen Beziehungen

$$\frac{\sigma_m}{2k} - \vartheta = \text{const}$$

längs der einen Gleitlinienschar und

$$\frac{\vartheta_m}{2k} + \vartheta = \text{const}$$

längs der anderen Schar, mit deren Hilfe eine Konstruktion des Gleitliniennetzes (Bild 2), ausgehend von den Spannungsrandbedingungen, möglich ist.

Die Gleitlinien stellen dabei die sog. Charakteristiken des aus den Gleichgewichtsbedingungen hergeleiteten hyperbolischen Differentialgleichungssystems dar, die physikalisch den Linien maximaler Schubspannungen entsprechen.

Die erste und zweite Gleitrichtung stehen stets senkrecht aufeinander. Somit bilden die ersten und zweiten Gleitlinien zwei orthogonale Kurvenscharen. Die erste bzw. zweite Hauptrichtung schneiden die erste bzw. zweite Gleitrichtung unter einem Winkel von 45°.

Die Gleitlinien geben in einem Gebiet des ebenen plastischen Fließens die Richtungen der maximalen Schubspannungen und damit nach dem Lévy-von-Misesschen-Fließgesetz auch die Richtungen der maximalen Schiebungsgeschwindigkeiten an. Entlang den Gleitlinien treten somit keine Dehnungs-

geschwindigkeiten auf (→Formänderungszustand). *Lange*

Gleitreibung.
Umformen. Unter G. versteht man einen Reibzustand, bei dem zwei unter Normal- und Schubbeanspruchung stehende Körper in der Berührungsfläche relativ zueinander gleiten. Die →Reibungszahl liegt dabei unter dem Grenzwert für →Haftreibung, d. h. sie ist signifikant kleiner als 0,5 bzw. 0,577 (→Modell, tribologisches). *Lange*

Tribologie. →Bewegungsreibung zwischen Körpern, deren Geschwindigkeiten in der Berührungsfläche nach Betrag und/oder Richtung verschieden sind (→Reibung).
→Gleitlager *Habig*

Gleitschichten. Oberflächenschichten, die bei →Festkörperreibung oder →Grenzreibung ein Gleiten mit niedriger →Reibung und/oder niedrigem →Verschleiß ermöglichen. Solche Schichten bestehen z. B. aus Molybdändisulfid, Graphit, Bornitrid, PTFE, Zinn, Blei, Gold u. a. *Habig*

Gleitstrahlverschleiß →Strahlverschleiß

Gleitstufe →Gleitband

Gleitsystem →Plastizität; →Gleitband

Gleitung. G. ist der Grundmechanismus der bei Schubbeanspruchung eines kristallinen Körpers nach Überschreiten einer bestimmten kritischen →Spannung (der sog. →Streckgrenze) auftretenden plastischen →Verformung. Sie beruht auf einer Verschiebung von Kristallschichten parallel zu einer kristallographisch bestimmten Ebene, der sog.

Gleitebene, in Richtung der sog. Gleitrichtung (Bild 1). Dabei werden größere Gitterbereiche gegeneinander verschoben, bis die Gitterbausteine wieder in ein Minimum des periodischen Gitterpotentials gelangt sind (Bild 2).

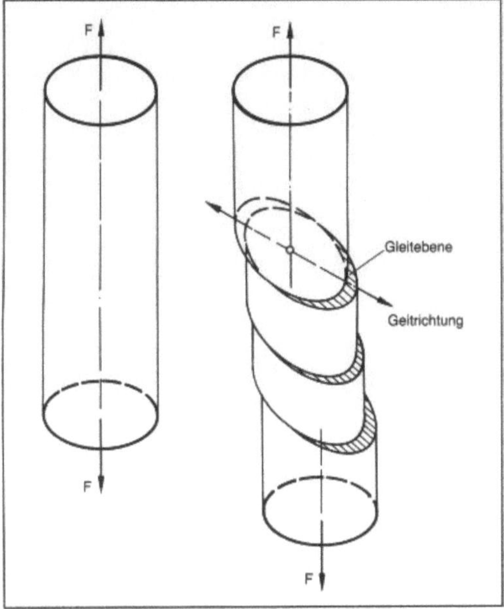

Gleitung 1: Prinzip der Formänderung durch freies Ableiten bei Einkristallen unter Zugbeanspruchung.

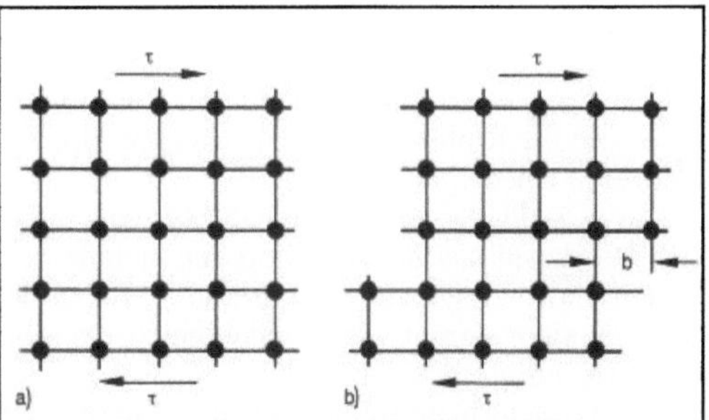

Gleitung 2: Modelldarstellung der plastischen Verformung eines Kristallgitters durch Gleiten; dabei werden alle Atome beiderseits der Gleitebene gleichzeitig aneinander vorbei bewegt.
a) Ausgangszustand
b) Abgeglitten.

Theoretische und experimentelle Untersuchungen haben zu dem Ergebnis geführt, daß die Gleitebenen meist kristallographisch dichtest belegte Ebenen und die Gleitrichtungen meist dichtest belegte Gittergeraden sind. So erfolgt bei kubisch-flächenzentrierten Kristallen die G. in Richtung der Flächendiagonalen der Elementarzellen, wobei die von den Raumdiagonalen aufgespannten „Oktaederebenen" aufeinander abgleiten (Bild 3). Da es vier solche kristallographisch gleichwertige Ebenen gibt, in denen jeweils drei kristallographisch gleichwertige Flächendiagonalen liegen, ergibt sich die

Struktur Metall	Gleit-Systeme	Anzahl der			Struktur Metall	Gleit-systeme	Anzahl der		
		Gleit-ebenen	Gleit-richtungen	Gleit-systeme			Gleit-ebenen	Gleit-richtungen	Gleit-systeme
kfz Cu, Al, Ni Pb, Au, Ag γ – Fe		4	3	12	hexagonal Cd, Zn, Mg Ti, Be		1	3	3
krz α – Fe, W, Mo β – Messing		6	2	12			3	1	3
	a/2 a	12	1	12					
	a/3 a	24	1	24			6	1	6

///Gleitebene   Gleitrichtung   kfz : kubisch – flächenzentriert   krz : kubisch – raumzentriert

Gleitung 3: Beispiele für Gleitsysteme wichtiger Metalle.

Gesamtzahl von zwölf gleichwertigen Gleitsystemen. Bei kubisch-raumzentrierten Kristallen erfolgt bei gegebener Gleitrichtung (der Raumdiagonalen des Elementarwürfels) die G. gleichzeitig auf mehreren Ebenen (Bild 3).

Die Anzahl der möglichen Gleitsysteme wirkt sich auf das plastische Verhalten der Metalle aus. Metalle mit hexagonaler Struktur sind infolge der beschränkten Anzahl von Gleitsystemen nur sehr begrenzt umformbar.

Eine G. ist nicht notwendig auf ein → Gleitsystem beschränkt. Vielmehr ist die sog. Mehrfachgleitung der Normalfall: bei Vielkristallen ist auf Grund der gegenseitigen Behinderung benachbarter Körner ohnehin keine Einfach-G. möglich, und bei Einkristallen geht eine anfängliche Einfach-G. schließlich in Mehrfach-G. über, weil der Kristall durch die G. gedreht wird.

Die G. wird durch linienförmige Gitterbaufehler, die sog. → Versetzungen, ermöglicht, ohne die eine um Größenordnungen höhere Schubspannung zum Auslösen des Gleitens erforderlich wäre. Auf Grund der Versetzungen gleiten nicht alle Atome zweier benachbarter Gitterebenen zugleich aufeinander ab, sondern zu einem gegebenen Zeitpunkt bewegen sich jeweils nur die der Versetzungslinie benachbarten Atome.

Die Gleitrichtung wird durch den „→Burgers-Vektor" b gekennzeichnet. Dieser spannt zusammen mit der Versetzungslinie die Gleitebene auf. Für den Sonderfall, daß b senkrecht auf der Versetzungslinie steht, spricht man von einer Stufenversetzung. Zeigt b parallel zur Versetzungslinie, so liegt eine Schraubenversetzung vor (Bild 4). Nur im letzteren Fall ist die Gleitebene durch b und die Versetzungslinie nicht eindeutig definiert. *Lange*

Literatur: *Reed-Hill, R. E.:* Physical Metallurgy Principles. New York 1964. – *Troost, A.:* Einführung in die allgemeine Werkstoffkunde metallischer Werkstoffe I. Mannheim, Wien, Zürich 1980.

Gleitverschleiß. → Verschleißart, bei der während einer Gleitbewegung sich berührender Körper → Verschleiß durch das überlagerte Wirken mehrerer Verschleißmechanismen hervorgerufen werden kann. *Habig*

Gleitziehbiegen. G. ist nach DIN 8586 →Biegeumformen von Blechstreifen oder Bändern zu Profilen. Dabei wird der Streifen durch ein Formwerkzeug (Ziehtrichter) gezogen und entsprechend profiliert (Bild). Die Kontur des Formwerkzeugs ist dabei gemäß der zu erwartenden elastischen Rückfederung des gebogenen Profils zu korrigieren. Der die Profilgenauigkeit beeinflussende →Verschleiß des Formwerkzeugs kann durch günstige tribologische Bedingungen (→Schmierung), durch Werkstoffwahl und ggf. Oberflächenbeschichtung des Werkzeugs minimiert werden. *Lange*

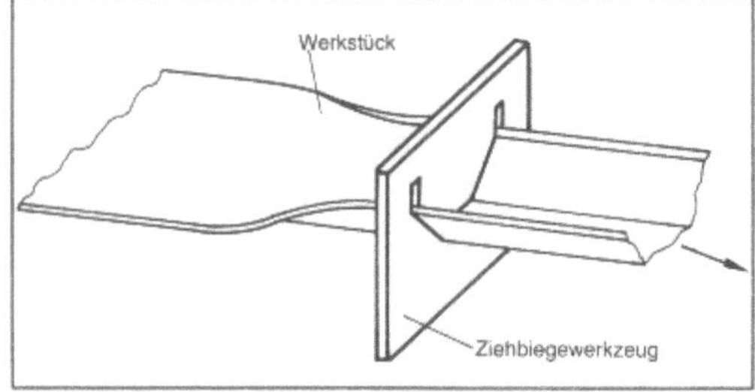

Gleitziehbiegen: Schematische Darstellung.

Glimmentladungsspektroskopie → Oberflächenanalytik

Glühen. Erwärmen des Stahls auf bestimmte Temperaturen, Halten bis eine gleichmäßige Temperatur und falls erwünscht auch ein homogenes → Gefüge erreicht ist, und anschließendes Abkühlen. Die Vorgänge bei der gezielten Einstellung von Gefü-

Gleitung 4: Versetzungslinie und Burgers-Vektor.
a) Stufenversetzung
b) Schraubenversetzung.

gen durch G. sind für das Erwärmen in das Austenitgebiet in →Zeit-Temperatur-Austenitisierungs-Schaubildern und bei der anschließenden →Abkühlung in →Zeit-Temperatur-Umwandlungsschaubildern beschrieben.

□ Diffusionsglühen ist G. bei hohen Temperaturen und langen Zeiten zum Seigerungsausgleich;

□ →Normalglühen ist Austenitisieren mit Luftabkühlen zur Erzielung eines gleichmäßigen ferritischperlitischen Gefüges;

□ Grobkornglühen ist G. zur Erzielung eines möglichst groben Korns durch Kornvergröberung;

□ Spannungsarmglühen im Bereich von etwa 450 bis 650 °C bewirkt die Verringerung von Eigenspannungen;

□ beim Rekristallisationsglühen wird durch Kornneubildung im verformten Gefüge die durch →Kaltumformung bewirkte →Festigkeitssteigerung abgebaut;

□ →Weichglühen und G. auf kugeligem Zementit (GKZ-Glühen) ergibt niedrige Festigkeitswerte und gute Bearbeitbarkeit sowie Umformbarkeit (→Eisen, →Stahl; →Wärmebehandlung; →Rekristallisation; →Erholung). *Dahl*

Goldlegierungen →Edelmetalle und Edelmetall-Legierungen

Goldschichten. Oberflächenschichten, die in der Regel durch elektrolytisches →Abscheiden, gelegentlich auch durch physikalische →Abscheidung aus der Gasphase (PVD), erzeugt werden. Sie besitzen einen hohen Korrosionswiderstand, teilweise werden sie auch als Gleitschichten verwendet. *Habig*

Goss-Textur →Weichmagnetische Werkstoffe

Granat, magnetisches →Weichmagnetische Werkstoffe

Graphit. →Kohlenstoff kommt in den kristallinen Modifikationen Diamant und G. vor. Unter Normalbedingungen ist der G. die stabile Phase. Der Diamant ist metastabil und kann bei einem Druck um 40 GPa und 1 700 °C synthetisch hergestellt werden.

In der Struktur von Diamant kommt der Typ einer reinen kovalenten Bindung zum Ausdruck. Die Kohlenstoffatome bilden ein kfz Gitter, wobei vier weitere Atome pro →Elementarzelle abwechselnd die Tetraederlücken (Mitten der Achtelwürfel) besetzen. Damit hat jedes Kohlenstoffatom vier tetraedrisch angeordnete nächste Nachbarn im Abstand von 0,154 nm. Auf die Art der Bindung sind

– der relativ hohe elektrische Widerstand ($\geqq 10^{12}\ \Omega$ cm),

– die hohe Sublimationstemperatur von 3 800 °C,
– die hohe chemische Beständigkeit und
– die extrem hohe Härte
von Diamant zurückzuführen.

Heute ist die Produktion synthetischer Diamanten wesentlich größer als die Förderung von Naturdiamanten. Wegen seiner hohen Härte wird Diamant für alle Trenn- und Schleifverfahren eingesetzt, z. B. zum Läppen, Schleifen, Sägen und Bohren harter metallischer und keramischer Werkstoffe. Diamantpulver werden lose als Poliermittel oder gebunden in eine Metall- oder Kunstharzmatrix als Schleif- oder Trennscheiben verwendet. Einzeln gefaßte Diamanten dienen als Ziehsteine, Lager oder Abtastkörper.

Da unter Normalbedingungen nur G. beständig ist, sind die meisten synthetischen Kohlenstoffe graphitischer Natur. G. kristallisiert in einem hexagonalen Schichtgitter. Innerhalb der Schichten ist jedes Kohlenstoffatom mit drei Nachbaratomen durch eine sehr starke kovalente Bindung verbunden; der Abstand beträgt 0,141 nm. Das vierte Valenzelektron eines jeden Kohlenstoffatoms ist schwach gebunden und bewirkt die auch nur sehr schwache Bindung zwischen den Schichten. Der Abstand zweier Ebenen beträgt in einem perfekten Grafitgitter 0,335 nm.

Wegen des ausgeprägten Schichtgitters sind die Eigenschaften eines Graphitsteinkristalls stark richtungsabhängig. Diese starke Richtungsabhängigkeit findet sich annähernd bei einigen neuartigen Kohlewerkstoffen wieder, wie z. B. den Graphitfolien und den hochfesten Kohlefäden.

Rund 90 % der Kohlenstoff- und G.-Produktion werden als Elektroden für elektrothermische und elektrochemische Verfahren verwendet. So werden Elektroden in Lichtbogenöfen bei der Elektrostahlproduktion oder bei der Schmelzflußelektrolyse von Aluminium benötigt. Im →Hochofen werden Boden, Herd, Gestell und Rast mit Kohlenstoff- und Graphitsteinen „zugestellt". Von Vorteil sind für die genannten Einsatzgebiete die gute elektrische und thermische Leitfähigkeit, sowie die gute Temperaturwechselfestigkeit und →Korrosionsbeständigkeit der Kohlewerkstoffe.

Ferner sind Kohlenstoff und G. klassische Kontaktwerkstoffe für elektrische und mechanische Schleifkontakte, wie Bürsten, Schleifbügel, Gleitringe oder Kolbenringe, die ohne Schmierung bei geringem Verschleiß arbeiten.

Seit Mitte der dreißiger Jahre wird G. als Sonderwerkstoff im Chemieapparatebau verwendet. Die ersten Apparate waren Wärmetauscher, die in einfacher Weise aus Platten und Stegen zusammengekittet wurden. Heute ist die Entwicklung soweit vorangeschritten, daß alle Konstruktionselemente, wie Rohre, Voll- und Hohlzylinder, Blöcke, Platten und Profile, aus imprägniertem G. (Hartbrandkohle oder Elektrographit) hergestellt werden können.

Fertigungsbedingt ist der G. porös und wird deshalb zur Erzielung einer gas- und flüssigkeitsdichten Struktur mit Kondensationskunstharzen auf der Basis von Phenol-Formaldehyd-Harzen und Furanharzen im Vakuum-Druck-Verfahren so gefüllt, daß alle Poren geschlossen werden (→ Imprägnierung). Die Qualität des Werkstoffes ist durch die Eigenschaften des verwendeten Harzes bestimmt. Dies gilt besonders für die → Permeabilität, die Korrosionsbeständigkeit und für die Temperaturbeanspruchungsgrenzen (etwa 165 °C). Zur Erhöhung der Beständigkeit und der Temperaturanwendungsgrenze verwendet man auch andere Imprägnierungsmittel, z. B. Polytetrafluoräthylen.

Durch mehrmaliges Tränken mit verkokbarem Material und jeweils anschließende thermische Zersetzung können die Poren mit Kohlenstoff gefüllt werden. Man erhält auf diese Weise einen Werkstoff mit hoher Korrosionsbeständigkeit und Temperaturanwendungsgrenze, der aber eine geringere Festigkeit und höhere Sprödigkeit gegenüber den imprägnierten Sorten aufweist.

Kunstharzimprägnierter Elektrographit ist der am häufigsten verwendete Kunstkohlewerkstoff im Chemieapparatebau. Er besitzt eine hohe Korrosionsbeständigkeit in anorganischen und organischen Säuren, in Alkalien, Alkoholen und in vielen Lösungsmitteln sowie sonstigen organischen Verbindungen. Seine Bearbeitbarkeit ist gut, er besitzt eine hohe Wärmeleitfähigkeit und widersteht auch harten Temperaturschocks. Bei der konstruktiven Gestaltung müssen Zug- und Scherbeanspruchungen möglichst vermieden werden, da G. als spröder Werkstoff praktisch nicht plastisch verformbar ist.

Hauptanwendungsgebiete sind: Wärmetauscher aller Typen, Kolonnen, Rieselkühler, Kreiselpumpen, Ventile, Rohrleitungen und Kleinteile aller Art. Besonders zu erwähnen ist die Verwendung in Anlagen zur Gewinnung von trockenem Chlorwasserstoff sowie in der Abwasser- undAblufttechnik. *Gräfen*

Literatur: *Bargel/Schulze:* Werkstoffkunde. Düsseldorf 1988. – *Wurmseher, H.:* Graphit im chemischen Apparatebau. Tech. Mitt. Haus d. Technik Essen (1962) 62 S. 226–230.

Grauguß. → Gußeisen bei dem der Kohlenstoff als Graphit ausgeschieden ist, sodaß Bruchflächen grau erscheinen. Für die Eigenschaften sind die Ausscheidungsform des Graphits und die Ausbildung des Grundgefüges maßgebend.

→ Graphit wird lamellar, kugelförmig oder in einer dazwischen liegenden Form als sogen. Vermiculargraphit ausgeschieden. Kugelgraphit stört den Kraftfluß im Werkstoff weniger als das räumliche Netz lamellar ausgeschiedenen Graphits. Die → Zähigkeit dieses Werkstoffs ist daher deutlich besser.

Die Zähigkeit von Gußeisen mit Vermiculargraphit liegt zwischen der der beiden anderen Sorten, seine Wärmeleitfähigkeit ist aber höher als die von Kugelgraphiteisen. Es kann daher bevorzugt bei Temperaturwechselbeanspruchung eingesetzt werden, wie z. B. für Zylinderköpfe.

Das Grundgefüge von Gußeisen kann ferritisch oder perlitisch sein. Bei perlitischem Gefüge sind höhere Festigkeiten erreichbar. Die → Dehnung liegt dann allerdings entsprechend niedriger. Durch Zugabe von Legierungselementen, wie → Kupfer, → Nickel, → Chrom, Molybdän, können Gefüge und Eigenschaften von Gußeisen weitergehend verändert werden. G. mit lamellarem Graphit, GG, ist in DIN 1691 und G. mit Kugelgraphit in, GGG, DIN 1693 genormt.

Legiertes Gußeisen ist in DIN 1694 und 1695 genormt. *Rellermeyer*

Grège → Naturseide

Grenzflächenenergie. In [J/m^2] zu messende Energie, welche äußeren und inneren Grenzflächen (d. h. Oberflächen, Korngrenzen, Phasengrenzen, Zwillingsgrenzen und Stapelfehlern) zuzuordnen ist. Formelzeichen: γ. Sie kennzeichnet den Energieunterschied zwischen der Grenzfläche und einer im Inneren der kondensierten Phase liegenden Fläche gleicher Größe; diese Differenz ist im Wesentlichen durch die Unterbrechung bzw. die Asymmetrie von Bindungen über die Grenzfläche hinweg bedingt. Oberflächenenergien kristalliner Körper hängen von der Orientierung der betr. Fläche ab, Korngrenzenenergien vom Orientierungsunterschied der angrenzenden Körner.

Die praktische Bedeutung ist sehr erheblich für: Morphologie der Phasenbildung durch Kondensation aus Dämpfen, → Erstarren aus Schmelzen (Dendriten, Eutektika), → Ausscheidung aus übersättigten Mischkristallen, alle Prozesse der → Keimbildung, der → Rekristallisation, des → Kornwachstums, der → Ostwald-Reifung, des → Sinterns, ferner für die → Haftfestigkeit von Überzügen. Durch Adsorption von Fremdatomen wird die G. meist herabgesetzt (→ Seigerung). – Gekrümmte Grenzflächen (insbes. von kleinen Tröpfchen, Poren, Pulverteilchen) führen aufgrund der G. zu einem volumenbezogenen Energieaufwand, der mit einem Druck gleichbedeutend ist, [Nm/m^3] = [N/m^2]: Kapillardruck, → Gibbs-Thomson-Gleichung. *Ilschner*

Grenzflächenkondensation. Die G. stellt eine Polykondensationsreaktion dar, die an der Grenzfläche zweier nicht mischbarer Monomerlösungen stattfindet. Üblicherweise werden bei dieser Umsetzung in einer *Schotten-Baumann*-Reaktion ein bifunktionelles Säurechlorid mit einem Diamin umgesetzt. Beispielsweise läßt sich so aus Sebacylchlorid und Hexamethylendiamin ein → Polyamid, Nylon 6,10, darstellen. Hierbei wird das Säurechlorid in Tetrachlorkohlenstoff mit einer wäßrigen, alkalischen Diaminlösung überschichtet. An der Grenzfläche kann kontinuierlich das Nylon als Faden abgezogen werden, bis die Reagenzien verbraucht sind. Die Reaktion hat gegenüber normalen Kondensationen den Vorteil, daß hohe Polymerisationsgrade auch ohne genaue Äquivalenz der Reaktionspartner erreicht werden können. Bei der technischen Anwendung wird die organische Phase durch schnelles Rühren in der wäßrig-alkalischen Phase suspendiert und somit eine sehr große Oberfläche und → Reaktionsgeschwindigkeit erzielt.

Finkelmann

Grenzformänderung. Als G. wird die bei einem Umformvorgang maximal erreichbare → Formänderung bezeichnet, wobei das Versagen werkstück- und werkzeugseitig verursacht sein kann. Maßzahl für die G. ist der → Grenzumformgrad φ_{vG}. Für die → Blechumformung lassen sich die bei verschiedenen Beanspruchungsarten erreichbaren G. im → G.-Schaubild darstellen. *Lange*

Grenzformänderungskurve. Zur Kennzeichnung der → Kaltumformbarkeit von Flachzeug wird die erreichbare größte Formänderung ε_1 in Abhängigkeit von der zweiten Formänderung ε_2 nach Größe und Richtung ermittelt. Aufgetragen wird der Beginn örtlich sichtbarer → Einschnürung. Die G. (*engl.* Forming Limit Curve = FLC), die durch Versuche an Teilen bestimmt wird, auf denen ein Meßraster aufgetragen ist, wird mit der tatsächlichen Beanspruchung im Betrieb verglichen und ermöglicht die Optimierung des Verformungsvorganges oder der Werkstoffauswahl. *Dahl*

Grenzformänderungs-Schaubild. Als G.-S. läßt sich der empirisch gefundene Zusammenhang zwischen den maximal ohne Einschnürung bzw. Bruch bei der → Umformung von Blechen unter verschiedenen Beanspruchungszuständen ertragenen Formänderungen, → Grenzformänderungen, in zwei aufeinander senkrecht stehenden Richtungen in der Blechebene darstellen (Bild 1, 2). Das G.-S. in der vorliegenden Form wurde zuerst von *Goodwin* und *Keeler* vorgestellt.

Die → Formänderungen werden durch Ausmessen von aufgeätzten, aufgedruckten oder photochemisch aufgebrachten Liniennetzen, die aus einem System von Kreisen bestehen, vor und nach der Umformung erhalten. Verteilung, Größe und Richtung der Formänderungen am Ziehteil werden dabei sichtbar. Die Achsrichtungen der sich einstellenden Ellipsen entsprechen den lokalen Hauptdehnungsrichtungen, sofern diese während eines Um-

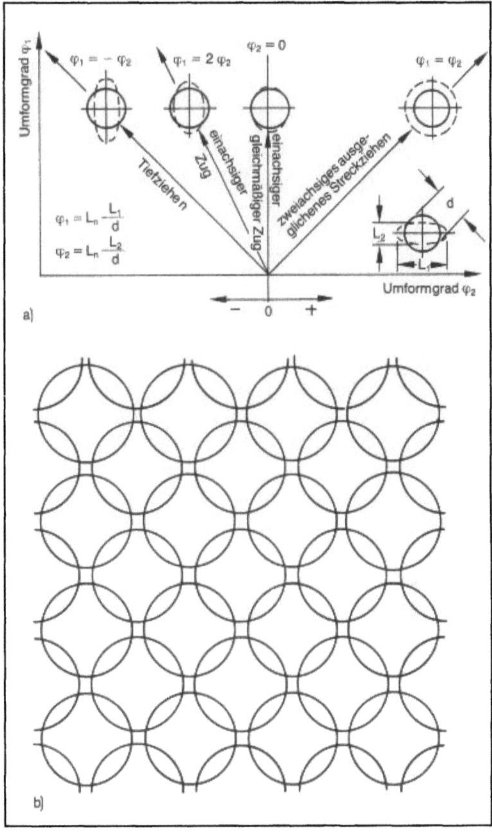

Grenzformänderungs-Schaubild 1: Kreiselelementverzerrungen.
a) Bei ausgewiesenen Formänderungszuständen. (Quelle: Hasek, V.)
b) Typisches Liniennetz.

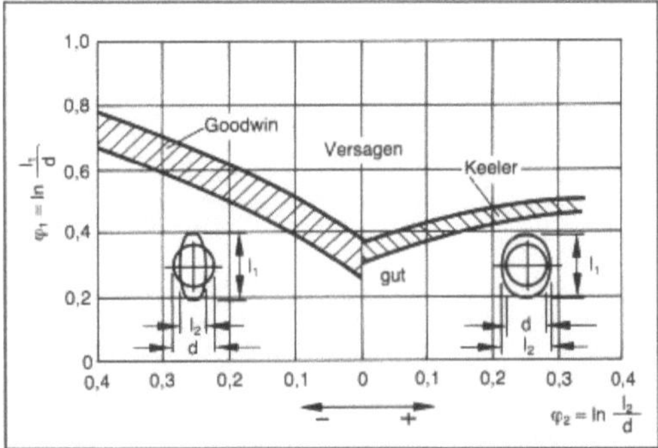

Grenzformänderungs-Schaubild 2: Formänderungen zwischen Einschnürbeginn und Bruch (Quelle: Keeler, S. P., Goodwin, G. M., Hasek, V.)

formvorgangs unverändert bleiben. Das bedingt, daß das Spannungsverhältnis $\eta = \sigma_2/\sigma_1 \approx (2\varphi_2+\varphi_1)/(2\varphi_1+\varphi_2)$ konstant ist.

Für die Ermittlung der Grenzformänderungskurven mit der Untergrenze „Einschnürbeginn" und der Obergrenze „Bruch" gibt es verschiedene Methoden, die teils nur das rechte oder linke, in wenigen Fällen auch beide Teilschaubilder zu ermitteln erlauben. Die Lage des G.-S. und damit seine Aussagefähigkeit wird beeinflußt

– vom Werkstoff (Art, mechanische Kennwerte, → Anisotropie, Verfestigungsexponent),
– von der Blechdicke,
– von der Formänderungsgeschwindigkeit,
– vom → Schmierstoff,
– von der Maßgenauigkeit beim Ausmessen der Liniennetze,
– von der Umformgeschichte (Formänderungsweg, Spannungsverhältnis η).

Wird eine Gesamtformänderung durch eine Summe von Teilformänderungen mit unterschiedlichen Spannungsverhältnissen erzielt, so hat die Wahl der Formänderungsfolge einen signifikanten Einfluß auf die Lage der → Grenzformänderungskurven bzw. -bereiche (Bild 3).

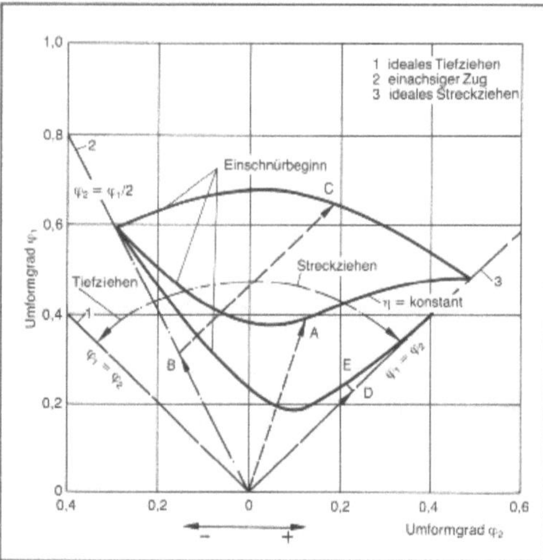

Grenzformänderungs-Schaubild 3: Einfluß der Formänderungsfolge (-geschichte) auf Lage und Form der Grenzformänderungskurve. (Quelle: Hasek, V. a. a. O.)

O–A Streckziehen mit konstantem Spannungsverhältnis, O–B–C einachsiger Zug gefolgt von idealem Streckziehen (erhöhte Grenzformänderung), O–D–E ideales Streckziehen gefolgt von einachsigem Zug (erniedrigte Grenzformänderung).

Die Verwendung des G.-S. bei der → Formänderungsanalyse setzt daher die genaue Kenntnis der Werkstoffdaten, der Maßnahmen usw. bei seiner Aufstellung voraus. *Lange*

Literatur: *Goodwin, G. M.*: Application of Strain Analysis to Sheet Metal Forming Problems in the Press Shop. Soc. of Automotive Engineers. Nr. 680093 (1968), S. 380/87. – *Hasek, V.*: Über den Formänderungs- und Spannungszustand beim Ziehen von großen unregelmäßigen Blechteilen. Ber. Inst. Umformtechn. Nr. 25. Universität Stuttgart. Essen 1973. – *Keeler, S. P.*: Circular Grid System – a Valuable Aid for Evaluating Sheet Metal Formability. Soc. of Automotive Engineers. Nr. 680092 (1968), S. 371/79. – *Keeler, S. P.*: Determination of Forming Limits in Automative Stampings. Soc. of Automotive Engineers. Nr. 650535 (1965), S. 1/9. – *Lange, K.* (Hrsg.): Umformtechnik. Handb. f. Ind. u. Wiss. 2. Aufl. Bd. 3: Blechumformung. Berlin, Heidelberg, New York, Tokio 1990.

Grenzlast, plastische. Unter der p. G. wird die Last verstanden, bei der ein Querschnitt eines Bauteils den vollplastischen Zustand erreicht hat. Sie kann über die → Gleitlinientheorie bestimmt werden. *Kußmaul*

Grenzlastspielzahl → Dauerschwingversuch

Grenzpotential. Kritisches → Elektrodenpotential, bei dessen Über- oder Unterschreiten sich das Korrosionsverhalten ändert und bestimmte Korrosionsphänomene auftreten oder verschwinden (DIN 50900). G. sind häufig keine scharfen Meßpunkte, sondern mehr oder weniger breite Potentialbereiche. Beispiele für G.:

□ → Passivierungspotential: G., bei dessen Überschreiten → Passivität eintritt.

□ Aktivierungspotential (Fladepotential): kritisches Potential, bei dessen Unterschreiten die Passivität aufgehoben und der metallische Werkstoff aktiv wird (aktive → Korrosion).

□ → Durchbruchspotential: kritisches Potential, bei dessen Überschreiten transpassive Korrosion auftritt.

□ → Schutzpotential: Elektrodenpotential, das beim kathodischen bzw. anodischen → Korrosionsschutz unter- bzw. überschritten werden muß (elektrochemischer → Korrosionsschutz).

□ Lochfraßpotential: kritisches Potential, bei dessen Überschreiten → Lochfraß auftritt.

□ G. der → Spannungsrißkorrosion: kritisches Potential, bei dessen Überschreiten oder Unterschreiten Spannungsrißkorrosion auftritt. *Wendler-Kalsch*

Grenzreibung. Sonderfall der → Festkörperreibung, bei der die Oberflächen der Reibpartner mit adsorbierten Schmierstoffmolekülen bedeckt sind. Die → Reibung wird durch die Eigenschaften der Oberflächenbereiche und des Schmierstoffes mit Ausnahme seiner → Viskosität bestimmt. Die → Reibungszahl liegt bei G. häufig zwischen 0,1 und 0,2. *Habig*

Grenzspannung, mechanische. Die m. G., auch als kritische Zugspannung bezeichnet, stellt den Mindestwert der Zugspannung dar, bei der → Spannungsrißkorrosion an → metallischen Werkstoffen in spezifischen rißauslösenden Korrosionsmedien bei statischer Belastung auftritt. *Wendler-Kalsch*

Grenzstauchverhältnis. Das G. ist das Maß für das zulässige Stauchverhältnis beim ein- oder mehrstufigen → Stauchen und Anstauchen. Es ist begrenzt durch plastisches Ausknicken eines Werkstücks z. B. Stabes mit dem Abmessungsverhältnis freie Länge/Durchmesser s = l/d und ist eine wichtige Verfahrensgrenze, die häufig ein mehrstufiges Anstauchen mit aufwendigen Maschinen z. B. in der Befestigungsmittel- und Formteilfertigung erforderlich macht. Durch konstruktive Maßnahmen an den Einspannstellen bzw. Werkzeugen läßt sich das Grenzstauchverhältnis beeinflussen. *Lange*

Literatur: *Lange, K.* (Hrsg.): Umformtechnik. Handb. f. Ind. u. Wiss. 2. Aufl. Bd. 2. Berlin, Heidelberg, New York, Tokio 1988.

Grenzstrom. In der → Elektrochemie bezeichnet man als G. einen Strom, der in einem größeren Bereich potentialunabhängig ist (DIN 50900). G. treten vorzugsweise bei diffusionskontrollierten Prozessen (z. B. Sauerstoffdiffusionsgrenzstrom bei der kathodischen Sauerstoffreduktion) auf (→ Sauerstoffkorrosion).

Sie können aber auch bei reaktionskontrollierten Prozessen und unter bestimmten Bedingungen beim Vorliegen von Deckschichten entstehen.

Wendler-Kalsch

Grenzumformgrad. Als G. wird nach VDI 3137 der größte → Vergleichsumformgrad φ_{vG} bezeichnet, der sich bei einem gegebenen Umformvorgang in Abhängigkeit von den Werkstoffeigenschaften, von der Werkzeugbelastung und von Verfahrensparametern (Temperatur, → Umformgeschwindigkeit, → Spannungszustand, tribologische Bedingungen an den Kontaktflächen Werkzeug-Werkstück) erzielen läßt, ohne daß Schäden am Werkstück und/oder Werkzeug auftreten.

Diese Formulierung gilt streng genommen nur für den Zustand homogener → Umformung; in der industriellen Praxis wird der Begriff G. dagegen auch bei davon abweichenden Formänderungszuständen verwendet, wobei als synonymer Begriff auch → Grenzformänderung auftritt.

Der G. kann auf Grund der obenangegebenen Definition das Maß der → Formänderung bei Werkstückversagen durch Bruch, den Bruchumformgrad φ_{vB} höchstens erreichen; es gilt $\varphi_{vG} \leq \varphi_{vB}$. Bei Massivumformvorgängen mit hohen Werkzeugbelastungen (z. B. Kaltfließpressen, Warmgesenkschmieden) ist stets $\varphi_{vG} < \varphi_{vB}$: Bei Blechbearbeitungsvorgängen tritt dagegen häufig Werkstückversagen vor Werkzeugversagen auf, d. h. $\varphi_{vG} = \varphi_{vB}$. Auf die Ausführungen zum → Formänderungsvermögen sei verwiesen. *Lange*

Literatur: *Lange, K.* (Hrsg.): Umformtechnik. Handb. f. Ind. u. Wiss. 2. Aufl. Bd. 1. Grundlagen. Berlin, Heidelberg, New York 1984.

Grenzviskosität. Als G. oder *Staudinger*-Index $[\eta]$ definiert man den Grenzwert der spezifischen Viskosität in Abhängigkeit von der Konzentration für den Fall, daß die Konzentration gegen Null geht.

$$[\eta] = \lim_{c \to o} \eta_{sp} / C$$

Da die spezifische Viskosität dimensionslos ist, hat die G. die Dimension einer reziproken Konzentration, und wird heute meist in cm³/g angegeben.

Die Viskosität einer Polymerlösung hängt nicht nur von der Konzentration und der Temperatur ab, sondern ist zudem eine Funktion der Masse und des hydrodynamischen Volumens des verwendeten Makromoleküls. Für lineare und wenig verzweigte Moleküle, weniger für kugelförmige oder stark verzweigte Polymere, kann man deshalb über die G. in Verbindung mit einer entsprechenden Eichbeziehung die Molmasse von Makromolekülen bestimmen. *Finkelmann*

Griffith-Bruchtheorie. Eine energetische Betrachtung zur Ausbreitung eines Risses aus der linear elastischen → Bruchmechanik. Diese geht davon aus, daß sich ein in einem spröden Werkstoff vorhandener → Riß nur dann ausweiten kann, wenn die im Werkstoff gespeicherte Energie mindestens so groß ist, wie die zur Bildung der neuen Rißoberfläche verbrauchte Oberflächenenergie.

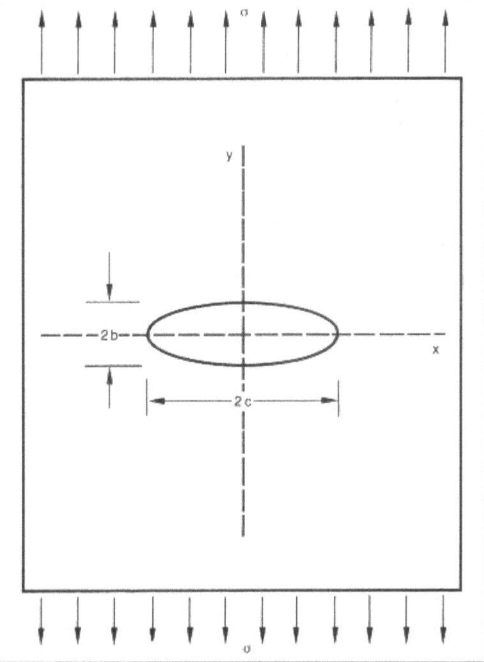

Griffith-Bruchtheorie 1: Elliptisch geformter Riß in einer zweidimensionalen Platte.

Zur näheren Erläuterung betrachtet man eine Platte (linear elastisches isotropes Kontinuum) mit einem elliptisch geformten Riß. Durch eine von außen angelegte gleichförmige Zugspannung ist in der Platte eine Energie U_O gespeichert, die wiederum den Riß um die kleine Halbachsenlänge b aufgeweitet hat. Um den elliptischen Riß zu schließen, muß eine Energie U_e aufgebracht werden. Weiterhin besitzt der Riß eine Oberflächenenergie U_s. Die Gesamtenergiebilanz setzt sich somit zusammen aus:

$$U_O = \text{konst.}$$
$$U_e = \sigma^2 \cdot c^2 \cdot \pi \cdot E^{-1}$$
$$U_S = 4\,c \cdot \tau$$
$$U_{(c)} = U_O - U_e + U_s \text{ bzw.}$$
$$U_{(c)} = U_O - \sigma^2 \cdot c^2 \cdot \pi \cdot E^{-1} + 4\,c \cdot \tau$$

τ = spez. Oberflächenenergie
c = Rißlänge
σ = Zugspannung
E = Elastizitätsmodul

Die Funktion $U_{(c)}$ durchläuft ein Maximum. Dies besagt, daß es erst oberhalb einer kritischen Rißlänge $c_{krit.}$ bei einer Zugspannung $\sigma_{krit.}$ zur Rißausbreitung, d. h. zum Bruch des Werkstückes kommen kann. *Hesse/Hennicke*

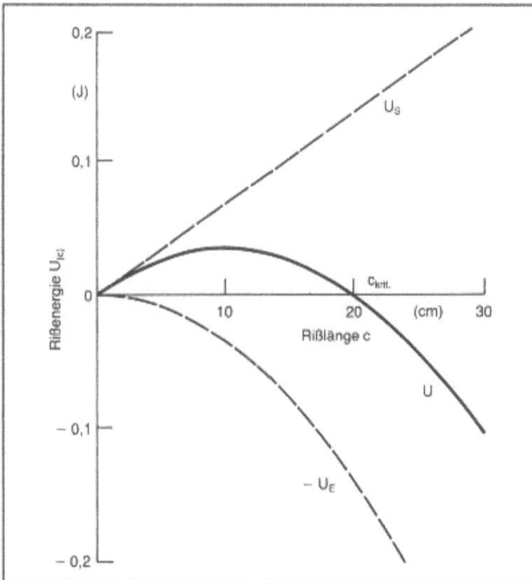

Griffith-Bruchtheorie 2: Energiebilanz zur Rißbildung.

Literatur: *Lawn, B. R.* and *T. R. Wilshaw:* Fracture of Brittle Solids. Cambridge–London–New York–Melbourne. 1975.

Grobblech. →Blech mit einer Dicke über 4,75 mm. *Dahl*

Größeneinfluß. Der G. ist ein Effekt, der bei experimentellen Untersuchungen im Rahmen von Experimenten zur → Übertragbarkeitskette zu beobachten ist. Allgemein versteht man unter diesem Be-

griff die Veränderung von Eigenschaften relativ zu den entsprechenden Eigenschaften eines anderen Teils bei Änderung der Größe.

Bei geometrisch ähnlichen Proben unterschiedlicher Größe (Bild 1) wird die Belastbarkeit und die Verformungsfähigkeit geringer bei steigender Probengröße.

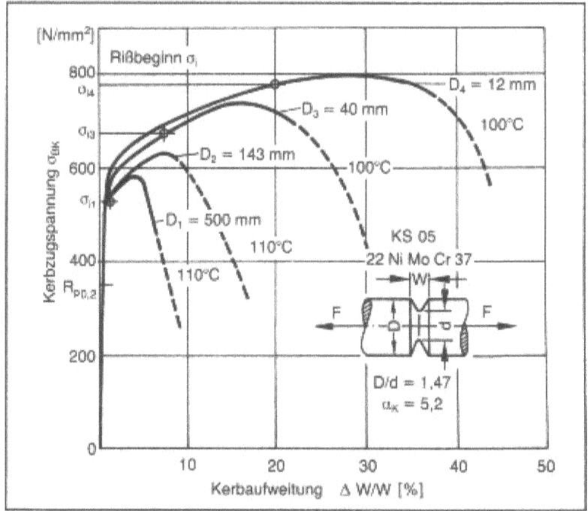

Größeneinfluß 1: G. auf das Last-Verformungsverhalten unterschiedlich großer, geometrisch ähnlicher Kerbzugproben.

Der G. ist auf verschiedene Ursachen zurückzuführen (Bild 2), die jedoch bezüglich ihrer Auswirkung auf das Trag- und Verformungsverhalten in enger Wechselbeziehung stehen:
– technologischer G.
– geometrischer G.

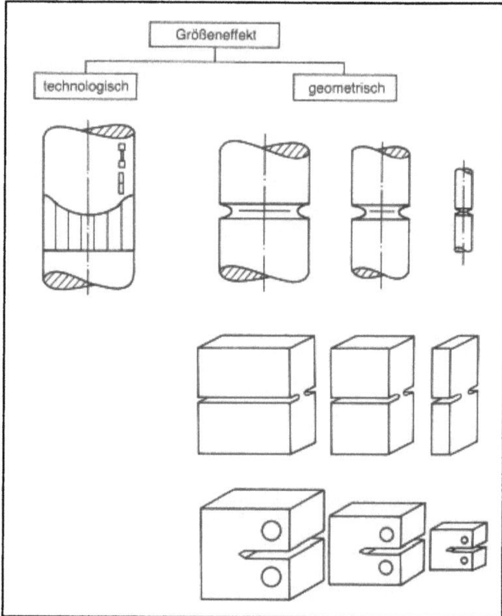

Größeneinfluß 2: Ursachen des G.

Unter technologischem G. werden die Auswirkungen der Bauteilherstellung zusammengefaßt. Hier ist beispielhaft die Vergütung oder die Spannungsarmglühung großer Querschnitte zu nennen. Diese Vorgänge sind bei großvolumigen Teilen problematischer als bei kleineren Teilen und können demzufolge durch inhomogene Werkstoffeigenschaften über die Dicke u. U. zu negativer Beeinflussung der Trag- und Verformungsfähigkeit führen.

Die Auswirkungen des geometrischen G. sind in Bild 1 ersichtlich. Sie sind zurückzuführen auf die Mehrachsigkeit des Spannungszustandes, die um so ausgeprägter vorliegt, je größer die betrachtete Probe oder das Bauteil ist. Dies hat seinen Grund in der mit ansteigender Probengröße zunehmenden Querdehnungsbehinderung.

Möglichkeiten zur theoretischen Beschreibung des G. bieten Verfahren der → Bruchmechanik in Verbindung mit Analysen zum Mehrachsigkeitsgrad des Spannungszustandes, wie sie in der neueren Literatur vorgeschlagen werden. *Kußmaul*

Literatur: *Roos, E.,* u. *U. Eisele, H. Silcher, F. Spaeth:* Einfluß der Werkstoffzähigkeit und des Spannungszustandes auf das Versagensverhalten von Großproben. 12. MPA-Seminar 1986, MPA Stuttgart, 1986. – *Zirn, R.,* u. *U. Eisele:* Untersuchung des Größeneinflusses auf die Belastbarkeit gekerbter bauteilähnlicher Proben bei unterschiedlicher Werkstoffzähigkeit. TWB 08/09-2 Forschungsvorhaben Komponentensicherheit FKS MPA Stuttgart, 1984.

Großprobenprüfung. Schadensfälle zeigen, daß sich Brüche bei betriebs- und auslegungsgemäßer Belastung, d. h. bei niedriger Nennspannung, in der Regel nur dann ereignen, wenn mehrere ungünstige Umstände zusammentreffen und zu kritischen Gefüge- und/oder → Spannungszuständen führen.

Mit den üblicherweise zur Werkstoffkennwertermittlung verwendeten Kleinproben sind derartige Zustände praktisch nicht zu erzielen. Ein wesentlicher Grund für die Durchführung von G. ist die Erforschung des → Größeneinflusses im Hinblick auf

– Quantifizierung des Größeneinflusses (technologisch, geometrisch) auf werkstoffmechanische Kennwerte und Gesetze

– Erfassung von herstellungsbedingten Einflüssen auf das Bauteilverhalten

– Ermöglichen einer wirklichkeitsnahen Sicherheitsbetrachtung von Schwerkomponenten durch Prüfung großer bauteilähnlicher Querschnitte.

Die untersuchten Proben sollen das gesamte Spektrum der in Kleinprobenversuchen untersuchten Phänomene abdecken.

Ein Eindruck von den Abmessungen und Gewichten kann aus dem Bild gewonnen werden.

Eine Übersicht über die weltweit verfügbaren Kapazitäten von Großprüfmaschinen ist der Tabelle (S. 392) zu entnehmen. *Kußmaul*

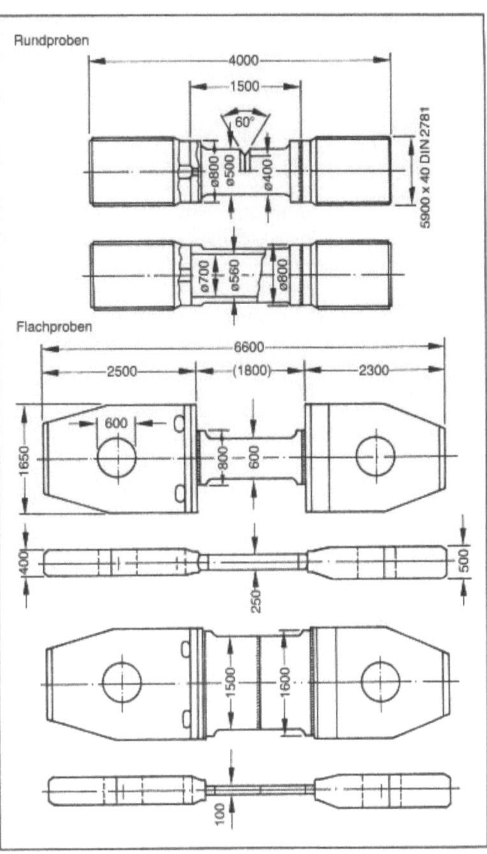

Großprobenprüfung: Großzugproben für die 100 MN-Zugprüfmaschine der MPA Stuttgart. Das Gewicht einer Rundprobe beträgt ca. 15 t, das einer Flachprobe ca. 26 t.

Großwinkelkorngrenze. Treten im Kristallitverband zwischen benachbarten Körnern Orientierungsunterschiede größeren Ausmaßes auf, bestehen keine Kohärenzbeziehungen mehr zwischen den Gitterbereichen. In einer schmalen Zone von 2–5 Atomabständen wird angenommen, daß die Koordinationszahl und damit auch die Ordnung erheblich geringer als im Kristalliten ist. Nach einem Modell von *Mott* wechseln sich dabei Bereiche guter und schlechter Passung ab. Eine andere Vorstellung von *Kê* besagt, daß die Störung des Ordnungszustands soweit geht, daß die → Korngrenze flüssigkeitsähnliche, d. h. amorphe Struktur besitzt. Tatsächlich scheint das jeweils anwendbare Modell von der Orientierungsdifferenz abhängig zu sein. Bis zu Orientierungsdifferenzen von ungefähr 30° steigt die Korngrenzenenergie an. Bei höheren Orientierungsdifferenzen wird die Energie unabhängig vom Orientierungsunterschied, so daß dann die Vorstellung der amorphen Struktur zutreffend wird.

Der hohe Unordnungsgrad von G., der einer flüs-

Großprobenprüfung. Tabelle: Die größten Zugprüfmaschinen der Welt

Kapazität	Standort	
100 MN 10 000 t	Staatliche Materialprüfungsanstalt (MPA) Universität Stuttgart	— Deutschland 1979
	Sumitomo Metals Osaka Hasaki Research Center	— Japan 1977
80 MN 8 000 t	Products Research & Development Laboratories Nippon Steel Corporation	— Japan 1974
	Skoda Pilsen Welding Institute	— Tschechoslowakei
	Kawasaki Steel Corporation Technical Development Department	— Japan 1975

sigkeitsähnlichen Struktur vergleichbar ist, bewirkt, daß bei Temperaturerhöhung diese zuerst erweichen und dann schließlich aufschmelzen. Dies führt bei mechanischen Beanspruchungen unter gleichzeitig hohen Temperaturen dazu, daß Gleitvorgänge in den Korngrenzen stattfinden und nicht mehr innerhalb des Gitters auf definierten Gleitebenen und in vorgegebenen Gleitrichtungen. Die Temperatur bei der viskoses Korngrenzengleiten bei den gleichen Spannungen eintritt, die zur plastischen → Verformung eines Korns benötigt werden, wird Äquikohäsivtemperatur genannt. → Rißbildungen oberhalb der Äquikohäsivtemperatur sind entsprechend durch ein Aufreißen von Korngrenzen gekennzeichnet (Zeitstandbruch). *Gräfen*

Grübchenbildung. Schädigung der Oberflächenbereiche von tribologisch beanspruchten Bauteilen durch → Oberflächenzerrüttung (Bild). G. kann bei

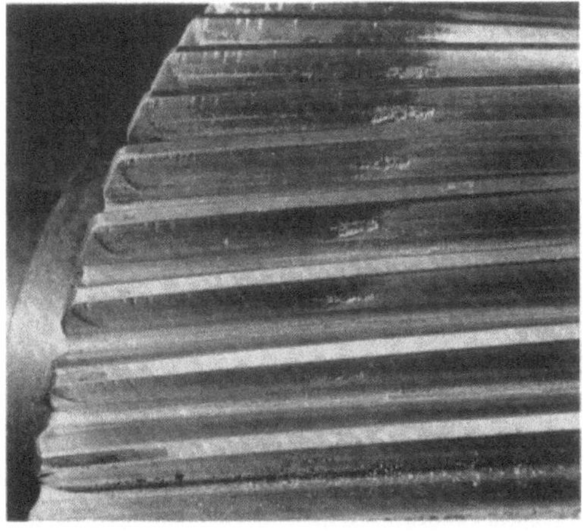

Grübchenbildung: Grübchen auf den Flanken eines Zahnrads.

hochbeanspruchten Wälzlagern, Zahnradgetrieben, Nocken-Stößel-Systemen, aber auch bei dynamisch belasteten Gleitlagern auftreten. *Habig*

Grundanstrich → Grundierung

Grundbeschichtung → Grundierung

Grundierung. Mit G. werden eine oder zwei Anstrichschichten bezeichnet, die geeignet sind, als Verbindung zwischen dem Werkstoff des Untergrundes und den Zwischen- und Deckanstrichen zu dienen. Die G. kann auch noch Sonderaufgaben erfüllen, bei Metallen z. B. aktiven → Korrosionsschutz durch spezielle Pigmente. Die fachgerecht vorbereiteten Untergrundflächen erhalten einen Grundanstrich, dessen Aufgaben hauptsächlich sind:
□ eine gute spezifische → Adhäsion an dem Untergrund herzustellen, möglichst unter zusätzlicher Ausnutzung einer mechanischen Verklammerung durch Eindringen in das Porensystem des Untergrundes,
□ bei Stahlbauteilen eine passivierende Korrosionsschutzwirkung auf der Oberfläche durch aktive Pigmente hervorzurufen,
□ die Poren sehr stark saugender Untergründe zu verschließen und sie damit zur → Beschichtung geeignet zu machen,
□ einen wenig tragfähigen Untergrund, z. B. sandenden Naturstein oder Putz, in seinen oberen Schichten zu verfestigen.
Je nach dem Schwergewicht der Aufgabenstellung sind folgende Sonderbegriffe üblich:
□ als Egalisierung wird die Anordnung einer G. zum Zweck des Ausgleiches örtlich unterschiedlicher Saugfähigkeiten bezeichnet. Der Untergrund nimmt den folgenden → Anstrich dadurch gleich-

mäßiger an, und störende Farbunterschiede können vermieden werden.

□ Ähnlich wirken →Einlaßmittel, die außerdem eine mehr oder weniger ausgeprägte Absperr- und Verfestigungswirkung haben.

□ Als →Tiefgrundmittel bezeichnet man vorzugsweise nichtpigmentierte, lösemittelhaltige Polymerisatharze, die mehr als 2 mm in den Untergrund eindringen. Es soll dabei vor allem eine gute Haftung stark pigmentierter, wenig eindringfähiger Beschichtungsmittel (vor allem Dispersionsfarben) erreicht werden. Zusätzlich ergibt sich eine Untergrundverfestigung.

□ →Putzfestiger (Putzhärter) sind vorzugsweise lösemittelhaltige Polymerisatharzfarben, auch Kunststoffdispersionsfarben, die möglichst tief in wenig feste, poröse Untergründe eindringen und dort weitgehend elastisch, nicht glasartig aushärten. Eine zu harte Außenschicht gibt infolge innerer Spannungen leicht zu neuen Schäden Anlaß, vor allem zu Rißbildungen und schalenförmigem Ablösen. *Sasse*

Grundstähle. G. sind unlegierte Stahlsorten, deren Eigenschaften in folgenden Grenzen liegen: Mindestzugfestigkeit $\leq$ 690 N/mm². Mindeststreckgrenze $\leq$ 360 N/mm², Mindestbruchdehnung $A_5 \leq$ 26 %, Kerbschlagarbeit mit ISO-V-Probe bei 20 °C $\leq$ 27J, höchstzulässige Härte $\geq$ 60 HRB, höchstzulässige Gehalte an Kohlenstoff $\geq$ 0,10 %, Phosphor $\geq$ 0,045 %, Schwefel $\geq$ 0,045 %, Stickstoff $\geq$ 0,007 %. Weitere Gütemerkmale oder Eignung für eine →Wärmebehandlung sind nicht vorgeschrieben (→Eisen, →Stahl). *Dahl*

Gruppenübertragungspolymerisation. Die G. (*engl.* Group Transfer Polymerization; GTP) ist ein →Polymerisationsverfahren, bei dessen Wachstumsreaktion ein wiederholter intramolekularer Transfer eines Silylkomplexes zum anzulagernden →Monomer diskutiert wird. Dieses bei der Fa. Du-Pont entwickelte neue Polymerisationsverfahren erlaubt eine große Anwendungsbreite. Die Methode kann z. B. auf α,β-ungesättigte Ester, Amide, Ketone oder auch Nitrile angewendet werden. Die Polymerisationen werden bei Temperaturen zwischen −100 °C und +110 °C und meist in Tetrahydrofuran, Dichlormethan, Acetonitril, Dimethylformamid, oder Toluol durchgeführt. Als Initiator wirken Silylketenacetale in Anwesenheit von Katalysatoren wie HF_2^-, CN^-, F^-, N_3^-, oder *Lewis*-Säuren.

Zu den Besonderheiten der G. gehört die Entstehung von isolierbaren, lebenden Polymeren. Als Vorteile dieser Polymerisationsart zählen neben einer engen Molekulargewichtsverteilung ($\overline{M}_w/\overline{M}_n$ zwischen 1,1 und 1,4) die Möglichkeit funktionelle Endgruppen einzuführen. Die Methode verlangt aber eine hohe Reinheit der verwendeten Reagenzien. Bisher wurde die GTP unter anderem bei der Synthese von Telechelen, Blockcopolymeren, reaktive Doppelbindungen enthaltenden und flüssigkristallinen Polymeren eingesetzt. *Finkelmann*

Guinier-Preston-Zonen. Für die →Aushärtung von Aluminium-Kupfer-Legierungen (ca. 2 %–4 % Cu) verantwortliche Zwischenstufen der →Ausscheidung. Die G.-P.-Z. zeichnen sich gegenüber der stabilen Θ-Phase ($CuAl_2$) durch eine wesentlich kleinere →Grenzflächenenergie aus, was auf vollständige oder partielle Kohärenz zurückzuführen ist; die Θ-Phase liegt demgegenüber völlig inkohärent im Al-Matrixgitter.

In binären Al-Cu-Legierungen bilden die G.-P.-Z. 1. und 2. Art (GP I und GP II) sowie die ebenfalls metastabile Θ′-Phase und schließlich Θ eine Sequenz von Phasen mit zunehmender thermodynamischer Stabilität, d. h. abnehmender Cu-Löslichkeit; die Löslichkeitsunterschiede gestatten die Bildung der nächstfolgenden Phase in der Sequenz durch Auflösung und Wiederausscheidung der jeweils vorhergehenden Phase (→Umlösung). Der Grund dafür, daß die weniger stabilen Phasen sich auch in zeitlicher Reihenfolge vor den stabileren bilden, liegt in Keimbildungshemmungen der letzteren, analog wie im Fall der Fe-C-Legierungen mit →Zementit und →Graphit.

– GP-I als erster Schritt der Sequenz besteht aus der Ansammlung von Cu-Atomen in Form isolierter monoatomarer Platten in {100}-Ebenen des Al-Gitters (Bild 1). Wegen des kleineren Atomvolumens von Cu gegenüber Al bewirken die GP-I-Zonen ein Zusammenrücken der angrenzenden Al-Lagen, d. h. eine erhebliche lokale Gitterverzerrung.

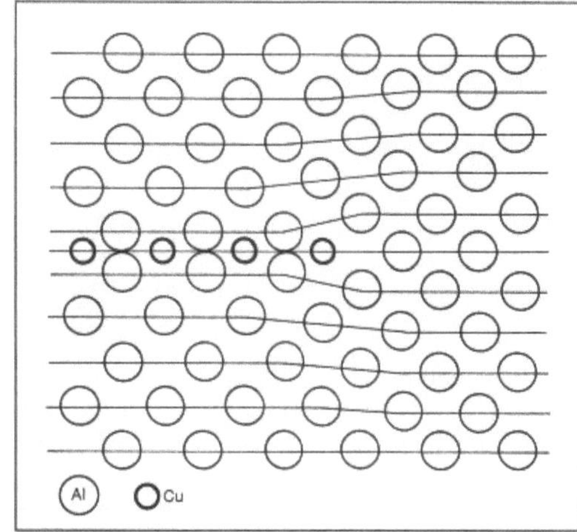

Guinier-Preston-Zone 1: Schema der Atomanordnung in einer G.-P.-Z. erster Art (Cu-Atome in Aluminium).

– GP-II (z. T. auch als Θ'' bezeichnet) stellt eine Stapelfolge von {100}-Cu-Lagen (wie GP-I) und Al-Lagen dar. Sie sind parallel zu den erwähnten Cu-Schichten kohärent zum Wirtsgitter, während die Gitterabstände senkrecht dazu um 5 % kürzer sind. Die oben erwähnte Θ'-Phase mit Flußspat-Struktur ist in ihrer tetragonalen Basisebene kohärent zu α.

Die mit den G.-P.-Z. verbundenen Gitterverzerrungen sind die Ursache der Aushärtung der Al-Cu-Legierungen. Zu ihrer Entstehung genügen Diffusionsprozesse, welche durch die beim → Abschrecken eingefrorenen Leerstellen vermittelt werden; da deren Konzentration um Größenordnungen höher liegt als es dem thermischen → Gleichgewicht entspricht, erfolgt die Bildung von G.-P.-Z. selbst bei niedrigen Temperaturen noch relativ rasch (im Grenzfall bei Raumtemperatur: „Kaltaushärtung"). Die extrem kleinen Diffusionswege im nm-Bereich ermöglichen den Abschluß dieser Reaktion, bevor die überschüssigen Leerstellen durch → Ausheilung an den viel selteneren Versetzungen bzw. Grenzflächen eliminiert sind. Θ' und Θ bilden demgegenüber gröbere Ausscheidungen, erfordern also größere Transportwege und daher die Mitwirkung thermischer Gleichgewichts-Leerstellen: „Warmaushärtung".

Die gröbere Teilchendispersion von Θ' und Θ ist – neben dem Abbau der von GP-I und GP-II verursachten Kohärenzspannungsfelder – die Ursache dafür, daß nach zu langen Auslagerungszeiten oder bei zu hoher Auslagerungstemperatur ein Festigkeitsverlust eintritt („→ Überalterung").

Ilschner

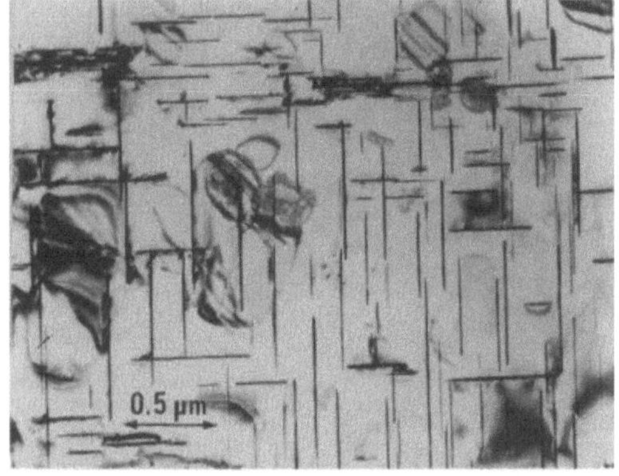

Guinier-Preston-Zone 2: Plakenförmige Θ'-Phase in einer Al-4 %-Cu-Legierung, durch Überalterung aus G. P. Z. entstanden (nach M. v. Heimerdahl).

Literatur: *Altenpohl, D.:* Aluminium und Aluminiumlegierungen. Berlin 1965. – *Polmear, I. S.:* Light Alloys. London 1981.

Gummi. Umgangssprachlicher Ausdruck für → Elastomere, das sind natürliche oder synthetische Polymere, die sich reversibel mindestens auf das Doppelte bis Mehrfache ihrer Ausgangslänge dehnen lassen, einen niedrigen → Elastizitätsmodul und gute Rückprallelastizität besitzen.

Diese Bezeichnung leitet sich von der irrtümlichen Vorstellung ab, daß → Naturkautschuk, der als cis-1.4-Polyisopren ein reiner Kohlenwasserstoff ist und in die Klasse der natürlichen Harze gehört, ein Pflanzengummi sei, wie z. B. Gummi arabicum, wobei aber die Pflanzengummen Kohlenhydrate sind. *Zahradnik*

Gummi arabicum. Das getrocknete Ausscheidungsprodukt kranker Akazien wird als G. a. bezeichnet. Gesunde Bäume scheiden dieses → Harz nicht aus. Es handelt sich dabei um ein Polysacharid, welches im wesentlichen aus ein bis drei verknüpften D-Galactopyranose-Einheiten besteht. G. a. wird als Verdicker in der Nahrungsmittelindustrie, in Pharmazeutika, Kosmetika und in der Textilindustrie verwendet, ferner zur Herstellung von Adhäsiven und Tinten. *Finkelmann*

Gummielastizität. Die G. beschreibt die außergewöhnlichen Eigenschaften, die Elastomere oder sehr hochmolekulare Polymere aufweisen.

Zwei Eigenschaften sind für gummielastische Körper typisch:

Zum Einen lassen sich gummielastische Körper um das bis zu zehnfache ihrer Ursprungslänge dehnen ohne dabei beschädigt zu werden. Zum Anderen kehren sie schnell in ihre ursprüngliche Form zurück, wenn die zum Dehnen erforderliche Kraft nicht anliegt. Gummielastische Körper verhalten sich also beim Verstrecken wie leicht deformierbare Flüssigkeiten und ohne eine anliegende Kraft wie formbeständige Festkörper.

Auf molekularer Ebene besteht ein → Elastomer aus flexiblen Netzbögen, die über Vernetzungspunkte ein Netzwerk aufbauen. Liegt an dem Elastomer keine Kraft an, so nehmen die Netzbögen die Gestalt eines Knäuels an. Dieser Zustand ist gekennzeichnet durch eine große Zahl von energetisch gleichwertigen Knäuelkonformationen. Die Netzbögen können jede dieser Konformationen einnehmen, woraus eine ungeordnete Struktur mit hoher Entropie resultiert. Bei Deformation der Elastomere werden die Netzbögen verstreckt und damit die Anzahl an möglichen Knäuelkonformationen eingeschränkt. Es ergibt sich also ein entropisch ungünstiger geordneter Zustand. Aufgrund der → Vernetzung können die Netzbögen bei anliegender Kraft nicht in ihren Ursprungszustand zurückkehren. Bei Entlastung nehmen die Netzbögen wieder die Gestalt eines Knäuels an und die Entropie des Körpers nimmt wieder zu. Beim Verstrecken eines gummielastischen Körpers resultieren die Rückstellkräfte vor allem aus der Abnahme der

Entropie. Dementsprechend bezeichnet man dieses Verhalten als → Entropieelastizität.   *Finkelmann*

Gummierung → Sonderbeschichtung

Gummilager → Verformungslager

Gummiprüfung. → Gummi wird überwiegend sehr praxisorientiert geprüft. Wenn man hier den Reifensektor ausschließt, dann stehen die Gummianwendungen zu Dichtungen, Membranen, Schwingungsdämpfern und Belägen mit den Umweltbelastungen Wärme, UV, Ozon, organische Quell- und Lösemittel im Vordergrund der Prüfung. Die Standardprüfungen an Gummi sind in der Reihenfolge ihrer Häufigkeit:
- Shore-Härteprüfung
- Prüfung des Druckverformungsrestes
- Zugversuche häufig in Verbindung mit Alterungsuntersuchungen
- Abriebversuche.

Die → Härte von Gummi hängt ab vom → Vernetzungsgrad und von der Art und Menge an Füllstoffen. Diese für die Gummiqualität wichtigen Faktoren werden durch die *Shore*-Härteprüfung überprüft. Ein unter definiertem Federdruck stehender Eindringkörper in Form eines Kegelstumpfes (Shore A) oder in Form eines Spitzkegels (Shore D) wird in die Gummioberfläche gedrückt und an der Meßuhr des kleinen Handgeräts der Eindringweg direkt als Shore-Härteeinheit angezeigt.

Bei der Bestimmung des Druckverformungsrestes wird eine Gummischeibe mit der Ausgangshöhe h_o um 25 % gestaucht (h_1) und im gestauchten Zustand 72 h bei 23 °C oder 24 h bei 70 °C gelagert. Nach Entspannung wird die Resthöhe h_2 gemessen. Der Druckverformungsrest

$$DV = \frac{h_o - h_2}{h_o - h_1} \cdot 100\,\%$$

gibt an, welcher Verformungsanteil der Probe bezogen auf die Zusammendrückung zurückgeblieben ist. Mit diesem Prüfverfahren kann das viskoelastische Verhalten von Dichtungen, Dämpfungsgliedern, Puffern und Fußbodenbelägen u. a. und auch der Vulkanisationszustand von → Elastomeren kontrolliert werden.

Der → Zugversuch wird bei Gummi an Schulterstäben und auch an Ringen durchgeführt. Die Ringproben werden an zwei drehbaren Rollen auseinandergezogen, so daß die Ringprobe während der → Dehnung rotiert und damit eine Spannungskonzentration an der Einspannstelle vermieden wird. Beim Zugversuch wird das → Spannungs-Dehnungs-Diagramm aufgenommen und daraus werden neben der → Reißfestigkeit und Reißdehnung auch

einzelne Spannungswerte für bestimmte Dehnungen von 50 %, 100 %, 200 %, 300 % entnommen. Diese Spannungswerte (früher auch als Modul bezeichnet) dienen dem Konstrukteur als Ersatz für den E-Modul, der bei Gummi nicht angegeben werden kann, da zwischen Spannung und Dehnung auch bei kleinen Formänderungen keine Proportionalität besteht. Beim Zugversuch an Gummi wird häufig auch nach einer bestimmten → Verformung oder Spannung wieder entlastet und damit werden Hysteresekurven aufgenommen, die eine Aussage über die → Elastizität bzw. über den Vernetzungszustand liefern.

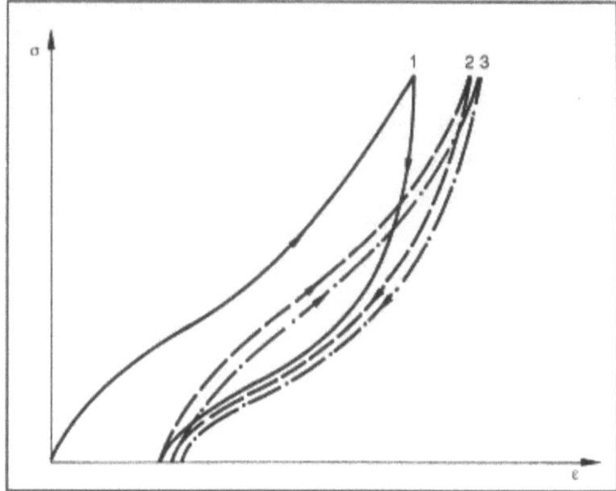

Gummiprüfung: Hysteresekurven von Gummi bei wiederholter Belastung.

Bei Alterungsuntersuchungen an Gummi wird das Verhalten des Werkstoffs unter Einwirkung von Temperatur, UV, Ozon und organischen Medien wie Öl, Benzin, Benzol, Chlorkohlenwasserstoffen geprüft. Nach der Lagerung unter diesen Einflüssen wird die Schädigung des Gummi im Zugversuch geprüft.

Abriebversuche an Gummi werden für Anwendungen wie Reibrollen, Förderbänder, Wellendichtungen und Beläge geprüft. Die Versuche werden weniger nach standardisierten, sondern nach praxisorientierten Methoden durchgeführt.

Pöllet/Eyerer

Literatur: *Gohl, W.,* u. a.: Elastomere, Dicht- und Konstruktionswerkstoffe. Grafenau 1975. – *Nagdi, K.:* Gummi-Werkstoffe. Würzburg 1981. – *Schmitt, W.:* Kunststoffe und Elastomere in der Dichtungstechnik. Stuttgart–Berlin–Köln–Mainz. 1987.

Gußeisen. Das ist ein Sammelbegriff für eine umfangreiche Palette von Eisen-Kohlenstoff-Gußwerkstoffen mit vielfältigen Eigenschaften, die vor allem durch unterschiedliche Gefüge- und Graphitausbildung bestimmt werden (Bild).

Von besonderer Bedeutung für die Technik sind die Gußeisensorten mit Lamellen- oder mit Kugelgraphit. Bei beiden Varianten wird der → Kohlen-

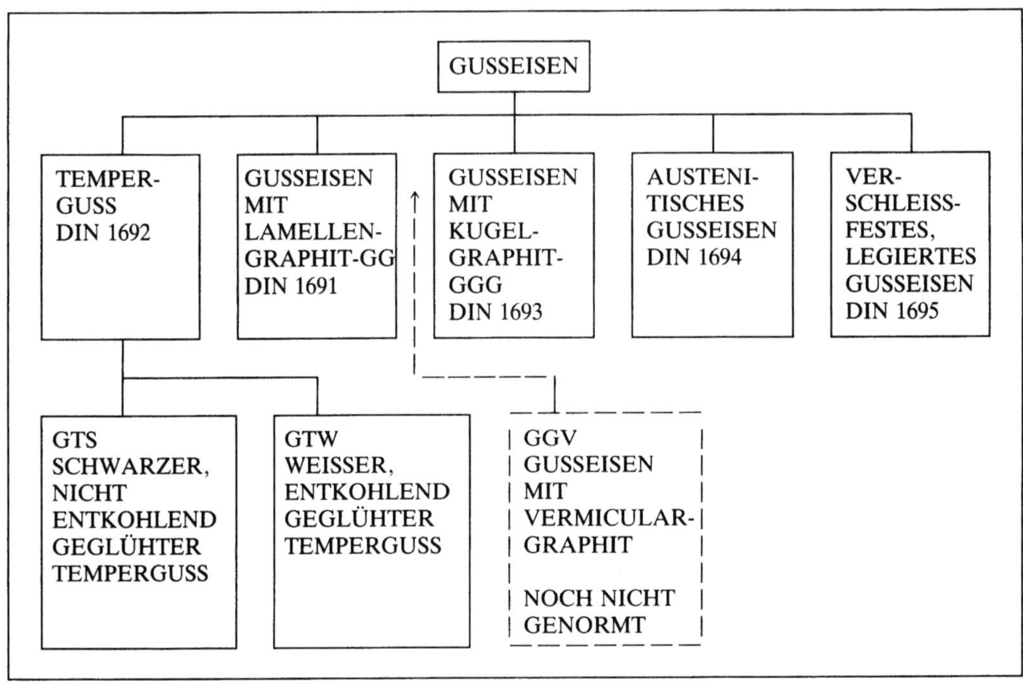

Gußeisen: Schematische Übersicht der Werkstoffgruppe.

stoff durch entsprechende Zusammensetzung des Eisens, wobei der Siliciumgehalt eine wesentliche Rolle spielt, zur → Ausscheidung als → Graphit, allerdings in der vorerwähnten unterschiedlichen Form, gezwungen.

□ Die verästelten Graphitlamellen unterbrechen beim G. mit Lamellengraphit (GG) in gewisser Weise störend die metallische Matrix, was zur Folge hat, daß diese Werkstoffgruppe hinsichtlich ihrer → Zugfestigkeit bei etwa 400 N/mm² eine obere Grenze und keine Dehnbarkeit hat. Dafür bietet sie eine sehr gute → Gießbarkeit und Bearbeitbarkeit, hohes Dämpfungsvermögen und bei Erhalt der Gußhaut auch eine beachtliche → Korrosionsbeständigkeit. G. mit Lamellengraphit ist auch heute noch ein bevorzugter und kostengünstiger Werkstoff, sofern für die Gußstücke eine hohe, vorwiegend statische Belastung, wie z. B. bei Zylinderblöcken von Automotoren, Pumpen- und Armaturenteilen, Bremszylindern, Lagerflanschen, Getriebedeckel u.v.a.m., zu erwarten ist.

□ Die gute Gießbarkeit hochgekohlter Gußeisensorten hat man sich auch beim G. mit Kugelgraphit zu Nutze gemacht. Durch eine Behandlung mit Kugelgraphit bildenden Mitteln, vorzugsweise Magnesium-Legierungen mit oder ohne Cer-Zusatz, gelingt es, bei geeigneter Zusammensetzung der Basisschmelze, den Graphit statt in eine lamellenartige in eine kugelige Form zu überführen. Dadurch

(Wegfall der → Kerbwirkung der spitzen Graphitlamellen) erhält das G. mit Kugelgraphit eine beachtliche → Duktilität, die in manchen Bereichen der von → Stahl ähnlich ist. Dieser Werkstoff wird deshalb vorwiegend dort eingesetzt, wo mit dynamischer oder pulsierender Beanspruchung zu rechnen ist. G. mit Kugelgraphit ist eine heute aus dem Maschinen- und Fahrzeugbau nicht mehr wegzudenkender Konstruktionswerkstoff, der zunehmend an Bedeutung gewinnt. Einen hohen Anteil an der GGG-Produktion nehmen weltweit auch die duktilen Rohre für die Gas- und Wasserversorgung ein.

Vor einiger Zeit wurde zwischen dem G. mit Lamellengraphit und dem mit Kugelgraphit ein neuer Werkstoff, das G. mit Vermiculargraphit (zutreffend auch als „Würmchengraphit" bezeichnet), angesiedelt. Während die normalen Graphitlamellen an ihren Enden spitz zulaufen und infolge der dadurch verursachten Kerbwirkung verhindern, daß das G. mit Lamellengraphit duktile Eigenschaften aufweist, hat der Vermiculargraphit, erzeugt durch eine spezielle Schmelzbehandlung, an den Enden seiner Lamellen keulenartige Verdickungen. Im Schliffbild erscheint der Vermiculargraphit in Form einer etwas verbogenen Hantel. Wegen der mit der Endenrundung verbundenen verringerten Kerbwirkung bekommt das G. mit Vermiculargraphit eine meßbare → Dehnung. Dieser neue Werkstoff (GGV) verbindet gute Eigenschaften des G. mit

Lamellengraphit, wie hohes Dämpfungsvermögen, mit denen des G. mit Kugelgraphit, nämlich Verbesserung der Duktilität. Bewährt hat sich GGV in Einsatzfällen, wo hohe Thermoschockfestigkeit, wie z. B. bei den Zylinderköpfen von Großmotoren, verlangt wird.

□ → Temperguß wird in zwei Modifikationen hergestellt. Beim weißen Temperguß (GTW) wird der Kohlenstoff durch eine entkohlende Glühbehandlung in den Randzonen fast völlig, in tieferliegenden Bereichen teilweise entfernt. Es entsteht also in dickwandigeren Gußstücken ein Zonengefüge mit einer stahlähnlichen ferritischen Außenzone, einer Übergangszone aus Ferrit + Perlit + Temperkohle und einer gußeisenähnlichen Kernzone aus Perlit + Temperkohle. Die Festigkeits- und Dehnungswerte von GTW sind deshalb wanddickenabhängig, was der Konstrukteur beachten sollte. Weißer Temperguß wird bevorzugt nur noch für dünnwandige Teile, wie Hebel, Pedale u. ä. im Landmaschinenbau sowie für Fittings im Rohrleitungsbau, verwendet.

Gegenüber dem Zonengefüge des weißen Tempergusses besitzt der schwarze Temperguß (GTS) über die gesamte Wanddicke des Gußstücks ein ziemlich einheitliches Gefüge aus Ferrit bzw. Ferrit/ Perlit + Temperkohle. Die → Wärmebehandlung von GTS wird in neutraler Atmosphäre durchgeführt, woraus sich erklärt, daß für beide Werkstoffvarianten eine jeweils unterschiedliche chemische Zusammensetzung (Tabelle) notwendig ist, wenn der Zweck der Glühbehandlung (→ Tempern), nämlich die in jedem Temperrohguß enthaltenen Eisenkarbide in die vorerwähnten Gefüge + Temperkohle zu zerlegen, erreicht werden soll. Hauptabnehmer von schwarzem Temperguß ist der Automobilbau, wo dieser → Gußwerkstoff mit überwiegend perlitischem Gefüge für Achsgehäuse, Getriebegehäuse und andere stoßbelastete Fahrzeugteile verwendet wird. Der Temperguß hat aber ebenso wie der → Stahlguß im G. mit Kugelgraphit einen scharfen Wettbewerber gefunden, vor allem deshalb, weil viele Sorten von Kugelgraphiteisen bereits im Gußzustand, d. h. ohne kostenträchtige Wärmebehandlung, die gleichen physikalisch-mechanischen Eigenschaften aufweisen wie der Temperguß nach dem Tempern.

□ Austenitisches G. gibt es mit Lamellen- und Kugelgraphit. Der → Austenit ist ein → Mischkristall mit besonderen Eigenschaften; so ist er z. B. nichtmagnetisch und kann durch eine geeignete chemische Zusammensetzung von der Erstarrungs- bis zur Raumtemperatur und darunter beständig erhalten werden. Austenitische G.-Werkstoffe mit Lamellengraphit finden in der Elektrotechnik und im Schiffbau Verwendung. Unter normalen Umständen gelten diese Werkstoffe als nicht magnetisierbar. Mit empfindlichen Meßgeräten läßt sich jedoch ein gewisser ferromagnetischer Anteil nachweisen. Normalerweise liegt die relative Permeabilität der austenitischen G.-Werkstoffe mit Lamellengraphit im Gußzustand bei 100 Oe Meßfeldstärke zwischen 1,02 und 1,04, die ideale Permeabilität kann dagegen auf mehr als 1,1 ansteigen. Die geringste Permeabilität hat eine Nickel-Mangan-Legierung mit etwa 6,0 % Mn und 12,0 % Ni.

Die austenitischen Gußeisensorten mit Kugelgraphit sind i. a. nur in geringem Maße magnetisierbar. Durch → Kaltumformung oder Tiefkühlung können sie aber ferromagnetisch werden. Im Hinblick auf eine gute Gefügestabilität ist eine Wasserabschreckung aus 1000 °C vorteilhaft. Das austenitische Gefüge bleibt dann bis −196 °C stabil und ist damit auch bei Raumtemperatur nichtmagnetisierbar.

Neben verschiedenen Einsatzbereichen in der Elektrotechnik eignet sich wegen der vorerwähnten Eigenschaften diese Werkstoffgruppe auch für Gußteile der Tieftemperaturtechnik, wie Ventile, Fittings, Kompressorengebäude u. ä. Im Gegensatz zu ähnlich zusammengesetztem hochlegiertem Stahlguß haben die austentischen Gußeisenwerkstoffe eine bessere Gießbarkeit, was insbesondere bei der Herstellung von verwickelten und dünnwandigen Teilen von Vorteil ist. In der Tieftemperaturtechnik benötigt man die sogenannten kaltzähen Werkstoffe, die dadurch gekennzeichnet sind, daß sie im Beanspruchsfall sogar noch bei −196 °C eine Schlagbeanspruchung aushalten.

Andererseits sind die austenitischen Gußeisensorten (und hier besonders die mit Kugelgraphit) auch hoch temperaturbeständig und korrosionsfest. Das damit verbundene Anwendungsgebiet er-

Gußeisen. Tabelle: Richtanalysen für Temperguß

	% C	% Si	% Mn	% P	% S
Weißer Temperguß — (GTW)	2,8 − 3,4	0,8 − 0,4	0,2 − 0,5	max. 0,1	0,10 − 0,25
Schwarzer Temperguß — (GTS)	2,2 − 2,8	1,4 − 0,9	0,2 − 0,5	max. 0,1	max. 0,15

streckt sich von Pumpen und Armaturen für die chemische und Petro-Industrie bis zu Einbauten in Feuerungen, Halterungen für Rohrbündel in Kesselanlagen, Roste, u. v. a. m. In den USA wurde z. B. ein austenitisches G. der Richtanalyse 2,0 % C; 36,0 % Ni, 2,0 % Cr, 5,5 % Si und 0,6 % Mn entwickelt, bei dem der Versuch gelang, die gute Oxidationsbeständigkeit eines siliciumlegierten G. mit den günstigen Eigenschaften der hochnickelhaltigen Qualitäten, wie gute → Zeitstandfestigkeit, Thermoschockbeständigkeit und niedriger → Ausdehnungskoeffizient, zu verbinden.

☐ Die Norm DIN 1695 „Verschleißbeständiges Gußeisen" umfaßt drei Werkstoffgruppen, die sich im wesentlichen durch ihren Legierungsanteil unterscheiden. Der niedrigstlegierte Werkstoff G-X 300 NiMo 3 Mg hat im weichgeglühten Zustand eine Härte von 300 HV30 und ist damit noch spanend bearbeitbar, während alle anderen genormten Sorten im Weichzustand mindestens 400 HV30 aufweisen. Der erstgenannte Werkstoff, auf Härten um 550 HV30 vergütbar, besitzt eine hohe Zugfestigkeit von 700–1300 N/mm² bei 8–1 % Dehnung und zugleich die höchste Schlagzähigkeit innerhalb der genormten Werkstoffgruppe.

Grundsätzlich ist festzustellen, daß mit steigendem Kohlenstoffgehalt infolge zunehmender Martensitbildung das Widerstandsvermögen gegen abrasiven → Verschleiß steigt, die Schlagbeanspruchung gleichzeitig aber rapide abnimmt. Durch Zugabe von Nickel und Molybdän versucht man, die → Zähigkeit dieser Werkstoffe zu verbessern. Im vergüteten oder gehärteten Zustand werden im allgemeinen Härter von 600 HV30 und darüber erreicht. Durch eine geeignete Wärmebehandlung gelingt es in vielen Fällen, unter der Voraussetzung einer dazu passenden chemischen Zusammensetzung der Schmelze, eine bainitisch-martensitische Grundmasse zu erzeugen und damit einen für viele Anwendungsfälle günstigen Kompromiß zwischen gutem → Verschleißwiderstand und möglichst hoher Schlagfestigkeit ohne Bruchgefahr zu erzielen.
Doliwa

Literatur: *Doliwa, H. U.*: Gußeisen mit Vermiculargraphit. Maschinen-Markt, (1977), S. 1601/1604. – Gußeisen mit Kugelgraphit: Fachgemeinschaft Gußeisen mit Kugelgraphit in Zusammenarbeit mit Zentrale für Gußverwendung, Düsseldorf 1968. – *Piwowarsky*: Hochwertiges Gußeisen, 2. Aufl. Berlin 1958. Konstruieren und Gießen: Hrsg. Zentrale für Gußverwendung, Düsseldorf. – Werkstoffdatenblätter und Arbeitsanweisungen der Chemetall GmbH, Frankfurt (Main).

Gußeisenherstellung. → Gußeisen wird durch Zusammenschmelzen von → Roheisen, Gußbruch und Stahlschrott hergestellt. Nach dem Aussehen von Bruchflächen unterscheidet man graue und weiße Sorten.

Beim → Grauguß ist der → Kohlenstoff in unterschiedlicher Form als → Graphit ausgeschieden, beim weißen → Temperguß ist er dagegen zunächst als Eisencarbid Fe₃C gebunden. Der Temperrohguß muß wärmebehandelt werden. Die Art der → Erstarrung wird gesteuert durch die chemische Zusammensetzung des Eisens, seine Überhitzung beim → Gießen, die Anzahl von Keimen für die Graphitbildung und die Abkühlungsgeschwindigkeit.

Im → Kupolofen, dem wichtigsten Schmelzaggregat in Gießereien, werden Roheisen, Gußbruch und auch Stahlschrott eingesetzt. Ein hoher Anteil an Stahlschrott kann im Heißwindkupolofen gesetzt werden, da dort in größerem Umfang eine Aufkohlung des Einsatzes möglich ist. Zur Schlackenbildung werden Kalk, Dolomit und Flußspat zugegeben, um eine gewisse Entschwefelung beim Einschmelzen zu erhalten. Das Eisen wird in einem Vorherd gesammelt, oder in einem Rinneninduktionsofen. In der Gießpfanne oder in Konvertern erfolgt eine Nachbehandlung des Eisens. Diese kann eine Aufkohlung, ein Legieren, eine Entschwefelung und ein Impfen umfassen. → Injektionsverfahren und spezielle Konverterverfahren werden für die Herstellung von Eisen mit Kugelgraphit und Vermiculargraphit eingesetzt. Bei diesen Sorten ist eine Behandlung mit Magnesium oder Magnesiumlegierungen notwendig um einen niedrigen Schwefelgehalt und die erwünschten Keime für die Graphitausscheidung zu erhalten.

Da in vielen Gießereien eine große Zahl kleinerer Gußstücke abzugießen sind, sind Warmhalteöfen zum Ausgleich zwischen Schmelzofen und Gießanlagen notwendig. Dazu dienen meist Induktionsöfen, die in Form und Größe den unterschiedlichen Erfordernissen angepaßt sind.

Die Bedeutung der Gießereiindustrie läßt sich durch die Produktionszahlen kennzeichnen. In der Welt wurden 1985 etwa 40 Mio t an Gußeisen hergestellt. Davon waren 7,5 Mio t Eisen mit Kugelgraphit und 1,5 Mio t Temperguß.
Rellermeyer

Gußseigerung. Bei der → Erstarrung von Metallschmelzen, die aus verschiedenen → Legierungselementen bestehen, können Entmischungen der beteiligten Elemente auftreten, die als → Seigerungen bezeichnet werden. Unterschiedliche Seigerungsarten treten bei Metallen auf:

– Schwereseigerung bildet sich aufgrund großer Unterschiede in der Dichte der beteiligten Metalle. Sie ist möglich bei nicht ineinander lösbaren → Schmelzen (z. B. Eisen und Blei), kommt aber häufiger zwischen Primärkristallen und Restschmelze vor. Eine gute Durchmischung der Schmelze und schnelle → Abkühlung kann die Schwereseigerung vermeiden.

– Kristallseigerung entsteht durch Konzentrationsunterschiede bei der Bildung von Mischkristallen. Bei der Erstarrung von Legierungen können Zonen verschiedener chemischer Zusammensetzung in den Körnern gebildet werden (→ Legierungsbildung). Die Kristallseigerung wird verursacht durch die verminderte → Diffusion in den Kristalliten infolge erhöhter Abkühlungsgeschwindigkeit. Die Zeit ist bei der Abkühlung zu kurz, um ein thermodynamisches → Gleichgewicht mit gleichmäßiger Konzentration und Verteilung der Legierungsbestandteile in den einzelnen Körnern zu erreichen. Das hat zur Folge, daß primär erstarrte Körner (→ Dendriten) einen zu hohen Gehalt an höherschmelzenden Elementen im Vergleich zum Gleichgewicht aufweisen. Die Zwischenräume zwischen den Primärkristallen erstarren anschließend mit einer wesentlich geringeren Zusammensetzung der höherschmelzenden Komponenten.

– Blockseigerung hat in großem Maßstab des Gußblocks eine Ansammlung von Verunreinigungen im Innern. Da die Schmelze von außen nach innen erstarrt, nimmt die Konzentration der (niedrigschmelzenden) Beimengungen im Gußblock von außen nach innen zu, z. B. der Kohlenstoffgehalt in einem Stahlblock. Bei der Weiterverarbeitung dürfen Seigerungszonen keinen hohen Beanspruchungen ausgesetzt werden und auch nicht beim → Schweißen aufgeschmolzen werden.

– Gasblasenseigerung im Innern der Restschmelze saugt besonders stark Verunreinigungen aus der noch flüssigen Kristallisationsfront durch Gasunterdruck beim Abkühlen an. *Heller*

Gußstück. Zur Herstellung eines G. ist immer eine Form notwendig und man spricht deshalb von → Formguß. Nach dem → Gießen wird das G. geputzt, und, soweit es der Werkstoff erfordert, einer → Wärmebehandlung unterzogen (Bild).

Der Konstrukteur entwirft das Bauteil überwiegend nach festigkeitsmäßigen, beanspruchungsgerechten Gesichtspunkten und fixiert seine Vorstellungen in einer Zeichnung. Bei einer Gußstückkonstruktion muß dieser Entwurf gießgerecht sein, d. h. form- und putzgerecht, und eine gute Speisungsmöglichkeit zur Erzielung optimaler mechanischer Eigenschaften in allen Bereichen des Gußteils schaffen. Hierbei ist eine enge Zusammenarbeit zwischen Konstrukteur und Gießer bereits in frühem Entwurfsstadium unerläßlich, wenn man eine sichere und kostengünstige Fertigung anstrebt.

Der Werdegang eines G. bis zum Fertigungsstadium (Bild), wo es die Gießerei verläßt, ist für alle Gußwerkstoffe grundsätzlich gleich, selbst wenn der Gießer in Abhängigkeit von der Losgröße oder anderen Faktoren unterschiedliche Gießverfahren anwendet.

In der modernen Technik werden an ein G. nicht nur steigende Anforderungen an die mechanischen Eigenschaften, sondern auch an Maßhaltigkeit und Oberflächengüte gestellt. Der Gußverbraucher sollte gerade zum letzten Punkt berücksichtigen, daß ein G. nicht maßgenauer und glatter ausfallen kann als die verfügbare Modelleinrichtung oder die Metallform. *Doliwa*

Gußwerkstoff, nichtmetallischer. Nach im Metallguß üblichen Verfahren werden auch nichtmetallische Werkstoffe zu Gußstücken verarbeitet. Neben den verschiedenen Copolymerisaten, vor allem Caprolactamen, kommt Polymerbeton, insbesondere für Bewässerungsanlagen einschließlich der zugehörigen Rohrleitungssysteme, ferner für Meerwasserentsalzungsanlagen, Unterwasserkörper, aber auch für → Druckbehälter und Elemente im Reaktorbau zum Einsatz.

Zur Herstellung von Polymerbeton werden nor-

Arbeitsfortschritt	Ausführende Stelle
Technische Zeichnung	Konstruktionsbüro
↓	↓
Modell einschl. Kernkästen bzw. Kokille	Modell- bzw. Formenbau
↓	↓
Formstoffauswahl und Formstoffaufbereitung	Mischtechnik, Prüfung
↓	↓
Form	Formerei, Kernmacherei
↓ ←—— Gießen	↓
Gußstück, roh	Schmelzbetrieb, Gießerei
↓	↓
Gußstück, geputzt	Putzerei, Endkontrolle
↓	
zur weiteren Fertigung	

Gußstück: Der Werdegang eines G. bis zur Ablieferung von der Gießerei an den Weiterverarbeiter.

male Betonmischungen im Vakuum mit entsprechenden Kunststoffmonomeren getränkt (→Methylmethacrylat, Acrilnitril, Styrol oder Trimethylopropantrimethacrylat) und mit Hilfe von Gammastrahlen polymerisiert. Die Gewichtszunahme beträgt maximal 6–7 %. Die Druckfestigkeit steigt dadurch um etwa 280 %, die Zugfestigkeit um knapp 300 %, der E-Modul um 80 % und die Biegefestigkeit um 44 %. Sehr hoch ist auch der Anstieg bezüglich der Beständigkeit gegen Gefrieren und Tauen (etwa 300 %) wogegen die Wasserabsorption um fast 100 % zurückgeht.

Die Freizügigkeit der Formgebung ist bei Polymerbeton im Vergleich zu anderen Steinzeugprodukten beeindruckend.

Im allgemeinen Maschinenbau werden Polymerbeton-Bauteile vorerst nur versuchsweise eingesetzt. Vorteilhaft sind hier die hohe Dämpfung, Bauteilsteifigkeit und das stabile thermische Verhalten infolge hoher Wärmekapazität. Polymerbeton-Bauteile werden sich wohl dort sinnvoll einsetzen lassen, wo Maschinengewicht und Platzbedarf (auch innerhalb der Maschine) keine Rolle spielen und das Bauteil die auftretenden Kräfte auf möglichst kurzem Weg unter Vermeidung zwischengeschalteter Hebelarme und Kopplungen aufnehmen kann. *Doliwa*

Gütesicherung beim Schweißen. Da die mechanisch-technologischen Gütewerte einer → Schweißverbindung von vielen Faktoren wie Grundwerkstoff, → Schweißverfahren, Gerätetechnik, technologischen Parametern und Schweißfolge beeinflußt werden, sind geeignete Maßnahmen zum Sichern der Güte notwendig. In DIN 8563 werden die Anforderungen an die technische und personelle Ausstattung des Betriebs und die Konstruktion, Fertigung und Prüfung der Schweißverbindung beschrieben. Insbesondere in der Fertigung sind folgende Maßnahmen zu beachten:

□ geeignete Wahl des Schweißverfahrens,

□ sachgemäßes Vorbereiten der zu schweißenden Teile,

□ Schweißdurchführung nur durch geprüfte und überwachte Schweißer,

□ Überprüfen der Schweißarbeiten durch Schweißaufsichtsperson,

□ einwandfreie Schweißarbeiten (Schweißparameterwahl, Schweißfolge, Schweißposition, Vorrichtungen),

□ besondere Maßnahmen bei ungünstiger Witterung,

□ ggf. Wärmenachbehandlung,

□ Einhalten der Bewertungsmerkmale nach DIN 8563, Tl. 3 (Anforderungen an Ausführung und Eigenschaften von Schweißverbindungen).

Grundsätzlich haftet der Schweißbetrieb für die gütegeschweißten Erzeugnisse und nicht der Besteller oder die Prüfstelle. *Dorn*

Literatur: DIN 8563: Sicherung der Güte von Schweißarbeiten. Berlin, Köln. T. 1 und 2 1978 und Teil 3, 1985.

Güteüberwachung. Die G.wird in DIN 18200 geregelt. Sie tritt dann in Kraft, wenn zusätzlich staatlicherseits eine Überwachung der Ordnungsmäßigkeit der Herstellung von Erzeugnissen gefordert wird und gilt nur insofern als dies in Stoffnormen, allgemeinen bauaufsichtlichen Zulassungen, Prüfungsbescheiden oder entsprechenden anderweitigen Regelungen festgelegt ist.

Die Überwachung besteht aus Eigen- und Fremdüberwachung. Anforderungen sowie Art, Umfang und Häufigkeit durchzuführender Prüfungen sind anderweitig, z. B. in den betreffenden Stoffnormen, festgelegt. Diese Festlegungen sollen möglichst in Tabellenform erfolgen.

Die Eigenüberwachung wird vom Hersteller vorgenommen, um eine kontinuierliche Einhaltung der für das Erzeugnis festgelegten Anforderungen zu gewährleisten. Der Hersteller ist für das geeignete Fachpersonal, Einrichtungen und die Geräte verantwortlich. Die Aufzeichnungen der Eigenüberwachung müssen Angaben enthalten wie, Bezeichnung des Erzeugnisses, Art der Prüfung, Herstellungsdatum, Prüfdatum, Ergebnis der Prüfung mit Vergleich der geforderten Werte, Unterschrift des Verantwortlichen. Die Aufzeichnungen der Eigenüberwachung sind dem Fremdüberwacher auf Verlangen vorzulegen und mindestens drei Jahre aufzubewahren. Bei ungenügenden Prüfungsergebnissen sind vom Hersteller unverzüglich die erforderlichen Maßnahmen zur Abstellung des Mangels zu treffen. Erzeugnisse, die den Anforderungen nicht entsprechen, sind auszusondern und entsprechend zu kennzeichnen.

Fremdüberwacher sind Prüfstellen (z. B. Überwachungsgemeinschaften oder Amtliche Materialprüfanstalten, die der Anerkennung durch die zuständige Behörde bedürfen). Der Fremdüberwacher hat vom einzelnen Hersteller rechtlich wirtschaftlich und personell unabhängig zu sein. Zur Durchführung der Aufgaben müssen ihm nach Vorbildung, Erfahrung und Anzahl hinreichendes Personal sowie geeignete Räumlichkeiten mit der jeweils notwendigen Ausstattung mit Prüfgeräten zur Verfügung stehen. Er hat eine zweckentsprechende interne Arbeitsorganisation einzurichten.

Die Aufgabe der Fremdüberwachung besteht aus der Durchführung der Erstprüfung sowie der Regelprüfung und falls erforderlich der Sonderprüfung.

Bei der Erstprüfung wird festgestellt, ob die personellen und einrichtungsmäßigen Voraussetzungen für die Herstellung und Eigenüberwachung des Erzeugnisses vorliegen und das Erzeugnis den gestellten Anforderungen entspricht.

Erst nach positivem Verlauf der Erstprüfung kann die Regelprüfung beginnen. Sie dient der Feststellung, ob die Herstellungs- und Überwachungsvoraussetzungen und die für das Erzeugnis festgelegten Anforderungen noch erfüllt sind. Die Regelprüfung ist ohne vorherige Ankündigung mindestens zweimal im Jahr in angemessenem Abstand durchzuführen. Dabei hat der Fremdüberwacher die Handhabung der Eigenüberwachung zu prüfen, deren Ergebnisse zu kontrollieren und zu bewerten, selbst Prüfungen am Erzeugnis im Werk vorzunehmen oder Proben zur Prüfung in der Prüfstelle zu nehmen.

Die Probenahme erfolgt beim Hersteller ohne vorhergehende Ankündigung nach statistischen Grundsätzen. Die Proben sind unverwechselbar zu kennzeichnen. Über die Entnahme ist vom Probenehmer ein Protokoll anzufertigen, abzuzeichnen und vom Hersteller oder dessen Beauftragten gegenzuzeichnen.

Die Ergebnisse der Fremdüberwachung sind in einem Überwachungsbericht und/oder Prüfzeugnis mit allen nötigen Angaben festzuhalten. Das überwachte Erzeugnis ist mit einem Überwachungszeichen zu versehen – oder falls dies nicht möglich ist – durch Lieferschein, Verpackung oder anderweitig zu kennzeichnen. Folgende Angaben müssen enthalten sein: Bezeichnung des Erzeugnisses, Hersteller, Grundlage der Überwachung und Fremdüberwachung.

Bestehen die Erzeugnisse die Regelprüfung nach mehrmaliger Prüfung nicht, dann stellt der Fremdüberwacher die Überprüfung des geprüften Erzeugnisses ein und teilt dies dem Hersteller und der zuständigen Behörde mit. Die Erzeugnisse dürften nach Einstellung der Überwachung nicht mehr als überwacht (güteüberwacht) bezeichnet werden.

Kußmaul

Guttapercha. G. ist ein → Naturkautschuk (→ Kautschuk), der aus 1,4 trans-Polyisopren besteht. Es wird auch *Balata* genannt. Die 1,4 trans-Polyisoprene kommen in den Pflanzensäften von „*Palaquim gutta*" und „*Mimusops balata*" vor. Sie wurden hauptsächlich für die Herstellung von Kabeln (Gutta) und werden noch für die Herstellung von Treibriemen und Golfballüberzügen (Balata) verwendet.

Finkelmann

Gyromagnetisches Verhältnis. Das Verhältnis γ zwischen magnetischem Moment und atomaren Drehimpuls. Für das freie Elektron beträgt es (näherungsweise)

$$\gamma = h/2\mu_B = \mu_0 m/e \qquad (1)$$

wobei μ_B das Bohrsche Magneton $\mu_B = \mu_0 he/2m = -1{,}166 \cdot 10^{-29}$ Vsm ist. h ist das Plancksche Wirkungsquantum, e und m sind Ladung bzw. Masse des Elektrons. Allgemein schreibt man:

$$\gamma = g \mu_0 e / 2 m = -g \cdot 0{,}1105 \text{ MHz} \cdot \text{m/A} \qquad (1')$$

g heißt der g- oder *Landé*faktor und ist für freie Elektronen gleich 2 (genauer g = 2,0023 auf Grund einer relativistischen Korrektur). Ist mit der Bahnbewegung eines Elektrons ein magnetisches Moment verbunden, dann gilt für dieses allein g = 1. Sind sowohl Spin- wie Bahndrehimpulse beteiligt, dann ergeben sich nicht-ganzzahlige Werte für g zwischen 0 und 2. Es ist bemerkenswert, daß alle ferromagnetischen Elemente, Verbindungen und Legierungen der 3d-Übergangsmetalle (Fe, Co, Ni usw.) g-Werte bei 2 besitzen. Das zeigt, daß vorwiegend die Spins zum Magnetismus der 3d-Metalle beitragen und die Bahn-Drehimpulse weitgehend ausgelöscht sind. Anders ist die Situation bei den Seltenen Erden, bei denen die Bahndrehimpulse der 4f-Schale am magnetischen Moment beteiligt sind. Hier sind starke Abweichungen von g = 2 die Regel.

In ferrimagnetisch geordneten Festkörpern setzt sich das effektive gyromagnetische Verhältnis aus den Beiträgen der Untergitter zusammen:

$$\gamma_{\text{eff}} = (M_1 - M_2)(M_1/g_1 - M_2/g_2) \qquad (2)$$

Hierbei sind M_i die magnetischen Momente der Untergitter und g_i deren gyromagnetische Verhältnisse. Wie ersichtlich, kann, wenn $g_1 \neq g_2$ gilt, das effektive g. V. gegen Unendlich gehen, ohne daß die effektive Magnetisierung $M_1 - M_2$ verschwindet. Dieser Fall ist in magnetischen Granaten zu realisieren, wenn eines der Untergitter aus Seltenen-Erd-Ionen besteht.

Das g. V. beherrscht die Dynamik magnetischer Materie bei hohen Frequenzen. Bei Abwesenheit von Dämpfungseffekten gilt nämlich:

$$dM/dt = \gamma (M \times H) \qquad (3)$$

wobei M die Magnetisierung und H das effektive Feld ist. Wesentlich wird diese Bewegungsgleichung vor allem für die Mikrowellenanwendung magnetischer Werkstoffe, aber auch für schnelle Bewegungen magnetischer Domänen, wie sie in Magnetblasenspeichern vorkommen. Die Grenzgeschwindigkeit einer Blochwand ist z. B. unmittelbar proportional zu γ, woraus sich das praktische Interesse an dem Fall eines gegen Unendlich gehenden g. V. ergibt.

Beim isolierten Atom wird die Verschiebung der Spektrallinien im Magnetfeld (Zeeman-Effekt) durch das g. V. bestimmt. Zustände, die einen Drehimpuls besitzen, spalten nämlich in Unterniveaus auf, die einen gegenseitigen Abstand von

$$\Delta E = \gamma H \qquad (4)$$

besitzen.

In festen Körpern läßt sich das g. V. auch unmittelbar bestimmen: die gyromagnetischen Effekte (*Einstein-de Haas*-Effekt, *Barnett*-Effekt) zeigen nämlich, daß die Änderung des magnetischen Moments M eines Körpers mit einer Änderung seines Drehimpuls I verbunden ist:

$$\Delta M = \gamma \Delta I \tag{5}$$

(Bei genauer Betrachtung stellt sich heraus, daß die beiden Werte für γ die durch Resonanzexperimente (3) einerseits, durch die gyromagnetischen Effekte (5) andererseits gemessen werden, etwas verschieden sind. Das rührt von den unterschiedlichen Auswirkungen von Spin- und Bahndrehimpuls bei verschiedenen Frequenzen her.)

Hubert

Literatur: *Kittel, C.:* Einführung in die Festkörperphysik. München–Wien 1973.

H

Habitus → Kristallmorphologie

Hafniumlegierungen. Hafnium und seine Legierungen werden gelegentlich in der Elektroindustrie (Glühkathoden), im Reaktorbau (Regelstäbe) oder für hochbeanspruchte und verschleißfeste Bauteile (Karbidbildung zur Oberflächenvergütung) verwendet. Hafnium kommt in Legierungen mit Wolfram und Zirkonium für hochschmelzende Werkstoffe zum Einsatz. Hafnium-Titan-Legierungen eignen sich als Gettermaterial. *Heller*

Haftfestigkeit. Das funktionelle Verhalten von beschichteten Werkstoffen hängt u. a. von der Haftung zwischen der → Oberflächenschutzschicht und dem Grundwerkstoff ab. Für die Abschätzung der H. anorganischer Oberflächenschutzschichten wird häufig der sogenannte „scratch-test" benutzt, bei dem eine Diamantspitze mit definiertem Spitzenradius tangential mit einer definierten Belastung über die Oberfläche gezogen wird. Die Belastung wird stufenweise erhöht, bis die Oberflächenschutzschicht durch Ausbrechen oder Ablösen beschädigt wird.

Eine andere Möglichkeit der Prüfung der H. besteht darin, die beschichteten Stirnflächen von zwei zylindrischen Probekörpern zusammenzukleben und anschließend in einem → Zugversuch zu beanspruchen. Es kann dann die H. zwischen Oberflächenschutzschicht und Grundwerkstoff ermittelt werden, sofern diese unter der → Festigkeit der Klebeverbindung und der Kohäsionsfestigkeit der Oberflächenschutzschicht liegt.
→ Verbundwerkstoffe *Habig*

Literatur: *Hintermann, H. E.:* Thin Solid Films 84 (1981) S. 215.

Haftgrundschichten. Oberflächenschichten, die zur Verbesserung der Haftung zwischen der funktionell erforderlichen Schicht und dem Grundwerkstoff durch unterschiedliche Verfahren aufgebracht werden. Hierzu sind insbesondere Nickel- und → Kupferschichten geeignet. *Habig*

Haftreibung. Unter H. versteht man einen Reibzustand, bei dem in der Berührungsfläche zweier unter Normal- und Schubbeanspruchung stehender Körper keine Relativbewegung auftritt, wenn die → Reibungszahl μ den Grenzwert 0,5 (nach der → Schubspannungshypothese) bzw. 0,577 (nach der

v. Misesschen Fließhypothese) angenommen hat. In diesem Fall schert der weichere der beiden Körper (in der Umformtechnik das Werkstück) im Innern ab (→ Modell, tribologisches).
→ Reibung; → Gleitlager *Lange*

Haftschicht → Verbundwerkstoffe, → Schichtverbundwerkstoffe, → Spritzverfahren, thermische

Haftung → Verbundwerkstoffe

Halbleiterwerkstoffe. Die wichtigste Eigenschaft der Halbleiter für die Anwendung ist die Tatsache, daß sich ihre an sich geringe elektronische Leitfähigkeit durch Zusätze und andere Einflüsse (Licht, elektrische Felder, Ladungsträger-Injektion) um viele Zehnerpotenzen erhöhen läßt. Die moderne Festkörperelektronik, die von der Erfindung des Transistors (1949) ihren wesentlichen Anstoß erhielt, basiert vor allem auf dieser Möglichkeit. Für die Nutzbarkeit eines H. sind daher die Dotierbarkeit und die richtigen Eigenschaften der Elektronen in der Nähe der Energielücke entscheidend.

Aus der großen Vielfalt halbleitender Substanzen haben sich für die Praxis fast ausschließlich Elemente und Verbindungen von einem einzigen Gittertyp durchgesetzt: Die Elemente Silicium und Germanium, die im Diamantgitter kristallisieren, und die III-V-Verbindungen, die im dazu analogen Zinkblende-Gitter auftreten (GaAs, InSb etc.). Die ersten Transistoren wurden aus Germanium gefertigt. Heute beherrscht Silicium über 90 % des Halbleitermarktes in der Elektronik. Das hat vor allem drei Gründe:

□ Silicium besitzt eine größere Energielücke als Germanium. Deshalb kann Silicium noch bei höheren Temperaturen (150°C) eingesetzt werden als Germanium (75°C), ohne daß thermisch angeregte Elektronen alle Dotierungsstrukturen überschwemmen.

□ Die Reinigung und → Kristallzüchtung (s. u.) werden sicher beherrscht, was natürlich dadurch begünstigt wird, daß nur ein Element beteiligt ist.

□ Silicium verfügt über ein chemisch und elektrisch außerordentlich stabiles Oxid, das SiO_2, welches bei hohen Temperaturen als dichte isolierende Schicht auf den Kristall aufwächst. Ohne dieses natürliche Oxid wäre die integrierte Silicium-Technologie undenkbar.

Es gibt Anwendungsbereiche, in denen Silicium

aus physikalischen Gründen Beschränkungen aufweist. Nur in diesen Bereichen werden andere Halbleiter eingesetzt: Germanium für spezielle Anwendungen vor allem bei sehr hohen Frequenzen, Verbindungshalbleiter für Anwendungen in der Optik, Meßtechnik und Mikrowellentechnik. Wichtigster Vertreter der Verbindungshalbleiter ist das Galliumarsenid GaAs, das sich von Silicium und Germanium durch eine höhere Bandlücke und vor allem durch die Tatsache auszeichnet, das der Bandübergang vom Valenzband zum Leitungsband ein direkter Übergang ist. Das bedingt einen hohen Wirkungsgrad bei der Lichtemission, weshalb Galliumarsenid allein und in Mischungen mit GaP in der Optoelektronik unentbehrlich ist. Galliumarsenid spielt auch in der Mikrowellentechnik eine Rolle, einerseits wegen der gegenüber Silicium erhöhten Elektronenbeweglichkeit, andererseits wegen bestimmter, mit der Struktur des Leitungsbandes zusammenhängender nichtlinearer Effekte (Gunn-Effekt). Die höhere Elektronenbeweglichkeit ist auch der Grund für die Entwicklung schneller integrierter digitaler und analoger Schaltungen auf der Grundlage des Galliumarsenids.

Andere III-V-Halbleiter wie InSb und InAs dienen zum Nachweis magnetischer Felder, wobei besonders die im Vergleich zu Silicium sehr hohe Elektronenbeweglichkeit zum Tragen kommt. Isomorph zu den III-V-Halbleitern sind die II-VI-Halbleiter (ZnS, CdS usw.), jedoch haben sie bisher vor allem wegen Schwierigkeiten bei der Dotierung zu keinen vergleichbaren technischen Anwendungen geführt.

Alle genannten H. lassen sich dadurch dotieren, daß in sie im Periodensystem benachbarte Elemente mit unterschiedlicher Wertigkeit eingebaut werden. Bringt man z. B. ein fünfwertiges Atom wie Phosphor in ein Siliciumgitter, dann werden für die Bindungen nur vier Elektronen gebraucht. Das fünfte Elektron tritt durch Wärmeanregung ins Leitungsband über und wird dort frei beweglich. Phosphor wirkt deshalb im Silicium als Donator, das dreiwertige Bor entsprechend als Akzeptor. In analoger Weise lassen sich III-V-Halbleiter durch zweiwertige und sechswertige Atome dotieren.

Die für aktive Bauelemente eingesetzten H. müssen in der Regel in Form hochreiner Einkristalle hergestellt werden. Bei der Reinigung ist denjenigen Verunreinigungen besondere Aufmerksamkeit zu widmen, die elektrisch wirksam sind. Es sind dies zunächst die gleichen Elemente, die auch zur Dotierung dienen können. Daneben sind aber auch solche Störstellen zu beachten, die Elektronen einfangen oder abgeben können, energetisch aber so weit von den Bandkanten entfernt sind, daß sie thermisch nicht ionisiert werden. Solche Fehler nennt man Rekombinationszentren, da mit ihrer Hilfe Elektronen und Löcher sich gegenseitig annihilieren können. In Silicium wirken vor allem Übergangsmetalle als Rekombinationszentren, außerdem aber auch Versetzungen, weshalb auch plastische Deformationen bei der Kristallzüchtung so weit wie irgend möglich unterdrückt werden müssen.

Im Fall des Siliciums erfolgt die Kristallzüchtung bei höchsten Ansprüchen bevorzugt durch die Methode des tiegelfreien Zonenziehens im Vakuum. Normales Halbleiter-Silicium läßt sich mit dem etwas weniger aufwendigen Czochralski-Verfahren (→ Kristallzüchtung) herstellen. Verbindungshalbleiter bereiten i. a. größere Schwierigkeiten bei der Kristallzüchtung als Elementhalbleiter, da die Löslichkeit der eigenen Bestandteile in der Verbindung beim Schmelzpunkt in der Regel so hoch ist, daß es nicht gelingt, stabile stöchiometrische Verhältnisse an der Erstarrungsfront einzustellen. Der hohe Dampfdruck von Komponenten wie Phosphor und Arsen bedingt zudem besondere Vorkehrungen in Form von Überdruck-Behältern und flüssigen Deckschichten, was die Reinheit und Perfektion der gebildeten Kristalle ebenfalls einschränkt. Aus der Schmelze gezogene Kristalle dienen aus den genannten Gründen oft nur als Substrat für bei geringeren Temperaturen epitaktisch aufgebrachte perfektere Schichten.

Halbleiter werden auch als Widerstandswerkstoffe (→ Leiterwerkstoffe) eingesetzt, und in diesen Fällen meist auf konventionellem Wege keramisch oder als → dünne Schicht, also polykristallin, hergestellt. Genannt seien in diesem Zusammenhang das SiC als Heizleiter, $BaTiO_3$ als → Kaltleiter, verschiedene → Oxide als Heißleiter und Masse-Widerstände oder Varistoren, CdS und PbS sowie amorphes Selen als Photoleiter. Ebenfalls polykristallin ist das Selen im klassischen Selen-Gleichrichter. Chemisch abgeschiedenes und mit Wasserstoff gesättigtes amorphes Silicium wird als Grundmaterial in preisgünstigen Solarzellen eingesetzt. Ebenfalls amorph ist die photoleitfähige Schicht im elektrostatischen Kopierverfahren (Xerox-Verfahren), das aus einem Glas auf Selenbasis besteht.

Hubert

Literatur: *Hadamovsky, H. F.* (Hrsg): Halbleiterwerkstoffe. Leipzig 1972. – *Harth, W.:* Halbleitertechnologie. Stuttgart 1972. – *Sze, S. M.:* Physics of Semiconductor Devices. New York 1969.

Halbwarmumformung. H. ist → Umformen in einem Temperaturbereich, in dem bei den gegebenen Umformbedingungen die Vorteile des → Kaltumformens (hohe Maßgenauigkeit und Oberflächengüte) mit denen des → Warmumformens (hohes → Formänderungsvermögen, niedrige Umformkräfte) im wesentlichen genutzt werden können. Die zu wählende Temperatur stellt einen Kompromiß dar. Sie wird nach unten hin durch Formände-

Halbleiterwerkstoffe. Tabelle: Daten der wichtigsten Halbleiterstoffe

Material	Bandlücke [eV]	Beweglichkeit [m²/Vs] Elektr.	Löcher	Schmelzpunkt [°C]	Herstellungsverf. (Kristallzüchtung)	Anwendung
Si	1,12 (i)	0,15	0,06	1 420	Czochralski-V. Tiegelfr. Zonenziehen	Dioden, Transistoren, Integr. Schaltungen, Thyristoren, Solarzellen etc.
Ge	0,66 (i)	0,39	0,19	937	Czochralski, Zonenziehen	Hochfrequenz-Transistoren, γ-Detektoren
GaAs	1,40 (d)	0,85	0,04	1 238	Czochralski, Epitaxie	Leuchtdioden, Laser Gunn-Dioden, HF-Transistoren, sehr schnelle integrierte Schaltungen
GaP	2,3 (i)	0,011	0,0075	1 467	Czochralski, Epitaxie	Leuchtdioden
InSb	0,18 (d)	7,7	0,1	523	Horizontales Zonenziehen	Magneto-Wiederstände („Feldplatte")
InAs	0,34 (d)	3	0,05	940	Horizontales Zonenziehen	Hall-Generatoren
CdS	2,5 (d)	0,03	0,005	1 750	Meist polykrist. oder durch Gasphasenreaktion	Photowiderstände Solarzellen
β-SiC	3,0 (i)	0,04	0,005	2 600	Meist polykrist. oder durch Sublimation	Heizleiter, Varistoren Leuchtdioden für blaues Licht

(i), (d): indirekter, direkter Bandübergang

rungsvermögen des Werkstückstoffs und → Umformkraft, nach oben hin durch → Oxidation (Zunderbildung) und thermische Werkzeugbeanspruchung begrenzt. Für Stahlwerkstoffe gilt ein Temperaturbereich von 450 °C bis etwa 900 °C. Die → Fließspannung k_f ist in diesem Bereich um etwa 30 % bis 70 % niedriger als bei Raumtemperatur. Bild 1 zeigt den Einfluß der Umformtemperatur auf verschiedene Kennwerte mehrerer Werkstück- und Werkzeugwerkstoffe.

Das H. wird zunehmend in der industriellen Produktion genutzt bei Fließpreß- und Stauchteilen, bei Teilen mit Verzahnungen usw.,
– wenn kalt nicht umformbare Werkstoffe umgeformt werden sollen,
– wenn die Anzahl der Umformstufen gegenüber Kaltumformen bei hinreichender Qualität wegen erhöhten Formänderungsvermögen bzw. geringerer mechanischer Werkzeugbelastung verringert werden kann,
– wenn gegenüber Warmumformen wesentlich verbesserte Werkstückgenauigkeit und Oberflächenqualität gefordert werden.

Durch das Umformen im Gebiet der α-γ-Umwandlung bei Stählen ergibt sich ggf. eine gewisse bleibende → Verfestigung. Für verschiedene Kohlenstoffstähle und leicht legierte Stähle wurde fer-

ner eine teils erhebliche Erhöhung der Kerbschlagzähigkeit gemessen.

Dem erhöhten → Werkzeugverschleiß durch erhöhte thermische Belastung muß durch Werkstoffauswahl, Oberflächenbeschichtung und Kühlschmierung begegnet werden. Bild 2 zeigt hierzu die Zunahme des Werkzeugverschleißes bei Schnellstahl S 6-5-2 beim → Stauchen zylindrischer Werkstücke. Das H. erfordert Schmierstoffe mit niedriger Reibungszahl, guter Benetzungsfähigkeit und Haftung; bewährt haben sich Schmierstoffe auf Graphit-, Molybdändisulfid- und Boraxbasis. Bei Mehrstufenpressen werden Werkzeuge und Werkstücke mit Kühlschmierstoffemulsion überflutet.

Lange

Literatur: *Diether, U.*: Fließpressen von Stahl im Temperaturbereich 773 K (500 °C) bis 1073 K (800 °C). Ber. Nr. 54 Inst. Umformtechn. Universität Stuttgart. Berlin, Heidelberg, New York 1980. – *Lange, K.* u. *H. Meyer-Nolkemper*: Gesenkschmieden. 2. Aufl. Berlin, Heidelberg, New York 1977. – *Lindner, H.*: Massivumformung von Stahl zwischen 600 °C und 900 °C – Halbwarmschmieden. Diss. TU Hannover. 1965. – *Schaub, W.*: Fließpressen von Sintermetall im Temperaturbereich 873 K (600 °C) bis 1173 K (900 °C). Ber. Nr. 63 Inst. Umformtechn. Universität Stuttgart. Berlin, Heidelberg, New York 1982. – *Weiergräber, M.*: Werkzeugverschleiß in der Massivumformung. Ber. Nr. 73 Inst. Umformtechn. Universität Stuttgart. Berlin, Heidelberg, New York, Tokio 1983.

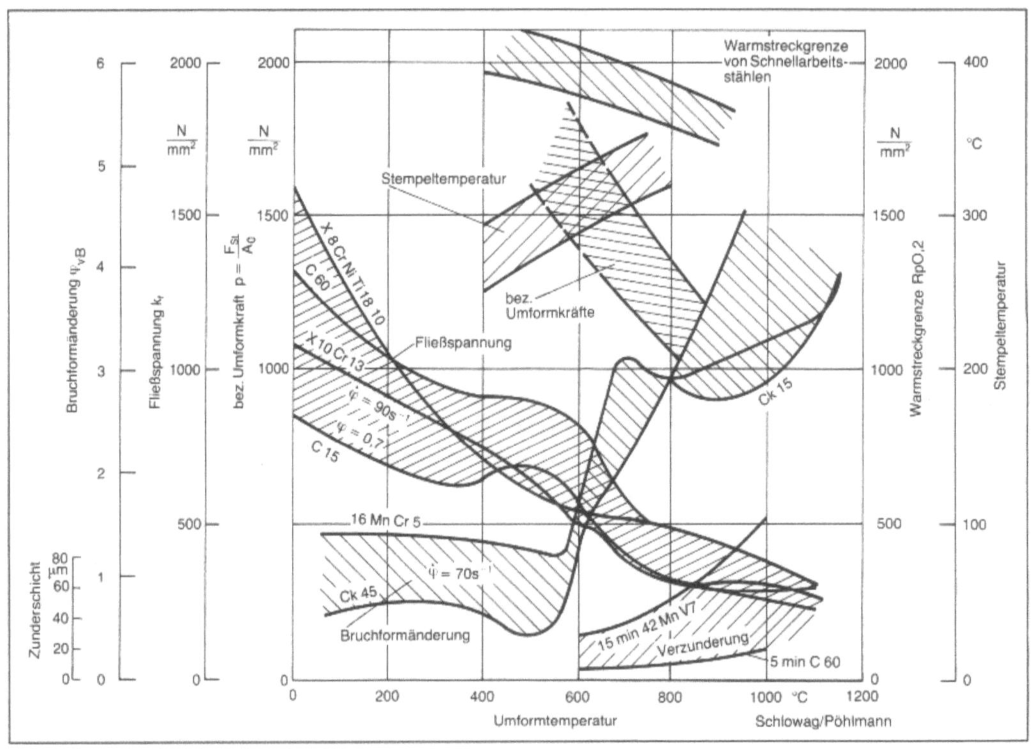

Halbwarmumformung 1: *Einfluß der Umformtemperatur auf die Umformbedingungen beim Halbwarm-Rückwärtsfließpressen.*

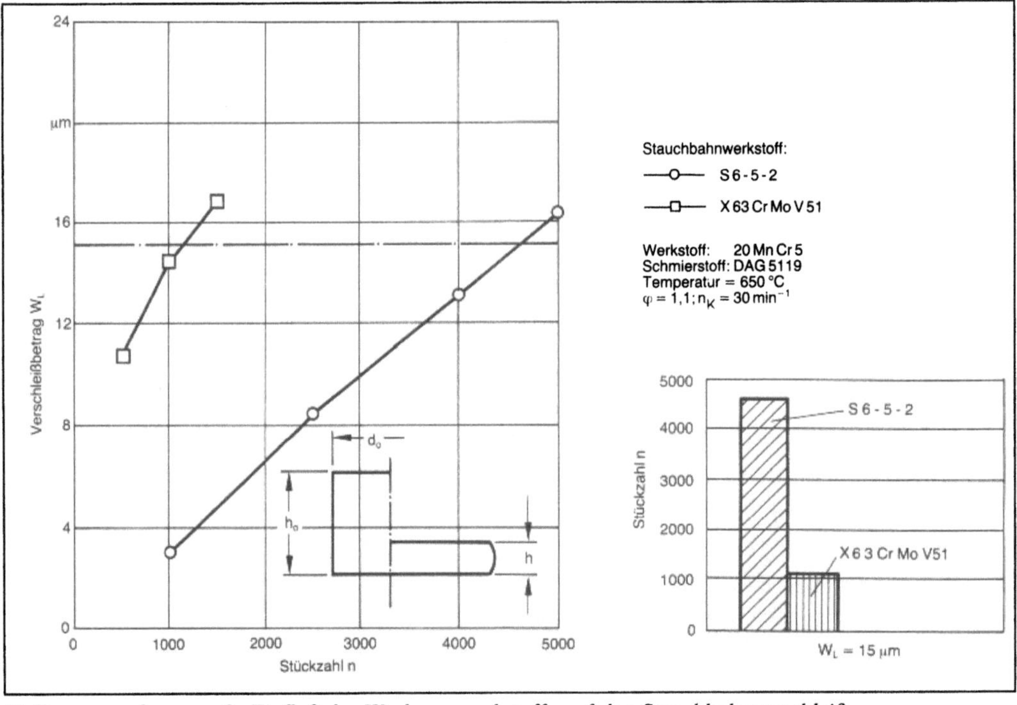

Halbwarmumformung 2: *Einfluß der Werkzeugwerkstoffe auf den Stauchbahnverschleiß.*

Halbzeug. Erzeugnisse, die eine →Warmumformung durch →Walzen oder →Schmieden erhalten haben, und aus denen durch weitere Formgebung →Fertigerzeugnisse hergestellt werden. Zu den Halbzeugen gehören

□ quadratisches Halbzeug: Vorblöcke, Knüppel

□ rechteckiges Halbzeug: Vorbrammen, Rechteckknüppel, flaches Halbzeug, Flachbrammen, Platinen

□ Halbzeug für Profile von beliebigem Querschnitt.

Auch die Erzeugnisse der Stranggießanlagen werden dem Halbzeug zugezählt (→Eisen, →Eisenwerkstoffe, →Stahl). *Dahl*

Hall-Effekt →Galvanomagnetischer Effekt

Hall-Petch-Beziehung. Formelmäßige Beschreibung des Einflusses der →Korngröße auf die →Fließgrenze bzw. →Streckgrenze polykristalliner metallischer Werkstoffe, insbesondere niedriglegierter Stähle, bei niedrigen Temperaturen; sie weist eine charakteristische $(1/\sqrt{L_k})$-Abhängigkeit auf:

$$R_e (L_k) = R_{e0} + k_{HP}\, L_k^{-1/2}\ [\text{N/mm}^2]$$

(R_{e0}: unterer Grenzwert der Fließgrenze für sehr große Korndurchmesser L_k, oft auch als Reibungsspannung bezeichnet. k_{HP}: werkstoffspezifischer Hall-Petch-Koeffizient, auch: Korngrenzenwiderstand.

Die Beziehung ist experimentell gut bestätigt (Bild 1). Sie kann versetzungstheoretisch begründet werden (nach *Cottrell*): unter Spannung werden im Korninneren gelegene Frank-Read-Quellen aktiviert, welche Versetzungen aussenden. Da deren Gleitebenen Korngrenzen wegen des Wechsels der Kristallorientierung nicht überbrücken können, kommt es dort zum Versetzungsaufstau, welcher eine wachsende Rückspannung erzeugt und schließlich die Quelle stoppt. Bei zunehmender äußerer Spannung bildet sich im Nachbarkorn, ausgehend vom Aufstau, ein lokales mehrachsiges Spannungsfeld aus, welches ein dortiges →Gleitsystem zu aktivieren vermag. Auf diese Weise kann die Verformung von einem Korn auf das nächste und schließlich auf das gesamte Gefüge übergreifen. Die hierzu erforderliche Spannungserhöhung hängt von der für den Aufstau verfügbaren Gleitlänge ab und bedingt den Quadratwurzel-Term. R_{e0} nimmt zumindest in Stählen mit fallender Temperatur stark zu (Bild 2), während k_{HP} im Regelfall nur schwach T-abhängig ist.

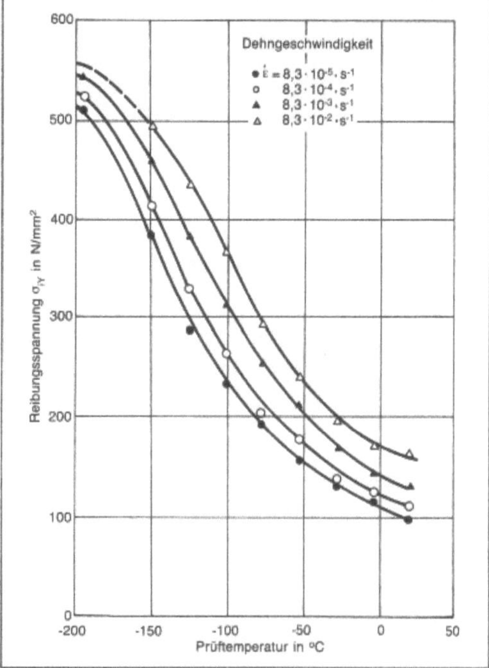

Hall-Petch-Beziehung 2: Abhängigkeit der Reibungsspannung σ_{iy} von der Prüftemperatur und Dehngeschwindigkeit des Stahls nach Bild 1.

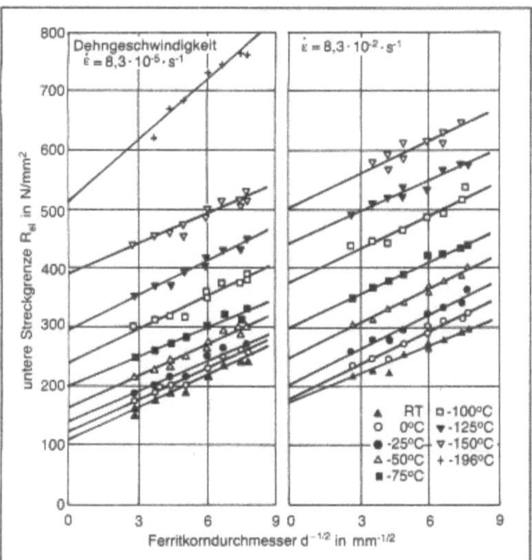

Hall-Petch-Beziehung 1: Abhängigkeit der unteren Streckgrenze R_{eL} vom Kehrwert der Wurzel aus dem mittleren Ferritkorndurchmesser d (in mm) eines Stahls mit 0,089 % C bei verschiedenen Prüftemperaturen und Dehngeschwindigkeiten.

Die praktische Bedeutung der H.-P.-B. liegt darin, daß sie die →Festigkeitssteigerung durch Einstellung möglichst feiner Korngrößen (Feinkornhärtung) sowie den Festigkeitsverlust durch Grobkornbildung (z. B. nach Schweißung) begründet.

Bei hohen Temperaturen gilt die H.-P.-B. wegen des Einsetzens der Korngrenzengleitung nicht. *Ilschner*

Literatur: *Dahl, W.* in: Verein Dt. Eisenhüttenleute (Hrsg.) Werkstoffkunde Stahl. Bd. 1. Berlin und Düsseldorf 1984.

Haltepunkt. Mit dem Verfahren der thermischen Analyse wird die Temperatur der abzukühlenden oder aufzuheizenden → Legierung oder des reinen → Metalls in Abhängigkeit von der Zeit gemessen (Bild). Bei jeder Phasenänderung (→ Zweistoffsystem) ergeben sich in den Temperaturkurven charakteristische Unstetigkeiten:
– H. beim reinen Metall, → Eutektikum, → Eutektoid und → Peritektikum.

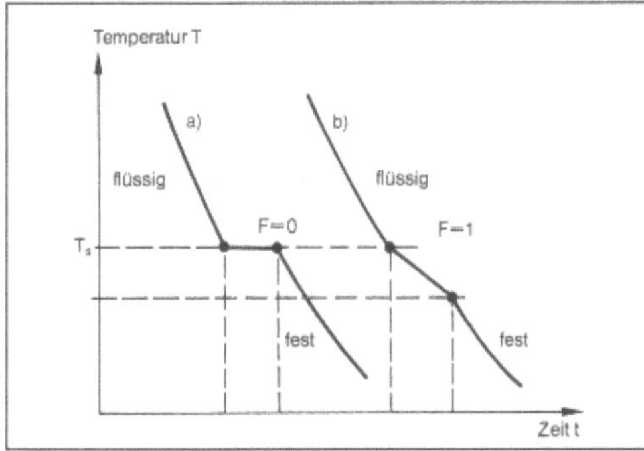

Haltepunkt: H. bzw. Übergangsbereich bei der Erstarrung eines reinen Metalls (a) bzw. einer Metallegierung (b).

Die Temperatur des reinen Metalls bzw. der Legierung bleibt beim Abkühlen oder Aufheizen bis zur vollständigen Phasenänderung konstant, Schmelzpunkt T_s. Dies tritt auf, wenn der Freiheitsgrad $F = 0$ ist (*Gibbs'sche* Phasenregel); zwei bis drei Phasen sind im → Gleichgewicht.
– Übergangsbereiche (Knickpunkte) bei Legierungen.
Zustandsänderungen im Bereich zwischen den Phasen flüssige Schmelze und fester Kristall von Legierungen bilden Übergangsbereiche zum Teil über große Temperaturänderungen hinweg. Sie entstehen durch die bei der → Erstarrung freiwerdende Kristallisationswärme. Hier ist der Freiheitsgrad $F = 1$ (Gibbs'sche Phasenregel).
Der Nachweis der Phasenänderung erfolgt mit der thermischen Analyse oder durch Längenänderungen mit dem → Dilatometer. *Heller*

Handschweißen → Schweißen; → Lichtbogenschweißen

Hanf. Als Faserstoff die Bastfasern der einjährigen Kulturpflanze H. (*Cannabis sativa* L.), die auch zur Ölgewinnung (aus den Samen) und von Haschisch (aus den Blüten des indischen H.) angebaut wird. Wie bei → Flachs liegen die Bastfaserstränge, hier in zwei Schichten, in der Rindenzone des Stengels und werden auch wie Flachs geröstet und durch Knicken, Schwingen und Hecheln ausgearbeitet. Die europäischen Hanfsorten werden 1,8–4 m hoch und ergeben je nach Sorte 1–3 m lange Faserbündel, die vor dem Verspinnen auf 60–75 cm gekürzt werden. Bei der Ausarbeitung fällt auch hier Hanfwerg als ebenfalls gut spinnfähiges Kurzfasermaterial an. H. als Faserpflanze wird hauptsächlich in der Sowjetunion sowie in Osteuropa angebaut. Weltproduktion 1985: ca. 200 000 t.

Die Verarbeitung des H. erfolgt auf speziellen Bastfaser-Spinnmaschinen als Langhanf oder Hanfwerg. Wegen der geringeren Teilbarkeit der Bastfaserbündel des H. liegt aber die Ausspinngrenze wesentlich niedriger (Langhanf 50 tex, Langflachs 8,3 tex). Da H. schwer bleichbar ist, zeigen Hanferzeugnisse die Naturfarbe der Fasern (gelblich, grünlich bis grau). Verwendung als Bindfaden, für Kordeln, Netze und Seile, verwebt für Gurte, Segeltücher, Zeltstoff, Wagenplanen, Matratzenbezüge u. a. *Koch*

Literatur: *Wagner, E.:* Die textilen Rohstoffe. 6. Aufl. Frankfurt/M. 1981.

Harnstoff-Formaldehyd Harz. Ein H.-F. H. ist ein → Kunstharz, das durch → Polykondensation aus Harnstoff und Formaldehyd entsteht.

Zu über 85 % werden Harnstoffharze als → Bindemittel für → Holzwerkstoffe verwendet. Eine kleinere Menge wird als Formmasse, Lackharz, Gießereiharz und → Schaumstoff verbraucht.

Die Kondensationsprodukte aus Harnstoff und Formaldehyd, die ohne weitere Zusätze entstehen, sind im unvernetzten Zustand wasserlöslich. Sie werden als Leimharze, zur Knitterfestausrüstung von → Baumwolle, zur Erzeugung naßfester Papiere und zur Schaumstoffherstellung eingesetzt. Füllstoffe für Pigmente und Papiere erhält man, wenn die Vernetzung in 5–30 % wässriger Lösung durchgeführt wird. Die so entstandenen Kügelchen besitzen eine große innere Oberfläche.

Harnstoffharze können bis zu Temperaturen von 90 °C eingesetzt werden. *Finkelmann*

Harnstoff-Formaldehyd-Kondensate → Aminoplaste; → Harnstoff-Formaldehyd-Harze

Harnstoff-Harz → Aminoplaste; → Harnstoff-Formaldehyd-Harze

Hart-PVC → Polyvinylchlorid

Härtbarkeit von Stahl. Fähigkeit eines Stahls, durch → Härten, also Martensitumwandlung nach dem Austenitisieren, eine hohe → Härte anzunehmen. Der Begriff der H. umfaßt die Aufhärtbarkeit und die → Einhärtbarkeit eines Stahls. Als Aufhärtbarkeit wird die maximal erreichbare Härte bei vollständiger Martensitumwandlung bezeichnet; sie ist hauptsächlich vom Kohlenstoffgehalt abhängig. Die Einhärtbarkeit wird gekennzeichnet durch die beim Härten erreichbare größte → Einhärtungstiefe und den dabei erhaltenen Härteverlauf über den Querschnitt. Die Einhärtbarkeit wird durch → Legierungselemente erhöht, die die Perlit- und Bainitumwandlung zu längeren Zeiten verschieben und damit die kritische Abkühlgeschwindigkeit erniedrigen.

Zur Prüfung der H. wird der → Stirnabschreckversuch nach *Jominy* durchgeführt. Eine zylindrische Probe von 25 mm ∅ und 100 mm Länge wird auf Härtetemperatur erhitzt, in eine Vorrichtung gehängt und an der Stirnfläche von unten durch einen Wasserstrahl abgeschreckt. Durch Festlegung von Wasserdruck, Wassermenge und das Anbringen einer Blende, die die Seitenflächen vor → Benetzung mit Wasser schützt, erreicht man reproduzierbare Abkühlungsbedingungen mit abnehmender Abkühlgeschwindigkeit von der Stirnfläche her. Anschließend wird die Härte gemessen und in Abhängigkeit vom Abstand zur abgeschreckten Stirnfläche aufgetragen. Die Härte an der Stirnfläche ist ein Maß für die Aufhärtbarkeit, der Härteverlauf über die Probenachse kennzeichnet die Einhärtbarkeit. Für einzelne Stähle werden gegebenenfalls gewährleistete Streubänder für die Stirnabschreckhärte angegeben.

Eine wichtige Funktion von Legierungselementen besteht in der Steigerung der Einhärtbarkeit. Je größer die Abmessungen des Werkstücks, um so geringer die Abkühlgeschwindigkeit im Kernbereich und um so höher der erforderliche Legierungsaufwand, um über den gesamten Querschnitt eine möglichst weitgehende Martensitumwandlung zu erzielen. Wichtige Legierungselemente sind zur Verbesserung der Einhärtbarkeit: → Chrom, Molybdän und → Nickel. *Dahl*

Literatur: Werkstoffkunde Stahl. 2 Bde. (Hrsg. VDEh). Berlin–Düsseldorf 1984/85.

Hartchromschichten → Chromschichten

Härte. Unter H. eines Festkörpers wird allgemein ein Maß für den Widerstand dieses Stoffes gegenüber dem Eindringen eines härteren Festkörpers verstanden. Bei dieser allgemeinen Definition bleiben die Form- und Stoffeigenschaften der Eindringkörper sowie der sich ausbildende Spannungs- und Verformungszustand im Eindruck unberücksichtigt.

Zur Bestimmung der H. von Festkörpern gibt es eine Vielzahl von Prüfverfahren, die auf einzelne Werkstoffgruppen abgestimmt sind, wie z. B. Minerale, metallische Werkstoffe, Polymere und Schleifscheiben. Als Eindringkörper werden Stahl- und Hartmetallkugeln sowie Diamantkegel und -pyramiden verwendet.

Der mit Hilfe der einzelnen Prüfverfahren ermittelte Härtewert hängt von einer Reihe von Einflußgrößen ab. Zu nennen sind vor allem die Beanspruchungsgrößen wie Prüfkraft, Prüftemperatur, Belastungsgeschwindigkeit und Prüfdauer, die Struktur des Prüfsystems wie Form des Eindringkörpers und die Eigenschaften des zu prüfenden Werkstoffes (chemische Zusammensetzung, Bindungsart, Schub- und → Elastizitätsmodul und Gefügeeigenschaften wie z. B. Gitterfehler und Kristallorientierung).

Die Härteprüfung stellt eine der wichtigsten Methoden der mechanischen → Werkstoffprüfung dar. Durch eine Vielzahl von Entwicklungen wurde versucht, diesen Kennwert möglichst genau zu ermitteln. Die Härteprüfverfahren lassen sich einteilen in

– Ritzverfahren (*Mohs, Martens*)
– Schleifverfahren (*Rosiwal*)
– Eindringverfahren (*Vickers, Knoop, Brinell, Rockwell, Shore*)
– Prüfung durch dynamische Verfahren (Schlaghärteprüfung, Rückprallhärteprüfung).

Eines der ältesten Härteprüfverfahren ist das in der Mineralogie verwendete Ritzhärteprüfverfahren, mit dem Mohs eine qualitative Härteskala von 1 bis 10 aufgestellt hat. Diese Skala besagt, daß das weichere Mineral vom nachfolgenden härteren geritzt wird. Mit wachsender Zahl nehmen die Intervallsprünge progressiv zu und erreichen zwischen 9 und 10 den größten Sprung. Die Härteunterschiede der einzelnen Minerale sind so groß, daß eine Härteanisotropie kaum festgestellt werden kann, mit Ausnahme beim Disthen mit den *Mohs*-H. 4 und 7. Die Richtungsabhängigkeit läßt sich bei Mineralen auch durch die Mikrovickershärte bestimmen. Den Zusammenhang zwischen der Mohshärte und der Vickers- und Knoophärte zeigt das Bild. Darin ist auch die Umrechnungsbeziehung zwischen Mohshärte und Vickershärte und umgekehrt angegeben.

$$(M = 0{,}675 \sqrt[3]{HV})$$

Zur Bestimmung der H. → metallischer Werkstoffe wird vorwiegend die Prüfung mit einem statisch belasteten Eindringkörper angewandt, von denen die meisten genormt sind.

Bei der Brinellhärteprüfung (DIN 50351) wird eine Stahl- oder Hartmetallkugel (Durchmesser 10, 5, 2.5, 2 und 1 mm) senkrecht und stoßfrei in die metallisch blanke Oberfläche des Werkstoffes eingedrückt, wobei die Prüfkraft 10 bis 15 s gehalten wird. Durch Ausmessen des bleibenden Eindruckes und Bildung des Quotienten von Prüfkraft und Eindruckoberfläche errechnet sich die Härte. Aus Tabellen läßt sich anhand des ausgemessenen Eindruckes der Zahlenwert unmittelbar entnehmen. Die Angabe der Brinellhärte setzt sich aus dem

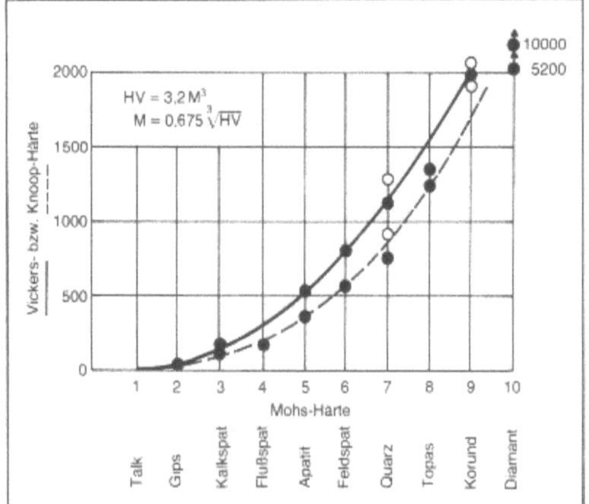

Härte: Abhängigkeit der Vickers- und Knoop-H. von der H. nach Mohs.

Zahlenwert, den Kennbuchstaben HBW (für die Hartmetallkugel) oder HBS (für die Stahlkugel), dem Kugeldurchmesser in mm, einer Zahl die die Prüfkraft kennzeichnet und der Einwirkdauer der Prüfkraft in s zusammen, z. B. 400 HBW 2,5/30/20. Die Stahlkugel wird bei H. < 450 HBS und die Hartmetallkugel bei H. < 650 HBW verwendet. Die *Brinell*-H. eignet sich besonders zur Charakterisierung von heterogenen Werkstoffen, wie z. B. → Grauguß, da durch die vergleichsweise großen Eindrücke eine Mittelwertbildung über die verschiedenen Gefügephasen erfolgt. Aus der Brinellhärte läßt sich die → Zugfestigkeit in N/mm² für unlegierten Stahl mit Hilfe der Beziehung $R_m \approx 3,5$ HB abschätzen.

Die Härteprüfung nach *Vickers* (DIN 50133) hat den Vorteil der universelleren Anwendbarkeit. Damit lassen sich auch höhere H. als nach dem Brinellverfahren bestimmen. Durch Reduzierung der Prüfkraft können Gefügephasen, dünne Schichten, spröde Hartstoffe und Minerale geprüft werden. Bei diesem Verfahren wird eine regelmäßige Diamantpyramide mit quadratischer Grundfläche und einem Flächenwinkel von 136° in die glatte ebene Oberfläche der Probe gedrückt. Nach der Entlastung werden die Diagonalen ausgemessen. Die H. wird aus dem Quotienten aus Prüfkraft und Eindruckoberfläche errechnet. Entsprechend den Prüfkräften und den gemessenen Eindruckdiagonalen kann aus Tabellen der Härtewert entnommen werden. Die Angabe der Vickershärte setzt sich zusammen aus diesem Zahlenwert, den Kennbuchstaben HV, einer mit 0,102 multiplizierten Zahl, die der Prüfkraft in N entspricht und der Einwirkdauer der Prüfkraft in s, falls diese von 10 bis 15 s abweicht, z. B. 780 HV 10/20.

Die Vickershärte wird in drei Bereiche eingeteilt: Makrobereich (49,03 bis 980,7 N), Kleinlastbereich (1,961 bis < 49,03 N) und Mikrobereich (< 1,961 N). Die Härtewerte im Kleinlastbereich und insbesondere im Mikrobereich sind prüfkraftabhängig. Mit abnehmender Prüfkraft nimmt die H. zu. Hierbei wirkt sich die → Kaltverfestigung in der Randzone bei der Probenpräparation aus. Die eigentliche Ursache dieser Abhängigkeit liegt, wie aufgrund von Messungen der → Eindringtiefe festgestellt wurde, in der Veränderung der Form der Spannungsfelder, die die Eindrücke umgeben und mit kleiner werdenden Eindrücken stärker in die Tiefe ausgedehnt sind. Die Prüfkraftabhängigkeit läßt sich nach dem Korrekturverfahren von *v. Engelhardt* korrigieren, wodurch ein Vergleich mit der prüfkraftunabhängigen Makrohärte möglich wird.

Bei der Bestimmung der Mikrohärte nach *Knoop* besteht der Eindringkörper aus einer regelmäßigen Diamantpyramide mit rhombischer Grundfläche. Infolge der größeren Winkel, die die Kanten der Pyramide miteinander bilden (172,5° und 130°), wird bei gleicher Prüfkraft eine in Vergleich zum *Vickers*-Diamanten geringere Eindringtiefe erzielt. Anisotropieeffekte werden von der Knoophärte besser wiedergegeben als von der Vickershärte.

Bei der Härteprüfung nach *Rockwell* (DIN 50103) wird der Eindringkörper – ein Diamantkegel mit einem Spitzenwinkel von 120° und Spitzenradius von 0,2 mm oder eine Stahlkugel mit einem Durchmesser von 1.5875 mm (1/16") in zwei Laststufen (Prüfvorkraft und Prüfkraft) in die Oberfläche der Probe eingedrückt. Die Prüfvorkraft soll den Einfluß der Probenoberfläche ausschalten. Die von der Prüfkraft hervorgerufene bleibende Eindrucktiefe wird mit einer Meßuhr ermittelt. Die *Rockwell*härte ergibt sich aus der Differenz eines Bezugswertes und der Eindringtiefe. Der Bezugswert beträgt für den Kegel 100 und für die Kugel 130. Je nach Eindringkörper und Höhe von Prüfvorkraft und Prüfkraft erhalten die Kennbuchstaben HR noch weitere Buchstaben wie C, A, B, F, N und T. Der Vorteil dieses Verfahrens liegt in der einfachen und schnellen Durchführung, dünne Proben lassen sich allerdings damit nicht prüfen.

Bei den Härteprüfverfahren nach *Vickers* und *Brinell* stützen sich die Entwicklungen auf Fortschritte der Längenmeßtechnik, wodurch die Härtemessung unter Einwirkung der Prüfkraft über die Ermittlung der Eindringtiefe möglich wird. Der Einsatz der Rechnertechnik sowie optoelektronischer Bildauswertung ermöglichen eine Automatisierung der Prüfabläufe, wodurch die Ergebnisse objektiviert werden.

Die dynamischen Härteprüfungen zeichnen sich dadurch aus, daß der Eindringkörper mit einer bestimmten kinetischen Energie auf den Probekörper einwirkt. Im Gegensatz zu den statischen Eindringhärteprüfverfahren sind die dynamischen Verfahren nicht genormt. Die Geräte für die dynamischen

Härteprüfverfahren sind transportabel, sie werden beim Prüfen schwerer Bauteile und an schwer zugänglichen Stellen eingesetzt. Die H. läßt sich schnell und einfach bestimmen.

Bei der Schlaghärteprüfung mit dem *Poldi*-hammer wird eine Prüfkugel durch einen Hammerschlag in das zu prüfende Bauteil und zugleich in einen Vergleichsstab getrieben. Aus der bekannten H. des Vergleichsstabes und den beiden Eindruckoberflächen läßt sich die H. ermitteln.

Die Schlaghärteprüfung mit dem *Baumann*-Hammer hat den Vorzug einer definierten Kraft, da die Prüfkugel durch Auslösen einer gespannten Feder auf die Bauteiloberfläche einwirkt.

Bei der Rücksprunghärteprüfung fällt aus einer definierten Höhe ein → Fallhammer auf die Bauteiloberfläche. Die Rücksprunghöhe ist dabei ein Maß für die H. Beim Skleroskop nach *Shore* wird die Rücksprunghöhe an einem in 130 Skalenteilen eingeteilten Glasröhrchen, in dem der Hammer geführt wird, abgelesen.

Eine Neuentwicklung stellt das Equo (Energie-Quotienten-Rücksprung)-Verfahren dar, bei dem Aufprall- und Rückprallgeschwindigkeit eines Schlagkörpers mit einer Hartmetallkugel berührungslos gemessen wird. Die Meßwerte werden zum Härtewert verarbeitet und digital angezeigt. Anhand von Tabellen können die Werte in *Brinell*- und *Vickers*härten umgewertet werden.

Im Gegensatz zu den Metallen wird die H. bei Polymerwerkstoffen unter Einwirkung der Prüfkraft gemessen und entspricht somit der Definition der H. als Widerstand eines Körpers gegen Eindringen eines härteren Körpers.

Die Messung der H. von Elastomeren (DIN 53505) erfolgt mit einem Gerät, dessen Eindringkörper 2,5 mm tief in die Probe hineingedrückt wird. Der Eindringkörper ist als 35°-Kegelstumpf (*Shore* A) oder als 30°-Kegel (*Shore* D) ausgebildet. Die Härteskala reicht von 0 bis 100, wobei 100 der größten H. entspricht.

Zur Ermittlung der Kugeldruckhärte (DIN 53456) an anderen Kunststoffen wird eine Stahlkugel von 5 mm Durchmesser in zwei Belastungsstufen (Prüfvorkraft und Prüfkraft) stoßfrei eingedrückt. Die H. ergibt sich als Quotient aus Prüfkraft und Oberfläche, wobei die Oberfläche aus der Eindringtiefe, die sich nach Aufbringen der Prüfkraft einstellt, bestimmt wird.

Der Bestimmung der H. von Schleifscheiben liegt eine andere Vorgehensweise zugrunde. Hier ist die H. als Widerstand definiert, den ein Schleifkorn dem Ausbrechen aus seiner Bindung entgegensetzt. Nach DIN 69100 wird die H. mit Buchstaben von A bis Z bezeichnet, wobei A die weichste und Z die härteste Ausführung darstellt. *Kußmaul*

Literatur: *Baden, M.*, u. *D. Dengel*: Vickershärteprüfung im Kleinlast- und Mikrobereich mittels Eindringtiefemessung. Härtereitechnische Mitt. 40 (1985) 3, S. 107–114. – *Dengel, D.*, u. *E. Kroeske*: Über Ursache und Unterdrückung der Prüfkraftabhängigkeit der Vickershärte. Härtereitechnische Mitt. 39 (1984) 5 S. 194–198. – *v. Engelhardt, W.*, u. *S. Haussühl*: Festigkeit und Härte von Kristallen, Fortschr. der Mineralogie 42 (1965), S. 5–49. – *Gahm, J.*: Einige Probleme der Mikrohärtemessung. Zeiss-Mitt. 5 (1969) Nr. 1, 2 S. 40–80. – *Habig, K.-H.*: Verschleiß und Härte von Werkstoffen, München-Wien 1980. – *Meyer, R.*: Vickershärte und Tiefenhärte unter Prüfkraft. Materialprüfung 29 (1987) H. 6, S. 166–170. – *Mott, B. W.*: Die Mikrohärteprüfung. Berliner Union Stuttgart 1957. – *Tertsch, H.*: Die Festigkeitserscheinung der Kristalle. Wien 1949. – *Uetz, H.* (Hrsg.): Abrasion und Erosion. München-Wien 1986. – VDI Ber. 583: Härteprüfung in Theorie und Praxis. Düsseldorf 1986. – *Weiler, W.*: Härteprüfung mit kleinen und sehr kleinen Prüfkräften. Messung und Prüfkraft. Industrie-Anz. 109 (1987) 81, S. 18–22. – *Weiler, W.*: Zur Definition einer neuen Härtskala bei Ermittlung des Härtewertes unter Prüfkraft. Materialprüfung 28 (1986) Nr. 7/8, S. 217–220. – *Weiler, H.*: Eine neue Kugeldruckhärte. Materialprüfung 29 (1987) Nr. 5, S. 137–138.

Härten. → Wärmebehandlung von → Stahl, bei der nach dem Austenitisieren durch → Abschrecken eine vollständige → Umwandlung zu → Martensit erreicht wird. Dazu sind Stähle geeignet, bei denen im → Zeit-Temperatur-Umwandlungsschaubild die Umwandlungen in der Perlit- und Bainitstufe zu längeren Zeiten verschoben sind, so daß die obere kritische Abkühlungsgeschwindigkeit verhältnismäßig niedrig ist und auch im Kern des Werkstücks noch erreicht werden kann. Die erzielbare → Härte des Martensits nimmt mit dem Kohlenstoffgehalt zu. Allerdings wird bei Kohlenstoffgehalten oberhalb von etwa 0,8 % die Martensitumwandlung bei → Abkühlung bis Raumtemperatur nicht mehr vollständig, der verbleibende → Restaustenit führt zu geringeren Härtewerten.

Durch anschließendes → Anlassen nimmt die → Festigkeit des zunächst spröden Martensits ab, die → Zähigkeit aber zu, so daß durch geeignete Anlaßtemperaturen die gewünschten Eigenschaftskombinationen erreicht werden können.

Da vielfach die höchsten Härtewerte nur in einer verhältnismäßig dünnen Oberflächenschicht zur Verschleißminderung eingestellt werden sollen, erfolgt das Härten vielfach nach → Aufkohlen als → Einsatzhärten (→ Direkthärten, Einfachhärten, Doppelhärten).

Die Kombination von H. und Anlassen wird mit → Vergüten bezeichnet.

Wegen der Gefahr des Auftretens von Härterissen bei schroffer Abschreckung muß eine sorgfältige Abstimmung zwischen Werkstückabmessungen, Werkstoff und Abschreckmedium erfolgen, um eine ausreichende → Durchhärtung ohne Fehler zu erreichen. *Dahl*

Literatur: Werkstoffkunde Stahl. 2 Bde. (Hrsg. VDEh). Berlin–Düsseldorf 1984/85.

Härteprüfung → Härte

Härtesteigerung. Die → Härte eines Werkstoffes ist als eine Gefügeeigenschaft zu betrachten. Zur H. werden → Metalle mit → Legierungselementen versetzt und/oder einer gezielten thermischen → Behandlung unterzogen oder sie werden mit Hartstoffen beschichtet. Keramiken können zur H. Hartstoffe zugesetzt, in ihrem Gefüge verdichtet oder beschichtet werden.

□ H. von Metallen: → Stähle können durch Aufwärmen auf Austenitisierungstemperatur (→ Austenit) und anschließendes Abkühlen martensitisch umgewandelt und so gehärtet werden (→ Austenitformhärten, → Martensit, Martensitstahlhärten, → Härtbarkeit von Stahl). Ferner können Oberflächen-(Randschicht)-härtungen durchgeführt werden. Beim sog. → Aufkohlen wird der Stahl oberflächig in einem kohlenstoffabgebenden Medium mit → Kohlenstoff angereichert und somit härtbar gemacht. Beim → Nitrieren wird der Stahl in einem stickstoffhaltigen Medium temperaturbehandelt, durch → Diffusion wird die Werkstückrandschicht an → Stickstoff gesättigt, was zur H. führt. Die Härte von Nichteisenmetalle wird durch Legierungshärten und Ausscheidungshärten gesteigert. Durch den Einbau von Legierungselementen in die Kristallgitter werden Versetzungen am Gleiten behindert. Zur → Ausscheidungshärtung wird mittels einer gezielten Temperaturbehandlung eine zusätzliche Phase ausgeschieden, die im Kristallgitter verfestigende Verspannung verursachen.

□ H. von → Keramik: Keramische Gefüge beinhalten meist eine gewisse → Porosität die folglich einen entscheidenden Einfluß auf die Härte der Keramik haben. Eine H. kann durch Verdichten des Gefüges erreicht werden, aber auch durch Auftragen von Glasuren auf den keramischen Scherben. Andererseits erhöht der Zusatz von Hartstoffen in grobkeramischen Produkten (z. B. Hartschamotte) deren Härte. Des weiteren kann im Bereich der → Oxidkeramik durch Einbau von tetragonalen ZrO_2-Teilchen in z. B. einer Al_2O_3- oder kubischen ZrO_2-Matrix über die sog. Umwandlungsverstärkung eine H. erreicht werden.

Weiterhin können metallische sowie keramische Werkstoffe durch CVD-(chemical vapor deposition) oder PVD-(physical vapor deposition) Verfahren mit karbidischen, nidridischen oder oxidischen Hartstoffen beschichtet werden. *Hesse/Hennicke*

Hartfasern. H. sind Faserbündel aus den Blättern (Sisal, Henequen), Blattscheiden (Manila bzw. Abacá) oder Früchten (Kokosfaser) tropischer monocotyler Pflanzen. Sie sind dicker und steifer als die Stengel-Bastfasern. Wichtigste H. ist der *Sisal*, dessen Faserstränge aus den bis 150 cm langen fleischigen Blättern der Sisal-Agave (*A. sisalana* L.)

durch einfaches Abquetschen auf der Entfaserungsmaschine (Decorticator) gewonnen werden. Die gelblich-weißen, glänzenden Baststränge haben eine Länge von 60–100 cm. Zum Verspinnen werden sie durch ein Batschmittel geschmeidig gemacht und auf speziellen H.-Spinnmaschinen zu groben Garnen versponnen. Verwendung für Seilerwaren und Tauwerk, Teppiche und grobe Gewebe. Kultiviert in Plantagen vor allem in Ostafrika, sowie Brasilien.

Henequen ist eine ähnliche Blattfaser, die von der speziell in Mexiko angebauten *Agave fourcroydes* LEM. stammt. Produktion von Sisal 360 000 t, von Henequen 84 000 t (1985).

Manila, auch Abacá genannt, wird als Faserstrang aus den Blattscheiden der Faserbanane *Musa textilis* NÉE auf den Philippinen und in Indonesien durch mechanische Ausarbeitung gewonnen; Länge der Faserbündel 2–3 m. Wegen ihrer hohen → Reißfestigkeit und Widerstandsfähigkeit gegen Meerwasser wird Abacá speziell für Fischereinetze und Schiffstaue verwendet. Weltproduktion 82 000 t (1985).

Kokos als Faserstoff ist die verholzte, aus Bastzellen bestehende H. von der inneren Wandung der Kokosnuß, in welcher der Kokosnußkern eingebettet liegt. Nach Aufbrechen der Nüsse und monatelangem Rösten der Fruchtpolster in Süß- oder Meerwasser werden die Fasern durch Schlagen freigelegt und gewaschen. Länge der wirren Spinnfasern 15–35 cm, Farbe gelblich- bis dunkelrotbraun. Verspinnen und Schnüren erfolgt auch heute noch in Indien und auf Sri Lanka mit primitivem Spinn- oder Seilerrad. Verarbeitung zu Matten und Läufern, Stricken; die groben geraden Fasern zu Bürsten. Produktion 113 000 t im Export (1985). *Koch*

Literatur: *Wagner, E.:* Die textilen Rohstoffe. 6. Aufl. Frankfurt/M 1981.

Hartferrite. Oxidische Werkstoffe für → Dauermagnete, die pulvermetallurgisch hergestellt werden. Träger der magnetischen Eigenschaften sind die Phasen $BaFe_{12}O_{19}$ bzw. $SrFe_{12}O_{19}$. *Dahl*

Hartgummi. H. sind → Elastomere, die einen hohen Vernetzungsgrad aufweisen. *Finkelmann*

Hartguß. Er wird eingesetzt, wenn hohe → Härte (von 500 HB und mehr) von Gußstücken verlangt wird, die einer besonderen Verschleißbeanspruchung ausgesetzt sind, wie z. B. Auskleidungen von Rutschen in der Kohle- und Mineralienförderung, Verschleißteile in Putzereimaschinen, Schlamm- und Dickstoffpumpen, Papier- und Drahtwalzen u. a. m. Zu unterscheiden ist zwischen
– Vollhartguß, bei dem die hohe Härte im gesamten Gußstückquerschnitt vorhanden ist, und dem
– Schalenhartguß, bei dem ein grau erstarrter Kern

erhalten bleibt und nur die Randzone mehr oder minder tief durch angelegte Streckplatten weiß erstarrt.

In manchen Fällen will man, daß nur ein relativ geringer, verschleißbeanspruchter Teilbereich des Gußstücks weiß, d. h. mit einem hohen Anteil an →Zementit (Ledeburit) im Gefüge, erstarrt.

Hohe Härte korrespondiert mit niedriger Schlagfestigkeit. Für viele Bauteile ist eine solche Sprödigkeit nicht tragbar und in diesen Fällen muß man darauf verzichten, das zementitisch/martensitische Gefüge durch einfaches Absenken des Kohlenstoff- und Siliciumgehaltes sowie eine Erhöhung der Abkühlungsgeschwindigkeit zu erreichen. Nach seiner Grundzusammensetzung ist der H. dem Temperrohguß ähnlich. Durch Zulegieren von →Chrom, →Nickel, Vanadium, →Titan und Molybdän in verschiedenen Gehalten und Kombinationen lassen sich Gefüge und damit die physikalischen Werkstoffeigenschaften beeinflussen. So konnte man beispielsweise durch →Gießen in →Kokille und →Legieren mit 19 % Cr die Haltbarkeit von Wurfschaufeln und anderen Verschleißteilen in Schleuderstrahlanlagen bei Beibehaltung eines weißen Basiseisens mit 2,5 % C; 1,0 % Si und 0,7 % Mn mehr als verdoppeln.

Die Tiefe der Weißerstarrung beim Schalenhartguß läßt sich u. a. durch Zusatz von →Cer variieren. Bei Gehalten von 0,2–0,3 % Ce nimmt die Verzweigung des eutektischen Austenits ab und der Ledeburit geht von einer wabenartigen in eine lamellare Form über. Die Karbidkristalle nehmen dabei eine gefiederte Struktur an. Nach neueren Forschungsergebnissen scheint die Quantität, Art und Kristallstruktur der →Karbide weniger wichtig zu sein als ihre Form, Verteilung und Anordnung. Nadelige Formen oder Formen mit Hohlräumen, die sich allerdings bei der Ausbildung von Materialtrennungen parallel zur Schleißebene (Ausschalungen) unvorteilhaft verhalten, sind im allgemeinen massiven Formen vorzuziehen. Zu beachten ist ferner, daß verschiedene Hartgußwerkstoffe hinsichtlich ihrer Verschleißfestigkeitsbeiwerte bei einer Prüfung auf →Reibverschleiß (disc and pin) gänzlich andere Ergebnisse als bei Strahlverschleiß liefern können.

Umgekehrter H. zeigt außen ein graues Bruchgefüge, während die Kernzone mit weißen Inseln durchsetzt ist. Dieser Gußfehler entsteht, wenn das Eisen stark FeO-haltig ist, was bei Verwendung von stark verrostetem metallischem Einsatz und kaltem Schmelzgang möglich ist. Hoher Schwefelgehalt in der Eisenanalyse begünstigt die Bildung von umgekehrtem H. *Doliwa*

Hartlegierung. →Legierung auf Eisen-, Nickel- oder Kobaltbasis mit Zusätzen von schmelzpunktsenkenden und diffusionsaktiven Elementen wie →Bor und →Silicium, die vor allem durch thermisches →Spritzen aufgebracht wird. *Habig*

Hartlot →Lot

Hartlöten →Löten

Hartmetall →Teilchenverbundwerkstoffe, →Durchdringungsverbundwerkstoffe

Hartmetallegierung. →Legierung aus mindestens einer Hartstoffphase wie Wolframkarbid, Titankarbid, Tantalkarbid oder Niobkarbid und einer Bindephase, meist Kobalt. H. werden vor allem für Werkzeuge für spanende Bearbeitung verwendet. Sie werden pulvermetallurgisch hergestellt, weisen eine hohe →Härte, einen großen →Verschleißwiderstand und damit eine günstige Schneidhaltigkeit auf. *Dahl*

Literatur: Werkstoffkunde Stahl. Bd. 1. 2 (Hrsg. VDEh). Berlin–Düsseldorf 1984/85.

Hartschaumstoff →Schaumstoffe; →Schaumkunststoff

Hartsegment. H. sind Sequenzen innerhalb der Polymerkette von Block- und Multiblockcopolymeren, die relativ zur Gebrauchstemperatur eine hohe →Glasübergangstemperatur besitzen. Innerhalb einer weichen Matrix lagern sich die H. zusammen und vernetzen physikalisch. Bei diesen Netzwerken handelt es sich um thermoplastische Elastomere. H. bestehen häufig aus aromatischen Urethan- oder Polyestergruppierungen. *Finkelmann*

Hartstoff →Durchdringungswerkstoffe

Härtung.
Nichteisenmetallische Werkstoffe. →Härte und →Festigkeit können bei Metallen durch zahlreiche Mechanismen und technische Verfahren gesteigert werden (→Härtesteigerung). Für Nichteisenmetalle kommen vor allen Dingen in Betracht:
- →Verfestigung durch →Kaltverformung (Erhöhen der Versetzungsdichte)
- Bildung von →Mischkristallen (Mischkristallhärtung)
- Verringerung der →Korngröße und von Phasengrenzen (Kornfeinung)
- Bildung von Ausscheidungsteilchen (→Ausscheidungshärtung)
- Verspannung des Kristallgitters (Umwandlungshärtung, Martensithärtung, Mischkristallhärtung)

Fremdatome, Phasengrenzen, Ausscheidungsteilchen und Versetzungsnetzwerke behindern das Wandern von Versetzungen und die →Abgleitung des Kristallgitters. Dadurch wird die Härte und Festigkeit (hohe →Zugfestigkeit, großer →Elastizitätsmodul) des Metalls erhöht.

Für Nichteisenmetalle können einige Beispiele angegeben werden:
– Substitutionsmischkristalle bilden Elemente beim Legieren (→Legierungsbildung) mit etwa gleich großen Atomen, z. B. CuNi, AgAu, NiFe. Die Erhöhung von Härte und Festigkeit erfolgt durch Veränderung des Kristallgitters (→Bindungskraft) oder Bildung von Ausscheidungen entsprechend dem Zustandssystem (→Zweistoffsystem).
– In Einlagerungsmischkristallen nehmen kleinere Atome als das Grundmetall Zwischengitterplätze ein, z. B. H, C, N, P, B. Härte- und Festigkeitssteigerung entstehen durch Gitterverspannungen.
– Kubischflächenzentrierte Metalle (z. B. Al, Cu, Ni, Ag) bilden neben Korngrenzen häufig Zwillingsgrenzen und Kleinwinkelkorngrenzen (durch anlaufende Versetzungen), die eine Härte- und Festigkeitssteigerung bewirken.
– Aushärtende Legierungen, die härtesteigernde Ausscheidungen bilden, z. B. bei Kupfer (CuCr, CuZr, CuBe, CuCo), bei Aluminium (AlCu, AlMgSi, AlZnMg) und bei anderen NE-Metallen (TiAl, NiCr, SnPb, MgZn, MgAl, PbSb u. a.) kommen technisch in Anwendung. *Heller*

Polymere Werkstoffe. Mit der H. von polymeren Werkstoffen beschreibt man allgemein deren →Verfestigung. Um dies zu erreichen, stehen grundsätzlich zwei Wege zur Verfügung: Einmal das Austreiben von niedermolekularen Substanzen, z. B. Lösungsmitteln, zum anderen eine chemische Reaktion, die z. B. zu einer dreidimensionalen →Vernetzung von linearen Makromolekülen führen kann. Technisch werden aber auch Kombinationen zwischen beiden verwendet.

Als Beispiel für das Aushärten durch Verdampfen von Lösungsmitteln sei das breite Spektrum von Klebstoffen angesprochen, die anschließend über die →Haftung (→Adhäsion) verschiedener Werkstoffe mit dem lösungsmittelfreiem →Polymer zusammenhalten.

Auch im Bereich der →Aushärtung durch chemische Reaktionen können →Klebstoffe als Beispiele angeführt werden. Hier handelt es sich um sogenannte Zweikomponentenklebstoffe, bei denen ein →Präpolymer mit einer niedermolekularen Verbindung vermischt wird und durch chemische Vernetzung reagiert.

Nach dem gleichen Prinzip werden auch viele Harze hergestellt und ausgeformt. Die Kombination von Lösungsmittelabdampfen und chemischer Reaktion spielt in der Lackindustrie eine große Rolle. Ein →Lack wird in dünner Schicht auf einen Gegenstand aufgebracht. Durch das Abdampfen des Lösungsmittels entsteht nun ein feiner Film, der durch Reaktion mit Licht oder Luftsauerstoff zu einem entsprechend ausgehärteten Material führt. Härtungsvorgänge werden also immer dann ange-

wendet, wenn mechanische →Festigkeit verlangt wird. *Finkelmann*

Stahl. Ergebnis des Härtens, gekennzeichnet durch den Härtungsgrad R, der das Verhältnis der nach dem →Härten erreichten Härte des Werkstücks zur Härte des gleichen Stahls mit 100 % →Martensit angibt. *Dahl*

Härtungsmechanismen. Bei →metallischen Werkstoffen kann die mechanische →Festigkeit sowohl durch Änderung der chemischen Zusammensetzung als auch durch thermische bzw. mechanische Einwirkung während der Herstellung und Verarbeitung gegenüber einem Referenzzustand (z. B. Gußbarren, Warmband) gesteigert werden; diese technisch erwünschte Qualitätsverbesserung äußert sich in meßbarer Weise als Erhöhung der →Fließgrenze bzw. bei Einkristallen der kritischen Schubspannung. In der Praxis wird sie summarisch als →Härtung angesprochen.

Das Ziel und zugleich das Grundprinzip der Härtung metallischer Werkstoffe ist die Behinderung des Gleitens der Versetzungen, also des Grundvorganges der plastischen →Verformung. Dieses Ziel läßt sich mit und ohne Änderung der chemischen Zusammensetzung bzw. der Phasenverteilung erreichen.

Ohne Zusammensetzungsänderung wirken gezielte Kaltverformungsschritte, die Feinkornbildung sowie martensitische Umwandlungen. Als unmittelbare und beabsichtigte Folge von Zusammensetzungsänderungen sind demgegenüber die Mischkristallhärtung, die →Ausscheidungshärtung, die →Dispersionshärtung und die technischen Prozesse der Einsatz- und Nitrierhärtung sowie der inneren →Oxidation zu bezeichnen; auch das Verfahren der Ionenimplantation (für sehr dünne oberflächennahe Zonen) läßt sich hier einordnen. Der Verschleißschutz durch →Beschichten wird hingegen in diesem Stichwort nicht behandelt.

→Kaltverformung, insbesondere Kaltwalzen und →Drahtziehen, bewirkt eine Härtung dadurch, daß die mit diesen Prozessen verbundene →Dehnung zu einer erheblichen Erhöhung der Versetzungsdichte ρ_v führt, wodurch die →Fließspannung gemäß der Beziehung $\sigma_F = \alpha\, Gb\, \sqrt{\rho_v}$ ansteigt (Erhöhung der Passierspannung für das Vorbeigleiten auf verschiedenen Gleitebenen, häufigere Notwendigkeit des Schneidens querliegender „Waldversetzungen" bzw. stark vernetzter Zellgrenzen). In der technischen Lieferpraxis spricht man von *walzharten* oder *zieharten* Qualitäten. Diese Art der Härtung ist z. B. typisch für →Kupfer und seine Legierungen sowie für →Aluminium und seine nicht wärmebehandlungsfähigen Legierungen wie Al-Mg, Al-Mn (Bild 1).

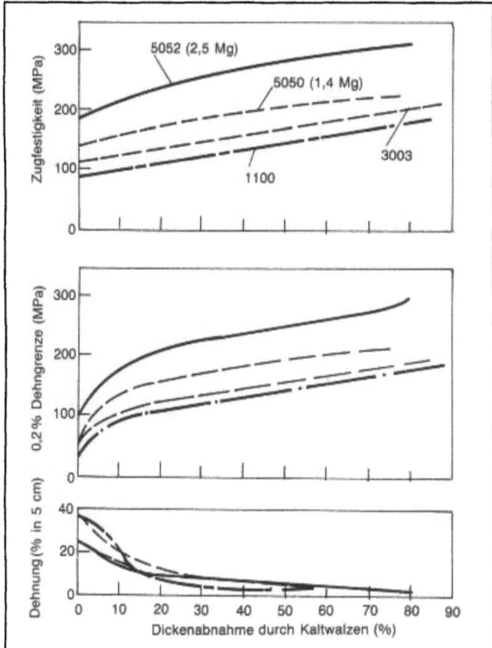

Härtungsmechanismen 1: Auswirkungen der Kaltverfestigung auf verschiedene Meßgrößen kommerzieller Al-Mg-Legierungen.

Durch stark inhomogene Kaltverformung wie z. B. beim → Kugelstrahlen oder Festrollen werden in Oberflächennähe starke Druckspannungen erzeugt, welche im Kern der Probe durch ungefährliche Zugspannungen ausgeglichen werden; auch diese → Eigenspannungen sind aufgrund ihrer Entstehung an sehr dichte, einsinnig orientierte Versetzungsanordnungen geknüpft.

→ Korngrenzen sind ein wirkungsvolles Hindernis für das Versetzungsgleiten. Der gleiche Werkstoff besitzt bei feinkörnigem Gefüge höhere Festigkeit als bei grobkörnigem; die Fließgrenze steigt mit $1/\sqrt{d_k}$, wobei d_k die mittlere Korngröße ist. (→ Hall-Petch-Beziehung). Die Bildung und Stabilisierung von Feinkorngefüge setzt entsprechende Maßnahmen bereits beim → Erstarren der Schmelze voraus, außerdem Sorgfalt bei Wärmebehandlungen, beim → Löten und → Schweißen – anderenfalls wäre die Gefahr der Grobkornbildung zu hoch. Der Gedanke, durch Übergang zu extrem kleinen Korngrößen (<1 μm, nanokristalline Gefüge) an die theoretische → Zugfestigkeit heranzukommen, läßt sich so leider nicht realisieren, weil die Reichweite der Spannungsfelder der Versetzungen schließlich größer wird als der mittlere Abstand zwischen Korngrenzen.

Die martensitische Umwandlung (→ Martensit) von Stählen sowie einigen NE-Legierungen (z. B. des Titans) unterteilt ein vorher gut verformbares Gefüge in sehr viele Mikrobereiche mit abweichender Kristallstruktur, die dementsprechend im μm-Bereich sehr stark verspannt sind. Bei Stählen wirken zusätzlich die weit über die Sättigungsgrenze hinaus metastabil gelösten C-Atome als Spannungszentren im nm-Bereich und somit als sehr wirksame Härtungselemente. Die durch die Martensitumwandlung erreichbare Zusatzhärte ist um so größer, je höher der Kohlenstoffgehalt ist (Bild 2). Der umgangssprachliche Ausdruck „Härten von Stahl" bezieht sich auf diesen Härtungstyp.

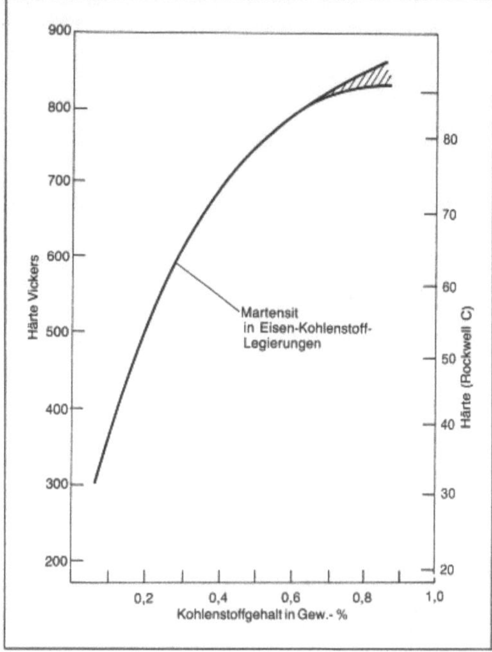

Härtungsmechanismen 2: Der Einfluß des Kohlenstoffgehalts auf die Härte von Martensit.

Die Mischkristallhärtung ist z. B. für den Festigkeitsunterschied zwischen Messing und Kupfer verantwortlich. Sie kann bei kleinen Fremdatomgehalten als individuelle Wechselwirkung zwischen Einzelatomen und benachbarten Versetzungslinien interpretiert werden *(Fleischer);* falls die Legierung zu einer Aufspaltung der Versetzungslinie in → Partialversetzungen tendiert, liefert die Adsorption solcher Fremdatome an den Stapelfehlern einen zusätzlichen Härtungsbeitrag *(Suzuki).* Bei hohen Legierungsgehalten wie bei Messing, austenitischem Stahl, Ni-Cr-Legierungen verändert die Konfiguration der Valenzelektronen den Bindungscharakter der Gitterbausteine und damit die Gleit- und Schneidfähigkeit der Versetzungen. Experimentell findet man oft eine Proportionalität zwischen der Fließspannungszunahme $\Delta\tau_F$ und $c^{2/3}$ (Bild 3).

Wird beim Zulegieren eine Löslichkeitsgrenze

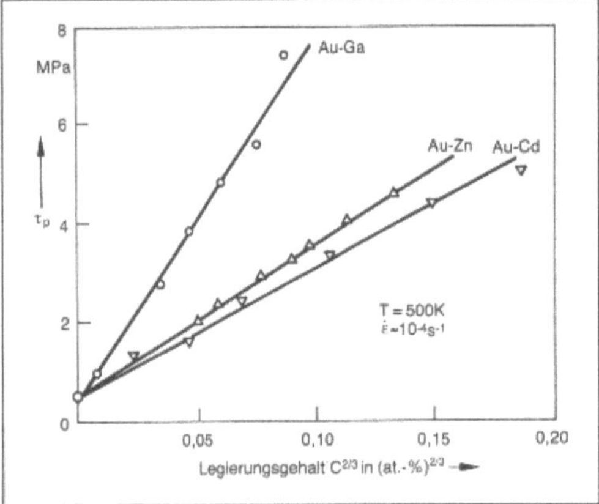

Härtungsmechanismen 3: Kritische Schubspannung von Gold-Mischkristallen bei 500 K.

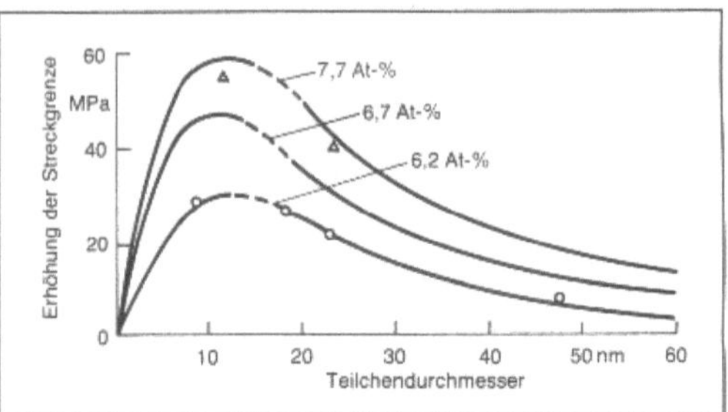

Härtungsmechanismen 4: Erhöhung der Streckgrenze von Ni durch Ni_3Al-Ausscheidungen verschiedener Größe in verschiedenen Vol.-Anteilen.

überschritten, so kommt es bei entsprechender → Wärmebehandlung (Lösungsglühen-Abschrekken-Anlassen) zur Ausscheidung von Teilchen zweiter Phasen. Diese können in der Matrix entweder kohärent oder inkohärent eingebettet sein. Im ersten Fall können sie von einer gleitenden Versetzung prinzipiell durchschnitten werden; eine Behinderung (Härtung) tritt gleichwohl dadurch auf, daß Ausscheidungsteilchen und Matrix unterschiedliche Gitterkonstanten und/oder Elastizitätsmoduln haben, daß sie z. T. geordnet sind (z. B. Ni_3Al in Ni-Al-Matrix), und/oder daß ihre Stapelfehleraufspaltung unterschiedlich ist. In jedem Fall ist eine Mindestspannung für den Schneidprozeß, d. h. die plastische Verformung erforderlich. Bei sehr kleinen Teilchen (Radius $r_T < 50$ nm) steigt die erwähnte Schneidspannung etwa mit $\sqrt{r_T}$ an. Größere Teilchen haben bei gleichem Legierungsgehalt zwangsläufig größere Abstände, sodaß sie von der Versetzungslinie nicht notwendig geschnitten werden müssen, sondern auch im Sinne des → Orowan-Mechanismus umgangen werden können. Infolge dieses Umgehungsmechanismus sinkt von einem kritischen Teilchenradius ab die Fließspannung für das Zwei-Phasen-Gefüge wieder ab; Wärmebehandlungen mit dem Ziel der Härtung müssen also sorgfältig so gewählt werden, daß das Überschreiten des kritischen Teilchenradius (die „Überalterung") vermieden wird (Bild 4). Ausscheidungshärtung ist ein typisches Verfahren der Technologie der → Aluminiumlegierungen (Al-Cu, Al-Zn-Mg, Al-Mg-Si) und der Ni-Basis-„Superlegierungen" (sog. γγ'-Gefüge).

Soll der Werkstoff auch im Dauerbetrieb bei erhöhter Temperatur seine Festigkeit beibehalten, so erweist es sich als nachteilig, daß die an der Ausscheidung beteiligten Atomarten zwangsläufig in der Matrix löslich und diffusionsfähig sind. Aus diesem Grunde unterliegen die sehr feinen Ausschei-

dungsanordnungen der Vergröberung und damit Überalterung durch → Ostwald-Reifung. Ihre nützliche → Lebensdauer wird durch diesen Vorgang ernsthaft begrenzt. Es ist daher vorteilhaft, anstatt der systemeigenen Ausscheidungen unlösliche Dispersionen inkohärenter, nicht schneidbarer Teilchen einzusetzen, die nicht vergröbern können; besonders eignen sich hierfür Oxide, deren thermische Stabilität sehr hoch ist und deren wesentlicher Bestandteil Sauerstoff in den meisten Metallen praktisch unlöslich ist; dies gilt zumal dann, wenn der Legierung sauerstoffaffine Elemente wie Al, Cr, Y zugegeben werden. Das Härtungsprinzip erklärt sich wiederum aus der Orowan-Beziehung, setzt also möglichst kleine Teilchenabstände und entsprechend kleine Teilchendurchmesser voraus. Die technische Realisierung solcher hochdisperser Zweiphasensysteme wirft allerdings erhebliche Probleme auf; diesbezüglich hat die Anwendung der → Pulvermetallurgie und des mechanischen Legierens bahnbrechend gewirkt. Werkstoffe mit Härtung durch Oxid-Dispersionen werden als ODS-Legierungen bezeichnet (*engl.* Oxide Dispersion Strengthening).

Da der Kohlenstoffgehalt üblicher Konstruktionsstähle wegen der vorrangigen Anforderungen an ihre → Bruchzähigkeit zu niedrig ist, um das Härtungspotential der Martensitumwandlung auszuschöpfen, erhöht man ihn in einer Randzone mit dem Ziel einer Oberflächenhärtung. Historisch wurde diese Aufkohlung durch Einsetzen des Härtegutes (daher die Bezeichnung *Einsatzhärtung*) in eine unter verminderter Luftzufuhr glühende Kohleschicht mit CO-reicher Atmosphäre durchgeführt. Heutzutage erfolgt sie vorwiegend in CN-haltigen Salzbädern (Carbonitrierung) oder in aufkohlender Gasatmosphäre. Festzuhalten ist, daß der eigentliche H. derjenige der Martensitumwandlung ist (s. o.); die durch eine Oberflächenreaktion und nachfolgende → Diffusion charakterisierte Aufkohlung dient nur als Verstärkungseffekt.

Der Nachteil der Martensithärtung, d. h. die Notwendigkeit des schroffen Abschreckens aus dem

Austenitbereich und die daraus folgenden hohen thermischen Spannungen (Verzerrungen des Werkstücks, Anrißbildung) überträgt sich auf die Einsatzhärtung. Für hohe Anforderungen an Maßgenauigkeit und →Zuverlässigkeit des Werkstücks zieht man daher trotz des höheren Zeit- und Kostenaufwandes oft die Nitrierhärtung vor. Sie ist ebenfalls diffusionsgesteuert, weist aber einen völlig anderen H. auf: der von der Oberfläche her bei ca. 550 °C eindiffundierte Stickstoff verbindet sich mit dem in speziellen Nitriersstählen gelösten Al zu einer sehr feinen Dispersion von AlN; es sind diese Teilchen, welche die Nitrierhärtung hervorrufen. Die Nitrierhärtung steht insofern der Ausscheidungshärtung näher als der Martensithärtung.

Eng verwandt mit dem zuletzt behandelten Verfahren ist die Härtung oberflächennaher Zonen von Silberlegierungen (für elektrische Kontakte) durch Eindiffusion von Sauerstoff, der mit gelösten Legierungsatomen wie Cd, Sn unter Ausfällung feiner Oxiddispersionen reagiert (Härtung durch innere Oxidation).

Bei der Ionenimplantation wird ein ähnliches Härtungsprinzip wie in verdünnten Mischkristallen verfolgt: Einbringung von Fremdatomen, welche zu lokalen Verspannungen/Verzerrungen Anlaß geben und damit als Gleithindernisse wirken. Die betr. Fremdatome werden als Ionen auf die Metalloberfläche hin beschleunigt; sie besitzen daher nur eine sehr geringe Eindringtiefe im nm-Bereich. *Ilschner*

Literatur: *Haasen, P.:* Physikalische Metallkunde. Berlin–Heidelberg 1984. – *Hornbogen, E.:* Werkstoffe. Berlin–Heidelberg 1987. – *Polmear, I. J.:* Light Alloys. London 1981. – VDEh (Hrsg.): Werkstoffkunde Stahl Bd. 1: Grundlagen. Berlin–Heidelberg 1984.

Harze, Terpene. Terpene und Harzsäuren bauen sich chemisch auf dem gleichen Grundkörper, dem Isopren, auf. Als Monoterpene werden Verbindungen bezeichnet, die aus zwei Isopren-Einheiten aufgebaut sind. Sesquiterpene bestehen aus drei Isopren-Einheiten und Diterpene aus vier Isopren-Einheiten. Zur letzten Gruppe gehören formal die Harzsäuren.

Terpene und Terpenoide kommen häufig in Verbindung mit Fettsäuren, vorwiegend in Nadelhölzern, aber auch in Laubhölzern, insbesondere der tropischen Regionen, vor. Die wirtschaftlich wichtigsten Terpen- und Harzlieferanten sind Kiefern. Hier sind Mengen zwischen 2–10 % im →Holz vorhanden. Noch höhere Anteile sind in den Wurzeln der entsprechenden Bäume zu finden. Sie werden gewonnen entweder in einer Lebendharzung durch Einschneiden der Rinde der Bäume, durch Extraktion des zerkleinerten Holzes oder der Wurzeln oder als Nebenprodukt bei der Herstellung von Zellstoffen.

Aus dem H. der Lebendharzung und der Extraktionsharzung können die Terpene durch Wasserdampfdestillation entfernt werden. Die Trennung von H. und Fettsäuren kann durch Destillation erfolgen. Bei der Herstellung von →Zellstoff befinden sich die Terpene in den Kocherabgasen und fallen bei deren Kondensation an. Die Gewinnung von Harz- und Fettsäuren ist auf alkalische Aufschlußverfahren beschränkt. Bei Eindampfung der entsprechenden Ablaugen schwimmen sie in Form von Natriumseifen (Tallöl) auf der Ablauge, werden von dort abgeschöpft, gereinigt und in Harz- und Fettsäure-Fraktionen aufgetrennt. Verwendung finden die Terpene als Lösungsmittel, als Geruchsstoffe sowie zur Synthese von Insektiziden. Die H. (Kolophonium) werden vorwiegend zur Papierleimung, als →Weichmacher in der Kunststoffindustrie und zur Modifizierung von →Alkydharzen eingesetzt. *Patt*

Harze, synthetische. (auch →Kunstharz) Sammelbegriff für solche synthetischen, niedermolekularen Verbindungen oder makromolekulare Rohstoffe, die flüssig, löslich oder schmelzbar sind und erst nach ihrer Verarbeitung ihre Gebrauchsfestigkeit erhalten.

Es sind dies →Kunststoffe, die in einer speziellen Form verarbeitet werden oder zu einer besonderen Anwendung gelangen.

Harze sind weiche bis feste Stoffe, die in organischen Lösungsmitteln, einige auch in Wasser löslich sind, schmelzen oder doch beim Erwärmen erweichen.

Eine besondere Gruppe unter den Harzen sind die *Reaktionsharze*; dies sind in der Regel niedermolekulare Vorprodukte, die erst nach der formgebenden Verarbeitung durch →Polymerisation, →Polykondensation oder →Polyaddition thermoplastisch oder duroplastische Kunststoffe ergeben.

Gießharze sind lösungsmittelfreie, flüssige, oder durch mäßiges Erwärmen verflüssigte Reaktionsharze, die ohne Druckanwendung in offene Formen gegossen werden und darin erstarrt die Formkörper ergeben.

S. H. kommen im reinen Zustand, oder viel häufiger im Gemisch mit anderen Stoffen zur Anwendung. Dabei werden Stoffe eingesetzt, die die mechanischen Eigenschaften, wie →Festigkeit, →Elastizität etc., die Chemikalien- und Witterungsbeständigkeit oder die elektrischen Eigenschaften verbessern, oder Füllstoffe, die zur Verbilligung der Fertigteile führen. Vorwiegend werden Harze aber als →Bindemittel eingesetzt.

Die Hauptanwendungsgebiete von s. H. sind die →Lacke, →Anstrichmittel und →Klebstoffe. Hierher gehören die Alkydharze, Epoxidharze, ungesättigte Polyesterharze, Polyurethane, Siliconharze, Vinyl- und Acrylatharze.

Als Bindemittel in der Schichtstoffherstellung

(Preßspanplatten, Sperrholz etc.) werden Phenolharze, Amino- und Melaminharze eingesetzt. Bei der Fertigung von →Kunstharzbeton bzw. Kunststein sind ungesättigte Polyesterharze, →Epoxidharze, →Polyurethane und auch Acrylatharze in der Anwendung.

Wichtige Einsatzgebiete von Gießharzen, vor allem auf Epoxidharzbasis, sind die Herstellung von Modellen, Formen und Werkzeugen, sowie deren Verwendung als Umhüll- und Einbettmaterial.

Zahradnik

Haubenglühanlage. H. sind technische Systeme zur Behandlung von →Stahlband nach dem Haubenglühverfahren. *Baumann*

Haubenglühverfahren. H. sind diskontinuierliche Verfahren zur Behandlung von auf →Rollen gewikkeltem →Stahlband oder anderem Glühgut. Dieses Verfahren wird in einem Wärm- oder Glühofen für satzweise Beschickung durchgeführt, bei dem das Wärm- oder Glühgut auf einen Sockel gestapelt und eine Heizhaube, Kühlhaube oder eine Schutzhaube zur eventuellen Schutzgaszuführung aufgesetzt wird. *Baumann*

Hauptachsensystem. H. sind von großer Bedeutung bei der Beschreibung von Spannungs- und Formänderungszuständen. Das H. wird beschrieben durch drei aufeinander senkrecht stehende Achsen, die Hauptachsen, und deren Richtung, die Hauptrichtungen.

Die im H. wirkenden Spannungen werden als Hauptspannungen σ_1, σ_2, σ_3, die durch sie hervorgerufenen →Dehnungen (Formänderungen) als Hauptdehnungen (-formänderungen) ε_1, ε_2, ε_3 bezeichnet.

Im H. besitzen sowohl der Spannungs- als auch der Formänderungstensor eine besonders einfache Form, da sämtliche Schubspannungen/Schiebungen verschwinden.

Spannungstensor

$$\underline{\underline{\sigma}} = \begin{pmatrix} \sigma_1 & 0 & 0 \\ 0 & \sigma_2 & 0 \\ 0 & 0 & \sigma_3 \end{pmatrix}$$

Formänderungstensor

$$\underline{\underline{\varepsilon}} = \begin{pmatrix} \varepsilon_1 & 0 & 0 \\ 0 & \varepsilon_2 & 0 \\ 0 & 0 & \varepsilon_3 \end{pmatrix}$$

Die Bestimmung der sog. Hauptwerte λ_1, λ_2, λ_3, die im Fall des Spannungstensors als Hauptspannungen σ_1, σ_2, σ_3 und beim (Dehnungs-)-Formänderungstensor als Hauptdehnungen ε_1, ε_2, ε_3 angegeben werden können, erfolgt an Hand der charakteristischen Gleichung

$$\lambda^3 - I_1\lambda^2 + I_2\lambda - I_3 = 0$$

wobei I_1, I_2, I_3 die Invarianten des Tensors sind. Die Invarianten haben für den Spannungstensor die Form

$$I_1 = \sigma_1 + \sigma_2 + \sigma_3$$

$$I_2 = - (\sigma_1\sigma_2 + \sigma_2\sigma_3 + \sigma_3 \sigma_1)$$

$$I_3 = \sigma_1\sigma_2\sigma_3.$$

Für die Invarianten des Dehnungstensors gilt entsprechendes. *Lange*

Literatur: *Betten, J.:* Elastizitäts- und Plastizitätslehre. Braunschweig, Wiesbaden 1985. – *Hill, R.:* The Mathematical Theory of Plasticity. Oxford 1950. – *Ismar, H. u. O. Mahrenholtz:* Technische Plastomechanik. Braunschweig, Wiesbaden 1979. – *Lange, K.* (Hrsg.): Umformtechnik. Handb. f. Ind. u. Wiss. 2. Aufl. Bd. 1. Grundlagen. Berlin, Heidelberg, New York, Tokio 1984. – *Lippmann, H.:* Mechanik des plastischen Fließens. Berlin, Heidelberg, New York 1981. – *Lippmann, H. u. O. Mahrenholtz:* Plastomechanik der Umformung metallischer Werkstoffe. Berlin, Heidelberg 1967. – *Prager, W. u. P. G. Hodge:* Theorie ideal-plastischer Körper. Wien 1954.

Hebelgesetz →Analyse, thermische

Heften von Schweißteilen →Schweißen

Heißbruch →Rotbruch

Heißdampftrocknung →Holztrocknung

Heiße-Zelle-Prüfung →Heiße Zellen.

Heiße Zellen. Nach DIN 25401 T8 umschlossene Räume mit Abschirmung, in denen mit hochradioaktiven („heißen") Stoffen ferngesteuert (z. B. mit Manipulatoren) oder automatisch umgegangen wird. Analog spricht man von *Heißen Laboratorien,* in denen ggf. chemische Untersuchungen mit hochradioaktiven Stoffen („heiße Chemie") vorgenommen werden können; derartige Einrichtungen befinden sich meist in der Nähe von Reaktoren und Wiederaufarbeitungs-Anlagen. In solchen h. Z. (Laboratorien) werden auch Untersuchungen an bestrahlten Werkstoffproben vorgenommen. *Gräfen*

Literatur: Design and Equipment for Hot Laboratories. Vienna: IAEA 1976.

Heißgaskorrosionsschutzschichten. Oberflächenschutzschichten, die einen hohen Widerstand gegen →Korrosion, insbesondere →Oxidation, bei hohen Temperaturen haben. Sie werden vor allem durch thermisches →Spritzen hergestellt. Es handelt sich dabei vielfach um MCrAlY-Schichten, in denen das Metall M aus →Eisen, Kobalt, →Nickel oder Kobalt und Nickel bestehen kann. Auch Aluminium-Chrom-Schichten, die durch →Chromalitieren gebildet werden, haben eine hohe Beständigkeit gegen Heißgaskorrosion, insbesondere in sulfathaltigen Medien. *Habig*

Heizelementschweißen →Mikroschweißen; →Kunststoffschweißen

Heizkörperprüfung. Prüfung der Leistung von Radiatoren, Konvektoren und ähnlichen Raumheizkörpern nach DIN 4704 „Prüfung von Raumheizkörpern".

Geprüft wird zusätzlich die Mindestwanddicke bei Gußradiatoren (DIN 4720), Stahlradiatoren (DIN 4722), Röhrenradiatoren und Plattenheizkörpern (DIN 4703). Die Mindestwanddicke beträgt bei diesen Heizkörpern 1,25 mm (Zulässige Abweichungen nach DIN 4541). Der Prüfdruck für Heizkörper beträgt 6 bar, bei Fernheizungen z. T. 10 bar. *Kußmaul*

Heizleiterlegierung. →Stähle mit hoher Zunderfestigkeit und großem elektrischem Widerstand zur Verwendung als Heizelement in der Elektrowärmetechnik. Technisch bewährte H. sind die austenitischen Werkstoffe NiCr 30 20 und NiCr 80 20 sowie die ferritischen Stähle CrAl 15 5, CrAl 20 5 und CrAl 25 5 (DIN 17470). Kleine Zusätze an weiteren Legierungselementen verbessern die →Haftfestigkeit der oxidischen →Deckschicht und damit das Oxidationsverhalten. *Dahl*

Literatur: Werkstoffkunde Stahl. 2 Bde. (Hrsg. VDEh). Berlin–Düsseldorf 1984/85.

Heiztischmikroskop. Es wird in der Metallmikroskopie zur Untersuchung von Gefügen bzw. Veränderungen bei höheren Temperaturen eingesetzt. (Aufstellung thermischer Zustandsschaubilder, Beobachtung von →Rekristallisation, →Umwandlungen usw.).

Die mit einem H. erreichbaren Höchsttemperaturen liegen i. a. bei 1100 °C, in Sonderkonstruktionen werden 1500 °C erreicht.

Mit einem H. ist es möglich, die Gefügeentwicklung der Metallprobe durch thermisches Ätzen zu beobachten; dabei wird statt des Vakuums ein bestimmtes Gas eingeleitet. Durch Einleiten tiefgekühlter Gase kann man die Metallprobe auch abschrecken und die dabei auftretenden Gefügeveränderungen beobachten. Gewisse Bauarten gestatten sogar, durch Verwendung eines verflüssigten Gases als Kühlmittel derart tiefe Temperaturen zu erreichen, daß Gefügeuntersuchungen unterhalb Raumtemperatur ausführbar sind. Somit ist es also möglich, mittels einer H. nicht nur das Gebiet der Hochtemperatur-Metallmikroskopie, sondern auch dasjenige der Tieftemperatur zu erschließen. *Kußmaul*

Literatur: *Jeglitsch, F.:* Oberflächenvorgänge in der Hochtemperaturmikroskopie. Berg- u. Hüttenm. Mh. 109 (1964), S. 241/252. – *Kulmburg, A., F. Korntheuer* und *P. Schimmel:* Die Hochtemperaturmikroskopie als Hilfsmittel in der Qualitätskontrolle. Prakt. Metallographie 11 (1974), S. 183/195. – *Reinacher, G.:* Entwicklung u. Ergebnisse der Hochtemperaturmetallmikroskopie. Z. Metallkde. 45 (1954), S. 453/458.

Hemicellulose. H. kommen in den Zellwänden aller →Holzarten vor, sie finden sich aber auch in Stroh, in Früchten und Fruchtschalen, in Pflanzen, Samen sowie in Knollen. Die Hemicellulosengehalte von Hölzern der gemäßigten Zonen liegen bei 22–35 %, wobei Laubhölzer höhere Anteile aufweisen als Nadelhölzer.

H. sind aus verschiedenen Pentosen und Hexosen aufgebaut, die glucosidisch mit durchschnittlichen Polymerisationsgraden von ca. 200 miteinander verbunden sind. In den meisten Fällen sind H. verzweigt, wobei in der Seitenkette sowohl Zuckerbausteine als auch Acetylgruppen vorhanden sein können. Jede Holzart enthält meist mehrere, unterschiedlich strukturierte H. Die mengenmäßig wichtigste H. im Laubholz ist das O-Acetyl-4-O-Methylglucurono-Xylan und das Glucomannan, während in den Nadelhölzern mengenmäßig am häufigsten das O-Acetyl-Galacto-Glucomannan vorkommt, sowie das Arabino-4-O-Methylglucurono-Xylan. Speziell in der Lärche befindet sich das Arabino-Galactan.

Aufgrund ihrer Kurzkettigkeit und der Verzweigung sind H. nicht in der Lage, kristalline Bereiche auszubilden, sondern liegen amorph vor. Ihre niedermolekularen Anteile sind wasserlöslich. H. lassen sich relativ leicht hydrolysieren und sind überwiegend alkalilöslich. Aufgrund ihrer amorphen Struktur und ihres hohen Quellvermögens tragen sie in erheblichem Umfang zur Zwischenfaserbindung bei der Verwendung von →Zellstoff zur Papier- und Pappenherstellung bei. Unerwünscht sind sie dagegen als Cellulosebegleiter bei deren Verwendung zur Herstellung von Cellulosederivaten. Die im Xylan der H. enthaltene Xylose kann durch Dehydratisierung zu Furfural umgewandelt werden. Nach einer Hydrolyse der H. können die entstehenden monomeren Hexosen vergoren und die Pentosen verheft werden. *Patt*

Henequen →Hartfasern

Herdfrischverfahren. Als H. werden zur Unterscheidung von den →Konverter- oder →Blasstahlverfahren die Stahlerzeugungsverfahren bezeichnet, bei denen das Schmelzbad in einem flachen, wannenförmigen Herd gefrischt wird.

Zu den H. zählen das →SM-Verfahren und das →Elektrostahlverfahren. *Rellermeyer*

Hertz-Pressung. Berühren sich zwei Körper punkt- oder linienförmig, so ergeben sich unter der

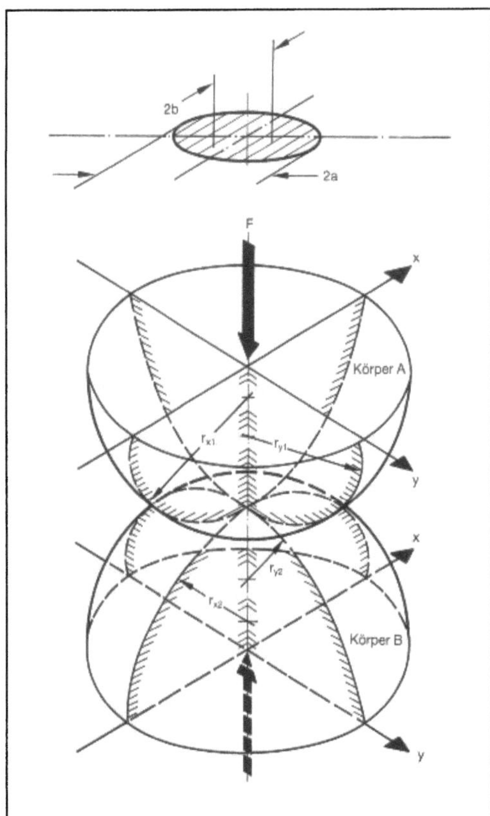

Hertz-Pressung: Kontakt beliebig gekrümmter Körper

Wirkung einer Normalkraft F Pressungen und Verformungen, die sich nach der Theorie von *Hertz* berechnen lassen. Für den Fall des Kontaktes zweier beliebig gekrümmter Körper (Bild) gilt:

Hertzsche Pressung: $p_H = \dfrac{3F}{2\pi\, a \cdot b}$

Verformung im Zentrum der Kontaktfläche mit F: Normalkraft

$$\delta = \overline{F}\left[\frac{1}{2\,R_s \cdot \overline{\overline{E}}}\left(\frac{3F}{\pi \cdot kE}\right)^2\right]^{1/3}$$

$$a = \left[\frac{6}{\pi} \cdot \frac{k^2 \cdot \overline{E} \cdot F \cdot R_s}{E}\right]^{1/3} = k \cdot b$$

$$b = \left[\frac{6}{\pi} \cdot \frac{\overline{E} \cdot F \cdot R_s}{k \cdot E}\right]^{1/3} = \frac{a}{k}$$

$$k = 1{,}0339 \left[\frac{R_x}{R_y}\right]^{0{,}636} \quad \overline{E} = 1{,}0003 + \frac{0{,}5968}{R_y/R_x}$$

$$\overline{F} = 1{,}5277 + 0{,}6023 \ln (R_y/R_x)$$

$$\frac{1}{R_s} = \frac{1}{R_x} + \frac{1}{R_y}$$

$$\frac{1}{R_x} = \frac{1}{r_{x1}} + \frac{1}{r_{x2}}; \quad \frac{1}{R_y} = \frac{1}{r_{y1}} + \frac{1}{r_{y2}}$$

Krümmungsradien

$r_{x1}, r_{x2}, r_{y1}, r_{y2}, : E = 2\left[\dfrac{1-v_1^{\,2}}{E_1} + \dfrac{1-v_2^{\,2}}{E_2}\right]^{-1}$

E_1; E_2: Elastizitätsmodul der Körper

v_1, v_2: Poissonzahlen der Körper

Die Druckverteilung über der → Kontaktfläche ist gegeben durch:

$$p = p_H \left[1 - \left(\frac{y}{a}\right)^2 - \left(\frac{x}{a}\right)^2\right]^{1/2}$$

Für den Kontakt von zwei Kugeln gilt:

$$p = p_H \sqrt{1 - \frac{r^2}{a^2}}$$

mit dem Radius r vom Kontaktzentrum und dem Kontaktradius a

$$a = 1{,}14 \left[\frac{F \cdot R}{E}\right]^{1/3}$$

Die H.-P. ist:

$$p_H = 0{,}364 \left[\frac{F \cdot E^2}{R^2}\right]^{1/3}$$

und die → Verformung entlang der Belastungsachse

$$\delta = 1{,}31 \left[\frac{F^2}{E^2 \cdot R}\right]^{1/3} \qquad\qquad Habig$$

Literatur: *Winer W. O.* and *H. S. Cheng:* Film Thickness, Contact Stress and Surfaces Temperatures. In Wear Control Handbook. Hrsg.: *M. P. Peterson, W. O. Winer.* New York: The American Society of Mechanical Engineers 1980, S. 81−141.

Heusler-Legierung. Die von *Heusler* (1901) gefundenen geordneten Legierungen vom Typus Cu_2MnAl wurden als die ersten ferromagnetischen Legierungen bekannt, die weder Eisen noch Kobalt oder Nickel enthielten. Der → Magnetismus beruht auf dem Mangan und ist vom Ordnungszustand abhängig. Mit den H.-L. verwandte MnAl-Legierungen werden als potentiell preisgünstige Dauermagnetwerkstoffe untersucht.
→ Ferromagnetismus *Hubert*

High-cycle-Versuch → Dehnungswechselversuch

Hochbaustahlprüfung. An die im konstruktiven Ingenieurbau eingesetzten Baustähle werden oft hohe Anforderungen hinsichtlich ihrer Beanspruchung im Bauwerk gestellt. Einige wichtige sind zum Beispiel:
– hohe → Streckgrenze, → Festigkeit und Verformbarkeit

– Beständigkeit gegen hohe Beanspruchungsgeschwindigkeiten, insbesondere auch bei Kerbeinwirkungen
– ausreichende Eigenschaften bei tiefen Temperaturen
– Unempfindlichkeit gegenüber → Korrosion
– → Schweißbarkeit etc.

Deshalb ist eine Überwachung der Qualität dieser Stähle in der Fertigung und Abnahme unerläßlich. Die Prüfungen, die hierzu vorgenommen werden, umfassen fast alle Bereiche der → Werkstoffprüfung.

□ Chemische Zusammensetzung: Die Einhaltung der chemischen Zusammensetzung der Stähle wird anhand von Schmelzen- und Stückanalysen überprüft. Die Analysen können naß-chemisch durchgeführt werden; aus Zeitgründen werden jedoch in der Regel spektrometrische Analyseverfahren oder die Röntgen-Fluoreszenz-Analyse angewandt.

□ Mechanische Eigenschaften: Die wichtigste Prüfung ist hier der → Zugversuch, da er für den Konstrukteur Werte für das Festigkeits- und Verformungsverhalten des Stahles liefert. Dieses Verhalten kann auch bei erhöhten bzw. erniedrigten Temperaturen untersucht werden. So ist zum Beispiel bei erhöhten Temperaturen die Durchführung von Warmzugversuchen üblich.

Viele Baukonstruktionen unterliegen wechselnden Belastungen. In diesem Fall muß der → Stahl eine ausreichende → Schwingfestigkeit aufweisen, welche im → Dauerschwingversuch überprüft werden kann.

Oft ist es wichtig zu wissen, ob bei bestimmten Beanspruchungsverhältnissen zeitabhängige Veränderungen des Stahles auftreten. Dies kann in Dauerstandversuchen geprüft werden: In Kriechversuchen wird die Stahldehnung als Funktion der Zeit bei konstanter Spannung und Temperatur gemessen.

Zur Prüfung des Verhaltens bei schlagartiger Beanspruchung sind bei einigen Hochbaustählen → Kerbschlagbiegeversuche vorgeschrieben. Diese Versuche werden insbesondere auch bei unterschiedlichen Prüftemperaturen an Normproben vorgenommen.

Häufig, z. B. zur raschen Überprüfung an Baustellen oder wenn die Stähle möglichst unbeschädigt bleiben sollen, genügt es, Härteprüfungen durchzuführen. Man unterscheidet dabei zwischen statischen Härteprüfverfahren (*Brinell-*, *Vickers-*, *Rockwell*härteprüfung) und dynamischen Härteprüfverfahren (Schlaghärteprüfung, Rücksprunghärteprüfung). Stähle unterliegen je nach Zusammensetzung und Anwendung Korrosionsangriffen, weshalb für bestimmte Anwendungsbereiche Korrosionsschutzmaßnahmen notwendig sind. Diese Prüfungen zum Korrosionsverhalten und der Korrosionsmaßnah-

men sind in zahlreichen Normen, technischen Regeln und Richtlinien niedergelegt.

□ Technologische Eigenschaften: Auch für Hochbaustähle genügt es in vielen Fällen, anwendungsbezogene, sogenannte gut/schlecht-Prüfungen durchzuführen.

So wird die Umformbarkeit von Stählen, die zum Warm- und Kaltumformen geeignet sind, im → Faltversuch geprüft. Innerhalb von Prüfungen zum Nachweis der → Schweißeignung von Stählen werden u. a. sogenannte Aufschweißbiegeversuche vorgenommen. Versuchsbedingungen, Versuchsdurchführung und die Beurteilung der erzielten Versuchsergebnisse sind hierbei in den einschlägigen Normen festgelegt.

Weiterhin gibt es eine Vielzahl von genormten Prüfungen zur Beurteilung der Verformungsfähigkeit der im Hochbau eingesetzten Stähle: Bei Drähten werden Hin- und Herbiegeversuche oder auch Verwindeversuche durchgeführt. Bleche, bei denen bestimmte Tiefzieheigenschaften nachgewiesen werden müssen, werden im → Tiefungsversuch geprüft. Niete, die bei Baukonstruktionen immer noch ein wichtiges Verbindungsmittel darstellen, werden im Kaltstauch- oder Warmstauchversuch geprüft. An Rohren oder Rohrabschnitten nimmt man Aufweitversuche, Ringfaltversuche und Bördelversuche vor. Eine Möglichkeit, die → Härtbarkeit von Stählen zu prüfen, ist die Untersuchung des Durchhärtevermögens im → Stirnabschreckversuch nach *Jominy.*

□ Prüfung von Schweißverbindungen: Ein wichtiger Teil der H. ist die mechanische Prüfung von Schweißverbindungen. Geprüft werden hier schmelzgeschweißte Stumpfnähte, schmelzgeschweißte Kehlnähte und Punktschweißverbindungen. Nach festgelegten Normen werden in erster Linie Zugversuche, Faltversuche, Kerbschlagbiegeversuche, Kerbzug-, Rohr-Kerbzug- und Kerbfaltversuche sowie Scherversuche durchgeführt. Aber auch andere, oben bereits genannte Prüfmethoden kommen bei der Prüfung von Schweißverbindungen zur Anwendung.

□ Metallographische Untersuchungen: Oft kann auf das Verhalten von Stählen nur durch mikroskopische oder röntgenographische Untersuchungsmethoden geschlossen werden. Es können z. B. Untersuchungen zum Aufbau und zur Struktur des Werkstoffgefüges durchgeführt werden oder Oberflächenfehler mit diesen Methoden erkannt werden.

□ Zerstörungsfreie Werkstoffprüfungen: Zerstörungsfreie Werkstoffprüfmethoden werden vor allem bei der Stahlherstellung und der Untersuchung von Schweißverbindungen angewandt. In der H. dienen sie vor allem zur Grobstrukturprüfung, d. h. zur Feststellung von makroskopischen Materialfehlern wie → Risse, Poren, → Lunker, → Einschlüsse oder Bindefehlern.

Risse und Fehler, die dicht an der Stahloberfläche liegen, können mit magnetischen Rißprüfungsverfahren festgestellt werden.

Risse im Stahl, die an der Oberfläche enden, sind mit Hilfe von Penetrierflüssigkeiten zu erkennen.

Tiefer liegende Fehler können mit Röntgen- und Gammastrahlen oder durch Ultraschallprüfverfahren festgestellt werden.

Soweit möglich, ist die → Probenentnahme bzw. Probenlage und der Probenumfang bei allen H. in den entsprechenden Normen geregelt und festgelegt. *Rehm/Beul*

Literatur: Deutsches Institut für Normung e. V. (Hrsg.): Materialprüfnormen für metallische Werkstoffe 1. Berlin–Köln, 1985. – Deutsches Institut für Normung e. V. (Hrsg.): Materialprüfnormen für metallische Werkstoffe 2. Berlin–Köln, 1979. – 17100: Allgemeine Baustähle. – DIN 17102: Schweißgeeignete Feinkornbaustähle, normalgeglüht. – DIN 17200: Vergütungsstähle. – DIN 17440: Nichtrostende Stähle. – Mitteilung aus dem Fachbeirat der Arbeitsgemeinschaft Korrosion e. V.: Übersicht der Normen, technische Regeln und Richtlinien auf dem Gebiet Korrosion, Korrosionsprüfung und Korrosionsschutz. Werkstoffe und Korrosion 35 (1984) S. 337–351. – *Wellinger; Gimmel, Uebing:* Werkstoffprüfung der Metalle, Stuttgart, 1960.

Hochdruckbehälter → Hohlzylinder, dickwandiger

Hochdruck-Formverfahren → Sandform

Hochdruckpolyethylen → Polyolefine

Hochdruckumformung. Unter H. sind einige Umformverfahren zu verstehen, bei denen unter hohem hydrostatischen Druck stehende Wirkmedien an Stelle starrer Werkzeugteile verwendet werden und bei denen sich häufig durch Überlagerung eines Gegen- oder Querdrucks die mittlere → Normalspannung und damit das → Formänderungsvermögen erhöhen.

Zur H. gehört das hydrostatische → Strang- und → Fließpressen. Hierbei wird gemäß Bild 1 die → Umformkraft nicht durch einen Stempel, sondern durch den auf den Werkstückquerschnitt senkrecht A_o zur Umformrichtung wirkenden hydraulischen Druck p_h ($F = A_o p_h$) aufgebracht. Da die Wandreibung zwischen Werkstück und → Aufnehmer entfällt, die → Reibung in der Matrize durch gute → Schmierung mit dem Druckmedium sehr klein ist und die Scherungsverluste bei den verwendeten kleinen Matrizenöffnungswinkeln 2α ebenfalls klein sind, ergeben sich insgesamt um 30 % bis 40 % niedrigere Umformkräfte gegenüber dem → Umformen mit starren Werkzeugen bei gleicher Querschnittsabnahme A_o/A_1 (Bild 1). Das Verfahren eignet sich für die meisten, auch höherfesten Metalle. Fertigungsbeispiele sind die Herstellung von → Draht mit sehr großen Querschnittsänderungen in einer Stufe gegenüber sonst üblicher sehr

großer Zahl von Ziehstufen, Herstellung sehr dünnwandiger oder sehr dickwandiger Rohre, Herstellung von Strängen mit Längsprofilen – auch verwunden –, Herstellung einzelner Werkstücke mit komplexen Querschnitten aus Rundmaterial bei großer Homogenität der Formänderungen (Bild 2). Bei den bekannt gewordenen Anwendungen werden hydraulische Drücke zwischen 15 und 20 kbar (1,5 bis 2 GPa) kaum überschritten.

Beispiele für das Umformen mit gezielt überlagertem Gegen- oder Querdruck sind das Querfließpressen gegen hydrostatischen Druck oder das → Tiefziehen unter hydrostatischem Druck, das durch radiale Druckeinwirkung auf den Platinenrand in ein → Durchdrücken zwischen Niederhalter, Matrize und Stempel umgewandelt wird (Bild 3). Das Ziehverhältnis verdoppelt sich dadurch gegenüber dem konventionellen Tiefziehen.

Lange

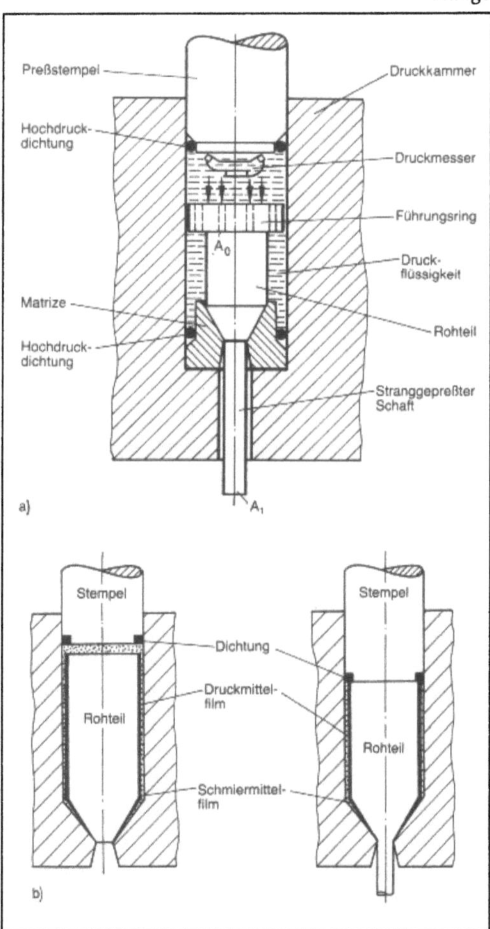

Hochdruckumformung 1: Hydrostatisches Strang- und Fließpressen.
a) Prinzipieller Vorgang beim Voll-Vorwärtspressen
b) Dickfilm-Strang- bzw. Fließpressen.

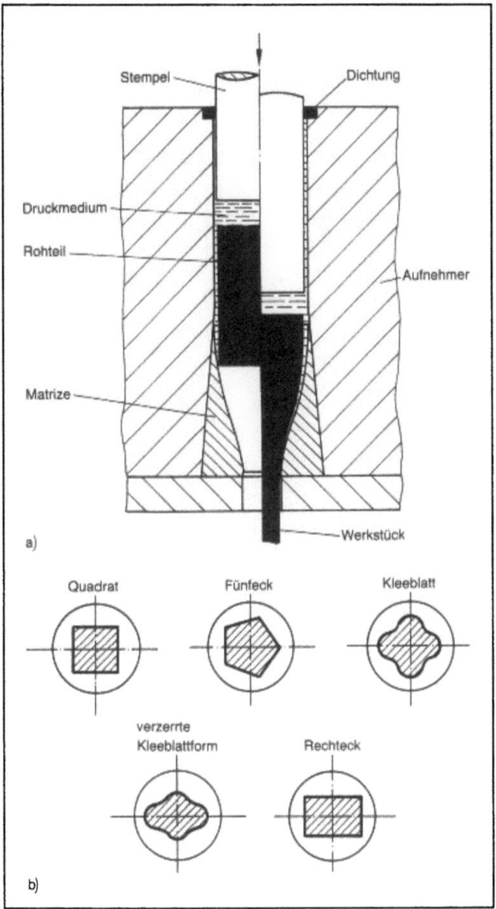

Hochdruckumformung 2: Hydrostatisches Fließpressen mit Matrize mit stetigem Querschnittsübergang.
a) Werkzeuglängsschnitt
b) Schaftquerschnitt.

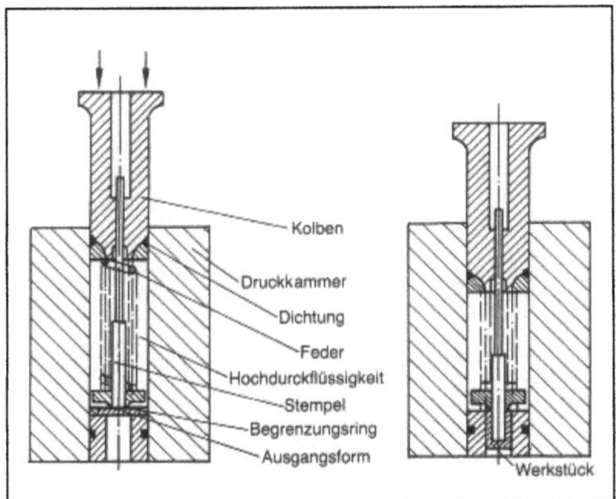

Hochdruckumformung 3: Tiefziehen unter hydrostatischem Druck.

Literatur: *Lange, K.* (Hrsg.): Lehrbuch der Umformtechnik. Bd. 3. Blechumformung. Berlin, Heidelberg, New York 1975. – *Sugondo, S.:* Hydrostatisches Fließpressen von Profilen unter Verwendung von Matrizen mit stetigem Übergang. Ber. Nr. 88 Inst. Umformtechn. Universität Stuttgart. Berlin, Heidelberg, New York, Tokio 1986.

Hochdruck-Verschluß. Während bei normalen Flanschverbindungen mit geringfügigen Leckraten zu rechnen ist, darf bei H.-V. keine Leckage auftreten. Vorteilhaft sind solche Verschlußarten, bei denen infolge Druckanstieg immer größere Dichtwirkung erzielt wird; man spricht von Selbstdichtungs-Prinzip. H.-V. gelten für Betriebsdrücke bis 3 000 bar und Temperaturen bis etwa 600 °C; sie sind häufig vertreten im Dampfkessel- und chemischen Apparatebau.

Folgende selbstdichtende Verschlüsse haben sich besonders bewährt:
– Linsendichtung
– Deltaringdichtung
– Keilringdichtung
– Uhde-Bredtschneider-Verschluß
– metallischer-O-Ring und
– Ring-Joint-Dichtung.

Einige wichtige Bauprinzipien der in der Hochdrucktechnik eingeführten Verschlußkonstruktionen sind im Bild dargestellt. *Strohmeier/Gräfen*

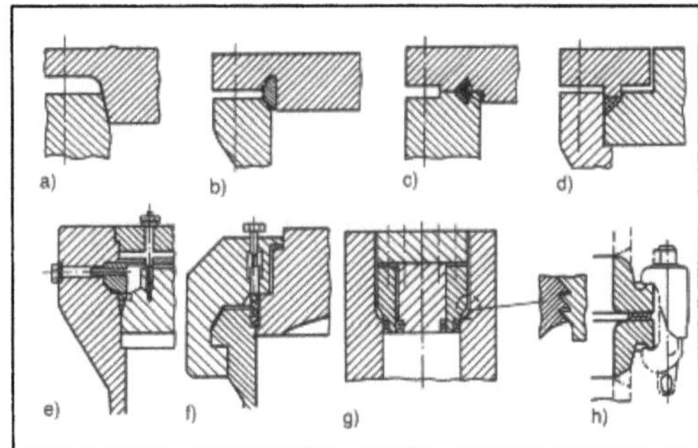

Hochdruck-Verschluß: Lösbare H.-V. – Bauarten.
a) Einfachkonusverschluß
b) Doppelkonusverschluß
c) Deltaringverschluß
d) Keilringverschluß
e) Bredtschneider-Verschluß
f) Bajonettverschluß mit Einzel- oder Mehrfachnocken
g) Gewindesteckverschluß
h) Klammerverschluß (vorwiegend für geringe Drucke, nach DIN 28139).

Literatur: *Klapp, E:* Apparatetechnik und Anlagentechnik. Berlin–Heidelberg 1980. – *Strohmeier:* Hochdruck-Apparate für die chemische Industrie und ihre Verschlüsse. Rheinstahl-Techn. (1971) Nr. 3, S. 104–113

Hochdruckzusätze. →Schmierstoffadditive, die →Schmierölen oder →Schmierfetten zugesetzt

423

werden, um bei Überbeanspruchungen, bei denen Schmierfilme durchbrochen werden, ein →Fressen der Kontaktpartner zu verhindern. H. sind vor allem in Einlaufölen, →Getriebeölen, Schneidölen, teilweise auch in Motoren-, Hydraulik- und Turbinenölen enthalten. Sie bestehen aus organischen Schwefel-, Chlor-, Phosphor- oder Stickstoffverbindungen. Diese Verbindungen bilden bei Überbeanspruchungen spontan Reaktionsschichten. *Habig*

Hochfrequenz-Rohrschweißverfahren. Nach 1960 wurde das H.-R. entwickelt und eingesetzt. Vorteile dieses Verfahrens sind die Anwendung von Hochfrequenz im Bereich zwischen 200 und 500 kHz sowie die Trennung der Rohrformung von der Energieeinspeisung. Dabei wird, wie bei anderen Widerstands-Preßschweißverfahren, ebenfalls die gleichzeitige Einwirkung von Druck und Wärme zum Verschweißen der Bandkanten des Schlitzrohres ohne Zusatzwerkstoff genutzt. Das Zusammenführen der Kanten des Schlitzrohres und das Aufbringen des für die Schweißung erforderlichen Druckes erfolgt durch Stauch- und Druckrollen im Schweißgerüst. Als vorteilhafte Energie zur Wärmeerzeugung für das →Schweißen wird Hochfrequenz-Wechselstrom benutzt. Der hochfrequente Strom hat dem normalen Wechselstrom gegenüber den Vorteil größter Stromdichte im Oberflächenbereich des Leiters. Dieser Strom hat aufgrund seiner hohen Frequenz die Eigenschaft, im Kern des Leiters ein magnetisches Feld aufzubauen. Im Bereich dieses Feldes ist der Ohmsche Widerstand am größten, und so fließen die Elektronen den Weg des geringsten Widerstandes an der Außenhaut des Leiters (Skineffekt).

Das Einformen zum Schlitzrohr für Leitungsrohre und Konstruktionsrohre im Abmessungsbereich zwischen etwa 20 mm und 609 mm Außendurchmesser bei Wanddicken zwischen 0,5 mm und 16 mm erfolgt in einem Formwalzaggregat oder in einem verstellbaren Rollenkäfigsystem. Als Vormaterial dient gewickeltes →Stahlband. Je nach Rohrabmessung und Verwendungszweck, insbesondere für die Herstellung von →Präzisions-Stahlrohren, wird das Stahlband vorher gebeizt oder kaltgewalztes Band verwendet. Die einzelnen Bunde werden bei hoher Abhaspelgeschwindigkeit endlos aneinandergeschweißt und zunächst in Schlingen gespeichert. Die Rohrschweißmaschine arbeitet kontinuierlich mit einer Geschwindigkeit zwischen 10 m/min und 120 m/min.

Das Formwalzaggregat (Bild 1) wird für Rohrdurchmesser bis 609 mm eingesetzt und besteht in der Regel aus acht bis zehn, zum größten Teil angetriebenen Profilwalzgerüsten, in denen die →Umformung vom Stahlband zum Schlitzrohr schrittweise – entsprechend den Stufen 1 bis 7 in Bild 1 –

erfolgt. Die drei Messerscheibengerüste 8, 9 und 10 führen das Schlitzrohr zum Schweißtisch 11. Die Profilwalzen müssen dem zu fertigenden Rohrdurchmesser angepaßt sein.

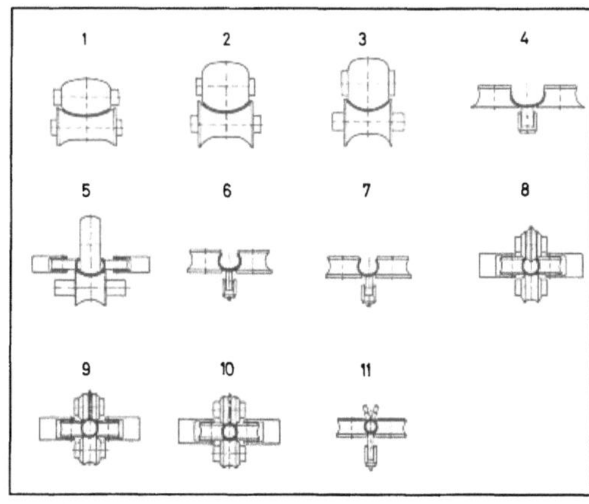

Hochfrequenz-Rohrschweißverfahren 1: Schematische Darstellung des Einformens von Stahlband mit einem Formwalzaggregat einer Hochfrequenz-Rohrschweißanlage.

Für die Herstellung größerer Rohrdurchmesser kann ein Rollenkäfigsystem eingesetzt werden. Wesentliche Merkmale des Rollenkäfigsystems (Bild 2) bestehen darin, daß eine Vielzahl nicht angetriebener, für einen großen Durchmesserbereich einstellbarer, innerer und äußerer Formrollen eine trichterähnliche Einformstrecke bilden, in der das Stahlband durch allmähliche Profilumformung zum Schlitzrohr gebogen wird. Der Antrieb erfolgt durch das am Einlauf befindliche Vorbiege-Walzgerüst und die Messerscheibengerüste am Auslauf. Die Schnittdarstellungen A–B, C–D und E–F in Bild 2 lassen den jeweiligen →Umformgrad und die Anordnung der Formrollen erkennen.

Der Schweißstrom kann entweder konduktiv über Schleifkontakte oder induktiv über Spulen in das Schlitzrohr geleitet werden. Deshalb wird zwischen dem induktiven H.-R. und dem konduktiven H.-R. unterschieden (→Hochfrequenz-Rohrschweißverfahren, induktives/konduktives).

Der beim →Preßschweißen entstehende innere und äußere Stauchwulst wird bei Rohren mit lichtem Durchmesser oberhalb 30 mm meist in noch warmem Zustand abgehobelt oder abgeschabt.

Anschließend wird das Rohr in zwei bis sechs Kalibriergerüsten durch Umfangsreduktion gerundet und maßkalibriert. Der Vorgang bewirkt gleichzeitig einen Richteffekt. Durch den Einbau einer zusätzlichen mehrgerüstigen Profilrollen-Kalibriereinheit in die Rohr-Auslaufstrecke ist eine unmittelbare Umformung vom Rundrohr zum Profilrohr

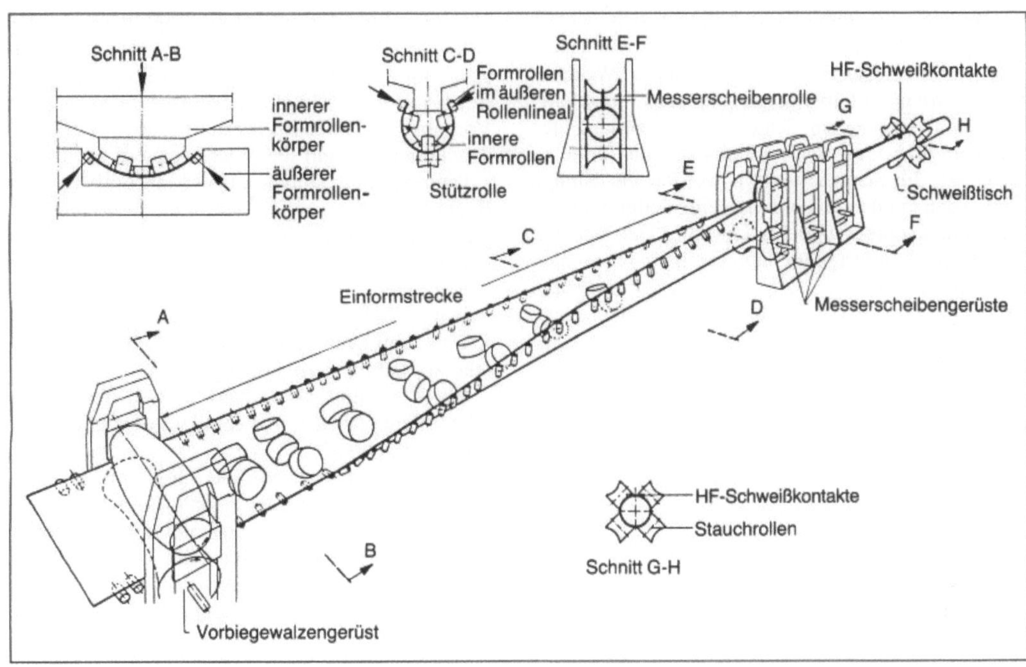

Hochfrequenz-Rohrschweißverfahren 2: Schematische Darstellung des Einformens von Stahlband mit einem Rollenkäfigsystem einer Hochfrequenz-Rohrschweißanlage.

möglich. Nach einer zerstörungsfreien Prüfung der geschabten Schweißnaht (diese Kontrolle dient der Fertigungsüberwachung) wird der endlos gefertigte Rohrstrang von einem mitlaufenden Trennaggregat in Rohre mit bestimmten Längen zerteilt. *Baumann*

Hochfrequenz-Rohrschweißverfahren, induktives. Beim i. H.-R., auch *Induweld*-Verfahren genannt, werden, je nach Wanddicke und Verwendungszweck der → Stahlrohre, Schweißgeschwindigkeiten bis 120 m/min erreicht. Dabei wird das zu schweißende Schlitzrohr (Bild) in Pfeilrichtung in den Schweißtisch eingeführt und von den Stauchrollen erfaßt, mit denen zunächst die unter dem Winkel α keilförmig einlaufenden Schlitzkanten zusammengedrückt werden. Der von dem Schweißgenerator eingespeiste hochfrequente Strom bildet um den Ringinduktor ein elektromagnetisches Feld, das im Schlitzrohr eine Wechselspannung induziert, der einem Strom in Rohrumfangsrichtung entspricht. An den offenen Schlitzkanten wird der Stromkreis abgelenkt und läuft auf der Kante a über Punkt p entlang der Kante b zu der Induktorumfangsebene zurück, um sich auf dem Rohrrücken zu schließen. Von den Stauchrollen werden die erhitzten Kanten zusammengepreßt und verschweißt. Der sich dabei bildende innere und äußere Stauchwulst wird an der fertigen Schweißnaht abgeschabt. *Baumann*

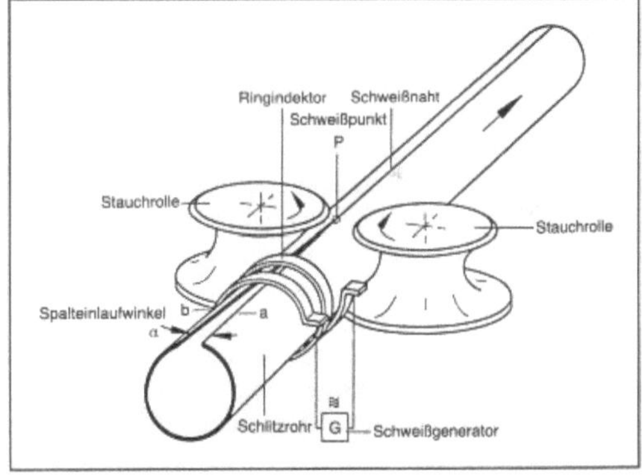

Hochfrequenz-Rohrschweißverfahren, induktives: Schematische Darstellung.

Hochfrequenz-Rohrschweißverfahren, konduktives. Das k. H.-R., auch *Thermatool*-Verfahren genannt, unterscheidet sich vom induktiven → Hochfrequenz-Rohrschweißverfahren im wesentlichen durch die Stromeinleitung über Schleifkontakte. Bei dem konduktiven Schweißen wird der Strom über Kupfergleitkontakte, die sich vor dem Schweißpunkt auf den Bandkanten des Schlitzrohres befinden, eingespeist. Die erreichbaren Schweißgeschwindigkeiten betragen je nach Wanddicke und Verwendungszweck der Stahlrohre bis 100 m/min.

Die Schleifkontakte (Bild) befinden sich dicht an den gegenüberliegenden Kanten. Der von einem Generator eingespeiste hochfrequente Wechselstrom wird unmittelbar in das Schlitzrohr eingeleitet und läuft von einem Schleifkontakt entlang den Kanten über den Schweißpunkt p zum anderen Kontakt. Im Schweißpunkt p werden die Kanten durch den mit den Stauchrollen eingeleiteten Druck zusammengepreßt und verschweißt. Der sich bildende innere und äußere Stauchwulst wird anschließend abgehobelt. *Baumann*

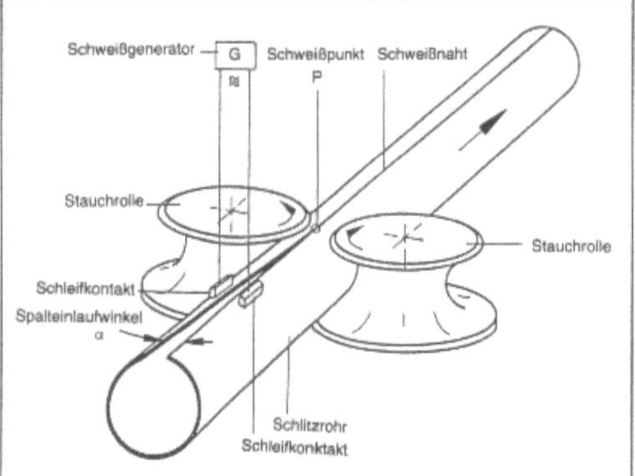

Hochfrequenz-Rohrschweißverfahren, konduktives: Schematische Darstellung.

Hochfrequenzschweißen. Das H. wird hauptsächlich bei der Fertigung geschweißter Rohre angewendet. Als Wärmequelle dient Stromwärme, die durch konduktive oder induktive Übertragung auf die Kanten eines aus Bandstahl gebogenen Schlitzrohres übertragen wird. Bei Erreichen der Schweißtemperatur wird das Schlitzrohr durch Druckrollen zusammengepreßt und endlos verschweißt. Der Strom wird in einem Hochfrequenzgenerator (100–500 kHz) erzeugt. Bei der konduktiven Übertragung erfolgt der Stromübergang durch Schleif- oder Rollenkontakte beiderseits des noch offenen Rohrschlitzes. Bei der induktiven Übertragung benutzt man eine ein- oder mehrwindige Spule, durch die das Schlitzrohr fährt. In beiden Fällen wird im Rohr eine → Spannung induziert, die Wirbelströme und dadurch eine Widerstandserwärmung zur Folge hat. Infolge der Geometrie des Schlitzrohrs bilden sich Strombahnen aus, die sich entlang der Schlitzoberkante konzentrieren, so daß nur eine schmale Zone in diesem Bereich hoch erhitzt wird. Für eine weitere Konzentration des Stroms auf die Kanten des Schlitzrohrs sorgt ein Impeder, der sich im Rohrinneren befindet. Es sind ferromagnetische Ferrite, die ähnlich einem → Eisenkern in einer Magnetspule wirken (→ Schweißverfahren). *Dorn*

Hochfrequenztrocknung → Holztrocknung

Hochgeschwindigkeitskinematographie. Mit Hilfe der H. (HK) können schnell ablaufende Vorgänge für das menschliche Auge auflösbar gemacht werden. Mit der Aufnahmeeinrichtung wird der Vorgang mit hoher Bildwechselfrequenz (BF) aufgenommen und mit niedriger Frequenz projiziert.

Die Aufnahmeeinrichtung der HK besteht in der Regel aus
– dem abbildenden System,
– dem Verschluß,
– dem Speichermedium und
– dem Antrieb.

Das abbildende System ist für kinematographische Aufnahmen das Objektiv.

Als Verschluß wird meist eine Umlaufblende oder seltener der Kerrverschluß verwendet; er kann aber auch fehlen.

Das Speichermedium ist der Film. Weit verbreitet ist der 16 mm breite Film (16 mm-Format).

In Aufnahmeeinrichtungen mit relativ niedrige BF erfolgt der Antrieb von Film, Verschluß und Bildnachführung elektromotorisch. Bei hohen BF wird die Bildnachführeinrichtung durch eine Turbine angetrieben.

Die am häufigsten eingesetzten Aufnahmeeinrichtungen der HK lassen sich in folgende fünf Gruppen einteilen:
– Kamera mit Greiferwerk: Der Film wird durch Greifer intermittierend vorwärtsbewegt. Während der Belichtung des Einzelbilds steht der Film. Antrieb durch Elektromotor, Bildtrennung durch Umlaufblende. BF, abhängig vom Filmformat, bis 800 Bilder pro Sekunde (B/s).
– Kamera mit optischem Ausgleich: Der Film wird kontinuierlich vorwärtsbewegt. Er steht also während der Belichtung des Einzelbildes nicht. Die Belichtung erfolgt durch das Bildnachführsystem, das aus einem rotierenden Polygonalprisma oder einem Spiegelkranz besteht. Antrieb und Bildtrennung wie Kamera mit Greiferwerk. BF bis 10 000 B/s.
– Trommelkamera: Der Filmstreifen ist fest auf einem rotierenden Zylinder (Trommel) befestigt. Die maximale Filmlänge richtet sich nach dem Trommelumfang. Die Belichtung des Einzelbildes erfolgt durch mit der Trommel synchron laufende ebenfalls rotierende Spiegelflächen. Antrieb durch Turbine, zur Bildtrennung Verschluß oder verschlußlos mit Stroboskop. BF bis 50 000 B/s.
– Drehspiegelkamera: Der Film ist über ein Kreisbogensegment gespannt. Die Belichtung des Einzelbildes erfolgt über einen sich drehenden Spiegel und eine zugehörige Linse. Die Anzahl der vorhandenen Linsen ergibt die maximale Bildzahl. Antrieb und Bildtrennung wie Trommelkamera. BF bis 80 000 B/s.
– Mehrfachkamera: Mehrere Kameras werden mit synchronisierten Verschlußsystemen nacheinander ausgelöst und zwar dann, wenn das aufzunehmende

Objekt im jeweiligen Bildfeld der Kamera erscheint. BF bis 10 000 000 B/s.

Außer der eigentlichen Aufnahmeeinrichtung gehören Steuergeräte, Zeitgeneratoren, Triggergeräte, Beleuchtungseinrichtungen u. ä. zu einem HK-System.

Neben diesen am häufigsten für die HK eingesetzten Systeme gibt es eine Reihe zusätzlicher Verfahren wie

□ Röntgenkinematographie,

□ Rasterkinematographie,

□ Streakaufnahmen, u. a.

Die Geschwindigkeit des aufzunehmenden Objekts, die Größe die dieses Objekt auf dem Einzelbild des Films haben soll bestimmt einerseits das Aufnahmeverfahren und die BF. Andererseits wird die BF durch die maximal zulässige Bewegung des Objekts während der Belichtungszeit des Einzelbildes (Bewegungsunschärfe) festgelegt. Dies bedeutet, je höher die Objektgeschwindigkeit ist und je geringer die Bewegungsunschärfe sein soll desto höher muß die BF sein.

Eine hohe BF ergibt wegen der begrenzten Filmlänge nur kurze Aufnahmezeiten. Das aufzunehmende Objekt muß also zu einem vorher bekannten Zeitpunkt vor der Aufnahmeeinrichtung erscheinen (Triggerung). Eine hohe BF ergibt aber kurze Belichtungszeit für das Einzelbild. Dies erfordert entweder hohe Lichtdichten, selbstleuchtende Objekte, oder leistungsfähige Stroboskope.

Die Auswertung der Einzelbilder oder Filme erfolgt entweder manuell mit Filmprojektoren (Einzelbildschaltung) oder mit mehr oder weniger automatisierten Auswertesystemen.

Die HK ergibt Raum-Zeit-Informationen von schnell ablaufenden Vorgängen. Die Haupteinsatzgebiete sind in der:

– Forschung und Entwicklung,

– Produktion,

– Qualitätssicherung,

– Fehlerdiagnose u. a.   *Kußmaul*

Hochgeschwindigkeitsumformung. Zur H. werden die Umformverfahren gerechnet, bei denen der Vorgang mit hohen Geschwindigkeiten bzw. in sehr kurzen Zeiten verläuft. Dabei ergeben sich hohe Momentanleistungen (→ Hochleistungsumformung).

Bei der H. ändern sich die Spannungs-Zeit-Funktionen teils signifikant; die Belastungsgeschwindigkeit gegenüber herkömmlichen Umformverfahren sind wesentlich größer (Bild 1). Während die bekannten Mechanismen der plastischen → Verformung allgemein auch bei höheren Geschwindigkeiten gelten, nimmt der Anteil der → Zwillingsbildung mit zunehmender Belastungsgeschwindigkeit auch bei kubisch kristallierenden Metallen zu und der Anteil der → Gleitung entsprechend ab. Die

dadurch gegebene Verringerung des Formänderungsvermögens wird z. T. dadurch kompensiert, daß bei den sehr kurzzeitigen Umformvorgängen die in Wärme dissipierte → Umformarbeit praktisch ganz im Werkstück verbleibt und zu einer maximalen Erwärmung führt, wodurch wiederum in Abhängigkeit vom Werkstoff, eine gewisse Verbesserung des Formänderungsvermögens resultiert.

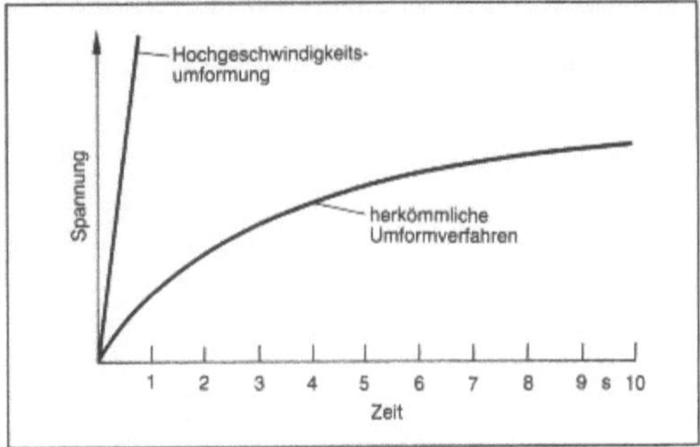

Hochgeschwindigkeitsumformung 1: Spannungs-Zeit-Funktionen unterschiedlicher Umformverfahren.

Zu den Grundverfahren der H. zählen gemäß Bild 1 Hochleistungsumformung das → Umformen mit Expansion hochkomprimierter Gase, die → Explosionsumformung, die elektrohydraulische und elektromagnetische → Umformung sowie das Umformen mit auf hohe Geschwindigkeiten beschleunigten starren Massen, d. h. das Umformen mit Hochgeschwindigkeitshämmern. Anwendungsbeispiele enthält Bild 2.

Die Verwendung von Bärgeschwindigkeiten zwischen 15 und 20 m/s bei Hochgeschwindigkeitshämmern gegenüber 5–7 m/s bei konventionellen Schmiedehämmern führt bei gleicher Nennenergie zu etwa auf ein Zehntel reduzierten Bärmassen. Hochgeschwindigkeitshämmer lassen sich daher leichter, gedrungener, steifer und billiger bauen. Mit der höheren Auftreffgeschwindigkeit steigen aber die Bärverzögerung und damit die Stoßkräfte (unter Annahme gleichmäßig verzögerter Bewegung) etwa proportional an. Hochgeschwindigkeitshämmer haben infolgedessen früher und häufiger Ausfall von Bauteilen, auch ist die Werkzeugbelastung sehr hoch.

Hochgeschwindigkeitshämmer wurden mit den Antriebssystemen: Kurzzeitige Entspannung hochkomprimierter Gase (z. B. Dynapak), Umsetzung chemisch gebundener Energie in mechanische Energie nach dem Prinzip des Verbrennungsmotors (z. B. Petro-Forge) entwickelt und erprobt sowie z. T. in der Produktion eingesetzt. Antriebe nach dem Prinzip des „linearen Induktionsmotors" sind über das Laborstadium nicht hinausgekommen. Bevorzugtes Einsatzgebiet ist das Warmumformen hochwarmfester Metalle bei sehr großen Formände-

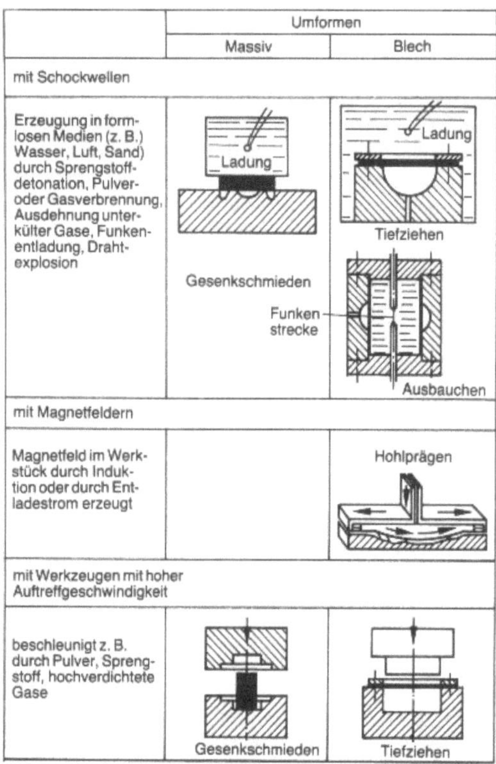

	Umformen	
	Massiv	Blech
mit Schockwellen		
Erzeugung in formlosen Medien (z. B.) Wasser, Luft, Sand) durch Sprengstoffdetonation, Pulver- oder Gasverbrennung, Ausdehnung unterkülter Gase, Funkenentladung, Drahtexplosion	Ladung; Gesenkschmieden; Funkenstrecke	Ladung; Tiefziehen; Ausbauchen
mit Magnetfeldern		
Magnetfeld im Werkstück durch Induktion oder durch Entladestrom erzeugt		Hohlprägen
mit Werkzeugen mit hoher Auftreffgeschwindigkeit		
beschleunigt z. B. durch Pulver, Sprengstoff, hochverdichtete Gase	Gesenkschmieden	Tiefziehen

Hochgeschwindigkeitsumformung 2: Beispiele.

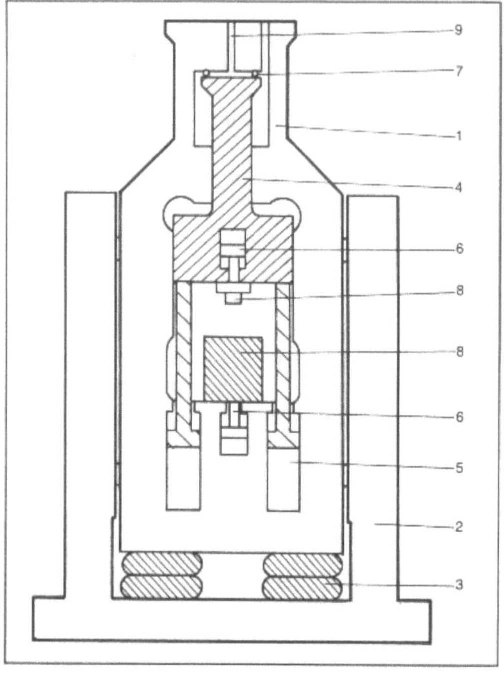

Hochgeschwindigkeitsumformung 3: Hochgeschwindigkeitshammer-System Dynapak. (Quelle: Schloemann)

1 freibeweglicher Maschinenrahmen, 2 Stützrahmen, 3 Luftfedern, 4 Arbeitskolben, 5 hydraulischer Spannzylinder, 6 Ausstoßer, 7 Dichtung, 8 Werkzeuge, 9 Druckgaszuleitung für Schlagauslösung

rungen. Nur in diesem Fall werden die hohe Energie und die hohe erzielbare Endumformkraft eines Hammers ausgenutzt.

Während bei Hochgeschwindigkeitshämmern nach dem System „Dynapak" mit dem zeitaufwendigen Komprimieren das Treibgas über das integrierte Hydrauliksystem nur etwa 6–8 Schläge/min erreicht werden können, ist die Schlagfrequenz beim „Petro-Forge" eine Zehnerpotenz höher. Es hat deshalb verschiedene Lösungsvorschläge für die Automatisierung des Fertigungsablaufs für Umformen, Scheren, Pulververdichten auf Laborebene gegeben. Insgesamt ist eine industrielle Nutzung der H. (HERF high energy rate forming) trotz prinzipieller Vorteile wegen gravierender Nachteile bisher sehr gering geblieben. *Lange*

Literatur: *Lange, K.* (Hrsg.): Lehrbuch der Umformtechnik. Bd. 3. Blechumformung. Berlin, Heidelberg, New York 1975. – *Tobias, S. A.:* Survey of the Development of Petro-Forge Forming Machines. Inter. J. Mach. Tool Des. Res. 1985.

Hochleistungsumformung. Als H. werden die Verfahren bezeichnet, bei denen Energie in sehr kurzen Zeiten umgesetzt wird, so daß sich hohe Momentanleistungen ergeben.

Handelt es sich bei der umgesetzten Energie um große Beträge, so kann H. gleichzeitig Hochenergieumformung sein:

Hochenergieumformung: verbrauchte Arbeit W groß,

Hochleistungsumformung: Momentanleistung $P = \dfrac{dW}{dt}$ groß.

Die Übergänge sind fließend, wie das Bild, in dem die Grundverfahren der Hochenergie- und H. dargestellt sind, erkennen läßt. Daraus folgt auch, daß Hochleistungsumformverfahren durch hohe Geschwindigkeiten oder sehr kurze Vorgangszeiten gekennzeichnet sind und sich deshalb wie die Tabelle zeigt, von einigen konventionellen Umformverfahren weniger hinsichtlich der Leistung als vielmehr hinsichtlich der Geschwindigkeit unterscheiden. Die Verfahren werden deshalb meist mit →Hochgeschwindigkeitsumformung bezeichnet.

Die fünf Grundverfahren sind (Bild): das →Umformen mit Expansion komprimierter Gase, die →Explosionsumformung, die elektrohydraulische →Umformung durch Entladung einer Kondensatorbatterie über eine Funkenstrecke unter Wasser, die elektromagnetische →Umformung

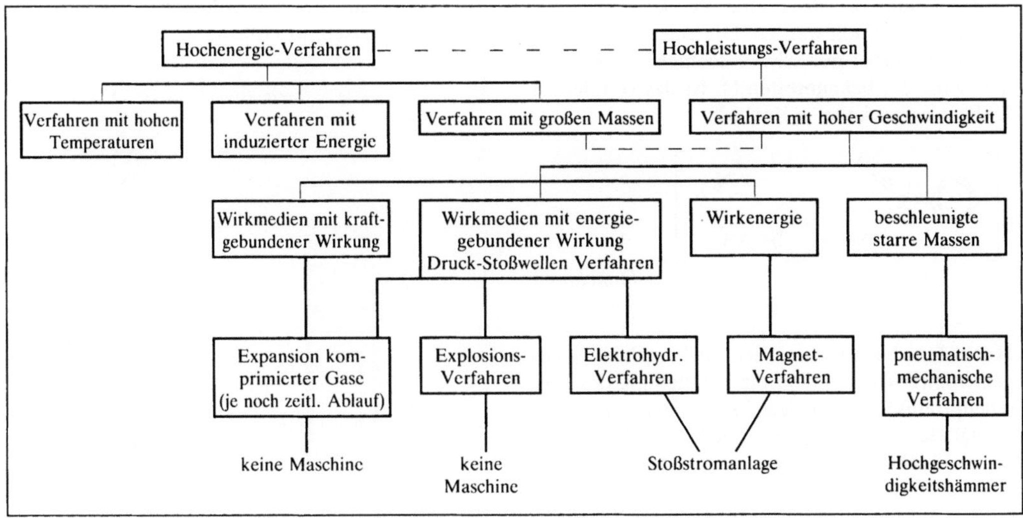

Hochleistungsumformung: Einteilung der Hochenergie- bzw. Hochleistungsumformverfahren.

Hochleistungsumformung. Tabelle: Kenngrößen.

Verfahren bzw. Maschine	Vorgangs-geschwin-digkeit [m/s][1]	Vorgangszeit bei kleinen Umform-wegen (Anhalts-werte) [sec]	Leistung kW	erziel-barer Druck [kbar] (Anhalts-werte)
Schmiede-hammer	5	$10^{-1}...10^{-2}$	10^4	10
pneum.-mech.	20	$10^{-2}...10^{-3}$	10^5	10
Magnet-umform.	...300	10^{-4}	$10^4...10^5$	3–5
Elektrohydr.	...300	10^{-3}	10^4	10
Explosiv-umform. in Flüssig.	...300	10^{-3}	10^6	60

1) Die Vorgangsgeschwindigkeit ist bei mechanischen und mecha-nisch-pneumatischen Verfahren = Werkzeuggeschwindigkeit, bei Schockwellenbearbeitungsverfahren die Geschwindigkeit, mit der sich das Werkstück relativ zur Werkzeugwand (Auf diese zu I) be-wegt.

durch Entladung einer Kondensatorbatterie über eine Spule – beide Verfahren erfordern eine Stoß-stromanlage – und das Umformen mit Hochge-schwindigkeitshämmern.

Aus verschiedenen Gründen haben sich die Hochleistungs- bzw. Hochgeschwindigkeitsum-formverfahren trotz einer Reihe von Vorteilen nicht breit in die industrielle Praxis einführen können. Zu nennen sind vor allem Sicherheitsmaßnahmen, sehr schlechte Wirkungsgrade, sehr lange Vorberei-tungszeiten, d. h. niedrige Produktivität. In einigen Fällen wird vor allem noch das Hochgeschwindig-keitsschmieden mit Hämmern, das elektrohydrauli-sche Umformen und das elektromagnetische Um-formen angewendet. Das → Explosionsumformen ist von den meisten Anwendern in westlichen Län-dern aufgegeben worden. *Lange*

Literatur: *Lange, K.:* Lehrbuch der Umformtechnik. Bd. 3. Blechumformung. Berlin, Heidelberg, New York 1975.

Hochmodulfaser. H. sind Fasern, die ein → Elasti-zitätsmodul in der Größenordnung von Stahlfäden also von ca. 210 GPa haben. Im Vergleich hierzu liegen die Elastizitätsmodule typischer Textilfasern bei 4–40 GPa und → Kohlenstoffasern bei 350 GPa. Der hohe Modul bei H. wird durch die Orientierung der Makromoleküle in Faserrichtung erzielt. Diese Orientierung wird durch Verstrecken, → Gelspin-nen oder meist durch die Verarbeitung aus flüssig-kristallinen Phasen erreicht.

H. aus flüssigkristallinen Hauptkettenpolymeren zeichnen sich durch den Aufbau aus steifen Ketten-segmenten aus. Die → Steifigkeit entsteht durch die Verwendung von aromatischen Gruppierungen. Durch eine geeignete Nachverstreckung lassen sich mit diesen organischen H. Elastizitätsmodule errei-chen, die noch über dem der Kohlenstoffaser lie-gen. Die Vorteile der Polymerfasern gegenüber → Stahl und → Kohlenstoff liegen in ihrer guten → Adhäsion zu Thermoplasten und Elastomeren mit denen sie im Verbund als Verstärkungsfasern z. B. im Flugzeugbau, bei der Reifenherstellung usw. eingesetzt werden. Wegen ihrer extremen Sta-bilität finden sie aber auch in anderen Bereichen breite Anwendung, wie z. B. zum Herstellen von schußsicheren Westen oder auch zum Abspannen von Brücken.

Vom chemischen Aufbau her handelt es sich bei den organischen H. meist um → Polyester oder

→Polyamide, die über eine Polykondensationsreaktion dargestellt werden. Die entstehenden Produkte sind meist nur schwer schmelzbar oder löslich. Eine der bekanntesten H. ist das von der Fa. DuPont entwickelte →Kevlar®:

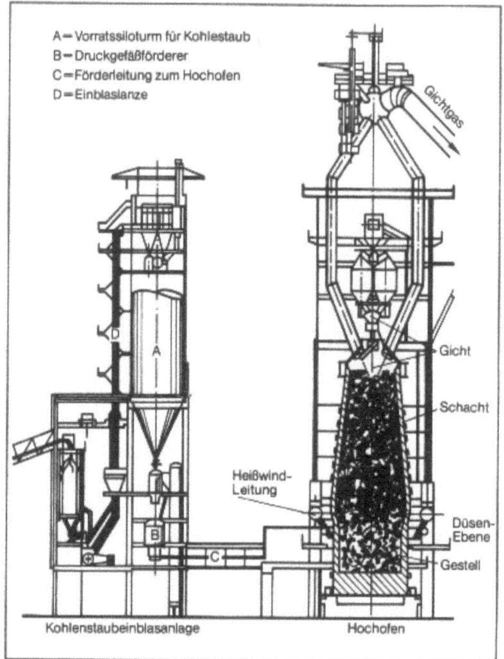

Finkelmann

Hochofen. Der H. ist ein senkrecht stehender Gegenstromreaktor, in dem die Herstellung des Zwischenprodukts →Roheisen für die Stahlherstellung erfolgt. Je nach Ofengröße beträgt die Erzeugung bis zu 10 000 t RE/Tag.

Im unteren Teil des 30–40 m hohen Ofens, dem Gestell mit einem Durchmesser von 9–15 m, sammeln sich flüssiges Roheisen und Schlacke. Sie werden in regelmäßigen zeitlichen Abständen durch ein bis vier Stichlöcher abgestochen. In der Ebene über dem Gestell sind 18–36 wassergekühlte Blasformen im Ofenumfang angeordnet. Durch diese wird der Heißwind eingeblasen. Die darüber liegenden Ofenteile, Rast und Schacht, sind in ihrer Form der Volumenänderung des Möllers beim Absinken angepaßt.

Der Ofen ist mit feuerfesten Stoffen ausgekleidet. In der Rast und im unteren Teil des Ofenschachtes wird das Mauerwerk durch metallische Kühlkästen gehalten, die von Wasser durchflossen sind, oder es werden wassergekühlte Platten, Staves, aus →Gußeisen angebracht, die ofenseitig eine Schicht aus feuerfesten Stoffen haben.

Der Schacht ist oben an der Gicht durch die Begichtungseinrichtungen abgeschlossen. Diese ermöglichen das Einschleusen der Möllerstoffe in den unter einem Gasdruck bis zu 2,5 kg/cm² stehenden

Ofenraum und ihre kontrollierte Verteilung über den Ofenquerschnitt (Bild 1).

Hochofen 1: Querschnitt durch eine Hochofenanlage. (Quelle: Vöest AG)

Das aufsteigende →Gichtgas wird aus dem Ofenkopf abgeleitet und in einer Gasreinigung von mitgerissenem Staub gereinigt. In einem Wirbler wird der gröbere und in einem Naßwäscher der Feinststaub abgeschieden. Trockene Elektrofilter sind in jüngster Zeit anstelle von Naßwäschern eingesetzt worden.

Das gereinigte Gas wird in einer Entspannungsturbine, die mit einem Generator gekoppelt ist, entspannt. Auf diesem Wege werden etwa 30 % der

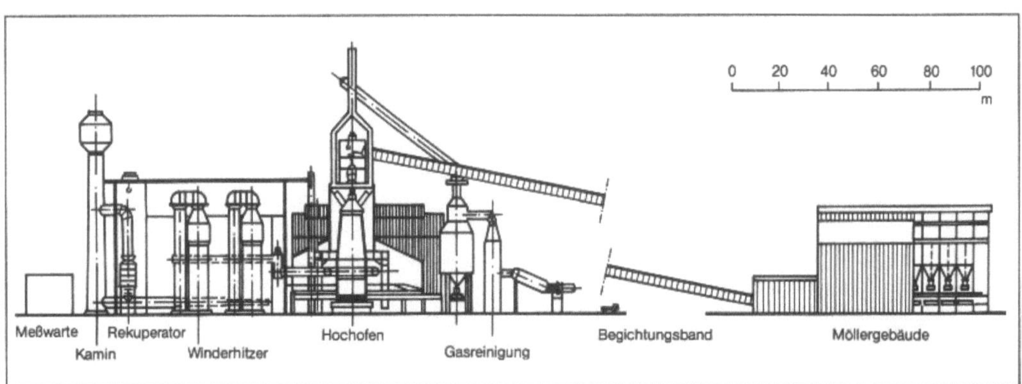

Hochofen 2: Schnitt durch einen Hochofen mit einer Anlage zum Einblasen von Feinkohle. (Quelle: Thyssen Stahl AG)

Energie zurückgewonnen, die zur Verdichtung des Hochofenwindes aufgewandt wurde.

Ein Teil des Gichtgases wird zur Erhitzung des Windes in Winderhitzern genutzt.

Bei einer Erzeugung von 10 000 t/Tag, müssen etwa 17 000 t Erz, Sinter, Pellets und 5 000 t Koks aus den Bunkeranlagen dosiert abgezogen und mit einer Bandförderanlage in die Beschickungseinrichtungen des Ofens gefördert werden.

In Gießhallen werden Roheisen und Schlacke beim → Abstich durch feuerfest ausgekleidete Rinnen abgeleitet. Rauch und Staub, die sich beim Abstich entwickeln, werden abgesaugt und in einer Gasreinigung abgeschieden.

Zum Einblasen von flüssigen und festen Ersatzbrennstoffen mit dem Heißwind sind entsprechende Anlagen zur Lagerung und Förderung notwendig. Wird Kohle eingeblasen, so ist eine Mahlanlage erforderlich, wenn nicht ein pneumatisch förderfähiges Gut angeliefert wird. Der Stoffstrom aller Ersatzbrennstoffe muß mit genauer Dosierung auf die Blasformen aufgeteilt werden.   *Rellermeyer*

Literatur: Proceedings of European Ironmaking Congress 1986, Aachen. Düsseldorf 1986.

Hochofenkoks. Zur Erzeugung von → Roheisen im → Hochofen wird H. benötigt. Der → Kohlenstoff des Kokses und das bei seiner Teilverbrennung gebildete Kohlenmonoxid bewirken die → Reduktion der Eisenoxide zu metallischem Eisen. Die Teilverbrennung liefert die notwendige Wärme zum Erhitzen von Erzen und Koks und zum → Schmelzen von Roheisen und Schlacke. Eine wichtige Aufgabe des Kokses ist es, in dem Gegenstromreaktor Hochofen die Durchlässigkeit der Feststoffsäule für das aufsteigende Gas und das Abfließen von Roheisen und Schlacke zu gewährleisten.

Es sind daher folgende Anforderungen an den Koks gestellt:

□ Kornverteilung des Kokses überwiegend zwischen 20 und 80 mm,

□ hohe → Festigkeit, die auch bis hinauf zu den Temperaturen vor den → Blasformen erhalten bleibt,

□ niedriger Aschegehalt, da sonst die Menge an → Hochofenschlacke, die die Asche aufnimmt, unerwünscht groß wird,

□ niedriger und gleichmäßiger Wassergehalt bei naß gelöschtem Koks, damit der Wärmehaushalt des Hochofens nicht gestört wird,

□ niedriger Schwefelgehalt, da ein Teil dieses Schwefels als unerwünschtes Element in das Roheisen gelangt.

Die → Rokserzeugung für das Hochofenverfahren stellt aus den genannten Gründen an die eingesetzten Kohlen und an die Prozeßführung bei der Verkokung besondere Anforderungen.   *Rellermeyer*

Hochofen-Schacht. Der H.-S. ist der bis zu 20 m hohe kegelförmige Teil eines → Hochofens. Dieser Schacht ist oben durch die → Gicht abgeschlossen und sein Durchmesser wird nach unten, zur → Rast hin, bis zum → Kohlensack größer.   *Baumann*

Hochofenschlacke. Bei der Roheisenerzeugung im → Hochofen bildet sich aus der Gangart der Erze, der Asche des → Hochofenkokses und aus Zuschlägen Schlacke. Im unteren Teil des → Hochofenschachtes verflüssigen sich bei Temperaturen über etwa 1 400 °C diese Stoffe und sammeln sich im Gestell auf dem flüssigen Metall, da die Dichte der Schlacke nur etwa 2,5–3 g/cm^3 beträgt gegenüber etwa 6,5–7 g/cm^3 des Roheisens.

Die Zusammensetzung der Schlacke wird durch geeignete Mischung der Erze mit Zuschlägen wie z. B. Kalk, Dolomit und/oder Olivin zum Sinter- oder Hochofenmöller eingestellt. Bei der im allgemeinen üblichen basischen Schlackenführung hat die Schlacke folgende Zusammensetzung: 33–39 % SiO_2, 39–42 % CaO, 6–9 % MgO, 9–12 % Al_2O_3. Eine solche basische Schlacke nimmt den größten Teil des Schwefels auf, der vom Koks in den Hochofen eingebracht wird, so daß sie etwa 1,2–1,8 % S enthält.

Für das Schmelzen der Schlacke werden etwa 200 kg Koks je t Schlacke verbraucht. Da heute überwiegend reiche Erze mit Eisengehalten von 58–62 % Fe eingesetzt werden, fallen etwa 300 kg Schlacke je t Roheisen an. Bei Einsatz ärmerer Erze, wie z. B. im Minettegebiet Lothringens und Luxemburgs steigen die Schlackenmengen bis zu 700 kg/t RE an.

Die flüssige H. wird mit dem Roheisen in regelmäßigen zeitlichen Abständen aus dem Gestell des Hochofens durch das Öffnen eines Stichloches abgezogen. Vom schwereren Roheisen wird die Schlacke durch einen siphonartigen Schlackenabscheider getrennt. Die flüssige Schlacke wird entweder mit einer großen Wassermenge verdüst und abgeschreckt oder in einer Pfanne gesammelt. Aus dieser Pfanne wird die Schlacke in Gruben gekippt und erstarrt langsam. In der → Schlackenverwertung werden alle Schlacken zu verwendbaren Produkten verarbeitet.   *Rellermeyer*

Hochofenwerk. → Eisenerz wird 1990 und bis weit in das nächste Jahrtausend hinein nahezu ausschließlich in H. mit Hilfe von Koks zu → Eisen reduziert. Das gebildete Eisen und die verbliebenen Restbestandteile des Erzes, Gangart genannt, werden durch → Schmelzen voneinander getrennt. Die Aufgaben der H. sind also im wesentlichen die → Reduktion des Eisens aus dem Möller, das Schmelzen des reduzierten Eisens und der nicht reduzierbaren mineralischen Bestandteile der Erze, Zuschläge und des Kokses (Koksasche) sowie das

Abscheiden schädlicher Elemente aus der Eisenschmelze im → Hochofen.

Die wesentlichen Anlagengruppen eines H. (Bild) sind:

◻ Erzvorbereitung mit Erz-, Brech- oder Siebanlagen,

◻ Mischbetten für Fein- und Stückerze,

◻ Sinteranlagen,

◻ Schlackenverwertungsanlagen,

◻ Kokereien sowie

◻ Hochofenanlagen.

Hochofenwerk: Darstellung der Kernanlagen eines H.

Die Mengen Rohstoffe – Erz, Zuschlagkalk und Koks – die in der Nähe der Hochöfen gelagert werden müssen, sind gewaltig. Diese Mengen müssen aus Eisenbahnwagen oder bei Lage der Werke am Wasser aus Schiffen oder Kähnen entladen, gelagert und den Öfen zugeführt werden. Ebenso muß dafür gesorgt werden, daß die Erzeugnisse der Hochöfen – → Roheisen und Schlacke sowie → Gichtgas – zu anderen Betrieben abgeführt oder versandt werden. Dafür sind umfangreiche Förderanlagen und für das Gichtgas große Rohrleitungen erforderlich. In großen Hüttenwerken sind mehrere hundert Kilometer Eisenbahnschienen zur Bewältigung des An- und Abtransportes verlegt. Die in Seeschiffen (Erzfrachtern) oder in Binnenschiffen ankommenden Erze werden mit Hilfe fahrbarer Kräne (Verladebrücken) unmittelbar in die Erzbunker oder auf Lager entladen. In anderen H. werden die auf einer Hochbahn in Großraum-Eisenbahnwagen anrollenden Erze über den Bunkern entleert.

In einem H. treten erhebliche Staubemissionen in den Bereichen Erzvorbereitung sowie Schlacken- und Reststoffverarbeitung auf. Im Bereich der Roheisenerzeugung liegen die Schadgasemissionen aufgrund des großen Energieumsatzes verhältnismäßig hoch. Eine Minderung solcher Emissionen ist viel aufwendiger als diejenige der Staubemissionen. Bei den Quellen der Staubemission ist zwischen Primär- und Sekundärquellen zu unterscheiden. Aus Sekundärquellen herrührende Emissionen entstehen zum Beispiel beim Abstich eines Hochofens. Deshalb wurden besonders nach 1988 beispielsweise für Hochofen-Gießhallen erhebliche Umwelt-Schutzmaßnahmen ergriffen. *Baumann*

Höchstdruckspritzen → Applikationstechnik

Hochtemperaturkorrosion. H. bezeichnet die Reaktion metallischer Werkstoffe bei hohen Temperaturen in gas- oder dampfförmigen Medien, und → Verzunderung die Reaktion mit Luft oder sauerstoffhaltigen Gasen (→ Zunder).

Die H. erfolgt vorwiegend als gleichmäßige → Korrosion unter Ausbildung mehr oder weniger gut schützender Deckschichten, deren Zusammensetzung von der Art des angreifenden Gases oder Gasgemisches abhängt. Gelegentlich treten auch lokale Auswüchse (Pusteln) der Korrosionsprodukte als Folge einer örtlichen Zerstörung der → Schutzschicht auf (→ Zunderausblühung).

Aus thermodynamischen Gründen müßten die Metalle in Gegenwart von Oxidationsmitteln bei hohen Temperaturen, entsprechend

$$mMe + n/2\ O_2 \rightarrow Me_mO_n$$

spontan oxidieren, wobei die Reaktion von links nach rechts ablaufen sollte. Dies hätte eine Zerstörung der Metalle zur Folge. Die bei der Verzunderung entstehenden Reaktionsprodukte bilden jedoch vielfach dichte Zunderschichten aus, die das Metall von der Gasphase trennen und die weitere Korrosion hemmen. Der anfänglich hohe Korrosionsangriff wird aus kinetischen Gründen häufig rasch verlangsamt.

Als Maß für die → Zunderbeständigkeit dienen die experimentell ermittelten Zeitgesetze der Schichtdickenänderung, die meistens über die Gewichtszunahme bestimmt werden.

Bei niedrigen Temperaturen und sehr dünnen Anlaufschichten wird öfter eine logarithmische Beziehung gefunden, entsprechend

$$\Delta x = k \cdot \ln\left(\frac{t}{\text{Konst.}} + 1\right)$$

wobei Δx die Schichtdickenänderung, t die Versuchsdauer und k die → Zunderkonstante bedeuten.

Beim „linearen Zeitgesetz" ist die Zundergeschwindigkeit $\partial x/\partial t$ zeitunabhängig, entsprechend

$$\triangle x = k \cdot t$$

In diesem Fall ist meistens die Reaktion an der → Phasengrenze Metall/Oxid oder Oxid/Gas oder aber der Antransport des Oxidationsmittels zur

Oberfläche geschwindigkeitsbestimmend oder es liegt eine porige oder rissige Deckschicht vor. Werkstoffe mit linearem Zunderverhalten sind für die Praxis ungeeignet, da die Korrosion mit der Zeit linear ansteigt und nicht verlangsamt wird.

Ein „parabolisches Zeitgesetz" wird beim Vorliegen kompakter, festhaftender Oxidschichten beobachtet. Das →Zeitgesetz lautet dann

$$(\triangle x)^2 = k_p \cdot t$$

wobei k_p die parabolische Zunderkonstante bedeutet. Der geschwindigkeitsbestimmende Schritt ist hierbei die →Diffusion der Reaktionspartner durch die →Oxidschicht. Die →Reaktionsgeschwindigkeit nimmt mit der Zeit ab, was auf die zunehmende Schichtdicke und die erschwerte Diffusion der Reaktionspartner in der Schicht zurückzuführen ist. Je nach →Fehlordnung des halbleitenden Oxides wandern die Elektronen und die Kationen zur Phasengrenze Metalloxid/Sauerstoff, oder die Sauerstoffionen zur Phasengrenze Oxid/Metall.

Zunderbeständige Metalle zundern etwa parabolisch und darüber hinaus mit einer möglichst kleinen Zunderkonstante k_p. Als Maß für die Beständigkeit gegen →Hochtemperaturoxidation wird die Zunderkonstante k_p herangezogen, die nach der Theorie von Wagner folgende Abhängigkeit aufweist:

$$k_p = 2 \cdot A \cdot D \cdot V_A = 2 \cdot A \cdot D \cdot K' \cdot p_{O_2}{}^{1/n}$$

A   Proportionalitätskonstante
D   Diffusionskoeffizient
V_A Fehlstellenkonzentration der Metallkationen im →Oxid
K'   Konstante
p_{O_2} Sauerstoffpartialdruck
n   = 6 für FeO, n = 8 für Cu_2O

Hiernach nimmt die Zundergeschwindigkeit mit fallendem Partialdruck des angreifenden Gases ab und mit dem Diffusionskoeffizienten D und steigender Temperatur zu.

Zunderbeständigkeit von Stählen wird erreicht durch Zulegieren von →Chrom, →Aluminium, →Silicium und →Nickel, wobei Chrom die führende Rolle spielt, was auf der Ausbildung kaum fehlgeordneter Cr_2O_3- bzw. Al_2O_3-Oxidschichten beruht (→Stähle, hitzebeständige).

Neben dem Angriff durch Sauerstoff unterliegen →Hochtemperaturwerkstoffe häufig auch einem Angriff durch kohlenstoffhaltige Gase (Kohleverbrennung), schwefelhaltige Medien (Ölverbrennung), Chlorverbindungen (Verbrennung von chlorierten Kunststoffen), Stickstoffverbindungen (Ammoniak) oder deren Gemische. Diese aggressiven Medien können im Vergleich zu Luft die H. maßgeblich verstärken und führen häufig zu Schadensfällen in der betrieblichen Praxis. Für Details wird auf die Spezialliteratur verwiesen. *Wendler-Kalsch*

Literatur: *Hofmann, F.:* Nickellegierungen und hochlegierte Sonderedelstähle. (Hrsg. U. Heubner). Ehningen 1985. – *Rahmel, A. u. W. Schwenk:* Korrosion und Korrosionsschutz von Stählen. Weinheim 1977.

Hochtemperaturlöten. H. ist nach DIN 8505 ein flußmittelfreies →Löten unter Luftabschluß (Vakuum, →Schutzgas) mit Loten, deren Liquidustemperatur oberhalb von 900 °C liegt. Mit H. lassen sich Verbindungen erzielen, die den Festigkeiten und Zähigkeiten von Schweißnähten nahekommen. Außerdem ist es mit diesem Verfahren möglich, die wärmebeeinflußte Zone (WEZ) klein zu halten und unterschiedliche Werkstoffe sowie dünnwandige Teile verzugsarm zu fügen. Teilweise lassen sich durch Wärmenachbehandlung der Lötverbindung die Festigkeitskennwerte erhöhen (diffusionsbedingter Abbau von Sprödphasen). Als Heizquellen können Öfen, Strahler oder Hochfrequenzgeneratoren verwendet werden. Hauptanwendungsgebiete dieses Verfahrens sind in der Luft-, Raumfahrt- und Kerntechnik zu finden. *Dorn*

Literatur: DIN 8505: Löten. Berlin, Köln T. 1 und 2 1979. – N. N.: Hochtemperaturlöten. DVS-Ber. Bd. 92. Düsseldorf 1984.

Hochtemperaturoxidation →Hochtemperaturkorrosion

Hochtemperaturwerkstoffe. (*engl.* refractories) Unter diesem Begriff faßt man Werkstoffe zusammen, die für Einsatztemperaturen oberhalb 1 500 °C geeignet sind. Die Entwicklung dieser Werkstoffe hat in den letzten 20 Jahren erhebliche Fortschritte gemacht. Die Ursachen dafür sind zweifach:
– Durch Anwendung höherer Temperaturen lassen sich neue Prozesse und Verfahren durchführen und der Wirkungsgrad oder die Ausbeute bei Kraftmaschinen und chemischen Verfahren wesentlich verbessern. Dafür braucht man Werkstoffe, die diesen hohen Temperaturen widerstehen.
– Für die Herstellung und die Erprobung der unter o. g. genannten Werkstoffe benötigt man im allgemeinen noch höhere Temperaturen und damit noch hitzebeständigere Werkstoffe.

Dieser Zusammenhang soll an einem Beispiel aufgezeigt werden:

Die seit 1978 im großen Maßstab hergestellten Leuchtstoffe auf Aluminatbasis für Leuchtstoffröhren, die sich durch wesentlich höhere Lichtausbeute und naturgetreuere Farbwiedergabe auszeichnen, müssen über 1 600 °C geglüht werden. Dazu benötigt man Tiegel, die diese hohe Temperatur aushalten (i. a. aus Aluminiumoxid). Zur Herstellung dieser Tiegel braucht man Öfen, die bei ca. 1 800 °C brennen. An die Ofenausmauerung, die Aufbauten im Ofen, die Rohre und Thermoelemente für die

Temperaturmessung usw. werden also noch höhere Anforderungen in bezug auf Temperaturbelastbarkeit gestellt.

Als H. kommen einige hochschmelzende Metalle und eine ständig wachsende Anzahl keramischer Phasen in Frage.

□ Die hochschmelzenden →Metalle.

Für Temperaturen oberhalb 1 500 °C kommen Metalle nur sehr beschränkt zum Einsatz. Die in Frage kommenden Metalle und Legierungen (Tabelle 1) haben entweder hohen →Dampfdruck, niedrige →Festigkeit bei den angesprochenen Temperaturen, sind nicht oxidationsbeständig oder sehr teuer.

Hochtemperaturwerkstoffe. Tabelle 1: Metalle und ihre Legierungen einsetzbar als H.

Metall	Schmelz-punkt °C	Metall	Schmelz-punkt °C
Tungsten	3 410 ± 20	Hafnium	2 110 ± 20
Rhenium	3 180 ± 20	Rhodium	1 966 ± 3
Tantal	2 996 ± 50	Chrom	1 890 ± 10
Osmium	2 700 ± 200	Zircon	1 830 ± 40
Molybdän	2 625 ± 50	Thorium	1 827 ± 50
Ruthenium	2 500 ± 100	Platin	1 773,5 ± 1
Iridium	2 454 ± 3	Vanadium	1 735 ± 50
Niob	2 415 ± 15	Titan	1 725 ± 10

Daher bleibt ihr Einsatz auf Sonderfälle beschränkt. Die weitere Entwicklung von oxidationsbeständigen Schutzschichten (Mo Si$_2$ auf Molybdän, Pt- oder Oxidschichten auf Wolfram, Niob, Tantal) könnte hier in der Zukunft Veränderungen bringen.

Einige typische Anwendungen:

Wolfram: Fäden in Glühlampen, Schweißelektroden, Antikathoden in Röntgenröhren.

Molybdän: Elektroden für Glasschmelzöfen.

Platin: Thermoelementdrähte (insbesondere Legierungen mit Rhodium), Schmelztiegel, Spinndüsen für Glasfasern.

Iridium: Thermoelementdrähte, Schmelztiegel (insbes. für die Kristallzucht).

□ Die →Oxide.

Die oxidischen Werkstoffe sind aufgrund ihrer Stabilität und Oxidationsbeständigkeit die hervorragenden Vertreter der H. Es gibt 24 einfache Oxide, (nur ein Kation) und zahlreiche Oxidverbindungen mit Schmelzpunkten oberhalb 1 700 °C.

□ Kohle und Graphit.

Kohle und →Graphit sind für viele Hochtemperatureinsätze hervorragend geeignet. Sie verbinden hohe Schmelzpunkte und chemische Resistenz gegenüber vielen geschmolzenen Metallen, Schlakken, und anderen korrosiven Medien. Niedrige

→Wärmeausdehnung, hohe →Wärmeleitung, hohe Festigkeit und ein niedriger E-Modul geben beiden eine ausgezeichnete →Temperaturwechselbeständigkeit. Der Mangel beider Werkstoffe ist ihre fehlende Stabilität in oxidierenden Atmosphären.

Vorkommen und Herstellung: →Kohlenstoff kommt in der Natur in reiner Form als Graphit und Diamant vor und ist Bestandteil der zahlreichen Kohlenwasserstoffe (Erdöl; Erdgas; Kohle).

Als Diamant ist Kohlenstoff hart, transparent, und kubisch kristallisiert, sein Haupteinsatz ist als Schleifmittel.

Als Graphit ist Kohlenstoff hexagonal kristallisiert und kommt in Flocken, Nadeln oder Pocken vor, sein Hauptverwendungszweck in dieser Form ist zur Herstellung von Ton-Graphit-Tiegeln.

Die Herstellung von kommerzieller Kohle und Graphit wird detailliert bei *Kingswood* dargestellt. Kohlenstoffprodukte werden im wesentlichen durch Mischen von Koks, Kohle oder Flammruß mit einem Teerbinder, Formgebung durch Extrudieren oder Einformen und →Sintern bei 700–1 200 °C hergestellt. Für Graphit kommen nur spezielle Kokse in Betracht, die Sintertemperaturen liegen hier bei 2 600 °C.

Eigenschaften: Der Übergang zwischen Kohle und Graphit ist fließend, und wird durch zunehmende Ordnung vom amorphen Kohlenstoff (mit kleinen, schlecht ausgebildeten und sehr ungeordneten Kristalliten) zum kristallinen Graphit geprägt. Dies äußert sich in den Eigenschaften (Tabelle 2).

Obwohl alle Kohle- und Graphit-Werkstoffe im wesentlichen aus reinem Kohlenstoff bestehen, ergeben unterschiedliche Rohstoffe, Formgebung und Sinterbedingungen unterschiedliche Gefüge und damit unterschiedliche Eigenschaften.

Typische Anwendungen:

– Elektroden: Kohleelektroden und Graphitelektroden verwendet man in Reduktionsöfen zur Erzeugung von →Roheisen, Ferrolegierungen, Siliciumkarbid, Korund u. a.

– Graphitelektroden haben dabei den Vorteil höherer elektrischer Leitfähigkeit, wodurch die Elektroden kleiner, leichter und handlicher sind.

– Stäbe und Rohre als Heizwiderstände in Kurzschlußöfen nach Tammann.

– Spektral- und Schweißkohlen für Lichtbögen.

– Auskleidung und Ausmauerung von behältern z. B. von →Hochöfen, Reduktions- und Schachtöfen (→Eisen, →Stahl).

□ →Karbide.

Karbide gehören zu den hochschmelzenden Materialien. Viele von ihnen haben Schmelzpunkte oberhalb 3 000 °C, an der Spitze stehen HfC (3 890 °C), TaC (3 880 °C), 4 TaC.ZrC (3 932 °C) und 4 TaC.HfC (3 942 °C).

Bei hohen Temperaturen werden alle Karbide

Hochtemperaturwerkstoffe. Tabelle 2: Typische Eigenschaften von Kohle und Graphit.

		Graphit-einkristall	Kunst-kohle	Elektro-graphit
Raum-gewicht	$[g \cdot cm^{-3}]$	2,27	1,6—1,85	1,5—1,8
Offene Porosität	[%]		0—20	5—30
Zugfestig-keit	$[N/mm^2]$	100 000 I	5—27	14—20
Biege-festigkeit	$[N/mm^2]$		11—45	15—40
Druck-festigkeit	$[N/mm^2]$		50—180	50—80
E-Mo-dul $\cdot 10^3$	$[N/mm^2]$	1 000 I 35 II	9—30	4—11
Wärmeaus-dehnungs-koeffizient $\beta \cdot 10°$	$[K^{-1}]$	−1,5 I 28,6 II	3	1,5—6,7
Wärmeleit-fähigkeit	[W/mK]	> 400 I < 4 II	3—6	40—130
spez. elek-trischer Widerstand	$[\Omega \cdot cm]$	$0,5 \cdot 10^4$ I $1 \cdot 10^8$ II	$35—50 \cdot 10^4$	$12—32 \cdot 10^4$

I = parallel zur Oberfläche in der a-b-Ebene senkrecht zu c
II = senkrecht zur Oberfläche in der c-Achse parallel zu c

von oxidierenden Atmosphären angegriffen. Viele von ihnen sind aber besser oxidationsbeständig als die hochschmelzenden Metalle oder Kohlenstoff und Graphit.

Die größte Bedeutung haben die Karbide wegen ihrer großen Härte erreicht, die Hauptanwendung liegt deshalb im Bereich der Schleifmittel und, gebunden mit einer metallischen Matrix, bei den Sinterhartmetallen (Schleifen; Sintern).

Als H. hat aus dieser Gruppe Siliciumkarbid mit Abstand die größte Bedeutung. Der Einsatz anderer Karbide (Berylliumkarbid, Borkarbid) ist auf wenige Sonderfälle beschränkt.

– Herstellung von Siliciumkarbid: SiC entsteht nach der Formel $SiO_2 + 3C = SiC + 2Co$.

Die technischen Rohstoffe sind SiO_2 in Form von Quarzsand und Kohlenstoff in Form von Koks. Man mischt diese im stöchiometrischen Verhältnis, gibt Kochsalz (zur Reinigung) und Sägemehl (zur Auflockerung) zu, und läßt das Gemisch im elektrischen Widerstandsofen bei ca. 2 500 °C reagieren. Das Reaktionsprodukt wird grob gereinigt, vorgebrochen, gemahlen, enteisent und in heißen Säuren und Laugen gewaschen. Da ein Großteil des Silici-

umkarbids in die Schleifmittelindustrie geht (Schleifmittel) muß das anfallende Korn anschließend entsprechend klassifiziert werden.

– Eigenschaften: Siliciumkarbid ist eine thermodynamisch sehr stabile Verbindung und zersetzt sich erst oberhalb 2 300 °C. Es hat gute Festigkeit bis zu hohen Temperaturen, eine geringe Wärmedehnung und eine für keramische Phasen ungewöhnlich hohe Wärmeleitfähigkeit. Damit sind alle Voraussetzungen für eine gute Temperaturwechselbeständigkeit erfüllt. SiC ist chemisch sehr stabil und gegen zahlreiche Metallschmelzen sehr beständig. Ein wesentlicher Unterschied zu anderen, nichtoxidischen Phasen ist aber, daß bei der → Oxidation durch Sauerstoff auf dem SiC eine → Schutzschicht aus SiO_2 entsteht, die die weitere Oxidation stark behindert. Daraus ergibt sich die Tatsache, daß SiC in reduzierenden Atmosphären bis 2 200 °C, in oxidierenden bis 1 650 °C eingesetzt werden kann.

Der Nachteil von SiC besteht darin, daß sich aus den Siliciumkarbid-Körnern mit den erwähnten guten Eigenschaften, nur mit Problemen Formkörper herstellen lassen. Mit Ausnahme von einigen sehr aufwendigen und teuren Verfahren ist dies nur über eine Fremdbindung möglich, wobei diese Bindung ganz wesentlich die Eigenschaften des Werkstoffs beeinflußt.

– Selbstgebundenes Siliciumkarbid: SiC ohne Fremdbindung ist wegen seiner guten Temperaturwechselbeständigkeit und seiner Oxidationsbeständigkeit bis 1 600 °C der zur Zeit beste Werkstoff für den Einsatz in Turbinen und im Fahrzeugbau. Deshalb wird in zahlreichen Laboratorien auf der ganzen Welt nach kostengünstigen Herstellmöglichkeiten von Werkstücken gesucht. Drei wesentliche Methoden werden z. Z. eingesetzt:

– Sintern: Formkörper aus SiC mit Sinterhilfsmitteln (Bor, Kohlenstoff) werden bei Temperaturen oberhalb 2 000 °C gesintert.

– Heißpressen: Siliciumkarbidpulver (teilweise mit Zusätzen) wird in Graphitmatritzen bei hohen Drucken und Temperaturen verdichtet.

– Reaktionssintern: SiC wird mit einem → Bindemittel gemischt, das erst während des Brandes in SiC umgewandelt wird. Infrage kommen die Reaktionen:

Si (fest) + C (fest)
Si (fest) + C (gasförmig)
Si (gasf. od. fl.) + C (fest)

Diese Verfahren sind alle relativ teuer, deshalb hat sich die Anwendung dieser Werkstoffe noch nicht in großem Umfang durchgesetzt.

– Tongebundenes Siliciumkarbid: Das am weitesten verbreitete Verfahren ist die Mischung von SiC-Körnern mit einem Tonbinder (10–30 %). Das SiC wird während des Brandes oberflächlich oxidiert, das entstehende SiO_2 geht mit dem Ton eine Bindung ein. Die Eigenschaften (Temperaturwechselbeständigkeit und Festigkeit bei hohen Temperaturen) werden mit zunehmendem Tonanteil schlechter.

– Siliciumnitrid- und siliciumoxinitridgebundenes SiC:

Ähnlich wie beim durch Reaktionsintern selbstgebundenen SiC läßt sich durch Zumischen von metallischem Silicium beim Brand eine Bindephase aus Si_3N_4 oder Si_2ON_2 erzeugen.

Typische Anwendungen: Ofenbau- Brennhilfsmittel (wie Kapseln, Platten, Balken, Rollen), Muffeln, Gewölbe, Rekuperator-Rohre, Heizrohre.

→ Metallurgie: Zustellungen, Düsen, Rohre, Thermoelement-Schutzrohre, Filter, Schächte, Roste, Gleitschienen.

→ Anlagenbau: Turbinenschaufeln, Laufräder, Hochtemperaturdüsen.

□ Nitride:

Die Übergangselemente der 3., 4., 5. und 6. Gruppe bilden Nitride mit hohen Schmelzpunkten. Davon kommen aus Stabilitätsgründen die Nitride des Berylliums, Bors, Aluminiums und Siliciums als H. in Frage. Die hohen Erwartungen, die man zu Beginn der 70er Jahre an diese Werkstoffe knüpfte, haben sich nicht erfüllt.

– Herstellung:

Für die Herstellung der Nitride kommen eine Reihe von Reaktionen in Frage, am häufigsten sind die Synthese aus den Elementen, die Reaktion der Metalloxide mit Ammoniak und die thermische Zersetzung der Imide oder Amide. Die Herstellung von Formkörpern ist durch normales Sintern nicht möglich, zum Einsatz kommen im wesentlichen Heißpressen und Reaktionsintern (Sintern).

– Eigenschaften:

Hexagonales Bornitrid ähnelt in seinem kristallographischen Aufbau dem Graphit. Daraus erklären sich eine sehr geringe Festigkeit (im Gegensatz zu den anderen Nitriden), hohe Wärmeleitfähigkeit, und sehr niedrige Reibungskoeffizienten. Bornitrid ist chemisch recht beständig, gegen viele Metallschmelzen, dies gilt allerdings nur in reduzierender Atmosphäre. Oxidation erfolgt bei Bornitrid ab 900 °C in erheblichem Maße.

Die Eigenschaften von Siliciumnitrid ähneln denen von Siliciumkarbid. Lediglich die elektrische und thermische Leitfähigkeit ist deutlich niedriger. Wichtig ist vor allem auch hier der Oxidationsschutz durch sich bildende SiO_2-Schichten. Ein technisch interessanter Werkstoff ist die Verbindung des Siliciumnitrids mit Aluminiumoxid, das *Sialon*. Dieses Material kann traditionell gesintert werden, hat gute mechanische Festigkeiten bei ausgezeichneter Oxidationsbeständigkeit. Die Möglichkeit von technischen Anwendungen muß hier abgewartet werden.

– Anwendungen:

Bornitrid: Als Hochtemperatur-Schmiermittel, Formentrennmittel, Hochtemperaturisolator, besonders für Induktionsöfen, als Schmelztiegel oder Auskleidung für Schmelzeinrichtungen, als Auskleidung von Plasmaanlagen, Raketendüsen und Brennkammern.

Siliciumnitrid: Als Konstruktionswerkstoff für Hochtemperaturanwendungen, z. B. für Gasturbinen, als Dichtleisten im Wankelmotor.

□ → Verbundwerkstoffe:

Für viele Hochtemperaturanwendungen genügt keiner der hier vorgestellten Werkstoffe den Anforderungen. So haben z. B. die keramischen Werkstoffe häufig die geforderte Hochtemperaturfestigkeit, ihre gleichzeitige Sprödigkeit ist aber von Nachteil. Bei anderen Materialien fehlen häufig ausreichende Oxidationsbeständigkeit, Wärmeleitfähigkeit oder chemische Resistenz gegen die Umgebungsmedien.

Deshalb versucht man, durch Verbundwerkstoffe, d. h. durch die Kombination von Eigenschaften verschiedener Werkstoffe, zu besseren Konstruktionsmaterialien zu kommen. Bekannte Beispiele für Raumtemperatur-Verbundwerkstoffe sind Verbundglas, Stahlbeton oder glasfaserverstärkte → Kunststoffe. Je nach der Geometrie der zwei Phasen unterscheidet man vier Gruppen von Verbundwerkstoffen, die

– → Faserverbundwerkstoffe: In das Grundmaterial (Matrix) werden mechanisch festere Fasern eingelagert.

– → Schichtverbundwerkstoffe: In die Matrix werden Folien oder dünne Bänder eingelagert. Dadurch lassen sich mechanische und thermische Eigenschaften verbessern.

– Werkstoffe mit Oberflächenschichten: Dünne Oberflächenschichten aus einem anderen Werkstoff sollen gegen → Korrosion, Oxidation und → Verschleiß schützen.

– Teilchenverbundwerkstoffe: Durch Einlagerung von Teilchen einer zweiten Phase werden die Eigenschaften des Matrixmaterials verändert. Es besteht die Möglichkeit, durch Einlagerung harter Teilchen in eine weichere Matrix die Festigkeit zu verbessern, (dispersionsgehärtete Metalle) oder durch Einlagerung weicherer Teilchen die Sprödigkeit der harten Matrix zu verringern (Cermets). *Froschauer*

Literatur: *Campbell, J. E.* (Hrsg.): High-Temperature Technology, New York 1957. – Handbuch der Keramik. Freiburg i. B. – *Kingswood, V. S.*: Metallurgia 48 (1953) pp. 55–62, 133–138, 169–174, 221–227, 301–305.

Hochtemperaturwerkstoffe, nichtmetallische. Metalloxide, -carbide, -nitride und -boride, die aufgrund ihrer hohen chemischen Bindungsenergien und entsprechend stabilen Kristallgittern in Inertatmosphären im Hochtemperaturbereich (oberhalb 1 500 °C) beständig und mechanisch belastbar sind.

Hochtemperaturwerkstoffe, nichtmetallische. Tabelle: Schmelz-, Zersetzungs-(z), und Sublimationstemperaturen (s) in K technisch wichtiger Hochtemperaturwerkstoffe in Inertgasatmosphäre

Al_2O_3	2320	B_4C	2720	AlN	2470
BeO	2790	Cr_3C_2	2220	BN	$3270_{(s)}$
CeO_2	2870	Mo_2C	$2570_{(z)}$	Si_3N_4	$2200_{(s)}$
MgO	3070	SiC	$2570_{(z)}$	TiN	3220
SiO_2	1978	TaC	$4150_{(z)}$	CrB	3025
ThO_2	3320	TiC	3520	ZrB_2	3330
TiO_2	2100	UC	2860	C	$3900_{(s)}$
ZrO_2	2970	WC	3170		
		ZrC	3450		

Nichtmetallische anorganische Werkstoffe zeichnen sich gegenüber Metallen durch ihren chemischen Mischbindungscharakter aus jeweils unterschiedlichen ionogenen (unpolar) und kovalenten (polar) Anteilen aus. Ionen- und kovalente Bindungen haben stets höhere Bindungsenergien als metallische Bindungen, was auch für polar-unpolare Mischbindungen gilt. Daraus resultieren die z. T. sehr hohen Gitterenergien einiger oxidischer-, nitridischer-, carbidischer- und boridischer Werkstoffe, was sich in einer sehr hohen Schmelz- oder Zersetzungstemperatur äußert.

Im Bereich der feuerfesten Werkstoffe finden in erster Linie oxidische, aber auch nitridische und carbidische Materialien eine große Anwendungsspanne. Die Tabelle beinhaltet die Schmelztemperatur, Zersetzungstemperatur (z) und Sublimationstemperatur (s) der wichtigsten technischen Hochtemperaturwerkstoffe. Diese Angaben beziehen sich auf die reinen Systeme, etwaige Verunreinigungen können die angegebenen Temperaturen beträchtlich nach unten drücken. *Hesse/Hennicke*

Hohlkugel, dickwandig →Hohlzylinder, dickwandiger

Hohlprägen. H. ist ein Verfahren des Tiefens (DIN 8585, Bl. 4) und ist als →Tiefen mit einem starren, beweglichen Stempel in ein Gegenwerkzeug (Matrize) hinein definiert. Dabei ist die Vertiefung klein gegenüber der Abmessung des Werkstücks. *Lange*

Hohlschmieden, nahtlos. Ausgehend vom Gußblock wird dieser zunächst auf Schmiedetemperatur angewärmt und anschließend mit einem Hohldorn zentral gelocht. Nach erneutem Anwärmen erfolgt ein →Schmieden über einem Dorn, den man in die Bohrung gesteckt hat, so daß die Wand des Hohlkörpers zwischen Dorn und Obersattel der Presse verschmiedet werden kann; hierbei weitet sich der Innendurchmesser auf. Der Vorteil dieses Verfahrens für die Herstellung von Hohlzylindern liegt darin, daß im zylindrischen Bereich weitgehend auf Schweißnähte verzichtet werden kann. *Strohmeier*

Hohlzylinder, dickwandiger. Ein Hohlzylinder wird als dickwandig betrachtet, wenn das Verhältnis von Außendurchmesser zu Innendurchmesser $\geq 1,2$ ist; eine ähnliche Bedingung gilt für eine dickwandige Hohlkugel. In Hochdruckbehältern wird man also vorzugsweise dickwandige Zylinder und Kugeln als Bauelemente antreffen. *Strohmeier*

Hojalata-y-Lamina-Verfahren. Seit dem Jahre 1957 wird in Monterrey, Mexiko, bei der Gesellschaft Hojalata-y-Lamina S. A. das nach ihr benannte Hyl-Verfahren, ein →Direktreduktionsverfahren, großtechnisch betrieben. Nachdem mit einer Kapazität von 250 t Eisenschwamm/24 h begonnen wurde, ist 1960 eine Anlage mit 500 t/24 h hinzugekommen. Bei diesem Verfahren wird Erdgas nach Vorwärmung und Entschwefelung in einen Gas-Umsetzer geleitet (Bild).

Dort wird das Erdgas mit Wasserdampf katalytisch zu Wasserstoff und Kohlenmonoxid umgesetzt. Das →Reduktionsgas wird dann durch einen Abhitzekessel und Naßreiniger nach weiterer Vorwärmung in die Primärreduktionsstufe geführt, welche aus zylindrischen Retorten, die mit einheimischem Erz von 60 und 68 % Fe in einer Korngröße von 10–45 mm gefüllt sind, besteht. Das Reduktionsgas durchströmt von oben nach unten nacheinander eine Retorte zur Kühlung des fertig reduzierten →Eisenschwammes, eine Retorte zur Fertigreduktion von Eisenschwamm und eine Retorte zur Vorreduktion von →Eisenerz. Das Gas wird nach jedem Verfahrensschritt zur Ausscheidung von Wasserdampf abgekühlt und muß anschließend wieder aufgeheizt werden. Dafür ist das →Gichtgas der letzten Retorte verfügbar, dem auch Erdgas zugesetzt werden muß. Zu einer Gesamtanlage gehören vier Retorten, weil jeweils eine entweder gefüllt oder geleert werden muß. Der erzeugte Eisen-

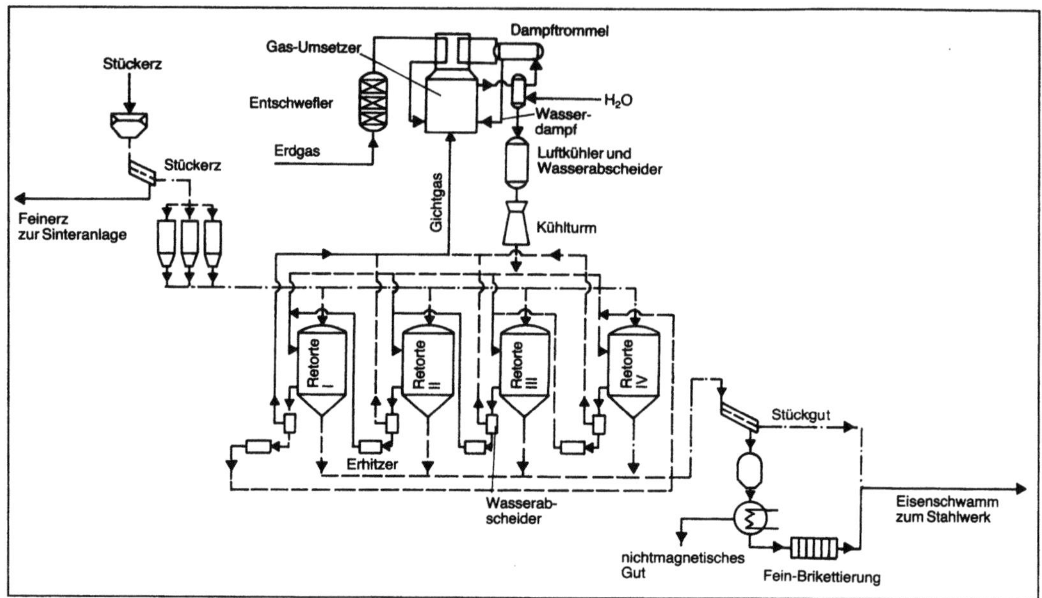

Hojalata-y-Lamina-Verfahren: Aufbau einer HyL-Anlage.

schwamm hat einen Reduktionsgrad zwischen 80 % und 95 %. *Baumann*

Holographie. Interferenz- und Beugungserscheinung von kohärentem Licht sind Grundlagen für ein zweistufiges Verfahren zur Aufzeichnung und Wiedergabe von Bildern, das im Gegensatz zur Photographie auch die Phaseninformation des ankommenden Lichtwellenfeldes speichert (*griech.* holos, das Ganze). Dadurch ergeben sich dreidimensionale Bilder der Objekte.

Aufbauend auf den Arbeiten von *Abbe, Wolfke, Bragg, Zernike* u. a. im Bereich der Mikroskopie schlug *Denis Gabor* (1972 Nobelpreis) 1948 ein Verfahren vor, durch Überlagerung eines Wellenfeldes (z. B. Streulicht von einem beleuchteten Objekt) mit einem kohärenten Untergrund (Referenzlicht) Phasen- und Amplitudenverteilung dieses Wellenfeldes zu speichern und zu rekonstruieren. Das bei der Überlagerung entstehende Interferenzfeld wird dabei auf einem lichtempfindlichen Material hoher Auflösung aufgezeichnet. Bei erneuter Einstrahlung des Referenzlichtes entsteht das ursprüngliche Wellenfeld (virtuelles Objektbild) und das dazu konjugierte Wellenfeld (reelles Bild) durch Beugungserscheinungen an der Schwärzungsverteilung des Films. Bei einer Aufnahme mit Licht der Wellenlänge λ_1 und Rekonstruktion mit λ_2 ergibt sich dabei ein Vergrößerungsfaktor $V = \lambda_2/\lambda_1$.

Gabors experimenteller „In-line"-Aufbau für transparente Objekte (Bild 1) wird heute nur noch in wenigen Fällen (z. B. Tröpfchenanalyse) eingesetzt.

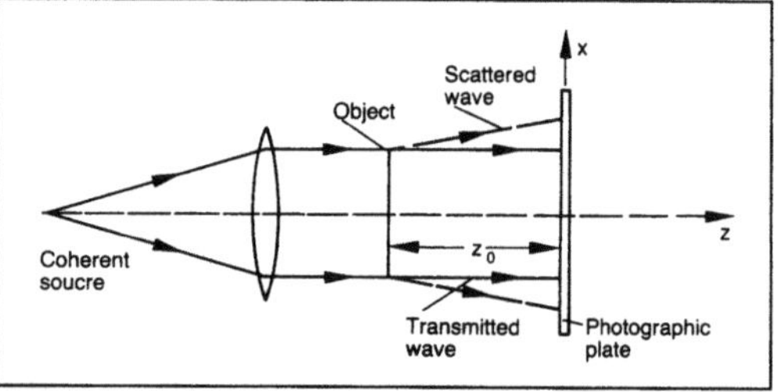

Holographie 1: In-line-Aufbau für transparente Objekte.

Durch Vertauschen von Objekt und Film gelang es *J. N. Denisjuk* 1962, Oberflächen opaker Körper zu holographieren. Beleuchtungs- und zurückreflektiertes Licht bilden hierbei ein stehendes Wellensystem, das eine Schwärzungsverteilung des Films nach Art der *Lippmann*-Photographie verursacht. Das Objekt ist bei Beleuchtung des Films mit weißem Licht in Reflexion sichtbar (Weißlichthologramm).

Aufschwung und praktische Bedeutung erlangte die H. erst, als 1960 mit der Entwicklung des Lasers erstmals eine intensive kohärente Lichtquelle zur Verfügung stand. *Leith* und *Upatnieks* modifizierten den Gabor-Aufbau nun, indem sie Objekt- und Referenzlicht richtungsmäßig trennten (Bild 2). Als entscheidender Vorteil wird bei der Rekonstruktion das virtuelle Bild weder von der Lichtquelle noch vom reellen Bild überstrahlt. Erstmals wurde auch der dreidimensionale Charakter des holographischen Bildes experimentell gezeigt.

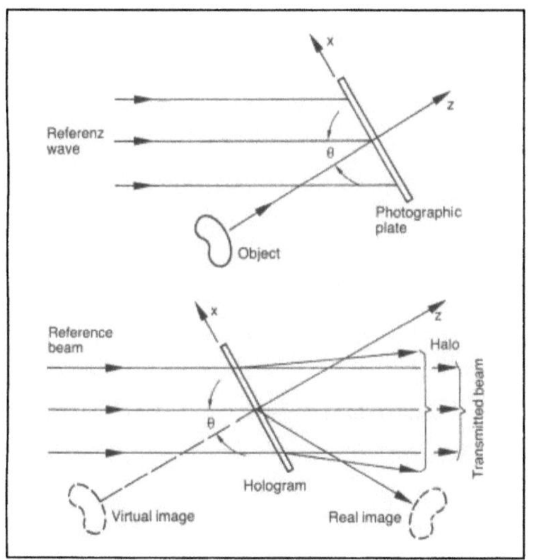

Holographie 2: Standardaufbau (off-axis) für Aufnahme (links) und Rekonstruktion (rechts).

Holographie 3: Untersuchungsbeispiel für holographische Interferometrie (Doppelbelichtungstechnik).

Wichtigste Anwendung ist heute die holographische Interferometrie in Form von verschiedenen Meßverfahren, die ein berührungsloses und flächenhaftes Untersuchen von Bauteilen auf → Fehler (z. B. Serienkontrolle bei Flugzeugreifen), Verformungen bei Belastung oder Schwingungsverhalten mit hoher Empfindlichkeit gestatten. Ebenso kann das Strömungsverhalten von Gasen und Flüssigkeiten sichtbar gemacht werden. Dabei kommt der Auswertung mit Computer und Bildverarbeitungssystemen immer mehr Bedeutung zu. Bei all diesen Techniken wird ein bzw. mehrere Oberflächenzustände holographisch gespeichert und die bei der Überlagerung mit anderen Verformungszuständen sichtbaren Interferenzerscheinungen analysiert.

Die wichtigsten Verfahren sind:

□ Doppelbelichtungstechnik: Zwei Objektzustände (vor und nach Belastung) werden auf einem Film aufgezeichnet, bei der Rekonstruktion erscheinen beide Bilder gleichzeitig und interferieren (Bild 3).

□ Real-Time-Verfahren: Ein aufgenommenes Bild (Grundzustand) wird an der ursprünglichen Stelle rekonstruiert und interferiert mit dem beleuchteten Objekt, wobei Veränderungen kontinuierlich verfolgt werden können.

□ Time-Average-Verfahren: Untersuchung des Schwingungsverhaltens (Schwingungsamplituden); eine stationäre Schwingung wird über einen gegenüber der Schwingungsdauer großen Zeitraum aufgenommen, wobei über die verschiedenen Schwingungszustände gemittelt wird.

□ Real-Time-Time-Average-Verfahren: Ein Schwingungszustand (bzw. Ruhestand) wird holographisch gespeichert und das Bild am ursprünglichen Ort rekonstruiert. Änderungen am Schwingungsverhalten z. B. durch Frequenzänderung können nun in Real-Time beobachtet werden.

□ Doppelplus-Technik: Mit geeigneter Triggerung werden zwei Zustände einer Schwingung durch Belichtungszeiten von ca. 20 ns in Form einer Doppelbelichtung festgehalten. Beim Einsatz eines Pulslasers entfallen Maßnahmen zur Schwingungsisolation des Aufbaus.

Weitere Einsatzgebiete sind Konturerkennung, Datenspeicherung, Mustererkennung und Mikroskopie. Im künstlerischen Bereich werden vor allem farbige Regenbogenhologramme durch ein spezielles Umkopierverfahren angefertigt, wobei die Farberscheinung auf Kosten der vertikalen Parallaxe bei Beleuchtung mit weißem Licht auftritt.

Neben dem Silberhalogenid-Film (Auflösung ca. 1000 bis 5000 Linien/mm) kommen heute vor allem Thermoplast-Filme (lösch- und wiederverwendbar), Dichromatgelatine oder lichtempfindliche Kristalle (BSO) als Speichermedium in Frage. Lichtquellen sind ausschließlich Laser mit entsprechenden Kohärenzeigenschaften. *Kußmaul*

Literatur: *Gabor, D.*: Nature 161 (1948), Proc. Roy. Soc. Ser. A 197 (1949), Proc. Phys. Soc. London, B 64 (1951). – *Hariharan, P.*: Optical Holography. Cambridge 1984. – *Leith, E. N.,* and *Upatnieks, J.*: J. Opt. Soc. Amer. 52 (1962). – *Thompson, B. J.*: Laser Applications. New York 1971.

Holz. H. ist das sekundäre Dauergewebe, das bei Bäumen und Sträuchern durch Zellteilung der Bildungsschicht (→ Kambium) entsteht. Das Kambium umschließt Stämme, Äste und Wurzeln mantelförmig und scheidet nach innen Holzzellen (Xylem), nach außen Rinden- bzw. Bastzellen

(Phloem) ab. Das *Xylem* besteht aus unterschiedlichen Zellarten, deren überwiegender Teil in Richtung des Stammes langgestreckt ist (Faserrichtung). Diese Zellen übernehmen im lebenden Baum den Wasser- und Nährstofftransport von der Wurzel zur Krone und sorgen für die Festigung des Stammes. Entsprechend besitzt auch der Werkstoff H. in Faserrichtung gute Durchlässigkeit sowie hohe → Steifigkeit und → Festigkeit.

Die quer zur Faserrichtung – im stehenden Stamm also waagerecht – verlaufenden bandartigen Zellbündel werden wegen ihrer strahlenförmigen Ausrichtung von der Stammitte zur Peripherie als Holzstrahlen bezeichnet; sie sorgen für Transport und Speicherung von Nährstoffen. Infolge des sekundären Dickenwachstums bildet der Baum periodisch Zuwachsschichten – im gemäßigten Klima als Jahrringe bezeichnet. Beim H. sind demnach drei Hauptachsen zu unterscheiden, die als rechtwinklig aufeinanderstehend betrachtet werden (Bild 1):
□ die Faserrichtung (längs zur Faser) oder longitudinale Richtung des Holzes,
□ die Radialrichtung (quer zur Faser), parallel zu den Holzstrahlen) oder radiale Richtung des Holzes,
□ die Tangentialrichtung (quer zur Faser, parallel zu den Jahrringen bzw. Zuwachszonen) oder tangentiale Richtung des Holzes.

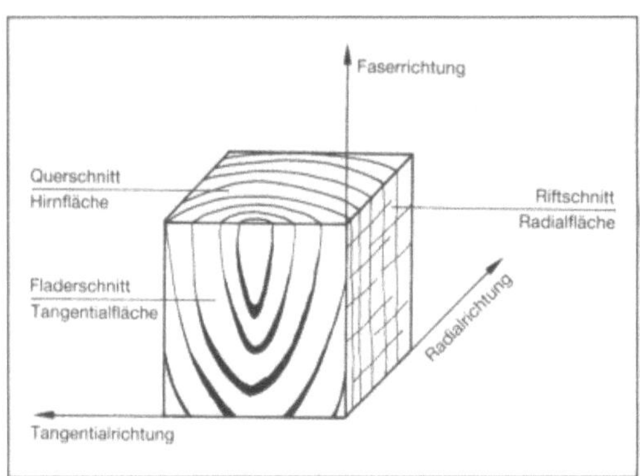

Holz 1: Die Hauptachsen des Holzes und ihre zugehörigen Schnittflächen.

H. ist ausgeprägt anisotrop, d. h. die → Holzeigenschaften hängen stark von der anatomischen Richtung ab. Die jeweils aus zwei dieser Achsen gebildeten Schnittflächen unterscheiden sich in ihrer Zeichnung deutlich und werden als Hirnfläche, Radialfläche bzw. Tangentialfläche bezeichnet.

Als *Nadelholz* wird das H. der Nadelbäume (Bild 2 links) bezeichnet. Es besteht aus überwiegend gleichartigen Zellen, den Tracheiden, die so-

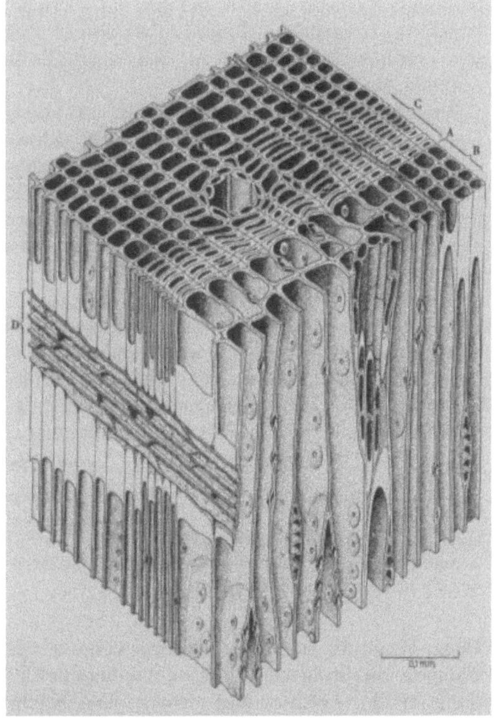
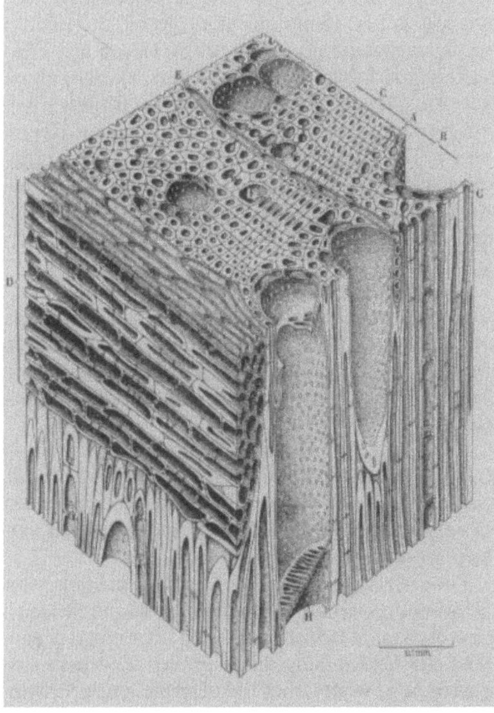

Holz 2: Struktur eines Fichtenholz- (links) und eines Buchenholzwürfels (rechts).
A) Jahrringgrenze, B) Frühholz, C) Spätholz, D) Holzstrahl, E) Parenchym, F) Tracheide, G) Holzfaser, H) Gefäß

wohl Festigungs- als auch Leitungsfunktionen übernehmen. Innerhalb eines Jahrringes unterscheidet sich das weitlumige *Frühholz* deutlich vom englumigen, dickwandigen *Spätholz*.

Das H. der phylogenetisch weiter entwickelten Laubbäume (*Laubholz,* Bild 2 rechts) besitzt Zellen größerer Variationsbreite; z. B. wird die funktionale Trennung in Gefäße für Leitungszwecke und Holzfasern zur Festigung deutlich.

Die verschiedenen →Holzarten sind chemisch weitgehend ähnlich zusammengesetzt, wobei innerhalb der Zellwände die kristallin strukturierte →Cellulose in eine aus →Lignin und Hemicellulosen bestehende Matrix eingebettet ist. Neben diesen drei Hauptkomponenten treten in geringeren Mengen Begleitstoffe (→Holzchemie) auf, zu denen auch Gerbstoffe sowie →Harze und Terpene gehören. Diese Begleitstoffe (= Holzinhaltsstoffe) bestimmen den spezifischen Charakter einer Holzart wesentlich (→Holzeigenschaften).

Mit zunehmendem Baumalter erfolgt im Stammquerschnitt eine Trennung von *Splintholz* (äußerer Holzmantel mit lebenden, physiologisch aktiven Holzzellen für Wasserleit- und Speicherfunktionen) und *Kernholz* (innere, marknahe Holzzone, deren Zellen in der Regel abgestorben sind). Die Verkernung äußert sich häufig in einer Verminderung des Feuchtegehaltes und einer verstärkten Einlagerung von Holzinhaltsstoffen. Besonders deutlich wird die Grenze zwischen Splint- und Kernholz bei Holzarten mit Farbkern (z. B. Kiefer, Eiche, Sipo, Palisander u. a.).

H. ist der wichtigste nachwachsende →Rohstoff für weite Bereiche des Handwerks und der Industrie (→Holzaufkommen und -verbrauch). Aus *Rundholz* (unentrindeter, entrindeter oder rundgeschälter Stammabschnitt) wird durch Sägen *Schnittholz* erzeugt und hierbei nach den Abmessungen unterschieden:

□ *Kantholz:* Schnittholz von rechteckigem Querschnitt mit einer Seitenlänge von mindestens 60 mm; die große Querschnittsseite ist höchstens 3mal so groß wie die kleine.

□ *Balken:* Kantholz, dessen größere Querschnittsseite mindestens 200 mm beträgt.

□ *Kreuzholz* (bzw. Rahmen): Schnittholz mit einer Querschnittsfläche $A > 32$ cm², wobei aus einem Rundholz vier Stück kerngetrennt (bei Kreuzholz) bzw. mindestens vier Stück (bei Rahmen) erzeugt sein müssen.

□ *Bohle:* Schnittholz mit einer Dicke $d \geqq 40$ mm; die große Querschnittsseite ist mindestens zweimal so groß wie die kleine.

□ *Brett:* Schnittholz mit einer Dicke $8 \leqq d < 40$ mm und einer Breite $b \geqq 80$ m.

□ *Latte* (= Leiste): Schnittholz mit einer Querschnittsfläche $A \leqq 32$ cm² und einer Breite $b \leqq 80$ mm.

Neben *Vollholz* (entrindetes Rund- oder Schnittholz in seiner unveränderten, gewachsenen Struktur) werden Furniere, →Holzwerkstoffe (dazu gehören insbesondere →Sperrholz, →Spanplatten, →Holzfaserplatten), →Brettschichtholz u. a. Holzhalbwaren verwendet. Für die Herstellung von Span- und Holzfaserplatten, von Holzstoffen und Zellstoffen werden im Forst speziell für diese Verwendungszwecke sortiertes H. *(Industrieholz)* und bei der Holzbe- und -verarbeitung anfallende Reste *(Industrierestholz)* eingesetzt. (→Holztrocknung, →Holzschutz). *Noack/Schwab*

Literatur: *Bosshard, H. H.:* Holzkunde. Birkhäuser Verlag Basel, Stuttgart (3 Bd.). – *Grosser, D.:* Die Hölzer Mitteleuropas. Springer Verlag Berlin, Heidelberg, New York 1977. – Holz-Lexikon. DRW-Verlag Stuttgart. 3. Auflage 2 Bd. 1988. – *Knigge, W. und H. Schulz:* Grundriß der Forstbenutzung. Verlag Paul Parey Hamburg, Berlin 1966. – *Lohmann, U.:* Handbuch Holz. DRW-Verlag Stuttgart 1986. – *Steuer, W.:* Vom Baum zum Holz. DRW-Verlag Stuttgart 1985. – *Trendelenburg, R. und II. Mayer-Wegelin:* Das Holz als Rohstoff. Carl Hanser Verlag München 1955. – *Wagenführ, R.:* Anatomie des Holzes. VEB-Fachbuchverlag Leipzig 1980.

Baustoffe. Das H. ist ein →Baustoff, zu dessen Bearbeitung und Weiterverarbeitung nur wenig Energie benötigt wird. H., das nicht als Massivholz verwendet werden kann, und Abfälle aus der Holzverarbeitung können zur Herstellung von Holzwerkstoffen oder →Papier verwertet werden. Genutztes und nicht mehr verwertbares H. läßt sich im Gegensatz zu anderen Baustoffen leicht beseitigen: Es kann verbrannt werden und trägt dann zur Energiegewinnung bei.

Fast 100 Jahre sind nötig, um aus einem Baumstamm Bauholz gewinnen zu können. Diese begrenzte natürliche Produktion zwingt dazu, den Baustoff H. sinnvoll zu verwenden. Das natürliche Wachstum und die Einflüsse auf dieses Wachstum ergeben aber Fehler, die die Eigenschaften verschlechtern, die Streuung dieser Eigenschaften vergrößern und die Übertragung von Prüfergebnissen von kleinen Proben auf Bauteile erschweren. Die Einführung neuerer Verbindungstechniken, vor allem die Entwicklung der Leimbauweise aus →Brettschichtholz mit hochfesten wasserbeständigen Kunstharzleimen hat zusammen mit der Entwicklung des chemischen Holzschutzes zu einer ständigen Zunahme des Ingenieurholzbaues bei Industriehallen, Sporthallen, Versammlungsstätten und Brücken geführt. Nicht selten errichtete man Bauten mit Spannweiten über 100 m. Mit einer Vergrößerung des Holzanteils im Hochbau und Ingenieurbau ist zu rechnen, wenn auf Grund weiterer Forschungsergebnisse bei normgerechter Holzauswahl die Sicherheitsbeiwerte reduziert werden können.

Bauholz wird fast ausschließlich aus dem Stamm des Baumes gewonnen, der die Aufgabe hat, die Krone des Baumes zu tragen, den Saft mit den Nährstoffen von den Wurzeln bis zu den Ästen zu transportieren und die Nährstoffe zu Trockenzeiten zu speichern. Biologisch gesehen ist H. ein durch die Tätigkeit des Kambiums bei bestimmten Pflanzen nach innen erzeugtes sekundäres Dauergewebe. Im makroskopischen Sinne ist dies die aus verschiedenartigen Zellen zusammengesetzte Gewebemasse unter der Rinde von Bäumen und Sträuchern, die Markröhre (→ Mark) ausgenommen, im mikroskopischen Sinne die verholzte Zellwand. Chemisch besteht das trockene H. fast ausschließlich aus → Kohlenstoff (massebezogen rd. 50 %), Sauerstoff (rd. 45 %) und → Wasserstoff (rd. 5 %). Während sich diese Anteile bei den einzelnen → Holzarten nur wenig unterscheiden, schwankt der Anteil der chemischen Verbindungen → Cellulose, Hemicellulose und → Lignin je nach Holzart, Standort und Lage der untersuchten Stelle im Stamm beträchtlich. Sie bestimmen die → Holzeigenschaften und damit die Verwendung der Hölzer stark mit und sind in den meisten verwendeten Bauhölzern in folgenden Mengen enthalten:

□ Cellulose 30–50 %,

□ Hemicellulose 20–40 %,

□ Lignin Nadelhölzer 26–31 %,

□ Lignin Laubhölzer 20–25 %;

die Prozentangaben beziehen sich auf die Masse. Daneben enthält H. Harze, Fette, Eiweiß, Gerb- und Farbstoffe mit einem Anteil von etwa 2–7 %. Diese als Stoffwechselprodukte vorkommenden Nebenstoffe können nach Art und Menge durch chemische, physikalische und technische Wirkung Eigenschaften, wie Verkernung, Imprägnierbarkeit, Dichte, → Festigkeit und → Dauerhaftigkeit, und damit die Verwendbarkeit des H. beeinflussen. Cellulosefasern, Hemicellulose und Lignin bilden zusammen lange Mikrofibrillen von etwa 10–20 nm Dmr., aus denen in mehreren Schichten die Zellwände entstehen. Die Mikrofibrillen bestehen wiederum aus submikroskopischen, stäbchenförmigen kristallinen Bündeln von Cellulosemolekülen von etwa 3–4 nm Dmr., den Protofibrillen oder Mizellen. Zwischen diesen befinden sich feinste Spalten, in die Wassermoleküle eindringen können. Die Zellwände sind dadurch quellfähig, aber unlöslich. In diesem Zellgewebe übernehmen verschiedene Zelltypen die Aufgaben des Stammes: Die Gefäße, Poren oder Tracheen, die der Saftleitung und Speicherung dienen, die Hartfasern, auf denen die Festigkeit beruht, die Tracheiden, die beim → Nadelholz beide Aufgaben übernehmen, und die in Querrichtung verlaufenden Markstrahlenzellen, die das → Kambium versorgen und Nährstoffe speichern.

Der Baum wächst in den gemäßigten Zonen entsprechend den Jahreszeiten unregelmäßig; dabei besteht durch die Tätigkeit des Kambiums im Frühjahr der neue Holzmantel aus weiten und dünnwandigen Zellen. Durch das Nachlassen der Kambiumtätigkeit werden im Herbst kleinere und dickwandigere Zellen und damit die Jahresringe gebildet, die somit aus dem helleren und weicheren Frühholz und dem dunkleren und härteren Spätholz bestehen. Durch die Unterbrechung des Wachstums im Winter und den dadurch bedingten schroffen Übergang vom Spätholz zum Frühholz zeichnen sich die Jahresringe deutlich ab, während sich der Übergang vom Frühholz zum Spätholz allmählich vollzieht. Die Jahresringe erlauben es, das Alter am Querschnitt am Fuß der Bäume abzulesen. Bei den am meisten verwendeten Bauhölzern liegt die Jahresringbreite zwischen 1 und 4 mm. Bei extrem schnell wachsenden Hölzern in tropischen Gebieten kann sie bis zu 20 mm und mehr betragen. Rohdichte und Festigkeit sind um so größer, je engringiger das Holz und je größer der Spätholzanteil je Jahresring, bezogen auf den Querschnitt des Holzbauteils, ist. Die Ausbildung der Jahresringe ist allerdings stark umweltabhängig, so daß z. B. Trockenperioden und sonstige Witterungseinflüsse deutlich erkennbar sind. Bei extremen Witterungsbedingungen ist sogar mehr als ein Ring je Jahr möglich, während sich bei ständigem Wachstum in heißen Zonen überhaupt keine ausgeprägten Jahresringe ausbilden.

Das Gefüge mit vorwiegend in Längsrichtung verlaufenden Bündeln von Röhren, die in Querrichtung leicht zusammendrückbar sind, bei Druck in Längsrichtung leicht ausknicken, in dieser Richtung aber eine hervorragende → Zugfestigkeit haben, bedingt das stark anisotrope Verhalten des H. Die unterschiedlichen Eigenschaften verschiedener H. ergeben sich vorwiegend aus der Art der Zellen, deren Anteil, Durchmesser bzw. Querschnitt und Wanddicke. Aber nicht nur die Eigenschaften sind durch die → Anisotropie je nach Beanspruchungsrichtung verschieden. Auch die äußeren Erscheinungsmerkmale sind je nach Schnittrichtung andersartig. Man unterscheidet folgende Schnittrichtungen (Bild 3):

□ Querschnitt oder Hirnschnitt,

□ Radialschnitt oder Spiegelschnitt,

□ Tangentialschnitt oder Fladerschnitt.

Der Querschnitt wird bei allen Bäumen von außen nach innen durch Borke, Bast, H. und Mark gebildet. Die Jahresringe mit Frühholz und Spätholz sind meist gut mit bloßem Auge zu erkennen. Im Querschnitt bestimmter Nadelhölzer zeigen sich Harzgänge als kleine helle Öffnungen. Beim Radialschnitt erscheinen die Jahresringe als fast parallel zur Stammachse laufende Streifen, die Markstrahlen als mehr oder weniger breite radial verlaufende glänzende Spiegel (daher auch Spiegelschnitt). Beim Tangentialschnitt bilden die Jahresringe ver-

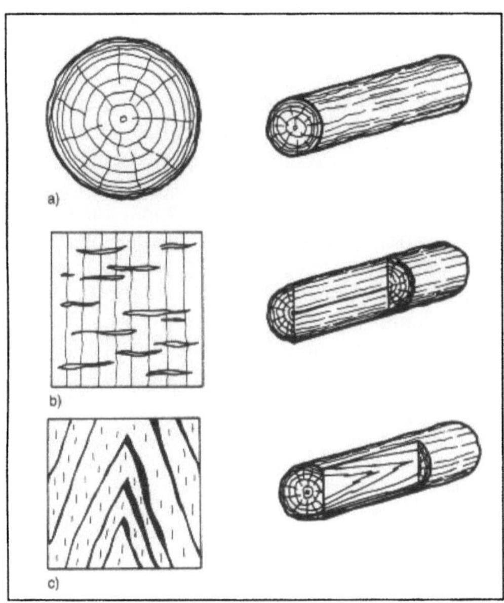

Holz 3: Schnitte bei Nutzholz. (Grosser 1977)
a) Querschnitt
b) Radialschnitt
c) Tangentialschnitt.

zerrte pyramiden-, bogen-, wellen-, parabel- oder ellipsenähnliche Kurven (Fladern, daher auch Fladerschnitt); dabei tritt die natürliche Zeichnung (Maserung, Textur) des Holzes am schönsten hervor. Größere etwa senkrecht geschnittene Markstrahlen treten bei manchen Holzarten als spindelförmige dunkle Striche auf. Nadelholz und Nutzholz unterscheiden sich durch ihr Gefüge in ihren äußeren Erscheinungsmerkmalen (Bild 4 und 5).

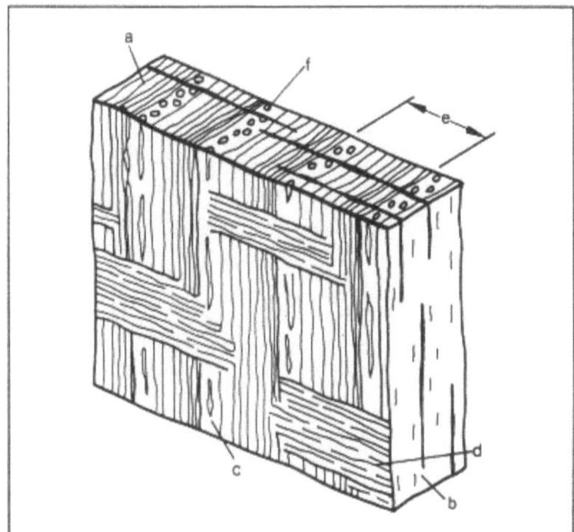

Holz 4: Aufbau von Nadelholz. (Lignum 1976)

a Querschnittfläche, b tangentiale Schnittfläche, c radiale Schnittfläche, d Markstrahl, e Jahrring, f Harzgang (fehlt bei einzelnen Nadelhölzern)

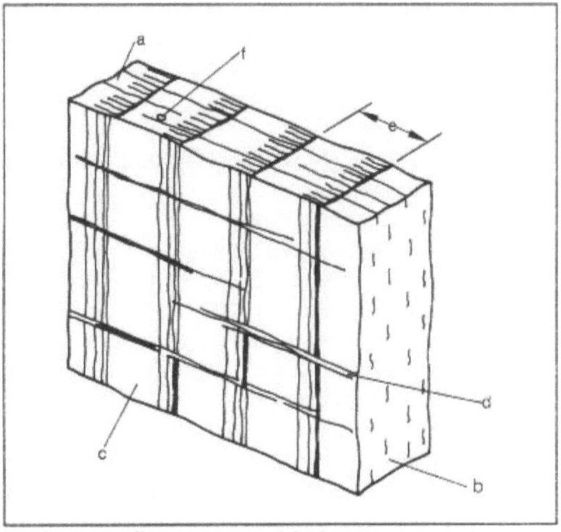

Holz 5: Aufbau von Laubholz. (Lignum 1976)

a Querschnittfläche, b tangentiale Schnittfläche, c radiale Schnittfläche, d Markstrahl, e Jahrring, f Gefäß

☐ Lieferformen: Als Baurundholz bezeichnet man entästete und entrindete Stämme ohne weitere Bearbeitung. Die Verwendung als → Rundholz hat den Vorteil einer besseren Querschnittausnutzung, eines ungestörten Faserverlaufs und dadurch einer höheren Tragfähigkeit, jedoch den Nachteil eines wechselnden Querschnittes und somit schlechterer Verbindungsmöglichkeiten. Baurundholz wird bei Pfosten, Gerüsten, Lehrgerüsten und fliegenden Bauten angewandt, da hier keine dauerhaften, hochfesten und formschönen Anschlüsse und meist keine Anstriche benötigt werden. Im allgemeinen wird der entrindete Stamm (Rohholz) im Sägewerk mit Gatter-, Band- und Kreissägen zu → Schnittholz mit verschiedenen Maßen (Latten, Bretter, Bohlen, Kanthölzer, Balken) weiterverarbeitet. Da man meist frisches oder halbtrockenes H. sägt, muß man mit nachträglichen Maßverkürzungen durch Schwinden rechnen. Schnittholz, bei dem alle Querschnittseiten über die ganze Länge voll von der Säge erfaßt wurden, bezeichnet man als scharfkantig. Seine Tragfähigkeit ist aber gegenüber Schnittholz mit sog. Baum- oder Fehlkanten nicht größer, da beim scharfkantigen H. der Faserverlauf stärker gestört ist. Kanthölzer und Balken sind in ihrer Spannweite und Verwendungsfähigkeit durch die natürlichen Wuchsbedingungen begrenzt. Bei größeren Holzkonstruktionen mit großen Spannweiten, d. h. im Ingenieurhochbau und Brückenbau, wird daher Brettschichtholz verwendet. Dabei verarbeitet man qualitativ durchschnittliche Brettware durch Verleimen zu hochwertigen Konstruktionsteilen:
– Entfernen von Störzonen (Äste, Risse, andere Schäden),
– Verkleben von Brettern mit Keilzinkenstößen zu langen Lamellen,

– innere Lamellen von Biegebauteilen aus Brettern geringer Qualität; nur äußere Bretter der Randzonen in der für die Bemessung maßgebenden Güteklasse.

– Begrenzung der Länge und Höhe nur durch Werkräume, Verleimungsbett, Hobelmaschine und Transportbedingungen.

Dies bringt folgende Vorteile:
– bessere Ausnutzung des angebotenen Holzes,
– geringere Formänderungen bei Feuchtewechseln,
– gekrümmte Bauteile möglich.

Brettschichtholz wird mit Trägerquerschnitten bis 0,30 m x 2,30 m hergestellt und besteht aus mindestens drei Einzelbrettern von i. d. R. bis zu 220 mm Breite und 30 mm, höchstens aber 40 mm Dicke, die mit ihren Breitseiten verleimt werden. Die Breite kann man bei geraden Bauteilen und besonders sorgfältiger Trocknung und Holzauswahl bis auf 400 mm erhöhen, wenn die Bauteile klimatisch nicht extrem beansprucht werden. Die auf 12–15 % Feuchtigkeit getrockneten und gehobelten Bretter werden so angeordnet, daß immer „linke" und „rechte" Seiten, d. h. äußere und innere Jahresringe aufeinanderliegen (Bild 6). Diese Regel wird nur einmal durchbrochen, damit an den Außenseiten nur „rechte" Seiten, d. h. innere Jahresringe liegen. Durch diese Anordnung lassen sich bei Klimaänderungen die Eigenspannungen so weit wie möglich verringern. Für Brettschichtholz setzt man in der Bundesrepublik Deutschland praktisch nur europäisches Fichtenholz ein. Eine Kombination mit Tannenholz ist nicht zweckmäßig, da der Trocknungsvorgang bei beiden Holzarten unterschiedlich abläuft. Brettschichtholz hat gegenüber dem → Vollholz als Ausgangsmaterial trotz der örtlichen

Schwächung durch Keilzinkenstöße bessere mechanische Eigenschaften. Es wird durch Rißfreiheit, Entfernen von Ästen, Trocknen und Verleimen gegenüber Vollholz vergütet; dabei steigt der Grad der Vergütung mit der Anzahl der Lamellen und der Verringerung der Ästigkeit. Schäden treten fast nur durch Überschreiten der Zugfestigkeit quer zur Faser auf, was wiederum in erster Linie auf falsches und unzureichendes Trocknen, falsches Verleimen der Keilzinken, mangelnden Schutz bei Transport und Einbau sowie umweltbedingte Einflüsse zurückzuführen ist. → Kreuzlagenholz ist ein Brettschichtholz, bei dem sich die Fasern der benachbarten Bretter unter einem Winkel zwischen 4 und 15 ° kreuzen. *Wesche*

Literatur: *Grosser, D.:* Die Hölzer Mitteleuropas: Ein mikrophotographischer Lehratlas. Berlin 1977. – Lignum, Schweizerische Arbeitsgemeinschaft für das Holz (Hrsg.): Dokumentation Holz. Bd. III: Materialtechnische Grundlagen. Bd. VII: Holzschutz und Oberflächenbehandlung. Zürich 1976.

Holzarten. Die Zahl der auf der Erde vorkommenden H. wird auf über 10 000 geschätzt, von denen etwa 500 international gehandelt werden. Da viele Arten jeweils unterschiedliche Lokalnamen besit-

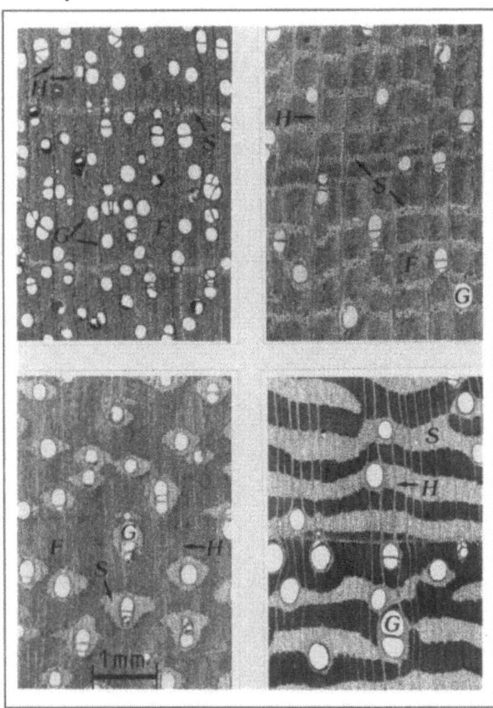

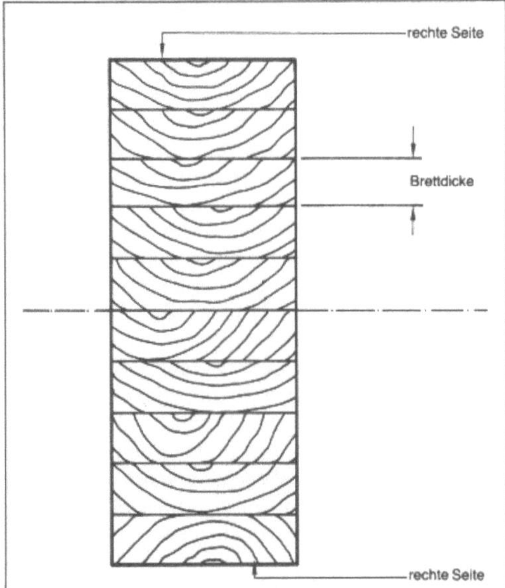

Holz 6: Lage der Bretter im Brettschichtholz.

Holzarten: Querschnitte von Amerikanischem Mahagoni (oben links), Koto (oben rechts), Afzelia (unten links) und Wenge (unten rechts). (Quelle: H. G. Richter)

s) Speichergewebe, g) Gefäße, f) Fasern, h) Holzstrahlen

Holzarten. Tabelle 1: Auswahl wichtiger Nadelhölzer aus DIN 4076 Teil 1

Benennung	Andere handelsübliche Namen	Botanischer Name	Natürliche Verbreitung
Alerce	Lahuan	Fitzroya cupressoides	Chile, Argentinien
Douglasie	Oregon pine, Douglas Fir	Pseudotsuga menziesii	Westl. Nordamerika (in Europa kultiviert)
Fichte	Europ. Fichte, Weißholz	Picea abies	Europa
Hemlock	Western Hemlock	Tsuga heterophylla	Nordwestl. Nordamerika (in Europa kultiviert)
Kiefer	Föhre, Forche, Rotholz	Pinus sylvestris	Europa, Nordwestasien
Kiefer, Weymouth	Strobe, Yellow pine, Eastern white pine	Pinus strobus	Östl. Nordamerika (in Europa kultiviert)
Lärche, Europäische	—	Larix decidua	Mitteleuropa
Parana „Pine"	Brasilian. Araukarie, Brasil „Kiefer"	Araucaria angustifolia	Südl. Brasilien
Pine, Pitch	Kernholz (überwiegend) von: Amerik. Südkiefer, Karib. pitch p., Honduras pitch p.	Pinus caribaea, P. palustris, P. taeda, P. oocarpa u. a.	Südöstl. Nordamerika und Zentralamerika
Pine, Radiata	Insignis Pine	Pinus radiata	(in Südamerika, Südafrika, Australien kultiviert)
Pine, Red	Splintholz (überwiegend) von: Amerik. Südkiefer, Carolina p., Loblolly p.	Pinus caribaea, P. palustris, P. taeda, P. oocarpa u. a.	Südöstl. Nordamerika und Zentralamerika
Redcedar, Western	Kanad. Rotzeder, Thuja	Thuja plicata	Nordwestl. Nordamerika
Redwood, Kalifornisches	Redwood, Sequoia, Vavona (Maser)	Sequoia sempervirens	Oregon, Kalifornien (USA)
Tanne	Edeltanne, Weißtanne	Abies alba	Süd- und Mitteleuropa
Zeder, Echte	Deodar, Indische Zeder, Nordafr. Zeder	Cedrus deodara, C. atlantica u. a.	Nordwestl. Indien, Nördl. Pakistan, Nordafrika (in Südafrika kultiviert)

zen, ist eine eindeutige Zuordnung häufig erst über den botanischen Namen möglich, der Gattung (z. B. Pinus) und Art (z. B. strobus) international einheitlich festgelegt.

Für Handelshölzer aus tropischen und subtropischen Gebieten werden in der Nomenclature Générale des Bois Tropicaux einheitliche Benennungen empfohlen, die auch in DIN 4076 Teil 1 Eingang gefunden haben. Diese Norm führt 34 Nadel- und 223 Laubhölzer mit Benennung, Kurzzeichen, anderen handelsüblichen Namen, botanischem Namen, Rohdichte und natürlicher Verbreitung auf (Tabelle 1, 2).

Unsere mitteleuropäischen Hölzer sind trotz ihrer Unterschiede in den →Holzeigenschaften vergleichsweise uniform, wenn man ihnen die große Bandbreite der Hölzer aus tropischen und subtropischen Gebieten gegenüberstellt. Die Bestimmung der botanischen Identität ist wichtige Voraussetzung für eine sichere Zuordnung von Art und Eigenschaften. Grundlage einer solchen Bestimmung ist der zelluläre Aufbau, die Struktur des Holzes. Sie zeigt über ein gemeinsames Grundprinzip hinaus (→Holz) jeweils arten- oder gruppenspezifische Muster (Bild), anhand derer unbekannte Hölzer bestimmt werden. Eine erste Zuordnung ist mit Hil-

Holzarten. Tabelle 2: Auswahl wichtiger Laubhölzer aus DIN 4076 Teil 1

Benennung	Andere handelsübliche Namen	Botanischer Name	Natürliche Verbreitung
Abachi	Ayous, Obeche, Samba, Wawa	Triplochiton scleroxylon	Westafrika
Afrormosia	Asamela, Kokrudua	Pericopsis elata	Elfenbeinküste, Zaire
Afzelia	Apa, Chanfuta, Doussie, Lingue	Afzelia pachyloba, A. quanzensis, A. bipindensis u. a.	Tropisches Afrika
Agba	Tola branca	Gossweilerodendron balsamiferum	West- und Zentralafrika
Angelique	Basralocus	Dicorynia guianensis, D. paraensis	Guyana, Brasilien
Azobé	Bongossi, Ekki	Lophira alata	Westafrika
Balau	Bangkirai, Balau Kumus, Selangan Batu, Yellow Balau	Shorea atrinervosa, S. glauca, S. laevis u. a.	Südostasien
Balsa	—	Ochroma boliviana, O. lagopus	Tropisches Amerika (in übrigen Tropen kultiviert)
Birke, Gemeine	Weiß-, Hänge-, Sandbirke, Haar-, Moorbirke	Betula verrucosa, B. pubescens	Europa, Nordasien
Birnbaum	Schweizer Birnbaum	Pirus communis	Mittel- und Südeuropa
Buche	Rotbuche	Fagus sylvatica	Europa
Buchsbaum	—	Buxus sempervirens	Nordafrika, Nordeuropa, Vorderer Orient
Cocobolo	—	Dalbergia retusa, D. granadillo	Zentralamerika
Ebenholz, Afrikanisches	Schwarzes Ebenholz, Ebène Afrique, African ebony	Diospyros crassiflora	Tropisches Afrika
Eiche, Rot-	Eiche, Red Oak	Quercus rubra u. a.	Östl. Nordamerika (in Europa kultiviert)
Eiche, Stiel-	Sommereiche	Quercus robur	Europa
Eiche, Trauben-	Wintereiche	Quercus petraea	Europa
Erle	Rot-, Schwarz-, Grau-, Weißerle	Alnus glutinosa, A. incana	Europa
Esche (Gemeine)	—	Fraxinus excelsior	Europa, Westasien
Framiré	Black afara, Idigbo, Emeri	Terminalia ivorensis	Guinea bis Kamerun
Greenheart	Demerara Greenheart	Ocotea rodiei	Nördl. Südamerika
Hainbuche	Weißbuche	Carpinus betulus	Süd- und Mitteleuropa
Hickory	True Hickory	Carya glabra, C. ovata u. a.	Östl. Nordamerika
Iroko	Kambala, Mvule	Chlorophora excelsa, C. regia	Tropisches Afrika
Keruing	Apitong, Dau, Eng, Gurjun, In, Yang	Dipterocarpus alatus, D. grandiflorus u. a.	Tropisches Asien
Kirschbaum	—	Prunus avium	Europa

noch Holzarten. Tabelle 2: Auswahl wichtiger Laubhölzer aus DIN 4076 Teil 1

Benennung	Andere handelsübliche Namen	Botanischer Name	Natürliche Verbreitung
Koto	Pahouro	Pterygota bequaertii, P. macrocarpa	Westafrika
Limba	Fraké, Ofram, White-Afara	Terminalia superba	Westafrika
Linde	Sommerlinde, Winterlinde	Tilia cordata, T. platyphyllos	Europa
Mahagoni, Amerikanisches	Echtes Mahagoni, American mahagony, Araputanga, Caoba	Swietenia macrophylla	Zentral- und nördl. Südamerika
Mahagoni, Khaya-	Grand Bassam, N'Gollon, Afric. mahagony, acajou blanc	Khaya ivorensis, K. anthotheca u. a.	Tropisches Afrika
Mahagoni, Sapclli-	Aboudikro, Lifaki, Sapele	Entandrophragma cylindricum	West- und Zentralafrika
Mahagoni, Sipo-	Utile, Sipo, Assie	Entandrophragma utile	Westafrika
Makoré	Baku	Tieghemella (Mimusops) heckelii	Sierra Leone bis Ghana
Meranti, Red Ligth	–	Shorea negrosensis u. a.	Malaysia, Indonesien
Meranti, Red Dark	–	Shorea pauciflora u. a.	Malaysia, Indonesien
Merbau	Ipil, Kwila	Intsia bijuga u. a.	Südostasien, Neuguinea
Niangon	Ogoue, Wishmore	Tarrietia utilis, T. densiflora	Westafrika
Nußbaum	Walnußbaum	Juglans regia	Südeuropa, Nordindien
Okoumé	Gabunholz	Aucoumea klaineana	Gabun, Kongo
Padouk, Afrikanisches	African p., Westafrican p.	Pterocarpus soyauxii	Westafrika
Palisander, Ostindisches	Ostind. Jacaranda, Indian rosewood	Dalbergia latifolia	Vorderindien und Java
Palisander, Rio	Rio Jacaranda, Brazil rosewood	Dalbergia nigra	Südöstl. Brasilien
Pappel	Grau-, Schwarz-, Weiß-, Silberpappel	Populus canescens, P. nigra, P. alba, P. hybrid	Europa, Vorderasien
Pockholz	Gaiac, Guayacan, Lignum vitae	Guaiacum guatemalense, G. officinale, G. sanctum	Nördl. Süd- und Mittelamerika
Ramin	Melawis	Gonystylus bancanus	Südostasien
Robinie	Falsche Akazie	Robinia pseudacacia	Östl. Nordamerika (in Europa kultiviert)
Rosenholz, Bahia	Tulip wood	Dalbergia decipularis	Östl. Südamerika
Rüster	Rotrüster, Feldulme	Ulmus carpinifolia	Europa
Sen	–	Kalopanax pictus (Acanthopanax ricinifolius)	Ostasien
Teak	Djati, Kyun	Tectona grandis	Südasien (in übrigen Tropen kultiviert)

fe einer Lupe möglich, letzte Sicherheit bietet aber häufig erst die Bestimmung auf mikroskopischer Basis. *Noack/Schwab*

Literatur: Association Technique Internationale des Bois Tropicaux (ATIBT): Nomenclature Générale des Bois Tropicaux. Éditée par CTFT Nogent-sur-Marne/France 1982. – *Dahms, K.-G.:* Afrikanische Exporthölzer. DRW-Verlag Stuttgart 1979. – *Dahms, K.-G.:* Asiatische, ozeanische und australische Exporthölzer. DRW-Verlag Stuttgart 1982. DIN 4076 Teil 1: Benennungen und Kurzzeichen auf dem Holzgebiet; Holzarten. – *Gottwald, H.:* Handelshölzer. Ferdinand Holzmann Verlag Hamburg 1958 (vergriffen). – *Wagenführ, R. und Chr. Scheiber.:* Holzatlas. VEB Fachbuchverlag 1985.

Holzaufkommen und -verbrauch. Als wichtigster nachwachsender → Rohstoff besitzt → Holz für viele Bereiche von Handwerk, Handel und Industrie große volkswirtschaftliche Bedeutung. Da aus Holz sehr unterschiedliche Produkte hergestellt werden, benötigt man für Mengenangaben eine gemeinsame Rechenbasis. Dies ist der Begriff *Rohholzäquivalent* in m^3 (r), der die Rohholzmenge angibt, die jeweils zur Herstellung einer Einheit eines bestimmten Halb- oder Fertigproduktes erforderlich war.

Die Tabelle enthält die Gesamtholzbilanz der Bundesrepublik Deutschland mit einer Prognose bis zum Jahre 2000, wobei der Verbrauch in die komplexen Verwendungsbereiche *Holz* und → *Papier* unterteilt ist. Dabei umfaßt der Bereich *Holz* die Verwendung von Holz in seiner ursprünglichen Form bzw. als → Schnittholz oder → Holzwerkstoffe (direkt oder als daraus abgeleitetes Produkt), der Bereich *Papier* die Verwendung von Holz in Form von → Holzstoff, → Zellstoff, Papier, Karton und Pappe (sowie allen daraus gefertigten höherveredelten Produkte).

Trotz konjunktureller Schwankungen wird der langfristig zunehmende Verbrauch deutlich. Dabei wird der Bereich *Papier* infolge seiner überproportionalen Steigerung in wenigen Jahren die Hälfte des Gesamtverbrauches einnehmen. Beim Aufkommen steht dem stetig gestiegenen Rohholzeinschlag ein überproportional gestiegener Altpapiereinsatz gegenüber.

Der Außenhandel mit Holz und Produkten auf der Basis von Holz hat in den vergangenen Jahrzehnten erheblich zugenommen. Bezogen auf den Gesamtverbrauch liegt die Nettoeinfuhr (Einfuhr minus Ausfuhr) aber seit dreißig Jahren relativ gleichmäßig zwischen 30 und 44 %; sie wird sich voraussichtlich auch künftig in dieser Spanne bewegen.

Auch weltweit nimmt die Nachfrage nach Holz und Produkten auf der Basis von Holz zu. Dabei ist in den Entwicklungsländern künftig mit höheren Steigerungsraten als in den Industrieländern zu rechnen. Der höhere Eigenverbrauch traditioneller Lieferländer und der höhere Importbedarf mancher Industrieländer könnte zu Mengenproblemen, damit verbunden aber vor allem zu Preisproblemen führen. Obwohl nach vorliegenden Prognosen damit zu rechnen ist, daß sich die Holzproduktion noch wesentlich erhöhen läßt, sind regionale Versorgungsschwierigkeiten und Engpässe zu befürchten. Insgesamt besteht kein Zweifel, daß die Bedeutung des nachwachsenden Rohstoffes Holz künftig eher zu- als abnehmen wird. *Noack/Schwab*

Literatur: *Noack, D. und A. Frühwald:* Auswirkungen der Energie- und Rohstoffkrise auf den Rohstoff Holz. Allgemeine Forstzeitschrift 1981: S. 913–920. – *Ollmann, H.:* Der Holzverbrauch in der Bundesrepublik Deutschland bis zum Jahre 2000. Allgemeine Forstzeitschrift 1985: S. 776–778.

Holzaufkommen und -verbrauch. Tabelle: Gesamtholzbilanz der Bundesrepublik Deutschland in Mio m^3 (r) Rohholzäquivalent (nach H. Ollmann)

Jahr	Aufkommen			Verbleib		
	Einschlag	Altpapier	Einfuhr	Ausfuhr	Verbrauch „Holz"	Verbrauch „Papier"
1955	23,3	2,3	13,0	2,0	26,5	9,9
1960	25,6	2,3	19,6	3,1	30,6	14,5
1965	26,6	4,6	27,1	4,7	32,2	21,2
1970	27,8	6,8	34,9	8,4	33,5	26,7
1975	28,8	7,6	33,7	17,1	27,7	24,9
1980	30,1	9,5	48,9	21,8	35,6	30,1
1985	30,7	12,7	51,6	32,2	31,2	30,6
1990	—	—	—	—	33,8	32,6
1995	—	—	—	—	34,3	34,4
2000	31	14	61	35	34,0	36,1

Holzbau → Brettschichtholz

Holzbilanz → Holzaufkommen und -verbrauch

Holzchemie. Die H. befaßt sich mit der chemischen Zusammensetzung von → Holz, der Biogenese der verschiedenen Holzkomponenten sowie ihrer molekularen und übermolekularen Struktur und Verteilung im Holz.

Holz besteht im wesentlichen aus drei polymeren Substanzen: → Cellulose, → Hemicellulose und → Lignin. Daneben können in geringeren Mengen Begleitstoffe, wie → Harz, Fettsäuren, Terpene und Polyphenole in Form von Flavonoiden, Chinonen, Stilbenen, Lignanen und Gerbstoffen vorhanden sein. Darüber hinaus sind Glucoside, Zucker und anorganische Bestandteile zu finden.

Sowohl hinsichtlich Vorkommen der verschiedenen Holzkomponenten, mengenmäßiger Zusammensetzung, molekularem und übermolekularem Aufbau sowie Verteilung in der Zellwand gibt es nicht nur zwischen den verschiedenen Hölzern, sondern auch innerhalb einer Holzart und selbst innerhalb eines Stammes erhebliche Differenzen. So können sich Holzanalysen nur auf eine Holzart beziehen und es handelt sich um Durchschnittswerte (Tabelle).

Innerhalb eines Einzelbaumes treten Variationen in der chemischen Zusammensetzung zwischen Stammzentrum und Peripherie, zwischen Wurzel und Krone, zwischen Früh- und Spätholz und zwischen Splint- und Kernholz auf. Die mengenmäßig wichtigste Holzkomponente, die Cellulose, liegt im Laub- und Nadelholz in gleicher Struktur vor. Grundlegend in ihrem Aufbau unterscheiden sich → Hemicellulosen von Laub- und Nadelhölzern. Auch die Anteile der verschiedenen Ligninbausteine sowie die Art der Bindungen zwischen diesen Bausteinen sind bei Laub- und Nadelholz unterschiedlich. Darüber hinaus kommen gewisse Begleitstoffe artspezifisch vor. Charakteristisch für Laubhölzer ist ihr hoher Anteil an acetylierten sauren Xylanen. Glucomannan dagegen kommt nur in geringen Mengen vor. Nadelhölzer haben dagegen weniger Xylane, aber mehr Galactoglucomannan, das ebenfalls teilweise acetyliert ist. Die Laubhölzer der gemäßigten Zone enthalten weniger Lignin und mehr Hemicellulosen als tropische Laubhölzer, deren Ligningehalt wiederum häufig den der Nadelhölzer übersteigt. Die Nadelhölzer der temperierten Zone unterscheiden sich in ihrer chemischen Zusammensetzung von den Laubhölzern dieser Region vor allen Dingen durch den höheren Lignin- und den geringeren Hemicellulosegehalt.

Bei der Zellbildung durch Zellteilung im Kambium entstehen zuerst Mittellamelle und Primärwand, die sehr pektinreich sind. Im Verlauf des weiteren Zellwachstums werden Cellulose und Hemicellulosen synthetisiert und in Form einer Sekundärwand auf die Primärwand aufgelagert. Gleichzeitig beginnt die Einlagerung von Lignin, das sich zunächst in den Zellecken der Mittellamelle und Primärwand bildet. Dann wird auch die Sekundärwand lignifiziert und die Zellwand stirbt. Das ehemalige Zytoplasma wird zum Lumen hin auf die Sekundärwand aufgelagert und bildet die sogenannte Tertiärwand. Die Cellulose als lineares → Makromolekül ordnet sich schichtweise in Fibrillensträngen an und trägt vornehmlich zur → Zugfestigkeit des Holzes bei. Das Lignin dagegen ist für die → Steifigkeit verantwortlich. Entsprechend weist das Druckholz der Nadelbäume einen erhöhten Ligningehalt auf, während im Zugholz von Laubhölzern ein erhöhter Cellulosegehalt feststellbar ist und zusätzlich sonst im Holz nicht vorkommende Galactane auftreten. Im ausdifferenzierten Holz bleiben nur die Parechymzellen zunächst in Funktion. Sie produzieren den größten Teil der Begleitstoffe des Holzes, die von dort in das umgebende Gewebe wandern. Ein Teil der Begleitstoffe schützt den Baum vor dem Abbau durch pflanzliche und tieri-

Holzchemie. Tabelle: Chemische Zusammensetzung einiger europäischer Nadel- und Laubhölzer

Holzarten	Cellulose	Hemi-cellulose	Lignin	Extrakt-stoffe (Ethanol/ Benzol)	Asche
	%	%	%	%	%
Fichte, Picea abies Karst.	43.4	29.1	28.2	1.4	0.3
Kiefer, Pinus silvestris L.	45	25.7	27.3	3.4	0.5
Birke, Betula verruscosa Ehrh.	48.5	25.1	19.4	2.5	0.4
Buche, Fagus sylvatica L.	46.0	26.8	22.8	0.8	0.3
Pappel, Populus tremuloides	47	24	18.9	2.8	0.3
Eiche, Quercus spec.	40.5	28.3	24.8	3.8	0.4

sche Schädlinge, ein anderer Teil dient als Reservestoff.

Zur quantitativen Analyse der wichtigsten Holzkomponenten werden summative Analysen verwendet. Zur Strukturaufklärung der verschiedenen Holzkomponenten müssen spezielle Analysenmethoden herangezogen werden, die allgemein zur Strukturaufklärung organischer Verbindungen verwendet werden. Die Aufklärung der nativen Struktur von Holzkomponenten ist problematisch, da diese zunächst einmal aus dem Holz isoliert werden müssen und dabei meist Strukturänderungen stattfinden.

Die summative Holzanalyse geht von trockenem, gemahlenem Holz aus. Zur Bestimmung des Anteils an anorganischen Komponenten wird eine Veraschung durchgeführt. Die Standardmethode zur Bestimmung der Begleit- oder Extraktstoffe ist eine Extraktion des Holzes mit einer Mischung aus Ethanol-Benzol im Verhältnis 1:2. Da Benzol giftig ist, kann es ersetzt werden durch Cyclohexan oder Toluol. Zur Bestimmung der makromolekularen Kohlenhydrate wird das Lignin mit Hilfe von Natriumchlorit und Eisessig aus dem vorextrahiertem Material entfernt. Der nichtlösliche Rest besteht aus Cellulose und Hemicellulose (Holocellulose). Durch Zugabe von 17,5%iger Natronlauge gehen die Hemicellulosen in Lösung und die Cellulose kann quantitativ bestimmt werden. Zur quantitativen Bestimmung des Lignins müssen die Kohlenhydrate des Holzes hydrolysiert werden. Dies erreicht man durch Behandlung des Holzes mit 72%iger Schwefelsäure und anschließender Kochung mit einer auf 3% verdünnten Schwefelsäure.

Eine sehr schnelle, umfassende Analyse der verschiedenen Kohlenhydrate und des Lignins des Holzes ist möglich durch eine Totalhydrolyse des Holzes mit Schwefelsäure. Die sich bildenden monomeren Zucker werden chromatographisch getrennt und quantitativ bestimmt. Durch Zuordnung der verschiedenen Zucker zu einzelnen Hemicellulosen und der Cellulose erfolgt eine qualitative und quantitative Analyse der Kohlenhydrate. Der bei der Holzverzuckerung nicht lösliche Anteil entspricht dem Ligningehalt und wird gravimetrisch bestimmt. *Patt*

Literatur: *Fengel, D.* und *G. Wegener:* Wood Chemistry – Ultrastructure, Reactions. Berlin, New York 1984. – *Sjöstrom, E.:* Wood Chemistry – Fundamentals and Applications. New York, London, Toronto, Sydney, San Francisco 1981.

Holzeigenschaften. Da →Holz kein einheitliches Material, sondern eine Sammelbezeichnung für →Holzarten mit deutlich unterschiedlichen Eigenschaften darstellt, ist hier nur ein grober Abriß über wichtige Eigenschaften und ihre Einflußgrößen möglich. Dabei wird zur besseren Übersicht in bio-

logische, chemische, physikalische und mechanische Eigenschaften untergliedert.

□ *Biologische Eigenschaften:* Aufgrund der Struktur ist Holz ausgeprägt anisotrop, d. h. die Eigenschaften unterscheiden sich in den drei Hauptachsen Faserrichtung, Radialrichtung und Tangentialrichtung (Holz). Außerdem streuen die Eigenschaften naturgegeben durch den individuellen Wuchs der Bäume; deshalb erfolgt für viele Verwendungszwecke (Holz für tragende Konstruktionen, für Treppen, für Fenster, für Parkett, für Leitern, für Eisenbahnschwellen, für Werkzeugteile usw.) eine Sortierung nach den *Wuchseigenschaften* (z. B. Faserneigung, Ästigkeit, Jahrringbreite). Bei direkter →Bewitterung von Holz kommt es zu Verfärbungen und leichter oberflächlicher Zerstörung. Bei Feuchteanreicherung (Holzfeuchtegehalt über 20%) besteht zusätzlich die Gefahr eines Befalls durch holzzerstörende Pilze („Fäulnis"). Die natürliche Resistenz bestimmter Holzarten gegen solchen Pilzbefall steht in keinem Zusammenhang zur Holzdichte, sondern beruht auf ihren ausschließlich im Kernholz vorkommenden Inhaltsstoffen. Deshalb gelten die (Tabelle) Resistenzklassen 1 (sehr resistent) bis 3 (mäßig resistent) jeweils nur für das Kernholz der genannten Art. Das Splintholz aller Hölzer wird als wenig (Resistenzklasse 4) oder nicht resistent (5) eingestuft, kann aber durch Schutzmittel (→Holzschutz) gegen Pilzbefall geschützt werden.

□ *Chemische Eigenschaften:* Holz besteht aus den Hauptkomponenten →Cellulose, →Hemicellulosen und →Lignin sowie den mengenmäßig unbedeutenden Inhaltsstoffen, die aber einen großen Einfluß auf die artspezifischen Eigenschaften haben. Manche Inhaltsstoffe fördern die →Korrosion von Eisenmetallen (z. B. bei Douglasie, Redwood und Eiche), stören die Zementabbindung (z. B. bei Lärche, Buche und Red Meranti) oder verzögern die Aushärtung von Polyesterlacken (z. B. Cocobolo, Ebenholz und Iroko). Vorteilhaft können sie sich auswirken in bezug auf die natürliche Resistenz, die dekorative Farbe (z. B. bei Mahagoni, Palisander und Zebrano), den angenehmen Geruch (z. B. bei Sandelholz) oder die wachsartige, wasserabweisende Wirkung (z. B. bei Niangon und Teak).

Die →Widerstandsfähigkeit von Holz gegen verdünnte Säuren ist hoch; dagegen wird Holz bei Einwirkung von Laugen eher geschädigt. Insgesamt sind Nadelhölzer wegen ihres höheren Ligningehaltes gegenüber Chemikalien widerstandsfähiger als Laubhölzer. Ihre im Vergleich zu anderen Baustoffen hohe Widerstandsfähigkeit besonders gegen aggressive Gase und Dämpfe hat die Verwendung von →Brettschichtholz zur Konstruktion von Produktions- und Lagerhallen stark gefördert.

□ *Physikalische Eigenschaften:* Holz ist hygroskopisch, d. h. im Laufe der Lagerung stellt sich der Holzfeuchtegehalt (Masse des im Holz enthaltenen Wassers bezogen auf die absolut trockene Holzsubstanz) ein, der mit dem Umgebungsklima im Gleichgewicht steht. Unterhalb Fasersättigung (etwa 30 % Holzfeuchtegehalt) ändern sich mit wechselndem Feuchtegehalt die meisten Eigenschaften – auch die Abmessungen. Als Kriterium für die maximal mögliche Abmessungsänderung, die nur bei Befeuchtung vom absolut trockenen auf den nassen Zustand einträte, gilt das für die radiale und tangentiale Richtung des Holzes tabellierte *Quellmaß*. Um Maßänderungen fertiger Holzteile möglichst zu vermeiden, wird Holz in der Regel vor der Endbearbeitung auf den Feuchtegehalt gebracht, der bei der späteren Verwendung erwartet wird (→ Holztrocknung).

Die *Rohdichte* (Masse bezogen auf das Volumen des Holzes einschließlich Porenraum) ermöglicht Hinweise auf andere Eigenschaften und auf Verwendungsmöglichkeiten. Sie ist das Kriterium für die Reihenfolge der tabellierten Holzarten. Auch die Wärmeleitfähigkeit wird von der Rohdichte bestimmt (Bild). Die niedrige Wärmeleitfähigkeit quer zur Faserrichtung trägt bei Holzbauteilen mit ausreichenden Querschnittsabmessungen zur Erzielung einer günstigen Feuerwiderstandsdauer bei. Der elektrische Widerstand des Holzes hängt primär vom Holzfeuchtegehalt ab; deshalb arbeiten elektrische Feuchtemeßgeräte meist nach dem Widerstandsprinzip.

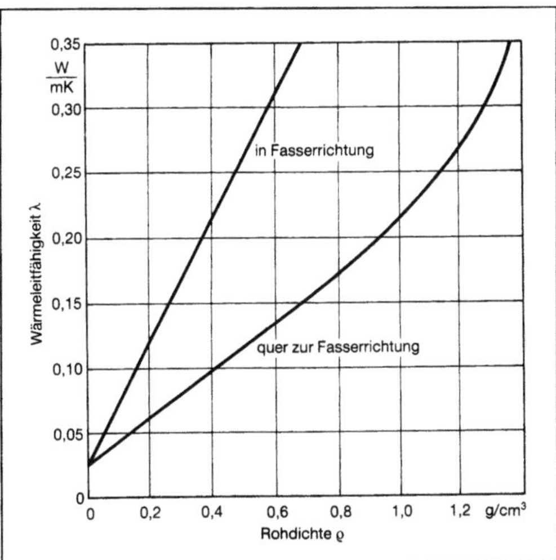

Holzeigenschaften: Abhängigkeit der Wärmeleitfähigkeit in und quer zur Faserrichtung des Holzes von der Rohdichte bei 10 % Holzfeuchte. (Quelle: Kollmann, Malmquist 1956)

□ *Mechanische Eigenschaften:* Die elastischen Kennwerte und die Festigkeiten (Tabelle, S. 452) nehmen mit steigender Rohdichte tendenziell zu.

Die für das Bauwesen entscheidenden Rechenwerte sind in DIN 1052 Teil 1 angegeben. Die → Härte und der Abnutzungswiderstand steigen ebenfalls mit der Rohdichte an und erreichen auf der Hirnfläche des Holzes (z. B. Holzpflaster) deutlich höhere Werte als auf den Seitenflächen. Die leichte Bearbeitbarkeit des Holzes ist ein großer Vorteil dieses Rohstoffes, weil notwendige Nacharbeiten keine Schwierigkeiten bereiten. Dabei hängt die Güte der erzielbaren Oberflächen primär vom Faserverlauf und der Struktur ab. Als → Baustoff zeichnet sich Holz durch die besondere Kombination von geringem Gewicht, hoher → Festigkeit in Faserrichtung und niedriger Wärmeleitfähigkeit quer zur Faserrichtung aus.   *Noack/Schwab*

Literatur: DIN 1052 Teil 1: Holzbauwerke; Berechnung und Ausführung DIN 68 364: Kennwerte von Holzarten; Festigkeit, Elastizität, Resistenz. – *Kollmann, F.:* Technologie des Holzes und der Holzwerkstoffe. Springer Verlag Berlin, Heidelberg, New York 1951, Reprint 1982. – *Noack, D. und E. Schwab:* Holz als Baustoff. Holzbau-Taschenbuch Bd. 1. Verlag Ernst & Sohn Berlin 1986, S. 7–27.

Holzfaserplatte. H. sind Platten, die aus verholzten Fasern mit oder ohne Bindemittel-Zusatz hergestellt werden. Die Fasern werden meist aus Hackschnitzeln, die unter Einwirkung von heißem Wasserdampf vorweichen, zwischen rotierenden Mahlscheiben gewonnen. Die Platten können im Naßverfahren oder im Trockenverfahren erzeugt werden. Im Naßverfahren, das der Papierherstellung ähnelt, beruht der Zusammenhalt der Fasern und Faserbündel weitgehend auf natürlicher Faserbindung. Im Trockenverfahren, das der Spanplattenherstellung ähnelt, sind Kunstharze als → Bindemittel erforderlich. Nach der Dichte der fertigen Platten werden unterschieden:

– Poröse H. mit Rohdichten zwischen 0,23 und 0,35 g/cm³ für Dämmzwecke. Erhöhte Feuchtebeständigkeit läßt sich durch Zugabe von Bitumen (10 bis über 15 Gewichtsprozent) erreichen.

– Mittelharte H. mit Rohdichten zwischen 0,35 und 0,80 g/cm³; für die Möbelherstellung und das Bauwesen meist oberhalb 0,65 g/cm³ liegend. Während → Spanplatten eine relativ lockere Mittelschicht aufweisen, sind mittelharte H. über den Querschnitt homogen aufgebaut und können gut profiliert und direkt lackiert werden. Im Handel werden sie häufig als MDF-Platten (*engl.* **M**edium **D**ensity **F**iberboard) angeboten. Nach zunehmendem Import aus Süd-, Ost- und Nordeuropa sowie aus Nordamerika werden ab 1987 auch in der Bundesrepublik MDF-Platten hergestellt.

– Harte H. mit Rohdichten über 0,8 g/cm³; sie werden in Dicken zwischen 1,2 und 6 mm hergestellt. Im Naßverfahren produzierte Platten sind nur einseitig glatt, auf der Rückseite besitzen sie eine Siebstruktur. Zur Erzielung besonders hoher Festigkei-

Holzeigenschaften. Tabelle: Mittlere Eigenschaftswerte wichtiger Holzarten

Benennung	Rohdichte in g/cm³	Max. Quellmaß in %		Festigkeit in N/mm²		Resistenz-klasse
		rad.	tang.	Biege-	Druck-	
Nadelhölzer						
Western Redcedar	0,37	2,5	5,3	54	35	2
Fichte	0,47	3,7	8,5	68	40	4
Kiefer	0,52	4,2	8,3	80	45	3−4
Douglasie/Oregon pine	0,54	5,0	8,0	80	50	3
Europ. Lärche	0,59	3,4	8,5	93	48	3
Laubhölzer						
Balsa	0,17	3,0	6,2	24	10	5
Abachi/Wawa	0,40	3,0	5,5	60	35	5
Pappel	0,42	3,4	8,9	70	36	5
Amerik. Mahagoni	0,54	3,4	4,7	80	45	2
Sipo-Mahagoni	0,59	5,5	6,7	100	58	2
Iroko/Kambala	0,63	3,5	5,5	95	55	1−2
Eiche	0,67	4,6	10,9	95	52	2
Teak	0,69	2,7	4,8	100	58	1
Buche	0,69	6,2	13,4	120	60	5
Dark Red Meranti	0,71	4,3	10,7	110	58	2−3
Angelique/Basralocus	0,76	5,8	9,8	120	70	1
Afzelia/Doussie	0,79	3,0	4,5	115	70	1
Balau/Bangkirai	0,94	5,0	11,0	142	76	1−2
Greenheart	1,00	7,0	8,8	180	100	1
Azobe/Bongossi	1,06	7,7	11,4	180	95	1

Die Rohdichte und die Festigkeiten gelten für einen Holzfeuchtegehalt von etwa 12 %. Die Festigkeitsangaben beziehen sich auf Durchbiegung quer zur Faserrichtung bzw. Druckbelastung in Faserrichtung. Die Einteilung der Resistenzklassen erfolgt nach dem Grad der Resistenz des ungeschützten Kernholzes gegen einen Befall durch holzzerstörende Pilze bei langanhaltend hoher Holzfeuchte (> 20 %) oder bei Erdkontakt.

ten und harter Oberflächen werden auch „Extrahartplatten" hergestellt. Harte Faserplatten dienen z. B. als Beplankung oder Bekleidung beim Innenausbau von Räumen und Fahrzeugen und für den Möbelbau (Rückwände, Schubkastenböden, Polstermöbelformen). Sie werden auch lackiert, bedruckt und beschichtet geliefert.

Ein junges Produkt ist die mit → Gips als Bindemittel hergestellte Gipsfaserplatte. Neben den planen Faserplatten werden auch Formteile aus verholzten Fasern hergestellt, insbesondere für Kfz-Innenteile. *Noack/Schwab*

Literatur: DIN 68 750: Poröse und harte Holzfaserplatten; Gütebedingungen. – DIN 68 751: Kunststoffbeschichtete dekorative Holzfaserplatten; Begriffe, Anforderungen. – DIN 68 752: Bitumen-Holzfaserplatten; Gütebedingungen. – DIN 68 754: Harte und mittelharte Holzfaserplatten für das Bauwesen. – *Kollmann, F.; E. W. Kuenzi, A. J. Stamm*: Principles of wood science and technology. Berlin–Heidelberg–New York 1973.

Holzhydrolyse. Die Kohlenhydrate des → Holzes, die → Hemicellulosen und → Cellulose, können durch Einwirkung von Säure in ihre monomeren Bausteine, Hexosen und Pentosen, zerlegt werden. Hexosen können zu Ethanol vergoren und die Pentosen zur Produktion von eiweißreichen Hefen genutzt werden. Darüber hinaus kann die Xylose auch zu Furfural oder Xylit weiterverarbeitet werden.

Die grundlegenden Verfahren der H. wurden bereits vor dem Zweiten Weltkrieg in Deutschland entwickelt, als aus politischen Gründen eine möglichst weitgehende Rohstoffautarkie angestrebt wurde. Neuere Versuche, die Verfahren technisch und wirtschaftlich zu verbessern, haben nicht die industrielle Wiedereinführung erreicht.

Die beiden Standardverfahren der H. sind das mit verdünnter Schwefelsäure bei Temperaturen um 150 °C arbeitende *Scholler*-Verfahren und das mit konzentrierter Salzsäure bei Raumtemperatur hydrolysierende *Bergius-Rheinau*-Verfahren. Bei allen H.-Verfahren muß mehrstufig vorgegangen werden. Zunächst werden die mischzuckerliefernden Hemicellulosen abgebaut, dann die Cellulose.

Beim Schwefelsäureverfahren wird in einzelnen Schüben die Säure durch das zerkleinerte Holz gedrückt und die saure Lösung zur Vermeidung eines weitergehenden Zuckerabbaus mit Kalkmilch neutralisiert. Bei Nadelholz erhält man etwa 22 % Mischzucker und 28 % Dextrose.

Beim Salzsäureverfahren wird die Holzfüllung der Reaktoren, die Vorhydrolyse, Hydrolyse, Zuckerextraktion und Ligninauswaschung in mehreren Türmen durchgeführt. Durch sie fließt ein kontinuierlicher, streng geschichteter Flüssigkeitsstrom mit verschiedenen Säurekonzentrationen. Die Hydrolyse verläuft praktisch quantitativ und führt bei Nadelholz zu etwa 22 kg Mischzucker und 42 kg Dextrose/100 kg Holz. Die eingesetzte Salzsäure wird, soweit sie nicht mit dem → Lignin des Holzes chemische Reaktionen eingegangen ist, zurückgewonnen. Obwohl bei Raumtemperatur gearbeitet wird, ist das Verfahren aufgrund der zu verdampfenden Wasser- und Säuremengen sehr energieintensiv. *Patt*

Holzprüfung. Bei der Prüfung physikalischer und technologischer Eigenschaften des Holzes ist nach DIN 52180 zu unterscheiden zwischen Prüfungen an kleinen, fehlerfreien Proben und an Gebrauchsholz in Originalabmessungen.

Die Prüfungen kleiner, fehlerfreier Proben dienen zur Beurteilung der Eigenschaften einer Holzart und deren Veränderungen durch biologische, chemische und physikalische Einflußgrößen. Sie werden auch als begleitende Untersuchungen bei Versuchsreihen an Bauteilen, Baugliedern und Verbindungen durchgeführt.

Durch Prüfungen von Gebrauchsholz in Originalabmessungen werden physikalische und technologische Eigenschaften von Baugliedern, Bauteilen und deren Verbindungen bestimmt, sofern diese nicht ausreichend zutreffend einer Berechnung und Dimensionierung nach den für Holzbauwerke geltenden Vorschriften zugänglich sind.

Beschaffenheit der Proben, Probenahme und Anzahl der Proben regelt DIN 52180.

DIN 52181 beschreibt die Verfahren zur eindeutigen Bestimmung der Wuchseigenschaften von Nadelschnittholz. Die hiernach ermittelten zahlenmäßigen Angaben zu Astabmessung, Jahrringbreite, Faserneigung und → Verformung sind Basis für eine allgemeine visuelle Beurteilung der Qualität von → Holz und werden deshalb zur Einstufung von → Schnittholz nach Güteklassen herangezogen.

Die Ermittlung der Rohdichte entsprechend DIN 52182 erfolgt in der Regel nach Lagerung der Pro-

ben in Normalklima 20/65-1 DIN 50014 (Normal-Rohdichte). Der Holzfeuchtigkeitsgehalt wird nach DIN 52183 durch Massenvergleich der feuchten und wasserfreien (darrtrockenen) Probe bestimmt. Von Rohdichte und Feuchtegehalt sind für die Holzverwendung wesentliche physikalische und technologische Eigenschaften abhängig, was man sich bei näherungsweiser, zerstörungsfreier Ermittlung von Kennwerten (Dichtebestimmung mit Hilfe von Durchstrahlungs- oder Eindringverfahren, Feuchtebestimmung mit elektrischem Schnellmeßgerät) zunutze macht. Die Abhängigkeit der Rohdichte des Holzes von Holzfeuchtigkeitsgehalt ist aus der DIN 52182 entnommenen Darstellung ersichtlich.

DIN 52184 beschreibt die Vorgehensweise zur Bestimmung der → Quellung und → Schwindung von Holz.

Die Durchführung und Auswertung der Druck-, Zug-, Scher- und Biegeversuche an Kleinproben ist in den DIN-Normen 52185 bis 52188 und 52192 verbindlich festgelegt. Bei diesen Prüfungen zur Ermittlung von Festigkeiten und Verformungsmoduln sind jeweils Angaben zur Holzart, den Wuchseigenschaften sowie der Feuchte und Rohdichte der fehlerfreien Proben erforderlich. In DIN 68364 sind Informationen über die an Kleinproben ermittelten, elastischen Eigenschaften, die Festigkeiten und die Resistenz wichtiger Handelshölzer zusammengestellt, die jedoch nicht auf Bauholz übertragen werden können, da hierbei Einflüsse von Größe und Gütebeschaffenheit besonders zu berücksichtigen sind.

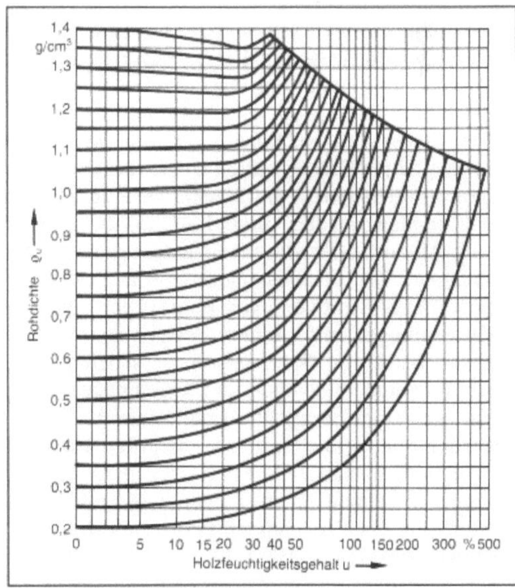

Holzprüfung 1: Abhängigkeit der Rohdichte des Holzes vom Holzfeuchtigkeitsgehalt (nach DIN 52182).

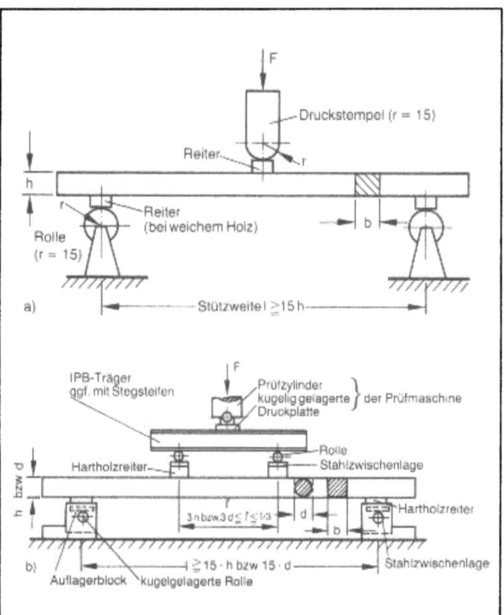

Holzprüfung 2: Versuchsanordnung.
a) Prüfung mit mittigem Kraftangriff
b) Prüfung von Kantholz- und Rundholz (Biegeversuch nach DIN 52186).

Die erforderlichen Prüfungen von Holz, das für tragende und aussteifende Bauteile verwendet werden soll, sind durch die Vorgaben zur Berechnung und Ausführung von Holzbauwerken und Holzbrücken (DIN 1052, DIN 1074) weitgehend reduziert auf die näherungsweise, zerstörungsfreie Bestimmung der Feuchte sowie eine durch visuelle Prüfungen und (maschinelle) Sortierung erfolgende Kontrolle der Einhaltung von Gütebedingungen zur Einstufung in Güteklassen. Aufgrund der Vielzahl verfügbarer Untersuchungsergebnisse werden die mechanischen Eigenschaften sowie das Quell- und Schwindverhalten für die üblicherweise zum Einsatz kommenden Nadel- und Laubhölzer und für → Brettschichtholz als ausreichend gesichert angenommen. Zur Dimensionierung von Tragwerken unter Berücksichtigung von Beanspruchungen und Verformungen sind deshalb entsprechende Richtwerte (zulässige Spannungen, Elastizitäts- und Schubmoduln, Schwind- und Quellmaße) festgelegt, die keiner Überprüfung bedürfen. Als Voraussetzung zur Herstellung von geleimten tragenden Bauteilen ist allerdings ein Nachweis der Befähigung zum Leimen mit entsprechenden Prüfungen zu erbringen. Die verwendeten Leime unterliegen den Prüfverfahren nach DIN 68141. Eine Ausnahme bilden außerdem Bauglieder und Verbindungen, die sich aufgrund ihrer besonderen Ausbildung einer zutreffenden Berechnung entziehen. Deren Eignung und Belastbarkeit wird durch allgemeine bau-

aufsichtliche Zulassung geregelt und ist durch regelmäßige Überwachungsprüfungen nachzuweisen.

Die an Bauholz für Holzbauteile gestellten Gütebedingungen sind in DIN 4074 vereinbart. Zur Auswahl und zum Einbau von Bauschnittholz für tragende Teile sind hier Feuchte- und Schnittklassen definiert. Die Einstufung in die nach Tragfähigkeit vereinbarten Güteklassen erfolgt durch Anforderungen an die allgemeine Beschaffenheit, Maßhaltigkeit, Mindestwichte, Jahrringbreite, Ästigkeit, Drehwuchs, Faserabweichung und Krümmung, die durch entsprechende Kontrollen zu überprüfen sind. *Rehm/Werner*

Literatur: DIN 1052 (4.88): Holzbauwerke; Berechnung und Ausführung. – DIN 1074 (90): Holzbrücken; Berechnung und Ausführung. – DIN 4074 (9.89): Sortierung von Nadelholz nach der Tragfähigkeit. – DIN 52180 (11.77): Prüfung von Holz; Probenahme. – DIN 52181 (8.75): Bestimmung der Wuchseigenschaften von Nadelschnittholz. – DIN 52182 (9.76): Prüfung von Holz; Bestimmung der Rohdichte. – DIN 52183 (11.77): Prüfung von Holz; Bestimmung des Feuchtigkeitsgehalts. – DIN 52184 (5.79): Prüfung von Holz; Bestimmung von Quellung und Schwindung. – DIN 52185 (9.76): Prüfung von Holz; Bestimmung der Druckfestigkeit parallel zur Faser. – DIN 52186 (6.78): Prüfung von Holz; Biegeversuch. – DIN 52187 (5.79): Prüfung von Holz; Bestimmung der Scherfestigkeit in Faserrichtung. – DIN 52188 (5.79): Prüfung von Holz; Bestimmung der Zugfestigkeit parallel zur Faser. – DIN 52192 (5.79): Prüfung von Holz; Druckversuch quer zur Faserrichtung. – DIN 68141 (10.69): Prüfung von Leimen und Leimverbindungen für tragende Holzbauteile. – DIN 68256 (4.76): Gütemerkmale von Schnittholz. – DIN 68364 (11.79): Kennwerte von Holzarten; Festigkeit, Elastizität, Resistenz. – DIN 68365 (11.57): Bauholz für Zimmerarbeiten; Gütebedingungen. – DIN 68367 (1.76): Bestimmung der Gütemerkmale von Laubschnittholz. – *Noack, D.* und *E. Schwab:* Holz als Baustoff. Holzbau-Taschenbuch 8. Auflage 1986.

Holzschäden.

durch Pilze. Die → Dauerhaftigkeit des Holzes kann u. a. durch Pilze verringert werden. Die Fruchtkörper der Pilze vermehren sich durch Sporen, die vorwiegend vom Wind verbreitet werden und auf feuchtem Untergrund keimen. Die Keimfähigkeit bleibt lange erhalten und wird selbst durch extreme Witterungsverhältnisse nicht beeinträchtigt. Aus den Keimen wachsen feine Zellfäden (Hyphen), die sich verzweigen und zu einem dichten Geflecht, dem Myzel, zusammenwachsen. Die Hyphenspitzen scheiden Fermente und Enzyme aus, die die Holzsubstanz chemisch abbauen. Der Pilz lebt von diesen Abbauprodukten und entwickelt im fortgeschrittenen Alter einen Fruchtkörper. Das → Holz kann also bei Sichtbarwerden des eigentlichen Pilzes bereits beträchtlich geschädigt sein. Die Schädigung ist durch einen Verlust an Masse und an → Festigkeit feststellbar. Pilze, die überwiegend → Cellulose und wenig → Lignin abbauen und dabei das Holz braun färben, werden Braunfäulepilze genannt. Sie treten häufiger an Nadelholz als an Laubholz auf. Das Holz reißt in allen Richtungen, wird spröde und läßt sich zu Pulver zerreiben. Pilze mit starkem Ligninabbau hellen das Holz auf. Diese Pilze nennt man Weißfäulepilze. Sie befallen vorwiegend Laubholz. Das Holz schrumpft ohne Risse und wird weich. Bei den biologisch niedrigeren Schimmelpilzen gibt es bestimmte Arten, die auch Holzsubstanz abbauen können. Sie heißen Moderfäulepilze. Diese greifen Laubholz stärker als Nadelholz an, treten aber nur bei ständig hohen Holzfeuchten auf.

Holzverfärbende Pilze, in erster Linie die Bläuepilze, bevorzugen Kiefernsplintholz, treten aber auch in Laubholz auf. Durch überall anzutreffende Bläuepilzsporen besteht Befallsgefahr für Nadelholz mit einer Holzfeuchte >23 % (massebezogen). Die Abnahme der mechanischen Eigenschaften durch die Verblauung ist verhältnismäßig gering. Jedoch kann die Durchtränkbarkeit mit Schutzstoffen infolge Verstopfung der Tüpfel zwischen den Zellen stark beeinträchtigt werden. Bläuepilze können auch durch Farblacke wachsen und helle Lacke färben. An den Durchdringungsstellen kann Feuchtigkeit eindringen, die dann die Voraussetzung für das Wachstum holzzerstörender Pilze bilden kann. Holzzerstörende Pilze wachsen nur in bestimmten Temperatur- und Feuchtebereichen. Die meisten Pilze leben optimal zwischen +27 und +30 °C, und alle Pilze mit Ausnahme des Echten Hausschwammes brauchen eine Holzfeuchte von mindestens etwa 25 % (massebezogen). Der Bildung von holzzerstörenden Pilzen kann also konstruktiv durch gute Belüftung begegnet werden. Eine große Gefahr liegt darin, daß die meisten Pilze das Tageslicht meiden, dadurch unsichtbar bleiben und ggf. erst zu einem Zeitpunkt großer Zerstörung durch die Bildung von Fruchtkörpern in Erscheinung treten. Der Echte Hausschwamm und der Weiße Porenhausschwamm können durch die Fugen dicken Mauerwerks wachsen und dadurch auch fern von ihrem Entstehungsort sichtbar werden.

Der Echte Hausschwamm *(serpula lacrimans)* ist der häufigste und gefährlichste holzzerstörende Pilz, der vorwiegend Nadelholz befällt und zur Braunfäule führt. Er paßt sich den Klimabedingungen der Umgebung weitgehend an; nur zu seiner Entstehung braucht er ein bestimmtes Maß an Feuchtigkeit. Das Myzel überzieht das Holz als dichte watteartige Matte, in der dicke Stränge Feuchtigkeit und Nährstoffe über weite Strecken transportieren können. Die Fruchtkörper sind braune, am Zuwachsrand weiße 1–2 cm dicke Kuchen, die bis zu mehr als 1 m breit werden können. Das Wachstum und damit auch die Holzzerstörung sind so intensiv, daß das als Stoffwechselprodukt entstehende Wasser in einer Umgebung mit hoher Luftfeuchtigkeit auf dem Myzel an der Holzoberfläche Tropfen bildet und daher an der Wachstumsgrenze das Holz ständig anfeuchtet. Der Pilz schafft sich so

selbst die notwendige Lebensvoraussetzung, während alle anderen Pilze von außen kommende Feuchtigkeit benötigen. Der Braune Warzenschwamm *(coniophora puteana)*, auch Kellerschwamm genannt, tritt nicht nur in Kellern, sondern auch auf Dachböden und im Freien auf. Er befällt vorwiegend Nadelholz und führt zur Braunfäule. Der Pilz bildet nur wenig gelbliches Myzel auf der Holzoberfläche. Dadurch zerstört er meist das Holz schon sehr stark, bevor er bemerkt wird. Hinzu kommt, daß er selten Fruchtkörper bildet. Diese sind dunkelbraun mit halbkugeligen Warzen (daher der Name) und haben einen gelben Zuwachsrand. Der Weiße Porenhausschwamm *(poria vaporaria* und *poria vaillantii)* ist ebenfalls ein Braunfäulepilz, der vorwiegend auf Nadelholz lebt. Die Fruchtkörper sind meist an der Unterseite von Holzteilen dicht anliegende dicke Häute mit einer gut erkennbaren porigen Struktur (daher der Name).

durch Tiere. Holz kann u. a. durch tierische Schädlinge zerstört werden (→ Dauerhaftigkeit). Auf dem Land sind praktisch nur die Insekten, im Wasser Muscheln und Asseln von Bedeutung. Bei den Insekten werden holzfressende und holzbrütende Insekten unterschieden. Erstere benutzen das Holz als Nahrung, während die holzbrütenden Insekten das Holz nur örtlich zernagen, um Brutplätze zu schaffen, nicht aber von der Holzsubstanz leben und daher nicht so gefährlich sind. Insekten durchlaufen vier verschiedene Entwicklungsstadien:
□ Das fortpflanzungsfähige Vollinsekt *(Imago)*, als Holzzerstörer meist Käfer mit kurzer Lebensdauer, die teilweise gar keine Nahrung aufnehmen;
□ die von der Imago ins Holz abgelegten Eier;
□ die aus diesen entstehenden Larven, für die das Holz in einer oft langen Entwicklungszeit als Nahrung dient und die daher die eigentlichen Holzzerstörer sind;
□ die Puppe, eine Übergangsform zur Imago.
Wie bei den Pilzen sind für jede Insektenart unterschiedliche Temperatur- und Feuchtebereiche für Eiablage, Eientwicklung, Larvenwachstum und Verpuppung Vorausbedingung. Die meisten Larven benötigen zu ihrer Entwicklung eine Holzfeuchte, die wie bei den meisten Pilzen über dem Fasersättigungsbereich (→ Feuchtigkeitsgehalt) liegt. Einige wenige Arten können aber bei der normalen Gleichgewichtsfeuchte leben und wachsen und sind daher besonders gefährlich. Die → Holzarten sind gegen Insektenbefall unterschiedlich widerstandsfähig. Einige Insekten befallen nur Nadelholz, andere nur Laubholz; die meisten meiden das → Kernholz. Viele Insektenarten leben vom Eiweiß- und Stärkegehalt des Holzes, andere sind in der Lage, die Zellulose des Holzes zu verwerten.

Der verbreitetste und gefährlichste Holzzerstörer in Mitteleuropa ist der Hausbockkäfer *(hylotrupes bajulus),* der hier ausschließlich in Nadelholz und vorwiegend im eiweißreicheren → Splintholz lebt. Seine Farbe ist schwarz oder bräunlich. Das gegenüber dem Männchen größere Weibchen wird bis zu 22 mm lang. Die Käfer verlassen das Holz durch 4 mm x 7 mm große ovale Fluglöcher und leben wenige Wochen lang in der Zeit von Mitte Juni bis Ende August. Das Weibchen legt mit Hilfe einer Legeröhre bis zu rd. 400 Eier von etwa 2 mm Länge in Risse und Spalten des Holzes. Je nach Temperatur schlüpfen die jungen Larven nach 2–4 Wochen aus den Eiern und nagen sich sofort mit Hilfe ihrer harten Kauwerkzeuge in das Holz ein. Die Larven benötigen für ihre Entwicklung bis zur Verpuppung je nach Nahrungswert des Holzes, Temperatur und Luftfeuchte zwischen zwei und mehr als zehn Jahre, werden dabei bis zu 30 mm lang und zerstören etwa das 100–1 000fache ihrer Gewichtszunahme an Holzmasse. Die günstigste Temperatur für die Entwicklung der Larven liegt zwischen 28 und 30 °C. Sie benötigen außerdem eine möglichst hohe Luftfeuchte mit einer optimalen Holzfeuchte von etwa 30 %. Unter rd. 10 °C verfallen sie in Kältestarre. Unter 45–50 % relativer Luftfeuchte, entsprechend 8–10 % Holzfeuchte, können sie sich nicht entwickeln. Temperaturen über rd. 45 °C sind tödlich. Auf Grund dieser Lebensbedingungen ist zu verstehen, daß die größten Hausbockschäden in wenig wärmegedämmten, im Sommer stark erwärmten Dachräumen, im Dachhautbereich anderer Konstruktionen, in südexponierten Hausteilen und in der Nähe von Schornsteinen auftreten. Der Befall ist stärker, wenn z. B. durch Wäschetrocknung verstärkt Feuchtigkeit anfällt, und in der Nähe von Gewässern. Die Befallswahrscheinlichkeit ist in etwa 10–30 Jahre alten Bauteilen am größten. Über etwa 100 Jahre altes Bauholz wird wegen der Alterung und Umwandlung der Eiweißstoffe kaum befallen.

Ein weiterer weit verbreiteter und sehr schädlicher Holzzerstörer ist der Gewöhnliche Nagekäfer *(anobium punctatum),* der als „Holzwurm" allgemein durch seine Zerstörungstätigkeit in alten Möbeln bekannt ist. Er ist braun mit gepunkteten Längsstreifen und bis zu rd. 5 mm lang. Die Flugzeit dauert von April bis August. Das Weibchen legt bis zu 40 Eier, die sich in etwa zwei Wochen zur Larve entwickeln. Diese benötigt je nach Nahrungs- und Klimabedingungen ein bis drei Jahre bis zur Verpuppung, ist engerlingartig gekrümmt und wird bis zu 6 mm lang. Die 1–2 mm großen Fraßgänge mit kreisförmigem Querschnitt verlaufen vorwiegend in den hellfarbigen Frühholzschichten des Splintholzes aller einheimischen Holzarten. Gegenüber dem Hausbock benötigt der Nagekäfer niedrigere Temperaturen und höhere Luftfeuchten. Er kommt daher häufiger in Keller- und Erdgeschoßräumen, in feuchten Lagerräumen, in Stallungen und in Bodennähe vor. Das trocken-warme Klima moderner Hochbauten verträgt der Nagekäfer nicht. Die bis zu 7 mm langen Splintholzkäfer, zu denen der im Eichenholzparkett vorkommende „Parkettkäfer" gehört, legen ihre Eier in die angeschnittenen Öffnungen der weiten, langgestreckten Laubholzgefäße. Die engerlingartig gekrümmten, bis 6 mm langen Larven leben von Stärke und Zucker im Holz und befallen daher ausschließlich Eiche und leichte hellfarbige Tropenhölzer. Die derzeit wichtigste Art, der Braune Splintholzkäfer *(lyctus brunneus),* ist mit Tropenhölzern nach Europa gekommen und hat sich hier sehr ausgebreitet. Die Larve kann sich in beheizten Räumen mit normaler Gleichgewichtsfeuchte des Holzes günstig entwickeln. Ameisen benutzen das Holz nicht als Nahrung, sondern als Wohnung und Brutplatz, besonders wenn es von holzzerstörenden Pilzen bereits abgebaut worden ist. In pilzbefallenem Holz sind ihre Wohnkammern regellose Holzräume; in gesundem Holz wird das weiche Frühholz (→ Holz) ausgefressen. Bei hölzernen Seewasserbauten (Brücken, Hafenanlagen) können auch große Querschnitte nicht ausreichend geschützten Holzes in wenigen Jahren völlig zerstört werden. Die wichtigsten Schädlinge sind die Bohrmuschel *(teredo navalis),* die nur das Innere eines Querschnittes angreift und daher den Grad der Schädigung äußerlich nicht erkennen läßt, und die Bohrassel *(limnoria lignorum),* ein Krebs, der das Holz nur von der Oberfläche her zerstört. *Wesche*

Holzschutz. H. beinhaltet alle Maßnahmen, die eine Wertminderung oder Zerstörung von → Holz und Holzwerkstoffen (besonders durch Pilze, Insekten oder Meerestiere) verhüten sollen und damit eine lange Gebrauchsdauer sicherstellen. Dabei wird unterschieden:

□ Baulicher H.: Konstruktive Maßnahmen, die in erster Linie der Gefahr einer Feuchteanreicherung im Holz entgegenwirken. Da ein Befall durch holzzerstörende Pilze nur bei Holzfeuchten über 20 % auftreten kann, tragen schnelle Abführung von Niederschlägen, Vermeidung von Kondensation im Bauteil und ausreichende Belüftung des Holzes wesentlich zu seinem Schutz bei.

□ Natürlicher H.: Die Anwendung von → Holzarten mit natürlicher Resistenz gegen Schädlingsbefall (→ Holzeigenschaften), jedoch nicht die Anwendung von *natürlichen* (und meist wenig bis nicht wirksamen) → Holzschutzmitteln.

□ Chemischer H.: Die Anwendung von chemischen Holzschutzmitteln zur Vorbeugung gegen bzw. Bekämpfung von Schädlingsbefall. Nach Zusammensetzung und Eigenschaften lassen sich drei Grundtypen von Schutzmitteln unterscheiden: Wasserlösliche Präparate (Salze), Teerölpräparate und lösemittelhaltige Präparate. → Holzschutzmittel für tragende Bauteile bedürfen eines Prüfzeichens, das vom Institut für Bautechnik, Berlin, vergeben wird. Kennzeichnung wichtiger Eigenschaften durch *Prüfprädikate* (z. B. P = wirksam gegen Pilze, Iv = gegen Insekten vorbeugend wirksam, W = witterungsbeständig, jedoch ohne Erdkontakt, E = im Erdkontakt oder in fließendem Wasser). Für Holzschutzmittel für nicht tragende Bauteile besteht ein RAL-Gütezeichen. Prüf- und Gütezeichen betreffen sowohl die Wirksamkeit als auch das hygienisch toxikologische Verhalten.

Je nach Schutzmittel, Holzart und Anforderung kommen verschiedene → Einbringverfahren in Frage, z. B. Kesseldrucktränkung, Vakuumtränkung, Trogtränkung, Tauchen, → Gießen, Spritzen, → Streichen. Holzwerkstoffe, die im Herstellwerk ordnungsgemäß nach DIN 68 800 Teil 5 geschützt wurden, sind mit „G" (geschützt) gekennzeichnet, bei Spanplatten z. B. V 100 G.   *Noack/Schwab*

Literatur: DIN 68 800 Teile 1 bis 5: Holzschutz im Hochbau. – Institut für Bautechnik (Hrsg.): Holzschutzmittelverzeichnis. Erich Schmidt Verlag Berlin (jährliche Auflage) RAL-Gütegemeinschaft Holzschutzmittel, Karlstr. 21, 6000 Frankfurt: Holzschutz rundum sicher. – *Willeitner, H. und E. Schwab:* Holz – Außverwendung im Hochbau. Verlagsanstalt Alexander Koch Stuttgart 1981.

Holzschutzmittel. Durch bauliche Maßnahmen kann man zwar Pilzen die Lebensbedingungen entziehen und den Widerstand gegen Feuer (→ Dauerhaftigkeit, → Holz) erhöhen, aber nicht das Holz gegen die meisten Insekten schützen (→ Holzschäden). Deshalb muß alles für die Standsicherheit eines Bauwerks wirksame Holz nach DIN 68 800, Tl. 3, gegen Insektenbefall vorbeugend chemisch geschützt werden. Dazu muß man H. und Schutzverfahren nach folgenden Kriterien auswählen:

◻ Holzart: mechanische Eigenschaften, natürliche Dauerhaftigkeit, Feuchte bei der Behandlung, Tränkbarkeit, mögliche Eindringtiefe,

◻ Zweck und Ort der → Holzverwendung,

◻ Ort der Ausführung der Schutzbehandlung,

◻ Zeitpunkt und Dauer der Schutzbehandlung mit Wiederholungen,

◻ Zeit für Diffusion und Fixierung,

◻ Nebenwirkung auf Menschen,

◻ chemische Verträglichkeit bei zweiter Schutzmittelbehandlung,

◻ Verträglichkeit mit anderen Baustoffen,

◻ spätere Zugänglichkeit der behandelten Teile.

Wegen der Wirkung auf den Menschen müssen außer DIN 68 800 zusätzlich die gesetzlichen Verordnungen über gefährliche Arbeitsstoffe, über den Verkehr mit Giften und über brennbare Flüssigkeiten beachtet werden. Alle H. müssen ein gültiges → Prüfzeichen des Instituts für Bautechnik, Berlin, haben. Sie sind auf die Art der Gefährdung des Holzes ausgerichtet und wirken durch Herabsetzen der Entflammbarkeit sowie gegen

– holzverfärbende Pilze,

– holzzerstörende Pilze,

– tierische Holzzerstörer,

– chemischen Angriff oder

– mehrere Arten der Gefährdung.

Nach der Beschaffenheit unterscheidet man folgende Gruppen:

◻ wasserlösliche H.,

◻ ölige H.,

◻ Öl-Salz-Gemische,

◻ Emulsionen und

◻ H. anderer Beschaffenheit.

Nach dem → Einbringverfahren gibt es H. für

◻ Kesseldrucktränkung und Saftverdrängung,

◻ andere gebräuchliche Anwendungsverfahren,

◻ die Einarbeitung in Holzwerkstoffe.

Alle H. tragen auf Verpackung und Gebrauchsanweisung Prüfprädikate, aus denen Schutzart und Einbringverfahren hervorgehen (Tabelle). In DIN 68 800, Tl. 3, ist das Holz nach seiner Gefährdung in Schutzklassen eingeteilt, denen entsprechende Prüfprädikate zugeordnet sind. Die anzuwendenden H. müssen hinsichtlich Wirksamkeit und Witte-

Holzschutzmittel. Tabelle: Prüfprädikate.

P	gegen Pilze wirksam (Fäulnisschutz)
Iv	gegen Insekten vorbeugend wirksam
(Iv)	gegen Insekten vorbeugend wirksam, aber nur bei Tiefschutz (Eindringtiefe $\geqq$ 10 mm)
Ib	gegen Insekten bekämpfend wirksam
F	zur Brandschutzausrüstung von Holz und Holzwerkstoffen (Feuerschutzbehandlung) wirksam
S	geeignet zum Streichen, Spritzen (Sprühen) und Tauchen von Holz
(S)	geeignet zum Streichen, Spritzen (Sprühen) und Tauchen von Holz, aber nur in stationären Anlagen, jedoch nicht zum Streichen
St	geeignet zum Streichen und Tauchen von Holz, zum Spritzen nur in stationären Anlagen
W	geeignet für Holz, das der Witterung ausgesetzt ist, jedoch nicht bei Erdkontakt und in Gewässern
E	geeignet wie bei W, aber auch bei Erdkontakt und in Gewässern
M	geeignet zur Bekämpfung von Schwamm im Mauerwerk
K_1	geeignet bei Kontakt mit Chrom-Nickel-Stählen (keine Korrosion durch Lochfraß)
L	geeignet bei bestimmten Klebstoffen (Leimen).

rungsbeständigkeit nach diesen Schutzklassen ausgewählt werden. H. können unter ungünstigen Voraussetzungen zu Schäden an anderen Baustoffen führen. Deshalb ist vor der Anwendung zu überprüfen, ob folgende Fälle eintreten können:
□ Durchdringung von Putz und Mauerwerk mit Verfärbung und Ausblühungen,
□ → Korrosion von Metallteilen, vor allem durch wasserlösliche Mittel,
□ Korrosion von keramischen Baustoffen und Glas durch fluorhaltige Mittel,
□ Lösen von Kunststoffen, vor allem von Dämmstoffen und elektrischen Isolierungen, durch ölhaltige Mittel,
□ Unverträglichkeit mit früheren Holzschutzbehandlungen,
□ Unverträglichkeit mit Kalk- oder Zementmörtel,
□ Unverträglichkeit mit Anstrichen.

H. und → Klebstoff müssen verträglich sein, wenn verleimtes Holz chemisch geschützt oder chemisch geschütztes Holz verleimt werden soll. Vor sog. baubiologischen H., die bisher noch kein Prüfzeichen haben und gegen Pilze und Insekten unwirksam sind, muß gewarnt werden, denn um holzzerstörende Organismen abzutöten, müssen H. in einem bestimmten Maße giftig sein.

Arten. Bei den H. sind folgende Gruppen am wichtigsten:
□ wasserlösliche Mittel,
□ ölige Mittel,
□ Feuerschutzmittel.
Die wasserlöslichen H. sind wasserlösliche chemische Verbindungen oder Gemische von Verbindungen, die i. a. als trockenes Salz geliefert und vor der Anwendung in Wasser gelöst werden. Sie sind mehr oder weniger geruchsfrei, erhöhen nicht die Entflammbarkeit und lassen deckende und transparente Anstriche zu. Sie sind vorwiegend für trockenes und halbtrockenes, unter bestimmten Voraussetzungen auch für frisches Holz geeignet und dringen durch Diffusion tief in das Holz ein. Bei frischem Holz muß man mit stärkeren Salzkonzentrationen arbeiten, da sonst das Mittel zu stark verdünnt und unwirksam wird. In sehr trockenem Holz kann dem Schutzmittel das Lösungswasser entzogen werden; die Diffusion kommt dann durch Eintrocknen zum Stillstand. Verwendet werden Chrom-Fluor-Salze (CF-Salze), Chrom-Fluor-Arsen-Salze (CFA-Salze), Silicofluoride (sF-Salze), Hydrogenfluoride (hF-Salze), Borverbindungen (B-Salze) und Chrom-Kupfer-Salze (CK-Salze).
Ölige H. werden gebrauchsfertig geliefert und dürfen nicht verdünnt werden. Der z. T. starke Geruch ist zu beachten. Sie erhöhen z. T. die Entflammbarkeit des Holzes. Die Teerölpräparate lassen meist keinen → Deckanstrich zu. Sie sind für

trockenes und halbtrockenes Holz, jedoch nicht für frisches anwendbar, da die Holzzellen für das Eindringen der Mittel wasserfrei sein müssen. Sie sind auswaschbeständig und damit für Holz im Freien geeignet. Bei dauerndem Wasser- oder Erdkontakt ist Tiefschutz erforderlich. Man unterscheidet Teerölpräparate (Destillate aus Steinkohlenteeröl) und lösungsmittelhaltige Mittel aus verschiedenartigen fungiziden und insektiziden Wirkstoffen.

Feuerschutzmittel können die natürliche → Widerstandsfähigkeit des Holzes (→ Dauerhaftigkeit von Holz) verbessern. Das normalentflammbare Holz wird dadurch schwerentflammbar nach DIN 4102, Tl. 1. Die Entzündung und Brandausbreitung wird verzögert; die Feuerwiderstandsdauer wird jedoch nur geringfügig erhöht. Die Mittel wirken entweder durch Wärmeisolierung oder durch Beschleunigung der Kohleschichtbildung.
□ Schaumschichtbildende Feuerschutzmittel bringt man i. d. R. als Anstrichfilm in ein bis zwei Arbeitsgängen auf. Sie erzeugen beim Erhärten durch Aufblähen eine 2–3 cm dicke Schaumschicht von hoher Wärmedämmung, die den Luftsauerstoffzutritt versperrt bzw. verlangsamt und dadurch die thermische Zerstörung des Holzes verzögert.
□ Wasserlösliche Salze, vor allem auf Phosphatbasis, beschleunigen die Bildung der weniger wärmeleitenden Holzkohleschicht und verringern den Heizwert der bei der Zersetzung entstehenden Gase.
□ Dreifachmittel enthalten außer dem Feuerschutzmittel noch H. gegen Pilze und Insekten.

Einbringverfahren. H. müssen je nach Gefährdung unterschiedlich tief in das Holz eingebracht werden. Nach DIN 52 175 unterscheidet man:
– Oberflächenschutz mit sehr geringer Eindringtiefe, der nur für schaumschutzbildende Feuerschutzmittel in Betracht kommt,
– Randschutz mit einer Eindringtiefe < 10 mm,
– Tiefschutz mit einer Eindringtiefe ≧ 10 mm,
– Teilschutz als ein auf die gefährdeten Stellen beschränkter Tiefschutz.
Außerdem spricht man von Vollschutz, wenn der gesamte Querschnitt völlig durchtränkt wird. Da Schwindrisse tiefer als die Schutzzone sein können und dann in der Rißwurzel kein Schutz mehr vorhanden ist, muß man Schwindrisse grundsätzlich nachbehandeln. Bei der Schutzbehandlung werden die Zellen des Holzes mit dem flüssigen Mittel gefüllt. Bei einfachen Verfahren wirken nur Kapillarkräfte, bei aufwendigen Verfahren auch Druckkräfte, z. T. Vakuumeinflüsse. Die Dauer der Behandlung erstreckt sich von wenigen Sekunden beim → Streichen und Spritzen bis zu mehreren Tagen bei der Trogtränkung. Durch Diffusion von Salzen, die über Wochen und Monate abläuft, und weniger durch kapillare Bewegung von Ölen kann man die

Eindringtiefe vergrößern und die mengenmäßige Verteilung etwas ausgleichen.

Für die möglichst dauerhafte Wirkung eines H. muß das Einbringverfahren gewählt werden, das das Mittel in ausreichender Menge gleichmäßig genügend tief im Holz verteilt. Der Einsatz hängt von der Art, der Feuchte, den Maßen des Holzes, von den Eigenschaften des Schutzmittels und vom Verwendungsort ab. Tauchen, Spritzen und Streichen sind handwerkliche Verfahren mit geringem Aufwand, die Sekunden bis Minuten dauern und für die meisten Bauteile ausreichen. Bei der Trogtränkung wird das Holz in einem offenen Trog über mehrere Stunden bis Tage in dem Schutzmittel entweder ganz oder bei der Einstelltränkung nur mit den gefährdeten Enden getaucht gehalten. Bei der Heiß-Kalt-Trogtränkung kann man den beim Abkühlen entstehenden Unterdruck im Holz als Sog ausnutzen, dadurch das Einbringen beschleunigen und verbessern und die Tauchzeiten verkürzen. Die Kesseldrucktränkung ist das Verfahren mit der besten Wirkung, d. h. mit Tiefschutz bis Vollschutz, aber auch das aufwendigste. Bei ihr wird das H. in einem geschlossenen Kessel durch Phasen unterschiedlichen Drucks eingebracht. Je nach der Folge dieser Phasen ist der Aufwand und die erreichte Schutzwirkung unterschiedlich.

→ Holzschutz *Wesche*

Holzschutzmittel – Prüfung. Die für den Brauchbarkeitsnachweis von Holzschutzmitteln erforderlichen Prüfungen sind abhängig vom Holzschutzmitteltyp (→ Holzschutzmittel, Arten), vorgesehenen Einsatzbereich und Einbringverfahren. Die Prüfungen betreffen die biologische Wirksamkeit, die Alterungsbeständigkeit bzw. Wirksamkeitsdauer und anwendungsbezogene physikalische Eigenschaften.

Für den prüfzeichenpflichtigen Bereich, d. h. für → Holz oder → Holzwerkstoffe mit tragender oder aussteifender Funktion, sind die Prüfungsanforderungen an Holzschutzmittel in den Prüfgrundsätzen des Instituts für Bautechnik (IfBt), Berlin, festgelegt.

Nicht prüfzeichenpflichtigen Holzschutzmitteln, d. h. Mitteln zum vorbeugenden Schutz von nicht statisch beanspruchten Holzbauteilen, Mitteln zur Bekämpfung holzzerstörender Insekten, Mitteln zur Bekämpfung von Hausschwamm im Mauerwerk sowie Mitteln zum Schutz vor holzverfärbenden Pilzen kann auf Antrag ein Gütezeichen *RAL-Holzschutzmittel* verliehen werden, wenn der Brauchbarkeitsnachweis gemäß den Güte- und Prüfbestimmungen für Holzschutzmittel RAL-GZ 830 erbracht wurde.

Für Mittel, die zum Schutz von nichttragenden, maßhaltigen Holzbauteilen wie Fenster und Außentüren vorgesehen sind, verleiht die Deutsche Gesellschaft für Warenkennzeichnung GmbH (DGWK) ein DIN-Prüf- und Überwachungszeichen auf der Grundlage von Prüfungen und Anforderungen, die in der DIN 68805 und der Technischen Grundlage für Warenkennzeichnung 01-84/1 niedergelegt sind.

Die Prüfungen werden von anerkannten Prüfstellen wie → Bundesanstalt für Materialforschung und -prüfung, Berlin, Bundesforschungsanstalt für Forst- und Holzwirtschaft, Hamburg, und Staatliches Materialprüfungsamt Nordrhein-Westfalen, Dortmund, überwiegend nach europäischen (EN) → Normen durchgeführt.

Die biologischen Prüfungen erfolgen je nach Wirksamkeit des Holzschutzmittels nach folgenden Normen bzw. Prüfverfahren:
– vorbeugende Wirksamkeit gegen Insekten nach EN 20, EN 46, EN 47
– vorbeugende Wirksamkeit gegen holzzerstörende Basidiomyceten nach EN 113
– vorbeugende Wirksamkeit gegen Bläuepilze nach EN 152
– bekämpfende Wirksamkeit gegen Insekten nach EN 22.

Die Prüfung der vorbeugenden Wirksamkeit gegen Moderfäulepilze, der bekämpfenden Wirksamkeit gegen Hausschwamm im Mauerwerk sowie die Prüfung von Holzschutzmitteln, die bei der Herstellung von Holzwerkstoffen eingesetzt werden, erfolgt nach veröffentlichten Verfahren, die noch nicht als Normen vorliegen. Für prüfzeichenpflichtige Holzschutzmittel, die für Oberflächenbehandlungen vorgesehen sind, ist zusätzlich der Nachweis ausreichender Wirkungstiefe bzw. ausreichenden Eindringvermögens nach den in den Prüfgrundsätzen des IfBt festgelegten Prüfverfahren zu führen.

Neben der Anfangswirksamkeit wird für Holzschutzmittel die allgemeine Alterungsbeständigkeit im verarbeiteten Zustand mit zeitraffenden Methoden geprüft. Zum Nachweis ausreichender Verdunstungsbeständigkeit der Wirkstoffe wird das verarbeitete Mittel vor Durchführung der biologischen Prüfungen einer 12wöchigen Beanspruchung im Windkanal gemäß EN 73 unterworfen.

Mittel, die für im Freien verbautes Holz vorgesehen sind, müssen nach einer Auswaschbeanspruchung gemäß EN 84 ausreichende Wirksamkeit besitzen. Mittel, die vorbeugend gegen Bläuepilze wirksam sind, werden einer Freilandbewitterung oder einer künstlichen → Bewitterung unterzogen. Für Oberflächenbehandlungen vorgesehene prüfzeichenpflichtige Mittel müssen auf ausreichende Lichtbeständigkeit überprüft werden.

Für alle prüfzeichenpflichtigen Holzschutzmittel sind außerdem praxisnahe Nachweise zur Langzeitwirksamkeit zu führen, indem behandelte Proben je nach den vorgesehenen Einsatzbereichen des Schutzmittels nach 1.5-, 3- und 8jähriger Dachbodenlagerung oder → Freibewitterung oder Exposition im Erdkontakt auf ihre → Widerstandsfähigkeit gegen holzzerstörende Pilze und Insekten überprüft werden.

Zu den physikalischen Prüfungen, die die Anwendbarkeit des Holzschutzmittels mit den vorgesehenen Verfahren sicherstellen, zählen die Bestimmung des Flammpunktes und der → Viskosität öliger Holzschutzmittel sowie die Überprüfung der Löslichkeit bei Holzschutzsalzen.

Für Feuerschutzmittel ist der Nachweis der Brauchbarkeit für Holzkonstruktionen aufgrund von Prüfungen nach DIN 4102 Teil 1 zu erbringen (Holzschutzmittel, Arten).

Bei Holzschutzmitteln mit Prüf- oder Gütezeichen wird die ordnungsgemäße Herstellung durch eine Überwachung, bestehend aus Eigen- und Fremdüberwachung sichergestellt.

Alle Holzschutzmittel mit einem → Prüfzeichen des IfBt oder einem RAL-Gütezeichen unterliegen einer gesundheitlichen Bewertung durch das Bundesgesundheitsamt, die bei bestimmungsgemäßem Gebrauch eine gesundheitliche Gefährdung nach dem jeweiligen Kenntnisstand ausschließt.

D. Rudolph

Holzstoff. Zur Herstellung von holzhaltigen Papieren und Pappen werden die Gewebeelemente des Holzes durch vorwiegend mechanische Krafteinwirkung aus dem Holzverband gelöst. Die so gewonnenen Fasern fallen in Ausbeuten von 90–95 % an und enthalten somit annähernd die gesamte Holzsubstanz einschließlich des Lignins. Der hohe Ligninanteil erfordert eine weitere mechanische Bearbeitung der Fasern, wobei Wandschichten abgelöst und diese teilweise zu Fibrillen weiterzerkleinert werden. Diese haben dann genügend Flexibilität und hydrophile Gruppen an ihrer Oberfläche, die die Ausbildung von Wasserstoffbrücken zwischen den Struktureinheiten ermöglichen und so dem Faservlies ausreichende Festigkeitseigenschaften geben.

Die Zerfaserung des Holzes erfolgt, indem ein Stammabschnitt gegen die Oberfläche eines sich drehenden Schleifsteines gepreßt wird, wobei die Bewegungsrichtung der Steinoberfläche und die Stammachse einen rechten Winkel bilden. In die Steinoberfläche eingelassene zement- oder keramikgebundene Korundkörper üben eine reibende und ritzende Kraft auf die Holzoberfläche aus. Es kommt zu einer ständigen Be- und Entlastung der in der Schleifzone befindlichen Fasern. Die entstehende Reibungswärme mit kurzfristigen Maximaltemperaturen von über 200 °C plastifiziert das → Lignin und die → Hemicellulosen. Im Bereich hoher Konzentrationen dieser Komponenten in den äußeren Schichten der Zellwand kommt es zu einem Herausbrechen der Faser aus dem Holzgewebe. Die bereits gelöste oder teilweise gelöste Faser wird in der Schleifzone weitergemahlen, so daß es zu mehr

oder weniger intensiven Ab- und Auflösungen von Wandschichten bis hin zu Fibrillen kommt.

Durch Erhöhung von Druck und Temperatur in der Schleifzone durch konstruktive Schleifermodifikationen können Schliffe mit höherem Langfasergehalt und besseren Festigkeiten erzeugt werden (Druck-, Thermoschliff). Dies kann auch durch eine thermische oder chemische Vorbehandlung des Holzes erreicht werden.

Die zweite große Gruppe der Holzstoffherstellungsverfahren geht von zerkleinertem Holz in Form von Hackschnitzeln aus. Diese werden Scheibenmühlen zugeführt und zwischen den Nuten und Stegen der rotierenden Scheiben zerfasert. Die Zuführung der Hackschnitzel erfolgt im Zentrum der Scheiben. Üblich ist eine Refinerkonstruktion mit einer stehenden und einer sich drehenden Scheibe. Die Holzhackschnitzel werden im zentralen Teil des Refiners bei relativ großem Plattenabstand vorzerkleinert, dann aufgrund der Zentrifugalkraft nach außen geschleudert, wo sich der Plattenabstand verringert und die Mahlgarnierung in Form von Nuten und Stegen sich verfeinert. Die Holzpartikel unterliegen viskoelastischen Verformungen durch die Wechsellastbeanspruchung beim Passieren von Nuten und Stegen. Es kommt, auch unterstützt durch die auftretende Reibungswärme, zu einem Ermüdungsbruch der Fasern im Bereich hoher Lignin- und Hemicellulosenkonzentration. Auch bei diesem Verfahren findet eine Nachmahlung der bereits aus dem Gewebeverband gelösten Fasern statt, um eine für die Papierherstellung geeignetere Faserform zu erhalten. Für die Herstellung von H. gibt es eine Anzahl von Verfahrensmodifikationen (Bild).

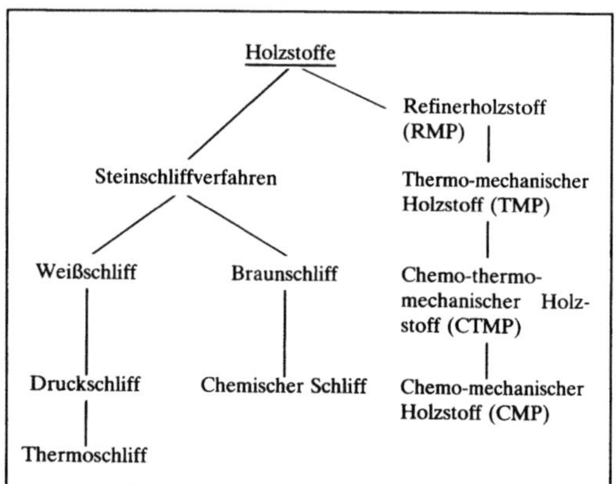

Holzstoff: Herstellungsverfahren.

Ähnlich wie bei der Holzschliffherstellung kann durch Dämpfung (TMP) und Chemikalienvorbehandlung des Holzes (CTMP, CMP) die Zerfaserung unterstützt werden, was zu besseren Stoffeigenschaften führt.

Patt

Literatur: *Blechschmidt, J.* und *A. Opherden:* Technologie der Holzstofferzeugung. Leipzig 1985.

Holztechnologie, chemische. Die chemische Technologie des Holzes behandelt die chemischen Verfahren zur Verwertung des Holzes. Als Grenzbereich sind dabei eingeschlossen chemo-mechanische Verfahren und auf überwiegend mechanischen Wirkungsmechanismen beruhende Prozesse (Bild).

Aus dem →Holz bestimmter Baumarten und der Rinde können durch eine Heißwasserextraktion Gerbstoffe gewonnen werden. Sie werden zum Gerben von tierischen Häuten und als Zusatz zu Holzleimen verwendet. Aus dem lebenden Stamm, insbesondere von Kiefern, kann durch Verletzung der Rinde Harzbalsam gewonnen werden. Dies ist auch durch eine Extraktion mit organischen Lösungsmitteln aus zerkleinertem Holz möglich. Durch Wasserdampfdestillation können aus dem Balsam Terpene abgetrennt und als Lösungsmittel, Pharmazeutika oder Insektizide verarbeitet werden. Die im Kolophonium vorhandenen Harzsäuren werden vorwiegend zur Papierleimung und in der Kunststoff- und Lackindustrie eingesetzt.

Die wirtschaftlich bedeutendste Holzverwertung im Bereich der chemischen Technologie ist die Gewinnung von Faserstoffen zur Herstellung von →Papier und Pappen, sowie zur chemischen Weiterverarbeitung der darin enthaltenen →Cellulose. Für diese Prozesse ist die Entfernung der Rinde erforderlich, da sie nur sehr wenig Fasermaterial enthält und ihre übrigen Komponenten die Qualität der Faserprodukte mindert. Die Rinde wird meist zur Energiegewinnung verbrannt, sie kann kompostiert und in begrenzten Mengen der Mittelschicht von Spanplatten zugesetzt werden. Das entrindete Holz kann entweder direkt zur Erzeugung von Fasern verschliffen oder zunächst zu Hackschnitzeln zerkleinert und dann in Scheibenrefinern zerfasert werden. Anschließend können Fasern wiederum zur Papier-, Pappen-, Dämmplatten- und Hartfaserplatten-Produktion verwendet werden.

Bei einer Zerkleinerung von →Rundholz in Späne können diese zur Herstellung von mineralgebundenen →Holzwerkstoffen eingesetzt oder aber hydrolysiert werden. Die Hydrolyse-Zucker können zur Ethanol-Produktion oder zur Futterhefeherstellung verwendet werden. Aus den Hemicellulosen entstehende Xylose kann zu Furfural oder Xylit umgesetzt werden. Das entstehende Hydrolyse-Lignin ist zur Energiegewinnung, Aktivkohle-Herstellung oder als Zusatz von Preßmassen verwendbar.

Beim Sulfataufschluß des Holzes ist eine Vorhydrolyse zur Gewinnung eines Chemiezellstoffes mit hohem Gehalt an Reincellulose erforderlich. Die gelösten Hemicellulosen-Zucker können in gleicher Weise verwertet werden wie beim Holzhydrolyse-

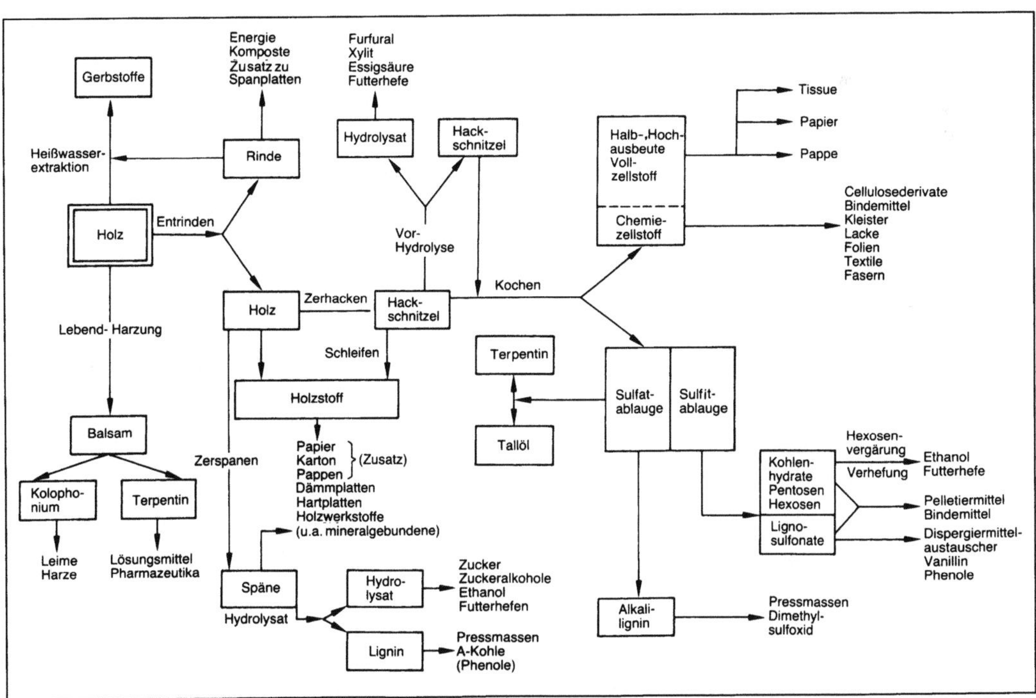

Holztechnologie, chemische: Verfahren.

verfahren. Zusätzlich kann die Verwertung der anfallenden Essigsäure wirtschaftlich interessant sein.

Zur Herstellung von holzfreien Papieren und Pappen muß das → Lignin des Holzes im Zellstoffherstellungsprozeß mit Hilfe von Sulfitlösungen oder durch Einsatz von Natronlauge und Natriumcarbonat und meist Zugabe von Natriumsulfid aus dem Holz entfernt werden. Je nach Intensität der Delignifizierung und Einsatzzweck werden Hochausbeute-, Halb-, Voll- und Chemiezellstoffe erzeugt. Zur Herstellung von hochweißen Produkten, wie Tissue, Papier, Karton und Pappe und zur chemischen Weiterverarbeitung muß der → Zellstoff vom Restlignin in einer Bleiche befreit werden. Chemiezellstoffe müssen zudem einen mehr oder minder hohen Anteil an Reincellulose aufweisen, weshalb nicht nur im Aufschlußprozeß, sondern auch in der anschließenden Bleiche ein möglichst hoher Anteil an → Hemicellulosen entfernt wird. Diese Chemiezellstoffe können zu verschiedensten Celluloseethern und -estern weiterverarbeitet werden. Celluloseether und Celluseregeneratfasern sind die wirtschaftlich wichtigsten Produkte. Celluloseether in Form von Methyl- und Carboxymethylcellulose werden auf vielen Gebieten als hydrophile → Bindemittel und Kleister eingesetzt, während Celluloseregeneratfasern zur Herstellung von textilen und technischen Geweben verwendet werden.

Bei der Zellstoffherstellung gehen etwa 50 % der Holzsubstanz in Lösung. Üblicherweise werden sie in mehreren Eindampfstufen aufkonzentriert und verbrannt und decken den Energiebedarf des Zellstoffherstellungsprozesses. In ihnen sind jedoch eine Reihe von wirtschaftlich interessanten Substanzen enthalten. So werden aus den Ablaugen der alkalischen Aufschlußprozesse vor der Verbrennung grundsätzlich Terpentin und Tallöl, das im wesentlichen die Harz- und Fettsäurefraktion des Holzes enthält, abgetrennt. Aus dem Alkali-Lignin lassen sich Bindemittel, aber auch Spezialchemikalien, wie Dimethylsulfoxid oder Vanillin gewinnen. Die Ablaugen der sauren Sulfitprozesse können als Ganzes als Pelletierungs- und Bindemittel verwendet werden. Die darin enthaltenen Hexosen können zu Ethanol vergärt und die Pentosen verheft werden. Das in Form von Lignosulfonaten vorliegende Lignin wird eingesetzt als Bohrhilfsmittel, zur Herstellung von → Phenolharzen, als Viskositätsverbesserer in → Beton sowie generell als Dispergiemittel. *Patt*

Literatur: *Fengel, D.* und *G. Wegener:* Wood, Chemistry – Ultrastructure, Reactions. Berlin–New York 1984. *Wenzel, A. F. J.:* The Chemical Technology of Wood. New York–London 1970.

Holztrocknung. Im lebenden Baum besitzt → Holz einen hohen Feuchtegehalt (Masse des im Holz enthaltenen Wassers bezogen auf die absolut trockene Holzsubstanz), der z. B. bei Fichte im Splintholz etwa 160 % und im Kernholz etwa 35 % beträgt. Nach dem Einschlag gibt Rundholz in Rinde nur sehr langsam, Schnittholz wesentlich schneller Feuchtigkeit an die Umgebung ab. Langfristig nimmt Holz den Feuchtegehalt an, der dem Umgebungsklima entspricht (→ Holzeigenschaften). Um größere Feuchteänderungen nach der Fertigstellung von Holzgegenständen zu vermeiden, wird vor der Endbearbeitung der Feuchtegehalt angestrebt, der dem Umgebungsklima bei der späteren Verwendung entspricht.

Niedrige Sollfeuchte-Werte sind nur durch langfristige Freilufttrocknung (bei mitteleuropäischem Klima nicht unter 15 % Holzfeuchte) oder in wesentlich kürzerer Zeit durch eine technische Trocknung erreichbar. Häufig werden beide Methoden kombiniert, indem Schnittholz anfänglich Wochen oder Monate (mit Stapellatten luftig gestapelt, mit Abdeckung gegen direkte Sonneneinstrahlung und Niederschläge geschützt) im Freien vortrocknet und anschließend innerhalb von Tagen oder Wochen in einer Trockenkammer (unter steuerbaren Klimabedingungen, bei erhöhter Temperatur und Luftströmung) auf die gewünschte Sollfeuchte gebracht wird.

Die Mehrzahl der Schnittholztrockner arbeitet nach dem *Frischluft-Abluft-Prinzip,* wobei die Umluft im Trockner durch Beimengung trockener Frischluft aufbereitet und das verdampfte Wasser in der Abluft abgeführt wird. Die Steuerung des Kammerklimas hängt von der (meist kontinuierlich gemessenen) Holzfeuchte, der Schnittholzdicke und der Holzart ab. Andere Trocknungsverfahren für Schnittholz sind meist auf Sondergebiete beschränkt, z. B.:

□ *Heißdampftrocknung:* Trocknung im überhitzten Wasserdampf ohne Luftbeimengung bei Temperaturen über 100 °C.

□ *Preßtrocknung:* Trocknung in einer Heizpresse; Wärmeübertragung erfolgt durch Konduktion.

□ *Vakuumtrocknung:* Trocknung in einem Kessel bei etwa 100 bis 150 mbar Luftdruck; die Erniedrigung des Siedepunktes ermöglicht niedrigere Trocknungstemperaturen.

□ *Hochfrequenztrocknung:* Trocknung durch Erhitzen des im Holz enthaltenen Wassers in einem hochfrequenten Wechselfeld.

Auch vor der Anwendung von Holzklebstoffen ist eine Trocknung des Holzes erforderlich. Deshalb erfolgt z. B. bei der Herstellung von → Spanplatten eine *Spänetrocknung,* bei der Herstellung von → Sperrholz eine *Furniertrocknung* in jeweils speziell hierfür konzipierten Anlagen. *Noack/Schwab*

Literatur: Hauptverband der Deutschen Holzindustrie (HDH, Hrsg.): Trocknung von Vollholz; Begriffe, Zeichen, Einheiten, Erklärungen, HDH-Ratgeber Wiesbaden 1985. – Holztrocknung. DRW-Verlag Stuttgart 1965. – *Brunner-Hildebrand* (Hrsg.): Die Schnittholztrocknung. 5. Auflage, 1987.

Holzverbrauch → Holzaufkommen

Holzverleimung → Klebstoff

Holzverwendung → Holzaufkommen und -verbrauch

Holzwerkstoffe. H. werden durch Zerlegen des → Holzes in → Furniere, Späne, Fasern, Stäbe oder Holzwolle und durch anschließendes Zusammensetzen, meist mittels → Klebstoffen, hergestellt. Traditionell gehören hierzu die plattenförmigen Erzeugnisse → Sperrholz, → Spanplatte, → Holzfaserplatte, Furnierschichtholz (→ Lagenholz), Kunstharz-Preßholz (Lagenholz) sowie die zwei oder drei-

dimensional gewölbten Sperrholz- und Spanformteile. Statt des Klebstoffes können auch → Zement, Magnesit, → Gips o. ä. zur Bindung von Holzpartikeln dienen (→ H., mineralgebundene).

Inzwischen gibt es durch Kombination und Weiterentwicklung unterschiedlicher Lagenarten (z. B. Leisten-Mittellage mit Spanplatten-Decklagen, Hohlraum-Mittellagen mit Decks aus harten Holzfaserplatten, Spanplatten-Mittellage mit Deckfurnieren) eine Vielzahl von H. (Bild).

Zusätzlich erweitert wird das Produktspektrum durch Kombination holzhaltiger Lagen mit anderen Werkstoffen (z. B. GFK- oder metallbeplanktes Sperrholz, Schaumstoff-Mittellage mit Spanplatten-

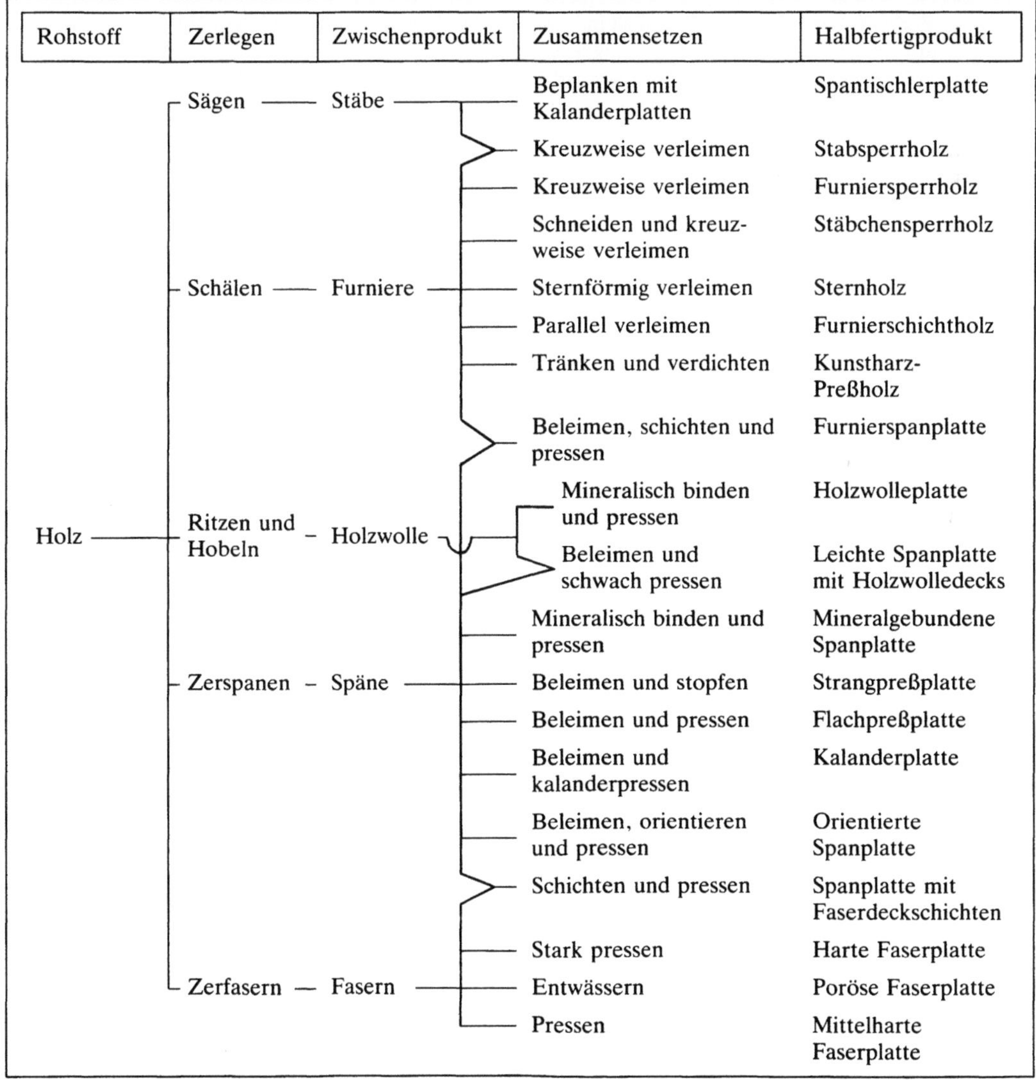

Rohstoff	Zerlegen	Zwischenprodukt	Zusammensetzen	Halbfertigprodukt
Holz	Sägen	Stäbe	Beplanken mit Kalanderplatten	Spantischlerplatte
			Kreuzweise verleimen	Stabsperrholz
	Schälen	Furniere	Kreuzweise verleimen	Furniersperrholz
			Schneiden und kreuzweise verleimen	Stäbchensperrholz
			Sternförmig verleimen	Sternholz
			Parallel verleimen	Furnierschichtholz
			Tränken und verdichten	Kunstharz-Preßholz
			Beleimen, schichten und pressen	Furnierspanplatte
	Ritzen und Hobeln	Holzwolle	Mineralisch binden und pressen	Holzwolleplatte
			Beleimen und schwach pressen	Leichte Spanplatte mit Holzwolledecks
	Zerspanen	Späne	Mineralisch binden und pressen	Mineralgebundene Spanplatte
			Beleimen und stopfen	Strangpreßplatte
			Beleimen und pressen	Flachpreßplatte
			Beleimen und kalanderpressen	Kalanderplatte
			Beleimen, orientieren und pressen	Orientierte Spanplatte
			Schichten und pressen	Spanplatte mit Faserdeckschichten
	Zerfasern	Fasern	Stark pressen	Harte Faserplatte
			Entwässern	Poröse Faserplatte
			Pressen	Mittelharte Faserplatte

Holzwerkstoffe: Schematischer Überblick über Holzwerkstoffplatten

Decks, folienbeschichtete oder gewebekaschierte harte Holzfaserplatten); derartige Spezialplatten zielen meist auf spezifische Anwendungsbereiche.

Noack/Schwab

Literatur: *Noack, D. und E. Schwab:* Eigenschaften und Verwendung von plattenförmigen Holzwerkstoffen. Holz Roh-Werkstoff 35 (1977): S. 421–429. – *Noack, D. und E. Schwab:* Holzwerkstoffe im Bauwesen. Holzbau-Taschenbuch B. 1, Verlag Ernst & Sohn Berlin 1986, S. 29–50.

Holzwerkstoffe, mineralgebundene. Bei m. H. handelt es sich um plattenförmige Produkte oder Formkörper, zu deren Herstellung Holzspäne, Sägemehl, Holzwolle, aber auch faserhaltige landwirtschaftliche Abfälle, wie Stroh, Bagasse usw. und mineralische → Bindemittel, wie Portlandzement, Magnesia-Zement, Sorel-Zement, Magnesit in Verbindung mit Kieserit-Lauge oder → Gips eingesetzt werden. Die Ausgangssubstanzen werden vermischt, zum Abbinden der anorganischen Bindemittel Wasser zugesetzt und dann geformt, wobei dies meist mit einer Verdichtung in einer → Presse verbunden ist. Im Vergleich zu anderen mineralischen Baumaterialien haben m. H. den Vorteil eines *vergleichsweise* geringen spezifischen Gewichts, eines guten Wärme- und Schallisoliervermögens und einer leichteren Bearbeitbarkeit. Im Vergleich zu mit organischen Leimen gebundenen Holzwerkstoffen ist als Vorteil die größere Dimensionsstabilität, der bessere Brandschutz und die erhöhte Resistenz gegen einen Abbau durch tierische und pflanzliche Schädlinge zu nennen. Nachteilig wirkt sich das höhere spezifische Gewicht sowie die erschwerte Bearbeitbarkeit aus. Sorel-Zement kommt als Bindemittel für → Holzwerkstoffe aus Kostengründen praktisch nicht mehr in Betracht. Ähnliches gilt für Magnesit, was lediglich als Bindemittel in Holzwolleleichtbauplatten noch Verwendung findet.

Portland-Zement wird vor allem zur Herstellung von zementgebundenen Holzspanplatten, aber auch zur Herstellung von Hohlblöcken und Formsteinen verwendet. Die Gewichtsanteile Zement – Holz können in weiten Bereichen variieren, üblicherweise überwiegt jedoch der Zementanteil. Zur besseren Fixierung des Zements auf dem Holz muß dies mit Kalziumchloritlösung oder auch Wasserglas mineralisiert werden. Bei Vorhandensein von Zuckern und anderen Holzinhaltsstoffen, wie z. B. Gerbstoffen, wird die Abbindung des Zements behindert. Dies begrenzt die für diesen Zweck einsatzfähigen Lignocellulosen.

Ein preislich sehr günstiges Bindemittel ist Gips, insbesondere wenn er aus Rauchgas-Entschwefelungsanlagen stammt. Er wird zur Herstellung von Gips-, Span- und Faserplatten verwendet, wobei als Ausgangsmaterial entweder Holz oder aber auch Altpapier Verwendung finden. Durch Zusatz von Zuschlagstoffen wie Stärke, können Platten mit guten Festigkeiten hergestellt werden. Die Wasserresistenz solcher Platten kann durch Carbonatisierung der Plattenoberflächen mit Kalziumcarbonat erhöht werden. Alle m. H. finden in der Bauindustrie Verwendung. *Patt*

Holzwerkstoffprüfung. Bei Holzwerkstoffen, die für tragende und aussteifende Zwecke im Bauwesen verwendet werden, sind zur → Qualitätssicherung Erstprüfung und laufende Überwachungsprüfungen vorgeschrieben.

Bei den genormten Holzwerkstoffen sind die notwendigen Prüfungen in entsprechenden DIN-Normen enthalten. Für die allgemein zugelassenen → Holzwerkstoffe ist im jeweiligen Zulassungsbescheid auf die erforderlichen Prüfungen hingewiesen, wobei sich diese im allgemeinen an die Prüfungen der verwandten genormten Baustoffe anlehnen.

Untersucht werden
– Verleimung
– Elastomechanische Eigenschaften
– Physikalische Eigenschaften
– → Brandverhalten
– Formaldehydabgabe.
□ Verleimung.

Hier handelt es sich um Überprüfung der Verbindung zwischen einzelnen Holzlagen (z. B. Furnieren) bzw. Holzpartikeln (Holzspäne, Holzfasern). Die Behandlung der Proben vor der eigentlichen Prüfung hängt von der jeweiligen Holzwerkstoffklasse ab. Bei der Holzwerkstoffklasse 20 werden die Proben vor der Prüfung entweder im Normalklima (Flachpreßplatten, harte und mittelharte Holzfaserplatten) oder im kalten Wasser (→ Sperrholz) gelagert. Bei der Holzwerkstoffklasse 100 werden die Proben entweder einer Kochwasser- oder Kochwechsellagerung unterzogen.

Die Überprüfung der Verleimung bei Bau-Furniersperrholz wird mit Zug-Scherkörpern (DIN 53255) vorgenommen. Bei Bau-Stabsperrholz und Bau-Stäbchensperrholz wird die Verleimung im Aufstechversuch (DIN 53255) geprüft.

Bei Flachpreßplatten wird infolge der Spanorientierung die → Zugfestigkeit senkrecht zur Plattenebene (DIN 52365) als Kriterium für die Verleimung untersucht.

Aus gleichem Grund wird bei Strangpreßplatten die Zugfestigkeit in Plattenebene (DIN 68754 Teil 1) als Kriterium für die Verleimung geprüft. Bei beplankten Strangpreßplatten wird die Verleimung zwischen Rohplatte und Beplankung durch Zugbeanspruchung senkrecht zur Plattenebene als Schichtfestigkeit (DIN 68754 Teil 2) überprüft.

Bei harten und mittelharten Holzfaserplatten wird wie bei Flachpreßplatten die Zugfestigkeit

Holzwerkstoffprüfung. Tabelle: Einschlägige DIN-Prüfnormen.

DIN	Ausgabe	Titel
52350	9.53	Prüfung von Holzfaserplatten; Probenahme, Dickenmessung, Bestimmung des Flächengewichtes und der Rohdichte
52351	9.56	Prüfung von Holzfaserplatten; Bestimmung des Feuchtegehaltes, der Wasseraufnahme und der Dickenquellung
52352	9.53	Prüfung von Holzfaserplatten; Biegeversuch
52360	4.65	Prüfung von Holzspanplatten; Allgemeines, Probenahme, Auswertung
52361	4.65	Prüfung von Holzspanplatten; Bestimmung der Abmessungen, der Rohdichte und des Feuchtegehaltes
52362 T.1	4.65	Prüfung von Holzspanplatten; Bestimmung der Biegefestigkeit
52364	4.65	Prüfung von Holzspanplatten; Bestimmung der Dickenquellung
52365	4.65	Prüfung von Holzspanplatten; Bestimmung der Zugfestigkeit senkrecht zur Plattenebene
52366	9.74	Prüfung von Spanplatten; Bestimmung der Abhebefestigkeit und der Schichtfestigkeit
52367	8.80	Prüfung von Spanplatten; Bestimmung der Scherfestigkeit parallel zur Plattenebene
52371	5.68	Prüfung von Sperrholz; Biegeversuch
52372	9.77	Prüfung von Sperrholz; Bestimmung der Plattenmaße
52373	8.77	Prüfung von Sperrholz; Bestimmung der Probenmaße
52374	8.77	Prüfung von Sperrholz; Bestimmung der Rohdichte
52375	8.77	Prüfung von Sperrholz; Bestimmung des Feuchtegehaltes
52376	11.78	Prüfung von Sperrholz; Bestimmung der Druckfestigkeit parallel zur Plattenebene
52377	11.78	Prüfung von Sperrholz; Bestimmung des Zug-Elastizitätsmoduls und der Zugfestigkeit
53255	6.64	Prüfung von Holzleimen und Holzverleimungen; Bestimmung der Bindefestigkeit von Sperrholzleimungen (Furnier- und Tischlerplatten) im Zugversuch und im Aufstechversuch

senkrecht zur Plattenebene, hier aber gemäß Entwurf ISO DIS 3931 als Kriterium für die Verleimung untersucht.

Bei mineralisch gebundenen Holzwerkstoffen ist eine Verleimung nicht vorhanden, so daß eine entsprechende Prüfung entfällt.

□ Elastomechanische Eigenschaften.

Hier handelt es sich im allgemeinen um Ermittlung von Flach-Biegefestigkeit und Flach-Biege-Elastizitätsmodul, siehe hierzu DIN 52352, DIN 52362 und DIN 52371.

Bei Sperrholz sind hier noch die Ermittlung von Druckfestigkeit parallel zur Plattenebene (DIN 52376) sowie des Zug-Elastizitätsmoduls und der Zugfestigkeit (DIN 52377) zu berücksichtigen. Hinsichtlich der Schubfestigkeit und des Schubmoduls ist z. Zt. keine DIN-Norm vorhanden. Diese Eigenschaften werden, falls erforderlich, nach ASTM D 2719 (1981) ermittelt.

Alle bis jetzt erwähnten Prüfungen werden als Kurzzeitversuche vorgenommen.

Wichtig für die Gebrauchsfähigkeit eines Bauteils ist auch das Kriechverhalten von Holzwerkstoffen bei Biegebeanspruchung. In den letzten Jahren wurden diesbezüglich umfangreiche Versuche vorgenommen. Eine entsprechende Norm ist in Vorbereitung.

Die meisten bis jetzt vorgenommenen Versuche wurden an 30 cm breiten Plattenabschnitten, die als frei aufliegende Biegeträger mit einer Stützweite von 30 × Plattendicke durch zwei Einzellasten in den Viertelpunkten dauerbelastet wurden, durchgeführt.

□ Physikalische Eigenschaften

Der Feuchtegehalt der Holzwerkstoffe wird bei Spanplatten, Sperrholz und Holzfaserplatten im Darrverfahren (DIN 52351, DIN 52361 und DIN 52375) ermittelt. Die Trocknung der Proben erfolgt dabei in einem Wärmeschrank bei 105 °C ± 2 °C.

Bei den mineralisch gebundenen Holzwerkstoffen muß die Trocknungstemperatur dem verwendeten mineralischen Verbundstoff angepaßt werden, z. B. bei Gipsfaserplatten beträgt die Trocknungstemperatur 40 °C.

Die Rohdichte beeinflußt im hohen Maße sowohl die elastomechanischen als auch die physikalischen Eigenschaften eines Holzwerkstoffes, so daß sie im allgemeinen zusammen mit dem Feuchtegehalt bei allen Untersuchungen der Holzwerkstoffe im Rahmen einer begleitenden Prüfung ermittelt wird. Die Ermittlung erfolgt in der Regel nach Ausklimatisierung in einem Normalklimaraum.

Die Ermittlung der Dickenquellung wird nur bei Spanplatten und Holzfaserplatten als ein weiterer Hinweis für die Güte der Verleimung vorgenommen. Sie erfolgt nach 24stündiger Lagerung der Proben im kalten Wasser (DIN 52361 und DIN 52364). Beide Prüfnormen dienen allein zur Gütekontrolle der Holzwerkstoffe. Die ermittelten Werte ermöglichen keine Rückschlüsse auf die Abmessungsänderungen von Bauplatten bei wechselnden Klimabedingungen.

Für → Quellung bzw. → Schwindung der Holzwerkstoffe in Plattenebene ist noch keine DIN-Norm vorhanden.

Für Wärmeleitfähigkeit, Wasserdampf-Diffusionswiderstand und Schallabsorption sind keine auf Holzwerkstoffe speziell bezogenen Normen vorhanden. Hierfür werden, falls erforderlich, allgemein gültige Normen herangezogen. Zum Brandverhalten wird auf die → Feuerbeständigkeitsprüfung verwiesen.

□ Formaldehydabgabe.

Zur Zeit ist nur bei den Spanplatten die Prüfung der Formaldehydabgabe geregelt und zwar in der „Richtlinie über die Klassifizierung der Spanplatten bezüglich ihrer Formaldehydabgabe".

Die Prüfung erfolgt entweder in einer 40 m³ großen Kammer oder nach einer von der Kammerprüfung abgeleiteten Methode, z. B. Perforatormethode oder Gasanalysemethode.

Da nach der Gefahrenstoff-Verordnung auch andere Holzwerkstoffe hinsichtlich der Formaldehydabgabe klassifiziert werden müssen, werden z. Zt. auch für diese Holzwerkstoffe entsprechende Prüf-Richtlinien erarbeitet. *Rehm/Radović*

Literatur: *Gressel, P.*: Kriechen von Holz und Holzwerstoffen. Bauen mit Holz (1984) Nr. 86 S. 216/223. – *Möhler, K.* und *J. Ehlbeck*: Versuche über das Dauerstandverhalten von Spanplatten und Furnierplatten bei Biegebeanspruchung. Holz als Roh- und Werkstoff. 26 (1986), S. 118–124 (Tabelle). – *Noak, D.* und *E. Schwab*: Holzwerkstoffe im Bauwesen. Holzbau – Taschenbuch 8. Auflage. S. 29/50.

Homogenverbleien. Herstellen eines Bleiüberzuges auf einem metallischen Grundwerkstoff durch Aufschmelzen von → Blei, wobei zur Steigerung der → Haftfestigkeit auf dem Trägerwerkstoff → Stahl, üblicherweise Zwischenschichten aus Zinn oder Zinn-Antimon, aufgebracht werden. *Wendler-Kalsch*

Homopolymer. H. sind → Makromoleküle, die nur aus einem sich wiederholenden Grundbaustein bestehen. Zur Nomenklatur der H. wird dem Namen des zugrundeliegenden Monomers die Vorsilbe Poly- vorgestellt. Aus dem → Monomer Styrol entsteht beispielsweise das Polymer → Polystyrol.

Das physikalische Verhalten eines H. hängt nicht nur von seiner chemischen Zusammensetzung ab, sondern wird auch vom stereochemischen Aufbau bestimmt. Die hieraus folgenden Mikrostrukturen lassen sich nach Konstitution, Aufbau, Konfiguration (Taktizität) und Geometrie beschreiben. *Finkelmann*

Literatur: *Cowie, J. M. G.*: Chemie und Physik der Polymeren. Weinheim 1976.

Honeycomb → Schichtverbundwerkstoffe

Hooke-Gesetz. Die lineare Beziehung zwischen der Verzerrung in einem Werkstoff (→ Dehnung, Stauchung, → Gleitung) und der dazu korrespondierenden Spannungsgröße (Zugspannung, Druckspannung, Schubspannung) wird als H.-G. bezeichnet (Mathematische Elastizitätstheorie).

Beim Werkstoff → Stahl ist im elastischen Bereich das lineare → Werkstoffgesetz am genauesten erfüllt. Der Proportionalitätsfaktor, der die Normalspannungen σ mit den Dehnungen ε verknüpft, wird als → Elastizitätsmodul bezeichnet, er ist ein Maß für die Steigung der Spannungskurve $\sigma\,(\varepsilon)$ im → Spannungs-Dehnungs-Diagramm (Bild 1), der Proportionalitätsfaktor, der die Schubspannungen mit den Gleitungen verknüpft, wird als → Schubmo-

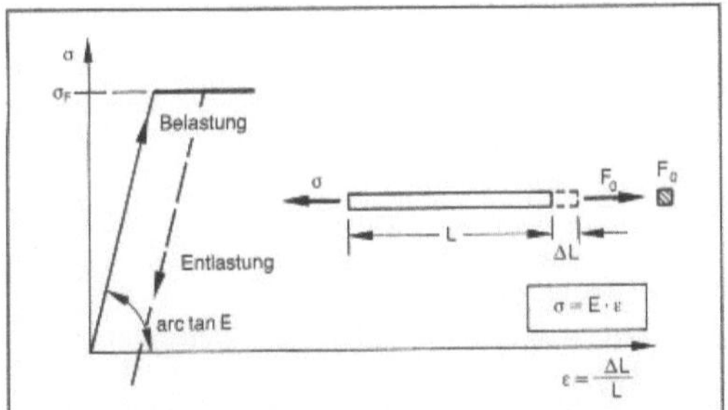

Hooke-Gesetz 1: Schematische Darstellung. σ = konstante Normalspannung in der Querschnittsfaser F_0, L = Länge der Querschnittsfaser, ΔL = elastische Längenänderung der Querschnittsfaser infolge der Zugspannung σ, E = Elastizitätsmodul.

dul G bezeichnet. Mit Erreichen der → Proportionalitätsgrenze $σ_P$ wird auch beim Stahl das Werkstoffgesetz nichtlinear (→ Festigkeitsverhalten des Stahls).

Bei einem nichtlinearen Werkstoffgesetz, wie es z. B. bei → Beton mit Ausnahme sehr geringer Beanspruchungen auftritt, ist der Elastizitätsmodul selbst abhängig von der Höhe der Spannungen: $E = E(σ)$. Treten keine bleibenden Dehnungen auf, so erfolgt eine Entlastung des Werkstoffes nach der gleichen Gesetzmäßigkeit. Im anderen Fall ist die Entlastungskurve zwar affin zur Belastungskurve, liegt aber um den Betrag der bleibenden Verzerrungen zu ihr verschoben. Die Gültigkeit des H.-G. ist eine wichtige Voraussetzung der mathematischen und technischen Elastizitätstheorie, da ohne dieses Gesetz keine linearen Beziehungen zwischen den Lasten und Beanspruchungen eines Tragwerkes mehr bestehen.

Im allgemeinen ist ein Werkstoffelement in einem Bauwerk nicht nur einachsigem Zug oder Druck (Bild 1), sondern einem mehrachsigen ebenen oder räumlichen → Spannungszustand unterworfen. Das Werkstoffelement wird dadurch in allen drei Achsenrichtungen verzerrt, gleichzeitig können auch – sofern Schubspannungen vorhanden sind – Gleitungen auftreten, so daß sich die ursprünglich rechten Winkel zwischen den Schnittflächen ändern (Bild 2).

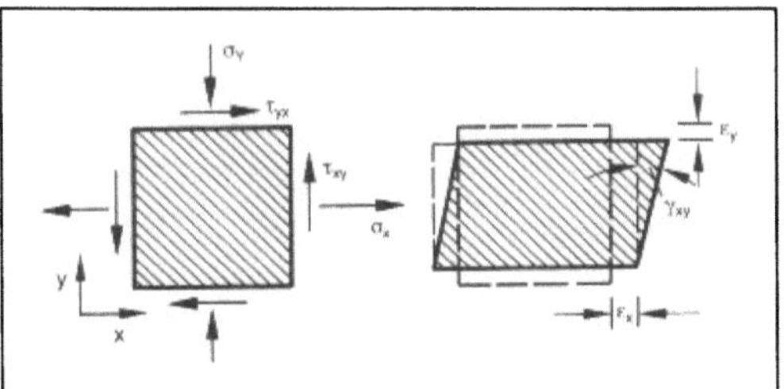

Hooke-Gesetz 2: Ebener Spannungszustand und zugehörige Verzerrungen.

Für den dreiachsigen Spannungszustand existieren im elastischen Bereich ebenfalls lineare Beziehungen zwischen Spannungen und Verformungen (Dehnungen und Gleitungen), und das verallgemeinerte H.-G. lautet:

$$\begin{bmatrix} σ_x \\ σ_y \\ σ_z \end{bmatrix} = \frac{E}{(1+μ)\cdot(1-2μ)} \cdot \begin{bmatrix} 1-μ & μ & μ \\ μ & 1-μ & μ \\ μ & μ & 1-μ \end{bmatrix} \begin{bmatrix} ε_x \\ ε_y \\ ε_z \end{bmatrix}$$

$$\begin{bmatrix} τ_{xy} \\ τ_{yz} \\ τ_{zx} \end{bmatrix} = \frac{E}{2\cdot(1+μ)} \cdot \begin{bmatrix} γ_{xy} \\ γ_{yz} \\ γ_{zx} \end{bmatrix}$$

μ ist die Poisson-Querzahl, die mit dem Elastizitätsmodul und dem Schubmodul in folgender Beziehung steht:
$E = 2 (1 + μ) G.$ *Kußmaul/Friemann*

Horizontal-Stranggießanlage. Über die Entwicklung des Horizontal-Stranggießens von → Stahl ist insbesondere nach 1980 berichtet worden, denn Ende der siebziger Jahre und in der ersten Hälfte der achtziger Jahre waren intensive Bemühungen zur Weiterentwicklung dieses Gießverfahrens zu verzeichnen.

Diese Bemühungen haben dazu geführt, daß nach 1982 einige H.-S. für Stahl industriell betrieben wurden. Solche Anlagen sind für das → Gießen
– verhältnismäßig kleiner Schmelzengewichte,
– legierter Sonderstähle und
– einfacher Baustähle ohne besondere Forderungen an das Fertigprodukt
insbesondere zur Herstellung von → Stabstahl und → Draht geeignet. Daneben sind die H.-S. durch geringe Bauhöhen, Investitionen und Betriebskosten gekennzeichnet.

Zum Zwecke der Erzielung anforderungsgerechter Strangoberflächen und zur Vermeidung von Strangschalendurchbrüchen wird der Strang schrittweise aus der → Kokille bewegt, weil die Strangschale eine gewisse Zeit ohne oder nur bei sehr kleiner Relativbewegung zwischen Strang und Kokille wachsen kann, bevor sie ein kleines Stück Wegstrecke aus der Kokille bewegt wird. Demzufolge sind bei den H.-S. drei unterschiedliche Bauweisen voneinander zu unterscheiden, Anlagen mit
☐ oszillierender Einheit Verteilergefäß/Kokille,
☐ feststehender Einheit Verteilergefäß/Kokille und
☐ schrittweise wandernder Kokille bei feststehendem Verteilergefäß.

Bild 1 zeigt eine Anlagenbauweise mit oszillierender Einheit Verteilergefäß/Kokille und drei vari-

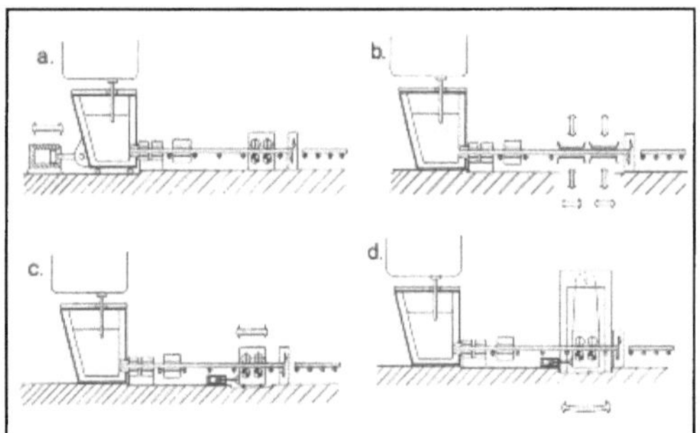

Horizontal-Stranggießanlage 1: Horizontal-Anlagenbauweise mit oszillierender Einheit Verteilergefäß/Kokille (a) und drei weitere Konzepte für eine schrittweise Strangbewegung bei feststehender Einheit Verteilergefäß/Kokille (b, c, d).

ante Konzepte für eine schrittweise Strangbewegung bei feststehender Einheit Verteilergefäß/Kokille. Bei der Bauweise mit oszillierender Einheit Verteilergefäß/Kokille (Bild 1 a) wird der Strang mit möglichst konstanter Geschwindigkeit bewegt. Diese Bauweise ist für mehradrige Anlagen ungünstig, weil dann alle Kokillen in gleicher Weise mit dem Verteilergefäß oszillieren würden. In Bild 1 b ist ein Konzept dargestellt, bei dem der Strang durch ein schrittweise hydraulisch arbeitendes Transportsystem mit Klemmbacken bewegt wird. Bei dem Konzept in Bild 1 c wird eine Strangbewegung durch Rollen mit konstanter Drehgeschwin-

digkeit bei gleichzeitiger hydraulisch bewirkter Oszillation dieser Rollen in Strangverlaufsrichtung erzielt. Die oszillierende Bewegung der angetriebenen Rollen kann auch, wie in Bild 1 d dargestellt, pendelnd sein.

Die Bauweise mit schrittweise wandernder Kokille bei feststehendem Verteilergefäß bedingt eine halbkontinuierliche Verfahrensweise.

1982 wurde bei der Boschgotthardshütte O. Breyer GmbH, Siegen, eine einadrige H.-S. mit feststehender Einheit Verteilergefäß/Kokille für die Herstellung von etwa 30 000 t Stahlstränge je Jahr mit runden Querschnitten zwischen 150 mm und 350 mm Durchmesser in Betrieb genommen. Diese Gießanlage (Bild 2) ist mit einem neuartigen, schrittweise hydraulisch arbeitenden Strangtransportsystem ausgerüstet. Das → Horizontal-Stranggießverfahren für Stahl war 1986 so weit entwickelt, daß beispielsweise über einen Zeitraum von sieben Stunden mehrere Schmelzen nacheinander störungsfrei ohne Unterbrechung gegossen werden konnten. Eine H.-S. kann auch in Verbindung mit einem Umformaggregat, beispielsweise einem Planetenwalzaggregat, betrieben werden.

1984 wurde bei der Böhler GmbH, Kapfenberg, Österreich, eine einadrige H.-S., die von der VOEST-ALPINE Industrieanlagenbau GmbH, Linz, entwickelt war, in Betrieb genommen. 1989 ist diese Gießanlage auf zwei Gießadern ausgebaut worden.

Wesentliche Forderungen an ein Strangtransport-

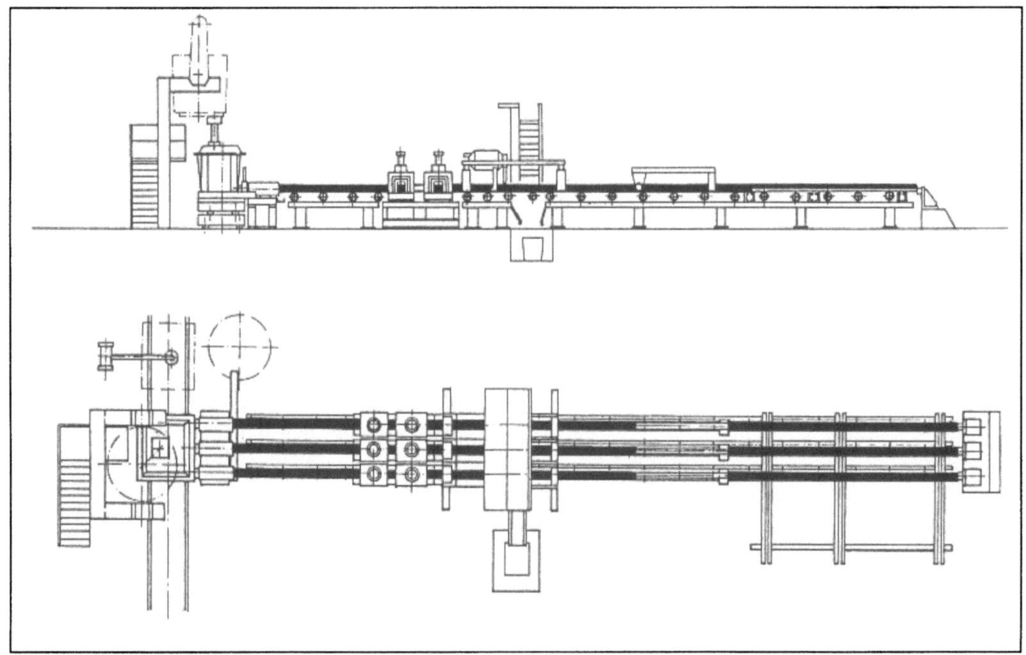

Horizontal-Stranggießanlage 2: Aufbau einer H.-S. mit feststehender Einheit Verteilergefäß/Kokille.

system für H.-S. mit feststehender Einheit Verteilergefäß/Kokille sind:
– Übertragung gleichmäßiger, erschütterungsfreier Oszillationsbewegungen auf den Strang,
– Betrieb mit störungsfreien Haltephasen des Stranges,
– verhältnismäßig große Betriebsflexibilität bei Wechsel der Strangquerschnitte und Oszillationszyklen sowie
– Vermeidung von Oszillations- oder Kristallisations-Marken auf den Strängen.

Solche Forderungen können beispielsweise mit einem Transportaggregat erfüllt werden. Die Antriebseinheiten dieses Aggregates sind in einem mit Wasser innengekühlten Tragsystem angeordnet. Bei diesem zweiadrigen Transportsystemkonzept sollte es möglich sein, zukünftig auch Stränge mit Brammen-Querschnitten, durch Koppelung der Antriebsaggregate beider Gießadern, anforderungsgerecht zu bewegen.

Trotz der Empfindlichkeit der Verfahrensweise und verhältnismäßig hoher Kosten für Ablöseringe sowie Kokillen, die mangels Schmiermöglichkeit einem verhältnismäßig großen → Verschleiß unterliegen, kann das Horizontal-Stranggießen, unter Voraussetzung entsprechender Randbedingungen, kostengünstiger als das klassische Kokillen-Gießverfahren sein. *Baumann*

Literatur: *Bramerdorfer, H., K. Schwaha* und *F. G. Rammerstorfer:* MPT-Metallurgical Plant and Technology (1987) Nr. 1, S. 8/16. – *Reithner, G., E. Karlinger* und *G. Pascht:* Proc. of VOEST-ALPINE Industrieanlagenbau GmbH – Continuous Casting Conference, Linz, Austria, June 1990. – *Schulz, E.; D. Ameling, B. Gerstenberg, E. Höffken, K.-H. Peters* und *R. W. Simon:* Stahl und Eisen 109 (1989) Nr. 22, S. 1047/1056. – *Schwaha, K.* und *H. Bartosch:* Berg- und Hüttenmänn. Monatshefte 128 (1983) Nr. 9, S. 360/365. – *Schwerdtfeger, K.:* Stahl u. Eisen 106 (1986) Nr. 1, S. 5/12. – *Stadler, P.* und *J. von Schnakenburg:* Stahl und Eisen 109 (1989) Nr. 9/10, S. 463/469. – *Winterhager, R.; P. Stadler* und *J. von Schnakenburg:* MPT-Metallurgical Plant and Technology (1988) Nr. 6, S. 26/33. – *Zuba, G., H. Sattler, R. Scheidl* und *K. Schwaha:* Berg- und Hüttenmännische Monatshefte 135 (1990) Nr. 1, S. 19/24.

Horizontal-Stranggießverfahren. Im Gegensatz zur → Senkrecht-, → Biegericht- oder → Bogen-Stranggießanlage, bei denen das Verteilergefäß und die → Kokille getrennte, unabhängige Einheiten sind, ist beim kontinuierlichen H.-S. das Verteilergefäß mit der Kokille zu einer Einheit fest verbunden. Dabei sind zwischen der aus Kupfer oder einer Kupferlegierung gefertigten Kokille und dem Verteilergefäß zwei oder drei Zwischenteile, beispielsweise Verteilerstein, Gießdüse sowie Paßstück angeordnet. Der Gießdüse oder dem Paßstück nachgeordnet befindet sich in Gießrichtung der Ablösering (Bild). Dieser Ring besteht aus Siliciumnitrid Si_3N_4, Bornitrid BN, Mischungen aus Siliciumnitrid

und Bornitrid oder Sialon Si_5AlON_7. Der Ablösering stellt beim Horizontal-Stranggießen eine Art künstlicher Meniskus dar. An diesem Ring beginnt die Bildung der Strangschale. Forderungen an diesen Ring sind:
– die Strangschale muß vom Ring leicht lösbar sein,
– der Ring darf mit dem flüssigen Stahl nicht reagieren,
– der Ring muß eine niedrige Wärmeleitfähigkeit, hohe → Temperaturwechselbeständigkeit sowie eine große Abriebfertigkeit besitzen und
– der Werkstoff des Ringes muß gut bearbeitbar sein, damit der Ring genau in die Kokille eingepaßt werden kann.

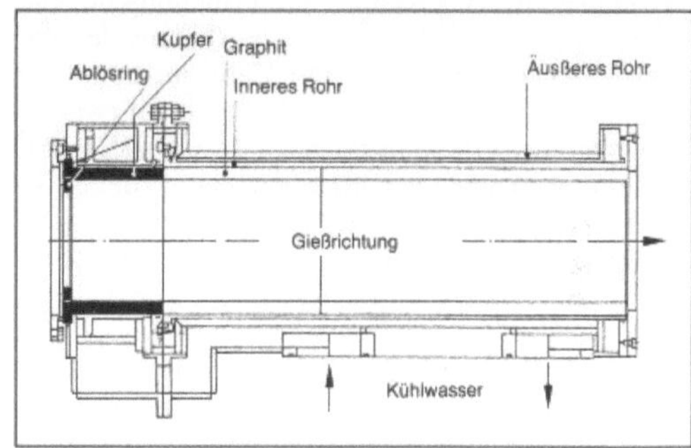

Horizontal-Stranggießverfahren: Kokille einer Horizontal-Stranggießanlage mit feststehender Einheit Verteilergefäß/Kokille.

Nach dem Abreißring passiert der nunmehr entstandene Strang die wassergekühlte Kokille. Dabei wächst die Strangschale. Im Gegensatz zum klassischen → Stahlstrang-Gießverfahren ist in einer → Horizontal-Stranggießanlage im Bereich der Kokille eine → Schmierung mit Gießpulvern oder Ölen nicht möglich. Nach der verhältnismäßig kurzen Kokille wird der Strang, je nach Verfahrensweise, entweder mit wassergekühltem Graphit, oder, wie beim klassischen Stahlstrang-Gießverfahren, unmittelbar mit Wasser besprüht. Diese Kühlstrecke kann auch aus mehreren Kühlsegmenten bestehen, die an den Strang gepreßt werden. *Baumann*

Hot-Box-Verfahren → Kernformmaschine; → Kernbüchse

Huey-Test. Der H.-T. stellt ein genormtes Verfahren (DIN 50921, ASTM-A 262-64 T) zur Prüfung nichtrostender austenitischer → Stähle auf Beständigkeit gegen örtliche → Korrosion in siedender 65 %-iger Salpetersäure dar. Die Prüfung besteht aus einer fünfmaligen Kochung von je 48 Stunden Dauer geeignet vorbereiteter Proben in der siedenden Säure mit Zwischenwägung zur Ermittlung des Korrosionsverlustes.

Obwohl der H.-T. in den USA neben anderen Prüfverfahren auch benutzt wird, um Aussagen über die Kornzerfallsbeständigkeit nichtrostender Stähle zu erhalten, so ist festzustellen, daß dieser Test nicht nur auf Karbidausscheidungen auf den Korngrenzen, sondern auch auf verschiedene andere Heterogenitäten, wie Karbid- und Nitridausscheidungen im →Korn, Ferriteinschlüsse und die →Sigma-Phase, empfindlich anspricht. Das Ergebnis dieser Prüfung stimmt deshalb nur in besonderen Fällen mit dem Ergebnis des *Strauß*-Tests (DIN 50 914) zur Prüfung nichtrostender Stähle auf Beständigkeit gegen interkristalline Korrosion überein. *Wendler-Kalsch*

Hume-Rothery-Phase. →Intermetallische Phasen, die durch ein bestimmtes Verhältnis der Zahl der Valenzelektronen zu der Zahl der beteiligten Atome charakterisiert sind. Sie treten auf zwischen Metallen der Gruppen I b und IV b bis VIII b (Metalle 1. Art) und den Metallen der Gruppen II b und III a bis V a (Metalle 2. Art). Sie besitzen metallischen Charakter und sind hart und spröde. *Gräfen*

Hüttenkalk. H. ist ein Dünger für die Land- und Forstwirtschaft, der aus kristallin oder glasig erstarrter →Hochofenschlacke durch Feinmahlung hergestellt wird.

Sein Gehalt an CaO + MgO beträgt mehr als 47 %, wobei mehr als 5 % MgO enthalten sind. Der für den Pflanzenaufbau ebenfalls wichtige Gehalt an SiO_2 liegt bei 33–39 %. Ferner sind für den Pflanzenaufbau wichtige Spurenelemente wie Mn, Cu, B und andere enthalten. *Rellermeyer*

Hüttensand. Wird flüssige →Hochofenschlacke mit einer großen Wassermenge zerteilt und abgeschreckt, so entsteht granulierte Hochofenschlacke, auch H. genannt.

Erfolgt diese Granulation, wie heute allgemein üblich, direkt am →Hochofen, wo die Schlacke noch hohe Temperaturen hat und sich keine Kristallisationskeime bilden konnten, so liegt der Anteil an glasigen Bestandteilen über 95 %. Der H. hat dann gute hydraulische Eigenschaften und wird überwiegend zur Erzeugung von →Hüttenzement eingesetzt.

Hochofenschlacke, die zu einem für diesen Verwendungszweck geeigneten →Sand granuliert werden soll, muß unter anderem hohe CaO- und Al_2O_3-Gehalte aufweisen.

Bestimmte Mengen an H. werden Korngemischen aus kristalliner Hochofenschlacke und →Stahlwerksschlacke zugesetzt, die für Frostschutzschichten oder den Unterbau von Straßen eingesetzt werden. Man erreicht damit eine gewisse Verfestigung kurz nach dem Einbau. *Rellermeyer*

Hüttentechnik. Unter H. sind einerseits die Eisen- und Stahl- sowie NE-Metall-Entwicklungen und andererseits Entwicklung, Bau und Betrieb technischer Systeme zur Herstellung von →Halbzeug oder →Walzstahl-Fertigerzeugnissen in →Hüttenwerken zu verstehen. *Baumann*

Hüttenwerk. Die Bezeichnung Hütte oder H. stammt aus der Zeit der Kleinbetriebe mit kurzlebigen, meist mit Holzkohle betriebenen Schmelzöfen, die in einer Schutzhütte standen, durch deren offene Wände der Rauch ungehindert abziehen konnte. In H. werden durch physikalische und chemische Verfahren aus Erzen, Mineralien und/oder Sekundärmetallen die jeweiligen Metalle oder Metallegierungen gewonnen sowie behandelt und zu →Halbzeug umgeformt oder zu →Walzstahl-Fertigerzeugnissen verarbeitet. *Baumann*

Hüttenzement. Als H. werden solche →Zemente bezeichnet, die durch gemeinsames Vermahlen von Klinker und →Hüttensand unter Zusatz von etwa 5 % →Gips oder Anhydrit hergestellt werden.

Abhängig vom Anteil des Hüttensandes werden unterschieden

□ Eisenportlandzement mit bis zu 30 % Hüttensand und

□ Hochofenzement mit bis zu 85 % Hüttensand.

Diese Zemente sind in DIN 1164 genormt.

Der tatsächliche Zusatz an Hüttensand wird durch seine hydraulischen Eigenschaften mitbestimmt und muß im praktischen Versuche mit dem zur Verfügung stehenden Klinker ermittelt werden.

Neben 2,7 Mio. t Hüttensand aus der Bundesrepublik wurden im Jahre 1985 1 Mio. t aus Lothringen, Luxemburg und Belgien in der deutschen Zementindustrie eingesetzt bei einer Erzeugung von insgesamt 26 Mio. t Zement. *Rellermeyer*

Hybridwerkstoffe →Faserverbundwerkstoffe

Hydratationswärme. Die Hydratation von →Zement ist ein exothermer Vorgang, bei dem Wärme frei wird, deren Menge und zeitliche Entwicklung von der Zusammensetzung des Zements abhängt. Vor allem durch langsam reagierende Zumahlstoffe, z. B. →Hüttensand, Traß, Flugasche (→Zement), kann die H. verringert werden. Die H. des für die Betonherstellung verwendeten Zementes soll bei niedrigen Außentemperaturen möglichst hoch sein, da dies den Erhärtungsfortschritt beschleunigt. Beim Massenbeton dagegen sollte die H. möglichst gering sein, da infolge der ungleichmäßigen →Abkühlung ein Temperaturgefälle über den Betonquerschnitt von innen nach außen entsteht, das zu thermischen Spannungen und damit zur →Rißbildung führen kann. *Wesche*

Hydridbildung. Bildung von Metallhydriden durch Reaktion von →Metallen mit →Wasserstoff bzw. wasserstoffhaltigen Verbindungen in wäßrigen Lösungen oder der Gasphase. Zur H. neigen Metalle, die eine geringe Löslichkeit für Wasserstoff bei Raumtemperatur haben. Sie tritt hauptsächlich bei den refraktären Metallen der IV. und V. Nebengruppe des Periodensystems auf (z. B. Titan, Zirkonium, Niob, Tantal).

An diesen Metallen können in wäßrigen Elektrolytlösungen durch Wasserstoffaufnahme, nach Überschreiten der Löslichkeitsgrenze für Wasserstoff, Hydridschichten auf der Metalloberfläche oder auch Hydridausscheidungen im Werkstoffinneren entstehen und zur →Versprödung führen.

Die Wasserstoffaufnahme von Titan und Zirkonium aus der Gasphase erfolgt vornehmlich bei hohen Temperaturen ($T > 500\,°C$) und erhöhten Drücken ($> 100\,mbar$). Bei anschließender →Abkühlung findet →Phasenumwandlung zu Hydriden statt, was auf der äußerst geringen Löslichkeit von Wasserstoff bei Raumtemperatur beruht.

Technische Anwendung: Hydridspeicher, Wasserstoffspeicher. *Wendler-Kalsch*

Hydrophobiermittel. H. sind zur Erzielung einer →Hydrophobierung von kapillarporigen mineralischen Baustoffen eingesetzte Imprägniermittel, vorzugsweise reaktive Siliciumverbindungen, die auf der mineralischen Oberfläche polymerisieren. Unabhängig vom Typ der Siliconverbindungen entsteht als Wirkstoff auf der Baustoffoberfläche und in den oberflächennahen Poren und Mikrorissen ein →Polysiloxan, ein →Siliconharz. Wichtig für die Dauerwirksamkeit sind vor allem die an die Si-O-Hauptkette angebundenen organischen Seitenketten. Handelt es sich um Methylreste (CH_3), so ist die Wirksamkeit auf neutralen bis leicht alkalischen Untergründen (Natursteine, karbonatisierter Putz und Beton) gut. Bei längeren Alkylresten (C_4H_9 bis C_8H_{17}) ist die Beständigkeit auf alkalischen Substraten wesentlich besser, auf neutralen dagegen eher ungünstiger.

□ Siliconat. Siliconate sind wasserlösliche Siliciumverbindungen (Alkalisalze von Siloxanen), die nach einigen Stunden bis einigen Tagen unter Aufnahme von Luftkohlensäure polymerisieren und ihre hydrophobierende Wirkung entfalten. Durch Schlagregen auf frisch behandelte Flächen treten starke Auswaschungen auf. Nach Eintritt der chemischen Reaktionen ist wegen der wasserabweisenden Wirkung keine erneute Behandlung mit wassergelösten H. möglich. Hauptanwendungsgebiet von Siliconaten ist die werkmäßige Hydrophobierung von keramischen Dachziegeln, →Gasbeton und Gipsplatten.

□ Polysiloxane. Gegenüber den sonst ähnlich wirkenden, wassergelösten Siliconaten ist es vorteilhaft, die in aromatischen und aliphatischen Lösungsmitteln gelösten Polysiloxane in mehreren unmittelbar aufeinanderfolgenden oder zeitlich auseinanderliegenden Arbeitsgängen aufzutragen. Bei ungleichmäßiger oder im Laufe der Jahre nachlassender Wirkung ist eine Neubehandlung ohne weiteres möglich. Die Begründung für diese Eigenschaft liegt darin, daß die hydrophobierende (wasserfeindliche) Wirkung eben nur gegenüber Wasser und nicht gegenüber den organischen Lösemitteln besteht. Polysiloxane sind nicht gesundheitsschädlich, sie greifen auch keine anderen Baustoffe (→Glas, →Metalle) korrodierend an.

□ Silan. →Silane sind chemisch gesehen die Monomere (Einzelbausteine) der kunststoffähnlichen polymeren Polysiloxane. Sie sind im Gegensatz zu diesen in polaren, wasserverträglichen Lösemitteln (Alkoholen) löslich. Dadurch behindert der meist auf den mineralischen Grenzflächen der zu benetzenden Baustoffporen vorhandene dünne Wasserfilm die →Haftung nicht. Eine bestimmte Untergrundfeuchtigkeit und auch Alkalität sind für die stattfindenden chemischen Reaktionen sogar von Vorteil. Es wird daher verschiedentlich empfohlen, den Untergrund kurz vor der →Imprägnierung mittels Dampfstrahl zu reinigen. Stark oder völlig wassergesättigte Untergründe lassen sich jedoch nicht erfolgreich behandeln.

Die Silanmonomere vernetzen bei alkalischen Untergründen auf der Oberfläche, in Poren und Rissen zu einem hydrophobierenden Film aus mittelmolekularen (oligomeren) Polysiloxanen und gehen gleichzeitig mit den reaktiven OH-Gruppen von im Baustoff vorhandenen Mineralen echte chemische Bindungen ein. Die monomeren Imprägnierlösungen sind alkalifrei und greifen Metalle und Glas nicht an. Wegen ihrer Gesundheitsschädlichkeit sind Sicherheitsbestimmungen bei der Verarbeitung einzuhalten. Wasserlösliche Siloxantypen verringern die gesundheitlichen Gefahren erheblich. Je langsamer sich der Wirkstoff auf dem Substrat bildet, desto mehr Masse des leicht flüchtigen Silans verdunstet an die Atmosphäre, belastet diese und ist technisch unwirksam. Der Verlust ist um so größer, je weniger alkalisch und je trockener der Untergrund ist und je günstiger die physikalischen Verdunstungsbedingungen sind (hohe Lufttemperatur, Wind).

□ Oligomere Siloxane. Die erst seit wenigen Jahren angewendeten vorpolymerisierten Silane (Silanoligomere, kurzkettige Polysiloxane oder Oligosiloxane) haben eine sehr geringe Flüchtigkeit. Sie verbleiben daher auch bei ungünstigen Reaktionsbedingungen (niedrige Temperatur, fehlende Feuchtigkeit, mangelnde Alkalität) so lange auf der Baustoffoberfläche, um langsam zu der stabilen Polymerphase reagieren zu können. Die Entwicklung dieser sehr erfolgversprechenden Gruppe von H. ist noch nicht abgeschlossen. *Sasse*

Hydrophobierung. Bezeichnung für die wasserabweisende →Imprägnierung kapillarporiger Baustoffe. Die Wasserdampfdurchlässigkeit wird kaum behindert, flüssiges Wasser wird dagegen nicht in die Kapillaren gesaugt, Schlagregen perlt ab. Für Baustoffe geeignete →Hydrophobiermittel bestehen aus speziellen Siliciumverbindungen (Siliconate, Polysiloxane, Silane). Hydrophobiermittel wirken durch physikalische Oberflächenkräfte, die den Randwinkel des benetzenden Wassers so vergrößern, daß kein kapillares Einsaugen stattfinden kann. Sie sollen möglichst tief in den Untergrund eindringen, um eine möglichst hohe Sicherheit und Dauerhaftigkeit der wasserabweisenden Wirkung zu erreichen. Dies erreicht man durch eine auf die Porengröße des Untergrundes abgestimmte →Viskosität. Pigmente und Füllstoffe können nicht verwendet werden, da sie wegen ihrer Größe nicht in die Kapillarporen eindringen können. H. sind daher optisch nur durch den Abperleffekt bei Wasserbenetzung erkennbar. Bei sehr feinporigen Untergründen spielt sogar die Molekülgröße des Imprägniermittels eine Rolle. Große Polymermoleküle dringen dann nicht tief genug ein und benetzen auch nicht alle wasserfüllbaren Poren (Bild).

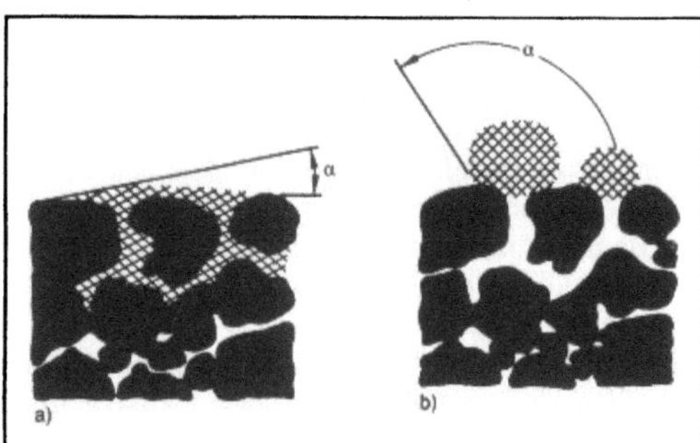

Hydrophobierung: Wassertropfen auf kapillarporigem Untergrund.

α Benetzungswinkel, a Nicht imprägniert, b Mit Siliconharz hydrophobiert.

Ein in manchen Fällen nicht zu vernachlässigender Nebeneffekt einer H. ist die Verbesserung der mittleren Wärmedämmung von Außenwänden. Zum einen wird eine nicht unerhebliche Energiemenge benötigt, um eine durchfeuchtete Wand nach Ende eines Befeuchtungsvorganges (Schlagregen) zu trocknen, zum anderen kann der Wärmedurchlaßwiderstand einer durchfeuchteten Wand bis auf ungefähr die Hälfte des Trockenzustandes abnehmen. Hydrophob wirkende Imprä-

gniermittel können auch feine, kapillaraktive Risse gegenüber flüssigem Wasser abdichten. Diese Funktion beruht auf den gleichen Grundlagen wie bei den kapillaren Poren. Daher können auch keine größeren Risse (etwa oberhalb einer sichtbaren Weite von rd. 0,2 mm) gegen Wasserdurchtritt gesichert werden.

An H. werden zahlreiche verschiedenartige Forderungen gestellt. Mit den handelsüblichen Imprägniermitteln lassen sich diese Forderungen in unterschiedlichem Maße erfüllen. Je nach Bauwerk sind die Gewichtungen anders verteilt, so daß es kein optimales Verfahren geben kann, das für alle Anwendungsfälle gilt. Der i. d. R. auftretende Anforderungskatalog lautet:

☐ Die Imprägnierung muß bewirken, daß flüssiges Wasser nicht in den Baustoff eindringt. Dies wird, da keine dichte →Beschichtung vorliegt, durch einen physikalischen, wasserabweisenden Effekt, die H., erreicht. Wasser, dessen →Oberflächenspannung durch Netzmittel stark herabgesetzt wurde, Flüssigkeiten mit geringer Oberflächenspannung, z. B. organische Lösemittel, und dampfförmiges Wasser können eine hydrophobierte porige Schicht weiterhin durchdringen. Letzteres ist i. d. R. ein erwünschter Effekt.

☐ Die Schutzwirkung muß möglichst lange anhalten. Dazu muß das Imprägniermittel mit dem zu schützenden Baustoff verträglich sein; es darf z. B. nicht durch die Alkalität von zementhaltigen Baustoffen chemisch abgebaut (verseift) werden.

☐ Es muß eine möglichst vollständige Porenauskleidung in den oberflächennahen Bereichen erzielt werden. Die →Eindringtiefe soll minimal 2 mm bei dichten Natursteinen und Betonen, 20 mm bei stark saugenden Untergründen, wie bestimmten Sandsteinen oder rauhen Fassadenputzen, betragen. Hierdurch wird das Imprägniermittel vor Witterungsangriffen geschützt und die Langzeitwirkung verbessert.

☐ Das Imprägniermittel muß klebfrei auftrocknen. Es darf auch nach längerer →Bewitterung und bei starker Sonneneinstrahlung nicht erweichen. Hierdurch würden staubförmige Luftverunreinigungen festgehalten, und die Oberfläche würde stark verschmutzen, da Niederschlagswasser die fest haftenden Schmutzteilchen nicht abspülen kann.

☐ Das Imprägniermittel soll aus ästhetischen Gründen i. d. R. unsichtbar bleiben. Es darf daher weder eine Eigenfarbe aufweisen noch sich bei längerer Bewitterung infolge von Alterungsprozessen gelblich oder bräunlich verfärben.

☐ Die Dampfdurchlässigkeit der imprägnierten Schicht soll nicht zu stark verringert werden. Aus bauphysikalischen Gründen dürfen die Kapillarporen des Baustoffes durch das Imprägniermittel meist nur geringfügig verengt werden.

☐ Die Imprägnierung darf die Eignung des Untergrundes für spätere Beschichtungen nicht verschlechtern. Erwünscht ist vielmehr eine verbessernde Wirkung. Wenn zu befürchten ist, daß Beschichtungen, die keine rißüberbrückende Wirkung haben, z. B. einfache Dispersionsfarbanstriche, durch Haarrißbewegungen aufreißen, so ist eine H. des Untergrundes vorteilhaft. Zum einen wird das mögliche Heranführen von anstrichschädigenden Stoffen aus dem Wandinnern verhindert, zum anderen wird der → Riß sich trotz gerissenen Anstrichs nicht deutlich abzeichnen, da die sonst üblichen Schmutzablagerungen im Rißbereich wegen des fehlenden Ansaugens von schmutzbeladenem Niederschlagwasser nicht auftreten können. Dem vorzeitigen Lösen des Haftverbundes in Rißnähe (Abblättern des Anstrichfilmes) wird vorgebeugt.

□ Die Imprägniermittel, vor allem die in ihnen enthaltenen Lösemittel, müssen hinsichtlich Toxizität, Entzündlichkeit und Geruch unkritisch sein.

Bei einer Reihe von Imprägniermitteln verringert sich der bei → Benetzung mit Wasser deutlich sichtbare Abperleffekt im Laufe der Zeit. Dies ist nicht als nennenswerter Nachteil anzusehen, solange das Eindringen des Wassers in den Baustoff durch die hydrophobe Wirkung der Porenwände verhindert wird. Zur Prüfung am Bauwerk wird vielfach das Verfahren nach *Karsten* angewendet (*Klopfer* 1978). Genaue Ergebnisse erhält man durch Laborprüfungen an entnommenen Bohrkernen. Eine absolute Dichtheit gegen flüssiges Wasser wird man bei Imprägnierungen nicht erreichen können. Der Wasserhaushalt einer nicht unter ständigem Wasserdruck stehenden Außenwand ist jedoch wegen der gleichzeitig vorhandenen Dampfdurchlässigkeit so weit zum Trockenen hin verschoben, daß damit alle vernünftigen Anforderungen erfüllt werden. Bei der Imprägnierung von Stahlbetonbauteilen ohne nachfolgende dampfdichte Beschichtung ist zu beachten, daß die Karbonatisierungsgeschwindigkeit des Betons infolge des Fernhaltens von flüssigem Wasser merklich ansteigen und der Korrosionschutz der Bewehrung gefährdet werden kann. Die → Haftung für nachträglich aufgebrachten Putz kann verringert werden. Mineralfarben soll man vorher aufbringen und erst anschließend imprägnieren. Die Haftung für Anstriche auf organischer Grundlage wird i. d. R. abhängig von der Art des Imprägniermittels und des Anstrichmittels nicht beeinträchtigt, sondern verbessert. *Sasse*

Literatur: *Klopfer, H.:* Die Carbonatisation von Sichtbeton und ihre Bekämpfung. Bautenschutz und Bausanierung 1 (1978) Nr. 3, S. 86/88 u. S. 91/97.

Hydrospark-Umformen → Umformen, elektrohydraulisches

Hysteresis. Als H. bezeichnet man das Phänomen, daß zwischen einer verursachenden Kraft und der resultierenden Wirkung (Einwirkung – Auswirkung) eine nur eingeschränkt reversible Beziehung besteht; Rücknahme der wirkenden Kraft auf Null führt im Fall der H. nicht (oder nicht sofort) zu einer Rückkehr des Systems in seinen Ausgangszustand. Das System, insbes. ein Festkörper, folgt sprunghaften Veränderungen der Wirkgröße nur mit Verzögerung, bedingt durch zeitabhängige (oft thermisch aktivierte) Prozesse. – Die beiden wissenschaftlich und auch technisch wichtigsten Beispiele für H. finden sich beim → Ferromagnetismus und bei der → Anelastizität.

□ Ferromagnetische H.: Diese betrifft den Zusammenhang zwischen der erregenden Feldstärke H [A/m] und der im ferromagnetischen Werkstoff induzierten magnetischen Flußdichte B [Vs/m²] bzw. Polarisation J. Obwohl eine lineare Beziehung $B = \mu_o \mu_r H$ besteht, läßt sie sich nur bei sehr kleinen Aussteuerungen (fern der Sättigungspolarisation) realisieren. Größere Feldstärken rufen irreversible Änderungen in Struktur und Anordnung der magnetischen Elementarbereiche hervor, die auch bei Rücknahme von H bestehen bleiben. Bei H = 0 bleibt ein Betrag B_r (die Remanenz) zurück. Um wieder auf B = 0 zu kommen, muß ein Gegenfeld angelegt werden. Insgesamt ergibt sich für die erste Magnetisierung/Entmagnetisierung eine Neukurve, nach einer Anzahl von Durchläufen die stationäre Hystereseschleife.

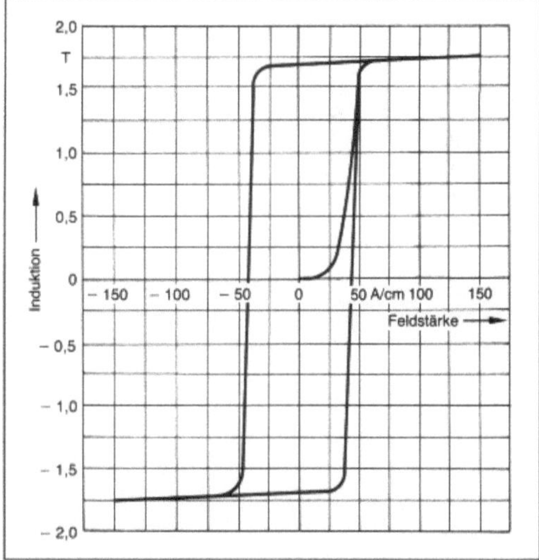

Hysteresis: Rechteckförmige H.-Schleife einer Magnetlegierung (Vacozet 655 der Vakuumschmelze AG, Hanau) auf Co-Fe-Ni-Basis für Relais und Kontakte.

Da ein Teil der Elementarvorgänge, welche für die veränderten B-Werte verantwortlich sind, irreversibel ist (Wandverschiebungen), ist die dem Umlaufintegral $\int$ BdH entsprechende Energie u [J/m³] als Verlust in Form von Wärme zu betrachten: sog. Ummagnetisierungsverluste. Bei einer Frequenz f von z. B. 50 Hz bedeutet dies eine ständige Verlustleistung von $U = uf$ [W], die den Transformator auch dann aufheizt, wenn der Sekundärkreis offen steht. Andererseits kann die H. nützlich sein. Wenn der magnetisch gesättigte Zustand bei $H = 0$ im Wesentlichen erhalten bleibt, ist dies gleichbedeutend mit dem Speichern einer Information (0 oder 1): Prinzip der Magnetkernspeicher.

□ Mechanische H.: Sie betrifft die Beziehung zwischen der elastischen → Dehnung ε und der sie verursachenden mechanischen → Spannung σ [N/m²]. Zwischen ihnen besteht eine lineare Beziehung, das → Hooke-Gesetz. In vielen Fällen behindern jedoch irreversible Vorgänge die sofortige Rückkehr der Dehnung auf Null bei Wegnahme der Spannung. Wiederum ist die zur zwangsweisen Rückführung erforderliche Energie $\int \sigma d\varepsilon$ [Nm/m³] als Verlust in Form von Wärme zu buchen; das Integral entspricht dem Flächeninhalt unter der Form von Wärme zu buchen; das Integral entspricht dem Flächeninhalt unter der Hystereseschleife. Dieser Effekt kann in der Technik zur Dämpfung von Maschinenschwingungen ausgenutzt werden (Maschinenbetten aus Gußeisen); andererseits kann ein Teil dieser Energie auch zum schrittweisen Aufbau einer Gefügeschädigung und schließlich zum Bauteilversagen führen. (→ Anelastizität)   *Ilschner*

I

Ideal-elastisch-plastisches Verhalten. Idealisiertes Werkstoffverhalten unter mechanischer Beanspruchung, dadurch gekennzeichnet, daß das Material sich bis zu einer → Fließgrenze R_e linear-elastisch verhält, und für $\sigma > R_e$ ohne → Verfestigung (d. h. bei konstanter Spannung) plastisch fließt. Dieses Stoffgesetz wird wegen seiner Einfachheit häufig zur Berechnung der → Formänderungsfestigkeit von Strukturen, auch mit → Finite-Element-Methoden, eingesetzt. *Ilschner*

IEC. Kurzform für *engl.* International Electrotechnical Commission (Internationale Elektrotechnische Kommission). → Normung, internationale.

IF-Stahl. (*engl.* Interstitial-Free-Steel). → Stähle für → Flacherzeugnisse zum Kaltumformen mit niedrigem Kohlenstoffgehalt, in denen noch gelöster → Kohlenstoff und → Stickstoff durch → Titan oder → Niob vollständig abgebunden sind (auch MST-Stähle = Mikrolegierte Sondertiefziehstähle). Der niedrige Kohlenstoffgehalt von rd. 0,01 % wird durch Vakuumentkohlung erzielt. Die Stähle sind frei von → Alterung, haben hohe r-Werte (r_m = 1,8 bis 2,2), hohe n-Werte (n_m bis zu 0,260 im undressierten Zustand) und niedrige Streckgrenzenwerte ($< 150\,\text{N/mm}^2$ im undressierten Zustand). *Dahl*

Literatur: Werkstoffkunde Stahl. Bd. 1, 2 (Hrsg. VDEh). Berlin-Düsseldorf 1984/85.

Imprägnierung. Schutzbehandlung von kapillarporigen Baustoffen, z. B. Sandstein, Putz, → Beton, → Holz, gegen physikalische, chemische oder biologische Angriffe durch Einbringen von flüssigen Schutzmitteln in das Porensystem. Aus wirtschaftlichen oder bauphysikalischen Gründen strebt man meist eine weitgehende Offenhaltung der Poren bei vollständiger → Benetzung der Porenwände an. I. werden zur Verhinderung kapillarer Wasseraufnahme (→ Hydrophobierung) und zum Schutz gegen pflanzliche und tierische Schädlinge angewendet. Die Imprägniertechnik für Holzbauteile unterscheidet sich sowohl in der Zielsetzung als auch in der Art der verwendeten Wirkstoffe grundsätzlich von der für mineralische Baustoffe. Porenverschließende Kunstharzlösungen und -dispersionen sind keine Imprägniermittel, auch wenn sie tief in das Porensystem des Untergrundes eindringen. Sie sind den Versiegelungen oder Grundierungen zuzuordnen. Baustoffe mit sehr kleinem oder nicht kapillar wirksamem Porenvolumen (dichte Natursteine, Klinker, glasierte Fliesen) können durch I. vor schädlichen Einflüssen nicht geschützt werden. Sie sind wegen ihrer fehlenden Wasser- und damit Schadstoffaufnahme ohne zusätzliche Maßnahmen genauso beständig (oder unbeständig) wie chemisch gleiche Stoffe mit wirksamer I. *Sasse*

Impuls-Echoverfahren. Ein bestimmtes Verfahren der → Ultraschallprüfung, bei dem mit einem Prüfkopf gearbeitet wird. Demzufolge ist nur einseitige → Zugänglichkeit einer Prüfstelle an einem Prüfstück erforderlich. Der Prüfkopf arbeitet für eine bestimmte Zeit als Sender und regt einen Ultraschall-Impuls im Prüfstück an. Danach wirkt der Prüfkopf als Empfänger für ein ggf. innerhalb einer bestimmten Laufzeit auftretendes Impuls-Echo. Der Vorgang wiederholt sich periodisch mit einer vom Werkstoff und von der Dicke des Prüfstücks am Prüfort abhängigen Frequenz. Änderungen des empfangenen Signals gegenüber Referenzsignalen, die an Vergleichsstücken oder Vergleichsstellen am Prüfstück gewonnen werden, zeigen Inhomogenitäten im Prüfstück an. *Kußmaul*

Impulshärten. → Härten der äußeren → Randschicht von Werkstücken oder Werkzeugen aus → Stahl durch die impulsartige Zufuhr von Energie, wodurch die Randschicht auf die Austenitisierungstemperatur aufgeheizt wird. Durch Selbstabschrecken aufgrund des steilen Temperaturgradienten zum Werkstoffinneren hin und der dadurch gegebenen hohen Abkühlungsgeschwindigkeit bildet sich ein martensitisches → Gefüge hoher → Härte. Die impulsartige Energie kann durch Reibimpulse oder induktiv durch Hochfrequenzimpulse eingebracht werden. *Habig*

Literatur: *Stähli, G.:* VDI-Ber. Nr. 333 (1979) S. 69.

Impulsverdichtung. I.-Pressen mit den beiden Varianten Luftimpuls- und Gasdruckverdichten gehört zu den neueren Verdichtungsverfahren und wird z. Z. nur für Kastenformen mit waagerechter Teilung angewendet. Bei den mit Luftimpuls arbeitenden Maschinen wird durch Expansion einer abgegrenzten Druckluftmenge über ein großflächiges

Ventil in wenigen Millisekunden die Verdichtung des lose eingefüllten Naßgußsandes im gesamten Kastenformat erreicht. Die konstruktiven Lösungen für nach diesem Prinzip arbeitenden Maschinen sind recht unterschiedlich, vor allem hinsichtlich Einbringen des Formsands in den Kasten und Auslösen des Druckstoßes über verschiedene Ventilbauarten.

Bei der Gasdruck-I. wird die bei der schlagartigen Verbrennung eines Gas-Luft-Gemisches erzeugte Druckwelle für die Verdichtung des Formsandes genutzt. Durch ein im Verdichtungsaggregat eingebautes Gebläse kann die Verbrennungsgeschwindigkeit und damit der Verdichtungsgrad eingestellt werden.

Wie die klassischen, mechanischen Verdichtungsverfahren (Pressen, Rütteln, Rütteln und Pressen) befriedigen auch die I.-Methoden nicht immer hinsichtlich der geforderten Gleichmäßigkeit der Verdichtung in allen Formpartien. Nach *D. Boenisch* u. a., die sich mit den dafür verantwortlichen Ursachen auseinandergesetzt haben, bringt das Fluid-Impulsverdichtungsverfahren eine wesentliche Verbesserung. Die Methode besteht darin, den →Formstoff in der kurzen Zeitspanne des Verdichtungsvorgangs in bestimmten Bereichen des Formballens zu fluidisieren und damit seine räumliche →Beweglichkeit zu verbessern (Bild 1). Die bei konventioneller I. auftretenden Sandbrücken (a) werden durch das →Fluidisieren vermieden (c), wodurch die Festigkeiten im Bereich des Modellschattens ansteigen (d). Bild 2 zeigt, daß das Fluid-Impulsverfahren Vorteile sowohl bei der Druckluftwie auch bei der Verbrennungskraftanwendung zur Erzeugung des Impulses bringen und vor allem für eine wesentlich bessere →Festigkeit in den sonst oftmals problematischen Formkastenrandbereichen sorgt. *Doliwa*

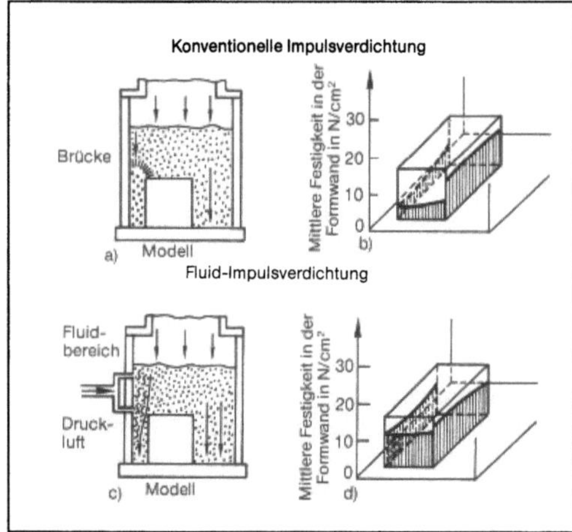

Impulsverdichtung 1: Gegenüberstellung der konventionellen- und der Fluid-I.

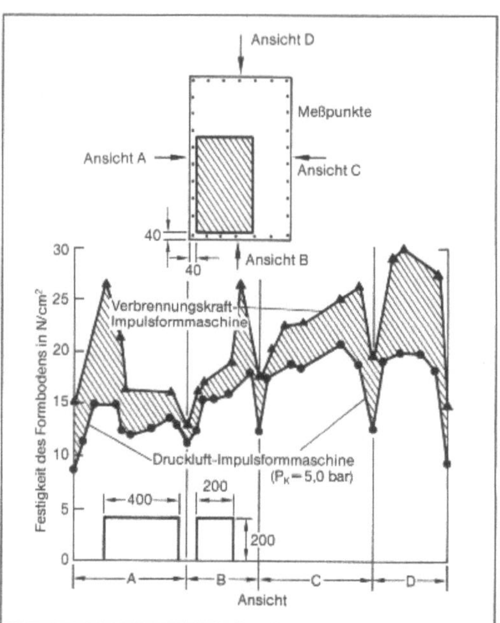

Impulsverdichtung 2: Festigkeit von Kastenform-Verdichtungen mit unterschiedlichen Impulsformmaschinen.

In-situ-Verfahren →Faserverbundwerkstoffe, →Verbundwerkstoffe, eutektische

Inchromieren →Chromieren

Indiumschichten. Oberflächenschutzschichten, die durch elektrolytisches →Abscheiden oder durch physikalische →Abscheidung aus der Gasphase (PVD) gebildet werden können. Sie erhöhen die →Korrosionsbeständigkeit und dienen als →Einlaufschichten auf Verbundgleitlagern. *Habig*

Induktionshärten. (auch →Randschichthärten). →Härten nach Erwärmen (Austenitisieren) der →Randschicht von Werkstoffen durch Induzierung eines Wirbelstromes mit einer wechselstromdurchflossenen Heizspule. Die erreichbaren Härtetiefen liegen zwischen 0,01 mm (Hochfrequenz) und 6 mm (Mittelfrequenz). Die Anwendungsgebiete entsprechen denen des →Flammhärtens. *Habig*

Induktionsofen. Ofen zum →Schmelzen von →Stahl und →Gußeisen in einem Tiegel mit induktiver Beheizung. Ein keramischer Tiegel mit einer Wandstärke von 100 bis 300 mm ist von einer wassergekühlten Kupferspule umschlossen, in der ein Wechselstrom fließt. Im gefüllten Tiegel entstehen durch die induzierten Spannungen Wirbelströme, die den metallischen Einsatz erwärmen und schmelzen. Das äußere Feld wird von Blechpaketen geführt, die auch die Kupferspule und die Tiegelwand stützen. Ein Ofengerüst, in dem diese Teile fest verspannt gelagert sind, erlaubt das Auskippen des Tiegels zu Ende einer Schmelze.

Kleine Öfen von 0,25 bis 10 t Schmelzgewicht werden mit Mittelfrequenz von 1 000 bzw. 500 Hz und einer Umrichterleistung von 300–4 000 kW betrieben. Größere Öfen bis zu 100 t Schmelzgewicht und Leistungen bis zu 20 000 kW arbeiten mit Netzfrequenz. Öfen für Schmelzen über 30 t sind zur Erzeugung von Gußeisen eingesetzt.

Die Tiegel der Öfen sind meist gestampft. Es werden sowohl saure als auch basische feuerfeste Massen verwendet. Neben den offenen gibt es Vakumuminduktionsöfen, bei denen Tiegel und → Kokille für den Abguß in einem Vakuumkessel untergebracht sind.

In Gießereien werden zum Warmhalten des flüssigen Metalls häufig Induktionsrinnenöfen eingesetzt. Bei diesen wird eine Primärspule von einer feuerfest ausgekleideten Rinne umfaßt, die als Sekundärspule wirkt. Die Rinne ist mit einem Tiegel- oder Trommelofen fest verbunden.　　*Rellermeyer*

Literatur: *Plöckinger, E.* u. *O. Etterich:* Elektrostahlerzeugung. Düsseldorf 1979.

Induktions-Ofenanlage → Induktionsofen

Industrieholz → Holz

Infiltrationstechnik → Durchdringungsverbundwerkstoffe

Ingot.
1. Beim → Walzen von Stahlprofilen geht man von Blöcken quadratischen Querschnitts, den sogenannten I. aus, während man für die Produktion von Blechen andere Blockformate, die Brammen mit rechteckigem Querschnitt als Ausgangsmaterial verwendet. Für Schmiedearbeiten gibt es auch I. mit polygonem Querschnitt (→ Block).
2. Im Nichteisenmetallbereich versteht man unter I. mehrfach gekerbte Kupferbarren nach den American Refineries Standard Dimensions (ARSD) im Gewicht von 28 und 48 kg. Hier sind also I. Blöckchen aus Kupfer zum Wiedereinschmelzen und → Legieren.　　*Doliwa*

Inhibitor.
Kunststoffchemie. I. verhindern oder verzögern chemische Reaktionen und werden in der makromolekularen Chemie hauptsächlich zur Stabilisierung von Monomeren eingesetzt, um unerwünschte Polymerisationen zu verhindern. I., die hier eingesetzt werden, reagieren mit einem beispielsweise durch Lichtreaktionen oder Wärme aktivierten → Monomer unter Bildung von stabilen Verbindun-

gen, die zu träge sind, um eine neue Kette zu starten. Zu den I. zählen Sauerstoff, verschiedene aromatische Verbindungen, Stickoxide (NO), Schwefelverbindungen oder anorganische Salze (z. B. Cu(I)Cl). I., die üblicherweise in Konzentrationen zwischen 0,1 % und 1 ppm gegenüber den Monomeren verwendet werden, können nicht nur zur Monomerstabilisierung eingesetzt werden, sondern mit ihnen ist es auch möglich, laufende Polymerisationen abzubrechen.　　*Finkelmann*

Korrosion. Korrosionsinhibitoren sind organische oder anorganische Stoffe, die einem → Korrosionsmedium – meist in geringer Konzentration – zugesetzt, die → Korrosionsgeschwindigkeit herabsetzen. Man unterscheidet physikalische I., die durch Adsorption (Physisorption) an der Metalloberfläche die aktiven Stellen blockieren und chemische I., die mit dem Metall eine chemische Bindung eingehen (Chemisorption) bzw. mit Bestandteilen des Korrosionsmediums reagieren.

Die meisten gebräuchlichen I. wirken an der → Phasengrenze Metall/angreifendes Medium und inhibieren die anodische oder kathodische Teilreaktion durch Adsorptionsfilme (Beizinhibitoren) oder Bildung von Passiv- oder Deckschichten.

Zu den chemischen I. gehören:
– Passivatoren, die durch oxidierende Anionen zur → Passivierung führen,
– Deckschichtbildner, die schwerlösliche Korrosionsprodukte bilden (z. B. Phosphate),
– elektrochemische I., die durch Ionenaustausch oder → Reduktion auf der Metalloberfläche abgeschieden werden (z. B. Sb, As, Hg) und
– Destimulatoren, die mit aggressiven Bestandteilen des Korrosionsmediums reagieren (z. B. Sauerstoffentfernung durch Hydrazin).

Aus elektrochemischer Sicht unterscheidet man anodisch und kathodisch wirksame I., je nachdem ob sie das → Korrosionspotential zu edleren oder unedleren Werten verschieben und die anodische oder kathodische Teilreaktion hemmen.

Die Anwendung von I. ist vielfältig, da keine Einschränkung in Bezug auf den zu schützenden Werkstoff oder das Korrosionsmedium besteht. Entsprechend groß ist auch ihr Einsatzbereich (z. B. Kühl- und Heizwassertechnik, → Galvanotechnik, chemische und petrochemische Industrie) und die beanspruchungsgerechte Auswahl geeigneter I.

Wendler-Kalsch

Literatur: *Rother, H. J.,* in: H. Gräfen u. a.: Die Praxis des Korrosionsschutzes. Ehningen 1981. – *Schmitt, G.:* Corrosion Inhibitors. Intensive Course in Theory and Practice. Arbeitsgruppe „Inhibitoren" der EFC in Zusammenarbeit mit der DECHEMA, 1988.

Injektionsverfahren. Verfahrensschritte bei der → Stahlherstellung, bei denen pneumatisch förderbare Feststoffe in Schmelzen eingeblasen werden. Sowohl bei der →Roheisenvorbehandlung, als auch in der →Pfannenmetallurgie bei der Stahlherstellung werden solche I. angewandt.

Die fein aufgemahlenen Stoffe werden durch ein tief in die Schmelze eintauchendes Rohr eingeblasen. Da die Stoffe infolge der feinen Aufmahlung eine große freie Oberfläche haben, können hohe Reaktionsgeschwindigkeiten erreicht werden. Durch geeignete Einblasbedingungen muß aber erreicht werden, daß der Feststoff aus den schnell aufsteigenden Blasen des Fördergases in die Schmelze eintritt, damit ein ausreichender Kontakt gegeben ist. *Rellermeyer*

Inkubationszeit. In der Kinetik von Umwandlungen im festen Zustand sowie von Oberflächenreaktionen, ferner bei zeitabhängigen Schädigungsprozessen infolge von mechanischer Beanspruchung (→Ermüdung, →Kriechen) eine dem eigentlichen Prozeß vorauslaufende Periode ohne merkliche Gefüge- oder Eigenschaftsänderung. Daß sich dennoch Vorgänge im mikroskopischen Maßstab abspielen, folgt daraus, daß die Inkubations-Periode nach einer reproduzierbaren Zeit in den Hauptvorgang übergeht; in ihr finden Keimbildungsvorgänge statt, die anderen Mechanismen als der Hauptvorgang unterliegen, und deren Triebkraft insbes. wegen der →Grenzflächenenergie sehr gering ist. *Ilschner*

Inmold-Verfahren. Unter dieser Bezeichnung gibt es eine Reihe von größtenteils patentierten Verfahren zur Erzeugung von →Gußeisen mit Kugelgraphit durch Einbringen der Kugelgraphitbildner unmittelbar in die Form. Als Vorteile dieser Verfahren sind zu nennen: Hohes Magnesiumausbringen von 70 % und mehr, kein Abklingeffekt für den Restmagnesiumgehalt und damit Gewährleistung einwandfreier Kugelgraphitbildung auch bei längeren Pfannengießzeiten, keine Umweltschädigung und Belästigung des Personals durch Rauch und Lichtblitze und Schonung der Feuerfestzustellung der Induktionsöfen bei Rücknahme von Resteisen, da dieses frei von Magnesium ist.

Die Problematik der I.-V. liegt in der Schwierigkeit, einerseits eine gleichmäßige Verteilung der eingebrachten Menge an Kugelgraphitbildnern zu gewährleisten und andererseits die sich bildenden Reaktionsprodukte, insbesondere MgS, sauber abzuscheiden. Ein Studium der einschlägigen Patentliteratur läßt erkennen, wie viele Anstrengungen unternommen wurden, um diese Probleme zu lösen. Hilfreich sind in diesem Zusammenhang von der Zulieferindustrie neu entwickelte Filter, die nicht nur eine verhältnismäßig gute Abscheidung der Reaktionsprodukte, sondern auch eine Lenkung des Strömungsverhältnisses ermöglichen. Neuere Ent-

wicklungen haben zu einem Kompaktsystem (vgl. DE 20 25 822) geführt, das nicht nur anwendungstechnische Vorteile bietet, sondern gleichzeitig auch einen Nachimpfeffekt zur Verfeinerung und besseren Ausbildung der Graphitkugeln beinhaltet. *Doliwa*

Innendruckversuch. Der I. dient zur Beurteilung der Tragfähigkeit von beliebig geformten Hohlkörpern, die einer Betriebsbeanspruchung durch Innendruck standhalten müssen. In die durch Flansche, vorgeschweißte Böden, angepreßte Platten u. a. abgedichteten Prüfkörper wird in der Regel Flüssigkeit (Wasser, Öl) als Druckmedium eingepreßt, in besonderen Fällen auch Luft oder Inertgas.

Durch die im Druckmedium gespeicherte Energie – insbesondere bei Gasen – birgt der Versuch ein erhöhtes Gefährdungspotential, so daß die Versuchsdurchführung nur in entsprechend gesicherten Schutzräumen erfolgen darf.

Abhängig vom Versuchsziel werden für →metallische Werkstoffe drei Versuchsarten unterschieden:

□ Abdrückversuch (Dichtheitsprüfung) nach DIN 50104 bis zu einem bestimmten Höchstdruck. Der Versuch dient zum Nachweis, daß keine Undichtigkeiten und/oder keine die Sicherheit bzw. Funktion beeinträchtigenden bleibenden Verformungen auftreten. Durchgeführt wird er u. a. im Zuge von Bauteilabnahmen (Neufertigung oder Überwachung). Die Höhe des Prüfdrucks ist zumeist in einschlägigen Vorschriften festgelegt (z. B. einfacher Nenndruck bei Dichtheitsprüfung, 1,5- bis 2-facher Nenndruck bei Sicherheitsüberprüfung gegen Versagen). Der Innendruck muß möglichst stoßfrei aufgebracht werden und nach Erreichen des vorgesehenen Prüfdrucks mindestens eine Minute gehalten werden. Undichtigkeiten können bei flüssigem Druckmedium unmittelbar beobachtet, bei gasförmigem Medium durch Eintauchen des Prüfkörpers in Wasser oder durch Benetzen mit einer seifenähnlichen Lösung kenntlich gemacht werden.

□ Berstversuch nach DIN 50105 bis zur Zerstörung des Prüfkörpers. Der Versuch dient zum einem dem Festigkeitsnachweis von innendruckbeanspruchten Hohlkörpern, die sich z. B. auf Grund ihrer Gestaltung nur mit großem Aufwand berechnen lassen (Sicherheitsabstand zwischen Berstdruck und Betriebsdruck), zum anderen zur Überprüfung der Versagensphänomene (z. B. Bruchausgangsstelle, Einfluß von Kerben, Bruchlänge und -öffnung, bleibende Verformungen, zähes oder sprödes Werkstoffverhalten).

Im Rahmen grundlegender Untersuchungen wird der Berstversuch für die sicherheitstechnische Beurteilung fehlerbehafteter Rohrleitungsteile herangezogen. Durch Größenvariation künstlich eingebrachter Fehler wird versucht, die einem bestimmten Druck zugeordnete Fehlergröße zu bestimmen, bei der das Rohr spontan und katastrophal aufreißt.

☐ Innendruck-Schwellversuch zum Nachweis des Schwellfestigkeitsverhaltens. Durch Einleiten von pulsierendem Innendruck wird der Prüfkörper beansprucht. Durch Einzelversuche können konstruktive Schwachstellen (z. B. rißauslösende Kerben) erkannt werden, durch Prüfung mehrerer gleichgestalteter Versuchskörper bei unterschiedlichen Belastungsniveaus (Schwellbreiten) können nach dem Wöhlerverfahren die bauteilspezifische Zeit- und Dauerschwellfestigkeit ermittelt werden (→ Dauerschwingversuch, DIN 50100). *Kußmaul*

Insertionspolymerisation. I. (auch Polyinsertionen) sind Polyreaktionen, bei denen das → Monomer zwischen Polymerkette und dem daran gebundenen Initiator eingelagert wird. Dem Wachstumsschritt, dem Anlagerungsschritt des Monomers an die wachsende Polymerkette, geht meist der Schritt einer Komplexbildung (Koordination) des Monomers am Initiator voraus. Für solche Polyreaktionen findet man deshalb auch die Bezeichnung „koordinative Polymerisation". Folgende Polyreaktionen gehören in die Klasse der I.:
- → Ziegler-Natta-Polymerisation
- Metathese-Polymerisation
- einige enzymatische Polymerisationen
- pseudo-kationische Polymerisation
- pseudo-anionische Polymerisation. *Finkelmann*

Literatur: *Elias, H.-G.:* Makromoleküle. 4. Aufl. Basel–Heidelberg–New York 1981.

Instandhaltung. Gesamtheit der Maßnahmen zur Bewahrung und Wiederherstellung des Sollzustands sowie zur Feststellung und Beurteilung des Istzustands aller Objekte (Gebäude, Anlagen und Arbeitsmittel), deren Verwendbarkeit durch geeignete Maßnahmen verlängert werden kann (DIN 31051). I. ist der Oberbegriff von Inspektion (Erfassung und Beurteilung des Istzustands), Wartung (Bewahrung des Sollzustands) und Instandsetzung (Wiederherstellen des Sollzustands).

Kernbegriff der I. ist der Abnutzungsvorrat. Er hat seinen vollen Wert im Sollzustand des Objekts, wie er beim Kauf zwischen Hersteller und Käufer vereinbart und bei der Abnahme nachgewiesen wurde. Wenn der Käufer das Objekt in Betrieb nimmt und nutzt, beginnt sich der Istzustand vom Sollzustand zu entfernen. Der Abnutzungsvorrat sinkt. Das Objekt gilt als beschädigt, wenn der Abnutzungsvorrat eine bestimmte Grenze unterschritten hat. Das Objekt kann dennoch, wenn auch in verringertem Maß, betriebsfähig bleiben, bis bei weiterem Absinken der Abnutzungsvorrat null

wird. Ab diesem Zeitpunkt ist das Objekt ausgefallen. Dieser Zeitpunkt kann bei instandsetzungsfähigen Objekten durch geplante Wartungsmaßnahmen erheblich hinausgezögert werden.

Während in früheren Jahren die Instandsetzung meist erst durch einen Schaden ausgelöst wurde, wird sie in gut geleiteten Unternehmen durch eine solche in regelmäßigen Abständen vor Eintritt des Schadens ersetzt. Es ist jedoch wirtschaftlicher, die I. vom Zustand des Objekts abhängig zu machen. Dazu müssen abnutzungsbegleitende, den Istwert des Objekts feststellende Überwachungsverfahren eingesetzt werden. *Masing*

Literatur: DIN 31051 – *Marx, H.-J.:* Handb. Qualitätssicherung. 2. Aufl. Kap. 28. Instandhaltung und Qualität. München, Wien 1988.

Integralschaumstoff. Unter I. versteht man Erzeugnisse, die in einem Arbeitsgang in einer Form gebildet werden und eine zellfreie, massive Randzone (→ Oberfläche), jedoch einen zelligen (geschäumten) Kern besitzen. Man verwendet dazu Polyurethane, die mit dem → RIM-Verfahren hergestellt werden. Die Reaktionskomponenten (Diisocyanat, Diolkomponente und ca. 2–15% niedrigsiedendes Lösungsmittel) werden schnell gemischt, in den Werkzeughohlraum (Form) injiziert und dort durch Reaktion zum → Polyurethan ausgehärtet.

Je nach Art der Reaktionskomponenten lassen sich flexible, semiflexible und harte I. mit Rohdichten von 100 bis 1100 kg m^{-3} herstellen.

Anwendungen finden I. z. B.:
- im PKW-Bereich (Stoßfänger, Rammschutzleisten, Armaturenbrett, Lenkradummantelung, Nackenstütze, u. a. m.)
- im Bauwesen (Fensterrahmen)
- Gehäusebau (Fernsehgehäuse, Computergehäuse)
- Schuhe (flexible Laufsohlen). *Finkelmann*

Literatur: *Piechota, H. u. H. Röhr:* Integralschaumstoffe. München 1975.

Interkristalline Spannungsrißkorrosion → Spannungsrißkorrosion

Intermetallische Phasen. Umfangreiche Gruppe von Phasen in metallischen Mehrstoffsystemen, deren stöchiometrische Normalzusammensetzung (A_nB_m) teilweise genau eingehalten wird, teilweise geringe bis erhebliche Abweichungen zuläßt. Die i. P. besitzen ein interessantes Anwendungspotential als hochfeste, leichte Werkstoffe hoher Schmelztemperatur. Forschung und Entwicklung konzentrieren sich derzeit auf wenige Gruppen von i. P.: die Nickelaluminide (NiAl, Ni$_3$Al), die Titanaluminide (TiAl, Ti$_3$Al), die Eisenaluminide (FeAl, Fe$_3$Al) und ihre Varianten, sowie einige

Sonderzusammensetzungen („less common inter-metallics") wie z. B. Cr_2Nb, Al_3Zr, Be_2Cr, Al_2Y, $NbAl_3$, Mg_2Si, Ni_3AlC.

Ein sowohl wissenschaftlich als auch technisch bedeutendes Beispiel ist das binäre System Ni-Al (Bild 1), mit Ni_3Al und NiAl als den beiden wichtigsten der insgesamt fünf i. P. in diesem System. Beide besitzen relativ einfache kubische Kristallstrukturen (Bild 2). Die beiden Atomsorten Ni und Al befinden sich dabei in klar abgrenzbaren Teilgittern, streben also einen Ordnungszustand an; dieser wird allerdings bei einigen i. P. bei Annäherung an die Temperatur der Solidusinie graduell abgebaut. Der weite Homogenitätsbereich in Verbindungen wie NiAl wird teils durch Umbesetzungen (Ni auf Al-Platz), teils durch Leerstellen in einem der beiden Teilgitter realisiert (Nichtstöchiometrie).

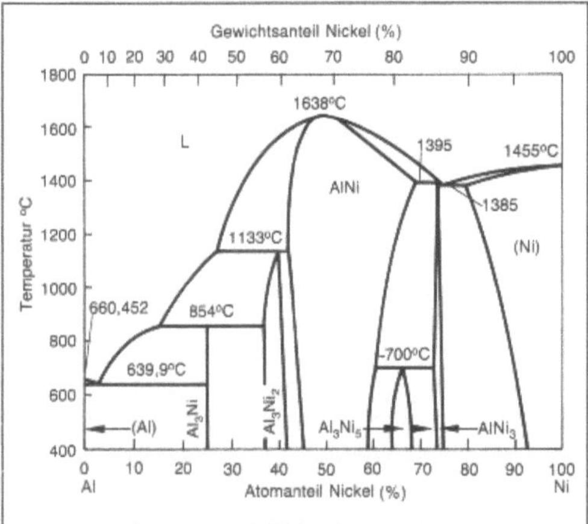

Intermetallische Phasen 1: I. P. im Legierungssystem Aluminium-Nickel.

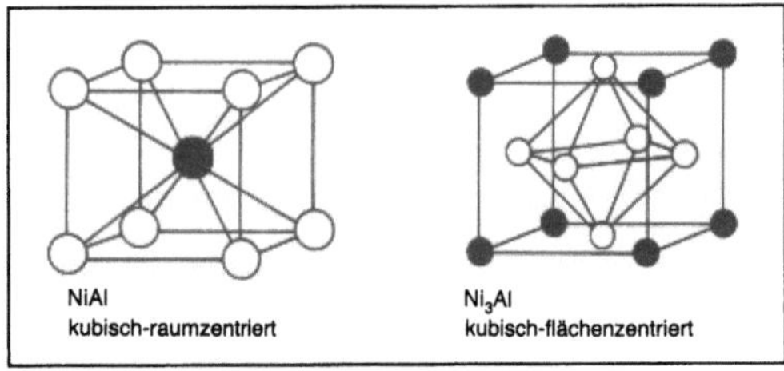

Intermetallische Phasen 2: Elementarzelle zweier Phasen aus Bild 1.

Neben kubischen treten auch tetragonale und komplexere Kristallstrukturen auf. Nach *Hume-Rothery, Laves* u. a. richten sich die Kristallstrukturen nach
□ klassischen Gesichtspunkten der Ionenbindung (z. B. Mg_2Si),
□ der Valenzelektronenkonzentration und
□ sterischen Faktoren (Größenverhältnis der beteiligten Atome).

Der → Bindungstyp ist gemischt, mit hohem kovalenten Anteil. Letzterer ist für die ungewöhnlich hohe Gittersteifigkeit und damit für die interessanten mechanischen Eigenschaften verantwortlich, aber auch für das mangelnde Verformungsvermögen bei Raumtemperatur, woraus sich erhebliche Probleme für Herstellung und Anwendung ergeben.

Der Antrieb für die intensiven Bemühungen im F&E-Bereich (z. B. in Form nationaler Forschungsprogramme in USA, Japan, Deutschland) ist die Vermutung, neue Werkstoffe zu finden, die einerseits hohe spezifische Festigkeit und andererseits hohe Schmelztemperatur besitzen. Letztere läßt auf hohe thermische Stabilität insgesamt und damit auf niedrige Diffusionskoeffizienten schließen; diese Grundeigenschaften tendieren dazu, der Matrix eine hohe Kriechfestigkeit zu verleihen, so daß die Obergrenze der Einsatztemperatur nach oben verschoben wird. Gleichzeitig wird angestrebt, durch Einbau leichter Atome (Mg, Al, Si, Ti, C) in die Strukturformel $A_mB_nC_x$ eine geringe Dichte und damit eine hohe spezifische Festigkeit zu erzielen. Diesem Ziel kommen die offenen (nicht-dicht-gepackten) Gitterstrukturen entgegen. Ein weiterer bedeutender Faktor ist die z. B. durch Al vermittelte gute Oxidationsbeständigkeit (Al_2O_3-Deckschichten).

Insoweit besteht die Hoffnung, daß die i. P. eine wichtige Marktnische im Zwischenbereich zwischen den bereits hochentwickelten metallischen Superlegierungen und den (noch in einem langwierigen Entwicklungsprozeß befindlichen) Strukturkeramiken finden. Einige i. P. weisen auch eine gewisse Verformbarkeit bei Raumtemperatur auf (2–5 %, in Einzelfällen 9 % Bruchdehnung), was ihnen einen erheblichen Vorteil gegenüber → Keramik verleiht. Die größten Erfolge in dieser Hinsicht wurden durch Einbau von Bor in i. P. vom Typ Ni_3Al erzielt, ohne daß damit eine allgemeine Lösung des Sprödbuch-Problems erreicht worden wäre.

Derzeit sind einige i. P. (Basis Ti_3Al) im Bereich militärischer Flugtriebwerke im Einsatz, andere stehen an der Schwelle zur Kommerzialisierung. Dabei kommen auch weniger extreme Anwendungsbereiche in Betracht, z. B. Abgasturbolader für Kraftfahrzeuge. Die praxisnahe Werkstoffentwicklung führt im Sinne einer Optimierung auf ternäre und quaternäre Systeme. Z. B. wird durch den Zusatz von Co und Fe der Homogenitätsbereich bei NiAl eingeengt und damit der Fehlordnungsgrad verringert; dies ist im Sinne höherer Kriechfestigkeit wünschenswert, geht allerdings zu Lasten der Gewichtseinsparung. Neuere Entwicklungen zielen auf mehrphasige Gefüge aus zwei i. P., wie bei Ti25 Al10 Nb3 V1 Mo, auf Oxid-Dispersionsverstärkung oder → Faserverstärkung ab.

Die für die praktische Anwendung von i. P. erforderliche Herstellungstechnik stützt sich sowohl auf Methoden der →Pulvermetallurgie als auch auf Schmelzen/Gießen und Warmverformung (→Strangpressen). Der kristalline Aufbau und das Eigenschaftsspektrum erfordert ein sehr detailliertes know-how, welches in Anbetracht der weltweit beabsichtigten militärischen Anwendungen nur begrenzt in der frei zugänglichen Literatur auffindbar ist. *Ilschner*

Literatur: *Cahn, R. W.:* Intermetallic compounds as structural materials: history and prospects. Metals, Materials and Processes (Bombay) 1 (1989) pp 1–19. – *Sauthoff, G.:* Intermetallic phases – materials developments and properties. Z. f. Metallkde. 80 (1989) 337–344.

Invar-Effekt. Einige Eisen- und Manganlegierungen zeichnen sich durch eine anomal geringe →Wärmeausdehnung aus. Die bekannteste Invar-Legierung ist Eisen mit 35 % Nickel. Der Effekt beruht darauf, daß der normalen Wärmeausdehnung eine Kontraktion magnetischen Ursprungs überlagert ist (Bild). Invar-Legierungen sind ferromagnetisch (einige antiferromagnetisch) mit einem niedrigen Curiepunkt bei 200–300 °C. Anwendungen finden die Invar-Legierungen in Uhren und Präzisionsinstrumenten aller Art. Eine Variante (*Elinvar*, FeNi36Cr12) zeigt statt einer geringen Wärmeausdehnung eine geringe Temperaturabhängigkeit des Elastizitätsmoduls. Eine andere Legierung Fe53%Co10%Cr ist korrosionsbeständig und wird daher rostfreies Invar genannt. Die magnetische Natur der Invar-Legierungen ist auch der Grund, warum mechanische Uhrwerke stets empfindlich gegen starke magnetische Felder sind. Eine Abhilfe würden hier antiferromagnetische Invar-Legierungen schaffen, jedoch weisen die bisher gefundenen Systeme (auf Mn- und Cr-Basis) unbefriedigende mechanische und Korrosionseigenschaften auf, die einer Einführung in der Technik entgegenstehen. *Hubert*

Invar-Legierungen. Eisen-Nickel-Legierungen, die den →Invar-Effekt aufweisen. Klassische Invare sind Eisenlegierungen mit 35 % Nickel und Superinvare mit zusätzlichen Kobaltgehalten und nochmals verringertem Ausdehnungskoeffizienten. *Dahl*

Ionenimplantieren. Einbau von Ionen in die →Randschicht von Werkstoffen durch Ionenbeschuß. Dabei entstehen 0,01 bis 1 µm dicke Schichten, in denen die implantierten Atome angereichert sind. Da die Implantation nicht durch das thermodynamische →Gleichgewicht kontrolliert wird, können Mischungen erzeugt werden, die thermodynamisch nicht stabil sind wie z. B. Blei in Eisen. Technische Bedeutung hat das I. zur Zeit vor allem für die Dotierung von Halbleitern. Daneben scheint eine Erhöhung des →Verschleißwiderstandes, der →Korrosionsbeständigkeit und der →Dauerschwingfestigkeit von Werkzeugen und Bauteilen des Maschinenbaus durch Ionenimplantation z. B. von →Stickstoff oder →Titan möglich zu sein. *Habig*

Literatur: *Wolf, G. K.:* Metall 38 (1984) S. 402.

Ionenleiter. Festkörperelektrolyte, die elektrischen Strom aufgrund frei beweglicher Ionen leiten. Dabei kann es sich je nach Werkstoff um Kationen- und Anionenleitfähigkeit handeln. Sie nimmt jeweils mit steigender Temperatur zu und ist stets mit einem Stofftransport verbunden.

Als ionenleitende Werkstoffe finden →Oxide bzw. Mischoxide, Alkalisulfate und -carbonate und Calciumfluoride technische Anwendung. Folgend soll auf die besondere Eigenschaften einiger typischer I. eingegangen werden:

Als oxidische I. kommen u. a. Mischoxide auf der Basis von ZrO_2, HfO_2, oder ThO_2 in Betracht. Durch eine Dotierung dieser Oxide mit 2- oder 3-wertigen Oxiden kommt es im Kristallgitter zu einem Sauerstoffdefizit. Die →Beweglichkeit der O^{2-}-Ionen im →Gitter ist daher relativ groß, beim Anlegen einer elektrischen Spannung findet überwiegend eine O^{2-}-Ionenleitung statt. Diese Art der Ionenleitung wird z. B. in ZrO_2-Keramiken genutzt, die mit CaO, MgO oder Y_2O_3 dotiert sind. Aufgrund der Beweglichkeit der O^{2-}-Ionen können diese Keramiken als Sensoren für O_2-Partialdruck- oder O_2-Aktivitätsmessungen genutzt werden. Liegen z. B. an den gegenüberliegenden Seiten einer dotierten ZrO_2-Keramik unterschiedliche O_2-Partialdrücke vor, so wird durch die chemischen Potentialunterschiede eine O^{2-}-Ionenleitung in Gang ge-

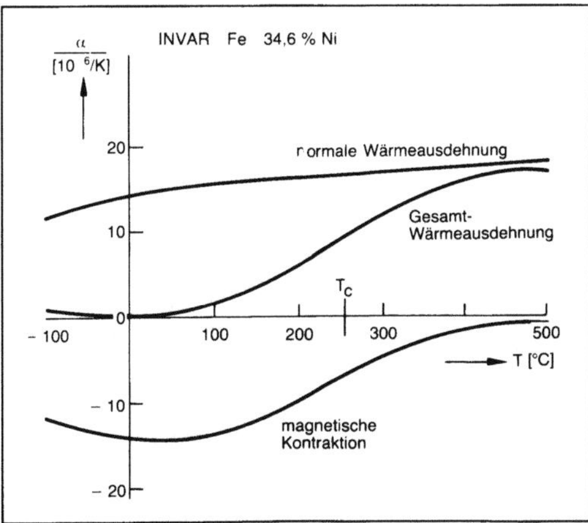

Invar-Effekt: Die Überlagerung von normaler Wärmeausdehnung und magnetischer Kontraktion führt zu einer fast verschwindenden Wärmeausdehnung bei Raumtemperatur.

setzt. Es entsteht ein meßbares elektrisches Potential an den gegenüberliegenden Flächen, welches im direkten Zusammenhang zu Sauerstoffpartialdruckdifferenz steht (Lambda-Sonde). Analog können die Sauerstoffaktivitäten in Metallschmelzen bestimmt werden (obere Anwendungstemperatur 1 800 °C).

Na-βAl$_2$O$_3$-Keramiken sind hingegen reine Kationenleiter. Die Na$^+$-Ionen haben aufgrund ihres geringen Radius und schwachen chemischen Bindung eine hohe Beweglichkeit. Sie werden als Na-Sensoren in z. B. Al-Schmelzen benutzt. Kationenleitende Sulfatelektrolyte wie Li$_2$SO$_4$, Na$_2$SO$_4$, K$_2$SO$_4$ oder Ag$_2$SO$_4$ werden kombiniert mit ZrO$_2$-Sonden als Meßzellen für SO$_2$-Partialdrücke genutzt.

Weiterhin gibt es CaF$_2$-Sonden mit F$^-$ als leitendem Ion, mit denen F-Partialdrücke bei Temperaturen bis zu 1 300 °C gemessen werden.

All die oben beschriebenen Partialdruck- bzw.

$$x\ CH_2 = C \overset{CH_3}{\underset{CH_3}{\Big\langle}} + y\ CH_2 = \underset{CH_3}{\overset{}{C}} - CH = CH_2 \longrightarrow \left[CH_2 - \underset{CH_3}{\overset{CH_3}{C}} \right]_x \left[CH_2 - \underset{}{\overset{CH_3}{C}} = CH - CH_2 \right]_y$$

Aktivitätsmessungen beruhen auf dem Bestreben der beweglichen Ionen, chemische Potentialdifferenzen auszugleichen, wobei sie im I. selbst eine der Potentialdifferenz proportionale elektrische Spannung erzeugen (Elektomotorische Kraft EMK).

Hesse/Hennicke

Ionenplattieren → Abscheidung, physikalische aus der Gasphase

Ionenstreuung → Oberflächenanalytik

Ionitrieren. I. wird zur Erzielung hoher → Härte, Verschleißfestigkeit, Temperaturbeständigkeit sowie hoher Polierfähigkeit in der Oberflächenschicht von → Stahl und → Stahlguß angewendet. Das I. erfolgt in einer automatisch nach Druck und Gaszusammensetzung geregelten Stickstoff enthaltenden Atmosphäre. Durch elektronisch gesteuerte Glimmentladungen wird der Stickstoff ionisiert und kann in dieser reaktionsfähigen Form in die Stahloberfläche eindringen. Das Verfahren eignet sich u. a. zum → Nitrieren von Teilen, die schlagartiger Beanspruchung, Druck- oder Scherkräften bei erhöhter Temperatur und punktförmiger Belastung sowie Trockenverschleiß ausgesetzt sind. Beim I. kann die Härtetiefe den Betriebsbedingungen angepaßt werden, ohne daß eine Verringerung der Oberflächenhärte eintritt. Verzug und Maßveränderungen sind geringer als beim normalen Nitrieren. Eine thermische Nachbehandlung der ionitrier-

ten Teile ist nicht notwendig. Die Nitrierschicht hat eine beachtliche → Duktilität und neigt nicht zum Abblättern (auch nicht an Kanten). Da das Verfahren außerdem das → Härten von Innenkonturen ermöglicht, kann man auch komplizierte Werkstücke ionitrieren.
→ Nitrieren *Doliwa*

Ising-Modell → Ferromagnetismus

ISO. Kurzform für *engl.* International Organisation for Standardization (Internationale Normenorganisation); → Normung, internationale. *Krieg*

Isobutylen-Isopren-Copolymerisate. (→ Butylelastomer) (Kurzzeichen: IIR). IIR erhält man durch ionische → Lösungspolymerisation von Isobutylen (95–99 %) und Isopren bei −95 bis −100 °C:

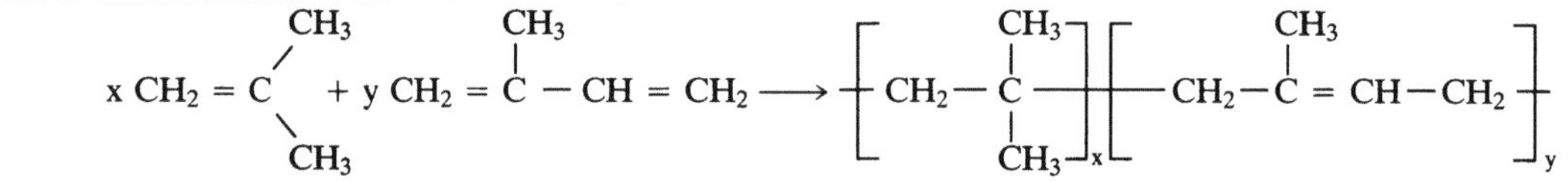

Die geringe Anzahl an Doppelbindungen (max. nur 5 % Isopren) verlangt zur → Vulkanisation mit Schwefel sehr stark wirkende Beschleuniger. An Stelle von Schwefel als Vernetzersubstanz werden auch p-Chinondioxim oder Dibenzochinondioxim, sowie bestimmte Phenole eingesetzt. Diese Vernetzungssysteme liefern besonders hitzebeständige Vulkanisate (bis 210 °C).

IIR besitzt eine hervorragend niedrige Gasdurchlässigkeit (Auto- und Fahrradschläuche, Dichtungen), sowie gute Alterungs-, Ozon- und → Chemikalienbeständigkeit. Typen die mit hochaktiven Füllstoffen versetzt sind, zeigen gute mechanische Eigenschaften und gute Abriebfestigkeit und sind hervorragende elektrische → Isolierstoffe (→ Elastomere). *Zahradnik*

Isolator. Isolatorwerkstoffe zeichnen sich durch sehr geringe elektrische → Leitfähigkeit aus, die in erster Linie durch Ionenleitung bestimmt wird. Beim Anlegen einer elektrischen Spannung (elektrisches Feld) bewirkt dies je nach Chemismus und Aufbau der Werkstoffe einen best. Polarisationsmechanismus (→ Polarisation, dielektrische), nach dem die Isolatorwerkstoffe einzuteilen sind.

Als I. werden Werkstoffe bezeichnet, deren spezifischer elektrischer Widerstand oberhalb 10^7 Ωm liegt. Die Eigenschaften von I. werden in erster Linie von deren Ionenleitfähigkeit und Polarisationsverhalten bestimmt, die dem Werkstoff durch seinen Chemismus und Aufbau gegeben ist.

Je nach Verwendungszweck bei niedrigen oder hohen Spannungen, Frequenzbereichen und Anwendungstemperturen werden unterschiedliche Anforderungen an den Werkstoff gestellt. Diese sind:

□ →Durchschlagfestigkeit. Sie beträgt bei Luft einige kV/mm, bei festen und flüssigen Isolierstoffen liegt sie um 1–2 Größenordnungen höher und ist an dünnen Schichten höher als an dicken und abhängig von der Belastungsdauer.

□ Dielektrizitätszahl (Permittivitätszahl). Sie wird durch den jeweils vorliegenden Polarisationsmechanismus bestimmt (Polarisation, dielektrische) und liegt bei den gebräuchlichen Isolierstoffen zwischen 1–10, bei Ferroelektrika um 1 000.

□ Verlustfaktor. Bei guten →Isolierstoffen zwischen 10^{-1}–10^{-4}, stark abhängig von Temperatur und Frequenz.

□ Oberflächenwiderstand und Kriechstromfestigkeit und Glimmfestigkeit. Wichtig bei Hochspannungsisolatoren.

□ Weiterhin: Wärmebeständigkeit, Beständigkeit gegen Witterungseinflüsse, mechanische →Festigkeit, →Widerstandsfähigkeit gegen Strahlung, gute Verarbeitbarkeit und geringer Preis.

Hesse/Hennicke

Literatur: *Guillery, P.* und *R. Hezel, B. Reppich:* Werkstoffkunde für Elektroingenieure. Wiesbaden 1981. – *Spickermann, D.:* Werkstoffkunde und Bauelemente der Elektrotechnik und Elektronik. Würzburg 1978.

Isolator-Prüfung. Ein →Isolator ist ein Isolierkörper für Hoch- und Niederspannungstechnik, der aus Porzellan, →Glas oder →Kunststoff hergestellt

wird. Die Werkstoffauswahl und die Formgebung wird zum Teil durch die mechanischen und elektrischen Anforderungen zum Teil durch historisch gewachsene Denkweisen der Anwender bestimmt.

Isolatoren werden nach international gültigen Regeln der International Electrical Commission (IEC) oder nationalen Vorschriften geprüft. Man unterscheidet:

– Stückprüfung,

– Stichprobenprüfung und

– Typprüfung.

IEC 383 bzw. DIN VDE 0446 unterscheidet für die geforderten Prüfungen zwei Grundtypen:

Typ A sind Isolatoren, bei denen der kürzeste Durchschlagweg durch den Isolator mehr als die Hälfte des Überschlagweges beträgt. Dazu gehören Langstabisolatoren, Vollkernisolatoren und Vollkernstützenisolatoren.

Typ B sind Isolatoren, deren kürzester Durchschlagweg durch den Isolator weniger als die Hälfte des Überschlagweges beträgt. Dazu gehören Kappenisolatoren und Stützenisolatoren aus Porzellan oder Glas (Bild).

Die Stückprüfung wird bei jedem Isolator durchgeführt und besteht aus Temperaturwechselprüfung, Prüfung der Sichtbeschaffenheit, →Ultraschallprüfung (nur bei Porzellan-Langstabisolatoren), mechanische Prüfung und elektrische Prüfung auf Durchschlag, letztere nur bei Isolatoren vom Typ B, die beim Durchschlag ihre Isolierfunktion einbüßen.

Die Stichprobenprüfung wird an jeder Liefer-

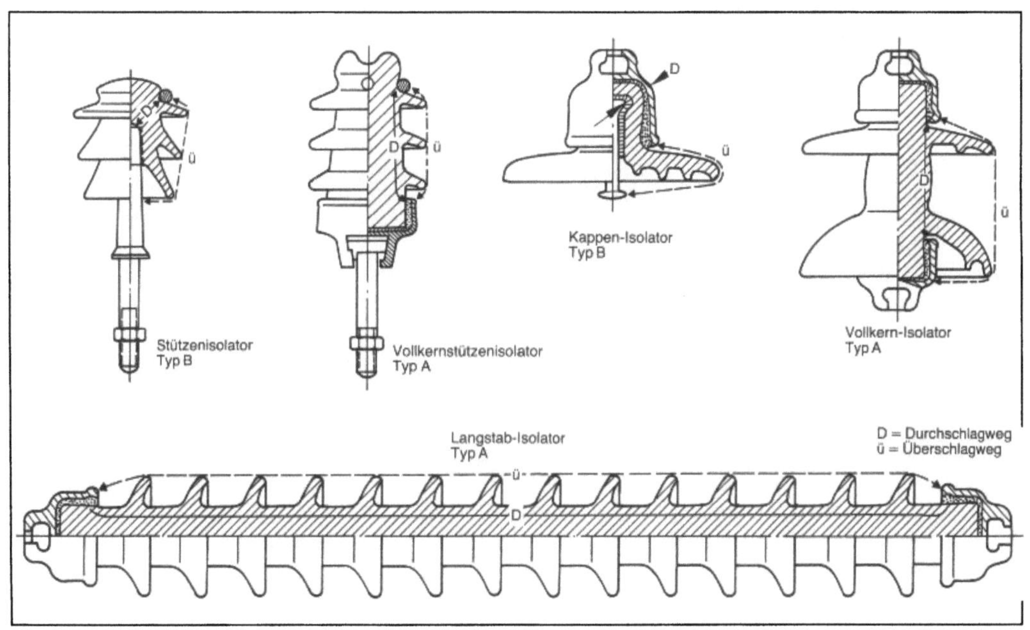

Isolator-Prüfung: Porzellan-Freiluft-Isolatoren (oben) und Dreiphasenstützer für Innenraum-Anlagen.

menge eines Isolatortyps durchgeführt und weist über die Stückprüfung hinausgehende weitere Prüfungen auf. Die Prüfung auf Maßhaltigkeit, eine Temperaturschockprüfung für Isolatoren aus vorgespanntem Glas sowie eine Porositätsprüfung für Isolatoren aus Porzellan kommt hinzu. Die Auswahl der Prüflinge unterliegt statistischen Kriterien.

Die Typprüfung wird nur einmal an einem Isolatortyp oder an einer bestimmten Anordnung von Isolatoren durchgeführt. Bei dieser Prüfung werden die wichtigsten elektrischen Kennwerte ermittelt, wie Blitzstoßspannung ohne Regen, Schaltstoßspannung unter Regen und Wechselspannungsprüfung unter Regen.

Kunststoffisolatoren werden aus gefüllten Gießharzformstoffen insbesondere Epoxidformstoffen in Schaltanlagen z. B. als Schottisolatoren, Stützer u. ä. eingesetzt. Prüfungen werden hauptsächlich nach DIN 16946 ausgeführt.

Freiluftisolatoren bestehen aus einem tragenden glasfaserverstärkten Kunststoffstab, die Schirme aus witterungsbeständigen Kunststoffen wie → Polytetrafluorethylen, Silikonkautschuk u. a. Prüfungen erfolgen hauptsächlich gemäß DIN VDE 0441.

Weitere nationale und internationale Vorschriften regeln die Prüfungen über Radiostörungen (IEC 437), spezielle Prüfungen für Gleichstrom-Isolatoren (IEC 438), Prüfungen an künstlich verschmutzten Isolatoren (IEC 507) und thermisch-mechanische Prüfungen (IEC 576). *Kußmaul*

Isolierprodukt. Die physikalisch-chemischen Trennverfahren werden nach der neuen Begriffsbestimmung der Fertigungsverfahren (DIN 8580) wohl der Gruppe 3.4 „Abtragen" zuzuordnen sein. Man versteht darunter das Abtrennen von Stoffteilchen auf nicht mechanischem Weg. Durch solche physikalisch-chemischen Trennverfahren erhält man z. B. hochreine Metalle und andere Reinstmaterialien, wie beispielsweise die Präparate, die als Bezugsgrößen für Analysenzwecke verwendet werden. Die Trennverfahren beginnen nach einem Zerkleinern der Ausgangsmaterialien meist mit einer Grobabscheidung der Ballaststoffe durch Flotation, Zentrifugieren u. ä. Diese Grobabscheidung wird dann durch thermische Abscheidung der ausschmelz- oder vergasbaren Beimengung und/oder durch chemische Verfahren zum Herauslösen der unerwünschten Bestandteile ergänzt. Der zurückbleibende Rest am Ende der Aufbereitungsperiode ist dann ein hochreines I., wie es heute in der Hochleistungselektronik, der Medizin und der Raumfahrttechnologie benötigt wird. *Doliwa*

Isolierstoffe.
allgemein. Nichtleitende Werkstoffe haben keine freien Elektronen. Sie können deshalb den Strom nicht leiten, sondern verhindern den Stromtransport, der durch oszillierende → Elektronenbewegung verursacht wird. Nichtleiter werden zur Isolation oder zum Aufbau eines Dielektrikums im elektrischen Feld verwendet. Sie haben verschiedene Aufgaben und werden unterschiedlich beansprucht: elektrische, thermische, konstruktive, chemischphysikalische Beanspruchung.

Für die I. kommen als elektrische Meßgrößen der spezifische elektrische Widerstand (Oberflächen-, Durchgangs-), die Kriechstromfestigkeit, die Durchschlagsfeldstärke und das dielektrische Verhalten (Polarisation, Dielektrizitätszahl, dielektrischer Verlustfaktor, Temperatur- und Frequenzeinfluß, Elektrostriktion) in Frage.

Die thermischen Eigenschaften für I. sind die Wärmedehnung (linearer Temperaturkoeffizient $\alpha = 0{,}01$ bis $2 \cdot 10^{-6}$ 1/K), die Wärmeleitfähigkeit ($\lambda = 0{,}01$ bis $1\,W/m \cdot K$), die Formbeständigkeit (Vicat-, Martens-Verfahren), die Wärmebeständigkeit (Wärmeklassen 90 bis 180 °C) und Brandneigung (Glutbeständigkeit).

Als konstruktive Beanspruchungsarten können → Festigkeit (Zug, Druck, Biegung, Schub, Torsion, Schlag, Härte), → Steifigkeit, Dauer- und Wechselbelastung (Wöhler-Kurve, → Smith-Diagramm) auch bei erhöhten Temperaturen angesehen werden.

Die chemisch-physikalischen Eigenschaften erstrecken sich im wesentlichen auf die → Korrosionsbeständigkeit, die Feuchtigkeitsisolierung (Verhalten gegen Wasser und Chemikalien) und die Luft- und Gasisolierung (luft- und gasdicht).

Als Werkstoffe zur elektrischen Isolierung werden Gase (z. B. SF_6, Luft), feste anorganische Stoffe (z. B. Keramik, Glas), organische Stoffe (Kunststoffe) oder flüssige Isolierstoffe (z. B. Lacke, Chlophene) verwendet (Tabelle).

Isolierstoffe. Tabelle: Einteilung und Beispiele der Isolierstoffe (Dielektrika)

Dielektrika	natürliche	künstliche
anorganische	Quarz Glimmer Asbest Oxide	Glas Keramik Porzellan Ferroelektrika
organische	Seide Papier Baumwolle Holz Naturkaut- schuk	Duromere Thermoplaste Elastomere Silikone Lacke
gasförmige	Luft Vakuum Gase	Gase

Zusätzlich kommen zur Wärmeisolation Baustoffe (z. B. geschäumte Kunststoffe) oder Kühlmittel (z. B. Flüssigkeiten, Luft) und gegen →Korrosion und →Oxidation verschieden dicke Überzüge zum Oberflächenschutz (z. B. Lacküberzüge, Beschichtungen mit Edelmetallen, →Galvanisieren, →Eloxieren, →Plattieren) zum Einsatz. *Heller*

Literatur: *Brinkmann, C.:* Die Isolierstoffe der Elektrotechnik. Berlin 1975. – *Fischer, H.:* Werkstoffe in der Elektrotechnik. München 1978. – *Oburger, W.:* Die Isolierstoffe der Elektrotechnik. Berlin-Wien 1957. – *Racho, R.* u. *P. Kuklinski, K. Krause:* Werkstoffe für die Elektrotechnik und Elektronik. Leipzig 1985. – *Spickermann, D.:* Werkstoffe und Bauelemente der Elektrotechnik und Elektronik. Würzburg 1978.

elektrisch. Andere Bezeichnung für →Dielektrika, mit der Betonung auf der isolierenden, den Stromfluß verhindernden Eigenschaft. Abgesehen vom Vakuum gibt es keine absoluten Isolatoren. Praktische I. weisen spezifische Widerstände von 10^6 bis 10^{18} Ωcm auf. Die Dielektrizitätszahl ist bei I. relativ klein (bis 10). Stark polare Substanzen dienen nicht als →Isolatoren, sondern primär als Dielektrika in Kondensatoren. Der dielektrische Verlustwinkel tanδ reicht von 10^{-4} für ausgezeichnete Isolatoren bis zu 10^{-1} für I., die weniger elektrisch belastet werden und dafür mechanische Funktionen erfüllen müssen. Gute Werte im Verlustwinkel erreicht man, wenn der Isolator keine beweglichen Ionen enthält. Für Keramiken bedeutet das primär, daß der Alkaligehalt gering sein muß, die günstigsten Kunststoffe sind diejenigen, die rein kovalente Bindungen aufweisen und keinen polaren Charakter besitzen.

Die Durchschlagfestigkeit liegt meist bei 100–200 kV/cm; hochwertige I. wie Elektroporzellan und Polyethylen erreichen 500 kV/cm. Wesentlich größer wird die Durchschlagfestigkeit für dünne Folien und Schichten (>1–10MV/cm). Man gewinnt daher an elektrische Festigkeit, wenn man Isolationen geschichtet ausführt, eventuell mit leitenden Zwischenschichten zur Feldglättung. Der schwache Punkt massiver Isolatoren bei hohen Spannungen sind nämlich Hohlräume, in denen Gasentladungen auftreten können, die den Isolator erhitzen und zerstören können. Die klassische Isolationstechnik mit ölgetränktem Papier vermeidet diese Gefahr und ist daher vor allem für Kabel auch heute noch verbreitet.

Die Vielfalt der I. ist groß. Das Spektrum reicht von den natürlichen mineralischen Stoffen wie Glimmer und Asbest, über synthetische Keramiken wie Porzellan, über Kunststoffe wie →Polyethylen bis zu organischen Naturstoffen wie →Holz oder →Mineralöl. Die Entwicklung ist durch eine langsame Verdrängung der Naturstoffe und der keramischen I. durch Kunststoffe gekennzeichnet.

Keramische I. sowie Glas sind in einigen Bereichen unentbehrlich:

□ bei Freileitungsisolatoren wegen ihrer Beständigkeit und Festigkeit.

□ in Fällen, in denen Temperaturen über 300°C auftreten, also z. B. in der Elektrowärmetechnik, als Sicherungskörper, in Schaltern.

□ in allen Fällen, in denen besondere Zuverlässigkeit und Stabilität gefordert wird, also z. B. als Substrat vieler integrierter Schaltungen.

Ein wichtiges Kriterium für die Auswahl eines I. ist seine Kriechstromfestigkeit, die Beständigkeit eines Isolators gegenüber Oberflächen-Kriechströmen. Vor allem organische I. können unter der Wirkung eines etwa durch Verschmutzung bedingten Kriechstroms verkohlen und so einen leitenden Pfad ausbilden, der zum Kurzschluß führt. Die Kriechstromfestigkeit wird nach genormten Verfahren bewertet und durch eine Klasseneinteilung beschrieben. Keramische I. werden durch Kriechströme oder Überschläge nicht zersetzt und sind daher kriechstromfest.

Wo es irgend geht, zieht man jedoch die elektrisch keineswegs höherwertigen, aber weniger spröden Kunststoffe vor. Normale Leitungsisolierungen (und viele andere Teile) werden heute vorwiegend aus thermoplastischen Kunststoffen gefertigt, bevorzugt aus dem auch für höhere Frequenzen geeigneten Polyethylen (PE), für niedrigere Frequenzen auch aus dem strapazierfähigeren polaren Polyvinylchlorid (PVC). Silicon- und Teflonisolierungen sind auch für höhere Temperaturen (bis 300°C) geeignet. Die Temperaturbeständigkeit der I. ist ein wichtiges Kriterium. Der normale Öl-Lack der Kupfer-Lackdrähte kann z. B. bis 120°C belastet werden, für höhere Temperaturen wurden spezielle Kunststoffe wie die →Polyimide entwickelt, die über 250°C aushalten und also auch durch den Lötvorgang nicht geschädigt werden.

→Harze (Duroplaste) werden vor allem für elektrisch weniger belastete Bauteile und Gehäuse verwendet, in Form der Gießharze auch zum Einbetten von Bauelementen in Gehäusen. Besonders hervorzuheben ist die Beständigkeit der Duroplaste bei hohen Temperaturen.

Transformatoren, Kabel und Schalter hoher Leistung werden vorzugsweise durch Konvektion gekühlt, und dazu dienen gasförmige oder flüssige I. Am verbreitetsten sind besonders gereinigte, wasserfreie Mineralöle. Siliconöle und das Gas Schwefel-Hexafluorid (SF_6) sind Alternativen, die den Vorteil der Unbrennbarkeit besitzen. Die früher bevorzugten chlorierten Biphenyle (Chlophen) werden wegen ihrer gravierender Umweltgefährlichkeit heute nicht mehr eingesetzt.

Der Nachteil der mechanischen Sprödigkeit, den

die oxidischen und keramischen Werkstoffe in massiver Form besitzen, entfällt bei dünnen Schichten. In der Dünnschichttechnik und in der integrierten Halbleitertechnik werden fast ausschließlich anorganische Schichten als Isolatoren verwendet, vor allem SiO_2 und Si_3N_4. *Hubert*

Literatur: *Brinkmann, C.:* Die Isolierstoffe der Elektrotechnik. Berlin 1975. – *Oburger, W.:* Die Isolierstoffe der Elektrotechnik. Wien 1957.

isothermer Schnitt → Dreistoffsystem

ISS → Oberflächenanalytik

J

Jog. Der aus dem *Engl.* übernommene Ausdruck (dt.: Sprung) kennzeichnet im Verlauf einer Schraubenversetzungslinie (→ Versetzungen) ein zwischengeschobenes Segment mit Stufencharakter, in der Regel von der Länge 1 b (→ Burgers-Vektor). Die Bedeutung der j., die entweder spontan (durch lokale thermische → Aktivierung) oder durch Schneidprozesse mit anderen Versetzungen entstehen, liegt darin, daß sie quer zur Richtung der Ausgangsversetzung nicht gleiten, sondern nur klettern können. Sie behindern damit die → Beweglichkeit von Schraubenversetzungen und mindern deren Beitrag zur plastischen Verformung. *Ilschner*

Jute. Als Faserstoff die verholzten Faserbündel des Stengelbastes der Jutepflanze (Gattung *Corchorus* L.). Die hauptsächlich in Indien und Pakistan, neuerdings aber auch in Brasilien angebaute schnellwüchsige Pflanze erreicht 4–5 m Höhe. Die bis 15 cm dicken Stengel werden von Hand mittels Sicheln geerntet. Die in ihrer Rindenschicht eingebetteten Bastfaserbündel werden durch Rösten in stehenden oder fließenden Gewässern gelockert, durch Abziehen vom Rest des Stengels freigelegt und durch Waschen von den noch anhaftenden Begleitstoffen befreit. Die Jutefaserbündel sind 1,5–2,5 m lang und stark verholzt (12 % Ligningehalt); die Rohfaser ist gelblich, wird aber durch die Lichteinwirkung bräunlich. Zum Export wird die J. in Ballen von 400 lbs = 180 kg gepreßt. Welterzeugung ca. 4 Mill. t.

Die groben, nur schlecht teilbaren Jutefaserbündel lassen sich nur zu groben Garnen verspinnen (1000 tex–84 tex). Sie werden zu Sackgeweben und Bespannungsstoffen verarbeitet, sowie als Grundgewebe für Linoleum und Tuftingteppichwaren.

Eine Juteähnliche Bastfaserpflanze, die auch in anderen Teilen der Erde angebaut werden kann, ist *Kenaf,* von *Hibiscus cannabinus* L., weniger verholzt und reißfester als J. Aufbereitung und Verwendung wie J. *Koch*

Literatur: *Wagner, E.:* Die textilen Rohstoffe. Frankfurt/M. 1981.

K

Kalanderplatte → Spanplatte

Kalandrieren. K. (vom *griech.* kylindros über *franz.* calandre = Walze) ist ein Verfahren zur Herstellung von → Folien aus weichgemachten Thermoplasten oder Elastomeren und zur Herstellung von mit Kunststoff beschichteten (kaschierten) Geweben oder anderen Trägermaterialien.

Die Polymere werden über Mischer, Extruder und Walzen mit Zusatzstoffen (Füllstoffe, → Weichmacher, u. a.) zur fertigen Kunststoffmischung zubereitet, die dann auf einem Kunststoffkalander zu Folien verarbeitet werden. Dabei können Folien mit einer Dicke von 0,02 bis 1,2 mm und bis zu einer Breite von etwa 2 m hergestellt werden. Folien mit strukturierter Oberfläche erhält man durch anschließendes → Walzen mit einem Prägewalzenpaar. Zum Herstellen kaschierter Materialien (z. B. Textiltapeten, (Schaum-)Kunstleder oder Bodenbelägen) werden zwischen die letzten Walzen des Kalanders oder über Zusatzwalzen Stoff- oder andere Trägerbahnen eingeführt und mit einer Folie überzogen. *Finkelmann*

Kalk-Rost-Schutzschicht. Die K.-R.-S. entsteht bei Einwirkung von Wasser auf unlegierte → Stähle, wenn infolge der Korrosionsreaktion Hydroxylionen (OH^-) entstehen, die zur Wandalkalisierung (→ Wandalkalität) führen und damit das Kalk-Kohlensäure-Gleichgewicht ($CaCO_3 + CO_2 + H_2O = Ca^{2+} + 2HCO_3^-$) zur $CaCO_3$-Seite verschieben. Es fällt Kalk ($CaCO_3$) aus, der zusammen mit den entstehenden Korrosionsprodukten (→ Rost) die K.-R.-S. bildet. Sie hat eine praktische Bedeutung, z. B. bei wasserführenden Rohren der Hausinstallation. *Wendler-Kalsch*

Kaltarbeitsstahl. Werkzeugstahl für Kaltumformwerkzeuge. Wegen der hohen Beanspruchung durch Druck und → Reibung werden überwiegend harte, karbidreiche Stähle verwendet, die auch als Schneidstähle gebräuchlich sind. Die Zusammensetzung, vor allem der Kohlenstoffgehalt, wird auf die Anforderungen abgestimmt, die zum Beispiel für Tiefzieh- oder Prägewerkzeuge sowie für Walzen für das Einwalzen von Gewinden sehr unterschiedlich sind. *Dahl*

Literatur: Werkstoffkunde Stahl. 2 Bde. (Hrsg. VDEh). Berlin—Düsseldorf 1984/85.

Kaltband. K. ist die übliche Bezeichnung für kaltgewalztes → Stahlband. Es gehört zum → Flachstahl. Als kaltgewalzt wird Flachstahl bezeichnet, dessen letzte Dickenabnahme durch → Walzen ohne vorhergehendes Erwärmen erfolgt. *Baumann*

Kaltband-Straße. K.-S. sind komplexe technische Systeme zur Herstellung von → Kaltband durch → Kaltbandwalzen. *Baumann*

Kaltbandwalzen. Haupteinsatzgebiet des K. von → Stahl ist die Herstellung von → Flacherzeugnissen, beispielsweise Tiefziehbleche, → Weißbleche und nichtrostende Bleche. Das K. von → Stahlband ist am weitesten verbreitet. → Stahlbleche in Tafeln werden kaum noch gewalzt.

Die von der → Warmbreitbandstraße kommenden → Coils werden aneinandergeschweißt und im Durchlauf meistens in einer Schwefelsäure-Beizlinie, manchmal auch in einer Salzsäure-Beizlinie, entzundert. Stahlband wird auf Zwei-, Vier- oder Vielwalzengerüsten kaltgewalzt. Bei Verwendung von Umkehrgerüsten kann das Band nach einem Stich durch Umkehr der Walzendrehrichtung unmittelbar weiter umgeformt werden. Vielwalzen-Umkehrgerüste, die durch ihre kleinen Arbeitswalzen im Walzspalt auf das Band einen hohen Druck ausüben können, werden vor allem für Stähle mit hoher → Verfestigung verwendet, beispielsweise für nichtrostende Stähle und Elektrobleche.

Vier bis sechs Vierwalzengerüste sind nacheinander zu einer sog. Kaltwalz-Tandemstraße angeordnet. Diese Walzstraßen haben unter anderem den Vorteil, daß das vom Abwickelhaspel ablaufende Band in einem Durchgang auf die gewünschte Enddicke gebracht werden kann. Nach dem Kaltwalzen wird zur Beseitigung der → Kaltverfestigung meist eine → Wärmebehandlung durch → Glühen vorgenommen, bei der eine → Rekristallisation erfolgt.

Mit Hilfe geregelter Bandzüge zwischen den Gerüsten, einer hochentwickelten Meß- und Automatisierungstechnik, besonderen Meßsystemen zur Ermittlung der Banddicke und der Planheit sowie der verschiedenen Stellglieder zur Beeinflussung der Walzspaltform wird anforderungsgerechtes → Kaltband mit Dickenabweichungen von nur wenigen tausendstel Millimetern und hoher Oberflächengüte erzielt.

Ein abschließendes → Kaltnachwalzen in einem oder zwei Vierwalzengerüsten mit Dickenabnahmen von weniger als 3 % verbessert die Umformbarkeit von Tiefziehblechen, verhindert die Bildung von Fließfiguren durch Verfestigung der Oberfläche und stellt eine gute Planheit sicher.

Die beim K. erreichten Enddicken liegen bei 0,15 mm. Die maximalen Endwalzgeschwindigkeiten der Kaltwalztandemstraßen betragen bis zu 2 400 m/min. Beim Nachwalzen werden Endwalzgeschwindigkeiten bis etwa 1 800 m/min erreicht. *Baumann*

Kaltbreitband. Aus Warmbreitband mit einer Breite $\geqq$ 600 mm durch Kaltwalzen mit einer Querschnittsabnahme von mindestens 25 % hergestelltes → Flacherzeugnis. *Dahl*

Kältekammer. Einrichtung zum Kühlen von Waren, Prüfteilen und Geräten. Vereinfachte Ausführung einer Klimakammer (→ Klimaprüfung).

K. werden eingesetzt um die Haltbarkeit von Produkten zu verlängern (Lebensmittel, Arzneimittel, Filme). Um den Einfluß der Temperatur auf Eigenschaften von Metallen, Natur- und Kunststoffen zu untersuchen, werden diese in K. auf die gewünschte bzw. von Regelwerken vorgegebene Prüftemperatur gebracht und anschließend geprüft (Kerbschlagbiegeproben, Schutzhelme, Zugproben usw.). Außerdem dienen sie zur Durchführung von Funktionsprüfungen, welche den Einsatzbereich von Teilen und Geräten nachweisen (Einfrierversuche, Kaltstartversuche bei Fahrzeugen, Funktionsprüfungen von elektronischen Bauteilen, Meß- und Rechenanlagen).

K. mit eingebauter Heizung erlauben darüber hinaus die Durchführung von zyklischen Temperaturwechselversuchen. *Kußmaul*

Kaltformen → Kunststoffverarbeitung

Kaltleiter. Ferroelektrische Keramikwiderstände, meist $BaTiO_3$-Keramiken. Durch gezielte Dotierung wird der Werkstoff n-leitend, der spezifische Widerstand läßt sich bis 10 Ωcm absenken. Oberhalb der → Curie-Temperatur Anstieg des spezifischen Widerstands um 3–6 Zehnerpotenzen.

Durch Dotierung des Werkstoffs mit einigen Zehntel Atom-% an z. B. Antimon, → Niobium und → seltene Erden werden die Ba^{2+} und Ti^{4+}-Ionen durch höherwertige Ionen substituiert. Neben der Halbleitung kann durch die Art und Menge der Dotierung die Lage der Curie-Temperatur zwischen −30 °C und +230 °C eingestellt werden. Technisch wird der Kaltleitereffekt für zahlreiche Steuer- und Regelaufgaben ausgenutzt. *Hesse/Hennicke*

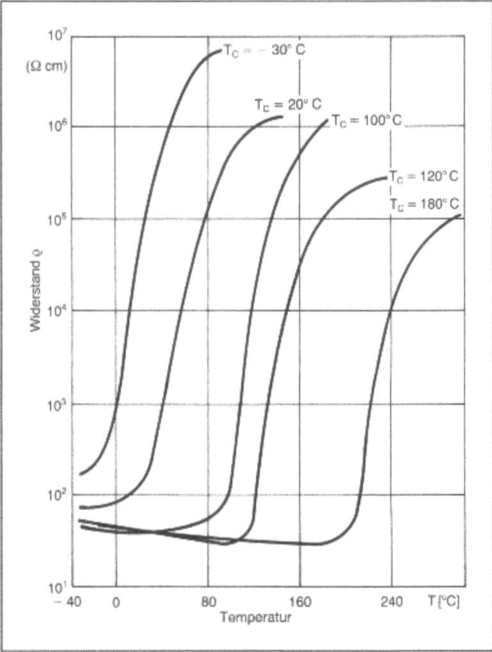

Kaltleiter: Temperaturgang des Widerstands von K. mit verschiedenen Curie-Temperaturen.

Literatur: *Heywang, W.* und *H. Thomann:* Ferroelektrika. In Ullmanns Encyklopädie der technischen Chemie. Bd. 11. Weinheim/Bergstr. 1976.

Kaltnachwalzen. K. ist die Bezeichnung für das Kaltwalzen von → Blech und Band mit Stichabnahmen kleiner als 3 %. Damit wird eine bestimmte → Oberflächenbeschaffenheit erzielt und die technologischen Eigenschaften, beispielsweise die Umformbarkeit, werden verbessert. Durch das K. wird auch die Bildung von Fließfiguren innerhalb eines bestimmten Zeitraumes verhindert. *Baumann*

Kaltpilger-Walzanlage. K.-W. sind komplexe technische Systeme zur Herstellung von → Präzisions-Stahlrohren nach dem Kaltpilger-Walzverfahren. *Baumann*

Kaltpilger-Walzverfahren. Unter Kaltpilgern ist ein schrittweises Formwalzen mit hin- und herdrehenden Walzen bei sich verengendem → Walzkaliber zu verstehen, welches vorwiegend zur Herstellung von → Präzisions-Stahlrohren eingesetzt wird.

Das K.-W. wird zur Weiterverarbeitung warmgefertigter → Rohrluppen für Rohrabmessungen zwischen 8 mm und 230 mm mit Wanddicken zwischen 0,5 mm und 25 mm angewendet. Kaltgepilgerte Rohre sind Produkte mit sehr geringen Maßabweichungen und hoher Oberflächengüte. Wegen des günstigen Spannungszustandes des Walzgutes in der Umformzone wird das K.-W. auch zur Herstellung von → Stahlrohren aus schwer umformbaren Werkstoffen eingesetzt.

Der Kaltpilgervorgang ist dadurch gekennzeichnet, daß die Rohrluppe über einen feststehenden, konischen Dorn von zwei kalibrierten Walzen gestreckt wird, die sich im gleichmäßigen Takt in hin- und hergehender Bewegung auf dem Werkstoff abwälzen (Bild). Die Wälzbewegung wird durch das Hin- und Hergehen des Walzgerüstes und die damit verbundenen Walzen bestimmt. Die Kalibrierung der beiden Walzen besteht aus einer dem kreisförmigen Luppenquerschnitt entsprechenden Aussparung, die sich über einen bestimmten Teil des Walzenumfangs in geeigneter Form stufenlos bis zum Fertigrohrdurchmesser verkleinert. Dadurch wird die Rohrluppe bei der Vorwärts- und Rückwärtsbewegung der Walzen in gewünschter Weise umgeformt. Wesentlich ist, daß die Streckung der Luppe zum Fertigrohr durch Reduzierung des Durchmessers und der Wanddicke erfolgt. Das wird durch die Form des Dornes bewirkt, der sich vom Luppen-Innendurchmesser auf den Fertigrohr-Innendurchmesser verjüngt. Nach der Vorwärts- und Rückwärtsbewegung der Walzen geben diese die Rohrluppe frei. Zu diesem Zeitpunkt wird die Rohrluppe um einen bestimmten, stufenlos regelbaren Vorschubbetrag vorgeschoben. Das Materialvolumen wird bei der anschließenden Vorwärts- und Rückwärtsbewegung der Walzen ausgewalzt. Gleichzeitig mit dem Vorschieben wird die Rohrluppe um einen bestimmten Winkel gedreht. Damit wird beim Ausstrecken bis zum Fertigrohr ein genau kreisförmiger Querschnitt erreicht. *Baumann*

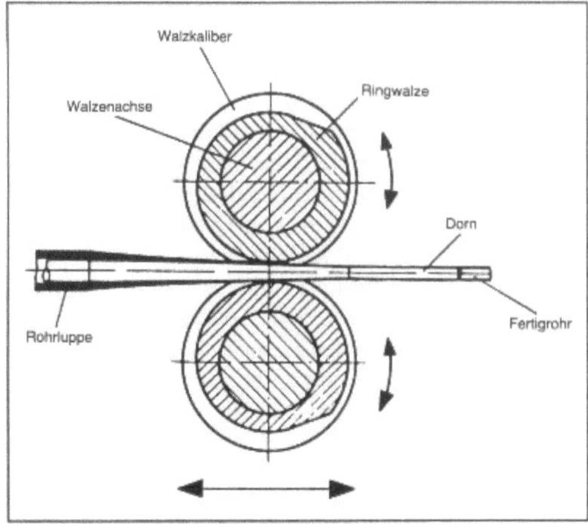

Kaltpilger-Walzverfahren: Schematische Darstellung.

Literatur: Stahlrohr-Handbuch. 10. Aufl. Essen 1986.

Kaltpreßschweißen → Schweißverfahren

Kaltumformbarkeit. Die K. von → Feinblech und Band wird im → Zugversuch durch Ermittlung des r- und n-Wertes sowie als → Grenzformänderungskurve festgestellt. Die Kalt-Massivumformbarkeit wird durch die → Fließspannung und die erreichbare → Brucheinschnürung gekennzeichnet. Die K. kann nur im Zusammenhang mit dem Umformverfahren quantifiziert werden. *Dahl*

Kaltumformung. Nach in der → Metallkunde üblichen Definition findet K. bei Metallen in dem Temperaturbereich statt, in dem keine → Kristallerholung oder → Rekristallisation abläuft, d. h. in vielen Fällen unterhalb der halben Schmelztemperatur bezogen auf den absoluten Nullpunkt (Untergrenze des Rekristallisationsbereiches).

In der Fertigungstechnik werden Umformvorgänge dann der K. zugeordnet, wenn sie vor dem → Umformen nicht erwärmt werden, z. B. auf eine Temperatur im Bereich der → Halbwarmumformung oder der → Warmumformung. Die Umformung findet somit bei Raumtemperatur statt. Dabei erwärmt sich das Werkstück durch Dissipation der zugeführten Energie.

Beide Definitionen bestehen nebeneinander. Entscheidend für das Werkstoffverhalten während des Umformens und die Werkstoffeigenschaften nach dem Umformen ist die dynamische → Verfestigung im Zusammenwirken mit dynamischer → Entfestigung durch Rekristallisation und Kristallerholung bzw. die bleibende Verfestigung durch Zunahme der Versetzungsdichte und Blokkieren der → Versetzungen. Welche Vorgänge jeweils ablaufen, hängt von der Vorgangstemperatur, der Vorgangsdauer bzw. -geschwindigkeit, der Werkstückerwärmung durch die zugeführte Arbeit, der Abkühlung durch → Wärmeleitung, Wärmeübergang an die Werkzeuge, Strahlung und Konvektion sowie von der werkstoffspezifischen Rekristallisationstemperatur (Untergrenze des Rekristallisationsbereiches) ab. Hier einige Zahlenwerte:

C-Stahl	550° C
Al 99,5	150° C
AlCuMg	360° C
Cu	200° C
Pb	0° C
Sn	0° C
Zn	20° C
Mo	870° C
W	1 200° C
Ni	600° C

Insgesamt ergibt sich hinsichtlich Abgrenzung zwischen Kalt- und Warmumformung (Halbwarmumformung hierbei als Übergangsbereich außer acht gelassen) das im Bild gezeigte Schema. *Lange*

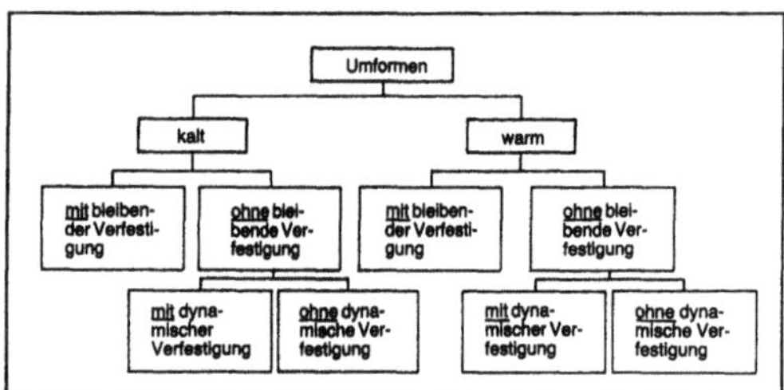

Kaltumformung: Schematische Darstellung gegenüber Warmumformung.

Literatur: *Lange, K.* (Hrsg.): Umformtechnik. Handb. f. Ind. und Wiss. 2. Aufl. Berlin, Heidelberg, New York, Tokio 1984.

Kaltverfestigung → Festigkeitsverhalten

Kaltverformung → Festigkeitsverhalten

Kaltwalzstraße. K. sind Walzstraßen, auf denen Walzgut umgeformt wird, ohne vorher Wärme zuzuführen. Dabei werden beispielsweise Kaltbandstraßen, Kaltbreitbandstraßen, Band-Nachwalzstraßen, Breitband-Nachwalzstraßen und Kaltfeinblechstraßen zum → Kaltnachwalzen von → Feinblech unterschieden. *Baumann*

Kaltzähigkeit. Allgemein → Zähigkeit bei tiefen Temperaturen. Bei kubisch raumzentrierten Werkstoffen, also bei allen ferritisch-perlitischen Stählen, findet bei Absenkung der Temperatur ein Übergang vom → Gleitbruch zum → Spaltbruch und damit vom zähen zum spröden Verhalten statt. Für den Einsatz bei tiefen Temperaturen wurden kaltzähe Stähle entwickelt, die vor allem in der Kältetechnik sowie bei Speicherung und Transport von Flüssiggas eingesetzt werden können. Die → Übergangstemperatur wird durch Kornfeinung und Nickelzusätze abgesenkt. Unterhalb von rd. $-200\,°C$ werden austenitische → Stähle eingesetzt, bei denen, wie bei anderen kubisch flächenzentrierten Legierungen, keine Änderung des → Bruchmechanismus bei tiefen Temperaturen auftritt. *Dahl*

Literatur: Werkstoffkunde Stahl. 2 Bde. (Hrsg. VDEh). Berlin–Düsseldorf 1984/85.

Kambium. Rings um den Querschnitt des Holzes laufende feine Schicht dünnwandiger teilungsfähiger Zellen, die nach innen Holzzellen, nach außen Rinden- bzw. Bastzellen abscheidet. *Wesche*

Kamelhaar (-wolle) → Tierhaare

Kapok. K. sind Pflanzenhaare von der inneren Fruchtwand der Schoten verschiedener Wollbäume, insbesondere des Kapokbaumes *Ceiba pentandra Gaertner* (L). Die feinen, glänzenden, gelblich bis hellbräunlichen Haare sind 15–40 mm lang und haben eine sehr dünne Zellwand, was ihr niedriges scheinbares spezifisches Gewicht von etwa $0{,}30\ g/cm^3$ bedingt und sie zur Füllung von Rettungsgürteln und Schwimmwesten besonders geeignet macht. Auch sonst dienen sie als Stopf-, Füll- und Polstermaterial für Steppdecken, Matratzen u. ä. (füllig, elastisch, unempfindlich gegenüber Feuchtigkeit und Ungeziefer). Wegen ihrer geringen → Festigkeit und Glätte lassen sich K.-Fasern praktisch nicht verspinnen.

– Der Kapokbaum und verschiedene andere tropische Wollbäume wachsen in Indonesien, auf den Philippinen, in Indien und Sri Lanka, West- und Ostafrika sowie in Mexiko und Brasilien. *Koch*

Karbide. Verbindungen von → Kohlenstoff mit → Metallen. Die Möglichkeit zur Einstellung verschiedener Kombinationen von → Festigkeit und → Zähigkeit bei → Stahl ist vor allem auf die Bildung von Eisenkarbid, Fe_3C, zurückzuführen (→ Eisen-Kohlenstoff-Zustandsschaubild). → Festigkeitssteigerung auch bei höheren Temperaturen ergibt Sonderkarbide, z. B. mit → Chrom, → Vanadin oder Molybdän. Die Koagulation der ausgeschiedenen Teilchen und damit die Erweichung des Werkstoffes findet im Vergleich zum Eisenkarbid sehr viel langsamer statt, da die → Diffusion auch der substitutionell gelösten Legierungsatome erforderlich ist. Schließlich führen fein verteilte K. der Legierungselemente → Niob, Vanadin oder → Titan bei thermomechanischer Behandlung zur → Aushärtung und wegen Behinderung des → Kornwachstums zu feinkörnigen Gefügen mit guten Festigkeits- und Zähigkeitseigenschaften (→ Hochtemperaturwerkstoffe). *Dahl*

Karbonatisierung. Bei der Hydratation der Portlandzemente (→ Zement) wird durch die Hydrolyse $Ca(OH)_2$ abgespalten. Dieses geht zusammen mit anderen Alkalien in Lösung; dadurch stellt sich im Porenwasser ein pH-Wert von 12,6 ein. Wenn das in der Luft enthaltene Kohlendioxid in den → Zementstein eindiffundiert und mit dem $Ca(OH)_2$ $CaCO_3$ bildet, kann sich der pH-Wert des Porenwassers bis unter 9 verringern. Dieser als K. bezeichnete Vorgang spielt im Stahl- und Spannbetonbau eine wichtige Rolle, da der → Bewehrungsstahl durch den hohen pH-Wert des Porenwassers im Zementstein gegen → Korrosion geschützt wird. Wenn der pH-Wert am Stahl infolge K. unter 9,3 sinkt, ist dieser Schutz i. a. nicht mehr vorhanden. Die Dicke der den Stahl schützenden Betondeckung muß also auf die zu erwartende Karbonatisierungstiefe abgestimmt werden. Die K. ist im wesentlichen von der Betonzusammensetzung, der Vorlagerung (Nachbehandlung des Betons) und den Lagerungsbedingungen während der K. (relative Luftfeuchte, Feuchtigkeitsgehalt des Zementsteins, CO_2-Gehalt der Luft) sowie der Karbonatisierungsdauer abhängig. Relative Luftfeuchten von 50–70 % sind für die K. am günstigsten, da einerseits für die CO_2-Reaktion Wasser benötigt wird und daher trockener Zementstein unter etwa 30 % relativer Luftfeuchte nicht karbonatisieren kann, andererseits aber das CO_2-Gas nur durch Poren diffundieren kann, wenn sie nicht wassergefüllt sind. Dadurch ist die Karbonatisierungstiefe in Innenräumen meist höher als im Freien. Bei Beton hoher Festigkeit wurden im Alter von 50 Jahren z. T. nur Karbonatisierungstiefen bis 5 mm gemessen, bei Beton mit großem Zementsteinporenraum ergaben sich dagegen Tiefen bis 80 mm. *Wesche*

Literatur: *Wesche, K.:* Baustoffe für tragende Bauteile. Bd. 3: Stahl, Aluminium. Teil H: 2. Aufl. Wiesbaden 1985.

Karbonitrieren → Carbonitrieren

Karosserieziehen. Das → Ziehen von unregelmäßigen Teilen, wie sie z. B. an Karosserien häufig auftreten, ist nur noch lose mit dem → Tiefziehen bzw. → Streckziehen verwandt. Die Werkzeuge entsprechen zwar in ihrem prinzipiellen Aufbau (Stempel, Matrize, Niederhalter) den üblichen Tiefziehwerkzeugen; auch gilt die Bedingung, daß die Stempelkraft kleiner als die Bodenreißkraft sein muß, doch ist eine theoretische Behandlung des Problems wegen der i. a. komplizierten Werkstückgeometrie nur eingeschränkt möglich.

Untersuchungen der Formänderungen an solchen Teilen mittels elektrochemisch aufgebrachter Liniennetze (Meßrastermethode) haben ergeben, daß ein relativ großer Teil des für die Hohlkörperbildung benötigten Materials durch Verminderung der Blechdicke bereitgestellt wird (Streckziehen) und nur wenig Werkstoff aus dem Flansch nachfließt. Die örtlich angreifenden Spannungen können entweder im Zugdruck-Gebiet oder im Zug-Gebiet (zweiachsig) liegen oder sogar zu null werden. Bis heute ist es noch weitgehend Erfahrungssache, die erforderlichen Ziehkräfte und die Grenzen des Verfahrens abzuschätzen, die Werkzeuge auszulegen und die nötige Blechgüte auszuwählen.

Generell bestimmt der Beiwert der senkrechten → Anisotropie (r-Wert) das Verhalten in den Zonen mit Tiefziehvorgängen und der Verfestigungsexponent n die Grenzen in den Bereichen, die durch Streckziehen umgeformt werden.

Um das Verhalten des Blechs beim → Umformen nach Werkstofffluß, Blechdickenänderung bzw. → Formänderung analysieren zu können, bedient man sich der o. a. Meßrastermethode. Dabei werden die verzerrten Liniennetze über verschiedene Meßpfade z. B. entlang kritischer Bereiche am

Blechteil vermessen und in das Grenzformänderungsschaubild eingetragen (Bild 1). Der Abstand der am Blechteil gemessenen Formänderungen von der → Grenzformänderungskurve erlaubt dann eine Aussage über die Fertigungssicherheit der Umformung sowie über die Blechdickenabnahme.

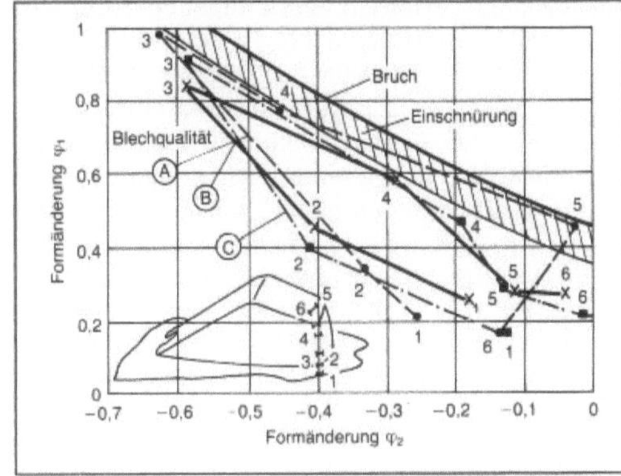

Karosserieziehen 1: Formänderungsanalyse. Blechqualität B und C zeigen günstiges Ziehverhalten. Grenzformänderungskurve schraffiert.

Die Grenzformänderungskurve läßt sich u. a. nach der Methode von *Hasek* (Bild 2) mit bestimmten Platinengeometrien, die bis zum Einschnüren bzw. Rißbeginn gezogen wurden, ermitteln.

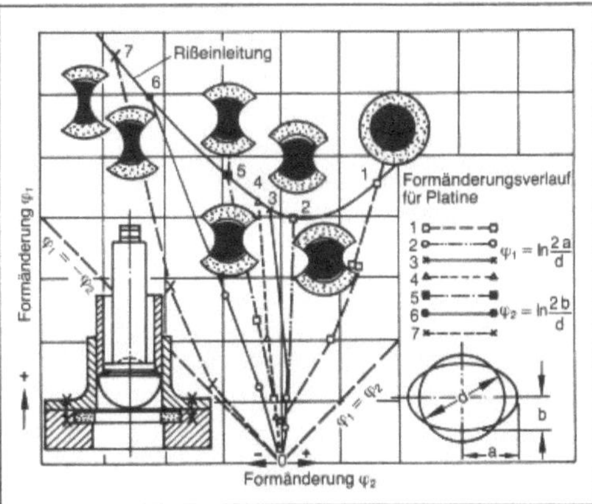

Karosserieziehen 2: Ermittlung der Grenzformänderungskurve nach der Methode von Hasek.

Um eine hohe Fertigungssicherheit zu erhalten, sollte die größte auftretende Flächendehnung 25 % bei Stahlblechen in Tiefziehqualität nicht überschreiten; üblicherweise geht man nicht über 15 % hinaus, damit das mit der Oberflächenvergrößerung verbundene Aufrauhen nicht zu groß wird, so daß man die Werkstücke ohne Nachbehandlung lackieren kann. Dadurch ist die Ziehtiefe begrenzt. Mit Rücksicht auf die Oberflächengüte kann i. a. weder zwischengeglüht noch in mehreren Stufen gezogen werden. Erhebliche Schwierigkeiten bereitet die Beherrschung der bei flachen Teilen (z. B. Pkw-Motorhauben und -Dächern) auftretenden großen elastischen Rückfederung.

Der ungleichförmige Werkstofffluß, bedingt durch die Vielgestaltigkeit und Unregelmäßigkeit der Ziehteile, erfordert häufig außer einer erhöhten Niederhalterpressung noch die Verwendung von Bremswülsten und Entlastungslöchern (Bild 3). An vertieften Stellen, die später ausgeschnitten werden (z. B. Fensteröffnungen), können insbesondere in der Nähe der Ecken wegen des großen örtlichen Ziehverhältnisses Zugspannungen auftreten, die bis an die Bruchgrenze heranreichen. Um die Bruchgefahr an diesen Stellen zu vermindern bzw. um den Bruch an ungefährliche Stellen zu lenken, bringt man in dem Teil des Werkstücks, der später ohnehin ausgeschnitten wird, sog. Entlastungslöcher an. Dadurch wird es dem Werkstoff ermöglicht, z. T. von innen in die Ecken der Vertiefung zu fließen, ohne daß es zu Rissen kommt. Risse treten, ausgehend vom Entlastungsloch, höchstens dort auf, wo sie nicht stören, da das gesamte Innenteil später sowieso ausgeschnitten wird. An langen, wenig gekrümmten Kanten treten i. a. keine großen tangentialen Druckspannungen auf. Infolgedessen läßt sich der Werkstoff dort leicht in Vertiefungen hineinziehen, während an Ecken und scharf gebogenen Kanten der Werkstofffluß erschwert wird. Um einen gleichmäßigen faltenfreien Werkstofffluß zu erreichen, bringt man deshalb dort, wo die Ziehkante nicht oder nur schwach gekrümmt ist, sog. Bremswülste oder Ziehstäbe (Ziehleisten, Bild 4) an, d. h., der Werkstofffluß wird erschwert, während man umgekehrt in den Ecken den Werkstofffluß durch Verwenden größerer Ziehradien zu erleichtern trachtet. Bild 5 zeigt ein Karosserieziehteil mit Entlastungslöchern sowie das zugehörige Ziehwerkzeug mit Ziehwülsten.

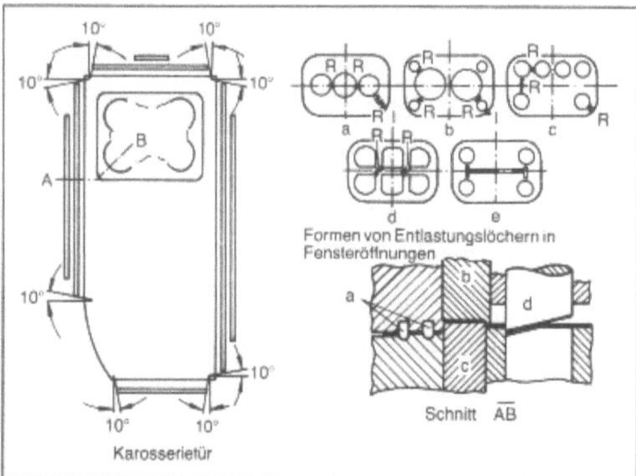

Karosserieziehen 3: Einsatz von Bremswülsten und Entlastungslöchern bei unregelmäßigen Ziehteilen. (Quelle: Oehler/Kaiser)

a Bremswulst, b Ziehstempel, c Ziehring, d Schneidstempel

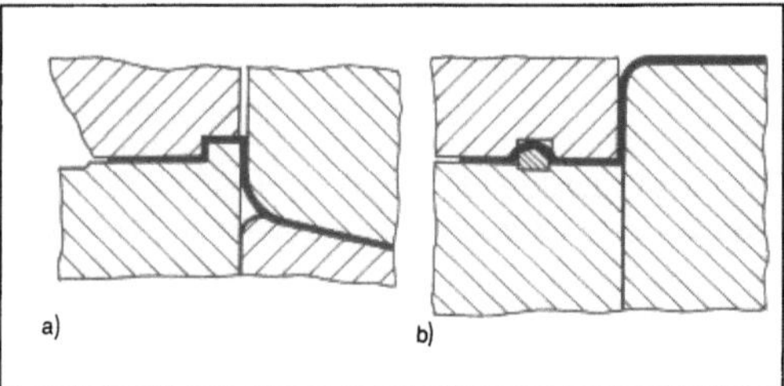

Karosserieziehen 4: Anordnung von
a) Ziehwulst und
b) Ziehstab (Ziehleiste).

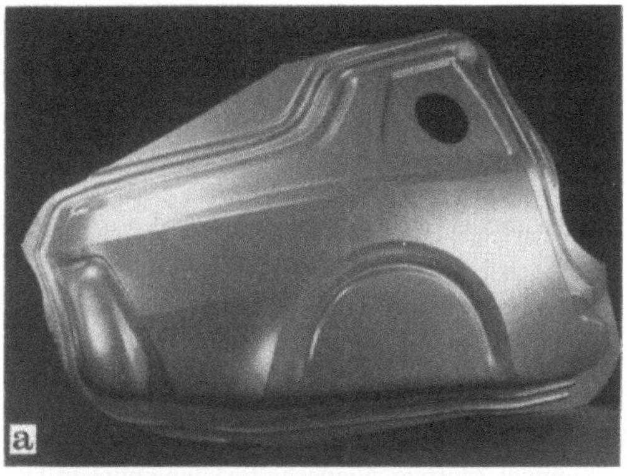

Karosserieziehen 5: Karosserieziehteil mit Entlastungslöchern sowie dazugehöriges Karosserieziehwerkzeug (Oberteil und Unterteil). (Quelle: Läpple)

Die Mehrzahl der Karosserieteile ist unsymmetrisch. Zwecks gleichmäßiger symmetrischer Beanspruchung des Blechs und der → Umformmaschine baut man vielfach zwei (bzw. vier) Werkzeuge (z. B. für linken und rechten Kotflügel) spiegelbildlich zueinander zu einem Gesamtwerkzeug zusammen, so daß der Vorgang insgesamt wieder symmetrisch abläuft.

Eine hohe Bedeutung wird schließlich noch der richtigen bzw. gezielten → Schmierung der Blechtafeln sowie einer tribologisch günstigen → Oberflächenbeschaffenheit der Bleche beigemessen.

Infolge der tribologischen Beanspruchung, d. h. durch kleine Relativgeschwindigkeiten (ca. 10–150 mm/s) bei gleichzeitig hoher Flächenpressung (10–50 N/mm²) muß das Zusammenwirken von → Schmierstoff und Blechoberflächenfeingestalt → Festkörperreibung unterbinden, um Werkstoffübertragungen (Anfressungen, Adhäsionserscheinungen auf Werkzeugoberfläche) zu vermeiden.

Das Ziehen in einer zweifach- oder doppeltwirkenden → Presse, bei der der Ziehstempel und der Niederhalter bedingt unabhängig voneinander bewegt und mit Stempel- oder Niederhalterkraft beaufschlagt werden können, zeigt Bild 6. Die Problematik, insbesondere beim Ziehen flacher Teile, ist in der Detailzeichnung erkennbar: Sobald der Gegenstempel (Gegendruck) das Werkzeug berührt, ergibt sich eine zusätzliche Werkstoffumlenkung, die über Reibungs- und Biegungsverluste ein weiteres Ausziehen der mittleren Blechpartien (Ziehen bis zum Plastifizieren aller Blechbereiche) verhindert und eine hohe Rückfederung, d. h. Bauteilformabweichungen, bewirkt.

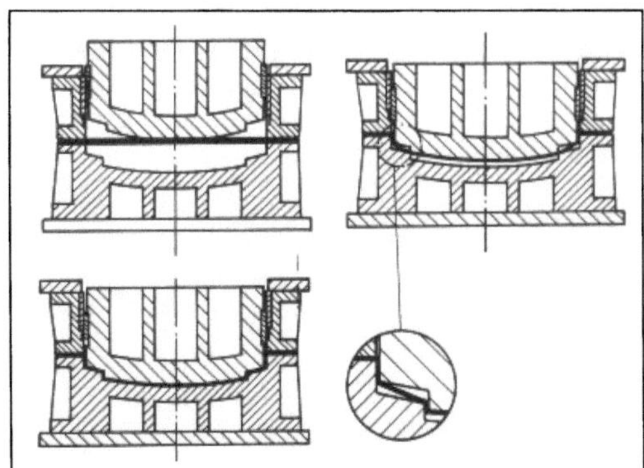

Karosserieziehen 6: Fertigen von Karosserieteilen in einer zweifachwirkenden Presse mit konventionellem Ziehwerkzeug. (Quelle: Siegert)

Zieht man jedoch, wie in Bild 7 gezeigt, zunächst ohne Behinderung durch einen Gegenstempel, also nahezu im Streckziehverfahren, und läßt anschließend den Gegenstempel über einen Ziehapparat (separat ansteuerbares Ziehkissen) im Pressentisch einwirken, so entfällt die Behinderung beim Auszie-

hen der flachen Blechbereiche. Da in nur wenigen Pressen ein solcher Ziehapparat zur Verfügung steht, werden in der Großserie die entsprechenden Arbeitsgänge in zwei Werkzeugen bzw. in zwei Pressen durchgeführt.

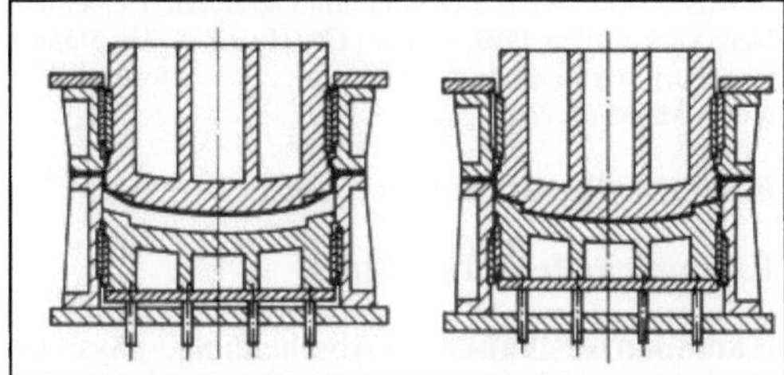

Karosserieziehen 7: Ziehen von Karosserieteilen mit zweifachwirkenden Pressen in zwei Arbeitsgängen. (Quelle: Siegert)

Eine Weiterentwicklung zeigt Bild 8. Hierbei wird im Prinzip die erwähnte Zieheinrichtung, die in den meisten Karosserieziehpressen nicht zur Verfügung steht, in das Werkzeug integriert und über sog. Stickstoff-Gasfeder-Systeme entsprechende Wirkfunktionen in den Niederhalter eingebracht.

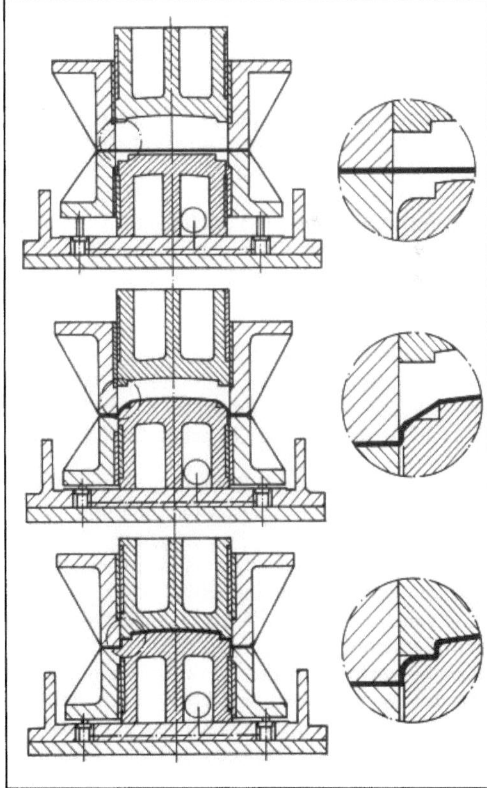

Karosserieziehen 8: Ziehwerkzeug mit Stickstoff-Federsystemen in einer zweifachwirkenden Presse. (Quelle: Siegert)

Der Stempel ist feststehend auf dem Pressentisch angeordnet. Der Gegenstempel formt die gewünschten Konturen in die plastifizierten bzw. streckgezogenen Blechpartien ein. *Lange*

Literatur: *Lange, K.* (Hrsg.): Umformtechnik. Handb. f. Ind. u. Wiss. 2. Aufl. Bd. 3. Blechumformung. Berlin, Heidelberg, New York, Tokio 1990. – *Spur, G.* (Hrsg.) u. *Th. Stöferle:* Handbuch der Fertigungstechnik. Bd. 2/3. Umformen, Zerteilen. München 1985.

Karton → Papier, Karton, Pappe

Kaschmirwolle → Tierhaare

Kathodenzerstäuben → Abscheidung, physikalische aus der Gasphase

Kautschuk. K. sind Polymere, die durch eine → Vernetzungsreaktion in → Elastomere überführt werden können. Die Molmasse von K. ist deutlich höher als die Molmasse der für die Herstellung von → Harzen verwendeten Edukte.

→ Naturkautschuk ist das 1,4 cis-Polyisopren. Es wird in Plantagen tropischer Gebiete als Saft von den Bäumen der Art *Hevea brasiliensis* gewonnen. Dieser auch als → *Latex* bezeichnete Saft wird entwässert, konserviert und als Naturkautschuk in den Handel gebracht. Naturkautschuk enthält außer Polyisoprenen noch Fettsäuren und Proteine. Die Fettsäuren wirken als Stabilisatoren, die Proteine als Vulkanisationsaktivatoren. Für die Herstellung von Endprodukten wird Naturkautschuk in den meisten Fällen vulkanisiert. *Finkelmann*

Kavitationserosion. → Verschleißart, bei welcher → Verschleiß durch Kavitation verursacht wird, der häufig eine → Korrosion überlagert ist. Durch die Kavitation werden die Oberflächenbereiche ständig wiederkehrenden, lokal begrenzten Beanspruchungen ausgesetzt, die ähnlich wie bei der → Oberflächenzerrüttung zu mikrostrukturellen Werkstoffveränderungen, → Rißbildung, → Rißwachstum bis hin zur Entstehung von Grübchen führen. *Habig*

Kavitationskorrosion. K. wird durch das Zusammenwirken von Flüssigkeitskavitation und → Korrosion ausgelöst. Sie wird durch den mechanischen Angriff implodierender Gasblasen in schnell strömenden Flüssigkeiten eingeleitet. Durch die Implosion von Gasblasen trifft ein Flüssigkeitsstrahl auf die Werkstoffoberfläche und führt zu einer örtlichen → Verformung der Werkstoffoberfläche und Zerstörung der → Schutzschicht. An den hierdurch freigelegten aktiven Oberflächenstellen setzt verstärkt Korrosion ein. Im weiteren Verlauf beeinflussen sich die mechanische und korrosive Beanspruchung gegenseitig. Je nach Intensität der Beanspruchung entstehen örtlich plastische Verformungen oder lochkorrosionsartige Vertiefungen in der Werkstoffoberfläche oder im weiter fortgeschrittenen Stadium auch Ermüdungsrisse.

K. wird in schnell strömenden Flüssigkeiten, insbesondere mit örtlich hohen Druckdifferenzen, sowie durch Festkörper, die in Flüssigkeiten schwingen, hervorgerufen. Typische Beispiele sind Turbinenschaufeln, Schiffspropeller, hydraulische Anlagen und Pumpenlaufräder. *Wendler-Kalsch*

Kavitationsprüfung. Dient zur Ermittlung des Kaviationswiderstandes fester Stoffe gegen Kavitationsangriff (Kavitation). Dieser ist bis jetzt nicht mit bekannten physikalischen, insb. mechanischen Kenngrößen in Beziehung zu bringen. Bei der K. wird der Volumenverlust an einer Probe definierter Abmessung in einem Kavitationsprüfgerät gemessen. Dazu eignen sich neben der Kavitationsdüse Schwinggeräte, Stoßgeräte und Tropfenschlag-Geräte. Man kann auf diese Weise sowohl mit einem Standardwerkstoff den Kavitationsangriff und seine Abhängigkeit von Zustandsgrößen und Eigenschaften der Flüssigkeit ermitteln wie auch unter einheitlichen Bedingungen den Kavitationswiderstand der verschiedenen Werkstoffe festlegen.

Bei solchen Prüfungen, die naturgemäß nur Vergleichszahlen liefern, ändert sich laufend die Werkstoffoberfläche, wie dies bei vielen Verschleißprüfungen der Fall ist. Da aber der Blasenmechanismus ganz besonders empfindlich auf die Natur der → Oberfläche anspricht, sind die Rückwirkungen auf den Kavitationsangriff bedeutend. Man kann am Prüfgerät nur die äußeren Bedingungen, also z. B. die Schwingbreite beim Schwinggerät, die Strömungsgeschwindigkeit bei der Kavitationsdüse oder die Durchschlagsgeschwindigkeit beim Tropfenschlag-Gerät einstellen. Die Veränderung der Oberfläche ist nach Kavitationsbeginn gering; erst nach einer Art → Inkubationszeit setzt der starke Werkstoffabtrag ein (Bild).

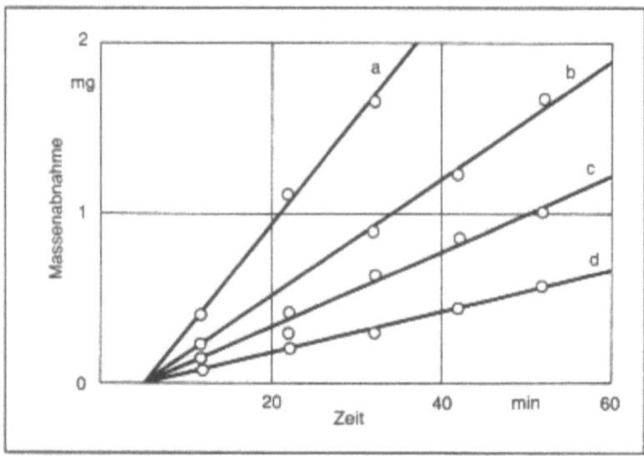

Kavitationsprüfung: Zeitlicher Verlauf des Massenabtrags an kavitierten Aluminiumproben (Schwinggerät) (nach Nowotny). a Zyklohexan bei 40 °C, b Methylalkohol bei 20 °C, c Hexan bei 0 °C, d Zyklohexan bei 60 °C.

Die Kavitation kann dabei sehr stark in die Tiefe des Materials geleitet werden und bei duktilen Werkstoffen zu einer → Verformung der Oberfläche im Mikrobereich führen, ohne daß ein entsprechender Gewichtsverlust eintritt; das Material wird lediglich aufgeworfen und nach außen gedrängt.

Diese Erscheinungen fallen zu Beginn der Kavitation weniger ins Gewicht; u. U. kann hier der Volumenverlust nur durch eine mikroskopische Methode erfaßt werden. Während der Inkubationszeit können sich Nebenerscheinungen, wie z. B. Oxidation, störend bemerkbar machen, weshalb man die Prüfung meist so weit ausdehnt, bis man in den Bereich des stationären Verschleißfortschritts gelangt und eine sichere Bestimmung der Volumenverluste erhält. Eine andere Möglichkeit besteht darin, diejenigen Bedingungen des Kavitationsangriffes zu ermitteln, bei welchen der zu untersuchende Werkstoff praktisch noch nicht verschleißt. *Kußmaul*

Kehlnaht → Schweißnahtform

Keilpresse. K. sind Sonderbauarten von Pressen für die Warm-Massivumformung mit großem Arbeitsraum zur Aufnahme mehrerer Werkzeuge für die mehrstufige Fertigung eines Werkstücks in einer Hitze (→ Umformmaschine). Der Keilantrieb erfolgt durch Schubkurbelgetriebe (Wegbindung), Hydraulikzylinder (Kraftbindung) oder Schwungrad-Spindelgetriebe (Arbeitsbindung). Durch Abstützung des Stößels auf seiner gesamten Fläche durch den Keil wird das Stößelkippen bei außermittiger Belastung minimiert (Bild). Dadurch, daß kei-

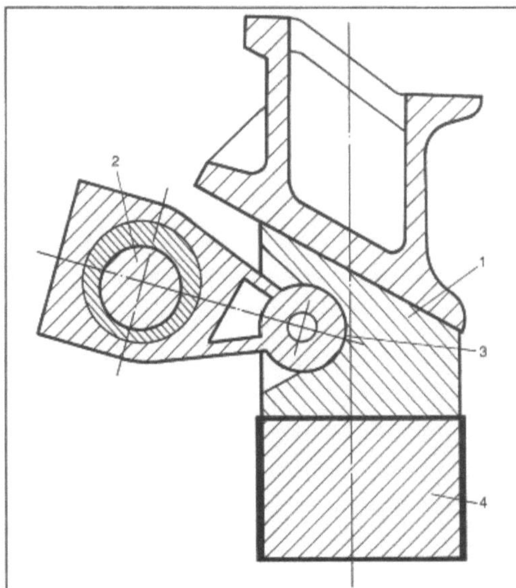

Keilpresse: K. mit Schubkurbelantrieb. (Quelle: Beitz, W., K.-H. Küttner)

1 Keil, 2 Exzenterwelle, 3 Druckpfanne, 4 Stößel

ne nachgiebigen Antriebselemente (Kurbelgetriebe, Ölsäule, Spindel-Mutter-System) im Kraftfluß liegen, ist gleichzeitig die Längssteifigkeit als Voraussetzung für hohe Werkstückgenauigkeit in Arbeitsrichtung des Stößels deutlich verbessert.

Lange

Literatur: *Beitz, W.* u. *K.-H. Küttner* (Hrsg.): Dubbel-Taschenbuch für den Maschinenbau. 16. Aufl. Berlin, Heidelberg, New York, Tokio 1987.

Keimbildung. In der Schmelze befinden sich die Atome nicht mehr an ihren durch den Gitteraufbau vorgegebenen Plätzen, d. h. geometrisch wohlgeordnet, sondern in ständiger Bewegung in einem weitgehend ungeordneten Zustand. Beim Abkühlen wird durch Wärmeentzug der Energiegehalt geringer, bis bei Erreichen der Schmelztemperatur T_s die → Erstarrung einsetzt.

Die → Kristallisation der Schmelze beginnt an Kristallisationszentren (Keimen), an die sich die Atome der Schmelze bei weiterer Temperaturabnahme anlagern.

Keime sind feste, sehr kleine Partikel. Aus energetischen Gründen können nur die in der Schmelze befindlichen Partikel weiterwachsen, die eine bestimmte Größe überschritten haben. Exakt lassen sich die Vorgänge mit der freien Energie F beschreiben. Eine Reaktion kann dann selbständig ablaufen, wenn dadurch die freie Energie abnimmt. Durch die in der Schmelze entstehenden Partikel („langsamere" Atome kristallisieren z. B. in der Schmelze) wird Kristallisationswärme frei, weil der feste Zustand einen geringeren Energiegehalt hat als der flüssige. Andererseits ist für die Bildung der Partikeloberfläche Energie erforderlich. Die Teilchen lösen sich also wieder auf, solange die Kristallisationswärme kleiner ist als die zum Bilden der Partikeloberfläche erforderliche Energie. Erst wenn eine der kritischen Keimgröße r_0 entsprechende Energie (→ Aktivierungsenergie) für die K. zur Verfügung gestellt wird, kann der Keim unter Abnahme der freien Energie wachsen. Das → Kristallwachstum beginnt.

Erfolgt die K. in einer idealen, homogenen Schmelze, die keine schon vorgebildeten Keime (→ Karbide, Nitride, → Oxide, andere feste Verbindungen) enthält, dann muß die Aktivierungsenergie dem Energiegehalt der Schmelze entnommen werden. Für diese homogene K. (Eigenkeime) ist eine → Unterkühlung ΔT erforderlich. Die Schmelze erstarrt also nicht bei T_s, sondern erst bei $T = T_s - \Delta T$.

Das Bild zeigt, warum eine Unterkühlung erforderlich ist. Bei kleinem Keimradius ist die freiwerdende Kristallisationswärme geringer als die zur Bildung der Keimoberfläche benötigte Oberflächenenergie. Kleine Keime lösen sich deshalb wieder auf, wenn keine Energie zugeführt wird. Erst wenn der Keim bis zu einem kritischen Radius t_0 gewachsen ist (Bild a), wird Energie bei weiterer Kristallisation frei. Die bis zum Erreichen der kritischen Keimgröße erforderliche Aktivierungsenergie ΔF_0 ist nur verfügbar, wenn die unterkühlte Schmelze einen ausreichenden Überschuß ΔF an freier Energie gegenüber dem kristallinen Zustand hat (Bild b).

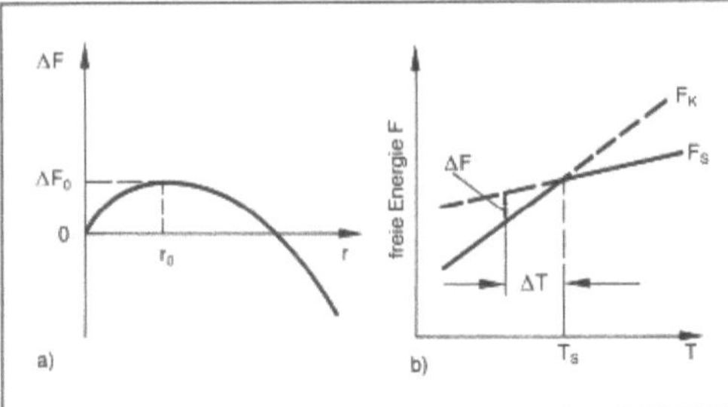

Keimbildung:
a) Energiebilanz wachsender Keime bei $T < T_s$
b) Freie Energie der Kristalle F_K und der Schmelze F_s
in der Nähe der Schmelztemperatur T_s.

Obwohl eine gewisse Unterkühlung für die K. wesentlich und notwendig ist, kann sie aus verschiedenen Gründen nicht beliebig vergrößert werden. Wohl nehmen mit zunehmender Unterkühlung ΔT die kritische Keimgröße und die Aktivierungsenergie für die K. ab, während die verfügbare Energie zunimmt, wodurch die Zahl der in der unterkühlten Schmelze in der Zeiteinheit gebildeten Keime (Keimzahl K) zunächst größer wird. Die für die K. notwendigen Diffusionsvorgänge verlaufen aber bei tieferen Temperaturen zunehmend träger, so daß die Keimzahl dann wieder abnehmen kann. Diese Erscheinung führt bei extrem hoher Abkühlgeschwindigkeit zur Erstarrung ohne Kristallisation, d. h. zur Bildung amorpher Stoffe. Auch amorphe Metalle (metallische → Gläser) werden für spezielle Anwendungen, insbesondere in der Elektrotechnik, so erzeugt.

In → metallischen Werkstoffen technischer Reinheit sind immer genügend „Oberflächen" (heterogene K.) in der Schmelze vorhanden, an denen die Kristallisation beginnen kann. Solche als Keime wirkenden „Oberflächen" können sein:
– Wand des die Schmelze aufnehmenden Gefäßes (z. B. Gußform)
– höherschmelzende Verbindungen (Karbide, Nitride, Oxide) oder Legierungsbestandteile.
– Zugabe von arteigenen oder artfremden Keimen kurz vor Erstarrungsbeginn der Schmelze („Impfen" der Schmelze).

Das Impfen ist eine weitgehend empirisch begründete Methode. Die Wirksamkeit des zugegebenen „Kristallisators" läßt sich nur in wenigen Fällen wissenschaftlich genau erklären. Bei dem bekann-

ten Beispiel der AlSi-Legierungen führt das Impfen mit Natrium ($\approx 0{,}1\%$) zu einer Schmelzenunterkühlung und damit zu der gewünschten feinkörnigen Ausbildung des Eutektikums.   *Gräfen*

Literatur: *Bargel/Schulze:* Werkstoffkunde. 5. Aufl. Düsseldorf 1988.

Kenaf → Jute

Keramik. Unter K. wird neben den Erzeugnissen aus keramischen Werkstoffen auch der Verfahrensgang zur Herstellung dieser Erzeugnisse verstanden, bei dem feinteilige Ausgangsstoffe in die gewünschte Form gebracht und anschließend einer Hochtemperaturbehandlung ausgesetzt werden, wobei sich unter Erhaltung der Form unter Ablauf von Sintererscheinungen und chemischen Reaktionen die endgültigen Werkstoffeigenschaften ausbilden. Der Festkörper zeigt spröden Bruch nach vorangehendem nahezu linear-elastischen Verhalten.

Bis auf eine Ausnahme, der Graphitkeramik, handelt es sich bei keramischen Werkstoffen um Verbindungen von → Metallen mit Nicht- oder Halbmetallen, vorherrschend liegen → Oxide, aber auch → Karbide und Nitride als Grundverbindungen vor. Bei hohen Silikat-($= SiO_2$)-gehalten ist das Auftreten von unterschiedlich homogenen Glasphasen aus nichtkristallisierten Schmelzphasen typisch. In der Technischen K. werden jedoch oft glasphasenfreie Werkstoffe gefordert, die zur Herstellung von K. aus hochreinen, synthetisch hergestellten oxidischen und nichtoxidischen Rohstoffen führte. Diese K. zeichnen sich durch bestimmte elektrische und magnetische oder durch herausragende mechanische Festigkeiten und Korrosionsbeständigkeiten bis in den Hochtemperaturbereich aus (→ Hochtemperaturwerkstoffe). Die silikatkeramischen Werkstoffe beinhalten die dominierende Gruppe der tonkeramischen Erzeugnisse, welche in erster Linie aus natürlichen Rohstoffen hergestellt werden.

Ein wichtiges Unterscheidungsmerkmal in der Gruppe der keramischen Werkstoffe bietet die Scherbenhomogenität, die in der technologischen Herstellung begründet liegt und zur Einteilung in fein- und grobkeramische Erzeugnisse geführt hat. Als Abgrenzung zwischen den beiden Gruppen gelten etwa 0,2 mm (Unterscheidungsvermögen des unbewaffneten Auges) für die Größe der Gefügebestandteile wie Poren oder Kristalle.

Für die Ausbildung vieler Eigenschaften spielt die → Porosität eine wesentliche Rolle, die fast stets vorhanden ist. Sieht man von Werkstoffen mit gezielter Porenfunktion (z. B. Filterkeramik) ab, so läuft eine Abnahme der Porosität mit einer Steigerung der Brenntemperatur, einer Zunahme der mechanischen → Festigkeit und unterschiedlichen Ver-

änderungen anderer Eigenschaften einher. Keramische Werkstoffe können somit folgendermaßen unterteilt werden (Tabelle 1, 2):
□ Silikatische Werkstoffe (mit Glasphasengehalt)
□ Oxidische Werkstoffe (mit Dominanz der kristallinen Phasen)
□ Nichtoxidische Werkstoffe (Nichtoxidische Verbindungen oder Elemente)

Die Verfahrensgänge zur Herstellung keramischer Werkstücke können generell durch folgende Arbeitsschritte beschrieben werden:
– Aufbereitung der Rohstoffe
– Formgebung
– Trocknung
– Keramischer Brand (→ Sintern)
– Nachbehandlung und Veredelung

Keramik. Tabelle 1: Systematik der keramischen Werkstoffe unter Einfügung technischer Werkstoffe im Bereich der silikatkeramischen Werkstoffe.

---

1. Silicatkeramische Werkstoffe

Gefüge	grob		fein	
	porös	dicht	porös	dicht
Wasseraufnahmefähigkeit (Gew. %)	> 6	< 6	> 2	< 2
Scherben	farbig	farbig	Tongut	Tonzeug
			farbig / hell bis weiß	farbig / hell bis weiß (fuchsindicht)

1.1 Tonkeramische Erzeugnisse (Scherben enthält Mullit als wesentlichen Gefügebestandteil)

			Irdengut	Steingut	Steinzeug	Porzellan
Erzeugnisse (Beispiele)	Ziegel Tonrohre Terakotten Schamottesteine Tonsteine Feuertonwaren	Klinker Spaltplatten säurefeste Steine Baukeramik	Töpferwaren Schmelzwaren	Tonsteingut Feldspatsteingut Kalksteingut	Fliesen Spaltplatten Sanitärwaren Vitreous China Feinsteinzeug	Hartporzellan Weichporzellan Dentalporzellan Isolatorenporzellan Bone china

1.2 Sonstige silikatkeramische Erzeugnisse

Erzeugnisse (Beispiele)	Silikasteine Forsteritsteine	Schmelzgegossene feuerfeste Steine		Cordierit: tonerdreiche elektrische Isolierstoffe	Cordierit	Steatit Li-Al-Silicate

2. Oxidkeramische Werkstoffe

Gefüge	grob	fein

2.1 Einfache Oxide

Erzeugnisse (Beispiele)	Aluminiumoxid Magnesiumoxid Calciumoxid	Aluminiumoxid Magnesiumoxid Berylliumoxid Titandioxid Zirkondioxid

2.2 Komplexe Oxide

Erzeugnisse (Beispiele)	Chromit	Perowskite Spinelle (Ferrite) Granate Magnetopiumbite β-Korund

3. Nichtoxidische keramische Werkstoffe

Gefüge	grob	fein
Erzeugnisse (Beispiele)	Kohlenstoff Graphit	Nitride (Si_3N_4) Carbide (SiC, B_4C) Silicide ($MoSi_2$) Kohlenstoff

Keramik. Tabelle 2: Formgebungsverfahren mit Produktbeispielen.

Konsistenz	Feuchtegehalt	Formgebungsverfahren	Varianten	Vorrichtungen und Maschinen	Produktionsmerkmale	Beispiele/ Werkstoff
Gießverfahren						
flüssig	30—40 %	Gießen	Kernguß, Hohlguß, Druckguß	saugende Gipsform oder poröse Formenwerkstoffe	Saugvermögen bestimmt Arbeitstakt, teils Anlernarbeit	Klosettbecken/ Porzellan Kaffeekannen/ Porzellan Vasen/Steingut
	10—20 % (thermopl. Masse)	Spritzguß		Spritzgußmaschine mit gekühlten Stahlformen	Masse muß aufgeheizt werden, daher nur für Kleinteile	Fadenführer/ Oxidkeramik
Plastische Formgebung (direkt oder indirekt)						
plastisch knetbar	20—30 %	Modellieren Freidrehen		Freihandarbeit Töpferscheibe	künstlerische Modellschöpfung, Einzelstücke	Kunstkeramik/ Töpfermassen
		Plätschen		Aufformen von Hand	für Großstücke	Graphittiegel/Graphittonwerkstoffe Glashäfen/Schamotte
		Eindrehen Überdrehen		Ein- und Überformen in Gipsformen auf der Töpferscheibe	für Rotationsstücke, Geschirrfertigung	Tassen/Porzellan Steingut/Teller
	18—25 %	Rollerformung		Überformen durch Überquetschen mit beheiztem Rotationskörper	Massenerzeugung, auch zu Taktstraßen zusammengefaßt, mit Trocknung	dto.
	15—30 %	Strangpressen	Formgebung durch Strömung aus Mundstück	Kolbenstrangpresse, Schneckenstrangpresse, Vakuumstrangpresse	zur Massenerzeugung einfacher Baustoffe	Mauerziegel, Drainrohre Steinzeugrohre/ Steinzeug Spaltplatten/ Steinzeug
	15—25 %	Strangpressen als Vorformung	mit Zwischentrocknung	Abdrehen und Bearbeitung des teils oder voll getrockneten Massenstranges	Großisolatorfertigung, Musterfertigung	Hochspannungsisolatoren, Versuchsfertigungen
			ohne Zwischentrocknung	Nachpressen plastischer Teile: Revolverpressen, Rampressen	zur Verbesserung der Formgenauigkeit, Hohlgeschirrfertigung	Schamottestein/ Schamotte Dachziegel/Ziegelwerkst. Bratgeschirre/ Tonzeug

Die Durchführung der einzelnen Verfahrensschritte kann allerdings je nach Art der herzustellenden K. sehr unterschiedlich sein. Dies beginnt bei der Wahl der Rohstoffe. Generell gilt, daß tonkeramische Werkstoffe aus natürlichen, aufbereiteten Rohstoffen hergestellt werden. Die wichtigsten Rohstoffe der Tonkeramik sind Tonminerale (Kaolinit, Illit, Montmorillonit u. a.), Feldspäte und Quarzgesteine. Die Rohstoffe der Sonderkeramischen Werkstoffe müssen jedoch vorher synthetisiert werden, wobei hohe Anforderungen an deren Reinheit gestellt werden.

Ziel der anschließenden Rohstoffaufbereitung ist die Herstellung eines homogenen Gemenges, daß

Keramik. noch Tabelle 2: Formgebungsverfahren mit Produktbeispielen.

Konsistenz	Feuchtegehalt	Formgebungsverfahren	Varianten	Vorrichtungen und Maschinen	Produktionsmerkmale	Beispiele/ Werkstoff
Pulverdichtung						
krümelig, rieselfähig	12—18%	Feuchtpressen	Preßdruck durch Massefeuchte gegeben	Feuchtpresse von Hand oder automatisch	für Massenteile	Niederspannungsisolatoren; Feuerfeststeine, Sonderformate
		Einstampfen		Preßlufthammer in Holzformen	für grobkeramische Einzelstücke	Feuerfeststeine
Agglomeratpulver, rieselfähig	5—8%	Halbfeuchtpressen in Stahlformen		Hydraulikpressen, Kniehebelpressen, Friktionsspindelpressen, Drehtischpressen	für Massenteile mit begrenzten Höhen- zu Tiefenabmessungen	Wandfliesen, Bodenfliesen, Feuerfeststeine
Pulver	0—5%	Trockenpressen	in Starrmatrizen	Hydraulikpressen, mechan. Kurvenpressen	für Massenteile	Sonderkeramik Teile in E-Technik
		Isostatikpressen	in Gummimatrizen	a) im Autoklaven (Naßmatrizentechnik)	für Sonderteile	Chem. Technik
				b) in mech. Pressen (Trockenmatrizentechnik)	für Massenteile	Zündkerzen/ Oxidkeramik Mahlkugeln/Oxidkeramik

sich für das folgende Formgebungsverfahren eignet und den jeweiligen Qualitätsansprüchen an das Endprodukt gerecht wird. Dazu gehört die natürliche Aufbereitung, wobei der →Ton den natürlichen Witterungseinflüssen ausgesetzt ist und evtl. durch einen zusätzlichen Kollergang seine endgültige Konsistenz für die Formgebung von einfachen Ziegeleierzeugnissen erreicht.

Bei der Trocken- und Halbnaßaufbereitung werden alle Massenkomponenten getrocknet, evtl. zerkleinert und gemischt (Wassergehalt ca. 5–15 Gew.%). Die Herstellung von tonfreien Massen bei der Herstellung feuerfester Werkstoffe erfordert einen bestimmten Körnungsaufbau, der in der Trockenaufbereitung durch Klassierungen eingestellt wird. Der Vorteil der Trockenaufbereitung liegt in einer guten Mischbarkeit der Komponenten und der Anwendbarkeit von rationellen →Lager- und Fördertechniken.

Bei der Naßaufbereitung werden alle Rohstoffe durch Naßmahlung oder durch Verrühren mit Wasser in den Suspensionszustand (→Schlicker) überführt und in diesem Zustand gemischt, feinstgemahlen und so optimal homogenisiert. Der Wasserentzug geschieht entweder in einer Kammerfilterpresse, wobei der Filterkuchen anschließend in Vakuumstrangpressen in bildsame Massen für die plastische Formgebung überführt wird, oder durch versprühen des Schlickers in einem Sprühtrockner. Letzteres liefert ein rieselfähiges, trockenpreßbares

Pulver, welches zur plastischen Formgebung wieder angeteigt oder für den Schlickerguß wieder zu einem Gießschlicker suspendiert werden kann. Dieses Verfahren wird auch vornehmlich für die Rohstoffaufbereitung von Oxid- und Nichtoxidkeramiken verwandt, wobei im Falle der anschließenden plastischen Formgebung dem Gemenge organische Plastifizierungsmittel hinzugesetzt werden.

Die Auswahl des geeigneten Formgebungsverfahren zur Herstellung eines Rohlings mit der gewollten geometrischen Form, die durch Schwindungs-/Dehnungsvorgänge beim nachfolgenden Trocknen und Brand in überschaubaren Maß verändert wird, richtet sich nach Erzeugnisart, betrieblichen Größen und geometrischen Abmessungen (Tabelle 2).

Bei der anschließenden Trocknung müssen die atmosphärischen Bedingungen im Trockner stets so eingestellt sein, daß die durch den Wasserentzug eintretende Volumenschwindung rißfrei vonstatten geht. Die lineare Trockenschwindung beträgt bei plastisch geformten Rohlingen 4–6%, bei gegossenen 3–4% und bei trockengepreßten 0,2–2%.

Im folgenden keramischen Brand treten im Formkörper Fest/Fest- und/oder Fest/Flüssig-Reaktionen (Sinterung) auf, die zu den endgültigen physikalischen Eigenschaften führen. Diese Reaktionsabläufe stehen im komplizierten Zusammenhang mit der Rohstoffzusammensetzung, der Brenntemperatur und -zeit, Brennatmosphäre etc. (Tabelle 3). Der

Keramik. Tabelle 3: Übersicht der Brenntemperaturen wichtiger keramischer Erzeugnisse

Erzeugnisse	max. Brenntemp. (°C)	typische Kennzeichen
Mauerziegel Drainrohre	960 – 1180	keine besondere Versatztechnik
Klinkersteine	1040 – 1250	
Töpferware Steingutwandfliesen	950 – 1050 1) 1200 2) 1120 *G	Endprodukt mit offenporigem Gefüge, saugend
Steingutgeschirr	1) 1250 2) 1180 G	
Spaltplatten Bodenfliesen	1120 – 1280	dicht gesinterte Werkstoffe
Sanitärbecken	1250 – 1300	gebrannt bis zur Sinterung
Hochspannungsisolatoren	1380 ab 1200 reduz. Ofen- atmosphäre	dicht homogene Werkstoffe mit durchschneidendem Scherben in Zweibrandtechnik
Laborporzellan	1) 900 2) 1480 G	
Geschirrporzellan	1) 900 2) 1350 G	
Steatitisolatoren	1250 – 3800	Speckstein als Rohstoff
Knochenporzellan	1) 1280 2) 1080 G	calcinierte Knochenasche und Feldspat als Sinterhilfsmittel
Al_2O_3 – Oxidkeramik mit 99 % Al_2O_3, dicht	1600 – 1800	Einstoffsinterung von Korundkristallen
Dauermagnetwerkstoff aus $BaO \cdot 6F_2O_3$	1310	Einstoffsinterung in ox. Atmosphäre
Schamottesteine	1200 – 1400	Versatz aus Ton + vorgebranntem Ton
Graphitsiegel	1280	Graphit in Tonbindung
Silicasteine	1450 – 1550	Neubildung von SiO_2-Phasen (Cristobalit)
Magnesiasteine	1550 – 1750	MgO vorgebrannt aus $MgCO_3$, wird gesintert
SiSiC	bis 1700 *I	Infiltration der Poren mit Silizium
R SiC	>2050 I	schwindungsfreies Sintern, porös, rekristallisiert
HP SiC	>1950 I	heißgepreßt bei p<50 MPa, mit Sinteradditiven, dicht
HIP SiC	>1950 I	heißisostat. gepreßt mit p<300 MPa, dicht
S SiC	>1950 I	druckloses Sintern mit Sinteradditiven, dicht
RB Si_3N_4	1200 – 1400	schwindungsfreies Reaktionssintern von Silizium zu Si_3N_4 in N_2-Atm., porös
HP Si_3N_4	1600 – 1700 I	heißgepreßt bei <50 MPa mit Sinteradditiven, dicht
HIP Si_3N_4	1600 – 1700 I	heißisostat. mit Sinteradditiven, dicht
S Si_3N_4	1600 – 1700 I	druckloses sintern mit Sinteradditiven, dicht

*G = Glasurbrand,   *I = Inertgasatmosphäre

Körper verdichtet sich unter Abnahme des Porenraumes, wobei fast immer eine Brennschwindung auftritt, die linear bis zu 20 % betragen kann.

Zur Herstellung von Nichtoxidkeramiken werden die Brennöfen unter Inertgasatmosphäre betrieben. Da selbst feinstgemahlene Nichtoxid-Pulver sich schwer zu einer hohen Rohdichte sintern lassen, werden die Rohlinge z. T. unter zusätzlichen hohen mechanischen Druck in sog. Heißpressen oder Heißisostatischen Pressen verdichtet.

Zur Nachbehandlung und Veredelung der Produkte gehört zum einen das Glasieren, wobei die Scherben entweder direkt nach der Trocknung (Einbrandverfahren) oder aber nach dem ersten sog. Schrühbrand (Zweibrandverfahren) mit einem Glasurpulver überzogen werden, welches im anschließenden Brand zu einem → Glas aufschmilzt und den keramischen Scherben gleichmäßig überzieht (Glasurbrand).

Eine Glasur dient zum Schutz des Scherbens gegen äußere mechanische und/oder chemische Einflüsse sowie der Dekoration (→ Überzug, anorganischer). Andererseits können K. nach dem Brand auch mit einer dünnen metallischen Schicht überzogen werden (metallisieren), was in bestimmten Bereichen der → Elektrokeramik oder auch für K.-Metall-Verbindungstechniken genutzt wird.

K., die als mechanische Funktionsteile im Maschinen und Apparatebau eingesetzt werden, müssen oft einer hohen Maßgenauigkeit gerecht werden. Sie werden nach dem Brand geschliffen und z. T. auch poliert, was gerade bei den hochfesten Hochleistungskeramiken einen hohen Werkzeugaufwand erfordert. *Hesse/Hennicke*

Literatur: Autorenkollektiv: Technologie der Keramik. 4 Bde. Berlin 1985. – DKG-Fachausschußbericht Nr. 23 (Hrsg. E. Singer), DKG-Werkstoffmerkblätter für technische keramische Werkstoffe. Deutsche Keramische Gesellschaft, Bad Honnef 1979. – *Hennicke, H. W.:* Silikatkeramische und oxidkeramische Werkstoffe. In: Technische Keramik. Essen 1988. – *Kingery, W. D.* and *H. K. Bowen, D. R. Uhlmann:* Introduction to Ceramics. 2nd Ed., New York–London–Sydney–Toronto 1976. – *N. N.:* Zur Klassifizierung der Keramik. Keramische Zeitschrift 38 (1986) Nr. 5, S. 261. – *Salmang, H. und H. Scholze:* Keramik. Teil 1, 2. 6. Aufl. Berlin–Heidelberg–New York–Tokyo 1983. – *Schüller, K. H.* und *H. W. Hennicke:* Zur Systematik keramischer Werkstoffe. cfi-Ber. DKG 62 (1985) Nr. 6/7, S. 259–263. – *Singer, F.* and *S. S. Singer:* Industrial Ceramics. London 1963.

Keramik-Metall-Verbindung. Lösbare oder unlösbare Verbindungen zwischen keramischen und metallischen Werkstückteilen zu einem geschlossenen Bauteil, vorzugsweise für den Einsatz bei hohen und höchsten Temperaturen (→ Hochtemperaturwerkstoffe) und in Schneidwerkstoffen (Maschinen- und Apparatebau).

Herstellung durch Fügetechnik. Formschluß wird durch mechanisches → Fügen mit möglicher Kraft-

übertragung durch die Form der an der Verbindung beteiligten Teile (z. B. Nut und Feder, Klemmen, Steckverbindung, weniger durch Schrauben) erreicht. Stoffschlüssige Verbindungen erzielen die Kraftübertragung durch die beteiligten Werkstoffe, z. B. → Kleben, → Löten, → Schweißen. Bei hochtemperaturfesten K.-M.-V. muß chemische und mechanische Kompatibilität bei Beachtung möglicher → Eigenspannungen (Druckspannung in der Keramik, Zugspannung im Metall!) gegeben sein. Für die Herstellung sind zahlreiche Faktoren der stofflichen Wechselwirkung und Prozeßvariablen zu beachten. *Hennicke/Dahl*

Keramikprüfung. In den DIN-Normen wird unterschieden zwischen Prüfung keramischer Roh- und Werkstoffe und Prüfung von → Keramik, → Glas und → Email. Beides soll unter dem Stichwort K. verstanden werden. Die K. wird unterteilt in die chemische, die mechanisch-technologische, die elektrische, die magnetische und die optische Prüfung.

□ Chemische Prüfung.

Die Präparation von Proben für chemische Analysen erfolgt nach DIN 51 062 (Ausg. 11.61). Unter die chemische Prüfung fällt auch der Begriff der chemischen und Korrosions-Beständigkeit, wobei eine genormte Bestimmung nur mit wenigen chemisch aggressiven Substanzen erfolgt. Darüber hinaus muß nach herkömmlichen chemischen Methoden vorgegangen werden.

– Grobkeramik (Feuerfeste und chemisch beständige Keramik): Hierzu gehören glasierte und unglasierte Fliesen, Platten, Rohre, Schalen und jegliche Art von Auskleidung für Böden, Wände, Labortische, Abwasserbereich, Öfen und chemische Apparate. Die chemische Prüfung beschränkt sich hier im allgemeinen auf die Bestimmung der Beständigkeit gegen Schlacken- und Glasflüsse nach DIN 51 069 (Ausg. 11.72), der Säurebeständigkeit nach DIN 51 102 (Ausg. 05.76), der Salzlöslichkeit (Perkolatorverfahren) nach DIN 51 100 (Ausg. 04.57) und der Laugenbeständigkeit nach DIN 51 103 (Ausg. 06.75). Die Bestimmung der chemischen Beständigkeit von Fliesen und Platten erfolgt nach (DIN) EN 106 und EN 122 (Entw. 03.85).

– Ungeformte feuerfeste Erzeugnisse: Darunter sind Gemenge (Massen) zu verstehen, die aus feuerfesten Rohstoffen und Bindemitteln aufgebaut sind (DIN 51 010, Entw. 05.85). Bei der chemischen Prüfung wird wie bei der Grobkeramik verfahren.

Bei Bedarfsgegenständen aus Keramik, Glas, → Glaskeramik, Email erfolgt eine Bestimmung der Abgabe gesundheitlich bedenklicher Stoffe wie → Blei und Cadmium nach DIN 51 031 (Ausg. 12.76) und DIN 51 032 (Entw. 06.85).

– Technische Keramik: Der Begriff „Technische Keramik" ist noch nicht verbindlich festgelegt und es gibt eine Reihe von Begriffen gleicher Bedeutung

wie z. B. Konstruktions-, Hochleistungs- oder Ingenieurkeramik. Der technischen Keramik ist qualitativ bedingt eine sehr eng tolerierte chemische Zusammensetzung eigen. Deshalb ist die chemische Analyse bei dieser Werkstoffklasse besonders wichtig und es gibt für einige wenige der heute existierenden keramischen Werkstoffe in DIN-Blättern festgelegte chemische Analyseverfahren:
– – DIN 51 070 (Ausg. 02.66) – Feuerfeste Stoffe mit den Hauptbestandteilen Aluminiumoxid und → Silicium (IV)-oxid.
– – DIN 51 073 (Ausg. 10.67/05.69) – → Rohr- und Werkstoffe mit mehr als 80 Gew. % Magnesiumoxidgehalt.
– – DIN 51 074 (Ausg. 08.71) – Chromoxidhaltige keramische Roh- und Werkstoffe.
– – DIN 51 075 (Ausg. 10.82/03.84) – Chemische Analyse von Siliciumcarbid.
– – DIN 51 076 (Ausg. 08.70) – Siliciumcarbid als Haupt- oder Nebenbestandteil von Werkstoffen.
– – DIN 51 077 (Ausg. 04.72) – Feuerfeste Stoffe mit Gehalten von 45–95 % Aluminiumoxid.
– – DIN 51 083 (Ausg. 02/78/11.79) – Aluminosilicate der Feinkeramik.

Soweit die chemische Prüfung für die sonstigen bereits gebräuchlichen technischen keramischen Roh- und Werkstoffe durch DIN-Vorschriften nicht festgelegt ist, erfolgt dies durch Orientierung an vorhandenen Normen (auch ASTM) oder durch übliche chemische Prüf- und Analyseverfahren.

□ Prüfung der mechanisch-technologischen Eigenschaften.

Für keramische Werkstoffe, die in elektrischen Anlagen und Betriebsmitteln zur Anwendung kommen, sind die Prüfverfahren zur Bestimmung der nachfolgenden Eigenschaften (Ausnahme: magnetische Eigenschaften) alle in den VDE-Bestimmungen für keramische Isolierstoffe DIN 40 685 (Ausg. 09.74) zusammengefaßt. Im weiteren werden für die Gruppe der feuerfesten Roh- und Werkstoffe nach DIN 51 060 (Ausg. 12.75) und dem Bereich der technischen Keramik Normen und Hinweise zur Prüfung der jeweiligen Eigenschaften ausgegeben.

Für die Probennahme der nachfolgenden genormten Prüfverfahren gelten die Festlegungen nach DIN 51 061 (Ausg. 04.78/07.73).
– Spezifisches Gewicht, Rohdichte und → Porosität: Die Bestimmung der Dichte keramischer, körniger und pulverförmiger Stoffe erfolgt nach DIN 51 057 (Ausg. 11.69) mit dem Pyknometer. Durch Zerkleinerung einer Probe kann dadurch der Einfluß des Formgebungs- und Sinterprozesses beurteilt werden. Nach Bestimmung (Gewicht der Volumeneinheit einschließlich Poren) nach DIN 51 065 (Ausg. 08.85) kann die Porosität errechnet werden. Die Wasseraufnahme und offene Porosität wird nach DIN 51 056 (Ausg. 08.85) bestimmt.

Für Anwendungen im Bereich der Elektronik und Verfahrenstechnik stellt sich im Zusammenhang mit der Porosität die Frage nach der Gasdurchlässigkeit, die für feuerfeste Steine nach DIN 51 058, Teil 1 (Ausg. 06.63) zu bestimmen ist. Für chemisch gebundene basische Steine existieren hierzu eigenständige Normungen, die in DIN 51 050 (Ausg. 12.70) festgelegt sind.
– Thermische Eigenschaften: Der Wärme- oder Längenausdehnungskoeffizient wird mit einem → Dilatometer nach DIN 51 045 (Ausg. 10.76) bestimmt. Zur Bestimmung der Wärmeleitfähigkeit (WLF) kommen verschiedene Verfahren zur Anwendung. Für den Bereich bis 2 W/mK wurde das Heißdrahtverfahren in die DIN 51 046 (Vornorm 08.76) aufgenommen.
– Mechanische Eigenschaften: Das mechanische Verhalten keramischer Werkstoffe ist über einen weiten Temperaturbereich linearelastisch. Zur Beschreibung dieses Verhaltens werden zumindest der → Elastizitätsmodul und der → Schubmodul benötigt. Diese elastischen Konstanten werden an geeigneten Probekörpern im → Zug-, → Druck- oder → Biegeversuch (ASTM C 848-78 (1983)) oder dynamisch (Ultraschall) bestimmt.

Das rein linearelastische, d. h. spröde Verhalten keramischer Werkstoffe bedingt bei zügiger Belastung einen spontanen Bruch. Man geht davon aus, daß die → Festigkeit schlechthin durch Risse, speziell Poren oder allgemein durch Inhomogenitäten und Defekte im Volumen bzw. Oberflächenschädigungen der belasteten Keramik bestimmt wird. Genormte Verfahren der Festigkeitsuntersuchung sind die Bestimmung der Druck- und Biegefestigkeit.

Für feuerfeste Steine bzw. Erzeugnisse wird die Druckfestigkeit bei Raumtemperatur nach DIN 51 067 (Ausg. 05.77) und die Biegefestigkeit bei Raum- und erhöhter Temperatur nach DIN 51 048 (Ausg. 08.80) sowie nach DIN 51 110, Teil 1-2 (Entwurf 1990) bestimmt.

Bei technischer Keramik werden kleinere Probeabmessungen bevorzugt. Festlegungen zur Biege- und Druckfestigkeit enthalten ASTM F 417-78 bzw. der DKG-Fachausschußbericht Nr. 22. Für die Bestimmung der → Zugfestigkeit muß auf DIN 40 685 zurückgegriffen werden.

Die genannten Festigkeitsprüfungen gehören kontinuums-mechanisch zu den einachsigen Belastungen. In vielen Fällen ist jedoch eine Prüfung unter zweiachsiger Belastung erforderlich. So ist für keramische Substrate die zweiachsige Biegefestigkeit nach ASTM F 394-78 zu bestimmen. Speziell für Rohre aber auch für grundlegende Untersuchungen zur zweiachsigen Belastung werden Rohrproben mit Innendruck und axialer Zugbelastung untersucht. Weiterhin können Schubspannungen die Festigkeit keramischer Werkstoffe herabsetzen.

Unter Zugbeanspruchung, und dabei ist der qualitative zeitliche Verlauf unerheblich, erfahren keramische Werkstoffe eine stetige Festigkeitsverringerung. Die Ursache ist das spannungsunterstützte, thermisch aktivierte und chemisch beeinflußte Aufbrechen von Atombindungen an Stellen hoher Spannungskonzentration, d. h. von den Volumen- und Oberflächendefekten breiten sich Risse aus, die sich zunächst unterkritisch verlängern, ohne daß es zum Bruch kommt. Die kritische Länge bei der der Bruch erfolgt, ist durch den Bruchwiderstand gegeben.

Die durch die unterkritische Rißausbreitung bedingte Festigkeitsverringerung keramischer Werkstoffe wird mit → Ermüdung bezeichnet. Aufgrund des anderen Mechanismus darf die Ermüdung jedoch nicht gleichartig wie bei metallischen Werkstoffen gesehen werden.

Eine Biegebruchspannungsangabe als Kennwert keramischer Werkstoffe muß experimentell so bestimmt werden, daß keine Ermüdung, d. h. keine unterkritische Rißausbreitung erfolgt. Diese sogenannte Inertfestigkeit σ_{IC} muß in inerter Umgebung (Vakuum, Inertgas, Öl und andere nichtoxidierende Medien) oder über die Lastratenabhängigkeit der Bruchspannung gemessen werden.

Die Lastratenabhängigkeit dient auch dazu, die unterkritischen Rißausbreitungsparameter an Zug- und Biegeproben zu bestimmen. Die Parameter der unterkritischen → Rißausbreitung können auch mit höherem zeitlichen Aufwand in statischen Versuchen an Biege- oder Doppeltorsions- (DT) Proben bestimmt werden.

Eine wesentliche Eigenart keramischer Werkstoffe ist die Streuung der Festigkeit bzw. der Bruchspannungen. Die Ursache hierfür sind die bereits genannten Volumen- und Oberflächendefekte, die eine Größen- und Orientierungsverteilung aufweisen. Die sich dadurch einstellende Festigkeitsverteilung wird im allgemeinen durch die Weibullverteilung beschrieben.

Festigkeit (Strength), Bruchwahrscheinlichkeit (Probability) und Zeit (Time) können im sog. SPT-Diagramm zueinander in Beziehung gesetzt werden. Für die Prüfung von keramischen Komponenten auf Dauerfestigkeit wird zweckmäßigerweise ein sog. „Prooftest" durchgeführt. Die Prooftestbedingung läßt sich durch eine Gerade im SPT-Diagramm darstellen (Bild). Außer Prooftest werden bei keramischen Komponenten auch die Verfahren der zerstörungsfreien → Werkstoffprüfung angewendet.

Zur Festigkeitscharakterisierung gehört weiterhin die Angabe der → Bruchzähigkeit bzw. des Bruchwiderstandes (→ Bruchmechanik). Der Bruchwiderstand K_{IC} für einachsige Zugbelastung wird üblicherweise mit gekerbten Drei- oder Vier-Punkt-Biegeproben gleicher Abmessungen wie für

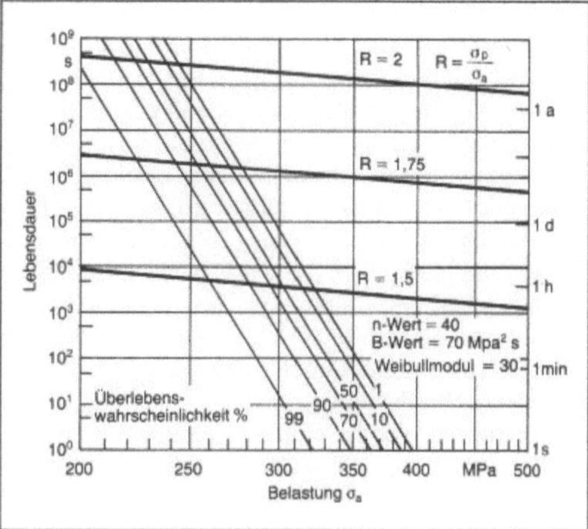

Keramikprüfung: SPT-Diagramm mit Prooftestgeraden. R kennzeichnet das Verhältnis von Prüfspannung zu Arbeitsspannung. n und B sind die Ermüdungsparameter.

Festigkeitsuntersuchungen bestimmt. Weitere Probenformen zur Bestimmung von K_{IC} sind die DT- und die Double-Cantilever-Beam-(DCB) Probe.

Ein weiterer Werkstoffkennwert, der über die mechanische Beanspruchbarkeit keramischer Werkstoffe Auskunft gibt, ist die → Härte. Bei keramischen Werkstoffen ist die Bestimmung der Härte nach *Mohs* (DIN 40685) oder nach *Knoop* (ASTM C 849-76) festgelegt. In tabellarischen Übersichten wird die Härte im allgemeinen nach *Vickers* (DIN 50133) angegeben.

Im Zusammenhang mit der Härte wird oft die Verschleißfestigkeit genannt. Die Härte darf jedoch nicht als einzig bestimmende Größe für den → Verschleiß angesehen werden.

– Mechanisches Hochtemperaturverhalten: Je nach Zusammensetzung sind keramische Werkstoffe auch bei Temperaturen über 1000 °C linearelastisch und es werden die geschilderten Prüfverfahren eingesetzt. Bei höheren Temperaturen muß mit nichtlinearem → Festigkeitsverhalten gerechnet werden, hervorgerufen durch viskose Phasen oder → Kriechen. Auch für den → Kriechversuch werden Kompaktbiegeproben verwendet. Für herkömmliche keramische Werkstoffe wird das Erweichungsverhalten in Abhängigkeit von Temperatur und Druck nach DIN 51053 (Ausg. 01.73) bestimmt. Bei feuerfesten Steinen erfolgt die Bestimmung der → Druckfeuerbeständigkeit nach DIN 51064. Unter Einsatzbedingungen kann bei feuerfesten Steinen eine Volumenänderung eintreten. In DIN 51066 (Ausg. 02.76) ist hierzu die Bestimmung der bleibenden Längenänderung festgelegt.

Bei nichtoxidischen Keramiken wie Siliciumnitrid und Siliciumkarbid erfolgt bei hohen Temperaturen und sauerstoffreicher Atmosphäre eine Oberflächenoxidation. Dadurch können die Werkstoffkennwerte wie Biegefestigkeit und unterkritischer Rißausbreitungsparameter geändert werden.

Wird die Temperatur sehr schnell geändert, man spricht dann von Auf- oder → Abschrecken, entstehen Spannungen und Spannungsgradienten in der Keramik, die zum Bruch führen können. Die Temperaturschockfestigkeit oder → Temperaturwechselbeständigkeit (TWB) wird nach DIN 51068 (Ausg. 05.80) bestimmt. Für die vollständige Beschreibung eines Materials zur TWB werden drei Wärmespannungsparameter angegeben.

□ Elektrische Prüfung.

Für die elektrische Prüfung keramischer Isolierstoffe werden in DIN 40685 Angaben zur Bestimmung folgender Größen gemacht: Dielektrizitätszahl, dielektrischer Verlustfaktor, spezifischer Durchgangswiderstand, Oberflächenwiderstand und Kriechstromfestigkeit. (Leitfähigkeit, → Ionenleiter, Halbleiter, → Ferroelektrizität, Piezoelektrizität)

□ Magnetische Prüfung.

Die meisten keramischen Werkstoffe sind diamagnetisch, da viele Ionen eine Edelgaskonfiguration der Elektronenschale aufweisen. Ausnahme sind die Ferrite, magnetische Oxide, deren wesentlicher Bestandteil dreifach positiv geladene Eisenionen sind.

□ Optische Prüfung.

Für keramische Werkstoffe gibt es noch keine genormte optische Prüfverfahren, wenn vom Glas abgesehen wird. Der überwiegende Teil keramischer Werkstoffe ist lichtundurchlässig, ihr optisches Verhalten wird von der → Oberfläche und dem → Gefüge bestimmt (Lichtstreuung, Absorption, Reflexion). *Kußmaul/Lauf*

Literatur: *Bradt, R. C. u. a.* (Hrsg.): Fracture Mechanics of Ceramics. Vol. 3 – *Hennicke, H. W. u. a.*: Feuerleichtsteine: Die WLF und ihre Meßmethoden. Ker. Zeitschr. 38 (1986) Nr. 10, S. 595–599. – *Jayatilaka, A. de S.*: Fracture of Engineering Brittle Materials. London 1979. – *Lamon, J.*: Statistical Analysis of Fracture of Silicon Nitride Using the Short Span Bending Technique. ASME 85-GT-151 DKG-Seminar, Kriterien zur Festigkeitsbetrachtung keramischer Werkstoffe, Dez. 1986. – *Lauf, S. u. a.*: Änderung des Ermüdungsverhaltens durch Oxidationsreaktionen bei hohen Temperaturen in SiSiC, Fortschrittsber. d. DKG 1 (1985) Nr. 1, S. 63–71. – *Pabst, R.*: Neuere Methoden der Festigkeitsprüfung keramischer Werkstoffe. Z. für Werkstofft. 1 (1975) Nr. 6, S. 17–29. – *Salmang, H.*, u. *H. Scholze*: Keramik. Berlin-Heidelberg-New York 1982.

Kerbschlagarbeit. Im → Kerbschlagbiegeversuch werden vorzugsweise ISO-Spitzkerbproben mit einem Querschnitt von 10x10 mm², einer Länge von 55 mm und einem Kerb von 2 mm Tiefe und einem Kerbradius von 0,25 mm mit einer Schlaggeschwindigkeit von 5 m/s zerschlagen. Die dabei verbrauchte Energie ist die Schlagarbeit, die im → Pendelschlagwerk aus dem Umkehrpunkt des Pendels nach dem Schlag unmittelbar abgelesen werden kann. *Dahl*

Kerbschlagarbeit-Temperatur-Kurve. Die im → Pendelschlagwerk mit genormten Proben ermittelte → Kerbschlagarbeit wird in Abhängigkeit von der Prüftemperatur aufgetragen. Bei niedrigen Temperaturen findet man → Spaltbruch mit kristallinem Bruchaussehen und niedrigen Werten der Kerbschlagarbeit. Mit zunehmender Temperatur steigt die Kerbschlagarbeit an, die Größe des kristallinen Flecks im mittleren Bereich der → Bruchfläche nimmt ab. In der Hochlage erfolgt der Bruch durch → Gleitbruch nach vorheriger mehr oder weniger großer plastischer Biegung der Probe.

Der Betrag der Kerbschlagarbeit in der Hochlage ist ein Maß für die → Zähigkeit, der aufgrund der Erfahrung Aussagen über das Verhalten des Werkstoffes erlaubt. Der Übergang vom spröden Verhalten bei tiefen Temperaturen zur Hochlage wird durch Übergangstemperaturen gekennzeichnet, z. B. die Temperatur, bei der 50 % der Kerbschlagarbeit in der Hochlage oder 50 % kristalline Bruchfläche erreicht wird.

Andere Übergangstemperaturen geben die Temperatur an, bei der bestimmte Zahlenwerte der Kerbschlagarbeit, z. B. 27J, gefunden werden. Die → Übergangstemperatur ist eine weitere Kenngröße für die Zähigkeit, deren Bedeutung für den Werkstoffeinsatz aus der Erfahrung abgeschätzt werden kann. *Dahl*

Kerbschlagbiegeversuch. Mechanisch-technologischer Versuch zur Ermittlung des Zähigkeitsverhaltens → metallischer Werkstoffe (vorwiegend nichtaustenistischer → Stahl und Gußwerkstoffe), der Güte von Fertigung und → Wärmebehandlung und vor allem zur Ableitung von Aussagen zur Sprödbruch- und Alterungsempfindlichkeit sowie der → Schweißeignung nach Regelwerksvorgaben. Er liefert keinen Kennwert für die Festigkeitsberechnung und die tiefste Einsatztemperatur eines Werkstoffs. In neuerer Zeit wurde die Hochlage der → Kerbschlagarbeit bei Reaktorbaustählen mit den Initiierungswerten der elastisch-plastischen → Bruchmechanik korreliert (→ Großprobenprüfung, → Größeneinfluß).

Die Durchführung des K. erfolgt gemäß DIN 50115, Ausg. Feb. 1975, auf Pendelschlagwerken nach DIN 51222, Ausg. Jan. 1985. Die Probenlage und zu verwendende -form ist in den Technischen Lieferbedingungen der Werkstoffe angegeben; für Schweißverbindungen ist DIN 50122, Ausg. Aug. 1984, heranzuziehen.

Seit Erscheinen von DIN 50115, Ausg. Feb. 1975, wird als gebräuchlichste Probenform die ISO-Spitzkerbprobe (Bild 1) verwandt und in der Regel die Kerbschlagarbeit als A_v (ISO-V) in der Einheit J ermittelt. Außerdem ist vor allem in nicht überarbeiteten Regelwerken noch die DVM-Probe (Bild 2) im Einsatz. Weitere im Laufe der Entwicklung entstandene Probenformen sind z. B. in DIN 50 115 dargestellt.

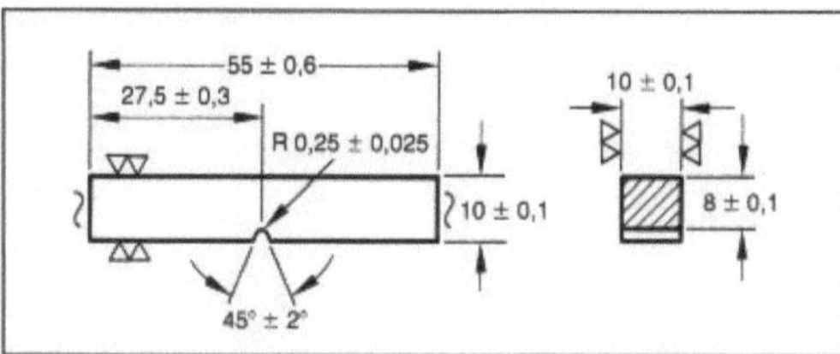

Kerbschlagbiegeversuch 1: ISO-Spitzkerbprobe (ISO-V-Probe).

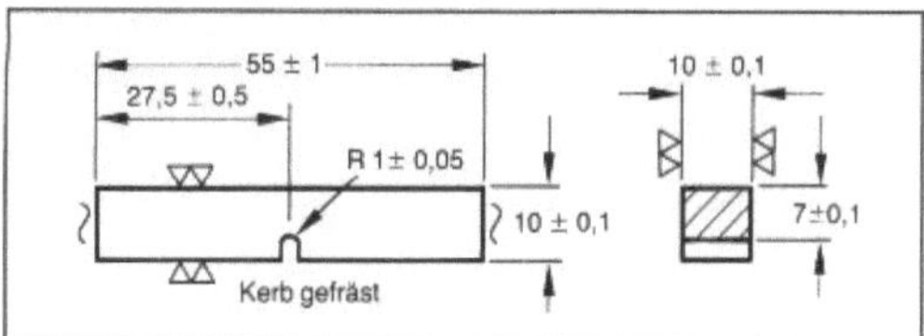

Kerbschlagbiegeversuch 2: DVM-Probe.

Beim Versuch wird eine doppelseitig auf zwei Auflagern und gegen zwei Widerlager liegende Probe durch das Schlagwerk mit einem Schlag entweder durchgebrochen oder durch die Widerlager gezogen.

Neben der Schlagarbeit und teilweise noch der auf den Prüfquerschnitt (Schraffur, Bild 1) bezogenen Kerbschlagzähigkeit a_k in J/cm^2 wird bei ferritischen Stählen mit Hilfe von Kerbschlagarbeit-Temperatur-Kurven (Bild 3) eine den Steilabfall kennzeichnende $\rightarrow$ Übergangstemperatur ermittelt, für die mehrere Definitionen im Regelwerk angegeben

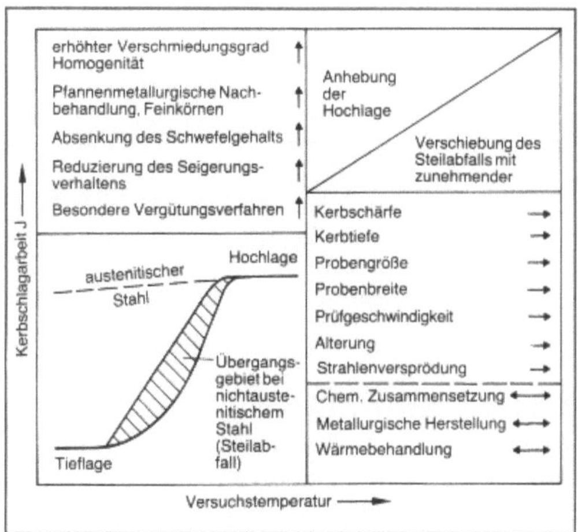

Kerbschlagbiegeversuch 3: Kerbschlagarbeit-Temperatur-Kurve und Einflußparameter (schematisch).

sind. In der Kerntechnik enthält das Regelwerk (KTA 3201.1) auch Anforderungen für die Hochlage und die laterale Breitung nach ASTM 370-82.

Die Kerbschlagarbeit ist von vielen Parametern abhängig (Bild 3), weshalb Vergleiche nur bei vergleichbaren Versuchsbedingungen und Probenformen zulässig sind. Einen Steilabfall weisen außer den nichtaustenitischen Stählen auch $\rightarrow$ Zinklegierungen auf.

Wenn weitergehende Aussagen über das $\rightarrow$ Bruchverhalten des zu prüfenden Werkstoffs als sie im K. nach DIN 50 115 erhalten werden, erforderlich sind, wird der instrumentierte K. nach Stahl-Eisen-Prüfblatt 1315, 1. Ausgabe Mai 1987, des Vereins Deutscher Eisenhüttenleute mit Ermittlung von Kraft und Weg angewendet.   *Kußmaul*

Literatur: *Kussmaul, K.*, u. *E. Roos*: Einfluß der Werkstoffzähigkeit auf das Trag- und Verformungsverhalten von Bauteilen. DDA-Kolloquium Werkstoffausnutzung, Stuttgart 21. 10. 1986. – *Siebel, E.*: Handbuch der Werkstoffprüfung. Bd. 2. Springer-Verlag Berlin/Göttingen/Heidelberg (1955).

Kerbwirkung. Absätze, Rillen, Nuten, Bohrungen usw. bewirken durch die plötzliche Änderung des Querschnitts oder der Oberflächenkontur eine Störung des gleichmäßigen Kraftflusses im Bauteil. An diesen Kerben entsteht eine Spannungskonzentration, es bildet sich eine Spannungsspitze im Kerbgrund. Die K. bringt zwei Effekte mit sich. Zum einen wird der tragende Querschnitt verringert, zum zweiten konzentriert sich die Beanspruchung auf den Kerbgrund. Die Auswirkung einer Kerbe auf das $\rightarrow$ Festigkeitsverhalten eines Bauteils wird aber für statische und schwingende Belastungen in unterschiedlicher Weise erfaßt. Dies wird am Beispiel eines glatten und gekerbten Flachstabes unter ruhender und zeitlich veränderlicher Zugbelastung dargestellt (Bild).

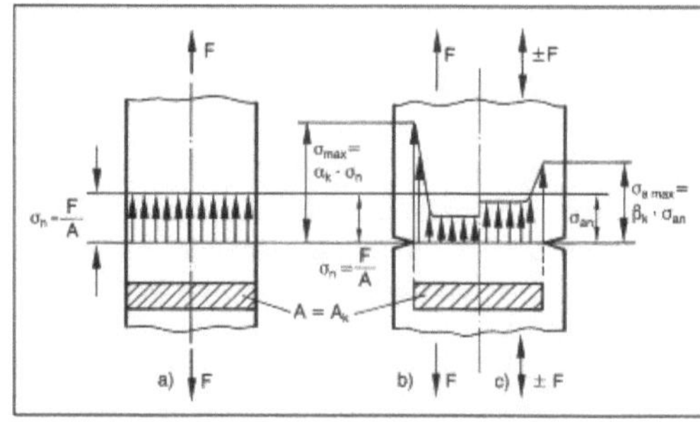

Kerbwirkung: Spannungsverteilung in einem glatten (a) und in einem gekerbten Flachstab unter Zugbeanspruchung
b) statische Belastung
c) schwingende Belastung.

☐ Statische Belastung: Während im glatten Stab eine gleichmäßig verteilte Spannung σ = F/A herrscht, ist der Spannungsverlauf im gekerbten

Stab ungleichmäßig. Im Kerbgrund tritt der Maximalwert σ_{max} auf, der je nach Kerbschärfe mehr oder weniger hoch über einer gedachten Spannung σ_n ($\rightarrow$ Nennspannung) liegt, die in einem ungekerbten Querschnitt $A = A_k$ vorhanden wäre. Unter der Voraussetzung, daß der Werkstoff sich im linearelastischen Beanspruchungsbereich befindet, bezeichnet man das Verhältnis von Maximalspannung zu Nennspannung als $\rightarrow$ Formzahl α_k. Ist die Formzahl bekannt, läßt sich die Maximalspannung im Kerbgrund errechnen zu:

$$\sigma_{max} = \alpha_k \cdot \sigma_n$$

Die Formzahl ist ein konstanter Zahlenwert, unabhängig von der Beanspruchungshöhe und vom Werkstoff, die in erster Linie von der geometrischen Form, in zweiter Linie von der Beanspruchungsart bestimmt wird. Für häufig vorkommende Kerbformen hat man die Formzahlen theoretisch und experimentell ermittelt und in Diagrammen für die unterschiedlichen Belastungsfälle als Funktion der geometrischen Berechnungsgrößen dargestellt. □ Schwingende Belastung: Bei einem Bauteil mit Kerben unter Schwingbeanspruchung wird die Kerbwirkungszahl β_k eingeführt, aus der Tatsache heraus, daß der Kerbstab im allgemeinen eine höhere Dauerschwingbeanspruchung erträgt, als nach der Formzahl zu erwarten wäre. Im Dauerfestigkeitsgebiet bestimmt man also

$$\sigma_{amax} = \beta_k \cdot \sigma_{an}$$

wobei gilt $1 \leq \beta_k \leq \alpha_k$. Die Einflußfaktoren auf die Kerbwirkungszahl sind Form und Größe der Kerbe, die Beanspruchungsart und die spezifischen Werkstoffeigenschaften. Zur Bestimmung der Kerbwirkungszahl können unterschiedliche Verfahren herangezogen werden. Hinreichend in der Praxis bestätigt hat sich zum Beispiel das Verfahren nach *Siebel*. *Kußmaul*

Kerbwirkungszahl $\rightarrow$ Kerbwirkung

Kerbzugversuch. Im Bereich der Kerben und Risse treten in Bauteilen Spannungskonzentrationen und mehrachsige Spannungszustände auf, die die Trag- und Verformungsfähigkeit des Bauteils einschränken.

Um Kenntnis über das Werkstoffverhalten bei mehrachsigen Spannungszuständen zu erhalten, werden K. z. B. an Platten mit Oberflächenkerbe, an einseitig oder beidseitig gekerbten Flachzugproben sowie an umfangsgekerbten Rundzugproben durchgeführt (Bild 1). Zur Verschärfung der Prüfbedingungen können die Kerben mit einem Ermüdungsanriß versehen werden.

Die Versuche werden i. d. Regel bei quasistatischer Belastung durchgeführt.

Aus den K. wird aus der ertragbaren Last und der

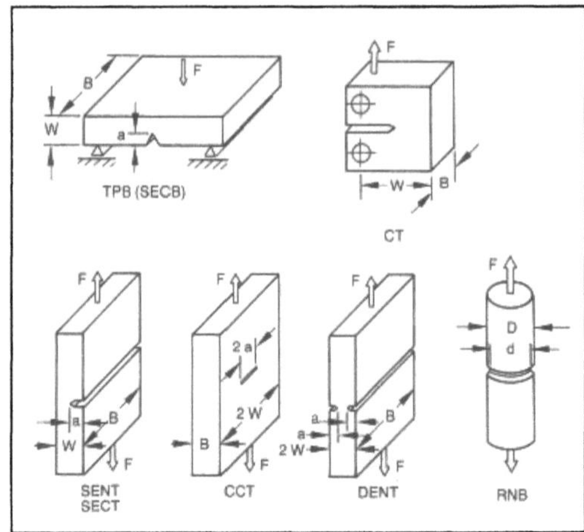

Kerbzugversuch 1: Gebräuchliche Probenformen für Kerbzugversuche.

geschwächten Querschnittsfläche die Nettonennzugspannung ermittelt, die abhängig ist von der Probenform und der Rißtiefe. Des weiteren bestimmt man die integrale Probenverformung und die lokalen Dehnungen und Verformungen im Bereich der Kerben und Risse. Eine weitere Beurteilungsgröße für einen Werkstoff ist darüberhinaus die Aufweitung des Kerbgrunds bzw. der Rißspitze, der Zeitpunkt der Rißerweiterung und der Betrag der Rißerweiterung vor Instabilität (Bild 2).

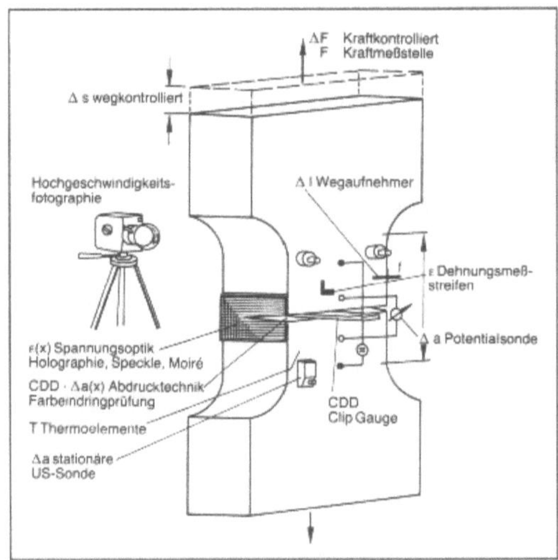

Kerbzugversuch 2: Instrumentierung zur Bestimmung des Probenverhaltens.

Zur Quantifizierung des Tragverhaltens wird bei Kerben mit endlichem Radius die Kerbwirkungszahl nach *Neuber* bestimmt. Aus dem Vergleich der ertragbaren $\rightarrow$ Spannung aus dem K. und den Werkstoffkennwerten ergibt sich der Einfluß der Kerbe (Bild 3).

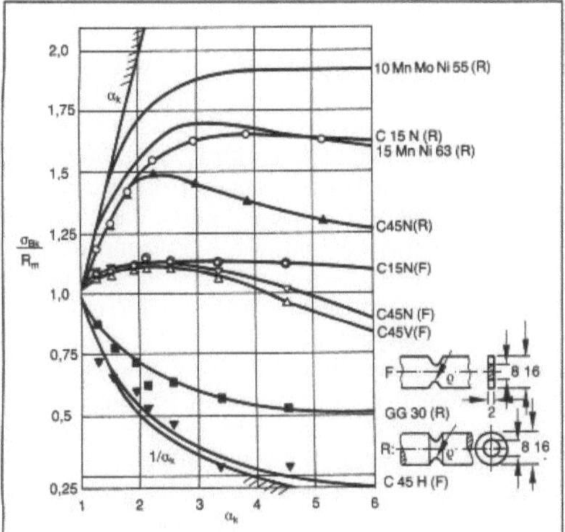

Kerbzugversuch 3: Einfluß der Kerbschärfe und der Werkstoffzähigkeit auf das Tragverhalten gekerbter Zugproben.

Bei sehr kleinen Kerbradien und bei → Rissen wird das Bauteil bruchmechanisch analysiert.

Bei linearelastischem Verhalten wird aus der Probenform, der Rißgröße und der Belastung der Spannungsintensitätsfaktor berechnet und mit der → Bruchzähigkeit des Werkstoffs verglichen.

Bei elastisch-plastischem Werkstoffverhalten können verschiedene zähbruchmechanische Konzepte und Näherungsverfahren angewandt werden.

Für hochzähe Werkstoffe ist auch das Konzept der plastischen → Grenzlast anwendbar, wenn mit Sicherheit ein Durchplastifizieren des Querschnitts vor Bruch angenommen werden kann. *Kußmaul*

Literatur: *Burdekin, F. M.* and *M. G. Dawes:* Practical Use of Linear Elastic and Yielding Fracture Mechanics with Particular Reference to Pressure Vessels. Conf. on Pract. Applic. of Fracture Mechanics to Pressure Vessel Technology. Institute of Mechanical Engineering, London, GB, 1971. – *Hahn, H. G.:* Bruchmechanik. Stuttgart 1976. – *Harrison, R. R., Loosemore, K., Milne, K.:* Assessment of the Integrity of Structure Containing Defects, CEGB, R/H/R6 – Rev. 2, GB, 1980. – *Kumar, V., German, M. D., Shih, C. F.:* An Engineering Approach for Elastic Plastic Fracture Analysis. EPRI NP-1931, Palo Alto, Calif., USA, 1981. – *Miller, A. G.:* Review of Limit Loads of Structures Containing Defects, CEGB, Berkeley Nuc. Laboratories, GB, 1984. – *Neuber, H.:* Kerbspannungslehre. 2. Aufl. Berlin 1958.

Kern. Während das → Modell die Außenkonturen eines Gußstücks wiedergibt, werden Hohlräume im Abguß, z. B. Bohrungen, durch K., die nach dem Ausheben des Modells in die Form eingelegt werden, gebildet. Kernstücke benutzt man auch, um verwickelte Formkonturen, beispielsweise hinterschnittene Partien, ausformen zu können. Die maßgerechte Lage der K. in der Form ist besonders

wichtig und wird durch sogenannte Kernmarken gesichert. Kernmarken sollten so groß bemessen und so angeordnet sein, daß zum Abfangen der K. und zur Aufnahme des Gießdrucks ohne Lageveränderung keine weiteren Kernstützen mehr benötigt werden (Bild 1 a).

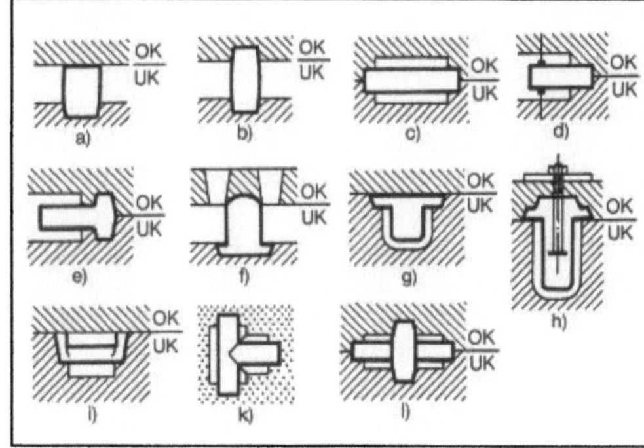

Kern 1: Verschiedene Kernlagerungen
a) einseitig, nur im UK geführter K.
b) in OK und UK gelagerter K.
c) beidseitig geführter liegender K.
d) fliegend gelagerter waagerechter K. mit Abstützung durch Kernnägel am freien Ende
e) einseitig geklemmter K.
f) K. mit „Blumentopfkernmarke" im UK
g) Hängekern mit Schloßmarke
h) im OK angeschraubter K.
i) liegender K. mit seitlichen Schleif-Kernmarken
k) mehrfach gelagerter K.
l) ineinander gelagerte K.

Bei komplizierten Gußstücken, wie z. B. Automobilmotorengehäusen, benutzt man Montagevorrichtungen zum Zusammenbau einzelner K. zu einem Kernblock, der dann als Einheit in die Form eingelegt wird. Im Serienguß werden K. bis zu bestimmten Abmessungen nicht als Einzelstücke, sondern als Trauben im Kernschießverfahren hergestellt. Ein typisches Beispiel sind die Fittingskerne (Bild 2), auf dem im Vordergrund der Fitting als Rohgußteil erkennbar ist. Das gleiche Bild zeigt aber auch die heute notwendige Veredlung der K.

Kern 2: Fittingkerne.

nach dem Formen auf der →Kernformmaschine, die in einem Entgraten und quasi Polieren der Kernoberfläche besteht. Im rechten Bildteil von Bild 2 sieht man den nach dem Gleitschliffverfahren entgrateten und geschlichteten K., der in dieser Ausführung optimale Gußoberflächen liefert.

Diese hochwertigen K. müssen sich auch ohne Beschädigungen in die Form einlegen lassen. Genügende Konizität und falls erforderlich Schleifmarken (Bild 1 i) erleichtern das Einlegen auch schwerer K. mit Hilfe eines Hebezeugs. Das Spiel zwischen der Kernmarke am K. und dem Gegenlager in der Form ist so zu bemessen, daß sich der K. gut einführen läßt und andererseits trotzdem maßgerecht fixiert wird. Um zu verhüten, daß der Former Fassonkerne anders als lagerichtig einlegt, bringt man an den Kernmarken sogenannte Sicherungen in Form von Ausschnitten, Absätzen, Kantungen usw. an.

An die thermische Beständigkeit der K. werden hohe Anforderungen gestellt, da die Metalle meist auf die K. aufschrumpfen und das Formstoffvolumen eines K. nicht selten gegenüber dem ihn umschließenden Metallvolumen klein ist. Zu diesem Zweck werden die K. mit feuerfesten Überzügen (Schwärzen oder Schlichten) versehen.

K. müssen aber auch nach dem Guß gut zerfallen, was besonders wichtig in solchen Gußstückpartien ist, die für mechanische Putzwerkzeuge und ebenso für die Strahlmittelbeaufschlagung schwer zugänglich sind. Ein wichtiger Punkt ist ferner die Gasabfuhr der Gießgase und der Luft aus dem Formhohlraum. Die modernen Kernsande sind meist harzgebunden und entwickeln nicht unerhebliche Gasmengen bei Erreichen des Sublimationspunktes der Binder. Nicht wenig Ausschuß entsteht durch Blasen im Abguß, deren Entstehung auf mangelhafte Gasabführung zurückzuführen ist. Für den Gießer haben die Kernmarken deshalb nicht nur den Zweck einer guten Lagefixierung des K., sondern die Kernmarken dienen auch zur notwendigen Entlüftung. Eine genügende Anzahl von Kernöffnungen am Gußstück anzuordnen, ist deshalb eine Hauptanforderung des Gießers an den Konstrukteur. *Doliwa*

Kernbüchse. Mit Hilfe von zwei- oder mehrteiligen K. werden die zur Ausbildung von Hohlräumen oder nicht ausformbaren Partien benötigten →Kerne hergestellt. Nur in Ausnahmefällen werden Kerne heute noch von Hand geformt, Regel ist die Serienproduktion nach den verschiedensten Kern-Herstellungsverfahren. Die Verfestigung der Kernsande erfolgt ebenfalls immer seltener durch mechanische Verdichtung, sondern überwiegend durch chemische Reaktionen, ausgelöst entweder durch Begasung in kalten oder thermisch in heißen K.

Man spricht deshalb von *cold-* oder *hot-box*-Verfahren.

Die modernen Kernherstellungsverfahren haben einen großen Einfluß auf Gestaltung und vor allem die Werkstoffauswahl für die K. ausgeübt. K. aus Holz kommen praktisch nur für Einzelgußfertigung oder Prototypenabgüsse infrage. Hölzerne K. sind der Verschleißbeanspruchung durch das Einschießen der Kernsande mittels Kernformmaschinen nicht mehr gewachsen, außerdem auch nicht den korrosiven Angriffen der meisten Binder, mit denen die üblichen Kernsande versetzt sind. Längere Zeit waren deshalb metallische K. in Anwendung. Nicht alle Leichtmetalle weisen aber eine hinreichende Dauerstandfestigkeit auf und →Gußeisen sowie korrosionsbeständige Schwermetalle erschweren infolge ihres Gewichts insbesondere bei größeren K. die Handhabung und die Umspannarbeit.

Die Lösung mancher Probleme brachten K. aus Kunststoffen, die auch heute noch weitgehend Verwendung finden. Eine weitere Verbesserung für den Einsatz bei der Produktion von Großserienteilen stellen die aus aluminiumarmierten, im Vakuum gegossenen Kernformwerkzeuge dar, die u. a. einen rationellen Einsatz des cold-box-Verfahrens ermöglichen.

Gegenüber Maschinen-Kernformwerkzeugen aus Gußeisen lassen sich in der neuen Technik erhebliche Kostensenkungen erzielen. Neben einer hohen Standzeit verlangt man von einer K. eine superglatte Oberfläche der Formseite, denn gerade die Innenkonturen eines Gußstücks, z. B. im Motorenbau, die spanend teilweise überhaupt nicht oder sonst nur kostenträchtig nacharbeitbar sind, sollen vornehmlich aus strömungstechnischen Gründen einen möglichst geringen Rauhigkeitsgrad aufweisen. Der Abguß kann aber nicht glatter ausfallen, als es die Oberflächengüte des Kerns zuläßt.

Neben der Wahl der zweckmäßigsten Teilung der Büchsen zur leichten Entformbarkeit der Kerne ist die Anordnung ausreichender Entlüftungen zur Abführung der in der Büchse enthaltenen Luft an den richtigen Stellen wichtig. Die K. ist heute zu einem teilweise sehr komplizierten Kernformwerkzeug geworden, von dessen guter Konzeption die →Qualität eines Gußstücks wesentlich abhängt. *Doliwa*

Kernformmaschine. Die ersten brauchbaren Einrichtungen zur maschinellen Herstellung von →Kernen für Gußformen waren Kernschießmaschinen nach dem System *Hansberg*, die zunächst nur die lohnintensive Verdichtungsarbeit durch Stampfen des Kernsands von Hand rationalisieren sollte. Mit der fortschreitenden Entwicklung der →Kernsande (CO_2-, Hot-Box-, Cold-Box-, SO_2-Verfahren) mußten die Maschinen weitere Aufgaben, wie Begasung usw. übernehmen. Gleichzeitig mußte die Kernherstellung mit der Leistungssteigerung in der Formerei Schritt halten, was zur Konstruktion von hochautomatisierten K. führte, die neben Verdichtung, Begasung usw. auch die Eingliederung in Fertigungsstrecken ermöglichten.

Die vielfältigen Zusammensetzungen und Eigenschaften der Kernsande erfordern auch unterschiedliche K. für ihre Verarbeitung. Unabdingbar bleibt bei der maschinellen Kernherstellung die Forderung nach einwandfreier Verdichtung des Kernsands in allen Partien der → Kernbüchse, auch wenn diese komplizierte Konturen aufweist. Voraussetzung für die Erfüllung dieser Forderung ist neben der fachkundigen Anordnung von Entlüftungsdüsen in der Kernbüchse ein sehr gutes Fließvermögen des Sandes beim Einströmen in die Kernbüchse, wie es z. B. durch den Fluidat-Schießkopf nach *D. Boenisch* (Bild) erreichbar ist.

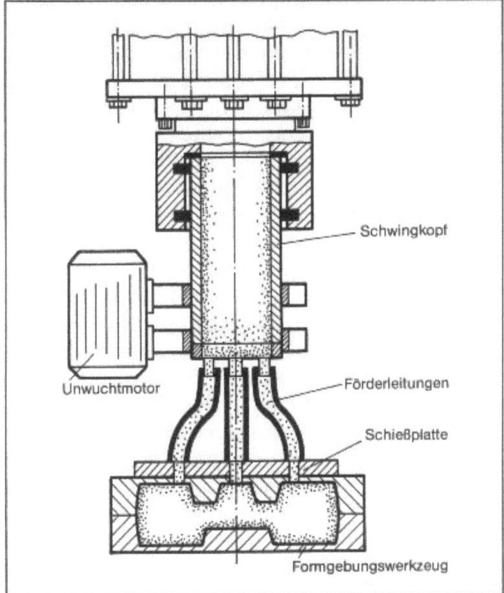

Kernformmaschine: Schnitt durch eine K. mit Fluidat-Schießkopf.

K. für das Warm-Box-Verfahren werden neuerdings mit einer Einrichtung versehen, die zur Beschleunigung des Härtevorgangs ein Evakuieren des Kerns in der Kernbüchse gestattet. Zu einer Wiederbelebung der Verwendung der umweltfreundlichen tongebundenen Sande zur Herstellung von geraden, außenprofilierten Rundkernen in großen Serien dienen Maschinen, in welche die geschossenen Kerne in der Kernbüchse durch ein von oben eingepreßtes Verdichtungswerkzeug (ggf. mit aufblasbarer Speicherblase) nachverdichtet werden.

Absaugungen und andere Maßnahmen zur Verbesserung der Arbeitsplatzbedingungen und Einhaltung der Vorschriften nach der TA Luft gehören

zum Stand der Technik. Fortentwicklungen bestehen in PC-Steuerungen für die Dosierung der jeweiligen Sandmenge, in verschiedenen Möglichkeiten der Kernaustragung und -abnahme sowie in der Schnellwechselmöglichkeit der Kernbüchsen und Sandsorten. Zur Lösung vielseitiger Aufgaben bei der Handhabung der Kerne wurden Manipulatoren in flexibler Baukastenweise entwickelt. *Doliwa*

Kernforschungszentrum Karlsruhe GmbH (KfK). Großforschungseinrichtung mit den Schwerpunkten Kernforschung und kerntechnische Entwicklung, Umweltforschung, Materialforschung, Kernfusionstechnik, Mikrofertigung, Handhabungstechnik, kern- und teilchenphysikalische Grundlagenforschung.

Die 1956 gegründete Kernreaktor Bau- und Betriebsgesellschaft mbH (Bund, Land Baden-Württemberg, Wirtschaft), wurde 1959 als Gesellschaft für Kernforschung mbH (GfK) vom Bund übernommen. Seit 1963 ist das Land Baden-Württemberg Mitgesellschafter. 1978 wurde die GfK in Kernforschungszentrum Karlsruhe GmbH umbenannt.

Das Schwergewicht der FuE-Arbeiten des KfK verlagert sich: Der Anteil der Kerntechnik (zeitweise über 80 %) wird seit Anfang der 90er Jahre auf etwa 30 % reduziert. Arbeitsschwerpunkte sind: Projekt Schneller Brüter (Brennelement- und Materialentwicklung, Physik- und Sicherheitsuntersuchung, Technologische Fragen des Brennstoffkreislaufs), Trenndüsenverfahren (Uran-Anreicherung), Projekt Kernfusion (Entwurfs-, Strukturstudien, Supraleitungsmagnete, Heiztechnik, Blanketentwicklung, Tritiumtechnologie, Sicherheit und Umwelteinfluß), Projekt Wiederaufarbeitung und Abfallbehandlung, Endlagerung, Umwelt und Sicherheit (Projekt Schadstoffbeherrschung in der Umwelt, sicherheitsorientierte LWR-Forschung), Festkörper- und Materialforschung (Volumen- und Grenzflächeneffekte, Werkstoffe hoher Beanspruchung, Supraleiter, Chemie in der Materialforschung), Kern- und Teilchenphysik (Kernphysik, Neutrino- und Teilchenphysik, Erzeugung hoher Energiedichten), Mikrotechnik (Röntgentiefenlithographie, Abformung mit Metallen und Kunststoffen, Oberflächen- und Dünnfilmtechnik, Produktentwicklung und Versuchsfertigung), Handhabungstechnik (unter Vakuumbedingungen, für unzugängliche Arbeitsbereiche, für allgemeine industrielle Anwendungen), sonstige Forschungsvorhaben.

Dazu kommen das Heißdampfreaktor-Sicherheitsprogramm, Projektträgerschaften für Fertigungstechnik, Mittelenergiephysik, Wassertechnologie, Universitätsforschung zum nuklearen Brennstoffkreislauf, Wasser-Abfall-Boden, Projektleitung Europäisches Forschungszentrum für Maßnahmen zur Luftreinhaltung sowie der Aufgabenbereich Technologietransfer und die Abteilung für Angewandte Systemanalyse (AFAS) mit zentralen Aufgaben der Technikfolgenabschätzung und der Informationsstelle Umweltforschung (seit März 1990 zur Unterstützung des BMFT).

Die Institute und anderen Arbeitseinheiten des KfK sind fünf Vorstandsbereichen zugeordnet.

Großgeräte: Kompakte Natriumgekühlte Kernreaktoranlage Karlsruhe (KNK), Wiederaufarbeitungsanlage Karlsruhe (WAK) sowie kleinere Anlagen.

Organe: Gesellschafterversammlung (Bund und Land Baden-Württemberg), Aufsichtsrat (Vorsitz: Bundesvertreter), Wissenschaftlich-Technischer Rat, fünfköpfiger Vorstand.

Ressourcen: 3 303 Beschäftigte, 632,0 Mio DM (Soll 1989), dazu 19 Mio DM Forschungserlöse und Zuwendungen Dritter, 106 Mio DM Erträge aus Ver- und Entsorgungsleistungen und andere Erträge (1987).

(Kernforschungszentrum Karlsruhe, Leopoldshafener Allee, 7514 Eggenstein-Leopoldshafen).

Altenmüller

Kernholz →Holz

Kernsand. Hierunter versteht man Formstoffe, aus denen die zur Ausbildung von Hohlräumen oder hinterschnittenen Partien eines Gußstücks benötigten →Kerne hergestellt werden. Da das flüssige Metall beim →Erstarren auf die Kerne aufschrumpft, während es sich von den äußeren Formwandungen ablöst, werden die Kerne thermisch länger belastet. Außerdem müssen die Kerne den Gießdruck bei der Formfüllung ohne Deformation oder sogar Bruch aushalten und sich andererseits beim Putzen leicht und rückstandslos entfernen lassen. Deshalb werden an Kernsandmischungen besonders hohe Qualitätsansprüche gestellt, wobei noch hinzukommt, daß abgesehen von der Großgußformerei die Kerne meist maschinell auf Kernschießmaschinen gefertigt werden. Die Mischungen müssen also gut fließen, damit die vielfach verwickelten Konturen, wie z. B. bei Wassermantelkernen von Automobilmotoren, voll mit K. ausgefüllt werden.

□ Wasserglas-Mischungen.

Das CO_2-Verfahren findet auch bei der Kernherstellung Anwendung. Vorteilhaft ist hier die schnelle Gießbereitschaft der Kerne und das Arbeiten mit kalten Werkzeugen, nachteilig dagegen der schlechte Zerfall der CO_2-Kerne und die Feuchtigkeitsaufnahme bei längerer Lagerung. Beiden Übeln versucht man durch Zusätze von den Zerfall fördernden Beimengungen (Bentonit, Kohlenstaub, Holzmehl usw.) oder Modifikation des Wasserglasbinders (z. B. mit Acrylpolymeren) abzuhelfen.

□ Kalthärtende Harzmischungen.

Weite Verbreitung hat das →Cold-Box-Verfahren gefunden. Meist verwendet werden Binder auf Phenol-Isocyanat-Basis. Das Begasungsmittel, anfänglich Triethylamin, wirkt im Gegensatz zur Kohlensäure beim CO_2-Prozeß nicht als Reaktionspartner, sondern als Katalysator. Die notwendigen Sicherheitsmaßnahmen im Umgang mit Triethylamin sind im VDG-Merkblatt G 630 festgelegt. Die 1982 veröffentlichte 4. Ausgabe dieses Merkblatts enthält entsprechende Festlegungen auch für die Katalysatoren Dimethylethylamin und Dimethylisopropylamin. Schnelle Gießbereitschaft und Handhabung kalter Werkzeuge bietet auch die Cold-Box-Technologie. Als Nachteile sind die Beachtung von sicherheitstechnischen und Umweltschutzauflagen sowie mitunter eine besondere Neigung solcher Kerne zu Gießfehlern, wie Blattrippen u. a. m. zu nennen.

Eine neuere Entwicklung ist das SO_2-Verfahren, das nach einem US-Patent aus dem Jahr 1961 zehn Jahre später in Frankreich wieder aufgegriffen wurde, aber erst vor wenigen Jahren den eigentlichen Durchbruch schaffte, weil die Technik der SO_2-Begasung durch neue Binder auf Basis epoxidgruppenhaltiger, phenolstämmiger Harze bereichert wurde, die die üblicherweise verwendeten furanstämmigen Harze ergänzen. Das Verfahren beruht auf der Umsetzung von Schwefeldioxid in Schwefeltrioxid durch Methylethylketonperoxid und Bildung von Schwefelsäure. Im Gegensatz zur Verwendung von Furanharz als →Bindemittel, wo die freie Schwefelsäure eine →Vernetzung unter Abspaltung von Wasser (Kondensationsreaktion) auslöst, lassen sich die neuen Binder durch die in-situ entstehende konzentrierte Schwefelsäure ohne Abspaltung von Wasser und monomeren Harzbestandteilen polymerisieren. Dadurch verringern sich Klebneigung und Beläge an den Kernkästen auf ein Minimum. Wesentliche Voraussetzungen zur erfolgreichen Anwendung des SO_2-Verfahrens sind wirkungsvolle Abkapselung der →Kernschießmaschine bei der SO_2-Begasung und eine gute Reinigung der Abluft. Das Verfahren liefert Kerne mit hoher Konturenschärfe und gutem Zerfall auch bei Aluminiumguß.

□ Warmhärtende Bindersysteme

Für das →Hot-Box-Verfahren verwendet man meist Harze in einer Kombination von Harnstoff-Formaldehyd, Phenol-Formaldehyd und Furfurylalkohol mit Zusätzen zwischen 2–2,5 %. Katalysatoren sind saure Salze wie Ammonium, Ammoniumchlorid und Ammoniumphosphate in wässriger Lösung. Für Eisengußwerkstoffe haben Hot-Box-Kerne ausreichende Zerfallserscheinungen, für Aluminiumguß läßt sich der Zerfall durch Zusatz von Kaliumpermanganat verbessern. Eine Begrenzung erfährt diese Technologie auch dadurch, daß schlämmstofffreie Quarzsande benötigt werden. In den USA wurde ein Aktivierungsverfahren erarbeitet, bei dem die Sandkörner eines schlämmstoffhaltigen Sandes mit einer Schicht überzogen werden, die den unmittelbaren Kontakt des Binders mit den Schlämmstoffen verhindert. Nachteilig bleibt die notwendige Handhabung heißer Werkzeuge, die Schutzkleidung und Arbeiten mit Handschuhen bedingt sowie eine starke Gas- und Geruchsbelästigung bei der Kernherstellung und beim →Gießen.

Im Gegensatz zum Hot-Box-Verfahren mit Arbeitstemperaturen um 250 °C können beim Warm-Box-Verfahren die Härtetemperaturen auf 120 bis 175 °C gesenkt werden. Als Vorteile dieser Verfahrenstechnik sind Energieeinsparung, verringerter Formaldehydgehalt und geringere Gasentwicklung, verbunden mit besseren Arbeitsplatzbedingungen, zu nennen. Bindemittel sind Furanharze mit hohem Gehalt an Furfurylalkohol.

Das →Maskenformverfahren ist natürlich auch für die Kernherstellung anwendbar. Die Kerne werden hierbei in beheizten Kernkästen ausgehärtet. Je nach Dauer der Wärmeeinwirkung und Kernquerschnitt lassen sich Massivkerne oder Hohlkerne herstellen. In manchen Fällen kommt es bei Maskenformkernen zu Verzug infolge einer Restplastizität nach dem →Härten oder zu Gefügeänderung durch die isolierende Wirkung von Hohlkernen.

An sonstigen heißhärtenden Bindersystemen wurden vornehmlich in Japan die Einsatzmöglichkeiten von Stärkebindern untersucht mit dem Ergebnis, daß →Stärke nur in Kombination mit anderen Bindern, wie sie z. B. beim Hot-Box-Verfahren angewendet werden, verwendbar ist.

Erprobt werden weiter Kernbinder auf der Grundlage von Acajonuß-Flüssigkeit, einem Nebenprodukt der Cashew-Nußölproduktion in Kombination mit Dextrin sowie von Polyester ML-80, einem Kondensationsprodukt aus wasserfreier Maleinsäure.

□ Überzugstoffe.

Formen werden sehr häufig, Kerne aber fast immer mit Überzügen, den sogenannten Schlichten, versehen. Diese Schlichten sollen das Auftreten von Oberflächenfehlern, wie Blattrippen (gratartige scharfe, unregelmäßig verlaufende Rippen aus Metall, die mit dem →Gußstück fest verbunden sind), Vererzungen und Anbrennungen verhüten und damit den Putzaufwand verringern. Zu unterscheiden ist hierbei einmal nach dem Lösungsmittel (Wasser oder Alkohol) und dem isolierenden Überzugsstoff (Graphit, Zirkonmehl, Talkum u. a. m.). Um zu schnelleren Trocknungszeiten zu kommen, wurden in neuerer Zeit Fluorkohlenwasserstoffe (CCl_3F bzw. $C_2Cl_3F_3$) als Trägerflüssigkeit eingesetzt. Der MAK-Wert beträgt in beiden Fällen 1000 ppm.

Tonerdeschlichten sind hochhitzebeständig und gegenüber Zirkonschlichten weniger anfällig gegen →Rißbildung beim Trocknen. Um ein rationelles Schlichten durch Tauchen oder Fluten zu ermöglichen, müssen die Schlichten auch über entsprechende rheologische Eigenschaften verfügen. *Doliwa*

Kernschießmaschine →Kernformmaschine

Kesselformel. Für dünnwandige Zylinderschalen mit einem Durchmesserverhältnis $Da : Di \leq 1{,}2$ kann man unter der Voraussetzung dünner biegeschlaffer Schalen als maßgebende Spannungsgleichung die sog. Membranformel oder K. benutzen. Sie geht davon aus, daß die Spannungskomponenten in radialer und tangentialer Richtung über der Wanddicke konstant sind wegen der Dünnwandigkeit des Zylinders. Unter dieser Voraussetzung kann man die Tangentialspannung als maßgebende Spannung aus einer reinen Gleichgewichtsbetrachtung am Zylinder in Umfangsrichtung gewinnen. Die mittlere Umfangsspannung →Membranspannung lautet: $\sigma_t = \dfrac{p \cdot d}{2 \cdot s}$ mit p = Innendruck; d = Innendurchmesser; s = Wanddicke. *Strohmeier*

Kettenabbau →Polymerisation

Kettenfaltung. Fadenförmige Makromoleküle (Polymere ohne Verzweigungen) können kristallisieren, wobei sich die Polymerkette faltet.

Einkristalle des Polyethylens (HDPE) kann man aus verdünnten Lösungen erhalten. Dabei entstehen lamellenförmige, rhombische Kristalle, bei denen die Ketten senkrecht zur Lamellenebene stehen. Die Lamellenhöhe beträgt ca. 10–30 nm. Da die gestreckte Kette eines PE-Moleküls mit einem Molekulargewicht von 10^5 g/mol eine Länge von ca. 900 nm besitzt, muß im Kristall eine gefaltete Kette vorliegen (Bild).

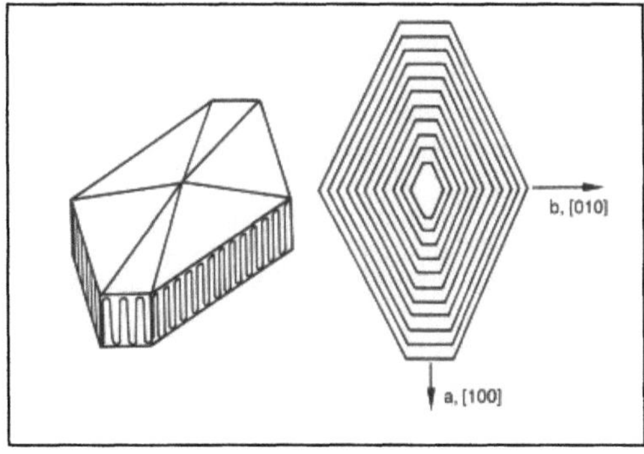

Kettenfaltung: Polyethylen-Einkristallamelle (schematisch).

Das Auftreten von K. bei der →Kristallisation findet man auch bei der Kristallisation aus der

Schmelze, wobei dann mehrere lamellare Schichten übereinander angeordnet sind. Faltenlänge oder Lamellenhöhe sind abhängig vom Druck und der Temperatur bei der Kristallisation. Das Prinzip der K. ist nicht auf →Polyethylen beschränkt, sondern findet sich auch bei anderen linearen Polymeren wie →Polyoxymethylen, →Polyamiden und →Polyurethanen. *Finkelmann*

Literatur: *Hoffmann, H.* u. *H. Krämer; R. Kuhn*: Polymeranalytik I. Stuttgart 1977.

Kettenlänge, kinetische. Als k. K. L_{kin} bezeichnet man die Anzahl der Monomermoleküle, die an ein Initiatorradikal angelagert werden, bevor es zu einem Abbruch der Kettenreaktion kommt. Sie läßt sich ausdrücken als Verhältnis der Geschwindigkeit der Wachstumsreaktion (v_p), zur Summe der Geschwindigkeiten der Abbruchsreaktionen (v_t/Disproportionierung, Rekombination, →Polymerisation, radikalische):

$$L_{kin} = \frac{v_p}{\Sigma v_t}$$

Findet keine →Kettenübertragung statt und der Kettenabbruch erfolgt durch Disproportionierung, ist die k. K. identisch mit dem →Polymerisationsgrad: $L_{kin} = \bar{P}$. Erfolgt dagegen der Kettenabbruch nur durch Rekombination der Polymerradikale, so gilt $2L_{kin} = \bar{P}$. Wenn der Proportionalitätsfaktor kleiner als 2 ist, erfolgt bei der Polymerisation der Kettenabbruch zum Teil durch Disproportionierung. Besteht keine lineare Beziehung zwischen L_{kin} und $\bar{P}$, so wird die Länge der Polymerkette durch Kettenübertragung (Regelung des Molekulargewichtes) bestimmt. *Finkelmann*

Kettenprüfung. Prüfung von Rundstahlketten nach DIN 685 Teil 3. Nur geprüfte Rundstahlketten, welche die Anforderungen nach DIN 685 Teil 2 oder gleichwertige Normen erfüllen, dürfen als Gütekette bezeichnet werden. Hierzu zählen u. a. Lastketten (Hebezeugketten), Anschlagketten, Ketten zum Fördern und Rundstahlketten für Förderer und Gewinnungsanlagen im Bergbau.

Da ein Versagen erhebliche Folgeschäden verursachen kann, sind in zahlreichen Regelwerken, z. B. ISO und DIN (insbes. DIN 685) Mindestanforderungen an die Ketteneigenschaften vorgegeben. Die sicherheitstechnischen Anforderungen nach DIN 685 Teil 2 betreffen den Werkstoff, die Fertigung, die Maße und die mechanischen Eigenschaften (z. B. Fertigungsprüfkraft, Bruchkraft, →Bruchdehnung und →Härte). Sie müssen für die jeweilige Kettengüte erreicht werden und sind durch Prüfungen nachzuweisen. Mit Ausnahme der Überprüfung des Werkstoffes – hier genügen die

Angaben in der Werksbescheinigung nach DIN 50 049 des Stahlherstellers – und der Überprüfung der →Schweißverfahren, die durch den Hauptverband der gewerblichen Berufsgenossenschaften erfolgt, sind die übrigen Prüfungen vom Kettenhersteller durchzuführen.

Eine Besonderheit der geprüften Rundstahlketten liegt in der Fertigungsprüfung im unmittelbaren Anschluß an die Herstellung. Hier wird die gesamte Kette abschnittsweise mit der in den Einzelnormen festgelegten Fertigungsprüfkraft, welche mindestens der zweifachen Zugkraft bzw. Tragfähigkeit entspricht, belastet. Die Beanspruchung der Kette ist dabei überelastisch und es werden Eigenspannungen erzeugt, welche sich in Überlagerung mit den äußeren Lastspannungen günstig auf die Höhe und den Verlauf der Spannungen im Kettenglied auswirken. Die überelastische Beanspruchung hat bleibende Verlängerungen zur Folge, welche so eingestellt werden, daß die Teilung (Länge) der Glieder den Vorgaben entspricht. Der Abstand zur jeweiligen Betriebsbeanspruchung ist so groß, daß bei sachgemäßem Einsatz der Kette im Betrieb nur elastische Verformungen auftreten können. Außerdem wird mittels der Fertigungsprüfung eine 100 %-Prüfung der Schweißverbindungen sichergestellt.

Bei der →Abnahmeprüfung sind nach der Besichtigung an losweise entnommenen Proben die Maße der Ketten wie Durchmesser, Teilung sowie innere und äußere Breite zu ermitteln. Die zu prüfenden mechanischen Eigenschaften richten sich nach dem Verwendungszweck der Kette. Genaue Festlegungen enthalten die Einzelnormen. In der Regel werden der →Zugversuch mit einem Abschnitt aus fünf Kettengliedern zur Bestimmung der Fertigungsprüfkraft F_{Fp}, der Bruchkraft F_m und der Bruchdehnung A (Gesamtverlängerung aus Diagramm bezogen auf Ausgangslänge) sowie die Biegeprüfung zur Sicherung der Kettengüte herangezogen (Bild). Geprüfte Rundstahlketten erreichen, abhängig von der Breite der Kettenglieder eine Bruchspannung, die rd. 60–70 % der Werkstoffestigkeit beträgt. Bei Anschlagketten ist zusätzlich ein Nachweis der Erwärmungsbeständigkeit erforderlich. Eine einstündige Haltezeit auf 420 °C darf das Kraft-Weg-Diagramm des Zugversuches bei Raumtemperatur nicht beeinflussen. Insbesondere bei Hebezeug- und hochverschleißfesten Förderketten ist die Härte von Bedeutung. Bei einsatzgehärteten Ketten wird die Oberflächenhärte und die Einsatzhärtungstiefe bestimmt. Zur ergänzenden Überprüfung der →Schwingfestigkeit werden →Dauerschwingversuche und zur Ermittlung der Werkstoffzähigkeit →Kerbschlagbiegeversuche herangezogen, vgl. DIN 22 252 (Bergbauketten).

Die Berufsgenossenschaft macht die Fertigung

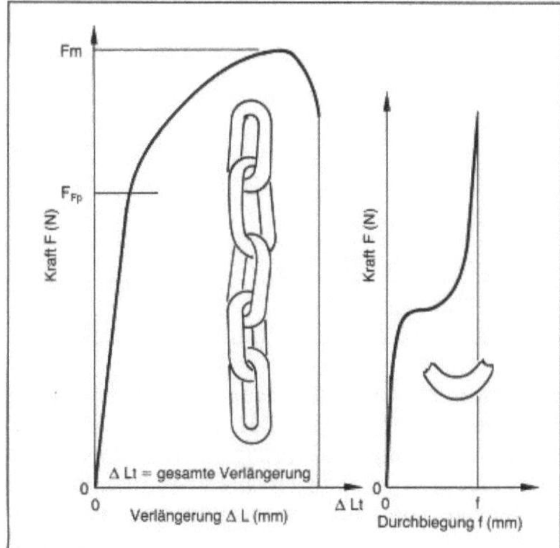

Kettenprüfung: Schematisches Kraft-Weg-Diagramm (Zugversuch) und Kraft-Durchbiegungs-Diagramm (Biegeversuch) einer Rundstahlkette (RUD-Werksfoto).

von Rundstahlketten, soweit sie zum Heben von Lasten verwendet werden sollen, von besonderen Bedingungen abhängig: Diese Ketten dürfen in der Bundesrepublik Deutschland nur mit Zustimmung des Fachausschusses Eisen und Metall I des Hauptverbandes der gewerblichen Berufsgenossenschaften in den Verkehr gebracht werden. Zustimmung bedeutet hier Zulassung des in- oder ausländischen Herstellers nach einer im einzelnen festgelegten Prüfung im Herstellerwerk und regelmäßige Wiederholungsprüfungen. *Kußmaul*

Kettenstahl. → Stahl für geschweißte Rundstahlketten. Als K. werden unlegierte und niedriglegierte Stähle eingesetzt, die je nach Anforderungen normalgeglüht, vergütet oder einsatzgehärtet werden. Hitzebeständige Ketten sind für den Einsatz in Öfen geeignet. Einen Überblick über verschiedene gebräuchliche Stähle für die Herstellung geschweißter Rundstahlketten gibt DIN 17115. *Dahl*

Literatur: Werkstoffkunde Stahl. 2 Bde. (Hrsg. VDEh). Berlin–Düsseldorf 1984/85.

Kettenübertragung. Unter einer K. bei der radikalischen → Polymerisation versteht man die Übertragung der Radikalfunktion vom wachsenden Kettenradikal auf ein anderes Molekül im Polymerisationsansatz. Während der Polymerisation kann das Kettenradikal nicht nur mit weiteren Monomeren reagieren, sondern kann irgendeinem anderen Molekül z. B. ein Wasserstoffatom oder Chloratom entreißen, wobei das Kettenradikal abgesättigt wird, das angegriffene Mole-

kül als Radikal zurückbleibt und eine neue Kette starten kann:

$$\sim CH_2-\overset{\cdot}{C}HR^1 + R^2-X \rightarrow \sim CH_2-\overset{\overset{\textstyle X}{\textstyle |}}{C}HR^1 + R^2.$$

Eine K. kann stattfinden:
– mit dem Initiator
– mit dem → Monomer
– mit einem Lösungsmittel
– mit wachsenden oder bereits fertigen Polymerketten, was zu verzweigten Polymeren führt (Verzweigung)
– mit absichtlich zugesetzten Fremdstoffen → Inhibitor (z. B. Hydrochinon). Das entstehende Radikal ist inaktiv, was zum Abbruch der Polymerisation führt.
– Regler (z. B. n-Butylmercaptan). Das entstehende Radikal startet eine neue Kette. Das so hergestellte → Polymer besitzt dadurch einen niedrigeren → Polymerisationsgrad.

Der Begriff K. hat neben der Bedeutung als chemische Umwandlung auch eine Bedeutung in der Reaktionskinetik der Polymerisation als „Übertragung der Reaktionskette". Damit läßt sich der Vorgang der Inhibierung und Regelung des Molekulargewichtes auch quantitativ erfassen. *Finkelmann*

Literatur: *Elias, H.-G.:* Makromoleküle. 4. Aufl. Basel–Heidelberg–New York 1981.

Kevlar. K. ist ein eingetragenes Warenzeichen der Firma DuPont. Es handelt sich um ein → Polyamid aus Terephthalsäure und p-Phenylendiamin, das aus flüssigkristalliner Lösung (z. B. in konzentrierter Schwefelsäure (H_2SO_4) zu Fäden hoher → Zugfestigkeit versponnen wird. Die hohe Zugfestigkeit wird durch den hohen Orientierungsgrad der „steifen" Polymerketten in Fadenrichtung bedingt (→ Aramidfaser). *Finkelmann*

Kies. Natürliches Korngemenge mit einer → Korngröße zwischen 4 und 63 mm. Man spricht bei einer Korngröße über 32 mm von Grobkies. Gebrochenes Material wird entsprechend der Korngröße mit Splitt bzw. Schotter bezeichnet. *Wesche*

Kieselglas. K. ist ein aus nahezu 100 % SiO_2 bestehendes → Glas mit herausragenden Eigenschaften wie niedrigem thermischem → Ausdehnungskoeffizient, hohe Transformations- und → Erweichungstemperatur, geringe elektrische → Leitfähigkeit und große UV-Durchlässigkeit.

513

Kieselglas. Tabelle: Einige physikalische Eigenschaften von K.

spez. Gewicht:	$2\,200\ \text{kg/m}^3$
Elastizitätsmodul:	$62-72$ GPa
Biegezugfestigkeit:	$65-70$ MPa
Wärmeausdehnungskoeffizient:	$5{,}5 \cdot 10^{-7}\ \text{K}^{-1}$ (0-800 °C)
Transformationstemperatur:	$1\,075-1\,180$ °C (Typ I, II, IV)
	$1\,025-1\,120$ °C (Typ III)

K. werden je nach Herstellungstechnologien folgendermaßen klassifiziert:

□ Typ I: Herstellung aus Quarz, induktives Erschmelzen im geschlossenem Rohr in Vakuum oder Inertgasatmosphäre; (OH-Gruppen ≤ 5 ppm, Verunreinigungen aus Quarz)

□ Typ II: Herstellung aus Quarzpulver in Knallgasflamme (OH-Gruppen 150–400 ppm, oxid. Verunreinigungen ≤ 1 ppm)

□ Typ III: Herstellung durch Hydrolyseprozeß von $SiCl_4$ in Knallgasflamme; (OH-Gruppen ca. 1 300 ppm oxid. Verunreinigungen ≤ 1 ppm, 60–100 ppm Cl)

□ Typ IV: Herstellung durch Oxidationsprozeß von $SiCl_4$ in Hochfrequenzplasma; (OH-Gruppen ≤ 1 ppm, oxid. Verunreinigungen ≤ 1 ppm, ca. 250 ppm Cl)

Die durch die unterschiedlichen Herstellungstechnologien miteingebrachten Spurengehalte beeinflussen die physikalischen, insbesondere die optischen Eigenschaften der K. (Tabelle). Daher sind nur K. vom Typ I und Typ IV im Infrarotbereich durchlässig (OH-Gruppen Anteil sehr gering). Die chemische Resistenz der K. gegen Laugen, H_2O, Säuren (außer HF) Gasen oder agressiven Dämpfen ist hoch. K. finden in der Vakuum- und Strahlungstechnik (UV-Strahlungsquellen), in der Elektrotechnik für Hochspannungsisolatoren und in der Industrie- und Apparatetechnik Anwendung.

Hessel/Hennicke

Kippgrenze → Kleinwinkelkorngrenze

Kippwinkel → Kleinwinkelkorngrenze

Kirkendall-Effekt. Bei der → Diffusion in einem → Mehrstoffsystem der Effekt, daß zwei gegeneinander diffundierende Komponenten A und B unterschiedliche partielle Diffusionskoeffizienten besitzen. In bezug auf die ursprüngliche Trennfläche sind daher die Transportströme ungleich: $j_A \neq j_B$ (→ Fick-Gesetze). Die daraus resultierenden Druck- und Zugspannungen werden auf der Überschuß-Seite durch Einbau zusätzlicher Gitterebenen bzw. Schwellung abgebaut, auf der Unterschuß-

Seite durch → Einschnürung bzw. Porenbildung (Kirkendall-Porosität) (Bild). Letztere führt in der Praxis zu Gefügeschädigung, z. B. während des Schweißens oder beim Hochtemperatur-Einsatz in Gegenwart von Konzentrationsgradienten.

Ilschner

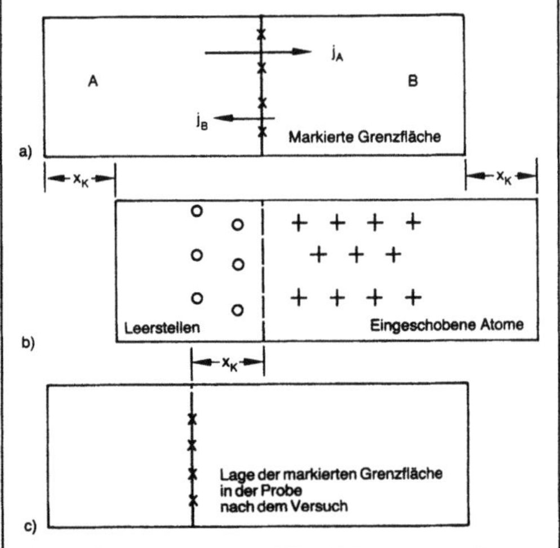

Kirkendall-Effekt: Kirkendall-Verschiebung χ_K der Schweißebene (gestrichelt), weil A schneller in B diffundiert als B in A.

Literatur: *Haasen, P.:* Physikalische Metallkunde. Berlin–Heidelberg 1984.

Kleben. Verbinden von Fügeteilen mit Hilfe eines Klebstoffs, eines Lösungsmittels oder eines Lösungsmittelgemisches. Das K. ermöglicht die Verbindung unterschiedlicher Werkstoffe, auch solcher die durch → Schweißen oder → Löten nicht fügbar sind wie z. B. → Metall und → Holz. Hauptaufgabe des → Klebstoffs ist es, zwischen den Fügeteilen eine stoffschlüssige Verbindung herzustellen. Beim Haftungsmechanismus unterscheidet man zwischen der → Adhäsion, d. h. der Oberflächenhaftung des Klebstoffs auf den Fügeteilen, und der Kohäsion, d. h. der → Festigkeit innerhalb des Klebstoffs (Bild 1).

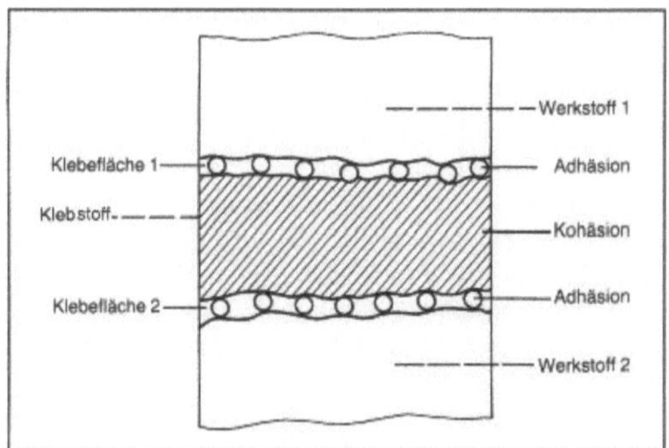

Kleben 1: Die Haftkräfte in einer Klebverbindung.

Die Adhäsion wird hervorgerufen durch physikalische Anziehungs- bzw. Adsorptionskräfte (van-der-Waals'sche Kräfte, Sekundärbindungen), die zwischen den artfremden Atomen und Molekülen der sich berührenden Oberflächen wirken, und durch chemische Bindungen, die zwischen den Atomen und Molekülen der aneinandergrenzenden Oberflächen entstehen (Chemisorption). Von großem Einfluß auf die Adhäsion ist die ausreichende →Benetzung der Fügeteiloberfläche durch den →Klebstoff. Der Klebstoff kann nur dann eine feste Oberfläche ausreichend benetzen, wenn seine Oberflächenenergie γ_k gleich, besser jedoch kleiner als die Oberflächenenergie γ_s des Fügeteils ist (Bild 2).

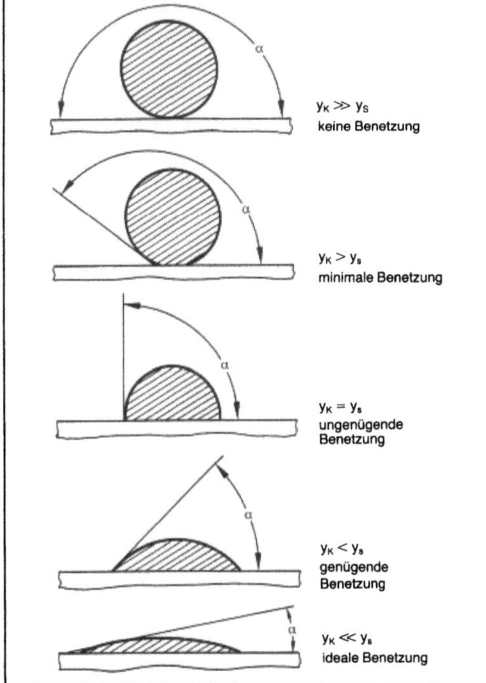

Kleben 2: Oberflächenenergie und Randwinkel. (Nach Loctide Deutschland GmbH)

Die Kohäsion der zumeist organischen Klebstoffe kann verursacht werden durch mechanische Verklammerung fadenförmiger Moleküle oder faseriger Stoffbestandteile, durch die Anziehung zwischen benachbarten Molekülen und Atomen auf Grund verschiedener zwischenmoleku-

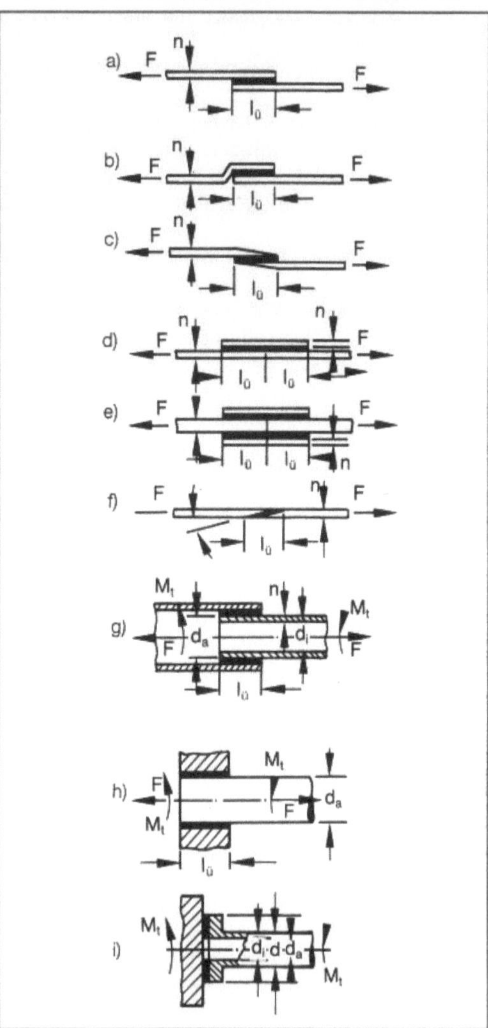

Kleben 3: Die gebräuchlichsten Klebnahtformen.
a) einfache Überlappung
b) gefalzte Überlappung
c) abgeschrägte Überlappung
d) einschnittige Laschung
e) zweischnittige Laschung
f) geschaftet
g) rotationssymmetrische Überlappung (Rohrsteckverbindung)
h) rotationssymmetrische Überlappung (Bolzensteckverbindung)
i) rotationssymmetrische Stoßverbindung (Flanschverbindung).

larer Kräfte oder durch chemische Bindungen im Molekül.

Für die Gestaltung von Klebverbindungen gelten folgende Richtlinien:

□ flächenhafte Verbindungen mit ausreichenden Überlappungen,

□ Beanspruchung möglichst nur auf → Scherung und/oder Druck,

□ optimaler → Oberflächenzustand je nach Art des Klebstoffs,

□ Vermeiden größerer Klebspalte,

□ Klebverbindungen möglichst biege-, dehn-, und stauchfest gestalten,

□ Schälgefahr durch geeignete Maßnahmen vermindern,

□ keine schroffen Querschnitts- oder Klebschichtdickenänderungen,

□ eingeschränkte → Warmfestigkeit und Wärmebeständigkeit der Klebstoffe beachten.

Eine Klebung läßt sich in sechs Schritte unterteilen:

– Vorbereiten der Fügeteile (→ Klebflächenvorbehandlung),

– Vorbereiten des Klebstoffs (→ Mischen der Komponenten),

– Auftragen des Klebstoffs,

– → Fügen und Fixieren (Ablüftzeit, Topfzeit),

– Aushärten der Klebschicht (Härtezeit, Anpreßkraft und Temperatur),

– Nachbehandlung (z. B. Klebwulstentfernung, Versiegeln).

Der auf die Fügefläche bezogene Widerstand gegen Trennung der Klebverbindung durch angreifende äußere Kräfte wird als Klebfestigkeit bezeichnet. Bild 3 (S. 515) zeigt die gebräuchlichsten Klebnahtformen. *Dorn*

Literatur: *Habenicht, G.*: Kleben – Grundlagen, Technologie, Anwendung Berlin, Heidelberg, 1986. – DIN 16 920: Klebstoffverarbeitung. Berlin 1981.

Baukunststoffe. Die seit dem Altertum unter Verwendung von Naturprodukten (Stärkekleister, Knochenleim, Naturharze) bekannte Klebetechnik wurde ingenieurmäßig durch die Entwicklung der → Kunststoffe interessant. Heute stehen zahlreiche Produkte und Verfahren zur Verfügung, die eine sichere Überleitung von Kräften durch konstruktiv zweckmäßig ausgebildete Klebefugen in einer Höhe erlauben, die den zulässigen Beanspruchungen der zu verbindenen Teile entspricht. Bis vor wenigen Jahren wurden im Bauwesen Verklebungen lediglich bei untergeordneten Ausbauarbeiten (Tapeten, Bodenbelägen) verwendet; heute ersetzen sie vorteilhaft in steigendem Maße Verdübelungen und Verschraubungen. Übliche Überlappungsstöße zeigen eine stark ungleichmäßige Spannungsverteilung mit Schubspannungsspitzen und Abschälzugspannungen an den Enden des Überlappungsbereiches. Das Verhältnis von maximaler zu mittlerer Schubspannung läßt sich durch konstruktive Maßnahmen und durch Wahl eines Klebstoffes mit kontrollierten Kriecheigenschaften günstig beeinflussen. Im Stahlbau wurden Verklebungen zwar vereinzelt angewendet, trotz erfolgreicher Langzeitbewährung haben sie sich jedoch aus Kostengründen gegen das → Schweißen nicht durchsetzen können. Dagegen sind Verklebungen bei den sehr dünnen Blechen des Fahrzeugbaues und der Luftfahrttechnik verbreitet. Hier können auch die hinsichtlich ihrer → Festigkeit optimalen dünnen Klebschichtdicken problemlos eingehalten werden.

Eine Kombination von Verschraubung und Verklebung sind die VK-Verbindungen des Stahlbaues. Bei ihnen unterstützt eine hohe Schraubenvorspannung die Verklebung im Sinne einer gleichmäßigen Scherspannungsverteilung und Verhinderung von Schälspannungen. Die Lochlaibungsspannungen des Schraubenschaftes werden nicht in Anspruch genommen. Als Ersatz für Kontermuttern bei normalen Schraubverbindungen kann man das Spiel zwischen Mutter und Schraubenschaft mit Zyanoacrylatklebstoff ausfüllen. Im konstruktiven Betonbau werden Stahlbetonfertigteile druck- und schubfest mit Hilfe gefüllter EP-Klebstoffe (Feinmörtel) verklebt. Unter der Voraussetzung, daß die Fugendicke einige Millimeter nicht übersteigt, kann man in bezug auf Festigkeit und → Verformung von einer „monolithischen" Verbindung ausgehen. Bei sehr großen Querschnitten, z. B. bei der Segmentbauweise im Brückenbau, wird die erforderliche hohe Paßgenauigkeit häufig durch den Einsatz des Positiv-Negativ-Schalungsverfahrens erreicht: Das zu betonierende Element benutzt als Stirnschalung das mit einem Trennmittel versehene, bereits erhärtete, vorhergehende Element. Die Beseitigung der Trennmittelrückstände durch → Sandstrahlen ergibt gleichzeitig die erforderliche → Oberflächenrauheit. In den letzten Jahren hat die Verstärkung bestehender Stahlbeton- und Spannbetonbauwerke mit nachträglich an die Zugzone und ggf. an Stege von Balken geklebten Stahlblechen eine nennenswerte Bedeutung erlangt. *Sasse*

Klebfestigkeit → Kleben

Klebflächenvorbehandlung. Durch → Oberflächenbehandlung kann u. U. eine beträchtliche Steigerung der Bindekräfte zwischen → Klebstoff und Fügeteilen erreicht werden. Das Vorbehandeln von Klebflächen bewirkt

□ verbesserte → Benetzung der Klebflächen durch den Klebstoff,

□ Erhöhen der wirksamen Oberfläche durch Aufrauhen der Klebfläche,

☐ Adhäsionsverbesserung durch Aktivieren der Grenzflächenkräfte.

Je nach Art der Fügeteilwerkstoffe und ihrem → Oberflächenzustand haben sich folgende Vorbehandlungsverfahren als geeignet erwiesen:

☐ Reinigen, Entfetten,

☐ mechanische Vorbehandlung (Schleifen, → Strahlen),

☐ thermische Vorbehandlung (Beflammung, Heißluft),

☐ elektrische Vorbehandlung (Koronaentladung, Niederdruckplasmavorbehandlung, Funkeninduktion),

☐ → Bestrahlung mit langsamen Elektronen (Pfropfpolymerisation),

☐ radioaktive Vorbehandlung (Pfropfpolymerisation),

☐ chemische Vorbehandlung (Beizbäder, Lösungsmitteldämpfe, Gase unter UV-Einstrahlung).

Die unpolaren und schwer bzw. unlöslichen Polymere, wie → Polyethylen, → Polypropylen, → Polyacetale etc. sind i. a. erst nach Vorbehandlung zufriedenstellend verklebbar (→ Kleben). *Dorn*

Literatur: *Brockmann, W., Dorn, L. und Käufer, H.:* Kleben von Kunststoff mit Metall. Berlin–Heidelberg 1989.

Klebnahtform → Kleben

Klebstoffe. K. sind reine Stoffe oder Mischungen verschiedener Stoffe unterschiedlicher Zusammensetzung und Struktur, die die Fähigkeit besitzen, zwei Körper gleicher oder verschiedenartiger Natur über eine aneinandergefügte Fläche zu verbinden. In DIN 16920 werden Richtlinien für die Einteilung von Klebstoffen nach Gebrauchsform, Aufbau und Verarbeitung gegeben:

☐ Leim. Es gibt pflanzliche und tierische L. wie Stärkeleim, Kaseinleim und Glutinleim, aber auch wasserlösliche Kunststoffe wie Celluloseäther oder Polyacrylsäure-Derivate. Diese Leime binden durch Verdunsten eines flüchtigen Lösungsmittels (vorwiegend Wasser) ab.

☐ Lösungsmittel- und Dispersionsklebstoff. Dies sind in Lösungsmittel gelöste oder in Wasser dispergierte oder emulgierte pflanzliche Leime, wie Naturharze und → Naturkautschuk, aber auch synthetische → Elastomere (Butadien-Copolymerisate) und thermoplastische Kunststoffe (→ Polyvinylacetat, Polyacrylsäureester, Vinylchlorid-Copolymerisate). Sie binden ebenfalls durch weitgehendes Entweichen der flüchtigen Lösungs- oder Dispersionsmittel vor oder während des Klebens ab. Außerdem gehören hierzu die Vinylchlorid-Polymerisate (Plastisolklebstoffe). Dies sind lösungsmittelfreie, weichmacherhaltige (20 bis 50 %) PVC-Pasten, die beim Erhitzen gelieren und abbinden.

☐ Schmelzklebstoff. Hierzu gehören thermoplastische Kunststoffe (Styrol-Blockkopolymere, Vinylacetat-Vinylester-Kopolymere, → Polyester), meist in Folienform, die zum Verkleben aufgeschmolzen werden und durch Erkalten abbinden.

☐ Reaktionsklebstoff. Dies sind kalt- und warmhärtende Kondensationsharze (Phenol-, Melamin-, Harnstoff-Formaldehydharze), anaerob abbindende Dimethylacrylsäureester sowie Polyadditionsklebstoffe auf Epoxid- und Polyurethanbasis und andere. Kennzeichnend für alle Reaktionsklebstoffe ist die durch chemische Reaktion stattfindende → Aushärtung.

Ebenso zählen die Reaktionsklebstoffe dazu, die vorwiegend nur anpolymerisierte Kunststoffe mit niedrigen Molmassen enthalten und die erst durch „Härter"-Zusatz weiterreagieren und so abbinden. Man unterteilt sie in:

– Zweikomponentenklebstoffe, bei denen Binder und Härter getrennt sind und erst vor dem Verkleben gemischt werden (Polymethacrylate, Polyurethan- und Epoxidharzvorprodukte, Polyethylenimine, ungesättigte Polyester), und

– Einkomponentenklebstoffe, die unter Einwirkung von Luftfeuchtigkeit vernetzen (Cyanacrylate und Isocyanatkleber).

Neben diesen organischen K. spielen auch anorganische K. (→ Bindemittel, → Zement) eine wichtige Rolle beim Verkleben von keramischen Stoffen. Hierzu zählen Natriumsilicat (Wasserglas, $Na_2O \cdot nSiO_2$ mit n = 1–4), Gips ($CaSO_4 \cdot 1/2\,H_2O$), Magnesiumoxidchlorid ($3\,MgO \cdot MgCl_2 \cdot 11\,H_2O$) und Portlandzement. *Dorn*

Literatur: DIN 8593, T. 8: Fertigungsverfahren Fügen; Kleben; Einordnung Unterteilung, Begriffe. Berlin, Köln 1985.

Klebstoffprüfung. → Klebstoffe sind in der Regel polymere Werkstoffe. Zur Beurteilung von Klebstoffpolymeren sind insbesonders physikalische Kennwerte von Interesse, die auf die → Festigkeit von Klebungen Einfluß nehmen. Hierzu zählen:

– der → Schubmodul,

– der → Elastizitätsmodul,

– der Kriechmodul,

– die Scherfestigkeit und

– die → Zugfestigkeit.

Von den chemischen Kennwerten sind z. B. zu nennen das Epoxid-Äquivalent von → Epoxidharzen und der Styrolgehalt von UP-Harzen.

Die so ermittelten Kennwerte sind vor allem für eine vergleichende Beurteilung von Klebstoffen wichtig. Sie ermöglichen für sich allein jedoch noch keine umfassende Aussage über die Güte einer Klebung.

Für den praktischen Anwendungsfall ist es wichtig, ein komplexes Beanspruchungsverhalten zu ermitteln. Bei diesen technologischen Prüfungen wird ein Eigenschaftsbild erhalten, das sich aus allen der an der Verklebung beteiligten Stoffe additiv ergibt. So gehen in die Prüfung der →Klebfestigkeit auch die Festigkeitseigenschaften der Fügeteile und das Verhalten der Grenzschicht mit ein.

Es sind zerstörende und zerstörungsfreie Prüfverfahren gebräuchlich. Bei den zerstörenden Verfahren werden die Klebungen bis zu deren Versagen den verschiedenen Beanspruchungsarten unterworfen. Es werden statische und dynamische Beanspruchungen unterschieden. Prüfungen mit statischer Beanspruchung sind:

□ der Zugscherversuch
□ der Druckscherversuch
□ der →Torsionsversuch
□ der Winkelscherversuch
□ der →Zeitstandversuch.

Eine Prüfung mit dynamischer Beanspruchung ist z. B. die Prüfung der →Dauerschwingfestigkeit.

Da die mechanischen Eigenschaften polymerer Werkstoffe stark temperaturabhängig sind, werden Klebverbindungen je nach Anwendungsfall bei erhöhten und auch bei tiefen Temperaturen geprüft. Durch die Prüfung mittels →Schallemissionsanalyse (SEA) lassen sich auftretende Klebschichtschädigungen in ihrer Entstehung feststellen.

Zerstörungsfreie Prüfverfahren ermöglichen die Prüfung der Verklebung auf Fehlstellen wie Poren, Lunker und Benetzungsfehler. Ihre Einteilung erfolgt nach dem angewendeten physikalischen Prinzip in akustische, thermische, elektrische und auf Strahlung basierende Verfahren. Am häufigsten angewendet werden die Methoden auf der Basis von Ultraschall. Hierbei werden hochfrequente Schallimpulse eines Ultraschallgebers über ein Ankopplungsmedium auf die Klebung aufgegeben. Es werden folgende Ultraschallprüfverfahren unterschieden:

– das Resonanzverfahren
– das →Durchschallungsverfahren
– das Impulsechoverfahren.   *Pöllet/Eyerer*

Literatur: *Habenicht, G.:* Kleben. Berlin–Heidelberg–New-York–Tokyo. 198.

Kleinwinkelkorngrenze. In einem Körnerverband (→Gefüge) unterscheiden sich die Körner in der räumlichen Lage ihrer Gitterebenen. Ihre Grenzflächen, die Korngrenzen, grenzen daher Bereiche unterschiedlicher kristallographischer Orientierung voneinander ab.

Man unterscheidet dabei zwischen Großwinkelkorngrenzen und K. Großwinkelkorngrenzen trennen Körner (Kristallite) mit großem Orientierungsunterschied voneinander. Es handelt sich um mehrere Atomlagen dicke Schichten, die weitgehend ungeordnet vorliegen, teilweise aber auch streng geordnete Bereiche aufweisen. Versetzungen sind

daher nicht in der Lage, Großwinkelkorngrenzen zu passieren.

Im Gegensatz dazu ist die K. (Subkorngrenze) sehr dünn. Sie wird aus regelmäßig angeordneten Versetzungen aufgebaut. Der maximale Orientierungsunterschied der benachbarten Körner liegt bei wenigen Grad. Es werden Dreh- und Kippgrenzen unterschieden, je nachdem, ob die angrenzenden Subkörner durch eine Drehung oder eine Verkippung in ein einziges →Korn übergeführt werden können (Bild).

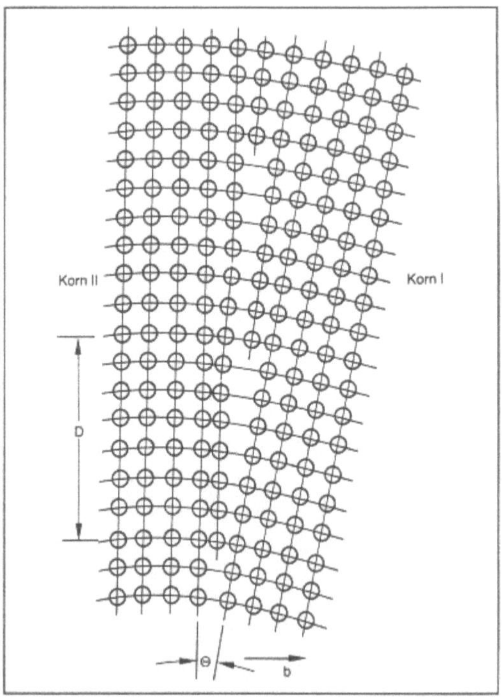

Kleinwinkelkorngrenze: K. (Kippgrenze) mit dem Kippwinkel Θ mit dem Versetzungsabstand D. (b = Bingers-Vektor).

Drehgrenzen werden aus Netzwerken von Schraubenversetzungen, Kippgrenzen aus Stufenversetzungen aufgebaut. Dreh- und Kippgrenzen treten kaum in reiner Form auf. Die meisten Subkorngrenzen sind Mischformen dieser Grenzfälle. Versetzungen können Subkorngrenzen passieren, indem sie zunächst in sie eingebaut und dann auf der anderen Seite wieder ausgebaut werden.   *Gräfen*

Klettern. Verlagerung von →Versetzungen mit Stufencharakter, welche ein Versetzungssegment in eine andere Gleitebene bringt. Da die Stufenversetzung einer auf der Gleitebene stehenden eingeschobenen Gitterhalbebene entspricht, ist K. nur durch Verkürzen bzw. Verlängern dieser Halbebene möglich, also durch Absorption/Emission von Leerstellen von ihrer Kante durch → Diffusion. Die Geschwindigkeit des Kletterprozesses ist daher proportional zum Diffusionskoeffizienten und zur „Kletterkraft". Letztere entspricht dem Gewinn des Systems an potentieller Energie durch die Formänderung in Richtung äußerer Kräfte, welche durch K. um ±1 → Burgers-Vektor bewirkt wird. Im Realgitter klettern Versetzungen nach einem Reißverschluß-Modell, indem atomare „Kinken" die Versetzungs-Linie unter Emission/Absorption von Leerstellen entlanglaufen. *Ilschner*

Klimaprüfung. Prüfungen, bei denen Freiluftklimate oder Klimamodelle auf den Werkstoff einwirken und die dadurch hervorgerufenen Änderungen von Eigenschaften festgestellt werden.

Man unterscheidet Untersuchungen mit konstanten Prüfklimaten (DIN 50015, Ausg. Aug. 1975) und solche mit → Feucht-Wechselklima (DIN 50016, Ausg. Dez. 1962), bei denen die Klimabeanspruchung aus der alternierenden Einwirkung von feuchter Luft und Schwitzwasser infolge Wechsels zwischen Konstantklimaten entsteht (Tabelle). Allgemeine Richtlinien für Klimaversuche unter Betauung sind für metallische Werkstoffe in DIN 50905, Ausg. Jan 1987, enthalten.

Außer den Klimagrößen Luftdruck, Lufttemperatur, rel. Luftfeuchte bzw. Taupunkttemperatur und Luftgeschwindigkeit können bei der Prüfung weitere Klimabestandteile wie Strahlung (Licht), Gas, Dampf, Aerosol (Salznebel), Regen, Staub und Keime Berücksichtigung finden. Zusätzlich ist eine Kombination mit aus dem Verwendungszweck des Werkstoffs abzuleitender mechanischer oder elektrischer Beanspruchung möglich (Bewitterungsversuch, → Korrosionsprüfung). *Kußmaul*

Klimate → Klimaprüfung

Knäuel. Moleküle von Polymeren in Lösung liegen im Allgemeinen nicht als langgestreckte Ketten vor, sondern als unregelmäßige, je nach chemischer Struktur und Lösungsmittel, mehr oder minder dichtes K.

Betrachtet man z. B. → Polyethylen, allgemeine Formel $H_3C–(CH_2–CH_2)_x–CH_3$, so ist jede C–C-Bindung (Kohlenstoff-Kohlenstoff) der Polymerkette drehbar und besitzt drei bevorzugte Stellungen, die energetisch etwa gleichwertig, also gleich wahrscheinlich sind. Jede dieser Stellungen bezeichnet man als eine Konformation. Enthält eine Polymerkette N = 1000 C–C-Bindungen, so kann die Kette 3^N Konformationen annehmen, also $3^{1000} \approx 10^{477}$ „Makrokonformationen". Nur eine dieser Konformationen entspricht der gestreckten Kette (Bild).

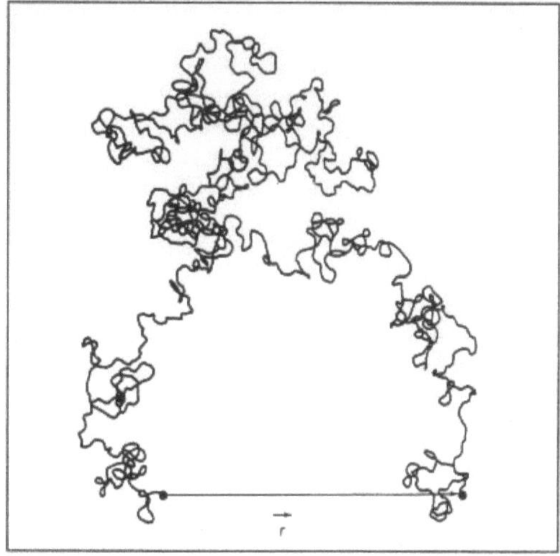

Knäuel: Zweidimensionale Abbildung einer Konformation einer Polymerkette mit 1000 C–C-Bindungen. $\vec{r}$ = Abstand der beiden Kettenenden.

Die Polymerkette nimmt aufgrund thermischer Bewegungen ständig andere Konformationen an. Eine mittlere oder wahrscheinlichste Knäuelform läßt sich mit statistischen Methoden berechnen, sie entspricht etwa der Form einer Niere. Aussagen über die reale, statistische Form eines Polymerknäuels erhält man aus Lichtstreu-, Sedimentations- und Viskositätsexperimenten. Polymerknäule liegen nicht nur in verdünnter Lösung vor, sondern auch bei anderen Konzentrationen, bis hin zur Schmelze, wobei sich die K. dann gegenseitig durchdringen. *Finkelmann*

Klimaprüfung. Tabelle: Untersuchungen mit konstanten Prüfklimaten

Klima	Kurzzeichen	Lufttemperatur °C	relative Luftfeuchte %	Taupunkt- temperatur °C
feucht	23/83	23	83	20,0
feucht-warm	40/92	40	92	38,4
trocken-warm	55/22	55	≤ 20	≤ 25,0

Knetlegierung. Dieser Legierungstyp, den es nur im Leicht- und Schwermetallbereich gibt, unterscheidet sich von den Sandguß- und Druckguß-Legierungen in Varianten der Zusammensetzung. Die Sandgußlegierungen sind auf gute → Gießbarkeit (Formfüllungsvermögen) und eine möglichst günstige Erstarrungsmorphologie zwecks Verminderung des Lunkervermögens getrimmt, Eigenschaften, auf welche die durch → Umformung weiterverarbeiteten K. keine besondere Rücksicht nehmen müssen.

Bei den K. kommt es vor allem auf eine gute Umformbarkeit und gute Festigkeitseigenschaften, die u. U. durch die Warmformung verbessert werden und die üblicherweise über denen von vergleichbaren Sandgußlegierungen liegen, an. Druckgußlegierungen sollen nicht nur gut fließfähig, sondern auch resistent gegen Gasaufnahme beim Gießvorgang sein.

Je nach Gießmethode und Weiterverarbeitung gibt es also bei an sich gleicher Grundkonzeption (z. B. hinsichtlich Widerstandsvermögen des Werkstoffs gegen → Korrosion, → Verschleiß oder → Kriechen) unterschiedliche Legierungsvarianten, wobei die K. für die Herstellung von Vor- oder Fertigerzeugnissen mit nachfolgender Umformung durch → Walzen, → Pressen, → Drücken usw. bestimmt sind. *Doliwa*

Knickbauchen. K. ist nach DIN 8584, Bl. 6, → Zugdruckumformen zum örtlichen Erweitern oder Verengen eines Hohlkörpers unter Einwirkung von Druckkräften in Längsrichtung, die zu einem Ausknicken des Werkstücks nach außen oder innen, quer zur Richtung dieser Druckbeanspruchung führen (Bild 1, 2). Dabei werden in der Um-

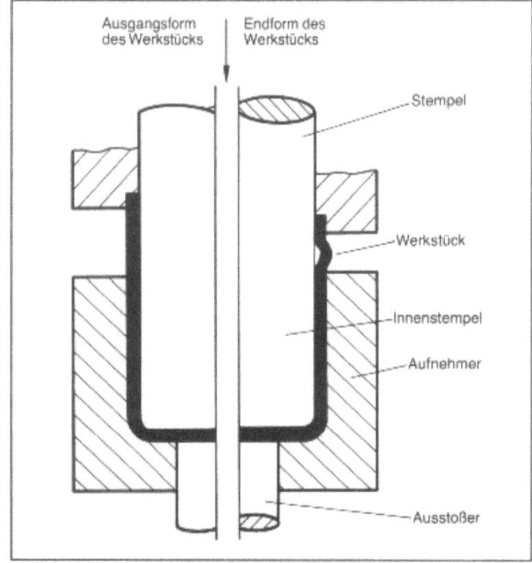

Knickbauchen 1: K. nach außen.

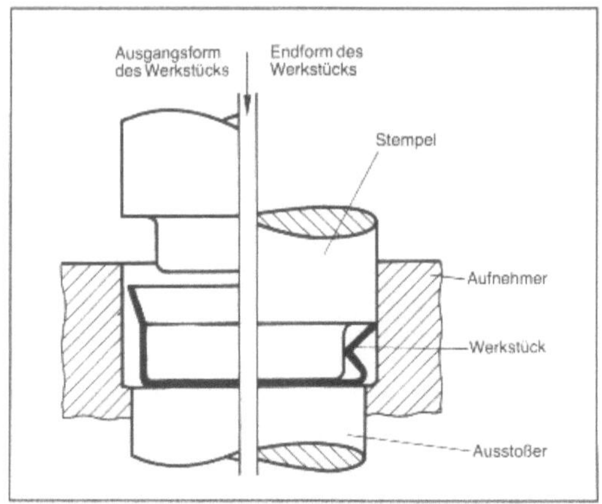

Knickbauchen 2: K. nach innen.

formzone tangentiale Zugbeanspruchungen, z. T. auch tangentiale Druckbeanspruchungen bzw. Kombinationen davon hervorgerufen. K. dient zum Erzeugen von Versteifungen, Anschlägen und ähnlichen Formelementen meist an dünnwandigen Hohlteilen aus Blech. *Lange*

Knickbiegen. K. ist nach DIN 8586 → Biegeumformen, bei dem der Biegevorgang durch Ausknicken des Werkstücks senkrecht zur Kraftwirkrichtung eingeleitet wird (Bild). Die Umformzone wird dabei durch Einspannen des nicht umzuformenden Teils des Werkstücks oder/und auch durch örtliche Erwärmung begrenzt. Durch K. lassen sich z. B. in einem Arbeitsgang örtliche Vorsprünge begrenzter Breite mit doppelter Dicke des Blechteils erzeugen, sofern der Werkstoff scharfkantige Biegungen um 180° zuläßt. Das ist dann gegeben, wenn die Brucheinschnürung $Z = 50\%$ beträgt. *Lange*

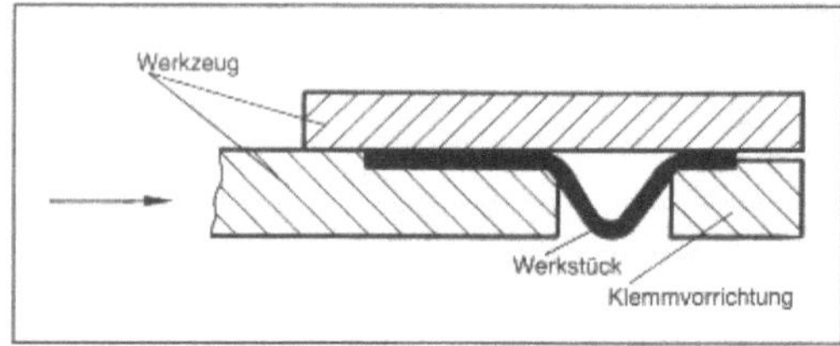

Knickbiegen: Schematische Darstellung.

Knickversuch. Unter Druckbeanspruchung versagen schlanke Bauteile (z. B. Stäbe) bei Erreichen einer kritischen Last plötzlich durch Ausknicken. Diese zusätzliche Versagensmöglichkeit ist bei Druckbeanspruchung neben Bruch und Fließen in der Festigkeitsberechnung zu berücksichtigen. Das Knicken ist somit ein Instabilitätsvorgang, der im wesentlichen von der geometrischen Form des Bauteils bestimmt wird. Die Größe der Knicklast hängt dabei außer von der geometrischen Form noch davon ab, wie das Bauteil geführt oder gelagert ist.

Im klassischen Fall des linear-elastischen Werkstoffverhaltens unterscheidet man die vier *Euler*schen Knickfälle (Bild 1). Die zugehörigen Knicklasten sind jeweils unter dem betreffenden Knickfall eingetragen. In allen Gleichungen ist der Faktor EI/l^2 enthalten. Die Knicklast hängt also hauptsächlich von den geometrischen Verhältnissen des Bauteils ab, der Werkstoff ist nur über den E-Modul von Einfluß. Die geometrischen Größen lassen sich auch zu dem Schlankheitsgrad $\lambda = l\sqrt{A/I}$ zusammenfassen. In Bild 2 sind für die vier Eulerfälle die zulässigen Knickspannungen in Abhängigkeit des Schlankheitsgrades λ für Stähle (St 37, St 70) aufgetragen. *Kußmaul*

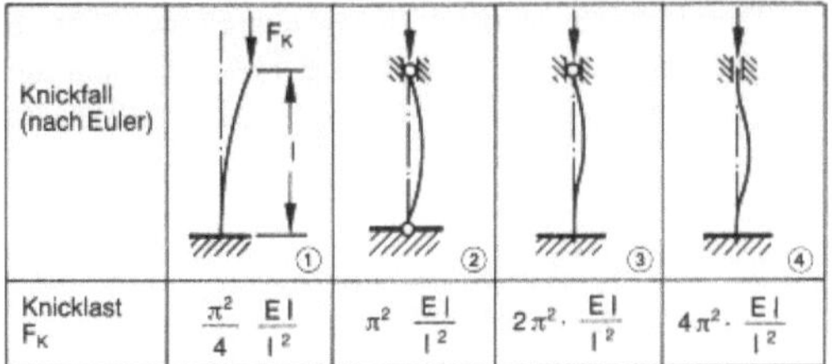

Knickversuch 1: Euler'sche Knickfälle.

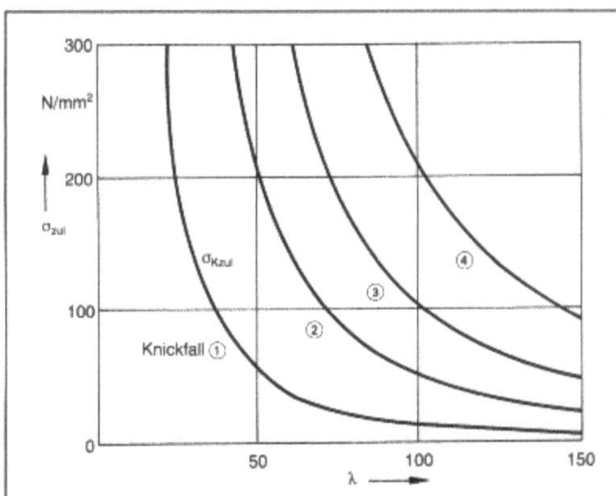

Knickversuch 2: Zulässige Spannungen der Stähle St 37 und St 52 gegen Knicken.

Kniehebelpresse. K. sind mechanische, weggebundene Preßmaschinen mit erweitertem Kurbelgetriebe (→ Umformmaschine). Man unterscheidet Kniehebelgetriebe mit zug- oder druckbeanspruchtem Pleuel. Die Stößelbewegung ist in der Nähe des unteren Totpunktes deutlich verzögert. Dadurch ergibt sich, verglichen mit reinem Schubkurbelgetriebe, ein merklich kleinerer Stößelweg, über den die → Nennkraft verfügbar ist; auch sind im Bereich $h > h_N$ die verfügbaren Stößelkräfte sehr viel niedriger. K. werden daher bevorzugt für Umformvorgänge mit kurzen Umformwegen, längeren Druck-

berührzeiten und hohen Kraftspitzen bei Vorgangsende eingesetzt, z. B. für Prägen von Münzen, Formteilen. *Lange*

Knitterprüfung. Das Knittern an textilen Flächengebilden ist dadurch gekennzeichnet, daß unter der Einwirkung eines Preßdruckes Falten auftreten, die in ihrer Form, ihrer Größe, ihrer Anzahl und ihrer Lage zueinander sehr verschieden sein können. Es handelt sich dabei um mehr oder weniger bleibende Verformungen durch eine Biegebeanspruchung.

Die K. teilt sich in die Prüfung der Knitterneigung bzw. des Knittergrades und in die Prüfung der Knittererholung. Beide Verfahren gehen von einer definierten Belastung, d. h. einer definierten Einwirkung eines Preßdruckes zur Bildung der Falten aus. Bei der Prüfung der Knitterneigung bzw. des Knittergrades werden unmittelbar nach der Entlastung entsprechende Messungen oder Vergleiche mit Knitterstandards vorgenommen. Eine Normung dieser Verfahren war bisher nicht möglich. Dagegen wurden zwei Meßverfahren für die Knittererholung genormt.

□ Bestimmung des Knittererholungswinkels mit hochstehendem Schenkel (Meßbank); DIN 53890.

An Proben mit 50 × 20 mm Abmessung wird ein 1 cm breiter Streifen gefaltet und 30 min lang mit einem Gewichtsstück von 1 000 g belastet. Nach der Entlastung erfolgt in bestimmten Zeitabständen die Messung des Winkels zwischen der waagrechten Meßbank und dem gefalteten Schenkel (Bild 1). Dieser Knitterwinkel wird sofort nach Entlastung, nach 5 und nach 30 min gemessen.

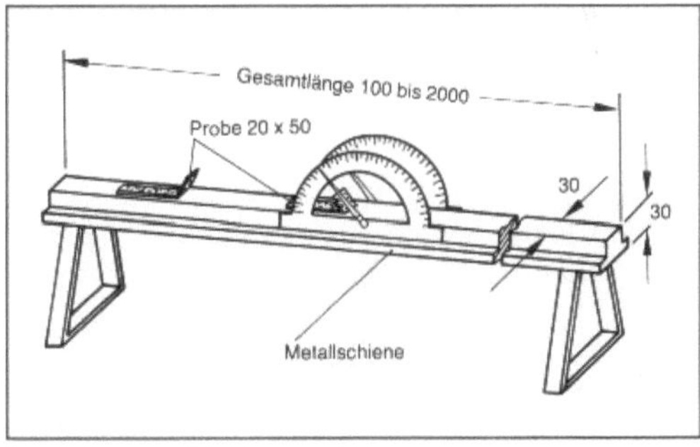

Knitterprüfung 1: Schematische Darstellung einer Meßbank.

□ Bestimmung des Knittererholungswinkels mit hängendem Schenkel (Monsanto Wrinkle Recovery Tester); DIN 53891 T1 und T2.

An Proben mit 30 × 15 mm Abmessung wird ein 1 cm breiter Streifen gefaltet und in einer → Presse 5 min lang mit 1 000 g belastet. Nach der Entlastung erfolgt die Messung des Knittererholungswinkels in dem eigentlichen Gerät (Bild 2) bei hängendem Schenkel nach 5 min Erholungsdauer.

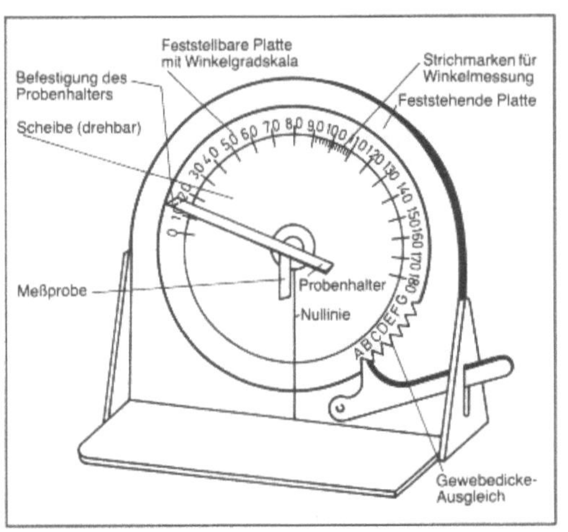

Knitterprüfung 2: Prüfgerät für die Bestimmung des Knittererholungswinkels.

Diese Messung kann an trockenen, d. h. im Normklima ausgelegten Proben (Teil 1) und an mit Wasser benetzten Proben (Teil 2) erfolgen.

Kleinhansl

Literatur: DIN 53890: Bestimmung des Knittererholungswinkels von textilen Flächengebilden mit hochstehendem Schenkel. 1972. – DIN 53891: Bestimmung des Knittererholungswinkels von textilen Flächengebilden mit hängendem Schenkel, Teil 1 trocken – Teil 2 naß. 1978. – *Sommer, H.* und *F. Winkler:* Handbuch der Werkstoffprüfung. Bd. V. Berlin–Göttingen–Heidelberg (1961).

Kobaltlegierungen. Hauptlegierungselemente für technische K. sind →Nickel, →Chrom, →Eisen und Wolfram. Hochwarmfeste K. (Tabelle 1) haben eine hohe →Zeitstandfestigkeit (Tabelle 2) bis zu Temperaturen von 1000 °C.

Diesen hochwarmfesten Legierungen verleiht das Legierungselement Kobalt die hohe Zeitstandfestigkeit bei hohen Temperaturen. Nickel dient der

Kobaltlegierungen. Tabelle 1: Zusammensetzung von hochwarmfesten K.

DIN-Bezeichnung	US-Bezeichnung	Zusammensetzung in Gewichts%						Sonstige
		C	Co	Ni	Cr	Fe	W	
CoCr20W15Ni	L-605; HS-25	0,1	50	10	20	$\leqq 3$	15	
CoCr20Ni20W	S-816	0,4	43	20	20	$\leqq 5$	4	Mo, Nb
G-CoCr27Mo	Vitallium, HS-21	0,25	62	2,5	27	<2		Mo
G-CoCr25Ni10W	X40, HS-31	0,5	55	10	25	<2	7,5	
G-CoCr20W12B	Haynes 151	0,5	62	<1	20		12,8	Ti, B
G-CoCr22W10Ta	MAR-M302	0,85	55	<1,5	22	<1	10	Ta, Zr, B
G-CoCr22Ni10W	MAR-M509	0,6	55	10	22		7	Ta, Zr, Ti

Kobaltlegierungen. Tabelle 2: Festigkeitswerte (Zugfestigkeit R_m, Streckgrenze $R_{p0,2}$ in N/mm², Bruchdehnung A in %) und Zeitstandfestigkeit ($R_{m/1000\ h}$ in N/mm²), Zeitdehngrenze ($R_{1/1000\ h}$ in N/mm²) von hochwarmfesten K. (Glühung: ca. 0,5–1 h, 1150–1250 °C/Luft oder Wasser; 4–24 h, 700–900 °C/Luft) (nach W. Dienst)

Bezeichnung	Raumtemperatur			700 °C-Auslagerung			900 °C-Auslagerung			Zeitstandfestigkeit $R_{m/1000\ h}$		Zeitdehngrenze $R_{1/1000\ h}$	
	R_m	$R_{p\,0,2}$	A	R_m	$R_{p\,0,2}$	A	R_m	$R_{p\,0,2}$	A	700°C	900°C	700°C	900°C
L-605, HS-25	950	400	50	550	240	24	280	210	17	240	70	170	40
S-816	1000	480	25	700	340	20	270	200	17	270	70	160	40
Vitallium, HS-21	710	560	8	480	–	13	350	–	25	180	70		
X-40, HS-31	780	550	9	520	300	13	310	230	20	300	100		
Haynes 151	740	520	8	560	330	13				360	120		
MAR−M302	980	700	2	750	420	7	400	280	12		130		

Stabilisierung der im allgemeinen kubisch-flächen-zentrierten Legierungsmatrix gegen die Umwandlung in eine hexagonale Tieftemperaturphase oder allotrope Umwandlungsphasen. Der hohe Chromgehalt ist für einen hinreichenden Oxidationswiderstand erforderlich. Der Kohlenstoffanteil ermöglicht die Karbidhärtung, ebenso wie Wolfram, Molybdän, Titan und Zirkonium. Wolfram und Molybdän bewirken außerdem eine Mischkristallhärtung (→ Härtesteigerung).

Gegenüber → Nickellegierungen haben K. den Nachteil einer geringeren Oxidationsbeständigkeit bei hohen Temperaturen (bis 1000 °C) sowie einer niedrigeren → Warmfestigkeit und stärkeren Zeitstandversprödung, aber den Vorteil einer besseren Beständigkeit gegen Heißkorrosion insbesondere der stark sulfidierenden Verbrennungsgase (Gasturbinen, Dieselmotoren). Hochwarmfeste K. werden für Gasturbinenschaufeln, Laufräder, Leitschaufeln, Brennkammern, Turbolader, Schubdüsen von Flugtriebwerken und auch in metallurgischen Schmelzbetrieben verwendet.

Schneidmetalle, die entweder gegossen (Stellite, Celsite) oder gesintert (Karbid-Metalle) sind, haben außerdem technische Bedeutung erlangt. Sie bestehen zumeist aus 55–75 % Kobalt, 15–25 % Chrom und 5–25 % Wolfram. Stellite verfestigen sich bei Schlagbeanspruchung (Ventilsitze).

Als Widerstandswerkstoff für elektrische Öfen werden Legierungen aus 60 % Kobalt, 12 % Chrom, 24 % Eisen und 2 % Mangan (Cochrome) verwendet.

Weichmagnetische Werkstoffe mit hoher → Sättigungsmagnetisierung bestehen aus Kobalt-Eisen-Legierungen (z. B. Hyperm FeCo50) oder hartmagnetische Werkstoffe mit hoher Koerzitivfeldstärke aus ca. 30 % Co (z. B. AlNiCo 5 oder Sintereisen).

Die rostfreie → Invar-Legierung enthält 50 % Kobalt, 20 % Chrom, 30 % Eisen und hat eine sehr geringe bis keine → Wärmeausdehnung.

Kobalt wird außerdem als Oxid oder in anderen Verbindungen bei der Herstellung von Porzellan, → Glas, Emaille und in der Farb- und Lackindustrie (Kobaltblau) verwendet. Häufig dient es als Legierungselement in Stählen zur Festigkeitssteigerung (Karbidbildung).

Kobalt-Chrom-Legierungen (60–70 % Co; 18–30 % Cr; 2–6 % Mo und geringe Mengen anderer Legierungsmetalle) sind gegen Körperflüssigkeiten besonders beständig und werden als präzisionsgegossene Dentallegierungen und als Implantate in der Chirurgie eingesetzt. *Heller*

Literatur: *Dienst, W.*: Hochtemperaturwerkstoffe. Karlsruhe 1978. – *Kieffer, R.* u. *G. Jangg, P. Ettmayer*: Sondermetalle. Wien 1971. – *Schimpke, P.* u. *H. Schropp, R. König*: Technologie der Maschinenbaustoffe. Stuttgart 1977.

Kobaltlegierungen, hochwarmfeste. Anwendung als Schmiede- oder Feingußlegierungen in Dampf- und Gasturbinen, in Flugtriebwerken sowie in Anlagen der chemischen Industrie mit Betriebstemperaturen bis 1100 °C. Gebräuchliche Legierungen enthalten Kobaltgehalte bis zu 54 % und erreichen eine 1000 h-Zeitstandfestigkeit von 100 N/mm² bei 1000 °C (→ Kobaltlegierungen). *Dahl*

Literatur: Werkstoffkunde Stahl. 2 Bde. (Hrsg. VDEh). Berlin–Düsseldorf 1984/85.

Kobaltschichten. Oberflächenschutzschichten, die meistens durch elektrolytisches oder fremdstromloses → Abscheiden, teilweise auch durch physikalische → Abscheidung aus der Gasphase (PVD), erzeugt werden. Hexagonale K., die bis ca. 425 °C thermodynamisch stabil sind, haben einen hohen Widerstand gegen → Adhäsion.

Technisch angewendet werden ferner Kobalt-Dispersionsschichten mit eingelagerten Chromcarbid- oder Chromoxidpartikeln. Kobalt-Chromoxid-Dispersionsschichten haben bei Temperaturen zwischen 300 und 700 °C einen hohen Widerstand gegen → Schwingungsverschleiß (Bild). *Habig*

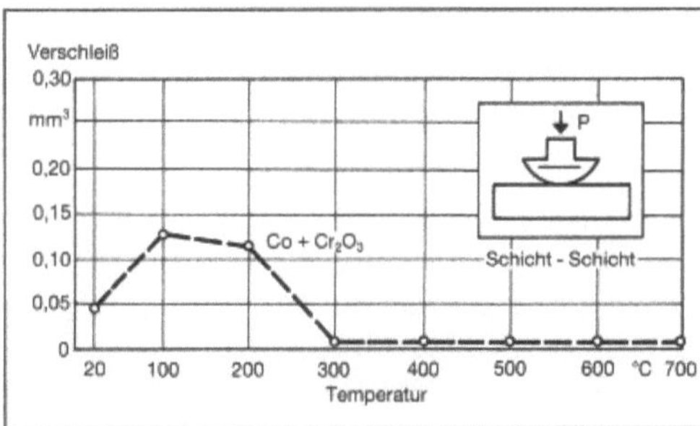

Kobaltschichten: Schwingungsverschleiß von Co-Cr$_2$O$_3$-Dispersionsschichten in Abhängigkeit von der Temperatur.

Literatur: *Simon, H.* und *M. Thoma*: Angewandte Oberflächentechnik für metallische Werkzeuge. München 1985.

Kohäsionsbruch → Verbundwerkstoffe

Kohlensack. K. ist die Bezeichnung für den weitesten Querschnitt eines → Hochofens am Übergang vom → Hochofen-Schacht zur → Rast. *Baumann*

Kohlenstoff. K. kommt in der Natur gediegen als Diamant oder → Graphit (→ Hochtemperaturwerkstoffe), hauptsächlich aber in Verbindungen vor.

K. steht als Element der 4. Hauptgruppe in einer ausgezeichneten Stellung. Während alle übrigen Elemente entweder eine besondere Affinität zu Wasserstoff oder zu Sauerstoff haben (parallel mit der Tendenz, durch Elektronenabgabe oder Aufnahme die stabile Edelgaskonfiguration zu erreichen), sind die entsprechenden Kohlenstoffverbindungen etwa gleich stabil. Besonders groß ist daher seine Neigung mit sich selbst zu reagieren: es entsteht die Vielfalt der organischen Chemie mit ihren ca. 5 Millionen Verbindungen, die die anorganische Chemie mit ca. 500 000 Verbindungen in den Schatten stellt. Ein prinzipieller Unterschied der beiden Chemien besteht jedoch nicht. Dieses neutrale Verhalten von Kohlenstoff gegenüber Reaktionspartnern drückt sich – in der für Hauptgruppenelemente ungewöhnlichen Vielfalt stabiler Oxidationsstufen aus.

Diese ist eine wesentliche Ursache für die Schlüsselrolle von K. für das Leben, sie ermöglicht die ungeheuere molekulare Vielfalt. Strukturelle Vielfalt alleine ist auch mit anderen Schlüsselelementen wie → Silicium gegeben. Ein weiterer Vorteil von K. ist aber seine Flüchtigkeit in einigen seiner Verbindungen (CO_2), die die leichte Synthese von Biomolekülen in der Assimilation ermöglicht. Analoge Siliciumverbindungen sind polymere, nicht flüchtige Feststoffe.

K. kommt in drei hauptsächlichen Modifikationen vor:

□ Diamant; diese seltene Form des K. besteht strukturell aus gewellten Sechseckschichten, die untereinander kovalent verknüpft sind. Die Bindungslängen der sp^3-hybridisierten Kohlenstoffatome betragen 154,45 pm und entsprechen einer C-C-Einfachbindung.

□ Graphit; diese Modifikation von K. ist in verschieden guter Ausbildung die weitaus häufigste. Ihre Struktur besteht aus Sechseckschichten von kondensierten Benzol-Molekülen, die nur mit schwachen *van der Waals* Kräften zu dreidimensionalen Stapeln verbunden sind.

□ weißer K.: die Existenz dieser Modifikation wird heute nicht mehr bestritten, über die Struktur besteht jedoch weitgehende Unklarheit. Er entsteht bei der Hochtemperaturbehandlung von pyrolytischem Graphit oder durch katalytische Hochdrucksynthese aus Acetylen. Er soll eine stabförmige Polyacetylenstruktur besitzen, wozu jedoch z. B. seine weiße Farbe deutlich in Widerspruch steht.

Gemäß der unterschiedlichen Bindungseigenschaften unterscheiden sich die Dichten von Graphit (2 266 g/cm^3) und Diamant (3 514 g/cm^3).

Temperaturverhalten: An Luft verbrennt K. sowohl als Diamant wie auch als Graphit zu CO_2

$$c_{gr.} + O_2 \ CO_2 + 388,43 \ kJ$$

Die Verbrennungstemperatur hängt von der Kristallqualität ab und liegt zwischen 700 K und 1 200 K. Nur unter Sauerstoffunterdruck (1 Torr) wandelt sich Diamant vor der Verbrennung in schwarzen K. um.

Nur graphitartiger K. kann chemische Verbindungen bilden, bei Diamant sind alle Valenzen abgesättigt und es existiert nur eine Oberflächenchemie (Diamant). Graphit zeigt je nach Perfektionsgrad sehr unterschiedliche Reaktivität.

Graphit findet vielfältige großtechnische Anwendung als Elektrodenmaterial, Hochofenauswandung und innertes Tiegelmaterial sowie in der Kernreaktortechnik. Graphitverbindungen werden in der Zukunft wichtige Katalysatoren und vielleicht elektrische Leiter sein.

Mengenmäßig gering sind Anwendungen als Schmiermittel, Bleistifte und für wissenschaftliche Zwecke als Tiegel-Hochteperaturöfen, Monochromatoren usw. Graphitfasern finden als Carbonfasern Anwendung in hochfesten, leichten und elastischen Kunststoffverbundwerkstoffen.

K. ist in fast allen Materialien in mehr oder weniger großer Menge vorhanden. (→ Legierungselement, → Eisen-Kohlenstoff-Zustandsschaubild).

Schlögl/G.

Kohlenstoff, kohlenstoffaserverstärkter. K. K. ist ein → Verbundwerkstoff – häufig auch mit C/C oder CFC bezeichnet – bei dem → Kohlenstofffasern in eine Kohlenstoffmatrix eingelagert sind. Man spricht auch von einem eigenfaserverstärkten Werkstoff. Kohlenstoff-Fasertyp (→ Faserwerkstoffe), Orientierung der Fasern, Volumenanteil und das zur Herstellung des Verbundwerkstoffs verwendete Verfahren sind wählbar und ermöglichen die Einstellung eines breiten Eigenschaftsspektrums.

Die Formgebung von Bauteilen aus faserverstärktem Kohlenstoff geschieht nach den für faserverstärkten → Kunststoff üblichen Methoden. Mit thermisch härtenden Bindemitteln, Phenolharzen bzw. Pech/Schwefel-Gemischen oder thermoplastischen Bindemitteln werden die Kohlefasern getränkt und anschließend gewickelt oder verpreßt. Hieran schließt sich ein Pyrolyseprozeß an. Das → Bindemittel wird verkokt. Hieraus resultiert ein Masseverlust und ein poröser Kohlenstoff/Kohlenstoff-Verbundkörper. Dieser wird erneut imprägniert und wieder carbonisiert. Diese Verfahrensschritte werden mehrmals wiederholt, bis ein dichter Festkörper entsteht. Eine Restporosität von 15–20 Vol.% läßt sich jedoch nicht vermeiden.

Die spezifische Zugfestigkeit von CFC-Verbundwerkstoffen ist in Inertgasatmosphäre von Raumtemperatur bis 2 000 °C praktisch temperaturunabhängig. Durch Zinkphosphatimprägnierung lassen sich die CFC-Werkstoffe gegen → Oxidation schützen.

C/C-Verbundwerkstoffe finden Verwendung als Hitzeschilder für Raumfahrtwiedereintrittskörper, Raketenspitzen, Raketendüsen für Festbrennstoffe, Flügelkanten, Bremsscheiben – im Einsatz z. B.

in dem Flugzeug Concorde und in Rennwagen –, Heißpreßformwerkzeugen und Isolationsmaterial für Hochtemperaturöfen (Bild). Erwähnt sei noch die Biokompatibilität, die diesen Werkstoff auch für Prothesen interessant macht. *Steffens*

Kohlenstoff, kohlenstoffaserverstärkter: Heizmäander aus CFC. (Quelle: SIGRI)

Literatur: VDI-Bericht 563: Konstruieren mit Verbund- und Hybridwerkstoffen – Entwicklung, Konstruktion und Vertrieb. Düsseldorf 1986.

Kohlenstoffäquivalent. Formel zur Kennzeichnung der →Schweißeignung von Stählen. Das K. soll die →Härtbarkeit des Stahls und damit die Gefahr der Entstehung von spröden Zonen in der Nähe der Fusionslinie beim →Schweißen beschreiben. Wegen der unterschiedlichen Zusammensetzung der schweißbaren Stähle kann es eine einheitliche Formel für alle Stähle nicht geben. In den vorgeschlagenen 84 unterschiedlichen Formeln zeigt sich eine erhebliche Streubreite in der Bewertung einzelner Elemente. Vom International Institute of Welding wird folgende Formel für Stähle mit mehr als 0,18 % Kohlenstoff vorgeschlagen:

$$CE\ (\%) = \%\,C + \frac{\%\,Mn}{6} + \frac{\%\,Cu + \%\,Ni}{15}$$
$$+ \frac{\%\,Cr + \%\,Mo + \%\,V}{5}$$

Das K. soll für schweißgeeignete Werkstoffe unter 0,4 % liegen. Die Bedeutung des K. zur Kennzeichnung der Schweißeignung ist umstritten, zumindest muß der Gültigkeitsbereich von vorge-

schlagenen Formeln auf bestimmte Stahlsorten und →Schweißverfahren eingeschränkt werden. *Dahl*

Literatur: Werkstoffkunde Stahl. 2 Bde. (Hrsg. VDEh). Berlin–Düsseldorf 1984/85.

Kohlenstoffasern →Faserwerkstoffe, →Kohlenstoff, kohlenstoffaserverstärkter

Kohlenstoffschichten. Oberflächenschutzschichten, die durch physikalische →Abscheidung aus der Gasphase (PVD) aufgebracht werden. Sie dienen in der →Tribologie zur Reibungsminderung bei →Festkörperreibung. So kann die Paarung →Stahl gegen i-Carbon bei Gleitbeanspruchungen im Vakuum eine sehr niedrige Reibungszahl f = 0,01 annehmen. In feuchter Luft ist die →Reibungszahl dagegen wesentlich höher. Durch Zusatz von Metallen, z. B. durch Wolfram oder →Eisen, kann die Feuchteabhängigkeit der Reibungszahl vermindert werden, wobei man Werte um 0,1 erhält. *Habig*

Literatur: *Enke, K.* und *H. Dimigen, H. Hübsch:* Appl. Phys. Lett 36 (1980) S. 291.

Kohlenwasserstoff-Formaldehyd-Kondensate. Sammelbezeichnung für duromere →Kunststoffe, die durch →Polykondensation von Formaldehyd mit aromatischen Kohlenwasserstoffen, wie Xylol, Alkylbenzolen etc., hergestellt werden. Sie finden Verwendung als preisgünstige Lackkunstharze (→Phenoplaste). *Zahradnik*

Kokille. Ein Oberbegriff für Gießeinrichtungen, die ganz verschiedene Aufgaben zu erfüllen haben. Der Stahlwerksbetrieb braucht K. verschiedenster Formate als metallische Formen zur Erzeugung von Stahlblöcken. Je nach den Anforderungen bei der Weiterverarbeitung (→Walzen, →Schmieden, →Ziehen) verwendet man Ingots für die Herstellung von →Profilstahl, →Brammen als Ausgangsmaterial im Blechwalzwerk oder K. mit Vielkantquerschnitt für größere und große Schmiedeblöcke. Beim →Strangguß erstarrt der →Stahl in wassergekühlten K., wobei auch bei dieser Technik die K. querschnittsformend für den Strang ist. Durch eine gußeiserne K. wird auch beim →Schleuderguß die Außenform von rohr- oder ringförmigen Rotationskörpern bestimmt.

K. einfacher, offener Form, vielfach auch als Masselformen bezeichnet, dienen zur Produktion von Roheisenmasseln und NE-Metallblöcken. Im Gießerei- und Schmelzbetrieb werden ähnliche K. als Auffangbehälter für nicht mehr vergießbares Resteisen benutzt.

Die schnelle →Abkühlung der eingegossenen Schmelze an der Kokillenwand ist in vielen Fällen erstarrungstechnisch günstig. Diesen Effekt haben sich die Gießer zu Nutze gemacht und Fassonkokillen, d. h. solche, bei denen die Außenform des Gußstücks, soweit es die Entformbarkeit zuläßt, durch die Innenkontur der K. nachgebildet ist, entwickelt. In Fassonkokillen werden Gußstücke für Hydraulikaggregate, die Verschleißtechnik und andere Anwendungsgebiete, bei denen es auf Dichtigkeit des Gefüges und feine Graphitverteilung ankommt, erzeugt.

In der Gießtechnik verwendet man weitgehend an die Form des Gußstücks angepaßte K. aus verschiedenen Werkstoffen, wie → Gußeisen, → Stahl, → Kupfer, Siliciumcarbid oder → Graphit, als Anlagekokillen, um an lunkergefährdeten Partien eines verwickelt gestalteten Gußteils die Erstarrungsbedingungen so zu verbessern, daß auch solche Querschnitte dicht und fehlerfrei ausfallen. K. sind auch als Dauerformen anzusehen und brauchen durchaus nicht immer aus metallischen Werkstoffen zu bestehen. *Doliwa*

Kokillen-Gießanlage. Das sind technische Systeme, die oft auch als Gießgruben bezeichnet werden, in denen die Formgebung eines flüssigen Metalles, beispielsweise → Stahl, durch → Gießen in stehenden Kokillen erfolgt. *Baumann*

Kokillen-Gießverfahren. K.-G. sind insbesondere dadurch gekennzeichnet, daß die Gießprodukte nicht länger als die Gießformen sind, während beim → Stahlstrang-Gießverfahren die Gießprodukte stets länger als die Gießformen sind. Kokillen für das Kokillen-Gießen von → Stahl sind meist aus Gußeisen hergestellte Formen zur Aufnahme und zum → Erstarren des flüssigen Stahles zu Rohstahl-Blöcken oder Rohstahl-Brammen. Beim Kokillen-Gießen wird der flüssige Stahl aus der Gießpfanne entweder von oben – fallender Guß – oder durch Trichter mit Kanalsystem von unten – steigender Guß – in die Kokillen gefüllt (Bild), die in → Kokillen-Gießanlagen angeordnet sind.

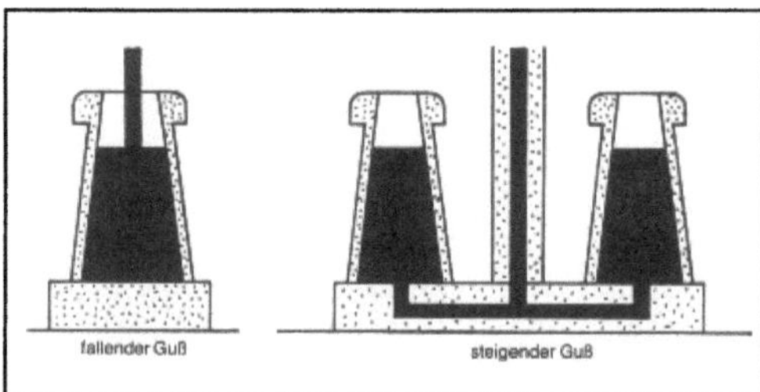

Kokillen-Gießverfahren: Schematische Darstellung unterschiedlicher K.-G.

Das → Gießen des Stahles zu geometrisch einfachen Körpern in sich nach oben verjüngende Dauerformen, → Kokillen genannt, mit quadrati-

schem, rechteckigem, rundem, ovalem oder vieleckigem Querschnitt wird auch als Blockguß bezeichnet. Der erstarrte Stahl wird nach Blöcken und Brammen unterschieden, wobei als Brammen Blöcke mit rechteckigem Querschnitt bezeichnet werden, deren Breite mindestens doppelt so groß wie deren Dicke ist.

Beim Erstarren schwindet der Stahl unter Bildung von Lunkern im oberen Teil des Blockes oder der Bramme; dieser Teil ist für spätere Umformvorgänge unbrauchbar. Durch besondere Maßnahmen, die in dem Einsatz von Blockhauben, dem Zusatz von Gießpulvern oder in besonderen Heizungen bestehen können, wird der Blockkopf warmgehalten. Bis zur vollständigen → Erstarrung kann dann flüssiger Stahl nachfließen, so daß sich nur im Kopf ein → Lunker bildet.

Nach dem Erstarren werden die Kokillen von den Blöcken oder Brammen mit Hilfe eines zangenartigen Kranes abgezogen, gestrippt, und zur Weiterverarbeitung oder Zwischenlagerung transportiert. *Baumann*

Kokos → Hartfasern

Kolkverschleiß. → Verschleiß, der von der Spanfläche eines Schneidwerkzeuges ausgeht. Als → Verschleiß-Meßgröße dient die Kolk-Tiefe KT (→ Freiflächenverschleiß). *Habig*

Kollapslast, plastische. Unter der p. K. wird die Last verstanden, bei der ein Bauteil vollplastisch durch → Bruch versagt. Sie wird in der Regel aus der plastischen → Grenzlast abgeleitet, indem das Verfestigungsverhalten des Werkstoffs durch die mittlere → Fließspannung $\sigma_{fl} = 0,5 (R_e + R_m)$ berücksichtigt wird. *Kußmaul*

Kollektiv → Betriebsfestigkeit

Kompensator. Im Apparate- und Anlagenbau treten insbesondere in Apparaten oder in Rohrleitungssystemen erhebliche Verformungen auf, z. B. infolge unterschiedlicher Temperaturdehnung. Würde man diese unterschiedlichen Dehnungen behindern, so entstünden erhebliche Spannungen. Aus diesem Grunde setzt man Ausgleichselemente bzw. Dehnungsausgleicher, die sog. K., ein. Ihre Aufgabe ist, durch → Verformung die unterschiedlichen Dehnungen aufzunehmen. Grundsätzlich unterscheidet man Verformungen in axialer Richtung und solche, die eine Verdrehung des Kompensators bewirken.

Der K. ist in metallischer Ausführung gefertigt und besteht z. B. aus der Hintereinanderschaltung mehrerer Stahlwellen, die gerade oder schräggestellte Wangen besitzen, die im wesentlichen die Verformungen tragen. Die Auslegung und Berechnung solcher K. ist weitgehend genormt, z. B. im AD-Merkblatt B13. Während frühere Berechnungsvorschriften wesentlich empirischer Art waren, sind in der Neufassung des AD-Merkblatts z. B. Computer-Berechnungen eingearbeitet worden. *Strohmeier*

Kondenswasserkorrosion. (auch Schwitzwasserkorrosion) → Korrosion durch Kondenswasser, das sich bei Unterschreitung der Taupunkttemperatur aus der umgebenden Atmosphäre auf Metalloberflächen niederschlägt. K. kann → Flächenkorrosion oder → Muldenkorrosion hervorrufen. Sie läuft nach dem Mechanismus der → Sauerstoffkorrosion ab. Die Stärke des korrosiven Angriffes hängt vom Werkstoff und den Beanspruchungsbedingungen hinsichtlich Temperatur, Sauerstoffgehalt sowie insbesondere von Verunreinigungen des Kondensates ab. Zur Vermeidung von K. sind metallische Bauteile durch entsprechende Wärmeisolation oder Beheizung oberhalb des Taupunktes zu halten. *Wendler-Kalsch*

Konode. In binären Zustandsdiagrammen die Verbindungslinie zweier im → Gleichgewicht koexistierender Phasen bei einer vorgegebenen Temperatur (Bild). *Ilschner*

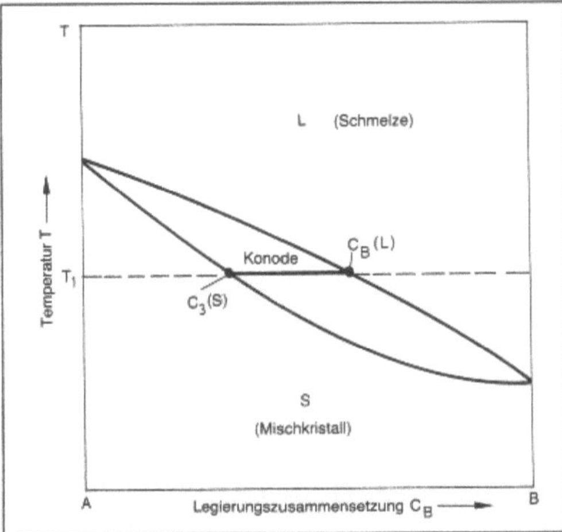

Konode: Die für $T = T_1$ geltende K. zwischen der festen und der flüssigen Phase, $c_B(S) - c_B(L)$.

Konsistenz. Verformbarkeit von → Schmierfetten durch die Messung der → Walkpenetration. Nach der vom National Lubricating Grease Institute (NLGI) herausgegebenen „Consistency Classification 1962" unterscheidet man sechs NLGI-Klassen (Tabelle). *Habig*

Konsistenz. Tabelle: Konsistenzeinteilung von Schmierfetten nach DIN 51 818

NLGI-Klasse	Walkpenetration nach DIN ISO 2137 Einheiten [2])
000	445 bis 475
00	400 bis 430
0	355 bis 385
1	310 bis 340
2	265 bis 295
3	220 bis 250
4	175 bis 205
5	130 bis 160
6	85 bis 115

[2]) 1 Einheit $\triangleq$ 0,1 mm

Literatur: DIN 51818: Schmierstoffe Konsistenz-Einteilung für Schmierfette NLGI-Klassen. Ausg. Dezember 1981.

Konstantan. Klassische Widerstandslegierung (CuNi45Mn1) mit geringem Temperaturkoeffizienten des elektrischen Widerstands. Verwendung als Meßwiderstand und in Thermoelementen (→ Kupferlegierungen). *Hubert*

Konstantmodul-Legierung. Legierungen mit weitgehend konstantem → Elastizitätsmodul infolge → Magnetostriktion. Die technisch wichtigen K.-L. leiten sich von den Eisennickel-Legierungen ab. Zusätze von → Chrom oder Molybdän verbessern das Verhalten. *Dahl*

Literatur: Werkstoffkunde Stahl. Bd. 2 (Hrsg. VDEh). Berlin–Düsseldorf 1985.

Konstruktion, schweißgerechte. Um beanspruchungsgerechte und fertigungsgerechte Bauteile herzustellen, sind folgende Gestaltungsgrundsätze beim schweißgerechten Konstruieren zu beachten:
□ Schweißnähte möglichst nicht an höchstbeanspruchte Stellen legen (geringere Güteanforderungen und geringerer Prüfaufwand),
□ geringe Wanddicken durch volle Werkstoffausnutzung anstreben,
□ Vermeiden von Nahtkreuzungen (Sprödbruchgefahr durch mehrachsige Spannungen),
□ Nahtanhäufungen vermeiden (Spannungskonzentration, Schrumpfrißgefahr),
□ ungestörten Kraftfluß anstreben (Kraftrichtungsänderungen und schroffe Querschnittsübergänge vermeiden). *Dorn*

Literatur: *Ruge, J.:* Handbuch der Schweißtechnik, Teil 3 Berlin–Heidelberg 1985.

Kontakt, elektrischer. Zwischen elektrischen Leitern läßt sich durch Berühren ein e. K. herstellen, der den Fluß des elektrischen Stromes von einem Leiter zum anderen gestattet. Die Ausbildung dieser Kontakte stellt ein umfangreiches Arbeitsgebiet der Elektrotechnik dar. Man unterscheidet:
□ feste Kontakte wie z. B. den Lötkontakt
□ Steckkontakte, wie die gewöhnlichen Haushaltsstecker oder die Steckerleisten in der Elektronik
□ Schaltkontakte in Schaltern, Relais oder Schaltschützen
□ Gleitkontakte, z. B. in Form der Kommutatoren oder der Stromabnehmer

Jeder Kontakt weist einen Widerstand, den Kontaktwiderstand, auf, der durch die genaue Geometrie der Kontaktstelle und durch eventuelle Fremdschichten (→ Oxide usw.) bestimmt ist. Ein Kontakt kann sich deshalb erwärmen, er kann auch korrodieren oder sich durch Verformung lösen. Die mit Kontakten unvermeidlich verbundenen Probleme begünstigten daher wesentlich das rasche Vordringen der integrierten Schaltungen, die nur durch wenige Kontakte mit der Außenwelt verbunden sind.

Im Bereiche der festen Kontakte oder Verbindungen unterscheidet man Löt-, Schweiß- und Klebeverbindungen. Die verbreiteten Quetsch- und Draht-Wickel-Verbindungen gehören zur Klasse der Schweißverbindungen, da bei ihnen die Leiter unter Druck lokal verschweißt werden. Klebeverbindungen nutzen mit leitfähigen Partikeln gefüllte Kleber und werden vor allem dann eingesetzt, wenn thermische und mechanische Belastungen nicht auftreten können oder dürfen. Die Herstellung fester elektrischer Verbindungen mikroelektronischer Bauelemente mit den nach außen führenden Kontakten oder Leiterbahnen wird Kontaktierung genannt. Eine bewährte Methode besteht darin, feine Golddrähte bei erhöhter Temperatur durch Druck auf den Leiterbahnen des Bauelements einerseits und den Kontaktstiften andererseits festzuschweißen (Bild).

Bei einem anderen Kontaktierungsverfahren werden die Anschlüsse einer integrierten Schaltung so herausgeführt und präpariert, daß sie in einem Arbeitsgang an die Kontaktstifte angelötet werden können. Die Zuverlässigkeit und Automatisierbarkeit sind die wichtigsten Kriterien für die verschiedenen Kontaktierungsverfahren.

Bei niedrigen Spannungen und Leistungen liegt die Problematik der beweglichen Kontakte vorwiegend im Schließvorgang, also in der Herstellung der elektrischen Verbindung. Fremdschichten (Oxide, Sulfide, organische Beläge) können den Kontakt verhindern. Abhilfe ist auf drei Wegen möglich:
– Manche Edelmetalle (vor allem Gold) weisen nur so dünne Oxidschichten auf, daß die Elektronen vermöge des Tunneleffektes die nicht leitende Schicht durchdringen können. Vor allem bei Steckkontakten in der Niederspannungstechnik werden Goldkontakte bevorzugt, wobei eine sehr dünne Goldauflage genügt, um die erwünschte Wirkung zu erzielen.
– Die zweite Möglichkeit besteht darin, durch mechanischen Druck und durch Reibung die Fremdschicht zu zerstören. Die Wirksamkeit von Schaltern und Steckern im Haushaltsbereich beruht vorwiegend auf diesem Effekt.
– Schließlich kann die Fremdschicht auch noch bei entsprechend hoher Spannung durch einen elektrischen Durchschlag beseitigt werden.

Im Bereich der Hochspannungs- und Energietechnik liegen die Probleme mehr beim Öffnen des Kontaktes. In der Regel entsteht dabei ein Lichtbogen, der bei Wechselstrom in dem Moment gelöscht wird, in dem die Stromstärke durch Null geht. Entscheidend für die Haltbarkeit des Kontakts ist seine Festigkeit gegen die starke lokale Erhitzung durch den Lichtbogen. Eine technische Lösung besteht z. B. in einem Verbundwerkstoff, einem Chrom- oder Wolframschwamm, der zur Erhöhung der Leitfähigkeit mit Kupfer getränkt ist.

Als Hilfsmittel zum Löschen des Lichtbogens dienen je nach den Umständen Zusätze im Kontaktwerkstoff mit einer hohen Verdampfungswärme, wie z. B. CdO in Silber, oder spezielle Gase oder Öle, welche Elektronen auffangen, oder auch Druckluft oder – sehr häufig – magnetische Felder. Spezielle Probleme entstehen bei Gleichstromkontakten, wenn beim Öffnen des Kontaktes Material von der einen Elektrode zur anderen übergeht. Durch geeignete Werkstoffwahl muß diese Materialwanderung auf ein Minimum beschränkt werden.

Gleitkontakte beruhen meist auf den gleichzeitig schmierenden und elektrisch leitenden Eigenschaften des → Graphits, weshalb die Kontaktstücke elektrischer Maschinen auch Kohlen genannt werden.

Beim Berühren verschiedener Metalle erfolgt ein Ladungsausgleich und damit die Ausbildung einer Kontaktspannung. Die Temperaturabhängigkeit

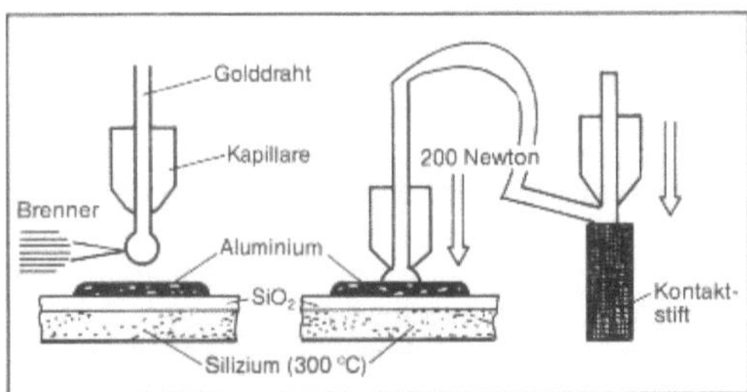

Kontakt, elektrischer: Schematische Darstellung des sog. Nagelkopf-Verfahren zur Kontaktierung einer integrierten Schaltung.

der Kontaktspannung wird als Thermospannung technisch genutzt. Kontakte zwischen Metallen und Halbleitern weisen vielfach eine gleichrichtende Wirkung auf (Schottky-Kontakt). Kontakte zwischen Supraleitern können widerstandsfrei, also ohne Kontaktwiderstand sein. Dies gilt sogar dann, wenn eine dünne, nicht-metallische Fremdschicht vorhanden ist (Josephson-Effekt). Anwendungen derartiger Kontakte finden sich in den Quanten-Interferometern zur höchstempfindlichen Messung magnetischer und elektrischer Felder. *Hubert*

Literatur: *Holm, R. u. E. Holm:* Electric contacts. Berlin 1967. – *Keil, A.:* Werkstoffe für elektrische Kontakte. Berlin 1960.

Kontakt, konformer. Kontakt, bei dem die Oberflächen der Kontaktpartner gleichsinnig gekrümmt sind. So bilden z. B. Welle und Lagerschale eines Radialgleitlagers einen k. K. Die Pressungen sind in einem k. K. im allgemeinen wesentlich geringer als in einem kontraformen → Kontakt, wodurch eine hydrodynamische → Schmierung begünstigt wird. *Habig*

Kontakt, kontraformer. Kontakt, bei dem die Oberflächen der Kontaktpartner gegensinnig gekrümmt sind wie z. B. die Zahnflanken einer Zahnradpaarung. Die Pressungen sind im allgemeinen wesentlich höher als bei konformem → Kontakt. Trotzdem ist eine Trennung der Kontaktpartner durch elastohydrodynamische → Schmierung möglich, weil die → Viskosität von flüssigen Schmierstoffen mit steigendem Druck stark zunimmt. *Habig*

Kontaktbimetall → Schichtverbundwerkstoffe

Kontaktfläche, wahre. Da Festkörperoberflächen stets eine gewisse → Rauheit besitzen, kann eine Berührung zweier Körper nur in Mikrokontaktbereichen erfolgen, deren Summe die w. K. ausmacht (Bild). Die w. K. ist der wirkenden Normalkraft proportional und der → Härte des weicheren Kontaktpartners umgekehrt proportional. *Habig*

Kontaktierung → Kontakt, elektrischer

Kontaktkorrosion. (auch galvanische → Korrosion) Als K. bezeichnet man bei Metallkombinationen die bevorzugte Korrosion des unedleren Metalles gegenüber dem edleren Metall. Sie entsteht beim elektrisch leitenden Kontakt artverschiedener Metalle bzw. von Metallen mit elektronenleitenden Festkörpern (z. B. → Graphit, halbleitendes → Karbid oder → Oxid) in einer → Elektrolytlösung, in der die Partner unterschiedliche Ruhepotentiale haben.

Durch das Vorliegen eines galvanischen Elementes (Kontaktelement) mit dem Kurzschlußstrom,

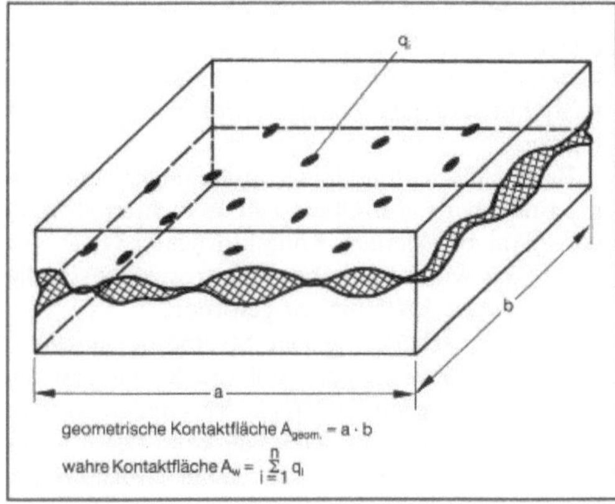

Kontaktfläche, wahre: Geometrische und wahre Kontaktfläche von zwei Festkörpern.

geometrische Kontaktfläche $A_{geom.} = a \cdot b$, wahre Kontaktfläche $A_w = \sum_{i=1}^{n} q_i$

dem sogenannten Elementstrom I_e, wird die → Korrosionsgeschwindigkeit des unedleren Metalles (Anode) in der Nähe der Kontaktstelle erhöht. Der Elementstrom kann zur Bewertung der K. herangezogen werden. Er verschiebt das Potential der Anode zu positiveren Werten und erhöht damit den anodischen → Teilstrom der Metallauflösung. Anzumerken ist, daß die Eigenkorrosion dabei nicht berücksichtigt wird.

Der Elementstrom ist eine komplexe Größe, die von der geometrischen Anordnung und dem Flächenverhältnis von Kathode zur Anode, der Differenz der beiden Ruhepotentiale im jeweiligen → Korrosionsmedium, den spezifischen Polarisationswiderständen der beiden Elektroden und dem → Elektrolytwiderstand abhängt (DIN 50919).

Wird die K. im wesentlichen nur durch die Geschwindigkeit der kathodischen Teilreaktion (z. B. → Sauerstoffkorrosion) bestimmt, so ist in diesem Grenzfall der Elementstrom proportional zur Kathodenfläche und der anodische Teilstrom der Metallauflösung proportional zum Flächenverhältnis von Kathode zur Anode (→ Flächenregel).

Kontaktkorrosionsschäden werden durch die Paarung artverschiedener Metalle (Mischbauweise) und ein großes Flächenverhältnis von Kathode zur Anode gefördert. Typische Beispiele sind Niet- und Schraubverbindungen aus einem unedleren Metall gegenüber dem zu verbindenden Grundmetall. K. bei Mischbaukonstruktion kann durch elektrische Isolierung (Isolier-Scheiben, -Hülsen, -Binden, -Pasten) zwischen den Metallen vermieden werden. *Wendler-Kalsch*

Kontaktwerkstoffe. K. werden für elektrische → Kontakte verwendet, die Stromkreise entweder öffnen oder schließen. Auch nach längerer Schaltpause oder nach längerer Stromführung sollen sie uneingeschränkt betriebsbereit bleiben. Die wichtigste Forderung ist eine gute elektrische → Leitfähigkeit.

Beim Einschalten kleiner Spannungen und Ströme sind Oxid- und Oberflächenschichten störend, vor allem bei kleinen Kontaktdrücken (z. B. Relais). Hier wird eine hohe → Korrosionsbeständigkeit und gute Leitfähigkeit gefordert.

Beim Ausschalten großer Ströme bei mittleren und hohen Spannungen muß das Schmelzen und Abbrennen der Kontaktstücke vermieden werden. Vor dem endgültigen Schließen kann der Kontakt nochmals aufgehen, was zu einem Verschweißen (Prellen) der Kontaktteile führen kann. Hier werden große Abbrandfestigkeit, geringe Schweißneigung und zusätzlich gute mechanische → Festigkeit bei im allgemeinen großen Kontaktdrücken gefordert. Beim Ausschalten von Gleichströmen relativ kleiner Ströme und Spannungen führt die Feinwanderung (Brückenwanderung) des Werkstoffs zu einer verunstalteten Kontaktoberfläche. Sie entsteht durch kleine, unsymmetrische Schmelzprozesse (Anode, Kathode) beim Auseinanderziehen der Kontaktstücke.

Schwierigkeiten beim Schalten von Kontakten sind der zu geringe Anpreßdruck, eine verkleinerte, nicht glatte Kontaktfläche, der mechanische → Verschleiß und die thermische Belastung durch den elektrischen Strom (Lichtbogen). Grundsätzlich kann der Kontaktwiderstand (R_K) durch zwei Größen beeinflußt werden.

$$R_K = R_E + R_H$$

Der Engewiderstand (R_E) beruht auf nicht glatten Kontaktflächen, die den Übergangsquerschnitt einengen. Für den Hauptwiderstand (R_H) sind dünne Oberflächenfilme verantwortlich, die durch → Oxidation auf der Kontaktfläche entstehen können.

Aus den unterschiedlichen Anforderungen an die K. ergibt sich die Vielfalt der Werkstoffgruppen für ihre speziellen Einsatzgebiete (Tabelle). Für schwache Ströme und Spannungen (Schwachstrom) ist bei meistens geringen Kontaktdrücken die → Oxidbildung zu verhindern, was durch Kupfer- und Silberlegierungen teilweise mit Edelmetallauflagen erreicht wird. Bei großen Strömen und Spannungen (Starkstrom) ist meistens eine höhere mechanische Festigkeit bei großen Kontaktdrücken erforderlich, und ein Lichtbogen soll nicht entstehen. Dies wird durch eine höhere Abbrandfestigkeit und verringerte Schweißneigung durch Sintermetalle auf Wolfram- oder Silber-Basis mit Karbiden (WC, MoC, TaC) oder Metalloxiden (CdO, SnO_2) erreicht.

Kontaktwerkstoffe. Tabelle: Einsatzgebiet, Anforderungen und Werkstoffgruppen

Einsatzgebiet	Anforderungen	Werkstoffgruppen
Schwachstrom, Meß- und Regelungstechnik (kleiner Strom, kleine Spannung, kleiner Kontaktdruck)	— Festkontakte (gute Leitfähigkeit)	— Cu, Cu-Legierungen — Edelmetallauflage
	— Druckkontakte (kleiner Kontaktwiderstand)	— Ag, Ag-Legierungen, AgPd, AgCu, — AgNi, AgCuNi, AuPt — Ag-W-Sinterwerkstoff
	— Wälz- und Schleifkontakte (kein Lichtbogen)	— Edelmetallschichten auf Cu-Legierungen — Ag-Legierungen — Graphit, Graphit-Metall
Starkstrom, Energietechnik (großer Strom, große Spannung, großer Kontaktdruck)	— großer Materialeinsatz	— Cu, AgCu (Hartsilber) CuAgCd
	— gesteigerte Abbrandfestigkeit	— AgNi — AgW, Ag-WC, Ag-CdO — W-Sintermetall
	— Hochleistungskontakte (kein Lichtbogen)	— Sintermetalle auf W-Basis — W-Cu, WC-Cu
	— verringerte Schweißneigung	— AgNi, Ag-W, Ag-CdO Ag-SnO$_2$, Ag-Graphit

Ein Lichtbogen kann magnetisch oder durch Preßluft oder Gase ausgeblasen werden sowie beim Schalten unter Öl oder Flüssigkeiten gelöscht werden.

Hochspannungsschalter arbeiten platzsparend mit dem elektronegativen Gas Schwefelhexafluorid (SF_6), das freie Elektronen aus der Umgebung herausfängt und dadurch die Durchschlagsfeldstärke ($\rightarrow$ Isolierstoffe) der Schaltstrecke erhöht und gleichzeitig kühlt.

$\rightarrow$ Teilchenverbundwerkstoffe, $\rightarrow$ Durchdringungsverbundwerkstoffe *Heller*

Literatur: *Guillery, P.* u. *R. Hezel, B. Reppich:* Werkstoffe für die Elektrotechnik. Braunschweig 1982.

Kontiglühlinie. K. sind komplexe technische Systeme zur Behandlung von $\rightarrow$ Kaltband nach dem Kontiglühverfahren. *Baumann*

Kontiglühverfahren. K. sind hoch komplexe Prozesse zur kontinuierlichen Behandlung von $\rightarrow$ Kaltband durch

☐ Glühen,

☐ Kühlen,

☐ Nachwalzen und

☐ Inspizieren in einer Verfahrenskette.

Dabei werden gegenüber dem Haubenglühverfahren unter anderem eine

– gleichmäßig hohe Qualität über Länge und Breite des Stahlbandes,

– Erhöhung des Ausbringens,

– erhebliche Personaleinsparung und

– Verkürzung der Durchlaufzeit des kaltgewalzten Coils von etwa zehn Tagen auf nahezu 10 min erzielt. *Baumann*

Kontinuitätsbedingung. Im Rahmen der klassischen $\rightarrow$ Plastizitätstheorie wird angenommen, daß plastische Formänderungen bei $\rightarrow$ metallischen Werkstoffen keine Volumenänderung hervorrufen. Dies führt bei Vernachlässigung der elastischen Volumenänderung ($\rightarrow$ Werkstoffmodell) zum Gesetz der Volumenkonstanz. Die K. besagt, daß für inkompressible Werkstoffe die Summe der drei Dehnungsgeschwindigkeiten (d. h. die Spur des Formänderungsgeschwindigkeitstensors) identisch null ist:

$$\dot{\varepsilon}_x + \dot{\varepsilon}_y + \dot{\varepsilon}_z = 0$$

oder im $\rightarrow$ Hauptachsensystem

$$\dot{\varepsilon}_1 + \dot{\varepsilon}_2 + \dot{\varepsilon}_3 = 0. \qquad \textit{Lange}$$

Literatur: *Betten, J.:* Elastizitäts- und Plastizitätslehre. Braunschweig, Wiesbaden 1985. – *Hill, R.:* The Mathematical Theory of Plasticity. Oxford 1950. – *Ismar, H.* u. *O. Mahrenholtz:* Technische Plastomechanik. Braunschweig, Wiesbaden 1979. – *Lange, K.* (Hrsg.): Umformtechnik. Handb. f. Ind. u. Wiss. 2. Aufl. Bd. 1. Grundlagen. Berlin, Heidelberg, New York, Tokio 1984. – *Lippmann, H.:* Mechanik des plastischen Fließens. Berlin, Heidelberg, New York 1981. – *Lippmann, H.* u. *O. Mahrenholtz:* Plastomechanik der Umformung metallischer Werkstoffe. Berlin, Heidelberg 1967. – *Prager, W.* u. *P. G. Hodge:* Theorie ideal-plastischer Körper. Wien 1954.

Kontinuumstheorie. Mit Hilfe der K. können mehrschichtig aufgebaute Strukturen (Mehrschichtverbund) analytisch dimensioniert werden, z. B. mit der $\rightarrow$ Wickeltechnik hergestellte faserverstärkte Rohre oder $\rightarrow$ Druckbehälter ($\rightarrow$ Faserverbundwerkstoffe). Charakteristisch für Mehrschichtenverbunde bzw. Laminate sowie für unidirektionale Einzelschichten (UD-Schichten) bei faserverstärkten Bauteilen, ist die Richtungsabhängigkeit ($\rightarrow$ Anisotropie) ihrer elastischen Eigenschaften und Festigkeitskennwerte. Dies bietet gegenüber isotropen Werkstoffen den Vorteil, daß z. B. die tragende Faserstruktur nach Bedarf gezielt orientiert und damit optimale Tragfähigkeit bzw. $\rightarrow$ Festigkeit bei geringem Gewicht erreicht werden kann.

Während z. B. ein Bauteil aus einem isotropen Blech nur durch Variation der Dicke an die äußeren Belastungen angepaßt werden kann, geschieht das beim Mehrschichtenverbund über die Schichtdicke, die Anzahl der Schichten, die Schichtwerkstoffe und bei mehrschichtig faserverstärkten Strukturen über die Orientierung der Einzelschichten.

Für faserverstärkter Mehrschichtenverbunde wird angenommen, daß die UD-Schicht ein quasi homogenes, orthotropes Kontinuum ist. Orthotropie stellt einen Sonderfall der Anisotropie dar, bei dem die innere Struktur und damit die Elastizitätseigenschaften Symmetrieebenen aufweisen. Aus Modellrechnungen ($\rightarrow$ Mikrostruktologie) oder aus Versuchen gewonnene Steifigkeitskennwerte einer UD-Schicht bilden die Grundlage der Berechnung und sind abhängig vom Fasergehalt. Die $\rightarrow$ Steifigkeit z. B. einer einzelnen $\rightarrow$ Faser ist der E-Modul multipliziert mit der Querschnittsfläche der Faser.

Beim faserverstärkten Mehrschichtenverbund werden die Steifigkeiten der Einzelschichten auf eine gemeinsame Bezugsrichtung transformiert und zur Gesamtsteifigkeit aufaddiert (Bild). Hieraus läßt sich die $\rightarrow$ Nachgiebigkeit des Verbundes in unterschiedlichen Richtungen berechnen. Unter Nachgiebigkeit z. B. einer einzelnen Faser versteht man den reziproken Wert der Steifigkeit. Mit den Nachgiebigkeiten des Verbundes und den äußeren Belastungen läßt sich die $\rightarrow$ Verformung eines Mehrschichtenverbundes bestimmen (Bild). Bei symmetrisch aufgebauten Mehrschichtverbunden sind die Verformungen aller Einzelschichten identisch mit den Gesamtverformungen, so daß letztere über die Einzelschichtsteifigkeiten zu den Spannungen in den Einzelschichten führen, die dann über Bruchhypothesen mit experimentell ermittelten Fe-

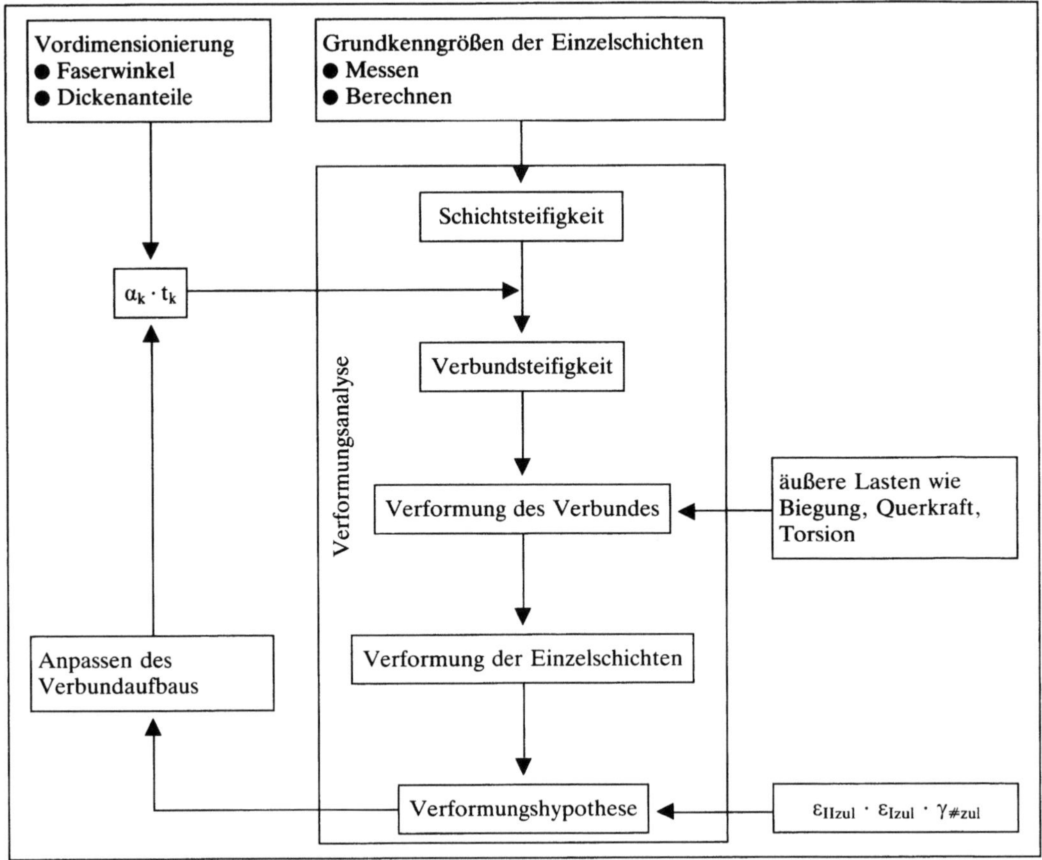

Kontinuumstheorie: Ablaufschema zur Dimensionierung nach der Kontinuumstheorie (α_k = Faserwinkel der k-ten Schicht, t_k = Dicke der k-ten Schicht)

stigkeitskennwerten von unidirektionalen Prüflaminaten – Einzelschichten – verglichen werden müssen (Bild).

Bei der K. wird der Faser-Matrix-Zusammenhalt berücksichtigt, so daß als Optimierungsgrenze zum einen der Zwischenfaserbruch, zum anderen der Faserbruch angesehen werden kann. Dies unterscheidet die K. auch von der Netztheorie, die als analytisches Dimensionierungsmodell von Faserverbundwerkstoff-Bauteilen ebenfalls Bedeutung besitzt. Bei der Netztheorie wird vorausgesetzt, daß die Fasern nur in ihrer Längsrichtung Kräfte übertragen, und anstelle des Faser-Matrixverbundes betrachtet man ein Fasernetzwerk mit Knotenstellen. *Steffens*

Literatur: *Niederstadt, G.* u. a.: Leichtbau mit Kohlenstoff-faserverstärkten Kunststoffen. Grafenau 1985. – VDI-Bericht 563: Konstruieren mit Verbund- und Hybridwerkstoffen – Entwicklung, Konstruktion und Vertrieb. Düsseldorf 1985.

Konti-Rohrwalzwerk → Konti-Rohrwerk

Konti-Rohrwerk. Der Fertigungsablauf bei der Herstellung nahtloser → Stahlrohre besteht im allgemeinen aus den drei Umformstufen

□ Lochen,

□ Strecken und

□ Fertigwalzen

des Werkstoffes. Als K.-R. werden solche Rohrwerke bezeichnet, in denen das Strecken des dickwandigen Hohlkörpers mit dem → Rohrkonti-Walzverfahren durchgeführt wird. Bei diesem Verfahren läuft die Dornstange frei mit und wird anschließend aus dem Rohr gezogen. Die Produktionsmengen der K.-R. waren insbesondere durch

– die größte Dornstangenlänge von 35 m,

– die größte Luppenlänge von 30 m und

– den maximalen Fertigrohrdurchmesser von 7 Zoll

begrenzt.

Deshalb wurden in der zweiten Hälfte der siebziger Jahre das MRK-S-Verfahren (Mannesmann-Rohrkonti-Walzverfahren mit Dornstangen-Stripper) (Bild 1) für Konti-Rohrwerke mit größeren Leistungen und das MRK-AR-Verfahren (Mannesmann-Rohrkonti-Walzverfahren mit Luppen-Ausziehanlage und Dornstangen-Rückführsystem) (Bild 2) für einen Rohrdurchmesserbereich bis 16 Zoll entwickelt.

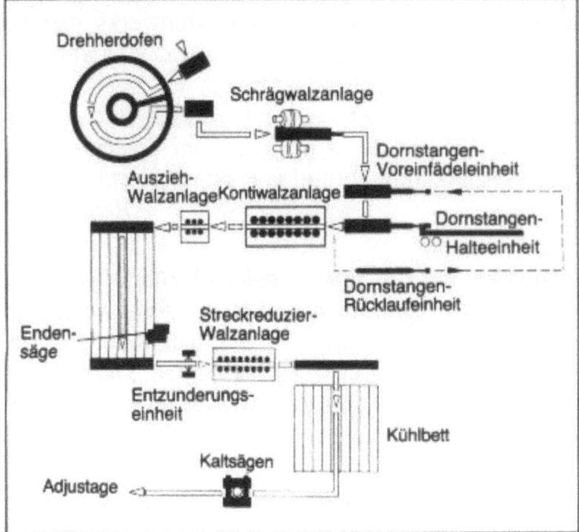

Konti-Rohrwerk 1: Schematische Darstellung des Fertigungsablaufes in einem K.-R. mit dem MRK-S-Verfahren.

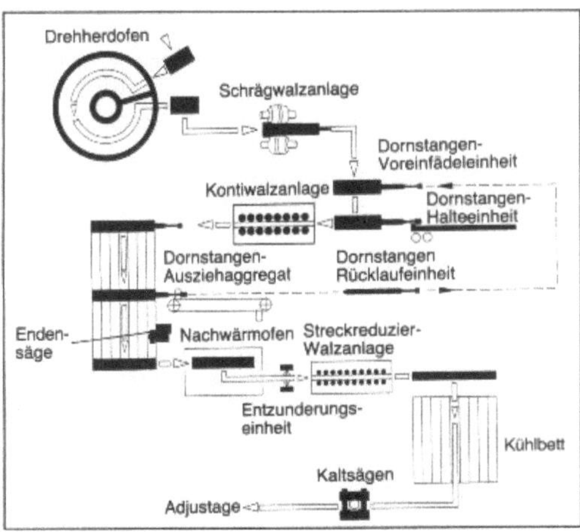

Konti-Rohrwerk 2: Schematische Darstellung des Fertigungsablaufes in einem K.-R. mit dem MRK-AR-Verfahren.

Beide Verfahren arbeiten mit Schrägwalzanlagen nach dem *Diescher*-Prinzip und können die Dornstangen in kürzesten Zeiten von etwa 5 s wechseln. Beim MRK-S-Verfahren wird die Dornstange kurz vor Walzende gelöst, so daß Dornstange und →Rohrluppe die Kontiwalzanlage verlassen können. Danach wird die Dornstange mit einem Stripper aus der Luppe entfernt. Diese Verfahrensweise ermöglicht kürzeste Taktzeiten und hohe Leistun-

gen, gemessen in Meter Luppenlänge je Zeiteinheit. Sie ist für den Durchmesserbereich bis 7⅝ Zoll besonders gut geeignet.

Beim MRK-AR-Verfahren wird die Rohrluppe nach der Kontiwalzanlage mit Hilfe einer Auszieh-Walzanlage von der Dornstange abgezogen. Danach wird die Dornstange zum Eingang der Kontiwalzanlage zurückgezogen. Diese Verfahrensweise hat im Gegensatz zum MRK-S-Verfahren längere Taktzeiten, jedoch kürzere Kontaktzeiten zwischen Luppe und Dornstange. Deshalb liegen die Luppentemperaturen nach dem Kontiwalzen oberhalb 900 °C. Somit kann das Nachwärmen vor dem Fertigwalzen entfallen. *Baumann*

Kontiwalzanlage. K. sind komplexe technische Systeme zur Herstellung von Walzprodukten nach dem Kontiwalzverfahren. *Baumann*

Kontiwalzverfahren. Das K. ist ein Walzverfahren, bei dem das Walzgut nacheinander angeordnete Walzeinheiten mit verschiedenen →Walzkalibern oder Walzstichen in einer Richtung durchläuft. Dabei wird das Walzgut in mehreren Walzkalibern oder Walzstichen gleichzeitig umgeformt.
Baumann

Konversionsschichten. Oberflächenschutzschichten, die durch elektrolytisches oder fremdstromloses →Abscheiden gebildet werden, wobei der Grundwerkstoff an der Schichtbildung beteiligt ist. Solche Schichten werden elektrolytisch auf →Magnesiumlegierungen, →Aluminiumlegierungen (→Eloxieren, Anodisieren) und →Titanlegierungen aufgebracht. Zu den fremdstromlos abgeschiedenen Schichten zählen Chromatierschichten auf Magnesiumlegierungen, Passivierschichten auf Aluminiumlegierungen, Brünier- und Phosphatierschichten auf niedrig legierten Stählen und Passivierschichten auf Chrom-Stählen, Chrom-Nickel-Stählen, →Nickel- und →Kobaltlegierungen.
Habig

Konverter. Als K. wird in der Stahlindustrie der Reaktor bezeichnet, in dem bei den →Blasstahlverfahren aus →Roheisen und →Schrott →Stahl erzeugt wird.

Das Konvertergefäß ist im mittleren Teil zylindrisch (Bild). Nach oben ist der Konverterhut zu einer offenen Mündung verengt. Das Gefäß ist mit seitlichen Zapfen kippbar aufgehängt. In dem mit feuerfesten Steinen ausgemauerten Konverter können 150–400 t Stahl je Charge erzeugt werden.

Durch die offene Mündung werden bei etwas gekippter Stellung Schrott und Roheisen eingefüllt. Kalk wird aus Bunkeranlagen oberhalb des K. zugegeben. Der Sauerstoff zum →Frischen wird je nach

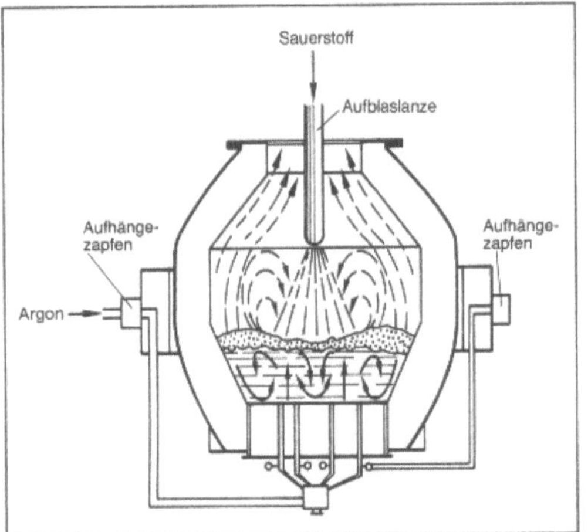

Konverter: Schematische Darstellung eines Sauerstoff-Aufblaskonverters mit Einrichtung zum Einblasen von Rührgas durch den Konverterboden. (Quelle: VDEh, Düsseldorf)

Verfahren durch eine von oben in den K. abgesenkte wassergekühlte Lanze auf das Bad oder durch Düsen im Boden des K. durch das Bad geblasen. Die Düsen sind als Manteldüsen so ausgebildet, daß zur Kühlung durch die äußeren ringförmigen Öffnungen Kohlenwasserstoffe eingeblasen werden. Wird nur mit Inertgas von unten gerührt, so sind in den Boden einfache Röhrchen oder gasdurchlässige Steine eingesetzt. Im zylindrischen Teil des K. ist ein Stichloch angebracht, durch das bei umgelegtem Konverter Roheisen und Schlacke ausgeleert werden. Das beim Blasen durch die Konvertermündung austretende → Konvertergas wird im Kamin aufgefangen, in einem Kessel abgekühlt und zur Gasreinigung geleitet. *Rellermeyer*

Konvertergas. Bei → Blasstahlverfahren zur Stahlherstellung entsteht durch die → Oxidation des Kohlenstoffs im → Roheisen CO-haltiges K. An der Konvertermündung enthält das Gas während der → Entkohlung etwa 90 % CO und 10 % CO_2. Die Gasmenge beträgt 60–80 Nm^3/t Rohstahl, abhängig vom Roheisensatz und dem Kohlenstoffgehalt im Roheisen. Zusammensetzung und Menge des Gases ändern sich während des Blasverlaufs, da zu Beginn und Ende der Schmelze wenig → Kohlenstoff oxidiert wird. Die Temperatur des Gases beim Austritt aus dem → Konverter beträgt im Mittel etwa 1 400 °C.

Eine Nutzung der im K. enthaltenen Energie kann dadurch erfolgen, daß es mit Luftüberschuß im Konverterkamin verbrannt und der Wärmeinhalt des Rauchgases in einem Vollkessel zur Dampferzeugung genutzt wird. In einer solchen Anlage werden etwa 300 kg/t RST an Dampf erzeugt, der allerdings diskontinuierlich anfällt.

Eine andere Lösung besteht darin, die Verbrennung des Gases beim Austritt aus dem Konverter durch eine bewegliche Abdichtung zu verhindern, seine fühlbare Wärme in einem Vollkessel zu nutzen und das Gas aufzufangen. Es hat dann etwa 70–73 % CO und 3–4 % H_2 und einen Heizwert $H_u = 9\,500$ KJ/Nm^3. Dieses Gas kann im Rahmen der Energiewirtschaft eines Hüttenwerks genutzt werden. Außerdem werden etwa 80 kg/t RST Dampf erzeugt.

Mit jedem dieser beiden Konzepte sind spezifische Probleme der Auslegung der Gesamtanlage zur Gasentstaubung und Gasnutzung verknüpft. *Rellermeyer*

Konverterverfahren,   sekundärmetallurgisch. Unter s. K. sind Rohstahl-Behandlungsverfahren zu verstehen, die nach der Stahlherstellung in gesonderten Konvertergefäßen ablaufen. Dazu zählen die AOD-, MRP- und VODC-Verfahren (Bild). Im Gegensatz zur Nachbehandlung des Rohstahles in einer → Pfanne ist beim s. K. ein Umfüllen der Schmelze erforderlich. Bei diesen Verfahren ermöglicht der große freie Raum des Konverters oberhalb der Schmelzenoberfläche das Arbeiten mit großen spezifischen Prozeßgasmengen. Durch die damit verbundene große Mischgasenergie werden die Reaktionsabläufe zwischen Stahlbad und Schlacke verbessert. Diese Verfahren bieten sich insbesondere für den Einsatz in Gießereien und → Lichtbogenofen-Stahlwerken zur Einstellung niedriger Gasgehalte und hoher Reinheitsgrade an.

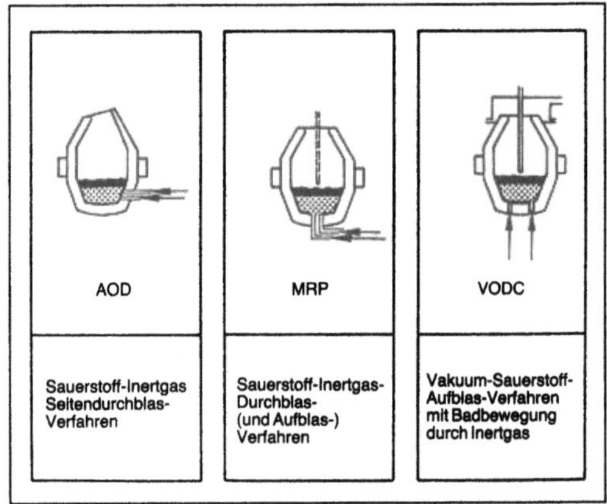

Konverterverfahren, sekundärmetallurgisch: Schematische Darstellung der unterschiedlichen Verfahren.

Nach 1985 wurden s. K. in → Stahlwerken auch mit pfannenmetallurgischen → Behandlungsverfahren kombiniert und insbesondere für die Edelstahlerzeugung eingesetzt. Eine solche Produktionslinie besteht beispielsweise aus

☐ → Lichtbogen-Schmelzofen,
☐ MRP (Metal Refining Process)-Konverter,
☐ VOD (Vacuum Oxygen Decarburisation)-Anlage und
☐ Stahlstrang-Gießanlage.

Eine solche Anlagenkonfiguration ermöglicht einerseits die Herstellung von Produkten höchster Qualität und andererseits Durchsatzleistungen, die wesentlich größer sind als bei klassischen Anlagenkonfigurationen. Dabei ist die MRP-Konverteranlage, 100 t Abstichgewicht, mit zwei Blaslanzen ausgerüstet, jeweils eine Lanze in Einsatzbereitschaft oder Einsatz und eine Lanze in Reservestellung. Der Sauerstoffaustrittswinkel und die Anzahl Düsen können variiert werden. Weil der MRP-Konverter in dieser Produktionslinie nur eine Taktzeit von 70 min hat, kann mit kleinerer Blasleistung gearbeitet werden. Die Abstichzeit für eine 100-t-Schmelze beträgt 4–5 min. Durch den Einsatz einer Schlakkenrückhaltevorrichtung ist die mitlaufende Schlakkenmenge begrenzt. Im Boden des Konverters sind nahe der Mittenachse sechs Einblaselemente angeordnet. Es kann Sauerstoff, Argon und Stickstoff eingeblasen werden. Der → Konverter ist mit einem Wechselboden ausgerüstet. Die Wechselzeit beträgt etwa zwei Stunden. Nach durchschnittlich 250 Schmelzen muß der Konverterboden gewechselt werden. Das Konverter-Gefäß ist 360° drehbar. Der Kipp-Antrieb besteht aus zwei Elektromotoren und einem Notantrieb. *Baumann*

Konzentrationselement. → Korrosionselement, dessen anodische und kathodische Bereiche durch unterschiedliche Konzentration bestimmter, den Metallabtrag beeinflussender Stoffe in der ionenleitenden Phase gebildet werden (DIN 50900).

K. liegen beispielsweise vor, bei unterschiedlicher Belüftung (→ Belüftungselement) oder pH-Differenzen, sowie an Phasengrenzen Gas/Flüssigkeit und bei der → Spalt- und → Lochkorrosion. *Wendler-Kalsch*

Konzentrationsfaktor → Mikrostruktologie

Konzentrationspolarisation → Konzentrationsüberspannung

Konzentrationsüberspannung. Überspannung, die durch Konzentrationsänderungen der → Elektrolytlösung an der Elektrodenoberfläche hervorgerufen wird. *Wendler-Kalsch*

Kopplung, fluid-elastische. Wird ein Zylinder von einem Medium durchströmt, z. B. Wasser, so kann es zu Druckimpulsen in dieser Strömung kommen, z. B. durch An- und Abschalten von Ventilen. Die Zustandsänderung im strömenden Medium hat naturgemäß Beanspruchungsrückwirkung in der elastischen Struktur, also hier im Zylinder zur Folge. Während man früher die umgebende Struktur, also hier den Zylinder, als starre Konstruktion auffaßte, versteht man unter f.-e. K. die Berücksichtigung des elastischen Verhaltens der Struktur infolge der Zustandsänderung des strömenden Mediums. Die Beanspruchungen sind im allgemeinen dadurch geringer als bei der ursprünglichen starren Annahme. *Strohmeier*

Korn, Korngröße. In einem polykristallinen Material wird der einzelne Kristall (→ Einkristall) als K. bezeichnet. Dies gilt sowohl bei Werkstoffen als auch bei Gesteinen. Das K. bzw. die Korngröße kann unmittelbar wahrgenommen werden:
☐ an Bruchflächen, in welchen der Bruch transkristallin (durch das jeweilige K. hindurch) verläuft, und zwar durch unterschiedliche Lage der Spaltflächen (z. B. bei spröden Stählen).
☐ durch unterschiedlichen Reflexionsglanz der unterschiedlich orientierten Körner in einer ebenen Fläche (z. B. verzinktes Stahlblech oder geätzte Aluminiumoberfläche).
☐ durch mittels Ätzen sichtbar gemachte → Korngrenzen (leichte Vertiefung in der Oberfläche).

In der → Metallographie kennt man Korngrenzen- und Kornflächenätzung (Bild). Die Korngröße kann vom μm-Bereich, z. B. in Feinkornstählen, bis hin zu vielen Metern, z. B. Feldspatkristalle in Pegmatiten, betragen. Je feiner das Korngefüge ist, desto höher ist die → Festigkeit eines Werkstoffes (→ Härtesteigerung). Dies resultiert aus einem Versetzungsaufstau an den Korngrenzen. Bei hoher Temperatur kann jedoch ein → Kriechen durch Korngrenzgleiten (aneinander Vorbeigleiten der Körner) stattfinden, was die Kriechfestigkeit vermindert. In diesem Fall muß entweder der Prozeß des Korngrenzgleitens durch Ausscheidungen blokkiert werden, oder aber Korngrenzen unter 45° zur Zug- und Druckrichtung im Beanspruchungsfall müssen vermieden werden, da hier die Schubspannung den Gleitprozeß maximal bewirkt. Einkristall-

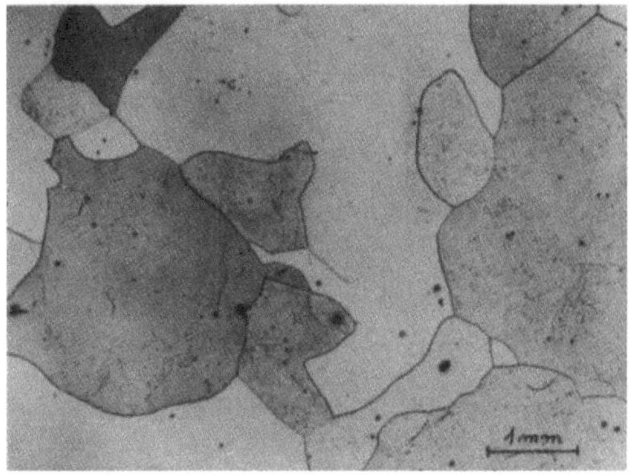

Korn: Korngefüge eines ferritischen Stahles.

züchtung oder Züchtung von stengeligem Kristallgefüge kann hier Abhilfe schaffen.

Ausgehend von einem Einkristall kann eine Korngrenze theoretisch dadurch gebildet werden, daß zwei Kristallhälften entweder gegeneinander verkippt oder gegeneinander verdreht werden. In beiden Fällen wird der Kristallgitterzusammenhang in der Grenze um so mehr gestört, je stärker die Verkippung bzw. Verdrehung ist. Dementsprechend nimmt die Energie der Korngrenze zu. Durch Einbau von → Versetzungen (*engl.* misfit dislocations) können Gitterverspannungen im Korngrenzbereich wieder reduziert werden. Zusätzlich gibt es ausgezeichnete Kipp- und Drehwinkel, bei welchen der Kristallzusammenhang zwischen den zwei Körnern „relativ" gut paßt (Koinzidenzkorngrenzen). Diese Grenzen sind, da sie niedrige Energie besitzen, verhältnismäßig stabil.

Korngrenzen können auch wandern, d. h. sich parallel zu sich selbst verlagern. Dieser Prozeß findet bei → Rekristallisation statt. Korngrößen können hierdurch, d. h. durch geeignete → Wärmebehandlung, in eine gewünschte Größe eingestellt werden.

Um Korngrößen zu bestimmen, gibt es Richtreihen, die als Vergleichswerte benutzt werden können. Ferner stellt die quantitative Metallographie Bestimmungsverfahren zur Verfügung.

Bei Blechen ist feines K. oft erwünscht, da beim → Tiefziehen ein Grobkorngefüge eine rauhe Oberfläche ergibt. Zu feines Gefüge verringert wegen der erhöhten → Härte jedoch die Tiefziehfähigkeit.

Gußgefüge (→ Gießen) besitzen meist sehr grobes K. → Kornfeinungsmittel, d. h. Stoffe, welche die → Keimbildung erleichtern, indem sie die Grenzflächenspannung der Grenze Kristallkeim/flüssiges Metallbad herabsetzen, sorgen für feineres Korngefüge. Auch eine Wärmebehandlung kann das ungünstige Grobkorngefüge beseitigen.

Ein K. (Einkristall) kann noch weiter durch → Kleinwinkelkorngrenzen (Versetzungen) unterteilt sein (→ Feinkornstahl). *Schuh*

Kornfeinungsmittel. Bei vielen Metallen und Legierungen ist ein möglichst feines und gleichmäßiges → Korn erwünscht, weil dadurch die → Festigkeit entsprechend der *Hall-Petch*-Gleichung erhöht wird:

$$R_{p\,0,2} = R_o + k \cdot D^{-1/2}$$

wobei R_o der Grundwert der Werkstoffestigkeit, k eine Konstante und D der gemittelte Korndurchmesser ist.

Als Folge des feinkörnigen Gefüges sind die mechanischen Eigenschaften (→ Härtesteigerung) verbessert.

Dies wird durch K. erreicht. Zu einer Metallschmelze werden vor dem Abguß geringe Zusätze von Fremdelementen gegeben, die dann beim Kristallisieren als Keimbildner wirken. Diese Keimbildner haben einen höheren → Schmelzpunkt als die abzugießende Metallschmelze und erstarren daher zuerst bei der → Abkühlung. Sie sollten vom Gittertyp (Atomabstand, Bindung) her der beim Abguß kristallisierenden Phase möglichst ähnlich sein. An diese K. (→ Keimbildung) können sich die aus der Schmelze gebildeten Kristalle leicht anlagern. Es wird angestrebt, daß sich möglichst viele Kristalle bilden, die sich dann bald im Wachstum behindern.

Typische K. sind: → Aluminium für → Stähle, → Titan für → Aluminiumlegierungen, → Schwefel für Blei-Zinn-Legierungen; Al, Fe, Ti, Zr für → Kupferlegierungen. *Heller*

Kornform, Kornoberfläche. Kiessande (→ Betonzuschlag) sind auch im gleichen Vorkommen mineralogisch sehr unterschiedlich zusammengesetzt und werden unterschiedlich langer Beanspruchung im Flußgeschiebe unterworfen. Daher ist die Form und Oberfläche der einzelnen Körper sehr ungleichartig: Sie enthalten je nach Vorkommen sehr viel plattiges, längliches und splittriges bzw. rauhes und oberflächenporiges Material. Die Verarbeitbarkeit und Verdichtbarkeit des Frischbetons hängt aber wesentlich von der K. des Zuschlags ab: Gedrungene (kugelige, würfelige) Zuschlagkörner sind am günstigsten. Diese Körper haben auch, vor allem bei glatter Oberfläche, einen geringen Wasser- und Zementleimanspruch, d. h. der w/z-Wert (→ Zementstein) und der Zementbedarf sind gering. *Wesche*

Korngleitverschleiß. → Verschleißart, bei der in der Kontaktfläche von zwei Körpern während einer Gleitbewegung → Verschleiß durch frei bewegliche Körner hervorgerufen wird, indem die → Abrasion als → Verschleißmechanismus wirksam wird. Diese Verschleißart kann z. B. in Kugelmühlen oder in Gleitlagern auftreten, die in abrasivstoffhaltigen Medien arbeiten. *Habig*

Korngrenze. Grenze zwischen Körnern in polykristallinen Werkstoffen. K. sind Hindernisse für die Versetzungsbewegung, daher nimmt die → Festigkeit mit feinerem → Korn zu, während die → Zähigkeit in diesem Fall verbessert wird (→ Feinkornstähle). *Dahl*

Korngrenzenangriff. K. bezeichnet den selektiven Angriff der Korngrenzen oder korngrenzennaher Bereiche. Die erhöhte → Korrosionsgeschwindigkeit der Korngrenzen im Vergleich zur Grundmatrix kann verschiedene Ursachen haben.

Durch Bildung von unedleren Ausscheidungen

an der → Korngrenze entsteht ein → Korrosionselement, bei dem die unedleren Ausscheidungen oder die → Phasengrenze Ausscheidung/Grundmetall bevorzugt korrodieren. Ein selektiver Angriff wird auch durch Anreicherung von Spurenelementen, die die Metallauflösung stimulieren (z. B. Phosphor) oder durch unpassivierbare nichtmetallische Ausscheidungen an deckschichtbehafteten Werkstoffen hervorgerufen.

Schließlich kann durch Verarmung von Legierungselementen in korngrenzennahen Bereichen, als Folge von Ausscheidungen auf den Korngrenzen, der korngrenzennahe Saum als unedlerer Bereich oder aufgrund fehlender → Passivität bevorzugt angegriffen werden. Ein technisch wichtiger Fall ist die interkristalline → Korrosion nichtrostender → Stähle durch Chromverarmung als Folge von $Cr_{23}C_6$-Ausscheidungen auf den Korngrenzen (→ Chromverarmungstheorie). *Wendler-Kalsch*

Korngrößenermittlung → Siebanalyse

Kornoberfläche → Kornform

Kornwachstum. K. in polykristallinen Gefügen ist eine zeit- und temperaturabhängige Verschiebung der Korngrößenverteilung zu höheren Werten, d. h. in Richtung auf gröberes → Korn. Dabei wird eine neue Anordnung und Morphologie der Körner geschaffen.

Ursache des K. ist allein die Korngrenzenenergie γ, im Gegensatz zur → Rekristallisation, deren Triebkraft die durch die Vorverformung eingebrachte Versetzungsdichte bzw. die damit verbundene → Linienenergie ist. Weil bei gleichbleibender Temperatur nach Erschöpfung der mechanischen Triebkraft die Rekristallisation automatisch in K. übergeht, findet man in der Literatur vielfach noch die (mißverständliche) Bezeichnung „sekundäre Rekristallisation".

Die Kinetik des K. wird wie bei der Rekristallisation durch thermisch aktivierte Platzwechselvorgänge in Korngrenzennähe gesteuert. Im statistischen Mittel verlagern sich mehr Atome über die → Korngrenze hinweg von kleineren zu größeren Körnern als umgekehrt (vermittelnde Rolle der mittleren Flächenkrümmung). Die erforderlichen Platzwechselvorgänge bedingen einen starken Temperatureinfluß (thermische → Aktivierung, → Arrhenius-Beziehung). Theoretisch ergibt sich als Wachstumsgesetz für die mittlere Korngröße L_m eine parabolische Beziehung:

$$L_m{}^2 - L_o{}^2 = Kt$$

Der Wachstumskoeffizient K enthält den maßgeblichen Diffusionskoeffizienten D(T) und eine über die Orientierungen gemittelte → Grenzflächenenergie γ.

Der Einfluß gelöster Fremdatome in fester Lösung auf den Zahlenwert von K ist erheblich, aber schwer quantitativ vorauszusagen: die Fremdatome erniedrigen in der Regel durch Segregation den Wert von γ, d. h. die Triebkraft des K. Andererseits erhöhen sie meistens den Fehlordnungsgrad und damit die Diffusionsgeschwindigkeit im Korngrenzenbereich, was beschleunigend wirkt. Drittens erzwingt die Segregationstendenz an der Korngrenze (Adsorption) das diffusionsgesteuerte Nachschleppen einer Fremdatom-Atmosphäre hinter der wandernden Korngrenze, also ebenfalls eine Verzögerung. – Teilchendispersionen behindern das K. erheblich, sofern die mittleren Abstände zwischen den in der Grenzfläche liegenden Partikeln hinreichend klein sind.

Hinsichtlich der Auswirkungen ist das K. im allgemeinen unerwünscht, weil es verminderte → Festigkeit (→ Hall-Petch-Beziehung) und erhöhte Rißausbreitungsgeschwindigkeit zur Folge hat. Besonders gefährlich ist die Grobkornbildung nahe der Schmelztemperatur während und nach dem → Schweißen. Andererseits kann K. bei hohen Temperaturen fertigungstechnisch nützlich sein, um z. B. für Hochtemperatur-Anwendungen grobkörnige Bauteile mit einer in Kraftrichtung verlängerten → Kornform zu züchten (K. im Temperaturgradienten).

Der Prozeß des K. ist hinsichtlich seiner Triebkraft verwandt mit der Kornvergröberung (Reifung) von Niederschlägen in flüssiger Lösung und der → Ostwald-Reifung von Dispersionen, die sich durch Ausscheidung aus übersättigter fester Lösung gebildet haben. *Ilschner*

Kornwälzverschleiß. → Verschleißart, bei der in der Kontaktfläche von zwei Körpern während einer Wälzbewegung → Verschleiß durch frei bewegliche Körner hervorgerufen wird. *Habig*

Kornzerfall → Korrosion, interkristalline; → Korrosionsart

Kornzusammensetzung. Zur Herstellung von → Beton mit möglichst vollkommener Verdichtung müßten zwei widersprüchliche Forderungen erfüllt werden:

□ Der Kornaufbau soll ein dichtes Korngerüst ergeben, damit der Gehalt an → Zementleim zum Umhüllen der Körner und zum Ausfüllen der Zwischenräume klein ist. Dazu wäre eine gleichmäßige Abstufung der Zuschlagkörner bis zum Feinstsand erforderlich, der jedoch wegen der damit verbundenen Oberflächenvergrößerung bei gleichem Zementleimgehalt zu geringerer Verdichtbarkeit führt. Eine diese Wirkung ausgleichende Zementleimvermehrung hebt dagegen die Vorteile des größeren Dichtigkeitsgrades wieder auf.

□ Die Oberfläche soll möglichst klein, der Zuschlag also möglichst grob sein, um die zur Umhüllung benötigte Zementleimmenge klein halten zu können.

Das Optimum liegt zwischen diesen Anforderungen, nach denen die Zuschlagoberfläche und gleichzeitig der Porenraum innerhalb des Zuschlaghaufwerks möglichst klein sein sollen. Günstige und brauchbare K. werden in der Stahlbetonnorm DIN 1045 durch Sieblinien angegeben. Darüber hinaus läßt sich die Betonzusammensetzung mit Hilfe von Zuschlagkennwerten optimieren, die man entweder aus der → Sieblinie ableitet oder über die spezifische Oberfläche berechnet. *Wesche*

Korrodieren. Reagieren von Werkstoff und → Korrosionsmedium (→ Korrosion).

Wendler-Kalsch

Korrosion.

Grundlagen. Der Begriff K. kommt aus dem Lateinischen *corrodere* und bedeutet zerfressen, zernagen. Nach DIN 50900, Teil 1, versteht man unter K. die Reaktion eines → metallischen Werkstoffes mit seiner Umgebung, die eine meßbare Veränderung des Werkstoffes bewirkt und zu einer Beeinträchtigung der Funktion eines metallischen Bauteils oder eines ganzen Systems führen kann.

Diese Definition betrachtet die K. zunächst wertneutral als eine Reaktion des metallischen Werkstoffes mit seiner Umgebung, die zwar zu einem → Korrosionsschaden führen kann, aber nicht zwangsläufig zu einer Beeinträchtigung des Korrosionssystems führen muß. Ein Korrosionsschaden liegt somit nur dann vor, wenn eine Beeinträchtigung der Funktion eines Bauteiles oder des gesamten Systems Werkstoff/Medium stattgefunden hat. Grundsätzlich kann auch eine Schädigung der Umgebung, d. h. des Mediums eintreten, so z. B. die Kontamination von Trinkwässern und Betriebsmedien durch Korrosionsprodukte. Korrosionsreaktionen können auch erwünscht sein, so z. B. die Ausbildung von Passivschichten, die elektrochemische Metallbearbeitung oder das → Beizen von Metallen.

Ursache aller Korrosionsreaktionen ist die thermodynamische Instabilität von Metallen gegenüber Oxidationsmitteln, wie Luft oder wäßriger Medien. Metallische Werkstoffe haben die Tendenz unter Freisetzung der Energie, die bei ihrer Gewinnung durch → Reduktion von Erzen aufgewendet wurde, wieder in den thermodynamisch stabileren Zustand zurückzukehren. Die meisten Gebrauchsmetalle, mit Ausnahme einiger → Edelmetalle, sind in Gegenwart von Luftsauerstoff schon bei Raumtemperatur thermodynamisch instabil, d. h. sie können unter Energieabgabe mit Sauerstoff reagieren, sofern die Reaktion nicht kinetisch gehemmt ist.

Die Reaktionen von Werkstoffen mit ihrer Umgebung sind im allgemeinen Phasengrenzreaktionen. In besonderen Fällen können die Reaktionen auch im Werkstoffinneren ablaufen. Je nach den Eigenschaften der Reaktionspartner kann es sich hierbei um chemische oder elektrochemische Reaktionen, oder auch um metallphysikalische Vorgänge handeln.

□ Zur chemischen K. gehören die Auflösungsvorgänge von nicht-elektronenleitenden Werkstoffen bzw. von Werkstoffen in nicht-ionenleitenden Flüssigkeiten. Als Beispiele sind zu nennen, die Auflösungsvorgänge nichtmetallischer Werkstoffe wie → Glas und → Keramik in Alkalien, von Kunststoffen in organischen Lösungsmitteln, sowie die Reaktionen von unedlen Metallen, wie → Aluminium und Magnesium, mit halogenierten Kohlenwasserstoffen, die charakteristischen Merkmalen radikalischer Reaktionen im Sinne metallorganischer Umsetzungen entsprechen.

Zum Typus der chemischen K. gehören auch die äußere und innere → Hydridbildung von Sondermetallen (Ti, Zr, Ta), die weniger zu einem Werkstoffabtrag führt, als vielmehr die mechanischen Eigenschaften, mit Neigung zu spröden Brüchen, beeinträchtigt.

Auch der Druckwasserstoffangriff, d. h. die Reaktion von absorbiertem Wasserstoff mit carbidischen Gefügebestandteilen im Werkstoffinneren von unlegierten und niedriglegierten Stählen bei Temperaturen oberhalb 200 °C kann den chemischen Korrosionsreaktionen zugeordnet werden (→ Druckwasserstoffschädigung).

□ Unter elektrochemischer K. versteht man die K., bei der elektrochemische Vorgänge stattfinden. Sie laufen ausschließlich in Gegenwart einer ionenleitenden Elektrolytphase (→ Elektrolytlösung oder Salzschmelze) ab. Kennzeichnend für die elektrochemische K. ist die Abhängigkeit der Korrosionsvorgänge vom → Elektrodenpotential bzw. von einem Strom, der durch die → Phasengrenze Werkstoff/Medium fließt.

Im allgemeinen handelt es sich bei der elektrochemischen K. um die → Oxidation eines Metalles unter Reduktion eines Oxidationsmittels, wobei sich ein Stromkreis, bestehend aus einem Elektronenstrom im Metall und einem Ionenstrom im → Korrosionsmedium ausbildet (→ Säurekorrosion, → Sauerstoffkorrosion). Alle flüssigen Medien mit endlicher elektrolytischer Leitfähigkeit können elektrochemische K. verursachen. Anzumerken ist, daß die K. nicht unmittelbar durch einen elektrolytischen Metallabtrag bewirkt werden muß und auch durch Reaktion mit einem elektrolytisch erzeugten Zwischenprodukt (z. B. atomarer Wasserstoff) ausgelöst werden kann (Korrosion, wasserstoffinduzierte).

□ Zu den physikalischen Korrosionsvorgängen zählen unter anderem Diffusionsvorgänge entlang der Korngrenzen von Metallen, die mit Flüssigmetallen in Kontakt stehen und interkristalline K. hervorrufen. Metallphysikalische K. wird aber auch durch Absorption von Wasserstoff in Metallen bei niedrigen Temperaturen, vorzugsweise bei Raumtemperatur, hervorgerufen. Bei diesen Vorgängen geht der Wasserstoff keine chemische Reaktion ein, sondern wirkt wie ein Legierungselement. Wie bei der K. durch Metallschmelzen (→ Lötbruch) stehen auch hier wesentliche Beeinträchtigungen der mechanischen Eigenschaften im Vordergrund (Korrosion, wasserstoffinduzierte).

Die meisten Korrosionsvorgänge sind elektrochemischer Natur. Voraussetzung für den Ablauf einer elektrochemischen Korrosionsreaktion ist die Fähigkeit des Korrosionssystems Arbeit zu leisten, wobei unter Energieabgabe der metallische Werkstoff oxidiert und ein entsprechendes Oxidationsmittel reduziert wird. Die Arbeitsfähigkeit eines Korrosionssystems, die als Freie Reaktionsenthalpie ΔG bezeichnet wird, ergibt sich zu

$$\Delta G = z \cdot F \cdot U$$

wobei F die Faradaysche Konstante, z die Anzahl der pro Formelumsatz ausgetauschten Elektronen und U die reversible Zellspannung bedeuten (→ Thermodynamik). Das Potential-pH-Diagramm (→ *Pourbaix*-Diagramm) gibt wichtige Informationen hinsichtlich der thermodynamischen Zustandsfelder für die Immunität eines Metalles, die aktive K. unter Bildung von Metallionen und die → Passivität unter Bildung von Oxidfilmen wieder.

Zu den thermodynamischen Einflußgrößen gehören neben der Konzentration der korrosionsaktiven Spezies auch die Temperatur und der Druck des angreifenden Mediums, sowie das Elektrodenpotential des entsprechenden Korrosionssystems.

Entscheidend für den Ablauf einer elektrochemischen Korrosionsreaktion ist jedoch nicht nur die thermodynamische Möglichkeit eines Reaktionsablaufes, sondern die kinetische Hemmung der ablaufenden Korrosionsreaktion, so z. B. der Abtransport der entstandenen Reaktionsprodukte in das angreifende Medium und der Antransport aggressiver Bestandteile aus dem Medium an die Metalloberfläche durch → Diffusion, Ad- oder Absorptionsvorgänge auf der Metalloberfläche und die Bildung oder die Ausscheidung von festen Reaktionsprodukten, die zur → Deckschichtbildung führen.

Wenn die an sich teilweise unedlen und damit leicht korrodierbaren metallischen Werkstoffe trotzdem in der Praxis eingesetzt werden können, so beruht dies darauf, daß die ablaufenden Korrosionsreaktionen unter bestimmten Bedingungen nur äußerst langsam ablaufen, da sie kinetisch gehemmt sind.

Erschwerend kommt allerdings hinzu, daß es sich beim Korrosionsablauf nicht um einen Einzelprozeß, sondern vielmehr um Phasengrenzreaktionen handelt, denen mehrere homogene oder heterogene Reaktionsschritte vor- und nachgelagert sein können, wobei der langsamste Teilschritt letztendlich die Korrosionsgeschwindigkeit bestimmt (→ Korrosionsgröße).

Die Korrosionsgeschwindigkeit bezeichnet die → Reaktionsgeschwindigkeit der elektrochemischen Korrosion. Das Ziel der Korrosionsforschung ist, diese wichtige Korrosionsgröße zu bestimmen und Aussagen über ihre Beeinflussung (Werkstoffzusammensetzung, Medium, Konzentration, Temperatur, Elektrodenpotential) zu erhalten. Die Korrosionsgeschwindigkeit läßt sich am einfachsten durch Feststellung des Substanzverlustes (flächenbezogene Massenverlustrate, Abtragungsgeschwindigkeit) ermitteln. Mit befriedigender Genauigkeit kann sie auch aus dem → Polarisationswiderstand abgeschätzt werden.

Das wichtigste Hilfsmittel zur Untersuchung des Korrosionsverhaltens metallischer Werkstoffe ist die → Stromdichte-Potential-Kurve. Da der elektrolytische Metallabtrag sich aus der anodischen Metall/Metallionenreaktion (→ Teilreaktion, anodische) ergibt, lassen sich aus der Summenstromdichte-Potential-Kurve jedoch im allgemeinen keine Rückschlüsse auf die Korrosionsgeschwindigkeit ziehen. Diesbezügliche Aussagen sind nur möglich, wenn die kathodische Teilstromdichte bekannt ist (z. B. durch Messen des entwickelten Wasserstoffs) oder falls sich das Stromdichte-Potentialverhalten durch sogenannte Tafelgeraden beschreiben läßt, wobei sich die Korrosionsstromdichte durch Extrapolation der anodischen und kathodischen Tafelgeraden ergibt.

Kennzeichnend für die elektrochemische K. ist die Abhängigkeit der Korrosionsvorgänge vom Elektrodenpotential. Entsprechend dem Werkstoffverhalten im vorliegenden wäßrigen Korrosionsmedium sowie beim vorherrschenden Elektrodenpotential, wird die elektrochemische K. unterteilt in die aktive, passive und transpassive K.

Bei passivierbaren Metallen können anhand der Kurvenform der Stromdichte-Potential-Kurve die Potentialbereiche der genannten Zustände unterschieden werden (Bild). Im aktiven Zustand der Werkstoffoberfläche läuft die K. ohne besondere Reaktionshemmung ab. Als Beispiel ist die → Säurekorrosion zu erwähnen. Bei Bildung der passivitätserzeugenden → Deckschicht, tritt ein deutlicher Abfall des Korrosionsstromes ein (→ Passivierung). Zwischen den → Grenzpotentialen des Passivierungs- und Aktivierungspotentials liegt der Aktiv/

Passiv-Übergang. Der Passivbereich, der sich in der Regel über einen größeren Potentialbereich erstreckt, ist im Vergleich zur Aktivkorrosion, durch eine äußerst geringe passive Reststromdichte gekennzeichnet. Die geringfügige elektrolytische K. im passiven Zustand der Werkstoffoberfläche wird durch die reaktionshemmende Wirkung der → Passivschicht bewirkt. Der Passivbereich wird anodisch vom transpassiven Bereich begrenzt, dessen Beginn durch Wiederansteigen des anodischen Auflösungsstromes angezeigt ist (→ Transpassivität).

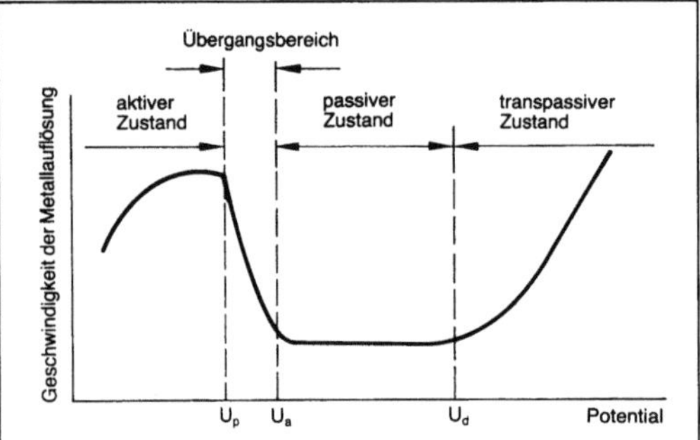

Korrosion: Potentialbereiche für den aktiven, passiven und transpassiven Zustand eines passivierbaren Metalles (schematisch).

U_p = Passivierungspotential, U_a = Aktivierungspotential, U_d = Durchbruchspotential

Die Korrosionsgeschwindigkeit, die ein Maß für die Korrosionsanfälligkeit darstellt, hängt also maßgeblich davon ab, ob sich der metallische Werkstoff im aktiven, passiven oder transpassiven Zustand befindet.

Die Korrosionsbeständigkeit ist definiert als die reziproke lineare Korrosionsgeschwindigkeit und wird häufig in h/mm angegeben. Sie ist ein Maß für die → Lebensdauer eines Werkstoffes, falls die K. gleichmäßig abtragend erfolgt. Es werden sechs Beständigkeitsstufen unterschieden (Tabelle).

Entsprechend der Tatsache, daß es sich bei der K. um Grenzflächenvorgänge handelt, die entweder zwischen einer festen und einer flüssigen bzw. zwischen einer festen und einer gasförmigen Phase ablaufen, ergibt sich sowohl eine praktische als auch eine nach dem Mechanismus begründete Einteilung in die elektrolytische K. und die → Hochtemperaturkorrosion.

Unter atmosphärischer K., die einen Spezialfall der elektrolytischen Korrosion darstellt, versteht man die Reaktion von Metallen mit Luftsauerstoff in Gegenwart von Wasserdampf und von hygroskopischen Verunreinigungen. Ein wohlbekanntes Beispiel hierfür ist das gewöhnliche Rosten des Eisens (→ Rost), das die verbreitetste → Korrosionsart überhaupt darstellt. Bei diesem Vorgang reagiert → Eisen mit dem Sauerstoff der Luft und von Wasser unter Bildung von Eisenhydroxid. Die Rolle des Wasserdampfs besteht darin, daß er beim Überschreiten seines Sättigungsdampfdruckes auf der Metalloberfläche kondensiert und einen mehr oder weniger dünnen Wasserfilm bildet. Die Existenz des Wasserfilms, der den umgebenden Luftsauerstoff leicht zu lösen vermag, ist eine notwendige Bedingung für das Auftreten der atmosphärischen K., da diese in extrem trockener Luft erfahrungsgemäß verschwindet. Abgesehen von Regenperioden ist aber das Erreichen des Sättigungsdampfdruckes von Wasser, das einer relativen Luftfeuchte von 100 % entspricht, zumindest in den gemäßigten Klimazonen ein relativ seltenes Ereignis, das für die atmosphärische K. nicht allein verantwortlich gemacht werden kann. Im übrigen ergeben Experimente, daß die atmosphärische K. praktisch ausbleibt, wenn die umgebende Luft außer Wasserdampf keine weiteren Verunreinigungen enthält. Es bedarf folglich des Zusammenspiels von Wasserdampf und von Luftverunreinigungen, um atmosphärische K. hervorzurufen. Genauere Untersuchungen hierzu zeigen, daß jene Luftverunreinigungen besonders wirksam sind, die zur Bildung von hygroskopischen Salzen auf der Metalloberfläche führen. Über den Lösungen dieser Salze ist der Sättigungsdampfdruck des Wassers stets kleiner, als über reinem Wasser. Ihre primäre Wirkung beruht somit darauf, daß sie eine Kondensation von Wasserdampf bei einer relativen Luftfeuchte ermöglichen, die deutlich kleiner ist als 100 %. Für den

Korrosion. Tabelle: Beständigkeitsstufen für Stahl

Beständigkeitsstufe	h/mm	g/m² h	mm/Jahr
I = vollkommen beständig (passiv)	>262 ·10³	<0,03	<0,033
II = beständig	78 bis 262 ·10³	0,03 bis 0,1	0,033 bis 0,011
III = verwendbar	26 bis 78 ·10³	0,1 bis 0,3	0,11 bis 0,33
IV = bedingt verwendbar	7,8 bis 26 ·10³	0,3 bis 1	0,33 bis 1,1
V = wenig beständig (unbrauchbar)	2,6 bis 7,8·10³	1 bis 3	1,1 bis 3,3
VI = unbeständig	<2,6·10³	>3	>3,3

Zusammenhang zwischen atmosphärischer K. und relativer Luftfeuchte gelten dementsprechend folgende Erfahrungswerte:

Relative Luftfeuchte		Korrosionsgeschwindigkeit
weniger als	60 %	vernachlässigbar klein
mehr als	60 %	klein
	80 %	deutlich ansteigend
mehr als	80 %	sehr groß

Selbstverständlich hängt die Geschwindigkeit der atmosphärischen K. von der Natur des hygroskopischen Salzes ab, so daß die angegebenen Werte nicht absolut gelten. Ein gutes Beispiel hierfür ist das Rosten des Eisens in Gegenwart von Magnesiumchlorid, das erst unterhalb einer relativen Luftfeuchte von ca. 35 % verschwindet.

Eine zweite, nicht minder wichtige Wirkung der hygroskopischen Salze besteht darin, daß sie mit dem adsorbierten Wasserfilm auf der Metalloberfläche eine Elektrolytlösung bilden. Erst dadurch werden Korrosionsvorgänge ermöglicht, die mit den Vorgängen bei der elektrolytischen K. vergleichbar sind.

Die Luftverunreinigungen, die die atmosphärische K. begünstigen, lassen sich grob schematisch in die Gruppen säurebildende Gase, Salze und Alkalien einteilen.

Zu den säurebildenden Gasen gehören neben Kohlendioxid, Chlorwasserstoff, Stickoxiden, Schwefelwasserstoff und verschiedenen Karbonsäuren vor allem das Schwefeldioxid. In der Hauptsache rühren diese Gase von der Verfeuerung fossiler Brennstoffe her. Größte Bedeutung hat dabei das Schwefeldioxid, dessen Wirkung auf die atmosphärische K. wahrscheinlich darauf beruht, daß es nach Lösung in dem dünnen Feuchtigkeitsfilm auf der Metalloberfläche zu aggressiver Schwefelsäure aufoxidiert wird. Im Falle des Rostens von Eisen führt letztere zur Bildung von hygroskopischem Eisensulfat, das seinerseits den Elektrolytfilm durch Hydrolyse ansäuert, so daß Schwefeldioxid das Rosten gewissermaßen katalysiert. Im Vergleich dazu ist die stimulierende Wirkung der anderen Gase auf die atmosphärische K. kleiner. Sehr wichtig ist der Einfluß von H_2S auf das → Anlaufen von Metallen, die wie → Kupfer, → Nickel und Silber gute Sulfidbildner sind.

Salze, insbesondere Chloride, sind u. a. ein aktiver Bestandteil der Atmosphäre in Küstengebieten. Marines Klima ist daher durchweg aggressiver als ländliches, städtisches oder tropisches Klima. Die Wirkungsweise der Salze besteht ebenfalls in einer Förderung der Elektrolytbildung bei niedrigen Werten der relativen Luftfeuchte. Zu beachten ist dabei die Möglichkeit der Hydrolyse von Salzen

starker Säuren und schwacher Basen, die zu einem Ansäuern des Elektrolytfilms führt.

Alkalien treten ausschließlich in Industrieklimaten auf und üben einen gewissen Einfluß auf die atmosphärische K. von amphoteren Metallen wie Al und Zn aus.

Nicht zu unterschätzen ist auch die schädliche Wirkung von Staub, die insbesondere für die Anfangsphase der atmosphärischen K. nachgewiesen ist. Außerdem wird gewissen oxidierenden Substanzen wie Ozon und verschiedenen Peroxiden im allgemeinen eine schädliche Wirkung zugeschrieben.

Die elektroyltische K. der Metalle unterscheidet sich von der atmosphärischen K. im wesentlichen nur dadurch, daß die Elektrolytlösung nicht mehr aus einem dünnen Oberflächenfilm besteht, sondern ein sehr viel größeres Volumen einnimmt. Die atmosphärische K. ist daher als ein Spezialfall der elektrolytischen K. anzusehen. Für beide Korrosionsformen gelten somit dieselben physikalisch-chemischen Gesetzmäßigkeiten. Von grundsätzlicher Bedeutung ist insbesondere die Tatsache, daß die gleichmäßige K. reiner, homogener Metalle elektrolytischer Natur ist bzw. durch eine unabhängige Überlagerung einer anodischen und einer kathodischen Teilreaktion zustandekommt. Im Verlaufe der anodischen Teilreaktion geht dabei ein Metall Me nach dem Schema

$$Me \rightarrow Me^{z+} + ze^-$$

unter Bildung positiv geladener Ionen in Lösung und hinterläßt in der Metallphase Elektronen. Diese werden in einer kathodischen Teilreaktion dazu verbraucht, ein Oxidationsmittel zu reduzieren. In sauren Lösungen sind dies neben dem Luftsauerstoff vor allem Wasserstoffionen, die nach der Reaktionsgleichung

$$2\,H^+ + 2e^- \rightarrow H_2$$

zu Wasserstoff reduziert werden. Dieser entweicht entweder in die Gasphase oder wird vom korrodierenden Metall teilweise gelöst, wo er eine als → Wasserstoffversprödung bezeichnete schädliche Wirkung auf die mechanische Eigenschaften ausübt.

Im Gegensatz zu dieser „Säurekorrosion" dominiert in neutralen Lösungen die Reduktion von gelöstem Luftsauerstoff, die z. B. durch die Reaktionsgleichung

$$O_2 + 2\,H_2O + 4\,e^- \rightarrow 4\,OH^-$$

beschrieben werden kann (→ Sauerstoffkorrosion).

Zur elektrolytischen K. zählen auch Korrosionsvorgänge, die an metallischen Werkstoffen in heißen Salzschmelzen ablaufen, was auf der Ionenleitfähigkeit dieser Medien beruht. Analog zur elektrolytischen K. in wäßrigen Elektrolytlösungen, finden in heißen Salzschmelzen elektrochemische Korrosionsreaktionen mit anodischer Metallauflösung und kathodischer Reduktion eines Oxidationsmittels statt.

Die Hochtemperaturkorrosion bezeichnet die Reaktion metallischer Werkstoffe bei hohen Temperaturen in gas- oder dampfförmigen Medien, und die → Verzunderung (→ Zunder) die Reaktion mit Luft oder sauerstoffhaltigen Gasen. Die Oxidation eines Metalles und die Reduktion des Oxidationsmittels finden an der inneren oder äußeren Phasengrenze einer auf der Metalloberfläche befindlichen, mehr oder weniger gasdichten Deckschicht statt.

Die Grundbegriffe der K. metallischer Werkstoffe lassen sich sinngemäß auch auf nichtmetallische Werkstoffe übertragen.

Die K. der meist wenig anfälligen → Polymerwerkstoffe beruht neben physikalischen Vorgängen vorwiegend auf chemischen Reaktionen. Im Unterschied zu den Metallen, treten keine elektrochemischen Prozesse auf. Bei Kunststoffen wirken sich hauptsächlich thermische und chemische Einflüsse im Sinne einer → Alterung schädlich aus. Unter K. wird eine durch chemischen Angriff entstehende Veränderung des Materials verstanden. Polymerwerkstoffe sind gegenüber bestimmten organischen Lösungsmitteln unbeständig. Unter besonderen Bedingungen können jedoch auch in Wasser, sauren oder alkalischen Medien Korrosionsvorgänge ablaufen. Die wesentlichen Reaktionen sind hier die Hydrolyse und die Oxidation durch oxidierende Säuren, Salzlösungen und Sauerstoff sowie insbesondere Ozon. Risse in Polymerwerkstoffen werden, je nach dem, ob ein physikalischer oder chemischer Vorgang beteiligt ist, als Spannungsrißbildung oder als → Spannungsrißkorrosion bezeichnet. An glasfaserverstärkten → Kunststoffen (GFK) können durch Einwirkung schwacher Säuren, die tragenden Glasfasern angegriffen werden und → Rißbildung bewirken.

→ Glas und keramische Werkstoffe, wie Porzellan, Steinzeug und → Oxidkeramik gelten im allgemeinen als äußerst korrosionsbeständige Materialien. Die K. erfolgt bei dieser Werkstoffgruppe hauptsächlich durch chemische Vorgänge. Als Beispiel ist der chemische Angriff von Gläsern in Flußsäure und Ätzalkalien anzuführen. Durch eine herausragende Korrosionsresistenz zeichnen sich insbesondere oxidkeramische Werkstoffe (Al_2O_3, ZrO_2) selbst bei hohen Temperaturen aus. Das Korrosionsverhalten der Oxidkeramiken hängt weitgehend vom → Reinheitsgrad und von der Zusammensetzung der Zuschlagstoffe ab. Enthält die Oxidkeramik, beispielsweise Al_2O_3, silikatische Glasphasen als Zuschlagstoffe, so wird diese Glasphase durch chemischen Angriff bevorzugt korrodiert, wobei die Wirksamkeit als → Bindemittel verloren geht. *Wendler-Kalsch*

Biomaterialien. Metalle für Implantate weisen als besondere Eigenschaft die spontane → Passivierung der Oberfläche im Körperelektrolyten auf. Es bildet sich eine porenfreie → Oxidschicht, die das darunter liegende Metall vor K. weitgehend schützt. Eine parallel zur Oxidation ablaufende Reduktion findet in diesem Fall nur bis zur Ausbildung der → Passivschicht statt. Nach Einstellung des Gleichgewichts ist eine weitere Aufoxidation, verbunden mit einer gleichmäßig abtragenden K., nur nach Maßgabe der sehr geringen Oxidlöslichkeit möglich.

Lokalisierte K. größeren Umfangs tritt im Körperelektrolyten werkstoffspezifisch durch chlorionen-induzierten → Lochfraß und in Spalten als → Spaltkorrosion auf. Im Kontakt unterschiedlicher Metalle kann eine galvanische K. durch Ausbildung eines Lokalelements ablaufen. Mechanisch induziert sind die → Korrosionsermüdung durch Wechselbelastung im korrosiven Milieu und die → Reibkorrosion durch mechanische Zerstörung der schützenden Passivschicht. K. findet wegen der Oxidation des Metalls stets an der Anode statt.

Thull

Korrosion, aktive → Korrosion

Korrosion, anaerobe → Korrosionsart

Korrosion, atmosphärische → Korrosion

Korrosion, chemische → Korrosion

Korrosion, dehnungsinduzierte → Korrosion

Korrosion – durch Druckwasserstoff → Druckwasserstoffschädigung; → Spannungsrißkorrosion; → Korrosion

Korrosion, elektrochemische → Korrosion

Korrosion, elektrolytische → Korrosion

Korrosion, innere. I. K. bezeichnet eine Erscheinungsform der → Korrosion, die bei der → Hochtemperaturkorrosion innerhalb der metallischen Randzone ausgelöst wird. Elemente wie Sauerstoff, → Schwefel, → Kohlenstoff oder → Stickstoff diffundieren, sofern eine gewisse → Löslichkeit im Metall gegeben ist, in den Werkstoff ein und reagieren dort mit Legierungskomponenten, zu denen diese Elemente eine höhere Affinität haben als der Grundwerkstoff. Als Folge davon kommt es innerhalb der metallischen Randzone zur → Ausscheidung feiner → Oxide, → Sulfide, → Karbide oder Nitride. Die innere → Oxidation hängt nicht vom Vorhandensein einer äußeren Zunderschicht ab.

I. K. wird bei zahlreichen → metallischen Werkstoffen, so z. B. an → Eisen-, → Nickel- und → Kupferlegierungen beobachtet. An Nickel-

Chrom-Legierungen und einigen nickelreichen Chrom-Nickel-Stählen wird durch innere Oxidation des Chroms zu Chromoxid die sogenannte „Grünfäule" ausgelöst. Die Legierung wird dadurch spröde und zeigt an der →Bruchfläche ein grünliches Aussehen. *Wendler-Kalsch*

Korrosion, interkristalline →Korrosionsart; →Chromverarmungstheorie; →Sensibilisierung; →Korngrenzenangriff

Korrosion, mikrobiologische →Korrosionsart

Korrosion, selektive →Korrosionsart; →Entzinkung; →Spongiose; →Schichtkorrosion

Korrosion, wasserstoffinduzierte →Korrosionsarten

Korrosionsanfälligkeit →Korrosion; →Korrosionsgröße

Korrosionsarten. Die →Korrosion, als Reaktion eines Werkstoffes mit seiner Umgebung, stellt keinen Einzelprozeß, sondern die Zusammenfassung von Korrosionsreaktionen, die vorwiegend elektrochemischer, aber auch chemischer oder metallphysikalischer Art sein können dar, die eine meßbare Veränderung eines Werkstoffes bewirken. Dementsprechend lassen sich verschiedene K. und deren Erscheinungsformen der Korrosion unterscheiden. Die Erscheinungsform der Korrosion bezeichnet dabei die meßbare Veränderung eines metallischen Werkstoffes durch Korrosion. Sowohl aus praktischer Sicht, wie auch durch unterschiedliche Mechanismen bedingt, ist es zweckmäßig, die K. und ihre Erscheinungsformen, entsprechend DIN 50900, Teil 1, in K. ohne und mit zusätzlicher mechanischer Beanspruchung zu unterteilen.

□ K. ohne mechanische Beanspruchung.

– Die gleichmäßige →*Flächenkorrosion* erfolgt mit nahezu gleicher →Abtragungsrate (→Korrosionsgröße) auf der gesamten Werkstoffoberfläche.

– Bei der →*Muldenkorrosion* ist die Abtragungsrate örtlich etwas unterschiedlich, was auf der Ausbildung von →Korrosionselementen beruht und zum sogenannten Muldenfraß, der bei ungleichmäßigem Flächenabtrag unter Bildung von Mulden, deren Durchmesser jedoch wesentlich größer als ihre Tiefe ist, führt.

– Die →*Lochkorrosion*, deren →Korrosionserscheinung der →Lochfraß ist, stellt eine typische lokale Erscheinungsform der Korrosion dar, bei welcher der elektrolytische Metallabtrag auf äußerst kleine Oberflächenbereiche begrenzt ist. Dabei treten kraterförmige, die Oberfläche unterhöhlende oder nadelstichförmige Vertiefungen (→Na-

delstichkorrosion) auf. Außerhalb der Lochfraßstellen liegt praktisch kein Korrosionsangriff vor. Die Tiefe der Lochfraßstellen ist, im Unterschied zur Muldenkorrosion, gleich oder größer als ihr Durchmesser.

– →*Spaltkorrosion* ist eine örtlich beschleunigte Korrosion in engen Spalten, die durch Ausbildung von →Konzentrationselementen, z. B. von Belüftungselementen oder durch Anreicherung von schädlichen Stoffen im Spalt verursacht wird. Unterschiedliche Belüftung, beispielsweise hervorgerufen durch Ablagerungen oder in engen Spalten vorherrschend, führt zu einer erhöhten Korrosionsgeschwindigkeit der weniger belüfteten Bereiche der metallischen Oberfläche (→Belüftungselement).

– Bei der Korrosion unter Ablagerungen, auch als →*Berührungskorrosion* bezeichnet, wird eine örtlich beschleunigte Korrosion durch Berührung eines Fremdkörpers mit dem metallischen Werkstoff ausgelöst. Die K. kann hierbei entweder eine Spaltkorrosion (Berührung mit einem elektrisch nichtleitenden Festkörper) oder eine →Kontaktkorrosion (Berührung mit einem elektronenleitenden Festkörper) sein.

– Beim metallisch leitenden Kontakt zweier artverschiedener Metalle, die unterschiedliche freie Korrosionspotentiale aufweisen, tritt →*Kontaktkorrosion* auf. Sie ist auf die Ausbildung eines Korrosionselementes zurückzuführen und bewirkt eine beschleunigte Korrosion des unedleren Werkstoffes, hauptsächlich an der Kontaktstelle der beiden Metalle.

– Die *selektive* Korrosion ist eine K., bei der bestimmte →Legierungselemente, Gefügebestandteile oder korngrenzennahe Bereiche bevorzugt korrodieren. Neben der Zusammensetzung, Größe und Verteilung der korrosionsanfälligeren Gefügebestandteile oder Werkstoffbereiche, bestimmt die Art und Konzentration des Korrosionsmediums das Ausmaß der selektiven Korrosion.

Ein allseits bekanntes Beispiel für die selektive Korrosion ist die →Entzinkung von Kupfer-Zink-Legierungen, die zu einer bevorzugten Auflösung der elektrochemisch unedleren Legierungskomponente Zink, bzw. der zinkreicheren β-Phase der Legierung führt. Bei der Entaluminierung von Kupfer-Aluminium-Werkstoffen, die nur bei Mehrphasenlegierungen auftritt ($Al \geq 7{,}8\,\%$), werden die unedlere aluminiumreichere β'-Phase und insbesondere die γ_2-Phase sowie die martensitischen Phasen (β', β_1' und γ_1') selektiv angegriffen. Die →Spongiose des Gußeisens führt bei mangelhafter Schutzschichtbildung zur bevorzugten Auflösung des Eisens, wobei ein weitgehend formgleiches Gerüst aus Graphit und Karbiden zurück bleibt.

– Die →Schichtkorrosion bezeichnet einen selektiven Angriff, der vorzugsweise längs Seigerungszeilen von metallischen Werkstoffen abläuft und ein Aufblättern des Metalles hervorrufen kann.

– Die *interkristalline* Korrosion ist eine selektive K., bei der die Korngrenzen bzw. korngrenzennahen Bereiche bevorzugt angegriffen werden (→ Korngrenzenangriff). Die Korrosion schreitet entlang der Korngrenzen in das Werkstoffinnere fort und führt im Endstadium zum völligen Zerfall des Metalles in einzelne Kristallite (→ Kornzerfall). Ursache für die interkristalline Korrosion können unedle Ausscheidungen bzw. die Anreicherung von Spurenelementen auf den Korngrenzen, sowie die Verarmung von Legierungselementen im Korngrenzenbereich als Folge von Ausscheidungen auf den Korngrenzen sein (Korngrenzenangriff).

Empfindlich für Kornzerfall sind u. a. die nichtrostenden Chrom- und Chrom-Nickel-Stähle. In kritischen Temperaturbereichen (→ Sensibilisierung), denen diese Werkstoffe beispielsweise beim Abkühlen nach dem → Schweißen ausgesetzt sind, werden Chromcarbide ($Cr_{23}C_6$) auf den Korngrenzen ausgeschieden. Sinkt hierdurch der Chromgehalt in den korngrenzennahen Bereichen unter einen kritischen Wert ab (→ Chromverarmungstheorie), so werden die → Stähle anfällig für interkristalline Korrosion. Zur Vermeidung von interkristalliner Korrosion an nichtrostenden Stählen, werden diese mit → Titan oder Niob/Tantal legiert bzw. ELC-Stähle eingesetzt, die beim Schweißen nicht sensibilisiert werden (Sensibilisierung).

– *Taupunktkorrosion*, die bei Taupunktunterschreitung zur Kondensation von Wasser oder Säure führt, löst → Kondenswasserkorrosion oder → Säurekondensatkorrosion aus.

– → *Stillstandkorrosion* läuft nur während des betrieblichen Stillstandes einer Anlage ab. Die Ursache und Erscheinungsform der Stillstandkorrosion hängt von den jeweiligen Korrosionsbedingungen während der Stillstandphase ab und kann zu unterschiedlichen Erscheinungsformen der Korrosion führen.

– Die als → *Filigrankorrosion* bezeichnete K. löst eine örtliche Korrosion mit fadenförmigem Angriff aus, der vorzugsweise unter dünnen Beschichtungen auftritt.

– Die *mikrobiologische* Korrosion läuft unter Mitwirkung von Mikroorganismen ab. Mikrobiologische Vorgänge können auf unterschiedliche Art und Weise in die Korrosionsvorgänge eingreifen. Dies kann geschehen durch Depolarisation, Sulfatreduktion und Schwefelsäurebildung über Bakterien sowie durch Eisen- und Manganspeicherung über Bakterien oder Algen.

Eine → Depolarisation wird durch Bakterien bewirkt, die elementaren Wasserstoff oxidieren. Hierdurch wird die Wasserstoffpolarisation verringert bzw. aufgehoben und folglich die Korrosionsgeschwindigkeit erhöht.

Bestimmte anaerobe, d. h. ohne Sauerstoff lebende Bakterien, beispielsweise die weitverbreiteten Desulfovibrio desulfuricans, können Sulfate zu → Sulfide bzw. zu Schwefelwasserstoff reduzieren. Ein Beispiel ist die Reduktion von Gips, entsprechend:

$$CaSO_4 + 8H \rightarrow 4H_2O + CaS$$
$$CaS + 2H_2CO_3 \rightarrow Ca(HCO_3)_2 + H_2S.$$

Dieser Vorgang liefert die Energie für die Lebenstätigkeit der Bakterien. Hinsichtlich der Korrosion bewirken die entsprechenden Produkte eine kathodische Depolarisation und begünstigen damit die Korrosion. Wie am Beispiel des Eisens aufgezeigt, laufen folgende Korrosionsreaktionen ab. Zunächst findet eine primäre anodische Eisenauflösung unter Wasserzersetzung statt, entsprechend:

$$4Fe + 8H^+ \rightarrow 4Fe^{2+} + 8H$$
$$8H_2O \rightarrow 8H^+ + 8OH^-.$$

Bedingt durch die mikrobiologische Sulfatreduktion und den dadurch gebildeten Schwefelwasserstoff (H_2S), werden anschließend folgende Reaktionen ausgelöst,

$$Fe^{2+} + H_2S \rightarrow FeS + 2H^+$$
$$3Fe^{2+} + 6OH^- \rightarrow 3Fe(OH)_2$$
$$\underline{2H^+ + 2OH^- \rightarrow 2H_2O}$$
$$4Fe + 2H_2O + CaSO_4 + 2H_2CO_3 \rightarrow 3Fe(OH)_2 + FeS + Ca(HCO_3)_2,$$

die keine schützenden Deckschichten ausbilden, so daß der Prozeß ungehindert weiterlaufen kann.

Die mikrobiologische Sulfatreduktion tritt vorzugsweise in anaeroben, d. h. sauerstofffreien bzw. sauerstoffarmen Böden auf, die organische Stoffe zum Aufbau der Bakterien enthalten. Sie wird häufig in Sumpf- und Moorböden beobachtet. Voraussetzung für die Sulfatreduktion ist natürlich die Anwesenheit von Sulfaten und sulfatreduzierenden Bakterien.

Andere Gattungen von Bakterien sind in der Lage, Schwefel und Sulfide zu Schwefelsäure aufzuoxidieren, was je nach Art des Bakteriums unter aeroben oder anaeroben Bedingungen geschehen kann. Durch die hiermit verbundene Ansäuerung der Umgebung wird die Korrosionsgeschwindigkeit metallischer Werkstoffe erhöht. Eisen- und manganspeichernde Bakterien und Algen besitzen die Fähigkeit Eisen(II)- und Mangan(II)-ionen zu oxidieren und in → Oxide umzuwandeln. Die schwerlöslichen Verbindungen werden von den Mikroben gespeichert. Inkrustierungen auf Rohrleitungen sowie bräunliche Fäden in Wässern sind häufig auf Eisen- und Manganbakterien zurückzuführen. Als Folge der Ablagerungen werden Belüftungselemente ausgebildet, welche die Korrosion fördern. Da unterhalb der Ablagerungen anaerobe Bedingungen vorherrschen, ist die Voraussetzung für die Sulfatreduktion durch Bakterien gegeben.

– Bei der Reduktion metallischer Werkstoffe mit heißen Gasen tritt → *Hochtemperaturkorrosion* auf. In Abhängigkeit von der jeweiligen Reaktionstemperatur entstehen entweder → dünne Schichten, die Interferenzfarben hervorrufen (→ Anlaufen) oder dickere Oberflächenschichten aus festen Reduktionsprodukten, die als → Zunder bezeichnet werden. Die Hochtemperaturkorrosion führt in der Regel zur Ausbildung von Zunderschichten auf der Metalloberfläche, kann aber auch Korrosionsreaktionen im Werkstoffinneren bewirken (→ Korrosion, innere). Bei → Verzunderung mit ungewöhnlich hoher Korrosionsgeschwindigkeit, meist als Folge der Entstehung flüssiger Reaktionsprodukte, tritt katastrophale Verzunderung auf (Hochtemperaturkorrosion). Lokal erhöhte Reaktionsgeschwindigkeiten rufen → Zunderausblühungen hervor.

☐ Korrosionsarten bei zusätzlicher mechanischer Beanspruchung.

– Eine der gefährlichsten K., die bei gleichzeitiger korrosiver und mechanischer Beanspruchung metallischer Werkstoffe auftritt, ist die → *Spannungsrißkorrosion*. Sie führt zu einer → Rißbildung mit inter- und/oder transkristallinem Verlauf und wird unter Einwirkung spezifischer Korrosionsmedien bei rein statischer oder mit überlagerter niederfrequenter Zugschwellbeanspruchung ausgelöst. Kennzeichnend sind weitgehend verformungsarme Werkstofftrennungen. Die Spannungsrißkorrosion wird in der betrieblichen Praxis am meisten gefürchtet, da sie in der Regel ohne erkennbare Zeichen und ohne sichtbare Korrosionsprodukte auftritt und häufig erst nach Undichtwerden eines Behälters oder Bruch eines Bauteiles festgestellt wird. Bei der Spannungsrißkorrosion wird zwischen einer elektrolytischen, der sogenannten anodischen Spannungsrißkorrosion, und der metallphysikalischen, d. h. der wasserstoffinduzierten Rißbildung unterschieden.

– Dabei ist zu beachten, daß die *wasserstoffinduzierte* Korrosion keinen Einzelprozeß beschreibt. Sie stellt vielmehr einen Oberbegriff für eine Reihe von Phänomenen dar, die durch Wechselwirkung von Wasserstoff mit metallischen Werkstoffen hervorgerufen werden, unabhängig davon, in welcher Form der Wasserstoff zunächst dem Werkstoff von außen angeboten wird und unabhängig davon, welche Erscheinungsform der Korrosion als Folge davon auftritt.

Werkstoffschäden durch wasserstoffinduzierte Korrosion können daher unterschiedliche Ursachen haben und durch verschiedenartige Mechanismen hervorgerufen werden. Als Beispiele für wasserstoffinduzierte Korrosionsprozesse sind zu erwähnen: → Hydridbildung, die vorzugsweise an Sondermetallen (Ti, Zr, Ta) auftritt, Druckwasserstoff-

schädigung an unlegierten und niedriglegierten Stählen in heißem Druckwasserstoff (T > 200 °C), (→ Druckwasserstoffschädigung (Stähle)), → Blasenbildung an Eisen und weichen Stählen, hauptsächlich in sauren Elektrolytlösungen ausgelöst, die wasserstoffinduzierte → Rißkorrosion (Rißkorrosion, wasserstoffinduzierte) und die wasserstoffinduzierte Spannungsrißkorrosion, die sowohl bei elektrolytisch erzeugtem Wasserstoff, wie auch durch kalten Druckwasserstoff (T ≤ 200 °C) unter jeweils kritischen Bedingungen hervorgerufen werden kann (Spannungsrißkorrosion, wasserstoffinduzierte).

– Beim Zusammenwirken von mechanischer Wechselbeanspruchung und Korrosion tritt → *Schwingungsrißkorrosion* auf. Sie ist gekennzeichnet durch verformungsarme, meist transkristalline Rißbildung in metallischen Werkstoffen. Im Unterschied zur Spannungsrißkorrosion gibt es für die Schwingungsrißkorrosion keine kritischen Grenzbedingungen hinsichtlich des Korrosionssystems und der Belastungshöhe.

– Die *dehnungsinduzierte* Korrosion, im älteren Schrifttum auch als spannungsinduzierte Korrosion bezeichnet, ist eine örtliche Korrosion mit Rißbildung in Metallen, die als Folge einer mechanischen Beschädigung schützender Deckschichten durch wiederholte kritische → Dehnung oder Schrumpfung eines Bauteiles auftritt (DIN 50 900). Ursache dieser K. ist die periodisch auftretende mechanische und korrosive Beanspruchung. Wird während einer Betriebsphase die → Schutzschicht an konstruktiv exponierten Stellen beschädigt, bildet sich ein → Korrosionselement aus, das zu einem lokalen Korrosionsangriff führt. In einer anderen Betriebsphase, die mit einer Spannungserniedrigung verbunden ist, heilt die → Deckschicht wieder aus. Bei mehrfacher Wiederholung dieser Vorgänge, z. B. beim An- und Abfahren einer Anlage, entsteht ein diskontinuierlicher, rißartiger Korrosionsgraben mit örtlich unterschiedlicher Breite. Die Erscheinungsform eines dehnungsinduzierten Korrosionsrisses ist häufig perlschnurartig, was durch die lokalen Auskokelungen während der aktiven Phase des Metalles im Rißgrund hervorgerufen wird. Dehnungsinduzierte Rißkorrosion wird gelegentlich an Dampfkesseln aus höherfesten Stählen beobachtet, was darauf zurückzuführen ist, daß die hier vorliegende Magnetitschicht schon bei geringer Dehnung reißt.

– Als weitere K., die bei zusätzlicher mechanischer Beanspruchung metallischer Werkstoffe auftreten können, sind die Erosions-, Kavitations- und → Reibkorrosion anzuführen. Die → *Erosionskorrosion* entsteht durch das Zusammenwirken von mechanischer Oberflächenabtragung durch → Erosion und Korrosion. → *Kavitationskorrosion* wird durch das Zusammenwirken von Flüssigkeitskavitation (Kavitation) und Korrosion hervorgerufen, wobei die Korrosion durch Zerstörung der Schutzschichten als Folge der Kavitation beschleunigt wird. Die *Reibkorrosion* tritt stets zusammen mit Verschleißerscheinungen auf und wird durch oszillierende Bewegungen zweier Metallflächen gegeneinander ausgelöst. *Wendler-Kalsch*

Korrosionsbeständigkeit → Korrosion; → Korrosionsgröße

Korrosionselement. Galvanisches → Element mit örtlich unterschiedlichen Teilstromdichten für den Metallabtrag. Die Anoden und Kathoden des K. entstehen
– werkstoffseitig bedingt durch unterschiedliche Metalle (Kontaktelement) oder Werkstoffinhomogenitäten,
– elektrolytseitig bedingt, durch unterschiedliche Konzentration bestimmter, die → Korrosion beeinflussender, Stoffe (→ Konzentrationselement), oder durch Bedingungen, die sowohl werkstoff- als auch elektrolytseitig wirksam sind (z. B. Temperatur). *Wendler-Kalsch*

Literatur: DIN 50900.

Korrosionsermüdung → Schwingungsrißkorrosion

Korrosionserscheinung. Meßbare Veränderung eines → metallischen Werkstoffes durch → Korrosion (→ Korrosionsart). *Wendler-Kalsch*

Korrosionsgeschwindigkeit → Korrosion; → Korrosionsgröße

Korrosionsgröße. Als K. werden alle Kenndaten verstanden, die das Ausmaß der → Korrosion und deren Zeitabhängigkeit beschreiben. K. sind die Dickenabnahme des Werkstoffes in mm, der flächenbezogene Massenverlust in g/m^2, die flächenbezogene Massenverlustrate in g/m^2 h, die Abtragungsgeschwindigkeit in mm/a, der → Korrosionsstrom und die Korrosionsbeständigkeit (Standzeit, → Lebensdauer). *Wendler-Kalsch*

Korrosionsinhibitor. → Schmierstoffadditiv, welches → metallische Werkstoffe, die mit Schmierstoffen in Kontakt kommen, vor der → Korrosion schützt. Da die Korrosion im wesentlichen durch elektrolytische Vorgänge verursacht wird, kann sie durch Bildung von nichtmetallischen Schutzschichten, die den Wasser- und Sauerstoffzutritt zum Metall verhindern, vermieden werden. Man unterscheidet zwischen physikalisch und chemisch wirksamen Inhibitoren.

Physikalisch wirkende Inhibitoren sind Moleküle mit langen Alkylgruppen und mit polaren Gruppen, die an der Metalloberfläche in dichtgepackter, orientierter hydrophober Schicht absorbiert werden.

Chemisch wirkende Inhibitoren reagieren mit dem Metall und bilden schützende Schichten, die das elektrochemische Potential ändern. Hierzu gehören z. B. Fettsäuren. Als K. werden benutzt: tertiäre Amine, Fettsäureamide, Phosphorsäurederivate, Sulfonsäuren, Schwefelverbindungen, Carbonsäurederivate u. a. *Habig*

Literatur: *Klamann, D.:* Schmierstoffe und verwandte Produkte. Weinheim 1982.

Korrosionskunde. Lehre von der → Korrosion und vom → Korrosionsschutz (DIN 50900). *Wendler-Kalsch*

Korrosionsmedium. Umgebung mit Inhaltsstoffen, die bei der → Korrosion mit dem Werkstoff reagieren (DIN 50900). Beispiele für K. sind Elektrolytlösungen, Salzschmelzen, heiße Gase. *Wendler-Kalsch*

Korrosionsnarbe. Örtlich flacher Korrosionsabtrag, der durch → Lokalkorrosion hervorgerufen wird. *Wendler-Kalsch*

Korrosionspotential. → Elektrodenpotential eines Metalles unter den jeweiligen Korrosionsbedingungen, sowohl ohne als auch mit → Polarisation durch elektrische Ströme. *Wendler-Kalsch*

Korrosionspotential, freies. → Korrosionspotential einer → Mischelektrode ohne Einwirkung von äußeren elektrischen Strömen (→ Stromdichte-Potential-Kurve). *Wendler-Kalsch*

Korrosionsprodukt. Festes, gasförmiges, flüssiges oder im Elektrolyten (→ Elektrolytlösung) gelöstes Reaktionsprodukt, das als Folge der → Korrosion eines Werkstoffes entsteht. Beispiele für K. sind → Oxide, → Zunder, Salze, Sauerstoff, → Wasserstoff, Metallionen, Anionen. *Wendler-Kalsch*

Korrosionsprüfung. Bei technischen Verfahrensprozessen treten Korrosionsvorgänge in vielfältigen Erscheinungsformen auf. Um die langfristige → Korrosionsbeständigkeit der eingesetzten Werkstoffe sicherzustellen, werden bereits im Zuge der Verfahrensentwicklung umfangreiche Korrosionsuntersuchungen mit dem Ziel durchgeführt, die für das jeweilige Verfahren charakteristischen Korrosionsmechanismen aufzuklären und die Ergebnisse für die Verfahrensoptimierung (geeignete Werkstoffmodifikationen, Korrosionsschutzmaßnahme) zu nutzen. Bei bereits in Betrieb befindlichen Anlagen ist die Prozeßüberwachung im Hinblick auf sich entwickelnde → Korrosionsschäden, die die → Verfügbarkeit und → Sicherheit der Anlage gefährden, außerordentlich wichtig.

K. können im Labor oder unter Betriebsbedingungen (z. B. Einbau von Einlegeproben in Pilotanlagen) durchgeführt werden. Die eingesetzten Werkstoffproben müssen hinsichtlich Form, Herstellungs-, Verarbeitungs-, Spannungs- und → Oberflächenzustand den im realen Betrieb gegebenen Verhältnissen möglichst gut entsprechen. Bei Laborversuchen muß ferner das Medium hinsichtlich Temperatur, Strömungsgeschwindigkeit und Konzentration des Angriffsmittels gut den betrieblichen Verhältnissen angepaßt sein. Dabei wird oft eine Verschärfung der Korrosionsbelastung angestrebt, um innerhalb möglichst kurzer Versuchszeiten verwertbare Ergebnisse zu erhalten. So kann z. B., um durch aggressive Industrieatmosphären bedingte Werkstoffzerstörungen nachzubilden, anstatt langwieriger Freiluftbewitterungsversuche, der sog. *Corrodkote*-Test, bei dem man eine Paste aus Kaolin, Wasser, Eisen (III)-chlorid, Ammoniumchlorid und Kupfer (II)-chlorid auf den Werkstoff einwirken läßt, als Kurzzeittest durchgeführt werden.

Zur Beurteilung der auftretenden Korrosionserscheinungen werden als Meßgrößen insbesondere die Massenänderung, die Angriffstiefe sowie die Anzahl und Fläche der örtlichen Korrosionsangriffe bestimmt. Diese Meßgrößen werden dann zur Berechnung von → Korrosionsgrößen wie flächenbezogener Massenverlust, Abtragungsgeschwindigkeit, maximale Eindringgeschwindigkeit und Lochzahldichte herangezogen. Unter bestimmten Voraussetzungen kann aus derartigen Korrosionsgrößen die → Lebensdauer von Bauteilen abgeschätzt werden.

Bei den Korrosionsprüfverfahren unterscheidet man chemische und elektrochemische Untersuchungsmethoden. Mit chemischen Methoden wird die Werkstoffbeständigkeit bei gegebenen Mediumsbedingungen erfaßt. Bei den elektrochemischen Methoden ist ferner das Potential als Einflußgröße berücksichtigt. Bei Spannungskorrosionsprüfungen wird als weiterer Parameter die Werkstoffbeanspruchung durch inhärente oder angelegte mechanische Spannungen berücksichtigt.

Bei den chemischen Prüfmethoden werden die zu untersuchenden Proben dem → Korrosionsmedium in unveränderter Lage (Dauertauch-, Stand-, Rühr-, Kochversuch) oder aber in einer festgelegten zeitl. Folge abwechselnd dem Korrisonsmedium und der Luft (→ Wechseltauchversuch mit Hebe-Tauchgerät oder Tauchrad) ausgesetzt (Bild 1).

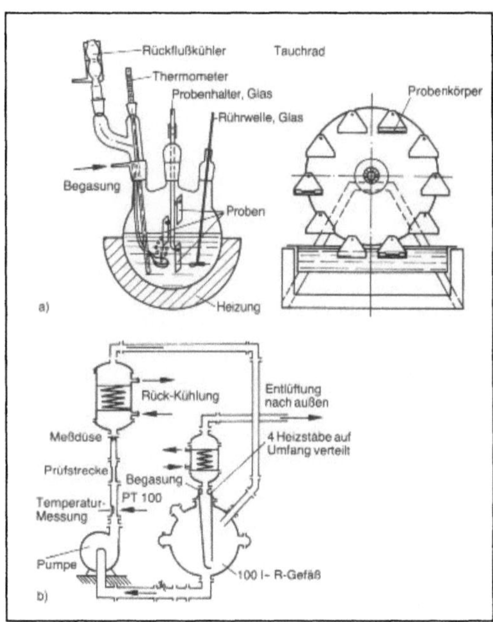

Korrosionsprüfung 1: Versuchseinrichtungen für chemische Korrosionsversuche.
a) Dauertauchversuch, Rührversuch, Kochversuch
b) Korrosionsuntersuchung in einer Strömungsapparatur; Probe: durchströmtes Rohr.

Besondere Gegebenheiten, z. B. in Phasengrenz- und Kondensatbereichen eingesetzte Werkstoffe oder gegenüber dem Medium erhöhte Wandtemperaturen außenbeheizter Apparaturen müssen durch geeignete Gestaltung der Versuchseinrichtungen bzw. geeignete Versuchsführung simuliert werden. Für Versuche unter Druck und bei erhöhten Temperaturen werden Autoklaven eingesetzt. Um den Einfluß der Strömungsgeschwindigkeit des korrosiven Agens auf die ablaufenden Korrosionsvorgänge zu erfassen, werden neben Rührversuchen Versuche mit der rotierenden Scheibe oder dem rotierenden Zylinder und Versuche in Strömungsapparaten durchgeführt.

Zur Aufklärung der funktionellen Zusammenhänge elektrochemischer Einflußgrößen (z. B. Potential) auf die Korrosionsreaktion werden elektrochemisch kontrollierte Untersuchungsverfahren (Bild 2) eingesetzt. Neben der elektrochemischen Charakterisierung der freien → Korrosion und der → Kontaktkorrosion durch Potential- und Strommessungen werden Untersuchungen mit äußerer Stromquelle (Polarisationsmessungen) durchgeführt, bei denen das Potential (potentiostatische Arbeitsweise) oder der Strom (galvanostatische Arbeitsweise) schrittweise (stationäre Methoden) oder gemäß einer definierten Zeitfunktion (nichtstationäre Methoden) variiert werden.

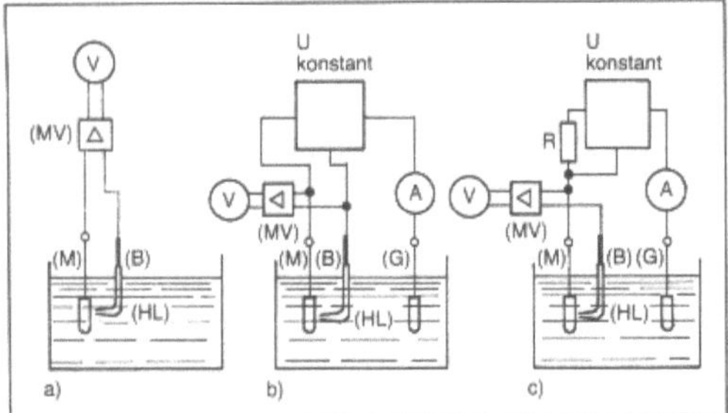

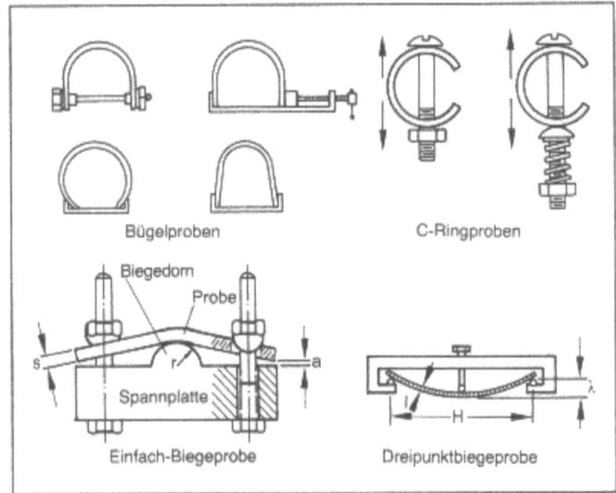

Korrosionsprüfung 2: Elektrochemische Untersuchungsverfahren.
a) Anordnung zur Messung von Elektrodenpotentialen
b) Potentiostatische Polarisationsschaltung
c) Galvanostatische Polarisationsschaltung mit einem Potentiostaten.

M Meßelektrode, B Bezugselektrode, G Gegenelektrode, HL Haber-Luggin-Kapillare, MV Meßverstärker, V Spannungsmesser, A Strommesser, R Widerstand

Stationäre Methoden werden zur Charakterisierung der am Korrosionsprozeß beteiligten Reaktionen, zur Ermittlung der Potentialabhängigkeit von Korrosionsgrößen (z. B. Bestimmung kritischer Grenzpotentiale bei lokalen Korrosionserscheinungen, wie → Lochfraß oder → Spannungsrißkorrosion) und der → Korrosionsgeschwindigkeit (z. B. im Hinblick auf die Entwicklung von Schutzverfahren) angewandt.

Nichtstationäre Methoden (Cyclovoltametrie, Ein-, Aus- und Umschaltversuche, Impedanzspektroskopie u. a.) werden zur Ermittlung mechanistischer Details insbesondere auch schnell ablaufender Elektrodenvorgänge herangezogen.

Die Verfahren zur Untersuchung der bei Einwirkung mechanischer Einflußgrößen (Verarbeitungs- und/oder Betriebsspannungen) auftretenden Korrosionsvorgänge können nach der Beanspruchungsart eingeteilt werden in Prüfungen bei statischer und dynamischer Belastung.

Bei statischen Versuchen kann eine zeitlich konstante Last (einachsige Belastung einer Zugprobe, Biegebeanspruchung einer Hebelprobe) oder eine zeitlich konstante Gesamtdehnung (Längsverformung einer Spannprobe, Biegeverformung einer Biegeprobe) auf die Werkstoffproben (Bild 3) aufgebracht sein.

Dynamische Versuche können mit zeitlich konstanter Dehnungsgeschwindigkeit oder durch Aufbringen einer zyklischen Last-, Weg- oder Dehnungs-Zeit-Charakteristik realisiert werden.

Ziel der Untersuchungen ist die Ermittlung kritischer Werte von Zugspannungen oder Spannungsintensitäten sowie Dehnraten.

Bei zyklischen Versuchen interessiert die Wirkung des Mediums auf das Ermüdungsverhalten.

Korrosionsprüfung 3: Verschiedene Probenformen zur Prüfung der Anfälligkeit gegen Spannungsrißkorrosion.

Zur Charakterisierung der Korrosionsbeständigkeit des Werkstoffs bei Einwirkung mechanischer Spannungen werden → Bruchdehnung, → Brucheinschnürung, Bruchkraft, Standzeit, Rißtiefe u. a. ermittelt.

Bei Verwendung gekerbter oder angerissener Proben kann das zeitliche → Rißwachstum gemessen und in Beziehung zu den an der Rißspitze wirkenden Spannungsintensitäten gesetzt werden.

Kußmaul

Literatur: Annual Book of ASTM Standards, Vol. 03.02. – DIN-Normen DIN 50 900, 50 905, 50 918, 50 922.

Korrosionsriß. Korrosionsform bei der → Risse auftreten, die von der Oberfläche ausgehend in den Werkstoff eindringen (→ Spannungsrißkorrosion) oder auch im Werkstoffinneren entstehen können (→ Wasserstoffversprödung). Der Rißverlauf kann inter- oder transkristallin sein. → Rißbildung ist im allgemeinen mit einem äußerst geringen Korrosionsabtrag verbunden. *Wendler-Kalsch*

Korrosionsschaden. Unter K. versteht man nach DIN 50 900 eine Beeinträchtigung der Funktion eines Bauteiles oder eines ganzen → Korrosionssystems durch → Korrosion.

Das Rosten einer Eisenbahnschiene stellt daher keinen K. dar, da die Funktion der Eisenbahnschiene damit nicht beeinträchtigt wird. Andererseits stellt z. B. die Korrosion eines Wasserhahnes im Bad einer Hausinstallation, trotz Funktionsfähigkeit, einen K. dar, da dieser auch ein gefordertes dekoratives Aussehen zu erfüllen hat. *Wendler-Kalsch*

Korrosionsschutz. → Korrosionsschäden treten in allen Bereichen der Technik auf und verursachen hohe Kosten, die sich nicht nur auf das Ersetzen geschädigter Teile beschränken, sondern in erheblichem Umfang durch den damit verbundenen Produktionsausfall bedingt werden. Die Vermeidung von Korrosionsschäden ist in erster Linie auch aus Sicherheitsgründen zu gewährleisten. Korrosionsschäden an Rohren und Behältern, die bei hohen Temperaturen und Drücken arbeiten, können zu Leckagen führen oder das Zerbersten von Hochdruckkesseln zur Folge haben.

Die Vermeidung oder ausreichende Verminderung der → Korrosion metallischer Werkstoffe kann einerseits durch beanspruchungsgerechte Werkstoffauswahl und korrosionsschutzgerechte Konstruktion und zum anderen durch Anwendung geeigneter Schutzverfahren erfolgen. Die Korrosionsschutzmaßnahmen lassen sich in zwei Gruppen unterteilen, in die aktiven und passiven Schutzverfahren.

Der aktive K. greift direkt in den Korrosionsprozeß ein. Beim passiven K. wird der Werkstoff vom Angriffsmittel durch eine schützende Zwischenschicht getrennt.

Der K. beginnt bereits bei der Planung einer Anlage durch die Werkstoffauswahl. Dabei ist zu berücksichtigen, ob das Bauteil neben einer chemischen auch einer thermischen oder mechanischen Beanspruchung ausgesetzt ist. Es steht eine Vielzahl technischer Werkstoffe zur Verfügung, um die geeignete Werkstoffauswahl zu treffen. Als Beispiele sind zu erwähnen, nichtrostende und säurebeständige Chrom- und Chrom-Nickel-Stähle, hitzebeständige → Stähle, Aluminiumwerkstoffe im Flugzeugbau, Kupferbasislegierungen für Wärmetauscher und Nickelbasiswerkstoffe bzw. die hochkorrosionsresistenten → Sondermetalle (Ti, Zr, Ta) im Chemieapparatebau.

Aus wirtschaftlichen Gesichtspunkten oder auch aus Gründen der → Festigkeit werden vielfach unlegierte und niedriglegierte Stähle eingesetzt, die je nach Anwendungsbereich eines geeigneten K. bedürfen.

□ Passiver K.

Als passive Korrosionsschutzverfahren werden angewendet: organische → Beschichtungen bzw. Auskleidungen mit Polymerwerkstoffen (→ Gummierung, → Thermoplaste, → Duromere, → Elastomere, fluorierte → Kunststoffe), nichtmetallische anorganische Überzüge (→ Email, → Keramik, → Zement), Umwandlungsschichten, die durch Reaktion des Grundwerkstoffes mit einem Medium an der → Oberfläche gebildet werden (Phosphatieren, → Chromatieren, Anodisieren), Diffusionsüberzüge, bei denen durch Eindiffusion metallischer Elemente eine Oberflächenvergütung erfolgt (→ Sheradisieren, → Alitieren, → Inchromieren) und metallische Überzüge. Die metallischen → Überzüge können durch chemische oder elektrolytische Metallabscheidung (→ Galvano-

technik), im Schmelztauchverfahren (→ Feuerverzinken, -verzinnen, -aluminieren, -verbleien) oder mittels Metallspritztechnik aufgebracht werden. Außerdem eignen sich metallische → Verbundwerkstoffe, die durch Plattierung (Walz-, Schweiß-, Sprengplattierung) eines korrosionsbeständigeren Metalls oder einer Legierung auf dem zu schützenden Trägermetall hergestellt werden.

Die metallischen Überzüge können edler oder unedler als der Grundwerkstoff sein. Überzüge mit edleren Metallen schützen nur solange, wie die metallische Schicht vollkommen dicht und porenfrei ist, da sich bei Verletzungen ein galvanisches Element ausbildet, das den Grundwerkstoff verstärkt angreift. Bei Überzügen, die unedler als das Grundmetall sind, können dagegen Bedingungen auftreten, die an Poren oder Verletzungen geringeren Ausmaßes zu einer kathodischen Schutzwirkung des Grundmetalls führen (verzinkter Stahl).

Praktische Bedeutung haben metallische Überzüge aus Nickel, Zinn, Chrom, Zink und Chrom-Nickel-Stahl. Verzinkter Stahl hat einen weiten Anwendungsbereich.

Der *temporäre* K., der gleichfalls zu den passiven Schutzmaßnahmen zu rechnen ist, umfaßt den K. gegen atmosphärische Korrosion von zeitlich begrenzter oder vorübergehender Wirksamkeit. Er wird in den Zwischenstufen der Bearbeitung und zur Konservierung von Blechen, Rohren, Bauteilen und Apparaten während der Lagerhaltung und des Versandes angewendet.

Die meisten temporären Korrosionsschutzmaßnahmen beruhen auf den filmbildenden Eigenschaften organischer Stoffe, die gegebenenfalls noch Inhibitoren enthalten können. Beispiele sind Mineral- und Naturöle, Wachse, Vaseline, Wollfette, Paraffine und Kunstharz-Klarlacke. Eine besondere Form des temporären Schutzes stellen sogenannte Dampf-Phasen-Inhibitoren dar. Dies sind mit einem flüchtigen organischen → Inhibitor getränkte Papiere, wobei der Inhibitor langsam verdampft und auf der Metalloberfläche einen schützenden Film bildet.

□ Aktiver K.

Zu den aktiven Korrosionsschutzmaßnahmen gehören in erster Linie die elektrochemischen Schutzverfahren (kathodischer und anodischer Schutz); ferner die Anwendungen von Inhibitoren, die durch Adsorption an der Metalloberfläche die Korrosionsgeschwindigkeit herabsetzen.

– Beim *kathodischen* K. (Bild), der ein technisch wichtiges und vielseitiges Schutzverfahren darstellt, wird die Korrosion → metallischer Werkstoffe durch einen von außen aufgeprägten kathodischen Strom praktisch völlig unterbunden. Man unterscheidet den kathodischen Schutz durch → Fremdstrom und den durch galvanische Anoden, je nachdem ob der erforderliche Schutzstrom von einer äußeren Gleichstromquelle stammt oder durch Auflösung der unedleren galvanischen Anode (→Opferanode), die in metallisch leitendem Kontakt mit dem zu schützenden Werkstoff steht, erzeugt wird.

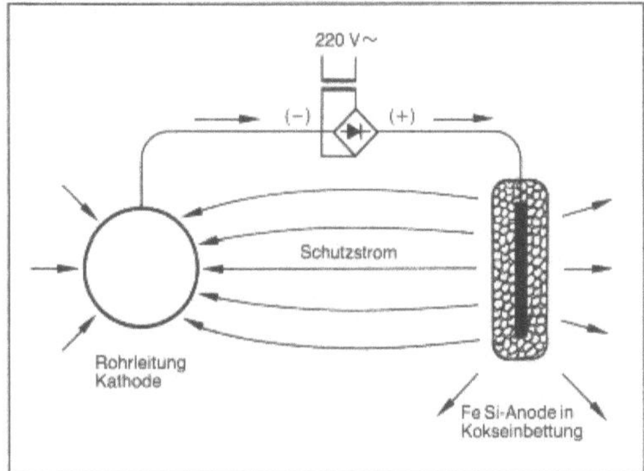

Korrosionsschutz: Kathodischer Schutz mit Fremdstrom.

Die Schutzwirkung galvanischer Anoden ist um so größer, je unedler die Opferanode gegenüber dem Schutzobjekt ist. Als Anodenmaterial kommen in erster Linie Magnesium und →Magnesiumlegierungen (z. B. Mg91Al6Zn3), daneben aber auch Zink und →Aluminium, zur Anwendung. Galvanische Anoden haben sich beispielsweise zum Schutz metallischer Werkstoffe in Meerwasser (Zn- und Al-Anoden) und in Warmwasserbehältern der Hausinstallation (Mg-Anode) bewährt.

Bei Fremdstromschutzanlagen wird der Schutzstrom aus einer Gleichstromquelle, oder was häufiger der Fall ist, als gleichgerichteter Wechselstrom der öffentlichen Stromversorgung entnommen. Die Polung hat so zu erfolgen, daß das zu schützende Objekt zur Kathode und die erforderliche Hilfselektrode (Fremdstromanode) zur Anode wird.

Der kathodische Schutz mit Fremdstrom findet hauptsächlich Anwendung bei Rohrleitungen und Lagerbehältern im Erdboden, bei Stahlkonstruktionen im Meerwasser (Offshore-Anlagen, Wehren, Schleusen) aber auch zum Innenschutz von Behältern. Es ist anzumerken, daß der kathodische Schutz erdverlegter Rohre zusätzlich zum passiven Schutz mit Schutzumhüllungen (Bitumen, →Kunststoff) angewendet wird und daher meistens geringe Schutzströme erforderlich sind. Als Fremdstromanoden im Erdboden eignen sich Silicium-Gußeisen (FeSi), Graphit oder Magnetit (FE_3O_4). Zur Erhöhung der Lebensdauer wird das Anodenmaterial in Koks eingebettet. Fremdstromgespeiste Schutzanlagen können in beliebiger Größe erstellt werden, so daß es möglich ist, Rohrstrecken über 50 km zu schützen.

– Der *anodische* K. besteht darin, bei passivierbaren Metallen, die sich nicht von selbst passivieren, die →Passivität durch Aufprägung eines anodischen Stromes zu erzwingen. Beim aktiven Zustand eines Metalles ist dazu eine ständige, und beim metastabilen Zustand, eine zeitweise Aufrechterhaltung des anodischen Schutzstromes erforderlich.

Beim anodischen K. unterscheidet man drei Verfahren, die Anwendung eines anodischen Fremdstromes, die Ausbildung von Lokalkathoden und den Einsatz passivierender Inhibitoren (→Passivatoren).

Der anodische Schutz von Metallen mit Lokalkathoden eignet sich für Werkstoffe, an deren Oberfläche die kathodische Teilreaktion (Wasserstoffabscheidung oder Sauerstoffreduktion) stark gehemmt ist. Durch Kontakt des zu schützenden Werkstoffes mit einem Metall geringerer Übergangsspannung für die kathodische Teilreaktion, wird das Potential in den Passivbereich verschoben. Von der Möglichkeit des anodischen K. durch →Legieren mit kathodisch wirksamen Elementen wird beispielsweise bei Titanwerkstoffen mit 0,2 % Palladiumzusatz Gebrauch gemacht.

Der anodische Schutz mit Fremdstrom setzt eine genaue Kenntnis des Potentialbereiches der Passivität und der Lage kritischer →Grenzpotentiale in Abhängigkeit von der Konzentration, Temperatur und Strömungsgeschwindigkeit des Angriffsmittels voraus. Bei Systemen mit spontaner Aktivierung nach Abschalten des anodischen Schutzstromes, muß der Schutzstrom potentiostatisch geregelt werden. Das anodische Fremdstromverfahren wird vorwiegend zum Innenschutz von Apparaten, Behältern und Rohren eingesetzt. Anwendungsbeispiele sind der anodische K. von unlegiertem Stahl in Salpetersäure und Schwefelsäure, sowie der Schutz von nichtrostenden Chrom- und Chrom-Nickel-Stählen in konzentrierter Schwefelsäure. In Alkalilaugen lassen sich unlegierte und niedriglegierte Stähle durch das anodische Fremdstromverfahren vor →Spannungsrißkorrosion schützen.

Wendler-Kalsch

Literatur: *v. Baeckmann, W.* u. *W. Schwenk:* Handbuch des kathodischen Korrosionsschutzes. Weinheim 1980. – DIN 50927: Planung und Anwendung des elektrochemischen Korrosionsschutzes für die Innenflächen von Apparaten, Behältern und Rohren. – DIN 50928: Prüfung und Beurteilung des Korrosionsschutzes beschichteter metallischer Werkstoffe bei Korrosionsbelastung durch wässrige Korrosionsmedien. – DIN 55928: Korrosionsschutz von Stahlbauten durch Beschichtungen und Überzüge. – *Gräfen, H.* u. a.: Die Praxis des Korrosionsschutzes. Ehningen 1981. – *Herbsleb, G.:* Korrosionsschutz von Stahl. Düsseldorf 1977.

Korrosionsschutz, anodischer →Korrosionsschutz

Korrosionsschutz, elektrochemischer →Korrosionsschutz

Korrosionsschutz, kathodischer →Korrosionsschutz

Korrosionsschutz, temporärer →Korrosionsschutz

Korrosionsschutzschichten. Oberflächenschutzschichten zur Erhöhung der →Korrosionsbeständigkeit, die durch unterschiedliche Verfahren aufgebracht werden können:

Auftragen von →Lack, →Email, →Zement, elektrolytisches oder fremdstromloses →Abscheiden von Metallen, →Schmelztauchen, thermisches →Spritzen, →Plattieren u. a.

Metallische Schutzschichten können edler oder unedler als der Grundwerkstoff sein. Schichten aus edleren Metallen schützen nur so lange, wie sie vollkommen dicht und porenfrei sind, da sich bei Beschädigungen ein galvanisches Element ausbilden kann, wodurch der Grundwerkstoff verstärkt angegriffen wird; hierzu gehören z. B. →Chrom- und →Nickelschichten. Bei Schichten, die unedler als der Grundwerkstoff sind, können dagegen Bedingungen auftreten, die an Poren oder Rissen geringeren Ausmaßes zu einer kathodischen Schutzwirkung führen. Ein solcher Schutz wird z. B. durch →Zinkschichten bewirkt. *Habig*

Korrosionsstrom. Anodischer →Teilstrom der Metall/Metallionen-Reaktion, der ein Maß für die →Korrosionsgeschwindigkeit und den damit verbundenen Metallabtrag darstellt (→Faraday-Gesetz). *Wendler-Kalsch*

Korrosionssystem. System, bestehend aus Werkstoff, →Korrosionsmedium und allen zugehörigen Phasen, deren chemische und physikalische Variable die →Korrosion beeinflussen (DIN 50 900). *Wendler-Kalsch*

Korrosionsuntersuchung →Korrosionsprüfung

Korrosionswechselfestigkeit. →Wechselfestigkeit eines metallischen Bauteiles bei gleichzeitiger Einwirkung eines Korrosionsmediums. Durch die gleichzeitige Wechsellast- und Korrosionsbeanspruchung wird die Wechselfestigkeit herabgesetzt und als K. bezeichnet.

Das Ausmaß ist vom Werkstoff, der Aggressivität des angreifenden Mediums (feuchte Luft, →Elektrolytlösung), der Höhe der mechanischen Spannungsamplitude, der Frequenz und Beanspruchungsdauer abhängig. Im allgemeinen besitzen →metallische Werkstoffe bei Wechsellastbeanspruchung unter Korrosionseinwirkung nur eine Korrosionszeitfestigkeit (→Schwingungsrißkorrosion). *Wendler-Kalsch*

Kraft, elektromotorische. (EMK) Sie bezeichnet die Klemmenspannung unbelasteter Stromquellen. Die EMK oder Urspannung einer Stromquelle ist definiert als die Summe der inneren und äußeren Spannung. Die an einem äußeren Widerstand liegende Spannung ist also kleiner als die Urspannung der Stromquelle, nähert sich ihr aber um so mehr, je kleiner der Innenwiderstand gegenüber dem Außenwiderstand ist. Bei sehr großen äußeren Widerständen, d. h. exakt im unbelasteten Zustand der Stromquelle ist die Klemmenspannung gleich der elektromotorischen Kraft der Stromquelle.

Unter EMK versteht man also diejenige Spannung, die vorherrscht, wenn eine rotierende Maschine weder einen Antrieb von außen erfährt noch einen nach außen bewirkt, was bildhaft gesprochen den Übergangszustand zwischen einem Generator und einem Motor darstellt.

Nach Inbetriebnahme der Stromerzeuger (Element, Generator) ist die Klemmenspannung um den durch den Innenwiderstand verursachten Spannungsabfall kleiner als die EMK. Bei Stromverbrauchern (Motor, Akkumulator bei Ladung) ist dagegen die Klemmenspannung um den Betrag der inneren elektromotorischen Gegenkraft größer als die EMK.

Unter effektiver Klemmenspannung versteht man den effektiven Wert einer zeitlich veränderlichen Klemmenspannung. Läßt sich die zeitliche Änderung der Spannung mathematisch beschreiben, dann kann ihr Effektivwert als Funktion des Maximalwertes angegeben werden. Für eine sinusförmige Beziehung ergibt sich beispielsweise

$$E_{eff} = \frac{E_{max}}{\sqrt{2}}.$$

Wendler-Kalsch

Kraftaufnehmer, piezoelektrischer →Kraftmessung

Kraftfahrzeugprüfung. Prüfung von Kraftfahrzeugen im Zuge der Entwicklung und Erprobung, der amtlichen Zulassung (Betriebserlaubnis) und der Untersuchung in regelmäßigen Zeitabständen.

Die Prüfungen im Zuge der Entwicklung und Erprobung umfassen Einzelteilprüfungen, Prüfungen an Baugruppen und Prüfungen am vollständigen Fahrzeug. Dazu gehören Werkstoff- und Bauteilprüfungen vor allem im Hinblick auf →Festigkeit und →Lebensdauer (→Betriebsfestigkeit, →Dauerschwingversuche, →Verschleiß- und Korrosionsversuche). Baugruppen (z. B. Motor, Fahrwerk, Karosserie) und vollständige Fahrzeuge werden auf Funktion und Fahreigenschaften (Leistung, Kraftstoffverbrauch, Lenkung, Bremsung, Federung, Aerodynamik, Akustik, Komfort), Umweltbelastung (straßenschonende Bauweise, Abgase,

Geräuschentwicklung), Klimabeständigkeit (Temperatur, Feuchtigkeit), Fahrzeug- und Insassensicherheit (aktive und passive → Sicherheit, → Crash-Test) sowie Struktur- und Betriebsfestigkeit untersucht und aufgrund der Ergebnisse optimiert.

Für die Dauererprobung kommen Fahrversuche auf öffentlichen Straßen über große Entfernung, Fahrerprobungen auf Teststrecken, die gegenüber der Straßenerprobung einen „Streckenraffungsfaktor" aufweisen und Prüfstandversuche in Frage. Für Reifen, Achsen, Motoren, Karosserien und vollständige Fahrzeuge können auf rechnergesteuerten Prüfständen die Bedingungen echter Straßenfahrten simuliert und im Fahrversuch ermittelte Lastkollektive reproduzierbar nachgeahmt werden. Auf servohydraulischen Betriebsfestigkeitsprüfständen werden mit Prozeßsteuerung z. B. Schlechtwegbeanspruchungen einschließlich Bremsvorgängen und Kurvenfahrten als Sollwerte mit hoher Frequenz dreidimensional aufgegeben. Die Meßwerte (Wege, Beschleunigungen, Kräfte) werden mit Rechnern erfaßt und ausgewertet. Auftretende Schäden liefern nicht nur Trendaussagen, sondern sind nach Art und Zeitpunkt des Auftretens den Befunden aus Straßenerprobungen vergleichbar. Experimentelle Verfahren der Struktur- und Schwingungsuntersuchungen unter Anwendung der → Holographie dienen auch der Verifizierung von Rechenverfahren (→ Finite-Elemente-Methode).

Im Zuge der Fertigung stehen Prüfungen zur → Qualitätssicherung im Vordergrund.

In der Bundesrepublik Deutschland besteht nach der Straßenverkehrs-Zulassungs-Ordnung (StVZO) für Kraftfahrzeuge und ihre Anhänger eine „Zulassungspflichtigkeit". Die Erteilung der Betriebserlaubnis setzt voraus, daß die Fahrzeuge den „Bau- und Betriebsvorschriften" der StVZO

bei einer Typprüfung genügen und die in der StVZO aufgeführten Fahrzeugteile in einer amtlich genehmigten Bauart ausgeführt sind.

Bei der Typprüfung wird die allgemeine Beschaffenheit des Fahrzeugs im Hinblick auf Verkehrssicherheit, Unfallschutz, straßenschonende Bauweise, Prüf- und Austauschbarkeit wichtiger Fahrzeugteile beurteilt.

Einzelprüfungen betreffen insbesondere Abmessungen und Gewichte sowie Lenkung, Bremsen, Reifen, lichttechnische Einrichtungen (→ Kraftfahrzeugteileprüfung), die Kraftstoffanlage sowie Geräuschentwicklung und Abgase. Ferner werden Prüfungen an Sitzen, Sicherheitsgurten und Haltesystemen, Scheiben (→ Fahrzeugsicherheitsglasprüfung) und Scheibenwischer, Türen und Einrichtungen zum Auf- und Absteigen durchgeführt. Weitere Prüfungen betreffen Geschwindigkeitsmesser, Fahrtenschreiber, Fahrtrichtungsanzeiger, Einrichtungen für Schallzeichen, Rückspiegel, Warndreieck, Heizungs- und Lüftungsanlage sowie die Funkentstörung. Erste-Hilfe Material muß mindestens DIN 13 164 entsprechen. Auch die Sicherung gegen unbefugte Benutzung (Diebstahlsicherung) unterliegt vorgeschriebenen Prüfungen. Für spezielle Fahrzeuge kommen weitere Prüfungen hinzu.

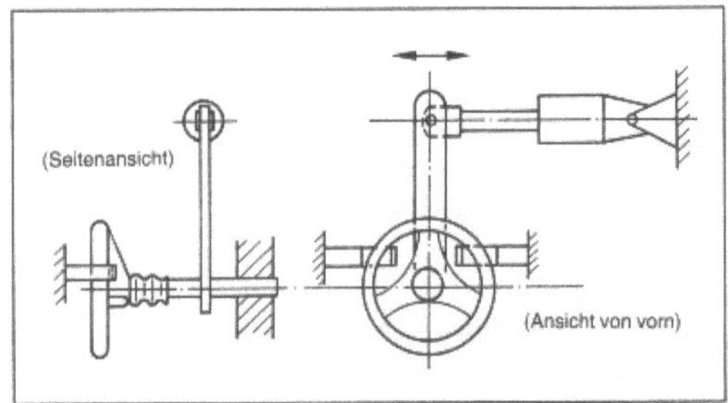

Kraftfahrzeugprüfung 2: Ermüdungstest an Sonderlenkrädern nach StVZO.

Die Prüfbedingungen und technischen Anforderungen sind in der StVZO sowie in Richtlinien enthalten, die vom Bundesverkehrsministerium erlassen wurden. Neben den nationalen deutschen Vorschriften werden Richtlinien der Europäischen Gemeinschaft (EWG-Richtlinien) und Regelungen der Economic Commission for Europe (ECE-Regelungen) angewandt, die in einem „Übereinkommen über die Annahme einheitlicher Bedingungen für die Genehmigung der Ausrüstungsgegenstände und Teile von Kraftfahrzeugen und über die gegenseitige Anerkennung der Genehmigung" begründet sind. Darüberhinaus bestehen nationale Vorschriften anderer Länder, die von exportierenden Herstellern beachtet werden müssen. Von besonderer Bedeutung sind die „Federal Motor Vehicle Safety Standards" des US-Departments of Transportation.

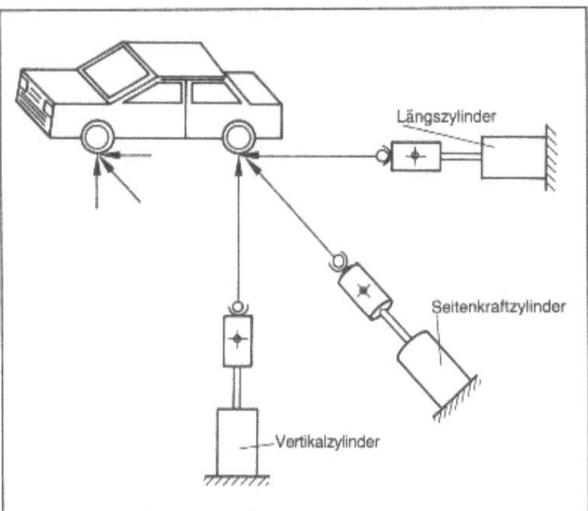

Kraftfahrzeugprüfung 1: Servohydraulische Betriebsfestigkeitsprüfung mit vier Belastungseinheiten zu je drei Hydropulszylindern zur Krafteinleitung an jedem Radaufstandspunkt schematisch.

Die Vorschriften enthalten im allgemeinen Prüfverfahren und Anforderungen für Funktion, Festigkeit, Dauerhaltbarkeit und Beständigkeit gegen Umgebungseinflüsse. Detaillierte Konstruktions- und Werkstoffvorschriften sind nur in Ausnahmefällen Bestandteil dieser „Wirkvorschriften".

Bei den in regelmäßigen Zeitabständen vorgeschriebenen „Hauptuntersuchungen", die der Fahrzeughalter durch amtlich anerkannte Sachverständige oder Prüfer nach § 29 StVZO vornehmen lassen muß, wird die „Vorschriftsmäßigkeit" des Fahrzeugs geprüft. *Kußmaul*

Literatur: *Barth, W.,* u. *J. Wehrmeister:* Straßenverkehrs-Zulassungs-Ordnung. Bonn-Bad Godesberg. – Fahrzeugtechnik EWG/ECE. Loseblatt-Textsammlung. Bonn-Bad Godesberg. – Federal Motor Vehicle Safety Standards U.S. Department of Transportation, National Highway Safety Administration Office of Standards Enforcement, Washington, D.C.

Kraftfahrzeugteileprüfung.

Prüfung von Kraftfahrzeugteilen im Zuge der Entwicklung und Erprobung, der Fertigung und der amtlichen Zulassung (→ Kraftfahrzeugprüfung). Im Zuge der Entwicklung und Erprobung stehen Bauteilprüfungen zur Struktur- und → Betriebsfestigkeit im Vordergrund. Dabei werden z. T. in wirklichkeitsnahen Laborversuchsanordnungen betriebliche Beanspruchungen kontrolliert und reproduzierbar nachgefahren. Weitere Prüfungen dienen dem Nachweis staatlicher Anforderungen. Im Rahmen der Fertigung werden die Methoden der → Qualitätssicherung (Güteprüfung) angewandt.

Einige Kraftfahrzeugteile müssen nach § 22a StVZO in einer amtlich genehmigten Bauart ausgeführt sein. Die Vorgehensweise bei der Bauartgenehmigung und der hierfür erforderlichen technischen Prüfung ist für die Bundesrepublik Deutschland in der Fahrzeugteileverordnung geregelt. Die Prüfverfahren und die Beurteilung der Versuchsergebnisse sind in den nationalen deutschen „Technischen Anforderungen an Fahrzeugteile bei der Bauartprüfung" sowie in internationalen Regelwerken beschrieben. Dazu gehören die Richtlinien der Europäischen Wirtschaftsgemeinschaft für Straßenfahrzeuge (EWG-Richtlinien) und die Regelungen der Economic Commission for Europe (ECE) für Kraftfahrzeuge und ihre Anhänger. Die Bauartgenehmigung wird durch ein nationales oder internationales Genehmigungszeichen bestätigt (Bild 1). Genehmigungspflichtige Fahrzeugteile sind Heizungen, Gleitschutzeinrichtungen, Sicherheitsglas, Auflaufbremsen, Einrichtungen zur Verbindung von Fahrzeugen, lichttechnische Einrichtungen, Warneinrichtungen, Fahrtschreiber, Beiwagen von Krafträdern und Sicherheitsgurte.

Einen großen Umfang im Regelwerk nehmen die Prüfbestimmungen für lichttechnische Einrichtungen (z. B. Glühlampen, Scheinwerfer, Warndreiecke, Fahrtrichtungsanzeiger) ein. Aufbau und Ausführung von Glühlampen für Scheinwerfer und Signalleuchten sowie elektrische und photometrische Prüfungen sind in DIN-Normen (u. a. DIN 72601, Kraftfahrzeug-Glühlampen) und ECE-Regelungen festgelegt. Elektrische Prüfungen betreffen Spannung und Leistung, photometrische Prüfungen den Lichtstrom. Für Scheinwerfer und Signalleuchten gelten bautechnische Anforderungen zur gesicherten Lage bzw. Einstellmöglichkeit, Korrosions-, Staub-, Wetter- und Wärmebeständigkeit. Photometrische Messungen beziehen sich auf Lichtfarbe sowie Licht- und Beleuchtungsstärkeverteilung. Warndreiecke müssen standfest und rückstrahlend sein. Bei Blinkleuchten für Fahrtrichtungsanzeiger ist die Blinkfrequenz (90 ± 30 Impulse/min) sowie die horizontale und vertikale Lichtverteilung vorgeschrieben.

Sicherheitsgurte als passive Schutzeinrichtungen für Kraftfahrzeuginsassen werden nach ECE- und EWG-Vorschriften international geprüft und zugelassen. Die Einzelteilprüfung umfaßt statische Belastungsversuche bis zum Bruch an Band, Beschlägen, Verschluß, Automatikrolle und die Belastung der Verankerungen im Fahrzeug. Hinzu kommen Dauer- und Funktionsprüfungen (Öffnungs-, Schließ- und Verstellkraft, Dauerbetätigung, Ansprechverzögerung) sowie Beständigkeitsprüfungen unter besonderen Umgebungsbedingungen (Temperatur, Staub, Feuchtigkeit, Salznebel, Abrieb).

Der wichtigste Zulassungsversuch für Sicherheitsgurte ist die Prüfung des gesamten Systems mit einer Versuchspuppe auf einem Prüfsitz, der auf einem Schlitten montiert ist (Unfallsimulation). Der Schlitten wird aus einer Fahrgeschwindigkeit von 50 km/h unfallentsprechend über einen Bremsweg von 40 cm verzögert. Die Vorverlagerung der Versuchspuppe, Risse oder Brüche am Gurtsystem, die Öffnungsmöglichkeit des Verschlusses, das An-

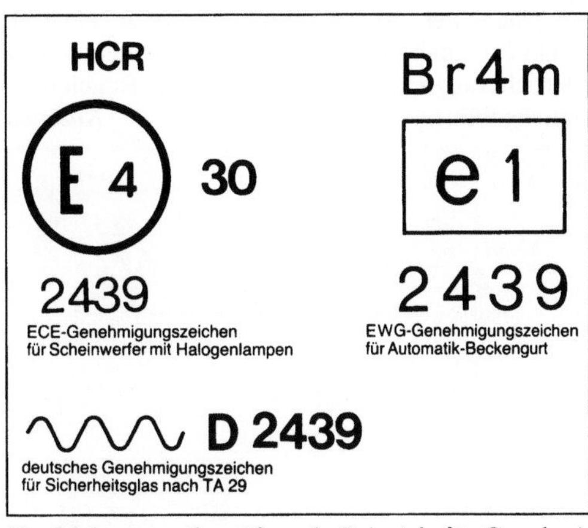

Kraftfahrzeugteileprüfung 1: Beispiele für Genehmigungszeichen.

sprechen der Automatikrolle werden bewertet (Bild 2). Ähnliche Prüfungen werden auch an Kindersicherungseinrichtungen nach ECE-Regelung 44 durchgeführt. *Kußmaul*

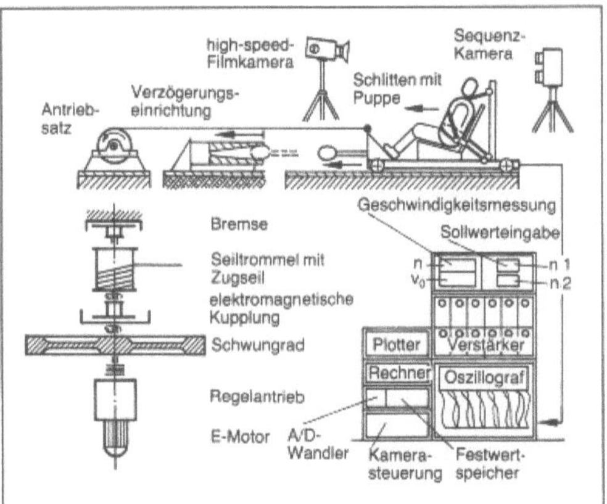

Kraftfahrzeugteileprüfung 2: Prüfeinrichtung für dynamische Schlittenversuche an Sicherheitsgurten. (Quelle: MPA)

Literatur: *Barth, W.* u. *J. Wehrmeister*: Straßenverkehrs-Zulassungs-Ordnung. Bonn-Bad Godesberg. – Fahrzeugtechnik EWG/ECE. Loseblatt-Textsammlung. Bonn-Bad Godesberg. – *Laurick, W.* u. *H. Werner*: Prüfung und Bewertung von Sicherheitsgurten durch Unfallsimulation mit einem Horizontalschlitten. Automobiltechn. Z. 87 (1985) S. 109/118.

Kraftmeßdose, magnetoelastische → Kraftmessung

Kraftmessung. Die Kraft ist eine abgeleitete Größe im Internationalen Einheitensystem (Einheiten des SI) und hat die Einheit Newton (N). Ein Newton ist gleich der Kraft, die einem Körper mit der Masse 1 kg die Beschleunigung 1 m/s^2 erteilt: 1 N = 1 kgms^{-2} ($\approx 0{,}102$ kp).

K. kommen im täglichen Leben, in Technik und Handel eine erhebliche Bedeutung zu, insbesondere weil bei vielen Wägevorgängen die Aufgabe der Bestimmung einer Masse auf eine K. zurückgeführt wird.

Zum Messen von Kräften nutzt man verschiedene physikalische Effekte aus, bei denen ein definierter und möglichst linearer Zusammenhang zwischen der Kraft und einer anderen Größe besteht, z. B. →Elastizität, Druck, Piezoelektrizität, Magnetostriktion. Am weitesten verbreitet ist die Ausnutzung der →Verformung von Federkörpern, soweit diese elastisch erfolgt, also dem →Hookeschen Gesetz genügt. Kraft F und Dehnung ε bzw. Längenänderung Δl sind dann proportional:

$$F = k \cdot \frac{\Delta l}{l} = k \cdot \varepsilon.$$

Die Dehnung ε bzw. die Längenänderung Δl werden mit den nachstehend beschriebenen Verfahren erfaßt.

Rein mechanische Kraftaufnehmer werden einerseits für grobe Messungen angewendet (z. B. Federwaage), andererseits haben sie im Eich- und Prüfwesen noch eine gewisse Bedeutung. Im letzten Fall werden die elastischen Verformungen des Verformungskörpers mit Meßuhren oder optischen Verfahren erfaßt, Meßunsicherheiten von 2 % bis <0,1 % vom Nennwert sind erreichbar. Nennkräfte bis 10 MN serienmäßig.

Hydraulische Kraftaufnehmer bestehen aus einem allseitig umschlossenen Druckvolumen und einem Anzeigegerät (Druckmesser). Die Meßunsicherheiten liegen bei 1 bis 2 % vom Nennwert. Nennkräfte 200 N bis 20 MN.

Elektrische Kraftaufnehmer sind für die vielfältigsten Einsatzfälle entwickelt worden. Besonders in der Wägetechnik haben sie eine erhebliche Bedeutung erlangt, seitdem ihre Meßunsicherheit so klein gemacht werden konnte, daß diese Kraftaufnehmer für Waagen eichfähig wurden.

Wichtigste Vertreter der elektrischen Kraftaufnehmer sind die DMS-Kraftaufnehmer. Im einfachsten Fall werden auf einen elastischen Hohlzylinder vier →Dehnungsmeßstreifen (DMS) geklebt, (Bild 1). Wird der Zylinder durch eine Belastung gestaucht, verändern sich die Widerstände der DMS (Dehnungsmeßstreifen). Die vier DMS werden in einer Wheatstone-Brücke (Meßbrücke) zusammengeschaltet. Für höhere Nennkräfte werden

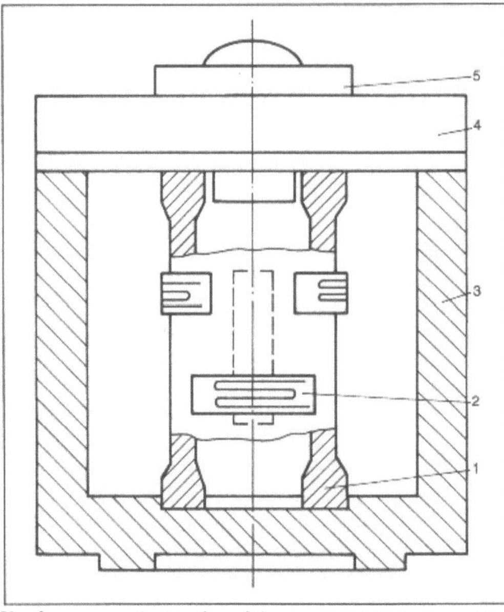

Kraftmessung 1: Kraftmeßdose mit DMS (schematischer Aufbau).

1 Hohlzylinder, 2 Dehnungsmeßstreifen, 3 Gehäuse, 4 Deckel, 5 Druckstück

rohrförmige anstelle von stabförmigen Verformungskörpern eingesetzt.

Bei kleinen Nennkräften nimmt man auch Biegekörper, um einen höheren Meßeffekt zu erhalten. DMS-Kraftaufnehmer lassen sich mit Meßunsicherheiten unter 0,1 % vom Nennwert herstellen. Sie eignen sich für statische und für dynamische Messungen. Nennkräfte von 5 N bis 20 MN. Man kann zur Addition oder Subtraktion von Einzelkräften auch mehrere DMS-Kraftaufnehmer in Serie schalten. Auf diese Weise kann man z. B. die Belastung einer von vier Aufnehmern getragenen Plattform einer elektromechanischen Waage unabhängig von der Lastverteilung bestimmen.

Bei induktiven Kraftaufnehmern wird die Abstandsänderung zwischen zwei Punkten eines Verformungskörpers infolge Krafteinwirkung gemessen, und zwar mittels eines induktiven Aufnehmers für den Weg. Nennkräfte von etwa 10 mN bis 1 MN. Induktive Kraftaufnehmer werden mit einem Trägerfrequenzmeßverstärker betrieben.

Der magnetoelastische Kraftaufnehmer beruht auf dem magnetoelastischen Effekt von ferromagnetischen Materialien, deren → Permeabilität sich unter Krafteinwirkung ändert (Bild 2). Die sich durch die Krafteinwirkung ergebende Induktivitätsänderung ändert den angezeigten Strom I. Meßverstärker sind hier nicht erforderlich. Einsatz besonders für robuste Betriebsmessungen.

Grundlage für die piezoelektrische K. ist der → piezoelektrische Effekt, nach dem auf bestimmten Kristallen Ladungen auftreten, wenn diese mechanisch beansprucht werden. Quarzkristalle (SiO_2) haben die höchste Konstanz ihrer Eigenschaften und die beste Isolation, weshalb sie für Meßzwecke am besten geeignet sind. Den Aufbau einer piezoelektrischen Kraftmeßdose zeigt Bild 3. Dabei wirkt die Kraft F auf zwei Piezo-Kristalle, die mechanisch hintereinander, elektrisch aber parallel liegen. Auf diese Weise kann man die erforderliche Isolierung der mittleren Elektrode ohne weiteren Aufwand nur mittels der beiden Piezo-Kristalle erreichen. Piezoelektrische Kraftaufnehmer sind sehr steif und verformen sich bei Belastung nur um wenige μm. Die Ausgangsgröße des piezoelektrischen Kraftaufnehmers ist eine Ladung, die von einem Ladungsverstärker (Ladungsmessung) in eine entsprechende Spannung umgewandelt wird. Da die Isolation des Gesamtsystems nicht unendlich gut sein kann, fällt die infolge einer konstanten Kraft entstandene Ladung langsam ab. Daraus ersieht man, daß eine statische K. mit diesem → Aufnehmer nicht möglich ist. Das Haupteinsatzgebiet der piezoelektrischen Kraftaufnehmer liegt deshalb bei

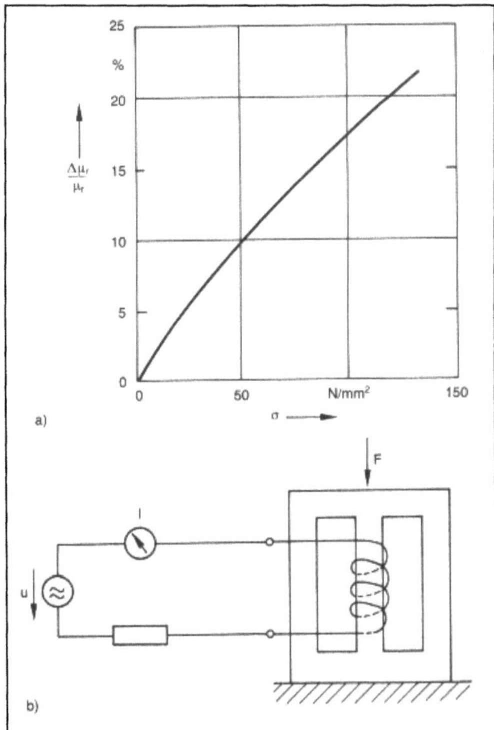

Kraftmessung 2: Magnetoelastische Kraftmeßdose. a) Änderung der Permeabilität einer Nickel-Eisen-Legierung in Abhängigkeit von der Normalspannung σ
b) Prinzip.

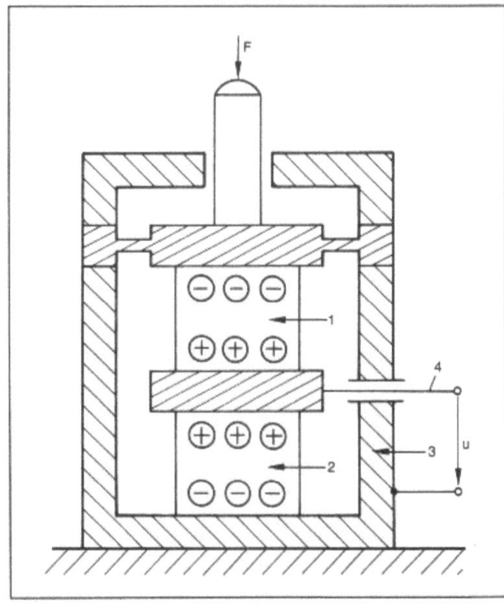

Kraftmessung 3: Piezoelektrische Kraftmeßdose.

1,2 Quarzkristalle, 3 Metallgehäuse, 4 Abgriff von der isolierten Elektrode

$$U = \frac{Q}{C_{ges}} = k\,F$$

C_{ges} = Kapazität der Anordnung einschließlich Verstärker schnellen dynamischen Messungen, bei denen es auf kleine Baugröße bzw. auf Unempfindlichkeit gegenüber Temperaturschwankungen ankommt. Es gibt z. B. spezielle Zündkerzen mit eingebauten Kraftaufnehmern, mit denen man den Kraft- bzw. Druckverlauf im Innern von Verbrennungsmaschinen messen kann. Weitere Merkmale der piezoelektrischen Kraftaufnehmer sind: Grenzfrequenz für dynamische K. bis über 100 kHz, sehr gute Auflösung (bis 10^{-6}), Meßunsicherheit ca. 1 % vom Nennwert. *Hammerschmidt*

Kragenziehen. K. gehört nach DIN 8584 innerhalb der → Blechumformung zu den Verfahren der Zugdruckumformung, bei denen mit Stempel und Ziehring gearbeitet wird. Das → Durchziehen von Kragen dient dazu, aus der Ebene eines Blechs heraus einen ausgestellten, geschlossenen Rand an einer ausgeschnittenen Öffnung herzustellen (Bild). Der Kragen hat die Form eines Flansches.

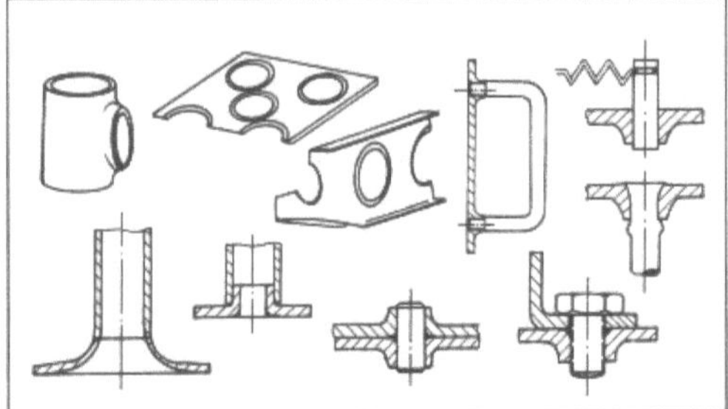

Kragenziehen: Anwendungsbeispiele kragengezogener Werkstücke.

Weitere gebräuchliche Begriffe für diese Verfahren sind Aushalsen, Durchziehen, Lochbördeln, entsprechen jedoch nicht den Bezeichnungen nach DIN.

An gezogene Kragen werden Gewinde geschnitten (Feinwerktechnik), können Bolzen angepreßt oder Rohre durch → Fügen (→ Schweißen, → Löten, → Kleben) angesetzt werden. Sie wirken auch als Versteifungselement in Blechkonstruktionen.

Das Verfahren kann an ebenen Blechen und an gewölbten Flächen angewendet werden. Die Form der Kragen ist meist kreiszylindrisch, ovale und eckige Formen sind auch herstellbar.

Als → Ausgangsform dient ein Blech mit einem geschnittenen oder gebohrten Vorloch. Gebohrte und anschließend geriebene Vorlöcher erreichen größere Aufweitverhältnisse. Beim K. wird das Blech zwischen Niederhalter und Ziehring gehalten. Bei der → Umformung taucht der Stempel in das Vorloch und weitet es auf. Der Durchmesser der eingebrachten Öffnung vergrößert sich und gleichzeitig nimmt die Blechdicke in der Rundung ab. Am Ende der Umformung befindet sich kein Werkstoff mehr unter der Stempelstirnfläche. Die

Abmessungen der Werkstücke sind frei wählbar, da aus dem Flanschbereich kein Werkstoff nachfließt.

Große Aufweitverhältnisse werden mit Blechqualitäten erreicht, die eine gute → Tiefziehbarkeit haben. Eine gute Zylindrizität des Kragens wird durch den Einsatz einer Traktrix-Kurve am Ziehring erzielt. Die Stempelform dagegen hat nur geringen Einfluß auf die erreichbaren Aufweitverhältnisse. Die Verfahrensgrenzen beim K. sind die → Rißbildung an den freien Enden oder das Abreißen des gesamten Kragens.

Durch den Einsatz von Werkzeugen mit Gegenhaltern wird durch Überlagerung von Druckspannungen das Umformvermögen in dem Kragenbereich vergrößert. Höhere Kragen lassen sich auch durch Verringern der Wanddicke herstellen (Abstreckgleitziehen). Die Wanddicke darf dabei nicht so sehr geschwächt werden, daß der Kragen abreißt. Rißfreie Kragen werden mit möglichst glatten Schnittflächen erreicht. Der Einsatz von Verbundwerkzeugen (Lochen, K.) ist bei Serienfertigung gebräuchlich. *Lange*

Literatur: *Lange, K.* (Hrsg.): Umformtechnik. Bd. 3. Blechumformung. Berlin, Heidelberg, New York 1990. – *Schlagau, S.:* Kragenziehen mit radialem Gegenhalter. Ind. Anz. 109 (1987) Nr. 85, S. 30/31. – *Wilken, R.:* Das Biegen von Innenborden mit Stempeln. Forsch. Ber. d. Landes NRW Nr. 794. Köln, Opladen 1959.

Kreuzlagenholz → Lagenholz

Kriechdehnung → Zeitstandversuch

Kriechen. Zeitabhängige → Verformung unter konstanter Beanspruchung, vorzugsweise bei erhöhter Temperatur. Nach Anlegen einer Spannung σ an das Bauteil oder die Probe strebt die Dehnung ε nicht wie im Falle der normalen → Plastizität einer Gesamtdehnung ε_{tot} zu, die sich aus einem elastischen Anteil ε_{el} und einer (irreversiblen) unmittelbaren plastischen Dehnung ε_{pl} zusammensetzt. Vielmehr nimmt sie ständig weiter zu, bis bei der → Bruchdehnung ε_B Versagen durch Kriechbruch erfolgt.

$$\varepsilon_{tot} = \varepsilon_{el} + \varepsilon_{pl} + \varepsilon(t) < \varepsilon_B \qquad (1)$$

Zentrale Kenngröße des Kriechvorganges ist die Kriechgeschwindigkeit (Kriechrate) $\dot{\varepsilon}$, die von der Temperatur, der Spannung und dem jeweiligen Gefügezustand abhängt. Aus ihr ergibt sich die Kriechdehnung durch Integration

$$\varepsilon(t) = \int \dot{\varepsilon}(\sigma,T,S)\, dt \qquad (2)$$

Hier symbolisiert S den Gefügezustand oder Strukturparameter. Meßtechnisch wird das Kriechverhalten durch den → Kriechversuch bzw. den → Zeitstandversuch nach DIN 50118 erfaßt, bei welchem die Dehnung in Abhängigkeit von der Zeit mit Hilfe von Meßgestängen (Extensometern) an genormten Proben gemessen wird. Dabei werden die Temperatur und die Last (vielfach auch die der Längen- bzw. Querschnittsänderung angepaßte Spannung) konstant gehalten. Meßergebnisse werden entweder als $\varepsilon(t)$ oder als $\dot{\varepsilon}(\varepsilon)$ aufgetragen (Bild 1 a, b). Man erkennt im Bild 1 a mehrere Abschnitte der Kriechkurve:

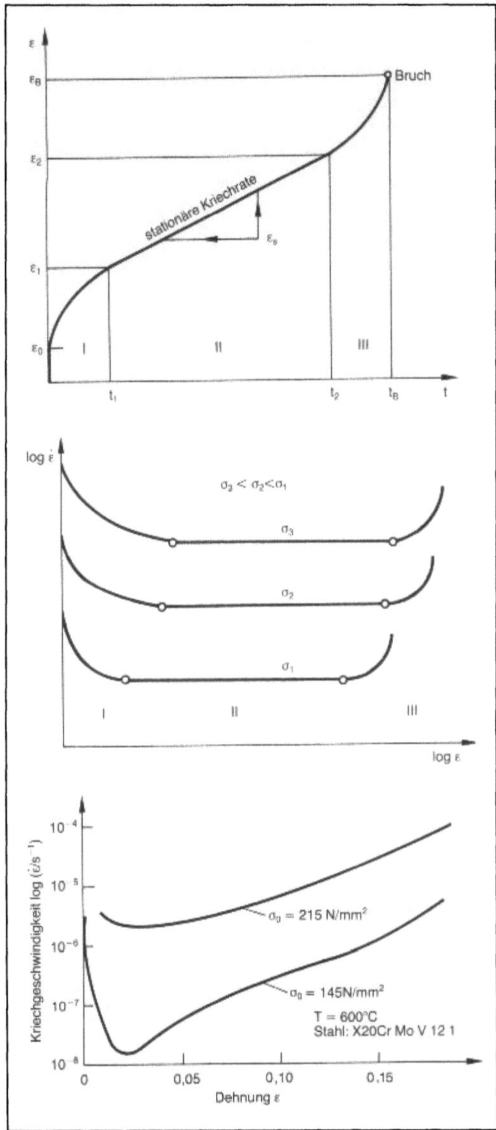

Kriechen 1:
a) Grundform der Kriechkurve $\dot{\varepsilon}(t)$
b) Dehnungsgeschwindigkeit $\dot{\varepsilon}$ als Funktion der Dehnung bei drei konstanten Spannungen
c) Kriechrate als Funktion von ε für einen warmfesten Stahl.

□ unmittelbare plastische Dehnung, in vielen Fällen vernachlässigbar, oft sehr erheblich (z. B. bei lösungsgeglühten austenitischen Stählen bis zu 15 %);

□ den Primärbereich mit stark abnehmender Kriechrate (bei einfachen Metallen typischerweise 10 bis 20 % Dehnung);

□ den Sekundärbereich mit praktisch konstanter Kriechrate, der daher auch als stationärer Kriechbereich bezeichnet wird;

□ den Tertiärbereich mit erst allmählichem, dann beschleunigtem Wiederanstieg der Kriechrate bis zum Bruch.

In vielen technisch wichtigen Werkstoffen wird der stationäre Bereich durch einen Verlust an Kriechfestigkeit überlagert, der auf thermisch aktivierte Gefügeumwandlungen zurückzuführen ist; in diesem Fall resultiert am Ende des Primärbereichs nur ein Minimum der Kriechrate, die sogleich wieder ansteigt; der Übergang zum echten Tertiärbereich ist dann oft schwer zu erkennen (Bild 1 c). – Bei niedrigen Temperaturen wird gelegentlich auch ein anderer Typ des K. beobachtet, bei dem die Kriechrate ständig und monoton abnimmt, bis sie schließlich nach sehr kleinen Gesamtdehnungen unmeßbar klein wird (logarithmisches K., →Erschöpfungskriechen).

Kriechversuche, die sich mit dem Ziel der Beschaffung technisch wichtiger Daten über sehr lange Zeiten erstrecken (10 000 h, 100 000 h), werden aus Gründen der Kosteneinsparung häufig als unterbrochene →Zeitstandversuche durchgeführt (mit wenigen Dehnungsmeßpunkten, die an der jeweils ausgebauten und abgekühlten Probe durch Abstandsermittlung von Meßmarken erhalten werden); oft werden überhaupt nur die Bruchzeiten und die Bruchdehnung ermittelt. In diesen Fällen wird für gegebene Temperatur die zu jedem Spannungsniveau gehörende Zeit bis zum Bruch bzw. bis zum Erreichen einer vorgegebenen Dehnung (z. B. 0,1 %, 1 %) aufgetragen: Zeitstanddiagramm, (Bild 2). Aus den gleichen Datensätzen kann man auch diejenige Nominalspannung (auf den Anfangsquerschnitt bezogene Last) entnehmen, welche bei einer bestimmten Temperatur innerhalb einer vorgegebenen Zeitdauer höchstens eine vorgegebene Verformung von z. B. 1 % erzeugt: 1 %–10 000 h-Dehngrenze, als Formelzeichen $\sigma_{1\,\%/10\,000\,h}$ (→Larson-Miller-Parameter, →Monkman-Grant-Beziehung).

Die Spannungsabhängigkeit der Kriechgeschwindigkeit wird in der Regel durch das sog. *Norton*'sche Potenzgesetz beschrieben:

$$\dot{\varepsilon} = A(T)\,(\sigma/E)^n \sim \sigma^n \tag{3}$$

(E: Elastizitätsmodul). Der Norton'sche Spannungsexponent n liegt bei einfachen (einphasigen) Werkstoffen vielfach zwischen 3 und 5. Warmfeste

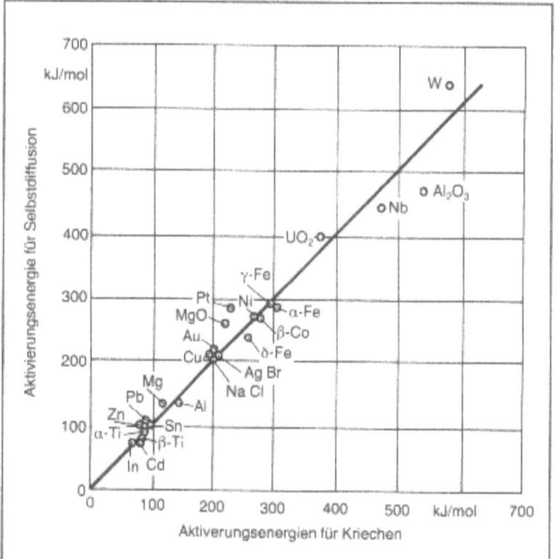

Kriechen 2: Übereinstimmung der Aktivierungsenergien für Selbstdiffusion und für K. von reinen Metallen und einigen Verbindungen.

→Stähle und hochwarmfeste Sonderlegierungen mit →Teilchenhärtung weisen Werte von 7, 9 und noch höher auf. Auch bei einfachen Werkstoffen führt zunehmende Belastung schließlich zu immer stärkerer Beschleunigung der Kriechverformung (*engl.* power law breakdown); diese Beobachtungen haben zur Verwendung exponentieller Funktionen als Alternative zu Gl. (3) geführt. In der ingenieurmäßigen Praxis wird gleichwohl das Norton-Gesetz mit n = 4 bis n = 6 bevorzugt eingesetzt.

In zahlreichen Fällen hat sich die Einführung einer effektiven Spannung in Gl. 3 anstelle der von außen angelegten Spannung bewährt. Sie entsteht durch Subtraktion einer mit den Verformungshindernissen verknüpften inneren Spannung, σ_i:

$$\dot{\varepsilon} = A'(T)\,[(\sigma - \sigma_i)/E)]^{n'} \tag{4}$$

Die Temperaturabhängigkeit der (stationären) Kriechrate wird in aller Regel durch eine Arrhenius-Funktion gut beschrieben; die sich daraus ergebende →Aktivierungsenergie des K. stimmt bei reinen Metallen und einphasigen Legierungen meist mit derjenigen der Selbstdiffusion überein (Bild 4). Bei komplexeren Systemen wie z. B. warmfesten ferritischen Stählen ergeben sich z. T. erhebliche Abweichungen von diesem Idealwert (meist nach oben). Ferner ist die Temperaturabhängigkeit des Elastizitätsmoduls wegen Gl. (3) zu berücksichtigen.

Als Strukturparameter, welche die Kriechgeschwindigkeit bzw. die Kriechfestigkeit maßgebend beeinflussen, erweisen sich neben dem bereits erwähnten Diffusionskoeffizienten und den elastischen Moduln die Stapelfehlerenergie (→Stapelfehler) und die Verteilung der Gefügebestandteile

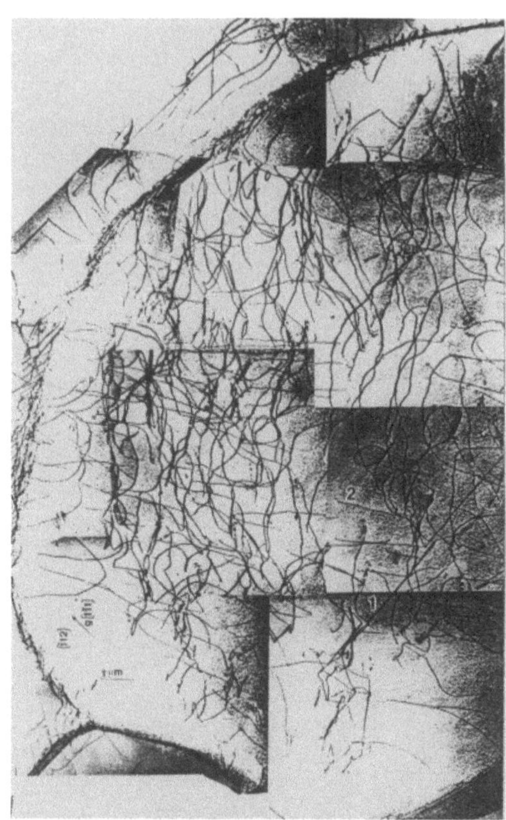

Kriechen 3: Subkorn in einer Aluminium-Zink-Legierung beobachtet im Transmissions-Elektronenmikroskop (ca. 5 000fache Vergrößerung). Man erkennt die Subkorngrenzen neben freien Versetzungen im Subkorninneren.

(Phasen) sowohl in Ausscheidungs- als auch in Guß-Gefügen. Ein für das K. bei höherer Temperatur ebenso typisches wie wichtiges Strukturelement sind die Subkörner, die sich häufig im Primärbereich des K. bilden. Spannungserhöhung führt in einfachen Legierungen zu einer reversiblen Verringerung der Maschenweite des Subkornnetzwerkes.

Die (technisch unerwünschte) Kriechverformung hat verschiedene physikalische Ursachen. Die wichtigste liegt in der Instabilität des aus der Verformung resultierenden Versetzungsnetzwerkes bei erhöhter Temperatur (Versetzungskriechen): →Versetzungen, die bei niederen Temperaturen durch Hindernisse in der Gleitebene blockiert sind und die daher bei konstanter Spannung keine weitere Verformung zulassen, können bei hoher Temperatur durch thermisch aktiviertes →Klettern aus der Blockierung entweichen und so immer neue Verformungsschritte $\Delta\varepsilon$ ermöglichen.

Bei Vorhandensein von Subkorngrenzen wirken

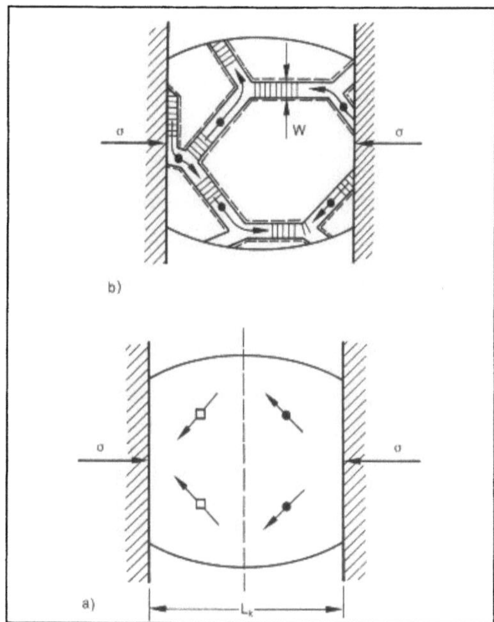

Kriechen 4:
a) Druckversuch an einem Einkristall zum Verständnis des Nabarro-Herring-K.
b) Transportströme beim Kriechmodell nach Coble.

diese einerseits als netzartige Hindernisse für das thermisch aktivierte Gleiten der die Verformung tragenden Versetzungen (Subkornhärtung); andererseits regulieren sie durch Absorption und Emission von Versetzungssegmenten die Versetzungsdichte im Subkorninneren. Im stationären Zustand müssen die Einbau- und Ausbauraten übereinstimmen, um einen kontinuierlichen Fluß von Versetzungen durch den gesamten Körper zu gewährleisten. Insgesamt läßt sich das stationäre K. als ein dynamisches → Gleichgewicht von Verfestigungs- und Erholungsvorgängen verstehen; die letzteren sind in der Regel diffusionsgesteuert.

Teilchenhärtung, insbesondere durch Ausscheidungen stabiler → intermetallischer Phasen wie Ni_3Al in Superlegierungen oder durch feine Oxid-Dispersionen in ODS-Legierungen wird technisch vielfach genutzt; allerdings können Versetzungen die Teilchen im Lauf der Zeit überklettern (Klettern) und sich auf der Zugseite von ihnen ablösen (Gegensatz zur Teilchenhärtung bei niederer Temperatur, → Härtungsmechanismen).

Korngrenzen, die bei niedriger Temperatur als härtende Strukturelemente wirken, üben im Temperaturbereich des Kriechens aus den folgenden Gründen einen entfestigenden Einfluß aus:
□ Korngrenzengleiten, besonders in Richtung der maximalen Schubspannung, führt zur Spannungskonzentration an Tripelpunkten des Korngrenzen-

netzwerkes. Diese sind damit einerseits hinsichtlich Anrißbildung gefährdet; andererseits können solche Spannungskonzentrationen leicht durch Versetzungskriechen relaxieren und damit weiteres Gleiten erleichtern, was zu einem deutlichen Beitrag des Korngrenzengleitens zur Gesamtdehnung führen kann, insbesondere bei kleinen Spannungen (langen Lebensdauern).
□ Korngrenzen können als Diffusionskurzschlüsse wirken und einen Stofftransportstrom rund um die Körner herum begünstigen, der damit (versetzungsunabhängig) einen weiteren Beitrag zur Kriechverformung liefert, das sog. → Coble-K.
□ Senkrecht zur Zugrichtung liegende Korngrenzen bieten günstigste Bedingungen für die → Keimbildung interkristalliner Poren, was als Kriechschädigung bezeichnet wird. Es folgt daraus, daß die technische Legierungsentwicklung grobkörnige Werkstoffe für diesen Anwendungsbereich anstrebt. Teilweise werden auch durch gerichtete → Erstarrung im Temperaturgradienten polykristalline Werkstoffe so gezüchtet, daß sämtliche Korngrenzen parallel zur Zugspannung liegen und daher weder als Gleit-Bahnen noch als Schädigungszentren wirken können (engl. elongated grain structure, EGS-Legierungen). Im Grenzfall werden, z. B. für Hochleistungs-Triebwerksschaufeln, Einkristalle gezüchtet und verwendet.

Ein weiterer versetzungsunabhängiger Kriechmechanismus, der vor allem nahe der Schmelztemperatur und bei kleinen Spannungen wirksam wird, ist das → Nabarro-Herring-K. Dabei ermöglicht Stofftransport mittels Volumendiffusion einen Abbau von Atomen an der unbelasteten Mantelfläche zugunsten eines Anbaus neuer Atomlagen an Grenzflächen normal zur Zugrichtung. Dieser Vorgang bewirkt eine Probenverlängerung, ähnlich wie bei dem oben erwähnten Coble-K.; der Unterschied zwischen Nabarro-Herring- und Coble-K. liegt darin, daß der Stofftransport einmal durch das Kornvolumen, im anderen Fall über die Korngrenzen erfolgt (Bild 5 a, b).

Bei den für das K. technisch wichtiger Bauteile und Werkstoffe typischen niedrigen Geschwindigkeiten erfolgt das Werkstoffversagen (Kriechbruch) als Endstufe einer bereits im sekundären Kriechstadium (oft auch schon kurz nach der Lastaufgabe) einsetzenden Schädigung. Die Kriechschädigung ist in Form von Poren lokalisiert, die sich unter der Wirkung der Zugspannung ausbilden, und zwar bevorzugt an Korngrenzen, die senkrecht zur Zugrichtung orientiert sind. Diese intergranulare Porenbildung läßt sich als Leerstellen-Kondensation verstehen. Dabei entspricht die → Drift von Leerstellen in Richtung auf die Poren einer Verlagerung von Metallatomen, die an der Porenoberfläche ausgebaut und an den Ufern der → Korngrenze zwischen den Poren wieder angebaut werden. Dieser Vorgang

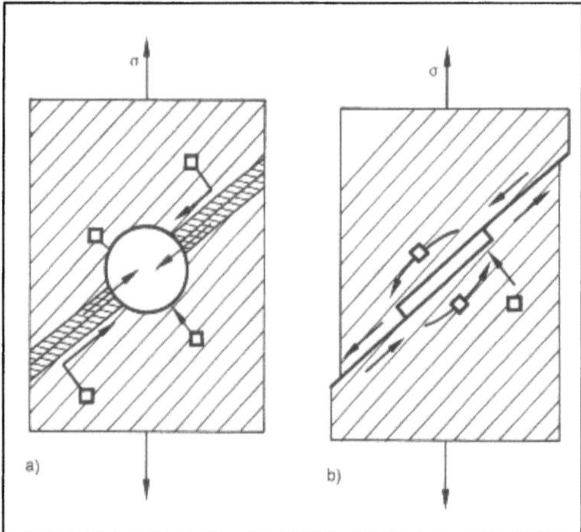

Kriechen 5: Kriechschädigung durch Porenwachstum.
a) Kondensation von Leerstellen unter Anbau der freigesetzten Atome längs der Korngrenzen
b) Öffnung von Poren durch Korngrenzengleitung bei Anwesenheit von Stufen.

verlängert die Probe in Zugrichtung, bringt also einen Gewinn an potentieller Energie ein. Die Keimbildung der Poren kann durch Korngrenzenausscheidungen gefördert werden, weshalb diese in der Regel die Kriechdehnung bis zum Bruch nachteilig beeinflussen. Porenkeimbildung an den Grenzflächen zwischen Ausscheidungen im Korninneren und der Matrix ist im Prinzip ebenfalls möglich; sie führt aber wegen des fehlenden Anschlusses an eine Korngrenze in der Regel nicht zu den flächenhaften Hohlräumen, welche den Charakter von Rißkeimen annehmen und daher besonders hohe Schädigungswirkung haben.

Die Koaleszenz von flächenhaft verteilten Einzelporen (Porenfeldern) unter Bildung von Mikrorissen senkrecht zur Zugrichtung markiert im Verlauf des Kriechprozesses den entscheidenden Stabilitätsverlust. Die Berandung dieser Kriech-Mikrorisse wirkt als Spannungskonzentrator und führt i. S. der Kriechbruchmechanik zum → Rißwachstum. Dadurch erhöht sich wiederum die Nettospannung im Restquerschnitt, sodaß der interkristalline Bruch eingeleitet wird. Dies ist das typische Verhalten im tertiären Kriechbereich.

Während die Kriechschädigung durch Porenbildung im Endstadium sowohl durch die Vergrößerung des Porenvolumens als auch indirekt durch die Erhöhung der Nettospannung zu einer Beschleunigung der Kriechgeschwindigkeit beiträgt, kann eine deutliche Zunahme der Kriechrate auch ohne Schädigung erfolgen: dies ist dann der Fall, wenn Hindernisse für das Versetzungskriechen, also ausgeschiedene Phasen, an Wirksamkeit verlieren, insbesondere durch → Umformung oder durch Vergröberung (→ Ostwald-Reifung). *Ilschner*

Literatur: *Ashby, M. F. and L. M. Brown:* Perspectives in Creep Fracture. Oxford 1983. – *Čadek, J.:* Creep in Metallic Materials. Amsterdam etc. 1988. – *Evans, R. W. and B. Wilshire, B.:* Creep of Metals and Alloys. The Institute of Metals, London 1985. – *Ilschner, B.:* Hochtemperatur-Plastizität. Berlin etc. 1973. – *Riedel, H.:* Fracture at High Temperatures. Berlin etc. 1987.

Kriechermüdung → Dehnungswechselversuch

Kriechversuch → Zeitstandversuch

Kristallbaufehler. Metallische Werkstoffe erstarren aus der Schmelze in einem Kristallgitter. Dieses Kristallgitter ist nur in seltenen Fällen (→ Einkristalle hoher Reinheit) gleichmäßig d. h. homogen aufgebaut. Durch vielfältige Einflüsse sind hier Störungen im Gitteraufbau entstanden.

□ Die → Erstarrung erfolgt nach der Richtung der Wärmeabfuhr. Die Anlagerung der Atome an die neugebildeten Keime und später das Anwachsen an vorhandene, bereits erstarrte Gitterstrukturen erfolgt nicht regelmäßig, sondern nach dem Prinzip, möglichst geringe Energie zu verbrauchen.

□ Die gute Verformungsfähigkeit der Metalle beruht auf ihrem Kristallgitteraufbau (z. B. kfz, krz, hex) und auch auf ihren F. im Kristallgitter. Diese können erzeugt werden durch → Abschrecken des Metalls von hoher Temperatur, durch Verformen und durch Bestrahlen mit energiereichen Teilchen.

□ → Leerstellen (unbesetzte Gitterplätze) und Zwischengitteratome sind Punktfehlstellen (nulldimensional) (Bild 1). Im thermodynamischen → Gleichgewicht bildet sich die Leerstellenkonzentration

$$N_L = N_O \cdot e^{\frac{-Q_L}{R \cdot T}}$$

N_O = Beginn, Gitterplätze pro Volumen
Q_L = → Aktivierungsenergie für Leerstellen (Bildungsenergie)
$R \cdot T$ = Gaskonstante mal Temperatur (mittlere thermische Energie)
N_L in der Nähe der Schmelztemperatur ca. 100 ppm, bei Raumtemperatur unmeßbar klein

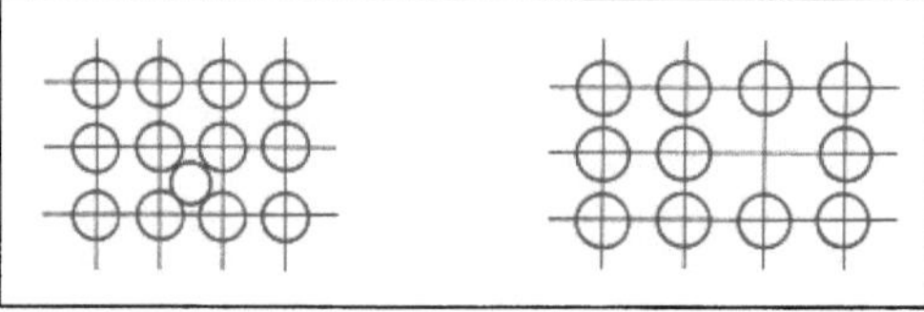

Kristallbaufehler 1: Leerstelle und Zwischengitteratom.

Punktfehlstellen sind die Träger des Stofftransportes (→ Diffusion). Sie haben Einfluß auf die Eigenschaften der Metalle: Die mechanische →Festigkeit (R_m) sinkt, die elektrische →Leitfähigkeit κ steigt (theoretisch, es bildet sich ein ideales Kristallgitter).

□ →Versetzungen (Bild 2) sind linienhafte Gitterdefekte (eindimensional). Lokale Verzerrungen im Kristallgitter durch Stufenversetzungen und Schraubenversetzungen führen zu Dehnungen. Diese Versetzungslinien bilden im Realkristall (Metall) ein dreidimensionales Netzwerk (Idealkristall ohne Versetzungen, →Einkristall). Die Versetzungsdichte ist stark abhängig von der →Verformung, z. B. bei hochfestem Stahl 10^{12} cm/cm^3 und bei hochreinem Halbleiter 0–10^1 cm/cm^3. Versetzungen sind die Träger der plastischen Verformung. Die mechanische Festigkeit und Härte steigen, die elektrische Leitfähigkeit sinkt.

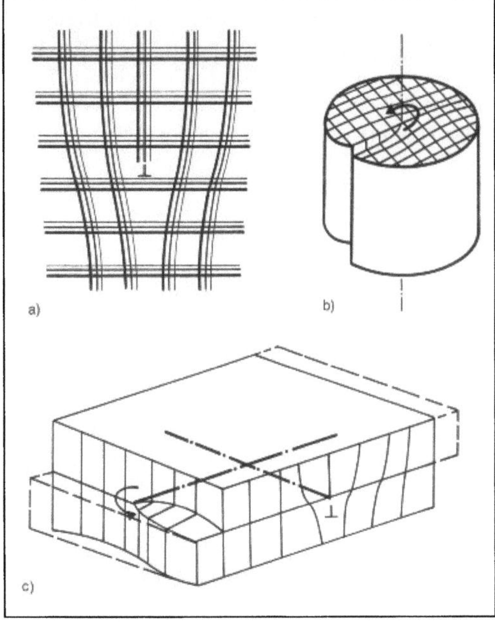

Kristallbaufehler 2: Stufenversetzung (a), Schraubenversetzung (b) und gemischte Versetzung aus Stufen- und Schraubenversetzung (c) sowie entstehende Abgleitung des Kristalls (gestrichelt).

□ →Korngrenzen (Bild 3) sind flächenhafte Gitterfehler (zweidimensional). An den Berührungsflächen von Kristallkörnern treten durch die unterschiedliche Orientierung (→Textur) die geringsten Bindungskräfte zwischen den Atomen des gestörten Kristallgitters auf. Dies sind auch die Stellen, an denen sich Verunreinigungen ablagern oder Ausscheidungen bilden (energetisch günstig). Neben Korngrenzen sind →Stapelfehler, →Zwillingsgrenzen, →Blochwände, →Kleinwinkelkorngrenzen (durch Versetzungen) weitere flächenhafte Gitterbaufehler.

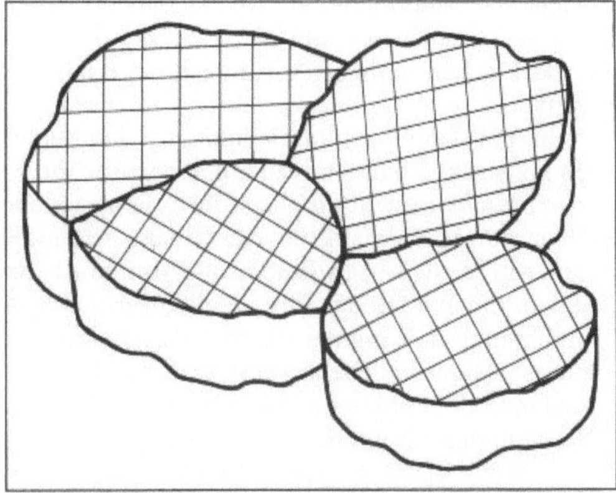

Kristallbaufehler 3: Korngrenzen und Kristallkörner mit unterschiedlicher Textur.

□ Alle Gitterfehler lassen sich mikroskopisch im Licht- oder →Durchstrahlungselektronenmikroskop nachweisen. *Heller*

Kristallerholung →Erholung

Kristallgeometrie. Die Beschreibung der Kristallpolyeder mit den Hilfsmitteln der analytischen Geometrie. Ausgangspunkt ist das von *N. Stensen* 1669 gefundene Gesetz der Winkelkonstanz: charakteristisch für eine Kristallart ist die Schar der Flächennormalen des Polyeders, ihre paarweisen Winkel sind unabhängig von der Größe der jeweiligen Fläche. *Ch. S. Weiss* führte von 1809–1817 die symmetriebezogenen Koordinatensysteme ein und entwickelte die Beschreibung der Flächen durch die cosinus-Werte der Neigungswinkel zwischen den Flächennormalen und den Kristallachsen. Daraus entwickelte er das Rationalitätsgesetz, das den ersten Hinweis auf die gitterhafte Natur der Kristalle lieferte. Als zweite Beschreibungsweise für Kristallflächen führte er die Achsenabschnitte (mit den Koordinatenachsen) ein, deren reziproken Werte, die *Miller*'schen Indizes (nach *W. H. Miller*) noch heute zur Beschreibung von Kristallflächen verwendet werden. Sie bieten auch den zwanglosen Übergang zum reziproken →Gitter, das für die Interpretation von Röntgen-Beugungsbildern von Kristallen eine wesentliche Rolle spielt (→Röntgen-Strukturbestimmung).

Daneben gehören die Projektionsmethoden für das Kristallzeichnen zur K. und die Projektionsmethoden für die Flächennormalen. Zu nennen sind die Kugelprojektion, die durch Abtragen der Flächennormale vom Kugelmittelpunkt entsteht, indem man den Durchstoßpunkt durch die Projektionskugel als Flächenpol markiert. Je zwei (nicht gegenüberliegende) Flächenpole definieren dann einen Großkreis auf der Kugel, den Zonenkreis, dessen Normale wiederum den Zonenpol definiert. Der Zonenpol beschreibt die Richtung der durch beide Flächen definierten Kante des Kristallpolyeders.

Um mit den eingeführten geometrischen Objekten konstruktiv hantieren zu können wurde die *sterographische* Projektion eingeführt, die gegenüber der in der Mathematik üblichen Weise so modifiziert wurde, daß nach Einführung von Nord- und Südpol die Punkte der Ober-Halbkugel durch die Verbindungslinie mit dem Südpol als Schnittpunkte mit der Äquatorialebene konstruiert werden, während man die Punkte der Süd-Halbkugel durch die Verbindungslinie mit dem Nordpol konstruiert. Auf diese Weise bleibt die ganze Projektion im Inneren des Projektionskreises.

Für spezielle Probleme verwendet man auch die *gnomonische* Projektion, bei der die Projektionsebene tangential am Nordpol liegt, wobei vom Kugelmittelpunkt aus projiziert wird.

Die kristallographischen Koordinatensysteme sind fixiert durch die Wahl eines Nullpunkts 0, dreier Richtungen der Koordinatenachsen [100], [010], [001] und der Einheitslängen a, b, c auf diesen Achsen.

Die Winkel α (zwischen [010] und [001]), β (zwischen [001] und [100]; γ (zwischen [100] und [010] werden zusammen mit den Einheitslängen a, b, c als *metrische Parameter* bezeichnet.

Wählt man (nach *Weiss*) zur Beschreibung eines Kristalls als Koordinatenachsen symmetrieausgezeichnete Richtungen, so lassen sich über die metrischen Parameter sieben Klassen von Achsenkreuzen unterscheiden (Tabelle). Dabei bedeuten gleiche Buchstaben gleiche Werte für Einheitslängen (Bild 1).

Zur Beschreibung einer Zone betrachtet man von einer Schar paralleler Kanten diejenige, die durch

Kristallgeometrie. Tabelle: Die Klassen der kristallographischen Achsenkreuze.

Achsenkreuz	Einheitslängen	Winkel
triklin	a, b, c	α, β, γ
monoklin	a, b, c	β, α = γ = 90°
ortho-rhombisch	a, b, c	α = β = γ = 90°
tetragonal	a, a, c	α = β = γ = 90°
kubisch	a, a, a	α = β = γ = 90°
rhomboedrisch	a, a, a	α = β = γ
hexagonal	a, a, c	α = β = 90°, γ = 120°

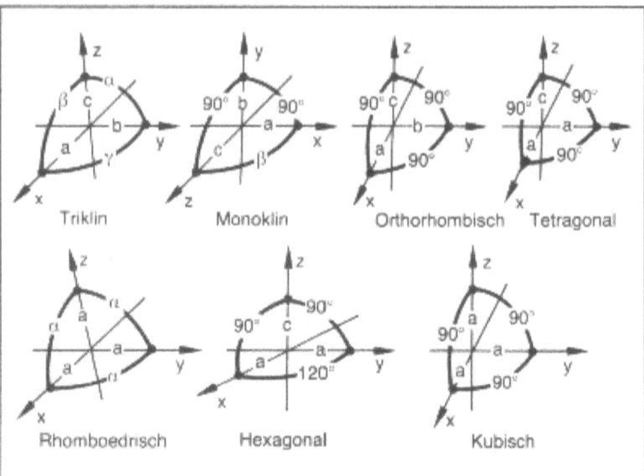

Kristallgeometrie 1: Beispiele für die Klassen der kristallographischen Kreuze.

den Nullpunkt geht. Die Parallelprojektion eines Vektors $\overrightarrow{OP}$ auf dieser Geraden in die Koordinatenachsen ergibt die Komponenten $OA = u \cdot a$, $OB = v \cdot b$, $OC = w \cdot c$ (Bild 2). Für beliebige Punkte P ist das Verhältnis $u : v : w$ konstant. Jedes beliebige Tripel [uvw] ist daher repräsentativ.

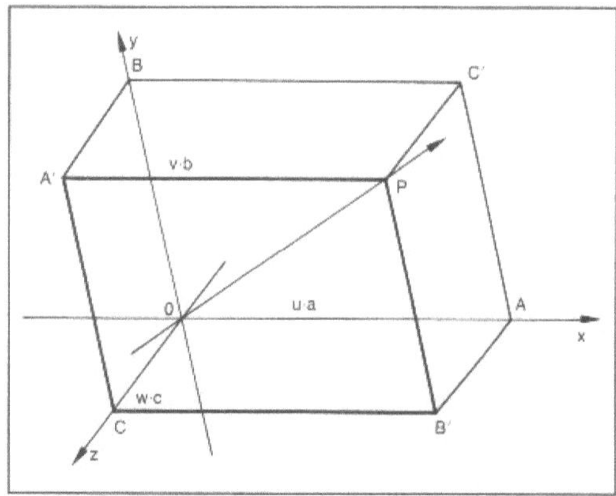

Kristallgeometrie 2: Beschreibung einer Zone.

Zur Beschreibung einer Ebene verwendet man die Achsenabschnitte $OA = m \cdot a$, $OB = n \cdot b$, $OC = p \cdot c$. Das Verhältnis der Achsenabschnitte von parallelen Ebenen ist konstant. Die cosinus-Werte der Richtungswinkel zwischen der Flächennormalen und den Koordinatenachsen verhalten sich wie die Kehrwerte der Achsenabschnitte:

$$\cos\varphi_a : \cos\varphi_b : \cos\varphi_c = \frac{1}{OA} : \frac{1}{OB} : \frac{1}{OC} = \frac{1}{m \cdot a} : \frac{1}{n \cdot b} : \frac{1}{p \cdot c}$$

Das Rationalitätsgesetz besagt, daß die Koeffizienten 1/m, 1/n und 1/p einfache rationale Zahlen sind. Dieser experimentelle Befund wird durch den gitterhaften Aufbau der Kristalle erklärt.

Verschiedene Flächen am Kristall lassen sich

durch verschiedene Tripel $\left(\frac{1}{m}, \frac{1}{n}, \frac{1}{p}\right)$ beschreiben.
Da nur die Verhältnisse betrachtet werden, kann man für rationale Koeffiziententripel auch durch Multiplikation mit dem Hauptnenner zu ganzzahligen Koeffizienten übergehen:

$$h : k : 1 = \frac{1}{m} : \frac{1}{n} : \frac{1}{p}$$

(hkl) heißen die *Millerschen Indizes*. Ihre Einführung ergibt die endgültige Form der Achsenabschnittsgleichung:

$$(a \cdot \cos\varphi_a) : (b \cdot \cos\varphi_b) : (c \cdot \cos\varphi_c) = h : k : l$$

Mit Hilfe der Achsenabschnittsgleichung kann man nach Wahl einer Einheitsfläche (| | |) ein unbekanntes Achsenverhältnis festlegen oder bei bekanntem Achsenverhältnis weitere Flächen indizieren.

Eine Zone läßt sich durch die Schnittgerade zweier Ebenen bestimmen. Man kann zeigen, daß man alle möglichen Flächen und Zonen eines Kristalls aus vier unabhängigen Flächen mit bekannten Indizes erhalten kann. Dies nennt man das Zonenverbandsgesetz.   *H. Zimmermann/Burzlaff/Hümmer*

Literatur: *Burzlaff, H.* und *H. Zimmermann:* Kristallsymmetrie-Kristallstruktur, Erlangen 1986.

Kristallisation. Die Bildung von Kristallen aus einer vorher homogenen Schmelze oder Gasphase, sofern unter den vorliegenden thermodynamischen Bedingungen eine Übersättigung (Überschreiten der Löslichkeitsgrenze) von mindestens einer Komponente in der Schmelze oder Gasphase vorliegt.

Die K. ist aus thermodynamischen Gründen stets an eine Übersättigung der auszukristallisierenden Komponente in der Schmelze/Gasphase gebunden, um eine → Keimbildung zu ermöglichen. Die Keimbildung kann durch eine → Unterkühlung der Schmelze/Gasphase erreicht werden, oder durch Keimbildner, d. h. Zusatz von artgleichen oder auch artfremden Kristalliten z. B. Staub oder Gefäßoberflächen (sog. Impfen).

Die gezielte Teilkristallisation eines Glases wird zur Herstellung von Glaskeramiken genutzt. Hier werden während der Herstellung des Glases, welches vom thermodynamischen Standpunkt auch als unterkühlte Schmelze angesehen werden kann, Keimbildner eingebracht, die durch eine anschließende Temperaturbehandlung (sog. → Tempern) eine (Teil-)K. des Glases bewirken. Analog muß es bei der Herstellung von homogenen Gläsern stets vermieden werden, daß es durch ungewollt eingebrachte Keimbildner zur Kristallisation im → Glas, d. h. Devitrifikation kommt.

Die Abscheidung von Kristallen auf einem Substrat durch die Gasphase wird zum einen bei dem CVD-Verfahren zum Auftragen dünnster Schichten angewandt, sowie auch zur Herstellung von reinstem SiO_2-Pulver zur Kieselglasherstellung (→ Kieselglas).
→ Erstarrung, kristalline   *Hesse/Hennicke*

Kristallisierung. Der Vorgang der Bildung von Kristallen aus einer nicht-kristallinen Phase, also aus einer Schmelze, aus einer Lösung oder aus der Dampfphase. Die Umordnung einer bereits bestehenden, gestörten kristallinen Phase nennt man → Rekristallisation. Ein Kristall besteht aus einer regelmäßigen, periodischen Anordnung der Atome. Der kristalline Zustand ist für alle Stoffe bei tiefen Temperaturen der Gleichgewichtszustand (mit der einzigen bekannten Ausnahme des flüssigen Heliums). Die Kristallisation ist ein Phasenübergang erster Ordnung, so daß zur Bildung von Kristallen stets Keime erforderlich sind. Bei Abwesenheit von Keimen wird die Kristallisation mehr oder weniger stark verzögert. Stoffe, die unter Umgehung von → Keimbildung abgekühlt werden und schließlich in nichtkristalliner, amorpher Form erstarren, werden Gläser genannt.

Wenn ein Keim vorhanden ist, dann hängt der weitere Verlauf der Kristallisation von der → Unterkühlung $\Delta T = T_s - T$ ab, wobei T_s die Gleichgewichts-Umwandlungstemperatur ist. Ist ΔT sehr klein, dann lagern sich weitere Atome nur an begünstigten Stellen des Keimes ab, so an Stufen und in den Winkeln einer bereits wachsenden Gitterebene. Der erste Keim für eine neue Gitterebene wird nur verzögert gebildet werden (Bild 1). „Rauhe" Oberflächen, die nicht mit einer dichtgepackten Gitterebene zusammenfallen, wachsen wesentlich schneller als „glatte" Oberflächen. Bei einem frei wachsenden Kristall führt das dazu, daß schließlich nur noch glatte, langsam wachsende Grenzflächen übrig bleiben – es entsteht der charakteristische → Habitus eines Kristalls.

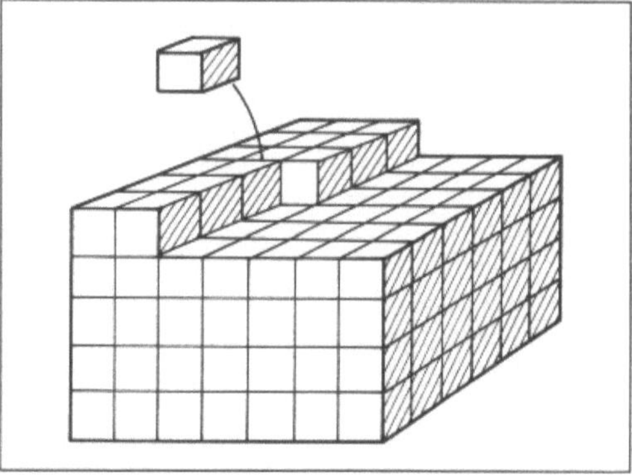

Kristallisierung 1: Der Einbau eines Kristall-Bausteins in der günstigsten Randlage eines wachsenden Kristalls.

In der Nähe einer Schraubenversetzung ist das Wachstum einer glatten Fläche erleichtert, weil durch die → Versetzung eine unbegrenzt fortzusetzende Stufe gegeben ist. Bei geringer Versetzungsdichte kann das zu charakteristischen Wachstumspyramiden im Bereich einer Schraubenversetzung führen (Bild 2). In anderen, nur zum Teil verstandenen Fällen bilden sich fadenförmige oder plättchenförmige Kristalle (→ Whisker). Bei großen Unterkühlungen ΔT werden die Transportprobleme der Materie und der Wärme entscheidend für den Kristallisationsprozeß. Beim Phasenübergang der Kristallisation wird Wärme frei, die abzuführen ist. Ein zufälliger Vorsprung der Wachstumsfront wird dabei im Wachstum begünstigt, da er in die kühlere Zone hineinreicht und seine Wärme nach allen Seiten abgeben kann. Ein analoges Argument gilt für die Konzentration, falls der Kristall in der Zusammensetzung von der Muttersubstanz abweicht. Wegen dieser Begünstigung von Vorsprüngen wachsen aus jedem Teil des Kristalls spontan neue Äste heraus und es ergibt sich ein verzweigtes oder *dendritisches* Kristallwachstum. Die Dendriten besitzen meist kristallographische Vorzugsrichtungen, und das Ergebnis sind regelmäßige Formen wie sie von den Schneekristallen geläufig sind.

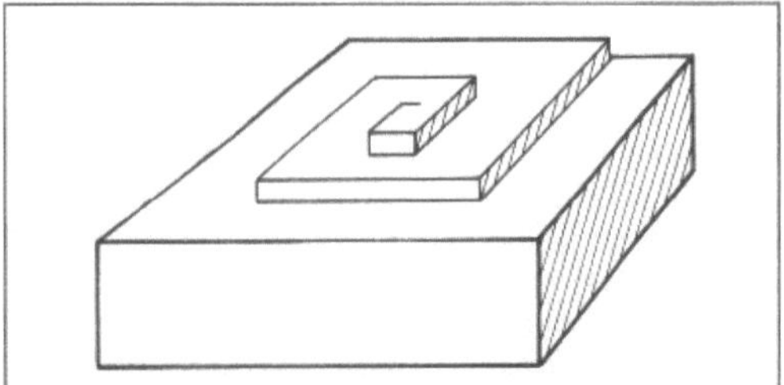

Kristallisierung 2: Schema der um eine Schraubenversetzung herum entstehende Wachstumspyramide.

Das bei der Kristallisation entstehende kristalline Gefüge der Materie ist die Grundlage für die Festigkeit sowohl der metallischen wie der keramischen Werkstoffe. Die Untersuchung der Struktur und der Umwandlungen dieses Gefüges ist Aufgabe der → Metallographie. Die → Kristallzüchtung befaßt sich mit der Herstellung großer, fehlerfreier Einkristalle. *Hubert*

Kristallmorphologie. Lehre von der Gestalt der Kristalle. Gegenstand der K. ist die Beschreibung der Kristallpolyeder. Wichtigstes Grundprinzip ist dabei die Betrachtung der Symmetrie der Polyeder. Symmetrisch gleichwertige Flächen werden bei der Beschreibung zu einer Kristallform zusammengefaßt. Eine Klassenbildung der Kristallformen nach geometrischen und symmetrischen Gesichtspunkten führt auf 47 Arten von Kristallformen (Eine Tabelle mit entsprechenden Abbildungen und der analytischen Beschreibung durch *Miller*'sche Indizes findet sich in den meisten Lehrbüchern der Kristallographie oder Mineralogie).

Im allgemeinen treten an einem Kristallpolyeder mehrere Kristallformen auf; so ist bei dem im Bild dargestellten Quarzkristall die Gestalt durch die Kombination von fünf Kristallformen bestimmt, die analytisch durch die *Miller*'schen Indizes einer repräsentativen Fläche in geschweiften Klammern notiert werden:

$\{100\}$ hexagonales Prisma

$\left.\begin{array}{l}\{101\}\\\{011\}\end{array}\right\}$ Rhomboeder

$\left.\begin{array}{l}\{511\}\\\{111\}\end{array}\right\}$ trigonale Trapezoeder

(Anmerkung: für Kristalle, die bezüglich einer hexagonalen Basis beschrieben werden, sind auch vierstellige Indizes gebräuchlich, die so konstruiert sind, daß die drei ersten Indizes die Summe Null ergeben: $\{100\} \triangleq \{10\bar{1}0\}$, $\{101\} \triangleq \{10\bar{1}1\}$, $\{011\} \triangleq \{01\bar{1}1\}$, $\{511\} \triangleq \{51\bar{6}1\}$, $\{111\} \triangleq \{11\bar{2}1\}$).

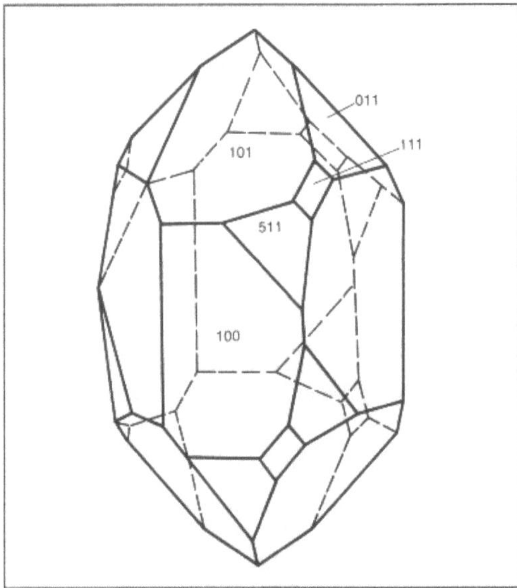

Kristallmorphologie: Projektion eines Quarzkristalls.

Die Gesamtheit der an einem Kristall auftretenden Kristallformen nennt man seine *Tracht*. Die Grobform wird mit → *Habitus* bezeichnet, so unterscheidet man stengeligen, tafeligen, säuligen und würfeligen Habitus.

H. Zimmermann/Burzlaff/Hümmer

Literatur: *Burzlaff, H.* und *H. Zimmermann:* Kristallsymmetrie-Kristallstruktur. Erlangen 1986.

Kristallographie. Wissenschaft vom kristallinen Zustand der festen Materie. Man unterscheidet die

Teilgebiete →Kristallmorphologie, →Kristallgeometrie, Kristallsymmetrie, Kristallstrukturlehre, Röntgenstrukturanalyse, →Kristallwachstum und -züchtung, Kristallphysik. K. ist seit 1950 an deutschen Hochschulen durch eigene Lehrstühle vertreten, die in den Fachbereichen Chemie, Geowissenschaften oder Physik angesiedelt sind.

Dachverband aller Kristallographen ist die IUCr (International Union of Crystallography), die sich in zahlreiche nationale Gesellschaften gliedert. Wichtigstes internationales Standardwerk, herausgegeben von der IUCr, sind die International Tables for X-Ray Crystallography.

Durch die Allgemeingültigkeit ihrer Grundgesetze findet die K. in einer großen Zahl von naturwissenschaftlichen und technischen Disziplinen Anwendung, z. B. Biochemie, Organische Chemie, Physikalische Chemie, Pharmazeutische Chemie, in weiten Bereichen der Festkörperphysik, in den geowissenschaftlichen Fächern Mineralogie und Geologie und in den technischen Disziplinen, die sich mit kristallinen Werkstoffen und daraus entstandenen Fertigprodukten beschäftigen.

H. Zimmermann/Burzlaff/Hümmer

Kristallwachstum. Ein beim Abkühlen einer Schmelze entstandener und stabil gewordener Keim (→Keimbildung) wächst weiter, indem aus der Schmelze andiffundierende Teilchen an seiner →Oberfläche adsorbiert werden und durch Oberflächendiffusion an jene Stellen gelangen, wo sie endgültig in das →Gitter eingebaut werden. Dies sind jene Stellen, wo der Einbau mit dem größten Energiegewinn verbunden ist.

Bei den kubisch erstarrenden Metallen wächst der Kristall in bevorzugten Richtungen (senkrecht zur Würfelfläche) sehr schnell, in anderen Richtungen langsamer. Die sich daraus ergebende räumliche Anordnung der Kristalle wird als →Dendrit bezeichnet. Genauere Untersuchungen zeigen aber, daß die Kristallisationsformen weitgehend von den Abkühlbedingungen abhängen.

Kühlt die Schmelze annähernd gleichmäßig ab, entstehen rundliche „äquiaxiale" Körner: *Globulite.* Bei einer ungleichmäßigen (gerichteten) Wärmeabfuhr bilden sich längliche Kristallite: *Stengelkristalle* (Bild). *Gräfen*

Kristallzüchtung. Verfahren zur Herstellung von →Einkristallen. Allgemeine Voraussetzungen für eine erfolgreiche Züchtung sind:

□ Es darf nur ein Keim wirksam sein, entweder, indem man einen Keimkristall anbietet, oder, indem man durch eine geeignete Geometrie (Wachstum aus einer Spitze heraus) nur einem Keim das Wachstum erlaubt.

□ Der Wachstumsprozeß muß so langsam und stetig

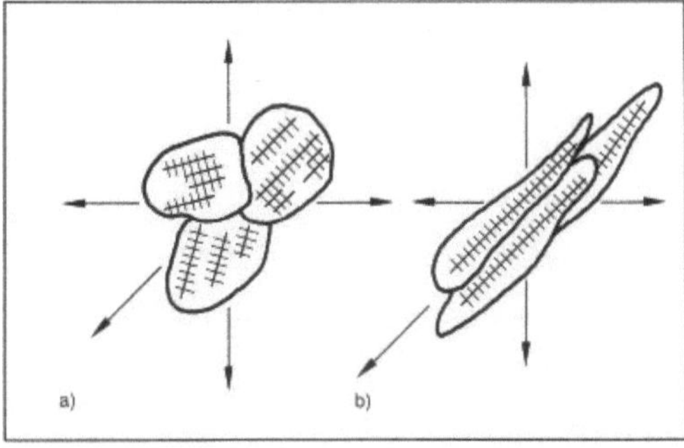

Kristallwachstum: Auswirkung des Wärmeflusses auf die Ausbildung von Körnern (Kristalliten)
a) Wärmefluß in verschiedenen Richtungen annähernd gleichmäßig: globulares Korn
b) Wärmefluß bevorzugt in einer Richtung: Stengelkristalle.

gesteuert werden, daß die Wachstumsfront stabil bleibt. Eine ebene Wachstumsfront wird durch einen Temperaturgradienten stabilisiert, der durch eine geeignete Ofenanordnung aufrechterhalten werden muß. Ähnliche Überlegungen gelten für Konzentrationsgradienten im Fall von K. aus der Lösung.

Substanzen, die unterhalb der Schmelztemperatur keine Kristallumwandlung erleiden, werden bevorzugt aus der Schmelze gezogen. Zu nennen sind hier die K. in einem spitzen Tiegel (*Bridgeman*-Verfahren, Bild 1), die K. aus einem Tiegel (*Czochralski*-Verfahren, Bild 2), und die Zonen-Schmelzverfahren (Bild 3), die ganz ohne Tiegel auskommen können. Ein Verfahren, mit dem auch hochschmelzende Oxidkristalle wie Saphir (Al_2O_3) tiegelfrei gezüchtet werden können, ist das Flammen- oder *Verneuil*-Verfahren.

Kristallzüchtungsverfahren aus der Lösung oder

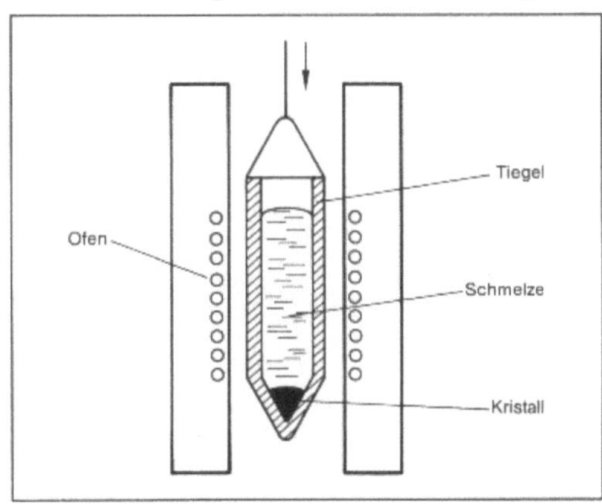

Kristallzüchtung 1: Bridgeman-Methode zur K., die bevorzugte Methode zur Herstellung von Metalleinkristallen. Der Tiegel besteht häufig aus Sinterkorund (Al_2O_3).

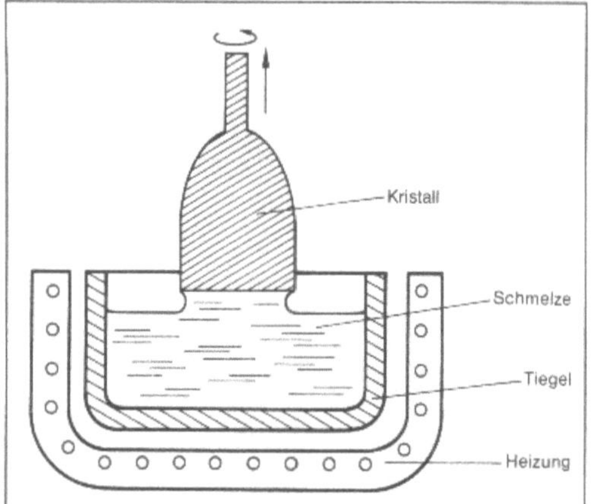

Kristallzüchtung 2: Czochralski-Methode zur Züchtung von Halbleiter-Kristallen. Im Fall des Siliciums besteht der Tiegel aus einem von einem Graphittiegel eingefaßten Quarzglastiegel.

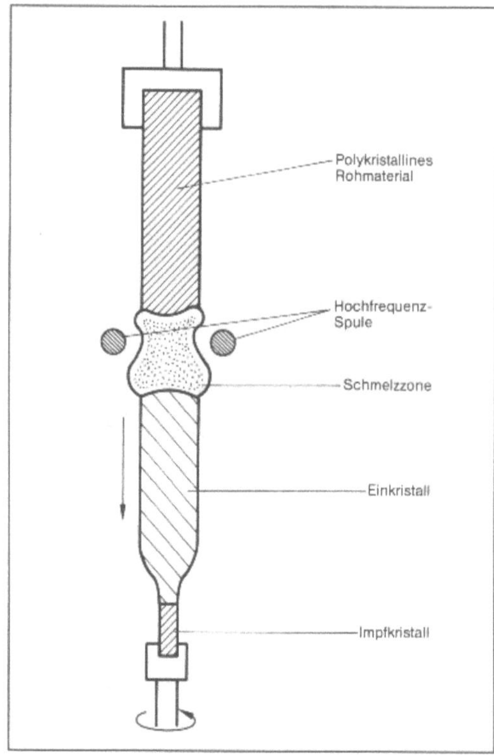

Kristallzüchtung 3: Tiegelfreies Zonenziehen von Siliciumkristallen. Die ganze Anlage befindet sich unter Vakuum, der Kristalldurchmesser beträgt bis zu 15 cm.

aus der Dampfphase sind in der Regel langwieriger als Verfahren, die von der Schmelze ausgehen. Sie werden bevorzugt für das epitaktische Aufwachsen von Kristallschichten eingesetzt, für massive Kristalle nur dann, wenn die Substanzen unterhalb des Schmelzpunkts eine Umwandlung erleiden oder zerfallen, oder wenn die am Schmelzpunkt gewonnenen Kristalle von ungenügender Qualität sind. Letzteres trifft häufig für chemische Verbindungen im Unterschied zu den reinen Elementen zu.

Benutzt man als Lösungsmittel geschmolzene Salze wie z. B. PbO oder B_2O_3, dann spricht man von Schmelzfluß- oder Flux-Verfahren. Granate werden z. B. sowohl als massive Kristalle wie als epitaktische Schichten nach dem Flux-Verfahren gewonnen. Die Löslichkeit mancher Substanzen in Wasser läßt sich durch die Kombination von hohem Druck und hoher Temperatur erhöhen. Mit einem solchen hydrothermalen Verfahren werden z. B. die Quarzkristalle für Quarzuhren hergestellt.

Schließlich können große Kristalle auch durch Rekristallisation gewonnen werden. So lassen sich z. B. Eisenkristalle züchten, die auf anderem Wege wegen der zweifachen Umwandlung des Kristallgitters des Eisens beim Abkühlen aus der Schmelze schwer zu gewinnen sind.   *Hubert*

Literatur: *Gilma, J. J.:* The Art and Science of Growing Crystals. London 1965. – *Pamplin, B. R.:* (Hrsg.). Crystal Growth. Oxford 1975. – *Schildknecht, H.:* Zonenschmelzen. Weinheim 1964. – *Wilke, K.-Th.:* Kristallzüchtung. Berlin 1973.

Kugelfallversuch → Härte

Kugelstrahlen. → Strahlen mit runden oder zumindest gerundeten Strahlmittelkörnern. Dazu werden unterschiedliche Anlagen verwendet:
– Schleuderrandstrahlanlagen, in denen das Strahlmittel in einer oder mehreren Schleuderrad-Einheiten durch Zentrifugalkräfte auf die gewünschte Geschwindigkeit beschleunigt wird.
– Pneumatisch betriebene Druckstrahlanlagen unterschiedlicher Bauarten.

Durch das K. wird die → Randschicht verfestigt, wodurch eine Erhöhung der → Dauerschwingfestigkeit erreicht wird.
→ Oberflächenbehandlung   *Habig*

Literatur: *Kaiser, B.:* VDI-Berichte Nr. 506 (1983) S. 23.

Kunstguß. K. wurde bereits in vorchristlicher Zeit in formvollendeter künstlerischer Ausführung aus → Bronze oder → Edelmetallen, z. B. in China, im Gebiet zwischen Euphrat und Tigris, Ägypten usw. hergestellt, wie die zahlreichen Museumsstücke aus dieser Zeit beweisen. Nachdem man gegen Ende des 14. Jahrhunderts in Europa allgemein verstand, → Eisen zu gießen, wurde dieser damals neue Werkstoff auch für solche Zwecke eingesetzt, für die bisher ausschließlich die teure Bronze verwendet wurde. Von den wenigen erhaltenen Stücken aus der frühen Zeit des Eisengusses ist die Kultfigur des heiligen Leonhard zu erwähnen, dem die dank seiner Hilfe befreiten unschuldig Eingekerkerten ihre Ketten opferten.

Das relativ einfache → Gießen von Plaketten und offenen Reliefen wurde in Deutschland zu Ausgang des 18. Jahrhunderts im sächsischen Hüttenwerk Lauchhammer des Grafen *von Einsiedeln* begonnen. Diese Tradition wurde bis in die Gegenwart von vielen Gießereien, die den K. teilweise nur nebenbei zur industriellen Fertigung betreiben, fortgesetzt. Das schwierigere Gießen von Figuren, teilweise von monumentaler Größe, konzentrierte sich stark auf Berliner Manufakturen, von denen es zur Wende zum 20. Jahrhundert mehr als 20 Großgießereien in und um Berlin gab, die u. a. das Achilles-Denkmal in Korfu und die Frithjofstatue in Norwegen, zwei 12 und 15 m hohe Figuren schufen. Nicht vergessen werden darf darüber vor allem die Erzgießerei Miller in München, aus der das 1850 enthüllte Monument der Bavaria hervorging, das eine Figurenhöhe von 18 m hat.

Figürlicher Großguß aus Bronze ist auch in Deutschland sehr viel älter, wie der 1166 im Auftrag *Heinrichs*, Herzog von Bayern und Sachsen, aufgestellte Braunschweiger Löwe als erster freistehender Hohlguß seit der Antike im Bereich nördlich der Alpen beweist. Erst nach mehr als 800 Jahren mußte das Bildwerk 1980 wegen → Korrosionsschäden überholt werden. Dabei wurden neue, umfassende Kenntnisse über die gießtechnische Herstellung des Löwen gewonnen, dessen Hauptabmessungen 2800 mm lang und 1785 mm hoch sind und dessen Bronzegewicht bei 840 kg liegt. Eindeutig war zu erkennen, daß der Löwe aus einem Guß ist und nicht wie die in der Regel dünnwandiger gegossenen Bildwerke der Antike aus mehreren, für sich gefertigten Einzelteilen zusammengefügt wurde. Man hat es hier mit einer respektheischenden gießtechnischen Leistung zu tun. Nach Abschlagen des Lehmmantels stellte sich heraus, daß der Guß zwar gelungen war, aber einiges nachgebessert werden mußte. Neben kleineren Löchern waren sechs breite, lange Risse zu schließen, was durch partielles Nachgießen und Eintreiben von Bronzepflöcken bewerkstelligt wurde. *Doliwa*

Kunstharz. K. sind Substanzen, denen ein synthetisches → Polymer zu Grunde liegt, im Gegensatz zu natürlichen → Harzen, bei denen ein Naturprodukt die Ausgangsbasis bildet. K. entstehen, indem man Monomere zu Oligomeren, sog. Präpolymeren umsetzt, die dann später in einem zweiten Prozeß mit einem Vernetzer zu hochvernetzten, formstabilen Werkstoffen umgesetzt wird.

Beispiele für K. sind → Epoxidharze, Polyesterharze, Phenol-Formaldehyd-Harze, → Harnstoff-Formaldehyd-Harze, → Melaminharze usw. Ausge-

härtete Harze sind form-, temperatur- und Lösungsmittelstabil. K. werden auch als Duroplaste bezeichnet, da sie nach der → Vernetzung nicht mehr schmelzbar sind und damit ihre äußere Form nicht mehr ändern können. *Finkelmann*

Kunstharz-Preßholz → Lagenholz

Kunstharzbeschichtung → Anstrich

Kunstharzbeton → Kunstharzmörtel

Kunstharzmodell → Modell

Kunstharzmörtel. → Mörtel und → Betone mit polymeren Bindemitteln unterscheiden sich von den üblichen zementgebundenen Betonen in ihren Gebrauchseigenschaften vor allem durch ihre sehr hohe chemische Beständigkeit. Bedeutsam sind auch die wesentlich höhere → Zugfestigkeit, der kleine → Elastizitätsmodul, das Fehlen eines Kapillarporensystems und die sehr rasche Festigkeitsentwicklung. Die Kosten sind hoch. Weitere geläufige Bezeichnungen sind → Reaktionsharzmörtel und → PC (Polymer Concrete).

□ → Härtungsmechanismus: Zum Erreichen besonderer Eigenschaften können Mörtel und Betone statt mit Zementleim mit flüssigen Kunstharzen als → Bindemittel hergestellt werden. Verwendet werden Reaktionsharzsysteme auf der Basis von ungesättigten Polyestern (UP), Epoxidharzen und Methacrylatharzen, die kalthärtend sind, d. h. ohne Temperung oberhalb der Raumtemperatur vollständig aushärten können (DIN 16 945).

Bei → Polyester wird das in reaktionsfähigem Styrol gelöste → Harz durch Zugabe relativ kleiner Mengen (einige Prozent der Masse) eines organischen Peroxids als Härter und eines Beschleunigers zu einem → Duromer vernetzt. Die Eigenschaften bei Verarbeitung und → Härtung sowie nach der → Aushärtung hängen von der Wahl des Härtungssystems ab. Die Verarbeitungszeit läßt sich bei vorgegebenem Härtersystem durch Variation der Menge an Härter und Beschleuniger von rd. 1 min bis rd. 2 h einstellen. Zum Vermeiden zu hoher Erwärmung der Bauteile bei der Erhärtung und dadurch hervorgerufener Eigenspannungen, Verwölbungen und Rißbildungen sollten UP-Betone nur mit der für eine vollständige Aushärtung und die erforderliche Aushärtungsgeschwindigkeit notwendigen Zugabemenge an Härter und Beschleuniger hergestellt werden. Den Zusammenhang zwischen Festigkeitsentwicklung und Härter- und Beschleunigermenge zeigt Bild 1. Die Endfestigkeit ist in weiten Grenzen von der Zusatzmenge unabhängig. Unvollständiges Aushärten, d. h. Vorhandensein von verdampfbarem Reststyrol im erhärteten Beton, hat schlechte Langzeiteigenschaften zur Folge. Ursachen können zu geringe Härter- und Beschleunigerzusätze und zu geringe Aushärtetemperaturen sein. Wegen der äußerst guten →Haftung von UP an den meisten Werkstoffen müssen die benutzten Geräte unmittelbar nach Gebrauch mit Lösemitteln gereinigt werden. Üblich sind Aceton (explosionsgefährlich) und Methylenchlorid (Dichlormethan, gesundheitsschädlich, gute Absaugung erforderlich). Als Schalungstrennmittel sind für den →Zementbeton übliche Schalungsöle ungeeignet. Verwendet werden →Polyvinylalkohol (PVA), Silicone und Hartwachse. Bei Lagerung und Verarbeitung der Einzelkomponenten sind arbeitshygienische und technische Vorsichtsmaßnahmen erforderlich.

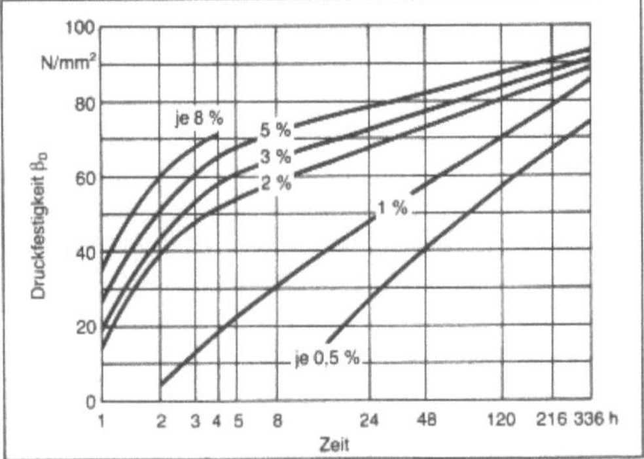

Kunstharzmörtel 1: Druckfestigkeit von UP-Mörtel in Abhängigkeit von der Zeit und der Härter- und Beschleunigermenge.

Beispiel: Cyclohexanonperoxid (CHP) plus Kobaltbeschleuniger zu gleichen Anteilen

Zur Kalthärtung von →Epoxidharzen verwendet man vorwiegend flüssige aliphatische Polyamine und Polyamidoamine. Diese werden als Monomere im Polyadditionsprinzip in das Polymer an festgelegten Stellen eingebaut. Sie müssen aus diesem Grunde in genau dosierter Menge homogen mit dem Grundharz vermischt werden. Eine Mengenvariation zur Steuerung der Erhärtungsgeschwindigkeit ist nicht möglich. Bereits geringe Abweichungen vom chemisch erforderlichen Mischungsverhältnis ergeben technisch unbrauchbare Produkte. Die Härterkomponente bestimmt weitgehend die Verarbeitungs- und Gebrauchseigenschaften. Die Härtung ist je nach Reaktivität bei minimalen Temperaturen zwischen Raumtemperatur und ±0 °C möglich. Im Gegensatz zu den Verhältnissen bei UP-Harzen stören zeitweilig zu niedrige Temperaturen die Erhärtung nicht; sie verzögern sie nur. Nacherhärtungen bei möglichst hohen Temperaturen (→Tempern) verbessern die Langzeiteigenschaften und die →Chemikalienbeständigkeit.

Die Härtung von →Reaktionsharzen auf Acrylsäureesterbasis (PMMA) vollzieht sich über Peroxidhärter (Polymerisationsstarter) zu Thermoplasten oder Duromeren. Dabei wird der pulverförmige Härter entweder einer Lösung von →Polymerisat (PMMA) in zugehörigen Monomeren (Gießharzsystem) oder in Mischung mit Polymerpulver dem flüssigen Monomergemisch (MoPo-System) zugegeben. Als Polymerisationsaktivatoren verwendet man in beiden Fällen tertiäre aliphatische Amine. Während bei dem Gießharzsystem eine relativ genaue Dosierung der Komponenten erforderlich ist, ist das MoPo-System von der Dosierung weitgehend unabhängig. Die Aushärtung der üblichen PMMA-Systeme geschieht innerhalb von rd. 20 min bis 1 h. Minimaltemperaturen von ±0 °C und auch tiefer sind möglich.

□ Verarbeitung: Die Zuschläge für Kunstharzbeton werden nach den gleichen technologischen Grundsätzen wie bei Zementbeton zusammengesetzt. Wegen der hohen Harzkosten muß besonderer Wert auf ein möglichst hohlraumarmes Zuschlaggemisch gelegt werden. Die Korngruppen gibt man daher sehr fein abgestuft zu. Die →Konsistenz regelt man durch geeignete Wahl der Harz-Härter-Viskosität. Fast alle Harze erfordern getrocknete Zuschläge, da bereits die Ausgleichsfeuchte bei normaler Luftfeuchte zu nennenswerten Eigenschaftsverschlechterungen führt. Die Ursachen liegen in chemischen Einflüssen auf die Polymerbildung und in der physikalischen Wirkung von Wasserhüllen um die Zuschläge, die die Haftung des Harzes beeinträchtigen. Eine Silanisierung der Zuschlagoberflächen kann technisch vorteilhaft sein, führt jedoch zu merklich höheren Kosten.

□ Festbetoneigenschaften: Die Festigkeiten von Kunstharzbetonen sind bei Raumtemperatur denjenigen von hochfesten Zementbetonen überlegen. Insbesondere ist die Zugfestigkeit nennenswert höher, ebenfalls die Frühfestigkeit, vor allem bei niedrigen Umgebungstemperaturen (Bild 2). Die Form der Spannungs-Dehnungs-Linien ist der hochfester Zementbetone ähnlich. Die →Bruchdehnung liegt je nach Festigkeit mit 5–10 mm/m höher. Der Elastizitätsmodul ist bei gleicher Zuschlagart etwas kleiner als der hochfesten Zementbetons. Die Kriechzahlen bewegen sich bei Raumtemperatur zwischen $\varphi = 1,5$ und $\varphi = 3,0$ und damit im Bereich des Zementbetons. Bereits bei geringen Temperaturerhöhungen können merklich erhöhte Kriechmaße auftreten, dabei sind das Harzsystem und der Aushärtungsgrad maßgeblich. Die →Zeitstandfestigkeit für zehn Jahre beträgt im Temperaturbereich bis rd. 50 °C etwa 65 % der bei gleicher Temperatur gemessenen Kurzzeitfestigkeit, sofern die Glasübergangstemperatur wenigstens 10 K über der Prüftemperatur liegt. Bei bewehrten Kunstharzbetonen ist zu beachten, daß bereits feinste Risse in der Zugzone zur Stahlkorrosion führen können, da kein alkalischer Schutz wie im Zementbeton vorhanden ist. →Bewehrungsstähle müssen daher nach den Regeln des Stahlbaues korrosionsgeschützt werden oder es sind Bewehrungsstäbe aus glasfaserverstärkten Kunststoffen zu verwenden. Die volumenbezogenen Kosten von Kunstharzbeton betragen etwa das 5- bis 10fache eines hochwertigen Zementbetons.

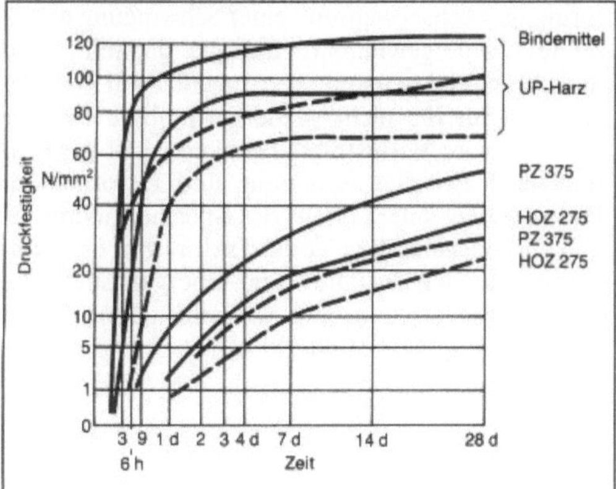

Kunstharzmörtel 2: Druckfestigkeitsentwicklung von Betonen mit unterschiedlichen Bindemitteln.

---- Lagerung bei + 5 °C, —— Lagerung bei + 20 °C, Abszisse und Ordinate im $\sqrt{}$-Maßstab

□ Kunstharzleichtbeton: Tragende und selbsttragende Wand- und Fassadenelemente lassen sich werkmäßig aus Kunstharzschaumstoff mit Zuschlägen aus Blähglas, Blähton oder Blähschiefer herstellen. An die Schaumstoffmatrix werden im wesentlichen folgende Anforderungen gestellt:
– günstiger und beeinflußbarer zeitlicher Ablauf von Schäumvorgang und Erhärtung,
– exothermer Schäumprozeß, regulierbar in Abhängigkeit von der Wärmekapazität der Zuschläge (Vermeiden von zu hohen Eigenspannungen und „Verbrennen" des Harzes),
– niedrige Schaumviskosität, um dichte Zuschlagpackungen einwandfrei zu durchströmen,
– geringe Schalungsdrücke (Schäumdrücke).

Als günstigste Bindemittel haben sich spezielle Polyesterharze erwiesen. Man wendet drei Herstellverfahren an:

□ Beim Mischverfahren werden zunächst die einzelnen Harzkomponenten dosiert und gemischt und dann in einem Betonmischer den Zuschlägen zugegeben. Nach gutem Durchmischen füllt man das formbare, ungeschäumte Zuschlagharzgemisch in die Schalung. Danach schäumt das Harz auf, füllt die Haufwerkporen und erhärtet.

□ Beim Injektionsaufsteigverfahren wird zunächst trockener Zuschlag in die Schalung gegeben. Über Injektionsrohre oder Öffnungen im Schalungsboden bringt man dann das ungeschäumte Harz in das Haufwerk ein.

□ Mit geringster maschineller Ausrüstung läßt sich beim Aufgußverfahren arbeiten. In die mit Zuschlag gefüllte Schalung wird von oben ungeschäumtes Harz gegossen. Dieses läuft bis auf den Schalungsgrund und schäumt dann von unten nach oben die Hohlräume aus.

Die Startzeiten bis zum Beginn des Aufschäumvorganges betragen rd. 5 min, die Entschalfestigkeiten werden nach rd. 1 h erreicht (Bild 3). Die Festigkeiten und Wärmeleitfähigkeiten hängen stark von der Betonrohdichte und damit vor allem von der Zuschlagart ab. Folgende Eigenschaften sind erreichbar:
□ Druckfestigkeit: 6 N/mm²,
□ Biegezugfestigkeit: 1,5 N/mm²,
□ Elastizitätsmodul: 4 500 N/mm²,
□ Feuerwiderstandsklasse: F 30 (F 60).

Sasse

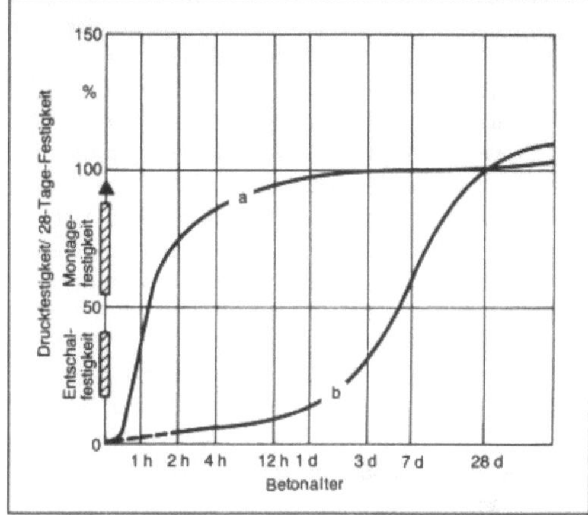

Kunstharzmörtel 3: Druckfestigkeit von Zement- und Hartschaumleichtbeton (normale Mischung) in Abhängigkeit von der Zeit.

a Hartschaumbeton, b Zementbeton, Abszisse im logarithmischen Maßstab

Kunstleder. Der Begriff K. ist in der DIN 16922 wie folgt definiert: Als K. gelten Erzeugnisse . . ., welche dem Verwendungszweck als K. entsprechende z. T. lederähnliche Eigenschaften und/oder Oberflächengestaltung (z. B. Prägung) haben.

Synthetische Leder sind heute meist aus mehreren (zwei oder drei) Schichten aufgebaut. Als Kunststoffe finden verschiedene →Polyurethane, →Polyamide und →Poly(ethylenterephthalat) Verwendung. So besteht z. B. ein Produkt aus einer oberen dampfdurchlässigen Polyurethanschicht, einer mittleren Schicht aus einem Mischgewebe von 95 % Poly(ethylenterephthalat) und 5 % →Baumwolle und einer unteren Schicht aus einem porösen Poly(ethylenterephthalat)-Vlies, das von einem elastomeren Polyurethan-Binder zusammengehalten wird.

Finkelmann

Kunstseide. Als K. bezeichnet man vor allem Endlosfäden aus →Cellulose und →Celluloseacetat (→Cellulosederivat). Anstelle des Begriffes K. wird heute besser der Begriff cellulosische Filamentgarne verwendet.

Das Naturprodukt Cellulose (z. B. Holzzellstoff) wird durch chemische Aufbereitung, z. B. nach dem Viskoseverfahren (Viskoseseide oder auch Rayon, bzw. Reyon) oder durch chemische Modifizierung, z. B. durch polymeranaloge Reaktion von Cellulose mit Acetanhydrid zu Celluloseacetat (Cellulosederivat) (Acetatseide), für die Verarbeitung zu Fäden zugänglich gemacht. Fasern die auf diese Weise aus Naturprodukten erhalten werden bezeichnet man auch als Regeneratfasern, im Vergleich zu Natur- und Synthesefasern.

Finkelmann

Kunststoff. Umfassende Bezeichnung für solche organischen Werkstoffe, die als wesentlichen Bestandteil eine makromolekulare Verbindung (→Polymer), die entweder durch chemische Umwandlung eines makromolekularen Naturstoffes (z. B. →Cellulose; →Naturkautschuk) oder durch Synthese aus niedermolekularen Substanzen hergestellt wurde, enthalten. (Herstellung von Polymeren: →Polyaddition; →Polykondensation und →Polymerisation sowie unter den einzelnen Polymeren. Molekularer Aufbau von Polymeren: →Makromoleküle).

K. finden Verwendung als Formkörper, wie Preß- und Spritzgußmassen bzw. →Halbzeug (Platten, Rohre, Profile), als →Folien, →Membrane, →Fasern; →Schaumstoffe; →Klebstoffe und →Lacke.

Diese Mannigfaltigkeit ihres Einsatzes resultiert aus der relativ leichten Verarbeitbarkeit, den günstigen mechanischen Eigenschaften und ihrer vergleichswiese niedrigen Dichte. Dabei lassen sich Verarbeitbarkeit und mechanische Eigenschaften durch geeignete Zusatzstoffe, wie →Weichmacher, →Stabilisatoren, Gleitmittel und Füllstoffe, günstig beeinflussen.

K. sind in der Regel keine reinen Stoffe, sondern hochentwickelte Substanzgemische.

Nach DIN 7724 (Febr. 1972) werden die K. aufgrund der bei einer bestimmten Frequenz (zwischen 0,1 und 10 Hz) gemessenen Temperaturabhängigkeit des komplexen Schubmoduls G^* und des mechanischen Verlustfaktors d, wie sie im Torsionsschwingungsversuch nach DIN 53 445 bzw. DIN 53 520 ermittelt werden, in vier Gruppen eingeteilt:
– Thermoplaste (Plastomere);
– Elastomere;
– Thermoelaste;
– Duroplaste (Duromere).

Die Verhältnisse beim Torsionsschwingungsversuch lassen sich am bequemsten durch Einführung des komplexen Schubmoduls G^* beschreiben, der mit dem mechanischen Verlustfaktor d wie folgt verknüpft ist:

$$G^* = G' \cdot iG'' = G' (1 + id) \text{ mit } d = G''/G' = \tan \delta$$

Der Realteil G', der ein Maß für die beim Verformungswechsel während einer Schwingung umgesetzte, wiedergewinnbare Energie darstellt, wird Speichermodul genannt. Der Imaginärteil G'', der ein Maß für die nicht wiedergewinnbare Energie darstellt, wird Verlustmodul genannt. δ ist der Phasenwinkel zwischen Spannung und Deformation. Der so gemessene Verlauf des Speichermoduls G' und des mechanischen Verlustfaktors gibt die Temperaturlage der Zustands- und Übergangsbereiche eines Kunststoffes an und bestimmt damit dessen Anwendungsgebiet (Bild 1).

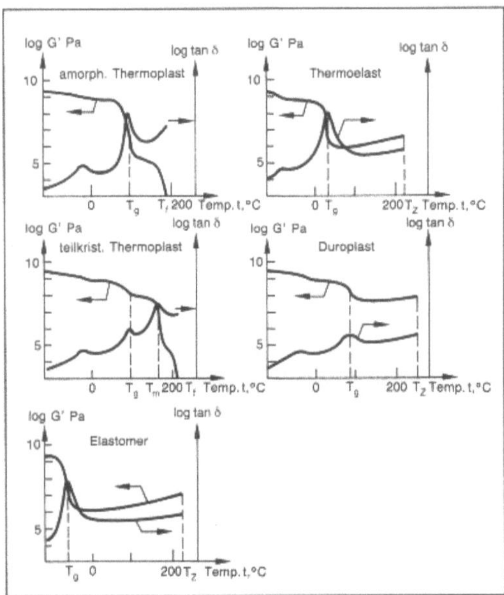

Kunststoff 1: Schematische Darstellung des Verlaufs von Speichermodul G und mechanischem Verlustfaktor d (tan δ) bei Scherung in Abhängigkeit von der Temperatur bei einer Schwingungsfrequenz von 1 Hz für die verschiedenen Kunststoffgruppen.

□ →Thermoplaste (Plastomere) sind bei Raumtemperatur harte bis gummiweiche Stoffe, die schon bei mäßigem Erhitzen plastisch verformbar werden und bei höheren Temperaturen unterhalb ihrer Zersetzungstemperatur viskoses Fließen zeigen. Aufgrund unterschiedlicher Molekülanordnung unterteilt man sie in amorphe und teilkristalline Thermoplaste.

Die linearen oder verzweigten Makromoleküle in amorphen Thermoplasten sind unvernetzt und bilden ineinander verschlungene Knäuel, ohne erkennbare Ordnung. Der Speichermodul liegt bei

Temperaturen unterhalb der dynamisch gemessenen $\rightarrow$ Glastemperatur T_g zwischen 10^9 und 10^{10} Pa. Für den mechanischen Verlustfaktor findet man hier Werte um 0,01. In den sekundären Dispersionsgebieten (kleiner Abfall von G') kann d bis zu maximalen Werten von 0,1 ansteigen. Bei diesen Temperaturen befindet sich der K. im $\rightarrow$ Glaszustand; er verhält sich überwiegend energieelastisch. Die reversible Deformation liegt hier zwischen 0,1 und 1 %.

Auf den Glaszustand folgt zu höheren Temperaturen der Glas-Kautschuk-Übergang. Der Speichermodul fällt in einem Temperaturbereich von etwa 40 K um 3 bis 4 Zehnerpotenzen ab. Der mechanische Verlustfaktor zeigt hier ein steiles Maximum mit Werten zwischen 1 und 4.

Oberhalb des Glas-Kautschuk-Überganges schließt sich der gummielastische Zustand an. Der Temperaturverlauf von G' zeigt ein mehr oder weniger stark ausgeprägtes Plateau mit Werten um 10^5 bis 10^6 Pa. Für den mechanischen Verlustfaktor findet man Werte zwischen 0,03 und 0,3. Die amorphen Thermoplaste zeigen in diesem Gebiet eine große reversible Deformierbarkeit (Dehnung bis mehrere 100 %).

Geht man zu noch höheren Temperaturen über, so beobachtet man viskoses Fließen. Der Speichermodul fällt steil ab, der mechanische Verlustfaktor steigt an.

Teilkristalline Thermoplaste sind dadurch gekennzeichnet, daß sich Teile der Makromoleküle in bestimmter Weise geordnet aneinander lagern. Ihr mechanisches Verhalten unterscheidet sich deutlich von dem amorpher Thermoplaste. Der Temperaturverlauf des Speichermoduls zeigt mehrere Dispersionsstufen, wobei der stärkste Abfall bei der Kristallitschmelztemperatur T_m (Schmelztemperatur) gefunden wird. Der mechanische Verlustfaktor zeigt bei jeder Dispersionsstufe ein Maximum, bei der Glastemperatur mit Werten um 0,1, bei der Kristallitschmelztemperatur mit Werten um 1.

□ $\rightarrow$ Elastomere sind weitmaschig vernetzte Stoffe mit einer Glastemperatur T_g (amorphe, vernetzte Polymere) bzw. einer Kristallitschmelztemperatur T_m (teilkristalline, vernetzte Polymere) unterhalb 0 °C und einem sehr breiten gummielastischen Gebiet, in dem der Speichermodul Werte zwischen 10^5 und 10^7 Pa aufweist und leicht mit der Temperatur ansteigt. Das gummielastische Gebiet erstreckt sich bis zur Zersetzungstemperatur T_z; es existiert kein Fließzustand.

□ Thermoelaste sind ebenfalls weitmaschig vernetzte Stoffe und zeigen ein ausgeprägtes gummielastisches Plateau zwischen der Glastemperatur T_g (amorphe, vernetzte Polymere) bzw. der Kristallitschmelztemperatur T_m (teilkristalline, vernetzte Polymere) und der Zersetzungstemperatur T_z. Sie unterscheiden sich von den Elastomeren durch die Lage der Glas- bzw. Kristallitschmelztemperatur, die bei ihnen oberhalb 0 °C liegt.

□ $\rightarrow$ Duroplaste (Duromere) sind hochvernetzte K., deren Glastemperatur oberhalb 50 °C liegt und die nur als kleine Dispersionsstufe im Verlauf des

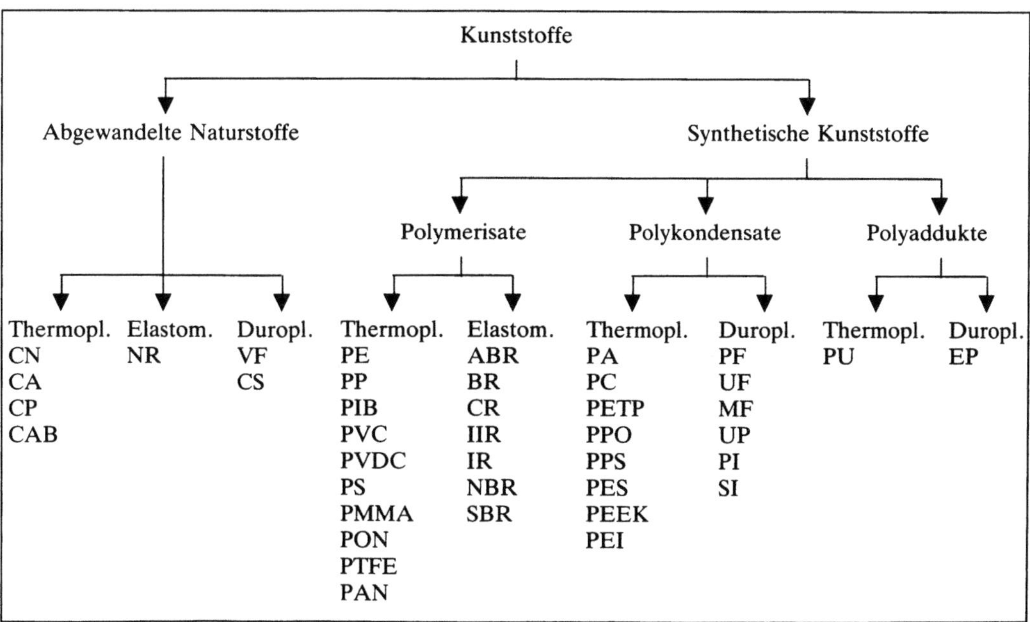

Kunststoff 2: Einteilung der K.

Speichermoduls zu erkennen ist. Auch im Temperaturbereich oberhalb T_g ist der Modul mit Werten über 10^7 Pa hoch. Duroplaste sind allenfalls beschränkt entropieelastisch deformierbar.

Eine weitere Einteilung der K. kann man unter dem Aspekt der unterschiedlichen Bildungsreaktionen der Polymere vornehmen (Bild 2). Man unterscheidet bei den synthetischen Polymeren zwischen Polymerisaten ($\rightarrow$ Polymerisation), Polykondensaten ($\rightarrow$ Polykondensation) und Polyaddukten ($\rightarrow$ Polyaddition).

K. besitzen eine niedrige Dichte; bei Formmassen liegt sie zwischen 0,8 und 2,2 g/cm³, bei Schaumstoffen sogar unterhalb 0,15 g/cm³. Im Verhältnis dazu sind ihre mechanischen Eigenschaften sehr gut. Der Zugfestigkeitsbereich reicht von 10^7 bis 10^9 Pa. Die Elastizitätsmoduli liegen zwischen 10^6 (Weichgummi) und $7 \cdot 10^{10}$ Pa (glasfaserverstärkte Epoxidharze). Thermoplastische und duroplastische K. besitzen im Gebrauchstemperaturbereich E-Moduli in der Größenordnung von 10^9 bis 10^{10} Pa.

Abgesehen von den verstärkten Kunststoffen ist die Verwendung großer, tragender Bauelemente üblicher Konstruktion aus K. unwirtschaftlich. Andererseits aber sind hohe $\rightarrow$ Zähigkeit, geringer $\rightarrow$ Verschleiß, gute $\rightarrow$ Korrosionsbeständigkeit verbunden mit den Möglichkeiten spanlosen Formens Vorteile, die die K. zu geschätzten Werkstoffen für kleine, auch kompliziert gestaltete Formteile machen. Allein die starke Abhängigkeit ihrer mechanischen Eigenschaften von Temperatur und Belastungsdauer, sowie die vergleichsweise niedrigen Fließ- und Zersetzungstemperaturen schränken den Verwendungsbereich ein. Thermoplaste erweichen schon bei Temperaturen um 100 °C, bei höheren Temperaturen zersetzen bzw. entzünden sie sich. Die Brennbarkeit vieler K. kann durch Zusätze, wie Asbest und Antimontrioxid vermindert werden; heute versucht man dieses Ziel durch $\rightarrow$ Copolymerisation mit halogen- und phosphorhaltigen Verbindungen bzw. durch Entwicklung spezieller K. zu erreichen. Eine wesentlich höhere Formbeständigkeit in der Wärme besitzen Polyimide und Leiterpolymere. Durch Einbau von Metallen (Ti, Co u. a.) in die Polymermoleküle erhält man Stoffe, die kurzzeitige Temperaturbelastungen bis 1000 °C aushalten können. Auch die vergleichweise hohen thermischen Ausdehnungskoeffizienten (10^{-5} bis $2 \, 10^{-4}$ K^{-1}) begrenzen den Anwendungsbereich.

K. besitzen weiterhin eine hohe elektrische Isolierfähigkeit, eine geringe Wärmeleitfähigkeit und eine gute Dämmwirkung gegenüber Schall.

Die schon erwähnte leichte Formgebung und wirtschaftliche Verarbeitbarkeit, die ausgezeichnete Oberflächengüte, die gute Färbbarkeit in der Masse, sowie leichtes Bedrucken und Metallisieren machen die K. zu idealen Werkstoffen für die Massenfertigung. *Zahradnik*

Kunststoff. Tabelle: Kurzzeichen für K. nach DIN 7728 (1978; ISO 1043–1978), sowie in der Literatur übliche Abkürzungen:

ABS	*Acrylnitril-Butadien-Styrol-Copolymer*
AFK	*Asbestverstärkter Kunststoff*
AMMA	*Acrylnitril-Methylmethacrylat-Copolymer*
ASA	*Acrylnitril-Styrol-Acrylester-Copolymer*
BFK	*Borfaserverstärkter Kunststoff*
CA	*Celluloseacetat*
CAB	*Celluloseacetobutyrat*
CAP	*Celluloseacetopropionat*
CF	*Kresol-Formaldehyd-Kondensat*
CFK	*Kohlefaserverstärkter Kunststoff*
CN	*Cellulosenitrat*
CP	*Cellulosepropionat*
CSF	*Casein-Formaldehyd-Kondensat*
EC	*Ethylcellulose*
EMMA	*Ethylen-Methacrylsäure-Copolymer*
E/P	*Ethylen-Propylen-Copolymer*
EP	*Epoxidharz*
EP-GF	*Glasfaserverstärktes Epoxidharz*
ETFE	*Ethylen-Tetrafluorethylen-Copolymer*
EVA	*Ethylen-Vinylacetat-Copolymer*
EVAL	*Ethylen-Vinylalkohol-Copolymer*
FEP	*Perfluorethylenpropylen bzw Tetrafluorethylen-Hexafluorpropylen-Copolymer*
GFK	*Glasfaserverstärkter Kunststoff*
LCP	*Liquid crystalline polymers bzw Flüssigkristalline Polymere*
MC	*Methylcellulose*
MF	*Melamin-Formaldehyd-Kondensat*
MFK	*Metallfaserverstärkter Kunststoff*
MPF	*Melamin-Phenol-Formaldehyd-Kondensat*
MWK	*Metallwhiskerverstärkter Kunststoff*
PA	*Polyamide*
PA 6	*Polyamid-6 bzw Polycaprolactam*
PA 66	*Polyamid-66 bzw Polyhexamethylenadipinamid*
PAI	*Polyamidimid*
PAN	*Polyacrylamid*
PB	*Polybuten-1*
PBI	*Polybenzimidazol*
PBTP	*Polybutylenterephthalat*
PC	*Polycarbonat*
PCTFE	*Polychlortrifluorethylen*
PDAP	*Polydiallylphthalat*
PE	*Polyethylen*
PE-C	*Chloriertes Polyethylen*
PE-HD	*Polyethylen hoher Dichte*

Kunststoff. noch Tabelle: Kurzzeichen für K. nach DIN 7728 (1978; ISO 1043–1978), sowie in der Literatur übliche Abkürzungen:

PE-HMW	*Polyethylen hoher Dichte und hoher Molmasse*
PE-LD	*Polyethylen niederer Dichte*
PE-LLD	*Polyethylen linearer Struktur und niederer Dichte*
PE-MD	*Polyethylen mittlerer Dichte*
PE-UHMW	*Polyethylen hoher Dichte und ultrahoher Molmasse*
PEEK	*Polyetheretherketon*
PEI	*Polyetherimid*
PEK	*Polyetherketon*
PES	*Polyethersulfon*
PETP	*Polyethylenterephthalat*
PF	*Phenol-Formaldehyd-Kondensat*
PI	*Polyimide*
PIB	*Polyisobutylen*
PMI	*Polymethacrylimid*
PMMA	*Polymethylmethacrylat*
PMP	*Poly-4-methylpenten-1*
PMS	*Poly-α-methylstyrol*
POM	*Polyoxymethylen, Polyformaldehyd*
PP	*Polypropylen*
PP-C	*Chloriertes Polypropylen*
PPO	*Polyphenylenoxyd*
PPS	*Polyphenylensulfid*
PS	*Polystyrol*
PSU	*Polysulfon*
PTFE	*Polytetrafluorethylen*
PUR	*Polyurethane*
PVAC	*Polyvinylacetat*
PVAL	*Polyvinylalkohol*
PVB	*Polyvinylbutyral*
PVC	*Polyvinylchlorid*
PVC-C	*Chloriertes Polyvinylchlorid*
PVC-P	*Weichmacherhaltiges PVC; Weich-PVC*
PVC-U	*Weichmacherfreies PVC; Hart-PVC*
PVDC	*Polyvinylidenchlorid*
PVDF	*Polyvinylidenfluorid*
PVF	*Polyvinylfluorid*
PVK	*Polyvinylcarbazol*
PVP	*Polyvinylpyrrolidon*
SAN	*Styrol-Acrylnitril-Copolymer*
SB	*Styrol-Butadien-Copolymer*
SFK	*Synthesefaserverstärkter Kunststoff*
SI	*Silicone*
SP	*Gesättigte Polyester*
UF	*Harnstoff-Formaldehyd-Kondensat*
UP	*Ungesättigte Polyester*
VC/E	*Vinylchlorid-Ethylen-Copolymer*
VC/VDC	*Vinylchlorid-Vinylidenchlorid-Copolymer*
VF	*Vulkanfiber*

Kunststoff, flammhemmend. Darunter werden nach DIN 4102 schwer entflammbare Kunststoffe verstanden. Um einen Kunststoff schwer entflammbar auszurüsten, werden bestimmte Zusatzstoffe, wie Halogen-, Phosphor-, Bor- oder Stickstoffverbindungen, zugemischt. Eine Reihe von Kunststoffen ist auch ohne Ausrüstung selbstverlöschend, d. h. brennen nach Entfernen der Zündquelle nicht weiter, nämlich Pheno- und →Aminoplaste, →Polyvinylchlorid, →Polytetrafluorethylen und →Silicone, um nur einige zu nennen. Besonders im Flugzeug- und im Automobilbau, aber auch bei Baustoffen und Isoliermaterialien werden hohe Forderungen an brandwidriges Verhalten der einzusetzenden Kunststoffe gestellt. *Zahradnik*

Kunststoff, geschäumt →Schaumkunststoff

Kunststoff, glasfaserverstärkter. Ähnlich wie die Stahlbewehrung im Beton erhöht die Einlagerung von Fasern, deren →Festigkeit und →Elastizitätsmodul größer als die der Matrix sind, die Tragfähigkeit und →Steifigkeit von Kunststoffbauteilen (Bild 1). Obwohl zahlreiche →Kunststoffe und Fasermaterialien denkbar sind und auch für die unterschiedlichen Anwendungsbereiche eingesetzt werden, haben im Bauwesen wegen der zu stellenden Anforderungen und aus wirtschaftlichen Gründen fast ausschließlich glasfaserverstärkte Polyesterharze Bedeutung. Der Verbundbaustoff g. K. (GFK) wird dabei anders als der Verbundbaustoff Stahlbeton i. d. R. als quasihomogener Stoff angesehen. Außer der Erhöhung der Festigkeit und des Elastizitätsmoduls bewirken die Fasern auch eine Herabsetzung des Schrumpfens, des →Kriechens, der Temperaturempfindlichkeit und der Brennbarkeit. Auf einer Reihe von Spezialgebieten haben Serienbauteile aus fabrikmäßig hergestelltem GFK einen festen Marktanteil, z. B. platten- und schalenförmi-

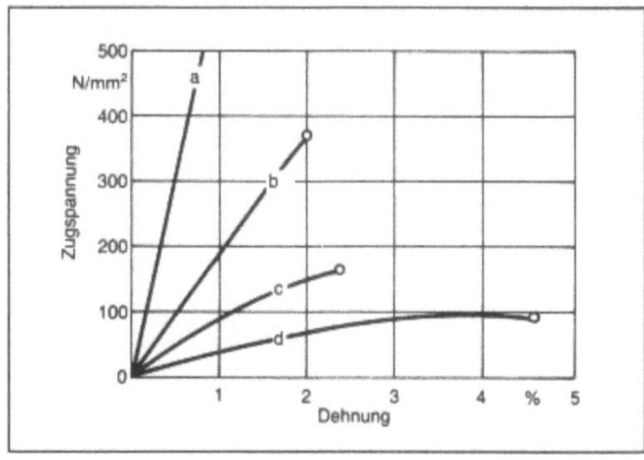

Kunststoff, glasfaserverstärkter 1: Spannungs-Dehnungs-Linien von Glasfaserpolyesterharz.

a Glasfaser β_Z = 1 500 N/mm², b Polyesterharz mit 60 % Glasfasergewebe, c Polyesterharz mit 40 % Glasfasermatte, d Polyesterharz

ge Dachkonstruktionen, Lichtwände und Kuppeln, Fassadenelemente, Silos, Flüssigkeitsbehälter, Tanks, Großrohre, Abgaskamine, Kühltürme, Schwimmbecken, Betonschalungen, große Verkehrszeichen, Licht- und Fahnenmaste, Gewächshäuser, Radome. Darüber hinaus gibt es zahlreiche gestalterisch und ingenieurmäßig anspruchsvolle Einzelbauwerke.

GFK-Bauteile enthalten je nach Erfordernissen und Herstellverfahren rd. 20–70 % (auf die Masse bezogen, d. s. 10–55 % volumenbezogen) Textilglasfasern. Diese werden als 5–15 µm dicke Filamentfäden aus der Schmelze alkaliarmer Borsilikatgläser gezogen. Man faßt 100–200 Fäden zu Spinnfäden zusammen, rd. 60 von diesen wiederum zu einem Glasfaserstrang (Roving). Auf Grund des wesentlich größeren Fadendurchmessers und der fehlenden Spaltbarkeit ist Textilglas im Gegensatz zu Asbest weder bei der Herstellung noch bei der Verarbeitung biologisch kritisch. Zur Verbesserung der → Haftung zwischen Glas und Kunstharzmatrix werden die Fasern mit einem Haftvermittler (meist auf Silanbasis) vorbehandelt. → Glasfasern verwendet man zur Herstellung von GFK in folgenden Formen:
– Rovings (auch flächenhaft mit wenigen Querfäden als Unidirektionalgewebe),
– Glasseidenmatten (ungerichtete Kurzfasern),
– Glasseidengewebe (in verschiedenen Gewebebindungsarten).

Je nach der Orientierung der Fasern zur Beanspruchungsrichtung ergeben sich in der Laminatebene anisotrope Festigkeiten und Verformungskennwerte. Zur Verstärkung oberflächennaher Feinschichten (Gelcoatschichten) werden Vliese (sehr dünne Glasfasermatten) verwendet, die aus Kunststoffasern bestehen können. Diese Schichten sollen bewirken, daß durch eine bestimmte „Harzüberdeckung" der Glasfasern (rd. 0,3–0,6 mm) das →Laminat gegen Feuchtigkeitsaufnahme entlang der Fasern und daraus resultierenden Verlust an Haftung geschützt wird. Gegenüber faserfreien Gelcoatschichten ergeben sich qualitative und verfahrenstechnische Verbesserungen.

□ Herstellverfahren. Die Herstelltechnologie für GFK ist eng mit der Größe und Geometrie der herzustellenden Bauteile und der Stückzahl verknüpft. Die für das Bauwesen wichtigsten Verfahren werden im folgenden erläutert.
– Handlaminieren. Als Schalung werden unbeheizte, offene „Werkzeuge", z. B. Holzformen verwendet, auf die man zunächst die Gelcoatschicht und dann mit dem Pinsel Flüssigharz aufträgt. In dieses werden die Fasermatten und/oder -gewebe eingelegt und mit Handrollen eingearbeitet (Bild 2). Der erreichbare Glasanteil liegt massebezogen bei 35–40 %. Die Bauteiloberfläche ist nur auf der Werkzeugseite glatt. Es können fast beliebig ge-

formte und große Bauteile hergestellt werden. Da der Geräteaufwand sehr gering, die Arbeitskosten aber sehr hoch sind, eignet sich das Verfahren vorzugsweise für Einzelanfertigungen oder kleine Stückzahlen.

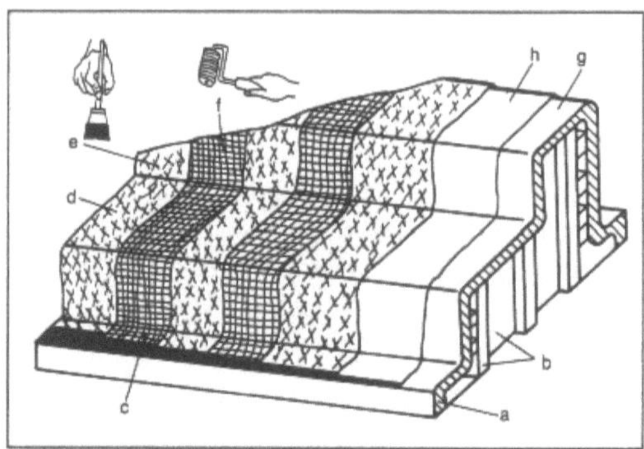

Kunststoff, glasfaserverstärkter 2: Handlaminieren.

a Werkzeug, b Werkzeugaussteifung, c Glasseidengewebe, d Glasseidenmatte, e Auftragen mit Pinsel, f Verdichten mit Rolle, g Trennmittel, h Feinschicht

– Faser-Harz-Spritzen. Das Verfahren ist weitgehend mit dem Handlaminieren identisch. Der wesentliche Unterschied besteht darin, daß die → Glasfaser in Form geschnittener Rovingstücke gemeinsam mit dem → Harz aus einer Düse gegen die Form gespritzt wird. Schichtdicke und Glasgehalt sind unvermeidlichen Schwankungen unterworfen. Wegen der Teilmechanisierung lassen sich auch mittlere Stückzahlen wirtschaftlich herstellen.
– Vakuum- bzw. Niederdruckverfahren. Zwischen einer Unter- und Oberform werden die Verstärkungen trocken eingelegt. Das Harz wird mit niedrigem Druck eingepreßt und mittels Vakuum entlüftet. Die Formen sind meist beheizbar, so daß kurze Taktzeiten möglich sind. Es sind zwar große, aber nur geometrische einfache Formen möglich.
– Preßverfahren. Bis auf die Harzzugabe ist das Verfahren mechanisiert. Bei Verwendung vorimprägnierter Verstärkungen (→ Prepregs) erfordert es hohe Pressenkräfte. Mittelgroße, geometrisch einfache Bauteile, z. B. Kellerlichtschächte, können in guter Qualität in kurzen Taktzeiten produziert werden.
– Ziehverfahren. Hergestellt werden in kontinuierlichem Arbeitsgang ebene oder gewellte Platten sowie Profile aller Art. Bei Rovingverstärkung lassen sich in Längsrichtung sehr hohe Glasgehalte erreichen (massebezogen bis 70 %).
– Schleuderverfahren. Das Verfahren zur Rohrherstellung in einer rotierenden Trommel ähnelt dem zur Herstellung von Schleuderbetonrohren. Üblich sind Rohrdmr. zwischen 50 und 2 000 mm.
– Wickelverfahren. Auf einem rotierenden → Kern (horizontal bis rd. 3 m Durchmesser, stehend bis rd. 10 m) wickelt man zur Herstellung von Rohren und

Silos lagenweise harzgetränkte Rovings, Matten oder Gewebe auf. Silos großen Durchmessers mit Fassungsvermögen bis 1 000 m³ können vor Ort aus transportfähigen Einzelschüssen zusammengeklebt (laminiert) werden (Bild 3).

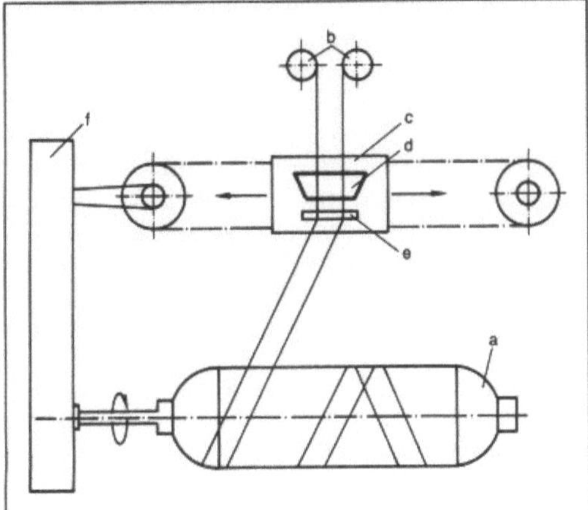

Kunststoff, glasfaserverstärkter 3: Wickelverfahren (Biaxiales Wickeln).

a Kern, b Spule, c Support, d Tränkbad, e Fadenführung, f Antriebseinheit

☐ Eigenschaften. Die Entscheidung, ob eine bestimmte Bauaufgabe unter Anwendung faserverstärkter Kunststoffe gelöst werden soll, ist meist eine Kostenfrage. Von großer Bedeutung dabei ist, daß die Vor- und Nachteile der in Betracht kommenden Baustoffe in ein geschlossenes Konzept der konstruktiven Ausbildung, Herstellung und Montage eingebracht werden. Diese Optimierungsarbeit ist wegen der großen Bandbreite der von zahlreichen Parametern abhängigen Kunststoffeigenschaften schwierig. Generell sind die folgenden Eigenschaften von GFK als günstig anzusehen:
– geringes festigkeitsbezogenes Eigengewicht,
– hohe Festigkeit, verbunden mit der einfachen Möglichkeit, eine den Beanspruchungen entsprechende anisotrope Verstärkung zu verwirklichen,
– große Freizügigkeit in der Formgebung,
– sehr gute → Korrosionsbeständigkeit, vor allem auch bei Säureangriff,
– in Sonderfällen: hohe innere Dämpfung, Transluzenz, elektromagnetische Durchlässigkeit.

Die zu beachtenden Nachteile gegenüber herkömmlichen Baustoffen liegen vor allem in
– den relativ kleinen Elastizitätsmoduln,
– der Temperaturabhängigkeit der mechanischen Kennwerte,
– dem noch nicht ganz sicher vorhersehbaren → Alterungsverhalten,
– dem ungünstigen → Brandverhalten (in Sonderfällen).

Die Angabe üblicher definierter Zahlenwerte der mechanischen Eigenschaften von Kunststoffen für den entwerfenden Ingenieur ist wegen der komplexen Zusammenhänge zwischen → Spannung, → Verformung, Temperatur und Zeit nicht möglich. Im Falle der faserverstärkten Kunststoffe kommt als weitere Variable der Fasergehalt hinzu. Tabellenwerke sind wegen der notwendigerweise breiten Streubereiche nur für Überschlagsrechnungen brauchbar. In Bild 4 ist die Abhängigkeit der Spannungs-Dehnungs-Linie im → Kurzzeitversuch vom Glasgehalt dargestellt. Die Kurven weisen jeweils zwei schwach ausgeprägte Knickpunkte auf. Bei Dehnungen von rd. 0,5 % wird die → Zugfestigkeit des Harzes überschritten: Es treten Mikrorisse in der Matrix auf. (Ein gleichartiges Verhalten wird bei Stahlbetonbauteilen bei Überschreiten der Betonzugfestigkeit beobachtet.) Bei rd. 70–80 % der Zugfestigkeit reißen die ersten, zufällig hoch belasteten oder Schwachstellen aufweisenden Fasern. Bei Glasgehalten oberhalb rd. 40 % massebezogen (rd. 25 % volumenbezogen) ist die Krümmung der Spannungs-Dehnungs-Linie nur sehr gering. Das → Bruchverhalten ist weitgehend spröde; es wird überwiegend von der Glaskomponente bestimmt. *Sasse*

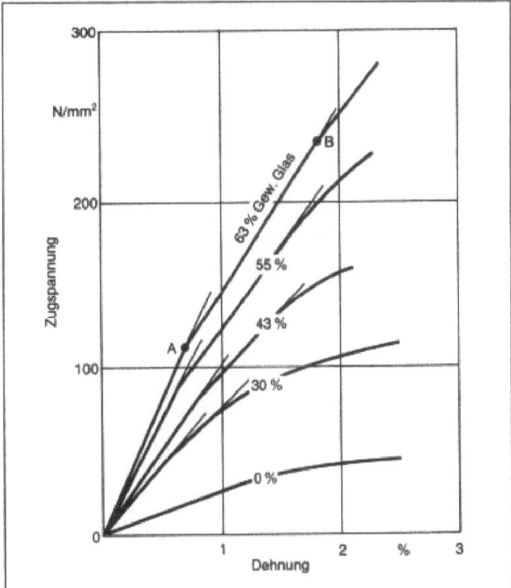

Kunststoff, glasfaserverstärkter 4: Spannungs-Dehnungs-Linien bei unterschiedlichem Glasgehalt.

A Harzfestigkeit überschritten, B erste Fäden reißen

Kunststoff, verstärkter. (*engl.:* reinforced plastics) Darunter versteht man sog. → Verbundwerkstoffe, die aus einem polymeren Matrixmaterial und anorganischen oder organischen, meist faser-, aber auch teilchenförmigen Verstärkungsstoffen (*engl.:* reinforcements) aufgebaut sind.

575

Zur Anwendung kommen im wesentlichen zwei Gruppen:
- Thermoplastische Verbundwerkstoffe
- Duroplastische Verbundwerkstoffe

Unberücksichtigt bleiben in diesem Zusammenhang verstärkte Elastomere, wie etwa Autoreifen und Transportbänder, sowie verstärkte Formaldehyd-Kondensate (→ Phenoplaste, → Aminoplaste).

Der wesentliche Unterschied zwischen den beiden genannten Gruppen besteht in ihrer Verarbeitbarkeit, bedingt durch ihren verschiedenartigen chemischen Aufbau (→ Thermoplaste, → Duroplaste) und in ihrer Anwendung.

Thermoplastische Kunststoffe werden in der Regel im geschmolzenen Zustand mit den Verstärkungsstoffen gemischt, granuliert und dann über z. B. Spritzguß oder → Extrusion, formgebend verarbeitet. Die Mischung aus Thermoplast und Verstärkungsstoff geschieht üblicherweise beim Thermoplast-Hersteller. Zur Herstellung duroplastischer Verbundwerkstoffe, die erst beim Verarbeiter geschieht, müssen die Verstärkungsmaterialien, z. B. Glasmatten, in der gewünschten Form ausgelegt, mit dem noch unvernetzten, niedrigviskosen → Harz getränkt und anschließend gehärtet werden.

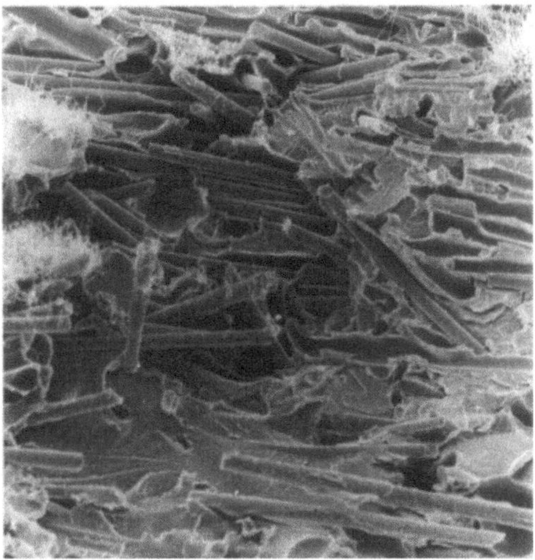

Kunststoff, verstärkter 1: Rasterelektronenmikroskopische Aufnahme der Bruchfläche einer mit 30 % Glasfaser verstärkten Polyethersulfon-Probe, hergestellt im Spritzgußverfahren. (Quelle: Verfasser)

□ Thermoplastische Verbundsysteme.

Thermoplastische Kunststoffe werden mit mineralischen Stoffen, wie Kreide, Talkum, Glimmer etc., in Anteilen auch über 50 % gefüllt. Diese Verstärkungsstoffe erhöhen z. B. bei → Polypropylen und → Polyamiden die → Steifigkeit, → Härte und Dimensionsstabilität, erniedrigen aber in der Regel die Schlagzähigkeit der so verstärkten Materialien gegenüber den reinen Thermoplasten.

Besonders Spritzgußmassen technischer Thermoplaste werden üblicherweise zur Erhöhung der → Festigkeit, der Moduli, der Wärmestandfestigkeit und der Dimensionsstabilität mit 25 bis 45 % Glas-Kurzfasern gefüllt. Die Länge dieser Fasern liegt bei etwa 0,5 mm, ihre Dicke beträgt 5 bis 15 µm. Zur → Faserherstellung wird größtenteils sog. E-Glas eingesetzt, das ursprünglich zur Verwendung als Elektroisolationsglas vorgesehen war. Dieses Borsilikatglas ist weitgehend alkalifrei und weist gute chemische Beständigkeit auf. Für spezielle Anwendungen wird auch S-Glas, ein mechanisch hochfester Typ benutzt.

In der Anwendung sind weiterhin mit Glas-Langfasern gefüllte Thermoplaste, die durch Ummanteln von Glasfaser-Rovings (Faserbündel aus 100 bis 250 Elementarfäden) hergestellt werden (Pultrusionsverfahren). Dieses so kontinuierlich hergestellte → Halbzeug wird auf eine Länge von 10–12 mm zerschnitten und zu Formteilen verarbeitet. Die Faserrestlänge im Fertigteil beträgt danach ca. 5–7 mm. Die mechanischen Eigenschaften solcher Fertigteile sind deutlich besser als die von mit Kurzglasfaser gefüllten Teilen.

Noch höhere Festigkeiten lassen sich bei Verwendung von Carbonfasern als Verstärkungsstoffe erreichen. Allerdings steht einer breiten Anwendung solcher Verbundsysteme der hohe Preis für C-Fasern entgegen. Nur ganz spezielle Produkte, wie etwa schnellaufende Maschinenteile, Bremsscheiben, Sportgeräte, Flugzeugteile etc., werden aus → Carbonfaser verstärkten Thermoplasten hergestellt, wobei diese Teile weniger schlagzäh sind als mit → Glasfaser verstärkte Teile. Diesem Nachteil kann durch kombinierte Verstärkung mit Carbon- und Glasfasern (Hybrid-Verstärkung) begegnet werden.

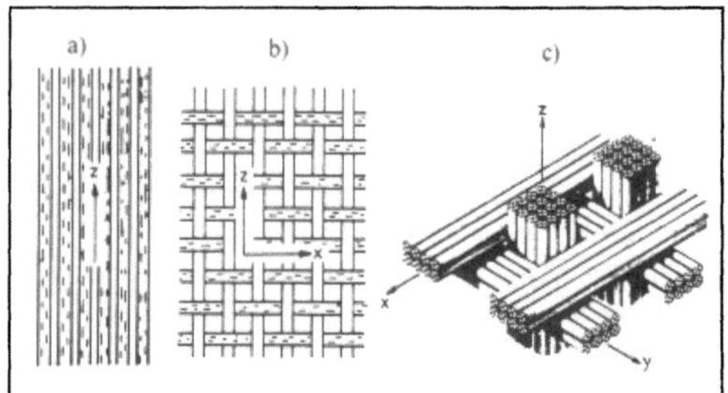

Kunststoff, verstärkter 2: Mögliche Faseranordnungen in Verbundsystemen: a) unidirektionale, b) bidirektionale, c) tridirektionale Faseranordnung. Multidirektionale Anordnung ergibt sich bei Übereinanderlegen mehrerer bidirektionalen Schichten in unterschiedlicher Orientierung.

Neben den genannten Faserstoffen kommen auch Glasmatten bzw. -gewebe als Verstärkungsstoffe zur Anwendung. Bei der Herstellung glasmattenverstärkter Thermoplaste (GMT) wird üblicherweise die Extruderbeschichtung oder das Zusammenlaminieren von Glasmatten und Thermoplastfolien in heizbaren Pressen angewandt. Die Pulverbeschichtung wird bei Glasgeweben, Geweben und Filamenten aus Carbon- oder Aramidfasern in zunehmendem Maße ausgeführt. Auf diese Weise werden thermoplastische → Prepregs erhalten, die beliebig lange gelagert werden können, einfach zu verarbeiten („organisches Blech") und anwendungstechnisch den duroplastischen Verbundsystemen, z. B. in Hinblick auf Recycling, überlegen sind.

Gegenüber den mit Kurzglasfasern verstärkten Thermoplasten weisen GM-Thermoplastteile höhere Festigkeitswerte, aber insbesondere höhere Schlagbiege-, Kerbschlag- und Stoßzähigkeiten auf.

Eigenschaften und Anwendungen thermoplastischer Verbundsystem: Die Verstärkung mit faserund flächenförmigen Verstärkungsstoffen wird in erster Linie angewandt um die Festigkeitseigenschaften und die Dimensionsstabilität von thermoplastischen Kunststoffen zu verbessern, sowie deren vielfach stark ausgeprägte Kriechneigung zu verringern. Bei teilkristallinen Thermoplasten wird durch die Verstärkung weiterhin die Wärmeformbeständigkeit erhöht; bei amorphen Thermoplasten ergibt sich dagegen keine oder nur eine geringe Erhöhung der Gebrauchstemperatur. Im allgemeinen nimmt bei Einsatz von Kurzfasern die Schlagzähigkeit ab, lediglich Langfasern bzw. Gewebe erhöhen die → Zähigkeit. Durch das Zumischen von Fasern wird die Verarbeitung der thermoplastischen Massen durch Erhöhung der Schmelzviskosität erschwert. Als weiterer Vorteil ist die bei vielen Thermoplasten zu beobachtende Abnahme des Schrumpfens gefüllter Formteile anzusehen (Tabelle 1, 2).

Verstärkte Thermoplaste finden vorwiegend als technische Bauteile Anwendung im Automobil-, Flugzeug- und Apparatebau. Einige ausgewählte Beispiele:

Stoßfänger und andere großflächige Karosserieteile im Automobilbau (Polypropylen); selbsttragende Armaturenbretter (ABS); Lagerkäfige, Antriebs- und Getriebeelemente, Laufrollen (Polyamide, Polysulfone, Polyetherimid); Laufrollen, Transportketten, Lüfterräder, Schiffschrauben, hochfeste Mauerdübel (Polyamide); Ausstattungsteile für Flugzeuginnenteile (→ Polyethersulfon, Polyetherimid); Kamera- und Projektorengehäuse (SAN); UV-durchlässige Lichtdach-Konstruktionen (mod. Ethylentetrafluorethylencopolymer ETFE).
□ Duroplastische Verbundsysteme.

Diese Werkstoffgruppe besitzt gegenüber den thermoplastischen Verbundsystemen die größere technische Bedeutung.

Als Matrixmaterialien kommen hier Duroplaste (Duromere) zum Einsatz, die entweder durch eine radikalische → Polymerisation, wie z. B. ungesättigte Polyesterharze, Phenacrylatharze (Vinylesterharze) und Polydiallylphthalatharze, oder durch → Polykondensation bzw. → Polyaddition gehärtet werden. Beispiele für die letztgenannte Klasse sind → Epoxidharze, → Phenolharze und → Polyimidharze. Der Vorteil der Polymerisationsharze liegt in deren kürzerer Härtungszeit. Auf der anderen Seite besitzen die Additions-/Kondensationsharze bessere mechanische und thermische Eigenschaften. Das am häufigsten eingesetzte Matrixmaterial sind ungesättigte Polyesterharze. Für hochgradig mechanisch und thermisch beanspruchte Verbunde werden Epoxidharze und in zunehmendem Maße auch Polyimidharze verwendet. Sie zeichnen sich gegenüber den Polyesterharzen auch durch größere chemische Beständigkeit aus.
– Verstärkungsfasern.

Faserförmige Materialien sind die am häufigsten angewandten Verstärkungsstoffe und bestimmen in hohem Maße die mechanischen Eigenschaften, wie Festigkeit und Steifigkeit eines Verbundsystems. Hauptanforderung an technisch verwendbare Fasern sind maximale mechanische Eigenschaften bei geringster Dichte. Aus diesem Grund kommen nur leichte Elemente, wie Beryllium, → Bor, → Kohlenstoff, → Stickstoff, Sauerstoff, → Aluminium und → Silicium als Faserrohstoffe in Frage. Dabei werden Bor und Kohlenstoff als reine Elemente zu Fasern verarbeitet. Alle anderen Fasern bestehen aus Verbindungen der genannten Elemente. Zu unterscheiden ist zwischen anorganischen und organischen Fasern. Die erstgenannte Gruppe umfaßt Bor-, Kohlenstoff-, Glas- und Siliciumcarbidfasern. Polyethylen- und Kevlar-Fasern sind organische Fasern, die als einzige technische Bedeutung unter den zahlreichen Polymerfaserstoffen erlangt haben.
– → Glasfasern.

Sie besitzen die größte Bedeutung als faserförmiges Verstärkungsmaterial, was einmal auf die einfache und kostengünstige Herstellung und zum anderen auf die gute Eigenschaftskombination von relativ hoher bis höchster Festigkeit, aber geringer Steifigkeit bei großer → Bruchdehnung zurückzuführen ist.

Die hauptsächlich nach dem → Schmelzspinnverfahren hergestellten Fasern besitzen aufgrund der amorphen molekularen Struktur (Netzwerk kovalent gebundener Sauerstoff- und Siliciumatome) isotrope Eigenschaften. Üblicherweise wird sog. E-Glas, für Spezialanwendungen auch S-Glas benutzt. Zur Anwendung in duroplastischen Verbundsystemen kommen Glasfasern als unidirektionale Fasergelege, als bi- und multidirektionale Gewebe (Ge-

Kunststoff, verstärkter. Tabelle 1: Typische Eigenschaftswerte von ungefülltem, gefülltem und verstärktem Polypropylen

Eigenschaft	Einheit	DIN-Norm	Homo-PP ungefüllt	40 % Talkum	30 % Glas-F
Dichte	g/cm^3	53 479	0,89–0,91	1,23	1,14
Zugfestigkeit	MPa	53 455	22–42 [1])	32	40
Reißdehnung	%	53 455	10–800	8	5
Zug-E-Modul	GPa	53 457	0,95–2,43	5,4	3,8
Biegefestigkeit	MPa	53 452	26–41	55	60
Schlagzähigkeit	kJ/m^2	53 453	o. B.	17	15
Kerbschlagzähigkeit	kJ/m^2	53 453	2,5–17	4	6

[1]) Streckspannung

Kunststoff, verstärkter. Tabelle 2: Vergleich der Eigenschaftswerte unverstärkter und verstärkter Thermoplaste

	Dichte g/cm^3	Zugfestigkeit MPa	Zug-E-Modul GPa	Reißdehnung %
Polyamid	1,12	65 [1])	2,0	50—200
PA-66 30 % GF	1,4	170	9	3
Polyoxymethylen	1,4	70 [1])	3	70
POM 30 % GF	1,58	125	12	3
Stryrol-Acrylnitril-Copoly.	1,08	76	3,8	4
SAN 35 % GF	1,36	110	11	2
Acrylnitril-Butadien-Styrol	1,04	45	2,3	12
ABS 35 % GF	1,19	83	6	2
Ethylen-Tetrafluorethylen	1,7	41	1	400
ETFE 25 % GF	1,86	84	8,4	9
Polycarbonat	1,2	68	2,3	110
PC 40 % GF	1,52	148	10	3
Polybutylenterephthalat	1,3	50	2,6	140
PBT 35 % GF	1,71	150	17	2,5
flüssigkrist. Polyester	1,4	186	9	5
LCP 30 % GF	1,5	240	37	1
Polyethersulfon	1,36	84 [1])	3,2	25
PES 30 % GF	1,60	145	11	3
Polyetherimid	1,27	105 [1])	3	44
PEI 30 % GF	1,51	160	9	3

[1]) Streckspannung

webematten, Geflechte bzw. dreidimensionale Gewirke) oder multidirektionale Gelege durch → Wickeln von Faserbündeln in unterschiedlicher Ausrichtung. Daneben kommen auch mehr oder weniger stark verfilzte („genadelte") Matten aus Glaswolle, sog. Faservliese, zum Einsatz. Allerdings besitzen aus Vliesen aufgebaute Verbunde nur geringe Festigkeiten und werden deshalb nur zu wenig belastbaren Teilen verarbeitet.

– → Kohlenstoffasern (Carbonfaser).

Sie sind wesentlich teurer in der Herstellung als Glasfasern dafür aber ausgezeichnet durch hohe Festigkeit, größte Steifigkeit bei sehr geringer Bruchdehnung. Die herausragenden Eigenschaften dieser Fasern werden allerdings nur in Richtung parallel zur Faserachse beobachtet, quer dazu ist z. B. die Steifigkeit wesentlich niedriger. Bemerkenswert ist der negative Wärmeausdehnungskoeffizient in Faserrichtung. Dies wird ausgenützt bei der Herstellung von Formteilen, die aufgrund geeignet ausgerichteter Faserlagen über einen weiten Temperaturbereich keine thermische → Verformung zeigen. Kohlenstoffasern werden entweder als unidirektionale Fasergelege oder als multidirektionale Gewebe bzw. Gewirke in Verbundsysteme eingearbeitet. Vliese werden unter Ausnutzung der guten elektrischen Leitfähigkeit von C-Fasern für elektrotechnische Anwendungen eingesetzt.

– → Aramidfasern.

Darunter werden synthetische Fasern verstanden, in welchen die faserformende Substanz ein hochmolekulares → Polyamid ist, wobei mindestens 85 % der Amidgruppen zwischen zwei aromatischen Ringen gebunden sind. Die Herstellung geschieht durch Lösungsspinnen und Recken der verfestigten Faser, wodurch die Molekülketten in Faserrichtung orientiert werden und kristalline Strukturen ausbilden. Aramidfasern besitzen eine niedrigere Dichte als Glas- bzw. Kohlenstoffasern, eine höhere Festigkeit und Steifigkeit als Glasfasern und einen größeren negativen Ausdehnungskoeffizienten als Kohlenstoffasern. Hervorzuheben ist die gute Schlagzähigkeit von Verbundsystemen mit Aramidfasern, die diese für Bauteile geeignet macht, die stoßartigen Belastungen unterworfen sind.

Hauptsächlich angewandt werden Aramidfasern als Garne für unidirektionale Gelege und in Mattenform als multidirektionale Gewebe bzw. Gewirke.
– Polyethylenfasern (Polyolefine).

Fasern aus ultrahochmolekularen Polyethylen (UHMPE) werden in einem speziellen Verfahren (Lösungsspinnen) so hergestellt, daß die Molekülketten sich nicht wie normalerweise unter → Kettenfaltung in Kristalliten anordnen, sondern nahezu vollkommen gestreckt und in Faserrichtung orientiert werden. Dadurch werden Fasern erhalten mit hoher Festigkeit und Steifigkeit, bei sehr geringer Dichte. Der Einsatz dieser Fasern aus hochverstrecktem Polyethylen ist allerdings durch die niedrige → Erweichungstemperatur von ca. 100 °C eingeschränkt.
– Bor- und Siliciumcarbidfasern (B- bzw. SiC-Fasern).

Diese sehr teuren Fasern werden nur für wenige spezielle Zwecke zu Verbunden verarbeitet, vorwiegend im militärischen Flugzeug- und im Satelitenbau. Die Herstellung beider Faserarten geschieht durch chemische Gasphasenabscheidung von Bor aus einem Bortrichlorid-Wasserstoff-Gemisch bzw. von Siliciumcarbid aus einem Methyltrichlorsilan-Wasserstoff-Gemisch auf einem widerstandsbeheizten Wolfram- oder auch Kohlenstoffa-

den. SiC-Fasern ohne Substratfaden sind durch thermischen Abbau versponnenen Polycarbosilanfasern zugänglich. Die mechanischen Eigenschaften dieser Materialien sind stark abhängig von den Abscheidungsbedingungen. In der Literatur sind neben gängigen Festigkeitswerte von 3–4 GPa und E-Moduli um 400 GPa auch Spitzenwerte für die Festigkeit von SiC-Fasern bis 10 GPa angegeben.

In Epoxidharzverbunden mit jeweils 50 % Faseranteil ergeben sich Festigkeiten zwischen 1,6 und 1,7 GPa bei Moduli von 210 bis 230 GPa.
– Herstellungsverfahren duroplastischer Verbundsysteme.

Am weitesten entwickelt sind die Verfahren zur Herstellung glasfaserverstärkter Duroplaste, sie sind in den Richtlinien VDI 2011–13 beschrieben und waren auch für Herstellungsverfahren anderer Faserverbunde richtungsweisend.

Handlaminierverfahren: Hierbei werden in einer offenen Form schichtweise Verstärkungsstoffe wie Matten oder Gewebe eingelegt und mit kalthärtendem Harz luftblasenfrei durchdrängt. Dieses Verfahren wird angewandt bei Kleinserien, in der Prototypherstellung und bei großflächigen oder schwierig gestalteten Bauteilen. Im Segelflugzeug- und Bootsbau aber auch in Verbindung mit anderen maschinellen Verfahren, um gezielt örtlich zu verstärken, ist dieses nur geringe Investitionen erforderliche Verfahren zu finden.

Mit diesem Verfahren sind Volumenanteile an Fasern bis etwa 40–45 % möglich. Um höhere Faseranteile bis 60 % einzuarbeiten werden im Handlaminierverfahren hergestellte Teile zusätzlich mit trockenen Matten belegt, mit einer flexiblen Folie luftdicht abgedeckt und die Luft zwischen Bauteil und der Abdeckung abgesaugt. Durch den Athmosphärendruck wird das zugefügte Verstärkungsmaterial auf das Bauteil gepreßt und mit Harz durchtränkt (→ Vakuumverfahren).

Bei Verwendung von heißhärtenden Harzen werden Bauteile im Handlaminier- oder aus Gewebeprepregs hergestellt und unter einer flexiblen Abdeckung evakuiert. Dieses evakuierte Paket wird dann in einem heizbaren Autoklaven mit Drücken bis 7 bar beaufschlagt und das Harz gehärtet (Vakuumsack-Autoklaven-Verfahren).

Im Faserspritzverfahren werden kurzgeschnittene Fasern (Schneidewerk für Rovings) gleichzeitig mit dem Harzgemisch in Mehrkomponenten-Spritzeinrichtungen unter Druckluft auf großflächige Formen aufgebracht. Nach dem Aufspritzen muß die Harz-Fasermasse noch verdichtet werden, was meist mit Handrollen geschieht. Angewandt wird dieses Verfahren weniger zur Bauteilherstellung als viel mehr zur rückwärtigen Verstärkung großer Formteile aus anderen Kunststoffen oder zur GFK-Auskleidung von Bauwerken.

Kunststoff, verstärkter. Tabelle 3: Eigenschaftswerte von Verstärkungsfasern

	Dichte g/cm3	Zugfestigkeit GPa	Zug-E-Modul GPa	Bruchdehnung %
E-Glas	2,54	3,4	73	3—4
S-Glas	2,49	4,6	88	5
Corbonfaser HM	1,86	2,6	400	0,6
Corbonfaser HT	1,7	3,5	240	1,4
Aramidfaser	1,4	3,4	130	2,5
Polyethylen	0,97	3	172	2,7
Siliciumcarbid	3,0	4	400	0,6
Borfaser/W-Sub.	2,6	4	380	

Kunststoff, verstärkter. Tabelle 4: Eigenschaftswerte verschiedener Faserlaminate

	Dichte g/cm3	Zugfestigkeit MPa	Zug-E-Modul GPa	Biegefestigkeit MPa
Polyester unges. 45 % Glasmatte	1,45	160	12	250
Polyester unges. 50 % Glasgewebe	1,60	300	20	320
Epoxidharz 50 % Glasgewebe	1,60	390	28	400
Epoxidharz 70 % Carbonfaser	1,6/1,5	900/1 300	150/110	800/1 100
Epoxidharz 70 % Aramidfaser	1,38	1 380	60	850
Phenacrylharz 40 % Glasfaser		100–200	10–12	
Epoxidharz 50 % Borfaser	2,0	1 700	210	
Epoxidharz 50 % SiC-Faser	2,3	1 600	230	

Wickelverfahren: Zylindrische Hohlkörper werden mit geharzten Rovings, Fäden oder Bändern gewickelt, wobei durch geeignete Maschinenanordnungen beliebige Parallel-, Kreuz- oder Längswicklungen möglich sind.

Komplizierte, nicht symmetrische Bauteile, wie Kardanwellen, Pleuel oder Torsionsfedern werden mit programmierbaren Wickelrobotern gefertigt.

Beim Resin-Transfer-Molding-Verfahren (RTM-Verfahren) wird das trockene Verstärkungsmaterial, meist vorgeformt, in eine zweiteilige Werkzeugform eingelegt, diese geschlossen und schnellhärtendes Harzgemisch eingespritzt (ähnlich dem RIM, d. h. Reaction-Injection-Moulding-Verfahren, deshalb auch Bezeichnungen wie S-RIM oder MM-RIM für Structural- bzw. Mat-Molding-RIM). Je nach eingesetztem Harz kann bei Raumtemperatur oder auch bei erhöhten Temperaturen (100–200 °C) unter Druck ausgehärtet werden. Dieses Verfahren wird in der Serienproduktion von Großteilen, wie etwa Fahrzeugfront- oder Heckklappen angewandt.

Prepreg-Herstellung: Hierbei werden flächige Verstärkungselemente, wie Matten, Gewebe oder Gespinnste mit einem Harzgemisch durchtränkt und unter Hitzeeinwirkung die → Vernetzungsreaktion eingeleitet. Durch Abkühlen wird die Reaktion wieder abgebrochen. Diese Formmassen sind dann mehrere Monate bei Temperaturen um 0 °C lagerfähig. Die endgültige Verarbeitung zu Formteilen mit vollkommener → Vernetzung geschieht auf heizbaren Formpressen unter erhöhter Temperatur und Druck. Für die Eigenschaften der Fertigteile ist die Prozeßsteuerung, besonders der Zeitpunkt der Druckbeaufschlagung, besonders wichtig.

Im Gegensatz zu diesen mit Matten verstärkten Prepregs sind solche in der Anwendung, bei denen nicht Matten oder Gewebe sondern geschnittene Fasern (Länge zwischen 25 und 200 mm) neben endlosen Längsfäden eingebracht werden. Solche SMC (Sheet Molding Compounds) genannte Prepregs werden ebenfalls auf heizbaren Pressen verarbeitet. Typen die nur geschnittene Fasern enthalten (SMC-R) sind noch gut fließfähig bei der Verarbeitung, sodaß großflächige gekrümmte, auch mit Noppen und Rippen versehene Bauteile hergestellt werden können. Endlosfäden enthaltende SMC-C-Prepregs sind in Richtung der Längsfäden nicht mehr fließfähig. Anwendung finden solche SMC-Prepregs zur Herstellung von Automobilteilen, wie Stoßfänger,

Sitzschalen, im Telefonkabinenbau, für Großteile im Innenausstattungsbau von Schiffen und Flugzeugen.

Weitere verstärkte Reaktionsharz-Formmassen: Neben den mit flächen- oder linienförmigen Verstärkungsstoffen ausgerüsteten Reaktionsharzmassen (Prepregs) sind auch solche Massen im Einsatz, die mit geschnittenen, nicht flächenförmig angeordneten Faser verstärkt sind (Einteilung, Bezeichnung und Kurzzeichen in DIN 16913).

BMC (Bulk Molding Compounds) und DMC (Dough Molding Compounds) sind feuchte, teigig faserige Massen, die bei BMC mit chemischen Verdicker und bei DMC durch erhöhten Füllstoffgehalt hochviskos eingestellt sind. Sie lassen sich entweder über Spritzkolben-Pressen oder Formteilpressen zu großflächigen Bauteilen, vorwiegend im Fahrzeugbau, verarbeiten.

Zur Herstellung von Profilen wird bei Verwendung von parallelliegenden Endlosfäden das Strang-ziehverfahren (Pultrusionsverfahren), oder bei Einsatz von Kurzfasern das Strangpreßverfahren angewandt (Tabelle 3, 4). *Zahradnik*

Literatur: *Broy, W.* u. *N. I. Basov:* Handbuch der Plasttechnik. Leipzig 1985. – *Heißler, H.:* Verstärkte Kunststoffe in der Luft- und Raumfahrttechnik. Stuttgart 1986. – *Lubin, G.* (Hrsg.): Handbook of Composites. New York 1982. – *Meyer, R. W.:* Handbook of Polyester Molding Compounds and Molding Technology. New York 1986. – *Meyer, R.:* Pultrusion Technology. New York 1985. – *Schlichting, J.:* Verbundwerkstoffe und ihre wichtigsten Faserverstärkungskomponenten. Enzyklopädie Naturwissenschaft und Technik, Jahresband 1982. Landsberg 1982. – *Schwartz, M. M.:* Composite Materials Handbook. New York 1984.

Kunststoffanalyse. Ziel der K. ist die Charakterisierung von Struktur und Eigenschaften polymerer Werkstoffe. Beispiele für polymeranalytische Aufgabenstellungen sind in Tabelle 1 gegeben. Tabelle 2 zeigt wichtige Strukturparameter

Kunststoffanalyse. Tabelle 1: Zeilsetzung und Fragestellungen (Beispiele)

Zielsetzung	Fragestellung (Beispiele)
Charakterisierung von neuen Syntheseprodukten	chemische Struktur: Struktur der Hauptkette, Verzweigungsgrad, Copolymerisationsgrad, Molmassenverteilung, Vernetzung; übermolekulare Struktur: Kristallinität, Orientierung
Qualitätssicherung, Wareneingangskontrolle	Identität, Reinheit, Reaktivität, Feuchtegehalt, Gehalt an Additiven, Molmasse
Schadensanalysen	s. u. Qualitätssicherung
Beständigkeitsuntersuchungen	Beständigkeit der Molekülstruktur gegen Bewitterung, Photooxidation, Thermooxidation, Hydrolyse; Chemikalienbeständigkeit

Kunststoffanalyse. Tabelle 2: Wichtige Strukturparameter von Kunststoffen und Prüfmethoden.

Strukturparameter	Prüfmethoden (Beispiele)
chemische Struktur des Makromoleküls	Infrarotspektroskopie, Kernresonanzspektroskopie, UV-Spektroskopie, Pyrolyse-Gaschromatographie
Molmasse	Gefrierpunktserniedrigung, Osmometrie, Viskosimetrie
Molmassenverteilung	Ausschlußchromatographie
Vernetzungszustand bei Duromeren und Elastomeren	Extraktion, Quellmessungen, mechanische Relaxationsspektroskopie
niedermolekulare Bestandteile und Additive	Extraktion der löslichen Bestandteile, IR- und UV-Spektroskopie, Gaschromatographie, Flüssigkeitschromatographie
übermolekulare Struktur	Orientierung: Polarisationsmikroskopie Kristallinität: Dichtemessung, Thermoanalyse sterische Struktur: Röntgenstreuung, IR, NMR

von Polymerwerkstoffen und dazugehörige Prüfmethoden.

Bei neuartigen Syntheseprodukten muß zunächst die chemische Konstitution ermittelt werden: Die Infrarotspektroskopie (IR) liefert dazu die Strukturdaten über funktionelle Gruppen. IR-spektrometrisch kann z. B. die Zusammensetzung von Copolymeren bestimmt werden. Durch Kernresonanzspektroskopie (NMR) erhält man Informationen über die Struktur der Hauptkette und über Verzweigungen. So kann bei → Hochdruckpolyethylen der Verzweigungsgrad mittels NMR bestimmt werden. Weiter werden zur Strukturaufklärung naßchemische Verfahren und chromatographische Methoden wie Flüssigchromatographie und Pyrolyse-Gaschromatographie herangezogen.

Zur → Qualitätssicherung in Produktion und Verarbeitung von → Kunststoffen werden ebenfalls polymeranalytische Verfahren eingesetzt: Neben der Identitätskontrolle sind vor allem Prüfverfahren zur Erfassung anwendungstechnisch relevanter Eigenschaften von Interesse. Wichtig ist z. B. der Einfluß von Molmasse und Molmassenverteilung auf mechanische Eigenschaften von → Thermoplasten. Die mittlere Molmasse wird häufig durch Gefrierpunktserniedrigung oder über die Lösungsviskosität bestimmt. Durch Ausschlußchromatographie kann die Molmassenverteilung erfaßt werden.

Wichtig für Verarbeitung und Anwendung von Kunststoffen sind ferner Additive wie z. B. → Weichmacher und → Stabilisatoren. Additive werden meist durch Gaschromatographie oder durch Flüssigchromatographie bestimmt. Zur sicheren Identifizierung ist die Kopplung der chromatographischen Methoden mit IR-, UV- oder Massenspektroskopie von Vorteil.

Schadensfälle mit Kunststoff-Bauteilen sind oft durch unsachgemäße Verarbeitung oder durch falsche Materialauswahl bedingt. Die K. soll hier Schadensursachen und Möglichkeiten zur Abhilfe aufzeigen.

→ Kunststoffe sind gegen → Oxidation und Hydrolyse meist nur bedingt beständig. Energiereiche Strahlung oder Wärme führen daher zu Abbaureaktionen im → Polymeren. Durch chemisch-analytische Untersuchungen an künstlich gealterten Kunststoffen kann der Mechanismus und die Kinetik der Abbauvorgänge weitgehend aufgeklärt werden. Spezielle Stabilisatoren führen zu erheblich verbesserter Beständigkeit der Polymerwerkstoffe. *Pöllet/Eyerer*

Literatur: *Hoffmann* et al.: Polymeranalytik I + II. Stuttgart, 1977. – *Schröder* et al.: Ausgewählte Methoden der Plastanalytik. Berlin 1976.

Kunststoffaufbereitung → Kunststoffverarbeitung

Kunststoffdispersion. In Wasser fein verteilte (dispergierte) thermoplastische → Kunststoffe, die nach Trocknung durch Verdunsten oder kapillares Saugen des Untergrundes mehr oder weniger dampfdichte Filme bilden. Verwendet werden heute meist weichmacherfreie Kunststoffe, vor allem Polyvinylacetate (PVAC), Polyvinylmethacrylate (PVA), Polyvinylproprionate (PVP) sowie Misch- und Copolymerisate daraus. Durch geeignete Harz- und Pigmentauswahl sind sie unterschiedlichsten Beanspruchungen anpaßbar, z. B. als heizölbeständige Beschichtungen (prüfzeichenpflichtig), scheuerbeständige Wand- und Deckenfarben, wetterbeständige Fassadenfarben und putzähnliche Anstriche mit grobkörnigen Füllstoffen. *Sasse*

Kunststoffdispersionsfarbe. Aus → Kunststoffdispersionen und → Pigmenten hergestellte → Anstrichstoffe werden K. genannt. Im täglichen Sprachgebrauch werden an Stelle des Begriffes K. auch die Begriffe → Dispersionsfarbe und Latexfarbe angewendet. *Sasse*

Kunststoffprüfung. Ermittlung von mechanischen, chemischen und physikalischen Eigenschaften von Kunststoffen z. B. an Formmassen oder → Formstoffen, → Halbzeugen und Fertigteilen. Die Prüfung wird durchgeführt, um Eigenschaften von Produkten gleicher oder verschiedenster Herkunft mit geforderten Sollwerten zu vergleichen, um eine Beurteilung zu ermöglichen.

Aufgaben der K. sind u. a.

– Prüfung der → Kunststoffe beim Wareneingang (Materialüberwachung) um eine einwandfreie Produktion zu ermöglichen,

– Überwachung der Produktion, um → Fehler möglichst früh erkennen und beheben zu können,

– Nachweise von geforderten Eigenschaften vom Halbzeug, bzw. Fertigteil (Abnahmezertifikat),

– Prüfung der Eigenschaften neuentwickelter Kunststoffe sowie

– Ermittlung der Ursachen, die zum Versagen von Kunststoffen beim Gebrauch der Fertigteile führten (→ Schadensanalyse).

□ Mechanisch-technologische Prüfverfahren: Die mechanische Prüfung von Kunststoffen hat andere Schwerpunkte als die der Metalle. Bei Raumtemperatur durchgeführte Kurzzeit-, Zug-, -Druck- und -Biegeversuche haben keine große Bedeutung. Wesentlich aussagekräftiger sind diese Prüfungen, wenn man Spannungs-Dehnungsdiagramme bei unterschiedlicher Prüftemperatur (etwa -30 °C bis +100 °C) und bei unterschiedlicher Prüfgeschwindigkeit (etwa 0,1 bis 1 000 mm/min) durchführt (Bild 1).

Bei den Versuchen mit hoher Prüfgeschwindig-

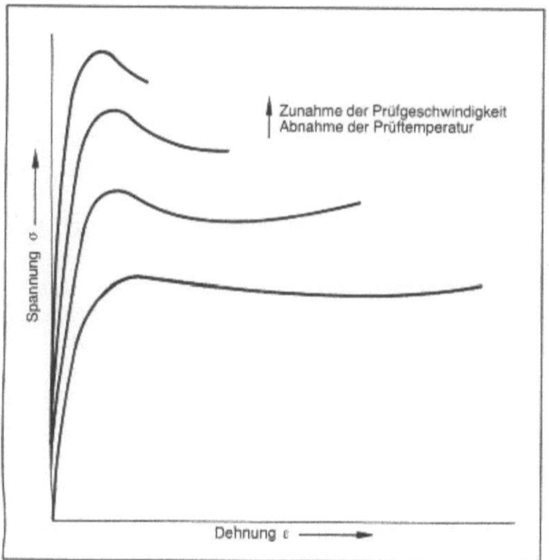

Kunststoffprüfung 1:   Spannungs-Dehnungsdiagramm eines Thermoplasten in Abhängigkeit von der Prüfgeschwindigkeit und der Prüftemperatur.

keit verliert der im → Pendelschlagwerk durchgeführte Schlagbiege-, → Kerbschlagbiege- und auch der → Schlagzugversuch an Bedeutung. Dafür wird in zunehmendem Maße der → Durchstoßversuch an plattenförmigen Proben bis etwa 8 m/s und der → Schnellzerreißversuch bis zu 40 m/s angewandt. Selten wird die → Härte von Kunststoffen geprüft. Neuere Forschungsergebnisse deuten auf interessante Anwendungsmöglichkeiten hin. Die in weiten Temperaturbereichen ausgeführten Modul- und Dämpfungsmessungen geben Aufschluß über die Zustandsbereiche von → Thermoplasten, → Duroplasten und → Elastomeren.

Die wichtigste mechanische Prüfung bei Kunststoffen ist der statische → Langzeitversuch (Bild 2). Am häufigsten findet man den → Kriechversuch mit Zugbeanspruchung und bei erhöhter Temperatur, insbesondere bei Thermoplasten. Der → Relaxationsversuch wird vor allem bei Elastomeren angewandt. Zwischen dem statischen und dynamischen Langzeitversuch ist der intermittierende Kriechversuch angesiedelt, bei dem die Dauer der Belastungs- und Entlastungszeiten der Praxisbeanspruchung angepaßt wird.

Der → Dauerschwingversuch hat bei Kunststoffen an Bedeutung gewonnen, seitdem Hochleistungs-Faserverbundwerkstoffe für tragende Teile eingesetzt werden, beispielsweise in der Luftfahrt, im Automobil- oder Maschinenbau. Die Versuchstechnik ist sehr ähnlich wie in der Metallprüfung, jedoch muß auf die – durch die höhere Dämpfung der Kunststoffe hervorgerufene – Eigenerwärmung geachtet werden, so daß die → Prüffrequenz nicht über 10 Hz, häufig sogar nur auf 5 Hz angesetzt werden kann.

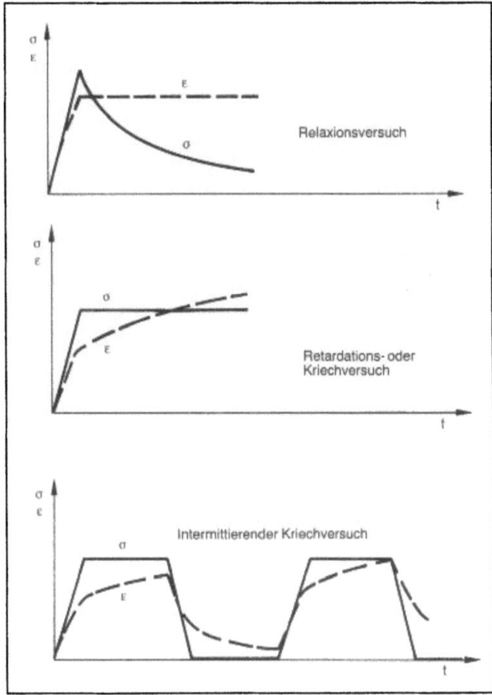

Kunststoffprüfung 2: Statische und quasistatische Langzeitversuche.

☐ Physikalische Prüfverfahren: Mit Hilfe der Dichtemessung können sehr schnell physikalische und/ oder chemische Veränderungen vor allem bei der Herstellung und Verarbeitung von Kunststoffen festgestellt werden. Die Prüfung des elektrischen Widerstandes, wie Durchgangswiderstand, Oberflächenwiderstand zeigen das Isolationsverhalten der Kunststoffe, dielektrische Eigenschaftswerte sind wichtig für die Einsatzmöglichkeiten von Polymeren, lassen aber auch auf die chemische und physikalische Struktur Rückschlüsse zu (z. B. Polarität). Die Prüfung der Kriechstromfestigkeit und → Durchschlagfestigkeit liefert Aussagen über den Einsatz der Kunststoffe im Hochspannungsbereich.

Die Kenndaten des thermischen Verhaltens der Kunststoffe werden gemessen z. B. beim → Torsionsschwingversuch, der Bestimmung des thermischen Längenausdehnungskoeffizienten oder den Formbeständigkeitswerten in der Wärme. Sie geben Umwandlungsbereiche zwischen den temperaturabhängigen Zustandsbereichen oder Anwendungsgrenzen an.

Optische Kenndaten wie Brechungsindex und Lichtdurchlässigkeit dienen zur Beurteilung des Reinheitsgrades und zur Überprüfung der → Polymerisation.

Unter Plastographie versteht man die licht- und elektronenmikroskopische Untersuchung von

Oberflächen, Bruchflächen, Dünnschnitten und Anschliffen bei Kunststoffen und →Gummi. Ausschlaggebend für den Erfolg der Prüfung ist hier die Präparation, die viel Erfahrung erfordert. Die plastographische Untersuchung liefert Erkenntnisse über Schadensursachen und über Strukturen wie →Kristallisation, Molekülorientierung, Phasenbildung, Füllstoffverteilung und Füllstofforientierung. Durch bildanalytische Verfahren wurden die Möglichkeiten der Plastographie deutlich verbessert.

□ Chemische Prüfverfahren: Die chemische Struktur der Makromoleküle der Kunststoffe kann z. B. mit Hilfe der Infrarotspektrometrie, Kernresonanzspektrometrie, UV-Spektrometrie und der Pyrolyse-Gaschromatographie nachgewiesen werden.

Aufschluß über die mittlere Molmasse bzw. der Molmassenverteilung können Viskositätsmessungen bzw. die Ausschlußchromatographie geben. Die durch Flüssigkeiten extrahierbaren Bestandteile können aus →Monomeren, →Oligomeren, →Weichmachern, →Stabilisatoren, Gleitmitteln u. a. bestehen.

Die Art und der Gehalt an extrahierbaren Bestandteilen hat Einfluß auf die Eigenschaften der Kunststoffe. Einzelne Elemente wie Chlor, Stickstoff, Schwefel, Fluor, Cadmium u. a. können nach einem Aufschluß quantitativ bestimmt werden. Bei der Prüfung des →Brandverhaltens wird die Entflammbarkeit und die Entstehung von evtl. toxischen Rauchgasen geprüft.

Kunststoffprüfung. Tabelle: Aktueller Stand zerstörungsfreier Prüfverfahren

Verfahren	Hauptanwendung	Verfügbarkeit
Ultraschall	Thermoplaste: Schweiß- und Klebenähte Verbundwerkstoffe: Lunker, Delaminationen Gummi-Metall-Verb.: Bindefehler	1
Schallemissionsanalyse	Thermoplaste: Bindenähte, Faserverstärkung Verbundwerkstoffe	3—4
Dielektrische Analyse	Duroplaste: Vernetzungsverlauf Vernetzungszustand	3
Elektretanalyse	Gummi: Mischungsaufbau, Rußdispergierung	
Schwingungsanalyse	Verbundwerkstoffe: Lunker, Delamination, Vernetzungszustand, Risse Gummi-Metall-Verb.: Bindefehler	3
Mikrohärte	Dünne Schichten, Härtetiefenprofile Kleinstteile Thermoplaste: Molekülorientierung, Bindenähte	2
Röntgen	Verbundwerkstoffe: Faserverteilung, Faserorientierung, Risse, Fehlstellen Delamination	1—3
Holographie Interferometrie	Bauteilgeometrie	3
Polarisationsoptik	Durchsichtige Kunststoffe: Orientierungen, Spannungen	1
Permeation	Thermoplaste, Elastomere: Durchlässigkeit für Flüssigkeiten und Gase	2
Oberflächen-Temperaturanalyse Thermovision	Inhomogenitäten, Kerben, Risse bie dynamischer Beanspruchung besonders bei Verbundwerkstoffen	2—3
Wärmewellenanalyse	Dünne Schichten, Beschichtungen: Inhomogenitäten, Bindefehler, Aushärtungszustand	3—4

Verfügbarkeit:
1 kann ohne längere Vorarbeiten in der Serie eingeführt werden
2 Anpassung an Bauteil und Fertigungsverfahren kurzfristig
3 Anpassung an Bauteil und Fertigungsverfahren langwierig
4 Verfahren noch in der Grundlagenforschung

☐ Zerstörungsfreie Prüfverfahren: In der Fertigungs- und Endkontrolle nimmt die Forderung nach zerstörungsfreier Prüfung zu. Die Sicht-, Maß- und Gewichtskontrollen und die Rißkontrolle mit Penetrierverfahren werden seit langem angewandt, reichen aber nicht mehr aus. Steigende Qualitätsanforderungen führen zur intensiven Erforschung weiterer zerstörungsfreier Prüfverfahren für Kunststoffbauteile (Tabelle). *Pöllet/Eyerer*

Literatur: *Busse G., u. a.:* Zerstörungsfreie Prüfung Kunststoffe (1990)3, S. 410–411. – *Carlowitz, B.:* Tabellarische Übersicht über die Prüfung von Kunststoffen. Isernhagen, 1981. – *Eyerer, P.* und *P. Pöllet:* Verfahren und Geräte der Werkstoffprüfung für Kunststoffe. In Fertigungsmeßtechnik: Handbuch für Industrie und Wissenschaft, Berlin–Heidelberg 1984.

Kunststoffrohr → Rohr aus Baukunststoff

Kunststoffschweißen. K. ist ein Vereinigen von thermoplastischen Kunststoffen gleicher oder verschiedener Art unter Anwendung von Wärme, mit oder ohne Druck sowie mit oder ohne Zusatz von artgleichen oder artähnlichen Zusatzwerkstoffen. Das → Schweißen erfolgt innerhalb des thermoplastischen Temperaturbereichs der → Kunststoffe an den Berührungsflächen der zu verbindenden Teile. Die durch die Erwärmung frei beweglichen Molekülketten fließen dabei unter Verknäulung ineinander.

Im Gegensatz zum → Metallschweißen erfolgt das K. fast ausschließlich bei gemeinsamer Anwendung von Wärme und Druck und wird nur als → Verbindungsschweißen angewendet. In der Tabelle sind die schweißbaren Kunststoffe den wichtigsten K.-Verfahren zugeordnet. Bei allen Verfahren sind insbesondere zu hohe oder zu lange Erwärmung (Abbau und Zersetzung der Makromoleküle) und zu hoher oder zu geringer Schweißdruck (Her-

ausdrücken von thermoplastischem Werkstoff bzw. ungenügende Makromolekülbindung) zu vermeiden.

In der Kunststofftechnik wird das Schweißen zunehmend durch das wärmearme → Kleben ergänzt, da Klebstoffe zur Verfügung stehen, deren Festigkeit derjenigen der Kunststoffe entspricht. *Dorn*

Literatur: DIN 1910 Tl. 3: Schweißen; Schweißen von Kunststoffen; Verfahren. Berlin, Köln 1977. – *Ruge, J.:* Handbuch der Schweißtechnik. Bd. I. Werkstoffe. Berlin, Heidelberg, New York 1980.

Kunststoffüberzug. Kunststoffbeschichtetes → Blech oder Band (kaltgewalzt, unverzinkt, verzinkt), das meist im Durchlaufverfahren mit Überzügen aus Kunststoffen verschiedener Art versehen wird. Diese Überzüge dienen dem → Korrosionsschutz, erleichtern die → Umformung, schützen die Oberfläche gegen mechanische Beschädigungen und verbessern das Aussehen. Gebräuchliche Überzüge bestehen aus PVC (→ Polyvinylchlorid), PE (→ Polyethylen) usw. *Bolbrinker*

Kunststoffverarbeitung. Darunter versteht man die Herstellung von → Halbzeug (Tafeln, Bändern, Blöcken, Stäben, Profilen, Rohren) und Fertigteilen aus den in Form von Lösung, Schmelze, Pulver oder Granulat anfallenden abgewandelten natürlichen und den synthetischen Polymeren. Verarbeitung von Elastomeren: → Elastomere. Herstellung von Fasern: → Fasern.

Der erste Schritt in der K. ist das Aufbereiten (Bild 1). Es umfaßt alle Arbeitsvorgänge, die notwendig sind, um ein → Polymer in eine für die Verarbeitung geeignete Form zu bringen (Abtrennen, Trocknen, Zerkleinern, Mischen, Granulieren). Nur wenige Polymere lassen sich im reinen Zustand verarbeiten bzw. als Werkstoffe verwenden. Die

Kunststoffschweißen. Tabelle: Schweißverfahren für Kunststoffe.

	PE	PP	PVC	PS	SAN	ABS	PMMA	POM	PA	PC	PTFE	PFEP
Warmgas-schweißen	+	+ +	+ +	+ +	+		+ +	+	(+)	+ +	–	–
Heizelement-schweißen	+ +	+ +	+ +	+	+	+	(+)	+ +	+	+ +	(+)	+
Reibschweißen	+ +	+	+ +	+	+	+	(+)	+	+	+ +	(+)	+
Hochfrequenz-schweißen	–	–	+	–	–	+	(+)	–	+	+[a]	–	–
Ultraschall-schweißen	–	–	+	(+)	+	+	(+)	+	+	+	(+)	–

a Hohe Frequenzen erforderlich; + + bevorzugt angewendet; + möglich; (+) selten angewendet; – nicht angewendet

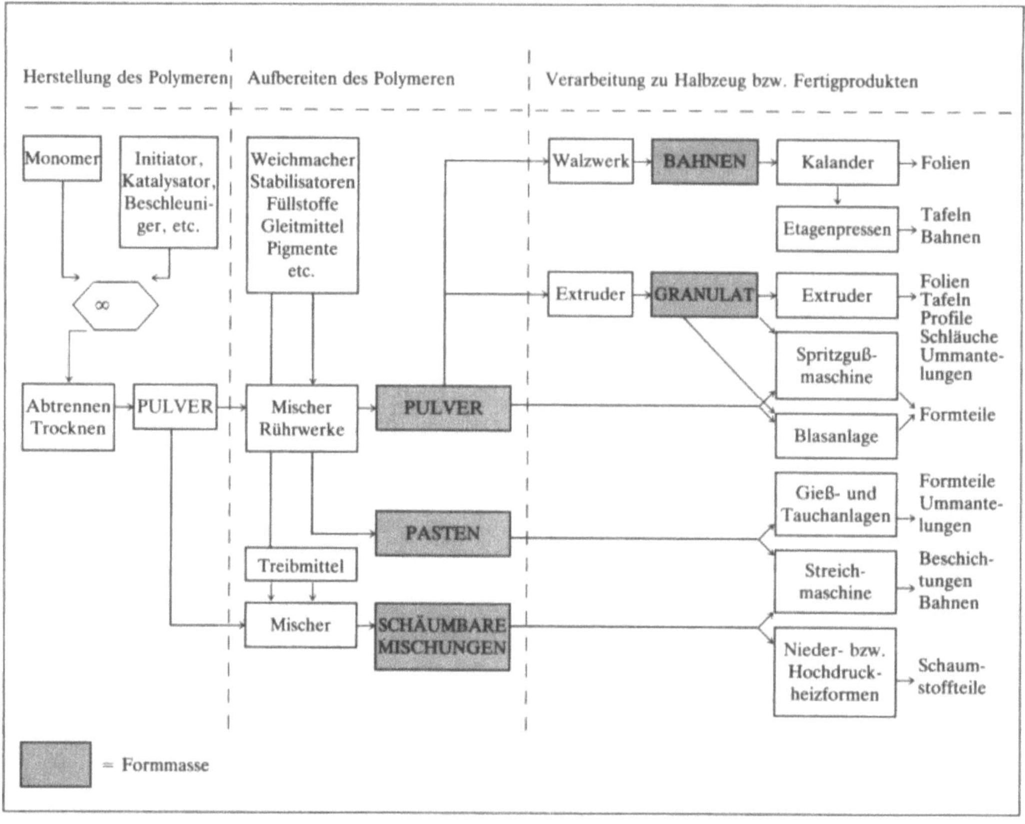

Kunststoffverarbeitung 1: Verarbeitungsschema für synthetische, thermoplastische Polymere.

meisten Polymere müssen vor der eigentlichen Verarbeitung mit geeigneten Zusatzstoffen gemischt werden, um einmal vor unerwünschten Veränderungen während der Verarbeitung (Zersetzung etc.) geschützt zu werden, und zum anderen um ein bestimmtes Eigenschaftsniveau der Endprodukte zu erhalten.

Solche Zusatz- oder Hilfsstoffe sind:

□ Gleitmittel. Das sind Wachse und Metallstearate, die durch eine schmierende Wirkung die → Verformung in der Wärme erleichtern sollen. Sie werden vorwiegend bei duroplastischen Preßmassen, bei thermoplastischen Kalandar- und Strangpreßmassen und gelegentlich bei Spritzgußmassen zugesetzt. Die Verwendung von Gleitmitteln ist begrenzt durch oft nur geringe Verträglichkeit mit dem Polymeren. (Ausschwitzen oder Ausblühen), sowie durch die Möglichkeit der Beeinflussung von Eigenschaften des fertigen Kunststoffteiles, wie z. B. Dimensionsstabilität und Wärmeformbeständigkeit.

□ → Stabilisatoren. Das sind verschiedenartige Stoffe, die

– bestimmte Polymere während der thermoplastischen Verarbeitung vor Zersetzung schützen sollen (z. B. bei PVC: Bleioxid, basisches Bleisulfat, Na-triumcarbonat, Salze von Barium, Calcium, Cadmium und Zink, Organozinnverbindungen, wie etwa Dialkylzinnsalze und Dialkylzinnmercaptide, epoxidiertes Sojaöl, Diphenylthioharnstoff, 2-Phenylindol, Aminocrotonsäureester),

– Kunststoffertigteile während ihres Gebrauches vor einer Beeinflussung durch Licht schützen sollen (UV-Absorber bzw. UV-Stabilisatoren: Hydroxybenzophenone, Hydroxybenztriazole, Organozinnverbindungen und Cadmiumsalze),

– Kunststoffertigteile vor einer → Alterung durch Sauerstoff bewahren sollen (Alterungsschutzmittel bzw. → Antioxidantien).

□ → Weichmacher. Das sind hochsiedende Verbindungen, die dem im reinen Zustand spröden Polymeren zugesetzt werden, um die Fertigprodukte biegsamer und geschmeidiger zu machen (Weichmachen von Kunststoffen).

□ Füllstoffe. Das sind Materialien (z. B. Talkum, Kreide, Kaolin, Schiefermehl, Glimmerpulver, Schwerspat und Asbest), die zur Streckung einer Kunststofformmasse verwendet werden, d. h. bei möglichst weitgehender Erhaltung der mechanischen, elektrischen usw. Eigenschaften des fertigen Formteiles seines Preises zu verbilligen.

Über Füllstoffe bei Elastomeren: →Elastomere.

☐ Pigmente und Farbstoffe. Das sind anorganische oder organische, in Wasser oder Lösungsmittel unlösliche (Pigmente), bzw. synthetische oder natürliche organische, lösliche Farbmittel (Farbstoffe). Zu den Pigmenten (DIN 55944) zählen die Erd- und Mineralfarben, Bronzen, Ruß, tierische, pflanzliche und synthetische organische Stoffe sowie Farblacke. Man unterscheidet Weißpigmente (Titandioxid, Zink-, Blei- und Antimonverbindungen), Schwarzpigmente (Farbruß und Eisenoxid) und Buntpigmente (Eisen-, Mangan-, Chrom-, Blei-, Zink-, Molybdän- und Cadmiumverbindungen sowie die schwer- bzw. unlöslichen Teerfarbstoffe). Die anorganischen Pigmente sind sehr lichtecht, hitzebeständig, unlöslich und deckkräftig bei geringer Farbstärke. Die organischen Pigmente sind weniger deckkräftig, aber stark färbend. Die Farbstoffe sind im Geegensatz zu den Pigmenten im allgemeinen transparent und werden zum Einfärben transparenter Kunststoffteile (Abdeckungen für Rücklichter, Leuchtreklame, Linsen usw.), Kunststoffdispersionen und in der Lackindustrie zur Herstellung von Transparentlacken, Farblacken und Holzbeizen verwendet.

Das Polymer wird mit den nötigen Zusatzstoffen in einem Mischaggregat (Flügel- oder Planetenmischer, Innenmischer, Walzwerk, Extruder) gleichmäßig dispergiert und homogenisiert.

Thermoplastische Materialien werden nach dem Mischen mit Hilfe eines Granulierwerkzeuges (Extruder mit Siebplatte und rotierendem Messer) in die gewünschte Granulatform (würfelig, zylindrisch oder linsenförmig) gebracht. Die Verarbeitung von Pulver (Dryblends) beschränkt sich vorwiegend auf PVC; in letzter Zeit werden auch Polyolefine zunehmend über Pulvermischungen verarbeitet.

Duroplastische Materialien werden nach dem Zumischen der Hilfsstoffe entweder in Mühlen nur zu Pulver oder nach dem Mahlen in speziellen Granulatoren zu Granulat aufgearbeitet. Laminierungs- und Gießharze werden im flüssigen Zustand mit eventuell notwendigen Zusatzstoffen gemischt und so weiterverarbeitet. Diese ungeformten (Pulver) und vorgeformten (Granulat) Mischungen werden als Formmassen bezeichnet (DIN 7708, DIN 7740 bis 7748, DIN 16911 bis 16913).

Dem Aufbereiten schließen sich als nächster Verarbeitungsschritt die verschiedenen Verfahren des Urformens an (DIN 8580: Urformen ist formschaffendes Fertigen von Werkstücken (Halbzeug oder Fertigteile) aus formlosen Ausgangsstoffen (Formmassen), wie Flüssigkeiten, Pasten, Pulver, Granulat, Fasern u. ä.).

☐ →Pressen gehört zu den ältesten Verfahren zur Herstellung von Formteilen aus duroplastischen und thermoplastischen Formmassen. Man unterscheidet zwischen Preß- und Spritzpreßverfahren (Transferpressen). Beim Preßverfahren wird das Werkzeug mit Pulver oder einer vorgepreßten Tablette gefüllt und mit einem Stempel verschlossen. Plastifizieren und Ausformen erfolgen unter der Einwirkung von Druck und erhöhter Temperatur (Bild 2).

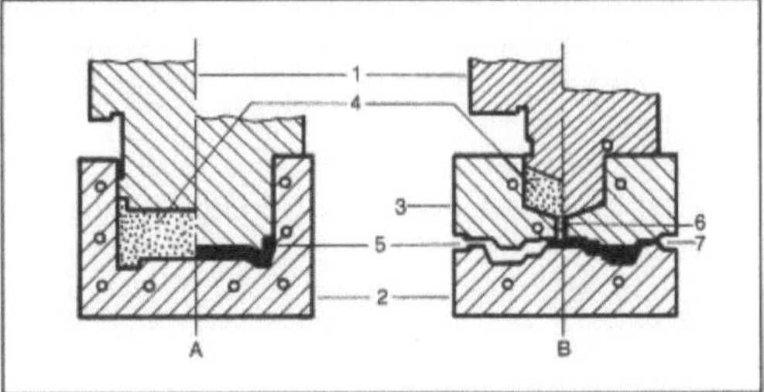

Kunststoffverarbeitung 2: Schematische Darstellung des Preßverfahrens (A) und des Spritzpreßverfahrens (B)

1 Werkzeugoberteil (Stempel bzw. Spritzkolben), 2 Werkzeugunterteil (Gesenk), heizbar, 3 Werkzeugmittel, heizbar, 4 Füllraum mit Pulver oder Granulat, 5 Formraum (schwarz: Formteil), 6 Spritzkanal, 7 Entlüftungskanal

Beim Spritzpreßverfahren wird das Pulver in einer beheizten Kammer plastifiziert und mit Hilfe eines Stempels in dosierter Menge durch einen beheizten Kanal in die Werkzeughöhlung gedrückt.

Auf Etagenpressen werden Tafeln hergestellt, wobei Folien oder dünne Tafeln in entsprechender Anzahl in jede der bis zu 20 Etagen eingelegt und unter Druck und erhöhter Temperatur verschweißt werden.

☐ →Spritzgießen ist das am häufigsten angewandte Verarbeitungsverfahren zur diskontinuierlichen Herstellung von Kunststoff-Fertigteilen. Es ist ein ausgesprochenes Massenfertigungsverfahren, mit dem ungefüllte und gefüllte thermoplastische wie duroplastische, sowie schäumbare Formmassen, aber auch Kautschukmischungen verarbeitet werden. Die Masse der Fertigteile kann dabei 2 g bis 40 kg betragen.

Die früher eingesetzten Kolben-Spritzgießmaschinen sind heute nahezu vollständig durch Schnecken-Spritzgießmaschinen (auch Schubschnecken- oder Schneckenkolben-Spritzgießmaschinen genannt) verdrängt worden.

Beim Spritzgießen wird die pulverförmige oder granulierte Formmasse plastifiziert und in der ersten Arbeitsphase durch axiale Verschiebung der Schnecke nach vorwärts in das geschlossene, gekühlte Werkzeug gedrückt.

Hat sich die Form vollkommen mit Schmelze gefüllt, so erstarrt diese durch →Abkühlung. Dabei kommt es zu einer Volumenverringerung. Zu ihrem Ausgleich wird nochmals Schmelze aus dem Spritzzylinder in die Form nachgedrückt. Während das gespritzte Teil nun weiter abkühlt, beginnt erneut die Plastifizierung, indem sich die rotierende Schnecke axial nach rückwärts verschiebt, bis sich vor der Schneckenspitze wieder genügend Schmelze für den nächsten Einspritzvorgang angesammelt hat.

In der letzten Phase öffnet die Schließeinheit das Werkzeug und das fertige Formteil (mit Anguß) wird ausgestoßen. Das Werkzeug wird wieder geschlossen und ein neuer Arbeitszyklus beginnt mit dem Einspritzen.

Zum Spritzgießen duroplastischer Formmassen werden anders konstruierte Spritzgießautomaten eingesetzt, da hierbei die plastifizierte Formmasse im Werkzeug aushärtet. Sie verbleibt länger im Werkzeug, das nicht gekühlt sondern geheizt wird (Tabelle).

Kunststoffverarbeitung. Tabelle: Verarbeitungsbedingungen beim Spritzgießen für verschiedene Thermoplaste und Duroplaste.

Form-masse	Masse-temp. °C	Werk-zeug-temp. °C	Spritzdruck bar	Schwin-dung %
PE-LD	160–260	30– 70	400– 800	1,5–3,0
PE-HD	260–300	50– 70	600–1 200	1,5–5,0
PVC-P	165–200	15– 50	400–1 200	>0,5
PVC-U	170–210	30– 50	1 000–1 800	0,5
Normal-PS	180–280	10– 40	600–1 800	0,6
Normal-ABS	210–240	40– 90		0,4–0,7
PMMA	210–240	50– 70	500–1 200	0,1–0,8
PA 6	230–280	80– 90	700–1 200	0,5–2,2
PA 66	260–320	80–120	700–1 200	0,1–2,5
PF (spezielle Typen)	110–140	170–190	800–2 500	
UF	120–140	140–160	1 000–2 500	
UP	80–110	155–170	300–1 000	

PE = Polyethylen; PVC = Polyvinylchlorid; PS = Polystyrol; ABS = Acrylnitril-Butadien-Styrol-Copolymer; PMMA = Polymethylmethacrylat; PA = Polyamid; PF = Phenol-Formaldehydharz; UF = Harnstoff-Formaldehydharz; UP = ungesättigtes Polyesterharz.

□ Extrudieren ist das bedeutendste Verfahren zur kontinuierlichen Herstellung von Kunststoff-Halbzeug oder Fertigteilen, bei dem die pulverförmige oder granulierte Formmasse in einem Extruder (Schnecken- oder Kolbenstrangpresse) gefüllt, dort verdichtet, plastifiziert, homogenisiert und durch ein beliebig geformtes Werkzeug (Extrudierwerkzeug) gepreßt wird (→ Extrusion).

Im Prinzip besteht ein Extruder aus einem heiz- und kühlbaren Zylinder, in dem sich eine Welle mit einem oder mehreren wendelförmigen Stegen (Schnecke) dreht. Sie fördert stetig die Formmasse von der Einfüllvorrichtung zum Werkzeug.

Dabei wird die Formmasse von der beheizten Zylinderwand und der aus innerer → Reibung resultierenden Schererwärmung erhitzt, plastifiziert, homogenisiert und komprimiert. Die Kompression im Zylinder wird durch die besondere Geometrie der Schnecke erzeugt, wobei zonenweise Gangsteigung und Gangvolumen von der Einzugs- zur Ausstoßzone hin verändert werden.

Neben Einschneckenextrudern werden auch Doppelschneckenextruder eingesetzt, die zwei nebeneinander liegende, im gleichen oder entgegengesetzten Drehsinn rotierende Schnecken besitzen. Sie bieten den Vorteil der besseren Durchmischung der Formmassenbestandteile, sowie der von der Reibung an der Zylinderwand unabhängigen Förderung der Formmasse und werden hauptsächlich in der PVC-Verarbeitung angewandt.

Kaskadenextruder sind entweder zwei getrennte oder zwei in einem gemeinsamen Maschinengestell angeordnete Extruder, die verfahrenstechnisch so zusammenarbeiten, daß der eine Extruder die Formmasse plastifiziert und homogenisiert, der andere die Schmelze aufnimmt und präzise Formteile extrudiert.

Entgasungsextruder besitzen im Zylinder zwischen Einfüllöffnung und Zylinderende eine Bohrung, durch die Luft, Gase oder Dämpfe, die während der Plastifizierung im Zylinder der Formmasse entzogen werden müssen, abgesaugt werden können. Dabei muß die Schnecke so gestaltet sein, daß im Bereich der Entgasungsöffnung kein Überdruck im Schneckenkanal herrscht, da sonst Formmasse aus der Entgasungsöffnung tritt und diese verstopft.

Extruder werden sowohl in Aufbereitungs- als auch in Fertigungsanlagen eingesetzt. Im Bereich der → Aufbereitung dienen sie mit speziellen Werkzeugen zur Herstellung von Granulat, aber auch zum Einmischen von Zusatzstoffen und zum gezielten Abbau der Molekülketten auf eine für die Weiterverarbeitung abgestimmte mittlere Molekularmasse.

In Fertigungsanlagen werden mit Extrudern kontinuierlich Rohre, Schläuche, Profile, Bänder, Folien, Folienschläuche, Platten und Drahtummantelungen hergestellt. Der Extruder ist weiterhin wesentlicher Bestandteil (in der Regel Vorschaltaggregat zum Plastifizieren) anderer Kunststoffverarbeitungsmaschinen, wie Spritzgieß-, Spritzpreß- und Blasformmaschinen.

□ In Folienblasanlagen wird aus einem engen Ringspalt ein Schlauch extrudiert, den in einem bestimmten Abstand von der Düse ein Abzugswalzenpaar luftdicht abquetscht. Die Ringdüse ist so konstruiert, daß der extrudierte Schlauch durch einen geringen Überdruck an Luft aufgeblasen werden kann. Unmittelbar nach Austritt aus der Düse wird der Schlauch durch den Überdruck aufgeweitet und dabei biaxial verstreckt, bis er sich auf die Erstarrungstemperatur abgekühlt hat. Bei diesem Aufweiten nimmt die Dicke der Schlauchwandung ab. Es lassen sich so Folien mit einer Dicke zwischen 5 µm und 0,3 mm herstellen.

Zur Herstellung von Drahtummantelungen benutzt man Extruder mit Quer- oder Schrägwerkzeugen. Der zu ummantelnde, nahezu auf Schmelztemperatur der Formmasse erhitzte Draht läuft durch eine Bohrung im Dorn des Extruderwerkzeuges, das quer (60 bis 90°) zum Extruder steht. Der Schmelze aus der Schnecke umschließt dann im Mundstück den Draht.

□ Ein Sonderverfahren stellt das Ramextrusionsverfahren zur Herstellung von Rohren, Schläuchen und Profilen aus → Polytetrafluorethylen dar. Dabei wird PTFE-Pulver mit Hilfe eines Kolbenextruders unter hohem Druck durch ein beheiztes Profilwerkzeug gepreßt und erhält durch → Sintern seine gewünschte Form.

Extrusionsblasformen ist ein Verfahren zur diskontinuierlichen Herstellung leichter und preiswerter Hohlkörper aus → Polyethylen, → Polypropylen, → Celluloseacetat, PVC-hart und -weich u. a., die als Einwegverpackungen für flüssige, pastenförmige und feste Füllgüter Verwendung finden. Es können Behälter mit einem Fassungsvermögen von wenigen ml bis mehreren tausend Litern hergestellt werden.

Bei diesem Verfahren wird mit einem Extruder und einer entsprechenden Ringdüse ein Schlauch hergestellt, der noch im plastischen Zustand in das geöffnete Blaswerkzeug eingebracht und abgeschnitten wird. Nach dem Schließen des Werkzeuges wird der Schlauch durch eingeblasene Druckluft aufgeweitet, bis er an allen Stellen die Formwand berührt. Die notwendige Druckluft wird über einen Dorn entweder von oben, von unten oder seitlich zugeführt. Nach dem Abkühlen öffnet sich das Werkzeug wieder und der Hohlkörper wird ausgestoßen.

□ → Kalandrieren ist ein Verfahren zur kontinuierlichen Herstellung von Folien, vorwiegend aus PVC-hart und -weich, sowie zum Kaschieren und Doublieren. Unter Kaschieren versteht man das Aufbringen einer Kunststoffolie auf Papier-, Pappe- oder Textilbahnen, Stahl- und Aluminiumbleche, sowie Kunststofftafeln zum Oberflächenschutz. Doublieren ist das Verschweißen zweier Kunststofffolien zu einer → Folie größerer Dicke.

Durch Kalandrieren lassen sich Folien mit einer Breite bis zu 3 m und mit Dicken zwischen 0,05 und 1,2 mm mit großer Präzision (Dickentoleranzen: 2,5–3 µm) herstellen.

Kalander bestehen aus drei oder mehreren heiz- und kühlbaren Walzen, die mit engem, verstellbaren Spalt aufeinanderlaufen (Elastomere). Bei den üblichen Walzenanordnungen (F- oder L-Anordnung dient der Spalt zwischen den horizontal angeordneten Walzen zum Einspeisen der plastifizierten Formmasse, die entweder aus einem Extruder oder einem Mischwalzwerk kommt. Während die Formmasse durch die Walzenspalte läuft, wird sie geformt und kalibriert. Die Folie verläßt den Kalander noch im plastischen Zustand, wird über Kühlwalzen abgekühlt und zur Aufwickelvorrichtung geführt.

□ → Rotationsformen ist ein Verfahren zur diskontinuierlichen Herstellung von gleichmäßig (Rohre) oder ungleichmäßig geformten Hohlkörpern aus PE-hart und -weich, Polyamiden, PVC-weich, Polystyrol u. a. Thermoplasten. Dabei wird eine flüssige oder pulverförmige Formmasse in ein Negativ-Werkzeug gefüllt. Das Werkzeug ist hierbei so gelagert, daß es um eine (bei Rohren) oder um mehrere Achsen zu rotieren vermag. Die Formmasse verteilt sich durch die Rotation im Werkzeug so, daß eine annähernd gleichmäßige Schichtdicke des sich bildenden Hohlkörpers entsteht.

Eine Besonderheit stellt das Verfahren zur Herstellung von Fertigteilen aus einer Schmelze von ε-Caprolactam dar. Hierbei wird keine aufbereitete Formmasse eines Polymeren, sondern monomeres Caprolactam mit Katalysator und Beschleuniger in das Werkzeug gefüllt. Während der Formung polymerisiert das Caprolactam zum PA 6 aus. Dieses Verfahren wird auch Lactamgießen oder → Monomer Casting genannt.

□ → Gießen ist ein druckloses Verfahren zur diskontinuierlichen Herstellung von Kunststofffertigteilen aus niedrig viskosen, geschmolzenen oder mit Weichmacher und Lösungsmittel versetzten Formmassen. Mit Hilfe dieses Verfahrens werden vorwiegend PVC-Pasten, ungesättigte Polyesterharze, Phenol-Formaldehydvorkondensate, aber auch → Monomere wie Caprolactam, Styrol und Methylmethacrylat verarbeitet. Die Ausgangsstoffe werden in eine beheizte Form gegossen und gelieren, bzw. härten aus oder polymerisieren.

So hergestellte Kunststoffteile sind im Gegensatz zu den unter Druck gefertigten Teilen orientierungs- und spannungsfrei, was sich insbesondere in der mechanischen → Festigkeit äußert.

□ → Warmformen ist die Gestaltsänderung (→ Umformen) eines Halbzeugs in der Wärme und mit geringerer Kraft. → Biegen und Aufweiten eines Rohres, aber auch Umformen von thermoplastischen Folien und Tafeln zu Fertigteilen (Becher,

Schachteln, Kühlschrankinnengehäuse etc.) geschieht durch Warmformen. Eine Folie wird in einen Rahmen eingespannt und durch Strahler, Heißluft oder Kontaktheizung erwärmt, bis sie thermoelastisch verformbar ist. In diesem Zustand wird die Folie in die Höhlung eines Negativ-Werkzeuges hineingesaugt, oder über ein Positiv-Werkzeug gezogen. Nach dem Abkühlen muß das Fertigteil noch aus dem ungeformt gebliebenen Folienrest ausgesägt bzw. ausgestanzt werden.

Um Kunststoffteile miteinander oder mit anderen Werkstoffen (→Metalle, →Holz usw.) zu verbinden, stehen die bekannten Fügeverfahren, wie →Schweißen, →Kleben, Schrauben und Nieten zur Verfügung.

Thermoplastische Kunststoffe lassen sich durch örtlich begrenztes Überführen in den plastischen Zustand homogen verschweißen. Je nachdem, wie die zu verschweißenden Stellen erwärmt werden, unterscheidet man zwischen Heißgasschweißen (mit heißer Luft oder Gas und →Schweißdraht), →Heizelementschweißen (mit Heizplatten oder -keilen), →Hochfrequenzschweißen (bei Kunststoffen mit genügend hohem dielektrischen Verlustfaktor) und Impulsschweißen (Wärme wird durch kurzen Stromstoß erzeugt).

Herstellen von Schaumstoffen: →Schaumstoffe.

Zahradnik

Literatur: *Bauer, W.,* u. *W. Woebcken:* Verarbeitung duroplastischer Formmassen. München 1973. – *Domininghaus, H.:* Kunststoffe III. Spritzgießen, Extrudieren, Blasformen. Düsseldorf 1973. – *Engels, K.,* u. *O. Lauer; H. Schmieta:* Aufbereiten von Kunststoffen. München 1971. – *Holzmann, R.:* Spritzblasformen und Extrusionsblasformen: ein technologischer Vergleich. Düsseldorf 1973. – *Mink, W.:* Grundzüge der Extrudiertechnik. Speyer 1974. – *Mink, W.:* Grundzüge der Hohlkörperblastechnik. Speyer 1971. – *Saechtlin-Zebrowski:* Kunststoff-Taschenbuch. München 1974. – *Schönthaler, W.:* Verarbeiten härtbarer Kunststoffe. Düsseldorf 1973. – VDI-Gesellschaft Kunststofftechnik: Extrudieren von Profilen und Rohren. VDI-Verlag, Düsseldorf 1974. – VDI-Gesellschaft Kunststofftechnik: Extrudieren von Schlauchfolien. Düsseldorf 1973.

Kunststoffvergüteter Beton →Zementbeton, kunstharzmodifizierter

Kupfer. Als Legierungselement in →Stahl fördert K. die Bildung einer dichten →Deckschicht in wetterfesten Stählen. In normalgeglühten und flüssigkeitsvergüteten Stählen kann K. zur →Festigkeitssteigerung durch Ausscheidungen herangezogen werden. Da bei der Warmverformung die Gefahr der Bildung von Oberflächenfehlern besteht (→Lötbruch) wird Stählen mit 0,5 bis 1 % Cu ein etwa ebenso großer Nickelgehalt zugesetzt. *Dahl*

Literatur: Werkstoffkunde Stahl. Bd. 2 (Hrsg. VDEh). Berlin–Düsseldorf 1985.

Kupferlegierungen. Kupfer und Bronzen wurden von den Menschen bei ihrer geschichtlichen Entwicklung als erste metallische Werkstoffe genutzt. Mit der Entwicklung der Elektrotechnik nahm der Bedarf an Kupfer mit guter elektrischer Leitfähigkeit erheblich zu. Kupfer und K. haben heute ihre große technische Bedeutung wegen ihrer besonderen Eigenschaften: hohe elektrische Leitfähigkeit (Leiterwerkstoff), Wärmeleitfähigkeit (Wärmetauscher, Kühler, Apparatebau), gute Verformbarkeit (Drähte, Bänder, Töpfe, Plattierungen), gute chemische Beständigkeit (Apparatebau, Freileitungen, Dachrinnen) und Farbe (Schmuck, Kunstgegenstände). Bei K. unterscheidet man Bronzen, Rotguß, Messinge und Neusilber, des weiteren Knet- (umformbare) und Gußlegierungen.

□ *Unlegiertes Kupfer.* Die technisch wichtigste Eigenschaft des Kupfers ist seine elektrische →Leitfähigkeit. Wenn Fremdatome im →Gitter eingebaut sind, bilden sie Störpotentiale im elektrischen Feld (→Kristallbaufehler). Dadurch wird die Bewegung der Elektronen behindert und die Leitfähigkeit vermindert. Sie kann durch geringe Verunreinigungen von 0,01 % schon merklich verschlechtert werden (vor allem durch P, Fe, Co).

So ist es üblich bei Cu die Leitfähigkeit als Kennzeichen des Reinheitsgrades zu verwenden (Tabelle 1). Elektrisches Leitmaterial (DIN 1708) wird mit E-Cu (Elektrotechnik) bezeichnet und muß eine Leitfähigkeit von mindestens 57 m/Ωmm^2 besitzen. OFHC-Cu (oxygen free high conductivity) ist sauerstofffrei (auch SE-Cu) und besser leitend. SF-Cu (sauerstofffrei) hat mehr Verunreinigungen und begrenzten Phosphorgehalt und wird bei geringeren Anforderungen an die Leitfähigkeit verwendet (keine Wasserstoffkrankheit).

Die gute Wärmeleitfähigkeit des Kupfers wird in Wärmetauschern, Kühlern, Heizschlangen, im Apparatebau und in Brauereien verwendet. Auch hier spielt die →Korrosionsbeständigkeit in neutralen oder alkalischen Lösungen eine Rolle (Wasserleitungen). Die Bildung von Oxidschichten oder Krusten muß vermieden werden. Mit Kohlensäure wird an Luft die schützende basische Kupferkarbonat-Schicht (grüne Patina) gebildet. Als Endprodukt wird unlegiertes Kupfer für vielfältige Anwendungen als Leiterwerkstoff in der Elektrotechnik eingesetzt.

□ *Niedrig legiertes Kupfer.* Eine weitere Anwendung als legiertes Kupfer läßt den Charakter des Werkstoffs Kupfer durch geringe Zusätze von Legierungsbestandteilen im wesentlichen unverändert. Die elektrische Leitfähigkeit wird geringfügig verringert, aber die →Festigkeit von Kupfer läßt sich durch geringe Legierungszusätze erheblich steigern (Tabelle 2). Das erfolgt durch Mischkristallbildung (Silber, Arsen) oder durch →Ausscheidungshärtung (Chrom, Zirkon, Kadmium, Eisen, Phos-

Kupferlegierungen. Tabelle 1: Elektrische Leitfähigkeit und Wäremeleitfähigkeit von unlegiertem Kupfer (nach H. J. Bargel und G. Schulze)

Kurzzeichen DIN 1708	Zusammensetzung Gew. %	Elektrische Leitfähigkeit $m/\Omega\ mm^2$	Wärmeleit-fähigkeit W/Km	Besondere Merkmale
KE—Cu	Cu $\geqq$ 99,90	—	—	Kathoden-(Elektrolyt)-Kupfer
E 1—Cu 58	Cu $\geqq$ 99,90 (O: 0,005—0,040)	$\geqq$ 58	386	Elektrolytisch raffiniertes Kupfer, Sauerstoffhaltiges Kupfer
E—Cu 57	Cu $\geqq$ 99,90 (O: 0,005—0,040)	$\geqq$ 57	386	
OFHC—Cu (SE—Cu)	Cu $\geqq$ 99,95	$\geqq$ 58	386	Kupfer hoher Leitfähigkeit, Sauerstofffreies Kupfer
SF—Cu	Cu $\geqq$ 99,90 (P: 0,015—0,040)	35-53	240—360	Desoxidiertes Kupfer, für geringe Anforderungen

Kupferlegierungen. Tabelle 2: Elektrische und mechanische Eigenschaften von einigen ausgewählten Cu-Legierungen.

Kurzzeichen	Legierungs-bestandteile %	Elektrische Leitfähigkeit $m/\Omega\ mm^2$	Zugfestigkeit N/mm^2	
CuSn 2	Sn 1,5-2,5; Zn 0,3	> 30	270 weichgeglüht 480 gewalzt	Schrauben
CuSn 6	Sn 5,5-7,5; Zn 0,3	10-20	370 weichgeglüht 660 gewalzt	Federn
G-CuSn 10 Zn	Sn 9-11; Zn 4	7	250-300 hart	
G-CuSn 5 ZnPb	Sn 5-6,5; Zn 4-6	9	200-240	gut gießbar
CuCd 1	Cd 0,9-1,3	36-48	400-600	
CuMg 0,4	Mg 0,3-0,5	$\leqq$ 48	400-600	
CuMg 0,7	Mg 0,5-0,8	$\leqq$ 36	600-1000	
CuCr	Cr 0,3-1,2	$\approx$ 50	400-600	Stromleitschienen
CuSi 2 Mn	Si 1,5-3,5	4-6	$\geqq$ 850 federhart	
CuMn 2	Mn 0,5-1		420 hart	
CuNi 20 Mn 10		1,5	350 weich	Novokonstant
CuMn 12 Ni	Mn 12-15	1,5	330	Manganin
G-CuPb 22	Pb 18-23, Ni, Fe, Sn		160	Gleitlager
G-CuPb 5 Sn	Pb 4-6, Sn 9-11		240	Gleitlager
CuAl 5	Al 4-6; Ni 0,8	8	350	
CuAl 10 Ni	Ni 3-6; Fe 2,5-5	6	560	
CuZn 44 Pb 2	Zusätze 1-2,5	18	500	Hartmessing
Cu-Zn 33		16	360 weich	Lötmessing

phor), die günstiger auf die Leitfähigkeit wirkt. Diese Werkstoffe kommen für Sonderzwecke in der Elektrotechnik, Leiterwerkstoffe, Kommutatorlamellen, Schweißelektroden, Federkontakte, Automatenwerkstoffe usw. zur Anwendung.

□ *Messinge* (CuZn-Legierungen) (Knetlegierungen DIN 17660, Gußlegierungen DIN 1709) enthalten für die technische Verwendung mindestens 50 % Kupfer. Zink wird zugesetzt, um die Festigkeit zu erhöhen, verringert die Schmelztemperatur und die elektrische Leitfähigkeit und ist billiger als Kupfer. CuZn-Legierungen mit einem Gehalt von mehr als 67 % Cu wurden früher als *Tombak* bezeichnet.

Entsprechend dem → Zustandsdiagramm Cu-Zn kann man zwei Legierungstypen von Messingen (α und $\alpha + \beta$) unterscheiden. Bis zu Gehalten von 62,5 % Kupfer liegen im → Gefüge homogene α-Mischkristalle vor, d. h. das Zink ist vollständig im Kupfer gelöst (Bild 1). Diese α-Legierungen sind gut kaltumformbar (kfz, Weichmessing). Die Festigkeit steigt mit dem Zinkgehalt an. Bei geringeren Kupfergehalten als 62,5 % treten heterogene

Kupferlegierungen 1: Gefüge der homogenen α-Mischkristalle mit Zwillingen von kupferreichen Messingen.

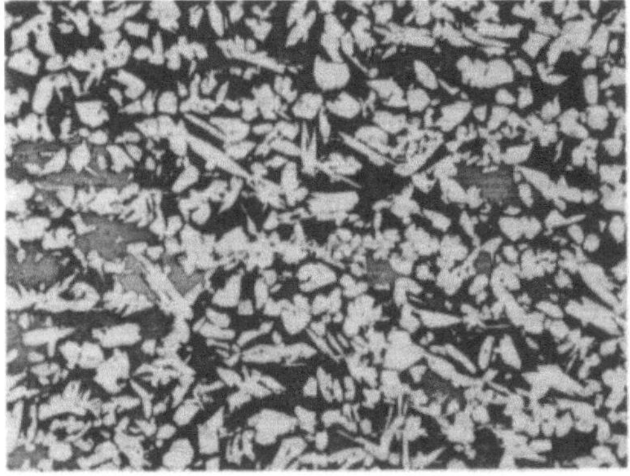

Kupferlegierungen 2: Gefüge von heterogenen ($\alpha + \beta$)-Messing der Legierung CuZn44, α-Phase hell, β-Phase grau.

($\alpha + \beta$')-Legierungen auf (Bild 2), die sich zwar gut zerspanen und warmumformen lassen, aber nur schlecht kaltumformbar sind (Hartmessing). Die β-Phase (krz) bewirkt eine rasche Verringerung der → Zähigkeit bei gleichzeitig ansteigender → Härte und Festigkeit. Bei einem Gehalt von 56 % Cu hat die Festigkeit mit $R_m \approx 540 \, \text{N/mm}^2$ ein Maximum.

Neben der Festigkeit wird auch die Farbe des Messings durch den Zinkgehalt bestimmt. Sie geht mit steigendem Zinkgehalt von goldrot (Ms95 = 95 % Cu) über goldgelb (Ms85), gelb (Ms72) zu rotgelb, sobald der β-Mischkristall (Ms63) auftritt, über. Als weiterer Zusatz kommt Blei (bis 3 %) in Frage, das sich nicht legiert, sondern als feine, kugelige Ausscheidungen vorliegt und als Spanbrecher dient. CuZn42Pb wird hinsichtlich der Zerspanbarkeit nur noch von → Aluminiumlegierungen übertroffen, die jedoch geringere Festigkeiten aufweisen.

Knetmessing wird in Form von Blechen, Stangen, Profilen, Rohren und Drähten geliefert. Gußlegierungen können für Sand-, Kokillen- und Druckguß eingesetzt werden. Verwendung finden die Messinge für Gehäuse, Gas- und Wasserarmaturen, Beschlagteile und Teile der Elektrotechnik.

□ *Sondermessinge* (Knetlegierungen DIN 17661, Gußlegierungen DIN 1709) sind CuZn-Legierungen, denen zur Verbesserung der Korrosionsbeständigkeit oder anderer Eigenschaften weitere gütesteigernde Zusätze an Al, As, Fe, Mn, Ni, P, Si, Sn (0,1 bis 10 %) zulegiert werden (Mehrstofflegierungen). Al erhöht die Festigkeit und verbessert die Korrosions- und Oxidationsbeständigkeit. As und P erhöhen ebenfalls die Korrosionsbeständigkeit und vermindern die → Entzinkung (Potentialauflösung des unedlen Zinks). Für Gußlegierungen ist etwas P gut, da die Schmelze dünnflüssiger wird. Fe und Mn verbessern die Gleiteigenschaft und dienen der Kornfeinung. Ni verbessert die → Warmfestigkeit und Korrosionsbeständigkeit. Sn und vor allem Si erhöhen die Gleiteigenschaft und den Korrosionswiderstand. Sondermessinge werden besonders für Druckmuttern, Schiffsschrauben, Ventil- und Steuerteile, Lager, Hartlote und Munitionshülsen verwendet.

□ *Zinnbronzen* (Knetlegierungen DIN 17662, Gußlegierungen DIN 1705) enthalten 1–25 % Zinn. Mit zunehmendem Zinngehalt steigt die Verschleißfestigkeit und die chemische Beständigkeit. Selbst unter höchster Belastung weisen Gleitlager mit hohem Zinngehalt gute Laufeigenschaft auf. Bei mehr als 6 % Sn tritt die spröde δ- bzw. ε-Phase auf, wodurch insbesondere die → Warmumformbarkeit stark vermindert wird. Zinnbronzen müssen vor dem Abgießen mit Phosphorkupfer desoxidiert werden (Zinnsäurekrankheit). Phosphor versprödet und erhöht außerdem die → Gießbarkeit und Korrosionsbeständigkeit. Zinnbronzen mit 10–12 % Sn werden für Schnecken, Zahnräder (G-CuSn14), Gleitlager, Hochdruckarmaturen, Leit- und Laufräder von Pumpen eingesetzt. Die Glockengußbronze hat einen Zinngehalt von 20–25 %.

□ *Rotguß* (DIN 1705) enthält neben 3–11 % Zinn zusätzlich 2–7 % Zink, das die Gießeigenschaften verbessert und die Empfindlichkeit der Schmelze gegen eine Sauerstoffaufnahme vermindert. Dagegen werden die Festigkeitseigenschaften und das →Formänderungsvermögen durch Zink verschlechtert. Gehalte von 1–6 % Blei begünstigen das Laufverhalten und die Zerspanbarkeit, 1 % Ni dient zur Kornfeinung. Eingesetzt wird Rotguß für Papierwalzenmäntel, Lagerbuchsen, Armaturen, Schiffswellenbezüge und für künstlerische Plastiken.

□ *Aluminiumbronzen* (Knetlegierungen DIN 17 665, Gußlegierungen DIN 1714) sind die chemisch beständigsten K. Sie enthaltcn 3–14 % Aluminium, das die Korrosionsbeständigkeit gegen Seewasser, Schwefelsäure und Salzlösungen, sowie Verschleißfestigkeit und →Zunderbeständigkeit erhöht. Oberhalb 10 % Al kann der Werkstoff nicht mehr umgeformt werden. Als weitere Legierungselemente können As, Fe, Mn, Ni und Si enthalten sein. Aufgrund ihrer hohen Warmfestigkeit werden CuAl-Legierungen u. a. in Heißdampfarmaturen, Führungen und Ventilsitzen eingesetzt. Die erhöhte Korrosionsbeständigkeit läßt eine Verwendung in der Nahrungsmittelindustrie zu.

□ *Siliciumbronze*. Von Bedeutung sind zwei handelsübliche CuSi-Legierungen, die 3 % Si und 1 % Mn bzw. 2 % Si und 0,5 % Mn enthalten. →Silicium wirkt desoxidierend, erhöht die Festigkeit und die Korrosionsbeständigkeit. →Mangan verbessert die Warmfestigkeit und die Verschleißfestigkeit. Die Werkstoffe finden vor allem in der Kälteindustrie z. B. als Wärmetauscher Verwendung.

□ *Berylliumbronze* enhält 0,6–2,8 % Be (→Berylliumlegierungen). Der Werkstoff, der sich gut kalt umformen läßt, ist stark aushärtbar durch die →Ausscheidung von Cu$_2$Be (R$_m$ = 1500 N/mm^2 im ausgehärteten Zustand). Meistens sind noch Gehalte von 0,5 % Ni zur Kornfeinung zugegeben. Da die elektrische Leitfähigkeit im ausgehärteten Zustand noch 10–20 m/Ωmm^2 beträgt, werden die Werkstoffe hauptsächlich in der Elektrotechnik (Fahrdraht elektrischer Bahnen, Antennen, Relaiskontakte, Blattfedern, Elektroden für Schweißmaschinen) eingesetzt. Be kann durch Legierungselemente wie Zr, Co, Si und Ag teilweise eingespart werden.

□ *Bleibronzen* (DIN 1716) enthalten 5–18 % Pb, 4–10 % Sn und Zusätze von Ni, Zn, Fe, Sb. Von allen Gleitlagerwerkstoffen besitzen sie die höchste Wärmeleitfähigkeit neben guten Notlaufeigenschaften. Sie werden insbesondere für dynamische Belastung und stoßartigen Betrieb (Dieselmotor) eingesetzt.

□ *Neusilber* (Kupfer-Zink-Nickel, DIN 17 663) das oft auch *Alpacca* oder *Argentan* genannt wird, enthält neben Kupfer Gehalte von Zink (11–46 %) und Nickel (11–28 %). Diese Werkstoffe, die sich durch hohe Korrosionsbeständigkeit auszeichnen, besitzen eine silberweiße Farbe. Neben Zusätzen von Mn (bis 0,4 %), Fe (0,1–5 %), Al (0,5–2 %) enthalten sie gelegentlich Pb (bis 3 %) zur günstigen Zerspanung.

Bauteile, die unter Spannung stehen (→Eigenspannungen), sind in Anwesenheit von Feuchtigkeit (Ammoniak) rißanfällig. Dies kann beseitigt werden durch Spannungsarmglühen bei etwa 200 bis 300 °C. CuZnNi-Legierungen werden im Kunstgewerbe, für Schmuckwaren, Tafelbestecke oder Schaltteile verwendet. Außerdem werden Widerstände, Schaltfedern und Stecker für die Elektroindustrie hergestellt.

□ *Nickelbronzen* (DIN 17 664) können 2–45 % Ni enthalten. Cu und Ni bilden im Zustandssystem einen lückenlosen homogenen →Mischkristall. Bereits geringe Gehalten von 1,5 % Ni verdoppeln die Kerbschlagzähigkeit des Werkstoffes gegenüber Cu, außerdem wird die Korrosionsbeständigkeit verbessert. Bei Legierungen mit geringem Ni-Gehalt (0,5–4 %) kommt als weiteres Legierungselement Silicium (0,15–1 %) in Frage, das mit Nickel ein Silicid (Ni$_2$Si) bildet, wodurch eine starke Warmaushärtung des Werkstoffes möglich wird. Eine →Aushärtung wird außerdem in CuNiMn-Legierungen mit ca. 20 % Ni und 20 % Mn erreicht. CuNi45 (Konstantan) wird für Thermoelemente benutzt.

Die Warmfestigkeit der korrosionsbeständigen CuNi-Legierungen ist mit der der nichtrostenden →Stähle vergleichbar. Durch Zusätze von 1,5 % Fe und 2 % Mn wird die Korrosionsbeständigkeit (durch Passivschichten) noch weiter gesteigert. CuNi20Si, CuNi20Fe werden für warmfeste Rohre, CuNi30 (Nickelin), CuNi45 (Konstantan), CuNi20Zn20 (Neusilber) für Regelwiderstände und CuNi20Mn20 als Federwerkstoff technisch eingesetzt. Eine Sonderanwendung findet der Werkstoff CuNi25 als →Münzlegierung. *Heller/Breme*

Literatur: *Bargel, H. J.* u. *G. Schulze:* Werkstoffkunde. Düsseldorf 1988. – *Dies, K.:* Kupfer und Kupferlegierungen in der Technik. Berlin 1967. – *Guillery, P.* u. *R. Hezel, B. Reppich:* Werkstoffkunde für die Elektrotechnik. Braunschweig 1982. – *Schimpke, P.* u. *H. Schropp, R. König:* Technologie der Maschinenbaustoffe. Stuttgart 1977.

Kupferschichten. Oberflächenschutzschichten, die durch elektrolytisches →Abscheiden, fremdstromloses →Abscheiden oder physikalische →Abscheidung aus der Gasphase (PVD) gebildet werden. Sie dienen als Zwischenschicht zwischen Grundwerkstoff und anderen Oberflächenschutzschichten, als →Einlaufschichten oder →Schutzschichten zur Verminderung des Schwingungsverschleißes. Daneben werden sie als gasdichte Abdeckschichten für das → Gasaufkohlen und → Gasnitrieren von Bauteilen benutzt, ebenso als Sperrschichten zur Verhinderung der → Randentkohlung aufgekohlter Flächen beim → Härten. *Habig*

Kupolofen. K. sind Schachtöfen zur Herstellung von → Gußeisen aus → Roheisen und → Schrott mit Hilfe von Schlackenbildnern und Koks als Energieträger. In Sonderfällen werden K. auch zur Herstellung von synthetischem Roheisen aus Stahlschrott und Aufkohlungsmitteln eingesetzt.

In den Schacht des Ofens werden oben an der Gicht Roheisen, Schrott, Koks und Zuschläge mit Hilfe eines Schrägaufzugs eingefüllt. Unten wird in der Düsenebene durch die über den Umfang des runden Ofens verteilten Düsen Wind eingeblasen. Mit dem Sauerstoff des Windes verbrennt der → Kohlenstoff im Koks und das Ofengas strömt im Schacht aufwärts und erwärmt die Beschickung. Schrott und Roheisen schmelzen oberhalb der Düsenebene. Das Eisen fließt in den unteren Teil des Schachtofens, den Herd. Dabei nimmt es aus dem Koks Kohlenstoff auf. Aus dem Herd wird es entweder satzweise abgestochen oder fließt kontinuierlich durch das Stichloch ab. Von der ebenfalls geschmolzenen Schlacke wird es durch einen Siphon getrennt. Das Eisen wird in einem Vorherd oder einem Induktionsrinnenofen gesammelt oder direkt in eine Gieß-Pfanne abgestochen.

Der eingeblasene Wind wird bei Heißwindkupol-

öfen auf Temperaturen von 400–600 °C vorgewärmt. Dazu kann das aus dem Ofen abgesaugte → Gichtgas unter Verbrennung seines Restgehaltes an CO benutzt werden. Wird es, wie bei Kaltwindkupolöfen, nicht genutzt, so muß es durch Einspritzen von Wasser abgekühlt werden für die anschließende Reinigung. Das Abscheiden des Staubes erfolgt in Gewebe- oder Elektrofiltern, seltener in einer Naßreinigung.

Herd und Schacht des Ofens sind im allgemeinen mit sauren feuerfesten Massen ausgekleidet.

Im K. werden zum Schmelzen etwa 11–15 % Satzkoks bei Kaltwind- und 8–12 % bei Heißwindbetrieb benötigt. Zusätzlich ist Koks zum Aufkohlen des Einsatzes notwendig. Die spezifische Leistung, bezogen auf die Herdfläche, beträgt 9–11 t/m² h. Übliche Ofengrößen liegen zwischen 0,8 und 2 m Herddurchmesser. *Rellermeyer/Baumann*

Kurbelpresse. K. sind die für die industrielle Produktion wichtigste Gruppe von weggebundenen Preßmaschinen (→ Umformmaschine). Sie lassen sich aufteilen in Ein- und Mehrkurbelpressen. Am weitesten verbreitet sind Pressen mit Schubkurbelgetriebe. Bei K. ist der Hub fest, bei Exzenterpressen veränderlich. Wird bei kleinem Hub große Stößelkraft gefordert oder im Arbeitsbereich verringerte Geschwindigkeit, werden erweiterte Kurbelgetriebe verwendet, z. B. Kniehebelgetriebe, Lenkhebel- oder Mehrkurbelgetriebe. *Lange*

Kurzzeitversuch → Zeitstandversuch

L

Lacke. L. sind flüssige Substanzgemische (neuerdings auch feste, sog. Pulverlacke), die in dünner Schicht auf Oberflächen von → Holz, → Metallen, → Kunststoffen oder mineralischen Baustoffen aufgebracht werden und nach der Trocknung festhaftende, geschlossene Überzüge (Filme), die sog. Lackierung, ergeben.

Andere, gebräuchliche Bezeichnungen für L. sind *Anstrichmittel, Beschichtungsstoffe* und *Lackfarben.*

Der Begriff *Lackkunstharze* umfaßt alle Lackbindemittel, deren essentielle Komponente ein rein synthetisches Produkt oder ein chemisch abgewandelter Naturstoff ist. Reine Naturstoffe, die als Lackrohstoffe Verwendung finden, sind unter Harze zusammengefaßt.

Je nach ihrem Verwendungszweck enthalten L. eine Anzahl unterschiedlicher Bestandteile, die sich in folgende Gruppen einteilen lassen:

Filmbildner
Harze } Bindemittel } nichtflüchtige
Weichmacher Bestandteile

Hilfsstoffe
Farbstoffe
Pigmente
Füllstoffe

Lösungsmittel
Wasser } flüchtige
(in Dispersionen) Bestandteile

□ Filmbildner sind makromolekulare Stoffe (z. B. Cellulosenitrat, Polyacrylate und Polymethacrylate, Vinylchlorid-Vinylacetat-Copolymere) oder niedermolekulare Verbindungen, die erst im Verlauf der Lackhärtung in makromolekulare Stoffe übergehen (z. B. ungesättigte Polyesterharze, Epoxidharze). Sie sollen nach dem Lackauftrag auf dem Untergrund eine dünne, zusammenhängende Schicht, einen Film, mit den gewünschten mechanischen und chemischen Eigenschaften bilden.

Bei der Anwendung polymerer Filmbildner ist die Molekularmasseneinstellung von besonderer Bedeutung. Bestmögliche mechanische Eigenschaften des Lackfilmes sind nur bei hohen Molekularmassen zu erreichen. Hohe Molekularmassen bedingen aber bei notwendigerweise anzuwendendem geringem Lösungsmittelgehalt hohe Viskositäten, die bei der Lackverarbeitung unerwünscht sind. Hier müssen Molekularmasseneinstellungen gefunden wer-

den, die befriedigende mechanische Eigenschaften des Lackfilms bei erträglichen Viskositätswerten des flüssigen L. ergeben. Diese Schwierigkeiten treten bei der Anwendung niedermolekularer Filmbildner nicht auf. Bei ihnen entsteht das eigentlich filmbildende Polymermaterial erst während der Lackhärtung, muß also nicht gelöst werden. Deshalb lassen sich hier mit lösungsmittelarmen bis lösungsmittelfreien L. sehr hochwertige Filme herstellen.

Bei den handelsüblichen L. wird für eine spezielle Rezeptur allerdings nicht nur ein, sondern stets eine Anzahl verschiedener Filmbildner verwendet.

□ Harze sind in der Regel leicht lösliche Stoffe, die zur Erhöhung des Feststoffgehaltes von L., zur Verbesserung der → Haftfestigkeit, zur Steigerung der Filmhärte sowie bei oxidativ vernetzenden Überzügen zur Verkürzung der Trockenzeit und des Glanzes von Lackierungen dienen.

Von den natürlichen Harzen wird Kollophonium am meisten verwendet. Bevorzugt werden aber vollsynthetische Harze eingesetzt.

□ → Weichmacher sind schwerflüchtige organische Verbindungen, im allgemeinen Ester mehrbasischer Säuren (z. B. Dioctylphthalat), die den Erweichungsbereich der → Bindemittel herabsetzen. Daraus resultieren erniedrigte Filmbildungstemperatur und größere → Elastizität der Lackfilme.

□ Farbstoffe und Pigmente sind feingemahlene, meist kristalline Feststoffe, die im L. und im → Überzug dispergiert vorliegen und dem L. Farbigkeit, Deckkraft, aber oft auch stark verbesserte Beständigkeit verleihen.

□ Als Füllstoffe werden im allgemeinen Schwerspat, Kreide oder Kaolin verwendet. Sie ersetzen teuere Weiß- und Bundpigmente.

□ Unter dem Begriff Hilfsstoffe werden die verschiedenartigsten Zusatzstoffe mit unterschiedlicher Wirkung verstanden. Sie werden nur in geringen Mengen dem L. zugesetzt und verbessern oft in entscheidender Weise die Eigenschaften der Lacklösung oder des Lackfilmes.

Trockenstoffe (Sikkative) beschleunigen die Bildung des polymeren Lackfilms bei oxidativ trocknenden, niedermolekularen Filmbildnern (z. B. ölmodifizierten Alkydharzen). Verwendung finden im Bindemittel lösliche Schwermetallsalze von Carbonsäuren.

Härtungsbeschleuniger beschleunigen die Bildung des polymeren Lackfilmes bei chemisch trocknenden, niedermolekularen Filmbildnern. Ihr Zusatz bewirkt, daß ofentrocknende L. in kürzerer Zeit und/oder bei niedrigeren Temperaturen aushärten als der beschleunigerfreie Filmbildner. Beschleunigerhaltige L. sind allerdings weniger lagerfähig als beschleunigerfreie (Beschleuniger).

Antihautmittel sind Stoffe, die bei oxidativ trocknenden L. beim Zutritt von Luftsauerstoff während der Lagerung die oberflächliche Härtungsreaktion (Bildung einer Haut) verhindern. Diese sind in der Regel → Antioxidantien. Sie bewirken weitgehend eine gleichmäßige Trocknung über die gesamte Tiefe des Lackfilmes, was unerwünschte Runzelbildung verhindert.

Verlaufmittel sind schwerflüchtige Lösungsmittel (z. B. Cyclohexanon und Butylglykol), die über einen längeren Zeitraum die Filmbildung hinweg eine lösende Wirkung auf die Bindemittel aufrecht erhalten. Sie bewirken dadurch die Ausbildung einer glatten Lackoberfläche auch nach unebenem, rauhem oder stark strukturiertem Lackauftrag.

Benetzungsmittel und Ausschwimmverhütungsmittel sollen ausreichenden Glanz und Deckkraft sowie die Farbtoneinheitlichkeit des L. gewährleisten. Die Benetzungsmittel sollen der Zusammenlagerung (Flokkulation) ungenügend benetzter Pigment- und Farbstoffteilchen entgegenwirken. Die Ausschwimmverhütungsmittel sollen im noch feuchten Lackfilm die horizontale und vertikale → Entmischung von Pigmenten unterschiedlicher Dichte und Oberflächenaktivität verhindern. Siliconöle, kationische und nichtionische Tenside haben sich hierbei als wirksame Hilfsstoffe bewährt. Mattierungsmittel werden seidenglänzenden und matten Lacken zugesetzt. Neben Talkum und Kieselgur werden dazu vorwiegend synthetische, hochdisperse Kieselsäuren und Polyolefinwachse verwendet.

□ Lösungsmittel dienen dazu, die festen und/oder hochviskosen Komponenten einer Lackmischung ohne chemische Reaktion aufzulösen und die Lackviskosität auf das jeweilige Verarbeitungsverfahren optimal einzustellen. Je nach Art des Bindemittels und des Verwendungszweckes des L. verwendet man unterschiedliche Mischungen aus niedrig-, mittel- oder hochsiedenden organischen Substanzen.

Bis vor wenigen Jahren waren L. mit Lösungsmittelgehalten von 50–70 % üblich. Heute ist man bemüht, den Anteil an organischen Lösungsmitteln herabzusetzen und auf die Verwendung von gesundheitsschädlichen Stoffen, wie z. B. Benzol, Xylol, Tetrachlorkohlenstoff etc. ganz zu verzichten. Die Gründe dafür sind sowohl ökonomische, die Lösungsmittel verdampfen bei der Lacktrocknung und sind damit wertmäßig verloren, zum anderen aber umweltpolitische, sie belasten als Schadstoffe die Atmosphäre.

Wasser dient in wäßrigen Dispersionsfarben als flüssige Phase, in der Vinylpolymere mit hohen Molekularmassen in hoher Konzentration dispergiert sind.

Durch den Vorgang der Filmbildung, den man als Trocknung bezeichnet, geht der L. in seinen Endzustand, in einem auf dem zu schützenden Untergrund festhaftenden Überzug, der Lackierung, über. Dieser Endzustand kann auf vier verschiedene Weise erreicht werden:
– durch Verdampfen von Lösungsmitteln aus Lösungen oder Dispersionen makromolekularer Stoffe
– durch Verdampfen von Wasser aus Dispersionen makromolekularer Stoffe
– durch Abkühlen aufgeschmolzener makromolekularer Stoffe
– durch chemische Reaktion niedermolekularer Verbindungen zu makromolekularen Stoffen.

Alle vier Möglichkeiten sind heute in reiner oder gemischter Form realisiert.

Lacksysteme, bei denen die Filmbildung gemäß den ersten drei Möglichkeiten erfolgt, ohne daß dabei chemische Reaktionen unter den Lackkomponenten eintreten, bezeichnet man als physikalisch trockene L.

Systeme, die nach letzter Möglichkeit einen Film bilden, sind chemisch trocknende L.

Physikalisch trocknende L. enthalten als Filmbildner vernetzte, makromolekulare Stoffe (lineare bis verzweigte Makromoleküle), deren → Glastemperatur in der Regel über 25 °C liegt. Die lösungsmittelhaltigen Systeme weisen nur geringe, nichtwäßrige und wäßrige Dispersionen und sehr viel höhere Feststoffgehalte auf. Vollständig lösungsmittelfrei sind die Pulverlacke, wobei zur Filmbildung entweder die zu überziehende Oberfläche über die → Erweichungstemperatur des Bindemittels erhitzt werden muß und in das kalte Lacksystem eintaucht (Wirbelsinterverfahren), oder das aufgeschmolzene Lacksystem auf den kalten Untergrund gespritzt wird (→ Flammspritzen).

Zu den physikalisch trocknenden Systemen gehören L. auf der Basis von → Cellulosenitrat (Nitrolacke), → Celluloseestern, → Chlorkautschuk, → Polyvinylchlorid, → Polyvinylacetat, → Polyvinylalkohol, Polyacrylester und Polymethacrylester, → Styrol-Butadien-Copolymerisaten, → Polyestern und → Siliconen.

Als Bindemittelrohstoffe für Pulverlacke finden vorwiegend PVC, → Polyamide und → Polyolefine Verwendung.

Chemisch trocknende L. enthalten als Filmbildner sowohl Mischungen von niedermolekularen Verbindungen mit makromolekularen Stoffen als auch nur Gemische von niedermolekularen Verbindungen. Nach der Trocknung liegen im Lackfilm vernetzte Makromoleküle vor, so daß diese Lackierungen zwar mehr oder weniger durch Lösungsmittel angequollen, aber prinzipiell nicht mehr aufgelöst werden können.

Zur Filmbildung (→Härtung) bei chemisch trocknenden L. sind alle drei denkbaren Polyreaktionen einsetzbar, die →Polymerisation, die →Polykondensation und die →Polyaddition. Je nach Art der Initiierung dieser Polyreaktionen unterscheidet man zwischen oxidativ trocknenden, kalthärtenden, strahlungshärtenden und ofentrocknenden Lacksystemen.

Ein Beispiel für die auf Polymerisation beruhende Filmbildung sind die ungesättigten Polyesterharz enthaltenden L. Hier liegen Mischungen von hochmolekularen Polyestern vor, die in monomerem Styrol oder Acrylestern gelöst sind. Je nach verwendetem Initiator lassen sich diese L. kalt, warm, durch Ultraviolettbelichtung oder durch Elektronenbestrahlung härten. Bei der Härtung reagieren die monomeren Komponenten untereinander und mit dem hochmolekularen Polyester zu einem dreidimensionalen Netzwerk. Diese Systeme sind auch ein Beispiel für vollständig lösungsmittelfreie L.

Zur Gruppe der durch Polykondensation aushärtenden L. gehören die Mischungen von Harnstoff-, Melamin- und Phenol-Formaldehydharzen mit Polyester oder Alkydharzen. Diese Systeme bedürfen nach dem Verdunsten der Lösungsmittel in der Regel noch der Wärmezufuhr durch Einbrennen in Trockenöfen, um in den vernetzten Zustand überzugehen. Bei dieser Trocknung werden Wasser, niedere Alkohole und geringe Mengen Formaldehyd abgespalten (Harnstoff-Formaldehydkondensate).

Bei Epoxidharz- und Polyurethan-L. erfolgt die Filmbildung durch Polyaddition. Diese Bindemittel sind, was die Verarbeitung anlangt, vielseitig variierbar. Hier reicht die Palette von kalthärtenden, fast lösungsmittelfreien Einstellungen bis zu ofentrocknenden Pulverlacken. Auch sehr reaktive Kombinationen, die innerhalb weniger Stunden bei Zimmertemperatur vernetzen, sind bei den sog. „Zweikomponentenlacken" gegeben, wobei die filmbildenden Komponenten in getrennten Gebinden angeliefert und erst kurz vor oder während der Verarbeitung gemischt werden.

Lacktypen:

– Öllacke enthalten Öle, die unter dem Einfluß von Luftsauerstoff bei Anwesenheit von Sikkativen Filme bilden (Leinöl, Sojaöl, Holzöl, Oiticicaöl etc.). Sie enthalten weiterhin Hartharze, wie Alkylphenolharze, Netzmittel, ggf. Pigmente und bis zu 90 % Lösungsmittel (Testbenzin).

– Cellulosenitratlacke (Nitrolacke) enthalten Cellulosenitrat (Collodiumwolle) als wesentlichen Bindemittelbestandteil. Weitere Bestandteile sind Schellack oder synthetische Härze, wie Alkydharze, Maleinatharze, Harnstoffharze, Melaminharze,

Acrylharze, Polyamidharze und auch Polyurethanharze. Solche Mischungen werden als Nitrokombinationslacke bezeichnet.

Als Weichmacher werden vorwiegend Dibutyl- und Dioctylphthalat verwendet.

Die wichtigsten Lösungsmittel sind:

Ethyl-, Butyl- und Propylaccetat, Methylethyl- und Methylisobutylketon.

– Celluloseesterlacke enthalten entweder →Celluloseacetat oder →Celluloseacetobutyrat als Filmbildner, manchmal in Kombination mit Acrylharzen, Alkydharzen, Polyester, Harnstoff- und Melaminharze (Kombinationslacke).

Als Weichmacher werden hauptsächlich Phthalsäure- und Phosphorsäureester, aber auch Adipinsäureester (erhöhen die Kältefestigkeit) und Citronensäureester (für Anwendungen im Lebensmittelsektor) verwendet.

Die wichtigsten Lösungsmittel für Celluloseacetat sind Aceton, Methylacetat und Cyclohexanon, für Acetobutyrate Glykolether, Methylenchlorid und Dioxan. Celluloseesterlacke besitzen gute Hitzebeständigkeit, Lichtechtheit und gutes elektrisches Isoliervermögen.

– Chlorkautschuklacke enthalten entweder chlorierten →Naturkautschuk oder chloriertes Polyisopren, →Polyethylen und →Polypropylen als alleinigen Filmbildner oder diese in Kombination mit Alkyd- und/oder Acrylharzen. Die Filme weisen hohe Chemikalien- und Witterungsbeständigkeit auf und werden für Unterwasseranstriche auf →Stahl und →Beton als Straßenmarkierungen und als →Korrosionsschutz verwendet.

– Polyvinylharzlacke enthalten als Bindemittel solche makromolekularen Stoffe, die durch Polymerisation von vinylgruppenhaltigen Monomeren, $CH_2 = CH-R$, entstehen. Hierher gehören folgende Stoffe: Polyolefine (PE, PP), Polyvinylchlorid (PVC) und Polyvinylidenchlorid (PVC), polymere Fluorethylene, Polyvinylalkohol, Polyvinylacetate und -ether, Polyvinylester, Polystyrol sowie Polyacrylate und -methacrylate.

Die Polyvinylharzlacke sind in der Regel physikalisch trocknend. Lediglich Polyolefine werden nur zu Pulverlacken oder Lackdispersionen verarbeitet.

– Polyvinylchlorid besitzt viele wertvolle Eigenschaften, besonders seine →Chemikalienbeständigkeit, die es als Lackrohstoff geeignet erscheinen lassen. Dem stehen aber seine beschränkte →Löslichkeit in den üblichen Lösungsmitteln sowie seine Unverträglichkeit mit anderen Bindemitteln entgegen. Lediglich bei der Anwendung als Plastisole und Organosole besitzt PVC zunehmende Bedeutung. Plastisole sind Dispersionen von PVC in Weichmachern, Organosole enthalten zusätzlich Lösungsmittel. Copolymerisate von Vinylchlorid mit Vinylacetat eignen sich speziell für die Bandlackierung von

Aluminium und Stahl. Durch den Vinylacetatanteil werden die Filme elastischer und haften besser. Eine weitere Verbesserung der Haftfestigkeit erreicht man durch Einpolymerisieren von Malein- oder Acrylsäure.

Copolymerisate mit Vinylisobutylether sind im Vergleich zu reinem PVC besser löslich und verträglicher mit anderen Bindemitteln, haftfest und elastisch.

– Auch die polymeren Fluorethylene, wie → Polyvinylfluorid, → Polyvinylidenfluorid, Polytetrafluorethylen und deren Copolymerisate, werden vorwiegend zu Lackdispersionen verarbeitet. Sie zeichnen sich durch ungewöhnlich hohe UV-, Wetter-, Alterungsbeständigkeit, thermische Belastbarkeit und Beständigkeit gegen chemische Agenzien aus. Sie sind schwer entflammbar und selbstverlöschend.

– Polyvinylalkohol ist wasserlöslich, jedoch unlöslich in organischen Lösungsmitteln, Fetten und Ölen. Die aus wäßrigen Lösungen enthaltenen Filme sind sehr reißfest, zähelastisch und lichtbeständig und werden zur Herstellung lösungsmittelbeständiger Überzüge verwendet.

– Polyvinylacetate zeichnen sich durch gute Löslichkeit in den üblichen Lösungsmitteln und gute Verträglichkeit mit anderen Lackrohstoffen aus. Die eingebrannten Filme sind zäh, hart und relativ beständig gegen Lösungsmittel.

– Polyvinylether (Methyl-, Ethyl- und Isobutylether) werden sowohl als Homo- wie auch als Copolymerisate in der Lackindustrie vorwiegend als Sekundärweichmacher und Haftkleber verwendet.

– Polyvinylacetat wird in verschiedenen Molekularmassenabstufungen als Bindemittel sowohl in fester und gelöster Form, auch in Dispersionen, verwendet. Die niedermolekularen Typen lassen sich mit anderen Lackrohstoffen, wie Cellulosenitrat, Celluloseacetobutyrat oder Chlorkautschuk kombinieren. Die höhermolekularen Typen sind vorwiegend Alleinbindemittel. Anwendungsgebiete sind Kleblacke, Heizkörperlacke und Betonanstrichmittel.

– Polystyrol als Lackbindemittel ist auf wenige Spezialanwendungen beschränkt, während Copolymerisate mit Acrylsäureester, Maleinsäureester, Butadien und Acrylnitril einige Bedeutung als Papier-, Folien- und Metallacke, als Druckfarben sowie als Straßenmarkierungs- und Fassadenfarben erlangt haben.

– Polyacrylate und Polymethacrylate, im allgemeinen Sprachgebrauch als Acrylharze bezeichnet, werden als Lackbindemittel in großen Mengen verarbeitet. Sie gelangen als wäßrige Dispersionen, als Lösungen und als lösungsmittelfreie Systeme auf den Markt.

Wäßrige Acrylharz-Dispersionen sind ideale Bindemittel für Dispersionsfarben, die auf saugendem, porösem Untergrund vor allem im Baugewerbe als Fassaden- und Wandfarben Anwendung finden. Sie sind hervorragend licht- und wetterfest, dauerelastisch, haftfest und wasserdampfdurchlässig, so daß eine gestrichene Wand „atmungsaktiv" bleibt. Acrylharz-Lösungen werden als Bindemittel in Kombination mit Celluloseestern und Alkydharzen zur Herstellung flexibler Lackierungen auf Gummi-, Holz- oder verzinkten Oberflächen verwendet. Demgegenüber haben Lösungen von vernetzungsfähigen Acrylharzen als Einbrennlacke für Kraftfahrzeuge und Haushaltsgeräte große technische und wirtschaftliche Bedeutung erlangt.

– Epoxidharzlacke (→Epoxidharze) enthalten im getrockneten (ausgehärteten) Zustand als wesentlichen Bestandteil vernetzte Makromoleküle, die durch Polyaddition von Epichlorhydrin und 2.2 – Bis (p-hydroxyphenyl)-propan (Bisphenol – A) bei Anwendung eines Härters (Polyaminen, Polyisocyanten, Formaldehydkondensaten, Acryl- oder Methacrylsäure) entstehen.

Aufgrund ihrer hervorragenden Eigenschaften, wie hohe Haftfestigkeit, ausgezeichnete Härte, Abriebfestigkeit und chemische Beständigkeit, haben sie große technische Bedeutung erlangt.

Sie kommen vorwiegend als kalthärtende Zweikomponenten-Systeme (sog. Reaktionslacke) zur Anwendung. Dabei wird das Polyaddukt aus Epichlorhydrin und Bisphenol A in einem Lösungsmittelgemisch (Alkohole, Ketone, Glykolether, Aromaten) gelöst. Dieser Lösung (Harzkomponente) wird kurz vor Gebrauch die Härtekomponente (Polyamin, → Polyurethan etc.) zugegeben. Diese Lackmischungen härten bei 20 °C in etwa 7 Std. aus, bei 120 °C in etwa 30 min.

Daneben werden Epoxidharze in Kombination mit Phenol- und Aminoharzen als Einbrennlacke verwendet. Hierbei werden hochmolekulare Epoxidharze (mittlere Molekularmassen zwischen 1700–4000 g/mol) in geeigneten Lösungsmitteln gelöst und kalt oder bei mäßig erhöhter Temperatur mit Phenol-, Harnstoff- oder Melamin-Formaldehydharzen vermischt. Diese noch mit Hilfsstoffen versetzten Mischungen härten bei 160–200 °C aus, indem die Methylol- bzw. Phenolgruppen mit Epoxid- und teilweise auch Hydroxylgruppen unter Bildung von Ätherbrücken zu hochvernetzten Makromolekülen reagieren.

– Polyurethanlacke (→Polyurethane) kommen sowohl als Ein-Komponenten- als auch als Zwei-Komponenten-Systeme zur Anwendung. Um nach der Härtung, die bei Raumtemperatur oder 160–180 °C (bei sog. blockierten Polyisocyanaten) abläuft, vernetzte Endprodukte zu erhalten, wird von relativ niedrigmolekularen Polyisocyanaten und Polyhydroxylverbindungen ausgegangen, die durch Polyaddition zu Polyurethanen reagieren.

Bei den kalthärtenden Ein-Komponenten-Systemen enthalten die Präpolymere freie, reaktionsfähige Isocyanatgruppen, die bei der Reaktion mit Luftfeuchtigkeit vernetzte Makromoleküle ergeben.

Die kalthärtenden Zwei-Komponenten-Systeme enthalten keine Präpolymere, vielmehr werden hier reaktive Polyisocyanate („Härterkomponente") kurz vor der Lackvearbeitung mit Polyhydroxylverbindungen gemischt.

Wegen ihrer vielfältigen Anpassungsfähigkeit sind Polyurethanlacke zur → Beschichtung auf allen Oberflächen hervorragend verwendbar. Sie zeigen hohe Härte, Dauerelastizität, Abriebfestigkeit, gute Chemikalien- und Witterungsbeständigkeit.

Zahradnik

Literatur: DIN-Norm 55 945: Anstrichstoffe und ähnliche Beschichtungsstoffe – Begriffe. – *Kittel, H.*: Lehrbuch der Lacke und Beschichtungen. 5 Bd. Stuttgart-Berlin 1971–1977. – *Wagner, H.*, u. *H. F. Sarx*: Lackkunstharze, 5. Aufl. München 1971.

Lagenholz. L. ist ein Oberbegriff für verschiedene Werkstoffe, die aus mindestens drei, flächig miteinander verleimten Holzlagen bestehen. Nach der Orientierung der Einzellagen wird unterteilt in Schichtholz (Faserrichtung aller Lagen weitgehend parallel), Sperrholz (Faserrichtung benachbarter Lagen meist um 90 ° versetzt) und Sternholz (Faserrichtung benachbarter Lagen um 15, 30 oder 45 ° versetzt). Als Lagen dienen entweder Furniere (z. B. Furniersperrholz, Furnierschichtholz, Sternholz) oder Bretter (z. B. → Brettschichtholz) oder Furniere in Kombination mit einer Stabmittellage (Stabsperrholz).

Als Besonderheit ist Kunstharz-Preßholz nach DIN 7707 mit Rohdichten von 0,8 bis 1,3 g/cm³ zu nennen. Es besteht aus Buchen-Furnieren, die häufig mit → Kunstharz getränkt, zumindest aber beleimt sind, bevor sie in der Heißpresse verdichtet werden (Kunstharzanteil bis 35 Gewichtsprozent). Je cm Erzeugnisdicke enthalten sie mindestens fünf Furnierlagen, die parallel, rechtwinklig oder sternförmig orientiert sein können. Kunstharz-Preßhölzer werden z. B. verwendet für Isolierstützträger im Transformatorenbau, für mechanisch hoch beanspruchte Gleitbahnen mit geringem Reibungsbeiwert, zur Strahlenabschirmung im Reaktorbau und in beschußsicherer Ausführung im Bankwesen.

Die Vorteile des L. bestehen in der Vergleichmäßigung der Eigenschaften gegenüber Vollholz. So sind bei Schichtholz mögliche Wuchsunregelmäßigkeiten (z. B. Äste, Faserneigung) in den Einzellagen verteilt; dadurch wird eine lokale Querschnittsschwächung vermieden. Bei Sperrholz lassen sich mit zunehmender Lagenzahl in den beiden Hauptachsen der Plattenebene nahezu gleiche Eigenschaften erreichen. Sternholz weist bei geeignetem Aufbau sogar in allen Richtungen der Plattenebene gleiche Eigenschaften auf (Isotropie). *Noack/Schwab*

Literatur: DIN 7707: Kunstharz-Preßholz und Isolier-Vollholz.

Lagenzahl → Schweißnahtform

Lager. L. haben die Aufgabe, die am jeweiligen Auflagerpunkt wirkenden Schnittgrößen (Kräfte, Momente) aus dem Überbau aufzunehmen und sicher auf das Widerlager zu übertragen und dabei Relativbewegungen (Verschiebungen, Verdrehungen) möglichst zwängungsfrei zu ermöglichen. Die dazu erforderlichen Rotations- und Translationsbewegungen werden durch die Lagermechanismen Rollen, Gleiten oder Verformen ermöglicht (Tabelle). In den beiden letzten Jahrzehnten ist aus verschiedenen Gründen (Veränderungen der Bauweisen, Entwicklung neuer Werkstoffe, Kosten) die Entwicklung von stählernen Kipp- und Rollenlagern weg und hin zu Lagertypen gegangen, bei denen die Bewegungen durch Gleiten und Verformen von Kunststoffen ermöglicht werden (→ Gleitlager, → Verformungslager). Die noch junge Lagertechnik im Hochbau verwendete von Anfang an Kunststofflager. Das Gesamtgebiet der Lagertechnik ist durch die zahlreichen Bauartvarianten sehr umfangreich. Einen Überblick gibt die umfassende Norm DIN 4141. *Sasse*

Lager. Tabelle: Lagergrundformen und Wirkungsweisen.

	Rotation	Translation
Rollen (abwälzen)	stählernes Kipplager	Rollenlager
Gleiten	festes Kalottenlager	Gleitlager
Verformen	Topflager	Elastomerlager

Keine eindeutige Trennung zwischen Rotation und Translation bei Ein-Rollenlagern und Elastomerlagern

Lagermetalle. L. sind Legierungen auf Sn-, Sb-, Pb-Basis oder Sn-, Cu-Pb- oder Pb-Alkali-(Erdalkali)-Legierungen.

Von besonderer Bedeutung sind Weißmetalle nach DIN 1703, wobei man zwischen zinnreichen und bleireichen Sorten unterscheiden muß. Zur Vegrößerung der → Härte dienen Zusätze von Antimon und Kupfer oder Arsen bei bleireichen Weißmetallen. In eine weiche Grundmasse sind dann harte Kristalle eingelagert. Weißmetalle werden als dünner Lagerausguß in Stahl-, Bronze- oder Gußeisenschalen verwendet. Die Verbindung mit der Stützschale erfolgt durch → Diffusion, bei → Gußeisen mechanisch mit Schwalbenschwanznuten. Weißmetallager haben gute Gleit- und Notlaufeigenschaften auch bei ungehärteten Wellen. Bei schwingender Dauerbeanspruchung allerdings werden sie spröde und bröckeln aus.

Ebenfalls in DIN 1703 genormt sind Bleilagermetalle mit dem Hauptbestandteil → Blei und geringen Zusätzen an Alkali- und Erdalkalimetallen. Als Lagerausguß weisen sie gute Dauerfestigkeit, gute Einlauf- und Notlaufeigenschaften auf und sind für rauhen Betrieb (z. B. in Eisenbahnlagern) geeignet.

Zinnbronzen nach DIN 1705 bestehen im wesentlichen aus Kupfer mit 10–20 % Zinn. Sie eignen sich als Lagerwerkstoff für hohe Belastungen und kleine Gleitgeschwindigkeiten. Einlauf- und Notlaufeigenschaften sind mäßig. Wegen der relativ großen Härte dieses Werkstoffs muß der Lagerzapfen in der Lagerbohrung genau fluchten, um Kantenpressung zu vermeiden. Der Lagerzapfen sollte gehärtet und die Lagerbohrung feinstbearbeitet sein.

In der gleichen Norm sind die Rotgußsorten zusammengefaßt. Hierbei handelt es sich um Kupferbasislegierungen mit Zinn und Zink als Legierungspartner. Fast gleiche Zusammensetzung wie Rotguß hat die → Knetlegierung Zinn-Mehrstoff-Bronze nach DIN 17 662.

Messing, Sondermessing sind Legierungen auf Kupfer-Zink-Basis mit bis zu 3,0 % Blei. Die Gußlegierungen sind in DIN 1709, die Knetlegierungen in DIN 17 660 und 17 661 genormt. Rotguß und Messinge sind für Lager mit mittleren Belastungen geeignet. Im übrigen haben sie ähnliche Eigenschaften wie die Zinnbronzen.

Bleibronzen und Bleizinnbronzen nach DIN 1716 sind ebenfalls Kupferbasis-Legierungen mit dem Hauptlegierungsbestandteil Blei (bis zu 35 %) bzw. Blei und Zinn. Durch das Blei erhalten diese Lagerwerkstoffe gute Einlauf- und Notlaufeigenschaften sowie eine Einbettungsfähigkeit für Fremdkörper. Man verwendet diese Legierungen deshalb für Lager mit hohen Belastungen und hohen Gleitgeschwindigkeiten.

Seltener verwendet werden Cadmium-Lagerwerkstoffe, die fast so weich wie Weißmetall, jedoch wesentlich verschleißfester, aber nicht so hoch belastbar wie Bleibronze sind.

Bei Gleitlagern spielt die Paarung von Lager- und Wellenwerkstoff eine große Rolle. So kann man z. B. beim Übergang von geschmiedeten zu gegossenen Kurbelwellen von Verbrennungsmotoren erleben, daß eine Umstellung im Lagerwerkstoff erforderlich ist. Aus diesem Grund werden in Japan Lagerlegierungen auf Al-Sn-Basis hergstellt, und zwar in mehreren Varianten mit unterschiedlichen Zinngehalten und verschiedenen Zusätzen an einer großen Zahl von Legierungsmetallen. *Doliwa*

Lagertechnik → Lager

Lamellenstruktur → Polymer, teilkristallines

Laminat → Kontinuumstheorie; → Kunststoff, glasfaserverstärkter

Laminieren. Beim L. handelt es sich um ein Auftrageverfahren. Es werden dabei zwei oder mehr Materialien miteinander verbunden. Bei der Herstellung von Schichtstoffen werden dabei einzelne Schichten miteinander vereinigt, während beim Kaschieren zwei Folien miteinander vereinigt werden.

Im weiteren Sinne gehören zu den Laminierverfahren auch das Handauflege- und das Fadenwickelverfahren. Beim Handauflegeverfahren werden Matten aus Glasfasern (→ Verbundwerkstoffe) mit ungesättigten Polyesterharzen getränkt. Die getränkten Matten werden dann auf eine Form gebracht und durch Rollen angepreßt. Die endgültige Formgebung erfolgt durch Kaltpressen. In diesem Verfahren werden großflächige Gegenstände, die in kleinen Stückzahlen hergestellt werden, wie z. B. Bootskörper, bearbeitet. Das Verfahren kann mit Hilfe von → Prepregs vereinfacht werden. Dazu werden Matten kontinuierlich in → Harz getaucht, abgequetscht, im Ofen vorgehärtet und dann im Pressverfahren unter Formgebung ausgehärtet. Bei den sogenannten SMC's (*engl.* sheet molding compounds) handelt es sich um vorgetränkte Stücke von Glasfasermatten, die in Formen eingelegt und dann ausgehärtet werden.

Beim Fadenwickelverfahren (*engl.* filament winding) tränkt man Glasfaser-Rovings mit dem Harz, wickelt sie nach einem geometrischen Muster um einen entfernbaren Kern und läßt dann aushärten. Das Verfahren wird zur Herstellung von Hohlkörpern sehr hoher Festigkeit aus → Glasfasern und → Epoxidharzen verwendet. Nach einer neueren Variante dieses Verfahrens werden die Faserwicklungen auf die Innenseite eines rotierenden Hohlzylinders unter Ausnutzung der Zentrifugalkraft aufgelegt. *Finkelmann*

LAMMA → Oberflächenanalytik

Längen. L. ist eine Untergruppe des Umformens (DIN 8580) und ist als → Zugumformen (DIN 8582, Bl. 2) eines Werkstücks durch eine von außen aufgebrachte, in der Werkstücklängsachse wirkende Zugkraft definiert.

Zum L. zählen die Verfahren Strecken mit Anwendung Dehnen und Streckrichten. Unter Strecken ist daher L. zum Vergrößern der Werkstückabmessung in Kraftrichtung, z. B. zum Angleichen an ein vorgeschriebenes Maß zu verstehen. Dabei kann die Wirkrichtung der →Umformmaschine mit der Wirkrichtung der →Umformkraft zusammenfallen oder auch davon abweichen (Bild 1). Überwiegend sind Verfahren des Streckens durch eine einachsige Zugbeanspruchung gekennzeichnet. Streckrichten ist L. zum Beseitigen von Verbiegungen und Verwindungen an Stäben, Rohren und Profilen z. B. nach dem →Walzen oder →Strangpressen sowie von Beulen an Blechen (Bild 2). Streckrichtmaschinen, die zumindest mit einem um die Längsachse drehbaren Spannknopf ausgerichtet sind, haben eine große Bedeutung für die Produktqualität in den genannten Industriebereichen. Dehnungen um wenige Prozent reichen zur Beseitigung der erwähnten Verformungen aus. *Lange*

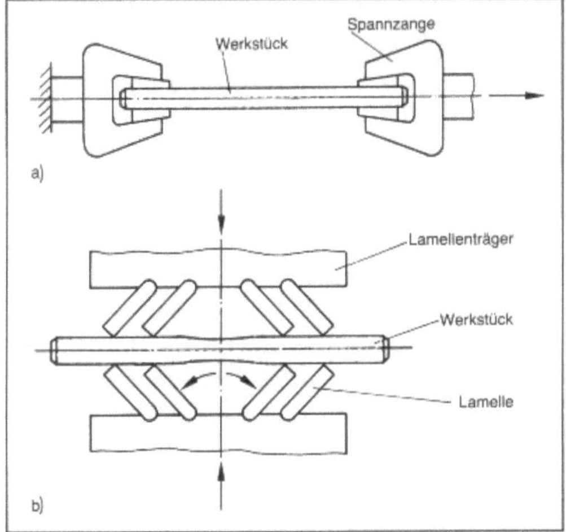

Längen 1: Verfahren des Streckens.
a) Wirkrichtung der Zugkraft in Wirkrichtung der Umformmaschine (auch Dehnen genannt)
b) Wirkrichtung der Zugkraft senkrecht zur Wirkrichtung der Umformmaschine.

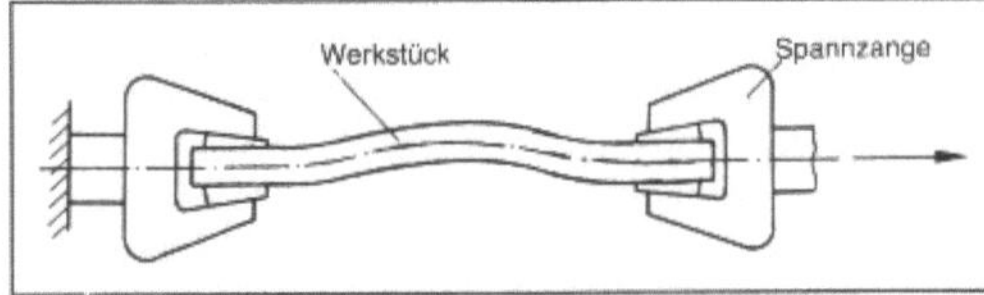

Längen 2: Streckrichten.

Literatur: *Lange, K.* (Hrsg.): Umformtechnik. Handb. f. Ind. u. Wiss. 2. Aufl. Bd. 3. Blechumformung. Berlin, Heidelberg, New York, Tokio 1990. – *Spur, G.* (Hrsg.) u. *Th. Stöferle:* Handbuch der Fertigungstechnik. Bd. 2/3. Umformen/Zerteilen. München 1985.

Langerzeugnisse. Walzstahlfertigerzeugnisse, zu denen →Formstahl, →Stabstahl und Gleisoberbauerzeugnisse gehören. *Dahl*

Längsnaht-Großrohrherstellung. Das U- und O-Formen der Grobbleche zur Herstellung längsnahtgeschweißter →Stahlrohre wird einerseits in →Pressen mit offenen Gesenken (U-Pressen) und andererseits in Pressen mit in sich schließenden Gesenken (O-Pressen) durchgeführt. Das Verfahren ist auch unter dem Kurznamen U-O-E-Verfahren (U-Formen, O-Formen, Expandieren) bekannt und wird bei der Herstellung längsnahtgeschweißter Großrohre bis zu 18 m Einzellänge angewendet. Neuzeitliche Produktionslinien sind für einen Rohrdurchmesserbereich von etwa 400–1 620 mm ausgelegt. Die Wanddicken der Stahlrohre sind je nach Werkstoff und Durchmesser 6–40 mm. Das Einsatzmaterial ist →Grobblech.

Bevor das →Stahlblech durch stufenweises Formpressen zum Schlitzrohr gebogen wird, werden die beiden Längskanten in einer Kantenhobelmaschine parallel bearbeitet und die der jeweiligen Blechdicke entsprechende Schweißfase angehobelt. In einer ersten Umformungsstufe wird das →Blech im Bereich der Längskanten in Formpressen vorgebogen. Dabei entspricht der Biegeradius etwa dem Durchmesser des Schlitzrohres. In der zweiten Stufe wird das Blech in einem Arbeitsgang zu einer U-Form gebogen, indem ein kreisförmiges Werkzeug das Blech durch zwei Auflager drückt. In der dritten Umformungsstufe wird das U-Profil in der O-Presse zum runden Schlitzrohr geformt.

Die Umformgrade in der U- und O-Presse sind so aufeinander abgestimmt, daß das Schlitzrohr unter Berücksichtigung des Rückfederungseffektes eine möglichst geschlossene Form mit bündig verlaufenden Längskanten hat. Dazu sind hohe Preßkräfte von 600 MN aufzuwenden. Anschließend werden die Kanten des Schlitzrohres mit Rollenkäfigen versatzfrei gegeneinander gedrückt und durch →MAG-Schweißen miteinander geheftet. Dabei liegt die Schweißgeschwindigkeit, je nach Rohrwanddicke, zwischen 5 m/min und 12 m/min. Die so gehefteten Rohre werden über Rollgang- und Verteilersysteme den Unterpulverschweißanlagen zugeführt, wo sie in getrennten Anlagen zuerst innen und dann außen geschweißt werden.

Weil die Rohre nach dem Schweißen noch nicht die Toleranzforderungen, die an Durchmesser und Rundheit gestellt werden, erfüllen, werden sie in der Rohradjustage kontrolliert und durch Kaltaufweiten kalibriert. Diese Kalibrierung wird mit hydraulischen oder mechanischen Expandern durchgeführt. Das Aufweitmaß beträgt etwa 1 % und wird vorher bei der Umfangsfestlegung des Schlitzrohres berücksichtigt.

In der Rohradjustage wird durch spanabhebende

Rohrendenbearbeitung sowie eventuell erforderliche Nacharbeiten der Fertigungsablauf beendet. Vor der abschließenden Rohrendenbearbeitung werden die Rohre einer Wasserdruckprüfung unterzogen. Nach der Wasserdruckprüfung erfolgt eine abschließende → Ultraschallprüfung der gesamten Schweißnaht. Die Stellen mit Anzeigen bei der automatischen Ultraschallprüfung sowie die Schweißnaht an den Rohrenden werden geröntgt. Zusätzlich werden alle Rohrenden einer Ultraschallprüfung auf Dopplungen unterzogen.

Im Rahmen der → Gütesicherung erfolgen im Fertigungsablauf integrierte Werkstoff-Prüfungen.

Nachdem die Stahlrohre alle Prüfstationen einschließlich Maßkontrolle mit positivem Befund durchlaufen haben, werden sie zur Endabnahme vorgelegt (Bild). *Baumann*

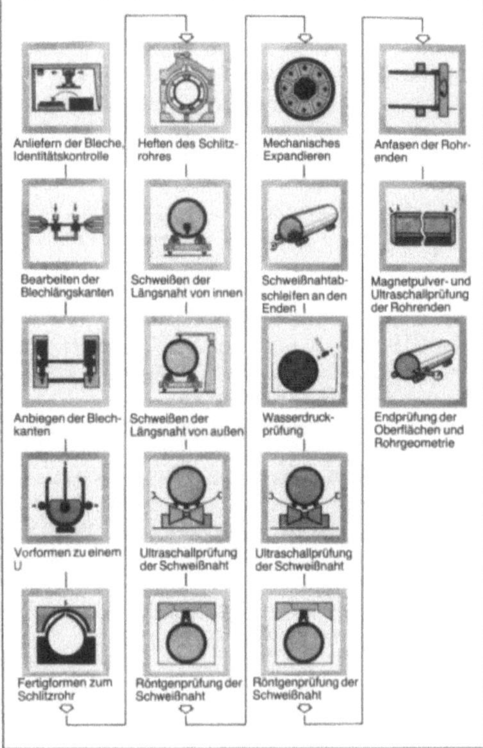

Längsnaht-Großrohrherstellung: Schematische Darstellung der wesentlichen Fertigungs- und Prüfungsstufen.

Literatur: Stahlrohr-Handbuch. 10. Aufl. Essen 1986.

Längsnaht-Schweißanlage. L.-S. sind technische Systeme zur Herstellung längsnahtgeschweißter Stahlrohre. *Baumann*

Langzeitverhalten. Verhalten von → Stahl bei höheren Temperaturen und langen Zeiten. Stähle mit gutem L. müssen → Gefüge aufweisen, die auch bei erhöhten Temperaturen stabil sind. Bis etwa 400 °C werden warmfeste Feinkornbaustähle verwendet, die neben → Mangan kleine Gehalte an → Nickel, → Kupfer oder Molybdän aufweisen und in denen Zusätze wie → Aluminium, → Stickstoff, → Niob oder → Vanadin die Feinkorneigenschaften bewirken. Für höhere Temperaturen werden Zusätze an Molybdän, → Chrom und Vanadin einzeln oder kombiniert verwendet, die durch Bildung von Sonderkarbiden bei günstigen Festigkeitseigenschaften bis zu etwa 590 °C eingesetzt werden (15Mo3, 13CrMo 4 4, 10CrMo 9 10, 14MoV 6 3) (→ Karbide). Wegen seiner besseren → Zunderbeständigkeit und hohen → Warmfestigkeit wird der martensitische Stahl X 20 CrMoV 12 1 eingesetzt.

Deutlich besseres L. weisen austenitische Stähle auf, bei denen die → Entfestigung durch Quergleiten wegen der niedrigeren Stapelfehlerenergie geringer ist.

Das L. wird in Kriechversuchen geprüft.

Auch in der Umgebung von Raumtemperatur treten bei Langzeitbeanspruchung Fließvorgänge auf, die bei → Spannstählen in Spannbetonkonstruktionen zu einem Abfall der anfänglichen Vorspannung führen. Dieses Verhalten kann entweder durch → Kriechen oder durch Relaxation beschrieben werden und hängt von der angelegten Spannung, der Temperatur und der Zeit ab. *Dahl*

Literatur: Werkstoffkunde Stahl. 2 Bde. (Hrsg. VDEh). Berlin–Düsseldorf 1984/85.

Langzeitversuch → Zeitstandversuch

Lanthaniden. Die L. verhalten sich chemisch äußerst ähnlich, da bei ihnen die innere 4f-Elektronenschale der 15 Elemente mit den Ordnungszahlen 57 bis 71 (Lanthan, Cer, Praseodym, Neodym, Promethium, Samarium, Europium, Gadolinium, Terbium, Dysprosium, Holmium, Erbium, Thulium, Ytterbium. Lutetium) aufgefüllt wird und man sie deshalb als „innere" Übergangsmetalle bezeichnet. Sie werden auch → Seltene Erden genannt und haben spezielle Eigenschaften.

In der Technik haben Lanthan und Cer als Reinmetalle und Lanthan, Cer (Praseodym, Neodym) und Samarium als Legierungsmetalle oder Mischmetalle eine gewisse Anwendung gefunden, z. B. als Neutronenabsorber, Hartstoff, Desoxidationsmittel (Scavenger, amerikanisch), Hartmagnete, zur Färbung von Gläsern (Seltene Erd-Oxide), für Schleifmittel (Oxide), hohe thermische Stabilität (Seltene Erd-Sulfide). Basislegierungen aus Lanthaniden haben bisher keine Bedeutung. *Heller*

Larson-Miller-Parameter. Hilfsmittel zur Darstellung und Extrapolation von Messergebnissen der Zeit bis zum Bruch von Werkstoffen bei hoher Temperatur ($\rightarrow$ Zeitstandfestigkeit). Der L.-M.-P. faßt die Einflüsse von Temperatur T und mechanischer Beanspruchung (Spannung σ_B) in der Form

$$\sigma_B = A - \alpha P \text{ mit } P = T (B + \log t_B)$$

zusammen. (t_B: Zeit bis zum Bruch bei der Spannung σ_B). Die Bezugsspannung A, die in der Praxis empirisch bestimmt wird, hängt theoretisch ebenso wie der Zahlenwert B mit dem im jeweiligen Werkstoff vorherrschenden Kriechmechanismus zusammen. B ist keine allgemeine Konstante, nimmt aber bei warmfesten Stählen vielfach Werte um 20 an, wenn t_B in Stunden gezählt wird. – Die Auftragung unter Verwendung des L.-M.-P. wird in der Praxis häufig zur übersichtlichen Darstellung der Zeitstandfestigkeit warmfester Werkstoffe verwendet (Bild). *Ilschner*

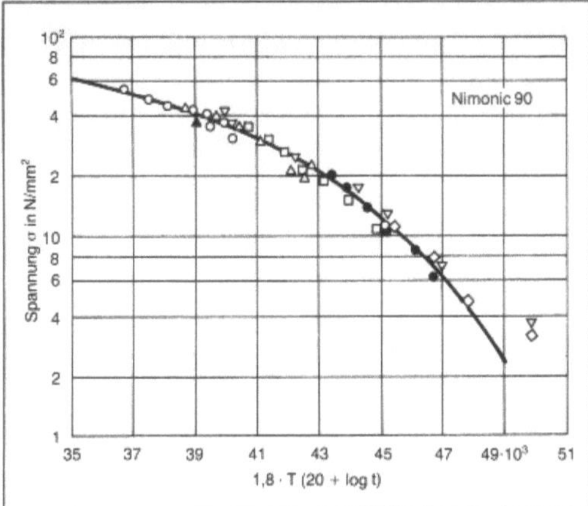

Larson-Miller-Parameter: Larson-Miller-Auftragung der Zeitstandwerte der Nickel-Legierung Nimonic 90.

Literatur: *Ilschner, B.:* Hochtemperatur-Plastizität. Berlin 1973.

Laserglas. In der Lasertechnologie werden Gläser als passive Materialien in Form von Linsen, Fenstern und Substraten für optisch dünne Schichten benutzt, sowie als aktive Materialien für Oszillatoren, Verstärker, Faraday-Rotoren und Isolatoren mit in der Glasmatrix eingebauten sog. laseraktiven Ionen (trivalente Lanthanid-Ionen).

Aktive L. lassen sich in verschiedenen Formen und in höchster Qualität herstellen und sind optisch isotrop. Weiterhin kann die chemische Zusammensetzung den jeweiligen Anforderungen des Lasers genau angepaßt werden. Glaslaser eignen sich für hochenergetische Laser, sie können aufgrund ihrer geringen Wärmeleitfähigkeit jedoch nur im Pulsbetrieb genutzt werden.

Aktive L. sind mit aktiven Laser-Ionen bis zu 3 Gew. % dotiert. Diese Ionen absorbieren elektro-

magnetische Strahlung in einem weiten Spektralbereich. Durch dieses sog. optische Pumpen werden in bestimmten Elektronenschalen die Energiezustände der Elektronen kurzzeitig auf ein metastabiles höheres Niveau angehoben, welches als Ausgangsniveau für den stimulierten Strahlungsprozeß dient. Es hat sich gezeigt, daß für L. als laseraktive Ionen nur die trivalenten Lanthanoid-Ionen in Frage kommen.

L. müssen höchste Anforderungen an optischer Reinheit und Homogenität erfüllen. Zu den wichtigsten optischen Eigenschaften des $\rightarrow$ Glases gehören die Transparenz in den Wellenlängenbereichen des anregenden sowie des Laserlichtes, das thermooptische Verhalten und die nichtlinearen optischen Eigenschaften im Falle der Hochleistungslaser. Die Bildung störender Farbzentren sowie metallische Verunreinigungen müssen vermieden werden. Letzteres kann durch Absorption zu lokalen Überhitzungen und somit zur Zerstörung des Glases führen. Die Tabelle zeigt eine Auflistung einiger L.-Typen. Das Nd^{3+}-Ion zeichnet sich durch drei unterschiedliche Laserwellenlängen aus, die durch jeweils unterschiedliche Energiezustände des angeregten Ions bedingt sind.

Laserglas. Tabelle: Ionen eingebaut in unterschiedlichen Gläsern

Ion	Wellenlänge (µm)	Glastyp
Nd^{3+}	0,92	Borat, Silicat
	1,05 — 1,08	Borarat, Silicat, Tellurit, Fluorophosphat, Germanat
	1,32 — 1,37	Borat, Silicat, Phosphat
Tb^{3+}	0,54	Borat
Ho^{3+}	2,06 — 2,08	Silicat
Er^{3+}	1,54 — 1,55	Silicat, Phosphat, Fluorophosphat
Tm^{3+}	1,85 — 2,02	Silicat
Yb^{3+}	1,01 — 1,06	Borat, Silicat

Neodym-Laser sind wegen ihrer hohen Effizienz die am meisten verbreitesten Glaslaser und werden in erster Linie für die Materialbearbeitung benutzt. Mit Hilfe von Hochleistungs-Neodym-Laser ist man auch bemüht, eine kontrollierte Hochtemperatur-Kernfusion zu erreichen. *Hessel/Hennicke*

Laser-Holographie. Interferenz- und Beugungserscheinungen von kohärentem Licht sind Grundlagen für ein zweistufiges Verfahren zur Aufzeichnung und Wiedergabe von Bildern, das im Gegensatz zu Photographie auch die Phaseninformation des ankommenden Lichtwellenfeldes speichert (*griech.* holos: das Ganze). Dadurch ergeben sich dreidimensionale Bilder der Objekte.

Aufbauend auf den Arbeiten von *Abbe, Wolfke, Bragg, Zernike* u. a. im Bereich der Mikroskopie schlug *Denis Gabor* (1972 Nobelpreis) 1948 ein Verfahren vor, durch Überlagerung eines Wellenfeldes (z. B. Streulicht von einem beleuchteten Objekt) mit einem kohärenten Untergrund (Referenzlicht) Phasen- und Amplitudenverteilung dieses Wellenfeldes zu speichern und zu rekonstruieren. Das bei der Überlagerung entstehende Interferenzfeld wird dabei auf einem lichtempfindlichen Material hoher Auflösung aufgezeichnet. Bei erneuter Einstrahlung des Referenzlichtes entsteht das ursprüngliche Wellenfeld (virtuelles Objektbild) und das dazu konjugierte Wellenfeld (reelles Bild) durch Beugungserscheinungen an der Schwärzungsverteilung des Films. Bei einer Aufnahme mit Licht der Wellenlänge λ_1 und Rekonstruktion mit λ_2 ergibt sich dabei ein Vergrößerungsfaktor $V = \lambda_2/\lambda_1$.

Gabors experimenteller „In-line"-Aufbau für transparente Objekte (Bild 1) wird heute nur noch in wenigen Fällen (z. B. Tröpfchenanalyse) eingesetzt.

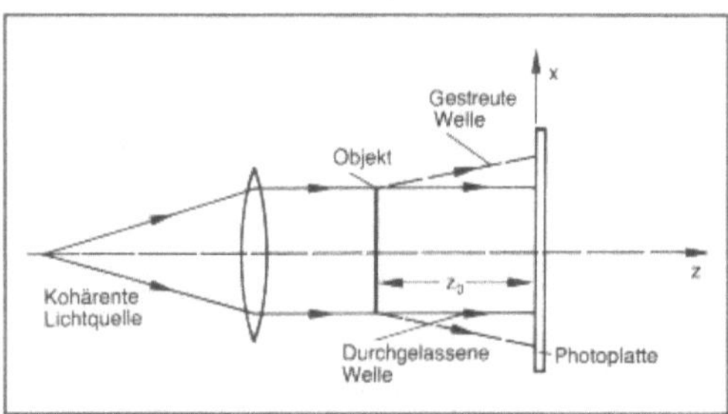

Laser-Holographie 1: In-line-Aufbau für transparente Objekte.

Durch Vertauschen von Objekt und Film gelang es *J. N. Denisjuk* 1962, Oberflächen opaker Körper zu holographieren. Beleuchtungs- und zurückreflektiertes Licht bilden hierbei ein stehendes Wellensystem, das eine Schwärzungsverteilung des Films nach Art der *Lippmann*-Photographie verursacht. Das Objekt ist bei Beleuchtung des Films mit weißem Licht in Reflexion sichtbar (Weißlichthologramm).

Aufschwung und praktische Bedeutung erlangte die → Holographie erst, als 1960 mit der Entwicklung des Lasers erstmals eine intensive kohärente Lichtquelle zur Verfügung stand. *Leith* und *Upatnieks* modifizierten den *Gabor*-Aufbau nun, indem sie Objekt- und Referenzlicht richtungsmäßig trennten (Bild 2). Als entscheidender Vorteil wird bei der Rekonstruktion das virtuelle Bild weder von der Lichtquelle noch vom reellen Bild überstrahlt. Erstmals wurde auch der dreidimensionale Charak-

ter des holographischen Bildes experimentell gezeigt.

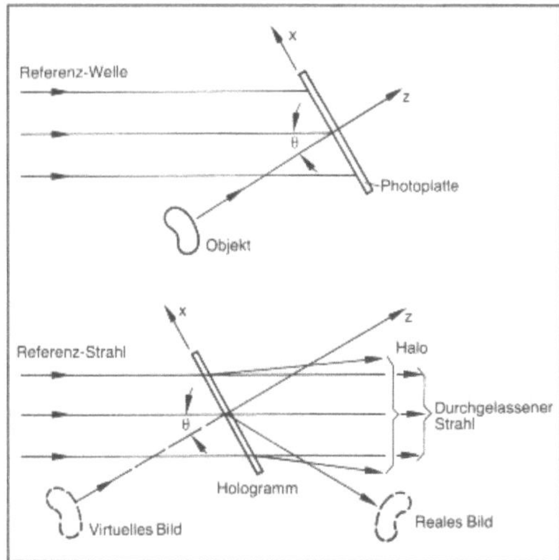

Laser-Holographie 2: Standardaufbau (off-axis) für Aufnahme (links) und Rekonstruktion (rechts).

Wichtigste Anwendung ist heute die holographische Interferometrie in Form von verschiedenen Meßverfahren, die ein berührungsloses und flächenhaftes Untersuchen von Bauteilen auf → Fehler (z. B. Serienkontrolle bei Flugzeugreifen), Verformungen bei Belastung oder Schwingungsverhalten mit hoher Empfindlichkeit gestatten. Ebenso kann das Strömungsverhalten von Gasen und Flüssigkeiten sichtbar gemacht werden. Dabei kommt der Auswertung mit Computer und Bildverarbeitungssystem immer mehr Bedeutung zu. Bei all diesen Techniken wird ein bzw. mehrere Oberflächenzustände holographisch gespeichert und die bei der Überlagerung mit anderen Verformungszuständen sichtbaren Interferenzerscheinungen analysiert.

Die wichtigsten Verfahren sind:

□ Doppelbelichtungstechnik: Zwei Objektzustände (vor und nach Belastung) werden auf einem Film aufgezeichnet, bei der Rekonstruktion erscheinen beide Bilder gleichzeitig und interferieren.

□ Real-Time-Verfahren: Ein aufgenommenes Bild (Grundzustand) wird an der ursprünglichen Stelle rekonstruiert und interferiert mit dem beleuchteten Objekt, wobei Veränderungen kontinuierlich verfolgt werden können.

□ Time-Average-Verfahren: Untersuchung des Schwingungsverhaltens (Schwingungsamplituden); eine stationäre Schwingung wird über einen gegenüber der Schwingungsdauer großen Zeitraum aufgenommen, wobei über die verschiedenen Schwingungszustände gemittelt wird.

□ Real-Time-Time-Average-Verfahren: Ein Schwingungszustand (bzw. Ruhestand) wird holographisch gespeichert und das Bild am ursprünglichen Ort rekonstruiert. Änderungen am Schwingungsverhalten z. B. durch Frequenzänderung können nun in Real-Time beobachtet werden.

□ Doppelpuls-Technik: Mit geeigneter Triggerung werden zwei Zustände einer Schwingung durch Belichtungszeiten von ca. 20 ns in Form einer Doppelbelichtung festgehalten. Beim Einsatz eines Pulslasers entfallen Maßnahmen zur Schwingungsisolation des Aufbaus.

Weitere Einsatzgebiete sind Konturerkennung, Datenspeicherung, Mustererkennung und Mikroskopie. Im künstlerischen Bereich werden vor allem farbige Regenbogenhologramme durch ein spezielles Umkopierverfahren angefertigt, wobei die Farberscheinung auf Kosten der vertikalen Parallaxe bei Beleuchtung mit weißem Licht auftritt.

Neben dem Silberhalogenid-Film (Auflösung ca. 1000–5000 Linien/mm) kommen heute vor allem Thermoplast-Filme (lösch- und wiederverwendbar), Dichromatgelatine oder lichtempfindliche Kristalle (BSO) als Speichermedium in Frage. Lichtquellen sind ausschließlich Laser mit entsprechenden Kohärenzeigenschaften. *Kußmaul*

Literatur: *Hariharan, P.*: Optical Holography. Cambridge 1984. – *Thompson, B. J.*: Laser Applications. Vol. 1. London 1971.

Lasermikrosonden-Massenanalyse → Oberflächenanalytik

Laserstrahlhärten. → Härten der äußeren → Randschicht von Werkstücken bzw. Werkzeugen aus → Stahl mit einem Laserstrahl, der die Randschicht bis auf die Austenitisierungstemperatur aufheizt. Durch Selbstabschrecken aufgrund des steilen Temperaturgradienten zum Werkstoffinneren hin und der dadurch gegebenen hohen Abkühlungsgeschwindigkeit bildet sich ein martensitisches → Gefüge hoher → Härte. Das Werkstück wird relativ zu dem defokussierten Laserstrahl bewegt, der stehend oder oszillierend betrieben werden kann (Bild).

Die für Härtungszwecke betriebenen Laser haben Leistungen zwischen 1,5 und 2,5 kW. Damit der Laserstrahl die erforderliche Energie auf die Randschicht übertragen kann, müssen die Werkstücke mit einer Schicht überzogen werden, welche in der Lage ist, die Lichtenergie zu absorbieren und an den darunter liegenden Werkstoff weiterzuleiten. Die Schichten müssen wärmebeständig sein, eine gute Wärmeleitfähigkeit besitzen; ferner dürfen sie beim späteren Einsatz die Funktionsfähigkeit nicht beeinträchtigen. Mit dem L. können partielle Bereiche der Randschichten gehärtet werden. *Habig*

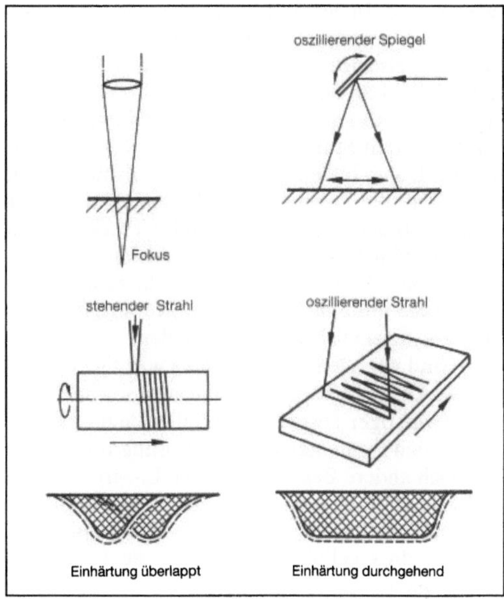

Laserstrahlhärten: Schematische Darstellung.

Literatur: *Stähli, G.*: VDI-Berichte Nr. 333 (1979) S. 69.

Laserstrahlschneiden → Abtragen

Laserstrahlschweißen → Schweißverfahren

Laserstrahlumschmelzen. Aufschmelzen der → Randschicht von Werkstoffen mit einem Laserstrahl. Bei der anschließenden → Erstarrung entsteht wegen des steilen Temperaturgradienten zum Werkstoffinneren und der dadurch gegebenen hohen Abkühlungsgeschwindigkeit ein feinkörniges → Gefüge. Durch das Aufbringen von Zusatzstoffen können Randschichten erzeugt werden, deren chemische Zusammensetzung vom Grundwerkstoff abweicht. *Habig*

Latex. Ein L. ist eine Dispersion wasserunlöslicher Polymere in Wasser. Sie entstehen direkt durch → Emulsionspolymerisation in Wasser oder werden nachträglich durch Dispergierung von Polymerlösungen bzw. Schmelzen hergestellt. Sie weisen sehr hohe Feststoffgehalte auf, zwischen 74 % und 80 %. Da Wasser ein nichttoxisches und nicht entflammbares Lösungsmittel ist, sind solche Dispersionen preiswert herzustellen. Das Wasser kann allerdings nur schwer wieder entfernt werden, wobei zurückbleibendes Wasser die Polymereigenschaften ungünstig beeinflußt.

Das Trocknen von L. kann in mehrere Teilprozesse unterteilt werden. In der ersten Stufe wird die Latexdispersion aufkonzentriert bis die Latexteilchen, die sich infolge ihrer thermischen → Beweglichkeit bis dahin frei bewegen konnten, stark ein-

geengt wird. In der zweiten Stufe werden die Latexteilchen in geordnete Packungen gezwungen, wobei
die Doppelschichten um die Latexteilchen noch in-
takt bleiben. In diesen beiden Stufen verdampft das
Wasser aus der Dispersion wie aus reinem Wasser.
In der dritten Stufe wird das restliche Wasser entzogen. Dabei bilden sich Polymer/Polymerkontak-
te, so daß die Polymerkügelchen miteinander verschmelzen und mit fortschreitender Trocknung homogene Filme bilden. In dieser dritten Stufe entweicht das Wasser nur langsam, da es durch die
Kapillaren diffundieren muß, die die verschmelzen-
den Polymerkügelchen stehen ließen.

L. sind vor allem für Buntlacke wichtig. Wie fast
alle → Anstrichmittel, enthalten auch solche auf der
Basis wässriger Dispersionen außer dem → Bindemittel, den Pigmenten und dem Lösungsmittel Wasser noch andere Bestandteile. Die L.-Struktur wird
z. B. durch Poly(acrylamid) günstig beeinflußt, das
Schäumen verhindern Silicone. Pflanzengummis
oder Hydroxycellulose verbessern die Fließeigenschaften dieser L. Die gewünschten thixotropen Eigenschaften der Dispersionen werden zu Zusatz von
Bentonit, Zirconiumcarbonat, Triethanolaminalu-
minat usw. erreicht. *Finkelmann*

Laubholz → Holz

Laugensprödigkeit. Interkristalline → Spannungsrißkorrosion unlegierter und niedriglegierter
→ Stähle, die durch Alkalilauge hervorgerufen
wird. *Wendler-Kalsch*

Laves-Phase. → Intermetallische Phasen, für deren Bildung das Atomradienverhältnis maßgebend
ist, welches für zwei Atomarten A und B bei
$r_A : r_B = 1,225$ die besten Voraussetzungen für die
dichteste Kugelpackung liefert.

Die hohe Koordinationszahl von 12 weist auf eine
vorwiegend metallische Bindung hin. Beispiele für
L.-P. des Typs AB_2 sind: $Mg\,Cu_2$, $Mg\,Zn_2$ und
$Mg\,Ni_2$. *Gräfen*

LCF. (*engl.* Low Cycle Fatigue) Der englische Ausdruck sowie seine Abkürzung haben sich allgemein
bisher gegenüber Versuchen einer deutschen Übersetzung (z. B. Niedriglastwechsel-Ermüdung, Pla-
stoermüdung) behauptet. Das gilt sowohl für die
wissenschaftliche Literatur als auch für die praktische → Werkstoffprüfung und die konstruktive
Auslegung von Bauteilen.

LCF beschreibt ebenso wie der Oberbegriff der
→ Ermüdung die Werkstoffbeanspruchung durch
periodisch wechselnde Belastung, mit oder ohne
überlagerte statische Grundlast. Der Begriff Ermüdung weist auf eine mit zunehmender Zyklenzahl
fortschreitende Qualitätsminderung (Schädigung)

hin, welche schließlich bei der Bruchzyklenzahl
(oder → Bruchlastspielzahl) N_r zum Versagen durch
Bruch führt.

In der ingenieurmäßigen Forschung auf dem Gebiet der Ermüdung standen historisch zunächst solche Belastungen im Mittelpunkt des Interesses, bei
denen die Amplitude der zyklischen Belastung unterhalb der (im statischen Versuch bestimmten)
→ Elastizitätsgrenze liegt. Dies entsprach klassischen Auslegungskriterien des Maschinen- und Anlagenbaus. Rein elastische Beanspruchungen sollten bei wörtlicher Auslegung der Gleichsetzung von
→ Elastizität und Reversibilität zu beliebig langen
Lebensdauern führen, so wie sie in der Tat unter
Bedingungen der Dauerfestigkeit z. B. von Stählen
beobachtet werden. Bei anderen Werkstoffen
(z. B. Kupfer) führen demgegenüber auch sehr kleine Belastungsamplituden zu endlichen, wenn auch
sehr hohen Werten von N_r. Aus diesem Grunde
wurde für Ermüdung im nominell elastischen Verformungsbereich der Ausdruck *High Cycle Fatigue*
(HCF) geprägt. Auf die Gefahr einer Verwechslung
mit Hoch-Frequenz-Ermüdung ist hinzuweisen:
„high cycle" bezieht sich auf die hohen N_r-Werte;
freilich werden Bruchlastspielwerte um 10^7 und
mehr in vernünftigen Prüfzeiten nur dann nachweisbar, wenn man mit Belastungsfrequenzen oberhalb
von 1 Hz arbeitet (1 Jahr $= 3,15 \cdot 10^7$ s).

Erst nach 1950 wurde deutlich erkannt, daß beim
Betrieb thermischer Turbomaschinen sowie von
Flugzeugtriebwerken, Dampferzeugern, Druckbehältern, kerntechnischen Anlagen, aber auch von
Schußwaffen, Bohrwerkzeugen etc. Belastungen
auftreten, deren Dehnungsamplitude deutlich größer ist als die Elastizitätsgrenze. In diesen Fällen ist
Reversibilität auch näherungsweise nicht mehr gegeben. Jeder Zyklus bewirkt plastische Verformung, also tiefgreifende irreversible Veränderungen der Versetzungsanordnung, wobei plastische
Verformungsenergie als Wärme freigesetzt wird.
Das im elastischen Fall, d. h. bei niedriger Amplitude streng lineare (*Hooke*'sche) Spannungs-Deh-
nungs-Verhalten wird mit zunehmender Bela-
stungsamplitude nichtlinear, und es öffnet sich eine
Hystereseschleife (Bild 1). Deren Flächeninhalt im
Spannungs-Dehnungs-Diagramm entspricht der pro
Zyklus abgegebenen Energiedichte.

Diese irreversiblen Versetzungsreaktionen stellen die Ursache der pauschal als Schädigung angesprochenen Strukturveränderungen dar, deren
Ausmaß pro Zyklus verständlicherweise um Größenordnungen höher ist als im elastischen Fall. Die
höhere Schädigungsrate bewirkt ihrerseits früheren
Eintritt des Bruches, also geringere Werte von N_r.
Dieser Sachverhalt begründet die Bezeichnung *Low
Cycle Fatigue* im Gegensatz zu HCF. Mit „low" ist
also wiederum die Bruchlastspielzahl und nicht die
Belastungsfrequenz angesprochen. Immerhin füh-

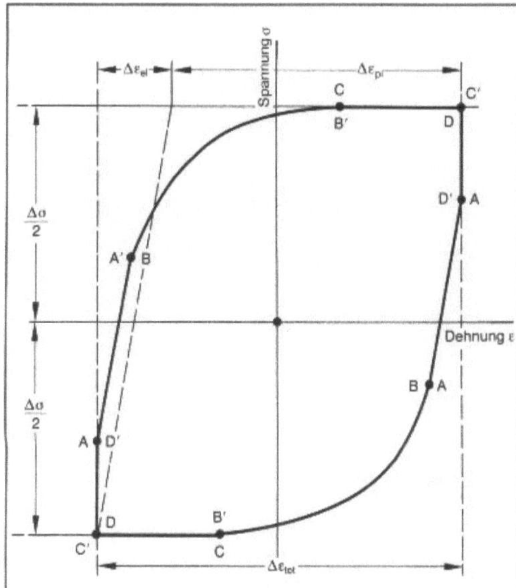

LCF 1: Schema einer Hystereseschleife für LCF bei hoher Temperatur mit Beiträgen von elastischer Verformung (A,A'), zeitunabh. plastischer Dehnung/Stauchung (B,B'), Kriechen (C,C') und Spannungsrelaxation (D,D').

ren die durch hohe Belastungsamplituden verursachten niedrigen N_r-Werte dazu, daß auch Ermüdungsvorgänge mit sehr niedriger Frequenz (z. B. 0,1 Hz, 1/min usw.) bei vertretbarer Beobachtungsdauer untersucht werden können.

Eine wesentliche Ursache des Auftretens von LCF in der Praxis sind thermoelastische Spannungen infolge von Temperaturwechseln und entsprechenden Temperaturgradienten ($\rightarrow$ Ermüdung, thermische). Temperaturgradienten im Bauteil führen aufgrund der thermischen Ausdehnung primär zu einer Dehnungsbelastung, die wegen der Zwänge des umgebenden Werkstoffs sekundär Spannungen erzeugt. Aus dieser Erkenntnis heraus wird meßtechnisch bei der LCF-Prüfung ein Dehnungswechsel $\Delta\varepsilon$ bzw. (nach Abzug der elastischen Verformung) ein plastisches Dehnungsintervall vorgegeben (sog. dehnungskontrollierte Versuchsführung, im Gegensatz zur spannungskontrollierten Meßtechnik bei HCF-Prüfungen). Es wird also $\Delta\varepsilon_{pl} = \Delta\varepsilon_{tot} - \Delta\varepsilon_{el} = \Delta\varepsilon_{tot} - \Delta\sigma/E$ konstant gehalten, wobei $\Delta\sigma$ die an der Probe gemessene Gesamtspannung ist. Bild 2 gibt Meßwerte aus einer klassischen Arbeit von *L. F. Coffin* in einer doppelt-logarithmischen Auftragung von $\Delta\varepsilon_{pl}$ über N_r wieder. Die deutlich erkennbare lineare Verknüpfung der beiden Größen legt die Beschreibung durch eine einfache Beziehung, die *Coffin-Manson*-Beziehung, nahe:

$$\Delta\varepsilon_{pl} \sim \text{const } N_r^{-m}$$

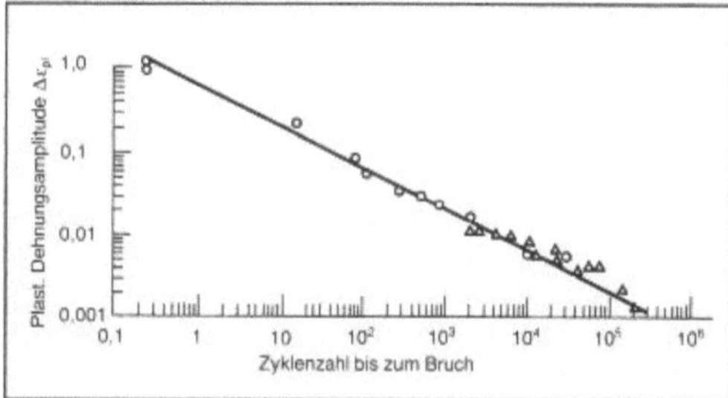

LCF 2: Doppeltlogarithm. Auftragung der Bruchzyklenzahl als Funktion der plastischen Dehnungsamplitude für rostfreien Stahl (AISI 347) (nach L. F. Coffin).

Der Exponent m liegt für die meisten Metalle zwischen 0,5 und 0,7.

Die gemessene Spannungsamplitude ist auch bei konstant vorgegebener Dehnungsamplitude nicht konstant, sondern verändert sich während der ersten Zyklen (ca. 100). Aus der Aneinanderreihung der Maximalwerte der einzelnen Zyklen erhält man die zyklische Spannungs-Dehnungskurve, bei der die Gesamtdehnung als Summe der $\Delta\varepsilon_{pl}$-Beträge jedes einzelnen Zyklus definiert wird (Bild 3). Bei mehrphasigen Legierungen kann auch zyklische $\rightarrow$ Entfestigung auftreten.

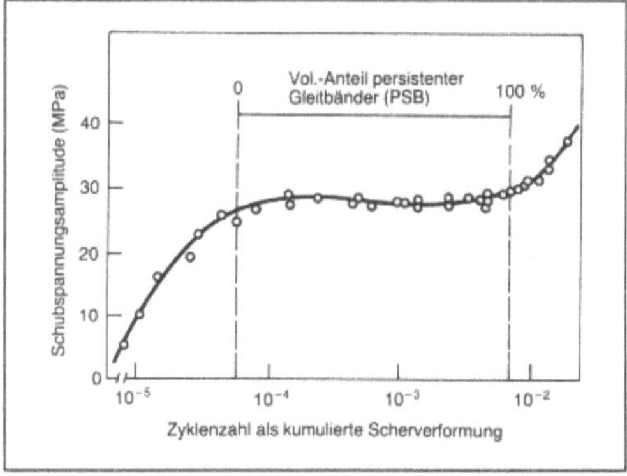

LCF 3: Zyklische Spannungs-Dehnungskurve von vorverformten Kupfer-Einkristallen mit Entfestigung (nach A. Plumtree).

LCF bei hohen Temperaturen (HT-LCF) läßt zusätzlich thermisch aktivierte Erholungsprozesse wirksam werden, zumal dann, wenn Haltezeiten in die Versuchsführung eingebaut werden. Versuchstechnisch bevorzugt man bei HT-LCF die Vorgabe der periodischen Dehnungswechsel in Form von Abschnitten mit jeweils konstanter Dehnrate (Dreiecksprofilen), wobei in der Zug- und der Druckphase auch unterschiedliche Dehnraten gewählt werden (sog. slow-fast bzw. fast-slow-Zyklen, Bild 4). Der Grund dafür liegt in dem Bestreben, das für die Bauteil-Lebensdauer wichtige Schädigungsverhal-

ten aufzuklären. Bereiche mit vorgegebener Dehnrate führen bei hoher Temperatur zu Beiträgen des Kriechens; im stationären Grenzfall ($\partial\varepsilon/\partial t$ = konst und zugleich σ = konst) kann näherungsweise die Gültigkeit der *Norton*'schen Beziehung zwischen Dehnrate und Spannung vorausgesetzt werden ($\rightarrow$ Kriechen). Haltezeiten ($\partial\varepsilon/\partial l = 0$) führen zu $\rightarrow$ Spannungsrelaxation ($\partial\sigma/\partial t < 0$). Der durch die Hystereseschleife beschriebene Verformungszyklus läßt sich somit in
– elastische,
– geschwindigkeits-unabhängige plastische Verformung (in Zug und Druck) sowie in
– zeitabhängige Kriech- und Relaxationsprozesse aufteilen (*engl.* „strain rate partitioning").

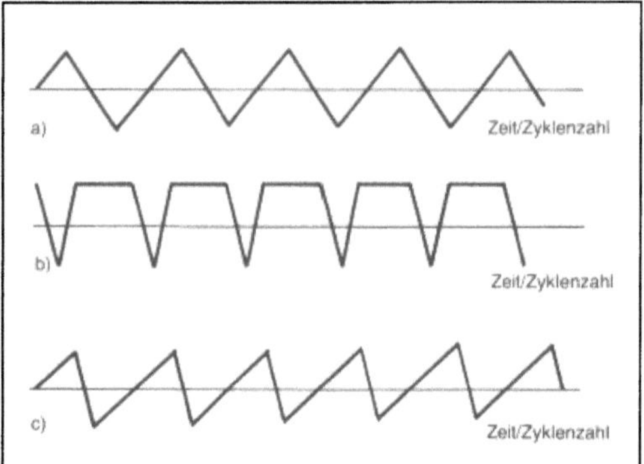

LCF 4: Typische Zyklenformen bei dehnungskontrollierten LCF-Untersuchungen:
a) Symmetrische Dreieck-Zyklen
b) Haltezeit in Zugbeanspruchung
c) Slow-Fast-Zyklenfolge.

Wie bei der Ermüdung im HCF-Bereich auch, setzt sich die zum Bruch führende Schädigung aus Rißeinleitung und Rißausbreitung zusammen. Die Zyklenzahl N_j, bei der die Rißkeimbildung bemerkbar wird, liegt bei LCF relativ zur Bruchlastspielzahl N_j deutlich niedriger, d. h. die Rißausbreitung nimmt einen wesentlich größeren Teil der gesamten $\rightarrow$ Lebensdauer ein als im HCF-Fall. In der Regel beginnt LCF-Schädigung mit der Bildung von Rißkeimen an der Oberfläche. Ihr Ablauf ist daher stark von der Korrosionsbeanspruchung der Probe (z. B. Oxidation an Luft) abhängig (Bild 5). Bei starker Mitwirkung von Kriechprozessen (hohe Temperaturen, niedrige Dehnraten, Haltezeiten im Zug) ist auch intergranulare Porenbildung zu erwarten (Kriechen).

Zum Thema des LCF finden regelmäßig internationale Kongresse statt, z. B. München 1988, Berlin 1991 in Vorbereitung. Die Prüfmaschinen-Hersteller haben insbesondere servohydraulisch betriebene Maschinen für LCF-Untersuchungen optimiert, auch im Bereich der Software für Steuerung und Datenerfassung. *Ilschner*

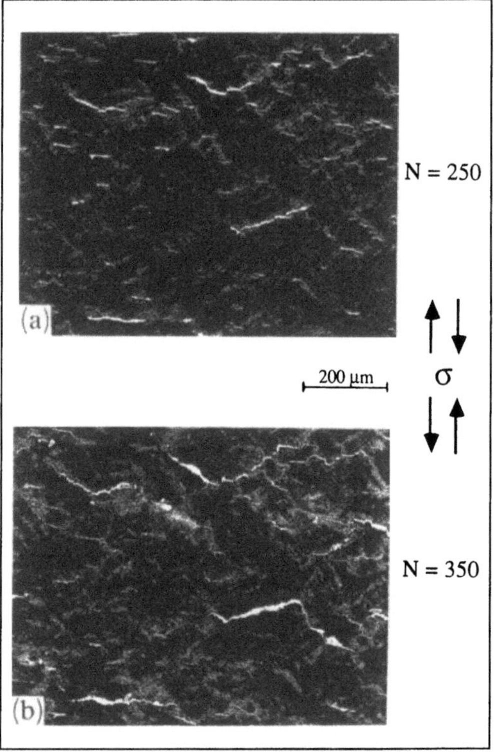

LCF 5: REM-Aufnahme typischer Oberflächenstrukturen nach LCF-Beanspruchung eines warmfesten Cr-Mo-Stahls bei 600 °C an Luft. Dehnungsschwingbreite, Verformungsrichtung und Zyklenzahl sind am Bildrand angegeben.

Literatur: *Dieter, G. E.:* Mechanical Metallurgy. 3. Aufl. New York 1986. – *Rie, K. T.* (Hrsg.): Low Cycle Fatigue and Elasto-Plastic Behaviour of Materials (Proc. 2nd. Intl. Conf. on Low Cycle Fatigue and Elasto-Plastic Behaviour of Materials, München 1987. London–New York 1987. – *Ritchie, R. O.:* Fatigue Crack growth: Macroscopic aspects / Mechanistic aspects. In: M. B. Bever (Ed.) Encyclopedia of Materials Science and Engineering, Vol. 3. Oxford 1986.

LD-Verfahren. Beim LD-V. zur $\rightarrow$ Stahlherstellung aus Roheisen wird Sauerstoff auf das Schmelzbad aufgeblasen um die Begleitelemente des Roheisens zu oxidieren. Es wurde ab dem Jahre 1953 in Österreich erstmalig in den Stahlwerken Linz und Donawitz großtechnisch betrieben. Sehr rasch hat es sich dann ausgebreitet und das $\rightarrow$ SM-Verfahren und das $\rightarrow$ Thomasverfahren abgelöst.

Eine Variante ist das LD-AC-Verfahren, bei dem der zur Schlackenbildung erforderliche Kalk mit dem Sauerstoff eingeblasen wird. Wegen der frühen Schlackenbildung kann in diesem Verfahren Phosphorreiches Roheisen verarbeitet werden.

Verfahrens- und anlagetechnische Entwicklungen haben dazu geführt, daß heute mehrere, vom ursprünglichen LD-V. abweichende → Blasstahl-verfahren mit Sauerstoff in Gebrauch sind.

Rellermeyer

Lebensdauer. Der Begriff der L. ist weniger auf Werkstoffe als solche, als vielmehr auf Bauteile an-zuwenden und stellt sich bei vorwiegend statischer Beanspruchung als Zeitdauer bis zum Versagen dar, bei vorwiegend dynamisch-periodischer Beanspru-chung hingegen als Zyklenzahl bis zum Versagen. Die L. eines bestimmten Bauteils unter einem be-stimmten Beanspruchungsprogramm hängt von mehreren Faktoren ab:

□ Konstruktive Gestaltung des Bauteils (z. B. Ver-meidung von Kerben)

□ Bearbeitungsqualität (z. B. Oberflächengüte, einwandfreie Schweißnähte und Beschichtungen)

□ Umgebungseinflüsse (korrosive Gasatmosphä-re)

□ Kenngrößen der mechanisch-thermischen Bela-stung ($\sigma(t)$, $T(t)$ . . .)

□ Zusammensetzung und → Gefüge der verwende-ten Werkstoffe.

Den beiden letzten Faktoren wird üblicherweise die dominierende Rolle bei der Auslegung von Konstruktionen zugesprochen, jedoch dürfen die anderen drei Faktoren in ihrer Bedeutung keines-wegs unterschätzt werden.

Das heutige Verständnis des Begriffes L. geht davon aus, daß es sich nicht um ein unvorhersehba-res, einmaliges Schadensereignis handelt, welches das Bauteil von einem 100 % „lebenstüchtigen" in ein 100 % unbrauchbares Bauteil überführt. Viel-mehr weiß man, daß mit Beginn der Beanspruchung eine systematische Schädigung einsetzt, die sich mit jedem neuen Belastungsintervall kontinuierlich auf-summiert und somit durch → Schadensakkumula-tion eine effektive Nutzwertminderung des Bauteils hervorruft. Wiederum ist zwischen dynamisch-peri-odischer und statischer Belastung zu unterscheiden: bei ersterer wird die Schädigung durch die Abfolge der Schädigungs-Impulse erzeugt, man zählt also Zyklen und nicht Zeiteinheiten. Bei letzterer ergibt sich die Schädigung aus der unter Last erfahrenen Zeitdauer. Diese Zeitabhängigkeit kann ihre Ursa-che entweder in einem Korrosionsangriff oder eine Teilchenbestrahlung haben, oder in zeitabhängi-gen, thermisch aktivierten Prozessen; als Beispiele nennen wir: diffusionsgesteuerte Bildung von Korn-grenzenporosität (→ Kriechen/Kriechbruch); diffu-sionsgesteuerte Gefügeveränderung wie Carbid-Umlösung, → Ostwald-Reifung, ferner thermisch aktivierte → Erholung der Versetzungsanordnung, langsame Rißausbreitung.

Bei gemischt statisch-dynamischer Beanspru-chung ist das Aufstellen realistischer Additions-bzw. Superpositions-Regeln besonders schwierig und bildet derzeit den Gegenstand intensiver For-schung. – Bei statischer Belastung, intaktem → Kor-rosionsschutz und niedriger Temperatur ist die L. praktisch unbegrenzt, der Begriff der L. also nicht anwendbar. Typische Fälle für Lebensdauerab-schätzungen sind hingegen Kraftfahrzeug-Fahr-gestelle, Flugzeugantriebe, Kernkraftanlagen, Dampfüberhitzer, Reaktoren und Rohrleitungen der Hochdruck-Chemie.

Diese Betrachtungsweise, die auf der Vorstellung einer kontinuierlichen und naturgesetzlichen Schä-digungs-Entwicklung (wenn auch mit Zufallsele-menten) beruht, setzt die Definition eines Versa-genskriteriums voraus. Als solches Kriterium wurde lange Zeit der Bruch des Bauteils bzw. der Probe betrachtet (Kriechbruch, Ermüdungsbruch), weil dieses Ereignis besonders leicht zu definieren und meßtechnisch festzustellen ist. Beim heutigen Kenntnisstand drängt sich jedoch eine differenzier-tere, von Fall zu Fall zu präzisierende Festlegung einer „kritischen Nutzwertminderung" auf: sie hat der Tatsache Rechnung zu tragen, daß das Bauteil lange vor dem Bruch unter sicherheitstechnischen, z. T. auch ökonomischen Aspekten nicht mehr be-stimmungsgemäß brauchbar ist.

Die mit der ablaufenden L. verknüpften Schädi-gungs-Prozesse im Mikro-Gefüge lassen sich im Prinzip ausheilen, womit die L. verlängert bzw. eine erneute Lebens-Kapazität bereitgestellt wird. Eine solche „Verjüngung" erfolgt durch erneute → Wärmebehandlung, Kompaktieren mittels HIP, Erneuern der → Beschichtung. Unter gewissen Be-dingungen sind diese Maßnahmen auch ökonomisch sinnvoll; Beispiele aus der Luftfahrttechnik sind be-kannt.

Ilschner

Literatur: *Danzer, R.*: Lebensdauerprognose hochfester me-tallischer Werkstoffe im Bereich hoher Temperaturen. Gebr. Bornträger, Stuttgart 1988. – *Heitmann, H.* and *H. Vehoff, P. Neumann:* Life prediction for random load fatigue based on the growth behavior of microcracks. In: T. Rama Rao, S., R. Vallori, J. F. Knott (Hrsg.) Proc. 6th Internatl. Conf. on Fractgure. Oxford 1984. – *Ilschner, B.* and *G. Eggeler:* Schä-digung und Lebensdauer als wichtige Begriffe der modernen Werkstofftechnik Z. Metallkde. 81 (1990). – *Viswanathan, R.:* Damage Mechanisms and Life Assessment of High-Tempera-ture Components. ASM International. Ohio 1989.

Lebensdauer, charakteristische → Weibull-Ver-teilung

Lebensdauervorhersage. Bei schwingender Bean-spruchung der Versuch, aus → Einstufenversuchen der dabei ermittelten → Wöhlerkurve die → Le-bensdauer bei unterschiedlichen Beanspruchungs-folgen vorherzusagen. Nach *Palmgren* und *Miner* wird die Schädigung bei jeder Laststufe relativ zur Bruch-Schwingspielzahl bestimmt und aufsum-miert. Wenn die Schädigungssumme den Wert 1 erreicht, kommt es zum Bruch der Probe. Diese sicher zu einfache Formel ist auf vielfache Weise vor allem unter Einbeziehung der → Betriebsfestigkeit verbessert worden.

Auch für Beanspruchung bei höheren Temperaturen ist die L. aus Versuchen bei kürzeren Zeiten für die Beanspruchungen im Betrieb von größtem Interesse. Die kombinierte Wirkung von Temperatur und Beanspruchungsdauer soll dabei mit Hilfe des → *Larson-Miller*-Parameters berücksichtigt werden. Die Anwendung bleibt aber problematisch, wenn weit über den untersuchten Bereich hinaus extrapoliert werden soll, da dann Vorgänge mit anderer → Aktivierungsenergie eintreten können, die schwer vorhersehbar sind.

Besonders schwierig ist die Überlagerung von sich ändernden Temperaturen und Spannungen. Ansätze im Schrifttum kombinieren die Lebensdaueranteilregel für den → Kriechversuch und die → Schadensakkumulation aus der Wechselbeanspruchung. *Dahl*

Literatur: Werkstoffkunde Stahl. 2 Bde. (Hrsg. VDEh). Berlin–Düsseldorf 1984/85.

Leck-vor-Bruch-Konzept. Verhinderung katastrophalen Bruchversagens durch Anwendung des Konzeptes der → Basissicherheit. Für Behälter bedeutet dies, daß ein Versagen nur durch stabiles → Rißwachstum (zäher Gewaltbruch, Dauerbruch, → Korrosionsriß u. ä.) erfolgen kann, welches zu einer Leckage führt (→ Bruchmechanik). *Gräfen*

Lederprüfung. Bei der L. werden neben den subjektiven visuellen und manuellen Prüfungen chemische und physikalische Untersuchungen zur Beurteilung der → Qualität und Gebrauchseigenschaften (→ Gebrauchswertprüfung) des Leders vorgenommen. Darüber hinaus werden der L. auch die Prüfungen der Eigenschaften der Färbungen und Zurichtungen des Leders zugeordnet. Die Ergebnisse der L. liefern Aussagen über die Einhaltung allgemeiner oder vom Abnehmer oder Verarbeiter des Leders vorgegebener spezifischer Anforderungen. Ergebnisse von L. an verarbeiteten Ledern oder von im Gebrauch beanstandeten Ledererzeugnissen können auch Hinweise für die Ursachen von Mängeln liefern.

Die L. muß die Eigenheiten des Leders als Naturprodukt berücksichtigen. Das bedeutet, daß bei der Prüfung einzelner Lederstücke gewisse Schwankungsbreiten der Einzelergebnisse toleriert werden müssen, bzw. daß bei größeren Liefermengen von Lederstücken eine gewisse Anzahl von Einzelstücken nach statistischen Gesichtspunkten für die L. entnommen werden muß.

L. werden, soweit diese genormt sind, nach internationalen Normen (→ ISO), nach Untersuchungsmethoden der Internationalen Union der Leder-Techniker- und -Chemiker-Verbände (IUC: Che-

mische Lederprüfungen; IUP: Physikalische Lederprüfungen; IUF: Echtheitsprüfungen der Färbungen) oder nach nationalen Normen (z. B. → DIN, ÖNORM, ASTM) durchgeführt. Zahlreiche nationale Prüfvorschriften sind weitgehend oder sogar vollständig mit internationalen Untersuchungsmethoden identisch. Es werden jeweils nicht sämtliche der zahlreichen L. an dem Untersuchungsmaterial durchgeführt, sondern nur solche, die für die jeweilige Fragestellung von Bedeutung sind.

Als Prüfungen zur Beurteilung der Gebrauchstauglichkeit des Leders in Ledererzeugnissen werden oft auch Praxisversuche, wie z. B. Trageversuche bei Schuhen, gewerbliche Chemischreinigung von Lederbekleidung, herangezogen.

Sofern zur L. definierte Lederstücke, wie ganze Felle oder Häute, Hälften oder sog. Croupons (Kernstücke) vorliegen, sind die Probestücke, aus denen die Einzelproben entnommen werden, an in Normen festgelegten Bereichen der Lederstücke auszuschneiden (Bild).

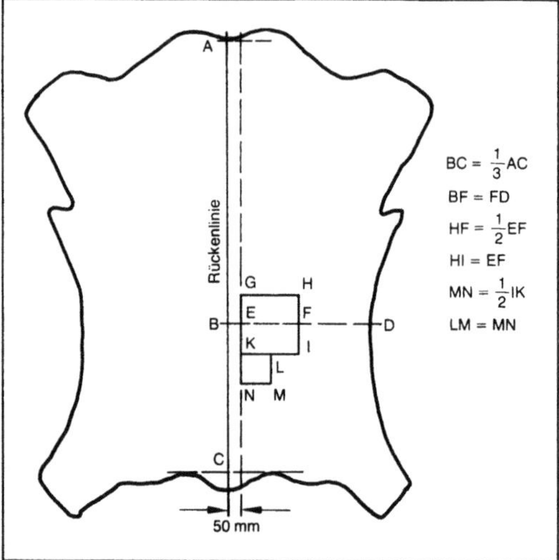

Lederprüfung: Ermittlung der Entnahmestellen von Probestücken aus einer ganzen Haut für die L.

GHIK: Probestück für physikalische L., KLMN: Probestück für chemische L.

□ Chemische Prüfverfahren.
Zu den Untersuchungen muß das Probematerial zerkleinert, und die daraus gemischte Durchschnittsprobe mit einer Messermühle soweit zermahlen werden, daß das Pulver ein Sieb mit 4 mm Lochdurchmesser passieren kann. Zu den chemischen L. zählen u. a.: Wassergehalt, Gesamtasche und wasserunlösliche Asche, Gehalt an durch Dichlormethan extrahierbaren Bestandteilen, Gehalt an auswaschbaren organischen und anorganischen Stoffen, Gesamtstickstoffgehalt und Gehalt an Ammoniumsalzen, Gehalt an wasserlöslichen Magnesi-

umsalzen, Chromoxidgehalt, Gehalt an Aluminium, Zirkon, Phosphor und Silicium, sowie die Bestimmung von pH-Wert und Differenzzahl im wäßrigen Lederauszug. Die Ergebnisse sind im allgemeinen auf die Trockensubstanz des Leders zu berechnen. Aus dem Gehalt an nicht auswaschbaren stickstoffhaltigen Stoffen läßt sich der Gehalt des Leders an Hautsubstanz (Faktor 5,62) errechnen. Ein genauerer Wert für den Gehalt an Hautsubstanz wird über die Bestimmung von Hydroxyprolin im Leder erhalten.

□ Physikalische Prüfverfahren.

Da die Ergebnisse dieser Prüfungen durch den jeweiligen Wassergehalt des Leders beeinflußt werden, müssen die Lederproben vor den Untersuchungen in dem in Prüfnormen vorgeschriebenen Normalklima (meist 23 °C und 50 % relative Luftfeuchtigkeit) solange aufbewahrt werden, bis das Leder seine maximale Feuchte bei dem betreffenden Normalklima erreicht hat. Bei Schiedsanalysen muß das Leder vorgetrocknet und erst dann dem Normalklima angeglichen werden.

Zu den physikalischen L. zählen u. a.: Dicke, Rohdichte, → Zugfestigkeit und → Bruchdehnung, Weiterreißkraft, Stichausreißkraft, Durchstichwiderstand, Spannungs-Dehnungsverhalten im Wölbversuch, Narbendehnfähigkeit, Dornbiegeversuch, Abriebverhalten, Wasseraufnahme, Verhalten gegenüber Wasser bei dynamischer Beanspruchung, Wasserdampfdurchlässigkeit, Wasserdampfaufnahme, Schrumpfungstemperatur, Dauerfaltverhalten, Oberflächenbeschädigung durch Stoß, Hydrolysebeständigkeit, bleibende Flächendehnung.

Für die Beurteilung der Färbung und Zurichtung von Leder kommen u. a. folgende Prüfungen in Betracht: Haftfestigkeit der Zurichtung, Reibechtheit der Färbung und Zurichtung, Bügelechtheit zugerichteter Leder, Migrationsechtheit der Färbung, Lichtechtheit, Farbtonstabilität heller Leder, Farbechtheit beim Waschen, Farbechtheit bei Einwirkung von Wassertropfen. *Rook*

Literatur: DIN-Katalog für technische Regeln. Bd. 1, 2. Berlin–Köln. Jeweiliges Ausgabejahr. – *Lange, J.:* Qualitätsbeurteilung von Leder, Lederfehler, Lederlagerung und Lederpflege. In: Bibliothek des Leders. Hrsg. H. Herfeld. Bd. 10; Frankfurt/M. 1982. – *Sagoschen, J. A.:* Eigenschaften des Leders und dessen Analyse. In: Handbuch der Gerbereichemie und Lederfabrikation. Hrsg. W. Graßmann. 3. Bd. Wien–Heidelberg–Berlin 1961. – *Stather, F.:* Gerbereichemie und Gerbereitechnologie. 4. Aufl. Berlin 1967.

LEED → Oberflächenanalytik

Leerstelle → Gitterfehlstelle

Legieren, mechanisch → Teilchenverbundwerkstoffe

Legierung. Vorwiegend aus metallischen Komponenten aufgebautes → Mehrstoffsystem. Die Bezeichnung wird gelegentlich auch auf keramische und Polymer-Systeme übertragen. Nichtmetallische Zusätze in kleinen Gehalten werden von der Definition mit umfaßt.

Die Komponenten der L. sind:
□ Mischkristalle, d. h. einphasige kristalline Festkörper aus mindestens zwei Atomsorten in einem ausgedehnten Zusammensetzungsbereich bei weitgehend statistisch-regelloser Anordnung der Atome. Mindestens die mehrheitliche Atomsorte sollte metallisch sein, wenn der Begriff → Mischkristall im Zusammenhang mit L. verwendet wird.
□ → Intermetallische Phasen, d. h. weitgehend geordnete kristalline Mehrstoffsysteme mit oft stöchiometrischer oder fast stöchiometr. Zusammensetzung (z. B. Al_2Cu, Cu_3Sn, Fe_2Zr);
□ Verbindungen zwischen metallischen und nichtmetallischen Elementen (Fe_3C, TiN, Cu_2O),
□ Nichtmetallische Phasen, einfach oder zusammengesetzt: (Borcarbid in Stahl, Graphit in Gußeisen, Si in Al-Si-Gußlegierungen, Y_2O_3 in Nickelbasis-Superlegierungen.

Es ist dabei prinzipiell unerheblich, ob die genannten Phasen-Typen absichtliche Legierungsbestandteile oder unbeabsichtigte → Einschlüsse im Sinne von Verunreinigungen sind. Im technischen Sprachgebrauch spricht man von „legiertem Stahl" jedoch nur dann, wenn die Legierungszusätze bewußt zur Eigenschaftsveränderung im festen Zustand und nicht nur aus verfahrenstechnischen Gründen zugesetzt wurden.

Auch Verstärkungsfasern (SiC in Al-Legierungen) werden in diesen Legierungsbegriff einbezogen, z. B. SiC in → Aluminiumlegierungen).

Die räumliche Anordnung der vorstehend aufgeführten Bestandteile einer L. bildet in ihrer Gesamtheit das → Gefüge. Die dem thermodynamischen → Gleichgewicht für gegebene Temperaturen entsprechenden Phasen lassen sich aus dem → Zustandsdiagramm ablesen. *Ilschner*

Legierungsbildung. → Metallische Werkstoffe bestehen praktisch immer aus Atomen mehrerer Elemente. Die Vereinigung (→ Schmelzen, → Sintern) eines Metalles mit einem oder mehreren anderen metallischen oder nichtmetallischen Elementen wird → Legierung genannt. Diese → Legierungselemente werden einschränkend nur absichtlich zum Grundmetall hinzugefügt, während unbeabsichtigt vorhandene Elemente Verunreinigungen genannt werden. Meistens werden Legierungen durch Zusammenschmelzen oder -sintern der Elemente (Bestandteile) hergestellt, manchmal auch gleichzeitig durch → Reduktion aus ihren oxidischen Erzen, durch gemeinsame Elektrolyse oder Zersetzung von chemischen Verbindungen.

Legierungselemente beeinflussen den kristallinen Aufbau (Kristallgitter) und damit die Eigenschaften der Werkstoffe außerordentlich. Mit Hilfe der L. sollen bestimmte Eigenschaften des Grundmetalls (→ Bindungskraft, → Härtung) verändert werden. Manchmal entstehen auch ganz neue Eigenschaften, die die Einzelelemente nicht aufweisen.

Technisch haben Legierungen (z. B. Stahl, Messing, Duraluminium, Neusilber) eine weitaus größere Bedeutung als reine Metalle. Eigenschaften, Gefüge, Phasengrenzen, Kristallstrukturen lassen sich im → Zweistoffsystem oder → Mehrstoffsystem erfassen bzw. darstellen, wenn zwei oder mehrere Bestandteile legiert werden.

Bei der L. können die folgenden, aus mehreren Atomsorten bestehende Kristallstrukturen entstehen:
– Mischkristalle
– intermediäre Verbindungen
– Kristallgemische, z. B. → Eutektikum, → Peritektikum

Als Naturlegierungen, die durch gemeinsame Reduktion der oxidischen Mischerze in der Natur entstehen, sind z. B. Monel (NiCu33) oder Messing (CuZn37) schon im Altertum erschmolzen worden. *Heller*

Legierungselemente. Dem → Stahl neben → Kohlenstoff beigegebene Elemente zur gezielten Beeinflussung der Stahleigenschaften, vor allem durch Veränderung des Umwandlungsverhaltens. L. können das Austenitgebiet erweitern oder abschnüren und wirken sich dadurch auf die Umwandlungstemperaturen aus (→ Zeit-Temperatur-Umwandlungsschaubilder). Durch Regressionsanalysen wurden Formeln entwickelt, die es gestatten, die Umwandlungstemperaturen in Abhängigkeit vom Legierungsgehalt zu berechnen. Wichtige L. sind → Silicium, → Mangan, → Chrom, Molybdän, → Nickel, Wolfram, Kobalt, → Kupfer, → Aluminium. L. werden auch verwendet, um die physikalischen oder chemischen Eigenschaften zu beeinflussen (so z. B. → Korrosion).

In großen Mengen verwendete L. werden vielfach in Form von → Ferrolegierungen zugegeben. *Dahl/Bolbrinker*

Legierungsmetall, Legierungszusätze. Sie werden zur Herstellung bestimmter Legierungen, die als feste Lösungen von Metallen zu vestehen sind und durch Zusammenschmelzen verschiedener Komponenten erhalten werden, verwendet. Je nach Art und Menge der einzelnen Bestandteile ändern sich die Eigenschaften der metallischen Werkstoffe teilweise beträchtlich. Die Anzahl der legierten Werkstoffe geht in die Tausende und man ist deshalb bemüht, Ordnung und Übersicht durch eine weitgehende Normung zu erreichen. Nachfolgend können nur die wichtigsten L. beschrieben werden.

□ → Silicium

Im Eisen- und Stahlbereich werden FeSi-Legierungen mit Siliciumgehalten um 45 bis 90 % (FeSi 45, 75 und 90) verwendet. Bei der Stahlherstellung dient FeSi meist als Desoxidationsmittel, aber auch als L., z. B. bei der Herstellung von Transformatorenblechen. Wegen der hohen Affinität besonders der niedrigprozentigen FeSi-Sorten zu Wasserstoff hat man den Silicumgehalt von etwa 9 % erheblich reduziert. Im → Gußeisen fördert Silicium die Graphitausscheidung und beeinflußt zusammen mit → Kohlenstoff wesentlich die mechanischen Eigenschaften. Siliciummetall mit 99 % Si kommt nur in Sonderfällen, z. B. bei der Herstellung von säurefestem Guß mit 16 % Si, zum Einsatz.

Im NE-Metallbereich spielt Silicium vor allem beim Aluminium in den eutektischen AlSi-Legierungen mit um 12 % Si und den übereutektischen Kolbenwerkstoffen mit etwa 21 % Si eine wesentliche Rolle. Siliciumcarbid (SiC) hat sich als Siliciumträger für die Erzeugung von hochwertigem Gußeisen sowie als hochhitzebeständige Komponente in Feuerfestmaterialien bewährt.

□ → Mangan

Handelsüblich sind Ferromangan mit 5 bis 7 % C bei 70–80 % Mn (bzw. 30–50 % Mn), als *carburé* bezeichnet, sowie mit 1–2 % C (*affiné*) oder weniger als 0,5 % C (*suraffiné*) und schließlich Manganmetall mit 95–98 % Mn. Eisenmanganlegierungen mit 5–30 % Mn werden als Spiegeleisen bezeichnet. Ferromangan und Spiegeleisen werden zum Desoxidieren, Entschwefeln und auch zur Herstellung manganlegierter → Stähle verwendet. Ferromangan suraffiné dient vorzugsweise zur Erschmelzung kohlenstoffarmer, rostfreier Stähle, die neben Mangan mit Chrom legiert sind. Mangan ist im Gußeisen ein Karbidbildner, der in geringen Gehalten (bis etwa 0,8 %) zur → Festigkeitssteigerung beiträgt, darüber hinaus vor allem bei dünnwandigen Guß durch Zementitbildung die Bearbeitbarkeit sehr erschwert.

□ → Chrom

Ferrochrom wird ähnlich wie Ferromangan als carburé (4–10 % C), affiné (0,5–2 % C) und suraffiné (0,02–0,5 % C) hergestellt. Die Chromgehalte liegen bei den hochgekohlten Sorten bei 60 bis 70 %, bei den affiné- und suraffiné-Sorten zwischen 65 und 75 %. Ferrochrom verwendet man als Legierungszusatz zur Herstellung von Baustählen, Einsatz- und Vergütungsstählen, rostfreien, warmfesten, verschleiß- und zunderfesten Stahlsorten sowie von Werkzeugstählen. Im Gußeisen erhöhen Chromzusätze Verschleiß- und Zunderfestigkeit und verhindern ein zu großes Wachsen der Gußstücke bei Flammenbeaufschlagung. Chromlegiertes Gußeisen wird deshalb vor allem für Roststäbe u. a. m. im Kessel- und Feuerungsbau eingesetzt.

Chrom ist ein starker Karbidbildner, weshalb man in Fällen, wo →Duktilität vom Bauteil verlangt wird, durch gleichzeitiges Zulegieren von Nickel und ggf. Molybdän der sonst einsetzenden →Versprödung entgegenwirken muß.

□ →Nickel

Die Nickelgewinnung aus nickelhaltigen Erzen erfolgt in vielen Stufen nach ebenfalls unterschiedlichen Verfahrensvarianten. Rohnickel enthält noch so viele Verunreinigungen, daß es für die Weiterverarbeitung ungeeignet ist, weshalb es zu Reinnickel (Ni + Co = 99,95 %, wobei Co etwa 0,5 % beträgt) raffiniert wird.

Nickel wird nicht nur wegen seiner guten Formbarkeit und großen →Korrosionsbeständigkeit eingesetzt, sondern vor allem deswegen, weil Nickelzusätze die mechanischen und physikalischen Werte sowie das Widerstandsvermögen anderer Metalle gegenüber chemischen und thermischen Angriffen erheblich verbessern können. Deswegen ist Nickel ein unentbehrlicher Bestandteil in der Zusammensetzung von Einsatz- und Vergütungsstählen für hochbeanspruchte Maschinenteile, von säurebeständigen Stählen für die chemische Industrie und für Haushaltswaren sowie von hochhitzebeständigen Stählen (z. B. für Ofenteile bei hoher mechanischer Beanspruchung), ferner von Gußeisen mit besonderen thermischen, magnetischen und elastischen Eigenschaften.

Nickel ist auch Legierungsbestandteil vieler NE-Metalle, z. B. von Kupfer-Nickel-Legierungen für Kondensatorrohre, chemische Apparate, Münzen, Widerstandsmaterial, Heizleiter u. a. m. Ferner nutzt man Nickel als Katalysator für chemische Reaktionen und als elektrolytisch oder stromlos abscheidbaren Überzug für dekorative Zwecke oder zum →Korrosionsschutz.

□ Kobalt

Da Kobalt immer zusammen mit Nickel in den Erzen vorkommt, erfolgt praktisch die Anreicherung beider Metalle gemeinsam zu einem Zwischenprodukt. Kobalt wird fast ausschließlich in Reinmetallform verwendet und hat große Bedeutung bei der Herstellung von Spezialstählen und Stelliten (hier zusammen mit Wolfram und Chrom), bei der Erzeugung von Dental-Legierungen für Zahnprothesen und von Magnetwerkstoffen, wobei es hierbei auch in Pulverform für Sintermagnete zum Einsatz kommt. Kobaltzusätze sind auch ein Regulativ für die Härte von Hartmetallen und ein Co-Zusatz von 2 bis 10 % in Spezialbronze macht diese gegen HNO_3 sehr beständig. Kobaltoxide dienen zur Herstellung von Schmelzemails.

□ Wolfram

Bei der Herstellung von Ferrowolfram wird ein Gehalt von etwa 80 % W angestrebt, doch läßt sich dieser Prozentsatz bei schlechten Erzen nicht immer erreichen. Wolframmetall gibt es in Pulverform, wobei die technische Qualität 96 bis 98 % W, 0,1 % C, 0,3 bis 0,5 % O_2, Rest Eisen und nichtmetallische Bestandteile erhält. Die Produktion von Ferrowolfram geht größtenteils in die Stahlerzeugung, weil Wolframzusätze den Stahl gut härtbar machen. Da Wolfram den Zerfall des Martensits im gehärteten Stahl erschwert, sind Schneidstähle aus Wolframstahl sehr anlaßbeständig. Ferner nehmen durch Wolfram der remanente →Magnetismus und die Koerzitivkraft der gehärteten Stähle hohe Werte an. Wolframmetall wird dort eingesetzt, wo bei sehr hohen Temperaturen noch eine gewisse →Festigkeit verlangt wird (z. B. Glühdrähte in elektrischen Lampen, elektrische Kontakte, Zündkerzen usw.). Wolframcarbid ist ein wesentlicher Bestandteil der für die spanende Formung verwendeten Hartmetalle.

□ Molybdän

Molybdän ist ebenfalls ein wichtiger Stahlveredler. Ferromolybdän wird aus einem durch Rösten gewonnenen Konzentrat vornehmlich silicothermisch hergestellt. Ein solches Produkt enthält 60–70 % Mo, 0,5–1,0 % Si, 0,1 % C, 0,05–0,1 % S, Rest Eisen. Molybdän-Metallpulver wird aus reiner Molybdänsäure durch →Reduktion im Wasserstoffstrom hergestellt. Die technische Qualität enthält 98–99 % Mo, 0,05–0,1 % C, Sauerstoff und Spuren von Fe, Si und Al.

Mo erhöht die Vergütbarkeit von Stahl vor allem unter Erhalt einer ausreichenden →Zähigkeit sowie der Vermeidung der Anlaßsprödigkeit. In niedrig und hochlegierten Stählen erhöht Molybdän die Warm- und Dauerfestigkeit sowie den Widerstand korrosionsbeständiger Chrom- und Chrom-Nickelstähle gegen →Lochfraß. Obwohl ohne eigenen Einfluß verbessert Molybdän die →Schweißbarkeit, weil es gestattet, die erforderliche Festigkeit und →Streckgrenze in Schweißdrähten und Elektroden auch bei sehr niedrigen Kohlenstoffgehalten zu erreichen.

Im Gußeisen wirkt Molybdän weder graphitisierend noch karbidbildend, so daß man weder Gattierung noch Schmelztechnik bei Mo-Zusatz zu ändern braucht. Bei gleichem Legierungsanteil erhöht Molybdän die Festigkeit von Gußeisen mit Lamellengraphit mehr als Chrom oder Nickel, vor allem aber setzen Mo-Zugaben die Wanddickenempfindlichkeit von Gußeisen herab.

□ →Vanadin

Da Vanadin ein starker Karbidbildner ist, genügen Bruchteile eines Prozents im Stahl, um dessen Festigkeitswerte erheblich zu verbessern. Zugesetzt wird Vanadin als Ferrovanadin mit 80–85 % V.

Gußeisen für Motorenbauteile wird Vanadin zur Festigkeitssteigerung und Verminderung der Lunkerneigung zugesetzt.

Vanadinsalze dienen zur Herstellung von Katalysatoren.

□ → Titan

Ursprünglich diente Titan in Form von Ferrotitan (ca. 50 % Ti) als Desoxidationsmittel bei gleichzeitiger Reduzierung von N und S, wird jetzt aber als L. vor allem für nichtrostenden Stahl verwendet, da es ebenso wie Niob interkristalline → Korrosion verhindert, Walz- und → Tiefziehbarkeit, vor allem aber infolge der Kohlenstoffbindung die Schweißbarkeit rostfreier Stähle verbessert. Für den Leichtmetallsektor werden eisenfreie Legierungen verlangt, bei denen ein hoher Aluminiumgehalt erwünscht ist, da er die → Legierungsbildung mit Aluminium und Magnesium erleichtert.

□ → Niob und Tantal

Beide Metalle haben als Legierungsbestandteile des Stahls praktisch die gleiche Wirkung. Vor allem verwendet man sie wie Titan zur Bindung des Kohlenstoffs (Stabilisierung) in nichtrostenden Stählen, womit verhindert wird, daß sich beim → Schweißen schädliche Chromcarbide an den Korngrenzen abscheiden. Niob wird außerdem schweißbaren austenitischen und warmfesten Stählen für Gasturbinen, Raketen usw. zugesetzt.

□ → Kupfer

Ist bis zu 3 % in Eisenschmelzen löslich und wirkt bei Gußeisen graphitisierend, so daß es teilweise Silicium ersetzt. Kupfer ist festigkeitssteigernd, verhindert aber bei gleichzeitigem Einsatz mit Karbidbildnern das Auftreten freier → Karbide und verbessert somit die Bearbeitbarkeit. Außerdem erhöht Kupfer die Korrosionsbeständigkeit von Gußeisen. *Doliwa*

Leichtbeton. L. ist → Beton mit einer Rohdichte $\leq 2\,000$ kg/m³. Durch diese kleinere Rohdichte (→ Leichtbetonrohdichte) wird Beton-, Stahlbeton- und Spannbeton leichter. Man kann größere Spannweiten von Konstruktionen erreichen und unter ihnen liegende Bauteile und Gründungen schwächer dimensionieren. Mit Rohdichten bis < 300 kg/m³ wird die Wärmeleitfähigkeit (→ Leichtbetoneigenschaften) so günstig, daß man sogar Wärmedämmschichten aus L. herstellen kann. Die bessere Wärmedämmung führt auch zu günstigeren Verhältnissen beim Betonieren bei niedrigen Temperaturen und zu einem besseren Feuerwiderstand. Schließlich werden durch den kleineren → Elastizitätsmodul (→ Leichtbetonformänderung) Schwingungen und Horizontalkräfte bei Erdbeben gedämpft. Porige Leichtzuschläge mit Ausnahme der regional begrenzt vorkommenden Naturbimse und Lavaschlacken stellt man künstlich durch Blähen bei hohen Temperaturen her (→ Betonzuschlag).

Sie sind dadurch mit hohen Energiekosten belastet, die nur in beschränktem Rahmen durch die genannten Vorteile ausgeglichen werden können. Die Anfang der 70er Jahre herrschende Leichtbetoneuphorie wurde durch das enorme Ansteigen der Ölpreise so stark gedämpft, daß heute der Leichtbetonanteil am Gesamtbetonvolumen – abgesehen von der Mauersteinproduktion – bei maximal 1 % liegt.

L. läßt sich auf verschiedene Art und Weise herstellen. Zunächst kann die Betonporigkeit durch den Ersatz der dichten Normalzuschläge durch porige Leichtzuschläge erhöht werden. Auch wenn allgemein die Druckfestigkeit mit der Rohdichte abnimmt (→ Leichtbetondruckfestigkeit), kann man doch bei der Verwendung kornfester Leichtzuschläge mit Rohdichten um etwa $1\,600$ kg/m³ Druckfestigkeiten wie beim → Normalbeton erreichen. Die niedrigste Rohdichte, die man mit festen Leichtzuschlägen erzielen kann, ist etwa 800 kg/m³. Bei der Verwendung weicher Schaumstoffkugeln aus → Polystyrol läßt sich der Wert auf 600 kg/m³ senken. Ein zweiter Schritt ist das Entfeinen des gemischtkörnigen Zuschlags, d. h. das Weglassen der feineren Korngruppen, bis ggf. nur noch eine Korngruppe übrigbleibt (Einkornbeton). Dadurch werden Haufwerksporen erzeugt; der Beton hat kein geschlossenes → Gefüge mehr. Der → Zementleim sitzt nur noch auf dem Korn und läßt die Zwickel dazwischen frei. Die Rohdichte kann dadurch bei festen Zuschlägen bis etwa 500 kg/m³ bei etwa 2 N/mm² Druckfestigkeit, bei Kunststoffschaumkugeln bis auf 250 kg/m³ reduziert werden. Ein anderer Weg der Leichtbetonherstellung ist das Aufblähen oder Aufschäumen von flüssigem → Mörtel durch Treibmittel (→ Gasbeton) bzw. Schäume (→ Schaumbeton). *Wesche*

Leichtbetondruckfestigkeit. Im Gegensatz zum → Normalbeton, bei dem der → Zementstein immer das schwächste Glied im Zweiphasenstoff → Beton ist, spielt bei kornporigem → Leichtbeton bei Druckfestigkeiten unter etwa 30 N/mm² immer die → Festigkeit des Zuschlagkorns eine maßgebende Rolle. Die vom Normalbeton bekannte Gesetzmäßigkeit, nach der die Betondruckfestigkeit praktisch gleich der Zementsteinfestigkeit ist, die wiederum durch den Wasser-Zement-Wert (→ Zementleim) und die Normdruckfestigkeit des Zementes (→ Erhärten) bestimmt ist, gilt beim Leichtbeton nur bis zur sog. Grenzfestigkeit. Unterhalb dieser Grenzfestigkeit beteiligen sich Zuschlag und Zementstein gleichmäßig an der Lastaufnahme, oberhalb wirken die Zuschlagkörner je nach ihrer Belastbarkeit mehr oder weniger als Fehlstellen, durch die die Festigkeit des im Extrem allein tragenden Zementsteins vermindert wird. Für jeden Zuschlag (→ Betonzuschlag) gibt es also eine maximal erreichbare Betondruckfestigkeit, die durch die

Kornfestigkeit des Zuschlags gegeben ist und die auch durch Steigerung der Matrixfestigkeit praktisch nicht weiter erhöht werden kann.

Bei der Beurteilung der Zementsteinfestigkeit (Betondruckfestigkeit) ist zu beachten, daß das poröse Zuschlagkorn einen Teil des Anmachwassers aufsaugt, was bei der Berechnung des Wasser-Zement-Wertes zu berücksichtigen ist. Da beim Leichtbeton wegen der kleineren Rohdichte (→Leichtbetonrohdichte) auch Betone mit kleineren Festigkeiten eingesetzt werden, wird Leichtbeton nach DIN 4219 im Gegensatz zum Normalbeton (Betondruckfestigkeit) nicht nur in die Festigkeitsklassen LB 25 bis LB 55, sondern auch LB 8, LB 10 und LB 15 eingeteilt. Druckfestigkeit und Rohdichte des Leichtbetons sind zwar bei gleicher Zuschlagart eng miteinander korrelierbar, über den gesamten Zuschlagbereich hinweg spielen aber Kornfestigkeit und Kornporigkeit eine so große Rolle, daß die Beziehung mit einem Streubereich von etwa ±50 % behaftet ist. Eine Zusammenfassung von Rohdichte- und Festigkeitsklassen ist daher nicht möglich. *Wesche*

Leichtbetoneigenschaften. Rohdichte (→Leichtbetonrohdichte), Druckfestigkeit (→Leichtbetondruckfestigkeit) und Formänderungen (→Leichtbetonformänderung) sind Gegenstand gesonderter Stichworte. Der Wärmedehnungskoeffizient von →Leichtbeton beträgt zwischen $5{,}0 \cdot 10^{-6}$/K und $12{,}0 \cdot 10^{-6}$/K, im Mittel $8{,}0 \cdot 10^{-6}$/K, ist also um rd. $2{,}0 \cdot 10^{-6}$/K kleiner als bei →Normalbeton. Die Wärmeleitfähigkeit von Leichtbeton ist entsprechend der →Porigkeit, die sich in der Rohdichte ausdrückt, wesentlich niedriger als die von Normalbeton. Sie beträgt für kornporigen Leichtbeton bei Rohdichten von 800–2000 kg/m³ zwischen etwa 0,30 und 1,20 W/(m K). Obwohl die Wasseraufnahme des Leichtbetons, die durch die Porenstruktur und vor allem durch die Dichtheit der Außenhaut der Leichtzuschlagkörner bestimmt wird, meist größer als die des Normalbetons ist, ist die Wasserundurchlässigkeit beider Betonarten etwa gleich groß (→Betondichtheit). Bei der Verwendung frostbeständiger Leichtzuschläge ist richtig zusammengesetzter kornporiger Leichtbeton ausreichend frostwiderstandsfähig vor allem, wenn der →Feuchtigkeitsgehalt der Zuschläge weit genug unter der Sättigung liegt. *Wesche*

Leichtbetonformänderung. Da der Zuschlag den →Elastizitätsmodul (E-Modul) des Betons maßgebend beeinflußt und der E-Modul von Leichtzuschlägen sehr klein ist, liegt der E-Modul von →Leichtbeton mit Werten zwischen etwa 5000 und 25 000 N/mm² wesentlich niedriger als der von →Normalbeton. Bei gleicher Festigkeitsklasse beträgt der E-Modul von Leichtbeton nur etwa 30–

70 % der Werte von Normalbeton. Daher sind die elastischen Verformungen des Leichtbetons bei gleicher Beanspruchung (→Spannung) im Mittel 1,5–3mal so groß. Da die Rohdichte des Betons den E-Modul stärker beeinflußt als die Druckfestigkeit, ist in DIN 4219 (Stahlleichtbeton) der E-Modul entsprechend den Rohdichteklassen festgelegt (→Leichtbetonrohdichte). Die Kriechmaße von Leichtbetonen mit gut verarbeitbaren Zuschlägen, die keine wesentlich größeren Zementleimgehalte als Normalbetone haben, sind in der Größenordnung vergleichbarer Normalbetone oder sogar niedriger. Da aber die elastischen Verformungen von Leichtbetonen wesentlich größer sind, sind die Kriechzahlen von Leichtbetonen, d. h. die auf die elastischen Verformungen bezogenen Kriechverformungen, meist wesentlich kleiner als bei Normalbeton (→Betonkriechen). Da die stärker verformbaren Körner des Leichtzuschlags das Schwinden des Zementsteins weniger behindern als beim Normalbeton (→Betonschwinden), muß bei wenig kornfesten Zuschlägen, also vor allem bei Leichtbetonen mit kleiner Druckfestigkeit mit höheren Endschwindmaßen als bei Normalbeton gerechnet werden. Sonst gilt i. a., daß bei gleichem Zementsteingehalt, gleichen Zementsteineigenschaften und normal feuchtem Zuschlag die Schwindverformungen von kornporigem Leichtbeton etwa gleich oder nur wenig höher sind als bei Normalbeton. *Wesche*

Leichtbetonrohdichte. →Leichtbeton wird an Stelle von →Normalbeton verwendet, wenn entweder das Gewicht eines Bauteils oder Bauwerks verringert werden soll oder im Hochbau Wärmeschutzforderungen gestellt werden (→Normalbeton). Gewicht und Wärmeleitfähigkeit sind von der Rohdichte abhängig, die damit beim Leichtbeton eine Zielgröße bei der Herstellung und eine Lieferbedingung ist. Die L. beträgt zwischen 250 und 2000 kg/m³. Stahlleichtbeton wird nach DIN 4219 außer in Festigkeitsklassen (→Leichtbetondruckfestigkeit) auch in Rohdichteklassen von 1,0–2,0 eingeteilt, deren Ziffer die obere Grenze eines Bereichs von 0,2 kg/dm³ angibt. *Wesche*

Leichtmetall →Nichteisen-Metallguß

Leiterpolymer. L. sind →Polymere, die zwei Polymerrückgrate haben, die untereinander mit kurzen Bindungen (Sprossen) verbunden sind.

L. können nach dem Ein- oder Zweistufen-Verfahren hergestellt werden. Ein Beispiel für ein Einstufenverfahren ist die *Diels-Alder*-Polymerisation von 2-Vinylbutydien mit p-Chinon. Im Zweistufenverfahren werden zuerst Polymere hergestellt, die konventionell ein Rückgrat haben. In einer zweiten Stufe werden die kurzen Seitenketten miteinander zur Reaktion gebracht, so daß eine „Leiter" entsteht. Ein L. erhält man durch Cyclisierung von Poly(1,2-butadien).

L. zeichnen sich durch erhöhte →Reißfestigkeit aus, sowie durch höhere →Elastizitätsmodule in der Längsrichtung, wenn ein solches Polymer zu einer →Faser verstreckt wird. *Finkelmann*

Leiterwerkstoffe. Im engeren Sinne die Metalle mit hoher elektrischer →Leitfähigkeit, deren wesentliche Funktion ein möglichst verlustarmer Transport elektrischer Energie ist. Im weiteren Sinne zählen zu den L. auch die Widerstandslegierungen, die Heizleiter, die Werkstoffe der elektrischen Kontakte, schließlich alle in der Praxis zum Zweck der Stromleitung eingesetzten Stoffe.

Während fast alle metallischen Elemente und viele Nichtmetalle in der einen oder anderen Form der Elektrizitätsleitung dienen, ist der Bereich der eigentlichen hochleitfähigen Metalle und Legierungen relativ eng begrenzt (Tabelle). Kupfer und Aluminium sind die bei weitem wichtigsten L. Während Kupfer (nach Silber) die höchste Leitfähigkeit, also den geringsten Widerstand bei gegebener Leiterform besitzt, zeichnet sich Aluminium durch einen geringeren Widerstand bei gegebenem Leitergewicht aus. (Aus den Werten der Tabelle ergibt sich, daß ein Aluminiumleiter nur halb so schwer wie ein gleichwertiger Kupferleiter ist.) Auch der Preis bei

Leiterwerkstoffe. Tabelle: L., insbesondere hochleitfähige Elemente und Legierungen

Werkstoff	Spez. Leit-fähigkeit [10^6 S/m] bei 20°C	Dichte [t/m^3]	Zug-festigkeit [10^6 N/m^2] (max.)
Silber	62,6	10,5	~400
Kupfer (rein)	59,3	8,9	–
E–Cu ($\geq$ 99,9)	57–58	~8,9	~45
hartgezogen	56		
Aluminium (rein)	36,9	2,7	–
E–Al ($\geq$ 99,5 %)	35–36	2,7	~220
Gold	45,8	19	300
Zink	17	6,9	~50
Eisen	10,3	7,9	~850
Natrium	21,2	0,97	–
CuBe 0,6 %	30	8,8	~1000
CuBe 2 %	14	8,3	~1500
Aldrey (AlMgSi)	~32	2,69	~360
Messing (58 CuZn)	18	8,4	~700

gegebenem Leitungswiderstand ist bei Aluminium in der Regel geringer. Noch günstiger in bezug auf Gewicht und Preis wäre das Alkalimetall Natrium, jedoch ist es nicht gelungen, aus diesem niedrigschmelzendem Metall für die Praxis stabile Kabel herzustellen.

Die Vorteile des Kupfers gegenüber dem Aluminium liegen neben der höheren Leitfähigkeit in der größeren Korrosionsbeständigkeit, vor allem beim Kontakt mit anderen Metallen und in der Unempfindlichkeit gegenüber plastischen Verformungen. Man verwendet daher auch heute noch bevorzugt Kupfer bei allen offenliegenden und beweglichen Leitungen der Niederspannungs- und der Nachrichtentechnik. Hochspannungskabel und geschlossene Starkstromkabel werden dagegen fast ausschließlich aus Aluminium gefertigt, wobei der Übergang zu den Kupferleitungen besonders geschützt werden muß.

Die übrigen in der Tabelle aufgeführten L. spielen nur in Randbereichen eine Rolle: Gold wegen seiner besonderen Korrosionsbeständigkeit in elektrischen Kontakten und bei der Kontaktierung von mikroelektronischen Bauteilen, Silber z. B. als Überzug über Kupferdrähten in der Hochfrequenztechnik, Eisen (Stahl) als tragender Bestandteil der Hochspannungskabel und als stromführende Schienen bei elektrischen Verkehrsmitteln.

Die Festigkeitseigenschaften von Kupfer und Silber lassen sich durch geringe Legierungszusätze wesentlich verbessern, wenn diese Zusätze in Form von Ausscheidungen die plastische Verformung behindern. Die Leitfähigkeit wird durch solche ausgeschiedenen Partikel kaum verringert. Die Tabelle zeigt einige solcher Legierungen, die z. B. für Gleitkontakte und Kontaktfedern eine Rolle spielen.

Eine nützliche Anwendungsform der L. stellen die Leitlacke dar, mit leitfähigen Partikeln (Silber, Kupfer, Graphit) gefüllte Lacke oder Harze, die nach dem Trocknen oder Aushärten einen leitfähigen Überzug bilden. Leitlacke dienen z. B. zur elektrostatischen Abschirmung von Kunststoffgehäusen, zum Schutz vor elektrostatischer Aufladung und zur Herstellung elektrischer Verbindungen, wenn die zu verbindenden Werkstoffe nicht gelötet werden können oder wenn Löten wegen der thermischen Belastung nicht möglich ist.

Elektrische Widerstände werden aus einer Vielzahl verschiedener Werkstoffe gefertigt. Neben speziellen Legierungen finden Halbleiter und Halbmetalle sowie inhomogene Widerstandsmassen Verwendung.

Die Widerstandslegierungen zeichnen sich durch besondere Konstanz und Stabilität des Widerstandswertes aus. Die Konstanz bei Temperaturerhöhung beruht auf speziellen reversiblen Vorgängen (Ordnungs-Unordnungs-Umwandlungen) im Gefüge dieser Werkstoffe, welche die normale Erhöhung des spezifischen Widerstands der Metalle mit der Temperatur in einem bestimmten Temperaturbereich kompensieren. So besitzt die bekannte Widerstandslegierung Manganin ($CuMn_{12}Ni_{12}$) einen Temperaturkoeffizienten des Widerstands von weniger als 10^{-6} pro Grad.

Es gibt zwei Bauformen der Legierungswiderstände, nämlich Draht- und Schichtwiderstände. Widerstandsdrähte werden aus massivem Material gezogen. Sie besitzen die höchste Konstanz und Stabilität. Schichtwiderstände werden mit Dünnschichtverfahren ($\rightarrow$ dünne Schichten) hergestellt, sie erreichen höhere Nennwerte bei noch guter Stabilität. Metallegierungen sind jedoch nicht für alle Anwendungen von Widerständen geeignet. Eine grundsätzliche Beschränkung liegt in der Höhe des erreichbaren Widerstandswertes, des „Nennwertes". Mit Metallschichten sind Widerstände mit mehr als 2 $M\Omega$ nicht praktikabel. Für höhere Nennwerte kommen nur noch Werkstoffe mit einem höheren spezifischen Widerstand in Frage.

Sehr verbreitet sind Schichtwiderstände auf der Basis von Kohle- und Metalloxid-Schichten. Der Vorteil dieser Schichtwiderstände liegt in der kompakten Bauweise. In Kauf zu nehmen sind höhere Temperaturkoeffizienten und geringere Stabilität. Auch zeigen alle Widerstandswerkstoffe außer den Legierungen einen unerwünschten Effekt, das sogenannte Stromrauschen. Es besteht in einer temperaturabhängigen Fluktuation des Widerstandswertes, welche auf Änderungen des Strompfades in den mehr oder weniger inhomogenen Werkstoffen zurückzuführen ist. Das gleiche gilt in verstärktem Maße für die Widerstandsmassen, die aus Partikeln hoher Leitfähigkeit in einer Matrix geringerer Leitfähigkeit bestehen. Beispiele für Massewiderstände sind die Metallglasurwiderstände, die aus in einer Glasmasse gebundenen Metallteilchen bestehen.

Eine besondere Form der Widerstandswerkstoffe sind die Heizleiter, die zur Erzeugung von Elektrowärme dienen. Entscheidendes Kriterium ist die Temperaturbeständigkeit des Werkstoffs. Für Einsatztemperaturen unterhalb etwa 1300°C haben sich Ni-Fe-Cr- und Al-Fe-Cr-Legierungen bestens bewährt. Diese Legierungen bilden festhaftende Oxid-Schichten, die den Leiter vor weiteren Angriffen der Atmosphäre schützen. Höhere Temperaturen erfordern entweder keramische Heizstäbe wie SiC (bis 1500°C) oder $MoSi_2$ (bis 1700°C), oder den Einsatz hochschmelzender Metalle wie Mo (bis 1500°C) oder W (bis 1700°C), die allerdings im Wasserstoff oder im Vakuum betrieben werden müssen, da sie an Luft schnell verzundern. In nicht oxidierender Atmosphäre läßt sich schließlich auch Graphit als Heizleiter einsetzen, und zwar für Arbeitstemperaturen bis zu 3000°C.

Eine spezielle Form der Heizleiter sind die Glühdrähte der Glühlampen. An Stelle des ursprünglich von *Edison* benutzten Kohlefadens wird heute fast ausschließlich Wolfram (Schmelzpunkt 3410°C) eingesetzt. Die 0,01–0,02 mm dicken gewendelten Fäden bilden sich bei der Herstellung als meterlange Einkristalle heraus. Korngrenzen würden die Lebensdauer der Drähte beträchtlich verkürzen, da an ihnen lokal verstärktes Verdampfen und Versprödden auftreten würde. Gegen das Abdampfen des Metalls schützt eine Edelgasatmosphäre (Argon oder Krypton). Die Glühtemperatur beträgt 2400–2500°C. In der Halogenlampe wird zusätzlich durch die chemische Reaktion mit Jod das abgedampfte Wolfram von der Glaskolbenwand zurück zum heißen Glühdraht transportiert, wodurch die Schwärzung des Kolbens verhindert wird und somit eine noch höhere Glühdrahttemperatur und ein besserer Wirkungsgrad oder, alternativ, eine höhere Lebensdauer möglich wird.

Zu den Widerständen mit besonderen Eigenschaften zählen die Varistoren, spannungsabhängige Widerstände, die vor allem zum Schutz gegen Überspannungen verwendet werden. Varistoren bestehen aus keramischen, also polykristallinen Halbleitermassen vor allem auf Siliciumkarbid- und Zinkoxid-Basis. Zwischen den durch entsprechende Dotierung gutleitenden Kristallkörnern bilden sich schlechtleitende Sperrschichten aus, die den Widerstand bestimmen. Dieser bricht bei erhöhter Spannung jedoch aufgrund elektronischer Durchbruchserscheinungen zusammen, der Widerstand ist also spannungsabhängig. Das Phänomen ist demjenigen in einer Zenerdiode verwandt, nur daß die Varistorkennlinie unabhängig vom Vorzeichen der Spannung ist. (Ein Varistor entspricht also in etwa zwei gegeneinander geschalteten Zenerdioden.)

Die nichtlineare Kennlinie eines Varistors läßt sich in guter Näherung durch die Formel $U = c|I|^{\beta}$ darstellen. Je kleiner β ist, um so steiler ist der Übergang vom isolierenden zum leitenden Zustand. Während β bei SiC-Varistoren bei etwa 0,3 liegt, zeichnen sich ZnO-Varistoren durch eine sehr steile Kennlinie ($\beta = 0,03$) und zugleich durch eine sehr kurze Ansprechzeit im Bereich von 30 ns aus, was sie besonders zum Schutz elektronischer Schaltungen geeignet macht.

Widerstände mit negativem Temperaturkoeffizienten des elektrischen Widerstands werden Heißleiter genannt (oder auch NTC-Widerstände, *engl.* negative temperature coefficient resistors). Als Werkstoffe dienen halbleitende Oxide der Übergangsmetalle Fe, Ti, Ni u. a. in verschiedenen Kombinationen. Im Einsatzbereich von 0 bis 150°C sinkt der Widerstand exponentiell um mehr als einen Faktor 100. Anwendungen liegen in der Temperaturmessung, -regelung und -kompensation sowie in vielfältigen Schutz- und Steuereinrichtungen.

Die Kaltleiter sind Widerstände, die in einem

bestimmten Temperaturbereich einen stark zunehmenden spezifischen Widerstand aufweisen (daher auch PTC-Widerstände, *engl.* positive temperature coefficient resistors). Es handelt sich um dotierte, halbleitende ferroelektrische Keramiken (→Bariumtitanat), die an den Korngrenzen Sperrschichten ausgebildet haben. Solange das Material ferroelektrisch ist, wirkt sich die Sperrschicht dank der hohen Dielektrizitätszahl des Ferroelektrikums nicht aus. Oberhalb des Curiepunkts (meist zwischen 80–120°C) steigt der mittlere Widerstand um mehr als den Faktor 1000. Kaltleiter werden ähnlich wie die Heißleiter in Schutz- und Regeleinrichtungen genutzt, als Überhitzungsschutz in Motoren und als Tank-Flüssigkeitsstandanzeiger. *Hubert*

Leitfähigkeit, elektrische. Legt man an einen würfelförmigen Körper von 1 cm Kantenlänge eine Spannung von 1 Volt, und fließt daraufhin ein Strom von mehr als einem Mikroampere, dann spricht man von einem mehr oder weniger guten elektrischen Leiter. Ist der Strom geringer, dann spricht man von einem mehr oder weniger guten Isolator.

Man unterscheidet elektronische Leiter und ionische Leiter. Zu den elektronischen Leitern gehören die Metalle einschließlich der Legierungen und Metallschmelzen, die Halbleiter, aber auch viele Oxide der Schwermetalle und sogar einige organische Verbindungen. Auch →Graphit ist ein elektronischer Leiter.

Zu den ionischen Leitern gehören die elektrolytischen Lösungen einschließlich des gewöhnlichen Wassers und des feuchten Erdreichs, die Salze und Salzschmelzen, sowie die ionisierten Gase (Plasmen). Die e. L. der Materie umfaßt einen sehr weiten Bereich. Schon bei Raumtemperaturen werden vom besten metallischen Leiter, dem Silber mit $63 \cdot 10^6$ S/m, über die Elektrolyte mit maximal 80 S/m bis zu den besten Isolatoren mit weniger als 10^{-17} S/m 25 Zehnerpotenzen umspannt (Bild 1).

Die e. L. ist definiert durch die lineare Beziehung:

$$j = \sigma E \qquad (1)$$

wobei j die Stromdichte, gemessen in A/m², und E die elektrische Feldstärke, gemessen in V/m, bedeutet. Die Dimension der Leitfähigkeit ist also A/Vm = 1/Ωm = S/m. Das Inverse der Leitfähigkeit $\rho = 1/\sigma$ wird als spezifischer Widerstand bezeichnet, mit der Dimension Ωm (oder häufig auch Ωcm).

Das Ohmsche Gesetz (1) gilt stets nur bis zu einer Grenzfeldstärke, oberhalb der eine unkontrollierte Erhitzung und lawinenartige Prozesse auftreten (Durchschlag). Materialien oder Bauelemente, die Abweichungen vom linearen Ohmschen Gesetz zeigen, werden als nichtlinear bezeichnet. Hierzu gehören manche Halbleiter und insbesondere Bauele-

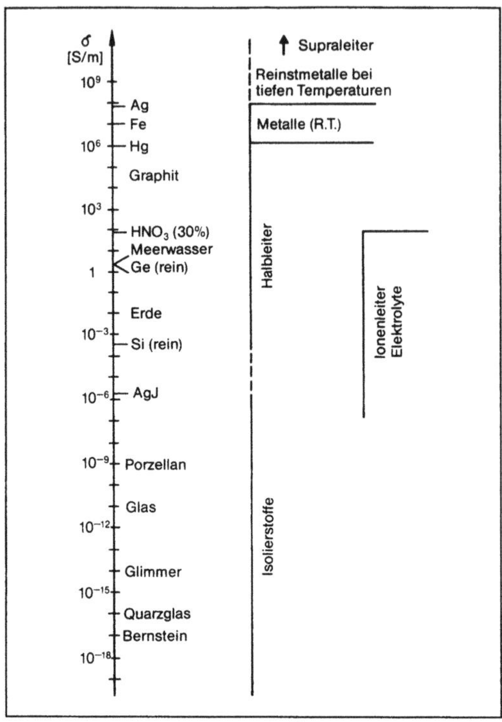

Leitfähigkeit, elektrische 1: Übersicht über die L. einiger Stoffe.

mente wie Dioden, Transistoren, Elektronenröhren, Gasentladungsröhren und Lichtbögen. In diesem Zusammenhang ist auch der Begriff heiße Elektronen zu nennen, welcher Elektronen bezeichnet, die im Feld eine höhere Energie als das umgebende Gitter aufgenommen haben. Derartige Erscheinungen treten in III-V-Halbleitern auf und sind ebenfalls durch Nichtlinearitäten in der j(E)-Beziehung gekennzeichnet.

Für manche Körper ist die obige Beziehung durch eine Tensorbeziehung

$$j_i = \sum_k \sigma_{ik} E_k \qquad (2)$$

zu ersetzen, weil die Leitfähigkeit anisotrop, d. h. in verschiedenen Richtungen verschieden groß ist. Dies gilt für Kristalle mit geringerer als kubischer Symmetrie, aber auch für texturierte Verbundwerkstoffe wie z. B. Holz.

Die Höhe des spezifischen Widerstands bestimmt die Ohmschen Verluste, die in einem Körper beim Durchgang eines Stromes in Form von Wärme frei werden:

$$V = \rho j^2/2 = \sigma E^2/2 \qquad (3)$$

Mikroskopisch läßt sich die Leitfähigkeit auf die Bewegung bestimmter Ladungsträger zurückführen. Es gilt:

$$\sigma = \sum n_i e_i \mu_i \qquad (4)$$

Dabei ist n_i die Dichte der i-ten Ladungsträgerart, e_i deren Ladung (z. B. $-1.6 \cdot 10^{-19}$ Coulomb für Elektronen) und μ_i deren Beweglichkeit. Die Beweglichkeit ist definiert durch die Beziehung.

$$v_D = \mu E \qquad (5)$$

wobei v_D die Driftgeschwindigkeit der Ladungsträger im Feld E ist, also deren Durchschnittsgeschwindigkeit in Feldrichtung. Die Dimension der Beweglichkeit ist also m^2/Vs. Die Driftgeschwindigkeit ist zu unterscheiden von der wirklichen Geschwindigkeit der Teilchen, die zum Teil viel größer, aber ungerichtet ist.

In den Metallen gibt es nur eine Ladungsträgerart, die Elektronen (Die Summation in Gl.(4) fällt also weg). Die Anzahl der am Leitungsprozeß beteiligten Elektronen entspricht für viele Metalle derjenigen der Atome, sie ist damit weitgehend unabhängig von der Temperatur. Die Beweglichkeit der Elektronen wird durch die Dichte der Störungen des Kristallgitters bestimmt. In einem perfekten Gitter könnten sich die Elektronen ungestört, also ohne Widerstand bewegen; sie werden also nicht schon durch die regelmäßigen Gitterbausteine gestreut und behindert. Dieser auf den ersten Blick überraschende Befund ist eine direkte Folge der Wellennatur der Elektronen, wie sie durch die Quantentheorie beschrieben wird. In der einfachsten Näherung läßt sich die Beweglichkeit der Elektronen auf folgende Weise darstellen:

$$\mu = e\lambda/(4\pi \, \varepsilon_0 \, m^* \, v_F) \qquad (6)$$

wobei λ die mittlere freie Weglänge der Elektronen zwischen zwei Stößen, m^* die (effektive) Masse der Elektronen im Kristallgitter und v_F die Geschwindigkeit der beteiligten Elektronen, die Fermigeschwindigkeit ist. Der Quotient $\lambda/v_F = \tau$ kann als die als die mittlere Zeit zwischen zwei Stößen der Elektronen mit den Gitterfehlern, also die Stoßzeit interpretiert werden. Zur Veranschaulichung die Werte für Kupfer bei Raumtemperatur: $v_F = 1{,}6 \cdot 10^6$ m/sec, $\lambda = 4{,}3 \cdot 10^{-8}$ m $= 430$ Å, $\tau = 2{,}7 \cdot 10^{-14}$ S.

Die statistische Theorie ergibt nun die wichtige Aussage, daß die reziproke Stoßzeit, die Stoßrate, bei verschiedenen Streumechanismen additiv zur Gesamtstoßrate zusammengesetzt werden kann:

$$1/\tau = 1/\tau_1 + 1/\tau_2 + \ldots\ldots \qquad (7)$$

Zwei Streumechanismen sind in jedem Metall beteiligt:
□ die Streuung an Baufehlern des Gitters wie Fremdatomen, Leerstellen, Zwischengitterautomaten, Versetzungen, Korngrenzen, Stapelfehlern usw.
□ die Streuung an den thermischen Schwingungen des Gitters, die man auch als Phononen bezeichnet.

Da der erste Beitrag kaum von der Temperatur abhängt, der zweite aber kaum von den Gitterfehlern, ergibt sich aus der Additivität der Streuraten (7) die Regel von *Matthiessen:*

$$\rho = \rho_s + \rho_T(T) \qquad (8)$$

In Worten: Der spezifische Widerstand eines Metalls setzt sich additiv zusammen aus dem temperaturunabhängigen Anteil der Gitterfehler ρ_s und dem temperaturabhängigen Anteil der Gitterschwingungen. ρ_T steigt bei hohen Temperaturen linear mit der Temperatur an (Bild 2 für Cu). (Dieser lineare Anstieg des spezifischen Widerstands ist kennzeichnend für Metalle.)

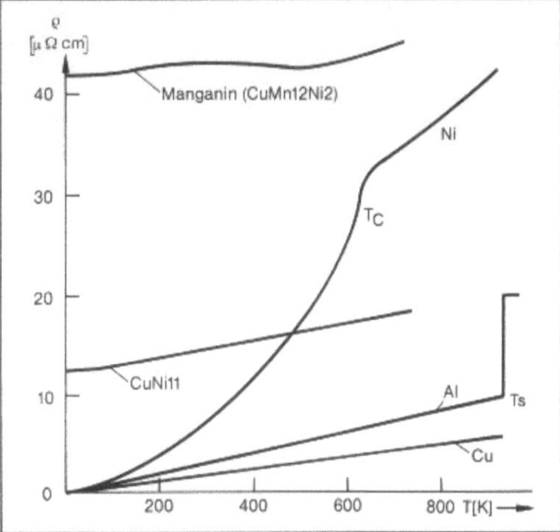

Leitfähigkeit, elektrische 2: Spezifischer Widerstand verschiedener Metalle als Funktion der Temperatur. T_C- Curiepunkt, T_S- Schmelzpunkt.

Bei niedrigen Temperaturen verschwindet der Phononenbeitrag zum Widerstand mit der fünften Potenz der Temperatur. Der Übergang zwischen beiden Bereichen liegt bei etwa $0.17 \, \Theta$, wenn Θ die →Debye-Temperatur ist (Θ ist definiert durch $k\Theta = hv$, wobei v die maximale Frequenz im Spektrum der Gitterschwingungen ist). Da Θ für die meisten Metalle zwischen 200 und 400 K liegt, mißt man bei 4,2 K, der Temperatur des flüssigen Heliums, praktisch nur noch den ersten Beitrag in (8), der deshalb Restwiderstand genannt wird. Das Verhältnis des spezifischen Widerstands bei Raumtemperatur zu demjenigen bei 4,2 K heißt Restwiderstandsverhältnis. Für hochreine Einkristalle kann das Restwiderstandsverhältnis Werte um 10 000 annehmen, während es für Legierungen meist in der Nähe von Eins liegt. Das Restwiderstandsverhältnis ist ein Maß für die Gitterperfektion, es dient daher in der Forschung zur Charakterisierung von Materialien und deren Baufehlern. In der Technik läßt sich der in hochreinen Leitern um den Faktor 1000 geringere Widerstand bei tiefen Temperaturen zum

Bau von Hochleistungs-Magneten und -Kabeln nutzen.

Ganz unabhängig von der hohen Leitfähigkeit hochreiner Metalle bei tiefen Temperaturen ist das Phänomen der Supraleitfähigkeit, das bei vielen Metallen und Legierungen unterhalb ca. 20 K auftritt.

Einige Stoffklassen zeigen Besonderheiten in der Temperaturabhängigkeit des spezifischen Widerstands, also Abweichungen von der → *Matthiessen*-Regel.

◻ In magnetischen Metallen tragen ungeordnete Spins zur Streuung der Leitungselektronen bei. Kennzeichnend ist ein Anstieg des elektrischen Widerstands im Bereich des Curiepunkts eines ferromagnetischen Werkstoffs (Bild 2, Ni).

◻ In speziellen Legierungen (Bild 2, Manganin) führen Kristall-Ordnungsphänomene zu temperaturabhängigen Effekten, die in einzelnen Temperaturbereichen sogar einen negativen Temperaturkoeffizienten des elektrischen Widerstands ergeben. Diese Erscheinung liegt den Widerstandslegierungen (→ Leiterwerkstoffe) zugrunde.

◻ Eine andere Anomalie des magnetischen Widerstands in verdünnten magnetischen Legierungen beschreibt der *Kondo*-Effekt, einem auf lokalisierten Spins beruhendem Widerstandsminimum bei tiefen Temperaturen.

Die Wechselstromleitfähigkeit $\sigma(\omega)$ (ω = Kreisfrequenz) weicht von der Gleichstromleitfähigkeit $\sigma = \sigma(0)$ stark ab, wenn die Schwingungsdauer $T = 2\pi/\omega$ die Stoßzeit τ erreicht oder unterschreitet, d. h. wenn $\omega\tau \geq 1$ wird. Dann findet während einer Wechselstromperiode praktisch kein Stoß mehr statt, sondern im Mittel erst nach vielen Perioden. Es resultiert eine frequenzabhängige Phasenverschiebung zwischen elektrischem Feld und Stromdichte. Sie ergibt sich aus der komplexen Leitfähigkeit:

$$\sigma(\omega) = \sigma(0)\,(1 + i\omega\tau)/(1 + \omega^2\tau^2) \qquad (9)$$

($i = \sqrt{-1}$). Man erkennt, daß sich für kleine Frequenzen ($\omega\tau \ll 1$) die Gleichstromleitfähigkeit ergibt. Das gilt auch noch für Mikrowellenfrequenzen. Für kürzere Wellen nimmt die Leitfähigkeit langsam ab, ist aber noch bei optischen Frequenzen für den Glanz der Metalle verantwortlich.

In Halbleitern ist das Gewicht der einzelnen Beiträge in Gleichung (4) grundlegend anders als in Metallen. Halbleiter sind eigentlich Isolatoren, da sie am absoluten Nullpunkt keine beweglichen Ladungsträger besitzen ($n = 0$). Erst mit zunehmender Temperatur, unterstützt durch geeignete Dotierungen, werden Ladungsträger freigesetzt, die dann eine hohe, nur wenig temperaturabhängige Beweglichkeit μ haben. Es ist eine Besonderheit der Halbleiter, daß sowohl die Elektronen als auch die zurückgelassenen Defektelektronen oder Löcher beweglich werden. Im Halbleiter ist also Gl. (4) über die Elektronen und über die Löcher zu summieren, wobei die beiden Ladungsträgerarten entgegengesetzte Ladungen e_i und unterschiedliche Beweglichkeiten μ_i besitzen (Bild 3).

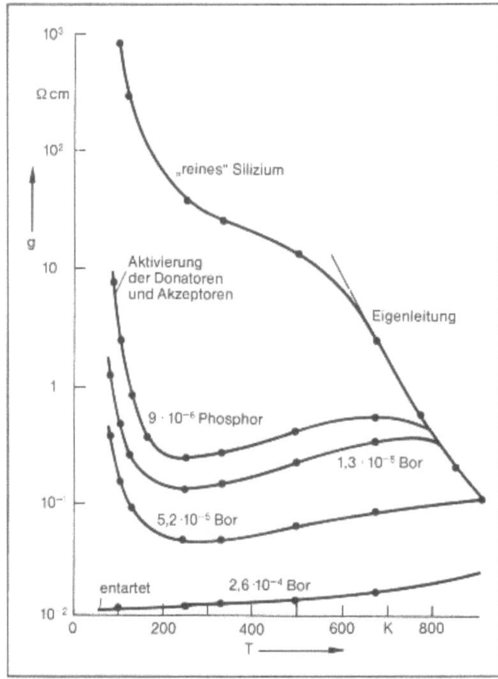

Leitfähigkeit, elektrische 3: Der spezifische Widerstand des Halbleiters Silicium mit verschiedenen Zusätzen (Dotierungen).

Den Metallen und den Halbleitern ist gemeinsam, daß die Elektronen, wenn sie einmal beweglich sind, sich im Gitter im wesentlichen frei bewegen können und nur durch Gitterstörungen behindert werden. Im Gegensatz dazu steht eine weite Stoffklasse, in denen sich die Ladungsträger nur thermisch aktiviert, also gewissermaßen „hüpfend" bewegen können. Sie müssen bei der Bewegung eine Energieschwelle überwinden, mit der Folge, daß die Beweglichkeit selbst exponentiell von der Temperatur abhängt:

$$\mu \propto \exp(\varepsilon/kT) \qquad (10)$$

Alle festen und flüssigen ionischen Leiter gehören in diese Kategorie, aber ebenso einige Oxide und spezielle Halbleiter, in denen lokalisierte Elektronen sich nur hüpfend und nicht fließend bewegen können. Manche Stoffe zeigen bei kritischen Temperaturen einen Übergang vom hüpfenden zum fließenden Leitungsmechanismus, also vom lokalisierten zum delokalisierten Elektronenzustand. Man spricht dann von einem Metall-Nichtmetall-Übergang.

In den flüssigen Elektrolyten hängt die → Beweglichkeit mit der → Viskosität zusammen, die ebenfalls exponentiell mit der Temperatur abnimmt. Die Konzentration der Ladungsträger ist in diesem Fall durch die Menge der gelösten Salze (und deren Dissoziationsgrad) gegeben. Man definiert daher die Äquivalenzleitfähigkeit als Verhältnis von Leitfähigkeit und Konzentration. Diese Äquivalenzleitfähigkeit stellt nach Gleichung (4) unmittelbar die Summe der Beweglichkeiten der beteiligten Ionen dar, die für stark verdünnte Elektrolyte charakteristisch für die einzelnen Ionenarten sind. In Elektrolyten höhere Konzentration treten Abweichungen auf Grund von Wechselwirkungen zwischen den Ionen auf. Starke Abweichungen zeigen sich auch in nicht vollständig dissoziierten schwachen Elektrolyten.

Auch Isolatoren besitzen stets eine nicht verschwindende Leitfähigkeit, die daher rührt, daß sich die Existenz beweglicher Ladungsträger nie ganz vermeiden läßt. So beruht die geringe Leitfähigkeit der Luft auf der Ionisierung von Gasatomen oder Gasmolekülen durch natürliche radioaktive Strahlung oder Höhenstrahlung. Bei höheren Temperaturen kann auch die thermische Bewegung der Moleküle zur Ionisation führen (Plasma). Bei genügend hoher Spannung können sich die Ladungsträger durch Stöße mit anderen Molekülen oder mit den Elektroden vervielfachen (Durchschlag; Gasentladung; Lichtbogen).

Besonders bei hohen Stromdichten ist mit der elektrischen Leitung manchmal auch ein Transport neutraler Materie verbunden. Im Fall der ionischen Leitung nennt man dieses Phänomen Elektrophorese, im Fall der Elektronenleitung Materialwanderung (*engl.* electromigration). Die Materialwanderung ist nur bei extrem hohen elektrischen Stromdichten (10^4–10^5 A/mm^2), wie sie in den Leiterbahnen integrierter Schaltungen auftreten, von Bedeutung. Bei niedrigen Temperaturen konzentriert sich der Prozeß auf die Korngrenzen. Tritt zur Materialwanderung irgendeine Inhomogenität innerhalb des Leiters (sei es in der Temperatur, in der Zusammensetzung oder in der Korngröße), dann besteht die Gefahr der Bildung von Hohlräumen auf der einen Seite und Auswüchsen auf der anderen Seite. Es zeigt sich, daß die Erscheinung durch die Wahl gewisser Legierungszusätze (z. B. 4 % Cu im Al) günstig beeinflußt werden kann.

Bei Halbleitern läßt sich die e. L. durch die Einstrahlung von Licht (Photoleitung) und durch magnetische Felder (→ galvanomagnetische Effekte) beeinflussen. Ein anderer Einfluß wird durch elastische Verzerrungen hervorgerufen. Auch elektrische Felder vermögen die Leitfähigkeit zu beeinflussen. So beruht das wichtigste Bauelement der modernen Elektronik, der Feldeffekt-Transistor, auf einer Steuerung der Elektronen oder Löcher-

dichte und damit der Leitfähigkeit durch ein elektrisches Feld. *Hubert*

Literatur: *Gerritsen, A. N.:* Metallic Conductivity. Handbuch der Physik. Bd. XIX. Berlin–Wien–New York 1956. – *Jones, H.:* Theory of electrical and thermal conductivity in metals. Handbuch der Physik. Bd. XIX. Berlin–Wien–New York 1956. – *Justi, E.:* Leitungsmechanismus und Energieumwandlung in Festkörper. Göttingen 1986. – *MacDonald, D. K. C.:* Electrical conductivity of metals and alloys at low temperatures. Handbuch der Physik. Bd. XIV. Berlin–Wien–New York 1956. – *Suchet, J. P.:* Electrical Conduction in Solid Materials. Oxford 1975.

Lenkhebelpresse. L. sind mechanische weggebundene Preßmaschinen mit erweitertem Kurbelgetriebe (→ Umformmaschine). Sie werden ausgelegt für niedrigere und nahezu konstante Stößelgeschwindigkeit im gegenüber dem reinen Schubkurbelgetriebe wesentlich erweiterten Arbeitsbereich. Die Leerwege werden mit sehr hohen Geschwindigkeiten durchfahren. L. werden vornehmlich für das → Ziehen großer Blechformteile durch → Karosserieziehen eingesetzt, aber auch für Kaltmassivumformverfahren, um bei hohen Hubzahlen den Aufsetzstoß und die dabei entstehende Schallemission zu dämpfen. *Lange*

LF-Verfahren. Zum Ausgleich der Temperaturverluste der Schmelze bei der pfannenmetallurgischen Stahlbehandlung, kurz → Pfannenmetallurgie genannt, oder zur Einstellung der anforderungsgerechten Temperatur des Stahles für das → Urformen (→ Gießen) wird meist das LF-V. (Ladle Furnace) eingesetzt. Dabei wird die Beheizung der Schmelze unter atmosphärischem Druck durchgeführt. Zur Durchführung des Verfahrens wird auf die → Pfanne ein Deckel, ähnlich dem eines → Lichtbogen-Schmelzofens, gelegt, durch den die Elektroden in die Pfanne geführt werden. Ein solches Aggregat wird → Pfannenofen genannt. *Baumann*

Lichtbeständigkeit. Unter den naturgegebenen Umwelteinflüssen auf Textilien kommt dem Licht eine besondere Bedeutung zu, weil seine Wirkung zu irreversiblen Eigenschaftsänderungen führt. Es handelt sich hierbei um photochemische Abbauprozesse, die als Schädigung in den verschiedenen Eigenschaften feststellbar sind.

Der Grad der Eigenschaftsänderungen wird als L. bezeichnet. Die L. gehört zu den Gebrauchswerten, sie ist nicht zu verwechseln mit der Lichtechtheit der Farben der Textilien, die zwar auch als eine Beständigkeit gegen Lichteinwirkung angesehen werden kann, jedoch den photochemischen Abbau der Farbstoffe kennzeichnet.

Der photochemische Abbau in einer → Faser ist u. a. von der Wellenlänge des Lichtes abhängig. Diejenigen Wellenlängenbereiche, die vom Faserstoff am meisten absorbiert werden, ergeben die größten photochemischen Wirkungen. Durch vorhandene Fremdstoffe, wie z. B. Ausrüstungsmittel kann die Absorption des Lichtes so verändert werden, daß der gleiche Faserstoff eine unterschiedliche Lichtschädigung erleidet.

Die photochemischen Abbauvorgänge können durch Feuchtigkeit und Temperatur, durch höheren Sauerstoffgehalt oder durch Verunreinigung der Luft beschleunigt werden. Die Einflußparameter müssen deshalb möglichst genau erfaßt werden, zumindest ist die Angabe der geographischen Lage einer L.-Prüfung erforderlich (bei natürlicher Belichtung).

Zur Prüfung der L. bestehen grundsätzlich zwei Möglichkeiten:
– Mit natürlichem Sonnen- bzw. Tageslicht.
– Mit künstlichen Strahlungsquellen.
□ Prüfung mit natürlichem Licht.

Bei der Prüfung mit natürlichem Licht wird das direkte Sonnenlicht benutzt, obwohl dieses in Bezug auf spektrale Zusammensetzung und Intensität der Strahlung keine Konstanz aufweist. Letztere wird außerdem durch die wechselnde Trübung der Atmosphäre, den Einfallswinkel u. a. beeinflußt. Der Einfachheit halber wurde für die mittleren geographischen Breiten eine Neigung der Proben von 45° gegen die Horizontale und eine Ausrichtung nach Süden gewählt. Zu berücksichtigen sind die Jahreszeiten und die für einen geographischen Ort ermittelten Sonnenscheinstunden pro Jahr bzw. pro Monat, wie überhaupt die Messung der eingestrahlten Lichtmenge sehr wichtig ist. Sie kann entweder mit Hilfe eines Sonnenschreibers über die Sonnenscheindauer oder genauer über die verschiedenen Lichtmengenmeßgeräte erfaßt werden. Einen Maßstab für die eingestrahlte Lichtmenge geben auch die acht Lichtechtheitstypen des sogenannten Blaumaßstabes ab, der für die Bestimmung der Lichtechtheit von Färbungen verwendet wird.
□ Prüfung mit künstlichen Strahlungsquellen.

Eine Prüfung mit künstlichen Strahlungsquellen ist dann vorzuziehen, wenn qualitativ die gleiche Wirkung wie beim Sonnenlicht hervorgerufen wird und sich durch eine entsprechend große Lichtintensität eine wesentliche Abkürzung der Belichtungsdauer ergibt.

Die bei verschiedenen Belichtungsgeräten eingesetzten Kohlebogen- und Quecksilberdampflampen weichen hinsichtlich der spektralen Zusammensetzung erheblich vom Sonnenlicht ab. Eine bessere Angleichung weisen die Xenonlampen auf, wenn durch geeignete Filter die Wärmestrahlung unterdrückt wird.

Bei den Prüfgeräten mit künstlichen Strahlungsquellen wird für die Erfassung der Lichtmenge der Blaumaßstab (Lichtechtheitsbestimmung) verwendet.

Die eigentliche L. der Textilien (Fasern, Garne und Flächengebilde) wird bei beiden Belichtungsarten, natürlich und künstlich, über die Veränderung deren →Festigkeit und →Dehnung oder anderer Eigenschaften bestimmt. Diese Merkmale werden an dem unbelichteten Material und an dem belichteten gemessen und daraus der prozentuale Rückgang berechnet.

Die Prüfung der L. gehört u. a. wegen des großen Aufwandes nicht zu den Routineprüfungen, sie dient mehr der grundsätzlichen Feststellung der Eignung von Faserstoffen hinsichtlich ihrer Lichtempfindlichkeit für bestimmte Einsatzgebiete. Dies ist mit ein Grund, daß noch keine DIN-Norm vorliegt. *Kleinhansl*

Literatur: *Sommer, H.* und *F. Winkler:* Handbuch der Werkstoffprüfung. Bd. V. Berlin–Göttingen–Heidelberg 1961.

Lichtbogenofen-Stahlwerk. In L.-S. wird der →Rohstahl mit →Lichtbogen-Schmelzöfen hergestellt.

Das L.-S. mit →Schrott und/oder →Eisenschwamm als Einsatzstoff ist die Alternative zum →Blasstahlwerk. In vielen Ländern haben sich die Anteile Elektrostahl erhöht, einerseits durch Ausbau oder Errichtung neuer Regional-Hüttenwerke und andererseits auch durch Reduzierung der Gesamt-Erzeugungskapazität zu Lasten der großen integrierten Hüttenwerke.

Ferner ist bemerkenswert, daß sich die Regional-Hüttenwerke bisher auf die Herstellung der Langprodukte spezialisierten, beispielsweise →Profilstahl, →Stabstahl sowie →Draht, und daß die integrierten Hüttenwerke im wesentlichen, neben schweren Profilen, →Flacherzeugnisse herstellen. 1990 haben aber einige wenige Regional- und Midi-Hüttenwerke ihre Produktprogramme zu Flacherzeugnissen hin erweitert.

L.-S., die auf Schrottbasis Stahl-Warmband herstellen, sind jedoch durch die im Schrott enthaltenen Spurenelemente, beispielsweise →Kupfer, →Chrom, →Nickel und Molybdän, Grenzen gesetzt. Diese Spurenelemente können bei der Erschmelzung nicht entfernt werden. Bei einfachen Walzdraht- und Betonstahl-Qualitäten ist das weniger bedeutsam. Aber für hochwertige Bandstahlprodukte sind diese Elemente nur in sehr engen Grenzen erlaubt, weil sie die →Kaltumformbarkeit solcher Stähle erheblich mindern. Ungünstig ist auch der gegenüber dem Konverterstahl hohe Stickstoffgehalt. Dennoch ist es möglich, mit sortiertem Schrott einen einfachen, weniger anspruchsvollen Teil der Stahlbanderzeugung abzudecken. Die Herstellung von Kaltfeinblech für die Automobilindustrie oder gar von →Weißblech für die Verpackungsindustrie dürfte dieser Produktionstechnik auf Schrottbasis jedoch verschlossen bleiben.

Verschärfte Umweltschutzgesetze und die Forderung nach Schaffung besserer Arbeitsplatzbedingungen in den → Stahlwerken haben dazu geführt, daß die in den Industrieländern kürzlich fertiggestellten und neu zu errichtenden L.-S. sich ganz erheblich von denen unterscheiden, die kurz vorher erbaut wurden. Die Zukunft verlangt das „umweltfreundliche", „saubere" und nach ergonomischen Merkmalen „arbeitsfreundlich" gestaltete Stahlwerk. Das L.-S. mit den auch 1990 noch besten Umweltschutzmaßnahmen wurde in Dänemark gebaut. Die gesamte Ofenhalle wurde als schallisolierte Zelle konzipiert. Alle Einfahrten für Material können durch verfahrbare, geräuschisolierte Tore oder Schallschleusen geschlossen werden. Die Arbeitsbühne vor den Öfen ist räumlich von der eigentlichen Ofenhalle durch eine Wand getrennt. Sie bildet einen Raum für sich, von dem aus nur die Ofentüren für Arbeiten zugänglich sind. Die Öfen sind mit Wechselgefäßen ausgerüstet, die zum Zwecke der Erneuerung der feuerfesten Auskleidung in ein separates Gebäude gebracht werden, welches zur Ofenhalle hin schallisoliert verschlossen werden kann. *Baumann*

Lichtbogen-Schmelzofen. L.-S. in → Lichtbogenofen-Stahlwerken sind kippbare Öfen, bei denen die elektrische Energie über drei durch den Ofendeckel eingeführte Graphitelektroden und durch Lichtbögen in Wärme gewandelt wird. Aus physikalischer Sicht ist der L.-S. in die Gruppe der Elektrowärmeaggregate einzuordnen, die mit unmittelbarer Lichtbogeneinwirkung arbeiten. Dabei entsteht der Lichtbogen zwischen den Elektrodenspitzen und dem Schmelzgut. Im Falle des frei brennenden Bogens wird die Wärme im wesentlichen durch Strahlung und beim Betrieb des Schmelzofens unter aufgeschäumter Schlacke auch teilweise durch Leitung übertragen.

Eine wesentliche Voraussetzung für die
- Verbesserung der Stahlgüten,
- Erhöhung der Produktivität und
- Steigerung der Wirtschaftlichkeit

bei der Elektrostahlerzeugung war der Entwicklungsweg über eine zentrische Bodenabstich-Technik bis hin zur exzentrischen Abstichtechnik der L.-S. (Bild). Diese Technik ermöglicht das schlackenfreie Abstechen, verbunden mit einer Restschmelzen-Fahrweise der Öfen und führte insbesondere zu

- kürzeren Einschmelz- und Abstichzeiten,
- verringerter Gasaufnahme des Abstichstrahls,
- geringerem Verbrauch feuerfesten Materials,
- kleineren Kippwinkeln der Öfen,
- längeren Standzeiten der feuerfesten Pfannenauskleidung,
- der Möglichkeit des Abstechens in Pfannen mit Deckel,

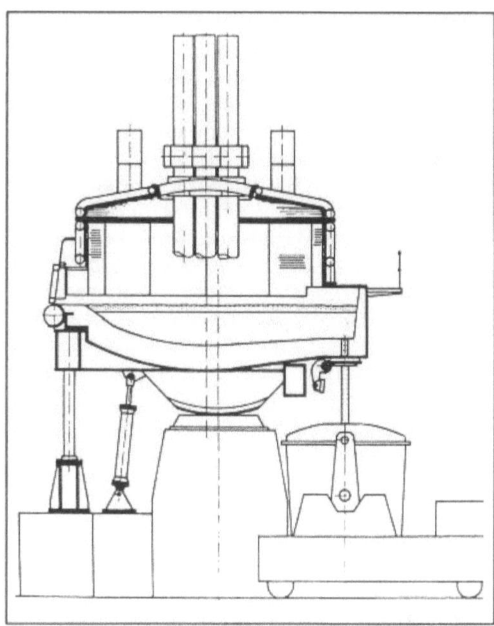

Lichtbogen-Schmelzofen: L.-S. mit exzentrischem Bodenabstich.

- geringeren Überhitzungsenergien und Elektrodenverbräuchen sowie
- niedrigeren Betriebskosten.

Zwischen 1984 und 1990 wurden weltweit insgesamt 32 neue L.-S. mit exzentrischem Bodenabstich gebaut. Im gleichen Zeitraum sind 45 bestehende Öfen umgebaut worden. Mit dieser neuartigen Schmelztechnik

- können die pfannenmetallurgischen Behandlungsverfahren besser genutzt werden,
- ist eine flexible Verkettung der Einzelprozesse möglich und
- war die Grundlage für eine Optimierung der Prozeßabläufe in modernen Elektrostahlwerken geschaffen. *Baumann*

Lichtbogenschweißen. Das L. nutzt als Wärmequelle einen elektrischen Lichtbogen, der zwischen der → Elektrode und dem Werkstück brennt. Beim Lichtbogen-Preßschweißen werden die Werkstücke an den Stoßflächen durch einen kurzzeitig brennenden Lichtbogen erwärmt und unter Anwendung von Kraft vorzugsweise ohne → Schweißzusatz geschweißt (hauptsächlich Lichtbogen-Bolzenschweißen).

Beim Lichtbogen-Schmelzschweißen entsteht das Schweißbad durch Einwirken eines oder mehrerer Lichtbögen. Abschmelzende Elektroden wirken gleichzeitig als Schweißzusatz. Wichtig sind das Metall-, das → Unterpulverschweißen und das → Schutzgasschweißen. Beim manuellen Metall-L. (Lichtbogen-Handschweißen) mit abschmelzender

Elektrode wird als Schweißstrom entweder Gleichstrom von Gleichrichtern oder Wechselstrom von Transformatoren verwendet. Aus Sicherheitsgründen ist die Leerlaufspannung bei Gleichstrom auf 100 V und bei Wechselstrom auf 70 V (in engen Räumen 42 V) begrenzt. Die Schweißstromstärke wird anhand der Elektrodendicke gewählt und beträgt etwa 15–20 A/mm² Kerndrahtquerschnitt. Mit dem Lichtbogen-Handschweißen können alle schweißbaren → Eisenwerkstoffe, auch Kupfer- und Nickelwerkstoffe verarbeitet werden. Häufig werden auch Reparaturschweißungen an → Stahl- und → Temperguß sowie → Gußeisen durchgeführt (→ Schweißverfahren). *Dorn*

Literatur: *Dorn u. a.:* Leistungs- und Qualitätssteigerung beim Lichtbogenschweißen. Ehningen, 1989. – *Killing, R.:* Handbuch der Schweißverfahren, Tl. I. Lichtbogenschweißverfahren. Düsseldorf 1984.

Lichtbogenspritzen. Thermisches → Spritzverfahren, bei dem zwei drahtförmige, elektrisch leitende Spritzwerkstoffe mit geregeltem Vorschub in einer Lichtbogenspritzpistole unter einem bestimmten Winkel aufeinander zugeführt werden. Nach dem Zünden bildet sich zwischen den Drähten ein Lichtbogen aus, welcher eine Temperatur von ca. 4 000 °C erreicht und die beiden Drähte aufschmilzt (Bild). Aus einer Düse austretende Druckluft zerstäubt das Schmelzgut und beschleunigt es

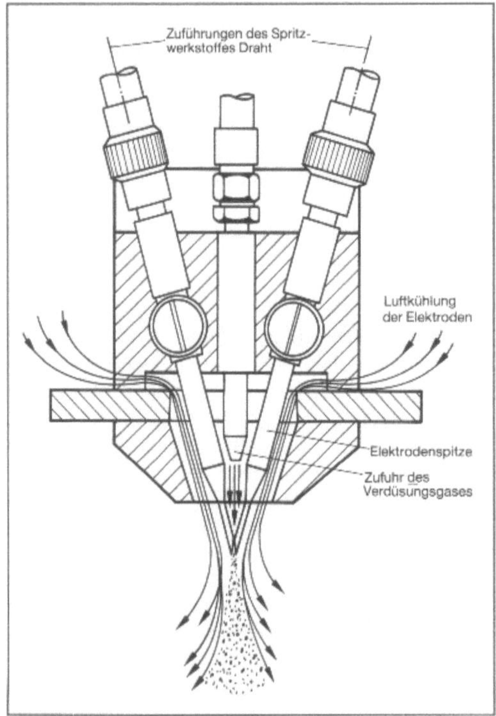

Lichtbogenspritzen: Lichtbogenspritzpistole.

auf die zu beschichtende → Oberfläche hin. Wegen der hohen Lichtbogentemperatur und der großen Teilchenmasse kann die Spritzschicht partiell mit dem Grundwerkstoff verschweißen. Durch Verwendung von Drähten aus verschiedenen Metallen können Legierungen aufgebracht werden. Die Schichten sind porenarm und nur wenig oxidiert.

Lichtbogenspritzanlagen arbeiten mit 20–40 V Gleichspannung und 100–1 400 A. Die Spritzleistung liegt für Stahl im Bereich von 5–70 kg/h. *Habig*

Literatur: *Simon, H.* und *M. Thoma:* Angewandte Oberflächentechnik für metallische Werkstoffe. München 1985.

Lichtbogenumschmelzen. Aufschmelzen der → Randschicht von Werkstücken mit einem Lichtbogen. Beim anschließenden → Erstarren entsteht wegen der hohen Abkühlungsgeschwindigkeit infolge des steilen Temperaturgradienten zum Werkstoffinneren ein feinkörniges → Gefüge. Das Verfahren wird zum Beispiel zur Verbesserung der Randschichteigenschaften von Nocken aus → Gußeisen verwendet. *Habig*

Lichtelement. Nur mit Kunststoffen ist es möglich, lichtdurchlässige tragende Bauteile herzustellen, also die Funktionen Wand, Dach und Fenster zu vereinen. Die konstruktiven und gestalterischen Möglichkeiten sind außerordentlich vielseitig. Sie reichen von einfachen ebenen Platten über Lichtkuppeln und Faltwerke bis zu Seilnetzdächern und pneumatisch gestützten Großhallen.

Ebene und gewellte Wand- und Deckplatten. Glasklare, opak durchscheinende und eingefärbte Platten werden in Standardgrößen vorzugsweise aus PMMA, PC, PVC und GFK hergestellt. Die Lichtdurchlässigkeit beträgt 70–98 %; sie kann bei PVC und GFK im Laufe der Zeit durch Alterungseinflüsse zurückgehen. Zur Erhöhung der → Steifigkeit und der Wärmedämmung werden statt einschaliger Platten zunehmend hohlkastenähnliche Stegplatten (Bild) und Platten mit lichtdurchlässigem porösen Kern verwendet. Im Vergleich zum spröden und harten Mineralglas sind die genannten Kunststoffe schlagzäh (ballwurfsicher und meist auch hagelschlagsicher), allerdings relativ kratzempfindlich. Sie sind splittersicher wie Sicherheitsgläser und bieten einen sehr guten Schutz gegen Einbruchversuche. Als vorteilhaft gilt für zahlreiche Anwendungsbereiche die Möglichkeit, diffuse, schattenfreie Ausleuchtung des Innenraumes zu erhalten (Sheddachwirkung). Anwendungsbereiche sind der Sporthallen- und Werkhallenbau, Dächer über Fahrzeugabstellplätzen, Verladerampen und Pausenhallen, Wartehallen, Großgewächshäuser usw. Ein besonders bekanntes Beispiel ist die Eindeckung des Seilnetzdaches des Münchener Olympiastadions. Die verwendeten gereckten PMMA-Platten weisen seit über 15 Jahren keine wesentlichen Eigenschaftsveränderungen auf und sind völlig wartungsfrei. Stützweiten bis über 20 m können in Form von GFK-Kassettenplatten als Großoberlichter oder selbständige Dachplatten überbrückt werden. Das geringe Eigengewicht ermöglicht auch technisch einfache und kostengünstige Lösungen bei beweglichen (verschiebbaren) Wänden und Dächern.

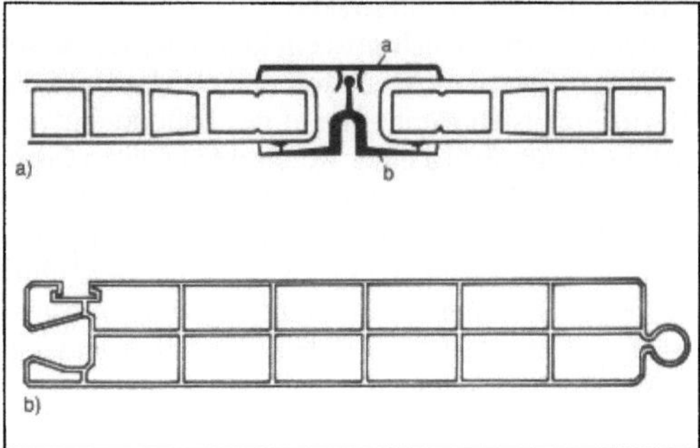

Lichtelement: Lichtdurchlässige Stegplatten.
a) Stegdoppelplatte
b) Dreifachplatte.

a Abdeckleiste aus PVC-hart, b Unterteil aus Aluminium

Lichtkuppeln. Ein- und zweischalige Lichtkuppeln werden serienmäßig bis rd. 2 m Stützweite (in Sonderfällen bis rd. 8 m) aus PMMA und auch aus CAB, GFK und PC hergestellt. Aus Lüftungs- und Rauchabzugsgründen lassen sie sich auch von Hand oder motorisch öffnen. Gegenüber glasklaren Kuppeln ergeben opak durchscheinende Kuppeln eine gleichmäßigere Ausleuchtung der Innenräume (→ Membran). *Sasse*

Lieferform → Holz

Lignin. L. kommt in allen verholzten Pflanzen vor. Die größten Anteile im Pflanzenbereich hat → Holz. In den Nadelhölzern der gemäßigten Zonen befinden sich 25–30 % L., in den Laubhölzern 20–25 %. Tropische Laubhölzer können in Einzelfällen Ligningehalte von deutlich über 30 % haben. Im Reaktionsgewebe von Nadelhölzern, dem sogenannten Druckholz, können sogar durchaus bis zu 40 % Lignin vorliegen. L. trägt zur Versteifung des Gewebes bei.

In der Einzelzelle nimmt die Ligninkonzentration von der Zellperipherie, der Mittellamelle, zum Zentrum, dem Lumen, hin ab. Am stärksten lignifiziert sind die Zellzwickel der Mittellamelle mit einem Ligningehalt von 85–100 %.

Chemisch ist L. ein thermoplastisches, dreidimensionales, durch enzymatisch initiierte Dehydrierungspolymerisation wechselnder Mengen der drei Monomeren, Trans-p-Cumar-Alkohol, Trans-Coniferyl-Alkohol und Trans-Sinapin-Alkohol entstandenes Polymer. Laub- und Nadelhölzer unterscheiden sich im wesentlichen durch die Anteile der drei verschiedenen Grundbausteine. Nadelholz-Lignine setzen sich zu über 80 % aus Coniferyl-Alkohol-Strukturen zusammen, während dieser Baustein in Laubhölzern nur zu etwas über 50 % vorkommt. Daneben sind über 40 % Sinapin-Strukturen vorhanden.

Die Verknüpfung der einzelnen Bausteine erfolgt durch enzymatische Dehydrierung, wodurch sich Radikale bilden, die polymerisieren. Am häufigsten sind Bindungen zwischen Seitenkette und phenolischem OH. Man findet jedoch auch Direkt-Verknüpfungen zwischen benachbarten Phenolkernen.

L. ist eine hydrophobe Substanz. Bei der Nutzung von Holz zur Gewinnung von Zellstoffen muß ein mehr oder weniger großer Anteil des L. aus der Faser entfernt werden. Nur dadurch können sich eine ausreichende Anzahl von Wasserstoffbrücken zwischen den Faseroberflächen ausbilden, welche dem Fasergewebe genügend → Festigkeit verleihen. Natives L. ist cremefarbig. Durch Lichteinwirkung, aber auch Chemikalien können sich chromophore Gruppen bilden, die eine Braunfärbung von ligninhaltigen Faserprodukten verursachen. Auch gebleichte ligninhaltige Faserstoffe sind nicht weißgradstabil. *Patt*

Linienenergie → Versetzung

Linienspannung → Versetzung

Linienverbreitung → Eigenspannung

Liquiduslinie → Zustandsdiagramm binärer Systeme

Lochfraß → Lochkorrosion

Lochfraßpotential → Lochkorrosion; → Grenzpotential

Lochkorrosion. Lokalkorrosion, bei welcher der elektrolytische Metallabtrag nur an kleinen Oberflächenbereichen abläuft und Lochfraß erzeugt. Dabei treten kraterförmige, die → Oberfläche unterhöhlende oder nadelstichförmige Vertiefungen auf. Außerhalb der Lochfraßstellen liegt praktisch kein Flächenabtrag vor. Die Tiefe der Lochfraßstelle ist in der Regel gleich oder größer als ihr Durchmesser. L. und der damit verbundene Lochfraß tritt hauptsächlich im passiven Zustand der Metalle auf.

Zu einer lokalen Aufhebung des passiven Zustandes sind vor allem Halogenidionen, insbesondere

Chloridionen, befähigt. Da die L. bei geringer allgemeiner Flächenabtragung häufig mit einem recht schnellen Wachstum der örtlichen Vertiefungen verbunden ist und im fortgeschrittenen Stadium zur Durchlöcherung der Bauelemente führen kann, ist sie weit gefährlicher als der gleichmäßige Korrosionsabtrag.

Der L. unterliegen vor allem die passivierbaren und wegen ihrer sonst chemischen Beständigkeit technisch wichtigen hochlegierten CrNi-Stähle. Sie tritt auch an Aluminiumwerkstoffen, →Kupfer- und →Nickellegierungen auf. Ihre Untersuchung ist mit Hilfe von Stromdichte-Potential-Kurven möglich. Der Anstieg der →Stromdichte, der mit der Lochbildung einsetzt, erfolgt im allgemeinen erst beim Überschreiten eines bestimmten Potentialwertes, dem Lochfraßpotential. Die Höhe des Lochfraßpotentials ist außer von der Art des Metalls, von der Zusammensetzung, Konzentration und Temperatur des Angriffsmittels abhängig.

Eine Verbesserung der Lochkorrosionsbeständigkeit nichtrostender CrNi-Stähle wird legierungstechnisch durch Anhebung des Chromgehaltes und Zusatz von Molybdän erreicht.

Zur Abschätzung der Anfälligkeit dient die „Wirksumme" W = Massen-% Chrom × 3,3 Massen-% Molybdän. Aus praktischer Erfahrung sind nichtrostende →Stähle bei einer Wirksumme über 30 beständig gegen L. und oberhalb 35 auch beständig gegen →Spaltkorrosion. *Wendler-Kalsch*

Literatur: *Kaesche, H.:* Die Korrosion der Metalle. Berlin 1979. – *Schatt, W.:* Einführung in die Werkstoffwissenschaft. Leipzig 1972.

Lochpressen. Beim L. zur Herstellung nahtloser →Stahlrohre wird der Stahlblock in einem Blockaufnehmer gehalten und durch Einpressen einer Dornstange zu einem Hohlblock umgeformt (Bild). Eine Begrenzung ist bei diesem Verfahren durch das Verhältnis 1/d (Hohlblocklänge zu Lochdorn-

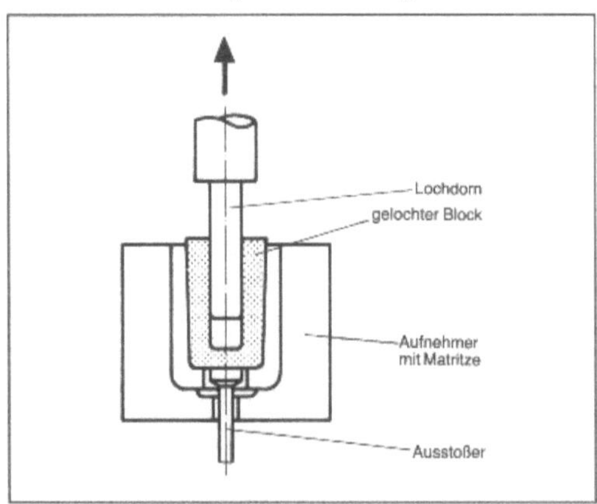

Lochpressen: Schematische Darstellung des Verfahrens.

durchmesser) gegeben. Dabei liegt das zulässige Maximum etwa bei dem Wert 10. Somit können bei kleinem Dorndurchmesser nur kurze Hohlblöcke hergestellt werden. *Baumann*

Lochversuch. Mechanisch-technologischer Warmversuch zur Prüfung der Verformungsfähigkeit von Niet-, Schrauben- und Mutternwerkstoffen sowie anderen Schmiedewerkstoffen oder mechanisch-technologischer Kaltversuch an dünnen Blechen zur Ermittlung der Lochfestigkeit.

Beim Warmversuch wird ein konischer Lochdorn in den (rot)warmen Werkstoff eingetrieben und die Verformungsfähigkeit anhand des Rißbildungsverhaltens beurteilt. In einer weiterentwickelten Form werden Blechstreifen mit abnehmendem Abstand des Lochs vom Blechrand mehrfach gelocht. Als Gütemaß dient dann der kleinste Lochabstand ohne →Anriß. Bei einer Abwandlung des Warmversuchs wird der Werkstoff vor dem Lochen gestaucht (Stauchlochversuch).

Beim Kaltversuch werden Ronden aus Blechen oder Flachzeugen herausgestanzt (Stanzversuch) und die dazu erforderliche Höchstkraft F_{max} gemessen. Durch Division mit dem Stempelumfang $\pi \cdot d$ und der Probendicke s errechnet sich die Lochfestigkeit (Stanz-)τ_{LB}. *Kußmaul*

Lokalelement. →Korrosionselement mit sehr kleinen zusammenhängenden Anoden- und Kathodenflächen. *Wendler-Kalsch*

Lokalkorrosion →Korrosionsart

Löslichkeit →Mischkristall, →Sättigung, →Zweistoffsystem

Lösung, interstitielle. Eine Klasse von festen Lösungen bzw. Mischkristallen, die dadurch gekennzeichnet ist, daß in einem Basiskristall eine zusätzliche Atomsorte (insbes. H, C, N) auf Zwischengitterplätzen eingelagert ist (daher auch alternative Bezeichnung: Einlagerungsmischkristall). Gegensatz: →Substitutionsmischkristall.

Wegen der mit dieser Einlagerung fast stets verbundenen erheblichen Gitterverzerrung ist der Aufwand an Verzerrungsenergie hoch und dementsprechend die maximale Löslichkeit sehr begrenzt (Beispiel: Eisen-Kohlenstoff-System). Die i. L. haben größte praktische Bedeutung für die Eigenschaften der →Stähle. *Ilschner*

Lösung, übersättigte →Ausscheidung, →Zustandsdiagramm

Lösungsglühen →Wärmebehandlung

Lösungspolymerisation. Die L. ist eine → Polymerisation in Lösung. Das Lösungsmittel wirkt dabei als Verdünner, wodurch die Polymerisationsgeschwindigkeit herabgesetzt wird und die Polymerisationswärme besser abgeführt werden kann. Gleichzeitig wird auch die Übertragung zum → Polymer herabgesetzt, wodurch die Zahl der Kettenverzweigungen abnimmt. Dadurch wird auch die Molekulargewichtsverteilung enger.

Bestimmte Lösungsmittel können aber auch manche Initiatoren zu einem Zerfall anregen und damit die Polymerisationsgeschwindigkeit steigern. Aus dem Lösungsmittel Ethylacetat kann z. B. durch Übertragungsreaktion das Radikal $°CH_2$-$COOC_2H_5$ gebildet werden. Dieses sehr reaktive Radikal führt zu einer erhöhten Polymerisationsgeschwindigkeit. Das Lösungsmittel kann aber auch übertragend wirken und somit das Molekulargewicht des entstehenden Polymers herabsetzen.

In der Technik sind L. von Nachteil, da nach der Polymerisation das Lösungsmittel wieder aus dem Polymerisat entfernt werden muß. Nach Möglichkeit werden L. in der Technik deshalb möglichst nur dann angewendet, wenn das Lösungsmittel im Polymerisat verbleiben kann, z. B. für Lackharze.

Finkelmann

Lösungsversuch → Faserstoffanalyse

Lot. L. sind nach DIN 8505 reine Metalle oder Legierungen (DIN 1707, 1734, 1735, 8512 und 8513) in Form von Draht, Stäben, Blechen oder Pulvern. Man unterscheidet Weich- und Hart-L., Weichlote haben Liquidustemperaturen unter 450 °C und Hartlote solche über 450 °C.

Weich-L. aus Zinn-Blei-Legierungen haben nur eine geringe → Zugfestigkeit (20–80 N/mm²). Durch Zink-(bis 23 %)-Kupfer-(bis 2 %)-Silberzusätze (bis 10 %) oder Cadmium läßt sich die → Festigkeit erhöhen. Hart-L. mit Festigkeitswerten von 200–500 N/mm² sind vorwiegend Legierungen auf Kupfer-Zink- oder Kupfer-Silber-Basis oder Dreistofflegierungen Kupfer-Zink-Silber. Neben Aluminium-Silicium-Legierungen für das → Löten von Aluminiumwerkstoffen gibt es noch Hochtemperatur-L. auf Gold-, Nickel- oder Palladiumbasis, die erhöhte thermische Belastbarkeit aufweisen. *Dorn*

Literatur: DIN 8505 Tl. 1: Löten; Allgemeines, Begriffe. Berlin, Köln 1979. – DIN 1707: Weichlote. Berlin, Köln 1981. – DIN 8513: Hartlote. Berlin, Köln 1979.

Lötatmosphäre → Löten

Lötbarkeit. Nach DIN 8514 die Eigenschaft eines Bauteils, durch → Löten derart hergestellt werden zu können, daß es die gestellten Anforderungen erfüllt. Die L. eines Bauteils ist vorhanden, wenn

□ die Löteignung des Werkstoffs (→ Werkstoffeigenschaft),
□ die Lötmöglichkeit in der Fertigung (Anwendbarkeit eines oder mehrerer Lötverfahren) und
□ die Lötsicherheit der Konstruktion (ausreichende → Zuverlässigkeit des Bauteils unter den vorgesehenen Betriebsbedingungen)
vorhanden sind. *Dorn*

Literatur: DIN 8514 Tl. 1: Lötbarkeit; Begriffe. Berlin, Köln 1978.

Lötbarkeitsprüfung. Die Prüfung der → Lötbarkeit (DIN 8514) eines Bauteiles umfaßt die Prüfung der Löteignung des Werkstoffes, der Lötmöglichkeit in der Fertigung und der Lötsicherheit der Konstruktion.

Die Löteignung eines Werkstoffes ist nach DIN 8514 um so besser, je weniger die werkstoffbedingten Faktoren beim Festlegen der Bedingungen für die Lötfertigung einer bestimmten Lötkonstruktion berücksichtigt werden müssen. Die Prüfung der Löteignung erfolgt durch Ermitteln der chemischen, metallurgischen, physikalischen und mechanischen Eigenschaften. Hierunter nehmen die Benetzungsprüfungen nach DIN 32506 eine wichtige Rolle ein. Das Benetzungsverhalten gibt Aufschluß über die Eignung eines Werkstoffs, mit einem → Lot eine stoffschlüssige Bindung einzugehen. Es kann je nach Aufwendung ermittelt werden durch Ausbreitungsmessung, Hubtauchprüfung, Benetzungskraftmessung, Lotkugelprüfung oder Drehtauchtest. Die Bestimmung der mechanischen Eigenschaften von Lötverbindungen bedarf besonderer Hinweise. Die Festigkeits- und Verformungskennwerte von Lötverbindungen sind u. a. abhängig von der Probenform, dem verwendeten Grundwerkstoff, der Lötspaltbreite und der Lötmethode. Daher dürfen z. B. Festigkeitswerte, die im → Zugversuch oder → Scherversuch nach DIN 8525 bzw. DIN 8526 ermittelt wurden, nicht ohne weiteres auf Bauteile übertragen werden.

Die Lötmöglichkeit für ein Bauteil ist nach DIN 8514 um so besser, je weniger beim Entwurf der Konstruktion die fertigungsbedingten Merkmale bei dem gewählten Werkstoff berücksichtigt werden müssen. Fertigungsbedingte Merkmale sind z. B. Größe und Form des Bauteils, Maßhaltigkeit, → Oberflächenbeschaffenheit, Fixierung der Bauteile usw. Die Prüfung der Lötmöglichkeit muß dementsprechend durch Variation der Fertigungsparameter mit nachfolgender zerstörungsfreier und/oder zerstörender Prüfung erfolgen.

Die Lötsicherheit eines Bauteils ist nach DIN 8514 um so größer, je weniger die konstruktionsbedingten Merkmale bei der Wahl des Werkstoffs sowie der Art der Lötfertigung und je weniger die Anforderungen an das Bauteil im Betrieb beachtet werden müssen. Konstruktionsbedingte Merkmale sind die konstruktive Gestaltung (z. B. Lage der Naht, →Kerbwirkung) und der Beanspruchungszustand. Die Prüfung der Lötsicherheit erfolgt durch eine möglichst genaue rechnerische Analyse für alle auftretenden Beanspruchungsarten sowie entsprechende Bauteilversuche. *Kußmaul*

Lötbruch. Entstehung von →Rissen an und in Lötverbindungen von →metallischen Werkstoffen. Da das →Lot vorwiegend in die Korngrenzen eindringt, verlaufen die Risse meistens interkristallin. Lötbrüchigkeit tritt hauptsächlich auf, wenn das Lot im Grundwerkstoff löslich ist und unter mechanischer →Spannung stehende Werkstücke zusammengelötet werden. *Wendler-Kalsch*

Löten. Nach DIN 8505 verbindet man mit L. metallische Werkstücke mit Hilfe eines geschmolzenen Zusatzmetalls (→Lot), dessen Schmelztemperatur unterhalb der zu verbindenden Grundwerkstoffe liegt. Die Grundwerkstoffe werden nur benetzt. Es wird mit Flußmitteln und/oder Lötschutzgasen bzw. im Vakuum gearbeitet. Die →Arbeitstemperatur ist nach DIN 8505 die niedrigste Oberflächentemperatur des Werkstücks an der Lötstelle, bei der das Lot benetzen, sich ausbreiten und am Grundwerkstoff binden kann. Die Arbeitstemperatur ist höher als die Solidustemperatur des Lotes. Sie kann mit der Liquidustemperatur des Lotes zusammenfallen bzw. oberhalb oder unterhalb davon liegen.

Nach Höhe der Liquidustemperatur des verwendeten Lotes unterscheidet man Weich-L. (Liquidustemperatur < 450 °C) und Hart-L. (Liquidustemperatur > 450 °C). Beim Hochtemperatur-L. liegt die Liquidustemperatur des Lotes über 900 °C. Dieses Verfahren wird unter inerter oder reduzierender Lötatmosphäre (Vakuum, →Schutzgas) angewandt.

Man unterscheidet zwischen Auftrags-L. (→Beschichten durch L.) und Verbindungs-L. (→Fügen durch L.).

Es finden verschiedene Lötverfahren Anwendung. Beim Flamm-L. benutzt man einen gasbeheizten Brenner, der mit neutraler oder leicht reduzierender Flamme arbeitet. Beim Kolben-L. überträgt ein erhitzter Lötkolben die Wärme auf die weichzulötenden Teile. Weitere Wärmequellen können sein:

□ Gas- bzw. elektrisch beheizte Öfen (Ofen-L.),

□ Chlorid-, Cyanid- oder Fluoridsalzbäder (Salzbad-L.),

□ Elektrowärme (Widerstands-L., Induktions-L., Elektronenstrahl-L.),

□ Infrarotstrahlung (Infrarot-L.), Licht (Lichtstrahl-L.) oder Laserstrahl (Laserstrahl-L.).

Beim Tauch-L. wird das Lot in einem elektrisch beheizten Behälter flüssig gehalten. Die zu verbindenden Teile werden für eine bestimmte Zeit einge-

taucht. Vor dem L. sind die Lötflächen zu reinigen und von eventuell anhaftenden Oxiden mit Hilfe von Flußmitteln (DIN 8511) zu befreien.

Beim Spalt-L. wird ein zwischen den Teilen befindlicher enger Spalt vorzugsweise durch kapillaren Fülldruck mit Lot gefüllt. Dagegen wird beim Fugen-L. ein breiter Spalt (V-Fuge) zwischen den Fügeteilen unter Ausnutzung der Schwerkraft mit Lot gefüllt. *Dorn*

Literatur: DIN 8505 Tl. 1: Löten; Allgemeines, Begriffe. Berlin, Köln 1979. – DIN 8505 Tl. 2: Löten; Begriffe und Einteilung der Verfahren. Berlin, Köln 1979. – DIN 8505 Tl. 3: Löten; Einteilung der Verfahren nach Energieträgern, Verfahrensbeschreibungen. Berlin, Köln 1983. – *Dorn, l. U. a.:* Hartlöten-Grundlagen und Anwendungen. Ehningen, 1985.

Lötfehler. Mögliche L. sind in DIN 8515 in sechs Gruppen eingeteilt: Risse, Hohlräume, feste →Einschlüsse, Bindefehler, Formfehler, sonstige Fehler.

Meist entstehen L. auf Grund mangelhafter →Benetzung (ungenügende Oberflächenreinigung oder ungeeignete Flußmittel- oder Lotwahl) oder unzureichender Fließmöglichkeit des Lotes (mangelhafte Erwärmung der Lötstelle oder zu geringe Kappillarwirkung infolge zu großen Lötspalts). *Dorn*

Literatur: DIN 8515 Tl. 1: Fehler an Lötverbindungen aus metallischen Werkstoffen. Berlin, Köln 1979.

Lötnahtprüfung →Schweißnahtprüfung

Low Cycle Fatique →LCF

Low-Cycle-Versuch →Dehnungswechselversuch

Lüders-Band →Plastizität

Lüders-Dehnung. Bei Stählen mit ausgeprägter →Streckgrenze bilden sich an der oberen Streckgrenze unter etwa 45° zur Probenlängsachse im →Zugversuch schmale Zonen, in denen sich der Werkstoff verformt, Lüders-Bänder. Beim Spannungsniveau der unteren Streckgrenze breiten sich die Lüders-Bänder aus, bis sich die ganze Probe um den Betrag verformt hat, um den das erste Lüders-Band geflossen ist. Der Dehnungsbetrag, der bei der Spannung der unteren Streckgrenze erfolgt, ist die L.-D. *Dahl*

Ludwig-Gleichung. Gleichung zur Beschreibung der wahren Spannungs-Dehnungs-Kurve von →metallischen Werkstoffen, insbesondere von →Stählen

$\sigma = \sigma_0 + k \cdot \varphi^n$. Dabei ist σ die wahre Spannung, φ die wahre Dehnung, n der Verfestigungsexponent, σ_0 und k sind Konstanten. Von *Hollomon* wurde die folgende vereinfachte Form vorgeschlagen: $\sigma = k' \cdot \varphi^{n'}$. Die mathematische Anpassung an den experimentell gefundenen Verlauf ist auch damit genügend genau, die physikalische Bedeutung der Konstanten geht jedoch verloren, da der Exponent n' vom Fließspannungsniveau abhängt und bei gleichem Verfestigungsverhalten mit zunehmender → Fließspannung fällt. *Dahl*

Luftdurchlässigkeitsprüfung. Die Luftdurchlässigkeit der für die Bekleidung verwendeten textilen Flächengebilde ist für die physiologischen Eigenschaften von großer Bedeutung. Einerseits ist eine ausreichende Luft- und auch Wasserdampfdurchlässigkeit für die Hautatmung sehr wichtig, andererseits darf die Durchlässigkeit der Stoffe nicht so groß sein, daß ihr Schutz gegen Wind und Regen nicht genügt. Für Luft- und Gasfilter ist die Luftdurchlässigkeit eine der wichtigsten Kenngrößen.

Von den vielen Methoden hat sich eine herauskristallisiert und ist schließlich in DIN 53887 verankert worden. Mittels eines Sauglüfters wird Luft durch eine Probe mit bestimmten Abmessungen durchgesaugt und die durchströmende Luft pro Zeiteinheit gemessen. Dabei kann der Unterdruck von 1 bis 10 mbar variiert werden. Das durchströmende Luftvolumen wird entweder mittels eines Durchflußmessers vom Schwebekörpertyp oder mit einem Gaszähler gemessen. Die Angabe der Luftdurchlässigkeit erfolgt in Liter pro dm² und min oder pro m² und s (Bild). *Kleinhansl*

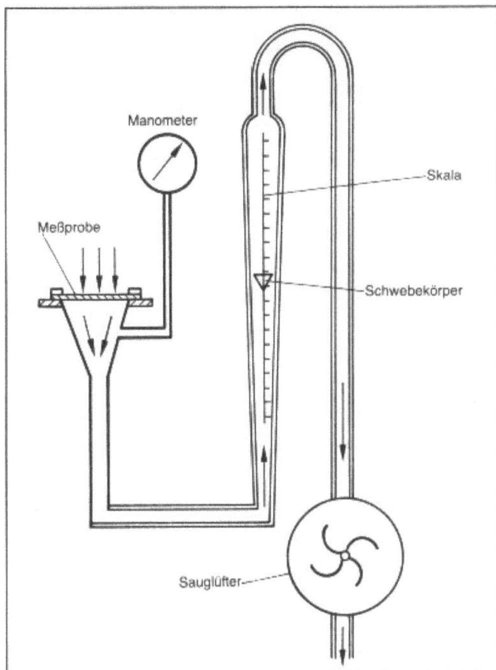

Luftdurchlässigkeitsprüfung: Prinzipskizze eines Luftdurchlässigkeits-Prüfgerätes.

Literatur: DIN 53887: Bestimmung der Luftdurchlässigkeit von textilen Flächengebilden. 1977. – *Sommer, H.* und *F. Winkler:* Handbuch der Werkstoffprüfung. Bd. V. Berlin–Göttingen–Heidelberg 1961.

Lunker. L. können beim → Erstarren einer Schmelze entstehen, weil der Phasenübergang flüssig/fest mit einer Volumenschrumpfung verbunden ist. Dieses Volumendefizit (L.) auszugleichen, ist eine wesentliche Aufgabe der Gießtechnik. Der bei der Erstarrung eines Stahlblocks sich bildende L. läßt sich in der Regel durch die nachfolgende Druckumformung (→ Walzen oder → Schmieden) ohne Nachteile für die Werkstoffeigenschaften beseitigen. Im Gegensatz dazu muß sich der Gußhersteller durch sogenannte speisetechnische Maßnahmen bemühen, der Lunkerbildung entgegenzuwirken und dabei die Art der Gußwerkstoffe berücksichtigen. Nach *S. Engler* ist zwischen exogenen und endogenen Erstarrungstypen zu unterscheiden.

Das → Kristallwachstum im Ablauf des Erstarrungsprozesses (Bild 1) zeigt, daß das Nachspeisen in die mit zunehmender Verfilzung der Kristallite entstehenden Resthohlräume immer schwieriger wird. Wichtige Einflußfaktoren sind das Temperaturgefälle zwischen der eingegossenen Schmelze und der Form (Abkühlungsbedingungen) sowie die Differenz zwischen Liquidus- und Solidustemperatur (Erstarrungsintervall) (Bild 2). Die Möglichkeit einer besonders starken Lunkerbildung ist hier durch ein breites Zick-Zack-Band gekennzeichnet. Beispielsweise haben die Gießmetalle A1 und A2 die gleiche Schmelz- und Erstarrungstemperatur, aber Schmelze A1 wird in eine metallische → Kokille vergossen und bietet wegen der damit verbundenen hohen Abkühlungsgeschwindigkeit wenig Anlaß zur Lunkerbildung, während die gleiche Legierung A2 in eine → Sandform gegossen infolge der geringeren Abkühlgeschwindigkeit stärker lunkeranfällig ist. Aus Beispiel B1/B2 geht hervor, daß unter gleichen Abkühlungsbedingungen zwei unterschiedliche Gußwerkstoffe, einmal mit kleinem Erstarrungsintervall (B1) nur wenig Lunkerneigung zeigt, umgekehrt B2 mit einem großen Erstarrungsintervall als lunkeranfällig gelten muß. Beispiel D1/D2 lehrt, daß der Temperaturgradient zwischen Form und Metall auch durch die Gießtemperatur beeinflußt wird. Bei gleicher Formtemperatur und gleichem Erstarrungsintervall besteht wegen des geringen Temperaturgefälles bei D2 Lunkergefahr, die sich bei D1 trotz der höheren Gießtemperatur wesentlich verringert.

Bei Formgußstücken übt auch die Formgebung einen bedeutenden Einfluß auf die Abkühlungsbedingungen aus. Man spricht hier von einem Sandkanteneffekt. Scharfkantige Übergänge sind zu ver-

Erstarrungstyp	exogen			endogen	
Erstarrungsart	glattwandig	rauhwandig	schwammartig	breiartig	schalenbildend
zunehmende Erstarrung →					
nach Erstarrungstyp u-art erstarrende Gußmetalle	Al 99,99	Al 99,9 Cu (rein) GK-MS 60 Stahl-GS	G-Al Mg 3,5, 10 G-Al Cu 4 Ti (Mg)	G-Al Si 6 Cu 4 G-Al Si 7 Cu 3 G-Al Si 5 Mg G-Al Si 9 (Cu) G-Al Si 10 Mg Cu Sn 10, 12, 14 Rg 5, 7, 10 G-Sn Po Bz	G-Al St 12 (veredelt) G-MS 65

Lunker 1: Exogene und endogene Erstarrungstypen.

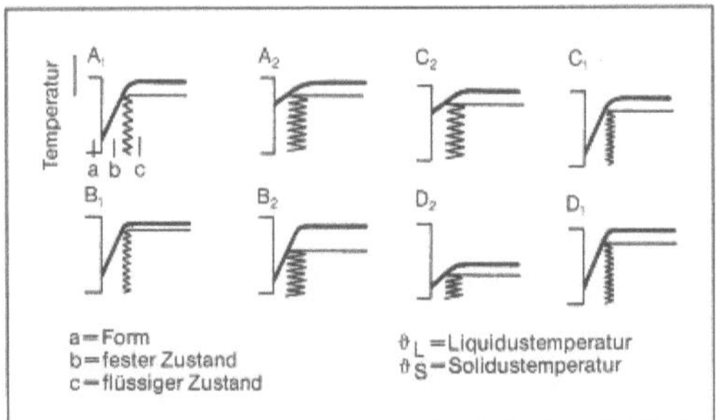

Lunker 2: Einfluß verschiedener Faktoren auf den Erstarrungsablauf.

meiden, da sie zur vermehrten Ausbildung von L. führen. Im allgemeinen sollten die Krümmungsradien zur Ausrundung etwa gleich der Wanddicke sein, mindestens aber halbe Wanddicke betragen (Bild 3). *Doliwa*

Lunker 3: Versuchskörper zur Darstellung des Einflusses der Kantenrundung bei Knotenpunkten.

M

MAG-Schweißen. Das Metall-Aktivgas-Schweißen ist ein Metallschutzgasverfahren für das → Schweißen von unlegierten und niedriglegierten Stählen. Bei diesem Verfahren wird als → Schutzgas kein inertes Gas verwendet, sondern ein aktives Gas, z. B. CO_2 bzw. Mischgase aus CO_2, Argon.
Strohmeier

Magnesitbinder. M. ist ein mineralisches → Bindemittel, das durch Mischen von kaustischer Magnesia nach DIN 273, Tl. 1, und Magnesiumchloridlösung nach DIN 273, Tl. 2, entsteht. Er erhärtet sehr schnell, hat hohe Festigkeiten, ist aber ein Luftbindemittel, d. h. nicht wasserbeständig. M. wird ausschließlich, meist unter Zugabe von Füllstoffen, z. B. Holzspäne, zu Estrichen (→ Mörtel) verarbeitet (Steinholz).
Wesche

Magnesiumlegierungen. Magnesium und seine Legierungen besitzen die geringste Dichte (1,74 g/cm³) aller metallischen Werkstoffe bei gleichzeitig mittleren Festigkeitswerten. Da sie eine hohe chemische Reaktionsfähigkeit haben, erfordern sie besondere Schutzmaßnahmen gegen Selbstentzündung beim → Schmelzen, → Gießen und Zerspanen. Deshalb sind ihre Anwendungsmöglichkeiten begrenzt.

Unlegiertes Magnesium hat wegen seiner geringen Verformbarkeit (hexagonale Gitterstruktur) als Werkstoff kaum Bedeutung. Seine Verwendung liegt in der anorganischen Chemie, der → Desoxidation von Metallen (→ Nickel, → Grauguß mit Kugelgraphit) und der thermischen → Reduktion von Metallen.

M. sind hervorragend zerspanbar und werden vorwiegend für Sand-, Kokillen- und Druckguß verwendet. Guß- und Knetlegierungen finden Anwendung für leichte Bauteile im Maschinenbau (Fahrgestell, Behälter, Motor- und Gebläsegehäuse). Zwei Legierungsgruppen werden unterschieden:

□ Mg-Al-Zn-Legierungen (DIN 1729) verbessern die schlechte → Zähigkeit und hohe Kerbempfindlichkeit des Magnesiums durch Legieren mit Aluminium und Zink. Mangan (0,15–2 %) erhöht zudem die → Korrosionsbeständigkeit. Diese Legierungen enthalten 6–9 % Al und 0,2–3,5 % Zn (G-MgAl9Zn1, MgAl6Zn) bei Zugfestigkeiten von 170–260 N/mm² und → Bruchdehnung von 3–8 %.

□ Mg-Legierungen mit Cer bzw. Thorium und Zirkonium zeichnen sich durch gute → Warmfestigkeit

bis 300 °C aus. Der Zr-Zusatz dient zur Kornfeinung, wodurch eine zusätzliche → Festigkeitssteigerung erreicht wird. Mg-Ce- bzw. Mg-Th-Legierungen enthalten 2,5–5 % Ce bzw. 3 % Th jeweils mit 0,5–0,7 % Zr. Diese Legierungselemente wirken stark desoxidierend und reinigend; sie verbessern dadurch auch die Korrosionsbeständigkeit. Es entsteht ein porenfreier Guß ohne Mikrolunker, der außerdem sehr feinkörnig ist, wodurch die Warmfestigkeit und Kriechbeständigkeit verbessert wird.

Schwerpunkt der Verwendung sind Guß-, Gesenkschmiede- und Drehteile aus stranggepreßten Stangen, da beim Kaltwalzen von M. eine ausgeprägte → Textur (Vorzugsrichtung) entsteht, die sich auch durch Rekristallisieren nicht beseitigen läßt. M. werden in Eisentiegeln unter einer breiigen Salzdecke von Magnesiumchlorid, Magnesiumoxid und Kalziumfluorid erschmolzen. Vor dem Gießen (überhitzt auf ca. 800 °C) wird die Schmelze mit Schwefel abgedeckt, und der Gießstrahl mit SO_2 eingehüllt, damit eine Entzündung der Schmelze an Luft verhindert wird. Gegenüber Zinkdruckguß ist die geringe Dichte vorteilhaft (vierfache Anzahl von Teilen bei gleicher Gießmenge). Ungeschützte Teile aus M. überziehen sich an Luft rasch mit einer grauen Oxidhaut. In aggressiver Atmosphäre (Seeluft) sind Maßnahmen zum → Korrosionsschutz (→ Beizen, → Anstrich) erforderlich.
Heller

Literatur: *Bargel, H. J.,* u. *G. Schulze:* Werkstoffkunde. Düsseldorf 1988. – *Schimpke, P.,* u. *H. Schropp, R. König:* Technologie der Maschinenbaustoffe. Stuttgart 1977.

Magnet. Anordnung oder Gerät zur Erzeugung eines magnetischen Feldes. Vier verschiedene Arten von M. unterscheiden sich in der erreichbaren Luftspaltinduktion und in dem dazu notwendigen Energiebedarf:

□ Dauermagnete bis ca. 1 Tesla, ohne Energiebedarf

□ Elektromagnete mit Eisenjoch, bis ca. 3 Tesla, mit mäßigen Energiebedarf

□ Eisenlose Elektromagnete (Solenoide). Mit solchen M. lassen sich Induktionen bis zu 60 Tesla erzeugen, wozu aber dann meist ein eigenes Kraftwerk erforderlich wird.

□ Supraleitende M., bis 15 Tesla, geringer Energiebedarf nur für die Kühlung des M. auf die Temperatur des flüssigen Heliums.

Elektromagnete lassen sich natürlich sehr leicht regeln. Dauermagnete sind im Normalfall nicht zu regeln, es gibt jedoch Konstruktionen, die mechanisch oder auch elektrisch aus- bzw. umzuschalten sind (Bild). Die Regelung supraleitender Magnete ist nicht unproblematisch, wird aber heute beherrscht. *Hubert*

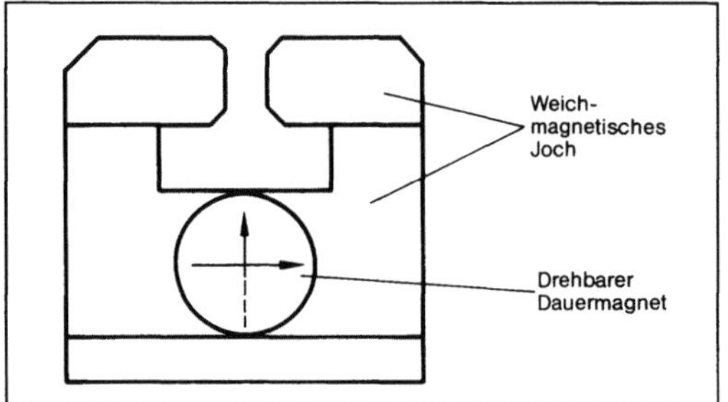

Magnet: Konstruktionsprinzip eines mechanisch umschaltbaren M.

Literatur: *Schnell, G.:* Magnete. München 1973.

Magnetische Flüssigkeit. Kolloidale, besonders stabilisierte Suspensionen magnetischer Partikel nennt man m. F. Auch diese Substanzen sind als →weichmagnetische Werkstoffe anzusprechen. Meist werden Magnetit-Teilchen von etwa 10 nm Durchmesser verwendet, die durch Umhüllung mit einer oberflächenaktiven Substanz (z. B. Ölsäure) daran gehindert werden, sich unter der Wirkung der magnetischen Wechselwirkungen zusammenzulagern. Als Trägerflüssigkeit können Wasser, aber auch Öle und verschiedene andere Lösungsmittel dienen. Präparate mit Sättigungspolarisationen von 0,025 bis 0,1 Tesla werden angeboten, die relativen Permeabilitäten liegen im Bereich 1–4.

Technische Anwendungen der m. F. nutzen vor allem die Tatsache aus, daß sich eine m. F. durch ein Magnetfeld in jeder Lage, also auch in einer Dichtung, in einer Vakuumdurchführung oder im Luftspalt eines Lautsprechers festhalten läßt. *Hubert*

Magnetische Werkstoffe. Werkstoffe mit einer spontanen magnetischen Polarisation, welche zu einem spezifisch magnetischen Zweck hergestellt wurden. (Eisen als Kernblech in einem Motor ist ein m. W., das gleiche Eisen als →Feinblech ist nicht als m. W. anzusprechen). Man unterscheidet zunächst die ferromagnetischen Legierungen, die vorwiegend Eisen, Kobalt und Nickel enthalten, und die nichtleitenden, ferrimagnetischen Oxide (→Ferrite), die vorwiegend Fe_2O_3 in Kombination mit anderen Übergangsmetall-Oxiden enthalten. Nach den Eigenschaften der Werkstoffe unterscheidet man die →Dauermagnetwerkstoffe, welche ihre Magnetisierung möglichst unabhängig von äußeren Feldern beibehalten, und die →weichmagnetischen Werkstoffe, deren Magnetisierung einem äußeren Feld möglichst ohne Verluste folgen soll.

Dazwischen liegen die umschaltbaren Speicher-Werkstoffe. Sonderanwendungen des Magnetismus im Zusammenhang mit Anwendungen der →Magnetostriktion, der →magnetooptischen Effekte, des →Invar-Effekts oder der →thermomagnetischen Effekte verlangen jeweils spezielle Werkstoffe.

Die m. W. sind in mindestens fünf Anwendungsbereichen in der Technik unentbehrlich:

□ Die magnetischen Anziehungs- und Abstoßungskräfte (zwischen Magneten sowie zwischen Magneten und Stromschleifen) sind die einzigen auf der Erde leicht und sicher manipulierbaren Fernwirkungskräfte. Auf dieser Eigenschaft beruhen Elektromotoren, Lautsprecher, Magnetschalter sowie alle mechanischen Anwendungen des Magnetismus (Haft- und Hubmagnete, magnetische Trenntechnik, magnetische Lager und Kupplungen etc.). Dauermagnete werden besonders in diesem Bereich eingesetzt.

□ Allein die Verstärkung durch den →Eisenkern macht das Induktionsgesetz bei niedrigen Frequenzen praktisch nutzbar. Generatoren und Transformatoren und mit ihnen die gesamte elektrische Energietechnik wären ohne Magnetwerkstoffe unwirtschaftlich. Das gleiche Argument gilt, wenn auch in abnehmendem Maße, für höhere Frequenzen (weichmagnetische Werkstoffe).

□ Die Hystereseeigenschaften der Magnetwerkstoffe führen zu ihrer Anwendung als leicht umschaltbare, aber sehr dauerhafte magnetische Speicher.

□ Nur mit Hilfe weichmagnetischer Werkstoffe lassen sich statische oder langsam veränderliche magnetische Felder abschirmen.

□ M. W. gestatten in der Mikrowellentechnik die Konstruktion nicht-reziproker Bauelemente.

Darüber hinaus werden immer wieder neuartige Anwendungen von m. W. entwickelt. Genannt seien als Beispiele die Verwendung metallischer Gläser in Sensoren, der Einsatz magnetischer Druckfarben in der Kopiertechnik und von magnetischen Granatschichten als optische Modulatoren und Schalter. *Hubert*

Literatur: *Cedighian, S.:* Die magnetischen Werkstoffe. Düsseldorf 1973. – *Cullity, B. D.:* Introduction to Magnetic Materials. Reading 1972. – *Heck, C.:* Magnetische Werkstoffe und ihre technische Anwendung. Heidelberg 1975. – *Wohlfarth, E. P.* (Hrsg.): Ferromagnetic Materials I–III. Amsterdam 1982.

Magnetisierbarkeit von Stählen. Eisenatome haben ein magnetisches Moment. Bei hohen Temperaturen und im →Austenit sind diese magnetischen Momente regellos in alle Richtungen verteilt, der Werkstoff ist paramagnetisch. Im kubisch-raumzentrierten →Ferrit tritt unterhalb der →Curie-Temperatur, 769 °C, eine ferromagnetische Ordnung auf, der Werkstoff wird ferromagnetisch. Als nicht magnetisierbar gelten paramagnetische Stähle, die dann benötigt werden, wenn störende Wechselwirkungen mit magnetischen Feldlinien der Umgebung vermieden werden sollen. Je nach den sonstigen Anforderungen werden nur mit →Mangan oder aber mit →Chrom und →Nickel legierte Stähle eingesetzt (→Magnetisierungskurve). *Dahl*

Literatur: Werkstoffkunde Stahl. 2 Bde. (Hrsg. VDEh). Berlin–Düsseldorf 1984/85.

Magnetisierungskurve. Die Kennlinie eines Magnetwerkstoffs, auf Grund ihres irreversiblen Charakters auch Hystereseschleife genannt (Bild 1). Kennzeichnend für das hysteretische Verhalten ist, daß die Kennlinie von der Vorgeschichte abhängt. In Magnetwerkstoffen ist das Haften der Blochwände an Strukturfehlern aller Art für die Hysterese verantwortlich, jedoch kann in speziellen Fällen auch die Keimbildung der Blochwände zu Hystereseerscheinungen Anlaß geben.

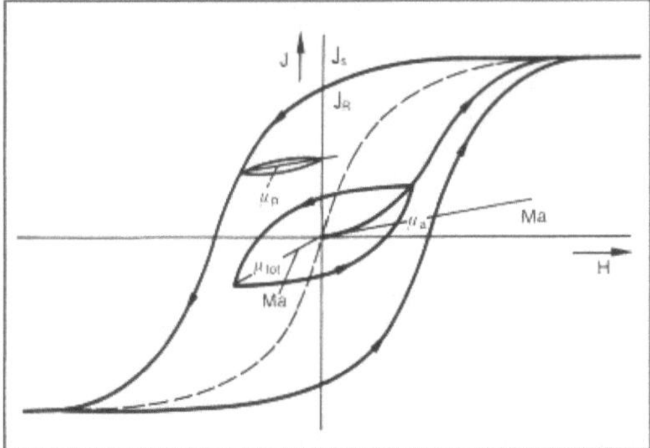

Magnetisierungskurve 1: Kenngrößen einer magnetischen Hystereseschleife. Stark angezogen: jungfräuliche Kurve, gestrichelt: anhysteretische Kurve.

Die äußere Hystereseschleife bezieht sich auf den Fall einer Ummagnetisierung von Sättigung zu Sättigung. Magnetisiert man nicht bis zur Sättigung, sondern kehrt schon vorher die Feldrichtung wieder um, so läßt sich auch jeder Punkt innerhalb der Hystereseschleife erreichen. Insbesondere kann man eine Probe entmagnetisieren, wenn man sie einem Wechselfeld abnehmender Amplitude aussetzt.

Die Koerzitivfeldstärke bezeichnet diejenige Feldstärke, die nötig ist, um die Magnetisierung, von der Sättigung kommend, zu Null zu machen. Mikroskopisch entspricht sie näherungsweise der Feldstärke, die notwendig ist, um die Blochwände von ihren Haftstellen loszureißen.

Die Remanenz ist die Magnetisierung, die nach vorheriger Sättigung zurückbleibt, wenn man das Feld abschaltet. Sie wird durch die Anisotropien bestimmt, welche dem jeweiligen gesättigten Zustand entgegenwirken. Beginnt man mit dem un-

magnetischen Zustand und sättigt die Probe, dann durchläuft man die jungfräuliche oder Neukurve. Erhöht man das Gleichfeld schrittweise und überlagert bei jedem Schritt ein in der Amplitude abnehmendes Wechselfeld, dann ergibt sich die idealisierte oder anhysteretische Kurve. Man unterscheidet verschiedene Permeabilitäten (Bild 1), so die Anfangspermeabilität μ_a, die totale Permeabilität μ_{tot}, die permanente Permeabilität μ_p.

Die Hystereseschleife hängt wesentlich von der äußeren Form einer Probe ab. Geht man von einem geschlossenen Magnetkern zu einem Körper mit dem Entmagnetisierungsfaktor N über, dann wird die Hystereseschleife geschert (Bild 2): Der Magnetisierungszustand J, der ohne Entmagnetisierung das Feld H erforderte, braucht mit Entmagnetisierungseffekt das höhere Feld $H + NJ/\mu_0$. Die Koerzitivfeldstärke, die Sättigungsmagnetisierung und der Ummagnetisierungsverlust bleiben bei der Scherungstransformation invariant.

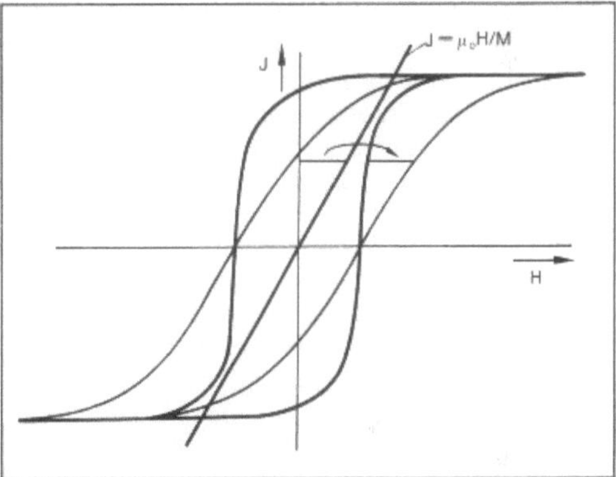

Magnetisierungskurve 2: Gescherte Hysterese für einen offenen Kern.

Von ein und derselben Zusammensetzung ausgehend, lassen sich durch verschiedene Magnetfeldglühungen Rechteck-Werkstoffe, Werkstoffe mit geringer Remanenz oder Werkstoffe mit minimalen Verlusten einstellen. Diese Effekte beruhen auf induzierten Anisotropien, die durch diffusionsbedingte Platzwechsel der Atome in dem Werkstoff erklärt werden können. Ähnlich wie durch Magnetfeldglühung können sich magnetische Anisotropien beim Wachstum eines Kristalls (wachstumsinduzierte Anisotropien) und bei der plastischen Verformung (verformungsinduzierte Anisotropien) bilden.

Eine unsymmetrische, in Magnetfeldrichtung verschobene Hystereseschleife gilt als Kennzeichen der sog. Austauschanisotropie. Sie tritt auf, wenn ein ferromagnetischer Stoff in Austauschkopplung mit einem antiferromagnetischen Stoff steht. Das Antiferromagnetikum ist durch das äußere Feld nicht zu beeinflussen und prägt dem Ferromagnetikum eine durch die Vorgeschichte bestimmte Vorzugsrichtung auf. Die Vorzugsrichtung kann nur dadurch verändert werden, daß man das Antiferromagnetikum über den *Néel*punkt erhitzt (→ Magnetismus). Effekte der Austauschanisotropie treten z. B. bei oxidierten Partikeln des Legierungsbereiches Fe-Co-Ni auf.

Untersucht man die M. eines magnetischen Stoffes bei hoher Auflösung und bei einer geringen Frequenz, dann entdeckt man irreversible, sprungartige Prozesse, die sich z. B. mit Hilfe einer Induktionsspule und eines Tonverstärkers unmittelbar hörbar machen lassen (*Barkhausen* 1919). Ursprünglich interpretierte man das Barkhausen-Geräusch als „Umklappen" der Weißschen Bezirke. Heute weiß man, daß es sich dabei um Sprünge der Blochwände handelt, die sich unter der Wirkung des angelegten Feldes von Hindernissen im Kristallgefüge losreißen. Der Barkhauseneffekt ergibt einen wertvollen Aufschluß über die Magnetisierungsprozesse. In der technischen Anwendung ist er durch geeignete Ausbildung der Gefüge und der Domänen so weit wie möglich zu unterdrücken.

Magnetische Nachwirkung wird die Erscheinung genannt, daß die nach einer Entmagnetisierung gemessene Anfangspermeabilität im Laufe der Zeit abnimmt. Man spricht daher auch von magnetischer Alterung oder Desakkommodation. Ursache der Nachwirkung ist in der Regel eine Relaxation von Gitterfehlern im magnetischen Polarisationsfeld, welche die Bewegung der Blochwände behindert. Das am besten studierte Beispiel betrifft Kohlenstoff auf den Zwischengitterplätzen des Eisengitters. Der Kohlenstoff sitzt in den Oktaederlücken, und diese besitzen jeweils eine Symmetrieachse, welche auf verschiedenen Plätzen im Gitter in verschiedene Richtungen zeigt. Da eine Wechselwirkung zwischen der lokalen Magnetisierungsrichtung und der Achse der Kohlenstoffplätze besteht, wird sich die Verteilung des Kohlenstoffs auf die verschiedenen Plätze bei einer Änderung der Magnetisierung ändern, und zwar durch thermisch aktivierte Sprünge des Kohlenstoffs auf entsprechende Nachbarplätze. Dieser Prozeß gibt Anlaß zur Nachwirkung. Um die Nachwirkung zu vermeiden, muß Eisen für magnetische Zwecke sorgfältig entkohlt werden. Das gleiche gilt für andere Zwischengitterverunreinigungen wie Sauerstoff und Stickstoff.

Das Haften der Blochwände und die beim Abreißen auftretenden Barkhausensprünge tragen ebenso wie die Nachwirkung zu den Ummagnetisierungsverlusten bei. Dazu treten bei dynamischer Belastung die mit Wirbelströmen verbundenen Verluste. In jedem Fall sind diese Verluste durch die Fläche der Hystereseschleife gegeben. Die Reduzierung der Ummagnetisierungsverluste stellt eine wichtige Aufgabe der Werkstofforschung dar. *Hubert*

Magnetismus. Lehre von den magnetischen Erscheinungen im Vakuum und in der Materie. Die Beschreibung des M. benutzt zwei vektorielle Feldgrößen H und B. H nennt man die magnetische Feldstärke (Einheit A/m), B die magnetische Kraftflußdichte oder Induktion (Einheit $Vs/m^2 = Tesla$).

Wir betrachten die magnetische Feldstärke als die Ursache der magnetischen Erscheinungen und die magnetische Kraftflußdichte als deren Folge. (Andere Bezeichnungen und Interpretationen der Feldgrößen H und B kommen in der Literatur vor, seien aber hier, um Verwirrung zu vermeiden, nicht diskutiert). Allgemein kann man den Beitrag der Materie zur Kraftflußdichte abtrennen:

$$B = \mu_0 H + J, \ \mu_0 = 4\pi \cdot 10^{-7} \text{ Vs /Am} \tag{1}$$

J ist die magnetische Polarisation der Materie, also die Dichte der durch H verursachten oder spontan vorhandenen magnetischen Momente. (Eine solche kontinuumstheoretische Beschreibung, die eine räumlich gemittelte Dipoldichte benutzt, wird natürlich in atomaren Dimensionen sinnlos.)

Die Feldstärke H und die Kraftflußdichte B sind über die *Maxwell*schen Gleichungen mit den entsprechenden elektrischen Größen verknüpft:

$$\text{rot } H = j + \dot{D} \tag{2}$$
$$\text{rot } E = -\dot{B} \tag{3}$$

Die erste Gleichung besagt, daß ein elektrischer Strom j (und damit gleichwertig eine sich verändernde elektrische Verschiebungsdichte D) ein magnetisches Feld erzeugt (*Oersted* 1820). Die zweite Gleichung formuliert das *Faradaysche* Induktionsgesetz (1831), nach dem eine sich ändernde magnetische Flußdichte ein elektrisches Feld E induziert. Die Symmetrie der beiden Gleichungen wird gestört durch das Fehlen eines magnetischen Stromes in der zweiten Gleichung. Das liegt daran, daß es keine magnetische Ladungen gibt. (Jedenfalls hat man bisher keine dieser hypothetischen magnetischen Monopole gefunden.) Daher gilt auch

$$\text{div} B = 0 \tag{4}$$

im Gegensatz zu $\text{div} D = \rho$ im elektrischen Fall. Die elementare Quelle der magnetischen Erscheinungen sind also keine Ladungen, sondern die magnetischen (Dipol-)Momente. Magnetische Felder können nicht nur durch elektrische Ströme erzeugt werden, sondern bekanntlich auch durch Dauermagnete, deren Polarisation Quellen und Senken, also Pole besitzen. Wir sehen das, wenn wir Gleichung (1) in (4) einsetzen:

$$\text{div} H = -1/\mu_0 \ \text{div} J$$

Senken der Polarisation sind also Quellen eines magnetischen Feldes und umgekehrt. Dieses Feld nennt man das entmagnetisierende Feld oder Streufeld.

Die Ausbildung einer magnetischen Polarisation als Reaktion auf ein magnetisches Feld ist eine allgemeine Eigenschaft der Materie. In allen Stoffen induziert das angelegte Feld in den abgeschlossenen Elektronenschalen eine negative, diamagnetische Polarisation ($\rightarrow$ Diamagnetismus). Existieren auch nicht abgeschlossene Schalen, also magnetische Momente, dann ergibt sich eine positive, paramagnetische Polarisation auf Grund der Ausrichtung dieser Dipole ($\rightarrow$ Paramagnetismus). Dies gilt allerdings nur, wenn die Momente thermisch ungeordnet sind. Existiert eine Wechselwirkung zwischen den Elementarmomenten, die stärker ist als die thermische Anregungsenergie, dann ergibt sich ein magnetisch geordneter Zustand. $\rightarrow$ Ferromagnetismus, Ferrimagnetismus und Antiferromagnetismus sind verschiedene Arten magnetischer Ordnung.

Nach *L. Néel* (1923) wird ein Zustand der Materie antiferromagnetisch genannt, wenn er eine geordnete Anordnung magnetischer Elementardipole enthält, ohne daß in größeren Bereichen ein magnetisches Moment resultiert. Wie bei den Ferromagnetika (Curietemperatur) gibt es eine Ordnungstemperatur, den Néelpunkt. Charakteristisch für Antiferromagnetika ist, daß die magnetische Suszeptibilität nach einem scharfen Maximum am Néelpunkt zu tieferen Temperaturen wieder abfällt. Der Nachweis der antiferromagnetischen Ordnung gelang mit Hilfe der $\rightarrow$ Neutronenbeugung. Es gibt eine große Vielzahl antiferromagnetischer Spinanordnungen; einige Beispiele sind in der Tabelle angedeutet.

Magnetismus. Tabelle: Antiferromagnetische Spinanordnungen

Substanz	$T_N[K]$	Kristallklasse
MnO	122	kubisch
FeO	185	kubisch
CoO	291	kubisch
NiO	515	kubisch
Cr_2O_3	307	rhomboedrisch
$\alpha\text{-}Fe_2O_3$	950*	rhomboedrisch
FeS	613	hexagonal
Tb	230	hexagonal
Cr	308	kubisch
Mn	100	kubisch

* verkantet oberhalb 263K

Mikroskopisch wird der Antiferromagnetismus auf ein negatives Vorzeichen der elementaren Austauschwechselwirkung zurückgeführt. So ist z. B. die durch Sauerstoffionen vermittelte Superaustauschwechselwirkung antiferromagnetischen Charakters, weshalb viele magnetische Oxide antiferromagnetisch sind. Aber auch die durch Leitungselektronen vermittelte indirekte Austauschwechselwirkung führt z. B. in den Metallen der seltenen Erden zu komplizierten antiferromagnetischen Strukturen. Eine antiferromagnetische Substanz, die in einem starken Magnetfeld in die ferromagnetische Ordnung überführt werden kann, wird als metamagnetisch bezeichnet. Besteht, durch die Kristallsymmetrie bedingt, zwischen den Magnetisierungsrichtungen der Untergitter eines Antiferromagneten eine kleine Abweichung von der antiparallelen Ausrichtung, dann spricht man vom verkanteten Antiferromagnetismus oder vom schwachen Ferromagnetismus.

Der Ferrimagnetismus ist ein magnetischer Ordnungszustand, bei dem die atomaren Momente wie beim Antiferromagneten antiparallel ausgerichtet sind, die magnetischen Untergitter sich aber auf Grund unterschiedlicher Stärke oder Anzahl der beteiligten Momente nicht kompensieren, so daß ein resultierendes magnetisches Moment entsteht. Ein Ferrimagnet verhält sich demnach nach außen wie ein Ferromagnet, lediglich die Größe der Sättigungsmagnetisierung ist meist kleiner und die Temperaturabhängigkeit der Sättigung ist stärker. In bestimmten Fällen gibt es eine Temperatur, bei der sich die Magnetisierungen der beiden Untergitter gerade aufheben (Kompensationstemperatur). Beim Durchtritt durch diese Temperatur kehrt sich die remanente M. eines Stoffes ohne Einwirkung eines äußeren Feldes um. Praktisch alle oxidischen Magnetwerkstoffe, insbesondere die Ferrite und die magnetischen Granate sind ferrimagnetisch, darunter auch alle in der Natur vorkommenden magnetischen Substanzen wie z. B. der Magnetit.

Im Fall der Ferro- und Ferrimagnetika ist der Zusammenhang zwischen Polarisation und Feldstärke i. a. nichtlinear und von der Vorgeschichte abhängig ($\rightarrow$ Magnetisierungskurve). Der Spinglaszustand stellt einen zwar ungeordneten, aber magnetisch erstarrten Zustand der Materie dar, der auf einander widersprechenden, fluktuierenden Wechselwirkungen beruht. Der superparamagnetische Zustand schließlich ist durch sehr kleine, magnetisch voneinander isolierte Teilchen gekennzeichnet, die in sich magnetisch geordnet sind, ihre Magnetisierungsrichtung jedoch thermisch aktiviert verändern. Es resultiert eine lineare Magnetisierungskurve wie bei einem Paramagneten, nur mit stark erhöhter Suszeptibilität. Auch $\rightarrow$ magnetische Flüssigkeiten verhalten sich superparamagnetisch.

Magnetische Erscheinungen spielen nicht nur in der Materialwissenschaft, sondern auch in vielen anderen Bereichen der Wissenschaft und der Technik eine Rolle. Die Messung der magnetischen Momente der Elementarteilchen und die Erzeugung magnetisch polarisierter Teilchenstrahlen sind wichtige Aspekte der Elementarteilchen-Physik. Bewegte ionisierte Gase (Plasmen) sind mit magnetischen Feldern nicht verträglich: Das Magnetfeld würde die verschieden geladenen Teilchen in verschiedene Richtungen ablenken und so die Ladungen trennen. Als Folge verdrängen sich Magnetfelder und Plasmaströme gegenseitig. Die Wechselwirkungen zwischen Magnetfeldern und Plasmen sind daher das zentrale Thema der Plasmaphysik. In diesem Zusammenhang sind Versuche, auf der Erde durch Einschluß eines Plasmas in ein Magnetfeld eine kontrollierte nukleare Fusion zu erzielen, ebenso zu nennen, wie der Bereich der Astrophysik, wo magnetische Felder (zum Teil ungeheurer Stärke) das Erscheinungsbild bestimmter Sterne ebenso bestimmen wie die Struktur ganzer Galaxien. Das Magnetfeld der Erde bildet einen Schutzschirm gegen die aus dem Weltall einströmende Strahlung, ohne den das Leben in der heutigen Form auf der Erde kaum möglich wäre. Es ist daher wichtig, den Ursprung und die Eigenschaften des Erdmagnetfelds (Erde) zu erforschen. Dazu gehört auch das Studium der Erdgeschichte anhand des in den Gesteinen eingeprägten remanenten M. (Paläomagnetismus), der zum Beispiel Auskunft über die Entstehung der Meere und die Bewegung der Kontinente gibt. Die Wirkung magnetischer Felder auf Lebewesen ist sicherlich sehr schwach (obwohl viele bis heute vom Gegenteil überzeugt sind). Es gibt aber wissenschaftlich erwiesene biologische Reaktionen auf Magnetfelder, so z. B. bei Zugvögeln, Insekten, Schnecken und Bakterien. Schwache magnetische Felder werden andererseits auch durch biologische Aktivitäten etwa des Herzens oder des Gehirns erzeugt, und sie können ähnlich wie das Elektro-Enzephalogramm oder das Elektro-Kardiogramm zu Diagnosezwecken dienen. Die Entstehung magnetischer Momente in den Atomen, Molekülen und im Kristallverband ist eine zentrale Frage der Atom- und Festkörperphysik, also der theoretischen und experimentellen Erforschung der Elektronenstruktur der Materie. So sind die chemischen Bindungen und Valenzen eng mit magnetischen Erscheinungen verknüpft, was z. B. darin zum Ausdruck kommt, daß Moleküle mit unabgesättigten chemischen Bindungen (freie Radikale) an ihrem magnetischen Moment zu erkennen sind.

Magnetische Substanzen bilden auch ein bevorzugtes Modell für das theoretische und experimentelle Studium von Phasenübergängen. Die Supraleitung kann durch magnetische Felder oder magnetische Verunreinigungen unterdrückt werden; umgekehrt können Supraleiter zur Erzeugung starker Magnetfelder dienen. Schließlich sei der weite Bereich des Elektromagnetismus genannt, der von der Hochfrequenztechnik bis zu den aktuellen Versuchen reicht, mit Hilfe elektrodynamischer Kräfte getragene Verkehrsmittel zu konstruieren (Magnetschwebetechnik). *Hubert*

Literatur: *Chikazumi, S.:* Physics of Magnetism, New York 1964. – *Kneller, E.:* Ferromagnetismus. Berlin 1962. – *Martin, D. H.:* Magnetism in Solids. Cambridge (Mass.) 1967. – *Morrish, A. H.:* The Physical Principles of Magnetism. New York 1965.

Magnetooptische Effekte. Die Beeinflussung des (sichtbaren oder auch infraroten) Lichtes durch ein magnetisches Feld oder eine magnetische Polarisation.

Der wichtigste Effekt, der *Faraday*-Effekt, der eine Drehung der Polarisationsebene des Lichtes bei der Transmission beschreibt, läßt sich formal auf einen unsymmetrischen Beitrag im Tensor der Dielektrizitätskonstante ε zurückführen. Die Drehrichtung wechselt mit dem Vorzeichen der Magnetisierung, ist aber unabhängig von der Fortpflanzungsrichtung des Lichts. Spiegelt man das Licht nach dem Durchtritt durch das magnetische Medium, so hebt sich die Drehung nicht wie im Fall der optischen Aktivität wieder auf, sondern verdoppelt sich. Auf Grund dieser Eigenschaft lassen sich nicht-reziproke Bauelemente konstruieren, bei denen die Transmission eines Lichtstrahls von der Fortpflanzungsrichtung abhängt. Besonders stark ist der Faraday-Effekt im optischen Bereich in transparenten ferrimagnetischen Oxiden wie z. B. den Granaten (bis zu 30 000 °/cm).

Der magnetooptische *Kerr*-Effekt beschreibt eine Drehung der Polarisationsebene des Lichts bei der Reflexion an einer magnetischen Probe. Er dient vor allem der Beobachtung magnetischer Bereichsstrukturen und läßt sich mit Interferenzschichten durch Mehrfachreflexion verstärken. Bei der magnetooptischen Aufzeichnung ($\rightarrow$ Magnetspeicher) dient der Kerr-Effekt zum Auslesen der Informationen aus der Speicherschicht.

Weitere m. E. sind der *Cotton-Mouton*-Effekt, eine magnetisch induzierte Doppelbrechung, und der *Zeeman*-Effekt, eine Verschiebung und Aufspaltung der Spektrallinien in einem magnetischen Feld. *Hubert*

Magnetostriktion. Die spontane Längen- oder Formänderung magnetischer Substanzen bei einer Änderung der Magnetisierungsachse. Die M. ist unabhängig vom Vorzeichen der Magnetisierung, kann jedoch von der Magnetisierungsrichtung in komplizierter Weise abhängen. So ist z. B. beim Eisen die Längenänderung bei Magnetisierung längs einer Würfelkante der Elementarzelle positiv, bei Magnetisierung längs einer Würfeldiagonale aber negativ, jeweils relativ zu einem unmagnetischen Zustand. Die Größenordnung der relativen Längenänderungen beträgt 10^{-5}–10^{-6}, für spezielle

Selten-Erd-Legierungen auch bis 10^{-3}. Trotz dieser geringen Größenordnung ist z. B. das Brummgeräusch der Transformatoren fast ausschließlich auf M. zurückzuführen.

Es gibt Legierungen und Ferritzusammensetzungen, in denen die M. verschwindet. Wenn gleichzeitig die magnetische Anisotropie verschwindet, weisen diese Werkstoffe besonders gute weichmagnetische Eigenschaften auf, weil Gitterverzerrungen keinen Einfluß auf den Magnetisierungsprozeß nehmen können. Technisch läßt sich die M. zum Bau leistungsstarker Ultraschallsender ausnutzen. Dazu werden Werkstoffe mit besonders hoher M. wie reines Nickel, Eisen-Aluminium- oder Terbium-Eisen-Legierungen verwendet.

Man muß unterscheiden zwischen der Materialkonstante der Sättigungsmagnetostriktion eines Werkstoffs (⅔ der Längenänderung eines Werkstoffs bei Sättigung in zwei senkrecht aufeinander stehenden Richtungen) und der M. im Verlauf des Magnetisierungsprozesses. Ein ideales Transformatorblech, welches nur durch 180°-Wandverschiebungen ummagnetisiert wird, zeigt keinerlei Längenänderung im Betrieb, auch wenn die Sättigungsmagnetostriktion dieses Materials relativ groß ist. Der Verlauf der M. bei der Ummagnetisierung ist also ein Maß dafür, inwieweit Abweichungen von dem idealen Magnetisierungsverhalten auftreten.

Die Umkehrung der Erscheinung der M. ist der *Villari*-Effekt: Ist eine Probe bereits vormagnetisiert, dann kann eine mechanische Deformation die Magnetisierung ändern. *Hubert*

Magnetpulverprüfung. Die M. ist ein sehr empfindliches zerstörungsfreies Prüfverfahren zum Nachweis von Fehlern an der Oberfläche von magnetisierten Prüfstücken und darunter. Zur M. wird der Effekt ausgenutzt, daß an Grenzflächen zwischen Medien mit unterschiedlicher →Permeabilität magnetische Feldlinien gebrochen werden. Bei z. B. Rissen oder Spalten in der Oberfläche von Prüfstücken aus →Stahl führt dies zu Streufeldern (Bild 1). Diese können durch geeignete Mittel, wie Pulver, Meßspulen oder Magnetstreifen nachgewiesen werden.

Zur Magnetisierung der Prüfstücke können magnetische Gleich- und Wechselfelder benutzt werden. Bei letzteren ist die Prüfempfindlichkeit höher, da es infolge des Skin-Effekts zur Feldverdrängung an die Oberfläche des Prüfstücks kommt. Dies tritt umso stärker auf, je höher die Frequenz des Wechselfeldes ist. Die Magnetfelder können mit Magnetjochen, Spulen oder elektrischen Strömen (Stromdurchflutung) in Selbst- oder Hilfsdurchflutung erzeugt werden (Bild 2). Sämtliche hierzu benötigten Geräte stehen sowohl als Großgeräte als auch in Handausführungen für den ambulanten Einsatz zur Verfügung. Die Art der Magnetisierung richtet sich

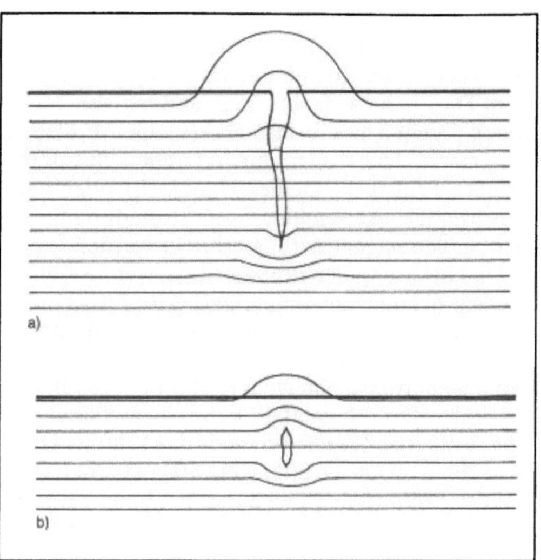

Magnetpulverprüfung 1: Magnetisches Streufeld in der Umgebung.
a) eines Oberflächenfehlers
b) eines oberflächennahen Fehlers.

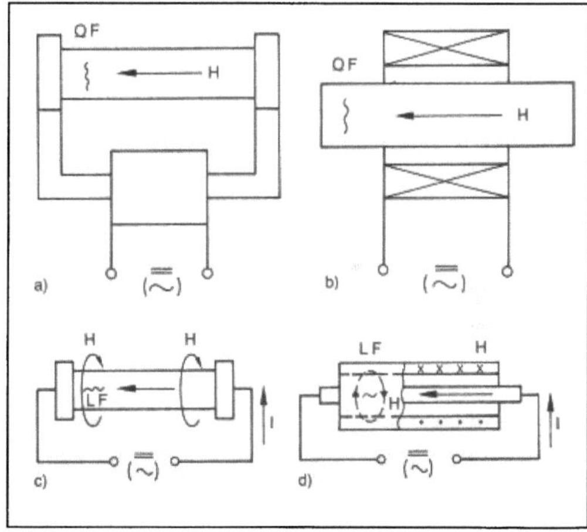

Magnetpulverprüfung 2: M. eines Prüfstücks (schematisch).
a) Jochmagnetisierung: Querfehler- (QF-) Nachweis
b) Spulenmagnetisierung: Querfehler- (QF-) Nachweis
c) Magnetisierung mittels Selbstdurchflutung: Längsfehler- (LF-) Nachweis
d) Magnetisierung mittels Hilfsdurchflutung: Längsfehler- (LF-) Nachweis

H: Magnetfeldstärke, I: Elektrischer Strom

nach der Orientierung der nachzuweisenden →Fehler. Diese sollten möglichst senkrecht vom Magnetfeld durchdrungen werden, weil dann der Streufluß am stärksten und somit die Nachweisempfindlichkeit am größten ist. Ist keine Vorzugsrichtung der Fehler zu erwarten, so sind Magnetfelder mit zwei, 90° zueinander gedrehten, Richtungen anzuwenden. Dies kann z. B. bei Verwendung von Jochen durch Drehen des Prüfstücks (kleines Prüfstück, stationäres Joch) oder durch Drehen des Joches (großes Prüfstück, kleines Handjoch) oder durch gleichzeitige Anwendung von Stromdurchflutung und Spulenmagnetisierung erreicht werden.

– Durchführung der Prüfung: Das von lose anhaftendem Schmutz gereinigte und erforderlichenfalls mit Kontrastfarbe versehene Prüfstück wird mit geeigneten Mitteln magnetisiert und meist gleichzeitig mit üblicherweise flüssigem Prüfmittel bespült oder besprüht. Das Magnetfeld kann abgeschaltet werden, wenn die Trägerflüssigkeit des Prüfmittels abgelaufen ist. Danach bilden die magnetischen Partikel des Prüfmittels einen Saum beidseits einer ggf. vorhandenen Fehlstelle. Eine vorgefundene Anzeige kann entweder durch Photographieren oder Abziehen auf Klebefolie dokumentiert werden. Bei magnetisch harten Werkstoffen können die Prüfschritte Magnetisieren und Aufbringen des Prüfmittels zeitlich getrennt voneinander erfolgen. Wegen des in den Prüfstücken verbleibenden Restmagnetismus sollte nach der Prüfung entmagnetisiert werden.

– Prüfmittel: Als Prüfmittel finden bei der M. meist schwarzgefärbte oder fluoreszierende Pulver, trocken oder in dünnflüssigen Ölen suspendiert, Verwendung. Bei Verwendung schwarzer Pulver ist ggf. das Prüfstück vor der Prüfung mit einer nicht abwischbaren mattweißen Lackschicht als Kontrastuntergrund zu versehen. Die Eignung eines Prüfmittels sollte mit einem geeigneten Testkörper (z. B. Stahlteil mit Härterissen) überprüft werden.

– Verwendung: Wegen ihrer leichten und wirtschaftlichen Anwendbarkeit wird die M. zur Oberflächenrißprüfung von nahezu allen hochbelasteten magnetisierbaren Werkstücken eingesetzt. Dies geschieht insbesondere vor kostenintensiven Bearbeitungen und nach Bearbeitungsschritten, die mit Umformungen oder Wärmeeinbringung verbunden sind. Beispiele hierfür sind: Guß-, Preß- und Schmiedeteile sowie Schweißkanten vor der Weiterbearbeitung, Weiterhin Schweißnähte vor und nach der → Wärmebehandlung, Werkzeuge und Maschinenteile nach dem → Härten u. v. a..   *Kußmaul*

Literatur: *Müller, E. A. W.*: Handbuch der zerstörungsfreien Materialprüfung. München-Wien 1975.

Magnetspeicher. Magnetische Speicher spielten in der Entwicklung der digitalen Datentechnik bis heute eine entscheidende Rolle. Alle magnetischen Speicher beruhen auf der Tatsache, daß → magnetische Werkstoffe verschiedene Magnetisierungszustände praktisch unbegrenzt beibehalten können. Man hat zu unterscheiden zwischen M., in denen die Information in einem geschlossenen magnetischen Kreis gespeichert ist, und solchen, die offene magnetische Strukturen benutzen. Die erste Gruppe, zu denen die Ringkernspeicher und die Dünnschicht-Drahtspeicher gehören, können nur induktiv ausgelesen werden. Die zweite Gruppe, zu denen die magnetische Aufzeichnung (Tonband, Platte etc.) sowie der Magnetblasenspeicher gehören, lassen sich mit Hilfe ihres Streufeldes auslesen. Die Werkstoffe der Speicher mit geschlossenem Flußverlauf müssen als wesentliche Forderung eine rechteckige Hystereseschleife besitzen. Offene Speicher benötigen darüber hinaus eine gewisse Koerzitivfeldstärke, da sich die einzelnen Informationselemente sonst gegenseitig entmagnetisieren würden. Im Fall der Aufzeichnung wird das durch die inhomogene Struktur der Magnetschicht erreicht. Im Magnetblasenspeicher erzeugt das aufgedampfte Steuermuster eine entsprechende Behinderung der Ummagnetisierung.

Der Zugriff zu einzelnen Daten geschieht in den verschiedenen Speichertypen unterschiedlich: vom mechanischen Transport des Speichermediums zu einem Lesekopf bei den Aufzeichnungsverfahren, über die Verschiebungen von Domänen im Magnetblasenspeicher bis zur Koinzidenzansteuerung im Kernspeicher. Entsprechend unterschiedlich sind die Zugriffszeiten: Von Minuten beim Bandspeicher über einige 10 ms beim Plattenspeicher, einige ms beim Magnetblasenspeicher bis zu einigen Zehntel µs beim Kern- oder Drahtspeicher. Umgekehrt verhalten sich die Kosten: Beim Ferrit-Kernspeicher muß jeder Kern einzeln gebrannt und verdrahtet werden, beim Magnetblasenspeicher kann das Steuermuster für alle Speicherpositionen gemeinsam hergestellt werden, bei den Aufzeichnungsverfahren wird nur noch eine homogene Magnetschicht hergestellt.

Vor allem aus den zuletzt genannten Kostengründen spielen die langsameren M. eine größere Rolle. Die magnetische Aufzeichnungstechnik ist von erheblicher wirtschaftlicher Bedeutung, die z. B. derjenigen der Silicium-Halbleitertechnik weder im Marktvolumen noch in den Zuwachsraten nachsteht. Dagegen wurden die schnellen Kernspeicher von den integriert zu fertigenden Halbleiterspeichern weitgehend verdrängt. Die heutige Anwendung der Kernspeicher konzentriert sich auf die Fälle z. B. in der Prozeßsteuerung, in denen die Ausfallsicherheit der M. das entscheidende Kriterium ist.

Das Verfahren der magnetischen Aufzeichnung wurde zuerst Ende des vorigen Jahrhunderts an Stahldrähten demonstriert. Im Jahre 1935 wurde das heute noch verwendete Magnetophonbandprinzip erfunden. Es benutzt ein in Kunststoff gebundenes Magnetpulver als Tonträger, zuerst noch Eisenpulver, sehr bald aber wegen der größeren Stabilität Eisenoxid γ-Fe$_2$O$_3$ (Maghemit). Die magnetisierbare Schicht kann auf verschiedene Substrate aufgebracht sein. Zu unterscheiden sind das Ton- oder Magnetband mit einem Kunststoffband als Träger, die Magnetplatte mit einer Aluminiumscheibe als Träger und der Folien- oder Diskettenspeicher mit einer scheibenförmigen Folie als Träger.

Die Magnetschicht besteht in den meisten Fällen aus in Kunststoff eingebetteten Fe$_2$O$_3$-Partikeln, die etwa 0,1 μm lang und nadelförmig sind. Die Koerzitivfeldstärke einer solchen Dispersion beträgt 250–300 A/cm, ist also wesentlich größer als das etwa 0,4 A/cm starke Erdfeld. Die Koerzitivfeldstärke bestimmt auch die mögliche Aufzeichnungsdichte. Daher werden zum Teil andere Werkstoffe wie z. B. CrO$_2$ und mit Kobalt behandelte Eisenoxide eingesetzt, wodurch Koerzitivfeldstärken von 400–600 A/cm erreicht werden. Speichermedien mit metallischen Eisenpartikeln werden Reineisenbänder genannt. Es ist gelungen, beim Reineisenband mit seiner wesentlich größeren remanenten Magnetisierung das Problem eines dauerhaften Schutzes der Eisenteilchen vor Oxidation zu lösen. Auch metallische Schichten werden heute eingesetzt. Nickel-Kobalt mit ca. 15 At% Phosphor ergibt eine Metallschicht, die durch feinverteilte Ausscheidungen eine hinreichend hohe Koerzitivfeldstärke besitzt, um die magnetische Aufzeichnung zu gestatten. Eine noch höhere Aufzeichnungsdichte verspricht das Verfahren der sog. vertikalen Aufzeichnung, bei dem Schichten aus Kobalt-Chrom mit einer Vorzugsrichtung senkrecht zur Oberfläche eingesetzt werden.

Aufzeichnung und Wiedergabe der Informationen erfolgt mit sogenannten Magnetköpfen (Bild 1). Sie bestehen aus einem weichmagnetischen Kreis mit einer Spule und einem schmalen Luftspalt. Beim Schreiben wird der Kopf als Elektromagnet eingesetzt, welcher durch am Luftspalt austretende Feld die Magnetschicht aufmagnetisiert. Beim Lesen tritt umgekehrt das Streufeld der Magnetschicht in den Kopf ein und induziert in der Spule eine Spannung, die verstärkt und verarbeitet wird.

Für die digitale Datenaufzeichnung wird nur die positive und die negative Remanenz der Hystereseschleife zur Informationsspeicherung herangezogen. Um jedoch bei der analogen Ton- oder Bildaufzeichnung eine dem Signal proportionale Magnetisierung zu erzielen, muß ein Kunstgriff benutzt werden. Man arbeitet mit der Wechselfeld-Vormagnetisierung, indem dem Signal ein genau bemessener höherfrequenter Wechselstrom überlagert wird. Im Prinzip gelangt man so auf die anhysteretische, idealisierte Kennlinie des Magnetwerkstoffs ($\rightarrow$ Magnetisierungskurve).

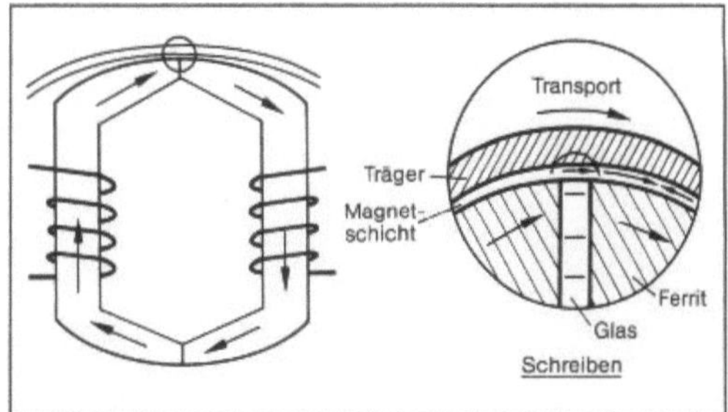

Magnetspeicher 1: Prinzip eines Ferrit-Magnetkopfs mit Details des Schreibvorganges.

Die Magnetwerkstoffe der Köpfe müssen eine hohe magnetische Permeabilität besitzen, sie müssen jedoch gleichzeitig mechanisch hart und abriebfest sein, um durch das Speichermedium nicht zerstört zu werden. Bewährte Lösungen sind für niedrige Frequenzen Nickel-Eisen-Legierungen (Permalloy-Legierungen) mit speziellen härtefördernden Zusätzen und für hohe Frequenzen (Magnetplatten, Videoaufzeichnung) Ferrite (Bild 1). Neuerdings werden für niedrige Frequenzen auch andere mechanisch harte weichmagnetische Legierungen wie Sendust (Fe 9,6 % Si 5,4 % Al) und amorphe Ferromagnetika, die den Vorteil einer höheren $\rightarrow$ Sättigungsmagnetisierung besitzen, als Magnetkopfwerkstoffe eingesetzt. Im Bereich der Digitalanwendungen dringen anstelle der Ferritköpfe in integrierter Technik (Dünnschichtbauweise) gefertigte Magnetköpfe vor. Auf einem ganz anderen Prinzip beruhen magnetoresistive Leseköpfe, die ebenfalls in Dünnschichttechnik gefertigt werden. Der Hauptvorteil dieses Prinzips besteht darin, daß die als Signal dienende magnetische Widerstandsänderung von der Bandgeschwindigkeit unabhängig ist. Im Gegensatz dazu wird das Signal beim induktiven Leseverfahren mit abnehmender Bandgeschwindigkeit immer kleiner.

Die Magnetblasenspeicher sind elektronische Datenspeicher auf der Basis verschiebbarer, zylindrischer magnetischer Domänen. Das aktive Element des Speichers ist eine magnetische Schicht von einigen μm Dicke, deren magnetisch leichte Achse senkrecht auf der Oberfläche steht und in der sich bei Anlegen eines Stützfeldes in der gleichen Richtung die Zylinderdomänen ausbilden (Bild 2). Die Domänen werden durch ein äußeres, parallel zur Schichtebene rotierendes Feld auf der Spur eines aufgedampften periodischen Musters aus Nickeleisen (Permalloy) transportiert (Bild 3).

Zum Nachweis der Magnetblasen dient die magnetische Widerstandsänderung in einem dünnen Permalloystreifen. Spezielle Strukturen können – durch Stromschleifen gesteuert – Magnetblasen erzeugen, vernichten oder umleiten. Als magnetische Schicht dienen epitaktisch aufgebrachte Ein-

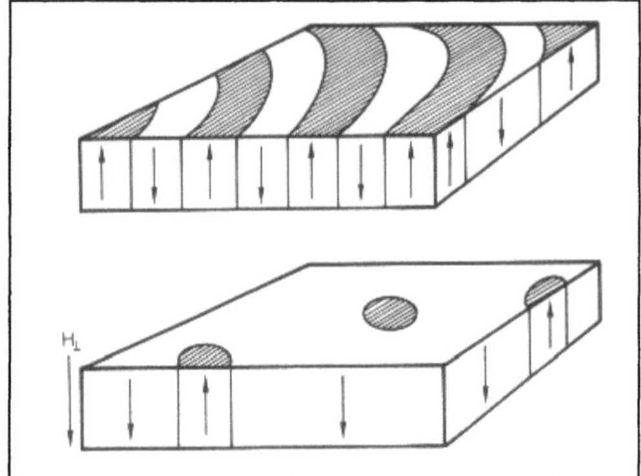

*Magnetspeicher 2: Zur Entstehung von Magnetbla-
sen. Durch das Feld H_l wird die Schicht fast gesättigt.
Die verbleibende Zylinderdomänen sind frei beweglich und werden Magnetblasen (Bubbles) genannt.*

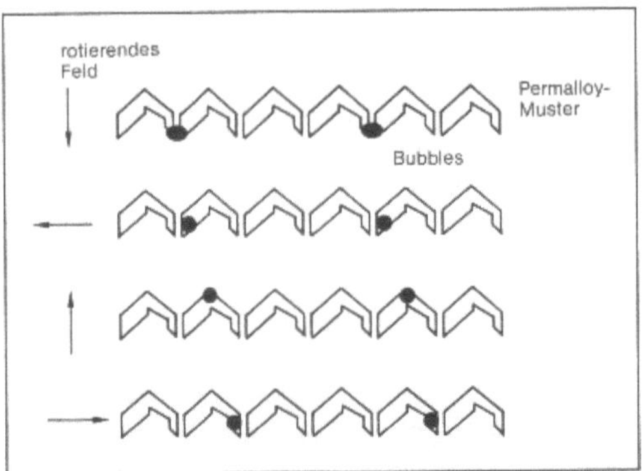

*Magnetspeicher 3: Transport von Magnetblasen in
einem rotierenden Feld entlang eines aufgedampften
Musters aus NiFe.*

kristallschichten magnetischer Granate, wobei die
notwendige Anisotropie durch eine wachstumsinduzierte Anisotropie erzeugt wird. Mit Magnetblasen von ca. 1 µm Durchmesser und 100–200 kHz
Umlauffrequenz des rotierenden Magnetfeldes werden beim heutigen Stand der Technik 4–16 Millionen Bit auf einem Kristallplättchen von ca. 1 cm^2
untergebracht, die mit Zugriffszeiten in der Größenordnung Millisekunden abgerufen werden können.

Magnetblasenspeicher zielen vor allem auf die
Ergänzung der magnetischen Aufzeichnungsverfahren. Sie sind wie alle magnetischen Speicher
nichtflüchtig, also unabhängig von der Stromversorgung, weisen aber im Gegensatz zu den Aufzeich-
nungsgeräten keinerlei bewegte Teile auf. Ihr
Einsatz konzentriert sich auf Fälle, in denen der
höhere Preis durch ihre gegenüber den Aufzeich-
nungsgeräten höhere Ausfallsicherheit, Robustheit
und geringere Leistungsaufnahme ausgeglichen
wird. *Hubert*

Literatur: *Bobeck, A. H.* und *E. Della Torre:* Magnetic Bubbles. Amsterdam 1975. – *Eschenfelder, A. H.:* Magnetic Bub-
ble Technology. Berlin 1980. – *Proebster, W. E.:* (Hrsg.):
Digital Memory and Storage. Braunschweig 1978. – *Winkel,
F.:* Technik der Magnetspeicher. Berlin 1977.

Magnetwerkstoffe → magnetische Werkstoffe

Mahlfeinheit. Je feiner ein → Zement gemahlen
wird, um so größer ist seine spezifische Oberfläche.
Dadurch reagiert dieser Zement schneller mit dem
Anmachwasser, d. h. er erhärtet schneller. Die M.
kann sich auch nachteilig auswirken: Ist sie zu klein,
so ist keine völlige Hydratation möglich (→ Erhärten). Ist sie zu groß, so hat der Zement einen größeren Bedarf an Anmachwasser, das die → Festigkeit vermindert (→ Zementstein), und es ist mit
einem schnelleren und stärkeren Schwinden zu
rechnen (→ Zement). DIN 1164 fordert eine M. mit
einer spezifischen Oberfläche von mindestens
2 200 cm^2/g. Die derzeit verwendeten Zemente haben M. zwischen 2 700 und 5 000 cm^2/g. Außer der
spezifischen Oberfläche ist auch noch die Kornverteilung für den Erhärtungsverlauf maßgebend: Bei
gleicher Oberfläche kann es sich um eine eng begrenzte Korngruppe oder um eine breitere Kornverteilung handeln. Je nachdem wie diese Kornverteilung mit der Kornverteilung anderer Feinststoffe im
→ Beton (Feinstzuschlag, Zusatzstoffe) zusammen-
paßt, kann sie die Betoneigenschaften günstig oder
ungünstig beeinflussen. *Wesche*

Makromer. Ein M. ist ein → Monomer, das durch
eine → Polymerisation entstanden ist. Es wird hergestellt, indem man eine anionische Polymerisation
mit einem Molekül abbricht, das selbst die Funktion
eines Monomers übernehmen kann. Polymerisiert
man ein M., entsteht ein Kammpolymer. Das Rückgrat dieses Kammpolymers wird gebildet aus der
polymerisierbaren Gruppe des M. und die „Zinken"
des Kamms bildet das zuerst hergestellte Polymer,
das durch Abbruch mit einer polymerisierbaren
Gruppe zum M. wurde. *Finkelmann*

Makromolekül. M. sind die kleinsten Bestandteile
von → Polymeren, den sog. hochmolekularen Verbindungen. Sie sind dadurch charakterisiert, daß die
über kovalente Bindungen verbundenen Atome
einfache oder verzweigte Ketten, oder aber netzartige Verbände mit Molmassen größer 10^4 g/mol bilden.

Es gibt eine ganze Reihe niedermolekularer Verbindungen die in geeigneten Reaktionen (→ Polymerisation, → Polyaddition und → Polykondensation) zu M. verknüpft werden können. Diese Ausgangsstoffe, sogenannte → Monomere, unterscheiden sich vor allem durch ihre Fähigkeit sich entweder nur mit zwei gleich- oder verschiedenartigen,

oder aber mit drei und mehr gleich- oder verschiedenartigen Monomeren zu verknüpfen. Im ersten Fall spricht man von bifunktionellen, im zweiten Fall von tri- bzw. multifunktionellen Monomeren.

Reagieren ausschließlich bifunktionelle Monomere miteinander, so entstehen kettenförmige, lineare M. Sind an der Synthesereaktion neben bifunktionellen auch tri- und multifunktionelle Monomere beteiligt, so entstehen entweder verzweigte oder aber vernetzte M., d. h. molekulare Netzwerke mit unbestimmbar hohen Molmassen (Bild 1).

Vernetzte M. entstehen aber auch durch geeignete nachträgliche Reaktionen (→ Vernetzungsreaktion, → Vulkanisation) an linearen oder verzweigten M. Beispiele dafür sind die technisch bedeutenden Vulkanisationsreaktionen zur Herstellung von → Elastomeren.

Diese Unterschiede im Aufbau zwischen linearen, verzweigten und vernetzten M. beeinflussen das technologisch relevante Verhalten (z. B. die Verarbeitbarkeit) von → Polymeren sehr stark, indem Polymere aus linearen und verzweigten M. in der Regel löslich und schmelzbar, solche aus vernetzten M. aber unlöslich und unschmelzbar sind.

Auf Grund der eingesetzten Monomere, sowie der angewandten Verknüpfungsreaktion lassen sich M. unterschiedlicher molekularer Struktur erzeugen. Zu ihrer Charakterisierung ist die Kenntnis der jeweiligen Konstitution, der Konfiguration und der Konformation erforderlich.

Zur Konstitution werden der Typ und die Anordnung der Kettenatome, die Sequenz der Grundbausteine, die Art der Substituenten, die Art und die Länge von Verzweigungen, sowie die Größe der Molmasse und die Molmassenverteilung gerechnet.

M., die in ihrer Hauptkette nur eine Art von Atomen gebunden enthalten, wie z. B. bei → Polyethy-

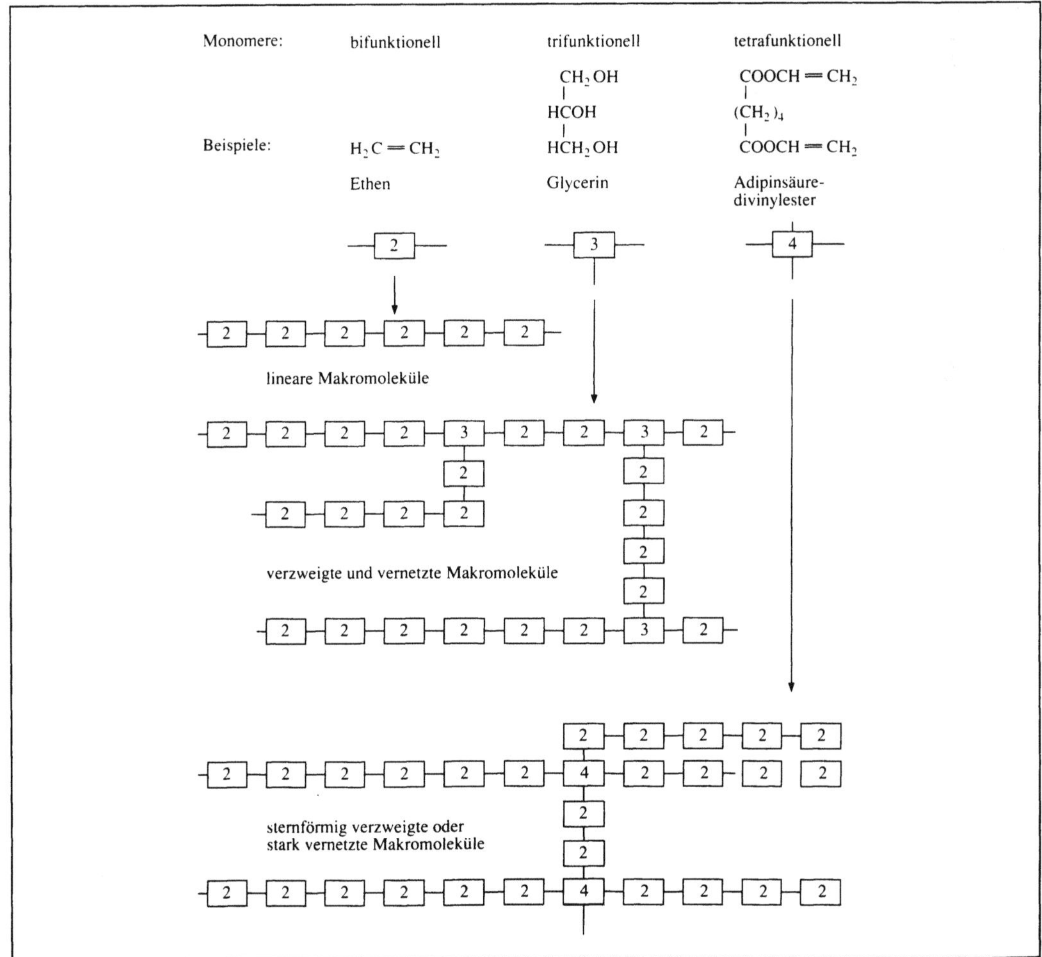

Makromolekül 1: Schematische Darstellung des Aufbaus von M.

len, wo die Hauptkette nur aus Kohlenstoffatomen gebildet wird, werden als *Isoketten* bezeichnet (Bild 2). *Heteroketten* liegen dann vor, wenn in der Hauptkette verschiedenartige Atome verknüpft sind. Beispiele dafür sind Polymethylenoxid, →Polyamide, →Polyester, →Polysulfone und →Polysiloxane.

Werden in der Verknüpfungsreaktion nur gleich-

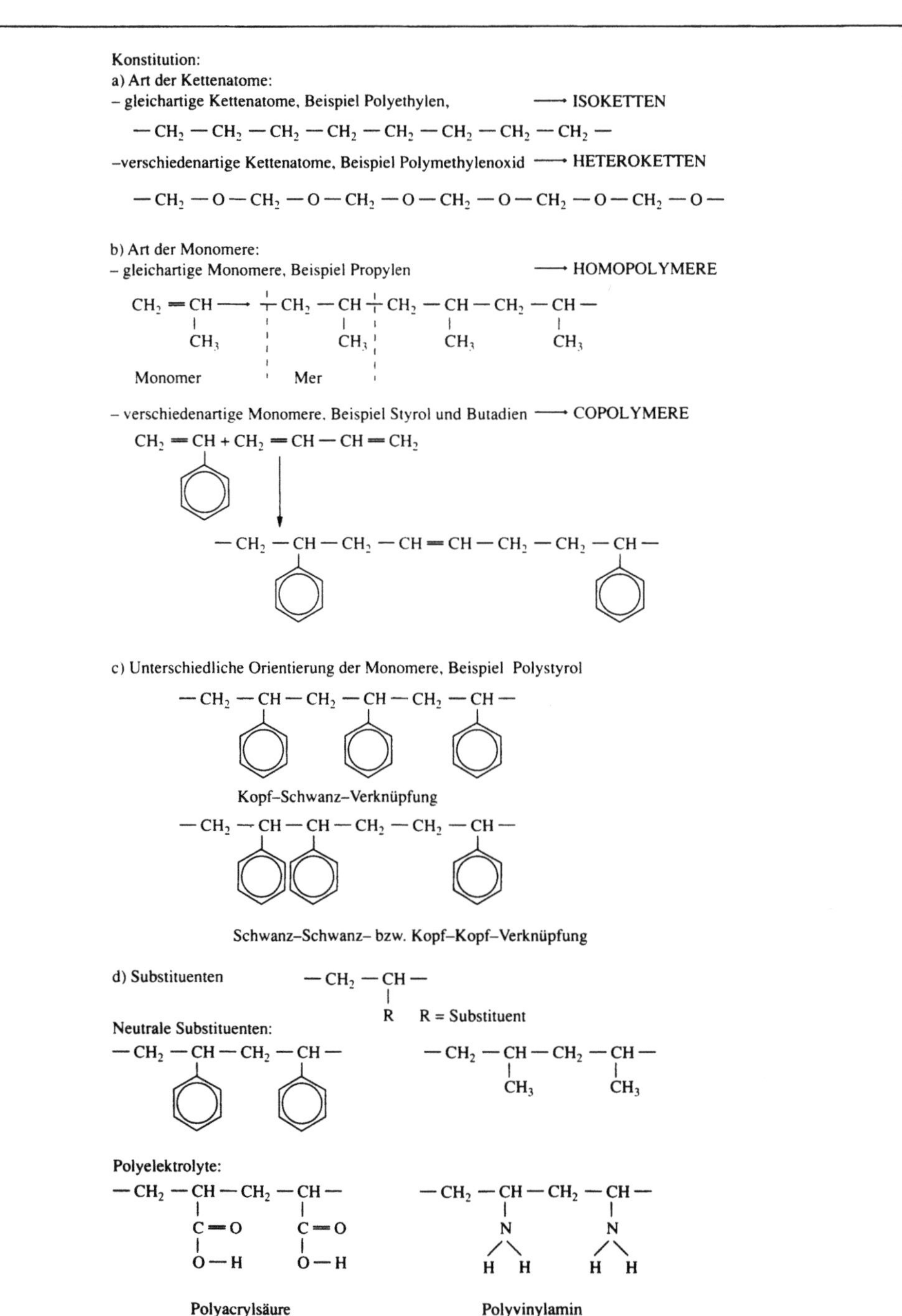

Makromolekül 2: Schematische Darstellung der Struktur von M.

artige Monomere eingesetzt, so bilden sich M., die in ihrer Kette nur eine regelmäßig wiederkehrende Struktureinheit (Mer) aufweisen. Man bezeichnet solche M. enthaltenden Polymere als Homopolymere. Sind dagegen unterschiedlich aufgebaute Monomere zu Ketten verknüpft, so spricht man von Copolymeren. Durch die Vielzahl möglicher → Monomer, die in unterschiedlicher Menge, Reihenfolge und Anordnung zu M. verbunden werden können, ergibt sich eine breite Palette makromolekularer Substanzen mit ganz unterschiedlichen Eigenschaften (→ Polymer). Aber auch bei Homopolymeren können durch unterschiedliche Orientierung der Monomere in der Verknüpfungsreaktion, speziell bei radikalischen und ionischen Polymerisationen, Molekülketten unterschiedlicher Konstitution entstehen. Bei der Polymerisation von Vinylverbindungen CH_2=CHR treten neben normaler Kopf-Schwanz-Verknüpfung auch Kopf-Kopf- bzw. Schwanz-Schwanz-Verknüpfungen auf. Durch die Änderung in der Konstitution entstehen „Schwachstellen" im M., die sich z. B. in einer geringeren Thermostabilität des Polymeren äußern können.

Als Substituenten treten bei M. kleine Atomgruppierungen auf, wie z. B. die CH_3- oder C_6H_5-Gruppe bei → Polypropylen bzw. → Polystyrol. Daneben gibt es aber M., die Substituenten mit dissoziierbaren Bindungen tragen. Diese als Polyelektrolyte bezeichneten Stoffe können in geeigneten Lösungsmitteln in ein Polyion und ein entgegengesetzt geladenes Gegenion dissoziieren. Beispiele dafür sind Polyacrylsäure und Polyvinylamin. Von den Substituenten, die nur aus wenigen Atomen zusammengesetzt und in jedem Grundbaustein der Hauptkette vorhanden sind, unterscheiden sich die Verzweigungen dadurch, daß sie einmal größere Atomverbände bilden und zum anderen unregelmäßig entlang der Kette verteilt sind. Solche Verzweigungen (Bild 3) werden bei fast allen M. beobachtet, da besonders bei den Polymerisationsreaktionen das Auftreten von Übertragungsreaktionen, die die Ursache für Verzweigungen beim Einsatz rein bifunktioneller Monomere sind, nicht verhindert werden kann. Dabei entstehen Verzweigungen, die aus denselben Grundbausteinen zusammengesetzt sind, wie die Hauptkette. Andersartige Verzweigungen können mit Hilfe der Propfcopolymerisation eingeführt werden.

Das Vorhandensein von Verzweigungen in seinen M. ist nicht ohne Einfluß auf die Eigenschaften eines Polymeren. So unterscheiden sich Hochdruck- (LDPE) und → Niederdruckpolyethylen (HDPE) in Hinblick auf Anzahl und Länge der Verzweigungen mit der Folge, daß der Kristallinitätsgrad und damit die Dichte bei starkverzweigtem LDPE niedriger sind als bei HDPE. Absolut unverzweigte M. sind durch Polykondensationsreaktionen darstellbar, wenn keine höher als bifunktionellen Monome-

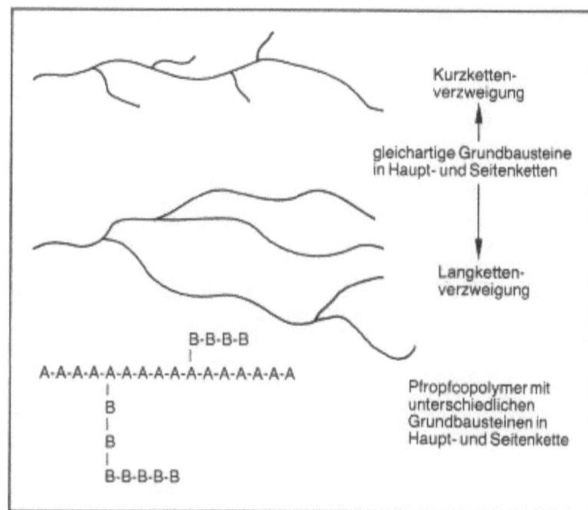

Makromolekül 3: Verzweigungen.

re eingesetzt und keine sonstigen Verunreinigungen vorhanden sind.

□ Molekularmasse.

Mit Hilfe der verschiedenen Synthesereaktionen entstehen je nach Art der eingesetzten Monomere und der speziellen Prozeßführung M. unterschiedlichster Länge. Neben nichtabreagierten Monomeren liegen Ketten mit wenigen Grundbausteinen (Oligomere) neben sehr langen Ketten mit mehreren 100 000 Kettenatomen vor. M. ein und desselben Polymeren besitzen im Gegensatz zu den Molekülen niedermolekularer Verbindungen keine einheitliche Länge: D. h. Polymere sind molekular uneinheitlich, polydispers. Dies hat zur Folge, daß z. B. aus Ethylen durch unterschiedliche Prozeßführung mit Hilfe der Polymerisation ganz unterschiedliche Stoffe dargestellt werden können, etwa viskose Öle, weiche, wachsartige Materialien oder aber harte, zähe Werkstoffe. Sie unterscheiden sich lediglich in der Länge der M. Die Länge bzw. Größe eines M. ergibt sich aus der Anzahl der in der Kette verknüpften Grundbausteine und wird ausgedrückt durch den → Polymerisationsgrad P:

$$P = M/M_0$$

wobei M die Molmasse des M. und M_0 die des Grundbausteines (Monomers) ist. Aufgrund der Polydispersität synthetischer Polymerpräparate ergibt sich immer nur ein Mittelwert, der von der Bestimmungsmethode der Molmasse abhängt.

□ Molmassenverteilung und Molmassenmittelwerte.

Um ein synthetisches Polymer hinsichtlich der Molmasse vollständig zu charakterisieren genügt die Angabe eines Mittelwertes nicht. Zwei in ihrer chemischen Zusammensetzung gleiche Polymere können sich bei gleicher mittlerer Molmasse ganz erheblich in Anzahl und Größe der in ihnen vorliegenden M. unterscheiden (Bild 4).

Um diese Molmassenverteilung experimentell zu

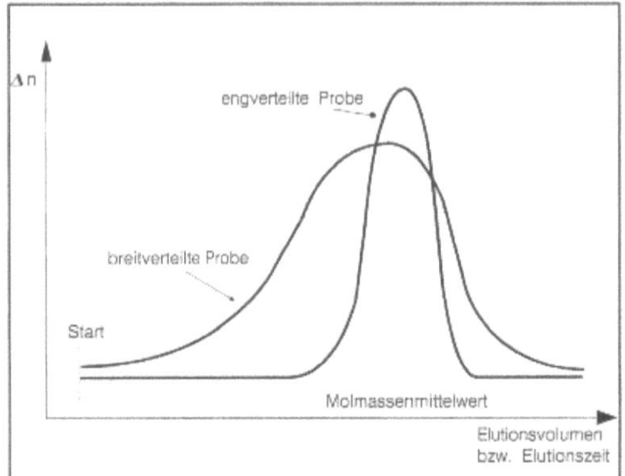

Makromolekül 4: Elutionschromatogramme zweier unterschiedlich breitverteilten Polymerproben. Dargestellt ist hier das Ergebnis von GPC-Messungen, die mit einem Differentialrefraktometer als Detektor durchgeführt wurden. Die Änderung des Brechungsindex Δn der Lösung ist hier in Abhängigkeit der Elutionszeit wiedergegeben. Nach Auswertung der Messung ergibt sich für beide Proben der gleiche Molmassenmittelwert M_w.

bestimmen, verwendet man die Gelpermeationschromatographie, bei der die Lösung des zu untersuchenden Polymeren mittels einer gelgefüllten Chromatographiesäule fraktioniert wird. Das zur Füllung verwendete → Gel (meißt ein vernetztes Polymer) besitzt verschieden große Poren durch die die Polymerprobe entsprechend dem hydrodynamischen Volumen (und damit der Molmasse) der darin enthaltenen M. aufgetrennt wird. Während die Säule mit einem stetigen Strom von Lösungsmittel eluiert wird, erscheinen die M. mit der größten Molmasse zuerst. Sie erfordern das geringste Elutionsvolumen, da sie aufgrund ihrer Größe nicht oder nur weniger gut in die Gelporen einzudringen vermögen, während kleinere Moleküle mit abnehmender Größe zunehmend durch Porendiffusion aufgehalten und somit später eluiert werden. Am Ende der Säule wird die Konzentration an Polymer im Eluat gemessen (z. B. mit einem Differentalrefraktometer) und als Ergebnis über dem Elutionsvolumen aufgetragen. Wurde die Meßanordnung zuvor mit Hilfe von Standardproben, deren Molmasse bei hinreichend scharfer Verteilung bekannt ist, geeicht, so ergibt sich als Meßergebnis die Molmassenverteilung des untersuchten Polymeren.

Zur mathematischen Beschreibung solcher Molmassenverteilungen werden verschiedene Typen von Verteilungsfunktionen herangezogen. Häufig läßt sich die experimentell bestimmte Molmassenverteilung technischer Polymeren (hergestellt durch Polykondensation und radikalischer Polymerisation) durch die sog. *Schulz-Flory*-Verteilung, (auch → Normalverteilung genannt) annähern (differen-

tielle Massenverteilung der Polymerisationsgrade w(P)):

$$w(P) = \frac{\beta^{k+1} \cdot P^k \exp(-\beta \cdot P)}{\Gamma(k+1)}$$

mit ß = k/P_n und dem Kopplungsgrad k = $P_n/(P_w - P_n)$. P_n ist der Zahlenmittelwert und P_w der Gewichtsmittelwert des Polymerisationsgrades.

Werden in einer anionischen Polymerisation (über „lebende Polymere") engverteilte Polymerproben hergestellt, so lassen sich deren experimentell bestimmte Molmassenverteilungen durch die sog. *Poisson*-Verteilung annähern. Weiterhin werden verschiedene logarithmische Normalverteilungen verwendet.

Stellt man sich eine beliebige Polymerprobe in i Fraktionen verteilt vor, wobei n_i die Anzahl Mole mit einer M. M_i und entsprechend $w_i = n_i M_i$ die Masse der Fraktion i sind, so lassen sich verschiedene Mittelwerte berechnen:

Zahlenmittelwert M_n: $M_n = \dfrac{\Sigma n_i M_i}{\Sigma n_i} = \dfrac{\Sigma w_i}{\Sigma n_i}$

Gewichtsmittelwert M_w: $M_w = \dfrac{\Sigma n_i M_i^2}{\Sigma n_i M_i} = \dfrac{\Sigma w_i M_i}{\Sigma w_i}$

Z-Mittelwert M_z: $M_z = \dfrac{\Sigma n_i M_i^3}{\Sigma n_i M_i^2} = \dfrac{\Sigma w_i M_i^2}{\Sigma w_i M_i}$

Für die Mittelwerte des Polymerisationsgrades gelten die entsprechenden Formeln:

Zahlenmittelwert P_n: $P_n = \dfrac{\Sigma n_i P_i}{\Sigma n_i}$ etc.

Für die einzelnen Mittelwerte eines polydispersen Polymeren gilt immer die Ungleichung:

$M_n < M_w < M_z$ bzw. $P_n < P_w < P_z$

Nur für den Fall eines ideal einheitlichen Polymeren werden alle Mittelwerte gleich.

Durch die Angabe zweier Mittelwerte kann bei Kenntnis des Typs der Verteilung (bei technischen Polymeren ist die Schulz-Flory-Verteilung eine gute Näherung) ein Polymer in den meisten Fällen ausreichend molekular charakterisiert werden. Man gibt beispielsweise M_n und M_w an und berechnet daraus die Uneinheitlichkeit nach Schulz:

$U = (M_w/M_n) - 1 = (P_w/P_n) - 1$

Diese Uneinheitlichkeit ist ein Maß für die Verteilungsbreite (Tabelle).

□ Bestimmungsmethoden der Molekularmasse.

Bei Forschungarbeiten und auch in der laufenden Betriebskontrolle haben sich folgende Methoden zur Bestimmung der Molekularmassen bewährt:
– die Endgruppenbestimmung,
– die Osmometrie,
– die Viskosimetrie,
– die Lichtstreuung und
– die Ultrazentrifugation.

Makromolekül. Tabelle: Parameter der Molmassenverteilungen einiger technischer und engverteilter Polymere (nach F. R. Schwarzl:)

Polymer	Mn	Mw	Mz	U
Polystyrol (Lustrex)	79	235	486	1,97
Polystyrol (N 7000)	182	385	771	1,12
Polystyrol (Styron 666)	120	250	–	1,08
Polystyrol S-D1	209	389	591	0,86
HDPE bereitverteilt	13,8	147	–	9,65
HDPE engverteilt	20,4	57,2	–	1,80
PVC (Solvic)	38,6	84	154	1,18
Polyamid 6	20–40	40–80	–	1,00
anionische Polystyrole (eigene Messungen):				
FZ–1	835	1 007	–	0,21
FZ–3	254	260	–	0,02
FZ–2	43,5	44,2	–	0,02

Bei der Endgruppenbestimmung ermittelt man durch quantitative Analyse (z. B. Titration) die Anzahl der Endgruppen in einer gegebenen Polymerprobe und berechnet daraus die Molekularmasse. Da bei dieser Methode die Moleküle gleichsam „gezählt" werden, erhält man einen Zahlenmittelwert:

$$M_n = (E_p\, m_p\, M_r)\,/\,m_r$$

E_p ist dabei die Anzahl bestimmbarer Endgruppen pro M., m_p die Masse des eingesetzten Polymeren, M_r die Molmasse des zur Titration verwendeten Reagenz und m_r die Masse an verbrauchtem Reagenz.

Mit Hilfe dieser Methode lassen sich die Molmassen von Polyestern und Polyamiden bis etwa 30 000 g/mol bestimmen. Unsicherheiten ergeben sich aus der Tatsache, daß in der Praxis streng lineare oder gleichmäßig verzweigte M. mit der exakt gleichen Anzahl an Endgruppen nicht zu erhalten sind. Verbesserungen wurden durch Einführung radioaktiv markierter Endgruppen erreicht.

Zur Bestimmung des Zahlenmittelwertes bei Präparaten mit höherer Molmasse ist die Osmometrie besser geeignet. Hierbei wird mittels einer osmotischen Zelle, bei der die Polymerlösung durch eine semipermeable →Membran vom reinen Lösungsmittel getrennt ist, der osmotische Druck Π gemessen. Für polydisperse Stoffe ergibt sich der Zusammenhang mit M_n wie folgt:

$$\Pi = RT\,[(c/M_n) + A_2\, c^2 + A_3\, c^3 + \ldots]$$

R ist die Gaskonstante, A_2 und A_3 der zweite bzw. der dritte Virialkoeffizient. Neben dem Zahlenmittelwert liefert die Osmometrie mit dem zweiten Virialkoeffizienten, der sich aus der Steigung im Π/c-c-Diagramm ergibt, auch Informationen über das System Polymer-Lösungsmittel. Vereinfachend dargestellt zeigen die experimentellen Ergebnisse, daß bei Verwendung guter Lösungsmittel A_2 groß, bei schlechten klein und im Fall der Fällung negativ ist. Dabei zeigt der Virialkoeffizient eine bei guten Lösungsmitteln weniger, bei schlechten Lösungsmitteln stärker ausgeprägte Temperaturabhängigkeit.

Einen wichtigen Spezialfall stellt in diesem Zusammenhang die Thetalösung (Θ-Lösung) dar. Wie an vielen Polymer-Lösungsmittel-Systemen gezeigt wurde, kompensieren sich bei einer bestimmten, für jedes System charakteristischen Temperatur, die Thetatemperatur, die enthalphischen und die entropischen Mischungseffekte und der 2. Virialkoeffizient wird Null. Bei dieser Temperatur verhält sich das System wie eine ideale Lösung, in der die Gestalt der M. nicht von der Wechselwirkung mit Lösungsmittelmolekülen beeinflußt wird. Unter diesen Bedingungen lassen sich durch rein statistische Überlegungen die Gestalt und Größe von knäulförmigen M. (z. B. Endpunktsabstand und Trägkeitsradius) aus molekularen Parametern, wie Bindungslänge und Polymerisationsgrad, berechnen.

Die in der Praxis am häufigsten angewandte Methode zur Molekularmassenbestimmung ist die Viskosimetrie verdünnter Polymerlösungen. Dabei bestimmt man mit Hilfe eines Kapillarviskosimeters (z. B. nach *Ubbelohde*) die Durchlaufzeiten mehrerer, verschieden konzentrierter Lösungen des zu untersuchenden Polymers. Aus diesen und der Durchlaufzeit des reinen Lösungsmittels berechnet man die Relative (η_{rel}) und die Spezifische → Viskosität (η_{spez}):

$\eta_{rel} = \eta/\eta_0 \approx t/t_0$ und $\eta_{spez} = (\eta + \eta_0)/\eta_0 \approx (t + t_0)/t_0$

η ist dabei die Viskosität der Polymerlösung, η_0 die des reinen Lösungsmittels und t bzw. t_0 sind die entsprechenden Durchlaufzeiten.

Zur Bestimmung der Molekularmasse benötigt man den Grenzwert von η für verschwindend kleine Konentration c, den man durch Extrapolation von η_{spez}/c bzw. $(\ln \eta_{rel})/c$ für c gegen Null erhält:

$$[\eta] = \lim_{c \to 0} \{\eta_{spez}/C\} = \lim_{c \to 0} \{(\ln \eta_{rel})/c\}$$

Diese Größe $[\eta]$ heißt Viskositätszahl oder *Staudinger*-Index und ist bei gegebener Temperatur eine Funktion des hydrodynamischen Volumens, das von der Form und der Dichte der gelösten M. abhängt. Ihre Bedeutung liegt darin, daß für fadenförmige M. ein einfacher Zusammenhang mit der Molekularmasse über die sog. *Mark-Houwink*-Gleichung besteht:

$$[\eta] = K \cdot M^a$$

Dabei sind K und a Konstanten, die für nahezu alle Polymere experimentell bestimmt und tabelliert sind. K und a hängen vom System Polymer-Lösungsmittel und der Temperatur ab. Für den theoretisch interessanten Fall der Thetalösung ist a = 0,5. Bei guten Lösungsmitteln steigt a bis zum Wert 1. Die so bestimmte Molekularmasse ist bei einer polydispersen Probe der sog. Viskositätsmittelwert M_v:

$$M_v = \left[\frac{\sum w_i M_i^a}{\sum w_i}\right]^{1/a}$$

Dabei ist w_i die Masse der Fraktion i mit der Molekularmasse M_i. Dieser Viskositätsmittelwert wird für a = −1 gleich dem Zahlenmittelwert M_n und für a = 1 dem Gewichtsmittelwert M_w.

Den gesamten bei Polymeren auftretenden Molekularmassenbereich kann man mit Hilfe der Lichtstreuung untersuchen. Durch diese Methode lassen sich neben dem Gewichtsmittelwert M_w, auch der das System Polymer-Lösungsmittel charakterisierende Virialkoeffizient A_2, sowie bei genügend großen Molmassen der mittlere Trägheitsradius R_T, ein Maß für die mittleren Knäueldimensionen der gelösten M., bestimmen.

Gemessen wird hierbei das Verhältnis zwischen der Intensität des einfallenden Lichtstrahls (I_o) und der Intensität des durch die Polymerlösung gestreuten Lichtstrahles ($i(\Theta)$) in Abhängigkeit von Streuwinkel (Θ) und Polymer-Konzentration c. Das *Rayleigh*-Verhältnis ergibt sich bei Berücksichtigung des Beobachtungsabstandes r zu:

$R_e = i(\Theta) \cdot r^2 / I_o = KM_w c$

mit $K = \{(2\pi^2 n_1^2)/N_L \lambda^4\} (dn/dc)^2 (1 + \cos^2\Theta)$

und n_1 = Brechungsindex des Lösungsmittels
dn/dc = Brechungsinkrement des Polymeren in Lösung
λ = Wellenlänge des Lichtes in der Lösung
N_L = Loschmidtsche Zahl

Aus der Streuintensität bei $\Theta = 0$ läßt sich somit für c → 0 der Gewichtsmittelwert M_w der Molekularmasse bestimmen. Experimentell mißt man die Streulichtintensitäten bzw. die Rayleigh-Verhältnisse bei verschiedenen Winkeln Θ und extrapoliert dann auf $\Theta \to 0$:

$$\lim_{\substack{\Theta \to 0 \\ c \to 0}} (R_e/c) = K \cdot M_w$$

Um eindeutige Werte für den 2. Virialkoeffizienten A_2 und den mittleren Trägheitsradius R_T zu erhalten, sind weiterhin die Konzentrationsabhängigkeit der Streuintensität und die Streufunktion $P(\Theta)$ zu berücksichtigen:

$Kc/R_e = 1/M_w \cdot P(\Theta) + 2A_2 c + 3A_3 c^2 + \ldots$
mit $P(\Theta) = 1 - (16\pi^2/3\lambda^2) \cdot R_T^2 \cdot \sin^2(\Theta/2) + \ldots$

Die Konzentrationsabhängigkeit der Streuintensität ergibt sich aus der Tatsache, daß in der Praxis eine nichtideale Lösung vorliegt, bei der örtliche und zeitliche Schwankungen der Polymerkonzentration und der Dichte auftreten. Die Streufunktion $P(\Theta)$ berücksichtigt die Interferenzeffekte, die sich aus der räumlichen Ausdehnung knäuelförmiger M. in Lösung ergeben. Bei Knäueldurchmesser in der Größenordnung von 1/20 der Wellenlänge des eingestrahlten Lichts und größer, stellen die Moleküle nicht mehr nur einzelne, punktförmige Streuzentren dar, vielmehr kann ein M. mehrere Streuzentren aufweisen. Dabei können die von verschiedenen Streuzentren ausgehenden Wellen interferieren, was sich in unterschiedlichen Streuintensitäten bei verschiedenen Beobachtungswinkeln zeigt. Experimentell bestimmt man die Streuintensitäten bei den Winkeln 45 und 135 °. Das Verhältnis $z = R_{45}/R_{135}$ (Dissymmetrie genannt) ist ein Maß für die Größe der streuenden Teilchen in Lösung und hängt in charakteristischer Weise noch ab von der Form der Teilchen, ob Knäuel, Kugel oder Stäbchen, und bei Knäuel weiterhin von der Molmassenverteilung.

Zur Auswertung von Lichtstreuexperimenten werden die mit Hilfe eines Lichtstreuphotometers an verschieden konzentrierten Probelösungen eines Polymers gemessenen Streuintensitäten bzw. Rayleigh-Verhältnisse in Form eines *Zimm*-Diagramms aufgetragen. Hierbei trägt man (Kc/R_Θ) über $(\sin^2(\Theta/2)+kc)$ auf, wobei k ein beliebiger Spreizfaktor zur übersichtlicheren Darstellung des Diagramms ist. Aus der Konzentrationsabhängigkeit der (Kc/R_Θ)-Werte beim Winkel $\Theta=0$ läßt sich somit der 2. Virialkoeffizient A_2 und aus der Winkelabhängigkeit bei der Konzentration c=0 die Streufunktion P(Θ) bestimmen, aus der der Trägheitsradius berechnet werden kann:

$$[Kc/R_\Theta]_{c=0} =$$
$$1/M_w \left\{ 1 + (16\pi^2/3\lambda^2) \cdot R_T^2 \cdot \sin^2 (\Theta/2) \ldots \right\}$$

Der Ordinatenschnittpunkt beider Extrapolationsgeraden liefert den Reziprokwert des Gewichtsmittelwertes M_w. Der bei dieser Auswertung erhaltene Virialkoeffizient A_2 ist bei molekularuneinheitlichen Polymeren nicht mit dem aus osmotischen Messungen bestimmten identisch, nur molekulareinheitliche Stoffe liefern bei beiden Methoden denselben Wert.

Mit Hilfe einer Ultrazentrifuge lassen sich Substanzen verschiedener Molekularmassen in Lösungsmitteln mit geringerer Dichte voneinander trennen. Dieses Verfahren (Ultrazentrifugation) wird vorwiegend in der Biochemie zur präparativen Trennung verschiedenartiger Proteine und Nucleinsäuren angewandt. Durch Sedimentationsgeschwindigkeits- und vor allem Sedimentationsgleichgewichtsexperimente lassen sich aber auch bei synthetischen Polymeren Molmassenmittelwerte (im wesentlichen der Gewichtsmittelwert), Molmassenverteilungen und Wechselwirkungsparameter an den untersuchten Polymer-Lösungsmittelsystemen ermitteln.

Die Konfiguration gibt die räumliche Anordnung der Atome und Substituenten zueinander in einer Molekülkette wieder. Die Umwandlung einer Konfiguration in eine andere ist nur unter Lösen und Neuknüpfen chemischer Bindungen möglich. Der Grund für verschiedene räumliche Anordnungen liegt in dem tetraedrisch gerichteten sp^3-Hybrid-Atomorbital (Einfachbindung) und dem planaren sp^2-Hybrid-Atomorbital (Doppelbindung) des Kohlenstoffs begründet.

Tetraedrische Kohlenstoffatome werden dann zu Stereoisomeriezentren, wenn alle vier Substituenten verschieden sind. Dabei können sich bei gleicher Konstitution zwei verschiedene, zueinander spiegelbildliche Anordnungen ergeben. Solche Asymmetriezentren bewirken bei niedermolekularen Verbindungen optische Aktivität. Nicht so bei den meisten Vinylpolymeren, da bei ihnen die beiden kettenförmigen Substituenten am asymmetrischen Zentrum gleichartige Kettenglieder haben (translatorische Symmetrie der M.) und der strukturelle, in der Anzahl der Bausteine liegende Unterschied zu weit vom Zentrum entfernt ist (intramolekulare Kompensation), als daß er Einfluß auf die Drehung der Ebene des polarisierten Lichtes haben könnte. Diese Kohlenstoffatome bezeichnet daher als pseudoasymmetrisch. Echte asymmetrische Kohlenstoffatome mit optischer Aktivität treten bei entsprechend asymmetrischer Struktur der Grundbausteine auf, wobei das Asymmetriezentrum in der Molekülkette oder in einem Substituenten liegen kann.

Als Taktizität bezeichnet man die Anordnung der Stereoisometriezentren in der Hauptkette eines M. Die kleinste konfigurative Einheit ist im allgemeinen Fall die konfigurative Diade aus zwei Grundbausteinen. Eine derartige Diade kann isotaktisch, wenn beide Zentralatome die relative Konfiguration zueinander besitzen, oder syndiotaktisch sein, wenn beide Zentralatome die entgegengesetzte Konfiguration zueinander besitzen (Bild 5).

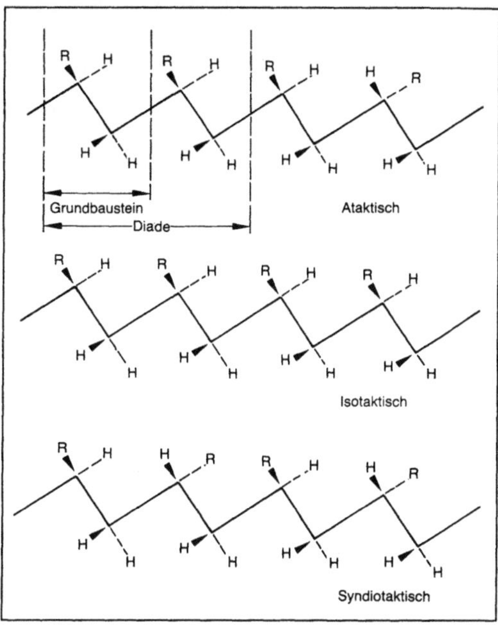

Makromolekül 5: Taktizität bei monotaktischen M.

Isotaktische und syndiotaktische Polymere, deren Molekülketten sich also aus jeweils gleichartigen konfigurativen Diaden aufbauen, können nur unter ganz bestimmten Bedingungen hergestellt werden. Möglichkeiten dazu bieten sich in ionischen Polymerisationen bei Verwendung spezieller Katalysatoren und in der Polyinsertion, bei der Metallkomplex-Katalysatoren (→ Ziegler-Natta-Polymerisation) eingesetzt werden. Im Normalfall, besonders bei der radikalischen Polymerisation, entstehen ataktische Polymere, in deren Molekülketten isotaktische und syndiotaktische Diaden in statistischer Reihenfolge verknüpft sind.

Polymere, deren Molekülketten pro Grundbaustein nur ein Stereoisomeriezentrum besitzen bezeichnet man als monotaktisch. Bei ditaktischen Polymeren bauen sich die Molekülketten aus Grundbausteinen auf, die zwei Stereoisomeriezentren besitzen. Dabei ergeben sich im Prinzip vier verschiedene Konfigurationen, da je zwei verschiedene Anordnungen für jedes der beiden Stereoisomeriezentren bestehen (Bild 6).

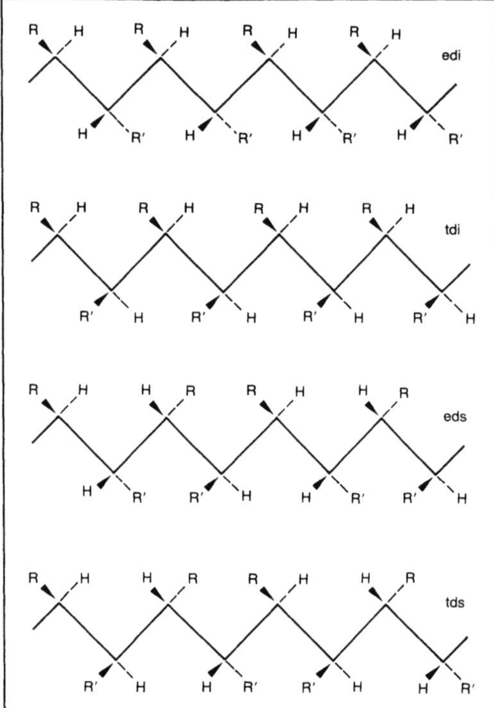

Makromolekül 6: Die vier Konfigurationen eines ditaktischen M. edi = erythro-di-isotaktisch, tdi = threo-di-isotaktisch, eds = erythro-di-syndiotaktisch, tds = threo-di-syndiotaktisch.

Bei M., die in regelmäßiger Folge Kohlenstoff-Doppelbindungen in der Kette besitzen (sog. Polyene), existiert eine weitere Stereoisomerie, die durch die unterschiedlichen Anordnungsmöglichkeiten der Substituenten an der Doppelbindung verursacht und als Cis-trans-Isomerie bezeichnet wird.

Die bisher beschriebenen idealen Molekülstrukturen lassen sich bei synthetischen Polymeren in absolut reiner Form nicht verwirklichen. Reale Strukturen sind immer durch Fehlordnungen gekennzeichnet.

Als *Konformationen* werden die durch Rotation von Gruppen um eine Einfachbindung hervorgerufenen, räumlich verschiedenen Anordnungen von Kettenatomen bezeichnet, die sich nicht zur Deckung bringen lassen. Ethan z. B. besitzt zwei solcher Konformere, einmal stehen sich die Wasserstoffatome der beiden CH₃-Gruppen direkt gegenüber (gedeckte Konformation), zum anderen stehen sie, um 60° gegeneinander verdreht, auf Lücke (gestaffelte Konformation).

Die Konformation von M. ergibt sich nun aus den Konformationen um alle einzelnen Bindungen, den sog. Mikrokonformationen. Daraus ergeben sich eine Unzahl möglicher M.-Konformationen (Makrokonformationen) die vom dichtest möglich gepackten Knäuel bis zur vollständig gestreckten Kette reichen. Auch die verschiedenen Helixstrukturen und die Anordnung hochsymmetrischer Ketten in Kristalliten (→ Polymer, teilkristallines) sind Beispiele möglicher Konformationen bei M. Die äußere Gestalt von M. wird durch die Zahl und Verteilung der Mikrokonformationen entlang der Hauptkette bestimmt, wobei intra- und intermolekulare Wechselwirkungen von Einfluß sind. Dabei ergeben helicale Konformationen stäbchen- oder zylinderförmige M., während die Abwesenheit weiter reichender Ordnungszustände zur Knäuelgestalt (Knäuel) mit mehr oder weniger wirr durcheinander liegenden Kettenstücken führt. *Zahradnik*

Literatur: *Altgelt, K. H.*, and *L. Segal*: Gel Permeation Chromatography. New York 1971. – *Becker/Braun* (Hrsg.): Kunststoff-Handbuch. 2. Aufl. Bd. 1: Grundlagen. B. Carlowitz (Hrsg.), München 1989. – *Brandrup, J.* (Hrsg.): Polymer Handbook. New York 1989. – *Elias, H.-G.*: Makromoleküle. 4. Aufl. Heidelberg 1981. – *Elias, H.-G.*: Ultrazentrifugen-Methoden. München 1961. – *Elias, H.-G.*, and *R. Bareiss; J. G. Watterson*: Mittelwerte des Molekulargewichts und andere Eigenschaften. Adv. Polym. Sci.-Fortschr. Hochpolym. Forsch. 11. (1973) Nr. 111. – – *Pyun, C. W.*: Ratios of average molecular weights and molecular weight distributions in polymers. J. Polym. Sci.-Polym. Phys. Ed. 17, (1979) Nr. 2111. – *Springer, J.*: Einführung in die Theorie der Lichtstreuung verdünnter Lösungen großer Moleküle. Fritz-Haber-Institut der Max-Planck-Gesellschaft, Berlin-Dahlem 1970. – *Yan, W. W.s; J. J. Kirkland*, and *D. D. Bly*: Modern Size-Exclusion Liquid Chromatography. New York 1979.

Mangan. M. wird Stählen als → Legierungselement vor allem zur Beeinflussung des Umwandlungsverhaltens zugesetzt. In Baustählen mit bis zu 1,7 % M. wird dadurch bei abgesenktem Kohlenstoffgehalt durch → Umwandlung in der unteren Perlit- oder der Bainitstufe eine günstige Kombination von → Festigkeit und → Zähigkeit erzielt. Höhere Mangangehalte werden in den → Mangan-Hartstählen eingesetzt.

In der Erdkruste ist M. zu etwa 0,085 % enthalten. In der Natur kommt M. fast ausschließlich in oxidischer Form vor. Häufig finden sich diese Erze in Gesellschaft mit Eisenerzen. Sehr reich an M. sind die „Manganknollen" der Tiefsee. Metallisches M. läßt sich nicht wie etwa → Eisen durch → Reduktion des Oxids mit → Kohlenstoff gewinnen, da als Produkt → Karbide entstehen. Eine elegante Darstellungsmethode stellt die Elektrolyse von Mangansulfat-Lösungen dar.

Weiterhin ist M. auf aluminothermischem Weg erhältlich:

$$3\ MnO_2 + 4\ Al \rightarrow 3\ Mn + 2\ Al_2O_3 + 1787\ kJ.$$

Da reines M. kaum technische Bedeutung besitzt, werden diese beiden Verfahren nur in geringem

Umfang angewendet. Mehr als 95 % der Mangan-produktion wird in Form von Eisen-Mangan-Legie-rungen verwendet. Diese Legierungen werden aus einem Gemisch von Koks, Mangan- und Eisenerzen im → Hochofen (Eisen) bzw. elektrischen Ofen gewonnen.

Metallisches M. ist silbergrau, hart und sehr spröde. Es kristallisiert in einem sehr komplizierten kubischen → Gitter. Es schmilzt bei 1247 °C, siedet bei 2030 °C und besitzt eine Dichte von 7,21 g/cm³. Natürliches M. besteht nur aus dem stabilen Isotop Mn-55. Künstlich lassen sich zehn radioaktive Isotope mit den Massenzahlen 50 bis 58 herstellen.

Hauptanwendungsgebiet von M. ist die Stahlerzeugung. Manganstähle mit 12–14 % M. werden für besonders hohe Anforderungen benutzt. Alle Aluminium- und Magnesium-Legierungen enthalten M., um die Korrosionsfestigkeit und mechanischen Eigenschaften zu verbessern. *Dahl/Schlögl*

Mangan-Hartstähle. Kohlenstoffstähle, die durch Zulegierung von 10 bis 20 % Mangan, z. B. 12 % Mangan und 1,2 % Kohlenstoff, nach dem Lösungsglühen und → Abschrecken ein austenitisches → Gefüge aufweisen. Bei → Kaltverformung nimmt die → Festigkeit durch Martensitbildung stark zu. Bei Verschleißbeanspruchungen unter Druck härtet die → Randschicht auf und bildet so eine verschleißbeständige Schale über einem zähen Kern. Anwendungsbeispiele sind: Brechkegel, -mäntel und -bakken, Hämmer, Baggereimer und -bolzen, Kettenglieder, Herzstücke von Eisenbahnweichen. Vorteilhaft ist die Möglichkeit zur Verbindungs- und Ausbesserungsschweißung. *Dahl*

Literatur: Werkstoffkunde Stahl. 2 Bde. (Hrsg. VDEh). Berlin–Düsseldorf 1984/85.

Manganieren. Anreichern der → Randschicht eines Werkstückes aus → Stahl durch thermochemische → Behandlung. Die Behandlung erfolgt meistens in Pulver bei einer Temperatur zwischen 1 000 und 1 100 °C. Es entsteht eine Randschicht aus → Austenit, die einen ähnlich hohen Widerstand gegenüber → Abrasion haben soll wie Manganhartstahl. *Habig*

Literatur: *Kornmann, M.* und *P. L. Dancoise:* Werkstoffe und ihre Veredelung 1 (1979) S. 37.

Manganin. Legierung (CuMn12Ni2) mit einem konstanten, temperaturunabhängigen spezifischen elektrischen Widerstand (→ Widerstandswerkstoffe). *Hubert*

Manganlegierungen. Mangan wird in erster Linie in der Stahl- und Nichteisenmetallindustrie zu Legierungszwecken verwendet. Der Großteil (90–95 %) der Mangangewinnung wird daher in Legierungen verbraucht, die direkt aus dem Erz gewonnen werden (Ferromangan oder Vorlegierungen für NE-Metalle). Technisches Mangan ist sehr hart und spröde, daher ist es unlegiert und als Hauptbestandteil von Legierungen nicht brauchbar.

Ferromangan Standard (carbure) wird in Niederschachtöfen gewonnen und besteht aus 75–85 % Mn; 6–8 % C; 1,5 % Si; P<0,3 % und 0,05 % S. Ferromangan affiné wird unter Verwendung von Silicium ebenfalls in Niederschachtöfen erschmolzen und enthält 75–95 % Mn; 0,5–2 % C; Si < 1,5 %; P < 0,2 %; S < 0,03 %; Cu < 0,2 %; Pb < 0,05 %. Die reinste Qualität ist Ferromangan suraffiné, das unter Verwendung von C-armem Siliconmangan erschmolzen wird und aus 75–95 % Mn; 0,05–0,5 % C; Si < 1,5 %; P < 0,2 %; S < 0,03 %; Pb < 0,05 % besteht.

In unlegierten Stählen kann bis zu 1,6 % Mangan enthalten sein, höhere Mn-Gehalte kommen in legierten Mn-Stählen vor. Mangan erhöht die → Festigkeit des Stahls und begünstigt die Schmiedbarkeit und → Schweißbarkeit, verringert aber die Zerspanbarkeit. Im wesentlichen führt Mangan in Stählen den Schwefel, der in Form von FeS den Rotbruch begünstigt, in die ungefährliche Form MnS über, wodurch der Stahl warmverformbar wird. MnS wird beim → Walzen zeilenförmig in Walzrichtung gestreckt und verringert die → Zähigkeit.

Manganhartstahl mit 1,2 % C, 12 % Mn und 1,4 % Cr hat erhöhte Härte und Verschleißfestigkeit durch die Bildung von Chromkarbiden. Kupfer-Mangan-Legierungen haben einen hohen elektrischen Widerstand und werden als → Widerstandswerkstoffe in der Meß- und Regelungstechnik eingesetzt, z. B. CuMn12Ni2 → Manganin und CuMn13Al3 Isabellin. Manganbasislegierungen haben bisher noch keinen Eingang in die Technik gefunden. *Heller*

Manila → Hartfasern

Manipulator. Ein M. im allgemeinen Sinn ist eine Einrichtung zur ferngesteuerten Handhabung von Gegenständen bzw. Bedienung von Geräten aller Art. M. werden überall dort eingesetzt, wo physische Eigenschaften des Menschen nicht mehr ausreichen, seine manuellen Fähigkeiten jedoch erforderlich sind. Beispiele hierfür sind die Handhabung schwerer, ggf. heißer Werkstücke (→ Schmieden), Bedienung von Werkzeugen zur Bearbeitung stark radioaktiver oder anderer gefährlicher Gegenstände (Sprengsatz- bzw. Kampfmittelbeseitigung).

In der zerstörungsfreien → Werkstoffprüfung versteht man unter einem M. eine häufig computergesteuerte Einrichtung zur genauen und reproduzierbaren Positionierung eines Prüfsystems, z. B. einer Gruppe von Ultraschall-Prüfköpfen oder Wirbelstromsonden. Solche Einrichtungen können sein: ein- oder mehrgelenkige, ein- oder mehrachsige Arme sowie auf geraden oder gekrümmten Schienen oder Kufen laufende Wagen oder Schlitten. Sie kommen überall dort zum Einsatz, wo genaue und reproduzierbare volumetrische Prüfungen in großer Zahl oder an großvolumigen Prüfobjekten und ggf. unter erschwerter → Zugänglichkeit durchgeführt werden müssen.

Typische Einsatzgebiete für M. sind: Erst- und Wiederholungsprüfungen an sicherheitstechnisch wichtigen Komponenten der Kerntechnik (Druckbehälter und Rohrleitungen des Primärsystems von Kernkraftwerken) und Off-Shore-Technik (Unterwasser-Tragstrukturen) oder an Flugzeugen (Tragstrukturen der Tragflächen) sowie Bauprüfungen an Bauteilen mit sehr vielen gleichartigen Prüfobjekten, die ggf. in regelmäßigen geometrischen Mustern angeordnet sind, wie z. B. Einschweißnähte von Heiz- bzw. Kühlrohren in Wärmetauschern etc.

Da Prüfmanipulatoren meist computergesteuert und vielfach auch frei programmierbar sind, ist die Grenze zwischen Prüfmanipulator und Prüfroboter fließend. *Kußmaul*

Mannesmann-Schrägwalzanlage. Die M.-S. haben zwei besonders profilierte Arbeitswalzen, die im gleichen Drehsinn angetrieben werden und deren Achsen gegen die horizontale Walzgutachse um etwa 3° bis 6° geneigt sind. Zum Schließen des Walzspaltes dienen im allgemeinen oben eine nicht angetriebene Stützwalze und unten ein Stützlineal. In der Mitte des Walzspaltes befindet sich als Innenwerkzeug ein Lochdorn, der mit einer Stange an einem außerhalb liegenden Widerlager abgestützt ist.

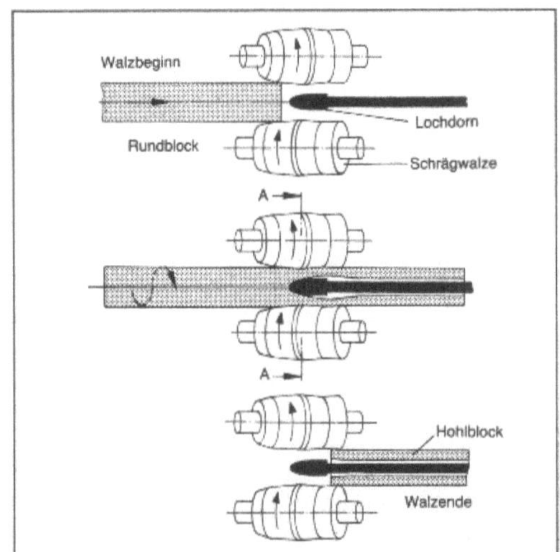

Mannesmann-Schrägwalzanlage: Schematische Darstellung des Lochvorganges.

Beim Lochvorgang (Bild) wird der Einsatzblock in das Walzwerk eingestoßen, im konischen Einlaufteil von den Walzen erfaßt und in schraubenförmiger Bewegung über den Lochdorn zum dickwandigen Hohlblock umgeformt. Dabei erfährt der → Block zunächst mit zunehmender → Einschnürung in der horizontalen Ebene eine Aufweitung in der vertikalen Ebene. Nach Eingriff des Lochdornes erfolgt die → Umformung beim Durchgang durch den Walzspalt, der zwischen je einer Walze und dem Lochdorn gebildet wird. *Baumann*

Mannesmann-Schrägwalzverfahren. Die kühne Idee der Brüder *Reinhard* und *Max Mannesmann*, daß es möglich sein müßte, massive Rundblöcke oder Rundstangen durch Schrägwalzen in zylindrische Hohlkörper umzuwandeln, hat sich als eine der größten und erfolgreichsten Erfindungen auf dem Gebiete der mechanischen Herstellungstechnik erwiesen. Das war die Vorstufe des nahtlosen → Stahlrohres. Im Jahr 1884 verfaßten die beiden Ingenieure eine entsprechende Patentschrift, und am 27. Januar 1885 wurde ihnen das Patent auf ein Schrägwalzverfahren mit zugehöriger → Mannesmann-Schrägwalzanlage erteilt.

Unter M.-S. ist also das → Umformen eines massiven Rundkörpers zwischen zwei Walzen, deren Achsen zueinander schräg stehen, über einen feststehend im Walzspalt angeordneten Stopfen zu verstehen, wobei sich im Inneren des Walzgutes ein Hohlraum bildet, der durch den Stopfen seine endgültige Form erhält.

Die Einsatzblöcke für das Schrägwalzverfahren sind hinsichtlich Durchmesser, Länge und Gewicht auf die zu fertigende Rohrabmessung abgestimmt. In einem meist gas- oder auch ölbeheizten Drehherdofen wird das Walzgut nach Durchlaufen unterschiedlicher Temperaturzonen auf Walztemperatur erwärmt, im allgemeinen auf 1 250–1 300 °C, je nach Werkstoffzusammensetzung auch niedriger. Nach Entnahme aus dem Drehherdofen und anschließender Entzunderung der Oberfläche mit Preßwasser werden die Blöcke der Schrägwalzanlage zugeführt und dort zum dickwandigen Hohlblöcken umgeformt. Die Streckung des Werkstoffes liegt dabei etwa zwischen 1,5- und 2fach, die Querschnittsabnahme etwa zwischen 33 % und 50 %.

Der nächste Schritt der Brüder Mannesmann war das Auswalzen der in der Schrägwalzanlage erzeugten dickwandigen Hohlblöcke zu nahtlosen Stahlrohren. Nach verschiedenen Versuchen, diesen Streckprozeß zu verwirklichen, entstand 1889 die Idee, den dickwandigen Hohlblock mit dem → Pilgerwalzverfahren umzuformen. Am 6. März 1891 wurde das grundlegende Patent auf dieses Verfahren erteilt. *Baumann*

Mark. Zellen im Zentrum eines Holzquerschnitts, die bei den meisten Hölzern frühzeitig absterben und dann nur noch Luft führen. Es hat geringe Festigkeit und andere ungünstige Eigenschaften. Sein Durchmesser beträgt im älteren Stamm rd. 1–2 mm. *Wesche*

Martensit. Wird → Stahl unterschiedlichen Kohlenstoffgehaltes auf Austenitisierungstemperatur erwärmt und anschließend so schnell abgekühlt, daß die → Diffusion von → Eisen und → Kohlenstoff vermieden wird, so wandelt sich der kubisch flächenzentrierte → Austenit in das tetragonal verzerrte raumzentrierte → Gitter des M. durch einen Schiebungs- oder Umklappprozeß um. Durch die nun zwangsweise gelösten Kohlenstoffatome ist die dem Kohlenstoff proportionale hohe → Härte zu erklären (→ Festigkeitssteigerung). Beim → Anlassen werden die Kohlenstoffatome gleichmäßig verteilt (kubisch raumzentrierter M.) und bei höherer Temperatur bilden sich aus dem übersättigten → Mischkristall → Karbide; die zunächst extrem hohe Härte nimmt ab (Bild). Die Martensitumwandlung wird zum → Härten des Stahls ausgenutzt. Durch → Legierungselemente kann die → Härtbarkeit verbessert werden, da die kritische Abkühlgeschwindigkeit abgesenkt wird (→ Zeit-Temperatur-Umwandlungsschaubilder).

M. bildet sich athermisch, die Menge nimmt mit fallender Temperatur zu. Die Martensitbildungstemperatur nimmt mit steigendem Kohlenstoffgehalt ab und wird auch vom Legierungsgehalt beeinflußt. Bei Kohlenstoffgehalten bis zu etwa 0,8 % ist die Martensitbildung bis Raumtemperatur abgeschlossen; bei höheren Kohlenstoffgehalten verbleibt zunehmend → Restaustenit, der durch → Unterkühlung ebenfalls umgewandelt werden kann.

Das → Gefüge ist nadelig und als Platten- oder Lanzettmartensit ausgebildet. *Dahl*

Maßänderungsprüfung. Eine Maßänderung an textilen Flächengebilden kann durch äußere Einwirkungen wie Waschen, Durchnässen, Dämpfen, Bügeln, Chemisch-Reinigen usw. eintreten.

Im wesentlichen wird sie mittels Meßmarken bestimmt, die auf das textile Flächengebilde vor der Behandlung aufgebracht werden. Das Ausmessen muß sehr sorgfältig unter definierten Bedingungen erfolgen.

Die Maßänderung wird als Verhältnis der Längenänderung zur ursprünglichen Meßlänge angegeben und zwar mit negativem Vorzeichen, wenn eine Verkürzung (Schrumpfung), und mit positivem Vorzeichen, wenn eine Verlängerung (Längung) der Meßmarkenabstände durch die Behandlung der Meßprobe eingetreten ist. Die Grundlagen dieses Prüfverfahrens sind in DIN 53870 festgelegt (Bild).

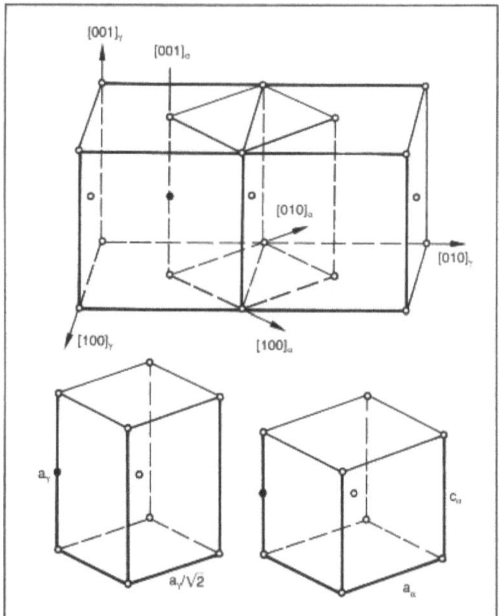

Martensit: Die Deformation der tetragonalen raumzentrierten Zellen des kubisch-flächenzentrierten Austenitgitters in die tetragonal ($c_a \neq a_a$) bzw. kubisch ($c_a = a_a$) raumzentrierten Zellen des Martensitgitters.

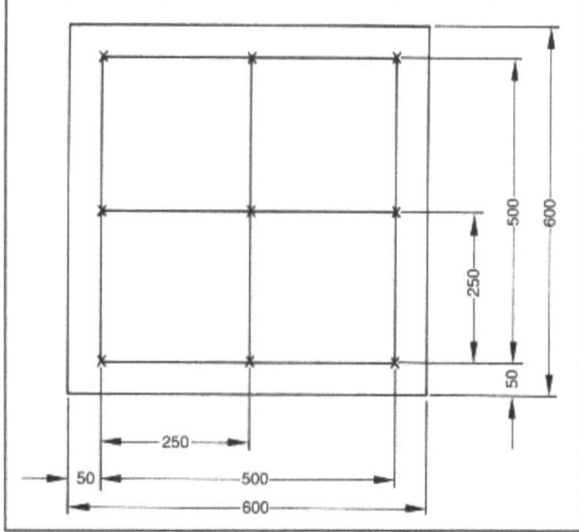

Maßänderungsprüfung: Mit Meßmarken versehene Meßprobe.

Die Einwirkungen, bei denen die Maßänderung bestimmt wird, sind in den hierfür aufgestellten DIN-Normen festgelegt. Sie richten sich nach den im Gebrauch, insbesondere bei der Pflege der Textilien, auftretenden Beanspruchungen. *Kleinhansl*

Literatur: DIN 53870: Bestimmung der Maßänderung von textilen Flächengebilden – Grundlagen – 1979. – DIN 53892 Teil 1: Prüfung von Textilien; Bestimmung der Maßänderung von textilen Flächengebilden; Waschen oder Wassereinwirkung 1979. – DIN 53892 Teil 2: Prüfung von Textilien; Bestimmung der Maßänderung von Geweben, bei wiederholter Einwirkung von Nässe und Trockenluft 1972. – DIN 53894 Teil 1: Prüfung von Textilien; Bestimmung der Maßänderung von textilen Flächengebilden durch Bügeln mit feuchtem Bügeltuch und beheizter Metallplatte 1980. – DIN 53894 Teil 2: Prüfung von Textilien; Bestimmung der Maßänderung von textilen Flächengebilden; Dämpfen auf Bügelmaschinen 1979. – DIN 53898 Teil 1: Prüfung von Textilien; Bestimmung der Maßänderung von textilen Flächengebilden; Chemischreinigen nach der Maschinenmethode 1979. – DIN 54318: Prüfung von Textilien; Bestimmung der Maßänderung von textilen Fußbodenbelägen bei wechselnder Einwirkung von Wasser und Wärme 1973.

Maskenformverfahren → Croning-Formmaskenguß

Masse, exotherme. Das Volumen der zum Ausgleich der Schrumpfung notwendigen Aufgüsse und Speiser läßt sich beim → Gießen von → Halbzeug und → Formguß aus → Stahl und → Eisen durch den Einsatz von e. M. verkleinern und damit das → Ausbringen an guter Ware verbessern. Angewendet werden solche auf aluminothermischer Basis wirkenden Exothermmaterialien als Aufstreupulver oder als geformte Heizmantelspeiser bzw. exotherme Abdeckkappen für Masselspeiser.

Die Abdeckpulver mit Aluminiumgehalten im Bereich von 16 bis über 20 % blähen sich nach dem Zünden und Brennen um 50 bis 100 % ihres Ausgangsvolumens auf und bilden somit eine hochisolierende → Deckschicht. Als Weiterentwicklung der Aufstreupulver gibt es heute diese Materialien auch als Speiserabdeckplatten, die die Anwendung vereinfachen und auch zu einem rationelleren Materialeinsatz führen. Für den Einsatz bei Leicht- und → Schwermetallguß gibt es Sondersorten, z. B. aluminiumfrei und leicht entzündbar. Die Zusammensetzung dieser Sorten ist auf die Gußwerkstoffe so abgestimmt, daß keine schädliche Beeinflussung des Speisermetalls eintritt.

Die geformten exothermen Speisereinsätze aus hochtonerdehaltigen Rohstoffen finden bei der Herstellung von Leicht- und Schwermetallen, vor allem aber von Eisen- und Stahlguß Verwendung. Solche Einsätze (Heizmäntel) verlängern die Erstarrungszeiten des Speisermetalls um das 2,0 bis 2,4fache gegenüber modulgleichen Naturspeisern. Derartige Speiser werden bis zu etwas mehr als 60 % ausgesaugt, woraus sich das gute Ausbringen ergibt. *Doliwa*

Masse, feuerfeste. Wegen ihrer universellen Einsatzmöglichkeiten rechnet man zumindest in West-

europa bei den ungeformten feuerfesten Werkstoffen auf eine Steigerung ihres Anteils an den Feuerfesterzeugnissen von gegenwärtig 30 auf etwa 40 %. Die Weiterentwicklung feuerfester Werkstoffe ist zunehmend auf bestimmte Anwendungsfälle ausgerichtet, wobei kosten- und zeitsparende sowie umweltfreundliche Herstellungs-, Zustellungs- und Reparaturverfahren im Vordergrund stehen. Neuerdings muß man, wie Bild 1 zeigt, den klassischen feuerfesten Grundrohstoffen die Sonderstoffe → Kohlenstoff, → Stickstoff und → Bor mit ihren feuerfesten Verbindungen angliedern.

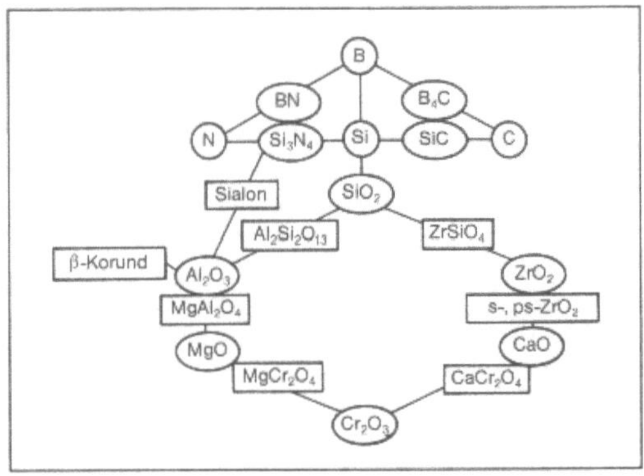

Masse, feuerfeste 1: Grundstoffe für die Herstellung feuerfester Erzeugnisse und sonderkeramischer feuerfester Werkstoffe.

Zu den modernen Hochwertfeuerbetonen zählen zementarme, tongebundene, feinstkornhaltige oder chemisch gebundene Produkte. Die signifikante Senkung des Zementanteils gegenüber den üblichen Feuerbetonen und anderen Massen ermöglicht die Verminderung des Wassergehalts auf etwa 4–5 % (Bilder 2, 3).

Die Zustelltechnik bei ungeformten feuerfesten Werkstoffen verlagert sich immer mehr zur Gieß- bzw. Vibrationsformgebung und zum Spritzen.

Um den voreilenden → Verschleiß in den kritischen Zonen des Drucksyphons und des Herdes von

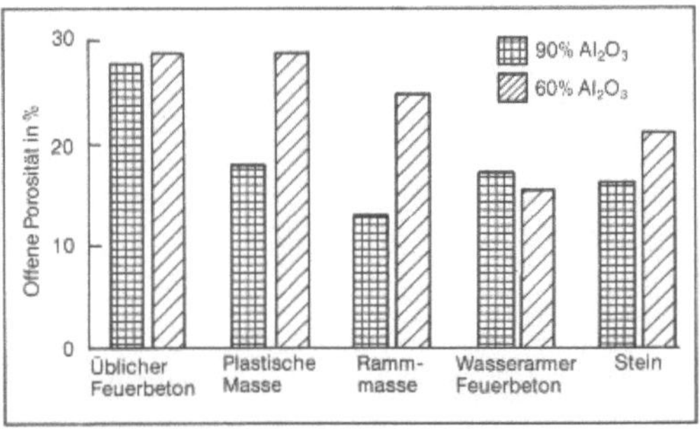

Masse, feuerfeste 2: Vergleich der offenen Porosität verschiedener feuerfester Werkstoffe nach Brennen bei 1370 °C.

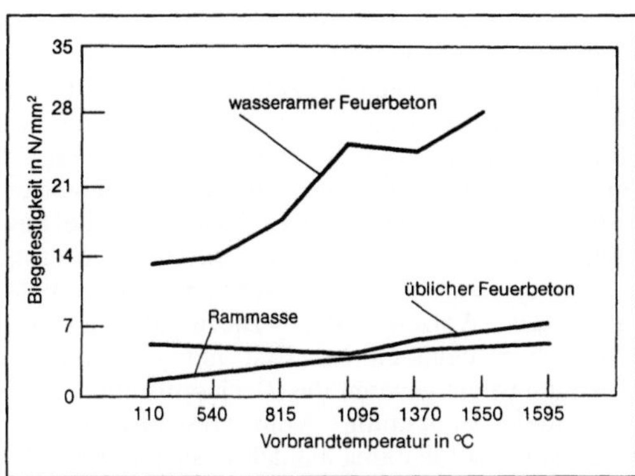

Masse, feuerfeste 3: Kaltbiegefestigkeit ungeformter feuerfester Werkstoffe mit 60 % Al₂O₃ in Abhängigkeit von der Vorbrandtemperatur.

→Kupolöfen zu vermindern, verwendet man beispielsweise chemisch oder pechgebundene Massen mit rd. 60 % Al_2O_3, 10–20 % SiC, 15 % C und 10 % SiO_2. Das durch die hohe →Festigkeit dieser Massen entstehende Problem des Ausbrechens von Auskleidungsteilen wird durch CO_2-Druckpatronen gelöst, die in vorgefertigten „Sprenglöchern" im Auskleidungsmaterial elektrisch zur Explosion gebracht werden (Cardox-Verfahren).

Bei der Auskleidung von Aluminium-Schmelzöfen muß besonders auf den Angriff der flüssigen Schmelzen Rücksicht genommen werden. Die sonderkeramischen Werkstoffe Siliciumnitrid und Sialon zeigen im Vakuum gegenüber Aluminium-, Silicium- und Nickelschmelzen geringe Kontaktwechselwirkungen. Phosphatgebundene Magnesium-Aluminium-Spinell enthaltende →Mörtel sind hochbeständig gegen den Angriff von flüssigen →Aluminiumlegierungen, aber auch gegen Magnesiumschmelzen.

Große Verbreitung haben in den Schmelzbetrieben Induktionsrinnenöfen gefunden, deren kritischer Zustellungsbereich im Induktor liegt. Empfohlen werden für Induktoren mit hoher Leistung uneingeschränkt trockene Magnesia-Spinellmasse, für solche mittlerer Leistung u. U. auch chemisch gebundene Korundstampf- oder -gießmasse und für Induktoren kleiner Leistung generell Korundstampf- oder -gießmasse bzw. auch Trockenkorundmasse. *Doliwa*

Massel. Ursprünglich nur die Bezeichnung für die Lieferform von →Roheisen an die Gießereien. Roheisenmasseln werden heute kaum mehr in Sandformen (Masselbett), sondern mittels Gießmaschinen in Kokillen gegossen. Die bis etwa 60 kg schweren M. sind meist zweimal gekerbt, um ein Zerschlagen in mehrere Stücke zwecks besserer Gattierbarkeit zu erleichtern. Mit M. aus Aluminium- und Magnesium-Legierungen decken die

Formgießereien ihren Bedarf an Metall, da die Belieferung der NE-Metallgießereien mit Flüssigmetall keine breite Anwendung gefunden hat.

Die M. sind ein zwischenerstarrtes Erzeugnis und in der heutigen handelsüblichen Form mit Eigenschaften behaftet, die in der Formgießerei oftmals spezielle Verarbeitungsmethoden erfordern und sogar Probleme hervorrufen können. So ist z. B. bei Al-Si-Legierungen die Ausbildung des Siliciumeutektikums je nach Lieferwerk unterschiedlich (körnig, lamellar, vorveredelt), woraus sich unterschiedliche Fließeigenschaften ergeben. Ferner treten über den Masselquerschnitt oft mehrere Gefügetypen auf und, was noch schlimmer ist, sind die Legierungselemente über den Masselquerschnitt infolge von Seigerungen ungleichmäßig verteilt. Eine Verbesserung der Güte von Gußlegierungsmasseln läßt sich vornehmlich durch eine Erhöhung der Abkühlgeschwindigkeit während der →Erstarrung in der Masselform bei gleichzeitiger entsprechender Änderung der Masselform zur Erzielung besserer Erstarrungsbedingungen erreichen. An Vorteilen, die sich bei Verarbeitung derartig schnell erstarrter M. im →Formguß bieten, sind zu nennen: Verringerung der Groblunkerbildung, Abschwächung der Warmrißneigung und Verbesserung des Fließ- und Formfüllungsvermögens.

Bei der Gestaltung der Masselformen muß man wegen der notwendigen Transportrationalisierung und der Lagermöglichkeit größerer Mengen auf kleiner Grundfläche auf sichere Stapelfähigkeit der M. achten. *Doliwa*

Masselgießmaschine. Masseln, insbesondere solche aus →Roheisen, wurden lange Jahre in sogenannten Masselbetten im Abstichbereich des Hochofens vergossen. Diese Technologie war handarbeitsintensiv und mit erheblichen Belästigungen durch Hitze verbunden. Den Verbraucher ärgerte der mehr oder minder starke Sandanhang an den einzelnen Masseln, der nicht nur immer Streit wegen der Verrechnung hervorrief, sondern auch die metallurgische Schlackenführung erschwerte.

Diese Mißstände führten dazu, daß man die Roheisenschmelzen in Kokillen zu Masseln vergoß, die frei von Sandanhang waren und wegen ihrer definierten Form ein ziemlich gleichbleibendes Gewicht von Massel zu Massel lieferten. Der Gießvorgang ließ sich durch ein Endlosband, auf dem die Kokillen angebracht waren und das nach dem →Gießen die Masselformen in einem Schrägförderer aufwärts transportierte, automatisieren. Die aufwärts gerichtete Förderstrecke mußte so lang sein, daß das flüssige Eisen in der Masselkokille vor Erreichen des Kulminationspunktes völlig erstarrt war und die Schrumpfung das Lösen aus der →Kokille begünstigte. Dann entleert sich beim Durchfahren des

Kulminationspunktes die Masselform selbsttätig in Behälter, auf ein Transportband oder direkt in einen Waggon. Die entleerten Masselformen gelangen auf dem Rückweg des Transportbandes über eine Reinigungs- und notfalls Schlichtestrecke (Ansprühen mit ff. Schlichten zur Erleichterung des Ablösens der Roheisenmassel aus der Kokille) wieder in den Bereich der Gießstation. *Doliwa*

Massenstähle. Veraltete Bezeichnung für Grundstähle (→ Eisen, → Eisenwerkstoffe). *Dahl*

Massepolymerisate → Polymerisationsverfahren

Massivumformung. Der Begriff M. beinhaltet in Abgrenzung zur → Blechumformung (s. dort Bild) alle Fertigungsverfahren der Umformtechnik, durch die bei der Änderung der gegebenen Form eines festen Körpers in eine andere Form in der Reihenfolge → Ausgangsform, → Zwischenform, → Endform der Werkstoff bei teils großen Querschnitts- oder Wanddickenänderungen räumlich verteilt wird. Querschnitte und Wanddicken können dabei durch geeignete Verfahren verkleinert oder vergrößert werden. Diese Verfahren sind überwiegend solche mit mehrachsigen Druckspannungszuständen in der Umformzone = Druckumformen (DIN 8583). Daneben finden sich wichtige Massivumformverfahren mit Zug-Druck-Beanspruchung, z. B. die Durchziehverfahren des Zugdruckumformens (DIN 8584) wie → Stab-, → Draht-, → Rohr- und → Profilziehen.

Die oben genannte Definition des M. läßt sich bei den anderen drei Hauptgruppen der Umformtechnik jedoch nicht verwenden, da in diesen kaum Querschnittsänderungen bewirkende Verfahren vorkommen. Man wird daher hier zweckmäßigerweise nach der Querschnittsform der Ausgangswerkstücke unterscheiden. → Umformen an Werkstücken mit gedrungenen Voll- und Hohlquerschnitten wäre danach M., an flächenhaften Werkstücken Blechumformen.

Bei den durch ein- oder mehrachsige Zugbeanspruchung gekennzeichneten Zugumformverfahren (DIN 8585) sind außer dem Strecken bzw. Streckrichten von Stäben und Profilen keine Massivumformverfahren zu verzeichnen. Die Verfahren des Biegeumformens (DIN 8586) und Schubumformens (DIN 8587) lassen sich überwiegend sowohl bei als „flächenhaft" zu beschreibenden Werkstücken als auch bei Werkstücken mit gedrungenen Voll- und Hohlquerschnitten anwenden, d. h. sowohl bei M. als auch Blechumformung.

Der Sprachgebrauch hat sich wohl schon weitgehend auf die beschriebene Begriffsauslegung eingestellt, wenn auch im Einzelfall durchaus Zuordnungsschwierigkeiten auftreten können. Massivumformverfahren finden sich, das sei hier abschließend

festgestellt, in allen Gruppen der Umformtechnik nach DIN 8582 bis 8587.

In der industriellen Produktion spielt die M. im Bereich der Halbzeugfertigung eine dominierende Rolle. Hier erfahren die metallischen Werkstoffe mit Ausnahme des sehr geringen Anteils gegossener oder gesinterter Werkstücke bzw. Rohteile ausnahmslos eine Umformung durch → Walzen, → Strangpressen oder → Durchziehen. So ist z. B. auch das Walzen von → Blech und anderen → Flacherzeugnissen M. Erst mit zunehmender Fertigungstiefe gewinnt die Blechumformung mehr und mehr Bedeutung. Vom Gesichtspunkt der Werkstückhandhabung handelt es sich in der Halbzeugfertigung meist um Fließgutfertigung, seltener um Stückgutfertigung, d. h. Fertigung einzelner Werkstücke.

Wegen der hohen bezogenen Kräfte zwischen einigen hundert bis über 2 000 N/mm² sind Massivumformwerkzeuge sehr hoch belastet. Auch erfordern die auch absolut hohen Kräfte schwere, steif gebaute umformende Werkzeugmaschinen (→ Pressen). *Lange*

Literatur: *Lange, K.* (Hrsg.): Entwicklungsstufen der Umformtechnik. Ind.-Anz. 87 (1985), S. 967/70. – *Lange, K.:* (Hrsg.) Umformtechnik. Handb. f. Ind. u. Wiss. 2. Aufl. Bd. 1. Berlin, Heidelberg, New York 1984.

Matano-Ebene → Boltzmann-Matano-Auswertung

Materialtransport → Elektromigration

Materialwissenschaft → Werkstoffwissenschaft

Matrixwerkstoffe → Faserverbundwerkstoffe

Matthiessen-Regel. Der spezifische elektrische Widerstand ρ kann erhöht werden durch:
– Wärmeschwingungen der Atomrümpfe (Phononenanteil), die mit steigender Temperatur zunehmen ρ_G),
– → Kristallbaufehler im Gitter (Fehler im Kristallgitter), wie Leerstellen, Versetzungen, Fremdatome, Korngrenzen (ρ_F).

Der gesamte spezifische Widerstand ergibt sich dann nach der Regel von *Matthiessen:*

$$\rho = \rho_G + \rho_F$$

Bei hohen Temperaturen überwiegt der Anteil ρ_G, der von thermischen Gitterschwingungen herrührt (Bild 1). Mit steigender Temperatur nimmt die Wärmebewegung der Gitteratome deutlich zu und erhöht dadurch den Reibungswiderstand der Leitungselektronen. Mit Ausnahme eines starken Anstiegs von ρ im Bereich knapp oberhalb des absoluten Nullpunktes läßt sich hρ in guter Näherung durch eine lineare Beziehung beschreiben:

$\rho = \rho_0 (1 + \alpha \cdot \Delta T)$ für $T \gtrsim 50$ K

$\rho_0 =$ Anfangswiderstand des Metalls

$\alpha =$ linearer Ausdehnungskoeffizient (nach Matthiessen linear, d. h. $\alpha =$ konst.)

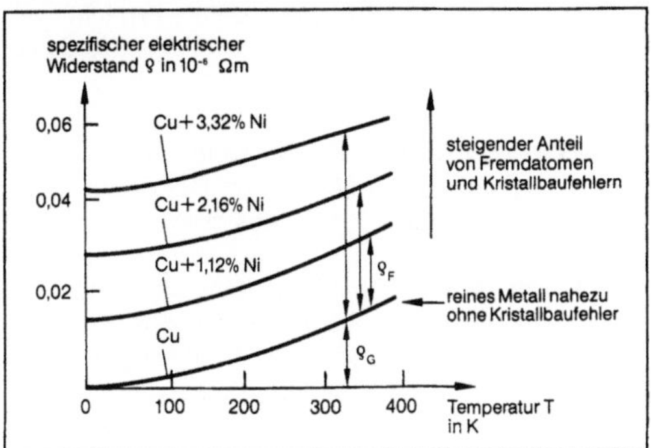

Matthiessen-Regel 1: Temperaturabhängigkeit des spezifischen elektrischen Widerstands für reines Kupfer und für Kupfer-Nickel-Legierungen (Mischkristallbildung).

Der Widerstandsanteil ρ_F der Kristallbaufehler ist im wesentlichen nur bei der Mischkristallbildung von der Temperatur unabhängig. Folglich wird er bei tiefen Temperaturen vor allem durch Gitterbaufehler bestimmt. Somit läßt sich aus den Restwiderstandsmessungen, die auf den absoluten Nullpunkt extrapoliert werden, auf die Menge der im Metall vorhandenen Gitterbaufehler bzw. → Fremdatome (Verunreinigungen) schließen. Für → Edelmetalle verursachen 1 % Fehlstellen im Kristallgitter eine Widerstandserhöhung von etwa $2 \cdot 10^{-8}\,\Omega$m. In einem Zustandsystem mit vollständiger Mischkristallbildung ergibt sich für den Widerstand ein stetiger Verlauf (Bild 2) über alle Legierungen. *Heller*

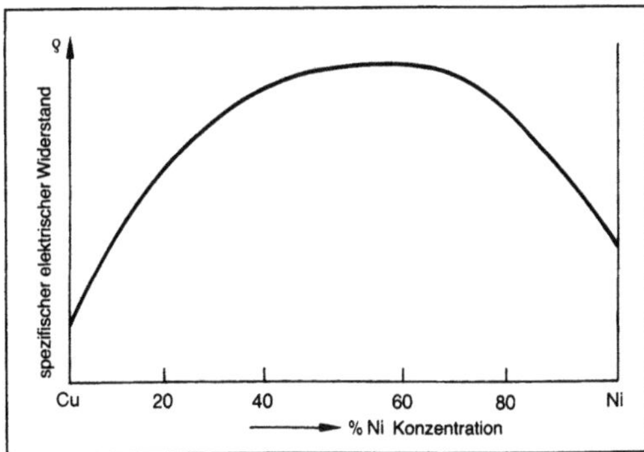

Matthiessen-Regel 2: Konzentrationsabhängigkeit des spezifischen elektrischen Widerstands bei der vollständigen Mischkristallbildung im Zweistoffsystem Kupfer-Nickel.

Literatur: *Ilschner, B.:* Werkstoffwissenschaften. Berlin 1982. – *Schatt, W.:* Einführung in die Werkstoffwissenschaft. Leipzig 1983.

Mauersteinprüfung. Die M. dient der Ermittlung von Materialkennwerten zur Beurteilung eines Mauersteins für einen bestimmten Verwendungszweck.

Mauersteine werden zur Herstellung von tragendem und nicht tragendem Mauerwerk verwendet und müssen vorrangig geregelte Anforderungen an die → Festigkeit erfüllen. Werden an das Mauerwerk zusätzliche Anforderungen an den Wärme- oder Schallschutz, bei unverputztem Mauerwerk auch an die Witterungsbeständigkeit und an das optische Aussehen gestellt, so müssen die Mauersteine hierfür geeignete Materialeigenschaften aufweisen, die durch Prüfung nachzuweisen sind.

Die Prüfung von Mauersteinen ist nach der Art des zur Herstellung des Mauersteins verwendeten Baustoffs in folgenden Normen geregelt:

Ziegel	DIN 105	Teile 1 bis 5
Kalksandsteine	DIN 106	Teile 1 und 2
Hüttensteine	DIN 398	
Gasbetonsteine	DIN 4165	
Betonsteine	DIN 18149, DIN 18151 DIN 18152, DIN 18153	

Um die Materialkennwerte der Mauersteine aus den verschiedenen Baustoffen vergleichen zu können, sind die im folgenden beschriebenen Prüfungen zur Ermittlung der Form, der Maße, der Steinrohdichte und der Druckfestigkeit weitgehend einheitlich.

Zur Herstellung eines sachgerechten Mauerwerksverbandes sind die Anforderungen an die Form und die Maße aller Mauersteine gleich und damit nach gleichem Vorgehen zu bestimmen, z. B. ist die Länge, Breite und Höhe des zu prüfenden Mauersteins als arithmetisches Mittel aus je zwei senkrecht zueinander ausgeführten Messungen zu bestimmen.

Die Steinrohdichte der Mauersteine, ein Kennwert für den Wärme- oder Schalldämmwert des Mauerwerks, ergibt sich durch Division der Masse des bei 105 °C bis zur Massenkonstanz getrockneten Mauersteins durch das Steinvolumen V (Produkt aus Länge, Breite und Höhe). Nach dem Mittelwert der Steinrohdichte und dem kleinsten Einzelwert sind die geprüften Mauersteine einer Rohdichteklasse zuzuordnen.

Die Druckfestigkeit der Mauersteine, die das Tragverhalten des daraus hergestellten Mauerwerks maßgeblich bestimmt, wird bei allen Mauersteinen mit einer Steinhöhe ≥ 113 mm am ganzen Stein, bei einer Steinhöhe ≤ 71 mm an aufeinandergemauerten Mauersteinen bestimmt. Um die Druckspannung in dem zu prüfenden Mauerstein gleichmäßig über die Lagerflächen der Mauersteine einzuleiten, sind Unebenheiten in den Lagerflächen z. B. mit Zementmörtel (ein Raumteil Zement und ein Raumteil Feinsand 0 bis 1 mm) eben und gleichlaufend, möglichst rissefrei, abzugleichen. Nach ausreichendem Erhärten und Austrocknen der Abgleichschichten wird der Probekörper in eine Druckprüfmaschine möglichst zentrisch eingebaut und bis zum Bruch belastet. Hierbei ist die Belastung langsam und stetig so zu steigern, daß die Druckspannung je Sekunde um 0,1 N/mm^2 bis 0,3 N/mm^2 zunimmt.

Die Druckfestigkeit dieser Prüfkörper ergibt sich durch Division der Höchstlast, die der Mauerstein vor dem Bruch aushält, durch die Lagerfläche.

Da Mauerwerk aus Mauersteinen größerer Steinhöhe eine höhere Druckfestigkeit aufweist als Mauerwerk aus Mauersteinen geringerer Steinhöhe, ist zur Bestimmung der Mauersteinfestigkeit die Prüfkörperfestigkeit mit dem in folgender Tabelle angegebenen Formfaktor zu multiplizieren.

Mauersteinhöhe mm	Formfaktor f
≤ 155	1,0
175	1,1
238	1,2

Anhand der bei dieser Prüfung ermittelten Einzel- und Mittelwerte sind die Mauersteine einer Druckfestigkeitsklasse zuzuordnen, die wiederum das Tragverhalten des Mauerwerks bestimmt.

Werden Mauersteine zur Herstellung von unverputztem Außenmauerwerk verwendet, so müssen diese Vormauersteine frostbeständig sein. Die Frostbeständigkeit der Mauersteine wird nach dem in DIN 52252 Teil 1 beschriebenen Verfahren bestimmt. Hierbei werden die wassersatten Prüfkörper an Luft einem Temperaturgefälle bis −15 °h deren Beanspruchungsarten denen in der Natur auftretenden näher kommen dürften.

Neben den bisher beschriebenen Prüfungen können noch baustoffspezifische Prüfungen an Mauersteinen erforderlich sein, wie z. B. die Bestimmung von schädlichen, treibenden Einschlüssen oder von schädlichen und ausblühenden Salzen bei Ziegeln.

Sollen die Mauersteine gegenüber den von der Steinart und Rohdichteklasse abhängigen genormten Werten höhere Anforderungen an den Wärme- oder Schallschutz erfüllen, so sind diese durch Mauerwerksprüfungen nachzuweisen. Das Einhalten der genormten Materialkennwerte ist durch eine Überwachung nach DIN 18200, bestehend aus Eigen- und Fremdüberwachung, zu kontrollieren. Die M. soll damit gewährleisten, daß die vorgegebenen Steineigenschaften sicher erreicht werden. *Rehm/Zeus*

Mauerwerksprüfung. Die M. dient der Ermittlung von Materialeigenschaften zur Beurteilung des Anwendungsbereichs des untersuchten Mauerwerks.

Mauerwerk wird zur Herstellung von tragenden oder nicht tragenden Wänden eingesetzt, wobei an diese meist auch besondere Anforderungen an den Wärmeschutz oder Schallschutz gestellt werden. Für tragende Wände wird nach DIN 1053 unterschieden zwischen Rezeptmauerwerk und Mauerwerk nach Eignungsprüfung.

Die Eigenschaften von Rezeptmauerwerk, wie Druckfestigkeit und Schubfestigkeit, sind in Abhängigkeit von der verwendeten Mauersteinfestigkeitsklasse, Mörtelart und Mörtelgruppe in DIN 1053 geregelt; die wärme- und feuchteschutztechnischen Kennwerte können DIN 4108 oder DIN 4109 entnommen werden.

Das Tragverhalten von Mauerwerk nach Eignungsprüfung ist durch eine Druckfestigkeitsprüfung an Mauerwerksprüfkörpern zu untersuchen, um hiernach die Einstufung in Mauerwerksfestigkeitsklassen vorzunehmen.

Die Druckfestigkeit von Mauerwerk wird nach DIN 18554 ermittelt, wobei die zum Errichten des Mauerwerks vorgesehenen Mauersteine und Mauermörtel zu verwenden sind. Hiervon werden Pfeiler gemauert, deren Breite zwei Steinlängen, deren Dicke die Steinbreite und deren Höhe mindestens fünf Steinschichten und mindestens das einfache der Pfeilerbreite und mindestens das dreifache der Pfeilerdicke beträgt.

Diese Prüfkörper werden in einer Druckprüfmaschine mit steifem Lastverteilungsbalken mittig eingebaut und mit konstanter Druckkraftzunahme bis zum Bruch belastet (Bild 1).

Die Druckfestigkeit des Mauerwerks ergibt sich durch Division der Höchstkraft durch den belasteten Querschnitt des Prüfkörpers.

Aufgrund der Prüfergebnisse ist dann die Einstufung in eine Mauerwerksfestigkeitsklasse nach DIN 1053 vorzunehmen. Ist neben der Druckfestigkeit des Mauerwerks auch der Elastizitätsmodul zu bestimmen, so werden in halber Höhe der Pfeiler über eine Steinreihe hinweg vier Längenmeßgeräte, z. B. Meßuhren oder Induktivgeber, befestigt, um nach fünfmaligem Belasten der Pfeiler bis zu einem Drittel der voraussichtlichen Höchstkraft die Dehnung – Zusammendrückung –

Mauerwerksprüfung 1: Druckprüfmaschine mit eingebautem Mauerwerksprobekörper zur Ermittlung der Mauerwerksfestigkeit.

Mauerwerksprüfung 2: Versuchsvorrichtung des Otto-Graf-Instituts zur Ermittlung der Schubtragfähigkeit von raumhohen Wandscheiben bei gleichzeitig wirkender Normalspannung.

abzulesen. Der Elastizitätsmodul wird als Sekantenmodul aus der Spannung bei einem Drittel der Druckfestigkeit und der bei dieser Spannung aufgetretenen mittleren Dehnung errechnet.

Bei der Beurteilung von Mauerwerk für aussteifende Wände kann die Ermittlung der Schubtragfähigkeit erforderlich sein. Die Schubtragfähigkeit einer Wandscheibe kann im Versuch nur ermittelt werden, wenn die Querkräfte in die zu prüfende Wandscheibe so eingeleitet werden, daß die Schubspannungen über den ganzen Probekörper gleichförmig verteilt und gleich groß sind. Hierzu wurde am Otto-Graf-Institut, Stuttgart, eine Prüfvorrichtung entwickelt, die es ermöglicht, die Schubtragfähigkeit einer stockwerkshohen Wand bei unterschiedlicher Auflast zu ermitteln (Bild 2). Über einem Schubrahmen aus relativ steifen Stahlbetonbalken werden die Querkräfte über eine diagonale Zugvorrichtung in die Ränder der Wandscheibe möglichst gleichmäßig eingeleitet, wobei die Auflast über sechs Spanngehänge, ebenfalls mit hydraulischen Pressen, auf die Wandscheibe aufgebracht wird. Bei Erreichen der Schubtragfähigkeit versagt die zu untersuchende Wandscheibe durch → Rißbildung senkrecht zur Hauptzugspannung bei der Prü-

fung ohne Auflast etwa unter einem Winkel von 45° zur Horizontalen.

Zur Verbesserung der Wärmedämmung von Mauerwerk werden Mauersteine und Mauermörtel hergestellt, die gegenüber den genormten Baustoffen einen höheren Wärmedurchlaßwiderstand aufweisen; dieser Kennwert ist durch Versuche nachzuweisen. Der Wärmedurchlaßwiderstand von Mauersteinen wird nach DIN 52611 an einer Wand aus den zu untersuchenden Mauersteinen gemessen, die als Trennwand zwischen zwei Räumen unterschiedlicher Temperaturen eingebaut wird. Die Lufttemperatur in den beiden Räumen wird konstant gehalten, so daß im Beharrungszustand ein gleichbleibender Wärmestrom durch den Probekörper fließt. Der Wärmedurchlaßwiderstand des Probekörpers ergibt sich dann durch Division der Temperaturdifferenz zwischen den Oberflächen des Probekörpers durch die Wärmestromdichte im Probekörper. Die Wärmestromdichte kann mit Wärmestrommeßplatten oder einem Heizkasten aus der z. B. dem Heizkasten zugeführten Leistung und der bei der Messung erfaßten Fläche des Prüfkörpers bestimmt werden.

Die Eigenschaften des Mauerwerks wird nach Vorliegen dieser Kennwerte durch eine laufende → Mauersteinprüfung und Mauermörtelprüfung gewährleistet.   *Rehm/Zeus*

Literatur: *Manns, W.* und *H. Schneider, K. Zeus:* Einfluß hoher Normalspannungen auf die Schubtragfähigkeit von geschoßhohen Mauerwerks-Wandscheiben. Schriftenreihe des Otto-Graf-Instituts Heft 76.

Max-Planck-Gesellschaft zur Förderung der Wissenschaften e. V. (MPG). Selbstverwaltungsorganisation der Wissenschaft. Träger von rund 60 Forschungsinstituten vorwiegend der Grundlagenforschung in Natur- und Geisteswissenschaften.

Die MPG wurde 1948 gegründet als Nachfolgerin der Kaiser-Wilhelm-Gesellschaft (KWG, gegründet 1911 als Ergänzung zur Forschung an den Hochschulen). Sie trägt den Namen von *Max Planck*, Präsident der KWG 1930–1937 und 1945/46. Als gemeinnützige Organisation des privaten Rechts fördert die MPG Wissenschaften im Dienste der Allgemeinheit. Sie betreibt dazu eigene Forschungsinstitute (Max-Planck-Institute, MPI) und andere Einrichtungen. Sie widmen sich insbesondere neuen Aufgaben, die für die Hochschulen noch nicht reif oder weniger geeignet sind. Schwerpunkte liegen im medizinisch-biologischen Bereich, in verschiedenen physikalischen und chemischen Arbeitsrichtungen sowie in den vergleichenden Rechtswissenschaften. Einige MPI erfüllen auch Service-Funktionen für die Hochschulen; externe Forscher können besonders aufwendige Einrichtungen und Geräte mitbenutzen. Gemessen an den Anteilen an den Gesamtausgaben ergibt sich folgende Reihenfolge der Forschungsbereiche in der MPG (1987): Physik 35,3 %, biologisch orientierte Forschung 21,8 %, medizinisch orientierte Forschung 10,7 %, Astronomie und Astrophysik 10,2 %, Chemie 10,0 %, atmosphärische und Geowissenschaften 4,3 %, Rechtswissenschaften 3,1 %, Psychologie 1,1 %, Geschichtswissenschaften und Soziologie je 0,9 %, Informatik 0,7 %, Mathematik und Erziehungswissenschaften je 0,4 %, Linguistik 0,2 %.

Die über 60 MPI, deren Existenz in besonderer Weise nicht nur an den Bedürfnissen der betreffenden Forschungsrichtung, sondern auch daran hängt, ob sich für eine aussichtsreiche wissenschaftliche Aufgabe eine geeignete Forscherpersönlichkeit gewinnen läßt, sind über die ganze Bundesrepublik – mit Schwerpunkten in Baden-Württemberg und Bayern – verteilt und drei Sektionen zugeteilt.

☐ Biologisch-Medizinische Sektion.

☐ Chemisch-Physikalisch-Technische Sektion.

☐ Geisteswissenschaftliche Sektion.

☐ Weitere Einrichtungen sind u. a.: BESSY – Berliner Elektronenspeicherring-Gesellschaft für Synchrotronstrahlung mbH, Berlin (Mitgesellschafter) EISCAT – European Incoherent Scatter Scientific Association, Kiruna/Schweden (Beteiligung an Stiftung), geophysikalische Forschungseinrichtung; Garching-Instrumente – Gesellschaft zur industriellen Nutzung von Forschungsergebnissen mbH, München (Alleingesellschafter), Technologietransferstelle; Gesellschaft für wissenschaftliche Datenverarbeitung mbH, Göttingen (MPG und Niedersachsen); IRAM – Institut für Radioastronomie im Millimeterwellenbereich, Grenoble (MPG und Centre National de la Recherche Scientifique, Frankreich); Minerva Gesellschaft für die Forschung mbH, München (Alleingesellschafter), Betrieb von Hilfseinrichtungen, Wissenschaftsbeziehungen zu Israel.

Organisation: eingetragener Verein, Hauptversammlung, Senat (zentrales Entscheidungsgremium), Präsident, Verwaltungsrat, Generalverwaltung mit Generalsekretär, Wissenschaftlicher Rat (zentrales wissenschaftliches Gremium).

Finanz-Ressourcen (1989): 1 322 Mio. DM 8 723 Planstellen, davon 2 289 für Wissenschaftler, dazu 3 732 Gastwissenschaftler und Stipendiaten. (Max-Planck-Gesellschaft, Residenzstraße 1 a, 8000 München 2). *Altenmüller*

MDF-Platte → Holzfaserplatte

Meehanite-Guß. M.-G. ist ein → Gußeisen mit besonders hohem Qualitätsniveau, das durch eine umfassende Kontrolle des Schmelz-, Gieß- und Formvorgangs erzielt wird. Die Meehanite-Gießer des In- und Auslands haben sich zu einer Gütegemeinschaft zusammengeschlossen, deren eingetragene Handelsmarken zu einem Gütesiegel geworden sind. Die Vorteile von M.-G.-Eisen lassen sich in fünf Punkten zusammenfassen:

☐ Hohe → Festigkeit, dichtes → Gefüge und gleichmäßige → Härte infolge einer feinen Graphitverteilung in einer sorbo-perlitischen Grundmasse.

☐ Gute Bearbeitbarkeit, nicht nur wegen der Gleichmäßigkeit des Gefüges und damit der Härte, sondern auch infolge der weitgehenden Freiheit von Spannungen, Kantenhärten, Lunkern und Verwerfungen.

☐ Durch → Vergüten werden Härten bis zu 600 HB erreichbar, was eine ausgezeichnete Polierbarkeit gewährleistet.

☐ Meehanite-Gußstücke haben eine höhere Verschleißfestigkeit als solche aus normalem Gußeisen mit Lamellengraphit.

☐ M.-G. in Sonderqualitäten besitzen hohe Hitze- und → Korrosionsbeständigkeit.

In der breiten Palette der Meehanite-Gußwerkstoffe gibt es grundsätzlich folgende Unterteilungen:

– Gruppe 1: M.-G.-Eisen für allgemeine Zwecke, gekennzeichnet durch den Vorsatzbuchstaben G (general use), wobei innerhalb dieser Gruppe eine Feinunterteilung es dem Anwender erleichtert, die für einen bestimmten Zweck optimal geeignete Werkstoffsorte auszuwählen.

– Gruppe 2: Gekennzeichnet durch den Vorsatz H (heat resistance) umfaßt eine Reihe von hitzebeständigen Werkstoffen (bis zu etwa 850 °C) ohne Zusatz von kostspieligen Legierungselementen.

– Gruppe 3: Kennbuchstabe W (wear resistance) umfaßt Sorten hoher Verschleißfestigkeit zum Einsatz in Getriebebau, Aufbereitungstechnik, Fördertechnik u. a. m.

– Gruppe 4: Hier sind die korrosionsbeständigen Qualitäten (Kennbuchstabe C für corrosion resistance) zusammengefaßt. Anwendung im Pumpen- und Armaturenbau für die chemische Industrie.

Doliwa

Mehrkomponentenharz → Reaktionsharz

Mehrkomponentenlack. M. sind → Lacke, die kurz vor der Verarbeitung in genau einzuhaltendem Mischungsverhältnis aus zwei oder drei flüssigen Komponenten zusammengesetzt werden. Der feste Film bildet sich durch chemische Reaktionen der monomeren oder vorpolymerisierten Ausgangsstoffe zu einem → Polymer (→ Kunststoff). Da der chemische Prozeß temperaturabhängig ist, sind bestimmte Mindesttemperaturen bei der Verarbeitung einzuhalten. Da kein Dispersionsmittel oder Lösemittel entweichen muß, ist der Film sehr dampfdiffusionsdicht, und es können große Schichtdicken erreicht werden. Beispiele für M. sind PUR-Lacke, EP-Lacke, Polyesterlacke. *Sasse*

Mehrlagenbehälter. Im Apparate- und Anlagenbau gehören M. zu den wichtigsten Apparate-Ausführungen. Der mehrlagige Aufbau einer Wanddikke hat sich insbesondere aus Kosten- und Sicherheitsgründen bewährt für zylindrische und kugelige Bauelemente. Anstelle des Schmiedens von Vollwandbehältern wird die Wand aus mehreren Lagen zusammengesetzt, wobei man den mechanischen oder geschweißten Verbund zwischen den Blechlagen unterscheiden kann. Beim mechanischen Verbund wird die Haftwirkung der einzelnen Lagen untereinander im wesentlichen durch ein Schrumpfmaß während der Fertigung bestimmt. Die kostengünstigeren geschweißten M. profitieren durch das Schrumpfen der Schweißnaht während der Fertigung und erzielen hierdurch die Haftwirkung der einzelnen Lagen untereinander. Bewährt haben sich beim mechanischen Verbund z. B. das Wickelverfahren sowie beim Schweißverbund die Mehrlagenbauweise nach Thyssen bzw. Krupp durch die Schrumpf-Eigenspannungen (→ Druckbehälter).

Strohmeier

Mehrstoffsystem. M. sind thermodynamische Systeme, die aus zwei, drei oder mehr Komponenten bestehen. Im allg. werden die M. im → Zustandsdiagramm dargestellt (→ Dreistoffsystem). *Gräfen*

Mehrstufenversuch → Betriebsfestigkeit

Melamin-Formaldehyd-Kondensate → Aminoplaste

Melaminharz. M. (Kunstharze) sind vernetzte Polykondensate aus Formaldehyd und Melamin (1,3,5-Tri-amino-s-triazin).

→ Aminoplaste *Finkelmann*

Melamin-Phenol-Formaldehyd-Kondensate → Aminoplaste

Melamin-Phenol-Harze → Aminoplaste

Membran. M. sind flächige Bauteile, die in ihrer Ebene zugfest, jedoch nicht druckfest sind und die keine Biegefestigkeit haben. Kunststoffmembranen werden als Aeromembranen zwischen festen Punkt- und Linienauflagern oder über Seilnetzkonstruktionen ausgespannt oder tragen sich als pneumatische Konstruktionen durch geringen inneren Überdruck. Als Geomembranen werden sie zu großflächigen Abdichtungen im Erdbau verwendet. Durchlässige Geotextilien dienen als M. für Entwässerungs- bzw. Filterzwecke im Erdbau. Der Aufbau von Kunststoffmembranen ist i. d. R. dreischichtig: Eine obere und eine untere Deckschicht aus thermoplastischem Material sorgen für eine Abdichtung gegen Flüssigkeitsdurchtritt und schützen das Gewebe vor mechanischen und chemischen Angriffen. Eine mittlere Gewebelage dient überwiegend als Festigkeitsträger. Als Werkstoff für die Deckschichten wird meist PVC-weich verwendet, für erhöhte Anforderungen an die → Dauerhaftigkeit und Brandsicherheit auch PTFE oder ähnliche → Fluorpolymere. Für die Gewebelage setzt man meist → Polyester ein, zur Erzielung der Brennbarkeitsklasse A2 (nicht brennbar) auch → Glasfaser und Aramid in Verbindung mit Deckschichten aus PTFE. *Sasse*

Literatur: Überdachungen aus Kunststoff: Eine Bilddokumentation. Kunststoffe im Bau 18 (1983) Nr. 2, S. 78/85.

Membranspannung. Bei der Beanspruchungs-Berechnung im Apparate- und Anlagenbau muß man zwischen dünnwandigen und dickwandigen Bauteilen unterscheiden. Dickwandige Bauteile sind im allgemeinen dreiachsig beansprucht, d. h. es liegen radiale, tangentiale und axiale Spannungen im Bauteil vor. Bei dünnwandigen Bauelementen sind diese Spannungen gleichmäßig über die Wand verteilt, während bei dickwandigen ein erheblicher Unterschied z. B. von der Innenseite zur Außenseite auftreten kann. Bei der Beanspruchungsermittlung für dünnwandige Bauteile kann man nun unterscheiden zwischen der biegesteifen und der biegeschlaffen Schalentheorie, d. h. in dem einen Fall kann die Schale Biegemomente aufnehmen und im anderen Fall nicht. Als Ergebnis der biegeschlaffen Berechnung erhält man z. B. als M. die → Kesselformel. *Strohmeier*

Memory-Legierung →Formgedächtnis-Legierung

Memory-Verbundwerkstoff →Formgedächtnis-Legierung

Messerfurnier →Furnier

Messerschnittkorrosion. Besondere Erscheinungsform der lokalen →Korrosion, die mit einer schmalen messerschnittartigen Werkstofftrennung verbunden ist. M. tritt vorwiegend an Hartlötverbindungen nichtrostender ferritischer →Stähle in Wässern auf und führt zu einer Trennung der Bindung zwischen →Stahl und →Hartlot. Sie wird bei ungünstiger Paarung Werkstoff/Hartlot ausgelöst. Der Mechanismus ist noch nicht vollständig geklärt.

Gelegentlich werden auch geschweißte Titan-stabilisierte Stähle durch Beanspruchung in stark oxidierenden Säuren (z. B. HNO_3) durch M. neben der Schweißnaht geschädigt, was auf die Bildung dendritischer Titancarbide zurückgeführt wird.

Wendler-Kalsch

Metall-Aktivgas-Schweißen →Schutzgasschweißen

Metall-Inertgas-Schweißen →Schutzgasschweißen

Metallcarbonyl. Komplexe Verbindungen von Übergangsmetallen mit Kohlenstoffmonoxid CO. Neben den einfachen M. der Formel $M_n(CO)_m$, (M = Metall), existiert eine Vielzahl gemischter Carbonyl-Komplexe, die neben CO noch andere Liganden enthalten wie etwa H, Halogen, Triorganylphosphan, Nitrosyl.

Allen M. $M_n(CO)_m$ ist gemeinsam:
□ gute Löslichkeit in organischen Lösungsmitteln,
□ relativ große Flüchtigkeit,
□ Giftigkeit (die nur untergeordnet von im Körper abgespaltenem CO bedingt ist),
□ Zerfall bei erhöhten Temperaturen in Metall und CO sowie
□ →Diamagnetismus.

Allgemein können M. $M_n(CO)_m$ entweder durch direkte Umsetzung des Metalls (in feinverteilter Form) mit CO dargestellt werden (z. B. $Ni(CO)_4$, $Fe(CO)_5$, $Co_2(CO)_8$) oder durch →Reduktion der Metallhalogenide in Gegenwart von Kohlenmonoxid (z. B. $Mo(CO)_6$, $Cr(CO)_6$, $Mn_2(CO)_{10}$).

Die Tabelle listet einige typische Metallcarbonyle und deren physikalische Eigenschaften auf.

Von prinzipiellem Interesse sind die Bindungsverhältnisse der Metall-Kohlenstoff-Bindung in M-CO-Verbindungen. Diese M-C-Bindung weist einen beträchtlichen Doppelbindungscharakter auf, was sich durch folgende mesomere Grenzformeln widergeben läßt:

$$\overset{\ominus}{M} \leftarrow C \equiv O| \;\; \leftarrow \;\; \overset{\ominus}{M} \leftarrow \overset{\oplus}{C} = O| \;\; \rightarrow \;\; M = \overset{\oplus}{C} = O|$$

Der Doppelbindungscharakter der M-C-Bindung beruht auf der Rückbindung von Metall-d-Elektronen in Orbitalen geeigneter Symmetrie in unbesetzte p-Orbitale des Kohlenstoffs. Dies führt zu einer beachtlichen Stabilisierung der M-C-Bindung.

In mehrkernigen M. kann CO auch in einer Mehrzentrenbindung als Brückenligand fungieren (Bild). *Steffens/Bensch*

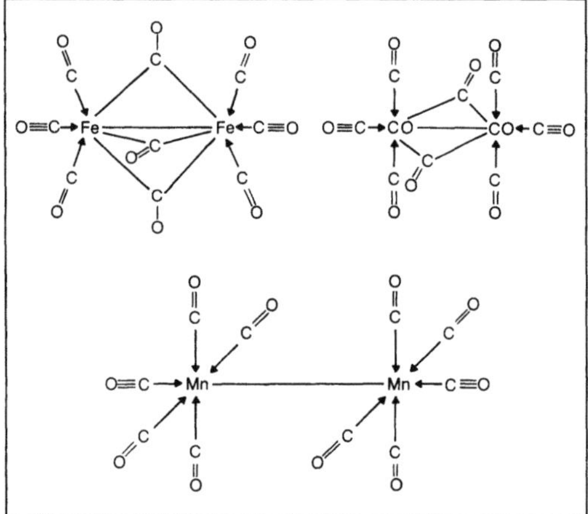

Metallcarbonyl: Struktur zweikerniger Carbonyle von Fe. CO und Mn.

Literatur: *Abel, E. W.:* The Metal Carbonyls. Quart. Rev. 17, (1963) 133. – *Grobe, J.:* Metallcarbonyle. Chem. i. u. Zeit 5, (1971) 50.

Metalle. Alle Elemente des Periodensystems (Bild 1) lassen sich zunächst in M. oder Nichtmetalle einteilen, einige Elemente, die Halbmetalle, tragen Eigenschaften beider Gruppen. Die Einteilung in M., Halb- und Nichtmetalle kann nach der elektrischen →Leitfähigkeit vorgenommen werden. M. besitzen eine vergleichsweise hohe elektrische Leitfähigkeit, die mit steigender Temperatur abnimmt, Halbmetalle sind „halbleitend" mit bei steigender Temperatur zunehmender Leitfähigkeit, und Nichtmetalle sind elektrische Isolatoren. Die M. stehen im Periodensystem links, sie enthalten in der Außenschale nur ein bis höchstens drei Elektronen. Sie geben diese Elektronen relativ leicht ab und bilden dann positive Ionen. Dieses Verhalten, die Außenelektronen unter Kationenbildung leicht abzugeben, nennt man elektropositiv.

Die Eigenschaften der M. sind eine Folge des Bindungszustandes der Metallatome, er wird nachfolgend vereinfacht dargestellt.

Metallcarbonyl. Tabelle: Einige typische M. und deren Eigenschaften

$Cr(Co)_6$ farblos Smp. 150 °C	$Mn_2(CO)_{10}$ goldgelb Smp. 155 °C	$Fe(CO)_5$ gelb Smp. −20.5 °C	$Co_2(CO)_8$ orange Smp. 51 °C	$Ni(CO)_4$ farblos Smp. −19.3 °C
		$Fe_2(CO)_9$ goldgelb Smp. 100 °C	$Co_4(CO)_{12}$ schwarz Smp. 60 °C	
		$Fe_3(CO)_{12}$ grün Smp. 140 °C	$Co_6(CO)_{16}$ schwarz Smp. 105 °C	
$Mo(CO)_6$ farblos Smp. 180 °C	$Tc_2(CO)_{10}$ farblos Smp. 160 °C	$Ru(CO)_5$ farblos Smp. −22 °C	$Rh_4(CO)_{12}$ rot Smp. 150 °C	
		$Ru_3(CO)_{12}$ orange Smp. 154 °C	$Rh_6(CO)_{16}$ schwarz Smp. 220 °C	
		$Ru_6(CO)_{18}$ rot Smp. 235 °C		
$W(CO)_6$ farblos Smp. 180 °C	$Re_2(CO)_{10}$ farblos Smp. 177 °C	$Os(CO)_5$ farblos Smp. −15 °C	$Ir_4(CO)_{12}$ gelb Smp. 210 °C	
		$Os_2(CO)_9$ gelb Smp. 67 °C	$Ir_6(CO)_{16}$ rot	
		$Os_3(CO)_{12}$ gelb Smp. 224 °C		

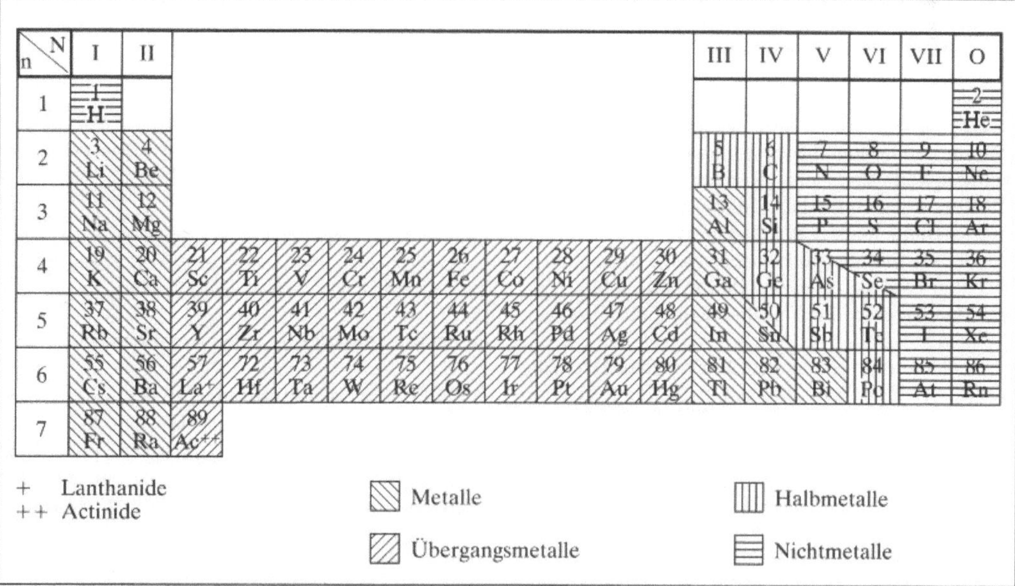

Metalle 1: Periodensystem der Elemente.

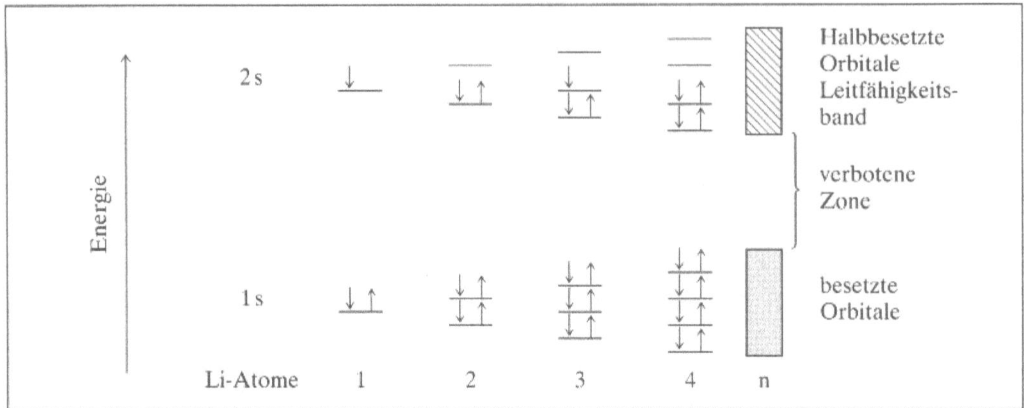

Metalle 2: Bändermodell der metallischen Bindung.

Die Metallatome bilden die Gitterpunkte eines Kristalls, die Valenzelektronen befinden sich frei beweglich (Elektronengas) zwischen den räumlich fixierten Atomen. Die Delokalisierung der Elektronen bildet auch hier die Voraussetzung für die erhebliche → Bindungsenergie des metallischen Zustands. Durch das Bändermodell wird dieser am anschaulichsten erläutert.

Wenn zwei einfach besetzte Atomorbitale miteinander in Wechselwirkung treten, werden zwei Molekülorbitale gebildet, von denen nur eins stabil und besetzt ist. Treten sehr viele Atomorbitale zusammen, wie es im dicht gepackten Metallgitter der Fall ist, dann bilden sich sehr viele Molekülorbitale aus, die energetisch sehr dicht beieinander liegen und sich so weit überlappen, daß sie ein Elektronenband bilden. Bild 2 gibt die Verhältnisse für metallisches Lithium wieder. Zwischen dem 1s-Band und dem 2s-Band ist eine verbotene Zone. Das 2s-Band enthält mehr Orbitale als Elektronenpaare. Im elektrischen Feld sind die beweglichen Elektronen dieses 2s-Bandes an der Stromleitung beteiligt. Sie sind außerdem die Ursache der hohen Wärmeleitfähigkeit und der Reflexion eingestrahlter Photonen (metallischer Glanz). Dieses halbbesetzte Band heißt Leitfähigkeitsband. An diesen Prozessen sind die Elektronen des 1s-Bandes nicht beteiligt (wie sich etwa in einer mit Kugeln vollgepackten Büchse die Kugeln nicht mehr bewegen können).

Bei Isolatoren ist das Leitfähigkeitsband leer, die verbotene Zone sehr breit. Bei Halbleitern kann das Leitfähigkeitsband durch Anregung aus niederen Bändern teilbesetzt werden, die verbotene Zone ist schmal (Bild 3).

Bei Temperaturerhöhung wird die Ordnung im Metallgitter durch Schwingungen und damit die Perfektion der Ausbildung des Leitfähigkeitsbandes gestört, der Widerstand steigt mit der Temperatur. Bei Halbleitern steigt die Leitfähigkeit mit der Temperatur, da mehr Elektronen angeregt werden und in das Leitfähigkeitsband gelangen können.

Legierungen sind entweder Lösungen von M. ineinander oder bei definierter chemischer Zusammensetzung intermetallische Verbindungen.

Als Kristalle haben die normalen, technisch wichtigsten M. einfache Gitterstrukturen und eine teilweise auch bei tiefen Temperaturen große plastische Verformbarkeit, weil sich die Versetzungen in einem solchen M.-Gitter wesentlich leichter verschieben lassen als in allen anderen Stoffen.

Die Eigenschaften der M. hängen weitgehend von ihrem → Reinheitsgrad ab, außerdem von der Vorbehandlung (Guß, → Verformung, → Wärmebehandlung). In der Tabelle sind physikalische und mechanische Eigenschaften technisch reiner M. zusammengestellt.   *Gräfen*

Literatur: *Bergmann, W.:* Werkstofftechnik. München–Wien, 2. Aufl. 1989. – *Brandenberger, E.:* Allgemeine Metallkunde. München, Basel 1952. – *Dehlinger, U.:* Theoretische Metallkunde. Berlin, Göttingen, Heidelberg 1955. – *Hermann, Peter:* Allgemeine und Anorganische Chemie. Jena 1988. – *Hollemann-Wiberg:* Lehrbuch der Anorganischen Chemie, Berlin 1985. – Les Electrons dans les Métaux. 10. Conseil de Physique Solvay. Brüssel 1955. – *Lüpfert, H.:* Metallische Werkstoffe. 5. Aufl. Füssen 1959. – *Obermüller, H. E. M.:* Metall u. Atom. Stuttgart 1956. – *Wellinger, K. u. P. Gimmel:* Werkstofftab. der Metalle. 7. Aufl. Stuttgart 1972.

Metalle, amorphe → Glas, metallisches

Metalle, hochschmelzende. H. M. sind in den Übergangsgruppen (4 a . . .8) des Periodischen Systems zu finden. Sie zeichnen sich neben höchstem → Schmelzpunkt durch hohe Dichte, meist hohe → Härte und → Festigkeit sowie hohen → Elastizitätsmodul aus. Die über 2 500 °C schmelzenden können nur nach pulvermetallurgischen Verfahren oder durch Lichtbogenschmelzen hergestellt werden. Der technische Einsatz von h. M. bei höchsten

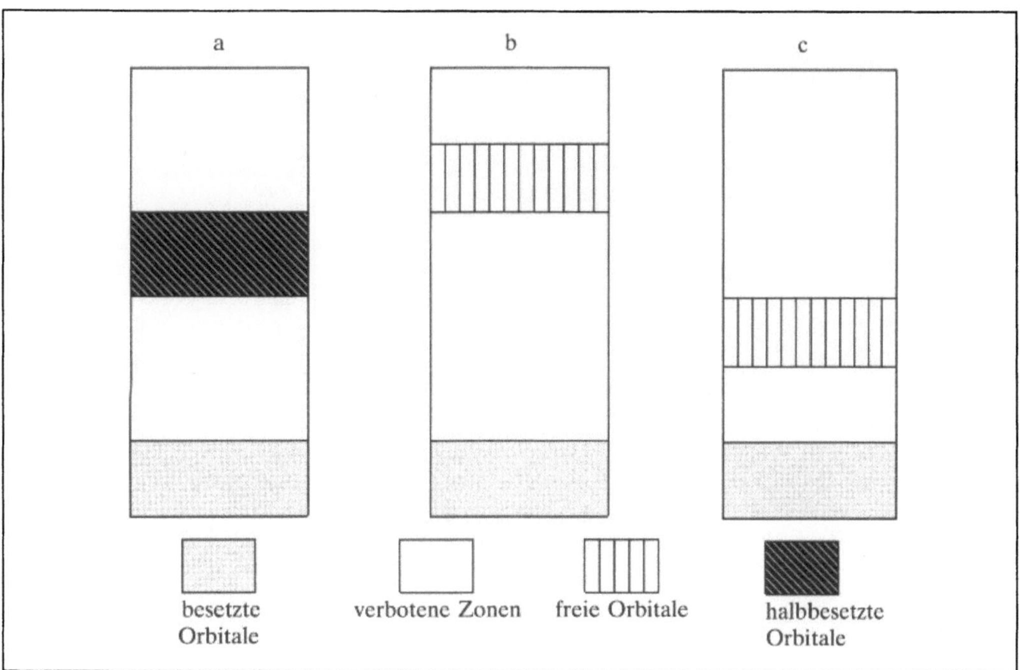

Metalle 3: Bändermodell zur Darstellung
a) eines metallischen Leiters
b) eines Isolators
c) eines Halbleiters.

Temperaturen (z. B. als Heizleiter) wird in erster Linie durch die Verdampfungsgeschwindigkeit begrenzt. Die Tabelle führt die Metalle mit den höchsten Schmelzpunkten auf und gibt die höchsten Arbeitstemperaturen an (bei verschiedenen unbestän-

Metalle, hochschmelzende. Tabelle: Schmelz- und Arbeitstemperaturen von h. M.

Metall	Schmelzpunkt °C	Höchste Arbeitstemperatur °C
Wolfram	3 400	2 560
Rhenium	3 170	2 380
Tantal	3 030	2 400
Osmium	3 000	etwa 2 110
Molybdän	2 622	1 910
Ruthenium	2 500	1 900
Niob	2 430	2 230
Iridium	2 454	1 990
Hafnium	1 980	—
Rhodium	1 966	1 670
Vanadium	1 900	1 440
Chrom	1 860	900
Zirkonium	1 855	1 500
Platin	1 774	1 600

digen Metallen im Vakuum), bei welchen die Verdampfungsverluste bei 100stündiger Erhitzung 1 % nicht übersteigen. *Gräfen*

Literatur: *Campbell, I. E.:* High-Temperature Technology. New York 1956. – *Kieffer, R. u. F. Benesovsky:* Planseeber. Pulvermetallurgie 5 (1957), S. 56/71.

Metallfilament → Faserwerkstoffe

Metallische Werkstoffe. M. W. sind technisch angewendete Materialien, die entweder aus einem Element oder aus mehreren Elementen bestehen, die aufgrund ihrer Eigenschaften (z. B. elektrische Leitfähigkeit) als → Metalle bezeichnet werden.

Im technischen Gebrauch kommen m. W. vorzugsweise als Legierungen zur Anwendung. Dies liegt daran, daß die Eigenschaften reiner Metalle vielfach durch → Legierungsbildung in einer für den jeweiligen Anwendungsfall wünschenswerten Richtung verändert werden können. So werden reine Metalle in der Technik nur dann angewendet, wenn die für sie typischen Eigenschaften wie hohe elektrische → Leitfähigkeit, → Korrosionsbeständigkeit oder plastische Verformbarkeit für den jeweiligen Einsatzfall bestimmend sind. Dagegen liegt der Herstellung von Legierungen unter anderem sehr häufig der Wunsch nach Werkstoffen höherer → Festigkeit zugrunde, wobei aber die → Festigkeitsstei-

Metalle. Tabelle: Eigenschaften der technisch wichtigsten M. in technisch reinem Zustand

Name Chem. Symbol		Struktur	Atom-gewicht	Dichte kg/dm	Schmelzpunkt °C	Spezifische Wärmekapazität c_w von 0...100°C kcal/kg grd	Wärmeleit-fähigkeit λ bei 20 °C kcal/m s grd	Wärmeaus-dehnungs-zahl β von 0(20)...100 °C · 10^4	Elektrische Leitfähig-keit L bei 20 °C m/Ω mm²	Elastizitätsmodul E kp/mm²
Aluminium	Al	kfz	27,0	3,70	660	0,214	0,52	23,9	37,8	7 240
Antimon	Sb	rhomb	121,8	6,68	630,5	0,05	0,053	10,9	2,5	3 600
Berylium	Be	hex	9,0	1,85	1 285	0,24	0,44	11	—	—
Blei	Pb	kfz	207,2	11,34	327	0,031	0,084	29,2	5	1 600
Cadmium	Cd	hex	112,4	8,65	321	0,055	0,23	29,7	13	6 350
Chrom	Cr	krz	52,0	7,19	1 860	0,104	—	8,4	36	19 800
Eisen	Fe	krz	55,8	7,87	1 528	0,111	0,16	11,9	10	21 500...22 300
Gold	Au	kfz	197,2	19,29	1 063	0,031	0,71	14,2	57,6	7 900
Iridium	Ir		193,1	22,4	2 454	0,032	—	6,5	—	—
Kobalt	Co	kfz	58,9	8,9	1 492	0,104	0,17	18,1	11	21 280
Kupfer	Cu	kfz	63,6	8,95	1 083	0,093	0,92	16,5	59,5...57	11 700...12 600
Magnesium	Mg	hex	24,3	1,74	650	0,25	0,37	25,8	22	4 750
Mangan	Mn	kub	54,9	7,44	1 245	0,25	0,012	22,8	22	20 160
Molybdän	Mo	krz	95,9	10,2	2 622	0,065	0,33	5,2	21	33 630
Nickel	Ni	kfz	58,7	8,9	1 453	0,108	0,215	13,0	11,5	20 100...23 900
Osmium	Os	kfz	190,2	22,5	2 700=200	—	—	—	—	—
Palladium	Pd	kfz	106,4	11,97	1 555	—	—	—	—	—
Platin	Pt	kfz	195,1	21,5	1 774	0,032	0,17	9,1	9	17 320
Quecksilber	Hg	(rhomb)	200,6	13,55	−38,9	0,033	0,025	6,1	1	—
Rhenium	Re	kfz	186,3	20,5	3 170	0,033	—	—	—	—
Rhodium	Rh	kfz	102,9	12,5	1 966	0,058	0,37	8	—	—
Ruthenium	Rh		101,7	12,3	2 500=100	—	—	—	—	—
Silber	Ag	kfz	107,9	10,5	960,5	0,056	1,0	19,7	61,25	6 000...8 000
Tantaln	Ta	krz	180,9	16,6	3 000−50	0,034	0,13	6,5	6,5	18 820
Titan	Ti	hex	47,9	4,51	1 668	0,13	0,036	9,0	1,64	10 500
Vanadium	V	krz	50,9	6,1	1 900	0,115	—	—	—	15 500
Wismut	Bi	rhomb	209	9,8	271	0,029	0,024	13,4	0,8	3 480
Wolfram	W	krz	183,9	19,3	3 400	0,034	0,4	4,4	18	41 530
Zink	Zn	hex	65,4	7,14	419	0,094	0,265	21,1	16,5	9 400
Zinn	Sn	krz/tetr	118,7	6,28	232	0,054	0,16	26,7	8	5 500
Zirkonium	Zr	hex	91,2	6,5	1 855	0,07	—	6,3	2,4	—

gerung generell nur mit einer mehr oder weniger starken Einschränkung der Verformbarkeit erreicht werden kann.

Als →Legierung wird eine Substanz mit noch überwiegend metallischem Charakter bezeichnet, die mindestens aus zwei Elementen besteht, wovon mindestens eines zur Ausbildung der metallischen Eigenschaften ein Metall sein muß. Das Legierungselement kann im Metallgitter gelöst sein, in diesem Fall liegt eine einphasige Legierung vor, es kann bei begrenzter Löslichkeit mit dem Basismetall eine legierungsreichere Zweitphase bilden und damit eine zweiphasige Legierung aufbauen. Es ist wichtig, diese grundsätzliche Unterscheidung in ein- und mehrphasige Legierungen vorzunehmen, weil einphasige Legierungen in ihrem Eigenschaftsbild und Verhalten ähnlich wie reine Metalle zu beurteilen sind, während mehrphasige Legierungen bei gegebener Legierungszusammensetzung besonders in ihren mechanischen und chemischen Eigenschaften in gravierender Weise durch den Verteilungsgrad der Phasen beeinflußt werden.

Aus verschiedenen Gründen ist es sinnvoll, die Legierungen in Guß- und sog. Knetlegierungen zu unterteilen. Bei typischen Gußwerkstoffen wird die endgültige Werkstückform bis auf relativ geringe Nachbearbeitungen dadurch erreicht, daß der Werkstoff im flüssigen Zustand in eine geeignete Gießform gefüllt wird (→ Formguß). Da auf diese Weise gerade kompliziert gestaltete Werkstücke besonders wirtschaftlich hergestellt werden können, werden von den Gußwerkstoffen in erster Linie gute Gießeigenschaften erwartet. Der Forderung nach guten Gießeigenschaften kommen eutektisch zusammengesetzte Legierungen (→ Erstarrung, eutektische) am besten nach.

Knetlegierungen werden ebenfalls in den allermeisten Fällen schmelzmetallurgisch hergestellt und müssen zur Überführung in den festen Zustand auch in Formen gegossen werden. Da die eigentliche Formgebung – und zwar zu Halbzeugformen wie Stangen, Profile, Bleche – durch eine anschließende Warmverformung (Kneten) vorgenommen wird, sind hier zweckmäßigerweise einfache Gießformen für Blöcke oder Stränge zu wählen (→ Rohguß). An die Gießeigenschaften von Knetlegierungen sind daher keine besonderen Anforderungen zu stellen, vielmehr richtet sich ihre chemische Zusammensetzung nach den wünschenswerten Verarbeitungseigenschaften (Verformbarkeit, → Schweißbarkeit u. a.) bzw. Gebrauchseigenschaften (→ Festigkeit, → Zähigkeit u. a.). Die Warmverformung gegossener Blöcke oder Stränge z. B. durch → Schmieden, → Walzen, → Pressen dient nicht nur der Erzielung einer für die Weiterverarbeitung z. B. durch Zerspanen geeigneten Halbzeugform, sondern auch einer Änderung des im allgemeinen technologisch ungünstigen Gußgefüges in ein Verformungsgefüge höherer Festigkeit, Zähigkeit und Gleichmäßigkeit.

Hinsichtlich ihres „Einbaues" in das metallische → Gitter gibt es zwischen den Atomen von „legierenden" Elementen und den Atomen von „verunreinigenden" Elementen keinen grundsätzlichen Unterschied. Die Atome von Verunreinigungen können wie die von Legierungselementen im Matrixgitter gelöst sein und somit zu einer Mischkristallverfestigung beitragen oder als Zusatzphase an → Korngrenzen oder im → Korn fein oder grob ausgeschieden oder auch gestreckt vorliegen. In ihrer Wirkungsweise sind sie wie die von Legierungselementen gebildeten Phasen zu beurteilen, der Unterschied zwischen Legierungselement und Verunreinigung besteht lediglich darin, daß erstere bei der Werkstoffherstellung bewußt zur Erzielung bestimmter Eigenschaften zugefügt werden, während Verunreinigungen mehr oder weniger unerwünschte Begleitelemente darstellen. Diese können ihren Ursprung bereits in der Erzzusammensetzung haben oder aber im Zuge der Werkstoffherstellung (Verhüttung) unbeabsichtigt eingeschleppt oder zur Herbeiführung bestimmter metallurgischer Reaktionen zugegeben worden sein, wobei ihre anschließende, vollständige Entfernung nicht mehr oder zumindest nicht auf wirtschaftliche Weise möglich war.

Metallische Legierungen werden von Mischkristall- und/oder Verbindungsphasen aufgebaut. Mischkristallphasen sind gekennzeichnet durch die Existenz eines Lösungsbereiches, während Verbindungsphasen eine mehr oder weniger stöchiometrisch definierte Zusammensetzung aufweisen. Durch die Lösung von Fremdatomen im metallischen Gitter werden weder die Gitterstruktur noch der überwiegend metallische Bindungscharakter entscheidend verändert. → Mischkristalle ähneln daher in ihrem Eigenschaftsbild mit gewissen Einschränkungen dem ihrer Basismetalle. Sie verhalten sich im allgemeinen duktil und bilden dann weiche und gut verformbare einphasige Legierungen. Zur Erzielung festerer, aber noch hinreichend zäher Werkstoffe werden Legierungen gewählt, die neben einer duktilen Mischkristall-Matrixphase eine geringe Menge einer spröden Verbindungsphase enthalten und bei denen diese verfestigende Sprödphase durch eine → Wärmebehandlung in disperser Verteilung ausgeschieden werden kann. Diese Verbindungsphasen werden von den legierenden Metallen gebildet, tragen also zu einem mehr oder weniger großen Teil noch Merkmale ihrer metallischen Herkunft. In ihrem chemischen Charakter nehmen die Verbindungen eine Übergangsstellung zwischen metallischen Lösungen und nichtmetallischen Verbindungen ionischer oder kovalenter Art ein und werden als „intermetallische" Verbindungen oder „intermediäre" Übergangsphasen bezeichnet. *Gräfen*

Literatur: *Bergmann, W.:* Werkstofftechnik Teil 1, Grundlagen. 2. Aufl., München, Wien 1989.

Metallichtbogenschweißen → Schweißverfahren; → Lichtbogenschweißen

Metallkunde. Wichtiges Teilgebiet der Werkstoffkunde, welches in wissenschaftlich-systematischer Weise die Gesamtheit der Eigenschaften und Verhaltensweisen der Metalle und ihrer Legierungen behandelt.

□ Historisches und Allgemeines.

Die wissenschaftliche M. zeigt Anfänge im Mittelalter, ausgehend von dem Wunsch nach Beherrschung der Herstellungsprozesse. Vor allem entwickelte sie sich aber dank des Einsatzes einer präzisen mechanischen Prüftechnik, des Fortschrittes der allgemeinen Naturwissenschaften und insbesondere der Mikroskopie in der zweiten Hälfte des 19. Jahrhunderts und im 20. Jahrhundert.

Im Gesamtbereich der Werkstoffe läßt sich die Gruppe der → Metalle vor allem durch den metallischen →Bindungstyp abgrenzen. Dieser hat zur Folge, daß einfache und dicht gepackte Kristallgitter für die reinen Metalle und viele Legierungen typisch sind, während amorphe Zustände selten und nur unter eng begrenzten Umständen darstellbar sind. In der Regel zeigen metallische Werkstoffe einen polykristallinen Aufbau, der durch die →Erstarrung aus der Schmelze als dem wichtigsten Herstellungsverfahren geprägt ist. Ein kennzeichnendes Merkmal der Metalle, das ebenfalls auf dem Bindungstyp beruht, ist die äußerst vielseitige Neigung zur Bildung von Legierungen, welche die Vielfalt der mikroskopisch wahrnehmbaren →Gefüge mit ihrem starken Einfluß auf die Eigenschaften verständlich macht. Temperatur- und zusammensetzungsabhängige Gleichgewichte sowie gutes Diffusionsvermögen verschaffen den Phasenumwandlungen eine bedeutende Rolle.

Die im Vergleich zu anderen Festkörpern sehr hohe elektrische →Leitfähigkeit („metallische" L.) charakterisiert die Metalle ebenso wie die damit verwandten magnetischen und optischen Eigenschaften („metallischer Glanz"). Auf dem Gebiet der Festigkeitseigenschaften zeichnen sich Metalle durch ihre gute →Duktilität bei gleichzeitig hoher →Festigkeit sowie durch ihre gute bis sehr hohe Gittersteifigkeit (→Elastizitätsmodul) aus; darauf beruht ihre Eignung als Strukturwerkstoff.

Für die technische Verarbeitung, insbes. Formgebung der →metallischen Werkstoffe, ist die Vielfalt alternativer Fertigungswege typisch. Hochentwikkelte Gießereitechnik (auch in Form kontinuierlicher Verfahren) und zahlreiche mechanische Formgebungsverfahren, →Pulvermetallurgie, galvanische und Dampfphasen-Abscheidung gestatten problemorientierte Lösungen. Gute bis sehr gute Zerspanbarkeit gewährleistet rationelle Fertigung von Präzisionsteilen hoher Qualität. Auch die metallspezifischen Verbindungstechniken wie →Schweißen und →Löten (gestützt auf die Beherrschung der Erstarrungsvorgänge) sowie Nieten, Falzen, Schrauben usw. (gestützt auf die Festigkeitseigenschaften) sind hervorzuheben.
□ M. als Forschungsbereich.

Die M. gliedert sich in Schwerpunkte bzw. Fachdisziplinen, die nachfolgend unvollständig zusammengestellt sind:
– Konstitutionsforschung, welche die chemische und kristallographische Natur der Phasen in metall. Mehrstoffsystem experimentell ermittelt bzw. mit der thermodynam. Theorie der →Legierungsbildung unter zunehmendem Rechnereinsatz ermittelt.
– Erforschung der Grundlagen der Erstarrungsvorgänge von Metallen aus ihren Schmelzen einschl. ihrer Anwendungen.
– Erforschung der Umwandlungsvorgänge in festen

Legierungssystemen (z. B. →Ausscheidungshärtung, eutektoider Mischkristallzerfall, Martensitumwandlung) sowie der hierfür grundlegenden Diffusions-, Keimbildungs- und Wachstums-Prozesse.
– →Plastizität der Ein- und Vielkristalle im gesamten Temperaturbereich, einschl. Versetzungstheorie, →Rekristallisation, Texturausbildung, →Superplastizität.
– Theoretische und experimentelle Untersuchung der duktilen und der spröden Bruchvorgänge: Angew. →Bruchmechanik, Verschleißvorgänge.
– Untersuchung der Struktur und des Verhaltens von Oberflächen und von inneren Grenzflächen (→Korngrenzen).
– Elektrochemische →Korrosion von Metallen und Legierungen, Grundlagen des Korrosionsschutzes.
– Grundlagen der durch →Grenzflächenenergie bedingten Festkörperreaktionen wie →Ostwald-Reifung, →Kristallwachstum, →Kornwachstum, →Sintern.
– Erforschung besonderer physikalischer, elektrischer und magnetischer Eigenschaften der Metalle und Legierungen.

Hinzu kommt die Methodenforschung der Untersuchungs- und Prüfverfahren aller Art.
□ M. als Technologie.

Sie bedient sich der Ergebnisse aller oben genannten Forschungsbereiche, um dadurch
– neue metallische Werkstoffe für neue technische Anwendungsprofile zu entwickeln, sowie neue Anwendungen für bekannte Werkstoffe zu erschließen;
– das Leistungsprofil der metallischen Werkstoffe fortlaufend im Hinblick auf konkurrierende nichtmetallisch-anorganische und polymere Werkstoffe anzuheben;
– Bedingungen zu schaffen, welche die Zuverlässigkeit dieser Werkstoffe im Sinne der Fehlerfreiheit und der Einhaltung von Normwerten erhöhen und diese Standards quantitativ einwandfrei nachzuprüfen gestatten;
– kostengünstige und umweltkompatible Fertigungsverfahren zu entwickeln, Materialverluste in Herstellung, Verarbeitung und Betrieb zu vermeiden und die Möglichkeiten des Recycling zu verbessern.
□ M. als Studienfach an Hochschulen.

M. als Studienfach ist in Deutschland in den letzten 25 Jahren in die Studiengänge für Werkstoffwissenschaften integriert worden, besteht aber als Fachdisziplin mit speziellen Vorlesungen und Praktika weiter. Sie führen zum Abschluß als Dipl.-Ingenieur mit der Möglichkeit zur Promotion als Dr.-Ing. Weitere Studienmöglichkeiten bestehen als Spezialisierungen (Abschlußrichtungen) im Rahmen des Studiums des Maschinenbaus, der Elektrotechnik und des Eisenhüttenwesens, schließlich als Wahlfach in einigen Studienplänen für Physik bzw. Chemie.

□ Wichtige Teil- und Nachbardisziplinen.

– Die Metallhüttenkunde befaßt sich mit den physikalisch-chemischen Vorgängen und den technischen Grundoperationen auf dem Weg vom Erz zum Metall, schlägt also die Brücke zwischen Bergbau und Metallkunde/Metallverarbeitung.

– Die Metallphysik als Zweig der Festkörperphysik entwickelt die physikalischen Grundlagen für das Verständnis der genannten Aspekte moderner M. auf der Basis der Elektronentheorie der metall. Bindung und Leitfähigkeit. Sie hat als spezielles Thema die physikal. Eigenschaften der Metalle und Legierungen.

– Die →Metallographie vereint alle Fachkompetenzen, die mit der mikroskopischen Gefügeanalyse verknüpft sind, einschl. der Elektronenmikroskopie und der quantitativen Bildauswertung. Die Ausbildung als Metallograph/in ist eine erfolgreiche berufliche Sonderentwicklung in Deutschland.

□ M. und Berufsorganisationen.

Die Deutsche Gesellschaft für Metallkunde vertrat das Fachgebiet seit 1907 durch Tagungen sowie intensive Tätigkeit in Fachausschüssen und Arbeitskreisen auf den unter II und III genannten Gebieten, ferner durch zahlreiche Fortbildungsveranstaltungen und die Herausgabe von Zeitschriften und Tagungsbänden; 1989 hat sie sich im Zuge der Entwicklung eines gesamt-werkstoffwissenschaftlichen Konzepts in Deutsche Gesellschaft für Materialkunde (DGM) umbenannt. – Soweit das Metall Eisen betroffen ist (d. h. Stähle, Gußeisen), werden die entsprechenden Aspekte in der Bundesrepublik Deutschland durch den Verein Deutscher Eisenhüttenleute (→VDEh) vertreten. Die Gesellschaft Deutscher Metallhütten- und Bergleute (GDMB) pflegt das entsprechend bezeichnete Gebiet.

Ilschner

Literatur: *Cahn, R. W.* u. *P. Haasen (Hrsg.):* Physical Metallurgy. 2 Bd., Amsterdam 1983. – *Haasen, P.:* Physikalische Metallkunde. Berlin 1984. – *Smithells, C. J.* (Hrsg.): Metals Reference Book. London–Boston 1978.

Metallographie. Technik, das innere →Gefüge eines Werkstoffs (→Metall, →Keramik . . .) für die mikroskopische Betrachtung und Auswertung zu entwickeln bzw. bloßzulegen. Hierfür wird die Probe zunächst plan geschliffen (Schleifen), wobei in einer Folge immer feinere Schleifpapiere benutzt werden. Danach wird die Probe mittels einer geeigneten Polierpaste (z. B. Tonerde oder Diamantpaste) spiegelblank poliert (Polieren). Dies geschieht, wie auch das Schleifen, meist auf rotierenden Scheiben, z. T. auch in automatischen Vorrichtungen. Hierauf erfolgt die eigentliche Sichtbarmachung des Gefüges durch einen chemischen oder elektroche-

mischen Säureangriff für einige Sekunden (Ätzen), darauf eine Schlußwäsche in Wasser und schließlich Spiritus oder Alkohol zur fleckenfreien Verdrängung des Wassers. Nun kann die Probe im Lichtmikroskop (Mikroskop) bei typischen Vergrößerungen von 100- bis 500fach betrachtet werden. Das bildmäßige Ergebnis, welches auch photographiert wird, heißt das *Gefüge.* Reine Metalle oder einphasige Legierungen lassen nur den Aufbau aus den einzelnen Kristalliten, auch Körner genannt, erkennen. In mehrphasigen Legierungen werden die verschiedenen Phasen, aus denen sie aufgebaut sind, infolge der Ätzung unterschiedlich gefärbt bzw. in Schwarz-Weiß-Aufnahmen unterschiedlich grau getönt. Z. B. erscheint im Perlitgefüge von Eisen-Kohlenstofflegierungen der →Ferrit (= α-Eisen) weiß und der →Zementit (= Fe_3C) dunkelgrau bis schwarz (→Eutektoid).

In weiterem Sinne wird auch die Gefügeanalyse mittels Elektronenmikroskopen (sowohl Durchstrahlungs- wie Rastertyp) zur M. gerechnet. Die Probenpräparation ist für die Durchstrahl-Elektronenmikroskopie allerdings gänzlich anders, beim Rastertyp dagegen ähnlich zu derjenigen der Lichtmikroskopie, da gleichfalls Oberflächenschliffe untersucht werden (Quantitative Metallographie; Polieren; →Werkstoffprüfung).

Kußmaul/Heimendahl

Literatur: *Petzow, G.*: Metallografisches Ätzen. Berlin-Stuttgart 1976. – *Schumann*: Metallografie. Leipzig 1974.

Metallographie, quantitative →Bildanalyse, quantitative

Metallphysikalische Korrosion →Korrosion

Metallschweißen →Schweißverfahren

Metallurgie. M. ist die Umsetzung der aus der →Metallkunde kommenden Lehre von den metallischen Werkstoffen und deren Eigenschaften oder Veränderungen durch →Schmelzen, →Wärmebehandlung, →Umformen usw. in die technologische Anwendungspraxis. Während man die Metallkunde im allgemeinen als Bindeglied zwischen Physik und Chemie bei der Behandlung werkstoffspezifischer Fragen ansieht, kann man die M. im Rahmen der heutigen Hütten- und Gießereitechnologie in weiten Bereichen als „Hochtemperatur-Chemie" definieren. So beschäftigt sich die M. vorwiegend mit der Gewinnung (Aufbereitung, Verhütten, Schmelzen) und der Verarbeitung von Metallen. Im Laufe der Zeit hat sich aus empirisch gewonnener Erfahrung, gepaart mit den Erkenntnissen aus der Metallkunde, eine eigenständige Lehre, die Gegenstand der Hütten- und Gießereikunde ist, entwickelt.

Metallurgische Maßnahmen im Bereich der Verarbeitung haben immer zum Ziel, die Werkstoffeigenschaften zu verbessern. Demzufolge werden üblicherweise auch nur solche Apparaturen und Verfahren als „metallurgisch einsetzbar" bezeichnet, wenn damit eine technisch oder kostenmäßig günstige Beeinflussung der Erzeugung erreichbar ist. Daß beides zusammen möglich ist, beweist der Übergang vom klassischen Thomas-Verfahren als jahrzehntelanger Standard-Technologie zur Erzeugung von → Massenstahl zu den Sauerstoff-Blasverfahren, die in neuerer Zeit wiederum eine Reihe von Verbesserungen erfahren haben, so daß die Oxigen-Stähle in qualitativer Hinsicht dem früher als Gütemaßstab gebräuchlichen Siemens-Martin-Stahl mindestens entsprechen und zugleich wesentlich kostengünstiger als SM-Stahl herstellbar sind.

Reines Umschmelzen, das nur dazu dient, den Ofeninhalt zu verflüssigen, um ihn in irgendwelche Formen vergießen zu können, gilt dagegen nicht als metallurgische Tätigkeit.

Ein wichtiges und industriell bedeutsames Spezialgebiet im Gesamtkomplex der M. ist die Elektrometallurgie. Hierunter versteht man die Metallgewinnung auf elektrischem Wege durch Naßelektrolyse oder Schmelzelektrolyse. Derartige Verfahren finden vor allem bei der Herstellung von Ferrolegierungen und von → Aluminium Anwendung.

Zunehmende Bedeutung gewinnt die → Pulvermetallurgie, die sich sowohl mit der Herstellung der Pulver als auch mit der Fertigung daraus durch → Pressen und → Sintern erzeugter Formkörper befaßt. *Doliwa*

Metathesepolymerisation. Die M. ist eine → Polymerisation durch Austausch- oder Disproportionierungsreaktionen von Cycloolefinen mittels eines Katalysators. Als Katalysatoren kommen WCl_6/C_2H_5OH/$C_2H_5AlCl_2$ oder Re_2O_7/Al_2O_3 zur Anwendung. Aus diesen Cycloolefinen erhält man durch Ringerweiterung die Dimeren, Trimeren, Tetrameren usw. Es konnten aus einem Metathese-Polymer des Cyclopentens große Ringe wie $C_{10}H_{16}$, $C_{15}H_{24}$, usw. bis zu $C_{75}H_{120}$ isoliert werden.

Es werden jedoch hauptsächlich nicht die großen Ringe hergestellt, sondern lineare Polymere gefunden. Dies wird darauf zurückgeführt, daß die Metathese von Cyloolefinen mindestens teilweise nicht intermolekular, sondern intramolekular abläuft. *Finkelmann*

Literatur: *Elias, H.-G.*: Makromoleküle. Basel–Heidelberg–New York 1981. – *March, J.*: Advanced Organic Chemestry. New York 1985.

Methylmethacrylat. M. ist der Grundbaustein (→ Monomer) für → Polymethylmethacrylat (Ple-

xiglas, Röhm). Es bildet somit die Ausgangsbasis für eine Vielzahl technischer Polymergläser.

M. läßt sich radikalisch, anionisch und über Group-Transfer-Polymerisation polymerisieren.

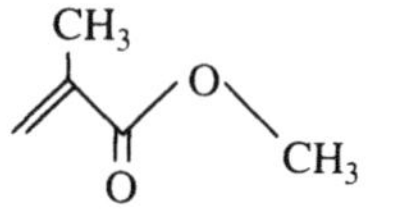

Finkelmann

Methylmethacrylat-Polymerisat. (Polymethacrylsäuremethylester) Kurzzeichen: PMMA. Unter der allgemeinen Bezeichnung Polyacrylate (→ Acrylate) faßt man die Polymere aus Acrylsäure und Methacrylsäure, sowie aus deren Ester zusammen. Das bedeutendste → Polymer dieser Gruppe ist das → Polymethylmethacrylat, das in Plattenform auch unter der Bezeichnung → Acrylglas bekannt ist. Acrylfasern sind → Fasern aus → Polyacrylnitril.

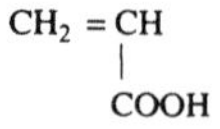

Acrylsäure 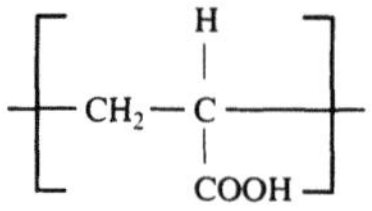   Polyacrylsäure

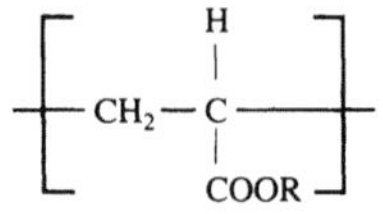

Polyacrylate 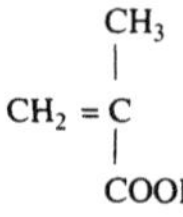   Methacrylsäure

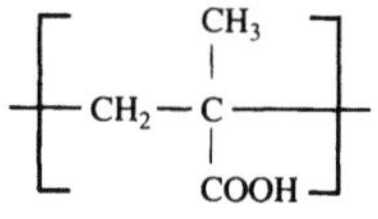

Polymethacrylsäure 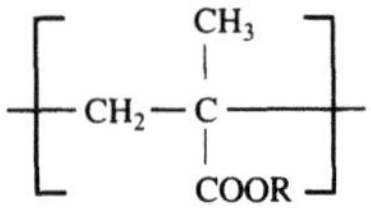   Polymethacrylate

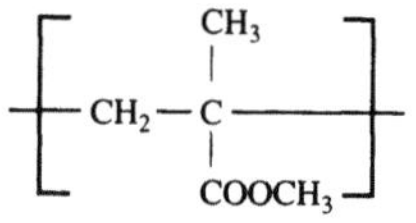

Polymethylmethacrylat 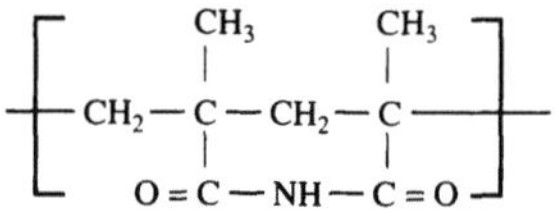   Polymethacrylimid

Methacrylsäuremethylester läßt sich radikalisch nach den vier → Polymerisationsverfahren, der Masse- (bzw. Substanz-), Lösungs-, Emulsions- und Suspensionspolymerisation zu PMMA umsetzen. Um optisch reine Formteile (Platten, Rohre) zu erhalten, wir das Massepolymerisations-Verfahren angewandt, das aber wegen der hohen Polymerisationswärme, des großen Geleffektes und des beachtlichen Schrumpfes (bis zu 20 %) während der

→Polymerisation nur unter großen technischen Schwierigkeiten durchzuführen ist. Die →Lösungspolymerisation mit Ketonen, Aromaten oder Estern als Lösungsmittel wird zur Herstellung von physikalisch trocknenden oder hitzehärtbaren Lakken und Klebstoffen herangezogen.

Das Emulsions- und Suspensionsverfahren dient zur Herstellung von Spritzguß- und Extrusionsmassen.

PMMA besitzt mit 92 % Lichtdurchlässigkeit bessere optische Eigenschaften als anorganisches →Glas und wird zu bruchsicheren Scheiben, Linsen, Kontaktlinsen, Lichtleitern etc. verarbeitet. Es besitzt darüber hinaus eine hohe →Festigkeit, Steifheit, Formbeständigkeit in der Wärme und Witterungsbeständigkeit. Gegenüber schwachen Laugen und Säuren sowie unpolaren Lösungsmitteln ist es beständig. Ketone, Ether, Ester und Aromaten lösen es auf.

Methacrylsäuremethylester kann mit Butadien und anderen Kautschuken copolymerisiert (Propfcopolymerisation) oder die einzelnen Homopolymere gemischt (→Polymermischung) werden, wobei opake, also nicht mehr transparente, Produkte mit hoher Schlagzähigkeit entstehen.

Ein weiteres technisch wichtiges →Copolymer ist das Acrylnitrit-Methylmethacrylat (AMMA). Durch den Gehalt an Acrylnitril (der 50 % übersteigen kann) wird die →Chemikalienbeständigkeit verbessert, aber auch weitere Eigenschaftswerte (Tabelle).

Methylmethacrylat-Polymerisat. Tabelle: Eigenschaftswerte von PMMA und AMMA.

	Einheit	PMMA	AMMA
Dichte	g/cm³	1,18	1,17
Biegefestigkeit	MPa	110	165
Schlagzähigkeit	kJ/m²	18	40
Kerbschlagzähigkeit	kJ/m²	2	3
Wärmeformbeständigkeit nach Martens	°C	85	75
Glastemperatur	°C	105	100
lineare Wärmedehnzahl	$K^{-1} \cdot 10^5$	7,0	6,5

Ein gewisser Nachteil der AMMA ist seine gelbliche Eigenfarbe.

Methacrylsäure – Methacrylnitril – Copolymerisat kann durch Erhitzen auf 170–210 °C bei Anwesenheit eines NH_3 abspaltenden Treibmittels (z. B.: NH_4HCO_3) in Polymethacrylimid-Schaumstoff

überführt werden. Dieser geschlossenzellige Hartschaum ist bis 200 °C beständig und besitzt hohe Zug- und Druckfestigkeit.

Polymethacrylimid

Zahradnik

Literatur: *Saechtling, H. J.:* Kunststoff-Taschenbuch. 19. Aufl. München 1974. – *Vieweg, R.* u. *F. Esser* (Hrsg.): Kunststoff-Handbuch. München 1973.

Midland-Ross-Verfahren. Das M.-R.-V. ist ein →Direktreduktionsverfahren, ähnlich dem →Purofer-Verfahren, welches ebenfalls auf der direkten →Reduktion von Eisenerzpellets oder Stückerzen mit gasförmigen Reduktionsmitteln im Schachtofen beruht. Es wurde von der Midland-Ross Corp., Toledo/Ohio, entwickelt. Im Gegensatz zum Purofer-Verfahren wird das Erdgas in einem Stahlrekuperator kontinuierlich umgesetzt. Dieses Verfahren wird auch MIDREX-Verfahren genannt.

Baumann

Literatur: Direktreduktion von Eisenerz. 4. Aufl. Düsseldorf 1976.

MIG-Schweißen. Das Metall-Inertgas-Schweißen wird besonders für größere Wanddicken angewendet. Als →Schutzgas dient ein inertes Gas, z. B. Argon, Helium oder Gemische aus beiden Gasen. Das Verfahren hat sich bewährt bei hochlegierten Stählen, Leichtmetallen, Kupfer, Nickel und Molybdän-Legierungen. *Strohmeier*

Mikroanalyse →Feinstrukturuntersuchung

Mikrobereichsanalytik →Oberflächenanalytik

Mikrohärte →Härte

Mikrohärteprüfung →Härte

Mikromagnetismus →Bereichsstruktur, magnetische

Mikroschweißen. Zum M. oder Feinstschweißen werden Schmelz- und Preßschweißverfahren angewandt. Gemeinsames Kennzeichen ist ihre Eignung zum →Schweißen sehr dünner Werkstücke in Fo-

lien-, Draht- oder Litzenform. Die Verfahren werden auf Grund hoher Stückzahlen meist teilmechanisiert mit Mikroskop- oder Fernsehbeobachtung oder automatisch durchgeführt. Als Verfahren werden bevorzugt eingesetzt:
– Elektronenstrahlschweißen,
– Laserschweißen,
– Mikroplasmaschweißen,
– → Ultraschallschweißen,
– Heizelementschweißen (Thermokompressionsschweißen),
– Mikrowiderstandsschweißen. *Dorn*

Literatur: *Dorn, L. u. a.:* Schweißen in der Elektro- und Feinwerktechnik. Grafenau 1984.

Mikrosonde →Oberflächenanalytik

Mikrostruktologie. Als M. bezeichnet man eine Forschungsrichtung in der → Werkstoffwissenschaft, in der quantitative Korrelationen zwischen dem Mikrogefüge und den makroskopischen mechanischen und physikalischen Eigenschaften aufgestellt werden.

Der Aufbau eines Werkstoffs erscheint makroskopisch meist als homogen, kann sich mikroskopisch jedoch oft als inhomogen erweisen, indem Phasen, Teilchen (→Teilchenverbundwerkstoffe) oder Fasern (→Faserverbundwerkstoffe) sowie auch Poren – Sinterwerkstoffe – vorliegen, die die Eigenschaften eines Werkstoffs gewollt oder ungewollt beeinflussen.

Eine der wesentlichen Aufgaben der M. besteht in der stereologischen Beschreibung und Quantifizierung des Gefügeaufbaus. Um eine Korrelation zwischen → Gefüge und Eigenschaften aufstellen zu können, muß bekannt sein, in welcher Konzentration z. B. irreguläre Teilchen in einem Werkstoff eingelagert sind (Einlagerungsgefüge) und in welcher Weise die Teilchen orientiert und angeordnet sind. Das bedeutet, daß zur Beschreibung des Gefügeaufbaus von Einlagerungsgefügen
– ein Konzentrationsfaktor (Volumenanteil der Teilchen im Werkstoff),
– ein Formfaktor sowie
– ein Orientierungsfaktor
ermittelt werden muß. Diese Faktoren werden heute mit Hilfe von Bildanalysesystemen bestimmt. Man definiert sie zusammenfassend auch als Stereologiefaktoren.

Die mathematischen Beziehungen, die mit Kenntnis der Stereologiefaktoren aufgestellt werden können und die Zusammenhänge zwischen Gefüge und Eigenschaften beschreiben, werden auch als Gefügeeigenschafts-Gleichungen bezeichnet.

Sehr einfache Gefüge-Eigenschafts-Beziehungen bestehen beispielsweise bei der Dichte und der Wärmekapazität eines mehrkomponentigen Werkstoffs. Die Eigenschaften ergeben sich in diesen Fällen additiv aus denen der einzelnen Komponenten im Gefüge.

Die Feldeigenschaften von Einlagerungs-Gefügewerkstoffen, zu denen z. B. der spezifische elektrische Widerstand, die magnetische → Permeabilität sowie die Wärmeleitfähigkeit zählen, lassen sich mit Gleichungen erfassen, die von den aus der Physik bekannten *Maxwell*-Gleichungen ausgehen. In einfacher Weise läßt sich der spezifische elektrische Widerstand z. B. auch mit den *Kirchhoff*-Gleichungen beschreiben. Die obere Grenze des spezifischen elektrischen Widerstands eines Gefügewerkstoffs gibt die Gleichung zur Parallel-, die untere Grenze die zur Reihenschaltung von Widerständen an.

Zur genaueren Beschreibung kann z. B. die *Niesel*-Gleichung, die sich aus den Maxwell-Gleichungen ableitet, herangezogen werden. Sie dient zur Beschreibung zweikomponentiger Einlagerungsgefüge, deren eingelagerte Teilchen beliebig irreguläre Geometrien aufweisen können. Liegen irregulär gestaltete Teilchen vor, können diese durch Rotationsellipsoide substituiert und ihre Gestalt dann näherungsweise durch Achsenverhältnisse beschrieben werden (Bild 1). Die Achsenverhältnisse der Rotationsellipsoide müssen durch Messungen an zahlreichen Gefügebildern unterschiedlicher Schnittflächen bestimmt werden. Sie führen über eigenschaftsspezifische Funktionen zu einem direkten Formfaktor sowie zu einem Orientierungsfaktor, welche in die Niesel-Gleichung einzusetzen sind. Der indirekte Formfaktor für die Feldeigenschaften ist beispielsweise der in der Physik bekannte Entelektrisierungs-/Depolarisierungsfaktor. Die einfache Niesel-Gleichung gilt nur für geringere Konzentrationen der Einlagerung. Für beliebige Konzentrationen muß die Integralform der Niesel-Gleichung betrachtet werden.

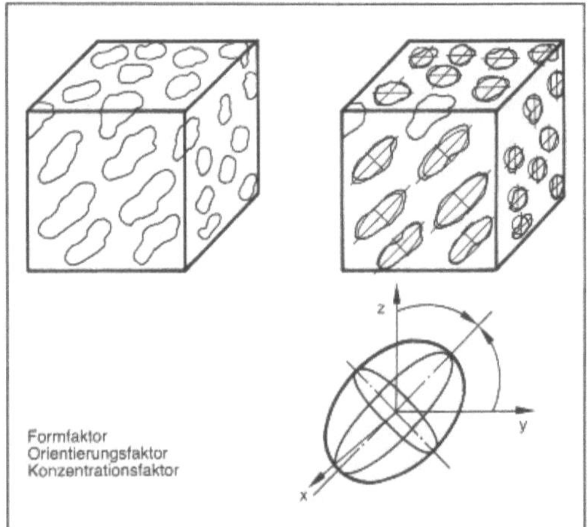

Mikrostruktologie 1: Beschreibung eines Gefüges durch Rotationsellipsoide.

Für die Beschreibung der mechanischen Eigenschaften, z. B. anhand des Elastizitätsmoduls eines mehrkomponentigen Werkstoffs sind – ausgehend von den Einzelkomponenten – ähnliche Beziehungen aufgestellt worden wie die Niesel-Gleichungen. Der Einfluß der Orientierung läßt sich bisher jedoch noch nicht zufriedenstellend berücksichtigen.

Analog zu den Kirchhoff-Gesetzen zur Beschreibung der Feldeigenschafts-Grenzwerte eines mehrkomponentigen Werkstoffs lassen sich einfache Ansätze für die Beschreibung der mechanischen Eigenschaften in Form der *Voigt-Reuss*-Beziehungen aufstellen. Der untere Grenzwert, den diese Beziehungen liefern, erfaßt die mechanischen Eigenschaften (z. B. den →Elastizitätsmodul) einer Struktur senkrecht zu den in einer Richtung orientierten Komponenten, während der obere Grenzwert die mechanischen Eigenschaften parallel zu diesen Komponenten beschreibt (Bild 2). Die Beziehung für den oberen Grenzwert wird häufig auch als Mischungsregel bezeichnet. *Steffens*

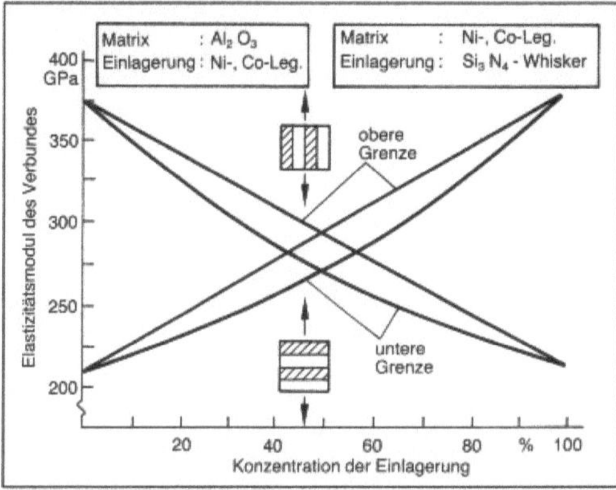

Mikrostruktologie 2: Elastizitätsmodul in Abhängigkeit der Konzentration einer zweiten Werkstoffkomponente.

Literatur: *Ondracek, G.:* Zusammenhang zwischen Eigenschaften und Gefügestruktur. Teil I–IV, Z. Werkstofftechn. 8 (1977), Teil I, S. 240–246. – *Rhines, F. N.:* Mikrostruktologie. Teil 1–6, Praktische Metallographie 22 (1985), Teil 1, S. 367–383.

Mikrowellen-Ferrit. Spezielle Ferrite und Granate (→weichmagnetische Werkstoffe), die zum Bau induktiver und nicht-reziproker Mikrowellen-Bauelemente benötigt werden. Um Verluste durch Absorption oder Streuung der Wellen zu vermeiden, müssen die Werkstoffe besonders rein, porenfrei, homogen und isolierend sein. Zum Einsatz kommen u. a. Nickel-Zink-Ferrite, Magnesium-Mangan-Ferrite sowie Granate. Je nach den Anforderungen werden entweder sehr feinkörnige Keramiken oder Einkristalle verwendet. Abstimmbare Mikrowellenfilter enthalten z. B. polierte Einkristallkugeln aus Yttrium-Eisen-Granat als Resonator, und die

Güte eines solchen Resonators kann größer als 10 000 sein. *Hubert*

Literatur: *Lax, B.* und *K. J. Button:* Microwave Ferrites and Ferrimagnetics. New York 1962.

Mineralfarbe. Bezeichnung für die in wäßriger Dispersion oder Lösung als →Anstrichmittel angewendeten anorganischen →Bindemittel, z. B. Kalk, Weißzement, Silicatfarben (Wasserglas). Die Erhärtung geschieht durch chemische Reaktion. Die Filme zeigen matte Oberflächen und hohe Wasserdampfdurchlässigkeit. Sie sind verschmutzungsempfindlich, nicht schlagregendicht, imprägnierbar und überstreichbar. Man wendet sie vorzugsweise auf Putz, Beton und Mauerwerk an. *Sasse*

Mineralöle. M. werden meistens aus Erdöl, teilweise auch aus Kohle gewonnen. Erdöl ist aus Ablagerungen von Lebewesen und organischen Stoffen entstanden. Da das Alter der Ablagerungen und die Entstehungsbedingungen wie einwirkende Temperaturen und Drucke sehr unterschiedlich sind, unterscheiden sich Erdöle aus verschiedenen Lagerstätten in ihrer Zusammensetzung. Die durchschnittliche Zusammensetzung der entwässerten und entsalzten Rohöle ist: 83–87 % C, 11–14 % H, bis zu 5 % O + N + S. Die Erdöle bestehen also im wesentlichen aus Kohlenwasserstoffen. Diese Kohlenwasserstoffe unterscheiden sich nach dem chemischen Aufbau und nach der Molekülgröße. Man kann vier Hauptgruppen unterscheiden.
□ Paraffine: gesättigte, nichtzyklische Kohlenwasserstoffe der Summenformel C_nH_{2n+2}
□ Naphthene: Ringförmige gesättigte Kohlenwasserstoffe der Summenformel C_nH_{2n}
□ Aromate: Ringförmige Kohlenwasserstoffe mit sechs C-Atomen je Ring und alternierenden Einfach- und Doppelbindungen
□ Olefine: ungesättigte Paraffine oder Naphthene. *Habig*

Ministahlwerk. →Stahlwerk mit einer begrenzten Produktion, meist unter einer Million Tonnen je Jahr, und einer Beschränkung auf wenige Produkte. Der Kapitalbedarf zum Bau solcher Werke ist vergleichsweise gering.

Der →Stahl wird in M. meist in →Elektrolichtbogenöfen aus →Schrott erschmolzen. Der Einsatz von →Eisenschwamm erfordert zusätzlich eine →Direktreduktionsanlage. In M. wurden bis heute fast ausschließlich Langprodukte, wie →Draht, →Betonstahl, →Stabstahl und leichte Profile erzeugt. Neuerdings sind jedoch auch M. gebaut worden, in denen →Warmband erzeugt wird. Ermöglicht wurde dies durch die Entwicklung des Gießens von dünnen Brammen in Stranggießanlagen. *Rellermeyer*

Mischbindung. Zwischen den verschiedenen Bindungszuständen in einem Kristallgitter können M. auftreten (→Bindungskraft). So nimmt allgemein der Anteil der metallischen Bindung bei Metallen mit steigenden Kernladungszahl im Periodensystem innerhalb einer Periode bis zu I b zu und darüber hinaus schnell ab. *Gräfen*

Mischelektrode. Die M. oder Mehrfachelektrode bezeichnet eine →Elektrode, an der mehrere Elektrodenreaktionen ablaufen (DIN 50900). Sind die Teilstromdichten zeitlich und örtlich gleichmäßig über die Oberfläche verteilt, dann liegt eine homogene M. und eine damit verbundene gleichmäßige →Flächenkorrosion vor. An einer heterogenen M. sind die anodischen und kathodischen Teilstromdichten örtlich unterschiedlich und es bilden sich anodische und kathodische Bereiche aus. Heterogene M. liegen vor bei örtlichen Korrosionserscheinungen (z. B. Loch-, Spalt-, Kontakt- und →Spannungsrißkorrosion). *Wendler-Kalsch*

Mischen. Nach der Einstellung der Fertigungsverfahren gemäß DIN 8580 ist →Urformen das Fertigen eines festen Körpers aus formlosem Stoff (z. B. Gase, Flüssigkeiten, Pulver, Späne, Granulat usw.) durch Schaffen des Zusammenhalts, wobei die Stoffeigenschaften des Werkstücks bestimmbar in Erscheinung treten.

Das M. ist eines der wichtigsten Verfahren der Aufbereitungstechnik. Im Sinn der vorerwähnten Definition erzeugt man z. B. durch das Zumischen von Härtern zu Kunstharzen die verschiedensten duroplastischen Werkstoffe oder beispielsweise durch Einmischen eines Acylierungsmittels zu schmelzflüssigem Caprolactam ein hochpolymeres Guß-Polyamid 6.

Ebenso entsteht durch Zumischen von →Zement zu Kies-/Sandgemengen gießfähiger →Beton für die verschiedensten Anwendungszwecke im Bauwesen.

Farben werden durch Einmischen von Härtern in ihrer Haltbarkeit (→Härte), ihrer Tropfzeit, ihrer Beständigkeit gegen Atmosphärilien, Sonneneinwirkung (Farbechtheit) usw. wesentlich beeinflußt. Die Zahl der Anwendungsbeispiele ließe sich enorm erweitern. Daraus folgt, daß es je nach Mischaufgabe eine große Zahl von Mischerbauformen und -größen geben muß. *Doliwa*

Mischkristall. Die meisten Metalle können in ihrem Gitterverband (Matrix) bestimmte Mengen anderer Atome aufnehmen. Die Fremdatome werden im (Wirts-)Gitter gelöst, wodurch es stets mehr oder weniger stark verspannt wird. Derartige aus mindestens zwei Atomsorten „gemischte" Kristalle

werden M. (MK) genannt, zutreffender als feste Lösungen (solid solution) bezeichnet.

Je nachdem, wie die Legierungsatome B im Wirtsgitter A verteilt sind, unterscheidet man
– Substitutionsmischkristalle (SMK) und
– Einlagerungsmischkristalle (EMK).

Substitutions- oder Austausch-M. entstehen, wenn Atome A des Wirtsgitters durch Fremdatome B ausgetauscht (substituiert) werden (Bild 1).

Unter bestimmten Voraussetzungen kann jedes A-Atom durch ein B-Atom ersetzt werden. Man spricht dann von einer lückenlosen MK-Reihe. Die Löslichkeit des Metalles A für B beträgt in diesem Fall 100 %. Wichtige Beispiele für dieses Verhalten sind die Metallpaarungen: Cu-Ni, Fe-Ni, Au-Ag, Au-Cu, Mo-W, Fe-Cr, Ti-Zr. Normalerweise ist die Löslichkeit von B in A begrenzt.

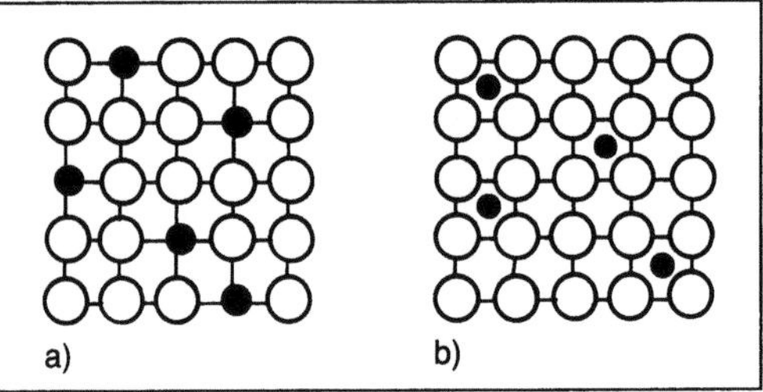

Mischkristall 1: Aufbau der M.
a) Substitutionsmischkristall (SMK)
b) Einlagerungsmischkristall (EMK).

Voraussetzungen für eine lückenlose Mischbarkeit von A und B sind:
– A und B müssen den gleichen Gittertyp haben,
– ihre Atomdurchmesser dürfen sich um höchstens 14 % unterscheiden.

Außer diesen geometrischen müssen noch einige chemische und elektrochemische Bedingungen erfüllt sein. Sie betreffen also den atomaren Aufbau der beteiligten Elemente. Der Eingriff in den atomaren Bereich ist die Ursache dafür, daß die Eigenschaften der M. in keiner Weise additiv aus denen der beteiligten Elemente bestimmt werden können.

Im allgemeinen verhalten sich die Atomsorten gegeneinander indifferent. Es bestehen keine gerichteten, anziehenden oder abstoßenden Kräfte. Die Atome B sind im Wirtsgitter völlig regellos (statistisch) verteilt (Bild 2 a).

Sind die anziehenden Kräfte zwischen den ungleichen Atomen (A-B) stärker als zwischen den gleichartigen (A-A, B-B), entsteht eine geordnete atomare Struktur, die Überstruktur (Bild 2 b).

Bei einer solchen →Ordnungsumwandlung bilden sich miteinander abwechselnde A-B- und B-A-Domänen aus. Der zwischen ihnen entstehende Phasensprung wird als Antiphasengrenze bezeichnet.

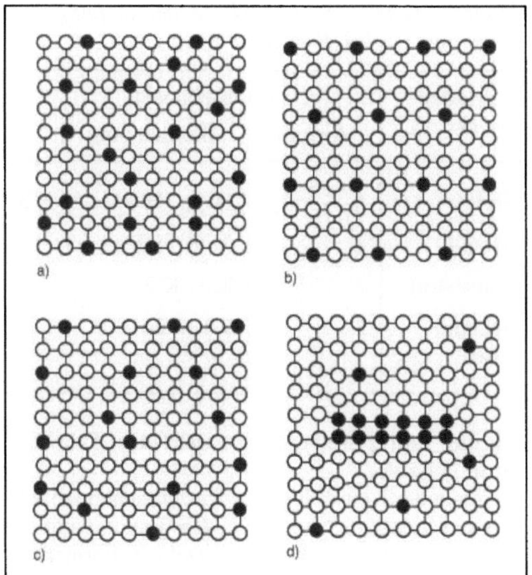

Mischkristall 2: Mögliche Atomanordnungen in einem Substitutions-M.
a) B im A-Gitter statistisch verteilt
b) Überstruktur (Fernordnung)
c) Nahordnung
d) einphasige Entmischung (Zonenbildung).

Diese Atomanordnung wird auch →Fernordnung genannt, sie ist nur möglich bei bestimmten Anteilen der gelösten Atome. Überstrukturen sind nur bei niedrigeren Temperaturen beständig, sie werden durch thermische Einwirkung leicht zerstört, höhere Temperaturen begünstigen nämlich den Unordnungszustand (die →Entropie wird größer!).

Die Einstellung des Ordnungszustandes erfordert Platzwechsel, d. h., es muß genügend Zeit zur Verfügung stehen. Die Überstruktur kann sich daher aus ordnungsfähigen M. nur nach langsamer →Abkühlung von höheren Temperaturen bilden. Bei schnellem Abkühlen unterbleibt die Bildung geordneter Strukturen.

Die Eigenschaften der Überstrukturen weichen wesentlich von denen der regellos aufgebauten M. ab.

Wegen der durch die gelösten Atome B verursachten Gitterverzerrungen entsteht praktisch nie eine völlig regellose Verteilung, sondern die sogenannte Nahordnung. Die gelösten Atome B liegen wesentlich seltener direkt nebeneinander, als es der Wahrscheinlichkeit entspricht (Bild 2 c).

Durch geeignete →Wärmebehandlungen kann z. B. ein weiterer spezieller Verteilungszustand der gelösten Atome erreicht werden: in bestimmten Bereichen ist ihre Konzentration besonders groß (Bild 2 d). Durch die mehr oder weniger stark abweichenden Atomdurchmesser wird ein relativ gro-

ßer Bereich in der Nähe der gelösten Atome stark elastisch verspannt. Die →Festigkeit des Werkstoffes wird durch derartige „entmischte" Bereiche erheblich gesteigert.

Einlagerungsmischkristalle (EMK) sind solche, bei denen Nichtmetallatome mit einem Durchmesserverhältnis f von maximal 0,41 in die Zwischengitterplätze eingelagert werden (Bild 3). Da nur die Zwischengitterplätze besetzt werden, ist die Löslichkeit im allgemeinen geringer als ein Prozent.

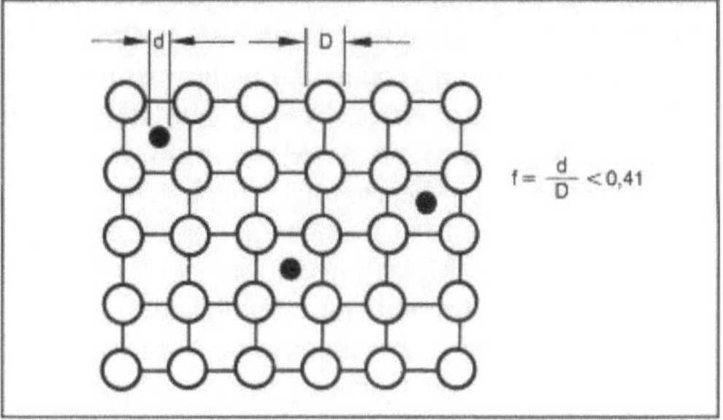

Mischkristall 3: Schematische Darstellung des Einlagerungsmischkristalls (EMK).

→Wasserstoff, →Stickstoff, →Kohlenstoff und →Bor sind die technisch wichtigsten EMK-bildenden Elemente. Ihre Diffusionsfähigkeit nimmt mit fallender Temperatur im allgemeinen sehr stark ab. Ändert sich beim schnellen Abkühlen die Gittermodifikation, so daß eine Gitterstruktur mit einer geringeren Löslichkeit für das eingelagerte Element entsteht, können starke Gitterverzerrungen, d. h. hohe Härten entstehen. Diese Vorgänge spielen bei der Umwandlungshärtung eine entscheidende Rolle. *Gräfen*

Literatur: *Bargel/Schulze:* Werkstoffkunde. 5. Aufl. Düsseldorf 1988.

Mischpolymerisatharz-Lackfarbe. Vorzugsweise auf Acrylat-Copolymer-Basis aufgebauter, lösemittelhaltiger Außenanstrichstoff. Er ist begrenzt wasserdampfdurchlässig und hat Eigenschaften ähnlich wie →Acrylharzlacke. *Sasse*

Mischreibung. →Reibung, bei der →Festkörperreibung bzw. →Grenzreibung und →Flüssigkeits- bzw. →Gasreibung sich überlagern, so daß die Belastung partiell von Festkörperkontakten und partiell von einem tragenden Film aufgenommen wird. *Habig*

Mischungsentwurf für Beton. Der →Beton ist (neben dem Mörtel) der einzige →Baustoff, den man auf der Baustelle bzw. im Transportbetonwerk in seiner Zusammensetzung verändern kann. Beim Entwurf der Zusammensetzung (→Betonzusammensetzung) eines Betons stellt sich die Aufgabe, die Mischung aus → Zement, Zuschlag, Wasser und ggf. Zusatzstoffen und Zusatzmitteln zu finden, die den Anforderungen, denen der Beton später ausgesetzt ist, am besten entspricht und die den Bestimmungen und Richtlinien genügt. Zwischen den Eigenschaften eines Betons einerseits und denen seiner Ausgangsstoffe und deren Mischungsverhältnis sowie dem Alter und den Umweltbedingungen andererseits bestehen Abhängigkeiten (→ Betondruckfestigkeit), die es ermöglichen, die Bedingungen für die Herstellung von Beton mit bestimmten Eigenschaften anzugeben. Wegen der sehr großen Anzahl von Einflußgrößen kann die erforderliche Zusammensetzung eines Betons nur näherungsweise angegeben werden. Meist muß eine Eignungsprüfung (→ Festbeton) nachweisen, daß der Beton mit den in Aussicht genommenen Ausgangsstoffen und Mischungsanteilen unter den gegebenen Verhältnissen die gewünschten Eigenschaften erreicht. Im allgemeinen stimmt man den M. auf Mindestzementgehalt, → Konsistenz (→ Frischbeton) und Druckfestigkeit (→ Betondruckfestigkeit) ab. Zunächst wird der Wasser-Zement-Wert ermittelt, daraus Wasser- und Zementbedarf berechnet und der Luftgehalt des Frischbetons geschätzt. Nach Berechnung des Zuschlagbedarfs läßt sich nun das Mischungsverhältnis Zement : Zuschlag : Wasser bestimmen. Um das Zugabewasser zu ermitteln, muß noch der → Feuchtigkeitsgehalt des Zuschlags vom Wasserbedarf abgezogen werden. Für den Entwurf der Betonzusammensetzung gibt es zahlreiche Verfahren. *Wesche*

Literatur: *Wesche, K.:* Baustoffe für tragende Bauteile. Bd. 2; 2. Aufl. Wiesbaden 1981; s. bes. S. 220/30.

Mischungslücke → Zweistoffsystem, → Zustandsdiagramm

Mischungsregel → Mikrostruktologie

Mittelblech. M. ist die Bezeichnung für → Stahlblech mit Dicken zwischen 3 mm und 4,75 mm. M. wird heute meist zum warmgewalzten Stahlblech gezählt. *Baumann*

Modell. Die Qualität eines Gußstücks hängt hinsichtlich Maßgenauigkeit, Oberflächengüte und Formbarkeit vom Modellaufbau ab. Richtlinien für die Ausführung, insbesondere die Güteklassenbezeichnung und -einteilung (Tabelle 1) enthält DIN 1511. Die zugehörige Tabelle 2 erleichtert die Auswahl.

Der innige Zusammenhang zwischen Modellaus-

Modell. Tabelle 1: Güteklassenbezeichnung und -einteilung nach DIN 1511

Modell- werkstoff	Güteklassen	
	Anzahl	Bezeichnung
Holz	5	H 1 a, H 1, H 2, H 3
Metall	2	M 1, M 2
Kunststoff	2	K 1, K 2
Schaum- stoff	3	S 1, S 2, A 3

führung und Formverfahren geht aus Tabelle 3 (S. 677) hervor.

Neben der Kenntnis dieser Zusammenhänge sollte jede Modellkonstruktion in Abstimmung mit der Gießerei wichtige Details, wie Teilung, Formschrägen, Schwindmaße usw. berücksichtigen. Richtwerte für Formschrägen und Schwindmaße mit den möglichen Abweichungen enthalten die Tabellen 4 und 5 (S. 678).

M. für hochwertige Gußstücke verursachen erhebliche Herstellungskosten, die mitunter einen großen Anteil an den gesamten Gußkosten ausmachen. Um besonders bei Prototypen, bei denen man sich nicht sicher ist, ob die Serienausführung in der gleichen Form ablaufen wird, die Modellkosten zu senken, verwendet man dazu M. aus Polystyrol- oder Polyurethanschaum. Infolge der leichten Bearbeitbarkeit dieser Modellbaustoffe ergeben sich beträchtliche Kosteneinsparungen, zumal man diese vergasbaren Modellwerkstoffe als „Naturmodell", d. h. ohne Kernkästen (deren Herstellkosten eingespart werden) ausführen kann, da die M. nicht entformt werden müssen, sondern nach der Technik des Vollformgießens vergast werden.

Ein weiterer Vorteil liegt darin, daß ein solches M., abgesehen vom → Schwindmaß, genauso aussieht wie der spätere Abguß. Der Konstrukteur kann also übersehene Schwachstellen rechtzeitig erkennen.

Eine lange Tradition hat die Herstellung von Gipsmodellplatten für die Maschinenformerei. Durch die Entwicklung neuartiger Hartgipse auf synthetischer Basis mit hoher Festigkeit (auch im Kantenbereich) und sehr geringer → Schwindung (deshalb rißfreier Modellguß) hat diese etwas in Vergessenheit geratene Modellherstellungstechnik wieder neuen Auftrieb erhalten. Vorteilhaft sind die relativ geringen Herstellkosten der Gipsmodellplatten, die wesentlich unter den Kosten für eine Kunststoffplatte liegen. Allerdings benötigt man für eine Gipsmodellmustermacherei formtechnisch erfahrene Handwerker. *Doliwa*

Modell. Tabelle 2: Hilfstabelle zur Bestimmung der Modellgüteklassen. (Fortsetzung S. 676)

Güte-klasse	Wertver-hältnis[1])	Verwendung	Richtwert, Anzahl der Abformungen[2])	Modellwerkstoff und zulässige Maß-abweichungen	Mögliche Abweich. und Zwischen-lösungen
H 1 a	W = 280−300	Serienfertigung in der Hand- und Maschinen-formerei mit höchsten Ansprüchen an die Ausführung	min. 1 000 bei günstigen Modellformen; min. 500 bei ungünstigen Modellformen	Harthölzer, wie Ahorn-, Birnbaum-, Kirschbaum-, Nußbaum-, Ulmenholz oder gleich-wertige Furnier-platten. Gerundete Werte nach ± $^1/_2$ IT 14	Teilausführungen in Kunstharz und Metall. Vereinfachte Ausführungen an Zubehörteilen
H 1	W = 180−220	Hohe Stückzahlen, in der Hand- und Maschinen-formerei mit hohen Anspr. an die Ausführung. Auch Groß-modelle	min. 500 bei günstigen Modellformen, min. 250 bei ungünstigen Modellformen, min. 15 bei Großmodellen	wie H 1 a bei größeren Modellen Kiefer mit Hartholz-armierung. Gerundete Werte nach ±$^1/_2$ IT 14	Teilausführungen in Kunstharz oder Metall. Vereinfachung bei Groß-modellen
H 2	W = 100	Kleinserien und wiederkehrende Abgüsse in der Handformerei	Kleinmodelle: 50 bei günst. Modellform. 30 bei ungünst. Modellform. Großmodelle: 15 bei günst. Modellform. 5 bei ungünst. Modellform.	Erlen- und Kiefernholz oder gleichwertige Holzwerkstoffe. Gerundete Werte nach ±$^1/_2$ IT 15	Hartholz-armierungen. Besondere Verschlüsse an Kernkästen. Verstärkte oder vereinfachte Ausführung von Einzelteilen
H 3	W = 70−80	Einzelabgüsse in der Hand-formerei	Kleinmodelle max. 5 Großmodelle max. 2	Fichten-, Kiefern-, Erlen- und Lindenholz sowie Tannenholz als Füllholz. Gerundete Werte nach ± $^1/_2$ IT	Einzelteile in verstärkter Aus-führung. Losteile und Änderungs-teile aus Hart-schaumstoff

Modell. noch Tabelle 2: Hilfstabelle zur Bestimmung der Modellgüteklassen.

Güte-klasse	Wertver-hältnis[1])	Verwendung	Richtwert, Anzahl der Abformungen[2])	Modellwerkstoff und zulässige Maß-abweichungen	Mögliche Abweich. und Zwischen-lösungen
M 1	W = 900—1 200	Großserien in der Masch.-Formerei mit höchsten Ansprüchen an die Ausführung	mindestens 50 000 bei günstigen, mindestens 15 000 bei ungünstigen Modellformen (außer Hartblei und Modellmetall)	Rotguß, Messing, Aluminiumlegierungen, Gußeisen und Stahl. Gerundete Werte nach $\pm$ $1/2$ IT 12	keine
M 2	W = 700—1 200	Serienfertigung in der Masch.-Formerei	mindestens 40 000 bei günstigen, mindestens 12 000 bei ungünstigen Modellformen (außer Hartblei und Modellmetall)	wie M 1, jedoch auch Hartblei und Modellmetall. Gerundete Werte nach $\pm$ $1/2$ IT 13	keine
K 1	W = 200—300	Serienfertigung in der Masch.-Formerei	mindestens 30 000 bei günstigen, mindestens 10 000 bei ungünstigen Metallformen (außer Hartblei und Modellmetall)	Kunststoffe mit hoher Formbeständigkeit und Abriebfestigkeit. Gerundete Werte nach $\pm$ $1/2$ IT 13	Armierungen und Losteile aus Metall
K 2	W = 180—250	Kleine bis mittlere Serien in der Maschinenformerei	mindestens 10 000 bei günstigen, mindestens 5 000 bei ungünstigen Modellformen (außer Hartblei und Modellmetall)	Kunststoffe. Gerundete Werte nach $\pm$ $1/2$ IT 14	wie K 1
S 1	W = 40—60	Für mehrmaligen Gebrauch leicht entformbare Modelle	max. 4	Harter Schaumkunststoff; z. B. Polystyrol mit 20 bis 40 kg/m^3 Rohdichte	Versteifungen und Armierungen aus Holz
S 2+3	W = 30—50	Einmaliger Gebr.; verlorenes Modell	1	wie S 1, jedoch mit einer Rohdichte unter 20 kg/m^3	keine

[1]) Mittlere Erfahrungswerte; in Sonderfällen sind erhebliche Abweichungen möglich.
[2]) Stark abhängig von Werkstoffqualität und Beanspruchungen beim Formen.

Modell. Tabelle 3: Kennzeichnung der Formverfahren im Hinblick auf die Modell- und Kernkastenausführung.

Spaltengruppen: **Modell- bzw. Kernkastenwerkstoff** (Holz, Metall, Gießharze, Schaumst. — Gießharze und Schaumst. zusammengefaßt als „Kunststoff") · **Verdichten[1]** · **Verfestigen der Sandmischung[2]** (Temperatur: Raumtemperatur, erhöhter Temperatur — Ort: im Kernkasten bzw. mit Modell, außerhalb bzw. ohne Modell — Dauer: s, min, h) · **Anwendungsbereich** (Stahlguß, Temperguß, Gußeisen, Leichtmetallguß, Schwermetallguß).

Formverfahren bzw. Formstoffe	Holz	Metall	Gießharze	Schaumst.	Verdichten[1]	Raumtemperatur	erhöhter Temperatur	im Kernkasten bzw. mit Modell	außerhalb bzw. ohne Modell	s	min	h	Stahlguß	Temperguß	Gußeisen	Leichtmetallguß	Schwermetallguß
Formverfahren mit tongebundenen Formsanden																	
ungetrocknete Formen	●	●	●		+								●	●	●	●	●
oberflächen-getrocknete Formen	●	●	●		+				+		+	○	●	○	○	○	○
getrocknete Formen	●	○	○		+		+		+		+	○	●		●	●	○
Schamotte-Formverfahren	●	○	○		+		+		+			+	●				
Formverfahren mit wasserglasgeb. Formstoffen																	
Kohlensäure-Erstarrungsverf.	●	●	●	○	●	+	○	+		+	○		●	●	●	●	●
Fließsand-Verfahren	●	○	○	○		+		+				+	○		○		
Zementsand-Formverfahren	●	○	○	●	○	+		+			○	+	○		●		○
Zement-Fließsand	●	○	○	○		+		+			○	+	●				
Formverfahren mit Erstarrungsölsanden	●	○	○		○	+	○		+		○	○	●	●	●	●	
Formverfahren mit kalthärtenden Kunstharzsanden	●	○	○	○	○	+		+			○	○	●	○	●	○	○
Cold-Box-Verf.	○	●	○		●	+		+		+	○		●	●	●	●	●
Formverfahren mit heißen Formwerkzeugen																	
Masken-Formverfahren		+					+	+		+	●		●	●	●	●	●
„Hot-Box"-Formverfahren		+			+		+	+		+	○		●	●	●	●	●
Öl- und emulsionsgebundene Formstoffe	●	●	●		+		+		+		+	○	●	●	●	●	○
Formverfahren mit binderfreien Formsanden																	
Vollformverf.				+									○	○	○	○	○
Magnetformverf.				+		●		+		+			○	○	○	○	○
Vakuumformverf.	●	●	●			●		+		+			○	○	○	○	○

○ möglich ● üblich + notwendig

[1]) durch mechanische Vorgänge erzielte Steigerung der Festigkeit.
[2]) Festigkeitserhöhung durch chemische oder thermische Behandlung oder durch physikalische Kräfte.

Modell. Tabelle 4: Richtwerte für Formschrägen.

Formschrägen für innere und äußere Flächen an Modellen

Höhe (mm)	bis 10	über 10 bis 18	über 18 bis 30	über 30 bis 50	über 50 bis 80	über 80 bis 180
Schräge (in°)	3°	2°	1,5°	1°	0,75°	0,5°

Höhe (mm)	über 180 bis 250	über 250 bis 315	über 315 bis 400	über 400 bis 500	über 500 bis 630	über 630 bis 800	über 800 bis 1 000
Schräge (mm)	1,5	2,0	2,5	3,0	3,5	4,5	5,5

Höhe (mm)	über 1 000 bis 1 250	über 1 250 bis 1 600	über 1 600 bis 2 000	über 2 000 bis 2 500	über 2 500 bis 3 150	über 3 150 bis 4 000
Schräge (mm)	7	9	11	13,5	17	21

Formschrägen für Kernmarken

Höhe (mm)	bis 70	über 70
Schräge	5°	3°

Anhaltswerte für Formschrägen beim Maskenformverfahren

Modellhöhe	bis 40 mm	40 bis 80 mm	über 80 mm
Formschräge	0°; 20′	0°; 30′	1°

Modell. Tabelle 5: Schwindmaßrichtwerte und mögliche Abweichungen.

Gußwerkstoff	Richtwert	Mögl. Abweichung
Gußeisen		
mit Lamellengraphit	1,0 %	0,5—1,3 %
mit Kugelgraphit, ungeglüht	1,2 %	0,8—2,0 %
mit Kugelgraphit, geglüht	0,5 %	0,0—0,8 %
Stahlguß	2,0 %	1,5—2,5 %
Manganhartstahl	2,3 %	2,3—2,8 %
Temperguß GTW	1,6 %	1,0—2,0 %
Temperguß GTS	0,5 %	0,0—1,5 %
Aluminium-Gußlegierungen	1,2 %	0,8—1,5 %
Magnesium-Gußlegierungen	1,2 %	1,0—1,5 %
Kupferguß (Elektrolyt)	1,9 %	1,5—2,1 %
Guß-CuSn-Legierungen		
(Gußbronzen)	1,5 %	0,8—2,0 %
Guß-CuSnZn-Legierungen		
(Rotguß)	1,3 %	0,8—1,6 %
Guß-CuZn-Legierungen		
(Gußmessing)	1,2 %	0,8—1,8 %
G-CuZn (Mn, Fe, Al)-Legierungen		
(Guß-Sondermessinge)	2,0 %	1,8—2,3 %
G-CuAl (Ni, Fe, Mn)-Legierungen		
(Guß-Aluminium- und Guß-Mehrstoff-Aluminiumbronzen)	2,1 %	1,9—2,3 %
Zinkguß-Legierungen	1,3 %	1,1—1,5 %
Weißmetall (Pb, Sn)	0,5 %	0,4—0,6 %

Modell, rheologisches. Beschreibung des Werkstoffverhaltens unter mechanischer Beanspruchung, welche sich nicht auf Raumgitter mit Defekten und ähnliche atomistische Konzepte abstützt, sondern auf kontinuumsmechanische Modellkörper.

Drei Grundelemente beschreiben drei Typen von Dehnungsvorgängen als Folge vorgegebener statischer oder sprunghaft veränderliche Kräfte. Es wird angenommen, daß sich das komplexe Realverhalten durch Superposition i. S. von Serien- und Parallelschaltung der drei Grundelemente darstellen läßt. Diese sind:
– das elastische Element (Feder, *Hooke*'sches Verhalten)
– das linear-viskose Element (Dämpfer, *Newton*'sche Viskosität)
– das Reibungs-Element (mit einer der → Haftreibung entsprechenden Minimalspannung, unterhalb welcher das Material sich starr verhält). Dieses Element wird auch nach *St. Venant* benannt.

Die am häufigsten verwendeten Kombinationen solcher Grundelemente werden wie folgt gekennzeichnet (Bild):

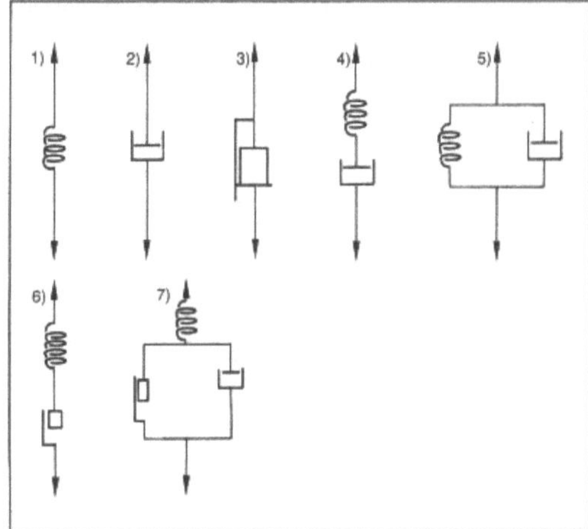

Modell, rheologisches: Schematische Darstellung von v. M. 1) elastisches Element, 2) linear-viskoses Element, 3) Reibungs-Element, 4) Maxwell-Modell, 5) Kelvin-Modell, 6) Prandtl-Modell, 7) Bingham-Modell.

– *Maxwell*-Modell: Anordnung von Feder und Dämpfer in Reihe, vermag z. B. stationäres → Kriechen sowie → Spannungsrelaxation zu modellieren;
– *Kelvin*-Modell: Parallelschaltung von Feder und Dämpfer, geeignet zur Beschreibung des anelastischen Verhaltens (→ Anelastizität);
– *Prandtl*-Modell: Reihenanordnung von Feder und Reibungselement, beschreibt plastisches Fließen mit → Streckgrenze;

– *Bingham*-Modell: Parallelschaltung von Dämpfungs- und Reibungselement mit vorgeschalteter Feder.

Die r. M. leisten als anpassungsfähige Stoffgesetze gute Dienste für die Berechnung realer Formänderungen und Spannungsverteilungen. Ihre prinzipielle Grenze liegt darin, daß sie die in kristallin aufgebauten Werkstoffen vorgegebene Lokalisierung von Dehnungen, Spannungen und Gefügeelementen nicht zu beschreiben vermögen. Sie werden daher auch vorrangig für die Behandlung des plastischen Verhaltens von amorphen Polymeren und keramischen Massen (Pasten, Schlicker), ferner in der Theorie des Kriechens metallischer und keramischer Werkstoffe bei hohen Temperaturen herangezogen.

Ilschner

Literatur: *Krawietz, A.:* Materialtheorie. Berlin 1986.

Modell, tribologisches.
□ Reibung, Reibgesetz. → Reibung tritt in der Wirkfuge zwischen zwei Elementen eines tribologischen Systems (Bild 1) auf, die sich unter der Wirkung von äußeren Kräften relativ zueinander bewegen.

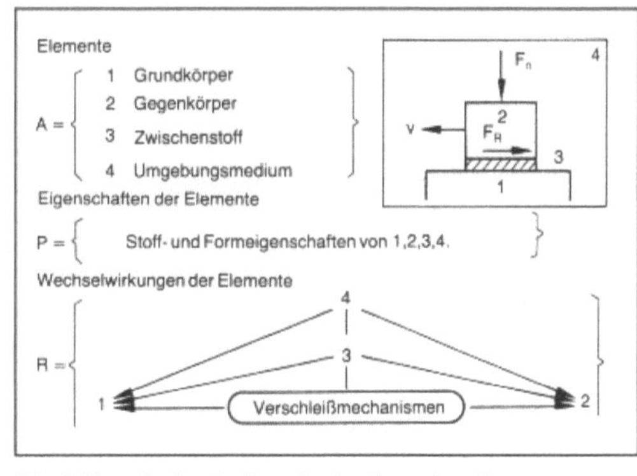

Modell, tribologisches 1: Aufbau des Systems.

Die für die Fertigungstechnik wichtigsten Folgen der Reibung sind der → Verschleiß der Werkzeuge sowie Oberflächenschäden (Riefen) am Werkstück. Ferner führt die Reibung zu Energieverlusten und damit zu einer Erhöhung des Kraft- und Arbeitsbedarfs des Umformvorgangs. Zum Abschätzen des Kraft- und Arbeitsbedarfs benötigt man eine geeignete mathematische Beschreibung der in der Wirkfuge zwischen Werkzeug und Werkstück auftretenden Reibvorgänge.

Der Gleitwiderstand kann durch die Größe der in der Wirkfuge herrschenden Schubspannungen τ_i, die i. a. die Reibschubspannungen τ_R sind, angegeben werden.

Zur Beschreibung von τ_R haben sich in der → Plastizitätstheorie zwei physikalische Modelle weitgehend durchgesetzt:

Nach dem *Coulomb*schen Reibgesetz ist der Zusammenhang zwischen den Druckkräften F_N und den entgegen der Bewegungsrichtung wirkenden Reibkräften durch die Reibzahl μ gegeben

$$F_R = \mu F_n \qquad (1)$$

Die Reibzahl μ wird meist über den Vorgang und die Reibfläche als konstanter Wert (Mittelwert) betrachtet. Untersuchungen zeigten jedoch, daß die Größe der Reibzahl außer von der Geometrie der Reibfläche, der Werkstoffpaarung, dem → Schmierstoff auch von den mechanischen und physikalischen Einflußgrößen – Druck, Relativgeschwindigkeit der Reibpartner, Temperatur – abhängt. Die Reibzahl μ kann nach der → Fließbedingung von *Tresca* Werte $0 \leq \mu \leq 0,5$, nach der Fließbedingung von *v. Mises* Werte $0 \leq \mu \leq 0,577$ annehmen. Dabei entspricht $\mu = 0$ dem reibungsfreien Fall, $\mu = 0,5$ bzw. $\mu = 0,577$ dem Grenzfall des Haftens (→ Haftreibung).

Eine andere Betrachtungsweise geht davon aus, die Reibschubspannung τ_R mit der Schubfließspannung k des weicheren Werkstoffs nach der Beziehung

$$\tau_i = \tau_R = mk \qquad (2)$$

zu verknüpfen. Der Proportionalitätsfaktor m wird zur Unterscheidung von der Reibzahl μ als Reibfaktor bezeichnet. Er kann die Werte $0 \leq m \leq 1$ annehmen. Dabei entspricht $m = 0$ dem reibungsfreien Fall und $m = 1$ dem Grenzfall des Haftens (→ Haftreibung).

Die tribologischen Bedingungen in der Wirkfuge Werkzeug-Werkstück sind sehr vielfältig; sie können sich in der Umformzone selbst unterschiedlich ergeben und während der → Umformung verändern. Das Verhalten der Schmierstoffe wird dadurch mitbestimmt. Es äußert sich in unterschiedlichen Reibungszuständen.

Üblicherweise werden vier verschiedene Reibungszustände unterschieden:
- → Festkörperreibung (trockene Reibung),
- → Grenzreibung,
- → Mischreibung,
- hydrodynamische Reibung (→ Flüssigkeitsreibung).

Bild 2 zeigt in einem erweiterten Stribeck-Diagramm die Bereiche der hydrodynamischen Reibung, der Misch- und der Grenzreibung für einen viskosen Schmierstoff in Abhängigkeit von der Dicke der Schmierstoffschicht. Zusätzlich ist der Bereich der Festkörperreibung in das Stribeck-Diagramm eingezeichnet.

□ Festkörperreibung. F. oder trockene Reibung liegt vor, wenn in einem tribologischen System die durch Belastung und Bewegung eingebrachte Energie von dem einen Reibpartner auf den anderen

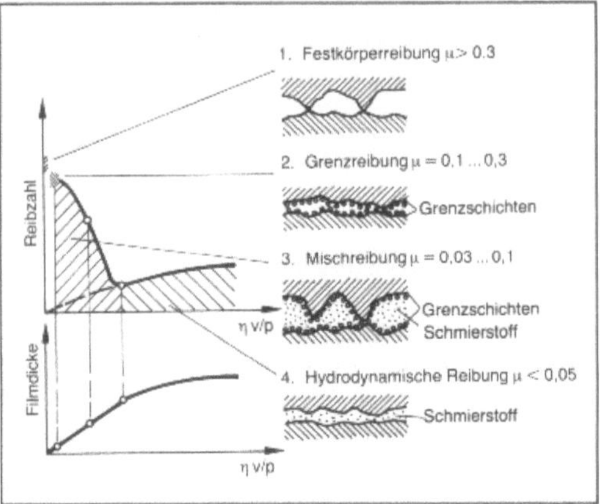

Modell, tribologisches 2: Stribeck-Diagramm für unterschiedliche Reibungszustände.

η dynamische Viscosität, v Gleitgeschwindigkeit, p Flächenpressung

ohne Vorhandensein eines Zwischenstoffs (oder Oberflächenschicht) übertragen wird. Die Oberflächen der Reibpartner sind metallisch rein. Der Reibmechanismus wird ausschließlich durch die chemischen und physikalischen Eigenschaften der Reibpartner bestimmt. Da der Reibvorgang in keiner Weise begünstigt wird, sind Reibung und Verschleiß hoch.

□ Grenzreibung. Unter normalen atmosphärischen Bedingungen sind alle technischen Oberflächen mit adsorbierten Gas- und/oder Flüssigkeits- und/oder chemischen Reaktionsschichten (→ Oxidschicht) belegt. Man spricht hier von G. oder Oberflächenschichtreibung. Die gewöhnlich nur wenige Moleküllagen dicken nichtmetallischen Trennschichten begünstigen den Reibungsvorgang und vermindern Reibung und Verschleiß.

□ Mischreibung. Bereits bei Vorhandensein kleiner Schmierstoffmengen an der Reibstelle, die flüssig oder pastös sein können, wird der Reibungsvorgang begünstigt. Zwar kann eine unmittelbare Berührung der Reibpartner nicht ausgeschlossen werden, doch wechseln sich diese Kontaktstellen ab mit Bereichen, in denen ein Schmierfilm die Oberflächen trennt. In Teilbereichen kann es sogar zu einem hydrodynamischen Druckaufbau kommen. Dieser Zustand wird als M. bezeichnet. Eine physikalisch genaue Beschreibung des M.-Vorgangs ist bisher nicht gelungen.

Die M. ist der bei Umformvorgängen vorwiegend zu beobachtende Reibungszustand.

□ Hydrodynamische Reibung, Flüssigkeitsreibung. Reichen die sich zwischen den Reibpartnern aufbauenden Drücke in der Schmierstoffschicht aus, der äußeren Kraft das → Gleichgewicht zu halten, so werden die Oberflächen vollständig voneinander getrennt, und es findet keinerlei direkte

Berührung mehr statt. Der Reibungsvorgang wird dabei aus der Berührungsebene zweier Festkörper in eine Flüssigkeitsschicht verlegt. Als Schmierstoffeigenschaft ist einzig und allein die →Viskosität oder eine andere das Fließverhalten der Schmierstoffschicht kennzeichnende Größe von Bedeutung. Die Reibpartner selbst sind an dem Reibungsvorgang nur insofern beteiligt, als sie chemisch mit dem Schmierstoff reagieren bzw. ihre Oberflächenfeingestalt zur Aufrechterhaltung der völligen Trennung der Reibpartner beiträgt. *Lange*

Literatur: *Lange, K.* (Hrsg.): Umformtechnik. Handb. f. Ind. u. Wiss. Bd. 1. Grundlagen. Berlin, Heidelberg, New York, Tokio 1984. – *Schey, J. A.:* Metal deformation processes: Friction and lubrication. New York 1979. – *Schey, J. A.:* Tribology in Metalworking. Metals Park OH 1983.

Modell, vergasbares →Vollformgießen

Modifikation, allotrope →Polymorphie

Mohair →Tierhaare

Mohr-Spannungskreis. Bei bekannter äußerer Beanspruchung ist es oft notwendig in Bauteilen die Normal- und Schubspannungen in beliebigen Schnitten, sowie die Hauptspannungen zu ermitteln. Ein bekanntes Hilfsmittel zur zeichnerischen Darstellung ist dabei der M.-S. (*Otto Mohr* 1882). Dies wird an einem infinitesimalen Würfelelement dargestellt, wobei die Lage der Schnittebene im Element durch den Normalenvektor ñ gegeben ist (Bild 1).

Wird ein →Spannungszustand in der x-y Ebene betrachtet (Bild 2), ergibt sich aus dem Kräfte-

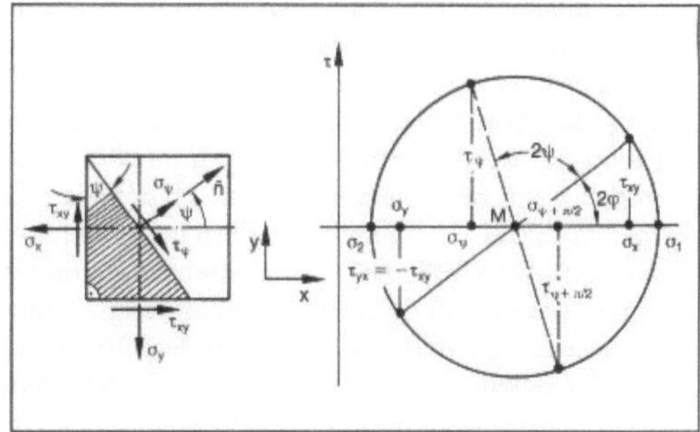

Mohr-Spannungskreis 2: Spannungen am Schnittelement in der x-y-Ebene, dargestellt im M.-S.

gleichgewicht die Kreisgleichung im $\sigma\tau$-Koordinatensystem.

$$\left(\sigma - \frac{\sigma_x + \sigma_y}{2}\right)^2 + \tau^2 = \left(\frac{\sigma_x - \sigma_y}{2}\right)^2 + \tau_{xy}^2$$

Verschwindet jetzt die Schubspannung τ erhält man die Hauptspannung σ_1 und σ_2 zu:

$$\sigma_1 = \frac{\sigma_x + \sigma_y}{2} + \sqrt{\left(\frac{\sigma_x - \sigma_y}{2}\right)^2 + \tau_{xy}^2}$$

$$\sigma_2 = \frac{\sigma_x + \sigma_y}{2} - \sqrt{\left(\frac{\sigma_x - \sigma_y}{2}\right)^2 + \tau_{xy}^2}$$

sowie

$$\tau_{max} = \frac{\sigma_1 - \sigma_2}{2} = \sqrt{\left(\frac{\sigma_x - \sigma_y}{2}\right)^2 + \tau_{xy}^2}$$

Der M.-S. beschreibt also den Spannungszustand vollständig, der in der von den beiden betrachteten Hauptspannungen aufgespannten Ebene liegt.

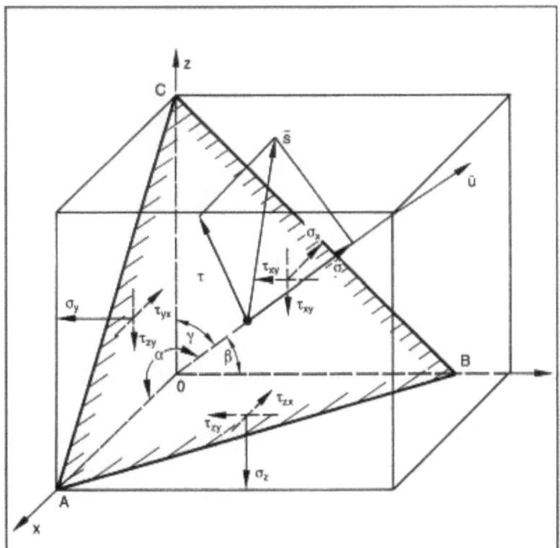

Mohr-Spannungskreis 1: Schnittspannungen an einem infinitesimalen Würfelelement.

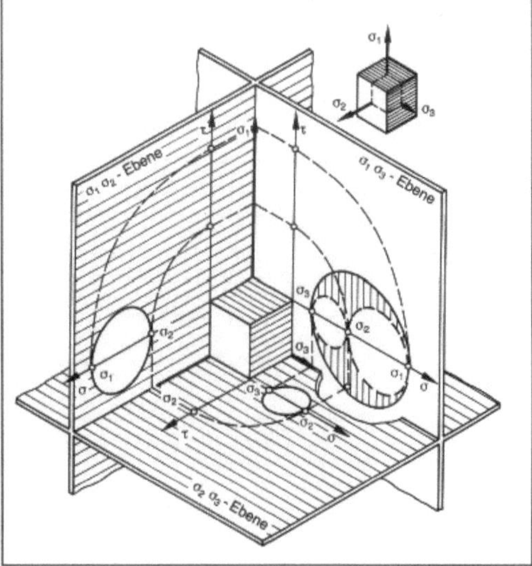

Mohr-Spannungskreis 3: M.-S. der drei Hauptspannungsebenen.

Ein allgemeiner Spannungszustand ist durch die drei Hauptspannungen gegeben, die senkrecht zueinander stehen und somit drei Ebenen aufspannen. Jeder der drei Ebenen kann ein Spannungskreis zugeordnet werden. Soll jetzt ein räumlicher Spannungszustand beschrieben werden, klappt man die drei Einzelkreise zusammen und erhält die Darstellung nach Bild 3 (S. 681). Alle Spannungskomponenten, die in dem dreiachsigen Spannungszustand auftreten, liegen in den schraffierten sichelförmigen Flächenstücken. *Kußmaul*

Moiré-Verfahren. Das M.-V., eine Methode der experimentellen →Spannungsanalyse, nutzt zur Ermittlung von Verformungen den sog. *Moiré*-Effekt, der bei der Überlagerung zweier oder mehrerer geometrisch ähnlicher Strukturen auftritt.

Die einfachsten Verhältnisse liegen vor, wenn zwei periodische Liniengitter mit unterschiedlichen Linienabständen (p ≠ ṕ; Bild 1) kolinear überlagert und wenn zwei identische periodische Liniengitter gegeneinander verdreht (Verdrehwinkel ϑ, Bild 2) werden (in-plane Moiré). Aus dem Moiréstreifenabstand des entstehenden Moiréstreifenbildes läßt sich jeweils der Verdrehwinkel und die Linienabstandsdifferenz bzw. – im Hinblick auf die Moirédehnungsmessung, die →Dehnung ε des einen Gitters relativ zum anderen ermitteln:

$$\vartheta = \frac{p}{d}$$

$$\varepsilon = \pm \frac{p}{d \mp p}$$

Das obere Vorzeichen in letzter Gleichung gilt für positive, das untere für negative Dehnung. Auf diese Weise werden die Dehnungskomponenten senkrecht zu den Gitterlinien gemessen. Bei Verwendung von Kreuzgittern kann der zweidimensionale

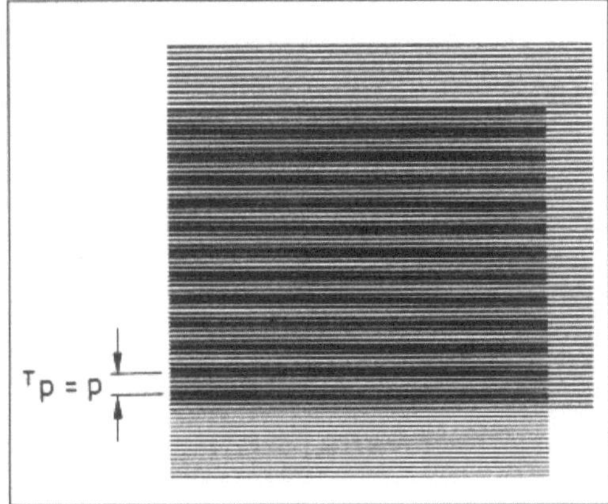

Moiré-Verfahren 1: Moiré-Effekt bei kolinearen Gittern mit unterschiedlichen Linienabständen.

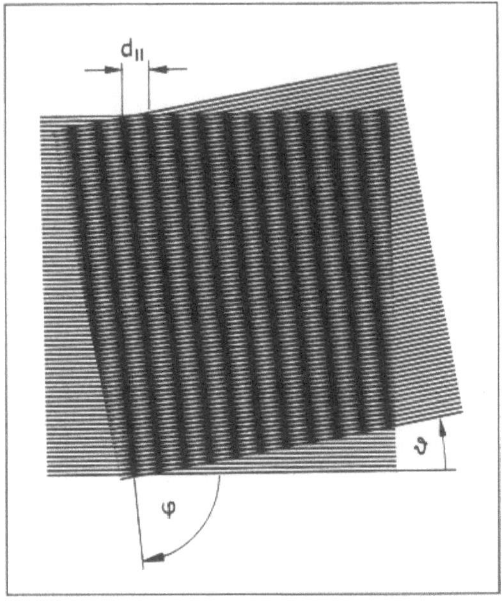

Moiré-Verfahren 2: Moiré-Effekt bei Verdrehung identischer Gitter.

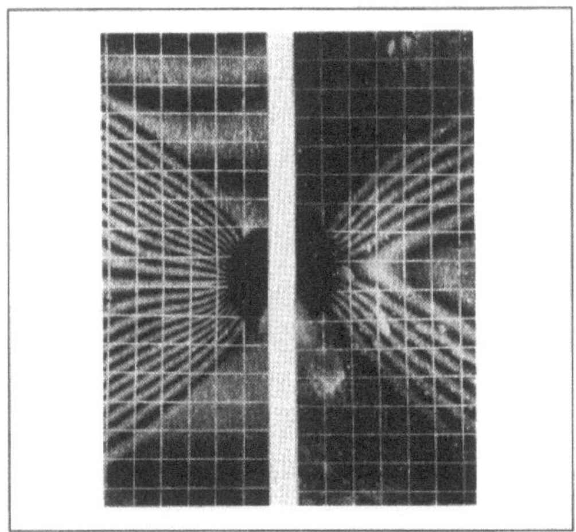

Moiré-Verfahren 3: Moiréstreifenbilder eines bleibend verformten Flachstabes mit Rundloch: vertikale Verschiebung (links) und horizontale Verschiebung (rechts).

Oberflächendehnungszustand aus zwei unabhängigen Moiréstreifenbildern vollständig bestimmt werden.

Bei der Spannungsanalyse wird das zu untersuchende Bauteil mit einem Gitter versehen. Dies geschieht je nach Umgebungsbedingungen durch Aufkleben, vor allem bei höheren Temperaturen unter Nutzung der Fotolacktechnik durch Ätzen, →Aufdampfen von Edelmetallen oder auf galvanischem Wege. Es kommen Linien- und (für zweidimensionale Analysen) Kreuzgitter mit je nach Höhe der → Verformung unterschiedlicher Liniendichte zur Anwendung. Die Überlagerung von Bauteilgitter, das bei Beanspruchung des Bauteils mit diesem verformt wird, und unverformtem Vergleichsgitter (Referenzgitter, meist auf Glasträger) wird durch direkten Kontakt oder über optische Projektion des Bauteils bzw. Vergleichsgitter realisiert.

Neben der vorstehend beschriebenen sogenannten „in-plane Moirétechnik", bei der Verschiebungen in der Ebene der Gitter erfaßt werden, gibt es verschiedene Varianten des M.-V., die Verschiebungen senkrecht zur Gitterebene und damit die Kontur und Krümmung der Bauteiloberfläche wiedergeben. Beim Schatten-M.-V. wird die Verzerrung des Schattens eines Vergleichsgitters auf einer gegen die Gitterebene geneigten oder gekrümmten Bauteiloberfläche genutzt. Die optische Überlagerung von Vergleichs- und Schattengitter liefert ein Moiréstreifenbild, das Bereiche gleicher Höhe bezogen auf das ebene Vergleichsgitter darstellt. *Kußmaul*

Literatur: *Dally, J. W.* and *W. F. Riley*: Experimental stress analysis. New York 1978. – *Kockelmann, H.* u. *Wu Zuqi*: Moiré-Projektion und Hochtemperatur – Moirégitter. Fortschr.-Ber. der VDI-Z. Reihe 8, (1982) Nr. 54. – *Theocaris, P. S.*: Moiré fringes in strain analysis. London-New York 1969.

Molybdändisulfidschichten. Reibungsmindernde Oberflächenschichten, die durch physikalische → Abscheidung aus der Gasphase (PVD) gebildet werden können. Ferner ist Molybdändisulfid (MoS_2) Bestandteil von Gleitlacken, die auf die Oberflächen von Werkstoffen aufgebracht werden können. Die niedrige → Reibung des Molybdändisulfids beruht auf seinem hexagonalen Kristallgitter. Das Gleiten erfolgt zwischen den mit Schwefelatomen besetzten Netzebenen (Bild). Die → Reibungszahl ist im Vakuum deutlich geringer als in Luft (Luft: $f = 0,2$; Vakuum $f \approx 0,05$). Molybdändisulfid wird ab 350 °C zu Molybdäntrioxid oxidiert; bei 800 °C zersetzt es sich vollständig, wodurch die Reibungszahl stark ansteigt. *Habig*

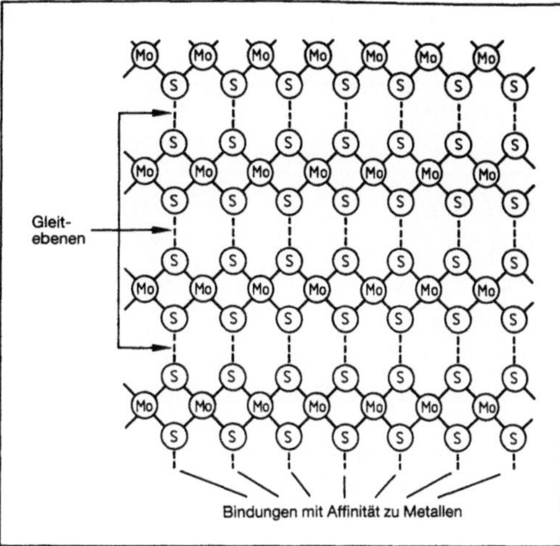

Molybdändisulfidschichten: Atomarer Aufbau von Molybdändisulfid (schematisch).

Molybdänlegierungen. Unlegiertes Molybdän (gesintert) fand schon früh wegen seiner hohen → Festigkeit und seiner guten → Korrosionsbeständigkeit gegen aggressive Schmelzen bei hohen Temperaturen Verwendung (Elektronenröhren, Heizleiter, Schmelzenrührer). M. werden heute überwiegend wie die konkurrierenden → Nioblegierungen als warmfeste, hochschmelzende Werkstoffe für Anwendungen in der Raketen-, Turbinen- und Raumfahrttechnik herangezogen. Eine breite Anwendung finden sie wegen der hohen Schmelztemperatur in der Metallverarbeitung, z. B. für Gußkokillen, Strangpreßwerkzeuge, Ofeneinbauten und hochbelastbare Warmbearbeitungswerkzeuge.

M. erhalten eine Karbidausscheidungshärtung durch kleine Ti- und Zr-Zusätze (Tabelle 1). Legierungen, die allein durch W-Zusatz mischkristallgehärtet sind, kommen nur für spezielle Anwendungen bei sehr hohen Temperaturen in Betracht und befinden sich in der Entwicklung. Durch Ti-Zusatz entsteht eine erhöhte → Warmfestigkeit (TiC-Ausscheidungen) und eine verbesserte → Schweißbar-

Molybdänlegierungen. Tabelle 1: Zusammensetzung von hochschmelzenden M.

Bezeichnung	
MoTi 0,5	Mo, Ti 0,5, C 0,025, N< 0,005, O < 0,003
TZM	Mo, Ti 0,5, Zr 0,08, C 0,03, N< 0,005, O < 0,003
Nb-TZM	Mo, Ti 0,5, Zr 0,08, C 0,05
TZC	Mo, Ti 1,2, Zr 0,2, C 0,15
WZM	Mo, W 25, Zr 0,1, C 0,03

Molybdänlegierungen. Tabelle 2: Zugfestigkeit und Zeitstandfestigkeit von hochschelzenden M. (nach W. Dienst)

Bezeichnung	R_m in N/mm²			$R_{m/1000\,h}$ in N/mm²	
	20 °C	1 000 °C	1 600 °C	1 000 °C	1 200 °C
Mo (C 0,02)	700	270	60		60
MoTi 0,5	750	460	70		
TZM	900	600	120	400	100
Nb—TZM				480	250
TZC	800	500	140	420	210

keit. Um die → Härte und Festigkeit weiter zu steigern, wurden Zirkon und Niob bei erhöhtem Kohlenstoffgehalt zugesetzt (Mischkarbide), aber auch die gute Verformungsverfestigung durch geeignete → Verformung bei hohen Temperaturen unterhalb der Rekristallisationsgrenze ausgenutzt. Typische Verformungsbehandlungen sind: 1 h Lösungsglühung bei 2 100 °C, → Strangpressen bei 1 600–1400 °C, → Walzen bei ca. 1 300 °C (eventuell Spannungsarmglühen bei 1 250 °C und → Rundhämmern bei 1350–1050 °C).

In der → Zeitstandfestigkeit (Tabelle 2) sind die M. den Nb-Legierungen überlegen. Die Zeitbruchdehnung der M. ist mit ≧ 20 % ziemlich groß. Der Übergang duktil/spröde für Zug- und Biegeverformung liegt meistens nahe bei Raumtemperatur.

M. wurden vorwiegend metallothermisch mit Hilfe von → Aluminium oder → Silicium hergestellt, daneben in geringem Umfang elektrothermisch. In der Stahlindustrie wird Molybdän (Ferromolybdän) zu Legierungszwecken verwendet.

Ein interessantes Legierungsmetall ist auch das Rhenium, das kaltbildsame M. (MoRh35) ergibt. Molybdän-Wolfram-Legierungen (MoW10, MoW30, MoW50) werden in der Elektrotechnik für Glühlampendrähte und Röhren verwendet, weil sie bessere Eigenschaften als Molybdän und leichter verformbar als Wolfram sind. *Heller*

Literatur: *Dienst, W.*: Hochtemperaturwerkstoffe. Karlsruhe 1978. – *Kieffer, R.*, u. *G. Jangg, P. Ettmayer*: Sondermetalle. Berlin 1971.

Molybdänschichten. Oberflächenschutzschichten, die durch thermisches → Spritzen, gelegentlich auch durch chemische → Abscheidung aus der Gasphase (CVD), aufgebracht werden. Sie besitzen einen hohen Widerstand gegenüber der → Adhäsion bei Paarung mit → Stahl oder → Gußeisen und werden z. B. als → Schutzschichten für Kolbenringe von hochbeanspruchten Verbrennungsmotoren eingesetzt. *Habig*

Monkman-Grant-Beziehung. Zum Zweck der Kennzeichnung der → Festigkeit warmfester Werkstoffe unter Bedingungen des Kriechversuchs verknüpft die M.-G.-B. (1956) die Zeit bis zum Bruch, t_B, mit der stationären Kriechgeschwindigkeit $\dot{\varepsilon}_s$ in der einfachen Form

$$t_B = C/\dot{\varepsilon}_s$$

wobei C eine Konstante ist. Die Bilder 1 und 2 zeigen Beispiele von reinen Metallen.

Zahlreiche Überprüfungen an unterschiedlichen Stählen, Ni-Basislegierungen usw. haben ergeben, daß im Regelfall mit obiger Formel eine noch bessere Übereinstimmung von Daten, die bei verschiedenen Temperaturen erhalten wurden, erzielt

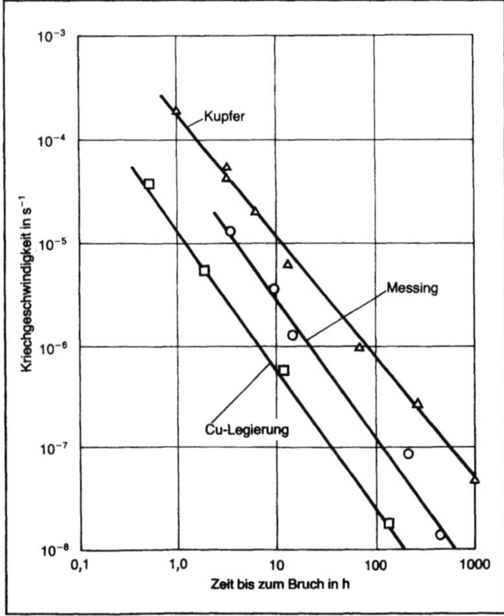

Monkmann-Grant-Beziehung 1: Nachweis der Gültigkeit der M.-G.-B. an reinem Kupfer, an Messing und an einer ausscheidungsgehärteten Kupferlegierung bei ca. 500 °C.

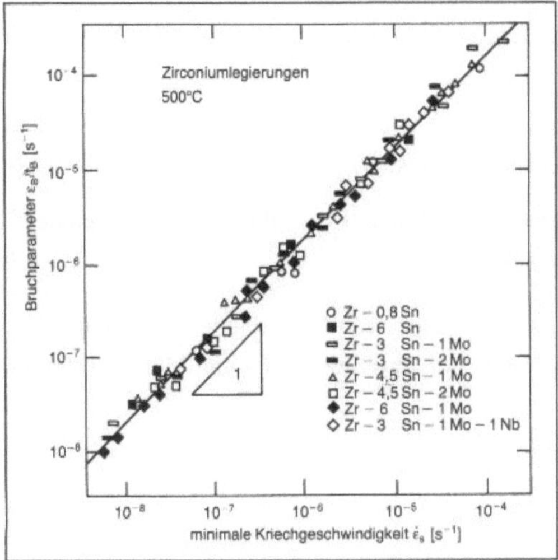

Monkmann-Grant-Beziehung 2: Modifizierte M.-G.-B. für Zirkoniumlegierungen bei 500 °C (Einbeziehung der Bruchdehnung in die Konstante C der obigen Gleichung).

wird, wenn die Konstante C mit der →Bruchdehnung ε_B verknüpft wird, wobei ε_B (schwach) von Temperatur und Spannung abhängt: $C = C' \varepsilon_B$. In dieser Erweiterung wird die M.-G.-B. auch nach *Dobeš* und *Milićka* bezeichnet.   *Ilschner*

Literatur: *Čadek, J.*: Creep in metallic materials. Amsterdam 1988. – *Ilschner, B.*: Hochtemperatur-Plastizität. Berlin 1973.

Monomer. Ein M. ist der niedermolekulare Baustein, aus dem ein →Polymer aufgebaut ist. Zum Beispiel ist das M. von →Polystyrol Styrol oder von →Polymethylmethacrylat →Methylmethacrylat.

Bei der Bezeichnung von Polymeren geht man immer vom Namen des M. aus und setzt das Wort *Poly-* davor.   *Finkelmann*

Mörtel. M. sind Gemische, die aus einem oder mehreren miteinander verträglichen Bindemitteln bestehen und i. d. R. mineralische Zuschläge bis zu 4 mm Größtkorn enthalten. Anorganische M. werden mit Wasser angemacht und erhärten durch chemische Bindung von Wasser sowie Kohlensäure an das →Bindemittel. Ihnen können Zusätze beigegeben werden, um bestimmte Eigenschaften zu erreichen oder zu beeinflussen.

Man unterscheidet im wesentlichen folgende Mörtelarten:

□ nach der Anwendung: Mauermörtel, Putzmörtel, Estrichmörtel, Einpreßmörtel, Verlegemörtel, Verfugmörtel, Ausbesserungsmörtel;

□ nach der Bindemittelart: Zementmörtel, Kalkmörtel, Kalkzementmörtel, Putz- und Mauerbindermörtel, Gipsmörtel, Kalkgipsmörtel, Anhydrit-

mörtel, Anhydritkalkmörtel, Magnesiamörtel, →Kunstharzmörtel;

□ nach dem Zuschlag: Feinmörtel, Grobmörtel, Leichtmörtel;

□ nach Konsistenz und Verarbeitung: steifer, weicher, kellengerechter M., Fließmörtel, Gießmörtel, Spritzmörtel, Dünnbettmörtel;

□ nach Herstell- und Lieferverfahren: Baustellenmörtel, Werkmörtel;

□ nach dem Zustand des M.: Frischmörtel, Naßmörtel, Werkfrischmörtel, Werkvormörtel, Werktrockenmörtel, Festmörtel;

□ nach dem Erhärtungsvorgang bei mineralischen M.: Luftmörtel (Erhärtung ausschließlich an der Luft, wasserlöslich) und hydraulische M. (Erhärtung an der Luft und unter Wasser, wasserbeständig).

Putz- und Mauermörtel werden nach DIN 18550, Tl. 2, bzw. DIN 1053, Tl. 1, nach der Art des Bindemittels in Mörtelgruppen eingeteilt (Tabelle). Den Mörtelgruppen sind bestimmte Mindestdruckfestigkeiten zugeordnet, die aber i. a. nicht nachgewiesen zu werden brauchen, wenn die in DIN 18550 bzw. DIN 1053 vorgeschriebene Zusammensetzung eingehalten wird. Die M. müssen auch eine Reihe anderer Anforderungen erfüllen, z. B. an die Haftscherfestigkeit sowie die Querverformbarkeit und die Trockenrohdichte (Leichtmörtel). Werkmörtel nach DIN 18557 werden als Vormörtel, Werkfrisch- oder Trockenmörtel geliefert. Vormörtel sind Naßmörtel mit nichthydraulisch erhärtenden Bindemitteln (Gruppe I), die auf der Baustelle durch Zumischen von →Zement zu M. der Gruppe II oder IIa aufbereitet werden können. Werkfrischmörtel ist ein kellenfertiger M., der auf der Baustelle ohne weitere Maßnahmen etwa 36 h lang verarbeitbar ist. Trockenmörteln darf man auf der Baustelle nur noch das Wasser zugeben. Sie werden als Sackware oder lose im Silo geliefert.

□ Mauermörtel (DIN 1053, Tl. 1) – Normal-, Leicht- und Dünnbettmörtel – haben die Aufgabe,

– die Zwischenräume (Fugen) zwischen den Mauersteinen auszufüllen und mit diesen das Mauerwerk zu bilden,

– die Mauersteine kraftschlüssig zu verbinden und die auftretenden Druck-, Schub-, Zug- und Biegespannungen aufzunehmen bzw. zu übertragen und

– einen ausreichenden Feuchtigkeits-, Schall- und Wärmeschutz im Fugenbereich zu gewährleisten.

Bei Sichtmauerwerk werden die Fugen i. a. auf etwa 1,5 mm Tiefe mit einem steiferen Verfugmörtel ausgefugt, der aber ausreichend dicht sein muß. Vorzuziehen ist jedoch der direkte Fugenglattstrich. Die Fugendicke von Mauerwerk mit Normal- oder Leichtmörtel soll nach DIN 1053, Tl. 1, für die Stoßfugen 10 mm und für die Lagerfugen 12 mm betragen. Damit sollen die Maßabweichungen der

Mörtel. Tabelle: Mörtelgruppen.

Mörtel-gruppe	Bindemittel
I	Luftkalk, Wasserkalk, hydraulischer Kalk (→ Baukalk)
I	bei Mauermörtel
II	bei Putzmörtel } hochhydraulischer Kalk (→ Baukalk), → Putz- und Mauerbinder
II	Luft- und Wasserkalk + → Zement
II	bei Mauermörtel hochhydraulischer Kalk oder Putz- und Mauerbinder + Zement
II a	bei Mauermörtel Wasserkalk, hochhydraulischer Kalk oder Putz- und Mauermörtel + Zement
III	Zement
III a	bei Mauermörtel Zement
IV	bei Putzmörtel Gips, Gips + Kalk (→ Baugips)
V	bei Putzmörtel Anhydrit, Anhydrit + Kalk (→ Anhydritbinder)
Org	bei Putzmörtel Kunstharz

Wandbausteine ausgeglichen werden, die je nach Steinart bis zu ±7 mm betragen können. Bei besonderen „Plansteinen" (Kalksandsteine, Gasbetonsteine, nachbearbeitete Ziegel) lassen sich diese Abweichungen auf ±1–1,5 mm und damit die Fugendicke bis auf etwa 2–3 mm reduzieren. Die Steine werden dann mit einem Dünnbettmörtel verbunden, den man i. d. R. aus Zement, Feinsand und organischen Zusätzen herstellt, die die Verarbeitbarkeit und das → Wasserrückhaltevermögen des M. verbessern sollen. Die Vorteile des Dünnbettmörtels sind:
– wirtschaftlicheres Aufbringen des M. mit besonderen Verfahren, z. B. mit Zahnspachtel,
– geringerer Mörtelanteil, dadurch geringere Baufeuchtigkeit,
– auch ohne Verwendung von Leichtmörtel bessere Wärmedämmung der Wand.

Der übliche Mauermörtel hat eine wesentlich größere Wärmeleitfähigkeit als hochwärmedämmende Wandbausteine. Trotz des relativ geringen Fugenanteils von etwa 5–10 % ist der Einfluß des M. auf die Wärmedämmung des Mauerwerks bei Verwendung dieser Wandbausteine erheblich. Es empfiehlt sich daher, auch die Wärmedämmung im Fugenbereich durch Verwendung eines Leichtmörtels mit kleiner Rohdichte zu erhöhen, dessen Zuschlag i. a. aus Blähton, Naturbims, Blähglimmer oder Blähperlit besteht.

□ Putzmörtel (DIN 18550). Als Putz werden M. aus mineralischen Bindemitteln oder Kunstharzbindemitteln im frischen Zustand ein- oder mehrlagig auf Wände und Decken aufgetragen. Sie übernehmen außer gestalterischen vor allem bauphysikalische Aufgaben für den Feuchtigkeits-, Wärme-, Schall- und Brandschutz. Die Anforderungen an die Putzmörtel richten sich nach diesen Aufgaben, nach dem Ort der Verwendung, nach dem Aufbau, nach der Putzweise und nach der Oberflächenstruktur. In DIN 18550, Tl. 1, sind Putzsysteme angegeben, mit denen diese Anforderungen erfüllt werden und die auf den Putzmörtelgruppen aufbauen (Tabelle). Besonderen gestalterischen Aufgaben dienen die Edelputze, die als Trockenmörtel geliefert werden und die meist durch Farbe und Zuschlagauswahl eine besondere Oberflächenstruktur aufweisen.

□ Estrichmörtel (DIN 18560). Estriche sind Mörtelschichten als Bodenbeläge, die auf einem tragenden Untergrund oder auf einer zwischenliegenden Trenn- oder Dämmschicht hergestellt werden, unmittelbar nutzfähig sind oder mit einem Belag versehen werden. Man unterscheidet Estriche nach folgenden Begriffen:
– nach der Konstruktion Verbundestrich, Estrich auf Trennschicht, schwimmender Estrich (auf einer Dämmschicht),
– nach dem Herstellverfahren einschichtiger, zweischichtiger Estrich, Baustellenestrich, Fertigteilestrich,
– nach der Art von Bindemittel und Zuschlag Anhydritestrich (→ Anhydritbinder), Gußasphaltestrich, Magnesiaestrich (→ Magnesitbinder), Zementestrich (→ Zement), Hartstoffestrich.

Als Hartstoffe werden nach DIN 1100 Natursteine, dichte Schlacken, Metalle, Elektrokorund, Siliciumcarbid und deren Gemische verwendet. Einpreßmörtel (DIN 4227, Tl. 5). Einpreßmörtel wird ausschließlich als → Zementleim oder Zementmörtel hergestellt und bevorzugt im Spannbetonbau verwendet, um die Spannglieder vollständig zu umhüllen und dadurch den → Korrosionsschutz der Spannstähle zu gewährleisten. Außerdem setzt man

Einpreßmörtel im Tunnel- und Stollenbau, im Talsperrenbau (Verfestigung des Baugrundes durch Mörtelinjektionen) sowie allgemein zum Ausfüllen von Hohlräumen (Auskolkungen, Auswaschungen) ein. Beim Einpressen von Zementmörtel in Spannkanäle ist i. d. R. der Zusatz einer Einpreßhilfe (→ Betonzusatz) erforderlich. Sie soll den Wasserbedarf vermindern, das Fließvermögen verbessern und den frischen M. geringfügig auftreiben. Die treibende Wirkung des Zusatzmittels ist erwünscht, um der durch Sedimentation und Schrumpfen bedingten Volumenverringerung entgegenzuwirken und damit die sonst im oberen Bereich der Spannglieder entstehenden Hohlräume zu vermeiden.

Wesche

Mörtelprüfung. Die M. dient der Ermittlung von Mörteleigenschaften zur Beurteilung des Anwendungsbereichs des Mörtels. Die Prüfung der → Mörtel mit mineralischen Bindemitteln ist weitgehend in DIN 18555 geregelt, die Anforderungen sind nach dem Anwendungsbereich der Mörtel als Mauermörtel, als Putz oder als Estrich in den zugehörigen Baustoffnormen festgelegt.

Die Prüfung eines Mörtels ist auf den Anwendungsbereich des Mörtels abzustimmen, wobei die Art des Bindemittels bei der Herstellung, Lagerung und Prüfung des Mörtels zu berücksichtigen ist. In der Regel werden nach dem Anwendungsbereich der Mörtel folgende Eigenschaften geprüft.

□ Mauermörtel. Konsistenz und Luftgehalt des Frischmörtels; Trockenrohdichte, Biegezugfestigkeit und Druckfestigkeit des Festmörtels. Bei Leichtmauermörteln kann auch die Längs- und Querdehnung im statischen → Druckversuch, bei verzögerten Mauermörteln und bei Dünnbettmörteln auch die Haftscherfestigkeit zu prüfen sein. Wird einem Mauermörtel mit mineralischem → Bindemittel ein Zusatzmittel zur Beeinflussung des Wasserrückhaltevermögens zugegeben, so ist die Wirksamkeit des Zusatzmittels durch die Prüfung des Wasserrückhaltevermögens nach dem Filterplattenverfahren zu beurteilen. Bei Dünnbettmörteln für die Plansteinvermauerung kann noch die Prüfung der Verarbeitungs- und Korrigierbarkeitszeit erforderlich sein.

□ Putzmörtel. Konsistenz des Frischmörtels; Trockenrohdichte, Biegezugfestigkeit und Druckfestigkeit des Festmörtels. Bei Innen- und Außenputzen kann noch die → Haftfestigkeit und die Wasserdampfdurchlässigkeit nach DIN 52616, bei Außenputzen allein die Witterungsbeständigkeit und der Wasseraufnahmekoeffizient nach DIN 52617 zu prüfen sein. Wird der Außenputz zur Verbesserung der Wärmedämmung eingesetzt, so ist noch an dem hierfür verwendeten Mörtel die Wärmeleitfähigkeit nach DIN 52612 zu untersuchen.

□ Estrich. Konsistenz des Frischmörtels; Trockenrohdichte, Biegezugfestigkeit und Druckfestigkeit des Festmörtels. Bei Estrichen, deren Oberfläche unmittelbar der Nutzung ausgesetzt sind, ist bei Verwendung von Anhydrit oder → Zement als Bindemittel der Schleifverschleiß nach DIN 52108, bei Magnesia als Bindemittel die Oberflächenhärte nach DIN 272 zu bestimmen.

Bei der Herstellung der Mörtel und Lagerung der Prüfkörper sind die Besonderheiten der Bindemittel, die ein unterschiedliches Verhalten bei Feuchtlagerung aufweisen, zu berücksichtigen. So sind gips- oder anhydrithaltige Mörtel und Magnesiamörtel möglichst bald nach der Herstellung trocken zu lagern, während Baukalkmörtel, Zementmörtel und andere Mörtel mit hydraulischen Bindemitteln bis zu sieben Tagen nach der Herstellung einer Feuchtlagerung bedürfen.

Die Häufigkeit der M. bei der Eigen- und Fremdüberwachung ist in den Anwendungsnormen, bei werksmäßiger Herstellung der Mauer- und Putzmörtel in DIN 18557 festgelegt. *Rehm/Zeus*

Motorenöle. → Schmieröle zur → Schmierung von Verbrennungsmotoren. Sie bestehen aus gut ausraffinierten, paraffinbasischen Mineralölen, denen 5 bis 25 % → Schmierstoffadditive zugesetzt sind. Für spezielle Anforderungen kann das → Mineralöl auch ganz oder teilweise durch ein synthetisches Öl ersetzt werden.

M. haben eine Reihe von Aufgaben zu erfüllen. Bei hohen Temperaturen soll eine ausreichende → Viskosität für eine einwandfreie Schmierung und eine gute Abdichtung zwischen Kolbenring und Zylinderlaufbahn sorgen. Bei niedrigen Temperaturen darf die Viskosität nicht zu hoch sein, damit ein einwandfreies Starten möglich ist. Wegen der großen thermischen Beanspruchungen im Verbrennungsmotor – die Temperaturen liegen in der oberen Kolbenringzone zwischen 250 und 350 °C und in der Kurbelwanne bei 100 bis 150 °C – werden an die Oxidationsbeständigkeit der M. große Anforderungen gestellt, die durch Oxidationsinhibitoren erfüllt werden. Zur Vermeidung von Koks- und Schlammablagerungen dienen Detergentien und Dispersants. Für den Betrieb unter → Misch- bzw. → Grenzreibung wie z. B. im Tribosystem „Nokken/Nockenfolger" sind in den M. Verschleißschutzadditive enthalten.

Die gebräuchlichen M. werden nach ihrer Viskosität in unterschiedliche Viskositätsklassen eingeteilt (Tabelle). Für die SAE-Klassen 5 W bis 20 W werden die Viskositäten bei −18 °C und +100 °C angegeben, für die SAE-Klassen 20 bis 50 nur die zulässige Viskositätsspanne bei 100 °C. Bei −18 °C wird die dynamische Viskosität und bei 100 °C die kinematische Viskosität spezifiziert. Anstelle von

Motorenöle. Tabelle: SAE-Viskositätsklassen von M. nach DIN 51511 und SAE J300d

SAE-Viskositätsklasse	Dynam. Viskosität bei −18 °C*), max mPa s	Kinemat. Viskosität bei 100 °C**) mm²/s	
		min.	max.
5 W	bis 1 250	3,8	—
10 W	über 1 250 bis 2 500	4,1	—
15 W	über 2 500 bis 5 000	5,6	—
20 W	über 5 000 bis 10 000	5,6	—
20	—	5,6	unter 9,3
30	—	9,3	unter 12,5
40	—	12,5	unter 16,3
50	—	16,3	unter 21,9

*) nach DIN 51377;   **) nach DIN 51550;

Einbereichsmotorenölen werden meistens Mehrbereichsmotorenöle verwendet, die mehrere Viskositätsklassen überdecken. So hat ein SAE-10 W 30-Öl bei −18 °C die Viskosität eines SAE-10 W-Öles und bei 100 °C die Viskosität eines SAE-30-Öles.

Habig

Literatur: *Klamann, D.:* Schmierstoffe und verwandte Produkte. Weinheim 1982.

Muldenkorrosion. → Korrosion mit örtlich unterschiedlicher → Abtragungsrate. Es entsteht ein flacher, muldenförmiger Angriff, der im Unterschied zum → Lochfraß nicht scharf begrenzt ist. Die M. ist auf werkstoff- bzw. mediumseitig bedingte örtlich unterschiedliche Korrosionsbedingungen zurückzuführen.

Wendler-Kalsch

Münzlegierung. Diese bestand früher häufig aus Edelmetallen. Selbst Platin wurde im 19. Jahrhundert in Rußland verwendet. Die → Edelmetalle wurden mit → Kupfer, → Nickel und Zink u. a. legiert.

Deutsches 20 Mark-Stück, USA 5 Dollar	90 % Au	10 % Cu
Holländische Dukaten	98,3 % Au	1,7 % Cu
Deutsche Mark 1912, USA Silber-Dollar	90 % Ag	10 % Cu
Deutsche Reichsmark 1927	50 % Ag	50 % Cu
Norwegische Krone 1956	40 % Ag 5 % Ni	50 % Cu 5 % Zn

Scheidemünzen (Kleingeld) bestehen aus Neusilber (Schweiz 20 cts: 15 % Ag, 50 % Cu, 25 % Ni, 10 % Zn), Reinnickel, Aluminium-Bronze (92 % Cu, 8 % Al) oder Aluminium. Die deutschen 5- und 10-Pfennig-Münzen von 1955 bestehen beiderseits mit Kupfer-Bronze plattiertem Stahl.

Schuh

N

Nabarro-Herring-Kriechen. (*F. R. Nabarro* 1948, *C. Herring* 1950). Mechanismus des →Kriechens von Werkstoffen bei hoher Temperatur, der nicht durch Versetzungsbewegung, sondern durch Leerstellendiffusion von zugbeanspruchten in druckbelastete Zonen eines Korns bzw. einer hinreichend kleinen einkristallinen Probe bewirkt wird. Der Leerstellenstrom entspricht einem entgegengesetzt fließenden atomaren Stofftransport. Aus der Theorie ergibt sich die Kriechrate $\dot{\varepsilon}$ bei einer mittleren Korngröße d_k zu

$$\dot{\varepsilon} = a \, (V_m \sigma / RT) \, (D_v / d_k{}^2) \, [s^{-1}]$$

(V_m: Molvolumen der geschw.-bestimmenden Atomsorte, D_v: Vol.-Selbstdiffusionskoeffizient). Durch diese spannungsinduzierte Atomverlagerung wird ein →Korn bzw. eine Einkristallprobe in Richtung der wirkenden Zugspannung verlängert.

N.-H.-K. spielt vor allem in feinkörnigen Materialien bei Temperaturen oberhalb von $0.8 \, T_s$ und bei sehr kleinen Spannungen eine technisch wichtige Rolle (→*Ashby*-Diagramm). Es ist vom →*Coble*-Kriechen zu unterscheiden (dort Formänderung durch Korngrenzendiffusion). *Ilschner*

Literatur: *Ashby, M. F.* and *L. M. Brown:* Perspectives in Creep Fracture. Oxford 1983. – *Čadek, J.:* Creep in Metallic Materials. Amsterdam etc. 1988. – *Evans, R. W.* and *B. Wilshire:* Creep of Metals and Alloys. The Institute of Metals, London 1985. – *Ilschner, B.:* Hochtemperatur-Plastizität. Berlin etc. 1973. – *Riedel, H.:* Fracture at High Temperatures. Berlin etc. 1987.

Nachfahrversuch →Betriebsfestigkeit

Nachgiebigkeit →Kontinuumstheorie

Nachwirkung, elastische →Anelastizität

Nachwirkung, magnetische →Magnetisierungskurve

Nadelholz →Holz

Nadelstichkorrosion. →Lochkorrosion mit nadelstichförmigem Angriff, der nur in bestimmten Potentialbereichen passiver Metalle in Gegenwart von Halogenidionen entsteht. *Wendler-Kalsch*

Nahordnung →Mischkristall

Naßguß →Sandform

Naßspinnen. Das N. ist eines von mehreren Spinnverfahren. Es wird angewendet, wenn sich die →Polymere beim →Schmelzen zersetzen. Man drückt 5–25 % Polymerlösungen durch die Spinndüsen in ein Fällbad, indem die gesponnenen Fäden koagulieren. Anschließend läuft der Faden in ein Streckbad, wo er verstreckt wird. Die Abzugsgeschwindigkeiten beim N. sind wesentlich niedriger als beim Schmelzspinnen ca. 50–100 m/min. Da die Lösungsmittel zurückgewonnen werden müssen, ist das N. nicht so wirtschaftlich, wie das Schmelzspinnen. Nach dem Naßspinnverfahren werden Viscose, Kupferseide und Poly(vinylalkohol) in Wasser versponnen. *Finkelmann*

Naturfaser. N. sind Fasern, die direkt als solche aus natürlichen Produkten erhalten werden. Im Gegensatz zur →Synthesefaser, die aus einem synthetischen Polymer hergestellt wird, können N. tierischen, pflanzlichen oder mineralischen Ursprungs sein. Tierische N. sind aus Proteinen aufgebaut z. B. →Wolle und →Naturseide. Pflanzliche N. sind auf Cellulosebasis aufgebaut z. B. →Baumwolle, →Flachs, →Hanf, →Ramie und →Sisal. Asbest ist ein Beispiel für eine Mineralfaser.

Zur besseren Handhabung bzw. zum Auftragen von Farbstoffen werden die N. noch ausgerüstet, d. h. ihre Oberfläche wird chemisch behandelt um bessere Lichtechtheit der Farbstoffe zu erzielen oder um das Verfilzen beim Waschvorgang zu vermeiden. *Finkelmann*

Naturkautschuk. Der N. (NR) wird in Großplantagen aus dem weißen, milchigen Saft (→Latex) gewonnen, der beim Anritzen der Stämme des Heveabaumes ausfließt. Er ist kettenförmig aus Isoprenmolekülen aufgebaut und kann wegen seines Gehaltes an Doppelbindungen durch Schwefel räumlich vernetzt werden. Diese Doppelbindungen sind bei den weichen, im Bauwesen verwendeten Sorten nur teilweise durch die brückenbildenden Atome abgesättigt. Hierdurch altert der →Gummi an der Atmosphäre, vor allem durch Sonnenlicht, verhältnismäßig stark, was sich in einer ausgeprägten →Versprödung äußert. Mit Schwefel vernetzt (Weichgummi) verwendet man NR für Fußbodenbeläge, Feuchtigkeitsisolierungen, Brücken- und Hochbaulager; mit Chlor vernetzt (→Chlorkautschuk) als Rohstoff für hochwertige Korrosionsschutzanstriche. Wegen seiner sehr guten mechanischen Eigenschaften (→ Festigkeit, → Bruchdehnung, → Zähigkeit), seiner Kältefestigkeit und seines (noch) geringen Preises hat NR noch einen sehr hohen Marktanteil, weniger allerdings im Bauwesen, hier vor allem für Elastomerlager und Transportbänder. *Sasse*

Naturkautschuk, vulkanisiert → Elastomere

Naturseide. N. (im Gegensatz zur → Wildseide auch echte Seide genannt) ist der von der Raupe des Maulbeerseidenspinners (*Bombyx mori* L.) zwecks Bildung eines Kokons als Drüsensekret erzeugte gesponnene Faden. Er besteht aus zwei Fibroinfäden, die mit gelblichem Sericin (Seidenleim) zusammengehalten sind. Die Länge dieses Doppelfadens auf dem Kokon beträgt im Mittel etwa 1 500 m, von denen aber nur etwa 700 m abhaspelbar sind. Zu seiner Gewinnung werden Kokons in Becken mit heißem Wasser eingeweicht, die äußere wirre Fadenschicht (aus der später die *Schappe* gewonnen wird) durch rotierende Bürsten abgezogen und drei bis acht Kokonfäden zusammenaufgehaspelt (Bastseide oder *Grège*). Anschließend wird die Rohseide vom Sericin befreit (entbastet). Hierdurch verliert sie 20 % ihres Gewichtes, zeigt aber nun ihren edlen Glanz und reinweiße Farbe (Durchmesser des Einzelfadens 15–25 µm).

Unter allen Naturfaserstoffen besitzt die echte Seide die höchste → Reißfestigkeit im trockenen wie im nassen Zustand. Ihre hohe Dehnbarkeit ist mit hervorragender → Elastizität verbunden, so daß reinseidene Stoffe besonders knitterunempfindlich sind.

Die die Kokons liefernden Seidenraupen werden hauptsächlich in Japan und China, aber auch in Italien in Seidenzuchtanstalten aufgezogen, wofür genügend Futter verfügbar sein muß (30 000 Raupen = 1 betreuende Arbeitskraft benötigen während ihres Wachstums 1 Tonne Maulbeerblätter als Nahrung!).

Wenn schon der N. in den Synthesefasern eine ernsthafte Konkurrenz erwachsen ist, sichern auch heute noch ihre überragenden Eigenschaften einen bestimmten Bedarf, so als Nähseiden und Stickgarne, sowie für Krawatten, edle Damenkleiderstoffe und Samte. Auch für technische Zwecke wird N. noch vielseitig eingesetzt (Schreibmaschinenbänder, Müllergaze, Fallschirmstoffe u. a.). Weltproduktion 52 000 t (1982).

Schappeseide sind die aus den Abfällen der Naturseidengewinnung nach dem Schappespinnverfahren gesponnenen Garne. *Koch*

Literatur: *Wagner, E.:* Die textilen Rohstoffe. 6. Aufl. Frankfurt/M. 1981.

Natursteinprüfung. Das Ergebnis einer N. dient der Beurteilung eines Natursteins für einen bestimmten Verwendungszweck.

Nach ihrem Verwendungszweck können Natursteine z. B. einer hohen Druck- oder Biegezugfestigkeit, einer hohen schlagenden oder verschleißenden Beanspruchung, bei Verlegung im Freien einer hohen Verwitterungsbeanspruchung ausgesetzt sein. Ist die Beanspruchung bekannt, kann die Prüfung der Natursteine gezielt durchgeführt werden.

Wird ein Naturstein im Freien eingesetzt, so ist die Prüfung auf Wetterbeständigkeit die wichtigste Grundlage zur Beurteilung des Gesteins und ist grundsätzlich vor der Ermittlung der Festigkeitseigenschaft durchzuführen.

Um das Verhalten eines Gesteins unter Witterungseinflüssen abzuschätzen, hat sich folgendes Vorgehen bei der N. als zweckmäßig erwiesen:
□ Beurteilung des Gesteins an der Lagerstätte und Gewinnungsstelle oder an bestehenden Vergleichsbauten. Hierbei ist vor allem auf Verwitterungserscheinungen, ihre Art und Tiefe an der Oberfläche des zu beurteilenden Natursteins zu achten, wie z. B. scherbiger, bröckeliger oder mulmiger Zerfall, Sonnenbrand, Vergrusung, Rindenbildung, Ausblühungen usw. Diese Beobachtungen sind dann bei Berücksichtigung der klimatischen Verhältnisse – Häufigkeit, Art und Verteilung der Niederschläge, Anzahl und Größe der Temperaturwechsel u. a. – zu bewerten.
□ Ermittlung gesteinskundlicher Kennwerte, wobei vor allem die Gesteinsart, der Mineralbestand und das → Gefüge des Natursteins zu bestimmen sind. Diese Untersuchungen können durch Prüfungen an Dünnschliffen und durch Messung des Porenraumes ergänzt werden.
□ Durchführung physikalisch-chemischer Prüfungen nach Art und Mineralbestand des Gesteins, wie z. B. die Prüfung auf Sonnenbrand bei Basalten, der Tonzwischenlager bei Sedimentgesteinen oder die Prüfung auf Rosten bei Vorhandensein von Pyrit, Markasit, Magnetkies oder Biotit.

Nach dem Ergebnis dieser Prüfungen können Natursteine in drei Gruppen der Verwitterungsbeständigkeit eingeteilt werden (DIN 52106). Neben den zahlreichen Natursteinen, die bei allen Verwendungsarten als verwitterungsbeständig oder nicht verwitterungsbeständig zu bezeichnen sind, gibt es eine große Übergangsgruppe, deren Beständigkeit sehr von der Verwendung abhängt und die erst nach weiteren physikalisch technologischen Prüfungen dann als brauchbar oder als nicht brauchbar für den vorgesehenen Verwendungszweck zu bezeichnen sind.

Die hierzu anzuwendenden Prüfungen sind die Bestimmung der → Porosität, der Wasseraufnahme und des Sättigungswertes nach DIN 52103 und des

Verhaltens bei Frost-Tauwechselbeanspruchung nach DIN 52104.

Die Wasseraufnahme und der Sättigungswert geben Hinweise auf den für die Durchfeuchtung eines Natursteins maßgebenden Porengehalt und deren Verteilung. Der Frost-Tauwechselversuch zeigt das Verhalten des Natursteins bei einer bestimmten Durchfeuchtung und mehrmaliger Frosteinwirkung auf.

Zur Beurteilung eines Natursteins hinsichtlich seines Verhaltens bei Druck- oder Biegezugbelastung, bei stoßender oder schleifender Beanspruchung ist an herausgearbeiteten Proben die Druck- oder Biegezugfestigkeit nach DIN 52105 oder DIN 52112, die Schlagfestigkeit nach DIN 52107 oder der Schleißverschleiß nach DIN 52108 zu bestimmen.

Werden darüber hinaus noch Anforderungen an den Naturstein, z. B. hinsichtlich chemischer Beständigkeit oder dekorativem Aussehen gestellt, sind mit einer hierfür geeigneten Materialprüfungsanstalt Sonderprüfungen zu vereinbaren.

Rehm/Zeus

NDT-Temperatur → Sprödbruchprüfung

Néel-Temperatur → Magnetismus

Nennkraft. Als N. F_N wird die für die Auslegung einer → Umformmaschine maßgebende Kraft bezeichnet. Je nach Prinzip des Antriebs – bei Preßmaschinen weg-, kraft- oder arbeitsgebunden – kann die N. bei einem Umformvorgang über einen bestimmten Weg, den N.-Weg h_N, ausgenutzt werden. *Lange*

Nennspannung → Kerbwirkung

Neopren (Handelsname) → Chloropren

Netzwerk. N. von Polymerketten sind das Strukturmerkmal von → Elastomeren. Die Verknüpfung der einzelnen Makromoleküle zu einem N. (→ Vernetzung) kann z. B. durch Ausbilden einer kovalenten Bindung zwischen zwei Atomen einander benachbarter Polymerketten geschehen. Ein N. wird erhalten wenn pro Polymerkette mindestens zwei Verknüpfungspunkte vorhanden sind. Folgt man dem Verlauf einer Polymerkette ausgehend von einer Verknüpfungsstelle, so lassen sich die folgenden drei Fälle unterscheiden:

Ein freies Ende liegt vor, wenn die Polymerkette keine weitere Verknüpfungsstelle aufweist.

Eine Schlaufe (Loop) wird von einer Polymerkette gebildet, die zur gleichen Verknüpfungsstelle zurückkehrt.

Ein Netzbogen (Netzkette) ist die Polymerkette zwischen zwei unterschiedlichen Verknüpfungsstellen. Gehen von einer Verknüpfungsstelle mindestens drei Netzbögen aus, so wird sie als Netzpunkt bezeichnet. Ideale N. haben keine freien Enden.

Die Verteilung der Netzpunkte im Raum bestimmt ob es sich um ein ungeordnetes oder geordnetes N. handelt.

Bei geordneten N. sind alle Netzbögen strukturell äquivalent und die Verteilung der Netzpunkte im Raum ist an strukturelle Wiederholungseinheiten gebunden. Beansprucht das N. in den drei Raumrichtungen nur etwa eine Netzbogenlänge, so liegt ein nulldimensionales geordnetes N. vor. Wird das N. in einer Raumrichtung um einige Netzbögen verlängert, so erhält man ein eindimensionales geordnetes N. (Leiterpolymere). Analog lassen sich zwei- oder dreidimensionale N. aufbauen. Es ist eine enge Verwandtschaft zum Aufbauprinzip von Kristallen gegeben.

Ungeordnete N. lassen sich nur statistisch beschreiben. Die Länge der Netzbögen gehorcht einer statistischen Verteilung (Netzkettenverteilung) und die Lage der Netzpunkte im Raum ist an keine strukturelle Wiederholungseinheit gebunden. Infolgedessen ist die Anzahl der Netzpunkte pro Raumeinheit (Netzwerkdichte) nicht festgelegt. Bei inhomogenen N. variiert die lokale Netzwerkdichte räumlich stark, bei homogenen N. dagegen kaum. Die meisten aus Makromolekülen hergestellten N. sind ungeordnet.

Die Molmasse eines N. kann im Vergleich zur unvernetzten Ausgangspolymerkette sehr viel größere Werte annehmen. Bei biologischen Makromolekülen (z. B. Enzymen) kann die ursprüngliche Kette nach der Vernetzung mit sich selbst verknüpft sein und die Molmasse des N. ist nahezu gleich der des Ausgangsmoleküls. Werden dagegen sehr viele Polymerketten miteinander über kovalente Bindungen verknüpft, so entsteht ein einziges Molekül, dessen Molmasse gegen den Wert unendlich strebt. Ein so großes Molekül ist nicht mehr löslich. Es kann jedoch durch Lösungsmittel angequollen werden (→ Gel).

Die Charakterisierung von ungeordneten Polymernetzwerken erfolgt über Quellungsexperimente (→ Quellung) und ihre viskoelastischen Eigenschaften (→ Gummielastizität). *Finkelmann*

Literatur: *Treloar, L. R. G.*: The Physics of Rubber Elasticity. Oxford 1975.

Neutronenbestrahlung → Bestrahlung

Neutronenbeugung. Interferenz von Neutronenstrahlen in Kristallen.

Materiewellen werden wie elektromagnetische Röntgenwellen an Kristallen gebeugt, vorausgesetzt, daß zwischen den einfallenden Teilchen und den Bausteinen des Kristalls eine Wechselwirkung besteht und daß die Wellenlänge der Materiewelle mit den Translationsperioden des Kristalls vergleichbar groß ist. Dann können sich die an den Kristallbausteinen gestreuten Wellen gemäß den Beugungsbedingungen (*Laue*-Gleichungen, *Bragg*-Gleichung) in bestimmten Richtungen zu abgebeugten Wellen maximaler Amplitude überlagern. Die Neutronen werden einerseits auf Grund von kurzreichweitigen Kernkräften an den Atomkernen gestreut, andererseits treten sie wegen ihres magnetischen Moments (Spins) auch mit den magnetischen Momenten der Elektronen in Wechselwirkung. Man unterscheidet also Kernstreuung und magnetische Streuung in magnetischen Substanzen.

Die Wirkungsquerschnitte für Kern- und magnetische Streuung liegen in derselben Größenordnung. Die Wellenlänge der Neutronen, die *De-Broglie*-Wellenlänge λ, steht mit ihrer Energie E in folgender Beziehung:

$$E = \frac{h^2}{2\,M_n\,\lambda^2}$$

M_n ist die Neutronenmasse ($M_n = 1\,675\,10^{-27}$ kg). h ist das Plancksche Wirkungsquantum. In Laboreinheiten gilt:

$$\lambda\ (pm) = \frac{28}{\sqrt{E\ (eV)}}$$

λ wird dabei in Pikometer, die Neutronenenergie in eV gemessen. Die Wellenlänge thermischer Neutronen der Energie E = 0,08 eV beträgt etwa 100 pm. Sie sind somit für die Beugung an Kristallen geeignet.

Die Neutronen- und →Röntgenbeugung unterscheiden sich in einigen wesentlichen Punkten. Der Kernstreuquerschnitt (Kernstreuamplitude) hängt nicht wie der Atomstreufaktor für Röntgenlicht von den Beugungswinkeln ab, da die Abmessung des Streuers (Kern) klein ist im Vergleich zur Wellenlänge. Das ist jedoch ein prinzipieller Nachteil für die Kristallstrukturbestimmung durch N. Der Abfall der Atomstreufaktoren mit wachsender Länge der reziproken Gittervektoren für Röntgenstrahlen ist entscheidend für die Konvergenz der in den *Fourier*- und *Patterson*-Synthesen verwendeten Reihen. Ohne diese Konvergenz sind die Strukturbestimmungsmethoden nicht anwendbar und man ist auf Trial- and Error-Verfahren angewiesen.

Die Streuquerschnitte sind für die einzelnen Kerne spezifisch, so daß auch Isotope durch N. zu unterscheiden sind. Die Streuamplitude (Betrag und Phase) hängt aber auch von der Lage des Kernspin im Vergleich zum Spin der einfallenden Neutronen ab. Statistisch verteilte Isotope mit verschieden orientierten Kernspins geben Anlaß zu einer relativ großen inkohärenten Streuung, da die feste Phasen-

beziehung zwischen den Streuwellen (kohärente Streuung) gestört ist. Der inkohärente Anteil der Streuamplitude führt zu einem Streuuntergrund zwischen den *Bragg*-Reflexen. Wasserstoff z. B. hat einen außergewöhnlich hohen inkohärenten Streuquerschnitt.

Der Streuquerschnitt von leichten Atomkernen ist vergleichbar groß mit dem schwerer Kerne. Durch N. können somit auch die Positionen von Wasserstoff (Protonen) in einer Kristallstruktur leicht bestimmt werden.

Bei nichtmagnetischen Substanzen hängen die Beugungswinkel für Neutronen und Röntgenlicht von den Abmessungen der Elementarzelle (kleinste translationsperiodische Einheit) der chemischen Struktur ab. In magnetischen Strukturen dagegen bestimmt man aus den Richtungen der Neutronen-Bragg-Reflexe die Dimensionen der magnetischen Elementarzelle. Aus den Beugungsintensitäten erhält man Aussagen über die magnetische Ordnung (magnetische Überstrukturen z. B. bei antiferro- oder ferrimagnetische Strukturen).

Bei der Röntgenstreuung spielen die unelastischen Streuprozesse (Energieänderung bei der Streuung) eine untergeordnete Rolle. Die unelastische Neutronenstreuung ist dagegen eine wesentliche Untersuchungsmethode zur Untersuchung des Spektrums der Gitterschwingungen (Phononen) und der Spinwellen (Magnonen).

Hümmer/Burzlaff/H. Zimmermann

Nichteisen-Metallguß. NE-M. wird im industriellen Bereich in erheblichem Umfang eingesetzt, und zwar sowohl als Leicht- wie auch als Schwermetallguß. Dominierend ist das →Aluminium, das nach →Stahl am meisten verwendete Metall. Über die Hälfte der Aluminiumguß-Produktion fließt in den Fahrzeugbau, weitere bedeutende Mengen gehen in den Maschinenbau, die Elektrotechnik und in den Sektor Bauteile für feinmechanische und optische Geräte. Weitere Anwendungsgebiete, wie z. B. beim →Verbundguß, werden ständig neu erschlossen. Beim Aluminiumguß sind nach Eigenschaften und Verwendung hauptsächlich folgende Legierungsgruppen zu unterscheiden: G-AlSi; G-AlSiMg; G-AlMg; G-AlCuTi; G-AlZnMg und Sonderlegierungen.

Die G-AlSi-Legierungen lassen sich am besten vergießen, sind vielseitig anwendbar und eignen sich besonders für komplizierte, dünnwandige oder druckdichte Gußstücke, wobei mittlere →Festigkeit und →Dehnung bei guter chemischer Beständigkeit erreicht werden. Höhere Dehnung und →Dauerschwingfestigkeit liefert die Legierung G-AlSi12 nach einer besonderen Wärmebehandlung.

Durch Zusatz von nur wenigen Zehntel Prozent Magnesium werden die G-Al-Si-Legierungen aushärtbar und erreichen dadurch wesentlich höhere Festigkeitswerte, insbesondere verdoppelt sich die 0,2-Dehngrenze nahezu. Die Legierung G-AlSi5Mg nimmt hinsichtlich → Gießbarkeit und Verhalten gegen Meerwasser, Spanbarkeit und Polierfähigkeit eine Mittelstellung innerhalb der G-AlSiMg-Legierungen ein und wird u. a. in der Nahrungsmittelindustrie und für Feuerlöscharmaturen verwendet. Die G-AlMg-Legierungen, gekennzeichnet durch hohe Beständigkeit gegenüber Seewasser und salzhaltiger Luft, stellen hohe Anforderungen an Schmelz- und Gießtechnik. Die schwierig gießbaren Legierungen mit mehr als 7 % Mg erreichen nach einer entsprechenden Wärmebehandlung im Sand- und Kokillenguß eine besonders hohe → Bruchdehnung. Derartige Legierungen haben weitreichende Anwendungsbereiche vom Fleischereimaschinenbau bis zu stoßbeanspruchten Beschlägen im Schiffbau.

G-AlCuTi-Legierungen erhalten durch Aushärten hohe Festigkeit bei genügender Dehnung. Aus solchen Legierungen fertigt man mechanisch hochbelastete, vor allem schlag- und schwingungsbeanspruchte Teile im Flugzeug- und Fahrzeugbau.

G-AlZnMg-Legierungen (in Deutschland noch nicht genormt), haben als besonderes Merkmal ihre Fähigkeit zur Warm- und Kaltaushärtung ohne besonderes Lösungsglühen im Gußzustand oder auch nach dem Schweißen. Für eine Reihe von Spezialgebieten wurden Sonderlegierungen entwickelt, wie z. B. die durch Warmhärte, hohe Verschleißfestigkeit und niedrige Wärmeausdehnungszahl gekennzeichneten eutektischen und übereutektischen AlSi-Legierungen mit Zusätzen von Cu, Mg und Ni zur Herstellung von Kolben, hochbelasteten Gleitlagern und Zylinderköpfen oder Legierungen mit besonders hoher Leitfähigkeit zur Herstellung von Läuferkäfigen von Elektromotoren im Druckgießverfahren.

→ Magnesiumlegierungen nach DIN 1729 sind die vorzugsweise anzuwendenden Mg-Werkstoffe, die auch bei erhöhten Festigkeitsansprüchen bis etwa 110 °C genügen. Diese mit Zink legierten Mg-Werkstoffe haben je nach Zusammensetzung im Sand- und Kokillenguß Zugfestigkeiten zwischen 160 und 300 N/mm² bei Bruchdehnungen von 2 bis 12 %. Zu den Legierungen für besondere Verwendung zählen G-MgAl 6 (R_m = 180 bis 240 N/mm² bei 8 bis 12 % Dehnung) und G-MgAl 6 ho, wo man im gleichen Festigkeitsbereich Bruchdehnungen bis 15 % erreicht. Beide Legierungen haben bei 50 x 10⁶ Lastspielen eine Biegewechselfestigkeit von 70–90 N/mm².

→ Titan ist wegen seiner niedrigen Dichte, seines hohen → Schmelzpunkts und seiner → Zähigkeit bei tiefen Temperaturen ein wertvoller Konstruktionswerkstoff für die Luft- und Raumfahrt. Wegen der hohen Affinität des flüssigen Titans zu Sauerstoff, Stickstoff und Wasserstoff bereitet das → Gießen von Titan erhebliche Schwierigkeiten, die auch heute nur von Gießereien mit entsprechenden Einrichtungen und know-how bewältigt werden können. Titanwerkstoffe mit mehr als 99 % Ti erreichen Festigkeiten zwischen 400 und 650 N/mm², → Titanlegierungen, wie beispielsweise das im Flugzeugbau eingesetzte TiAl6V4 im warmausgehärteten Zustand, Zugfestigkeiten bis 1100 N/mm² bei Bruchdehnungen bis 2 %. Die Festigkeitswerte sind in bestimmtem Umfang von der Wanddicke der Gußstücke bzw. den Abkühlungsbedingungen bei der → Erstarrung abhängig, da dadurch → Korngröße und Gefügeausbildung beeinflußt werden. Bemerkenswert ist, daß bei einem Vergleich zwischen den mechanischen Eigenschaften von gegossenen und geschmiedeten Titanwerkstoffen die gegossenen nur bezüglich Dehnung und → Einschnürung zurückfallen, während alle anderen Werte fast gleich sind. So erreichen die an Probestäben ermittelten Festigkeitswerte aus Abgüssen die von den Halbzeugherstellern gewährleisteten Werte und übertreffen diese sogar in manchen Fällen.

Auf der Schwermetallseite haben die Kupfer-Basis-Legierungen besondere Bedeutung erlangt. Gußmessing nach DIN 1709 ist eine Legierung mit mindestens 50 % Kupfer, Rest Zink. Legierungen mit sehr hohem Kupfergehalt werden als Tombak bezeichnet. Gussmessinge sind gut gießbar und werden deshalb zu Armaturen aller Art (besonders für Gas und Wasser), ferner zu Beschlagteilen, Gehäusen und anderen Bauteilen verarbeitet. Im → Sandguß betragen die Zugfestigkeiten 150–200 N/mm² bei 10–20 % Bruchdehnung. Diese Werte erhöhen sich auf 250–380 N/mm² Zugfestigkeit und 25–35 % Dehnung beim Kokillenguß. Druckgußteile weisen noch höhere Festigkeiten (bis 600 N/mm²) bei dann allerdings relativ niedriger Dehnung von 5 bis äußerst 15 % auf. Zu beachten ist, daß binäre Kupfer-Zink-Legierungen nicht aushärtbar sind und höhere Härtewerte nur durch eine → Kaltumformung, die bei Gußstücken nicht möglich ist, erreicht werden können. Die → Korrosionsbeständigkeit der Messinge hängt von der Art und Einwirkungsdauer des aggressiven Mediums ab. In manchen Fällen muß man mit einer „Entzinkung" rechnen, die besonders bei β-Messing auftritt, wobei sich das ursprünglich mit dem Zink in Lösung gegangene Kupfer auf dem Messing abscheidet und hier eine meist schwammartige Masse bildet.

Guß-Zinnbronzen nach DIN 1705 sind Legierungen mit 80 bis 90 % Cu, Rest Zinn, sehr korrosions- und kavitationsbeständig. G-SnBz 10 verwendet man für hochbeanspruchte Armaturen, Pumpengehäuse sowie für Leit- und Schaufelräder von Pumpen und Wasserturbinen. Wegen ihrer Verschleißfestigkeit ist die höher legierte G-SnBz 12 für Kupplungsstücke, unter Last bewegte Spindelmuttern

und für schnellaufende Schnecken- und Schrauben-
räder geeignet. Die G-SnBz 14 übernimmt ähnliche
Aufgaben, wird außerdem aber für hochbelastete
Gleitlagerschalen, Schieberspiegel usw. eingesetzt.
Höhere Zinngehalte über 14 % sind technisch nicht
sinnvoll, ausgenommen in Bronzen für den Glok-
kenguß.

Der in der gleichen Norm erfaßte Rotguß ist eine
seewasserbeständige Guß-Mehrstoff-Zinnbronze
für den Armaturen-, Pumpen- und Schiffbau sowie
für hochbeanspruchte Gleitteile und Schneckenrä-
der mit niedrigen Gleitgeschwindigkeiten. Bleile-
gierter Rotguß hat gute Notlaufeigenschaften und
ist zur Herstellung druckdichter Gußstücke geeignet.

Guß-Bleibronzen und Guß-Zinn-Bleibronzen
(DIN 1716) sind Legierungen mit mindestens
60 % Cu und dem Hauptlegierungszusatz → Blei,
der zur Verbesserung der Korrosionsbeständigkeit,
insbesondere gegen Schwefel und Salzsäure, beiträgt. Die Guß-Bleibronze G-PbBz 25 eignet sich
besonders für hochbeanspruchte Verbundgußlager.
Guß-Zinn-Bleibronzen haben sehr gute Laufeigen-
schaften und werden vor allem für → Lager mit
hohen Flächendrücken, wegen ihrer Korrosionsbeständigkeit aber auch zur Herstellung von säurebeständigen Armaturen verwendet.

Guß-Aluminiumbronzen (DIN 1714) sind Legierungen mit mindestens 70 % Kupfer und dem
Hauptlegierungsbestandteil Aluminium. Mehr-
stoff-Aluminiumbronzen enthalten noch weitere
güteverbessernde Zusätze, wie → Eisen, → Nickel
und → Mangan. Diese warmaushärtbaren Legierungen haben hohe Festigkeiten von etwa 700 N/
mm² und daneben hohe Korrosions- und Erosions-
festigkeit. Entsprechend finden sie in der Nahrungs-
mittel-Industrie, im Berg- und Schiffbau, in der
Ölindustrie und im allgemeinen Maschinenbau Verwendung.

Guß-Berylliumbronzen sind Kupfer-Zweistoffle-
gierungen mit Berylliumgehalten bis zu 3 %. Mehr-
stoff-Berylliumbronzen enthalten weitere Legierungsbestandteile, vorwiegend Kobalt. Diese
warmaushärtbaren Gußwerkstoffe erreichen bei guter elektrischer Leitfähigkeit hohe Festigkeiten und
ihre Anwendung erstreckt sich deshalb vorwiegend
auf Bauteile für die Elektrotechnik und die Herstellung funkenfreier Werkzeuge.   *Doliwa*

Literatur: Gießerei-Kalender 1987. Hrsg. VDG und GDM,
S. 141/153. – Guß aus Kupfer und Kupferlegierungen. Deut-
sches Kupfer-Institut, Berlin-Charlottenburg. – Messing.
Hrsg. v. Deutschen Kupfer-Institut, Berlin.

Nichteisenmetallische Werkstoffe → metallische
Werkstoffe

Nichtmetalle → Metalle

Nickel. N. wird vielfach als → Legierungselement
in Stählen eingesetzt, z. B. zur Erzielung eines stabil austenitischen Gefüges mit erhöhter → Korrosionsbeständigkeit sowie zur Erzielung besonderer
physikalischer oder mechanischer Eigenschaften
(→ Nickellegierungen, → Stahl, martensitaushärtbarer).   *Dahl*

Nickeldispersionsschichten → Dispersionsschichten

Nickel-Eisen-Legierung,   weichmagnetische.
Legierungen mit 30 bis 80 % Nickel für Einsatz-
zwecke, bei denen höhere Anforderungen an die
magnetische Weichheit gestellt werden, als mit den
üblichen Werkstoffen auf Eisenbasis zu erfüllen
sind. Dadurch kann die magnetische → Sättigung,
die Koerzitivfeldstärke und die Form der Hystereseschleife in weitem Umfang beeinflußt werden.
                                               Dahl

Literatur: Werkstoffkunde Stahl. 2 Bde. (Hrsg. VDEh). Berlin–Düsseldorf 1984/85.

Nickellegierungen. N. werden wegen ihrer chemischen Beständigkeit, Warmfestigkeit, Hitzebeständigkeit und magnetischen Eigenschaften in vielen
Industriezweigen verwendet. Hauptlegierungselemente sind → Mangan, → Chrom, → Kupfer und
→ Eisen (DIN 17741, 17742, 17743, 17745,
17740).

In Stählen legiert verbessert Nickel die → Zähigkeit, → Dehnung und → Warmfestigkeit.

Für einen groben Überblick lassen sich die N.
nach den Legierungselementen unterteilen in
– NiMn-, NiCr-Legierungen: erhöhte mechanische
Festigkeit (Elektrotechnik, Zündkerzen, Elektronenröhren, Glühlampen)
– NiMo-, NiCu-Legierungen: gute → Korrosionsbeständigkeit (Wärmetauscher, Brackwasser) und
verbesserte Warmfestigkeit, schlagzäh auch in der
Kälte
– NiCr-Heizleiter: hochwarmfest (Gasturbinen),
zunderbeständig, aushärtbar (elektrischer Drahtwi-
derstand für Ofenheizung)
– NiFe-Magnetwerkstoffe: weichmagnetisch (Verstärkung, Relais, Transformatoren)

Nach ihrem Verwendungszweck können die fol-
genden Legierungsgruppen unterschieden werden:
□ Verbesserung der Korrosionsbeständigkeit von
Nickel durch geringe Zusätze.

→ Spannungsrißkorrosion tritt nicht auf bei
Werkstoffen mit über 45 % Nickel, → Kornzerfall
ist bei niedrigstem Kohlenstoffgehalt (*engl.* low carbon) praktisch ausgeschlossen, Lochfraßkorrosion
entsteht in chloridhaltigen Lösungen nur äußerst
selten.

Nickellegierungen. Tabelle 1: Beispiele für chemisch beständige N.

Legierung	Einsatzgebiet
NiMn 2	Glühlampen, Elektronenröhren
NiMn 5	Zündkerzen
NiBe 2	hohe Zähfestigkeit, Ventilfedern
NiCu 30 Fe (Monel)	Passivschichten in wässrigen Lösungen, Wärmetauscher
NiCr 21 Mo	Kerntechnik, Auflösen von Hüllrohren
NiCr 22 Fe 25 Mo 6 (Hastelloy F)	reduzierender und oxidierender Betrieb, in alkalischen und sauren Lösungen
NiCr 21 Fe 31 Mo 3 Ti (Incoloy 825)	spannungsrißfrei und kornzerfallsbeständig (in H_2SO_4, H_3PO_4, HNO_3)

Der meist verwendete Legierungszusatz Mangan zu Nickel erhöht die Festigkeitseigenschaften ohne das → Formänderungsvermögen zu vermindern. Nickel mit 1–5 % Mangan ist gut zerspanbar und korrosionsbeständig gegen technische Wässer. NiMn2 ist fester als Nickel und korrosionsbeständig und wird in der Elektrotechnik in Elektronenröhren und Glühlampen verwendet. NiMn5 ist auch unter reduzierender Umgebung beständig. Mit einem weiteren Zusatz von 1–2 % Silicium wird die Beständigkeit gegen Verbrennungsgase erhöht und deshalb als Zündkerzenelektrode eingesetzt.

Zusätze von 1–5 % Aluminium wirken aushärtend (R_m bis 1200 N/mm²), korrosionsbeständig und werden als Federwerkstoffe verwendet.

Durch Zusätze von 2 % Beryllium kann Nickel ausgehärtet werden (R_m bis 1850 N/mm²). Da diese Legierungen korrosionsbeständig und zäh sind, werden sie für Ventilfedern, Membranen und medizinische Instrumente verwendet (Tabelle 1).

□ Chemisch beständige N. mit hohem Zusatz an Legierungselementen.

Die Korrosionsbeständigkeit des Nickels wird noch verbessert durch Zusätze von Chrom, Molybdän und Kupfer und übertrifft die von austenitischen Stählen. Durch Zusätze von Molybdän und Kupfer entstehen N., die gegen Salpetersäure, Schwefelsäure udn Phosphorsäure resistent sind (Tabelle 1).

NiMo-Legierungen (60–63 % Ni, 26–32 % Mo, 3–7 % Fe, z. B. Hastalloy B) sind beständig gegen reduzierende Säuren (wie H_2SO_4, HF, siedende HCl). Beim Zulegieren von 15–17 % Chrom auf Kosten von Molybdän (Hastalloy C) erreicht man auch eine Beständigkeit in oxidierenden Medien. Ersetzt man einen Teil Chrom und Molybdän durch billigeres Eisen, so verringert sich die Korrosionsbeständigkeit (Incoloy 825 mit 40 % Ni, 21 % Cr, 31 % Fe, 3 % Mo). Diese Legierung, die gegen Salpeter- und Phosphorsäure beständig ist, enthält meistens noch geringe Anteile an Titan (zur Stabilisierung).

NiCu-Legierungen (bis etwa 30 % Cu, Monel) sind beständig gegen schwächere Säuren, warmfest, schlagzäh, schweißgeeignet und hitzebeständig bis 700 °C. Ihr Anwendungsbereich erstreckt sich auf den Apparatebau der chemischen Industrie, Wärmetauscher, Papier-, Nahrungsmittel- und Haushaltswarenindustrie bis zu Ölraffinerien und Flugzeugbau. Diese Legierungen können noch aushärtende Bestandteile an Silicium, Magnesium oder Beryllium enthalten. NiCu54Mn1 (→ Konstantan) wird als Thermoelement verwendet, da hier der elektrische Widerstand nahezu linear mit der Temperatur ansteigt.

□ Heizleiter-Legierungen.

NiCr- (17–20 % Cr)und NiCrFe-Legierungen (14–16 % Cr, 20–26 % Fe) sind warmfest, wärmeschockbeständig und zunderbeständig. Die Legierung NiCr20 bildet die Basis für warmfeste Legierungen und Heizleiterwerkstoffe (Tabelle 2). Durch Zusatz von Chrom wird die Schmelztemperatur erhöht und die → Zunderbeständigkeit verbessert. Diese Legierungen werden als Heizleiter in elektrisch beheizten Öfen bei Temperaturen bis 1250 °C (NiCr20) bzw. 1150 °C (NiCrFe) eingesetzt. Insbesondere NiCr-Legierungen haben jedoch eine geringe Kriechbeständigkeit. NiCr-Legie-

Nickellegierungen. Tabelle 2: Beispiele für Heizleiterwerkstoffe

Legierung	Betriebstemperatur	Warmdehngrenze $R_{1/1000\,h/1200\,°C}$
NiCr 20	max. 1 250 °C	0,5 N/mm²
NiCr 15	max. 1 200 °C	0,5
NiFe 30	max. 500 °C	

rungen (NiCr21Al2Cu) werden außerdem für elektrische Widerstände verwendet.

NiFe-Legierungen (z. B. NiFe30) werden bei anspruchslosen Anwendungen für Heizdrähte und Heizwiderstände benutzt und sind ferromagnetisch.

□ Hochwarmfeste und hitzebeständige N.

Diese Legierungen enthalten als Legierungselemente stets Chrom (10–20 %), meistens Molybdän (3–10 %), oft Kobalt (10–20 %) und manchmal Eisen (Tabelle 3). Durch Zusätze von Titan und Aluminium werden hochwarmfeste Legierungen auf der Basis NiCr20 aushärtbar (→ Ausscheidungshärtung). Der Cr-Gehalt gewährleistet den Oxidationswiderstand für ihren Einsatz bei hohen Temperaturen (bis etwa 1 000 °C). Kobalt bildet hochwarmfeste Ausscheidungsteilchen. Die → Zeitstandfestigkeit wird durch Molybdän und auch Wolfram als mischkristallhärtende Legierungskomponente gesteigert. Eisen verbilligt die N. durch Verringern des Ni- und Co-Gehaltes, vermindert die Rißempfindlichkeit und erhöht die → Schweißbarkeit.

Neben ihrer Korrosions- und Zunderbeständigkeit lassen sie sich gut verformen, zerspanen und schweißen. Typische Legierungsbeispiele sind in Tabelle 3 angegeben. Wegen ihrer Hitzebeständigkeit finden diese NiCr-Legierungen Anwendung für Gasturbinen, Strahltriebwerke, Brennkammern, Überhitzerrohre, Nitrierbehälter, Reaktionsgefäße usw.

Die zulässige Anwendungstemperatur und → Lebensdauer für hitzebeständige Legierungen ist abhängig von der Beschaffenheit der Gasatmosphäre (Tabelle 4). Die → Verzunderung ist besonders ungünstig bei ständigem Wechsel zwischen oxidierenden und reduzierenden Bedingungen. Typische Einsatzdauerbereiche für N. liegen zwischen 1000 und 10 000 Stunden bei Temperaturen bis 900 °C.

□ Nickelhaltige Magnetwerkstoffe.

Weichmagnetische NiFe-Legierungen müssen nach der Formgebung schlußgeglüht werden, um ein störungsfreies Gefüge für den Einbauzustand sicherzustellen (Tabelle 5). Entsprechend dem Zustandssystem Nickel-Eisen ergeben sich aus dem Verlauf der → Sättigungsmagnetisierung B_s die wichtigsten technischen Anwendungen: NiFe71 ist bei Raumtemperatur unmagnetisch (keine Magnetisierung) und wird im Elektromaschinenbau verwendet. NiFe64 besitzt eine geringe Anfangspermeabilität μ und geringe Wirbelstromverluste und ist besonders für verzerrungsarme Überträger geeignet. NiFe50 vereinigt hohe Anfangspermeabilität und Sättigungsmagnetisierung und wird deshalb in Meßwandlern, Verstärkern und Übertragern eingesetzt. NiFe25 (Mu-Metall) weist besonders hohe → Permeabilität (μ_{max} bis 120 000) auf, bildet bei langsamen Abkühlen eine → Überstruktur ($FeNi_3$ mit hohem Ordnungsgrad), die beim → Abschrecken unterdrückt werden kann, und ist vorteilhaft, wenn nur kleine Steuerfeldstärken vorhanden sind, ferner für magnetische Abschirmung und Fehlerstromschutzschalter.

Nickellegierungen. Tabelle 3: Beispiele für warmfeste Nickelbasiswerkstoffe.
Zugfestigkeit R_m und Streckgrenze $R_{p0,1}$ in N/mm², Bruchdehnung A in % (nach W. Dienst)

Legierung	Raumtemperatur			800 °C			Zeitstandfestigkeit
	$R_{p0,1}$	R_m	A	$R_{p0,1}$	R_m	A	$R_{m/1000\,h/800\,°C}$
NiCr 20 Ti (Nimonic 75)	350	820	44	120	200	65	30
NiCr 22 Fe 18 Mo 9 (Hastelloy X)	360	800	40	230	350	43	80
NiCr 15 Fe 7 Ti 2 (Inconel X-750)	800	1 200	25	350	440	20	150
NiCr 20 Co 18 Ti 2 (Nimonic 90)	800	1 250	25	480	650	10	160
NiCr 19 Fe 18 Nb 5 Mo 3 (Inconel 718)	1 150	1 400	15	630	800	30	200
NiCr 17 Cr 15 Mo 5 Al 4 Ti 3 (Udimet 700)	980	1 400	15	760	950	33	330

Nickellegierungen. Tabelle 4: Beispiele für hitzebeständige Werkstoffe

Legierung	Betriebstemperatur und -zustand in Luft
NiCr 20 Ti	bis 1100 °C oxidierender und reduzierender Betrieb, in schwefelhaltigen Gasen
NiCr 15 Fe	bis 1100 °C reduzierende Atmosphäre und mit Schwefel
X 12 NiCrSi 3616	bis 1100 °C wechselnd oxidierend und reduzierend

Nickellegierungen. Tabelle 5: Beispiele für Magnetwerkstoffe

Legierung	B_s in Tesla	μ_{max}	H_c in A/m	$(B \cdot H)_{max}$ in Ws/m^3	Einsatz
					weichmagnetisch:
NiFe64	1,3	20 000	30		Übertrager, Drosseln, Filter
NiFe40	1,5	90 000	1,5		Übertrager, Magnetverstärker
NiFe25	0,8	120 000	1,5		Abschirmungen, Magnetverstärkung, Relais
NiFe16Mo5 (Supermalloy)	0,8	100 000	0,2		Fernsprechtransformatoren
NiCo25Fe30 (Perminvar)	1,5	2 000	120		konstante Permeabilität bei kleinen Feldstärken
					hartmagnetisch:
A18Ni14Co24Cu3 (Alnico 5)	1,2		60 000	40 000	Dauermagnete, Lautsprecher
					hartmagnetisch:
Cu60Ni20(Cunife)	0,5		50 000	10 000	Dauermagnete

Pulvermetallurgisch hergestellt mit nicht völlig homogen gesinterten Mischkörpern (Hyperm, Permalloy) entsteht ein geradliniger Verlauf der Permeabilität, der besonders in Meßgeräten Verwendung findet.

Wenn die →Beweglichkeit der *Bloch*wände behindert wird (Magnetwerkstoffe), entstehen hartmagnetische Werkstoffe. Grundlage sind hier FeNiCo-Legierungen mit hoher Magnetisierung, großer Koerzitivfeldstärke H_C, großem Energieprodukt $(B \cdot H)_{max}$ und großen Hystereseverlusten (Tabelle 5). Zustäze von Titan, Aluminium oder Niob ermöglichen eine →Aushärtung, besonders wenn die Wärmeführung im Magnetfeld erfolgt. *Heller*

Literatur: *Bargel, H. J.*, u. *G. Schulze*: Werkstoffkunde. Düsseldorf 1988. – *Dienst, W.*: Hochtemperaturwerkstoffe. Karlsruhe 1978. – *Schimpke, P.*, u. *H. Schropp, R. König*: Technologie der Maschinenbaustoffe. Stuttgart 1977. – *Volk, K. E.*: Nickel und Nickellegierungen. Berlin 1970.

Nickellegierungen, hochwarmfeste. Schmiede- und Feingußlegierungen für Anwendung in Dampf- und Gasturbinen, von Flugtriebwerken sowie von Anlagen der chemischen Industrie mit Betriebstemperaturen von 1100 °C. Kennzeichnend für die schmiedbaren Legierungen ist der unterhalb 0,1 % liegende Kohlenstoffgehalt. Zusätze von →Aluminium und →Titan führen zur Bildung der aushärtenden γ'-Phase $Ni_3(Al,Ti)$, die mit zunehmendem Anteil zu höherer →Zeitstandfestigkeit führt und den Einsatz bei höheren Temperaturen ermöglicht. In den Feingußlegierungen können noch höhere Aluminium- und Titangehalte, kombiniert mit weiteren Zusätzen an Molybdän, Niob, Tantal und Wolfram verwendet werden. Beispiele sind Schmiedelegierungen mit Nickelgehalten von 53 %–75 % und →Feingußlegierungen mit Nickelgehalten von 10 %–72 %. *Dahl*

Literatur: Werkstoffkunde Stahl. 2 Bde. (Hrsg. VDEh). Berlin–Düsseldorf 1984/85.

Nickelschichten. Oberflächenschutzschichten, die durch elektrolytisches oder fremdstromloses →Abscheiden, gelegentlich auch durch chemische →Abscheidung aus der Gasphase (CVD), gebildet werden. Das elektrolytische Abscheiden von Nickelschichten erfolgt meistens aus Sulfamatelektrolyten. Die Schichtdicken liegen zwischen 5 µm zum →Löten und 2 mm für Reparaturzwecke. Eine gute →Korrosionsbeständigkeit bieten Schichtdicken, die größer als 80 µm sind. Das fremdstromlose Abscheiden erfolgt in der Regel aus Hypophosphit-, seltener aus Borhydridbädern. Dabei wird →Phosphor bzw. →Bor in die N. eingebaut. Durch eine anschließende →Wärmebehandlung kann die →Härte beträchtlich gesteigert werden (Bild). Wegen der niedrigen Abscheidungsgeschwindigkeit ist die Schichtdicke gewöhnlich nicht größer als 50 µm. Fremdstromlos abgeschiedene Nickel-Phosphor-Schichten haben eine gute Korrosionsbeständigkeit und einen hohen Widerstand gegen →Adhäsion bei Paarung mit Stahl.

Zur Steigerung des Widerstandes gegen →Abrasion können sowohl beim galvanischen als auch beim fremdstromlosen Abscheiden Hartstoffpartikel eingebaut werden, wodurch →Dispersionschichten entstehen. *Habig*

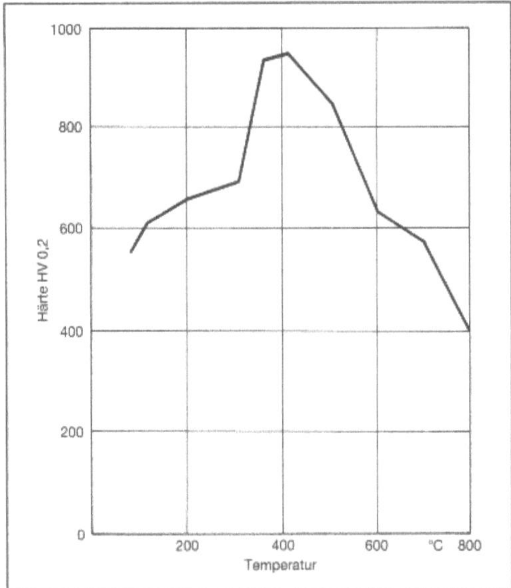

Nickelschichten: Härte von fremdstromlos abgeschiedenen Nickel-Phosphor-Schichten in Abhängigkeit von der Auslagerungstemperatur.

Literatur: *Simon, H.* und *M. Thoma:* Angewandte Oberflächentechnik für metallische Werkstoffe. München 1985.

Niederdruck-Kokillengießanlage. Während beim normalen Kokilleguß die Metallschmelze unter dem Einfluß der Schwerkraft in die Form fließt und unter Luftdruckeinwirkung erstarrt, wird beim Niederdruck-Gießverfahren das flüssige Metall durch einen verhältnismäßig niedrigen Gasdruck (z. B. bei → Aluminium etwa 0,2 bis 0,3 bar) in die → Dauerform gehoben (Bild). Der Behälter für das flüssige Metall ist durch einen Deckel gasdicht verschlossen; er hat eine ebenfalls gasdicht verschließbare Öffnung, durch die man flüssiges Metall nachfüllen kann. Auf den Deckel ist eine → Kokille aufgesetzt, deren Kernzüge mechanisch oder hydraulisch betätigt werden. Durch das fast bis auf den Boden reichende Steigrohr wird die Schmelze mittels Gasdruck in die Kokille gedrückt. Das Fassungsvermögen der Tiegel bei dieser klassischen Bauweise ist auf 150 bis 200 kg Aluminium begrenzt.

Bei der Entwicklung von Niederdruckgießöfen gab es zwei Ausführungsformen, und zwar Gießöfen, bei denen der Tiegel gleichzeitig als Druckgefäß dient, und Gießöfen, bei denen das Ofengehäuse als Druckgefäß ausgebildet ist. Eine günstige Niederdruck-Gießofenkonstruktion besteht heute aus einem Induktionsrinnen-Warmhalteofen mit druckdichtem Ofengefäß oder einem geschlossenen Ofengefäß mit einem in einer mit Mittelfrequenz gespeisten Induktionsspule stehenden Graphittiegel. Derartige Öfen können bis zu 1500 kg Fassungs-

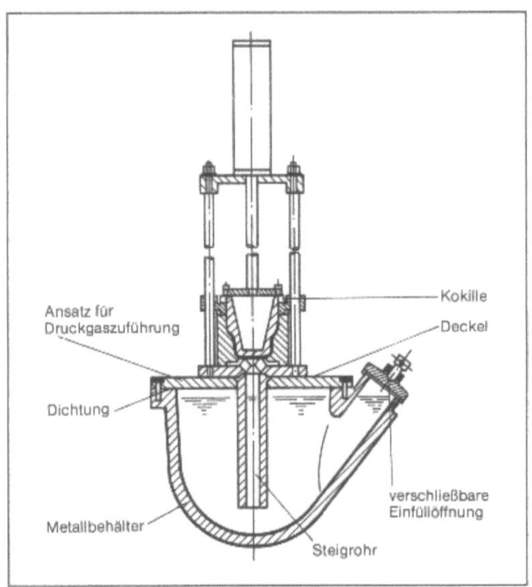

Niederdruck-Kokillengießanlage: Prinzip des Niederdruck-Gießverfahrens.

vermögen gebaut werden. Die Verwendung von Graphittiegeln anstelle von eisernen Tiegeln schließt jede schädliche Eisenaufnahme der Aluminiumschmelze aus.

Der Vorteil des N.-K. gegenüber dem Schwerkraft-Kokilleguß liegt vor allem in der Verminderung der Speiser- und Eingußgewichte. Bei Anwendung der Niederdruck-Gießtechnik muß der Kokillengießer allerdings umlernen. Während beim normalen Kokilleguß das → Gußstück vom Boden her erstarrt und die oberen zuletzt erstarrenden Partien durch aufgesetzte Speiser zum Ausgleich der Schrumpfung nachgespeist werden müssen, muß beim Niederdruck-Gießverfahren die → Erstarrung von oben her eingeleitet werden und das Nachspeisen erfolgt von unten durch das Steigrohr. Diese besondere Erstarrungsrichtung erfordert eine darauf abgestimmte Anschnitt-Technik und große Erfahrung bei der Konstruktion von Niederdruck-Kokillen. Bei richtiger Kokillenausführung tritt das Metall turbulenzfrei in den Formhohlraum ein und die Luft in der Kokille wird ruhig zu den Entlüftungsöffnungen in der Form getrieben. *Doliwa*

Niederdruck-Kokilleguß. Nach dem N.-K.-Verfahren werden überwiegend Gußstücke für den Automobilsektor hergestellt, und zwar wiederum vorzugsweise aus Aluminium-Legierungen. Diese Gießtechnik eignet sich auch zum → Umgießen von Einlagen aus → Gußeisen, wie z. B. Laufbüchsen in Zylinder oder Bandagen in Bremstrommeln unter Nutzung der Alfin-Schichten (→ Verbundguß). Eine weite Anwendung hat sich das N.-G. zur Herstellung von luftgekühlten Zylinderköpfen erobert.

Die Eigenschaften der nach dem Niederdruck-Gießverfahren hergestellten Gußstücke gleichen hinsichtlich →Festigkeit, →Dehnung, →Härte usw. dem normalen Kokillenguß und sind auch ebenso druckdicht, vergütbar, schweißbar und bei Wahl einer geeigneten Legierung auch für eine →Oberflächenbehandlung zugänglich. Damit sind solche Gußstücke in manchen Eigenschaften den Druckgußteilen überlegen.

In England und in den USA benutzt man die Niederdruck-Gießtechnik auch zur Herstellung von Gußstücken aus →Stahl (z. B. Eisenbahnräder) oder aus Gußeisenwerkstoffen, während man in der Bundesrepublik Deutschland nur noch Schwermetalle in nennenswertem Umfang nach dieser Technik verarbeitet. *Doliwa*

Niederdruckpolyethylen →Polyethylen

Niederfrequenz-Rohrschweißverfahren. Das N.-R. ist ein Widerstands-Preßschweißverfahren, bei dem Wechselstrom mit Frequenzen zwischen 50 Hz und 400 Hz angewendet wird. Dabei dient eine Rollenelektrode gleichzeitig zur Stromführung, Formung und zur Erzeugung des notwendigen Schweißdruckes (Bild). Diese Rollenelektrode besteht aus zwei gegeneinander isolierten Scheiben einer Kupferlegierung und bildet den kritischen Teil der Anlage, weil für jeden Rohrdurchmesser der zugehörige Radius eingestellt und dieser aufgrund des Verschleißes stets kontrolliert werden muß. Mit diesem Verfahren werden längsnahtgeschweißte Stahlrohre mit Durchmessern zwischen 10 mm und 114 mm bei wanddickenabhängigen Schweißgeschwindigkeiten bis etwa 90 m/min hergestellt. *Baumann*

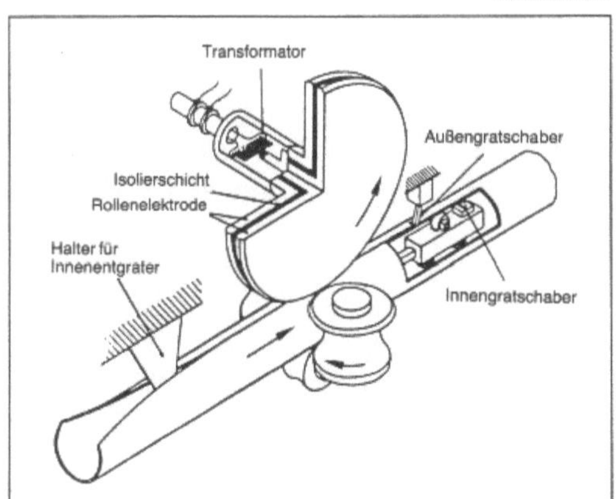

Niederfrequenz-Rohrschweißverfahren: Schematische Darstellung.

Niob. N. wird hauptsächlich aus Mineralen der Columbit-/Tantalit-Reihe gewonnen, die die allgemeine Zusammensetzung (Fe,Mn)(Nb/Ta)$_2$O$_6$ aufweisen, wobei die Fe/Mn- und Nb/Ta-Verhältnisse stetig variieren. Das Metall erhält man durch Schmelzelektrolyse sowie durch →Reduktion des Pentoxids Nb$_2$O$_5$ mit →Aluminium bzw. →Kohlenstoff. Das reine, hellgraue glänzende Metall mit einer Dichte von 8,56 kristallisiert im kubisch raumzentrierten Gitter. An →Härte gleicht es dem Schmiedeeisen, es läßt sich gut walzen und schweißen. N. schmilzt bei 1950 °C und siedet bei ca. 5100 °C. Bei 9,5 K geht es in den supraleitenden Zustand über (Supraleitung).

In der Natur kommt nur N. mit der Massezahl 93 vor. Künstlich lassen sich allerdings 23 radioaktive Isotope mit den Massezahlen 88 bis 101 herstellen. Von diesen besitzt Nb-94 mit 2 · 10^4 Jahren die längste Halbwertszeit.

N. ist gegen Säuren sehr widerstandsfähig und korrosionsbeständig. Von Sauerstoff wird es erst oberhalb von 400 °C angegriffen.

N. wird in mikrolegierten Feinkornbaustählen als Legierungselement mit Gehalten bis zu 0,1 % verwendet, da sich bei der →Abkühlung von hohen Temperaturen und vor allem bei thermomechanischer Behandlung fein verteilte Niobkarbide oder -nitride bilden, die zu Kornfeinung und →Aushärtung führen. In Hochtemperaturlegierungen auf Nickelbasis findet N. breite Anwendung. Niob-Zirkonium-Legierungen (T$_c$ = 11,6 K) werden als Wicklungsmaterial für supraleitende Elektromagneten verwendet. *Dahl/Schlögl*

Niobieren. Anreichern der →Randschicht eines Werkstückes aus →Stahl mit →Niob durch thermochemische →Behandlung. Die Behandlung erfolgt meistens in einem Pulver bei 1 000 °C. Bei ausreichendem Kohlenstoffgehalt des Stahles bildet sich eine Niobcarbidschicht mit einer →Härte zwischen 2 100 und 2 500 HV 0.2 und einer Dicke bis zu 20 μm. Die hohe Härte bewirkt vor allem einen hohen Widerstand gegenüber →Abrasion. *Habig*

Literatur: *Hoffmann, F.* und *O. Schaaber:* Härterei-Techn. Mitt. 32 (1977) S. 181.

Nioblegierungen. →Niob und N. sind in ihrer Verwendung zum größten Teil als warmfeste Werkstoffe auf Raketen- und Raumfahrzeugteile beschränkt. Trotz größerer Erzreserven sind sie teurer als die konkurrierenden Erzeugnisse aus →Molybdänlegierungen und finden auch weniger technische Anwendung.

Besonders die →Warmfestigkeit und kurze Einsatzdauer zeichnet die hochschmelzenden N. aus. Die Zeitstandversuche werden wegen der Versprödungsneigung im allgemeinen im Hochvakuum durchgeführt. Bei N. mit Mischkristallhärtung steht der Warmfestigkeitserhöhung stets eine Verschlechterung der Verformbarkeit gegenüber. N.

mit Karbidhärtung (Zirkon als Karbidbildner) bieten eine Optimierungsbreite für mechanische Eigenschaften. Titangehalte in N. erhöhen deutlich die Verformbarkeit.

Nioblegierungen. Tabelle 1: Zusammensetzung von hochschmelzenden N.

Bezeichnung	Legierungsgehalte in Gewichts%
NbZr1	Nb, Zr1, C0,007
C-103	Nb, Ti1, Zr0,7, Hf10, C0,015
Cb-752	Nb, Zr2,5, W10, C0,004
D-43	Nb, Zr1, W10, C0,1
FS85	Nb, Zr0,9, W11, C0,001
SU-16	Nb, Hf2, Mo3, W11, C0,08
F-48	Nb, Zr1, Mo5, W15, C0,06
B-88	Nb, Hf2, W28, C0,07
	in allen Legierungen: N<0,01; O<0,04

N. unterscheiden sich in drei Gruppen:
- niedrige Festigkeit und Duktilität (NbZr1, C-103)
- mäßige Festigkeit und Duktilität (FS85, Cb752, D-43)
- hohe Festigkeit und niedrige Duktilität (Su-16, F-48, B-88)

N. sind schweißbar (teilweise schwierig). Sie werden aluminothermisch aus Columbit (Niobit (Fe, Mn) · $NbTa_2O_6$) hergestellt. Niob wird in der Stahlindustrie hauptsächlich zu Legierungszwecken verwendet. Als Supraleiter bildet Niob die intermetallische Phase Nb_3Sn mit hoher → Übergangstemperatur und Stromtragfähigkeit und wird in supraleitenden Magnetspulen verwendet.   *Heller*

Literatur: *Dienst, W.*: Hochtemperaturwerkstoffe. Karlsruhe 1978. – *Kieffer, R.*, u. *G. Jangg, P. Ettmayer*: Sondermetalle. Wien 1971. – *Machlin, J.*, u. *R. T. Begley, E. D. Weisert*: Refractory Metal Alloys. Metallurgy and Technology. New York 1968. – *Schreiber, F.*: Verarbeitung und Anwendung von Tantal, Niob und Vanadin. Radex-Rdsch. (1983) Nr. 1/2, S. 85–98.

Nitride, polykristalline → Faserwerkstoffe

Nitrieren. Anreichern der → Randschicht eines Werkstückes – meistens aus → Stahl oder → Gußeisen – mit → Stickstoff durch thermochemische → Behandlung. Diffundiert zusätzlich → Kohlenstoff in die Randschicht ein, so spricht man von Nitrocarburieren. Davon zu unterscheiden ist das → Carbonitrieren, bei dem in erster Linie Kohlenstoff eindiffundiert und durch den Stickstoff die Kohlenstoffdiffusion beschleunigt wird.

Zum N. und Nitrocarburieren werden unterschiedliche Medien verwendet (Bild 1). Das klassische Gas-Nitrieren in Ammoniak erfordert eine Temperatur von 500 °C und eine Behandlungsdauer von bis zu 100 Stunden. Das Plasma-Nitrieren kann bei einer niedrigeren Temperatur bis hinab zu 350 °C vorgenommen werden. Das Nitrocarburieren wird im allgemeinen bei einer Temperatur zwischen 570 und 580 °C mit einer Behandlungsdauer unter zehn Stunden, häufig zwei bis drei Stunden, durchgeführt.

Die Behandlungstemperatur liegt also unter der Austenitisierungstemperatur von Stahl, so daß eine Vergütung vor dem N. bzw. Nitrocarburieren vorgenommen werden kann.

Für das N. stehen spezielle Nitrierstähle zur Verfügung, welche Nitridbildner wie → Chrom, → Aluminium oder Molybdän enthalten. Zum Nitrocarburieren werden Einsatzstähle, Vergütungsstähle, → Werkzeugstähle und korrosionsbeständige → Stähle benutzt.

Nioblegierungen. Tabelle 2: Zugfestigkeit und Zeitstandfestigkeit von hochschmelzenden N. (nach W. Dienst)

Bezeichnung	R_m in N/mm²			$R_{m/1\,000\ h}$ in N/mm²	
	20 °C	1 000 °C	1 200 °C	1 000 °C	1 200 °C
Nb	300	120	50	50	
NbZr1	400	270	170	60	20
Cb-752	600	380	250		25
D-43	600			160	60
FS85	700	450	300	150	60
SU-16	700			190	80
F-48	800	460	300		80
B-88	1 000				

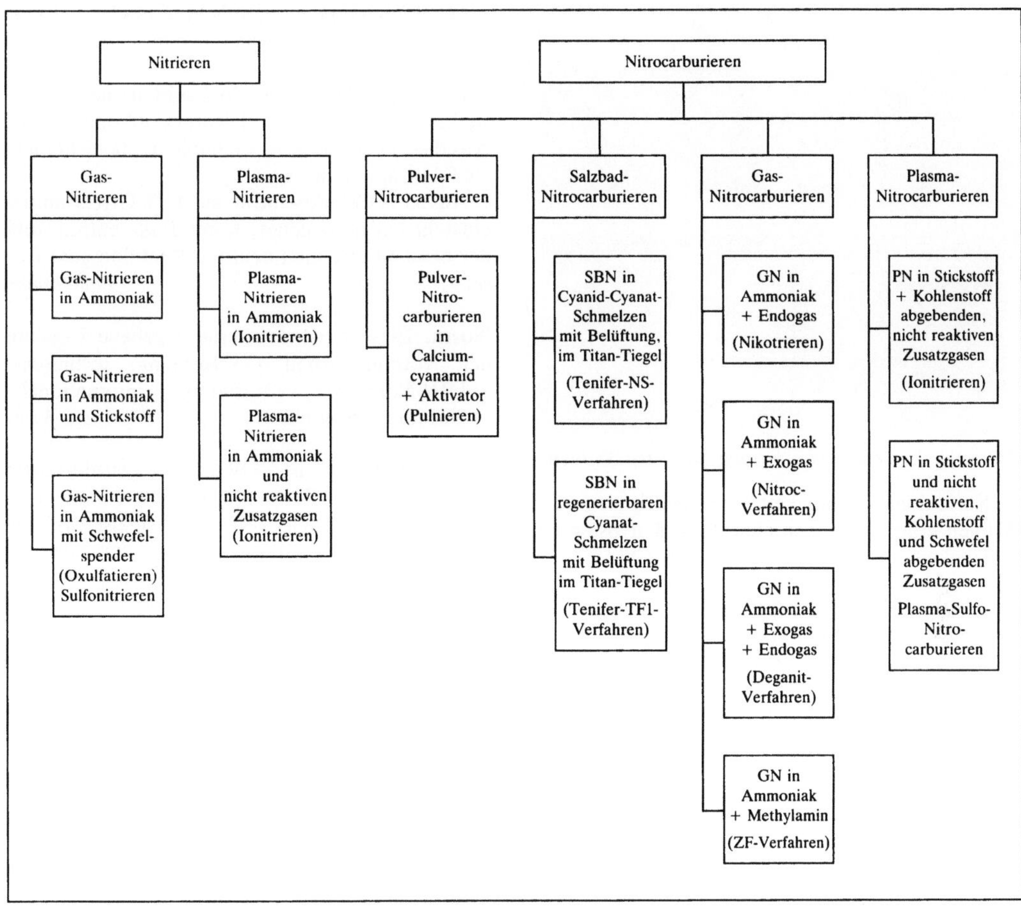

Nitrieren 1: Nitrier- und Nitrocarburierverfahren

Beim Gas-N. entsteht eine spröde, zweiphasige →Verbindungsschicht aus ε-Fe$_x$N und γ′-Fe$_4$N mit einer Dicke von bis zu 50 μm. Diese Schicht wird wegen ihrer Sprödigkeit meistens abgeschliffen. An die Verbindungsschicht schließt sich eine stickstoffhaltige →Diffusionsschicht mit Nitridausscheidungen an, deren Dicke im allgemeinen unter 1 mm liegt.

Beim Plasma-N. bildet sich eine Verbindungsschicht aus γ′-Fe$_4$N mit einer Dicke unter 10 μm, an die sich ebenfalls eine Stickstoff-Diffusionsschicht anschließt. Die Verbindungsschicht wird im allgemeinen nicht abgeschliffen.

Das Nitrocarburieren führt zu einer Verbindungsschicht, die bei einer maximalen Dicke von ca. 30 μm überwiegend aus ε-Fe$_x$N besteht; zum Inneren hin schließt sich eine Schicht aus γ′-Fe$_4$N an, ehe die Stickstoff-Diffusionsschicht erreicht wird. Da die ε-Fe$_x$N-Schicht den Widerstand gegenüber adhäsivem →Verschleiß erhöht, wird sie nicht abgeschliffen.

Auf den Stählen 42CrMo4, 31CrMoV9 und S 6-5-2 (Bild 2) ist eine hell erscheinende Verbindungsschicht zu erkennen, die aus ε-Fe$_x$N besteht; in der äußeren Randschicht der Verbindungsschicht befindet sich ein Porensaum. Die Carbide des Stahles S 6-5-2 bleiben in der Verbindungsschicht erhalten. Auf dem Stahl X10CrNiTi189 bildet sich nur eine Stickstoff-Diffusionsschicht.

Die →Härte der Nitridschicht hängt von der Art und Konzentration der →Legierungselemente des Grundwerkstoffes ab. Sie reicht von ca. 750 HV 0,01 auf unlegierten Stählen bis zu ca. 1 500 HV 0,01 auf legierten Stählen.

Durch N. und Nitrocarburieren werden die →Dauerschwingfestigkeit und der Widerstand gegenüber →Oberflächenzerrüttung bzw. →Grübchenbildung erhöht. Hierfür ist vor allem die Diffusionsschicht verantwortlich, die Druckeigenspannungen aufweist. Die Verbindungsschicht bewirkt einen besonders hohen Widerstand gegenüber adhäsivem Verschleiß und adhäsiv bedingtem →Fressen, wenn der Gegenkörper aus Stahl, insbesondere aus nitrocarburiertem Stahl besteht. Ferner wird die

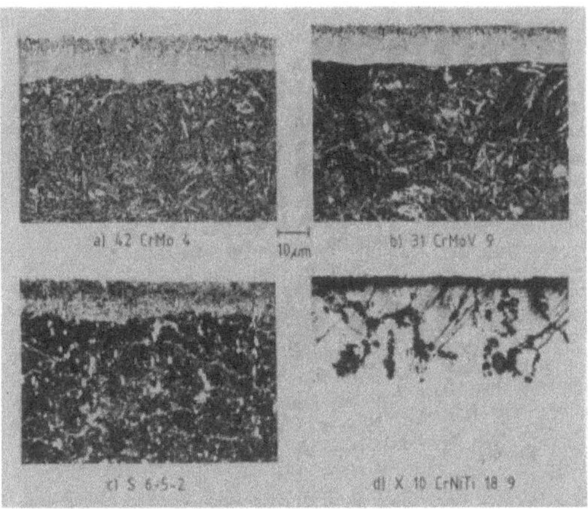

Nitrieren 2: Gefüge von nitrocarburierten Stählen.

→ Korrosionsbeständigkeit von niedrig legierten Stählen erhöht, dagegen nimmt die Korrosionsbeständigkeit von Stählen mit hohem Chrom- und Nickelgehalt ab. Durch ein sich an das Nitrocarburieren anschließendes → Oxidieren kann die Korrosionsbeständigkeit erhöht werden. Nitrierte oder nitrocarburierte Stähle haben im Vergleich zu vergüteten Stählen einen erhöhten Widerstand gegenüber abrasivem Verschleiß. Beide Verfahren werden daher mit Erfolg zur Erhöhung der Gebrauchsdauer von verschiedenartigen hochbeanspruchten Bauteilen und Werkzeugen eingesetzt. *Habig*

Literatur: *Liedtke, D.:* Nitrieren. Merkblatt 447. Düsseldorf 1974 – *Wahl, G.:* Einsatzhärten und Nitrieren von Eisenwerkstoffen. In: *Kunst, H.* (Hrsg.): Verschleiß metallischer Werkstoffe und seine Verminderung durch Oberflächenschichten. Grafenau 1982 – *Kunst, H.* und *D. Liedtke:* Badnitrieren von Eisenwerkstoffen – Untersuchungen an Nitridschichten. Tribologie, Reibung – Verschleiß – Schmierung, Bd. 7 (1983) S. 39 – – *Chatterjee-Fischer, R.:* Härterei-Techn. Mitt. 38 (1983) S. 39 – – *Habig, K.-H.:* VDI Berichte 333 (1979) S. 43.

Nitrilelastomer → Elastomere

Nitrilfaser. Die N. besteht aus → Polyacrylnitril. Sie ist ein wichtiger Faserrohstoff für Mischgewebe zur Erhöhung der Formstabilität von Naturfasern. Weiterhin bildet die Polyacrylnitril-Faser den Ausgangspunkt zur Herstellung der → Carbonfaser. *Finkelmann*

Nitrocarburieren → Nitrieren

Nitrocellulose. → Cellulosenitrat ist der Salpetersäureester der → Cellulose. Er wurde früher auch N. genannt und wird durch → Nitrieren von Cellulose mit Salpetersäure/Schwefelsäure hergestellt. Als Ausgangsstoff für Fotofilme, Nitrolacke und Celluloid dient Linters. → Zellstoffe sind wegen ihrer Carboxylgruppen nicht lichtbeständig und können daher nur für Schießbaumwolle verwendet werden.

Die Nachteile des Celluloid sind die hohen Herstellungskosten und die leichte Entflammbarkeit. Aus diesem Grund wird Celluloid heute nicht mehr als Filmträger eingesetzt.

Aus 55 % Cellulosenitrat und 45 % Glycerinnitrat entsteht ein homogener, fester Raketentreibstoff, der beim Verbrennen neutrale Reaktionsgase freisetzt. *Finkelmann*

Norm. Eine N. ist das herausgegebene Ergebnis der Normungsarbeit (→ Normung, technische; → DIN-Normen, → Normung, internationale; → Normung, regionale). *Krieg*

Normalbeton. N. ist → Beton mit geschlossenem Gefüge und einer Festbetonrohdichte von mehr als 2 000 kg/m³, höchstens 2 800 kg/m³ (meist zwischen 2 200 und 2 500 kg/m³). Wenn keine Verwechslung mit Leicht- oder Schwerbeton möglich ist, wird er nur als Beton bezeichnet. Leichter N. ist ein Beton mit einer Rohdichte zwischen 2 000 und 2 100 kg/m³, der sowohl Normal- als auch Leichtzuschlag enthält. N. kann unterschiedlich bezeichnet werden, z. B. nach

□ dem Erhärtungszustand: Frischbeton, Festbeton,

□ der Festigkeitsklasse: B 5 – B 55,

□ der Zementart: Portlandzementbeton,

□ der Zuschlagart: Kiessandbeton,

□ der Konsistenz: Fließbeton,

□ der Transportart: Pumpbeton,

□ der Art des Einbringens: → Unterwasserbeton,

□ der Art des Verdichtens: Rüttelbeton,

□ der Art der Herstellung: → Transportbeton,

□ dem Ort der Verarbeitung: → Ortbeton.

Thermische Eigenschaften. Da Beton ein relativ schlechter Wärmeleiter ist, heizt er sich durch die beim → Erhärten entstehende → Hydratationswärme auf. Diese hängt vor allem von der Hydratationswärme des Zements ab und kann somit durch Verwendung von Zementen mit niedriger Hydratationswärme bei niedrigem Zementgehalt maßgeblich verringert werden. Bei der Erwärmung tritt bereits ein Temperaturgefälle vom Kern zum Rand hin auf, das sich bei Abkühlung, die von außen nach innen verläuft, noch verstärken kann. Dabei zieht sich der Beton außen zusammen, während er sich ggf. innen noch ausdehnt. Die dadurch entstehenden Randzugspannungen werden in den ersten Tagen durch die → Plastizität des noch gering erhärteten bzw. die Relaxation des jungen Betons noch abgebaut. Bei wachsendem → Elastizitätsmodul (Beton) können die Zugspannungen aber, vor allem bei massigen Bauteilen mit Temperaturunterschieden bis 40 K, so groß werden, daß sie die → Zugfestigkeit überschreiten und zu Rissen führen. Die Spannungen werden außer vom Temperaturgefälle vor allem vom Wärmedehnungskoeffizienten α_T beeinflußt, der bei N. zwischen $5 \cdot 10^{-6}$/K und $14 \cdot 10^{-6}$/K schwankt und am stärksten von Betonzuschlagart und Zuschlagmenge abhängt. Im Mittel kann man bei Kiessandbeton mit $\alpha_T = 10 \cdot 10^{-6}$/K rechnen, d. h., ein Bauteil mit einer Länge von 10 m dehnt sich bei Erwärmung oder Abkühlung von 10 K um 1 mm. Die Wärmedehnungskoeffizienten von Beton und Stahl sind etwa gleich, was eine wesentliche Voraussetzung für den Verbundbaustoff Stahlbeton ist. Die Wärmeleitfähigkeit des Stahles ist jedoch rd. 30mal größer als die des Betons, d. h. die Temperatur und die $\rightarrow$ Dehnung des Stahles verändern sich schneller als die des Betons, was bei schnell ablaufenden Temperaturänderungen, z. B. bei Bränden, zu hohen Zwängungsspannungen und damit zu Zerstörungen führen kann. Die Wärmeleitfähigkeit des N. beträgt je nach Zuschlagart und $\rightarrow$ Feuchtigkeitsgehalt des Betons zwischen 0,9 und 3,5 W/(K · m) und ist damit wesentlich größer als die der meisten anorganisch-nichtmetallischen Baustoffe. Bei Bauteilen mit Wärmeschutzanforderungen müssen daher Wärmedämmschichten oder an Stelle von N. $\rightarrow$ Leichtbeton ($\rightarrow$ Leichtbetoneigenschaften) verwendet werden. *Wesche*

Normalglühen. Bei der $\rightarrow$ Wärmebehandlung von $\rightarrow$ Stahl Abkühlen an ruhender Atmosphäre nach Austenitisierung bei Temperaturen wenig oberhalb A_{c3}, bei übereutektoidischen Stählen wenig oberhalb A_{c1} ($\rightarrow$ Eisen-Kohlenstoff-Zustandsschaubild). Zwar ist die Abkühlungsgeschwindigkeit je nach Abmessungen des Glühgutes etwas unterschiedlich, insgesamt entsteht aber ein relativ gleichmäßiges ferritisch-perlitisches $\rightarrow$ Gefüge mit günstigen Festigkeits- und Zähigkeitseigenschaften. *Dahl*

Literatur: Werkstoffkunde Stahl. 2 Bde. (Hrsg. VDEh). Berlin–Düsseldorf 1984/85.

Normalspannung $\rightarrow$ Spannung

Normalspannung, mittlere. Die m. N. berechnet sich nach der Beziehung

$$\sigma_m = \frac{1}{3}\,(\sigma_x + \sigma_y + \sigma_z)$$

bzw. in einem $\rightarrow$ Hauptachsensystem

$$\sigma_m = \frac{1}{3}\,(\sigma_1 + \sigma_2 + \sigma_3)$$

aus den Hauptdiagonalgliedern des Spannungstensors. Sie ist proportional der Spur (Summe der drei

Hauptdiagonalglieder) des Tensors und ist somit eine Invariante ($\rightarrow$ Spannungszustand).

Versuche haben gezeigt, daß die m. N. praktisch keinen Einfluß auf den Beginn des plastischen Fließens besitzt. Dies wird in der *Tresca*schen und von *Mises*schen $\rightarrow$ Fließbedingung berücksichtigt.

Die m. N. hat dagegen einen großen Einfluß auf das $\rightarrow$ Formänderungsvermögen. *Lange*

Literatur: *Betten, J.:* Elastizitäts- und Plastizitätslehre. Braunschweig, Wiesbaden 1985. – *Hill, R.:* The Mathematical Theory of Plasticity. Oxford 1950. – *Ismar, H. u. O. Mahrenholtz:* Technische Plastomechanik. Braunschweig, Wiesbaden 1979. – *Lange, K.* (Hrsg.): Umformtechnik. Handb. f. Ind. u. Wiss. 2. Aufl. Bd. 1. Grundlagen. Berlin, Heidelberg, New York, Tokio 1984. – *Lippmann, H.:* Mechanik des plastischen Fließens. Berlin, Heidelberg, New York 1981. – *Lippmann, H. u. O. Mahrenholtz:* Plastomechanik der Umformung metallischer Werkstoffe. Berlin, Heidelberg 1967. – *Prager, W. u. P. G. Hodge:* Theorie ideal-plastischer Körper. Wien 1954.

Normalverteilung. Die Lebensdauern von Komponenten, die durch Abnützung oder $\rightarrow$ Verschleiß ausfallen, sind normalverteilt. Aus der Ausfalldichte $f(t)$

$$f(t) = \frac{1}{\sigma\sqrt{2\pi}}\, e^{-\frac{1}{2}\left(\frac{t-\bar{t}}{\sigma}\right)^2}$$

ergibt sich die Ausfallwahrscheinlichkeit $F(t)$ zu

$$F(t) = \frac{1}{\sigma\sqrt{2\pi}} \int\limits_{z=-\infty}^{t} e^{-\frac{1}{2}\left(\frac{z-\bar{t}}{\sigma}\right)^2}\, dz$$

Die Überlebenswahrscheinlichkeit oder $\rightarrow$ Zuverlässigkeit $R(t)$ wird

$$R(t) = \frac{1}{\sigma\sqrt{2\pi}} \int\limits_{z=t}^{\infty} e^{-\frac{1}{2}\left(\frac{z-\bar{t}}{\sigma}\right)}\, dz.$$

Die Ausfallrate $z(t)$ als Quotient der Ausfalldichte und der Überlebenswahrscheinlichkeit ist zeitabhängig. Sie steigt am Ende der $\rightarrow$ Lebensdauer steil an (Bild 1).

Abnutzungsausfälle begrenzen z. B. die Lebensdauer von Glühlampen oder die von Autoreifen. Zunächst sind alle Komponenten funktionsfähig. Die Zuverlässigkeit $R(t)$ ist praktisch unabhängig von der Zeit. Am Ende der Nutzungsdauer fallen dann alle Komponenten innerhalb einer relativ engen Zeitspanne aus. Bei der mittleren Lebensdauer $\bar{t}$ ist die Hälfte der Komponenten funktionsunfähig.

Die N. ist durch die beiden Parameter mittlere Lebensdauer $\bar{t}$ und Standardabweichung σ festgelegt und wird als ($\bar{t}$; σ)-Normalverteilung bezeichnet.

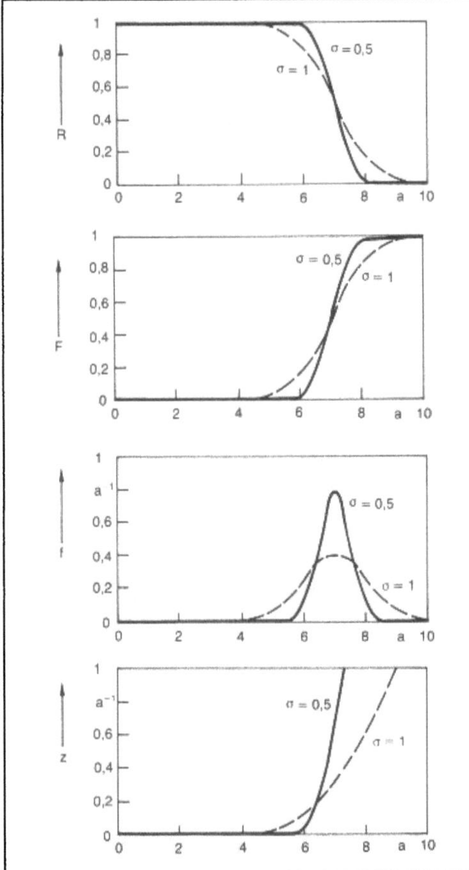

Normalverteilung 1: Überlebenswahrscheinlichkeit R(t), Ausfallwahrscheinlichkeit F(t), Dichtefunktion f(t) und Ausfallrate z(t) bei normalverteilten Lebensdauer

□ (0; 1)-N.: Eine beliebige ($\bar{t}$; σ)-N. läßt sich durch die Koordinatentransformation

$$u = \frac{t - \bar{t}}{\sigma}; \quad t = \bar{t} + \sigma u; \quad dt = \sigma du$$

in die (0; 1)-N. überführen. Bei der mittleren Lebensdauer $t = \bar{t}$ hat die neue Variable u den Wert Null. Bei $t = \bar{t} \pm \sigma$ ergibt sich für u der Wert $u = \pm 1$. Die so normierte Ausfalldichte $f_n(u)$ und die normierte Ausfallwahrscheinlichkeit $F_n(u)$ lauten nach der Koordinatentransformation

$$f_n(u) = \frac{1}{\sqrt{2\pi}} e^{-\frac{1}{2} u^2}$$

$$F_n(u) = \frac{1}{\sqrt{2\pi}} \int_{v = -\infty}^{u} e^{-\frac{1}{2} v^2} dv$$

Diese Funktionen sind tabelliert (Bild 2), womit Zahlenwerte für die elementar nicht mehr auswertbaren Integrale der N. zur Verfügung stehen.

Beispiel: Die Brenndauer (Zufallsvariable X) von Glühbirnen ist normalverteilt mit einem Mittelwert von 1200 h und einer Standardabweichung von 100 h.

a) Die Wahrscheinlichkeit, daß eine beliebig herausgegriffene Glühbirne mindestens 1350 h brennt, ist

$$w(X \geqq 1350) = 1 - w(X \leqq 1350) = 1 - F(1350) =$$
$$1 - F_n(\frac{1350 - 1200}{100}) = 1 - F_n(1,5) = 0,067.$$

b) Die Wahrscheinlichkeit, daß eine herausgegriffene Glühbirne höchstens 900 h brennt, ist

$$w(X \leqq 900) = F(900) = F_n(\frac{900 - 1200}{100}) =$$
$$F_n(-3) = 0,001.$$

c) Die Wahrscheinlichkeit, daß eine herausgegriffene Birne zwischen 1000 und 1400 Stunden brennt, ist

$$w(1000 X \leqq X \leqq 1400) = F(1400) - F(1000) =$$
$$F_n(\frac{1400 - 1200}{100}) - F_n \frac{1000 - 1200}{100}) = F_n(2) -$$
$$F_n(-2)$$
$$= 0,977 - 0,023 = 0,954.$$

d) Gesucht ist die Brenndauer, die von 90 % aller Glühlampen erreicht wird, bzw. die von einer Glühlampe mit einer Wahrscheinlichkeit von 90 % eingehalten wird.

Wenn 90 % der Glühbirnen länge als die gesuchte Lebensdauer brennen, dann sind 10 % schon vorher ausgefallen. Nach der Tabelle von Bild 2 gehört zu der Wahrscheinlichkeit $F_n(u) = 0,1$ das Argument $u = -1,282$, woraus sich die gesuchte Brenndauer t ergibt zu

$$t = \bar{t} + \sigma u = 12\,000 + 100 \cdot (-1,282) = 1\,072 \text{ h};$$

90 % der Glühbirnen brennen also länger als 1072 Stunden.

e) Ist der Bereich um den Mittelwert gefragt, in dem 90 % aller Lebensdauern liegen, so folgt für

$$\int_{-u}^{u} f_n(v)\, dv = 0,90$$

das Argument $u = 1,645$. Mit einer Wahrscheinlichkeit von 90 % gilt dann die Ungleichung

$$\bar{t} - \sigma u \leqq t \leqq \bar{t} + \sigma u$$
$$1200 - 100 \cdot 1,65 \leqq t \leqq 1200 + 100 \cdot 1,65$$
$$1035 \text{ h} \leqq t \leqq 1365 \text{ h}$$

Die Brenndauer einer Glühlampe ist mit einer Wahrscheinlichkeit von 0,95 größer als 1035 h und mit einer Wahrscheinlichkeit von 0,95 kleiner als 1365 h.

□ Graphische Ermittlung von Mittelwert und Standardabweichung: Werden die bei einem Versuch

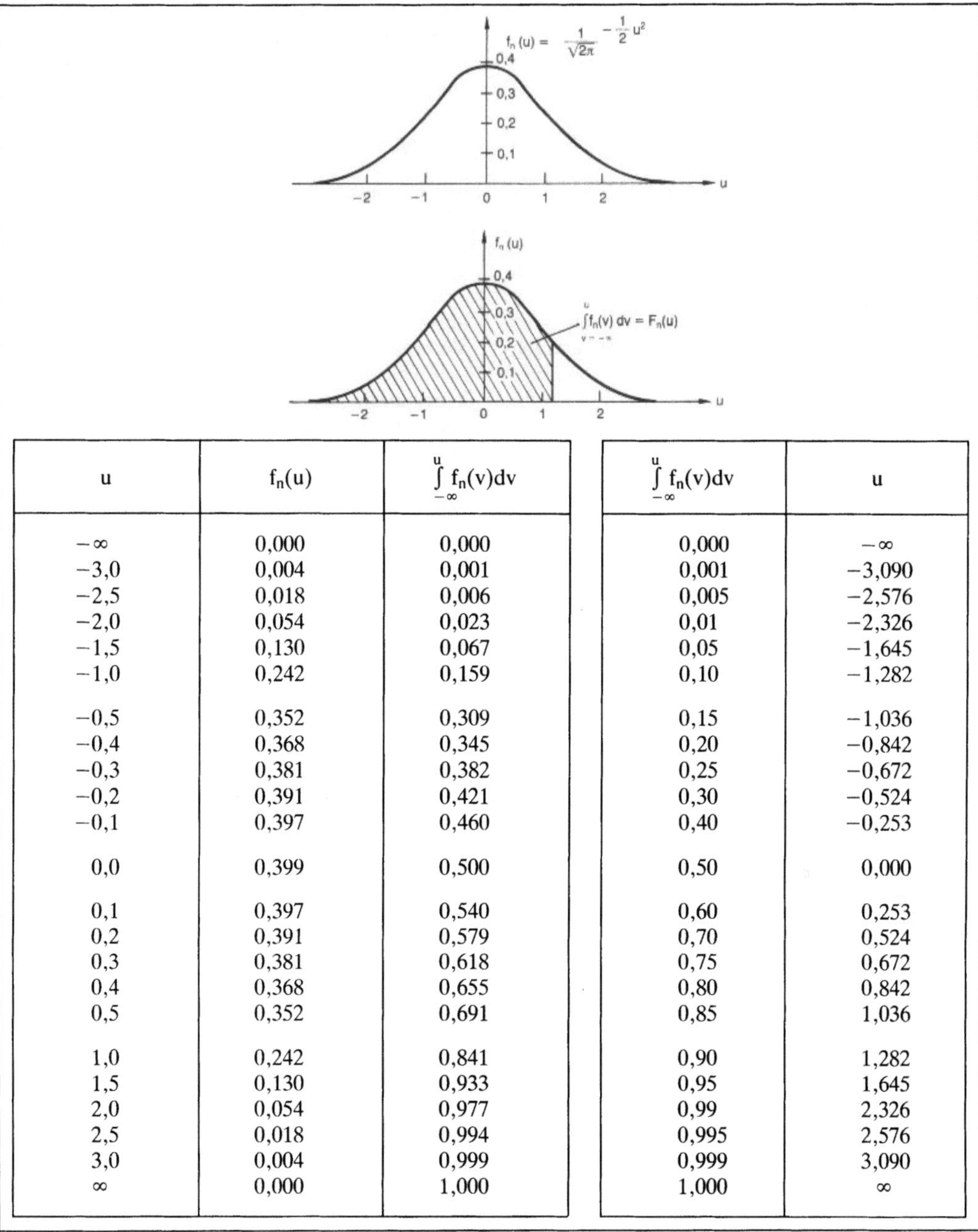

u	$f_n(u)$	$\int\limits_{-\infty}^{u} f_n(v)dv$	$\int\limits_{-\infty}^{u} f_n(v)dv$	u
$-\infty$	0,000	0,000	0,000	$-\infty$
$-3,0$	0,004	0,001	0,001	$-3,090$
$-2,5$	0,018	0,006	0,005	$-2,576$
$-2,0$	0,054	0,023	0,01	$-2,326$
$-1,5$	0,130	0,067	0,05	$-1,645$
$-1,0$	0,242	0,159	0,10	$-1,282$
$-0,5$	0,352	0,309	0,15	$-1,036$
$-0,4$	0,368	0,345	0,20	$-0,842$
$-0,3$	0,381	0,382	0,25	$-0,672$
$-0,2$	0,391	0,421	0,30	$-0,524$
$-0,1$	0,397	0,460	0,40	$-0,253$
0,0	0,399	0,500	0,50	0,000
0,1	0,397	0,540	0,60	0,253
0,2	0,391	0,579	0,70	0,524
0,3	0,381	0,618	0,75	0,672
0,4	0,368	0,655	0,80	0,842
0,5	0,352	0,691	0,85	1,036
1,0	0,242	0,841	0,90	1,282
1,5	0,130	0,933	0,95	1,645
2,0	0,054	0,977	0,99	2,326
2,5	0,018	0,994	0,995	2,576
3,0	0,004	0,999	0,999	3,090
∞	0,000	1,000	1,000	∞

Normalverteilung 2: (0; 1) – N.

erhaltenen Werte für die Zufallsvariable geordnet, so sollte bei normalverteilten Variablen die Dichtefunktion glockenförmig und die Summenfunktion s-förmig verlaufen. Normalerweise streuen jedoch die Versuchswerte; die Kurven sind gestört und die Ausgleichung ist unter Umständen schwierig. Sie vereinfacht sich, wenn die Ergebnisse in dem *Wahrscheinlichkeitspapier* aufgetragen werden. Dieses Papier enthält ein Koordinatennetz, dessen Abszisse linear (Größe x) unterteilt ist. Die Ordinate (Summenfunktion F(x)) ist so auseinandergezogen, daß die Schlangenlinie zu einer Geraden wird. Der Vorteil ist, daß sich die Gerade einfacher durch streuende Punkte hindurch legen läßt. Der zu F(x) = 0,5 gehörende Abszissenwert ist dann der Mittelwert $\bar{x}$: Zu dem Ordinatenwert F(x) = 0,1587 gehört das Argument $x = \bar{x} - \sigma$, zu dem Ordinatenwert $F(x) = 0{,}8413$ das Argument $x = \bar{x} + \sigma$. Damit kann auf der Abszisse die Standardabweichung σ abgelesen werden.

Beispiel: Die Zufallsvariable X sei die bei den 49 Relais der Tabelle gemessene Anzugszeit. Wird die Summenfunktion

$$w(X \leqq x) = F(x) = \frac{\Sigma n_i}{n_o}$$

auf Wahrscheinlichkeitspapier aufgetragen, so läßt sich (Bild 3) eine Gerade durch die Meßwerte legen. Diese sind also annähernd normalverteilt mit einem Mittelwert von $\bar{x} \approx 98{,}4$ ms und einer Standardabweichung von $\sigma \approx 2{,}3$ ms. *Schrüfer*

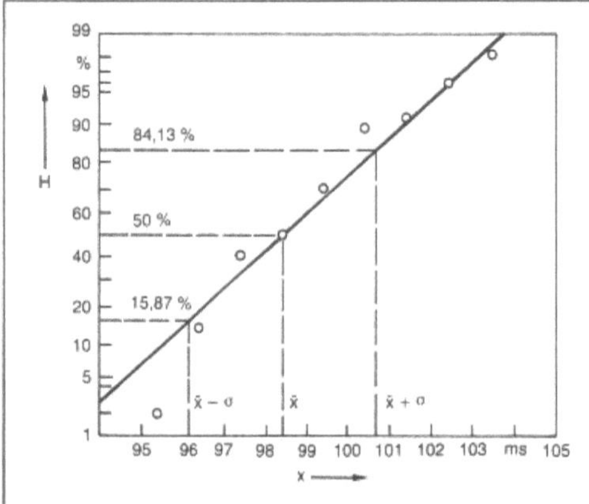

Normalverteilung 3: Darstellung der Meßwerte von Tabelle 1 auf Wahrscheinlichkeitspapier, Mittelwert $\bar{x} \approx 98{,}4$ ms, Standardabweichung $\sigma \approx 2{,}3$ ms.

Literatur: *Gaede, K. W.:* Zuverlässigkeit, Mathematische Modelle. München, Wien 1977. – *Härtler, G.:* Statistische Methoden für die Zuverlässigkeitsanalyse. Berlin 1983. – *Heinhold, J. u. K. W. Gaede:* Ingenieur-Statistik. München 1964. – *Köchel, P.:* Zuverlässigkeit technischer Systeme. Leipzig 1983, Thun und Frankfurt/Main. – *Kreyszig, E.:* Statistische Methoden und ihre Anwendungen. Göttingen 1975. – MBB: Technische Zuverlässigkeit. Berlin, Heidelberg 1977. – *Schrüfer, E.:* Zuverlässigkeit von Meß- und Automatisierungseinrichtungen. München 1984. – *Störmer, H.:* Mathematische Theorie der Zuverlässigkeit, Einführung und Anwendung. München 1970.

Normenkonformität. Erfüllt ein Erzeugnis, ein Verfahren oder eine Dienstleistung alle in einer technischen →Norm vorgeschriebenen Anforderungen (Festlegungen, die zu erfüllende Kriterien vorgeben), liegt eine Übereinstimmung (Konformität) mit der Norm vor. Die N. kann durch eine eigenverantwortliche Konformitätserklärung, z. B. seitens eines Lieferanten, durch ein von einer Zertifizierungskörperschaft ausgestelltes Konformitätszertifikat oder geschütztes Konformitätszeichen nach außen dokumentiert werden.

Je vielseitiger das Angebot von Gütern wird, umso mehr bedürfen sowohl die nichtgewerblichen Verbraucher als auch die einzelnen Unternehmen (als Anbieter und Abnehmer) eindeutiger Warenkennzeichnungen und Warenbeschreibungen, durch die die Beschaffenheit einer Ware kenntlich gemacht (Warenkenntnis) und eine Vergleichbarkeit innerhalb einer Angebotspalette erreicht werden kann (Marktübersicht, Markttransparenz).

Eine wichtige Informationsquelle zum Erlangen besserer Warenkenntnisse und größerer Markttransparenz sind Aussagen zur N. und Produktinformationen. Für die Aussage der N. bestimmter Erzeugnisse, Verfahren oder Dienstleistungen gibt es in der Bundesrepublik Deutschland folgende Möglichkeiten:

☐ Verwendung des Verbandszeichen DIN oder der DIN-Nummer im Sinne einer Konformitätserklärung.

Unter einer Konformitätserklärung ist hierbei die Feststellung eines Anbieters zu verstehen, der unter seiner alleinigen Verantwortlichkeit behauptet, daß sein Erzeugnis z. B. in Übereinstimmung mit einer bestimmten →DIN-Norm ist. Bei Verwendung des Zeichens DIN muß das betreffende Erzeugnis darüber hinaus auch noch den sonstigen berechtigterweise zu stellenden Gebrauchsanforderungen genügen (§ 459 und § 633 BGB).

☐ Verwendung des DIN-Prüf- und Überwachungszeichens (Bild 1) und des VDE-Zeichens (Bild 2) als Konformitätszeichen. Während ersteres in der Regel keinen Aussageschwerpunkt hat, ist das VDE-Zeichen ein sicherheitstechnisches Konformitätszeichen, speziell für elektrotechnische Erzeugnisse.

Normalverteilung. Tabelle: Messung der Anzugszeit von $n_o = 49$ Hilfsrelais.

Anzugszeit x in ms liegt im Intervall	95 bis 96	96 bis 97	97 bis 98	98 bis 99	99 bis 100	100 bis 101	101 bis 102	102 bis 103	103 bis 104	104 bis 105
Zahl n_i der Relais	1	6	13	5	10	9	1	2	1	1
Σn_i	1	7	20	25	35	44	45	47	48	49
$F(x) = \dfrac{\Sigma n_i}{n_o}$	0,02	0,14	0,41	0,51	0,71	0,89	0,91	0,96	0,98	1,00

Grundsätzlich ist ein Konformitätszeichen ein geschütztes Zeichen (Marke), das aufgrund durchgeführter Prüf- und Überwachungsmaßnahmen durch eine anerkannte Prüfstelle anzeigt, daß hinreichendes Vertrauen gegeben ist, daß das diesbezügliche Erzeugnis in Übereinstimmung mit einer bestimmten → DIN-Norm, im Falle des VDE-Zeichens mit einer bestimmten DIN-VDE-Norm ist.

Normenkonformität 1: DIN-Prüf- und Überwachungszeichen.

Normenkonformität 2: VDE-Zeichen.

□ Führen eines Konformitätszertifikats, das allerdings nicht zum Führen eines Konformitätszeichens berechtigt, dessen Erteilung aber auf den gleichen Grundlagen basiert.

Konformitätszeichen und Konformitätszertifikate werden gemäß den Regeln eines Zertifizierungssystems von einer Zertifizierungskörperschaft auf der Grundlage eines zuvor nur für das betreffende Produkt (Produktgruppe) festgelegten Zertifizierungsprogramms vergeben. Voraussetzung ist, daß entsprechende Normen existieren, in denen alle wesentlichen Anforderungen an das Produkt (also Gebrauchs- und/oder Sicherheitsanforderungen, Leistungsdaten) und die zugehörigen Prüfverfahren enthalten sind. Das Zertifizierungsprogramm enthält detaillierte, produktspezifische Festlegungen über Art, Umfang und Häufigkeit der Prüfungen, Zahl und Umfang der Proben, Bestimmungen über die Eigen- und Fremdüberwachung, Geltungsdauer usw.

Im Falle des DIN-Prüf- und Überwachungszeichens und des Konformitätszertifikats werden alle Zertifizierungsprogramme in Zusammenarbeit zwischen der Deutschen Gesellschaft für Warenkennzeichnung (DGWK) als Zertifizierungskörperschaft und dem jeweils für die betreffende DIN-Norm zuständigen Normenausschuß des DIN Deutsches Institut für Normung e. V. aufgestellt. Träger des VDE-Zeichens ist der Verein Deutscher Elektrotechniker (VDE) mit eigener Prüfstelle.

Beide Konformitätszeichen gehören aufgrund der vor der Vergabe durchzuführenden Prüfungen zu der großen Gruppe der Prüfzeichen.

Ein weiteres wichtiges Prüfzeichen ist das GS-Zeichen (Bild 3) des Bundesministeriums für Arbeit und Sozialordnung (BMA). Dieses Sicherheitszeichen soll kenntlich machen, daß das betreffende Produkt den durch anerkannte Regeln der Technik (z. B. → DIN-Normen) konkretisierten sicherheitstechnischen Anforderungen des Gerätesicherheitsgesetzes entspricht.

Normenkonformität 3: GS-Zeichen.

Obwohl es in Deutschland derzeit über 200 verschiedene Prüfzeichen (einschließlich Güte- und Baustoffüberwachungszeichen) gibt, decken die unterschiedlichen Kennzeichnungen und Zertifikate doch nicht alle Verbrauchsgüter ab. Darüber hinaus werden z. T. auch direkte Informationen über bestimmte Eigenschaften der Produkte erwartet.

Die Produktinformation (PI) soll deshalb den Verbraucher über die wichtigsten Leistungsmerkmale (Kennzeichnungselemente) eines Produktes in einer für die Erzeugnisgruppe einheitlichen Form informieren. Zuständig für diese Art der Warenbeschreibung ist die Deutsche Gesellschaft für Produktinformation (DGPI), deren Geschäftsführung beim DIN liegt. Die von den Fachausschüssen der DGPI erarbeiteten Produktinformationen werden in den DIN-Mitteilungen (→DIN Deutsches Institut für Normung e. V.) angezeigt und in der Reihe „Musterblätter für Produktinformationen" veröffentlicht. Entsprechend dem jeweiligen Musterblatt sollen alle geforderten Angaben über das Produkt in der vorgegebenen Reihenfolge in dem Anbieterkatalog (Prospekt) aufgeführt sein. Neben dem Musterblatt wird, bis auf einige wenige Ausnahmen, ein Teil der festgelegten Produktinformationen auszugsweise auf Anhängern bzw. Aufklebern am Erzeugnis oder an der Verpackung wiedergegeben. Der Aufkleber besitzt einen gelben Grund und schwarze Schrift. *Krieg*

Literatur: Zertifizierung der Normenkonformität. Berlin: Deutsche Gesellschaft für Warenkennzeichnung GmbH. – Normenheft 10. Grundlagen der Normungsarbeit des DIN. 5. Aufl. Berlin: Beuth Verlag GmbH, 1987 – ISO/IEC Guide 2–1986 (D). Allgemeine Fachausdrücke und deren Definitionen betreffend Normung und damit zusammenhängende Tätigkeiten [1]) – ISO/IEC Guide 16–1978. Grundsätze für unabhängige Zertifikationssysteme und diesbezügliche Normen (in englischer Sprache) [1]) – ISO/IEC Guide 28–1982. Allgemeine Regelungen für ein unabhängiges Produktzertifizierungssystem (Modell) (in englischer Sprache) [1]) – ISO/IEC-Leitfaden 36. Erarbeitung von genormten Verfahren zur Prüfung von Gebrauchsmerkmalen von Konsumgüterm (SMMP). DIN-Fachbericht 24. Berlin, 1989 – ISO/IEC Guide 42–1984. Leitsätze zum schrittweisen Entstehen eines internationalen Zertifizierungssystem (in englischer Sprache) [1]) – ISO/IEC Guide 44–1985. Allgemeine Grundsätze für unabhängige internationale Zertifizierungsprogramme für Produkte im Rahmen von ISO und IEC (in englischer Sprache) [1]) – Normung, Zertifizierung, Zulassungsverfahren in Japan. DIN-Normungskunde Bd. 19. Berlin: Beuth Verlag GmbH, 1984 – Zertifizierung in Europa – Meinungen und Perspektiven. DIN-Manuskriptdruck. Berlin, 1989 – DGPI 1001/79. Richtlinien für Produktinformationen in der Bundesrepublik Deutschland. Berlin: Beuth Verlag GmbH – *Volkmann, D.:* Bedeutung von Prüfzeichen für die Produktqualität. In: DIN-Mitt. 65 (1986), Nr. 3, S. 171 bis 172. – *Volkmann, D.:* Aktivitäten in der EG auf dem Gebiet der Zertifizierung und Qualitätssicherung. In: DIN-Mitt. 66 (1987), Nr. 9, S. 419 bis 421. – *Warner, A.:* Nationale und internationale Prüfstellen- und Zertifizierungsaktivitäten auf dem Gebiet der Elektrotechnik. In: DIN-Mitt. Band. 62 (1983), Nr. 2, S. 85 bis 89. – *Weissinger, R.:* Industrielle Normung in der Volksrepublik China im Rahmen der Modernisierungspolitik 1978–1983. DIN-Normungskunde. Bd. 24. Berlin: Beuth Verlag GmbH, 1985.

Normung, internationale. Die i. N. (→Normung, technische) ist ein wesentlicher Bestandteil der weltweiten Harmonisierungsbestrebungen (Harmonisierung). Internationale Normen bilden die Grundlage für den Abbau tarifärer und nichttarifärer (technischer) Handelshemmnisse und erleichtern damit weltweit den Ex- und Import von Waren.

Die Mitgliedschaft in einer internationalen Normungsorganisation steht den anerkannten normenschaffenden Institutionen (Normungsorganisationen) aller Länder offen. Die deutsche „Nationale Normungsorganisation" ist das →DIN Deutsches Institut für Normung e. V.

Zuständig für die i. N. ist die Internationale Normungsorganisation ISO (International Standards Organization) und die Internationale Organisation für elektrotechnische Normung IEC (International Electrotechnical Commission).

Ungeachtet dessen, daß einzelne nationale Mitgliedsorganisationen in ihren jeweiligen Ländern einen Behördenstatus bekleiden, sind ISO und IEC privatrechtliche internationale Organisationen mit Sitz in Genf. Zwischen ihnen und internationalen oder europäischen Organisationen mit Regierungs- und Behördenbeteiligung gibt es zahlreiche Querverbindungen und Wechselwirkungen.

Neben ISO und IEC erarbeiten und veröffentlichen noch andere weltweite Organisationen Festlegungen zur Klärung wissenschaftlicher und wirtschaftlicher Probleme – also Normen im weitesten Sinne. Zu nennen sind hier u. a. die Internationale Organisation für Gesetzliches Meßwesen OIML (Organisation Internationale de Métrologie Légale), das Internationale Arbeitsamt ILO (International Labour Organization), die Internationale Organisation für Zivile Luftfahrt ICAO (International Civil Aviation Organization) und die Internationale Fernmeldeunion UIT (Union Internationale des Télécommunications), die bereits über hundert Jahre besteht.

Während die IEC bereits im Jahre 1906 gegründet wurde, stammt die ISO in ihrer heutigen Form aus dem Jahr 1946. ISO hatte jedoch einen Vorläufer in der Internationalen Föderation der nationalen Normenausschüsse (ISA, gegründet im Jahre 1928). Die IEC ist gemäß formeller Absprache zwischen ISO und IEC für alle Normungsfragen auf dem Gebiet der Elektrotechnik und Elektronik zuständig, die übrigen Gebiete fallen in den Zuständigkeitsbereich der ISO. Die ISO hat zur Zeit 90 Mitglieder, davon 15 als korrespondierende Mitglieder. Die IEC hat zur Zeit 42 Mitglieder. Beide Normungsorganisationen haben aus einem Land jeweils nur ein Mitglied, das die gesamten Normungsinteressen dieses Landes zu vertreten hat. Die deutsche Beteiligung an der i. N. bei ISO und IEC vollzieht sich ausschließlich über das DIN Deutsches Institut für Normung e. V. Die ISO ist auf die fachliche Zuarbeit und auf die Finanzierung aus den Mitgliedsländern angewiesen.

Der organisatorische Aufbau von ISO und IEC folgt weitgehend gemeinsamen Prinzipien (Bild).

Das höchste entscheidungsbefugte Gremium ist die Versammlung der Mitglieder. Sie trifft grundsätzliche Entscheidungen (z. B. zur Satzung und

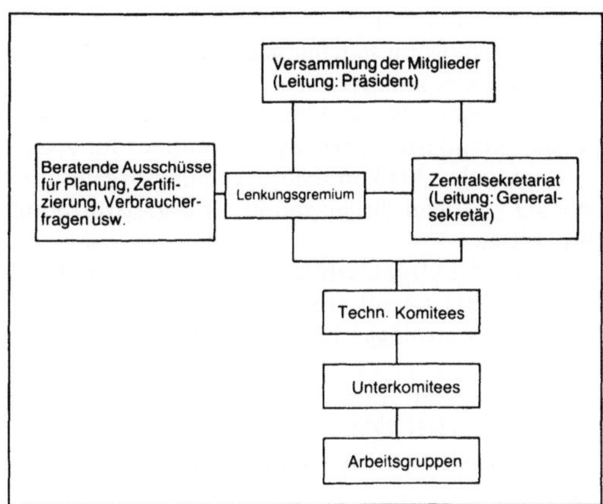

Normung, internationale: Grundsätzlicher organisatorischer Aufbau internationaler Normungsorganisationen.

Wahl der Präsidenten). Daneben gibt es in der Regel ein zweites, kleineres Lenkungsgremium für die laufende Steuerung der Normungsarbeiten. Diesem stehen beratende Ausschüsse zur Seite, z. B. Ausschüsse zur Planung und Koordinierung der Arbeiten und Ausschüsse im Zusammenhang mit der Zertifizierung (→ Deutsche Gesellschaft für Warenkennzeichnung, DGWK). Das Zentralsekretariat (bei der IEC das Generalsekretariat) unter der Leitung eines Generalsekretärs hat die Funktion einer Geschäftsstelle für diese allgemeinen Gremien.

Die Facharbeit (→ Normungsarbeit), d. h. das Erarbeiten der Internationalen Normen wird dezentral in technischen Komitees (TC) (beim DIN sind es die Normenausschüsse) durchgeführt, deren Arbeitsgebiete durch ein für die Koordinierung der Facharbeit zuständiges Gremium geprüft und genehmigt werden. Teilbereiche der Arbeitsgebiete können auf Unterkomitees (SC) (vergleichbar den Arbeitsausschüssen beim DIN), vorbereitende Arbeiten auf Arbeitsgruppen verteilt sein. Zu den Sitzungen der technischen Komitees und Unterkomitees entsenden die Mitglieder offizielle Delegationen. Neben diesen nehmen auch häufig Vertreter internationaler und europäischer Verbände und Organisationen an den Sitzungen als Beobachter teil.

Die in den Arbeitsgruppen mitarbeitenden Experten werden gewöhnlich von den Mitgliedsländern, d. h. deren Normungsorganisationen als Personen benannt. Die Sekretariate (Geschäftsstellen) der technischen Komitees und ihre Unterteilungen werden jeweils durch ein Mitglied und dort von dem jeweils fachlich zuständigen Normenausschuß betreut. Das Zentralsekretariat ist hierbei insbesondere für Koordinierungsfragen und für die Veröffentlichung der Normungsergebnisse zuständig.

Die offiziellen Verhandlungssprachen (in diesen Sprachen werden auch die Normen veröffentlicht) sind Englisch, Französisch und Russisch. Für die Verständigung in den Arbeitsgremien und für untergeordnete Dokumente spielt die englische Sprache eine dominierende Rolle. Die Grundregeln für die Arbeit der internationalen Normenorganisationen ISO und IEC finden sich in ihren Satzungen und ergänzenden Geschäftsordnungen. Daneben gibt es Geschäftsordnungen (Directives, International Regulations) für die Facharbeit. Festlegungen zu allgemein interessierenden Einzelfragen (z. B. Normungstechnik, Zertifizierung, grundlegende Terminologie) werden häufig als Leitfäden (Guides) veröffentlicht.

ISO und IEC arbeiten zunehmend enger zusammen. Für die Informationstechnik haben ISO und IEC ein gemeinsames Technisches Komitee gebildet. Darüber hinaus haben sie die Regeln für ihre Facharbeit vereinheitlicht. Um die Entwicklung auf ein gemeinsames internationales Normeninstitut auch äußerlich kenntlich zu machen, werden sie künftig als „International Standardization Union ISO/IEC" auftreten.

Hauptarbeitsziel von ISO und IEC ist die Veröffentlichung Internationaler Normen (ISO- und IEC-Normen).

Der Arbeitsablauf der Facharbeit folgt bei beiden Organisationen einem ähnlichen Schema. Die Arbeit an einer Internationalen Norm beginnt mit einem entsprechenden Antrag eines Mitgliedes, Technischen Komitees oder einer sonstigen Organisation. Die ersten Textvorschläge (Vorlagen) werden oft in einer Arbeitsgruppe erstellt, die abschließend auf TC- oder SC-Ebene behandelt werden. Findet die Vorlage im Technischen Komitee ausreichende Unterstützung, wird sie an das Zentralsekretariat gegeben und als Internationaler Norm-Entwurf an alle Mitglieder zur Abstimmung verteilt. Bei ausreichender Zustimmung wird der endgültige Text ausgearbeitet und zur Veröffentlichung als Internationale Norm verabschiedet. Die Internationalen Normen der ISO und IEC sind, wie die Deutschen Normen (→ DIN-Normen), keine Rechtsnormen, d. h. jeder ist frei sie anzuwenden. Sie stellen gleichzeitig Empfehlungen an die Mitglieder von ISO und IEC dar, ihrerseits entsprechende nationale Normen herauszugeben. Eine konkrete Verpflichtung der Mitglieder (etwa durch Satzung) besteht jedoch nicht.

Das Präsidium des DIN Deutsches Institut für Normung e. V. hat in einem Beschluß festgehalten, daß eine Internationale Norm, der das DIN zugestimmt hat, vorzugsweise ohne fachliche Überarbeitung in das Deutsche Normenwerk übernommen werden soll.

Für die Übernahme Internationaler Normen der ISO und der IEC sind drei Verfahren festgelegt worden:

– Die *unveränderte Übernahme* läßt den Inhalt der Internationalen Norm vollständig und unverändert sowie im Aufbau formgetreu wieder in der Deutschen Norm entstehen. Der Inhalt der Internationalen Norm wird ohne Änderungen ins Deutsche übertragen. Im Titelfeld der Norm steht ein Zusatz – Identisch mit ISO oder IEC (Nummer mit Ausgabe und englischen Originaltitel). Die Nummer der Internationalen Norm darf in die DIN-Norm-Nummer übernommen werden. Die DIN-Normen werden dann als DIN-ISO- oder DIN-IEC-Normen gekennzeichnet (Beispiel: Aus ISO 2431 wird DIN ISO 2431).

– Bei der *teilweisen Übernahme* wird eine Deutsche Norm in Anlehnung an die Internationale Norm erarbeitet. Die DIN-Norm-Nummer darf keinen Hinweis auf die Internationale Norm-Nummer enthalten. Der sachliche Zusammenhang wird in einer Vorbemerkung erwähnt und in den Erläuterungen näher ausgeführt.

– Bei der *modifizierten Übernahme* wird der Inhalt der Internationalen Norm vollständig und im Aufbau formgetreu wiedergegeben, jedoch durch lesbar bleibende Streichungen, Änderungen und Ergänzungen national modifiziert. Die DIN-Norm-Nummer bleibt unverändert. Im Titelfeld der Norm steht ein Zusatz ISO . . . (Nummer) modifiziert oder IEC . . . (Nummer) modifiziert. Diese Methode ist insbesondere dann geeignet, wenn die Änderungen zwar fachlich wichtig, jedoch von geringem Umfang sind. *Krieg*

Literatur: DIN 820 Teil 15, Normungsarbeit; Übernahme von Internationalen Normen der ISO und der IEC; Begriffe und Gestaltung. – IEC/ISO Directives for the technical work. 1989. (3 Teile). – ISO Constitution and rules of procedure. 1985. – IEC Statutes and Rules of Procedure. – Handbuch der Normung, Innerbetriebliche Normungsarbeit, Band 1. Grundlagen der Normungsarbeit. 7. Aufl. Berlin, 1989. – *Sturen, O.:* Die Perspektiven der ISO. DIN-Mitt. **61** (1982), Nr. 10. – *Sturen, O.:* Die Zusammenarbeit zwischen Industrie und Entwicklungsländern auf dem Gebiet der internationalen Normung. DIN-Mitt. **61** (1982), Nr. 1. – *Sturen, O.:* Normen im internationalen Handelsverkehr. International Organization for Standardization (ISO). Genf: 1984.

Normung, regionale. Mit der wechselseitigen wirtschaftlichen Verflechtung benachbarter Länder und Ländergruppen wird eine übereinstimmende Normung (→ Normung, technische) immer wichtiger, weil sonst mitunter gravierende Handelshemmnisse auf vielen Gebieten bestehenbleiben. Diese Aufgabe, bestehende nationale Normen zu harmonisieren und neue, regional geltende Normen zu entwickeln, übernehmen supranationale, auf Kontinente oder kleinere miteinander verflochtene Wirtschaftsräume beschränkte Normungsorganisationen.

Beispiele hierfür sind folgende, heute bereits in der ganzen Welt bestehende regionale Normungsorganisationen:

– Panamerikanische Normenkommission COPANT (Comisión Panamericana de Normas Técnicas) für Lateinamerika
– Asiatisches Normenberatungskomitee ASAC (Asian Standards Advisory Committee) für Asien
– Regionale Afrikanische Normungsorganisation ARSO (African Organization for Standardization) für Afrika
– Arabische Organisation für Normung und Metrologie ASMO (Arab Organization for Standardization and Metrology) für die arabisch sprechenden Länder
– Normungsrat des karibischen Gemeinsamen Marktes CARICOM (Caribbean Common Market Standards Council) für die Länder des karibischen Raumes
– Pazifischer Normenkongreß PASC (Pacific Area Standards Congress) für die Länder des pazifischen Raumes.

Die Mitgliedschaft in einer regionalen Normungsorganisation steht nur dem entsprechenden nationalen Institut jedes Landes aus der betreffenden geographischen, politischen oder wirtschaftlichen Zone offen.

Die für die r. N. in Westeuropa (EG- und EFTA-Staaten) zuständigen, eng miteinander verbundenen Normeninstitutionen sind das Europäische Komitee für Normung CEN (Comité Européen de Normalisation und das Europäische Komitee für elektrotechnische Normung CENELEC (Comité Européen de Normalisation Electrotechnique). Zwischen ihnen und den nationalen sowie internationalen Normungsorganisationen und Organisationen mit Regierungs- und Behördenbeteiligung bestehen enge, wechselseitige Beziehungen (→ Normung, internationale, Bild).

CEN/CENELEC sind keine staatlichen Körperschaften. Es sind privatrechtliche und gemeinnützige Vereinigungen mit Sitz in Brüssel. Ihre Gründung geht auf das Jahr 1961 zurück und steht damit (nicht zufällig) in einem zeitlichen Zusammenhang mit der Gründung der Europäischen Wirtschaftsgemeinschaft. CEN/CENELEC haben sich in einer Vereinbarung vom August 1982 zur „Gemeinsamen Europäischen Normeninstitution" erklärt.

CEN/CENELEC sind zwar von ihrer Mitgliederzahl her wesentlich kleiner als ISO und IEC (sie haben jeweils 18 Mitglieder, Bild), ihr organisatorischer Aufbau entspricht aber mit Generalversammlung, Verwaltungsrat, Technischem Büro (dem fachlichen Koordinierungsgremium), Zentralsekretariat und Technischen Komitees (den Normenausschüssen vergleichbar) weitgehend dem der ISO (→ Normung, internationale).

Die Arbeitsteilung ist wie zwischen IEC und ISO geregelt. So ist CENELEC für die Normungsfragen auf dem Gebiet der Elektrotechnik und Elektronik

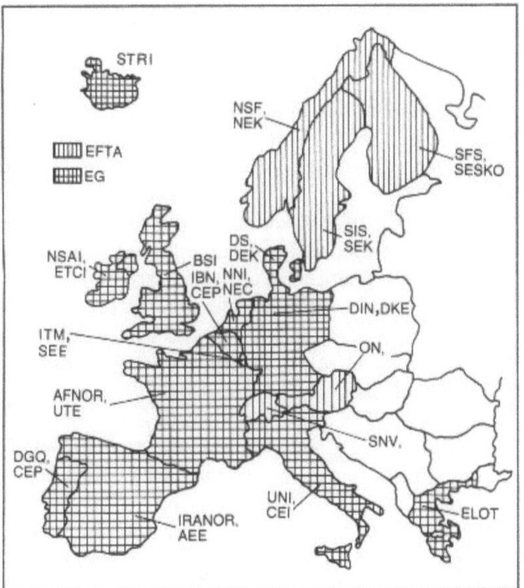

Normung, regionale: Mitglieder von CEN/CENE-LEC.

zuständig, während die übrigen Gebiete in den Zuständigkeitsbereich von CEN fallen.

Deutsches Mitglied im CEN ist das → DIN Deutsches Institut für Normung e. V., im CENELEC die Deutsche Elektrotechnische Kommission (DKE) im DIN und VDE. Eine deutsche Beteiligung an der europäischen Normung bei CEN/CENELEC ist also nur über das DIN möglich.

Die europäische Normung hat, verglichen mit der internationalen oder der deutschen Normung, eine schwierigere Rolle zu übernehmen.

Auf Beschluß des Rates der Europäischen Gemeinschaften (EG) gehört die Vollendung des Europäischen Binnenmarktes zu den vordringlichsten Zielen der EG. Zu den Vorgaben, die helfen sollen dieses Ziel zu verwirklichen, gehört auch die Entschließung des Rates über eine neue Konzeption auf dem Gebiet der technischen Harmonisierung und Normung. Der Kern dieser Konzeption besagt, daß die nach § 100 der Römischen Verträge vorgesehene Angleichung der Rechtsvorschriften der einzelnen EG-Staaten, sich bei festzulegenden technischen Sachverhalten auf die grundlegenden Sicherheitsanforderungen (Sicherheitsziele) beschränken soll. Die Konkretisierung, d. h. die Ausfüllung des Rahmens mit detaillierten technischen Festlegungen, soll den freiwilligen Europäischen Normen vorbehalten bleiben, auf die z. B. mittels der Generalklauselmethode (→technische Regel) verwiesen werden kann.

Bei diesem Bezug auf technische Normen werden die Europäischen Normen (EN-Normen) von CEN/CENELEC bevorzugt.

Die Basis der Zusammenarbeit zwischen der EG und CEN/CENELEC bildet eine zwischen CEN/CENELEC und der EG-Kommission getroffene Vereinbarung. Auch die Europäische Freihandelsassoziation (EFTA) hat gleichgeartete Leitsätze für die Zusammenarbeit mit CEN/CENELEC vereinbart.

Das Hauptziel der europäischen Normungsarbeit, wie es auch in allen Leitsätzen beschrieben wird, ist es, neben dem Erstellen eines umfassenden Europäischen Normenwerkes insbesondere die Harmonisierung der bestehenden nationalen Normen zu forcieren. Hierbei müssen soweit wie möglich Internationale Normen zugrunde gelegt werden, um nicht an den Grenzen der EG neue technische Handelshemmnisse gegenüber Drittländern entstehen zu lassen.

Anders als auf der internationalen Ebene gibt es Europäische Normen nicht als eigenständige Dokumente (mit Ausnahme der „Master Copies" in den Archiven der Zentralsekretariate), sondern lediglich in ihren nationalen Umsetzungen. Die offiziellen Sprachen für veröffentlichte Arbeitsergebnisse von CEN/CENELEC sind Deutsch, Englisch und Französisch. Anders als im Falle der Internationalen Normen verpflichtet die Zustimmung (oder das Überstimmtwerden) zu einer Europäischen Norm das betreffende Mitglied zur unveränderten Übernahme in das nationale Normenwerk (gewichtete Abstimmung; die qualifizierte Mehrheit entscheidet). Die Übernahme einer Europäischen Norm in das → Deutsche Normenwerk (→DIN Deutsches Institut für Normung e. V.) geschieht in der Regel durch Hinzufügen einer nationalen Titelseite zu der deutschen Originalfassung der Europäischen Norm.

Bei dieser unveränderten Übernahme darf in das Nummernfeld der →DIN-Norm die EN-Nummer übernommen werden (DIN-EN-Norm). Neben dieser Art der Übernahme besteht in bestimmten Fällen noch die Möglichkeit einer Übernahme des sachlichen Inhalts und der Übernahme durch Anerkennungsnotiz.

Die Übernahmeverpflichtung einer Europäischen Norm bedeutet nicht nur, dieser den Status einer nationalen Norm zu geben, sondern auch etwaige andere entgegenstehende nationale Normen zum gleichen Thema zurückzuziehen. Abweichungen irgendwelcher Art sind bei Europäischen Normen nicht erlaubt.

Wenn aufgrund notwendiger nationaler Abweichungen keine Europäische Norm zustande kommen kann, wird dafür häufig ein Europäisches Harmonisierungsdokument erstellt. Zu Harmonisierungsdokumenten (HD) sind nationale Abweichungen erlaubt, die zwar nicht Teil des HD sind, aber zusammen mit ihm veröffentlicht werden. Hierbei wird zwischen A-Abweichungen aufgrund von (Rechts- oder Verwaltungs-)Vorschriften außerhalb der Zuständigkeit des Mitgliedes und B-Abweichungen aufgrund besonderer technischer Bedürfnisse (für eine festgelegte Übergangsfrist) unterschieden.

Um die mit den europäischen Normungsarbeiten angestrebte Harmonisierung nicht zu beeinträchtigen, haben die CEN/CENELEC-Mitglieder eine Stillhaltevereinbarung geschlossen. Diese verpflichtet sie, während einer gegebenen Zeitspanne keine neue oder überarbeitete nationale Norm zu veröffentlichen, die nicht völlig in Einklang mit bestehenden EN-Normen oder HD steht. Darüber hinaus dürfen auch keine sonstigen störenden Maßnahmen ergriffen werden. Die Veröffentlichung eines nationalen Norm-Entwurfes verstößt dabei nicht gegen die Stillhalteverpflichtung.

Da das Ziel, alle technischen Regeln europäisch zu harmonisieren, nur allmählich erreicht werden kann, wurde auf der Grundlage einer entsprechenden Richtlinie des Rates der EG ein EG-Informationsverfahren eingeführt. Sowohl Regelsetzer als auch Regelanwender werden damit über alle neuen Normungsvorhaben, alle Norm-Entwürfe und alle Entwürfe für technische Vorschriften (Rechtsnormen-Entwürfe) in ihren Nachbarländern informiert. Gleichzeitig können damit Schwerpunkte sichtbar gemacht werden, die ein gemeinsames europäisches Handeln ratsam erscheinen lassen.

Krieg

Literatur: CEN/CENELEC-Geschäftsordnung. Teil 1, Organisation und Verwaltung. Teil 2, Gemeinsame Regeln für die Normungsarbeit. – DIN 820 Teil 13 Normungsarbeit; Übernahme von Europäischen Normen und von Harmonisierungsdokumenten des CEN und des CENELEC; Begriffe und Gestaltung. – Europäische Normen für 1992. Ein Leitfaden des DIN. Berlin, 1989. – Europäisches Recht der Technik. EG-Richtlinien, Bekanntmachungen, Normen. DIN. Berlin, 1989. – Entschließung des Europäischen Parlaments vom 8. April 1987 über die technische Harmonisierung und Normung in der Europäischen Gemeinschaft. In: DIN-Mitteilungen. Band 66 (1987), Nr. 7, S. 338, 339. – Handbuch der Normung. Innerbetriebliche Normungsarbeit. Band 1. Grundlagen der Normungsarbeit. 7. Auflage. Berlin, 1989. – ISO/IEC Guide 2-1986 (D), Allgemeine Fachausdrücke und deren Definitionen betreffend Normung und damit zusammenhängende Tätigkeiten.– Mohr, C.: Das EG-Informationsverfahren. In: DIN-Mitteilungen. Band 62 (1983), Nr. 6, S. 323 bis 326. – Mohr, C.: Vereinbarung EG-Kommission – CEN/CENELEC. In: DIN-Mitteilungen. Band 64 (1985), Nr. 2, S. 78, 79. – Mohr, C.: Europäische Normung im Aufbruch. In: DIN-Mitteilungen. Band 64 (1985), Nr. 8, S. 395 bis 401. – Mohr, C.: Der Gemeinsame Markt braucht Europäische Normen. In: DIN-Mitteilungen. Band 66 (1987), Nr. 5, S. 231, 232. – Reihlen, H.: Auswirkungen des EG-Binnenmarktes auf die technische Regelsetzung. In: DIN-Mitteilungen. Band 68 (1989), Nr. 9, S. 449 bis 457.

Normung, technische. Normung ist ganz allgemein ein Mittel zur Ordnung und Grundlage für ein sinnvolles Zusammenarbeiten und Zusammenleben.

Die t. N. bietet Lösungen für immer wiederkehrende Aufgaben unter Berücksichtigung der neuesten Erkenntnisse aus Wissenschaft und Technik; dies unter Beachtung der wirtschaftlichen Gegebenheiten und vor dem Hintergrund der jeweiligen Wertordnungen und sozialen Tatbestände.

Normung ist die planmäßige, durch interessierte Kreise (Normenausschuß) gemeinschaftlich durchgeführte Vereinheitlichung von materiellen und immateriellen Gegenständen zum Nutzen der Allgemeinheit. Sie darf nicht zu einem wirtschaftlichen Sondervorteil einzelner führen.

Sie fördert die Rationalisierung und → Qualitätssicherung in Wirtschaft, Technik, Wissenschaft und Verwaltung. Sie dient der → Sicherheit von Menschen und Sachen sowie der Qualitätsverbesserung in allen Lebensbereichen.

Sie dient außerdem einer sinnvollen Ordnung und der Information auf dem jeweiligen Normungsgebiet.

Die Normung wird auf nationaler, regionaler und internationaler Ebene durchgeführt (→ DIN Deutsches Institut für Normung e. V. → Normung, regionale → Normung, internationale).

Diese Definition entspricht dem neuesten Stand der Normung. Sie berücksichtigt die Zuwendung der Normung zu immateriellen Gütern, wie den Problemen des Umweltschutzes. Eine der ersten Definitionen der Normung, von Prof. *Kienzle,* ist noch ganz auf die Anfänge der Normung ausgerichtet, also auf den technisch-industriellen Bereich. Er definierte die Normung im Gegensatz dazu:

□ Normung ist das einmalige Lösen einer sich wiederholenden technischen und/oder organisatorischen Aufgabe unter Mitarbeit möglichst aller Beteiligten mit dem Ergebnis einer, den jeweiligen Stand der Technik/Organisation auswertenden zeitlich begrenzten Bestlösung.

Diese unterschiedlichen Definitionen zeigen deutlich die Erweiterung der Ziele der Normung im Laufe der Zeit.

Auch die heutige t. N. enthält als wesentlichen Bestandteil starke Elemente des Rationalen. Rationalisierung, als Bestlösung sich wiederholender technischer und/oder organisatorischer Aufgaben, ist nach wie vor das wichtigste Ziel, das durch die Normung angestrebt wird. Der Begriff „Rationalisierung" muß allerdings aus seiner betriebswirtschaftlichen Einengung herausgelöst werden, so daß er als die Optimierung verschiedener Zielwerke, wie Materialeinsatz, Arbeitseinsatz, Energieeinsatz, Sicherheit, Gesundheit und natürliche Umwelt, verstanden werden kann. Dieser Rationalisierungsbegriff beinhaltet dabei auch das Ziel der Wirtschaftlichkeit.

Die t. N., die ein Spiegelbild der Geisteshaltung

ihrer Zeit ist, tendiert damit immer mehr zu einer ganzheitlichen Erfassung aller Lebensbedingungen und Umstände.

Seitdem der technische Fortschritt auch als Bedrohung empfunden wird, sind technische Normen zu einer Vertrauen schaffenden Grundlage des Gebrauches der Technik geworden. Ihre Festlegungen sollen vor unerwünschten und schädigenden Folgen der Technik schützen. Sicherlich nicht zuletzt aus diesem Grunde haben z. B. die →DIN-Normen für den Verbraucherschutz, den Arbeitsschutz, den Unfallschutz, den Datenschutz und den Umweltschutz eine besondere Bedeutung gewonnen.

Die t. N. hat z. B. als nationale (DIN) europäische, internationale →Normung (CEN/CENELEC, ISO/IEC) oder als Werknormung (→Werknorm) beim methodischen und rationellen Konstruieren in Systemen eine große Bedeutung. Dabei steht die lösungsbeschränkende Zielsetzung der Normung in keinem Gegensatz zu der eine Lösungsvielfalt anstrebenden Konstruktionsmethodik, da die Normung sich im wesentlichen auf die Festlegung einzelner Elemente, Teillösungen, Werkstoffe, Berechnungsverfahren, Prüfvorschriften und dgl. konzentriert. Die Lösungsvielfalt und Lösungsoptimierung kann durch eine geschickte Kombination bzw. Synthese bekannter Elemente und Gegebenheiten erreicht werden. Die Normung ist also nicht nur eine wichtige Ergänzung, sondern sogar eine Voraussetzung für die bausteinartig vorgehende Methodik (Beispiele sind Normzahlen, Größenfortpflanzungsgesetz).

Weitere wichtige Vorteile der t. N. bzw. →Normungsarbeit sind u. a. die Verbesserung der Eignung von Erzeugnissen, Verfahren und Dienstleistungen für ihren geplanten Zweck, die Vermeidung von Handelshemmnissen und die Erleichterung der technischen Zusammenarbeit.

In Deutschland ist die t. N. eine Aufgabe der Selbstverwaltung der an der Normung interessierten Kreise unter Einschluß des Staates. Das →DIN Deutsches Institut für Normung e. V. ist hierbei der runde Tisch, an dem sich Hersteller, Handel, Gewerkschaften, Verbraucher, Wissenschaft, technische Überwachung und Staat, jedermann, der ein Interesse an der Normung hat, zusammensetzen, um den Stand der Technik zu ermitteln und in nationalen technischen Normen, hier DIN-Normen, niederzuschreiben (→Normungsarbeit).

Aufgrund ihres Status als Normen, ihrer öffentlichen Erarbeitungsverfahren und Zugänglichkeit sowie ihrer laufenden Anpassung an den sich wandelnden Stand der Technik werden internationale, regionale und nationale Normen als anerkannte Regeln der Technik (→technische Regel) angesehen, rechtlich werden sie häufig als antizipiertes Sachverständigengutachten betrachtet. *Krieg*

Literatur: Handbuch der Normung. Band 1 bis 3. Berlin: Beuth Verlag GmbH, 1989. – *Kienzle, O.:* Normung und Wissenschaft. In: Z. VDI. Band (1943), Nr. 5, S. 68 bis 76. – *Kienzle, O.:* Grenzen der Normung. In VDIZ VDI. Band 92 (1950), Nr. 22, S. 622 bis 627. – Normenheft 10. Grundlagen der Normungsarbeit des DIN. 5. Auflage. Berlin, 1987.

Normungsarbeit. Bezeichnung für eine Tätigkeit zur Erstellung von Festlegungen für die allgemeine und wiederkehrende Anwendung, die auf aktuelle oder absehbare Probleme Bezug hat und die Erzielung eines optimalen Ordnungsgrades in einem gegebenen Zusammenhang anstrebt.

Sie besteht im besonderen aus den Vorgängen zur Formulierung, Herausgabe und Anwendung von Normen (in Deutschland →DIN-Normen) sowie deren Anpassung an den jeweiligen Stand der technischen Entwicklung. Diese Arbeit (Tätigkeit) für die Normung wird überbetrieblich von Normungsorganisationen wahrgenommen und auf verschiedenen Normungsebenen abgewickelt (→Normung, regionale, →Normung, internationale).

Die deutsche „Nationale Normungsorganisation" ist das →DIN Deutsches Institut für Normung e. V.

Im DIN wird die N. von in der Regel zu Normenausschüssen zusammengefaßten Arbeitsausschüssen durchgeführt. Bei ihrer Arbeit sind die Ausschüsse an die Beschlüsse des Präsidiums des DIN, an die Richtlinie für Normenausschüsse und an die in der Normenreihe DIN 820 festgelegten Grundlagen für die N. gebunden.

Die N. beginnt mit einem Normungsantrag und folgt dann dem nachstehend in groben Zügen beschriebenen Arbeitsablauf (Bild):

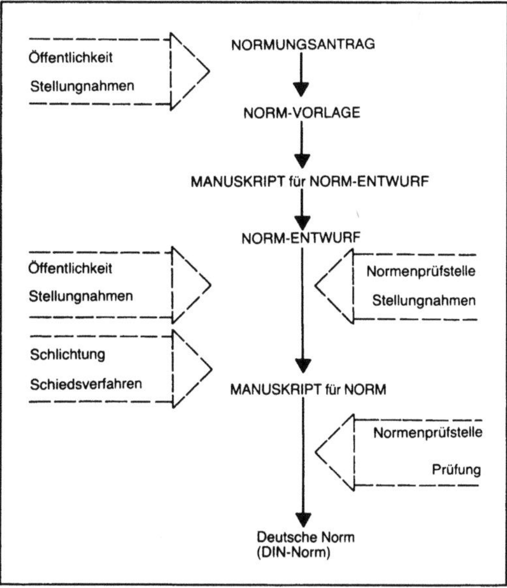

Normungsarbeit: Werdegang einer DIN-Norm

– Behandeln eines *Normungsantrages* (er kann von jedermann gestellt werden und soll möglichst einen Norm-Vorschlag enthalten) in dem zuständigen Normenausschuß
– wird der Normungsantrag angenommen, so wird der Arbeitstitel des vorgesehenen Normungsvorhabens veröffentlicht (Möglichkeit der Stellungnahme für die Öffentlichkeit) und zu gegebener Zeit eine *Norm-Vorlage* erstellt
– Beraten bis zum Verabschieden der Norm-Vorlage als Manuskript für den *Norm-Entwurf*
– Prüfen des Manuskriptes durch die Innere Normenprüfstelle (ob die für die N. geltenden Grundsätze und Regeln berücksichtigt wurden) und Veröffentlichen des *Norm-Entwurfs*
– Stellungnahmen zum Norm-Entwurf seitens der Öffentlichkeit (jedermann kann Stellung nehmen) und der Normenprüfstelle (Ausschuß des Präsidiums des DIN, das die Einhaltung der Grundsätze und Regeln überwacht, z. B. auf Fristen und Widersprüchlichkeiten achtet)
– Behandeln der zum Norm-Entwurf eingegangenen Stellungnahmen im Arbeitsausschuß (Einsprecher erhalten die Möglichkeit ihre Stellungnahme vor dem Ausschuß zu vertreten; im Falle der Ablehnung seines Einspruches ist er berechtigt, ein Schlichtungs- und gegebenenfalls ein Schiedsverfahren zu beantragen)
– Ergeben sich keine wesentlichen Änderungen des Inhaltes, kann eine, gegebenenfalls überarbeitete Fassung als endgültige Fassung der → Norm verabschiedet und als *Manuskript für die Norm* eingereicht werden
– Abschließende Prüfung des Manuskriptes durch die Normenprüfstelle und Anfertigung eines Kontrollabzuges

– Aufnehmen der Norm in das Deutsche Normenwerk (→ DIN-Norm) durch die Normenprüfstelle und Veröffentlichen der DIN-Norm.

Das Überprüfen bestehender Normen (spätestens nach Ablauf von fünf Jahren) gehört ebenfalls zur N. Entspricht dabei eine Norm nicht mehr dem Stand der Technik (technische Regel) oder den mit ihr im Zusammenhang stehenden anderen Normen, muß sie überarbeitet oder zurückgezogen werden.

Arbeitsablauf und Verfahren der N. folgen demokratischen Prinzipien. Der Inhalt einer Norm soll im Wege gegenseitiger Verständigung mit dem Bemühen festgelegt werden, eine gemeinsame Auffassung (Konsens) zu erreichen – möglichst unter Vermeiden formeller Abstimmungen –. *Krieg*

Literatur: ISO/IEC Guide 2-1986 (D). Allgemeine Fachausdrücke und deren Definitionen betreffend Normung und damit zusammenhängende Tätigkeiten. — Normenheft 10. Grundlagen der Normungsarbeit des DIN. 5. Auflage. Berlin 1987.

Notlaufverhalten. Fähigkeit einer Gleitpaarung, beim Auftreten unvorhergesehener ungünstiger Schmierungsbedingungen noch eine Gleitbewegung während einer begrenzten Zeitspanne aufrechtzuerhalten. Bei Paarung mit → Stahl besitzen Gleitlagerwerkstoffe auf Blei- oder Zinnbasis und Kupfer-Blei-Legierungen ein relativ gutes N. *Habig*

NRA → Oberflächenanalytik

Nylon. Das ist der Handelsname für ein Polyamid 66, das aus Adipinsäure und Hexamethylendiamin polykondensiert wird (→ Polyamid). *Zahradnik*

O

Oberdruckhammer. O. sind Hämmer, bei denen auf den oder die Hammerbär(en) eine Kraft ausgeübt wird, so daß die Beschleunigung beim Arbeitshub a > g, d. h. die Gravitationskonstante wird (→ Umformmaschinen). Oberdruckantrieb haben die meisten Schabottehämmer mit $E_N \geq 10$ kJ sowie alle → Gegenschlaghämmer. *Lange*

Oberfläche. Die O. trennt einen Körper von dem ihn umgebenden Medium. Technische Oberflächen sind nie ideal glatt oder eben, sie besitzen vielmehr Gestaltabweichungen, die nach DIN 4760 in sechs Ordnungen eingeteilt werden (Tabelle). *Habig*

Literatur: DIN 4760: Gestaltabweichungen Begriffe Ordnungssysteme. 1982.

Oberflächenanalyse-Verfahren → Oberflächenanalytik

Oberflächenanalytik. Die moderne O. setzt eine Gruppe von physikalischen Verfahren ein, in denen die Wechselwirkung von Licht, Teilchen oder Wärme mit der → Oberfläche von Festkörpern genutzt wird, um damit Aufbau, Eigenschaften und Veränderungen einer Oberfläche zu untersuchen. Je nach Verfahren und Fragestellung kann die Dikke der untersuchten Schicht zwischen einer atomaren Monolage und einigen Mikrometern (größenordnungsmäßig 10 000 Atomlagen) liegen. Es können Aussagen zur Topographie, zur chemischen Zusammensetzung, zum chemischen Bindungszu-

Oberfläche. Tabelle: Ordnungssystem für Gestaltabweichungen

Gestaltabweichung (als Profilschnitt überhöht dargestellt)	Beispiele für die Art der Abweichung	Beispiele für die Entstehungsursache
1. Ordnung: Formabweichungen	Geradheits-, Ebenheits-, Rundheits- Abweichung, u. a.	Fehler in den Führungen der Werkzeugmaschine, Durchbiegung der Maschine oder des Werkstückes, falsche Einspannung des Werkstückes, Härteverzug, Verschleiß
2. Ordnung: Welligkeit	Wellen (DIN 4761)	außermittige Einspannung, Form- oder Laufabweichungen eines Fräsers, Schwingungen der Werkzeugmaschine oder des Werkzeuges
3. Ordnung: Rauheit	Rillen (DIN 4761)	Form der Werkzeugschneide, Vorschub oder Zustellung des Werkzeuges
4. Ordnung: Rauheit	Riefen Schuppen Kuppen (DIN 4761)	Vorgang der Spanbildung (Reißspan, Scherspan, Aufbauschneide), Werkstoffverformung beim Strahlen, Knospenbildung bei galvanischer Behandlung
5. Ordnung: Rauheit	Gefügestruktur	Kristallisationsvorgänge, Veränderung der Oberfläche durch chemische Einwirkung (z. B. Beizen), Korrosionsvorgänge
6. Ordnung:	Gitteraufbau des Werkstoffes	
Die dargestellten Gestaltabweichungen 1. bis 4. Ordnung überlagern sich in der Regel zu der Ist-oberfläche. Beispiel:		

stand oder zur Kristallstruktur gewonnen werden. Es sind im Rahmen des Auflösungsvermögens flächige, linienförmige und punktuelle Messungen möglich, sowie Darstellungen einer Oberfläche als Bild von Bereichen mit unterschiedlichen Eigenschaften. Häufig läßt sich parallel zur Analytik eine Oberfläche durch Ionenätzen gezielt abtragen. Während dieses Abtragprozesses können analytische Messungen mit einem Tiefenauflösungsvermögen von wenigen Atomlagen durchgeführt werden. Das eröffnet die Möglichkeit, Tiefenprofile der chemischen Zusammensetzung, aber auch Grenzflächen zwischen unterschiedlichen Materialien (z. B. zwischen Grundmaterial und Beschichtung) gezielt zu untersuchen. Die O. wird auf diese Weise zur Mikrobereichsanalytik von Gebieten parallel oder senkrecht zu einer Oberfläche. Schließlich kann die Untersuchung von → Korrosions- und Abrasionsschäden in Schichtdickenbereichen von Nanometern Dauerversuche abkürzen.

Die Vielzahl aussagekräftiger Varianten macht die moderne O. – zunächst in Grundlagenforschung und Halbleitertechnik eingesetzt – zunehmend zu einem wichtigen Instrument der gesamten → Werkstofftechnik, sowohl bei der Aufklärung von Schadensfällen als auch in der Entwicklung neuer Verfahren und Materialien oder in der → Qualitätssicherung. Sie ergänzt die klassischen metallographischen Techniken, vor allem im submikroskopischen Bereich, und unterstützt die Aufklärung vieler Prozesse in Schichtdickendimensionen, die der alltäglichen technischen Erfahrung und ihren Instrumenten unzugänglich sind. Sie eröffnet insbesondere der Entwicklung die Chance, überprüfbare Modellvorstellungen und ein besseres Verständnis einzelner Funktionen einer Oberfläche zu erarbeiten. Die Bedeutung dieser Möglichkeit ist kaum überzubewerten.

Gemeinsam ist den verschiedenen Verfahren, daß „Sonden" z. B. Elektronen, Ionen oder kurzwelliges Licht verwendet werden, mit denen die Probe bestrahlt wird. Die Reaktion der Probe in Form einer Emission von Elektronen, Ionen, Röntgenstrahlen usw. wird nach Energie, Masse und Anzahl untersucht. Der Physiker kennt eine Reihe elementarer „Effekte", die in solchen Prozessen auftreten können, und schließt aus der Art der beobachteten Wechselwirkung der Sonden mit der Probe auf deren Eigenschaften. Die Komplexität der Verfahren und der Rückgriff auf elementare physikalische Wechselwirkungen bedingt allerdings, daß das Methodenwissen des Analytikers gemeinsam mit den Modellvorstellungen des Nutzers einer Analyse eingesetzt werden sollte.

Die Verfahren unterscheiden sich in der Beobachtung jeweils bestimmter Wechselwirkungen. Tabelle 1 zeigt ein Schema mit den wichtigsten Verfahren. In der Vertikalen sind die Sonden aufgetra-

Oberflächenanalytik. Tabelle 1: Matrix der wichtigsten Oberflächenanalyseverfahren.

Nachweis → Sonde ↓	Photonen	Elektronen	Ionen	Neutral- teilchen	Wärme
Photonen	RFA	UPS ⎱ ⎰ ESCA XPS ⎰			PAS
Elektronen	EMA	REM TEM AES LEED RHEED			
Ionen	GDOS PIXE		SIMS IMMA ISS	SNMS	
Neutralteil- chen				Neutronen- beugung	
Felder		FEM	FIM		
Wärme			LAMMA TDM	LAMMA	

FEM = Feldelektronenmikroskopie, FIM = Feldionenmikroskopie, TDM = Thermal Desorption Mass Spektroscopy, PAS = Photoakustische Spektroskopie, RFA = Röntgenfluoreszenzanalyse, TEM = Transmissionselektronenmikroskopie

gen, mit denen die Oberfläche beschossen oder bestrahlt wird. Horizontal sind jene Partikel aufgetragen, die die Oberfläche verlassen und zum Nachweis einer spezifischen Wechselwirkung detektiert werden. Im Inneren der Matrix finden sich die in der Literatur eingeführten Acronyme der einzelnen Analyseverfahren. Sie sind in den folgenden Abschnitten erläutert.

Wenn in einem Feld der Matrix mehrere Verfahren angegeben sind, so liegt das daran, daß trotz gleicher Partikel verschiedene Wechselwirkungen untersucht werden können, die zu unterschiedlichen Aussagen führen:

– Für die Darstellung der Topographie einer Oberfläche kann jeder Wechselwirkungsmechanismus genutzt werden, der unterschiedliche Kristallitorientierung, Dichte- oder Absorptionsunterschiede registriert. Dic Rasterelektronenmikroskopie ist hier das älteste und am häufigsten verwendete Beispiel. Es erfüllt zwei Voraussetzungen für eine bildmäßige Darstellung vorzüglich: Hohe laterale Auflösung und intensive Wechselwirkung, die einen schnellen Bildaufbau auch bei vielen Meßpunkten zuläßt.

– Für die Bestimmung der chemischen Zusammensetzung in der Oberfläche ist die Untersuchung einer elementspezifischen Wechselwirkung notwendig. Hier muß weiter unterschieden werden: Ein Verfahren wie die Elektronenstrahlmikroanalyse (EMA) mittelt über viele Atomlagen. Es ist daher nicht geeignet, um die Belegung einer Oberfläche mit weniger als einer Monolage eines Elementes nachweisen zu können. Wird dies gefordert, so nutzt man beispielsweise eine Wechselwirkung, bei der aus den Atomen Elektronen mit einer elementspezifischen Energie herausgeschlagen werden, deren Energie aber nach Durchlaufen ganz weniger Atomlagen verfälscht wird. Stellt man dann die Untersuchung auf die Detektion der erwarteten elementspezifischen Energie ab, so werden nur solche Elektronen erfaßt, die Atome dieses Elements an der Oberfläche oder wenige Lagen unter der Oberfläche verlassen haben. Man erhält eine extrem hohe Oberflächensensitivität (ESCA, AES, s. u.).

Eine oberflächensensitive, elementspezifische Analyse ist auch dann möglich, wenn man durch die Sonde einzelne Atome, Moleküle oder Molekülbruchstücke aus der Oberfläche herausschlägt und deren Masse bestimmt (SIMS, SNMS, LAMMA s. u.). Die Massenbestimmung erlaubt in diesen Fällen auch eine Unterscheidung von Isotopen. Wird dies mit einem kontinuierlichen Abtrag der Oberfläche verbunden, so erhält man ein Tiefenprofil der Element- oder Isotopenverteilung.

– Die laterale Auflösung eines Verfahrens ist weitgehend durch die Sonde bestimmt: Verfahren, die mit Ionenstrahl oder mit Laserlicht anregen, haben eine laterale Auflösung bis zu einigen Mikrometern. Dagegen können Elektronenstrahlen wesentlich feiner fokussiert werden, so daß solche Verfahren eine höhere Auflösung, bis hin zu einigen Nanometern, erreichen können.

– Ein Verbindungsnachweis ist dann möglich, wenn Molekülionen die Oberfläche verlassen und aufgrund ihrer Massezahl bestimmt werden können. Bei ESCA treten Linienverschiebungen im Spektrum auf, die für eine chemische Bindung relevant sein können. In seltenen Fällen findet man dies auch in der Augerelektronenspektroskopie (AES).

Für viele Verfahren der Oberflächenanalyse werden inzwischen Geräte für Routineuntersuchungen angeboten. Meist sind es Kombinationsgeräte. Um die damit gebotenen Möglichkeiten der Analytik auszuschöpfen, sind qualifizierte Mitarbeiter nötig. Durch hohe Geräte- und Personalkosten ist O. teuer und hat bisher nicht die technisch wünschenswerte Verbreitung gefunden. Von Forschungsinstituten und spezialisierten Unternehmen wird jedoch O. auch als Dienstleistung angeboten. Dadurch können auch Unternehmen, die nicht selbst über entsprechende Geräte und Mitarbeiter verfügen, dieses Instrumentarium einsetzen.

Eine Übersicht typischer Kenndaten der wichtigsten oberflächenanalytischen Verfahren sind in der Tabelle 2 zusammengefaßt. Diese Daten gelten nicht für jede Apparatur und sind nur als grobe Anhaltswerte zu verstehen. Sie zeigen jedoch die große Spannweite der Verfahren und erlauben einen ersten Vergleich ihrer Möglichkeiten.

□ *Rasterelektronenmikroskopie* (REM).

– Prinzip: Mit einem feinen Elektronenstrahl wird eine Oberfläche rasterförmig abgetastet. Synchron wird ein Bildschirm angesteuert. Die zurückgestreuten Elektronen und Sekundärelektronen werden aufgefangen, verstärkt und zur Helligkeitssteuerung des Bildschirms benutzt. Es entsteht, ähnlich wie in einem Fernsehgerät, ein „Bild" der Oberfläche. Sein Kontrast wird durch die geometrische Struktur der Probe und durch die unterschiedliche Wechselwirkung der Elektronen mit chemisch oder strukturell verschiedenen Bereichen erzeugt.

– Typischer Einsatz: Das → Rasterelektronenmikroskop ist das Standardgerät zur Darstellung der Topographie einer Oberfläche. Es verfügt über mehrere Betriebsarten, die z. B. zur Kontraststeigerung eingesetzt werden. Die Vergrößerung ist in weitem Bereich variabel. Die Tiefenschärfe ist deutlich größer als bei der Lichtmikroskopie. EDX/WDX-Zusätze dienen zur Elementanalyse (vgl. EMA). Das neuere Rastertunnelmikroskop nutzt ein anderes Wechselwirkungsprinzip und erlaubt ein Vordringen bis in atomare Größenordnung. Es ist z. Zt. noch ein Forschungsinstrument.

Oberflächenanalytik. Tabelle 2: Kenndaten wichtiger Oberflächenanalysenmethoden.

	AES	XPS	SIMS	SNMS	EMA	GDOS	LAMMA
Informationstiefe (nm)	0,5—5	0,5—5	$0,3—100$[a]	$0,3—100$[a]	$2 * 10^3$	$10—10^3$	10—300
Nachweisgrenze in Atom-% einer Monolage	< 0,1	0,1	$1—10^{-3}$	10^{-2}	—	—	—
in ppm des untersuchten Bereiches			$1—10^{-4}$[a]	1 [a]	100	1	< 50
Laterale Auflösung (μm)	< 0,1	—[b]	1	teilweise	2	—	1—4
Elementnachweis (Z = Kernladungszahl)	Z > 2	Z > 2	alle (+ Isotope)	alle (+ Isotope)	Z > 4	alle	alle (+ Isotope)
Verbindungsnachweis	in Spezialfällen	ja	aus Fragment-Ionen	in Spezialfällen	nein	nein	aus Fragment-Ionen
Abbildung der Elementverteilung	ja: SAM	nein [b]	ja: IMA	teilweise	ja	nein	ja [c]

a) Messung im Volumen durch Schichtabtrag
b) Neue Small-Spot-ESCA-Geräte mit lateraler Auflösung bis 100 μm
c) in aufeinanderfolgenden Messungen

– Grenzen: Das Auflösevermögen ist durch die geometrische Größe des Elektronenstrahls und durch seinen Wechselwirkungsbereich in der Probe bedingt. Je nach Betriebsart treten die beobachteten Elektronen aus einer mehr oder weniger dicken Oberflächenschicht aus, über deren Eigenschaften bei der Bildentstehung gemittelt wird.

Glatte Oberflächen (relativ zur Auflösung) können zu kontrastarmen Bildern führen, wenn geringe Unterschiede in der Wechselwirkung der einzelnen Bereiche mit den Primärelektronen vorliegen. Zur Kontraststeigerung versucht man dann nur einzelne Wechselwirkungsprozesse zur Bildentstehung zu nutzen.
– Leistungsparameter:
Auflösevermögen: bis <100 Å
Verschiedene Betriebsarten
Hilfseinrichtungen, Photographische Dokumentation
EDX/WDX-Zusatz
□ *Elektronenstrahlmikrosonde* (EMA).
– Prinzip: Die Probe wird – wie bei REM – mit einem Elektronenstrahl bestrahlt. Dabei entsteht, neben Sekundärelektronen, auch Röntgenstrahlung, die charakteristische Spektrallinien der einzelnen Elemente der Probe enthält. Diese Strahlung wird nach der Energie ihrer Quanten (EDX) oder nach ihrer Wellenlänge (WDX) zerlegt. Die Strahlungsleistung ist ein gut eichbares Maß für die quantitative Analyse. Bedingt durch die → Eindringtiefe des Elektronenstrahls liefert EMA Informationen aus einer etwa 1 μm dicken Schicht. Zur bildmäßigen Darstellung kann der Elektronenstrahl wie bei REM gerastert werden. Als Helligkeitssignal wird dann jedoch die Röntgenstrahlung, unzerlegt oder elementspezifisch zerlegt, benutzt. REM und EMA haben also gleiche Sonden, weisen aber unterschiedliche Wechselwirkungen nach. Wegen dieser Verwandtschaft sind EDX- oder WDX-Zusätze zum REM weit verbreitet und erweitern eine REM-Anlage zur Elektronenmikrosonde, allerdings ohne Optimierung für rein analytische Aufgaben.
– Typischer Einsatz: EMA ist ein Standardverfahren für die quantitative Analyse mit einem lateralen und Tiefenauflösungsvermögen bis unter 1 μm. Apparativ ist EMA weit entwickelt. EDX mit Rechnerauswertung wird für die schnelle Analyse bevorzugt. WDX wird vor allem für leichte Elemente und für den Spurennachweis eingesetzt.
– Grenzen: EMA ist untauglich für dünne Schichten ≪0,1 μm und für sehr leichte Elemente und zwar: EDX ist ungeeignet für H, He, Li, Be, B (C, N, O,); WDX ist ungeeignet für H, He, Li, (Be).
– Leistungsparameter:
Auflösevermögen: ca. 1 μm³ als Standard, Sonderfälle bis unter 0,1 μm lateral.

Nachweisempfindlichkeit:
EDX bis etwa 1000 ppm, WDX bis etwa 100 ppm, jeweils im untersuchten Volumen.
Genauigkeit der Konzentrationsbestimmung: ±10 % ohne Vergleichsprobe, ±1 % nach Eichung mit Vergleichsprobe ähnlicher Zusammensetzung. Elementtrennung ist möglich, jedoch kein Isotopennachweis.
Rechnerauswertung: weit entwickelte Auswertung der Spektren.
Abbildung der Oberfläche: durch das gesamte Röntgenspektrum oder elementspezifisch zerlegt.
□ *Photoelektronenspektroskopie* (ESCA, UPS, XPS).
– Prinzip: Bei ESCA (Electron Spectroscopy for Chemical Analysis) wird die Probe mit Licht einer festen Wellenlänge bestrahlt. In der Probe werden Elektronen aus ihrer Bindung befreit, können die Probe verlassen, als sog. „Photoelektronen" von einem Detektorsystem empfangen und nach Zahl und kinetischer Energie analysiert werden. Sofern nur Elektronen erfaßt werden, die die Probe aus einer sehr dünnen Oberflächenschicht verlassen, besitzen sie eine elementspezifische Energie, die zum Nachweis der Anwesenheit dieses Elementes in der Oberfläche benutzt wird. ESCA ist damit außerordentlich oberflächensensitiv.

Als Sonde dienen kurzwelliges UV-Licht (*engl.* UPS, Ultraviolet Photoelectron Spectroscopy) oder weiches Röntgenlicht (*engl.* XPS, X-Ray Photoelectron Spectroscopy). In beiden Fällen greift man auf einige wenige Spektrallinien konventioneller Lichtquellen zurück. Da eine Abbildung hier nicht möglich ist, wird großflächig bestrahlt. Man erhält daher bei ESCA-Geräten keine laterale Auflösung. Neuerdings ist auch bei ESCA eine Fokussierung möglich, so daß „Small-spot-ESCA" = SSESCA und „Raster-ESCA" an einzelnen Stellen zur Verfügung stehen.

Die Photoelektronen führen, vor allem bei UPS, zu scharfen Linien im Energiespektrum. An ihrer Erzeugung ist jeweils ein charakteristisches (hohes) Energieniveau eines Elements beteiligt. Viele Energieniveaus verschieben sich durch chemische Bindung des Atoms. Das kann mit ESCA beobachtet werden und liefert dann Informationen über den Bindungszustand des Atoms, aus dem das Photoelektron emittiert wird.
– Typischer Einsatz: ESCA ist ein Standardverfahren mit kommerziellen Geräten. Neben der geringen Informationstiefe, die etwa der von AES entspricht, sind die scharfen Linienstrukturen und ihre Veränderung durch chemische Bindung die hervorstechendsten Eigenschaften. Eine Linienverschiebung tritt auch durch Aufladungserscheinungen an Nichtleitern auf. UPS dient daher gelegentlich auch als Kontrollexperiment.

– Grenzen: ESCA liefert gewöhnlich keine Bilder, da die laterale Auflösung zu gering ist. Die Analyse kleinflächiger Proben ist nicht oder nur mit eingeschränkter Empfindlichkeit möglich. Small-spot-ESCA und Raster-ESCA werden bisher nur an einzelnen Stellen eingesetzt. Tiefenprofile können nur bestimmt werden, wenn der Schichtabtrag auf einer entsprechend großen Fläche erfolgt. Das ist gewöhnlich zu aufwendig. Hier ist AES günstiger.

Die hohe Oberflächenempfindlichkeit von ESCA (und AES, ISS u. ä.) bedingt besondere Vorkehrungen bei der Probenbehandlung, bei der Messung (Reinigung von Adsorptionsschichten, Ultrahochvakuum mit mind. 10^{-9} mbar, damit die Probe während der Messung nicht von Restgas bedeckt wird) und bei der Interpretation der Ergebnisse. Die Bearbeitungszeiten, teils auch die Meßzeiten, sind daher groß.
– Leistungsparameter:
Informationstiefe: 10 Å (5–40 Å).
Laterale Auflösung: 5 mm bzw. 150 µm (SSESCA).
Minimale Probenfläche: ca. 20 mm^2.
Nachweisgrenze: 10^{-3} einer Atomlage.
Genauigkeit der Konzentrationsbestimmung: begrenzt.
Spektrale Auflösung: von Halbwertsbreite der Primärstrahlung abhängig: XPS: 1 eV (mit Monochrometer: bis 0,2 eV), bei UPS: einige meV.
□ *Augerelektronenspektroskopie* (AES) und *Scanning-Augermikroskopie* (SAM)
– Prinzip: Als „Augerelektronen" werden Elektronen bezeichnet, die durch einen speziellen Wechselwirkungsprozeß, hier nach Anregung durch einen primären Elektronenstrahl, aus der Probe emittiert werden. Augerelektronen haben eine charakteristische, elementspezifische Energie, solange sie nicht in der Probe gestreut worden sind. Da sich solche Streuprozesse bereits in sehr dünnen Schichten der Probe ereignen, kommen Augerelektronen aus einer entsprechend dünnen Oberflächenschicht. Durch die Auswerteelektronik werden alle Elektronen mit anderen Energien abgetrennt.

AES wird in vielen Labors mit hoher Empfindlichkeit ohne Abbildung und bei relativ geringer Ortsauflösung betrieben. Bei höherer Ortsauflösung führt im Rasterbetrieb die „Scanning-Auger-Mikroskopie" wieder zu Abbildungen.

Bei sehr hoher Energieauflösung sind in manchen Fällen auch Informationen über den Bindungszustand zu erhalten, ebenso durch besondere „Kreuzübergänge".
– Typischer Einsatz: AES und SAM sind Standardverfahren und in kommerziellen Geräten erhältlich. Chemische Bindungen werden mit AES meist nur für wissenschaftliche Arbeiten untersucht.

AES ist sehr oberflächensensitiv. Für die Aufnahme von Tiefenprofilen muß eine Ätzeinrichtung vorhanden sein (Ionenstrahlätzen). Konzentrationsbestimmung ist nach Eichung möglich. Matrixeffekte beschränken sich im wesentlichen auf die Änderung der Informationstiefe.

Bei Untersuchung von Proben, die überwiegend leichte Atome enthalten, ist die Linienvielfalt geringer als bei SIMS und SNMS. Dadurch sind Übersichtsspektren einfacher zu deuten. Bei SIMS und SNMS sind jedoch niedrigere Nachweisgrenzen erreichbar.

– Grenzen: Wasserstoff und Helium können nicht nachgewiesen werden. Durch die hohe Oberflächenempfindlichkeit bestehen erhöhte Anforderungen an Probenbehandlung, Messung und Interpretation (vgl. ESCA).

AES und SAM belasten die Probe durch die Energie des primären Elektronenstrahls thermisch verhältnismäßig stark: Das Verhältnis von Zahl der Augerelektronen zur Zahl der Primärelektronen ist klein. Durch Erwärmung und Aufladung (bei Isolatoren) der Probe kann das Meßergebnis durch →Diffusion beweglicher Ionen verfälscht werden (z. B. Na+ in Glas).

SAM erfordert lange Meßzeiten, insbesondere bei hoher Auflösung und belastet die Probe thermisch erheblich. Es kann daher günstiger sein, AES mit REM zu kombinieren oder sich auf AES-Messungen entlang einer Linie auf der Probe zu beschränken.

– Leistungsparameter:
Informationstiefe: 5–50 Å.
Laterales Auflösevermögen: sehr unterschiedlich; bis 50 nm.
Nachweisgrenze: bis $<10^{-3}$ einer Atomlage.
Genauigkeit der Konzentrationsbestimmung: 5–50 %.

□ *Sekundärionen-Massenspektrometrie* (SIMS) und *Sekundärneutralteilchen-Massenspektrometrie* (SNMS)
– Prinzip: Ein primärer Ionenstrahl (häufig Ar+ oder O^{2-}) schlägt Neutralteilchen, einfache Ionen (= geladene Atome) und Molekülionen (= geladene Moleküle oder Molekülbruchstücke) aus der Oberfläche der Probe. Diese Sekundärionen werden bei SIMS in einem Massenspektrometer untersucht. Ergebnis sind das Verhältnis Masse/Ladung und Zahl der aus der Probe herausgelösten Ionen. Bei dem neueren SNMS-Verfahren werden die sekundären Neutralteilchen analysiert, die in wesentlich größerer Zahl gebildet werden. Sie werden dazu nachionisiert und dann ebenfalls in einem Massenspektrometer untersucht. In beiden Fällen werden atomare Massenzahlen aufgelöst. Es erfolgt also eine Isotopentrennung.

Die Primärionen des Primärstrahls mit Energien von einigen keV dringen nicht in die Probe ein. Daher stammen die sekundären Teilchen aus den obersten 1–3 Atomlagen. Beide Verfahren sind dadurch besonders oberflächensensitiv. Sie sind zugleich äußerst empfindlich: Die Nachweisgrenze liegt teilweise unter 1 ppm einer Monolage. Chemische Bindungen können durch Auftreten von Molekülionen (und Fragmenten) nachgewiesen werden.

Durch große Primärstrahlstärken läßt sich die Oberfläche abtragen (Ionenätzen oder Sputtern). Durch kontinuierliche Registrierung der Sekundärteilchen während des Ätzens, lassen sich Tiefenprofile bestimmen. Weiterentwicklungen sind IMMA oder Ionenmikrosonde, ein abbildendes SIMS und TOF-SIMS, bei dem ein Flugzeitmassenspektrometer (*engl.* TOF = time of flight) eine hervorragende Massentrennung, auch bei sehr großen Massen, und damit eine Trennung großer Molekülbruchstücke (bei Organica) erlaubt.

– Typischer Einsatz: SIMS und SNMS sind eingeführte Standardverfahren. Schwerpunkt der Anwendung ist die Aufnahme von Tiefenprofilen.

– Grenzen: Probleme bereitet bei SIMS die starke Matrixabhängigkeit der Sekundärionenausbeute, die um viele Größenordnungen schwanken kann und quantitative Konzentrationsbestimmungen sehr erschwert. Bei Raster-SIMS können aus dem gleichen Grund kleine Änderungen der Umgebung (z. B. teilweise Oxidation) große Intensitätsunterschiede bewirken und einen falschen qualitativen Eindruck hervorrufen. Bei SNMS fehlt die Matrixabhängigkeit der Sekundärteilchenausbeute weitgehend. Es lassen sich für eine Apparatur Empfindlichkeitskonstanten zu den einzelnen Elementen angeben. SNMS ist daher für die quantitative Konzentrationsbestimmung (auch bei Tiefenprofilen) am besten von allen Verfahren der O. geeignet.

Die Isotopentrennung und das Auftreten von Mehrfachladungen der Ionen führt zu einer großen Linienvielfalt im Spektrum beider Verfahren, vor allem bei größeren Massezahlen. Die Deutung von Übersichtsspektren kann dadurch komplizierter werden als z. B. bei AES. Man erhält dafür jedoch Informationen über Verbindungen.

Fehlmessungen können durch falsche Probenbehandlung und durch verschiedene Effekte auftreten, die beim Ionenätzen die Tiefenauflösung herabsetzen (Stoßverlagerung, Ionenwanderung, Redeposition, ungleichmäßiges Ätzen, Aufladung). Die Tiefenauflösung wird dann schlechter als die geringe Informationstiefe erwarten läßt. Verbesserungen bringt das Ätzen mit extrem niederenergetischen Ionen, das aus apparativen Gründen gut mit SNMS kombiniert werden kann. Diese Geräte bieten jedoch keine laterale Auflösung.

– Leistungsparameter:
Informationstiefe: 1–2 Atomlagen (10 Å) ohne Schichtabtrag.
Laterales Auflösevermögen: bis 2 µm bei Raster-SIMS); ca. 120 µm bei SNMS mit Ionenkanone;

einige mm bei SNMS bei Abtrag mit Niederdruck-plasma.

Nachweis aller Elemente mit Isotopentrennung.

Nachweisgrenze: bis $<10^{-6}$ Atomlagen.

Genauigkeit der Konzentrationsangaben: Bei SIMS in hohem Maß von der Genauigkeit des Standards abhängig; bei SNMS einige Prozent ohne Eichpro-ben.

□ *Ionenstreuung* (ISS).

– Prinzip: Bei ISS (*engl.* Ion Scattering Spectrosco-py) werden Edelgas-Ionen des Primärstrahls (bis ca. 10 keV) beobachtet, nachdem sie an der Oberfläche der Probe gestreut wurden. Das Verfahren erkennt nur die alleroberste Atomlage. Unterschiedliche Atomarten werden aufgrund ihrer Masse im Stoß-prozeß unterschieden.

– Typischer Einsatz: ISS wird vor allem als wissen-schaftliches Verfahren eingesetzt. Die extreme Oberflächensensitivität kann nur selten technolo-gisch genutzt werden.

– Grenzen: Bei großen Massenunterschieden ist die Massenauflösung schlecht. Die Proben müssen ex-trem glatt sein, da sonst Streuung an Stufen auf-tritt.

– Leistungsparameter:

Informationstiefe: 1 Atomlage

Nachweisgrenze: bis 100 ppm bei Streuung leichter Ionen an schweren Atomen

Keine Elementtrennung

□ *Glimmentladungsspektroskopie* (GDOS).

– Prinzip: GDOS (*engl.* Glow Discharge Optical Spectroscopy) nutzt ähnlich wie SNMS die große Zahl von neutralen Sekundärteilchen eines Sputter-vorganges. Im Gegensatz zu SNMS werden hier die Sekundärteilchen nicht massenspektroskopisch, sondern optisch, aufgrund ihrer Emissionslinien, nachgewiesen.

Bei GDOS wird durch eine Glimmentladung ge-sputtert, die zwischen der Probe und einer mehrere Quadratmillimeter großen → Elektrode stattfindet. Die damit erreichbaren Sputterraten sind wesent-lich höher als bei Beschuß mit einer Ionenkanone. Die emittierten Neutralteilchen werden in der Glimmentladungszone angeregt. Diese Sputter-technik und die Möglichkeit des optischen Nachwei-ses der angeregten Atome erlauben einen hohen Druck im Probenraum (typisch: 3 mbar) und sorgen dadurch für kurze Meß- und Bearbeitungszeiten, auch bei Tiefenprofilen.

– Typischer Einsatz: In Verbindung mit einer opti-schen Vielkanalregistrierung und einer EDV-Aus-wertung erlaubt das Verfahren eine schnelle Kon-zentrations- und Tiefenprofilbestimmung. GDOS wird daher bevorzugt für Reihenuntersuchungen und schnelle Serviceanalysen, z. B. in der Stahlin-dustrie, eingesetzt.

– Grenzen: Apparativ braucht keine Rücksicht auf Ultrahochvakuumbedingungen und hohe Reinheit

der Proben und des Probenraumes genommen zu werden. In GDOS-Messungen liegt daher immer ein Störsignal für die Restgaselemente H_2, O_2, N_2 vor.

Die Nachweisgrenzen für die verschiedenen Ele-mente schwanken stark. Quantitative Messungen erfordern bei hohen Genauigkeitsanforderungen eine sorgfältige Eichung mit Materialproben ver-gleichbarer Matrix.

– Leistungsparameter:

Nachweisgrenzen:

stark elementabhängig

bis 10^{-6} ppm für C, S, P, B

bis 10^{-5} ppm für Metalle

$\quad 10^{-3}$ ppm für H, O, N

Genauigkeit der Konzentrationsangaben:

0,5 % bei sorgfältiger Eichung

Sputterrate: 1–10 µm/min.

□ *Lasermikrosonden-Massenanalyse* (LAMMA).

– Prinzip: Mit LAMMA werden kleine Materialbe-reiche einer Oberfläche (oder eines Dünnschnittes) durch einen Impulslaser verdampft und teilweise ionisiert. Die Ionen werden in einem Flugzeitmas-senspektrometer entsprechend ihrer Masse analy-siert. Die Einstellung des Probenortes und die Dar-stellung der Probe erfolgen mit einem Lichtmikro-skop. Die Dicke der analytisierten Schicht ist von der gewählten Energie des Laserpulses abhängig. Positive und negative Ionen werden in zwei aufein-anderfolgenden „Schüssen" erfaßt.

– Typischer Einsatz: Es existieren kommerzielle Geräte, die den Nachweis organischer und anorga-nischer Bestandteile einer Probe ermöglichen. Da eine Probenpräparation entfällt, sind schnelle Übersichtsmessungen möglich.

– Grenzen: Die laterale Auflösung ist durch die optische Abbildung und die Kratergröße des Lasers begrenzt. Geräte, die die Oberfläche massiver Pro-ben analysieren, haben etwas schlechtere Leistungs-daten als Geräte, die Dünnschnitte „durchschie-ßen". Bei unbekannten Substanzen ist es wegen der Vielzahl von Kombinationsmöglichkeiten nicht ein-fach, die großen Massenwerte bestimmten Molekül-ionen und Fragmentionen zuzuordnen.

– Leistungsparameter (bei massiven Proben):

Laterale Auflösung: 3–5 µm

Informationstiefe: bis (min.) 0,1 µm

Nachweisgrenzen: bis <50 ppm im untersuchten Volumen

Isotopennachweis möglich

Verbindungsnachweis durch Fragmentionen

□ *Elektronenstreuverfahren* (RHEED, LEED).

– Prinzip: RHEED (*engl.* Reflection High Energy Electron Diffraction) und LEED (*engl.* Low Energy Electron Diffraction) sind Streuverfahren, die ähn-lich den Röntgenstreuverfahren bei der Volumen-analyse, auf die Kristallstruktur nahe der Oberflä-che ansprechen. Mit niederenergetischen Elektronen (LEED) werden die allerobersten Atomlagen erfaßt.

– Typischer Einsatz: LEED dient vor allem zur Erfassung der kristallinen Ordnung (und Umordnung durch Adsorbate) an der Oberfläche.

Mit hochenergetischen Elektronen sind höhere Informationstiefen erreichbar. RHEED ist daher geeignet, Kristallstrukturen, Kristallausrichtungen, Kristallitgrößen und Ordnungsgrad in einer Schicht bis etwa 500 Å zu untersuchen.

– Grenzen: Durch hohe Oberflächenempfindlichkeit, relativ komplexe experimentelle Bedingungen und Theorie ist LEED vor allem ein wissenschaftliches Verfahren.

– Leistungsparameter:
Informationstiefe:
LEED ca. 20 Å
RHEED 20–500 Å
Genauigkeit der Bestimmung von Gitterkonstanten bei RHEED: bis 1 %

□ *Kernphysikalische Methoden* (PIXE, RBS, NRA).

– Prinzip: Einige oberflächenanalytische Methoden beruhen auf kernphysikalischen Verfahren, bei denen entweder die Streuung hochenergetischer Partikel an den Atomkernen der Probe ausgenutzt wird (*engl.* PIXE = Proton Induced X-Ray Emission, RBS = Rutherford Back Scattering Spectroscopy), oder spezielle Kernreaktionen ausgelöst werden (*engl.* NRA = Nuclear Reaction Analysis). Die Energien der Teilchen im Primärstrahl liegen mit 100 keV bis einige MeV wesentlich höher als bei SIMS oder SNMS. Dadurch sind tieferliegende Schichten zu analysieren, und zwar ohne daß ein Schichtabtrag nötig wäre.

– Typischer Einsatz: Das besondere anwendungstechnische Kennzeichen dieser Verfahren ist die Möglichkeit, ein Tiefenprofil von Oberflächen ohne Schichtabtrag, also zerstörungsfrei, aufzunehmen. Die Methoden haben wegen hoher apparativer Anforderungen noch keine große Verbreitung gefunden und werden bisher überwiegend von wissenschaftlichen Instituten oder Dienstleistungsunternehmen angeboten. Sie werden vorzugsweise in der Halbleitertechnik, teilweise auch bei optisch wirksamen Schichtsystemen eingesetzt.

– Grenzen: Einzelheiten sind stark verfahrens-, apparatur- und probenabhängig.   *Madelung*

Literatur: *Brümmer, O.* et al.: Handbuch Festkörperanalyse mit Elektronen, Ionen und Röntgenstrahlen. Braunschweig 1980. – *Madelung, O. W.*: Oberflächenanalyse: Verfahren, Anwendung, Anbieteradressen (Hrsg.: VDI-Technologiezentrum Physikal. Technologien); Düsseldorf 1989.

Oberflächenbehandlung.

Beschichten. Innerhalb der Einteilung der Fertigungsverfahren nach DIN 8500 wird die Hauptgruppe 5 „Beschichten" in die Gruppen 5.1 „Beschich-

ten aus dem gas- oder dampfförmigen Zustand, 5.2 Beschichten aus dem flüssigen oder pastenförmigem Zustand, 5.3 Beschichten aus dem ionisierten Zustand und 5.4 Beschichten aus dem körnigen oder pulvrigen Zustand" gegliedert. Allgemein versteht man unter Beschichten das Aufbringen einer fest haftenden Schicht aus formlosem Stoff auf ein Werkstück. Maßgebend ist der unmittelbar vor dem Beschichten herrschende Zustand des Beschichtungsstoffes.

□ Beschichten aus dem gas- oder dampfförmigen Zustand (Gruppe 5.1).

Unter Hochvakuumbedampfung, -metallisierung oder -verspiegelung versteht man Verfahren, bei denen geeignete Metalle, wie z. B. → Aluminium, Silber, Gold u. a., in hauchdünnen Schichten auf Gegenstände aus Metall, → Holz, → Glas, → Papier oder → Kunststoff aufgedampft werden, den Grundmaterialien ein metallisches Aussehen geben und ihnen sogar in begrenztem Maß an der → Oberfläche die Eigenschaften des aufgedampften Metalls in mehr als optischer Hinsicht verleihen. Da der Verdampfungspunkt der meisten Metalle über den von der vorerwähnten Grundwerkstoffen ertragbaren Temperaturen liegt, bringt man die zu bedampfenden Teile und das Aufdampfmetall in einen Rezipienten, in dem ein Vakuum von 10^{-3} bis 10^{-5} bar herrscht. Die Verdampfungsquelle aus einem unter solchen Bedingungen nicht verdampfenden Metall (z. B. Molybdän, Wolfram, Titan) dient als Träger des zu verdampfenden Metalls und wird im Rezipienten aufgeheizt bis das Überzugsmetall verdampft. Das zu bedampfende Werkstück wird im Hochvakuum dem Metalldampf nur wenige Sekunden ausgesetzt. Für die → Haftfestigkeit aufgedampfter Aluminiumschichten haben sich Zwischenschichten aus Nickel, Kobalt, Nickel-Chrom u. a. m. als günstig erwiesen.

Besondere Bedeutung haben kleine Metallisierungsapparate für die Elektronenmikroskopiertechnik erlangt.

□ Beschichten aus dem flüssigen oder pastenförmigen Zustand (Gruppe 5.2).

Unter diese Rubrik fallen u. a. das Anstreichen, Spritzlackieren, Tauchemallieren und Auftragschweißen. Mit einem Plasma-Lichtbogenbrenner lassen sich keramische Überzugsschichten auf metallische Trägerwerkstoffe aufbringen. Mit Hilfe von einer Gruppe hochhitzebeständiger Werkstoffe, der sog. Cermets, hergestellte Überzüge erlauben in der Luftfahrt, im Raketenantrieb, Gasturbinen- und Reaktorbau den Einsatz so beschichteter Bauteile bis in den Temperaturbereich von etwa 2000 °C. – Keramische → Isolierstoffe lassen sich auch elektrophoretisch abscheiden. Das Verfahren wird u. a. bei der Herstellung von Elektronenröhren angewendet.

Eine silikatische, elektrisch nicht leitende

→Schutzschicht, die sich leicht auf Metalloberflächen aufbringen läßt, hat gegenüber Lacken und anderen Anstrichen den Vorteil der Unbrennbarkeit und der Temperaturbeständigkeit bis zu 400 °C.

Ein Zementmörtel mit einem inerten Stoff als Füller wird in Schwefelsäureanlagen eingesetzt. Zementmörtelauskleidungen können nach dem Centriline-Verfahren auch in Schwefelsäureanlagen eingesetzt werden.

Mischungen von synthetischem Gummi mit →Zement und Füllstoffen, ferner →Mörtel mit →Harzen verwendet man zum Auskleiden von Tanks im →Spritzverfahren.

Zu den in großem Umfang eingesetzten Schmelztauchverfahren zur Herstellung korrosionshemmender Überzüge gehört das →Feuerverzinken. Auf dem Stahlbandsektor hat das *Armco-Sendzimir*-Verfahren den Durchbruch zur Rationalisierung des Prozesses in kontinuierlich arbeitenden Anlagen mit hoher Durchsatzleistung gebracht. Beim →Verzinken von Gußeisenteilen ist für die Güte der Verzinkung vor allem die Reinheit der Oberfläche und weniger die chemische Zusammensetzung des Gußeisens maßgebend. Bei grauem →Gußeisen können, einwandfreie →Oberflächenbeschaffenheit vorausgesetzt, im Zinkbad von 450 °C innerhalb von 2 bis 3 Minuten Zinkschichten von 600–900 g/m^2 erhalten werden. Feuerverzinkte Gußstücke sind primär Fittings für den Rohrleistungsbau, ferner Isolatorenkappen als Träger für die Halterung von Hochspannungskabeln. Wegen der guten →Korrosionsbeständigkeit von Zink an der Atmosphäre werden verzinkte Bauteile im Bauwesen, z. B. für Stahlkonstruktionen, Dachabdeckungen, Fensterrahmen, Leitschienen u. a. m., eingesetzt. Zum →Korrosionsschutz soll die Zinkauflage i. a. etwa 450 g/m^2 betragen. Die korrosionshemmende Wirkung der Zinküberzüge kann durch →Chromatieren oder durch →Anstriche merklich verbessert werden.

Weißbleche werden durch →Feuerverzinnen hergestellt. Oberflächenbeschaffenheit, Gefüge und Beizdauer beeinflussen wesentlich die Entstehung der Eisen-Zinn-Übergangsschicht und das Auftreten von flockigen, streifigen Musterungen. Durch das →Glühen von Weißblechbunden konnte man die Leistung erhöhen und durch eine selbsttätige Dickenregelung die Qualität verbessern. Beim Verzinnen von Gußeisen muß man den Graphit von der Oberfläche entfernen oder ihn überdecken. Durch eine Vorbehandlung mit Chloriden lassen sich gleichmäßig gute Schichten erzielen. Das Verzinnen von Gußstücken ist auch durch vorausgehenden Einsatz des Kolone-E-Verfahrens möglich. Hierbei werden die Teile in einer Salzschmelze bei etwa 450 °C zunächst anodisch, danach kathodisch behandelt. Das Aussehen von verzinnten Fertigwaren kann durch Schleudern verbessert werden. Für einwandfreie Lacküberzüge ist eine vollständig gleichmäßige →Benetzung der Weißblechoberfläche erforderlich.

Bei den durch Feuerveraluminierung (→Alitieren) hergestellten Überzügen ist zu unterscheiden zwischen Überzügen aus einer Aluminium-Silicium-Legierung oder aus Reinaluminium. Durch →Silicium wird die Schmelze dünnflüssiger (wichtig für Tauchverfahren) und außerdem die Bildung der Eisen-Aluminium-Zwischenschicht verzögert.

□ Beschichten durch elektrolytische oder chemische Abscheidung aus Lösungen oder Suspensionen (Gruppe 5.3)

In dieser Gruppe sollen vor allem die galvanotechnischen Verfahren zusammengefaßt werden. Ein typisches Beispiel für die vielfältigen Varianten in der Fertigungstechnik zur Herstellung von Schutzüberzügen ist das Verzinken, das sich durch Feuerverzinken, Spritzverzinken, Elektroverzinken und in gewisser Hinsicht auch durch Zinkstaubanstriche realisieren läßt (Tabelle 1).

Besonders für die Massenproduktion von Kleinteilen eignet sich das Sherardisieren, wobei es sich im wesentlichen um einen Fällungsvorgang handelt, bei dem das auf der Stahloberfläche abgeschiedene Zink bei 400–420 °C in den Stahl unter Bildung der rostschützenden Fe/Zn-Legierung diffundiert. Nach einer sorgfältigen Reinigung werden die Teile mit der genau berechneten Menge Zinkstaub und Silikaten in die langsam laufende Sherardisiertrommel gebracht, in deren Innenraum eine Temperatur zwischen 400 und 420 °C aufrechterhalten wird. Nach einiger Zeit bildet sich die Legierungsschicht, wobei die genauen Formen und Profilierungen des Objekts erhalten bleiben. Die Schichtdicke ist von den Objekten und der Prozeßführung abhängig; sie liegt im Bereich von 10 bis 30 µm. Der Korrosionswiderstand von sherardisierten Teilen ist i. a. höher als bei elektrolytisch verzinkten Teilen und die gleichmäßige Schicht hat außerdem einen höheren →Verschleißwiderstand.

Elektrolytisch abscheidbar sind ferner Aluminium aus Salzschmelzen oder organischen Lösungen (bevorzugt angewendet, wo sich die Schmelztemperatur des Aluminiums beim Schmelztauchverfahren oder brüchige Diffusionsschichten schädlich auswirken) sowie Kobalt, Blei und Blei-Zinn-Legierungen (zum Schutz gegen Säuren, heißen korrodierenden Gasen und Umwelteinflüssen), Gold und Silber zum Schutz elektrischer und elektronischer Bauteile, die nicht anlaufen dürfen und eine gute Leitfähigkeit aufweisen sollen, Indium (ein dünner Belag dient zur Verhinderung von Warmöl-Erosion), Kadmium, →Kupfer und →Kupferlegierungen, Nickel und Rhodium. Letzteres verhindert, daß andere Metalle, z. B. Silber oder Nickel anlaufen.

Oberflächenbehandlung. Tabelle 1: Vergleich der Verzinkungsverfahren.

Eigenschaften der Schichten	Sherardisieren	Feuerverzinkung	Spritzverzinkung	elektrolytische Verzinkung	Zinkstaubanstriche
Legierungsbildung mit dem Stahl	ja	ja	nein	nein	nein
Korrosionswiderstand	hoch	sehr hoch	hoch	mäßig	hoch
Haftfestigkeit	sehr gut	sehr gut	ziemlich gut	gut	ziemlich gut
Mechanischer Widerstand	sehr gut	sehr gut	ziemlich gut	gut	mäßig
Dimensionale Beschränkungen	nur kleine Artikel	ja	keine	ja	keine
Formänderungsmöglichkeit	keine	ausnahmsweise	keine	keine	keine
Kontrollmöglichkeit	sehr einfach	sehr einfach	schwierig	relativ einfach	schwierig
Unterhaltungskosten	niedrig	sehr niedrig	niedrig	höher	niedrig
Ausbesserungsfähigkeit	einfach	einfach	einfach	relativ schwierig	einfach
Eignung als Anstrichsunterlage	sehr gut	gut	sehr gut	mäßig	gut

□ Beschichten aus dem festen (körnigen oder pulvrigen Zustand (Gruppe 5.4)

Neben dem Hammerplattieren fallen in diese Gruppe die Verfahren des Pulveraufspritzens von keramischen und Kunststoffmassen. Für die Herstellung solcher Glasuren verwendet man häufig Brenner, deren Strahl aus im Lichtbogen ionisierten inerten Gasen besteht, womit sich Temperaturen bis zu etwa 16 000 °C erzeugen lassen. Das hochhitzebeständige und auch hochschmelzende Keramikmaterial wird in Pulverform dem Plasmastrahl nach dem Injektorprinzip zugeführt oder in Stabform zum Abschmelzen in den Strahlbereich vorgeschoben. Die in Tröpfchenform auf die zu überziehende Oberfläche mit hoher Geschwindigkeit auftreffenden → Hochtemperaturwerkstoffe haften entweder rein adhäsiv, vor allem durch gegenseitige Verklammerung, oder es bilden sich, insbesondere bei Anwendung günstiger Zwischenschichten, interkristalline Grenzflächenkontakte. Neben den bekannten Cermets kommen auch → Oxide hoher Reinheit von Aluminium, Zirkon oder Thorium zum Einsatz, ferner Silicide und Boride der hochschmelzenden Übergangsmetalle. Zum Schutz von → Aluminiumlegierungen genügen Stoffe, die bei Temperaturen bis etwa 650 °C beständig sind, wie z. B. Lithiumkeramik-Schichten aus Lithium-Chromat, -Borsilikat und -fluorid.

Eine im großtechnischen Maßstab für das Beschichten von Werkstücken mit Kunststoffen zwecks Korrosionsschutz angewendete Verfahrenstechnik ist das → Wirbelsintern, bei dem feinteilige Kunststoffpartikel in einem Behälter durch Druckluft, die ein Siebgewebe durchströmt, aufgewirbelt werden und sich dann auf den auf Sintertemperatur erhitzten und in diese Wirbelschicht eingetauchte Werkstücke als → Überzug niederschlägt (Bild 1). Für den Erfolg des Verfahrens sind die Wahl geeigneter Kunststoffpulver, vor allem aber eine beschichtungsgerechte Konstruktion der Werkstücke ausschlaggebend.   *Doliwa*

Baustoffe. Bauteiloberflächen sind i. d. R. ohne eine gezielt vorgenommene O. nicht zur Aufnahme einer → Beschichtung (eines Anstrichs) geeignet. Hauptzweck der auf den jeweiligen Fall abzustimmenden Behandlung ist die Erzeugung eines angemessen tragfähigen und eine größtmögliche → Haftung ermöglichenden Untergrundes.
□ Mineralische Baustoffe. Je nach den örtlichen Bedingungen umfaßt die O. folgende Teilschritte:
– Entfernung der losen Partikel bzw. der nicht tragfähigen Schichten und bei → Beton einer ggf. vorhandenen dichten, glatten Zementsteinschicht. Bei Instandsetzungsmaßnahmen an Stahlbetonbauten müssen in der Umgebung der Bewehrungsstähle

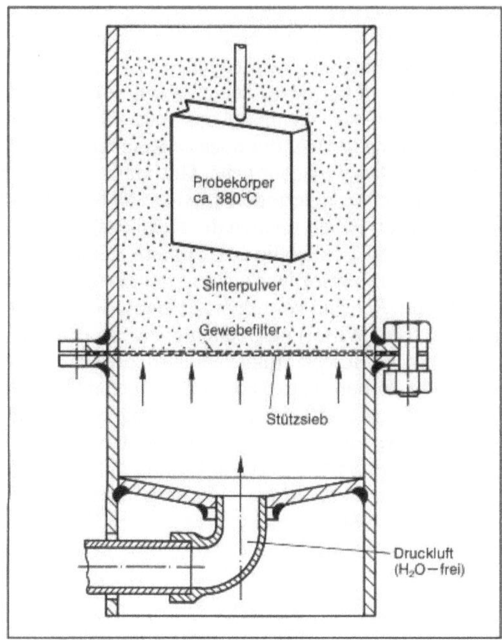

Oberflächenbehandlung 1: Wirbelsintergerät.

meist auch die karbonatisierten und/oder chlorid-verseuchten Betonbereiche entfernt werden. Die Abreißzugfestigkeit von Betonoberflächen sollte mindestens $1\,N/mm^2$ betragen; dies läßt sich bei manchen Substraten allerdings nicht erreichen. Die üblichen Methoden sind: →Sandstrahlen (mit öl-freier Luft), Bürsten, Vakuumstrahlen (Saug-strahlen), →Flammstrahlen, →Kugelstrahlen, →Fräsen, →Wasser- oder →Dampfstrahlen (Bild 2).

– Reinigung der →Oberfläche von allen haf-tungsverhindernden Ablagerungen, wie Staub, Öl (Schalöl), Nachbehandlungsfilmen, orga-nischem Bewuchs, Altanstrichen. Es sollten nach Möglichkeit schonende Verfahren angewendet werden, z. B. Wasserstrahlen, Dampfstrah-len, Waschen mit Detergentien oder leichtes Sand-strahlen.

– Natürliches oder künstliches Trocknen der Ober-fläche bis zu einem erforderlichen Grad. Ein sichtbarer Wasserfilm muß in jedem Falle ver-mieden werden. Auch der →Feuchtigkeitsgehalt in Tiefen bis 10 oder 20 mm sollte normalerweise bei Beton massebezogen rd. 2–4 % nicht über-schreiten.

Die einzelnen Anstrichstoffe weisen unterschied-liche Empfindlichkeiten gegenüber Wasser im Ver-arbeitungszeitraum auf. Bei →Epoxidharzen ist dies eine Frage des angewendeten Härtersystems. Die einzelnen Arten der Vorbehandlungsverfahren haben jeweils wieder zahlreiche Variationsmöglich-keiten, so z. B. für das Sandstrahlen:

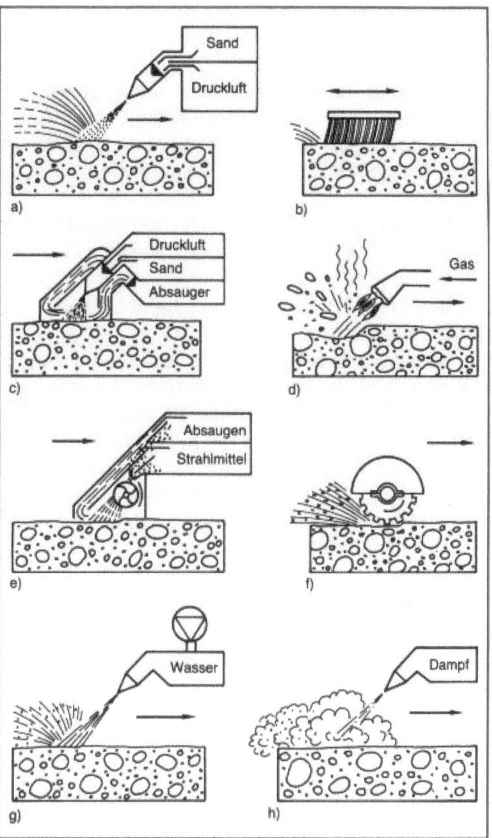

Oberflächenbehandlung 2: Vorbehandlungsverfah-ren für Beschichtungsarbeiten auf mineralischen Un-tergründen.
a) Sandstrahlen
b) Bürsten mit Drahtbürste
c) Vakuumstrahlen (Saugstrahlen)
d) Flammstrahlen
e) Kugelstrahlen
f) Fräsen
g) Wasserstrahlen
h) Dampfstrahlen.

– Strahlmittelsorte,
– Strahlmittelgeometrie,
– Strahlguthärte (Betonfestigkeit, Zuschlagart),
– Strahlabstand,
– Auftreffgeschwindigkeit,
– Auftreffwinkel,
– Strahlmitteldurchsatz,
– Strahleinwirkdauer,
– Wasserzusatzmenge.

□ Baustahl. Die →Dauerhaftigkeit von organi-schen Beschichtungen hängt in hohem Maße von einer sachgemäßen Vorbereitung der Stahloberflä-chen ab. Beeinflußt wird vor allem die Haftung und damit die Gefahr des Unterrostens und des Abblät-

terns. Der Ausgangszustand der vorzubereitenden Flächen wird nach DIN 55 928 in vier Stufen (Rostgrade) eingeteilt:
– Rostgrad A: Stahloberfläche mit festhaftendem →Zunder bedeckt und überwiegend rostfrei,
– Rostgrad B: Stahloberfläche mit beginnender Zunderabblätterung und beginnendem Rostangriff,
– Rostgrad C: zunderfreie oder mit losem Zunder bedeckte Stahloberfläche mit wenigen Rostnarben,
– Rostgrad D: zunderfreie Stahloberfläche mit zahlreichen Rostnarben.

Stahlbauteile sollten möglichst schon im Zustand A oder A bis B vorbereitet werden. Auch bei gleichem →Reinheitsgrad lassen die anderen Rostgrade geringe Schutzdauern mit gleicher Beschichtung erwarten. Vorbereitungsarbeiten sollen nicht bei ungünstiger Witterung (Regen, Kondenswasserbildung) durchgeführt werden. Der zu fordernde Reinheitsgrad hängt ab von:
– dem vorgesehenen →Beschichtungssystem,
– den zu erwartenden Beanspruchungen,
– dem Rostgrad,
– dem vorgesehenen Entrostungsverfahren,
– wirtschaftlichen Erwägungen.

Als Bezugsgröße dienen Normreinheitsgrade (Tabelle 2). Als technisch optimale Oberflächenvorbereitung ist zwar der höchste Reinheitsgrad anzusehen; das wirtschaftliche Optimum ist jedoch häufig bereits bei geringerem Aufwand erreicht. In den meisten Fällen reichen die Reinheitsgrade Sa 2 1/2 bzw. PSa 2 1/2 völlig aus. Höhere Reinheitsgrade (Sa 3, St 3) erfordern nicht nur einen sehr hohen Aufwand. Sie sind vor allem auf Baustellen nur bei günstigsten Witterungsbedingungen zu erreichen bzw. bis zur Beschichtung zu halten. Sie sollten nur bei sehr hohen Korrosionsbeanspruchungen und hohen zu erwartenden Instandhaltungsaufwendungen angewendet werden. Beispielhaft zeigt Bild 3 den außerordentlich hohen Einfluß der Oberflächenvorbereitung auf die →Lebensdauer. Obwohl wegen der zahlreichen weiteren, in den dargestellten Versuchen nicht variierten Parameter generelle Schlußfolgerungen aus der Darstellung nicht gezogen werden können, wird deutlich, wie hoch der

Oberflächenbehandlung. Tabelle 2: Normreinheitsgrade für Stahloberflächen.

Normreinheitsgrad	Verfahren	wesentliche Merkmale
Sa 1		lose Anteile von Zunder, Rost und Altbeschichtung sind entfernt; i. d. R. nicht ausreichend
Sa 2		bis auf wenige fest haftende Reste sind Zunder, Rost und Altbeschichtungen entfernt; fallweise ausreichend, wenig gebräuchlich
Sa 2½	Strahlen (Druckluftstrahlen, Saugkopfstrahlen, Naßstrahlen)	Zunder, Rost und Altbeschichtungen sind soweit entfernt, daß Reste lediglich als leichte Schattierungen sichtbar sind; meist ausreichend
PSA 2½		wie Sa 2½, jedoch verbleiben festhaftende Anteile von Altbeschichtungen (P partiell gereinigt); vielfach ausreichend
Sa 3		Zunder, Rost und Altbeschichtungen sind nach Augenschein vollständig entfernt; selten erforderlich
St 2	Handentrostung, maschinelle Entrostung	lose Anteile von Zunder und Altbeschichtung sind entfernt, Rost ist bis zu schwachem Stahlglanz entfernt
St 3		wie St 2, jedoch Rostentfernung bis zu deutlichem Stahlglanz, Entfernen von Altbeschichtungen kann vereinbart werden
Fl	Flammstrahlen	Zunder, Rost und Altbeschichtungen sind soweit entfernt, daß Reste lediglich als Schattierungen sichtbar sind
Be	Beizen	Beschichtungen müssen vorher entfernt worden sein, Zunder und Rost werden vollständig entfernt

Einfluß des Reinheitsgrades, des Entrostungsverfahrens und des Beschichtungssystems sein kann. *Sasse*

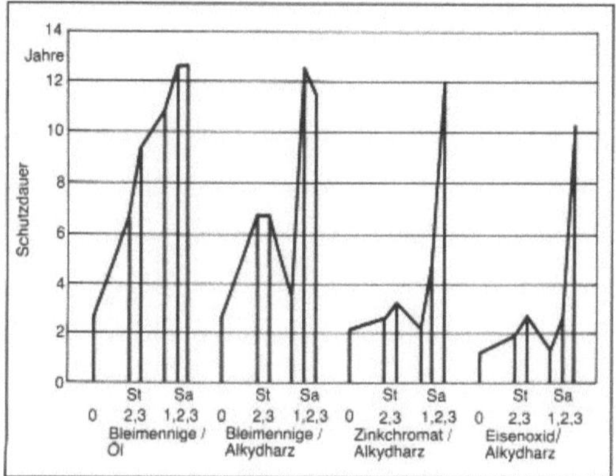

Oberflächenbehandlung 3: Einfluß verschiedener Normreinheitsgrade Sa, St (gem. Tabelle) auf die Schutzdauer.

Je eine Grundbeschichtung und eine Deckbeschichtung (Pinselauftrag)

Oberflächenbeschaffenheit. In technischen Zeichnungen wird die durch unterschiedliche Fertigungsverfahren hergestellte O. durch Kennzeichen charakterisiert, die in der Norm DIN ISO 1302 zusammengestellt sind (Tabelle, S. 728). *Habig*

Literatur: DIN ISO 1302: Technische Zeichnungen, Angabe der Oberflächenbeschaffenheit in Zeichnungen, Ausgabe Juni 1980.

Oberflächenfeinstruktur umgeformter Werkstücke. Im Gegensatz zu spanabhebenden und abtragenden Formgebungsverfahren entstehen Oberflächen beim → Umformen nicht neu aus jungfräulichem Werkstoff. Ursprüngliche Oberflächen bleiben vielmehr während der Umformung erhalten; sie ändern dabei ihre Größe und Mikrostruktur teils beträchtlich. Die Oberflächenmikrostruktur eines umgeformten Werkstückes hängt daher vom Ausgangszustand und von der verfahrensabhängigen Änderung der ursprünglichen Mikrostruktur ab. Dabei ist grundsätzlich zwischen frei und gebunden umgeformten Oberflächen zu unterscheiden.

Die wesentlichen Verfahren der freien Umformung sind das Dehnen (Strecken, Streckrichten), → Stauchen und → Biegen.

Bei der Durchführung von Zugversuchen hatte man eine Aufrauhung der Oberfläche der Zugstäbe beobachtet, die im Bereich größter Formänderungen besonders ausgeprägt waren. Es wurde nachgewiesen, daß eine Abhängigkeit zwischen den Rauhtiefenänderungen und der → Formänderung, dem Umformverfahren und der Anfangsrauheit besteht (Bild 1).

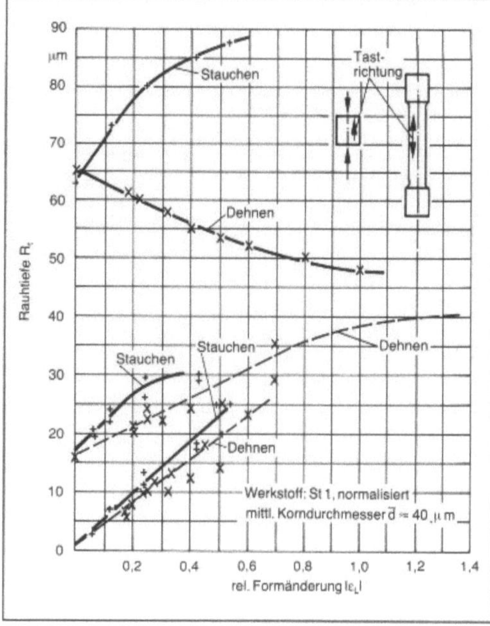

Oberflächenfeinstruktur umgeformter Werkstücke 1: Rauhtiefenänderung in Abhängigkeit von der relativen Formänderung, der Umformart und der Anfangsrauheit.

Die Oberflächenschicht bleibt während der Umformung erhalten, so daß sich die Ausgangsrauheit und Aufrauhung während der Umformung überlagern. Je höher die Ausgangsrauheit der Rohteile ist, desto größer ist der Einfluß der Art der Umformung auf die Rauheitsänderung (Bild 1).

Als Ursache für die Rauheitsänderung von Oberflächen bei freier Umformung werden verschiedene Mechanismen angesehen, die gleichzeitig ablaufen und sich in ihren Auswirkungen überlagern. Während der Umformung bei Raumtemperatur bleibt der Werkstoffzusammenhang längs der Korngrenzen gewahrt. Mit der → Verformung der Körner geht allerdings eine Änderung ihrer Abmessungen an der Oberflächenrandschicht einher, die eine Veränderung der Oberflächenrauheit hervorruft. Die Rauheitsänderung von Oberflächen ist dem mittleren Korndurchmesser des Gefüges proportional (Bild 2).

Der zweite Vorgang beruht auf Gleitvorgängen in den Kristalliten. Die plastische Formänderung von Metallen wird durch zwei wesentliche Mechanismen herbeigeführt, nämlich durch → Gleitung entlang kristallographischer Gleitebenen in bestimmten kristallographischen Gleitrichtungen und durch die mechanische → Zwillingsbildung, die allerdings seltener auftritt.

Oberflächenbeschaffenheit. Tabelle: Kennzeichnung der O. nach DIN ISO 1302.

Oberflächenzeichen nach DIN 3141	Angabe der Oberflächenbeschaffenheit nach DIN ISO 1302 Rauheitswerte R_z [1]) den Reihen nach DIN 3141 zugeordnet				
	Reihe 1	Reihe 2	Reihe 3	Reihe 4	Bedeutung
(Oberfläche ohne Zeichen)					Oberflächen, an die keine bestimmten Anforderungen gestellt werden
	geputzt				Oberflächen, frei von groben Unebenheiten, gegebenenfalls geglättet
	roh				Rauhe Oberflächen, an denen eine spanende Nacharbeit nur zulässig ist, wenn das Maß nicht eingehalten worden ist.
					Oberfläche, die nicht materialabtrennend bearbeitet werden darf oder im Anlieferungszustand verbleiben muß.
	R_z 63				Saubere rohe Oberfläche mit höheren Ansprüchen
▽	R_z 160	R_z 100	R_z 63	R_z 25	Oberflächen mit einer Rauheit, die die größte gemittelte Rauhtiefe nicht überschreiten darf. Das Fertigungsverfahren ist nicht festgesetzt.
▽▽	R_z 40	R_z 25	R_z 16	R_z 10	
▽▽▽	R_z 16	R_z 6,3	R_z 4	R_z 2,5	
▽▽▽▽	—	R_z 1	R_z 1	R_z 0,4	
geschliffen	geschliffen R_z 6,3				Oberfläche mit festgelegtem Fertigungsverfahren

[1]) Die Zahlenwerte der Rauheitsmeßgröße R_t wurden in gleicher Größe der Rauheitsmeßgröße R_z nach DIN 4768 Teil 1 zugeordnet (siehe auch VDI/VDE 2601).
Bei dieser festgelegten Zuordnung von Oberflächenzeichen zu den Rauheits-Werten ist zu beachten, daß die Rauhtiefe R_t nach unterschiedlichen Meßverfahren unter verschiedenen Meßbedingungen ermittelt werden kann. Hierdurch ergeben sich voneinander abweichende Meßergebnisse. Bei der Messung der Rauhtiefe R_t mit elektrischen Tastschnittgeräten wurden häufig die größten auf einer Oberfläche gefundenen Rauheitswerte (Ausreißer) nicht berücksichtigt. Bei dieser Meßpraxis entspricht der ermittelte R_t-Wert der gemittelten Rauhtiefe R_z nach DIN 4768 Teil 1.

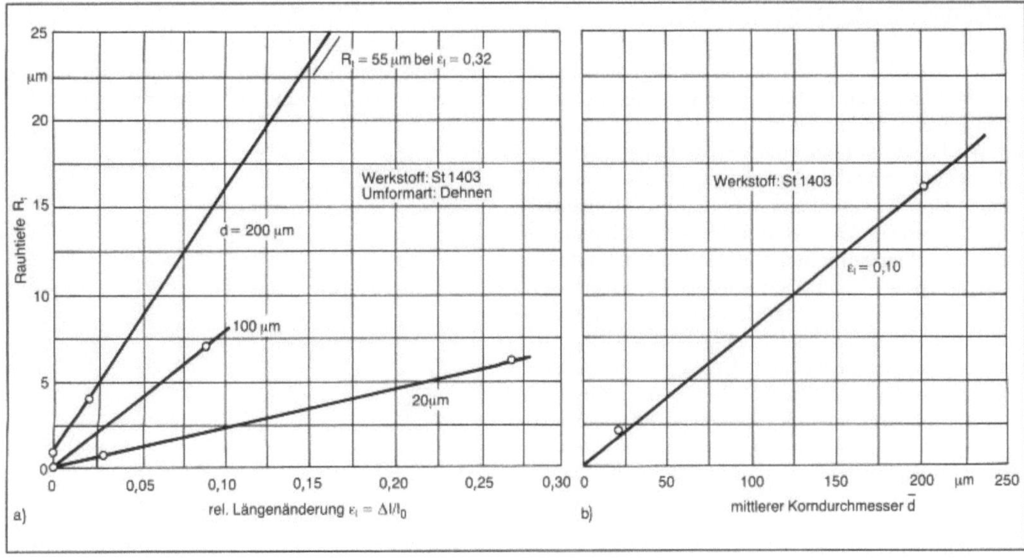

Oberflächenfeinstruktur umgeformter Werkstücke 2: Rauhtiefenänderung beim Dehnen in Abhängigkeit von
a) der relativen Längenänderung und
b) der Korngröße.

Bei einer gebundenen Umformung wird die freie Verformung der Körner in Oberflächennähe durch die Kontaktnormalspannungen zwischen Werkzeug und Werkstück behindert. Bisher konnten keine Gesetzmäßigkeiten, wie für die freie Umformung, hergeleitet werden, da sich der Einfluß des Reibzustands in der Wirkfuge Werkzeug-Werkstück zahlenmäßig kaum fassen läßt. Bei der gebundenen Umformung muß unterschieden werden zwischen gebundenem Umformen mit und ohne → Schmierstoff.

An Hand von Bild 3 wird der grundsätzliche Einfluß, den ein zwischen Werkzeug- und Werkstückoberfläche vorhandenes Gleit- oder Trennmittel beim gebundenen Umformen ausübt, deutlich: Wenn sich zwischen Werkzeug- und Werkstückoberfläche keine Schmierschicht befindet, dann werden beim Stauchen und Prägen mit wachsendem → Umformgrad, d. h. zunehmender Größe der Normalspannungen, die Gipfel der Rauhberge mehr und mehr eingeebnet, bis schließlich die Werkstückoberfläche die → Rauheit der Werkzeugoberfläche angenommen hat (Bild 3b). Sehr gut zu beobachten ist die Wandlung, die der Oberflächencharakter – vom offenen Profil im Ausgangs- zum halboffenen Profil im Endzustand – erfährt. Ist dagegen eine Schmierschicht vorhanden, so kann diese bei glattem Werkzeug nicht entweichen und steht in den Rauhtälern unter hohem hydrostatischem Druck, wodurch es nur vereinzelt zu einer Abplattung der Rauhberge am Werkstück kommt (Bild 3 a).   *Lange*

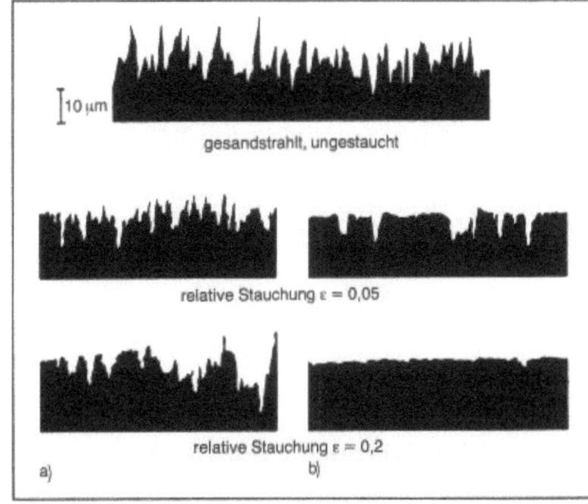

Oberflächenfeinstruktur umgeformter Werkstücke 3: Oberflächenveränderungen beim Glattprägen.
a) mit und
b) ohne Schmierstoff.

Schmierstoff: Molykote Paste G, Werkstoff: C 45 vergütet

Literatur: *Kienzle, O.* u. *K. Mietzner:* Grundlagen einer Typologie umgeformter metallischer Oberflächen. Berlin, Heidelberg, New York 1965. – *Kienzle, O.* u. *K. Mietzner:* Atlas umgeformter metallischer Oberflächen. Berlin, Heidelberg, New York 1967. – *Lange, K.* (Hrsg.): Umformtechnik. Handb. f. Ind. u. Wiss. Bd. 1. Grundlagen. Berlin, Heidelberg, New York, Tokio 1984.

Oberflächenfeinwalzen. O. ist dem in DIN 8583, Bl. 2, beschriebenen → Walzen zuzuordnen. Dabei wird die → Oberfläche eines Werkstücks von gehärteten und feinstbearbeiteten Walzwerkzeugen unter Aufbringen eines Anpreßdrucks mehrfach überwalzt. Hierdurch lassen sich die Oberflächengüte, die Maßhaltigkeit und die Festigkeitseigenschaften von Bauteilen verbessern.

Wird in erster Linie eine Verbesserung der Oberflächengüte eines Werkstücks angestrebt mit Rauhtiefen $R_t \leq 1\,\mu m$ und einem hohen Profiltraganteil, spricht man von Glattwalzen. Meistens soll dadurch das Verschleißverhalten von gleitenden Bauteilen (Lagerzapfen, Ventilschäfte usw.) verbessert werden. Ist eine verbesserte Maßhaltigkeit der Werkstücke das Ziel des Walzvorgangs, dann wird dieser mit Maßwalzen bezeichnet. Erzeugt man an kerbspannungsempfindlichen Stellen von Bauteilen (z. B. Hohlkehlen von Kurbelwellen, Querschnittsübergängen an Kolbenstangen von Schmiedehämmern) Eigenspannungen, die vor allem die Dauerfestigkeit erhöhen, dann spricht man von → Festwalzen. Die erwähnten Oberflächenfeinwalzverfahren zeigt Bild 1 in vereinfachter Darstellung.

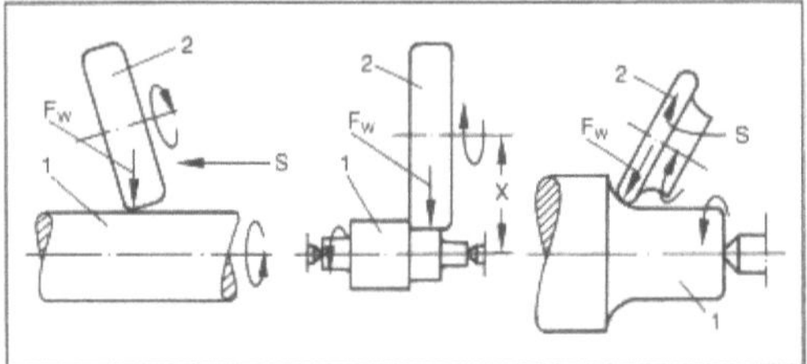

Oberflächenfeinwalzen 1: Schematische Darstellung.
a) Glattwalzen
b) Maßwalzen
c) Festwalzen.

1 Werkstück, 2 Werkzeug, F_W Walzkraft, s Vorschub

Nach ihrer Kinematik lassen sich Oberflächenfeinwalzverfahren in Einstechverfahren mit radialer Werkzeugzustellung (Querwalzen) und in Durchlaufverfahren (Schrägwalzen) unterscheiden.

Beim Einstechverfahren, das bevorzugt für kleine kurze Werkstücke und Wellen eingesetzt wird, muß die wirksame Breite der Glättwalzen mindestens gleich der zu erzeugenden Walzlänge sein, da hier kein Längsvorschub erfolgt. Die Mantellinien von Glättwalzen und Werkstück müssen daher parallel zueinander sein. Die Werkstückaufnahme kann dabei zwischen Spitzen und spitzenlos erfolgen. Mit einem Längsvorschub des Werkstücks bzw. des Werkzeugs arbeiten dagegen die Durchlauf- und Längsvorschubverfahren. Der Vorschub wird beim spitzenlosen Durchlaufverfahren ähnlich wie beim spitzenlosen Schleifen durch ein geringfügiges Schwenken der Glättwalzen relativ zur Werkstückachse erzeugt. Man arbeitet mit drei Walzen, von denen zumindest eine angetrieben ist. Beim Vorschubverfahren erfolgt der Vorschub zwangsläufig;

er muß durch die Maschine aufgebracht werden. Daher kann diese Verfahrensvariante nur bei hinreichend steifen Werkstücken angewandt werden. Es lassen sich Voll- und Hohlkörper mit glatter oder auch profilierter Oberfläche walzen (Bild 2).

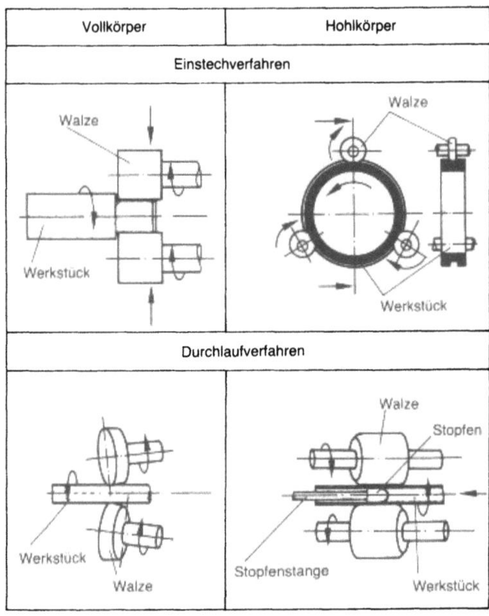

Oberflächenfeinwalzen 2: Verfahren nach DIN 8583, Bl. 2.

Das O. wird meist an spanend vorbearbeiteten Werkstücken vorgenommen. Durch den Druck der Glättwalzen erfolgt an der Werkstückoberfläche eine → Umformung, durch die das Rauheitsprofil eingeebnet wird. Bild 3 zeigt den Stofffluß beim O. mit Vorschub bei einer gedrehten Oberfläche. Der Drehrillengrund wird angehoben, bis er sich auf gleichem Niveau mit dem Rillenkamm befindet. Der Werkstofffluß in Umfangsrichtung ist deutlich ausgeprägt in einer dünnen Oberflächenschicht.

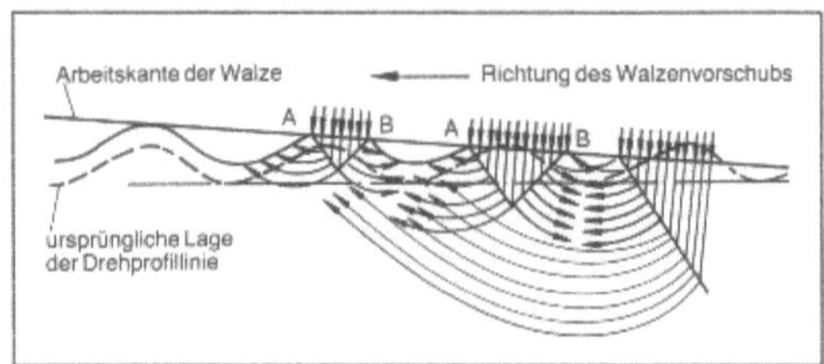

Oberflächenfeinwalzen 3: Stromlinien der plastischen Bewegung des Werkstoffs mit Vorschub. (Quelle: König, H.)

Beim Oberflächenwalzen versagt das Werkstück durch Abblättern der Randschicht, hervorgerufen durch große tangentiale Stoffverschiebungen. Ursache hierfür sind zu große Oberflächenwalzen und zu hohe bezogene Walzkräfte. Große Überwalzzahlen sind in bezug auf Abblättern schädlicher als zu große bezogene Walzkräfte.

Das Glattwalzen hat das Ziel, Oberflächen mit geringen Rauhtiefen und einem hohen Traganteil zu erzeugen, wobei die makrogeometrische Form des Werkstücks möglichst nicht verändert wird. Die erreichbaren Rauhtiefen liegen in der Größenordnung von $R_t = 1\,\mu m$, bei einem unteren Grenzwert von $0,1{-}0,2\,\mu m$. Vor dem Walzen sollte ein Aufmaß mit der 1–1,5fachen Vorbearbeitungsrauhtiefe vorhanden sein. Als Vorbearbeitungsrauhtiefen werden für Werkstücke aus Stahl $R_{t0} = 30\,\mu m$ und für Werkstücke aus Grauguß $R_{t0} = 20\,\mu m$ angegeben.

Maßwalzen dient der Verbesserung von Maßgenauigkeit und Rundheitsfehlern. Die Durchmesseränderungen sind dabei vergleichsweise höher als beim Glattwalzen. An Werkstücken mit einem Durchmesser $d = 3\,mm$ wurden Toleranzen der Qualität IT5 erreicht. Der Rundheitsfaktor gewalzter Werkstücke mit Durchmessern $d = 1,5{-}5\,mm$ liegt im Bereich von $1{-}2\,\mu m$.

Das Festwalzen hat das Ziel der Dauerfestigkeitssteigerung. Dies wird beim Festwalzen durch drei Faktoren erreicht: durch das Einbringen von Druckeigenspannungen in die Oberfläche, ein Steigern der Oberflächenhärte und ein Vermindern der → Oberflächenrauheit.

Das Aufbringen von Druckeigenspannungen bewirkt besonders bei spröden Werkstoffen und gekerbten Bauteilen eine wesentliche Steigerung der Dauerfestigkeit. Beim Vergleich der festgewalzten Proben im glatten und gekerbten Zustand wird deutlich, daß die Dauerfestigkeit der festgewalzten gekerbten Proben sogar oberhalb der der glatten liegt. Dies zeigt, daß selbst bei hoher → Kerbwirkung der im unbehandelten Zustand vorhandene Schwingfestigkeitsverlust durch ein Festwalzen der Kerbe aufgehoben werden kann.   *Lange*

Literatur: *König, H.:* Glattwalzen. Schriftenr. Feinbearbeitung. Stuttgart 1954. *Lange, K.* (Hrsg.): Umformtechnik. Handb. f. Ind. u. Wiss. 2. Aufl. Bd. 2. Massivumformung. Berlin, Heidelberg, New York, Tokio 1988. – VDI 3177: Oberflächen-Feinwalzen. Hrsg. Verein Dt. Ingenieure. Ausg. März 1963. – VDI-VDE 2033: Rollieren und Glattwalzen.

Oberflächenprüfverfahren. Verfahren der Zerstörungsfreien → Werkstoffprüfung zum Auffinden von Oberflächenfehlern bzw. einer qualitativen oder quantitativen Beschreibung der → Oberflächenbeschaffenheit oder -eigenschaften.

Zur Auffindung von Oberflächenfehlern z. B. Poren, Rissen u. a. kommen vorzugsweise die → Farbeindringprüfung und die → Magnetpulverprüfung zum Einsatz. In neuerer Zeit wurden automatisierte optoelektronische Rißerkennungssysteme entwickelt, die auf Anzeigen von Oberflächenrissen nach dem Magnetpulver oder → Farbeindringverfahren basieren.

Bei der Prüfung mittels Oberflächenultraschallwellen (→ Ultraschallprüfung) werden die Ultraschallwellen unter Winkeln nahe 90° in das Prüfstück eingeleitet. Dabei werden Oberflächenwellen erzeugt, die der Oberflächenform folgen und sich zum Nachweis von Oberflächenfehlern eignen.

Zur Prüfung der Oberflächenbeschaffenheit von Drähten dient der Wickelversuch nach DIN 51215 (Ausg. Sep. 1975) (→ Drahtprüfung).

Die qualitative Beschreibung und Klassierung technischer Oberflächen nach markanten geometrischen Gesichtspunkten (Textur, Wellen, Rillen, Bearbeitungsriefen) ist in DIN 4761 (Ausg. Dez. 1978) behandelt.

Der Sicht- und Tastvergleich zur quantitativen Beschreibung der Werkstückoberflächenbeschaffenheit nach DIN 4775 (Ausg. Jun. 1982) dient zur Prüfung des Gesamteindrucks im Hinblick auf den Verwendungszweck der zu beurteilenden → Oberfläche.

Insbesondere soll die Sichtprüfung einen Aufschluß über Oberflächenfehler (Rillen, Risse, Poren, Kratzer usw.) geben, die bereits ohne zusätzliche Rauhigkeitsmessung zur Erkennung und Zurückweisung eines fehlerhaften Teils führen kann. Die Rauheitsmeßgrößen (Mittenrauhwert, Gemittelte Rauhtiefe und Maximale Einzel- und Gesamtrauhtiefe) werden nach DIN 4768, Teil 1 (Ausg. Aug. 1974) mit elektrischen Tastschnittgeräten ermittelt.

Durch Nachprüfung der Oberflächenhärte können vorgegebene Werkstoffzustände oder Temperatureinwirkungen nachgeprüft werden, u. a. aber auch z. B. Grobabschätzungen über die Eignung von Verschleißpaarungen gemacht werden.   *Kußmaul*

Oberflächenrauheit → Rauheit

Oberflächenschichten, reibungsmindernde → Gleitschichten

Oberflächenschutzschichten, anorganische. Durch unterschiedliche Verfahren auf die Oberflächen von Werkstücken oder Werkzeugen aufgebrachte Schichten, mit denen vor allem → Verschleiß und → Korrosion vermindert werden sollen. Demnach unterscheidet man zwischen → Verschleißschutz- und → Korrosionsschutzschichten. Dabei ist zu berücksichtigen, daß Verschleißschutzschichten in der Regel auch eine gewisse → Korrosionsbeständigkeit und Korrosionsschutzschichten häufig einen gewissen Widerstand gegen → Verschleiß besitzen müssen. Außerdem ist darauf zu achten, wie durch die unterschiedlichen → Beschichtungsverfahren die Festigkeitseigenschaften des Grundwerkstoffes beeinflußt werden. So bewirkt das elektrolytische → Abscheiden meistens eine Verminderung der → Dauerschwingfestigkeit, während thermochemische Verfahren wie → Aufkohlen und → Härten oder → Nitrieren die Dauerschwingfestigkeit im allgemeinen erhöhen.

Häufig haben Oberflächenschutzschichten auch Sonderanforderungen zu erfüllen wie optischen Glanz, hohe oder niedrige thermische oder elektrische Leitfähigkeit u. a. (Tabelle). *Habig*

Oberflächenschutzschichten, anorganische. Tabelle: Verfahren zum Aufbringen von Oberflächenschutzschichten

Verfahren	Funktionelles Verhalten
□ Mechanische Oberflächenverfestigung – Strahlen – Festwalzen – Druckpolieren	Dauerschwingfestigkeit ↑ Einlaufverschleiß ↓
□ Randschichthärten – Flammhärten – Induktionshärten – Impulshärten – Elektronenstrahlhärten – Laserstrahlhärten	Abrasion ↓ Dauerschwingfestigkeit ↑
□ Randschichtumschmelzen, Randschichtumschmelzlegieren – Lichtbogenumschmelzen – Elektronenstrahlumschmelzen – Laserstrahlumschmelzen	Oberflächenzerrüttung ↓ Abrasion ↓ Adhäsion ↓
□ Ionenimplantieren	Oberflächenzerrüttung ↓ Adhäsion ↓ Korrosion ↓ Dauerschwingfestigkeit ↑
□ Thermochemische Behandlung	je nach Verfahren: Verschleiß ↓ Korrosion ↓ Dauerschwingfestigkeit ↑
□ Physikalische Abscheidung aus der Gasphase (PVD)	je nach Schicht: Reibung ↓ Abrasion ↓ Adhäsion ↓ Oxidation ↓
□ Chemische Abscheidung aus der Gasphase (CVD)	je nach Schicht: Reibung ↓ Abrasion ↓ Adhäsion ↓ Oxidation ↓
□ Galvanische Verfahren – Elektrolytisches Abscheiden – Fremdstromloses Abscheiden	je nach Schicht: Adhäsion ↓ Abrasion ↓ Korrosion ↓ Dauerschwingfestigkeit ↓
– Schmelztauchen	Korrosion ↓
□ Aufgießen	bei Gleitlagern: Notlaufverhalten ↑

Oberflächenschutzschichten, anorganische. noch Tabelle: Verfahren zum Aufbringen von Oberflächen-schutzschichten

Verfahren	Funktionelles Verhalten
□ Aufsintern	
□ Thermisches Spritzen – Flammspritzen – Lichtbogenspritzen – Plasmaspritzen – Detonationsspritzen	je nach Schicht: Verschleiß ↓ Korrosion ↓ Hochtemperaturoxidation ↓
□ Auftragschweißen	Abrasion ↓ Korrosion ↓
□ Plattieren – Walzplattieren – Sprengplattieren	Korrosion ↓ Abrasion ↓

↓ Abnahme   ↑ Zunahme

Oberflächenspannung → Grenzflächenenergie

Oberflächenveredelung. Durch eine O. werden Erzeugnisse aus Metall zusätzliche Eigenschaften, vor allem ein höherer Widerstand gegen → Korrosion und → Oxidation aber vielfach auch ein dekoratives Aussehen verliehen. Die Verfahren lassen sich nach den aufzubringenden Stoffen und nach der Art ihres Auftrages unterteilen. So werden metallische → Überzüge, wie Zink, durch → Schmelztauchen oder elektrolytische → Abscheidung aufgebracht. Andere Verfahren sind → Plattieren, Abscheiden aus der Gasphase, Diffusions- und → Spritzverfahren, → Emaillieren, Phosphatieren und → Beschichten mit organischen Stoffen. *Dahl*

Oberflächenzerrüttung. → Verschleißmechanismus, bei dem durch dynamische Beanspruchungen in den Oberflächenbereichen von Werkstoffen mikrostrukturelle Veränderungen, → Rißbildung und -wachstum erfolgen, bis Verschleißpartikel entfernt werden, wobei häufig Grübchen und Löcher zurückbleiben (Bild). Der Bildung von Verschleißpartikeln geht im allgemeinen eine Inkubationsperiode voraus, in der kein → Verschleiß meßbar ist. Da Druckspannungen wechselnder Größe auch durch einen Schmierfilm übertragen werden, kann die O. auch in dynamisch belasteten Gleitlagern oder elastohydrodynamisch geschmierten Zahnradpaarungen auftreten. *Habig*

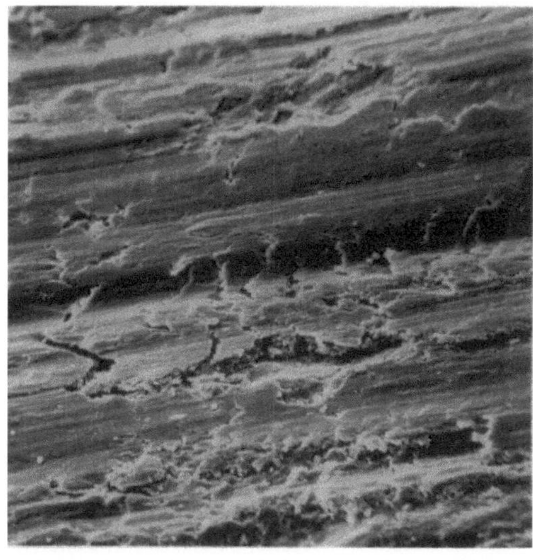

Oberflächenzerrüttung: Risse und Löcher durch O.

Ofenwerkstoffe. Werkstoffe, die im Innenraum von Öfen für dessen Funktionstüchtigkeit eingesetzt werden. Ihre Einsatzbereiche sind feuerfeste Auskleidung und Isolierung, Brennerdüsen oder Heizelemente, Brennhilfsmittel für die Aufstapelung bzw. Abkapselung des Brenngutes sowie mechanisch bewegliche Funktionsteile.

Entsprechend der Vielfalt an unterschiedlichen Öfen ist das Angebot der verschiedenen O. Die Auskleidung der jeweiligen Öfen mit feuerfesten Materialien (Werkstoff, feuerfest) wird den Beanspruchungen thermischer, mechanischer und korro-

siver Art angepaßt. So ist es in Glaswannen- oder
→Hochöfen unerläßlich, im Schmelzbereich dichte, korrosionsbeständige Steine einzusetzen, die
thermische Isolierung aus Feuerleichtsteinen muß
in zusätzlichen Hintermauerungen vorgenommen
werden. Rollenöfen können hingegen in Leichtbauweise mit hochtemperaturbeständigen Fasermaterialien ausgelegt werden, da hier nur die thermische
Isolierung des Ofens im Vordergrund steht.

Höchsten thermischen und mechanischen Ansprüchen sind bewegliche Funktionsteile wie z. B.
Schieberplatten (zum Auslaß von flüssigen Stahl aus
Gießpfannen) oder Brennerdüsen ausgesetzt. Heizelemente für elektrisch beheizbare Öfen repräsentieren einen weiteren Teil der O. Dabei handelt es
sich je nach Heizleistung um metallische Hochtemperaturlegierungen oder Cermets. Sog. Brennhilfsmittel dienen in der keramischen Industrie zur Abkapselung und Aufstapelung von empfindlichem
Brenngut wie z. B. Porzellan. Die adäquate Ausstattung der Öfen mit feuerfesten Werkstoffen ist
von größter wirtschaftlicher Bedeutung ist, da ein
Versagen zum Ausfall der Produktionsanlage und
so mit hohen Kosten verbunden ist.

Hesse/Hennicke

Oktaederlücke → Zwischengitterplatz

Oligomer → Makromolekül

Opferanode. Galvanische Anode, früher und z. T.
auch heute noch als O. bezeichnet, die zum Zwecke
des kathodischen Korrosionsschutzes eingesetzt
wird. Durch elektrisch leitende Kopplung der unedleren galvanischen Anode mit dem zu schützenden
edleren metallischen Werkstoff, wird dieser kathodisch geschützt (→Korrosionsschutz, kathodischer).

Die gebräuchlichsten Aktivanoden zum Schutz
von Stahl sind Magnesium, Zink und Aluminium.
Voraussetzung für die Durchführung des kathodischen Schutzes mit galvanischen Anoden ist, daß
bei der Potentialdifferenz, welche sich zwischen der
zu schützenden Stahlfläche im kathodisch geschützten Zustand und der galvanischen Anode einstellt,
ein hinreichend hoher Strom fließen kann. Hierzu
ist auch eine hinreichende Leitfähigkeit des Elektrolyten erforderlich. *Wendler-Kalsch*

Ordnung, magnetische → Magnetismus

Ordnungsumwandlung. Übergang von der statischen Verteilung der Atome im → Gitter von
→Mischkristallen zu geordneter Verteilung, bei
Übergang von hohen zu tiefen Temperaturen.
Gräfen

Orientierungsfaktor → Mikrostruktologie

Orowan-Mechanismus → Ausscheidungshärtung,
→Orowan-Spannung, →Teilchenverbundwerkstoffe

Orowan-Spannung. Als O.-S. bezeichnet man diejenige Schubspannung, die in einer Gleitebene wirken muß, um ein zwischen zwei Verankerungspunkten eingespanntes Versetzungssegment bis zu einer
Halbkreisform durchzukrümmen (Bild a). Die zur
Verlängerung der Versetzungslinie erforderliche
→Linienenergie von rd. $Gb^2 d$ wird aus der durch
→Abgleitung über das halbkreisförmige Flächenstück geleisteten Arbeit $(\pi d^2/4)\, b\tau$ gewonnen. Aus
der Gleichsetzung beider Größen ergibt sich die
O.-S. zu

$$\tau_{OR} \approx \alpha\, Gb/d$$

(Zahlenfaktor $\alpha \approx 1$). Bei Überschreiten dieser
Spannung kommt es zur „Ausstülpung" der Versetzungslinie (Bild b) unter Bildung eines Ringes:
Frank-Read-Quelle. Im Falle einer Reihe von Hindernissen in etwa gleichem Abstand, z. B. bei
→Faserverstärkung oder →Dispersionshärtung,
kommt es nach Überschreiten der Halbkreis-Konfiguration zur Anziehung der benachbarten, ungleichnamigen Versetzungs-Segmente, die sich gegenseitig auflösen. Dies ist mit einem Durchbruch
der Versetzungslinie durch die Hindernisreihe
gleichbedeutend, wobei allerdings um jeden Verankerungspunkt in der Gleitebene ein „Orowan-
Ring" zurückbleibt (Bild c). (→ Härtungsmechanismen, →Versetzungen). *Ilschner*

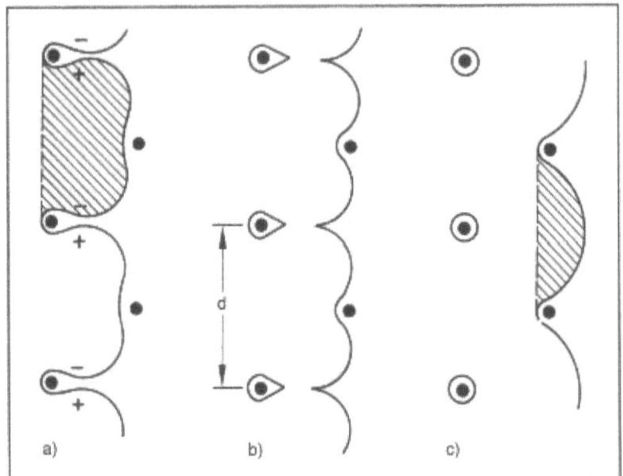

*Orowan-Spannung: Umgehung harter Teilchen
durch Versetzungen innerhalb der Gleitebene nach
Orowan.*

Ortbeton. → Beton, der als Frischbeton in Bauteile
in ihrer endgültigen Lage eingebracht wird und dort
erhärtet (Gegenteil: Fertigteile). *Wesche*

Ostwald-Reifung. Durch Zusammenwirken von
Oberflächenenergie und Stofftransport gesteuerte

→ Alterung von Dispersionen (fl.-fl., fl.-f. fest-fest) mit der Folge, daß der Mittelwert der Teilchengrößenverteilung zeitabhängig zunimmt. Physikalische Ursache der O.-R. ist der durch die Grenzflächenspannung γ [Nm/m² bzw. N/m] und den Krümmungsradius r der Grenzfläche bestimmte Term (2 γ/r), der eine Zusatzenergie kleiner Teilchen bzw. kleiner Tröpfchen darstellt (→ Gibbs-Thomson-Gleichung). Dies führt innerhalb der Teilchengrößen-Verteilung der Dispersion zu einer höheren Löslichkeit vor stark gekrümmten Oberflächen, also kleineren Teilchen. Folglich bildet sich ein Stofftransportstrom (vorwiegend durch → Diffusion) aus, der zum Wachstum der großen Teilchen auf Kosten der kleinen und so zur Verschiebung des Mittelwertes in Richtung auf größere r Anlaß gibt. Durch Auflösung der jeweils kleinsten Teilchen verringert sich dabei die Gesamtzahl, während das Gesamtvolumen konstant bleibt. Grundlegende Theorien wurden von *C. Wagner* sowie von *Lifshitz-Slyozov* erarbeitet. O.-R. setzt bereits während der → Ausscheidung aus übersättigter Lösung ein.

In technischen Werkstoffen ist O.-R. in der Regel unerwünscht, weil Vergröberung einer Teilchendispersion zur Minderung der mechanischen Eigenschaften, insbes. der Kriechfestigkeit, führt (warmfeste Stähle, Superlegierungen). In Werkstoffsystemen, die durch feindisperse Teilchen gehärtet sind, wird der durch O.-R. verursachte Festigkeitsabfall Überalterung genannt. Gegenmittel: Wahl von Legierungssystemen, bei denen die Teilchen in der Matrix weitgehend unlöslich sind, sodaß der diffusionsgesteuerte Prozeß nicht wirksam werden kann (zu B. Y_2O_3 in Ni-Cr.). *Ilschner/Gräfen*

Literatur: *Ilschner, B.:* Werkstoffwissenschaften 2. A. Berlin–Heidelberg 1990.

Oxalat-Verfahren. Für hochlegierte → Stähle und Heizleiterlegierungen sind die bekannten Phosphatierungsverfahren nicht geeignet, da diese Bäder zu wenig aggressiv sind. Für die → Deckschichtbildung auf solchen Werkstoffen nutzt man die geringe Löslichkeit des Eisen-(II)-Oxalates. Der tatsächliche Reaktionsverlauf ist sehr komplex und teilweise noch nicht exakt erforscht. Azidität, Konzentration und → Arbeitstemperatur des Bades müssen in engen Toleranzen eingehalten werden, damit festhaftende, gleichmäßige Deckschichten erreicht und andererseits staubförmige Ablagerungen und Badschlamm vermieden werden.

Die abgeschiedene grüngelbe Schicht besteht aus Eisen-(II)-Oxalat $Fe[COO]_2 \cdot H_2O$; sie ist bis etwa 140 °C temperaturstabil. Obwohl bei längerem Erwärmen oberhalb dieser Temperaturgrenze ein Zersetzen in Eisenoxid und CO bzw. CO_2 stattfindet, hat die Praxis ergeben, daß bei der Kaltformung kurzzeitig auftretende Temperaturspitzen die Wirksamkeit der Schicht nicht beeinflussen. Gute Ziehergebnisse mit Eisenoxalatschichten werden aber nur erreicht, wenn diese absolut trocken sind. Das gilt auch für eine Nachbehandlung mit seifenhaltigen Produkten.

Von der Oxalierung kann man folgende Vorteile erwarten: Höhere Ziehgeschwindigkeit bei stärkeren Querschnittsreduktionen, erhöhte Werkzeugstandzeit, geringerer Ausschuß durch Vermeidung von Rattermarken, Riefen und Materialabrissen, Einsparung von Zwischenglühungen. Dafür muß allerdings eine verhältnismäßig große Oberflächenrauhigkeit des gezogenen Materials (nach der Reinigung sichtbar) in Kauf genommen werden. *Doliwa*

Literatur: *Schwarz, G. K.:* Chemische Oberflächenbehandlung für die Kaltumformung. Fachberichte für Obeflächentechnik (1968) Nr. 4.

Oxalatieren. Herstellen einer Oberflächenschicht, die im wesentlichen aus Oxalat mit geringen Anteilen an Phosphat besteht. Die Behandlung erfolgt in Lösungen, die neben Oxalsäure und einem Oxidationsmittel auch Hydrogenphosphate oder Phosphorsäure enthalten.

Oxalatiert werden vorzugsweise Metalle, die sich nicht phosphatieren lassen, wie z. B. Titanwerkstoffe. Oxalatierte Metalle sind aufgrund der Gleiteigenschaften der Oxalatschicht gut verformbar, was beim → Drahtziehen Anwendung findet. *Wendler-Kalsch*

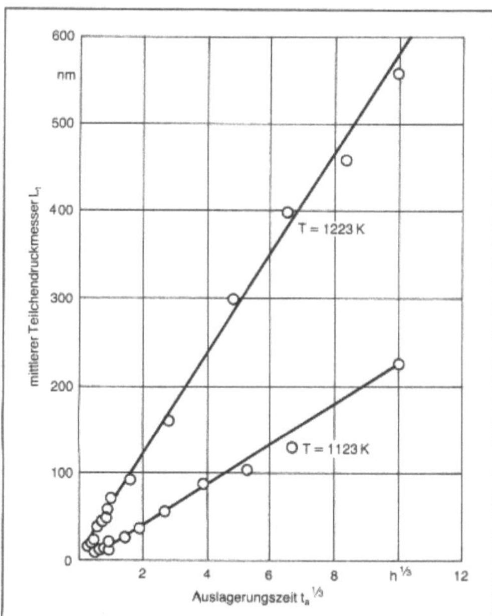

Ostwald-Reifung: O.-R. in einem mehrphasigen Gefüge; Meßergebnisse an γ-Ausscheidungen in einer Ni-Basis-Legierung.

Oxid → Oxidbildung

Oxidation, anodische. (Anodisieren) Erzeugung von → Oxidschichten auf → metallischen Werkstoffen durch elektrolytisches → Abscheiden, bei dem das zu beschichtende Werkstück als Anode geschaltet ist. Das Verfahren wird vor allem zur Behandlung von Aluminium-, Magnesium- und Titanlegierungen benutzt. Durch das Anodisieren werden die → Korrosionsbeständigkeit und der Widerstand gegenüber → Abrasion und → Adhäsion erhöht.

Habig

Oxidation, innere → Teilchenverbundwerkstoffe, → Hochtemperaturkorrosion

Oxidation, katastrophale. → Verzunderung hitzebeständiger → Stähle mit ungewöhnlich hoher Zundergeschwindigkeit, meistens als Folge der Entstehung flüssiger Korrosionsprodukte.

K. O. kann einerseits durch Legierungskomponenten mit niedrigschmelzenden Korrosionsprodukten, z. B. V_2O_5 (T_S = 685 °C), MoO_3 (T_S = 795 °C), NiS (T_S = 650 °C) und andererseits durch Einwirkung aggressiver Staubablagerungen aus Verbrennungsgasen (Brennstoffasche, Ölasche) auf die Zunderschicht, und die damit verbundene Entstehung niedrig schmelzender Eutektika, ausgelöst werden. Im letzteren Fall wirken sich vornehmlich schädliche Stoffe aus, die bei der Ölverbrennung zu V_2O_5- und bei der Kohlefeuerung zu Alkalisulfathaltigen Ablagerungen führen. *Wendler-Kalsch*

Literatur: *Rahmel, A. u. W. Schwenk:* Korrosion und Korrosionsschutz von Stählen. Weinheim 1977.

Oxidation, selektive. Bevorzugte Oxidation bestimmter Gefüge- oder Legierungsbestandteile eines metallischen Werkstoffes. S. O. tritt vorwiegend bei der → Hochtemperaturkorrosion von Legierungen auf. *Wendler-Kalsch*

Oxidationsinhibitoren. → Schmierstoffadditive, welche die Schmierstoffalterung hemmen, indem sie den Kettenmechanismus der Öloxidation unterbrechen. Dazu eignen sich alkylierte Phenole, organische Stickstoffverbindungen, organische Schwefelverbindungen, schwefel- und phosphorhaltige Verbindungen wie z. B. Zinkdialkyldithiophosphat. *Habig*

Oxidationsreaktion, elektrolytische → Korrosion

Oxidationsschutzschicht → Spritzverfahren, thermische

Oxidbildung. Unter O. versteht man die Ausbildung eines Oxides durch chemische oder elektrochemische Reaktion eines Metalles mit Sauerstoff. Die meisten → Metalle, ausgenommen Edelmetalle, werden durch → Reduktion ihrer Erze unter Energieaufwendung gewonnen. Sie haben daher das Bestreben unter Energieabgabe wieder in den thermodynamisch stabilen Zustand durch Bildung von Oxiden überzugehen.

Zahlreiche Metalle bilden deshalb an feuchter, bzw. heißer Luft, sowie in wäßrigen Lösungen Oxidschichten aus. Je nach Schutzwirkung der entstehenden Oxide bleibt die → Oxidation auf die Ausbildung mehr oder weniger dicker Oxidschichten beschränkt oder kann zur Oxidation des gesamten metallischen Werkstoffes führen. O. kann in nichtoxidierenden Medien auch durch elektrochemische Oxidation hervorgerufen werden (→ Deckschichtbildung, → Passivierung). *Wendler-Kalsch*

Oxide, polykristalline → Faserwerkstoffe

Oxidieren. Anreichern der → Randschicht eines Werkstückes – meistens aus → Eisenwerkstoffen – mit Sauerstoff durch thermochemische → Behandlung. Die → Oxidation kann in Salzschmelzen (→ Brünieren) bei 150 °C oder in Wasserdampf (→ Dampfanlassen) bei 500 °C erfolgen. Dabei entsteht auf Eisenwerkstoffen eine Eisenoxidschicht, welche den Widerstand gegenüber → Adhäsion und die → Korrosionsbeständigkeit erhöht. Das Dampfanlassen wird vorzugsweise bei Werkzeugen aus Sintereisen, das Brünieren bei Stählen durchgeführt. *Habig*

Literatur: *Liedtke, D.:* Schmiertechnik + Tribologie **24** (1977) S. 64.

Oxidkeramik. Aus reinen, meist hochschmelzenden Oxiden oder Oxidverbindungen gesinterte Werkstoffe mit einem i. d. R. glasphasenfreien → Gefüge. Sie zeichnen sich durch ihre Hochtemperaturbeständigkeit aus, ergänzt durch hohe → Festigkeit sowie → Korrosionsbeständigkeit im dichtgesinterten Zustand und/oder durch besondere elektrische bzw. magnetische Eigenschaften.

Analog der Einteilung tonkeramischer Werkstoffe (→ Keramik, → Ton) wird bei O. eine Unterteilung nach der Größe der Gefügeelemente und den vorliegenden Porositätsverhältnissen unternommen (grob/fein, porös/dicht). Allen gemeinsam ist, daß durch den Wegfall einer Glasphase die individuellen Kristalleigenschaften das Werkstoffverhalten betonen.

Im Gegensatz zur Formgebung von tonkeramischen Produkten zeigen feinstgemahlene Oxidpulver im mit Wasser angeteigten Zustand keine Bildsamkeit. Man geht deshalb auf das Trockenpressen oder das Schlickergießen über, oder es werden dem angefeuchteten Oxidpulver organische Plastifizierungsmittel hinzugesetzt, die eine Formgebung mit z. B. einer Strangpresse ermöglichen. Bei den Brenntemperaturen besteht wegen der individuellen Eigenschaften der in Festkörperreaktionen zu sinternden Oxide eine empirische Beziehung zu dem → Schmelzpunkt des Materials. Die eigentliche Temperaturprogrammierung des Brandes wird jedoch stets dem gewünschten Gefügeaufbau des Werkstoffs und somit dessen Eigenschaften angepaßt (dicht, porös, etc.).

Folgend werden einige der wichtigsten O. in ihren Eigenschaften beschrieben:

□ Aluminiumoxid-Keramik: Wichtigster Vertreter oxidkeramischer Werkstoffe. Durch optimierte Herstellungsverfahren lassen sich Produkte mit ausgezeichneten Eigenschaften für ein weitgefächertes Anwendungsfeld herstellen. Ein dichtgesintertes Material zeichnet sich durch hohe Festigkeit, Härte, Verschleißfestigkeit, Temperatur- und Korrosionsbeständigkeit aus. Bei hoher Reinheit des Werkstoffs kann er unter mäßigen mechanischen Belastungen bei Temperaturen bis zu 1 800 °C eingesetzt werden. Neben hervorragenden elektrischen Isolationseigenschaften zeigt AL_2O_3-Keramik eine gute Wärmeleitfähigkeit und findet daher u. a. als Substratwerkstoff in der Chip-Herstellung Anwendung.

□ Zirkoniumdioxidkeramik: ZrO_2-Keramiken erfahren eine rasante Entwicklung und Einsatzmöglichkeit aufbauend auf arttypischem, festigkeitssteigerndem Effekt der Umwandlungsverstärkung. Bei geeignetem Gefügeaufbau können bestimmte ZrO_2-Werkstoffe extrem hohe Festigkeiten von 2 000 MPa erreichen. Weitere wichtige elektrische Sondereigenschaft ist die durch Sauerstoffionen-Leitfähigkeit bedingte Anwendung als Festkörperelektrolyt z. B. als Lambdasonde.

□ Titanoxidhaltige Keramik: Mehr oder weniger hohe Anteile an TiO_2 bis zum reinen gesinterten Rutil (TiO_2) mit Haupteinsatz in der Elektrotechnik (→ Bariumtitanat, → PZT-Keramik), aber auch im feinkörnigen Zustand als Fadenführer in der Textiltechnik. Aluminiumtitanat-Keramiken finden Anwendung als thermischer Isolationswerkstoff als Innenauskleidung von Portlinern.

□ Magnesiumoxid-Keramik einschließlich MgAl-Spinellkeramik: Meist in hoher Reinheit (98–99 % MgO bzw. $MgAl_2O_4$) in poröser oder gasdichter Form hergestellt. Besondere Eigenschaft ist gute elektrische Isolierfähigkeit und gute Wärmeleitfähigkeit. Typisch ist der Einsatz als Tiegelmaterial für basische Schmelzen, Spinellkeramiken für Leichtmetallschmelzen.

□ Weitere oxidische Sinterkeramik: Im Prinzip ist es möglich, aus jedem Oxidpulver durch → Sintern einen Werkstoff zu synthetisieren, sofern ein geeigneter Temperaturbereich unter Ausschluß von thermischer Zersetzung gefunden werden kann.

Hesse/Hennicke

Literatur: *Cockayne, B.* and *D. W. Jones* (Editors): Modern Oxide Materials – Preparation, Properties and Device Application. London–New York 1972. – *Petzold, A.* and *J. Ulbricht:* Tonerde und Tonerdewerkstoffe. Leipzig 1984. – *Singer, F.* and *S. S. Singer:* Industrial Ceramics. London 1963. – *Stevens, R.:* Zirconia and Zirconia Ceramics-An Introduction to Zirconia. 2nd Ed. 1986.

Oxidschichten. Oberflächenschutzschichten, die als natürliche Reaktionsschichten auf → metallischen Werkstoffen vorhanden sind oder durch unterschiedliche Verfahren wie Anodisieren, thermochemische → Behandlung (→ Oxidieren), thermisches Spritzen, chemische → Abscheidung aus der Gasphase (CVD) u. a. aufgebracht werden. Sie erhöhen die Korrosions- bzw. Oxidationsbeständigkeit in oxidierenden Medien und den Widerstand gegen → Adhäsion. *Habig*

Oxigenstahl. → Stahl, der aus → Roheisen durch → Frischen mit Sauerstoff nach den verschiedenen Blasverfahren hergestellt wird. O. hat den *Thomas*-Stahl, bei dem zum Frischen Luft verwendet wurde, praktisch vollständig abgelöst. *Dahl*

Oxinitrieren. Anreichern der → Randschicht eines Werkstückes – meistens aus → Stahl oder → Gußeisen – mit Stickstoff und Sauerstoff durch thermochemische → Behandlung. Die Behandlung erfolgt im allgemeinen bei ca. 500 °C in Ammoniak und Wasserdampf. Es entsteht eine → Verbindungsschicht aus Eisennitrid und Eisenoxid mit einer darunter liegenden → Diffusionsschicht, die hauptsächlich Stickstoff enthält. Oxinitrierte Bauteile zeichnen sich durch einen sehr hohen Widerstand gegenüber → Adhäsion und eine erhöhte → Korrosionsbeständigkeit aus. *Habig*

P

Palladiumlegierungen →Edelmetalle und Edelmetall-Legierungen

Papier, Karton, Pappe P., Karton und Pappen werden aus Holz- und Einjahrespflanzenfasern unter Verwendung verschiedener Zuschlagstoffe hergestellt. Ob ein solches flächiges Fasergebilde als Papier, Karton oder Pappe zu bezeichnen ist, hängt von dem Herstellungsverfahren, vom Quadratmetergewicht und dem Raumgewicht ab.

Als P. bezeichnet man einlagig hergestellte Produkte, mit einem Quadratmetergewicht zwischen 8 und 150 g. Das Raumgewicht liegt bei etwa 0,7–1,5 g/cm³.

Kartons und Pappen sind mehrlagig hergestellte Produkte, deren Einzellage nach der Blattbildung im feuchten Zustand zu einer Karton- und Pappenbahn zusammengepreßt (gegautscht) werden. Karton unterscheidet sich wiederum von der Pappe durch das niedrigere Quadratmetergewicht im Bereich von 250–450 g sowie einem Raumgewicht, das zwischen den sehr niedrigen von Pappen ($\leq 0,3$ g/cm³) und dem von Papier liegt. Pappen haben ein Quadratmetergewicht von über 600 g.

Die Eigenschaften von Papier, Karton und Pappen hängen ganz wesentlich von den zur Herstellung verwendeten Faserstoffen ab. Die Gewinnung dieser Fasern aus →Holz oder Einjahrespflanzen kann durch eine mechanische Zerfaserung dieser Rohmaterialien auf Steinschleifern oder in Refinern erfolgen, zum anderen auf chemischem Wege durch Herauslösen des →Lignins und auch teilweise der →Hemicellulosen aus dem Faserrohstoff, wobei das Gewebe seinen Zusammenhalt verliert. Die mechanisch gewonnenen, ligninreichen Faserstoffe bezeichnet man als →Holzstoffe, die ligninfreien als Zellstoffe. Der Zusammenhalt der Fasern im Papier beruht in erster Linie auf Wasserstoffbrücken, die sich zwischen den OH-Gruppen und Carboxylgruppen von Kohlenhydraten ausbilden können. Die Anwesenheit von hydrophobem Lignin in der →Faser mindert ihre Bindungsfähigkeit und führt daher zu geringeren Festigkeiten. Außerdem ist der Weißgrad und die Weißgradstabilität von ligninhaltigen Faserprodukten gering. Man bezeichnet sie auch als holzhaltig, im Gegensatz zu holzfreien, die aus delignifiziertem Fasermaterial bestehen.

Zur Herstellung von Papier, Karton und Pappen müssen die Fasern mehr oder weniger intensiv mechanisch umgeformt werden, um in erster Linie ihre Bindungskapazität zu verbessern. Anschließend werden die Fasern mit Zuschlagstoffen versehen. Dies können anorganische Füllstoffe, wie z. B. Kaolin, Kreide oder Titandioxid sein. Sie verbessern die Weichheit der Papieroberfläche, ihre Geschlossenheit und Bedruckbarkeit und erhöhen die Opazität (Lichtundurchlässigkeit). Zur Verbesserung der Faserbindung und der Tintenfestigkeit von Papier können Leime zugesetzt werden. Als weitere Komponenten können Farbstoffe beigemischt werden.

Fasersuspensionen mit Zuschlagstoffen werden bei einer Konzentration von unterhalb 1 % gleichmäßig auf ein laufendes Sieb aufgetragen. Dabei findet die Blattbildung durch Entwässerung der Fasersuspension durch das Sieb statt. Bei einer Feststoffkonzentration von 20–25 % wird das Fasergefüge vom Sieb abgenommen und auf einer Filzauflage durch Pressen geführt. Die letzte Stufe der Trocknung findet durch Kontakttrocknung auf dampfbeheizten Stahlzylindern statt.

Die Herstellung von Pappen und Karton unterscheidet sich von der Papierherstellung in erster Linie dadurch, daß mehrere Blattbildungssysteme in einer Maschine angeordnet sind und die einzelnen Papierbahnen im nassen Zustand zu einer Bahn zusammengegautscht werden. Auf diese Weise entsteht ein mehrlagiges Produkt. *Patt*

Literatur: *Casey, J. P.:* Pulp and Paper. Chemistry and Chemical Technology. Bd. II. New York Chichester 1980. – *Hoyer, D.:* Handbuch der Karton- und Pappenherstellung. Leipzig 1973.

Pappe →Papier, Karton, Pappe

Paramagnetismus. Magnetisches Verhalten von Materie, welche elementare magnetische Momente enthält, die jedoch ohne äußeres Feld thermisch ungeordnet sind. Unter der Wirkung eines Feldes ergibt sich eine Ausrichtung der Dipole und damit eine Polarisation, die für nicht zu starke Felder proportional zum Feld ist:

$$J = \chi H \qquad (1)$$

χ ist die paramagnetische Suszeptibilität. Sie liegt für die meisten Paramagnetika in der Größenordnung 10^{-3}–10^{-6}. Die Suszeptibilität ist temperaturabhängig, sie nimmt mit wachsender Temperatur ab. Für viele Substanzen folgt sie dem *Curie-Weiß-schen* Gesetz:

$$\chi = C/(T-T_c) \qquad (2)$$

T_c ist ein Maß für die Wechselwirkung zwischen den Momenten. Wenn T_c positiv ist, dann erfolgt bei oder nahe T_c ein Übergang zu einer geordneten ferromagnetischen Struktur. Die Suszeptibilität geht bei Annäherungen an T_c gegen unendlich, unterhalb T_c gilt (2) nicht mehr, es gelten vielmehr die spezifischen Gesetzmäßigkeiten des →Ferromagnetismus. Ergibt die Extrapolation von $1/\chi$ einen negativen Wert von T_c so deutet dies auf eine antiferromagnetische Kopplung hin.

In sehr hohen Feldern, die jedoch für $T \gg T_c$ einige 10^7 A/m erreichen müssen, werden alle magnetische Momente gleichgerichtet, es tritt Sättigung ein. Ferromagnetika lassen sich dagegen manchmal schon mit wenigen A/m sättigen. In der Nähe des Curiepunktes lassen sich jedoch auch paramagnetische Substanzen mit leicht erreichbaren Feldern sättigen. Das wird zur Erreichung sehr tiefer Temperaturen bei der Methode der adiabatischen Abkühlung ausgenutzt (magnetokalorischer Effekt).

Paramagnetische, also positive Suszeptibilitäten sind jedoch nicht immer auf vorhandene Momente zurückzuführen. Auch die Leitungselektronen der Metalle zeigen eine schwache, allerdings temperaturunabhängige positive Suszeptibilität. Man nennt diesen Beitrag die *Pauli*sche Spin-Suszeptibilität. Für manche Metalle ist sie größer als die stets vorhandene diamagnetische Suszeptibilität (Al, K, Na, Cr, Ca . . .), für andere Metalle ist es umgekehrt (Cu, Ag, Au, Be, Cd . . .).

Auch schwache Verunreinigungen mit magnetischen Elementen können eine unerwartet starke paramagnetische Suszeptibilität zur Folge haben. So muß z. B. Elektrolyt-Kupfer für die Anwendung in Meßinstrumenten noch einmal speziell von Eisen gereinigt werden, um die schwach diamagnetische Eigenschaften des Kupfers nicht zu überdecken und unerwünschte Kraftwirkungen auf die Meßspule zu vermeiden.

Eine weitere Möglichkeit für eine paramagnetische Suszeptibilität besteht in dem Fall, daß der Grundzustand eines Atoms oder Ions zwar unmagnetisch ist, das äußere Feld aber in der Lage ist, höhere magnetische Zustände anzuregen. Diesen *Van Vleck*schen P. beobachtet man z. B. bei Seltenen Erden wie Europium.

Der P. dient in der Chemie als Indikator für die Existenz nicht abgesättigter Elektronen, also freier Radikale (Elektronen-Spinresonanz, ESR). In der Forschung ist die Messung der Temperaturabhängigkeit der paramagnetischen Suszeptibilität der wichtigste Indikator für die in dem System auftretenden magnetischen Wechselwirkungen (→Magnetismus). *Hubert*

Paris-Gleichung. Gleichung zur Beschreibung der Rißausbreitungsgeschwindigkeit bei schwingender Beanspruchung:

$$\frac{da}{dN} = C \cdot (\Delta K)^m$$

Dabei ist a die Rißlänge, N die Lastspielzahl, ΔK die Amplitude der Spannungsintensität ($\Delta K = \Delta\sigma \cdot \sqrt{\pi \cdot a} \cdot f(a/W)$) sowie C und m Konstanten, die experimentell ermittelt werden. *Dahl*

Literatur: Werkstoffkunde Stahl. 2 Bde. (Hrsg. VDEh). Berlin–Düsseldorf 1984.

Partialversetzung. Durch Aufspaltung des →Burgers-Vektors einer Versetzungslinie entstehende Begrenzungslinie eines Stapelfehlers, im Normalfall als Halbversetzungen (Bild). Sie tritt dann ein, wenn die Summe aus den Linienenergien der beiden P. und der Stapelfehlerenergie kleiner ist als die →Linienenergie der vollständigen Versetzung. Eine typische Aufspaltung dieser Art findet in kfz. Strukturen gemäß folgender Vektorgleichung statt:

$$b = a/2\,[101] \rightarrow a/6\,[112] + a/6\,[211] \equiv b_1 + b_2$$

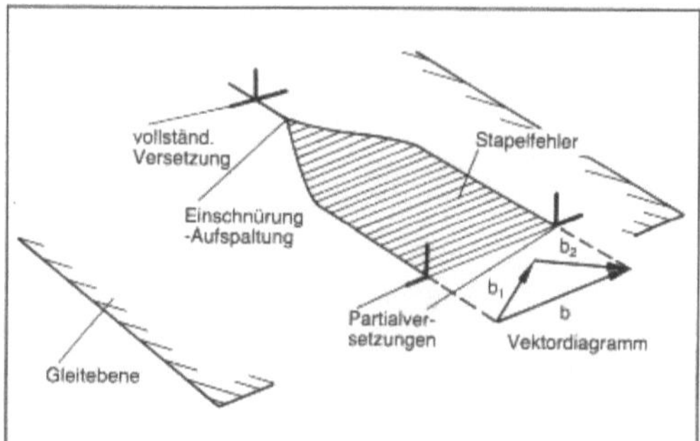

Partialversetzung: Schematische Darstellung.

(Shockley-P.): in diesem Falle liegen die beiden P. in derselben Gleitebene wie b der vollständigen Versetzung, sodaß die aufgespaltene Versetzung gleitfähig bleibt. Andere Aufspaltungen führen zu P., deren Burgersvektoren nicht in einer gemeinsamen Gleitebene liegen und die daher nicht gleitfähig, sondern „seßhaft" (*engl.* sessile) sind (*Lomer*-P., *Lomer-Cottrell*-P.).

Die Aufspaltung behindert das Quergleiten, das →Klettern und das →Schneiden von Versetzungsanordnungen und vermindert so die Versetzungsbeweglichkeit insgesamt. *Ilschner*

Literatur: *Haasen, P.:* Physikalische Metallkunde. 2. A. Berlin 1984.

Partikelverbundwerkstoffe →Teilchenverbundwerkstoffe

Passivator. Chemischer → Inhibitor, der die Ausbildung einer → Passivschicht hervorruft. Die Wirkung der P. beruht auf ihren oxidierenden oder alkalisierenden Eigenschaften.

Geeignete P. für unlegierte und niedriglegierte → Stähle in neutralen Wässern sind Natriumchromat (Na_2CrO_4), Natriumnitrit ($NaNO_2$), Natrium- bzw. Natriumhydrogenphosphat (Na_3PO_4, Na_2HPO_4) und Soda (Na_2CO_3) insbesondere in Kombination mit Nitrit ($NaNO_2$). *Wendler-Kalsch*

Passivierung. Mit P. bezeichnet man den Übergang eines Metalles aus dem aktiven in den passiven Zustand (→ Korrosion, aktive, → Passivität). Die P. kann chemisch oder elektrochemisch erfolgen.

P. tritt ein, wenn sich das → Ruhepotential bei einem positiveren Wert als das Aktivierungspotential (→ Grenzpotential) einstellt. Diese Bedingung ist erfüllt, wenn das → Gleichgewichtspotential des Oxidationsmittels positiver als das Aktivierungspotential ist und beim → Passivierungspotential der Betrag der kathodischen Teilstromdichte der → Reduktion des Oxidationsmittels größer ist als die kritische passivierende → Stromdichte. P. durch elektrochemische → Polarisation kann durch Aufprägen eines Elektrodenpotentials, das positiver als das Aktivierungspotential ist, erreicht werden.

Wendler-Kalsch

Passivierungspotential → Grenzpotential

Passivierungsstrom. Summenstrom, der für den Übergang vom aktiven in den passiven Zustand des Werkstoffes notwendig ist (DIN 50900).

Wendler-Kalsch

Passivität. Als P. bezeichnet man die bei einigen (passivierbaren) Metallen auftretende Erscheinung, sich wegen der durch → Passivierung verursachten Veränderungen ihrer → Oberfläche weniger reaktionsfähig und damit korrosionsbeständig zu verhalten. P. wird durch die natürliche Bildung oder elektrochemische Erzeugung von dünnen porenfreien oxidischen Oberflächenfilmen hervorgerufen, die das Metall vor → Korrosion schützen (→ Passivschicht). Die anodische Stromdichte-Potentialkurve eines passivierbaren Metalls ist durch einen Rückgang der Stromdichte nach Überschreiten des Passivierungspotentials (Passivierung) auf sehr kleine Werte (Passivstromdichte) gekennzeichnet. Zu den Metallen, die die Eigenschaft der P. zeigen, gehören u. a. → Aluminium, → Blei, → Eisen, → Chrom, → Nickel und Chrom-Nickel-Stähle (→ Stahl, → Korrosion). *Wendler-Kalsch*

Literatur: *Rahmel, A. u. W. Schwenk:* Korrosion und Korrosionsschutz von Stählen. Weinheim 1977. – *Vetter, K. J.:* Elektrochemische Kinetik. Berlin 1961.

Passivschicht. Oxidische → Schutzschicht, die im passiven Zustand eines Metalles vorliegt (→ Passivität). Sie ist häufig außerordentlich dünn (nm-Bereich), porenfrei, dicht und festhaftend. Charakteristisch für die P. ist ihre hohe Resistenz gegen korrosiven Angriff. Die passive Reststromdichte beträgt meistens nur wenige $\mu A/cm^2$ und die Korrosionsabtragungsrate ist geringer als 0,1 mm/a.

P. stellen Halbleiter dar, die sich durch eine geringe Ionenleitfähigkeit auszeichnen, jedoch in Abhängigkeit von der Oxidart elektronenleitend oder nicht-elektronenleitend sind. Zu den → Metallen mit elektronenleitenden P. gehören → Eisen, → Chrom, nichtrostende Chrom- und Chrom-Nickel-Stähle sowie Kupferbasiswerkstoffe. Passivfilme mit äußerst geringer Elektronenleitfähigkeit liegen bei → Aluminium und den Sondermetallen → Titan, Zirkonium, → Niob, Hafnium und Tantal vor. An Metallen mit fehlender oder geringer Elektronenleitfähigkeit ihrer Oxide, läßt sich die Dicke der Schutzschicht durch anodische → Polarisation erhöhen (Anodisieren von Aluminium).

Wendler-Kalsch

Passungsrost. An Paßflächen von Eisenwerkstoffen durch → Reibkorrosion entstandener → Rost. → Schwingungsverschleiß *Wendler-Kalsch*

PC → Kunstharzmörtel, → Kunstharzbeton

PCC → Zementbeton, kunstharzmodifizierter

Pelletieren. Verfahren bei dem aus sehr feinen Eisenerzkonzentraten Kugeln geformt und durch Brennen so verfestigt werden, daß sie in → Hochöfen oder → Direktreduktionsanlagen eingesetzt werden können.

Ärmere Erze müssen zur Anreicherung des Eisengehaltes und Abtrennung unerwünschter Gangart fein aufgemahlen werden. Es fällt nach der → Aufbereitung dann ein Konzentrat an mit Eisengehalten von 60 bis 70 %, das feiner als 0,5 mm ist. So feine Konzentrate können in Sinteranlagen allenfalls in geringen Mengen zugesetzt werden, da sonst die Gasdurchlässigkeit der Sintermischung zu gering würde.

Solche Feinsterze werden fast ausschließlich am Standort der Grube pelletiert. Dabei wird das Feinsterz mit Zuschlägen wie Kalk oder Olivin und etwa 0,3 % Bentonit als → Bindemittel unter Zusatz von Wasser in einer Drehtrommel oder auf einem schräg stehenden Drehteller zu Kugeln von 6–20 mm Durchmesser geformt.

Diese Grünpellets werden auf einem Rost getrocknet und anschließend in einem Drehrohrofen oder auf einem Wanderrost gebrannt bei Temperaturen von etwa 1 000 °C. Anfallender Bruch und feiner Abrieb werden abgesiebt und in die Mischung zurückgeführt. Die Pellets haben eine so hohe →Festigkeit, daß sie den mehrfachen Umschlag auf dem Wege bis zur Verhüttung mit geringem Bruch und Abrieb überstehen.   *Rellermeyer*

Literatur: *Meyer, K.:* Pelletizing of Iron Ores. Berlin – Heidelberg – New York 1980.

Pendelmanometer. Einrichtung zur →Kraftmessung durch Neigungspendel bei Werkstoffprüfmaschinen mit hydraulischem Antrieb. An das Drucksystem der Maschine ist ein wesentlich kleinerer Meßzylinder angeschlossen (Bild), dessen Kolben auf den kurzen Hebelarm des Pendels wirkt (Durchmesserverhältnis Arbeitskolben/Meßkolben etwa 10/1).

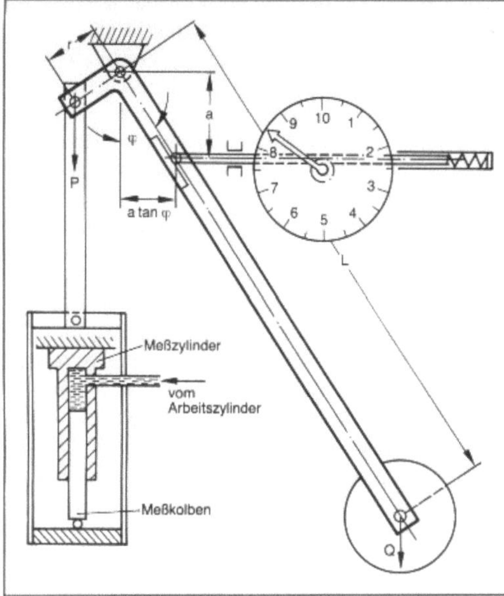

Pendelmanometer: Schematische Darstellung.

Der Meßkolben bringt bei steigendem Öldruck das Pendel zum Ausschlag.

Die Pendelbewegung wird durch eine waagerechte Stoßstange durch Zahnantrieb auf einen Zeiger übertragen. Zur Vermeidung von Umkehrspiel wird die über →Rollen geführte Stoßstange entweder durch ein kleines Gewicht über eine Laufrolle oder durch eine Feder mit geringer konstanter Kraft gegen die Gleitfläche der Pendelstange gedrückt. Durch Auswechseln der aufsteckbaren unterschiedlich schweren Pendelscheiben können verschiedene Anzeigebereiche hergestellt werden, wobei entsprechende Kraftskalen mit arithmetischer Teilung erforderlich sind. Normalerweise macht der Zeiger bei →Nennkraft des Anzeigebereiches eine volle Umdrehung im Uhrzeigersinn. Der Skalen-Nullpunkt liegt dabei in 12 Uhr-Stellung.

Die Nullpunkteinstellung des Zeigers nach Einbau der Probe hat bei schwimmendem Arbeitskolben im unbelasteten Zustand zu erfolgen, wobei zuvor das Pendel z. B. mittels Tariergewicht in senkrechte Stellung zu bringen ist.

Damit bei Änderung des Gewichtes der Proben und Einspannteile der Nullpunkt der Anzeige beliebig eingestellt werden kann, müssen gleichen Druckänderungen im Arbeitszylinder gleiche Skalenausschläge entsprechen.

Im Bild ist der Ausschlag des Zeigers proportional $a \cdot \tan \varphi$, wobei φ der Ausschlagwinkel des Pendels ist. Aus der Momentengleichung $P \cdot r \cdot \cos \varphi = Q \cdot L \cdot \sin \varphi$ ergibt sich $\tan \varphi = P \cdot r / Q \cdot L$.

Gleichen Änderungen der Prüfkraft entsprechen somit gleiche Zeigerausschläge.

Der Einfluß der Meßkolbenreibung wird durch Drehbewegung des Kolbens oder des Zylinders niedrig gehalten. In die Verbindungsleitung zwischen Meß- und Arbeitszylinder ist ein Rückschlagventil eingebaut, das bei Bruch der Probe die zurückfließende Ölmenge begrenzt und so ein plötzliches Zurückschwingen des Pendels verhindert. Oft ist zu diesem Zweck auch ein kleiner, mit Öl betriebener Dämpfungszylinder an das P. angeschlossen.   *Kußmaul*

Pendelschlagwerk →Kerbschlagbiegeversuch

Perbunan N. Durch Copolymerisation von Butadien mit Acrylnitril hergestellter synthetischer Kautschuk, der mit Schwefel vernetzt (vulkanisiert) werden kann und öl-, treibstoff- und gut alterungsbeständige →Elastomere ergibt.   *Zahradnik*

Perfluoralkoxy-Copolymer →Fluorpolymere

Perfluorethylen-Propylen-Copolymer →Fluorpolymere

Perfluorethylenpropylen →Fluorpolymere

Peritektikum →Erstarrung, peritektische, →Zweistoffsystem

Perlit. →Gefüge von Stahl mit einer Anordnung paralleler Ferrit- und Karbidlamellen, das bei →Abkühlung kohlenstoffhaltiger →Stähle aus dem Austenitgebiet durch Doppelreaktion unterhalb der Temperatur A_{c1} entsteht. Die Lamellendicke nimmt mit abnehmender Umwandlungstemperatur also zunehmender →Unterkühlung zu, da die →Grenzflächenenergie aus der bei der →Umwandlung frei werdenden Energie gedeckt werden muß. Dicht unterhalb der Gleichgewichtstemperatur A_{c1} entsteht daher anomaler Stahl mit kugeligem Karbid.   *Dahl*

Perlon. Das ist der Handelsname für ein durch ringöffnende Polymerisation von Caprolactam herstellbares Polyamid 6 (→ Polyamid).   *Zahradnik*

Permalloy-Legierung. Klasse → weichmagnetischer Werkstoffe mit den höchsten technisch erreichbaren Permeabilitäten (relative Anfangspermeabilitäten bis einige 10^5). Sie enthalten etwa 75–80 % Nickel, ca. 15 % Eisen und verschiedene Zusätze wie Mo, Cr, Cu etc. Zwei Beispiele: Mumetall Ni76Fe14Mo5Cu5, Supermalloy Ni79Fe16Mo5.

Die maximale → Permeabilität wird bei allen P.-L. dadurch erreicht, daß die → Magnetostriktion und die magnetische Anisotropie gleichzeitig zum Verschwinden gebracht werden. Dabei wird durch die starke Abhängigkeit der Anisotropie vom Ordnungsgrad der Legierung ausgenutzt, der durch eine genau bemessene Wärmebehandlung eingestellt werden muß. Das kommt auch im sog. Permalloy-Effekt zum Ausdruck: 78NiFe-Legierungen erreichen eine Permeabilität um 10 000 statt 2 000, wenn man sie nach dem Tempern von etwa 500 °C an Luft abschreckt, anstatt sie im Ofen langsam abkühlen zu lassen. Bei langsamer Abkühlung entsteht nämlich eine zu starke Ordnung, wodurch die Anisotropie stark ansteigt.

P.-L. werden vor allem für magnetische Abschirmungen und für induktive Bauelemente bei mittleren Frequenzen eingesetzt. Auch dünne magnetische Schichten bestehen meist aus Permalloy.   *Hubert*

Permeabilität.
1. Durchlässigkeit: Die Eigenschaft von Zellwänden, Folien, Tonzylindern, Metallblechen, Gesteinen u. a. Trennflächen, Gase oder gelöste Moleküle, Ionen oder Atome durchtreten zu lassen; z. B. ist Palladium für Wasserstoff permeabel, Zellwände sind permeabel für Wassermoleküle (Osmose). In der Bodenkunde ist P. Wasserdurchlässigkeit und -leitfähigkeit des Bodens. In der Biochemie lassen sich fast alle Stofftransporte durch Membranen mit Hilfe der P. erklären. Der Stoffaustausch funktioniert i. d. R. in beiden Richtungen, wobei jener in Richtung niedriger Konzentration bevorzugt wird. Ist eine Trennfläche nur in einer Richtung durchlässig, wird sie als semipermeabel bezeichnet.

2. Magnetische Werkstoffe. Die P.μ ist in magnetisch isotropen Stoffen der Proportionalitätsfaktor zwischen der magnetischen Induktion B und der magnetischen Feldstärke H. $B = \mu \cdot H = \mu_0 \cdot \mu_r \cdot H$. μ_0 stellt hierbei die Induktionskonstante und μ_r die Permeabilitätszahl dar. Die P. μ ist demnach das Produkt aus der werkstoffbedingten Permeabilitätszahl und der Induktionskonstanten (im leeren Raum ist $\mu_r = 1$). In magnetisch anisotropen Stoffen hat sie die Form eines Tensors 2. Ordnung.

$\mu_r = \mu/\mu_0$ ist die P. eines Stoffes bezogen auf μ_0, daher wird μ_r auch relative P. genannt. Mit der magnetischen → Suszeptibilität m hängt μ_r gemäß $\mu_r = \chi m + 1$ zusammen. Für diamagnetische ($\mu_r > 1$) und paramagnetische ($\rho > 1$) Stoffe ist μ_r nur wenig von 1 verschieden, bei Ferromagnetika liegt ihr Wert bei $\mu_r \approx 10^3$ bis 10^4 und ist stark von der Feldstärke und der magnetischen Vorbehandlung abhängig.

3. Zerstörungsfreie Prüfung (→ Werkstoffprüfung, zerstörungsfreie). Die Kenntnis der Permeabilitätswerte ist bei verschiedenen Prüfverfahren (Wirbelstromprüfung, magnetische Streuflußprüfung, mikromagnetische Prüfverfahren), um quantitative Aussagen treffen zu können, Voraussetzung.

Bei der Wirbelstromprüfung an ferromagnetischen Bauteilen bestimmen, je nach Wechselfeldamplituden ΔH und je nach Arbeitspunkt auf der ferromagnetischen Hysterese, unterschiedliche P. (Anfangs-P., Amplituden-P., Überlagerungs-P., remanente P.) die gemessenen Wirbelstromimpedanzwerte einer Prüfspule. Bei impulsartiger Magnetisierung muß entsprechend die Impuls-P. genutzt werden.

Wird die ferromagnetische Hysterese durchsteuert und die Überlagerungs-P. μ_Δ gemessen, so können aus dem $\mu_\Delta(H)$-Kurvenverlauf z. B. die Koerzitivfeldstärke bestimmt und somit in der Aufsatztechnik gemessen werden. Die Überlagerungs-P. kann außerdem zur → Eigenspannungsmessung und zur Charakterisierung von Randschichtgefügezuständen (Schleifen, → Einsatzhärten, Laserhärten) genutzt werden.   *Gräfen*

Literatur: *Theiner, W. A. u. I. Altpeter, R. Kern:* Untersuchungen von Gefügeparametern mit zerstörungsfreien magnetischen und magnetoelastischen Verfahren. Sonderbände der praktischen Metallographie. Bd. 16, 1985, S. 52–61. – *Theiner, W. A. und R. Kern, R. Conrad:* Determination of Surface Integrities by Ferromagnetic Quantities. First International Conferences on Surface Engineering, Brighton, England, 26–28 Januar 1985.

Permeabilität, differentielle → Permeabilität, → magnetische Werkstoffe

Perminvareffekt. An einer charakteristisch eingeschnürten Hystereseschleife kenntliche Erscheinung in magnetischen und ferroelektrischen Werkstoffen. Sie tritt auf, wenn man durch eine Wärmebehandlung die Domänenstruktur des unmagnetischen Zustands stabilisieren kann (induzierte Anisotropie). Unterhalb der Schwellfeldstärke für die Zerstörung der eingebackenen Domänenstruktur ist die → Permeabilität weitgehend unabhängig von Temperatur und Aussteuerung, die Verluste sind sehr gering.

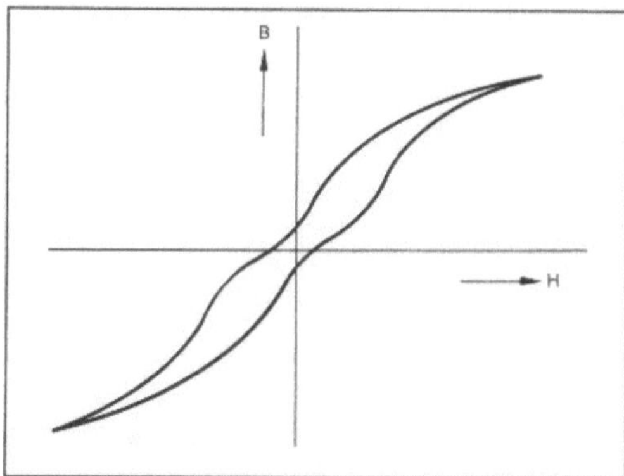

Perminvareffekt: Eine typische Perminvarschleife einer Nickeleisenlegierung.

Anwendung finden Perminvar-Werkstoffe als Komponenten linearer Bauelemente in der Nachrichtentechnik. Besonders ausgeprägt ist das Perminvar-Verhalten in der Dreistoff-Legierung Ni45Fe30Co25; in Ferriten erzielt man ein Perminvar-Verhalten durch Dotierung mit Kobalt oder durch einen Eisen-Überschuß. In ferroelektrischen Kondensator-Keramiken auf Bariumtitanatbasis tritt der P. z. B. bei einer Substitution des Ba durch Ca auf. *Hubert*

Pfanne. P. sind Gefäße, die mit feuerfesten Stoffen ausgekleidet sind. Diese Gefäße dienen der Aufnahme und dem Transport des flüssigen Roheisens, Stahles oder Gußeisens sowie der Schlacken.
Baumann

Pfannenmetallurgie. Sammelbegriff für die verschiedenen Verfahren, mit denen bei der →Stahlherstellung Schmelzen aus Konvertern oder Elektroöfen nach dem →Abstich in der Pfanne weiter behandelt werden, um die qualitativen Anforderungen unterschiedlicher Güten zu erfüllen (Bild).

Beim Abstich einer Stahlschmelze erfolgt im allgemeinen eine →Desoxidation durch Zugabe von →Aluminium, →Silicium usw. in die Pfanne. Die weitere Behandlung ist dann von den qualitativen Anforderungen abhängig. Voraussetzung für alle weiteren Schritte ist aber in jedem Fall, daß oxidie-

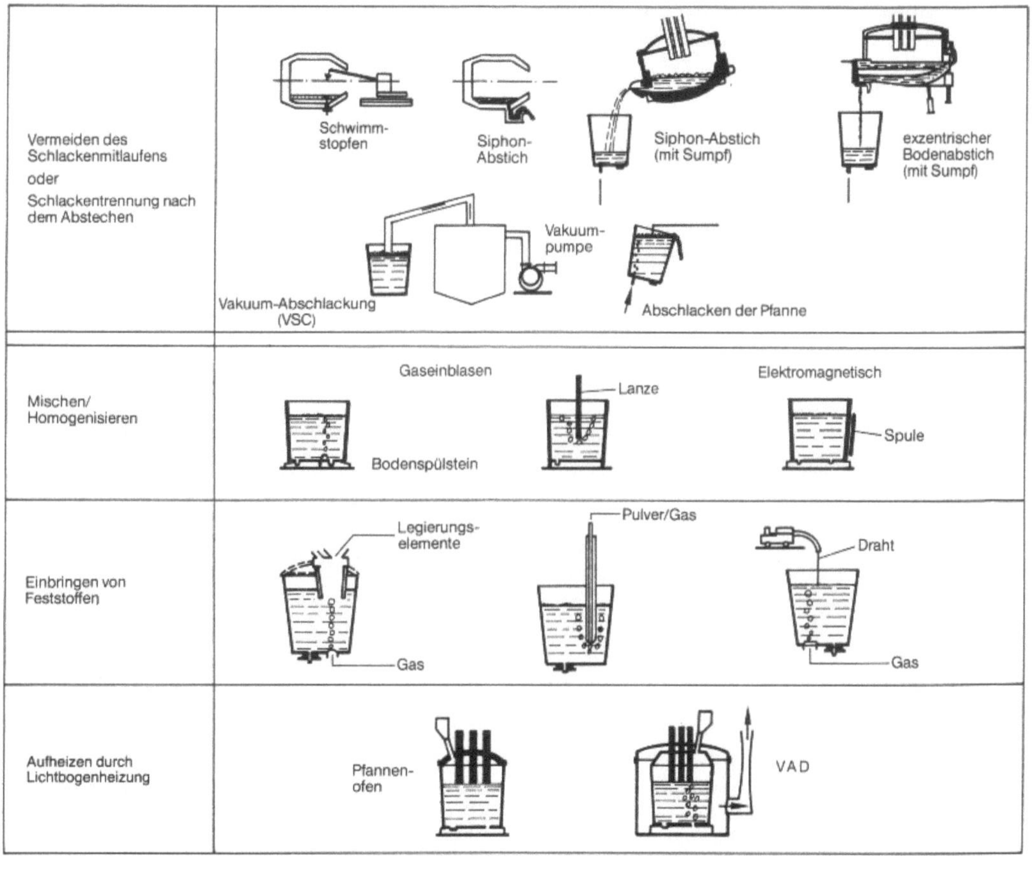

Pfannenmetallurgie: Verfahrensschritte. (Quelle: Thyssen Stahl AG)

rende Ofenschlacke zurückgehalten oder nachträglich von der Pfanne entfernt wird.

Bei vielen Schmelzen besteht die nachfolgende Behandlung nur aus einem Rühren durch eingeblasenes Argon, um eine homogene Analyse und Temperaturverteilung sicherzustellen.

Häufig wird mit dieser Behandlung aber die Zugabe von Legierungsmitteln zum Einstellen der Sollanalyse verbunden.

In einer solchen kombinierten Spül- und Legierungsanlage sind dazu für die Legierungsmittel Bunkeranlagen notwendig, die eine genaue Dosierung beim Austrag erlauben. Die Zugabemengen werden von einem Rechner ermittelt, der den Austrag steuert.

Schmelzen, bei denen niedrige Wasserstoffgehalte gefordert sind, werden in einem der → Vakuumverfahren behandelt. Legierungszusätze können dann bei einer solchen Behandlung gegeben werden.

Für Schmelzen, die sehr niedrige Schwefelgehalte haben müssen, wurden → Injektionsverfahren zur Stahlentschwefelung entwickelt. Durch eine mit feuerfesten Stoffen ummantelte Lanze wird dabei Calciumsilicium oder Magnesium tief in die Schmelze eingeblasen. Gleichzeitig wird eine Kalkschlacke gebildet, die den → Schwefel aus der Schmelze aufnimmt. Da sich etwas Calcium im Stahl löst, sind die → Einschlüsse, die sich aus dem restlichen Schwefel und Sauerstoff im Stahl bei der → Erstarrung bilden, rund und unverformbar. Bei der Behandlung muß die → Pfanne abgedeckt sein, damit kein Sauerstoff und Stickstoff von der Schmelze aufgenommen wird. Der bei der Behandlung auftretende Rauch wird abgesaugt.

Ist eine Kontrolle der Einschlußform nicht erforderlich, kann eine Entschwefelung auch durch Rühren der Schmelze mittels eingeblasenen Gases unter einer Kalkschlacke erfolgen. Calcium kann alternativ zum Injektionsverfahren, dadurch zugegeben werden, daß ein Seelendraht der Calciumsilicium enthält, mit einer geeigneten Maschine schnell in die Schmelze eingespult wird. Alle genannten Verfahrensschritte und Anlagen können mit einer Legierungsmittelzugabe zusammengefaßt werden.

Für das nachfolgende Vergießen der Schmelze ist das Einhalten der Gießtemperatur in engen Grenzen und die Bereitstellung der Schmelze zum richtigen Zeitpunkt von großer Bedeutung. Man kann daher noch einen weiteren Schritt tun, und Pfannenbehandlungsanlagen beheizen. Ein solcher → Pfannenofen kann Temperaturverluste während der Behandlung ausgleichen, oder, wenn eine genügend hohe Leistung installiert ist, sogar die Schmelze aufheizen. Die Abstichtemperatur aus dem → Konverter oder Elektroofen kann niedriger liegen, als sonst erforderlich. Die Beheizung kann durch einen Lichtbogen zwischen Elektroden,

durch Plasmabrenner oder durch eine Induktionsspule erfolgen. Die Öfen haben Spül- bzw. Injektionslanzen und Einrichtungen zur Zugabe von Legierungsmitteln.

Eine Beheizung kann auch in eine entsprechende Pfannenentgasungsanlage eingebaut sein. Beheizung, Rühren mit der Induktionsspule, Entschwefelung durch Injektion und Kalkzugabe und Legierungsmittelzugabe können unter Vakuum erfolgen.

Die Verfahren der P. werden sicher eine weiter wachsende Bedeutung erhalten, da sie eine auf die Erfordernisse der jeweiligen Güte abgestellte Behandlung erlauben. Ferner entlasten sie Konverter und Elektroöfen von metallurgischen Arbeiten und erhöhen deren Produktivität. *Rellermeyer*

Literatur: *Knüppel, H.:* Desoxidation und Vakuumbehandlung von Stahlschmelzen. Bd. II. Düsseldorf 1983.

Pfannenöfen. Die bei den pfannenmetallurgischen → Behandlungsverfahren auftretenden Temperaturverluste können durch
– Überhitzen der Schmelze im Schmelzaggregat,
– Verbrennen der Stahlbegleitelemente in der Schmelze mit Sauerstoff oder
– Wärmezufuhr mit einer Zusatzbeheizung
ausgeglichen werden.

Für die Wärmezufuhr von außen wird betrieblicherseits nur die Lichtbogenheizung angewendet. Für die Beheizung unter atmosphärischem Druck wird auf die → Pfanne ein Deckel, ähnlich dem eines → Lichtbogen-Schmelzofens aufgelegt, durch den die Elektroden in die Pfanne geführt werden. Ein solches Aggregat wird auch LF (*engl.* Ladle Furnace) genannt, welches nach dem entsprechend genannten → LF-Verfahren arbeitet. *Baumann*

Pfropfcopolymer. P. sind Makromoleküle, bei denen auf eine lineare Polymerhauptkette eine weitere als Verzweigung aufgepfropft wird. Die Hauptkette kann sowohl ein → Homopolymer als auch ein statistisches → Copolymer darstellen. Bei der Pfropfung geht man von reaktiven Zentren entlang des Polymerrückgrates aus, an die die weiteren Polymere fixiert werden. Bei den Pfropfungsreaktionen unterscheidet man radikalische und ionische Pfropfungen sowie Pfropfungen durch Kondensations- oder Kopplungsreaktionen. P. weisen meist die Eigenschaften der beiden verwendeten Homopolymere auf. *Finkelmann*

Literatur: *Waniczek, H.* in Houben-Weyl: Methoden der org. Chemie, 4. Aufl. Stuttgart 1987.

Pfropfcopolymerisation. Bezeichnung für ein Verfahren zur Herstellung makromolekularer Stofe. Hierbei werden an die linearen Molekülketten eines Ausgangspolymeren durch eine geeignete Reaktion Seitenketten aus andersartigen →Monomeren angehängt (aufgepfropft). Es entsteht ein →Polymer mit verzweigten →Makromolekülen:

```
          B
     B          B   B
- A - A - A - A - A - A - A - A - A -        ⟶
     B      B      B      Ausgangszu-
        B      B          stand:
                          lineares Poly-
                          mer mit
                          Grundbaustein
                          A und Mono-
                          mer B

        B - B - B - B - B
              |
              B
              |
- A - A - A - A - A - A - A - A - A -   Endzustand:
              |                          verzweigtes
              B                          Polymer, in
              |                          der Hauptkette
              B                          Grundbaustein
              |                          A, in den Sei-
              B                          tenketten
                                         Grund-
                                         baustein B
```

Besonders einfach läßt sich die P. bei Polymeren durchführen, deren Makromoleküle reaktive Gruppen besitzen, wie Hydroxyl- oder Amidgruppen, die mit Ethylenimin, bzw. mit Ethylenoxid reagieren.

Die am häufigsten angewandte Methode besteht jedoch darin ein lineares Polymer mit einem Initiator umzusetzen, der durch radikalische oder ionische Übertragungsreaktionen an den Makromolekülen aktive Zentren bildet. An diese aktiven Zentren lagern sich Monomere unter Bildung von Seitenketten an:

$$- - CH_2 - CH - CH_2 - CH - - \ + R^{\cdot} \quad \longrightarrow$$
$$\qquad\quad | \qquad\quad |$$
$$\qquad\quad Cl \qquad\quad Cl$$

$$- - CH_2 - CH - CH_2 - CH - - \ + R - Cl$$
$$\qquad\qquad\quad | $$
$$\qquad\qquad\quad Cl$$

$$- - CH_2 - CH - CH_2 - CH - - \ + n\,M \quad \longrightarrow$$
$$\qquad\quad | $$
$$\qquad\quad Cl$$

$$- - CH_2 - CH - CH_2 - CH - -$$
$$\qquad\quad | \qquad\qquad |$$
$$\qquad\quad Cl \qquad\quad (M)_n$$

$R^{\cdot}$ = Initiatorradikal   M = aufzupfropfendes Monomer

Aktive Zentren lassen sich auch durch ultraviolettes Licht, wie z. B. bei Polyvinylmethylketon, und durch γ-Strahlen, wie z. B. bei Polyethylen und Polyvinylchlorid, erzeugen.

Diese beiden Methoden sind allerdings nicht spezifisch, das heißt neben aufgepfropften Makromolekülen entstehen solche, die sich nur aus dem zum Aufpfropfen eingesetzten Monomer aufbauen,

und es kommt zu Vernetzungen zwischen den Molekülketten des Ausgangspolymeren. Bei einigen Polymeren beobachtet man bei der Bestrahlung gleichzeitig einen Kettenabbau.

Die P. dient dazu, die Eigenschaften eines Polymeren gezielt zu verändern. Ein technisch und wirtschaftlich sehr wichtiges Beispiel sind die ABS-Pfropfcopolymere, bei denen auf Polybutadien oder Butadien-Acrylnitril-Copolymere Styrol und Acrylnitril aufgepfropft werden. Sie sind thermoplastisch verarbeitbar und zeichnen sich durch hohe Schlagfestigkeit aus (→Copolymerisation). *Zahradnik*

Phase, intermetallische →Intermetallische Phasen

Phasengrenze. Besteht ein Werkstoff aus mehreren Kristallitarten (Phasen) unterschiedlicher Struktur und Gitterparameter, so wird von einem heterogenen →Gefüge gesprochen (mehrphasiger Werkstoff). Die Grenzen zwischen diesen Kristallitarten lassen sich nach ihrer Passung einteilen in kohärente, teil- oder semikohärente und inkohärente Phasengrenzflächen. Mit der in dieser Reihenfolge schlechter werdenden Passung zwischen den verschiedenen Phasen nehmen die Gitterverzerrungen und die zugeordneten →Grenzflächenenergien zu. Diese Phasengrenzflächen sind von Bedeutung bei Umwandlungs- und Aushärtungsprozessen. Sie sind dabei wesentlich für die Festigkeitseigenschaften mehrphasiger Metalle, insbesondere aber bei Aushärtungsmechanismen. *Gräfen*

Phasengrenzfläche →Phasengrenze

Phasenumwandlung. P. kann stattfinden zwischen den Aggregatzuständen

	kondensieren	
gasförmig	⇌	flüssig
	verdampfen	
	erstarren	
flüssig	⇌	fest
	schmelzen	
	kondensieren	
gasförmig	⇌	fest
	sublimieren	

P. können ferner im festen kristallinen Zustand stattfinden

□ durch Änderung der Kristallstruktur (→Polymorphie) z. B. beim Eisen (krz α-Eisen, Ferrit ⇌ kfz γ-Eisen, Austenit ⇌ krz δ-Eisen), beim Zinn oder Titan.

□ mittels →Diffusion. Hierunter zählen Prozesse der Ausscheidungsbildung oder der eutektoiden →Umwandlung (z. B. Perlitbildung)

□ durch Gitterumklappvorgänge, der Martensitbildung.

Einen weiteren Fall der P. bildet der Übergang einer unterkühlten Schmelze (→ Glaszustand) in den kristallinen Zustand (→ Glaskeramik; → Glas, metallisches). Um den zeitlichen Ablauf der P. festhalten zu können, verwendet man ZTU-Diagramme (Zeit-Temperatur-Umwandlung, engl. *TTT*-diagrams: Time-Temperature-Transformation) (→ Zeit-Temperatur-Umwandlungsschaubild) (Bild). Bei der → Wärmebehandlung von z. B. Stählen (Eisen, Eisenlegierungen) werden je nach Abkühlbedingungen unterschiedliche Phasen und Phasenanteile erzeugt. Das → Gefüge und die Eigenschaften eines Werkstoffes können somit in größerem Umfang variiert werden. Durch schnelle → Abkühlung werden vielfach metastabile Zustände „eingefroren". Werkstoffe mit solch metastabilen Gefügen (z. B. Stähle mit Martensitanteil) dürfen nicht zu stark erwärmt werden, da sich sonst der (evtl. ungünstigere) thermodynamisch stabile Gefügezustand einstellt.

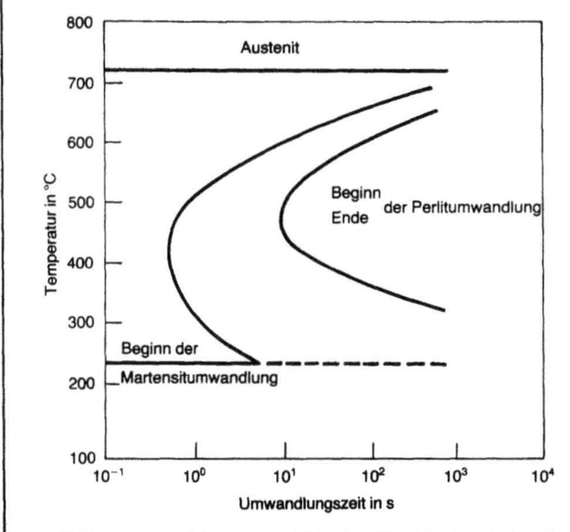

Phasenumwandlung: Isothermes Zeit-Temperatur-Umwandlungs-Diagramm für einen Stahl mit perlitischer Umwandlung. Bei fester Temperatur wird die Zeit des Beginns und des Endes der Umwandlung festgehalten.

Welche Gleichgewichtsphasen und -phasenanteile (also bei theoretisch unendlich langsamer Erzeugung eines Gefügezustandes) bei definierter Temperatur und Konzentrationsverhältnissen vorliegen, kann dem Phasendiagramm entnommen werden.

Die meisten P. laufen nicht spontan ab, sondern erfordern eine → Keimbildung. *Schuh*

Phenol-Formaldehyd-Kondensat → Phenoplaste

Phenolharz. P. sind Kondensationsprodukte von Phenolen mit Formaldehyd, manchmal auch anderen Aldehyden. Im Überschuß von Formaldehyd unter Säurekatalyse entstehen Novolacke, unter Basenkatalyse dagegen Resole, Resitole und Resite.

Unter Säurekatalyse wird aus dem Formaldehyd zunächst das Methylolkation $^+CH_2OH$ gebildet, das dann mit Phenol zu p- oder o-Methylolphenol reagiert. Das Methylolphenol ist jedoch nicht isolierbar, sondern reagiert schnell zu der entsprechenden Methylenverbindung weiter. Die entstandenen Novolacke sind löslich und werden mit Hexamethylentriamin (Urotropin) vernetzt.

Unter Basenkatalyse wird zunächst das Phenolatanion gebildet, das nucleophil mit Formaldehyd weiter zum Methylolphenolatanion reagiert. Die basenkatalysierte → Härtung erfolgt dann über eine Veretherung der Methylol-Gruppen.

Werden die Resole ohne Füllstoffe bei erhöhter Temperatur gehärtet, entstehen durchscheinende Gegenstände, die z. B. für Messergriffe verwendet werden. Säurebeständige Kitte (Asplit) erhält man, wenn die saure Härtung der Resole mit Phosphorsäure oder aromatischen Sulfonsäuren unter Zusatz von Benzylalkohol stattfindet. Setzt man der mit Benzolsulfonsäure ablaufenden Härtung noch gastreibende Mittel wie $NaHCO_3$ zu, so erhält man Schaumstoffe. Spachtelmassen für Isolierungen erhält man durch Füllen mit Asbest.

Resitole werden mit → Papier, → Holz und Gewebe heiß als Schichtpreßmassen zu Platten usw., aber auch mit Wasser zu schmierbaren Zahnrädern verarbeitet. Als Kleber finden Resitole allein, sowie in Form von mit Resitolen getränktem Papier Verwendung (Tegofilm).

P. sind in der Lackindustrie besonders vielfältig angewendet worden. Dabei erwies sich das reine P. allerdings als zu spröde, es wurden deshalb sog. plastifizierte und elastifizierte P. entwickelt. Die plastifizierten P. haben eine erhöhte → Elastizität, lösen sich in Aromaten, sind verträglich mit Polyvinylverbindungen und Fettsäuren und können gut als Einbrennlacke verwendet werden.

P. werden ferner als Gerbstoffe, als → Bindemittel für Formsand und als Vulkanisierhilfsmittel verwendet. Durch Einkondensieren von Sulfo-, Carboxyl- oder Aminogruppen erhält man Ionenaustauscherharze. *Finkelmann*

Phenoplaste. Kurzzeichen: PF (Phenolharze, Phenol-Formaldehydkondensate)

Duroplastische Kunststoffe, die durch → Polykondensation von Phenolen mit Formaldehyd entstehen. Sie sind die ältesten vollsynthetischen Kunststoffe (*L. H. Baekeland*), die im technischen Maßstab produziert wurden. International bekannt geworden sind sie 1910 unter dem Namen *Bakelite®*.

Die Kondensation von Phenol (I) und Formaldehyd (II) ist stark pH-Wert abhängig, je nach pH-Wert erhält man unterschiedliche Produkte. In saurem Medium bilden sich bei einem Phenol-Formaldehyd-Molverhältnis von 1:0,75 lösliche und schmelzbare Kondensate, die als Novolake bezeichnet werden:

o-Methylolphenol

2,2'-Di-hydroxyphenylmethan

Novolak

Diese Novolake besitzen eine mittlere Molmasse von 600–1500 g/mol, schmelzen zwischen 100 und 140 °C und vernetzen sich von selbst, wodurch sie unbegrenzt haltbar sind.

Erst bei Zugang geeigneter bi- oder höherfunktioneller Verbindungen, wie etwa Hexamethylentetramin, vernetzen die Novolake unter Ausbildung von Dimethylen- und Trimethylenaminbrücken:

Führt man die Kondensation von Phenol mit Formaldehyd in alkalischem Medium mit einem bis zu dreifachen Überschuß an Formaldehyd durch, so

entstehen die ebenfalls löslichen und schmelzbaren Resole:

Resol

Diese niedermolekularen Resole (mittlere Molmasse: 300–700 g/mol) sind wegen der sich bei Raumtemperatur langsam fortsetzenden Kondensationsreaktion über die Methylolgruppen nur begrenzt lagerfähig. Durch Zugabe von Säuren oder durch Erhitzen verläuft die Kondensation schnell und man erhält bei entsprechender Reaktionsführung die weitmaschig vernetzten, unlöslichen aber quellbaren Resitole. Bei weiterer Wärmezufuhr gehen diese schließlich in die engmaschig vernetzten, unlöslichen, nicht mehr quell- und schmelzbaren Resite über:

Resit

Wie bei anderen härtbaren Polykondensationsharzen bezeichnet man die Resole auch als A-, die Resitole als B- und die Resite als C-Zustand.

P. zeichnen sich durch gute thermische und chemische Beständigkeit, ausgezeichnete elektrische Eigenschaften, geringe Wasseraufnahme und hohes Füllvermögen aus. Von Nachteil ist ihre starke Eigenfarbe, die nur dunkle Einfärbung zuläßt. Sie finden Anwendung als Lackharze, Laminierharze, Schaumstoffe und Klebstoffe. Ihre Hauptbedeutung liegt auf dem Gebiet der füllstoffhaltigen, härtbaren Preßmassen.

Zu ihrer Herstellung werden Novolake oder Re-

Phenoplaste. Tabelle: Mindestanforderungen nach DIN 7708, Bl. 2, 1977, sowie weitere Eigenschaften von ausgewählten, gefüllten Phenol-Formaldehydkondensaten.

	Prüf-methode DIN	Einheit	Typ 31	Typ 51	Typ 12	Typ 11,5
Füllstoff			Holz-mehl	Zellstoff	Asbest-fasern	Ge-steins-mehl
Biegefestigkeit	53 452	MPa	70	60	50	50
Schlagzähigkeit	53 453	kJ/m^2	6	5	3,5	3,5
Kerbschlagzähigkeit	53 453	kJ/m^2	1,5	3,5	–	1,3
Oberflächenwiderstand	53 482	Vergleichs-zahl	8	7	8	10
Formbeständigkeit n. Martens	53 458	°C	125	125	150	150
Glutbeständigkeit	53 459 (neu)	Gütegrad-stufe	2a	2b	1	2a
Wasseraufnahme	53 472	mg/4d	150	300	60	45
Rohdichte	53 479	g/cm^3	1,4	1,4	1,8	1,8
Zugfestigkeit	53 455	MPa	25	25	20	15
linearer Wärmeaus-dehnungskoef.	–	K$^{-1} \cdot 10^5$	3–5	1,5–3	1,5–3	1,5–3
Wärmeleitfähigkeit	52 612	W/mK	0,3	0,4	0,7	0,5
Spez. Durchgangswiderst.	53 482	m	10^8	10^6	10^7	10^9
Dielekt. Verlust-faktor tan 50	53 483	–	1,0/0,1	1,0/0,2	0,5/0,3	0,2/0,1

sole bzw. Resitole mit pulverförmigen oder faserigen Füllstoffen, wie Holzmehl, Gesteinsmehl, Asbest, Zellstoff, Papier- und Textilschnitzel bzw. -bahnen vermischt oder getränkt. Die so erhaltenen Formmassen werden entweder sofort in Pressen bei Temperaturen von 150–180 °C zu Formkörpern aufgearbeitet (Schichtpreßstoffe, wie Hartpapier, Hartgewebe oder Sperrholz) oder bei 130–140 °C nur ankondensiert und gemahlen. In diesem Zustand bleiben sie längere Zeit plastisch und werden bei Temperaturen oberhalb 160 °C durch → Spritzpressen oder → Spritzgießen zu duroplastischen Formkörpern verarbeitet.

Von den unzähligen möglichen Phenoplasttypen sind in DIN 7708, Blatt 2 (Okt. 1977) eine begrenzte Anzahl typisiert worden. Die Mindestanforderungen der wichtigsten Eigenschaftswerte für fünf verschiedene Typen sind in nachfolgender Tabelle zusammengestellt.

Formkörper aus P. werden in der Elektroindustrie (Schaltergehäuse, Verteilerkästen, Spulenkörper), im Maschinen- und Fahrzeugbau (Pumpenteile, Handknöpfe, Schraubenfüße, Zahnräder) und im Haushalt (Herdleisten, Deckelknöpfe, Pfannenstiele, Bügeleisengriffe) verwendet. Zur Herstellung von PF-Schaumstoffen benutzt man flüssige Resole, die mit Treibmittel (Pentan) versetzt werden und nach der Säurehärtung feste, sprödharte Stoffe mit Zellstruktur ergeben.

Bedarfsgegenstände auf PF-Formmassen, die mit Lebensmitteln in Berührung kommen, sind nach dem deutschen Lebensmittelgesetz nicht zulässig.

Zahradnik

Literatur: *Bachmann, A.* u. *K. Müller:* Phenoplaste. Leipzig 1973. – *Brydson, J. A.:* Plastics. 2. Aufl. London 1969. – *Houben-Weyl:* Methoden der org. Chemie. Bd. 14/2, Stuttgart 1963.

Phosphatschichten. Konversionsschichten auf Werkstücken und Werkzeugen aus niedriglegierten Stählen, die durch Eintauchen in saure Zink- oder Manganphosphatlösungen gebildet werden. Sie sind 2 bis 15 µm dick und werden für folgende Anwendungsgebiete benutzt: → Korrosionsschutzschichten, → Haftgrundschichten für Lacke, → Einlaufschichten, → Gleitschichten u. a. *Habig*

Phosphor. P. gelangt durch das Erz in den → Stahl und führt zu ungünstigeren Zähigkeitseigenschaften. Nur im Falle von witterungsbeständigen Stählen wird P. zugesetzt, um die Ausbildung der Rostschicht zu verbessern. Bei Stählen für → Flacherzeugnisse zum Kaltumformen kann die Mischkristallverfestigung durch P. zur Streckgrenzenerhöhung ausgenutzt werden. *Dahl*

Photoelektronenspektroskopie → Oberflächenanalytik

Photopolymerisation → Polymerisation, strahleninduzierte

PIC → Beton, kunstharzimprägnierter

Piezoelektrischer Effekt. Die Eigenschaften mancher Kristalle, auf Druck mit der Ausbildung einer elektrischen Polarisation zu reagieren. Umgekehrt führt ein elektrisches Feld zu einer dieser proportionalen elastischen Dehnung oder Kompression (inverser p. E.). Quarz ist das wichtigste Beispiel für eine piezoelektrische Substanz. Einkristalle aus Quarz dienen in vielen Geräten, wie z. B. in Uhren, als Resonatoren hoher Güte und Stabilität. Dabei wird eine mechanische Schwingung elektrisch angeregt. Durch einen speziellen Schnitt der Quarzkristallscheiben läßt sich eine besonders temperaturstabile Resonanzfrequenz erreichen.

Technisch von noch größerer Bedeutung sind die ferroelektrischen Piezowerkstoffe. Diese – vor allem $PbTiO_3$-$PbZrO_3$-Mischkristalle – lassen sich auf keramischem Wege, also polykristallin, herstellen. Die piezoelektrische Achse wird durch Polung eingeprägt; die Präparate arbeiten also im remanenten Zustand der ferroelektrischen Hystereseschleife (wobei die Polarisation elektrisch durch Oberflächenladungen kompensiert wird). Blei-Zirkonat-Titanat (PZT)-Keramiken finden zunehmende Anwendung als elektro-mechanische Wandler, von Feuerzeugzündern über Sensoren bis zu Ultraschallsendern. Sie besitzen dank ihres hohen Curiepunktes (etwa 300 °C) eine hohe Stabilität und haben andere Ferroelektrika wie → Bariumtitanat oder *Seignette*-Salz als Piezowerkstoffe weitgehend verdrängt (→ Ferroelektrizität). Eine Rolle spielt jedoch das ferroelektrische Lithiumniobat, dessen Stabilität und Wirkungsgrad dank des sehr hohen Curiepunktes (1200 °C) besonders hoch sind. Einkristalle aus $LiNbO_3$ werden z. B. für Filter oder Resonatoren auf der Grundlage akustischer Oberflächenwellen benutzt.

Neuerdings finden auch p. E. in speziellen Kunststoffen zunehmende Beachtung. Insbesondere das Poly-Vinyliden-Difluorid $(C_2 H_2 F_2)_n$ läßt sich durch Polung bei erhöhter Temperatur in einen orientierten Zustand überführen, der, obwohl kein Gleichgewichtszustand, doch hinreichend stabil ist und alle Eigenschaften eines Piezelektrikums aufweist. *Hubert*

Literatur: CRC Critical reviews in Solid State and Materials Sciences 9 1980 S. 399–477. – *Jaffe, B.*, and *W. R. Cook, H. Jaffe:* Piezoelectric Ceramics. London 1977. – *Kapler, R. G.*, and *R. A. Anderson:* Piezoelectricity in Polymers.

Pigment. P. sind in Lösemitteln und/oder Bindemitteln praktisch unlösliche, organische oder anorganische, bunte oder unbunte Farbmittel. Alte Benennungen sind „Farbkörper" oder „Körperfarbe". P. erfüllen im → Anstrich verschiedene Aufgaben: Farbgebung, Schutz des Bindemittels, des Untergrundes und der Haftzone vor Witterungseinflüssen (vor allem UV-Strahlung), Erhöhung der Gasdichtheit, z. T. passivierende Korrosionsschutzwirkung auf metallischen Untergründen („aktive" P.). Nicht alle P. sind mit üblichen Bindemitteln chemisch verträglich. Bei Außenanwendung ist auf die UV-Beständigkeit zu achten. *Sasse*

Pilgerwalzanlagen. Beim Ablauf des Pilgerwalzverfahrens in einer P. (Bild) wird der Hohlblock auf einen mit Schmiermittel beschichteten zylindrischen Pilgerdorn geschoben, dessen Durchmesser etwa der lichten Weite des zu fertigenden Rohres entspricht und durch ein Vorschubsystem den → Pilgerwalzen zugeführt. Das Pilgermaul der Pilgerwalze erfaßt den Hohlblock, drückt von außen eine kleine Werkstoffwelle ab, die anschließend vom Glättkaliber auf dem Pilgerdorn zu der vorgegebenen Wanddicke ausgestreckt wird. Hierbei wird entsprechend dem Drehsinn der Walzen der Pilgerdorn mit dem Hohlblock nach rückwärts – also gegen die Walzrichtung – bewegt, bis das Leerlaufkaliber das Walzgut freigibt. Bei dieser Rückwärtsbewegung (Walzzyklus) wird in einem pneumatischen Zylinder der Speisevorrichtung – auch Vorholer genannt – durch Luftkompression Energie gespeichert. Während sich die Walzen weiterdrehen und im Leerlaufkaliber kein Kraftschluß zwischen Walzen und Walzgut besteht, wird die Kompressionsenergie zum Vorschieben des Pilgerdornes und Hohlblockes in die Ausgangsposition genutzt. Gleichzeitig erfolgt dabei über eine Drallspindel eine Drehung des Walzgutes um 90° sowie über ein hydraulisches System ein Vorschub des Vorholers in dem Maße des vorher ausgewalzten Hohlblockvolumens. Unterdessen haben sich die Walzen so weit gedreht, daß mit dem Auftreffen des Walzgutes auf das Pilgermaul und Abdrücken einer neuen Werkstoffwelle ein neuer Arbeitstakt beginnt. Infolge der Drehung des Walzgutes um 90° wird der vorher im Kalibersprung befindliche Werkstoff beim nächsten Pilgerschlag im Kalibergrund umgeformt. Damit und durch eine mindestens zwei-

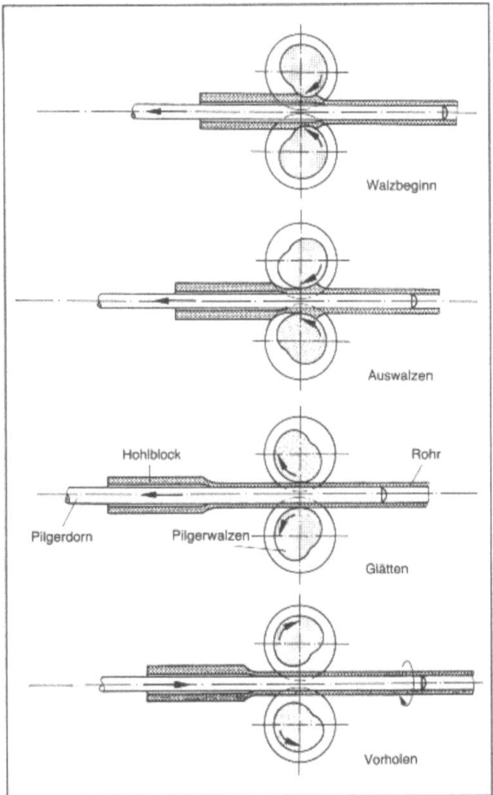

Pilgerwalzanlage: Schematische Darstellung des Ablaufs des Umform-Vorganges in einer P.

fache Überwalzung jedes Werkstoffteilchens wird eine gleichmäßige Wanddicke und Rundheit des austretenden → Stahlrohres erzielt. *Baumann*

Pilgerwalze. Unter P. sind Werkzeuge zur Durchführung des → Pilgerwalzverfahrens in → Pilgerwalzanlagen zu verstehen. Die P. hat eine besondere Kaliberform, die sich ständig verkleinert, bis im letzten Querschnitt des Kalibers der Durchmesser des Fertigrohres erreicht ist. Dabei wird etwa 200–220° ihres Umfanges als Arbeitskaliber – bestehend aus dem konischen Pilgermaul, dem gleichbleibenden zylindrischen Glätteil und anschließendem leicht größer werdenden Auslauf – und der Rest mit einer größeren Öffnung als Leerlaufkaliber bezeichnet. *Baumann*

Pilgerwalzverfahren. Das P. ist ein Umformverfahren zur Herstellung nahtloser → Stahlrohre in → Pilgerwalzanlagen, bei dem die Walzrichtung und der Vorschub einander entgegengesetzt sind. Die vor- und zurückgehende Arbeitsweise erinnert an den sog. „Pilgerschritt". Durch das Vor- und Zurückgehen wird stets nur ein Teil des eingesetzten dickwandigen Hohlkörpers unter gleichzeitiger

Drehung um die Achse zum nahtlosen → Stahlrohr über einen Pilgerdorn ausgewalzt. Dabei liegt die Streckung zwischen fünf- und zehnfach. Der periodisch schrittweise laufende Walzvorgang bei hin- und hergehender Bewegung erhielt seinen Namen *Pilgern* wegen der Ähnlichkeit mit der Echternacher Springprozession, bei der jeweils drei Schritte vorwärts und zwei Schritte rückwärts gegangen werden. Nach beendetem Walzvorgang wird das fertige Stahlrohr vom Pilgerdorn abgezogen. Der verbleibende, nicht umgeformte Rest des Hohlblockes der Pilgerkopf wird durch eine Warmsäge vom → Rohr getrennt, gegebenenfalls auch das ungleichmäßig geformte vordere Ende des Rohres. *Baumann*

Pilling-Prüfung. Unter *Pills* sind meist kugelige, an der → Oberfläche von textilen Flächengebilden mehr oder weniger anhaftende Noppen oder Knötchen zu verstehen, die infolge der Reibbewegungen im Gebrauch durch allmähliches Herauswandern von Fasern aus der Oberfläche und deren Verschlingen entstanden sind. Mit dem Aufkommen der synthetischen → Fasern hat die P.-P. an textilen Flächengebilden eine erhöhte Bedeutung erlangt, weil diese Fasern wegen ihrer glatteren Oberflächenstruktur leichter aus dem Garnverband herauswandern und die Pills infolge der höheren Festigkeitseigenschaften dieser Fasergattung fester mit der Oberfläche verbunden sind und sich deshalb schwieriger entfernen lassen.

Bei der P.-P. sollen in kurzer Zeit durch eine leichte Scheuerung Pills erzeugt werden, die den beim Tragen der Textilien entstandenen nach Form und Häufigkeit entsprechen. Von der Vielzahl der in der Einführungsphase der Synthesefasern entwickelten und zum Teil in der Praxis angewandten Prüfverfahren sind praktisch noch drei von Bedeutung:

□ Schüttelverfahren nach ICI/Hoechst (Imperial Chemical Industries, Ltd., Harrogate Hoechst AG, Höchst)

□ Random Tumble Pilling Tester (Atlas Electric Devices Comp., Chicago)

□ Martindale Scheuerprüfgerät als Pillingprüfgerät eingesetzt (J. H. Heal & CO Ltd, Halifax/GB)

Beim ersten Verfahren werden die zu prüfenden textilen Flächengebilde auf zylindrische Gummischlauchstücke oder kleine quadratische Probenträger aufgezogen und in Schüttelkästen, die immer mit Kork oder Gummi ausgekleidet sind, über eine bestimmte Dauer geschüttelt.

Beim zweiten Verfahren erfolgt die Bewegung der Prüflinge durch rotierende Flügel in einer zylindrischen Kammer. Die zu prüfenden Proben, die bei diesem Verfahren nicht auf Probenträgern aufgezogen sind, müssen vor der Prüfung am Rand verklebt werden. Eine DIN-Norm für dieses Verfahren ist zur Zeit in Bearbeitung (DIN 53867).

Bei beiden Verfahren erfolgt die Beurteilung der Pillingbildung nach einer Pillgrad-Skala (Pillgrad 8 bis 1). Diese Skala hat beschreibende Merkmale und wird in der DIN 53867 enthalten sein.

Das dritte Verfahren (Martindale), das vom Internationalen Wollsekretariat angewandt wird, ist zur Zeit in einer modifizierten Form in einem DIN-Ausschuß als Entwurf in Bearbeitung. Dabei wird Gewebe gegen Gewebe (analog auch Maschenware) gescheuert und die Oberfläche mit Fotostandards verglichen. *Kleinhansl*

Literatur: DIN 53867. – *Sommer, H.* und *F. Winkler:* Handbuch der Werkstoffprüfung. Bd. V. Berlin–Göttingen–Heidelberg 1961.

Pitting → Grübchenbildung

PIXE → Oberflächenanalytik

Plasmanitrieren → Nitrieren

Plasmaofen. Öfen mit Plasmabrennern werden in → Elektrostahlverfahren sowohl zum Erschmelzen von → Stahl aus → Schrott, als auch zum Umschmelzen von → Edelstählen und Sonderwerkstoffen eingesetzt.

Die in den letzten Jahren entwickelten P. zum → Schmelzen von Schrott verwenden das Ofengefäß der → Elektrolichtbogenöfen. Bei Anwendung von Gleichstromplasmabrennern werden diese aber seitlich durch die Ofenwand in den Ofen eingeführt. Eine gekühlte Anode ist im Herd angebracht. Ein solcher Ofen mit 45 bis 60 t Schmelzgewicht und vier Brennern mit einer Leistung von 4×7 MVA wird heute betrieben. Ein 10 t Ofen mit $3 \times 2{,}5$ MVA Drehstrombrennern ist in der Erprobung. Diese Brenner sind durch den Ofendeckel von oben eingeführt, vergleichbar den Graphitelektroden bei Elektrolichtbogenöfen.

Gegenüber Drehstromlichtbogenöfen haben P. eine geringere Lärmentwicklung und Netzrückwirkung. Die Kohlenstoffaufnahme des Schmelzbades aus den Graphitelektroden wird vermieden und die Argonatmosphäre im Ofen vermindert den → Abbrand an Legierungselementen. Auf Grund dieser Vorteile wird die Beheizung von → Pfannenöfen in der → Pfannenmetallurgie durch Drehstromplasmabrenner entwickelt, ebenso wie die Verwendung von Tauchbrennern.

Wie bei den anderen → Umschmelzverfahren werden für P. Elektroden aus einer Vorschmelze gegossen. Das Umschmelzen erfolgt mit Hilfe von Plasmabrennern, die auf die Elektrodenspitze gerichtet sind. In der geschlossenen Kammer kann sowohl ein Über- als auch ein Unterdruck eingestellt werden. Das Plasmagas wird im Kreislauf geführt. Bisher sind Umschmelzöfen bis 5 t Blockgewicht und einer Brennergesamtleistung von 1 800 kW gebaut worden. *Rellermeyer*

Plasmaschweißen. Beim P. schnürt eine wassergekühlte Kupferdüse den zwischen einer nicht abschmelzenden Wolframelektrode und dem Werkstück brennenden Lichtbogen ein (Bild).

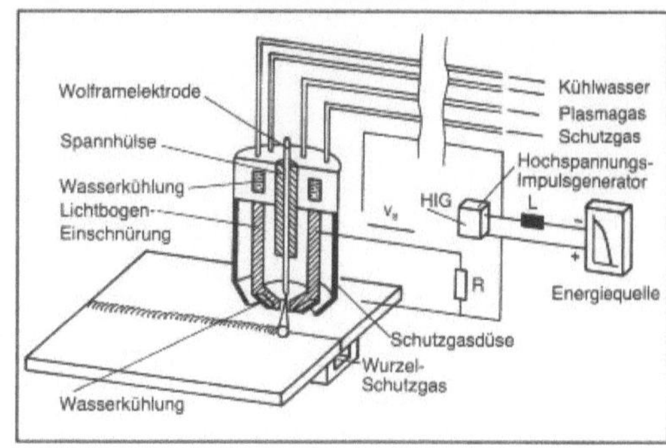

Plasmaschweißen: Verfahrensprinzip des Wolfram-P.

Dadurch entsteht eine nahezu zylindrische Lichtbogenentladung hoher Leistungsdichte. Die Temperatur der Plasmasäule liegt über der des freibrennenden Lichtbogens. Der hohe Ionisationsgrad bewirkt eine gute Lichtbogenstabilität, was sich beim → Schweißen dünner Querschnitte (Mikro-P.) vorteilhaft auswirkt. Die hohe Energiekonzentration des Plasmabogens führt bei dicken Blechen zu schmalem und tiefem Einbrand (Plasmastichlochschweißen). Anwendung findet das Verfahren in der Kerntechnik, Flugzeugfertigung, Feinwerk- und Elektrotechnik sowie im Anlagen- und Rohrleitungsbau. *Dorn*

Literatur: *Dorn, L. u. a.:* Leistungs- und Qualitätssteigerung beim Lichtbogenschweißen. Ehingen 1989.

Plasmaspritzen. Thermisches → Spritzverfahren, bei dem in einer Plasmaspritzpistole zwischen einer stabförmigen Wolframkathode und einer koaxialen ringförmigen Kupferanode ein eingeschnürter Lichtbogen hoher Energiedichte erzeugt wird (Bild). Wolframkathode und Kupferanode sind wassergekühlt. Der Lichtbogen gibt Wärme an das Plasmagas ab, das ionisiert wird. Bei der Rekombination der Ionen wird Wärme freigesetzt; der elektrisch neutrale Plasmastrahl verläßt die als Anode geschaltete Brennerdüse mit hoher Temperatur und hoher Geschwindigkeit. Pulverisierter Spritzwerkstoff wird mit Hilfe eines Trägergases innerhalb oder außerhalb des Brenners in die Plasmaflamme eingeblasen, aufgeschmolzen und auf die → Oberfläche des zu beschichtenden Werkstückes gespritzt. Die Verweilzeit des Pulvers im Plasma liegt im Bereich von Mikrosekunden. Ein vollständiges Aufschmelzen der Spritzwerkstoffpartikel kann nur bei Einhalten bestimmter Partikelgrößen erfolgen.

Die ursprünglichen Partikelgrößen von 50 bis 90 µm werden von Partikeln im Bereich von 20–45 µm abgelöst, bei oxidkeramischen Spritzpulvern geht die Tendenz zu Partikeln unter 20 µm. Feinere Partikel führen zu glatteren Oberflächen.

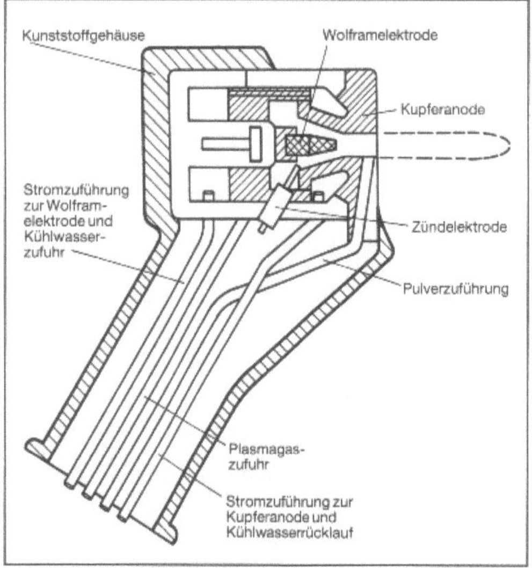

Plasmaspritzen: Plasmaspritzpistole.

Beim P. wird zwischen Normalgeschwindigkeits-P. (40 kW) mit Partikelgeschwindigkeiten von 200–300 m/s und Hochgeschwindigkeits-P. (80 kW) mit Partikelgeschwindigkeiten von 400 bis 500 m/s unterschieden. Bei Plasmatemperaturen von 3 000–30 000 °C betragen die Temperaturen am Spritzdüsenaustritt beim 40-kW-Verfahren (50 V, 800 A) etwa 2 700 °C; beim 80-kW-Verfahren (50 V, 1 600 A) etwa 10 000 °C.

Weil der Lichtbogen des Plasmabrenners nicht auf das Werkstück übertragen wird, bleibt dieses, obwohl nur 80–150 mm von der Spritzpistole entfernt, mit ca. 200 °C relativ kalt.

Spritzleistungen von Plasmaspritzanlagen liegen im Bereich von 2–20 kg/h für Wolframcarbid-Kobalt und 5–50 kg/h für Al_2O_3. Spritzwerkstoffe sind hochschmelzende Carbide, Nitride, Oxide und Silicide.

Eine besondere Variante des P. ist das Niederdruck-P. in → Schutzgas unter vermindertem Druck, wodurch Oxidationsprozesse vermieden werden, so daß die Reinheit, Dichte und Haftung verbessert werden.

→ Spritzen, thermisches   *Habig*

Literatur: *Simon, H.:* und *M. Thoma:* Angewandte Oberflächentechnik für metallische Werkstoffe. München 1985.

Plasma-Umschmelzanlage. P.-U. dienen dem Umschmelzen von Elektroden zu Blöcken mit Hilfe von Plasmabrennern, die gleichzeitig das Schmelz-

bad in der wassergekühlten Kokille beheizen (Bild). Der hergestellte → Block wird kontinuierlich aus der Kokille gefördert. Elektrode, Plasmabrenner und Kokille sind in einer Schmelzkammer angeordnet, wobei das Plasmagas im geschlossenen Kreislauf geführt wird. Es kann sowohl bei Unterdruck als auch bei Überdruck umgeschmolzen werden. Als Plasmagas dient in der Regel Argon. Bei Zugabe von → Stickstoff und Anwendung höherer Drükke können auch stickstofflegierte Stähle hergestellt werden.

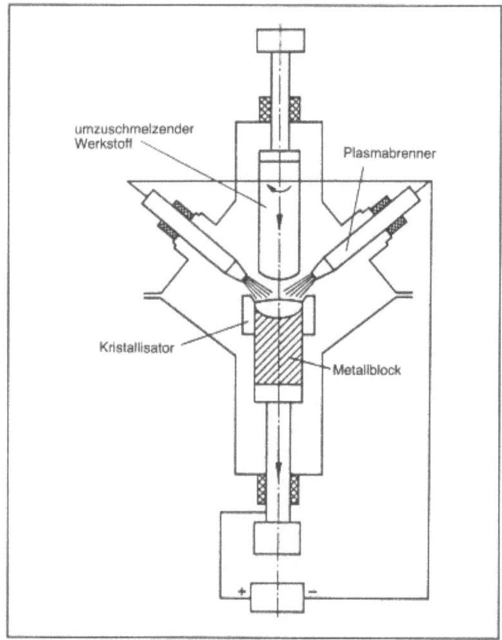

Plasma-Umschmelzanlage: Schematische Darstellung.

Der Plasma-Umschmelzprozeß ist metallurgisch sehr anpassungsfähig. Außer dem schon genannten Schmelzen unter verschiedenen Gasatmosphären unterschiedlichen Druckes können wie im → Elektroschlacke-Umschmelzofen auch Metall-Schlakkenreaktionen ausgeführt werden. Die Argonatmosphäre bewirkt eine relativ gute Entgasung und verhindert andererseits eine selektive Verdampfung von Legierungselementen.   *Baumann*

Plaste. P. oder Plastik ist der Oberbegriff für organische → Kunststoffe, die aus Polymeren bestehen. Man unterscheidet → Thermoplaste und → Duroplaste (→ Duromere).

Thermoplaste lassen sich aufschmelzen und in der Schmelze verarbeiten, nach dem Abkühlen sind sie formstabil. Reste lassen sich erneut aufschmelzen und verarbeiten. Dieser Zyklus läßt sich bei den Thermoplasten beliebig oft wiederholen.

Die Duroplaste oder Duromeren dagegen werden in ihrer Endform vernetzt und sind danach nicht mehr schmelzbar. Reste lassen sich also nicht erneut weiterverarbeiten. Duromere haben im allgemeinen eine größere Wärmestabilität, d. h. duromere Werkstoffe behalten auch bei höheren Temperaturen ihre äußere Form. *Finkelmann*

Plastik. Im deutschen Sprachraum wird der Begriff *Plastik* als zumeist abwertende Bezeichnung für →Kunststoffe gebraucht. Im englischen Sprachraum ist die Bezeichnung *plastics,* ebenso wie im französischen *plastique,* durchaus in wertneutraler Form im Gebrauch. In Ostdeutschland offiziell eingeführt war der Begriff *Plaste.* *Zahradnik*

Plastizität. Als P. bezeichnet man das Verhalten eines Festkörpers unter mechanischer Belastung, welches zu einer irreversiblen →Formänderung (andere Bezeichnung: bleibende →Dehnung) führt; Gegensatz: →Elastizität.

P. ist bei Festkörpern mit starkem Anteil an Ionenbindung bzw. kovalenter Bindung bei niedrigen Temperaturen in der Regel auf sehr kleine Gesamtdehnungen beschränkt und spielt sich nur in sehr kleinen Teilbereichen mit günstigem Spannungszustand und geeigneten Strukturelementen ab (Mikroplastizität). Dieses Verhalten wird auch als *spröde* angesprochen; im Extremfall leitet dabei die elastische Verformung unmittelbar zum →Bruch über. Beispiele sind Aluminiumoxid, Silikatglas, metallische Gläser, Hart-PVC, aber auch Gußeisen mit Lamellengraphit; auch die als →Elastomere bezeichneten kautschukartigen Stoffe zeigen praktisch keine P., wohl aber einen sehr großen (gummi-)elastischen Bereich (~100 % und mehr).

Im Gegensatz dazu zeigen reine Metalle und die meisten technischen Legierungen eine erhebliche bleibende Dehnung vor dem Bruch (→Bruchdehnung) von ca. 5–50 %; diese ist also wesentlich höher als die elastische Dehnung (Größenordnung 0,01 %). Ein derartiges Verhalten wird auch als *duktil* bezeichnet. Es ist sowohl für die plastische Formgebung im Fertigungsprozeß (Umformtechnik) als auch für die →Sicherheit von metallischen Konstruktionen von sehr großer Bedeutung: Absorption von Schock-Energie durch gezielte plastische Verformung – „Knautschzone" in Kraftfahrzeug-Karosserien.

Bei den kristallinen →metallischen Werkstoffen tritt P. nur oberhalb einer bestimmten Grenzspannung, der →Fließgrenze R_e, auf (→Zugversuch); bei Einkristallen bekannter Orientierung entspricht die als →Normalspannung gemessene Fließgrenze einer kritischen Schubspannung τ_c. In der Regel ist der Wechsel zwischen elastischer und plastischer Dehnung keine scharfe Grenze, sondern ein kontinuierlicher Übergang mit wachsenden Anteilen bleibender Dehnung bei zunehmender Spannung. Deswegen ist eine dem Meßverfahren angepaßte Definition der Fließgrenze erforderlich, z. B. 0,2 % bleibende Dehnung. Ausnahmen mit abrupten Übergängen elastisch-plastisch treten z. B. auf, wenn die Gleitprozesse (s. u.) durch Fremdatome oder Teilchendispersionen blockiert werden (insbes. bei Stählen, aber auch bei Hochpolymeren); nach Überwindung der Blockierung kommt es dann oft zur lawinenartigen Auslösung angestauter Deformations-Prozesse und damit zu einem abrupten Festigkeitsabfall; hierfür hat sich die Bezeichnung *Streckgrenze* eingebürgert.

Für den kontinuierlichen Charakter des Übergangs zum plastischen Fließen sind verschiedene vorwiegend statistische Faktoren wesentlich: Verteilung der Kornorientierungen in polykristallinen Werkstoffen, Verteilung der verschiedenen Gleitelemente und Gleithindernisse. Die Fließgrenze hängt daher von der thermomechanischen Vorgeschichte des Materials mindestens ebenso stark ab wie von seiner chemischen Zusammensetzung. – Steigende Temperatur begünstigt ebenfalls einen graduellen Übergang elastisch/plastisch, infolge der thermischen Aktivierung der Grundmechanismen. Der Vorgang wird dann zeit- bzw. geschwindigkeitsabhängig. Bei hohen Temperaturen läßt sich langsames plastisches Fließen (→Kriechen) schon bei $\sigma \leq 10^{-6}\,E$ beobachten.

Gleitende Übergänge elastisch/plastisch spielen auch bei der P. amorpher Körper eine bedeutende Rolle (keramische Massen vor dem Brennen, Beton vor der Aushärtung, Kunststoffe bei der Formgebung, Gletscher-Eis, Erdkruste). Bei ihnen ist oft das atomar verteilte freie Volumen für den Verformungsmechanismus entscheidend, während es bei kristallinen Werkstoffen die Versetzungsanordnung und die Korngrenzen sind. Hieraus erklären sich die Unterschiede der für verschiedene Werkstoffklassen anzuwendenden mechanischen Stoffgesetze.

Für die P. der kristallinen Werkstoffe – vorwiegend der duktilen Metalle – wurde von *Schmid* und *Boas* bereits 1935 der Begriff der *Kristallplastizität* geprägt. Für das Verständnis dieser Verformungsvorgänge waren Messungen und Beobachtungen an Einkristallen Voraussetzung, wie man sie vorher nicht zur Verfügung hatte. Die so gewonnenen wesentlichen Erkenntnisse sind die folgenden:

□ Plastische Verformung erfolgt durch →Abgleitung längs Gleitebenen, wird also durch die Schubspannungskomponente der Belastung verursacht.

□ Die Gleitebenen und die in ihnen enthaltenen Gleitrichtungen bilden jeweils ein →Gleitsystem mit wohldefinierter kristallographischer Orientierung. Bestimmte Stoffklassen bzw. Kristallstrukturen weisen in der Regel einheitliche Gleitsysteme auf. Diese können mit wachsendem Verformungsgrad, mit wachsendem Legierungsgehalt und mit der Temperatur wechseln.

□ Um makroskopisch meßbare Formänderungen (und nicht nur elastische Dehnung) zu bewirken, muß eine kritische Schubspannung überschritten werden, die für das betreffende Material und Gleitsystem charakteristisch ist. Hierzu muß jedoch ein struktureller Bezugszustand definiert sein, z. B. der gut erholte, nicht vorverformte Kristall. Bei einer stabförmigen Zugprobe leitet sich die in jedem Gleitsystem wirksame Schubspannung $\tau(hkl)$ aus der auf die Probe wirkenden Zugspannung σ durch Anwendung des Schmid-Faktors ab (Bild 1). Bei Vorhandensein gleichwertiger Gleitsysteme wird zunächst dasjenige aktiviert, in welchem bei zunehmender Belastung die wirksame Zugspannung zuerst den kritischen Wert überschreitet.

In speziellen Fällen kann auch → Entfestigung auftreten.

□ Die auf Abgleitung beruhende P. ist ein stark lokalisierter Vorgang; sie konzentriert sich auf relativ wenige Gleitebenen, die sich durch günstige Startbedingungen = „Abgleitungsquellen" auszeichnen, während die überwiegende Mehrzahl der kristallographisch gleichwertigen Gitterebenen keine Abgleitung aufweist. Vielfach bilden sich – ausgehend von einer aktiven Gleitebene – Pakete nahe benachbarter Gleitebenen aus, die als Gleitbänder bezeichnet werden. Sie erreichen gemeinsam große Abgleitungsbeträge ($>10^3$ Gitterkonstanten) und sind daher selbst mit bloßem Auge an den Spuren ihres Durchtritts durch die Probenoberfläche zu erkennen (Gleitstufen, Bild 2). Das mikromechanische Fundament dieser Merkmale der P. ist die Theorie der → Versetzungen.

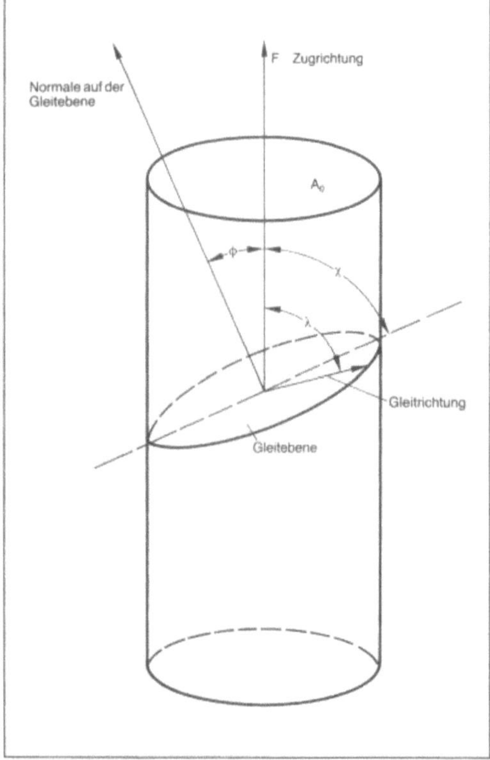

Plastizität 1: Winkelbeziehungen zwischen Hauptspannungsrichtung und Gleitsystem in einer Einkristall-Zugprobe (Definition des Schmid-Faktors).

Plastizität 2: Photographische Aufnahme von Gleitstufen auf der Oberfläche eines Metalls niedriger Stapelfehlerenergie, z. B. Kupfer.

□ Die zur weiteren Verformung nach Einsetzen der P. erforderliche → Fließspannung $\sigma(\varepsilon)$ nimmt mit steigender Dehnung ε zu (→ Verfestigung). Die als differentieller Verfestigungskoeffizient bezeichnete Größe h ist dann positiv:

$$h(\varepsilon) = \partial\sigma/\partial\varepsilon \ [\mathrm{N\ mm^{-2}}]$$

Das allgemeine Prinzip, größtmögliche Verformung mit niedrigstmöglichem Kraftaufwand zu erzielen, findet sich im Bereich der Kristallplastizität vielfach verwirklicht: Die versetzungstheoretisch begründbare Selektion von Gleitebenen wurde bereits erwähnt. Die Lokalisierung der Abgleitung innerhalb der Gleitebene auf einzelne Versetzungslinien ermöglicht eine Spannungskonzentration, welche den Unterschied um den Faktor 1 000 zwischen der „theoretischen" und der realen Scherfestigkeit eines Einkristalls erklärt. Zwei weitere wichtige Typen von lokalisierter oder inhomogener Verformung sind:

– Deformationsbänder: Sie bilden sich in krz. und kfz. Metallen bei hohen Verformungsgraden (insbes. bei Umformprozessen) aus, indem sich Gefügebereiche mit einer einheitlichen, zur wirksamen Spannung günstig ausgerichteten Orientierung ausbilden; es handelt sich also um eine Art von lokaler

→Textur. Entsprechend den Bildungsbedingungen durch Drehen und selektives Anlagern subkornähnlicher Zellen sind ihre Berandungen unscharf. Ihr Inneres weist einen geringeren Formänderungswiderstand auf als es bei einem einheitlich orientierten, aber stark verformten →Einkristall oder bei statistisch verteilten Kornorientierungen in einem polykristallinen Gefüge der Fall wäre. Sie verformen sich daher leichter bzw. schneller als ihre Umgebung.

– Lüders-Bänder. Sie bilden sich im Zugversuch insbes. an Flachproben aus und sind eine für →Stähle typische Erscheinung. Verursacht wird das Phänomen von einer allgemeinen Blockierung der Versetzungsbewegung durch Verankerung im Spannungsfeld gelöster Kohlenstoffatome. Bei Spannungszunahme kommt es zur lokalen Aufhebung der Blockierung. Dadurch wird ein Lawineneffekt ausgelöst, der zur raschen Bildung einer den Probenquerschnitt überdeckenden, eng begrenzten Zone hoher Verformungsrate führt, welche eine lokale Verformung um mehrere Prozent bewirkt, während die globale (mittlere) Längenänderung wesentlich darunter bleibt. An den Grenzflächen der Lüdersbänder werden „autokatalytisch" immer weitere Verformungsvorgänge ausgelöst, so daß die in einer größeren Probe zahlreich gebildeten Lüdersfronten bei vorgegebener Verformungsrate ohne wesentliche Verfestigung das gesamte Probenvolumen überstreichen. Sie lassen somit einen durch die lokale →Lüders-Dehnung gekennzeichneten Verformungszustand zurück (Bild 3). Ist auf diese Weise das gesamte Probenvolumen erfaßt, erfolgt die weitere Verformung homogen mit „normaler" Verfestigung. – Die bei konstanter Belastung ablaufende Lüders-Dehnung entspricht übrigens dem Modell des ideal-plastischen Verhaltens, dadurch gekennzeichnet, daß im Anschluß an den elastischen Bereich plastische Verformung bei konstanter Spannung mit gleichbleibender Geschwindigkeit erfolgt. Dieses Modell, welches die Verfestigung vernachlässigt, ist bei normalen Metallen nicht anwendbar, bietet sich aber für die rechnerische Darstellung von geringen plastischen Dehnungen in Stählen mit ausgeprägter Streckgrenze und Lüders-Band-Verhalten an.

Die Diskussion der technisch besonders wichtigen Vielkristall-P. ist wesentlich anspruchsvoller als die der Einkristall-P., weil die Orientierungen und die Größen der Einzelkörner einer im Idealfall statistischen, oft aber auch einer bimodalen oder noch komplexeren Verteilung gehorchen (Texturen). Da die Gleitsysteme der Nachbarkörner unterschiedlich ausgerichtet sind, sind ihre maßgeblichen Schubspannungskomponenten ebenfalls unterschiedlich, sodaß bei Lastaufbringung benachbarte Körner nicht gleichzeitig, sondern nacheinander die kritische Schubspannung erreichen und sich zu ver-

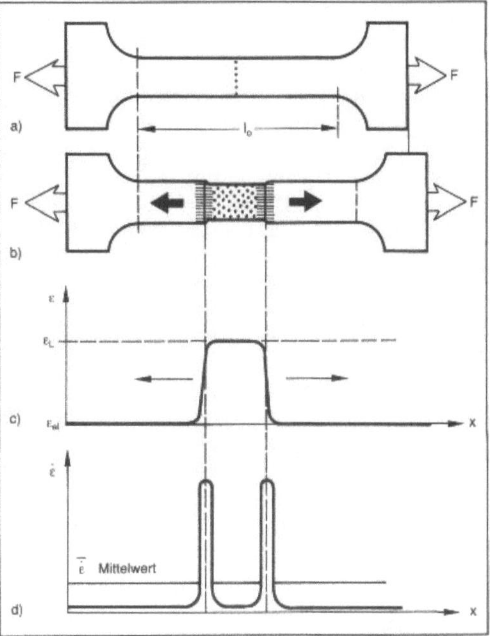

Plastizität 3: Örtliche Verteilung von erreichter Dehnung und Dehnungsgeschwindigkeit in einer Zugprobe mit Lüdersband-Ausbreitung (schematisch).

formen beginnen. Dadurch, und weil Versetzungen auf den Gleitebenen nicht unmittelbar in Nachbarkörner übertreten können, kommt es zu Blockierungen und mikroskopischen Eigenspannungen, die allerdings in der Regel durch Sekundärgleitprozesse ausgeglichen werden können. Die Bevorzugung bestimmter kristallographischer Lagen im Raum führt bei hohen Verformungsgraden zur Ausbildung von Deformationsbändern (s. o.) bzw. von makroskopisch wirksamen Texturen.   *Ilschner*

Literatur: *Dieter, G. E.:* Mechanical Metallurgy. 3. Aufl. New York 1986. – *Haasen, P.:* Physikalische Metallkunde. 2. Aufl. Berlin–Heidelberg 1984. – *Ilschner, B.:* Werkstoffwissenschaften. 2. Aufl. Berlin–Heidelberg 1990. – *Schmid, E.* und *W. Boas:* Kristallplastizität. Berlin 1935.

Plastizitätstheorie. Die P. ist ein Teilgebiet der Kontinuumsmechanik. Sie beschreibt das Verhalten von Festkörpern beim Auftreten von bleibenden (plastischen) →Formänderungen und bildet damit die modellmäßige Grundlage für die rechnerische Behandlung von Umformvorgängen. Die →Metallkunde und die Metallphysik haben die Ursachen des plastischen Verhaltens →metallischer Werkstoffe und dessen Abhängigkeit von den verschiedenen Einflußgrößen wie Vorgangsgeschwindigkeit, Temperatur, Vorgeschichte u. a. weitgehend geklärt. Die wesentlich ältere P. berücksichtigt diese Erkenntnisse nicht unmittelbar. Sie beschreibt, aufbauend auf den Methoden der Kontinuumsmechanik, rein phänomenologisch die makroskopisch beobachtbaren Erscheinungen, also die Eigenschaften der Werkstoffe, wie sie z. B. bei Umformvorgängen, insbesondere Modellvorgängen (→ Zugversuch, → Stauchversuch usw.), beobachtet und gemessen werden können. Sie gelangt so zur einfachen Beschreibung des plastischen Verhaltens: → Plastizität ist das Vermögen eines Werkstoffs, unter der Wirkung von Spannungen seine Form bleibend zu ändern, wenn diese Spannungen eine werkstoffabhängige, kritische Größe, die sog. → Fließgrenze (→ Fließspannung), erreichen. Ziel der P. ist es, auf theoretischem Wege Aussagen über die in einem Werkstück während der → Umformung auftretenden Spannungs- und Bewegungszustände (Formänderungszustände) zu gewinnen. Eine Zusammenstellung der zeitlichen Entwicklung der plastizitätstheoretischen Berechnungsverfahren mit den wichtigsten Namen und Daten ist in Bild 1 dargestellt.

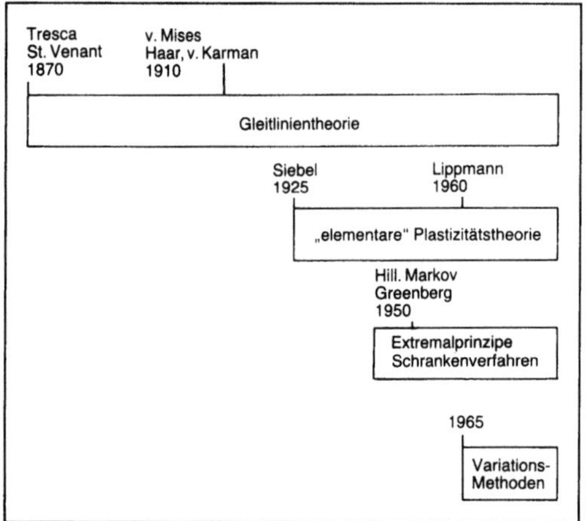

Plastizitätstheorie 1: Zeitliche Entwicklung der Berechnungsverfahren.

Die älteste der Methoden ist die → Gleitlinientheorie. Sie wurde fast unmittelbar nach der Formulierung der ersten → Fließbedingung durch *Tresca* um 1870 durch *Saint Venant* dadurch begründet, daß *St. Venant* diese Bedingung auf den ebenen → Formänderungszustand anwendete und hierbei zu ersten Einzellösungen für kleine Verformungen eines plastischen Körpers kam. Interessant ist in diesem Zusammenhang, daß *Tresca* durch Experimente auf seine → Schubspannungshypothese geführt wurde, bei denen er leicht umformbare Metalle durch Düsen preßte: ein konkretes umformtechnisches Problem. Die theoretische Untersuchung solcher Vorgänge war zu jener Zeit ein vollständig neues Gebiet. Man kann daher diese Untersuchungen als den Beginn der P. betrachten.

Das Interesse an der Theorie des plastischen Verhaltens der Werkstoffe blieb in den folgenden Jahren jedoch noch gering. Es erwachte erst nach Arbeiten von *Nadai* zur plastischen Torsion und von *Hencky* und *Prandtl* über die Geometrie der Gleitlinien. Damit fanden auch früher veröffentlichte grundlegende Arbeiten von *v. Mises* und *Haar* und *v. Karman* neues Interesse. In den Jahren nach 1920 stieg die Anzahl der Arbeiten über das plastische Verhalten der Werkstoffe stark an. Man kennt aus dieser Zeit viele Berichte über Untersuchungen zum Einfluß mehrachsiger Spannungszustände auf das Werkstoffverhalten jenseits der → Elastizitätsgrenze, mit denen sich namhafte Forscher wie *Lode, Ludwik, G. Taylor, Quinney, Ross, Eichinger* und *Siebel* beschäftigten. Die theoretischen Untersuchungen auf dem Gebiet der P. führten zu einer weiteren Entwicklung der Gleitlinientheorie und in der Folgezeit zu einer großen Anzahl von Lösungen für Spannungsverteilungen bei ebenen Problemen. Diese Entwicklung wurde später von *Hill* und *Sokolovsky* weitergeführt und danach vor allem in England und Rußland gepflegt. Daneben führte die P. zu einer Reihe von Einzellösungen für Probleme mit besonders einfachen Randbedingungen.

Erich Siebel und seine Mitarbeiter entwickelten in den dreißiger Jahren, ausgehend von Untersuchungen am einachsigen Versuch (Zug- und Stauchversuch), Berechnungsverfahren für Umformvorgänge wie z. B. → Walzen, → Schmieden, → Ziehen usw. Diese Modelle haben sich als sehr fruchtbar erwiesen. Sie lassen sich ohne hohen mathematischen Aufwand behandeln und sind trotzdem so angesetzt, daß die wesentlichen Eigenschaften eines Vorgangs erfaßt werden können. Die zunächst noch den einzelnen Umformverfahren angepaßten Methoden wurden später von *Lippmann* zu einer geschlossenen Theorie dieser Näherungslösungen zusammengeführt, die den Namen „elementare P. der Umformtechnik" erhielt. Sie hat in der Umformtechnik bis heute einen wichtigen Platz behalten. Die unter dem Begriff elementare P. zusammengefaßten Methoden nutzen Vereinfachungen aus, die die Grundgleichungen der „höheren" P. erfahren, wenn man sie für die Hauptrichtungen des Spannungs- und Formänderungszustands formuliert und annimmt, daß sich die Umformvorgänge aus sog. homogenen Vorgängen zusammensetzen lassen.

Die Methoden zur Behandlung von Vorgängen, bei denen ein ebener Formänderungszustand vorliegt, werden dabei unter der Bezeichnung Streifentheorie zusammengefaßt. Ihre Übertragung auf axialsymmetrische Vorgänge führte zu weiteren Grundmodellen, der Scheiben- und Röhrentheorie (Bild 2). Die Vereinfachungen der Grundgleichungen der P. ergeben sich für das Streifenmodell aus folgenden Annahmen:

– Die elastische → Formänderung ist vernachlässigbar klein. Das Werkstoffvolumen bleibt während der plastischen Umformung konstant.

– Gewichts- und Trägheitskräfte sind vernachlässigbar. Die Fließspannung ist als Funktion der Temperatur, des Umformgrads und der → Umformgeschwindigkeit gegeben.

– Zwischen Werkzeug und Werkstück herrscht *Coulombsche* → Reibung mit der konstanten Reibzahl μ.

– Der Werkstoff fließt zwischen einem Paar von Werkzeugbahnen so, daß ebene Querschnitte in ebene Querschnitte übergehen und die Umformung über die Querschnitte homogen ist.

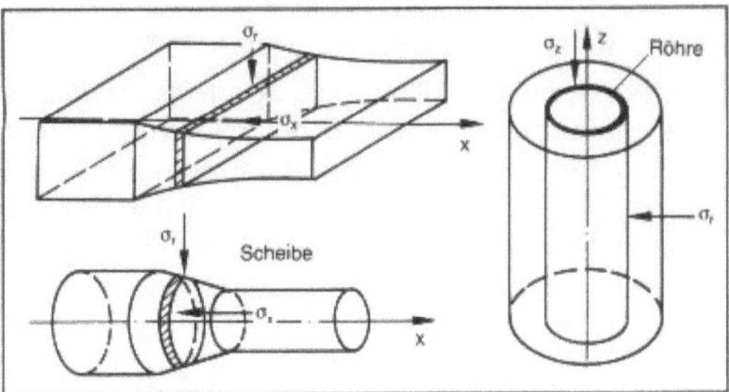

Plastizitätstheorie 2: Werkstückelemente der elementaren P.

Die Annahme, daß die Streifen eine homogene, inkompressible Formänderung erfahren, läßt eine Berechnung des Bewegungszustands, ausgehend von der vorgegebenen Stempelgeschwindigkeit, zu. Damit kann die momentane Umformleistung ermittelt werden. Bei Vorgängen, für die bekannt ist, daß der Bewegungszustand sich stark von dem des homogenen Formänderungszustands unterscheidet, werden Korrekturglieder eingeführt. Bild 3 zeigt die nach der elementaren Theorie berechnete Spannungsverteilung für das ebene → Stauchen zwischen parallelen Platten. Die → Schrankenverfahren gehen von den Extremalaussagen der Lévy-Misesschen P. (starr-idealplastisches → Werkstoffmodell) aus und erlauben die Berechnung von Umformleistungen (-kräften), die eine obere bzw. untere Schranke für die tatsächliche Leistung (Kraft) darstellen. Eine spezielle Anwendung des Verfahrens der oberen Schranke ist die sog. Upper-Bound Elemental Technique (UBET), bei der das Werkstück (bzw. die Umformzone) in mehrere Unterbereiche eingeteilt wird, für die bereichsweise gültige Geschwindigkeitsansätze erstellt werden, die dann über die Verträglichkeitsbedingungen an den Bereichsgrenzen das gesamte Geschwindigkeitsfeld beschreiben. Aussagen über lokale Größen wie Spannungen oder Formänderungsgeschwindigkeiten sind bedingt möglich. Soll eine detaillierte Berechnung lokaler Größen für einen Umformvorgang durchgeführt werden, so muß auf numerische Verfahren wie z. B. die → Fehlerabgleichverfahren oder die → Finite-Elemente-Methode zurückgegrif-

fen werden. Während die „klassischen" Verfahren der P. – Gleitlinienmethode, elementare Theorie, Schrankenverfahren – bei verhältnismäßig geringem Aufwand zu geschlossenen Lösungen führen, die allerdings auf Grund der vereinfachenden Annahmen nur eingeschränkte Aussagefähigkeit haben, können mit Hilfe der numerischen Methoden sehr genaue und detaillierte Angaben über einzelne Vorgangsgrößen (Spannungen, Temperaturen usw.) gewonnen werden, wobei der Berechnungsaufwand mit zunehmender Genauigkeit stark ansteigt. Daher muß für den einzelnen Anwendungsfall geprüft werden, welches Verfahren zum Einsatz kommen soll. Mit der Verfügbarkeit leistungsfähiger Rechenanlagen haben die numerischen Methoden in neuerer Zeit in zunehmendem Maß an Bedeutung gewonnen. Die Analyse von Vorgängen bzw. Vorgangsabläufen wird unter den Begriffen Prozeßsimulation und → Prozeß-Analyse zusammengefaßt. *Lange*

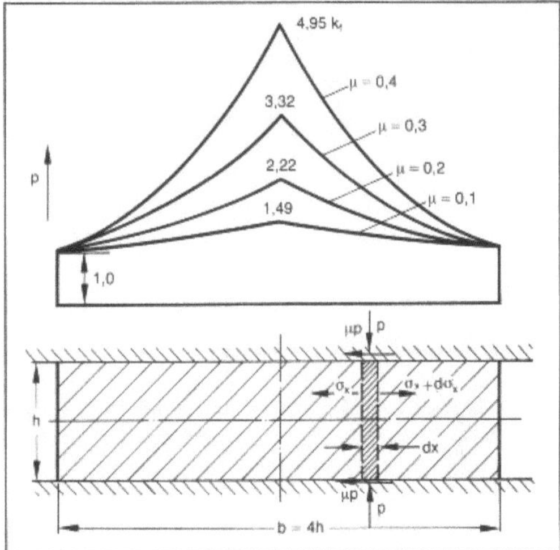

Plastizitätstheorie 3: Ebener Stauchvorgang. Druckspannungsverteilung an der Stirnfläche, berechnet nach dem Streifenmodell.

Literatur: *Betten, J.:* Elastizitäts- und Plastizitätslehre. Braunschweig, Wiesbaden 1985. – *Hill, R.:* The Mathematical Theory of Plasticity. Oxford 1950. – *Ismar, H. u. O. Mahrenholtz:* Technische Plastomechanik. Braunschweig, Wiesbaden 1979. – *Lange, K.* (Hrsg.): Umformtechnik. Handb. f. Ind. u. Wiss. 2. Aufl. Bd. 1. Grundlagen. Berlin, Heidelberg, New York, Tokio 1984. – *Lippmann, H.:* Mechanik des plastischen Fließens. Berlin, Heidelberg, New York 1981. – *Lippmann, H. u. O. Mahrenholtz:* Plastomechanik der Umformung metallischer Werkstoffe. Berlin, Heidelberg 1967. – *Prager, W. u. P. G. Hodge:* Theorie ideal-plastischer Körper. Wien 1954.

Plastomer → Elastoplast

Platine. Unter P. ist rechteckiges → Halbzeug zu verstehen, welches nur auf zwei Flächen gewalzt wird und abgerundete Kanten hat. *Baumann*

Platinlegierungen → Edelmetalle und Edelmetall-Legierungen

Plattieren. Aufbringen einer oder mehrerer Metallschichten auf einen im allgemeinen metallischen Grundwerkstoff durch → Auftragschweißen (Schweißplattieren), → Walzplattieren oder → Sprengplattieren. Beim Walzplattieren werden Grund- und Plattierungswerkstoff gemeinsam warm umgeformt, wobei die → Haftung durch Diffusionsprozesse gefördert wird. Beim Sprengplattieren werden die beiden Werkstoffe durch den hohen Druck und der hohen Geschwindigkeit einer Explosion miteinander verbunden. Im Gegensatz zu der ebenen Bindungszone beim Walzplattieren ist die Grenzfläche beim Sprengplattieren meistens wellenförmig ausgebildet. Als Plattierungswerkstoffe dienen vor allem nichtrostende → Stähle, → Nickel, Nickel-Knetlegierungen, → Kupfer und Kupfer-Knetlegierungen. Zum Verschleißschutz werden teilweise auch Plattierungen aus Werkzeugstählen aufgebracht. *Habig*

Literatur: *Neuhaus, W.:* VDI-Ber. Nr. **333** (1979) S. 137.

Plattierschicht → Schichtverbundwerkstoffe

Plexiglas. Handelsname für glasklare oder transparent eingefärbte Produkte aus Polymethylmethacrylat (→ Methylmethacrylat-Polymerisat). *Zahradnik*

PMMA → Acrylat

Poisson-Zahl → Querkontraktion

Polarisation. Als P. wird bei einer stromdurchflossenen → Elektrode die Abweichung des Elektrodenpotentials vom → Ruhepotential bezeichnet.

Entsprechend den verschiedenartigen Ursachen für die P. lassen sich mehrere Polarisationsarten unterscheiden: Konzentrations-, Widerstands-, Durchtritts- und Kristallisationspolarisation (→ Überspannung). *Wendler-Kalsch*

Polarisationswiderstand. Quotient aus der Polarisationsspannung U und dem → Summenstrom I der → Mischelektrode (DIN 50900). Der spezifische P. R_p ergibt sich durch Einsetzen der Summenstromdichte i. Er wird durch die Tangente der → Stromdichte-Potential-Kurve beim → Korrosionspotential charakterisiert, entsprechend

$$R_p = \left(\frac{dU}{di}\right)_{U = U_{Korr}}$$

Einem kleinen bzw. großen P. entspricht ein steiler bzw. flacher Verlauf der Stromdichte-Potential-Kurve beim Nulldurchgang. *Wendler-Kalsch*

Polarisierbarkeit, dielektrische. Gegenseitige meist reversible Verschiebbarkeit von Ladungen in einem dielektrischen Werkstoff bzw. → Isolator unter dem Einfluß eines elektrischen Feldes.

Unter Einfluß eines elektrischen Feldes E kommt es in einem → Dielektrikum zu Ladungsverschiebungen im Inneren und zur Ausbildung scheinbarer Ladungen auf der → Oberfläche. Man bezeichnet diesen Vorgang als dielektrische → Polarisation P. Es gilt folgender Zusammenhang:

$P = n \cdot \alpha \cdot E$
(α = Polarisierbarkeit, n = Teilchenzahl)

Die Gesamtpolarisierbarkeit setzt sich aus Orientierungs-, Ionen-, Elektronen- und Grenzflächenpolarisierbarkeit zusammen:

$\alpha = \alpha_{or} + \alpha_{ion} + \alpha_{el} + \alpha_{gr}$

□ Orientierungspolarisation: Atomare Bausteine mit einem permanenten Dipol richten sich unter Einfluß eines elektrischen Feldes mehr oder weniger stark aus. Die Wärmebewegung der Teilchen wirkt diesem Bestreben entgegen. Es gilt folgende Temperaturabhängigkeit:

$\alpha_{or} = m^2/3k \cdot T$
(m = permanentes Dipolmoment, k = Boltzmannkonstante)

□ Verschiebungspolarisation: Unpolare Bausteine wie Atome oder Ionen erhalten unter Einfluß eines elektrischen Feldes ebenfalls ein Dipolmoment. Dieser Vorgang wird in zwei Effekte unterteilt: Verschiebung der Ionen aus ihrer Ruhelage (α_{ion}) und Deformation der Elektronenhüllen (α_{el}). Im letzteren Fall kommt es zur Ausbildung von atomaren Dipolen, da die Ladungsschwerpunkte von Kern und Hülle auseinanderstreben. Bei Ionenpolarisation entstehen Dipolmomente innerhalb kleiner Gitterbereiche.

□ Grenzflächenpolarisation: Mobile Ladungen, die sich an Grenzflächen oder Oberflächen beim Anlegen eines elektrischen Feldes ansammeln (α_{gr}).

Das dielektrische Verhalten wird für kapazitive Schaltelemente und für Isolatoren genutzt (Bild). *Hessel/Hennicke*

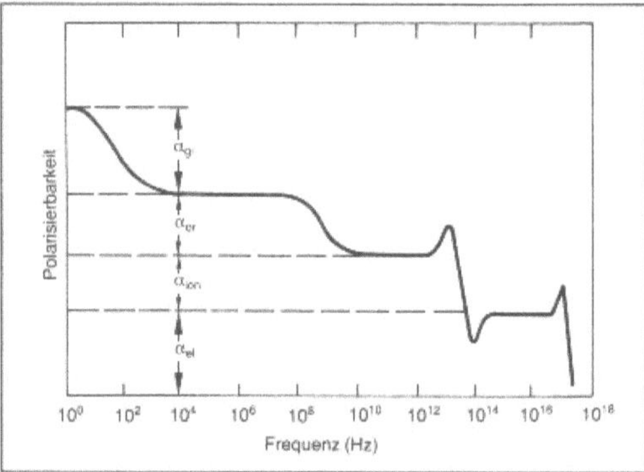

Polarisierbarkeit, dielektrische: Frequenzabhängigkeit der verschiedenen Polarisierbarkeitsformen.

Literatur: *Kingery, W. D.* and *H. K. Bowen, D. R. Uhlmann:* Introduction to Ceramics. 2nd Ed. New York–London–Sydney–Toronto 1976.

Poldihammer → Härte

Polfigur. In der angewandten Röntgen-Feinstrukturanalyse dient die P. als graphische Darstellung der Orientierungsverteilung in der → Oberfläche polykristalliner Festkörper.

Die Oberfläche schneidet das Korngefüge derart, daß jedes → Korn durch ein Teilgebiet dieser Querschnittsfläche repräsentiert wird. Die Flächennormalen der Oberflächen-Ebene und die Netzebenen-Normalen einer ausgewählten Orientierung eines jeden Korns schließen einen räumlichen Winkel ein. Durch systematische Variation des Einfallswinkels eines monochromatischen Röntgenstrahls und gleichzeitige Intensitätsmessung kann unter Beachtung der *Bragg*-Bedingung die räumliche Lage der jeweiligen Netzebenen-Normalen ermittelt werden. Statt des Raumwinkels selbst zeichnet man üblicherweise den Durchstoßpunkt der Netzebenennormalen durch die Einheitskugel bzw. dessen stereographische Projektion auf (Bild) und erhält so die P.

Grundsätzlich ist jedem vom einfallenden Röntgenstrahl erfaßten Korn ein diskreter Punkt der P. zugeordnet. Ihre Anzahl läßt sich zur besseren statistischen Absicherung durch laterale Verschiebung der Probe unter dem einfallenden Strahl erhöhen. Bei völlig regelloser Orientierungsverteilung in der Probe entsteht eine P. mit entsprechend gleichmäßiger Punktverteilung in der Projektionsebene. Besitzt jedoch das Untersuchungsmaterial Vorzugsebenen, so kommt es zur Häufung der Orientierungs-Punkte in entsprechenden Polen. Dadurch wird es möglich, solche Vorzugsrichtungen quantitativ zu beschreiben, und zwar in ihrer Lage relativ zur Oberflächennormalen und zu makroskopischen Achsen (z. B. Walz- oder Ziehrichtung, Querrichtung). Anstelle der einzelnen Punkte werden dann zweckmäßig Punkt-Dichten dargestellt. Dieselbe Orientierungsverteilung liefert für verschiedene Indizierungen unterschiedliche P. Eine Zuordnung von Punkten der P. zu Körnern des erfaßten Oberflächenbereiches ist nicht möglich. Je ausgeprägter eine Vorzugsrichtung ist, desto enger liegen die entsprechenden Punkte der P. nebeneinander; eine gewisse Streuung ist jedoch aus verschiedenen Gründen unvermeidlich.

P. sind von großem Informationswert bei der Darstellung von Art und „Schärfe" von Anisotropien in polykristallinen Werkstoffen, insbesondere nach Kaltformgebungsprozessen (→ Walzen von Blechen, → Ziehen von Drähten, → Extrusion) oder nach rekristallisierenden Wärmebehandlungen (→ Textur). *Ilschner*

Literatur: *Bunge, H. J.:* Texture Analysis in Materials Science. London 1982. – *Gottstein, G.* and *K. Lücke:* Textures of Metals. Berlin 1978. – *Schwartz, L. H.* and *J. B. Cohen:* Diffraction from Materials. Berlin 1987. – *Wassermann, G.* and *J. Grewen:* Texturen metallischer Werkstoffe. Berlin 1962.

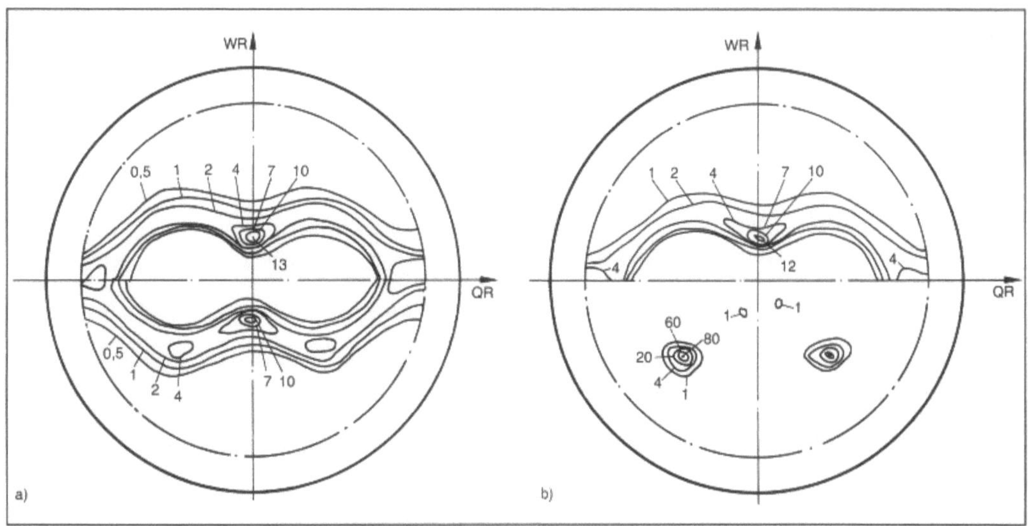

Polfigur: Darstellung von Blechtexturen mit Hilfe der stereographischen Projektion, WR, QR Walz- und Querrichtung in der Blechebene. Die Häufigkeit der Pole der (111)-Ebenen wird angegeben. Obere Hälften: Texturen nach 95 % Kaltwalzen. Untere Hälften: Texturen nach Glühen, 2^h bei 200 °C.
a) Die Walztextur von reinem Kupfer ist im wesentlichen erhalten
b) Kupfer mit 0,04 Gew.-% B₄C zeigt infolge Rekristallisation eine völlig andere Verteilung der Kristallorientierungen.

Polieren, elektrolytisches → Elektropolieren

Poly-2-chlorbutadien. (→ Polychloropren) (Kurzzeichen: CR) CR wird hergestellt durch radikalische → Emulsionspolymerisation von 2-Chlorbutadien bei Temperaturen zwischen 20 und 100 °C:

$$n\,CH_2 = \underset{\underset{Cl}{|}}{C} - CH = CH_2 \longrightarrow \left[\underset{\underset{CH_2}{}}{\overset{Cl}{}}C = C\overset{CH_2}{\underset{H}{}} \right]$$

Je nach Polymerisationsbedingungen erhält man Produkte mit hohem trans-1.4-Gehalt (bei niedriger Temperatur) oder hohem 1.2-Verknüpfungsanteil (bei hohen Temperaturen). Mit zunehmender Polymerisationstemperatur erhält man also härtere Produkte mit geringerer Kristallisationsneigung und höherer Vernetzungstendenz.

CR wird im unvulkanisierten Zustand als Klebstoffgrundlage (hoher trans-1.4-Anteil und hoher Kristallisationsgrad) und im vulkanisierten Zustand (mit Metalloxiden vernetzt) als → Elastomer großtechnisch eingesetzt (Kabelummantelungen, Schläuche, Transportbänder, Dichtungen usw.). CR zeigt eine bemerkenswerte Chemikalien-, Öl-, Wetter- und Alterungsbeständigkeit. Mit aktiven Füllstoffen versetzte Vulkanisate besitzen ausgezeichnete mechanische Eigenschaften und gute Abriebfestigkeit (→ Elastomere). *Zahradnik*

Poly-1.5-trans-Pentenamer. (Kurzzeichen: TPR) Durch ringöffnende → Polymerisation von Cyclopenten erhält man sterisch unterschiedliche Pentenamere:

$$n \underset{}{\bigcirc} \overset{Kat.}{\longrightarrow} \left[\underset{\underset{H}{|}}{\overset{\overset{H}{|}}{C}} \underset{C}{\diagdown} CH_2 - CH_2 - CH_2 \right]_n$$

Als Katalysatoren verwendet man aluminiumorganische Verbindungen mit Wolframhexachlorid oder Molybdänpentachlorid, wobei der sterische Aufbau (Trans- oder cis-Polypentenamer) vom Molverhältnis Al/W bzw. Al/Mo gesteuert wird.

Polypentenamer wird mit → Schwefel vulkanisiert und mit Aktivruß gefüllt. Die Vulkanisate sind gute Allzweckelastomere, die teils Naturkautschuk (hohe → Zugfestigkeit, gute Klebrigkeit), teils cis-Polybutadien (gute Füllbarkeit mit Ruß und Öl, ausgezeichneten Widerstand gegen thermischen und mechanischen Abbau, geringer Abrieb) ähneln (→ Elastomere). *Zahradnik*

Polyacetale. Sammelbezeichnung für Polymere, die als Grundbaustein in ihren Makromolekülen die Gruppierung –CHR–O– aufweisen:

$$\left[CH_2 - O \right] \qquad \left[\underset{\underset{CH_3}{|}}{CH} - O \right]$$
Polyoxymethylen $\qquad$ Polyacetaldehyd

$$\left[\underset{\underset{CCl_3}{|}}{CH} - O \right] \qquad \left[\underset{\underset{CF_3}{|}}{CH} - O \right]$$
Polychloral $\qquad$ Polyfluoral

Von diesen besitzt allein das → Polyoxymethylen technische Bedeutung, obwohl Polychloral und Polyfluoral interessante Eigenschaften zeigen.

Polyoxymethylen (Kurzzeichen nach DIN 7728: POM) ist ein teilkristalliner → Thermoplast, der durch kationische → Polymerisation aus Formaldehyd (daher die andere gebräuchliche Bezeichnung: Polyformaldehyd) oder aus Trioxan (cyclisches Trimer des Formaldehyds) mit BF_3 oder $HClO_4$ hergestellt wird:

$$\frac{n}{3} \begin{array}{c} O \\ CH_2 \quad CH_2 \\ O \qquad O \\ CH_2 \end{array} \xrightarrow[\text{Katalysator}]{70\,°C} \left[CH_2 - O \right]_n$$
Trioxan $\qquad\qquad\qquad$ POM

Die Molmassen der technischen Produkte liegen zwischen 20 und 100 kg/mol. Die Kristallinität beträgt 50–80 % und der Kristallitschmelzbereich liegt bei 170–180 °C. Die Kettenenden dieses Polymeren zeigen Halbacetalstruktur, die besonders bei thermischer Belastung zur Rückspaltung führt. Es wird dann in einer sog. „Reißverschlußreaktion" wieder völlig in Formaldehyd aufgespalten.

Diesem Nachteil begegnet man durch Endgruppenstabilisierung mit Acetanhydrid oder Ethylenoxid. Insbesondere das mit Ethylenoxid verkappte Polyoxymethylen zeigt bessere Beständigkeit gegenüber Säuren udn Laugen. Ethylenoxid kann auch direkt als Copolymerisationskomponente eingesetzt werden und bildet dann mit Formaldehyd ein statistisches → Copolymer.

Polyoxymethylen besitzt einen hohen E-Modul (Homopolymerisat: 2,8 GPa; Copolymerisat: 3,2 GPa), hohe → Härte und einen geringen Abrieb. Es ist gegenüber den meisten organischen Lösungsmitteln, sowie schwachen Säuren und Laugen beständig. Stark oxidierende Säuren und starke Laugen greifen es an. Löslich ist es in Hexafluoracetonhydrat und bei höheren Temperaturen in m-Kresol (Tabelle).

Anwendung findet POM als Konstruktionswerkstoff im Apparatebau, bei Präzisionsteilen in der Feinmechanik und als Installationswerkstoff.

Polychloral kann durch anionische oder kationische Polymerisation hergestellt werden und weist isotaktische Struktur auf. Es ist in allen Lösungsmit-

Polyacetale. Tabelle: Eigenschaften von P.

Eigenschaft	Einheit	DIN-Norm	POM Homopolymer	POM Copolymer
Dichte	g/cm³	53 479	1,42–1,43	1,41–1,42
Wasseraufnahme	%	53 495/1	0,25	0,22
Zugfestigkeit	MPa	53 455	65–72	67–72
Reißdehnung	%	53 455	25–70	25–70
Zug-E-Modul	GPa	53 457	2,8	3,4
Grenzbiegespannung	MPa	53 452	120–125	115–120
Schlagzähigkeit	kJ/m²	53 453	oB	oB
Kerbschlagzähigkeit	kJ/m²	53 453	3,5–oB	5,0–oB
Glasübergangstemperatur	°C	–	<-30	
Kristallitschmelztemperatur	°C	–	181	164–167
Vicat-Erweichungstemperatur	°C	53 460	160–173	160–163
Thermischer Längenausd.-koef	1/K	53 752	$1 \cdot 10^{-4}$	$1,1 \cdot 10^{-4}$
Wärmeleitfähigkeit	W/(mK)	52 612	0,8	1,1
Dielektrischer Verlustfaktor	–	53 483	$\approx 10^{-3}$	
Spez. Durchgangswiderstand	$\Omega \cdot cm$	53 482	10^{15}	10^{15}
Durchschlagfestigkeit	kV/mm	53 481	60–70	60–70
Brennbarkeit	Klasse	53 438	brennt	brennt

teln unlöslich und gegenüber rauchender Salpetersäure beständig.

Polyfluoral besitzt ebenfalls eine hervorragende →Chemikalienbeständigkeit. 10%ige Natronlauge und rauchende Salpetersäure greifen es nicht an. Oberhalb 380 °C depolymerisiert es, ohne vorher eine →Glas- oder Schmelztemperatur zu zeigen.

Zahradnik

Polyacetat →Polyvinylacetat

Polyacetylen →Polymer, leitfähiges

Polyacrylat. P. sind →Polymere, die durch →Polymerisation von Acrylsäure oder deren Estern gewonnen werden. Hierzu werden meist auch die Polymethacrylate gezählt, die sich von den Acrylaten durch eine Methylgruppe am α-C-Atom zur Carbonylfunktion unterscheiden. P. und -metacrylate haben somit die allgemeine Formel:

R_1: H, CH₃
R_2: z. B. Alkyl, Aryl, Alkyloxy

P. sind meist farblose, feste Polymere, die weitverbreitet Anwendung finden. Ihre Hauptanwendungsgebiete liegen im Bereich der Klebe-, Appre-

tur- und →Anstrichmittel. P. werden aber auch als Werkstoffe eingesetzt. Ein bekannter Vertreter hierfür ist das →Polymethylmethacrylat (R_1:CH₃; R_2:CH₃), das unter dem Namen Plexiglas bekannt ist. P. oder -methacrylate werden meist durch radikalische Polymerisation aus den entsprechenden Monomeren hergestellt. P. werden sowohl als Homopolymere als auch häufig als Copolymere verwendet.

Finkelmann

Polyacrylatelastomere. (Acrylesterkautschuk; Kurzzeichen: ACM, ANM). Durch radikalische →Copolymerisation von Acrylsäureestern, wie Acrylsäureethyl-(I) und Acrylsäurebutylester, mit β-Chlorethylvinylether(II) (2–5 %) oder Acrylnitril (5–12 %) erhält man Polymere, die mit Aminen (z. B. Triethylentetramin), Metalloxiden oder Peroxiden vernetzt werden können:

Die verschiedenen, mit hochaktiven Füllstoffen verstärkten Pe-Typen besitzen eine hohe Wärmestandfestigkeit, gute Beständigkeit gegen Oxidation, Sonnenlicht, Ozon und aliphatische Kohlenwasserstoffe. Demgegenüber besitzen sie nur eine geringe Beständigkeit gegen Wasser, sowie eine geringe Kälteflexibilität.

Ihre Hauptanwendung finden sie als Dichtungsmaterialien *Zahradnik*

Polyacrylnitril. (Kurzzeichen: PAN). → Polymer, das durch Radikalketten-Polymerisation von Acrylnitril hergestellt wird:

$$n\ CH_2 = CH \longrightarrow \left[CH_2 - CH \right]_n$$
$$\ \ \ \ \ \ \ \ \ \ |\ |$$
$$\ \ \ \ \ \ \ \ \ CN\ \ \ \ \ \ \ \ \ \ \ \ \ \ \ \ CN$$

Die → Polymerisation erfolgt meist in wäßrigem Medium bei pH 3–4 und Temperaturen zwischen 50–60 °C nach dem Lösungs-Fällungs- oder Suspensionsverfahren. Als Initiatoren werden folgende Redoxsysteme eingesetzt: Kaliumperoxodisulfat/Natriumdisulfit, Wasserstoffperoxid/Natriumsulfit oder Salpetersäure/Schwefeldioxid. Das → Polymerisat besitzt eine mittlere Molmasse von 60000 bis 80000 g/mol. Seine → Erweichungstemperatur liegt oberhalb der Zersetzungstemperatur, so daß es nicht thermoplastisch verarbeitet werden kann. Es findet hauptsächlich Anwendung als Faserrohstoff (→ Fasern). Als Copolymer-Komponente wird Acrylnitril mit Styrol (SAN), mit Butadien und Styrol (ABS) und mit Vinylidenchlorid umgesetzt. Diese Copolymerisate besitzen verbesserte mechanische Eigenschaften (bes. → Zugfestigkeit), neigen erheblich weniger zur Spannungsrißbildung und zeigen eine größere Beständigkeit gegen Fette und Öle sowie nicht-polare Lösungsmittel als die entsprechenden Homopolymerisate.

Durch Erhitzen reiner P.-Fasern auf 160–275 °C reagieren die Nitrilseitengruppen untereinander innerhalb eines Polymermoleküls (I). Durch anschließende Dehydrierung entsteht ein → Leiterpolymer mit konjugierten C-C- und C-N-Doppelbindungen (II):

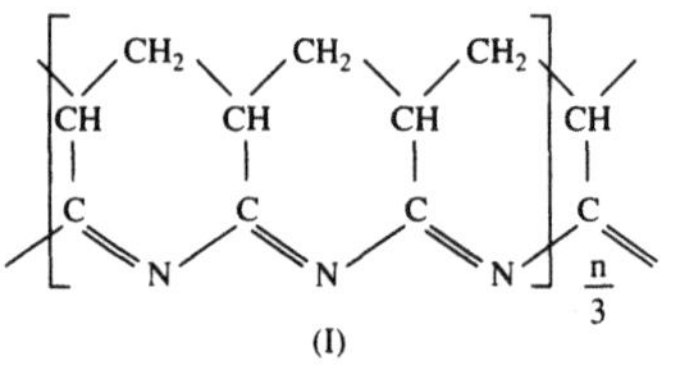

(I)

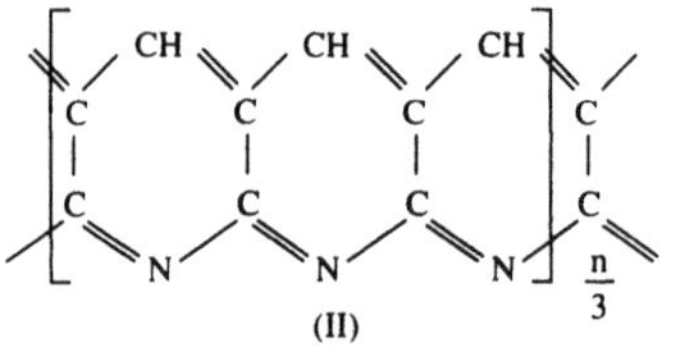

(II)

Zahradnik

Polyaddition. Eine P. ist eine Polyreaktion, bei der nicht wie bei einer → Polykondensation niedermolekulare Teile abgespalten werden, sondern die → Monomere direkt zum Grundbaustein des Polymers addieren.

Ein Beispiel für eine P. ist die Reaktion eines Diisocyanats mit einem Diol zu einem → Polyurethan:

$$OCN-R-NCO+HO-R'-OH \rightarrow OCN-R-NH-CO-$$
$$(O-R'-O-CO-NH-R-NH-CO)_x-O-R'-OH$$

Die P. läuft mechanistisch ab wie eine Polykondensation, weswegen sie manchmal auch als addierende Polykondensation im Gegensatz zur substituierenden Polykondensation bezeichnet wird.

Wie bei der Polykondensation hängt auch bei der P. der → Polymerisationsgrad vom Reaktionsumsatz ab. So erhält man nur dann Polymerisationsgrade größer als 100, wenn der Umsatz deutlich über 99 % liegt. *Finkelmann*

Polyamide. (Kurzzeichen: PA) Bezeichnung für polymere Stoffe, die in ihren Kettenmolekülen in stetiger Reihenfolge die Atomgruppierung enthalten:

$$-N-C-$$
$$\ \ |\ \ \ \ ||$$
$$\ \ H\ \ \ O$$

(Amidgruppe)

Sie entstehen durch → Polykondensation von Diaminen mit Dicarbonsäuren (1), oder von ω-Aminocarbonsäuren (2) bzw. durch ringöffnende → Polymerisation cyclischer Amide (Lactame) (3):

$$H_2N-(CH_2)_x-NH_2 + HOOC-(CH_2)_y-COOH \longrightarrow$$

$$\xrightarrow[-H_2O]{} \left[N-(CH_2)_x-N-C-(CH_2)_y-C \right] \quad (1)$$

$$H_2N-(CH_2)_x-COOH \xrightarrow[-H_2O]{} \left[N-(CH_2)_x-C \right] \quad (2)$$

$$(CH_2)_x \begin{array}{c} N-H \\ | \\ C=O \end{array} \longrightarrow \left[N-(CH_2)_x-C \right] \quad (3)$$

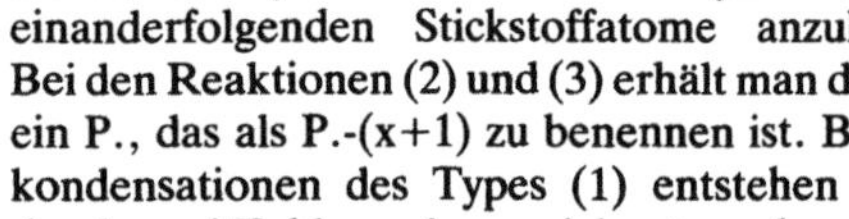

Um die Vielzahl möglicher P. zu unterscheiden, hat sich die Bezeichnungsweise eingebürgert, dem Gattungsnamen P. die Anzahl der Kohlenstoffatome zwischen jeweils zwei in der Polymerkette aufeinanderfolgenden Stickstoffatome anzuhängen. Bei den Reaktionen (2) und (3) erhält man demnach ein P., das als P.-(x+1) zu benennen ist. Bei Polykondensationen des Types (1) entstehen P., die durch zwei Zahlen gekennzeichnet werden müssen, wobei als erste Zahl die Anzahl der Kohlenstoffatome des Diamins genannt wird, und als zweite Zahl die Anzahl der Kohlenstoffatome der Dicarbonsäure, also P. – X (Y+2).

PA 6 ensteht demnach durch Polykondenstaion von ε-Aminocapronsäure oder durch Polymerisation von Caprolactam.

PA 6.6 erhält man aus Hexamethylendiamin und Apidinsäure.

Weniger gebräuchlich sind Bezeichnungsweisen, wie 6- bzw. 6.6-PA In der amerikanischen Literatur wird fast ausschließlich der ehemalige Handelsname Nylon für die Bezeichnung P. verwendet. Nylon 66 ist dabei ein PA 6.6.

Auf PA 6 und PA 6.6 entfallen etwa 90 % der Weltproduktion von P.

Ein Großteil der Polyamidproduktion wird zu →Fasern verarbeitet. Ferner können extrudierte Formteile und Spritzgußteile hergestellt werden. Auch für Beschichtungen, Kleber und Lacke werden PA verwendet.

PA sind hornartige, harte, meist opake Werkstoffe. Je nach Abkühlgeschwindigkeit erhält man aus der Schmelze mehr oder weniger kristallisierte Produkte. Viele Eigenschaften der P. sind vom Kristallinitätsgrad abhängig, mit steigender Kristallinität steigen →Streckgrenze, →Elastizitätsmodul, →Härte und Wärmeformbeständigkeit an, während Wasseraufnahme, Schlagzähigkeit und →Bruchdehnung abnehmen. Die Wasseraufnahme (Konditionierung) ist bei P. wichtig, da diese erst dadurch ihre vorteilhaften Eigenschaften erhalten. P. sind beständig gegen Alkalilaugen, Ester, Alkylhalogenide und Alkohole. Von Ameisensäure, Schwefelsäure, Phenolen und Kresolen werden sie gelöst, von Mineralsäuren stark angegriffen. Auch gegenüber Witterungseinflüssen sind sie wenig beständig.

PA 6(II) (Polycaprolactam) wird technisch durch ringöffnende Polymerisation aus Caprolactam (I) hergestellt:

$$(CH_2)_5 \underset{C=O}{\overset{N-H}{|}} \longrightarrow \left[N - (CH_2)_5 - \underset{\underset{O}{\|}}{\overset{}{C}} \right]$$

$$\text{(I)} \text{(II)}$$

Caprolactam wird dabei mit 4–10 % Wasser (Katalysator) und 0,2–0,5 % Regler z. B. (Essigsäure) versetzt, unter peinlichem Luftausschluß langsam auf 250–280 °C erhitzt und 20–30 Stunden bei dieser Temperatur gehalten.

Im kontinuierlichen Verfahren wird die Schmelze über dicke Spinndüsen (~ 2,5 mm Durchmesser)

Polyamide. Tabelle: Eigenschaftswerte

	Prüfvorschrift	Einheit	PA 6	PA 6.6	PA 6.10	PA 11	PA 12
Dichte	DIN 53 479	g/cm³	1,13	1,14	1,08	1,04	1,02
Wasseraufnahme (Wasserlagerung)		%	10	9	3,6	2,0	1,7
Zugfestigkeit	DIN 53 455	MPa	40	65	38	70	45
Biegefestigkeit	DIN 53 452	MPa	50	50	40	70	60
Schlagzähigkeit	DIN 53 453	kJ/m²	o. B.	o. B.	o. B.	o. B.	o. B.
Kerbschlagzähigkeit	DIN 53 453	kJ/m²	25–o. B.	20	13	40	10–20
Kugeldruckhärte 60s	DIN 53 456	N/mm²	70	90	70	50	70
Wärmeformbeständigkeit n. Martens	DIN 53 458	°C	55	60	50	–	45
n. Vicat/B	DIN 53 460	°C	>180	>200	170	–	165
n. ISO R 75/A	DIN 53 461	°C	80	105	95	55	50
Kristallschmelztemp.		°C	220	255	215	185	180
lineare Wärmedehnzahl		$K^{-1} \cdot 10^5$	8,0	8,0	10,0	13,0	15,0
Wärmeleitfähigkeit		W/mK	0,29	0,23	0,23	0,23	0,23
Spez. Durchgangswiderstand	DIN 53 482	Ωm	10^{13}	10^{13}	10^{13}	10^{13}	10^{13}
Oberflächenwiderstand	DIN 53 482	Ω	10^{10}	10^{10}	10^{10}	10^{10}	10^{10}
Dielekt. Verlustfaktor tan δ 10^6 Hz	DIN 53483		0,03–0,3	0,02–0,2	0,03–0,2	0,06	0,09
Durchschlagfestigkeit	DIN 53 481	$V/m \cdot 10^{-6}$	40	60	–	–	–

direkt vom Reaktionsrohr abgezogen und durch ein Wasserbad zum Granulator geführt. P. 6 besitzt eine mittlere Molmasse von etwa 20 000 g/mol und schmilzt bei 215–220 °C. Es wird sowohl zu Fasern als auch zu thermoplastisch hergestellten Formkörpern verarbeitet.

PA 6.6 (III) wird technisch durch Polykondensation aus Hexamethylendiamin (I) und Adipinsäure (II) hergestellt:

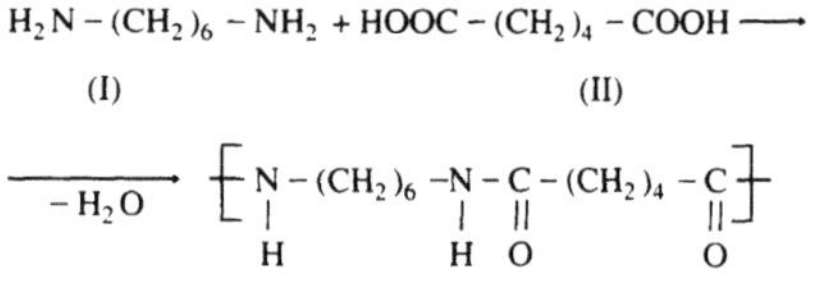

$$H_2N - (CH_2)_6 - NH_2 + HOOC - (CH_2)_4 - COOH \longrightarrow$$

$$(I) \qquad\qquad (II)$$

$$\xrightarrow[-H_2O]{} \left[\underset{H}{N} - (CH_2)_6 - \underset{H}{N} - \underset{O}{\overset{\|}{C}} - (CH_2)_4 - \overset{\|}{\underset{O}{C}} \right]$$

$$(III)$$

Beide Ausgangsstoffe müssen dabei in reinster Form und in exakten stöchiometrischen Verhältnissen vorgelegt werden. Man erreicht dies am besten bei Verwendung des neutralen Salzes aus den beiden Monomeren, des Hexamethylendiammoniumadipats (AH-Salz). Dieses AH-Salz wird in Wasser gelöst (~ 60 %ige Lösung), mit 0,3 % Essigsäure oder Adipinsäure (Regler) versetzt und unter peinlichem Ausschluß von Luft in einem Druckgefäß auf 280 °C erhitzt. Nach mehreren Stunden erhält man in diesem diskontinuierlichen Verfahren ein Produkt mit einer mittleren Molmasse von 23 000 g/mol, das bei 250 °C schmilzt. *Zahradnik*

Polyamidimid (PAI) → Polyimide

Polybuten (PB) → Polyolefine

Polybutylenterephthalat → Polyester

Polycarbonat → Polyester

Polychloropren. P. (CR) hat ähnliche Eigenschaften wie → Ethylen-Propylen-Terpolymer (EPDM), dabei ein breites Spektrum von Modifikationen. Es wird für Dichtungs- und Dachbahnen, Dichtungsprofile, Elastomerlager und als Kontaktkleber verwendet. *Sasse*

Polychlortrifluorethylen → Fluorpolymere

Polydispersität → Makromolekül

Polyelektrolyt. Polymere, die pro Grundbaustein einen Substituenten tragen, der dissoziierbare Bindungen enthält, werden als P. bezeichnet.

Polyacrylsäure ist ein solcher P., der sich in wässriger Lösung als schwache Säure verhält, während Polyvinylamin als schwache Base reagiert.

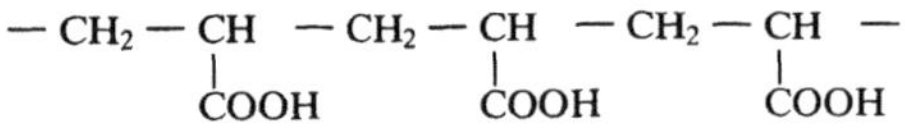

$$- CH_2 - \underset{COOH}{CH} - CH_2 - \underset{COOH}{CH} - CH_2 - \underset{COOH}{CH} -$$
Polyacrylsäure

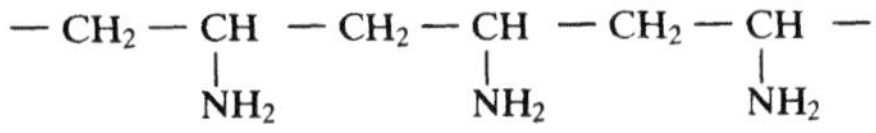

$$- CH_2 - \underset{NH_2}{CH} - CH_2 - \underset{NH_2}{CH} - CH_2 - \underset{NH_2}{CH} -$$
Polyvinylamin

In Lösung dissoziieren P. durch Protonenabgabe zu Polyanionen (im Falle der Polyacrylsäure) oder durch Protonenaufnahme zu Polykationen (Polyvinylamin). Als Gegenionen kommen mono-, bi- oder polyvalente Substanzen in Frage. Die Salze von Polysäuren heißen Polysalze. Polymere, die sowohl positive wie negative Ladungen tragen, werden Polyampholyte genannt. *Zahradnik*

Polyen. Bezeichnung für Polymere, die in ihrer Molekülhauptkette Doppelbindungen tragen, wie z. B. Polybutadien, Polyisopren etc. (→ Elastomere). *Zahradnik*

Polyepichlorhydrinelastomere (auch Epichlorhydrinkautschuk; Kurzzeichen: CO). Epichlorhydrin kann mit Alkylaluminiumverbindungen als Katalysatoren in inerten Lösungen zu hochmolekularen, amorphen Polyethern umgesetzt werden, die sich mit Diaminen vernetzen lassen:

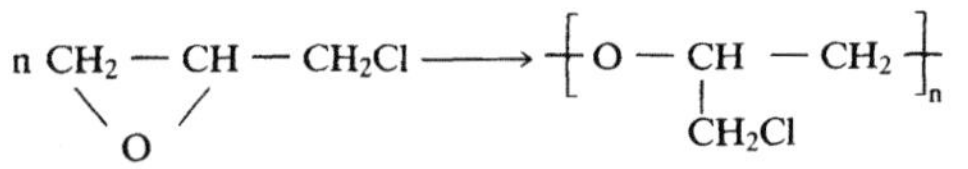

$$n\, CH_2 - \underset{O}{\underset{\diagdown\diagup}{CH}} - CH_2Cl \longrightarrow \left[O - \underset{CH_2Cl}{CH} - CH_2 \right]_n$$

Diese Spezialkautschuke besitzen eine gute Öl- und Alterungsbeständigkeit und zeichnen sich durch gute Tieftemperaturflexibilität aus (→ Elastomere). *Zahradnik*

Polyester. Sammelbezeichnung für solche hochmolekulare Werkstoffe, die in ihren Molekülketten in regelmäßiger Reihenfolge die nachfolgende Estergruppe enthalten:

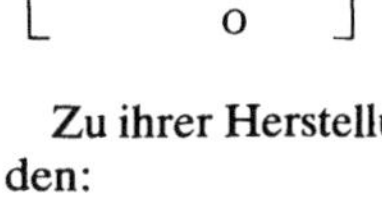

$$\left[R - O - \underset{O}{\overset{\|}{C}} - R' \right]$$

Zu ihrer Herstellung eignen sich mehrere Methoden:

□ → Polykondensation von Dicarbonsäuren und Diolen (Zweiwertigen Alkoholen):

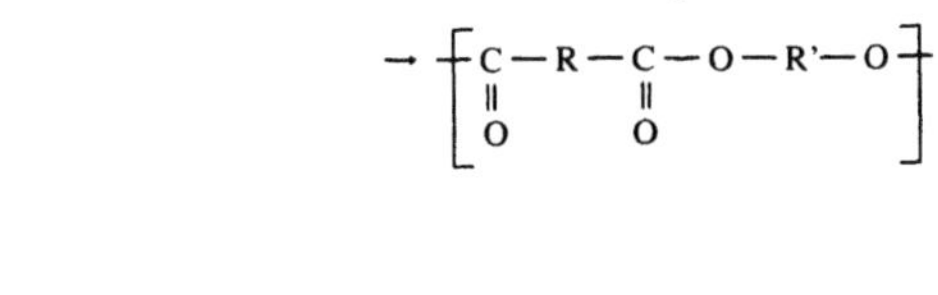

$$HOOC - R - COOH + HO - R' - OH \xrightarrow[-H_2O]{}$$

$$\rightarrow \left[\underset{O}{\overset{\|}{C}} - R - \underset{O}{\overset{\|}{C}} - O - R' - O \right]$$

bzw. von Dicarbonsäurederivaten, wie den Anhydriden (I)
und Säurechloriden (II) und Diolen:

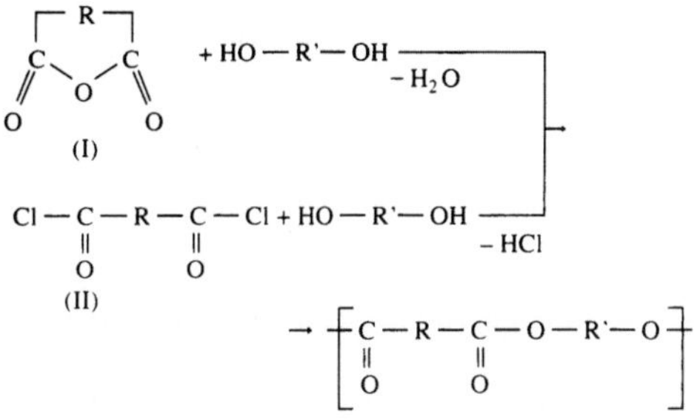

$$
\underset{(I)}{\overset{\displaystyle R}{\underset{O}{\overset{}{C}}\diagdown\underset{}{O}\diagup\underset{O}{\overset{}{C}}}} \quad + HO-R'-OH \xrightarrow[-H_2O]{}
$$

$$
\underset{(II)}{Cl-\underset{\overset{\|}{O}}{C}-R-\underset{\overset{\|}{O}}{C}-Cl} + HO-R'-OH \xrightarrow{-HCl}
$$

$$
\rightarrow \left[\underset{\overset{\|}{O}}{C}-R-\underset{\overset{\|}{O}}{C}-O-R'-O \right]
$$

2 Selbstkondensation von ω-Hydroxycarbonsäure

$$
HO-R-COOH \xrightarrow{-H_2O} \left[O-R-\underset{\overset{\|}{O}}{C} \right]
$$

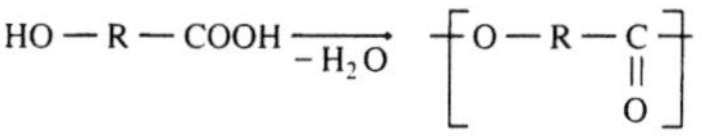

3 Umesterung von Carbonsäureestern (i. d. Regel Methylester) mit Diolen:

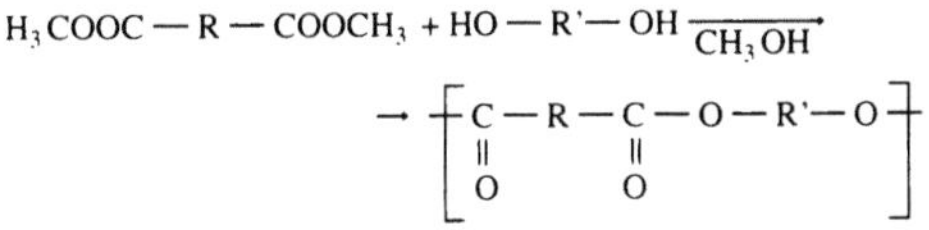

$$
H_3COOC-R-COOCH_3 + HO-R'-OH \xrightarrow{CH_3OH}
$$

$$
\rightarrow \left[\underset{\overset{\|}{O}}{C}-R-\underset{\overset{\|}{O}}{C}-O-R'-O \right]
$$

4 Polymerisation von Lactonen (intramolekulare Ester von ω-Hydroxycarbonsäuren):

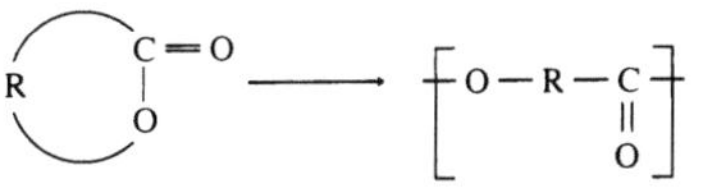

$$
\underset{R}{\bigcirc}\overset{C=O}{\underset{O}{|}} \longrightarrow \left[O-R-\underset{\overset{\|}{O}}{C} \right]
$$

Bei Verwendung von zweiwertigen Alkoholen entsteht lineare P., werden höherwertige Alkohle eingesetzt, so bilden sich verzweigte Produkte.

Je nach Struktur der eingesetzten Carbonsäure unterscheidet man zwischen gesättigten und ungesättigten P.

Die gesättigten P. werden wegen ihrer niedrigen Schmelzpunkte vorwiegend als Weichharze, als →Weichmacher (sog. Polymerweichmacher) speziell in der Polyvinylchlorid-Verarbeitung und als Ausgangskomponente bei der Polyurethan-Herstellung verwendet. Polyethylentherephthalat besitzt als einziger Vertreter der gesättigten P. große technische Bedeutung als Faserrohstoff (→Fasern).

Ungesättigte P. (Kurzzeichen UP, ungesättigte Polyesterharze) sind Polykondensationsprodukte aus ungesättigten Dicarbonsäuren, in der Regel Maleinsäureanhydrid bzw. Fumarsäure und mehrwertigen Alkoholen, wie Ethylenglycol, Propylenglycol, Diethylenglycol, Butandiol – 1.4, und Bisphenol A:

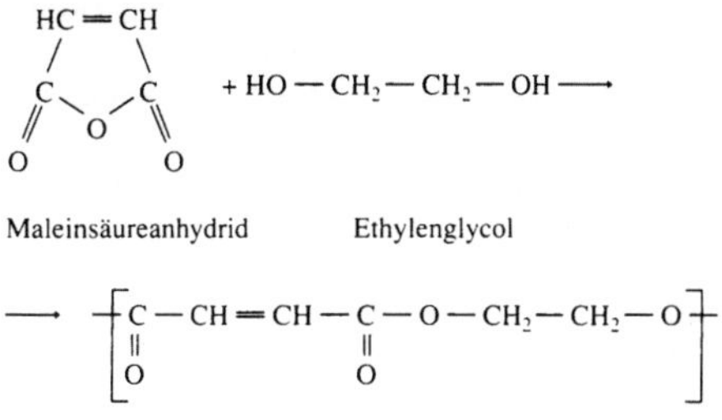

$$
\underset{O}{\overset{HC=CH}{\underset{}{C}\diagdown\underset{O}{}\diagup\underset{O}{C}}} \quad + HO-CH_2-CH_2-OH \longrightarrow
$$

Maleinsäureanhydrid   Ethylenglycol

$$
\longrightarrow \left[\underset{\overset{\|}{O}}{C}-CH=CH-\underset{\overset{\|}{O}}{C}-O-CH_2-CH_2-O \right]
$$

ungesättigter Polyester

Die so erhaltenen ungesättigten P. sind hochviskose, lösliche Produkte mit einer mittleren Molmasse von 1000–5000 g/mol. Sie werden mit einem reaktionsfähigen Monomeren, in der Regel Styrol, und einem geeigneten Initiator gemischt. Radikalbildende Initiatoren, wie Peroxide und Azoverbindungen, ergeben sogenannte heißhärtende UP-Harze, Redoxsysteme, wie aromatische Peroxide/ aromatische Amine und Hydroperoxide/Kobalt- und Vanadiumsalze, sogenannte kalthärtende UP-Harze.

Bei der →Härtung (vernetzende →Copolymerisation) reagiert der Initiator mit den Doppelbindungen des linearen P. und den Doppelbindungen des Styrols zu einem gesättigten, räumlich hochvernetzten Produkt, das nicht mehr löslich, höchstens leicht quellbar und nicht mehr thermoplastisch verarbeitbar ist:

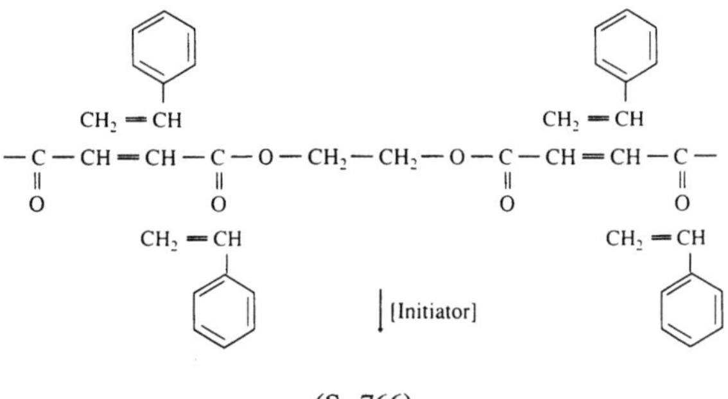

$$
-\underset{\overset{\|}{O}}{C}-CH=CH-\underset{\overset{\|}{O}}{C}-O-CH_2-CH_2-O-\underset{\overset{\|}{O}}{C}-CH=CH-\underset{\overset{\|}{O}}{C}-
$$

| [Initiator]

(S. 766)

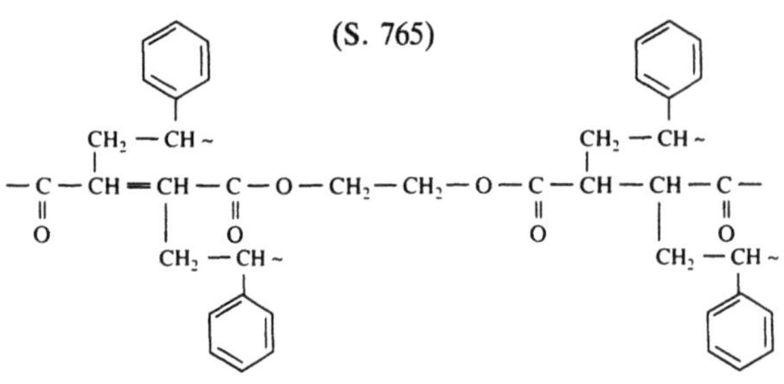

(S. 765)

Für die meisten Anwendungen werden die UP-Harze mit Füllstoffen, wie Glasfaser, Glasfasermatten, Chemiefasern, Kreise, Kaolin, Quarzmehl u. a. gefüllt. Sie dienen zur Herstellung von Bootskörpern, Behältern, Karosserieteilen, Vergußmassen, Beschichtungsmassen, →Mörtel, →Schaumstoff und Lackharzen (→Lacke).

Die vielfältigen UP-Harze sind in mehreren Normen, wie DIN 16946, Bl. 1 und 2, sowie DIN 16911 und DIN 16913 typisiert und genormt.

Eigenschaftswerte: →Kunststoffe. Ein Nachteil der ungesättigten Polyesterharze, der sich vor allem beim Herstellen von Formkörpern auswirkt, ist die starke Schrumpfung, die je nach den verwendeten Komponenten zwischen 5 und 9% liegen kann.

Zahradnik

Literatur: *Laue, F. W.*: Glasfaserverstärkte Polyester und andere Duromere. Speyer 1969. – *Mark, H. F.* u. *N. G. Gaylord* (Hrsg.): Encyclopedia of Polymerscience and -Technology. Bd. 11. New York 1969. – *Selden, P. H.* (Hrsg.): Glasfaserverstärkte Kunststoffe. Berlin 1967. – *Vieweg, R.* u. *E. Becker*: Kunststoff-Handbuch. Bd. 8. München 1973.

Polyester, ungesättigter (UP) →Polyester

Polyether. Als P. bezeichnet man eine Klasse von Polymeren, welche in der Monomereinheit (→Monomer) eine Ethersauerstoffunktion enthalten. Es handelt sich also um Makromoleküle mit folgender, sich wiederholender Einheit:

$$-(R - O)_x- \qquad (1)$$

R bezeichnet einen organischen Rest, der aus mindestens zwei Methylengruppen besteht und O das Sauerstoffatom. Das technisch wichtigste Polymer in dieser Gruppe ist das →Polyethylenglykol mit der Monomereinheit $-O-(CH_2)_n-$ mit n = 2. Weitere wichtige P. sind das Polytetrahydrofuran (n = 4) und das Polypropylenoxid

$$-(O-CH_2-CH)_x-,$$
$$\qquad\qquad |$$
$$\qquad\qquad CH_3$$

jeweils benannt nach den Monomeren, aus denen sie hergestellt werden. Im Gegensatz zum Polyethylenglykol sind alle anderen P. wegen ihrer längeren oder verzweigten Alkylkette kaum oder gar nicht wasserlöslich.

In der Technik werden Ethylenoxid und Propylenoxid häufig zur →Copolymerisation eingesetzt. Verwendet man in der Formel (1) für R einen aromatischen Rest, so erhält man das Polyphenylenoxid, einen thermoplastisch verarbeitbaren, hochtemperaturfesten Werkstoff.

Das technisch wichtige Polyoxymethylen (abgek. POM) zählt trotz seiner Sauerstoffatome nicht zu der Klasse der P., sondern ist chemisch gesehen ein Polyacetal (Acetal). *Finkelmann*

Polyetheretherketon. (Kurzzeichen: PEEK). Die Firma ICI stellte im Jahre 1979 ein sogenanntes Poly(ether-etherketon) PEEK mit folgender Struktur vor:

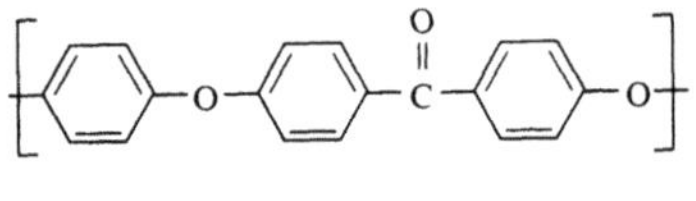

Es ist dies ein teilkristalliner →Thermoplast mit einer →Glastemperatur bei 143 °C und einer Kristallitschmelztemperatur bei 334 °C, der sich durch hohe Wärmeformbeständigkeit auszeichnet. Die Dauergebrauchstemperatur eines kohlenstoffaserverstärkten PEEK liegt bei 220 °C. Seine mechanischen Eigenschaften sind gut und lassen sich durch Verstärken mit Geweben oder Strängen aus →Glas- und →Kohlenstoffasern noch steigern. Gegenüber organischen Lösungsmitteln und heißem Wasser ist es sehr gut beständig, lediglich in konz. Schwefelsäure ist es löslich. Auch seine Beständigkeit gegenüber Gammastrahlen ist ausgezeichnet und hat zur Anwendung in der Kernindustrie geführt. Weitere Einsatzgebiete sind der Flugzeug- und Triebwerksbau. *Zahradnik*

Literatur: Polyether-etherketon. Firmenschrift der ICI.

Polyetherimid (PEI) →Polyimide

Polyethersulfon (PES) →Polysulfon

Polyethylen →Polyolefine

Polyethylen, chlorsulfoniertes. Chlorsulfonylpolyethylen (CSM) wird für schweißbare Bahnen oder für mineralisch gefüllte Spritzmassen zu Abdichtungen und Auskleidungen verwendet.
→ Polyolefine   *Sasse*

Polyethylen, linear niedriger Dichte → Polyolefine

Polyethylen, sulfochloriertes. (Kurzzeichen: CSM). CSM erhält man bei der Umsetzung von in Chloralkanen gelöstem → Hochdruckpolyethylen (LDPE) mit Chlor und Schwefeldioxid unter der Einwirkung von Licht, Peroxiden oder Azobis-isobutyronitril:

$$\sim CH_2 - CH_2 - CH - CH_2 \sim \xrightarrow{Cl_2/SO_2}$$
$$| \\ (CH_2)_x \\ | \\ CH_3$$

$$\sim CH - CH_2 - CH \quad - CH \sim$$
$$| \qquad\qquad | \qquad\quad | \\ Cl \qquad (CH_2)_x \quad SO_2Cl \\ \qquad\qquad | \\ \qquad\quad CH_2Cl$$

Dabei ist das Chlor zu 96 % direkt an die Kohlenstoffkette und nur zu 4 % über SO_2-Gruppen gebunden.

Die mit zweiwertigen Metalloxiden vernetzten Vulkanisate zeigen sehr gute Beständigkeit gegenüber oxidierenden Säuren, wie Chromschwefelsäure, Salpetersäure und anderen Chemikalien.

Hauptsächlich angewandt werden sie als Überzüge auf Textilien und Gummiwaren, als Schläuche und als → Korrosionsschutz (→ Elastomere).
→ Polyolefine   *Zahradnik*

Polyethylen, vernetzbares (PE-V) → Polyolefine

Polyethylen hoher Dichte (PE-HD) → Polyolefine

Polyethylen niedriger Dichte (PE-LD) → Polyolefine

Polyethylenglykol. Bei der technischen → Polymerisation von Ethylenoxid entstehen P. mit folgender Summenformel:

$$H(O-CH_2-CH_2)_x-OH$$

Die Polymermoleküle sind somit schematisch als Vielfache des Ethylenglykols zu betrachten (x = 1).

Eine andere gebräuchliche Bezeichnung ist Polyethylenoxid. Dieser Name umfaßt ebenfalls Polymere der gleichen Summenformel. Sie besitzen jedoch keine Alkoholgruppen (-OH) als Endgruppen.

Wie das Ethylenglykol sind auch die P. mit Wasser zwischen 0 und 100 °C vollständig mischbar. Sie sind ebenfalls in den meisten organischen Lösungsmitteln löslich. P. werden z. B. zum Naßfestmachen von → Papier eingesetzt. Desweiteren dienen sie, wie andere wasserlösliche Polymere auch zum Verdicken von wässrigen Lösungen und Emulsionen. Niedermolekulare P. werden z. B. in der Kosmetik eingesetzt. Dabei ist es möglich, durch Verwendung von Polymeren unterschiedlichen Polymerisationsgrades die Schmelztemperaturen dieser Präparate leicht auf die Körpertemperatur einzustellen.
                                                 Finkelmann

Polyethylenterephthalat. (Abk. PETP) P. ist ein Polykondensat aus den bifunktionellen Monomeren Terephthalsäuredimethylester und Ethylenglykol.
Grundeinheit des Polymers:

$$\left[-O-CH_2-CH_2-O-\underset{O}{\overset{}{C}}-\bigcirc-\underset{O}{\overset{}{C}}-\right]_x$$

Die Verbindung gehört zu der Klasse der → Polyester.

Der größte Teil des PET wird zu → Fasern verarbeitet, die als technische Gewebe und in einer Mischung mit → Wolle als hochwertige Bekleidungsstoffe verwendet werden. PET wird auch zu dünnen Folien verarbeitet, die in der Elektroindustrie als → Dielektrikum eingesetzt werden. Wegen der guten mechanischen Eigenschaften des PET, wie → Härte, Reibungs- und Verschleißarmut und hohe mechanische Belastbarkeit, wird dieses Polymer auch zu einer Reihe von Formteilen für hohe Beanspruchung verarbeitet. Beispiele sind Lager, Gleitelemente, Ventile und Pumpenteile.   *Finkelmann*

Polyimide. (Kurzzeichen: PI) Diese Klasse heterocyclischer Polymere besitzt als charakteristische Gruppe das Strukturelement:

$$\left[\begin{array}{c} O \\ \| \\ C \\ \diagdown \\ \quad N- \\ \diagup \\ C \\ \| \\ O \end{array}\right]$$

Das einfachste P. bildet sich bei der → Polymerisation von Isocyansäure:

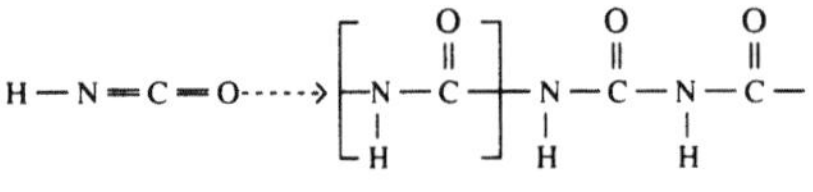

Es stellt formal auch das einfachste →Polyamid dar und wird in der amerikanischen Literatur als *Nylon-1* bezeichnet. Es besitzt keine technische Bedeutung.

Technische Bedeutung als hochtemperaturbeständige (kurzzeitig bis 500 °C) Werkstoffe besitzen dagegen die aromatischen P. Das klassische Beispiel für diese Kunststoffgruppe ist das Polykondensat aus Pyromelithsäureanhydrid (I) und 4.4'-Diaminodiphenylether (II):

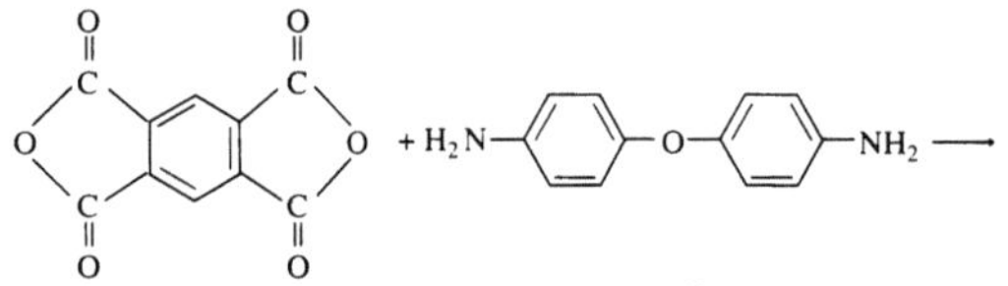

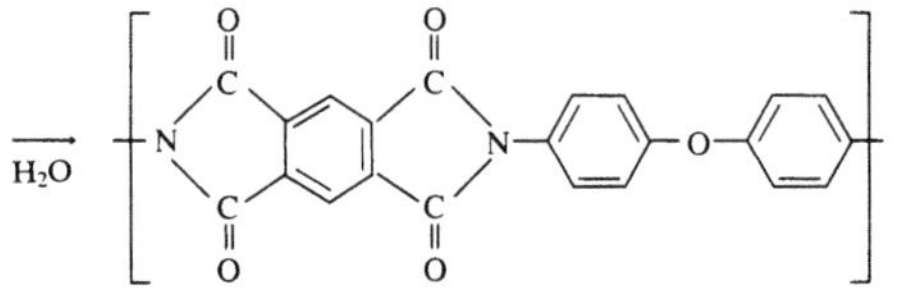

Im ganzen Dauertemperaturbereich bis 260 °C (kurzzeitig bis 400 °C) besitzt dieser Werkstoff gute mechanische Eigenschaften, die durch Textilglas-, Kohle- oder Aramidfaserverstärkung noch verbessert werden. Sein Gleit- und Abriebverhalten ist günstig und läßt sich durch Zusatz von Molybdändisulfid, →Graphit und →Polytetrafluorethylen noch optimieren. Weiterhin besitzt es gute dielektrische Eigenschaften und hohe Strahlenbeständigkeit (bis 10^7 J/kg).

Gegenüber verdünnten Säuren und Laugen, vielen organischen Lösungsmitteln, Kraftstoff und Ölen ist es beständig; angegriffen wird es von starken Säuren und Laugen (Spannungsrißbildung), sowie Oxidationsmitteln. Auch der dauernde Kontakt mit heißem Wasser oder Dampf verändert das Material, ebenso wie →Bewitterung im Freien.

Dieser Werkstoff erfordert nach der Herstellung spezielle Verarbeitungsverfahren, so daß weder Rohstoff noch Halbzeuge im Handel sind. Vielmehr verarbeitet der Rohstoffhersteller (Du Pont: Vespel®) das Material zu Formteilen.

Anwendungsbeispiele: Kolbenringe, Ventilsitze, Lager, Dichtungen, Stahltriebwerkzubehör, Spulenkörper, Gleit- und Führungsschienen; PI-Folien werden als Nutzisolierungen, Kabel- und Drahtmäntel eingesetzt.

Eine Weiterentwicklung in Hinblick auf bessere Verarbeitbarkeit stellt das Polybismaleinimid (Rhône-Poulenc: Kinel®) dar:

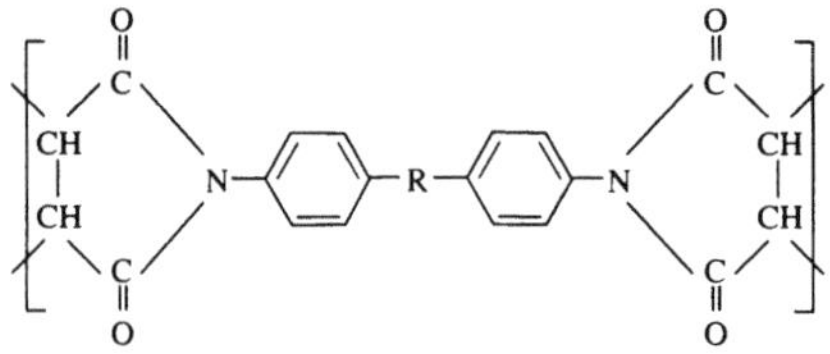

In seinen Eigenschaften ähnelt es dem vorgenannten P. mit dem Unterschied, daß dieses Produkt sich durch Preßformen, →Spritzgießen und Preßsintern verarbeiten läßt (Verarbeitungstemperaturen 190–240 °C). Diesen Verfahren muß ein Nachhärten (24 h bei 250 °C) folgen.

Zur Klasse der P. gehören weiterhin die Polyamidimide (PAI; Amoco Chem. Corp.: Torlon®), die durch →Polykondensation hergestellt werden und folgenden molekularen Aufbau besitzen:

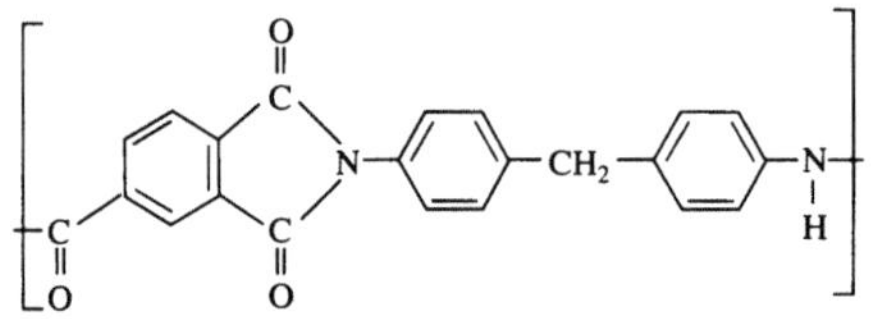

Auch sie zeichnen sich durch gute mechanische Eigenschaften aus, besitzen aber eine geringere Wärmeformbeständigkeit als die vorgenannten P. Ihr Vorzug liegt aber in dem günstigeren Verarbeitungsverhalten. Seine Schmelzviskosität ist bei hohen Schergeschwindigkeiten nur wenig höher als die bei →Polycarbonat und ABS. Die ungefüllten, oder mit Glas-, Kohle- oder Mineralfaser, Graphit und Polytetrafluorethylen gefüllten Typen lassen sich durch Spritzgießen und Pressen bei Temperaturen zwischen 340 und 360 °C verarbeiten.

Polyetherimid: Seit 1982 (General Electric: Ultem®) ist dieser hochtemperaturbeständige amorphe →Thermoplast auf dem Markt. Die Synthese geschieht in mehreren Kondensationsstufen, wobei als Ausgangsmaterial das N-Phenyl-4-nitrophthalimid und das Dinatriumsalz von Bisphenol A eingesetzt werden. Das Endprodukt besitzt folgende Struktur:

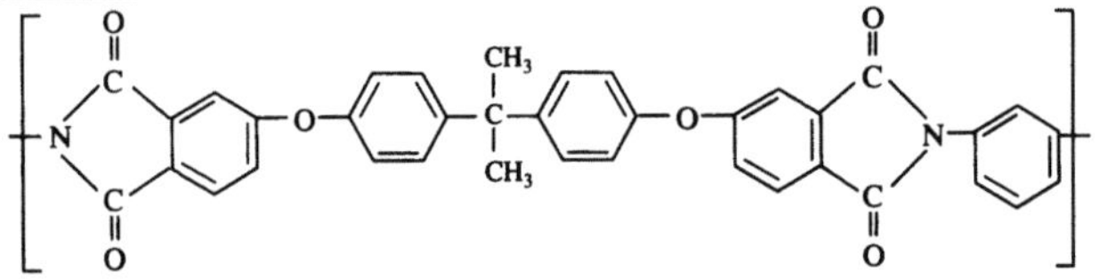

Polyimide. Tabelle: Eigenschaften.

Eigenschaft	Einheit	DIN-Norm	Vespel	Torlon	Ultem
Dichte	g/cm^3	53 479	1,43	1,40	1,27
Wasseraufnahme	%	53 495/1	0,32	0,28	0,25
Zugfestigkeit	MPa	53 455	86	190	105
Reißdehnung	%	53 455		15	60
Zug-E-Modul	GPa	53 457			3,0
Biegefestigkeit	MPa	53 452	117	212	145
Biege-E-Modul	GPa	53 457	3,1	4,7	3,3
Druckfestigkeit	MPa	53 454	270–300	220	140
Kerbschlagzähigkeit (Izod)	J/m		53	142	50
Dauergebrauchstcmperatur	°C	–	260	260	170
Vicat-Erweih-hungstemperatur	°C	Methode B			219
Thermischer Längenausd.-koef	1/K	53 752	$5\text{–}6 \cdot 10^{-5}$	$3,5 \cdot 10^{-5}$	$6,2 \cdot 10^{-5}$
Wärmeleitfähigkeit	W/(mK)	52 612	0,29–0,35	0,26	0,22
Dielektrischer Verlust-faktor	–	53 483	$1,8 \cdot 10^{-3}$	$1\text{–}2 \cdot 10^{-3}$	10^{-3}
Spez. Durchgangswider-stand	$\Omega \cdot$ cm	53 482	10^{17}	10^{17}	$10^{17}\text{–}10^{18}$
Durchschlagfestigkeit	kV/mm	53 481	22	23,5	33
Brennbarkeit			selbstver-löschend	selbstver-löschend	selbstver-löschend

Dieses P. zeichnet sich aus durch sehr gute mechanische Eigenschaften (schon im unverstärkten Zustand) bei hoher Wärmeformbeständigkeit, gute dielektrische Eigenschaften, einen niedrigen thermischen Ausdehnungskoeffizienten, gute Chemikalien-, Witterungs- und Strahlenbeständigkeit. Die Glastemperaturen der verschiedenen Typen liegen zwischen 217 und 230 °C.

Als Verstärkungsmaterialien sind Textilglas und Kohlefasern im Gebrauch. Das bevorzugte Verarbeitungsverfahren ist das Spritzgießen bei Temperaturen von 375–425 °C.

Ein weiteres P. ist → Polymethacrylimid, das sich von oben genannten P. dadurch unterscheidet, daß die Hauptkette eine reine Kohlenstoffkette, die stickstoffhaltige Imidgruppe aber als Seitenring ausgebildet ist. Seine Darstellung geschieht beim Aufschäumen des Methacrylsäure-Acrylnitril-Copolymerisats bei Temperaturen von 170–210 °C:

Dabei entsteht ein geschlossenzelliger Hartschaum, der bis 200 °C beständig ist und hohe Druck- und Zugfestigkeiten bei guter Hydrolysebeständigkeit besitzt. *Zahradnik*

Literatur: *Domininghaus, H.*: Die Kunststoffe und ihre Eigenschaften. 2. Aufl. Düsseldorf 1986. – Firmenschriften von DuPont, Rhône-Poulenc, Amoco Chemical Corp., General Electric und Röhm.

Polyisobutylen (PIB) → Polyolefine

Polykondensation. Bezeichnung für solche chemischen Reaktionen, bei denen bi- bzw. höherfunktionelle, niedermolekulare Verbindungen (→ Monomere) durch fortgesetzte Kondensationsreaktionen zu linearen oder vernetzten, makromolekularen Stoffen, den sog. Polykondensaten, umgesetzt werden. Man unterscheidet zwischen P., bei denen nur eine Art von Monomeren eingesetzt wird, und solchen, bei denen zwei verschiedenartige Monomere zu Makromolekülen verknüpft werden. Diese Verknüpfungen erfolgen im Gegensatz zur → Polymerisation und → Polyaddition immer unter Abspaltung niedermolekularer Produkte, wie Wasser, Ammoniak, Chlorwasserstoff, Methanol u. a., die aus den miteinander reagierenden funktionellen Gruppen stammen. Als allgemeine Formelschemata können gelten:

☐ P. nur einer Monomerenart:

Jedes →Monomer trägt zwei verschiedene funktionelle Gruppen.

$$X — R— Y \; + \; X— R'— Y \; \longrightarrow$$
$$X— R— R'— Y \; + \; X— Y$$

☐ P. verschiedenartiger Monomere:

Jedes Monomer trägt zwei gleichartige funktionelle Gruppen.

$$X — R— X \; + \; Y— R'— Y \; \longrightarrow$$
$$X— R— R'— Y \; + \; X— Y$$

X und Y bezeichnen dabei die Teile der verschiedenen funktionellen Gruppen, die bei der Verknüpfungsreaktion abgespalten werden. R und R' können entweder Monomerreste oder aber bereits gebildete, mehrgliedrige Kettenmoleküle (Oligomere, oder auch Präpolymere) sein.

Die bei der P. eingesetzten Monomere oder Oligomere besitzen wie die im Verlauf der Verknüpfungsreaktion sich bildenden vielgliedrigen Kettenmoleküle dieselben funktionellen Gruppen mit der gleichen Reaktivität, d. h. die →Reaktionsgeschwindigkeit ist über die gesamte Reaktionsdauer unabhängig vom Polykondensationsgrad. Weiterhin muß bei der P. der Umsatz in der Regel deutlich über 90 % getrieben werden, um Polymere mit genügend hohen Polykondensationsgraden (Molmassen größer 20 000 g/mol), wie sie für technische Anwendungen notwendig sind, zu erhalten.

Technisch wichtige P. sind die Bildungsreaktionen von Polyestern, Polyamiden, Polyimiden, Phenol-, Harnstoff- und Melamin-Formaldehydkondensaten, Silikonen, sowie Polysulfonen. Sie können in der Schmelze, in Lösung, in Suspension oder als →Grenzflächenkondensation ausgeführt werden. In überwiegendem Maße wendet man die →Schmelzkondensation an, da die meisten Monomere und Polykondensate ausreichend stabil sind, um in inerter Gasatmosphäre Temperaturen bis zu 300 °C ausgesetzt werden zu können. Ist dies nicht der Fall, so bedient man sich der P. in Lösung oder Suspension. Die Grenzflächenkondensation ist im wesentlichen eine Laboratoriumsmethode geblieben. *Zahradnik*

Literatur: *Batzer* (Hrsg.): Polymere Werkstoffe, Bd. 1: Chemie und Physik. Stuttgart 1985. – *Becker/Braun* (Hrsg.): Kunststoff-Handbuch. Bd. 1: Carlowitz (Hrsg.): Grundlagen. München 1989. – *Elias, H.-G.*: Makromoleküle. Heidelberg 1981. – *Flory, P. J.*: Principles of Polymer-Chemistry. London 1971. – *Vollmert, B.*: Polykondensation in Natur und Technik. Karlsruhe 1983.

Polymer. Nach einer Definition der IUPAC (Internationale Union für Reine und Angewandte Chemie) ist ein „P. eine Substanz, die aus Molekülen aufgebaut ist, die sich durch vielfache Wiederholung von konstitutiven Einheiten auszeichnen und die so groß sind, daß sich ihre Eigenschaften durch Zugabe oder Wegnahme einer oder weniger konstitutiver Einheiten nicht wesentlich ändern".

P. sind demnach Substanzen, deren kleinste chemische Einheiten →Makromoleküle sind. Diese Makromoleküle wiederum entstehen in speziellen Polymersynthesen (→Polymerisation, →Polykondensation, →Polyaddition) durch fortgesetzte Aneinanderreihung niedermolekularer Ausgangsstoffe, der Monomere. P., die durch Polymerisation hergestellt wurden, heißen Polymerisate, solche durch Polykondensation erhaltene Polykondensate und durch Polyaddition gebildete Polyaddukte (Copolymerisate). *Zahradnik*

Polymer, faserverstärktes →Verbundwerkstoffe

Polymer, flüssigkristallines. (*engl.* liquid crystal polymer, LCP). Unter f. P. (LC-Polymere) werden einmal solche hochmolekularen Stoffe verstanden, die einen flüssigen, aber geordneten, anisotropen Zustand, den flüssigkristallinen Zustand, zwischen dem festen Zustand und der ungeordneten, isotropen Schmelze, zeigen. Sie werden als thermotrope LC-Polymere bezeichnet. Zum anderen solche Stoffe, die in einer Lösung oberhalb einer kritischen Konzentration flüssige, geordnete Bereiche (Domänen) ausbilden. Sie gehören zur Gruppe der lyotropen LC-Polymere. Der flüssigkristalline Zustand ist neben dem amorphen und dem kristallinen Zustand als mögliche Festkörper-Zustände ein „Zwischenzustand", ein mesomorpher Zustand oder eine Mesophase, hin zum flüssigen Zustand (Bild 1).

Niedermolekulare flüssigkristalline (L-LC-)Verbindungen sind seit über hundert Jahren bekannt

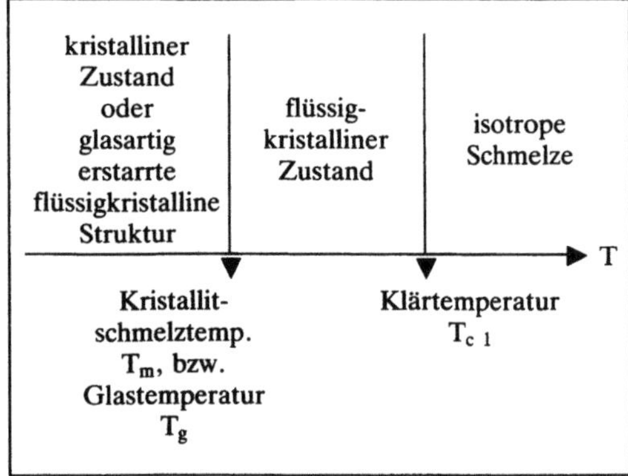

Polymer, flüssigkristallines 1: Schematische Darstellung der Lage des flüssigkristallinen Zustands auf der Temperaturachse für thermotrope LC-Polymere.

(*F. Reinitzer* 1888). Das allgemeine strukturelle Merkmal dieser L-LC-Verbindungen ist die Asymmetrie ihrer Molekülgestalt. Es sind entweder stäbchenförmige Moleküle mit einem Längen-Dicken-Verhältnis größer 3, oder dünne, kreisförmige Scheibchen.

Polymere Flüssigkristalle (P-LC's oder LCP's) wurden ebenfalls schon früher gefunden. Dabei handelt es sich um verschiedenartige Biopolymere, wie z. B. den Tabak-Mosaik-Virus, Polypeptide, →Cellulose und Cellulosederivate. Synthetische f. P. sind seit den 60iger Jahren bekannt und in der Folgezeit in zunehmendem Maße hergestellt und eingehend untersucht worden.

LC-Polymere weisen typischerweise starre Strukturelemente neben mehr oder weniger flexiblen Sequenzen in ihren Makromolekülen auf. Diese starren Strukturelemente, auch hier stäbchen- oder scheibchenförmige Untereinheiten (mesogene Gruppen), sind für die Ausbildung der flüssigkristallinen Phase verantwortlich. Sie ordnen sich in sog. LC-Domänen an und bedingen die Ausrichtung der Makromoleküle vorzugsweise in Längsrichtung. Dadurch entstehen die in Bild 2 dargestellten, möglichen mesogenen Strukturen. In der nematischen Phase sind die form-anisotropen, mesogenen Gruppen in Richtung ihrer Längsachse angeordnet (der Pfeil deutet die Vorzugsrichtung an), während ihre Schwerpunkte ohne erkennbare Ordnung im Raum verteilt sind. Bei smektischen Phasen zeigen die mesogenen Gruppen ebenfalls eine

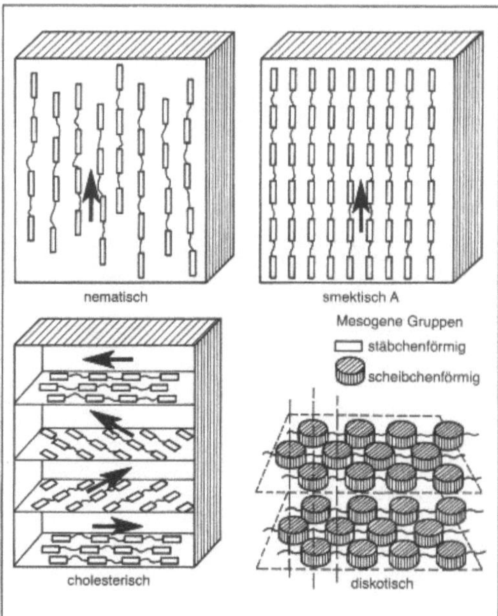

Polymer, flüssigkristallines 2: Schematische Darstellung der Ordnungszustände in flüssigkristallinen Phasen, dargestellt an Hauptketten-LC-Polymeren.

Vorzugsrichtung, darüberhinaus sind sie in Schichten angeordnet. In cholesterischen Phasen schließlich sind die Makromoleküle wiederum in Schichten angeordnet, die Vorzugsrichtung der mesogenen Gruppen ändert sich allerdings periodisch von Schicht zu Schicht. Diskotische Phasen entstehen bei scheibchenförmigen, mesogenen Gruppen durch Übereinanderlagern dieser Einheiten, ähnlich einem Münzstapel.

Weiterhin gilt es zu unterscheiden zwischen LC-Polymeren, deren mesogene Gruppen in der Hauptkette, oder aber als Seitengruppen an der Hauptkette gebunden sind (Bild 3).

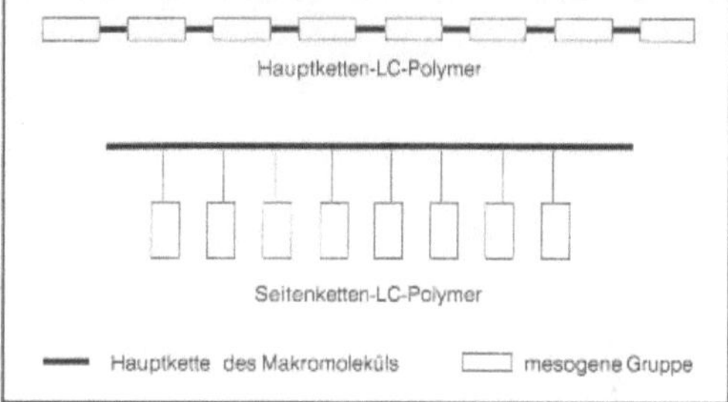

Polymer, flüssigkristallines 3: Hauptketten- und Seitenketten-LC-Polymere.

Technische Bedeutung haben vor allem aromatische Polyamide (→Polyamide und verstärkte →Kunststoffe, →Aramidfasern) und aromatische →Polyester erlangt. LC-Polyamide (Aramide; →Kevlar® (DuPont)) gehören zur Gruppe der lyotropen LC-Polymere und werden durch spezielle Lösungs-Spinnverfahren zu Fasern verarbeitet, die in Faserrichtung hohe →Festigkeit und →Steifigkeit, einen niedrigen Wärmeausdehnungskoeffizienten und allgemein gute chemische und thermische Beständigkeit aufweisen. Aromatische Polyester können als thermotrope LC-Polymere im Gegensatz zu den Aramiden über ihre Schmelze versponnen werden. Auch diese anisotropen Fasern zeigen ein annähernd so hohes Eigenschaftsniveau wie die Aramidfasern.

Vorwiegend werden diese LC-Polyester aber zu Kunststoff-Formteilen verarbeitet. Über →Extrusion und Spritzguß hergestellte Teile zeigen in Fließrichtung hohe Festigkeit, Steifigkeit und Schlagzähigkeit, vergleichbar den Werten faserverstärkter Kunststoffe, dabei aber wesentlich niedrigere Schmelzviskositäten.

Anwendung finden diese „Hochleistungs"-Kunststoffe, oft glas- und kohlefaserverstärkt, vor allem in der Luft- und Raumfahrt, im Kraftfahrzeug- und Apparatebau für thermisch und chemisch hochbeanspruchte Teile, sowie als Bauteile in der Mikro- und Optoelektronik.

Handelsnamen: Ultrax (BASF), Vectra (Hoechst-Celanese), Victrex (ICI), Granlar (Montedison),

Xydar (Dartco), Ekonol (Carborundum), Novoaccurate (Mitsubishi), Rodrun (Unitika). *Zahradnik*

Literatur: Deutsches Kunststoff Institut DKI (Hrsg.): Flüssigkristalline Polymere, München 1989. – *Gordon, M.* (Hrsg.): Liquid Crystal Polymers I, Vol. 59 und Liquid Crystal Polymers II/III, Vol. 60/61 von Advances in Polymer Science. Berlin 1984.

Polymer, leitfähiges. Entsprechend ihrer spezifischen elektrischen Leitfähigkeit σ (Kehrwert des spezifischen elektrischen Widerstandes; Einheit: A/Vm = S/m) gehören Polymere zu den Isolatoren (σ = 10^{-20} bis 10^{-10} S/m). Nur einige wenige Polymere mit bestimmten Konstitutionsmerkmalen (weitausgedehnte delokalisierte π-Elektronensysteme) zeigen Halbleitereigenschaften mit spez. Leitfähigkeiten σ = 10^{-6} bis 10^4 S/m. Hierzu gehören kristallines → Polyacetylen (σ = 10^{-2} S/m; 25 °C), oxidiertes und pyrolysiertes Poly-p-divinylbenzol (10^{-4} bis 10^4 S/m), sowie Polycarbazen (10^{-3} S/m).

Halbleiterähnliche spez. Leitfähigkeiten lassen sich auch durch Dotieren (z. B. Poly-2-vinylpyridin mit Jod, 0,1 S/m) erreichen. In der Entwicklung befinden sich Materialien, die zum Bau von Feststoffbatterien eingesetzt werden. *Zahradnik*

Polymer, teilkristallines. (*engl.* semicrystalline polymer) Als t. P. bezeichnet man solche makromolekularen Stoffe, die im Gegensatz zu amorphen Polymeren eine weitreichende Ordnung in ihren Molekülverbänden aufweisen. Charakteristisches Merkmal dieser Polymerklasse ist die Anordnung der → Makromoleküle in Kristalliten (Fransenmizelle), in denen starke Wechselwirkungen zwischen den Segmenten der mehrdimensional angeordneter Ketten wirksam sind. Man nimmt heute allgemein an, daß Makromoleküle überwiegend unter → Kettenfaltung (Faltenkristallit, Faltungslamellen) kristallisieren. Grundlegende Voraussetzung für die Anordnung zu Kristalliten ist eine hinreichende Regelmäßigkeit der Makromoleküle, wie sie z. B. bei → Polyethylen, → Polyamiden, → Polyoxymethylen und auch → Cellulose gegeben ist. Allerdings ordnen sich nicht alle Makromoleküle gleichermaßen zu Kristalliten, dies ist nur unter besonderen Bedingungen bei Polymer-Einkristallen der Fall, vielmehr findet man neben Kristalliten mehr oder weniger große amorphe Bereiche.

Unter Kristalliten versteht man kleine kristalline Bereiche, während man größere Kristallitverbände als Sphärolithe bezeichnet. Dies sind kugelförmige, polykristalline Bereiche, die im Innern radialsymmetrisch aufgebaut sind.

In welchem Verhältnis kristalline zu amorphen Bereichen vorliegen, ausgedrückt durch den sog. Kristallinitätsgrad, ist nicht nur abhängig von der chemischen Struktur, sondern ganz entscheidend auch von der Temperaturvorbehandlung und den Herstellungsparametern eines Probekörpers. Schnelles Abkühlen aus der Schmelze führt zu niedrigeren Kristallinitätsgraden als langsames. Ebenso wirken sich bei der Verarbeitung Druck und Scherbeanspruchung auf die → Kristallisation aus.

In erster Linie beeinflußt der Kristallitanteil die Dichte eines t. P., niedrige Kristallinitätsgrade ergeben niedrige Dichten und hohe entsprechend hohe Dichten (→ Polyethylen mit niedriger und hoher Dichte, → Polyolefine). Aber auch mechanische Eigenschaften, wie → Steifigkeit und Schlagzähigkeit hängen von dem Kristalinitätsgrad und der Kristallitstruktur (im wesentlichen vom Sphärolithradius) ab.

Ein technologisch wichtiger Aspekt ist die Nachkristallisation, die bei schnell abgekühlten t. P. nach der Herstellung zu beobachten ist. Sehr oft erst unter Einsatzbedingungen macht sich diese durch Dichterhöhung, Maßänderungen oder Verzugserscheinungen bemerkbar (→ Thermoplaste).

Zahradnik

Polymer, wasserlösliches. Zu den w. P. gehören Celluloseether (Methylcellulose MC, Carboxymethylcelluslose CMC), → Polyvinylalkohol (PVAL), Polyvinylmethylether, Salze der Polyacrylsäure, → Polyvinylpyrrolidon (PVP) und Polyethylenoxide (PEOX).

Sie finden in Form wässriger Lösungen unterschiedlichste Anwendung, z. B. als Schutzkolloide, Verdickungsmittel, → Bindemittel in der kosmetischen und chemisch-pharmazeutischen Industrie, Textilschlichten und -appreturen, Papierleime, Tapetenkleister, in Druckfarben, Klebstoffen und Überzugsmassen. Polyvinylpyrrolidon wird als Blutplasmaersatzstoff verwendet. *Zahradnik*

Polymer Blend. P. B. sind physikalische Mischungen konstitutiv (→ Polymermorphologie) und/oder konfigurativ verschiedener Homopolymere bzw. Copolymere (→ Copolymerisation). Ziel der Mischung von Polymeren ist es, bestimmte Verarbeitungs- und Produkteigenschaften der Ausgangspolymere soweit zu verbessern, daß das Eigenschaftsprofil des Blends auf wirtschaftliche Weise den geforderten Eigenschaften eines Konstruktionswerkstoffes angenähert wird.

Aufgrund der hohen Viskositäten von Polymeren und den niedrigen Diffusionskoeffizienten von Polymeren in Polymeren können miteinander verträgliche Polymere in Substanz nicht gut vermischt werden. Sollte die → Entmischung eines homogenen Blends z. B. durch Temperaturänderung oder Lösungsmittelentzug eintreten, so kommt es zur Phasentrennung und der Ausbildung einer Dispersion. Dabei bildet die Komponente mit dem größten Volumenanteil die Matrix, in der die anderen Komponenten eingelagert sind (Polymermorphologie).

Entscheidend für die physikalischen Eigenschaften eines Blends ist die Verträglichkeit und Mischbarkeit der Komponenten. Sind diese miteinander verträglich und mischbar, so kommt es in erster Näherung zu einer dem Mischungsverhältnis entsprechenden Mittelung der Eigenschaften. Liegen die Komponenten phasensepariert als Dispersion vor, so bestimmt im wesentlichen die Matrix die Eigenschaften der Dispersion.

Blends werden im wesentlichen durch vier Verfahren hergestellt:

☐ Beim Schmelzmischen werden die Komponenten mechanisch oberhalb der Schmelztemperatur miteinander verknetet. Dabei kann es durch die mechanische Beanspruchung der Makromoleküle zu deren Abbau kommen. Die entstehenden freien Kettenenden können miteinander oder mit anderen Makromolekülen reagieren. Auf diese Weise läßt sich ein gewisser Anteil von linearen und verzweigten Blockcopolymeren oder von vernetzten Strukturen in der Mischung erzeugen.

☐ Beim Latex-Verfahren werden die Latices, die z. B. bei einer Emulsions- oder Suspensionspolymerisation erhalten werden, miteinander vermischt. Nach Entfernen des Lösungsmittels werden die zurückbleibenden Kügelchen aufgeschmolzen und miteinander verknetet. Auch hierbei kann es zum →Kettenabbau kommen.

☐ Beim Lösungsmischen werden die unterschiedlichen Polymere in einem Lösungsmittel oder Lösungsmittelgemisch gelöst. Diese miteinander verträglichen Lösungen werden vermischt. Sind die Polymere miteinander verträglich, so erhält man ein homogenes P.-B. Sind die Polymere miteinander unverträglich, kommt es meist zur makroskopischen Phaseneparation und die Herstellung eines Blends wird unmöglich. Das Lösungsmischen ist eine schonende Methode zur Darstellung eines Blends, weil die thermische Belastung des Blends beim Entfernen des Lösungsmittels gering gehalten werden kann.

☐ Bei der in-situ-Polymerisation wird ein →Polymer oder →Elastomer in einem →Monomer gelöst bzw. angequollen. Danach wird das Monomer polymerisiert. Diese Methode hat zunächst häufig eine Phasentrennung zur Folge, da aber die →Viskosität der Mischung infolge der Polymerisation ständig steigt, unterbleibt diese Entmischung schließlich. Oft reagieren aber die gelösten Polymere oder gequollenen Elastomere mit dem Monomer zu Pfropfcopolymeren. Sollte dies nicht eintreten und das in einem gequollenen Elastomer gelöste Monomer ein Netzwerk ausbilden, so kommt es zur Bildung zwei-

er ineinander verschlaufter Netzwerke (Interpenetrierende Netzwerke).

Mit diesen Methoden können Thermoplaste mit Thermoplasten, Thermoplaste mit Elastomeren und Elastomere mit Elastomeren vermischt werden. *Finkelmann*

Polymerglas →Glas

Polymerholz. P. ist durch Kunststoffeinlagerung vergütetes →Holz. Hierzu wird eine gut tränkbare Holzart (z. B. Ahorn, Birke, Buche, Roteiche) mit monomerem →Kunststoff (z. B. Methylmetacrylat, Monostyrol, Epoxidharze) imprägniert, der dann innerhalb des Holzes polymerisiert. Die →Polymerisation kann durch Katalysatoren, Wärme oder energiereiche Strahlung eingeleitet werden. Der Vergütungseffekt hängt von der Art und der Menge („Beladungsgrad") des eingebrachten Kunststoffes ab. Üblich sind Beladungen von 30 bis 70 Gewichtsprozent bezogen auf die Holzsubstanz.

Durch Kunststoffeinlagerung lassen sich insbesondere die →Härte und der Abnutzungswiderstand erhöhen sowie die Dimensionsstabilität verbessern. Deshalb ist P. für die Herstellung von hochbeanspruchtem Parkett (z. B. Flughafengebäude Helsinki) gut geeignet. Andere Verwendungsgebiete: Spulen für die Textilindustrie, Werkzeug- und Messergriffe, Flitzbögen und Golfschläger, Teile von Musikinstrumenten und ähnliche Gegenstände, bei denen besondere Anforderungen die relativ hohen Material- und Herstellungskosten rechtfertigen. *Noack/Schwab*

Literatur: *Mehl, W.* 1977: Polymerholz und seine wirtschaftliche Anwendung. Holz als Roh- und Werkstoff, Springer-Verlag Berlin, Heidelberg, New York S. 431–435.

Polymerisat →Polymerisation

Polymerisat, fluorhaltiges →Fluorpolymere

Polymerisation. Als P. bezeichnet man die chemische Umsetzung eines oder mehrerer, chemisch verschiedener, reaktionsfähiger, niedermolekularer Verbindungen (→Monomere) zu einem linearen, verzweigten, vernetzten oder cyclischen Polymer (→Makromolekül). Die Methoden zur Synthese von Makromolekülen sind die radikalische, ionische, anionische und kationische P., die Grenztransferpolymerisation (Phasentransferpolymerisation), die →Insertionspolymerisation (*Ziegler-Nata*-Polymerisation), die →Metathesepolymerisation, die Telomerisation, die →Polykondensation sowie die →Polyaddition.

Die Umsetzung der Monomere zu Polymeren erfolgt außer bei der Polyaddition und der Polykondensation nach dem Muster einer Kettenreaktion. Eine Kettenreaktion läßt sich in drei Reaktionsphasen unterteilen, den Kettenstart (Initiierung), das Kettenwachstum (Propagation) und den Kettenabbruch (Termination).

Der Kettenstart kann durch Zugabe eines Initiators (Starter) zu den vorgelegten Monomeren erfolgen oder durch Zufuhr von Energie (z. B. strahleninduzierte Polymerisation). Beim Kettenstart entsteht ein aktiviertes Zentrum an das beim Kettenwachstum Monomere angelagert werden. Die ursprünglich initiierten Ketten wachsen solange weiter bis ein Kettenabbruch erfolgt. Die Möglichkeiten eines Kettenabbruchs variieren stark mit der gewählten Reaktionsmethode. Die Häufigkeit, mit der der Kettenabbruch eintritt, bestimmt die mittlere Länge einer Kette (kinetische → Kettenlänge, Übertragungsreaktion, → Polymerisation, lebende).

Der → Polymerisationsgrad ist die mittlere Anzahl der in einer Kette vorkommenden Monomereinheiten.

Für die Durchführung einer P. müssen drei Voraussetzungen erfüllt sein:

☐ Das Kettenwachstum muß sehr viel schneller geschehen als alle möglichen Abbruchsreaktionen.

☐ Beim Kettenwachstum muß die freie Enthalpie der P. (ΔG_p) abnehmen. Es gilt:

$$\Delta G_p = \Delta Hp - T \cdot \Delta S_p$$

Die Enthalpie (ΔH_P) nimmt bei der Reaktion eines Monomers mit dem aktiven Kettenende ab. Die Entropie (ΔS_P) nimmt bei der Anlagerung des Monomers an das Kettenende ebenfalls ab. Die P. wird thermodynamisch abgebrochen, wenn der Entropieterm ($T \cdot \Delta S_P$) die freiwerdende Enthalpie aufwiegt ($\Delta G_P = O$). Dieser Abbruch ist von der absoluten Temperatur abhängig (T). Bei einigen Polymeren kann durch Temperaturerhöhung der Entropieterm soweit angehoben werden, daß es oberhalb einer bestimmten Temperatur (Ceiling Temperatur) zu einer → Depolymerisation kommt, bei der das → Monomer wieder freigesetzt wird. In den meisten Fällen wird durch Temperaturerhöhung aber ein unspezifischer → Kettenabbau eingeleitet, der zu uneinheitlichen Produkten führt. Bei technisch durchgeführten P. ist die Abfuhr der freiwerdenden Energie ein häufiges Problem (Trommsdorf-Norrisch-Effekt).

☐ Die P. ist nur mit Monomeren möglich, die mehr als monofunktionell sind. Mit bifunktionellen Monomeren erhält man lineare Ketten. Bei mehr als bifunktionellen Monomeren entstehen bei der P. Netzwerke. Die Funktionalität eines Monomers gibt die Zahl der Verknüpfungsstellen mit anderen Monomeren bezogen auf einen gegebenen Reaktionstyp wieder.

Die P. läßt sich mit verschiedenen → Polymerisationsverfahren durchführen, z. B. die → Substanzpolymerisation, die → Lösungspolymerisation, die → Emulsions-, Suspensions- und → Fällungspolymerisation, sowie die → Grenzflächenkondensation und das → RIM-Verfahren. *Finkelmann*

Polymerisation, anionische. Die a. P. gehört zur Klasse der ionischen → Polymerisationen. Anionisch polymerisierbar sind Monomere mit einer endständigen Doppelbindung, die eine elektronenanziehende (polare) Gruppe besitzen. Dies sind zum Beispiel Styrol, Butadien, Acrylnitril und → Methylmethacrylat.

Diese Verbindungen werden auch industriell anionisch polymerisiert. Daneben können auch ringförmige Verbindungen mit verschiedener Ringgröße anionisch polymerisiert werden, wie zum Beispiel Lactame, Lactone und Oxirane.

Gestartet werden a. P. durch Basen, die dem im polaren Lösungsmittel gelösten Monomer hinzugefügt werden. Viele a. P. werden als „lebend" bezeichnet, da nahezu keine Abbruchs- oder Kettenübertragungsreaktionen stattfinden. Dies führt zu besonderen Eigenschaften der erhaltenen Polymere und ermöglicht eine gute Vorausberechnung des Molekulargewichtes (→ Polymerisation, lebende).

Um diese Vorteile einer a. P. nutzen zu können, müssen die eingesetzten Monomere von höchster Reinheit sein und jegliche Verunreinigung bei der Polymerisation ausgeschlossen werden. Die Reaktionen müssen daher auch unter absolutem Luft- und Feuchtigkeitsausschluß stattfinden. Dies führt in der technischen Produktion zu einem erheblich größeren apparativen Aufwand, als zum Beispiel bei der radikalischen Polymerisation. A. P. werden daher nur zur Darstellung von Polymeren für spezielle Anwendungen durchgeführt. *Finkelmann*

Polymerisation, enzymatische. Die Synthese makromolekularer Verbindungen wird im lebenden Organismus durch Enzyme bewirkt. Diese Enzyme sind hochmolekulare Katalysatoren; sie bestehen aus Proteinen mit einer definierten Überstruktur, in der die katalytisch wirksamen Gruppen räumlich fixiert angeordnet sind. Sie lassen nur eine Möglichkeit der Anlagerung und Verknüpfung der Monomere zu. Bei einer möglichen e. P. im Reagenzglas starten alle Enzyme die Polymerisation gleichzeitig und alle Ketten wachsen mit der gleichen Geschwindigkeit. Eine Abbruchreaktion findet nicht statt. Daher erreicht man bei einer e. P. eine noch engere Molekulargewichtsverteilung als bei einer lebenden, anionische → Polymerisation.

Ein Beispiel einer e. P. ist das → Polysaccharid Amylose aus dem Monomer Glucose-1-phosphat mit Hilfe des Enzyms Phosphorylase, das aus Hefe oder Kartoffeln gewonnen werden kann. *Finkelmann*

Polymerisation, ionische. Je nach ihrer chemischen Wachstumsreaktion unterscheidet man eine Polymerisationsreaktion in eine ionische oder in eine radikalische → Polymerisation.

Bei der i. P. findet das Kettenwachstum durch wiederholte Monomeranlagerung an das ionisierte Kettenende statt.

Man unterscheidet zwischen anionischer und kationischer Polymerisation, je nachdem, ob das Kettenende eine negative oder positive Ladung trägt:

$$-M_n \xrightarrow{\ominus\ +M} -M_{n+1} \xrightarrow{\ominus\ +M} -M_{n+2}^{\ominus} \quad \text{anionische Polymerisation}$$

$$-M_n \xrightarrow{\oplus\ +M} -M_{n+1} \xrightarrow{\oplus\ +M} -M_{n+2}^{\oplus} \quad \text{kationische Polymerisation}$$

Finkelmann

Polymerisation, kationische. Die k. P. gehört zu der Klasse der ionischen Polymerisationen. Kationisch polymerisierbar sind Monomere, die elektronenliefernde (polare) Gruppen besitzen. Dies sind Aldehyde und Ketone (polymerisierbare $C{=}O$-Doppelbindung), sowie Olefine, Diene, Vinylaromaten und Vinylether.

Ebenso können wie auch bei der anionischen Polymerisation, Lactame, Lactone, Oxirane und einige andere ringförmige Verbindungen kationisch polymerisiert werden.

Die Chemie der k. P. ist wesentlich komplizierter als die der anionischen Polymerisation. Die Startreaktionen verlaufen meist nicht direkt zum Monomer-Kation und es finden häufiger Abbruchs- und Übertragungsreaktionen statt. Dies führt im allgemeinen zu uneinheitlicheren Polymeren, so daß die k. P. kaum in der technischen Produktion verwendet wird. *Finkelmann*

Polymerisation, lebende. Bei einer l. P. erfolgen keine Abbruchs- oder Übertragungsreaktionen.

Sehr viele anionische → Polymerisationen verlaufen als l. P. Es erfolgt eine sehr schnelle Startreaktion und für die Anlagerung von Monomeren an die reaktiven Ketten besteht für alle Moleküle die gleiche Wahrscheinlichkeit. Man erhält eine *Poisson*-Verteilung der Molekulargewichte.

Durch die schnelle Startreaktion der l. P. läßt sich das Molekulargewicht der Polymere einfach aus dem Verhältnis von Monomer- zu Initiatorkonzentration vorausberechnen.

Nach vollständigem Umsatz des Monomers erfolgt kein Kettenabbruch; die Kettenenden bleiben reaktiv. Sie können durch Zugabe von weiterem Monomer erneut wachsen. Gibt man ein anderes Monomer zu, so erhält man ein → Blockcopolymer.

Durch Abbruch der lebenden Kettenenden nach der Polymerisation mit geeigneten Abbruchsreagenzien lassen sich einfach funktionelle Gruppen an die Kettenenden einführen, wie z. B. Alkohol- oder Carbonsäuregruppen. *Finkelmann*

Polymerisation, radikalische. Die r. P. ist die wichtigste Polymerisationsart. Mit ihr werden in der Technik die meisten Monomere polymerisiert. Die Ansprüche an die Reinheit der verwendeten Monomere und Initiatoren für die technische Polymerisation sind bei weitem nicht so hoch wie bei den ionischen Polymerisationen.

Radikalisch können zu hohem Molekulargewicht folgende Verbindungen mit endständiger Doppelbindung polymerisiert werden: Ethylen, Propylen, Butylen, Styropol, Butadien, Acrylnitril, Acrylate, Methacrylate, Vinylether und Vinylhalogenide (z. B. → Polyvinylchlorid, PVC).

Gestartet werden r. P. durch Initiatormoleküle, die in Radikale zerfallen. Dies geschieht durch Zufuhr von Energie und kann thermisch, chemisch, elektrochemisch oder photochemisch erfolgen. Diese Radikale können mit einem Monomermolekül reagieren und somit eine Radikalkettenreaktion starten:

$$R \cdot \ + \ M \ \longrightarrow R{-}M \cdot$$

Radikal + Monomer

Durch Anlagerung weiteren Monomers wächst die Polymerkette:

$$R{-}M \cdot \xrightarrow{+\,M} R{-}M_2 \cdot \xrightarrow{+\,M} R{-}M_3 \cdot \; {-}{-}{-}> \; \ldots\ldots$$

Im Gegensatz zu den ionischen → Polymerisationen ist die mittlere Lebensdauer der Ketten jedoch sehr viel geringer; die wachsenden Ketten brechen ab durch die Reaktion von zwei Radikalen miteinander:

$$R{-}M_x \cdot + R{-}M_y \cdot \rightarrow R{-}M_{x+Y}{-}R \quad \text{(Rekombination)}$$

$$R{-}M_x \cdot + R{-}M_y \cdot \rightarrow R{-}M_x + R{-}M_y \quad \text{(Disproportionierung)}$$

$$R{-}M_x \cdot + R \cdot \ \rightarrow R{-}M_x{-}R \quad \text{(Abbruch durch Initiatorradikal)}$$

Durch diese Reaktionsmöglichkeiten von Radikalen und eine Vielzahl weiterer möglicher Elementarreaktionen bei der r. P. (z. B. Kettenübertragung) entstehen Polymere, die eine breite Molekulargewichtsverteilung aufweisen. Auch verzweigte Polymere können entstehen. Für die meisten technischen Polymere ist dies jedoch nicht von Nachteil, so daß die Vorteile einer weitgehenden Unempfindlichkeit gegenüber Verunreinigungen überwiegen.

Nach Art der Prozeßführung unterscheidet man die r. P. oft in →Lösungspolymerisation, →Substanzpolymerisation, Suspensionspolymerisation und →Emulsionspolymerisation.

Finkelmann

Polymerisation, strahleninduzierte. Eine s. P. wird ausgelöst durch die Einwirkung elektromagnetischer Strahlung auf →Monomere. Dies können hochenergetische Strahlen sein wie z. B. Gamma-, Beta- oder Neutronenstrahlen, sowie auch Strahlung niedrigerer Energie, wie ultraviolettes oder sichtbares Licht.

Die Strahlung bewirkt einen Bruch chemischer Bindungen und erzeugt dadurch Ionen oder Radikale im Molekül. Die meisten s. P. laufen wie eine radikalische →Polymerisation ab, da die Radikale unter diesen Bedingungen die stabileren Spezies sind.

Technisch verwendet werden s. P. z. B. zum schnellen →Härten von Photolacken oder zur →Härtung von Klebstoffen. Ein häufig verwendeter klarer →Klebstoff auf Methylmethycrylatbasis härtet zum Beispiel mit den UV-Bestandteilen des Tageslichtes aus. *Finkelmann*

Polymerisationsgrad. Der P. x eines Polymermoleküls ist definiert als die Anzahl der Grundbausteine, die in einer makromolekularen Kette miteinander verknüpft sind. Als Grundbaustein wird die in die Polymerkette eingebaute Monomereinheit verwendet. *Finkelmann*

Polymerisationsverfahren. Polymerisationen können im Labor-, wie auch im technischen Maßstab in verschiedenen Verfahren durchgeführt werden. Man kann in Verfahren in homogener und in heterogener Phase unterteilen:
□ Polymerisationen in homogener Phase.

Bei der Substanz- oder auch Massepolymerisation polymerisiert man das unverdünnte →Monomer. Dieses Verfahren wird praktisch nur bei der radikalischen →Polymerisation angewendet, z. B. bei der thermischen Polymerisation von Styrol.

Bei der →Lösungspolymerisation polymerisiert man das Monomer in einem Lösungsmittel, in dem das Polymer ebenfalls löslich ist. Dieses Verfahren kann bei allen Polymerisationsarten (radikalische-, anionische-, kationische- und →Ziegler-Natta-Polymerisation) verwendet werden.

□ Polymerisationen in heterogener Phase.

Bei der →Fällungspolymerisation polymerisiert man das Monomer in einem Lösungsmittel, in welchem das Polymer nicht löslich ist und somit ausfällt. Sie kann, wie die Lösungspolymerisation, bei allen Polymerisationsarten angewendet werden.

Bei der Suspensionspolymerisation (auch Perlpolymerisation) polymerisiert man das Monomer radikalisch in Form kleiner Tröpfchen (Durchmesser ca. 0,1 bis 2 mm), die in flüssiger Phase (meist Wasser) durch intensives Rühren suspendiert werden. Meist werden Hilfsstoffe wie Schutzkolloide und Dispergatoren zugesetzt, um eine Koagulation der entstehenden Polymerperlen zu verhindern.

Der Vorteil dieses Verfahrens, z. B. gegenüber der Substanzpolymerisation, ist die gute Wärmeabfuhr der Polymerisationswärme durch das Wasser. Auch Ziegler-Natta-Polymerisationen können in Suspension durchgeführt werden, so z. B. die Suspensionspolymerisation von Ethylen in Kohlenwasserstoffgemischen (Benzin).

Bei der →Emulsionspolymerisation polymerisiert man das wasserunlösliche Monomer in Wasser, das den Radikalinitiator und einen Emulgator enthält. Der Emulgator bildet Micellen aus, in denen die Polymerisation stattfindet. Am Ende der Polymerisation liegt eine Dispersion (→Latex) von Polymerpartikeln, die kleiner als 1 mm sind, in Wasser vor. Dieses Verfahren wird z. B. zur Herstellung von Synthesekautschuken (Butadien-Styrol-Copolymere) und zur Herstellung von Anstrichfarben benutzt.

Bei der Gasphasenpolymerisation wird das Monomer im gasförmigen Zustand polymerisiert. So läßt sich Ethylen und Propylen mit Ziegler-Natta-Katalysatoren bei 75–100 °C und Drucken von 25 bis 40 bar polymerisieren. *Finkelmann*

Literatur: *Batzer* (Hrsg.): Polymere Werkstoffe. 3 Bd. Stuttgart 1985. – *Elias, H.-G.:* Makromoleküle. 4. Aufl. Basel–Heidelberg–New York 1981. – Ullmanns Encyclopädie der technischen Chemie. 4. Aufl. Bd. 19. Weinheim–Deerfield Beach–Basel 1980. – *Winnacker/Küchler:* Chemische Technologie. 4. Aufl. München–Wien 1982.

Polymerlegierung →Polymer Blend

Polymermischung. P. sind hochmolekulare Werkstoffe, die durch →Mischen mehrerer →Homopolymeren oder eines Homopolymers mit einem →Copolymer entstehen und zum Zwecke der Kombination der Eigenschaften der einzelnen Komponenten hergestellt werden. Sie lassen sich durch Mischen der Schmelzen oder der Lösungen der einzelnen Komponenten erhalten. Das technisch wichtigste Verfahren zur Herstellung von P. ist die →Polymerisation der einen Komponente in Gegenwart der bereits polymerisierten anderen Komponenten.

So wird z. B. ABS, eine Mischung aus einem Styrol-Acrylnitril-Copolymerisat und einem Butadien-Acrylnitril-Copolymerisat (nicht zu verwechseln mit dem ABS-Pfropfcopolymerisat; → Polystyrol), dadurch erhalten, daß der Emulsionscopolymerisation von Styrol mit Acrylnitril das Butadien-Acrylnitril-Copolymerisat vorgelegt wird. Bei diesem Verfahren ist allerdings nicht auszuschließen, daß zu einem gewissen Teil auch → Pfropfcopolymerisation auf das vorgelegte Butadien-Acrylnitril-Copolymer eintritt.

Man unterscheidet zwischen homogenen und heterogenen P. Im ersteren Fall handelt es sich um Ein-Phasen-Systeme, also um erstarrte Lösungen, die in der Regel transparent sind und im Torsionsschwingungsversuch nur ein Dämpfungsmaximum für die → Glastemperatur der P. zeigen, das entsprechend dem Mischungsverhältnis zwischen den Dämpfungsmaxima der reinen Komponenten liegt. Heterogene P. sind Zwei-Phasen-Systeme, die meist trübe erscheinen und deutlich getrennt die Glastemperaturen der einzelnen Komponenten aufweisen.

Es gibt nur wenige homogene, aber viele heterogene P., da die meisten Polymere untereinander unverträglich sind (Blends). *Zahradnik*

Polymermorphologie. Die Morphologie von Polymerketten läßt sich unterteilen in ihre Primär-, Sekundär-, Tertiär- und Quartärstruktur. Diese Strukturen beeinflussen die übermolekularen Strukturen und damit die physikalischen Eigenschaften von Polymeren. Zur Primärstruktur zählen die Konstitution und die Konfiguration einer Polymerkette.

Die Konstitution von Polymeren erfaßt den chemischen Aufbau bzw. die Zusammensetzung einer Polymerkette. Sie berücksichtigt die Abfolge der einzelnen Atome innerhalb des Makromoleküls. Konstitutionell lassen sich Homopolymere, Copolymere, Blockcopolymere, durch Verzweigung oder → Vernetzung modifizierte Polymere unterscheiden. Die Konstitution gibt somit auch die Stellungsisomerie wieder. Stellungsisomere sind Verbindungen mit gleicher Summenformel aber unterschiedlicher Abfolge der Atome in einem Molekül, woraus eine unterschiedliche chemische Strukturformel resultiert.

Die Konfiguration einer Polymerkette beschreibt bei gleicher Aufeinanderfolge der Kettenatome die unterschiedliche räumliche Anordnung von sich daran befindenden Substituenten, wobei diese Anordnungen nur durch Bindungsbruch ineinander überführbar sind.

Die Taktizität einer Polymerkette spiegelt ihre Konfiguration wider. Die Konfiguration beeinflußt die Neigung bestimmte übermolekulare Strukturen

auszubilden (z. B. → Kristallisation) und läßt sich bei der → Polymerisation durch Wahl des Lösungsmittels oder eines Katalysators (→ Ziegler-Nata-Polymerisation) beeinflussen.

Zur Sekundärstruktur einer Polymerkette zählt die Konformation. Die Konformation einer Polymerkette resultiert aus den in bestimmten Rahmen änderbaren Bindungswinkeln und Bindungslängen zwischen den Kettenatomen sowie den Verdrillungswinkeln zwischen übernächsten Bindungen. Somit legt die Konformation eine ganz bestimmte räumliche Gestalt des Polymers fest, das häufig als Knäuel mit dem dementsprechenden Fadenabstand und Trägheitsradius in Lösung oder Schmelze vorliegt. Besondere Konformationen einer Polymerkette sind die Helix und die Faltblattstruktur.

Bei der Helix windet sich die Polymerkette ähnlich einer Wendeltreppe auf. Nach einer bestimmten Anzahl von Windungen kommt es zur Ausbildung einer molekularen Wiederholungseinheit, deren Länge als Pitch bezeichnet wird.

Bei der Faltblattstruktur ist die Polymerkette aus starren gleichlangen Segmenten aufgebaut, die einem Brett ähnlich sind. Die Polymerkette wird immer nach einer Segmentlänge geknickt, wobei die aufeinanderfolgenden Knickwinkel komplementär zueinander sind. Es gibt übermolekulare Strukturen, die die Konformationsmöglichkeiten einer Polymerkette stark einschränken (z. B. → Blockcopolymere).

Die Tertiärstruktur einer Polymerkette setzt bei allen Molekülen die gleichen Sekundärstruktureinheiten voraus (helikale oder faltblattartige Bereiche) und beschreibt die Lage dieser Sekundärstruktureinheiten zueinander.

Die quartäre Struktur gibt eine Anordnung einer bestimmten Anzahl von aggregierten Molekülen mit gegebener Tertiärstruktur wieder. Tertiär- und Quartärstrukturen sind bisher nur in biologisch synthetisierten Polymeren gefunden worden (z. B.: Enzyme, Hämoglobin, DNA, RNA).

Die Primär-, Sekundär-, Tertiär-, sowie Quartärstrukturen sind eine Beschreibung der Gestalt der Polymerkette auf molekularer Ebene. Übermolekulare Strukturen von vielen aggregierten Makromolekülen resultieren aus den molekularen Strukturen. Der gasförmige Aggregatzustand ist für Polymere auszuschließen, weil diese nicht unzersetzt verdampfen. Übermolekulare Strukturen von Polymeren lassen sich in im thermodynamischen → Gleichgewicht befindliche Strukturen (Phasen) und in nicht im thermodynamischen Gleichgewicht befindliche Strukturen unterteilen. Besonders der Nichtgleichgewichtszustand ist mit Polymeren leicht zu realisieren, da die für die Gleichgewichtseinstellung notwendigen Transportprozesse von Molekülen und Molekülsegmenten durch die geringen Diffusionskoeffizienten von Polymeren in Polymeren und die hohen Viskositäten der Polymere stark behindert werden.

Im Gleichgewichtszustand befinden sich Polymerschmelzen, Polymerlösungen, Polymerkristalle, der gummielastische Zustand von Elastomeren und die isotrope Phase sowie die flüssigkristallinen Phasen von flüssigkristallinen Polymeren. Polymerschmelzen und Polymerlösungen sind amorph, zeigen ein viskoelastisches Verhalten und sind verformbar. Die Ketten können ihre Konformation ändern und liegen als Knäuel vor. Einige Polymere können vollkristalline Strukturen ausbilden, wie z. B. die Faltblattmizelle. Diese bildet häufig eine → Lamellenstruktur, die z. B. als Sphärolit auswachsen kann. Es ist jedoch auch dentritisches und epitaktisches → Wachstum möglich.

In der Nähe des Gleichgewichts sind teilkristalline Polymere und Blockcopolymere, die miteinander unverträgliche Blöcke enthalten. Teilkristalline Strukturen lassen sich z. B. durch das Modell der Fransenmizelle beschreiben. Bei Blockcopolymeren mit miteinander unverträglichen Blöcken bildet jeder Block eine eigene Phase aus. Da die Blöcke durch die Polymerkette aneinander gebunden sind, kann es nicht zu einer makroskopischen → Entmischung der Phasen kommen. Statt dessen kommt es zur Ausbildung einer Mikrophasen separierten Struktur (Bild).

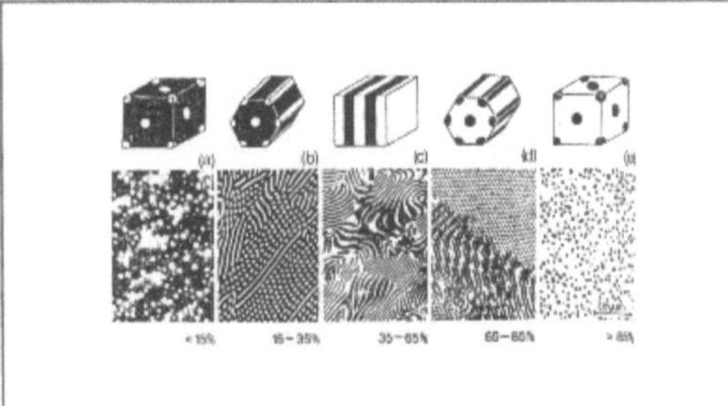

Polymermorphologie: Morphologie von Styrol-Butadien-Zweiblock-Copolymerisaten im Festzustand als Funktion der Zusammensetzung, schematisch und in elektronenmikroskopischen Aufnahmen.
a) Polystyrol-Kugeln in Polybutadien-Matrix
b) Polystyrol-Zylinder in Polybutadien-Matrix
c) Polystyrol- und Polybutadien-Lamellen
d) Polybutadien-Zylinder in Polystyrol-Matrix
e) Polybutadien-Kugeln in Polystyrol-Matrix.
Kontrastierung: Polybutadien dunkel. Die Zahlen geben den Styrolanteil an.

Nichtgleichgewichtszustände von Polymeren sind der → Glaszustand, durch Verstrecken von Fasern und Folien herbeigeführte Orientierungen von an sich verknäulten Polymeren und Polymermischungen (→ Polymerblends), die aus miteinander nicht verträglichen Komponenten bestehen. Der → Glasübergang zum → Polymerglas tritt häufig bei Unter-

schreiten der → Erweichungstemperatur einer Polymerschmelze auf. Dabei werden die Konformationsmöglichkeiten der Polymerkette sehr stark eingeschränkt. Wird die Temperatur weiter abgesenkt, so sind die meisten Polymere vollständig erstarrt und spröde wie → Glas. → Polymermischungen können ähnliche mikrophasenseperierte Strukturen ausbilden wie Blockcopolymere.

Untersuchungsmethoden, welche direkte Rückschlüsse auf die P. erlauben, sind z. B. das Röntgen von Proben, die elektronen- oder lichtmikroskopische Betrachtung von Proben, die Kernmagnetische Resonanz-, sowie Infrarot- bis Ultraviolet-Spektroskopie an Proben. Dies kann jedoch nur ein kleiner Ausschnitt der Untersuchungsmöglichkeiten sein, denn fast alle physikalischen Untersuchungen an Polymeren müssen deren Morphologie berücksichtigen. *Finkelmann*

Literatur: *Molau, G. E.* and *H. Keskkula:* J. Polym. Sci Part A-1, 4, (1966) Nr. 4 pp. 1595. – *Schmitt, B. J.:* Angew. Chem. (1979) Nr. 91, pp. 286–309.

Polymermörtel → Kunstharzmörtel

Polymer-Zement-Beton → Zementbeton, kunstharzmodifizierter

Polymethacrylimid (PMI) → Polyimide; → Methylmethacrylat-Polymerisat

Polymethylmethacrylat. (PMMA) P. (Plexiglas) entsteht durch → Polymerisation von → Methylmethacrylat. Es ist ein amorphes, thermoplastisches Material. Man spricht daher auch von organischem → Glas.

$$-(CH_2-C(CH_3))_n-$$
$$|$$
$$C=O$$
$$|$$
$$OCH_3$$

Wegen seiner amorphen Struktur ist das → Acrylglas glasklar, ohne Eigenfarbe. Aufgrund seiner guten optischen Eigenschaften wird es hauptsächlich zu leichten Fenstermaterialien und anderen klaren Formteilen verarbeitet. Weitere Anwendungen für PMMA sind Lichtleiter für kürzere Strecken und Gießharze. Mit seiner Fließtemperatur von etwa 180 °C ist es leichter zu verarbeiten als Glas. Auch die geringe Dichte von $1,2\,g/cm^3$ ist dabei von Vorteil. Die → Glastemperatur des PMMA liegt bei 105 °C.
→ Methylmethacrylat-Polymerisat *Finkelmann*

Polymethylpenten (PMP) → Polyolefine

Polymorphie. Einige Metalle können bei bestimmten Temperaturen umkristallisieren. Sie sind in verschiedenen Temperaturintervallen in unterschiedlichen Modifikationen stabil. Diese Erscheinung heißt → Allotropie oder P.

Wichtigstes Beispiel für eine Allotropie ist das → Eisen, das zwischen 911 °C (1184 K) und 1392 °C (1665 K) kubisch-flächenzentriert ist, bei höheren und tieferen Temperaturen kubisch-raumzentriert. → Titan geht bei Erwärmung über 882 °C (1155 K) vom hdP-Gitter in ein krz-Gitter über.

Gräfen

Polyolefine. Sammelbezeichnung für thermoplastische → Kunststoffe, die durch → Polymerisation aus Olefinen, i. e. ungesättigten acyclischen oder cyclischen aliphatischen Kohlenwasserstoffen, hergestellt werden.

Von technischer Bedeutung sind die Kunststoffe auf der Basis von Ethylen, Propylen, Buten-1 und 4-Methylpenten-1, sowie deren Copolymere untereinander und deren Copolymere mit Vinylacetat, Vinylalkohol, Methylacrylaten und Dienen (zweifach ungesättigten aliphatischen Kohlenwasserstoffen).

Kurzzeichen (z. T. nicht genormt):

HDPE	Polyethylen hoher Dichte (Hart-PE)
HDHMWPE	Polyethylen niedriger Dichte und hoher Molmasse
HDUHMWPE	Polyethylen niedriger Dichte und sehr hoher Molmasse
LDPE	Polyethylen niedriger Dichte (Weich-PE)
LLDPE	Polyethylen niedriger Dichte und linearer Struktur (→ Copolymer mit höheren Olefinen)
MDPE	Polyethylen mittlerer Dichte
PE	Polyethylen
PEC	Chloriertes Polyethylen
PESC	Sulfochloriertes Polyethylen
PEV	Vernetztes Polyethylen
EVA	Ethylen-Vinylacetat-Copolymer
EVAL	Ethylen-Vinylalkohol-Copolymer
EMA	Ethylen-Methacrylat-Copolymer
EEA	Ethylen-Ethylacrylat-Copolymer
EPM	Ethylen-Propylen-Copolymer
EPDM	Ethylen-Propylen-Dien-Terpolymer
PP	Polypropylen
PB	Polybuten-1
PIB	Polyisobutylen
PMP	Poly-4-methylpenten-1.

□ Polyethylene. Das erste Polyethylen, ein → Hochdruckpolyethylen LDPE, wurde im Jahre 1933 bei der ICI hergestellt. Die technische Produktion begann im Jahre 1939 in England und 1941 in den USA (Du Pont, Union Carbide). Dieses Hochdruckpolyethylen (Polymerisationsdrücke von 1000 bis 2000 bar) besitzt hervorragende dielektrische Eigenschaften und wurde im zweiten Weltkrieg von den Alliierten als Hochfrequenzkabel in der Radartechnik eingesetzt.

Im Jahre 1953 gelang die Synthese von Polyethylen bei niedirgen Drücken (HDPE, 1–50 bar) mit Hilfe spezieller Katalysatoren (*K. Ziegler* mit MPI für Kohleforschung in Mühlheim, sowie Phillips Petroleum Corp. und Standard Oil of Indiana).

In den siebziger Jahren wurde dann das lineare Hochdruckpolyethylen (LLDPE) entwickelt und produziert (Union Carbide).

Allen Polyethylenen sind folgende Eigenschaften gemeinsam:

Es sind teilkristalline Thermoplaste, deren mechanische und physikalische Eigenschaften sehr stark vom Verzweigungsgrad der Moleküle, von der mittleren Molmasse und der Molmassenverteilung abhängen. Der Verzweigungsgrad (abhängig vom Herstellungsprozeß) bestimmt in erster Näherung die Kristallinität und damit die Dichte, in der Form, daß hochverzweigte Polyethylen einen geringen, weniger verzweigtes einen hohen Kristallinitätsgrad besitzt. Dabei ergibt ein hoher Kristallinitätsgrad hohe Dichte, ein niedriger Kristallinitätsgrad entsprechend niedrigere Dichte. Der Kristallinitätsgrad wird in gewissen Grenzen auch durch die Verarbeitungsbedingungen beeinflußt. Im allgemeinen führt eine Erhöhung der Kristallinität zu höherer → Steifigkeit, → Zugfestigkeit und → Härte, sowie zu besserer → Chemikalienbeständigkeit und höheren Kristallitschmelztemperaturen. Gleichzeitig nimmt die Durchlässigkeit für Wasserdampf und Gase, sowie die Schlagzähigkeit, Transparenz und Spannungsrißbeständigkeit ab.

Sie besitzen ausgezeichnete dielektrische Eigenschaften, eine sehr hohe Beständigkeit gegenüber Lösungsmitteln und lassen sich sehr gut nach allen gängigen Verarbeitungsmethoden formen.

Von Nachteil ist ihre geringe Stabilität gegenüber Sauerstoff, Wärme und UV-Strahlung.

Alle genannten Eigenschaften lassen sich durch Mischen mit funktionellen Zusätzen oder Verstärkungsstoffen in einem breiten Bereich variieren.

Heute befindet sich eine Vielzahl verschiedener Polyethylentypen auf dem Markt. Zu den Typen unterschiedlicher Dichte kommen solche verschieden hoher Molmassen, andersartiger Molmassenverteilungen, eine ganze Reihe von → Polymermischungen (Blends), verstärkten, vernetzten, schäumbaren und elektrisch leitfähigen Einstellungen.

– Polyethylen niedriger Dichte (LDPE).

Diese nach dem Hochdruckverfahren hergestellten Polyethylentypen sind gekennzeichnet durch ihre Dichte, die zwischen 0,915 und 0,935 g/cm^3 liegt. Sie besitzen verzweigte Makromoleküle und

Polyolefine. Tabelle: Eigenschaften.

Eigenschaft	Einheit	DIN-Norm	LDPE	LLDPE	HDPE
Dichte	g/cm^3	53 479	0,915–0,935	0,917–0,939	0,942–0,965
Wasseraufnahme	%	53 495/1		0,01	
Zugfestigkeit	MPa	53 455	8–15	10–30	20–30
Reißdehnung	%	53 455	≈600	100–900	400–800
Schubmodul	GPa	53 445	0,1–0,2	0,4	0,7–1,0
Biegefestigkeit	MPa	53 452	10	20	35
Schlagzähigkeit	kJ/m^2	53 453	oB	oB	oB
Kerbschlagzähigkeit	kJ/m^2	53 453	oB	oB	oB
Glasübergangstemperatur	°C	–	−10		
Kristallitschmelztemp.	°C	–	105–110	122–124	130–135
Vicat-Erweihhungstemperatur	°C	Methode B 53 460	40		60–70
Thermischer Längenausd.-koef	1/K	53 752	$1,7 \cdot 10^{-4}$	$2 \cdot 10^{-4}$	$2 \cdot 10^{-4}$
Wärmeleitfähigkeit	W/(mK)	52 612	0,35		0,43
Dielektrischer Verlustfaktor	–	53 483	$2 \cdot 10^{-4}$	$3 \cdot 10^{-4}$	$3 \cdot 10^{-4}$
Spez. Durchgangswiderstand	Ω · cm	53 482	$>10^{16}$	$>10^{16}$	$>10^{16}$
Durchschlagfestigkeit	kV/mm	53 481	>700	>700	>700

Polyolefine. Tabelle: Eigenschaften (Fortsetzung 1).

Eigenschaft	Einheit	DIN-Norm	HDHMWPE	EVA	EEA
Dichte	g/cm^3	53 479	0,942–0,954	0,922–0,943	0,93
Wasseraufnahme	%	53 495/1		0,07–0,1	0,08–0,1
Zugfestigkeit	MPa	53 455	22	16–28	11–15
Reißdehnung	%	53 455	>800	300–750	700–750
Schubmodul	GPa	53 445	0,3	0,04	0,035
Biegefestigkeit	MPa	53 452			
Schlagzähigkeit	kJ/m^2	53 453	oB		
Kerbschlagzähigkeit	kJ/m^2	53 453	oB	oB	oB
Glasübergangstemperatur	°C	–			
Kristallitschmelztemp.	°C	–	125–132	103–106	
Vicat-Erweihhungstemperatur	°C	Methode B 53 460			
Thermischer Längenausd.-koef	1/K	53 752	$2 \cdot 10^{-4}$	$2,5 \cdot 10^{-4}$	$2 \cdot 10^{-4}$
Wärmeleitfähigkeit	W/(mK)	52 612		0,26–0,32	0,42
Dielektrischer Verlustfaktor	–	53 483	$3 \cdot 10^{-4}$	(10^6 Hz) $1,5 \cdot 10^{-2}$	$2 \cdot 10^{-2}$
Spez. Durchgangswiderstand	Ω · cm	53 482	$>10^{16}$	$>10^{16}$	$>10^{16}$
Durchschlagfestigkeit	kV/mm	53 481	>700	550–570	

Polyolefine. Tabelle: Eigenschaften (Fortsetzung 2).

Eigenschaft	Einheit	DIN-Norm	PEV	PP	PB
Dichte	g/cm^3	53 479	0,91–1,40	0,91–0,915	0,905–0,92
Wasseraufnahme	%	53 495/1	0,01–0,06	<0,1	<0,02
Zugfestigkeit	MPa	53 455		30–33	17–25
Reißdehnung	%	53 455	180–600	800	250–380
Zug-E-Modul	GPa	53 457		0,8–1,3	0,5–0,9
Biegefestigkeit	MPa	53 452		20–55	15–25
Schlagzähigkeit	kJ/m^2	53 453		oB	oB
Kerbschlagzähigkeit	kJ/m^2	53 453		3–10	20–oB
Glasübergangstemperatur	°C	–		–10	–24
Kristallitschmelztemp.	°C	–		160–165	120–126
Vicat-Erweih-hungstemperatur	°C	Methode B 53 460	ISO/R75 A 38–80	ISO/R75 A 60–70	108–113
Thermischer Längenausd.-koef	1/K	53 752	$1 \cdot 10^{-4}$	$1-2 \cdot 10^{-4}$	
Wärmeleitfähigkeit	W/(mK)	52 612		0,22	0,23
Dielektrischer Verlustfaktor	–	53 483		$2,4 \cdot 10^{-4}$	$7 \cdot 10^{-4}$
Spez. Durchgangswiderstand	Ω · cm	53 482	$>10^{16}$	$>10^{16}$	$>10^{16}$
Durchschlagfestigkeit	kV/mm	53 481		700	18–40

Polyolefine. Tabelle: Eigenschaften (Fortsetzung 3).

Eigenschaft	Einheit	DIN-Norm	PMP	PIB
Dichte	g/cm^3	53 479	0,83–0,84	0,91–0,93
Wasseraufnahme	%	53 495/1	0,01	
Zugfestigkeit	MPa	53 455	28	2–6
Reißdehnung	%	53 455	10–50	1 000
Zug-E-Modul	GPa	53 457	1,1–2	
Biegefestigkeit	MPa	53 452	28–42	
Schlagzähigkeit	kJ/m^2	53 453		
Kerbschlagzähigkeit	J/m	Izod	16–64	
Glasübergangstemperatur	°C	–	50–60	–70
Kristallitschmelztemp.	°C	–	230–240	
Vicat-Erweihhungstemperatur	°C	Methode B 53 460	179	
Thermischer Längenausd.-koef	1/K	53 752	$1,2 \cdot 10^{-4}$	$1,2 \cdot 10^{-4}$
Wärmeleitfähigkeit	W/(mK)	52 612	0,17	0,4–0,5
Dielektrischer Verlustfaktor	–	53 483	(10^6 Hz) $1,5 \cdot 10^{-4}$	$4 \cdot 10^{-3}$
Spez. Durchgangswiderstand	Ω · cm	53 482	$>10^{16}$	10^{15}
Durchschlagfestigkeit	kV/mm	53 481		230

weisen Kristallinitätsgrade zwischen 40 und 50 % auf.

$$CH_3 \qquad\qquad CH_3$$
$$|\qquad\qquad\qquad |$$
$$CH_2 \qquad\qquad CH_2$$
$$|\qquad\qquad\qquad |$$
$$-CH_2-CH-CH_2 \ldots CH-CH_2 \ldots CH-CH_2-$$
$$|$$
$$CH_2$$
$$|$$
$$CH_2$$
$$\vdots$$
$$CH_2$$
$$|$$
$$CH_3$$

Hauptanwendungsgebiet von LDPE sind Folien, wie etwa für Verpackungszwecke, als Schrumpf- und Landwirtschaftsfolie. In Mehrschichtfolien dient LDPE als Wasserdampfsperre. Weitere Anwendungen sind: Kabelisolierungen (auch geschäumt) und Beschichtungen bei Rohren.
– Lineares Polyethylen niedriger Dichte (LLDPE).

Die Herstellung von LLDPE erfolgt durch Lösungs-, Suspensions- oder Gasphasenpolymerisation mit Übergangsmetallkatalysatoren bei Temperaturen zwischen 25 und 300 °C unter Drücken zwischen 5 und 70 bar. Neben Ethylen werden höhere α-Olefine, wie Buten-1, Penten-1, Hexen-1 und Octen-1, in Konzentration von 8–10 % eingesetzt. Die so hergestellten LLDPE-Typen sind statistische Copolymere, deren Makromoleküle je nach Art und Menge der eingesetzten Comonomere mehr oder weniger Seitengruppen mit zwei bis sechs Kohlenstoffatomen tragen:

$$CH_3$$
$$|$$
$$CH_3 \qquad\qquad CH_2$$
$$|\qquad\qquad\qquad |$$
$$CH_2 \qquad\qquad CH_2$$
$$|\qquad\qquad\qquad |$$
$$-CH_2-CH_2-CH-CH_2 \ldots CH-CH_2 \ldots CH-CH_2-$$
$$|$$
$$CH_2$$
$$|$$
$$CH_2$$
$$|$$
$$CH_2$$
$$|$$
$$CH_3$$

Die Dichte dieser Copolymeren liegen zwischen 0,918 und 0,94 g/cm³, die Kristallitschmelztemperaturen sind vom Comonomertyp wenig abhängig und entsprechen etwa denen des HDPE.

LLDPE besitzt gegenüber LDPE höhere Festigkeitseigenschaften bei gleicher Dichte (speziell höhere Durchstoßfestigkeit), höhere Reißdehnungen und höhere Spannungsrißbeständigkeit.

Alle diese Eigenschaften variieren noch mit der mittleren Molmasse und der Molmassenverteilung.

Die am Markt befindlichen Typen können nach dem Folienblas-, Foliengieß-, Spritzgieß- und Rotationsgießverfahren verarbeitet werden. Der größte Teil geht dabei in die Blasfolienherstellung. Anwendungsgebiete sind Schrumpffolien, Verpackungssäcke für Schwergut und Lebensmittel, sowie rotationsgeformte Tankbehälter, Silos, Abfalltonnen, Sportgeräten und Spielzeug.
– Polyethylen hoher Dichte (HDPE).

Diese Polyethylentypen werden im Niederdruckverfahren (1–50 bar) mit verschiedenartigen Titan- und Aluminiumalkyl-Katalysatoren (Ziegler-Verfahren) oder mit Chromoxid-Katalysatoren (Phillips-Verfahren) hergestellt und besitzen weitgehend linearen, also unverzweigten Molekülaufbau (3–5 Verzweigungen pro 1000 Kohlenstoffatomen in der Kette). Die Dichten liegen je nach Kristallinitätsgrad (60–80 %) im Bereich von 0,942–0,965 g/cm³.

Das hauptsächliche Verarbeitungsverfahren ist das Spritzgießen, dabei werden Haushaltsartikel wie Tassen, Becher, Siebe, Eimer, Waschkörbe etc., sowie Lager- und Transportbehälter (Flaschenkästen und Kraftstofftanks) hergestellt. Durch Extrusion werden Trink- und Abwasserrohre sowie Halbzeug, auch glasmattenverstärkt, produziert.
– Hoch- und ultrahochmolekulares Polyethylen hoher Dichte (HDHMWPE bzw. HDUHMWPE).

Diese Typen werden mit speziellen Katalysatorsystemen nach dem Niederdruckverfahren hergestellt. In der Regel sind es Homopolymere, einige Typen sind auch Copolymere mit Buten-1, Hexen-1 oder Octen-1 (im Bereich mittlerer Dichte). Sie zeichnen sich durch hohe bis sehr hohe mittlere Molmassen aus. Das ultrahochmolekulare PE besitzt Molmassen größer 10^6 g/mol, normales HDPE solche zwischen 2 und 5 10^5 g/mol.

Die Eigenschaften dieser Typen gleichen im allgemeinen denen von HDPE, sie zeigen jedoch ungewöhnlich hohe Schlag- und Kerbschlagzähigkeit, Spannungsrißbeständigkeit und gutes Reibungs- und Verschleißverhalten.

Wegen seiner hohen Molmasse kann das ultrahochmolekulare PE nicht mehr mit den gängigen thermoplastischen Verarbeitungsmethoden geformt werden. Übliche Verfahren sind Pulverpressen und Hochdruck-Strangpressen zur Herstellung von Fertigteilen und Halbzeug.

Anwendung findet das HDHMWPE bei der Herstellung von Netzen, Seilerwaren und Geweben, gereckten Bändchen, sowie Verpackungsfolien.

Die ausgezeichnete Verschleißfestigkeit des HDUHMWPE wird bei seiner Verwendung als Auskleidungsmaterial von Trichtern, Rutschen, als Werkstoff für Gleitschienen, Rollen, aber auch Pumpenteilen, Förderschnecken, Schneepflugkanten, Kegelbahnen etc. ausgenutzt.
– Vernetztes Polyethylen (PEV).

Die thermoplastischen Polyethylene (LDPE,

LLDPE und HDPE) können entweder während der Formgebung oder in einem nachfolgenden Verfahrensschritt vernetzt werden. Diese Vernetzung wird hauptsächlich mit Peroxide durchgeführt, die dem Polyethylen vor der Verarbeitung zugemischt werden. Dabei wird das Material wie üblich verarbeitet, nur das Werkzeug wird nicht gekühlt, sondern auf Temperaturen oberhalb der Verarbeitungstemperatur (z. B. bei HDPE: Verarbeitungstemperatur 160 °C, Werkzeugtemperatur 230 °C) gebracht.

Eine weitere Möglichkeit zur Vernetzung besteht in der Bestrahlung mit β- bzw. γ-Strahlen.

Durch das Vernetzen werden diese ursprünglich thermoplastischen Materialien zu Elastomeren, sie schmelzen nicht mehr und zeigen gummielastisches Verhalten. Kurzzeitig können sie bis etwa 200 °C thermisch belastet werden, ihre Dauergebrauchstemperatur liegt über der der unvernetzten Typen, ebenso ihre Schlagzähigkeit in der Kälte und ihre Spannungsrißbeständigkeit.

Die Verarbeitung geschieht über Spritzguß und Extrusion. Anwendungsgebiete sind die Elektro- (Kabelummantelungen, Isolierschläuche und Schrumpffolien) und Verfahrenstechnik (Rohrleitungen, z. B. auch für Fußbodenheizungen) sowie der Automobilbau.

– Chloriertes Polyethylen (PEC).

Durch Einwirken von Chlor auf Polyethylen (spez. HDPE) entstehen Materialien mit Chlorgehalten von 20–60 %, die im unmodifizierten Zustand als Werkstoffe keine Anwendung finden. Sie werden lediglich mit Polyvinylchlorid (PVC) gemischt, wodurch Stoffe mit erhöhter Schlagzähigkeit mit ausgezeichneter Witterungsbeständigkeit erhalten werden.

Solche Blends aus PEC und PVC werden zu Fensterprofilen, Dachrinnen und Rohren verarbeitet.

– Sulfochloriertes Polyethylen (PESC).

Polyethylen niederer Dichte (LDPE) läßt sich durch Einwirken von Schwefeldioxid (SO_2) und Chlor unter UV-Strahlung sulfochlorieren. Dadurch werden neben Chloratomen vorwiegend SO_2Cl-Gruppen eingebaut, die durch Magnesium- oder Bleioxid vernetzbar sind. Auch diese Materialien finden im reinen Zustand keine Anwendung, vielmehr nur in Mischung mit anderen Polyolefinen. Sie werden als Beschichtungsmaterial mit hoher Ozon- und Oxidationsbeständigkeit eingesetzt.

– Ethylen-Vinylacetat-Copolymere (EVA).

Ethylen kann mit Vinylacetat copolymerisiert werden, wobei die Massenanteile an Vinylacetat von unter 10 bis 95 % variieren. Dementsprechend erhält man Produkte die in ihren Eigenschaften das ganze Spektrum vom reinen Polyethylen über kautschukartige Materialien bis hin zu in den meisten Lösungsmitteln löslichen Harzen umfassen.

$$—— CH_2 — CH_2 — \ldots — CH_2 — CH ——$$
$$|$$
$$O$$
$$|$$
$$O = C — CH_3$$
Vinylacetatbaustein

Von technischer Bedeutung sind die nach dem Hochdruck-Verfahren hergestellten Typen mit Vinylacetatgehalten < 50 %, die gummielastisches Verhalten mit gegenüber Polyethylen verbesserter Reiß- und Schlagfestigkeit, Reißdehnung, Spannungsriß- und UV-Beständigkeit, Transparenz, Flexibilität und Kältebeständigkeit zeigen. Sie sind als glasklare oder gefärbte und auch gefüllte Granulate erhältlich. Als Füllstoffe werden Kreide, Ruß (für leitfähige Erzeugnisse) und Bariumferrit (für magnetisierbar flexible Teile) eingesetzt.

Hauptanwendungsgebiete sind Schläuche, Folien, Profile, Draht- und Kabelummantelungen, Wegwerfhandschuhe, Eiswürfelbehälter, Faltenbälge, Spielzeug etc..

– Ethylen-Vinylalkohol-Copolymere (EVAL).

Durch Verseifen von Ethylen-Vinylacetat-Copolymeren erhält man Copolymere mit Vinylalkoholeinheiten:

$$—— CH_2 — CH_2 — \ldots — CH_2 — CH ——$$
$$|$$
$$OH$$
Vinylalkoholbaustein

Diese Materialien werden zu Folien (meist Verbundfolien mit LDPE, Polypropylen, Polyamid und Polyethylentherephthalat) und Überzügen verarbeitet, wobei man die guten elastischen Eigenschaften, die Chemikalien- und Witterungsbeständigkeit und die gute Haftung auf fast allen Substraten ausnutzt. Solche Beschichtungen werden duch Wirbelsintern, Pulversprühen oder Flammspritzen aufgebracht.

– Ethylen-Acrylester-Copolymere (EEA, EMA).

Nach dem Hochdruckverfahren lassen sich Ethylacrylat (EEA) und Methylacrylat (EMA) mit Ethylen copolymerisieren:

$$— CH_2 — CH_2 — \ldots — CH_2 — CH —$$
$$|$$
$$O = C — O — CH_2 — CH_3$$
Ethylen-Ethylacetat-Copolymer (EEA)

$$— CH_2 — CH_2 — \ldots — CH_2 — CH —$$
$$|$$
$$O = C — O — CH_3$$
Ethylen-Methylacrylat-Copolymer (EMA)

Der Acrylat-Anteil beträgt bis 40 % und verringert den Kristallinitätsgrad, was zu niedrigeren Schmelztemperaturen und höherer Flexibilität als bei Ethylen-Homopolymeren führt.

Verfügbar sind eine ganze Reihe verschiedener

Ethylen-Acrylat-Copolymere, deren Eigenschaften von kautschukartig bis ethylenähnlich reichen. Dabei wird EEA über Spritzguß und →Extrusion zu Formteilen verarbeitet, während EMA auch mit Polyethylen gemischt wird, um dessen Schlagzähigkeit in der Kälte, Spannungsrißbeständigkeit und Heißsiegelfähigkeit zu verbessern.

EEA und EMA werden für Spezialverbundfolien, Absaugleitungen, Dichtungen, flexible Profile, Laufrollen, medizinische Einwegartikel verwendet. Halbleitend hochgefüllte EEA-Typen werden dort als Folien oder Rohre angewendet, wo aus Sicherheitsgründen elektrostatische Aufladung vermieden werden muß.

– Ethylen-Propylen-(Dien)-Copolymere (EP(D)M).

Nach dem Niederdruck-Verfahren mit speziellen Ziegler-Katalysatoren lassen sich Ethylen-Propylen-Copolymerisate (EPM) und auch Terpolymere mit einer dritten, einer Dienkomponente (EPDM), herstellen. Im Falle des EPDM werden Dicyclopentadien, Ethylidennorbornen oder Hexadien-1.4 als Dienkomponente eingesetzt.

$$- CH_2 - CH_2 - \ldots - CH_2 - CH -$$
$$|$$
$$CH_3$$

Ethylen-Propylen-Copolymer (EPM)

$$- CH_2 - CH_2 - \ldots - CH_2 - CH - \ldots CH_2 - CH -$$
$$| \qquad\qquad\qquad |$$
$$CH_3 \qquad\qquad CH_2 - CH = CH - CH_3$$

Ethylen-Propylen-Dien (hier: Hexadien) – Terpolymer (EPDM)

EPM ist bis zu Ethylengehalten von 70 % amorph und hat eine Dichte von 0,86–0,87 g/cm³. Dieses lineare, gesättigte Copolymer kann mit Peroxiden vernetzt werden und zeigt gummiartige Eigenschaften, sofern seine →Glastemperatur hinreichend tief unterhalb der Raumtemperatur liegt. Es findet vorwiegend Verwendung als →Kautschuk, vor allem dort wo es auf verbesserte Ozon- und Witterungsbeständigkeit ankommt.

EPDM ist in zwei verschiedenen Typen erhältlich, einmal mit Ethylengehalten um 50 %, zum anderen mit Ethylengehalten über 70 %. Das erstgenannte Produkt ist ein amorphes, statisches Terpolymer, das mit Schwefel vernetzbar ist und im Fahrzeugbau sowie in der Kabelindustrie Anwendung findet. Typen mit hohen Ethylengehalten sind teilkristalline Blockterpolymere, die ebenfalls mit Schwefel vernetzt werden können, die aber auch unvernetzt Anwendung gefunden haben.

Weiterhin kommen EPDM-PP-Blends, also Mischungen mit Polypropylen, vor allem in der Automobilindustrie zum Einsatz als Radkasten- und Kofferraumauskleidungen, Frontteile, Spoiler etc.

– Polypropylen (PP).

Propylen läßt sich mit metallorganischen Mischkatalysatoren nach Ziegler/Natta im Niederdruck-Verfahren polymerisieren. Bei technischen Prozessen entsteht neben isotaktischem auch ein Teil ataktisches Polyproylen (Taktizität):

$$- CH_2 - CH - CH_2 - CH - CH_2 - CH -$$
$$| \qquad\qquad | \qquad\qquad |$$
$$CH_3 \qquad\quad CH_3 \qquad\quad CH_3$$

Polypropylen ist ein teilkristalliner →Thermoplast mit Kristallinitätsgraden zwischen 60 und 70 % und einem Kristallitschmelzbereich zwischen 160 und 165 °C. Seine Dichte liegt bei 0,91–0,915 g/cm³. Überwiegend ataktisches Polypropylen ist nur wenig kristallin (Schmelztemperatur = 127 °C) und wird als Kautschukkomponente in der Gummiindustrie verwendet.

Das teilkristalline, weitgehend isotaktische Polypropylen ähnelt in seinen Eigenschaften dem Polyethylen, im Gegensatz zu diesem versprödet es bei Temperaturen unterhalb 0 °C, es ist weniger oxidationsbeständig, zeigt dagegen aber hohe Spannungsrißbeständigkeit und eine höhere Formbeständigkeit in der Wärme (sterilisierbar bis 135 °C).

Wie bei allen anderen P. auch, lassen sich die Eigenschaften von Polypropylen in einem weiten Bereich durch Veränderung der molekularen Verhältnisse variieren. Die rheologischen Eigenschaften der Schmelze lassen sich durch Molmasse und Molmassenverteilung gezielt beeinflussen (*engl.* CR = controlled rheology), wobei hohe Molmassen günstiger für Extrusions-Blasverfahren und Extrusion, niedrige Molmassen dagegen geeigneter für →Spritzverfahren sind. Die schlechte Kälteflexibilität z. B. kann durch →Copolymerisation mit Ethylen verbessert werden. Seine Oxidationsempfindlichkeit bei höheren Temperaturen wird durch Stabilisatoren auf Hydrazinbasis herabgesetzt.

Polypropylen findet vielfältige Anwendung im Automobilbau (Lüfterräder, Lüftungskanäle), Haushaltsmaschinenbau (Waschmaschinen, Gehäuse, Heißwasserbehälter), in der Elektrotechnik (Drahtummantelungen, Isolationsfolien) und im Rohrleitungsbau, als Teppichgrundgewebe, Sackmaterial sowie als künstlicher Rasen.

– Polybuten-1 (PB).

Buten-1 läßt sich mit metallorganischen Katalysatoren im Niederdruck-Verfahren zu einem teilkristallinen (Kristallinitätsgrad $\approx$ 50 %), isotaktischen Polymeren mit hoher Molmasse ($\approx$ 2–3 10^6 g/mol) polymerisieren:

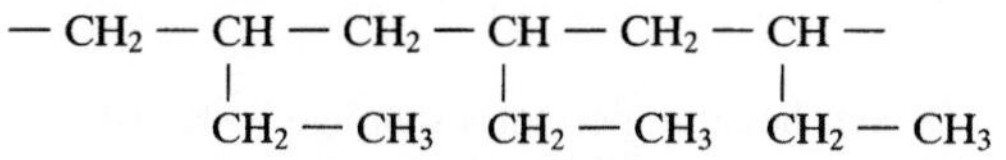

$$— CH_2 — CH — CH_2 — CH — CH_2 — CH —$$
$$CH_2 — CH_3 \quad CH_2 — CH_3 \quad CH_2 — CH_3$$

In seinen mechanischen Eigenschaften ist es dem Polyethylen, speziell dem LDPE, ähnlich. Im Gegensatz zu diesem besitzt es eine höhere Wärmeformbeständigkeit, hohe $\rightarrow$ Zähigkeit und Kälteflexibilität, sowie eine geringe Spannungsrißempfindlichkeit. Von Nachteil ist die Änderung der Kristallmodifikation beim Abkühlen aus der Schmelze. Zuerst bildet sich eine metastabile Kristallitstruktur (tetragonal) aus, die innerhalb von 2–5 Tagen in eine stabile (hexagonale) Modifikation übergeht. Dabei steigt die Dichte von 0,89 bis 0,92 g/cm^3 an. Dieses Verhalten muß bei der Verarbeitung berücksichtigt werden; die Formteile bedürfen bis zum Erreichen der stabilen Modifikation einer besonderen Nachbehandlung. Die $\rightarrow$ Schwindung beträgt bei Spritzgußteilen etwa 1,5–3 %.

Einsatzgebiete sind der Rohrleitungs- (auch Fußbodenheizung) und Behälterbau.

– Polyisobutylen (PIB).

Durch kationische Polymerisation und Isobutylen (1.1-Dimethylethen) mit Bortrifluorid als Katalysator bei Reaktionstemperaturen unterhalb $-50\,°C$ entstehen je nach Molmasse (3000 bis 200 000 g/mol) viskose, ölige oder rohkautschukartige Polyisobutylene:

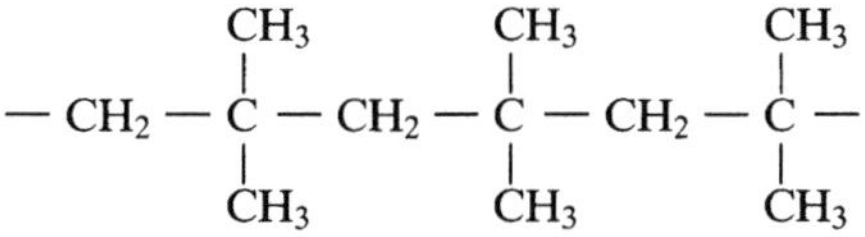

$$CH_3 \qquad CH_3 \qquad CH_3$$
$$— CH_2 — C — CH_2 — C — CH_2 — C —$$
$$CH_3 \qquad CH_3 \qquad CH_3$$

Polyisobutylen besitzt gute Chemikalienbeständigkeit und hervorragende elektrische Isoliereigenschaften, zeigt aber auch als hochmolekulares Produkt ausgeprägten „kalten Fluß". Dies schränkt seine Anwendungsmöglichkeiten als festen Werkstoff stark ein, auch wenn durch Zumischen von Talkum, Ruß oder Polyethylen (LDPE) die Kriechneigung herabgesetzt wird.

Niedermolekulare Typen werden als Gewebsimprägnierungen, $\rightarrow$ Klebstoffe, Kitte, $\rightarrow$ Bindemittel und Mineralöladditive eingesetzt.

Hochmolekulares PIB wird zu witterungsbeständigen Folien, Kabelisolierungen, hochwertigem $\rightarrow$ Dielektrikum verarbeitet und Kautschuken zur Erhöhung der Alterungsbeständigkeit beigemischt.

– Poly-4-methylpenten-1 (PMP).

Dieser teilkristalline Thermoplast (Kristallinitätsgrad $\approx$ 65 %) besitzt von allen kompakten Kunststoffen mit 0,83 g/cm^3 die niedrigste Dichte.

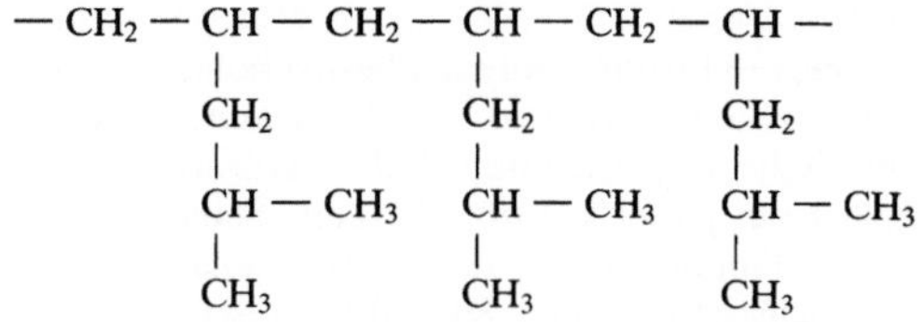

$$— CH_2 — CH — CH_2 — CH — CH_2 — CH —$$
$$CH_2 \qquad CH_2 \qquad CH_2$$
$$CH — CH_3 \quad CH — CH_3 \quad CH — CH_3$$
$$CH_3 \qquad CH_3 \qquad CH_3$$

Dieses Polymer besitzt mit 240–245 °C einen hohen Schmelzbereich, bedingt dadurch eine hohe Wärmeformbeständigkeit, und sehr gute elektrische Eigenschaften. Das Material ist, obwohl teilkristallin, transparent. Der Grund dafür liegt in den annähernd gleichen Brechungsindices für die amorphe und kristalline Phase.

Aus diesem Kunststoff werden u. a. sterilisierbare, medizinische Geräte, Lampenabdeckungen, Folien für kochfeste Gerichte und durchsichtige Rohre hergestellt. *Zahradnik*

Polyoxymethylen $\rightarrow$ Polyacetale

Polyphenylenoxid. (Kurzzeichen: PPO) Bei der oxidativ-dehydrierenden $\rightarrow$ Polykondensation von 2,6-Dimethylphenol mit Katalysatoren aus Kupfer-I-chlorid und Pyridin entsteht in einer exothermen Reaktion P.:

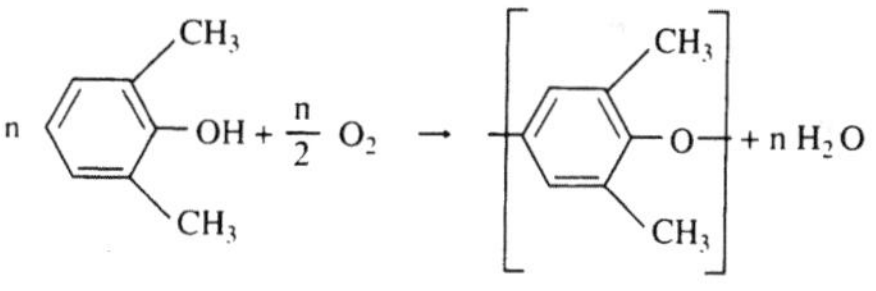

2,6-Dimethylphenol $\qquad$ PPO (Struktur I)

Das unmodifizierte PPO (Struktur I) befindet sich kaum mehr in der Anwendung (Produktionen noch in der UdSSR und Polen), vielmehr sind heute besonders solche mit Styrol gepfropfte Typen (Struktur II) im Einsatz:

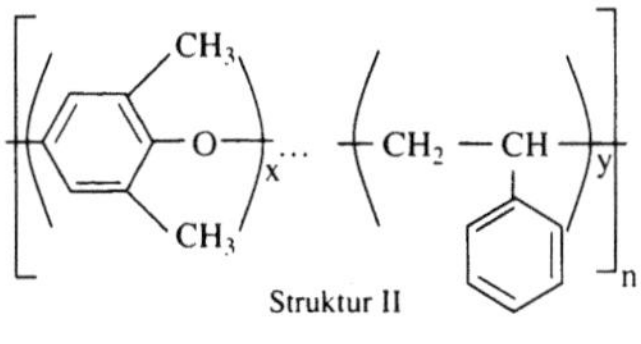

Struktur II

Ein entscheidender Nachteil in der Anwendung von substituiertem, unmodifiziertem PPO (Struktur I) ist der Umstand, daß das Material an Luft bei Temperaturen oberhalb 120 °C einem raschen oxidativen Abbau unterliegt. Eine gewisse Verbesserung wurde durch Blends mit → Polystyrol erreicht (Noryl®, General Electric). Die entscheidende Verbesserung wurde allerdings mit Pfropfcopolymeren aus PPO und Styrol erreicht (Kurzzeichen: PPOS; Xyron®; Asahi-Dow Ltd. Japan).

Dieses → Pfropfcopolymer besitzt hohe → Festigkeit, → Steifigkeit und Maßhaltigkeit, gute dielektrische Eigenschaften, hohe Hydrolysebeständigkeit bei guter Verarbeitbarkeit. Seine Wärmeformbeständigkeit ist nicht sehr hoch (Dauergebrauchstemperatur: 80–100 °C, → Glastemperatur: ≈ 130 °C), sie kann durch Zusatz von Textilglas verbessert werden.

Polyphenylenoxid. Tabelle: Eigenschaften von Polyphenylenoxid/Polystyrol-Blend und Propfcopolymer.

		Noryl SE1	Xyron 500V
Dichte	g/cm³	1,06	1,08
Zugfestigkeit	MPa	70	59
Reißdehnung	%	21	20
Zug-E-Modul	GPa	2,35	–
Kerbschlagzähigkeit	kJ/m²	10	>15
Glastemperatur	°C	135	–
Vicat-Temperatur	°C	133	120
Dielektrischer Verlustfaktor	–	$2,4 \cdot 10^{-3}$	$6–7 \cdot 10^{-3}$
Entflammbarkeit UL 94		V-0	V-1

Die Verarbeitung geschieht vorwiegend über Spritzguß bei Temperaturen zwischen 260 und 300 °C.

Anwendung findet dieser Werkstoff in der Elektronik, im Haushaltsgeräte- und Automobilbau (→ Polyether). *Zahradnik*

Literatur: *Hay, A. S.*: Fortschr. Hochpolym. Forsch. 4, (1967) S. 496. – *Izawa, S.*: Jpn. Plast. Age 16 (1978) 11, S. 1. – Produkt-Informationen der Fa. General Electric.

Polyphenylensulfid. (Kurzzeichen: PPS). PPS ist ein hochkristallines Polymer, das sich thermoplastisch verarbeiten, aber auch nachträglich vernetzen läßt. Es entsteht bei der Umsetzung von p-Dichlorbenzol mit Natriumsulfid:

Dieser hochtemperaturbeständige → Kunststoff (Glastemperatur: 88 °C, Dauergebrauchstemperatur: 200–240 °C) wird allgemein mit verstärkenden Zusatzstoffen gefüllt, so etwa mit Textilglas um die → Zähigkeit des spröden Rohmaterials zu verbessern. Mineralische Füllstoffe verringern die → Schwindung, → Polytetrafluorethylen begünstigt das Reibungs- und Verschleißverhalten und → Graphit erhöht die → Steifigkeit der Formkörper.

Seine Chemikalien- und Witterungsbeständigkeit ist sehr gut, lediglich der ständige Kontakt mit heißem Wasser oder heißen wässrigen Lösungen kann zu merklichem Abbau (Hydrolyse) und damit Veränderungen der Eigenschaften führen.

Auch seine dielektrischen Eigenschaften (spez. Durchgangswiderstand: $4,6 \cdot 10^{16}\,\Omega\mathrm{cm}$; dielektrischer Verlustfaktor (50 Hz): 0,0014) sind gut. Hervorzuheben ist, daß es mit AsF_5 dotiert elektrisch leitfähig wird. Die so maximal erhältliche Leitfähigkeit beträgt etwa 0,3–0,6 S/cm. *Zahradnik*

Literatur: *Domininghaus, H.*: Die Kunststoffe und ihre Eigenschaften. 2. Aufl. Düsseldorf 1986. – *Elias, H. G.*, u. *F. Vohwinkel*: Neue polymere Werkstoffe für die industrielle Anwendung. München 1983.

Polyphenylensulfon (PPSU) → Polysulfone

Polypropylen (PP) → Polyolefine

Polysaccharid. P. ist der chemische Oberbegriff für eine Reihe von natürlich vorkommenden Polymeren, welche aus miteinander verknüpften Zuckerresten bestehen. Es handelt sich dabei um Homopolymere oder Copolymere, die aus verschiedenen Zuckern aufgebaut sind. Die P.-Ketten können sowohl linear aufgebaut, als auch kamm- oder sternartig verzweigt sein. P. kommen in Tieren und Pflanzen vor. Sie besitzen dort unterschiedliche Funktionen:

□ Strukturpolysaccharide: Sie bestehen meist aus flächen- oder faserförmig angeordneten linearen P.-Ketten. Beispiele sind die → Cellulose als pflanzliche Zellwände oder der Chitinkörper einiger Insekten.

□ Reservepolysaccharide: Hierbei handelt es sich um mehr oder weniger stark verzweigte Ketten, die als Nahrungsreserve dienen. Beispiele sind die Amylose und das Amylopektin als Bestandteile der Stärke bei den Pflanzen und das Glykogen als Energiespeicher bei den Tieren.

☐ Gelbildende P.: Zu dieser Klasse gehören sogenannte Pflanzengummis. Sie sind in der Lage, große Wassermengen aufzunehmen. Beispiele sind Alginate, Gummi Arabicum, Xanthan und Agar-Agar.

Viele der natürlichen P. besitzen eine große wirtschaftliche Bedeutung. Dabei sind besonders →Holz und →Baumwolle (Cellulose) zu nennen, als →Baustoff und zur Bekleidung sowie als Nahrungsquelle Kartoffeln, Reis und Getreide (→Stärke). *Finkelmann*

Polysiloxan. Lineare oder cyclische P. gewinnt man ausgehend von Dichlordialkylsilanen in Gegenwart von Wasser über eine →Polykondensation.

Reaktionsgleichung:

$$
n \begin{array}{c} R' \ \ Cl \\ \backslash \ / \\ Si \\ / \ \backslash \\ R \ \ Cl \end{array} + n\, H_2O => \left[\begin{array}{c} R' \\ | \\ - Si - O - \\ | \\ R \end{array} \right]_n + 2nHCl
$$

Die organischen Reste R, R' sind z. B. Methyl-, Alkyl- oder Phenyl-Reste. Mit Methylresten erhält man das ölige Polydimethylsiloxan (PDMS). Setzt man zusätzlich Trichloralkylsilane oder Tetrachloralkylsilane ein, erhält man vernetzte Produkte. Durch Zugabe von Monochlortrialkylsilanen werden an den Enden einer Polysiloxankette nicht reaktive Endgruppen eingeführt (Silylierung) und der Polymerisationsgrad wird verringert.

Wird als ein Rest ein Wasserstoffatom in das Monomere eingeführt, so erhält man Polyalkylsiloxane, an die leicht katalytisch eine endständige olefinische Doppelbindung addiert werden kann.

Reaktionsgleichung:

$$
\left[\begin{array}{c} R \\ | \\ - Si - O - \\ | \\ H \end{array} \right] + \begin{array}{c} H \ \ H \\ | \ \ | \\ C = C \\ | \ \ | \\ H \ \ R' \end{array} => \left[\begin{array}{c} R \\ | \\ - Si - O - \\ | \\ (CH_2)_2 - R' \end{array} \right]
$$

Über diese Reaktion lassen sich eine Vielzahl von Produkten erhalten, deren Eigenschaften über die zu addierenden Reste (R': z. B. Aryl, Alkyl) variiert werden können.

Siloxane sind, wenn sie nicht spezielle hydrophile Reste tragen, wasserabweisend (hydrophob). Lineare, verzweigte und cyclische P. mit unfunktionalisierten Aryl- und Alkylresten sind bei 25 °C ölige Substanzen, deren Viskosität vom Polymerisationsgrad abhängt. Sie werden z. B. als Kosmetika, als Salbengrundlagen, als Schmiermittel in Kunststoffgetrieben, als Hydrauliköle oder als Ersatz für polychlorierte Biphenyle (PCB's) in Transformatoren

verwendet. Durch funktionelle Gruppen vernetzbare P. (Siliconkautschuk) werden z. B. als Dichtmassen und Klebstoffe für Silicatgläser benutzt. Vernetzte P. (Silicongummi) werden z. B. für tieftemperaturbeständige Schläuche oder als Isolationsmaterialien von elektrischen Leitungen eingesetzt. 1980 wurden weltweit etwa 500 000 t Silicone produziert.

P. mit Alkyl- oder Arylresten sind nicht toxisch. Mit Alkoxyresten oder mit funktionellen Gruppen versehene P. sind abhängig vom Rest mehr oder weniger toxisch. *Finkelmann*

Polystyrol. (PS, ABS, SB, SAN) P. wird aus Styrol über eine radikalische, kationische, anionische oder Koordinationspolymerisation hergestellt. Verfahrenstechnisch wird für reine Styrol-Polymere (PS) die radikalische →Polymerisation in Substanz oder Suspension durchgeführt. Die Reaktion verläuft dabei sehr rasch, ist stark exotherm (71 kJ/mol) und führt zu Molekulargewichten die größer als 100 000 g/mol sind.

$$(-CH_2-CH-)$$

Die Initiatoren sind abhängig von der gewählten Polymerisationsreaktion, so werden z. B. für die radikalische Polymerisation Peroxide oder Azodinitrile eingesetzt. PS ist in aromatischen und halogenierten Kohlenwasserstoffen, sowie Ethern, Estern und Ketonen leicht löslich. Gegenüber Salzlösungen, Laugen und verdünnten Säuren ist es beständig. Unter Einwirkung von ultravioletter Strahlung in Gegenwart von Luftsauerstoff vergilbt und versprödet es leicht. Reines PS ist glasklar, hat eine Dichte von 1,05 g/cm³, weist einen dielektrischen Verlustfaktor von tan δ 1–4*10⁻⁴ (MHz) auf, ist Wärmeformbeständig von 70 °C–88 °C und erweicht je nach Molekulargewicht bei 78–102 °C.

Die guten dielektrischen Eigenschaften von PS haben zu seiner Anwendung im Kondensatorbau geführt. PS brennt mit stark rußender Flamme und zersetzt sich oberhalb von 300 °C, wobei unter Ausschluß von Luftsauerstoff das Styrol wieder zurückgewonnen werden kann (Ceiling Temperatur).

PS läßt sich unter Aufbringen eines Lösungsmittels leicht verkleben, ist aber aufgrund seiner Sprödigkeit nur schwer spanabhebend zu verarbeiten. PS ist gut zu bedrucken, einzufärben und zu polieren.

Der als Styropor bekannte P.-Hartschaum (Hartschaum) wird durch Zusatz von ca. 6 % eines niedrigsiedenden Kohlenwasserstoffes (z. B. Pentan) zu einer Polystyrolschmelze und plötzliches Ausgasen unter Druckentspannung und →Abkühlung hergestellt.

Für Copolymerisate oder Blockcopolymerisate

mit Styrol als einem Reaktionsedukt wird in der Technik die anionische Polymerisation durchgeführt. Technisch wichtige Copolymerisate sind das ABS (Acrylnitril, Butadien, Styrol-Copolymer), sowie das SAN (Styrol, Acrylnitril-Copolymer) und das Copolymerisat aus Styrol mit Maleinsäureanhydrid, welches eine um 20 % höhere Wärmeformbeständigkeit als PS aufweist. Der Zusatz von Acrylnitril erhöht die → Härte, die Wärmeformbeständigkeit und die Spannungsrißbeständigkeit. SB ist ein → Blockcopolymer von Styrol mit Butadien, welches besonders hohe Schlagzähigkeiten aufweist. Diese Modifikationen sind für Anwendungen in der Praxis oft besser geeignet als das sehr spröde PS.

PS- und SB-Materialien sind unter bestimmten Anforderungen für den Kontakt mit Lebensmitteln zugelassen, wobei in der Bundesrepublik Deutschland die Anforderungen V und VI des Bundesgesundheitsamtes genügen.

PS- und SB-Materialien werden mit Hilfe der für Thermoplaste üblichen Verfahren verarbeitet zu Verpackungen für Lebensmittel, Einweggeschirr, Radio- und Fernsehgehäusen usw.

PS war eines der ersten technisch genutzten Polymere und wird mittlerweile großtechnisch im Millionen Jahrestonnenmaßstab hergestellt (1979 z. B. 4,2 Mio. t/a).

→ Styrolpolymerisate   *Finkelmann*

Literatur: Ullman Encyclopädie der Technischen Chemie. 4. Aufl. Weinheim 1980.

Polysulfidelastomere. (T-Gruppe) Durch → Polykondensation von aliphatischen Dihalogeniden (1,2-Dichlorethan, 1.2-Dichlorpropan, 1.3-Dichlorpropanol-(2), Di-(2-chlorethyl)-ether, Di-(2-chlorethyl)-formal) mit Alkalipolysulfiden (z. B. Natriumtetrasulfid) in Gegenwart von Alkali erhält man bei Temperaturen zwischen 70 und 100 °C Polysulfide nach folgender allgemeiner Reaktionsgleichung:

$$n\,Cl - R - Cl + n\,Na_2S_x \longrightarrow \left[R - S_x \right]_n$$

$$+\ 2\,n\,NaCl$$

$$x = 1 - 4$$

Flüssige Polysulfide (mit Molmassen zwischen 3000 und 4000 g/mol) können mit Bleioxid oder organischen Peroxiden vernetzt (gehärtet) werden.

Die Eigenschaften der verschiedenen P.-Typen hängen in erster Linie vom Schwefelgehalt der Polymere ab. Höhere Schwefelgrade ergeben bessere → Elastomere, vor allem größere Lösungsmittelbeständigkeit.

Ihre mechanischen Eigenschaften sind allerdings nur mäßig gut. Nachteilig wirkt sich vor allen Dingen ihr unangenehmer Geruch aus.

Ihre Hauptanwendungsgebiete liegen im Apparatebau als Dichtungsmaterialien und in der Bauindustrie als Fugenmassen.   *Zahradnik*

Polysulfidkautschuk. P. (SR) ist ein als Zweikomponentenmaterial auf der Baustelle bei Raumtemperatur vulkanisierendes, sehr alterungsbeständiges → Elastomer, das vorzugsweise für Fugenmassen und Behälterauskleidungen, auch als hochwertiger elastischer Kleber eingesetzt wird.   *Sasse*

Polysulfone. (Kurzzeichen: PSU). Sammelbegriff für solche aromatischen Polymere, die in ihren Makromolekülen SO_2-Gruppen tragen. Die Unterscheidung in Polysulfon, Polyacrylsulfon und Polyethersulfon ist irreführend, da alle am Markt befindlichen Produkte neben der charakteristischen Sulfon- auch Phenyl- und Ethergruppen aufweisen:

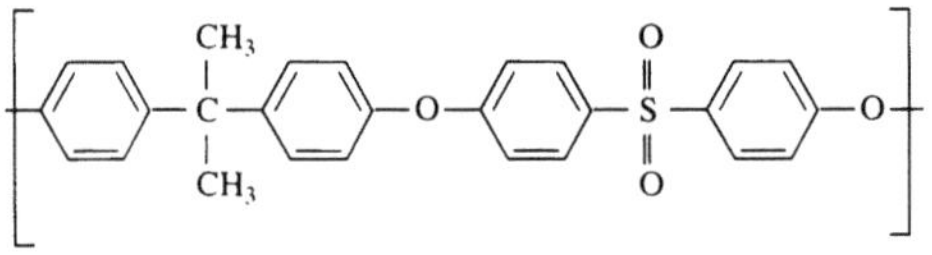

(I) „Polysulfon"

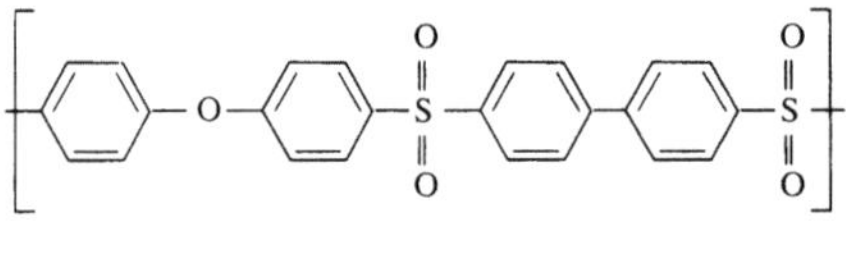

(II) „Polyarylsulfon"

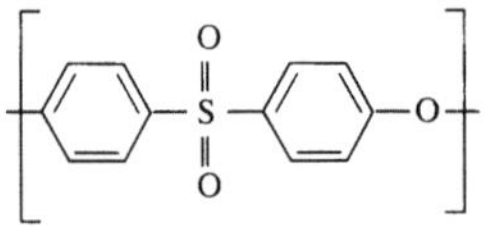

(III) „Polyethersulfon"

Alle P. sind amorphe Thermoplaste mit guten mechanischen Eigenschaften, speziell mit gutem Kriechverhalten. Ihre Kerbschlagzähigkeit ist nicht sehr hoch. Hierbei gilt, daß Werkstoffe mit Struktur (II) und (III) bessere mechanische Eigenschaften besitzen als solche mit Struktur (I). Besonders ausgezeichnet ist ihre Thermostabilität, die bei (II) und (III) wieder deutlich besser ist (Tabelle).

Ihre → Chemikalienbeständigkeit ist gut; sie werden nicht angegriffen von verdünnten Säuren und Laugen, Alkoholen und aliphatischen Kohlenwasserstoffen. Ketone, Ester, chlorierte und aromatische Kohlenwasserstoffe lösen bzw. greifen sie an (Spannungsrißbildung).

Die Witterungsbeständigkeit ist bei allen Typen gering, sie müssen gegen den degradativen Einfluß der UV-Strahlung stabilisiert werden.

Die Verarbeitung der handelsüblichen Typen, sowohl unverstärkt, als auch mit Textilglas oder Koh-

Polysulfone. Tabelle: Eigenschaften

Eigenschaft	Einheit	DIN-Norm	STRUKTUR (I) Udel P1700	STRUKTUR (II) Astrel 360	STRUKTUR (III) Victrex 200P
Dichte	g/cm^3	53 479	1,24	1,36	1,37
Wasseraufnahme	%	53 495/1	0,3	1,8	0,43
Zugfestigkeit	MPa	53 455	70	91	84
Reißdehnung	%	53 455	50–100	13–40	40–80
Zug-E-Modul	GPa	53 457	2,5	2,6	2,4
Biegefestigkeit	MPa	53 452	106	119	129
Kerbschlagzähigkeit (Izod)	J/m		69	164	84
Glasübergangstemperatur	°C	–	192	288	230
Vicat-Erweihungstemperatur	°C	53 460	188		226
Thermischer Längenausd.-koef	1/K	53 752	$5,6 \cdot 10^{-5}$	$4,7 \cdot 10^{-5}$	$5,5 \cdot 10^{-5}$
Wärmeleitfähigkeit	W/(mK)	52 612	0,26		
Dielektrischer Verlustfaktor	–	53 483	10^{-3}	$2 \cdot 10^{-3}$	10^{-3}
Spez. Durchgangswiderstand	$\Omega \cdot$ cm	53 482	$5 \cdot 10^{16}$	$3,2 \cdot 10^{16}$	10^{17}
Durchschlagfestigkeit	kV/mm	53 481	14,6	13,8	16
Brennbarkeit			selbstver-löschend	selbstver-löschend	selbstver-löschend

lefasern verstärkt, geschieht mit Spritzguß, Extrusion und Extrusionsblasformen bei Temperaturen zwischen 270 und 400 °C.

P. finden Anwendung in der Elektrotechnik, im Geräte-, Automobil- und Flugzeugbau. *Zahradnik*

Literatur: *Domininghaus, H.*: Die Kunststoffe und ihre Eigenschaften. 2. Aufl. Düsseldorf 1986. – *Elias, H. G.*, u. *F. Vohwinkel*: Neue polymere Werkstoffe für die industrielle Anwendung. München 1983. – Firmenschriften von BASF, ICI, Union Carbide Corp. und Carborundum.

Polytetrafluorethylen. (PTFE; FEP; PFA; TFA; ETFE) P. (PTFE) wird unter 10–30 bar Druck und 10–80 °C in Wasser durch Emulsions- bzw. Suspensionspolymerisation über eine radikalische → Polymerisation aus Tetrafluorethylen hergestellt. Erreicht werden Polymerisationsgrade von 5 000–100 000.

$$n \cdot CF_2{=}CF_2 \rightarrow (-CF_2{-}CF_2{-})_n$$

Als Initiator dient z. B. Peroxodisulfat und als Katalysator Metallionen, wie Ag$^+$ oder Cu^{2+}. Ausgangsprodukt ist das bei Raumtemperatur gasförmige, farblose, geruchslose und zur explosionsartigen Selbstzersetzung neigende Tetrafluorethylen.

PTFE ist nicht entflammbar, nicht abtropfend, antiadhäsiv (d. h. schwer benetzbar), temperaturbeständig von $-200 \rightarrow 280$ °C, beständig gegen Lösungsmittel, Chemikalien und Lichteinwirkung. Es zersetzt sich oberhalb von 400 °C und hat eine Dichte von 2–2,3 g/cm^3.

PTFE besitzt hervorragende elektrische Eigenschaften. In der Hochfrequenztechnik sind vor allem die in einem weiten Bereich von Temperatur und Frequenz unabhängigen dielektrischen Eigenschaften von PTFE von Vorteil. Diesen Vorteilen steht der Nachteil einer schwierigen mechanischen Verarbeitbarkeit gegenüber. Formteile lassen sich nur durch → Sintern von Pulvern erhalten, neigen unter Druckbeanspruchung zum Fließen (PTFE ist ein Gleitlagermaterial) und sind nicht verklebbar. PTFE wird im chemischen, wie im elektrischen Apparatebau, in der Luft- und Raumfahrt, in Haushaltsgeräten und in der Bautechnik verwandt.

→ Copolymerisation mit Perfluorpropylen liefert ein Tetrafluorethylen-Perfluorpropylen-Copolymerisat (FEP); mit Perfluoralkylvinylethern (z. B. $CF_3{-}CF_2{-}O{-}CF{=}CF_2$) erhält man Tetrafluorethylen-Perfluoralkylvinylether-Copolymerisate (PFA, TFA) und mit Ethylen ($CH_2{=}CH_2$) bekommt man Ethylen-Tetrafluorethylen-Copolymerisate (ETFE). Diese technisch wichtigen Copolymere lassen sich leichter als das PTFE verarbeiten, haben aber ähnliche Eigenschaften.

Aufgrund ihrer Eigenschaften sind Fluorpolymere Spezialwerkstoffe mit einer Weltproduktion von 33 000 t/a (1980).

PTFE ist gesundheitlich unbedenklich.

→ Fluorpolymere   *Finkelmann*

Literatur: Ullman Encyclopädie der Technischen Chemie. 4. Aufl. Weinheim 1980.

Polyurethane. (PUR) Die Umsetzung von Alkoholen mit Isocyanaten führt zur Verbindungsklasse der Urethane (Ester der Carbaminsäure).

$$R-OH + O=C=N-R' \rightarrow R-O-\underset{\underset{O}{\|}}{C}-NH-R'$$

Ausgehend von bifunktionellen Alkoholen und Isocyanaten werden durch stufenweise → Polyaddition lineare P. erhalten. Bei mehr als bifunktionellen Ausgangsprodukten werden P.-Netzwerke gebildet.

$$(-O-R-O-\underset{\underset{O}{\|}}{C}-NH-R'-NH-\underset{\underset{O}{\|}}{C}-)$$

Eine → Vernetzung ist auch möglich, wenn die Isocyanat-Komponente im Überschuß zugesetzt wird. Das am Stickstoff verbliebene Wasserstoffatom kann erneut mit einer Isocyantgruppe reagieren.

$$(-O-R-O-\underset{\underset{C=O}{\underset{\|}{|}}}{\underset{\|}{C}}-N-R'-NH-\underset{\underset{O}{\|}}{C}-)$$
$$H-N-R'-N=C=O$$

Analog lassen sich auch bifunktionelle Amine mit Isocyanaten umsetzen, wobei folgendes Produkt erhalten wird:

$$(-NH-R-NH-\underset{\underset{O}{\|}}{C}-NH-R'-NH-\underset{\underset{O}{\|}}{C}-)$$

Katalysatoren für die vorgenannten Reaktionen sind tertiäre Amine und organische Zinnverbindungen. Durch die Vielfalt der Möglichkeiten organischer Reste R, R' in den oben angeführten Reaktionen ergibt sich eine breite Palette von möglichen P. In technischen Erzeugnissen sind zusätzlich oft Katalysatoren, Emulgatoren, Schaumstabilisatoren, Pigmente, Alterungs- und → Flammschutzmittel enthalten. P. sind Bestandteile von Lacken und Klebstoffen, elastischen Fasern, Schuhsohlen und duroplastischen Gießharzen. Speziell die Kombination von relativ flexiblen Zwischenketten in der Diol-Komponente und relativ starren Zwischenket-

ten in der Diisocyanat-Komponente (und umgekehrt) ermöglicht den Aufbau thermoplastischer Elastomere (→ Elastoplaste).

Im Gegensatz zu vielen anderen Polymeren werden von der chemischen Industrie häufig nur die Rohstoffe für die Herstellung der P. beim Kunden geliefert. Dieser paßt dann die Ausgangskomponenten den gewünschten Eigenschaften des Endproduktes an. Dementsprechend ist für die Verarbeitung von P. eine spezielle Verfahrenstechnik entwickelt worden, wie z. B. das → RIM-Verfahren.

Ein weiteres großes Anwendungsgebiet von P. sind durch das Polymer stabilisierte Hart- und Weichschäume. Für die Darstellung von P.-Weichschäumen wird das Isocyanat im Überschuß und zusätzlich etwas Wasser eingesetzt. Das Isocyanat reagiert mit dem Wasser ab. Das dabei entstehende Kohlendioxid (CO_2) führt zu einer Schaumbildung und bläht die Reaktionsmasse auf.

$$2\ O=C=N-R'-N=C=O + H_2O \rightarrow$$
$$O=C=N-R'-NH-\underset{\underset{O}{\|}}{C}-NH-R'-N=C=O + CO_2$$

P.-Hartschaumstoffe und Integral- oder Strukturschaumstoffe werden durch Vermischen der für die Polyaddition notwendigen Edukte mit Treibgasen hergestellt. Während der Polyaddition wird die Mischung entspannt und es entsteht ein Hartschaum. Als Treibgase werden z. B. Chlorkohlenwasserstoffe eingesetzt.

P.-Schaumstoffe sind Bestandteile von Matrazen, Autositzen, Isolationsmaterialien für Wärme und Schall, Teppichen oder als Integralschaumstoffe von Armaturenbrettern im Pkw und von Gehäusen, bei denen eine Kombination von elastischen, stoßdämpfenden Eigenschaften mit einer zellfreien Oberfläche und einer dennoch tragfähigen Struktur gewünscht wird.

Bei der Verwendung von Isocyanaten ist allerdings auf deren Giftigkeit zu achten, die insbesonders bei niedermolekularen, sich leicht verflüchtigenden Substanzen unangenehm in Erscheinung treten kann. Die maximale zulässige Arbeitsplatzkonzentration (MAK-Wert) beträgt zur Zeit 0,07–0,1 mg/m³ Luft (1984).

→ Kunststoffe; → Elastomere; → Schaumstoffe

Finkelmann

Literatur: *Houben – Weyl*: Methoden der organischen Chemie. Band E-20 Makromolekulare Stoffe. 4. Aufl. Stuttgart-New York 1987. – Ullman Encyclopädie der Technischen Chemie. 4. Aufl. Weinheim 1980.

Polyurethanelastomere. (Kurzzeichen: PU) Zur Herstellung vernetzter Polyurethane setzt man lineare Polyurethane, die an ihren Molekülenden Isocyanatgruppen enthalten mit geeigneten bifunktionellen Verbindungen (H_2O, zweiwertige Glycole) um ($\rightarrow$ Polyurethane, $\rightarrow$ Elastomere).

Die hervorstechendsten Eigenschaften der vernetzten Polyurethane sind ihre außerordentlich hohe $\rightarrow$ Zugfestigkeit, ihre hohe Kerbschlagzähigkeit, sowie ihre gute Beständigkeit gegen Ozon, Sauerstoff, Benzin und Mineralöle. Nachteile der mit Estern aufgebauten Typen sind deren Hydrolyseanfälligkeit und geringe Kältefestigkeit.

Hauptanwendungsgebiet ist die Schaumstoffherstellung. *Zahradnik*

Polyurethan-Lackfarbe. P.-L. (PUR-Lacke, DD-Lacke) sind in vielen Modifikationen im Handel befindliche Ein- oder Zweikomponentenlacke, die sehr dehnfähige bis sehr harte Filme ergeben. Sie sind für alle festen, trockenen Untergründe geeignet, nicht aber bei feuchter Witterung verarbeitbar. Bei UV-Beanspruchung vergilben hellfarbige Anstriche etwas; einige Typen neigen bei $\rightarrow$ Bewitterung zum Kreiden. *Sasse*

Polyvinylacetat. (Kurzzeichen: PVAC) Hochmolekularer Stoff, der durch radikalische $\rightarrow$ Polymerisation von Vinylacetat in Suspersion oder Emulsion hergestellt wird:

$$n\ CH_2 = CH \longrightarrow \left[CH_2 - CH \right]_n$$
$$\quad\quad |\quad\quad\quad\quad\quad\quad |$$
$$\quad O - COCH_3 \quad\quad O - COCH_3$$

P. besitzt ataktische Struktur und eine Glastemperatur von $28\,°C$. Seine mittlere Molekularmasse liegt zwischen $35\,000$ und $2\,000\,000$ g/mol. Es ist in den meisten Lösungsmitteln, außer aliphatischen Kohlenwasserstoffen und wasserfreiem Alkohol, gut löslich und wird vorwiegend in Form von Lösungen und Dispersionen als $\rightarrow$ Anstrichmittel, $\rightarrow$ Klebstoff und Appreturmittel verwendet. *Zahradnik*

Literatur: *Saechtling, H. J.:* Kunststoff-Taschenbuch. 19. Aufl. München 1974.

Polyvinylalkohol. (Kurzzeichen: PVAL) Hochmolekularer Stoff, der durch Umesterung von $\rightarrow$ Polyvinylacetat mit Methanol oder Butanol hergestellt wird (polymeranaloge Reaktion):

$$\left[CH_2 - CH \right] \xrightarrow[- CH_3COOCH_3]{+ CH_3OH} \left[CH_2 - CH \right]_n$$

P. ist in Wasser löslich und in organischen Lösungsmitteln unlöslich. Er findet Verwendung als Schlichte bei der $\rightarrow$ Faserherstellung, als Emulgator und Schutzkolloid, in der Druckfarbenherstellung und in der kosmetischen Industrie. Es lassen sich weiterhin klare, farblose, lichtechte Folien herstellen, die durch UV-Bestrahlung in Gegenwart von Kaliumdichromat wasserunlöslich werden. *Zahradnik*

Literatur: *Pritchard, J. G.:* Poly(vinyl alcohol) – Basic Properties and Uses. New York 1970. – *Saechtling, H. J.:* Kunststoff-Taschenbuch. München 1974.

Polyvinylchlorid.
Kunststoffchemie. P. (PVC) wird durch radikalische $\rightarrow$ Polymerisation aus Vinylchlorid in Substanz, Suspension, Emulsion und Mikrosuspension dargestellt. Die Reaktion erfolgt bei 5–15 bar Druck und 35–$80\,°C$. Der $\rightarrow$ Polymerisationsgrad (n) erreicht Werte von 500–3000.

$$n\ CH_2{=}CH \rightarrow (-CH-CH_2-)_n$$
$$\quad\quad\quad |\quad\quad\quad\quad\quad |$$
$$\quad\quad\quad Cl\quad\quad\quad\quad\ Cl$$

Als Initiatoren werden vor allem Azodinitrile und Peroxide verwandt. Bei der Synthese von PVC muß auf Reinheit des Vinylchlorids und auf Sauerstofffreiheit des Reaktors und der Edukte geachtet werden. In Gegenwart von Sauerstoff entstehen bei der Polymerisation in der Kette Peroxide, die zu Kohlenmonoxid und Chlorwasserstoff abgebaut werden können. Das Kohlenmonoxid bildet dann ein Copolymerisat mit dem Vinylchlorid, das als α-Chlorketon thermisch und unter Einwirkung von Licht leicht gespalten werden kann.

PVC ist thermisch nicht stabil, da es bereits bei $140\,°C$ Chlorwasserstoff abspaltet und sich dann im Produkt Polyen-Sequenzen ausbilden.

$$(-CH_2-CH-CH_2-CH-) \rightarrow$$
$$\quad\quad\quad\ |\quad\quad\quad\quad |$$
$$\quad\quad\quad\ Cl\quad\quad\quad\ Cl$$
$$(-CH{=}CH-CH{=}CH-) +2\ HCl$$

Für den thermoplastischen Verarbeitungsprozeß ist es notwendig, die thermische Stabilität von PVC zu erhöhen. Deshalb werden ihm Stabilisatoren zugesetzt, die den frei werdenden Chlorwasserstoff binden, wie z. B. anorganische Schwermetallsalze, Metallseifen von Ba, Cd, Pb, Zn, Ca, ferner Dibutyl- und Dioctylzinnverbindungen und epoxidiertes Sojaöl. Gegen die Einwirkung von Licht wird PVC mit ultravioletten Strahlungabsorbern (z. B. Hydroxybenzophenon) stabilisiert.

PVC ist ein Massenkunststoff, von dem weltweit 1984 13,3 Mio. t hergestellt und verbraucht wurden. Diese Stellung hat das PVC aufgrund seiner vielfältigen Anpassungsmöglichkeiten an geforderte Eigenschaftsprofile von Produkten inne.

Hart-PVC hat eine $\rightarrow$ Glastemperatur von $80\,°C$

und ist ab 160 °C thermoplastisch verarbeitbar. Es ist unlöslich in unpolaren und stark polaren Lösungsmitteln. Seine Eigenschaften lassen sich durch →Weichmacher verändern. Dies sind Stoffe, die die Glastemperatur von PVC auf Werte von bis zu −20 °C absenken und es flexibel machen. Um die Flüchtigkeit von Weichmachern zu verringern und damit die Eigenschaften des Weich-PVC auf längere Zeit zu stabilisieren werden makromolekulare Weichmacher zugesetzt. Die Konzentration von Weichmachern im PVC kann mehr als 20 % des Gewichtsanteils ausmachen.

PVC läßt sich verkleben. Es kommt in Form von Pulvern, Granulaten, Blöcken, Platten, Folien, Profilen, Rohren und Rundstangen in den Handel. PVC wird für Rohrleitungen, Apparate, Kabel, Drahtummantelungen, Fensterprofile, Bodenbeläge, Schallplatten (zusammen mit 5–15 % Vinylacetat), Dichtungen, Klebebänder, Kunstleder, Koffer, Vorhänge, Verpackungsbehälter usw. verwendet. Emulsions-PVC kann nicht als Isoliermaterial für elektrische Leitungen verwandt werden, da es zuviel Wasser löst und deshalb zu schlecht isoliert.

Die Eigenschaften von PVC lassen sich durch →Copolymerisation oder Einarbeiten von Zusatzstoffen variieren. So kann z. B. die Schlagzähigkeit bei Hart-PVC durch Modifikation mit Kautschuken erhöht werden, die Wärmeformbeständigkeit durch Zufügen oder Copolymerisieren von polymeren Harzen verbessert werden und die →Chemikalienbeständigkeit durch weitere Chlorierung erhöht werden. Als Comonomere finden z. B. Vinylacetat (VAC), Acrylnitril (AN), Methacrylat (MA), →Methylmethacrylat (MMA) oder Vinylidenchlorid (VDC) Verwendung. Hart-PVC brennt nur über der Flamme, erlischt aber, wenn diese entfernt wird. Modifiziertes PVC weist diese Eigenschaft häufig nicht mehr auf.

Vinylchlorid ist bekannt als lebertoxische mutagene und carcinogene Substanz. Dementsprechend sind für das PVC Intensiventgasungsverfahren entwickelt worden, so daß z. B. für Verpackungen aus PVC in das Füllgut nur noch 0,05 ppm Vinylchlorid entweichen dürfen. Die technische Richtkonzentration (TRK-Wert) für Vinylchlorid liegt in der Bundesrepublik Deutschland bei höchstens 3 ppm (8 mg/m³ Luft). Für den bei spanender Verarbeitung entstehenden Feinstaub gilt eine maximale Arbeitsplatzkonzentration (MAK-Wert) von 5 mg/m³ Luft.

→Vinylchlorid-Polymerisate   *Finkelmann*

Literatur: Ullman Encyclopädie der Technischen Chemie. 4. Aufl. Weinheim 1980.

Baustoffe P. (PVC) ist mengenmäßig wegen seiner im Verhältnis zum niedrigen Preis günstigen Eigenschaften einer der bedeutendsten →Kunststoffe im Bauwesen. Es wird in zahllosen Modifikationen, auch als Copolymerisat, als „Legierung" und in weichgemachter Form angewendet. Wegen seines hohen Chlorgehaltes ist PVC ohne weitere Zusätze schwer entflammbar (Klasse B1 nach DIN 4102). Allerdings entstehen im Brandfall Chlorgase, die in Verbindung mit Feuchtigkeit (Löschwasser) zu Folgeschäden an empfindlichen Bauteilen (Spannbeton mit direktem Verbund) und vor allem an Maschinen und elektronischen Geräten führen können. Diese Schäden können im Einzelfall beträchtliche Höhe erreichen und den direkten Brandschaden weit übersteigen. In Sonderfällen kann es daher zweckmäßig sein, auf den Einsatz von PVC, z. B für Lüftungskanäle, Bodenbeläge, Kabelisolierungen, zugunsten teuerer Materialien zu verzichten.

□ PVC-hart. PVC-hart wird in großem Umfang für Rohrleitungen aller Art eingesetzt. In Abhängigkeit von verschiedenen Herstellparametern ist dabei eine bestimmte Anfälligkeit gegen Sprödbrüche, vor allem unter dem Einfluß dynamischer Belastungen und bestimmter organischer Bestandteile des Fördergutes (bei Abwasser- und Gasrohren) zu beachten. In schlagfester Modifikation werden Platten und Profile als Fassadenelemente, Fensterrahmen, Lichtelemente, Regenrohre und -rinnen, Rolladenprofile usw. eingesetzt. Die Witterungsbeständigkeit derartiger Elemente kann außerordentlich hoch sein.

□ PVC-weich. Wenn bestimmte organische Stoffe mit PVC in Mengen von rd. 20–50 % gemischt werden, entsteht ein bei Raumtemperatur gummielastisches Material. Das Bild zeigt beispielhaft die Veränderung der Verformbarkeit gegenüber PVC-hart. Ursache ist die Verringerung der zwischenmolekularen Anziehungskräfte durch Vergrößerung des Molekülabstandes infolge der physikalisch zwischengelagerten niedermolekularen Anteile. Außer dem Standardweichmacher DOP gibt es zahlreiche weitere →Weichmacher, die sich hinsichtlich folgender Eigenschaften des Endproduktes unterscheiden: Wärmebeständigkeit, Dampfdiffusion, →Versprödung bei niedrigen Temperaturen, Wasserbeständigkeit, UV-Stabilität, Flammwidrigkeit, Farbbeständigkeit, Flüchtigkeit (Weichmacherwanderung, Migration), Erfüllung der Forderungen des Lebensmittelrechtes, Preis. Das Nichtbeachten der Möglichkeit von Weichmacherwanderung in angrenzende polymere Werkstoffe kann zu kostenaufwendigen Schäden führen. So kann z. B. die dichtende PVC-weich-Bahn verspröden und bei Belastung reißen, verstärkt z. B. durch angrenzende weichwerdende harte Schaumstoffe. Im Bauwesen wird PVC-weich hauptsächlich für folgende Anwendungen eingesetzt: Dichtungs- und Dachbahnen, Fußbodenbeläge, Dichtungsprofile (Fugenbänder im Betonbau, Dichtungsprofile bei Fertigteilen).   *Sasse*

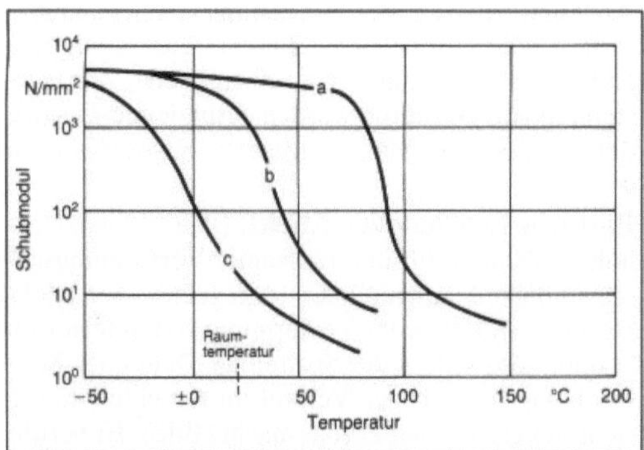

Polyvinylchlorid: Veränderung der elastischen Eigenschaften von PVC durch Zugabe des Weichmachers DOP (Dioctylphtalat).

a PVC-hart, DOP 0%, b PVC-weich, DOP 20%, c PVC-weich, DOP 40%

Polyvinylfluorid →Fluorpolymere

Polyvinylidenfluorid →Fluorpolymere

Polyvinylpyrrolidon. Wasserlösliches →Polymer der Strukturformel

$$-CH_2-CH-$$
$$|$$
$$N$$
$$H_2C \quad CO$$
$$|$$
$$H_2C-CH_2$$

wird durch radikalische →Polymerisation von Vinylpyrrolidon in Wasser oder in Masse großtechnisch synthetisiert.

P. ist in Wasser und polaren organischen Lösungsmitteln wie Chloroform löslich. Es findet als Schutzkolloid, als Emulgator und als Bestandteil von Haarsprays Verwendung. P. ist preiswert, ungiftig und leicht sterilisierbar. Es ist indifferent gegenüber physiologisch-chemischen Reaktionen des Organismus. Es hat ähnliche physikalische Eigenschaften wie Blutplasma. Durch diese Eigenschaften findet P. zahlreiche Verwendungen in der Medizin. So kann bis zur Hälfte des verlorenen Bluts durch P.-Lösungen ersetzt werden. Es findet weitere Verwendung als Depotsubstanz für Hormone, Antibiotika, Alkaloide und Anästhetica. Bei Blutern wird P. zur Blutstillung eingesetzt.

Finkelmann

Literatur: *Appel, W.* und *E. Biekert:* Angew. Chem. 80 (1968) S. 719. – *Elias, H.:* Makromoleküle. 4. Aufl. Basel 1981.

Polyvinylverbindungen. P. sind Polymere, die durch →Polymerisation aus Vinylverbindungen oder durch polymeranaloge Umsetzung von P. hergestellt werden. Vinylverbindungen sind nach folgender Strukturformel aufgebaut:

$$CH_2=CH-R$$
R: $-Cl$; $-Br$; $-OR'$; $-SR'$; $-NR_2'$; $-OOCR'$
R': z. B. Alkyl; Aryl

Technisch von Bedeutung sind:
□ →Polyvinylchlorid.
□ →Polyvinylacetat. Es wird aus Vinylacetat ($CH_2=CH\text{-}OOC-CH_3$) über eine radikalische Polymerisation dargestellt. Es wird für die Herstellung von Klebstoffen und Holzleimen sowie als Lackrohstoff, Appretur und als Betonzusatz verwendet.

$$(-CH_2-CH(OOCCH_3)-)_n$$

□ →Polyvinylalkohol. Es wird durch polymeranaloge Verseifung von Polyvinylacetat dargestellt und als Emulgator und Schutzkolloid verwendet.

$$(-CH_2-CH(OH)-)_n$$

□ Polyvinylacetale. Sie lassen sich durch polymeranaloge Umsetzung von Polyvinylalkohol mit Aldehyden gewinnen.

$$(-CH_2-CH-CH_2-CH-)_n$$
$$| \qquad |$$
$$O \qquad O$$
$$\diagdown \quad \diagup$$
$$R'$$

□ Polyvinylether. Diese werden durch Polymerisation von Vinylethern synthetisiert und für die Herstellung von Klebstoffen verwendet.

$$(-CH_2-CH(OR')-)\,n$$

Finkelmann

Porigkeit. Fast alle Eigenschaften der Baustoffe werden von ihrer P. beeinflußt, besonders aber die Festigkeiten, die Formänderungen, das Verhalten gegenüber Wasser, Gasen und Witterungseinflüssen, die Abnutzung und das thermische Verhalten. Jede Pore verringert →Festigkeit und Wärmeleitfähigkeit und erhöht →Formänderungen und →Verschleiß. Beim Verhalten gegenüber Wasser, Gasen und Witterungseinflüssen sowie bei der →Korrosion spielt es außerdem eine wesentliche Rolle, ob die Poren offen oder geschlossen sind. Bei offenen Poren, die meist als zusammenhängende Kapillarporen in Erscheinung treten, können Wasser, Gase und angreifende Stoffe in den →Baustoff eindringen und dort entsprechend wirken oder sogar durch den Stoff durchdringen. Ein Baustoff mit nur geschlossenen Poren verhält sich dagegen hinsichtlich dieser Eigenschaften im wesentlichen wie ein nichtporöser Stoff. Zur Beurteilung der Baustoffeigenschaften ist daher in erster Linie die Größe des Porenraumes, d. h. die P., aber auch die Größe der einzelnen Poren, ihre Art und Verteilung wichtig. Da die Rohdichte die Poren einschließt, die Dichte sie aber ausschließt, kann die P. aus diesen beiden Eigenschaften ermittelt werden. Für einen Festbeton mit einer Trockenrohdichte von $2\,300\,kg/m^3$ und einer Dichte von $2\,650\,kg/m^3$ ergibt sich eine Gesamtporigkeit

$$p = \left(1 - \frac{2300}{2650}\right) \cdot 100 = 13,2\,\%.$$

Bei allen Hölzern schwankt die Dichte nur gering um $1540\,kg/m^3$, während die Rohdichten zwischen $80\,kg/m^3$ bei Balsaholz und $1300\,kg/m^3$ bei Pockholz liegen können. Dementsprechend betragen die Gesamtporigkeiten

$$p = \left(1 - \frac{80}{1540}\right) \cdot 100 = 94,8\,\% \text{ bis}$$

$$p = \left(1 - \frac{1300}{1540}\right) \cdot 100 = 15,6\,\%.$$
Wesche

Porosität. Prozentualer Porenvolumenanteil am Gesamtvolumen des Körpers. Die Gesamtporosität setzt sich aus den Volumenanteilen der offenen und geschlossenen Poren zusammen, wobei die offenen Poren mit der →Oberfläche des Körpers in Verbindung stehen. Die P. hat starken Einfluß auf die physikalischen Eigenschaften des Werkstoffs.

Die Poren sind vor allem bei den keramischen Werkstoffen (→Keramik) ein wichtiger Gefügebestandteil. Hier reicht die Spanne der Gesamtporosität von unter 0,5% bestimmter hochfester Hochleistungskeramiken bis zu 95% hochporöser Filter- bzw. Schaumkeramiken bzw. -gläser. Der Anteil der offenen P. (ausgedrückt in Gew.%-Wasseraufnahmefähigkeit) gilt bei den tonkeramischen Werkstoffen als Kriterium, ob es sich um eine sog. dichte oder poröse Keramik handelt. So ist ein möglichst geringer Anteil an offenen Poren für Baukeramiken, die äußeren Witterungseinflüssen ausgesetzt sind, Voraussetzung für deren Frostwechselbeständigkeit. Das Gleiche gilt für feuerfeste →Werkstoffe, die im direkten Kontakt mit aggressiven Schmelzen oder Gasen stehen.

Der Porenaufbau in einer Keramik, und somit deren physikalischen Eigenschaften wie →Festigkeit, Wärmeleitfähigkeit, elektrische Eigenschaften etc. können durch den Herstellungsprozeß gezielt gesteuert werden. Poren entstehen in Keramiken beim Zusammensintern des Ausgangspulvers zu einem Festkörper, wobei die Porenradienverteilung und Gesamtporosität durch eine entsprechende Temperaturführung kontrolliert wird. Bei der Herstellung hochfester Keramiken werden zur Minimierung der P. im Extremfall während des Sinterprozesses hohe Preßdrücke angewandt. Im Gegenstück werden bei der Herstellung von porösen Produkten (z. B. Feuerleichtsteine zur Wärmeisolierung) künstlich Porenbildner in die Ausgangsmasse eingebaut, die während des Sinterns ausbrennen und entsprechende Poren im Produkt hinterlassen.

Analog werden bei der Herstellung von Schaumgläsern (Wärmeisolierung, Filter) gasabspaltende Rohstoffe beim Schmelzprozeß zugesetzt. Zur Herstellung von Gasbeton werden gasbildende Zusätze der abbindenden Masse zugesetzt. *Hesse/Hennicke*

Portevin-Le Chatelier-Effekt. (PCE). Ein bei erhöhter Temperatur und langsamer Verformungsgeschwindigkeit auftretender, unregelmäßiger Blockierungseffekt bei der Verformung von unlegierten Stählen, der sich in der Spannungs-Dehnungs-Kurve als sägezahnartiger Verlauf im Anschluß an die →Streckgrenze bemerkbar macht (Bild). Er beruht auf der elastischen Wechselwirkung zwischen im α-Gitter gelösten C-Atomen und Versetzungslinien einerseits (→Cottrell-Wolke), dem Diffusionsvermögen der C-Atome andererseits. Der PCE tritt in Temperaturbereichen auf, in denen die Geschwindigkeit der →Drift der C-Atome der mittleren Versetzungsgeschwindigkeit entspricht; diese wird von der vorgegebenen Verformungsgeschwindigkeit bestimmt. Temperaturbereich und Verformungsrate sind daher beim PCE gekoppelt. Der erwähnte ruckartige Verlauf der Verformungskurve kommt dadurch zustande, daß in der polykristallinen Probe ein breites Spektrum von Versetzungs-Dichten und -geschwindigkeiten vorliegt. Es kommt daher durch lokale Ansammlung von Cottrell-Wolken zu vorübergehenden Blockierungen; der darauffolgende Spannungsaufbau führt zum Losreißen und schnellen Gleiten der →Versetzungen. *Ilschner*

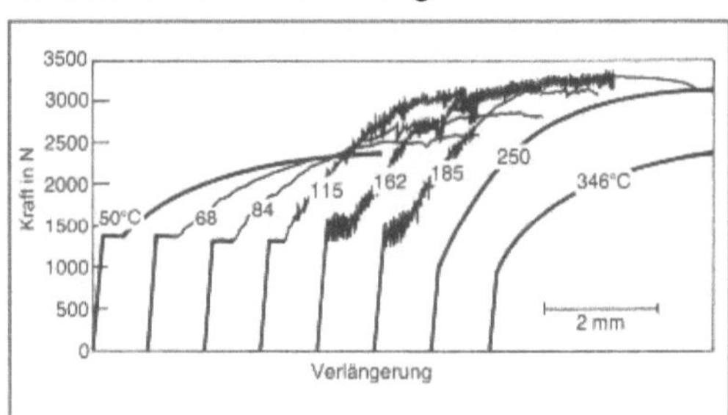

Portevin-Le Chatelier-Effekt: Typische Form der Spannungs-Dehnungs-Kurve mit PCE in einem Stahl mit 0,035% C, 0,36% Mn und 0,003% N bei verschiedenen Temperaturen und einer Dehngeschwindigkeit von $6,2 \cdot 10^{-5}s^{-1}$.

Potential, chemisches. Das c. P. μ_j stellt die von *Gibbs* eingeführte Bezeichnung für die partielle Ableitung der freien Energie F nach der Molzahl n_j eines der Bestandteile einer Mischphase unter Konstanthaltung der Temperatur T, des Volumens V und den Molzahlen $n_1, n_2 \ldots n_j$ aller übrigen Komponenten dar, entsprechend:

$$\mu_j = \left(\frac{\partial F}{\partial n_j}\right)_{T,V,n_j}$$

Für reine Stoffe ist das c. P. gleich dem molaren thermodynamischen Potential. Setzt man die Summe der c. P. μ_j der an der Bruttoreaktion beteiligten Substanzen ein, ergibt sich das → Elektrodenpotential zu

$$E = \frac{1}{n \cdot F} \sum v_j \, \mu_j$$

wobei v_j die stöchiometrischen Faktoren der Stoffe S_j in der Bruttoreaktionsgleichung mit positivem v_j, der sich bildenden und negativem v_j, der verbrauchten Substanzen bedeuten. *Wendler-Kalsch*

Potentialmessung. Das → Elektrodenpotential wird als Spannung zwischen der Meßelektrode und der → Bezugselektrode mit Hilfe eines hochohmigen Voltmeters gemessen ($R \geq 10^{10}$ Ω).

Bei polarisierten Meßelektroden ist eine dünne, mit → Elektrolytlösung gefüllte und in elektrolytisch leitendem Kontakt mit der Bezugselektrode stehende Kapillare (*Haber-Luggin*-Kapillare) an die Metalloberfläche heranzuführen (→ Potentialsonde). Hierdurch wird der ohmsche Spannungsabfall im Elektrolyten vermieden bzw. möglichst gering gehalten. Bei heterogenen Elektroden lassen sich damit auch die Potentiale örtlicher Oberflächenbereiche erfassen (→ Korrosionsprüfung). *Wendler-Kalsch*

Potentialsonde.
Bruchmechanik. Elektrische Meßvorrichtung zur quantitativen Verfolgung des Rißfortschrittes an mechanisch belasteten metallischen Prüfkörpern.

Das Meßprinzip besteht darin, an beiden Ufern des Anrisses einerseits zwei Stromzuführungen (A in Bild 1) und außerdem zwei Ableitungen zur stromlosen Potentialmessung (B) anzubringen. Der wachsende Riß unterbricht den Stromfluß im Metall und deformiert das elektrische Potentialfeld derart, daß die zwischen C und C' gemessene Potentialdifferenz ΔU bei konstantem Strom I ein Maß für die Rißtiefe a wird. Die Funktion $\Delta U(a)$ kann prinzipiell für gegebene Bauteilgeometrie numerisch berechnet werden, wird jedoch in der Regel durch Eichung ermittelt. Man unterscheidet Gleichstrom- und Wechselstrom-Methoden (*engl.* DC/AC potential drop, DCPD, ACPD); letztere nützen den Skin-Effekt aus, welcher den Strom zwingt, möglichst nahe am Rißufer entlang zu fließen.

Das Verfahren hat sich in der experimentellen → Bruchmechanik gut bewährt, insbes. zur Messung des Rißwachstums in Abhängigkeit von der Zyklenzahl (da/dN), aber auch für das Kriechrißwachstum bei statischer Last, (da/dt). Die Auflösung beträgt $\Delta a \approx 0,2$ mm. *Ilschner*

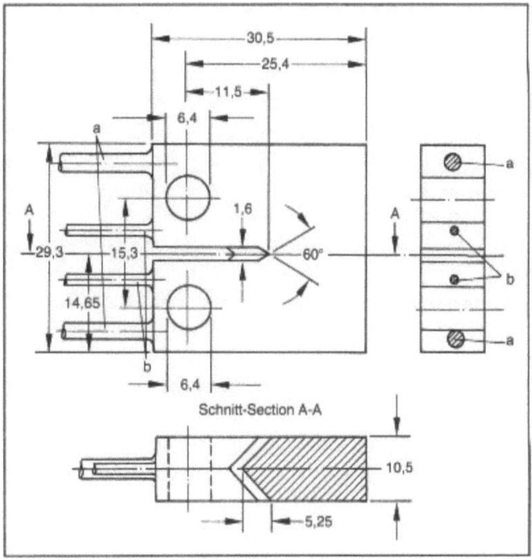

Potentialsonde 1: CT-Probe mit Anschlüssen der Stromzuführung (a) und Spannungsabgriff (b).

Literatur: ASTM Norm E 647-86 a. – *Hudak, S. J.* and *R. J. Bucci:* Fatigue Crack Growth Measurement and Data Analysis. ASTM Special Tech. Publ. Nr. 738, ASTM Philadelphia USA 1981. – *Krompholz, K.* and *E. D. Grosser, K. Ewert:* Anwendungsbeispiele und Grenzen des Potentialsondenverfahrens für Rißwachstumsuntersuchungen an metallischen Legierungen bei hohen Temperaturen. Z. f. Werkstofftechnik 11 (1980) S. 60–67. – *Stratmann, P.* and *K. H. Bowe:* Über die Anwendung des Gleichstrom-Potentialsondenverfahrens in der Bruchmechanik. Materialprüfung 18 (1978) S. 339–341.

Elektrochemie. Eine P. ist eine mit → Elektrolytlösung gefüllte Kapillare, die in elektrolytisch leitender Verbindung mit der → Bezugselektrode steht. Die am häufigsten verwendete P. ist die *Haber-Luggin*-Kapillare. Sie besteht aus einem Röhrchen, meistens aus Glas, das an seinem vorderen Ende konisch zu einer Kapillare ausgezogen ist. Durch dichtes Heranführen der P. an die metallische Probenoberfläche, ohne diese elektrisch abzuschirmen, läßt sich das → Elektrodenpotential der Metallprobe gegen die Bezugselektrode messen (→ Potentialmessung). Durch die P. wird der ohmsche Spannungsabfall ΔU im Elektrolyten weitgehend vermieden oder zumindest klein gehalten. Der Außendurchmesser der Kapillare sollte nach DIN 50918 nicht größer sein als der doppelte Abstand der Kapillare von der Elektrodenoberfläche. Der verbleibende → Fehler zwischen Sondenspitze und Elektrodenoberfläche beträgt

$$\Delta U = i \cdot \rho \cdot d$$

(i = Stromdichte, ρ = spezifischer Elektrolytwiderstand, d = Sondenabstand).

Bei nicht stromdurchflossenen Meßelektroden ist der ohmsche Potentialabfall somit Null. Bei Elektrolytlösungen mit äußerst niedriger spezifischer Leitfähigkeit (d. h. hoher spezifischer → Elektrolytwiderstand) und hoher Stromdichte kann der Fehler jedoch beträchtlich sein und muß durch besondere Maßnahmen bestimmt und eliminiert werden.

Mit Hilfe der P. ist es möglich bei heterogenen →Mischelektroden die Potentiale örtlicher Oberflächenbereiche zu erfassen. Durch Potential-Weg-Messungen lassen sich die lokalen anodischen und kathodischen Bereiche der Metalloberfläche auffinden (DIN 50919). Als Beispiel ist der Potentialverlauf über einer →Schweißverbindung anzuführen, bei der das Schweißgut oder die Wärmeeinflußzone Lokalanoden darstellen und somit ein anderes Potential aufweisen als der Grundwerkstoff (Bild 2). Beim metallisch leitenden Kontakt artverschiedener Metalle läßt sich mit Hilfe von Potential-Weg-Messungen ermitteln, bis zu welchem Abstand von der Kontaktstelle mit →Kontaktkorrosion zu rechnen ist. *Wendler-Kalsch*

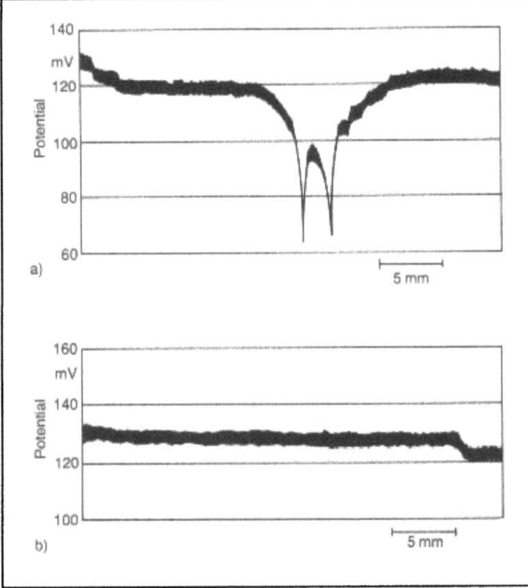

Potentialsonde 2: Messung des Potentialverlaufs im Elektrolyt von einer Schweißnaht an einem ferritischen Chromstahl (16,8 % Cr).
a) ohne Nachglühung
b) mit einer Glühung in Argon (2 h, 700 °C) nach dem Schweißen.

Potentiostat. Elektronisches Regelgerät, das die Zellspannung zwischen der Meß- und →Bezugselektrode auf einem vorgegebenen Sollwert zeitlich konstant hält, unabhängig von den an den Elektroden ablaufenden Reaktionen, den →Elektrolyt- und →Polarisationswiderständen. Der P. enthält einen rückgekoppelten Gleichspannungsverstärker hoher Steilheit, Einstellgeschwindigkeit und Nullpunktkonstanz. Das →Elektrodenpotential der Meßelektrode läßt sich damit annähernd auf einem konstanten Sollwert halten (→Korrosionsprüfung). *Wendler-Kalsch*

Pourbaix-Diagramm. Das Potential-pH-Diagramm (von *Pourbaix* eingeführt) ist ein →Zustandsdiagramm, dessen Kurven die pH-Abhängigkeit der thermodynamisch berechneten Gleichgewichtspotentiale von Elektrodenreaktionen darstellen. Das Diagramm gibt die thermodynamischen Zustandsfelder für die Immunität eines Metalles, die aktive →Korrosion unter Bildung von Metallionen, die →Passivität unter Bildung von Oxiden usw. (Bild) wieder. Die Aktivität der gelösten Korrosionsprodukte, z. B. der Metallionen, wird als Parameter der Kurven berücksichtigt.

Es ist zu beachten, daß das Potential-pH-Diagramm nur über die Möglichkeit von Elektrodenreaktionen aus thermodynamischer Hinsicht Aussagen macht und kinetische Hemmungen unberücksichtigt läßt. *Wendler-Kalsch*

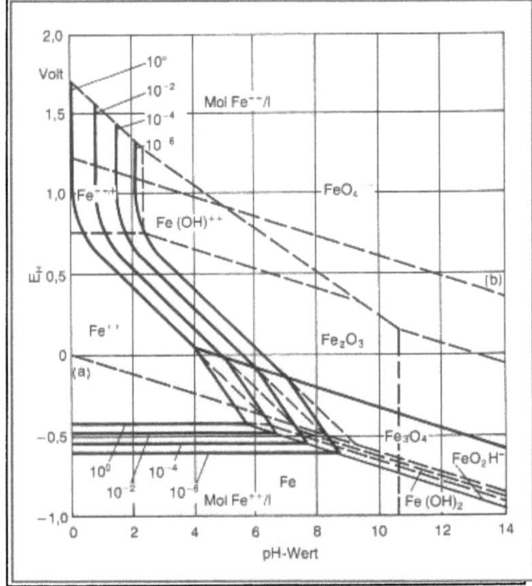

Pourbaix-Diagramm: Potential-pH-Diagramm nach Pourbaix für das System Eisen/Wasser bei 25 °C.

Prallstrahlverschleiß →Strahlverschleiß

Präpolymer. P. sind meist niedrigmolekulare →Makromoleküle, die in weiterführenden Reaktionen zu hochmolekularen Polymeren umgesetzt werden. P. werden z. B. bei der Herstellung hochvernetzter Polymere, den sogenannten Duromeren, eingesetzt. Technisch nutzt man vor allem die geringe →Viskosität der Schmelzen von P. aus, die Spritzgußformen sehr gut ausfüllen, und nach einer →Vernetzungsreaktion zu formstabilen Werkstoffen führen. *Finkelmann*

Präzisionsguß →Genauguß; →Feinguß

Präzisions-Stahlrohr. P.-S. sind nahtlose → Stahlrohre oder geschweißte Stahlrohre mit besonders hoher Maßgenauigkeit und glatter Oberfläche, besonderen Querschnittsformen sowie besonders engen Abmessungsstufen.   *Baumann*

Prepregs → Faserverbundwerkstoffe

Presse. Die in der Urformtechnik verwendeten P. dienen vorzugsweise zur Herstellung von Formteilen aus NE-Metallen (-pulvern) und Kunststoffpreßmassen. Zum Einsatz kommen Handpressen (Stangen- und Radhebelpressen von 50 bis 800 kN Gesamtkraft), motorisch angetriebene Kurbelpressen (Kraftbereich 400 bis 1000 kN), Kniehebelpressen mit Öldruckantrieb (bis 1500 kN), vor allem aber hydraulische P. (150 bis 100 000 kN) und Spritzpressen mit besonderer Ausbildung des Auswerferkolbens. Bei weitergehender Mechanisierung kommt man zu Mehrfachpressen, Drehtischpressen und Preßautomaten für kleine Teile ohne Metalleinlagen.

Zur Herstellung von Profilen aus Kunststoffpreßmassen nutzt man das → Strangpressen mit Schnekkenpressen (Extruder). Einfachste Bauart ist der Einschneckenextruder bei dem infolge der Rückhaltung an der Zylinderwand das Füllgut von der sich drehenden Schnecke mitgenommen und dabei aufgeheizt wird. Beim Plastifizieren nimmt die Dichte des Schüttguts um das zwei- bis vierfache zu. Dies wird durch eine Änderung des Volumenaufnahmevermögens der Schneckengänge berücksichtigt und durch das Kompressionsverhältnis = Volumen des ersten zu dem des letzten Schneckengangs ausgedrückt. Doppelschneckenpressen werden mit gleich- und gegenläufigen Schnecken hergestellt, die die Masse zwangsläufig unabhängig von ihrer → Zähigkeit bei homogener Durchmischung und Plastifizierung fördern. Konstruktiv schwierig ist die Ausbildung von Widerstandsfähigen Drucklagern für die beiden Schnecken auf engstem Raum.   *Doliwa*

Pressen. Gemäß Einteilung der Fertigungsverfahren nach DIN 8580 ff. ist die Verfahrenstechnik „Pressen" sowohl in die Hauptgruppe 2 „Umformen" (DIN 8582) und hier in die Gruppe 2.1 → Druckumformen (DIN 8583) wie auch in die Hauptgruppe 4 „Fügen" (DIN 8593) innerhalb der Gruppe 4.2 Füllen einzuordnen. Als Druckumformen zählen Verfahren, bei denen das Fließen in der Umformzone überwiegend durch einen von außen aufgebrachten Druck bewirkt wird, wie z. B. durch → Fließpressen, Formpressen oder → Stauchen. Nach der Definition der Norm ist → Fügen das Zusammenbringen von zwei oder mehr Werkstücken oder von Werkstücken mit formlosem Stoff. Dabei

wird der Zusammenhalt örtlich geschaffen und im ganzen vermehrt. Demnach werden auch das lose Zusammenlegen und das Füllen in diese Hauptgruppe eingeordnet. Somit gehört dazu auch das Fügen durch Umformen, z. B. → Umpressen, wobei das „um" um einen Körper herum bedeutet. Dieser Vorgang findet u. a. beim Verdichten von → Formstoff um ein → Modell herum statt.

P. als Verfahren der Umformtechnik bei Metallen wird weniger im Bereich der Warmformgebung als überwiegend bei der → Kaltumformung angewendet. Beim Kaltpressen vollzieht sich die → Umformung unter Einwirkung statischer Kräfte bei länger anhaltendem Druck oberhalb der → Streckgrenze des Werkstoffs. Alle Werkstoffe, die im Bereich zwischen Streckgrenze und → Zugfestigkeit eine genügende → Zähigkeit und ein gutes → Formänderungsvermögen aufweisen, wie weichgeglühte, kohlenstoffarme Stähle, ferner → Kupfer, → Aluminium und deren Legierungen können auf diese Weise umgeformt werden. Das Umformen ohne Anwärmen liefert Werkstücke mit höherer Maßgenauigkeit und besserer Oberflächengüte als beim Warmumformen erreichbar. Beim Kaltpressen und Kalibrieren vorgepreßter Teile in Werkzeugen mit Distanzplatten kann man z. B. bei NE-Metallen Toleranzen von 0,02 mm (IT 8) erreichen. Durch das P. wird bei zweckmäßigem Faserverlauf der Werkstoff erheblich verfestigt.

Mit Fließpressen (auch → Spritzpressen oder Kaltspritzen genannt) lassen sich Werkstücke verschiedener Form herstellen; allerdings sind → Stahl (mit wenigen Ausnahmen), Aluminium, → Blei, Zink, Magnesium und seine Legierungen wegen des hexagonalen Gefügeaufbaus nicht fließpreßfähig. Die Durchführung des Fließpressen und danach hergestellte Teile zeigt das Bild. Die fertigen Werkstücke haben eine saubere → Oberfläche und die Festigkeitswerte der fließgepreßten Teile liegen infolge → Verfestigung über denen des Ausgangswerkstoffs.

Beim Spritzpressen von Kunststoff-Preßmassen wird die → Preßmasse in einer besonderen Druckkammer stark komprimiert und durch einen Kanal (Düse) in den Formenraum der geschlossenen Form gespritzt. Das Spritzpressen bietet wirtschaftliche Vorteile und wird bei der Herstellung komplizierter, kleinerer Teile (auch mit Metalleinpressungen) angewendet.

→ Strangpressen ist in der Regel ein Warmfließpressen, bei dem ein auf die dem Werkstoff entsprechende Preßtemperatur erwärmter Metallblock vom Druckstempel einer Strangpresse durch die Öffnung einer Matrize zu Voll- oder Hohlprofilen gepreßt wird. Als Kaltumformverfahren wird das Strangpressen nur für Werkstoffe mit niedriger Fließtemperatur angewendet, wobei man die Rei-

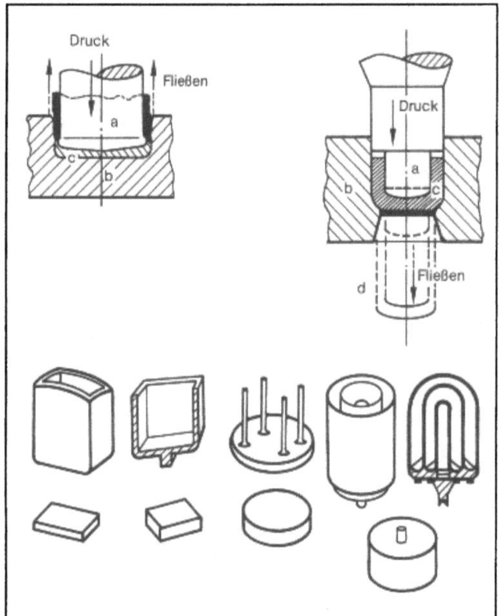

Pressen: Fließpreßverfahren (oben) und durch Fließpressen hergestellte Formen von Geräteteilen aus NE-Metallen mit Rohlingen (unten).

a) Druck- und Fließrichtung entgegengesetzt
b) Fließpressen nach Neumeyer-Verfahren. Gleiche Druck- und Fließrichtung
a) Stempel
b) Matrize
c) Werkstoff
d) Werkstück im Endzustand (gestrichelt).

bungswärme beim Durchpressen durch die Matrize ausnutzt.

In die Hauptgruppe 4 „Fügen" fällt das Warmpressen von duro- und thermoplastischen Massen. Der Arbeitsablauf beginnt mit dem Einfüllen der Preßmasse in die gefettete und ggf. vorgeheizte Form, nach deren Schließen der Druck langsam mit der einsetzenden Plastifizierung der Preßmasse gesteigert wird. Das → Härten der Preßmasse erfolgt, soweit es sich um eine warmhärtbare Preßmasse handelt, unter Druck- und Wärmeeinwirkung. Nach Herausnahme des Preßteils aus der Form wird, sofern nötig, das noch heiße Preßteil durch Beschweren oder Spannen gerichtet.

Spritzpreßverfahren sind für härtbare und thermoplastische Preßmassen anwendbar. Die außerhalb der Form vorgewärmte, für einen Spritzvorgang bemessene Massemenge wird aus einer Spritzkammer durch einen Kanal in die geschlossene Form gespritzt. Bei härtbaren Massen werden Spritzkammer, Kanal und Form beheizt, bei thermoplastischen Massen die Form gekühlt.

Beim Schlagpreßverfahren (geeignet für thermoplastische Preßmassen) wird die außerhalb auf Fließtemperatur vorgewärmte Masse (Tablette oder Zuschnitt) in einer kühl gehaltenen normalen → Preßform z. B. mittels einer schnell zufahrenden hydraulischen → Presse schlagartig ausgeformt. Dieses sehr wirtschaftliche Verfahren eignet sich jedoch nur zur Produktion von einfachen Teilen.

Im Kaltpreßverfahren (eingesetzt für feuchte, härtbare und teerpechhaltige Preßmassen) wird die rieselfähige feuchte Masse (volumetrisch oder gewichtsmäßig dosiert) in die kalte Matrize gegeben und nach dem Auspressen sofort ausgestoßen. → Aushärtung bzw. Ausdampfen geschieht außerhalb der Form in Heizschränken mit langsamer Temperatursteigerung auf etwa 185 °C bei kunstharzhaltigen und auf 210 °C bei teerpechhaltigen Preßmassen.

Durch P. werden auch duroplastische Schichtstoffe für Formstücke und → Halbzeug hergestellt. Beim Schichten unter Hochdruckanwendung werden die auf Streichmassen bzw. Lackierwalzen mit einer härtbaren Harzlösung getränkten endlosen Bahnen in einem Tunnelofen getrocknet und aufgerollt. Für die Verarbeitung zu Formstücken, Platten, Rohren und Profilen werden entsprechende Zuschnitte geschichtet oder gewickelt, dann nach dem Warmpreßverfahren geformt und gehärtet, und zwar Platten fast ausschließlich in offenen Formen unter Etagenpressen, Profile meist, Formstücke nur in geschlossenen Formen. Rohre und Stäbe werden auch nach dem Wickelverfahren geformt und nachfolgend drucklos ofengehärtet, wobei allerdings Produkte niedrigerer Dichte und → Festigkeit entstehen.

Für das Schichten mit Niederdruck (Niederdruckpreßverfahren) eignen sich vorzugsweise härtbare Massen aus schichtfähigen Füllstoffen, wie z. B. Glasfasern, zusammen mit niedrigviskosen Bindern, etwa Polyester- oder Epoxydharz, die beim Härten keine blasenbildenden Dämpfe oder Gase abspalten.

Als Verfahrenstechniken für die Schichtstoffherstellung sind neben dem → Laminieren (lagenweises Einstreichen von Zuschnitten aus Glasfasergeweben mit Harzen von Hand), das Vakuum- bzw. Druck-Sackverfahren, bei dem mittels Druck oder Vakuum ein sich der Form anpassender Sack das auf die Oberfläche des Harzträgers gegossene → Bindemittel in diesen hineindrückt sowie das Vakuum-Saug- oder Marco-Verfahren zu nennen, bei dem das flüssige Bindemittel durch Vakuum in den Harzträger hineingesaugt wird, ein Vorgang, der bei größeren Teilen mehrere Stunden dauern kann. Die Oberfläche solcher Teile ist aber besonders glatt und es gibt nur geringe Schwankungen in der Wanddicke.

P. zum Stoffverdichten nutzt man auch seit langem zur Herstellung von Sandformen für →Naßguß. P. ist eine schnelle Verdichtungsmethode. Bei Naßgußsanden kommt es allerdings häufig zu einer „Brückenbildung" unter dem Preßstempel, d. h. einer stabilen Verfestigung dieser Schicht, was zur Folge hat, daß die darunter liegenden Formpartien nur unzureichend verdichtet werden. Deshalb wird das P. im Gießereibetrieb seit Bekanntwerden anderer Verdichtungsmethoden nur noch zur Herstellung flacher Formen angewendet, obwohl der Einsatzbereich durch kombiniertes P. und Rütteln erweitert werden konnte.
→Kunststoffverarbeitung   *Doliwa*

Preßform. Das Preßwerkzeug besteht grundsätzlich aus einem Oberteil mit Stempel oder Gesenk und einem entsprechenden Unterteil, die zueinander durch Säulen und Buchsen geführt werden und weitere Elemente für die Heizung sowie die Befestigung in der Maschine haben. Je nach Formteilgröße gibt es Einfach- oder Mehrfach-Preßwerkzeuge, in denen bei einem Preßvorgang mehrere kleinere Formstücke hergestellt werden.

Ein einfaches Preßwerkzeug in Füllraumform zeigt Bild 1. Das Oberteil a mit dem Stempel taucht in das Gesenk des Unterteils b ein, schließt den Formenraum ab und verhindert dadurch den Überlauf der →Preßmasse. Der Stempel gewinnt außer durch die Säulenführung c durch das Eintauchen in das Gesenk zusätzlich eine Führung, wobei ein geringer Absatz von 0,3 bis 0,4 mm ein genügendes Spiel beim Ausstoßen des Preßteils gibt, damit es nicht beschädigt wird. Der Ausstoßer e ist in diesem Fall im Unterteil angeordnet, prinzipiell können Ausstoßer aber auch im Oberteil liegen, je nachdem, wo die Auswerfermarkierungen am Preßteil am wenigstens stören.

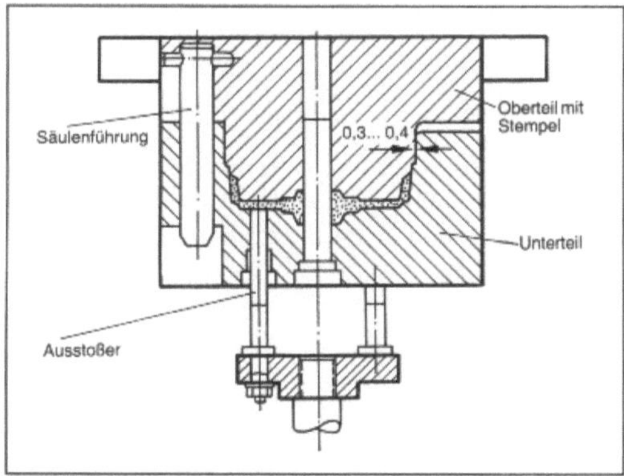

Preßform 1: Preßwerkzeug in Füllraumform.

Selbstverständlich gibt es sehr viel verwickeltere Preßwerkzeugkonstruktionen, z. B. in Backenform zum →Pressen von Teilen mit hinterschnittenen Konturen oder seitlichen Durchbrüchen, für Gewindeteile oder Werkzeuge mit Einsätzen, Beilagen und Schiebern.

Werkzeuge für das →Spritzpressen von Kunststoffen haben eine besondere Druckkammer, die über einen Einspritzkanal mit der Form bzw. den Formnestern bei einem Mehrfachwerkzeug verbunden ist. Es gibt die in der Regel zweiteiligen Werkzeuge in Ausführungen für das Spritzpressen von oben (Bild 2 a), von unten (Bild 2 b) und von der Seite (Bild 2 c). Das Spritzpressen von oben ist auf jeder normalen Kunstharzpresse mit nur einem Preßkolben möglich, während das universellere Spritzpressen von unten einen zusätzlichen Druckkolben im Pressentisch benötigt. Das Spritzpressen von der Seite erfolgt auf Winkeldruckpressen, jedoch lassen sich auch normale Pressen mit seitlich angebautem, hydraulisch betätigtem Spritzkolben verwenden.   *Doliwa*

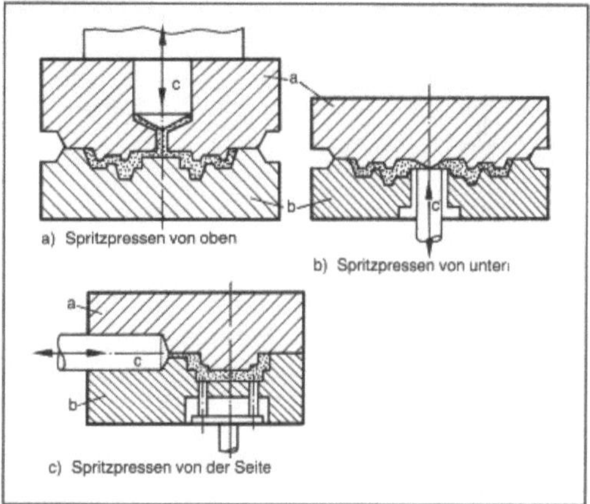

Preßform 2: Werkzeuge für das Spritzpressen von Kunststoffen.
a) Oberteil
b) Unterteil
c) Säulenführung.

Preßgießen. (auch Flüssigpressen) Im Bild wird die Herstellung von Laufbüchsen durch Flüssigpressen nach zwei Verfahrensvarianten veranschaulicht. Im Fall a wird das in die →Kokille gegossene flüssige Metall durch einen Preßstempel verdrängt; der Preßdruck bleibt während der →Erstarrung aufrechterhalten, was eine gute Gefügedichtheit bewirkt. Den Innenhohlraum bildet ein konischer Kern. Bei der Variante b wird in das in der Kokille erstarrende Metall ein Stempel mit geringem Durchmesser gedrückt. Der hohe spezifische Druck sorgt für ein gutes Ausfüllen des Formhohlraums. Gießbedingungen und Verfahrensablauf sind günstiger als bei der Methode a, jedoch muß man mit Kaltschweißen in Höhe des anfänglichen Metallspiegels rechnen.

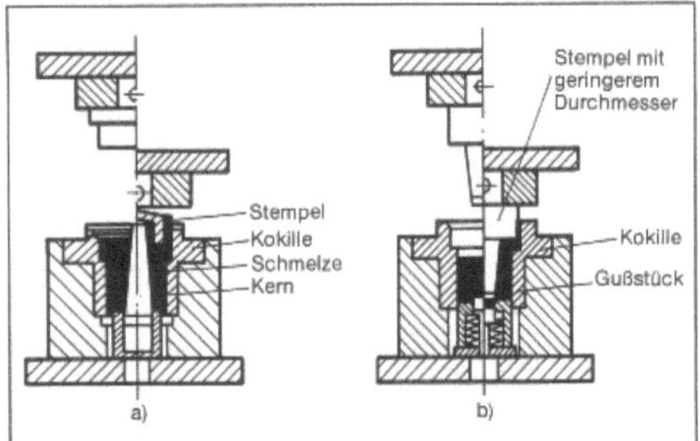

Preßgießen: Herstellung von Laufbüchsen durch P.

Die unter Druck erstarrten Gußstücke haben sehr gute mechanische Eigenschaften. Um eine gute Gußstückoberfläche zu erreichen, muß die Schmelze um mindestens 100 °C (besser 200–250 °C) überhitzt werden. Die Haltezeit unter Druck beträgt bei einem Druck von 1000 bar etwa 1 s/mm Wanddicke. Diese Technik wird vor allem bei der Herstellung von Laufbüchsen und ähnlichen, geometrisch einfachen Teilen aus Kupfer-Zink- oder Kupfer-Zinn-Legierungen angewendet. *Doliwa*

Preßmasse. In der Norm DIN 7708, Blatt 1 wird das Gebiet der Formmassen eingegrenzt. Danach versteht man unter Formmassen Rohstoffe für das spanlose Fließformen von Kunststofferzeugnissen unter Druck und Wärmeeinwirkung, während die Verarbeitungstechniken (→ Spritzgießen, Hohlkörperblasen, → Spritzpressen, → Pressen, → Strangpressen) in DIN 16 700 normativ erfaßt werden.

Durch Pressen in → Preßformen werden überwiegend härtbare duroplastische Formmassen verarbeitet, die aus → Harz und körnigen, fasrigen oder flächigen Harzträgern (früher als Füllstoffe bezeichnet), wie z. B. Holzmehl, Zellstoff, Baumwollfasern, Gesteinsmehl, Glimmer u. a. m., bestehen. Art und Form der Harzträger, die meist in hohen Anteilen (40 bis 60 Gew.-%) in der Formmasse enthalten sind, bestimmen wesentlich das Eigenschaftsbild und die Verarbeitbarkeit von solchen duroplastischen Massen. Mit zunehmender Längen- oder Flächenausdehnung der Harzträger nimmt die Kerbschlagzähigkeit der Formstoffe zu, die Fließbarkeit der Massen, ohne daß die Harzträger zerstört werden, dagegen ab.

In den Normblättern DIN 7708, Teil 2 und 3 wird eine Gruppeneinteilung nach kennzeichnenden Anwendungseigenschaften vorgenommen. Die normgemäße Bezeichnung typisierter Formmassen enthält die Typennummer und eine Angabe über die Farbe. Vom Hersteller werkseigen kontrollierte Formmassen werden durch den Buchstaben N gekennzeichnet, der bei zusätzlicher Fremdüberwachung wieder entfällt. In das Überwachungszeichen für Formmassen wird nur die Typnummer aufgenommen. Beispiel: Die Phenoplast-Formmasse, 40 % Harzanteil, nur vom Hersteller kontrolliert, Farbe braun RAL 8022, wird gekennzeichnet als: Formmasse Typ 31 N – 14 RAL 8022 DIN 7708. Für die Kennzeichnung des Werkstoffes bei Formteilen wird der Typ-Nummer ein „FS" vorgesetzt.

Anorganisch gefüllte Formstoffe haben innerhalb der den verschiedenen Kunstharzen zuzuordnenden Bereichen höhere Wärmeformbeständigkeit und Langzeit-Gebrauchstemperaturen. Außerdem verhalten sie sich gegen Feuchtigkeitseinwirkung resistenter als organisch gefüllte Formmassen.

Keramische P. werden vorwiegend zu hochfeuerfesten, korrosionsbeständigen oder verschleißfesten Erzeugnissen sowie von solchen mit besonderen elektrischen Eigenschaften (teils Isolatoren, teils in Verbindung mit Metalloxiden Supraleiter) verarbeitet. Ein weiteres Anwendungsgebiet sind Porzellanwaren für den technischen und Haushaltwarensektor. Als Stampfmassen und geformte Erzeugnisse sind Feuerfestprodukte für die Durchführung der verschiedensten industriellen Herstellungsverfahren unentbehrlich.

Aus der großen Zahl der keramischen Rohstoffe haben Aluminate, wie Tonerde (Al_2O_3) oder Aluminium-Titanat ($Al_2O_3 \cdot TiO_2$), ferner Borkarbid (B_4C, Schmelzpunkt 2450 °C), Bornitrid (BN, Schmelzpunkt 2200 °C), Siliciumkarbid (SiC), das sich erst oberhalb von 2200 °C zerlegt, sowie Mineralien, wie Silimanit für den ff. Bereich oder Vermiculit für Isolierzwecke besondere Bedeutung erlangt. Als → Bindemittel zur Herstellung von Formkörpern aus keramischen Massen verwendet man im Niedrigtemperaturbereich Kunstharze oder Wasserglas, im Hochtemperaturbereich neben Monoaluminiumphosphat u. ä. erfolgreich auch die Reaktionsbindung, z. B. von SiC mittels aus Silicium und Graphit erzeugtem β-Siliciumkarbid.

Doliwa

Preßschweißen. P. ist das Vereinigen metallischer Werkstoffe ohne Zusatzwerkstoff unter Druck bei örtlich begrenzter Erwärmung. Dazu gehören u. a. das → Widerstandsschweißen, → Reibschweißen, Lichtbogenpreßschweißen, → Ultraschallschweißen, → Diffusionsschweißen (→ Schweißverfahren). *Dorn*

Literatur: DIN 1910 Tl. 2: Schweißen; Schweißen von Metallen, Verfahren. Berlin, Köln 1977.

Preßtrocknung → Holztrocknung

Primärhärte. Bei der → Wärmebehandlung von legierten Stählen versteht man unter P. diejenige

→Härte, die der →Stahl nach dem →Abschrecken aufweist (→Anlassen, →Sekundärhärte, Wärmebehandlung der Stähle). *Kußmaul*

Literatur: *Schumann*: Metallographie. Leipzig 1974.

Probenentnahme →Abnahmeprüfung

Probenvorbereitung →Abnahmeprüfung

Produkt, feuerfestes. Neben Stampf- und Gießmassen stellt die Feuerfest-Industrie auch geformte Produkte (Steine) in den verschiedensten Formaten her. Für viele Zwecke genügen Schamottesteine, die nach ihrem Al_2O_3-Gehalt in mehrere Güteklassen unterteilt werden. Der Tonerdegehalt bestimmt die Feuerfestigkeit, die mit steigenden Al_2O_3-Anteil zunimmt (bis etwa SK 34), was eine Verwendung bis etwa 1400 °C zuläßt.

Höhere Temperaturbelastungen vertragen Silimanitsteine (SK 35–38) mit 60 bis 70 % Al_2O_3, die fast nur aus Mullit bestehen und auch gegen Angriff flüssiger, nicht allzu stark eisenoxidhaltiger Schlacken widerstandsfähig sind.

Noch temperaturfester sind Korundsteine (bis SK 42) mit einem Al_2O_3-Gehalt von 85–90 %. Diese Steine haben nicht nur einen hohen →Schmelzpunkt, sondern auch gute mechanische →Festigkeit und →Widerstandsfähigkeit gegen Schlacken und Gläser.

Silikasteine können im Gegensatz zu Schamottesteinen fast bis zum Schmelzpunkt einer Druckbelastung ausgesetzt werden und sind deshalb ein bevorzugter →Baustoff für thermisch hochbeanspruchte Ofengewölbe. Voraussetzung für eine hochwertige Qualität sind hochreine Quarzite mit SiO_2-Gehalten von 96–98 % als Rohstoff. Die Kieselsäure macht mit steigender Temperatur einige Umwandlungen durch, verbunden mit einer beträchtlichen Volumenvergrößerung, die vom Quarz bis zur Tridymitstufe etwa 17 % beträgt. Man muß deshalb Ausgangsrohstoffe und Brennprozeß so wählen, daß die Quarzumwandlung einen dem jeweiligen Verwendungszweck der Steine entsprechenden Grad erreicht. Je nach Brenntemperatur und Brenndauer ändert sich nicht nur die Dichte, sondern es treten auch charakteristische Verfärbungen der Steine ein. Steine mit hohem Umwandlungsgrad haben eine Dichte unter 2,35 g/cm³ und ein gelblich-weißes Aussehen; bei ihnen liegt das lineare Nachwachsen unter 0,5 %.

Magnesitsteine, hergestellt aus Sintermagnesit (Hauptbestandteil MgO) müssen vorsichtig gebrannt werden, weil manche Magnesite beim Brennen zum Erweichen neigen. Magnesitsteine sind sehr feuerstandfest und beständig gegen basische Schlacken. Das dichte Gefüge liefert hohe mechanische Festigkeit und Wärmeleitfähigkeit, die die von Silikasteinen weit übertrifft.

Dolomitsteine aus Sinterdolomit, einem stabilisierten Gemisch aus CaO und MgO, werden zur Auskleidung von Herden und Wänden der Schmelzöfen im Stahlwerksbetrieb eingesetzt. Wegen des Vorhandenseins von freiem CaO im Dolomitsinter ist dieser gegen Atmosphärilien nicht beständig und zerfällt schon durch Aufnahme von Kohlensäure und Wasserdampf an freier Luft. Mit Teerüberzügen und Bindung eines Teils des Oxidgemisches an SiO_2, Fe_2O_3 und Al_2O_3 konnte die Lagerbeständigkeit in Grenzen verbessert werden.

Chrommagnesitsteine können für Temperaturbeanspruchungen unter Belastung bis etwa 1680 °C eingesetzt werden und sind vor allem temperaturwechselbeständig.

Der Kohlenstoffstein ist in der chemischen Industrie als säurebeständig bekannt, wird aber auch in Elektro- und Heißwindkupolöfen, vor allem auch im Feuerfestmauerwerk der →Hochöfen eingesetzt. Kohlenstoffsteine aus aschearmem Koks und graphitiertem Anthrazit hergestellt erweichen auch bei hoher Temperatur unter gleichzeitiger Belastung nicht.

Siliciumkarbidsteine haben unter den f. P. die höchste Wärmeleitfähigkeit und vertragen unter Lasteinwirkung Temperaturen bis etwa 1700 °C. Mit der hohen Wärmeleitfähigkeit ist eine gute →Temperaturwechselbeständigkeit verbunden. In chemischer Hinsicht reagieren Siliciumkarbidsteine mit Kieselsäure auch bei höchsten Temperaturen nicht, mit sauren Schlacken und Glasschmelzen sowie mit basischen, besonders kalk- und eisenreichen Schlacken tritt jedoch schon oberhalb 1000 °C eine chemische Wechselwirkung ein.

Feuerleichtsteine und Hochtemperatur-Isoliersteine sind dadurch gekennzeichnet, daß sie neben einer guten Isolierfähigkeit auch eine ausreichende Feuerbeständigkeit aufweisen, so daß sie z. B. in Glühöfen direkt der Flammeneinwirkung ausgesetzt werden können. Während Feuerleichtsteine vorwiegend aus Schamottemassen hergestellt werden, wählt man für Hochtemperatur-Isoliersteine vor allem Mullitbildende Rohstoffe und Silikamassen. Die →Porosität wird durch Zumischung von Ausbrennstoffen, wie Sägemehl, Torfkoks, Braunkohlenabrieb, Koksgrus u. a. m. erreicht. Die Porengröße hat großen Einfluß auf das Wärmeleitvermögen. *Doliwa*

Profildichtung. P. sind vorgefertigte Dichtstoffe, die je nach Einsatzgebiet unterschiedliche Querschnittsformen aufweisen (Bild). P. können aus imprägnierten Weichschaumbändern, aus weichgemachten thermoplastischen Kunststoffen oder aus Elastomeren bestehen. *Sasse*

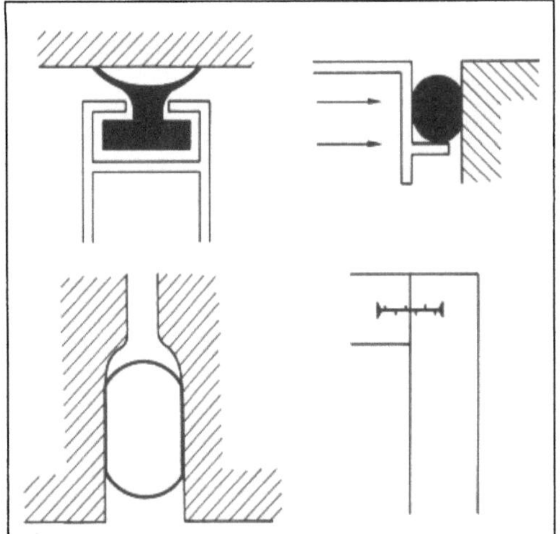

Profildichtung: Ausführungsbeispiele.

Profilrohr. P. sind → Stahlrohre in nahtloser oder geschweißter Ausführung mit quadratischem, vierkantigem, rechteckigem, ovalem, sechseckigem, dreikantigem, halbrundem, flachhalbrundem oder ellipsenförmigem Querschnittsprofil sowie mit Sonderprofil. Für P. wird manchmal auch die Bezeichnung Hohlprofile verwendet. *Baumann*

Profilstahl. Als P., manchmal auch kurz Profile genannt, werden im weiteren Sinne alle durch → Walzen, → Ziehen oder → Pressen hergestellten → Fertigerzeugnisse, außer der Gruppe der Flacherzeugnisse wie → Stahlband, → Stahlblech oder → Breitflachstahl bezeichnet. P. kann beispielsweise runde, quadratische, rechteckig flache sowie sechs- und achteckige Querschnittsformen haben. Zur Gruppe der P. gehören im engeren Sinne Fertigerzeugnisse mit H-, I-, L-, T-, U-, Z- oder Omega-förmigen Querschnitten. Auch die durch Falten von Stahlblech oder Stahlband gefertigten Profile gehören zu dieser Gruppe. *Baumann*

Profilziehen. P. gehört nach DIN 8584, Bl. 2, zu den Verfahren des Durchziehens und ist als Gleitziehen von Stäben oder Drähten durch ein Werkzeug mit einer dem zu erzeugenden Profilquerschnitt entsprechenden Austrittsöffnung zu definieren.

→ Formänderungs- und → Spannungszustand entsprechen zwar im Prinzip den Verhältnissen beim → Drahtziehen oder → Stabziehen; wegen des sehr starken Geometrieeinflusses (Bild 1) lassen sich diese auf das P. nur sehr eingeschränkt qualitativ übertragen und sind rechnerisch schwer zu erfassen. Die erzielbaren Formänderungen je Zug sind deshalb gering; sie liegen zwischen $0,1 \leq \varphi_{max} \leq 0,2$. Bei → Stahl muß nach jedem Zug geglüht und eine

→ Oberflächenbehandlung (→ Beizen, Kälken oder Phosphatieren; → Schmierstoff aufbringen) vorgenommen werden. Das Verfahren wird daher sehr aufwendig. Auch das Anspitzen der Profile vor dem → Ziehen ist schwierig und teuer.

Wesentlich für das wirtschaftliche P. ist deshalb die optimale Auslegung der Folge: → Ausgangsform, → Zwischenform, → Endform, d. h. der Zugabstufungen. Als Grundregel gilt, daß über dem Querschnitt möglichst gleichmäßige Formänderungen erzielt werden. Hierzu müssen die Ziehzugaben verhältnisgleich gegeben werden. Dadurch läßt sich sowohl die Anzahl der Ziehstufen minimieren als auch die Ziehkraft, z. B. durch Verwenden eines kleineren Ausgangsquerschnittes absenken (Bild 2). Bei vielen Profilen kann man als Ausgangsform handelsübliche Rund- oder Vierkantabmessungen verwenden; in zahlreichen anderen Fällen muß man jedoch von einem bereits warm vorgewalzten oder stranggepreßten Profil ausgehen (Bild 1). Die dadurch entstehenden hohen

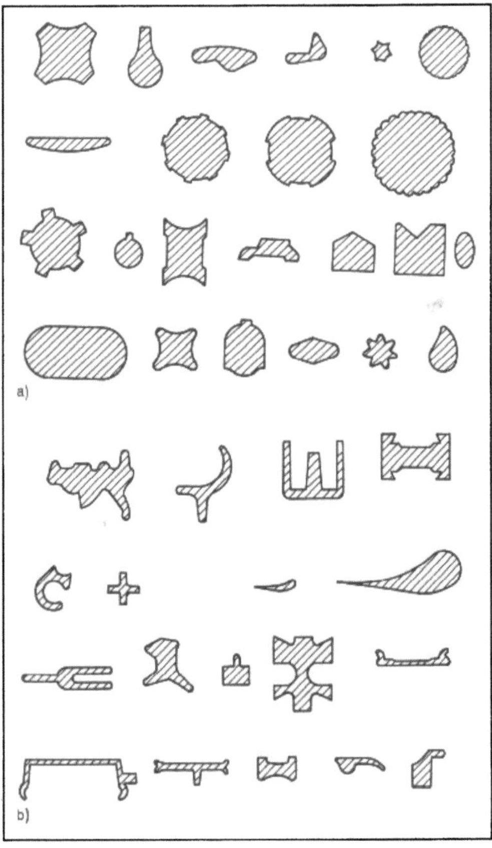

Profilziehen 1: Muster kaltgezogener Profile. (Quelle: Greulich, K.)
a) Profile, die aus Rund- und Vierkantmaterial gezogen werden können
b) Profile, die durch Walzen vorzuformen sind.

zusätzlichen Kosten erlauben eine wirtschaftliche Fertigung durch P. nur bei hohen Werkstoffkosten und/oder großen Mengen sowie bei Minimierung der Fertigbearbeitung zu einzelnen Werkstücken. Bild 3 zeigt einige Beispiele für die Zugabstufung.

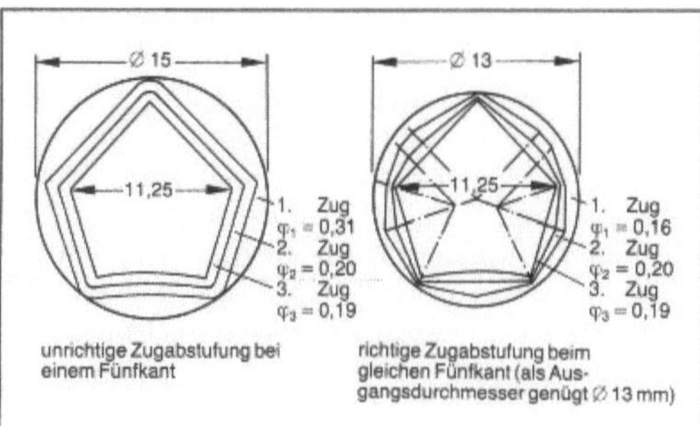

Profilziehen 2: Beispiele für Zugabenermittlungen beim Profil-Gleitziehen. (Quelle: Preußler, H.)

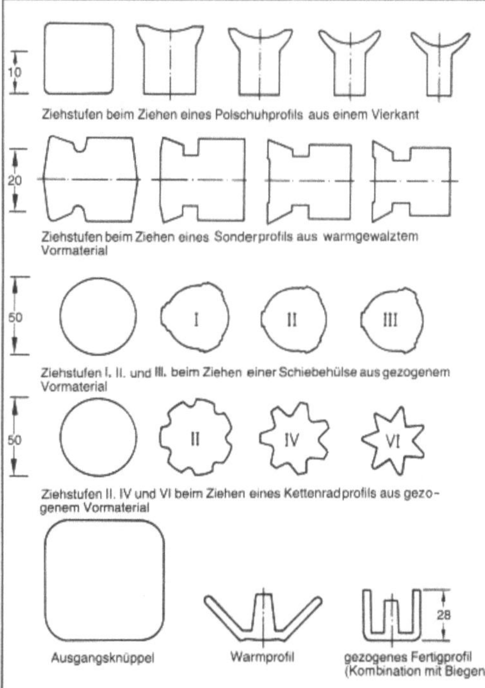

Profilziehen 3: Ziehstufen bei unterschiedlichen Profilen. (Quelle: Hahne, F. J., H. H. Domalski; Boehm, F.; Preußler, H.; Greulich, K.)

Die Maschinen für das P. entsprechen den Ziehmaschinen für das Stabziehen und das Drahtziehen (meist im Einfachzug). Die Werkzeuge werden aus legierten Werkzeugstählen einteilig (durch Senk- oder Drahterodieren) oder mehrteilig (Bild 4) hergestellt. *Lange*

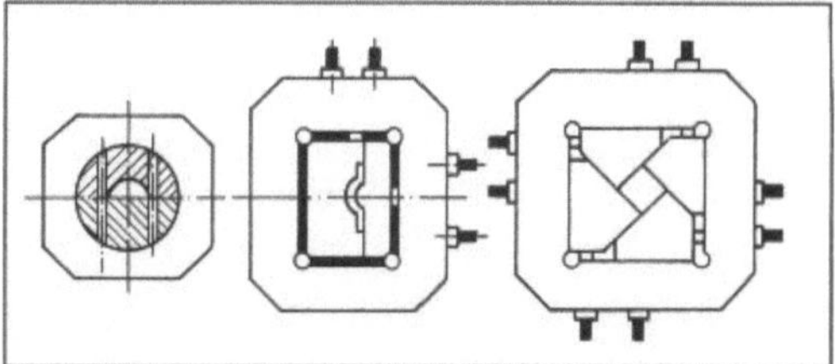

Profilziehen 4: Zusammengesetzte Ziehwerkzeuge. (Quelle: Stöferle, Th., G. Spur)

Literatur: *Boehm, F.:* Umformverfahren bei der Herstellung von gezogenen Präzisionsprofilen aus Stahl. In: VDI-Ber. 39. Düsseldorf 1959. – *Greulich, K.:* Das Ziehen von Sonderprofilen. Drahtwelt 47 (1961), S. 578/83. – *Hahne, F. J. u. H. H. Domalski:* Gezogene Profile aus Edelstahl, ihre Herstellung, Verwendung und Wirtschaftlichkeit. Blech 14 (1967). – *Lange, K.* (Hrsg.): Umformtechnik. Handb. f. Ind. u. Wiss. 2. Aufl. Bd. 2. Massivumformung. Berlin, Heidelberg, New York, Tokio 1988. – *Preußler, H.:* Das Kalibrieren von kaltgezogenen Profilen. Stahl u. Eisen 69 (1949). – *Spur, G.* (Hrsg.) u. *Th. Stöferle:* Handbuch der Fertigungstechnik. Bd. 2/2. Umformen. München 1984.

Promotor. Als P. bezeichnet man einen Stoff, der die Wasserstoffaufnahme – Absorption von atomarem → Wasserstoff – eines → metallischen Werkstoffes beschleunigt. P. sind z. B. Schwefel- und Selenwasserstoff, Schwefeldioxid, Kohlenmonoxid, Blausäure, Rhodanid sowie eine Reihe von Wasserstoffverbindungen mit Phosphor, Arsen, Antimon und Tellur (→ Spannungsrißkorrosion, wasserstoffinduzierte).

Im Unterschied hierzu, werden Stoffe, welche die Metallauflösung beschleunigen, als Stimulatoren bezeichnet. *Wendler-Kalsch*

Proportionalitätsgrenze → Spannungs-Dehnungs-Diagramm

Prozeß, thermisch-aktivierter. Vorgänge unter dem Einfluß von Temperatur, die zur Bewegung der Atome im Kristallgitter führen, sind thermisch aktiviert. Aufgrund thermischer Anregung (Temperaturerhöhung), aber auch durch → Bestrahlung oder durch → Verformung, entstehen atomare Platzwechsel in Metallen.

Alle Zustandsänderungen in Festkörpern laufen so ab, um dessen freie Energie herabzusetzen und dadurch den energieärmsten, den stabilen Zustand herbeizuführen (Bild). Platzwechselvorgänge von Teilchen (Atome, Moleküle, Leerstellen) infolge thermischer Einwirkung lassen sich durch die Gleichung von *Arrhenius* beschreiben:

$$\frac{dV}{dt} = K \cdot \exp \left(- \frac{Q}{R \cdot T} \right) \text{ oder}$$

$$\ln \frac{dV}{dt} = \ln K - \frac{Q}{R \cdot T}$$

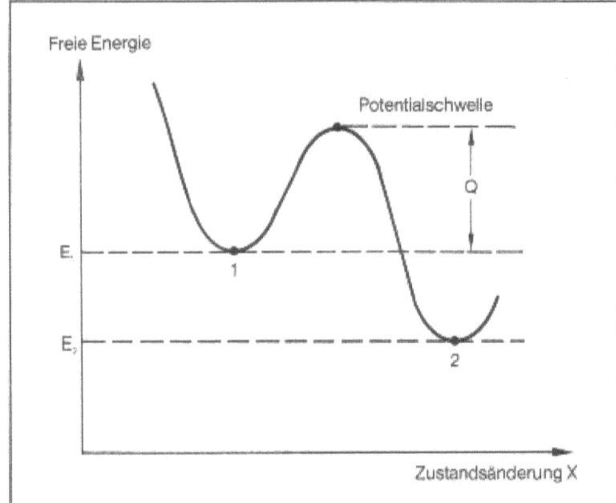

Prozeß, thermisch-aktivierter: Energieverlauf während einer Zustandsänderung.
1) metastabiler Ausgangszustand,
2) stabiler Endzustand,
Q) Aktivierungsenergie der Zustandsänderung,
X) Zustandsänderung, z. B. Atomabstand

$$\frac{dV}{dt} = \text{Reaktionsgeschwindigkeit}$$
(z. B. Geschwindigkeit des Platzwechsels)

dV = aktiviertes Volumen
K = Konstante (Werkstoffabhängig)
Q = Aktivierungsenergie (Werkstoffabhängig)
R = Gaskonstante
T = absolute Temperatur

Nach dieser Gleichung läßt sich die Aktivierungsenergie aus der Steigung der Geraden

$$-\frac{Q}{R} = \frac{\Delta \ln \frac{dV}{dt}}{\Delta \frac{1}{T}}$$

bei logarithmischer Auftragung ermitteln.

Die Zustandsänderungen sind jedoch keine stufenlosen Prozesse, sondern laufen in Stufen mit kleiner werdender Energie ab, z. B. Ausscheidungsvorgänge über die Stufen → Entmischung des Mischkristalls, → Keimbildung und Teilchenwachstum. Die Reaktionsgeschwindigkeit nimmt mit zunehmender Temperatur zu, und sie ist Null beim absoluten Nullpunkt $\left(\frac{dV}{dt} = 0\right)$.

Aus der Bestimmung der → Aktivierungsenergie kann auf die Art der den Zustandsänderungen zugrunde liegenden atomaren Vorgänge geschlossen werden, da unterschiedliche Aktivierungsenergien für die Bewegung von Leerstellen, Zwischengitteratomen oder Versetzungen benötigt werden.

Technisch bedeutend sind folgende, t.-a. P.:
– Diffusion (Konzentrationsausgleich durch atomaren Platzwechsel)
– Kristallerholung und → Rekristallisation von verformten Metallen
– Kriechvorgänge in Metallen bei höheren Temperaturen (→ Zeitstandfestigkeit)
– Sintervorgänge (unter Druck und Temperatur)
– Nachhärtung von Duromeren.   *Heller*

Prozeß-Analyse. Unter dem Begriff P.-A. werden diejenigen Verfahren und Methoden zusammengefaßt, die der Untersuchung von Umformvorgängen oder der Ermittlung des Einflusses einzelner Parameter auf den Umformvorgang und die damit hergestellten Werkstücke dienen. Von der Vorgehensweise müssen dabei grundsätzlich drei Gruppen von Verfahren zur P.-A. unterschieden werden: Die rein theoretischen Verfahren (Bild 1), die auf den Modellen und Überlegungen der → Plastizitätstheorie aufbauen, die experimentellen Verfahren und die gekoppelten experimentell-theoretischen Verfahren, wie z. B. die Methode der Visioplastizität oder die → Formänderungsanalyse, bei denen von Experimenten ausgegangen wird, die an Modellen oder am realen Vorgang oder Werkstück durchgeführt werden können. Ein Teilgebiet der theoretischen P.-A., das immer größere Bedeutung gewinnt, ist die rechnergestützte Prozeßsimulation (→ Finite-Elemente-Methode). Im Gegensatz zur experimentellen Analyse können die Vorgänge hierbei ohne Vorhandensein von Werkzeugen, Maschinen o. ä. ausschließlich auf dem Rechner simuliert werden. Zur Umsetzung von physikalischen Problemen in mathematische Modelle kann dennoch nicht auf die physikalische (experimentelle) Analyse verzichtet werden.

Neben dem Hauptziel der P.-A., der Schaffung von Grundlagen zum besseren Verständnis von Vorgängen oder Mechanismen, sei es durch Parameterstudien o. ä., hat die physikalische Analyse zusätzlich folgende Aufgaben:
– Finden von Ideen für neue Theorien, Modelle oder Hypothesen;
– Überprüfung von Theorien;
– Bereitstellung von Kennwerten für die theoretische Analyse.

Ein wichtiges Standbein der P.-A. sind die Modelluntersuchungen für
– Werkstoffe,
– Verfahren und
– Maschinen,
bei denen mit Hilfe der Gesetze der Ähnlichkeitstheorie vom → Modell auf den realen Vorgang geschlossen wird (Bild 2). Für das Gebiet der Umformtechnik sind dabei die Verfahren zum Bestimmen von Werkstoffkennwerten, die sämtlich Modellcharakter besitzen, gemeinsam mit den Modellversuchen zum Ermitteln von Randbedingungen an

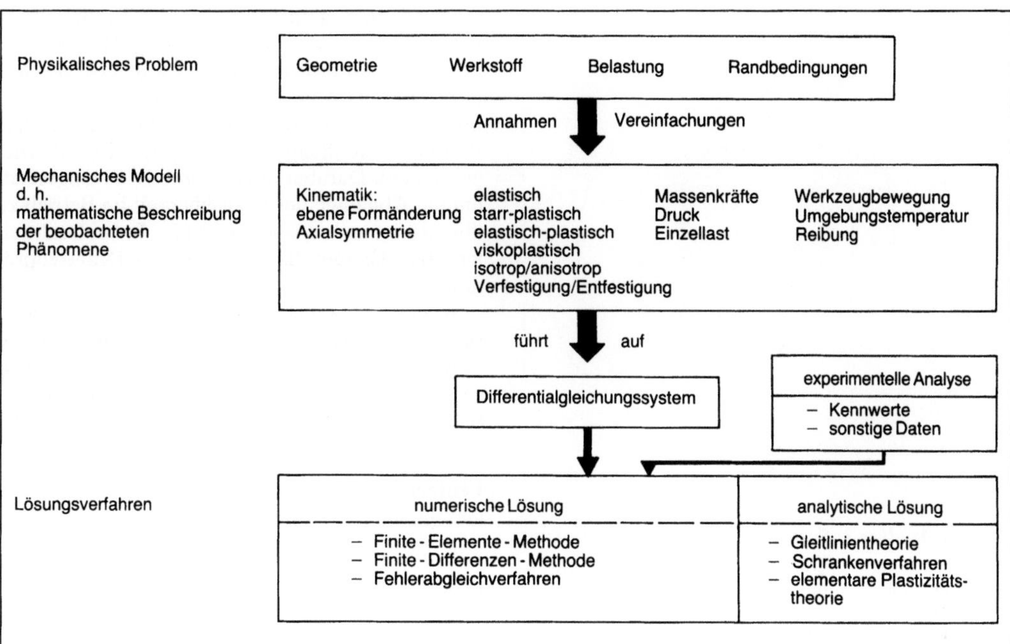

Prozeß-Analyse 1: Vorgehensweise bei der theoretischen P.-A.

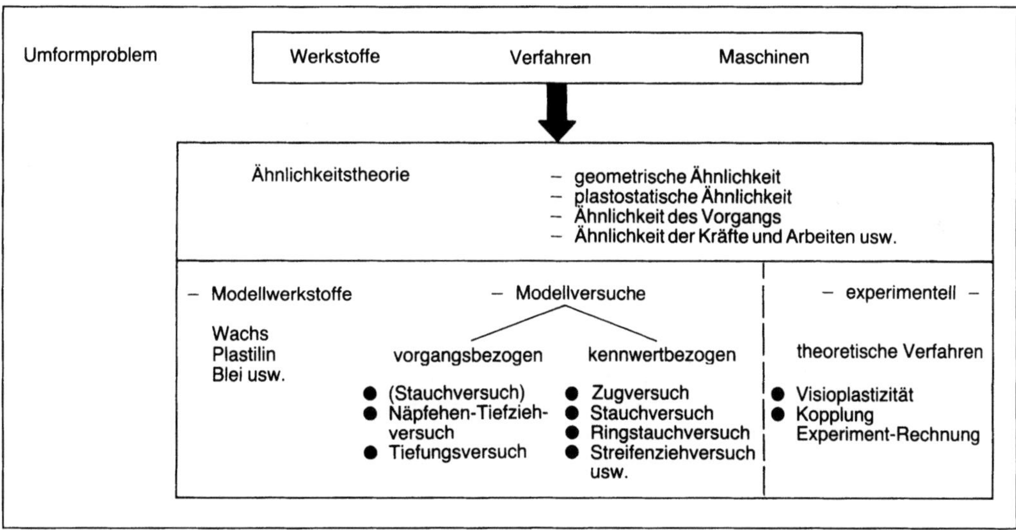

Prozeß-Analyse 2: Methoden und Verfahren der experimentellen P.-A.

Kontaktflächen (z. B. → Reibung) von besonderer Bedeutung. An Hand der in Bild 3 dargestellten Prinzipskizze zur systematischen Betrachtung von Umformvorgängen läßt sich ableiten, daß sich eine umfassende P.-A. nicht auf das Messen oder Ermitteln mechanischer und thermischer Größen beschränken darf, sondern auch chemische und metallkundliche Aspekte berücksichtigen muß. Nur dann sind Aussagen über

– die Art und Ausführung der Vorbehandlung (z. B. Aufbringen der → Schmierstoffträgerschicht in der → Massivumformung),
– die Werkstoffkennwerte vor und nach der → Umformung und
– das → Gefüge vor und nach der Umformung möglich.

Nur durch Berücksichtigung aller wirkenden Einflußgrößen sind die Ziele der P.-A., nämlich die

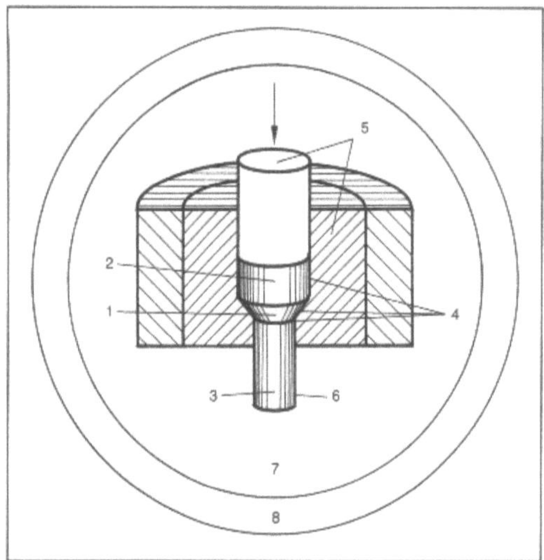

Prozeß-Analyse 3: System zur Betrachtung von Umformvorgängen. (Quelle: Backofen, Gebhardt, Kienzle, Lange, Schey).

1 Umformzone, 2 Stoffeigenschaften vor dem Umformen, 3 Stoffeigenschaften nach dem Umformen, 4 Wirkfuge zwischen Werkstück und Werkzeug, 5 Umformwerkzeug, 6 Oberflächenreaktionen zwischen Werkstück und umgebender Atmosphäre, 7 Werkzeugmaschine, 8 Betrieb

systematische Verbesserung der Produktqualität und die Erhöhung der Produktionssicherheit, erreichbar.   *Lange*

Literatur: *Boër, C. R.,* et al: Process Modelling of Metal Forming and Thermomechanical Treatment. Berlin, Heidelberg, New York, Tokio 1986. – *Wanheim, T.,* et al: The Physical Modelling of Plastic Working Processes. In: Advanced Technology of Plasticity. Bd. 2. Proc. 1st Int. Conf. on Technology of Plasticity. Tokio 1984.

Prüffrequenz → Dauerschwingversuch

Prüfung, technologische. Prüfungen, mit Hilfe derer die Verwendbarkeit und Eignung von Werkstoffen unter besonderen, in der Regel am Anwendungszweck orientierten, Bedingungen ermittelt wird. Die Prüfergebnisse werden vorwiegend zur Beurteilung der → Zähigkeit des Werkstoffs unter einer spezifischen Beanspruchung herangezogen und daraus Schlüsse auf die Einsetzbarkeit abgeleitet.

T. P. stellen wohl die ältesten Brauchbarkeitsprüfungen und somit den Beginn der → Werkstoffprüfung überhaupt dar. Ausgehend von einfachen Formen wie z. B. Hin- und Herbiegen eines Drahtes von Hand, wurden sie nach und nach durch Verwendung von Vorrichtungen standardisiert und immer mehr optimiert. Sie stellen die Grundlage für Regelwerke dar und kommen in ihrer am weitesten entwickelten Form automatisiert zum Einsatz. Ihre

Anwendung beginnt z. B. bei der Erschmelzung von Stahl bei einer Temperatur von 700–1100 °C in Form der Rotbruchprobe (→ Biegeversuch). Mit ihrer Hilfe wird im Zuge der Fertigung weitergeprüft (z. B. → Faltversuch) und auch das fertige Produkt anwendungsorientiert getestet (z. B. Biegeversuch). Darüberhinaus werden t. P. eingesetzt, um die Abnahme der Brauchbarkeit im Betrieb zu überprüfen und zu überwachen (z. B. bei Drahtseilen für Hauptseilfahrtanlagen, → Drahtseilprüfung).

Weitere gebräuchliche t. P. sind → Aufweitversuch, → Alterungsversuch, → Druckversuch, → Kerbschlagbiegeversuch, → Lochversuch, → Scherversuch, → Schlagversuch, → Tiefungsversuch und Zerspanungsprüfung.   *Kußmaul*

Prüfzeichen. → Normenkonformität; → Deutsche Gesellschaft für Warenkennzeichnung (DGWK).

Pseudoelastizität → Formgedächtnis-Legierung

Pulsator. Oft allgemein für Dauerschwingprüfmaschinen gebrauchte Bezeichnung, im besonderen Antriebsaggregat für ölhydraulisch betriebene Dauerschwingprüfmaschinen mit mittelbarem Federkraftantrieb. Weiter verbreitet sind folgende Typen:

□ Bauart *Amsler* (ältere Ausführung): Ein stufenlos verstellbarer Hub wird dadurch erreicht, daß zwei P.-Zylinder gegeneinander phasenverschiebbar gemacht wurden. Die Pleuel beider Kolben laufen auf dem gleichen Kurbelzapfen, der eine Zylinder ist um die Achse schwenkbar.

Unterlast und Oberlast werden mit zwei federbelasteten Meßkolben festgestellt. Es ist damit die Messung dynamischer Kräfte auf die Messung statischer Kräfte zurückgeführt.

□ Beim *MAN*-P. wird, im Gegensatz zur Amsler-Ausführung der Antrieb der beiden P.-Kolben von zwei Kurbelzapfen abgeleitet, die durch ein Differentialgetriebe gegeneinander verdreht werden können; die Arbeitszylinder sind nicht schwenkbar.

□ Bauart *Amsler* (neuere Ausführung). Der P.-Kolben ist mit einem Gelenkviereck in Verbindung, dessen Schwingenlagerpunkt mit einem Zahnsegment verlegt wird.

Meßeinrichtung, Prüfmaschine und Öldruckpumpe sind entsprechend Bild 1 sinngemäß angeordnet. Die Probe wird je nach Einspannung einer schwellenden Zug-, Druck- oder Biegebeanspruchung ausgesetzt.

□ Bauart *Losenhausen:*
– Schwellende Belastung. Der P.-Kolben wird durch eine Schwinge betätigt (Bild 1, ohne Öldruck

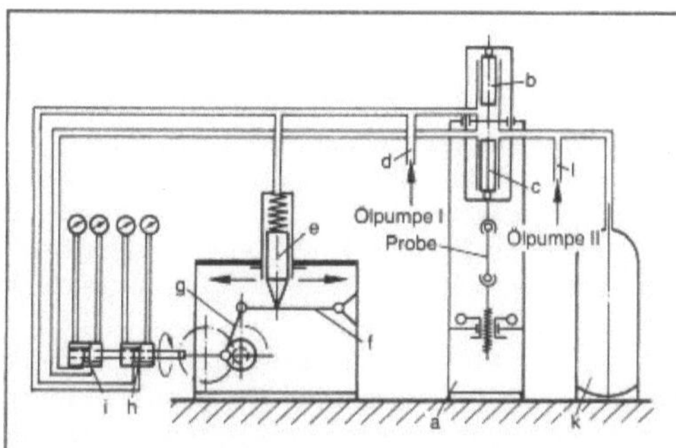

Pulsator 1: P., Bauart Losenhausen, für Wechsellast (Höchstdruck 200 at Überdruck, Prüffrequenz max. 1000 Lastspiele/min, Pulsatorhubvolumen bis 800 cm³).

a) Prüfmaschinenrahmen, b) Zug-Kolben, c) Druckkolben, d) Druckleitung von Ölpumpe I, e) Pulsatorkolben, f) Schwinge, g) Pleuelstange der Antriebskurbelwelle, h) Drehschieber mit Maximum- und Minimummanometer für Zugzylinder, i) Drehschieber und Manometer für Druckzylinder, k) Ausgleichsbehälter (Ölgegenfeder), l) Druckleitung von Ölpumpe II

II zu denken), entlang deren er mechanisch verstellbar ist. Damit ist ein bestimmter Hub und damit ein bestimmtes Ölfördervolumen gegeben. Zur Messung der Oberlast und Unterlast sind zwei Manometer angeordnet, die über einen synchron mit der Kurbelwelle umlaufenden Drehschieber im Zeitpunkt des Druckmaximums bzw. -minimums mit dem Arbeitszylinder der Prüfmaschine verbunden werden. Die Oberlast wird über Steuerkontakte am Maximummanometer durch eine magnetisch gesteuerte Kolbenpumpe mit veränderlicher Fördermenge konstant gehalten, die Unterlast durch Verstellen des P.-Kolbens auf der Schwinge (Änderung des Ölfördervolumens) eingestellt.

Durch den maximalen P.-Kolbenhub ist, wie bei allen hydraulischen P., der größtmögliche Verformungsweg bei sehr nachgiebigen Proben begrenzt; ein Teil des P.-Ölfördervolumens geht immer durch die elastische Verformungen in den Ölleitungen und in der Prüfmaschine für die → Verformung der Probe verloren.

– Wechselnde Belastung (Bild 1). Zur Durchführung von Wechselversuchen (z. B. Zug-Druck-Schwingbeanspruchung) auf hydraulischem Weg muß die Prüfmaschine zwei unabhängige Lastkolben besitzen. Am Zugkolben ist wieder die oben beschriebene P.-Anlage für schwellende Belastung angeschlossen. Der Druckkolben steht mit dem Ausgleichsbehälter und der Ölpumpe II in Verbindung. Durch Überlagerung der Zugschwellbelastung mit der statischen Druckbelastung wird auf die Probe eine Wechselbelastung ausgeübt. Die Lastgrenzen werden über zwei Drehschieber an den Manometern angezeigt.

Bei der schnellaufenden Ausführung wird die Ölfeder durch eine mechanische Feder ersetzt.

□ Schwingrohr-P., Bauart *Amsler* (Bild 2). Die Konstruktion versucht die angeführten Mängel des hydraulischen, mittelbaren Federkraftantriebes bei der Schwingungsprüfung großer Bauteile durch hydraulischen Resonanzbetrieb zu beseitigen. Ein hydraulischer P. normaler Bauart regt das Schwingsystem, bestehend aus Schwingrohr, Preßtopf und Probe, zu Resonanzschwingungen an. Zur Abstimmung wird neben der Frequenz auch die Länge des als Antriebsfeder c_2 wirksamen Schwingrohres und die mitschwingende Ölmasse variiert. Eine elektronische Steuerung regelt die Drehzahl des P.-Motors in den Resonanzscheitel (hydraulische Rückkoppe-

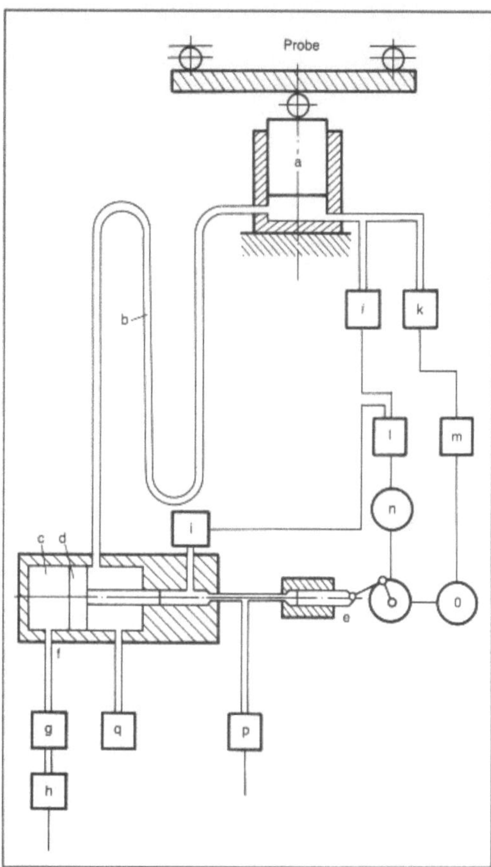

Pulsator 2: Schematische Darstellung der Wirkungsweise des Schwingrohrpulsators, Bauart Amsler (Prüffrequenz bis 1000 L/min).

a) Preßtopf, b) Schwingrohr, c) Umformerzylinder, d) Doppelkolben, e) Erregerpulsator, f) Akkumulatorraum, g) Druckhalter, h) Kompressor, i) Phasenindikatoren, k) Druckindikator, l) Verstärker für Drehzahlregulierung, m) Verstärker für Ausschwenkung, n) Antriebsmotor, o) Hilfsmotor, p) Druckregiervorrichtung, q) Nachfüllvorrichtung (nach Amsler)

lung), Regeleinrichtungen mit Druckindikatoren halten die Druckamplitude konstant. Gegenüber normalen P. wird durch hydraulische Resonanzwirkung eine Vervielfachung des P.-Hubvolumens und eine Drucksteigerung bei kleiner Antriebsleistung erreicht. *Kußmaul*

Pulveraufkohlen → Aufkohlen

Pulverborieren → Borieren

Pulverflammspritzen → Flammspritzen

Pulvermetallurgie. Oberbegriff für eine Verfahrenstechnik zur Herstellung von Fertigteilen aus pulverförmigen Materialien, die in Formen gepreßt und anschließend bei Temperaturen unterhalb des Schmelzpunktes gesintert werden. Der gesamte Verfahrensablauf besteht aus drei Stufen: Pulvererzeugung, Formpreßtechnik, Sintertechnik.

Die wichtigsten Verfahren zur Herstellung geeigneter Pulver sind:

□ Thermische Zersetzung von flüssigen Carbonylen. Hiernach lassen sich Eisen- und Nickelpulver großer Reinheit im Korngrenzenspektrum von 2 bis 10 μm herstellen (BASF-Prozeß).

□ Elektrolyse von Metallsalzlösungen nach *Husqvarna,* vornehmlich geeignet zur Erzeugung von Kupfer- aber auch von Eisenpulver.

□ Verdüsen von geschmolzenen Stoffen im Wasser-, Dampf- oder Preßluftstrom. Das hier einzuordnende Mannesmann-RZ-Verfahren eignet sich zur Herstellung von Eisen-, NE-Metall- und anderen Legierungspulvern für die Sintertechnik.

□ Reduktionsverfahren. Hierbei werden pulvrige Metalloxide vorwiegend durch → Wasserstoff reduziert. Mit dieser Technik werden Wolfram- und Molybdänpulver, aber auch Eisenpulver hergestellt. Die Reinheit des Ausgangsstoffs ist maßgebend für die Qualität des Pulvers (Hoeganaes- und Pyron-Prozeß).

□ Mechanische Zerkleinerung, meist durchgeführt mit Schlagkreuzmühlen (Hametag-Verfahren).

Die Verdichtung der Pulver erfolgt durch → Pressen. Die angewandte Preßtechnik ist ausschlaggebend für die Brauchbarkeit der Preßteile, weil hier berücksichtigt werden muß, daß die Pulver im aufgeschütteten Zustand ein größeres Volumen als im verdichteten haben und die Druckfortpflanzung in einem Preßkörper nicht den Gesetzen der Hydrostatik folgt. Wird z. B. das in eine Matrize eingefüllte Eisenpulver einseitig gepreßt, so entsteht wegen der innerhalb des Körpers unterschiedlichen Reibungsverluste ein Preßteil mit ebenfalls unterschiedlicher Dichte, wobei die dem Stempel zugekehrte Fläche die größte Dichte aufweist. Doppelseitiges Pressen verbessert die Gleichmäßigkeit. Das Ausformen des gepreßten Teils erfolgt entwe-

der durch Ausstoßen (hier wirkt der Unterstempel gleichzeitig als Auswerferstößel) oder durch Abziehen (hier ruht der Preßling nach dem Hochfahren des Oberstempels auf dem oder den Unterstempel(n). Die Abziehtechnik erfordert meist einen etwas aufwendigeren Werkzeugbau, man vermeidet aber beim Abziehen → Rißbildung oder gar Bruch im Preßling, wie infolge der Stoßbeanspruchung beim Ausstoßen möglich.

Nach dem Pressen müssen die Preßlinge gesintert werden, d. h. sie werden bei Temperaturen unterhalb des Schmelzpunktes des Grundpulvers geglüht, wobei es zu einer → Verfestigung des Preßlings infolge örtlichen, punktförmigen Zusammenbackens der einzelnen Teilchen kommt. An diesem Vorgang sind auch Diffusionsmechanismen beteiligt.

Der Sinterprozeß muß in der Regel in zwei Stufen erfolgen. Im ersten Abschnitt werden die Preßlinge bei etwa 500 °C geglüht, um die das Pressen erleichternden Mittel (z. B. Zinkstearat) auszutreiben. Kann man die Qualitätsanforderungen an das fertige Sinterteil bereits durch Einmalpressen erfüllen, so wird anschließend der Preßling auf eine vom Pulverwerkstoff abhängige Temperatur (bei Eisen z. B. 1200 °C) etwa eine Stunde lang gesintert. Wird das Doppelpreßverfahren angewendet, muß man nach dem Vorpressen bei etwa 4 Mp/cm^2 wenigstens 30 min bei 1000 °C vorsintern und, wenn mit 6 Mp/cm^2 nachgepreßt ist, bei 1200 °C nachsintern. Zum Schutz der Sinterteile und auch der empfindlichen Heizleiter der elektrischen Glühöfen wird in → Schutzgas (Wasserstoff, Ammoniak, Spaltgas, teilverbranntes Leuchtgas) geglüht.

Werkstoffseitig ist zu beachten, daß sich einsatzfähige Sinterteile fast ausschließlich nur aus oxidfreien Pulvern herstellen lassen. Daher fallen Metalle, deren Oxide sich mittels Wasserstoff nicht reduzieren lassen, für die Herstellung industriell verwertbarer Sinterteile größtenteils aus.

Zu den wichtigsten Nachbehandlungstechniken zwecks Verbesserung bestimmter Eigenschaften von Sinterteilen zählen das Infiltrieren, das Imprägnieren und das Oxidieren.

Infiltrieren ist ein Tränken poröser Sinterkörper mit Buntmetall (Kupfer, Messing), wodurch wasser-, öl- und sogar luftdichte Teile hergestellt werden können. Um die Tränkkörper wird eine entsprechend dem Porenvolumen angepaßte kleine Menge Buntmetall gelegt, das beim → Sintern schmilzt und in die Poren eindringt. Auf diese Weise sind Zugfestigkeiten bis 700 N/mm^2 erreichbar.

Beim Imprägnieren füllt man die Poren mit Öl, Paraffin, Kunstharzlösungen, Lacken oder Phosphaten. Hierdurch bekommen z. B. Sinterlager eine bessere Schmierfähigkeit mit Dauereffekt und allgemein wird der → Korrosionsschutz erhöht.

Künstliche Oxidation wird durch Behandeln der

fertigen Sinterteile nach Erwärmen auf etwa 500 °C mit Wasserdampf vorgenommen. Dabei bildet sich an der → Oberfläche und im oberflächennahen Porenraum eine dichte und harte → Oxidschicht aus Fe_2O_3, so daß diese Teile besonders verschleißfest sind.

Sinterteile aus → metallischen Werkstoffen haben vielfach Eigenschaften, die sich auf andere Weise nicht erzeugen lassen. Deshalb ist ihre Anwendungspalette auch besonders groß, und es bestehen Einsatzmöglichkeiten in allen Bereichen der Technik. Neuerdings wird mit pulvermetallurgischen Methoden auch in der Hochleistungskeramik gearbeitet, hier entweder mit nichtmetallischen Pulvern oder auch Gemischen aus keramischen und metallischen Komponenten. *Doliwa*

Pulvernitrieren → Nitrieren

Punktdefekt → Gitterfehlstelle; → Kristallbaufehler

Punktnaht → Schweißnahtform

Punktschweißen. Das P. zählt zu der Gruppe der Preßschweißverfahren. Als Wärmequelle dient die infolge direkter Stromübertragung im Werkstück entstehende Widerstandswärme. Die erzeugte Wärmemenge ergibt sich nach dem Jouleschen Gesetz zu $Q = I^2Rt$. Das Bild gibt die Anordnung beim P. wieder. Zwei flächig aufeinanderliegende Werkstücke (überlappende Schweißung) werden durch zwei gegenüberliegende Elektroden aus kaltverfestigtem Reinkupfer oder → Kupferlegierungen (z. B. Cu-Be, Cu-Cr-Zr, Cu-Ag, Cu-Cd, Cu-W) oder hochschmelzenden → Metallen (Wolfram, Molybdän) aufeinandergedrückt. Ein Schweißstrom, Wechsel- oder Gleichstrom hoher Stromstärke (viele kA) und niedriger Spannung (wenige V) erwärmt die zu verbindenden Teile auf Schweißtemperatur. Durch die bewegliche obere → Elektrode wird eine Stauchkraft (mehrere kN) ausgeübt und so eine linsenförmige Schmelzzone an der Verbindungsstelle erzielt. Das Verfahren eignet sich insbesondere zum Verbinden von → Blechen aus niedriglegiertem und hochlegiertem Stahl sowie aus vielen NE-Metallen. Je geringer der elektrische Widerstand der zu verbinenden Bleche ist, desto höher muß die Leistung der P.-Anlagen sein. Daher erfordert z. B. das → Schweißen von → Aluminium bei gleicher Blechdicke nahezu doppelt so hohe Schweißströme wie Stahl. Die Elektrodenform kann flach (geringer Oberflächeneindruck, einfache Herstellung) oder ballig (bessere Stromübertragung beim Vorliegen nichtleitender Fremdschichten an der Werkstückoberfläche, z. B. Leichtmetalle) sein. Da die wassergekühlte Elektrode durch die hohe mechanische und thermische Belastung an ih-

rer Arbeitsfläche mehr oder minder starkem → Verschleiß unterworfen ist, werden auswechselbare Elektrodenkappen bzw. Elektroden verwendet (→ Schweißverfahren). *Dorn*

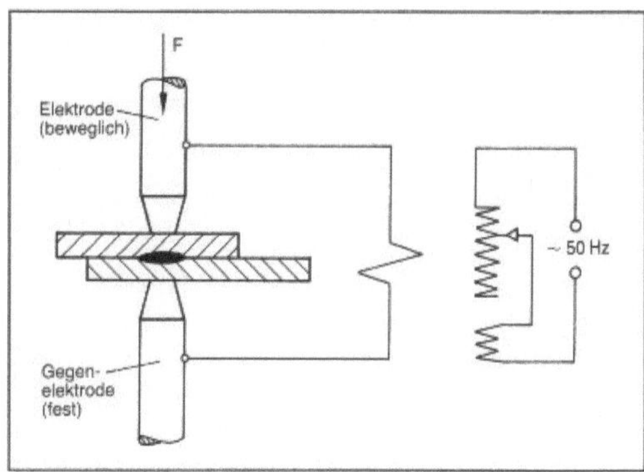

Punktschweißen: Schema einer Anlage.

Literatur: *Dorn, L.:* Widerstandspreßschweißen, Handbuch der Fertigungstechnik, Bd 5 Handhaben. Fügen, Montieren G. Spur (Hrsg.) München 1986.

Purofer-Verfahren. In Oberhausen wurde ein → Direktreduktionsverfahren entwickelt, das sich durch einfachen Aufbau und optimale Gasausnutzung auszeichnet. Entscheidend hierfür sind die Verwendung eines Schachtofens für die → Reduktion nach dem Gegenstromprinzip für Erze und Gase sowie die Umsetzung von den im Erdgas oder Koksofengas enthaltenen Kohlenwasserstoffen zu Wasserstoff und Kohlenmonoxid sowie die Überführung des gebildeten heißen Reduktionsgases von einem Gasumsetzer in den Schachtofen „in einer Hitze".

Zu einer Purofer-Anlage gehören ein Schachtofen und zwei Gasumsetzer (Bild). In einem Gasumsetzer wird mit Hilfe eines auf 1 000 °C erhitzten Katalysators Erdgas oder auch Koksofengas unter Zusatz von Wind oder anderen sauerstoffhaltigen Gasen umgesetzt, wobei ein Gas aus Wasserstoff, Kohlenmonoxid und Stickstoff mit einer Temperatur von etwa 1 000 °C entsteht. Dieses Gas wird in den Schachtofen geführt, reduziert hier die eingebrachten Stückerze (auch Pellets oder Sinter) und heizt sich zugleich auf Reduktionstemperatur auf. Die Verwendung eines Gegenstromreaktors in Form eines Schachtofens sichert die höchstmögliche chemische oder physikalische Gasnutzung. Das im Reduktionsschacht aufsteigende Gas wird an der → Gicht des Ofens abgeführt und nach Reinigung und Kühlung (Wasserdampfabscheidung) im wesentlichen zur Beheizung des anderen Gasumsetzers verwendet. Weil für die Bildung des erforderlichen Reduktionsgases Wärme verbraucht wird, werden die beiden Gasumsetzer nach dem Regeneratorprinzip abwechselnd aufgeheizt und auf Gaserzeugung geschaltet. Der bei der Reduktion anfal-

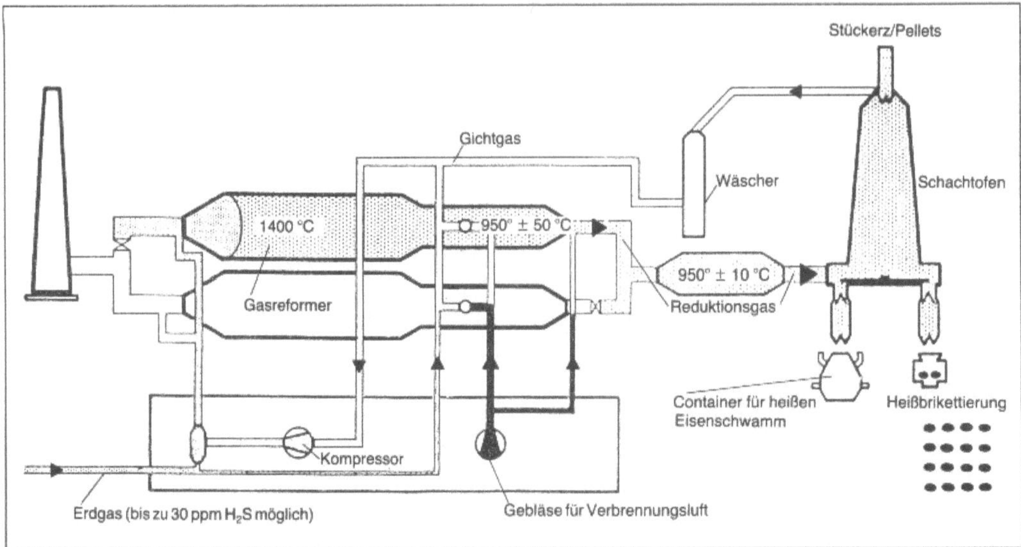

Purofer-Verfahren: Aufbau einer nach dem P.-V. arbeitenden Direktreduktionsanlage.

lende →Eisenschwamm wird im unteren Teil des Schachtofens mit einem Gehalt von mehr als 90 % Fe bei einem Reduktionsgrad bis 95 % abgezogen. Der Eisenschwamm hat etwa die gleiche Stückgrößenverteilung wie das eingesetzte Erz.

Baumann

Literatur: Direktreduktion von Eisenerz. 4. Aufl. Düsseldorf 1976.

Putz- und Mauerbinder. P. u. M. (PM-Binder) nach DIN 4211 ist ein feingemahlenes, mineralisches, hydraulisches →Bindemittel für Putz- und Mauermörtel (→Mörtel). Es besteht aus →Zement und Gesteinsmehl und enthält oft noch Kalkhydrat und Zusätze zur Verbesserung der Verarbeitbarkeit und des Wasserrückhaltevermögens. Seine →Festigkeit entspricht der eines hochhydraulischen Kalkes (→Baukalk). *Wesche*

Putzfestiger →Grundierung

Puzzolan. P. sind kieselsäurehaltige oder kieselsäure- und tonerdehaltige, natürliche oder künstliche Stoffe ohne selbständiges Bindevermögen, die zusammen mit Wasser und Kalk wasserunlösliche Verbindungen mit zementartigen Eigenschaften bilden. Der Name P. kommt von Pozzuoli (*lat.* Puteoli), einer Stadt am Vesuv. Natürliche P. sind entweder in geologischen Zeiträumen entstandene Umwandlungsprodukte vulkanischer Auswurfmassen bzw. erhärteter Lavaschlammströme, z. B. Traß (Eifel, Bayern, Steiermark), Phonolit und Lava (Eifel), Santorinerde (Thira), Puzzolanerde (Italien), oder Ablagerungen hydraulischer Kiesel-

säureverbindungen organischen Ursprungs (Sedimentpuzzolane, z. B. Kieselgur, Diatomeenerde, Molererde). Vorwiegend verwendet man heute jedoch künstliche P., die entweder als industrielle Nebenprodukte anfallen (Flugasche, Silicastaub) oder durch thermische Behandlung (getempertes Gesteinsmehl) gewonnen werden. Flugasche (FA) ist ein weitgehend verglaster, mineralischer Staub, der überwiegend aus den nicht brennbaren Bestandteilen von Steinkohlen oder Hartbraunkohlen besteht und als Verbrennungsrückstand von Elektrofiltern der Kohlekraftwerke abgezogen wird. Silicastaub (SF, Silica fume) ist ein weitgehend amorpher, mineralischer Staub, der beim Schmelzen von (Ferro-)Silicium-Legierungen entsteht. *Wesche*

PVC →Polyvinylchlorid

PVC-Lackfarbe. Rasch trocknender, einkomponentiger →Anstrich mit guter chemischer Beständigkeit und mittlerer Witterungsbeständigkeit.

Sasse

PVD (*engl.* Physical Vapour Deposition) →Abscheidung, physikalische aus der Gasphase

PVD-Schicht. Die PVD-Technik (→Abscheidung, physikalische aus der Dampfphase) umfaßt die Vakuum-Beschichtungsverfahren →Aufdampfen, Sputtern (→Kathodenzerstäuben) und →Ionenplattieren. Der Beschichtungswerkstoff wird entweder durch Verdampfen oder durch Ionenbeschuß in die dampfförmige Phase überführt und scheidet sich auf dem Substrat als Schicht ab.

Alle PVD-Prozesse können reaktiv geführt werden. Dabei wird ein Aktivgas in die Kammer eingelassen, das mit dem verdampften Werkstoff eine chemische Verbindung eingeht (z. B. Abscheiden von Oxiden, Nitriden und Karbiden).

Die Hauptanwendungen der PVD-Technik sind das Herstellen von Schichten mit speziellen optischen und elektrischen Eigenschaften sowie das Abscheiden verschleiß- und/oder korrosionsfester Schichten.

Die gebräuchlichen Schichtdicken liegen zwischen 10 nm und 10 µm, je nach Anwendungsfall.

Steffens

Pyroelektrischer Effekt. Die Erscheinung, daß ein Stoff bei Temperaturänderung eine elektrische Polarisation, also ein elektrisches Feld ausbildet. Die Ursache des Effektes liegt darin, daß der Stoff von Natur aus polarisiert ist, die Polarisation normalerweise aber durch Oberflächenladungen kompensiert ist, so daß sie von außen nicht meßbar ist. Ändert sich durch die Temperaturänderung die innere Polarisation, dann wird die Balance zwischen Polarisation und Kompensationsladung vorübergehend gestört, und die Differenzladung wird meßbar. Alle ferroelektrische Stoffe sind auch pyroelektrisch. Es gibt aber auch Substanzen wie z. B. Turmalinkristalle, die pyroelektrisch, aber nicht ferroelektrisch sind, weil ihre Polarisation sich nicht in einem elektrischen Feld umkehren läßt. Der pyroelektrische Effekt einiger Ferroelektrika wird für empfindliche Infrarot-Strahlungsmeßgeräte genutzt.

Hubert

PZT-Keramik. Ferroelektrische Bleititanatzirkonat $\underline{P}(\underline{Zr}_x\underline{Ti}_{1-x})=o_3$-Keramik mit ausgeprägten piezoelektrischen Eigenschaften.

PZT-K. setzen sich aus den jeweils in Perowskit-Struktur kristallisierenden $PbTiO_3$ und $ZrTiO_3$ in Form einer Mischkristallkeramik zusammen. Der → piezoelektrische Effekt ist analog zum → Bariumtitanat eng an diese Kristallstruktur gebunden. Der Polarisationmechanismus gestaltet sich komplizierter als der des Ba-TiO_3, er beruht in erster Linie auf der → Polarisierbarkeit der (Ti,Zr)-O- und PbO-Ketten. Da der piezoelektrische Effekt auf eine bestimmte Kristallstruktur zurückzuführen ist, müssen die einzelnen Kristallite einer PZT-K. während des Abkühlens nach dem → Sintern einem starken elektrischen Feld ausgesetzt werden. Soweit die Gefügestruktur der PZT-K. es ermöglicht, können sich die einzelnen Kristallite entsprechend ihrer Polarisationsachsen parallel zu den elektrischen Feldlinien ausrichten.

Die bevorzugten Zusammensetzungen der Bleititanatzirkonat-Keramiken liegen im Bereich Ti/Zr ≈ 1 bzw. Ti/Zr ≈ 1,2. Des weiteren können die Eigenschaften durch partielle Substitution des → Bleis mit zweiwertigen Metallionen (Ba, Ca, Sr; Cd) und des Titans bzw. Zirkoniums durch vierwertige Elemente (Zn) variiert werden. Im Vergleich zu den piezoelektrischen Eigenschaften des $BaTiO_3$ werden diese von den PZT-K. weit übertroffen. Allgemein zeichnen sie sich durch eine im Vergleich zu $BaTiO_3$ höhere → Curie-Temperatur zwischen −160 °C und +280 °C, durch eine höhere spontane → Polarisation, sowie durch eine höhere Koerzitivfeldstärke aus.

Hesse/Hennicke

Q

Qualität. Der Begriff Q., hergeleitet vom lateinischen *qualis* (wie beschaffen), wird umgangssprachlich in zwei Bedeutungen gebraucht.

□ In Anlehnung an den lateinischen Ursprung kann Q. wertfrei ein Synonym für Beschaffenheit sein (Stahl-Q. ST 37).

□ Im täglichen Sprachgebrauch bezeichnet Q. Eigenschaften, die ein ausgewogenes Maß landläufiger Mindesterwartungen deutlich überschreiten, insbesondere im Hinblick auf die Veränderungen dieser Eigenschaften im Lauf der Zeit.

Als Eigenschaften sind die Istwerte der Q.-Merkmale im weitesten Sinn definiert, so z. B. nicht nur Rauhtiefe für die → Oberfläche, sondern auch Servicefreundlichkeit. Das ausgewogene Maß berücksichtigt die Tatsache, daß das statistische Gewicht verschiedener Eigenschaften eines für einen bestimmten Zweck gedachten Erzeugnisses sehr verschieden sein kann. So muß die → Reißfestigkeit eines Bergseils in seine Bewertung wesentlich stärker eingehen als seine Farbechtheit. Die Wertvorstellungen verschiedener Personen sind i. a. sehr unterschiedlich, weil ihre individuellen Bedürfnisse selbst bei relativ einheitlichen Grundforderungen von einander abweichen. Dennoch lassen sich größere Personengruppen in diesem Sinn zusammenfassen, z. B. die Europäer im Gegensatz zu den Japanern, Photoreporter im Gegensatz zu Photoamateuren usw. Die Gruppen haben naturgemäß verschiedene Mindesterwartungen, die nicht nur eben erfüllt, sondern deutlich überschritten sein müssen.

□ Die technische Definition lautet nach DIN 55 350: Beschaffenheit einer Einheit bezüglich ihrer Eignung festgelegte und vorausgesetzte Anforderungen zu erfüllen. Dabei wird Beschaffenheit als komplexer Ausdruck für die Gesamtheit der Merkmale und Merkmalswerte gebraucht; Einheit kann jeder materielle oder immaterielle Gegenstand der Betrachtung sein. Die Definition der Q. nach ISO 8402 ist mit der hier gegebenen inhaltsgleich.

Um Mißverständnisse und Verwechslungen auszuschließen, benutzt die Q.-Lehre die Begriffe Typ, Sorte oder Klasse, wenn die geforderte oder vorhandene Beschaffenheit einer Einheit bezeichnet werden soll. Das Anspruchsniveau ist ein Rangindikator für unterschiedlich festgelegte oder vorausgesetzte Anforderungen an Einheiten, die dem gleichen Zweck dienen (*engl.* grade).

In der technischen Definition sind zwei verschiedene Aspekte enthalten:
– im Verhältnis des Güter oder Dienstleistungen produzierenden Unternehmens zum Kunden: der Erfüllungsgrad explizit geäußerter Forderungen oder stillschweigender Erwartungen (Q. im Außenverhältnis); wenn sie kompromißlos erfüllt sind, handelt es sich um ein Qualitätsprodukt materieller oder immaterieller Art;
– innerhalb des Unternehmens: der Grad der Übereinstimmung von Vorhaben und Ausführung eines Produkts, Zwischenprodukts oder einer Tätigkeit; besteht kompromißlose Übereinstimmung, darf das Produkt oder die Tätigkeit das Prädikat gute Q. tragen.

Die Gebrauchstauglichkeit ist die Eignung eines Guts für seinen bestimmungsgemäßen Verwendungszweck, die auf objektiv und nichtobjektiv feststellbaren Gebrauchseigenschaften beruht und deren Beurteilung sich aus individuellen Bedürfnissen herleitet (DIN 66 050). Sie kann nach bestimmten Regeln von unabhängigen Institutionen geprüft werden. Das geschieht in der Bundesrepublik Deutschland durch die Stiftung Warentest in Berlin.

□ Q.-Merkmale. Q. wird durch Q.-Merkmale gekennzeichnet. Jede meßbare, zählbare, mindestens aber subjektiv klassifizierbare Größe der Einheit ist ein Merkmal. Trägt ein Merkmal zur Q. der Einheit bei, ist es ein Q.-Merkmal. Q.-Merkmale und ihre Ausprägungen ermöglichen das Unterscheiden von Einheiten einer Gesamtheit.

Üblich ist die Einteilung in quantitative und qualitative (früher variable und attributive) Merkmale. Erstere werden nach einer metrischen Skala bewertet, die letzteren nur auf Vorhandensein oder Nichtvorhandensein geprüft. Durch Festlegen eines Grenzwerts für ein quantitatives Merkmal wird es zu einem qualitativen. Beobachtet wird dann nur noch, ob das Merkmal den Grenzwert verletzt oder nicht. Komplexe Teile, Baugruppen und Geräte haben eine große Anzahl Merkmale; ihre Prüfung im einzelnen ist oft weder erforderlich noch wirtschaftlich. Gleichgeartete Merkmale können in Merkmalgruppen zusammengefaßt und gemeinsam beurteilt werden. Wie z. B. Form als Sammelbegriff für alle Maße eines Schmiedestücks. Merkmalgruppen werden wie qualitative Merkmale behandelt.

Ein Los wird nach anderen Merkmalen beurteilt als das Einzelstück. So ist ein qualitatives Merkmal einer Schraube das Vorhandensein eines Schlitzes im Schraubenkopf. Die Qualität eines Loses von 10 000 Schrauben wird jedoch durch die Anzahl der Schrauben mit Schlitz gekennzeichnet.

□ Q.-Kreis. Um eine Arbeit anforderungsgerecht ausführen oder ein Erzeugnis anforderungsgerecht herstellen zu können, sind Maßnahmen der Q.-Planung erforderlich. Q.-Planung hat externe und interne Aspekte. Während sich die externe Q.-Planung auf die Erfüllung der Anforderungen und Erwartungen der Kunden richten, hat die interne Q.-Planung fehlerfreie Herstellung im Auge. Beide Aspekte lassen sich nicht unabhängig von einander ideal gestalten. Der Zielkonflikt führt zu einem mehr oder weniger optimalen Kompromiß, der mehr oder weniger optimal ausgeführt wird. Planungs-Q. und Ausführungs-Q. sind zu unterscheiden.

Tatsächlich wird die Aufspaltung der Gesamt-Q. in zwei Elemente den wesentlich komplizierteren Gegebenheiten im Lieferer/Käuferverhältnis nicht gerecht. Der Q.-Kreis (Bild) besteht nach DIN 55 350 aus Anteilen, wie es bei technischen Erzeugnisse üblich ist. Ausgangspunkt sind die Kundenforderungen. Sie werden von der Marktforschung festgestellt und in einem Pflichtenblatt festgehalten, das das Konzept des Erzeugnisses darstellt. Die Q. des Konzepts ist um so besser, je besser das Pflichtenblatt die Kundenforderungen wiedergibt. Auf Grund des Pflichtenblatts entstehen in der Entwicklungsabteilung die Unterlagen für das zu fertigende Erzeugnis, Stücklisten, Montageanweisungen, Schaltpläne, Behandlungsvorschriften, Zeichnungen usw. Je besser dieser Entwurf dem Pflichtenblatt entspricht, desto höher die Q. des Entwurfs. Nach diesem Entwurf stellt die Produktion das Erzeugnis her, wobei sie Material verwendet, das von Dritten gekauft wird. Die Q. des Einkaufs wird daran gemessen, inwieweit es ihm gelingt, die Spezifikation des Entwurfs in Bestellunterlagen umzusetzen. Je besser das entstandene Erzeugnis dem Entwurf entspricht, desto besser ist die Ausführungs-Q. Das Produkt wird verpackt, gelagert und transportiert bis es (ggf. nach Montage und Inbetriebnahme) dem Kunden übergeben wird. Das endgültige Urteil

über die Q. fällt der Kunde nach seinen Anforderungen oder Erwartungen.

□ Q.-Politik. Die Erfahrung zeigt, daß gute Q. (ebenso wie niedrige Kosten) keine sich selbsterhaltende Komponente im Betriebsgeschehen ist. Die Leitung muß ständig um sie bemüht sein. Das Instrument dazu ist die Q.-Sicherung, an der alle Funktionen des Unternehmens beteiligt sind. Die Q.-Politik des Unternehmens erklärt formell die grundlegenden Absichten und Zielsetzungen der Unternehmensleitung bezüglich der Q. Sie muß im Grundsatz beständig sein, da das Verhalten aller Beteiligten nur langfristig zu beeinflussen ist und Investitionen über längere Zeiträume beschlossen werden müssen. Sie hat andererseits flexibel auf signifikante Veränderungen im Beschaffungs- und Absatzmarkt, wie der Arbeits- und Umwelt zu reagieren. *Masing*

Literatur: DIN 55 350, Tl. 11. Ausg. Mai 1987. – *Masing, W.:* Einführung in die Qualitätslehre. DGQ-Schrift Nr. 11–19. 7. Aufl. Berlin, Köln 1989. – *Masing, W.:* Handb. Qualitätssicherung. 2. Aufl. Kap. 1. Qualitätspolitik des Unternehmens. München, Wien 1988.

Qualitätssicherung. Die Gesamtheit aller technischen und administrativen Maßnahmen, die sicherstellen, daß die Eigenschaften und Merkmale von Produkten, Dienstleistungen und Tätigkeiten vorgegebenen Forderungen entsprechen. Das gilt auch für zugeliefertes Material und Zwischenprodukte in der Fertigung, wie für alle Vorgänge in der Verwaltung. Diese Maßnahmen müssen geplant, die die →Qualität bestimmenden Abläufe und Verfahren entsprechend gelenkt und das Ergebnis in allen Phasen der Entstehung des Produkts oder der Dienstleistung geprüft werden. Q. besteht daher aus externer und interner Qualitätsplanung, -lenkung und -prüfung (Prüfplanung und -ausführung). Sie bedient sich der Methoden der →Qualitätstechnik.

Q. ist Aufgabe aller Sparten, Bereiche und Abteilungen, in letzter Konsequenz jedes Mitarbeiters des Unternehmens. Sie geht damit weit über die Qualitätskontrolle hinaus, die die Qualitätsverantwortung für das Produkt letztlich einer überwachenden/sortierenden betrieblichen Instanz aufbürdet. Die englische Bezeichnung *quality control* hat wegen der wörtlichen, aber nicht sinngemäßen Übersetzung zu Mißverständnissen beigetragen. DIN 55350 empfiehlt daher, den Begriff Qualitätskontrolle nicht mehr zu verwenden.

Die Qualität kann durch sporadische, punktuelle Aktionen nicht optimal gesichert werden. Nur aufeinander abgestimmte, das ganze Unternehmen erfassende, dauerhaft angelegte Maßnahmen begründen seine Qualitätsfähigkeit. Diese Erkenntnis veranlaßte das Verteidigungsministerium der USA bereits 1952, durch den MilSt 9858a verbindliche Vorschriften für das Q.-System der Lieferanten der

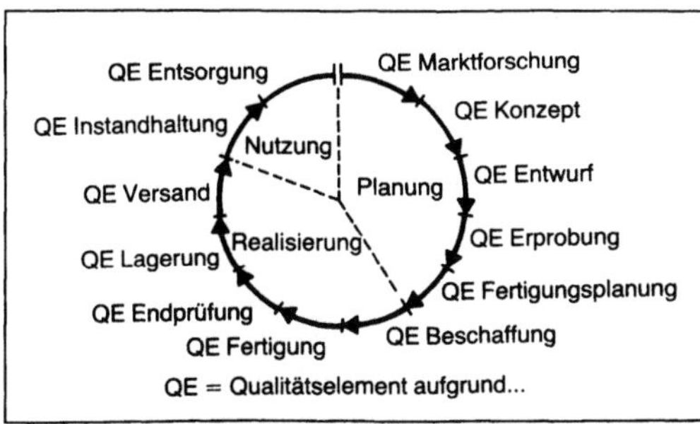

Qualität: Qualitätskreis. (Quelle: DIN 55350)

Streitkräfte zu erlassen. Dabei wurden lediglich die Aufgaben, nicht die Details ihrer Lösung festgelegt. Die NATO entwickelte diesen Standard in ihren AQAP's (Allied Quality Assurance Publications) weiter. Inzwischen überzeugen sich auch zivile Besteller vor Auftragsvergabe, ob der potentielle Auftragnehmer ein wirkungsvolles Q.-System hat.

Um Ordnung in die Vielzahl denkbarer Anforderungen an derartige Systeme zu bringen, sind in zahlreichen Ländern entsprechende Normen entstanden (Kanada CSA Z 299, Großbritannien BS 5179, Schweiz SN 29 100, Österreich A 6672). Sie sehen den Nachweis innerbetrieblicher Q. in drei bzw. vier Anforderungsstufen vor. Eine internationale → Norm ist in Form der DIN-ISO 9000-9004 im Jahr 1987 für die Bundesrepublik Deutschland wörtlich übernommen worden. Es ist Aufgabe der Unternehmensleitung, das Q.-System einzurichten und den einzelnen Funktionen ihre Qualitätsverantwortung zuzuweisen. Sie stützt sich dabei auf das Fachwissen der leitenden Mitarbeiter des Qualitätswesens.

In der Regel wird das Q.-System in einem Qualitätshandbuch dokumentiert. Es muß mindestens enthalten: Eine Erklärung der Unternehmensleitung zur Qualitätspolitik, d. h. die Grundsätze, nach denen die Unternehmensleitung Q. verwirklicht und im konkreten Fall qualitätsrelevante Entscheidungen trifft, den organisatorischen Aufbau und die Abläufe der Q. und der Art ihrer Dokumentation. Im Verkehr mit Außenstehenden dient das Handbuch dem Nachweis, wie das Q.-System im Unternehmen aufgebaut ist. Im Innenverhältnis ist es nützlich zum Rückgriff in Streitfällen.

Die Erfüllung der Normen für Q.-Systeme kann in vielen Ländern durch unabhängige Organisationen geprüft und bestätigt werden. In der Bundesrepublik Deutschland geschieht dies durch die Deutsche Gesellschaft zur Zertifizierung von Q.-Systemen mit Sitz in Frankfurt am Main, eine Gemeinschaftsgründung des Deutschen Instituts für Normung und der Deutschen Gesellschaft für Qualität. *Masing*

Literatur: *Feigenbaum, A. V.:* Total Quality Control, 3. Aufl. New York 1983. – *Masing, W.* (Hrsg.): Handb. Qualitätssicherung. 2. Aufl. München, Wien 1988.

Qualitätsstahl. Stahlsorte, für die im allgemeinen kein gleichmäßiges Ansprechen auf eine → Wärmebehandlung gefordert wird. Die Anforderungen an die Gebrauchseigenschaften machen jedoch besondere Sorgfalt bei der Herstellung, vor allem in Hinblick auf → Oberflächenbeschaffenheit, → Gefüge und Sprödbruchunempfindlichkeit notwendig (→ Eisen, → Eisenwerkstoffe, → Stahl). *Dahl*

Qualitätstechnik. Die Gesamtheit der technischen, mathematischen und organisatorischen Verfahren der → Qualitätssicherung. Zu ihnen gehören die

□ Meß- und Prüftechnik, hier besonders die Fertigungsmeßtechnik, einschl. der Verwaltung und Kalibrierung von Meß- und Prüfmitteln. Zum Messen und Prüfen gehört sachlich auch das Prüfen, d. h. die Feststellung, ob alle vorgeschriebenen Prüfungen ausgeführt und (falls erforderlich) dokumentiert sind und deren Ergebnisse als richtig akzeptiert werden können. Sortieren ist die Trennung von Einheiten nach der Ausprägung vorgegebener Qualitätsmerkmale, etwa nach Farbe, Größe oder auch Art und Zahl ihrer → Fehler. Klassieren (Klassifizieren) ist eine Sortierung in Merkmalsklassen mit jeweils definierten Grenzen;

□ Technik der Qualitätsregelkarten in allen ihren Erscheinungsformen (*engl.* control charts.) Sie dienen der Überwachung laufender Vorgänge, besonders von Fertigungsprozessen. Dazu wird in die Qualitätsregelkarte entweder der aus einem Vorlauf gewonnene Mittelwert der Meßwertverteilung oder der Sollwert eingetragen, auf den der Vorgang zentriert wird. Nach größeren und kleineren Werten hin werden Grenzen berechnet und eingetragen, die einer vorgegebenen Wahrscheinlichkeit entsprechen, einen Wert zufällig innerhalb dieser Grenzen zu finden. Werte außerhalb dieser Eingriffsgrenzen deuten auf eine Veränderung der Prozeßparameter hin, die gefunden und beseitigt werden müssen.

□ Stichprobenverfahren für Abnahme von Losen nach qualitativen und quantitativen Kriterien (*engl.* acceptance sampling.) Stichprobenprüfungen sind grundsätzlich mit dem → Risiko einer Falschbeurteilung des Loses verbunden. Die Stichprobe kann eine zu gute oder zu schlechte Beschaffenheit des Loses vortäuschen.

□ statistischen Auswertmethoden von Datenmengen einschl. der Daten aus Lebensdauerversuchen (*engl.* data evaluation methods). Sie dienen dazu, Datenmengen aufzubereiten und die Parameter der zugrunde liegenden Verteilungen zu ermitteln. Damit werden in zunächst unübersichtlichen Prozessen quantitative Entscheidungsgrundlagen formuliert.

□ statistische Versuchsplanung (*engl.* design of experiments). Sie ermöglicht eine besonders wirtschaftliche Durchführung von Versuchen, um mit einer möglichst kleinen Anzahl von Versuchen eine möglichst hohe Aussagewahrscheinlichkeit zu erzielen;

□ Analyse von Fehlerursachen und -auswirkungen. Hier sind zu nennen Pareto-Analyse, die Ereignisse nach ihrer Häufigkeit ordnet und damit die wichtigen von den unwichtigen zu unterscheiden gestattet, das Fischgrätendiagramm (*Ishikawa*-Diagramm), das alle möglichen Ursachen eines Ereignisses und deren Unterursachen graphisch darstellt und die formelle FMEA (*engl.* failure mode and effect analysis).

☐ organisatorischen Hilfsmittel wie Ablaufdiagramme, Netzplantechnik und Organisationsmatrizen.

Die Hilfsmittel der Q. werden nicht nur von den Mitarbeitern des Qualitätswesens eingesetzt. Nach moderner Auffassung tragen alle Unternehmensfunktionen Qualitätsverantwortlichkeit. Sie müssen daher mit der für ihren Aufgabenbereich wichtigen Q. vertraut sein. Das gilt auch für die Verwaltung, die Buchhaltung oder das Personalwesen. Der Einsatz von Computern in der Q. ist üblich und in ständiger Erweiterung (*engl.* computer aided quality Control, CAQ). *Masing*

Literatur: Schriftenr. Qualitätstechnik. Hrsg. DGQ. Berlin, Köln ✉.

Qualitätswesen. Abteilungsbezeichnung für die Unternehmensfunktion, die hauptsächlich für Koordination und Analyse aller qualitätsrelevanten Maßnahmen im Unternehmen, für die Berichterstattung über sie und die Anregungen für ihre Verbesserung zuständig ist. Das Q. hat vielfach auch exekutive Aufgaben, so bei der Auswahl von Lieferanten oder der Endprüfung von Produkten. Ihm obliegt die Kalibrierung der Meß- und Prüfgeräte. Das Werkstofflabor und eine Werkstatt zum Herstellen von Spezialmeßmitteln sind oft dem Q. zugeordnet.

Das Q. hat sich im Lauf der Zeit aus der Inspektionsfunktion zu seiner jetzigen Bedeutung entwickelt. Inspektion als eigenständige Aufgabe im Unternehmen ist eine Folge der Arbeitsteilung nach den Prinzipien von *Frederic W. Taylor* (1856–1915). Sie war als Gegengewicht zur Produktion konzipiert, die ihre primäre Aufgabe zu vordergründig in der rechtzeitigen und kostengünstigen Auslieferung von Produkten sah. In der Idealkonkurrenz zwischen → Qualität und Quantität war die erstere oft unterlegen.

Nach heutiger Auffassung ist jede Unternehmensfunktion für die Qualität ihrer Arbeit selbst verantwortlich. Das Q. trägt daher nicht allein die Verantwortung für die Qualität der Produkte, die das Unternehmen fertigt, oder der Dienstleistungen, die das Unternehmen erbringt. Seine Aufgabe ist es, die richtige Funktion des Qualitätssicherungssystems des Unternehmens sicherzustellen. Das Q. ist der Unternehmensleitung als Stabsstelle direkt unterstellt, um die notwendige unmittelbare Rükkendeckung für seine Tätigkeit zu haben. *Masing*

Literatur: *N. N.:* Rahmenempfehlungen für die Qualitätssicherungsorganisation. DGQ/SAQ/ÖVQ-Schrift Nr. 12–45. Berlin, Köln 1981. – *Zeller, H.:* Handb. Qualitätssicherung. 2. Aufl. Kap. 45. Organisation der Qualitätssicherung in Unternehmen. München, Wien 1988.

Quecksilberlegierungen. Legierungen des Quecksilbers, die → Mischkristalle bilden, bezeichnet man als *Amalgame*. Sie sind bei ca. 20 °C flüssig oder teigig und entstehen besonders mit Pb, Sn, Zn, Cd, Al, Bi sowie CuSn und CuZn. Quecksilber legiert sich sehr leicht mit → Blei, → Kupferlegierungen, Kadmium, Zinn und Zink. Für eine Hg-Legierungsbildung mit Gold, Silber oder → Kupfer bedarf es längerer Zeiten. Mit → Eisen, → Mangan, Molybdän und Wolfram tritt keine → Legierungsbildung ein.

Hg-Dampf, der auch bei Raumtemperatur entsteht, und lösliche Hg-Verbindungen sind sehr giftig. Reines Quecksilber wird u. a. für Thermometer, Meßgeräte, Hochvakuumpumpen, Höchstdruckkompressoren, Lichtquellen, Gleichrichter, als Katalysatoren und Dampf in Turbinenkreisläufen und für Pharmazeutika verwendet. Hg-Verbindungen dienen zur Schädlingsbekämpfung und als Farbanstrich. Amalgame finden Verwendung z. B. als Füllmasse (Ag-, Au-, Sn-Amalgame) in der Zahntechnik und als Lote (30 % Hg, 30 % Pb, 35 % Bi, 5 % Cd). *Heller*

Quellmaß von Holz → Holzeigenschaften

Quellung. Im Gegensatz zu linearen oder verzweigten Makromolekülen sind dreidimensional vernetzte Makromoleküle (→ Elastomere, → Netzwerke) nicht löslich, sondern quellen bei Zugabe eines Lösungsmittels an. Ein gequollenes Netzwerk ist ein → Gel. Der Prozeß der Q. ist mit einer Volumenausdehnung des Gels verbunden. Er hält solange an, bis die durch die → Dehnung bedingte Zunahme der elastischen Rückstellkräfte (→ Gummielastizität) der Polymerketten nicht mehr durch die bei der Lösung frei werdende Energie aufgewogen werden kann.

Das Ausmaß der Q. eines Netzwerkes hängt von der Art des Lösungsmittels und der Netzwerkdichte ab. Je größer die Netzwerkdichte ist, desto geringer ist das Gleichgewichtsvolumen des Gels. Der Vorgang der Q. ist von wesentlicher Bedeutung bei der Charakterisierung von Netzwerken und theoretisch erstmals von *Flory* und *Huggins* beschrieben worden. *Finkelmann*

Literatur: *Flory, P. J.:* Principles of Polymer Chemistry. Iithaca N.Y. 1953.

Quellversuch. Q. dienen zur Charakterisierung der Wechselwirkung von → Polymeren mit niedermolekularen Stoffen (Löse-, Quellmittel) und zur Ermittlung der Vernetzungsdichte. Bestimmt wird die Quellmittelaufnahme (Quotient aus Masse des aufgenommenen Quellmittels und des trockenen Polymers bei → Sättigung) oder der Quellungsgrad

(Quotient aus Masse des gequollenen Polymers und des trockenen Polymers bei Sättigung). Genormt ist das Aufnahmeverhalten von → Kunststoffen gegenüber kaltem und warmem Wasser und feuchter Luft in DIN 53495, DIN 53471 und DIN 53473.

Die → Quellung kann begrenzt unter gewissen Voraussetzungen auch unbegrenzt sein, d. h. zur völligen Auflösung von hochpolymeren Werkstoffen führen. Vernetzte Polymere sind grundsätzlich nicht löslich, sie können nur je nach Lösemittel und Dichte der Vernetzungspunkte mehr oder weniger stark quellen. Für ein gegebenes Polymer-Lösungsmittel-System findet der Q. daher bei der Bestimmung des → Vernetzungsgrades seine Anwendung. Nach der Bestimmung der Masse der trockenen Polymerprobe wird sie dann eine vorgegebene Zeit oder bis zum Erreichen des Gleichgewichts dem Quellmittel (Lösemittel) ausgesetzt, von überschüssigem Quellmittel befreit und gewogen. Wegen der extrahierenden Wirkung auf das → Polymer gibt die DIN-Normung entsprechende Auswertungsgleichungen unter Berücksichtigung der an das Quellmittel abgegebenen Bestandteile an. Man kann die Bestimmung der extrahierbaren Bestandteile quantitativ mit dem Q. kombinieren, indem man das Quellmittel mehrmals erneuert und nach dem Q. die Probe trocknet und wiegt. *Pöllet/Eyerer*

Literatur: *Hoffmann, M. und H. Krömer, R. Kuhn:* Polymeranalytik I. Stuttgart 1977. – *Stoeckhert, K.:* Kunststoff-Lexikon. München 1981. – Prüfung hochpolymerer Werkstoffe. Hrsg. VEB Deutscher Verlag für Grundstoffindustrie.

Querkontraktion. Im Normalfall der zylinderförmigen Zugprobe die Verringerung des Durchmessers, Δr, bei einer elastischen → Dehnung, welche eine Verlängerung in axialer Richtung um Δl verursacht. Das Ausmaß der Q. wird durch die Querkontraktionszahl (oder *Poisson*-Zahl) ν beschrieben. Definition:

$$\nu = -\Delta r/\Delta l \text{ (bei elastischer Verformung).}$$

Bei Volumenkonstanz während der Verformung würde sich $\nu = 0{,}5$ ergeben. Reale Werte für Metalle liegen eher bei $\nu \approx 0{,}3$; dies bedeutet, daß sich bei elastisch-einachsiger Zugbelastung das Volumen gegenüber dem unbelasteten Zustand vergrößert hat (plausibel, weil der unbelastete Zustand dichtest gepackt ist, also ein Minimum darstellt).

Bei den viel größeren plastischen Verformungen kann die elastische Volumenvergrößerung vernachlässigt und somit $V = \text{konst.}$ angenommen werden. Die z. B. beim → Walzen oder im → Zugversuch auftretende Querschnittsminderung wird nicht als Q. im engeren Sinne bezeichnet. Auch die bei plastischer Dehnung auftretende → Einschnürung darf nicht mit der elastischen Q. verwechselt werden. → Querschnittsverformung *Ilschner*

Querschnittsverformung. Denkt man sich ein Bauteil in einer beliebigen Ebene geschnitten, so bildet sich in dieser Ebene eine Querschnittskontur ab. Verändert sich diese Kontur unter Belastung des Bauteils, so spricht man von Q. Mit zunehmender Belastung tritt zunächst elastische später plastische → Verformung ein. Dabei kann die elastische Verformung bei vielen Bauteilen, insbesondere dünnwandigen Hohlkörpern (Rohre, Blechkonstruktionen) sehr groß werden.

Grundlegende Voraussetzungen der technischen Elastizitätstheorie ist die Beschränkung auf kleine Verformungen, d. h. die Querschnitte eines Bauteils behalten ihre Form bei, die belastenden Kräfte werden am unverformten Körper angesetzt. Bestimmte Fälle, bei denen Q. auftreten, lassen sich jedoch im Rahmen dieser Theorie behandeln. Greift z. B. bei einem I-Träger eine Einzellast exzentrisch am Außenrand des Flansches an (Bild 1), so treten unter dem Lastangriffspunkt örtliche Verformungen auf. Ein Schnitt durch diese Trägerstelle zeigt, daß sich der Querschnitt dort verformt hat. In diesem Bereich sind die Voraussetzungen der Technischen Elastizitätstheorie nicht mehr erfüllt. Der Einfluß der Q. ist in diesem Fall jedoch örtlich begrenzt (Lasteinleitung) und braucht normalerweise nicht genauer nachgewiesen werden.

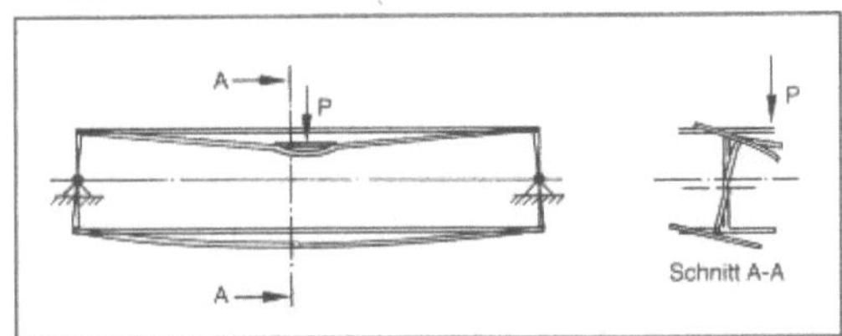

Querschnittsverformung 1: Örtliche Q. eines I-Trägers unter einer Einzellast P.

Bei einem Plattenbalken können sich die Gurte infolge Biegung des Trägers quer verformen. Infolge der Durchbiegung des Trägers (Bild 2) ändert sich die Neigung der Gurte über die Trägerlänge. Die im Gurt wirkenden Druckkräfte D haben daher „Abtriebskräfte" dA zur Folge, die wie eine Querlast auf den gesamten Gurt einwirken. Ist der Gurt sehr breit und dünn, so biegen sich seine Enden zusätzlich zur Gesamtverformung des Trägers durch und entziehen sich dadurch zum Teil der Aufnahme der Biegespannungen. Trotz dieser Q. kann der Plattenbalken jedoch nach der Technischen Elastizitätstheorie berechnet werden, wenn man den Einfluß der Q. über die mittragende Breite berücksichtigt.

Bei Trägern mit dünnwandigem Querschnitt, wo die Trägerachse schon im unbelasteten Zustand gekrümmt ist, kann der Einfluß der Q. noch größer

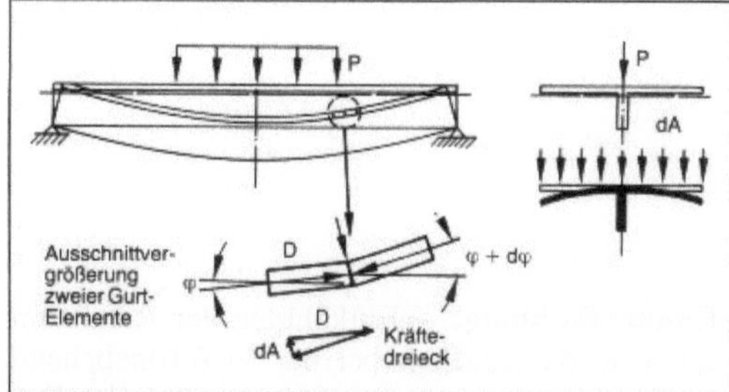

Querschnittsverformung 2: Q. eines Plattenbalkens mit dünnem Gurt.

D Gurtkraft infolge der Belastung P, φ Neigung des Gurtes, dA „Abtriebskraft" zwischen zwei Elementen

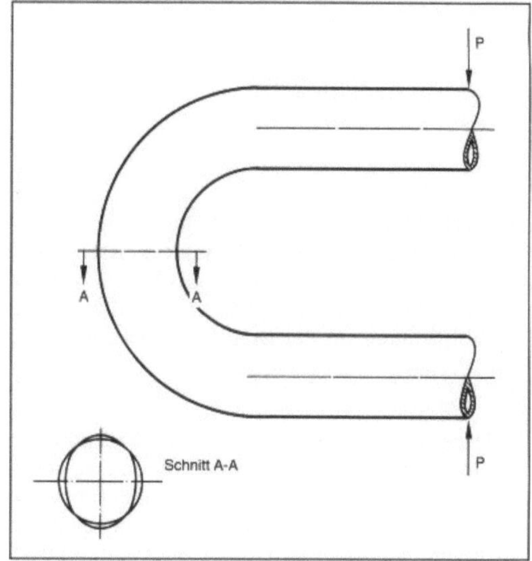

Querschnittsverformung 3: Q. eines Rohrkrümmers infolge Biegung.

sein. So haben bei der Biegung eines Rohrkrümmers (Bild 3) die Abtriebskräfte im Bogen eine Abplattung des Querschnitts zur Folge. Die Verformungen des Rohrkrümmers sind erheblich größer als nach der technischen Elastizitätstheorie errechnet. Die große →Nachgiebigkeit von Rohrkrümmern wird im Rohrleitungsbau ausgenutzt, um Wärmedehnungen auszugleichen.

Als Maß für die Verformungsfähigkeit eines Werkstoffes bis zu Bruch wird die Q. eines Zugstabs verwendet. Das Verhältnis von Querschnittsflächenverminderung zu Ausgangsquerschnitt wird als →Einschnürung definiert (→Zugversuch).

Kußmaul/Friemann

Quetschgrenze →Druckversuch

R

r-Wert. Maßzahl zur Kennzeichnung des Verformungsverhaltens von →Flacherzeugnissen. Beim →Zugversuch an streifenförmigen Proben wird bei einer →Dehnung von 20 % das Verhältnis der →Verformung aus der Breite zur Dicke gebildet:

$$r = \frac{\log b_1/b_0}{\log s_1/s_0} = \frac{\varphi_b}{\varphi_s} = \frac{\varphi_b}{\varphi_l - \varphi_b}$$

Dabei ist b_0 die Ausgangs- und b_1 die Endbreite, s_0 die Ausgangs- und s_1 die Enddicke, φ_b, φ_s und φ_l jeweils die logarithmischen Formänderungen in Breiten-, Dicken- und Längsrichtung. In einem texturfreien, isotropen Blech ist r = 1, durch ausgeprägte →Textur können Werte von über 2 erreicht werden, die ein günstigeres Tiefziehverhalten ergeben. Der r-W. wird auch mit senkrechter Anisotropie bezeichnet. *Dahl*

Literatur: Werkstoffkunde Stahl. 2 Bde. (Hrsg. VDEh). Berlin–Düsseldorf 1984/85.

Ramie. Als Faserstoff die chemisch aufgeschlossenen Bastfasern der subtropischen, mehrjährigen Ramiepflanze *Boehmeria nivea* HOOK. et ARN., aus der Gattung der Nesselgewächse, deren bis 2,5 m hohe Stengel die Bastfaserstränge enthalten. Die Entrindung der meist dreimal im Jahr geschnittenen Stengel erfolgt im Hauptanbauland China meist noch von Hand, sonst auch maschinell. Die Rohfaserstränge von bis 50 cm Länge („Chinagras") werden unter Zerstörung der Pflanzenleime und Pektine durch einen chemischen Aufschließungsprozeß („Degummieren", d. h. Druckkochung meist in Natronlauge) in die hier 120–250 mm langen Einzelfasern zerlegt. 100 kg grüne Stengel ohne Blätter ergeben etwa 2 kg Rohfaser bzw. 1,2 kg degummierte Spinnfaser. R. wird speziell in China, heute aber auch auf den Philippinen, in Afrika und Brasilien angebaut. Weltproduktion 1985: 150 000 t, davon ca. die Hälfte in China.

Hohe →Festigkeit, Oberflächenglätte, Glanz und Reinheit läßt R.-Garne gegenüber →Flachs besonders für feine Tisch- und Bettwäsche Verwendung finden. Weitere Einsatzgebiete sind Markisenstoffe, technische Schwergewebe, Nähzwirne und Spitzen, sowie Seilerwaren. R.-Kämmlinge (die in der Spinnerei ausgekämmten Kurzfasern) dienen als Rohstoff für die Herstellung hochwertiger Papiere für Banknoten, Dokumente und Zigaretten. *Koch*

Literatur: *Wagner, E.:* Die textilen Rohstoffe. Frankfurt/M. 1981.

Randentkohlung. →Entkohlung der Randbereiche von Werkstücken bei der →Wärmebehandlung. *Dahl*

Randomversuch →Betriebsfestigkeit

Randschicht. Äußerer Bereich eines Werkstoffes, dessen Eigenschaften im allgemeinen von den Eigenschaften des Werkstoffinneren abweichen. In Anlehnung an *Schmaltz* kann man bei →metallischen Werkstoffen zwischen einer äußeren und einer inneren Grenzschicht unterscheiden (Bild). Die äußere Grenzschicht besteht aus einer →Adsorptionsschicht, an die sich zum Inneren hin in der Regel eine →Oxidschicht anschließt. Es folgt die innere Grenzschicht, die durch →Umformung oder spanende Bearbeitung plastisch verformt ist. Bei beschichteten Werkstoffen ist der Aufbau der R. noch komplexer. Neben der Oberflächenschicht kommt eine durch die →Beschichtung beeinflußte Zone hinzu. *Habig*

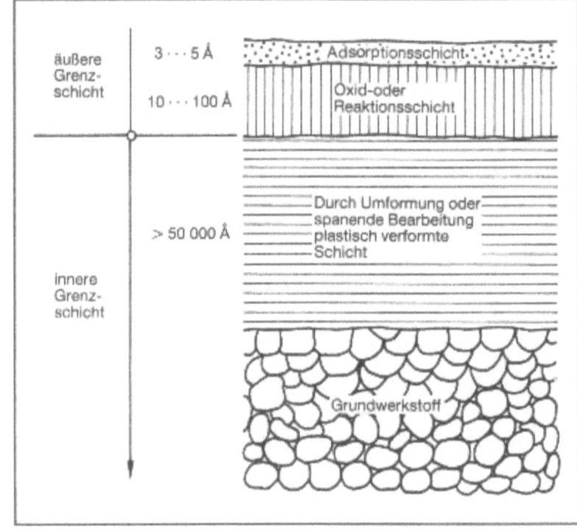

Randschicht: Aufbau der R. eines metallischen Werkstoffes (schematisch).

Literatur: *Schmaltz, G.:* Technische Oberflächenkunde. Berlin 1936.

Randschichthärten. Auf die →Randschicht eines Werkstoffes (→Stahl, →Gußeisen) beschränktes →Härten. Neben dem klassischen Verfahren des →Flammhärtens und →Induktionshärtens gewinnen weitere Verfahren wie →Impulshärten, →Laserstrahlhärten oder →Elektronenstrahlhärten für spezielle Anwendungen an Bedeutung. *Habig*

Randschichtumschmelzen. Umschmelzen der →Randschicht von Werkstoffen mit unterschiedlichen Verfahren: →Lichtbogenumschmelzen, →Elektronenstrahlumschmelzen, →Laserstrahlumschmelzen. *Habig*

Rast. R. ist die Bezeichnung für den Teil des →Hochofens, der sich als abgestumpfter Kegel an das →Gestell anschließt und sich nach oben hin erweitert. *Baumann*

Rasterelektronenmikroskop. Im R. (*engl.* Scanning Electron Microscope, SEM) tastet eine feine Elektronensonde das Objekt zeilenweise ab. Geeignete Detektoren messen die ausgelösten Bildsignale und steuern die Helligkeit synchron laufender Bildmonitoren, die visuell beobachtet oder mit einer Kamera photographiert werden können. Verschiedenartige Wechselwirkungsprozesse vermitteln unterschiedliche Informationen über das Objekt.

Mit R. werden meist Oberflächen untersucht, aber auch →Durchstrahlungs-Rastermikroskope haben als eigenständige Geräte oder als Ausbaustufen von →Durchstrahlungselektronenmikroskopen Bedeutung erlangt. Besonderes Kennzeichen der Oberflächenrastermikroskope ist ihre hohe Tiefenschärfe, eine Folge der für feine Sonden erforderlichen Aperturbeschränkung des bestrahlenden Bündels.

Elektronendetektoren verschiedener Bauarten gehören zur Standardausrüstung. Sekundärelektronen mit Energien unter 50 eV werden mit dem *Everhart-Thornley-Detektor* gemessen. Da sie von der Oberfläche und überwiegend aus dem Primärstrahlbereich stammen, ermöglichen sie die beste Auflösung unter 10 nm. Die starke Abhängigkeit ihrer Ausbeute von der Einstrahlrichtung führt zu hohem Topographiekontrast, der den Bildern ein sehr plastisches Aussehen gibt. Rückstreuelektronen liefern Bilder mit einer Auflösung um 0,1 µm, die wegen der Ordnungszahlabhängigkeit des Rückstreukoeffizienten überwiegend Materialkontrast zeigen.

Durch Anbau eines energie- oder wellenlängendispersiven Röntgendetektors wird das Rastermi-

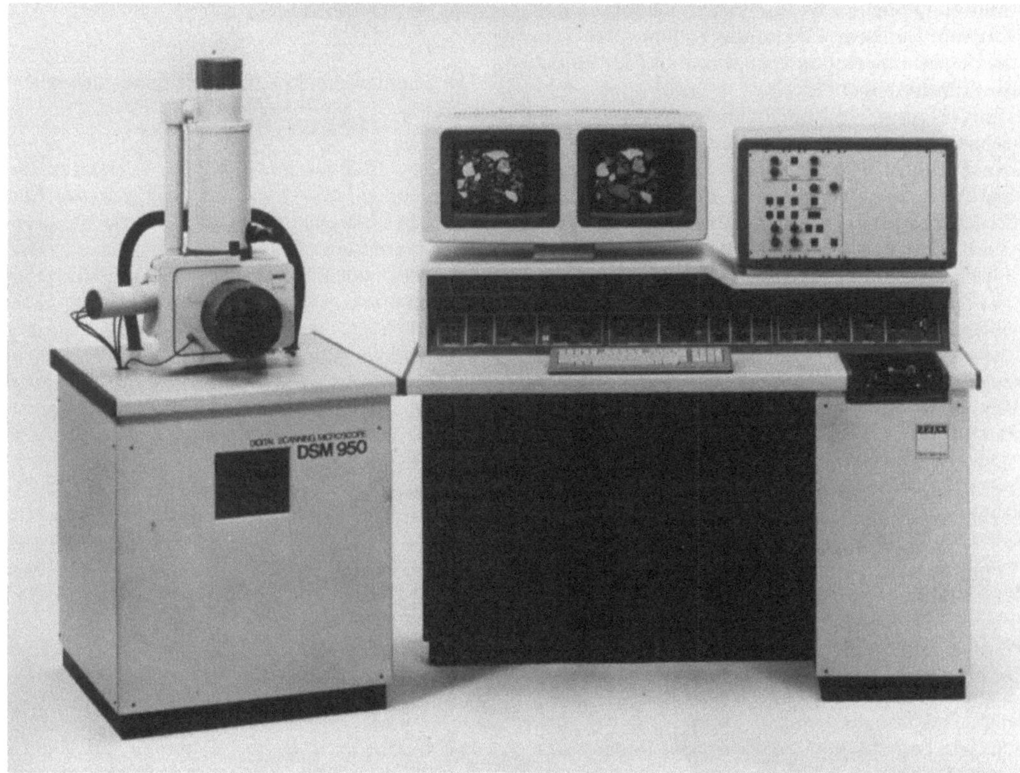

Rasterelektronenmikroskop: Gerät mit Mikroprozessorsteuerung und integriertem Bildspeicher. (Quelle: Zeiss)

kroskop zum analytischen →Elektronenmikroskop, das aus den Röntgenspektren die chemische Zusammensetzung und durch Kontraststeuerung mit einzelnen Röntgenlinien die örtliche Verteilung von Elementen zu ermitteln gestattet. Photonen im sichtbaren Spektralbereich werden gelegentlich zur Aufzeichnung von Lumineszenzeigenschaften herangezogen. In Halbleitern lassen sich EBIC-Signale (*engl.* electron beam induced current) für den Bildkontrast nutzen, die durch Elektronenlochpaarbildung entstehen und an pn-Übergängen im Objekt erfaßt werden können. EBIC-Kontrast und die Möglichkeit durch Energie-analysierende Detektoren Potentialverteilungen auf Oberflächen sichtbar zu machen, haben dem R. eine hohe Bedeutung in Halbleiterforschung und -Industrie verschafft (Elektronenstrahlmeßtechnik).　　　*Herrmann*

Literatur: *Reimer, L.:* Scanning Electron Microscopy. Berlin, Heidelberg, New York 1985.

Rasterelektronenmikroskopie　　→Oberflächenanalytik

Raster-Tunnel-Mikroskop. Mikroskop zur Abbildung von Oberflächen mit annähernd atomarer Auflösung (*Binnig* und *Rohrer*, Nobelpreis 1986). Es beruht auf dem Elektronen-Tunneleffekt zwischen einer äußerst dünnen Spitze und der von ihr abgerasterten Oberfläche.

Im Gegensatz zu herkömmlichen Mikroskopen benutzt es keine Primärstrahlung (wie z. B. Licht oder Elektronen) und kommt demzufolge auch ohne Abbildungssysteme aus. Eine dünne metallische Spitze wird – positiv gepolt – extrem nahe (ca. 5×10^{-10} m) an die Oberfläche gebracht, so daß Elektronen von der Probe zur Spitze tunneln können (Bild 1). Dieser Tunnelstrom ist äußerst empfindlich auf den Abstand Spitze – Probe. Diese Tatsache ist sowohl für das extrem gute Auflösungsvermögen verantwortlich als auch überhaupt für das Abbildungsvermögen geometrischer Strukturen der Oberfläche. Das laterale Auflösungsvermögen ist – grob gesprochen – durch die Ausdehnung der Spitze beschränkt, die daher an ihrem Ende einen Krümmungsradius von atomarer Größenordnung haben muß. Wird die Spitze parallel zur Oberfläche verschoben, so bleibt bei einer ideal planen Fläche der Strom konstant. Kommt sie auf ihrem Weg an eine Erhebung oder Vertiefung der Oberfläche, wie etwa die Stufe, so ändert sich der Strom: er nimmt zu bei einer Abstandsverringerung (Erhebung) und nimmt ab bei einer Abstandserhöhung (Vertiefung). Das Signal des sich ändernden Stroms wird nun dazu benutzt, über einen Regelkreis den alten Abstand Spitze – Probe wieder herzustellen und damit den Strom konstant zu halten. Die Strecke, um die die vertikale Position der Spitze nachgeregelt werden mußte, ist genau die Höhe der aufgetretenen Unebenheit. Die kleinste denkbare Unebenheit hat die Höhe eines Atomdurchmessers. Damit liegt auch das vertikale Auflösungsvermögen im Bereich eines Ångströms ($=10^{-10}$ m). Indem die Spitze linienweise die Oberfläche abrastert und alle Erhebungen und Absenkungen in der Oberfläche nachfährt, entsteht ein dreidimensionales Bild der Oberflächengeometrie.

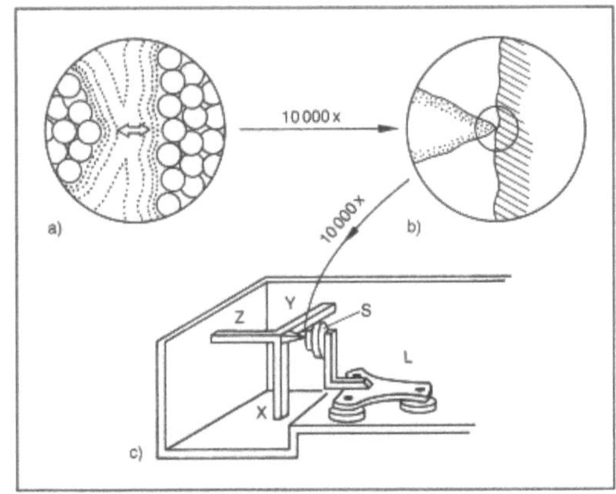

Raster-Tunnel-Mikroskop 1: Schematischer Aufbau des R.-T.-M. X, Y, z-piezoelektr. Stäbchen, L = Laus, S = Probe

Die Tunnelwahrscheinlichkeit ergibt sich zu

$$T \sim \exp\left(-2\sqrt{2mW_A\, d^2/\hbar^2}\right)$$

wobei m = Elektronenmasse, W_A = elektronische Austrittsarbeit, d = Potentialmauerbreite und $\hbar$ = Plancksches Wirkungsquantum $/2\pi$ bedeuten. Danach erkennt man, daß der Tunnelstrom exponentiell, d. h. äußerst empfindlich von der Breite der Potentialmauer, also vom Abstand der beiden Festkörper abhängt. So ändert sich bei einer typischen Austrittsarbeit $W_A = 4$ eV die Transmission um einen Faktor 10, wenn d um 1 Å geändert wird. Diese Empfindlichkeit garantiert, wie oben dargelegt, sowohl die Funktionsweise als auch die atomare Auflösung des R.-T.-M.

Nennenswerte Tunnelströme fließen jedoch erst, wenn der Abstand kleiner als etwa 10 Å wird, also kleiner als 1 millionstel Millimeter. Bereits normale Gebäudeschwingungen würden daher zu zufälligen Kontaktierungen führen, wenn man nicht entsprechende Vorkehrungen treffen würde. Auch der Abtastvorgang, d. h. die Erstellung eines punktweisen Abbilds der Oberfläche (Raster), stellt höchst schwierige mechanisch-technologische Probleme dar.

Die Gebäudeschwingungen werden unschädlich gemacht, indem man die gesamte Tunneleinheit, d. h. Spitze samt Probe, im Vakuum an zwei hintereinander geschalteten Dämpfungssystemen aufhängt. Dabei werden sowohl mechanische (Federn, Viton für höhere Frequenzen) als auch elektrische Dämpfungsglieder (Wirbelstromdämpfung) benutzt.

Die Führung der Spitze über die Oberfläche erfolgt in zwei Stufen: Fein- und Grobverstellung. Die Feinverstellung (Bild 1 c) besteht aus einem Dreibein, das aus drei senkrecht zueinander orientierten piezoelektrischen Stäbchen aufgebaut ist. Dabei wird die Tatsache ausgenutzt, daß piezoelektrische Materialien (bestimmte Kristalle und Keramiken) bei Anlegen einer elektrischen Spannung zwischen ihren Enden ihre Länge ändern, und zwar im weiten Bereich linear mit der Spannung. So verursacht z. B. eine Spannung von 1 Volt eine Längenänderung von 1 Å. Da die einzelnen Stäbchen an ihren Enden fixiert sind, ist so eine äußerst präzise Führung der Spitze über die Oberfläche möglich. Die an den horizontalen Stäbchen X und Y angelegte Spannung gibt damit exakt die horizontale Position der Spitze an. Auch die Konstanz des Abstands der Spitze von der Oberfläche kann mit Hilfe des Stäbchens Z leicht eingehalten werden, wenn ein Regelkreis jeweils die für einen konstanten Tunnelstrom notwendige Spannung zur Verfügung stellt. Moduliert man dieser noch eine kleine Wechselspannung auf, mit der dann auch der Abstand Spitze – Probe leicht moduliert wird, so ist auch der Tunnelstrom leicht moduliert. Seine Amplitude hängt – wie oben beschrieben – von der Austrittsarbeit W_A ab, die somit ebenfalls zugänglich wird. Damit wird ein dreidimensionales Bild der Oberfläche möglich, das zudem noch Informationen über eine mögliche Variation der Austrittsarbeit enthält.

Allerdings muß die Feinheit der beschriebenen Verschiebungsmöglichkeit damit bezahlt werden, daß der damit rasterbare Bereich selbst bei einer angelegten Spannung von 1 000 V nur $\frac{1}{10\,000}$-tel eines Millimeters im Durchmesser beträgt. Zur Grobverstellung bedarf es also einer weiteren Vorrichtung.

Dazu wird die Probe auf einer ebenfalls piezoelektrischen Platte montiert. Diese ist wiederum auf drei Füßen befestigt (L in Bild 1 c), die sich an einer Unterlage durch elektrische Kräfte festhalten. Dieses Festhalten entspricht etwa dem Festsaugen einer Blattlaus am Blatt und so wird die beschriebene Vorrichtung auch Laus genannt. Ihre „Füße" sind aus Metall, das „Blatt" ist eine mit einer Isolierschicht versehene Metallplatte. Dadurch bilden Fuß und Unterlage einen Kondensator, so daß sich jeder einzelne Fuß durch Anlegen einer Spannung an der geerdeten Platte festhält. Nimmt man die Spannung von zwei Füßen weg, so lösen sie sich von der Unterlage. Legt man nun an den Körper der Laus, d. h. an die piezoelektrische Platte eine Spannung von bis zu 1 000 V, so zieht sich die Platte um bis zu etwa $\frac{1}{10\,000}$ mm zusammen. Dann saugen sich die Füße

durch Versorgung mit der entsprechenden Spannung wieder fest und der dritte Fuß kann gelöst werden. Man läßt die piezoelektrische Platte sich wieder ausdehnen und kann auch den dritten Fuß wieder fixieren: die Laus hat einen vollständigen Schritt vollzogen. Durch geeignete Wahl der „Hinterbeine" und des „Vorderbeins" kann die Laus so jeden gewünschten Ort der Probe über die Spitze bringen, und zwar in „Riesenschritten" von vielen Atomdurchmessern.

Die Anwendungsmöglichkeiten des R.-T.-M. konzentrieren sich bisher naturgemäß auf die Oberflächenphysik. Dabei sind nicht so sehr glatte Oberflächen interessant. Die Stärke des Mikroskops erweist sich vielmehr bei der Untersuchung von Oberflächen, die stark strukturiert sind, also Störungen wie Stufen usw. aufweisen (Bild 2).

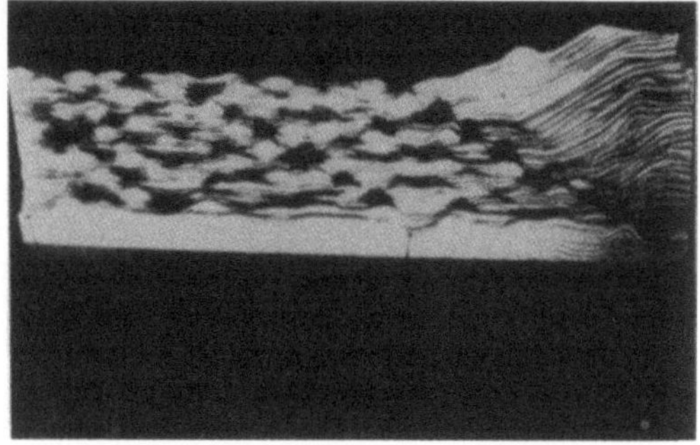

Raster-Tunnel-Mikroskop 2: Raster-Bild einer rekonstruierten Si(111)-Oberfläche. Die Rasterlinien sind erkennbar. Die horizontale Ausdehnung des Bildes entspricht etwa 50 Å.

Auch Adsorptionssysteme werden untersucht und die Anwendungen dehnen sich auch auf biologische Systeme aus. *Heinz*

Literatur: *Behm, R. J.* and *W. Hösler:* Scanning Tunneling Microscopy. Surface Sciences 5 (1986) Kap. 14. – *Binnig, G.* und *H. Rohrer:* Bild der Wissenschaft 7 (1982) 94. – *Binnig, G.* und *H. Rohrer:* Surface Science 152/153 (1985) 17.

Rauchgaskorrosion. → Hochtemperaturkorrosion, die an → metallischen Werkstoffen durch Verbrennungsgase entsteht. Die R. hängt von der Art der Brennstoffe (Kohle, Öl, Gas), den Verbrennungsbedingungen (z. B. Brennstoff/Luft-Verhältnis) und entscheidend von der Art und Konzentration der im Abgas enthaltenen Schadstoffe ab. Zu den gefährlichen, korrosionsfördernden Schadstoffen gehören Schwefeloxide (SO_2 bzw. SO_3), Stickoxide (NO_x, vorwiegend NO), Kohlenmonoxid (CO), gasförmige Chlor- und Fluorverbindungen, teilverbrannte organische Verbindungen, Staub, Staubinhaltsstoffe und Aschen.

Da die genannten Schadstoffe auch in Kombinationen auftreten können, ist das Heißgaskorrosionsverhalten metallischer Werkstoffe ein sehr komplexes Gebiet. Zu beachten ist, daß sich bei Taupunktunterschreitung aus Verbrennungsgasen saure Kondensate auf der Metalloberfläche bilden können, die → Säurekondensatkorrosion hervorrufen.

Da die o. g. Schadstoffe in Verbrennungsgasen auch die Umwelt belasten, werden diese heutzutage, zumindest bei Großfeuerungsanlagen, durch geeignete Rauchgasreinigungsanlagen beseitigt.

Wendler-Kalsch

Literatur: *Rahmel, A.*, u. W. Schwenk: Korrosion und Korrosionsschutz von Stählen. Weinheim 1977. – VDI-Berichte 674: Werkstoffeinsatz in Rauchgasentschwefelungsanlagen. Düsseldorf 1988.

Rauheit. Regelmäßig oder unregelmäßig wiederkehrende Gestaltabweichungen der → Oberfläche von Festkörpern, wobei das Verhältnis der Abstände der Gestaltabweichungen zu ihrer Tiefe zwischen 100:1 und 5:1 liegt. Sie werden durch unterschiedliche Rauheitsmeßgrößen gekennzeichnet (DIN 4768, Blatt 1):

□ Mittenrauhwert R_a: Arithmetischer Mittelwert der absoluten Beträge der Abweichung y des Rauheitsprofiles von der mittleren Linie innerhalb der Meßstrecke l_m (Bild 1). Dies ist gleichbedeutend mit der Höhe eines Rechtecks, dessen Länge gleich der Gesamtmeßstrecke l_m und das flächengleich mit der Summe der zwischen Rauheitsprofil und mittlerer Linie eingeschlossenen Flächen ist.

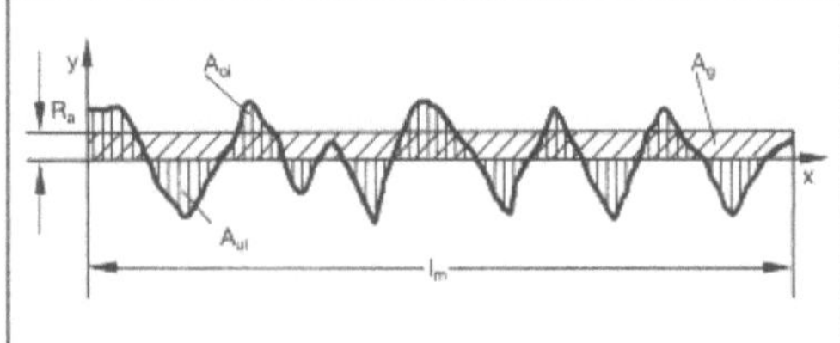

Rauheit 1: Mittenrauhwert R_a.

$$R_a = \frac{1}{l_m} \int_{x=0}^{x=l_m} /y/\, dx$$

□ Einzelrauhtiefe Z_i: Abstand zweier Parallelen zur mittleren Linie, die innerhalb der Einzelmeßstrecke das Rauheitsprofil am höchsten bzw. tiefsten Punkt berühren (Bild 2).

□ Gemittelte Rauhtiefe R_z: Arithmetisches Mittel aus den Einzelrauhtiefen fünf aneinandergrenzender Einzelmeßstrecken (Bild 2).

□ Maximale Rauhtiefe R_{max}: Größte der auf der Gesamtmeßstrecke l_m vorkommenden Einzelrauhtiefen (Bild 2).

Die Rauheitsmeßgrößen werden mit elektrischen Tastschnittgeräten gemessen, welche das Oberflächenprofil mit einer Tastspitze abtasten und die Gestaltabweichungen in analoge elektrische Signale umwandeln (DIN 4772). Dabei werden im allge-

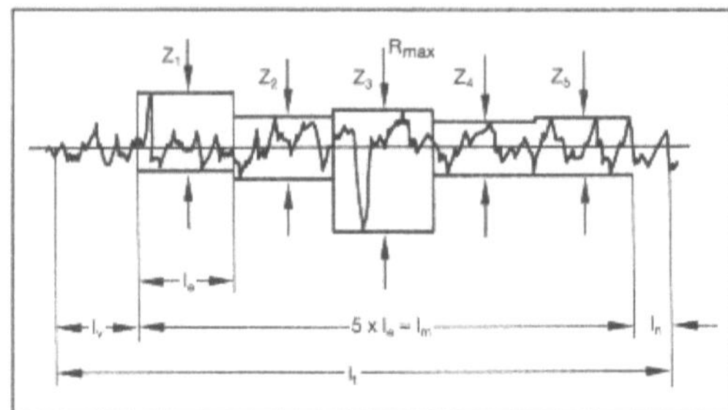

Rauheit 2: Gemittelte Rauhtiefe R_z.

meinen Wellenfilter benutzt, die bewirken, daß langwellige Anteile des Profils nur teilweise oder gar nicht in das Rauheitsprofil bzw. in die Rauheitsmeßgrößen übernommen werden. Die Filtercharakteristiken der Wellenfilter sind den gewählten Meßlängen und dem Betrag der Rauheitsmeßgrößen zugeordnet (DIN 4768, Blatt 1). *Habig*

Literatur: DIN 4768, Blatt 1: Ermittlung der Rauheitsmeßgrößen R_a, R_z, R_{max} mit elektrischen Tastschnittgeräten, Ausgabe 1974. – DIN 4772: Elektrische Tastschnittgeräte zur Messung der Oberflächenrauheit nach dem Tastschnittverfahren, Ausgabe 1979. – DIN 4766, Teil 1: Herstellverfahren der Rauheit von Oberflächen, erreichbare gemittelte Rauhtiefe R_z nach DIN 4768 Teil 1, Ausgabe 1981.

Raumklimagerät. (*engl.* Room air conditioner) Ein R. ist gemäß DIN 8957, Ausg. Sept. 1973, ein anschlußfertiges, ein- oder mehrgehäusiges Gerät, das in einem Raum oder in einem Teil eines Raumes Luftzustände herstellt und erhält, die für den Aufenthalt und die Tätigkeit von Menschen geeignet sind. Es ist mindestens mit einer eigenen Kältemaschine/Wärmepumpe, und einer eigenen Luftfördereinrichtung (Ventilator) ausgerüstet und bläst die behandelte Luft in den zu klimatisierenden Raum oder Raumteil frei aus ohne Anschluß von Luftkanälen.

Ein Raumluftgerät kann im Frisch-, Misch- oder Umluftbetrieb benützt werden. Die Mindestanforderungen für den Kühlbetrieb sind im gemäßigten Klima bei einem Außenluftzustand von 35 °C/40 % rel. F einen Raumluftzustand von 27 °C/46 % rel. F und im Tropenklima bei einem Außenluftzustand von 46 °C/15 % rel. F einen Raumluftzustand von 29 °C/38 % rel. F zu erreichen. Im Heizbetrieb wird ein Raumluftzustand von 21 °C/30 bis 50 % rel. F gefordert, wobei es für den Außenluftzustand verschiedene Anforderungsklassen gibt.

Ein R. kann zusätzlich zum Reinigen, Heizen, Trocknen und Befeuchten der behandelten Luft ausgerüstet sein. *Kußmaul*

RBS → Oberflächenanalytik

Reaktion, tribochemische. → Verschleißmechanismus, bei dem auf den beanspruchten Werkstoffoberflächen Reaktionsprodukte gebildet werden, indem Bestandteile des Zwischenstoffs oder Umgebungsmediums mit den Grund- oder Gegenkörperwerkstoffen chemisch reagieren. Dabei können Reaktionen ablaufen, die thermodynamisch nicht zu erwarten sind. So wird über die →Oxidation von Spänen aus Elektrolytkupfer berichtet, die in einer Porzellan-Schwingmühle tribologisch beansprucht wurden. Die Reaktion läuft nach folgender Gleichung ab:

$$4\,Cu + CO_2 \rightleftharpoons 2\,Cu_2O + C$$

Die Gleichgewichtskonstante k beträgt bei Raumtemperatur 2×10^{-18}, so daß nicht mit einem meßbaren Umsatz zu rechnen ist. Nimmt man an, daß die Temperatur sich auf 1 000 K erhöht, so ist die Gleichgewichtskonstante $k = 10^{-11}$ immer noch sehr klein; es dürfte kaum Kupferoxid gebildet werden. Trotzdem wurde eine meßbare Oxidation beobachtet.

T. R. laufen meistens wesentlich schneller als durch das thermodynamische →Gleichgewicht gesteuerte Reaktionen ab (Bild 1). Meistens findet eine →Tribooxidation statt, gelegentlich kann aber auch eine Triboreduktion in Erscheinung treten.

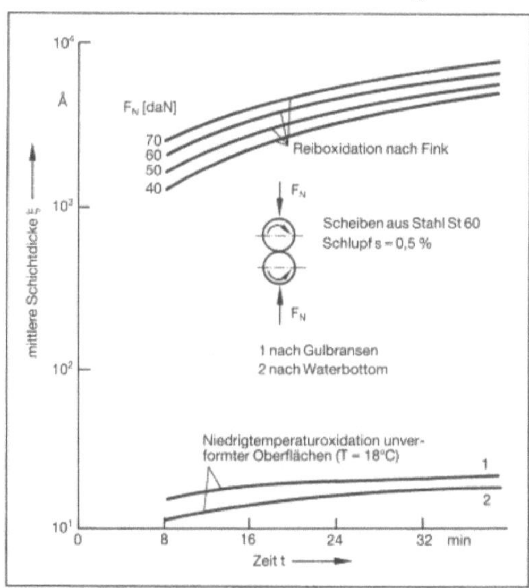

Reaktion, tribochemische 1: Beschleunigung der Oxidation von Eisen durch Wälzbeanspruchungen.

T. R. sind teilweise erwünscht, weil sie die →Adhäsion einschränken. Für den →Verschleiß ist das Verhältnis der →Härte der Reaktionsprodukte zur Härte der darunter liegenden Werkstoffbereiche von großer Bedeutung. Ist dieses Verhältnis kleiner als eins, so haben Reaktionsprodukte häufig eine verschleißmindernde Wirkung. Sind die Reaktionsprodukte wesentlich härter als der Grundwerkstoff, so können sie als Verschleißpartikel →Abrasion

hervorrufen. Typische Erscheinungsformen von t. R. sind in den Bildern 2 und 3 dargestellt.

Habig

Reaktion, tribochemische 2: Tribochemisch gebildete Oxidpartikel auf einer Kupferoberfläche.

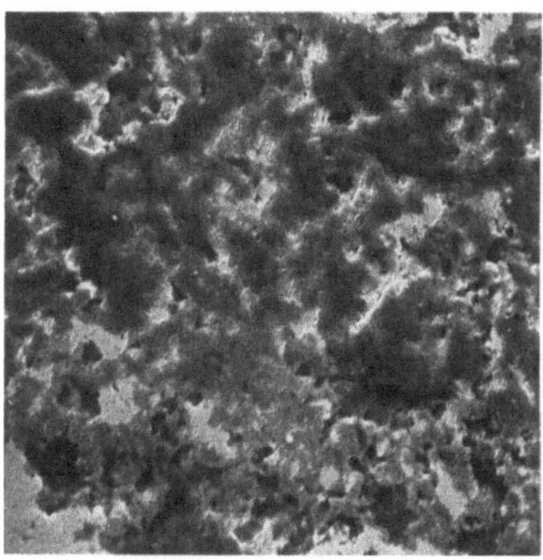

Reaktion, tribochemische 3: Tribochemisch gebildete Oxidschicht auf einem borierten Stahl.

Literatur: *Heinicke, G.:* Physikalisch-chemische Untersuchungen tribochemischer Vorgänge. Abhandlungen der Deutschen Akademie der Wissenschaften zu Berlin. Hrsg. P. A. Thiessen, K. Meyer u. G. Heinicke. Berlin 1966. – *Krause, H.:* Der Einfluß mechanisch-chemischer Reaktionen auf das Reibungs- und Abnutzungsverhalten von kubisch-flächenzentrierten Stählen. Wiss. Zeitschrift der Hochschule für Verkehrswesen „Friedrich List", Dresden, 15 (1968) S. 679–689.

Reaktionsgeschwindigkeit →Korrosion

Reaktionsharz. Als R. werden Monomere oder Oligomere bezeichnet, die nach Mischung mit niedermolekularen Reaktionsmitteln (Härtern, Beschleunigern) chemisch vernetzen und drucklos aushärten. Für das Bauwesen sind vor allem bei üblichen Umgebungstemperaturen härtende Polyesterharze (UP) und Epoxidharze (EP) sowie Polyurethanharze (PUR) und Methacrylatharze (PMMA) von Bedeutung. Im weiteren Sinne zählen auch zu Elastomeren vernetzende Fugendichtungsmassen zu den R. Zur Verarbeitung mischt man mindestens zwei in sich chemisch nicht reaktive „Komponenten" in genau festgelegtem Verhältnis sehr innig miteinander. Je nach Harztyp und Temperatur führt die Erhärtungsreaktion nach wenigen Minuten bis einigen Stunden zu einer Viskositätserhöhung, die die Verarbeitungszeit begrenzt (Bild 1). Diese „Topfzeit" beträgt einige Minuten bis einige Stunden bei 20 °C. Durch die chemische Reaktion zwischen den Komponenten wird Wärme frei, die kurzzeitig bei großen Ansatzmengen zu Temperaturen von über 100 °C im Kunststoff führen kann. Wegen der außerordentlichen Klebkraft der Harze an fast allen Stoffen müssen die Verarbeitungsgeräte innerhalb der Topfzeit mit Speziallösungsmitteln gereinigt werden.

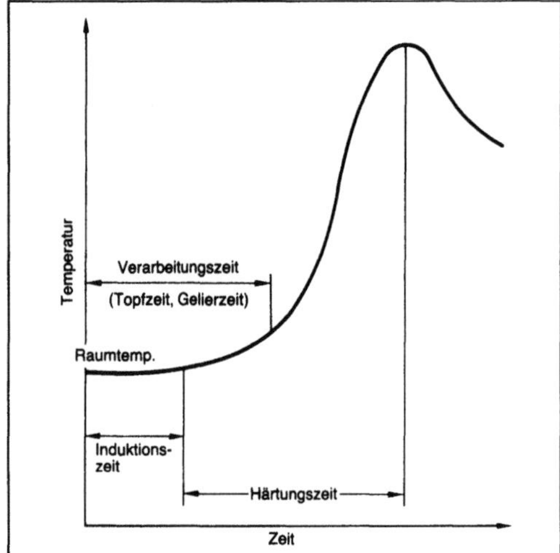

Reaktionsharz 1: Reaktionsablauf.

□ Polyesterharze (UP). Aus Diolen und Dicarbonsäuren werden durch → Polykondensation (Veresterung) unterschiedliche Typen von ungesättigten, d. h. Doppelbindungen enthaltenen Polyestern als „Grundharze" hergestellt. Diese bringt man durch Lösen in Styrol in eine der späteren Verarbeitung angepaßten → Viskosität und Reaktivität. Die Grundharze bestimmen weitgehend die Endeigenschaften des ausgehärteten R., wie mechanische und thermische Eigenschaften, Witterungsbeständigkeit, → Chemikalienbe-

ständigkeit. Die → Härtung geschieht durch → Vernetzung der Grundharzmoleküle durch Styrol (Mischpolymerisation) unter Wärmeabgabe bei einem Volumenschwund von rd. 6–8 %. Man startet die Reaktion erst, wenn zum in Styrol gelösten Grundharz ein Härter (Katalysator) gemischt wird. Hierzu verwendet man meist organische Peroxide, deren Wirkung wiederum erst durch besondere Maßnahmen, wie
– Wärmezufuhr ($\geqq$ 80 °C) oder
– Beschleunigerzugabe (Amine oder Kontaktverbindungen)
ausgelöst wird. Je nach Harzsystem entstehen bei Raumtemperatur weiche Polymerisate oder mehr oder weniger wärmestandfeste Harze (Bild 2). Die Grundharze sind leicht entzündlich, Peroxide und Aminbeschleuniger ätzend, Styroldämpfe gesundheitsschädlich und Mischungen aus Härter und Beschleuniger explosionsgefährdet. Die Schutzvorschriften der Gewerbeaufsicht sind sorgfältig einzuhalten. Voll ausgehärtete UP-Harze sind physiologisch indifferent. Alle technisch wichtigen Eigenschaften werden auch bei kalthärtenden Systemen durch eine mehrstündige Temperung in Öfen oder unter Strahlern bei rd. 70–80 °C teilweise wesentlich verbessert. Durch Wahl des Harzsystems und/oder durch Zusatzstoffe lassen sich folgende Eigenschaften der ausgehärteten Produkte erreichen:
– Schwerentflammbarkeit, z. B. durch Zusatz von Antimontrioxid,
– erhöhte chemische → Korrosionsbeständigkeit,
– Hydrolyse- und Verseifungsbeständigkeit,
– Flexibilisierung,
– erhöhte Witterungsbeständigkeit,
– Schäumbarkeit.

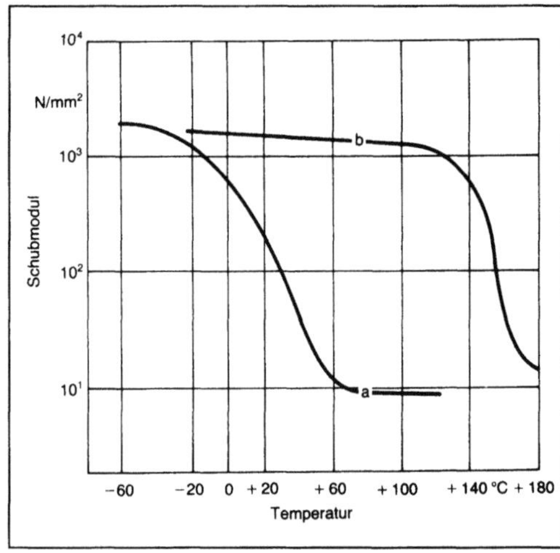

Reaktionsharz 2: Elastische Eigenschaften unterschiedlicher Reaktionsharze.

a elastisches Harz (Weichharz), b wärmestandfestes Harz

Anwendungsgebiete im Bauwesen sind →Mörtel und →Betone, Schaumbetone, glasfaserverstärkte Bauteile, Beschichtungen und Kleber.

□ Epoxidharze (EP). Epoxidharze enthalten charakteristische reaktive Ringstrukturen der Form

$$-\overset{\displaystyle H}{\underset{}{C}}-\overset{\displaystyle H}{\underset{}{C}}-H$$

Durch → Polyaddition mit „aktive" Wasserstoffatome enthaltenden Monomeren (Säuren, Alkoholen, Aminen, Amiden) entstehen unter geringem Härtungsschwund Duromere mit vielfältigen Eigenschaften. Die Molekularstrukturen sind kompliziert (Bild 3). Die neu entstandene OH-Gruppe ermöglicht weitere Additionsreaktionen unter Umlagerung des H-Atoms. Die EP-Härter wirken nicht wie bei den UP-Harzen katalytisch anregend, sondern stellen selbst die Brücken zwischen den vorpolymerisierten Harzen her. Sie müssen daher extrem genau dosiert und eingemischt werden. Jede Mehr- oder Mindermenge führt zu unvollständigen Reaktionen und verschlechterten technischen Eigenschaften. Der weitaus überwiegende Teil der Harze ist vom sehr einheitlichen Bisphenol-A-Typ, den man zur Viskositätserniedrigung häufig mit Lösemitteln oder Reaktivverdünnern mischt, die in das → Polymer eingebaut werden (Tabelle 1). Die Vielfalt der Verarbeitungs- und Endeigenschaften wird vorzugsweise durch den Typ und die Modifikation des Härters bzw. der Härterkombination bestimmt

(Tabelle 2). Beeinflußt werden können u. a. die Viskosität, die Reaktivität, die Wasserverträglichkeit, die chemische Beständigkeit. Mischungen, die zu chemischen Vernetzungen führen, sind mit Teeren und → Polysulfidkautschuk möglich; es entstehen dabei elastomerähnliche Produkte. Die Verarbeitungs- und Gebrauchseigenschaften können durch zahlreiche Hilfs- und Füllstoffe maßgeblich beeinflußt werden (Tabelle 3). Einige Härtertypen, vor allem Amine, wirken ätzend. Die gewerbeaufsichtlichen Vorschriften sind zu beachten.

Die Eigenschaften von ausgehärteten UP- und EP-Harzen überschneiden sich in weiten Bereichen. Bei hohen Anforderungen, z. B. hinsichtlich Was-

Reaktionsharz. Tabelle 1: EP-Harze für das Bauwesen und zugehörige Verdünner.

Harze	Reaktiv-verdünner	Lösemittel
Bisphenol A und Bisphenol E mit unterschiedlichen relativen Molekülmassen	Butylglycidether Kresylglycidether 2-Ethylhexylglycidether Monoglycidether Benzylalkohol	Aromate (Benzol, Xylol) Alkohole Esther Glykolether Ketone

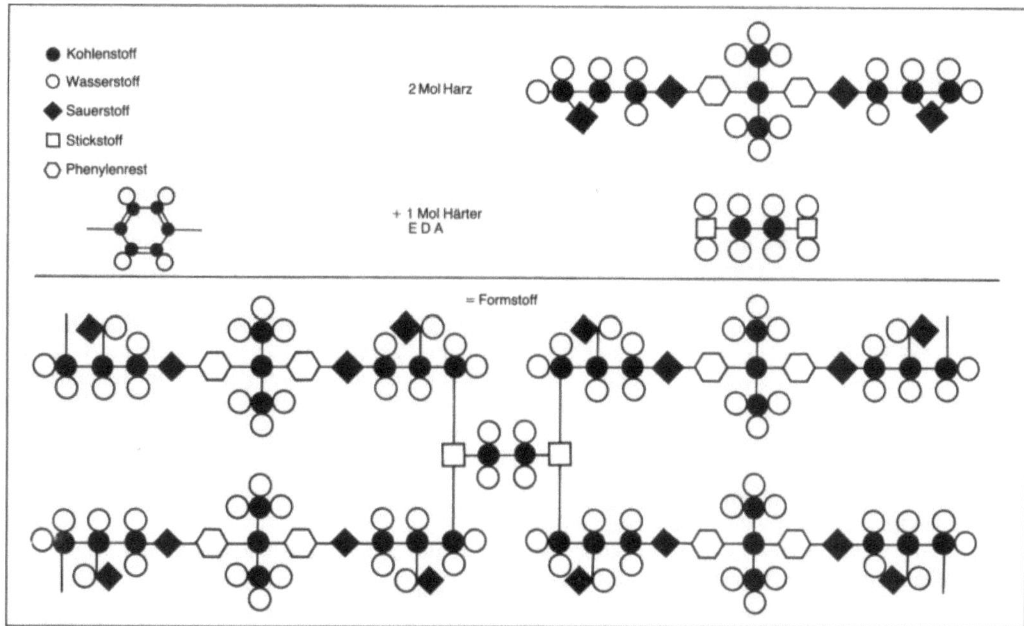

Reaktionsharz 3: Prinzip der Härtung eines EP-Harzes.

Reaktionsharz. Tabelle 2: Härter für EP-Systeme des Bauwesens und zugehöriger Verdünner.

Härter	Reaktivverdünner
cycloaliphatische Amine Polyaminoamide modifizierte (aliphatische) Polyamine Jeweils in Mischungen miteinander	Ester Nonylphenol Amine

Reaktionsharz. Tabelle 3: Hilfs- und Füllstoffe für Verdünner.

Flexibilisatoren	Thixotropiermittel	Pigmente	Füllstoffe
chlorierte Olefine, Ester, Diphthalat, Urethan, Benzylalkohol, Polysulfidkautschuk,	Pflanzenölderivate, natürliche Kieselsäure, Bentonit	Eisenoxide, Titanoxide, weitere Schwermetalloxide, organische Farbstoffe	Quarzmehl, Feinsande, Schwerspat, Talkum, Zement

serunempfindlichkeit bei der Verarbeitung oder Dauerbeständigkeit in alkalischer Umgebung, sind die entsprechend ausgewählten EP-Harze überlegen; allerdings sind sie auch deutlich teurer. EP-Harze verwendet man im Bauwesen in erster Linie für Beschichtungen und Mörtel, z. B. für Estriche, Vergußmassen, Ausgleichschichten, Reparaturmörtel u. a. Wichtige Gebiete sind auch Verklebungen, z. B. von Fertigteilen, Neu-Altbeton, und Rißinjektionen sowie kunstharzmodifizierte Mörtel.
→ Harz, synthetisch *Sasse*

Reaktionsharzmörtel → Kunstharzmörtel, → Kunstharzbeton

Reaktionsschichten. Oberflächenschichten auf → metallischen Werkstoffen. In der Regel handelt es sich um Oxidschichten. Durch Reaktion mit → Schmierstoffadditiven können aber auch phosphor-, schwefel- oder chlorhaltige R. gebildet werden. Diese Schichten wirken der → Adhäsion bzw. dem → Fressen entgegen. *Habig*

Reaktionstränken → Durchdringungsverbundwerkstoffe

Reckalterung. → Alterung bei ferritischem → Stahl als Folge einer → Kaltverformung. Sie ist abhängig vom Verformungsgrad (kritischer Verformungsgrad 5–10 %) und vom Werkstoffzustand. Die Kaltverformung bewirkt zunächst ein Freiwerden von Stickstoffatomen aus den α-Mischkristallen. Diese lagern sich unter Blockierung von Gleitebenen an bei der → Verformung erzeugten Versetzungen an oder sie scheiden sich als versprödend wirkendes Eisennitrid nadelförmig aus.

Durch R. werden die Zähigkeitseigenschaften und dabei vor allem die → Kerbschlagarbeit abgesenkt sowie die Sprödbruchübergangstemperatur und die Festigkeitskennwerte erhöht.

Durch einen ausreichenden Gehalt an stickstoffabbindenen Elementen (vor allem → Aluminium, aber auch → Niob, → Titan und → Vanadin) kann die Alterungsanfälligkeit weitgehend vermieden und schweißgeeigneter, sprödbruchunempfindlicher, feinkörniger Stahl erhalten werden, wie z. B. Feinkornbaustähle DIN 17102, Ausg. Okt. 1978. Eine eingetretene R. läßt sich durch → Glühen oberhalb der Umwandlungspunkte A_3 bzw. A_1 beseitigen (Altern, → Alterungsversuch). *Kußmaul*

Redox. R.-Reaktionen sind Wechselwirkungen zweier Atome oder Moleküle unter vollständigem Austausch eines oder mehrerer Elektronen. Dabei müssen immer zwei Vorgänge gleichzeitig ablaufen:
☐ Reduktion: Ein Partner nimmt eines oder mehrere Elektronen auf.
☐ Oxidation: Der andere Partner gibt Elektronen ab.

Diese Elektronen können i. a. nur Elektronen der äußersten Schale (Valenzelektronen) sein.

Zur Charakterisierung des Zustandes, in dem sich ein Atom oder Molekül befindet, führt man eine willkürliche Kenngröße, die Oxidationsstufe oder Oxidationszahl oder Wertigkeit ein. Diese ganze Zahl gibt die Änderung der Elektronenzahl eines Atomes gegenüber seinem Standardzustand an. Dieser wird ungeachtet der wahren Bindungsverhältnisse mit »0« angenommen. Folgende Beispiele zeigen die Verwendung des Begriffs:

Oxidation = Abgabe von Elektronen

$$E \rightarrow E^{n+} + n\ e^-$$

Reduktion = Aufnahme von Elektronen

$$E^{n+} + n\ e^- \rightarrow E$$

Ebenfalls wichtig sind die Begriffe Oxidationsmittel = Stoff, der die Oxidation bewirkt und dabei

Redox. Tabelle 1: Oxidationszahlen.

Element	Standardzustand	mögl. Ox.-zahl	Name	
Sauerstoff	O_2-Gas 0	-1	H_2O_2	Wasserstoffperoxid
		-2	MgO	Magnesiumoxid
Wasserstoff	H_2-Gas 0	$+1$	H^+	Proton
			H_2O	Wasser
		-1	LiH	Lithiumhydrid
Eisen	Fe-Metall 0	0	$Fe(CO)_5$	Eisenpentacarbonyl
		$+2$	$FeCl_2$	Eisen-II-chlorid
		$+3$	$FeCl_3$	Eisen-III-chlorid
		$+6$	$BaFeO_4$	Bariumferrat
Brom	Br_2 flüssig 0	-1	NaBr	Natriumbromid
		$+1$	NaOBr	Natriumhypobromid
		$+5$	$NaBrO_3$	Natriumbromat
		$+7$	$NaBrO_4$	Natriumperbromat

reduziert wird; Reduktionsmittel = Stoff, der die Reduktion bewirkt und dabei oxidiert wird.

Solche R.-Reaktionen laufen entweder spontan beim Zusammenbringen der Partner ab oder können durch Zufuhr elektrischer Energie in elektrochemischen Zellen erzwungen werden. Oft laufen die R.-Reaktionen, die ein →Gleichgewicht darstellen, nur unvollständig ab:

$$\text{Reduktionsmittel} \underset{\text{Reduktion}}{\overset{\text{Oxidation}}{\rightleftharpoons}} \text{Oxidationsmittel} + e^-$$

Entscheidend für den Reaktionsverlauf ist der Unterschied der inneren Energien der Reaktionspartner, aus dem sich als direktes Maß für die Reaktion das chemische Potential ergibt. Unter einem Potential versteht man hier den absoluten Gehalt an innerer Energie eines Stoffes. Diese innere Energie ist eine von der Menge des Stoffes unabhängige Größe. Es gibt grundsätzlich keine Möglichkeit, diese Größe absolut zu bestimmen. Sehr leicht können jedoch Differenzen solcher Energien bestimmt werden. Diese Potentialdifferenzen werden relativ zu einem Standardnormalpotential angegeben.

Die experimentelle Anordnung zur Messung der Spannung nennt man elektrochemische Zelle. Jede elektrochemische Zelle besteht aus zwei Halbzellen oder Elektroden. Sehr oft sind solche Halbzellen ein Metallstab, der in eine wäßrige Lösung des gleichen Metallions eintaucht, z. B. $Cu/CuSO_4$ $_{0,1\ m}$.

Kombiniert man zwei solche Elektroden, so erhält man eine elektrochemische Zelle, wie zum Beispiel das *Daniell*-Element:

$$Zn\ /\ Zn^{2+}_{\ 0,1m}\ //\ Cu^{2+}_{\ 0,1m}\ /\ Cu$$

Zwischen beiden Halbzellen ist eine poröse Trennwand (Tonplatte etc.), die die →Diffusion der Metallsalzlösungen (Elektrolyte) ineinander verhindert. An diesen Elektroden laufen nun folgende R.-Reaktionen ab:

$$Zn \rightarrow Zn^{2+} + 2\ e^-$$
$$\underline{Cu^{2+} + 2\ e^- \rightarrow Cu}$$
$$Cu^{2+} + Zn \rightarrow Zn^{2+} + Cu$$

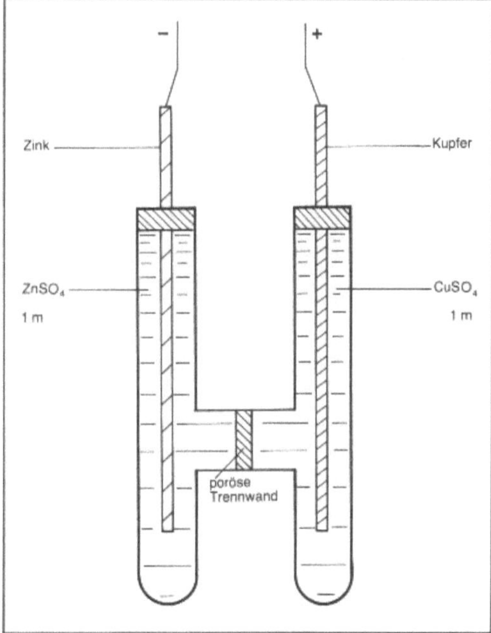

Redox: Daniell-Element.

Man definiert folgende Polarität: links im Zellsymbol steht der Elektronen abgebende Stoff (wird oxidiert oder dient als Reduktionsmittel) und damit die negative → Elektrode, aus der Elektronen durch den äußeren Stromkreis zur Gegenelektrode (dem Stoff, der reduziert wird oder Oxidationsmittel ist) fließen.

Die Spannung dieser Zellen entspricht nur in sog. reversiblen Zellen den gesuchten Potentialdifferenzen. In solchen Zellen können die abgelaufenen R.-Reaktionen vollständig umgekehrt werden. Praktisch bedingt dies, daß kein Nutzstrom durch den äußeren Stromkreis fließt.

Alle bisher bekannten Methoden der Speicherung elektrischer Energie beruhen letztlich auf solchen elektrochemischen Zellen, sie heißen dann Batterien oder Brennstoffzellen. Dabei läuft eine R.-Reaktion ab und liefert Strom (= Entladen). In wieder aufladbaren Zellen (= reversible Zellen) wird dann durch Anlegen einer entgegengesetzt gepolten Spannung die Reaktion wieder umgekehrt; Beispiel Bleiakkumulator.

Für die Bestimmung der Potentialdifferenz verwendet man die stromlose Messung in der *Poggendorf*'schen Kompensationsschaltung. Diese beruht auf der Anlegung einer äußeren Gegenspannung an die zu messende Zelle. Entspricht die Gegenspannung genau der Potentialdifferenz in der Zelle, so ist ein Stromfluß in der zu untersuchenden Zelle unmöglich. Zur Eichung dieser Gegenspannung wird ein Normalspannungselement (*Weston*-Element) verwendet.

Diese so ermittelte Spannung heißt elektromotorische Kraft EMK und ist definiert durch:

$$EMK = \Delta\varphi_{(I \to O)}$$

Die EMK ist nun direkt mit der Differenz der inneren Energien der untersuchten Reaktion verknüpft:

$$\Delta G = -n \cdot F \cdot EMK$$

Als Standard für die Ermittlung der EMK ist die Wasserstoffnormalelektrode festgelegt:

$$\tfrac{1}{2} H_2 \to H^+ + e^-$$

Praktisch wird diese Elektrode durch Eintauchen einer platinierten Platinelektrode in eine 1n Säure unter Umspülung mit Wasserstoff von 1 bar und 25 °C realisiert. Ihre EMK wird als 0,00 V angenommen. Sie stellt den Nullpunkt der Spannungsreihe, einer Auflistung aller untersuchten R.-Reaktionen, in der Reihenfolge vom negativsten zum positivsten System dar. Die Polarität ist durch die Richtung der Elektronen-Abgabe definiert. Fließen Elektronen von der untersuchten Elektrode zur Wasserstoffelektrode, so ist die EMK negativ; im umgekehrten Fall positiv.

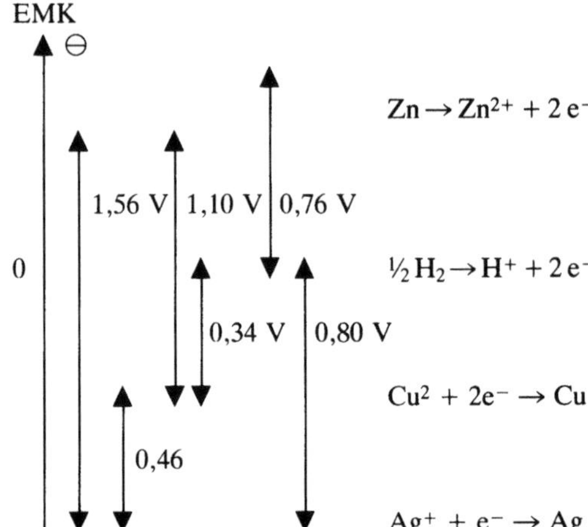

Die Stellung einer Reaktion in dieser Spannungsreihe ist also direkt proportional der Oxidationskraft bzw. Reduktionskraft.

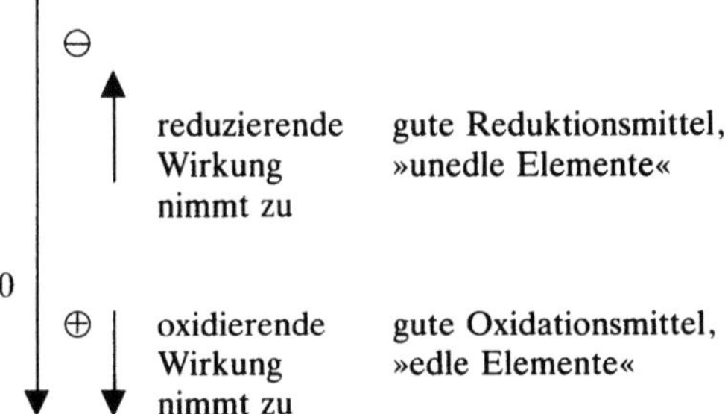

Tabelle 2 gibt einen Ausschnitt aus den vielfältigen so untersuchten Reaktionen wieder. Dabei wird die EMK unter Standardbedingungen, also bei 1-normalen Lösungen und 25 °C angegeben.

Ganz entscheidend hängt die R.-Wirkung sauerstoffhaltiger Systeme vom pH-Wert der Umgebung ab. Bei unterschiedlichen pH-Werten führen verschiedene R.-Mechanismen zu unterschiedlichen Produkten.

Oxidationsmittel:

sauer: $MnO_4^- + 8\,H^+ + 5e^- \to Mn^{2+} + 4\,H_2O$
$E = +1{,}51\ V$
basisch: $MnO_4^- + 2\,H_2O + 3e^- \to MnO_2 + 4\,OH^-$
$E = +0{,}59\ V$

oder Reduktionsmittel:

basisch: $Al + 4\,OH^- \to Al(OH)_4^- + 3e^-$
$E = -2{,}35\ V$
sauer: $Al \to Al^{3+} + 3e^-$
$E = -1{,}66\ V$

Redox. Tabelle 2: Redoxpotentiale

Reduziert	Oxidiert	$E_0[V]$
Saure Lösungen Metalle		
Li	Li^+e^-	$-3,05$
Mn	$Mn^{2+} + 2\,e^-$	$-1,19$
Fe	$Fe^{2+} + 2\,e^-$	$-0,41$
Cu	$Cu^{2+} + 2\,e^-$	$+0,34$
Au	$Au^{3+} + 3\,e^-$	$+1,50$
Nichtmetalle		
H_{Atom}	$H^+ + e^-$	$-2,10$
$Si + 2\,H_2O$	$SiO_2 + 4\,H^+ + 4\,e^-$	$-0,86$
$\frac{1}{2}H_2$	$H^+ + e^-$	$\pm 0,00$
$O_2 + H_2O$	$O_3 + 2\,H^+ + 2\,e^-$	$+2,07$
HF	$\frac{1}{2}F_2 + H^+ + e^-$	$+3,06$
Basische Lösungen Metalle		
$Ca + 2\,OH^-$	$Ca(OH)_2 + 2\,e^-$	$-3,03$
$Fe + 2\,OH^-$	$Fe(OH)_2 + 2\,e^-$	$-0,89$
$2\,Ag + 2\,OH^-$	$Ag_2O + H_2O + 2\,e^-$	$+0,34$
Nichtmetalle		
$SO_3^{2-} + 2\,OH^-$	$SO_4^{2-} + H_2O + 2\,e^-$	$-0,91$
$NO_2^- + 2\,OH^-$	$NO_3^- + H_2O + 2\,e^-$	$+0,01$
$2\,SO_4^{2-}$	$S_2O_2^{2-} + 2\,e^-$	$+2,01$
F^-	$\frac{1}{2}F_2 + e^-$	$+2,86$

Häufige Ursache dieser pH-Abhängigkeit ist die Zunahme der Stabilität von Oxoverbindungen mit Zunahme der Kationenladung. Dadurch sind die oxidierten Spezies (MnO_4^-) im Basischen viel stabiler (weil zusätzliche OH^--Ionen bei der Reduktion entstehen) als im Sauren, wodurch die Oxidationswirkung geringer ist. Noch wichtiger ist die komplexierende Wirkung des OH^--Ions, die durch Bildung stabiler Produkte oft für eine starke Verschiebung des Redoxgleichgewichts sorgt ($Al(OH)_4^-$).

Allgemein wird die Lage eines Redoxgleichgewichtes bestimmt
– von Faktoren, die die Stabilität der Ausgangsverbindung beeinflussen
– von Faktoren, die die Produkte aus dem Gleichgewicht entfernen.

Deshalb sind ganz allgemein Oxidationsmittel in saurer Lösung und Reduktionsmittel in basischer Lösung besser wirksam.

Laufen R.-Reaktionen unter anderen als den Standardbedingungen ab, so sind die R.-Potentiale deutlich verschieden von den Normalpotentialen oder der Standard-EMK. Insbesondere durch abweichende Konzentrationen oder Änderungen der

pH-Werte lassen sich R.-Reaktionen weitgehend beeinflussen. Zur Vorhersage der Gleichgewichtslage benötigt man daher eine Beziehung zwischen der „Standardlage" und den jeweiligen Reaktionsbedingungen. Diese Beziehung heißt *Nernst*-Gleichung und lautet:

$$e = E_0 + \frac{0,05916}{n} \log \frac{[Ox]}{[Red]}$$

E = Potentialdifferenz des vorliegenden Redoxsystems
E_0 = Standardpotentialdifferenz
n = Zahl der pro Formeleinheit verschobenen Ladungen [Ox], [Red] = Konzentrationen aller Reaktionspartner auf der Reduktions- bzw. Oxidationsseite

Der Faktor 0,05916 folgt aus den Konstanten $\frac{R \cdot T}{F}$, wobei

R die allgemeine Gaskonstante darstellt und
T die Temperatur in Kelvin und
F die Faraday-Konstante bezeichnen.

Alle chemischen Reaktionen (Stoffumwandlungen) lassen sich in Reaktionen unter
– Verschiebung von Teilladungen (Säure-Base-Reaktionen)
– Verschiebung ganzer Ladungen (R.-Reaktionen)
einteilen.

Neben den hier behandelten anorganischen Metall- und Nichtmetallsystemen sind viele organische Reaktionsmechanismen R.-Reaktionen. Bildung von Alkoholen, Ketonen, Aldehyden und Carbonsäuren sind typische Oxidationen; Hydrierungen sind Reduktionen. Das Gleichgewicht Chinon $\rightleftharpoons$ Hydrochinon ist ein typisches Redoxgleichgewicht (Chinhydron-Elektrode).

Lebensnotwendig sind R.-Reaktionen im biologischen Bereich: Photosynthese und Atmung stellen das biologische Redoxgleichgewicht im System $CO_2 + H_2O$ dar.

$$6\,CO_2 + 6\,H_2O \underset{\text{Atmung}}{\overset{\text{Photosynthese}}{\rightleftharpoons}} C_{12}O_6 + 6\,O_2$$

Analog zur Speicherung elektrischer Energie in Akkumulatoren existiert der biologische Elektronenspeicher

$$NADP \rightleftharpoons NADPH$$

Die Übermittlung von Informationen durch Nervenreize geschieht ebenfalls durch R.-Reaktionen.

Auch unsere Energiegewinnung stellt eine R.-Reaktion dar, die chemisch gespeicherte Sonnenenergie ausnutzt. ($\rightarrow$ Reduktion, $\rightarrow$ Oxidation, $\rightarrow$ Spannungsreihe). *Sebald/Bensch*

Redoxpotential. $\rightarrow$ Gleichgewichtspotential einer elektrolytischen Redoxreaktion. *Wendler-Kalsch*

Redoxreaktion → Redox

Redoxsystem → Redox

Reduktion. Als R. wird bei der Erzeugung von → Roheisen und → Eisenschwamm die Überführung der in der Natur vorkommenden Oxidationsstufen des Eisens, Fe_2O_3 und Fe_3O_4, in Wüstit, FeO, und in → Eisen, Fe, bezeichnet. Als Reduktionsmittel werden dabei CO, H_2 und fester → Kohlenstoff genutzt.

Eine gute Ausnutzung von CO und H_2 im → Reduktionsgas ist erwünscht, um den Bedarf an Koks bzw. Gas zu minimieren. Sie wird begünstigt durch Bedingungen, die eine hohe → Reaktionsgeschwindigkeit ermöglichen. Dazu gehören unter anderem eine große Oberfläche bzw. geringe → Korngröße und hohe → Porosität der zu reduzierenden Stoffe.

Die Reduktionsgeschwindigkeit oder der erreichte Reduktionsgrad werden unter standardisierten Bedingungen experimentell ermittelt. Die Meßdaten werden benutzt zur vergleichenden Bewertung unterschiedlicher Erze und zur Festlegung von Betriebsbedingungen der Anlagen zum → Sintern und → Pelletieren von Eisenerzen mit dem Ziel, eine gute Reduzierbarkeit von Sinter und Pellets zu erreichen.   *Rellermeyer*

Literatur: Grundlagen des Hochofenverfahrens. Düsseldorf 1973.

Reduktionsgas. Gas das zur → Reduktion von Eisenerzen zu → Eisenschwamm in → Direktreduktionsverfahren dient. Es wird aus Erdgas durch katalytische Umformung erzeugt.

Beim Umformen mit Wasserdampf, dem Verfahren in HYL-Direktreduktionsanlagen, erhält man ein R. mit etwa 23 % CO und 68 % H_2. Es wird nach der Umformung abgekühlt, um den restlichen Wasserdampf durch Kondensation zu entfernen. Dann muß es wieder auf die Temperatur von 800 bis 900 °C erhitzt werden, bevor es in den Reduktionsofen eingeblasen wird.

Beim Midrex-Verfahren wird das CO_2-haltige → Gichtgas des Schachtofens zur Umformung des Erdgases genutzt. Es entsteht ein R. mit etwa 46 % CO und 46 % H_2. Da der Gehalt an Wasserdampf niedrig ist, wird das R. nicht abgekühlt, sondern mit der Temperatur, mit der es den Umformer verläßt, in den Schachtofen eingeblasen. Da der Katalysator, der in beiden Verfahren verwendet wird, durch Schwefel vergiftet wird, müssen gegebenenfalls das Erdgas und das rückgeführte Gichtgas entschwefelt werden.   *Rellermeyer*

Redundanz.
1. R. ist in der Informationstheorie die Bezeich-

nung für das Vorhandensein von an sich überflüssigen Elementen in einer Nachricht, die keine zusätzlichen Informationen liefern, sondern lediglich die beabsichtigte Grundinformation stützen.

2. R. ist das Vorhandensein von mehr funktionsbereiten technischen Mitteln, als zur Erfüllung der vorgesehenen Funktion notwendig ist (Definition in der Regel des Kerntechnischen Ausschusses KTA 3501).

In einem System läßt sich der Zufallsausfall eines Geräts beherrschen, wenn Reservegeräte die Funktion des ausgefallenen übernehmen. Die Reservegeräte, die *im Überfluß vorhanden sind* werden als redundant bezeichnet. Bei der *aktiven R.* sind die Ersatzeinheiten dauernd eingeschaltet und in Betrieb, bei der *passiven R.* (stand by equipment) wird die Reserveeinheit erst nach Ausfall der Originaleinheit aktiviert.

Die aktive R. wird gewöhnlich durch parallel geschaltete Kanäle realisiert. Gebräuchlich sind Auswahlschaltungen (Bild). Ein Kontakt genügt zum Schalten der Spannung, der andere parallel liegende ist redundant. Die notwendige Funktion wird auch dann noch erbracht, wenn einer der als unabhängig angenommenen Kontakte versagen würde.

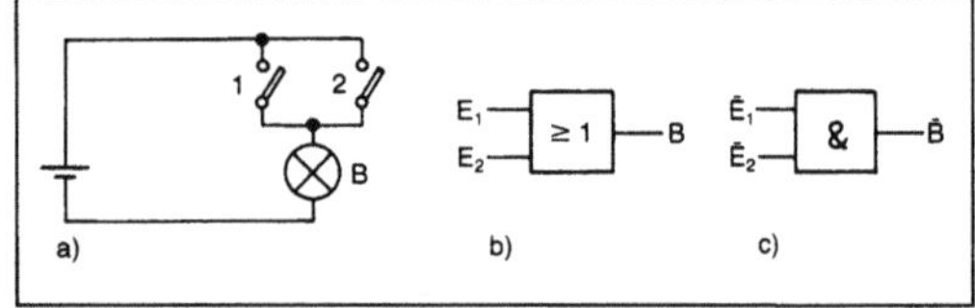

Redundanz: Beispiel eines (1 von 2)-Systems. Parallelschaltung a) mit Erfolgsbaum b) und Fehlerbaum c).

Bei der im Bild gezeigten Schaltung fließt ein Strom über die Lampe (Ereignis B), wenn entweder der Schalter 1 oder der Schalter 2 oder beide geschlossen sind. Diese Ereignisse E_i haben die Wahrscheinlichkeit $w(E_i)$.

E_i: Der Kontakt i schaltet
$\overline{E}_i$: Der Kontakt i schaltet nicht
$B = E_1 \vee E_2$: Die Lampe brennt
$\overline{B} = \overline{E}_1 \wedge \overline{E}_2$: Die Lampe brennt nicht
$w(E_i) = 1-p$: Wahrscheinlichkeit, daß der Kontakt i schaltet
$w(\overline{E}_i) = p$: Wahrscheinlichkeit, daß der Kontakt i nicht schaltet.

In einer Schaltung mit zwei Komponenten ist die Wahrscheinlichkeit für den Erfolg

$$w(B) = 1-p^2$$

und die für den Ausfall

$$w(\overline{B}) = w(\overline{E}_1) \cdot w(\overline{E}_2) = p \cdot p = p^2$$

Die Wahrscheinlichkeit für den Erfolg nimmt, da p eine Zahl kleiner 1 ist, mit der Zahl der Komponenten zu.

In der obigen Gleichung wurden die Wahrscheinlichkeiten $w(\overline{E}_i)$ für den Ausfall der Komponenten multipliziert. Dies ist nur bei unabhängigen Ereignissen richtig. Sind die Ereignisse E_i *nicht unabhängig*, so ist mit *bedingten* Wahrscheinlichkeiten zu rechnen. In diesem Falle wird bei einer völligen Abhängigkeit der beiden Kontakte mit

$w(\overline{E}_2|\overline{E}_1) = 1$ die letzte Gleichung lauten:

$$w(\overline{B}) = w(\overline{E}_1) \cdot w(\overline{E}_2|\overline{E}_1) = p \cdot 1 = p$$

Die R. schützt also nicht gegen die abhängigen Ausfälle. Zur Beherrschung dieser common mode failures, dieser Ausfälle, die aufgrund einer einzigen gemeinsamen Ursache entstehen, sind andere Maßnahmen wie z. B.
- Diversität
- räumliche Trennung
- elektrische Entkopplung
notwendig.

Redundante Schaltungen ermöglichen eine Ausfallerkennung durch den Vergleich der Ergebnisse (Ausfallerkennung durch Redundanz). *Schrüfer*

Regelsetzer, technische. Ein t. R. ist eine Körperschaft (Körperschaften sind Organisationen, Behörden, Firmen und Stiftungen), die auf dem Gebiet der technischen Regelsetzung (Erstellung von technischen Regeln) anerkanntermaßen tätig ist. Die Rechtsformen reichen von privatrechtlichen technisch-wissenschaftlichen Vereinigungen bis zu öffentlich-rechtlichen Körperschaften.

Unter technischen Regeln werden nicht nur $\rightarrow$ DIN-Normen und Veröffentlichungen anderer privater Regelsetzer (Regelwerkersteller) verstanden, sondern auch rechtsverbindliche Vorschriften (Gesetze, Verordnungen usw.) mit technischen Festlegungen. Die Vielfalt der technischen Regeln spiegelt sich allein schon in den sehr unterschiedlichen Bezeichnungen wider, die die Regelsetzer für die von ihnen herausgegebenen technischen Regeln gewählt haben. Beispiele dafür sind: Normen, Richtlinien, Arbeitsblätter, Merk- und Betriebsblätter, Einheitsblätter, Prüf- und Sicherheitsregeln, Bestimmungen, Schriften, Vorschriften, Verordnungen usw.

Der *DIN-Katalog für technische Regeln*, herausgegeben vom Deutschen Informationszentrum für technische Regeln (DITR) im $\rightarrow$ DIN Deutsches Institut für Normung e. V. (das einzige Gesamtverzeichnis für technische Regeln in Deutschland), weist rund 50 000 technische Regeln nach. Insgesamt sind in Deutschland etwa 120 verschiedene Regelsetzer tätig. Im allgemeinen läßt sich weder aus der Bezeichnung noch aus dem Inhalt einer technischen Regel auf deren faktische oder rechtliche Bedeutung schließen ($\rightarrow$ technische Regel). Als

Regelsetzer treten in Deutschland z. B. folgende Organisationen auf:
- privatrechtliche Organisationen
- öffentlich-rechtliche Körperschaften, Behörden und Dienststellen
- technische Ausschüsse gemäß § 24 Gewerbeordnung (im Bereich überwachungsbedürftiger Anlagen)
- Träger der gesetzlichen Unfallversicherungen.

Die privatrechtlichen Organisationen geben die weitaus meisten technischen Regeln heraus.

Die Arbeitsgemeinschaft Druckbehälter (AD) bei der Vereinigung der Technischen Überwachungs-Vereine ($\rightarrow$ VdTÜV) legt in ihren AD-Merkblättern sicherheitstechnische Anforderungen, Berechnungsverfahren, Prüfungen und Werkstoffe, auch für Sonderfälle im Druckbehälterbau fest. Abwasser- und Abfalltechnik stehen im Mittelpunkt des ATV/VKS-Regelwerkes. Regelsetzer sind die Abwassertechnische Vereinigung e. V. und der Verband Kommunaler Städtereinigungsbetriebe.

Das vom DIN Deutsches Institut für Normung e. V. herausgegebene Deutsche Normenwerk ($\rightarrow$ DIN-Normen, $\rightarrow$ Normung, technische) ist mit Abstand das größte und hinsichtlich seiner Einbindung in die internationale und europäische Normung sowie aufgrund seines hohen Einführungsgrades auch wichtigste technische Regelwerk.

Das vom DVGW Deutscher Verein des Gas- und Wasserfaches e. V. erstellte DVGW-Regelwerk beinhaltet neben den selbst erstellten Arbeitsblättern, Merkblättern usw. auch einschlägige DIN-Normen. Es befaßt sich in erster Linie mit Fragen der technischen $\rightarrow$ Sicherheit und Hygiene bei Anlagen der Gas- und Wasserversorgung.

Der Deutsche Verband für Schweißtechnik e. V. ($\rightarrow$ DVS) erarbeitet in enger Verbindung mit dem DIN, im Vorfeld der Normung DVS-Merkblätter und -Richtlinien für die speziellen Belange auf dem Gebiet der Schweißtechnik. Die vom Verein Deutscher Ingenieure ($\rightarrow$ VDI) herausgegebenen VDI-Richtlinien geben Empfehlungen auf Gebieten der Technik, die noch nicht normungsfähig bzw. normungswürdig sind. Viele VDI-Richtlinien werden nach Bewährung in der Praxis in DIN-Normen überführt.

Beispiele für *öffentlich-rechtliche Körperschaften, Behörden und Dienststellen,* die als technische Regelsetzer in Erscheinung treten, sind: die Bundesanstalt für Straßenwesen (BAST-Empfehlungen und Technische Bestimmungen), das Bundesbahn-Zentralamt der Deutschen Bundesbahn (z. B. Bundesbahn-Normenwerk, Technische Lieferbedingungen), das Fernmeldetechnische Zentralamt der Deutschen Bundespost Telekom (FTZ-Spezifikationen), und der Kerntechnische Ausschuß (KTA-Regeln auf dem Gebiet der Kerntechnik).

Beispiele für *Technische Ausschüsse gemäß § 24 Gewerbeordnung* sind: DAA Deutscher Aufzugsausschuß (Technische Regeln für Aufzüge TRA), DDA Deutscher Dampfkesselausschuß (Technische Regeln für Dampfkessel TRD) und DGA Deutscher Druckgasausschuß (Technische Regeln für Druckgase und Druckbehälter TRG). Die amtliche Bekanntmachung dieser technischen Regeln (TR) wird vom Bundesminister für Arbeit und Sozialordnung im Bundesarbeitsblatt vorgenommen.

Beispiele für die vom *Träger der gesetzlichen Unfallversicherungen* herausgegebenen technischen Regeln sind die Unfallverhütungsvorschriften (UVV) der Bundesarbeitsgemeinschaft der Unfallversicherungträger der öffentlichen Hand e. V. (BAGUV), des Bundesverbandes der landwirtschaftlichen Berufsgenossenschaften e. V. und des Hauptverbandes der gewerblichen Berufsgenossenschaften e. V., dessen VBG-Vorschriften sowie die ZH-1 Schriften ebenfalls in diesen Bereich der technischen Regeln fallen.

Innerhalb des Systems der technischen Regelsetzung in Deutschland nimmt das DIN Deutsches Institut für Normung e. V. eine zentrale Stellung ein. Dies hat verschiedene Gründe:
- die Funktion des Deutschen Normenwerkes, als Nahtstelle zur internationalen und europäischen Normung,
- die Tatsache, daß nach der →DIN-Norm zur Gestaltung technischer Regeln sich praktisch alle technischen Regelsetzer richten,
- die Anerkennung des DIN durch die Bundesregierung, als die zuständige Normungsorganisation in Deutschland,
- das Deutsche Informationszentrum für technische Regeln im DIN (DITR) ist sowohl für das Inland, als auch für das Ausland die Zentrale Informationsstelle für alle zu beachtenden technischen Regeln (→Normung, regionale). Darüber hinaus ist das DIN mit dem ihm angeschlossenen Beuth Verlag auch gleichzeitig die zentrale Bezugsquelle für diese Regeln (→DIN Deutsches Institut für Normung e. V.). Ein wesentlicher Grund ist auch darin zu sehen, daß sich die internationale und europäische Harmonisierung (→Normung, internationale →Normung, regionale) technischer Regeln ausschließlich über das DIN vollzieht. Auf Grund seiner zentralen Funktionen ist das DIN darum bemüht, daß die technische Regelsetzung in Deutschland durch die privaten und öffentlichen Institutionen keine Doppelarbeit und Widersprüchlichkeit erzeugt.

Es betreibt daher seit Jahren eine konsequente Politik der Abstimmung und des Ausgleichs mit anderen Regelsetzern. Dies insbesondere auch unter dem Aspekt, daß die Gesamtheit der deutschen Regelungen in die weltweite Harmonisierung mit einbezogen werden muß. *Krieg*

Literatur: *Bachof, O.*: Teilrechtsfähige Verbände des öffentlichen Rechts. Die Rechtsnatur der Technischen Ausschüsse des § 24 Gewerbeordnung. In: Archiv des öffentlichen Rechts. Band 83 (1958), S. 208–279. – DIN-Katalog für technische Regeln. Berlin: Beuth Verlag GmbH, Erscheinungsweise: Jährlich mit monatlichen, kumulierten Ergänzungsheften. – *Götz/Lukes, R.*: Zur Rechtsstruktur der Technischen Überwachungs-Vereine. Heidelberg, 1975, S. 55f. – Handbuch der Normung, Band 1 bis 3. Berlin, 1989. – *Leßmann, H.*: Die öffentlichen Aufgaben und Funktionen privatrechtlicher Wirtschaftsverbände. Schriften zum Wirtschafts-, Handels-, Industrierecht. Band 13. Köln, Berlin, Bonn, München, 1976. – Die Rolle des wissenschaftlich-technischen Sachverstandes bei der Genehmigung chemischer und kerntechnischer Anlagen. Hrsg.: *Nicklisch, F./Schottelius, D./Wagner, H.*: Heidelberg, 1982.

Reibgesetz →Modell, tribologisches

Reibkorrosion. R. wird durch oszillierende Relativbewegungen zweier Metallflächen gegeneinander ausgelöst. Durch diese Beanspruchung werden kleine Metallpartikel aus der Werkstoffoberfläche herausgerissen, die in Gegenwart von Luft oxidieren. Die R. in sauerstoffhaltiger Atmosphäre wird daher auch als Reiboxidation bezeichnet. Die oxidischen Partikel verstärken aufgrund ihres größeren Volumens und hoher →Härte ihrerseits wiederum den Abrieb.

Es ist zu beachten, daß unter R. nur diejenige Beanspruchung verstanden wird, bei der die Metalloberflächen in Richtung der Reibflächennormalen belastet werden. Ein Beispiel ist die oszillierende Schlupfbewegung zweier Metallflächen.

Als Folge treten grübchenartige Vertiefungen in der Metalloberfläche auf. Diese können wegen ihrer →Kerbwirkung Ausgangsstellen für Risse darstellen und einen Dauerbruch begünstigen.

Maßnahmen der R. entgegen zu wirken sind, Verminderung der Reibkräfte durch konstruktive Gestaltung, Zwischenlagen aus →Kunststoff oder →Gummi, →Beschichten der Metalloberflächen mit weichen Metallen (Blei, Indium) oder nichtmetallischen anorganischen Überzügen (z. B. Phosphatieren) sowie Verwendung geeigneter Schmierstoffe (z. B. Graphit oder Molybdänsulfid).
→Schwingungsverschleiß *Wendler-Kalsch*

Reiboxidation →Schwingungsverschleiß; →Reibkorrosion

Reibschweißen. Das R. zählt zu den Preßschweißverfahren. Als Wärmequelle dient die Umsetzung mechanischer Energie in Reibungswärme. Die Verbindungsflächen der rotationssymmetrischen Teile erhitzen sich in einer drehbankähnlichen Vorrichtung durch Reibungswärme bei Relativbewegung (ein Teil wird in Rotation versetzt, das zweite steht still, beide stehen unter axialem Druck). Bei Erreichen der Schweißtemperatur wird der axiale Druck erhöht und das rotierende Teil abgebremst; dabei tritt eine Verschweißung an den Stirnflächen ein.

Die Energiezufuhr kann auf der Antriebsseite entweder über Kupplung und Bremse oder über Schwungrad erfolgen. Das R. läßt sich automatisieren und wird in der Serienfertigung von Rohr- und Wellenteilen, Motorventilen, Kolbenstangen, Hydraulikzylindern u. a. eingesetzt (→ Schweißverfahren). *Dorn*

Literatur: *Grünauer, H.:* Reibschweißen von Metallen, Ehningen 1987.

Reibung. Die R. wirkt der Relativbewegung sich berührender Körper entgegen. Sie wird gelegentlich als *äußere* R. bezeichnet, um sie von der *inneren* R. zu unterscheiden, die bei der Relativbewegung von Volumenelementen innerhalb von festen, flüssigen oder gasförmigen Körpern auftritt.

Die R. äußert sich als Reibungskraft, die der angreifenden Kraft entgegengerichtet ist, oder als Reibungsenergie.

In Abhängigkeit vom Bewegungszustand unterscheidet man zwischen → Ruhereibung (→ Haftreibung, statische R.) und → Bewegungsreibung (dynamische R.). Die → Reibungszahl der Ruhereibung ist im allgemeinen größer als die der Bewegungsreibung.

Nach der Bewegungsart der Reibungspartner unterscheidet man zwischen verschiedenen Reibungsarten: → Gleitreibung, → Rollreibung, → Wälzreibung, → Bohrreibung.

Nach dem Kontaktzustand der Reibpartner unterscheidet man verschiedene Reibungszustände: → Festkörperreibung, → Grenzreibung, → Flüssigkeitsreibung, → Gasreibung, → Mischreibung.

Für die Festkörpergleitreibung gilt in vielen Fällen die von *Amonton* und *Coulomb* beobachtete Regel, daß die Reibungskraft proportional mit der Normalkraft zunimmt und unabhängig von der Größe der geometrischen Kontaktfläche ist. Der Proportionalitätsfaktor wird als Reibungszahl bezeichnet.

Die *Amonton-Coulomb*-Reibungsregeln sind darin begründet, daß sich zwei Körper nur in Mikrokontaktbereichen berühren. Die Summe der Mikrokontaktbereiche macht die wahre Kontaktfläche aus, deren Größe im allgemeinen nur einen Bruchteil der geometrischen Kontaktfläche beträgt. In den Mikrokontaktbereichen können atomare Bindungen zur → Adhäsion bzw. zur Bildung von Mikroverschweißungen führen, die während einer Tangentialbewegung plastisch verformt und abgeschert werden.

Eine Verminderung der Festkörperreibung ist daher durch folgende Maßnahmen möglich:
□ Einschränkung der Bildung atomarer Bindungen zwischen den Reibpartnern
□ Beschränkung der plastischen → Verformung auf die äußersten Oberflächenbereiche

Bei → metallischen Werkstoffen kann die Bildung von atomaren Bindungen zwischen den Reibpartnern durch oberflächliche Adsorptions- und Reaktionsschichten eingeschränkt werden. Beim Fehlen dieser Schichten oder ihrem Durchbrechen können metallische Reibpartner verschweißen, so daß die Reibungszahl extrem hohe Werte annimmt. Die Beschränkung der plastischen Verformung kann durch hexagonale Metalle mit idealem Achsenverhältnis (c/a = 1,633) erreicht werden, weil diese Metalle für eine plastische Verformung nur die drei Basisgleitsysteme zur Verfügung haben.

So bleibt die Reibungszahl der Paarung „Kobalt/Kobalt" selbst im Ultrahochvakuum nach Entfernung von Reaktions- und Adsorptionsschichten unter 0,5, sofern nicht die Temperatur der Umwandlung in die kubisch-flächenzentrierte Struktur (T = 425 °C) erreicht wird. *Habig*

Literatur: *Bouden, F. P.* and *D. Tabor:* The friction and lubrication of solids. Part II. Oxford 1964. – *Buckley, D. H.:* Surface effects in adhesion, friction, wear, and lubrication. Amsterdam–Oxford–New York 1981.

Reibung, innere → Dämpfung

Reibungsart. Klassifizierung der → Reibung nach der Bewegungsart der Reibpartner. Man unterscheidet zwischen → Gleitreibung, → Rollreibung, → Wälzreibung und → Bohrreibung. *Habig*

Reibungskoeffizient → Reibungszahl

Reibungsminderer. → Schmierstoffadditive, die unter Grenz- und Mischreibungsbedingungen die → Reibungszahl herabsetzen. Diese Additive wirken im allgemeinen durch die Ausbildung von dünnen Schichten auf den tribologisch beanspruchten Oberflächenbereichen infolge physikalischer Adsorption. Sie bestehen aus polaren öllöslichen Stoffen wie Fettalkoholen, Fettsäuren, Fettsäureestern, Fettsäureamiden oder Fettsäuresalzen, deren Wirkung mit steigender Molekularmasse und in der Reihe Alkohol < Ester < ungesättigte Säure < gesättigte Säure zunimmt. *Habig*

Literatur: *Klamann, D.:* Schmierstoffe und verwandte Produkte. Weinheim 1982.

Reibungszahl. Verhältnis der Reibungskraft F_R zur Normalkraft F_N:

$$f = \frac{F_R}{F_N}$$

Die Reibungskraft F_R ist der von außen wirkenden Tangentialkraft F_T entgegengerichtet (Bild 1).

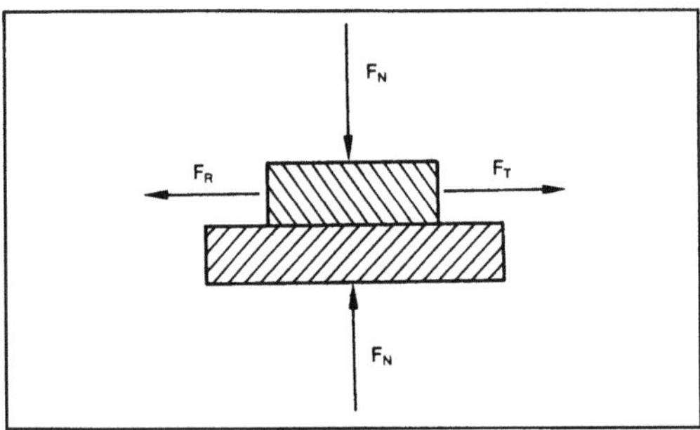

Reibungszahl 1: Bei der Reibung wirkende Kräfte.

Die R. der Ruhe ist nur für den Grenzfall des Übergangs in die Bewegung definiert, da sonst die im Zustand der Ruhe wirkende Reibungskraft als Reaktionskraft unabhängig von der Größe der Normalkraft gleich der angreifenden Tangentialkraft ist. Die R. der Ruhe kann mit Hilfe einer schiefen Ebene bestimmt werden (Bild 2). Die R. ist keine Werkstoffeigenschaft, sondern die Kenngröße eines tribologischen Systems ($\rightarrow$ Tribosystem) (Tabelle). *Habig*

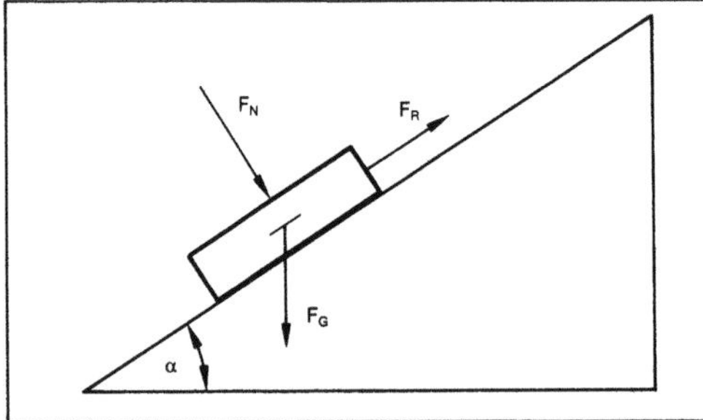

Reibungszahl 2: Bestimmung der R. der Ruhe.

F_N: Normalkraft, F_R: Reibungskraft, F_G: Schwerkraft, α Reibungswinkel

$$F_R = F_G \cdot \sin\alpha, \quad F_N = F_G \cdot \cos\alpha, \quad f = \frac{F_R}{F_N} = \frac{\sin\alpha}{\cos\alpha} = tg$$

Reibungszahl. Tabelle: Anhaltswerte für R. bei unterschiedlichen Reibungszuständen bzw. -arten.

Gleitreibung	Reibungszahl f
— Festkörperreibung	
— Metall/Metall	0,3 . . . 1,5
— Keramik/Keramik	0,2 . . . 1,5
— Kunststoff/Metall	0,05 . . . 1,5
Grenzreibung	0,1 . . . 0,2
— Mischreibung	0,01 . . . 0,1
— Flüssigkeitsreibung	~0,01
— Gasreibung	~0,0001
Rollreibung	~0,001

Reibungszustand. Klassifizierung der $\rightarrow$ Reibung nach dem Kontaktzustand der Reibpartner. Man unterscheidet zwischen
- $\rightarrow$ Festkörperreibung,
- $\rightarrow$ Grenzreibung,
- $\rightarrow$ Mischreibung,
- $\rightarrow$ Flüssigkeitsreibung und
- $\rightarrow$ Gasreibung.

Bei $\rightarrow$ Gleitreibung können die Reibungszustände durch die $\rightarrow$ Stribeck-Kurve gekennzeichnet werden. *Habig*

Reibverschleiß $\rightarrow$ Gleitverschleiß

Reifholz. Bei Reifholzbäumen (Weißtanne und Fichte) beginnt zwar die Verkernung damit, daß sich die Poren und Tracheiden mit Luft füllen und dadurch kein Wasser mehr leiten können, hört aber dann auf. Da keine Farbstoffe eingelagert werden, ist der Kern nicht sichtbar. Beim Kernreifholz (Ulme und Esche) befindet sich zwischen feuchtem Splint und trockenem, gefärbtem Kern ein Ring trockenen und unverfärbten Holzes. *Wesche*

Reineisen. Reines $\rightarrow$ Eisen, dessen Eigenschaften weder von Legierungselementen, unerwünschten Begleitelementen noch von Gitterstörungen beeinflußt sind. *Dahl*

Reinheitsgrad. Maßzahl für den Gehalt an Oxid- und Sulfideinschlüssen im $\rightarrow$ Stahl. Exogene $\rightarrow$ Einschlüsse stammen aus den Einsatzstoffen oder der Feuerfestzustellung, endogene Einschlüsse entstehen als Reaktionsprodukte z. B. bei der $\rightarrow$ Desoxidation oder Entschwefelung. Der R. wird durch Vergleich mit Richtreihen beurteilt. Schlechter R. wirkt sich bei hochfesten Stählen, vor allem bei schwingender Beanspruchung, ungünstig aus. Verformbare Einschlüsse, wie Mangansulfide, führen im Fertigerzeugnis zu einer $\rightarrow$ Anisotropie der Zähigkeitseigenschaften. Durch geeignete metallurgische Maßnahmen können sehr niedrige Einschlußgehalte und damit ein guter R. eingestellt werden ($\rightarrow$ Eisen, $\rightarrow$ Stahl, $\rightarrow$ Oberflächenbehandlung). *Dahl*

Reißfestigkeit. Im $\rightarrow$ Zugversuch ermittelte maximal vom Werkstoff ertragbare $\rightarrow$ Spannung, die man erhält, indem man die beim Bruch gemessene Kraft durch den zugehörigen kleinsten Querschnitt dividiert. *Dahl*

Reißlack-Verfahren. Das R.-V. stellt eine einfache direkte Methode dar, Spannungs- oder Dehnungsverteilungen sichtbar zu machen. Sie beruht auf der vollkommenen $\rightarrow$ Haftung einer spröden Schicht auf dem zu untersuchenden Bauteil. Wenn das Bauteil belastet wird, werden die resultierenden Dehnungen auf die Schicht übertragen, die schließlich zur → Rißbildung führen.

Das Schichtmaterial wird so gewählt, daß es schon bei niedrigen Dehnungen reißt, so daß das Bauteil nicht überlastet wird. Die einfachste Art „Reißlack" aufzubringen, ist die Bildung von spröden Oxidschichten auf erhitzten Metalloberflächen. Diese Schichten reißen in Gebieten mit plastischer → Verformung im Grundwerkstoff auf. Die Sichtbarkeit der Risse wird durch vorhergehendes Tünchen mit weißer Farbe erhöht. Es sind eine Reihe von Reißlacken entwickelt worden, die sich im wesentlichen in der sog. Anreißschwelle – die → Dehnung, bei der erste Anrisse auftreten – und hinsichtlich ihres Temperaturanwendungsbereiches unterscheiden. Die bekanntesten Lacke auf Harzbasis – geeignet für Raumtemperatur und wenig erhöhte Temperaturen – sind Tens-lac (Photolastic) und Stresscoat (Magnaflux), die als Spray geliefert oder mit Druckluft aufgesprüht werden. Für höhere Temperaturen bis ca. 300 °C gibt es Reißlacke auf Keramikbasis. All-Temp (Magnaflux) besteht aus gemahlenen keramischen Partikeln suspendiert in einem flüchtigen Trägerstoff. Die Suspension wird aufgesprüht und getrocknet, wobei sich eine Pulverschicht bildet. Diese wird erhitzt bis die Keramikpartikel zu einer Glasur verschmelzen. Die Risse in keramischen Lacken sind meist schlecht sichtbar und müssen mit Verfahren (Statiflux- und → Farbeindringverfahren) sichtbar gemacht werden. Ein Vorteil keramischer Lacke ist die näherungsweise Unabhängigkeit der Anreißschwelle von Temperatur, Feuchtigkeit, Belastungszeit und Lackdicke. In dieser Hinsicht können die leichter anzuwendenden Harzlacke sehr problematisch sein. Die Anreißschwelle der einzelnen Lacktypen wird unter den Versuchsrandbedingungen im Kalibrierversuch bestimmt. Hierzu wird meist ein mit Reißlack beschichteter einseitig eingespannter Biegebalken verwendet.

Die Art und Weise, wie ein Reißlack einreißt, läßt auf die Hauptspannungen σ_1 und σ_2 im Bauteil schließen. In der Abbildung sind schematisch drei Spezialfälle betrachtet:

– $\sigma_1 > 0$, $\sigma_2 \leq 0$ (Bild a)

In diesem Fall gibt es nur eine Schar von Rissen senkrecht zu σ_1. Diese Risse verlaufen in Richtung von σ_2 und stellen folglich Hauptspannungstrajektorien dar.

– $\sigma_1 > \sigma_2 > 0$ (Bild b)

In diesem Fall treten zwei Scharen von Rissen auf. Die erste Schar wird durch σ_1 verursacht und verläuft senkrecht zu σ_1 und parallel zu σ_2. Wenn σ_2 hinreichend hoch ist, wird eine zweite Schar von Rissen senkrecht zu σ_2 und parallel σ_1 verursacht.

Beide Scharen bilden eine vollständige Darstellung der Hauptspannungstrajektorien.

– $\sigma_1 = \sigma_2 > 0$ (Bild c)

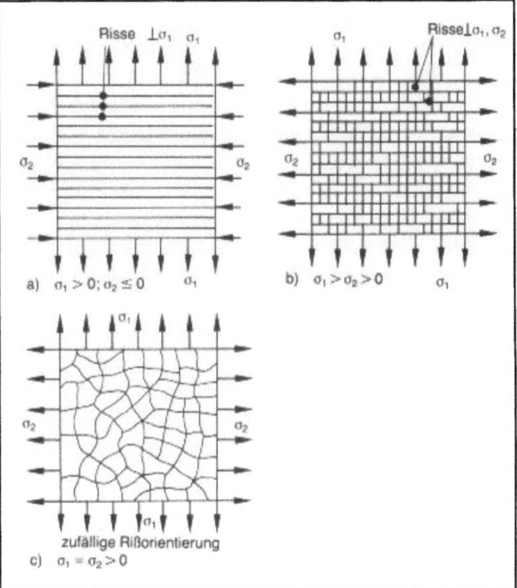

Reißlack-Verfahren: Rißkonfiguration in Reißlack.

Bei isotropen (hydrostatischem) → Spannungszustand ist jede Richtung Hauptspannungsrichtung. Bei genügend hohen Spannungen bildet sich ein Rißmuster mit Zufallscharakter aus; er gibt keine Vorzugsorientierungen.

Im Falle des zweiachsigen Druckspannungszustandes ($\sigma_2 < \sigma_1 < 0$) treten bei den handelsüblichen Lacken keine Risse auf. Hier hilft die Lackapplikation unter (Druck-) Beanspruchung. Bei Entlastung können dann auch Druckbeanspruchungen aufgezeigt werden. Das etwas aus der Mode gekommene *Maybach*-Verfahren unter Verwendung von Kunstharzlacken (Brafa) ist auch gegenüber Druckbeanspruchung empfindlich.   *Kußmaul*

Literatur: *Dally, J. W.* and *W. F. Riley*: Experimental stress analysis. New York 1978. – *Holister, G. S.*: Experimental stress analysis. Cambridge 1967.

Reißlänge → Faserwerkstoffe

Rekristallisation. R. bezeichnet den Vorgang der Gefügeneubildung in polykristallinen Werkstoffen (→ Metalle, → Keramik, → Graphit) durch Wanderung von → Großwinkelkorngrenzen; sie wird verursacht durch gespeicherte Verformungsenergie oder durch die von Bestrahlungsdefekten eingebrachte Verzerrungsenergie. Gefügeneubildung durch Phasenumwandlung (z. B. Austenit-Ferrit), durch Ausscheidungsvorgänge oder durch eutektoiden Zerfall, durch Martensitbildung oder → Kristallisation aus amorphen Festkörpern fallen somit trotz partieller Ähnlichkeiten nicht unter den Begriff der R.: Ihre Triebkraft beruht nämlich auf einem Wechsel des Typs der chemischen Bindung, häufig verbunden mit einem Wechsel der Kristallstruktur. Ebensowenig sollte die Kornvergröberung (→ Kornwachstum) als R. angesprochen werden, da sie nicht zu einer Neubildung von Körnern führt. Auch wird sie von der Korngrenzenenergie und nicht von gespeicherter Verformungsenergie angetrieben. Dennoch wird der letztgenannte Vorgang in der Literatur gelegentlich als *sekundäre* R. bezeichnet. Zur Vermeidung von Mißverständnissen muß bei dieser Bezeichnungswahl für die eigentliche (verformungsbedingte) R. der Ausdruck *primäre* R. verwendet werden.

□ Triebkraft und Kinetik der R.: Die oben als wichtigste Triebkraft erwähnte gespeicherte Verformungsenergie ist im Wesentlichen gleich der → Linienenergie $(Gb^2/2)$ in [J/m] der durch die Verformung zusätzlich erzeugten Versetzungs-Linienlänge $[m/m^3]$; G ist der Schubmodul, b ist der Burgers-Vektor (→ Elastizitätsmodul, → Versetzungen). Dieser Energiebetrag umfaßt nur wenige Prozent der aufgebrachten → Verformungsarbeit, der Hauptteil hat sich noch während der Verformung in Wärme umgesetzt und kann nicht gespeichert werden. Da diese Energie proportional zur Linienlänge ist, kann der mikroskopische Aspekt des R.-Vorganges durch gespannte Gummibänder veranschaulicht werden, welche an den Korngrenzen angreifen und diese zu verlagern suchen, sobald die Versetzungsdichte in den beiden Körnern ungleich ist (Bild 1).

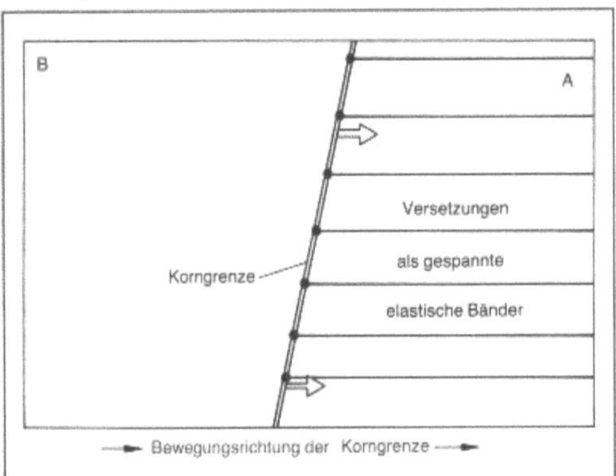

Rekristallisation 1: Veranschaulichung der Triebkraft für R. durch gespannte elastische Bänder (Versetzungen). – A: verformtes Korn; B: rekristallisiertes Korn.

Nach obenstehender Definition ist R. ein Vorgang, der durch → Keimbildung und → Wachstum gesteuert wird. Seine Kinetik läßt sich daher durch eine sog. *Avrami*-Funktion, ähnlich wie bei der → Phasenumwandlung, beschreiben: der bereits rekristallisierte Anteil X des Gesamtgefüges wächst mit der Zeit t angenähert wie

$$X(t) = 1 - \exp(-[t/\tau]^n)$$

Die Zeitkonstante τ gibt für Vorgänge bei konstanter Temperatur an, nach welcher Zeit der Rekristallisationsgrad X(t) den Wert $X(\tau) = 1 - 1/e \approx 0{,}632$, also 63 % erreicht hat; τ ist also vergleichbar mit einer Halbwertzeit. – Der *Avrami*-Exponent n läßt sich aus theoretischen Modellen für angenähert kugelförmig wachsende Rekristallisationskeime mit konstanter Wanderungsgeschwindigkeit v [m/s] zu $n \approx 3 + 1 = 4$ abschätzen; dabei ergibt sich die 1 aus der Berücksichtigung der fortlaufenden Neubildung von Rekristallisationskeimen. Für die Anzahl N(t) wird N = n t angesetzt. Die graphische Darstellung der Rekristallisationskinetik nach Gl. (1) hat die Form wie im Bild 2 und läßt eine → „Inkubationszeit", dann eine Phase raschen Wachstums und schließlich ein asymptotisches Auslaufen der R. für $X \to 1$ erkennen. Je höher n ist, desto ausgeprägter ist der R.-*Schub* bei $t \approx \tau$. Die Zeitkonstante ergibt sich aus diesem Modell (meist nach *Johnson* und *Mehl* benannt) zu

$$\tau = (\dot{n}\, v^3)^{-1/4} \tag{2}$$

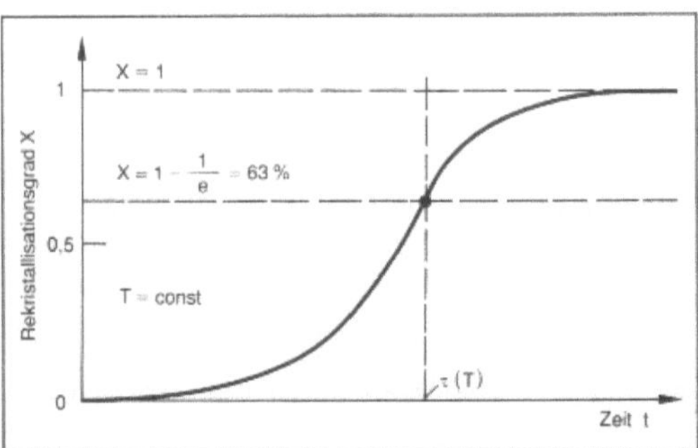

Rekristallisation 2: Zeitliche Zunahme des Rekristallisationsgrades X und Erläuterung von τ.

Sie ist stark temperaturabhängig, weil sowohl die Keimbildungsrate $\dot{n}$ als auch die Wachstumsgeschwindigkeit v durch thermisch aktivierte Vorgänge gesteuert werden. Die experimentell beobachtete (effektive) → Aktivierungsenergie für τ(T) setzt sich nach Gl. (2) aus den Aktivierungsenergien der maßgebenden Elementarschritte für Keimbildung und für Wachstum im Verhältnis 1 : 3 zusammen.

□ Keimbildung (Bild 3): Der Vorgang der Keimbildung bei der R. ist noch immer Gegenstand der wissenschaftlichen Forschung. Fest steht, daß besonders stark verformte, räumlich eng lokalisierte Gefügebereiche prädestinierte Ausgangspunkte für die R. sind (sorgfältig homogen verformte Einkristalle rekristallisieren nicht). Das → Klettern von Versetzungen spielt bei der Bildung von Konfigurationen, die unter Energiegewinn in der stark verformten Zone ein neues → Korn bilden können

(d. h. eines mit anderer Orientierung als der Ausgangskristall) vermutlich eine große Rolle. Dies macht sich auch in der Temperaturabhängigkeit von ṅ bemerkbar. Die Keimbildung kann durch thermisch bedingte Verzerrungsfelder um Fremdphasen herum sowie durch zusätzliche lokalisierte Verformungen (z. B. Mikrohärteeindrücke) beschleunigt bzw. ausgelöst werden.

Rekristallisation 3: Bildung von Rekristallisationskeimen (Nr. 1–12) aus zwei verformten Körnern (A und B) in 40% kaltgestauchtem Aluminium durch Rekristallisation 70 min/330 °C.

□ Wachstum: Das Wachstum von neu gebildeten Rekristallisationskeimen erfolgt durch Wanderung der sie einschließenden Korngrenzen. Korngrenzenwanderung wird dadurch bewirkt, daß Atome aus einem Korn (A) an bevorzugten Stellen seiner Grenzfläche wie z. B. orientierungsbedingten Abstufungen oder Versetzungs-Durchstoßpunkten, austreten, eine Wegstrecke im Korngrenzenbereich durch → Diffusion zurücklegen und im benachbarten Korn (B) in dessen Gitter eingebaut werden, wiederum unter Ausnutzung aktiver Einbauzentren. Zwar erfolgt dieser Vorgang überwiegend symmetrisch von A nach B und umgekehrt. Falls jedoch Korn A stark verformt ist und Korn B (der Rekristallisationskeim) nicht, so treten wesentlich mehr Atome von A nach B über als im Gegensinn. Dies bedeutet eine Verlagerung oder Wanderung der Korngrenze in der Richtung B→A. Für die Größe v aus Gl. (2) spielt daher die Korngrenzen-

Diffusionsrate, aber auch die Anzahl und „Durchlässigkeit" der aktiven Zentren in den Grenzflächen eine große Rolle. Alle diese Größen hängen mit der →Fehlordnung in der Zwischenzone zwischen den beiden Körnern zusammen. Es leuchtet ein, daß die Korngrenzen-Wanderungsgeschwindigkeit v, die z. B. in Bikristallen untersucht werden kann, deutlich orientierungsabhängig ist. – Ihre starke Temperaturabhängigkeit führt dazu, daß bei der Rekristallisation in einem steilen Temperatur-Gradienten die zu Bereichen höherer Temperatur führenden Wachstums-Richtungen stark bevorzugt sind. Dies ermöglicht die Herstellung von langgestreckten Korngefügen, im Extremfall von Einkristallen.

□ Rekristallisationstemperatur. R.-Diagramm: Eine hohe Aktivierungsenergie von $\tau(T)$ (Gl. 1 und 2) führt dazu, daß in einer Probe, die mit konstanter Aufheizrate von z. B. Raumtemperatur an erwärmt wird, zunächst keinerlei Veränderung stattfindet, weil die thermisch aktivierten Prozesse noch völlig „eingefroren" sind. In einem schmalen Temperaturbereich $T_R \pm \Delta T_R$, in dem der Mittelwert von $\tau(T)$ gerade der zum Durchfahren dieses Temperatur-Intervalls erforderlichen Zeit $\Delta t = 2\,\Delta T_R/(\partial T/\partial t)$ entspricht, erfolgt dann die R. im meßtechnisch gut erfaßbaren Wertebereich von ca. 15–85%; bei noch höherer Temperatur ist sie praktisch abgelaufen, bevor die Probe den gewünschten Temperaturwert erreicht hat (Bild 4). Man kann daher zu Recht von einer gut definierten Rekristallisationstemperatur T_R sprechen. Nach dem vorerwähnten Modell sollte diese mit der Aktivierungsenergie der Volumen- und Korngrenzenenergie zusammenhängen. Da man weiß, daß diese wiederum an die Schmelztemperatur T_S des betreffenden Stoffes gekoppelt ist, verwundert es nicht, daß die Rekristallisationstemperatur eines reinen Stoffes zu seiner Schmelztemperatur proportional ist. Bei vergleichbarer Vorverformung findet man $T_R \approx 0{,}4\,T_S$ (Bild 5).

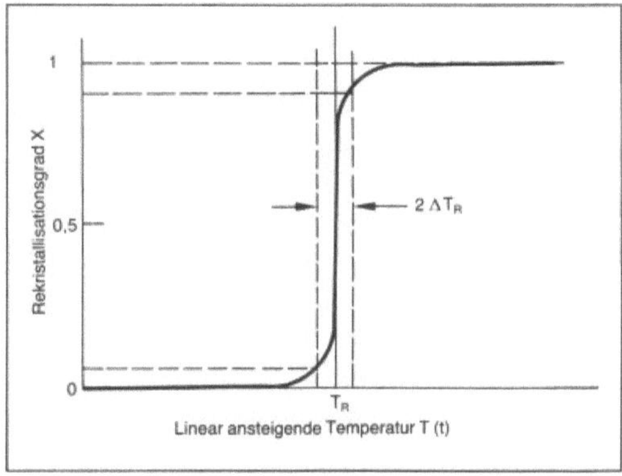

Rekristallisation 4: Auftreten einer Rekristallisationstemperatur T_R im Versuch mit linear ansteigender Temperatur.

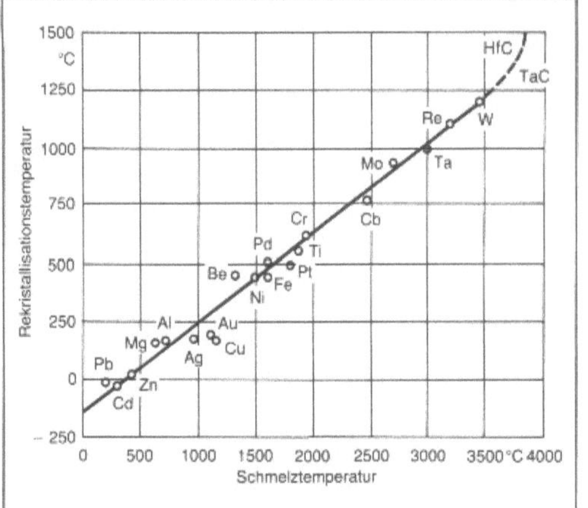

Rekristallisation 5: Zusammenhang zwischen Rekristallisationstemperatur und Schmelztemperatur reiner Metalle.

Für isotherme Rekristallisationsglühungen kann die mittlere →Korngröße L_k metallographisch ermittelt werden. Sie hängt bei einer vorgegebenen Glühdauer Δt von der Temperatur T und dem Grad der Vorverformung, $\Delta\varepsilon$, ab (z. B. Dickenabnahme beim Kaltwalzen). Auf diese Weise kann man ein räumliches Rekristallisationsdiagramm $L_K(\Delta\varepsilon, T)$ aufstellen (Bild 6). Es enthält sowohl für das wissenschaftliche Verständnis als auch für die praktische Anwendung wichtige Informationen. Z. B. kann durch Wahl eines geeigneten Umformgrades und der Glühtemperatur ein Blech mit einer gewünschten Korngröße hergestellt werden.

☐ Rekristallisationstextur: Fast stets wird nach einer einsinnigen Vorverformung wie →Kaltwalzen,

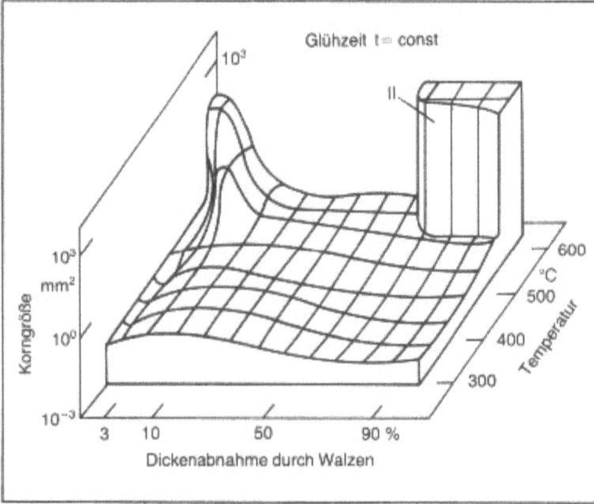

Rekristallisation 6: Rekristallisationsdiagramm von kaltgewalztem Aluminium. Man erkennt die typischen Grobkorn- und Feinkornbereiche. Der mit II gekennzeichnete Grobkornbereich ist nicht auf die (primäre) R., sondern auf Kornwachstum zurückzuführen.

→Drahtziehen, →Tiefziehen, →Rundhämmern und nachfolgender Rekristallisationsglühung eine →Textur beobachtet. Sie stimmt in einigen Fällen mit der Verformungstextur (vor der Glühung) überein, nimmt aber in der Mehrzahl der Fälle einen anderen Typ an (Bild 7). Für die Ausbildung der R.-Textur sind mehrere Faktoren verantwortlich:

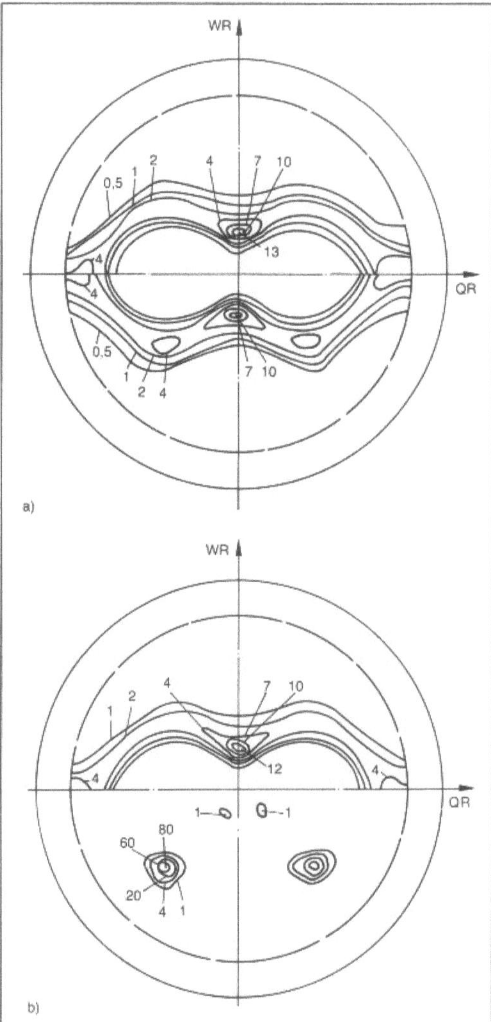

Rekristallisation 7:
a) Unterschiedliche Walztextur (vor dem Glühen) und b) Rekristallisationstextur (nach dem Glühen) von Kupfer mit einer Borcarbid-Dispersion.

– die ggf. vorhandene Verformungstextur, welche bestimmte Kornorientierungen bevorzugt;
– die weder im lichtoptischen Gefügebild noch im Röntgenbeugungsdiagramm erkennbaren, aber stets vorhandenen Vorzugsorientierungen der Versetzungsanordnung, wie sie sich bei einsinniger Verformung ergeben;

– eine aus den ersten beiden Faktoren resultierende Bevorzugung der Bildung von Keimen einer bestimmten Orientierung (Keimbildungsauslese)
– die Orientierungsabhängigkeit der Wanderungsgeschwindigkeit der Korngrenzen (Wachstumsauslese).

Es handelt sich mithin bei der Bildung der Rekristallisationstextur um einen außerordentlich komplexen und noch nicht völlig geklärten Vorgang. Eine typische Anwendung ist die Herstellung texturierter Bleche aus kohlenstofffreien Eisen-Silicium-Blechen mit 2 bis 4 % Si für den Bau von Starkstrom-Transformatoren mit geringen Ummagnetisierungs-Verlusten ($\rightarrow$ Magnetismus).

☐ Einfluß von Fremdatomen: Bei der R. von Festkörpern mit Fremdatomen in fester Lösung werden diese in der Regel an Grenzflächen adsorbiert und bilden um diese herum eine angereicherte Zone, deren Konzentrationsprofil temperaturabhängig ist (Adsorption/Desorption). Die Analogie zu $\rightarrow$ *Cottrell*-Atmosphären um Versetzungslinien herum ($\rightarrow$ Versetzungen) ist hervorzuheben. Bei der für das Kornwachstum nötigen Wanderung der Korngrenzen können diese sich nur bei den höchsten Triebkräften bzw. Wanderungs-Geschwindigkeiten von ihren energetisch günstigen Fremdatom-Wolken ablösen; im Regelfall kommt es zu einem Mitschleppen dieser Anreicherungs-Zone ($\rightarrow$ Drift), und zwar durch Selbstdiffusion der Fremdatome. Dies bedeutet eine erhebliche Verminderung der Wanderungsgeschwindigkeit v und damit auch der Rektristallisationsrate $\partial X/\partial t$.

Bei Mischkristall-Legierungen wirken sich entsprechende Änderungen der Komponentenverteilung im Bereich der Korngrenze ähnlich aus.

☐ Einfluß von Ausscheidungsteilchen, Einschlüssen usw.: Sehr kleine Teilchen können bei der R. von wandernden Korngrenzen mitgeschleppt werden, indem Atomlagen um sie herum von der Seite des verformten auf die des neugebildeten Korns diffundieren. Bei größeren Partikeln ist dieser Vorgang zu zeitaufwendig, und die Teilchen üben eine Rückhaltekraft auf die Grenzfläche aus, sodaß diese sich unter dem Druck des Unterschiedes an gespeicherter Verformungsenergie in das stärker verformte Korn hineinwölbt. Dieser Vorgang ist analog zum *Orowan*-Prozeß bei der Verformung ($\rightarrow$ Versetzungen) sowie zum Verhalten der Grenzflächen magnetischer Elementarbereiche (*Bloch*-Wände). Überschreitet der mittlere Teilchenabstand einen kritischen Wert d*, so reicht die durch das Vorwölben zusätzlich gespeicherte Energie aus, um die Korngrenze von den Teilchen abzulösen. Damit wird die Wirkung der Teilchendispersion als „Rekristallisationsbremse" hinfällig. Nach Zener ergibt sich der kritische Teilchenradius zu d* = 4 r_T/3 f, wobei f der Volumenanteil der Teilchendispersion und r_T der

mittlere Teilchenradius ist. Eine praktische Anwendung findet die Unterdrückung der R. durch Teilchendispersionen z. B. in den für Glühlampenwendeln verwendeten feinen Wolfram-Drähten (sog. non-sag wires). *Ilschner*

Literatur: *Doherty, R. D.:* Recrystallization of deformed metals (Primary) in: M. B. Bever (Ed.) Encyclopedia of Materials Science and Engineering, pp. 4108–4112, Oxford 1986. – *Haessner, F.* (Ed.): Recrystallization of metallic materials. 2nd. edn. Stuttgart 1978. – *Hornbogen, E.:* Werkstoffe. 4. Aufl. Berlin–Heidelberg 1987.

Relaxation. Entspannungsvorgang in einer verspannten Struktur. Infolge von $\rightarrow$ Kriechen geht bei konstanter Gesamtdehnung der elastische Anteil und damit die äußere Spannung zurück ($\rightarrow$ Entspannungsversuch). *Kußmaul*

Relaxationsversuch $\rightarrow$ Entspannungsversuch

Relaxationszeit $\rightarrow$ Entspannungsversuch

REM $\rightarrow$ Raster-Elektronenmikroskop; $\rightarrow$ Oberflächenanalytik

Reparaturrate. Die R. μ ist ein Parameter zur Beschreibung der $\rightarrow$ Reparaturwahrscheinlichkeit. Ihr Kehrwert ergibt die mittlere Reparaturzeit (mean time to repair) MTTR

$$\frac{1}{\mu} = \text{MTTR} \qquad \qquad Schrüfer$$

Reparaturwahrscheinlichkeit. Die R. (auch Wartbarkeitsfunktion, *engl.* maintenance function) ist die Wahrscheinlichkeit, daß eine ausgefallene, reparierbare Komponente wieder in den funktionsfähigen Zustand zurückgeführt ist.

In Übereinstimmung mit der Praxis werden für die Erneuerung unterschiedlich lange Reparaturzeiten angenommen. Einige Ausfälle lassen sich schnell beheben, andere erst nach einer längeren Zeit (Bild). Mit Hilfe des Parameters
$\rightarrow$ Reparaturrate μ [h^{-1}]
läßt sich die R. M(t) definieren

$$M(t) = \frac{\text{Zahl der reparierten Geräte}}{\text{Zahl der ausgefallenen Geräte}} = 1 - e^{-\mu t}$$

Der Kehrwert der Reparaturrate ist die mittlere Reparaturzeit oder MTTR (mean time to repair),

$$\text{MTTR} = \frac{1}{\mu}$$

Bei reparierbaren Geräten wird die mittlere Zeit zwischen zwei Ausfällen als mittlere Betriebszeit

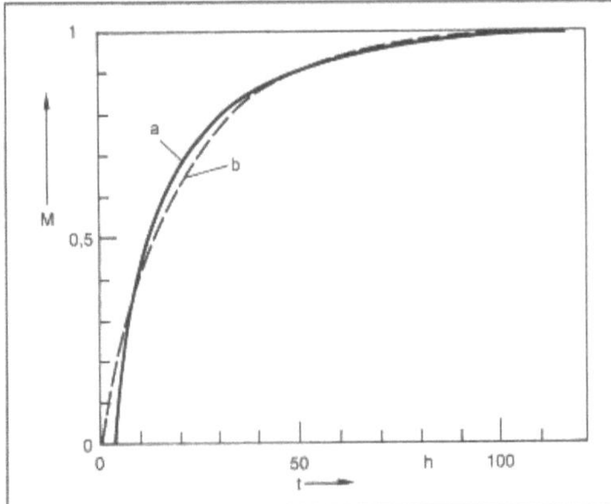

Reparaturwahrscheinlichkeit: Reparaturzeiten von Diesel-Motoren. Die Kurve a (beobachtete Zeiten) läßt sich approximieren durch die Kurve b mit der Reparaturrate $\mu = 5 \cdot 10^{-2} h^{-1}$.

MTBF (mean time between failures) bezeichnet. Sie ist bei exponentiell verteilten Lebensdauern wie die (*engl.* mean time to first failure) MTTFF gleich dem Kehrwert der Ausfallrate

$$MTBF = \frac{1}{\lambda}$$ *Schrüfer*

Literatur: *Rasmussen, N. C.* Reactor Study – An Assessment of Accident Risks in US Commercial Nuclear Power Plants, United States Nuclear Regulatory Commission, WASH-1400 (NUREG-75/014), 1975.

Replicast-Full-Mould-Verfahren. Das ist ein von der Steel Castings and Trade Ass., Sheffield (England), entwickeltes Gießverfahren, das mit verlorenen Schaumstoffmodellen zur Herstellung einfacher bis komplizierter → Gußstücke in binderlosem Sand arbeitet. Die Modelle erhalten einen 0,5 bis 1,0 mm dicken Schlichteauftrag zur Isolierung zwischen Modell und Gießmetall. Nach Trocknung der Schlichteschicht werden die Modelle in einen Formkasten mit binderlosem Sand eingerüttelt, wobei der Sand Hinterschneidungen und Hohlräume einwandfrei ausfüllt, so daß es möglich ist, Gußteile kernfrei zu produzieren. Vor dem → Gießen wird am Kastenunterteil ein Vakuum von etwa 0,5 bar angelegt, wodurch eine Nachverfestigung der Form stattfindet. Außerdem sorgt das Vakuum für eine rasche Abführung der sich bei der Zersetzung des Polystyrols bildenden Gase. – Beim Leichtmetallguß benötigt man das Vakuum nicht und man bezeichnet diese Verfahrensvariante dann als *Loast-Foam*-Verfahren.

Beim *Replicast-CS*-(Ceramik Shell)-Verfahren wird anstelle der Schlichte eine Keramikmasse durch Tauchen auf das Schaumstoffmodell gebracht und anschließend weiteres feuerfestes Material in 3–4 mm Schichtdicke im Fließbett aufgetragen. Bei

1000 °C erfolgt dann ein kurzer Brennvorgang, wobei das → Polystyrol vergast und die Schale einen Keramikcharakter bekommt. Da diese Schale jetzt frei von Kohlenstoffresten und Feuchtigkeit ist, eignet sie sich zum Vergießen von jeder Art von Gußwerkstoffen, auch von niedriggekohlten Stählen.   *Doliwa*

Resistenz von Holz → Holzeigenschaften

Resol. R. sind → Phenolharze, die in einem Überschuß an Formaldehyd unter Basenkatalyse entstanden sind. Weiterhin werden noch Resitole und Resite unterschieden.   *Finkelmann*

Restaustenit. Der beim → Härten nicht in → Martensit umgewandelte → Austenit. Der mit zunehmendem Kohlenstoffgehalt über 0,8 % steigende Restaustenitanteil führt wegen seiner niedrigeren → Festigkeit zur Abnahme der → Härte.   *Dahl*

Restspannung → Entspannungsversuch

Restwiderstand → Leitfähigkeit, elektrische

RHEED → Oberflächenanalytik

Rheologie. Wissenschaft, die sich mit den Vorgängen befaßt, die bei der → Verformung von Körpern im Stoffinneren wirksam sind. Hierbei ist das Fließen im Begriff Verformung enthalten. Die R. beschäftigt sich mit dem Fließverhalten von festen, flüssigen und gasförmigen Stoffen aller Art. Dabei wird das Fließverhalten durch Gleichungen beschrieben, in denen die wirkenden Spannungen mit den Verformungen, Verformungsgeschwindigkeiten und der Zeit verknüpft werden.

Wegen der Komplexität des Fließverhaltens realer Stoffe benutzt man zu seiner quantitativen Beschreibung häufig idealisierte Modelle mit genau definierten Eigenschaften. So ist durch die Kombination von Federn, Dämpfungsgliedern und weiteren Elementen eine Reihe von Standardmodellen entwickelt worden, die ein qualitativ ähnliches Verhalten wie eine große Anzahl realer Stoffe aufweisen.   *Habig*

Literatur: *Kirschke, K.:* Rheologie und Tribologie. In: Werkstoffschau, Deutsche Industrieausstellung Berlin 1971. Berlin: Bundesanstalt für Materialprüfung (BAM) im Auftrage der Ausstellungs-Messe-Kongreß-GmbH.

Rheometer → Viskosimeter

Rheopexie. Zunahme der → Viskosität mit der Dauer der Scherbeanspruchung auf einen zeitlich konstanten Endwert.   *Habig*

RIM-Verfahren. Bei diesem Reaction-Injection-Moulding-Verfahren werden zwei reaktive Komponenten über einen Mischkopf in das Formwerkzeug eingebracht und reagieren dort zum festen Formteil aus. Da die Ausgangskomponenten in der Regel niedrigviskos vorliegen, müssen die Werkzeugteile nicht mit großen Kräften zusammengehalten werden (Zuhaltedrücke ungefähr 7 kg/cm^2). Dadurch können auch Großformwerkzeuge relativ leicht und kostengünstig gebaut werden.

Anwendung findet dieses Verfahren besonders in der Automobilindustrie, wo große Formteile, wie Karosserie-, Front- und Heckteile, selbsttragende Stoßstangen, Stoßstangenüberzüge und Spoiler, aus Polyurethanen in halbharter bis harter Einstellung und als Integralschäume eingesetzt werden.

Nach diesem System werden auch flüssige Epoxidharze und Zweikomponenten-Guß-Polyamid-Systeme verarbeitet. *Zahradnik*

Literatur: *Saechtling, H.:* Kunststoff-Taschenbuch 24. Aufl., München 1989.

Ring. Als R. wird die Lieferform von lose, in ungeordneten Lagen aufgehaspeltem → Draht bezeichnet. Ein solcher R. wird oft Draht-R. genannt. Als R. wird auch die Erzeugnisform eines homogenen Schmiedestückes mit bestimmten Außen- und Innen-Durchmessern sowie einer bestimmten Höhe (Dicke) bezeichnet. *Baumann*

Risiko. In der Entscheidungstheorie ist das R. der Erwartungswert der Verluste. Es berechnet sich als Produkt aus der Eintrittswahrscheinlichkeit eines Ereignisses und dem durch dieses Ereignis verursachten Schaden. *Schrüfer*

Riß, interkristalliner. Entlang der Korngrenzen verlaufender Riß, der zum interkristallinen → Bruch führt. Ursache ist eine Schwächung der → Korngrenzen im Vergleich zum Korninneren, z. B. durch Anreicherung von Begleitelementen. *Dahl*

Rißabdichtung → Rißverpressung

Rißaufweitung → COD

Rißausbreitung (auch Rißfortschritt, Rißerweiterung). Wenn ein → Anriß in einem vorher rißfreien Werkstoff entstanden ist (Rißkeimbildung, Anrißbildung), kann sich dieser
– stabil oder
– instabil ausbreiten.
Bei stabiler R. ist der Rißfortschritt von plastischen Verformungen begleitet, wodurch ein hoher Energiebedarf für die Formänderungsarbeit entsteht. Instabile R. ohne oder mit nur vernachlässigbar kleinen plastischen Verformungen erfordert da-

gegen nur geringe Energie. Das Zähigkeitsverhalten eines Werkstoffes ist folglich in erster Linie durch den Energiebedarf bis zum Bruch gekennzeichnet. Die Größe der verbrauchten Energie allein ist jedoch in der Regel nicht ausreichend, deshalb wird versucht, die Bedingungen für die Rißauslösung zu ermitteln. Das sind die Bedingungen, die einen Übergang von stabiler zu instabiler R. bewirken. Bei den entsprechenden Prüfverfahren werden nach Möglichkeit Kennwerte ermittelt, die sich unmittelbar auf Konstruktionen anwenden lassen (→ Bruchmechanik, → Griffith-Bruchtheorie). *Gräfen*

Rißbildung.

Korrosion. Die Bildung von Korrosionsrissen in → metallischen Werkstoffen kann verschiedene Ursachen haben und zu unterschiedlichen Erscheinungsformen führen.

Bei der dehnungsinduzierten Korrosion (→ Korrosion, dehnungsinduziert) erfolgt R. durch örtliche Korrosion in Folge einer mechanischen Beschädigung schützender Deckschichten durch wiederholte kritische → Dehnung des Bauteiles.

Bei der → Spannungsrißkorrosion wird unter Einwirkung spezifischer Korrosionsmedien bei rein statischer, dynamischer oder niederfrequenter schwellender Zugbeanspruchung R. mit inter- oder transkristallinem Verlauf ausgelöst.

Beim Zusammenwirken von mechanischer Wechselbeanspruchung und Korrosion erfolgt meist transkristalline R. durch → Korrosionsermüdung. *Wendler-Kalsch*

Mechanisch. Entstehung von Anrissen bei örtlicher Überschreitung der → Festigkeit durch irreversible Trennung des atomaren Zusammenhalts unter Bildung von Rißoberflächen.

Mechanische R. tritt unter der Wirkung von Last- oder Eigenspannungen bei Überschreiten der Schub- oder Trennfestigkeit auf (→ Versagensmechanismus). Dies kann bei technischen Bauteilen im Zuge der Herstellung und Verarbeitung oder unter betrieblicher Belastung erfolgen.

Bei der Herstellung und Verarbeitung (→ Gießen, → Walzen, → Schmieden, → Schweißen, → Wärmebehandlung, → Kaltumformung, mechanische Bearbeitung) ist dann mit mechanischer R. zu rechnen, wenn der Werkstoff bis an die Grenze seines Verformungsvermögens beansprucht wird.

Durch behinderte → Schwindung bei der → Abkühlung von Gußstücken und Schweißgütern, durch ungleichmäßige Temperaturverteilung bei der Warmformgebung und Wärmebehandlung, die eine behinderte Wärmedehnung bzw. Schrumpfung zur Folge hat, sowie durch Volumenänderungen bei Gitterumwandlungen (insbesondere Austenit/Martensitumwandlung beim → Härten) ergeben sich

Wärme- und Eigenspannungen. In Zonen verminderter Verformungsfähigkeit (aufgehärtete und versprödete Bereiche) können diese Spannungen vorzugsweise an geometrischen Unstetigkeiten (Kerben) zu Mikro- und Makroanrissen führen. Nach der Entstehungstemperatur unterscheidet man Heißrisse und Kaltrisse.

An Gußstücken werden interkristalline Heißrisse (auch Warmrisse genannt) am Ende der → Erstarrung beobachtet. Flüssige Filme (niedrig schmelzende Eutektika) zwischen den erstarrten Dendriten begünstigen die R. Die Werkstoffzusammensetzung, die Formgebung des Gußstückes und die Abkühlbedingungen sind von Einfluß auf den Vorgang. Schrumpfrisse bei tieferer Temperatur (Kaltrisse) bilden sich vorzugsweise an Querschnittsübergängen.

R. beim Schmieden und Walzen kann in bestimmten Temperaturbereichen durch niedrig schmelzende Substanzen an den Korngrenzen ausgelöst werden (→ Rotbruch, Heißbruch). In Zonen mit Anreicherung von Legierungselementen und Verunreinigungen (Seigerungen), die eine erhöhte → Härte bei verminderter Verformungsfähigkeit aufweisen, kommen Seigerungsrisse vor. Unter Wasserstoffbeteiligung entstehen Flockenrisse, bedingt durch die mit fallender Temperatur abnehmende Löslichkeit und Diffusionsfähigkeit von Wasserstoff. Schmiederisse sind allgemein auf eine örtliche Überschreitung der Verformungsfähigkeit des Werkstoffs zurückzuführen. Beim Walzen nach dem Pilgerschrittverfahren ist bei ungünstiger Kombination von Temperatur und Verformungsbedingungen eine mechanische R. durch den „Pilgerschlag" möglich. Im Oberflächenbereich kann bedingt durch die Verformungsbedingungen sowie Werkzeugzustand und -einstellung Feinrissigkeit entstehen.

An Schmelzschweißverbindungen (Bild 1) ist eine Rißbildung im Schweißgut oder in der Wärmeeinflußzone (WEZ) möglich. Besonders anfällig ist die überhitzte, meist aufgehärtete Grobkornzone. Interkristalline Heißrisse im Schweißgut und der WEZ bilden sich als Erstarrungs- oder Aufschmelzrisse. Beim Spannungsarmglühen können bei empfindlichen Stählen Relaxationsrisse auftreten (Wärmeeinflußzone – Simulation). Heiß- und Relaxationsrisse (Nebennahtrisse) verlaufen als Mikrorisse primär interkristallin und werden durch Korngrenzenbelegung begünstigt. Kaltrisse in der WEZ können trans- oder interkristalline Ausbildung zeigen (→ Bruch, interkristallin, transkristallin) und sind im allgemeinen wasserstoffinduziert (Bild 2). Oft liegen sie als Unternahtrisse in der Grobkornzone. Gemäß DIN 8524 werden Kaltrisse an Schweißungen nach Rißlage und Ausbildungsform in Aufhärtungs-, Schrumpf-, Kerb-, Wurzel- und Lamellenrisse unterteilt. Lamellenrisse sind trep-

penförmige Aufreißungen in Grundwerkstoff und WEZ entlang zeiliger Verunreinigungen. Durch optimale Gestaltung der → Schweißverbindung, Werkstoffzusammensetzung und Schweißtechnologie einschließlich Wärmebehandlung sind diese R. vermeidbar (→ Schweißeignungsprüfung).

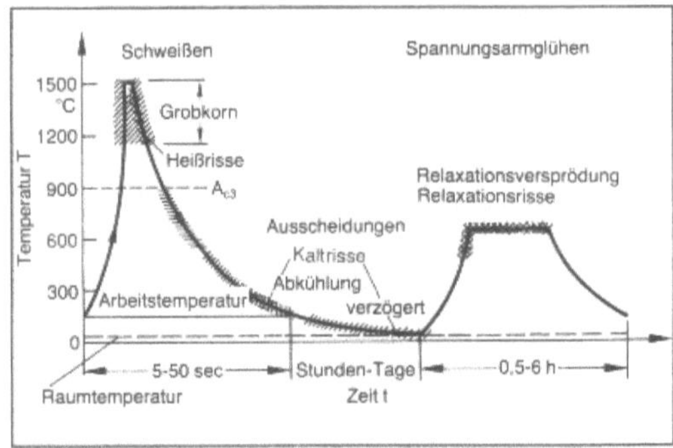

Rißbildung 1: R. beim Schmelzschweißen. (Quelle: MPA)

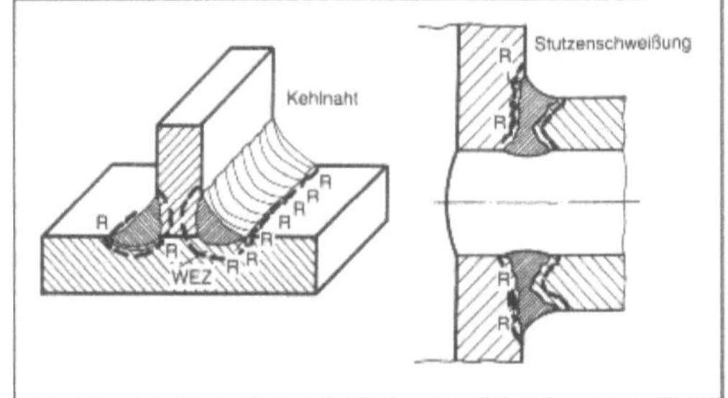

Rißbildung 2: Beispiele für Kaltrisse an Schweißverbindungen. (Quelle: MPA)

Beim Härten auftretende interkristalline Härterisse werden durch Wärmebehandlungsfehler, hohe Abschreckungsgeschwindigkeit und Kerben hervorgerufen. Bei mechanischer Bearbeitung durch Schleifen können durch hohe Wärmeeinbringung bei schlechter Wärmeleitfähigkeit in wenig verformungsfähigen Werkstoffen durch Wärmespannungen Schleifrisse entstehen.

Bei der Verarbeitung und im Betrieb besteht unter bestimmten Voraussetzungen die Möglichkeit, daß Gase aus der Umgebung in den Werkstoff diffundieren und dort durch Reaktion mit Werkstoffbestandteilen oder durch Rekombination aus dem atomaren Zustand zu nicht mehr diffusionsfähigen Molekülen werden. Dabei bauen sich im Innern des Bauteils so hohe Drücke auf, daß das Gefüge im Mikrobereich gesprengt wird (z. B. Wasserstoffkrankheit des Kupfers beim → Glühen in wasserstoffhaltiger Atmosphäre). Das Eindringen von atomarem Wasserstoff ist für wasserstoffinduzierte R. an galvanisch behandelten Teilen sowie an Schweißverbindungen und für Flockenrisse an Schmiedestücken verantwortlich (→ Versagensmechanismus, → Spannungsrißkorrosion, → Korrosion).

Kußmaul

Literatur: DIN 8524: Fehler an Schweißverbindungen aus metallischen Werkstoffen. – *Kußmaul, K.*: Werkstoff- und Herstellungsfehler in nahtlosen Rohren, Rohrbogen und Schmiedestücken. VGB Werkstofftagung 1969.

Rißerweiterung → Rißausbreitung

Rißfortschritt → Rißausbreitung

Rißkorrosion, wasserstoffinduzierte. Rißkorrosion, die an metallischen Werkstoffen durch Wasserstoffaufnahme ohne äußere mechanische Zugbelastung ausgelöst wird. Sie tritt an einzelnen, dafür anfälligen, unlegierten und niedriglegierten Stählen auf und führt zu wasserstoffinduzierten Innenrissen, die in beliebiger Tiefe des Metalles ausgelöst werden können, wobei äußere Zugspannungen keine notwendige Voraussetzung darstellen.

W. R. entsteht durch Rekombination von atomarem → Wasserstoff (H+H = H$_2$) an inneren Grenzflächen, vorzugsweise an kritisch geformten nichtmetallischen Einschlüssen (z. B. Mangansulfid, oxidische → Einschlüsse) sowie an sonstigen, insbesondere harten Gefügebestandteilen (→ Bainit, → Martensit). W. R. bedarf keiner äußeren Zugbelastung und tritt als Folge der an der → Phasengrenze Einschluß/Grundmetall vorherrschenden hohen Eigenspannungen in Verbindung mit dem lokalen Aufbau hoher Drücke (ca. 10^3 bar) des entstehenden molekularen Wasserstoffs auf.

Die charakteristischen Merkmale der w. R. sind vereinzelte Längsrisse, sowie insbesondere zeilig angeordnete, parallel zueinander verlaufende Risse, die sich vorzugsweise an zeilig angeordneten Sulfideinschlüssen gewalzter Bleche orientieren und gelegentlich in Form von sogenannten „Stufenrissen" auftreten, bei denen infolge Reißens des Zwischenmaterials Querverbindungen zwischen den eigentlichen wasserstoffinduzierten Rissen geschaffen werden. *Wendler-Kalsch*

Literatur: *Wendler-Kalsch, E.*, in: Wasserstoff und Korrosion. (Hrsg. D. Kuron), Bonn 1986.

Rißsanierung → Rißverpressung

Rißstoppversuch → Bruchmechanik

Rißverpressung. Risse in Massivbauteilen (Beton, Mauerwerk, Naturstein) müssen mit geeigneten Materialien kraftschlüssig oder abdichtend verfüllt werden, wenn sie die Standsicherheit, die → Dauerhaftigkeit oder die Gebrauchseigenschaften des Bauwerks beeinträchtigen. Alle Teile eines Bauwerkes führen ständig und unvermeidbar infolge von Änderungen der mechanischen Belastung, der

Temperatur und ggf. der Feuchtigkeit Formänderungen aus. Hierdurch entstehen einerseits mechanische Spannungen und andererseits Bewegungen getrennter Bauteile gegeneinander im Bereich planmäßiger Dehnungsfugen und unplanmäßiger Risse. Selbst wenn die das Aufreißen eines Querschnittes bewirkende Ursache entfallen ist (→ Kriechen, Schwinden, einmalige Überbelastung usw.), werden auch bei ruhenden („toten") Rissen ständig sehr kleine Rißweitenänderungen auftreten. Diese sind i. d. R. von üblichen Dünnbeschichtungen und auch von Zementmörteln nicht zu überbrücken, d. h. diese Beschichtungen reißen im Bereich der Untergrundrisse ebenfalls. Bei unter Wasserdruck stehenden Bauteilen, wie Behältern, Schwimmbekken, in Grundwasser stehenden Unterkellerungen, Tunneln, müssen zum Vermeiden von Durchfeuchtungen feine Risse nur dann geschlossen werden, wenn sie sich im Laufe der Zeit nicht durch Kalkablagerungen o. ä. selbst abdichten. Risse lassen sich durch folgende Maßnahmen dauerhaft sanieren:

– Überdecken mit rißüberbrückenden Beschichtungen,

– kraftschlüssiges Verpressen mit Injektionsharzen,

– Injektion mit Polyurethanen, die im Spalt zu geschlossenzelligem, zähelastischem → Schaumstoff aufblähen,

– Abdichten mit elastischen Fugenmassen nach den Regeln der Dehnungsfugentechnik.

□ Kraftschlüssiges Verpressen von Rissen. Die ursprünglich vorgesehene und vor dem Auftreten des Risses vorhandene monolithische Wirksamkeit eines Bauteiles läßt sich durch nachträgliches Verpressen des Risses mit geeigneten Kunstharzen wiederherstellen. Voraussetzung für eine erfolgreiche Verpressung ist, daß die Rißursache

– entweder durch den Abbau der Zwängungskraft infolge der Rißentstehung beseitigt wurde, z. B. bei Schwindrissen,

– oder als äußere Einwirkung nicht mehr besteht, z. B. außerplanmäßige Montagebelastung oder Erdbeben.

Anderenfalls käme es auch bei gelungener Verpressung an einer benachbarten Stelle zum erneuten Aufreißen. Die Verfahrenstechniken unterscheiden sich im Detail. Sie haben auch bestimmte bevorzugte Anwendungsbereiche. Im Grundsatz wendet man jedoch stets das folgende bewährte Verfahren an: Es werden niedrigviskose, ungefüllte und lösemittelfreie Epoxidharze verwendet. In Form der speziell für Verpreßaufgaben entwickelten bzw. „formulierten" Injektionsharze erfüllen sie in Verbindung mit bestimmten Anwendungsbeschränkungen hinsichtlich Untergrundfeuchte und Temperatur alle ingenieurmäßigen Forderungen. Sie ermöglichen vollständige Rißverfüllung bis rd. 0,05 mm

Weite, haften gut auf allen mineralischen und metallischen Untergründen und sind beständig in alkalischer Umgebung. Die Ausgangsviskositäten zum Erzielen guter Rißverfüllung bei gleichzeitig nicht zu hohem Einpreßdruck und nicht zu langer Verpreßdauer betragen etwa zwischen 100 und 1 000 mPa s bei Raumtemperatur.

Die Arbeiten an der Baustelle beginnen mit dem Vorbereiten der Injektionsöffnungen. Diese werden alle 20–50 cm entlang des Risses vorgesehen. Die Abstände legt man in Abhängigkeit von der Rißweite, der Bauteildicke, der Harzviskosität und dem Einpreßdruck fest. Die Injektionsharze werden über

– kleine, mit dem Kleber am Riß fixierte Röhrchen,
– in Bohrlöcher verkeilte, abgedichtete Rohrstutzen („Packer") oder
– frei aufsetzbare, mit Gummiprofilen abgedichtete Mundstücke

eingesetzt. Den übrigen Rißbereich deckt man dem vorgesehenen Injektionsdruck entsprechend mit Spachtelmasse ab. Mit hand- oder motorgetriebenen Hydraulikpressen wird das Harz solange in eine Injektionsöffnung gepreßt, bis es an der benachbarten (bei Vertikalrissen der nächst höheren) Injektionsöffnung austritt.

□ Abdichtung gegen drückendes Wasser. Zur Abdichtung gegen Wasserdurchtritt werden schnell reagierende, wasserunempfindliche Harzsysteme verwendet. Da es hierbei nicht auf hohe Festigkeiten ankommt, sind elastische und bei Wasserkontakt schaumartig aushärtende PUR-Harze vorteilhaft. *Sasse*

Rißwachstum → Rißausbreitung

Rockwell-Verfahren → Härte

Rohblock. Aus dem flüssigen Rohstahl erstarrter → Block mit anderen Querschnitten als Rohbrammen. *Dahl*

Rohbramme. Aus dem flüssigen Rohstahl erstarrte → Bramme mit etwa rechteckigem Querschnitt, deren Breite mindestens doppelt so groß ist wie die Dicke. Von → Halbzeug spricht man, wenn Rohblöcke oder R. eine → Warmumformung erfahren haben oder die Erzeugnisse im Strang vergossen worden sind. Allerdings wird in der Erzeugungsstatistik R. und → Rohblock dem Rohstahl zugeordnet. *Dahl*

Roheisen. R. ist ein Zwischenprodukt bei der Erzeugung von → Stahl und, in geringerem Umfang, von → Gußeisen. Es wird überwiegend im → Hochofen erschmolzen. Neben dem Hauptbestandteil → Eisen enthält es → Kohlenstoff, → Silicium,

→ Phosphor, → Mangan und Spuren anderer Elemente.

Im Hochofen nimmt das reduzierte Eisen aus dem Koks 3,5–4,8 % Kohlenstoff auf, wobei der Gehalt durch die anderen genannten Elemente mit bestimmt wird.

Der Siliciumgehalt von 0,2–1 % wird unter anderem durch die Temperaturführung im Hochofen beeinflußt. Der Mn-Gehalt, 0,3–0,8 %, ist vom Mangangehalt der eingesetzten Erze abhängig.

Das Gleiche gilt für den Phosphor-Gehalt, der beim Stahlroheisen unter 0,3 % liegt. Phosphor-Gehalte von 1,3–1,8 % ergeben sich im Thomasroheisen beim Einsatz von schwedischem Kirunaerz, lothringischer und luxemburgischer Minette.

Aus dem Koks nimmt das Eisen neben Kohlenstoff auch → Schwefel auf. Der Schwefelgehalt von 0,030–0,100 % wird durch die Basizität der → Hochofenschlacke mitbestimmt.

R. für die Stahlerzeugung wird aus dem Hochofen in zeitlich regelmäßigen Abständen in Pfannen von 200–400 t Fassungsvermögen abgestochen. Seine Temperatur beträgt etwa 1 500 °C. Es wird in diesen Pfannen in das → Stahlwerk transportiert und dort flüssig weiter verarbeitet.

R. wird neben → Schrott auch zur Herstellung von Gußeisen eingesetzt. Das Gießereieisen hat höhere Siliciumgehalte bis etwa 3 %. Dieses Eisen wird auf einer → Gießmaschine zu flachen Stücken, Masseln, vergossen, die für den Wiedereinsatz in Kupol- oder Induktionsöfen geeignet sind. *Rellermeyer*

Roheisenherstellung. Die Herstellung von → Roheisen erfolgt durch → Reduktion von → Eisenerzen und Trennen des Eisens von der Gangart im Schmelzfluß.

Fast die gesamte Menge an Roheisen, in der Welt etwa 500 Mio t/Jahr, wird im → Hochofen erzeugt.

Der Hochofen ist ein Gegenstromreaktor in den Stückerze, Sinter und Pellets abwechselnd mit Koks von oben eingefüllt werden. Unten in der Blasformebene wird Koks mit dem eingeblasenen heißen Wind zu einem Gas mit etwa 35 % CO und 65 % N_2 teilverbrannt. Die adiabatische Verbrennungstemperatur beträgt etwa 2 000–2 300 °C. Das durch die Schüttsäule aufsteigende Formengas heizt die niedergehenden Möllerstoffe auf und reduziert die höheren → Oxide des Eisens zu FeO und teilweise zu Fe. Die vollständige Reduktion zu Fe erfolgt durch festen → Kohlenstoff bei Temperaturen über etwa 1 200 °C im unteren Teil des Ofens. Das gebildete Eisen nimmt Kohlenstoff aus dem Koks auf und Mn, P und Si, die aus der Gangart der Erze und der Asche des Kokses durch Kohlenstoff reduziert werden. Das Eisen schmilzt und fließt durch die Schüttsäule aus Koks in das Gestell des Hochofens, wobei die genannten Reaktionen seine Zusammensetzung weiter verändern bis hin zu der Zusammensetzung des Roheisens beim → Abstich. Gleichlaufend dazu bildet sich die flüssige → Hochofenschlacke, die ebenfalls in das Gestell abfließt. Die Temperatur, mit der Schlacke und Roheisen den Ofen beim Abstich verlassen, liegt bei etwa 1 500 °C, während das → Gichtgas beim Austritt aus der Beschickung eine Temperatur von 80–200 °C hat.

Beim Hochofenverfahren werden folgende Stoffmengen umgesetzt, wenn der Fe-Gehalt im Möller etwa 60 % beträgt.

Erz, Pellets, Sinter   1 700 kg/t RE
Koks (Kohle/Öl/Gas)   500 kg/t RE
Heißwind   1 000 Nm³/t RE
Schlacke   300 kg/t RE
Gichtgas   1 700 Nm³/t RE

Für die R. sind heute folgende Merkmale kennzeichnend:

□ Einsatz reicher Erze, so daß der Fe-Gehalt im Möller 58–65 % beträgt und die Schlackenmenge bei 330 bis herunter zu 200 kg/t RE liegt.

□ Intensive Vorbereitung der Möllerstoffe durch Brechen und Sieben der Erze, → Sintern der Feinerze und → Pelletieren der Feinsterze sowie → Mischen der Stoffe in Mischbetten.

□ Einstellen einer hohen Windtemperatur von 1 000 bis 1 300 °C. Die adiabatische Verbrennungstemperatur vor den → Blasformen des Hochofens darf aber etwa 2 200 °C nicht überschreiten, da sonst Störungen im Ofengang auftreten.

□ Einblasen von Ersatzbrennstoffen wie Erdgas, Koksofengas, Schweröl, Teer, Kohle mit dem Heißwind in die Blasformen um die Verbrennungstemperatur abzusenken und um eine äquivalente Menge an Koks zu ersetzen. Heute wird zunehmend Kohle eingeblasen. Die Mengen liegen zwischen 60 und 170 kg/t RE.

□ Überwachen des Ofens durch eine Vielzahl von Meßstellen für Temperaturen, Gasdruck und -zusammensetzung, Menge und Verteilung der Feststoffe. In Verbindung mit Prozeßrechnern, die alle Meßdaten aufnehmen, sind geschlossene Führungssysteme in der Entwicklung.

□ Verwendung hochwertiger feuerfester Baustoffe, die an die Art der Beanspruchung in den verschiedenen Ofenzonen angepaßt sind, und intensive Kühlung der Ausmauerung. Die Lebensdauer einer Ofenzustellung beträgt dadurch heute 10 bis 12 Jahre.

In Arbeiten zur Weiterentwicklung des Hochofenverfahrens wird der Einsatz von elektrischer Energie in Plasmabrennern untersucht. In solchen Brennern kann der Heißwind unmittelbar vor den Formen auf Temperaturen von 1 700 °C erhitzt und damit die Menge an Kohle, die eingeblasen werden kann, auf etwa 200 kg/t erhöht werden.

Es kann aber auch ein geeignetes → Reduktionsgas auf diese Weise erhitzt oder aus Erdgas und Luft oder CO_2 im Plasmabrenner erzeugt werden. Wird dieses hoch erhitzte Gas anstelle von Heißwind in den Hochofen eingeblasen, so sollte sich der Koksverbrauch bis unter 100 kg/t RE absenken lassen.

Großversuche sind geplant um die Durchführbarkeit und die Wirtschaftlichkeit zu ermitteln.

In einem geringen Umfang wird Roheisen in Elektroniederschachtöfen erzeugt. Die erforderliche Temperatur wird durch elektrischen Strom erzeugt, der zwischen Kohleelektroden durch die bei den hohen Temperaturen leitende Beschickung im unteren Teil des Schachtes fließt. Koks wird zur Reduktion benötigt.

Da im Hochofen Sinter oder Pellets und → Hochofenkoks benötigt werden, für deren Erzeugung Anlagen mit einem hohen Kapitalbedarf betrieben werden müssen, hat es nicht an Versuchen gefehlt, andere Verfahren zu entwickeln. Dabei sollten Kohlen und möglichst auch Feinerz einsetzbar sein und es sollte ein flüssiges Roheisen erzeugt werden, um die Gangart der Erze als flüssige Schlacke abtrennen zu können.

Allen bisherigen Verfahrensvorschlägen ist gemeinsam, daß in einer ersten Stufe Erz vorreduziert und in einer zweiten Stufe fertig reduziert und geschmolzen werden soll. In einer Anlage in Schweden, die 70 000 t/Jahr erzeugen kann, wird das Plasmaredverfahren erprobt, bei dem Feinerz in einer Wirbelschicht mit Gas vorreduziert und in einem koksgefüllten Schachtofen durch einen Plasmabrenner eingeblasen und dort reduziert wird. In dem Plasmabrenner wird gleichzeitig aus Kohle das Reduktionsgas erzeugt.

Beim COREX-Verfahren werden Pellets oder Stückerze in der ersten Stufe in einem Schacht mit Gas vorreduziert. Das Gas wird in der zweiten Stufe aus Kohle mit Sauerstoff erzeugt. Gleichzeitig wird dort das vorreduzierte Material eingeschmolzen und fertigreduziert. Eine Anlage für eine Erzeugung von 300 000 t/Jahr in Südafrika ist 1989 in Betrieb gegangen.

Sonstige Verfahrensvorschläge sind allenfalls in kleinen Pilotanlagen getestet worden. *Rellermeyer*

Literatur: v. *Bogdandy, L.* und *H. J. Engell:* Die Reduktion der Eisenerze. Düsseldorf 1967. – Proceedings of the European Ironmaking Congress 1986, Aachen. Düsseldorf 1986.

Roheisenvorbehandlung. Als R. werden Verfahren bezeichnet, durch die die Zusammensetzung des flüssigen → Roheisens vor der eigentlichen → Umwandlung zu → Stahl verändert wird. Absenken des Schwefelgehaltes aber neuerdings auch des Silicium- und Phosphorgehaltes ist das Ziel solcher Verfahren. Dadurch ist es möglich, beim → Blasstahlverfahren zur Stahlerzeugung eine geringere Menge an Kalk zuzugeben, als es sonst zum Abbinden der genannten Elemente in einer größeren Schlackenmenge notwendig wäre (Bild).

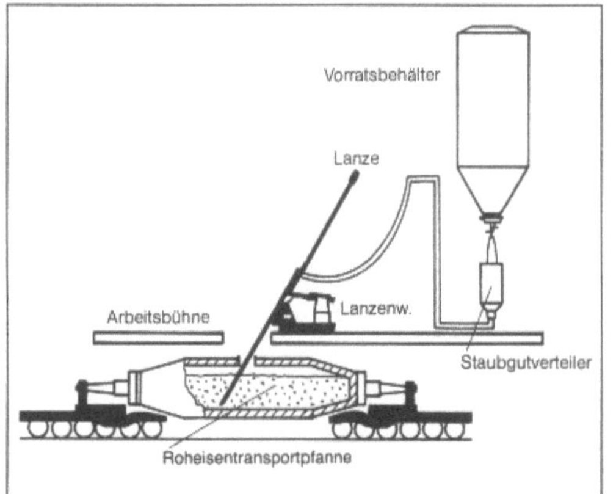

Roheisenvorbehandlung: Schema einer Anlage zur Entschwefelung von Roheisen in der Transportpfanne. (Quelle: Thyssen Stahl AG)

Eine Roheisenentschwefelung wurde bereits in der Vergangenheit durchgeführt, wenn Roheisen aus Gründen der Hochofenführung höhere Schwefelgehalte über etwa 0,060 % hatte. Es war üblich Soda in die Roheisenpfannen zu geben und die gebildete schwefelhaltige Schlacke abzuziehen. Die undefinierten Bedingungen bei dieser Arbeitsweise wurden in einigen Stahlwerken dadurch verbessert, daß das Roheisen einmal zusätzlich umgefüllt und dabei gegebenenfalls eine Siphonpfanne verwendet wurde.

Ein wesentlicher Fortschritt wurde durch die Entwicklung der →Injektionsverfahren erzielt. Ein feinkörniges Entschwefelungsmittel wird dabei mit einem Trägergas mittels einer Blaslanze tief in das Roheisenbad eingeblasen. Übliche Entschwefelungsmittel sind vor allem CaC_2 mit Zusätzen von etwa 35–40 % gasabspaltenden Diamidkalkes, der die Ausnutzung verbessert, oder Magnesium mit einem Zusatz von 50 % CaO oder Al_2O_3 um die heftige Verdampfung des Magnesiums zu verzögern.

Es werden z. B. 5 kg CaC_2 + Diamidkalk eingeblasen um den Schwefelgehalt von 0,050 auf 0,020 % zu senken, oder dementsprechend 3 kg Gemisch aus Mg + CaO.

Die Entschwefelungsschlacke wird mechanisch von der Roheisenpfanne abgezogen. Die Schlacke, etwa 5 kg/t, enthält 30 bis 50 % Eisengranalien, die magnetisch abgetrennt und zurückgewonnen werden.

Während eine Roheisenentschwefelung in vielen Hüttenwerken durchgeführt wird, ist eine R., die auch die Entfernung des Phosphors zum Ziel hat, noch nicht allgemein Stand der Technik. Die Durchführung erfordert eine zweistufige Behandlung, da zunächst der Siliciumgehalt von z. B. 0,04 % auf unter 0,015 % abgesenkt werden muß, z. B. durch Zugabe von Eisenoxiden. Nach Abtrennen der gebildeten Schlacke erfolgt eine →Oxidation des Phosphors mit Gemischen aus Na_2CO_3 und FeO oder CaO und FeO, die in die Pfanne gegeben werden beim Füllen mit Roheisen oder auch in die gefüllte Pfanne eingeblasen werden.

Da immerhin 20 bis 30 kg/t RE eines solchen oxidierenden Gemisches notwendig sind um den Phosphorgehalt von z. B. 0,120 bis 0,150 % auf unter 0,050 % abzusenken, erfolgt gleichzeitig eine Entschwefelung des Roheisens durch das in der Schlacke enthaltene Na_2O oder CaO.

Ob diese Verfahren eine weite Verbreitung finden, ist noch nicht sicher zu beurteilen.

Rellermeyer

Roherzeugnisse. Unter R. sind Produkte zu verstehen, die nach dem →Gießen (→Urformen) noch keine Formgebung durch äußere mechanische Einwirkung erhalten haben. *Baumann*

Rohguß. Ist ein nicht eindeutig definierter Begriff. Der Gußverbraucher versteht darunter ein →Gußstück mit entsprechenden Bearbeitungszugaben, das durch eine nachfolgende, meist spanende Bearbeitung auf Zeichnungsmaße in engen Toleranzen zu einem Fertigteil umgewandelt wird. Der Gießer bezeichnet dagegen als R. ein Gußstück so wie es aus der Form kommt, d. h. an dem noch nachfolgende Arbeiten, wie Putzen von Sandanhang bei Innen- und Außenkonturen, Abtrennen der Speiser und des Eingußsystems, Abschleifen von Grat und Gußnähten u. a. m. auszuführen sind. Wenn danach solche Gußstücke die Endkontrolle mit Gutbefund passiert haben, ist für den Gießer das abgelieferte Gußteil kein R. mehr, sondern aus seiner Sicht ein verkaufsfähiges Endprodukt.

Den Gußverbraucher interessieren neben der Einhaltung der verlangten mechanisch-physikalischen Eigenschaften und der Analysenvorschriften vor allem Oberflächengüte und Maßhaltigkeit. Inwieweit sich die ausgewählten Gußwerkstoffe auch noch spanend gut bearbeiten lassen, hängt nur in wenigen Fällen von der Verfahrenstechnik der Gußproduktion ab. In der Mehrzahl aller Fälle liegt die Ursache für Enttäuschungen oder Schwierigkeiten darin, daß der Gußverbraucher keine ausreichende Kenntnis vom Zusammenhang der vorgeschriebenen Zusammensetzung und deren Rückwirkung auf die Zerspanungseigenschaften hat.

Die Maßgenauigkeit der Gußstücke hängt wesentlich vom Formgebungsverfahren ab. Das →Gießen in Kokillen, zumal unter Zuhilfenahme eines Wirkmediums (→Druckguß, Niederdruckguß, Preßguß), liefert naturgemäß Teile mit höherer Rohmaßgenauigkeit als der →Sandguß. Vor aussetzung für die Anwendung der vorgenannten Verfahren sind wegen der hohen Formherstellungskosten jedoch größere Serien. Bei verschiedenen industriell in großem Umfang eingesetzten Gußwerkstoffen, wie z. B. → Gußeisen mit Lamellengraphit, erfordert das Gießen in Kokillen zur Verbesserung der mechanischen Eigenschaften und der Bearbeitbarkeit eine nachträgliche → Wärmebehandlung, die diese Fertigungsmethode nicht unerheblich verteuert. Deshalb nutzt man selbst für Großserienfertigung, wie z. B. im Motorenguß, immer noch das Sandgießen als bevorzugtes Fertigungsverfahren (Bild).

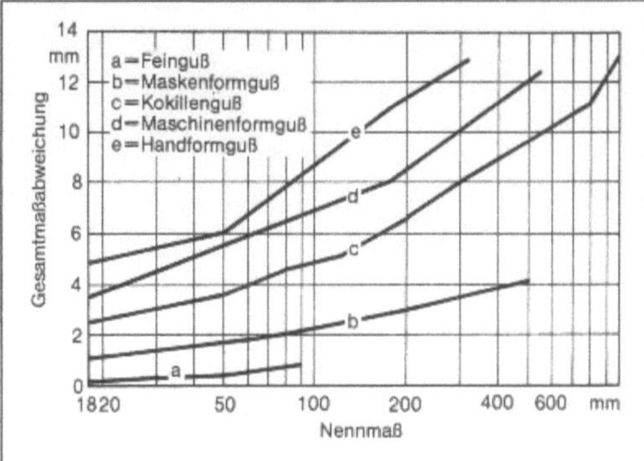

Rohguß: Abhängigkeit der Freimaßtoleranzen vom gewählten Formverfahren.

Neben gießtechnischen Maßnahmen, wie Wahl des Formverfahrens, der Formstoffe usw., muß auch der Konstrukteur seinen Beitrag zu einer besseren Einhaltung der Maßgenauigkeit durch eine gießgerechte Konstruktion beitragen. Die ungleichmäßige → Abkühlung infolge stark unterschiedlicher Querschnitte und scharfer Kanten (Sandkanteneffekt) verursacht Wärmespannungen, die wiederum Ursache von Warm- und Kaltrissen sein können. Im dickeren Querschnitt erstarrt zuerst eine verhältnismäßig dünne Kruste, während das Innere noch flüssig bleibt. In dieser Zeit ist der dünnere Querschnitt in seiner → Erstarrung bereits weiter fortgeschritten. Mit Erstarrungsbeginn setzt die → Schwindung (Volumenkontraktion) ein und der dünnere Querschnitt übt einen Zug auf die dickwandigeren Partien aus. Da die → Warmfestigkeit der meisten Gußwerkstoffe erheblich unter deren → Zugfestigkeit bei Raumtemperatur liegt, können die durch Abkühlung hervorgerufenen Zugspannungen so groß sein, daß es zu Materialtrennungen kommt.   *Doliwa*

Rohr aus Baukunststoff. Im Bereich des Rohrleitungsbaues für gasförmige, flüssige und feste Transportgüter jeglicher Art haben sich die → Kunststoffe einen großen Marktanteil verschafft. Verwendungsgebiete sind meist erdverlegte Leitungen für Gase, Trinkwasser, Abwasser, Fernwärme, Schüttgüter sowie Dränagen. Hauptsächlich verwendet werden PP, PE-hart und PVC-hart. Für spezielle Bereiche setzt man auch GFK, Reaktionsharzbetone, ABS, PB, PE-weich, PE-vernetzt, PVC-schlagzäh und PVCC (nachchloriert) ein. Gegenüber anderen für die Rohrherstellung verwendeten Baustoffen (→ Stahl, → Beton, → Keramik) haben Kunststoffe eine vorteilhafte Kombination von Eigenschaften, die zu ihrer heutigen Marktbedeutung führte: geringes Gewicht (Transport, Verlegung), glatte Wände der Bauteile (geringe Inkrustationsgefahr), außerordentliche → Korrosionsbeständigkeit, großer → Verschleißwiderstand, einfache Verbindungs- und Abzweigetechnik. Problematisch ist bei einigen Herstellverfahren, Werkstoffen und Transportmedien die mögliche Neigung zur → Spannungsrißkorrosion bei innendruckbelasteten Rohren. Die Verformbarkeit der Rohrwand unter Auflast, Innendruck und Erddruck erfordert aufwendigere Berechnungsverfahren als für starre Rohre aus Beton oder Keramik. Die Zeitstandfestigkeiten sind stark von der Temperatur und dem Werkstofftyp abhängig. Im Bereich der Fernwärmeversorgung sind für die Hauptleitungen (120–140 °C) Stahlrohre mit Wärmedämmungen aus PUR/PIR-Hartschaumstoffen üblich. GFK-Rohre auf der Basis heißgehärteter Aminepoxidharze sind bis rd. 110 °C erprobt. Für die örtlichen Verteilernetze (80–100 °C) kommen Rohre aus vernetztem PE, PP und PB in Betracht. Der kleine → Elastizitätsmodul von PE-weich und auch von PE-hart ermöglicht bei kleinen Rohrdurchmessern das Verlegen sehr langer Schüsse von Trommeln und generell enge Kurvenradien ohne spezielle Krümmerformteile. Es wurden PE-Rohre mit 180 mm Außendurchmesser in Längen von 300 m aufgetrommelt. Bei Erdverlegung ist nur ein sehr schmaler Aushub erforderlich, da die Verbindungsarbeiten außerhalb des Grabens ausgeführt werden können.   *Sasse*

Rohrbiegen. Das → Biegen von Rohren mit Kreisringquerschnitt hat vor allem im Kessel- und Rohrleitungsbau große Bedeutung. Es werden alle Biegeverfahren nach DIN 8586 (außer Gesenksicken, Gesenkbördeln, → Knickbiegen, → Walzprofilieren, Walz- und → Gleitziehbiegen) mit zahlreichen Varianten angewandt. Bei den betrachteten Verfahren legt man Wert auf Faltenfreiheit an der Innenseite des Bogens; für besondere Zwecke, z. B. Ofenrohrkrümmer, stellt man aber auch sog. Faltenrohre auf verschiedene Art her.

Die Entscheidung, welches Verfahren in einem bestimmten Fall angewandt werden soll oder kann, hängt, außer von wirtschaftlichen Gesichtspunkten, in erster Linie von den mechanischen Eigenschaften des zu verarbeitenden Werkstoffs, den Rohrabmessungen und dem geforderten Biegehalbmesser ab.

Wohl am häufigsten kommen jedoch das R. mit Dorn (→ Rundbiegen), (Bild 1) und das R. ohne Dorn (Bild 2) zur Anwendung. Neben dem Aufbringen der Biegekraft haben die Rohrbiegewerkzeuge die Aufgabe, unerwünschte Verformungen möglichst zu verhindern, wie Faltenbildung im Druckbereich, Abflachung des Ringquerschnitts sowie Schwächung der Wand im Zugbereich; diese setzen die → Festigkeit des Rohrbogens bei mechanischer Belastung, meist Innendruck, herab. Das Biegen von Rohren mit Stützdorn hat vor allem dort, wo es sich um dünnwandige Rohre mit einem Verhältnis Wanddicke zu Außendurchmesser ≤ 0,06 handelt, seine Berechtigung.

Eine andere Methode zum Vermeiden des Knickes von Rohren beim Biegen ist ihr vorheriges → Ausgießen mit einer niedrigschmelzenden Legierung, deren → Schmelzpunkt unter 100 °C liegt. Werden die damit ausgegossenen Rohre nach dem Biegen in ein Sieb aus nichtrostendem Stahldraht eingelegt, das in einen beheizten kochenden Wasserbehälter eingehängt wird, so löst sich das eingegossene Metall, fließt von dort in den Unterteil des

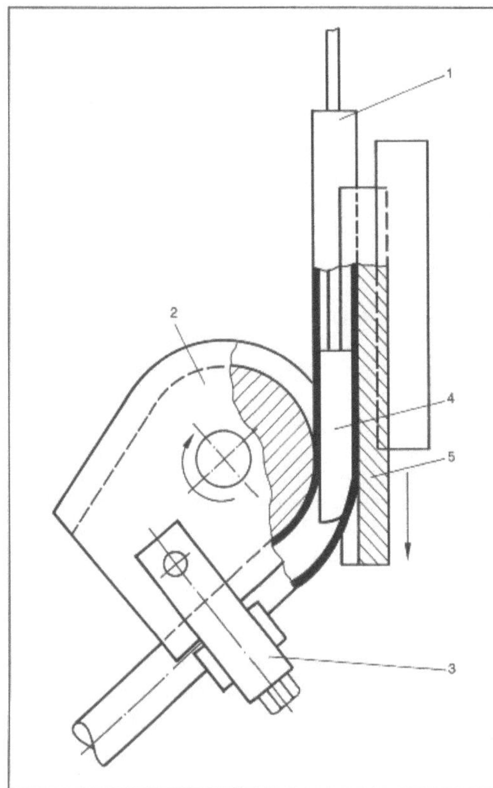

Rohrbiegen 1: Rundbiegen mit Stützdorn; Schema. (Quelle: Franz, W.-D. a. a. O.)

1 Rohr, 2 Biegeform, 3 Spannbacke, 4 Stützdorn, 5 Biegeschiene

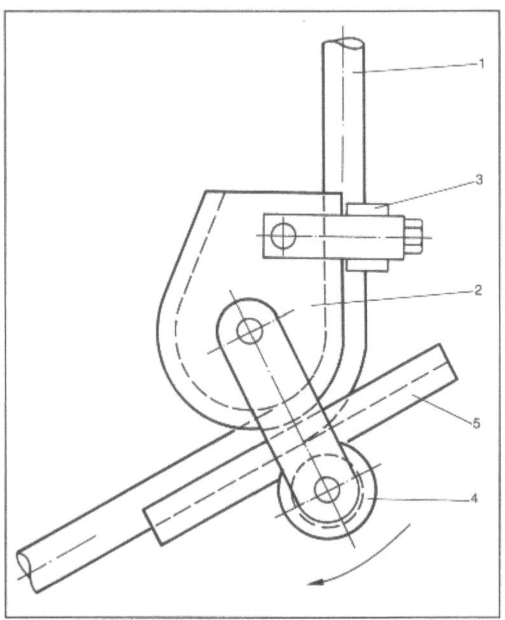

Rohrbiegen 2: Dornloses Rohrbiegen; Schema. (Quelle: Franz, W.-D. a. a. O.)

1 Rohr, 2 Biegeform, 3 Spannbacke, 4 Walze, 5 Biegeschiene

Behälters, wo es sich sammelt, und von dort nach Öffnen eines Hahns zum Einfüllen in die nächsten noch zu biegenden Rohre entnommen werden kann. Für Rohre kleineren Durchmessers eignet sich sehr gut Wismut-Cadmium-Lot (50 % Bi; 10 % Cd; 26,7 % Pb; 13,3 % Sn) mit einem Schmelzpunkt von 70 °C. Rohre größeren Durchmessers, d. h. über 40 mm, werden zweckmäßigerweise mit einer Legierung bestehend aus 55,5 % Bi und 44,5 % Pb ausgegossen. Bei der zuletzt angegebenen Legierung ist besonders zu beachten, daß sie beim → Schmelzen leicht oxidiert, weshalb, wie geschildert, ein Lösen im kochenden Wasserbad und nicht über freier Flamme dort besonders notwendig ist.

Bei oben genannten Verfahren vermindert sich die Wanddicke im Zugbereich; soll dies verhindert werden, so wird das sog. Druckbiegen angewandt, bei dem den Biegespannungen Druckspannungen in Längsrichtung überlagert werden. Dadurch wird zwar auf der Innenseite des Bogens die Wand wesentlich dicker, am Außenrand kann sie jedoch konstant gehalten werden.

In vielen Anwendungsgebieten werden Rohre mit Biegungen in verschiedenen Ebenen bei hoher Wiederholgenauigkeit und in unterschiedlichen Losgrößen durch NC-Rohrbiegemaschinen gefertigt (Bild 3). Derartige mikroprozessorgesteuerte NC-Rohrbiegemaschinen ermöglichen einen vollautomatischen Ablauf des Biegeprozesses. Im Biegeprogramm können hierzu Rückfederungsverhalten, Wanddickenunterschiede und ggf. Lage der Rohrnaht berücksichtigt werden, und es kann zur Minimierung der Bearbeitungszeiten auf zwei Bewegungsachsen (z. B. C- und A-Achse, Bild 3) gleichzeitig gebogen werden. *Lange*

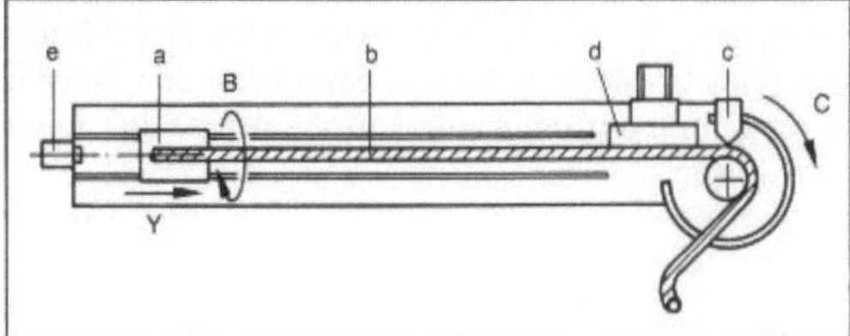

Rohrbiegen 3: Prinzip des NC-Rohrbiegens. (Quelle: Spur, G. u. Th. Stöferle a. a. O.)

a) Längsschlitten mit Spannzange, b) Rohr, c) Biegearm, d) Gegendruckschiene, e) Dorn (Rückzugeinrichtung), B) NC-Achse für Drehwinkeleinstellung, C) NC-Achse für Biegewinkeleinstellung, Y) NC-Längsvorstellung (Einstellung der Abstände zwischen den Bögen)

Literatur: *Franz, W.-D.:* Das Kaltbiegen von Rohren. Berlin, Göttingen, Heidelberg 1961. – *Oehler, G. u. F. Kaiser:* Schnitt-, Stanz- und Ziehwerkzeuge. 6. Aufl. Berlin, Heidelberg, New York 1973. – *Spur, G.* (Hrsg.) u. *Th. Stöferle:* Handbuch der Fertigungstechnik. Bd. 2/3. Umformen, Zerteilen. München 1985.

Rohrbogen. Der R. tritt bei Richtungsänderung von Rohren und Rohrleitungen auf. Es gibt vorgefertigte Form-Stücke, z. B. den Stahlrohr-Einschweißbogen, ferner im Werk oder auf der Baustelle warm- oder kaltgebogene R. aus Geradrohren sowie gegossene R. Beim → Biegen der Rohre ist auf Querschnittsabflachungen mit reduzierten Wanddicken zu achten. Die Biegespannungen in einem R. infolge eines Biegemoments sind demnach größer als nach der üblichen Biegetheorie ermittelt, weil zusätzlich Umfangs-, Biege- und Querzugspannungen auftreten. Eine Bemessungsregel ist in DIN 2413 enthalten. *Strohmeier*

Rohrbündel. Wärmeaustauscher sind einige der häufigsten Baugruppen im Apparate- und Anlagenbau. Im allgemeinen Fall befindet sich zwischen zwei Rohrplatten das R., welches durch einen zylindrischen Mantel umschlossen ist. Je nach Anforderung sind in einem solchen R. mehrere hundert oder mehrere tausend Rohre angeordnet. Das R. unterliegt dabei vielfältigen Beanspruchungen, z. B. infolge Druck und Temperatur des Mediums, welches einerseits in ihm fließt, andererseits das R. umströmt. Je nach Konstruktionsart sind die Rohre im R. gerade angeordnet und mit festen Rohrplatten verschweißt. Um unterschiedliche Temperaturdehnungen auszugleichen zwischen dem umgebenden Behälterzylinder und dem R. selbst, z. B. infolge unterschiedlicher Ausdehnungs-Koeffizienten der eingesetzten Werkstoffe, wird im umschließenden Behälterzylinder ein → Kompensator als Dehnungsausgleicher eingesetzt. Hat der Wärmeaustauscher nur eine → Rohrplatte, so kommt für die Rohre auch eine U-förmige Ausbildung zum Einsatz, wobei auf die zweite Rohrplatte verzichtet wird und das Haarnadel-R. nur in einer Rohrplatte verschweißt ist. *Strohmeier*

Rohr-Coil. R.-C. ist die englische Bezeichnung für das mit einer Trommel aufgewickelte → Präzisions-Stahlrohr. *Baumann*

Röhrenstreifen. Unter R. ist ein Vorprodukt (→ Stahlblech oder → Stahlband) für die Herstellung geschweißter → Stahlrohre nach verschiedenen Verfahren zu verstehen. Dabei muß das Vorprodukt den Lieferbedingungen für geschweißte Stahlrohre entsprechen. *Baumann*

Rohrgleitziehen. Nach DIN 8584, Bl. 2, werden die zum → Durchziehen gehörenden Verfahren des → Gleitziehens von Hohlkörpern unter dem Sammelbegriff Rohrziehen zusammengefaßt, wenn es sich bei den Hohlkörpern um Rohre handelt. Neben dem Gleitziehen als Durchziehen eines Werkstücks durch ein geschlossenes, in Ziehrichtung feststehendes Ziehwerkzeug (Ziehring), dessen Innenraum als Ziehhol bezeichnet wird, hat das Walzziehen für die Rohrherstellung eine große Bedeutung. Eine Übersicht über die Gleitziehverfahren zur Hohlkörperherstellung und ihre Einordnung in die Durchziehverfahren gibt Bild 1.

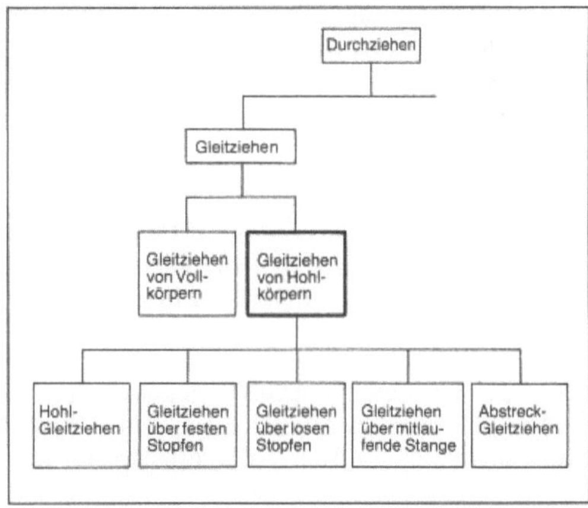

Rohrgleitziehen 1: Übersicht der Gleitziehverfahren für Hohlkörper (Rohre) nach DIN 8584, Bl. 2.

Beim R. unterscheidet man zwei Zielrichtungen:
☐ Verminderung des Rohrdurchmessers,
☐ Verminderung der Wanddicke.

Der Verminderung des Rohrdurchmessers dient das Hohl-Gleitziehen (Bild 2 a)), das ohne Innenwerkzeug arbeitet. Die Wanddicke bleibt dabei unverändert; die Innenoberfläche wird jedoch wegen der freien Umformung sehr rauh. Zur Verminderung der Wanddicke dient das Gleitziehen über festen Stopfen oder Dorn (Bild 2 b)). Dieser wird durch eine Dornstange in der gezeigten Position im Ziehring gehalten. Die Länge der Dornstange ist dadurch begrenzt, daß in Verbindung mit Prozeßparametern, Ziehgeschwindigkeit, Reibzustand im Werkzeug, Rohrwerkstoff, Eigenschwingungen angeregt werden können, die zu fehlerhaften Innenoberflächen durch Rattermarken führen. Bei optimierter Prozeßauslegung ergeben sich wegen der gebundenen Umformung glatte Innenoberflächen. Bei beiden Grundverfahren des Rohrgleitziehens ist die Verfahrensgrenze durch die vom gezogenen Abschnitt übertragbare Ziehkraft gegeben. Dadurch ist der →Umformgrad φ auf Werte von 0,25–0,30 begrenzt.

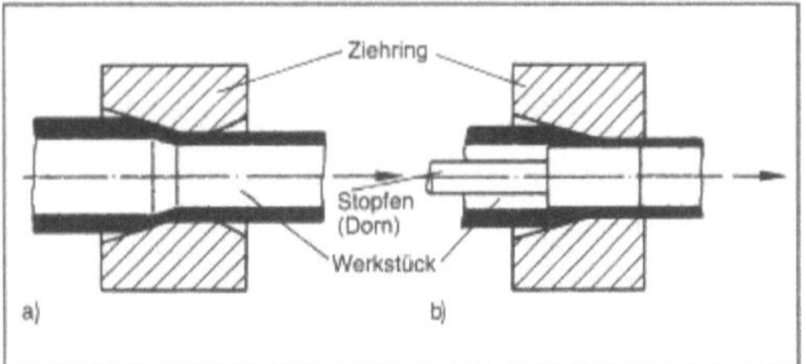

Rohrgleitziehen 2: Grundverfahren nach DIN 8584, Bl. 2. a) Hohl-Gleitziehen, b) Gleitziehen über festen Stopfen (Dorn).

In der industriellen Praxis werden die beiden Grundverfahren des Rohrziehens nicht getrennt, sondern kombiniert durchgeführt, d. h., es findet gleichzeitig eine Durchmesser- und Wanddickenverminderung statt. Der Gesamtumformgrad wird dabei annähernd gleichmäßig auf die beiden Teilvorgänge aufgeteilt. Es ist somit möglich, in einer Reihe von Zügen, ausgehend von einem Ausgangsrohr, das durch →Strangpressen oder →Walzen und Streckreduzierwalzen, bei Stahlrohren auch durch →Walzprofilieren und →Schweißen, hergestellt werden kann, Rohre mit verschiedenen Durchmessern und Wanddicken in einem weiten Bereich mit guter →Oberflächenbeschaffenheit außen und innen zu fertigen. Bei kleinen Endabmessungen werden dann die Rohrlängen so groß, daß man Ketten-Ziehbänke (→Stabziehen) nicht mehr verwenden kann. Es sind dann Ziehmaschinen mit umlaufender Trommel zu verwenden. Der Trommeldurchmesser muß besonders bei Rohren mit großem Verhältnis Durchmesser/Wanddicke groß genug sein, um Rohrverformungen zu verhindern; er kann bis zu einigen Metern betragen.

Beim Rohrziehen auf Trommelziehmaschinen lassen sich keine Dorne mit Dornstangen verwen-

den. Man benutzt sog. fliegende (schwimmende) Dorne bzw. Stopfen (Bild 3). Die Gefahr der Eigenschwingungen im System Werkstück-Werkzeug ist wesentlich geringer. Der fliegende (schwimmende) Dorn wird im Ziehhol durch die vorwärts in Ziehrichtung wirkenden Reibkräfte und die rückwärts entgegen der Ziehrichtung wirkenden Druckkräfte im Gleichgewicht gehalten. Man kann den Dorn in drei Zonen aufteilen, die verschiedene Funktionen aufweisen.

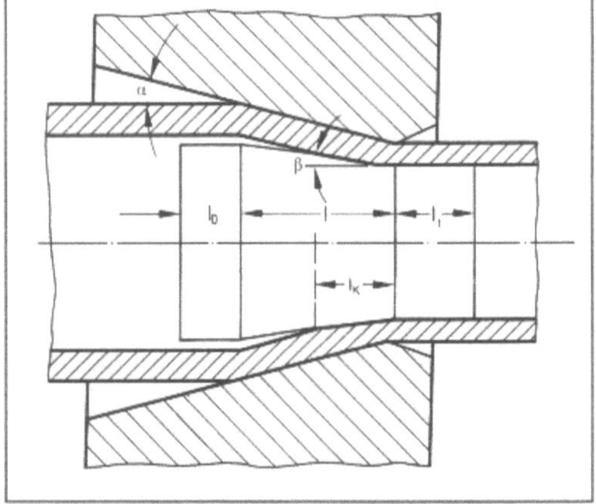

Rohrgleitziehen 3: Kombiniertes Rohrgleitziehen für gleichzeitige Durchmesser- und Wanddickenabnahme.

(Darstellung der Funktionsstelle am fliegenden Dorn)

□ Der zylindrische Teil mit der Länge l_0 dient der Führung des einlaufenden Rohrs. Sein Durchmesser soll deshalb geringfügig kleiner sein als der Innendurchmesser des Rohrs.

□ Im kegeligen Teil mit der Länge l wird der anfängliche Hohlgleitzug durch den Gleitzug mit der Länge l_K abgelöst. Hier tritt die eigentliche Umformung auf.

□ Durch den zylindrischen Teil mit der Länge l_I sind die Wanddicke und der Innendurchmesser des gezogenen Rohrs festgelegt.

Die Abmessungen des Dorns müssen so gewählt werden, daß er einerseits nicht mit durch das Ziehhol gezogen wird, daß andererseits aber auch kein Rattern einsetzt, das sogar dazu führen kann, daß der Dorn aus der Umformzone nach hinten gestoßen wird. Versuche mit Stahlrohren haben gezeigt, daß

– die äußere Durchmesserabnahme des Rohrs nicht viel kleiner als 10 % sein sollte,

– der Ziehholöffnungswinkel Werte von etwa 2α = 10 ° aufweisen sollte,

– die Differenz zwischen Düsenöffnungswinkel 2α und Dornkegelwinkel 2β größer als 4 ° sein sollte.

Durch R. läßt sich ein breites Spektrum von

Werkstoffen verarbeiten. Die größte wirtschaftliche Bedeutung haben → Stahl, → Kupfer und → Kupferlegierungen, daneben finden sich → Aluminium, Zinn, Zink, → Blei aber auch Werkstoffe wie → Titan, Zirkonium, Tantal mit Legierungen u. a. m. Werkstoffspezifische tribologische Lösungen – Oberflächenvorbehandlung, Schmierstoffauswahl – sind im Einzelfall zu finden. Für die Werkzeuge werden vorwiegend niedrig legierte → Werkzeugstähle verwendet. Die Reibflächen der Werkzeuge (Ziehhol, Dorn) werden meist hartverchromt oder auch anders oberflächenbehandelt zur Herabsetzung der Reibzahl und zur Verschleißminderung.

Bei Rohren mit sehr geringer Wanddicke kommt als weiteres Verfahren das Gleitziehen über mitlaufender Stange (über langen Dorn) zur Anwendung (Bild 4). Die Ziehlängen sind hierbei begrenzt u. a. wegen des schwierigen Trennens von Rohr und Dorn nach dem Ziehvorgang.

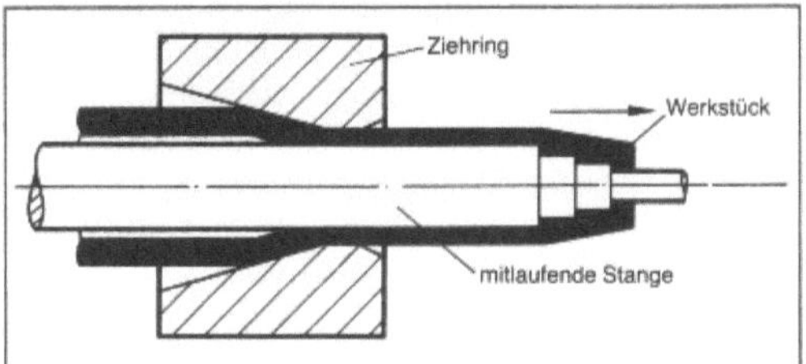

Rohrgleitziehen 4: Gleitziehen über mitlaufende Stange (über langen Dorn).

Gezogene Rohre aus Stahl und Nichteisenmetallen finden eine vielfältige industrielle Verwendung. Sie zeichnen sich aus durch geringe Maßabweichungen, gute Oberflächenbeschaffenheit und geringe Wanddicken. Sie sind vor allem auch hoch beanspruchbare Elemente für den Leichtbau. Da Rohre i. a. bei Raumtemperatur gezogen werden, läßt sich die dabei auftretende → Verfestigung zur → Festigkeitssteigerung gezielt nutzen. Das ist besonders von Vorteil für reine Metalle, z. B. Reinaluminium, Reinkupfer, bei denen eine Festigkeitssteigerung sonst nicht möglich ist. *Lange*

Literatur: *Lange, K.* (Hrsg.): Umformtechnik. Handb. f. Ind. u. Wiss. 2. Aufl. Bd. 2. Massivumformung. Berlin, Heidelberg, New York, Tokio 1988. – *Spur, G.* (Hrsg.) u. *Th. Stöferle:* Handbuch der Fertigungstechnik. Bd. 2/2. Umformen. München 1984.

Rohr-Hohlziehverfahren. Das R.-H. ist ein → Rohr-Kaltziehverfahren. Dieses Verfahren wird ohne Innenwerkzeuge durchgeführt (Bild). Deshalb kann dabei nur der Außendurchmesser des → Stahlrohres im Ziehring reduziert und im wesentlichen die Außenoberfläche geglättet werden. Somit wird bei diesem Verfahren die Wanddicke nicht wesentlich geändert. *Baumann*

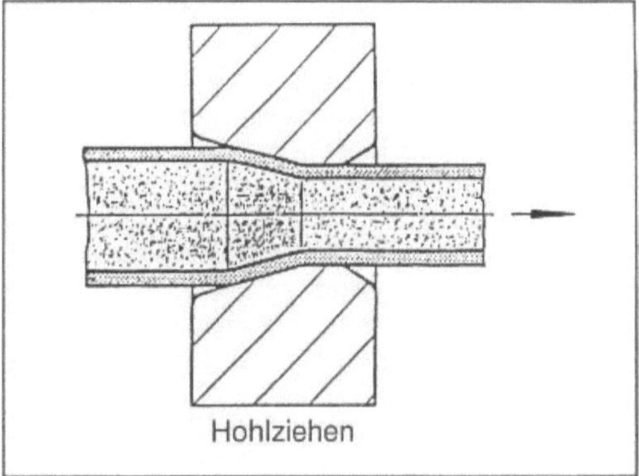

Rohr-Hohlziehverfahren: Schematische Darstellung.

Rohr-Kaltumformverfahren. Ein Teil der mit Warmumformverfahren hergestellten nahtlosen → Stahlrohre, aber auch längsnahtgeschweißte Stahlrohre können kalt umgeformt werden. Die R.-K. dienen insbesondere dazu, engere Wanddicken- und Durchmessertoleranzen zu erreichen und bessere Oberflächengüten sowie besondere mechanisch-technologische Eigenschaften der Stahlrohre zu erzielen. Außerdem wird durch Kaltumformen das Erzeugungsprogramm in den Bereich kleinerer Außendurchmesser und Wanddicken erweitert. Wesentliche Kaltumformverfahren für Stahlrohre sind das Kaltpilger-Walzverfahren und das → Rohr-Kaltziehverfahren. *Baumann*

Rohr-Kaltziehverfahren. Zum Kaltziehen von Stahlrohren werden drei Verfahren eingesetzt, das → Rohr-Hohlziehverfahren, das → Rohr-Stangenziehverfahren und das → Rohr-Stopfenziehverfahren mit festem oder fliegendem Stopfen (Bild).

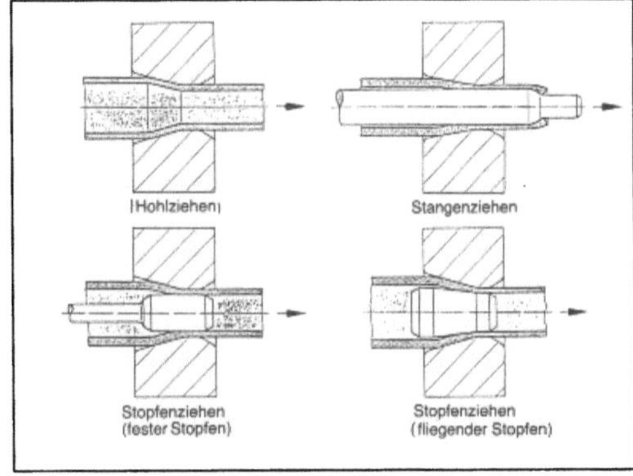

Rohr-Kaltziehverfahren: Schematische Darstellung der unterschiedlichen Verfahren.

Durch den Kaltziehvorgang tritt eine → Verfestigung des Werkstoffes ein, das heißt, seine → Streckgrenze und → Festigkeit werden erhöht, während gleichzeitig seine Dehnungs- und Zähigkeitswerte kleiner werden. Das ist für viele Verwendungszwecke ein erwünschter Effekt. Wegen des damit verminderten Formänderungsvermögens ist aber vor weiteren Umformvorgängen eine → Wärmebehandlung erforderlich.

Vor dem Kaltziehen wird der dem Rohr von der Warmherstellung oder dem Zwischenglühen anhaftende → Zunder entfernt und die Rohroberfläche mit einem Schmiermittel beschichtet. Auch während des Ziehvorganges werden Schmiermittel zugegeben.

Das Kaltziehen erfordert Anlagen mit einem geradlinigen Bewegungsablauf. Das sind vorzugsweise Ketten-Ziehbankanlagen mit einer endlosen, kontinuierlich umlaufenden Kette, in die der Ziehwagen zum Kraftschluß mit dem Ziehgut eingeklinkt wird, oder auch Ziehbankanlagen mit reversierbaren, am Ziehwagen befestigten endlichen Zug- und Gegenketten. Weitere Bauarten sind Seilziehbänke, Zahnstangenziehbänke oder auch Ziehbänke mit hydraulischem Antrieb. Große Rohrlängen werden im allgemeinen mit fliegendem Stopfen auf kontinuierlich arbeitenden Geradeaus-Kaltziehanlagen umgeformt, wobei zwei Ziehschlitten in hin- und hergehender Bewegung abwechselnd die Kraftübertragung übernehmen. Zum Kaltziehen kleiner Rohrdurchmesser wird meist die Trommelziehtechnik angewendet. Dabei wird das Ziehgut einem → Rohr-Coil entnommen und die notwendige Ziehkraft von einer Trommel aufgebracht.

Baumann

Rohrkonti-Walzverfahren. Aufgrund der Durchführung mehrerer Walzstiche in nacheinanderfolgenden Walzgerüsten, die in einer Walzlinie angeordnet waren, entstand das kontinuierliche Rohrwalzverfahren. Dabei wurde der in einer Schrägwalzanlage erzeugte Hohlkörper über eine frei mitlaufende Dornstange als Innenwerkzeug zum → Stahlrohr ausgestreckt. In damaliger Zeit bereitete die Abstimmung des Werkstoffflusses durch die Beeinflussung der Gerüste untereinander, insbesondere durch unterschiedlichen → Verschleiß der Walzen erhebliche Schwierigkeiten. Erst eine neuzeitliche Antriebs- und Regeltechnik ermöglichte die Entwicklung des Kontiwalzverfahrens zum leistungsfähigsten Herstellungsverfahren für nahtlose → Stahlrohre im Abmessungsbereich zwischen 60 mm und 178 mm Außendurchmesser. Bei neueren Anlagen wurde dazu übergegangen, in der Kontistaffel nur noch eine oder zwei große Luppenabmessungen herzustellen, die in einer nachgeordneten Streckreduzier-Walzanlage bis auf etwa 21 mm Außendurchmesser fertiggewalzt werden konnten. Durch dieses Verfahren können Stahlrohre mit Wanddicken zwischen 2 mm und 25 mm, abhängig vom Außendurchmesser, hergestellt werden.

Der in einer Schrägwalzanlage hergestellte Hohlblock wird beim R.-W. in gleicher Wärme über eine Dornstange zur Kontiluppe ausgewalzt. Hierbei wird eine maximal vierfache Streckung, entsprechend einer Querschnittsabnahme von 75 %, erreicht.

Rohrkonti-Walzanlagen bestehen aus sieben bis neun dicht nacheinander angeordneten Walzgerüsten, die jeweils 90° gegeneinander versetzt und zur Horizontalen 45° geneigt sind. Jedes Gerüst hat einen eigenen, regelbaren Antrieb. Die Walzenumfangsgeschwindigkeiten werden entsprechend den Querschnittsabnahmen aufeinander abgestimmt, so daß zwischen den Gerüsten keine nennenswerten Zug- oder Stauchkräfte auf das Walzgut wirken. Durch eine ovale Kalibrierung der Walzenpaare wird ein bestimmtes Spiel zwischen Dornstange und Walzgut in den Kaliberflanken erreicht (Bild). Im letzten Rundkaliber wird dieses Spiel gleichmäßig auf den gesamten Umfang verteilt. Damit wird ein Lösen der → Rohrluppe von der Dornstange ermöglicht. Vor Beginn des Walzvorganges wird die Dornstange in den Hohlblock eingeschoben; nach Erreichen einer bestimmten Position werden dann beide gemeinsam in das Kontiwalzwerk eingestoßen. Das Walzgut wird von den Walzen erfaßt und durch die von Gerüst zu Gerüst kleiner werdenden Walzkaliber auf der Dornstange gewalzt. Dabei nimmt die Dornstange infolge der zunehmenden Walzgutgeschwindigkeit auch eine größer werdende Geschwindigkeit an. Anschließend wird die Dornstange neben der Walzlinie aus der Kontiluppe gezogen, gekühlt und für einen erneuten Walzvorgang bereitgestellt. Üblicherweise sind etwa acht bis zehn Dornstangen gleicher Abmessung im Umlauf.

Mit Rohrkonti-Walzanlagen können Rohrluppen bis zu 30 m Länge hergestellt werden. Dabei ist eine Dornstangenlänge von etwa 25 m erforderlich.

In neuerer Zeit werden Rohrkonti-Walzanlagen mit kontrolliert bewegter statt frei mitlaufender Dornstange eingesetzt. Der Vorteil dieser Verfahrensweise liegt darin, daß wesentlich kürzere und weniger Dornstangen benötigt werden und das Rohr von der Stange abgewalzt werden kann. Dabei können, wegen günstiger umformtechnischer Bedingungen, auch größere Rohraußendurchmesser (maximal etwa 340 mm) hergestellt werden.

Baumann

Rohrleitung. Im Apparate- und Anlagenbau sind R. als Verbindungs-Elemente zwischen den einzelnen Behältern häufige konstruktive Baugruppen. Die R. sind im allgemeinen räumlich verlegt, d. h. durch Druck-, Temperatur- und Impulsbeanspruchung der Medien in solchen R. entstehen räumlich wirkende Kraft- und Momentenbelastungen. Um diese in zulässigen Grenzen zu halten, ist es erfor-

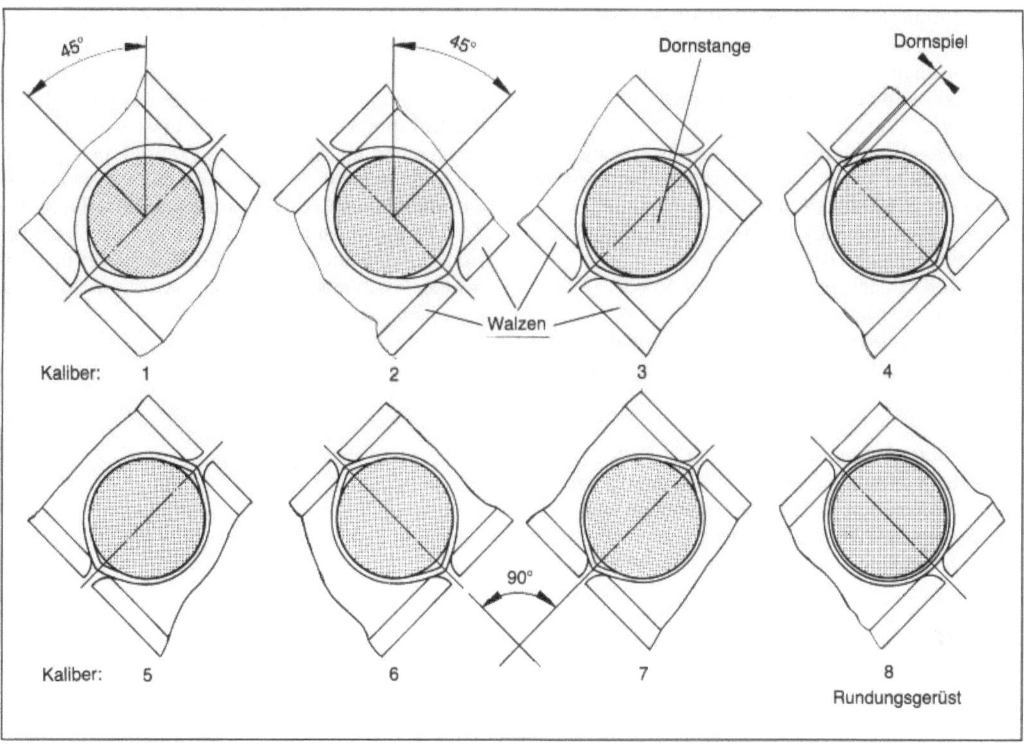

Rohrkonti-Walzverfahren: Walzenanordnung und Kalibrierung einer Rohrkonti-Walzanlage.

derlich, innerhalb der Rohrleitungsverlegung bestimmte Stützpunkte in Gestalt von Gleitfixierungen oder Festpunkten vorzusehen. Außerdem hilft in solchen Rohrleitungsverzweigungen natürlich die Anordnung von Ausgleichselementen, wie Kompensatoren. Ziel auf jeden Fall muß es sein, die Beanspruchung infolge Kräften und Momenten auf die Stutzen von Apparaten minimal zu halten. Als Hilfsmittel ist hierbei eine elastizitäts-theoretische Berechnung des gesamten Rohrleitungssystems bewährt, wobei dies zweckmäßigerweise unter Einsatz von EDV-Anlagen erfolgt. *Strohmeier*

Rohrluppe. R. ist die Bezeichnung für ein Zwischenerzeugnis bei der Herstellung nahtloser →Stahlrohre, welches die Form eines meist dickwandigen Hohlkörpers hat. *Baumann*

Rohrplatte. In Wärmeaustauschern des Apparate- und Anlagenbaus ist die R. eines der höchstbeanspruchten Bauelemente. In ihr sind mehrere hundert oder tausend Rohre eingeschweißt. Die Beanspruchungen einer solchen R. resultieren aus Druck- und Temperaturbelastung, sowie aus der Wechselwirkung zwischen der →Verformung der R. und derjenigen des →Rohrbündels. An den Bohrungsrändern entstehen im allgemeinen hohe Spannungsspitzen, die nur in Verbindung mit Com-

puter-Berechnungen ermittelt werden können. Eine sichere Dimensionierung von R. ist nur möglich, wenn man die Wechselwirkung zwischen umschließendem Behälterzylinder Rohrbündel und R. insgesamt in die Rechnung einbezieht. *Strohmeier*

Rohrprüfung. Für die Qualitätsprüfung metallischer Rohre sind genormte technologische Versuche eingeführt, die Aussagen über die (tangentiale und radiale) Verformbarkeit der Rohre liefern sowie verborgene Herstellungsmängel (Überlappungen, Risse, Doppelungen) aufdecken können. Gemeinsames Merkmal ist, daß als Prüfkörper ein Rohrring verwendet wird, der um einen festgelegten Betrag verformt und makroskopisch auf sichtbare →Fehler untersucht wird, Kennwerte werden nicht ermittelt.

Die genormten Prüfverfahren sind:
– →Aufweitversuch DIN 50135
– Ringfaltversuch DIN 50136
– Ringaufdornversuch DIN 50137
– Ringzugversuch DIN 50138
– Bördelversuch DIN 50139

Angewendet werden diese Versuche auf nahtlose und geschweißte Rohre bis DN 400 und mit Wanddicken bis 40 mm.

Das Verhalten von Rohren unter einachsiger Zugbeanspruchung wird durch Prüfung von Rohrabschnitten (bis d_a = 30 mm) oder Rohrstreifenproben (ab d_a > 30 mm) im Zugversuch an Rohren und Rohrstreifen DIN 50140 ermittelt, wobei Festigkeits- und Verformungskennwerte bestimmt werden.

Bei geschweißten Rohren (Großrohre mit UP-geschweißten Längs- oder Spiralnähten) kann die Güte der Schweißnaht im
- →Zugversuch DIN 50120 und DIN 50123
- →Faltversuch DIN 50121
- →Kerbschlagbiegeversuch DIN 50122
überprüft werden.

Das Verhalten von Rohren unter Innendruckbeanspruchung wird im →Innendruckversuch ermittelt. *Kußmaul*

Rohr-Stangenziehverfahren. Das R.-S. ist ein →Rohr-Kaltziehverfahren. Beim Stangenziehen wird das Rohr mit Hilfe einer eingeschobenen Stange durch den Ziehring gezogen. Dabei verringern sich die Außen- und Innendurchmesser sowie die Wanddicke des Rohres. Die möglichen Querschnittsabnahmen je Zug sind hier höher als beim →Rohr-Stopfenziehverfahren. Die Rohrlänge ist durch die Stangenlänge begrenzt. Das →Stahlrohr muß nach dem →Ziehen in einer Lösewalzanlage zum Ausziehen der Stange etwas aufgeweitet werden. Das R.-S. wird vorwiegend für Standardabmessungen und als sogenannter Vorzug angewendet, wenn die Endabmessung nur mit mehreren Ziehfolgen sowie zwischengeschalteten Wärmebehandlungen erreicht werden kann. *Baumann*

Rohr-Stopfenziehverfahren. Das R.-S. ist ein →Rohr-Kaltziehverfahren. Dabei bildet ein mit Hilfe einer Dornstange fixierter oder durch seine besondere Kalibrierung in der Umformzone sich selbst einstellender, sogenannter fliegender Stopfen mit dem Ziehring einen Ringspalt, durch den das →Stahlrohr gezogen wird. Auf diese Weise werden Außen- und Innendurchmesser sowie die Wanddikke reduziert und in einen engen Toleranzbereich gebracht. Außerdem werden die Außen- und Innenoberflächen geglättet. Im allgemeinen wird über einen festen Stopfen gezogen und damit eine Querschnittsabnahme bis zu 45 % je Zug erreicht. Das →Ziehen über einen fliegenden Stopfen wird vorzugsweise bei kleinen Rohren mit großen Längen angewendet, insbesondere wenn das Ziehgut von einem →Rohr-Coil entnommen und nach dem Ziehen wieder mit einer Trommel aufgerollt wird. R.-S. werden beispielsweise für die Herstellung von →Präzisions-Stahlrohren eingesetzt. *Baumann*

Rohr-Strangpreßverfahren. Das R.-S. dient der Herstellung von nahtlosen →Stahlrohren mit Außendurchmessern bis etwa 230 mm.

Nach dem Erwärmen auf Umformtemperatur wird das Vormaterial in den zylindrischen Aufnehmer (Rezipienten) der Rohr-Strangpreßanlage eingesetzt, an dessen Boden sich die Matrize mit runder Bohrung befindet. Der →Block wird zunächst durch einen im Zentrum des Preßstempels geführten Dorn gelocht. Nach Eintritt des Lochdornes in die Matrize wird ein Ringspalt gebildet, durch den der Werkstoff unter dem Druck des Preßstempels zum →Stahlrohr gepreßt wird (Bild). Der im Aufnehmer verbliebene Preßrest wird anschließend vom Rohr getrennt.

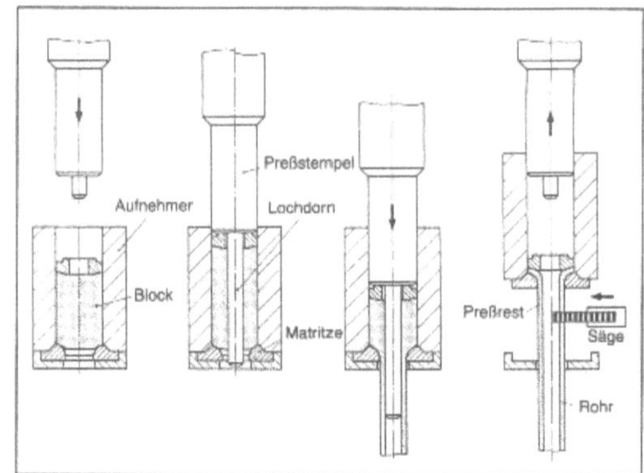

Rohr-Strangpreßverfahren: Schematische Darstellung.

Mit mechanisch angetriebenen Rohr-Strangpreßanlagen stehender Bauart werden →Stahlrohre bis zu hochlegierten Werkstoffgüten im Abmessungsbereich zwischen 60 mm und 120 mm Durchmesser bei Wanddicken zwischen etwa 3 mm und 15 mm hergestellt. Mit dem oft nachgeordneten →Streckreduzier-Walzverfahren läßt sich der Herstellungsbereich nahtloser Stahlrohre bis auf etwa 20 mm Außendurchmesser erweitern. Die Begrenzung mechanischer Rohr-Strangpreßanlagen liegt mit Blockabmessungen bis etwa 200 mm Durchmesser bei einer maximalen Preßkraft von 15 MN.

Mit hydraulisch angetriebenen Rohr-Strangpreßanlagen in meist liegender Bauart werden bevorzugt hochlegierte →Stähle bis zu etwa 230 mm Rohrdurchmesser verarbeitet. Dementsprechend betragen die maximalen Preßkräfte bis zu 30 MN. Für die Herstellung hochlegierter Rohre wird das Vormaterial üblicherweise gebohrt, erwärmt und die Bohrung – meist durch →Lochpressen – auf den gewünschten Innendurchmesser gebracht. Nach einem Temperaturausgleich erfolgt dann die →Umformung in der Rohr-Strangpreßanlage zum Fertigrohr. *Baumann*

Rohrtechnik. Unter R. sind die Entwicklungen sowie die Verfahrenstechnik, Anlagentechnik und Produktionstechnik zur Herstellung von →Stahlrohren zu verstehen. Dabei wird zwischen der Herstellung nahtloser → Stahlrohre und geschweißter → Stahlrohre unterschieden.   *Baumann*

Rohrwalzziehen. Nach DIN 8584, Bl. 2, werden die zum → Durchziehen gehörenden Verfahren des Walzziehens von Hohlkörpern unter dem Sammelbegriff Rohrziehen zusammengefaßt. Walzziehen ist Durchziehen eines Werkstücks durch eine Öffnung, die von zwei oder mehreren Walzen gebildet wird. Diese Verfahren stellen Übergänge zum Walzen dar. Entscheidend für die Einordnung in die Untergruppe Durchziehen ist die Zugdruckbeanspruchung in der Umformzone infolge einer von außen aufgebrachten Druck- oder Zugkraft. Eine Übersicht über die Walzziehverfahren zur Hohlkörperherstellung und ihre Einordnung in die Durchziehverfahren zeigt Bild 1.

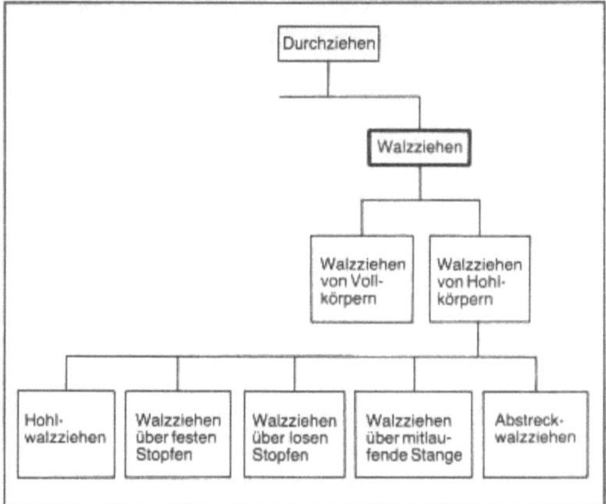

Rohrwalzziehen 1: Übersicht nach DIN 8584, Bl. 2.

Beim R. unterscheidet man wie beim → Rohrgleitziehen zwei Zielrichtungen: Vermindern des Durchmessers und Vermindern der Wanddicke. Die dabei zur Anwendung kommenden Grundverfahren Hohl-Walzziehen und Walzziehen über festen Stopfen sind in Bild 2 dargestellt; Bild 3 zeigt die Bildung der formgebenden Werkzeugöffnung bei Zwei- oder Dreiwalzenanordnung. In der industriellen Praxis werden die beiden Grundverfahren wie beim Rohrgleitziehen kombiniert mit etwa gleichmäßiger Aufteilung der → Umformung auf Durchmesser- bzw. Wanddickenabnahme eingesetzt. Für sehr lange und dünne Rohre müssen an Stelle von Ziehbänken Trommelziehmaschinen eingesetzt werden; dafür sind fliegende (schwimmende) Stopfen oder Dorne (Funktionserläuterung → Rohrgleitziehen) nötig.

Beim R. werden die Walzen meistens geschleppt, d. h. über → Reibung durch das durchgezogene Walzgut angetrieben; teilweise werden sie aber auch direkt angetrieben. Dabei werden in Mehr-

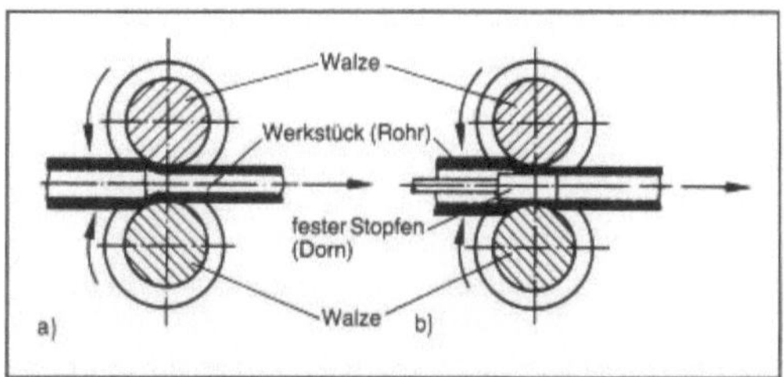

Rohrwalzziehen 2: Grundverfahren nach DIN 8584, Bl. 2.
a) Hohl-Walzziehen eines Rohres
b) Walzziehen über festen Stopfen (Dorn).

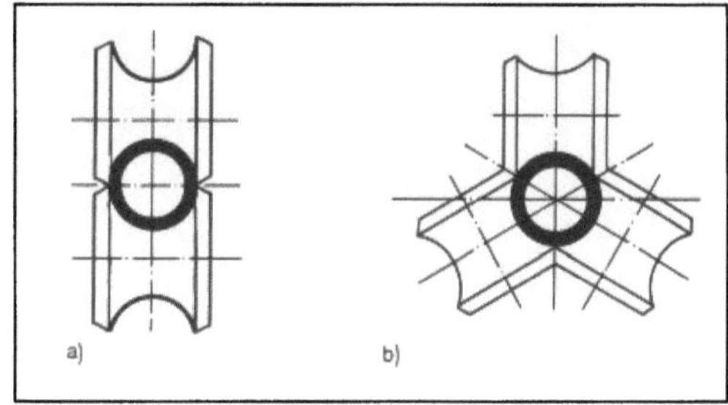

Rohrwalzziehen 3: Ziehwerkzeuge.
a) Zweiwalzenordnung
b) Dreiwalzenordnung.

fach-Rohrwalzziehmaschinen über unterschiedliche Walzendrehzahlen je Station oder Gerüst über Reibkräfte die erforderlichen Längszugspannungen erzeugt, z. B. beim Streckreduzierwalzen; hierbei liegt ein Übergang zu den Walzverfahren vor (Bild 4).

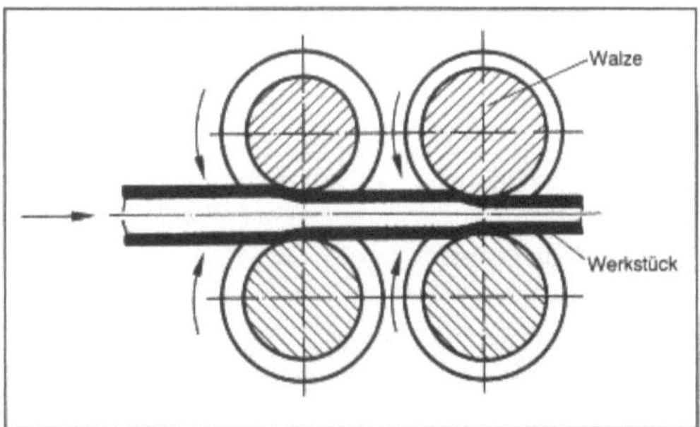

Rohrwalzziehen 4: Streckreduzierwalzen von Rohren.

Wie beim Walzen tritt beim R. eine → Fließscheide auf, so daß ein Teil der Reibkräfte in der von den Walzen gebildeten Ziehdüse in Ziehrichtung wirkt. Die aufzubringende Ziehkraft ist beim R. etwas kleiner als beim Rohrgleitziehen. Der → Werkzeugverschleiß ist geringer, und die Ziehgeschwindigkeiten können höher sein. Maßgenauigkeit und → Oberflächenbeschaffenheit sind jedoch nicht so gut, verglichen mit dem Rohrgleitziehen. Während das Rohrgleitziehen bei Raumtemperatur, d. h. kalt, durchgeführt wird, erfolgt das R. bei Raumtemperatur und bei erhöhten Temperaturen. Während bei Raumtemperatur je nach Werkstoff eine →Verfestigung auftritt, können beim Warm-R. →Rekristallisation und →Erholung eine →Festigkeitssteigerung durch →Entfestigung verhindern.

Wie beim Rohrgleitziehen kann man auch beim R. bei geringeren Wanddicken mit mitlaufender Stange bzw. über einen langen Dorn arbeiten. Kürzere Rohre lassen sich auch durch Abstreck-Walzziehen (Bild 5) fertigen. Dieses auch Rohrstoßbankverfahren genannte Verfahren wird z. B. zum Herstellen von Ausgangsrohren aus Stahl für die Weiterverarbeitung durch Rohrziehen benutzt. *Lange*

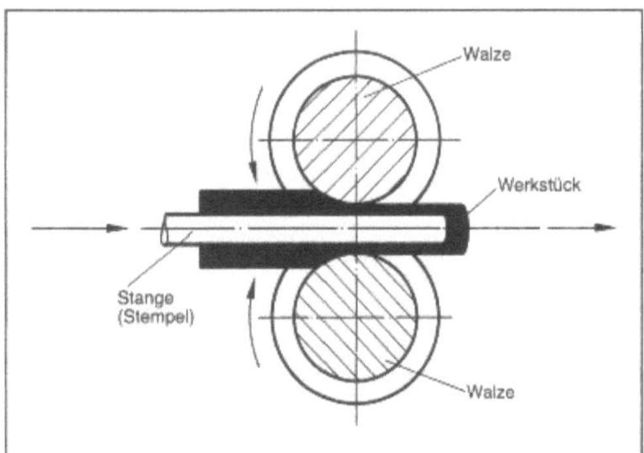

Rohrwalzziehen 5: Abstreck-Walzziehen zum Herstellen eines Rohrs.

Literatur: *Lange, K.* (Hrsg.): Umformtechnik. Handb. f. Ind. u. Wiss. 2. Aufl. Bd. 2. Massivumformung. Berlin, Heidelberg, New York, Tokio 1988. – *Spur, G.* (Hrsg.) u. *Th. Stöferle:* Handbuch der Fertigungstechnik. Bd. 2/2. Umformen. München 1984.

Rohrziehanlage. R. sind technische Systeme zum Kaltziehen von Stahlrohren nach dem →Rohr-Hohlziehverfahren, →Rohr-Stangenziehverfahren und →Rohr-Stopfenziehverfahren mit festem oder fliegendem Stopfen. *Baumann*

Rohr-Ziehpreßverfahren. Das von *H. Erhardt* entwickelte R.-Z. ist dem →Stoßbankverfahren zur Herstellung nahtloser →Stahlrohre ähnlich, jedoch nicht für die Massenfertigung geeignet. Es gibt auch nur wenige Anlagen, die speziell der Herstellung nahtloser Stahlrohre oder Hohlkörper mit großen Durchmessern und Wanddicken dienen.

Der Abmessungsbereich der Rohre oder Hohlkörper, die nach diesem Verfahren hergestellt werden, liegt etwa zwischen 200 mm und 1 450 mm Außendurchmesser mit Wanddicken zwischen etwa 20 mm und 250 mm. Damit wird das Herstellungsprogramm großer →Pilgerwalzanlagen ergänzt.

Mit einer Maximallänge von etwa 9 m werden Hohlkörper für die verschiedensten Anwendungsgebiete, beispielsweise Kraftwerkszubehör, Zylinder, Hochdruckflaschen und →Druckbehälter, in allen Stahlgüten erzeugt.

Als Vormaterial werden meist in Kokillen gegossene Mehrkantblöcke mit 500–1 400 mm Durchmesser und Gewichten bis zu 26 t eingesetzt, in einem Tiefofen auf Umformtemperatur erwärmt und in einer senkrechten, hydraulischen Lochpresse zum Hohlblock mit Boden gepreßt. Das Strecken des Hohlblockes auf Endabmessungen erfolgt danach in einer horizontalen, hydraulischen Rohrziehpresse über einen Dorn, der den Innendurchmesser des Rohres bestimmt (Bild). Zusammen mit dem Dorn wird der Hohlblock nacheinander durch mehrere Ziehringe mit kleiner werdendem Durchmesser gestoßen, bis der gewünschte Außendurchmesser erreicht ist. Dabei können bis zu fünf Durchgänge in einer Hitze, je nach →Abkühlung des Werkstückes und vorgegebenem Temperaturbereich für die →Umformung, erreicht werden; notwendigerweise erfolgt dann eine Nacherwärmung. Nach beendeter Umformung wird das Fertigteil mit Hilfe einer Abstreifvorrichtung von dem Dorn gezogen. Je nach Verwendungszweck verbleibt das Bodenstück am Hohlkörper (beispielsweise für Behälter) oder wird nach Abkühlung auf Umgebungstemperatur mit dem Rohrende abgetrennt. *Baumann*

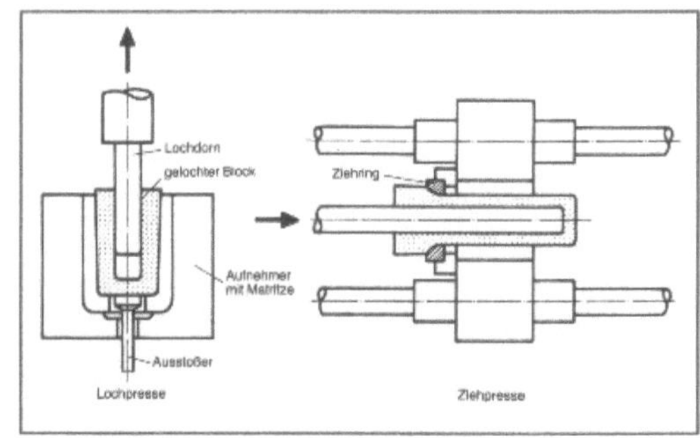

Rohr-Ziehpreßverfahren: Schematische Darstellung des Ziehpreßverfahrens zur Herstellung von Hohlkörpern oder Rohren.

Rohstahl. R. ist die Bezeichnung für den noch nicht weiter verarbeiteten im →Stahlwerk hergestellten Flüssigstahl, der anschließend in →Stahlstrang-Gießanlagen oder →Kokillen-Gießanlagen urgeformt wird. *Baumann*

Rohstahlproduktion. Die durchschnittliche Welt-R. lag zwischen 1973 und 1987 bei 700 Mio. t je Jahr. 1989 wurden nahezu 800 Mio. t Rohstahl hergestellt (Bild 1). Nach einer Zunahme zwischen 1983 und 1985 war 1986 eine Minderung der Welt-R. zu verzeichnen. Gründe für die Minderung des Stahlverbrauches sind einerseits der rückläufige →Stahlverbrauch in den klassischen Industrieländern und andererseits der technische Fortschritt. Beispiele für die Minderung des Stahlverbrauches infolge des technischen Fortschrittes sind:

□ Einsatz von Kunststoffen, Aluminium und beschichteten dünnen Blechen beim Automobilbau,

□ Einsatz der EDV-Technik mit FEM- und BEM-Programmen für den Brücken- und Stahlhochbau,

□ Erhöhung der → Lebensdauer der Anlagen- und Maschinenbauteile durch den Einsatz von Verbundwerkstoffen sowie beschichteten Werkstoffen sowie

□ Gewichtsminderung im Maschinenbau durch Einsatz von anforderungsgerechten hohen Stahlgüten, NE-Metallen und pulvermetallurgischen Werkstoffen.

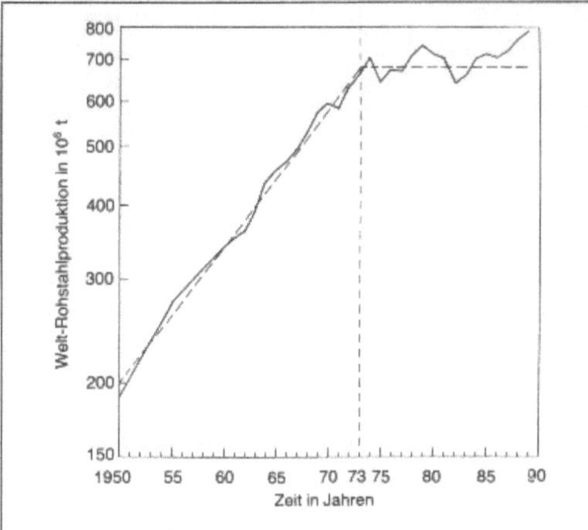

Rohstahlproduktion 1: Welt-R. zwischen 1950 und 1989.

Auch infolge zunehmender Automatisierung sowie neuer Techniken ist eine Minderung des Stahlverbrauches durch Abnahme der Wertanteile mechanischer Teilsysteme im Anlagen- und Maschinenbau zu verzeichnen. Diese Entwicklungsrichtung wird sich bei Anlagen und Maschinen für neue zukünftige Techniken weiter fortsetzen.

1989/90 waren die marktseitigen Rahmenbedingungen auf dem Gebiete der → Hüttentechnik unter anderem durch

– einen Anstieg der Welt-R. nach jahrelanger Stagnation auf nahezu 800 Mio. t im Jahr 1989,

– gute Betriebsergebnisse der Stahlerzeuger und einen damit verbundenen Anstieg der Investitionstätigkeiten,

– weiter sich ändernde geografische Verteilungen der Stahlerzeugung,

– die Verschuldung zahlreicher Länder sowie

– eine zunehmende Bedeutung des Umweltschutzes und der Energieeinsparung

gekennzeichnet.

Bei einer Betrachtung des zeitlichen Verlaufes

der Welt-R. ist zu beachten, daß mit dem Fortschritt der Hüttentechnik

– einerseits für die Herstellung einer bestimmten Menge Fertigprodukte ein immer kleiner werdender Rohstahleinsatz erforderlich war und

– andererseits durch den Einsatz anforderungsgerechter hoher Stahlgüten und zuverlässiger Rechenmethoden sowie Verwendung von NE-Metallen, Kunststoffen und Verbundwerkstoffen der Stahlverbrauch gemindert wurde.

Beispielsweise wurde infolge des Einsatzes der Stahlstrang-Gießtechnik ein Mehrausbringen von Fertigprodukten bis zu 12 % erzielt und für den 320 m hohen, 1887 mit 5 000 t Stahl erbauten Eiffelturm würden 1990 nur noch 2 000 t Stahl benötigt.

In der Bundesrepublik Deutschland hat der Strangstahlanteil bei der R. inzwischen mehr als 90 % erreicht. Ohne Einführung dieser Verfahrenstechnik hätten 1988 in der Bundesrepublik Deutschland für die gleiche Walzstahlmenge statt der tatsächlich erzeugten 41 Mio. t Rohstahl schließlich 46 Mio. t hergestellt werden müssen. Weltweit liegt der Strangstahlanteil 1990 erst zwischen 55 und 60 % der R.

Die Anteile der Industrieländer an der Welt-R. sind nach 1920 – bis auf 48 % im Jahre 1986 – deutlich gesunken, während diejenigen der Staatshandels- und Entwicklungsländer ständig gestiegen sind (Bild 2). Auch 1987 und danach haben die Entwicklungsländer ihren Anteil an der weltweiten R. erhöhen können.

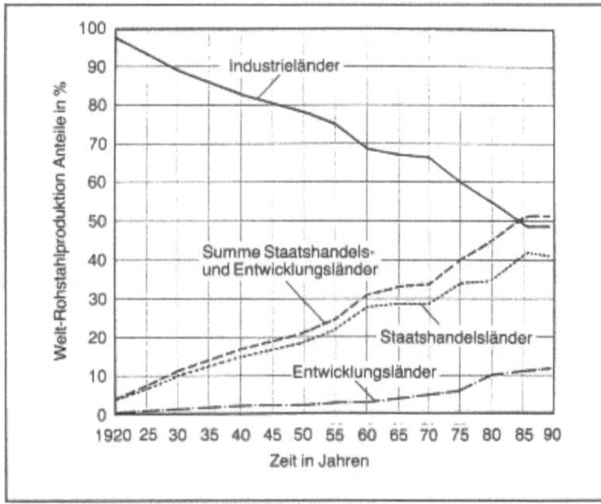

Rohstahlproduktion 2: Anteile der Industrieländer, Staatshandels- und Entwicklungsländer an der Welt-R. zwischen 1920 und 1989.

Die regionalen Strukturverschiebungen auf den Weltstahlmärkten werden sich weiter fortsetzen. Sinkenden Produktionskapazitäten in den klassischen Industrieländern wird ein weiterer Ausbau der Kapazitäten in den Staatshandels- und Entwicklungsländern gegenüberstehen.

Neben der Änderung der geographischen Verteilung der Stahlproduktionen muß auch auf die Änderung der →Stahlerzeugungsarten bis 1990 hingewiesen werden (Bild 3). Infolge der Ablösung des →Thomas-Verfahrens und des →Siemens-Martin-Verfahrens durch die →Blasstahlverfahren sowie den Einsatz neuzeitlicher →Elektro-Stahlverfahren wurden hervorragende Leistungs- und Kapazitätssteigerungen, verbunden mit bedeutsamen Qualitätsverbesserungen, erzielt. Das beweisen eindrucksvoll die 1990 hergestellten etwa 2 500 →Stahlsorten, die für den jeweiligen Verwendungszweck zu einem maßgeschneiderten Produkt verarbeitet wurden. Durch den verfahrenstechnischen Wandel der Stahlherstellung, insbesondere nach 1960, war es möglich, die ständig steigenden Forderungen an die Verarbeitungs- und Gebrauchseigenschaften der →Stähle zu erfüllen. Herausragend sind die noch immer großen Anteile des Siemens-Martin-Verfahrens in der UdSSR, den Ostblockländern und Indien. Der Ersatz dieses Verfahrens aus Gründen der Produktivitäts- und Qualitäts-Steigerung erfordert noch erhebliche Investitionen.

Baumann

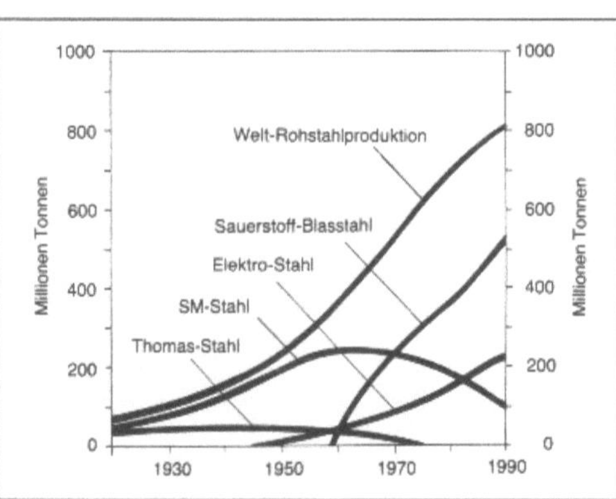

Rohstahlproduktion 3: Änderungen der Stahlerzeugungsarten zwischen 1920 und 1990.

Rohstoff →Holzaufkommen und -verbrauch

Rollbiegen. R. gehört zu den Verfahren des Biegeumformens nach DIN 8586 und ist als stetiges →Biegen durch Hineinstoßen eines Werkstücks (z. B. eines Drahts, eines Blechstreifens oder eines Rohrs) in ein Werkzeug mit gekrümmter Wirkfläche definiert (Bild).

Bei entsprechender Schrägstellung des Rollwerkzeugs zur Einlaufrichtung des Werkstücks lassen sich Biegungen um > 360° erzielen. Das Verfahren bezeichnet man dann als →Winden.

Das R. wird in weiten Bereichen der Fertigungstechnik, z. B. für Beschläge, Scharniere usw. in der Serienproduktion angewendet. Das Winden hat

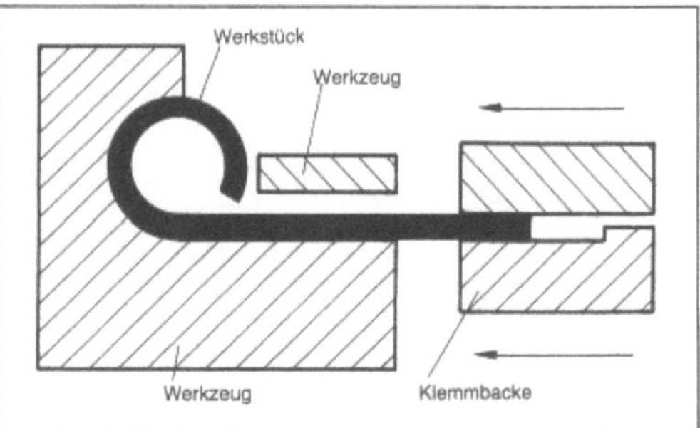

Rollbiegen: Schematische Darstellung.

eine sehr große Bedeutung z. B. in der Fertigung von Schraubenfedern.

Lange

Rolle. R. ist die Bezeichnung für aufgewickeltes →Stahlband. Die Kanten des Stahlbandes liegen regelmäßig aufeinander, so daß die Seitenflächen der R. ungefähr eine Ebene bilden.

Baumann

Rollen →Applikationstechnik

Rollennahtschweißen. Den überlappt oder auch stumpf zu stoßenden Teilen wird der Strom, meist Wechselstrom hoher Stromstärke bei niedriger Spannung, über scheibenförmige Elektroden (rotierende Rollenelektroden) zugeführt, die gleichzeitig den Stauchdruck übertragen. Es entsteht je nach Stromimpulsfolge und Vorschubgeschwindigkeit eine unterbrochene- oder eine ununterbrochene Naht. Bei Stumpfstößen sind beidseitig die Naht überdeckende Folienbänder erforderlich (Folienstumpfnahtschweißen). Gegenüber dem Nahtschweißen mit Punktelektroden hat das R. den Vorzug einer geringeren Elektrodenabnutzung infolge der größeren Arbeitsfläche der Rollenelektroden und eines hubfreien Werkstückvorschubs durch die Rollendrehung (→Schweißverfahren).

Dorn

Literatur: *Brunst, W.:* Fügeverfahren. Buchr. „Produktionstechnik heute", Mainz 1979.

Rollreibung. Idealisierte →Bewegungsreibung zwischen sich punkt- oder linienförmig berührenden Körpern, deren Geschwindigkeiten im gemeinsamen Kontaktbereich nach Betrag und Richtung gleich sind und bei der mindestens ein Körper eine Drehbewegung um eine momentane, im Kontaktbereich liegende Drehachse vollführt.

Habig

Rollverschleiß →Wälzverschleiß

Röntgenbeugung. Interferenz der an den Kristallelektronen gestreuten Röntgenwellen.

Die Entdeckung der R. an Kristallen geht auf *Max von Laue, W. Friedrich* und *P. Knipping* zurück. Die Ergebnisse sind in dem Sitzungsbericht der Kgl. Bayerischen Akademie der Wissenschaften, vom 8. Juni 1912, veröffentlicht. Die Entdeckung der R. an Kristallen hat die Entwicklung der Naturwissenschaften nachhaltig beeinflußt. R.-Methoden werden heute in verschiedenen naturwissenschaftlichen Teilbereichen angewendet, vor allem in der Chemie, → Metallkunde, Festkörperphysik, Halbleiterelektronik, Geologie, → Werkstoffwissenschaften. Ein sehr aktuelles Gebiet ist die Molekularbiologie, die den Aufbau der Proteinstrukturen durch R.-Methoden erforscht.

Wie wichtig heute röntgenographische Untersuchungen sind, kann man daraus ermessen, daß dafür 1981 am Hamburger Elektronensynchrotron (DESY) ein Speziallaboratorium, das Hamburger Synchrotronstrahlungslabor (HASYLAB), seiner Bestimmung übergeben wurde. Dort steht den Wissenschaftlern eine Reihe von Röntgenbeugungsinstrumenten zur Verfügung, wobei die Röntgenstrahlung hoher Strahlungsleistung mit kontinuierlicher Wellenlängenverteilung ausgenützt wird, die bei der Elektronenbeschleunigung in einem Synchrotron (Synchrotronstrahlung) oder Speicherring entsteht. Spezielle Elektronenbeschleuniger für Untersuchungen mit Synchrotronstrahlung sind in Planung, unter anderem auch ein europäisches Projekt der European Science Foundation (ESRF), das etwa 1994 in Grenoble fertiggestellt sein soll.

Das Entstehen von Röntgeninterferenzen wird durch die Streuung von elektromagnetischen Wellen an den Elektronen des Kristalls erklärt. Das zeitlich periodische elektrische Feld erregt die Elektronen zu erzwungenen Schwingungen. Nach den Grundgesetzen der Elektrodynamik sendet eine beschleunigte Ladung elektromagnetische Wellen aus (Sekundärwellen, Streustrahlung). Anregende und gestreute Wellen haben die gleiche Frequenz (elastische Streuung) und eine feste Phasendifferenz. Die kohärenten Streuwellen können miteinander interferieren (Interferenz).

Die Elektronendichte ρ ($\underline{r}$) eines Kristalls ist dreidimensional periodisch, d. h. ρ ($\underline{r}$) = ρ ($\underline{r} + \underline{T}$) mit $\underline{T} = n\underline{a} + m\underline{b} + p\underline{c}$; n, m, p sind ganze Zahlen; $\underline{a}$, $\underline{b}$, $\underline{c}$ sind die Basisvektoren, die das dreidimensionale Kristallgitter aufspannen. In voller Analogie zum eindimensionalen optischen Beugungsgitter ergibt die Interferenz der sich überlagernden Streuwellen im dreidimensionalen Raumgitter nur in solchen Richtungen Intensitätmaxima, für die die Streuwellen von translatorisch äquivalenten Punkten aller Elementarzellen (diese unterscheiden sich nur um Translationsvektoren $\underline{T}$) gleichphasig sind, d. h. der Gangunterschied der Streuwellen muß ein ganzzahliges Vielfaches der Wellenlänge betragen. Da die Anzahl der interferierenden Streuwellen sehr groß ist, sind die Interferenzmaxima sehr scharf und die Intensität für die Zwischenrichtungen verschwindet praktisch ganz.

Die Richtungen für maximale Beugungsintensität sind unabhängig davon wie die Elektronendichte in der Elementarzelle verteilt ist. Sie sind allein durch die Abmessungen der Elementarzelle des Kristallgitters und die Richtung der einfallenden Welle bestimmt. Umgekehrt kann man aus der Messung der Beugungswinkel (Diffraktometer) die Metrik des Kristallgitters bestimmen. Die Laue-Gleichungen und die Braggsche-Gleichung sind Bedingungsgleichungen dafür, ob und in welchen Raumrichtungen Beugungsmaxima auftreten können.

Das Konzept des reziproken Gitters und die Ewald-Konstruktion vereinfachen die Interpretation der R. an Kristallen.

Im Gegensatz zu den Beugungsrichtungen, hängen die Beugungsintensitäten von der räumlichen Verteilung der Elektronendichte in einer Elementarzelle ab. Diese Tatsache ist der Ansatzpunkt für die → Röntgen-Strukturbestimmung. Die im allgemeinen unterschiedlichen Beugungsintensitäten für verschiedene Richtungen tragen Information über die Verteilung der Atome oder Ionen in der Elementarzelle (Kristallstruktur, Strukturfaktor).

Die Berechnung der Intensitäten im Rahmen der kinematischen oder geometrischen Beugungstheorie erfolgt in drei Schritten.

□ Die räumliche Verteilung der Elektronendichte ρ ($\underline{r}$) eines Kristalls kann in erster Näherung als Summe der Elektronendichten der Atome oder Ionen der Struktur angesehen werden. Geringfügige Elektronenverschiebungen durch Bindungseffekte werden vernachlässigt. Man berechnet daher zuerst die resultierende Amplitude der an den Hüllenelektronen gestreuten Röntgenwelle für jede Atom- oder Ionenart (atomare Streuamplitude, Atomformfaktor).

□ Die Interferenz der atomaren Streuwellen aller Atome oder Ionen einer Elementarzelle ergibt dann die resultierende Amplitude (Strukturfaktor) der an Elektronen einer Elementarzelle gebeugten Röntgenstrahlen. Sie hängt ab von der Verteilung der Atome innerhalb einer Elementarzelle, da die Phasendifferenzen der atomaren Streuwellen durch die Lagedifferenzen der Atome gegeben sind.

□ Die Amplitude der am Kristall gebeugten Welle ist proportional zur Anzahl der Elementarzellen im Kristall, also zum Kristallvolumen.

Die Integralintensität eines *Bragg*-Reflexes mit den Indizes (hkl) ist gegeben durch

$$I(hkl) = \lambda^3 \, r_e^2 \, L \, P \, \frac{V_{Kr}}{V^2_{Ez}} \, |F(hkl)|^2 \, I_o$$

dabei bedeuten λ: Wellenlänge, r_e: klassischer Elektronenradius $2{,}8 \cdot 10^{-15}$ m, L: Lorentzfaktor, P: Polarisationsfaktor, V_{Kr}, V_{Ez}: Volumen des Kristalls bzw. der Elementarzelle, F(hkl): Strukturfaktor zum Reflex (hkl), I_o: einfallende Intensität. Der

Lorentz-Polarisationsfaktor L P ist für verschiedene Beugungsgeometrien in den International Tables for X-Ray Crystallography tabelliert.

Die oben skizzierte geometrische oder kinematische Theorie der R. (Beugungstheorie, kinematische) beschreibt die gemessenen Intensitäten nur in einer groben Näherung richtig. Für eine bessere Übereinstimmung zwischen Theorie und Experiment müssen folgende Korrekturfaktoren berücksichtigt werden:

– Die Absorption. Beim Durchgang durch Materie wird Röntgenstrahlung geschwächt. Liegt die Wellenlänge der einfallenden Strahlung nahe bei der K-Absorptionskante eines Kristallatoms, so ergeben sich drastische Korrekturen für den Real- und Imaginärteil des Atomstreufaktors (anomale Dispersion).

– Die Temperaturbewegung der Atome. Sie führt zu einer Abnahme der Intensität der Bragg-Reflexe, die durch den → Debye-Waller-Faktor (Temperaturfaktor) berücksichtigt wird, und zu einer Zunahme der Intensität zwischen den Bragg-Reflexen (Streuung, thermisch-diffuse).

– Die Extinktion. Jedes Volumenelement wird nicht nur durch die Primärstrahlung sondern auch durch die Streustrahlung benachbarter Volumenelemente erregt. (Mehrfachstreuung). Extinktionseffekte, Abweichungen von der kinematisch berechneten Beugungsintensität, beobachtet man insbesondere bei starken und schwachen Reflexen.

Hümmer/Burzlaff/H. Zimmermann

Literatur: *Jost, K. H.:* Röntgenbeugung an Kristallen. Berlin 1975. – *Kleber, W.:* Einführung in die Kristallographie. Berlin 1983. – *Woolfson, M. M.:* X-Ray Crystallography. Cambridge, 1970.

Röntgen-Durchstrahlungsverfahren. Bestimmtes Untersuchungsverfahren der → Röntgenbeugung. *Kußmaul*

Röntgen-Kamera. Vorrichtung zur Aufnahme von Röntgenbeugungsbildern kristallinen Materials.

Eine R.-K. besteht aus einer mechanischen Vorrichtung zur Bewegung des zu untersuchenden Materials (außer bei der *Laue*-Kamera) und einer Halterung für den Film. Hinzu kommen je nach speziellem Verfahren Kollimatoren, Filter und Monochromatoren, sowie Vorrichtungen zum Heizen oder Abkühlen des Materials. Nach der Art des kristallinen Materials wird zwischen Pulver- und Einkristallverfahren unterschieden.

In nachstehender Tabelle sollen die gängigen R.-K. aufgeführt werden; dabei ist die Laue-Kamera die einzige, die keinen Filter oder Monochromator benutzt, sondern das gesamte zur Verfügung stehende Spektrum verwendet.

Hümmer/Burzlaff/H. Zimmermann

Röntgen-Kamera. Tabelle: Gängige R.-K.

A. Einkristallverfahren	B. Pulververfahren
1. Laue-Kamera	1. Debye-Scherrer-Kamera
2. Schwenk- und Drehkristall-Methode, sowie Weißenberg-Kamera	2. Guinier-Kamera
3. Präzessions-Kamera (Buerger) oder de Jong-Bouman-Kamera	
4. Retigraph	
5. Schiebold-Sauter-Kamera	

Literatur: *Azároff, L. V.:* Elements of X-Ray Crystallography. New York 1968. – *Jost, K. A.:* Röntgenbeugung an Kristallen. Rheine 1975. – *Kaelble, E. F.:* Handbook of X-Rays. New York 1967.

Röntgenmikroanalyse → Oberflächenanalytik

Röntgenographie → Eigenspannungsmessung

Röntgen-Strukturbestimmung. Verfahren zur Ermittlung von Kristallstrukturen mit Hilfe der Ergebnisse von Röntgenbeugungsexperimenten.

Bei der Wechselwirkung zwischen Röntgenstrahlung und Kristallelektronen wird die einfallende Welle wegen des gitterhaften Aufbaus der Kristalle, d. h. die Elektronendichte ist translationsperiodisch, nur in diskrete Raumrichtungen gebeugt (Bragg-, Laue-Gleichung). Während der Beugungswinkel durch die Gitterdimensionen und die verwendete Wellenlänge bestimmt wird, hängt die Intensität des abgebeugten Strahles von der Verteilung der Atome in der Elementarzelle (Kristallstruktur) ab. Die Integralintensität $I(\underline{H})$ eines Reflexes zum Vektor $\underline{H}$ des reziproken Gitters ist für Realkristalle dem Quadrat des Strukturfaktorbetrages $|F(\underline{H})|^2$ proportional und aus dem Experiment bestimmbar: $I(\underline{H}) \sim |F(\underline{H})|^2$ (→ Röntgenbeugung). Der Strukturfaktor gibt die resultierende Amplitude nach Betrag und Phase an bei der Interferenz der an den Elektronen einer Elementarzelle gestreuten Röntgenwellen. Er enthält also Informationen über die Lage der Atome in der Elementarzelle.

Wenn nicht nur alle Beträge $|F(\underline{H})|$, sondern auch deren Phasen $\Phi(\underline{H})$ bekannt sind, läßt sich die zugehörige Struktur unmittelbar berechnen, denn die Elektronendichte $\rho(\underline{r})$ ist durch die Fourierreihe (Fouriersynthese) über die Strukturfaktoren berechenbar:

$$\rho\,(\underline{r}) = \frac{1}{V}\sum_{\underline{H}} F(\underline{H})\,\exp\text{-}2\,\pi i\,\underline{H}\,\underline{r}$$

(V: Volumen der Elementarzelle) mit $F(\underline{H}) = |F(\underline{H})|\,\exp i\,\Phi(\underline{H})$.

Die Maxima von $\rho(\underline{r})$ bestimmen die Atomlagen. Leider sind die Phasen der gebeugten Wellen dem Experiment nicht direkt zugänglich; in ihrer Unkenntnis besteht das Phasenproblem der → Kristallographie.

Der Gang einer Strukturanalyse läßt sich in drei Abschnitte zerlegen, Datensammlung, Modellfindung und Strukturverfeinerung.

□ Datensammlung.

Für die Durchführung einer Röntgenstrukturanalyse müssen die Strukturfaktorbeträge aller Reflexe mit $|\underline{H}| < |H_{max}|$ ermittelt werden. H_{max} liegt üblicherweise zwischen 1.2 und 1.6 Å^{-1}, bei Proteinstrukturen wählt man diese Grenze meistens niedriger. Daraus ergeben sich je nach Größe der Struktur 1 000 bis 100 000 Meßwerte.

Zur Messung werden heute zumeist Einkristalldiffraktometer eingesetzt, die von einem Prozeßrechner gesteuert werden. Zunächst werden systematisch etwa 20 Bragg-Reflexe gesucht und deren Beugungswinkel gemessen. Daraus wird die Kristallorientierung und die Abmessungen der Elementarzelle (Metrik des → Gitters) bestimmt. Damit können für jeden Reflex $\underline{H}$ die Einstellwinkel für den Kristall und Detektor auf dem Diffraktometer ausgerechnet und die entsprechenden Positionen angefahren werden. Für jeden Reflex wird die Integralintensität unter dem Reflexprofil gemessen. Ein solches Gerät kann je nach gewünschter Genauigkeit 20 bis 80 Reflexe pro Stunde messen.

Da für sehr große Strukturen (Proteine) der Zeitbedarf für dieses Verfahren zu groß wird, bestimmt man die Integralintensitäten in diesen Fällen häufig mit Hilfe von Schwenkverfahren, Präzessionsverfahren, Laue-Verfahren und Einsatz von Flächendetektoren (Film, Fuji-Bildplatte, Proportionalzähler mit gekreuzten Drähten, TV-Kamera mit vorgeschaltetem Röntgenbildverstärker).

Am Ende der Datensammlung steht ein Satz von Reflexen $\underline{H}$ mit den Indizes (hkl) mit zugehörigen $|F(\underline{H})|$ zur Weiterverarbeitung zur Verfügung. Die Überwindung des Phasenproblems gelingt nur durch die Überbestimmtheit. Es werden wesentlich mehr Meßdaten gewonnen als Strukturparameter zu bestimmen sind.

□ Modellfindung.

Jede Modellfindung beginnt mit der Bestimmung der Symmetrie, d. h. der vorliegenden Raumgruppe.

Die Einschränkung der möglichen Symmetrien erfolgt durch die Untersuchung der sogenannten Auslöschungen. Liegt der Struktur ein innen- oder flächenzentriertes Bravaisgitter zu Grunde, oder sind Gleitspiegelebenen und/oder Schraubenachsen

als Symmetrieelemente vorhanden, so werden systematisch die Strukturfaktoren für bestimmte Reflexe null, d. h. die Intensität dieser Reflexe wird durch Interferenz ausgelöscht.

Zentrosymmetrische Reflexe $\underline{H}$ und $-\underline{H}$ besitzen im allgemeinen gleiche Intensitäten (*Friedel*-Gesetz). Daher läßt sich die Punktgruppensymmetrie einer Kristallstruktur mit Hilfe von Röntgenstrahlung unmittelbar nur bis auf zentrosymmetrische Punktgruppen bestimmen; man unterscheidet die elf sogenannten *Laue*-Klassen.

Durch Diskussion der Laue-Klassen und der Auslöschungen kann man die 230 Raumgruppen in 120 sogenannte Auslöschungseinheiten zerlegen.

Zur Überwindung des Phasenproblems werden die folgenden Verfahren verwendet.

– Trial and Error-Methode
– Patterson-Methode
– Direkte Methoden zur Phasenbestimmung

□ Strukturverfeinerung.

Für die chemische und physikalische Interpretation eines Strukturmodells ist im allgemeinen eine Verfeinerung erforderlich, die auf zwei Arten vorgenommen werden kann. Am verbreitetsten ist das Verfahren der kleinsten Fehlerquadrate, bei dem die Summe der Quadrate der Abweichungen zwischen beobachteten und berechneten Strukturfaktorbeträgen

$$\sum_{\underline{H}} |F(\underline{H})_{ob} - F(\underline{H})_{cal}|^2$$

durch Variation der Atomparameter minimiert wird. Zu den Atomparametern gehören nicht nur die Ortskoordinaten $\underline{r}_j = (x_j, y_j, z_j)$, sondern auch die Temperaturparameter. Diese können aus einem Schwingungsparameter pro Atom bestehen, dem sogenannten isotropen Temperaturfaktor B_j (→ Debye-Waller-Faktor), oder aus bis zu sechs Parametern, die im Normalfall ein allgemeines Schwingungsellipsoid beschreiben. Diese Art der Verfeinerung ist außerordentlich rechenintensiv, denn die linearen Gleichungssysteme enthalten im allgemeinen Fall schon bei 50 zu bestimmenden Atomen 451 Unbekannte.

Das zweite Verfahren besteht in der Berechnung der Differenzenelektronendichte $\rho\,(\underline{x})$ durch eine Fourierreihe, in der $\Delta F(\underline{h}) = F(\underline{H})_{ob} - F(\underline{H})_{cal}$ die Fourierkoeffizienten sind. Auch hierbei lassen sich Koordinaten und Temperaturparameter korrigieren.

Ein Maß für die erreichte Genauigkeit ist der sogenannte R-(reliability) Wert. Er ist erklärt als

$$R = \frac{\sum |F_{ob} - F_{cal}|}{\sum |F_{ob}|}$$

Die Bestimmungsgenauigkeiten liegen heute bei 2–4 %. Abstände zwischen Atomen lassen sich bis auf 1 pm und besser ermitteln.

Durch diese Verfeinerung werden in vielen Fällen die Annahmen des Modells übertroffen, z. B. die Annahme kugelsymmetrischer Ladungsverteilung um den Atomkern, Bindungseffekte werden sichtbar. Die Untersuchung dieser Effekte ist unter dem Begriff Elektronendichtebestimmung zu einem wichtigen Spezialgebiet geworden.

Hümmer/Burzlaff/H. Zimmermann

Rost. Als R. werden die bei der atmosphärischen →Korrosion und in Wässern auf →Eisen und →Stahl gebildeten oxidischen und hydroxidischen Korrosionsprodukte bezeichnet. Zur Rostbildung ist Wasser und Sauerstoff erforderlich. R. ist keine chemisch einheitliche Substanz, sondern vielmehr ein heterogenes Gemenge verschiedener Eisenoxide, Eisenhydroxide und Oxidhydrate. Die typischen kristallinen Bestandteile sind die rostbraun gefärbten Eisen(III)-Oxidhydrate, α-FeO(OH) (Goethit) und γ-FeO(OH) (Lepidokrokit). Daneben kann der R. auch noch Magnetit ($Fe_3O_4 \cdot n$ H_2O) und gegebenenfalls Anteile von γ-Fe_2O_3 enthalten. Während der Rostbildung treten darüber hinaus auch noch intermediäre Phasen auf, so z. B. das Eisen(II)-hydroxid oder der in sulfathaltigen, sauerstoffarmen Medien entstehende grüne R. der Zusammensetzung $4Fe(OH)_2 \cdot 2Fe(OH)_3 \cdot FeSO_4$. In Gegenwart von Sauerstoff werden diese intermediären Produkte zu γ-FeO(OH) aufoxidiert.

Wendler-Kalsch

Rostentfernungsmittel →Entrosten; →Beizen; →Rostumwandler

Rostgrad →Oberflächenbehandlung

Rostschutzpigment. R. ist ein im →Bindemittel organischer →Beschichtungsstoffe weitgehend unlösliches →Pigment, das der →Grundbeschichtung zugesetzt wird, um →metallische Werkstoffe vor →Korrosion zu schützen (→Beschichtung, organische).

In Anwendung kommen Bleimennige (Pb_3O_4), Zinkchromat ($ZnCrO_4$), Bleiglätte (ZnO), Eisenoxid (Fe_2O_3), Calciumblumbat (Ca_2PbO_4), Zinkstaub u. a. Die Korrosionsschutzpigmente reagieren mit der Feuchtigkeit, die durch Eindiffusion oder bei Verletzung der Beschichtung auftritt und bilden auf der Stahloberfläche Umsetzungsprodukte, die eine inhibierende, deckschichtbildende und zum Teil auch neutralisierende Wirkung haben. Bleimennige und Zinkchromat werden durch Eisen(II)-Ionen reduziert und bilden dichte Deckschichten aus Chrom (III)-oxid bzw. Blei (II)-oxidhydrat.

Wendler-Kalsch

Rostumwandler. R., vielfach im Handel angeboten, sollen auf rostige Stahloberflächen aufgetragen, den →Rost in unschädliche Produkte umwandeln. Als R. werden vorwiegend Präparate auf Phosphorsäurebasis mit diversen Zusätzen von Netz- und Fettlösemitteln, Pigmenten, Inhibitoren u. a. verwendet.

Der Rost wird durch Einwirkung der Phosphorsäure in Eisenphosphat umgewandelt, das auf der Stahloberfläche festhaften und gleichzeitig als Haftgrundvermittler dienen soll. Die Hauptschwierigkeit der erfolgreichen Rostumwandlung besteht jedoch darin, die Menge des zu verwendenden R. der vorliegenden Rostmenge anzupassen. Bei Säureüberschuß wird die Stahloberfläche angegriffen, bei zu wenig Säure verbleibt ein Teil des Rostes.

Wendler-Kalsch

Rotationsformen →Kunststoffverarbeitung

Rotbruch. R. oder Rotbrüchigkeit ist die durch zu hohe Schwefelgehalte bei der Warmformgebung von Stählen auftretende Brucherscheinung. →Schwefel ist im →Stahl unlöslich und bildet niedrig schmelzende Eisensulfide (1 200 °C), welche die Ursache der Rotbrüchigkeit darstellen, da sie sich an Korngrenzen anreichern und wegen ihrer geringen Verformbarkeit brechen.

Oberhalb 1 200 °C kann ein Heißbruch ausgelöst werden (→Schmelzpunkt des FeS wird überschritten). Zur Vermeidung wird der Schwefel-Gehalt begrenzt, z. B. auf 0,05 Mass.% in Baustählen und in eine ungefährliche Form überführt. *Gräfen*

Rowings →Faserverbundwerkstoffe

Ruhepotential. Freies →Korrosionspotential einer homogenen →Mischelektrode, bei dem der →Summenstrom Null ist (→Stromdichte-Potential-Kurve). *Wendler-Kalsch*

Ruhereibung. →Reibung zwischen relativ zueinander nicht bewegten Körpern, bei denen die angreifende Kraft nicht ausreicht, eine Relativbewegung hervorzurufen. *Habig*

Rundbiegen. R. ist ein Verfahren des Biegeumformens (DIN 8586), das als stetiges, in Schenkelrichtung fortschreitendes →Biegen von Band, Profilen, Stählen, Draht oder Rohren definiert ist (Bild). Das R. hat große Bedeutung in der industriellen Produktion, z. B. als →Rohrbiegen oder im Bauwesen, z. B. Betonstahlbiegen. Es benötigt spezielle Maschinen, die wegen hoher Genauigkeit und Produktivität bei gleichzeitig hoher Flexibilität zunehmend numerisch gesteuert sind, insbesondere für das Biegen von Rohren und Profilen. Bei Hohlprofilen muß mit Dorn gearbeitet werden, damit vor allem bei dünnen Teilen die Wand nicht „einfällt"

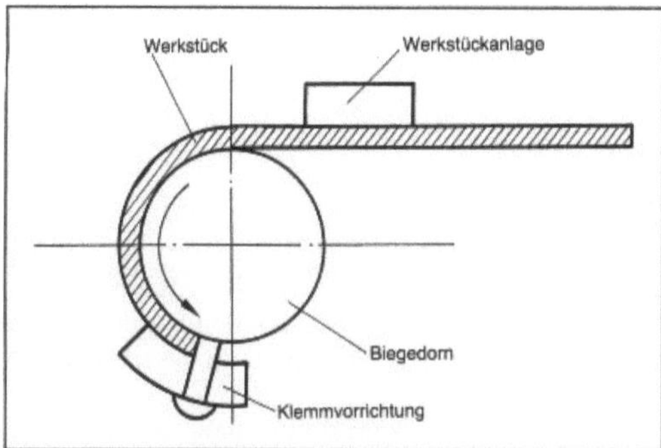

Rundbiegen: Schematische Darstellung.

oder sich unzulässige Falten bilden (→ Rohrbiegen, Bild).

R. um mehr als 360 ° wird als → Wickeln bezeichnet. Beispiele hierfür sind das Wickeln von Schrauben- und Spiralfedern, das Wickeln von Blechband zu Schraubennahtrohr, das Aufwickeln von Band oder Draht zu Ringen, Spulen oder Bunden.

Lange

Literatur: *Lange, K.:* Umformtechnik. Handb. f. Ind. u. Wiss. 2. Aufl. Bd. 3. Berlin, Heidelberg, New York, Tokio 1988.

Rundhämmern. Das R. (auch Rundkneten) ist ein Kalt- bzw. Warmumformverfahren, bei dem Draht, Stangen oder Rohre (mit Innenwerkzeug) in ihrem Durchmesser reduziert werden.

Zwei oder vier rundlaufende Hämmerbacken in einer Rundhämmermaschine werden durch einen umlaufenden Rollenkranz immer wieder gegeneinander gepreßt. In der Lücke zwischen zwei Rollen werden sie durch Fliehkraft nach außen geschleudert. Dadurch verformen sie den Werkstoff in pulsierenden Hüben. Die Drehzahl der Maschinen kann bei 200–900 U/min liegen. 600–3000 Hübe/min werden ausgeführt, wodurch die Oberflächengüte des verformten Werkstoffes sehr gut wird (Rauhtiefen $\leq 3\,\mu\text{m}$).

Durch R. können alle → Stähle und Nichteisenmetalle bis zu einer → Zugfestigkeit von $\leq 1000\,\text{N/mm}^2$ und → Dehnung von $\geq 8\,\%$ verformt werden. Die Querschnittsreduktion (von z. B. 50 %) führt zu einer beträchtlichen Festigkeitszunahme (von z. B. 25 % bei Stahl). Der Faserverlauf des Werkstoffs ist der Werkstückform angepaßt.

Heller

Literatur: *Schimpke, P.*, u. *H. Schropp; R. König*: Technologie der Maschinenbaustoffe. Stuttgart 1977.

Rundholz → Holz

Rüttel-Preß-Formmaschine → Sandform

S

Salzbadnitrieren → Nitrieren

SAM → Oberflächenanalytik

Sand. Natürliches oder künstliches Korngemenge mit einer → Korngröße zwischen 0 und 4 mm. Man spricht bei einer Korngröße von
☐ 0/0,25 mm von Feinstsand,
☐ 0/1 mm von Feinsand,
☐ 1/4 mm von Grobsand.

Gebrochenes Material heißt Brechsand und wird nach der Korngröße analog bezeichnet, z. B. Feinstbrechsand.   *Wesche*

Sandform. Bezeichnung für eine Form die aus mit einem Binder versetztem Quarzsand oder einem anderen, sandähnlichen Mineralstoff durch mechanische Verdichtung oder chemische bzw. thermische → Aushärtung hergestellt wird.

Die klassische S. ist die Naßguß- oder Grünsandform, bestehend aus gewaschenem Quarzsand als Neusandanteil, Altsand aus ausgeleerten Formen von vorausgegangenen Abgüssen, Bentonit als Binder und gegebenenfalls Zusätzen, wie Glanzkohlenstoffbildner usw. (→ Formstoff). Mit dieser Methode werden in den Eisengießereien die vielen Formen zur Produktion von Seriengußteilen, wie z. B. Motorenguß oder Guß für den allgemeinen Maschi-

nenbau usw., hergestellt. Das Naßgußverfahren wird aber auch in NE-Metallgießereien neben dem hier vielfach angewendeten Kokillenguß eingesetzt.

Für jeden Abguß muß eine neue S. hergestellt werden, man spricht deshalb auch von einer „verlorenen Form". Die Formherstellung ist hochmechanisiert, die Verfestigung der Formen erfolgt mechanisch auf Formmaschinen verschiedenen Typs, wie Preß-, Rüttel-, Preß-, Schieß-Preß-, Impulsverdichtungs-, Gasdruck-Formmaschinen. Neuerdings nutzt man für die Verdichtungsarbeit vermehrt die Vakuumtechnik, die zugleich ein gutes Formfüllungsvermögen gewährleistet (Bild).

Größere Formen werden meist aus Formstoffgemischen von Quarzsand und kalthärtenden Kunstharzen hergestellt. Das Mischen von → Sand und Binder erfolgt vor Ort und die Mischmaschine wird mit ihrer slingerähnlichen Auswurfeinrichtung zum Füllen der Formkästen benutzt. Nach einer gewissen Zeit bindet der Formstoff durch chemische Reaktion ab und man kann Form und → Modell trennen. Eine mechanische Verdichtung durch Vibration oder Stampfen ist nur beim Einformen sehr verwickelt gestalteter Modelle notwendig. Harzgebundene S. haben eine hohe → Festigkeit und halten erhebliche Gießdrücke auch in kastenloser Ballenform aus. Nachteilig gegenüber Naßgußsanden

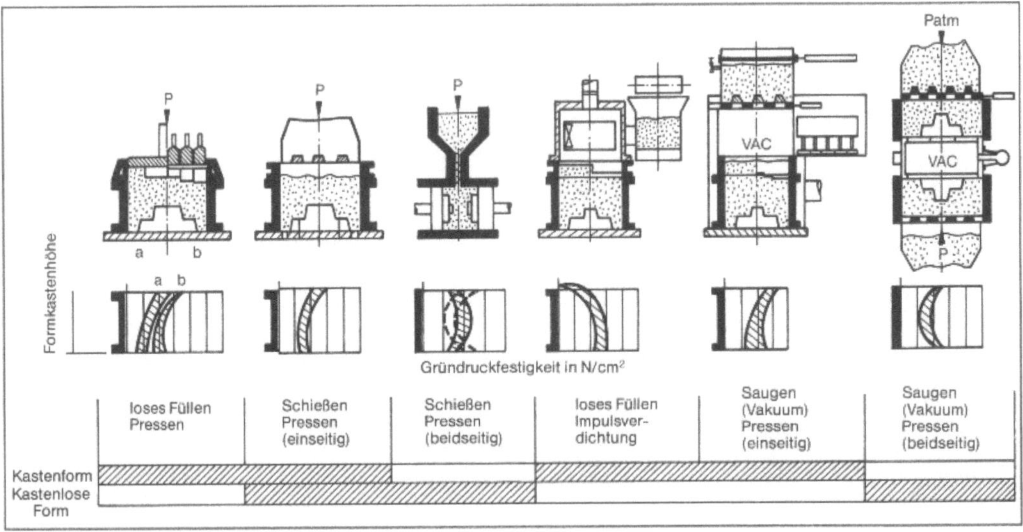

Sandform: Überblick über den Formenverdichtungsverlauf bei den verschiedenen Formmaschinen.

ist die aufwendigere Altsandaufbereitung für eine Wiederverwendung.   *Doliwa*

Sandguß → Sandform

Sandstrahlen → Oberflächenbehandlung

Sandwichstrukturen → Schichtverbundwerkstoffe

Sättigung. Eine Lösung nimmt bei gegebener Temperatur keinen weiteren Stoff mehr auf (→ Löslichkeit).

Übersättigung bedeutet Überschreiten der Löslichkeit eines Stoffes in einem Lösungsmittel (Bildung von Bodenkörpern) bzw. eines Metalles in einem Wirtsmetall (Entmischungs- oder Umwandlungsneigung).   *Gräfen*

Sättigungsmagnetisierung → Magnetisierungskurve; → Ferromagnetismus

Sauerstoffkorrosion. Elektrochemische → Korrosion unter Sauerstoffverbrauch. Sie wird in neutralen und alkalischen sauerstoffhaltigen Elektrolytlösungen ausgelöst. Die entscheidende kathodische Teilreaktion ist die → Reduktion des Sauerstoffes gemäß:

$$\tfrac{1}{2} O_2 + H_2O + 2e^- \rightarrow 2OH^-$$

Zusammen mit der anodischen Teilreaktion der Metallauflösung, z. B. der Eisenauflösung

$$Fe \rightarrow Fe^{2+} + 2e^-$$

ergibt sich die Bruttoreaktion für die S. zu:

$$Fe + \tfrac{1}{2}O_2 + H_2O \rightarrow Fe^{2+} + 2OH^-$$

Die → Korrosionsgeschwindigkeit der S. wird durch den Sauerstoffgehalt der Lösung und dem Antransport des gelösten Sauerstoffs zur → Phasengrenze Metall/Elektrolytlösung bestimmt.

Die Sauerstoffreduktion ist ein diffusionskontrollierter Prozeß. Wird der gesamte an die → Elektrode diffundierte Sauerstoff reduziert, stellt sich der Sauerstoffdiffusions-Grenzstrom i_{D,O_2} ein, der sich berechnet zu:

$$i_{D,O_2} = -4FD_{O_2} \cdot c_{O_2}/\delta$$

c_{O_2} = Sauerstoffkonzentration
D_{O_2} = → Diffusionskoeffizient
δ = Diffusionsschichtdicke
F = Faradaykonstante

Der Sauerstoffdiffusionsgrenzstrom ist durch den parallelen Verlauf der Teilstromkurve zur Abszisse gekennzeichnet (Bild). Durch Rühren der Lösung

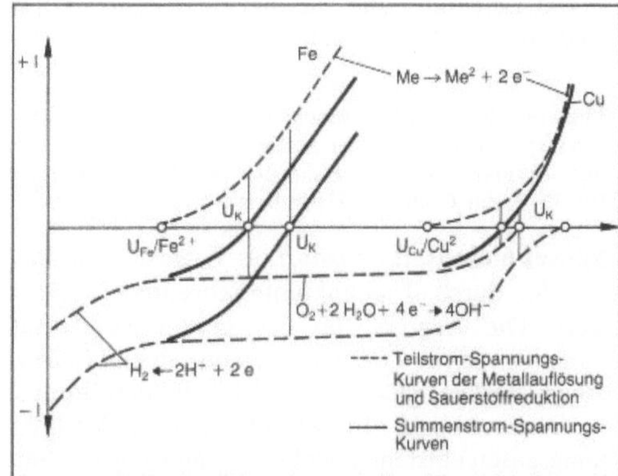

Sauerstoffkorrosion: Schematische Darstellung der Stromdichte-Potential-Kurven bei der S. von Eisen und Kupfer.

wird, entsprechend dem schnelleren Antransport des Sauerstoffs, der → Grenzstrom erhöht.

Unter Bedingungen der reinen S., kann durch Entfernen des Sauerstoffs aus der Lösung die Korrosion vermieden werden.   *Wendler-Kalsch*

Literatur: *Gräfen, H.* u. a.: Die Praxis des Korrosionsschutzes. Grafenau 1981.

Saugfähigkeit. Die S. eines textilen Flächengebildes, wie auch von Garnen und Dochten o. ä., wird durch die Geschwindigkeit definiert, mit der unter bestimmten Bedingungen diese Textilien Wasser aufsaugen. In der DIN 53924 ist für die Prüfung dieser Eigenschaft das sogenannte Steighöhenverfahren beschrieben.

Dabei wird ein Streifen von 250 mm Länge und 30 mm Breite senkrecht aufgehängt und an der unteren Schmalseite in destilliertes Wasser eingetaucht (Bild). In bestimmten Zeitabständen (z. B. 10, 30, 60 und 300 s) werden an einer Millimeterskala die Steighöhen abgelesen.

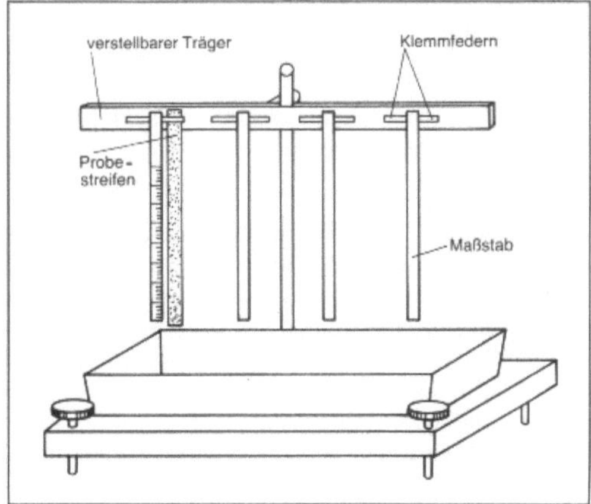

Saugfähigkeit: Apparat zur Bestimmung der S.

Die Zeitstufen und die zugehörigen Steighöhen sind ein Maß für die Sauggeschwindigkeit.

Kleinhansl

Literatur: DIN 53924: Bestimmung der Sauggeschwindigkeit von textilen Flächengebilden gegenüber Wasser. 1978. – *Sommer, H.* und *F. Winkler:* Handbuch der Werkstoffprüfung. Bd. V. Berlin–Göttingen–Heidelberg 1961.

Säurekondensatkorrosion. → Korrosion mit Säure, die durch Taupunktunterschreitung kondensiert. Die Aggressivität des sauren Kondensats hängt von seiner Zusammensetzung ab und führt zu einem starken, gleichmäßigen bis muldenförmigen Korrosionsabtrag. In schwefelhaltigen Verbrennungsgasen entstehen bei Unterschreitung des Säuretaupunktes Kondensate aus Schwefelsäure, beim Verbrennen chlorhaltiger Produkte (z. B. chlorhaltige Kunststoffe) Kondensate aus chlorhaltigen Gasen. Die S. läuft nach dem Mechanismus der → Säurekorrosion ab.

Schäden durch S. treten häufig in Verbrennungsgase führenden Apparaten auf und werden vorwiegend an schlecht wärmeisolierten Stellen (Isolationsfehler), in Bereichen mit hoher Wärmeabführung, sowie beim An- und Abfahren der Anlagen ausgelöst. Dabei ist zu beachten, daß der Säuretaupunkt bei wesentlich höherer Temperatur liegen kann als der Wassertaupunkt.

Zur Vermeidung von S. sind die Bauteile oberhalb des Säuretaupunktes zu halten, was durch hinreichende Wärmeisolation geschehen kann.

Wendler-Kalsch

Säurekorrosion. Elektrochemische → Korrosion metallischer Werkstoffe in sauren Elektrolytlösungen, die unter Wasserstoffentwicklung abläuft. Die Bruttoreaktion der Korrosion eines Metalles Me in saurer Lösung lautet:

$$Me + zH^+ \rightarrow Me^{z+} + z/2\ H_2$$

Diese Bruttoreaktion kommt zustande durch Überlagerung der anodischen Teilreaktion der Metallauflösung

$$Me \rightarrow Me^{z+} + ze^-$$

und der entscheidenden kathodischen Teilreaktion der Wasserstoffabscheidung

$$zH^+ + ze^- \rightarrow z/2\ H_2$$

Hierzu zeigt Bild 1 schematisch die Überlagerung der Teilstromdichte-Potential-Kurven und die Summenstromdichte-Potential-Kurve für die Eisenauflösung in saurer Lösung.

Die S. ist von der Aktivität der Wasserstoffionen a_{H^+} und damit vom pH-Wert der → Elektrolytlösung abhängig, entsprechend dem → Gleichgewichtspotential für die kathodische Teilreaktion:

$$E_{H^+/H_2} = \frac{RT}{F} \cdot \ln \frac{a_{H^+}}{p_{H_2}}$$

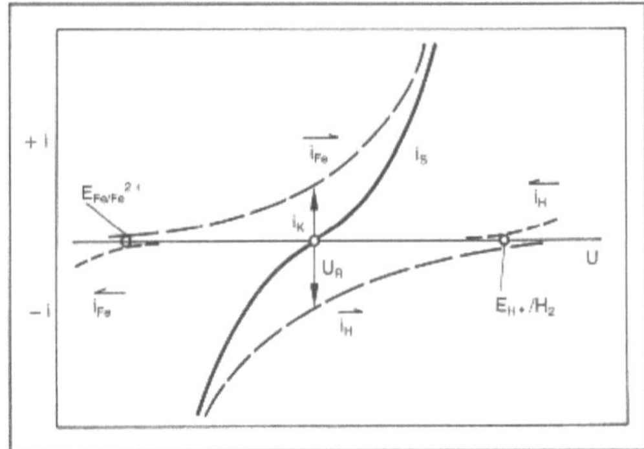

Säurekorrosion 1: Stromdichte-Potential-Kurve bei der S.

Die → Korrosionsgeschwindigkeit sinkt mit steigendem pH-Wert und wird oberhalb pH 6 vernachlässigbar gering (Bild 2). *Wendler-Kalsch*

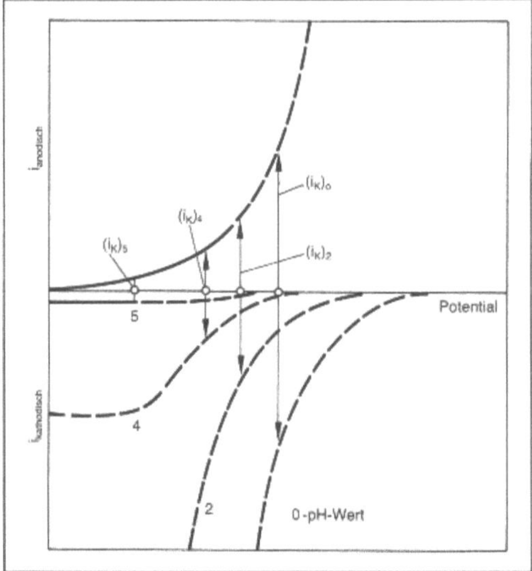

Säurekorrosion 2: pH-Abhängigkeit der Korrosionsstromdichte i_k

Literatur: *Kaesche, H.:* Korrosion der Metalle. Berlin 1966.

Scanning-Augermikroskopie → Oberflächenanalytik

Schadensakkumulation. Das Werkstoffverhalten unter wechselnder Belastung kann durch den → Dehnungswechselversuch beschrieben werden. Hierbei wird i. a. einer glatten Probe eine in der Höhe bis zum Probenversagen gleichmäßige Belastung aufgezwungen.

Derartige Belastungen entsprechen jedoch nicht der Realität der Werkstoffbelastung am Bauteil, wobei, je nach Anwendungsfall, mit wechselnden Belastungshöhen oder auch mit veränderlichen Beanspruchungsarten ($\rightarrow$ Ermüdung, $\rightarrow$ Kriechen, $\rightarrow$ Kriechermüdung, Temperaturwechsel) gerechnet werden muß.

Es wird versucht, den Einfluß solcher überlagerter und wechselnder Beanspruchungen auf das Werkstoffverhalten durch geeignete S.-Hypothesen zu beschreiben.

Insbesondere wird die Anwendbarkeit einer linearen S.-Hypothese der Form:

$$D = D_e + D_k \leq 1$$
mit $D_k = dt/t_B$
und $D_e = n/N_A$
diskutiert.

D_e: Ermüdungsschädigungsfaktor, D_k: Kriechschädigungsfaktor, n: Lastspielzahl, N_A: Anrißlastspielzahl aus dem Dehnungswechselversuch, t_B: Bruchzeit aus dem $\rightarrow$ Zeitstandversuch, dt: Zeitintervall bei konstanter Lastspannung.

Diese Schadenshypothese hat wegen ihrer einfachen Handhabbarkeit Eingang in die betriebliche Praxis gefunden. Zu bemerken ist dabei, daß das physikalische Werkstoffverhalten durch eine lineare Beziehung der obigen Form nur näherungsweise beschrieben werden kann.

Abschätzungen des Kriechermüdungsverhaltens werden häufig durch Dehnungswechselversuche mit eingeschobenen Haltezeiten bei maximaler Zug- bzw. maximaler Druckdehnung gewonnen. Aus der Tatsache, daß der aus der aufgezwungenen $\rightarrow$ Dehnung resultierende Spannungsausschlag während der Haltezeit relaxiert (Relaxation) ergibt sich die Schwierigkeit, bei der Berechnung des Kriechschädigungsfaktors eine geeignete $\rightarrow$ Spannung für die Festlegung der Bruchzeit zu wählen. Eine derartige äquivalente Spannung $\sigma_{äq}$ kann zum Beispiel als Mittelwert des maximalen und des minimalen Spannungsausschlages im Verlauf der Haltezeit (i. a. bei dem Lastwechsel $n/N_A = 0,5$) gebildet werden. *Kußmaul*

Schadensanalyse. Systematische Untersuchungen und Prüfungen zur Ermittlung von Schadensablauf und -ursache insbesondere mit dem Ziel, aus dem Ergebnis der Schadensuntersuchung Maßnahmen gegen die Wiederholung des Schadens ableiten zu können (Schadensabhilfe und Schadensverhütung).

Unter einem Schaden versteht man den Zustand einer Anlage oder eines Bauteils, der die Funktion beeinträchtigt oder unmöglich macht bzw. eine Funktionsbeeinträchtigung in absehbarer Zeit erwarten läßt. Allgemein treten Schäden auf, wenn die betriebliche Beanspruchung höher oder die $\rightarrow$ Widerstandsfähigkeit des Bauteils niedriger ist, als bei der Auslegung vorausgesetzt wurde. Ursache hierfür können in ihrer Art und Höhe nicht vorhergesehene oder nicht vorhersehbare Betriebsbela-

stungen oder nicht berücksichtigte bzw. nicht erkannte Werkstoff- und Bauteileigenschaften bzw. Werkstoff- und Herstellungsfehler sein.

Technische Anlagen sind nur dann wirtschaftlich und risikoarm zu betreiben, wenn ein funktionssicherer Einsatz gewährleistet ist. Trotz sorgfältiger Konstruktion und Fertigung läßt sich das Versagen einzelner Bauteile nicht immer vermeiden. Schäden können die Gefährdung von Menschen und Umwelt sowie hohe wirtschaftliche Verluste zur Folge haben. Gezielte Maßnahmen zur Schadensabhilfe und -verhütung setzen voraus, daß aufgetretene Schäden aufgeklärt werden. Werkstofftechnische Fragen sind bei S. von entscheidender Bedeutung.

Die Untersuchung beginnt mit einer Bestandsaufnahme, die allgemeine Informationen über die Anlage und die zu Schaden gekommenen Bauteile, deren Funktion und Betriebsbedingungen sowie eine Beschreibung des Schadens umfaßt. Bei Schäden mit mehreren Schadensstellen oder mehreren Schadensteilen muß zwischen dem zuerst aufgetretenen Primärschäden und weiteren Folgeschäden unterschieden werden. Die nachfolgenden Einzeluntersuchungen konzentrieren sich im allgemeinen auf das Schadensteil mit dem Primärschaden.

Die Entstehung und Erscheinungsform eines Schadens werden entscheidend durch die Art der Beanspruchung geprägt. Die Ermittlung der Schadensursache setzt die Kenntnis der Wechselwirkung zwischen Beanspruchung und Werkstoffeigenschaften voraus. Zusätzlich müssen Erfahrungen über die Beeinflussung der Werkstoffeigenschaften bei Herstellung und Verarbeitung und entsprechende Fehlermöglichkeiten vorhanden sein.

Beanspruchungen im Betrieb können durch mechanische, thermische oder chemische Einwirkungen (einzeln oder kombiniert) auftreten. Nach dem zeitlichen Verlauf unterscheidet man zwischen statischen (ruhenden), zügigen, schlagartigen oder wechselnden (schwingenden) Beanspruchungen. Die Feststellung der Schadensart und -lage ($\rightarrow$ Verformungen, $\rightarrow$ Risse, $\rightarrow$ Brüche, Korrosions- oder Verschleißerscheinungen) und der Zustand an der Schadensstelle ($\rightarrow$ Verformung, $\rightarrow$ Oberflächenzustand, Beläge, Anlauffarben, $\rightarrow$ Verzunderung) lassen nach der Identifizierung des Werkstoffs in Verbindung mit der Gestalt des Bauteils bereits erste Schlüsse über die Beanspruchungen zu, die zum Schaden geführt haben.

Mit den Methoden der $\rightarrow$ Fraktographie können Risse und Brüche makroskopisch und mikroskopisch beurteilt und bestimmten Beanspruchungsarten zugeordnet werden. In vielen Fällen gibt bereits der äußere Befund Hinweise zur Schadensursache und zum Schadensablauf. Die Bruchausbildung liefert darüberhinaus Erkenntnisse über das Werkstoffverhalten und wichtige Werkstoffeigenschaften. Zerstörungsfreie Prüfungen ($\rightarrow$ Werkstoffprü-

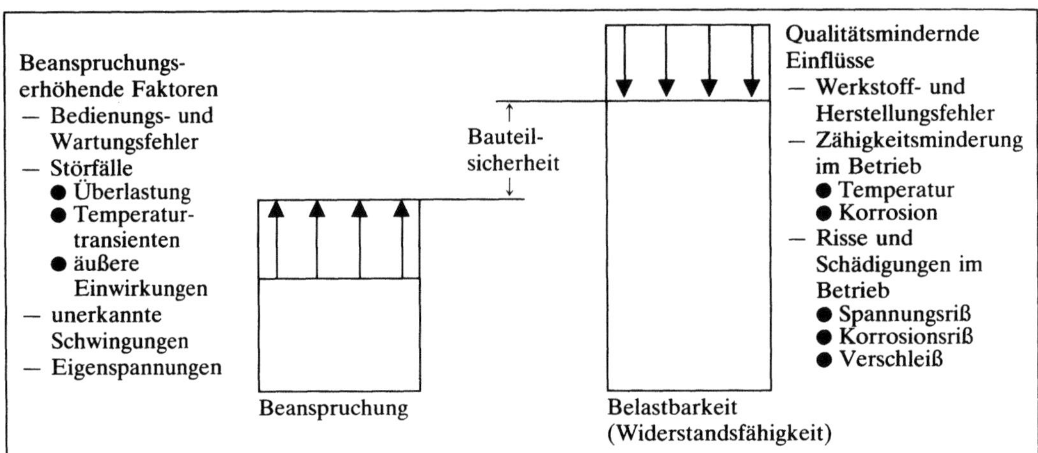

Schadensanalyse 1: Einflüsse auf die Verminderung der Bauteilsicherheit, die zum Schaden führen können (Quelle: MPA).

fung, zerstörungsfreie) zeigen visuell nicht erkennbare →Fehler auf.

Nach Dokumentation der äußeren Befunde und Erstellung eines Untersuchungsplanes kann eine →Probenentnahme für mechanische, technologische und chemische Werkstoffprüfungen erfolgen. Diese geben Aufschluß über die maßgebenden →Werkstoffeigenschaften und die Werkstoffzusammensetzung. Die →Metallographie zeigt Besonderheiten des Werkstoffgefüges und läßt Werkstoff- und Verarbeitungsfehler erkennen. Durch Bauteilversuche kann die Belastbarkeit und Widerstandsfähigkeit gleicher oder ähnlicher Komponenten unter betriebsnahen Belastungen im Labor ermittelt werden.

Die am Schadensteil festgestellten Werkstoff- und Bauteileigenschaften werden mit den Sollangaben des Herstellers (Zeichnungen, Spezifikationen, Abnahmeprüfungen) verglichen und den Anforderungen in →Technischen Regelwerken (→DIN-Normen, Werkstoffblätter, Technische Regeln und Vorschriften) gegenübergestellt.

Ergänzende betriebliche Messungen (z. B. Temperatur, Dehnungen, Schwingungen, Eigenschaften umgebender Stoffe) können vom Hersteller oder Betreiber nicht erkannte oder nicht berücksichtigte Betriebsbeanspruchungen aufzeigen.

Aus der Summe der Einzelbefunde und -ergebnisse lassen sich Folgerungen bezüglich einer oder mehrerer Schadensursachen ziehen. Diese Folgerungen können durch Erkenntnisse aus der Schadensforschung (Literaturauswertung) abgesichert werden.

Die Maßnahmen zur Schadensabhilfe und -verhütung sind von der Schadensart abhängig. Sie können sich auf konstruktive, fertigungstechnische, werkstofftechnische und betriebstechnische Gebiete erstrecken. Bewährte Maßnahmen sind:

– Verbesserung der Auslegung und Berechnung durch Anwendung verfeinerter Berechnungsmethoden und genauere Erfassung der Betriebsbeanspruchung unter Berücksichtigung von Zusatzbelastungen und Umgebungsbedingungen. Berücksichtigung Technischer Regelwerte.

– Einhaltung und Überwachung der Betriebsbeanspruchung, Erstellung einer Betriebsanweisung für „schonende Fahrweise".

– Optimale Abstimmung von Werkstoff, Bauteilgestaltung und Fertigungsverfahren. →Qualitätssicherung bei der Fertigung, sorgfältige Montage und Wartung, Wiederkehrende Prüfungen gefährdeter Bauteile in regelmäßigen Zeitabständen.

Die Ergebnisse der S. werden in einem Schadensbericht zusammengefaßt. Durch eine Speicherung und Dokumentation der Ergebnisse von Schadensuntersuchungen können auf statistischer Basis Erkenntnisse gewonnen werden, die für eine zukünftige Auslegung, Herstellung und Betriebsweise von Anlagen und Bauteilen genutzt und in Technischen Regelwerten berücksichtigt werden können.

Kußmaul

Literatur: VDI-Richtlinie 3822: Schadensanalyse. Düsseldorf.

Schädigungsprobe →Zeitstandversuch

Schafwolle. Die Fasern aus dem Haarkleid des Schafes, das je nach Rasse ein mehr oder weniger zusammenhängendes Vlies darstellt. Nach Haarform und Ausbildung des Haarkleides unterscheidet man neben dem Wildschaf und dem Landschaf:

□ Schlicht- und Glanzwollschafe,
□ Fein- oder Reinwollschafe.

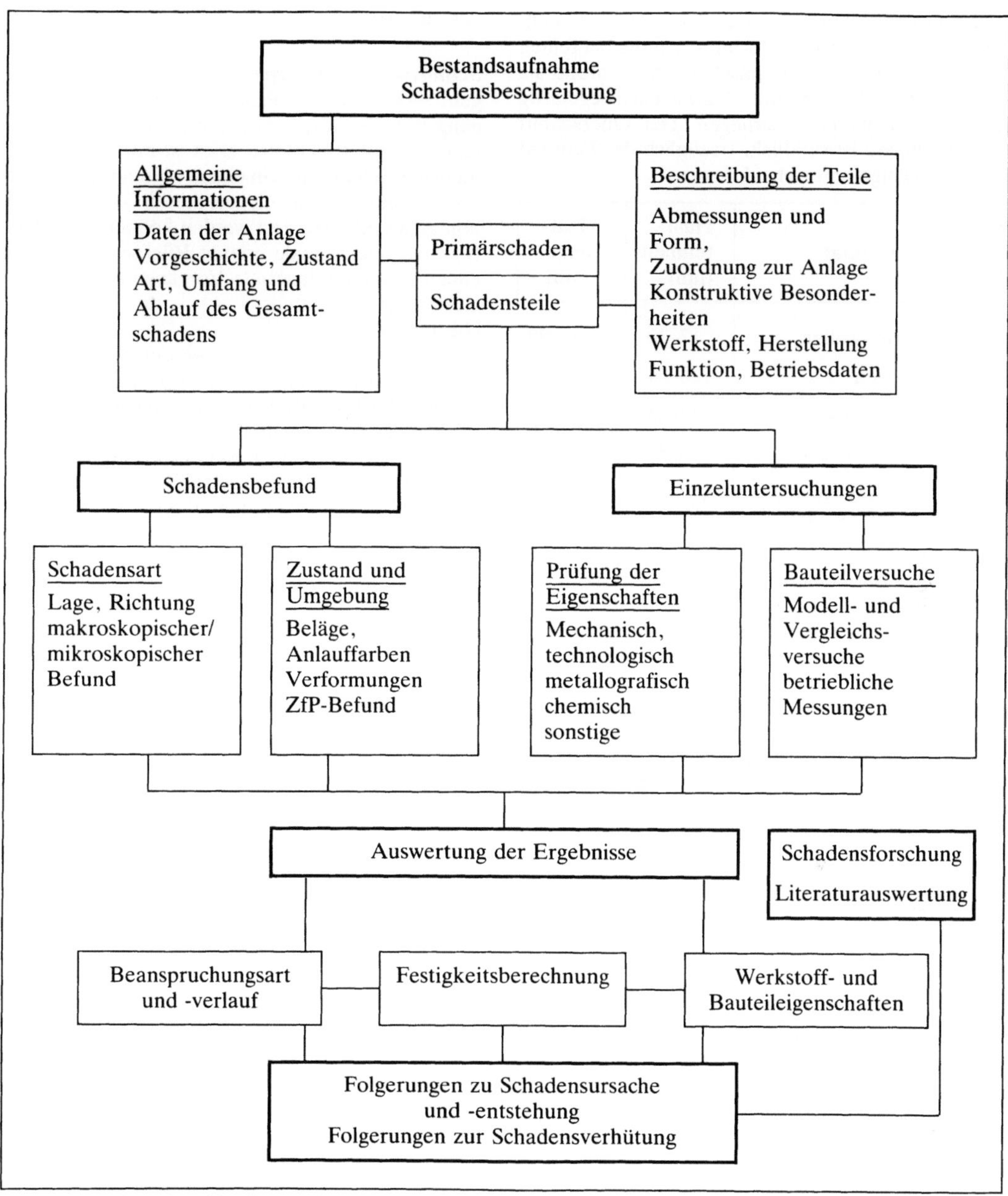

Schadensanalyse 2: Ablauf einer S. (Quelle: MPA).

Das Haarkleid der ersteren besteht aus Grannen- und Wollhaaren (Crossbred), bei den letzteren nur aus Wollhaaren (Merino). Die → Wolle wird vom lebenden Schaf durch Schur mit elektrischen Schermaschinen gewonnen (60–120 Tiere pro Tag von einem Scherer), üblicherweise einmal im Jahr. Die in Vliesform anfallende, noch mit Wollfett (Lanolin) und Verunreinigungen durchsetzte Rohwolle heißt Schweißwolle. Die berissenen Kernstücke der Vliese werden hinsichtlich Feinheit, Stapellänge, Reinheit und Farbe klassiert und in Ballen verpackt (Ballengewicht meist 150 kg). In der Fabrikwäsche wird die Schweißwolle bis auf einen Restfettgehalt von etwa 1 % vom Wollschweiß und Wollfett, sowie den pflanzlichen Fremdbestandteilen befreit. Das Ergebnis, „Rendement", d. h. der Anteil reiner Wolle in der Rohwolle, liegt zwischen 30 und 80 %.

Unter dem Mikroskop zeigt das vielzellige Wollhaar die Oberhautzellen (Schuppen), die bei feinen Wollen das Haar völlig umschließen, während sie bei gröberen Wollen und Haaren dachziegelartig neben- und übereinanderliegen. Der Querschnitt der Wollhaare ist rundlich. Bezüglich der Feinheit und Haarlänge unterscheidet man:

Schafwollqualität	Haar-feinheit [µm]	Haar-länge [mm]
feine Merinowollen	17–20	25– 80
Merinowollen	20–24	80–130
feine Crossbreds	24–28	} 120–300
mittlere Crossbreds	28–37	
grobe Kreuzzuchtwollen und Cheviotwollen	über 37	bis 550

In enger Beziehung zur Feinheit steht die Kräuselung des Wollhaares als wichtiges Qualitätsmerkmal, wobei feine Wollen stets stärker gekräuselt sind als grobe. Schlichte Wollen (Kammwollen) ergeben ein glattes, wenig fülliges Garn mit geringem Filzvermögen, stark gekräuselte Streichwollen ein voluminöses und gut filzendes Garn. Die → Festigkeit des Wollhaares liegt wesentlich unter derjenigen der Pflanzenfasern, hingegen weist es die höchste Dehnbarkeit aller Naturfasern und eine sehr hohe → Elastizität auf. Erzeugnisse aus Wolle sind daher weitgehend druckunempfindlich und formbeständig (knitterfrei). Den unterschiedlichen Eigenschaften der Wollhaare entsprechend ist die Verarbeitung verschieden: Kürzere, feiner und stärker gekräuselte Wollen werden nach dem Streichgarnverfahren, die langen, schlichten Wollen hingegen nach dem Kämmen als Kammzug in der Kammgarnspinnerei verarbeitet.

Wichtigste Herkunftsländer für S. sind Australien mit einem Bestand von etwa 150 Mill. Schafen und etwa 30 % der Weltwollproduktion, zumeist Merinowolle, Neuseeland, das fast ausschließlich Kreuzzuchtwollen liefert, Südafrika, nach Australien zweitgrößtes Produktionsland für feine S. („Kapwolle"), Argentinien („La-Plata-Wolle") und Uruguay mit auf Fleisch wie Wolle gezüchteten Rassen mit etwa 80 % feinen und groben Kruezzuchtwollen. Sowjetunion und China als große wollerzeugende Länder sind überwiegend Selbstverbraucher. Die Produktion in den europäischen Ländern (speziell Großbritannien) ist demgegenüber nur gering. Weltproduktion 1984/85: Basis Schweißwolle 2 999 000 t, gewaschen 1 672 000 t.   *Koch*

Literatur: *Wagner, E.:* Die textilen Rohstoffe. 6. Aufl. Frankfurt/M. 1981.

Schälfurnier → Furnier

Schallemissionsanalyse. Bei Verformungsvorgängen, → Rißbildung, Rißfortschritt und Bruchvorgängen in Festkörpern wird in rascher Folge elastische Energie freigesetzt. Dies ist mit der Aussendung von Schallwellen in einem weiten Frequenzbereich verbunden, die mit geeigneten Geräten aufgenommen und analysiert werden können. Die Analyse der Schallsignale erlaubt Rückschlüsse auf in einem Bauteil ablaufende Vorgänge bzw. auf den Zustand eines Bauteils.
□ Prinzip der S.

Zur Durchführung der S. werden Schallwandler auf einem Bauteil angebracht, wobei z. B. für eine planare Analyse (Bild) i. a. drei Wandler notwendig sind. Soll die Analyse an einem heißen Bauteil durchgeführt werden, so sind die i. a. piezoelektrischen Wandler über geeignete Wellenleiter mit geringer Schalldämpfung wie z. B. → Stahl, → Aluminium oder, in Sonderfällen, Platin an das Bauteil anzukoppeln.

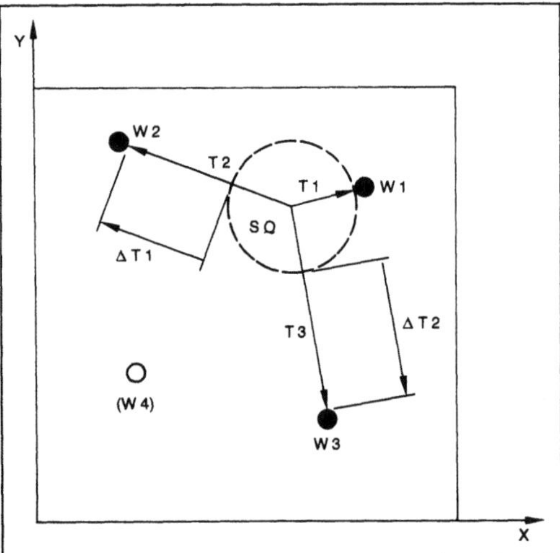

Schallemissionsanalyse: Instrumentierung einer ebenen Platte zur (planaren) S. Die Signale der Wandler W 1 bis W 3 werden zur Ereignisortung herangezogen. Das Signal von Wandler W 4 wird benötigt, wenn bei der Ortung mittels der Wandler W 1 . . . W 3 keine eindeutige Zuordnung gefunden werden kann.

T 1 . . . T 3: Unbekannte Absolutzeiten zwischen Schallereignis und -registrierung, Δ T 1, 2: Bekannte Zeitdifferenzen bezogen auf T 1, SQ: Schallquelle, X, Y: Koordinatenachsen eines rechtwinkligen Koordinatensystems

Wird nun das Bauteil bearbeitet oder beansprucht, so entstehen Schallsignale. Diese werden von den Wandlern aufgenommen und in elektrische Signale umgeformt. Die Spektralanalyse dieser Signale gestattet Aussagen über die Entstehungsart des zugehörigen Schallereignisses. Die Wandler registrieren das Schallereignis i. a. zu verschiedenen Zeitpunkten (Bild) wobei die Absolutzeiten zwischen Schallereignis und Registrierung unbekannt sind. Bezogen auf den Wandler, der das Ereignis zuerst registriert hat, lassen sich aber zwei Zeitdifferenzen bilden. Aus diesen kann der Ort des Ereignisses errechnet werden. Da hierbei in manchen Fällen zweideutige Lösungen auftreten, wird bei der planaren Ortung mit vier Wandlern gearbeitet und in Zweifelsfällen die Berechnung mit einem weiteren Paar von Zeitdifferenzen wiederholt.

□ Aussagefähigkeit der S.

Die Spektrale Analyse eines Schallereignisses in Verbindung mit der Ereignishäufigkeit und -ortung ermöglicht in vielen Fällen die Unterscheidung zwischen Oberflächeneffekten (wie z. B. Abplatzen von Zunder) und Verformungs- oder Reibungsvorgängen.

□ Einsatzmöglichkeiten für die S.

Aufgrund der Unterscheidungsmöglichkeit für einzelne Vorgänge im Volumen und an der Oberfläche von Bauteilen bei deren Bearbeitung und Beanspruchung wird die S. in der Praxis
– zur Prozeßkontrolle bei Bearbeitungsschritten mit Wärmeeinbringung, wie →Schweißen und nachfolgender →Wärmebehandlung, →Härten von Stahl oder Brennen von →Keramik,
– bei der Prüfbelastung von Bauteilen, wie Druckprüfungen an Behältern und Rohrleitungen und
– zur kontinuierlichen Überwachung von Bauteilen, wie →Druckbehälter und Rohrleitungen eingesetzt. *Kußmaul*

Literatur: *Eisenblätter, J.* u. *G. Faninger*: Zur Anwendung der Schallemissionsanalyse in Forschung und Technik. Mitt. Battelle-Institut e. V., Frankfurt/Main 1977. – *Matthews, J. R.* (Ed.): Nondestructive Testing Monographs and Tracts. Vol. 2: Acoustic Emission. New York-London-Paris 1983.

Schappe →Naturseide

Schaumbeton. Beim S. erzeugt man eine sehr feine und gleichmäßige Porenstruktur durch das Einführen von Schaumbläschen in einen flüssigen →Mörtel. Diese werden vorwiegend durch die Zugabe von getrennt vorgefertigtem Schaum gebildet, den man mit Hilfe von Schaumbildnern auf Kunststoffbasis herstellt und der nach dem Mischen noch sehr stabil ist. Dadurch ist das Schaumbetongefüge i. a. gleichmäßiger und damit günstiger als das Gefüge des →Gasbetons, der durch das Aufblähen Zonen unterschiedlicher →Porigkeit aufweist. Die Eigenschaften des S. sind ähnlich denen des Gasbetons, doch ist die Relation zwischen Rohdichte und Druckfestigkeit wegen der gleichmäßigen und auch feineren Porenstruktur günstiger, d. h. bei gleicher Rohdichte kann die Druckfestigkeit größer sein. *Wesche*

Schaumbeton-Prüfung →Gasbeton-Prüfung

Schäumen →Schaumstoffe

Schaumguß →Schaumstoffe

Schaumkunststoff. →Schaumstoffe werden im Bauwesen zur Behinderung des Wärmedurchtrittes durch Bauteile und zur Verringerung der Trittschallausbreitung eingesetzt. Für die Schaumerzeugung gibt es unterschiedliche Verfahren. Einige von ihnen sind nur werkmäßig möglich, andere eignen sich auch zur Anwendung auf der Baustelle (PUR und UF). Die Festigkeiten und Elastizitätsmoduln hängen von der Art des Grundwerkstoffes und der Porenstruktur ab; sie steigen mit der Rohdichte etwa linear an. Die Wärmeleitfähigkeiten haben bei bestimmten Rohdichten einen Minimalwert. Ihr Ansteigen bei sehr kleinen Rohdichten erklärt sich aus der dann stattfindenden Konvektionsströmung innerhalb der immer feststoffärmer werdenden Schaumstoffstruktur (Bild). Bei Angaben zur Wärmeleitfähigkeit ist zu beachten, daß die Meßwerte zeit-, temperatur- und feuchtigkeitsabhängig sind. Die Wärmeschutznorm DIN 4108 berücksichtigt dies durch pauschalierte Zuschläge, die sich auf die normalen Verhältnisse im Bauwerk beziehen.

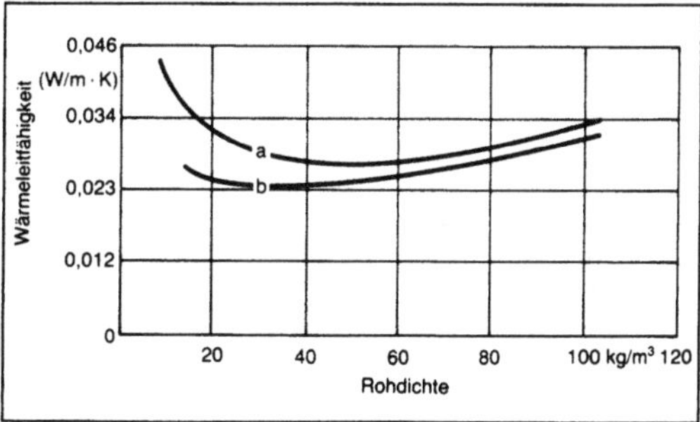

Schaumkunststoff: Wärmeleitfähigkeit als Funktion der Rohdichte.

a PS-Schaumstoff, b PUR-Hartschaumstoff

Bedingt durch die Schaumstruktur (Anteil geschlossen- bzw. offenzelliger Poren) und die Einsatzbedingungen können S. in der Praxis unterschiedliche Mengen Wasser enthalten. Bei geschlossenzelligen Schaumstoffen ist die Wasseraufnahme normalerweise etwa null. Unter bauphysikalisch sehr ungünstigen Bedingungen können sich im Laufe längerer Zeit infolge →Diffusion und Taupunktunterschreitung auch geschlossenzellige Schaumstoffe teilweise mit Wasser füllen. Auch wenn die in der Praxis beobachteten Mengen im Verhältnis zum Gesamtvolumen des Schaumstoffes mit 5–30 % je nach Schaumstofftyp gering sind, so vergrößern sich die Wärmeleitfähigkeiten doch beträchtlich (auf 120–400 %). Ursache ist die etwa 25fach höhere

Leitfähigkeit des Wassers gegenüber Luft. Noch ungünstiger liegen die Verhältnisse, wenn das Wasser in den Schaumstoffporen gefriert: Die Leitfähigkeit des Eises ist rd. 100mal so hoch wie die der Luft. Die sehr geschlossene Porenstruktur von PS-Extruderschaumstoff ergibt eine außerordentlich niedrige Wasseraufnahmefähigkeit auch unter sehr ungünstigen Bedingungen und damit eine hohe Sicherheit für die dauerhafte Einhaltung der Wärmeleitfähigkeit. Extruderschaumstoffe lassen sich daher z. B. auch unter Parkdecks, Terrassen und eingeerdeten isolierten Lagertanks und im Straßenbau einsetzen. Zulässige Druckbeanspruchungen müssen in Abhängigkeit von Zeit und Temperatur festgelegt werden.

Alle im Bauwesen eingesetzten S. müssen mindestens normal entflammbar sein (Klasse B 2 der DIN 4102). Auch allseitig umschlossene Dämmschichten, z. B. unter Estrichen, dürfen nicht leicht entflammbar sein (Klasse B 3). DIN 18164 legt bestimmte Rohdichteklassen und Festigkeiten für die Verwendung zu unterschiedlichen Zwecken fest (Tabelle). Die Wärmeleitfähigkeiten sind in sechs Gruppen zwischen $\leq 0,02$ und $\leq 0,045$ W/mK eingeteilt. DIN 4108, Tl. 4, gibt Rechenwerte für die Wärmeleitfähigkeiten und Wasserdampf-Diffusionswiderstandszahlen genormter Schaumstoffe an.

Beim PUR-Ortschaumverfahren wird das Reaktionsgemisch über eine Mischspritzpistole auf den zu beschichtenden Untergrund aufgespritzt, wo es sofort aufschäumt und innerhalb von Sekunden bis Stunden (je nach System) klebfrei aushärtet. Anwendungsbeispiele sind Flachdächer (gleichzeitig Wärmedämmung und Abdichtung) und Befestigung von Türzargen und Fensterrahmen. Die →Haftung auf nahezu allen Untergründen ist außerordentlich gut. Bei Außenanwendung sollte ein UV-Schutzanstrich oder eine Bekiesung vorgesehen werden. *Sasse*

Schaumstoffe. (*engl.* foamed materials) Nach DIN 7726, Bl. 1 (Dez. 1966) Bezeichnung für künstlich auf Kautschuk- oder Kunststoffbasis hergestellte Werkstoffe mit zelliger Struktur (Porendurchmesser etwa 0,1–5 mm) und Rohdichten (Raumgewichten) zwischen 0,01 und 0,8 g/cm³. Sie können geschlossenzellige, d. h. die einzelnen Zellen bilden abgeschlossene Hohlräume, oder offenzellige Struktur, d. h. die Zellen stehen miteinander in Verbindung, besitzen. Bei gemischtzelligen S. liegen beide Zellentypen nebeneinander vor. Harte S. (Hartschäume) besitzen einen hohen Verformungswiderstand bei geringer elastischer Verformbarkeit. Weichelastische S. (Weichschäume) zeigen nur einen geringen Verformungswiderstand bei hoher elastischer Verformbarkeit.

Bei den harten S. unterscheidet man weitergehend zwischen „spröd-harten", bei ihnen bricht das Zellengefüge unter Überbelastung vollkommen zusammen, und „zäh-harten", bei ihnen ist dies nur teilweise der Fall.

Integral- oder Strukturschaumstoffe besitzen eine geschlossene Außenhaut und einen zelligen Kern,

Schaumkunststoff. Tabelle: Genormte Dämmstoffe für das Bauwesen.

Typ (Kurz-zeichen)	Verwendung im Bauwerk	Mindesttrockenrohdichte				Mindest-festigkeit
		PF	PS Partikel	PS Extruder	PUR	
		kg/m³				N/mm²
W	Wärmedämmstoffe, nicht druckbelastet, z. B. in Wänden und belüfteten Dächern	30	15	25	30	0,10 *)▢)○)
WD	Wärmedämmstoffe, druckbelastet, z. B. unter druckverteilenden Böden (ohne Trittschallanforderung) und in Flachdächern unter der Dachhaut	35	20	25	30	0,10 *)
WS	Wärmedämmstoffe mit erhöhter Belastbarkeit für Sondereinsatzgebiete, z. B. Parkdecks	35	30	30	30	0,15 *)
T	Trittschalldämmstoffe, druckbelastet, z. B. bei Wohnungstrenndecken	keine Anforderungen				0,02 ○)

*) Druckfestigkeit oder Druckspannung bei 10 % Stauchung je nach Bruchverhalten
▢) Für PS-Partikelschaum gilt *) nicht
○) Zugfestigkeit, gilt nur für PS-Partikelschaum

wobei die Zellendurchmesser von der Mitte zum Rand hin abnehmen.

S. können mechanisch, physikalisch oder chemisch erzeugt werden.

Im mechanischen Verfahren werden Latices oder Präpolymere unter Zusatz von Schaumstabilisatoren stark gerührt oder mit Druckluft durchblasen und der gebildete Schaum chemisch durch → Vernetzung fixiert.

Bei der sog. physikalischen Schaumerzeugung versetzt man das aufzuschäumende Material mit Treibmitteln, die entweder bei der Verarbeitungstemperatur verdampfen (niedrig-siedende Kohlenwasserstoffe) oder expandieren (→ Stickstoff), so daß der Ausgangsstoff aufgebläht wird. Die Fixierung des Schaumes erfolgt in der Regel durch Abkühlen des aufgeschmolzenen oder gesinterten Materials.

Bei der chemischen Schaumerzeugung werden dem aufzuschäumenden Polymeren Treibmittel, die in der Hitze Gas abspalten, wie Azo-, N-Nitrosoverbindungen und Sulfonylhydrazide (N_2-Abspaltung), oder Ammoniumhydrogencarbonat (Zersetzung in NH_3, H_2O und CO_2), zugemischt. Polyurethane lassen sich mit Wasser vernetzen, wobei Kohlendioxyd abgespalten wird, das die Schaumbildung bewirkt.

Verschäumbare Kunststoffmischungen werden technisch mit Hilfe spezieller Extruder kontinuierlich zu Schaumstoffbändern, oder mit Spritzgußmaschinen (TSG-Spritzguß) diskontinuierlich zu S.-Formteilen verarbeitet. Im Dampfstoß-Verfahren werden Kunststoffmischungen diskontinuierlich in großen Blockformen aufgeschäumt. Zweikomponentensysteme (→ Präpolymer und Härter) lassen sich mit Spritzpistolen, bei denen die Ausgangsstoffe getrennt in die Pistole geführt und dort in sehr kurzer Zeit gemischt werden, verarbeiten. Dieses Verfahren benutzt man in der Regel zum Ausschäumen von Hohlräumen, oder auch zur Herstellung von Schaumstoffbahnen, indem man auf laufende Transportbänder spritzt.

Die größte technische Bedeutung besitzen derzeit die Polyurethan-S.; mehr als die Hälfte der in Westeuropa hergestellten S. sind PUR-Weichschaumstoffe, mehr als 10 % sind PUR-Hartschaumstoffe. Die zweite Stelle nehmen mit nahezu 30 % die Polystyrol-S. ein. Solche aus → Polyvinylchlorid besitzen nur einen Anteil von etwa 3 %. Den verbleibenden Anteil bilden S. aus → Naturkautschuk, Harnstoff- und Phenol-Formaldehydkondensaten, → Polyethylen und → Polymethacrylimid.

Polyurethan-Weichschaumstoffe werden kontinuierlich auf Bänderstraßen mit Kohlendioxid als Treibmittel (bei der → Vernetzungsreaktion mit Wasser, Polyurethane) zu Schaumstoffbahnen aufgeschäumt. Sie besitzen eine Rohdichte von 0,02 bis 0,05 g/cm³ und offenzellige Struktur. In geschlosse-

nen und beheizten Formen lassen sich weichelastische Integralschaumstoffe mit Rohdichten zwischen 0,15 und 0,7 g/cm³ herstellen. Sie finden in der Möbel- (Sitzpolsterungen etc.) und Fahrzeugindustrie vielfältige Anwendung. Weiterhin werden aus ihnen Matratzen, Wärme- und Schallisolierungen, Schwämme und verschiedene Haushaltsartikel hergestellt.

Polyurethan-Hartschaumstoffe werden ebenfalls chemisch mit Kohlendioxid oder physikalisch mit Halogenkohlenwasserstoffen frei (Rohdichte: 0,02–0,03 g/cm³) oder in Formen (Rohdichte: > 0,1 g/cm³) geschäumt. Sie dienen hauptsächlich als Wärmeisoliermaterial im Temperaturbereich von −160 bis +80 °C. Harte Integralschaumstoffe mit Rohdichten zwischen 0,1 und 0,8 g/cm³ werden in der Möbel-, Sportgeräte- und Fahrzeugindustrie verwendet. Ebenso werden aus ihnen Maschinen- und Gerätebauteile sowie Gehäuse (vorwiegend Phonogehäuse) gefertigt.

Polystyrol-S. werden physikalisch in Extrudern, Spritzgußmaschinen oder Blockformen aufgeschäumt. Es lassen sich je nach Treibmittelmenge und Herstellungsverfahren spröd-harte und zähharte S. mit Rohdichten zwischen 0,01 bis 0,12 g/cm³ herstellen. Sie werden vorwiegend als Isolier- (Bautechnik) und Verpackungsmaterial, Dekorationsartikel und auch als Bodenverbesserungsmittel verwendet. Extrudierte Integralschaumstoffe mit Rohdichten von 0,4 bis 0,5 g/cm³ und holzähnlichem Verhalten werden in der Möbelindustrie verwendet.

PVC-S. (Rohdichte: 0,03–0,08 g/cm³) können durch → Extrusion treibmittelhaltiger PVC-Compounds oder in Formwerkzeugen hergestellt werden. Es lassen sich geschlossen- und offenzellige Materialien erhalten, die als trägerlose Schaumstoffbahnen, mehrschichtige Schaum-Kunstleder sowie strukturgeschäumte Rohre und Fensterprofile Verwendung finden.

Harnstoff-Formaldehyd-S. (Harnstoffharz-Schäume) werden vorwiegend als Wärme- oder Schallisoliermaterial in der Bautechnik verwendet, und als Zweikomponentensystem (Harzlösung und Säurehärter) mit Sprühgeräten direkt vor Ort verarbeitet.

Phenol-Formaldehyd-S. (Phenolharz-Schäume) zeichnen sich durch hohe Wärmeformbeständigkeit (kurzzeitig bis 200 °C, langzeitig bis 160 °C) aus. Sie verformen sich nicht und erweichen nicht. In der Bautechnik werden sie in Dachkonstruktionen eingebaut.

Naturkautschuk-S. können physikalisch mit Treibmittel aus der festen Kautschukmischung oder mechanisch aus Kautschuklatex und anschließende → Vulkanisation hergestellt werden.

Nach dem ersten Verfahren werden Zellgummi (geschlossenzellig), Moosgummi (gemischtzellig) und Schwammgummi (offenzellig) gefertigt. Schaumgummi wird nach dem zweiten Verfahren produziert.

Polyethylen-S. können unvernetzt oder vernetzt sein und sind geschlossenzellige, zäh-harte bis weiche Materialien mit Rohdichten von 0,03 bis 0,6 g/cm³.

Polymethacrylimid-S. entstehen durch druckloses Aufschäumen von Methacrylsäure-Methacrylnitril-Copolymerisat mit Ammoniumhydrogencarbonat als Treibmittel (Formelschema siehe → Polymethylmethacrylat). Dieser geschlossenzellige → Hartschaumstoff (Rohdichte: 0,03–0,07 g/cm³) ist kurzzeitig bis 200 °C beständig und besitzt hohe Zug- und Druckfestigkeit. Er findet Anwendung als Konstruktionswerkstoff für Kernlagen in Sandwich-Elementen mit Aluminium-, Stahl- und Kunststoffdeckschichten sowie als Isoliermaterial. *Zahradnik*

Literatur: *Bauer, H.:* Kunststoff-Rdsch. 7 (1970) S. 165. – *Meinecke, E.:* Mechanical Properties of Polymere Foams. Westport Conn. 1973. – *Saechtling-Zebrowski:* Kunststoff-Taschenbuch. 19. Aufl. München 1974. – *Schultheis, H.* et al.: Kunststoffe 60 (1970) 536. – *Stastny, F.* u. *R. Gäth, U. Haardt:* Kunststoffe 61, (1971) 745. – *Vieweg, R.* et al. (Hrsg.): Kunststoff-Handbuch. München.

Schaumstoffmodell → Vollformgießen

Schaumverhütungsmittel. → Schmierstoffadditive zur Verminderung der Schaumbildung in Schmierölen. Besonders wirksame S. sind Siliconöle (insbesondere Polydimethylsiloxane), die in Konzentrationen von 0,0001 bis 0,001 % vorwiegend Hydraulikölen, Strömungsgetriebeölen, Turbinenölen und → Motorenölen zugesetzt werden. *Habig*

Scherfestigkeit, interlaminare → Verbundwerkstoffe

Scherung. Der Begriff S. wird in der Umformtechnik mit unterschiedlichem Inhalt verwendet. Zum einen wird er zur Beschreibung von Scherverformungen, und zwar im Sinne einer globalen → Verformung, wie zur Kennzeichnung des Spannungs- und Formänderungszustands bei Verfahren des → Schubumformens, verwendet. Zum anderen findet er sich auch teilweise als synonymer Begriff zu → Schiebung; dies ist aber nicht korrekt. Weiterhin wird der Begriff S. zum Kennzeichnen des Vorgangs beim Scherschneiden (DIN 8588 „Zerteilen") benutzt.

Beim → Schubumformen mit den Verfahrensanwendungen → Durchsetzen und → Verdrehen werden in der Umformzone benachbarte Querschnittsflächen des Werkstücks unter Einwirken von Schubspannungen gegeneinander verlagert. Man bezeichnet diesen Vorgang als S.; der Stoffzusammenhang

bleibt dabei so lange gewahrt, bis das → Formänderungsvermögen erschöpft ist und Bruch auftritt. Beim Scherschneiden zwischen zwei sich aneinander vorbeibewegenden Schneiden erfolgt ein Teil der Werkstofftrennung durch S. im obigen Sinne, der restliche Teil durch Bruch. Beim Sonderverfahren Feinschneiden wird durch Kombination von überlagerter Druckbeanspruchung und sehr engem Schneidspalt S. über der gesamten Werkstückdicke erzwungen, und es ergibt sich eine rißfreie Trennfläche. *Lange*

Literatur: DIN 8588: Fertigungsverfahren Zerteilen. Einordnung, Unterteilung, Begriffe. Hrsg. Dt. Inst. f. Normung. Ausg. Juni 1985.

Scherversuch. Versuch zur Ermittlung der Scherfestigkeit an zylindrischen Proben, an Blechen bzw. Flachzeugen, → Lochversuch und an Fügeteilen.

Der S. kann grundsätzlich einschnittig oder zweischnittig ausgeführt werden. Da beim einschnittigen Versuch das Auftreten von Biegespannungen nicht zu vermeiden ist, wurde im genormten S. DIN 50 141, Ausg. Jan. 1982, für metallische Werkstoffe nur der zweischnittige Versuch aufgenommen. Er wird mit ebenfalls in DIN 50 141 genormten Schergeräten für Zug- oder Druckprüfmaschinen mit Rundproben bis 25 mm Durchmesser und einer Zugfestigkeit von höchstens 1300 N/mm² durchgeführt. Aus dem Probenquerschnitt und der im Versuch bis zum Abscheren der Probe erhaltenen Höchstkraft wird die Scherfestigkeit τ_{aB} errechnet.

Das Verhältnis der zweischnittigen Scherfestigkeit τ_{aB} zur Zugfestigkeit R_m beträgt erfahrungsgemäß bei → Stahl 0,7–0,8, bei → Grauguß 1–1,1, bei Aluminiumknetlegierungen 0,6–0,7 und bei → Magnesiumlegierungen 0,4–0,5.

Bei Widerstandspunkt-, Widerstandsbuckel- und Schmelzpunktschweißverbindungen wird an Probestreifen mit in der Regel zwölf Punkten im S. nach DIN 50 124, Ausg. Apr. 1977, die Höchstkraft und der mittlere Durchmesser des angerissenen Butzens (Ausknöpfdurchmesser) gemessen.

Mit Hilfe eines in einer Hülse eingelöteten Rundstabs und einem entsprechenden Spannzeug wird nach DIN 8525, Ausg. Nov. 1977, die Scherfestigkeit von Hartlötverbindungen und nach DIN 8526, Ausg. Nov. 1977, die von Weichlötverbindungen ermittelt.

Die Haft-Scherfestigkeit zwischen Auflagewerkstoff und Grundwerkstoff wird bei plattierten Stählen nach DIN 50 162, Ausg. Sept. 1978, an Probestücken mit teilweise abgearbeiteter Plattierung durch Abscherung in der Verbindungszone der verbliebenen Plattierung ermittelt.

Die Druckscherfestigkeit τ_D vorwiegend anaerober Klebstoffe wird nach DIN 54 452, Ausg. Nov. 1981, mit Hilfe von in Hülsen eingeklebten zylindri-

schen Proben geprüft. Zur Bestimmung der
→Klebfestigkeit von einschnittig überlappten Klebungen werden Zugscherversuche nach DIN 53 283,
Ausg. Sept. 1979, durchgeführt.

Zur Ermittlung des Schubspannungs-Gleitungs-Diagramms einer Klebstoffschicht bei annähernd
gleichförmigem Schubspannungszustand in der
Klebschicht einer Überlappungsklebung und ihrer
Beeinflussung durch äußere Medien kommen Zug-Scher-Versuche nach DIN 54 451, Ausg. Nov. 1978,
zur Anwendung.

Im Torsionsscherversuch nach DIN 54 455, Ausg.
Mai 1984, wird die Torsionsscherfestigkeit τ_T eines
rotationssymetrischen Fügespalts ermittelt.

Kußmaul

Scheuerversuch. Für die Scheuerprüfung von textilen Flächengebilden ist eine große Anzahl von
Methoden und Gerätetypen entwickelt worden.
Grundsätzlich soll ein Scheuerprüfgerät ein Scheuern zwischen der zu prüfenden Probe einerseits und
dem Scheuerelement (Scheuermittel) andererseits
erzeugen, das der praktischen Beanspruchung entspricht. Die im praktischen Gebrauch relativ lang
dauernde Scheuerbeanspruchung muß im Labormaßstab auf eine vertretbare Prüfzeit reduziert werden.

Es werden bei der Scheuerprüfung verschiedene
Prüfkriterien unterschieden:
– Durchscheuern: Scheuervorgang bis zur Zerstörung des textilen Flächengebildes, d. h. bis zur
Lochbildung.
– Scheuerabrieb: Das Scheuern bewirkt einen Gewichtsverlust infolge des Abriebs an den Fasern.
Der Scheuerabrieb kann in Abhängigkeit von den
Scheuerzyklen durch Wiegen ermittelt werden.
– Scheuerbeständigkeit: Sie wird nach der Größe
des Abriebs oder nach den Veränderungen der Materialeigenschaften beurteilt. Ebenso können auch
Merkmale der Oberflächenveränderung wie z. B.
Aufrauhen, Sichtbarwerden der Bindung, Farbänderung, Luft- und Lichtdurchlässigkeit zum Beurteilen herangezogen werden. Beim Durchscheuerversuch sind es die Scheuerzyklen bzw. Scheuertouren bis zur Lochbildung.

In Deutschland haben sich folgende Verfahren
eingeführt:
□ Rundscheuerversuch nach DIN 53863-T 2:
Die Probe wird auf einen stumpfwinkligen, sich
drehenden Kegel aufgespannt und gegen ein flach
eingespanntes Scheuerpapier gescheuert. (Bild)
Der Reibkörper berührt dabei die Scheuerprobe
längs einer Mantellinie des Kegels.
□ S. mit dem *Frank-Hauser*-Gerät nach DIN
53528:
Dieses Verfahren ist nur für gummierte Textilien
genormt, nicht für normale textile Flächengebilde.
Hierbei wird eine flach eingespannte Probe gegen

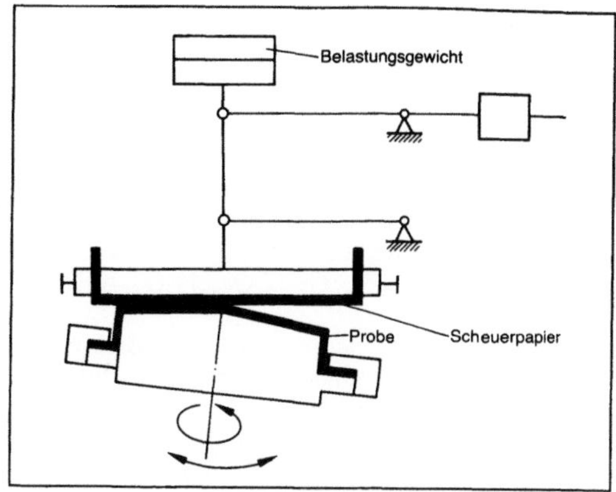

*Scheuerversuch: Schema des Rundscheuergeräts
nach dem Prinzip von Herzog und Geiger, auch als
Schopper-Gerät bekannt.*

ein flach eingespanntes Scheuerpapier gescheuert.
Probe und Scheuerpapier werden in einem Winkel
von 90° zueinander hin- und herbewegt.
□ Scheuerprüfung nach *Martindale* — DIN 53863-T3 (Entwurf)
Dieses Verfahren ist in verschiedenen Ländern
als Standardverfahren eingeführt. In Deutschland
wird die Normung z. Zt. vorbereitet.

Bei diesen Verfahren erfolgt die Scheuerung mit
einem Standardgewebe. Dies ist als relativ große
Rundprobe flach eingespannt und scheuert gegen
die im Vergleich dazu wesentlich kleinere Probe,
ebenfalls flach eingespannt. Die Scheuerung dauert
entsprechend länger als bei dem aggressiven Scheuerpapier, entspricht jedoch etwas mehr den tatsächlichen Scheuerbeanspruchungen beim Gebrauch.

Kleinhansl

Literatur: DIN 53863-T1: Scheuerprüfung von textilen Flächengebilden – Allgemeines. – DIN 53863-T2: Scheuerprüfung von textilen Flächengebilden – Rundscheuerversuch
(1979). – DIN 53528: Verschleißprüfung durch Scheuern –
Bestimmung des Abriebs mit dem Frank-Hauser-Gerät (gummierte Textilien). (1980) – DIN 53863-T3: Scheuerprüfung
von textilen Flächengebilden; Martindale-Scheuerprüfgerät
(Entwurf). – *Sommer, H.* und *F. Winkler:* Handbuch der
Werkstoffprüfung. Bd. V. Berlin–Göttingen–Heidelberg
1961.

Schicht, dielektrische. Schichten mit ausgezeichneten isolierenden bzw. passivierenden Eigenschaften, die auf halbleitendes →Silicium für integrierte
Schaltkreise aufgebracht werden. Anorganische
d. S. bestehen aus SiO_2, Al_2O_3, Si_3N_4, Ta_2O_5, oder
BN (max. Anwendungstemp. 700–1 100 °C), organische aus Polyimiden, Siliconen oder fluorhaltige
Kohlenstoffverbindung (max. Anwendungstemp.
400 °C).

D. S. können eine Dicke von 10 nm bis 1 μm
haben, sie werden über folgende Verfahren hergestellt:

□ Auftragen über thermische Oxidations- (in O_2-Atm.) oder Nitridierungsprozesse (in NH_3-Atm.) bzw. einer Kombination von beidem bei 850–1 100 °C.

□ Auftragen durch →Abscheidung aus der Gasphase (chemical vapor deposition CVD bzw. plasma CVD) bei 700–900 °C. Ausgangsstoffe für SiO_2, Al_2O_3 oder Si_3N_4 sind bestimmte Zusammensetzungen aus SiH_4, $AlCl_3$, O_2, CO_2, N_2O, NH_3 und H_2.

□ Auftragen durch anodische →Oxidation von Ta_2O_5- oder Al_2O_3-Schichten auf das Ta- bzw. Al-Metall über Elektrolytlösungen.

□ Direktes Auftragen von SiO_2- bzw. Al_2O_3-Schichten durch Sputtern von Quarz bzw. Saphir. Auftragen von Si_3N_4-Schichten durch Sputtern von Si in N_2-Atmosphäre.

□ Auftragen durch sog. Spincoating, d. h. Auftropfen einer z. B. Polyamidsäure auf horizontal ausgerichtete Si-Oberfläche, welche durch Drehung um die vertikale Achse zur dünnen Schicht ausgebreitet wird. Anschließend folgt eine Temperaturbehandlung.   *Hesse/Hennicke*

Schicht, gradierte →Verbundwerkstoffe

Schicht, transparente leitende →Transparente leitende Schicht

Schichtdickenprüfung. Unter Schichtdicke wird die Dicke einer Schicht (einer →Beschichtung, eines Überzuges oder einer Auflage) auf einem Grundwerkstoff verstanden, die schützende, dekorative oder funktionelle Aufgaben zu erfüllen hat. Sie wird als Abstand zwischen der Oberfläche dieser Schicht (obere Begrenzung) und der Oberfläche des Grundwerkstoffes (untere Begrenzung), senkrecht zum Bezugsprofil gemessen. In DIN 50 982 sind die bei der Messung von Schichtdicken zu beachtenden Begriffe, die Oberflächenbereiche, an denen die Messung auszuführen ist, sowie die Überprüfung der Schichtdicken festgelegt.

Eine Übersicht und Zusammenstellung der gebräuchlichen Schichtdickenmeßverfahren wird in DIN 50 982 Teil 2 und die Auswahl des Verfahrens sowie die Durchführung von Schichtdickenmessungen in DIN 50 982 Teil 3 angegeben.

Bei gleichmäßiger Dicke und bekannter durchschnittlicher Dichte des Schichtwerkstoffes kann aus der Schichtdicke in guter Näherung die flächenbezogene Masse errechnet werden. Eine Berechnung der Schichtdicke aus der flächenbezogenen Masse ist unter den gleichen Einschränkungen möglich. Die Schichtdicke wird in μm oder in mm und die flächenbezogene Masse in g/m^2 angegeben.

Wesentliche Fläche ist der Oberflächenbereich eines Gegenstandes, an dem die vorgesehene Schicht vorhanden sein muß und der alle für den Verwendungszweck und für das Aussehen erforderlichen Eigenschaften, insbesondere auch die vorgeschriebene Schichtdicke, enthält. Diese Fläche kann sowohl die gesamte Oberfläche eines Gegenstandes als auch nur ein bestimmter Teilbereich der Oberfläche sein. Ist die wesentliche Fläche nur ein Teilbereich der Oberfläche, so wird dieser Flächenausschnitt zur Messung der Schichtdicke herangezogen.

Lage, Anzahl und Maße der wesentlichen Flächen sind zwischen Besteller und Hersteller zu vereinbaren.

Referenzflächen sind die Oberflächenteilbereiche von wesentlichen Flächen, innerhalb denen eine festzulegende Anzahl von Einzelmessungen auszuführen ist. Referenzflächen sowie deren Abmessungen werden zwischen Besteller und Lieferer vereinbart.

Meßstelle ist der Oberflächenbereich innerhalb einer Referenzfläche, der für eine Einzelmessung erforderlich ist und einen Meßwert liefert. Für die Schichtdickenmessung stehen je nach Materialzustand und -beschaffenheit folgende Verfahren zur Verfügung:
– Zerstörungsfreie Schichtdickenmessung mit Meßsonden
– Zerstörungsfreie Schichtdickenmessung mit Strahlenquellen
– Zerstörungsfreie mikroskopische Messung an transparenten Schichten
– Mikroskopische Schichtdickenmessung
– Schichtdickenmessung durch örtliches Ablösen
– Bestimmung der flächenbezogenen Masse

Die örtliche Schichtdicke ist der arithmetische Mittelwert aus den Einzelmessungen, die im Bereich einer Referenzfläche ausgeführt werden. Je nach Festlegung der wesentlichen Fläche wird die örtliche Schichtdicke bestimmt.

Die Meßwerte liegen zwischen der kleinsten und der größten örtlichen Schichtdicke, die bestimmt wird. Werden dagegen die Mindest- und Höchst-Schichtdicken als Grenzwerte vorgegeben, so sollen die Meßwerte im vorgegebenen Intervall vorhanden sein.

Bei S. stehen mehrere unterschiedliche Verfahren zur Verfügung, aus denen für den jeweiligen Anwendungsfall das geeignete ausgewählt wird (DIN 50 982 Teil 3).   *Kußmaul*

Schichtholz →Lagenholz; →Brettschichtholz

Schichtkorrosion. Schichtförmiger Korrosionsangriff, der zum Aufwölben und/oder Aufblättern des Metalles in Schichten parallel zur Oberfläche führt (Bild). Die S. wird durch selektive →Korrosion von unedleren intermetallischen Verbindungen, Seigerungszonen oder einschlußnahen Bereichen ausgelöst. Sie geht meistens von Schnittflächen gewalzter

Bleche oder Profile aus und dringt in Verformungsrichtung entlang der unedleren Zonen in den Werkstoff ein. Die dabei entstehenden, schichtartig angeordneten Korrosionsprodukte bewirken durch Volumenvergrößerung das Aufwölben und Aufblättern des Metalles. S. wird gelegentlich an kaltausgehärteten AlZnMg-Werkstoffen beobachtet.

Wendler-Kalsch

Schichtkorrosion: S. an einem AlZnMg-Blech.

Literatur: VDI-Richtlinie 3822.

Schichtverbundwerkstoffe. Bei einer aus zwei oder mehreren (Duplex-, Triplexschichten usw.) verschiedenartigen Werkstoffkomponenten schichtweise aufgebauten Werkstoffstruktur spricht man von einem S. Die dem Gewicht, Volumen oder der Dicke nach überwiegende Komponente wird als Grund-, Substratwerkstoff oder Kern bezeichnet. Kombiniert werden können →Metalle und Metall-Legierungen, →Keramik, aber auch Teilchen-, Faser- und Durchdringungsverbundwerkstoffe.

Die physikalischen, mechanischen und chemischen Eigenschaften von S. lassen sich in weiten Bereichen verändern. Dazu bieten sich zusätzliche Möglichkeiten durch die Wahl geeigneter Schichtdicken, bei anisotropen Werkstoffen auch durch die Wahl der relativen Lage der einzelnen Schichten zueinander – z. B. bei mehrschichtig aufgebauten Faserverbund – Werkstoff-Bauteilen.

Durch Kombination verschiedenartiger Schichten können auch neue Eigenschaften geschaffen werden, die die jeweils einzelnen Schichten nicht aufweisen. Sie werden als Produkteigenschaften bezeichnet. Eine Produkteigenschaft ist z. B. der Bimetalleffekt.

Der Bimetalleffekt tritt bei Erwärmung auf und zwar dann, wenn ein unsymmetrischer, anteilmäßig gleich aufgebauter Schichtverbund vorliegt. Ursache sind die unterschiedlichen Wärmeausdehnungskoeffizienten der einzelnen Schichten. Dies kann von Nachteil sein, wenn der Krümmungseffekt nicht erwünscht ist. Bewußt ausgenutzt wird er dagegen bei Thermobimetallen.

Neben Thermobimetallen werden noch Kontaktbimetalle verwendet. Sie bestehen aus einem geeigneten preisgünstigen Kontaktträgermaterial und mindestens einer Auflage eines Kontaktwerkstoffs (→Teilchen-, →Durchdringungsverbundwerkstoff).

Bei Kontaktbimetallen geht es weniger um den Bimetalleffekt als vielmehr um den Sachverhalt, die guten Schalteigenschaften von meist spröden, teueren Kontaktwerkstoffen mit den guten mechanischen Eigenschaften eines preisgünstigen Unterlagenwerkstoffs zu vereinigen.

Thermo- und Kontaktbimetalle sind Einzelbeispiele von Schichtverbunden. Zu diesen werden jedoch auch alle oberflächenbeschichteten Werkstoffe bzw. Bauteile gezählt. Die Oberflächenschicht hat meist eine Schutzfunktion – abgesehen von dekorativen Schichten (z. B. Walzgolddoublé) – vor äußeren Einflüssen und Belastungen zu erfüllen, während der anteilmäßig überwiegende Werkstoff – der Grundwerkstoff – im allgemeinen die tragende Funktion übernimmt.

Äußere, auf eine Bauteiloberfläche wirkende Einflüsse sind u. a. korrosive Medien, heiße Gase, Reib- und Stoßkräfte oder Strahlung, so daß die Oberflächenschicht u. a. dem →Korrosionsschutz, Verschleißschutz oder Strahlenschutz dienen kann. Bekannte Beispiele aus dem Bereich des Korrosionsschutzes sind verzinkte und verchromte Bleche und aus dem Bereich Verschleißschutz molybdän- sowie chrombeschichtete Kolbenringe – neuerdings auch mit keramischen Schichten – und mit TiC beschichtete Werkzeuge.

Zunehmend kommen auch Wärmedämmschichten zur thermischen Isolation im Turbinen- und Motorenbau zum Einsatz (Bild 1).

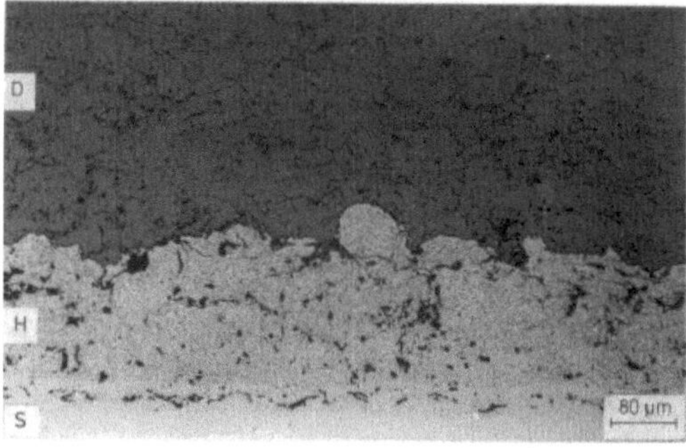

Schichtverbundwerkstoffe 1: Plasmagespritzte Wärmedämmschicht mit Haftgrund.

S = Substrat: IN 617, H = Haftschicht: CoNiCrAlY, D = Deckschicht: $ZrO_2 - 6,5Y_2O_3$

Zu den Schichtverbunden sind auch die Sandwichstrukturen zu zählen. Bei diesen liegen meist ein Kern und zwei Schichten vor. Bei den heute bekannten Sandwichstrukturen bestehen die

Schichten meist aus CFK oder →GFK. Der Kern kann z. B. in Honigwaben (→Honeycomb)-, Wellen- oder Sandwichschalenstruktur ausgeführt sein (Bild 2). Finden Leichtmetalle – z. B. →Aluminium – für den Kern oder als Schalenblech Verwendung, erhält man eine leichte, hochfeste, für Stoß-, Biege- und Torsionsbeanspruchung gut geeignete Verbundstruktur, gegebenenfalls mit hohem Widerstandsmoment. Sandwichstrukturen werden z. B. im Flugzeug- und Satellitenbau und für Parabolantennen verwendet.

Schichtverbundwerkstoffe 2: Honigwaben (Honeycombs) – Kernwerkstoff für Sandwichstrukturen. (Quelle: Ciba-Geigy)

Ebenso vielfältig wie das Einsatzgebiet und die Strukturen, die unter den Begriff S. fallen, sind die Herstellungstechnologien. Eine Einteilung der Technologien kann vorgenommen werden durch Charakterisierung des Zustands, in dem die Schichtkomponente auf dem Grundwerkstoff aufgebaut wird.

Ein Schichtwerkstoff kann während des Herstellungsprozesses fest, flüssig, dampf- bzw. gasförmig oder in Lösung befindlich vorliegen. Herstellungsverfahren, in denen der aufzubringende Schichtwerkstoff während des Herstellungsprozesses
– in fester Form vorliegt, sind z. B.:
→Walzplattieren, →Sprengplattieren, →Preßschweißen, →Löten, →Kleben
– in flüssiger Form u. a.:
→Schmelztauchen, Verbundgießen, →Auftragschweißen, Spritzen (thermische →Spritzverfahren)
– in dampf-/gasförmiger Form:
die sogenannten CVD- und PVD-Verfahren (Chemical Vapour Deposition und Physical Vapour Deposition)

– in Lösung befindlich:
chemische Abscheidungsverfahren und elektrochemische/galvanische Verfahren. *Steffens*

Literatur: *Niederstadt, G. u. a.:* Leichtbau mit kohlenstoffverstärkten Kunststoffen. Grafenau 1985. – N. N.: Metallische Verbundwerkstoffe. Karlsruhe 1977. – *Simon, H.* und *M. Thoma:* Angewandte Oberflächentechnik für metallische Werkstoffe. München–Wien 1985.

Schiebung. S. bezeichnen Änderungen der ursprünglich rechten Winkel eines Werkstoffelements (Bild).

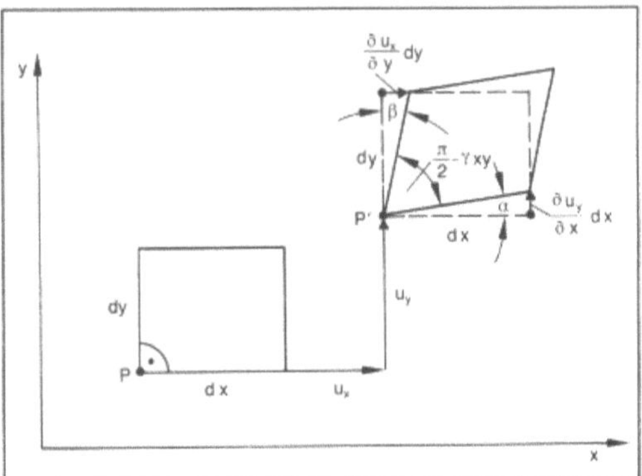

Schiebung: Verformung einer zur x-y-Ebene parallelen Fläche eines Werkstoffelements; Definition der Schiebung.

Für kleine Verformungen gilt

$$\gamma_{xy} = \alpha + \beta$$

bzw.

$$\gamma_{xy} = \frac{\partial u_x}{\partial y} + \frac{\partial u_y}{\partial x},$$

wobei u_x und u_y die Verschiebungen des betrachteten Punkts P darstellen.

Die S. γ_{yz} und γ_{zx} berechnen sich analog. Zusammen mit den →Dehnungen beschreiben die S. die gesamte →Formänderung. (→Formänderungszustand). *Lange*

Schienenstahl. →Stähle für im →Eisenbahn-Oberbau verwendete Schienen. Die gewünschte hohe →Zugfestigkeit bis 1300 N/mm² wird durch den Kohlenstoffgehalt von bis zu 0,8 % und Zusätze von →Mangan, →Chrom und →Vanadin eingestellt. Das →Gefüge ist nach der üblichen →Abkühlung auf dem Warmbett ferritisch-perlitisch oder bei Zugfestigkeiten über 900 N/mm² perlitisch. Eine zusätzliche →Wärmebehandlung zur Erzielung eines besonders fein lamellaren perlitischen Gefüges wird nur in seltenen Fällen vorgenommen. Im allgemeinen werden Schienen im naturharten, d. h. im Walzzustand, verwendet. *Dahl*

Schiffbaustahl. S. gehören zu den normalfesten und hochfesten Baustählen, die besonderen Vorschriften der Klassifikationsgesellschaften genügen. *Dahl*

Literatur: Werkstoffkunde Stahl. 2 Bde. (Hrsg. VDEh). Berlin–Düsseldorf 1984/85.

Schlackenverwertung. Bei der Herstellung von → Roheisen und → Stahl fallen in den Eisenhüttenwerken große Mengen → Hochofen- und → Stahlwerksschlacken an, deren Verwertung ein technisches und wirtschaftliches Gebot ist. Das neue Abfallgesetz, das seit November 1986 in Kraft ist, gibt der Verwertung den eindeutigen Vorzug vor der Deponie.

Ein Teil dieser Schlacken wird durch langsame → Abkühlung zur kristallinen → Erstarrung gebracht. Solche Schlacken finden Verwendung im Straßen- und Wegebau, im Wasserbau, im Erdbau und als Betonzuschlagstoffe.

Die Schlacken werden gebrochen und gesiebt. Metallisches Eisen, in feiner Form als „Granalien" und in großstückiger Form als „Bären" in der Schlacke enthalten, wird magnetisch abgetrennt. In den Brech- und Siebanlagen werden dann die für den vorgesehenen Einsatz erwünschten Körnungen oder Korngemische zusammengestellt.

Der Einsatz von → Hochofenschlacke im Straßenbau ist durch die DIN-Norm 4301 und durch das „Merkblatt über Hochofenschlacken im Straßenbau" geregelt.

Für Stahlwerksschlacken gelten die „Technischen Lieferbedingungen für LD-Schlacken im bituminösen Straßenbau".

Im Wasserbau wird grobstückige → Stahlwerksschlacke zur Uferbefestigung, zum Bau von Buhnen in Flußbetten oder zum Verfüllen von Auskolkungen in der Flußsohle eingesetzt. Hier gilt das Merkblatt: „Technische Lieferbedingungen für Wasserbausteine"

Hochofenschlacke kann alternativ direkt beim Hochofenabstich mit großen Wassermengen fein zerteilt und abgeschreckt werden. Es entsteht dann → Hüttensand, der hydraulische Eigenschaften aufweist. Er wird überwiegend zur Erzeugung von → Hüttenzement verwendet.

Schließlich werden aus kristallin erstarrten Hochofen- und Stahlwerksschlacken Düngemittel für die Land- und Forstwirtschaft erzeugt. Dazu werden geeignete Schlacken gemahlen auf die in der Düngemittelzulassung vorgeschriebene → Mahlfeinheit. Die so erzeugten Düngemittel aus Schlacken sind → Thomasmehl, → Thomaskalk, Thomaskali und → Hüttenkalk.

Die flüssigen Eisenhüttenschlacken haben, da sie mit Temperaturen von 1 300–1 500 °C anfallen, einen Wärmeinhalt von etwa 1,6 bis 2,2 MJ/kg. Es sind eine Reihe von Verfahren entwickelt worden, um die Schlackenwärme zurückzugewinnen. Das Hauptproblem besteht dabei in der niedrigen Wärmeleitfähigkeit der Schlacken. Die meisten Verfahren zur Rückgewinnung der Wärme gehen daher von einer feinen Zerteilung der flüssigen Schlacken aus. Damit ergeben sich aber gravierende Einschränkungen in der Verwertung der erzeugten Schlackenprodukte. Neuere Verfahren sehen eine zweistufige Wärmerückgewinnung, verbunden mit der Erzeugung stückiger Schlacken, vor. Die technische Eignung solcher Anlagen im Groß- und Dauerbetrieb ist noch nicht erprobt. *Rellermeyer*

Schlagversuch. Mechanisch-technologischer Versuch, bei dem eine Werkstoffprobe oder ein Bauteil schlagartig beansprucht wird. Er wird mit einmaliger oder mehrmaliger Schlagbelastung sowie als → Dauerschlagversuch durchgeführt. Er dient der

Schlackenverwertung. Tabelle: Entfall und Verwertung von Eisenhüttenschlacken (BRD 1985 — Angaben in Mio. t)

Der Entfall von 5 Mio. t kristalline Hochofenschlacke, 4 Mio. t glasiger Hüttensand und 5 Mio. t Stahlwerksschlacken wurde folgender Verwertung zugeführt:

	Hochofenschlacken		Stahlwerksschlacken	Gesamt
	kristalline Stückschlacke	glasiger Hüttensand		
Baustoffe	4,9	1,3	2,3	8,5
Zement	—	2,7	—	2,7
Düngemittel	0,1	—	0,7	0,8
Wiedereinsatz	—	—	1,0	1,0
Deponie	—	—	1,0	1,0
Summe	5	4	5	14

Ermittlung der Schlagzähigkeit und Kennwerten für die Umformtechnik (z. B. Formänderungsgeschwindigkeit), zur Prüfung von Bauteilen, die im Betrieb schlagartiger Beanspruchung ausgesetzt sind und zur Prüfung der → Härte.

Die Durchführung der S. erfolgt mit Pendelschlagwerken DIN 51222, Ausg. Jan. 1985, Umlaufschlagwerken mit rotierenden Scheiben und einrückender Schlagnase, als → Fallgewichtsversuch, in Form von Spreng- und Beschußversuchen sowie in Schlaghärte- und Rücksprunghärteprüfgeräten.

Nach der Art der Beanspruchung lassen sich S. einteilen in (Schlagzug-), Schlagbiege- (→ Kerbschlagbiegeversuch), Schlagverdreh-, Schlagstauch-, Schlagreckversuche und solche mit kombinierten Beanspruchungen.

Im Schlagbiegeversuch für Zink und → Zinklegierungen DIN 50116, Ausg. Juli 1982, wird die Schlagarbeit an ungekerbten Proben geprüft und im Schlagbiegeversuch DIN 53453 (Entwurf Okt. 1982) für → Kunststoffe aus der Prüfung von gekerbten und ungekerbten Proben die Kerbschlagzähigkeit und der Quotient aus Kerbschlagzähigkeit (gekerbt) zu Kerbschlagzähigkeit (ungekerbt), die sog. relative Kerbschlagzähigkeit ermittelt. Weitere Anwendung findet der Schlagbiegeversuch bei wenig duktilen Werkstoffen wie → Holz, Sinterwerkstoffen, Gußwerkstoffen, Hartmetallen und Fügeverbindungen.

Der Schlagverdrehversuch wird mit geringerer Beanspruchungshöhe als der Schlagbiegeversuch bei vergüteten Werkzeugen zum Nachweis der → Zähigkeit verwendet. Mit Hilfe des Schlagdrehversuchs wird an Textilrohstoffen und -erzeugnissen nachgeprüft, ob bei vorgegebenen Bedingungen die angewandte Belastung ertragen wird. Auch die → Haftfestigkeit von Überzügen (→ Email, → Lack) läßt sich im S. überprüfen.

Beim → Sprengversuch läßt sich das Werkstoff- und Bauteilverhalten unter Einwirkung höchster Beanspruchungsgeschwindigkeiten untersuchen. Er gibt Aufschluß über Verformungs-, Anriß- und → Bruchverhalten in Abhängigkeit von Sprengmittelart, Ladungsgröße und -anordnung.

In Beschußversuchen wird die Schutzwirkung von Sicherheitsglas überprüft.

Beim S. werden meist Schlaggeschwindigkeiten von 5–15 m/s und mehr verwendet. Abhängig von Werkstoff, Proben- bzw. Bauteilgeometrie, Schlaggeschwindigkeit und Temperatur breiten sich, von der Stoßstelle ausgehend, elastische und plastische Wellen aus, die örtlich unterschiedliche Spannungen und Dehnungen hervorrufen können.

Kußmaul

Schlagzugversuch → Beanspruchung, dynamische

Schleudergießen → Kunststoffverarbeitung

Schleuderguß. Bezeichnung für eine Gießart, bei der unter der Einwirkung der Zentrifugalkraft gegossen wird und unter deren Einwirkung auch die → Erstarrung abläuft. Bei der üblichen Verfahrenstechnik wird eine um ihre Achse rotierende rohr- oder ringförmige Außenform mit flüssigem Metall gefüllt, wobei die Innenformgebung des Körpers ausschließlich durch die Wirkung der Zentrifugalkraft erfolgt. Die so erzeugten Gußstücke sind Rohre, Büchsen oder Ringe.

Unter Schleuderformguß versteht man dagegen, daß eine vollständige Form um eine (innerhalb oder außerhalb gelegene) Achse rotiert und unter Einwirkung der Zentrifugalkraft gefüllt wird.

Der S. gewährleistet neben einem guten Formfüllungsvermögen eine Werkstoffverdichtung, wie sie beim → Standguß selbst mit größtem Aufwand nicht zu erreichen ist. Schleudergußstücke haben deshalb eine wesentlich höhere → Festigkeit als vergleichsweise im Standguß hergestellte Teile.

Duktile Rohre aus → Gußeisen mit Kugelgraphit, im S. hergestellt, haben sich heute ein weites Absatzgebiet in der Gas- und Wasserversorgung im Kommunalbereich erobert. Die → Duktilität und → Schwingfestigkeit von Gußeisenwerkstoffen gestattet die Verlegung solcher Rohre auch unter viel befahrenen Schnellstraßen oder in der Nähe von Eisenbahntrassen.

Während das Schleudern von Gußeisenwerkstoffen (GG und GGG) fertigungstechnisch wenig Schwierigkeiten macht, ist das Schleudern von Rohren aus legierten Stählen nicht so einfach. Neben gießtechnischen Problemen besteht hier die Gefahr einer → Entmischung, der → Ausscheidung von Verunreinigungen an der Rohrinnenwand und vor allem der Transkristallisation, d. h. die Bildung von Stengelkristallen die nadelartig den Rohrquerschnitt von außen nach innen durchziehen und somit Ursache für eine → Rißbildung sind, wenn z. B. solch ein Rohr als Schiffswellenüberzug zwecks → Korrosionsschutz warm auf eine Welle aufgeschrumpft wird. Durch Wahl der richtigen Abkühlgeschwindigkeit, Drehzahl beim Schleudern und das Vergießen gut desoxidierter, gasfreier Schmelzen kann man Gußfehler vermeiden. Die Gefügestruktur läßt sich in gewissen Grenzen durch eine Diffusionsglühung beeinflussen.

Für die Entwicklung des Schleuderformgusses mußten zwei Probleme gelöst werden und zwar die Herstellung eines Formstoffs, der die mechanischen Belastungen beim → Gießen, Schleudern und nachfolgendem Schwinden aufnehmen kann sowie die Beherrschung der Auswirkungen des Schleudervorgangs auf die Erstarrungsbedingungen unregelmäßig geformter Körper. Besonders der zweite Punkt dürfte dafür ausschlaggebend gewesen sein, daß der Schleuderformguß heute an Bedeutung verloren hat und meist durch Gesenkschmiedeteile ersetzt wurde.

Außer bei den Eisenwerkstoffen hat das Schleuderverfahren auch bei den NE-Metallen weite Verbreitung gefunden, vor allem bei den Schwermetallen. Das dichtere Gefüge und der größere → Reinheitsgrad des S. bringen erhebliche Festigkeitssteigerungen gegenüber → Sandguß, bei Rotguß z. B. von 50 % und mehr. Um Entmischungen zu vermeiden, ist auch beim Schleudern von Schwermetall-Legierungen die Wahl der Drehzahl wichtig, ferner wird möglichst kalt in gut vorgewärmte Kokillen gegossen.

Das Schleudergießverfahren ermöglicht auch die sicherste und kostengünstigste Herstellung von Verbundgußlagern, bestehend aus einer Stützschale aus → Stahl oder Schwermetall und einer Innenauskleidung mit → Lagermetall.   *Doliwa*

Schleuderprüfung. Prüfung von Rotationskörpern (Bauteile und Proben) durch Fliehkraftbeanspruchung.

Im Rahmen der Entwicklung von rotierenden Bauteilen werden S. durchgeführt. Wurde die Komponente berechnet (häufig müssen hierbei Vereinfachungen vorgenommen werden), so dient die S. der Verifizierung der Rechnung. Alleiniger Nachweis der → Festigkeit und Betriebssicherheit stellen S. dann dar, wenn zuvor keine Berechnung vorgenommen wurde.

Im Rahmen der Fertigung bzw. → Qualitätssicherung werden S. durchgeführt, wenn die Einhaltung bestimmter Daten (z. B. Mindestberstdrehzahl) überprüft werden muß (serienmäßiges Schleudern oder Stichprobenkontrollen).

Die S. kann zerstörungsfrei oder zerstörend erfolgen. Bei der zerstörungsfreien Prüfung werden Aufweitungs-, Verschiebungs- oder Dehnungsmessungen durchgeführt, ohne daß das Bauteil bis zum Versagen beansprucht wird. Bei der zerstörenden S. werden die Bauteile bis zum Bersten belastet.

Bei spannungsanalytischen Untersuchungen werden die Prüfkörper in der Regel mit → Dehnungsmeßstreifen instrumentiert. Die Meßwertübertragung kann durch Drehübertrager (z. B. Schleifringe) oder berührungslos (Telemetrie) erfolgen. An Berstversuchen schließen sich häufig Nachuntersuchungen an (Bruchbeurteilung hinsichtlich Bruchausgangsstellen, Art des Bruches).

Die Prüfung erfolgt in Schleuderprüfständen. Diese sind nach Gewicht, Abmessungen und Drehzahlen der Prüfkörper ausgelegt. Vielseitig einsetzbare Anlagen können entsprechend umgerüstet werden (z. B. Zusatzgetriebe für hohe Drehzahlen). Die Schleuderprüfstände bestehen aus Antriebsaggregaten, Getrieben und Lagerungen zur Aufnahme der Prüfkörper sowie den entsprechenden Bedienungseinrichtungen. Zum Schutz vor wegfliegenden Teilen sind die Schleuderprüfstände meist mit einer verfahrbaren Schutzvorrichtung versehen.

Die Prüfkörper können je nach Abmessungen und Gewicht sowie den Betriebsbedingungen zwischen zwei Lagern oder fliegend in die Prüfmaschine aufgenommen werden.

Da die Prüfkörper gut ausgewuchtet sein müssen, eignen sich die Schleuderprüfstände in der Regel zum statischen und dynamischen Auswuchten.

S. werden durchgeführt u. a. bei Turbinen, Triebwerkmotoren, Pumpen- und Ventilatorlaufrädern, Schwungscheiben, Riemenscheiben, Drehkolben, Kupplungen, Kupplungsbelägen, Schleifscheiben, Holz- und Metallfräswerkzeugen, Elektroankern, Kollektoren, Meßwellen, runden Glasscheiben und technischen Bürsten.   *Kußmaul*

Schlicker. Technische Bezeichnung einer Suspension aus Wasser und feingemahlenen Feststoffen. S. mit keramischen Rohstoffen als Feststoffanteil werden zur Formgebung von Keramiken komplizierter Geometrien benutzt. Weiterhin werden zum Glasieren bzw. Engobieren vorgebrannter (geschrühter) Keramiken Glasurschlicker bzw. Engobierschlicker, zum → Emaillieren von Metallen Emailschlicker (Emailrohstoff/Wasser) verwendet.

Allgemeine Anforderung an einen S. ist eine geringe → Viskosität bei niedrigen Wassergehalt (25–35 %) und geringe Neigung zur → Entmischung oder Sedimentation. Die Erniedrigung der Viskosität eines S. mit hohen Feststoffgehalt wird durch Zugabe von Elektrolyten erreicht. Diese dissoziieren in der wässrigen Lösung. Je nach Oberflächenladung der Feststoffpartikel lagern sich die entsprechenden Ionen des Elektrolyten auf der Partikeloberfläche ab. Bei einer empirisch zu bestimmenden optimalen Elektrolytkonzentration kann ein Viskositätsminimum erreicht werden, bei der sich die Teilchen maximal voneinander abstoßen, der Betrag des Zetapotentials hat ein Maximum erreicht. Typische Elektrolyte für keramische S. sind Soda ($NaCO_3$), Wasserglas (Na- bzw. K-Silicat), Na-Polyphosphate, aber auch diverse organische Lösungen.

Je nach Anwendungsfall können S. durch entsprechende Elektrolytzugabe unterschiedliche rheologische Eigenschaften wie z. B. eine Thixotropie aufzeigen. Thixotropes Verhalten liegt dann vor, wenn der in Ruhe befindliche, anfänglich dickflüssige S. erst durch eine äußere mechanische Bewegung, d. h. nach Überschreiten der sog. → Fließgrenze, dünnflüssig wird. Diese Eigenschaft ist für Gießschlicker in der keramischen Formgebung unerwünscht. Aufzuspritzende Glasurschlicker oder Emailschlicker zur Tauchemaillierung werden dagegen meist überverflüssigt, womit ein thixotropes Verhalten des S. zu erhalten ist.   *Hesse/Hennicke*

Schlupf. Differenz der Geschwindigkeiten im Kontaktbereich von Wälzkörpern. *Habig*

Schlußanstrich → Deckanstrich

Schmelzen. In der Hauptgruppe 1 der DIN 8580 „Urformen" beschreibt die Gruppe 1.2 das → Urformen aus dem flüssigen, breiigen oder pastenförmigen Zustand und umfaßt dabei das → Gießen und ähnliche Verfahren von → Metallen, → Keramik- und Kunststoffmassen sowie von anderen Stoffen. Breiig sind u. a. auch metallische Schmelzen, die beim Gießen in einem Zwischenzustand vorliegen, in dem flüssige und feste Phase gleichzeitig anwesend sind. Auch nichtmetallische Werkstoffe kommen im breiigen Zustand vor.

Unter S. versteht man schlechthin eine Maßnahme, die bewirkt, daß ein fester Stoff in den flüssigen Zustand überführt wird. Die Durchführung dieses Prozesses ist vor allem vom → Schmelzpunkt des Materials abhängig, aber auch von einigen Besonderheiten, z. B. Oxidationsneigung (→ Abbrand), → Löslichkeit für Gase u. a. m. Daraus ergibt sich zwangsläufig eine unterschiedliche Durchführung des Schmelzprozesses mit Rückwirkung auf Ofenbauweise, Energiezufuhr, Schmelztechnik usw. S. ist ein energieintensiver Prozeß und es kommt deshalb wesentlich darauf an, die Schmelzkosten (einschließlich des Lohnkostenanteils) durch Anwendung einer optimalen Verfahrenstechnik möglichst niedrig zu halten.

Das S. von → Aluminium und seinen Legierungen erfordert große Aufmerksamkeit in der Temperaturführung, weil jedes unnötige Überhitzen über den Bereich von etwa 760 °C hinaus die Aufnahmebereitschaft für Gase, insbesondere → Wasserstoff, stark ansteigen läßt und diese Gase dann später zu Porositäten im Guß führen. Kühlen überhitzter Schmelzen mit → Schrott vergrößert die Fehlermöglichkeit zusätzlich durch → Oxidbildung, die Ursache für die gefürchteten harten Stellen im → Formguß. Um ein → Oxidieren des Metalls beim S. zu verhindern, verwendet man Abdecksalze, die einen niedrigeren Schmelzpunkt als das Metall haben und das Bad mit einer dichten → Schutzschicht überziehen.

Magnesium hat eine besonders hohe Affinität zu Sauerstoff. Die S. werden von unerwünschten Bestandteilen und Oxiden mit besonderen Raffinationssalzen (Basis Magnesium- und Kaliumchlorid-Mischungen) „gewaschen", wobei das Reinigen vor dem Überhitzen durchgeführt werden muß. Das zur Kornfeinung angewandte Überhitzen erfordert große Erfahrung in der Schmelzpraxis und ist je nach Legierungstyp hinsichtlich Temperatur und Überhitzungsdauer verschieden. Beim Vergießen von → Magnesiumlegierungen müssen Gießstrahl und

Eingußtrichter unter einer SO_2-Atmosphäre oder Vakuum stehen, damit der Sauerstoff der Luft keine Verbindungsmöglichkeiten mit dem flüssigen Metall bekommt.

Beim S. von NE-Schwermetallen stehen ebenfalls die Maßnahmen zur Verhütung der Gasaufnahme im Vordergrund. Neben Wasserstoff nehmen solche S. auch Sauerstoff begierig auf, so daß insbesondere bei allen Kupfer-Basis-Legierungen eine → Desoxidation (z. B. mit Phosphorkupfer) nötig ist. Zum Schutz gegen Gasaufnahme beim S. arbeitet man auch hier mit Abdeckmitteln. Eine besondere Auswahl der Abdecksalze und Desoxidationsmittel ist beim Erschmelzen von Reinkupferguß mit besonderen Anforderungen bezüglich elektrischer Leitfähigkeit geboten, da viele solcher Mittel ihrerseits Metalle ausscheiden, welche die Leitfähigkeit beeinträchtigen.

Allgemein ist zum S. der Leicht- und Schwermetall-Gußwerkstoffe anzumerken, daß es hinsichtlich der erreichbaren Qualität der S. (Analysentreue, → Reinheitsgrad, Gasfreiheit) nicht nur auf die Einsatzstoffe, das Können der Schmelzer, sondern auch auf den verfügbaren Schmelzofen ankommt. Gas- oder ölbeheizte Öfen moderner Konstruktion vermeiden natürlich weitgehend den Kontakt der Flamme mit dem zu schmelzenden Metall, jedoch besteht hier immer die Gefahr, daß Fehler beim Chargieren und in der Flammeneinstellung eine schädliche Gasaufnahme hervorrufen. Besonders bei den NE-Schwermetallen kommt hinzu, daß auch Kohlenmonoxid gelöst wird, das mitunter Blasen in Abgüssen verursacht, die man sich zunächst kaum erklären kann. Typisch dafür sind rostig aussehende Oberflächen in diesen Blasen. Elektrisch beheizte Öfen vermeiden natürlich derartige Einflüsse, sind aber in ihren Energiekosten nicht immer tragbar. Neben der Wahl eines geeigneten Schmelzofens muß der Metallgießer auch dem Tiegelmaterial große Aufmerksamkeit schenken.

Während beim S. der NE-Metalle die Ausgangsschmelzen vor ihrer Behandlung bzw. Veredlung teilweise einen ganz anderen Charakter als die Endprodukte haben, entsprechen die Einsatzstoffe bei der Eisen- und Stahlerzeugung (→ Roheisen, Gußbruch, Stahlschrott) bereits weitgehend dem Enderzeugnis. Selbst das Roheisen wird heute nicht mehr aus reinem Erz, sondern aus Kostengründen unter Verwendung von mehr oder weniger hohen Stahlschrottanteilen erschmolzen. Ein Teil der Roheisenerzeugung geht zur Weiterverarbeitung in das → Stahlwerk, ein anderer in die Gießereien.

Das S. von → Stahl für Walzwerkserzeugnisse und → Stahlguß ist abgesehen von den Ofenkapazitäten in verfahrenstechnischer Hinsicht praktisch gleich. Die verschiedenen Oxygenstahlverfahren haben das klassische Thomas- und auch das Siemens-Martin-Stahlverfahren bei der Massenstahlproduktion abgelöst. Inzwischen haben auch diese Sauerstoff-Blasverfahren Modifikationen erfahren.

Hochlegierte Stähle werden in der Regel elektrisch erschmolzen. Zur Verfügung stehen Lichtbogenöfen mit saurer, in Europa allerdings überwiegend basischer Auskleidung. Die heutigen hohen Anforderungen an die Qualität der Stähle lassen sich u. a. nur dann erfüllen, wenn der Schwefelgehalt auf Kleinstwerte gedrückt werden kann. Eine Entschwefelung ist nur auf basischem Futter durchführbar; bei sauer zugestellten Öfen muß die Entschwefelung in der Pfanne oder in einem nachgeschalteten Aggregat, beispielsweise einem AOD-Konverter, erfolgen. Das gleiche gilt für die Stahlherstellung in Induktionsöfen, die im Stahlbereich meist als MF-Öfen ausgelegt, wegen der besseren Futterhaltbarkeit aber in der Regel sauer zugestellt werden.

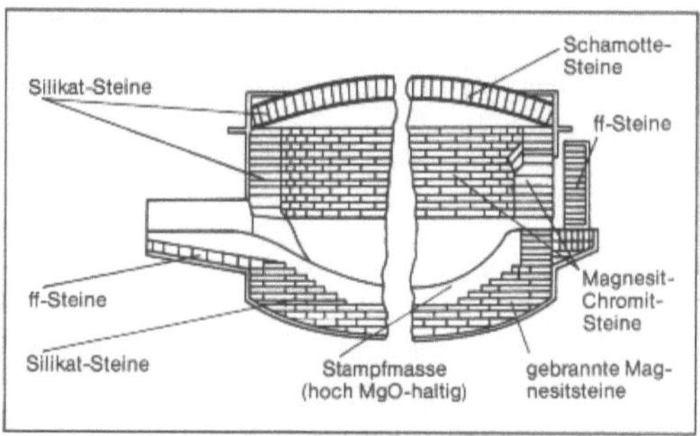

Schmelzen: Lichtbogenofenzustellung.
links sauer: Schlackenbildner, Aufkohlungsmittel, Silikasand, gebrannter Kalk;
rechts basisch: Schlackenbildner, Aufkohlungsmittel, Kalkstein, Flußspat, gebrannter Kalk.

Für den Eisengießer ist der → Kupolofen in seiner modernen Bauform als futterloser Heißwind-Ofen immer noch das am wirtschaftlichsten arbeitende Schmelzaggregat. Voraussetzung für die Erzeugung von → Gußeisen mit Kugelgraphit ist ein möglichst geringer Schwefelwert im Rinneneisen. Dieser ist ohne Nachbehandlung (Entschwefeln in Schüttelpfannen, Pfannenentschwefelung mit Rührern usw.) oder durch Duplizieren mit einem Elektroofen nicht erreichbar. Der → Schwefel stammt aus dem zum S. als Energieträger benötigten Koks und man hat vielfältige Versuche zur Entwicklung eines kokslos betriebenen Kupolofens unternommen, der mit Öl oder Erdgas gefeuert wird. Großtechnisch haben sich diese Ofenkonstruktionen noch nicht durchgesetzt. Festzuhalten bleibt, daß der Kupolofen das billigste Aggregat zum Verflüssigen ist. Das Überhitzen des Eisens auf die hohen Gießtemperaturen kann u. U. kostengünstiger in

Elektroöfen erfolgen, weshalb das Duplizieren Kupolofen-Elektroofen immer häufiger angewendet wird, zumal der Elektroofen auch das genaue Einstellen der Endanalyse erleichtert.

Mittlere Eisengießereien, die als Kundengießereien meist ein stark wechselndes Programm absolvieren müssen, arbeiten heute vielfach nur mit Mittelfrequenz-Induktionsöfen, die eine flexible Anpassung an Auftragslage und Qualitätsanforderungen ermöglichen. *Doliwa*

Literatur: Die Praxis des Kupolofenschmelzens. Düsseldorf. – *Doliwa, H. U.:* Gegossene Werkstücke. München. – *Doliwa, H. U.:* Richtige Wahl einer Schmelzanlage für die Produktion von Gußeisen mit Lamellen- und Kugelgraphit. Gießerei-Erfahrungsaustausch (1985) 12, S. 385/390. – Giesserei-Lexikon. Berlin 1990. – *Schulenburg, A.:* Neuzeitliche Metallgießereien. Berlin. – VDG-Lehrgänge: „Die Leichtmetalle und ihre Schmelztechnik" sowie „Die Kupferguß-Werkstoffe und ihre Schmelztechnik".

Schmelzenthalpie → Schmelzwärme

Schmelzklebstoff. S. sind amorphe und/oder teilkristalline → Polymere, die oberhalb ihrer → Glastemperatur bzw. Schmelztemperatur verarbeitet, d. h. auf die zu verklebenden Flächen aufgetragen oder in Zwischenräume gespritzt werden. Die Klebwirkung wird durch das → Erstarren beim Abkühlen des Schmelzklebers erreicht.

Die → Viskosität der Schmelze muß niedrig genug sein, um die Oberfläche des Werkstückes noch benetzen zu können, jedoch nicht zu niedrig, um beim Verarbeiten wegzufließen.

Als Schmelzkleber finden z. B. → Polyethylen, Poly(ethylen-co-vinylacetate), Polyvinylbutyrale, → Polyamide, → Polyurethane und aromatische → Polyester Verwendung. *Finkelmann*

Schmelzkondensation. Die S. ist eine → Polykondensation die als → Substanzpolymerisation durchgeführt wird. Die Monomere liegen als Schmelze vor. Das bei der Polykondensationsreaktion entstehende niedrigmolekulare Produkt kann abdestilliert werden, wenn dessen Siedepunkt niedriger als die Temperatur der Schmelze ist. Dies ermöglicht ein Verschieben des Reaktionsgleichgewichts zugunsten des gewünschten Polykondensationsproduktes. *Finkelmann*

Schmelzpunkt. (auch Schmelztemperatur) Der S. T_s eines reinen kristallinen Stoffes ist diejenige Temperatur, oberhalb der die regelmäßige Anordnung der Bausteine im Raumgitter nicht mehr thermodynamisch stabil ist. Nach der Gleichung von *Clausius-Clapeyron* ist sie wie auch jede andere Umwandlungstemperatur vom Druck p abhängig:

$$\frac{d\,T_s}{dp} = \left(\frac{V\text{ flüssig} - V\text{ fest}}{H_s}\right),$$

wobei für H_s die auf die Mengeneinheit bezogene Schmelzenthalpie und für (V flüssig – V fest) der Unterschied der entsprechenden Volumina von fester und flüssiger Phase einzusetzen sind.

In der Schmelze sind die Bausteine nicht mehr an feste Plätze gebunden.

Kristalline Systeme, die aus mehreren Komponenten bestehen, wie auch amorphe Stoffe haben keine definierte Schmelztemperatur. Sie schmelzen innerhalb eines Temperaturbereiches. Mit Zunahme des geschmolzenen Anteiles vergrößert sich das Volumen stetig. *Gräfen*

Schmelzreduktionsverfahren. Mit S. wird aus Erz in zwei Schritten flüssiges Roheisen hergestellt. Das 1990 erste großtechnisch verwirklichte S. ist das *Corex*-Verfahren. Eine Corex-Anlage besteht aus zwei übereinander angeordneten Reaktoren mit obenliegendem Reduktionsschacht und dem darunter befindlichen Einschmelzvergaser, der in Doppelfunktion die zugesetzte Kohle mit Hilfe von eingeblasenem Sauerstoff vergast und den im Reduktionsschacht erzeugten →Eisenschwamm einschmilzt. Das im Einschmelzvergaser erzeugte →Reduktionsgas, Kohlenmonoxid, wird nach Reinigung und Temperatureinstellung in den Reduktionsschacht geführt, wo es die →Reduktion der Stückerze zu Eisenschwamm übernimmt. *Baumann*

Schmelzschweißen. Beim S. erfolgt die metallische Bindung im Schmelzfluß der Fügeflächen und des Zusatzwerkstoffs ohne zusätzliche Druckeinwirkung. Nach DIN 1910 unterteilt in:
– Gieß-S.,
– Gas-S.,
– Lichtbogen-S.,
– Strahlschweißen (→Schweißverfahren). *Dorn*

Literatur: DIN 1910 Tl. 2: Schweißen; Schweißen von Metallen; Verfahren. Berlin, Köln 1977.

Schmelzschweißplattieren →Auftragsschweißen

Schmelzspinnverfahren →Glas, metallisches

Schmelztauchen. →Beschichten von Werkstoffen durch das Eintauchen in metallische Schmelzen. Während des Tauchens bilden sich in der Grenzflächenschicht intermetallische Verbindungen aus. Auf den Oberflächen bleibt nach dem Herausziehen und Abstreifen des überschüssigen Metalls eine Oberflächenschicht zurück, welche die Zusammensetzung der Schmelze hat. Durch S. werden Schichten aus →Aluminium, Zink, Zinn, →Blei u. a. aufgebracht. Man spricht auch von →Feuerverzinken, →Feuerverzinnen usw. Die so erzeugten Schichten

sollen vor allem die →Korrosionsbeständigkeit erhöhen. *Habig*

Schmelztemperatur →Schmelzpunkt

Schmelzüberzug →Emaillieren

Schmelzwärme. Sehr einfache Experimente zeigen, daß das →Schmelzen einer gegebenen Stoffmenge einer kristallinen Substanz eine bestimmte Wärmemenge benötigt. Die Wärmemenge, die erforderlich ist, um ohne Änderung der Temperatur, d. h. isotherm, ein Mol der Substanz zu schmelzen, heißt (molare) S. der Substanz. Sofern ein einkomponentiger kristalliner Festkörper seinen Strukturtyp nicht ändert, vergrößert sich die →Enthalpie bei der Erhitzung bis zum →Schmelzpunkt stetig. Zum Schmelzen nimmt der Stoff eine zusätzliche Wärmemenge auf, ohne daß die Temperatur zunächst weiter ansteigt. Diese Wärmemenge wird als S. oder als Schmelzenthalpie bezeichnet. Mit dem Phasenwechsel geht eine sprunghafte Erhöhung des Wärmeinhalts einher.

Die experimentelle Bestimmung kann mit einem Kalorimeter vorgenommen werden, indem man die der S. zahlenmäßig gleich große Erstarrungswärme mißt. Die geschmolzene Substanz wird bei einer Temperatur in das Kalorimeter gebracht, die etwas über ihrem Schmelzpunkt liegt. Dann läßt man die Substanz abkühlen und mißt die dabei freiwerdende Wärmemenge. Am Schmelzpunkt hört sie auf, sich abzukühlen, gibt aber trotzdem während des Erstarrens Wärme ab. Wenn alles erstarrt ist, geht die →Abkühlung weiter. Ist dieser Zustand erreicht, so wird die Messung abgebrochen. Die insgesamt entwickelte Wärmemenge setzt sich zusammen aus der S. und den mit Hilfe der bekannten Wärmekapazitäten des geschmolzenen und erstarrten Stoffes berechenbaren, vor und nach dem Erstarrungsprozeß abgegebenen Wärmemengen. Für Eis beträgt die Schmelzenthalpie $6{,}007\ kJ\ mol^{-1}$. Die Schmelzenthalpie des Wassers ist relativ groß. So ist die Wärmemenge, die beim →Erstarren von 1 g Wasser frei wird $(0{,}33\ kJ\ g^{-1})$ ein Hundertstel der Wärmemenge, die beim Verbrennen von 1 g Kohlenstoff $(33\ kJ\ g^{-1})$ entsteht. Diese Wärmemenge reicht aus, um 1 g Wasser um 79 °C zu erwärmen. *Gräfen*

Schmid-Faktor. Der Zahlenwert des S.-F. m_s gibt das Verhältnis zwischen der in einem vorgegebenen →Gleitsystem wirkenden Schubspannung τ und der im →Zugversuch gemessenen →Normalspannung σ an. Er spielt demnach eine zentrale Rolle in der Kristallplastizität, welche die makroskopische Verformung durch Abgleitung beschreibt (→Versetzung). Es ist

$$m_s = \tau/\sigma = \cos\lambda\,\sin\chi.$$

(λ: Winkel zwischen Probenachse und Gleitrichtung [hkl], χ: Winkel zwischen Probenachse und Gleitebenen-Normale)

Der S.-F. ermöglicht daher die Umrechnung der makroskopischen Meßgröße σ in die versetzungstheoretisch relevante Schubspannung im Gleitsystem; dies ist weniger für die Bestätigung der (längst anerkannten) Versetzungstheorie als vielmehr für die Überprüfung von Annahmen über aktive Gleitsysteme in Legierungen und über Verfestigungsmechanismen (Wert der kritischen Schubspannung) bedeutsam. Die Anwendung des S.-F. beschränkt sich auf Einkristalle; für polykristalline Proben ist der → Taylor-Faktor zu verwenden.   *Ilschner*

Literatur: *Schmid, E.* und *W. Boas:* Kristallplastizität. Berlin 1935.

Schmieden. Unter S. versteht man eine Gruppe von Fertigungsverfahren, die nach DIN 8583 überwiegend den Verfahren der Umformtechnik in der Gruppe → Druckumformen zuzuordnen sind. Dazu zählen das → Freiformen, → Gesenkformen, → Eindrücken und → Durchdrücken. Darüber hinaus zählen zum S. auch Verfahren des Trennens (Scherschneiden, Keilschneiden) und des Fügens, wenn große oder komplizierte Werkstücke (z. B. Schiffskurbelwelle) bei Schmiedetemperatur zusammengesetzt werden. Nach dem Unterscheidungsmerkmal Freiformen (oder ungebundenes Umformen) und Gesenkformen (oder gebundenes Umformen) unterteilt sich das S. in Freiform-S. und Gesenk-S.

Freiform-S. erfordert einfache, i. a. nicht an die Form des Werkstücks gebundene Werkzeuge;

Gesenk-S. erfolgt mit an die Werkstückform gebundenen Werkzeugen.

Zum Herabsetzen von Spannungen und Kräften sowie zum Vergrößern des Umformvermögens erfolgt das S. üblicherweise in einem Temperaturbereich, in dem Erholungs- und Rekristallisationsvorgänge ablaufen. Einige Metalle bzw. Legierungen erfordern eng begrenzte Temperaturbereiche, um unerwünschte Phasenumwandlungen zu vermeiden. Bei vielen Nichteisenmetallen und auch Stählen werden jedoch heute bereits Umformvorgänge bei Raumtemperatur durchgeführt, so daß entsprechend von Kalt-S. oder Kaltgesenk-S. gesprochen wird.

In der Fertigung kommen zwei Grundverfahren zur Anwendung:

Das Freiform-S. ist Fertigen durch Umformen, Trennen und → Fügen an einem Werkstück mit einfachen Werkzeugen, die die Form des Werkstücks nicht oder nur teilweise enthalten. Beim Gesenk-S. werden zum Massenverteilen und → Biegen zuerst Verfahren des Freiform-S. benutzt und anschließend genau gearbeitete Hohlformwerkzeuge.

Die Verfahren zur Querschnittsveränderung bilden die Grundlage des S. Nach dem Gesetz der Volumenkonstanz bewirken Querschnittsänderungen entsprechende Längenänderungen. Querschnittsänderungen lassen sich durch Stoffverdrängen und Stoffanhäufen erzielen, wobei die Verfahren des Stoffverdrängens anwendungsmäßig überwiegen. Bei diesen Verfahren steht der umgeformte Werkstoff unter dreiachsiger Druckspannung mit Ausnahme seiner freien Flächen. An diesen kann die Druckspannung in einer Richtung verschwinden oder sich in eine Zugspannung umkehren. Das bei gebräuchlichen Stählen praktisch unbegrenzte Umformvermögen wird dann örtlich durch die Gefahr von → Rißbildung eingeschränkt.

Das Recken als Kernverfahren zur Querschnittsverminderung ist sehr zeitaufwendig und erfordert geübte Arbeitskräfte. Es ist bei kleinen und mittleren Werkstücken durch Anstauchen und → Fließpressen ersetzt worden. In der Großfreiform-S. wird das Recken auch in Zukunft das wichtigste Schmiedeverfahren sein. Recken und → Stauchen ergeben unterschiedlichen Faserverlauf. Schon die Rohteile müssen unter dem Gesichtspunkt des Faserverlaufs so hergestellt werden, daß die Beanspruchung des fertigen Bauteils berücksichtigt wird. Recken ergibt ein → Gefüge mit besseren mechanischen, besonders dynamischen Eigenschaften. Wegen → Reibung und Formzwang (geführte Verdrängung) herrscht beim S. keine homogene → Umformung. Die Schmiedetemperatur bestimmt die → Fließspannung, das Umformvermögen und die Eigenschaften der Schmiedestücke, besonders beim Wärmebehandeln aus der Schmiedehitze.

□ Freiform-S. Bild 1 zeigt einige Zwischenformen beim Freiform-S. einer Schiffskurbelwelle. Die örtlichen Formänderungen hängen sehr vom Reibzustand und den Umformgeschwindigkeiten ab. Die Querschnittsflächen von zylindrischen und prismatischen Körpern bilden sich beim Stauchen unterschiedlich um: Kreisflächen bleiben erhalten; Quadrate und Rechtecke werden zu Kreisflächen. Je dicker ein Schmiedestück ist, um so höher muß der Werkzeugdruck werden, damit der Werkstoff bis in den Kern plastisch wird.

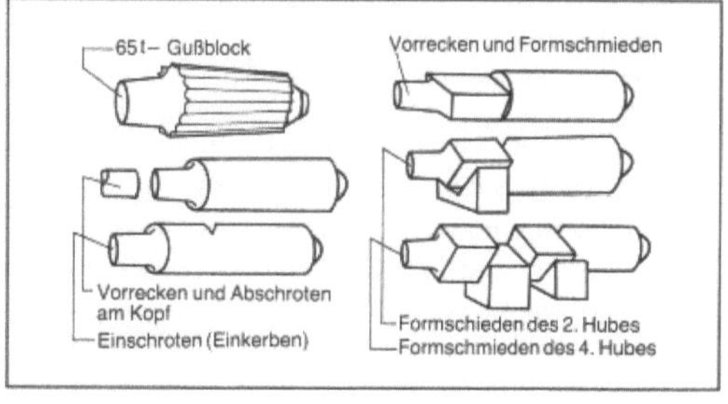

Schmieden 1: Freiformschmieden einer vierhubigen Großkurbelwelle.

Eine Sonderform des Freiform-S. ist das Radialumformen. Vier um 90° versetzt angeordnete Werkzeuge schmieden paarweise oder gleichzeitig wellenförmige Voll- oder Hohlkörper. Durch den Einsatz von flexiblen NC-Schmiedemaschinen werden höhere Werkstückgenauigkeiten erzielt und zukünftig vielfältige Werkstückgeometrien wirtschaftlich gefertigt.

☐ Gesenk-S. Zu den Verfahren des Gesenk-S. gehören die in Bild 2 dargestellten Verfahren Formpressen mit und ohne Grat und Anstauchen im Gesenk.

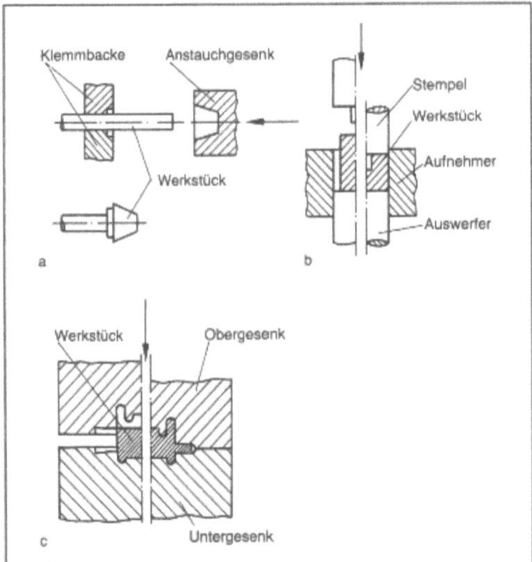

Schmieden 2: Verfahren des Gesenkschmiedens.
a) Anstauchen
b) Formpressen ohne Grat
c) Formpressen mit Grat.

Das Gesenk-S. gehört zu den Verfahren der Massenproduktion einzelner Werkstücke. Gesenkschmiedestücke werden mit Massen zwischen einigen Gramm bis zu weit über einer Tonne gefertigt. Die Abmessungen von Flugzeug-Bauteilen aus →Leichtmetall können 10 m und mehr erreichen. Die Seriengrößen liegen zwischen einigen Stück bis zu mehreren Millionen.

Gesenkschmiedestücke werden als Konstruktionsteile für Maschinen, insbesondere Fahrzeuge verwendet, daneben dienen sie der Herstellung von Werkzeugen wie Hämmer, Zangen, Schraubenschlüssel und von Befestigungsmitteln wie Schrauben, Bolzen, Nieten, Muttern. Die Weltproduktion von Gesenkschmiedestücken aus Stahl wird auf 10 Mill. Tonnen jährlich geschätzt. Folgende Vorteile sprechen für Gesenkschmiedestücke: Das günstige Festigkeits-Gewichtsverhältnis von Gesenkschmiedestücken erlaubt die Fertigung von hochbeanspruchbaren und dennoch verhältnismäßig leichten Bauteilen.

Gesenkschmiedestücke sind frei von Poren und anderen Hohlräumen; sie haben ein dichtes, homogenes Gefüge, das mit modernen Verfahren Stück für Stück prüfbar ist. Gesenkgeschmiedete Bauteile werden deshalb überall dort verwendet, wo es auf ein hohes Maß an →Sicherheit ankommt (Fahrzeug- und Schienenbau).

Gesenkschmiedevorgänge sind wie Freiformschmiedevorgänge instationär. Der Werkstofffluß und die Formänderungen sind durch die Formbindung an das Werkzeug bestimmt. Der Werkstofffluß in Gesenkschmiedewerkzeugen ist vor allem abhängig von der Gravurform (Größe, Art und Lage der Gravurelemente, Größe der Radien), der Gratspaltgeometrie, der Gestalt der →Ausgangs- bzw. →Zwischenform und dem Verhältnis von Zwischenform- zu Gravurvolumen (Gratanteil). Die genannten Größen lassen sich beeinflussen und zum Lenken des Stoffflusses benutzen. Gegenüber dem Problem „Durch-S." hat das Problem „optimaler Stofffluß" absoluten Vorrang. Eine Ermittlung des Stoffflusses ist entweder mit Modellversuchen oder mit numerischen Berechnungen möglich. Stauchen, Breiten und Steigen sind die drei Grundvorgänge, die bei der geführten Verdrängung des Werkstoffs die Gravur ausfüllen. Beim Formpressen mit Grat zeigt das Kraft-Weg-Diagramm am Ende des Vorgangs einen starken Anstieg, bedingt durch die →Abkühlung des Werkstücks und die Gratausbildung infolge Druckflächenvergrößerung.

Als Werkstoffe für Gesenkschmiedestücke sind grundsätzlich alle knetbaren Metalle geeignet. Technische Bedeutung haben heute vor allem unlegierte und legierte Stähle, weiter Magnesium, Aluminium, Titan, Kupfer, Nickel bzw. ihre Legierungen, daneben, in bisher sehr begrenztem Umfang, hochwarmfeste Werkstoffe wie Niob, Tantal, Molybdän, Wolfram und deren Legierungen. Auch Werkstoffe mit geringem Umformvermögen können durch Formpressen von gesinterten Zwischenformen im Gesenk umgeformt werden.

Dem eigentlichen Gesenk-S. schließt sich oftmals ein Abgraten oder Lochen an. Kaltabgraten, Kalibrieren und Prägen erhöht die Werkstückgenauigkeit. Ein- und mehrstufige →Umformwerkzeuge sind gebräuchlich, die in verschiedenen →Umformmaschinen (Hämmer und Pressen) eingebaut werden. Die Rohteile werden vor dem S. in gasbeheizten Öfen oder elektrischen induktiven oder konduktiven Erwärmungsanlagen erwärmt. Eine abschließende →Wärmebehandlung kann aus der Schmiedehitze (energiesparend) oder als Behandlung zum Erzielen eines bestimmten Gefüges durchgeführt werden.

Nach der Wärmebehandlung reinigt man Gesenkschmiedestücke durch →Strahlen. Sicherheitsbauteile unterzieht man einer 100 %igen Oberflächen- und Rißprüfung. Die meisten gesenkgeschmiedeten Werkstücke werden an ihren Funktionsflächen durch Spanen bearbeitet oder durch Fügen (z. B. →Reibschweißen) zu Baugruppen zusammengesetzt. Bild 3 zeigt eine Auswahl gefertigter Werkstücke. *Lange*

Schmieden 3: Formenvielfalt von Gesenkschmiedestücken. (Quelle: IDS e. V.)

Literatur: *Haller, H.-W.:* Praxis des Gesenkschmiedens. München 1977. – *Lange, K.* (Hrsg.): Umformtechnik. Handb. f. Ind. u. Wiss. 2. Aufl. Bd. 2. Massivumformung. Berlin, Heidelberg, New York, Tokio 1988. – *Lange, K. u. H. Meyer-Nolkemper:* Gesenkschmieden. 2. Aufl. Berlin, Heidelberg, New York 1977. – *Spur, G.* (Hrsg.) u. *Th. Stöferle:* (Hrsg.): Handbuch der Fertigungstechnik. Bd. 2/2. Umformen. München 1984.

Schmiegsamkeit. Fähigkeit eines Gleitwerkstoffes, sich den Beanspruchungen – ohne bleibende Störung des Gleitverhaltens – durch elastische und elastisch-plastische Verformungen anzupassen. *Habig*

Schmierfette. Konsistente →Schmierstoffe, die in der Hauptsache aus einem flüssigen Grundöl und einem Eindicker bestehen. Das Grundöl ist in der Regel ein →Mineralöl, während die Eindicker aus den Alkali- bzw. Erdalkalisalzen gewisser Fettsäuren bestehen und demnach Seifen darstellen, in deren kristalloidem Gerüst das Grundöl ähnlich wie von einem Schwamm gebunden wird, sofern geringe Mengen von Wasser oder andere polare Substanzen zugegen sind. Eingesetzt werden S. nur dann, wenn die Ölschmierung unzweckmäßig oder unmöglich ist. Dies ist beispielsweise der Fall, wenn Lager durch ein Fettpolster gegen den Zutritt von Schmutz abgedichtet werden müssen oder wenn eine derart langsame Bewegung von Gleitflächen vorliegt, daß bei Verwendung von Öl ein kontinuierlicher Schmierfilm nicht erhalten werden kann.

S. werden ferner bevorzugt, wenn ein Abtropfen von Öl vermieden werden muß und wenn hohe Flächenpressungen vorliegen. Zu den wichtigsten Vertretern der S. gehören:

☐ Kalciumseifenfette
☐ Natriumseifenfette.

Diese beiden Fettklassen sind derzeit am gebräuchlichsten, wobei die Natriumseifenfette den Vorzug einer höheren Temperaturbeständigkeit aufweisen, während die Kalciumseifenfette eine größere Wasserbeständigkeit besitzen.

☐ Fette, die eine Kombination verschiedener Seifen und Fettsäuren enthalten und eine erhöhte Temperatur- und Wasserbeständigkeit aufweisen können, weil z. B. ein Zusatz von Seifen mit niederem Molekulargewicht die Stabilität der Schmierfettstruktur begünstigt.

☐ Lithiumseifenfette, die wegen ihrer ausgewogenen Eigenschaften gute Mehrzweckfette darstellen.

☐ Komplexschmierfette, die Metallhydroxide enthalten und eine Alternative für die Lithiumfette darstellen.

☐ Hochdruckfette, die aufgrund des Zusatzes von Schwefel-, Phosphor- und anderen Verbindungen (Additive) feste Reaktionsschichten ausbilden können, die das Schmierverhalten im Bereich der →Mischreibung verbessern.

☐ Fette, die ein Gemisch aus asphaltähnlichen Stoffen und Schmieröl darstellen und einen weiten Konsistenzbereich abdecken.

☐ Fette, insbesondere solche auf Kalciumbasis, die Füllstoffe in Form fester Schmierstoffe enthalten. Diesen fällt in der Hauptsache die Aufgabe einer besseren Dämpfung bei einer Stoßbeanspruchung von Lagern zu.

Darüber hinaus gibt es Sonderfette für die verschiedensten Anwendungsgebiete wie z. B. die →Schmierung von Drahtseilen, Spurkränzen etc. Für tiefe Temperaturen wurden spezielle S. entwickelt, die Glycerin und Sorbitanester enthalten. Standardmethoden zur Ermittlung der charakteristischen Kennwerte von S. werden in der einschlägigen Literatur beschrieben. *H. Kaiser/Habig*

Literatur: *Tamm, P. und W. Ulmer, G. Schneider u. P. Pillwitz:* Schmierpraxis. Berlin 1974.

Schmieröle. Flüssige →Schmierstoffe, die ihrer Herkunft nach unterteilt werden können in: →Mineralöle, tierische und pflanzliche Öle sowie synthetische Öle. In der Praxis haben die Mineralöle bei weitem die größte Bedeutung. Tierische und pflanzliche Öle wie Rizinusöl, Fischöl, Olivenöl werden für spezielle Anwendungen wie z. B. für Tribosysteme der Feinwerktechnik verwendet. Synthetische Öle gewinnen für die →Schmierung bei erhöhten Temperaturen an Bedeutung. Sie werden auch als →Motorenöle eingesetzt, wo sie eine niedrigere →Reibung als Mineralöle ermöglichen sollen. Zu nennen sind: Siliconöle, Ester und Polyglycole.

Für die Erzeugung hydrodynamischer Betriebszustände ist die →Viskosität der Öle von entscheidender Bedeutung. Zur Erzielung bestimmter Eigenschaften werden den S. → Schmierstoffadditive zugesetzt. *Habig*

Schmierstoffe. Substanz, die zwischen den Oberflächen von tribologisch beanspruchten Körpern gebracht wird, um → Reibung und → Verschleiß zu vermindern. Man unterscheidet zwischen → Schmierölen, → Schmierfetten und → Festschmierstoffen. Es können aber auch andere Stoffe wie z. B. Wasser oder Gase als S. wirken, indem sie unter bestimmten Betriebsbedingungen einen lasttragenden Film bilden oder auf den Oberflächen Adsorptions- oder Reaktionsschichten bilden.

Neben der → Schmierung haben S. häufig weitere Aufgaben zu erfüllen: Wärmeableitung, → Korrosionsschutz, Schutz gegen von außen eindringende Verunreinigungen, Schwingungsdämpfung u. a. *Habig*

Schmierstoffadditive. Die Anforderungen, die heute im Maschinenbau an → Schmierstoffe gestellt werden, können mit natürlichen Mineralölen allein nicht erfüllt werden. Daher setzt man den Schmierstoffen Wirkstoffe (Additive) zu, welche die physikalischen Eigenschaften der Grundöle verbessern und/oder chemische Wirkungen ausüben. Die Additive können sich in ihrer Wirkungsweise unterstützen und synergetisch wirken oder antagonistische (störende) Effekte hervorrufen. Zahlreiche Additive weisen mehrere Funktionen auf, wodurch die Gefahr der gegenseitigen Störung eingeschränkt wird. Von ihrer Wirkungsweise her lassen sich folgende Gruppen von Additiven unterscheiden:
- Oxidationsinhibitoren
- Korrosionsinhibitoren
- Detergents und Dispersants
- Hochdruckzusätze (EP-Additive)
- Viskositätsindex-Verbesserer
- Stockpunkterniedriger
- Schaumverhütungsmittel
- Demulgatoren
- Reibungsminderer. *Habig*

Schmierstoffbenetzbarkeit. Fähigkeit eines Werkstoffes, auf seiner → Oberfläche einen Schmierfilm auszubilden. *Habig*

Schmierstoffträgerschicht. Bei hohen Normalspannungen und großen Oberflächenvergrößerungen, wie sie beispielsweise beim Kaltfließpressen von → Stahl auftreten, reicht die Druckbeständigkeit üblicher Schmierstoffe nicht aus. Vorrangiges Ziel in solchen Fällen ist es, die → Oberflächenbeschaffenheit des Werkstückwerkstoffs für das → Umformen zu verbessern. Früher wurden hierzu vornehmlich Überzüge von Rost oder duktilen Metallen wie Kupfer, Blei und Zinn verwendet. Ausgehend vom erstmaligem Einsatz von Phosphatschichten durch *F. Singer* im Jahre 1934 finden heute fast ausschließlich die sog. Konversionsschichten als S. Verwendung.

Konversionsschichten sind kristalline, durch eine chemische Reaktion mit einer Metalloberfläche erzeugte Salzschichten. Diese kristallinen Überzüge besitzen nicht nur eine ausgezeichnete Haftung auf den Werkstückwerkstoff, sondern ihre geringe Porosität unterstützt neben der chemischen Bindung die Verankerung der → Schmierstoffe mit der → Oberfläche infolge → Adhäsion. Der chemischen Reaktion zwischen S. und Werkstückwerkstoff geht eine Reihe von Oberflächenbehandlungen voran (Entfetten, Spülen mit Wasser, → Beizen, Spülen mit Wasser). Die aufgebrachten Konversionsschichten werden abschließend wiederum mit Wasser gespült. Abhängig vom verwendeten Schmierstoff schließen sich nach dem darauffolgenden Schmierstoffauftrag noch Neutralisier- und Befettungsbäder sowie Trocknungsstufen an. Für diesen gesamten Fertigungsprozeß sind heute üblicherweise programmgesteuerte Durchlaufanlagen im Einsatz.

Beim Umformen von unlegierten bzw. niedriglegierten Stählen werden Metallphosphatschichten eingesetzt. Aus der großen Anzahl von schichtbildenden Metallphosphaten hat beim Kaltumformen von Stahl das Zinkphosphat die größte Bedeutung erlangt. Auch beim Pressen von → Aluminiumlegierungen wird es angewandt. Gelegentlich kommt auch die Manganphosphatierung zum Einsatz. Zinkphosphatüberzüge sind in Säuren und Laugen löslich und weisen eine Temperaturbeständigkeit bis 400 °C auf.

Bei korrosionsbeständigen Stählen, wie ferritischen Cr-Stählen und austenitischen CrNi-Stählen versagen die gebräuchlichen Phosphatierverfahren, da diese Bäder ein zu geringes Korrosionsvermögen besitzen. In diesen Fällen eignet sich zum Aufbringen einer Trägerschicht das Oxalierverfahren. Beim Oxalieren wirken oxalsäurehaltige, wäßrige Lösungen auf die Metalloberfläche ein. Die Oxalatschichten haben ähnliche Eigenschaften wie die Phosphatschichten, wobei allerdings die Temperaturbeständigkeit von Oxalatschichten auf ca. 160 °C beschränkt ist. *Lange*

Literatur: *Lange, K.:* Umformtechnik. Handb. f. Ind. u. Wiss. Bd. 1. Grundlagen. Berlin, Heidelberg, New York, Tokio 1984. – *Oppen, D.:* Chemische Verfahren der Oberflächenbehandlung zur Erleichterung des Kaltumformens von Stahl. Tl. I: Draht 35 (1984) Nr. 6, S. 341/45; Tl. II: Draht 35 (1984) Nr. 7/8 S. 396/400.

Schmierung. Anwendung eines → Schmierstoffes zur Verminderung von → Reibung und → Verschleiß. *Habig*

Schmierung, aerodynamische. Trennung von Kontaktpartnern durch einen Luft- bzw. Gasfilm, der durch ihre Relativbewegung erzeugt wird. Hierzu ist eine besondere konstruktive Gestaltung und Anordnung der Kontaktpartner notwendig. *Habig*

Schmierung, aerostatische. Trennung von Kontaktpartnern durch einen Luft- bzw. Gasfilm, der durch einen von außen aufgebrachten Luft- bzw. Gasdruck erzeugt wird. *Habig*

Schmierung, elastohydrodynamische. Werden → kontraforme Kontakte wie z. B. zwei Zylinder mit einem Schmieröl geschmiert, so kann sich in der Hertzschen → Kontaktfläche ein Schmierfilm aufbauen (Bild), dessen Dicke h_{nin} sich mit der Elastohydrodynamischen Theorie (EHD) abschätzen läßt:

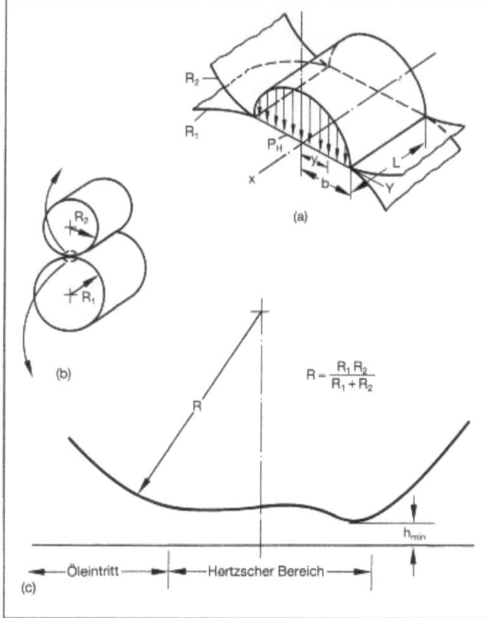

Schmierung, elastohydrodynamische: Druck- und EHD-Filmdickenverteilung im Kontaktbereich zweier Zylinder.

a — Hertzsche Druckverteilung, b — Kontaktierende Zylinder, c — EHD Filmdickenverteilung

$$\frac{h_{min}}{R} = 2{,}65 \, \frac{G^{0,54} \cdot U^{0,7}}{W^{0,13}}$$

mit dem Stoffparameter $G = \alpha \cdot E$, dem Geschwindigkeitsparameter

$$U = \frac{\eta_o \, (u_1 + u_2)}{2ER}$$

und dem Belastungsparameter

$$W = \frac{F}{ERL}$$

Es bedeuten:

h_{min}: minimale Schmierfilmdicke

$$R = \frac{R_1 \cdot R_2}{R_1 + R_2}$$

R_1, R_2: Zylinderradien

α: Viskositäts-Druck-Koeffizient

$$\frac{1}{E} = \frac{1}{2}\left[\frac{1 - v_1^2}{E_1} + \frac{1 - v_2^2}{E_2}\right]$$

E_1, E_2: Elastizitätsmoduli der Zylinderwerkstoffe

v_1, v_2: Poissonzahlen der Zylinderwerkstoffe

η_o: dynamische Viskosität bei der Temperatur des Öleinlasses

u_1, u_2: Oberflächengeschwindigkeiten der Zylinder

F: auf die Zylinder wirkende Normalkraft

L: Zylinderlänge

Habig

Literatur: *Winer W. O.* and *H. S. Cheng:* Film Thickness, Contact Stress and Surfaces Temperatures. In Wear Control Handbook. Hrsg.: M.P. Peterson, W.O. Winer. New York: The American Society of Mechanical Engineers 1980, S. 81—141.

Schmierung, hydrodynamische. Trennung von Kontaktpartnern durch einen flüssigen Schmierfilm, der durch die Relativbewegung erzeugt wird. Dazu ist es notwendig, daß die Anordnung der Kontaktpartner die Bildung eines sich in Bewegungsrichtung verengenden Spaltes ermöglicht und daß → Viskosität und Geschwindigkeit zur Erzeugung eines lasttragenden Schmierfilmes ausreichen. Die h. S. ermöglicht vor allem bei ölgeschmierten Gleitlagern einen reibungsarmen und weitgehend verschleißfreien Betrieb. *Habig*

Schmierung, hydrostatische. Trennung von Kontaktpartnern durch einen flüssigen Schmierfilm, der durch einen von außen aufgebrachten Druck erzeugt wird. Der Vorteil der hydrostatischen gegenüber der hydrodynamischen → Schmierung liegt vor allem darin, daß auch bei kleinen Geschwindigkeiten wie beim Anfahren und Auslaufen von hoch belasteten Lagern → Mischreibung oder → Grenzreibung vermieden wird; daher ist durchweg ein weitgehend verschleißfreier Betrieb möglich. *Habig*

Schneidbrenner → Schweißbrenner

Schneiden, thermisches → Abtragen

Schneidfehler → Abtragen

Schnellarbeitsstahl. → Werkzeugstähle für Zerspanungswerkzeuge, die hohe → Härte und Verschleißfestigkeit bis zu Anlaßtemperaturen von 550 bis 600 °C beibehalten. Damit ist die Voraussetzung für die Anwendung höherer Schnittgeschwindigkeiten gegeben, aus der auch die Bezeichnung abgeleitet ist. Die S. verdanken ihre Eigenschaften den Sonderkarbiden mit → Chrom, Molybdän, → Vanadin und Wolfram. Bei Kohlenstoffgehalten zwischen 0,8 und 0,9 % sowie 4 % Chrom ergeben sich drei verschiedene Grundlegierungen, und zwar mit
- 1 % Vanadin und 18 % Wolfram,
- 9 % Molybdän und 1 bis 2 % Vanadin sowie
- 5 % Molybdän, 1 bis 2 % Vanadin und 6 % Wolfram. Je nach den Beanspruchungsverhältnissen können diese Grundlegierungen weiter variiert werden, z. B. durch Erhöhung des Kohlenstoffgehaltes oder andere Kombination der → Legierungselemente. *Dahl*

Literatur: Werkstoffkunde Stahl. 2 Bde. (Hrsg. VDEh). Berlin–Düsseldorf 1984/85.

Schnellzerreißversuch. Der S. – ein nicht genormter → Zugversuch – bringt den Parameter „Beanspruchungsgeschwindigkeit" in die Zugprüfung ein. Wie beim statischen Zugversuch können Normzuproben oder bauteilähnliche Proben (z. B. Rohr- oder Rohrstreifenproben) bis hin zu Großzugproben (geschweißte Großplatten) geprüft werden, wobei die Abzugsgeschwindigkeit bei technisch realisierten Prüfmaschinen bis zu 80 m/s betragen können.

□ Bedeutung des S.: Für einige sicherheitstechnisch bedeutsame Bauteile von Kernkraftwerken, wie Hauptkühlmittelleitungen sowie spezielle Drucksysteme und -behälter, ist in der Bundesrepublik Deutschland der Nachweis zu führen, daß auch bei Unfällen und Störfällen mit hohen Energiefreisetzungsraten bzw. hohen Beanspruchungstransienten die Integrität sichergestellt ist (Bild 1). Beispiele von Störfällen sind Auswirkungen eines Flugzeugabsturzes und die Reaktionskräfte in Rohrleitungen, die durch Wasserschläge und Erdbeben verursacht werden. Diese dynamischen Beanspruchungstransienten führen zu hohen Dehngeschwindigkeiten in den sicherheitstechnisch bedeutsamen Bauteilen. Ihre Auslegung mit Hilfe quasistatischer Werkstoffkennwerte ist unzulänglich, weil dabei die Trägheitskräfte nicht berücksichtigt werden und die Werkstoff- und Fließgesetze nicht als gleichartig angenommen werden können. Da Schweißnähte allgemein als die sicherheitstechnisch kritischsten Bereiche eines Bauteils angesehen werden und mit Kleinproben nur örtliche Gefüge- und Fehlerzustände berücksichtigt werden können, wird für den Integritätsnachweis druckführender Systeme die Prüfung von möglichst bauteilbezogenen Großpro-

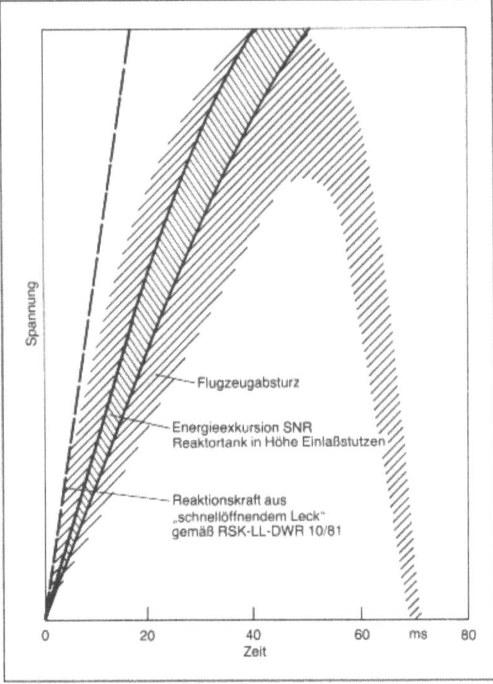

Schnellzerreißversuch 1: Dynamische Beanspruchungstransienten für Reaktorkomponenten.

ben auch im Hinblick auf dynamische Belastungsfälle für notwendig erachtet. Häufig werden hierfür sog. „Großplatten" verwendet.

□ Versuchseinrichtungen: Für die Durchführung dynamischer Zugversuche gibt es mehrere Konzepte, die sich in den unterschiedlichen Funktionsweisen der Anlagen und vor allem in der erzielbaren maximalen Zugkraft und Geschwindigkeit sowie im Geschwindigkeitsverlauf unterscheiden (Bild 2). Während hydraulische oder hydropneumatische Prüfmaschinen den Geschwindigkeitsbereich vom quasistatischen Zugversuch bis zu einer max. Geschwindigkeit von rd. 12 m/s abdecken, erreichen Schnellzerreißmaschinen mit Pulverantrieb oder Antrieb durch ein vorgespanntes Seil rd. 50 ÷ 60 m/s und Rotations-Schlagwerke rd. 80 m/s. Bei den hydropneumatischen und seilgetriebenen Prüfmaschinen sowie den Rotations-Schlagwerken ist die Abzugsgeschwindigkeit bei der Prüfung relativ gleichförmig, während pulvergetriebene Schnellzerreißmaschinen ihre höchste Geschwindigkeit erst nach einem bestimmten Hub erreichen, der u. a. von Art und Größe der Pulverladung und den zu beschleunigenden Massen abhängt. Diese Besonderheit macht es andererseits möglich, daß tatsächliche Belastungsfälle in ihrem zeitlichen Verlauf besser simuliert werden können. Ein weiterer Vorteil pulvergetriebener Schnellzerreißmaschinen besteht darin, daß bei vorgegebenen Geschwindigkeitsbe-

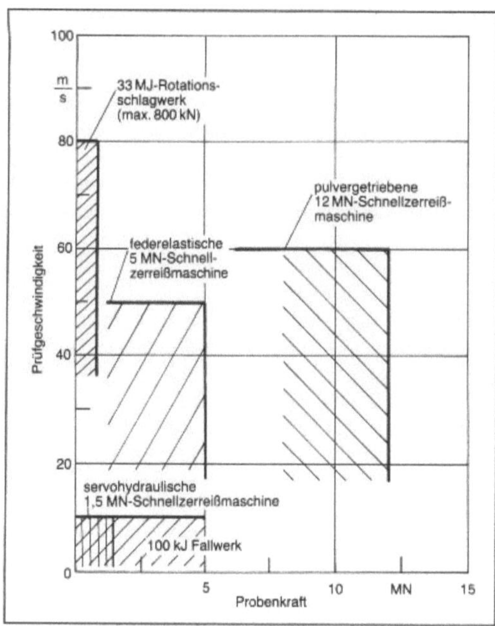

Schnellzerreißversuch 2: Arbeitsbereiche von Schnellzerreißmaschinen.

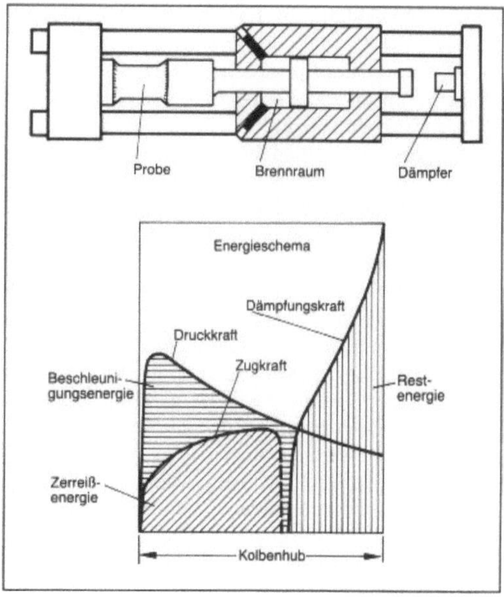

Schnellzerreißversuch 3: Energiebetrachtung und Funktionsweise pulvergetriebener Schnellzerreißmaschinen.

reichen bis zu 60 m/s nur mit derartigen Anlagen Zugkräfte bis zu 12 MN mit noch vertretbarem Aufwand realisiert werden können.

Vom Aufbau her entspricht eine derartige Zugprüfmaschine herkömmlichen Anlagen, wobei aber alle Teile infolge höherer Arbeitsdrücke und größerer Beschleunigungskräfte verstärkt sind. Die beim Abbrennen der Treibladung freiwerdende Energie teilt sich in Beschleunigungs- und Verformungsenergie auf bis der Probenbruch erfolgt; die Restenergie der beschleunigten Teile wird durch die → Verformung eines Dämpfungselements aufgenommen (Bild 3).

Die in der Staatlichen Materialprüfungsanstalt (MPA) Universität Stuttgart installierte, derzeit weltweit einzige pulvergetriebene 12 MN-Schnellzerreißmaschine ist seit Mitte 1986 in Betrieb. Mit dieser Prüfeinrichtung kann nach einem Kolbenweg von 20 mm eine Abzugsgeschwindigkeit von rd. 25 m/s erreicht werden; die einstellbare Maximalgeschwindigkeit liegt bei 60 m/s.

□ Versuchsdurchführung: → Probenvorbereitung und Versuchsziel sind im Grundsatz gleich wie beim statischen Zugversuch. Es werden die zeitlichen Verläufe der auf die Probe wirkenden Zugkraft und die dadurch hervorgerufenen Formänderungen erfaßt. Für die Erfassung der in wenigen Millisekunden ablaufenden Vorgänge ist allerdings eine höchstentwickelte, rechnerunterstützte Meß- und Auswertetechnik erforderlich. *Kußmaul*

Schnittholz → Holz

Schrägstrahlverschleiß → Strahlverschleiß

Schränken. S. ist ein Verfahren des → Schubumformens und ist als eine spezielle Anwendung des Verdrehens definiert. *Lange*

Schrankenverfahren. Die in der Umformtechnik eingesetzten S. basieren auf den Extremalprinzipien der Lévy-Misesschen → Plastizitätstheorie (starridealplastisches → Werkstoffmodell):
□ Von allen Geschwindigkeitsfeldern v*, die die Geschwindigkeitsrandbedingungen und die Inkompressibilitätsbedingungen erfüllen (also kinematisch zulässig sind), macht das wahre Geschwindigkeitsfeld den Ausdruck

$$P^* = P^*_u = P^*_o$$

zum Minimum.

Hierbei ist P^*_u die aus dem Geschwindigkeitsfeld berechnete (innere) Umformleistung und P^*_o die Leistung der an der Oberfläche angreifenden (wirklichen) Spannungen mit den Geschwindigkeiten u*.
□ Von allen Spannungsfeldern σ, die den Spannungsrandbedingungen genügen und sowohl die Gleichgewichtsbedingungen also auch die → Fließbedingung erfüllen (und somit statisch zulässige Spannungsfelder sind), macht das wahre Spannungsfeld den Ausdruck

$$P^+ = P^+_o$$

zum Maximum.

Die Anwendung der Extremalsätze setzt folgendes voraus:
– die Kenntnis des plastischen Gebiets,
– die Kenntnis der Geschwindigkeits- bzw. Spannungsrandbedingungen.

Ausgehend von den beiden Extremalprinzipien lassen sich sog. obere bzw. untere Schranken für die Umformleistung und damit auch die Umformkräfte bestimmen, wenn es gelingt, zulässige Spannungs- bzw. Geschwindigkeitsfelder für die vorgegebene Problemstellung zu finden. Dabei führt das erste Extremalprinzip auf obere Schranke und die zweite Extremalaussage auf die untere Schranke.

Da statisch zulässige Spannungsfelder nur bei sehr wenigen (geometrisch einfachen) Vorgängen geschlossen angegeben werden können, hat die Anwendung des zweiten Prinzips (untere Schranke) für die Umformtechnik nur wenig Bedeutung erlangt. Demgegenüber ist das Prinzip der oberen Schranke die Grundlage zahlreicher Berechnungsverfahren (u. a. →Fehlerabgleichverfahren, →Finite-Elemente-Methode). Das wesentlich einfacher zugängliche Prinzip der oberen Schranke ist insofern auch wertvoller, als es Näherungswerte für die Umformleistung bzw. -kraft liefert, die größer sind als die wahren Werte. Die Güte der Näherungslösung hängt allerdings sehr davon ab, wie gut das angenommene (geratene) Geschwindigkeitsfeld die wirklichen Bewegungsverhältnisse annähert.

Lange

Literatur: Betten, J.: Elastizitäts- und Plastizitätslehre. Braunschweig, Wiesbaden 1985. – Hill, R.: The Mathematical Theory of Plasticity. Oxford 1950. – Ismar, H. u. O. Mahrenholtz: Technische Plastomechanik. Braunschweig, Wiesbaden 1979. – Lange, K. (Hrsg.): Umformtechnik. Handb. f. Ind. u. Wiss. 2. Aufl. Bd. 1. Grundlagen. Berlin, Heidelberg, New York, Tokio 1984. – Lippmann, H.: Mechanik des plastischen Fließens. Berlin, Heidelberg, New York 1981. – Lippmann, H. u. O. Mahrenholtz: Plastomechanik der Umformung metallischer Werkstoffe. Berlin, Heidelberg 1967. – Prager, W. u. P. G. Hodge: Theorie ideal-plastischer Körper. Wien 1954.

Schraube →Apparate-Dichtungen

Schraubenprüfung. Prüfungen mit und ohne Ermittlung von Kennwerten zum Nachweis geforderter Eigenschaften.

Das hauptsächliche Regelwerk für die S. ist DIN 267, Ausg. Aug. 1983 in Verbindung mit DIN ISO 898, Teil 1, Ausg. April 1970 bzw. Entwurf Aug. 1985. Darin werden die Festigkeitsklassen, mechanischen Eigenschaften und Prüfverfahren angegeben.

Die Festigkeitsklasse einer Schraube besteht aus zwei Zahlen, die durch einen Punkt getrennt sind. Dabei entspricht die erste Zahl 1/100 der Nennzugfestigkeit in N/mm^2 und die zweite Zahl gibt das zehnfache des Verhältnisses Nennstreckgrenze/Nennzugfestigkeit an. Außer diesen Kennwerten wird im →Zugversuch an ganzen Schrauben oder abgedrehten Proben die Mindestbruchdehnung A_5 ermittelt. Für Schrauben mit Gewindedurchmesser ≤ 4 mm und Routineprüfungen wird der Zugversuch durch die →Härteprüfung ersetzt. Für Schrauben, die nicht im Zugversuch geprüft werden können, ist außerdem die chemische Zusammensetzung verbindlich festgelegt.

Zur Überprüfung des besonders gefährdeten Übergangs Kopf/Schaft dient der Schrägzugversuch, bei dem unter den Kopf eine gehärtete Keilscheibe mit durchmesserabhängiger Schräge gelegt wird. Die Anforderungen sind erfüllt, wenn der Bruch der Schraube nicht vom Übergang Kopf/Schaft ausgeht. Bei Schrauben ≤ M16 und bei kurzen Längen tritt an die Stelle des Schrägzugversuchs der Kopfschlagversuch, bei dem sich der Kopf der Schraube durch mehrere Hammerschläge um 90° biegen lassen muß, ohne daß sich Anrisse im Übergang vom Schaft zum Kopf zeigen.

Für Schrauben der Festigkeitsklasse 5.6 sowie 8.8 bis 12.9 bestehen Anforderungen bezüglich der →Kerbschlagarbeit.

Für die zulässige →Randentkohlung im Gewinde vergüteter Schrauben der Festigkeitsklassen 8.8 bis 12.9 sind Grenzwerte festgelegt, die mikroskopisch an metallografischen Schliffen oder durch Härteprüfung nachgeprüft werden.

Der zerstörungsfreien Überprüfung der Mindestbelastbarkeit von Schrauben dient der Prüfkraftversuch. Hierbei wird die Schraube mit einer im Regelwerk vorgegebenen Prüfkraft belastet und darf sich dabei um nicht mehr als 12,5 µm bleibend verlängern.

Prüfungen für Schrauben mit speziellen Anforderungen im Hinblick auf →Schweißbarkeit, →Korrosionsbeständigkeit, →Warmfestigkeit, →Kaltzähigkeit u. a. sind den zugehörigen Produktnormen zu entnehmen.

Kußmaul

Schrott. Als S. bezeichnet man die metallischen Abfälle, die bei der Erzeugung und Verarbeitung von →Metallen und am Ende des Gebrauchs der aus Metallen hergestellten Anlagen, Maschinen, Gebrauchsgegenstände, Verpackungen usw. anfallen. Im Jahre 1983 waren das in der Welt rd. 350 Mio t Stahl- und Gußschrott. Für die Stahlindustrie ist S. ein wichtiger Rohstoff. Etwa 40 % des Stahles und 50 % des Gußeisens werden durch Wiedereinschmelzen von S. hergestellt.

Umlaufschrott oder Eigenschrott ist der bei der Erzeugung von Walzprodukten in den verschiedenen Stufen anfallende S. Sein Anteil am Gesamtschrottentfall betrug 1983 noch etwa 45 %. Durch das Anwachsen des Anteils an →Strangguß und Ausbringensverbesserungen in den nachfolgenden

Stufen geht diese Menge aber ständig zurück. Sie dürfte sich auf längere Sicht fast halbieren.

Verarbeitungsschrott fällt bei der Fertigung in allen stahlverarbeitenden Betrieben an. Er kann im allgemeinen direkt in Stahlwerke und Gießereien zurückgeführt werden. Der Anteil am Gesamtschrottentfall betrug 1983 etwa 27 %.

Altschrott fällt an beim Abbruch von Anlagen und Maschinen und am Ende des Gebrauchs von Automobilen, gewerblichen und Haushaltsgeräten, Verpackungen usw. Dieser S. kann in aller Regel nicht direkt wieder eingesetzt werden. Er durchläuft unterschiedliche Verfahren der → Schrottaufbereitung.

Altschrott hatte 1983 einen Anteil von ungefähr 28 % am Gesamtschrottaufkommen. *Rellermeyer*

Schrottaufbereitung. Behandlung von Stahl- und Gußschrott mit dem Ziel, ihn in Stahlwerken und Gießereien wieder einsetzbar zu machen.

Der überwiegende Anteil von Altschrott und ein Teil Verarbeitungsschrott kann nur nach → Aufbereitung wieder eingeschmolzen werden. Je nach Art des Schrotts besteht die Aufbereitung in einer Zerkleinerung durch Scheren oder → Brennschneiden, einer Sortierung nach Stahlgüten, einem Abtrennen von Nichtmetallen und Nichteisenmetallen, einer Paketierung. Einrichtungen in einer S. sind dementsprechend Schrottscheren, Schrottpressen und Shredderanlagen (Bild).

Schrottscheren dienen zum Zerkleinern von Abbruchschrott. In Verbindung mit Schüttelrinnen oder Siebstrecken können Verunreinigungen entfernt werden.

Schrottpressen dienen zum Paketieren von leichten Blechabfällen und leichtem Mischschrott.

Automobile, Haushaltsgeräte usw., die hohe Anteile an nichtmetallischen Werkstoffen und Nichteisenmetalle enthalten, werden heute überwiegend in Shredderanlagen aufbereitet. Solche Anlagen bestehen aus einer Hammermühle oder Shredder, Separieranlagen, Magnetscheidern und Transport- und Sortierbändern. Schrottmühlen und Zerdiratoren arbeiten nach dem gleichen Anlagenprinzip, aber mit anderen Zerkleinerungsaggregaten.

Große Shredder mit einer Antriebsleistung bis fast 3 000 KW, können ganze Automobile zerschlagen. Der anfallende flugfähige Müll wird dabei abgesaugt. Das zerkleinerte Gut durchläuft einen Windsichter oder eine Separiertrommel und anschließend eine Magnetscheidung. Aus dem nichtmagnetischen Anteil werden auf einem Sortierband die Nichteisenmetalle von Hand verlesen. Der in Shredderanlagen aufbereitete → Schrott besteht zu 80 % aus Altautomobilen. Bei der Aufbereitung fallen im Mittel 69 % sauberer Shredderschrott, 30 % Schutt und 1 % Nichteisenmetalle an. In den Shred-

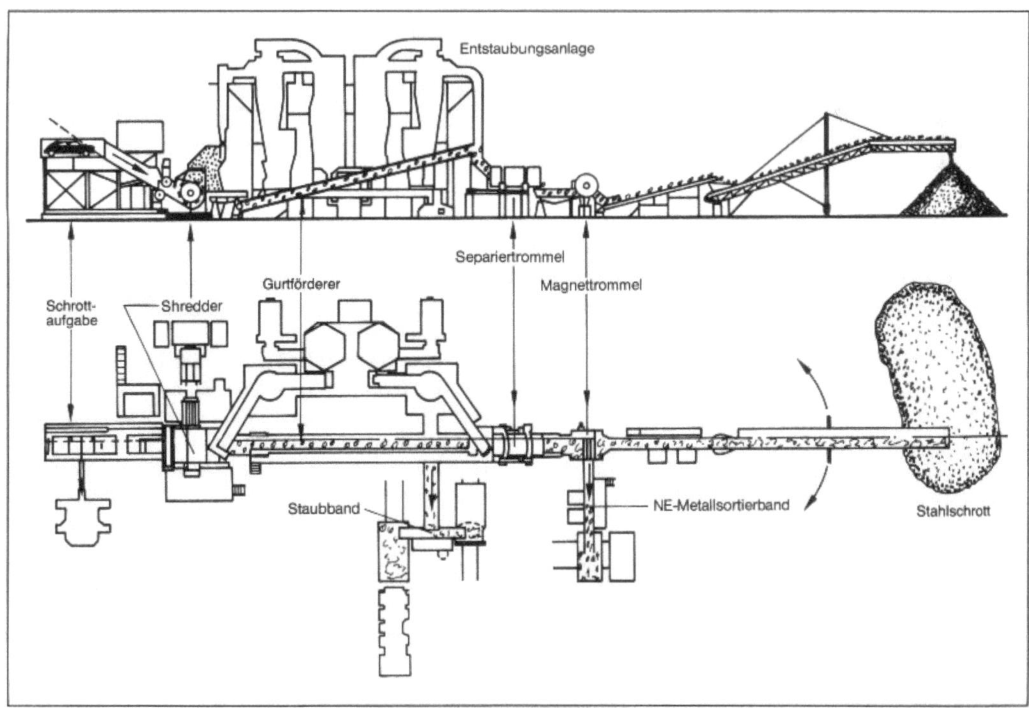

Schrottaufbereitung: Schematische Darstellung einer Shredderanlage. (Quelle: Lindemann KG)

deranlagen wird auch der verunreinigte Schrott aus Müllverbrennungsanlagen aufbereitet.

Verzinnter Eigenschrott und Verarbeitungsschrott aus der Herstellung von Verpackungsbehältern wird entzinnt, bevor er in Stahlwerken wieder eingesetzt wird.

Legierter Schrott muß von Hand nach Werkstoffgruppen getrennt werden. Armaturen und andere Teile aus → Kupfer und → Kupferlegierungen müssen ebenso entfernt werden. *Rellermeyer*

Literatur: Vom Schrott zum Stahl. Düsseldorf 1984.

Schrumpfverband. Oft sind die Beanspruchungen bei Apparaten und Anlagen durch den Innendruck so hoch, daß sie durch entsprechend hohe Streckgrenzen des Werkstoffes nicht beherrschbar sind. Außerdem liegt die Höchstbeanspruchung für Zylinder und Kugel im allgemeinen an der Innenseite. Zur Beherrschung von hohen Drücken hat sich die Anwendung des S. bewährt. Hierzu wird z. B. für einen Zylinder die Zylinderwand aus zwei zylindrischen Schüssen hergestellt dergestalt, daß der äußere Zylinder auf den inneren Zylinder aufgeschrumpft wird. Dies geschieht durch unterschiedliche Durchmesser an der Trennfuge, die dadurch überwunden werden, daß während der Fertigung der Außenzylinder erhitzt wird und dann infolge Abkühlens eine Schrumpfpressung in der Trennfuge entsteht. Diese Schrumpfpressung zwischen Außen- und Innenzylinder bewirkt nun nach der Fertigung ein Eigenspannungsniveau in der Weise, daß an der höchstbeanspruchten Stelle, nämlich der Innenseite, Druckeigenspannungen vorliegen. Bei Belastung durch den Betriebsdruck reduzieren diese Eigenspannungen die Höchstbeanspruchungen an der Innenseite. *Strohmeier*

Schubmodul. Unter der Einwirkung einer Schubspannung (→ Spannungen) wird ein rechtwinkliges Werkstoffelement in ein Parallelogramm verzerrt (Verzerrung). Die Winkeländerung γ hängt über den S. G mit der Schubspannung τ zusammen (→ Elastizität):

$$\gamma = \frac{\tau}{G}.$$

Bei einem homogenen isotropen Werkstoff ist der S. G keine unabhängige Werkstoffgröße, sondern hängt über die Querdehnungszahl μ vom → Elastizitätsmodul E ab:

$$G = \frac{E}{2 \cdot (1 + \mu)}.$$ *Friemann*

Schubspannung, kritische → Plastizität

Schubspannungshypothese. Die auf *Tresca* zurückgehende S. ist eine von mehreren Hypothesen zur Vorhersage des Eintritts plastischer Formänderungen an Metallen bei mehrachsigem → Spannungszustand (→ Fließbedingung). *Lange*

Schubumformen. S. umfaßt als 5. Gruppe der Umformverfahren nach DIN 8582 die beiden Untergruppen Verschieben und → Verdrehen mit geradliniger bzw. drehender Werkzeugbewegung und ist als → Umformen eines festen Körpers, wobei der plastische Zustand durch eine Schubbeanspruchung herbeigeführt wird, definiert.

Die Schubbeanspruchung ist nach dem Mohrschen Kreis durch eine gleich große Zug- und Druckspannung gekennzeichnet. Die mittlere → Normalspannung σ_m ist bei reinem Schub gleich null; daher sind mögliche Formänderungen z. B. gegenüber Umformverfahren mit dreiachsigem Druckspannungszustand und $\sigma_m/k_f > 0$ geringer. *Lange*

Schutzgas. Hauptaufgabe von S. ist es, unerwünschte Reaktionen des erhitzten Werkstoffs mit Gasen aus der Umgebung, insbesondere Sauerstoff und → Stickstoff, zu verhindern oder zu begrenzen. Man verwendet S. bei der → Wärmebehandlung, beim → Schweißen und → Löten sowie bei der Nachbehandlung von → Stahl. Darüber hinaus können S. auch erwünschte Reaktionen herbeiführen, wie z. B. eine Verminderung der → Oberflächenspannung, Verbesserung der Ionisation, → Reduktion von Oxidhäuten u. a. Beim Schweißen bevorzugte S. sind Edelgase (Argon, Helium) oder Aktivgase, z. B. CO_2 und Mischungen von Argon mit CO_2, O_2 und H_2 (→ Schutzgasschweißen). *Dorn*

Literatur: DIN 32526: Schutzgase zum Schweißen. Berlin, Köln 1978.

Schutzgasschweißen. Beim S. schützt ein Schutzgasschleier während des → Lichtbogenschweißens den schmelzflüssigen Werkstoff und die Wärmeeinflußzone vor einer Gasaufnahme aus der umgebenden Atmosphäre.

Man unterscheidet beim S. das Metall-S. (MSG) und das Wolfram-S. (WSG). Beim MSG-Verfahren brennt der Lichtbogen zwischen einem kontinuierlich zugeführten Spulendraht und dem Werkstück. Je nach Art des verwendeten Schutzgases spricht man vom MIG-Verfahren (Metall-Inertgasschweißen) oder MAG-Verfahren (Metall-Aktivgasschweißen). Als Schutzgase kommen beim → MIG-Schweißen Argon, seltener Helium, zum Einsatz. Argon ist gut ionisierbar und ermöglicht einen stabilen Lichtbogen, der Einbrand ist jedoch vergleichsweise gering. Das → MAG-Schweißen mit CO_2 oder Mischgasen führt zu tieferem Einbrand und wird beim Schweißen von → Stahl bevorzugt.

Beim →WIG-Schweißen brennt der Lichtbogen zwischen einer nichtabschmelzenden Wolframelektrode und dem zu verschweißenden Werkstück. Es kann mit oder ohne stromlos zugeführtem Draht als Zusatzwerkstoff gearbeitet werden. Mit Gleichstrom (Elektrode am Minuspol) werden →Stähle, →Nickel- und →Kupferlegierungen geschweißt. Für →Aluminium und -legierungen benutzt man Wechselstrom, um durch die zeitweise negative Werkstückpolung die hochschmelzenden Oxidhäute zum Aufreißen zu bringen (kathodische Reinigung) (→Schweißverfahren). *Dorn*

Literatur: *Dorn, L.* u. a.: Leistungs- und Qualitätssteigerung beim Lichtbogenschweißen. Ehingen 1989. – *Killing, R.:* Handbuch der Schweißverfahren. Tl. I. Lichtbogenschweißverfahren. Düsseldorf 1984, S. 86/188.

Schutzhelmprüfung. Schutzhelme sind Kopfbedeckungen, die den Kopf des Benutzers vor Verletzungen, vor allem durch Stöße, schützen sollen. Sie bestehen aus einer widerstandsfähigen äußeren Helmschale, einer Innenausstattung zur Dämpfung der Aufprallenergie und einer Trageeinrichtung mit einstellbarem Kinnriemen. Zur Verbesserung des Tragekomforts sind Komfortpolsterungen üblich. Schutzhelme können mit einem Schild (Schirm), einem Visier bzw. einem Augenschutz sowie Kiefer- und Nackenschutz versehen sein.

Helmschale und Innenausstattung sollen auftretende Belastungen möglichst gleichmäßig verteilen und Stoßwirkungen dämpfen. Scharfe Kanten und vorspringende starre Teile müssen vermieden werden. Unvermeidbare Vorsprünge müssen so gestaltet sein, daß sie keine Verletzungen hervorrufen. Die Trageeinrichtung soll den Helm verkehrssicher in der richtigen Lage halten und ein einfaches An- und Ablegen ermöglichen. Das Innenklima muß auch nach längerer Benutzung erträglich sein, das Hörvermögen darf nicht wesentlich beeinträchtigt werden. Die Helmwerkstoffe dürfen weder Hautreizungen hervorrufen, noch unter üblichen Umgebungsbedingungen ihre Eigenschaften durch →Alterung wesentlich verändern.

Form, Aufbau, Schutzbereich und Gewicht sind im einzelnen dem jeweiligen Verwendungszweck angepaßt. Am häufigsten verbreitet sind Schutzhelme für Kraftfahrer und Arbeitsschutzhelme. Helme für Fahrer und Beifahrer von Zweiradfahrzeugen (insbes. Motorräder) sollen bei einem Sturz vor den Folgen eines Aufschlags schützen. Arbeitsschutzhelme (Industrieschutzhelme) sind als Schutz gegen herabfallende Gegenstände und pendelnde Lasten vorgesehen. Für weitere Schutzhelmarten, z. B. Feuerwehrhelme (Brandschutzhelme), Bergsteigerhelme und Reiterhelme ergibt sich der Zweck aus der Bezeichnung.

Die sicherheitstechnischen Anforderungen und die Prüfverfahren sind in internationalen und nationalen Regelwerken enthalten. Für Kraftfahrer-Schutzhelme gilt die ECE-Regelung 22 (→Kraftfahrzeugteileprüfung), für andere Helmarten bestehen Normen (DIN 4840: Arbeitsschutzhelme, DIN 7948: Bergsteigerhelme, DIN 14 940: Feuerwehrhelme) oder Richtlinien von Verbänden und Vereinigungen.

Die wichtigste Prüfung ist die Stoßdämpfungsprüfung. Dabei wird untersucht, welche Kraft oder Beschleunigung in einem genormten Prüfkopf entsteht, wenn auf den Helm eine dynamisch eingeleitete Energie einwirkt.

Für die Stoßdämpfungsversuche werden Fallwerke verwendet, in denen entweder der Helm mit Prüfkopf auf einen Amboß aufschlägt (falling headform test) oder der fest montierte Prüfkopf mit Helm durch ein Fallgewicht belastet wird (rigid headform test). Eine weitere dynamische Belastungsmöglichkeit bietet das →Pendelschlagwerk. Als Schlagmassen werden ebene und gewölbte Stahlkörper verwendet.

Bei vorgegebener Schlagenergie und Auftreffgeschwindigkeit werden Höhe und Verlauf der im Prüfkopf entstehenden Kraft oder Beschleunigung gemessen und bewertet sowie Beschädigungen des Helmes beurteilt.

Die →Widerstandsfähigkeit des Helms gegen das Eindringen spitzer und scharfkantiger Körper (Durchdringungsfestigkeit) wird im Fallversuch mit einem Eindringkegel aus →Stahl untersucht. Für Arbeitsschutzhelme, die zum Einsatz beim Umgang mit Bolzensetzwerkzeugen vorgesehen sind, wird zusätzlich mit einer Bolzenschußvorrichtung die Durchschußfestigkeit bestimmt.

Stoßdämpfungs- und Durchdringungsversuche werden zur Simulation verschiedener Umgebungsbedingungen nach Konditionierung des Helmes bei hoher und tiefer Temperatur, UV-Bestrahlung und Wasserberieselung durchgeführt. Die →Gestaltfestigkeit ist bei Kraftfahrer-Schutzhelmen durch Zusammendrücken zwischen ebenen Platten im statischen Versuch nachzuweisen. Die dabei auftretenden Verformungen müssen begrenzt und überwiegend elastisch sein. Um der Gefahr zu begegnen, daß der Helm bei einem Unfall vom Kopf gerissen wird, erfolgen dynamische Abstreifversuche, Stoßbelastungen der Trageeinrichtung und Überprüfung der Funktion des Kinnriemenverschlusses.

Bei Helmen, die nicht nur den oberen Teil des Kopfes bedecken (Integralhelm), darf das natürliche Sichtfeld nicht durch den Helm eingeschränkt sein. Der vertikale und horizontale Sichtwinkel wird gemessen und bewertet. Die Helmkante im Nackenbereich muß so ausgebildet sein, daß beim Unfall keine Verletzung der Halswirbelsäule durch die Helmschale entsteht. Für Visiere sind die Anforderungen in DIN 58 218 enthalten.

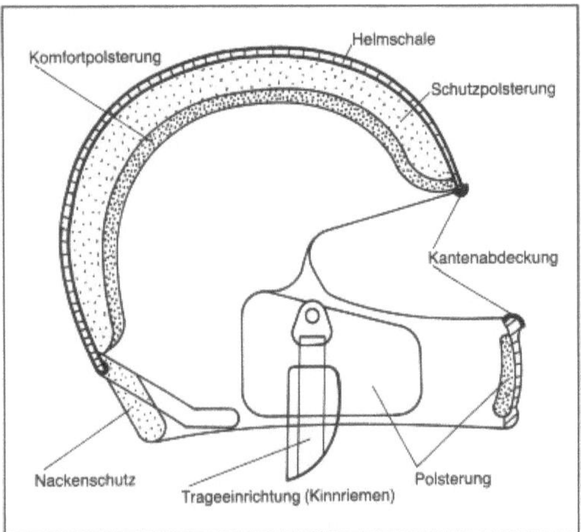

Schutzhelmprüfung 1: Ausführung eines Kraftfahrer-Schutzhelms (Integralhelm).

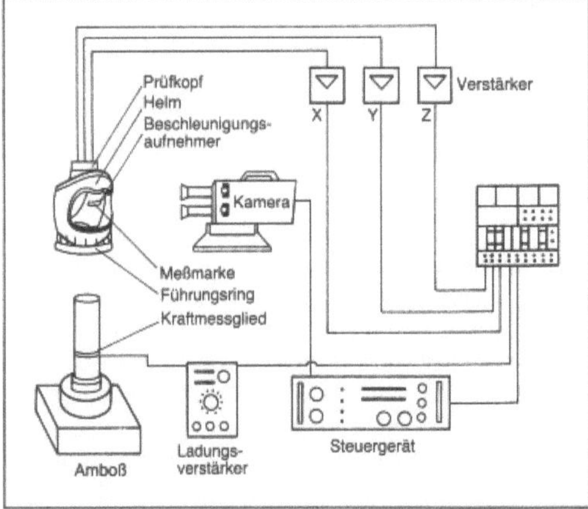

Schutzhelmprüfung 2: Meßeinrichtung für Stoßdämpfungsversuche.

Für bestimmte Ausführungen von Arbeitsschutzhelmen wird das Brennverhalten und die elektrische Isolationsfähigkeit geprüft.

Für serienmäßig hergestellte Kraftfahrerschutzhelme nach ECE-Regelung 22 bestehen außer den Vorschriften für die Typprüfung noch detaillierte Anforderungen für die Produktionskontrolle durch die amtlich zugelassene Prüfstelle und die laufende Qualitätskontrolle durch den Hersteller (Prüfung nach Losen) mit Überwachung durch die Prüfstelle. Schutzhelme, die diese Prüfungen erfolgreich bestanden haben, erhalten ein Genehmigungszeichen (→Kraftfahrzeugteileprüfung).   *Kußmaul*

Literatur: Fahrzeugtechnik EWG/ECE, Loseblatt Textsammlung. Bonn-Bad Godesberg. – *Rentschler, K.:* Verbesserung der Prüfverfahren für Kraftfahrer-Schutzhelme im Hinblick auf verbesserte Stoßdämpfung.
Deutsche Kraftfahrtforschung und Straßenverkehrstechnik. Nr. 295 (1985) Düsseldorf.

Schutzmaßnahme. Bei chemischem Angriff auf →Beton (→Angriff, chemischer) reicht in den meisten Fällen ein aktiver Schutz durch betontechnologische (→Betonwiderstandsfähigkeit) und konstruktive Maßnahmen, um Beton-, Stahlbeton- und Spannbetonbauwerke gegen die verschiedensten Angriffe über lange Zeit ausreichend widerstandsfähig zu machen. Nur bei sehr starkem Angriff benötigt der Beton einen passiven Schutz durch besondere Schutzschichten.

Konstruktiv sind folgende Maßnahmen wichtig:
□ Fernhalten und Ableiten von Niederschlägen,
□ Vermeiden zu dünner Bauteile,
□ sorgfältige konstruktive Durchbildung mit ausreichender Anordnung von Dehnungsfugen, um unkontrollierte Risse zu vermeiden,
□ Vermeiden von Arbeitsfugen,
□ unvermeidbare Arbeitsfugen sorgfältig planen und ausführen,
□ ausreichende Betondeckung an allen Stellen (→Betonstahlkorrosion).

Als Schutzschichten kann man auf den Beton aufbringen (→Oberflächenbehandlung):
□ Imprägnierungen, Hydrophobierungen und Versiegelungen bis etwa 0,1 mm Dicke,
□ Dünnbeschichtungen (→Anstriche) bis etwa 0,4 mm Dicke,
□ Dickbeschichtungen bis etwa 4 mm Dicke (→Beschichtungsstoff),
□ Mörtelbeschichtungen bis etwa 20 mm Dicke (→Mörtel),
□ Folien, Dichtungsbahnen,
□ Bekleidungen aus keramischen und metallischen Stoffen und aus Kunststofftafeln,
□ Verbundausführung verschiedener Verfahren.

Die Auswahl und die erforderliche Dicke hängen von der Art und Stärke des Angriffs und von den Aufgaben und der Ausführung des Bauteils ab.   *Wesche*

Schutzpotential →Grenzpotential; →Korrosionsschutz

Schutzschicht. Nach DIN 50902 wird als S. eine Schicht bezeichnet, die bei korrosiver Beanspruchung die →Korrosionsgeschwindigkeit des Trägerwerkstoffes erheblich vermindert oder dessen →Korrosion verhindert. S. sind beispielsweise Oxidfilme, weitgehend unlösliche Deckschichten aus Reaktionsprodukten, Umwandlungsschichten und organische Beschichtungen (→Beschichtung, organische; →Korrosionsschutz). *Wendler-Kalsch*

Schutzschicht, nichtmetallische. Solche korrosionshemmenden Schutzschichten werden meist durch Anstriche hergestellt, deren Wirksamkeit von einer Vielfalt von Faktoren, wie u. a. Zusammensetzung des Anstrichmittels, Untergrundbeschaffenheit und dessen Haftvermögen, Rauhtiefe, Einfluß von Feuchtigkeit auf Anstrichuntergrund und → Anstrichmittel sowie nicht zuletzt von der Herstellung des Anstriches abhängt, denn die Technik des Aufbringens hat einen großen Einfluß auf die Eigenschaften der Anstrichfilme.

Das wichtigste Gebiet der Anstrichverwendung ist der Schutz von Stahlkonstruktionen und dergleichen gegen atmosphärische Einwirkungen. Im industriellen Bereich muß aus Kostengründen das Auftragen von Anstrichen automatisiert werden. Beim Anstreichen von Stahlkonstruktionen handelt es sich meist um das Überziehen von teilweise verwickelt gestalteten Einzelelementen, für die das Flut- oder Gießlackieren eine geeignete Rationalisierungsmaßnahme darstellt. Großflächige, aber nur gelegentlich zu lackierende Teile werden spritzlackiert. Massenteile dagegen, wie z. B. Automobilkarosserien, werden elektrostatisch beschichtet, nachdem die → Grundierung meist im Tauchverfahren aufgebracht wurde. Prinzipiell sind die Art des Anstrichs und des Herstellungsverfahrens neben der Losgröße vor allem vom Trägerwerkstoff abhängig. Zum → Korrosionsschutz von → Stahl ist es praktisch notwendig, durch eine entsprechende Grundierung den festhaftenden → Rost in unlösliches und irreversibles Fe_3O_4 und Fe_2O_3 zu überführen. Für rauhe Metalloberflächen, z. B. von Gußstücken oder Schmiedeteilen (nach dem → Entzundern) eignen sich zur Herstellung optisch gefällige Oberflächen besonders Runzel- oder Hammerschlagschlacke. *Doliwa*

Schutzstromdichte. Summenstromdichte, die notwendig ist, um beim elektrochemischen → Korrosionsschutz das → Schutzpotential zu erreichen oder zu überschreiten. *Wendler-Kalsch*

Schwarzbruch. Bruch von → Stahl mit schwärzlicher → Bruchfläche, bedingt durch ungewollte Graphitanteile im → Gefüge (ähnlich → Grauguß und → Temperguß). Zur Graphitausscheidung (Graphitisierung) durch Zerfall des Eisenkarbids Fe_3C (→ Zementit) neigen → Stähle mit hohem Siliciumgehalt und unlegierte → Werkzeugstähle mit hohem Kohlenstoffgehalt bei längerem → Glühen, langsamen Abkühlen aus hoher Temperatur oder → Schmieden bei niedriger Temperatur.

Graphitisierung kann auch an Kesselbaustählen mit hohem Aluminiumgehalt, begünstigt durch vorausgegangene plastische → Verformung nach langer Betriebszeit bei hoher Temperatur (450 bis 600 °C) auftreten. Der → Graphit scheidet sich besonders neben Schweißnähten (Wärmeeinflußzone) und in Zonen hoher Beanspruchung aus. Als häufigste Erscheinungsform wird Knötchengraphit in unregelmäßiger Verteilung beobachtet, daneben

kommt linienförmige Graphitausbildung (Gleitliniengraphit) vor. Chrom-Molybdän-legierte Stähle sind von Graphitisierung weniger häufig betroffen als Stähle ohne Chromanteil.

Ungewollte Graphitbildung im Stahl setzt die Verformungsfähigkeit herab (→ Versprödung). *Kußmaul*

Schwefel. Im → Hochofen nimmt → Roheisen S. aus dem Koks auf. Im flüssigen Zustand oder beim → Erstarren bilden sich → Sulfide, die die Warmverformbarkeit beeinträchtigen können (→ Rotbruch). Verformbare Sulfide, wie Eisensulfid und Mangansulfid, werden beim → Warmwalzen mit ausgestreckt und führen zu anisotropen Zähigkeitseigenschaften der Fertigerzeugnisse. Für vor allem in Dickenrichtung hoch beanspruchte Teile werden daher durch geeignete metallurgische Maßnahmen niedrige Schwefelgehalte (Entschwefelung) eingestellt oder es werden durch Sulfidformbeeinflussung hochschmelzende Sulfide erzeugt (Kalzium-, Cer- oder Zirkonsulfid). *Dahl*

Schwefeldioxid-Verfahren → Kernformmaschine; → Kernbüchse

Schwefelpocken. → Zunderausblühungen mit hohem Sulfidgehalt. Sie können bei der → Hochtemperaturkorrosion → metallischer Werkstoffe in schwefelhaltigen Angriffsmedien durch örtlichen Schwefelangriff entstehen. *Wendler-Kalsch*

Schweißbadsicherung. S. dienen dazu, ein Durchsacken des Schweißbades beim → Schweißen der Wurzellage zu verhindern und gleichzeitig zur besseren Formung der Wurzellage beizutragen (Bild). Sie bestehen vorzugsweise aus → Kupfer oder → Keramik.

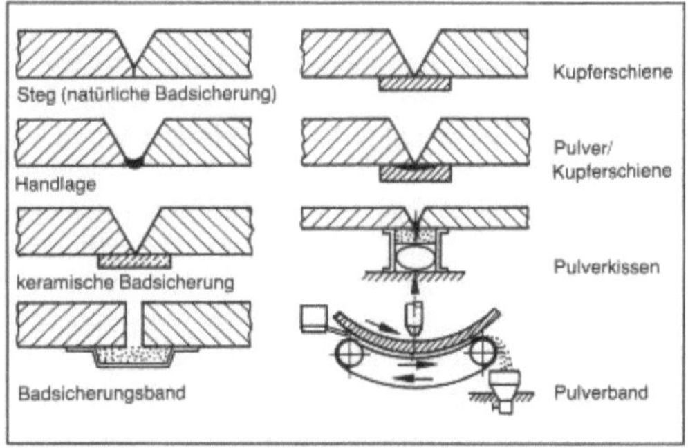

Schweißbadsicherung: Ausführungsbeispiele.

Teilweise wird als Badsicherung unterlegtes → Blech mit angeschweißt. Auch Pulverunterlagen eignen sich zur Badsicherung (→ Unterpulverschweißen). *Dorn*

Literatur: *Killing, R.:* Handbuch der Schweißverfahren.

Schweißbarkeit. Nach DIN 8528 ist die S. eines Bauteils aus →metallischem Werkstoff vorhanden, wenn der Stoffschluß durch →Schweißen mit einem gegebenen →Schweißverfahren bei Beachtung eines geeigneten Fertigungsablaufs erreicht werden kann. Die S. hängt von den drei Einflußgrößen Werkstoff, Konstruktion und Fertigung ab. Zwischen den Einflußgrößen und der S. stehen folgende Eigenschaften:
- →Schweißeignung des Werkstoffs,
- Schweißsicherheit der Konstruktion,
- Schweißmöglichkeit der Fertigung.

Die Schweißeignung des Werkstoffs ist vorhanden, wenn aufgrund seiner Eigenschaften bei der Fertigung eine den jeweiligen Anforderungen entsprechende Schweißgüte erzielt werden kann. Unter der Schweißsicherheit einer Konstruktion versteht man die Erhaltung der Funktionsfähigkeit unter den vorgesehenen Betriebsbedingungen auf Grund der konstruktiven Gestaltung. Die Schweißmöglichkeit einer technischen Fertigung ist vorhanden, wenn die vorgesehenen Schweißungen unter den gegebenen Fertigungsbedingungen fachgerecht ausgeführt werden können. *Dorn*

Literatur: DIN 8528 Tl. 1: Schweißbarkeit; metallische Werkstoffe, Begriffe. Berlin, Köln 1973.

Schweißbarkeitsprüfung. Die Prüfung der →Schweißbarkeit (DIN 8528) eines Bauteiles umfaßt die →Schweißeignungsprüfung, die →Schweißsicherheitsprüfung und die Prüfung der Schweißmöglichkeit.

Die →Schweißeignung eines Werkstoffes ist nach DIN 8528 vorhanden, wenn bei der Fertigung aufgrund der werkstoffgegebenen chemischen, metallurgischen und physikalischen Eigenschaften eine den jeweils gestellten Anforderungen entsprechende Schweißung hergestellt werden kann. Dementsprechend erfolgt die Schweißeignungsprüfung.

Die Schweißsicherheit einer Konstruktion ist nach DIN 8528 vorhanden, wenn mit dem verwendeten Werkstoff das Bauteil aufgrund seiner konstruktiven Gestaltung unter den vorgesehenen Betriebsbedingungen funktionsfähig bleibt. Dementsprechend erfolgt die Schweißsicherheitsprüfung.

Die Schweißmöglichkeit in einer schweißtechnischen Fertigung ist nach DIN 8528 vorhanden, wenn die an einer Konstruktion vorgesehenen Schweißungen unter den gewählten Fertigungsbedingungen fachgerecht hergestellt werden können. Zur Prüfung der Schweißmöglichkeit muß daher überlegt werden, ob die
- Vorbereitung zum →Schweißen (z. B. Fugenform oder Vorwärmung), die
- Ausführung der Schweißarbeiten (z. B. Schweißfolge) und die
- Nachbehandlung (z. B. →Wärmebehandlung oder Schleifen)

in der Fertigung überhaupt möglich, d. h. technisch sinnvoll durchführbar sind. *Kußmaul*

Literatur: *Ruge, J.*: Handbuch der Schweißtechnik. Bd. 1. Berlin-Heidelberg-New York 1980.

Schweißbauteil-Toleranz →Schweißen

Schweißbrenner. Gerät zur autogenen Metallbearbeitung, das ein Brenngas (z. B. Acetylen) und Sauerstoff in einstellbarem Verhältnis mischt und durch eine Düse nach außen strömen läßt. Die nach Zündung entstehende Flamme kann Temperaturen von 3200 °C erreichen. Auswechselbare Einsätze erlauben die Anpassung an unterschiedliche Bearbeitungsaufgaben. Nach dem Mischprinzip unterscheidet man Gleichdruck-S. und Injektor(Saug)-Brenner. Die Injektorbrenner arbeiten nach dem im Bild dargestellten Prinzip.

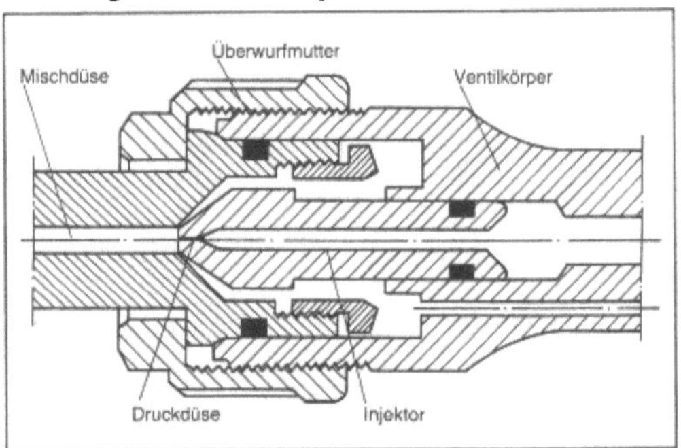

Schweißbrenner: Prinzip des Injektorbrenners.

Vor der Druckdüse steht der Sauerstoff unter einem Druck von 2,5 bar und tritt daher mit hoher Geschwindigkeit aus der Düse aus. Der dadurch erzeugte Unterdruck saugt das Acetylen an. Die homogene Mischung der beiden Gase erfolgt in der Mischdüse und im Mischrohr. An der Schweißdüse treten die Gase mit einer von der Brennergröße abhängigen Geschwindigkeit aus (80–160 m/s). Die Brennereinsätze sind nach der durchströmenden Gasmenge gestuft. *Dorn*

Literatur: *Eichhorn, F., v. Gaever, E., Teske, K.*: Fügen durch Schweißen. Handbuch der Fertigungstechnik. Bd. 5: Fügen, Handhaben, Montieren. G. Spur (Hrsg.). München, Wien 1986, S. 247.

Schweißdraht →Schweißzusatz

Schweißeigenspannung →Schweißen

Schweißeignung. Eignung des Stahls zum →Schweißen. Beim Schweißen werden die Zonen unmittelbar neben der Schweißnaht (→Wärmeeinflußzone) bis in die Nähe des →Schmelzpunktes erhitzt. Bei der anschließenden schnellen →Abkühlung können harte und spröde Zonen entstehen, die das Verhalten der → Schweißverbindung beeinträchtigen. Vor allem höhere Kohlenstoffgehalte in Verbindung mit Legierungselementen, die zum Aufhärten führen, ergeben unzulässige Härtewerte. Der Kohlenstoffgehalt von schweißbaren Baustählen wird daher auf rund 0,2 % begrenzt, die Auswirkung weiterer → Legierungselemente durch das → Kohlenstoffäquivalent beschrieben. Die S. ist eine komplexe Größe, die abhängig vom → Schweißverfahren, von den Betriebsbedingungen und von den Anforderungen definiert werden muß. *Dahl*

Schweißeignungsprüfung. Beurteilung, ob sich ein Werkstoff bzw. Zusatzwerkstoff aufgrund seiner chemischen, metallurgischen und physikalischen Eigenschaften für eine Schweißung eignet, die bestimmte an sie gestellte Anforderungen erfüllt. Nach DIN 8528 ist die → Schweißeignung eines Werkstoffes innerhalb einer Werkstoffgruppe um so besser, je weniger die werkstoffbedingten Faktoren beim Festlegen der schweißtechnischen Fertigung für eine bestimmte Konstruktion beachtet werden müssen.

Art und Umfang der durchgeführten Prüfungen richten sich nach den an die gesamte → Schweißverbindung gestellten Anforderungen, wobei sicherheitstechnische Aspekte meist die größte Rolle spielen. Es muß verfahrensspezifisch und werkstoffgerecht geprüft werden. Dementsprechend werden je nach Verfahren, Werkstoff und Nahtgeometrie unterschiedliche Prüfungen angewandt.

Häufig durchgeführte Prüfungen sind beispielsweise: Bei Stumpfnaht-Schmelzschweißungen:
- → Zugversuch nach DIN 50 120 an ungekerbten und gekerbten Flachzugproben bei → Stahl.
- Zugversuch nach DIN 50 123 an ungekerbten Flachzugproben bei Nichteisenmetallen
- → Biegeversuch nach DIN 50 121 an ungekerbten und gekerbten Biegeproben
- → Kerbschlagbiegeversuch nach DIN 50 122, wobei die Proben mit unterschiedlicher Lage und Orientierung aus dem Nahtbereich herausgearbeitet werden können.
- Zerstörungsfreie Prüfung mit Ultraschall nach DIN 54 125, mit Röntgen- bzw. Gammastrahlen nach DIN 54 111 oder anderen Verfahren
- Weitere Untersuchungen, wie → Dauerschwingversuch, → Zeitstandversuch, → Härteprüfung, → Metallographie, → Korrosionsprüfung usw.

Bei Kehlnaht-Schmelzschweißungen:
- Winkel- und Keilprobe nach DIN 50 127
- Weitere Prüfungen, wie Oberflächenrißprüfung, Dauerschwingversuch, Härteprüfung usw.

Bei Punktschweißungen:
- Scherzugversuch nach DIN 50 124
- Kopfzugversuch nach DIN 50 164

- Weitere Prüfungen wie Dauerschwingversuch, Härteprüfung, Metallographie usw.

Zur Prüfung der Kaltriß- und Heißrißanfälligkeit existieren für verschiedene Verfahren eine Reihe unterschiedlicher Prüfmethoden, wie z. B. der sog. Implanttest zur Kaltrißprüfung oder der sog. Varestrainttest zur Heißrißprüfung. Auch bruchmechanische Prüfungen können herangezogen werden. Zur verfahrensunabhängigen Prüfung eignet sich auch die thermische → Schweißsimulation. *Kußmaul*

Schweißen. Nach DIN 1910 ist das S. das unlösbare Vereinigen von Grundwerkstoffen (Verbindungs-S.) oder das → Beschichten eines Grundwerkstoffs (→ Auftragsschweißen) unter Anwendung von Wärme oder Druck oder von beiden ohne oder mit Schweißzusatzwerkstoffen (Tabelle 1).

Um eine einwandfreie → Schweißverbindung herzustellen, ist eine sorgfältige → Schweißnahtvorbereitung, d. h. entsprechende Ausbildung der Fugenform, notwendig. Richtlinien für Schweißnahtfugenformen geben DIN 8551, 8552 und 2559. Die Fuge kann durch einfachen Geradschnitt, z. B. für I- oder Kehlnähte, oder durch Schräg oder Formschnitt, z. B. für V-, U- oder Y-Nähte (Bild 1, 2) hergestellt werden.

Die Temperaturerhöhung beim S. verursacht ein Ausdehnen und das anschließende Abkühlen ein Schrumpfen des Werkstoffs. Der in der Umgebung der Schweißnaht liegende kältere Werkstoff setzt jedoch solchen Formänderungen einen Widerstand entgegen, so daß beim Erwärmen Druckspannungen oberhalb der → Warmstreckgrenze entstehen und Materialstauchungen verursachen. Daher kann beim anschließenden Abkühlen das Material seine ursprüngliche Gestalt nicht wieder einnehmen, sondern es entstehen in den zuvor gestauchten Bereichen Zugspannungen und in den Umgebungsbereichen Druckspannungen (Schweißeigenspannungen). Außerdem entstehen bleibende Formänderungen im geschweißten Werkstück (Schweißschrumpfungen). Vorbeugende Maßnahmen gegen Schweißeigenspannungen und -schrumpfungen sind zweckmäßiges Heft-S. (Schweißpunkte oder kurze Schweißnähte) oder/und Spannen der zu fügenden Werkstücke durch Vorrichtungen, zweckentsprechendes Festlegen der einzelnen Schweißschritte in einem → Schweißfolgeplan und S. mit möglichst geringer Wärmeeinbringung. Die zulässigen Freimaßtoleranzen von Schweißkonstruktionen sind in DIN 8570 und DIN E 8570 festgelegt. Es werden vier Genauigkeitsgrade unterschieden (Tabelle 2, 3).

Bei allen → Schweißverfahren muß mit einer Gefügeänderung und damit mit einer Änderung der

Schweißen. Tabelle 1: Einteilung der Schweißverfahren nach dem Mechanisierungsgrad. (Quelle: DIN 1910)

Benennung Kurzzeichen	Beispiele Schutzgasschweißen		Bewegungs-/Arbeitsabläufe		
	WIG	MSG	Brenner-/ Werkstück- führung	Zusatz- vorschub	Werkstück- handhabung
Handschweißen (manuelles Schweißen) **m**	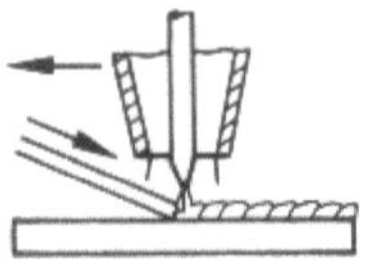 m-WIG	–	von Hand	von Hand	von Hand
Teil- mechanisches Schweißen **t**	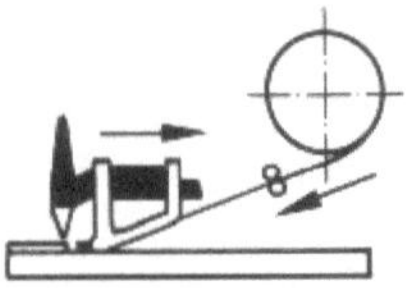 t-WIG	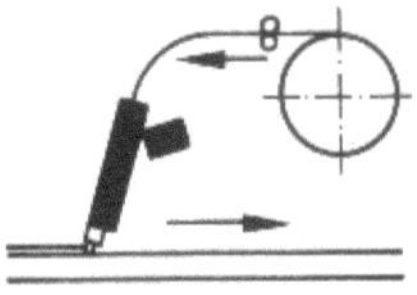 t-MSG	von Hand	mechanisch	von Hand
Voll- mechanisches Schweißen **v**	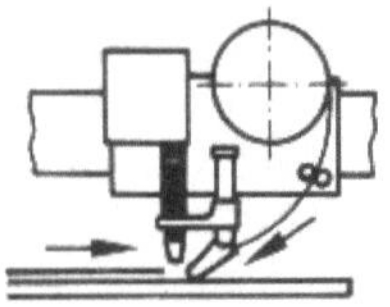 v-WIG	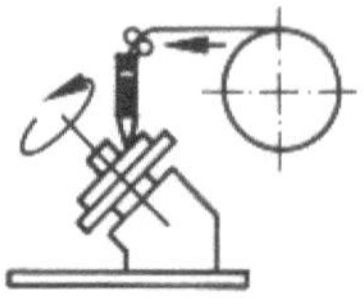 v-MSG	mechanisch	mechanisch	von Hand
Automatisches Schweißen **a**	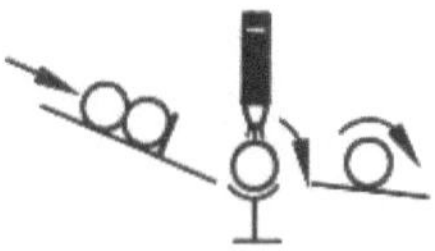 a-WIG	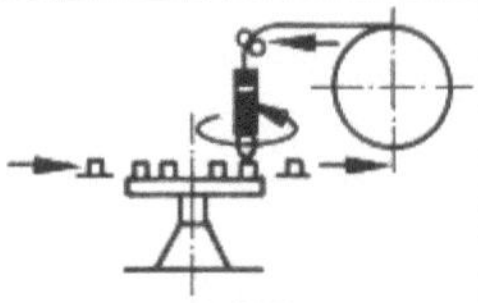 a-MSG	mechanisch	mechanisch	mechanisch

Schweißen. Tabelle 2: Zulässige Abweichungen für Längenmaße.

Genauigkeits- grad	Nennmaßbereich									
	über 30 bis 120	über 120 bis 315	über 315 bis 1000	über 1000 bis 2000	über 2000 bis 4000	über 4000 bis 8000	über 8000 bis 12 000	über 12 000 bis 16 000	über 16 000 bis 20 000	über 20 000
A	±1	±1	±2	±3	±4	±5	±6	±7	±8	±9
B	±2	±2	±3	±4	±6	±8	±10	±12	±14	±16
C	±3	±4	±6	±8	±11	±14	±18	±21	±24	±27
D	±4	±7	±9	±12	±16	±21	±27	±32	±36	±40
Für Maße bis 30 mm gilt eine zulässige Abweichung von ±1 mm										

Die zulässigen Abweichungen gelten auch für nicht eingetragene Winkel von 90° und 180°.

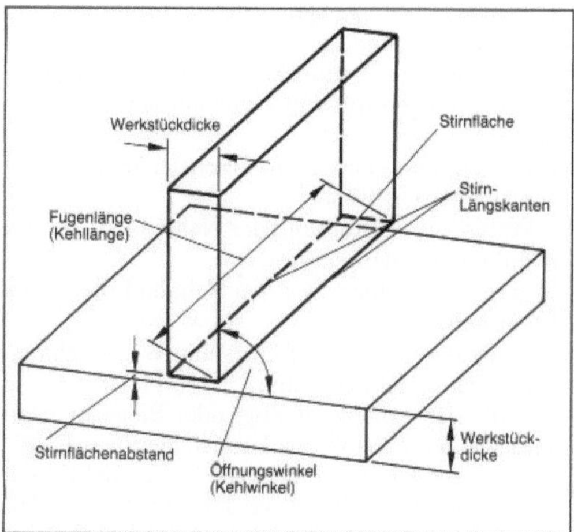

Schweißen 1: Kehlnahtfugenform. (Quelle: DIN 1910)

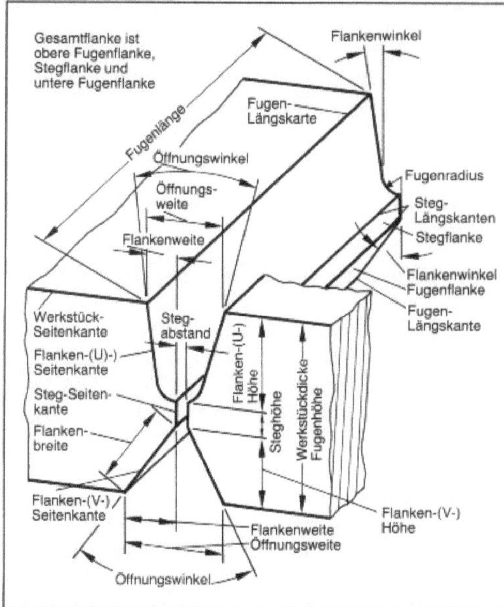

Schweißen 2: Fugenform für V- und U-Naht. (Quelle: DIN 1912)

mechanischen Eigenschaften des Werkstoffs gerechnet werden. Zu große Abkühlungsgeschwindigkeiten nach dem S. können oberhalb bestimmter Gehalte an → Kohlenstoff und Legierungselementen infolge Martensitbildung (mit starker Verminderung des Formänderungsvermögens) zu Riß- und Sprödbruchgefahr führen. Verfahrensbedingte Verminderung der Abkühlungsgeschwindigkeit (z. B. Vorwärmen der zu verschweißenden Werkstücke, Erhöhung der eingebrachten Schweißenergie oder Verringerung der Schweißgeschwindigkeit) ist zu empfehlen. *Dorn*

Schweißen. Tabelle 3: Zulässige Abweichungen für Winkelmaße. (Quelle: DIN 8570)

Genauigkeits-grad	Nennmaßbereich (Länge des kürzeren Schenkels)		
	bis 315	über 315 bis 1 000	über 1 000
	Zulässige Abweichung in Grad und Minuten		
A	±20′	±15′	±10′
B	±45′	±30′	±20′
C	±1°	±45′	±30′
D	±1° 30′	±1° 15′	±1°
	Zulässige Abweichung in mm/m *)		
A	±6	±4,5	±3
B	±13	±9	±6
C	±18	±13	±9
D	±26	±22	±18

*) Der Faktor von mm/m auf mm/100 mm entsprechend DIN 7168 Blatt 1 beträgt 0,1

Literatur: DIN 1910 Tl. 1: Schweißen; Begriffe, Einteilung der Schweißverfahren. Berlin, Köln 1983. – DIN 8551 Tl. 1 und 4: Schweißnahtvorbereitung. Berlin, Köln 1976. – DIN 8570 Tl. 1: Freimaßtoleranzen für Schweißkonstruktionen. Berlin, Köln 1974. – DIN E 8570 Tl. 1: Allgemeintoleranzen für Schweißkonstruktionen. Längen und Winkelmaße. Berlin, Köln, 1986.

Schweißen, formgebendes → Schweißen

Schweißen, mechanisiertes → Schweißen

Schweißen im Behälter- und Kesselbau. Die AD-Merkblätter HP 0, HP 2 und HP 3 beschreiben die bei Schweißarbeiten im Behälterbau einzuhaltenden Anforderungen an den Fertigungsbetrieb, an die Werkstoffe und Hilfsstoffe, die schweißtechnische Gestaltung und Fertigung sowie Nachbehandlung und Prüfung der Schweißverbindungen.
□ Bei der Durchführung der Schweißarbeiten sind folgende Richtlinien zu beachten:
□ Vermeiden von schroffer → Abkühlung des Nahtbereichs,
□ Masseanschlüsse mit einwandfreiem elektrischen Kontakt ausführen (Anschweißen von Masseanschlüssen unzulässig),
□ beim → Schweißen in mehreren Lagen sind die Oberflächen der vorhergehenden Lage sorgfältig vorzubereiten, so daß einwandfreies Schweißen der

nächsten Lage möglich ist (Beseitigung von Randkerben, Unterspülungen, Rissen, Löchern und Bindefehlern),

☐ Zündstellen und Einbrandstellen sind zu vermeiden bzw. fachgerecht zu beseitigen,

☐ Vorwärmen des Nahtbereichs je nach Werkstoffart und Nahtquerschnitt (wird vorgewärmt, muß dies vor dem Heften erfolgen),

☐ Montagehilfen sollen möglichst aus einem Werkstoff niedriger →Festigkeit hergestellt werden (Beseitigen der Schweißnahtreste nach dem Entfernen der Anschweißteile durch Schleifen),

☐ Schweißkantenversatz im Bereich der Wurzellage ist möglichst zu vermeiden.

Die Schweißungen dürfen nur von geprüften Schweißern angefertigt werden. Die Grundwerkstoffe für Behälter- und Behälterteile müssen schweißgeeignet sein. Außerdem sind die handwerkliche Güte der Schweißarbeiten und die werkstoffliche Güte der Schweißverbindungen vom Hersteller durch geeignete Kontrollen zu sichern.

Dorn

Literatur: AD HP 0: Allgemeine Grundsätze für Auslegung, Herstellung und erstmalige Prüfung (1984). – AD HP 2: Verfahrensprüfung für Schweißverbindungen (1984). – AD HP 3: Schweißaufsicht, Schweißer (1975).

Schweißen im Rohrleitungsbau. Die Anforderungen an den Betrieb, die Werk- und Hilfsstoffe, die schweißtechnische Fertigung und →Schweißnahtprüfung sind in DIN 8564 beschrieben. Insbesondere bei der Ausführung von Schweißungen an Rohrleitungen ist zu beachten, daß

☐ Zündstellen auf der Rohroberfläche unzulässig sind,

☐ Rißfreiheit der Heftstellen gewährleistet ist,

☐ Stumpf- und Kehlnähte ohne Einbrandkerben hergestellt werden (ggf. Entfernung der Kerben durch Schleifen),

☐ Anschweißen von Montagehilfen o. ä. Teile zu vermeiden ist,

☐ Ausbesserungsschweißungen wie neu zu fertigende Nähte auszuführen sind,

☐ das Abkühlen nach dem Schweißen durch geeignete Maßnahmen verzögert wird (Abdecken bzw. Nachwärmen).

Ferner dürfen nur geprüfte Schweißer eingesetzt werden. Für die zu verwendenden Grundwerkstoffe müssen Bescheinigungen über Werkstoffprüfungen nach DIN 50049 vorliegen. *Dorn*

Literatur: DIN 8564: Schweißen im Rohrleitungsbau. Berlin, Köln 1972.

Schweißen im Stahlhochbau. Die DIN 18800 enthält Richtlinien zur Ausführung und Berechnung von Schweißnähten, zu den zulässigen Werkstoffen sowie zur baulichen Durchbildung von Stahlbauten.

Folgende Bedingungen zur Ausführung der Schweißnähte sind einzuhalten:

☐ Schweißen in Wannenlage ist zu bevorzugen,

☐ Anhäufungen von Schweißnähten sind zu vermeiden,

☐ einwandfreies Durchschweißen der Wurzeln bzw. genügender Einbrand,

☐ kraterfreie Ausführung der Nahtenden, Stumpfnähte mit Auslaufblechen,

☐ flache Übergänge zwischen Naht und Blech ohne Einbrandkerben,

☐ Freiheit von Rissen, Binde- und Wurzelfehlern,

☐ Maßhaltigkeit der Nähte.

Außerdem sollen auf Zug- oder Biegezug beanspruchte Stumpfstöße in Formstählen wie I-, IP-, U-Stählen oder Stabstählen wie Z-, T- und L-Stählen möglichst vermieden werden. Wechselt an Stößen die Dicke von Gurtplatten oder Stegblechen, so sind wegen des besseren Übergangs zum dickeren Teil die mehr als 10 mm vorstehenden Kanten im Verhältnis 1:1 oder flacher zu brechen. Kleinere Dickenunterschiede dürfen in der Naht ausgeglichen werden. Unterbrochene Kehlnähte dürfen ausgeführt werden, jedoch sind unterbrochene Stumpfnähte unzulässig, wenn eine Beanspruchung quer zur Naht vorliegt (→Schweißnahtberechnung). *Dorn*

Literatur: DIN 18800 Tl. 1: Stahlbauten; Bemessung und Konstruktion. Berlin, Köln 1990.

Schweißen von Aluminium. →Aluminium und seine Legierungen können durch Preß- und →Schmelzschweißen verbunden werden. Folgende Gesichtspunkte sind beim S. v. A. zu beachten:

– Die hohe Wärmeleitfähigkeit erfordert zum Schweißen größere Wärmezufuhr als beim Stahlschweißen.

– Die hohe Wärmeleitfähigkeit führt zu einer breiten Wärmeeinflußzone. In dieser Zone sinkt die →Festigkeit kaltverfestigter und ausgehärteter Werkstoffe bis auf den weichen Zustand ab.

– Infolge hoher linearer →Wärmeausdehnung entstehen beim Schweißen starke Formänderungen, die zu Verwerfungen führen können.

– Die hochschmelzende Oxidhaut (2053 °C) an der →Oberfläche erschwert das Zusammenfließen des geschmolzenen Metalls. Durch →Flußmittel oder die reinigende Wirkung des Lichtbogens kann die Oxidhaut entfernt und ihre Neubildung durch Abschirmung der Schweißstelle gegenüber dem Luftsauerstoff verhindert werden.

– Bei der beginnenden Verflüssigung des Metalls zeigen sich wegen der niedrigen Schmelztemperaturen keine Glühfarben.

– Bei →Aluminiumlegierungen können sich weitere Einschränkungen in der →Schweißbarkeit durch bestimmte Legierungsbestandteile oder Legierungsphasen ergeben, die durch die Schweißwärme unerwünschte Veränderungen erleiden und Festigkeitsabfall oder Schweißrissigkeit verursachen (insbesondere Cu, Pb). *Dorn*

Literatur: *Dorn, L.* u. a.: Schweißen von Aluminiumwerkstoffen. Grafenau 1983.

Schweißen von Betonstahl. Die DIN 4099 beschreibt die für das S. v. B. zugelassenen →Schweißverfahren und gibt Hinweise für die Ausführung der Schweißarbeiten:

☐ Die zu schweißenden Stäbe sind im Bereich der Schweißstelle sorgfältig zu reinigen.

☐ Die zu schweißenden Stäbe müssen im Bereich der Schweißstelle eine Mindesttemperatur von 5 °C haben und sind nach dem Schweißen vor schneller →Abkühlung zu schützen.

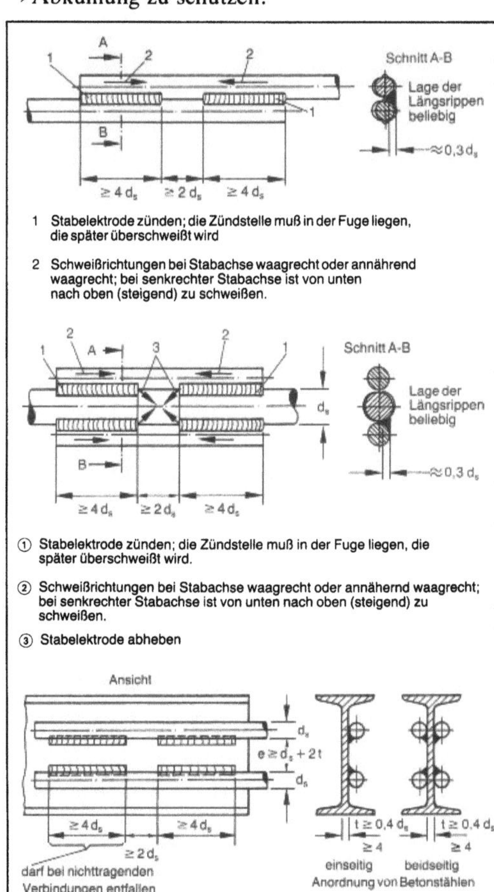

Schweißen von Betonstahl: Betonstahlverbindungen nach DIN 4099.
a) Überlappstoß für tragende Verbindungen
b) Laschenstoß
c) Verbinden mit einseitigen Flankennähten (z. B. mit I-Profil).

☐ Bei durch →Kaltverformung verfestigten Betonstählen dürfen die nicht verformten Stabenden nur bei Heftschweißungen und bei Übergreifungsstößen (Bild) geschweißt werden.

☐ Bei geschweißten Bewehrungsstößen muß der Abstand von Abbiegestellen mindestens 10 x Stabdurchmesser betragen.

Weitere Ausführungshinweise enthält die Norm für das Widerstands-Abbrennstumpfschweißen, das Metall-Lichtbogenschweißen und das Widerstands-Punktschweißen für tragende Verbindungen. Das Bild zeigt die für das Metall-Lichtbogenschweißen zugelassenen Stoßarten. *Dorn*

Literatur: DIN 4099: Schweißen von Betonstahl. Berlin, Köln 1985.

Schweißen von Gußeisen. →Grauguß enthält erhöhte Anteile an →Schwefel und →Phosphor sowie Kohlenstoffgehalte von 2,8 % bis 4,5 %, weshalb ein S. v. G. mit einfachen Mitteln nicht möglich ist. Konstruktive Schweißungen werden daher nicht durchgeführt, Reparaturschweißungen dagegen häufig. Beim Gußeisenwarmschweißen wird das →Gußstück ganz oder teilweise auf ca. 650 °C erwärmt und mit artgleichem Zusatzwerkstoff geschweißt. Sowohl das Anwärmen als auch das Abkühlen nach dem Schweißen muß sehr langsam (oft über mehrere Stunden) erfolgen. Da das Schweißgut sehr dünnflüssig ist, muß die eigentliche Schweißstelle eingeformt werden, (Bild). Die sich bildende Eisenoxidulschicht wird durch geeignete →Flußmittel beseitigt. Als Verfahren kommen das Gas- oder →Lichtbogenschweißen in Betracht. Bei einwandfreier Ausführung hat die →Schweißverbindung die gleichen Eigenschaften wie der ungeschweißte Werkstoff, d. h. die →Bruchdehnung von →Gußeisen mit Lamellengraphit von ca. 1 % wird auch von der Schweißverbindung erreicht. Bei Gußeisen mit Kugelgraphit ist die Bruchdehnung höher, so daß die Schweißverbindungen einer →Wärmebehandlung zu unterziehen sind, um höhere Verformungsfähigkeit zu erzielen. *Dorn*

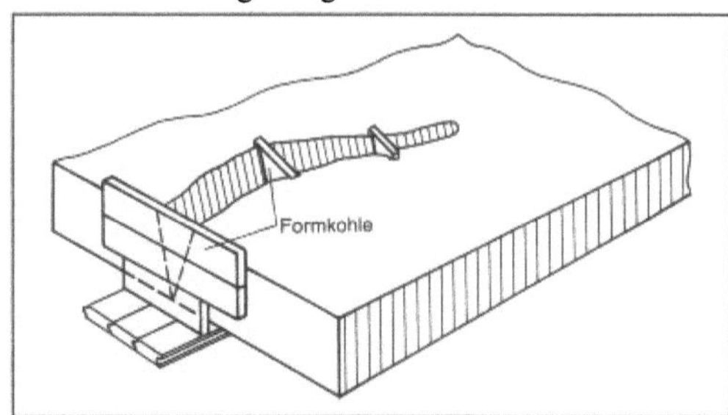

Schweißen von Gußeisen: Einformen großer Schweißquerschnitte. (Quelle: Ruge, J.: Handbuch der Schweißtechnik)

Literatur: *Ruge, J.*: Handbuch der Schweißtechnik. Bd. I. Werkstoffe. Berlin, Heidelberg, New York 1980, S. 179/88.

Schweißen von hochlegiertem Stahl. Die hochlegierten →Stähle (mehr als 5 % Legierungselemente) werden unterteilt in die ferritischen, perlitisch-martensitischen und die austenitischen Stähle. Beim Schweißen der ferritischen Stähle treten folgende Probleme auf:

☐ →Kornwachstum oberhalb 900 °C,

☐ 475 °C-Versprödung durch Ausscheidungsvorgänge,

☐ →Sigma-Phase (→Versprödung zwischen 650 und 850 °C),

☐ Interkristalline →Korrosionsanfälligkeit unstabilisierter Stahltypen.

Diese Stähle werden mit möglichst geringer Wärmezufuhr geschweißt; durch Vorwärmen wird die Rißgefahr vermindert und durch eine Nachbehandlung die Sprödigkeit. Geschweißt wird mit artgleichem oder austenitischem Zusatzwerkstoff.

Metastabile austenitische Stähle sind infolge der guten Verformbarkeit des Austenits grundsätzlich gut schweißgeeignet. Beim Schweißen der stabilen austenitischen Stähle kann es zu Heißrissen kommen. Durch einen gewissen Ferritanteil im Zusatzwerkstoff läßt sich diese Heißrißanfälligkeit verringern. Auch hier ist mit geringer Wärmezufuhr zu schweißen.

Bei den perlitisch-martensitischen Stählen nimmt die →Schweißeignung mit zunehmendem Kohlenstoffgehalt ab. Diese Stähle werden meist zwischen 300 und 400 °C vorgewärmt und nach dem Schweißen ohne Zwischenabkühlung bei 650 bis 750 °C anlaßgeglüht. *Dorn*

Literatur: *Ruge, J.:* Handbuch der Schweißtechnik. Bd. I. Werkstoffe. Berlin, Heidelberg, New York 1980, S. 145/67.

Schweißen von Kupfer. Zum Schweißen eignen sich nur sauerstofffreie (desoxidierte) Kupfersorten. Bei Anwesenheit von Sauerstoff wird Kupfer(I)-Oxid gebildet (Cu_2O), das mit →Kupfer bei 1065 °C ein →Eutektikum bildet und sehr spröde ist. Daher weisen Schweißverbindungen an sauerstoffhaltigem Kupfer nur sehr geringe Zähigkeiten auf. Außerdem kann beim Gasschweißen der in der ersten Verbrennungsstufe noch vorhandene →Wasserstoff in das feste, hocherwärmte Kupfer eindringen und das Cu_2O reduzieren. Dabei bilden sich metallisches Kupfer und Wasserdampf (unlöslich im Kupfer), der an den Entstehungsstellen unter hohem Druck eingeschlossen bleibt und das Kupfer brüchig macht (Wasserstoffkrankheit).

Dickwandige Teile müssen hoch vorgewärmt werden, da Kupfer eine gegenüber Stahl etwa sechsmal so hohe Wärmeleitfähigkeit besitzt. Das →Gefüge der Schweißnaht entspricht dem von gegossenem Kupfer, es ist grobkristallin und hat ungünstige

Festigkeitswerte. Durch Warmverformung kann das Gußgefüge in ein feinkörniges Gefüge umgewandelt werden (Warmhämmern). *Dorn*

Literatur: *Ruge, J.:* Handbuch der Schweißtechnik. Bd. I. Werkstoffe. Berlin, Heidelberg, New York 1980, S. 191/208.

Schweißen von Nickel. Beim Schweißen von →Nickellegierungen können folgende Schwierigkeiten auftreten:

– Heißrißneigung, die bereits durch geringste Schwefelanteile verursacht werden kann,

– Porenbildung, verursacht durch anwesende Gase wie Sauerstoff, →Stickstoff und vor allem →Wasserstoff,

– Ausscheidungen, die die →Korrosionsbeständigkeit herabsetzen.

Bei Elektrolytnickel können bereits Spuren von Verunreinigungen zu feinsten Längsrissen in der Wärmeeinflußzone führen.

Geschweißt wird meist im weichgeglühten Zustand. Bereiche starker →Kaltverformung sind vor dem Schweißen nochmals zu glühen. Auch aushärtbare Legierungen sollen nur weichgeglüht geschweißt werden, da sonst wegen zu geringer Verformungsfähigkeit mit dem Auftreten von Spannungsrissen zu rechnen ist. Vor dem Schweißen sind die Oberflächen mindestens 25 mm beiderseits der Schweißnaht zu entfetten und kurz vor dem Schweißen zu schleifen. Hauptsächlich werden das →Gasschmelzschweißen, →Lichtbogenschweißen, Wolfram-Inertgas-Schweißen und →Widerstandsschweißen angewandt. *Dorn*

Literatur: *Ruge, J.:* Handbuch der Schweißtechnik. Bd. I. Werkstoffe. Berlin, Heidelberg, New York 1980, S. 210/20.

Schweißen von niedriglegiertem Stahl. Das S. v. n. S. wird maßgeblich von den vorhandenen Legierungselementen bestimmt. Als maximale Grenzwerte für gute →Schweißeignung gelten 0,35 % Cr, 0,8 % Ni und 0,5 % Mo. Die entstehende Aufhärtungsneigung beim →Lichtbogenschweißen ohne Vorwärmung läßt sich durch die Formel

$$HV = 1200 \times Kä - 200$$
mit $Kä = C + Mn/6 + Cr/5 + Ni/15 + Mo/4 + V/5$

berechnen. Darin wird der Einfluß der →Legierungselemente im →Kohlenstoffäquivalent Kä zusammengefaßt. Die →Härte soll unter 350 HV bleiben. Die Tabelle zeigt die Schweißeignung in Abhängigkeit von Kä.

Eine gute Schweißeignung weisen die höherfesten Feinkornbaustähle auf. Die Feinkörnigkeit wird durch Sondercarbidbildner (Zr, Ti, Ta, V, Nb) erreicht. Dadurch werden →Zähigkeit und →Festigkeit beträchtlich erhöht. Der Kohlenstoffgehalt

Schweißen von niedriglegiertem Stahl. Tabelle: S. in Abhängigkeit vom Kohlenstoffäquivalent.

$K_ä$ (%)	Schweißeignung	Vorwärmen (°C)	Elektroden	Spannungsarm-Glühen (°C)
< 0,4	gut	–	normal	–
0,4 – 0,5	bedingt	0 – 200	hochwertig	–
0,5 – 0,55	bedingt	100 – 300	hochwertig	500 – 650
> 0,55	abzuraten	200 – 400	hochwertig	500 – 650

liegt unter 0,22 %, damit die geforderte Schweißeignung vorhanden ist.   *Dorn*

Literatur: *Dorn, L. u. a:* Schweißen von Baustählen und hochfesten Feinkorn-Baustählen. Ehningen 1986. – *Ruge, J.:* Handbuch der Schweißtechnik, Bd. I. Werkstoffe. Berlin, Heidelberg, New York 1980, S. 97/144.

Schweißen von Thermoplasten. Das Verschweißen von Thermoplasten hat sich im Bauwesen als werkstoffgerechtes und sicheres Fügeverfahren bewährt. Im Gegensatz zum → Metallschweißen werden weder Flamme (→ Schweißbrenner) noch Lichtbogen (→ Elektroden) verwendet, da die → Kunststoffe sowohl brennbar als auch elektrisch nicht leitfähig sind. Das Ineinanderfließen der plastifizierten Schweißzonen der zu verbindenden Bauteile geschieht durch Erwärmen mittels Heißluft, Kontakt zu Heizelementen oder durch Anlösen mittels Lösemitteln. Für Sonderzwecke ist die Erwärmung auch durch → Reibung, Ultraschallenergie oder im Hochfrequenzfeld möglich. → Duroplaste und → Elastomere haben wegen ihrer vernetzten Molekularstruktur keinen plastischen Verformungsbereich und sind daher nicht schweißbar. Grundsätzlich ist es auch möglich, unterschiedliche → Thermoplaste miteinander zu verschweißen. Dabei ist natürlich zu beachten, daß die Erweichungstemperaturen und das Anlösungsverhalten unterschiedlich sind. Hieraus und aus unterschiedlichen polaren Oberflächenspannungen können sich verringerte Nahtfestigkeiten ergeben.

□ Heißgasschweißen. In einem von Hand geführten – beim S. von großen Bahnen auch motorisch angetriebenen – Schweißgerät wird Luft elektrisch erhitzt und über ein Gebläse auf den Grund- und den Zusatzwerkstoff geführt. Die Schweißfugen müssen in Form von V- oder X-Nähten vorbereitet sein; auch Kehlnähte sind möglich. Bei Überlappungsstößen von Weichfolien ist keine Nahtvorbereitung erforderlich. Die erzielbare Schweißnahtgüte hängt in hohem Maße vom handwerklichen Können und von der Sorgfalt des Schweißers ab. Er muß ohne Hilfe von Meßgeräten die wesentlichen Schweißparameter Temperatur, Luftmenge, Anpreßdruck und Geschwindigkeit nach dem Aussehen der Naht

einregeln und bemüht sein, alle Einflußgrößen konstant zu halten. Witterungseinflüsse, wie Temperatur, Feuchte, Wind, sowie Verschmutzungen, vor allem auf Erdbaustellen, erschweren die Aufgabe. Häufige Güteprüfungen sind erforderlich (Bild 1).

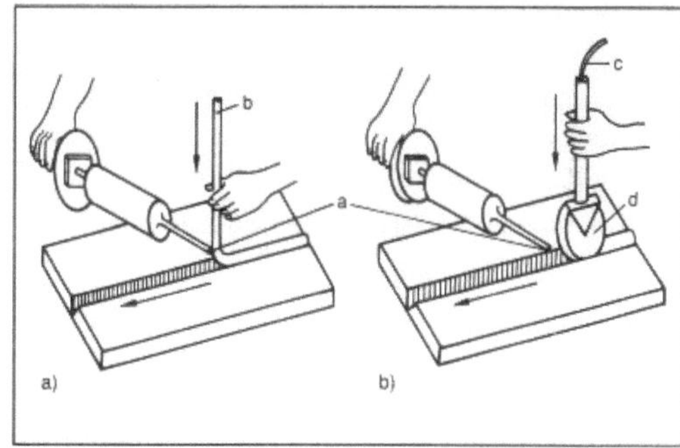

Schweißen von Thermoplasten 1: Heißgasschweißen.
a) Bei harten Thermoplasten.
b) Bei weichen Thermoplasten.

a Heißgas, b Zusatzstab, c Zusatzschnur, d Andrückrolle

□ Heizelementschweißen. Die zu verbindenden Flächen werden durch Kontakt mit einem elektrisch beheizten Metallkörper auf die erforderliche Schweißtemperatur gebracht und nach Entfernen des Heizelementes bis zum Erkalten aneinandergedrückt. Das Verfahren ist weitgehend mechanisierbar. Auch unter Baustellenbedingungen können mit Hilfe tragbarer Geräte, z. B. bei erdverlegten Großrohren, problemfrei Stumpfstöße ausgeführt werden; ähnliches gilt für das Heizkeilschweißen (Überlappungsstöße) von Folien. Die erreichbaren Nahtfestigkeiten betragen 75–95 % der Zugfestigkeiten des Grundmaterials. Sie hängen in komplexer Weise von den zeitlich nicht konstanten Druck- und Temperaturverhältnissen ab. Auch hier sind häufige Güteprüfungen zu empfehlen (Bild 2).

□ Kaltschweißen (Lösemittelschweißen, Quellschweißen). Die zu verbindenden Flächen werden durch Bestreichen mit einem spezifisch wirkenden Lösemittel plastifiziert (angequollen) und anschließend gegeneinander gepreßt. Das Verfahren ähnelt

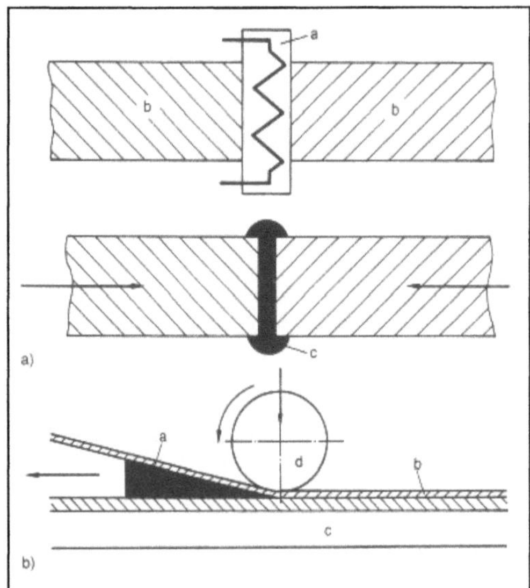

Schweißen von Thermoplasten 2: Heizelement-schweißen.

a) Stumpfschweißung.

a Heizelement, b Werkstück, c Schweißnaht

b) Heizkeilschweißung.

a Heizkeil, b verschweißte Folien, c Unterlager, d Druckrolle

einer Verklebung. Da in der Bindeebene jedoch eine Vermengung der Polymermoleküle der beiden Bauteile stattfindet und Adhäsionskräfte gegenüber Kohäsionskräften zurückstehen, ist die Bezeichnung Schweißen gerechtfertigt. *Sasse*

Schweißen von unlegiertem Stahl. Die →Schweißeignung wird hauptsächlich durch den Kohlenstoffgehalt, die Vergießungsart und die Eisenbegleiter bestimmt. Für gute Eignung zum Schweißen sollte der C-Gehalt unter 0,22 % liegen und der →Stahl beruhigt oder besser doppelt beruhigt vergossen sein.

Folgende Grenzgehalte der Eisenbegleiter sollten nicht überschritten werden:

- Schwefel 0,06 % (Heißrisse),
- Phosphor 0,08 % (Sprödigkeit),
- Stickstoff 0,02 % (Sprödigkeit),
- Sauerstoffgehalt abhängig von C-Gehalt (Heißrißneigung).

Je nach Wanddicke, Nahtform, →Schweißverfahren und C-Gehalt wird vorgewärmt bzw. wärmenachbehandelt. Die Auswahl der →Stahlsorten zum Schweißen sollte nach DIN 17100 bzw. nach DASt-Richtlinie 009 (Empfehlungen zur Wahl der Stahlgütegruppe für geschweißte Stahlbauten) erfolgen. *Dorn*

Literatur: *Ruge, J.:* Handbuch der Schweißtechnik. Bd. I. Werkstoffe. Berlin, Heidelberg, New York 1980, S. 52/96.

Schweißerprüfung. Die Güte der Schweißarbeiten hängt von der Handfertigkeit und den Fachkenntnissen der Schweißer ab. In der S. kann der Schweißer unter einheitlichen Bedingungen, unabhängig vom jeweiligen Anwendungsbereich, das nach dem Stand der Technik erforderliche Mindestmaß an handwerklichen Fähigkeiten und Fachkenntnissen nachweisen.

In der praktischen Prüfung sind genormte Prüfstücke unter Aufsicht der Prüfstelle zu schweißen. Von diesen Prüfstücken werden Proben angefertigt und mit den Prüfstücken hinsichtlich

- Nahtdicke und Nahtaussehen,
- Fehlerfreiheit (Durchstrahlung),
- mechanischen Gütewerten,
- Bruchaussehen,
- Gefügeprobe

untersucht und bewertet. Wenn die Anforderung an jedes Prüfstück und an jede Probe in jeder der fünf Bewertungen erfüllt sind, gilt die Prüfung als bestanden.

Die DIN 8560 unterteilt Prüfgruppen je nach Schwierigkeitsgrad beim →Schweißen (Tabelle). *Dorn*

Literatur: DIN 8560: Prüfung von Stahlschweißern. Berlin, Köln 1982. – DIN 8561: Prüfung von NE-Metallschweißern. Berlin, Köln 1974.

Schweißfehler →Schweißnahtprüfung

Schweißfolgeplan →Schweißen

Schweißgutprüfung. Untersuchung der Eigenschaften des Schweißgutes in einer Schweißnaht. Hierbei wird unterschieden zwischen den Eigenschaften des reinen Schweißgutes einerseits, und denen des durch Aufmischung mit dem Grundwerkstoff veränderten Schweißgutes andererseits.

- Zur Prüfung des reinen Schweißgutes bei Lichtbogenschweißungen wird ein Prüfstück nach DIN 32 525 geschweißt (Bild 1). Zur weitgehenden Vermeidung einer Beeinflussung durch Aufmischung mit dem Grundwerkstoff werden die Fugenflanken vorab mit dem vorgesehenen Zusatzwerkstoff zwei- oder dreilagig gepuffert (Pufferschicht). Die Fuge wird anschließend mit dem vorgesehenen →Schweißverfahren und dem Zusatzwerkstoff aufgefüllt. Art und Umfang der an dem so erzeugten Schweißgut durchgeführten Untersuchungen hängen von den gestellten Anforderungen ab. Die gebräuchlichsten Prüfungen sind der →Zugversuch und der →Kerbschlagbiegeversuch. Die Lage der hierfür entnommenen Proben ist aus Bild 2, 3 ersichtlich. Weiterhin finden →Metallographie, →Härteprüfung, Korrosionsversuche, →Zeitstandversuche usw. Anwendung.

Schweißerprüfung. Tabelle: Einteilung der Prüfgruppen. (Quelle: DIN 8560)

Blechschweißer-Prüfgruppen	B I	B II	B III	B IV	
				A	B
Werkstoffe	Baustähle wie St 33, St 37-2 oder St 37-3, St 44-2 oder St 44-3, St 52-3 Feinkornbaustähle mit einer Mindest-Streckengrenze von ≤ 355 N/mm²; Kesselbleche nach DIN 17 155 Teil 1 (H I, H II, H III, 17 Mn 4, 15 Mo 3, 19 Mn 5), normal- und höherfeste Schiffbaustähle Güte A bis E 36, usw.	Unlegierte Stähle mit höherem C-Gehalt wie St 50, St 60, St 70, legierte Stähle; Feinbaustähle mit einer Mindest-Streckgrenze > 355 N/mm²; Kesselbleche nach DIN 17 155 Teil 1 (H IV, 13 CrMo 4 4) usw.	Austenitische Stähle für Schweißnähte mit Ferritgehalt über 3 Gew.-% im Schweißgut, z. B. nach DIN 17 440	Austenitische Stähle für Schweißnähte mit max. 3 Gew.-% Ferritgehalt im Schweißgut, z. B. X 5 CrNi 16 13 X 10 CrNi 25 20 X 2 CrNi 18 12
Rohrschweißer-Prüfgruppen	R I	R II	R III	R IV	
				A	B
Werkstoffe	Rohrstähle wie St 34-2, St 35, St 37, St 45, St 52 Rohrstähle nach DIN 15 175 (St 35.8, St 45.8 und 15 Mo 3), zugeordnete Rohrstähle nach DIN 17 172 usw.	Unlegierte Stähle mit höherem C-Gehalt wie St 55 und legierte Stähle, z. B. Rohrstähle nach DIN 17 175 (13 CrMo 4 4, 10 CrMo 9 10), zugeordnete Rohrstähle nach DIN 17 172 usw.	Austenitische Stähle für Schweißnähte mit Ferritgehalt über 3 Gew.-% im Schweißgut, z. B. nach DIN 17 440	Austenitische Stähle für Schweißnähte mit max. 3 Gew.-% Ferritgehalt im Schweißgut, z. B. X 5 CrNi 16 13 X 10 CrNi 25 20 X 2 CrNi 18 12

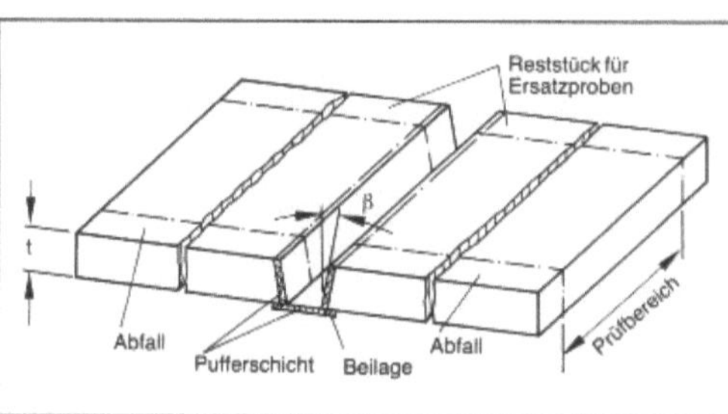

Schweißgutprüfung 1: Form des Prüfstückes (nach DIN 32 525).

□ Zur Prüfung des durch die Aufmischung mit dem Grundwerkstoff veränderten Schweißgutes werden Proben hergestellt, die möglichst genau den Verhältnissen entsprechen, die bei der Anwendung vor

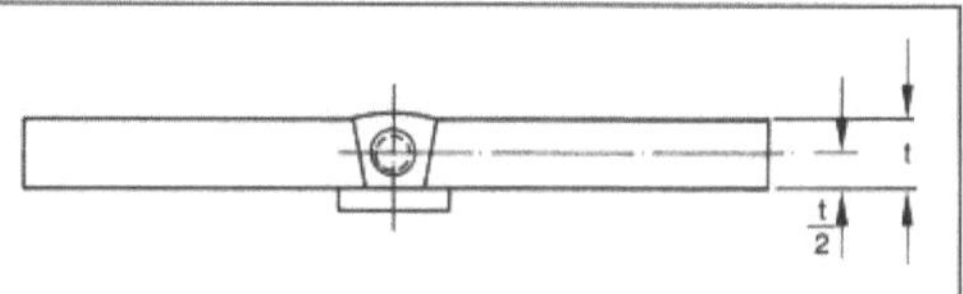

Schweißgutprüfung 2: Lage der Zugprobe im Prüfstück (nach DIN 32 525).

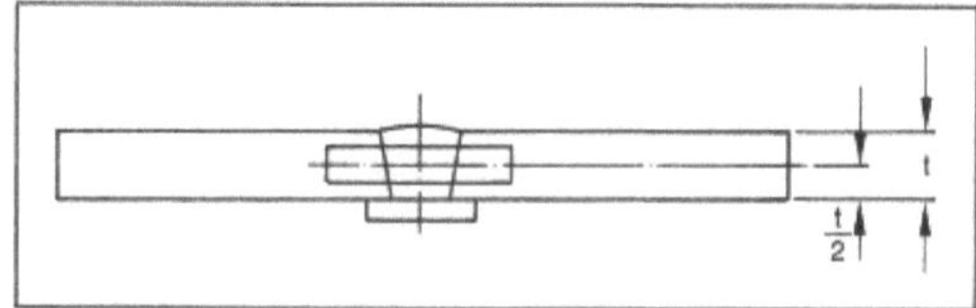

Schweißgutprüfung 3: Lage der Kerbschlagprobe im Prüfstück (nach DIN 32 525).

liegen. Zur Untersuchung des Schweißgutes können die oben genannten Verfahren herangezogen werden. Hierbei muß beachtet werden, daß infolge der Aufmischung im Schweißgut örtlich unterschiedliche chemische Zusammensetzungen vorliegen. Danach richtet sich dann die Probengröße, -lage, -orientierung. *Kußmaul*

Schweißnahtberechnung. Bei statischer Belastung erfolgt das Bemessen der Schweißnähte unter Berücksichtigung der für statische Belastungen zulässigen Spannungen (Tabelle 1). Die rechnerischen Abmessungen der Schweißnähte sind mit der Nahtdicke a und der Nahtlänge l gegeben. In DIN 18 800 sind die Ermittlung von a und l sowie der Schweißnahtquerschnittsfläche für Stumpf- und Kehlnähte festgelegt. Die Flächenträgheitsmomente I und Widerstandsmomente W für Schweißnähte sind nach den Gesetzen der Festigkeitslehre zu ermitteln. Dabei sind die Schweißnaht-Schwerachsen an den theoretischen Wurzelpunkten anzusetzen.

Bei vielen Konstruktionen treten jedoch Belastungen auf, die sich fortlaufend gleich- oder ungleichmäßig nach Betrag und Richtung ändern. Dabei können die größten Belastungen beliebig oft oder nur vereinzelt sowie sinusförmig oder stoßartig und auch mit Belastungspause auftreten (Bild 1).

Die sich fortlaufend gleichmäßig oder ungleichmäßig ändernden Belastungen werden verschiedenen Spannungsverhältnissen κ

gemäß $\kappa = \hat{F}_u/\hat{F}_o$ oder $\kappa = \hat{\sigma}_u/\hat{\sigma}_o$

mit den Indices o und u für die Ober- bzw. Unterspannung und $\wedge$ bzw. $\vee$ für den jeweils auftretenden Größt- bzw. Kleinstwert zugeordnet.

Beim allgemeinen Fall einer sich ständig ändernden Belastung tritt die anzusetzende Höchstlast nur

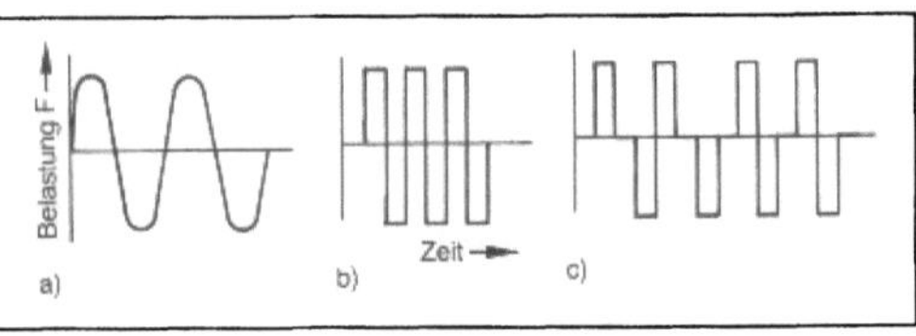

Schweißnahtberechnung 1: Verschiedene Belastungsabläufe mit gleichem Einfluß auf die Dauerfestigkeit.
a) Sinusförmige Belastung
b) Stoßartige Belastung
c) Stoßartige Belastung mit Pausen.

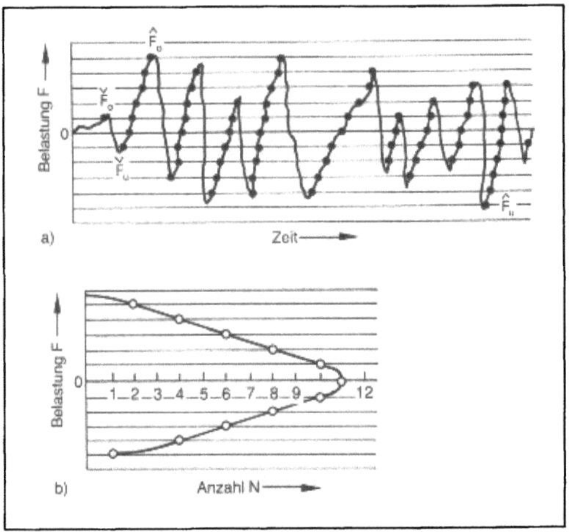

Schweißnahtberechnung 2: Unregelmäßige Belastung.
a) Zeitlicher Belastungsablauf zum Bestimmen der Summenhäufigkeitskurve
b) Summenhäufigkeitskurve aus dem zeitlichen Belastungsablauf.

N Anzahl der Überschreitungen bestimmter Belastungen

Schweißnahtberechnung. Tabelle 1: Zulässige Spannungen in Schweißnähten beim allgemeinen Spannungsnachweis.

Stahlsorte der verschweißten Bauteile		Lastfall	zulässiger Vergleichswert zul σ_{sz} N/mm²	zulässige Zugspannung für Querbeanspruchung zul σ_{sz} N/mm²			zulässige Druckspannung für Querbeanspruchung zul σ_{wd} N/mm²		zulässige Schubspannung zul τ_w N/mm²
Kurzname	nach		alle Nahtarten	Stumpfnaht K-Naht Sondergüte	K-Naht Normalgüte	Kehlnaht	Stumpfnaht K-Naht	Kehlnaht	alle Nahtarten
St 37 *)	DIN 17 100	H	160	140	113	160	130	113
		HZ	180	160	127	180	145	127
St 52-3	DIN 17 100	H	240	210	170	240	195	170
		HZ	270	240	191	270	220	191
*) Alle Gütegruppen, Erschmelzungs- und Vergießungsarten.									

selten auf. Um ein Überbemessen zu vermeiden, benötigt man eine nähere Kennzeichnung des Belastungsablaufs nach Betrag und Häufigkeit der schwingenden Lasten. Hierzu dient die Summenhäufigkeitskurve (Bild 2 b), die aus dem Belastungsablauf (Bild 2 a) hergeleitet wird, indem die Durchgänge der Belastungslinie durch die einzelnen Höhenlinien in einer Richtung ausgezählt werden.

Die Gesamtheit aller hohen und niedrigen Belastungen unter Berücksichtigung der Häufigkeit ihres Auftretens nennt man Spannungs- oder →Belastungskollektiv. Die Belastungskollektive können durch das Verhältnis des kleinsten zur größten auftretenden Lastausschläge $\dfrac{\check{F}_o - F_m}{\hat{F}_o - F_m}$ charakterisiert werden.

Entsprechend Tabelle 2 sind den Schwingspielbereichen und Lastkollektiven die Beanspruchungsgruppen B1 bis B6 nach DIN 15 018 zugeordnet.

Die zu erwartenden Lastkollektive sind näherungsweise vier idealisierten bezogenen Lastkollektiven zuzuordnen (Bild 3, Tabelle 3). Durch die größten und kleinsten Grenzwerte $\hat{F}_o - F_m$ und $\check{F}_o - F_m$ der Belastungen und durch eine der Gaußschen →Normalverteilung angenäherten Verteilung werden die idealisierten Lastkollektive bestimmt.

Da bei Schweißkonstruktionen die Kerbeinflüsse von der Gestalt und der baulichen Durchbildung abhängen, hat man für die gebräuchlichsten Bauformen, Verbindungen und Anschlüsse Kerbfälle W0, W1 und K0 bis K4 nach DIN 15018 ein-

Schweißnahtberechnung. Tabelle 2: Beanspruchungsgruppen. (Quelle: DIN 15 018)

Spannungsspielbereich	N 1	N 2	N 3	N 4
Gesamte Anzahl der vorgesehenen Spannungsspiele $\hat{N}$	über $2 \cdot 10^4$ bis $2 \cdot 10^5$ Gelegentliche nicht regelmäßige Benutzung mit langen Ruhezeiten	über $2 \cdot 10^5$ bis $6 \cdot 10^5$ Regelmäßige Benutzung bei unterbrochenem Betrieb	über $6 \cdot 10^5$ bis $2 \cdot 10^6$ Regelmäßige Benutzung im Dauerbetrieb	über $2 \cdot 10^6$ Regelmäßige Benutzung im angestrengten Dauerbetrieb
Spannungskollektiv	Beanspruchungsgruppe			
S_0 sehr leicht	B 1	B 2	B 3	B 4
S_1 leicht	B 2	B 3	B 4	B 5
S_2 mittel	B 3	B 4	B 5	B 6
S_3 schwer	B 4	B 5	B 6	B 6

Schweißnahtberechnung. Tabelle 3: Bezogene Belastungen $\dfrac{F_o - F_m}{\hat{F}_o - F_m}$ *der idealisierten Lastkollektive.*

Verhältnis $\dfrac{\lg N}{\lg \hat{N}}$		0	1/6	2/6	3/6	4/6	5/6	6/6
	S_3	1	1	1	1	1	1	1
	S_2	1	0,975	0,944	0,906	0,856	0,787	0,666
	S_1	1	0,952	0,890	0,814	0,716	0,579	0,333
Lastkollektiv	S_0	1	0,927	0,836	0,723	0,576	0,372	0,000

$F_m = 0,5\,(\hat{F}_o + \hat{F}_u)$ Betrag der konstanten mittleren Belastung,

F_o Betrag der oberen Belastung die N-mal erreicht oder überschritten wird,

$\hat{F}_o$ Betrag der größten oberen Belastung des idealisierten Belastungskollektivs.

geführt. Beispiele für Kerbfälle zeigen Tabellen 4, 5, 6.

Die Nennspannungen können aus den Belastungen und den gegebenen Querschnittwerten berechnet werden. Unterliegt ein Bauteil nicht nur einer, sondern gleichzeitig mehreren Beanspruchungsarten, so ist die → Vergleichsspannung zu ermitteln. Sind die Maximalwerte der Normal- und Schub-

Schweißnahtberechnung. Tabelle 4: Stumpfnähte quer zur Kraftrichtung.

Kerbfall	Beschreibung und Darstellung		Sinnbild
K 0	Mit Stumpfnaht-Sondergüte quer zur Kraftrichtung verbundene Teile		P 100 P 100
K 1	Mit Stumpfnaht-Normalgüte quer zur Kraftrichtung verbundene Teile		P oder P 100 P oder P 100
K 2	Mit Stumpfnaht-Sondergüte quer zur Kraftrichtung verbundene Teile aus Formstahl oder Stabstahl, außer Flachstahl		P 100 P 100
K 3	Mit einseitig auf Wurzelunterlage geschweißter Stumpfnaht quer zur Kraftrichtung verbundene Teile		>

Schweißnahtberechnung. Tabelle 5: Grundwerkstoff.

Kerbfall	Beschreibung und Darstellung		Sinnbild
W 0	Ungelochte Teile mit normaler Oberflächenbeschaffenheit, wenn Kerbwirkungen nicht vorhanden sind oder bei der Spannungsermittlung berücksichtigt werden. Brenngeschnittene Flächen müssen die vereinbarte Güte mindestens nach Kurzzeichen 1111 nach DIN 2310 Blatt 1 haben.		—
W 1	Gelochte Teile auch mit Nieten und Schrauben, bei Beanspruchung der Niete und Schrauben bis höchstens 20 %, bei Beanspruchung von HV-Schrauben bis 100 % der zulässigen Werte.		—
W 2	Gelochte Teile bei zweischnittigem Niet- oder Schraubenanschluß.		—

Schweißnahtberechnung. Tabelle 6: T-Stoßverbindungen mit Längsbelastung.

Kerbfall	Beschreibung und Darstellung	Sinnbild
K 0	Mit K-Naht mit Doppelkehlnaht längs zur Kraftrichtung verbundene Teile	
K 1	Mit Kehlnaht-Normalgüte längs zur Kraftrichtung verbundene Teile	

Vergleichsspannung

$$\sigma_v = \sqrt{\sigma^2 + 3\,(\alpha_0\,\tau)^2} \leq \sigma_{zul}$$

Bedingung nach DIN 15 018

$$\left(\frac{\sigma_x}{\sigma_{x\,D\,zul}}\right)^2 + \left(\frac{\sigma_x}{\sigma_{y\,D\,zul}}\right)^2 - \left(\frac{\sigma_x \cdot \sigma_y}{\sigma_{x\,D\,zul} \cdot \sigma_{x\,D\,zul}}\right) + \left(\frac{\tau}{\tau_{y\,D\,zul}}\right)^2 \leq 1{,}1.$$

Schweißnahtberechnung. Tabelle 7: Grundwerte der zulässigen Spannungen (Dauerfestigkeiten).

Stahl-sorte	St 37							St 52-3						
Kerbfall	W 0	W 1	K 0	K 1	K 2	K 3	K 4	W 0	W 1	K 0	K 1	K 2	K 3	K 4
Bean-spru-chungs-gruppe	zulässige Spannungen $\sigma_{d(-1)\,zul}$ für $\kappa = -1$ in N/mm^2													
B 1		180			180	180	(152,7)	270	270	270	270	270	(254)	(152,7)
B 2	180		180	180		(180)	108		(249)			(252)	180	108
B 3		(161,4)			(178,2)	127,3	76,4	(252,2)	200,6	(237,6)	(212,1)	178,2	127,3	76,4
B 4	(169,7)	135,8	(168)	(150)	126	90	54	303,2	161,1	168	150	126	90	54
B 5	142,7	114,2	118,8	106,1	89,1	63,6	38,2	163,8	130,3	118,8	106,1	89,1	63,6	38,2
B 6	120	96	84	75	63	45	27	132	105	84	75	83	45	27

Das Stufenverhältnis zwischen den Spannungen zweier aufeinanderfolgender Beanspruchungsgruppen hat bei den Kerbfällen W 0 bis W 1 für St 37 den Wert 1,1892 und für St 52-3 den Wert 1,2409, bei den Kerbfällen K 0 bis K 4 für St 37 und St 52-3 den Wert 1,4142. Die Klammerwerte stimmen mit dem Stufenverhältnis zwischen den Spannungen zweier aufeinanderfolgender Beanspruchungsgruppen überein.

spannung gegeneinander zeitlich verschoben oder liegen unterschiedliche Grenzspannungsverhältnisse vor, muß nach DIN 15018 folgende Bedingung erfüllt sein:

Mit Hilfe der Grundwerte der zulässigen Dauerfestigkeit nach Tabelle 7 und dem Grenzspannungsverhältnis nach Tabelle 8 bzw. 9 lassen sich die zulässigen Normal- und Schubspannungen ermitteln.

Den Einfluß des Grenzspannungsverhältnisses auf die zulässige Oberspannung zeigt Bild 4. *Dorn*

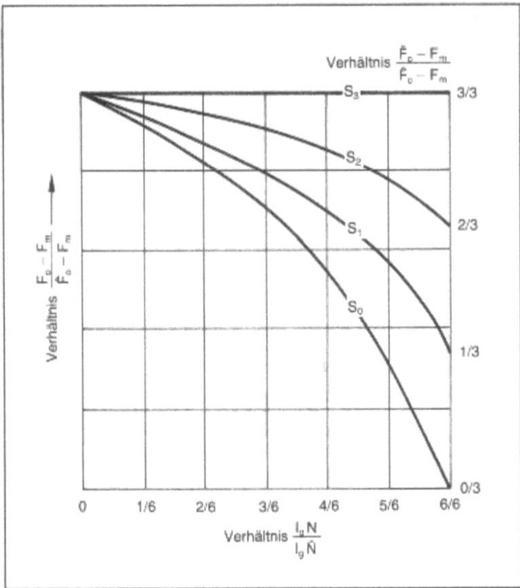

Schweißnahtberechnung 3: Idealisierte bezogene Lastkollektive

N, $\hat{N}$ Schwingspielzahl bzw. gesamte Schwingspielzahl
F_o, F_m Ober- bzw. Mittellast
$\check{F}_o$, $\hat{F}_o$ Kleinstwert bzw. Größtwert von F_o
S_0 bis S_3 Lastkollektive

Schweißnahtberechnung. Tabelle 8: Gleichungen für die zulässigen Oberspannungen in Abhängigkeit von κ und $\sigma_{D(-1)zul}$.   *(Quelle: DIN 15018)*

Wechselbereich $-1 < \kappa < 0$	Zug	$\sigma_{Dz(\kappa)zul} = \dfrac{5}{3 - 2\,\kappa}\, \sigma_{D(-1)zul}$
	Druck	$\sigma_{Dd(\kappa)zul} = \dfrac{2}{1 - \kappa}\, \sigma_{D(-1)zul}$
Schwellbereich $0 < \kappa < 1$	Zug	$\sigma_{Dz(\kappa)zul} = \dfrac{\sigma_{Dz(0)zul}}{1 - \left(1 - \dfrac{\sigma_{Dz(0)zul}}{0,75\,\sigma_B}\right)\kappa}$
	Druck	$\sigma_{Dd(\kappa)zul} = \dfrac{\sigma_{Dz(0)zul}}{1 - \left(1 - \dfrac{\sigma_{Dz(0)zul}}{0,90\,\sigma_B}\right)\kappa}$

κ Grenzspannungsverhältnis
σ_B Bruchfestigkeit
$\sigma_{D(\kappa)}$ Dauerfestigkeit für den vorliegenden Wert von κ (mit Index z, d und zul für Zug, für Druck und für zulässige Werte)

Schweißnahtberechnung. Tabelle 9: Zulässige Spannungen $\tau_{D(\kappa)zul}$ für Schweißnähte.   *(Quelle: DIN 15018)*

Bauteile	$\tau_{D(\kappa)\,zul} = \dfrac{\sigma_{D(\kappa)\,zul}}{\sqrt{3}}$	$\sigma_{Dz(\kappa)\,zul}$ nach W0
Schweißnaht	$\tau_{D(\kappa)\,zul} = \dfrac{\sigma_{Dz(\kappa)\,zul}}{\sqrt{2}}$	$\sigma_{Dz(\kappa)\,zul}$ nach W0

$\tau_{D(\kappa)zul}$ zulässige Tangentialspannung beim Grenzspannungsverhältnis κ
$\sigma_{Dz(\kappa)zul}$ zulässige Normalspannung bei Zug beim Spannungsverhältnis κ

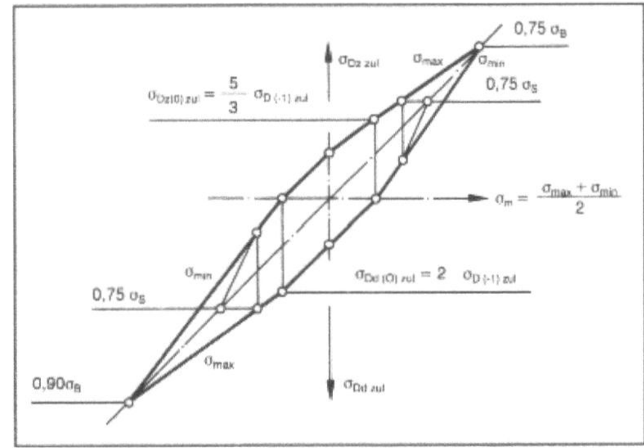

Schweißnahtberechnung 4: Zusammenhänge zwischen den Spannungen $\sigma_{D(\kappa)zul}$ und $\sigma_{D(-1)zul}$. (Quelle: DIN 15018)

σ_{max}, σ_{min} größte bzw. kleinste Normalspannung
σ_B Bruchgrenze
σ_S Streckgrenze
σ_{Dzzul}, σ_{Ddzul} zulässige Dauerfestigkeit bei Zug bzw. bei Druck zusätzlicher Index (0) und (−1) für Werte beim Grenzspannungsverhältnis $\kappa = 0$ bzw. $\kappa = -1$

Literatur: DIN 18800 Tl. 1: Stahlbauten; Bemessung und Konstruktion. Berlin, Köln 1990. – DIN 15018 Tl. 1: Krane; Grundsätze für Stahltragwerke, Berechnung. Berlin, Köln 1984.

Schweißnaht-Darstellung → Schweißnahtform

Schweißnahtform. Nach DIN 1912 werden Schweißteile am Schweißstoß durch Schweißnähte zu einem Schweißteil vereinigt. Der Schweißstoß ist der Bereich, in dem die Teile miteinander verbunden werden. Stoßarten zeigt Tabelle.

Die Schweißfuge ist die Stelle, an der die Teile am Schweißstoß vereinigt werden sollen. Mit Schweißspalt wird der Bereich zwischen zwei parallelen Flächen oder Kanten bezeichnet.

Bei den besonders beim → Widerstandsschweißen gebräuchlichen Überlappnähten unterscheidet man Punkt- und Liniennähte.

Außerdem unterscheidet man bei den Nahtarten Stumpf- und Kehlnähte sowie sonstige Nähte (Bild 1, 2, 3).

Die Nahtform wird bestimmt durch den Nahtaufbau (meist in mehreren Lagen) und die Lagenfolge (Bild 4, 5).   *Dorn*

Schweißnahtform. Tabelle: Stoßarten

	Stoßart	Lage der Teile	Beschreibung
2.1	Stumpfstoß		Die Teile liegen in einer Ebene und stoßen stumpf **gegen**einander.
2.2	Parallelstoß		Die Teile liegen parallel **auf**einander.
2.3	Überlappstoß		Die Teile liegen parallel **auf**einander und überlappen sich.
2.4	T-Stoß		Die Teile stoßen rechtwinklig (T-förmig) **auf**einander.
2.5	Doppel-T-Stoß		Zwei in einer Ebene liegende Teile stoßen rechtwinklig (doppel-T-förmig) **auf** ein dazwischenliegendes drittes.
2.6	Schrägstoß		Ein Teil stößt schräg **gegen** ein anderes
2.7	Eckstoß		Zwei Teile stoßen unter beliebigem Winkel **an**einander.
2.8	Mehrfachstoß		Drei oder mehr Teile stoßen unter beliebigem Winkel **an**einander.
2.9	Kreuzungsstoß		Zwei Teile liegen kreuzend **über**einander.

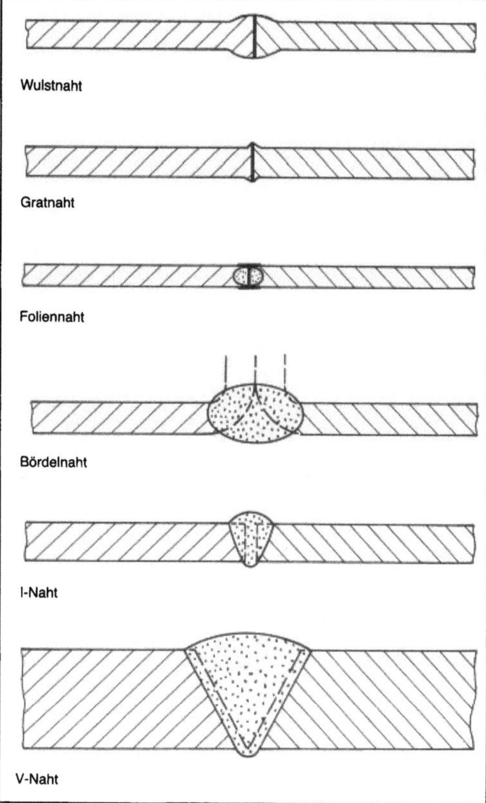

Schweißnahtform 1: Stumpfnähte.

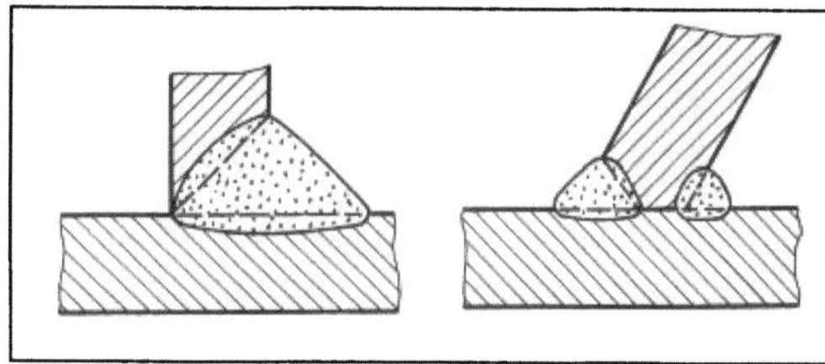

Schweißnahtform 2: Sonstige Nähte.

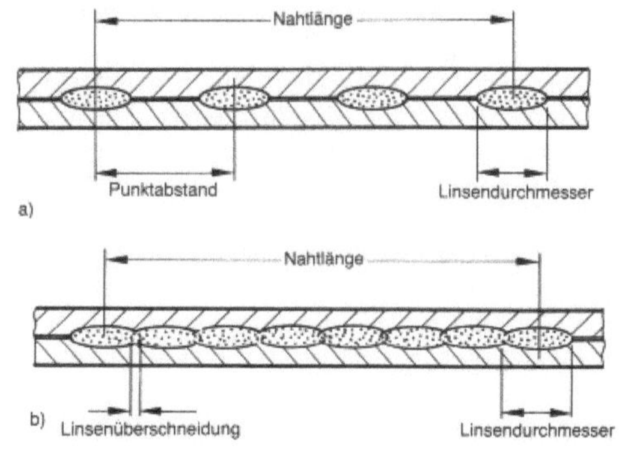

Schweißnahtform 3: a) Punkt- und b) Liniennähte.

913

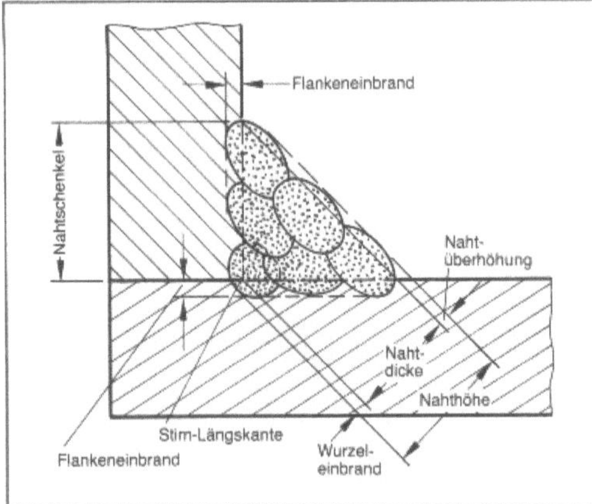

Schweißnahtform 4: Aufbau einer Kehlnaht.

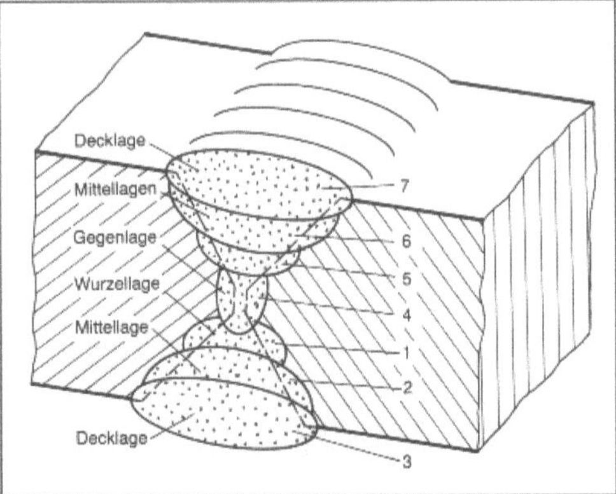

Schweißnahtform 5: Lagenfolge. (Quelle: DIN 1912)

Literatur: DIN 1912 Tl. 1: Zeichnerische Darstellung; Schweißen, Löten. Berlin, Köln 1976. – DIN E 1912: Zeichnerische Darstellung. Schweißen, Löten. Berlin, Köln 1986.

Schweißnahtkorrosion. Die häufigsten bei Schweißnähten auftretenden Korrosionsformen sind Spalt- und interkristalline → Korrosion. → Spaltkorrosion tritt bevorzugt an Wurzelspalten, einseitig geschweißten Kehlnähten und Einbrandkerben auf. Hier läßt sich oft durch geänderte konstruktive Gestaltung Abhilfe schaffen. Die interkristalline Korrosion (lokale Verarmung an Chrom durch Chromcarbidbildung) kann bei nichtrostenden nichtstabilisierten austenitischen Stählen im Temperaturbereich von ca. 500 bis 800 °C sowie bei nichtrostenden nichtstabilisierten ferritischen Stählen oberhalb von 850 °C auftreten. Die Empfindlichkeit gegenüber interkristalliner Korrosion läßt sich durch Absenken des C-Gehalts auf < 0,05 % oder Zulegieren von → Titan oder → Niob, die eine höhere Affinität zu → Kohlenstoff besitzen als Chrom vermeiden (Stabilisierung). *Dorn*

Literatur: *Ruge, J.:* Handbuch der Schweißtechnik. Bd. I. Werkstoffe. Berlin, Heidelberg, New York 1980, S. 153/57. – DIN 50914: Prüfung nichtrostender Stähle auf Beständigkeit gegen interkristalline Korrosion. Berlin, Köln 1984.

Schweißnahtprüfung. Man unterscheidet zerstörende und zerstörungsfreie Prüfungen von Schweißnähten. Bei der zerstörenden Prüfung werden meist Zugproben nach DIN 50120, Biegeproben nach DIN 50121 oder Kerbschlagbiegeproben nach DIN 50122 angefertigt und zerstörend geprüft. In den Normen sind Probenherstellung, Probenform, Versuchsanordnung und Versuchsdurchführung festgelegt. Weiterhin existieren spezielle Prüfnormen (Widerstandspunktschweißverbindungen DIN 50124, schmelzgeschweißte Stumpf- und Kehlnähte nach DIN 50127), um die Eignung eines Schweißzusatzes, eines Schweißverfahrens oder die Handfertigkeit des Schweißers zu prüfen.

Zu den zerstörungsfreien Prüfungen zählen die → Durchstrahlungsprüfung (DIN 54109 und 54111), → Ultraschallprüfung, → Farbeindring- und → Magnetpulverprüfung. Die Funktionsfähigkeit der Bauteile wird nicht beeinträchtigt, so daß nach erfolgter Prüfung die Teile verwendet bzw. weiterverarbeitet werden können.

Die Durchstrahlungsprüfungen benutzen Röntgen- oder Gammastrahlen, um ein Schattenbild der Schweißnaht auf einem Film oder Bildschirm zu erzeugen. Dadurch können → Schweißfehler wie mangelhaftes Durchschweißen, Poren und → Einschlüsse sowie Innenrisse sichtbar gemacht werden. Bei der Ultraschallprüfung wird das Prüfstück entweder zwischen Schallsender und -empfänger angeordnet (→ Durchschallungsverfahren), oder der Schallkopf dient gleichzeitig als Sender und Empfänger (Impuls-Echo-Verfahren). Das Impuls-Echo-Verfahren erlaubt eine Tiefenbestimmung des Fehlers wegen des Laufzeitunterschieds zwischen Fehlerecho und Rückwandecho. Zur Prüfung von Schweißnähten werden meist Winkelprüfköpfe angewandt, damit der Schall außerhalb der rauhen Nahtoberfläche eingeleitet werden kann.

Zum Nachweis von Oberflächenungänzen werden die Farbeindring- und → Magnetpulverprüfung benutzt. Beim → Farbeindringverfahren wird nach sorgfältiger Reinigung des Prüfstücks eine farbige Flüssigkeit aufgetragen, die aufgrund hoher Kapillarwirkung selbst in Haarrisse eindringt. Nach der Einwirkzeit und dem Abwischen der Oberfläche wird ein Entwickler aufgetragen, der durch Verdunsten die farbige Flüssigkeit an die Oberfläche zieht. Es entstehen scharf begrenzte Fehleranzeigen. An magnetisierbaren Werkstoffen können makroskopische → Fehler nahe der Oberfläche sichtbar gemacht werden. Das Prüfstück wird magnetisiert und gleichzeitig Eisenpulver o. ä. in Suspension mit Öl aufgesprüht. An den Fehlerstellen treten die Kraftlinien aus der Oberfläche aus. Die Eisenteilchen versuchen, die Störstelle durch Lageänderung zu überbrücken und zeichnen sich als dunkle Linien ab. *Dorn*

Literatur: DIN 50120: Prüfung von Stahl; Zugversuch an Schweißverbindungen. Berlin, Köln 1975. – DIN 50121: Prüfung metallischer Werkstoffe; Technologischer Biegeversuch an Schweißverbindungen. Berlin, Köln 1978. – DIN 50122: Prüfung metallischer Werkstoffe; Kerbschlagbiegeversuch an Schweißverbindungen. Berlin, Köln 1984. – DIN 54109: Bildgüte von Durchstrahlungsaufnahmen an metallischen Werkstoffen. Berlin, Köln 1976. – DIN 54111: Prüfung von Schweißverbindungen metallischer Werkstoffe mit Röntgen- oder Gammastrahlen. Berlin, Köln 1977.

Schweißnahtvorbereitung → Schweißen

Schweißposition. In DIN 1912 sind die S. beschrieben und mit Kennbuchstaben zum Unterscheiden gekennzeichnet. Es bedeutet:

w	waagerechtes Schweißen von Stumpfnähten und Kehlnähten in Wannenposition,
h	horizontales Schweißen von Kehlnähten,
s	Schweißen von unten nach oben (Steignaht),
f	Schweißen von oben nach unten (Fallnaht),
q	waagerechtes Schweißen an senkrechter Wand (Quernaht),
ü	Überkopfschweißen,
hü	horizontales Überkopfschweißen von Kehlnähten.

Dorn

Literatur: DIN 1912 Tl. 2: Zeichnerische Darstellung Schweißen; Löten. Berlin, Köln 1977.

Schweißpulver → Unterpulverschweißen

Schweißschrumpfung → Schweißen

Schweißsicherheitsprüfung. Beurteilung, ob ein geschweißtes Bauteil mit dem verwendeten Werkstoff und der gegebenen konstruktiven Gestaltung unter den vorgesehenen Betriebsbedingungen funktionsfähig bleibt. Nach DIN 8528 ist die Schweißsicherheit um so größer, je weniger die konstruktionsbedingten Faktoren bei der Auswahl des Werkstoffs für eine bestimmte schweißtechnische Fertigung beachtet werden müssen.

Die Schweißsicherheit wird somit vorrangig von Konstruktion und Werkstoff beeinflußt.

Zur Prüfung der Schweißsicherheit hinsichtlich der Konstruktion wird u. a. nach folgenden Kriterien vorgegangen:
– möglichst wenig Nähte
– stetiger Kraftfluß, möglichst keine Kerben
– optimale Querschnittsform
– Nähte nicht dicker als erforderlich
– Nahtanhäufungen vermeiden
– Nähte möglichst in gering beanspruchten Zonen legen

– Zugbeanspruchung in Richtung der Werkstückdicke vermeiden
– Dehnungsbehinderung, z. B. mehrachsige Spannungszustände, vermeiden
– Nähte zugänglich gestalten

Bezüglich des Werkstoffeinflusses hängt die Schweißsicherheit in erster Linie von der plastischen Verformbarkeit, d. h. der Werkstoffzähigkeit ab. Die Werkstoffzähigkeit selbst ist wiederum neben der Temperatur abhängig von der Nahtgeometrie, d. h. der Konstruktion, und von vorhandenen Nahtfehlern. Dieses komplizierte Zusammenwirken verschiedener Einflußgrößen hat zu einer Vielzahl unterschiedlicher Prüfmethoden und Probengeometrien geführt, die sich aber teilweise nicht durchsetzen konnten. Als wichtige Prüfungen werden heute durchgeführt:

□ Prüfungen an Kleinproben: →Metallographie, →Härteprüfung, →Zugversuch, →Biegeversuch, →Kerbschlagbiegeversuch, Bruchmechanikversuche an Biege- und Kompaktzugproben, →Dauerschwingversuch, →Zeitstandversuch usw. (→Schweißeignungsprüfung)

□ Prüfung an Großproben: Großplattenzugversuche und Bauteilversuche

□ Zerstörungsfreie Prüfung: Äußere Prüfung auf →Fehler, Oberflächenrißprüfung, →Ultraschallprüfung, →Durchstrahlungsprüfungen.

Bezüglich der Ausführung der Schweißarbeiten sind in DIN 8563 allgemeine Grundsätze, die Anforderungen an den Betrieb und Bewertungsgruppen festgelegt.

Die experimentellen Untersuchungen werden in neuerer Zeit immer häufiger durch umfangreiche numerische Berechnungen der Tragfähigkeit auch komplizierter Bauteile unterstützt. Hierfür wird oft die →Finite-Elemente-Methode (FEM) angewandt.

Besonders hohe Bedeutung erhalten S. bei der Herstellung überwachungsbedürftiger Anlagen (§ 24 Gewerbeordnung), wie z. B. Dampfkesselanlagen oder →Druckbehälter. In einem System von Verordnungen (z. B. →Druckbehälterverordnung), technischen Regelwerken (z. B. Technische Regeln Druckbehälter, TRB), Merkblättern, Normen und Richtlinien sind die entsprechenden Prüfungen festgelegt. *Kußmaul*

Schweißsimulation. Versuchstechnik zur Beurteilung der Eigenschaften von bestimmten Gefügezuständen in der Wärmeeinflußzone (WEZ) einer Schweißnaht. Mit dem Verfahren können bei der Entwicklung und Begutachtung von Stählen wichtige Hinweise im Hinblick auf die sichere Verarbeitung durch →Schweißen gewonnen werden.

Untersuchungen von Schweißnähten und Schäden haben gezeigt, daß die gegebenenfalls zu →Versprödung und →Rißbildung neigenden →Gefüge in den an die Schmelzlinie angrenzenden, bis zu 0,5 mm breiten und mehr oder weniger häufig vorkommenden grobkörnigen Bereichen der WEZ zu suchen sind. In der WEZ werden die Eigenschaften eines Stahles mehr oder weniger deutlich verändert. Aus Messungen der während des Schweißens auftretenden Temperaturverläufe ist bekannt, daß diese Bereiche innerhalb von Sekunden mit Spitzentemperaturen um 1300–1400 °C beaufschlagt werden und die Abkühlzeit zwischen 800 und 500 °C je nach Wärmeeinbringung und Vorwärmtemperatur 7–30 s beträgt. Im Zuge der Mehrlagenschweißung werden diese Grobkornbereiche durch weitere Temperaturzyklen beeinflußt, die als → Stoßglühung bezeichnet werden, wenn dabei die Spitzentemperatur die Umwandlungstemperatur A_{c3} des Stahles nicht überschreitet.

Da sich die Bereiche der Wärmeeinflußzone einer Schweißnaht infolge der beschriebenen Inhomogenität und begrenzten Ausdehnung in mechanisch-technologischen Prüfungen, wie → Zugversuch, → Kerbschlagbiegeversuch und Bruchmechanikversuch nur bedingt erfassen lassen, wurde mit dem Verfahren der S. eine Möglichkeit geschaffen, unter Berücksichtigung der Parametergrenzen beim Schweißen und Spannungsarmglühen möglichst extreme, jedoch noch realistische WEZ-Gefügezustände in größerem und damit prüfbarem Volumen zu erzeugen. Dabei werden die in der WEZ ablaufenden Vorgänge, nämlich beim
– Schweißen: Grobkornbildung, Auflösung der Ausscheidungen, Aufhärtung
– Spannungsarmglühen: Bildung von Ausscheidungen, Relaxations- und Kriechvorgänge beim Abbau von Eigenspannungen, Verminderung der Härte durch entsprechende Versuchsarten nachgeahmt.

Bei der Überhitzungssimulation werden geeignete Proben in Anlagen, die in der Regel nach dem induktiven oder konduktiven Verfahren arbeiten, erwärmt. Aufheiz- und Abkühlzeit können entsprechend den Werten, wie sie beim Schweißen in der WEZ auftreten, eingestellt werden. Im Anschluß daran erfolgt eine Prüfung der → Kerbschlagarbeit und → Härte des überhitzten Gefügezustandes, um die Neigung des Stahles zu Versprödung und Aufhärtung in der WEZ ermitteln zu können.

Die Simulation des Spannungsarmglühens wird mit den in der Tabelle aufgeführten Versuchen durchgeführt. Mit den Ergebnissen läßt sich dann eine Aussage bezüglich der Neigung der unterschiedlichen → Stähle zu
– temperaturinduzierter Versprödung (TIV)
– dehnungsinduzierter Versprödung (DIV)
– Relaxationsrißbildung (SRC)
in der Wärmeinflußzone machen und eine Klassifizierung vornehmen. *Kußmaul*

Literatur: *Ewald, J., F. Beißwänger, J. Jansky* u. *G. Maier*: Einzelheiten zur Simulation des Überhitzungszyklus in Schmelzschweißverbindungen. Schweißen und Schneiden 29 (1977), S. 402–406. – *Kußmaul, K., J. Ewald* u. *G. Maier*: Einbeziehung der Aufheizphase in die WEZ-Simulationstechnik zur Beurteilung spannungsarmgeglühter Schweißverbindungen. Schweißen und Schneiden 30 (1978), S. 257–262. – *Kußmaul, K., J. Ewald* u. *G. Maier*: Verfahren zur Simulation der Wärmeinflußzonen von Schmelzschweißverbindungen. Schweißen und Schneiden 28 (1976), S. 250–255.

Schweißstahl. Wird beim Verhütten von → Eisenerz die Schmelztemperatur des Stahles nicht überschritten, dann scheidet sich dieser im teigigen Zustand und in Klumpenform (Luppe) ab. Die Luppen entstanden bei der geschichtlichen Stahlerzeugung in Renn- und Stücköfen, wobei der Stahl ohne Zwischenstufen (z. B. → Roheisen, → Eisenschwamm) aus dem Erz erzeugt wurde. Auch das Puddel-Verfahren (Puddelstahl) lieferte Luppen. Die gewonnenen Luppen werden durch Ausschmieden zusammengeschweißt, es entsteht der S.

Schweißsimulation. Tabelle: Verfahren zur Simulation des Spannungsanglühens

Ermittlung des Einflusses von Temperatur und/oder Kriechdehnung in der		
Aufheizphase	Haltephase	Abkühlphase
Aufheizrelaxationsversuch Kurz-Zeitstandversuch – mit Ausbau der Proben vor dem Bruch – bis zum Bruch der Proben	Glühbehandlung Variation der Glüh- temperatur und -zeit	Variation der Abkühl- geschwindigkeit
Aussage über die Neigung zu		
dehnungsinduzierter Versprödung DIV Relaxationsrißempfindlichkeit SRC	temperaturinduzierter Versprödung TIV infolge Ausscheidungshärtung	reversibler Anlaßversprödung

Der S. unterscheidet sich vom → Flußstahl durch sein sehniges, von Schlackenfäden durchsetztes → Gefüge; er ist nicht so kerbempfindlich, rostet weniger stark und läßt sich → Preßschweißen. S. wird heute nicht mehr erzeugt. An seine Stelle sind leistungsfähige Verfahren zur Stahlerzeugung im schmelzflüssigen Zustand getreten (→ Eisen, → Stahl). *Bolbrinker*

Schweißungsprüfung → Schweißbarkeitsprüfung

Schweißverbindung → Schweißen

Schweißverfahren. Die Einteilung der S. erfolgt nach dem Zweck des Schweißens, der Art der Fertigung (manuelles, mechanisches, automatisches → Schweißen), der Art des Grundwerkstoffs (→ Metalle, → Kunststoffe), nach Art des von außen einwirkenden Energieträgers und dem physikalischen Ablauf des Schweißens (DIN 1910, Tl. 1).

Hinsichtlich des Zwecks ist zu unterscheiden zwischen → Verbindungsschweißen, d. h. dem Verschweißen von zwei oder mehreren Teilen zu einem Schweißteil, und dem Auftragsschweißen, wobei der aufgetragene Werkstoff entweder gleicher Art ist und nur zur Ergänzung abgenutzter oder beschädigter Werkstückpartien dient oder aus anderem Material besteht (Panzerung), das beispielsweise dem Werkstück größere Beständigkeit gegen → Korrosion oder → Verschleiß verleiht. Nach dem physikalischen Ablauf wird zwischen → Preßschweißen und → Schmelzschweißen unterscheiden.
□ Preßschweißverfahren: Dabei wird das Werkstück unter Druck zusammengefügt. → Schweißzusatz wird in der Regel nicht verwendet.

Beim → Heizelementschweißen werden die Werkstücke im Bereich des Schweißstoßes durch das Schweißwerkzeug und/oder die Werkstückaufnahme erwärmt und ohne Zusatzwerkstoff unter Kraftanwendung geschweißt.

Das Gießpreßschweißen erwärmt am eingeformten Schweißstoß die Werkstücke durch → Umgießen eines flüssigen Energieträgers. Unter Anwendung von Kraft erfolgt an den Stoßflächen die Verschweißung ohne Anwendung von Zusatzwerkstoff.

Beim Gaspreßschweißen werden die Teile durch eine Brenngas-Luft- oder Brenngas-Sauerstoff-Flamme erwärmt und durch → Stauchen zusammengefügt.

Durch gemeinsames → Walzen und durchgreifende Erwärmung werden die Werkstücke beim → Walzplattieren vorzugsweise ohne Zusatzwerkstoff geschweißt. Die Kraftübertragung erfolgt über die Walzen.

Bei dem Feuerschweißen werden die Werkstückteile im Feuer oder Ofen erwärmt und durch → Pressen miteinander verbunden.

Mit geringen plastischen Verformungen erfolgt das → Diffusionsschweißen. Dabei werden die Werkstücke an den Stoßflächen oder durchgreifend im Vakuum, unter → Schutzgas oder in einer Flüssigkeit erwärmt und unter Anwendung stetiger Kraft vorzugsweise ohne Schweißzusatz geschweißt. Die Verbindung entsteht durch → Diffusion der Atome über die Stoßflächen hinweg.

Die Wärme wird bei dem Lichtbogen-Preßschweißen durch einen kurzzeitig zwischen den Teilen brennenden Lichtbogen erzeugt und die Verbindung durch nachfolgendes schlagartiges Stauchen hergestellt.

Bei der Kaltpreßschweißung erfolgt die Vereinigung unter sehr hohem Druck ohne Wärmeeinwirkung und Zusatzwerkstoff.

Das Sprengschweißen fügt die Werkstücke ohne Wärmezufuhr unter Anwendung schlagartiger Kraft, wobei die beim Zusammenprall der Werkstücke entstehende Wärme das Schweißen erleichtert.

Unter Anwendung einer mit Ultraschall schwingenden Sonotrode mit oder ohne gleichzeitiger Wärmezufuhr erfolgt das → Ultraschallschweißen. Die Anpreßkraft zwischen den Werkstücken und die Schwingungsrichtung des Ultraschalls verlaufen zueinander senkrecht, wobei die Stoßflächen der Werkstücke aufeinander reiben.

Bei dem Widerstandspreßschweißen tritt die Erwärmung bei Stromdurchgang durch den elektrischen Widerstand der Werkstückteile ein, die nach Erreichen der Schweißtemperatur unter Druck vereinigt werden. Es kann an der Berührungsstelle eine Verflüssigung eintreten. Der Strom wird konduktiv über Elektroden oder berührungslos über Induktionsspulen zugeführt. Beim Preßstumpfschweißen werden Strom und Kraft von Spannbacken übertragen und die zusammengepreßten Werkstücke an den Stoßflächen erwärmt und geschweißt. Beim Abbrennstumpfschweißen werden dagegen die Werkstücke an den Stoßstellen zunächst unter leichtem Berühren erwärmt (Bildung von Schmorkontakten) und anschließend durch schlagartiges Stauchen geschweißt. Das → Punktschweißen dient zum Erzeugen von Schweißteilen aus überlappt angeordneten Blechen und Drähten. Der Strom und die Anpreßkraft wird dabei über stiftförmige Kupferelektroden zugeführt. Das → Rollennahtschweißen verwendet scheibenförmige Elektrodenrollen zur Herstellung einer Verbindung von überlappten Blechen. Bei dem → Buckelschweißen werden in eines der beiden überlappten Bleche örtliche Ausbeulungen (Buckel) eingedrückt. In einer Schweißpresse wird über großflächige Plattenelektroden die gleichzeitige Verschweißung an den Schweißbuckeln erzielt, wobei unter Einwirken des Drucks die Buckel eingeebnet werden.

Das →Reibschweißen dient zum Verbinden von Profilen mit rotationssymmetrischer Stirnfläche. Die Teile werden an den Schweißflächen aneinanderstoßend in eine drehbankartige Vorrichtung eingespannt und ein Verbindungsteil in Rotation versetzt. Ist durch die entstehende Reibungswärme die erforderliche Schweißtemperatur erreicht, wird das rotierende Teil abgebremst, der Stauchdruck erhöht und die Verschweißung vorgenommen.

□ Schmelzschweißverfahren: Bei diesem S. werden die Werkstückteile durch Aufschmelzen des Werkstoffs im Bereich der Verbindungsstelle ohne zusätzliche Druckeinwirkung miteinander verbunden. Häufig wird mit Schweißzusatz gearbeitet, der in Stab- oder Drahtform zugeführt wird und der Füllung der Schweißfuge dient. Der Schweißzusatz hat normalerweise eine ähnliche Zusammensetzung wie der Grundwerkstoff, wobei zur Verbesserung des Schweißgefüges gezielte Legierungsunterschiede zum Grundwerkstoff angewandt werden können.

Beim Gießschmelzschweißen wird durch →Gießen von flüssigem Schweißzusatz die Wärme in die eingeformte Schweißstelle übertragen, wobei die Stoßflächen anschmelzen.

Das →Gasschmelzschweißen arbeitet zur Verflüssigung des Werkstoffs im Bereich der Schweißstelle mit Brenngas-Sauerstoffflammen, die mit Schweißbrennern erzeugt werden. Als Brenngas wird dabei hauptsächlich Acetylen verwendet.

Die größte Bedeutung hat das Lichtbogenschmelzschweißen, bei dem ein Lichtbogen zum Aufschmelzen des Grund- und Zusatzwerkstoffs dient. Der Schweißzusatz wird dabei als →Elektrode geschaltet oder stromlos zugeführt. Die wichtigsten Verfahren dieser Gruppe sind das Metallichtbogen-, Unterpulver- und Schutzgasschweißen. Beim →Metallichtbogenschweißen brennt der Lichtbogen zwischen einer abschmelzenden Metallelektrode und dem Werkstück. Die Schweißstäbe sind mit Umhüllungen versehen, die das Schweißbad und den Zusatzwerkstoff gegenüber Luftzutritt schützen und den Lichtbogen stabilisieren. Die Zusammensetzung der Umhüllungen richtet sich vor allem nach dem Werkstoff und den Nahtanforderungen. Vorwiegend werden Gemische von Eisen-, Mangan-, Titanoxiden und Erdalkalicarbonaten, Flußspat und organischen Verbindungen eingesetzt.

Beim →Unterpulverschweißen brennt der Lichtbogen zwischen einer Drahtelektrode und dem Werkstück unter einer Pulverschicht verdeckt. Das Pulver schmilzt unter der Wärmeeinwirkung des Lichtbogens z. T. auf und bildet eine schützende Schlackenschicht auf der Naht. Überschüssiges Pulver wird abgesaugt und wieder verwendet.

Beim →Schutzgasschweißen werden im Bereich der Schmelze Reaktionen mit der Umgebungsluft durch Zuführen von Schutzgas (Helium, Argon, CO_2 oder Mischgasen) verhindert. Die wichtigsten Schutzgasschweißverfahren sind das Wolfram-Inertgas-Verfahren (WIG) mit Wolframelektrode und stromlosem Zusatzwerkstoff und das Metall-Inertgas- und Metall-Aktivgas-Verfahren (MIG/MAG) mit abschmelzender Drahtelektrode aus artgleichem Werkstoff.

Beim Strahlschweißen entsteht die Wärme durch Umwandlung gebündelter energiereicher Strahlung bei ihrem Auftreffen auf bzw. Eindringen in das Werkstück. Dem Elektronenstrahlschweißen dient ein durch elektrische oder magnetische Felder gesteuerter und scharf gebündelter Elektronenstrahl als Wärmequelle und dringt infolge Aufschmelzung und Verdampfung des Metalls tief in den Werkstoff ein. Das Elektronenstrahlschweißen erfolgt vorwiegend im Feinvakuum oder Hochvakuum. Ein Vorteil dieser Art der Energiezuführung zum Werkstoff liegt darin, daß sich auch Werkstoffe mit sehr hohem →Schmelzpunkt (z. B. W, Mo, Ta) miteinander verbinden lassen. Das Anwendungsgebiet des Verfahrens reicht von zentimeterdicken Stahlplatten bis zu Schweißungen im mikroskopischen Bereich. Das Schweißen mit Laserstrahl eines Neodym- oder CO_2-Lasers benötigt kein Vakuum, ist jedoch auf Blechdicken unter etwa 10 mm begrenzt. Ein Teil der Laserstrahlen wird vom Werkstück reflektiert und geht dadurch für die Werkstückerwärmung verloren.

Das →Elektroschlackeschweißen (RES) nutzt die Widerstanderwärmung eines elektrisch leitenden Schlackenbads, dessen Temperatur über der Schmelztemperatur des umgebenden Metalls liegt. Die Nähte werden als Stehnähte aufgebaut; es lassen sich z. B. Stumpfnähte an Platten von 40 bis 600 mm Dicke schnell und wirtschaftlich schweißen. Der Strom wird dem Schlackenbad über abschmelzende, blanke, als Zusatzwerkstoff dienende Metallelektroden zugeführt. Der abschmelzende Zusatzwerkstoff sinkt in der Schlacke ab, füllt die Schweißfuge und erstarrt langsam von unten nach oben zur verbindenden Schweißnaht. Das Schweißbad in Form einer rechteckigen Schmelzwanne wird an zwei Seiten durch die Nahtfugenflächen der beiden Schweißteile, an den beiden anderen Seiten durch ein Paar wassergekühlte Kupfergleitschuhe begrenzt, die mit dem gesamten Schweißkopf durch entsprechende Vorrichtungen nach oben an der Schweißfuge entlanggeführt werden.

→MAG-Schweißen, →MIG-Schweißen, →WIG-Schweißen *Dorn*

Literatur: DIN 1910 Tl. 1: Schweißen; Begriffe, Einteilung der Schweißverfahren. Berlin, Köln 1983. – DIN 1910 Tl. 2: Schweißen; Schweißen von Metallen, Verfahren. Berlin, Köln 1977. – DIN 1910 Tl. 4: Schweißen; Schutzgasschweißen, Verfahren. Berlin, Köln 1979. – DIN 1910 Tl. 5: Schweißen; Schweißen von Metallen; Widerstandsschweißen; Verfahren. Berlin, Köln 1986.

Schweißzusatz. Nach DIN 8571 ist ein S. ein Erzeugnis, das der Schweißzone zugeführt oder zwischen die Stoßflächen gelegt wird (z. B. abschmelzender →Schweißdraht bzw. Schweißelektrode). Beim →Schweißen vereinigt er sich mit dem Grundwerkstoff und/oder dem bereits niedergeschmolzenen Schweißgut und bildet die Schweißnaht oder →Beschichtung (Verbindungs- bzw. Auftragsschweißen). Die Vereinigung mit dem Grundwerkstoff und/oder Schweißgut erfolgt durch Aufmischen bzw. →Diffusion.

Ein Schweißhilfsstoff ist ein Erzeugnis, das das Schweißen ermöglicht oder erleichtert (z. B. →Schutzgas, →Schweißpulver oder Paste). Nach DIN 8571 können die S. nach Art und Sorte ihres Werkstoffs (Schweißzusatzwerkstoff), der Art ihres Abschmelzens, nach der Lieferform und ihrer Ausführung eingeteilt werden.   *Dorn*

Literatur: DIN 8571: Schweißzusätze und Schweißhilfsstoffe zum Metallschweißen; Begriffe, Einteilung. Berlin, Köln 1981.

Schweißzusatzwerkstoffe →Schweißzusatz

Schweißzusatzwerkstoff-Prüfung. Prüfung von Schweißzusatzwerkstoffen auf ihre Eignung zum →Schmelzschweißen. Es wird unterschieden zwischen Prüfung des unverschweißten Zusatzwerkstoffes, des Schweißverhaltens und der Prüfung der Eigenschaften des Schweißgutes bzw. der ganzen Schweißverbindung.

□ Der unverschweißte Zusatzwerkstoff wird vor allem hinsichtlich chemischer Zusammensetzung geprüft. Die Zusammensetzung (auch z. B. die der Umhüllung von Stabelektroden) wirkt sich maßgeblich auf die Schweißguteigenschaften aus. Weiterhin erfolgen Maßkontrolle, Prüfung der Wasseraufnahme bei umhüllten Elektroden sowie Schweißpulvern und Prüfung der Körnung bei Schweißpulvern.

□ Die Prüfung des Schweißverhaltens wird (meist vom Hersteller selbst) anhand sog. Abschweißkontrollen durchgeführt. Hierbei wird nach einer Spezifikation geschweißt und z. B. bei Stabelektroden folgende Eigenschaften beobachtet:
- Zündeigenschaften
- Lichtbogenstabilität
- Metallfluß
- Schlackenfluß
- Netzungseigenschaften
- Spritzerbildung
- Schlackenabgang
- Schlackenaussehen
- Nahtaussehen.

Aus diesen Versuchen wird weiterhin überprüft, mit welchen Schweißpositionen, Stromarten, Leerlaufspannungen und Stromstärken gearbeitet werden kann.

Bei den anderen →Schweißverfahren wird analog vorgegangen, wobei die jeweiligen verfahrensspezifischen Eigenheiten beachtet werden müssen.

□ Zur Prüfung der Eigenschaften des Schweißgutes bzw. der ganzen Schweißverbindung werden entsprechende Prüfstücke geschweißt und anschließend untersucht (→Schweißgutprüfung).

Weitere Prüfungen, bei denen der →Schweißzusatz in Verbindung mit dem Verfahren, dem Grundwerkstoff, der Nahtgeometrie und weiteren Einflußgrößen eine wichtige Rolle spielt, sind Heißriß- und Kaltrißprüfung. Hierzu existiert eine Vielzahl von Varianten.

Die Heißrißprüfung kann nach DIN 50 129 mit Hilfe der Doppelkehlnahtprobe (für un- oder niedriglegierte →Stähle) oder der Zylinderprobe (für austenitische Zusatzwerkstoffe) durchgeführt werden. Zur Quantifizierung der Heißrißneigung kann z. B. der modifizierte Varestraint-Transvarestraint-Test (MVT) dienen. Hierbei wird mit dem zu prüfenden Zusatzwerkstoff eine Auftragsraupe auf eine plattenförmige Grundwerkstoffprobe aufgeschweißt. Während des Schweißens wird die Platte über einen Radiusblock plastisch gebogen. Die Gesamtrißlänge in Abhängigkeit der Biegedehnung ist ein Maß für die Heißrißneigung.

Die Kaltrißprüfung kann z. B. im sog. Implanttest erfolgen. Dabei wid eine zylindrische gekerbte Probe in eine Bohrung einer Platte eingeschweißt und nach Abkühlen auf z. B. 150 °C mechanisch über einen längeren Zeitraum belastet. Die Höhe der Belastung ohne Riß in Abhängigkeit der Schweißbedingungen und der Kerbschärfe ist ein Maß für die Kaltrißbeständigkeit.   *Kußmaul*

Literatur: Richtlinien für die Eignungsprüfung von Schweißzusätzen. VdTÜV-Merkblatt Schweißtechnik 1153. Hrsg.: Vereinigung der Technischen Überwachungsvereine e. V., Essen. Herford. – *Wilken, K.*: Universelle Heißrißprüfung mit dem modifizierten Varestraint-Transvarestrainttest. DVS-Berichte 52 (1978) S. 224–228. Düsseldorf.

Schwellfestigkeit →Dauerschwingversuch

Schwenkbiegen. S. gehört zu den Verfahren des →Biegeumformens mit drehender Werkzeugbewegung (DIN 8586). Dabei wird ein Blechstreifen (Werkstück) (Bild 1) zwischen Klemmbacken teilweise eingespannt und der herausragende Teil mittels einer Wange um die Biegekante herumgeschwenkt. Für das S. werden spezielle Schwenkbiegemaschinen eingesetzt; es gibt auch kombinierte Bauarten zwischen Gesenkbiegepresse und Schwenkbiegemaschine. Die Maschinen können Arbeitsbreiten von mehreren m erreichen. Einsatzbereiche für das S. sind Stahlbau, Profilherstellung, Behälterbau usw.

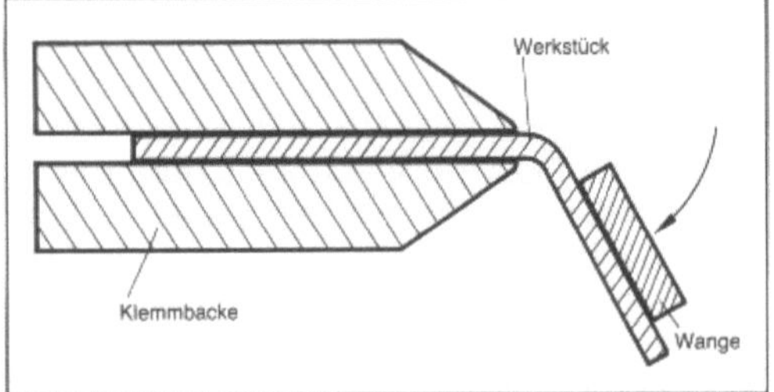

Schwenkbiegen 1: Schematische Darstellung.

Durch S. lassen sich durch die Möglichkeit sehr genauer Biegewinkeleinstellung sehr genaue Biegeteile mit kompensierter Rückfederung herstellen. Dies gilt besonders für moderne, numerisch gesteuerte und hydraulisch angetriebene Maschinen (Bild 2). Da keine Werkzeuge mit fest vorgegebenem Biegewinkel verwendet werden, hat das S. eine große Flexibilität. *Lange*

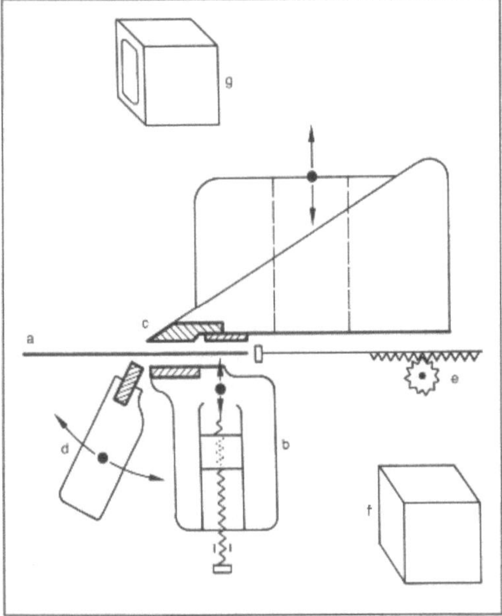

Schwenkbiegen 2: Funktionselemente einer Schwenkbiegemaschine.

a) Werkstück, b) untere Spannbacke, c) obere Spannbacke mit Oberwerkzeug, d) Schwenkbiegewange, e) Anschlagvorrichtung, f) Programmsteuerungseinrichtung, g) Bildschirm

Literatur: *Lange, K.* (Hrsg.): Umformtechnik. Handb. f. Ind. u. Wiss. 2. Aufl. Bd. 3. Berlin, Heidelberg, New York, Tokio 1990. – *Spur, G.* (Hrsg.) u. *Th. Stöferle:* Handbuch der Fertigungstechnik, Bd. 2/3. Umformen, Zerteilen. München 1985.

Schwermetallguß → Nichteisen-Metallguß

Schwindmaß → Schwindung; → Modell

Schwindung. → Metallische Werkstoffe vor allem erleiden beim Übergang von Schmelztemperatur bis zur Raumtemperatur zwei Volumenänderungen, und zwar einmal die als Schrumpfung bezeichnete Volumenverkleinerung beim → Erstarren von flüssigen bis zum festen Zustand, die zur Ausbildung eines Lunkers führen kann, und zweitens eine lineare S. bei der → Abkühlung von Erstarrungstemperatur auf Raum- oder noch tiefere Temperaturen. Bei Gußstücken wird diese S. durch das Schwindmaß, um das die Zeichnungsmaße beim Modell vergrößert werden, berücksichtigt.

Die wirklich freie S. wird bei der Fertigung meist in mehr oder weniger großem Maß, z. B. durch verwickelte Außenkonturen, unnachgiebige Kerne u. a. m., behindert, so daß das eigentliche Schwindmaß vom Werkstoff gar nicht erreicht wird. Diese Schwindungsbehinderung führt zu Spannungen, die u. U. so groß werden können, daß es zu Rissen kommt. Warmrisse haben sehr oft ihre Ursache in einer zu großen Schwindungsbehinderung. Durch Schwindungsbehinderung aufgestaute Spannungen können auch bei einer späteren spanenden Bearbeitung zu einer fast explosionsartigen → Rißbildung Anlaß geben, wenn z. B. durch die Querschnittsverminderung bei der Bearbeitung die zulässige → Spannung überschritten wird. In weniger gravierenden Fällen äußert sich der → Spannungszustand in einer → Formänderung, und zwar sowohl vor wie nach der Bearbeitung.

Abhilfe bringt das Altern, d. h. der Abbau der Spannungen durch langsame Formänderung (zeitraubend), oder eine → Wärmebehandlung (Spannungsfreiglühen). *Doliwa*

Schwingfestigkeit → Dauerschwingversuch

Schwingstreifen. Kennzeichnende Oberflächenstruktur von Bruchflächen bei zähen → metallischen Werkstoffen, die durch stabilen transkristallinen Rißfortschritt infolge einer mechanischen Schwingbeanspruchung entstehen. S. sind linienförmige Rißwachstumsmarkierungen (Rastlinien) quer zur Rißfortschrittsrichtung von ca. 1–3 µm Breite. Sie werden meist in Form von Bruchbahnen zusammen mit dem anschließenden Restbruch (zäher oder spröder Gewaltbruch) bei Mikrountersuchungen von Bruchflächen mit dem → Rasterelektronenmikroskop (→ Fraktographie) gefunden und sind bei einer → Schadensanalyse Merkmale für einen Dauerschwingbruch. In vielen Fällen entspricht ein S. einem Schwingspiel. *Kußmaul*

Schwingung, strömungsinduzierte. Wärmeaustauscher mit Rohrbündeln sind im Apparate- und Anlagenbau häufig eingesetzte Apparate. Über mögliche Anregungsmechanismen im Apparate- und Anlagenbau ist an anderer Stelle berichtet.

Seit Jahren wird über s. S. an Rohren solcher Bündel berichtet, die zu einer mechanischen Zerstörung der Rohre führen durch gegenseitiges Anschlagen oder Abrieb in den Halterungen. Hierbei strömt das Medium z. B. Luft oder Wasser quer oder längs zum → Rohrbündel. Eine Zerstörung von Rohren des Bündels ist insbesondere bei korrosiven Medien gefährlich, eine Reparatur wegen der großen Stillstandszeiten und der erheblichen Kosten unerwünscht. Weltweit sind seit Jahrzehnten Rohrbündel-Schwingungen als Folgeerscheinung der hinter einem Einzelrohr ablösenden Wirbel gedeutet worden. Diese theoretischen Deutungen konnten nur durch Messungen wichtiger Kenngrößen, wie mitschwingende Fluidmasse, Dämpfung und Eigenfrequenz der Rohre aufrechterhalten werden. Neuere Erkenntnisse haben gezeigt, daß diese Deutungsversuche nicht haltbar sind. Die Rohrbündelschwingungen hängen ab von der Gesamtanordnung der Rohre in einem Rohrbündel und müssen an fluid-dynamischen Gesetzmäßigkeiten des Gesamtbündels geklärt werden. Besonders gefährdet für die beschriebenen Resonanz-Schwingungen sind hierbei die Rohre in der ersten, zweiten und letzten Rohrreihe, wobei unterschiedliche Schwingungsmechanismen den Instabilitäts-Vorgang auslösen. *Strohmeier*

Literatur: *Troidt/Strohmeier:* Strömungsinduzierte Schwingungen quergeströmter Rohrfelder aus der Sicht des Konstrukteurs, VGB 67 (1987) Nr. 3 S. 291–300.

Schwingungsmessung. Mechanische Schwingungen elastischer Medien werden häufig anhand ihrer Frequenz unterschieden. Bei Frequenzen unterhalb der Hörschwelle werden sie Infraschall genannt, im Bereich von 16 Hz bis 20 kHz Schall und darüber hinaus Ultraschall. Je nach Ausbreitungsmedium unterscheidet man unabhängig von der Frequenz Luftschall-, Flüssigkeitsschall und Körperschall. In Gasen und Flüssigkeiten breiten sich Schwingungen nach denselben Gesetzmäßigkeiten aus. Die Teilchen schwingen nur in der Ausbreitungsrichtung. Nur longitudinale Wellen können sich ausbreiten. In festen Körpern hingegen, die Schubspannungen aufnehmen, sind auch Schwingungen quer zur Ausbreitungsrichtung, Transversalschwingungen, möglich. Insgesamt können viele unterschiedliche Schwingungsformen auftreten, die von der Form des Körpers abhängen. So ist die Analyse des Körperschalls u. U. kompliziert und erfordert einen mathematischen Aufwand.

Bei Schwingungen interessieren neben der Frequenz f bzw. der Kreisfrequenz $\omega = 2\pi f$
– der Schwingweg x,
– die Schwinggeschwindigkeit oder Schnelle dx/dt,
– die Schwingbeschleunigung d^2x/dt^2.

Eine einfache Form eines Schwingungsaufnehmers besteht aus einer seismischen Masse m, einer Feder mit der Federkonstanten c und einer geschwindigkeitsproportionalen Dämpfung d. Die Bezeichnung seismische Masse stammt von den Erdbebenschreibern (Seismographen). Wenn sich nur die Masse relativ zum Gehäuse bewegt und das Gehäuse in Ruhe bleibt, spricht man von relativer S. Ein Beispiel dafür ist das Tauchspulmikrophon, bei dem die induzierte Spannung der Schwinggeschwindigkeit proportional ist.

Größere praktische Bedeutung hat die absolute S., bei der dem Gehäuse die Bewegung x (in absoluten Koordinaten gemessen) aufgezwungen wird. Der Momentanwert der Auslenkung der Masse gegenüber dem Gehäuse sei y (Bild 1). Die Summe aller auf das Gehäuse wirkenden Kräfte ist null:

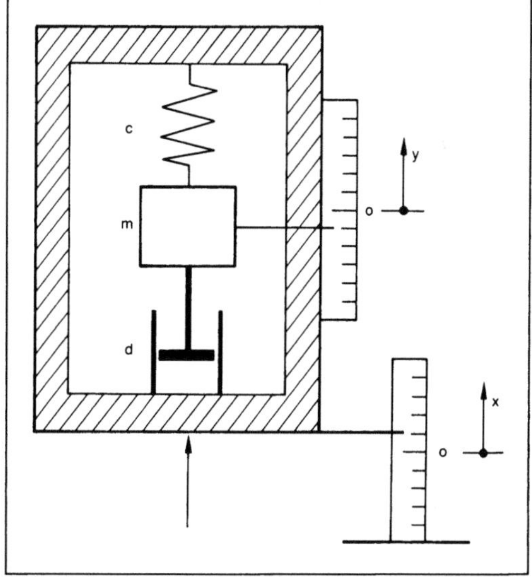

Schwingungsmessung 1: Schwingungsaufnehmer.

$$m \frac{d^2(x + y)}{dt^2} + d \frac{dy}{dt} + c\,y = 0$$

$$\text{oder } m \frac{d^2y}{dt^2} + d \frac{dy}{dt} + c\,y = -\,m \frac{d^2x}{dt^2}$$

Mit den Abkürzungen

$$\omega_0 = \sqrt{c/m} \qquad = \text{Eigenkreisfrequenz des ungedämpften Systems,}$$

$$D = \frac{d}{2 \cdot m\,\omega_0} = \text{Dämpfungskonstante,}$$

$$a = \frac{d^2x}{dt^2} \qquad = \text{Beschleunigung des Gehäuses}$$

erhält man

$$\frac{d^2y}{dt^2} + 2 \cdot D\,\omega_0 \frac{dy}{dt} + \omega_0^2\,y = -\frac{d^2x}{dt^2} = -\,a.$$

Drei Sonderfälle dieser Gleichung seien betrachtet:

1. Federkonstante c sehr groß, d. h. sehr steife Feder, m und d klein (D klein, ω_o sehr groß):

$$\omega_o^2\, y \approx - \frac{d^2x}{dt^2} = -a,$$

$$y \approx - \frac{1}{\omega_o^2} \frac{d^2x}{dt^2} = -a\, \frac{m}{c}$$

Bei steifer Feder und großer Eigenfrequenz ist die Relativbewegung y der Beschleunigung a proportional, das System ist beschleunigungsempfindlich.

2. Dämpfung d groß, m und c relativ klein (D sehr groß):

$$2 \cdot D\, \omega_o \frac{dy}{dt} \approx - \frac{d^2x}{dt} = -a,$$

$$y \approx - \frac{1}{2 \cdot D\omega_o} \frac{dx}{dt}$$

Bei stark gedämpften Systemen ist die Beschleunigung a der Relativgeschwindigkeit dy/dt der Masse gegenüber dem Gehäuse proportional, während die Relativbewegung y der Geschwindigkeit dx/dt der äußeren Anregung proportional ist. Das System ist geschwindigkeitsempfindlich. Die Beschleunigung könnte durch einmaliges Differenzieren gewonnen werden.

3. Masse m groß, d und c relativ klein (D und ω_o relativ klein):

$$\frac{d^2y}{dt^2} \approx - \frac{d^2x}{dt^2} = -a,$$

$$y \approx -x$$

Die Masse m macht die aufgezwungene Bewegung x des Gehäuses nicht mit, bei y kann man den vom Gehäuse zurückgelegten Weg ablesen, das System ist wegempfindlich. Die Beschleunigung a könnte durch zweimaliges Differenzieren von y ermittelt werden.

Bei S. erhält man also für Frequenzen unterhalb der Eigenfrequenz des Aufnehmersystems

$$f_o = \frac{\omega_o}{2\pi}$$

die Beschleunigung (Sonderfall 1), bei Frequenzen oberhalb von f_o den Schwingweg (Sonderfall 3). Mit Rücksicht auf den ausnutzbaren Frequenzbereich muß f_o bei Beschleunigungsaufnehmern möglichst hoch, bei Wegaufnehmern möglichst niedrig sein. Optimale Bedingungen für den ausnutzbaren Frequenzbereich ergeben sich, wenn man eine Dämpfungskonstante D = 0,65 wählt. Läßt man einen Meßfehler bis 1,5 % zu, kann man Beschleunigungsaufnehmer für Meßfrequenzen $f_M \leq 0,62\, f_o$ verwenden, bei Wegaufnehmern gilt

entsprechend $f_M \geq 1,65\, f_o$. Wegen der Abhängigkeit der Ausgangsgröße y von der Dämpfungskonstanten D hat der zweite Sonderfall keine praktische Bedeutung für die Messung der Schwinggeschwindigkeit erlangt, weil die Dämpfungskonstante D häufig sehr temperaturabhängig ist.

Praktische Ausführungen: In serienmäßigen Schwingungsaufnehmern zum Messen von absoluten Schwingungen wird entweder die relative Auslenkung y oder die Reaktionskraft F erfaßt. Zum Messen der relativen Auslenkung eignen sich die verschiedenen Wegaufnehmer, z. B. Widerstandsaufnehmer, Aufnehmer, induktiver, Aufnehmer, kapazitiver, Längen- und Winkelmessung. Kraftmessungen sind möglich z. B. mit Piezoaufnehmern und Widerstandsaufnehmern ($\rightarrow$ Dehnungsmeßstreifen). Mit Piezoaufnehmern lassen sich keine statischen Messungen durchführen, da die Ausgangsgröße eine Ladung ist (kleinste Meßfrequenz etwa 0,2 Hz). Für die Messung der Schwinggeschwindigkeit kann man wegempfindliche Schwingungsaufnehmer mit einem elektrodynamischen Abgriff einsetzen. Diese liefern aufgrund des Induktionsgesetzes eine Ausgangsspannung, die der 1. Ableitung des Schwingwegs proportional ist. Im übrigen lassen sich durch elektrische Schaltungen zur Differentiation und Integration aus Wegen Beschleunigungen und umgekehrt ermitteln. Beim Differenzieren muß man allerdings damit rechnen, daß das unvermeidliche Rauschen verstärkt auftritt.

Beschleunigungsaufnehmer gibt es in vielen Ausführungen für Zwecke der Trägheitsnavigation, für Messungen auf Fahrzeugen, an Maschinen und bei Explosionsvorgängen. Die Nenndaten liegen etwa in folgenden Bereichen:
Meßbereichsendwerte $10^{-5}\,m/s^2 \leq a \leq 10^6\,m/s^2$,
Gesamtmassen $500\,g \geq m_g \geq 0,2\,g$,
Eigenfrequenzen $15\,Hz \leq f_o \leq 100\,kHz$,
Frequenzbereich für Messungen 0 Hz bzw. 0,2 Hz $\leq f_M \leq 0,62\, f_o$,
Betriebstemperaturen etwa bis 600 °C möglich.
Als Ausgangsgröße erhält man bei der jeweils maximal meßbaren Beschleunigung 1–50 mV je 1 V Brückenspeisespannung bei Widerstandsaufnehmern, 0,1–1 mV bei induktiven Aufnehmern und eine Ladung von 5–50 nC bei piezoelektrischen Aufnehmern. Für Beschleunigungsmessungen in drei zueinander senkrechten Richtungen werden drei Beschleunigungsaufnehmer gleicher Empfindlichkeit in einem gemeinsamen Gehäuse angeordnet. Anwendungen in der Trägheitsnavigation erfordern Beschleunigungsaufnehmer mit Meßunsicherheiten von 0,001 % bis 0,01 %, um die für die Bestimmung der Bewegungsgeschwindigkeit (durch einmalige Integration) und des zurückgelegten Wegs (durch zweimalige Integration der Beschleu-

nigung) geforderte Genauigkeit einhalten zu können.

Eine Anwendung im Kraftfahrzeug zeigt Bild 2. Aufgabe dieses Beschleunigungssensors ist, bei einem Aufprall entweder das Airbag- oder das Gurtstraffersystem auszulösen. Der Sensor besteht aus einer dreieckförmigen Biegefeder mit vier in Form einer Vollbrücke aufgedampften Dehnungsmeßstreifen. Die seismische Masse ist als zylinderförmige Scheibe an der Spitze der Feder befestigt. Die Dämpfung wird durch eine Ölfüllung des Gehäuses erreicht. Bei einem Aufprall des Fahrzeugs dehnt sich die Biegefeder mit den aufgedampften Widerständen. Aus der Verstimmung der Brücke wird die (negative) Beschleunigung des Fahrzeugs ermittelt. Bei Überschreiten einer vorher eingestellten Grenze werden die Gurte gestrafft, bevor der Körper des Fahrers nach vorn fallen kann. Der Airbag ist etwa 30 ms nach dem Aufprall aufgeblasen und fällt etwa 100 ms später wieder in sich zusammen, um die Sicht nicht zu behindern.

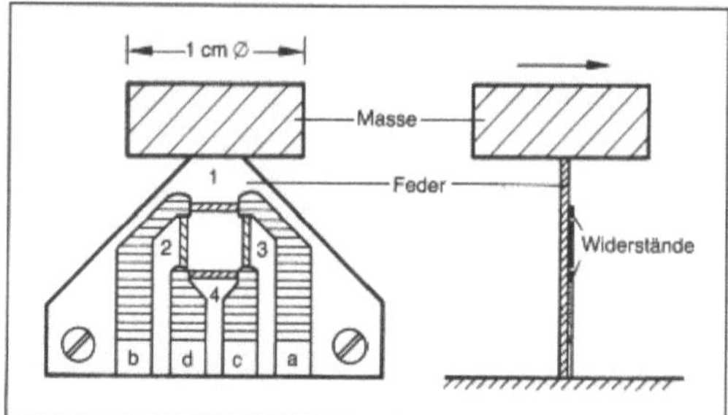

Schwingungsmessung 2: Beschleunigungssensor für Airbag und Gurtstraffer. (Quelle: Robert Bosch GmbH)

1, 2, 3, 4 Dünnschichtwiderstände, a bis d Anschlußpunkte. Der Pfeil bezeichnet die Fahrtrichtung.

Drehbeschleunigungen lassen sich über Aufnehmer mit drehbar angeordneter Masse messen. Weiterhin lassen sie sich auch durch elektrische Differentiation von Drehzahlen ermitteln.

Schwingwegaufnehmer haben folgende Daten: Meßbereichsendwerte zwischen $\pm 1\,mm$ und $\pm 25\,mm$, Schwingmassen $500\,g \geq m \geq 20\,g$, Eigenfrequenzen $0,5\,Hz \leq f_o \leq 10\,Hz$, Frequenzbereich für Messungen $1,65\,f_o \leq f_M \leq 1\,kHz$.

Die Empfindlichkeit kann z. B. $50\,mV$ je $1\,V$ Brückenspeisespannung für den Meßbereichsendwert betragen. *Hammerschmidt*

Schwingungsrißkorrosion. S., auch als → Korrosionsermüdung bezeichnet, tritt an → metallischen Werkstoffen unter gleichzeitiger Einwirkung von mechanischer Wechselbeanspruchung und → Korrosion auf. Sie führt zur Bildung verformungsarmer, meist transkristalliner Risse. Das Bruchbild gleicht manchmal dem eines Dauerbruches.

Im Unterschied zur → Spannungsrißkorrosion gibt es für die S. keine kritischen Grenzbedingungen hinsichtlich des Korrosionssystems (Werkstoff/Medium) und der Belastungshöhe. S. kann im aktiven und passiven Zustand der Metalle auftreten. Während bei aktiver Metalloberfläche eine Vielzahl von Rissen entsteht, deren Rißflanken zerklüftet und mit Korrosionsprodukten bedeckt sind, wird bei passiven Werkstoffen häufig nur ein einziger → Riß mit glatter → Bruchfläche beobachtet.

Die Rißentstehung erfolgt durch erhöhten Korrosionsangriff an den, bei der mechanischen Wechselbeanspruchung durch Gleitvorgänge gebildeten Extrusionen und Intrusionen. An diesen Stellen liegt durch → Kerbwirkung eine erhöhte Reaktivität des Metalles vor. Oberflächenfehler in Form von Riefen, Kerben, Nuten, Bohrungen, Korrosionsgrübchen und Lochfraßstellen sind häufig Ausgangspunkte für S.

Die Prüfung des Schwingungsrißkorrosionsverhaltens metallischer Werkstoffe wird, den praktischen Beanspruchungen entsprechend, mit Umlaufbiege-, Wechselbiege- und Zug/Druck-Versuchen durchgeführt. Als Maß für die Beständigkeit dient die ertragene Lastspielzahl als Funktion der Spannungsamplitude. Sie wird im *Wöhler*-Diagramm dargestellt (Bild). Ist ein Bauteil neben einer mechanischen Wechselbeanspruchung gleichzeitig einem Korrosionsangriff ausgesetzt, so wird gegenüber dem Verhalten an Luft, das Gebiet der → Zeitfestigkeit zu kleineren Lastspielzahlen verschoben und in der Regel keine Dauerfestigkeit mehr erreicht (→ Ermüdung). Die Auslegung von Bauteilen ist dann nur nach Zeitfestigkeitswerten möglich.

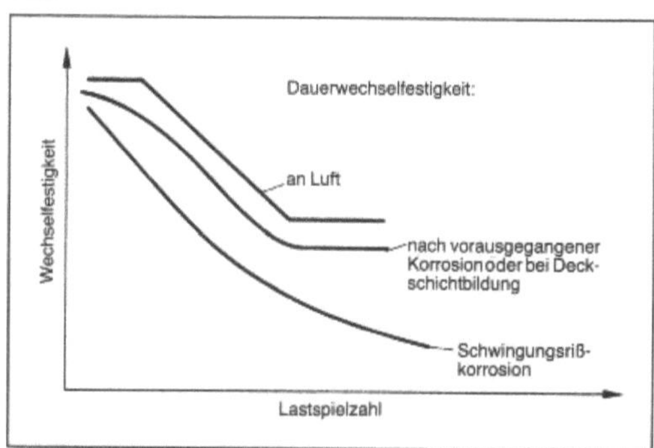

Schwingungsrißkorrosion: Wöhler-Kurve an Luft, nach Vorkorrosion und bei S.

Bei der S. spielt auch die Lastspielfrequenz eine Rolle, da mit fallender Frequenz die Einwirkungszeit des Korrosionsmediums entsprechend zunimmt und die ertragene Lastspielzahl verkürzt wird. Der

Rißfortschritt pro Lastwechsel wird bruchmechanisch an gekerbten Proben als Funktion der Schwingbreite der Spannungsintensität bestimmt.

Schutzmaßnahmen zur Vermeidung von Korrosionsermüdung sind die beanspruchungsgerechte Werkstoffauswahl, Begrenzung der Spannungsamplitude sowie Vermeidung scharfer Kanten und Kerben durch hohe Oberflächengüte.

Wendler-Kalsch

Schwingungsüberwachung. Zur S. bei rotierenden Maschinen werden Absolutweggeber (Beschleunigungsgeber, seismische Geber, Schwingungsmessung) und Relativweggeber (Aufnehmer, induktiver) eingesetzt. Ausgewertet werden im allgemeinen die Amplituden dieser Meßsignale.

Neben Komponenten sind auch komplette verfahrenstechnische Systeme im Hinblick auf ihre Schwingungen zu überwachen. In diesen Systemen werden z. B. mit großen Strömungsgeschwindigkeiten Medien umgewälzt oder transportiert, so daß Rohrleitungen und Einbauten zu Schwingungen bei ihren Eigenfrequenzen angeregt und eventuell zerstört werden können. Schon vor Eintritt eines derartigen Schadens läßt die Schwingungsüberwachung Veränderungen im System erkennen. Aufgrund dieser Informationen können dann rechtzeitig Gegenmaßnahmen getroffen werden.

Die S. an verfahrenstechnischen Systemen basiert zunächst wieder auf den Signalen der Absolut- und Relativweggeber. Darüber hinaus lassen sich auch andere verfahrenstechnische Größen wie z. B. der Mediendruck oder – bei Kernreaktoren – der Neutronenfluß verwenden. In dem stochastischen Anteil dieser Meßsignale sind Vibrationen und Schwingungen zu erkennen. Die Auswertung erfolgt rechnergestützt über eine Frequenzanalyse und/oder mit Hilfe der Korrelationsmeßtechnik. *Schrüfer*

Literatur: *Bauernfeind, V.; B. Olmar; R. Sunder* u. *D. Wach:* Bewertung und Untersuchungen von Schadenfrüherkennungsverfahren zur Schwingungs- und Körperschallüberwachung am Primärkreis von Kernkraftwerken. Bericht GRS-A-1193 (1986) der Gesellschaft für Reaktorsicherheit Garching.

Schwingungsverschleiß. → Verschleißart, bei der → Verschleiß durch oszillierende Relativbewegungen der Kontaktpartner hervorgerufen wird. Dabei können sich mehrere Verschleißmechanismen überlagern. Zu Beginn tritt häufig die → Adhäsion in Erscheinung, die mit einer hohen → Reibung verbunden ist. Dadurch kann die → Tribooxidation eingeleitet werden. Entstehen oxidische Partikel hoher → Härte, so kann die → Abrasion wirksam werden. Wegen der schwingenden Beanspruchung ist auch mit → Oberflächenzerrüttung und im schlimmsten Fall mit → Ermüdung zu rechnen, die zum Bruch des Bauteils führen kann.

Beim S. von Eisenwerkstoffen entsteht häufig rotbraunes Eisenoxid, so daß man auch von → Passungsrost, → Reiboxidation oder → Reibkorrosion spricht.

Zur Einschränkung des S. eignen sich insbesondere Gleitlacke. In oxidierenden Atmosphären bewähren sich oxidkeramische Werkstoffe wie Aluminiumoxid oder Zirkonoxid. *Habig*

Schwitzwasserkorrosion → Kondenswasserkorrosion

Segerkegel. Die Messung mit dem S. ist eine Bestimmung der Feuerfestigkeit keramischer Werkstoffe. Als Meßinstrument kann mit S. außerdem der Einfluß der Temperaturhaltezeit und der Atmosphäre bestimmt werden.

Feuerfeste → Werkstoffe besitzen keinen definierten → Schmelzpunkt, sondern einen Schmelzbereich. Zur Bestimmung des Erweichungsverhaltens dieser Werkstoffe dienen S., Produkte aus keramischen Massen, die ein genau definiertes Erweichungsverhalten zeigen und mit denen der zu prüfende Werkstoff verglichen wird.

S. haben die Form einer dreiseitig abgestumpften Pyramide mit einer kürzeren, zur Grundfläche in einem Winkel von 82° stehenden Kante. Die dieser Kante gegenüberliegende Fläche trägt die S.-Nummer, die die Temperatur des Erweichungsintervalls kennzeichnet. Zur Messung werden die Kegel zusammen mit Kegeln, die aus dem zu untersuchenden Material gesägt werden, auf feuerfeste Platten gestellt. Die Anordnung aus Vergleichs- und Prüfkegeln wird in einen Ofen gestellt und aufgeheizt. Ein Kegel gilt als gefallen, wenn aufgrund der hohen Temperatur und seinem Eigengewicht die Spitze des Kegels die Platte berührt. Durch einen Vergleich der Prüfkegel mit den Probekegeln ist eine Einordnung der Feuerfestigkeit des Materials möglich. Der Fallpunkt wird durch die Bezeichnung „ISO" und der durch zehn geteilten Fallpunktstemperatur angegeben. Der Segerkegelfallpunkt von Schamottesteinen wird mit SK 30 (ISO-Kegel 168) und einer Fallpunktstemperatur von 1 680 °C angegeben; Magnesiasteine haben einen Fallpunkt > 1 (ISO 198, Segerkegel 42). *Hesse/Hennicke*

Seide. Die → Naturseide wird aus den Kokons der Seidenraupe gewonnen. Die Kokons bestehen zu 78 % aus Seidenfibroin und zu 22 % aus Seidenleim (Sericin). Beide Bestandteile gehören zu der Gruppe der Proteine. Die Naturseide wird aus dem Seidenfibroin hergestellt.

Das Seidenfibroin gehört zur Gruppe der Skleroproteine (Stütz- und Gerüstprotein). Die Aminosäuresequenz (Glycin-Serin-Glycin-Alanin-Glycin-Alanin) wiederholt sich in der Seidenfaser periodisch und macht einen Anteil von etwa 60 % des gesamten Proteins aus. Diese Aminosäuresequenzen liegen als β-Faltblattstruktur vor (Sekundärstruktur des Proteins) und diese sind wiederum zu sehr stabilen Proteinpolyschichten (Tertiärstruktur) übereinandergestapelt. Diese Schichten sind durch schwache *van-der-Waals*-Kräfte miteinander verbunden, woraus die Geschmeidigkeit der Seidenfaser resultiert. Da die Peptidketten in der → Faser bereits weitgehend gestreckt vorliegen, besitzt die S. eine hohe → Zugfestigkeit. *Finkelmann*

Literatur: *Elias, H. G.:* Makromoleküle. 4. Aufl. Basel 1981.

Seigerung. Ausbildung mikro- oder makroskopischer Zusammensetzungsunterschiede in sonst homogen zusammengesetzten Körpern, die aus Mischphasen aufgebaut sind. Eine erste Kategorie von S.-Erscheinungen hängt mit der endlichen Ausdehnung des Solidus-Liquidus-Bereiches in Mehrstoffsystemen zusammen (→ Zustandsdiagramm). Die zuerst erstarrende feste Phase hat einen anderen Legierungsgehalt als die Restschmelze. Je nach Längenausdehnung spricht man von Blockseigerung (Mitte-Rand eines Gußstückes) oder von Kornseigerung in mikroskopischen Dimensionen. Letztere können oft durch eine Diffusionsglühung beseitigt werden, bei ersteren sind die Diffusionswege in der Regel zu lang. → Warmumformung ist in diesem Falle eine wirkungsvolle Abhilfe. Im Prinzip sind Block- und Kornseigerungen kinetische Phänomene, die von der Erstarrungsgeschwindigkeit abhängen und bei Gleichgewichtsannäherung abgebaut werden.

Im Gegensatz dazu bilden sich Korngrenzenseigerungen (oder -segregationen) nach der Erstarrung diffusionsgesteuert aus, weil Korngrenzen als flächenhafte Zonen mit verringerter Ordnung des Gitters Fremdatome leichter anlagern als das perfekte Korninnere. Korngrenzenseigerungen lassen sich daher durch Diffusionsglühungen nur bei sehr hohen Temperaturen teilweise beseitigen, weil dann die Entropie eine Gleichverteilung begünstigt. Sie betreffen in erster Linie Verunreinigungen und geringe Legierungszusätze.

Ein Problem stellen S. vor allem in der Schmelzmetallurgie bzw. Gießereitechnik dar; durch Herstellungsverfahren wie → Pulvermetallurgie und Plasmaspritzen können sie weitgehend unterdrückt werden. Auf der anderen Seite kann die Seigerungserscheinung technisch genutzt werden, um Verunreinigungen vor der Erstarrungsfront herzuschieben und so hochreine Metalle herzustellen (→ Zonenreinigung). *Ilschner*

Seildrahtprüfung → Drahtseilprüfung; → Drahtprüfung

Seilprüfung. Ermittlung von Kennwerten zum Nachweis des Vorhandenseins geforderter Bauweisen, Eigenschaften und Zustände.

□ Faserseile: Unter diesem Begriff werden aus Garnen oder Litzen aufgebaute Seile aus Pflanzenfasern (Manila-Seil DIN 83 322, Sisal-Seil DIN 83 324, Hanf-Seil DIN 83 325) oder synthetischen Fasern (Polyamid-Seil DIN 83 330, Polyester-Seil DIN 83 331, Polypropylenseil Sorte 1 DIN 83 329, Sorte 2 DIN 83 332 und Sorte 3 DIN 83 334, alle Ausg. Dez. 1984) sowie Seile für Sonderanwendungen wie Sicherheitsleinen, Fangleinen, Abschleppseile für PKW, Seile für die Marine u. a. verstanden.

Die Prüfung der Faserseile erfolgt nach DIN 83 305, Teil 4 (Ausg. Dez. 1984) in Verbindung mit Änderung A1. Die Prüfstücke sind im Regelfall vor der Prüfung im Normalklima 20/65 nach DIN 53 802 zu lagern.

Die Prüfung A umfaßt den Seilaufbau. Bei Prüfung B wird ein Seilabschnitt im → Zugversuch belastet und die erhaltene wirkliche Bruchkraft mit der Seil-Mindestbruchkraft aus der Seil-Maßnorm verglichen. Bei Prüfung C wird an einem unter Vorspannung stehenden Seilstück die Länge ermittelt und anschließend das Gewicht. Die aus Seilmasse/Seillänge errechnete längenbezogene Seilmasse wird mit den Angaben der Seil-Maßnorm verglichen. Weiterhin wird die Formstabilität (Prüfung D) und die Seil-Lieferlänge (Prüfung E) überprüft. Bei der Prüfung der → Dehnung (Prüfung F) wird ein in eine Zugprüfmaschine eingespanntes Seilstück zehnmal hintereinander schwellend bis zu 50 % der in der Seil-Maßnorm angegebenen Mindestbruchkraft beansprucht und nach einer Erholzeit von 5 Minuten die Meßlänge markiert. Bei auf- oder auch absteigenden Beanspruchungen können nun die zugehörigen Dehnungen gemessen werden, wobei das Seilstück für gültige Werte keine Anzeichen von Beschädigung oder Zerstörung durch den Versuch erhalten haben darf.

Für bestimmte Bauweisen sind in dem angegebenen Regelwerk weitere Prüfungen (Prüfung G) vorgesehen. Unter den in Änderung A1 (z. Z. Entwurf) angegebenen Bedingungen kann für gedrehte Seile und für Quadratgeflecht-Seile (Formen A, B, C und L) die Seilbruchkraft rechnerisch aus den Garnhöchstzugkräften ermittelt werden. Ein Rückschluß auf die wirkliche Seil-Bruchkraft ist jedoch nicht möglich.

□ Seile aus Stahldrähten: → Drahtseilprüfung.

□ Leitungsseile: Die Prüfung von Leitungsseilen aus Stahlkupfer (Staku) ist in DIN 48 202, Blatt 5 (Ausg. Nov. 1970), für solche aus → Aluminium und → Stahl und Aluminium-Stahl-Seile in DIN 48 202, Blatt 1 (Ausg. Nov. 1966) und für Leitungsseile aus E-AlMgSi-Stahl (Aldrey-Stahl-Seile in

DIN 48 202, Blatt 4 (Ausg. Sept. 1968) angegeben. Außer Angaben über durchzuführende mechanisch-technologische Prüfungen werden teilweise noch Prüfungen der Überzüge bzw. des spezifischen elektrischen Gleichstrom-Widerstands gefordert.

Kußmaul

Sekundärhärte. Härtezunahme nach dem → Anlassen gehärteter → Stähle, als Folge einer → Ausscheidung von Sonderkarbiden oder der Bildung von → Martensit oder → Bainit aus dem → Restaustenit (→ Primärhärte, → Wärmebehandlung der Stähle).

Kußmaul

Literatur: DIN 17 014, Stahl und Eisen Güternormen 1, DIN-Taschenbuch 4, Berlin, Köln 1981. – *Schumann*: Metallographie. Leipzig 1974.

Sekundärionen-Massenspektrometrie → Oberflächenanalytik

Sekundärmetallurgie. Sammelbegriff für metallurgische Verfahrensschritte, bei der Stahlerzeugung, die nach dem → Abstich aus → Konvertern oder Elektroöfen in der Pfanne erfolgen. Diese Verfahrensschritte werden auch mit dem Begriff → Pfannenmetallurgie bezeichnet.

Rellermeyer

Sekundärneutralteilchen-Massenspektrometrie → Oberflächenanalytik

Seltene Erden. Als S. E.-Elemente oder Lanthaniden werden die Elemente Scandium (Sc), Yttrium (Y), Lanthan (La), Cer (Ce), Praseodym (Pr), Neodym (Nd), Promethium (Pm), Samarium (Sm), Europium (Eu), Gadolinium (Gd), Terbium (Tb), Dysprosium (Dy), Holmium (Ho), Erbium (Er), Thullium (Tm), Ytterbium (Yb) und Lutetium (Lu) bezeichnet. Alle kommen als → Oxide (früher Erdgemische) in der Natur vor bis auf Promethium, dessen Isotope radioaktiv und recht kurzlebig sind, und sie wurden früher selten gefunden, da sie wenig konzentriert in der Erdkruste vorhanden sind. Sie sind sich sowohl als Elemente als auch in ihren Verbindungen sehr ähnlich, was durch den Atomaufbau bedingt ist.

□ Elektronenzustand. Neben den Elementen Scandium und Yttrium werden im Periodensystem die dem Lanthan folgenden und ihm sehr ähnlichen 14 Elemente (die eigentlichen Lanthaniden) als S. E. (*engl.* rare earth) bezeichnet. Nach Lanthan, das theoretisch auch eine Übergangsreihe durch Auffüllen der 5d-Niveau einleiten könnte, werden aber bei den restlichen Lanthaniden die 4f-Schalen mit Elektronen aufgefüllt, die energetisch etwas günstiger sind als die 5d-Niveau. Diese Elemente haben eine

große Tendenz, möglichst die gefüllte 4f-Elektronenkonfiguration zu erreichen, da die halb- und ganzgefüllten Zustände der 4f-Unterschale energetisch besonders stabil sind.

□ Vorkommen. S. E. kommen meistens nur wenig konzentriert in der Erdkruste vor, sind aber eigentlich nicht selten in ihren Mineralien zu finden wie Monazit, Bastnäsit, Samarskit, Gadolinit und Euxenit (Tabelle 1). Hervorgerufen durch natürliche Konzentrationsprozesse finden sich in einem Typ von Mineralien vorwiegend die größeren Lanthaniden-Ionen (Cer-Erden) und in einem anderen Typ vorwiegend Yttrium und die kleineren Lanthaniden-Ionen (Ytter-Erden). In den Mineralien findet man die S. E. niemals einzeln. Leichtere Lanthaniden kommen relativ häufiger in der Erdkruste vor (Häufigkeit in ppm: Sc/5, Y/28, La/18, Ce/46, Pr/5,5, Nd/24, Sm/6,5, Gd/6,4) als schwere (Eu 1,1 ppm, Tb 0,9, Dy 4,5, Ho 1,2, Er 2,5, Tm 0,2, Yb 2,7, Lu 0,8), was sich mit Hilfe der Aktivierungsanalyse und der Massenspektrometrie genau bestimmen läßt.

Das wichtigste Mineral, aus dem heute die Elemente der S. E. gewonnen werden, ist das Monazit. Durch die große Ähnlichkeit in ihrem chemischen Verhalten ergeben sich technologische Schwierigkeiten bei der Trennung. Nach mechanischen, magnetischen oder elektrostatischen Trennverfahren werden silikathaltige Mineralien häufig mit Salzsäure, Nb-Ta-Ti-Minerale mit Flußsäure, phosphathaltige Minerale (z. B. Monazit) mit Säuren und Alkalien aufgeschlossen. Die Gewinnung und Trennung der S. E.-Elemente erfolgt heute wirtschaftlich mit der Ionenaustauscher-Technik (leichtere Elemente werden infolge des hydratisierten Radius fester an den Ionentauscher gebunden als schwere) und nach dem Prinzip der Verdrängungschromatographie (unterschiedliche Ionenbindung am Austauscher).

□ Metallherstellung, physikalische Eigenschaften. Die reinen Metalle werden durch → Reduktion der Trifluoride bzw. Trichloride mit Calcium bei Temperaturen etwa 50 °C unterhalb des Schmelzpunktes oder auch mit Lithium gewonnen. Aus den Lanthanidenoxiden werden diese Fluoride durch direkte Umsetzung mit Flußsäure hergestellt (z. B. LnF$_3$ n · H$_2$O). Die Metalle werden je nach Bedarf durch Vakuumdestillation oder Zonenschmelzen gereinigt.

Einige physikalische Eigenschaften der S. E.-Elemente sind in Tabelle 2 zusammengestellt. Die reinen Metalle sind weich und haben silbernen Glanz. An Luft überziehen sie sich schnell mit einer schützenden → Oxidschicht. Sie sind recht unedel und elektropositiv. Die Lanthaniden sind paramagnetisch, nur Gadolinium ist bei 0 °C stärker ferromagnetisch als Eisen. Mit vielen Metallen bilden die S. E.-Elemente Legierungen.

Seltene Erden. Tabelle 1: Wichtige Lanthaniden-Minerale.
Aufgeführt werden die Namen der Minerale, die idealisierte Zusammensetzung, die analytisch gefundene Zusammensetzung und die Fundorte.

Name	Ideal	Analyse	Fundorte
Bastnäsit	$(Ce)Co_3F$	Typ Cer-Erden 65—70 % Cer-Erden 1 % Ytter-Erden Ca, Ba, SO_4, SiO_2	Kalifornien, Colorado, Schweden, UdSSR, Madagaskar, Neu-Mexiko
Monazit	$(Ce)PO_4$	49—74 % Cer-Erden 1—4 % Ytter-Erden 5—12 % ThO_2 1—2 % SiO_2	Indien, Brasilien, UdSSR, Schweden, Idaho, Australien, Florida, Süd-Afrika
Cerit	$(Ce)MH_3Si_3O_{13}$ $M = Ca, Fe$	51—72 % Cer-Erden 0—7,6 % Ytter-Erden in Spuren Th, U, Zr	Schweden, Kaukasus
Euxenit	$(Y) (Nb,Ta)$ $TiO_6 \cdot xH_2O$	Typ Ytter-Erden 13—35 % Ytter-Erden 2—8 % Cer-Erden 20—23 % TiO_2 25—35 % $(Nb,Ta)_2O_5$	Australien, Idaho, Kanada, Skandinavien, Madagaskar
Xenotim	$(Y)PO_4$	54—65 % Ytter-Erden 0,1 % Cer-Erden ca. 3 % ThO_2 ca. 3,5 % U_3O_8 2—3 % ZrO_2 bis zu 4 % SiO_2	Norwegen, Schweden, Brasilien, Colorado, Madagaskar, Nord-Carolina
Gadolinit	$(Y)_2M_3Si_2O_{10}$ $M = Fe, Be$	35—48 % Ytter-Erden 2—17 % Cer-Erden bis zu 11,6 % BeO in Spuren Th	Schweden, Norwegen, Texas, Colorado

◻ Verwendung. Beimengungen von S. E.-Elementen enthalten einige Magnesium-Legierungen; die →Warmfestigkeit und Kriechgrenze kann durch Cer- und Lanthan-Mischmetalle gesteigert werden. Durch Beimengungen von (meist nur 1 %) Yttrium verbessert sich die Korrosionsfestigkeit von Chrom-Eisen-Legierungen. Da lanthanidenhaltige Metalle auch geringste Verunreinigungen an sich binden, werden sie zur Reinigung von Legierungen herangezogen.

Legierungen der S. E. mit Kobalt in der Zusammensetzung $LaCo_5$, $SmCo_5$ sind besonders stark ferromagnetisch und werden als starke Dauermagnete verwendet. Hier kommt es besonders auf die hohen Magnetfelder und ihre Homogenität an. Trotz der hohen Kosten, die durch die schwer zu gewinnenden S. E. bedingt sind, werden sie technisch als Dauermagnetwerkstoff für Magnetbahnen, für hohe magnetische Felder und in der Medizin (Augenlider, Darmverschluß usw.) in sehr kompakter Bauweise eingesetzt.

Einige Lanthaniden-Ionen zeigen Fluoreszenz oder Luminiszenz, wenn sie als Aktivatoren in Lanthan- oder Übergangsmetall-Oxidgittern eingebaut werden (vor allem Europium und Yttrium). Deshalb kommen mit Lanthanid-Ionen dotierte Oxidphosphore in Farbfernsehröhren zum Einsatz. Einige Metallverbindungen mit S. E. zeigen lichtelektrische und lichtoptische Eigenschaften, die sich für besondere technische Anwendungen eignen. Brillen mit sog. Didym-Gläsern (Gemisch aus Praseodym- und Neodymoxid) tragen Glasbläser, weil die gelbe Natriumlinie absorbiert wird.   *Heller/Bensch*

Literatur: *Kieffer, R., u. G. Jangg; P. Ettmayer:* Sondermetalle. Wien 1971. – MTP Intern. Review of Science: Lanthanides an Actinides. Inorg. Chem. Series Vol. 7. London 1972. – *Nesbitt, E. A., u. J. H. Wernick:* Rare Earth Permanent Magnets. New York-London 1973. – *Schreiter, W.:* Seltene Metalle. Leipzig 1961. – Spedding and Daane: The Rare Earths. New York-London 1961.

Seltene Erden. Tabelle 2: Schmelzpunkte, Strukturen, Temperaturbereiche, in denen die einzelnen Modifikationen stabil sind, Dichten und Gitterparameter der S. E.

RT = Raumtemperatur; hcp = hexagonal close-packed (hexagonal dichtest); fcc = face-centred cubic (flächenzentriert kubisch); bcc = body-centred cubic (kubisch innenzentriert); hex = hexagonal; rhomb = rhomboedrisch (α-La, β-Ce und β-Nd kristallisieren in einer hexagonalen Struktur, bei der die Schichtabfolge der Atome ABAC ist und nicht wie eine hcp-Struktur ABABAB).

Symbol	Stabiler Temperaturbereich (°C)	Struktur	Schmelz-punkt (°C)	Gitterkonstanten a($\mathring{A}$ = 10^{-10}m)	c($\mathring{A}$)	Dichte g/cm^3
Sc	RT bis 1 000	hcp	1 539	3,308	5,2653	2,992
α-Y	RT bis 1 490	hcp	1 509	3,645	5,731	4,478
β-Y	größer 1 490 bis Smp	bcc		4,11		
α-La	−271−310	hex	920	3,770	12,131	6,174
β-La	310−868	fcc		5,303		6,186
γ-La	größer 868	bcc		4,26		5,98
α-Ce	kleiner −150	fcc	795	4,85		8,23
β-Ce	−150 bis −10	hex		3,68	11,92	
γ-Ce	−10 bis 730	fcc		5,16		6,771
δ-Ce	größer 730	bcc		4,12		6,67
α-Pr	RT bis 798	hex	935	3,670	11,828	6,782
β-Pr	größer 798	bcc		4,13		6,64
α-Nd	RT bis 868	hex	1024	3,658	11,802	7,004
β-Nd	größer 868	bcc		4,13		6,80
Pm	RT bis 850?	?				
Pm	größer 850?	?				
α-Sm	RT bis 917	rhomb	1 027	8,996		7,536
β-Sm	größer 917	bcc		?		
Eu	bis Smp	bcc	826	4,578		5,259
α-Gd	RT bis 1 262	hcp	1 312	3,632	5,777	7,895
β-Gd	größer 1 262	bcc		4,060		7,8
α-Tb	RT bis 1 310	hcp	1 356	3,599	5,696	8,272
β-Tb	größer 1 310	?				
Dy	RT bis 950	hcp	1 407	3,592	5,655	8,536
Ho	RT bis 966	hcp	1 461	3,576	5,617	8,803
Er	RT bis 917	hcp	1 497	3,559	5,592	9,051
Tm	RT bis 1 004	hcp	1 545	3,537	5,562	9,332
α-Yb	RT bis 798	fcc	824	5,481		6,977
β-Yb	größer 798	bcc		4,44		6,54
Lu	RT bis 1 400	hcp	1 652	5,505	5,549	9,842

Senkrecht-Stranggießanlage. Die ursprüngliche Bauform der →Stahlstrang-Gießanlagen ist die S.-S. Wesentliche Teilsysteme einer solchen Anlage sind

☐ Verteilergefäß,

☐ Kokille,

☐ Kokillenhubsystem,

☐ Stütz- und Führungsrollensystem,

☐ Transportrollensystem,

☐ Strangtrennsystem und

☐ Strangumlegesystem.

Die S.-S. ist also durch senkrecht nacheinander angeordnete Kokillen, Stütz- und Führungsrollensysteme, Transportrollensysteme und Strangtrennsysteme gekennzeichnet. Die Bauhöhe einer solchen Anlage ist in erster Linie von der Erstarrungsstrecke des gegossenen Stranges und den geforderten Längen der Strangteilstücke abhängig. Die Größe der Erstarrungsstrecke, das heißt, der Wegstrecke zwischen dem Gießspiegel in der Kokille und dem Erstarrungspunkt des Stranges, wird im wesentlichen durch die

– Geschwindigkeit des Transportes der Wärme aus dem flüssigen Stahl in das Kühlmittel und
– Gießgeschwindigkeit des Stranges

bestimmt. Im Erstarrungspunkt ist der Strang über seinen Querschnitt fest.

Bereits Anfang 1957 wurde nach einer Serie von wirtschaftlichen und qualitativen Betrachtungen, bei der Società per l'Industria e l'Elettricità Sezione Siderurgica in Terni, Italien, beschlossen, die erste vieladrige Stahlstrang-Produktionsanlage der Welt zu bauen und Ende 1958 in Betrieb zu nehmen. Im Hinblick auf die damals sehr großen Wagnisse der Entwicklung, Konstruktion und Fertigung dieser ersten Großproduktionsanlage mit acht Gießadern, welche aus einem Verteilergefäß gleichzeitig zu speisen waren, wurde diese Anlage im Werk Duisburg der Demag Aktiengesellschaft komplett vormontiert. Nach Prüfung aller Betriebsfunktionen der Anlage ohne flüssigen Stahl und Beseitigung aller Funktionsfehler wurde die Anlage demontiert und im Stahlwerk Terni aufgebaut sowie in Betrieb genommen.

1960 wurde die erste Produktionsgießanlage der Welt für Automobilbaustähle bei der Société des Aciers Fins de l'Est, SAFE, Hagondange/Moselle, Frankreich, einem metallurgischen Zweigwerk der staatlichen Renault-Werke, in Betrieb genommen.

Die auf dieser Produktionsanlage für Automobilbaustähle gegossenen Erzeugnisse entsprachen den höchsten Qualitätserfordernissen. Mit dieser Gießanlage konnte bereits damals der Nachweis erbracht werden, daß hinsichtlich Qualität und Homogenität des Werkstoffes durch das Stranggießen ein beträchtlicher Fortschritt zu erzielen ist.

1962 wurde die größte achtadrige Vielzweck-Produktionsgießanlage der Welt bei der Mannesmann AG, Düsseldorf, Stahl- und Walzwerk Grillo Funke, Gelsenkirchen, in Betrieb genommen. Diese Anlage war als Zwillinganlage gebaut und hatte zwei Gruppen mit jeweils vier einzeln arbeitenden Gießadern. Diese Anlage übernahm den Stahl von vier → Siemens-Martin-Öfen des Stahlwerkes mit Abstichgewichten von 75 t und 85 t. Die dort eingesetzten Brammenkokillen waren bereits mit Verstellvorrichtungen für die Strangbreite und Strang-

dicke ausgerüstet. Damit konnte die Anzahl der Wechsel- und Reserve-Kokillen minimiert werden. Alle Transportrollen waren fliegend angeordnet, so daß beim → Gießen breiter Brammen je zwei Rollenpaare einen Brammenstrang transportieren konnten. Die Gießbühne lag 28 m über Hüttenflur, und die Gebäudehöhe war 47 m.

Die Siemens-Martin-Stahl-Erzeugung von durchschnittlich 30 000 t/Monat wurde nahezu vollständig von der Stranggießanlage übernommen. Der Anteil breiter Brammen lag nach kurzer Zeit bereits bei mehr als 50 % der gesamten Erzeugung. Das → Ausbringen von flüssigem Stahl bis zum ungeputzten Strang lag für Strangteillängen zwischen 4,5 m und 7,0 m, je nach Strangquerschnitt, zwischen 96 und 98,5 %, gerechnet ohne Putzverluste. Besonders bedeutsam war die damalige Herstellung der nur mit Aluminium beruhigten Tiefziehstähle. Dabei ergab sich, auf den flüssigen Rohstahl bezogen, ein Ausbringen von 86,8 % kalt gewalzter Feinbleche. *Baumann*

Literatur: *Baumann, H. G.:* Stahlstrang-Gießanlagen. Düsseldorf 1976.

Sensibilisierung. Unter S. wird eine → Wärmebehandlung nichtrostender → Stähle verstanden, bei der chromreiche Carbide vom Typ $M_{23}C_6$ (M = Chrom, Eisen, Molybdän) auf den Korngrenzen ausgeschieden und dadurch um die Ausscheidungen chromverarmte Zonen entstehen. Die Werkstoffe werden dadurch für interkristalline → Korrosion sensibilisiert.

Durch eine sensibilisierende Wärmebehandlung wird der im lösungsgeglühten Zustand der Stähle homogen gelöste → Kohlenstoff in Form von $M_{23}C_6$ ausgeschieden, sofern die temperaturabhängige → Löslichkeit des Kohlenstoffes überschritten ist.

Bei austenitischen Chrom-Nickel-Stählen erfolgt die $M_{23}C_6$-Ausscheidung im Temperaturbereich von etwa 500–800 °C und bei den ferritischen Chromstählen oberhalb 850 °C. Aufgrund der geringen Kohlenstofflöslichkeit hochnickelhaltiger Stähle bzw. von Nickel-Chrom-Legierungen, sind diese Werkstoffe besonders leicht sensibilisierbar.

Die zur S. führenden Vorgänge sind nicht nur von der Sensibilisierungstemperatur, sondern auch entscheidend von der S.-Dauer abhängig. Der Bereich der Karbidausscheidung wird in sogenannten Glühtemperatur/Glühdauer-Diagrammen dargestellt (Bild 1).

Es ist zu beachten, daß dieser Bereich nicht identisch ist mit dem Bereich der Anfälligkeit für interkristalline Korrosion (Bild 2), da letztere nur ausgelöst wird, wenn der Chromgehalt in der Umgebung der Karbidausscheidungen unter die Resistenzgrenze von 13 Massen-% Chrom absinkt (Chromverarmungstheorie).

Bei den unstabilisierten austenitischen Chrom-Nickel-Stählen wird der kritische Temperatur/Zeit-Bereich beim Abkühlen nach dem → Schweißen durchlaufen.

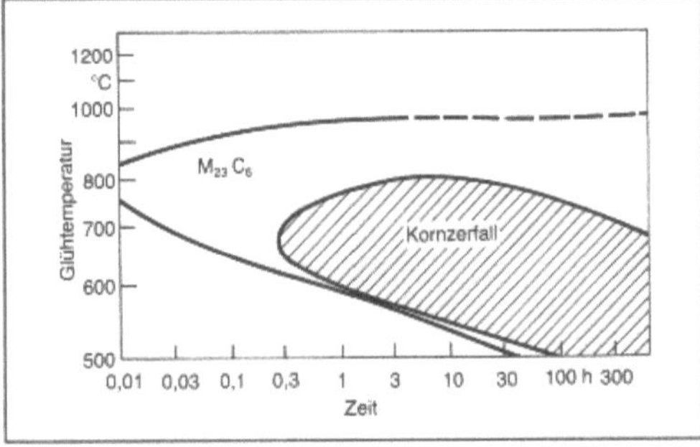

Sensibilisierung 1: Bereich der Ausscheidung des chromreichen Karbides M$_{23}$C$_6$ und Kornzerfalls-feld.

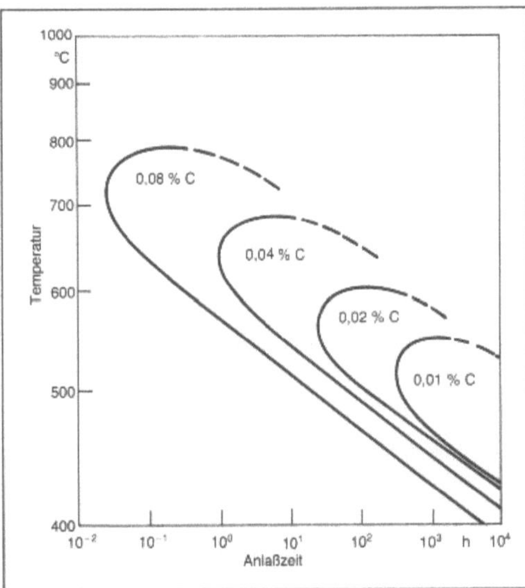

Sensibilisierung 2: Einfluß des Kohlenstoffgehaltes unstabilisierter nichtrostender Chrom-Nickel-Stähle auf die Lage des Kornzerfallsfeldes im Temperatur-Glühdauer-Diagramm.

S. durch Schweißen läßt sich durch folgende legierungstechnische Maßnahmen vermeiden: Absenken des Kohlenstoffgehaltes (ELC-Stähle) und/oder Stabilisieren der Stähle durch Zulegieren der carbidbildenden Elemente → Titan oder Niob/Tantal. Hierdurch werden die kritischen Glühtemperatur/Glühdauer-Bereiche zu niedrigeren Temperaturen und insbesondere zu längeren Glühzeiten verschoben und beim Abkühlen nach dem Schweißen nicht mehr durchlaufen. *Wendler-Kalsch*

Literatur: *Herbsleb, G.*: Die Praxis des Korrosionsschutzes (Hrsg. H. Gräfen, u. a.). Grafenau 1981.

Shaw-Verfahren. In England entwickeltes Verfahren zur Herstellung von → Genauguß. Der Binder für diesen Prozeß wird durch → Mischen eines Reagenzmittels (meist Salzsäure) mit einer kolloidalen Suspension von Kieselsäure in Alkohol hergestellt. Diese Mischung löst einen Gelierungsprozeß aus. Beimischungen von feingepulvertem, hochfeuerfestem Material ergeben eine schlammartige Masse, die über die Modelle ausgegossen, deren Umrisse umfließt. Mit Beginn des Gelierens bilden sich feine Risse, die sich in dem Maß, wie der Alkohol verdampft, immer mehr verzweigen. Um eine Zerstörung der Form durch diese → Rißbildung zu vermeiden und ihre Stabilität zu wahren, wird die Form mittels einer heißen Flamme so lange auf Dunkelrotglut gehalten, bis aller Alkohol verdampft ist. Auf diese Weise erhält die Form durch die Rißbildung eine gute Gasdurchlässigkeit bei hinreichender Stabilität. Die Temperaturbeständigkeit des Formstoffs kann auf Werte bis um 1800 °C gesteigert werden.

Shaw-Abgüsse haben eine sehr gute → Oberfläche, so daß Putz- und Bearbeitungskosten niedrig bleiben. Aus dem gleichen Grund hat das Verfahren auch Eingang in den Kunstgußsektor gefunden, zumal Modelle aus → Metall, → Holz oder → Gips gleichermaßen verwendet werden können. Shaw-Formen eignen sich auch zum Stapelguß, bei dem sich Kreislaufmaterial einsparen läßt.

Das Verfahren gestattet das Vergießen von NE-Metallen ebenso wie von unlegiertem und legiertem → Stahl. Die Anwendungsgrenze des S.-V. dürfte in der Wirtschaftlichkeit liegen. Einmal sind die zur Herstellung der Formen benötigten Materialien sehr teuer und außerdem erfordert die Verfahrenstechnik viel Handarbeit. *Doliwa*

Sherardisieren. Anreichern der → Randschicht eines Werkstückes aus niedriglegiertem Stahl oder → Gußeisen mit Zink durch thermochemische → Behandlung. Die Behandlung erfolgt in einem Zink abgebenden Pulver bei ca. 400 °C mit einer Behandlungsdauer von zwei bis drei Stunden. Es entstehen Eisen-Zink-Legierungsschichten mit einer maximalen Schichtdicke von 25 µm. Schichten mit größerer Dicke sollten vermieden werden, weil sie wegen innerer Spannungen zum Abplatzen neigen.

Durch S. gebildete Randschichten dienen als Haftgrund für Anstriche. Ihre Korrosionsschutzwirkung soll größer als die von Reinzinkschichten sein. Sie können höhere Temperaturen (~ 600 °C) als durch → Feuerverzinken hergestellte Schichten (~ 200 °C) ertragen. *Habig*

Literatur: *Simon, H.* und *M. Thoma:* Angewandte Oberflächentechnik für metallische Werkstoffe. München, Wien 1985.

Shore-Skleroskop → Härte

Sicherheit. Nach DIN 31004, Tl. 1, ist S. definiert als eine Sachlage, bei der das → Risiko kleiner als das größte noch vertretbare anlagenspezifische Risiko eines bestimmten technischen Vorgangs oder Zustands (Grenzrisiko) ist. Was als noch vertretbar zu gelten habe, wird durch Gesetz oder generelle gesellschaftliche Akzeptanz festgelegt. Grenzrisiken ändern sich im Lauf der Zeit oft erheblich. Die Aufgabe der S.-Technik ist es, die Häufigkeit und/oder die Tragweite von Schadensereignissen zu vermindern. Man unterscheidet gefahrenbeseitigende, -begrenzende oder von Gefahr trennende Maßnahmen.

Umgangssprachlich ist S. die Abwesenheit einer Gefährdung für Leib und Leben. Die Bedeutung des Begriffs als Ausdruck einer über jeden Zweifel erhabenen Wahrscheinlichkeit, bleibt hier außer Betracht. Tatsächlich gibt es keine absolute S. im Sinn völliger Gefahrenfreiheit. Das Leben jedes einzelnen Menschen ist mit einem gewissen Maß an Risiko verbunden. Unter Risiko ist hier die Häufigkeit (Wahrscheinlichkeit) der Gefährdung, kombiniert mit dem zu erwartenden Schadensumfang (Tragweite) verstanden.   *Masing*

Literatur: Handb. Sicherheitstechnik. Hrsg.: *Peters, O., u. A. Meyna*. Bd. 1. Sicherheit technischer Anlagen, Komponenten und Systeme. Bd. 2. Qualität, Recht, Ökonomie, Management usw. München, Wien 1985.

Sicherheitsgurtprüfung → Kraftfahrzeugteileprüfung

Sichtbeton. S. ist → Beton, dessen Oberfläche ganz oder teilweise ein vorausbestimmtes Aussehen hat, z. B. durch besondere Art der Schalung oder Betonverarbeitung oder durch nachträgliche → Oberflächenbehandlung, und der mindestens strukturell sichtbar bleibt. Es gibt verschiedene Arten gestalteter Betonoberflächen, die man auch kombinieren kann.
□ Betonoberflächen ohne Bearbeitung, die die Struktur der Schalung zeigen,
□ Betonoberflächen, die mechanisch bearbeitet werden, bei jungem Beton durch Auswaschen (Waschbeton), bei ausreichend erhärtetem Beton durch → Sandstrahlen, → Flammstrahlen, steinmetzmäßige Bearbeitung,
□ Betonoberflächen mit Dünnbeschichtungen (→ Anstrich).   *Wesche*

Sicken. S. ist → Hohlprägen von rinnenartigen Vertiefungen in ebenen oder meist schwach gekrümmten Werkstücken vornehmlich um eine Versteifungswirkung zu erzielen. S. und Hohlprägen sind Verfahren des Tiefens (DIN 8585, Bl. 4). Die erzeugten Vertiefungen heißen S.

S. werden mit unterschiedlichen Querschnittsformen, Anordnungen und in zwei Arten – offene, geschlossene Sicke – erzeugt (Bild 1). Außer Hohlprägen kommen dabei auch andere Verfahren des Tiefens zur Anwendung. An dünnwandigen Hohlkörpern lassen sich S. ferner durch → Drücken herstellen. S.-Erzeugung durch Hohlprägen liegt exakt nur dann vor, wenn geschlossene S. ohne Möglichkeit zum Werkstoffnachfließen geformt werden. Das ist nur der Fall bei der Fertigung von mehreren parallel verlaufenden S.; dabei wirken die äußeren S. als Sperrsicken, oder bei S.-Anbringen in sehr großen Blechteilen, deren äußere Abmessungen sich nicht ändern dürfen. In allen anderen Fällen liegen Übergänge zum → Zugdruckumformen, d. h. zum → Tiefziehen vor.

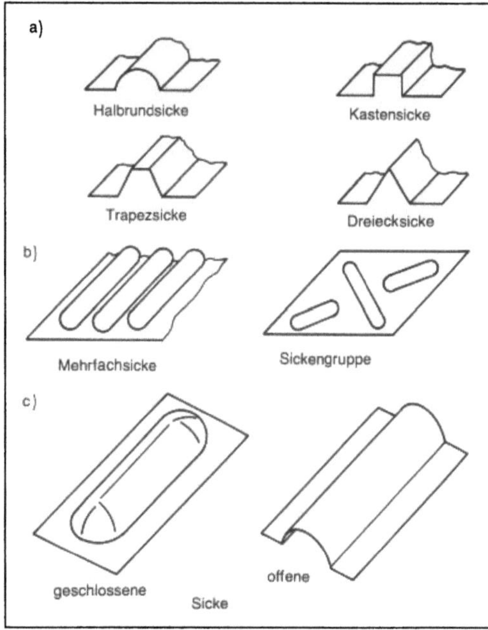

Sicken 1: Begriffsbestimmung.
a) Sickenquerschnitte
b) Sickenanordnungen
c) Sickenarten.

Die Versteifungswirkung von S. hängt von der S.-Tiefe, der S.-Breite und der S.-Anordnung ab. Bild 2 zeigt hierzu Ergebnisse systematischer Untersuchungen an verschiedenen S.-Anordnungen im Boden flacher, quadratischer Tiefziehteile.   *Lange*

Literatur: *Lange, K.:* Umformtechnik. Handb. f. Ind. u. Wiss. 2. Aufl. Bd. 3. Blechumformung. Berlin, Heidelberg, New York, Tokio 1988. – *Spur, G.* u. *Th. Stöferle:* Handbuch der Fertigungstechnik. Bd. 2/3. Umformen, Zerteilen. München 1985. – *Widmann, M.:* Herstellung und Vertiefungswirkung von geschlossenen Halbrundsicken. Ber. Nr. 76 Inst. f. Umformtechn., Universität Stuttgart. Berlin, Heidelberg, New York, Tokio 1984.

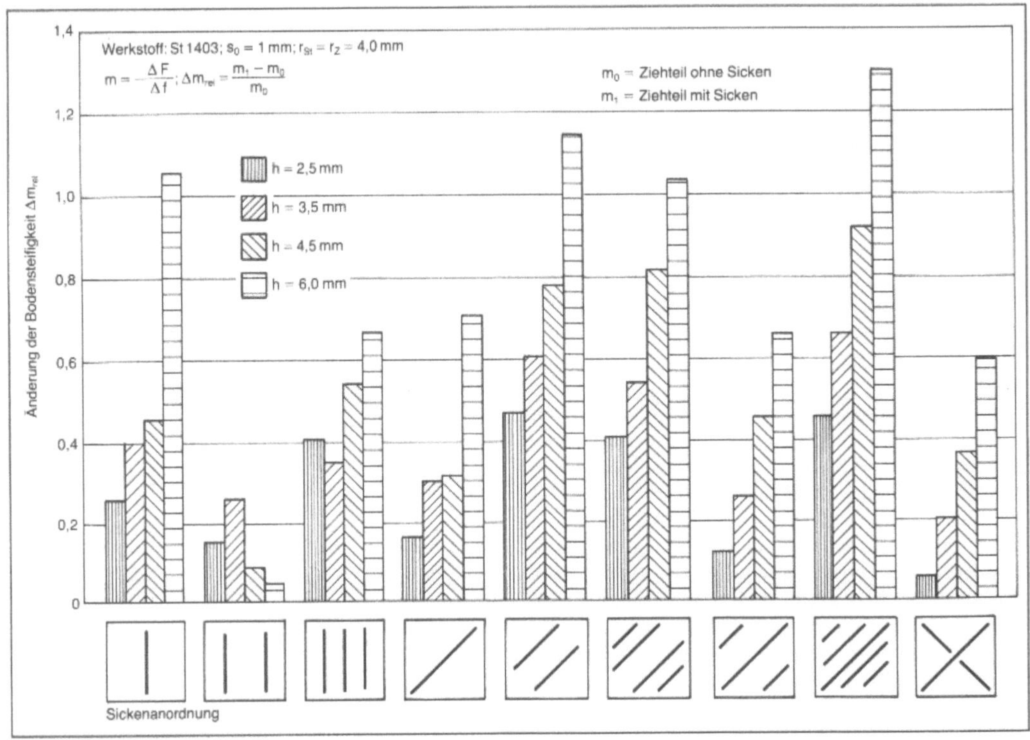

Sicken 2: Relative Änderung der Bodensteifigkeit durch Hohlprägen von S. im Boden von Ziehteilen.

r_{St} Stempelradius, r_z Matrizenkantenradius, F eingeleitete Kraft, f mittige Durchbiegung, s Blechdicke, m Bodenfestigkeit, h Sickenhöhe

Siebanalyse. Die S. wird zur Bestimmung der anteiligen Zusammensetzung stückiger oder pulvriger Stoffe nach → Korngröße eingesetzt. Sie wird für Steinkohlen-Aufbereitungsanlagen nach DIN 23 011 durchgeführt.

Bei groberen Körnungen (z. B. Nuß- und Feinkohle) erfolgt die Siebung auf Rundlochsieben, im Bereich feinerer Körnungen auf Drahtgewebesieben mit quadratischen Siebmaschen. Bei Körnungen von < 60 μm Maschenweite kommen Sedimentations-, Schlämmungs- sowie Windsichtungsverfahren in Frage.

Beim Passieren durch mehrere übereinander angeordnete Siebe mit immer kleiner werdender Lochweite fallen verschiedene Siebfraktionen an. Ihr Anteil an der Gesamtmenge wird ermittelt.

Als Körnungskennlinie wird nach DIN 23 011 entweder der Gesamtrückstand oder der Gesamtdurchgang eines bestimmten Sieblochdurchmessers aufgetragen. Beide Kurven sind Spiegelbilder voneinander und ergänzen sich zu 100 %, wenn kein Siebverlust auftritt. Die Rückstandskurve wird in der Aufbereitungstechnik bevorzugt, während in der Staubtechnik die aus der Durchgangskennlinie durch Differentiation erhaltene Kornverteilungskurve verwendet wird.

Die Prüfung der → Korngrenzen eines handelsüblichen, bereits klassierten Produkts erfolgt durch die Prüfsiebung. → Korn, welches sich in einer seinen Abmessungen nicht entsprechenden Siebfraktionen befindet, wird als Fehlkorn bezeichnet (Über- und Unterkorn). Überkorn ist in wenigstens zwei Dimensionen größer als die obere Grenze der betreffenden Kornfraktionen. Unterkorn ist in allen Dimensionen kleiner als die untere Grenze der betreffenden Kornklasse.

Korn, das in seinen Abmessungen nicht dem Fehlkorn entspricht, heißt Normalkorn. *Kußmaul*

Sieblinie. Graphische Darstellung der → Kornzusammensetzung von → Betonzuschlägen (Kornzusammensetzung). Sie gibt i. a. den Rückstand auf den zugehörigen Prüfsieben an. Stetige S. haben einen lückenlosen Kornaufbau, bei unstetigen S. fehlen einzelne Korngruppen. *Wesche*

Siemens-Martin-Verfahren. Beim SM-V. zur Stahlherstellung wird das Schmelzbad in einem wannenartigen Herd durch eine darüber geführte Flamme erhitzt. Der Ofen ist durch vier Wände und ein Gewölbe geschlossen. Um die notwendige Temperatur des Bades von über 1 600 °C zu erreichen, werden die Brennluft für die Öl- oder Gasbrenner und gegebenenfalls das Brenngas regenerativ vorgewärmt. Die mit feuerfestem Gitterwerk ausgekleideten Regeneratoren werden durch das heiße Abgas aufgeheizt. Ein wechselseitiger Betrieb der an den Schmalseiten des Herdes angeordneten Brenner ist erforderlich. →Schrott und →Roheisen werden durch Türen in der Vorderwand chargiert, in der Rückwand liegt das Stichloch.

SM-Öfen haben Abstichgewichte bis zu 600 t. Das Verfahren hat seit seiner Einführung im Jahre 1864 eine bedeutende Rolle in der Stahlerzeugung gespielt. Es ist möglich, unterschiedliche Anteile an Schrott neben flüssigem oder festem Roheisen zu verwenden. Es können qualitativ hochwertige →Stähle hergestellt werden. Nachteilig ist jedoch ein hoher spezifischer Energieverbrauch, ein hoher spezifischer Verbrauch an feuerfesten Stoffen und eine vergleichsweise niedrige Produktivität, da die Schmelzendauer fünf bis acht Stunden beträgt. Der Anteil des SM-V. an der Stahlerzeugung ist daher seit 1955 zugunsten der →Blasstahlverfahren rasch zurückgegangen. In den westlichen Ländern beträgt er nur noch 2 %. In den Ländern Osteuropas und in China liegt er dagegen noch bei etwa 50 %. Er wird auch dort aber stetig sinken. *Rellermeyer*

Sievert-Gesetz. Beschreibt die Konzentration der dissoziativen Lösung eines zweiatomigen Gases, wie sie insbes. bei der Lösung von N_2, O_2, H_2 in flüssigen oder festen Metallen auftritt, wobei die in der Schmelze oder im Gitter gelösten Atome einatomig vorliegen. Für die Gleichgewichts-Löslichkeit (als atomarer Anteil bzw. Molenbruch) ergibt sich

$$N(p) = k(T)\sqrt{p} \text{ (Quadratwurzelgesetz)}$$

(p: Partialdruck des zweiatomigen Gases). k enthält den Aktivitätskoeffizienten des Gasatoms in der (verdünnten) Lösung sowie die Standard-Lösungsenthalpie ΔG_0. *Ilschner*

Sigma-Phase. In Stählen mit mehr als 13 % Chrom tritt, wie das Zustandsbild Fe-Cr zeigt (Bild), zwischen 600 und 800 °C nach längeren Haltezeiten eine versprödende intermetallische tetragonale σ-Phase auf, deren Zusammensetzung etwa 50 % Cr und 50 % Fe beträgt. Ihre Bildung wird durch →Kaltverformung begünstigt, ebenso durch die Elemente Molybdän, →Silicium, →Niob und →Titan. Besondere Bedeutung hat die S.-P. für den Einsatz hochwarmfester austenitischer Cr-Ni-Stähle. Durch Absenkung des Chromgehalts und Anheben des Nickelanteiles (bis auf 16 %) kann die

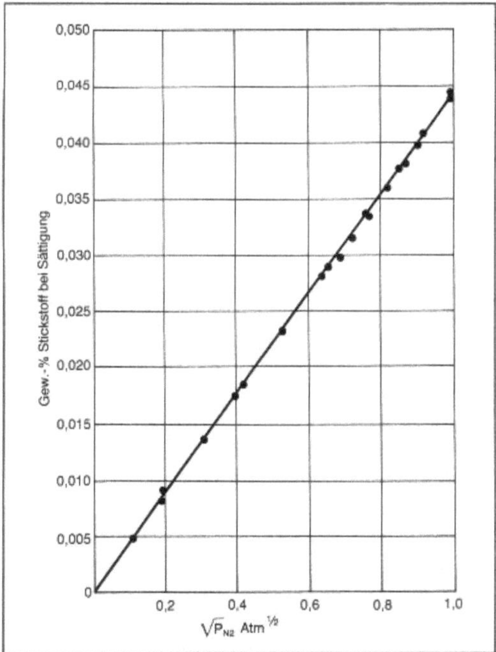

Sievert-Gesetz: Löslichkeit von N_2 in fl. Fe bei 1600° in Abhängigkeit von p_{N2}: Test auf die Gültigkeit des Quadratwurzel-Gesetzes nach Sievert.
Berlin–Heidelberg–New York 1976.

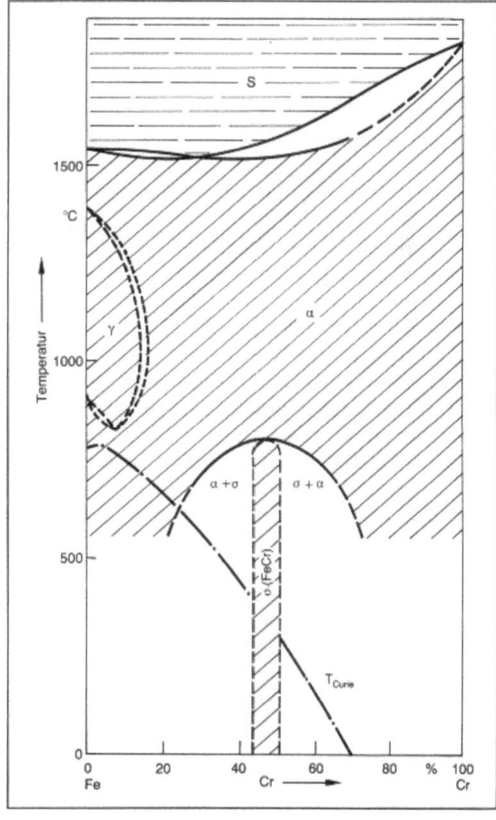

Sigma-Phase: Zustandsschaubild Fe-Cr.

σ-Phasenbildung durch Stabilisierung des austenitischen Gefüges soweit eingeschränkt werden, daß keine Beeinträchtigung des Einsatzes mehr erfolgt.

Auch in Nickelbasislegierungen mit entsprechenden Cr-Gehalten ist im Temperaturbereich zwischen 650 und etwa 1 000 °C die → Ausscheidung einer σ-Phase möglich, die zu einer Verminderung der → Zähigkeit bei Raumtemperatur führt und die → Korrosionsbeständigkeit einschränken kann.

Gräfen

Silan → Hydrophobiermittel

Silberlegierungen → Edelmetalle und Edelmetall-Legierungen

Silberschichten. Oberflächenschutzschichten, die durch elektrolytisches → Abscheiden oder physikalische → Abscheidung aus der Gasphase (PVD) gebildet werden. Sie dienen als → Gleitschichten auf Kugellagerkäfigen und werden bei hohen Temperaturen (bis 850 °C) als Alternative zu Fetten und Festschmierstoffen eingesetzt. Auf Bauteilpaarungen wie Schrauben und Muttern sollen Silberschichten bei hohen Temperaturen ein Festfressen verhindern. *Habig*
chentechnik für metallische Werkstoffe. München 1985.

Silberstahl. Im Sprachgebrauch übliche Bezeichnung für blankgezogenen → Werkzeugstahl mit 1,2 % Kohlenstoff und 1 % Wolfram oder etwa 1 % Kohlenstoff und 0,5 bis 1 % Chrom. *Dahl*

Silicatbeton. S. sind → Verbundwerkstoffe, die zusammen mit den Kalksandsteinen die wichtigsten Vertreter der hydrothermal verfestigten, kalkgebundenen Werkstoffe sind. Sie werden im Bauwesen für Skelett- und Wandkonstruktionen sowie für Geschoß- und Dachdecken eingesetzt.

Zur Herstellung von S. werden ungemahlener → Sand, fein gemahlenes Kalk-Sand-Gemisch (Kalk-Sand-Binder) und Wasser zusammen vermischt, geformt, verdichtet und einer hydrothermalen Behandlung unterzogen. Die → Verfestigung erfolgt durch die sog. Kalksandstein-Reaktion. Hier entstehen zwischen den Oberflächen der feingemahlenen Kalk- und SiO_2-Partikel in wasserdampfhaltiger Atmosphäre und unter erhöhtem Druck und Temperatur ($1,5 \cdot 10^6$ Pa, 100–200 °C) sog. C-S-H-Phasen. Diese C-S-H-Phasen sind feste Calciumsilikathydrate (Tobermorit-Gruppe), die die grobkörnigeren Partikel miteinander verkitten. Die → Festigkeit des Endprodukts wird deutlich durch den Anteil an Kalk-Sand-Binder beeinflußt, d. h. bei höheren Anteil an Kalk-Sandbinder nimmt die Festigkeit zu.

Ein dichter S. ist als Kalksandstein höherer Qualität aufzufassen und kann Druckfestigkeiten bis zu 50 MPa erreichen. Er hat den Vorzug einer hohen Frostbeständigkeit, jedoch nur eine geringe Wärmedämmung. Im Gegensatz zu → Zementbeton (→ Zement) zeigt ein S. nur eine geringe Nachhärtung.

Poriger S. wird hingegen aus gemahlenem Sand, Kalk, gelegentlich auch unter Verwendung von Aschen oder gemahlenen Schlacken und mit Hilfe von Porenbildnern hergestellt. Die allgemeine Bezeichnung hierfür ist → Gasbeton, welcher als Leichtbaustein verwendet wird und gute Wärmeisolierung bietet. *Hesse/Hennicke*

Silicieren. Anreichern der → Randschicht eines Werkstückes aus → Stahl mit → Silicium durch thermochemische → Behandlung. Die Behandlung erfolgt bei 1 000 °C in Gas oder Pulver. Die gebildeten Eisen-Silicium-Legierungsschichten sind 100 bis 250 µm dick. Wegen ihrer Sprödigkeit sind sie wenig für stoßbeanspruchte Bauteile geeignet. Sie sollen als Verschleißschutz für Bauteile aus niedrig legierten Stählen mit geringem Kohlenstoff- und Schwefelgehalt dienen, bei hohen Temperaturen ihre Funktion erfüllen und einen begrenzten → Korrosionsschutz gewähren. *Habig*

Silicium → Stahlherstellungsverfahren, → Siliciumstahl, → Desoxidation, → Stahl

Siliciumeisen. S. sind FeSi-Legierungen mit 1–3 Gew.% Si. Sie sind weichmagnetische Werkstoffe (hohe → Permeabilität, hohe Sättigungsmagnetisierung) (→ magnetische Werkstoffe, → Ummagnetisierungsverlust) und werden als geschichtete oder laminierte Bleche für Transformatoren oder elektrische Maschinen (→ Elektroblech, Trafoblech) verwendet. → Silicium vermindert zwar die elektrische Leitfähigkeit, bindet aber die Kohlenstoffatome an den Korngrenzen, so daß das Korninnere (mit vielen *Weiß'schen*-Bezirken) wenig gestörtes (nicht verunreinigtes) → Eisen enthält. Vorteilhaft für eine hohe Permeabilität (Rechteckschleife) ist eine → Walztextur der FeSi-Bleche (Vorzugsrichtung <100>) mit starker → Anisotropie. *Heller*

Siliciumlegierungen. Möglichst reines, unlegiertes Silicium wird in der Halbleitertechnik (Silicium-Planartechnologie) für Gleichrichter, Transistoren usw. verwendet. S. (Ferrosilicium) haben in der Stahlindustrie große Bedeutung. Sie werden als Desoxidations-, Legierungs- und Entgasungsmittel bei der Stahlherstellung und -verarbeitung eingesetzt. In → Gußeisen fördert die Silicium-Zugabe die graue → Erstarrung zu → Graphit (GGL oder

GGG). In der Elektrotechnik wird Siliciumeisen (Fe mit 1–3 % Si) als weichmagnetisches Blech für Transformatoren und elektrische Maschinen verwendet. Silicium bildet mit vielen Metallen Silizide.

Die Herstellung von Ferrosilicium erfolgt durch → Reduktion von Quarz mit → Kohlenstoff im elektrischen Ofen. Niedrig siliciumhaltige Qualitäten (bis 15 % Si) werden im → Hochofen oder Niederschachtofen erschmolzen. Je nach Si-Gehalt werden verschiedene Ferrosiliciumqualitäten als Ausgangsprodukte für die Weiterverarbeitung unterschieden: z. B. 15 %ig; 45 %ig, 75 %ig; 90 %ig. Sie enthalten etwa 0,1–1 % C; 0,5 % Mn, 1–3 % Al; 0,1 % P; 0,05 % S; 0,5 % Ti; 0,5 % Ca und Rest Fe.

Heller

Siliciumstahl. Sammelname für → Stähle, die einen über den üblichen durch → Desoxidation und Beruhigung (→ Eisenwerkstoffe) hinausgehenden Gehalt an Silicium – allgemein mehr als 0,5 % – als Legierungselement enthalten.

Eine wichtige Gruppe sind die Stähle mit unterschiedlichen Siliciumgehalten für → Elektroblech. Zunehmender Siliciumgehalt bewirkt eine Einschnürung des Austenitgebiets, so daß oberhalb von rd. 2 % Silicium keine Umwandlung mehr auftritt. Dadurch werden bei Wärmebehandlungen Umwandlungsspannungen vermieden und die Möglichkeit zur Texturbildung verbessert. Silicium erhöht den elektrischen Widerstand und erniedrigt die Kristallanisotropie sowie die Sättigungspolarisation.

Die Verformbarkeit nimmt mit höherem Siliciumgehalt ab, so daß der Maximalgehalt im allgemeinen auf 4 % beschränkt ist. In neueren Entwicklungen wird die Verformbarkeit von S. mit etwa 6 % Silicium dadurch verbessert, daß die Ordnungseinstellung im → Warmband durch schnelles Abkühlen vermieden wird.

Zur Gruppe der S. gehören ferner die meisten Federstähle sowie in Verbindung mit anderen Legierungselementen – Chrom, Nickel, Wolfram – auch Vergütungsstähle, Ventilstähle, hitzebeständige Stähle u. a. m.

Dahl

Silicone. (Kurzzeichen: SI) (auch Polyorganosiloxane) Bezeichnung für eine Gruppe oligomerer bis polymerer Verbindungen, in denen Siliciumatome über Sauerstoffatome verknüpft Kettenmoleküle bilden. Von den beiden nicht am Kettenaufbau beteiligten Valenzen des Siliciums ist mindestens eine durch einen organischen Rest abgesättigt:

$$R_3Si - O \left[\begin{array}{c} R \\ | \\ Si - O \\ | \\ R \end{array} \right]_n SiR_3$$

lineares Polyorganosiloxan

$$\sim Si - O - Si - O - Si - O \sim$$

vernetztes Polyorganosiloxan

Zur Herstellung dieser Polymere geht man ausschließlich von Organochlorsilanen aus, die man direkt durch Umsetzung von Silicium mit den entsprechenden organischen Chlorverbindungen erhält (*Rochow-Müller*-Synthese):

$$Si + 2\,R\text{-}Cl \xrightarrow[260-280\,°C]{Kat.} R_2SiCl_2\,(+\,RSiCl_3 + R_3SiCl)$$

Bei dieser Reaktion fällt nicht nur das substituierte Dichlorsilan an, man erhält vielmehr ein Gemisch aller drei möglichen Chlorsilane. Durch geeignete Reaktionsführung und zusätzliche Verfahrensschritte erreicht man, daß das Dichlorsilan als Hauptprodukt erhalten wird.

Der nächste Schritt nach der destillativen Trennung der Chlorsilane ist ihre Hydrolyse:

$$R_3SiCl + H_2O \longrightarrow R_3SiOH + HCl$$
$$RSiCl_3 + 3\,H_2O \longrightarrow RSi(OH)_3 + 3\,HCl$$

Diese Organosilanole reagieren sofort zu polymeren Produkten:

$$n\,R_2Si(OH)_2 \xrightarrow[-\,H_2O]{} HO \left[\begin{array}{c} R \\ | \\ Si - O \\ | \\ R \end{array} \right]_n H$$

Welche Polyorganosiloxane man bei der Hydrolyse erhält, hängt von der Art und Menge der zu hydrolisierenden Chlorsilane ab. Geht man von einem Gemisch aus Dichlorsilan und wenig Monochlorsilan aus, so erhält man ausschließlich lineare Polymere. Setzt man darüber hinaus noch Trichlorsilan zu, so erhält man verzweigte und vernetzte Polymere.

Um → Polymere zu erhalten, bei denen an jedem Siliciumatom nicht zwei gleichartige, sondern zwei verschiedene organische Reste gebunden sind, geht man entweder von Chlorsilanen (I) oder Polysiloxanen (II) aus, die Silicium-Wasserstoff-Bindungen besitzen. Diese lassen sich im allgemeinen leicht an ungesättigte Kohlenwasserstoffverbindungen addieren:

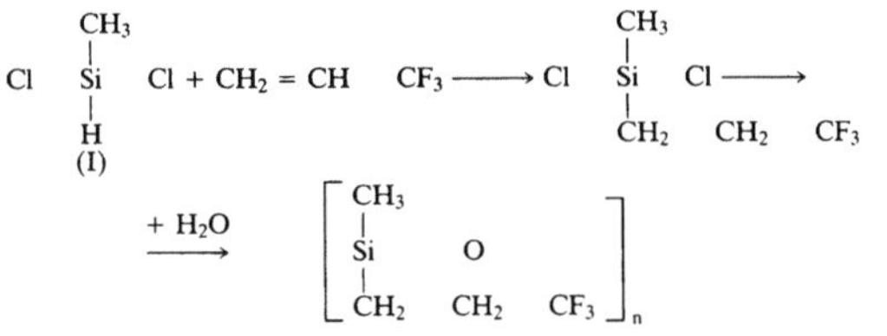

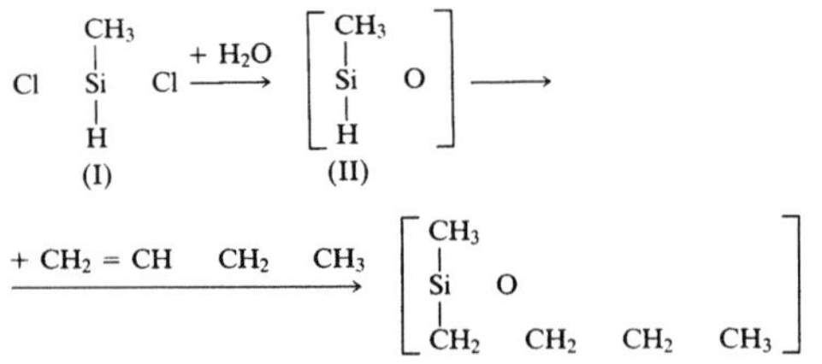

$$Cl-\underset{\overset{|}{H}}{\overset{\overset{CH_3}{|}}{Si}}-Cl + CH_2=CH-CF_3 \longrightarrow Cl-\underset{\overset{|}{CH_2-CH_2-CF_3}}{\overset{\overset{CH_3}{|}}{Si}}-Cl \longrightarrow$$

(I)

$$\xrightarrow{+ H_2O} \left[\underset{\overset{|}{CH_2-CH_2-CF_3}}{\overset{\overset{CH_3}{|}}{Si}}-O\right]_n$$

$$Cl-\underset{\overset{|}{H}}{\overset{\overset{CH_3}{|}}{Si}}-Cl \xrightarrow{+ H_2O} \left[\underset{\overset{|}{H}}{\overset{\overset{CH_3}{|}}{Si}}-O\right] \longrightarrow$$

(I) (II)

$$\xrightarrow{+ CH_2=CH-CH_2-CH_3} \left[\underset{\overset{|}{CH_2-CH_2-CH_2-CH_3}}{\overset{\overset{CH_3}{|}}{Si}}-O\right]$$

(polymeranaloge Reaktion)

Siliconöle sind flüssige Polyorganosiloxane mit linearen Kettenmolekülen. Technisch von Bedeutung sind Polydimethylsiloxane (I), Polymethylphenylsiloxane (II) und Dimethyl-Diphenyl-Cokondensate (III):

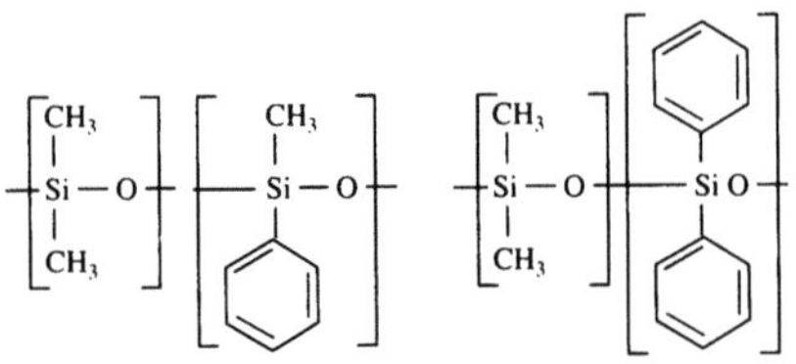

(I) (II) (III)

Zur Anwendung kommen Produkte mit mittleren Molekularmassen von 740 bis 150 000 g/mol (Polykondensationsgrad $\overline{P}$: 10–2000), die bei 20 °C einen Viskositätsbereich von 5 10^{-3} bis 200 Pa s umfassen. Die Temperaturabhängigkeit der → Viskosität ist bei ihnen geringer als bei Mineralölen:

	$\overline{M},g/mol$	Viskosität in Pa · s bei den Temperaturen		
		−30 °C	20 °C	200 °C
Siliconöl I	3 000	0,06	0,02	0,0018
Siliconöl II	53 000	30	10	1,2
Siliconöl III	150 000	700	200	20
Mineralöl		700	1	0,003

Sie besitzen eine gute Wärmebeständigkeit, an Luft bis 150 °C langzeitig, in inerter Atmosphäre kurzzeitig bis 300 °C. Sie sind beständig gegenüber Wasser und organischen Lösungsmitteln. Von konzentrierter Salpetersäure und elementarem Chlor werden sie zersetzt. Sie sind mit Wasser nicht mischbar und mit den meisten organischen Polymeren unverträglich. In Form dünner Filme sind sie wasserabweisend und wirken trennend. Sie finden Verwendung als Schmiermittel für hohe und tiefe Temperaturen, elektrische Isolieröle, Heizflüssigkeiten, Formentrennmittel, Stoßdämpfer- und Hydrauliköle.

Siliconpasten und Siliconfette sind mit hochdisperser Kieselsäure oder anderen Stoffen vermischte Siliconöle.

Siliconharze sind mehr oder weniger stark vernetzte Polydimethyl- und Polymethylphenylsiloxane, bei denen die → Vernetzung über tri- und tetrafunktionelle Siloxaneinheiten zustande kommt.

Siliconharze werden im vorkondensierten Zustand in organischen Lösungsmitteln verarbeitet. Nach Verdunsten des Lösungsmittels müssen sie noch durch Erhitzen nachkondensiert und endgültig gehärtet werden. In der Lack- und Isoliertechnik werden auch solche Siliconharztypen verwendet, die im vernetzten Zustand noch löslich sind und allein durch Verdunsten des Lösungsmittels festhaftende, harte Überzüge ergeben.

Sie besitzen wie die Siliconöle eine hohe Wärmebeständigkeit, gute dieelektrische Eigenschaften, gute Oberflächenhärte und Glanzhaltung sowie geringe Thermoplastizität und geringe Vergilbungsneigung bei thermischer Belastung. Sie finden Verwendung als Isoliermaterial bei Elektromotoren und Maschinen, die in hoher Umgebungstemperatur arbeiten müssen sowie als → Bindemittel in → Lacken (Einbrennlacke, Bronzen), als Trennlacke und als Isolierung für Baumaterialien. *Zahradnik*

Literatur: *Noll, W.*: Chemie und Technologie der Silicone. 2. Aufl., Weinheim 1968. – *Noll, W.* in *K. Winnacker, L. Küchler* (Hrsg.): Chemische Technologie. Bd. 5. München 1972.

Siliconelastomere. (Q-Gruppe) S. sind hochmolekulare Stoffe, deren Molekülketten alternierend Silicium- und Sauerstoffatome enthalten. Die Siliciumatome tragen dabei unterschiedliche organische Reste mit spezifischen funktionellen Gruppen, über die Vernetzungsreaktionen ausgeführt werden können (Herstellung: →Silicone). Man unterscheidet zwischen heiß- und kaltvernetzbaren Typen:

Heißvernetzbar:

$$(CH_3)_3Si-O\left[\begin{matrix}CH_3\\|\\Si-O\\|\\CH_3\end{matrix}\right]_x\left[\begin{matrix}CH_3\\|\\Si-O\\|\\CH\\|\\CH_2\end{matrix}\right]_y Si(CH_3)_3$$

$$(CH_3)_3Si-O\left[\begin{matrix}CH_3\\|\\Si-O\\|\\CH_3\end{matrix}\right]_x\left[\begin{matrix}CH_3\\|\\Si-O\\|\\C_6H_5\end{matrix}\right]_y\left[\begin{matrix}CH_3\\|\\Si-O\\|\\CH\\\|\|\\CH_2\end{matrix}\right]_z Si(CH_3)_3$$

$$(CH_3)_3Si-O\left[\begin{matrix}CH_3\\|\\Si-O\\|\\CH_2\\|\\CH_2\\|\\CF_3\end{matrix}\right]_x\left[\begin{matrix}CH_3\\|\\Si-O\\|\\CH\\\|\|\\CH_2\end{matrix}\right]_y Si(CH_3)_3$$

Kaltvernetzbar:

$$HO\;\begin{matrix}CH_3\\|\\Si\\|\\CH_3\end{matrix}\;O\left[\begin{matrix}CH_3\\|\\Si\\|\\CH_3\end{matrix}\;O\right]_n\begin{matrix}CH_3\\|\\Si\\|\\CH_3\end{matrix}\;OH$$

Die Heißvernetzung linearer Polysiloxanmoleküle erfolgt mit Hilfe von Peroxiden:

$$\begin{matrix}CH_3\\|\\\sim O\;\;Si\;\;O\sim\\|\\CH=CH_2\\CH_3\\|\\\sim O\;\;Si\;\;O\sim\\|\\CH_3\end{matrix}\;+2\,RO\cdot\;\longrightarrow\;\begin{matrix}CH_3\\|\\\sim O\;\;Si\;\;O\sim\\|\\CH\;\;CH_2\;\;OR\\|\\CH_2\\CH_3\\|\\\sim O\;\;Si\;\;O\sim\\|\\CH_3\end{matrix}\;+HOR$$

Über die Menge und Verteilung der Vinylgruppen entlang der linearen Kettenmoleküle kann die Vernetzungsdichte beeinflußt werden.

Bei den kaltvernetzbaren Typen unterscheidet man nach der Verarbeitungstechnik zwei Gruppen:

☐ Zweikomponentensysteme, bei denen mit Füllstoff versetzte Polysiloxane mit endständigen OH-Gruppen einerseits und der Vernetzer (Ethylsilicat mit einer Organozinn-Verbindung) andererseits getrennt aufbewahrt und zur Einleitung der →Vernetzungsreaktion gemischt werden müssen:

$$O-\begin{matrix}CH_3\\|\\Si\\|\\CH_3\end{matrix}-OH + R-O\;\;\;\;OR \xrightarrow[-ROH]{Sn-Salz}$$

Eine andere Möglichkeit besteht bei Polysiloxanen, die Vinylreste als funktionelle Gruppen enthalten.

Hier benutzt man Si-H-Gruppierungen tragende Siloxane als Vernetzersubstanzen, wobei die →Vernetzung durch Platin-Verbindungen katalysiert wird:

□ Einkomponentensysteme enthalten Polysiloxane, deren Moleküle an den Kettenenden Diaminosilangruppen enthalten:

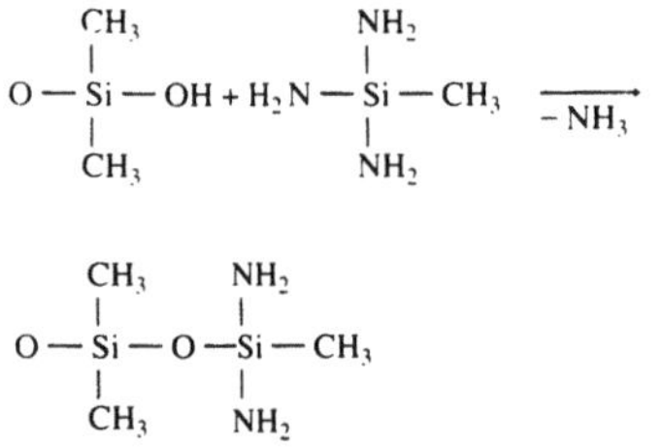

$$O - Si(CH_3)(CH_3) - OH + H_2N - Si(NH_2)(NH_2) - CH_3 \xrightarrow{-NH_3}$$

$$O - Si(CH_3)(CH_3) - O - Si(NH_2)(NH_2) - CH_3$$

Die so modifizierten Polysiloxane sind unter Feuchtigkeitsausschluß haltbar. Werden sie jedoch an die Luft gebracht, so wirkt deren Feuchtigkeit vernetzend:

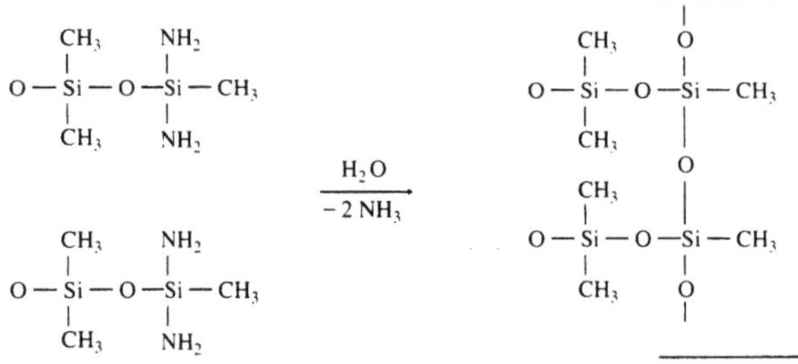

$$\xrightarrow[-2\,NH_3]{H_2O}$$

Um brauchbare mechanische Eigenschaften der vernetzten Produkte zu erzielen, müssen diese mit Füllstoffen (bis zu 60 % hochaktive Kieselsäure) verstärkt werden. Aber auch dann liegen deren mechanischen Eigenschaften bei normalen Temperaturen noch unter dem Niveau der Eigenschaftswerte von → Naturkautschuk und anderen synthetischen Elastomeren. Erst bei höheren Temperaturen (bis 250 °C) sind die S. den anderen überlegen. Sie besitzen auch ein sehr gutes Tieftemperaturverhalten; bestimmte Typen besitzen Glastemperaturen unter −100 °C. Neben dieser ausgezeichneten Wärmestandfestigkeit und Kälteflexibilität zeigen sie auch eine gute Beständigkeit gegenüber oxidativen Einflüssen. Sie sind hochwertige elektrische → Isolierstoffe, deren Isolierwirkung auch bei hohen Temperaturen erhalten bleibt. Hervorzuheben ist ferner ihre physiologische Indifferenz. Ihre Chemikalien- und Wasserdampfbeständigkeit ist nicht besonders gut. Sie quellen in Benzin, aromatischen Lösungsmitteln und chlorierten Kohlenwasserstoffen. Gegenüber Mineralölen zeigen sie eine bessere Beständigkeit als Naturkautschuk.

Hauptanwendungsgebiete für heißvernetzte Typen sind vor allem wärme- und kältebeständige Dichtungsmaterialien, Kabelummantelungen, Walzenbezüge für die Verarbeitung stark klebender Stoffe, sowie als Schlauchmaterial vorwiegend im medizinischen Bereich. Kaltvernetzbare Zweikom-

ponentensysteme finden Anwendung als Formmassen für technische, künstlerische und archäologische Abformungen, als Zahnabdruckmassen und als Einkapselungsmassen für elektrische und elektrotechnische Vorrichtungen.

Einkomponentensysteme werden vorwiegend in der Bauindustrie als Fugendichtungsmassen eingesetzt. *Zahradnik*

Siliconharz → Hydrophobiermittel

Siliconkautschuk. Während fast alle im Bauwesen verwendeten → Kunststoffe auf Kohlenstoffketten (auch mit Ringstrukturen) aufgebaut sind, wird die kontinuierliche Struktur der → Silicone von Silicium-Sauerstoff-Ketten gebildet. Den sehr unterschiedlichen Si-Werkstoffen ist ihre außerordentlich hohe Temperaturstabilität, ihr hydrophobes

Verhalten und ihre chemische Beständigkeit gemeinsam. S. sind zwei- oder einkomponentige Fugenmassen hoher Temperaturbelastbarkeit, auch in hellen Farben. *Sasse*

Silikone → Silicone

Siloxan → Hydrophobiermittel; → Polysiloxan

SIMS → Oberflächenanalytik

Sintern. Als S. wird das Verfahren bezeichnet, feinkörnige → Eisenerze durch oberflächliches Aufschmelzen und dadurch bedingtes Zusammenbakken stückig zu machen (Bild 1).

Durch den mechanisierten Abbau und das anschließende Brechen auf die für den → Hochofen erwünschte → Korngröße unter 50 mm fällt ein erheblicher Teil des Eisenerzes mit einer Korngröße unter 8 mm an. Auf der Grube oder im Hüttenwerk wird dieser Feinanteil, der überwiegend zwischen 0,5 und 5 mm liegt, als Sintererz ausgesiebt.

Auf einem Mischbett oder in einer Mischtrommel der Sinteranlage werden Sintererze und Zuschläge, wie Kalkstein oder Olivin, unter Zusatz von Koksgrus gemischt. Das Mischgut wird auf ein endlos umlaufendes Band aus Rostwagen aufgebracht und der Koksgrus in einem Zündofen gezündet. Durch die 30–60 cm dicke Schicht wird Luft gesaugt, um

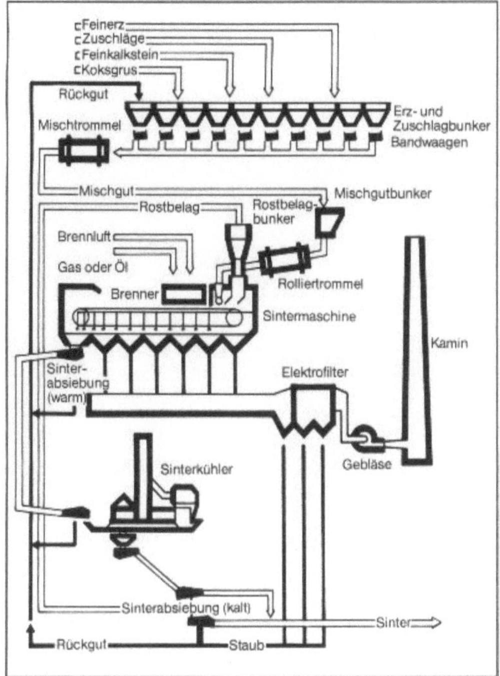

Sintern 1: Sinteranlage zum Stückigmachen feinkörniger Erze. (Quelle: Stahlwerke Peine-Salzgitter)

den Koks zu verbrennen und in der jeweiligen Brennzone eine Temperatur von 1 000–1 200 °C zu erzeugen.

Das Band wird so voranbewegt, daß am Ende des Bandes die gesamte Schicht durchgebrannt und gesintert ist. Der heiße Sinter wird abgeworfen und auf dem Rost eines Kühlers abgelegt (Bild 2). Durchgesaugte kalte Luft kühlt den Sinter, der anschließend gebrochen und gesiebt wird. Rückgut

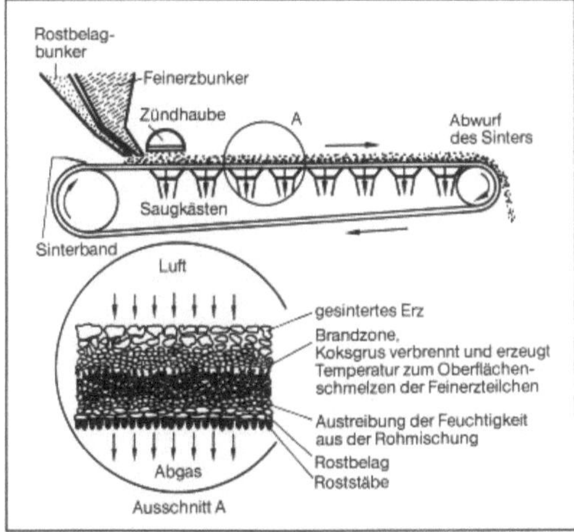

Sintern 2: Vorgänge Vorgänge beim S. von Eisenerzen.

unter 5 mm wird der Mischung wieder zugegeben. Der Sinter mit einer Korngröße zwischen 5 und 50 mm wird in den Hochofen eingesetzt.

Sinteranlagen haben bei einer Bandbreite bis 5 m eine Saugfläche bis zu 450 m². Eine solche Anlage erzeugt bis zu 18 000 t Sinter je Tag.

Das Rauchgas der Sinteranlage wird in einer elektrischen Gasreinigung von Stäuben gereinigt. Gegebenenfalls wird anschließend SO_2 in einer Gasentschwefelungsanlage entfernt.

→ Kunststoffverarbeitung; → Fluorpolymere

Rellermeyer

Literatur: *Cappel, F.* u. *H. Wendeborn:* Sintern von Eisenerzen. Düsseldorf 1973.

Sinterprodukt. Das → Sintern gehört zur Hauptgruppe 1 „Urformen" gemäß der Einteilung der Fertigungsverfahren nach DIN 8580, und zwar hier in die Gruppe 1.4 „Urformen aus dem festen (körnigen oder pulvrigen) Zustand". Diese Norm erfaßt alle Produkte aus der → Pulvermetallurgie. Hierzu zählen im Bereich des allgemeinen Maschinenbaus → Gleitlager aus Sinterbronze oder -eisen mit 20 bis 50 % Poren, die im Vakuum mit Öl getränkt, zu selbstschmierenden Lagern werden. Allerdings müssen die Oberflächen sehr gut, z. B. mit Diamantwerkzeugen, bearbeitet sein, damit die Poren nicht zugequetscht werden. Weitere Anwendungsgebiete ergeben sich für Massenteile, die fertiggepreßt werden können, im Kraftfahrzeug- und Apparatebau, wie Kupplungskontakte, Filter u. v. a. m. sowie für den Büro- und Nähmaschinenbau und für die Herstellung von Magneten.

Eine harte → Oxidschicht erreicht man bei Sinterteilen über die künstliche → Oxidation durch Behandlung mit → Wasserstoff. Damit kann man pulvermetallurgisch hergestellte Teile als Stoßdämpferkolben, Kettenräder, Büchsen, Scheiben, Stellhebel und eine bestimmte Art von Zahnrädern einsetzen.

Sinterhartmetalle werden aus feinen Pulvern von Karbiden des Wolframs und/oder Titans, vermischt mit einem niedrigschmelzenden Metall, z. B. Kobalt oder Nickel, hergestellt und zu Platten oder anderen Formteilen gepreßt bei 800 °C vorgesintert. Danach werden die Teile durch spanende Formung auf → Endform gebracht und bei 1600 bis 1700 °C fertiggesintert. In diesem Zustand ist eine Bearbeitung nur noch durch Schleifen möglich.

Im Kunststoffsektor werden S. ebenfalls nach pulvermetallurgischen Verfahrensweisen hergestellt, wobei man neuerdings bestrebt ist, die mechanischen Eigenschaften durch Einarbeitung von Fasern und Whyskern zu verbessern. Ähnliches gilt auch für S. aus keramischen Massen.

Neben gesinterten Fertigerzeugnissen gibt es auch S., die nur zwecks Verbesserung ihrer Weiterverarbeitbarkeit hergestellt werden. Hierzu zählen z. B. die Sinteragglomerate aus feinkörnigen Erzen, die vorher einen Aufbereitungsprozeß zur Anreicherung des Eisengehaltes durchlaufen hatten. Diese Technik steht allerdings im Wettbewerb mit dem Pelletisieren und in geringerem Umfang noch mit dem → Brikettieren. *Doliwa*

Sintertränkwerkstoffe → Durchdringungsverbundwerkstoffe

Sisal → Hartfasern

SL/RN-Verfahren. Das SL (*Stelco-Lurgi*)-Verfahren ist ein Direktreduktionsverfahren und war in seiner ursprünglichen Konzeption auf die Herstellung von → Eisenschwamm für Stahlöfen, unter Verwendung eisenreicher Erze, ausgerichtet. Sofern eisenarme Erze vorhanden waren, sollte eine Trennung der Eisenträger von der Gangart vor der → Reduktion erfolgen.

Der Schwerpunkt beim RN (*Republic Steel-National Lead*)-Verfahren, auch ein → Direktreduktionsverfahren, lag auf der thermischen Behandlung eisenarmer Erze, die nach der Reduktion in ihre Komponenten metallisches Eisen und Gangart zerlegt werden sollten.

Zur möglichst wirkungsvollen Nutzung der Erfahrungen beider Gruppen sowie im Interesse des technischen Fortschrittes, wurde eine Fusion beschlossen, welche 1964 zur Schaffung des SL/RN-V. führte (Bild). Dieses Verfahren beruht im wesentlichen auf der Reduktion von Eisenoxiden im Drehrohrofen mit festen Reduktionsstoffen. In den Ofen werden Erz oder Grünpellets zusammen mit Kohle oder Braunkohle im Überschuß als Reduktionsmittel und Dolomit zur Entschwefelung zugegeben. Der Ofenaustrag wird in einem Rohrkühler indirekt gekühlt und danach durch Sieben, Magnetscheiden und Berge-Kohle-Trennung in Eisenschwamm, Überschußkohle und Asche getrennt. In Hamilton (Kanada) konnten in einem mit Manteldüsen ausgerüsteten Drehrohrofen von 35 m Länge und 2,2 m Durchmesser sowie einer Leistung von etwa 100 t Eisenschwamm/24 h eisenreiche Grünpellets gebrannt und zu Eisenschwamm reduziert werden. Auch Stückerze können eingesetzt werden. Der erzeugte Eisenschwamm hat einen Metallisierungsgrad von etwa 95 % und einen Gesamteisengehalt bis mehr als 90 %. Eine Weiterverwendung des erzeugten Eisenschwammes ist in verschiedenen Stahlwerksöfen erprobt worden. Aber auch in → Hochöfen und in → Kupolöfen wurden die nach diesem Verfahren hergestellten Eisenschwammpellets erfolgreich eingesetzt. *Baumann*

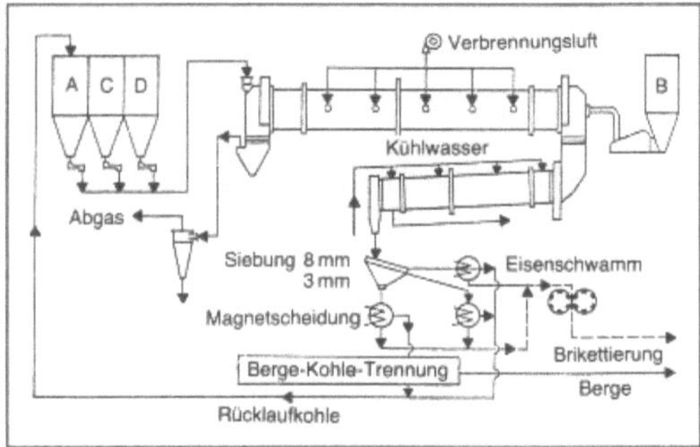

SL/RN-Verfahren: Aufbau einer nach dem SL/RN-V. arbeitenden Direktreduktionsanlage.

A) Rücklaufkohle, B) Frischkohle, C) Dolomit, Kalkstein, D) Stückerz, Pellets

Literatur: Direktreduktion von Eisenerz. 4. Aufl. Düsseldorf 1976.

SLH-Stranggießanlage. Bereits 1964 hat die Demag AG im damaligen Siemens-Martin-Stahlwerk II des Hüttenwerkes Huckingen der Mannesmann AG die erste einadrige *Super-Low-Head*-Stranggießanlage (SLH-S.), manchmal auch Ovalbogen-Stranggießanlage genannt, mit drei Bogenradien (3,9 m, 5,8 m und 11,4 m) für Brammen bis 2 100 mm Breite gebaut. 1967 wurden im dortigen neuen → Blasstahlwerk zwei weitere zweiadrige Brammen-Stranggießanlagen gleicher Art in Betrieb genommen. Auch die 1987 in Tianjin und Handan, Volksrepublik China, in Betrieb genommenen Stranggießanlagen sind Super-Low-Head-Anlagen. *Baumann*

Literatur: *Baumann, H. G.*: Stahlstrang-Gießanlagen. Düsseldorf 1976.

SM-Verfahren → Siemens-Martin-Verfahren

SNMS → Oberflächenanalytik

Snoek-Effekt. (*J. L. Snoek* 1941) Durch spannungsinduzierte Platzwechsel von C-Atomen in α-Fe bedingtes Dämpfungsmaximum, vorwiegend untersucht an drahtförmigen Proben in Torsionsschwingungen kleiner Amplitude (Torsionspendel). Der Effekt tritt auch in anderen Systemen auf, welche Fremdatome mit anisotroper Gitterverzerrung aufweisen.

Im Beispiel α-Fe-C liegt die Ursache in der tetragonalen Verzerrung der Oktaederlücke, in der sich das interstitielle C-Atom befindet. Durch elastische → Dehnung in einer der <100>-Richtungen, z. B. [100], werden die C-Positionen (Würfelkantenmitten) in dieser Richtung energetisch gegenüber denen auf [010]- oder [001]-Kanten bevorzugt. Dies führt zu einer partiellen Umverteilung der C-Atome durch Platzwechsel über ½ Gitterdiagonale, d. h.

zur Anreicherung auf den jeweils begünstigten Würfelkanten. Die mit den Platzwechsel-Sprüngen verbundene irreversible Energie-Dissipation verursacht elastische Nachwirkung bzw. bei periodischen Wechseln Hysterese im σ-ε-Verlauf; letztere wirkt sich als Dämpfung aus (→ Anelastizität).

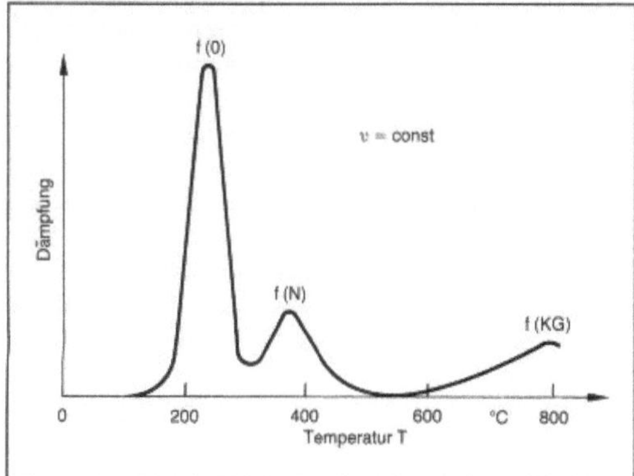

Snoek-Effekt: Temperaturabhängigkeit der Dämpfung von Niob.
f(O) Dämpfungsmaximum durch gelöste Sauerstoffatome; f(N) Dämpfungsmaximum durch gelöste Stickstoffatome; f(KG) Dämpfungseinfluß der Korngrenzen. Die Höhe der einzelnen Maxima ist der Menge der gelösten Atome proportional.

Ein Maximum der Dämpfung tritt auf, wenn die elastische Dehnungsfrequenz mit der thermisch aktivierten Platzwechselfrequenz übereinstimmt; daher kann der S.-E. zur Bestimmung des Diffusionskoeffizienten interstitieller Atome eingesetzt werden, selbst bei sehr kleinen Werten (niedrigen Temperaturen). Aus der Höhe des Dämpfungsmaximums läßt sich ferner die Dichte der verursachenden Zwischengitteratome ableiten, sodaß der S.-E. auch als hochempfindliches quantitatives Analyse-Verfahren für interstitielle Fremdatome herangezogen werden kann. *Ilschner*

Literatur: *Fromm, E.* und *E. Gebhardt:* Gase in Metallen. Berlin–Heidelberg–New York 1976. – *Haasen, P.:* Physikalische Metallkunde. Berlin–Heidelberg 1984. – *Schatt, W.:* Einführung in die Werkstoffwissenschaften. Leipzig 1972.

Solid solution → Mischkristall

Soliduskurve → Zweistoffsystem, → Kristallisation

Sommerfeld-Zahl. Kennzahl zur Bestimmung des Betriebszustandes von ölgeschmierten Gleitlagern:

$$So = \frac{\Psi^2 \cdot F}{\eta \cdot \omega \cdot B \cdot D}$$

mit dem relativen Lagerspiel Ψ, der Kraft F, der Ölviskosität η, der Winkelgeschwindigkeit ω, der Lagerbreite B und dem Lagerdurchmesser D. *Habig*

Sonderbeschichtung. Gummierungen (Flüssigfolien oder elastische Dichtungsschlämmen) haben an Bedeutung gewonnen, seit es durch spezielle Modifikationen von elastomeren Bindemitteln gelang, unter Baustellenbedingungen einwandfreie Aushärtungen zu erzielen. Anwendungsbereiche sind Großbehälter aus → Stahl und → Beton sowie Auskleidungen von Tunneln, Kavernen und druckwasserdichten Wannen. Die relativ große Dicke macht die Elastomerbeschichtungen mechanisch unempfindlich. Die gummiartige Verformbarkeit erlaubt in bestimmtem Maße die Überbrückung sich bewegender Untergrundrisse. Die Eigenspannungen, z. B. aus unterschiedlich temperierten Füllgütern, bleiben gering. *Sasse*

Sondermetalle. Eine Gruppe von Elementen vorwiegend der Übergangsmetalle haben nach und nach Bedeutung in der Kernenergie, in der Elektronik und der Raumfahrtindustrie erlangt. Die S. werden in der Technik erst in geringen (kleinsten) Mengen verwendet. Dies sind hauptsächlich die hochschmelzenden Übergangsmetalle Titan, Zirkonium, Hafnium, Vanadium, Niob, Tantal, Chrom, Molybdän, Wolfram, die → Seltenen Erden (Lanthaniden) und Aktiniden sowie niedrigschmelzende → Metalle und Halbmetalle wie Gallium, Indium, Thallium, Silicium, Germanium, Beryllium und die Alkali- und Erdalkalimetalle.

Die S. haben teilweise einzigartige Eigenschaften, z. B. hohe → Warmfestigkeit (Ti-, Nb-, Mo-, Co-Legierungen), hoher → Schmelzpunkt (Mo, Ta, W, Rh), geringe Neutronenabsorption (Be), Halbleitereigenschaft (Si, Ge), hartmagnetisches Verhalten (Co, Seltene Erden), Bildung von Hartstoffen (Ti, Mo, V, Nb, W), hohe → Korrosionsbeständigkeit (Ti, Zr, Ta, Mo), geringes spezifisches Gewicht (Be, Ti). Sie beginnen sich in der modernen Technik gelegentlich durchzusetzen und stehen zum Teil an der Schwelle zu den Gebrauchsmetallen, die als Werkstoffe häufig im täglichen Leben verwendet werden, z. B. → Eisen, → Kupfer, → Aluminium, → Nickel und andere Nichteisenmetalle (→ Buntmetallurgie).

Ein Teil der S. wird als Legierungsmetalle technisch verwendet, die den Gebrauchsmetallen zulegiert werden, z. B. Mangan, Chrom, Titan, Molybdän, Niob, ein anderer Teil aber auch als reine Metalle mit ihren besonderen Eigenschaften eingesetzt. Wegen der wesentlich schwierigeren Herstellung können die S. preislich im allgemeinen nicht mit den Gebrauchsmetallen konkurrieren. *Heller*

Literatur: *Hampel, C. A.* (Hrsg.): Rare Metals Handbook. Ädermetalle. Wien 1971. – *Schreiter, W.*: Seltene Metalle. Leipzig 1961.

Sönnichsen-Rohrschweißverfahren. Bei dem von *F. Sönnichsen* in Norwegen vorgeschlagenen Rohrschweißverfahren werden die Rohrkanten durch elektrischen Strom erwärmt. Dabei wird mit drei nacheinander angeordneten Elektrodenscheiben gearbeitet (Bild). Diese Elektrodenscheiben sind unterschiedlich dick und so angeordnet sowie gestaltet, daß die Kanten des durchlaufenden Schlitzrohres beim Passieren der dritten Elektrode Schweißwärme erreicht haben und unter dem Druck der kalibrierten Walzen miteinander verschweißt werden. Die Stromstärken an den Elektrodenscheiben sind entsprechend dem Elektrodenabstand und dem Schlitzrohrwiderstand so gewählt, daß eine gleichmäßige Erwärmung erreicht wird.

Baumann

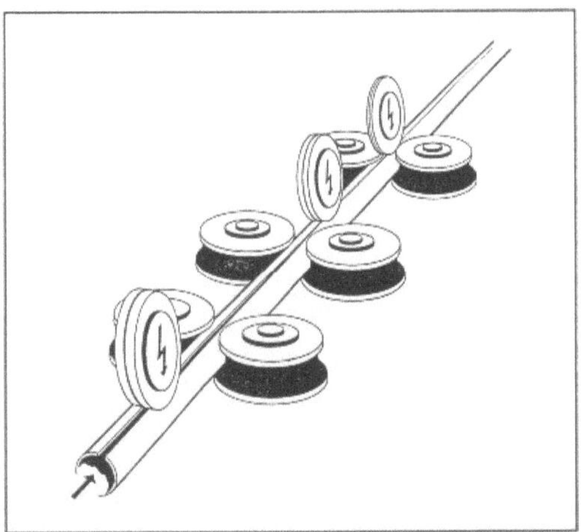

Sönnichsen-Rohrschweißverfahren: *Schematische Darstellung.*

Sorbit. Veraltete Bezeichnung für ein sehr fein lamellares → Gefüge aus → Perlit (→ Eisen, → Eisenwerkstoffe, → Troostit), das lichtmikroskopisch kaum auflösbar ist.

Dahl

Spaltbruch. Im Gegensatz zum → Gleitbruch eine Bruchform, die durch Aufspalten des Gitters längs bestimmter kristallographisch orientierter Ebenen unter der Wirkung von Normalspannungen entsteht. Im allgemeinen tritt S. nach nur geringer makroskopischer → Verformung bei tiefen Temperaturen, hohen Beanspruchungsgeschwindigkeiten und mehrachsigem → Spannungszustand auf und wird dann als → Sprödbruch bezeichnet. *Dahl*

Spaltkorrosion. S. ist eine beschleunigte Korrosion in engen Spalten (kritische Spaltbreite ≤ 1 mm). Sie kann in Spalten, die im Werkstoff selbst vorliegen oder zwischen zwei Metallen bzw. einem Metall und einem Nichtleiter gebildet werden, auftreten.

Ursache für die S. ist die Ausbildung eines Korrosionselementes zwischen dem Spalt und der Werkstoffoberfläche. Bei unlegierten und niedriglegierten Stählen wird sie hauptsächlich durch mangelhafte Belüftung im Spaltinneren ausgelöst, wobei die Spaltflächen zur Lokalanode werden und bevorzugt korrodieren (→ Belüftungselement). Passive austenitische Chrom-Nickel-Stähle sind vornehmlich durch S. gefährdet, wenn durch Adsorption von Chloridionen im Spaltinneren eine kritische Chloridkonzentration überschritten und dadurch die → Passivität aufgehoben wird. Es ist zu beachten, daß Chrom-Nickel-Stähle durch S. immer etwas stärker gefährdet sind als durch → Lochkorrosion.

Zum Schutz vor S. sollten Spalte durch konstruktive Maßnahmen vermieden bzw. abgedichtet oder weit genug geöffnet werden, um einen Ausgleich der → Elektrolytlösung zu gewährleisten.

Wendler-Kalsch

Spaltlöten → Löten

Spannbetonstahl → Spannstahl

Spannstahl. S. werden zur Vorspannung im Spannbeton verwendet. Sie müssen wegen der Spannungsverluste infolge des Kriechens des Betons wesentlich höhere Festigkeiten aufweisen als Betonstähle. S. sind in Deutschland nicht genormt. Sie bedürfen einer allgemeinen bauaufsichtlichen Zulassung. Hinsichtlich der Herstellung und Anwendung unterscheidet man Drähte, Stäbe und Litzen. Alle drei Arten lassen sich entweder einzeln oder zusammengefaßt zu Bündeln zur Vorspannung des Betons einsetzen. Drähte von 5–14 mm Durchmesser stellt man mit glatter, profilierter (schwache Rippung) und gerippter (starke Rippung) Oberfläche her, die hohen Festigkeiten erreicht man außer mit einer geeigneten chemischen Zusammensetzung durch → Ziehen und/oder → Vergüten. Stäbe werden gereckt und vergütet und in Durchmessern bis 36 mm mit glatter und gerippter Oberfläche hergestellt. Bei Gewinderippenstählen ermöglichen die in Gewindeform aufgewalzten Rippen besonders wirtschaftliche Verankerungen. Litzen werden aus drei bzw. sieben glatten Drähten hergestellt. Zur Bezeichnung der Spannstahlsorte gibt man jeweils die → Streckgrenze (0,2 % bleibende Dehnung) und die → Zugfestigkeit an. Drähte und Litzen sind in den Festigkeitsklassen St 1325/1470–St 1570/1770, Stäbe in den Festigkeitsklassen St 835/1030–St 1080/1230 im Markt. S. sind grundsätzlich nicht schweißbar und nicht warmbiegegeeignet. Wegen der besonderen Korrosionsempfindlichkeit der S.

(→ Spannstahlkorrosion) sind bei Transport und Montage besondere Maßnahmen erforderlich, um einen Korrosionsangriff vor dem endgültigen Schutz durch den → Beton bzw. den Einpreßmörtel auszuschließen. *Schießl*

Spannstahlkorrosion. Zu der unter → Betonstahlkorrosion beschriebenen abtragenden → Korrosion kommen bei → Spannstählen noch die beiden Korrosionsarten → Spannungsrißkorrosion und → Wasserstoffversprödung hinzu. Beide Korrosionsarten treten nur auf, wenn eine örtliche Depassivierung der Spannstahloberfläche eingetreten ist, können aber bei praktisch vernachlässigbaren Querschnittsminderungen zu spröden Brüchen und damit zu einem völligen Versagen führen. Wegen dieser Sprödbruchgefahr sind die Anforderungen an Dikke und Undurchlässigkeit der Betonüberdeckung für Spannstähle höher als für Betonstähle. Aus demselben Grund ist der zulässige Chloridgehalt in Spannbetonbauteilen mit 0,2 % Cl⁻, bezogen auf die Zementmasse, sehr niedrig festgelegt. Während des Transportes und der Montage von Spannstählen ist durch besondere Schutzmaßnahmen sicherzustellen, daß eine Korrosion der Spannstähle ausgeschlossen bleibt. *Schießl*

Spannstahlprüfung. Durch die Spannbetonbauweise ist die Möglichkeit gegeben, auch bei großen Spannweiten und hohen Lasten schlanke Baukörper und geringe Durchbiegungen zu erhalten. Diese Bauweise führte zur Entwicklung von hochfesten Baustählen, den sogenannten → Spannstählen, unterschiedlichster Beschaffenheit und Qualität.

Sie werden in den Bauwerken hohen Anforderungen unterworfen. Im Vordergrund stehen dabei
- hohe → Streckgrenze bei gleichzeitiger ausreichender Verformbarkeit,
- ausreichende → Elastizität der Stähle auf Dauer (geringe → Spannungsrelaxation),
- ausreichendes Dauerschwingverhalten (auch der Spanngliedverankerungen) der Stähle und
- ausreichende Beständigkeit bzw. Unempfindlichkeit gegenüber → Korrosion und → Spannungsrißkorrosion.

Spannstähle werden als Stäbe, Drähte und Litzen geliefert. Die hohen Anforderungen und die Eigenschaften dieser Stähle erfordern eine umfassende → Gütesicherung bei der Herstellung.

Die Gütesicherung beinhaltet die Durchführung von Zulassungs- und Überwachungsprüfungen. Erst aufgrund von Zulassungsversuchen erhält ein Stahlwerk die Genehmigung, eine Spannstahlsorte gemäß Zulassungsbescheid des Instituts für Bautechnik, Berlin, zu produzieren. Während der Produktion sind laufende, stichprobenartige Überwachungsprüfungen vorzunehmen. Die Überwachungsprüfungen unterteilen sich in Prüfungen durch die Qualitätsstelle des Stahlwerkes (Eigenüberwachung) und in Prüfungen durch eine von der obersten Bauaufsichtsbehörde anerkannte, unabhängige Prüfstelle (Fremdüberwachung). Sämtliche Prüfungsergebnisse werden nach bestimmten Zeitabständen zusammengefaßt und nach festgelegten Bewertungskriterien statistisch ausgewertet.

Die in den Zulassungsbescheiden aufgeführten Anforderungen sowie mechanische und technologische Eigenschaften der jeweiligen Spannstahlsorte werden durch folgende Untersuchungen ermittelt und überwacht:

☐ Mit geeigneten Meßverfahren werden Durchmesser und Querschnitt bzw. Gewicht des Spannstahles ermittelt und nach den im Zulassungsbescheid aufgeführten Toleranzgrenzen ausgewertet. Bei Stabstählen mit Gewinderippen und bei profilierten oder gerippten Drähten wird zusätzlich die Oberflächengestalt hinsichtlich Nennabmessungen und Toleranzgrenzen überprüft.

☐ Im → Zugversuch werden die Festigkeits- und Verformungseigenschaften untersucht. Beim → Spannstahl sind festgelegt: → Zugfestigkeit, Streckgrenze, → Elastizitätsgrenze, → Elastizitätsmodul, → Bruchdehnung, → Brucheinschnürung und → Gleichmaßdehnung. Außerdem liefert der Zugversuch die für die jeweilige Spannstahlsorte typische Spannungs-Dehnungs-Linie. Bei Drähten und Litzen wird darüber hinaus innerhalb von Zulassungsversuchen der Abfall der Zugfestigkeit nach einem einmaligen Hin- und Herbiegevorgang bestimmt.

☐ Das Verhalten von Spannstahl bei dynamischer Beanspruchung wird im → Dauerschwingversuch ermittelt. Die Ergebnisse dieser Versuche werden in der Regel im Wöhlerschaubild oder auch im Dauerfestigkeitsschaubild nach Smith dargestellt.

☐ Ein für Spannstahl wichtiges Prüfkriterium ist das Relaxationsverhalten des Stahles. Zur Bestimmung des Spannungsverlustes in Abhängigkeit von der Zeit werden daher Relaxationsversuche bei unterschiedlichen Anfangsspannungen durchgeführt.

☐ Der Einfluß von möglichen mechanischen Beschädigungen an der Baustelle auf das Festigkeits- und Verformungsverhalten des Stahles wird in Form von Kerbzugversuchen untersucht.

☐ Zur Ermittlung der Beständigkeit bzw. Empfindlichkeit des Spannstahles gegenüber wasserstoffinduziertem → Sprödbruch (→ Wasserstoffversprödung) werden Spannungskorrosionsversuche durchgeführt.

☐ Die Verformungsfähigkeit von Spannstahl wird bei Stäben im → Faltversuch und bei Litzen und Drähten im Hin- und Herbiegeversuch geprüft.

☐ Die Einhaltung der in den Zulassungsbescheiden aufgeführten chemischen Zusammensetzung der Stähle wird ebenfalls laufend überwacht.

Nur bei Zulassungsversuchen werden außerdem noch folgende Untersuchungen vorgenommen: Bei Stäben ist die Ermittlung des Arbeitsmoduls und bei Litzen die Ermittlung des Seilrecks erforderlich. Für Spannstahlsorten, die bei Spannbettfertigung durch direkten Verbund verankert werden dürfen, sind Kennwerte für das Verbundverhalten festzulegen.

Die Durchführung aller S. erfolgt nach vorgeschriebenen Mindestprobezahlen. *Rehm/Beul*

Literatur: Richtlinien für Zulassungs- und Überwachungsprüfungen an Spannstählen – Fassung 1978. – Hrsg.: Institut für Bautechnik.

Spannung.

1. Meßgröße der mechanischen Beanspruchung von Werkstoffen, ausgedrückt als Kraftkomponente in einer Raumrichtung bezogen auf die Querschnittseinheit einer senkrecht zur Kraftrichtung angeordneten Fläche. Maßeinheit ist [N/m²] oder [Pa], alte (nicht mehr zulässige) Einheiten sind [kg/mm²], [dyn/cm²].

S. kann auch als (negativer) Druck aufgefaßt werden, was die Einheit [bar] rechtfertigt; außerdem kann Druck bzw. S. als im beanspruchten Körper gespeicherte Energie je Volumeneinheit verstanden werden. Üblicherweise werden Zugspannungen positiv, Druckspannungen negativ gezählt.

Die technische oder Nominalspannung σ_0 ist gleich der auf den Ausgangsquerschnitt bezogenen Kraft.

Die wahre S. σ_w ist gleich der auf die jeweils aktuelle Querschnittsfläche bezogenen Kraft. Bei Zugbelastung ist also $\sigma_w = (1 + \varepsilon_0)\,\sigma_0$ ($\rightarrow$ Dehnung; $\rightarrow$ Eigenspannung). *Ilschner*

2. Wird ein Körper durch äußere Kräfte belastet, so rufen diese eine $\rightarrow$ Verformung und damit innere Kräfte hervor. Denkt man sich als einfachstes Bauteil ein Seil oder einen Stab in Längsrichtung durch eine Kraft Z belastet und quer zur Belastungsrichtung geschnitten (Bild 1), so muß an der Schnittfläche eine ebenso große Kraft Z wirken, um das abgeschnittene Seilstück im $\rightarrow$ Gleichgewicht zu halten. Diese Gegenkraft denkt man sich über die Schnittfläche A_z gleichmäßig verteilt wirken, so daß jede beliebige Teilfläche ΔA_z einen Teil der Kraft entsprechend ihres Anteils an die Gesamtquerschnittsfläche überträgt. Das Verhältnis von Kraft zu Querschnittsfläche wird als S. definiert, mit σ bezeichnet und kann als Kraftdichte interpretiert werden. Sie ist wie die Kraft eine vektorielle Größe. Das gewählte Beispiel des Seils stellt den einfachsten möglichen Spannungszustand, den einachsigen $\rightarrow$ Spannungszustand mit konstanter S. über den gesamten Querschnitt dar.

Denkt man sich ein Bauwerk aus kleinen Volumenelementen zusammengesetzt, so sind im allgemeinen Größe und Wirkrichtung der S. in den

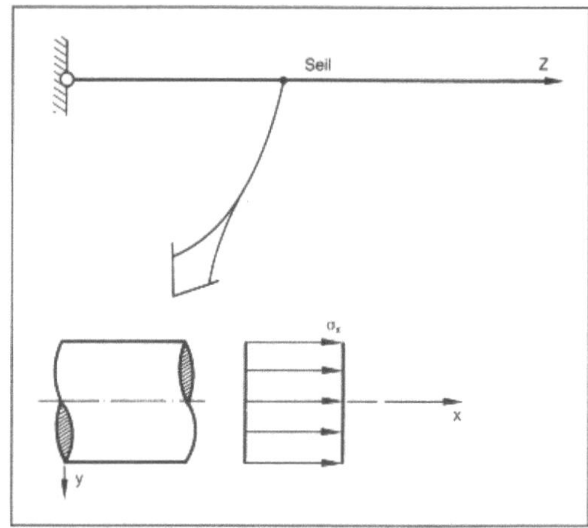

Spannung 1: S. in einem zugbeanspruchten Seil.

Z Zugkraft im Seil, σ_x Normalspannung, A_x Querschnittsfläche des Seiles, $\sigma_x = \dfrac{Z}{A_x}$

einzelnen Elementen des Bauwerkes verschieden. Und wenn es sich nicht um ein Element an der freien Oberfläche eines Trägers oder eines anderen Bauteiles handelt, so ist sein Spannungszustand mehrachsig oder räumlich. Denkt man sich ein solches Element in Form eines unendlich kleinen Würfels mit den differentiellen Kantenlängen dx/dy/dz aus dem Bauteil herausgeschnitten, so sind zur Beibehaltung des Gleichgewichtszustands in allen sechs Schnittflächen S. anzutragen. Sie beschreiben die Beanspruchung des Elementes in seiner ursprünglichen Lage im Bauteil.

Man unterscheidet zwischen $\rightarrow$ Normalspannung σ und Schubspannungen τ. Die innere Kraft R, die auf ein Element einwirkt und durch das Herausschneiden dieses Elementes als Schnittkraft in der Schnittfläche sichtbar gemacht wird, wirkt im allgemeinen in einer beliebigen räumlichen Richtung. Sie wird zerlegt in die drei in Richtung der Achse x, y, z wirkenden Komponenten, die bezogen auf die Schnittfläche die drei S. ergeben (Bild 2).

Demnach erhält man für die sechs Schnittflächen des herausgeschnittenen Würfels 18 Spannungsgrößen. Die Erfüllung der Gleichgewichtsbedingungen führt jedoch auf bestimmte Gesetzmäßigkeiten zwischen diesen S.:

□ Die Schubspannungen bilden drei sog. Schubspannungsringe mit jeweils gleichgroßen Schubspannungen (Elastizitätstheorie). Es verbleiben somit maximal drei unabhängige Schubspannungen.

□ Die Normalspannungen in zwei gegenüberliegenden Schnittflächen des Elementes sind – bis auf differentielle Änderungen – gleich groß.

Ein allgemeiner Spannungszustand wird daher durch drei Normalspannungen und drei Schubspannungen vollständig beschrieben. Er läßt sich in

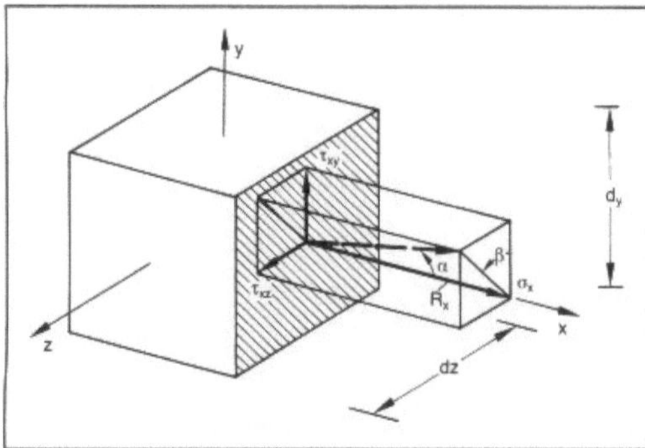

Spannung 2: Zerlegung der Schnittkraft R in die S. einer Schnittfläche

A_x Schnittfläche eines Elementes, wobei x die Flächennormale ist, R_x Schnittkraft in der Fläche A, τ_{xy} τ_{xz} Schubspannungen in der Schnittfläche, wobei der 2. Index die Wirkungsrichtung dieser S. angibt. $A_x = dy \cdot dz$, $\sigma_x = \dfrac{R_x}{A_x} \cdot \cos\alpha$, $\tau_{xy} = \dfrac{R_x}{A_x} \cdot \sin\alpha \cos\beta$, $\tau_{xz} = \dfrac{R_x}{A_x} \cdot \sin\alpha \sin\beta$

Form eines zur Hauptdiagonalen symmetrischen Tensors σ_{ij} anschreiben:

$$\sigma_{ij} = \begin{matrix} \sigma_x & \tau_{xy} & \tau_{xz} \\ \tau_{xy} & \sigma_y & \tau_{yz} \\ \tau_{zx} & \tau_{zy} & \sigma_z \end{matrix}$$

Da die Wahl der Koordinatenachsen x, y, z beliebig erfolgen kann, muß die Beanspruchung des Elementes unabhängig von dieser Wahl sein, da sie ja nicht die äußere Belastung verändert. Für ein beliebiges, anders orientiertes Koordinatensystem x, y, z erhält man – obwohl sich der gesamte Beanspruchungszustand des Elementes nicht ändert – sechs neue Schnittflächen mit veränderten Normal- und Schubspannungen. Die Größen und Richtungen aller S. sind abhängig von der Wahl des Koordinatensystems, durch das die Schnittflächen festgelegt werden.

Am Beispiel des zugbeanspruchten Seiles nach Bild 1 kann das Gesagte verdeutlicht werden. Dreht man das dort eingezeichnete Koordinatensystem so, daß die x-Achse rechtwinklig zur Stabachse zeigt, also in Richtung der ursprünglichen y-Achse, so treten in einer zur x-Achse orientierten Schnittfläche eines Elementes keine S. auf. Gleichzeitig wird die ursprüngliche S. σ_x zur S. σ_y.

Wählt man bei dem gleichen Beispiel eine um 45° gegen die Stabachse geneigte Schnittfläche eines Elementes, so ist die auf das Element einwirkende Kraft, die ja in Stablängsrichtung verläuft, definitionsgemäß in eine Normal- und Schubspannung zu zerlegen.

Für einen allgemeinen Spannungszustand eines Elementes läßt sich ein ganz bestimmtes Koordinatensystem x*, y*, z* angeben, welches dadurch ausgezeichnet ist, daß alle Schubspannungen in den zugehörigen Schnittflächen zu Null werden. Die allein noch vorhandenen Normalspannungen werden als Hauptspannungen bezeichnet.

$$\sigma^*_{ij} = \begin{matrix} \sigma_1 & 0 & 0 \\ 0 & \sigma_2 & 0 \\ 0 & 0 & \sigma_3 \end{matrix}$$

Die Hauptspannungen σ_1, σ_2, σ_3 sind identisch mit den algebraisch größten und kleinsten S. (maximale oder minimale Zug- und/oder Druckspannungen), die überhaupt in einer Schnittfläche des Elementes auftreten können. Die Richtungen, in denen diese S. wirken, werden als Hauptachsen definiert. Die Größe und Richtung dieser Hauptspannungen wird analytisch oder zeichnerisch mit Hilfe des Mohr-Spannungskreises ermittelt.

Entsprechend lassen sich auch die Schnittebenen mit den maximalen Schubspannungen unter einem gegebenen Beanspruchungszustand berechnen.

Die maximalen Normal- und/oder Schubspannungen eines Elementes sind ein Maß für das Festigkeitsverhalten des Werkstoffes (→ Festigkeitsverhalten des Stahls). Die Kennzeichnung des Spannungszustandes aller Elemente eines Bauwerkes ist daher das Ziel einer statischen Berechnung, die den Nachweis der Standsicherheit erbringen soll.

Neben der Einteilung der S. in Schub- und Normalspannungen gibt es eine Reihe weiterer Bezeichnungen für bestimmte Spannungsarten, die sich entweder auf die Ursache der Beanspruchung beziehen oder die etwas über die Bedeutung dieser S. für das Tragverhalten aussagen:

– Hauptspannungen: Extremwerte der S., maßgebend für das Festigkeitsverhalten des Werkstoffes.

– Eigenspannungen: S., deren Ursache vielfach im Herstellungsprozeß von Bauteilen zu suchen sind (z. B. → Walzen oder → Schweißen von Stahlträgern). Ihr Einfluß auf das Tragverhalten eines Bauteiles wird normalerweise nicht untersucht.

– Zwängungsspannungen (→ Eigenspannungen): S., deren Ursache z. B. eine Vorbelastung eines statisch unbestimmten Systems bis in den plastischen Bereich hinein sein kann. Die nach der Entlastung verbleibenden Zwängungsspannungen beeinflussen das Tragverhalten des Systems. Bei der Montage von Brücken werden oft gezielt Zwängungsspannungen durch Heben oder Senken der Auflager in das Tragwerk eingebracht, um ein günstigeres Tragverhalten im endgültigen Tragzustand zu erreichen.

– Neben- oder Zusatzspannungen: S. in einem Bauwerk, die einen geringen Einfluß auf das Tragverhalten haben und daher im Standsicherheitsnachweis normalerweise nicht erscheinen. Das typischste Beispiel sind die Momentspannungen in Fachwerken, die durch die realen Knotenverbindungen entstehen. Rechnerisch werden in allen Knoten zwischen den Fachwerkstäben theoretisch nur Längskräfte aber keine Biegemomente auftreten. Die aufgrund der realen Knotenverbindungen immer vorhandenen Momentenspannungen können jedoch als Nebenspannungen außer Betracht bleiben. Im Grenzlastzustand werden die Biegemomente durch Plastifizieren abgebaut, die Lastabtragung in diesem Zustand erfolgt nahezu wie bei einem idealen Fachwerk.

– Kerbspannungen: örtlich unregelmäßige Spannungsverläufe bei bestimmten Bauteilen, die z. B. beim Dauerfestigkeitsnachweis ($\rightarrow$ Schwingfestigkeit) zu beachten sind.

– $\rightarrow$ Fließspannung.

– Unterspannung σ_u, Oberspannung σ_o, Mittelspannung σ_m (Schwingfestigkeit).

– Bruchspannung: $\rightarrow$ Festigkeitsverhalten des Stahls.

– Vergleichsspannung σ_v: rechnerische S. zu einem allgemein räumlichen Spannungszustand, die einen Vergleich dieses Zustandes bezüglich seines Festigkeitsverhaltens mit einem einachsigen Spannungszustand ermöglichen soll (Festigkeitsverhalten des Stahls).

– Kriechspannung. *Kußmaul/Friemann*

Spannung, effektive $\rightarrow$ Spannung, innere

Spannung, innere. In der Hochtemperaturplastizität, insbes. in der Theorie des Kriechens, ein von Gefügeinhomogenitäten (insbes. Teilchen und Versetzungsanordnungen) herrührender Spannungsterm σ_i, welcher sich der äußeren Spannung überlagert. Die Resultierende beider Terme wird vielfach als effektive Spannung bezeichnet:

$$\sigma_{\text{eff}} = \sigma - \sigma_i$$

Sie (und nicht σ) ist letztlich für die lokale Versetzungsbewegung verantwortlich.

Experimentell ermittelt man σ_i durch den *Dip-Test:* Vom stationären Kriechverlauf ausgehend, senkt man σ schrittweise soweit ab, bis bei einem Wert σ^* unmittelbar nach dem „Dip" die Verformung stehen bleibt; aus diesem Stillstand wird gefolgert, daß $\sigma_{\text{eff}} = 0$ geworden, also $\sigma_i = \sigma^*$ ist. Der Begriff der i. S. ist von dem der $\rightarrow$ Eigenspannung zu unterscheiden. *Ilschner*

Spannungs-Dehnungs-Diagramm. Graphische Darstellung der Abhängigkeit der $\rightarrow$ Spannung von der $\rightarrow$ Dehnung ermittelt am Zugstab unter steigender Belastung bis zum Bruch.

Zur Bestimmung der Dehnung wird vor dem Versuch auf der Probe eine Bezugslänge markiert. Verlängerung der Bezugslänge bezogen auf diese ergibt die Dehnung, die Spannung wird als Kraft bezogen

auf den Stabquerschnitt vor Versuchsbeginn definiert (Bild 1).

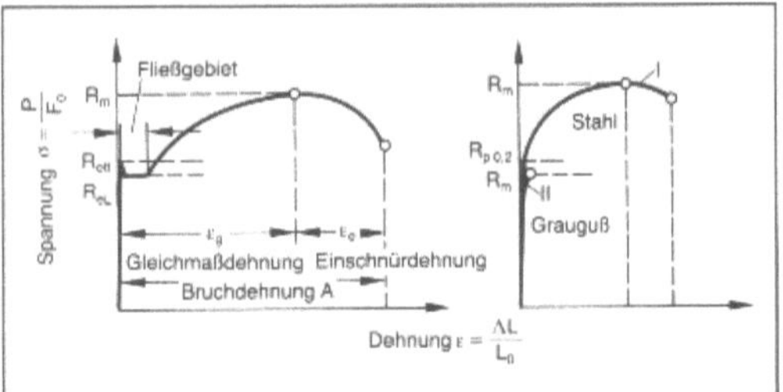

Spannungs-Dehnungs-Diagramm 1: a) S.-D.-D. eines Stahls mit ausgeprägter Streckgrenze. b) S.-D.-D. von Stahl ohne ausgeprägte Streckgrenze und Grauguß.

Die Kurve dient zur Ermittlung von Kenndaten, welche das Verformungsverhalten eines Werkstoffes charakterisieren. Die aus dem Anfangsteil zu entnehmende Kenngröße ist der $\rightarrow$ Elastizitätsmodul. Er wird als Steigung des linear verlaufenden Teils der Kurve ermittelt und gibt die $\rightarrow$ Steifigkeit eines Werkstoffes wieder. Da im Bereich der elastischen $\rightarrow$ Verformung der Effekt der Hysterese existiert, kann der E-Modul nur ungenau ermittelt werden. Besser eignet sich eine Methode, welche die Eigenschwingung (Resonanzschwingung) einer Probe verwendet, da diese Frequenz mit der Steifigkeit des Kristallgitters zusammenhängt.

Wird der Werkstoff weiter verformt, so beginnt plastische Verformung. Die Spannung, die diesen Beginn charakterisiert, ist die $\rightarrow$ Fließgrenze, bei der erstmals plastische Verformung eintritt. Sie ist schwierig zu bestimmen und wird praktisch durch die $\rightarrow$ Streckgrenze ersetzt. Bei Werkstoffen mit ausgeprägter Streckgrenze (Bild 1 a) steigt die Spannung zunächst bis zu einem Wert R_{eH}, (obere Streckgrenze) an, bei dem Fließen einsetzt. Mit dem Beginn des Fließens sinkt die Spannung auf den Wert R_{eL} (untere Streckgrenze) ab, und der Werkstoff fließt unter gleichbleibender Belastung bis zum Beginn der $\rightarrow$ Verfestigung. Von da an steigt die Spannung bis zu ihrem Maximalwert, der $\rightarrow$ Zugfestigkeit R_m an. Von Beginn der Belastung bis zum Erreichen der Höchstlast wird der Stab über die gesamte Meßlänge gleichmäßig gedehnt ($\rightarrow$ Gleichmaßdehnung). Ungefähr bei Erreichen der Höchstlast beginnt sich der Stab einzuschnüren, der $\rightarrow$ Spannungszustand wird mehrachsig, Spannung und Last gehen bis zum Eintreten des Bruchs wesentlich zurück. Werkstoffe, die keine ausgeprägte Streckgrenze aufweisen (Kurve I, Bild 1 b) zeigen keinen Fließbereich unter konstanter Belastung. Anstelle der oberen und unteren Streckgrenze wird diejenige Spannung ermittelt, bei der die Probe nach Entlasten 0,2 % bleibende Dehnung aufweist, die sogenannte $\sigma_{0,2}$-Streckgrenze.

Die Durchführung des Zugversuchs ist in DIN 50145 festgelegt und dient zur Bestimmung der Kenndaten Streckgrenze R_{eH}, R_{eL} oder $R_{P0,2}$, Zugfestigkeit R_m, →Bruchdehnung A_5 und →Einschnürung Z.

Bei plastisch verformenden Werkstoffen ist eine weitere Darstellung des Spannungs-Dehnungs-Verhaltens beim →Zugversuch gebräuchlich, die wahre S.-D. Dabei wird die wahre Spannung (Kraft bezogen auf den verformten Querschnitt) über der wahren Dehnung aufgetragen. Die wahre Dehnung wird definiert als Logarithmus des Quotienten aus Probenquerschnittsfläche vor der Belastung A_o und Querschnittsfläche unter Belastung A ($\varphi = \ln A_o/A$). Bild 2 zeigt, daß die wahre Spannung bis zum Bruch kontinuierlich ansteigt. Die wahre S.-D.-K. wird häufig durch eine angepaßte Exponentialfunktion in der Form $\sigma = k \cdot \varphi^n$ analytisch beschrieben (*Hollomon*-Gleichung). Dabei bezeichnet k den Verfestigungskoeffizienten und n den Verfestigungsexponenten. Dieser wird experimentell aus der doppellogarithmischen Auftragung der Kurve ermittelt, die sich als Gerade mit der Steigung n darstellt. Zur Beurteilung der Spannungs-Dehnungs-Verhältnisse in Bauteilen werden Fließkurven an bauteilähnlichen Proben oder am Bauteil selbst bestimmt. *Kußmaul*

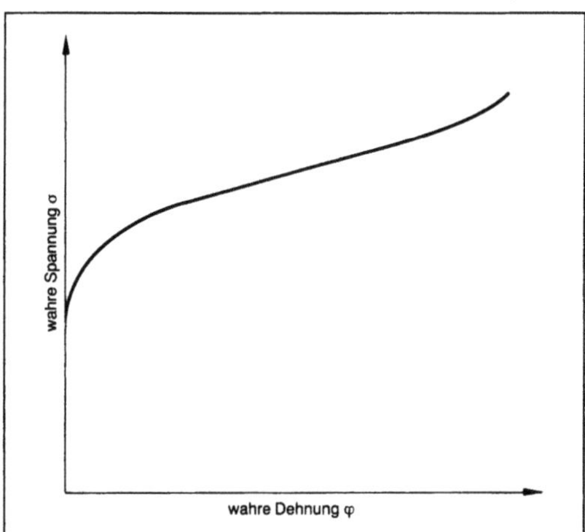

Spannungs-Dehnungs-Diagramm 2: Wahre S.-D.-D.

Literatur: *Dahl, W.*, u. *H. Rees*: Die Spannungs-Dehnungs-Kurve von Stahl. Düsseldorf 1976.

Spannungsanalyse. Die S. an Bauteilen dient schwerpunktmäßig dem Nachweis, daß die Bauteile allen betrieblichen Belastungen standhalten. Es werden die Beanspruchungen und erforderlichenfalls Kraftgrößen und Verformungen ermittelt und hinsichtlich ihrer Zulässigkeit überprüft und beurteilt. Diese Analyse erfolgt rechnerisch oder experimentell, gegebenenfalls auch in Kombination. Aufwand und Umfang richten sich nach den Sicherheitsanforderungen bzw. nach Gefährdungspotential und Ausmaß des Schadens im Versagensfall.

Die S. wird in der Auslegungsphase, aber auch während des Betriebs durchgeführt. Letzteres dient zur betriebsgeleitenden Kontrolle und Überwachung von Rand- und Betriebsbedingungen hinsichtlich Beanspruchung, →Dehnung, Temperatur, Druck, Geschwindigkeit u. a. m. und daraus resultierenden Problemen hinsichtlich Betriebssicherheit und →Umweltbelastung. Typische Aufgabenstellungen finden sich z. B. in der chemischen Industrie und Reaktortechnik, der Luft- und Raumfahrttechnik, der Kraftfahrzeug- und Bautechnik. Von besonderer Bedeutung sind dabei die Beurteilung von statischen und dynamischen Spannungskonzentrationen und -gradienten sowie die Bewertung von Lastkollektiven im Hinblick auf →Ermüdung, Ausnutzung und Restlebensdauer.

Neben dem Sicherheitsnachweis im Rahmen der Auslegung und →Qualitätssicherung von Bauteilen dient die S. auch der Optimierung von Produkten ganz allgemein hinsichtlich Energie- und Werkstoffeinsatz bei gleichzeitiger Minimierung der Herstellungskosten. Das Anwendungsgebiet reicht von kleinsten Einzelbauteilen bis zu chemischen und energietechnischen Großanlagen mit ihrem komplexen funktionellen Zusammenspiel der einzelnen Komponenten. Die Hilfsmittel der S. müssen alle Arten der mechanischen und thermischen Beanspruchung – hinsichtlich ihres zeitlichen Verlaufes langzeitig ruhend, zügig, schwingend und schlagartig möglich – von extrem tiefen bis zu sehr hohen Temperaturen auch unter Druck und besonderen Umgebungsbedingungen wie aggressive Medien erfassen. Auch den →Eigenspannungen ist in der S. Rechnung zu tragen.

Ein wichtiges Randgebiet der S. stellt die Kraft-, Druck- und Beschleunigungsmessung mit speziellen Aufnehmern oder Meßgliedern dar, beispielsweise die →Kraftmessung bei Pressen und Prüfmaschinen durch Ermittlung der →Verformung der Maschinensäulen, die Bestimmung von Flanschdichtkräften durch Dehnungsmessung an den Schrauben oder die Ermittlung von Werkstofffließkurven im Rahmen der allgemeinen →Werkstoffprüfung.

Die S. bedient sich rechnerischer und experimenteller Methoden. Welcher Weg letztlich gewählt wird, hängt von vielen Faktoren ab. Bei einfachen Bauteilen und gleichmäßiger Beanspruchung ist eine rechnerische Analyse sicherlich weniger aufwendig und dementsprechend vorzuziehen. In komplizierten Fällen wird jedoch der Einsatz moderner numerischer Rechenverfahren in Verbindung mit großen Rechenanlagen erforderlich, wobei der Aufwand insbesondere dann stark zunimmt, wenn ungleichmäßig beanspruchte Bauteile im Bereich teilplastischer Verformung zu berechnen sind. In vielen Fällen sind auch die Randbedingungen für die

Rechnung nicht oder nur ungenügend bekannt, so daß versuchs- bzw. betriebsbegleitende Messungen unumgänglich sind. Vorteile der rechnerischen S. sind, daß sie bereits in der Projektierungsphase durchgeführt werden kann und somit frühzeitig eine Optimierung hinsichtlich Form und Beanspruchung erlaubt und daß meist ohne zusätzlichen großen Aufwand viele Variationen hinsichtlich Formen und Randbedingungen möglich sind, die gegebenenfalls durch Stichproben experimentell „angepaßt" werden müssen.

Die experimentelle S. erfordert nicht nur die Beherrschung der vielfältigen Methoden der → Dehnungsmeßtechnik zur Lösung spannungsanalytischer Problemstellungen sondern vor allem auch Entscheidungen darüber, an welchen Stellen und mit welchen Hilfsmitteln gemessen wird, wie auszuwerten ist und wie schließlich die Ergebnisse zu bewerten und zu verwenden sind. Es ist zu erwähnen, daß die Messungen in der Regel am Bauteil selbst durchzuführen sind, wobei meist eine Beschädigung oder gar Zerstörung auszuschließen ist.

Auf der Seite der rechnerischen spannungsanalytischen Verfahren sind i. w. zu nennen die analytische, verschiedene numerische und näherungsweise Berechnungen. Für eine Reihe von relativ einfachen Bauteilgeometrien und Beanspruchungsfällen ist der Zusammenhang zwischen Abmessungen, äußeren Lasten und resultierenden Spannungen analytisch herleitbar. Der formelmäßige Zusammenhang gestattet eine in sich geschlossene Lösung. Bei kompliziert gestalteten Bauteilen werden numerische Rechenverfahren eingesetzt, deren bekannteste Vertreter die → Finite-Elemente-Methode (FEM) und die Boundary-Elemente-Methode (BEM) sind.

Der Grundgedanke der FEM besteht darin, das wirkliche Bauteil gedanklich in eine größere Anzahl von „Elementen" zu zerlegen und diese wieder unter Wahrung der kinematischen Verträglichkeitsbedingungen und der statischen Gleichgewichtsbedingungen zum Gesamtbauteil zusammenzufügen. Diese Elemente sind nur an den Knoten miteinander verbunden, sind aber längs der Kanten von den Nachbarelementen getrennt. Die Elemente können eine beliebige Form haben und ein-, zwei- oder dreidimensional sein.

In den Knoten werden die unbekannten statischen Verschiebungs- und/oder Kraftgrößen angesetzt. Man spricht im Falle der Einführung von Verschiebungsgrößen (Verschiebungsansätzen) von der Verschiebungsmethode, im Falle von Kraftgrößen (Spannungsansätzen) von der Kraftmethode (Gleichgewichtsmethode) und im Falle von Kraft- und Verschiebungsgrößen (Spannungs- und Verschiebungsansätzen) von der gemischten Methode.

Die Verschiebungsmethode hat sich in der Anwendung der FEM ihrer größeren Allgemeinheit und der einfacheren Handhabung wegen sehr viel stärker durchgesetzt als die anderen genannten Methoden. Sie gewährt bei kompatiblen Elementen eine vollständige kinematische Verträglichkeit der einzelnen Elemente untereinander. Die statische Verträglichkeit (Erfüllung der Gleichgewichtsbeziehungen) ist jedoch nur in den einzelnen Knotenpunkten gegeben. Die kinematische Verträglichkeit bedeutet: die Kanten oder Flächen zweier benachbarter Elemente liegen harmonierend aneinander. Es tritt demnach kein Überschneiden oder Auseinanderklaffen auf.

Die Freiheitsgrade an den Knotenpunkten – die man an der Berandung und im Innern eines Elementes einführt – bestimmen den Verschiebungs- bzw. Dehnungszustand und damit auch den → Spannungszustand eindeutig.

Die Lösung des Problems gliedert sich in zwei Hauptteile:

□ die Elementberechnung

□ die Systemberechnung.

Bei der Elementberechnung wird der Kraft- und Verformungszustand innerhalb des Elements in Abhängigkeit von den Knotenverschiebungsgrößen bzw. den Knotenkräften festgelegt.

Bei der Systemberechnung werden die Elemente unter Wahrung der Gleichgewichts- und Verträglichkeitsbedingungen zum Gesamttragwerk zusammengebaut. Dieser Zusammenbau liefert die erforderlichen Gleichungen zur Bestimmung der Unbekannten.

Gegenüber der analytischen theoretischen S., die – soweit überhaupt durchführbar – häufig komplizierte mathematische Formulierungen erfordert, kommt die FEM mit einfachen algebraischen Beziehungen aus, allerdings in größerer Anzahl. Üblicherweise werden Hunderte von simultanen Gleichungen mit Hunderten von Unbekannten benötigt. Obwohl also die FEM grundsätzlich einfach ist, sind derart umfangreiche Rechnungen nur mit Hilfe von elektronischen Datenverarbeitungsanlagen zu bewältigen, die für die Matrizenalgebra besonders geeignet sind.

Die Bedeutung der FEM liegt einmal darin, daß wegen der Aufteilung in kleine Elemente die Möglichkeit gegeben ist, beliebige, in Randbedingungen, Geometrie und Belastung komplizierte Systeme zu erfassen, zum andern ist die Methode hinsichtlich anderer Theorien erweiterbar. So können z. B. physikalisch und/oder geometrisch nichtlineare Theorien (z. B. elastisch-plastische und Kriechbeanspruchung unter Einbezug der entsprechenden Werkstoffgesetze), Schwingungen und anisotrope oder viskoelastische Werkstoffgesetze erfaßt werden.

Die FEM hat heute von allen numerischen Verfahren die größte Bedeutung und Verbreitung erlangt. Sie findet praktisch in allen Gebieten der Technik Anwendung bei Problemen die zu Differentialgleichungen führen.

Die Boundary-Elemente-Methode (BEM) verwendet Funktionen, die bekannte Differentialgleichungen der →Elastizität, →Plastizität u. a. in einem (zwei- oder dreidimensionalen) Gebiet erfüllen, aber nicht die Randbedingungen (vorgegebene Verschiebungen, Kräfte). Die Gebietsberandung wird unterteilt in einzelne Elemente; die Randwerte werden als Variablen in den Randelementen angenommen. Für die Knoten der Randelemente wird ein Gleichungssystem formuliert, dessen Lösung optimiert wird.

Die wesentlichen Vorteile der BEM gegenüber der FEM sind die, daß nur die Gebietsberandung elementiert werden muß, was die Knotenkoordinatenzahl um eine Dimension reduziert; das resultierende Gleichungssystem ist wesentlich weniger umfangreich, so daß zur Lösung Rechenanlagen mit geringerer Kapazität verwendet werden können. Andererseits ist die mathematische Formulierung der BEM wesentlich komplizierter. Die BEM wird außer bei Elastizitätsproblemen auch in der Potentialtheorie, bei Diffusions-, Plastizitäts- und zeitabhängigen Problemen eingesetzt.

In vielen Fällen wird die S. im Rahmen der Festigkeitsrechnung dadurch erleichtert, daß in den bestehenden Regelwerken – →AD-Merkblätter, Technische Richtlinien für Dampfkessel (TRD), →DIN-Normen, Sicherheitstechnische Regeln des KTA, ASME-Code usw. – für häufig verwendete Bauteile oder -elemente, die sich einer einfachen Rechnung entziehen, einfache Näherungslösungen mit Berechnungsbeiwerten (oft in Form von Diagrammen) angegeben sind, beispielsweise für Böden von Druckgefäßen, Ausschnitte in Zylindern, Kegeln und Kugeln, Verstärkungen von Ausschnitten und deren gegenseitige Beeinflussung, Kompensatoren. Die Grundlagen für diese Näherungsrechnungen basieren i. a. auf systematischen S. an entsprechenden Bauteilen (oder Modellkörpern), deren Hauptabmessungen gezielt variiert wurden. *Kußmaul*

Spannungsarmglühen. Durch ungleichmäßiges Erwärmen/Abkühlen (→Schweißen, andere Wärmebehandlungen: →Härten) ungleichmäßige Formänderungen (→Biegen, Kaltverformen), bei der spanabhebenden Bearbeitung (→Fräsen, Hobeln, Drehen usw.) sowie als Folge von Umwandlungsvorgängen entstehen im Werkstück Spannungen. Es kann so zu unerwarteten Formänderungen (Verzug) und/oder zu Werkstofftrennungen kommen. Vor allem Schweißkonstruktionen oder dickwandige Bauteile, bei denen schon bei geringen Temperaturdifferenzen zwischen Rand und Kern merkliche Spannungen entstehen können, werden häufig spannungsarm geglüht. Beim Überschreiten

bestimmter Werte der →Kaltverformung bei der Herstellung von Apparaten ist ein S. vorgeschrieben. Wird →Rißbildung befürchtet, dann sollte möglichst rasch nach dem Zeitpunkt des Entstehens der Spannungen geglüht werden. Im wesentlichen werden nur die Makrospannungen (Spannungen I. Art) und Umwandlungsspannungen (Härten) beseitigt.

Da keine wesentlichen Änderungen der Festigkeitseigenschaften bewirkt werden sollen, muß die Glühtemperatur unterhalb der untersten Umwandlungstemperatur Ac_1 bzw. bei vergüteten Werkstoffen unterhalb der Anlaßtemperatur liegen. Gefügeänderungen treten also nicht auf. Die Glühtemperatur ist von der chemischen Zusammensetzung des Werkstoffes abhängig. Für unlegierten und niedriglegierten Stahl liegt sie bei 580 °C bis 650 °C.

Die Wirksamkeit des Verfahrens beruht auf der Abnahme der Festigkeitseigenschaften mit zunehmender Temperatur.

Bei der Glühbehandlung werden die Spannungen bis zur Höhe der entsprechend der gewählten Temperatur noch vorhandenen sehr geringen Warmstreckgrenze oder Kriechgrenze durch plastische →Verformung abgebaut. Ungleichmäßig verteilte Makrospannungen bewirken das bei einem Verzug des Werkstückes.

Wesentlich für die Wirkung ist eine möglichst langsame →Abkühlung. Andernfalls könnten durch Temperaturdifferenzen im Werkstück erneute Spannungen entstehen. Aus den gleichen Gründen muß auch das Aufheizen entsprechend langsam erfolgen. Besonders vorsichtig ist bei Werkstücken mit hohen Eigenspannungen zu verfahren und bei Werkstoffen mit geringer →Zähigkeit.   *Gräfen*

Literatur: *Bargel, H.J., G. Schulze:* Werkstoffkunde. Düsseldorf 1988.

Spannungsfreiglühen →Spannungsarmglühen

Spannungsintensitätsfaktor. Die prozeßbedingten Anforderungen an Baugruppen und Elemente des Apparate- und Anlagenbaus sind seit Jahrzehnten steigend. Hieraus ergeben sich wachsende Sicherheitsanforderungen, insbesondere hinsichtlich eines möglichen Versagensfalles.

Die →Bruchmechanik beschäftigt sich in diesem Zusammenhang mit der Untersuchung des spröden Bruches von Bauteilen, der nicht nur in ursprünglich spröden Werkstoffen auftreten kann, sondern ausdrücklich auch in zähen Werkstoffen. Zu den wichtigsten auslösenden Faktoren von →Sprödbrüchen zählen: Tiefe Temperaturen, mehrachsige Spannungszustände, Neutronen-Bestrahlung, ungünstiger Werkstoff-Zustand, hohe Beanspruchungsgeschwindigkeit. Im Bereich von Fehlstellen bzw. im Kerbgrund erhöht sich erfahrungsgemäß die Mehrachsigkeit des Spannungszustandes, so daß an diesen Stellen in erhöhtem Umfange mit Sprödbrüchen zu rechnen ist. Die Bruchmechanik hat einen Werkstoffkennwert, den S. (→Bruchzähigkeit) K_{Ic} bereitgestellt, der innerhalb der linear-elastischen Bruchmechanik als Werkstoff-Kenngröße im Versuch ermittelt werden kann. Mittels analytischer Methoden kann man den →Spannungszustand im Bereich von gemessenen oder vorgegebenen Fehlstellen berechnen. Der Vergleich des so ermittelten Spannungserhöhungs-Faktors mit dem S. K_{Ic} erlaubt die Aussage, welche Rißlänge bzw. Rißgröße zu einem →Sprödbruch d. h. zu katastrophalem, schlagartigem Versagen des Bauteils führt. Voraussetzung dieses K_{Ic}-Konzeptes zur Versagungsbeurteilung ist, daß im Bereich der Rißspitze nur untergeordnet plastische Verformungsanteile auftreten. Sind diese Voraussetzungen nicht erfüllt, so gelten andere Absicherungs-Konzepte (Zähbruch). *Strohmeier*

Spannungskorrosionsprüfung →Korrosionsprüfung

Spannungsoptik. Die S., eine experimentelle Methode der →Spannungsanalyse nutzt den Effekt der Spannungsdoppelbrechung, der darauf beruht, daß Lichtgeschwindigkeit bzw. Brechungsindex in gewissen transparenten Festkörpern vom mechanischen →Spannungszustand abhängig ist (spannungsoptische →Anisotropie). Diese künstliche Doppelbrechung ist unmittelbar ein Maß für die Art und Größe der Spannungen im Körper.

Aus der Beobachtung und Quantifizierung der optischen Effekte, die aus dieser Spannungsdoppelbrechung resultieren, kann der Spannungszustand im Körper vollständig bestimmt werden. Zur Erläuterung wird die Lichtausbreitung in einer unter mechanischer Beanspruchung stehenden ebenen Platte betrachtet (Bild). Das einfallende natürliche Licht wird mittels eines Polarisators linear polarisiert. Beim Durchlaufen der transparenten Platte wird

dieses Licht in zwei Komponenten parallel jeweils zu den Hauptspannungen aufgespalten. Da der Brechungsindex des Plattenmaterials spannungsabhängig ist, unterscheiden sich die Lichtgeschwindigkeiten beider Komponenten, sofern beide Hauptspannungen unterschiedlich sind.

Die bei spannungsoptischen Untersuchungen verwendeten transparenten Materialien weisen eine lineare Korrelation zwischen →Spannung und Doppelbrechungskraft bzw. Lichtgeschwindigkeit auf und der Spannungsdoppelbrechungseffekt ist vollständig reversibel bei Entlastung. Die beiden Lichtkomponenten, die bei Eintritt in die Platte „in Phase" sind, haben aufgrund ihrer unterschiedlichen Ausbreitungsgeschwindigkeiten nach Durchlaufen der Platte eine Phasendifferenz, deren Betrag linear von der Hauptspannungsdifferenz und der Dicke der Platte abhängt. Die resultierenden Interferenzerscheinungen führen bei einfarbigem (monochromatischem) Licht zu Hell-Dunkel-Erscheinungen (Auslöschung), bei weißem Licht zu Farberscheinungen, da in letzterem Fall die Komplementärfarbe der ausgelöschten Farbe sichtbar wird. Die resultierenden Bereiche gleicher Phasendifferenz und damit gleicher Helligkeit oder Farbe werden als Isochromaten bezeichnet und sind direkt mit der vorliegenden Differenz der Hauptspannungen, d. h. der Hauptschubspannung verknüpft. Quantitative Angaben werden über Vergleiche mit Farbrichtreihen oder spezielle optische Kompensatoren erhalten.

In denjenigen Bereichen, in denen die Polarisationsrichtung des einfallenden Lichtes mit einer der Hauptspannungsrichtungen kongruent ist, besteht bei der im Bild dargestellten gekreuzten Anordnung von Polarisator und Analysator auch im weißen Licht immer völlige Auslöschung. Diese dunklen, als Isoklinen bezeichneten Bereiche stellen somit die Orte gleicher Hauptspannungsorientierung dar.

Zusammenfassend liefern die Isochromaten und Isoklinen für jeden betrachteten Punkt Informationen über die Höhe der Beanspruchung und die Orientierung der Hauptspannungen.

Bei der experimentellen Durchführung der S. zur Spannungsanalyse an Bauteilen sind zwei Wege möglich: Die Modellspannungsoptik verwendet geometrisch ähnliche Modelle aus transparenten, spannungsoptisch aktiven Kunststoffen. Mit Hilfe bestimmter Modellgesetze und unter bestimmten Voraussetzungen ist eine Übertragung der im Modell ermittelten Spannungen auf das Originalbauteil möglich. Beim spannungsoptischen Oberflächenschichtverfahren werden meist auf dem Bauteil selbst spannungsoptisch aktive Schichten appliziert, auf die die →Verformung der Bauteiloberfläche übertragen und so spannungsoptisch erfaßbar wird. Die Beschichtungsmaterialien stehen bei ebenen Flächen in Form von Platten, bei komplex gestalte-

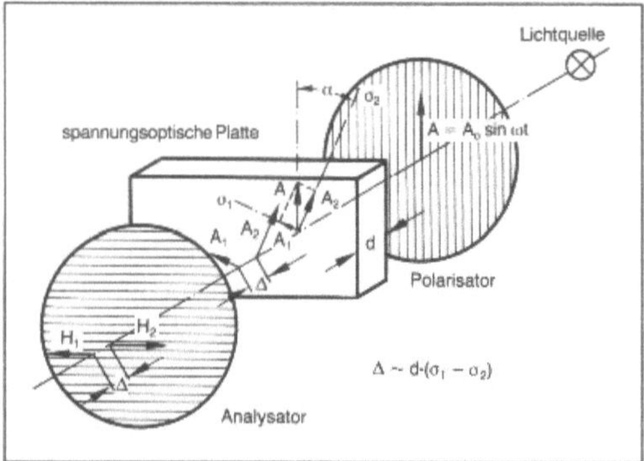

Spannungsoptik: S.-Anordnung mit linear polarisiertem Licht.

ten Bauteilen in Form von aufformbaren zweikomponentigen Gießharzen zur Verfügung.

Mit Hilfe der Modellspannungsoptik können auch dreidimensionale Spannungszustände analysiert werden. Hierzu werden die Deformationen des bei erhöhter Temperatur belasteten Modells und die resultierende optische Doppelbrechung durch →Abkühlung unter Belastung bleibend „eingefroren". Das Einfrierverfahren beruht auf der besonderen temperaturabhängigen Bindungsstruktur vieler Polymere. Nach dem Einfrieren kann das Modell in Scheiben zerschnitten werden ohne die eingefrorenen Deformationen zu verändern; auf diese Weise kann der Spannungszustand im Inneren des Modells ermittelt werden. *Kußmaul*

Literatur: *Kuske, A.,* and *G. Robertson:* Photoelastic stress analysis. New York 1974. – *Wolf, H.:* Spannungsoptik. Berlin-Heidelberg 1961. – *Zandmann, F.; S. Redner* and *J. W. Dally:* Photoelastic Coatings. Soc. Exp. Stress Analysis Monograph. No. 3 1977.

Spannungsreihe, elektrochemische. Unter der e. S. versteht man eine Auflistung von Halbzellen (Metallionen-, Gas- oder Redoxelektroden, sowie Elektroden sekundärer Art), geordnet nach ihren Normalpotentialen gegen die Normalwasserstoff-Elektrode.

In jeder galvanischen Zelle ist die elektromotorische Kraft (EMK) gegeben durch die Summe aller Potentialsprünge. Sie berechnet sich als Differenz der sog. Galvanispannungen $\Delta\varphi$ oder auch der auf eine →Bezugselektrode bezogenen Elektrodenpotentiale E der beiden Elektroden. Meistens sind außerdem noch Diffusionspotentiale an der Grenzfläche zwischen den beiden →Elektrolytlösungen zu berücksichtigen. Keines der individuellen Elektrodenpotentiale kann ohne Bezug auf irgendeine Bezugselektrode angegeben werden.

Als Bezugselektrode dient häufig die Wasserstoffelektrode. Sie besteht aus einem platinierten Platinblech, das in eine Wasserstoffionen enthalten-

Spannungsreihe, elektrochemische. Tabelle: Standard-Elektodenpotentiale bei 25 °C

Halbzelle	Elektrodenreaktion	$\dfrac{E_h^0}{V}$
	Metallionenelektroden	
Li^+/Li	$Li^+ \quad + e^- \rightleftarrows Li$	$-3{,}045$
Ca^{2+}/Ca	$Ca^{2+} \quad + 2e^- \rightleftarrows Ca$	$-2{,}76$
Na^+/Na	$Na^+ \quad + e^- \rightleftarrows Na$	$-2{,}711$
Mg^{2+}/Mg	$Mg^{2+} \quad + 2e^- \rightleftarrows Mg$	$-2{,}37$
Al^{3+}/Al	$Al^{3+} \quad + 3e^- \rightleftarrows Al$	$-1{,}66$
Mn^{2+}/Mn	$Mn^{2+} \quad + 2e^- \rightleftarrows Mn$	$-1{,}18$
Zn^{2+}/Zn	$Zn^{2+} \quad + 2e^- \rightleftarrows Zn$	$-0{,}763$
Fe^{2+}/Fe	$Fe^{2+} \quad + 2e^- \rightleftarrows Fe$	$-0{,}409$
Ni^{2+}/Ni	$Ni^{2+} \quad + 2e^- \rightleftarrows Ni$	$-0{,}23$
Cu^{2+}/Cu	$Cu^{2+} \quad + 2e^- \rightleftarrows Cu$	$+0{,}3402$
Au^+/Au	$Au^+ \quad + e^- \rightleftarrows Au$	$+1{,}68$
	Gaselektroden	
$H^+/H_2,Pt$	$2H^+ \quad + 2e^- \rightleftarrows H_2$	$0{,}000$
$OH^-/O_2,Pt$	$O_2 + 2H_2O \quad + 4e^- \rightleftarrows 4\,OH^-$	$+0{,}40$
$I^-/I_2, Pt$	$I_2 \quad + 2e^- \rightleftarrows 2\,I^-$	$+0{,}535$
$Cl^-/Cl_2, \rightarrow Pt$	$Cl_2 \quad + 2e^- \rightleftarrows 2\,Cl^-$	$+1{,}36$
	Elektroden 2. Art	
$Cl^-/AgCl/Ag$	$AgCl \quad + e^- \rightleftarrows Ag + Cl^-$	$+0{,}22$
$Cl^-/Hg_2Cl_2/Hg$	$Hg_2Cl_2 \quad + 2e^- \rightleftarrows 2\,Hg + 2\,Cl^-$	$+0{,}27$
	Redoxelektroden	
$Cr^{3+},Cr^{2+}/Pt$	$Cr^{3+} \quad + e^- \rightleftarrows Cr^{2+}$	$-0{,}41$
$Fe^{3+},Fe^{2+}/Pt$	$Fe^{3+} \quad + e^- \rightleftarrows Fe^{2+}$	$+0{,}77$

de Lösung eintaucht und gleichzeitig von einem Strom von Wasserstoffgas umspült wird. Die elektrochemische Reaktion ist

$$H^+ \text{ (gelöst)} + e^- \rightleftharpoons 1/2 \, H_2 \text{ (gas)} \tag{1}$$

wobei e^- ein Elektron repräsentiert. Die Galvanispannung $\Delta\varphi_H$ der Wasserstoffelektrode ist als Funktion der Wasserstoffionenaktivität a_{H^+} und des Wasserstoffdrucks p_{H_2} gegeben durch die *Nernst*-Gleichung ($\rightarrow$ Elektrochemie)

$$\Delta\varphi_H = \Delta\varphi_H^0 + (RT/zF) \ln a_{H^+}/p_{H_2}/p^0) =$$
$$\Delta\varphi_H^0 + (RT/zF) \ln c_{H^+} y_H^+/(p_{H_2}/p^0) \tag{2}$$

Dabei bedeuten $\Delta\varphi_H^0$ die Standard-Galvanispannung der Wasserstoffelektrode, R die Gaskonstante, T die absolute Temperatur, z die Ladungszahl der Zellreaktion (hier $z = 1$), F die *Faraday*-Konstante, a_{H^+}, c_{H^+} und y_{H^+} die Aktivität, molare Konzentration bzw. den praktischen Aktivitätskoeffizienten der Wasserstoffionen, p_{H_2} den Wasserstoffdruck, p^0 den Standarddruck (1,013 bar). Wenn a_{H^+} den Wert 1 hat und p_{H_2} gleich dem Standarddruck p^0 ist, ist $\Delta\varphi_H = \Delta\varphi_H^0$. Eine solche $\rightarrow$ Elektrode bezeichnet man als Normal-Wasserstoffelektrode.

Für andere Elektroden gelten ganz entsprechende Beziehungen. So lautet die *Nernst*-Gleichung beispielsweise für eine Metallelektrode

$$\Delta\varphi_{Me} = \Delta\varphi_{Me}^0 + (RT/zF) \ln a_{Me^{z+}} \tag{3}$$

wenn die $\rightarrow$ Elektrodenreaktion

$$Me^{z+} + ze^- \rightarrow Me \tag{4}$$

ist.

Die EMK E einer aus zwei Elektroden (1) und (2) aufgebauten Zelle berechnet sich – ohne Berücksichtigung von Diffusionspotentialen – als Differenz der Galvanispannungen zu

$$E = \Delta\varphi(1) - \Delta\varphi(2) \tag{5}$$

Unter dem $\rightarrow$ Elektrodenpotential E_h einer Elektrode (x) versteht man die EMK einer Zelle, in der diese Elektrode gegen eine Normalwasserstoffelektrode geschaltet ist. Das Elektrodenpotential ergibt sich dann zu

$$E_h = \Delta\varphi(x) = \Delta\varphi_h^0 \tag{6}$$

Das Elektrodenpotential der Normalwasserstoffelektrode setzt man willkürlich gleich Null, und zwar für alle Temperaturen. Ist die Aktivität der potentialbestimmenden Ionen der infrage stehenden Elektrode 1, so spricht man von Standard-Elektrodenpotential E_h^0. In der Tabelle sind für einige wichtige Halbzellen die bei 25 °C gemessenen Standard-Elektrodenpotentiale zusammengestellt. Die

reduzierende Wirkung der Elemente nimmt in der Tabelle von oben nach unten ab.   *Wedler*

Literatur: *Hamann, C. H.* u. *W. Vielstich*: Elektrochemie I. 2. Aufl. Weinheim 1985. – *Hamann, C. H.* u. *W. Vielstich*: Elektrochemie II. Weinheim 1981. – *Kortüm, G.*: Lehrbuch der Elektrochemie. 5. Aufl. Weinheim 1972. – *Wedler, G.*: Lehrbuch der Physikalischen Chemie. 3. Aufl. Weinheim 1987.

Spannungsreihe, praktische. Bei der *Voltaschen* Spannungsreihe erfolgt eine Einordnung der Metalle nach Größe ihrer Kontaktpotentiale relativ zu einem Bezugsmetall (Kontaktspannung). Als *elektrochemische* $\rightarrow$ Spannungsreihe bezeichnet man die Reihenfolge der Normalpotentiale, d. h. der Gleichgewichtspotentiale von Metall-Elektroden in wäßrigen Lösungen ihrer Ionen unter Standardbedingungen. Mit Hilfe thermodynamischer Daten lassen sich die Gleichgewichtspotentiale errechnen. Da das $\rightarrow$ Elektrodenpotential eines $\rightarrow$ Metalls im Gleichgewicht mit einer Lösung nicht direkt meßbar ist, mißt man die Potentialdifferenz des betreffenden Systems gegenüber einer $\rightarrow$ Bezugselektrode. In der Regel werden die Gleichgewichtspotentiale auf die Standard-Wasserstoffelektrode bezogen und bei Verwendung anderer Bezugselektroden auf diese umgerechnet. Die in der Spannungsreihe festgelegte Reihenfolge der Normalpotentiale gilt

Spannungsreihe, praktische. Tabelle: P. S. einiger gebräuchlicher Werkstoffe in neutralem, luftgesättigtem Meerwasser (25 °C)

Werkstoff	E_H V
Magnesium	−1,32
Zinklegierung GD ZnAl4	−0,94
Zink	−0,78
AlMgSi	−0,78
Aluminium 99,5	−0,67
Unlegierter Stahl St 37	−0,40
Gußeisen GG-22	−0,35
Cr18Ni8-Stahl (aktiv)	ca. −0,3
Zinnlot LSn 60	−0,28
Blei 99,9	−0,26
Silberlot 4404	−0,02
Messing Ms 63	−0,07
Kupfer	+0,10
Monel K	+0,12
Cupronickel 70–30	+0,34
Nickel 99,6	+0,46
CrNi-Stähle (passiv)	ca. +0,4

nur für Standardbedingungen. Die in der Praxis auftretenden Aktivitäten können erheblich von den Standardbedingungen abweichen, wodurch Platzwechsel in der Spannungsreihe möglich werden (p. S.).

In der *p. S.* erfolgt die Reihung der → Metalle und → Legierungen nach ihren Ruhepotentialwerten (→ Ruhepotential), die sich in dem betreffenden → Korrosionsmedium einstellen. Dabei ist zu berücksichtigen, daß die Reihenfolge nur für das jeweilige Medium gilt und sich bei anderen Elektrolytlösungen ändern kann. *Wendler-Kalsch*

Literatur: *Gellings, P. J.:* Korrosion und Korrosionsschutz von Metallen. München 1976. – *Latimer, W. M.:* Oxidation Potentials. Englewood Cliffs 1952.

Spannungsrelaxation. Zeitabhängiger Abbau der zur Aufrechterhaltung einer bestimmten Ausgangsverformung erforderlichen → Spannung. Hervorgerufen wird dieser Effekt durch temperaturabhängige spannungsinduzierte Diffusionsprozesse, die ein → Kriechen des Werkstoffes bei höheren Temperaturen zur Folge haben ($\geq 0{,}3\ T_\mathrm{s}$).

Das Nachlassen einer durch Vorspannung aufgebrachten Spannung durch plastische Verlängerung hat insbesondere bei Schraubverbindungen technische Bedeutung. *Gräfen*

Spannungsrißkorrosion. Als S. wird die → Rißbildung mit inter- oder transkristallinem Verlauf in Metallen unter gleichzeitiger Einwirkung von spezifischen Korrosionsmedien und von Zugspannungen bezeichnet (DIN 50900). Kennzeichnend ist eine verformungsarme Trennung des Werkstoffes, häufig ohne nennenswerte sichtbare Korrosionsprodukte. Ein eventuell gleichzeitig stattfindender Allgemeinangriff ist dabei meistens vernachlässigbar gering, was darauf zurückzuführen ist, daß S. hauptsächlich an deckschichtbehafteten Metallen ausgelöst wird.

Entscheidend wichtig ist, daß S. nur an kritischen Korrosionssystemen, d. h. kritischen Kombinationen „Werkstoff/Korrosionsmedium" auftritt, wobei kritische Grenzbedingungen hinsichtlich des Elektrodenpotentials und der Art und Höhe der mechanischen Beanspruchung vorliegen. Weitere Einflußgrößen sind mediumseitige Parameter (Konzentration, Temperatur, pH-Wert) und metallurgische Einflüsse (Legierungsgehalte, Gefüge, Ausscheidungen, Gitterstruktur).

Die Ermittlung der Grenzbedingungen (mechanische → Grenzspannung, → Grenzpotential) unter denen ein Werkstoff in einem spezifischen Angriffsmittel anfällig wird, ist ein wesentliches Ziel der S.-Untersuchungen (→ Korrosionsprüfung).

Die auftretenden Spannungskorrosionsrisse verlaufen je nach Art der → Legierung und des Angriffsmediums interkristallin, längs der Korngrenzen oder transkristallin, quer durch die Kristallite oder gemischt inter- und transkristallin (Bild 1, 2).

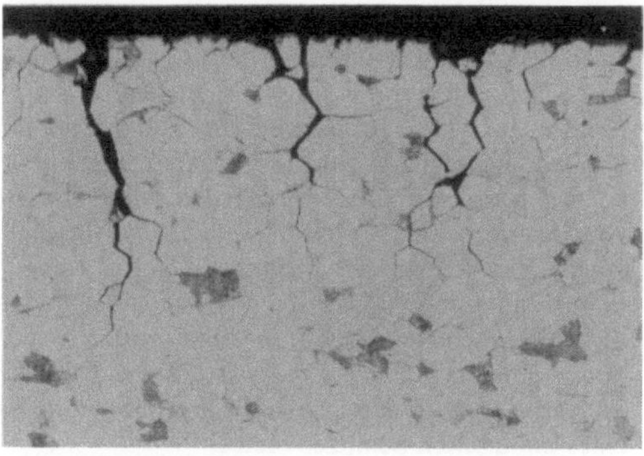

Spannungsrißkorrosion 1: Interkristalline S. an einem unlegierten Stahl.

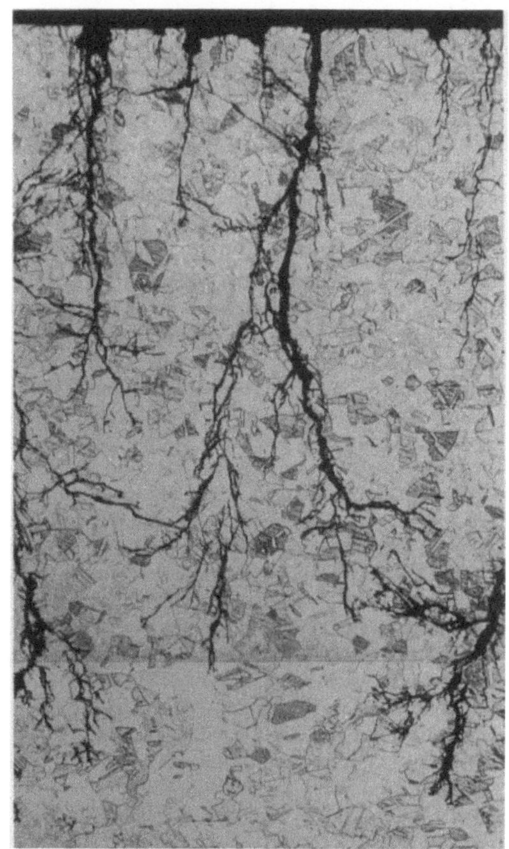

Spannungsrißkorrosion 2: Transkristalline S. an einem Chrom-Nickel-Stahl.

☐ Interkristalline S. Sie wird hauptsächlich an unlegierten und niedriglegierten Stählen, sowie an Aluminiumwerkstoffen beobachtet (Bild 1).

Spezifische Angriffsmittel zur Erzeugung von interkristalliner S. an unlegierten und niedriglegierten Stählen sind Alkalilaugen und Nitratlösungen. In beiden Angriffsmitteln tritt S. nur oberhalb einer kritischen Konzentration-Temperatur-Grenze, sowie nach Überschreiten der jeweiligen mechanischen Grenzspannung und des kritischen Grenzpotentials auf. Die Grenzspannung hängt von der Stahlqualität ab und kann unterhalb der Streckgrenze oder auch nahe der → Zugfestigkeit liegen. Die Existenz der kritischen Grenzpotentiale ermöglicht einen elektrochemischen Schutz. In Nitratlösungen können unlegierte und niedriglegierte → Stähle kathodisch geschützt werden. In Alkalilaugen tritt S. nur in einem schmalen kritischen Potentialbereich im Aktiv/Passiv-Übergang auf, was die Möglichkeit eines anodischen Schutzes bietet.

Für die betriebliche Anwendung der Stähle ist es üblich, den Werkstoff nach DIN 50915 auf Beständigkeit gegen interkristalline S. zu beurteilen (→ Korrosionsprüfung).

Aluminiumwerkstoffe, vornehmlich die technisch wichtigen, ausscheidungsgehärteten Legierungen (z. B. AlZnMg3, AlZnMg3Cu, AlCu4Mg3), die im Flugzeugbau Verwendung finden, sind in Halogenidlösungen (z. B. Chloridlösungen) und organischen Medien (Alkohole, Ether, Öle) mehr oder weniger anfällig für interkristalline S. Charakteristisch für diese Werkstoffgruppe ist, daß mit der → Festigkeitssteigerung der Legierungen, die durch gezielte Wärmebehandlungen erreicht wird, in erster Näherung eine zunehmende S.-Anfälligkeit einhergeht. Typisch für → Aluminiumlegierungen ist aber auch, daß die Rißinkubationsphase häufig um Größenordnungen höhere Zeiten beansprucht als die eigentliche Reißphase. Zu erwähnen ist, daß eine Rißausbreitung selbst in feuchter Luft möglich ist. Aus diesem Grunde sind fertigungsbedingte Oberflächenanrisse technischer Bauteile tunlichst zu vermeiden. Hochfeste Aluminiumlegierungen werden zur Erhöhung der Resistenz gegen interkristalline S. häufig mit Reinaluminium plattiert (z. B. Al-plattiertes AlCuMg2 im Flugzeugbau).

□ Transkristalline S. Sie tritt charakteristischerweise an austenitischen Chrom-Nickel-Stählen auf und wird durch chloridhaltige wäßrige Lösungen hervorgerufen. Typisch ist der transkristalline Rißverlauf mit büschelartigen Rißverzweigungen (Bild 2). Die kritische Grenztemperatur beträgt in einem weiten Konzentrationsbereich der Chloridlösung ca. 45 °C. Beim System Chrom-Nickel-Stahl/Chloridlösung ist die mechanische Grenzspannung potentialabhängig und das Grenzpotential spannungsabhängig. Im allgemeinen liegt die Grenzspannung unterhalb der → Streckgrenze, so daß gegebenenfalls Eigenspannungen im Werkstoff ausreichen, um Rißbildung auszulösen. So können beispielsweise durch grobes Schleifen eines Bauteiles (z. B. Überschleifen einer Schweißnaht) kritische rißauslösende Spannungszustände in der Bauteiloberfläche hervorgerufen werden.

Der Einfluß der Legierungszusammensetzung auf das transkristalline Spannungsrißkorrosionsverhalten austenitischer Chrom-Nickel-Stähle wird im wesentlichen durch den Nickelgehalt bestimmt. Während die rostfreien Stähle auf der Basis 18/8-CrNi-Stahl (V2A-Stahl) die höchste Anfälligkeit für S. aufweisen, wird bei Nickelgehalten oberhalb 40 % Beständigkeit erreicht.

S. mit gemischt inter- und transkristallinem Rißverlauf ist typisch für Kupferbasislegierungen und Titanwerkstoffe.

□ Dehnungsinduzierte S. Die dehnungsinduzierte S. erfordert zum Erzeugen von Spannungskorrosionsrissen kritische Dehnraten des Werkstoffes. Bei Korrosionssystemen, die sich bei rein statischer Belastung als resistent erweisen, kann gegebenenfalls durch Beanspruchung des Werkstoffes mit langsamen kritischen Dehnraten das System anfällig werden für S.

Korrosionssysteme, bei denen erst nach Überschreiten einer unteren kritischen Dehnrate Spannungsrißkorrosion ausgelöst wird, bezeichnet man häufig auch als nichtklassische Systeme der S. Beispiele sind die interkristalline S. niedriglegierter Stähle in Alkalicarbonatlösungen und von Reintitan in chloridhaltigen Medien.

Durch Anwendung unterschiedlicher Dehnraten, was im langsamen → Zugversuch durch verschiedene Dehngeschwindigkeiten der Zugproben realisiert wird, kann der kritische Bereich der Dehnraten ermittelt werden (→ Korrosionsprüfung).

Die kritischen Dehnraten sind systemabhängig. Allgemein kann jedoch ausgesagt werden, daß bei Unterschreiten der unteren kritischen Dehnrate die erforderliche lokale Aktivierung der Werkstoffoberfläche unterbleibt, da die Deckschichtausheilung schneller erfolgt als das Aufreißen der → Schutzschicht. Bei zu hoher Dehnrate tritt Gewaltbruch des Versuchswerkstoffes ein, bevor die Korrosionsvorgänge zum Tragen kommen. Der Bereich kritischer Dehnraten liegt bei zahlreichen Korrosionssystemen bei ca. 10^{-3} bis 10^{-8} s^{-1}.

Es ist zu beachten, daß bei hinreichend hoher statischer Belastung, z. B. plastischer → Verformung bzw. an gekerbten oder angerissenen Prüfkörpern kritische Dehnraten durch Kriechvorgänge erzeugt werden. Ebenso können bei niederfrequenter schwellender Belastung, die periodischen Betriebsbedingungen (Druck- oder Temperaturschwankungen) entsprechen, selbst bei äußerst langsam ablaufenden und von der Spannungsamplitude her geringe Dehnungsänderungen entscheidend sein für das Auslösen einer dehnungsinduzierten S.

□ Wasserstoffinduzierte S. Unter der Einwirkung äußerer Zugspannungen können → metallische

Werkstoffe durch Absorption von atomarem Wasserstoff (H), wasserstoffinduzierte S. erleiden und durch →Sprödbruch versagen. Da H-induzierte Spannungsrißkorrosionsrisse als Folgeprozeß der Wasserstoffaufnahme im Metall auftreten, fördern alle Einflußgrößen, die die Wasserstoffaufnahme begünstigen auch die S.

Im Unterschied zur anodischen S. erfolgt die Rißkeimbildung im Werkstoffinneren und kann somit ggf. auch bei nicht-gleichzeitiger Einwirkung des äußeren Mediums und mechanischen Zugspannungen auftreten und als „Zweistufenprozeß" (H-Absorption ohne mechanische Belastung – Mechanische Belastung H-beladener Werkstoffe ohne äußeres kritisches Medium) ablaufen.

Hervorzuheben ist auch, daß nach erfolgter H-Absorption von untergeordneter Bedeutung ist, aus welcher Wasserstoffquelle (gasförmiger Druckwasserstoff oder elektrolytisch erzeugter Wasserstoff) der aufgenommene Wasserstoff stammt. Selbstverständlich kann die äußere Wasserstoffquelle über die H_{ad}-Aktivität für das Ausmaß der Korrosionsschädigung entscheidend sein, jedoch weniger für die Art der Wechselwirkung des absorbierten Wasserstoffs mit dem Metall und der dadurch hervorgerufenen Rißbildung und Rißausbreitung.

Das Auslösen von H-induzierter S. erfolgt durch Wechselwirkung des im Metall gelösten diffusionsfähigen Wasserstoffs mit Spannungsfeldern, Ausscheidungszonen, Versetzungen und sonstigen Gitterfehlern.

H-induzierte Spannungskorrosionsrisse verlaufen im Unterschied zur wasserstoffinduzierten →Rißkorrosion senkrecht zu der von außen angelegten Zugspannung. Der Rißverlauf ist meistens transkristallin. Da die H-induzierte S. als Folge der Wasserstoffaufnahme auftritt, stellen die Kriterien für die Wasserstoffabsorption eine Grundvoraussetzung für die Rißauslösung dar.

An unlegierten und niedriglegierten Stählen erfolgt Wasserstoffaufnahme in promotorfreien Elektrolytlösungen nur bei dynamisch-plastischer Beanspruchung der Metalle. Lediglich an sehr hochfesten Stählen ($R_p > 1\,200$ N/mm^2) ist dies auch bei statischer Belastung möglich. In Lösungen, die Promotoren (→Promotor) enthalten, tritt H-induzierte S. auch bei statischer Belastung, nach Überschreiten der kritischen Grenzspannung, auf. Als Promotoren wirken H_2S, SO_2, HCN, CO/CO_2, HSCN, sowie eine Reihe von Wasserstoffverbindungen mit As, Sb und Te.

Die Prüfung der Empfindlichkeit von Stählen für H-induzierte S. wird in Korrosionszeitstandversuchen in einer H_2S-haltigen Standard-Lösung (NACE-Lösung) bei Raumtemperatur durchgeführt. Zeitstandversuche dieser Art erlauben den Einfluß der Legierungszusammensetzung, des Gefüges und der →Kaltverformung sowie die Abhängigkeit von elektrochemischen Parametern aufzuzeigen.

Bei Einwirkung von molekularem kalten →Druckwasserstoff bzw. wasserstoffhaltigen Gasen ist an unlegierten und niedriglegierten Stählen eine H-induzierte S. grundsätzlich nur bei dynamisch-plastischer Verformung, insbesondere bei Low-cycle-fatigue-Beanspruchung möglich. Als Ursache hierfür ist anzuführen, daß die Dissoziation von adsorbiertem molekularen Wasserstoff und die H-Absorption nur an aktiven, sauberen Metalloberflächen erfolgt. Beim Auftreten plastischer Verformungen werden in Bereichen von Abgleitvorgängen die erforderlichen frischen und damit aktiven Metalloberflächen geschaffen. In diesem Zusammenhang ist fertigungsbedingten Oberflächenriefen und Kerben, wegen der hier auftretenden Spannungsüberhöhung eine besondere Bedeutung beizumessen. Von technischer Bedeutung ist, daß an Bauteilen mit fertigungsbedingten Riefen bzw. Kerbstellen in Wasserstoffatmosphäre ein kritisches Verhalten hinsichtlich H-induzierter S. bestehen kann, wenn eine niederfrequente Wechselbelastung in Form von Druckschwankungen bzw. bei wiederholten langsamen Füll- und Entleerungsprozessen von H_2- bzw. mit H_2-haltigen Gasen gefüllten Druckbehältern kritische rißauslösende Dehnraten vorherrschen können.

Hinsichtlich des Werkstoffeinflusses ist anzuführen, daß bei ferritischen und martensitischen Stählen aufgrund der hohen Diffusionsgeschwindigkeit des atomaren Wasserstoffs im krz-Gitter, grundsätzlich die Gefahr der wasserstoffinduzierten S. besteht.

Hochlegierte austenitische CrNi-Stähle zeichnen sich hingegen durch eine hohe Beständigkeit gegen H-induzierte Korrosion aus. Als Ursache für dieses Verhalten ist trotz höherer Wasserstofflöslichkeit im Vergleich zu ferritischen Stählen, die äußerst geringe Wasserstoffbeweglichkeit im kfz-Metallgitter anzusehen. Kupferbasislegierungen sind ebenfalls unempfindlich für wasserstoffinduzierte Korrosionsprozesse.

An Aluminiumwerkstoffen kann H-induzierte S. in wäßrigen Lösungen, jedoch nicht unter der Einwirkung von Druckwasserstoff hervorgerufen werden. Nickelbasiswerkstoffe erleiden in wäßrigen und gasförmigen Medien unter kritischen Bedingungen H-induzierte S.   *Wendler-Kalsch*

Spannungsrißkorrosion, dehnungsinduzierte
→Spannungsrißkorrosion

Spannungsrißkorrosion, interkristalline →Spannungsrißkorrosion

Spannungsrißkorrosion, transkristalline
→Spannungsrißkorrosion

Spannungsrißkorrosion, wasserstoffinduzierte
→ Spannungsrißkorrosion

Spannungsrißkorrosion – Prüfverfahren → Korrosionsprüfung

Spannungszustand. Der S. in einem Punkt P eines Kontinuums wird durch den Spannungstensor beschrieben.

An jedem Punkt eines beanspruchten Körpers (Kontinuums) herrscht ein anderer S. Die Spannungen im Innern des Körpers können hervorgerufen werden durch
□ räumlich verteilte Volumenkräfte und
□ an der → Oberfläche verteilte Flächenlasten, zu denen auch Einzelkräfte zählen.

An beiden Schnittufern eines gedachten Schnitts durch den Körper (durch den beliebigen Punkt P) müssen, damit das → Gleichgewicht erhalten bleibt, die von einem Teil auf den anderen ausgeübten inneren Kräfte angebracht werden. Bezieht man die in einem, den Punkt P enthaltenden, Flächenelement dA der Schnittfläche übertragene Kraft dF auf diese Fläche so erhält man den Spannungsvektor als Grenzwert des Quotienten dF/dA, wenn dA gegen Null geht. Der Spannungsvektor S kann in je eine Komponente senkrecht und parallel zur Schnittfläche zerlegt werden. Die senkrechte Komponente wird als → Normalspannung bezeichnet. Die zur Schnittfläche parallele Komponente heißt Schub- oder Tangentialspannung (Bild 1).

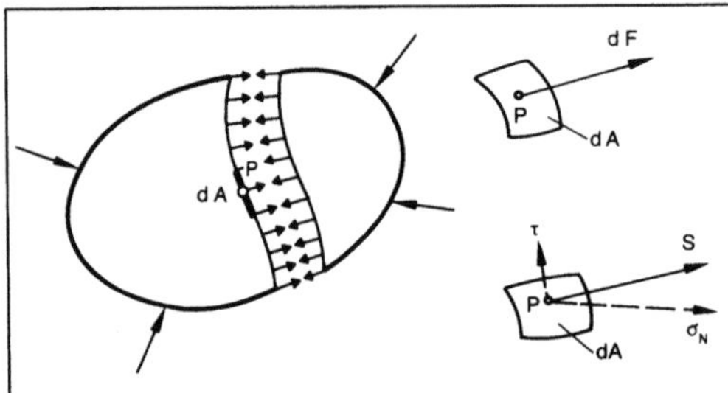

Spannungszustand 1: Definition der Spannung bzw. des Spannungsvektors.

dA Flächenelement, dF Kraft auf Schnittflächenelement dA, S Spannungsvektor, σ_N Normalspannung, τ Schubspannung

Die Größe und Richtung des in P wirkenden Spannungsvektors sind von der Orientierung des Flächenelements dA abhängig. Sind die für eine beliebige Orientierung des Flächenelements dA auftretenden Spannungen (Komponenten des Spannungsvektors) bekannt, so ist damit der S. in Punkt P bestimmt. Für einen allgemeinen, dreidimensionalen S. besitzt der Spannungstensor folgende Form (Beschreibung in kartesischen Koordinaten Bild 2).

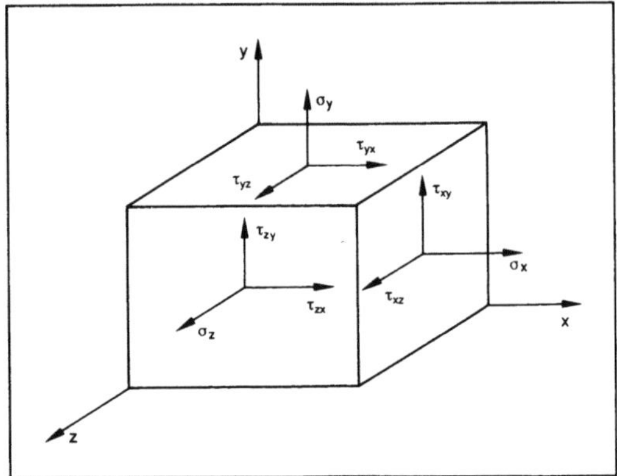

Spannungszustand 2: Komponenten des Spannungstensors im kartesischen Koordinatensystem.

$$\underline{\sigma} = \begin{pmatrix} \sigma_x & \tau_{xy} & \tau_{xz} \\ \tau_{yx} & \sigma_y & \tau_{yz} \\ \sigma_{zx} & \tau_{zy} & \sigma_z \end{pmatrix}$$

Von den neun Spannungskomponenten, drei Schubspannungen τ_{xy}, τ_{yx}, τ_{xz}, τ_{zx}, τ_{yz}, τ_{zy}, reichen allerdings sechs Komponenten aus, um den Spannungszustand vollständig zu beschreiben, da die Schubspannungen

$$\tau_{xy} = \tau_{yx}$$

$$\tau_{xz} = \tau_{zx}$$

$$\tau_{yz} = \tau_{zy}$$

jeweils paarweise gleich sind. Der Spannungstensor ist also symmetrisch.

Es ist stets möglich, die Koordinatenachsen so zu wählen, daß die Schubspannungen im Punkt P verschwinden. Diese Wahl muß nicht immer eindeutig sein: In jedem Fall werden drei Hauptachsen damit definiert. Die im → Hauptachsensystem wirkenden Spannungen werden als Hauptspannungen σ_1, σ_2, σ_3 bezeichnet.

Der S. läßt sich in einen hydrostatischen und einen deviatorischen Anteil zerlegen:

$$\underline{\sigma} = \underline{\sigma}' + \underline{\sigma}_m$$

$$\begin{pmatrix} \sigma_x & \tau_{xy} & \tau_{xz} \\ \tau_{yx} & \sigma_y & \tau_{yz} \\ \tau_{zx} & \tau_{zy} & \sigma_z \end{pmatrix} = \begin{pmatrix} \sigma'_x & \tau_{xy} & \tau_{xz} \\ \tau_{yx} & \sigma'_y & \tau_{yz} \\ \tau_{zx} & \tau_{zy} & \sigma'_z \end{pmatrix} + \begin{pmatrix} \sigma_m & 0 & 0 \\ 0 & \sigma_m & 0 \\ 0 & 0 & \sigma_m \end{pmatrix}$$

Dabei bezeichnet σ_m die mittlere Normalspannung. Der Spannungsdeviator spielt eine wichtige Rolle bei der Formulierung von Werkstoffmodellen für inkompressible Werkstoffe im Rahmen der → Plastizitätstheorie.

Die Invarianten des Spannungstensors sind
1. Invariante (Spur): dabei bedeutet det die Determinate.

$$I_1 = \sigma_x + \sigma_y + \sigma_z = 3\sigma_m,$$

2. Invariante:

$$y \; \sigma_z + \sigma_z \sigma_x) + \tau_{xy}{}^2 + \tau_{xz}{}^2 + \tau_{yz}{}^2,$$

3. Invariante:

$$I_3 = \det (\underline{\sigma}),$$

Bei folgenden Sonderfällen des S. vereinfacht sich die Aufgabenstellung, weil durch die geometrischen Randbedingungen ein Teil der den S. bestimmenden Größen von vornherein bekannt ist:

☐ einachsiger S.:

$$\sigma_x \neq 0$$

$$y, \tau_{yz}, \tau_{zx} = 0;$$

Beispiel: →Zugversuch;

☐ ebener S.:

$$y \neq 0$$

$$\sigma_z, \tau_{xz}, \tau_{yz} = 0;$$

Beispiel: →Torsionsversuch;

☐ axialsymmetrischer S.:

In diesem Fall wird der Zustand in Zylinderkoordinaten r, z, beschrieben.

$$\tau_{rz} \neq 0$$

$$\tau_{r\vartheta}, \tau_{z\vartheta} = 0$$

Der S. in einem beliebigen Punkt ist damit durch den Spannungstensor (Bild 3)

$$\underline{\sigma} = \begin{pmatrix} \sigma_r & 0 & \tau_{rz} \\ 0 & \sigma_\vartheta & 0 \\ \tau_{rz} & 0 & \sigma_z \end{pmatrix}$$

gegeben. *Lange*

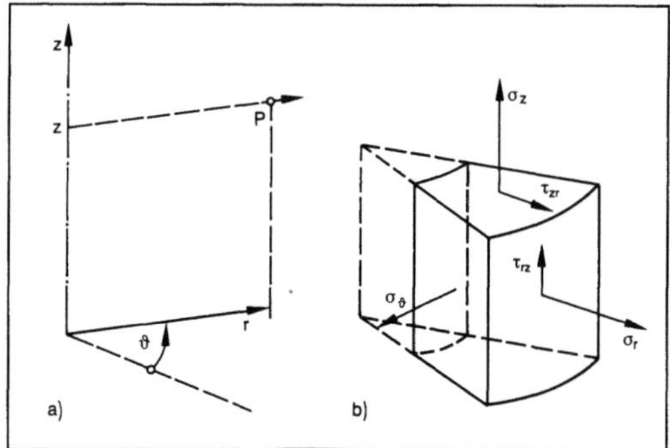

Spannungszustand 3: a) Zylinderkoordinaten, b) Spannungen am Werkstoffelement bei axialsymmetrischen Vorgängen.

Literatur: *Betten, J.:* Elastizitäts- und Plastizitätslehre. Braunschweig, Wiesbaden 1985. – *Hill, R.:* The Mathematical Theory Technische Plastomechanik. Braunschweig, Wiesbaden 1979. – *Lange, K.* (Hrsg.): Umformtechnik. Handb. f. Ind. u. Wiss. 2. Aufl. Bd. 1. Grundlagen. Berlin, Heidelberg, New York, Tokio 1984. – *Lippmann, H.:* Mechanik des plastischen Fließens. Berlin, Heidelberg, New York 1981. – *Lippmann, H. u. O. Mahrenholtz:* Plastomechanik der Umformung metallischer Werkstoffe. Berlin, Heidelberg 1967. – *Prager, W. u. P. G. Hodge:* Theorie ideal-plastischer Körper. Wien 1954.

Spannungszustand, hydrostatischer. Ein h. S. liegt vor, wenn die drei Hauptspannungen σ_1, σ_2 und σ_3 gleich groß sind. Der Spannungstensor hat dann die Form eines Kugeltensors und die mittlere →Normalspannung σ_m ist gleich den drei Hauptspannungen (→Hauptachsensystem). Dies ist z. B. der Fall in einer Flüssigkeit mit allseitig gleichem Druck p. Dabei gilt

$$\sigma_1 = \sigma_2 = \sigma_3 = \sigma_m = -p$$

oder für den Spannungstensor

$$\underline{\sigma} = \begin{pmatrix} \sigma_m & 0 & 0 \\ 0 & \sigma_m & 0 \\ 0 & 0 & \sigma_m \end{pmatrix}$$

Lange

Spanplatte. S. sind Platten, die durch Verpressen von im wesentlichen kleinen Teilen (Spänen) aus →Holz und/oder anderen holzhaltigen Faserstoffen (z. B. Flachs- oder Hanfschäben) mit Bindemitteln hergestellt werden. Die Mehrzahl der S. besteht aus etwa 90 Gewichtsprozent Holz und etwa 10 % →Kunstharz (Holzverklebung). Daneben gibt es aber auch mit →Zement, Magnesit oder →Gips gebundene Platten (→Holzwerkstoffe, mineralgebundene).

Bei den kunstharzgebundenen Platten werden nach dem Herstellverfahren unterschieden:

☐ *Flachpreßplatten.* Bei ihrer Herstellung werden beleimte Späne zu ein- oder mehrschichtigen Formlingen auf eine plane Unterlage gestreut und anschließend in einer Heißpresse quer zur Plattenebene gepreßt. Dabei härtet das Kunstharz aus. Durch die Streuung und die Preßrichtung orientieren sich die Späne bevorzugt in Plattenebene. Deshalb besitzen Flachpreßplatten üblicherweise in allen Richtungen der Plattenebene günstige Zug-, Druck- und Biegefestigkeiten, quer zur Plattenebene aber nur eine geringe →Zugfestigkeit.

☐ *Strangpreßplatten.* Bei ihrer Herstellung werden beleimte Späne in einen Preßschacht gestopft, dessen Querschnitt den Plattenquerschnitt bestimmt. Durch die Orientierung der Späne quer zur Plattenebene ergibt sich eine günstige Zugfestigkeit in dieser Richtung. Strangpreßplatten müssen aber beidseitig beplankt werden, z. B. mit →Furnier, Furniersperrholz (→Sperrholz) oder harten Holzfaserplatten, wenn sie auf Zug, Druck oder Biegung in Plattenebene beansprucht werden sollen.

☐ *Kalanderplatten.* Hier besteht die Pressenanlage im wesentlichen aus einer beheizten Walze (Kalander), die von einem Stahlband umschlungen wird, das zugleich Träger des endlosen Spanvlieses ist. Durch Andruckrollen wird das Spanplattenband kalibriert. Das Kalanderverfahren dient speziell zur Herstellung dünner S. (2–10 mm dick).

→Harnstoff-Formaldehyd-Harz ist das wichtigste →Bindemittel für S. im Möbel- und Innenausbau. Durch Einsatz formaldehydarmer Bindemitteltypen und durch →Beschichtung mit Lacken, Folien und Furnieren wird die Gefahr der Formaldehydemission erheblich reduziert. Isocyanate und die mineralischen Bindemittel sind formaldehydfrei. Bei erhöhter Feuchtebeanspruchung (Verwendung in Bad und Küche, Beplankung von Dächern, Decken und Außenwänden) werden Platten der Holzwerkstoffklasse 100 (meist mit Phenol-Formaldehyd-Harz oder Isocyanat gebunden) oder 100 G (zusätzlich mit einem Schutzmittel gegen Schädlingsbefall) eingesetzt. Bei der Außenverwendung benötigen S. einen Wetterschutz (z. B. Kunstharzputz, Profilholzbekleidung), weil sie der direkten →Bewitterung nicht dauerhaft standhalten.

Die angebotenen Plattendicken reichen von 2 bis 80 mm. Die Platteneigenschaften sind häufig besonderen Verwendungsbereichen angepaßt: Platten mit feinspaniger Oberfläche für Möbel, Platten mit einer bevorzugten Spanorientierung zur Erhöhung der →Festigkeit, leichte S. mit Holzwolledecklagen für Akustikzwecke, Paneele zur Wand- und Deckenbekleidung, schwerentflammbare und nichtbrennbare S. usw. *Noack/Schwab*

Literatur: *Deppe, H. J. und K. Ernst:* Taschenbuch der Spanplattentechnik. DRW-Verlag, Stuttgart 1982. – *Deppe, H. J. und K. Ernst:* Verarbeitung ·der Spanplatten. DRW-Verlag, Stuttgart 1967. – DIN 68 761: Flachpreßplatten für allgemeine Zwecke. – DIN 68 762: Spanplatten für Sonderzwecke im Bauwesen. – DIN 68 763: Flachpreßplatten für das Bauwesen. – DIN 68 764: Strangpreßplatten für das Bauwesen. – DIN 68 765: Kunststoffbeschichtete dekorative Flachpreßplatten. – *Kollmann, F.* (Hrsg.): Holzspanwerkstoffe. Springer Verlag Berlin, Heidelberg, New York 1966.

Sparbeize. Unter S. werden →Beizen verstanden, die als →Inhibitoren sogenannte Sparbeizmittel oder Sparbeizzusätze in geringen Mengen enthalten. Die Beizinhibitoren, vorwiegend organische Stickstoff- und Schwefelverbindungen, haben die Aufgabe beim Abbeizen von →Walzzunder, Glühhäuten und anderen Belägen mit Säuren die Auflösungsgeschwindigkeit des Metalles möglichst gering zu halten ohne die Abtragung der Beläge zu beeinträchtigen oder zu verzögern. Da durch die Inhibitorwirkung sowohl der Metallabtrag als auch der Säureverbrauch verringert wird, bezeichnet man Beizsäuren mit Inhibitorzusatz als S.

Wendler-Kalsch

Spätholz →Holz

Speckle-Meßtechnik. Bei Beleuchtung einer diffus reflektierenden optisch rauhen →Oberfläche mit kohärentem Licht erscheint diese in einer körnigen Struktur (Speckle). Diese Erscheinung beruht auf Interferenzerscheinungen benachbarter Punkte und hängt von der Beobachtungsapertur ab. Bewe-

gungen der Oberfläche lassen sich durch Analyse der Speckle-Verschiebungen erfassen.

Die verschiedenen Meßtechniken gliedern sich in zwei Gruppen:

□ Speckle-Pattern-Photographie: Durch eine photographische Doppelbelichtung vor und nach einer Belastung erhält man auf dem Film (auf Objektoberfläche fokussiert) durch die Lageänderung der Speckle eine Mikrogitterstruktur, wobei Abstand und Orientierung der Streifen Betrag und Richtung der In-plane-Verschiebung des jeweiligen Punktes angeben (Meßbereich: ca. 10 µm bis 1 mm). Befindet sich der Film in der Beugungsebene der Abbildungsoptik, lassen sich Out-of-Plane-Verschiebungen (Verkippungen) bestimmen.

□ Speckle-Pattern-Interferometrie: Das Speckle-Muster wird zusammen mit einem Referenzlicht aufgezeichnet, wodurch hauptsächlich Out-of-Plane-Bewegungen interferometrisch registriert werden. Wie in der →Holographie lassen sich Doppelbelichtungstechniken (Verschiebungsmessung) oder Time-Average-Verfahren (Schwingungsuntersuchungen) anwenden.

Da lediglich Speckle-Muster registriert werden, sind an das Auflösungsvermögen des Aufnahmematerials keine so hohen Ansprüche gestellt wie z. B. in der Holographie. Deshalb sind auch elektronische Kameras zur Speckle-Analyse geeignet, wobei die Aufnahmen elektronisch gespeichert und verglichen bzw. im Takt der Bildfrequenz gemittelt werden (ESPI: Electronic Speckle Pattern Correlation Interferometry). *Kußmaul*

Literatur: *Erf, R. K.:* Laser Applications. Vol. 4 New York 1980. – *Jones, R.* and *C. Wykes:* Holographic and Speckle Interferometry. Cambridge 1983.

Speicherferrit. Weichmagnetische Ferrite für Ringkernspeicher, in erster Linie unterstöchiometrische Mn-Mg-Ferrite mit 40–45 % Fe_2O_3. Sie können aufgrund ihrer charakteristisch rechteckigen Magnetisierungskurven (→Magnetismus) mit einer definierten Feldstärke leicht auf- oder ummagnetisiert werden und dienen als magnetische Informationsspeicher in Dualsystemen.

Das Bild zeigt die typische Form der rechteckigen →Magnetisierungskurve eines S. Sie zeichnet sich durch folgende Eigenschaften aus:

Remanenzverhältnis $\quad R_v = B_r/B_m \to 1$

Rechteckigkeitsverhältnis $\quad R_s = B_d/B_m \to 1$

Unter diesen Bedingungen kann eine Ummagnetisierung erst mit einen definierten Feldimpuls der Stärke H_m erfolgen, ein Halbimpuls $H_m/2$ kann dies noch nicht bewerkstelligen. Neben den Mn-Mg-Ferriten existieren noch Mn-Cu-, Mg-Cu und Ni-Mn-Mg-Ferrite mit rechteckiger Magnetisierungs- bzw. Hysteresekurven. Sie zeigen alle ein isotropes magnetisches Verhalten. Die Rechteckigkeit der Magnetisierungskurven dieser sog. spontanen Recht-

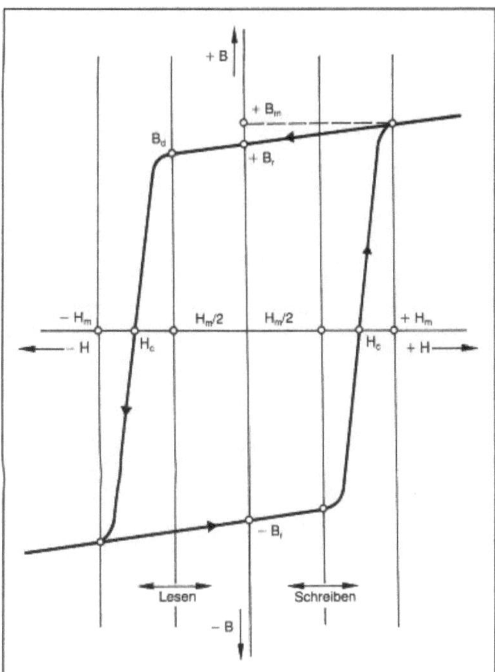

Speicherferrit: Schematische Hysteresekurve eines Werkstoffes mit Rechteckschleife.

eckferrite existiert nur in sehr engen Zusammensetzungsbereichen, so daß je nach gewünschten Temperaturverhalten und Schaltgeschwindigkeiten eine geeignete Zusammensetzung ausgewählt werden muß. So können z. B. geringe Zusätze an CoO die Rechteckigkeit der Kurve erheblich verbessern, sie verlängern allerdings die Schaltzeit, was wiederum durch Zugabe von Cr_2O_3 kompensiert werden kann. Ferrite mit anisotropen Verhalten werden durch langsames Abkühlen im Magnetfeld bei Temperaturen um 500 °C nach dem →Sintern hergestellt. Diese Ferrite zeichnen sich durch eine sehr gute Rechteckform aus. *Hessel/Hennicke*

Sperrholz. Als S. werden Platten bezeichnet, die aus mindestens drei flächig miteinander verleimten Holzlagen (meist Furniere) bestehen, deren Faserrichtungen (üblicherweise im rechten Winkel) versetzt sind; dies bewirkt ein „Absperren" der Lagen untereinander. Sperrholz besitzt deshalb quer zur Faserrichtung der Decklagen höhere →Festigkeit und geringere Quellmaße als Vollholz quer zur Faser.

Der Aufbau über die Plattendicke ist in der Regel symmetrisch (ungerade →Lagenzahl). Nach der Art der Lagen werden unterschieden (Bild 1, 2):

☐ *Furniersperrholz,* dessen Lagen ausschließlich aus Furnieren (meist Schälfurnieren) bestehen. Die verwendeten Furnierdicken liegen meist zwischen 1 und 4 mm. Wenn eine Platte Furniere unterschied-

licher →Holzarten enthält, wobei die höherwertige Art (Kriterien sind Oberflächengüte, Festigkeit, →Widerstandsfähigkeit gegen Schädlingsbefall) als Decklagen verwendet werden, spricht man von Kombi-S.

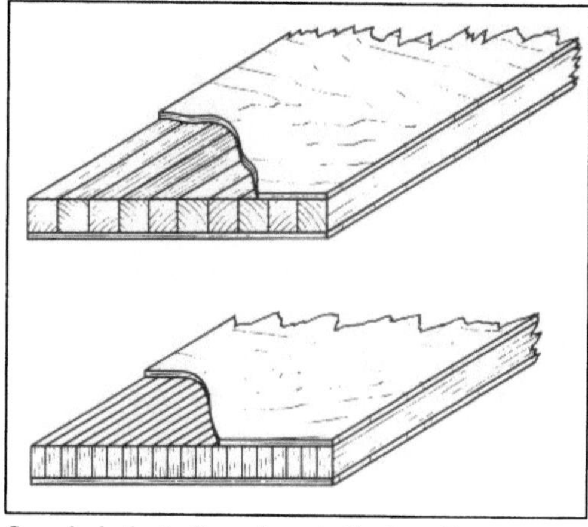

Sperrholz 1: Aufbau eines dreilagigen Furniersperrholzes.

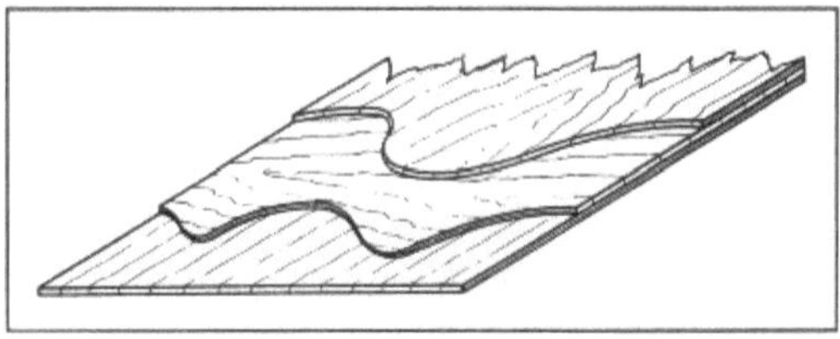

Sperrholz 2: Aufbau eines Stabsperrholzes (oben) und eines Stäbchensperrholzes (unten).

☐ *Stabsperrholz* bzw. *Stäbchensperrholz* (beide Arten früher als Tischlerplatte bezeichnet), deren Mittellage aus höchstens 30 mm breiten gesägten Stäben bzw. aus höchstens 8 mm dicken, hochkant zur Plattenebene stehenden Stäbchen (meist Schälfurniere) besteht, und entweder mit Deckfurnieren allein (dreilagige Platte) oder mit Absperr- und Deckfurnieren (fünflagige Platte) abgesperrt ist.

☐ *Brettsperrholz,* ein relativ junges Produkt, das durch kreuzweises Verleimen einer ungeraden Zahl (meist drei) von Brettlagen hergestellt wird. Dicke der Brettlagen 5 bis 15 mm.

S. wird sehr vielseitig verwendet, insbesondere im Möbelbau (z. B. Schubkästen aus Furniersperrholz, Regalböden aus Stabsperrholz, Schranktüren aus Brettsperrholz), im Innenausbau und im Bauwesen (z. B. Beplankung von Wand- und Deckenelementen, Betonschalungsplatten). Die Güte der Verleimung ist ein wichtiges Kriterium für die Feuchtebeanspruchbarkeit der Platten.

Der größte Teil des in Deutschland verwendeten Furniersperrholzes wird importiert (z. B. Nadelsperrholz aus Nordamerika, Skandinavien und der

UdSSR, Laubsperrholz aus Südostasien, Afrika), heimisches S. vornehmlich aus Buchenholz. Neben planen Sperrholzplatten werden auch Sperrholzformteile hergestellt, die als Gehäuse, Sitzschalen, Stuhllehnen, Zargen, Schubkastenteile usw. Verwendung finden. *Noack/Schwab*

Literatur: DIN 68 705, Teile 2 bis 5: Sperrholz (Anforderungen an Sperrhölzer für allgemeine Zwecke und für Bauzwecke). – DIN 68 708: Sperrholz; Begriffe. – Kollmann, F. (Hrsg.): Furniere, Lagenhölzer und Tischlerplatten. Springer-Verlag Berlin, Heidelberg, New York 1962.

Spezial-Roheisen → Gießerei-Roheisen

Spiegelfeinmeßgerät → Dehnungsmeßtechnik

Spindelpresse. S. teilen sich auf in Schwungrad-S. (arbeitsgebunden) und schwungradlose S. (kraftgebunden). Die letzten haben für die Umformtechnik praktisch keine Bedeutung. Bei den Schwungrad-S. wird die Drehbewegung über ein steilgängiges Mehrfachgewinde in eine geradlinie Stößelbewegung umgewandelt und dabei die in einem mit der Spindel verbundenen Schwungrad gespeicherte kinetische Energie in Nutz- und Verlustarbeit umgesetzt (→ Umformmaschine). Während früher Reibscheiben- bzw. Reibrollenantriebe die Regel waren, führen sich ab 1960 Direktantriebe mit Reversiermotor, Hydromotor-Antriebe und ab 1987 frequenzgeregelte Direktantriebe ein. Moderne Schwungrad-S. sind Präzisions-Umformmaschinen für Vorgänge mit hohem Arbeits- und Kraftbedarf, z. B. für das Gesenkschmieden von nicht mehr zu bearbeitenden Turbinenschaufeln. Mit der neuen Bauart der Kupplungs-S. wird eine genauere Energiedosierung neben höherer Stößelgeschwindigkeit und damit größerer Hubzahl angestrebt. *Lange*

Spinodale. Begriff aus der Thermodynamik der Mehrstoffsysteme; die S. kann in das → Zustandsdiagramm eingezeichnet werden und verknüpft alle Wertepaare (T, N), für welche die Freie Enthalpie G als Funktion des Molenbruchs N bei gegebener Temperatur einen Wendepunkt hat: $\partial^2 G^2/\partial N^2 = 0$. Das Bild gibt für den Modellfall der regulären Lösung die innerhalb der → Mischungslücke liegende, zu N = 0,5 symmetrische S. an. Zwischen ihr und der Löslichkeitslinie ist $\partial^2 G/\partial N^2 > 0$, innerhalb ist $\partial^2 G/\partial N^2 < 0$. Dieses Verhalten der gleichgewichtsbestimmenden Funktion G(N,T) bedeutet, daß sich kleine Fluktuationen der Zusammensetzung aus der homogenen Lösung unter Energiegewinn, also spontan bilden und ausbreiten („aufschaukeln") können.

Hieraus leiten sich zwei praktisch wichtige Konsequenzen ab:
– Innerhalb des Spinodalbereiches kann → Entmischung ohne → Keimbildung ablaufen: spinodale Entmischung.

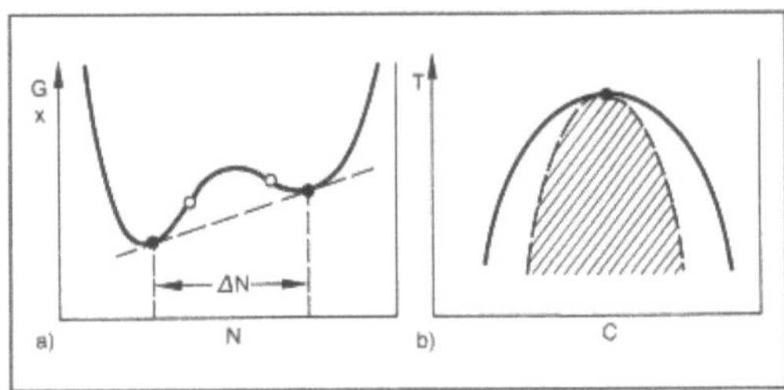

Spinodale: a Freie Enthalpie G als Funktion des Molenbruchs N. Mischungslücke und Spinodale im Zustandsdiagramm.

– Der durch die → Fick-Gesetze definierte chemische → Diffusionskoeffizient nimmt aufgrund des Darken-Faktors für $\partial^2 G/\partial N^2 > 0$ negative Werte an (negative → Diffusion) – eine formale Ausdrucksweise dafür, daß unter diesen thermodynamischen Randbedingungen Konzentrationsunterschiede durch atomare Platzwechsel nicht ausgeglichen, sondern verstärkt werden. *Ilschner*

Splintholz → Holz

Spongiose. Selektiver Angriff an grau erstarrtem → Gußeisen (→ Grauguß) unter Auflösung des Ferrits und Perlits, wobei die übrigen Phasen, hauptsächlich Graphit, Karbide, Nitride und Phosphide als mehr oder minder festes poröses Gerüst zurückbleiben. Die S. wird daher auch als Graphitierung bezeichnet. Die ursprüngliche Form des Werkstückes bleibt weitgehend erhalten.

S. tritt vorzugsweise in sauerstoffarmen Wässern auf, da hier keine korrosionshemmenden Rostschichten aus schwerlöslichen Eisen(III)-Verbindungen ausgebildet werden. *Wendler-Kalsch*

Sprengplattieren. (auch → Explosionsplattieren). Verfahren zur Herstellung von schichtförmigen Verbundblechen durch Stoffvereinigung eines dünneren Bleches aus einem metallischen Auflagewerkstoff mit einem dickeren Blech aus einem metallischen Grundwerkstoff mittels Schockschweißen, unter Verwendung von Sprengstoff als Energiequelle (Sprengschweißen) (Bild 1).

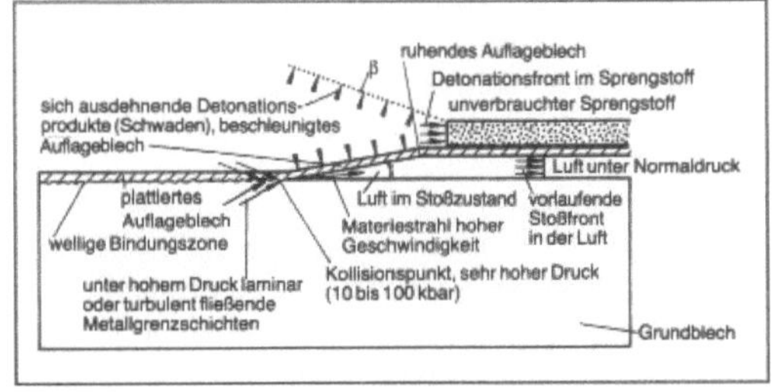

Sprengplattieren 1: Schematische Darstellung des S.

Sprengplattieren. Tabelle 1: Werkstoffe zur Herstellung plattierter Bleche.

Grundstoffe	Auflagewerkstoffe	Plattierverfahren		
		Walzen	Walzen nach Sprengen	Sprengen
Kesselbleche nach DIN 17155 und Feinkornbaustähle nach DIN 17102	Kupfer SF-Cu	x	—	x
	Kupferknetlegierungen Cu Mn 2	—	—	x
	Cu Ni 10 Fe	x	x	x
	Cu Ni 30 Fe	x	x	x
	Cu Al 8	x	—	x
	Cu Al 8 Fe	x	—	x
	Cu Al 10 Ni	—	—	x
	Cu Zn 39 Sn	—	—	x
	Cu Zn 20 Al	—	—	x
	Nickel Ni 99,2 LC-Ni 99	x	x	x
	Nickelknetlegierungen Ni Cu 30 Fe (Monel 400®)	x	x	x
	Ni Cr 15 Fe (Inconel 600®)	x	x	x
	Ni Cr 22 Mo 9 Nb (Inconel 625®)	x	x	x
	Ni Cr 21 Mo (Incoloy 825®)	x	x	x
	Ni Mo 28 (Hastelloy B2®)	—	—	x
	Ni Mo 16 Cr 16 Ti (Hastelloy C4®)	—	—	x
	Aluminium Al 99,5	—	—	x
	Silber	—	—	x
	Titan	—	x	x
	Zirkon	—	—	x
	Tantal Niob Ta/Nb-Legierungen Ta/W-Legierungen	—	—	x

Die wichtigsten Parameter für eine gute Verschweißung sind die Kollisionsgeschwindigkeit v_K und der Kollisionswinkel β (Bild 1). Die Kollisionsgeschwindigkeit soll in keinem Fall mehr als 120 % der Schallgeschwindigkeit im zu verschweißenden Werkstoff betragen.

Durch S. lassen sich Verbundbleche herstellen, die auf keinem anderen Wege zu erzeugen sind. Das gilt insbesondere für solche Fälle, in denen schmelzgeschweißte Plattierungen zu intermetallischen Verbindungen mit weitgehend oder völlig versprödeten Bindezonen führen. Davon sind besonders Kombinationen von Stählen mit Mo, Ta, Ti und Zr betroffen.

Die Zusammenstellung in Tabelle 1 enthält die zur Herstellung plattierter Bleche meist verwendeten Werkstoffkombinationen. Während eine größere Anzahl auch nach dem Walzplattierverfahren vereinigt werden können, sind die unten stehenden Werkstoffe nur mittels S. zu verbinden.

Tabelle 2 enthält Werkstoffkombinationen (Sonderplattierungen) für besondere Ansprüche (hohe Drücke, hohe Betriebstemperaturen, besondere Korrosionsanforderungen).

Sprengplattieren. Tabelle 2: Sonderplattierungen

Grundwerkstoff	Auflagewerkstoff
Incoloy Alloy-800 (800 H)	Hastelloy Alloy-C4
Inconel Alloy-600 Baustähle nach DIN 17 155 Feinkornbaustähle nach DIN 17 102	Nickel Hastelloy Alloy-B2 [1]
Nichtrostende austenitische Cr-Ni-Stähle und CrNiMo-Stähle	Hastelloy Alloy-B2 Hastelloy Alloy-C4 Incoloy Alloy-825 Titan Tantal u. Ta-Legierungen [2] Zirkonium [3] Molybdän [3] Silber [3]

[1] Dreischichtplattierung mit Zwischenschicht aus CrNi-Stahl, W.-Nr. 1.4541

[2] Dreischichtplattierung mit Zwischenschicht aus Kupfer

[3] nur in sprengplattierter Ausführung möglich

Plattierte Werkstoffe werden nahezu immer weiterverarbeitet. Dazu gehören in erster Linie →Schweißen und Warmumformen. Für die Plattie-

rungsauflage gewährleistete Eigenschaften wie →Korrosionsbeständigkeit, Haft- und Scherfestigkeit oder →Härte müssen auch nach diesen Verarbeitungsschritten erhalten bleiben.

Beim Schweißen von Ti-, Ta-, Nb- und Zr-plattierten Blechen sind besondere konstruktive Maßnahmen zu ergreifen, um das Entstehen intermetallischer Verbindungen zu vermeiden. Dazu gehören Einlege- und Abdeckstreifen (Bild 2).

→Plattieren   *Gräfen*

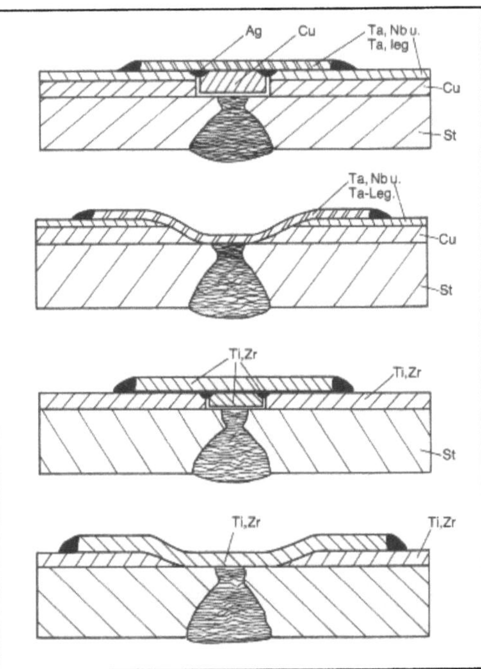

Sprengplattieren 2: Plattierte Stähle mit Auflagewerkstoffen aus Ta, Nb, Ta-Legierungen, Zirkonium und Titan. Gestaltung der Schweißverbindungen.

Literatur: *Jähn, F.; J. Prümmer, Ch. Liesner:* Explosionsgeschweißter Tantal/Stahl-Verbundwerkstoff mit dünner Tantalauflage. Verf.-techn. 10 (1976) Nr. 7/8, S. 492–494. – *Klapp, E.:* Apparatetechnik und Anlagentechnik. Berlin–Heidelberg 1980. – *Köcher, R.:* Apparate aus Ne-Metallen und hochkorrosionsbeständigen Werkstoffen unter besonderer Berücksichtigung von plattierten Blechen. Sonderdruck aus Chemische Industrie (1975) Nr. 11. – *Köcher, R.:* Anwendung und Verarbeitung von sprengplattierten Blechen mit Plattierungsauflagen aus hoch korrosionsbeständigen Werkstoffen. In: Die Schweißtechnik im Dienste der Energieversorgung und des Chemieanlagenbaus. Düsseldorf 1976. – *Richter, U.:* Herstellen und Prüfen von sprengplattierten Verbundwerkstoffen. Schweißen und Schneiden 24 (1972) Nr. 2, S. 52–55.

Sprengversuch →Schlagversuch

Spritzbeton. Spritzmörtel und S. (DIN 18 551) werden durch Schlauchleitungen mit Druckluft gefördert und durch eine Spritzdüse mit hoher Geschwindigkeit gegen die Auftragsfläche geschleudert. Der →Beton wird dadurch auf der Auftragsfläche stark verdichtet. Bei entsprechender Vorbehandlung von erhärtetem Beton als Auftragsfläche ist seine →Haftfestigkeit an der Auftragsfläche größer als die Betonzugfestigkeit. Man unterscheidet zwischen Naßspritzverfahren, bei dem das fertige Naßgemisch durch die Förderleitung transportiert wird, und Trockenspritzverfahren, bei dem ein Trockengemisch gefördert und das Wasser erst an der Spritzdüse zugegeben wird. Spritzmörtel und S. verwendet man vor allem im Stollen- und Tunnelbau zur Festigung des anstehenden Gesteins hinter Beton und Mauerwerk oder als alleinige Schale bis zu 30 cm Dicke und zu Verstärkungs- und Sanierungsarbeiten an Bauteilen. Eine besondere Art des S. ist der Faserspritzbeton, bei dem man dem Trocken- oder Naßgemisch 3–6 % Stahlfasern von 0,3–0,5 mm Dmr. und 20–30 mm Länge zugibt. Er wird vor allem dort angewendet, wo die →Zugfestigkeit und →Bruchdehnung des normalen S. nicht ausreichen oder eine kleinere Dicke wirtschaftlicher ist. *Wesche*

Spritzen, thermisches. →Beschichtungsverfahren, bei denen ein Spritzwerkstoff in Form von Draht oder Pulver innerhalb oder außerhalb eines Spritzgerätes aufgeschmolzen und mit hoher Geschwindigkeit auf die →Oberfläche des zu beschichtenden Werkstückes gespritzt wird. Die Werkstückoberfläche wird dabei nicht an- oder aufgeschmolzen; das Werkstück erwärmt sich während des Spritzens nur wenig. Die wichtigsten thermischen →Spritzverfahren sind:
□ →Flammspritzen
□ →Lichtbogenspritzen
□ →Plasmaspritzen
□ →Detonationsspritzen

Um eine möglichst hohe →Haftfestigkeit der Spritzschicht auf dem Werkstück zu erreichen, muß dem Spritzen eine besondere Vorbehandlung der Oberflächen vorausgehen. Für Schichten bis ca. 1 mm Dicke wird als Vorbehandlung das →Strahlen mit Korund oder Siliciumcarbid angewendet, wodurch die Oberfläche gereinigt, aufgerauht und aktiviert wird. Um eine erneute Verschmutzung oder →Oxidation zu vermeiden, sollte das t. S. unmittelbar nach dem Strahlen vorgenommen werden. Für das Aufbringen dickerer Schichten kann die Vorbereitung der Oberfläche durch Rauhgewindedrehen, bei planen Flächen gegebenenfalls durch Einfräsen von Schwalbenschwanznuten erfolgen, wobei unter Umständen ein zusätzliches Aufrauhen durch Strahlen möglich ist. →Oxide und Gemische aus Oxiden und Metallen werden häufig nicht direkt auf die Werkstückoberfläche, sondern auf eine ebenfalls thermisch gespritzte →Haftgrundschicht

aufgebracht, die z. B. aus Nickel-Aluminium, Nickel-Chrom oder Nickel-Chrom-Aluminium besteht (Tabelle S. 964, 965). *Habig*

Literatur: *Simon, H.* und *M. Thoma:* Angewandte Oberflächentechnik für metallische Werkstoffe. München 1985.

Spritzgießen →Kunststoffverarbeitung

Spritzpressen →Kunststoffverarbeitung

Spritzverfahren, thermisches. Bei allen Verfahren, die dem thermischen →Spritzen zuzuordnen sind, wird ein Werkstoff – der Spritzzusatz – aufgeschmolzen, wobei die Energie zum →Schmelzen des Spritzwerkstoffs auf unterschiedliche Art und Weise eingebracht wird, u. a. durch:
– Verbrennung von Gasen: →Flammspritzen (Bild 1), Flammschockspritzen (→Detonationsspritzen), Hochgeschwindigkeitsflammspritzen

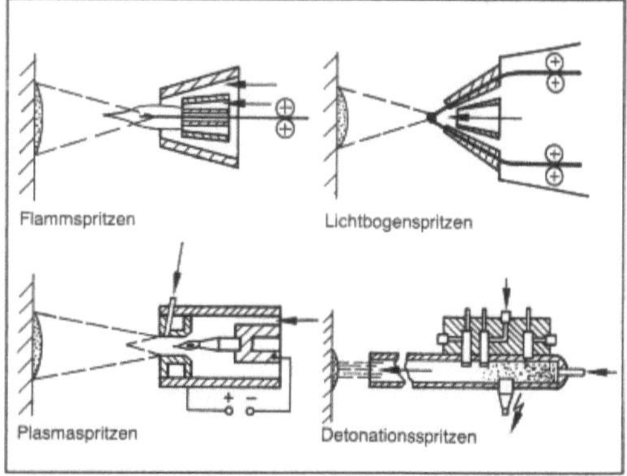

Spritzverfahren, thermisches 1: Schematische Darstellung wesentlicher t. S.

– elektrische Lichtbogenentladung (Bild 1): Lichtbogen-, atmosphärisches, Inertgas-, Vakuum-, Unterwasser-Plasmaspritzen
– Elektrowärme: Induktions-, Kondensatorentladungsspritzen
– Laserstrahlung: Laserspritzen.

Die aufgeschmolzenen Teilchen werden mit hoher Geschwindigkeit auf die →Oberfläche des Grundwerkstoffs bzw. des zu beschichtenden Bauteils geschleudert.

Die am häufigsten eingesetzten Spritzverfahren sind Flammspritzen (Draht-, Pulver-), Lichtbogen- und →Plasmaspritzen. Der Spritzwerkstoff liegt normalerweise vor dem Spritzprozeß in Draht-, Stab- oder Pulverform vor.

Mit t. S. lassen sich u. a. reine →Metalle, →Legierungen, →Cermets (ceramic and metal) und →Keramiken verarbeiten.

T. S. zeichnen sich im Vergleich zu anderen Ver-

Spritzen, thermisches. Tabelle: Thermische Spritzschichten

	Schicht	Anwendungsziele							Max. Anwendungstemperatur der Schicht °C
		Korrosionsschutz	Oxidationsschutz	Verschleißschutz	Gleitschicht	Haftgrund	Reparaturschicht	Andere	
Metalle und Legierungen	Aluminium	●							400
	Zink	●							250
	Nickel					●			500
	Molybdän			●	●	●			320
	Blei	●						Strahlenschutz	200
	Al–Mg	●							200
	Legierter Stahl	●		●			●		~ 500
	Co-Werkstoff mit Al_2O_3 bzw. Cr_2O_3		●	●					~1 000
	CoMoSi (Tribaloy)			●	●				~1 000
	NiAl, NiCr					●	●		950
	Nickel-Graphit				●			Einlaufbelag	500
	MCrAlY M = Fe, Co, Ni	●	●						~1 000
	Messing Bronze				●				< 200
	Hartlegierungen mit Matrix Fe, Co, Ni, und Boriden, Carbiden, Siliciden der Elemente V, Cr, Mo, W			●					800
Boride	TiB_2, ZrB_2			●					*
Carbide	TiC, Cr_3C_2, NbC, TaC, WC			●					400 TiC 500 WC
	WC–TiC, TaC–NbC			●					
	Cr_3C_2–NiCr, WC–Co			●					800 500

Spritzen, thermisches. noch Tabelle: Thermische Spritzschichten

Schicht		Anwendungsziele							Max. Anwendungstemperatur der Schicht °C
		Korrosionsschutz	Oxidationsschutz	Verschleißschutz	Gleitschicht	Haftgrund	Reparaturschicht	Andere	
Oxide	Al_2O_3, TiO_2, Cr_2O_3, ZrO_2			●				Wärmedämmung	*
	Al_2O_3–TiO_2, Al_2O_3–MgO, Cr_2O_3–TiO_2			●				Wärmedämmung	*
	ZrO_2–MgO, ZrO_2–CaO, ZrO_2–SiO_2			●				Wärmedämmung	*

Die Temperaturbegrenzung ist durch den Grundwerkstoff, nicht durch die Schicht bedingt.

fahren durch eine hohe Abscheidungsrate und relativ geringe Energieeinbringung in den Grundwerkstoff aus.

Um maximale Haftfestigkeiten zu erreichen, muß das Substrat vor dem Aufbringen der Schicht gereinigt und aufgerauht werden. Hierdurch wird eine mechanische Verklammerung sowie eine Aktivierung bewirkt. Wird ein keramischer oder ein anderer Werkstoff mit begrenzter → Haftfestigkeit verspritzt, so wird zuvor meist eine → Haftschicht aufgebracht, z. B. aus Mo, NiAl, NiCr oder MCrAlY (M = Fe, Co, Ni). Eine derartige Schicht erhöht einerseits die → Haftung zwischen Metall und Keramik, wirkt andererseits als Puffer für Wärmespannungen und gegebenenfalls bei Hochtemperaturanwendung als Oxidationsschutz bzw. Heißgaskorrosionsschutz.

T. S. finden des weiteren Anwendung im Verschleißschutz, z. B. bei Kolbenringen (Bild 2), und im Gleit- und → Korrosionsschutz. Da thermische Spritzschichten eine → Porosität von bis zu 10 Vol.% aufweisen; können lediglich die dem kathodischen Korrosionsschutz dienenden Schichten aus Zink oder Aluminium ohne zusätzlichen Schutz verbleiben, doch wird auch hier im allgemeinen ein Versiegeln mit Farbanstrich oder → Kunststoff vorgenommen. Bei Schichten aus → Sondermetallen kommen ebenfalls derartige Maßnahmen, aber auch Oberflächen-Wärmebehandlungen zum Einsatz, z. B. Diffusionsglühen, heißisostatisches Pressen (HIP), Einschmelzen o. ä. Thermische Spritzschichten finden nicht nur Einsatz zum → Beschichten von Werkstoffen, d. h. zur Erzeugung von → Schichtverbundwerkstoffen, sondern auch zum Herstellen von Faserverbundwerkstoff-Halbzeugen bzw. Bauteilen (→ Faserverbundwerkstoffe). *Steffens*

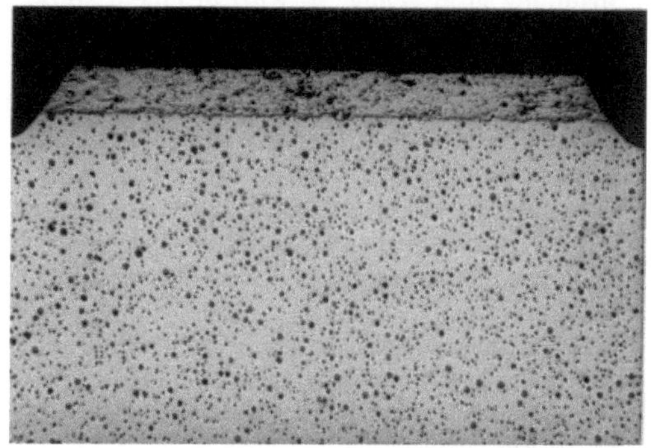

Spritzverfahren, thermisches 2: Schnitt durch molybdänbeschichteten Kolbenring – Grundwerkstoff Gußeisen mit Kugelgraphit.

Literatur: Jahrbuch Oberflächentechnik 1986 Bd. 2. Berlin 1986, S. 264–282. – *Simon, H.* u. *M. Thoma:* Angewandte Oberflächentechnik für metallische Werkstoffe. München–Wien 1985. – *Steffens, H.-D., K.-H. Busse* u. *U. Fischer:* Moderne Entwicklungen auf dem Gebiet des Thermischen Spritzens.

Sprödbruch. Gewaltbrüche treten als
– verformungslose oder verformungsarme S. oder als
– Verformungsbrüche
auf.

Der Spröd- oder Trennbruch ist besonders gefährlich, weil er plötzlich einsetzt – ohne Vorwarnung durch plastische Verformungen – und für sein Entstehen nur eine geringe Energie benötigt. Da seine Ausbreitungsgeschwindigkeit in → Stahl etwa 1 000 m/s beträgt, führt er häufig zu schweren Schadensfällen, Sprödbruchbegünstigend sind:
– tiefe Temperaturen,

965

– mehrachsige Spannungszustände (Kerben, schroffe Übergänge, große Wanddicken),
– schlagartige Beanspruchungen,
– ungleichmäßiges → Gefüge (fehlerhafte → Wärmebehandlung, Schweißnahtbereiche),
– geringe Verformungsfähigkeit bei Werkstoffen hoher → Festigkeit.

Der S. kann transkristallin oder interkristallin verlaufen. Der transkristalline S. oder → Spaltbruch entsteht durch Trennen von Kristallebenen innerhalb eines Korns (Spaltflächen) und breitet sich in gleicher Weise über den ganzen Querschnitt aus. Obwohl der Spaltbruch makroskopisch verformungslos ist, setzt seine Entstehung mikroskopisch plastische Verformbarkeit voraus (Mikroplastizität). Die Bewegung von Versetzungen in einem → Korn führt zwangsläufig zu einem Versetzungsstau vor Hindernissen, z. B. Korngrenzen, nichtmetallischen Einschlüssen. Dadurch, ggf. auch durch das Zusammenwirken mit einem weiteren Versetzungsstau, entsteht ein Spannungsfeld. Ist die Spannung groß genug, so wird in einem spröden nichtmetallischen → Einschluß ein Mikroriß erzeugt.

Für die Ausbreitung des Mikrorisses im nächsten Korn ist, ebenso wie für seine Entstehung hinter einer → Korngrenze (= Hindernis), eine bestimmte Ausrichtung des Gitters dieses Korns erforderlich. Damit ist die Wahrscheinlichkeit von Spaltbrüchen von der Gitterstruktur des Werkstoffes abhängig.

Spaltbrüche entstehen fast ausschließlich in kfz und hexagonal kristallisierenden Metallen. In kfz Metallen sind zusätzliche Einflüsse, z. B. durch Korrosion, erforderlich.

Wenn die Korngrenzen durch Ausscheidungen oder Verunreinigungen versprödet sind, kann der interkristalline S. entstehen.

Makroskopisch liegt die → Bruchfläche eines Trennbruches rechtwinklig zur größten → Normalspannung.

Die Kerbschlag-Zähigkeit als Werkstoffgröße kennzeichnet die Verformungsfähigkeit eines Stahls. Stähle mit krz Gitterstruktur weisen eine Temperaturabhängigkeit der Kerbschlagzähigkeit in der Weise auf, daß bei hohen Temperaturen ausreichende Kerbschlagzähigkeit vorliegt. Über einen Steilabfall bis zu tiefen Temperaturen fällt die Kerbschlagzähigkeit auf Werte nahe O ab. Demzufolge treten in der Hochlage bei hohen Temperaturen zähe Verformungsbrüche und in der Tieflage bei niedrigeren Temperaturen reine S. auf. Zeigen also Werkstoffe die beschriebene Abhängigkeit der Kerbschlagzähigkeit von der Temperatur, so ist hiermit die Möglichkeit gegeben, S. allein durch die richtige Wahl der Temperatur auszuschließen (→ Versprödung, → Sprödbruchprüfung, → Sprödbruchverhalten).   *Strohmeier/Gräfen*

Sprödbruchprüfung. Prüfungen bei linear-elastischem Werkstoffverhalten zur Ermittlung der relevanten Werkstoffkennwerte bei statischer und dynamischer Rißeinleitung sowie bei Rißstopp. Mit diesen Kennwerten kann die → Widerstandsfähigkeit angerissener Bauteile bei unterschiedlichen Beanspruchungsbedingungen beurteilt und ggf. Gegenmaßnahmen vorgesehen werden (→ Bruchmechanik).

□ → Bruchzähigkeit: Werkstoffkennwert für statische oder dynamische Rißeinleitung (Bezeichnung Äbei ferritischen Werkstoffen von der Temperatur (→ Kerbschlagbiegeversuch), dem → Spannungszustand und der Beanspruchungsgeschwindigkeit abhängt. Der Einfluß der Temperatur relativ zur → NDT-Temperatur (→ Fallgewichtsversuch) ist von übergeordneter Bedeutung.

Zur experimentellen Bestimmung der Bruchzähigkeit werden insbesondere Compact Tension (CT)- und Dreipunktbiegeproben verwendet (Bild 1).

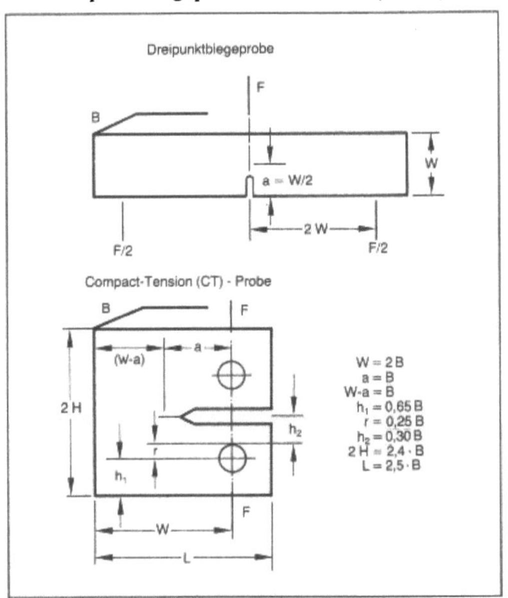

Sprödbruchprüfung 1: Proben zur experimentellen Bestimmung der Bruchzähigkeit.

Der Versuch zur Ermittlung der Bruchzähigkeit ist in den Prüfnormen ASTM E 399 und BSI BS 5447 beschrieben. Um einen gültigen Bruchzähigkeitswert zu erhalten, werden an die Probenabmessungen bestimmte Anforderungen gestellt. Diese sollen einen ebenen Dehnungszustand (EDZ, *engl.* plain-strain condition) im Prüfquerschnitt und eine, im Vergleich zu den Probenabmessungen vernachlässigbare plastische Zone an der Rißspitze gewährleisten:

$$a,\ B \geq 2{,}5 \left(\frac{K_{Ic}}{R_e}\right)^2 \qquad (1)$$

Ein weiteres Gültigkeitskriterium schreibt vor, daß das Probenversagen durch spontane Instabilität im Kraft-Rißaufweitungs-Diagramm innerhalb der 5 % Sekante liegen muß. Hierdurch wird die plastische Zone begrenzt. Bei Einhaltung dieser Bedingungen ist $K_Q = K_{IC}$.

□ Rißstoppzähigkeit: Werkstoffkennwert für die Arretierung von instabil sich ausbreitenden Rissen (Bezeichnung K_{Ia}, *engl.* crack arrest toughness). Dieser kann mit Hilfe von modifizierten Kompakt-Proben, Großplatten (Wide-plate-Proben), rotierenden Scheiben und durch Bauteilversuche ermittelt werden. Als einfachste und bzgl. Werkstoffbedarf und Kosten günstigste Methode haben sich die Untersuchungen an transversal keilbelasteten Kompakt-Proben herausgestellt (Bild 2).

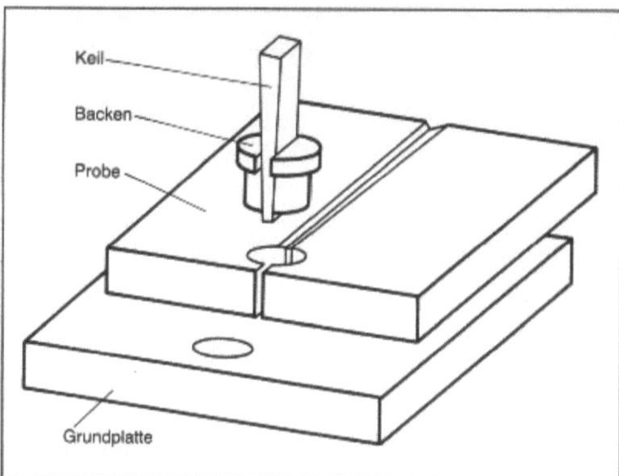

Sprödbruchprüfung 2: Transversal keilbelastete Kompakt-Probe zur Untersuchung der Rißstoppzähigkeit.

Hierbei wird die instabile Rißausbreitung in der Probe überwiegend durch das Einreißen einer gekerbten, spröden Schweißraupe erzeugt. Bei hochfesten Stählen kann der → Riß durch eine direkt in den Probenwerkstoff eingebrachte Kerbe initiiert werden, wodurch sich die Probenherstellung erheblich vereinfacht (Bild 3).

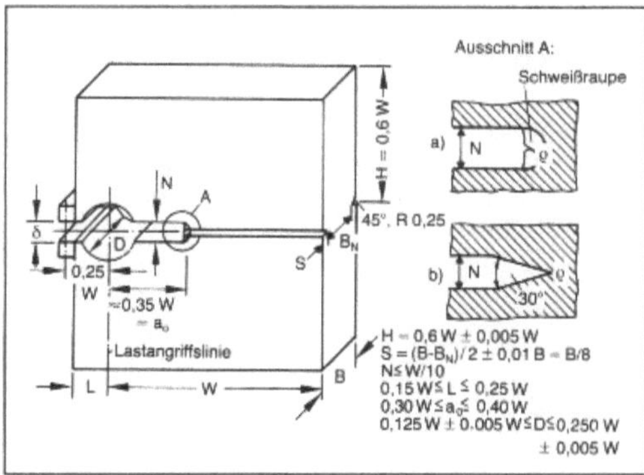

Sprödbruchprüfung 3: Geometrie und Abmessungen der Proben zur Ermittlung der Rißstoppzähigkeit.

Die Durchführung und Auswertung der Versuche ist für ferritische Werkstoffe in der ASTM-Norm E 1221-88 beschrieben. Aus der Probenöffnung δ_a, der Rißlänge a_a und den Probenabmessungen wird die (statische) Rißstopp-Zähigkeit K_{Ia} wie folgt berechnet:

$$K_{Ia} = E \, \delta_a \, f(x) \sqrt{\frac{B}{B_N W}} \, \frac{\text{Kraft}}{\text{Länge}^{3/2}} \qquad (2)$$

mit E-Elastizitätsmodul bei Prüftemperatur
$x = a/w$

δ_a, a_a, W, B, B_N s. Abb. 2

$$f(x) = \frac{2,24 \sqrt{1 - x} \, (1,72 - 0,9x + x^2)}{9,85 - 0,17x + 11x^2} \qquad (3)$$

Gültigkeitsbereich $0,3 \leq x \leq 0,85$

K_{Ia} stellt den Spannungsintensitätsfaktor an der Rißspitze einige Millisekunden nach Arretierung des Risses dar und wird als unterer Grenzwert von K_{IA} angesehen. Hierbei ist K_{IA} der untere Grenzwert von K_{ID}, der geschwindigkeitsabhängigen Rißzähigkeit bei instabiler Rißausbreitung. Voraussetzung für die Berechnung von K_{Ia} ist ein ebener Dehnungszustand im Probenquerschnitt und linear-elastisches Werkstoffverhalten bei der Prüfung.

Kußmaul

Literatur: American Society for Testing and Materials: Standard Test Method for Plane-Strain Fracture Toughness of Metallic Materials. ASTM-Norm E 399-81, 1981. – ASTM-Norm E 1221-88: Standard Test Method für Determining Plane-Strain Crack-Assest Fracture Toughness, K_{Ia}, of Ferritic Steels. – British Standards Institution: Method of Plane Strain Fracture Toughness Testing. BS 5447, 1977.

Sprödbruchverhalten. Bei kubisch-raumzentrierten Stählen die Neigung zum Bruch ohne vorhergehende makroskopische → Verformung bei tiefen Temperaturen, hohen Beanspruchungsgeschwindigkeiten und/oder mehrachsigen Spannungszuständen. → Sprödbruch wird im allgemeinen dadurch ausgelöst, daß wegen der Behinderung der plastischen Verformung die größte Hauptzugspannung die mikroskopische Spaltbruchspannung des Werkstoffs erreicht und damit einen → Spaltbruch auslöst.

Die Neigung zum Sprödbruch wird durch zahlreiche Prüfverfahren qualitativ ermittelt, bei denen an gekerbten Proben meist bei hoher Beanspruchungsgeschwindigkeit in Abhängigkeit von der Temperatur die bis zum Bruch auftretende Verformung, die dazu erforderliche Verformungsenergie oder das Bruchaussehen bewertet wird. Der Wechsel vom duktilen Hochlagenverhalten zur spröden Tieflage wird durch eine → Übergangstemperatur festgelegt, deren Zahlenwert von den Beanspruchungsbedingungen und der gewählten Meßgröße abhängt.

Die Übertragung der im Laborversuch an kleinen Proben gewonnenen Ergebnisse auf das Bauteilverhalten geschieht auf Basis langjähriger Erfahrungen. Die →Bruchmechanik gibt neuerdings auch die Möglichkeit einer quantitativen Beurteilung von Bauteilen durch Vergleich der Beanspruchung mit den Werkstoffkennwerten, jeweils ausgedrückt in den gleichen bruchmechanischen Kenngrößen.

Dahl

Sprühkompaktierverfahren. Das S. ist ein Urformverfahren zur Herstellung endabmessungsnaher Produkte unterschiedlicher Geometrie aus allen →metallischen Werkstoffen, einschließlich neuer →Verbundwerkstoffe und →Schichtverbundwerkstoffe (Bild). Dieses Verfahren ist insbesondere durch die schnelle →Erstarrung der kleinen Metallpartikel und die unmittelbare Produktkompaktierung gekennzeichnet.

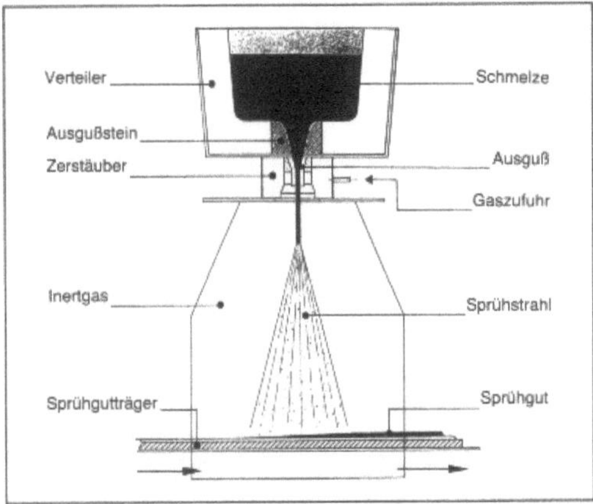

Sprühkompaktierverfahren: Schematische Darstellung.

Sprühkompaktierte Produkte zeichnen sich durch hervorragende technologische Eigenschaften aus. Die schnelle feindisperse Erstarrung ermöglicht die Herstellung seigerungsfreier Produkte und die feine, homogene Struktur führt zu isotropen physikalischen Eigenschaften. Damit können beispielsweise auch beschichtete Produkte aus Metallen und Metallegierungen, Mehrlagenmaterialien und Verbundwerkstoffen hergestellt werden.

Die wesentlichen Verfahrensschritte sind:
– Zerstäuben eines Flüssigmetallstrahls mit Hilfe eines inerten Gases,
– schnelle →Abkühlung der erzeugten Tropfen durch das Sprühgas auf eine mittlere Temperatur zwischen $T_{Liquidäus}$,
– Kompaktieren der Partikel unter Ausnutzung ihrer hohen Temperaturen und ihrer kinetischen Energie zu einem dichten Vorprodukt auf einer Auffangfläche.

Baumann

Sprühnebelprüfung. →Korrosionsprüfung mit einer kontinuierlich versprühten wäßrigen Natrium-chloridlösung in einer geschlossenen Prüfkammer. Das Versprühen geschieht mit Hilfe von Druckluft (Überdruck 0,7–1,4 bar).

Nach DIN 50021 unterscheidet man drei S.:
– die vorzugsweise angewendete Salzsprühnebelprüfung (5%ige Natriumchloridlösung, pH 6,5 bis 7,2, 35 °C),
– die Essigsäure-Salzsprühnebelprüfung (5%ige NaCl-Lösung, 1 bis 3 g/l Essigsäure, pH 3,1 bis 3,3, 35 °C) oder
– die Kupferchlorid-Essigsäure-Salzsprühnebelprüfung (5%ige NaCl-Lösung, 0,26 g/l Kupfer(II)-chlorid, pH 3,1 bis 3,3 durch Essigsäure eingestellt, 50 °C).

Wendler-Kalsch

Literatur: DIN-Taschenbuch: Korrosion und Korrosionsschutz. Berlin 1987.

Sprungtemperatur, Sprungpunkt →Supraleitung

Sputtern →Abscheidung, physikalische aus der Gasphase

Stabelektrode →Elektroden zum →Lichtbogenschweißen.

Stabilisator. S. ist ein weitgefaßter Überbegriff für Zusatzstoffe, die Substanzen zugesetzt werden, um diese vor chemischen Reaktionen oder Zersetzung zu schützen. Im Bereich der makromolekularen Chemie umfaßt dieser Begriff sowohl →Inhibitoren, die eine unerwünschte →Polymerisation von Monomeren verhindern soll, als auch Zusatzstoffe, die →Polymeren zugegeben werden. S. in Polymeren können deren Eigenschaften gegenüber Licht, Wärme, Luftsauerstoff und Feuchtigkeit verbessern und werden deshalb häufig während des Verarbeitungsprozesses zugegeben. Auch bei Emulsionen werden, damit diese über einen längeren Zeitraum stabil bleiben, S. zugegeben. In diesem Fall bezeichnet man sie als Emulgatoren. Beispiel für Emulgatoren sind Seifen.

Finkelmann

Stabsperrholz →Sperrholz

Stabstahl. S. ist ein warmgewalztes Erzeugnis, das üblicherweise in geraden oder gebogenen Stäben geliefert wird. Der Querschnitt ist rund, quadratisch, rechteckig, sechseckig, achteckig, halbrund oder kann an die Form der Buchstaben L, T oder Z erinnern und an einer Seite eine Verdickung (Wulst) aufweisen (Wulstflach- und Wulstwinkelstahl). Auch I-, H- und U-Profile unter 80 mm Höhe gehören zum S. Auch gerichteter und abgelängter →Walzdraht ist als S. gleicher Form und Abmessung zu betrachten, vorausgesetzt, daß die gültigen Maßabweichungen beachtet werden.

Baumann

Stabziehen. S. gehört nach DIN 8584, Bl. 2, zu den Verfahren des Durchziehens, und ist als Gleitziehen eines Stabes durch ein Werkzeug (Ziehring, Ziehmatrize) mit kreisförmiger oder anders geformter Austrittsöffnung (→ Ziehen von Rundstäben bzw. -stangen oder Profilstäben) definiert (Bild 1).

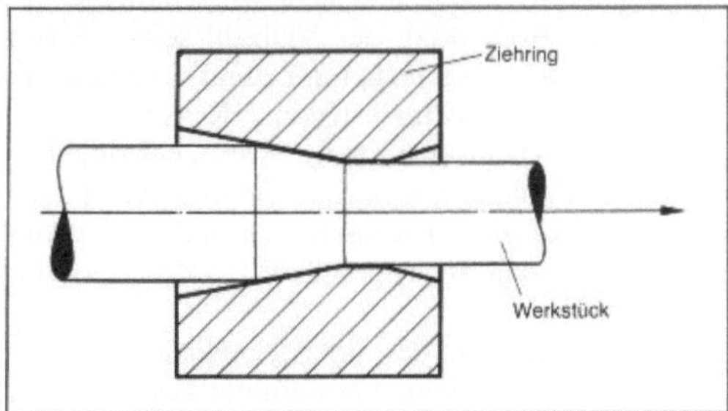

Stabziehen 1: Gleitziehen von Rundstäben.

Das S. ist ein Verfahren mit mittelbarer Krafteinleitung; die maximale Querschnittsabnahme (→ Umformgrad) wird begrenzt durch die vom umgeformten Querschnitt übertragbare → Spannung ohne → Einschnürung bzw. Bruch. Folgende Bereiche von Matrizenöffnungswinkel 2α, Umformgrad φ (Querschnittsabnahme) werden i. a. genutzt: $10°$ $\le 2\alpha \le 30°$, $0,2 \le \varphi_{max} \le 0,3$ (Umformgrade φ_{max} $>0,3$ nur in Ausnahmefällen). Der Werkstofffluß ist zunehmend inhomogen mit größer werdendem Matrizenöffnungswinkel und bei schlechteren Reibbedingungen in der Ziehdrüse (Bild 2). Der Spannungsverlauf in der Umformzone, deren Berandung und der Druck auf die Ziehdüsenwand, ermittelt mit dem numerischen Näherungsverfahren Finite-Differenzen-Methode, sind in Bild 3 dargestellt. Beim S. stellen sich wegen der verhältnismäßig kleinen Querschnittsabnahmen und damit Oberflächenvergrößerungen nicht die Probleme der Oberflächenvorbehandlung und der → Schmierung in gleicher Schärfe wie beim → Fließpressen. Die Rohteile sollen weichgeglüht sein, bei Stahlwerkstoffen entzundert und mit einer → Schmierstoffträgerschicht versehen sein. Bei leichteren Zügen reicht das billigere Kälken, ggf. nach einer vorherigen Anlaufbehandlung (→ Beizen, Spülen mit anschließender kurzzeitiger → Oxidation an Luft oder Besprühen mit leicht angesäuertem Wasser), bei schwereren Zügen wird phosphatiert oder bei nichtrostenden Stählen oxaliert. Schmierstoffe sind Öle, Seifenemulsionen, HD-Öle, gepuderte Seifen, Stearate, Oleate u. a.

Ziehwerkzeuge werden je nach zu fertigender Menge als gehärtete und geschliffene Stahlscheiben aus Cr-Stahl oder mit Hartmetall-Einsätzen in Stahlscheiben (in jüngerer Zeit auch Sinterkeramik) hergestellt. Die moderne Senk- und Drahterodiertechnik hat bei nicht kreisrunden Matrizen die früher gebräuchliche mehrteilige Bauweise weitge-

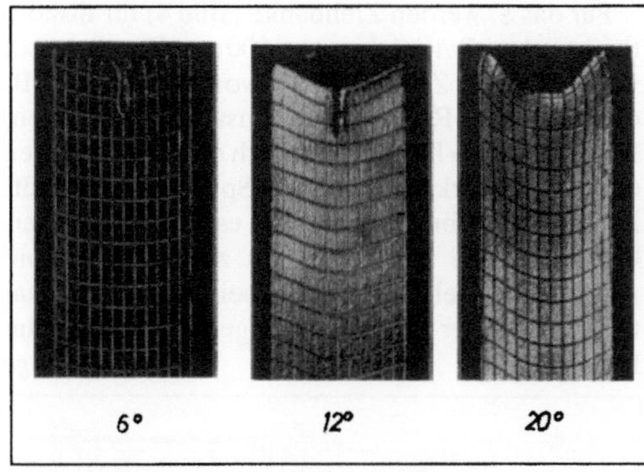

Stabziehen 2: Einfluß der Ziehdüsengeometrie auf den Formänderungszustand. (Ziehversuche an Kupferstäben nach A. Pomp)

α Ziehholneigungswinkel, Umformgrad $\varphi = 0,45$

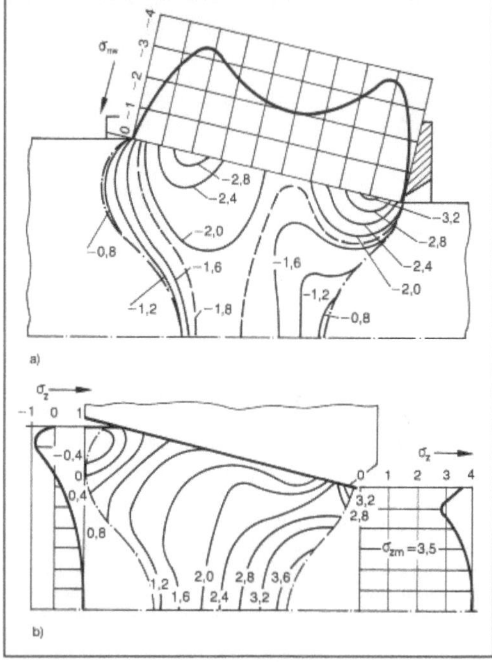

Stabziehen 3: S. mit Verfestigung. (Quelle: Adler, G.

a) Linien gleicher Radialspannung σ_r beim S., Verteilung der Normalspannung σ_{nw} senkrecht zum Werkzeug

b) Linien gleicher Axialspannung σ_z beim S., Verteilung der Axialspannungen am Ein- und Auslauf.

Begrenzung der plastischen Zone strichpunktiert

hend überflüssig gemacht. Zwecks guter Produktoberflächenqualität und Verschleißminderung werden Ziehmatrizen häufig oberflächenbeschichtet, z. B. durch Hartverchromen oder PVD-TiN-Beschichtung.

Für das S. werden Ziehbänke (Bild 4) für diskontinuierlichen Betrieb bis etwa 100 mm Durchmesser verwendet; das Ziehgut wird zuvor angespitzt (z. B. durch Recken, Rundkneten, Einstoßen, → Walzen, Drehen oder → Fräsen) und nach dem Durchführen durch das Werkzeug von der Spannzange gefaßt. Für kleinere Abmessungen gibt es auch kontinuierlich arbeitende Ziehbänke mit zwei überlappend arbeitenden Ziehstationen, wobei als Ausgangsmaterial gewalzter oder vorgezogener → Draht im Bund dient. *Lange*

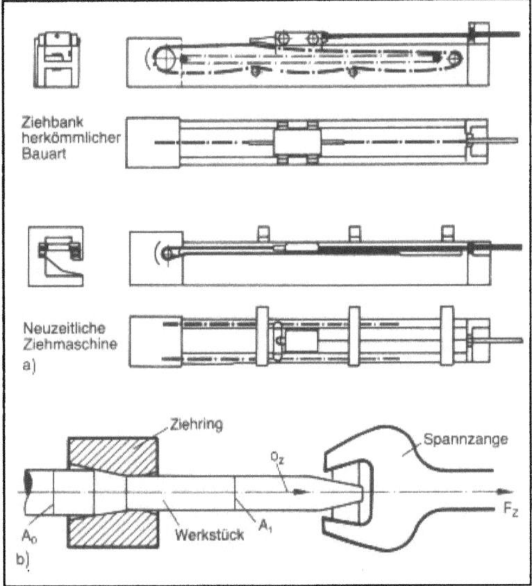

Stabziehen 4: Ziehbänke für diskontinuierliches S.
a) Alte und neue Bauart auf Endloskette bzw. mit Reservierantrieb
b) Werkstück, Werkzeug und Spannzange.

Literatur: *Adler, G.*: Ein Verfahren zur näherungsweisen Berechnung des Spannungs- und Formänderungszustands beim Fließen starrplastischer Werkstoffe. Ber. Inst. Umformtechnik. Universität Stuttgart. Essen 1969. – *Lange, K.*: (Hrsg.): Umformtechnik. Handb. f. Ind. u. Wiss. 2. Aufl. Bd. 2. Massivumformung. Berlin, Heidelberg, New York, Tokio 1988. – *Pawelski, O.* u. *W. Lueg:* Der Spannungszustand beim Ziehen und Einstoßen von runden Stangen. Forsch. Ber. Nr. 1056 d. Landes Nordrhein-Westfalen. Köln, Opladen 1962. – *Spur, G.* (Hrsg.) u. *Th. Stöferle:* Handbuch der Fertigungstechnik. Bd. 2/2. Umformtechnik. München 1984.

Stahl. Als S. werden → Eisenwerkstoffe bezeichnet, die im allgemeinen für eine Warmformgebung geeignet sind (→ Eisen). Mit Ausnahme einiger chromreicher Sorten überschreitet der Kohlenstoffgehalt nicht die Grenze von rd. 2 %.

Bei der Stahlherstellung werden → Roheisen, → Eisenschwamm und Eisenschrott zu Rohstahl umgewandelt, der anschließend im → Stahlwerk auf die gewünschten Eigenschaften eingestellt wird. Der flüssige S. wird sodann überwiegend im Strangguß- oder aber auch noch im Blockgußverfahren vergossen und durch Warm- und Kaltformgebung auf die gewünschten Endabmessungen umgeformt.

Die Eigenschaften von S. werden durch das → Gefüge bestimmt, das durch → Legierung und → Wärmebehandlung beeinflußt und eingestellt werden kann. S. verdankt seine wirtschaftliche und technische Bedeutung der Vielzahl seiner Eigenschaften, wie → Streckgrenze und → Zugfestigkeit, → Dauerschwingfestigkeit, Kriechfestigkeit, → Härte, → Schweißbarkeit, Wärmebehandelbarkeit. Dazu kommen je nach Legierung noch besondere physikalische Eigenschaften und Widerstand gegen chemische Beanspruchung (→ Korrosionsbeständigkeit).

Die Entstehung der unterschiedlichen Gefüge und damit die Erzielung bestimmter Eigenschaften kann mit Hilfe des → Eisen-Kohlenstoff-Zustandsdiagramms und der → Zeit-Temperatur-Umwandlungsdiagramme in Abhängigkeit von der Legierung und der Wärmebehandlung beschrieben werden. Je nach den gewünschten Eigenschaften wird als Gefüge → Ferrit, → Perlit, → Bainit, → Martensit oder → Austenit eingestellt. Zusammen mit den wichtigsten gewünschten Eigenschaften, wie → Festigkeit und → Zähigkeit bei hohen oder tiefen Temperaturen, Zerspanbarkeit oder chemische Beständigkeit, kann danach eine Unterteilung der Stahlgruppen vorgenommen werden.

Vielfach erfolgt die Einteilung auch nach dem Verwendungszweck, wie z. B. bei → Schiffbaustählen, → Schienenstählen oder → Betonstählen. Zur Vereinheitlichung wird aber angestrebt, die S. nach anderen Kriterien einzuteilen, z. B. für verschiedene Verwendungszwecke nach den Festigkeitsstufen. So sind z. B. für die höherfesten schweißbaren Feinkornbaustähle nach verschiedenen Normen (ISO 2604, Euronormen 113 und 137 sowie DIN 17102) gleiche Festigkeitsstufen für den Druckbehälter-, Hoch- und Tiefbau vorgesehen.

Früher wurden S. nach den Erzeugnisverfahren eingeteilt. Da aber heute S. praktisch nur noch nach dem Sauerstoffblas- und dem Elektrolichtbogenverfahren hergestellt wird und die Eigenschaften durch die → Pfannen- oder → Sekundärmetallurgie eingestellt werden, hat eine Kennzeichnung nach dem Herstellungsverfahren keine technische Bedeutung mehr.

Nach Euronorm 20–74 erfolgt vielmehr die Einteilung der Stähle in Grund-, Qualitäts- und Edelstähle. → Grundstähle sind unlegierte Stähle mit nur geringen Einschränkungen im Gehalt an Begleitelementen und in den Zähigkeitskennwerten. Auch von den → Qualitätsstählen wird kein gleichmäßiges Ansprechen auf eine Wärmebehandlung gefordert. Jedoch ist besondere Sorgfalt bei der Herstellung im Hinblick auf → Oberflächenbeschaffenheit, Gefüge und Zähigkeitseigenschaften notwendig. →Edelstähle sind für besondere Wärmebehandlungen bestimmt und weisen eine größere Reinheit auf. Hinzu kommt die Unterscheidung zwischen unlegierten und legierten Stählen, die nach Euronorm 20–74 und nach ISO 4948 bei folgenden Massengehalten in % erfolgt:

Aluminium	0,10,	Blei	0,40,
Bor	0,0008,	Selen	0,10,
Chrom	0,30,	Silicium	0,50,
Kobalt	0,10,	Tellur	0,10,
Kupfer	0,40,	Titan	0,05,
Lanthanide	0,05,	Vanadin	0,10,
Mangan	1,60[a],	Wismut	0,10,
Molybdän	0,08,	Wolfram	0,10,
Nickel	0,30,	Zirkonium	0,05,
Niob	0,05[b],	Sonstige	0,05.

[a] in der ISO 1,65; [b] in der ISO 0,06

Stähle mit niedrigeren Gehalten an Legierungselementen gelten als unlegiert.

Neben der Stahlsorte ist die Kennzeichnung der Erzeugnisform erforderlich. Hierzu liegt die Euronorm 79, Ausgabe März 1982, vor.

Danach sind Roherzeugnisse zu unterscheiden, zu denen flüssiger und fester Rohstahl zählen. Von →Halbzeug spricht man, wenn die Rohblöcke oder Rohbrammen eine →Warmumformung erfahren haben oder die Erzeugnisse in Strang vergossen worden sind. Zu unterscheiden ist flaches, quadratisches, rechteckiges und vorprofiliertes, sowie Halbzeug für nahtlose Rohre.

Die Walzstahlfertigerzeugnisse werden jeweils zusammengefaßt als

□ →Langerzeugnisse, zu denen →Formstahl, →Stabstahl und Gleisoberbauerzeugnisse gehören.

□ →Flacherzeugnisse, wie →Breitflachstahl, →Blech, →Warmbreitband und Bandstahl sowie

□ →Walzdraht.

Erzeugnisse sind oberflächenveredelte Bleche und Bänder, →Elektroblech und Elektroband sowie →Feinblech und Feinstband. Eine genauere Unterteilung ist in der Euronorm 79 angegeben.
Dahl

Literatur: Werkstahlkunde Stahl. 2 Bd. (Hrsg. VDE), Berlin–Düsseldorf. 1984/85.

Stahl, anomaler. →Stahl mit anomalem Gefüge in der aufgekohlten →Randschicht, das bei der Umwandlung im Perlitgebiet dicht unterhalb der Gleichgewichtstemperatur entsteht und in dem →Ferrit und →Zementit nicht lamellar als gekoppelte →Ausscheidung vorliegen, sondern Zementit globular ausgeschieden ist.
Dahl

Stahl, austenitischer, nicht rostender. Nicht rostende →Stähle mit austenitischem Gefüge, die ihre Eigenschaften der Zulegierung von →Chrom und →Nickel verdanken. Grundtyp ist der X 5 CrNi 18 10, der durch Molybdän- und Kupferzusätze in seinen Korrosionseigenschaften noch verbessert werden kann. Infolge des rein austenitischen Gefüges weisen diese Stähle eine relativ niedrige →Festigkeit, jedoch gute →Zähigkeit auf, die auch bei tiefen Temperaturen erhalten bleibt.
Dahl

Stahl, bainitischer. →Stahl mit bainitischem Gefüge (→Bainit), wird wegen seiner günstigen Festigkeits- und Zähigkeitseigenschaften vor allem für Baustähle und bei niedrigem Kohlenstoffgehalt für Stähle für →Flacherzeugnisse zum Kaltumformen eingesetzt.
Dahl

Stahl, beruhigter. Bei der →Stahlherstellung wird der gelöste Sauerstoff durch Elemente mit hoher Bindungsenthalpie bei der →Oxidbildung abgebunden, z. B. durch →Silicium, →Mangan oder →Aluminium. Dadurch verläuft die →Erstarrung im Gegensatz zum unberuhigten Stahl ohne Gasentwicklung und damit geringerer →Seigerung allerdings unter Lunkerbildung (→Stahl).
Dahl

Stahl, druckwasserstoffbeständiger →Druckwasserstoffschädigung

Stahl, ferritisch-austenitischer, nichtrostender. Nicht rostende →Stähle mit ferritisch-austenitischem Gefüge, die deutlich höhere 0,2 % Dehngrenzen aufweisen als die üblichen ferritischen oder austenitischen Stähle. Ein typischer Vertreter ist der Stahl X 2 CrNiMoN 22 5 3, der im Gefüge zu etwa gleichen Teilen →Ferrit und →Austenit aufweist.
Dahl

Stahl, ferritischer. →Stahl mit ferritischem Gefüge, bei welchem durch →Legierungselemente, wie z. B. →Chrom, das Austenitgebiet abgeschnürt ist. Der Grundtyp eines nicht rostenden ferritischen Stahls ist der Stahl X 6 Cr 13, der für besondere Anforderungen noch Zusätze an Molybdän oder bei erhöhtem Chromgehalt →Nickel aufweisen kann. Als hitzebeständige Stähle werden ferritische Chromstähle verwendet, die zusätzlich mit →Silicium oder →Aluminium legiert sind. Probleme können sich durch Grobkornbildung ergeben.
Dahl

Stahl, hitzebeständiger. Hitze- und zunderbeständige Stähle bilden bei Temperaturen oberhalb 550 °C auf der Oberfläche eine festhaftende →Oxidschicht, die gegen die schädigende Einwirkung heißer Gase und Flugasche sowie gegen Salz- und Metallschmelzen schützt. Ferritische h. S. weisen Chromgehalte bis zu 24 % sowie Aluminium- und Siliciumzusätze auf. Austenitische h. S. sind mit Chrom bis zu 25 %, Nickel bis zu 32 % sowie mit Silicium, Titan oder Aluminium legiert.
Dahl

Stahl, hochlegierter. Innerhalb der legierten Stähle (→ Eisenwerkstoffe, → Stahl) wird je nach der Höhe des Legierungszusatzes teilweise unterschieden nach niedrig- und hochlegierten Stählen, ohne daß hierfür klare Grenzen vereinbart worden sind. In der zurückgezogenen DIN 17006 war für Stähle mit einem Gehalt an einem Legierungselement von mehr als 5 % eine besondere Regelung vorgesehen, ohne damit aber eine Begriffsbestimmung für h. S. zu geben. *Dahl*

Stahl, höchstfester. → Stähle mit sehr hoher → Zugfestigkeit und → Streckgrenze (über etwa 1200 N/mm^2) und Zähigkeitseigenschaften, wie sie von Konstruktionswerkstoffen gefordert werden. Kennzeichnende Vertreter sind niedrig angelassene → Vergütungsstähle (z. B. → Federstahl) und martensitaushärtende Stähle. *Dahl*

Stahl, hochwarmfester, austenitischer. Austenitische → Stähle mit gegenüber den nicht rostenden austenitischen Stählen abgesenktem Chrom- und auf 13 bis 16 % Nickel angehobenen Nickelgehalten. Zusätze von → Niob und Tantal fördern die Stabilität der → Karbide. → Titan führt bei erhöhtem Nickelgehalt zur → Ausscheidung der intermetallischen γ'-Phase, die die → Warmfestigkeit erhöht. *Dahl*

Literatur: Werkstoffkunde Stahl. 2 Bde. (Hrsg. VDEh). Berlin–Düsseldorf 1984/85.

Stahl, kaltzäher. Vor allem für den Einsatz bei tiefen Temperaturen geeignete Baustähle, deren → Übergangstemperatur vom duktilen zum spröden Verhalten sehr niedrig liegt oder die, wie die austenitischen → Stähle, ein Gefüge aufweisen, das keinen Wechsel im Bruchmechanismus zeigt. *Dahl*

Stahl, legierter. Stähle, die sich durch ihren Legierungsgehalt von den unlegierten Stählen unterscheiden (→ Eisenwerkstoffe, → Stahl). *Dahl*

Stahl, martensitaushärtbarer. Stahl mit niedrigem Kohlenstoffgehalt und hohen Legierungsanteilen an Nickel, Kobalt, Molybdän und/oder Titan. Beim Abkühlen aus dem Austenitgebiet bildet sich ein verhältnismäßig weicher → Martensit, der leicht spanlos oder spanend bearbeitet werden kann (Festigkeitssteigerung). Bei Erwärmung auf rd. 500 °C scheiden sich intermetallische Verbindungen, wie Ni$_3$Ti oder Fe$_2$Mo aus, die zu einer starken Zunahme der → Streckgrenze führen, ohne daß die Kerbschlagzähigkeit allzu tief absinkt. Beispiele für kennzeichnende → Stahlsorten sind X 2 NiCoMo 18 8 5, X 2 NiCoMoTi 18 12 4 oder X 1 NiCrCoMo 10 9 3. Diese Stähle weisen ein hohes Festigkeits-Dichte-Verhältnis auf und werden für besonders

hoch beanspruchte Bauteile im Fahr- und Flugzeugbau, in der Raumfahrt, Kern- und Wehrtechnik sowie für Werkzeuge eingesetzt. *Dahl*

Literatur: Werkstoffkunde Stahl. 2 Bde. (Hrsg. VDEh). Berlin–Düsseldorf 1984/85.

Stahl, martensitaushärtender, nichtrostender. Nichtrostende Stähle auf der Basis X 5 CrNiCuNb 15 5 oder X 7 CrNiMoAl 15 7, die bei guter Korrosionsbeständigkeit mechanisch hoch belastet werden können. *Dahl*

Literatur: Werkstoffkunde Stahl. 2 Bde. (Hrsg. VDEh). Berlin–Düsseldorf 1984/85.

Stahl, nicht magnetisierbar. Stähle gelten als nicht magnetisierbar, wenn die relative magnetische → Permeabilität kleiner 1,05 ist. Voraussetzung dafür ist ein stabil austenitisches Gefüge auch bei der tiefsten Anwendungstemperatur. Das wird durch Zusatz von → Mangan in ausreichender Menge (z. B. X 35 Mn 18) erreicht oder, wenn zusätzlich vor allem besondere Korrosionseigenschaften verlangt werden durch Gehalte von mindestens 5 % → Chrom und zusätzlich → Nickel, Molybdän und → Stickstoff in verschiedener Kombination. Eine interessante Neuentwicklung sind Stähle für Kappenringe, die hohe → Festigkeit bei guter → Zähigkeit einem Zusatz von 0,6 % N und zusätzlicher → Kaltverformung verdanken. *Dahl*

Literatur: Werkstoffkunde Stahl. 2 Bde. (Hrsg. VDEh). Berlin–Düsseldorf 1984/85.

Stahl, nichtrostender. Stähle mit unterschiedlichem Gefüge, die sich durch Beständigkeit gegen Korrosionsangriff auszeichnen und durchweg einen Chromgehalt von mehr als 12 % aufweisen. Die übrigen → Legierungselemente richten sich nach den weiteren Anforderungen, vor allem an die Festigkeitseigenschaften. *Dahl*

Stahl, nickelmartensitischer nichtrostender. Nichtrostende vergütbare Stähle, die aufgrund ihres Nickelgehaltes von 3 bis 6 % im Vergleich zu den nur mit → Chrom legierten vergütbaren Stählen bessere → Zähigkeit und hohe Anlaßfestigkeit aufweisen (z. B. X4 CrNi 13 4 oder X4 CrNiMo 16 5). Die Stähle haben wegen ihrer niedrigen Kohlenstoffgehalte eine gute → Korrosionsbeständigkeit, sind gut schweißbar und auch bei größeren Werkstücken noch durchvergütbar. *Dahl*

Stahl, verschleißbeständiger. Der → Verschleißwiderstand von → Stahl steigt mit der → Härte. Hohe Härte wird durch → Härtung über die Martensitumwandlung erzeugt, wobei die Härte proportional zum Kohlenstoffgehalt ist und die verschleißfeste Schicht vielfach auf die Randzone beschränkt bleiben kann. Hohen Verschleißwiderstand geben auch in eine ferritische Grundmasse eingelagerte →Karbide, wobei der Kohlenstoffgehalt bis in den Bereich der ledeburitischen Stähle (X 210 Cr 12) oder des →Gußeisen gesteigert werden kann. Wird auch die Grundmasse gehärtet, so nimmt der Verschleißwiderstand weiter zu, die Bruchzähigkeit allerdings ab. In Manganstahl mit 1,2 % Kohlenstoff und 12 % Mangan wird nach dem Lösungsglühen und →Abschrecken ein austenitisches Gefüge erzielt, das sich bei lokaler →Verformung, also vor allem in den Randschichten, stark verfestigt und so eine verschleißfeste →Randschicht bildet.   *Dahl*

Stahl, warmfester. Stahl für den Einsatz bei höheren Temperaturen. Ferritische →Stähle erzielen höhere →Warmfestigkeit durch Zusatz von sonderkarbidbildenden Elementen, wie Molybdän, →Chrom oder →Vanadin, die verhindern, daß die →Karbide bei erhöhten Temperaturen in kurzen Zeiten koagulieren und damit zur Erweichung führen. Für höhere Temperaturen sind austenitische Stähle besser geeignet, da die geringere Selbstdiffusion Erholungsvorgänge erschwert und die geringe Stapelfehlerenergie Quergleiten erst bei höheren Spannungen und/oder Temperaturen ermöglicht.   *Dahl*

Stahl, weichmagnetischer →Nickel-Eisen-Legierung, weichmagnetische

Stahl, wetterfester. Stähle aus der Gruppe der allgemeinen Baustähle, die durch zusätzliche Gehalte an →Chrom, →Kupfer und zum Teil auch →Vanadin einen höheren Widerstand gegen atmosphärische →Korrosion bei gleichem Gefüge aufweisen.   *Dahl*

Stahlband. S. ist ein zur Gruppe der →Flacherzeugnisse gehörendes →Walzstahl-Fertigerzeugnis aus Stählen aller Art. Es wird unmittelbar von der Fertigwalzanlage aus mit regelmäßig aufeinander liegenden Kanten zu einer →Rolle aufgewickelt, so daß die Seitenflächen der Rolle ungefähr in einer Ebene liegen. S. hat im Walzzustand leicht gewölbte Kanten, es kann aber auch mit beschnittenen Kanten geliefert werden oder durch Spalten (Längsteilen) eines breiteren Bandes entstehen.

Auf Grund des Formgebungsverfahrens wird zwischen →Stahl-Warmband und →Stahl-Kaltband unterschieden.   *Baumann*

Stahlbegleiter (auch Eisenbegleiter). Bezeichnung für alle chemischen Elemente, die unbeabsichtigt, d. h. ohne besondere Zugabe im →Stahl enthalten sind (Beispiele: C, Mn, Si, P, S, N, O, H). Die S. stammen entweder aus dem Erz oder aus dem →Hochofenkoks; teils kommen sie auch im →Stahlwerk oder in der Gießerei in die Schmelze. Die S. beeinflussen die Eigenschaften der Stähle teils günstig und teils ungünstig (→Eisen, →Stahl).   *Bolbrinker*

Stahlblech. S. ist ein zur Gruppe der →Flacherzeugnisse gehörendes →Walzstahl-Fertigerzeugnis aus Stählen aller Art mit nicht festgelegter Ausführung der Kanten, welches in ebenen Tafeln meist rechteckiger Form, aber auch in jeder anderen (beispielsweise runder oder sonstiger) Form geliefert wird. Die Kanten des gelieferten S. sind roh oder beschnitten. S. kann auch durch Zerteilen von →Stahl-Warmband mit einer Breite ≥600 mm oder aus einer →Platine gewalzt entstehen. Nach jeweils letztem Formgebungsverfahren wird zwischen warmgewalztem und kaltgewalztem S. unterschieden.

Nach der Dicke wird S. eingeteilt in →Feinstblech (nur kaltgewalzt), mit Dicken <0,5 mm, →Feinblech mit Dicken <3,0 mm, →Mittelblech mit Dicken ≥3,0 mm und <4,76 mm sowie →Grobblech mit Dicken ≥4,76 mm.

Nach der Art der Weiterbehandlung ist S. lieferbar als Produkt ohne →Überzug oder als Produkt mit Überzug aus Metall, beispielsweise Zinn (Weißblech), Zink, Blei, Aluminium und Kadmium. S. kann aber auch einen Überzug aus nichtmetallischen Stoffen, beispielsweise Kunststoff, haben. Sonderformen der S. sind je nach Oberflächengestaltung beispielsweise Lochbleche, Wellbleche oder Belagbleche.

Weißblech ist ein →Flachstahl in Tafeln oder →Rollen mit einem elektrolytisch oder schmelzflüssig aufgebrachten Überzug aus Zinn. Die Dicke des Bleches ist kleiner als 0,5 mm. Das für den Überzug verwendete Zinn hat einen →Reinheitsgrad von mindestens 99,75 %.

Feinblech ist ein warm- oder kaltgewalzter Flachstahl mit einer Dicke kleiner als 3,0 mm und rechteckigem Querschnitt, aber beliebigen Flächenbegrenzungen bei unbeschnittenen oder beschnittenen Kanten.

Feinstblech ist ein kaltgewalztes →Blech aus weichem unlegiertem Stahl mit einer Dicke kleiner als 0,5 mm, welches in ebenen Tafeln geliefert wird und dessen Oberfläche entfettet und zum Verzinnen, Lackieren und Bedrucken geeignet sein muß.   *Baumann*

Stahldraht. S. ist die übliche Bezeichnung für kaltgezogenen →Draht aus unlegiertem und legiertem →Stahl. Im Sprachgebrauch wird zwischen weichem S. (früher Eisendraht genannt) und S. (harter S.) unterschieden.   *Baumann*

Stahldraht mit guter elektrischer Leitfähigkeit. →Draht zur Fortleitung elektrischer Ströme. Falls keine höhere → Festigkeit gefordert wird, möglichst reines → Eisen, da jedes Zusatzelement den Widerstand erhöht. Die durch → Kaltverformung bewirkte Widerstandserhöhung kann durch → Erholung und Rekristallisation beim → Glühen rückgängig gemacht werden. In Freileitungen muß aus Gründen der Festigkeit eine Abnahme der Leitfähigkeit infolge der Legierungselemente in Kauf genommen werden, hierbei dient der Stahlkern vielfach nur als Träger des elektrischen Leiters in Form einer → Ummantelung aus → Kupfer oder → Aluminium. *Dahl*

Literatur: Werkstoffkunde Stahl. 2 Bde. (Hrsg. VDEh). Berlin–Düsseldorf 1984/85.

Stähle für den Eisenbahn-Oberbau. Stähle für Schienen, Weichen, Schwellen, Verbindungs- und Befestigungselemente. Davon sind am wichtigsten die → Schienenstähle. *Dahl*

Stähle für Fernleitungsrohre. Rohrstähle mit Eigenschaften, die im wesentlichen durch die Art des zu transportierenden Stoffes sowie die Umgebungs- und Betriebsbedingungen der Leitungen bedingt sind. *Dahl*

Stähle für geschweißte Rundstahlketten. Wichtigste Eigenschaft ist die → Festigkeit, die sich nach der Beanspruchung und Art der Kette richtet. Gefordert werden ferner Kaltscherarbeit, Umformbarkeit durch Kalt- und Warmbiegen und vor allem → Schweißeignung. *Dahl*

Stähle für Kalt-Massivumformung. Stähle mit Eignung für die Kalt-Massivumformung, vor allem für Kaltfließpressen und Kaltstauchen. Wichtigste Gebrauchseigenschaften sind eine möglichst niedrige → Fließspannung und ein gutes → Formänderungsvermögen. Die übrigen Eigenschaften ergeben sich aus den Anforderungen an das Fertigteil. *Dahl*

Stähle für Rohre. Stähle, die im wesentlichen den normalfesten und hochfesten Baustählen entsprechen, und die für die Rohrherstellung nur geringfügig abgeänderte Eigenschaftswerte aufweisen. *Dahl*

Stähle für rollendes Eisenbahnzeug. Stähle für die Fertigung von Achswellen, Radscheiben, Radreifen sowie von Vollrädern. Besondere Anforderungen werden an die mechanischen Eigenschaften, → Festigkeit, Dauerfestigkeit und → Zähigkeit und für die Radreifen an den → Verschleißwiderstand gestellt. *Dahl*

Stähle für Schrauben, Muttern und Nieten. Stähle, die zum Kalt-Massivumformen geeignet sein müssen. Da vielfach die Formgebung auch durch spanabhebende Bearbeitung erfolgt, werden dann zusätzlich Anforderungen an die Zerspanbarkeit gestellt. Hochfeste Schrauben und Muttern werden vielfach vergütet, so daß entsprechende Anforderungen an die → Härtbarkeit erfüllt werden müssen. *Dahl*

Stähle für schwere Schmiedestücke. Die geforderten Eigenschaften und damit die Zusammensetzung und das → Gefüge der Stähle hängt vom Verwendungszweck ab, wobei größter Wert auf gleichmäßige Eigenschaften in der Oberflächenzone und in der Kernzone gelegt wird, da die Schmiedestücke vielfach als Turbinen- oder Generatorwellen eingesetzt werden. Bewährte Stahlsorten reichen vom Ck 45 bis zum 33 NiCrMo 14 5. *Dahl*

Stähle mit besonderen elastischen Eigenschaften. Zwischen der Temperaturabhängigkeit der elastischen Eigenschaften und der → Wärmeausdehnung (→ Stähle mit bestimmter Wärmeausdehnung) besteht ein ursächlicher Zusammenhang. Auch die Änderung der magnetischen Eigenschaften wirkt sich auf den → Elastizitätsmodul aus. Legierungen mit temperaturunabhängigem Elastizitätsmodul (→ Konstantmodul-Legierungen) leiten sich von Eisennickellegierungen ab, bei denen der durch den → Ferromagnetismus bedingte Abfall des Elastizitätsmoduls unterhalb der → Curie-Temperatur ausgenutzt wird, um die im reinen Metall auftretende Temperaturabhängigkeit zu kompensieren. *Dahl*

Literatur: Werkstoffkunde Stahl. 2 Bde. (Hrsg. VDEh). Berlin–Düsseldorf 1984/85.

Stähle mit bestimmter Wärmeausdehnung und besonderen elastischen Eigenschaften. Der Wärmeausdehnungskoeffizient von → Stahl kann durch → Legierung in weiten Bereichen verändert werden (z. B. → Invar-Legierungen). Hiervon wird für die Herstellung von Meßinstrumenten und bei Kombination mit anderen Werkstoffen, z. B. bei Drahtdurchführungen durch Glas Gebrauch gemacht. Bei diesen Legierungen auf Eisen-Nickel-Basis mit weiteren Zusätzen an Kobalt, → Chrom oder → Mangan, findet man auch Elastizitätsmoduln, deren Temperaturabhängigkeit praktisch verschwindet. *Dahl*

Literatur: Werkstoffkunde Stahl. 2 Bde. (Hrsg. VDEh). Berlin–Düsseldorf 1984/85.

Stähle mit guter elektrischer Leitfähigkeit
→ Stahldraht mit guter elektrischer Leitfähigkeit

Stähle zum Kaltumformen →Flacherzeugnisse zum Kaltumformen, →Stähle für Kalt-Massivumformung

Stahleisen. →Roheisen mit im Vergleich zum *Thomas*-Eisen niedrigem Phosphorgehalt, das zur Weiterverarbeitung im Sauerstoffblasverfahren mit einer Schlacke geeignet ist. *Dahl*

Stahlerzeugungsarten. Unter S. sind beispielsweise →Blasstahlverfahren, →Elektrostahl-Verfahren, →Siemens-Martin-Verfahren und →Thomas-Verfahren zu verstehen. *Baumann*

Stahl-Gießanlage. S.-G. werden im allgemeinen eingeteilt in →Kokillen-Gießanlagen und →Stahlstrang-Gießanlagen. In solchen Anlagen erhält der →Stahl seine Urform durch →Gießen. *Baumann*

Stahl-Gießverfahren. S.-G. sind Verfahren, die dazu dienen, dem →Stahl seine Urform durch →Gießen zu geben. Unter →Urformen ist in der →Hüttentechnik ein Verfahren zu verstehen, bei dem der Stahl seine erste feste Form erhält. Urformen erfolgt in Stahlwerken meist in →Kokillen-Gießanlagen oder →Stahlstrang-Gießanlagen. Infolge der Entwicklung der →Stahlstrang-Gießtechnik wurde das →Kokillen-Gießverfahren weitgehend ersetzt. *Baumann*

Stahlguß. Bezeichnung für gegossene Erzeugnisse aus →Stahl zum Unterschied von →Gußeisen. S. wird angewandt, wenn diese Art der Formgebung technische oder wirtschaftliche Vorteile bietet gegenüber dem →Schmieden von Stahl oder der spanabhebenden Bearbeitung.

Der Stahl für den S. kann in allen herkömmlichen Verfahren zur →Stahlherstellung erzeugt werden. S. wird in Formen aus feuerfesten Stoffen oder auch in Dauerformen aus Stahl oder Graphit vergossen. Das Gußgefüge muß durch eine →Wärmebehandlung, Normalisieren oder →Vergüten, verändert werden, um die notwendige →Zähigkeit zu erreichen. Spannungen müssen durch eine Glühbehandlung abgebaut werden.

In Anpassung an die Art der Beanspruchung beim Einsatz gibt es zahlreiche Güten im Bereich unlegierter, niedrig und hoch legierter Stähle. Neben den Normen
DIN 1681 Stahlguß für allgem. Verwendungszwecke,
DIN 17245 Warmfester ferritischer Stahlguß,
DIN 17445 Nichtrostender Stahlguß,
DIN 17465 Hitzebeständiger Stahlguß,
gibt es Stahleisenwerkstoffblätter, in denen die Zusammensetzung und die Eigenschaften weiterer Güten festgelegt sind. *Rellermeyer*

Stahlherstellung. Bei der S. werden →Roheisen, →Eisenschwamm und →Schrott zu Rohstahl umgewandelt. Aus Erz, das zu Roheisen und Eisenschwamm reduziert wurde, stammen 60 % und aus Schrott 40 % des in der Welt erzeugten Stahles. Die S. erfolgt zu rd. 65 % in →Blasstahlverfahren, zu 10 % noch im →Siemens-Martin-Verfahren, und zu 25 % in →Elektrostahlverfahren.

Die metallurgischen Aufgaben der Stahlherstellungsverfahren sind:
□ feste Stoffe einzuschmelzen und die Schmelze auf die Abstichtemperatur zu erhitzen;
□ unerwünschte Begleitelemente in Roheisen, Eisenschwamm und Schrott zu oxidieren und
□ feste oder flüssige Reaktionsprodukte zusammen mit Zuschlägen in der →Stahlwerksschlacke zu binden;
□ bei Erreichen von Abstichkohlenstoffgehalt und Abstichtemperatur die Schmelze in die Gießpfanne abzustechen und dabei Stahl und Schlacke zu trennen;
□ beim →Abstich gegebenenfalls die →Desoxidation der Schmelze durchzuführen und die Endzusammensetzung durch Zugabe von Ferrolegierungen einzustellen, oder
□ Kohlenstoffdesoxidation, Stahlentgasung und →Legieren in einem →Vakuumverfahren durchzuführen, oder
□ Stahlentschwefelung und Legierungs- und Temperaturkorrektur in Anlagen der →Pfannenmetallurgie vorzunehmen;
□ die fertige, homogene Schmelze mit der richtigen Gießtemperatur und zum gewünschten Zeitpunkt zum Abgießen bereitzustellen.

Zum Unterschied von den vorher genannten Verfahren werden hochlegierte →Edelstähle zum Teil in mehrstufigen Verfahren hergestellt. Für Chrom-Nickel-Stähle wird legierter Schrott zusammen mit →Nickel in Elektroöfen vorgeschmolzen. Diese Schmelze wird dann unter Zusatz von Ferrochrom im →VOD-Verfahren unter Vakuum oder in einem Blasstahlverfahren mit einem Sauerstoff-Argon-Gemisch gefrischt. Niedriger Sauerstoffdruck und hohe Temperatur zu Ende der Prozesse ermöglichen ein gutes →Ausbringen des Chroms. Modifikationen dieses Verfahrens, abhängig von verfügbaren Einsatzstoffen und vorhandenen Anlagen sind auch in Anwendung. Stähle für höchste Anforderungen und Sonderwerkstoffe werden in →Umschmelzverfahren hergestellt. *Rellermeyer*

Literatur: *Burghardt, H.* und *G. Neuhof:* Stahlerzeugung. Leipzig 1983. – *Gmelin/Durrer:* Metallurgy of Iron, Bd. 7. 4. Aufl. (Hrsg.) *Trenkler, H.* u. *W. Krieger* Berlin – Heidelberg – New York 1984.

Stahlleichtprofil. Aus Band und →Feinblech (→Blech) durch Kaltprofilieren hergestellte Spezialprofile für die verschiedensten Verwendungszwecke des Fahrzeug-, Stahl-, Maschinen- und Gerätebaus. Beispiele: Rahmen-, Tropfenleisten-, Scheuerleisten-, Bodenrahmenprofile. *Bolbrinker*

Stahl-Kaltband. S.-K. ist die allgemein übliche Bezeichnung für kaltgewalztes → Stahlband. Es gehört zur Gruppe der → Flacherzeugnisse. Als kaltgewalzt wird ein Stahlband immer dann bezeichnet, wenn dessen Dickenabnahme vor dem Schlußglühen durch → Walzen ohne vorhergehendes Erwärmen erfolgt. *Baumann*

Stahlrohr. S. sind Hohlprofile mit meist kreisförmigen, aber auch jedem anderen Querschnitt, beispielsweise → Profilrohre, aus verschiedenen Stahlsorten. Nach der Herstellungsart wird unterschieden in warmgewalzte, warmgepreßte, stranggepreßte, warmgezogene und kaltnachgezogene, kaltnachgewalzte S., nach der Ausführungsform in nahtlose S. und geschweißte S., in Rohre mit glatten Enden oder Gewinderohre. Der Begriff Rohr ist häufig mit dem Verwendungszweck gekoppelt, beispielsweise Leitungsrohr, Bohrrohr, Kesselrohr.

Warmgepreßte Hohlkörper, beispielsweise Stahlflaschen, Behälter, runde, halbrunde oder vierkantige Rohre, werden nur dann zu den S. gezählt, wenn ihr Fertiggewicht 4 t oder weniger beträgt. *Baumann*

Stahlrohr, geschweißtes. G. S. sind aus → Röhrenstreifen, → Breitflachstahl oder → Stahlblech durch → Schweißverbindung der Blechkanten hergestellte Rohre und Rohrerzeugnisse mit Außendurchmessern bis zu 406,4 mm. G. S. mit einem äußeren Durchmesser von mehr als 406,4 mm werden geschweißte Großrohre genannt. *Baumann*

Stahlrohr, nahtloses. N. S. sind Stahlrohre, die nach den verschiedenen Rohrherstellungsverfahren, meist durch die wesentlichen Umformstufen „Lochen" eines Stahlblockes, „Strecken" des zylindrischen Hohlkörpers und „Fertigwalzen" des Rohres hergestellt werden. *Baumann*

Stahlrohr-Herstellung. Die industrielle Fertigung von → Stahlrohren begann vor 1850. Dabei wurden gewalzte Blechstreifen durch Trichter oder Walzen zu einem Rohr geformt und stumpf oder überlappt in der Wärme geschweißt. Gegen Ende des vorigen Jahrhunderts entstanden verschiedene Verfahren zur Herstellung nahtloser → Stahlrohre, deren Erzeugungsmengen rasch anstiegen. Trotz Anwendung anderer → Schweißverfahren wurden durch die Entwicklung und Verbesserung der Verfahren zur Herstellung nahtloser Rohre die geschweißten → Stahlrohre fast vollkommen verdrängt, bis etwa 1940 dominierte das nahtlose Stahlrohr. In der Folgezeit führten die inzwischen gewonnenen Erkennt-

nisse auf dem Gebiete der Schweißtechnik zu einer stürmischen Entwicklung und Ausbreitung der Rohrschweißverfahren. In der zweiten Hälfte der achtziger Jahre wurden fast zwei Drittel der S.-H. in der Welt als geschweißte Stahlrohre hergestellt. Davon sind etwa ein Drittel sogenannte Großrohre für Transportleitungen in Abmessungsbereichen oberhalb der wirtschaftlichen Herstellbarkeit nahtloser Stahlrohre.

Geschweißte Stahlrohre sind vorwiegend im Bereich kleiner Wanddicken und großer Außendurchmesser, nahtlose Stahlrohre von Normalwanddicken bis zu sehr großen Wanddicken im Durchmesserbereich bis etwa 660 mm herstellbar. Das Herstellverfahren wird aber – vorzugsweise im Überdeckungsbereich, wo die Auswahl zwischen nahtlosen und geschweißten Stahlrohren möglich ist – insbesondere durch den Verwendungszweck der Stahlrohre unter Berücksichtigung der Werkstoffe und der Einsatzbedingungen bestimmt.

Die Wiege des geschweißten Stahlrohres stand in England, die des elektrisch-widerstandsgeschweißten Rohres in den Vereinigten Staaten von Amerika. Von dort kamen die Anregungen, auch in Europa eigene Entwicklungen zu betreiben. Seitdem Bandstreifen hergestellt werden konnten, wurde versucht, durch → Biegen der Bänder und Verbinden ihrer Kanten Rohre zu erhalten. Bei der Herstellung geschweißter Stahlrohre wird → Stahlband oder → Stahlblech zunächst kontinuierlich oder mit → Pressen (U-O-Verfahren, C-Verfahren) oder auch mit einer Drei-Walzen-Biegemaschine kalt umgeformt und anschließend durch → Preß- oder → Schmelzschweißen zum fertigen Stahlrohr geschweißt. Je nach Formungsprozeß werden längsnahtgeschweißte und schraubenliniennahtgeschweißte Rohre unterschieden, letztere werden im allgemeinen Sprachgebrauch Wendelnahtrohre oder Spiralrohre genannt.

Mit den ständig steigenden Anforderungen an Rohre und Rohrerzeugnisse wurden nicht nur die Herstellverfahren laufend verbessert, sondern auch Systeme der Fertigungskontrolle und → Qualitätssicherung geschaffen. Es ist heute bei namhaften Rohrherstellern selbstverständlich, daß die Herstellung vom → Stahlwerk bis zum Fertigrohr nicht nur lückenlos überwacht und belegt, sondern auch nach Qualitätsmerkmalen gesteuert wird. Die gemäß den technischen Lieferbedingungen durchzuführenden zerstörenden oder zerstörungsfreien Prüfungen werden unabhängig von der betrieblichen Überwachung durchgeführt, so daß ein gleichmäßiges und einwandfreies Produkt gewährleistet werden kann.

Im Jahre 1950 wurden weltweit etwa 15 Mio. t Stahlrohre hergestellt. Die Produktion stieg 1960 auf mehr als 24 Mio. t. Nachdem 1970 etwa 49 Mio. t Stahlrohre hergestellt wurden, stieg die

Produktion 1980 auf mehr als 71 Mio. t. In den folgenden Jahren blieb die Erzeugung etwa gleich hoch. Ende der achtziger Jahre lag die Welt-S.-H. bei etwa 73 Mio. t je Jahr. *Baumann*

Stahlrohr-Schweißverfahren. Geschweißte → Stahlrohre werden in Längsnahtausführung oder mit schraubenlinienförmigem Nahtverlauf hergestellt. Der Durchmesser dieser Rohre reicht von etwa 6 mm bis 2 500 mm bei Wanddicken von 0,5 mm bis rund 40 mm. Als Rohmaterial dienen stets gewalzte → Flacherzeugnisse, die, je nach Herstellungsverfahren, Rohrabmessung und Verwendungszweck, warm oder kalt gewalzter Bandstahl, warmgewalztes → Breitband oder → Grobblech sein können.

Die vom Stahlrohr geforderten physikalischen Eigenschaften und Oberflächenbeschaffenheiten liegen in vielen Fällen bereits beim gewalzten Flacherzeugnis vor. Im anderen Falle kann durch eine nachgeordnete → Wärmebehandlung oder → Kaltverfestigung der gewünschte Endzustand der Rohre erreicht werden.

Bei der kontinuierlichen Rohrformung wird gehaspeltes Bandmaterial von einem Speicher abgezogen, während ein neues Band am Ende des abgehaspelten Bandes angeschweißt wird. Bei der Einzelrohrfertigung erfolgen Rohrformungs- und Schweißprozeß nicht in Mehrfachlängen, sondern in Einzelrohrlängen.

Die zur Anwendung kommenden S.-S. können in zwei Gruppen eingeteilt werden:
□ Preßschweißverfahren und
□ Schmelzschweißverfahren.

Zu den Preßschweißverfahren gehören das → Fretz-Moon-Rohrschweißverfahren, → Sönnichsen-Rohrschweißverfahren, → Niederfrequenz-Rohrschweißverfahren, → Mittelfrequenz-Induktions-Rohrschweißverfahren, induktives → Hochfrequenz-Rohrschweißverfahren, und das konduktive → Hochfrequenz-Rohrschweißverfahren.

Die Schmelzschweißverfahren können in
– Unterpulverschweißverfahren und
– Schutzgasschweißverfahren eingeteilt werden.

Das Unterpulver-Schweißverfahren ist ein elektrisches Schmelzschweißverfahren mit verdecktem Lichtbogen. Im Gegensatz zum → Lichtbogenschweißen mit Schweißelektroden brennt der Lichtbogen, dem Auge unsichtbar, unter einer Schlacken- und Pulverdecke. Charakteristisch für das Unterpulverschweißen ist die große Abschmelzleistung, die im wesentlichen auf der hohen Stromstärke und einer günstigen Wärmebilanz beruht. Als Zusatzwerkstoff wird ein aufgehaspelter Schweißwerkstoff verwendet, der durch Transportrollen ständig im Verhältnis zur Abschmelzleistung der Schweißstelle zugeführt wird. Unmittelbar über dem Stahlrohr wird der Schweißstrom mit Schleif-

kontakten in den → Schweißdraht geleitet und über die am Stahlrohr liegende Masse zurückgeführt. Der Lichtbogen bringt den zulaufenden → Draht und die zu verschweißenden Kanten zum Schmelzen. Ein Teil des aufgeschütteten Schweißpulvers wird ebenfalls durch die Lichtbogenwärme aufgeschmolzen und bildet eine flüssige Schlackendecke, die das Schmelzbad, den abschmelzenden Drahtwerkstoff und den Lichtbogen gegen atmosphärische Einflüsse abschirmt. Darüber hinaus gleicht das → Schweißpulver durch Zufuhr von Legierungselementen Abbrandverluste aus, legiert in manchen Fällen das Schweißgut und formt die Schweißraupe.

Das → Schutzgasschweißen ist ebenso wie das → Unterpulverschweißen ein elektrisches Schmelzschweißverfahren. Das Schweißbad entsteht durch Einwirken eines Lichtbogens. Der Lichtbogen brennt sichtbar zwischen → Elektrode und Werkstück. Elektrode, Lichtbogen und Schweißbad werden gegen die Atmosphäre durch ein zugeführtes inertes oder aktives → Schutzgas abgeschirmt. Die Schutzgasschweißverfahren werden nach Art von Elektrode und Schutzgas eingeteilt in
□ Wolfram-Schutzgasschweißen
– Wolfram-Inertgasschweißen (WIG),
– Wolfram-Plasmaschweißen (WP),
– Wolfram-Wasserstoffschweißen (WHG) und
□ Metall-Schutzgasschweißen,
– Metall-Inertgasschweißen (MIG),
– Metall-Aktivgasschweißen (MAG).

Für die Rohrherstellung finden vornehmlich nur die WIG-, MIG- und MAG-Schweißverfahren Anwendung. Das WIG- und MIG-Schweißverfahren wird vorrangig bei der Herstellung von Edelstahlrohren eingesetzt. Beim → WIG-Schweißen brennt der Lichtbogen zwischen einer nichtabschmelzenden Wolfram-Elektrode (Dauerelektrode) und dem Werkstück. Etwaiger → Schweißzusatz wird vorwiegend stromlos zugeführt. Das Schutzgas strömt aus einer Gasdüse und schützt Elektrode, Schweißzusatz und Schmelzbad vor Luftzutritt. Beim MIG- und MAG-Schweißverfahren brennt im Gegensatz zum WIG-Verfahren der Lichtbogen zwischen einer abschmelzenden Elektrode, die gleichzeitig Schweißzusatz ist, und dem Werkstück. Das Schutzgas ist beim → MIG-Schweißen inert wie Argon, Helium oder deren Gemische. Beim → MAG-Schweißen ist das Schutzgas aktiv. Es besteht aus reinem CO_2 oder auch aus einem Gasgemisch (im allgemeinen die Komponenten CO_2, O_2 und Argon). Das MAG-Verfahren wird in zunehmendem Maße zum Heften bei der Herstellung von längsnaht- und schraubenliniennaht-geschweißten Großrohren verwendet. Die Heftnaht stellt dabei gleichzeitig die → Schweißbadsicherung für das nachfolgende UP-Schweißen dar. Für eine optimale Schweißnaht ist hierbei eine präzise Kantenvorbereitung (Doppel-Y-Stoß) und eine gute, durchlaufende Heftnaht Voraussetzung. Bei der Großrohrherstellung liegen die Schweißgeschwindigkeiten für die Heftnaht zwischen 5 m/min und 12 m/min. *Baumann*

Stahlsorten. Unterscheidung der Stähle, früher nach dem Erzeugungsverfahren, heute nach → Grund-, → Qualitäts- und → Edelstählen (→ Stahl). Sinnvoller erscheint die Einteilung der S. nach den für die Verarbeitung und die endgültige Verwendung erforderlichen Eigenschaften. *Dahl*

Literatur: Werkstoffkunde Stahl. 2 Bde. (Hrsg. VDEh). Berlin-Düsseldorf 1984/85.

Stahlstrang-Gießanlage. S.-G. sind technische Systeme, in denen der → Stahl seine Urform erhält. Dabei ist das Gießprodukt stets länger als die Gießform. Solche technischen Systeme bestehen aus Maschinen, Geräten sowie Apparaten, deren Teilegruppen und Teile.

Rückblickend kann festgestellt werden, daß die Entwicklung der → Stahlstrang-Gießtechnik nach 1958 besonders durch sich ändernde → Stranggießanlagen-Bauformen und → Stranggießanlagen-Bauweisen sowie durch eine immer stärker wachsende Zahl der Gießanlagen und eine ständige Zunahme der Strangstahlproduktion gekennzeichnet war.

Weil das → Stranggießen endabmessungsnaher Flachprodukte, beispielsweise Vorband, zu einer erheblichen
– Minderung der → Umformarbeit in den Walzwerken sowie
– Senkung der Betriebskosten bestehender Grobblechstraßen und Warmbreitbandstraßen führt, ist es zweckmäßig, derartige Stranggießanlagen-Bauweisen von → Biegericht-Stranggießanlagen und → Bogen-Stranggießanlagen gesondert als → Stranggießanlagen für endabmessungsnahe Flachprodukte zu beschreiben. Auch infolge des Stahlstrang-Gießwalzens, also durch → Umformen eines Stranges innerhalb der Gießanlage zur Herstellung endabmessungsnaher Walzstahlprodukte, wird die Umformarbeit in den Walzwerken erheblich gemindert. Dazu muß eine Gießanlage mit mehr oder weniger aufwendigen Umformaggregaten ausgerüstet sein (→ Stahlstrang-Gießwalzverfahren, → Stahlstrang-Gießwalzanlage, → Verbund Stahl- und Walzwerktechnik).

32 % der 1970 in Betrieb gewesenen Produktionsanlagen waren → Senkrecht-Stranggießanlagen, 24 % Biegericht-Stranggießanlagen und 44 % waren Bogen-Stranggießanlagen.

Nach 1970 wurden meist nur noch Bogen-Stranggießanlagen gebaut. 1988 waren weltweit insgesamt 1 396 S.-G. mit 4 116 Gießadern in Betrieb.

1970 wurden etwa 10 % der Welt-Rohstahlproduktion zu Stahlsträngen gegossen. Nach 1970 hat die Strangstahlproduktion in wachsendem Maße weiter zugenommen. Ende der achtziger Jahre lag die Welt-Strangstahlproduktion bei 60 % der Welt-Rohstahlproduktion. *Baumann*

Literatur: *Baumann, H. G.:* Stahlstrang-Gießanlagen. Düsseldorf 1976.

Stahlstrang-Gießtechnik. Unter dieser Gießtechnik ist die Verfahrens- und Anlagentechnik zur Herstellung von Stahlsträngen zu verstehen. Demnach gehören auch die Entwicklungen der → Stahlstrang-Gießverfahren sowie der → Stahlstrang-Gießanlagen, einschließlich Erstellung und Betrieb der Anlagen, dazu.

Die Einführung der S.-G. in den sechziger Jahren war eine der bedeutendsten Innovationen der → Hüttentechnik. Infolge des Einsatzes von Stahlstrang-Gießanlagen wurde die Anzahl Verarbeitungsschritte auf den Wegen der Herstellung von → Walzstahl-Fertigerzeugnissen gesenkt und das → Ausbringen im → Stahlwerk sowie bei der Walzstahlherstellung erhöht. Das hat dem Einsatz des Stahlstrang-Gießverfahrens weltweit die Wege geebnet und zum Erkennen weiterer Vorzüge geführt, die seine Einführung in den siebziger Jahren beschleunigten. Der Strangstahlanteil von der weltweiten → Rohstahlproduktion lag 1989 bei 60 %. Eine Betrachtung der Strangstahlproduktionen verschiedener Länder zeigt, wie unterschiedlich die Strangstahlanteile in einzelnen Ländern von deren Rohstahlproduktionen 1989 noch waren (Bild). Dabei wird deutlich, daß in manchen Ländern auch nach 1989 noch ein erheblicher Nachholbedarf an Strangstahlkapazität besteht. *Baumann*

Stahlstrang-Gießtechnik: Strangstahlproduktionen verschiedener Länder im Jahre 1989.

Stahlstrang-Gießverfahren. Das S.-G. ist ein Ur-form-Verfahren, bei dem ein Gießprodukt herge-stellt wird, welches länger als die Gießform ist. Die Entwicklung und Einführung des S.-G. zählt zu den bedeutsamsten Innovationen der Stahlindustrien.

Beim Stahlstranggießen wird der → Stahl aus einer Gießpfanne einem Verteilergefäß zugeführt. Dieses feuerfest ausgekleidete Gefäß dient der Leitung des Stahles in die → Kokille und bei mehradrigen Gießanlagen gleichzeitig der Verteilung des Stahles auf die einzelnen Kokillen. Die Kokillen sind meist aus → Kupfer oder → Kupferlegierungen gefertigt und werden mit Wasser gekühlt. Zur Minderung der → Reibung zwischen Strangschale und Kokille, gegen Benetzen der Kokillenwände durch flüssigen Stahl sowie zum Aufbau einer reduzierenden Atmosphäre oberhalb des Gießspiegels wird den Kokillen ein flüssiges und/oder festes Schmiermittel zugeführt. Während des Gießvorganges werden die Kokillen oszillierend bewegt. Dazu dienen Hubsysteme. Die Stahlstränge werden nach den Kokillen im allgemeinen mit Wasser oder Luft-Wasser-Gemischen gekühlt, zwischen Rollen geführt und mit Transportrollensystemen gefördert. Den Transportrollensystemen sind Trennsysteme für das Zerteilen der Stränge nachgeordnet. Das zerteilte Gießgut wird über Rollgänge abgeführt. Vor Gießbeginn wird jede Kokille durch einen Boden (Fahrbolzenkopf), der mit einem Fahrbolzen oder einer Anfahrkette verbunden ist, verschlossen. Bei Beendigung des Angießvorganges wird der Fahrbolzen oder die Anfahrkette abgesenkt. Nachdem der Strangfuß das Transportrollensystem passiert hat, werden Fahrbolzen oder Anfahrkette und/oder Fahrbolzenkopf vom Strang getrennt und aus dem Bereich des Strangweges gebracht.

Infolge des Einsatzes der → Stahlstrang-Gießtechnik wird die Anzahl der Verarbeitungsschritte auf den Wegen der Herstellung von → Walzstahl-Fertigerzeugnissen gesenkt und das → Ausbringen erhöht (Bild). So können beispielsweise bei der Herstellung von Grob-, Mittel- oder → Feinblech die Verarbeitungsschritte
- Kokillengießen,
- Strippen,
- Wärmen der Rohbrammen und
- Brammenwalzen
durch das Stranggießen ersetzt werden. *Baumann*

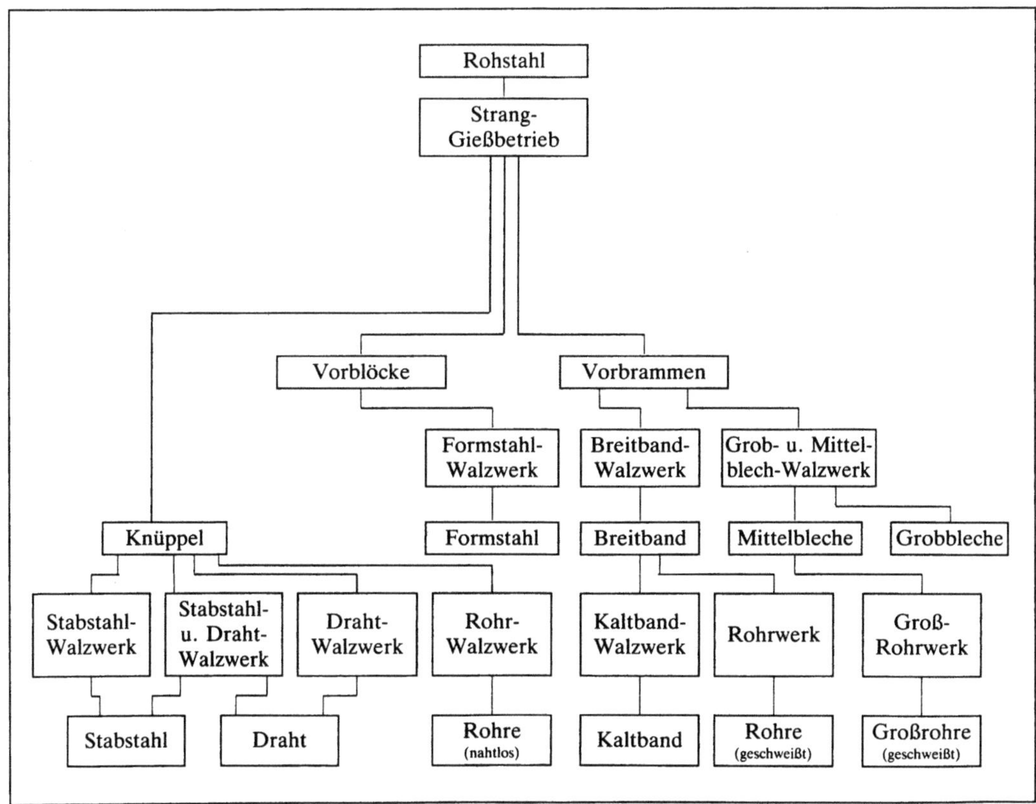

Stahlstrang-Gießverfahren: Verarbeitungsschritte auf den Wegen der Herstellung von Walzstahlerzeugnissen unter Voraussetzung des Stranggießens.

Literatur: *Baumann, H. G.* und *G. Ratschat:* Klepzig Fachber. 77 (1969) Nr. 4, S. 246/248. – *Baumann, H. G.* und *E. A. Elsner:* Klepzig Fachber. 78 (1970) 10, S. 537/545. – *Baumann, H. G.:* Klepzig Fachber. 78 (1970) 7, S. 377/385. – *Baumann, H. G.* und *H. D. Faber:* Draht-Welt 57 (1971) 6, S. 270/279. – *Baumann, H. G.* und *H. D. Faber:* Drahtwelt 57 (1971) 9, S. 424/429. – *Baumann, H. G.:* Stahlstrang-Gießanlagen. Düsseldorf 1976.

Stahlstrang-Gießwalzanlage. Die 1960 bei der Benteler AG, Paderborn, in Betrieb genommene erste Gießwalzanlage wurde einerseits aus Gründen der besseren Wärmenutzung erstellt und andererseits, wegen der beim ununterbrochenen unmittelbaren → Umformen des Stranges zu erhaltenden größeren Bundgewichte für die Herstellung geschweißter Rohre, gebaut. Für das Umformen des Stranges wurde eine *Sendzimir*-Walzanlage gewählt. Solche Walzanlagen wurden mit Einzuggeschwindigkeiten betrieben, die ähnlich den damaligen Gießgeschwindigkeiten waren.

Bereits 1965 wurde von der United States Steel Corp., Pittsburgh, Pennsylvania, USA, ein → Stahlstrang-Gießwalzverfahren zum Gießwalzen breiter Brammen mit unterschiedlichen Dicken und Breiten zum Patent angemeldet (Deutsche Auslegeschrift 1 452 117). Gegenstand dieser Patentanmeldung war unter anderem das Umformen gegossener Strangbrammen mit zwei Horizontal- und drei Vertikal-Gerüsten.

1967 wurde bei den Gary Works der United States Steel Corporation, Gary, Indiana, USA, die erste Produktions-Gießwalzanlage mit fünf Walzgerüsten für Flachprodukte in Betrieb genommen. In dieser Anlage waren nach dem Transport-Richtrollensystem, einem Entzunderungssystem und einem Durchlaufofen, die Horizontal- und Vertikalgerüste angeordnet. Damit konnten beispielsweise Brammen der Querschnittsabmessungen 1 397 mm × 236 mm gegossen und zu solchen mit Querschnitten 914 mm × 177 mm umgeformt werden. Die größten, auf dieser Anlage gegossenen Brammen hatten Gießquerschnittsabmessungen 1 930 mm × 236 mm. Dabei waren die Schmelzengewichte 200 t und es wurden infolge des Einsatzes von Gießpfannenwagen sowie Verteilergefäßwagen zwölf Schmelzen gleicher Stahlsorte nacheinander gegossen. Diese Gießanlage war bis 1983 in Betrieb.

1968 wurde die erste vieradrige Produktions-Gießwalzanlage der beschriebenen Bauweise bei der Badische Stahlwerke AG, Kehl, in Betrieb genommen. In dieser Anlage wurden Stahlstränge mit Querschnitten 130 mm × 95 mm sowie 145 mm × 93 mm und zeitweise 160 mm × 92 mm gegossen und mit einem horizontal angeordneten kalibrierten Walzenpaar je Gießader auf den Querschnitt 100 mm × 100 mm gebracht. Das → Stahlwerk war mit zwei Lichtbogen-Schmelzöfen ausgerüstet. Die Abstichgewichte jedes Ofens waren 60 t. Die Gieß-

walzanlage war mit 700 mm langen, geraden Kokillen ausgerüstet. 475 mm unterhalb des Kokillenausganges wurden die gegossenen Stränge tangential in einen Kreisbogen geführt. Der senkrechte Abstand zwischen der Gießbühne und der Unterkante des in der Waagerechten gerichteten Stranges war 6,1 m.

1988 wurde zur Herstellung von Vorband und → Stahlband durch Gießwalzen eine Gießader der Ovalbogen-Gießanlagen des Hüttenwerkes Huckingen der Mannesmannröhren-Werke AG, Duisburg, mit einem neuen, hydraulisch anstellbaren, zum Umformen des Stranges geeigneten, der → Kokille nachgeordneten Strangführungssegment ausgerüstet. Nachdem diese Änderungen durchgeführt waren, konnte das mit einem inneren Kokillenmaß 1 200×60 mm unter Produktionsbedingungen gegossene Vorband schrittweise auf 25 mm Enddicke umgeformt werden. Diese Dickenabmessung lag im coilbaren Bereich.

1991 wird bei Finarvedi SpA, Cremona, Italien eine erste Produktionslinie mit einadriger Gießwalzanlage zur Herstellung von → Warmband mit Breiten bis 1 330 mm und Banddicken zwischen 15 und 25 mm in Betrieb genommen.

Ziele der Entwicklung des Stranggießens endabmessungsnaher Flachprodukte und des gleichzeitigen Umformens dieser Produkte innerhalb der Gießanlage sind die Minderung der Walzarbeit auf ein mögliches Mindestmaß sowie die Verbesserung der Stahlstrangqualität. Damit bestehen insbesondere folgende Möglichkeiten:
– die Senkung der Betriebskosten bestehender Blechstraßen und Warmbandstraßen sowie
– der Bau neuer, wirtschaftlich arbeitender Regional-Hüttenwerke für → Flachstahl.　　　*Baumann*

Literatur: *Baumann, H. G.; K. Feldermann, C. Körling* und *H. Lüdorff;* Steel and Metals Magazine 27 (1989) 6/7, S. 465/478. – *Benteler, H.:* Berg- und Hüttenmännische Monatshefte 107 (1962) 4, S. 144/151. – *Brückner, K.:* Stahl und Eisen 108 (1988) 22, S. 1029/1034. – *Brückner, K.:* Steel and Metals Magazine 27 (1989) 1/2, S. 65/72. – *Ehrenberg, H.-J.; K. Diederich, L. Parschat, F.-P. Pleschiutschnigg* und *W. Rahmfeld:* World Steel and Metalworking 9 (1988), S. 168/170. – *Ehrenberg, H.-J.; L. Parschat, F.-P. Pleschiutschnigg, C. Praßer* und *W. Rahmfeld:* Stahl und Eisen 109 (1989) 9/10, S. 453/462. – *Schrewe, H.; H.-E. Wiemer, H.-J. Ehrenberg, K. Wünnenberg, K. Brückner* und *U. Petersen:* Stahl und Eisen 108 (1988) 9, S. 427/436. – *Wiebel, A. V.:* Iron and Steel Engineer 46 (1969) 7, S. 103/112.

Stahlstrang-Gießwalzverfahren. Das S.-G. ist ein Verfahren, bei dem ein Strang innerhalb der Gießanlage unter Nutzung seiner Wärme querschnittsvermindernd umgeformt wird. Bereits 1846 hatte *Henry Bessemer* ein kontinuierlich arbeitendes Gießwalzverfahren zur Herstellung von Metallbändern vorgeschlagen (USP 49053). Jedoch erst 1960 konnte eine erste, für Produktionszwecke konzi-

pierte → Stahlstrang-Gießwalzanlage in Betrieb genommen werden. Mit S.-G. können insbesondere
– die Wärme der gegossenen Stränge für das → Umformen weitgehend genutzt,
– das Umformen in den Walzwerken auf ein notwendiges Mindestmaß begrenzt,
– die innere Beschaffenheit der gegossenen Stränge verbessert und
– der Verarbeitungsprozeß rationalisiert
werden.

1966 war es der Gebr. *Böhler* und Co. AG, Kapfenberg, Österreich, gelungen, durch unmittelbares → Walzen des Stranges ein Verfahren zu entwikkeln, das bei beträchtlicher Qualitätsverbesserung der Strangstähle auch die betriebssichere Herstellung endabmessungsnaher Produkte für die Weiterverarbeitung ermöglichte. Dieses Verfahren wurde BSR-Verfahren (Böhler-Strang-Reduzier-Verfahren) genannt. Die nach dem BSR-Verfahren hergestellten Stränge waren seigerungsarm, ohne Kernporositäten, hatten hervorragende → Oberflächen und → Gefüge, die denjenigen gewalzter Produkte ähnlich waren. Damit war der Nachweis erbracht, daß durch Gießwalzen endabmessungsnahe Produkte mit unterschiedlichen Querschnittsformen und -abmessungen betriebssicher hergestellt werden konnten, die zur Weiterverarbeitung in Fertigstraßen geeignet waren.

Beim Umformen der Stahlstränge einer Gießanlage mit Transportwalzen, die in Höhe des noch flüssigen Strangkernes angeordnet sind (Deutsche Offenlegungsschrift 1 483 602), werden die Erstarrungsfronten innerhalb des Walzspaltes zwangsweise miteinander vereinigt. Infolge dieses Vorganges wird der → Kokille während des Anstellens der Walzen und nach dem Anstellen nicht nur eingangsseitig aus dem Verteilergefäß, sondern auch ausgangsseitig aus dem Inneren des Stranges flüssiger Stahl zugeführt. 1967 wurde das schrittweise Umformen nicht erstarrter Stränge innerhalb einer → Biegericht-Stranggießanlage oder innerhalb einer → Bogen-Stranggießanlage mit vielen Rollen oder Walzen, die auch in Gruppen zusammengefaßt sein können (Deutsche Offenlegungsschrift 1 583 620), vorgeschlagen und versuchsweise durchgeführt.

Für das Gießwalzen mit nur einer Umformeinheit war es bereits in den Jahren zwischen 1968 und 1972 besonders vorteilhaft, Stränge mit flachen Querschnittsformen zu gießen. Unter Strängen mit flachen Querschnittsformen sind beispielsweise rechteckige, polygonale, ovale oder ovalähnliche Querschnitte zu verstehen. Die Zuführung des Stahles ist bei Kokillen für Stränge mit geringeren Dicken schwieriger als bei solchen für Stränge mit größeren Dicken.

Bereits 1970 konnten beim → Gießen von Strängen mit flachen Querschnittsformen bei einer Dicke von etwa 100 mm Tauchausgüsse besonderer Form eingesetzt werden.

Auch Vorprofile können durch Gießwalzen aus Strängen mit beispielsweise rechteckig-flachen Querschnitten hergestellt werden. Es wurde auch geprüft, ob Stränge mit profilierten Querschnittsformen gegossen und nach dem Gießwalzverfahren umgeformt werden können. Damit ließen sich Vorprofile für die Weiterverarbeitung in Fertigstraßen herstellen.

Bereits in der zweiten Hälfte der 60er Jahre wurde also nachgewiesen, daß mit dem Gießwalzverfahren eine
– bessere innere Beschaffenheit der Stränge,
– deutliche Verbesserung der Strangstahl-Qualität,
– beachtliche Steigerung der Gießleistungen bei der Herstellung von Strängen mit quadratischen, flachen, achtkantigen und runden Querschnitten,
– unmittelbare Nutzung der Gießwärme für das Umformen sowie
– erhebliche Minderung der → Umformarbeit und des Energiebedarfes in den Walzwerken
erreicht wird. Gleichzeitig wurde herausgestellt, daß bei der Verarbeitung von Strangbrammen zu Band oder → Blech eine Umformarbeit geleistet wird, die meist viel größer, als zur Erzielung der geforderten technologischen Eigenschaften erforderlich ist und daß deshalb eine Zuführung des Stahles in die Kokille entwickelt werden muß, mit der Brammenstränge bei Seitenverhältnissen weit größer als 10 zu 1 gegossen werden und unter Nutzung der Gießwärme zu Band umgeformt werden.

Baumann

Literatur: *Baumann, H. G.:* Draht-Welt 55 (1969) 10, S. 607/613; Revista de Metalurgia 6 (1970) 6, S. 614/621. – *Baumann, H. G. und E. A. Elsner:* Klepzig Fachber. 78 (1970) 10, S. 537/545. – *Baumann, H. G., E. A. Elsner und J. Pirdzun:* Stahl und Eisen 91 (1971) 3, S. 139/147. – *Tarmann, B. und H. Vonbank:* Radex-Rdsch. (1967), S. 429/438.

Stahl-Umschmelzverfahren. S.-U. sind den Schmelz- und Gießverfahren nachgeordnete sekundärmetallurgische Prozesse für den Bereich der Edelstahlerzeugung. Die Anwendung der Umschmelzprozesse führt zu Stählen mit wesentlich verbesserten Reinheitsgraden und Eigenschaften (Bild).

Das Prinzip dieser Verfahren beruht auf einem Umschmelzen fester Einsatzstoffe, vorzugsweise Abschmelzelektroden, in wassergekühlten Kokillen. Dabei erstarrt der umgeschmolzene → Stahl zu einem meist gerichtet kristallisierten Gußblock oder Formstück. Je nach gewünschten Eigenschaften des Endproduktes werden unterschiedliche Umschmelzaggregate eingesetzt.

Im Umschmelzaggregat wird ein nahezu innenfehlerfreier Gußblock hergestellt, der bei vermin-

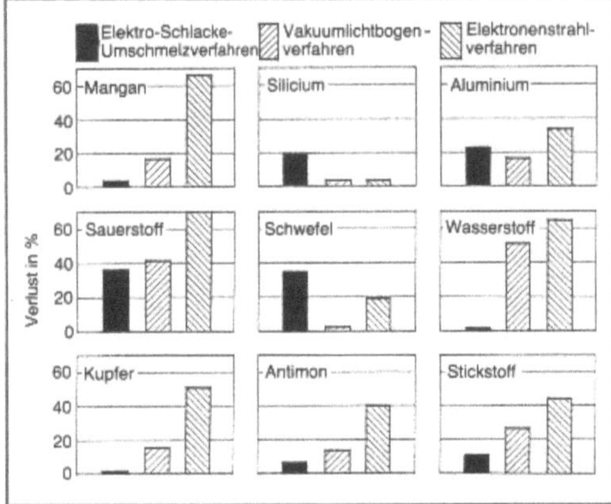

Stahl-Umschmelzverfahren: Gegenüberstellung der zu erwartenden Änderungen der chemischen Zusammensetzung während des Umschmelzens nach den Elektroschlacke-Umschmelz-, Vakuum-Lichtbogen- und Elektronenstrahl-Verfahren.

derter Kristallseigerung keine Blockseigerung und keine Sekundärlunker oder Lockerstellen aufweist. Dementsprechend können bei der Warmformgebung niedrigere Umformgrade angewendet werden und es kann in Sonderfällen auf eine → Umformung verzichtet werden. Durch das Umschmelzen werden schädliche Verunreinigungen aus dem Stahl entfernt. Dabei werden bei den Vakuum-Umschmelzverfahren vorzugsweise Gase und Stahlbegleitelemente, aber auch → Legierungselemente mit hohem Dampfdruck ausgeschieden, während im → Elektroschlacke-Umschmelzofen eine auf metallurgischen Umsetzungen des Stahles mit der Umschmelzschlacke beruhende Reinigung von nichtmetallischen Einschlüssen (→ Oxide, → Sulfide) erfolgt. Die wesentlichen Vakuum-Umschmelzverfahren werden in → Vakuum-Lichtbogenöfen und in Elektronenstrahl-Umschmelzöfen durchgeführt.

Baumann

Literatur: *Plöckinger, E.* und *O. Etterich:* Elektrostahl-Erzeugung. Düsseldorf 1979.

Stahlverbrauch. Entspricht der Rohstahlerzeugung vermindert um die Ausfuhr und zuzüglich der Einfuhr = Marktversorgung mit Stahl. Für 1983 Bundesrepublik Deutschland 485 kg pro Einwohner, Frankreich 276 kg pro Einwohner, Brasilien 62 kg pro Einwohner, USA 404 kg pro Einwohner, VR China 56 kg pro Einwohner. *Dahl*

Stahl-Warmband. S.-W. ist ein warmgewalztes → Flacherzeugnis, welches unmittelbar nach dem Fertigwalzen mit regelmäßig aufeinander liegenden Kanten warm zu einer → Rolle aufgewickelt wird, so daß die Seitenflächen der Rolle ungefähr in einer Ebene liegen. S.-W. kann auch durch Längsteilen

eines breiten Warmbandes entstehen. → Warmband hat im Walzzustand leicht gewölbte Kanten, es kann aber auch mit besäumten Kanten geliefert werden. Zum S.-W. zählen auch Stäbe mit Breiten kleiner als 600 mm, die durch Ablängen von Warmband entstanden sind. *Baumann*

Stahlwerke. Unter S. sind Fertigungs-Komplexe zu verstehen, in denen flüssiger → Stahl hergestellt und zu Brammen, Blöcken, Knüppeln oder Stahlsträngen gegossen wird. Somit bestehen S. im wesentlichen aus einem Schmelzbetrieb und einem Gießbetrieb. S. werden nach ihren Schmelzverfahren sowie Schmelzanlagen eingeteilt in → Blasstahlwerke, → Lichtbogenofen-S. und → Siemens-Martin-S. *Baumann*

Stahlwerksschlacke. Bei der Stahlerzeugung bildet sich aus den oxidierten Begleitelementen des Roheisens, Verunreinigungen im → Schrott, Gangart im → Eisenschwamm und verschlackten feuerfesten Baustoffen eine Schlacke. Durch den Zusatz von Kalk und gegebenenfalls Dolomit wird die Zusammensetzung dieser Schlacke so gesteuert, daß sie → Phosphor und → Schwefel aus dem Metallbad im gewünschten Maße aufnimmt.

Bei → Blasstahlverfahren hat die Schlacke etwa folgende Zusammensetzung:
40–50 % CaO, 12–17 % SiO_2, 2–4 % MnO, 1–3 % P_2O_5 und 12–18 % Fe.
Bei Zusätzen von 40–80 kg Kalk/t RSt fallen 80–150 kg/t RSt an Schlacke an. Durch die Einführung von Verfahren zur → Roheisenvorbehandlung wird die Schlackenmenge geringer.

Wird Thomasroheisen mit Phosphor-Gehalten von 1,3–1,8 % verarbeitet, so sind Kalksätze von 100–120 kg/t RSt notwendig. Die Thomasschlacke, 160–200 kg/t RSt, hat P_2O_5-Gehalte von 12–18 %.

Bei der Elektrostahlerzeugung sind Schlackenzusammensetzung und -menge von der Art des eingesetzten Schrotts und der erzeugten Stahlgüte stark abhängig. Die Schlacken können neben hohen Gehalten an freiem Kalk, der nicht an SiO_2 gebunden ist, Spurenelemente, wie Cr, Mo usw. enthalten.

Die flüssige Schlacke wird am Ende des Schmelzprozesses nach dem Ausleeren des Stahles in eine Schlackenpfanne abgestochen. Sie wird dann in eine Grube gekippt und erstarrt langsam.

In der → Schlackenverwertung wird die erstarrte und abgekühlte Schlacke zu verwertbaren Produkten aufbereitet, soweit Analyse und Eigenschaften das zulassen. *Rellermeyer*

Standardpotential. → Gleichgewichtspotential für eine → Elektrodenreaktion, bei der die Reaktionspartner im Standardzustand vorliegen.

Wendler-Kalsch

Standguß. Hierunter versteht man das → Gießen in feststehende Formen unter alleiniger Einwirkung der Schwerkraft, weshalb diese Gießmethode mitunter auch als Schwerkraft- oder Schwereguß bezeichnet wird. Ferner spielt es keine Rolle, ob man in Sandformen oder in metallische Formen (Kokillen) gießt. Beim S. sind für das gute Gelingen des Gusses viele, teilweise schwer erfaßbare Einflußfaktoren zu berücksichtigen. Hierzu gehören u. a. Massen- und Wärmeströmungen, die dazu nicht selten durch chemische Umsetzungen und Kristallisationsvorgänge überlagert werden.

Beim Schwerkraftguß unterscheidet man neben steigendem und fallendem Gießen (Boden- bzw. Kopfguß), begünstigt durch die übliche Formteilung, das halb fallende und halb steigende Gießen, den sogenannten Seitenguß. Diese verschiedenen Gießarten sind für die Berechnung der wirksamen Eingußhöhe (Bild) magebend, die nach *Bernoulli*

$$H_{wirks} = h_{theor} - h_r$$

beträgt. In der Widerstandshöhe h_r werden alle passiven Einflüsse auf die Energiebilanz, wie → Reibung, Umlenkung usw., zusammengefaßt. Wichtig ist die Kenntnis der Ausflußgeschwindigkeit. Ausgehend von der bekannten *Toricelli*-Gleichung

$$v_{theor} = \sqrt{2\,gh_{theor}}$$

wird nach *H. W. Dietert* in Übereinstimmung mit dem Bild und somit

$$h_{theor} = a - \frac{b^2}{2c}$$

$$v_{theor} = \sqrt{2g\left(a - \frac{b^2}{2c}\right)}.$$

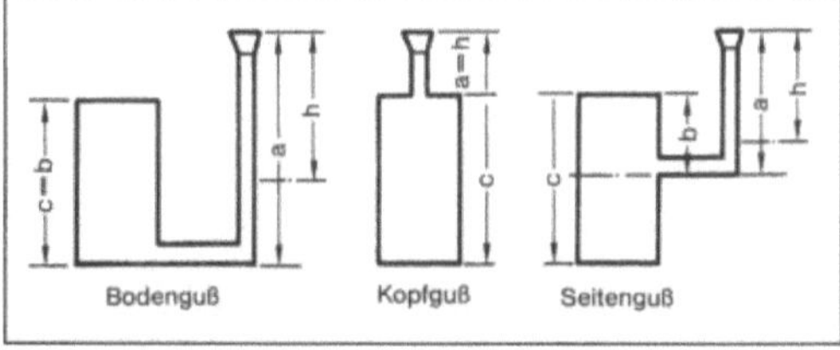

Standguß: Schematische Darstellung verschiedener Gießarten.

Bei steigendem Gießen nimmt die anfängliche Strömungsgeschwindigkeit mit dem Ansteigen des Metallspiegels in der Form ab, und zwar in gleichem Maß, wie sich die wirksame Gießhöhe verringert. Unter gleichzeitiger Berücksichtigung der Widerstandshöhe h_r faßt man diese Einflüsse in einem Wirkkoeffizienten η zusammen und kommt somit zu

$$v_{eff} = \eta \sqrt{2g\left(a - \frac{b^2}{2c}\right)}.$$

Ein fehlerfreies Auslaufen der Gußstücke hängt nicht nur von der effektiven Ausflußgeschwindig- keit, sondern auch von der Gießart und der daraus resultierenden Steigegeschwindigkeit des Metalls in der Form ab. Jede Zunahme des Schichtvolumens bedeutet eine Verringerung der Steigegeschwindig- keit. Wenn hierbei ein kritischer Wert unterschritten wird, entstehen → Fehler, wie Kaltschweißen, nicht ausgelaufene Konturen usw. Es ist wichtig, die zum Ausgleich der Schrumpfung notwendigerweise anzuordnenden Speiser in die Betrachtung mit einzubeziehen. Der Gießer ist in der Wahl der Gießart nicht völlig frei. Einerseits muß er oft mit der vom Kunden beigestellten Modelleinrichtung und deren Formbarkeit arbeiten, andererseits spielen die Kosten eine wichtige Rolle. Man wird also Kompromisse schließen müssen und versuchen, so weit es geht, problematische Steigegeschwindigkeiten durch höhere Gießtemperaturen zu überspielen.

Außer normalerweise aus Ober- (OK) und Unterkasten (UK) bestehende zweiteilige Formen verwendet man für einfache platten- oder scheibenförmige, in Serien vorkommende Gußstücke den Stapelguß, bei dem durch einen Eingußkanal alle Formhohlräume nacheinander gefüllt werden. Bei dieser Methode spart der Gießer Kreislaufmaterial.

Kokillen werden immer einzeln gegossen, die Formen müssen in der Regel vor dem Gießen vorgewärmt werden bzw. man nutzt die vom vorhergehenden Guß im Kokillenwerkstoff gespeicherte Wärme für den nächstfolgenden Guß. *Doliwa*

Literatur: *Doliwa, H. U.:* Gegossene Werkstücke. München (i. V.) – Gießerei-Lexikon. Berlin 1990 – Werkstattblatt 363 (Sandguß), München.

Stannieren. Anreichern der → Randschicht eines Werkstückes mit Zinn durch thermochemische → Behandlung. Dazu wird zunächst durch galvanisches → Abscheiden eine → Zinnschicht auf den Grundwerkstoff aufgebracht. Ein → Glühen bei 580 °C bewirkt eine Eindiffusion des Zinns, wodurch eine Oberflächenschicht aus intermetallischen Eisen-Zinn-Verbindungen gebildet wird. Diese Oberflächenschicht soll die → Haftung von → Schmierölen verbessern, so daß der Widerstand gegen → Fressen erhöht wird. *Habig*

Stapelfehler. Der zwischen zwei → Partialversetzungen aufgespannte Streifen in der Gleitebene von dichtest gepackten Strukturen metallischer Elemente und Mischkristalle. Die Bezeichnung beruht darauf, daß die kfz. Variante der dichtest gepackten Raumgitter in <111>-Richtung die Stapelfolge ABCABC aufweist, während die hex. Variante durch ABABAB gekennzeichnet ist. Atomare Verschiebungen um den Vektor a/6<112>, wie sie durch Aufspaltung in Partialversetzungen auftreten, wechseln lokal die eine Stapelfolge in die andere. Das Stapelfehler-Band zwischen zwei Partialver-

Stapelfehler. Tabelle: Zahlenwerte für Metalle.

Metall γ_{STF} [J/m^2]	Cu 0,06	Ag 0,02	Au 0,04	Al 0,20	Ni 0,30	Co 0,025	Zn 0,25

setzungen entspricht also einem schmalen zweidimensionalen hexagonalen Streifen in einem kfz. Gitter, oder umgekehrt. Da der energetisch tiefste Zustand das Grundgitter ist, erfordert der Einbau des S. (d. h. die Aufspaltung einer vollständigen Versetzung) einen Energiebetrag, die Stapelfehler- und hat die Maßeinheit [J/m^2] (Tabelle).

Der auffallend niedrige Wert für Co hängt mit der allotropen → Umwandlung dieses Metalls von kfz. in hex. bei → Abkühlung unter 417 °C zusammen. Dieser Energieaufwand wirkt der elastischen Abstoßung der beiden mit gleichen Vorzeichen in einer Gleitebene liegenden Partialversetzungen entgegen; hohes γ_{STF} (Al, Ni, Zn) bedingt schmale S. te (Co, Ag, Cu, Au) breite Aufspaltungen zulassen.

S. sind im Transmissions-Elektronenmikroskop sichtbar (Bild). Als flächenhafte Gitterdefekte ziehen sie durch elastische bzw. chemische Wechselwirkung Fremdatome an; bei diffusionsfähigen Temperaturen führt dies zur Anreicherung der Fremdatome auf dem S. und um ihn herum (*Suzuki*-Atmosphäre, entspr. der *Cottrell*-Atmosphäre um eine vollständige Versetzung). Da die Fremdatomanreicherung unter Energiegewinn erfolgt, senkt sie Äwirkungen auf die mechanischen Eigenschaften: → Partialversetzung. *Ilschner*

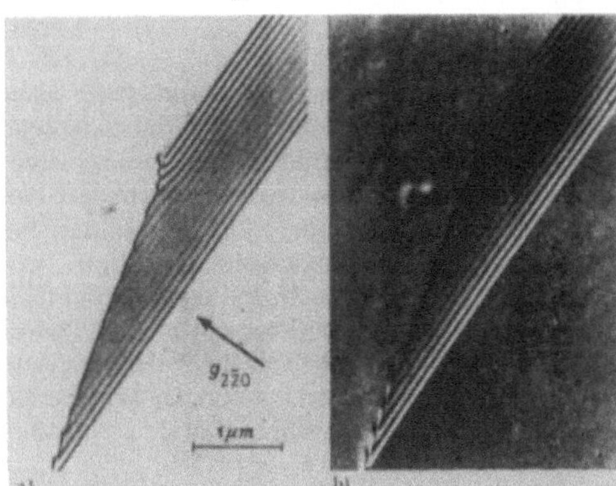

Stapelfehler: S. (a-Streifen) in Silicium.
a) Hellfeldabbildung
b) Dunkelfeldabbildung.

Stärke. (Amylum) S. ist ein → Polysaccharid, das aus vielen α-glukosidisch verknüpften Glukoseresten besteht. S. hat die allgemeine Summenformel $(C_6H_{10}O_5)_n$, einen mittleren → Polymerisationsgrad von 600–900 und somit ein mittleres Molekulargewicht von 10^5 g/mol. Sie wird hauptsächlich aus Mais, Kartoffeln und der Tapiokawurzel gewonnen.

Durch radikalisches Aufpfropfen von Acrylnitril auf S. erhält man ein → Pfropfcopolymer, in das durch Verseifung Carboxyl- oder Carboxylamid-Gruppen eingeführt werden können. Aus solchen Materialien können selbsttragende Filme gegossen werden. *Finkelmann*

Stauchen. S. ist nach DIN 8583, Bl. 3, Freiformen, wobei eine Werkstückabmessung zwischen Werkzeugen mit meist ebenen, parallelen Wirkflächen (Stauchbahnen) vermindert wird; auf Grund der Volumenkonstanz vergrößern sich dabei die Abmessungen in den beiden anderen Richtungen (Bild 1). Wichtige Sonderverfahren des S. sind das Flachprägen mit den Varianten Maßprägen zum Erzielen enger Dickenmaßabweichungen und Glattprägen mit dem Ziel verbesserter Oberflächenmikrostruktur (Bild 2). Das Anstauchen mit freier Ausbildung der Kopfform (Bild 3) hat gegenüber dem zum Gesenkschmieden zählenden Anstauchen im Gesenk eine geringere Bedeutung in der industriellen Produktion. Mit dem Sonderverfahren Elektroanstauchen (Bild 4) lassen sich wegen der durch örtliche Erwärmung auf Schmiedetemperatur signifikant herabgesetzten kritischen Knicklast sehr große Volumina frei anstauchen.

S. und Anstauchen, d. h. örtliches S. an den Enden von Werkstücken, sind wichtige Grundverfahren des Schmiedens und der Kaltmassivumformung z. B. in der Fertigung von Bolzen, Nieten, Schrauben und befestigungsmittelähnlichen Kaltumformteilen. Die Fertigung erfolgt hierbei auf Einfachdruck-, Doppeldruck-, Dreifachdruck- oder Mehrstufenpressen mit bis zu sieben Stufen. Dabei gelten

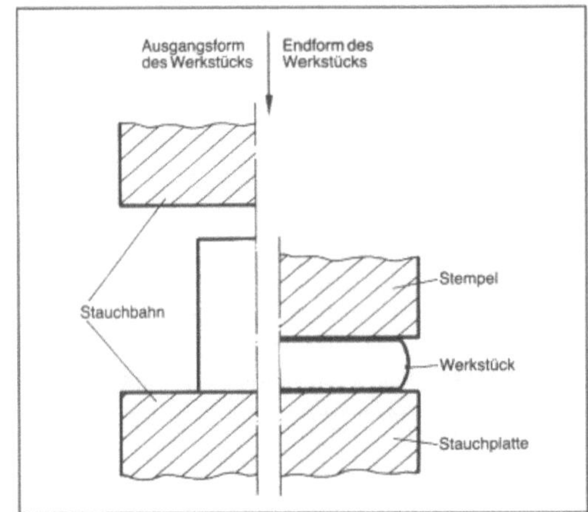

Stauchen 1: Prinzipielle Darstellung.

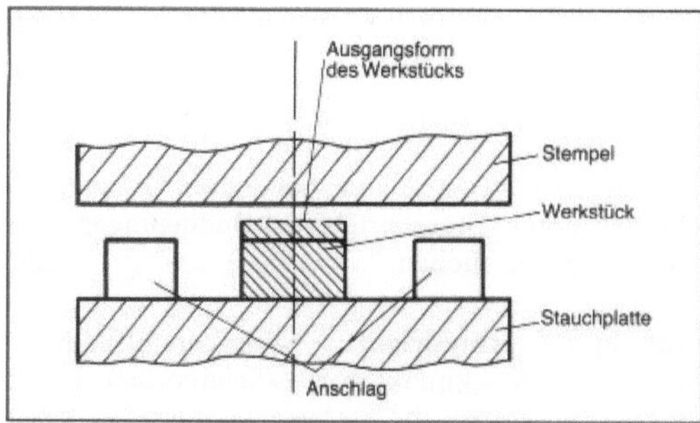

Stauchen 2: Flachprägen (Maßprägen).

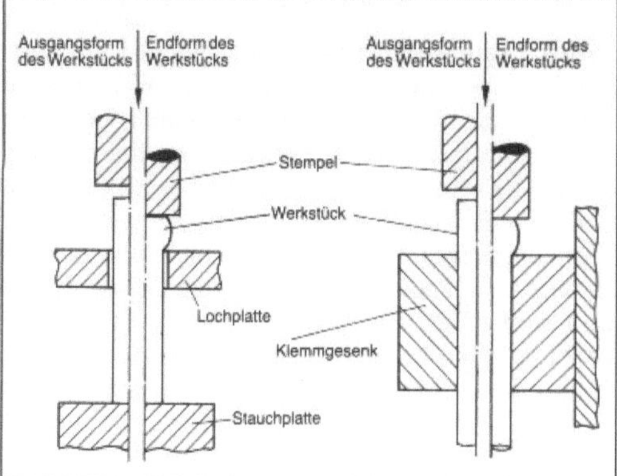

Stauchen 3: Anstauchen (Wirkrichtung der Druckkraft in Wirkrichtung der Umformmaschine).

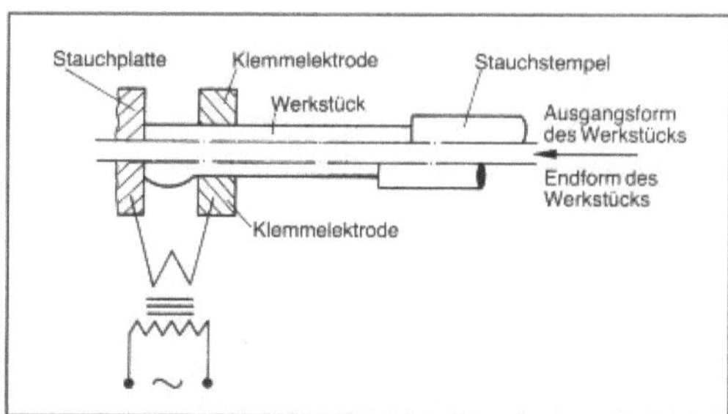

Stauchen 4: Elektroanstauchen.

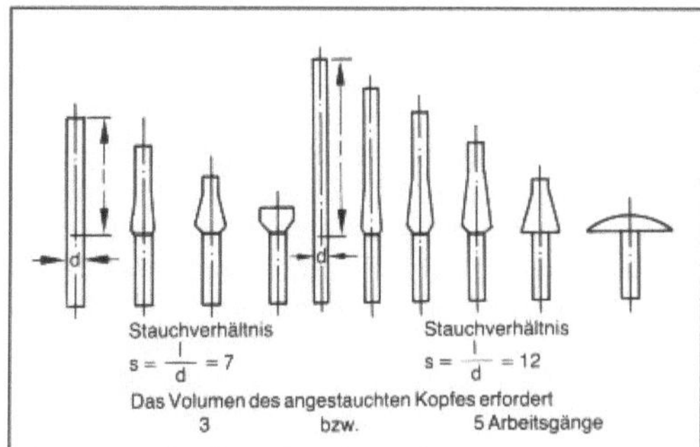

Stauchen 5: Kaltstauchen von Köpfen.

folgende Verfahrensgrenzen: Knickgrenze beim Anstauchen gegeben durch zulässiges Stauchverhältnis $s = l_o/d_o$ (l, d = Abmessungen des anzustauchenden Teils), damit Faltungen und Quetschstellen vermieden werden; →Formänderungsvermögen, gegeben durch zulässigen →Umformgrad φ bzw. zulässige Längenabnahme (Stauchung) ε; zu große Werkzeugbelastung. Zum Erzielen ausreichender Kopfvolumina muß das Anstauchen oft in mehreren Stufen erfolgen. Für übliche Kopfschrauben wird ein Vor- und Fertigstaucharbeitsgang benötigt (Bild 5).

Der →Druckversuch nach DIN 50106 dient dazu, das Verhalten →metallischer Werkstoffe durch S. unter einachsiger, über den Querschnitt gleichmäßig verteilter Druckspannung zu ermitteln. Dazu wird eine zylindrische Probe mit einem Verhältnis von Höhe zu Durchmesser $1 \leqq h_o/d_o \leqq 2$ (für →Stahl meist = 1,5) einer langsam und stetig zunehmenden Stauchung unterworfen und die dabei auftretende Druckkraft gemessen. Wird die →Reibung zwischen Probe und den plangeschliffenen und hochglanzpolierten Stauchbahnen mit einer →Härte von mindestens 60 HRC durch geeignete Maßnahmen ausgeschaltet, so läßt sich die →Fließspannung k_f zu $k_f = F/A$ (A Augenblicksquerschnitt der Probe) durch den Stauchversuch ermitteln. Die Stauchung als Formänderungsmaß errechnet sich zu $\varepsilon = \triangle l/l_o$ mit $\triangle l = l_o - l$. Als logarithmisches Formänderungsmaß gilt analog zum Dehnen $\varphi = \ln l/l_o$ oder wegen Volumenkonstanz $\varphi = \ln A_o/A_1$.

Lange

Literatur: *Billigmann, J., H.-D. Feldmann:* Stauchen und Pressen. 2. Aufl. München 1973. – *Lange, K.* (Hrsg.): Umformtechnik. Handb. f. Ind. u. Wiss. 2. Aufl. Bd. 2. Berlin, Heidelberg, New York, Tokio 1988.

Stauchversuch →Druckversuch

Staudinger-Index →Makromolekül

Steifigkeit →Kontinuumstheorie

Stereologie →Bildanalyse, quantitative

Stereologiefaktor →Mikrostruktologie

Sternholz →Lagenholz

Stick-slip. Periodischer Wechsel von Bewegungs- und Stillstandsphasen während der →Gleitreibung, durch die Schwingungen hervorgerufen werden. S.-s. tritt auf, wenn die →Reibungszahl der Ruhe deutlich höher als die Reibungszahl der Bewegung ist oder wenn die Reibungszahl der Bewegung mit steigender Gleitgeschwindigkeit abnimmt. *Habig*

Stickstoff. Im → Ferrit auf Zwischengitterplätzen bis zu max. 0,1 % bei 590 °C gelöst. Wegen der mit fallender Temperatur abnehmenden Löslichkeit erfolgt → Ausscheidung von Nitriden bei der → Alterung, die zur Erhöhung der → Härte und Abnahme der → Zähigkeit führen. Durch Aluminiumzusatz zum flüssigen Stahl wird S. zu AlN abgebunden, der Stahl wird alterungsunempfindlich. *Dahl*

Stillstandkorrosion. → Korrosion, die nur während des betrieblichen Stillstands einer Anlage abläuft. Die Ursache und Erscheinungsform der S. ist uneinheitlich und hängt von den jeweiligen Bedingungen während des Stillstandes einer Anlage ab.

Durch Verdunsten der → Elektrolytlösung nicht vollständig entleerter Behälter kann durch Anreicherung schädlicher Produkte der Korrosionsabtrag erhöht oder lokale Korrosion in Form von → Lochfraß oder → Korrosionsrissen ausgelöst werden.

Durch Anlagerung von Feststoffen (z. B. Reaktionsprodukte oder Fremdstoffe) während der Stillstandsphase bilden sich → Korrosionselemente aus, die → Spaltkorrosion oder → Berührungskorrosion hervorrufen können.

Als Abhilfemaßnahme sind längere Stillstandsphasen möglichst zu vermeiden oder die Maschinen und Anlagen konstruktiv so zu gestalten, daß sie vollständig entleer- und spülbar sowie leicht trokkenbar sind. *Wendler-Kalsch*

Stirnabschreckversuch. Der S. nach *Jominy* dient der Beurteilung der → Härtbarkeit von → Stählen (Einsatzstähle, Vergütungsstähle, Stähle für Tauch-, Flamm- und Induktionshärten, Nitrierhärten), wird aber auch für die Aufstellung von ZTU-Schaubildern benutzt.

Der Versuch wird an zylindrischen, allseitig bearbeiteten Proben (in normalgeglühtem Zustand) genormter Abmessung (25 mm $\varnothing$ und 100 mm Länge) durchgeführt. Nach Erwärmen der Probe auf Härtetemperatur wird sie senkrecht in eine Halterung eingehängt und die untere Stirnseite durch definierten Wasserstrahl konstanten Drucks (Steighöhe 65 ± 10 mm) mindestens 10 min. lang abgeschreckt. Durch diese einseitige Abschreckung nimmt die Abkühlgeschwindigkeit in Längsrichtung der Probe mit der Entfernung von der Stirnfläche ab, wodurch entsprechende → Gefüge bestimmter → Härte entstehen. Im erkalteten Zustand werden an der Probe in Längsrichtung zwei gegenüberliegende Flächen der Länge von 85 mm auf eine Tiefe von je $\geqq$ 0,4 mm naß angeschliffen. Im Abstand von je 2 mm wird, von der abgeschreckten Stirnseite beginnend, die Härte geprüft und graphisch dargestellt. Ab

dem 8. Härteeindruck wird im allgemeinen der Abstand auf 5 mm erweitert. *Kußmaul*

Literatur: DIN 50191.

Stockpunkt. Temperatur, bei der ein Öl beim Abkühlen unter vorgeschriebenen Bedingungen gerade aufhört zu fließen. *Habig*

Stockpunkterniedriger. → Schmierstoffadditive, die den → Stockpunkt von → Schmierölen herabsetzen, indem sie die → Ausscheidung von Paraffinkristallen behindern. Bevorzugte S. sind Polymethacrylate. *Habig*

Stoff, latent-hydraulischer. Latent-hydraulisch sind Stoffe, die feingemahlen mit Wasser angemacht zwar hydraulisch erhärten, dabei aber zuviel Zeit benötigen, um technisch verwertbare Festigkeiten zu erreichen. Die „schlummernde" Hydraulizität muß daher durch einen Anreger geweckt werden, der meist alkalisch ist, aber auch sulfatisch sein kann. Als alkalischer Anreger wird Calciumhydroxid verwendet, das entweder als Kalk zugegeben wird oder das bei der Zugabe von Portlandzement während der Erhärtung (→ Erhärten) entsteht. Als l.-h. S. wird nur → Hochofenschlacke genutzt (→ Zement), die bei der Eisenherstellung anfällt. Sie ist eine Kalk-Tonerde-Silicat-Schmelze, die hauptsächlich CaO, SiO_2 und Al_2O_3 enthält. Ihre Zusammensetzung ist ähnlich der des Portlandzementes. Sie ist jedoch kalkärmer (rd. 50–60 % CaO gegenüber PZ mit rd. 60–70 % CaO) und enthält kaum Fe_2O_3. *Wesche*

Stopfenwalzverfahren. Unter S. ist ein Verfahren zur Herstellung nahtloser → Stahlrohre zu verstehen, bei dem die heiße → Rohrluppe mehrmals in demselben Walzenkaliber über Stopfen mit verschiedenen Durchmessern zu einem Stahlrohr gewalzt wird. Dieses Walzverfahren wird, nach dem Erfinder *R. C. Stiefel,* auch Stiefelwalzverfahren genannt.

Mit Hilfe einer pneumatisch arbeitenden Einstoßvorrichtung (Bild) wird der Walzvorgang eingeleitet, der Hohlblock von den Walzen erfaßt und über den Walzstopfen ausgewalzt. Dabei werden Außendurchmesser und Wanddicke reduziert. Nach dem Durchwalzen liegt das Rohr auf der Stange, der Walzstopfen fällt aus dem Walzspalt in eine Kühl- und Wechselvorrichtung. Zum Rücktransport des Rohres auf die Anstichseite werden die obere Arbeitswalze angehoben und gleichzeitig die Rückholwalzen angestellt. Nach Drehen des Rohres um 90° erfolgt ein zweiter Walzstich über einen etwa 1–3 mm Durchmesser größeren Walzstopfen und erneutes Rückführen auf die vordere Gerüstseite. *Baumann*

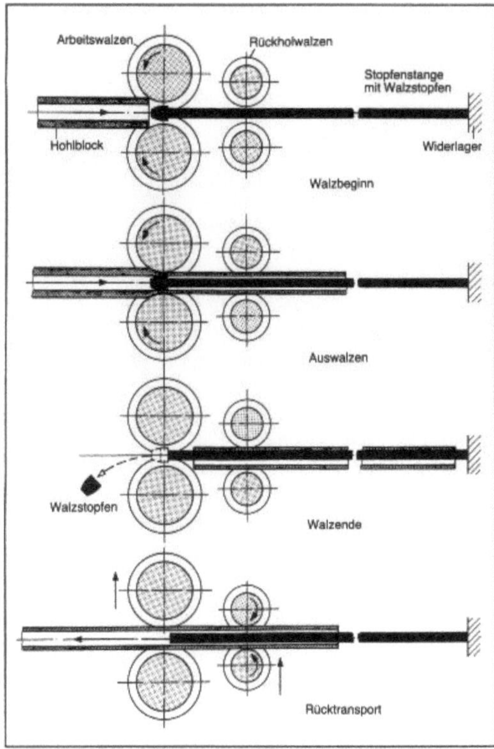

Stopfenwalzverfahren: Schematische Darstellung.

Stoßart → Schweißnahtform

Stoßbank. S. sind technische Systeme zur Herstellung nahtloser → Stahlrohre aus dickwandigen Hohlkörpern mit Boden nach dem Stoßbankverfahren. *Baumann*

Stoßbankverfahren. Das S. wird nach seinem Erfinder auch *Ehrhardt*-Verfahren genannt und dient der Herstellung nahtloser → Stahlrohre aus einem dickwandigen Hohlkörper mit Boden, welcher mit Hilfe eines Dornes durch mehrere immer kleiner werdende Kaliber gestoßen und so, durch eine Verlängerung zwischen 10- und 15fach, zu einem Stahlrohr gestreckt wird.

Im Bett der Stoßbank sind bis zu 15 Rollenkäfige nacheinander angeordnet. Die Rollenkäfige bestehen meist aus drei (manchmal auch aus vier) auf den Umfang verteilten, nicht angetriebenen kalibrierten Rollen. Durch die stetig kleiner werdenden Querschnitte der Rollenkaliber wird eine jeweilige Stichabnahme, die in den Hauptarbeitskalibern bis zu 25 % betragen kann, erreicht. Die Kraftübertragung auf die Dornstange erfolgt über eine Zahnstange, die Stoßgeschwindigkeit kann bis zu 6 m/s betragen. Nach diesem Streckvorgang durchläuft das auf die Dornstange aufgewalzte Rohr ein Lösewalzanlage, so daß die Dornstange danach ausgezo-

gen werden kann. Anschließend werden durch eine Warmsäge das Bodenstück sowie das Rohrende abgetrennt. *Baumann*

Stoßglühung. Kurzzeitige Erwärmung mit anschließender schneller → Abkühlung, wie sie in den Grobkornzonen der Wärmeeinflußzone beim Mehrlagenschweißen auftritt und bei der → Schweißsimulation nachgeahmt wird. In Abhängigkeit vom Legierungstyp des Stahles kann durch die Bildung von Ausscheidungen eine → Versprödung bzw. durch den reinen Anlaßeffekt eine Verbesserung der → Zähigkeit der Grobkornzonen hervorgerufen werden. Die Wirkung einer S. kann mit der des → Spannungsarmglühens vergleichbar sein. *Kußmaul*

Stoßverschleiß. → Verschleißart, bei der → Verschleiß durch eine stoßartige Beanspruchung hervorgerufen wird, die im allgemeinen wiederholt auftritt. *Habig*

Strahlen. Fertigungsverfahren, bei denen Strahlmittel in Strahlgeräten unterschiedlicher Strahlsysteme beschleunigt und zum Aufprall auf die → Oberfläche der zu bearbeitenden Werkstücke (Strahlgut) gebracht werden. Das Verfahren dient zur Reinigung, → Oberflächenveredelung, zum → Umformen und zur Steigerung der → Dauerschwingfestigkeit. Von besonderer Bedeutung ist das → Kugelstrahlen. *Habig*

Strahlenschäden. Erzeugung von Defekten im atomaren Gefüge von Werkstoffen durch einfallende hochenergetische Strahlung. Dabei können sich die mechanischen, elektrischen, optischen, chemischen und andere Eigenschaften (meist nachteilig) ändern.

Bei der → Bestrahlung von Festkörpern mit hochenergetischen Teilchen, z. B. bei Reaktorwänden oder Raumfahrzeugen (Höhenstrahlung), kann Energie und Impuls auf einzelne Atome des Festkörpers übertragen werden. Diese können dadurch u. U. ihren ursprünglichen Bindungsplatz verlassen und gelangen meist auf Zwischengitterplätze, sodaß zusammen mit den zurückgelassenen Lücken sog. *Frenkel*-Defekte entstehen. Diese können z. B. bei Halbleitern durch ihre Wirkung als Störstellen (z. B. Rekombinationszentren) schon bei geringer Konzentration die elektronischen Eigenschaften massiv (und meist negativ) beeinflussen. Bei höheren Konzentrationen werden durch die drastische Störung des Gitteraufbaus auch die mechanischen Eigenschaften berührt. Auch können z. B. eingeschossene Teilchen zueinander diffundieren und so Blasen bilden (*engl.* blistering), was zum Abblättern von Material führt.

Der Energieübertrag zum Verlassen der Bindung ist um so höher, je größer die Masse und kinetische

Energie des eingestrahlten Teilchens ist. Gammaquanten bzw. die leichten Elektronen sind daher weniger wirksam, wenn auch letztere durch lokales Aufheizen thermisch Fehlstellen erzeugen können. Dagegen erzeugen Neutronen, Protonen und alle Ionen bei genügender Energie und Intensität hohe Defektdichten, wobei pro Einzelprozeß 10–30 eV verbraucht werden. Darüber hinaus können die aus der Bindung geschlagenen Atome wiederum andere Atome verrücken, sodaß ganze Stoßkaskaden entstehen. Auch Kernreaktionen können ablaufen und damit die chemische Natur der Atome ändern. Durch → Wärmebehandlung der Materialien möglichst nahe des → Schmelzpunktes (Tempern) können die Defekte durch Rückdiffusion der Atome in ihre alten Plätze (meist nur zum Teil) ausheilen.

Die Erzeugung von S. wird auch konstruktiv genutzt. So können bei der Ionenimplantation Halbleiter mit einem gewünschten Dotierungsprofil versehen werden. Der Beschuß von Metalloberflächen mit Stickstoff- oder Kohlenstoffionen kann zu sehr harten und chemisch resistenten Nitrid- bzw. Karbidschichten führen.   *Heinz*

Strahlenschutzbeton. Die Abschirmwirkung von S. ist von den Anteilen chemischer Elemente im → Beton abhängig, nach denen die Abschirmbetone in DIN 25 413 klassifiziert werden. Sie steigt darüber hinaus mit der Rohdichte und dem Wassergehalt. Die hohe Rohdichte schützt gegen γ-Strahlen und wird durch die Zugabe von Schwerzuschlägen an Stelle von Normalzuschlägen erreicht. Der Neutronenfluß wird durch den Wassergehalt des Betons gebremst, der allerdings bei hohen Temperaturen durch den Austrocknungseffekt beträchtlich sinken kann. In diesem Fall muß man dem Beton bei der Herstellung kristallwasserhaltige Zuschläge oder borhaltige Zusatzstoffe zugeben. Wenn der Beton gleichzeitig tragende Funktionen übernimmt, ist die Widerstandsfähigkeit des Betons selbst gegen Strahlung zu berücksichtigen.   *Wesche*

Strahlenvernetzung → Vernetzung

Strahlverschleiß. → Verschleißart, bei der → Verschleiß durch einen Partikelstrom erzeugt wird, der auf eine Werkstoffoberfläche auftrifft. In Abhängigkeit vom Anstrahlwinkel der Partikel unterscheidet man zwischen Gleitstrahl-, Schrägstrahl- und Prallstrahlverschleiß (Bild).

Beim → Gleitstrahlverschleiß, der beim Anstrahlwinkel $\alpha = 0°$ auftritt, wird vor allem die → Abrasion wirksam. Bei einem Anstrahlwinkel von 90° herrscht Prallstrahlverschleiß vor. Die wiederholt auf die → Oberfläche auftreffenden Partikel führen zur → Oberflächenzerrüttung. → Schrägstrahlverschleiß liegt vor, wenn der Anstrahlwinkel zwischen 0 und 90° liegt. Hier überlagern sich die

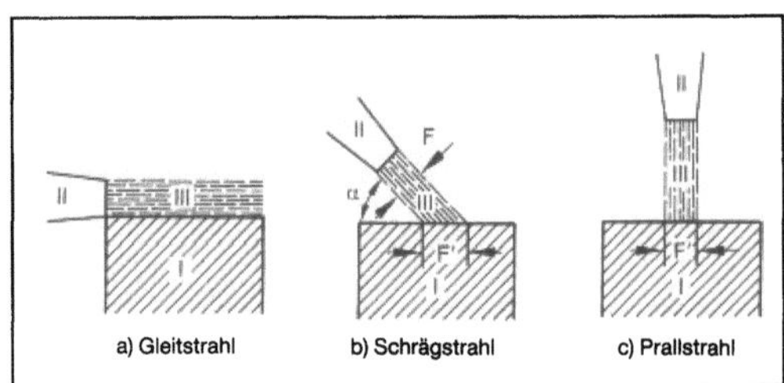

Strahlverschleiß: S.-arten.

I Grundkörper, II Strahldüse, III Sandstrahl, F Strahlquerschnitt, F' Auftrefffläche, α Anstrahlwinkel

beiden Verschleißmechanismen Abrasion und Oberflächenzerrüttung.

Zur Einschränkung des Gleitstrahlverschleißes empfiehlt sich besonders der Einsatz von harten Werkstoffen, während beim Prallstrahlverschleiß gummielastische Werkstoffe vorteilhaft eingesetzt werden können, welche die Stöße der auftreffenden Partikel elastisch aufnehmen.   *Habig*

Stranggießanlagen-Bauformen. Unter S.-B. sind die in ihrer grundsätzlichen Form unterschiedlichen Gießanlagen → Senkrecht-Stranggießanlagen, → Biegericht-Stranggießanlagen, → Bogen-Stranggießanlagen und → Horizontal-Stranggießanlagen zu verstehen (Bild).

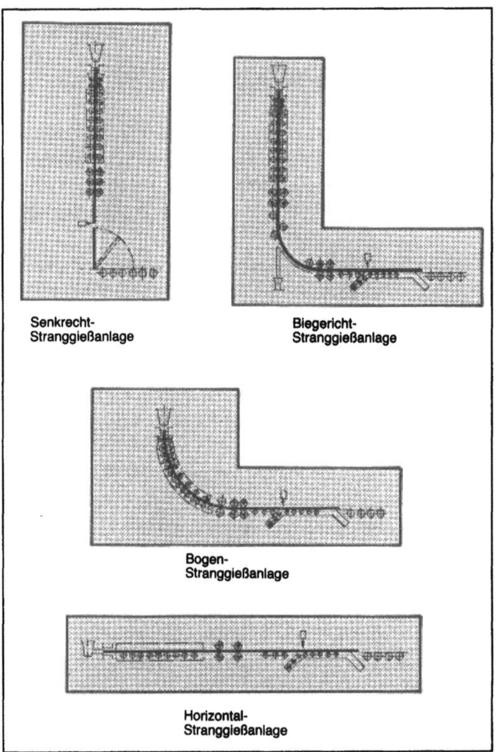

Stranggießanlagen-Bauformen: Schematische Darstellung der unterschiedlichen Bauformen.

Innerhalb einer jeden Gießanlagen-Bauform wird zwischen Anlagen für die Herstellung von Strängen mit quadratischen Querschnitten, rechteckig flachen Querschnitten, runden, achteckigen sowie profilierten Querschnitten einerseits und Anlagen für die Herstellung von brammenförmigen Strängen andererseits unterschieden. *Baumann*

Literatur: *Baumann, H. G.:* Systematisches Projektieren und Konstruieren. Berlin–Heidelberg–New York, Düsseldorf 1982.

Stranggießanlagen-Bauweisen. Die S.-B. sind durch Abwandlungen oder Varianten innerhalb einer bestimmten → Stranggießanlagen-Bauform gekennzeichnet.

Das → Stranggießen endabmessungsnaher Flachprodukte, beispielsweise Vorband, führt zu einer erheblichen Minderung der → Umformarbeit in den Walzwerken sowie zur Senkung der Betriebskosten bestehender Blechstraßen und Warmbreitbandstraßen und setzt variante S.-B. bestimmter Bauformen voraus. *Baumann*

Stranggießen endabmessungsnaher Flachprodukte. Nach 1984 war das Interesse bei der Weiterentwicklung des Stranggießverfahrens auf das → Gießen endabmessungsnaher Flachprodukte mit einem Verhältnis Breite zu Dicke weit größer als 10 : 1 gerichtet. Das führte letztlich zur Entwicklung des Gießens von Vorband mit etwa 50 mm Dicke. Unter „Vorband" sind hier Flachstahlprodukte mit Dicken zwischen 65 mm und 40 mm zu verstehen. Flachstahlprodukte mit Dicken zwischen 65 mm und 120 mm werden „Dünnbrammen" genannt. Stranggegossene Flachprodukte mit größeren Dicken als 120 mm werden „Vorbrammen", im allgemeinen „Brammen" genannt.

Ziel der Entwicklung des S. e. F. war die Reduzierung der Walzarbeit durch eine Verringerung der Gießdicke. Damit bestehen folgende Möglichkeiten:
– Die Modernisierung bestehender Brammengießanlagen zu flexiblen Produktionseinheiten für Flachprodukte, beispielsweise mit Dickenabmessungen zwischen 250 mm und 50 mm,
– Die Senkung der Betriebskosten bestehender Blechstraßen und Warmbandstraßen sowie
– Der Bau neuer, wirtschaftlich arbeitender Gießanlagen für Flachprodukte. *Baumann*

Literatur: *Baumann, H. G.; K. Feldermann, C. Körling* und *H. Lüdorff:* Steel and Metals Magazine 27 (1989) 6/7, S. 465/478. – *Ehrenberg, H.-J., K. Diederich, L. Parschat, F.-P. Pleschiutschnigg* und *W. Rahmfeld:* World Steel and Metalworking 9 (1988), S. 168/170. – *Graf, H.; R. Heinke, K.-H. Schubert* und *K. Takahama:* Stahl und Eisen 107 (1987) und Eisen 106 (1986) 23, S. 1253/1259. – *Schrewe, H.* und *H.-E. Wiemer, H.-J. Ehrenberg, K. Wünnenberg, K. Brückner, U. Petersen:* Stahl und Eisen 108 (1988) 9, S. 427/436. – *Schulz, E., D. Ameling, B. Gerstenberg, E. Höffken, K.-H. Peters* und *R. W. Simon:* Stahl und Eisen 109 (1989) 22, S. 1047/1056.

Stranggießmaschine → Gießen

Strangguß → Gießen

Strangpressen. Das S. gehört nach DIN 8583, Bl. 6, zu den Durchdrückverfahren. Dabei wird ein gänzlich von einem Aufnehmer umschlossener → Block mit Hilfe von Druckeinwirkung durch eine Düse gepreßt. Es werden Stränge unterschiedlicher Querschnittsformen als → Halbzeug hergestellt (Bild 1).

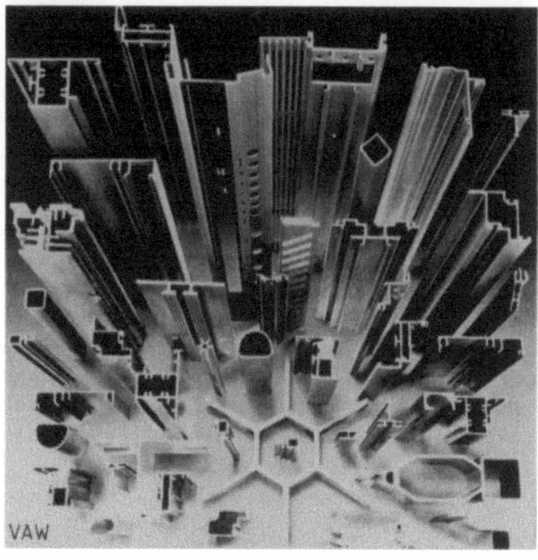

Strangpressen 1: Strangpreßprofile.

Das S. wird eingeteilt in S. mit starren Werkzeugen und S. mit Wirkmedien, wobei letzterem nur untergeordnete Bedeutung zukommt. Es lassen sich Querschnittsänderungen Block/Strang von über 1 000 (S. mit starrem Werkzeug) bis 10 000 (hydrostatisches S.) erzielen.

Bei Verwendung starrer Werkzeuge unterscheidet man Vorwärts-, Rückwärts- und Quer-S. (Bild 2). Die Einteilung der hydrostatischen Verfahren ist ähnlich denkbar.

Mit allen Verfahren können Voll- und Hohlprofile hergestellt werden.

Bis auf wenige Sonderfälle werden die eingesetzten Werkstoffe warm, d. h. bei Temperaturen über ihrer Rekristallisationstemperatur, verpreßt. Als Werkstückwerkstoffe kommen hauptsächlich → Aluminium- und → Kupferlegierungen, aber auch → Stahl, → Titan usw. zum Einsatz.

□ Vorgangsparameter, Verfahrensgrenzen. Wichtigste Vorgangsparameter sind → Umformgrad ($\varphi_{max} = \ln A_0/A_1$), → Umformgeschwindigkeit, Temperatur sowie die Werkstoffeigenschaften. Auch der Profilform kommt entscheidende Bedeutung zu. Diese Parameter bestimmen die für den Umformvorgang nötige Stempelkraft.

	Vorwärts-Strangpr.	Rückwärt-Strangpr.	Quer-Strangpr.
Voll	Voll- Vorwärts-Strangpressen	Voll- Rückwärts-Strangpressen	Voll- Quer-Strangpressen
Hohl	Hohl- Vorwärts-Strangpressen	Hohl- Rückwärts-Strangpressen	Hohl- Quer-Strangpressen

Strangpressen 2: Einteilung der Verfahren des Strangpressens mit starren Werkzeugen. (Quelle: DIN 8583)

Die Verfahrensgrenzen werden beim S. weitgehend von Blockeinsatztemperatur und Stempelgeschwindigkeit bestimmt (Bild 3). Je nach Querschnittsverhältnis reicht bei zu geringer Blockeinsatztemperatur das Kraftangebot der Maschine nicht aus; zu hohe Einsatztemperaturen können Fehler im Werkstück (z. B. Phasenänderungen bei Erreichen der Soliduslinie, Wärmerisse) verursachen.

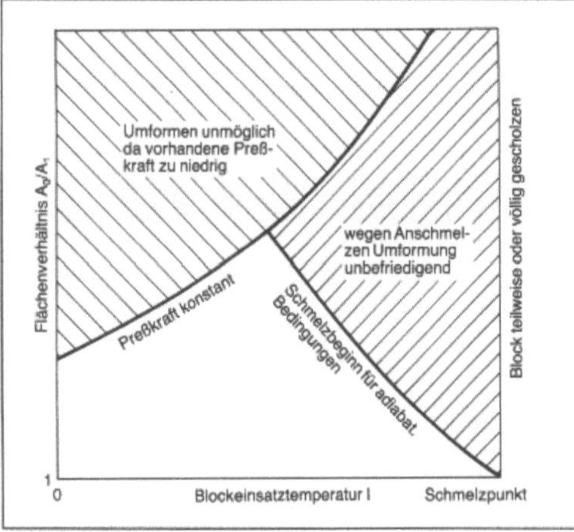

Strangpressen 3: Grenzkurven. (Quelle: Hirst, Ursell)

Einflußgrößen auf den Wärmehaushalt sind:
- Wärmeentwicklung in der Umformzone,
- Wärmeentwicklung in den Randzonen durch →Reibung zwischen Block und Werkzeug,
- Verteilung der durch die →Umformung entstehenden Wärmemenge über den Block (→Wärmeleitung),
- Ableitung der Reibungswärme in Block und Werkzeug,
- Wärmeaustausch zwischen Block und Werkzeug auf Grund unterschiedlicher Einsatztemperaturen,
- Wärmetransport durch Verschiebung des Blocks während des Strangpreßvorgangs.

Bei sehr geringer Preßgeschwindigkeit stellt sich nach raschem Temperaturanstieg ein annähernd konstanter Temperaturverlauf ein, da sich die durch Umformung und Reibung entstehende Wärmemenge im Gleichgewicht mit der vom Werkstück zum Werkzeug abfließenden befindet. Mit zunehmender Preßgeschwindigkeit wird dieses Gleichgewicht nicht mehr erreicht, weil die zum Abfließen der Wärme zur Verfügung stehende Zeit kürzer wird. An keiner Stelle des Werkstücks darf der Grenzwert „Solidustemperatur" erreicht werden, was durch eine geeignete Wahl von Blockeinsatztemperatur und Preßgeschwindigkeit gesteuert werden kann. Als Optimum gilt eine konstante Strangaustrittstemperatur (isothermes S.), die sich entweder über einen ungleichmäßig angewärmten Block oder über eine Regelung der Preßgeschwindigkeit erzielen läßt.

□ Werkstofffluß. Die genaue Kenntnis des Werkstoffflusses bzw. der örtlichen Formänderungen im Werkstück ist eine wesentliche Voraussetzung für die Bestimmung der Spannungen, Kräfte und Arbeiten während des Umformvorgangs. Das den Werkstofffluß beschreibende Geschwindigkeitsfeld wird von der Werkzeuggeometrie, der Stempelgeschwindigkeit, dem Reibzustand in Aufnehmer und Matrize sowie dem plastischen Verhalten des Werkstückwerkstoffs bestimmt. Man unterscheidet danach verschiedene Fließtypen (Bild 4).

Fließtyp	S	A	B	C
Werkstoffart	homogen	homogen	homogen	inhomogen
Werkstoff-Beispiel	theoretisch	Pb. Al mit Schmierung	Cu, Al, Al-Legierungen	Mg. α - und β-Ms
Reibung	keine	gering	groß	groß
Preßfehler	keine	keine	Schalenbildung auf der Strangoberfläche 2. Preßhälfte)	Zweiwachs (letztes Preßdrittel)

Strangpressen 4: Fließtypen beim axialsymmetrischen Voll-Vorwärts-Strangpressen (nach Dürrschnabel).

- Fließtyp S tritt bei homogenem Strangpreßwerkstoff auf, sofern eine hinreichend kleine Reibzahl

vorliegt, die eine praktisch unbehinderte Werkstoffbewegung entlang aller Grenzflächen zuläßt.
– Fließtyp A erfordert ebenfalls homogenen Werkstoff, wobei lediglich an der Matrizenstirnfläche Reibung auftritt.
– Fließtyp B ergibt sich bei homogenem Werkstoff ohne → Schmierung, d. h. wenn erhebliche Reibung an den Innenflächen des Werkzeugs vorhanden ist.
– Fließtyp C stellt sich bei inhomogenem Werkstoff ein, d. h. bei ungleichmäßiger Verteilung der plastischen Eigenschaften, z. B. als Folge von Phasenänderungen in den Randzonen oder bei Festigkeitsunterschieden wegen ungleichmäßiger Temperaturverteilung im Block. Gleichzeitig herrscht an den Grenzflächen starke Reibung.

Das Fließverhalten der meisten Preßwerkstoffe entspricht Typ B. Den unterschiedlichen Stoffflußeigenschaften der eingesetzten Werkstoffe muß durch Wahl des Verfahrens und Gestaltung der Werkzeuge Rechnung getragen werden. So werden → Aluminiumlegierungen i. a. ohne Schmierung „mit Schale" verpreßt. Beim Preßvorgang ist der Durchmesser des Preßstempels um wenige Millimeter kleiner als der Blockdurchmesser. Dadurch, in Verbindung mit einer Flachmatrize, wird bewirkt, daß das eigentlich verpreßte Material aus dem Blockinnern stammt, während die „Schale", die im Blockaufnehmer verbleibt, alle Verunreinigungen enthält.

Bei Schwermetallen und Stahl ist dies wegen des bedeutend höheren Kraftaufwands nicht möglich. Hier wird der Kraftbedarf durch Schmierung und den Einsatz kegeliger Matrizen gesenkt.

□ Werkzeuge. Beim S. mit starren Werkzeugen sind alle Werkzeugteile, abhängig vom verpreßten Werkstoff, hohen thermischen und mechanischen Belastungen ausgesetzt. Belastungsbedingt weisen die Werkzeuge unterschiedliche Standzeiten auf. So reicht die Lebensdauer bei Matrizen von einer Pressung bei Stahl bis zu mehreren 100 Pressungen bei leicht verpreßbaren Aluminiumlegierungen.

Bild 5 zeigt einen typischen Werkzeugsatz mit Flachmatrize für das Vorwärts-S. Je nach Strangpreßwerkstoff und Profilform stehen verschiedene Matrizentypen zur Auswahl (Bild 6):
– Flachmatrize,
– Vorkammermatrize,
– Matrize mit Einfräsung,
– Brückenwerkzeug,
– Kreuzdornwerkzeug,
– Kammermatrize,
– einteiliges Hohlwerkzeug,
– kegelige Matrize.

Wegen der extremen Belastungen werden zur Werkzeugherstellung hochwarmfeste → Stähle verwendet.

Die Produktivität der Strangpreßverfahren hängt, neben der Wahl der Verfahrensparameter, besonders von der Gestaltung der Werkzeuge ab.
Lange

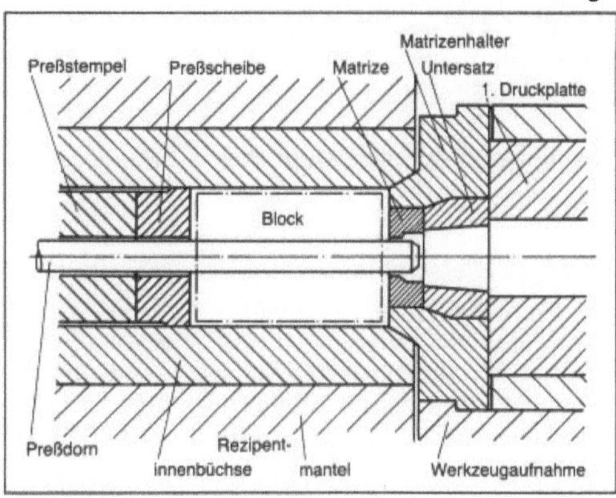

Strangpressen 5: Werkzeugsatz zum Vorwärts-Strangpressen.

Strangpressen 6: Strangpreßmatrizen. (nach Aalberts)
a) Flachmatrize
b) Vorkammermatrize
c) Matrize mit Einfräsung
d) Brückenwerkzeug
e) Kreuzdornwerkzeug
f) Kammermatrize
g) Einteiliges Hohlwerkzeug.

Literatur: *Lange, K.* (Hrsg.): Umformtechnik. Handb. f. Ind. u. Wiss. 2. Aufl. Bd. 1. Grundlagen. Berlin, Heidelberg, New York, Tokio 1984. – *Lange, K.* (Hrsg.): Umformtechnik. Handb. f. Ind. u. Wiss. 2. Aufl. Bd. 2. Massivumformung. Berlin, Heidelberg, New York, Tokio 1988. – *Laue, K. u. M. Stenger:* Strangpressen. Düsseldorf 1974. *Spur, G.* (Hrsg.) u. *Th. Stöferle:* Handbuch der Fertigungstechnik. Bd. 2. Umformen. München 1984.

Strangpressen, hydrostatisches → Strangpreßeinrichtung

Strangpreßeinrichtung. Nach DIN 8583, Blatt 6 ist → Strangpressen das → Durchdrücken eines von einem Aufnehmer umschlossenen Blocks durch eine Matrize und dient vornehmlich zur Erzeugung von Strängen (Stäben) mit vollem oder hohlem Querschnitt. Je nachdem, ob der Werkstofffluß in die Wirkrichtung der Maschine zeigt oder ihr entgegengesetzt gerichtet ist, spricht man von Vorwärts- oder Rückwärts-Strangpressen (Bild 1, 2). Als weitere

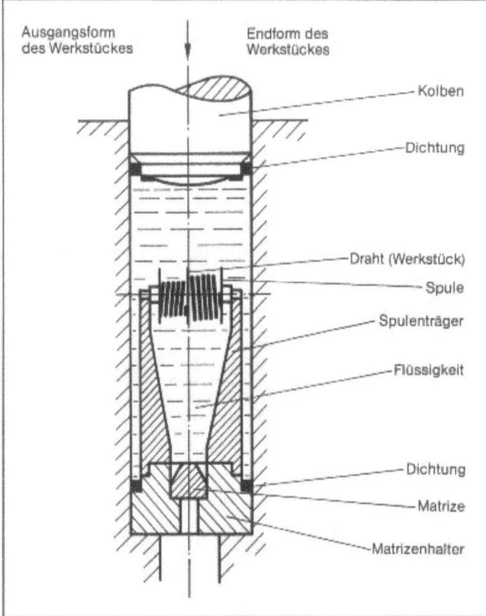

Strangpreßeinrichtung 1: Prinzip des Voll-Vorwärts-Strangpressens.

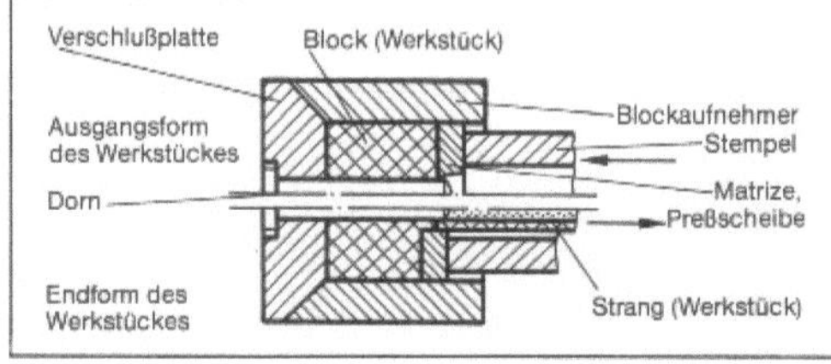

Strangpreßeinrichtung 2: Einrichtung für das Hohl-Rückwärts-Strangpressen.

Variante gibt es das Querstrangpressen mit Werkstofffluß quer zur Wirkrichtung der Maschine.

Beim hydrostatischen Strangpressen wird der → Block unter Zuhilfenahme eines Wirkmediums durch die Matrize gedrückt. Nach dem hydrostatischen Voll-Vorwärts-Strangpressen werden z. B. Drähte hergestellt. *Doliwa*

Strangpreßplatte → Spanplatte

Strangpreß-Rohrwerk. S.-R. sind komplexe technische Systeme zur Herstellung nahtloser → Stahlrohre mit Außendurchmessern von etwa 230 mm nach dem → Rohr-Strangpreßverfahren. *Baumann*

Straßenbeton. S. (→ Beton für Fahrbahndecken) wird an der Oberfläche besonders stark durch → Verschleiß, Wärmedehnung, Frost-Tau-Wechsel und Taumittel beansprucht. Für Zusammensetzung, Herstellung und Nachbehandlung bestehen daher in der ZTV-Beton besondere Anforderungen, z. B. Zusatz eines Luftporenmittels. *Wesche*

Literatur: Zusätzliche Technische Vorschriften und Richtlinien für den Bau von Fahrbahndecken aus Beton (ZTV-Beton) 1978 Nr. 1.

Strauß-Test. Der S.-T. dient zur Bestimmung der Anfälligkeit nichtrostender → Stähle gegen interkristalline → Korrosion.

Bei diesem Prüfverfahren werden die zu untersuchenden Proben 15 Stunden in der Straußschen Lösung (1 l Wasser, 100 ml Schwefelsäure, 110 g Kupfersulfat ($CuSO_4 \cdot 5 H_2O$), Späne aus Elektrolytkupfer) gekocht. Anschließend wird die Probe gebogen und auf der konvexen Seite mit einer Lupe auf Rißfreiheit untersucht. In Zweifelsfällen ist die interkristalline → Rißbildung und Rißeindringtiefe im metallographischen Querschliff zu ermitteln.

Die Straußsche Lösung enthält ein → Redoxsystem hoher Pufferkapazität, das den nichtrostenden Stählen ein konstantes Potential aufprägt, das bei sensibilisierten Stählen im Aktiv/Passivübergang, d. h. bei passiven Kornflächen und aktiven Korngrenzen liegt.

Der S.-T. ist daher gut geeignet, die Anfälligkeit für interkristalline Korrosion zu untersuchen. Einzelheiten der Prüfbedingungen sind in DIN 50914 beschrieben. *Wendler-Kalsch*

Streckenenergie. Die S. ist die nach DIN 1910 beim → Schweißen aufgewendete Energie, bezogen auf die zugehörige Schweißnahtlänge. Sie berechnet sich beim → Lichtbogenschweißen als Produkt aus Schweißspannung U und Schweißstrom I dividiert durch Schweißgeschwindigkeit v. Die S. ist ein Maß für die thermische Beeinflussung des Werkstoffs durch den Schweißprozeß. Je nach Art der zu verschweißenden Legierung sind Ober- und Untergrenzen einzuhalten. Genauere Werte für die tatsächliche Wärmebeeinflussung des Werkstücks erhält man durch Messung der Abkühlzeiten. *Dorn*

Literatur: DIN 1910 Tl. 12: Schweißen; Fertigungsbedingte Begriffe für Metallschweißen. Berlin, Köln 1980.

Streckgrenze → Spannungs-Dehnungs-Diagramm; → Zugversuch

Streckgrenzenverhältnis. Verhältnis von zeichnet das Verhalten der → Stähle im → Zugversuch und nimmt mit steigender → Festigkeit der Stähle unabhängig von Veränderungen der → Zähigkeit im allgemeinen zu. *Dahl*

Streckreduzier-Walzverfahren. Das S.-W. ist ein Reduzier-Walzverfahren zur Herstellung verhältnismäßig dünner → Stahlrohre, bei dem das Rohr in verschiedenen, nacheinander angeordneten Gerüsten durch Änderung der Geschwindigkeiten der Walzen in die Länge gezogen, das heißt gestreckt wird.

In Streckreduzier-Walzanlagen werden → Rohrluppen ohne Innenwerkzeug zu Fertigrohren gewalzt. Solche Walzanlagen können mehr als 28 Walzgerüste haben. Diese Gerüste sind nacheinander angeordnet. Jedes Gerüst hat heute meist einen eigenen, regelbaren Antrieb und ist mit drei Walzen, möglichst kleinen Durchmessers, ausgerüstet. Die drei Walzen bilden zusammen ein Kaliber, welches von Gerüst zu Gerüst kleiner wird und jeweils versetzt angeordnet ist (Bild).

Entsprechend der größer werdenden Rohrlänge bei gleichzeitiger Abnahme von Außendurchmesser und Wanddicke des Rohres nimmt die Umfangsgeschwindigkeit der Walzen, vom Einlauf zum Auslauf der Walzanlage hin, ständig zu. Je nach Anzahl der eingesetzten Gerüste können unterschiedliche Durchmesser von Fertigrohren hergestellt werden. Durch Veränderung des Längszuges zwischen den einzelnen Gerüsten kann neben der Durchmesserabnahme auch eine gezielte Wanddickenverminderung erfolgen. Dieser Längszug wird dadurch erreicht, daß die Walzenumfangsgeschwindigkeit über die normale, der jeweiligen Querschnittsabnahme entsprechenden Zunahme von einem Gerüst zum nächsten zusätzlich gesteigert wird. Mit Hilfe des Einzelantriebes der Gerüste und eines breiten Regelbereiches der Motoren besteht so die Möglichkeit, aus einer Luppenabmessung Fertigrohre mit verschiedenen Wanddicken herzustellen. Mit speziellen Vorrichtungen kann in modernen Streckreduzier-Walzanlagen ein Gerüstwechsel und damit die Umstellung auf einen anderen Rohrdurchmesser in wenigen Minuten durchgeführt werden.

Baumann

Streckziehen. S. gehört zu den Zugumformverfahren (DIN 8585) und kann der Untergruppe → Tiefen mit Werkzeugen zugeordnet werden. Es wird definiert als Tiefen eines Zuschnitts mit einem starren Stempel, wobei das Werkstück am Rand zwischen starren Werkzeugteilen oder mit Hilfe von Spannzangen fest eingespannt ist. Bringen die Spannzangen zusätzliche Zugspannungen auf, spricht man von Tangential-S. (Bild 1).

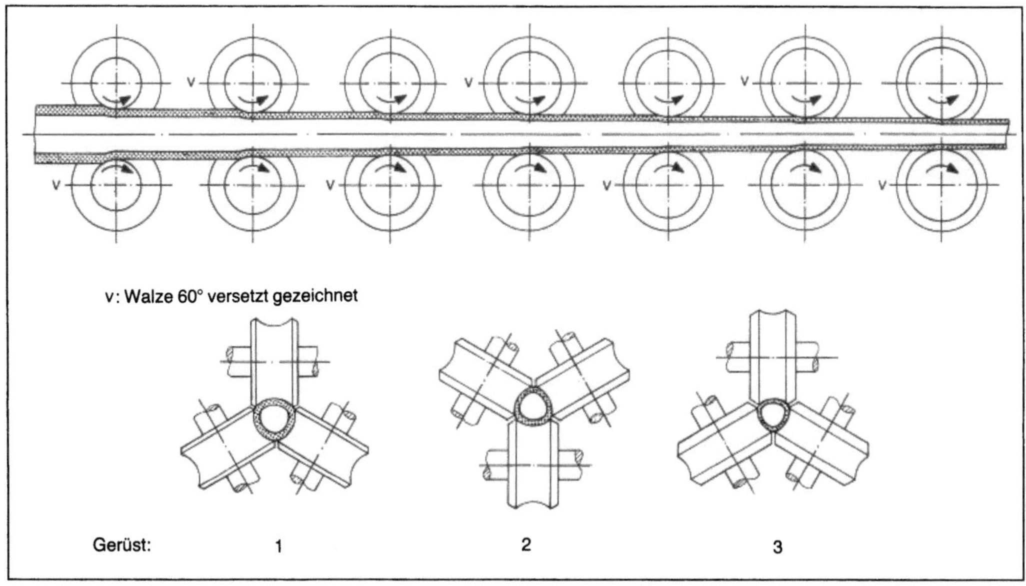

Streckreduzier-Walzverfahren: Schematische Darstellung.

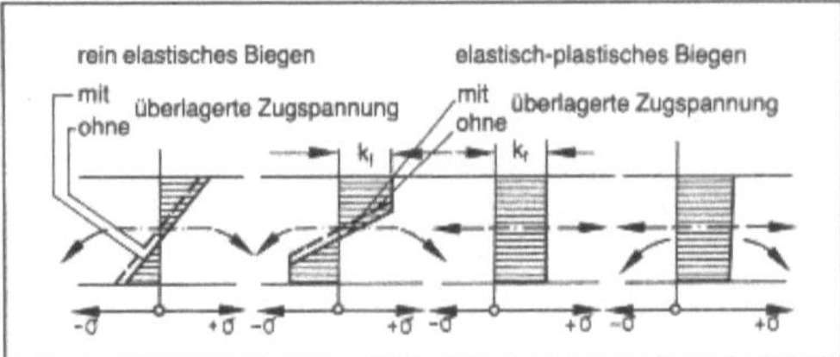

Streckziehen 1: Spannungsverteilung während des Umformvorgangs beim einfachen S.

Das S. wird vor allem dort angewendet, wo großflächige Blechformteile und Teile in kleinen Losgrößen benötigt werden. So sind im Sonderkarosseriebau für Aufbauten von Lastkraftwagen, Omnibussen und Sonderfahrzeugen, in der Luft- und Raumfahrt für Außenhautteile, Verrippungen und Befestigungsteile und im Bootsbau für Rumpfteile und Beplankungen von Hochleistungsseglern Streckziehteile eingesetzt. Maschinen mit Preßkräften bis 20 000 kN ermöglichen das S. von Blechen mit Flächen von mehr als 50 m^2 und Blechdicken über 20 mm. Für die → Umformung wird nur eine Werkzeughälfte benötigt. Die Werkzeuge sind i. a. leichter gebaut und kostengünstiger in der Herstellung als konventionelle Ziehwerkzeuge. Sie sind häufig Verbundkonstruktionen aus → Kunststoff oder → Schichtholz mit verschleißfester Oberflächenabdeckung, aus niedrigschmelzenden Legierungen und nur bei hohen Belastungen aus → Aluminium oder → Stahl gebaut.

Die Oberflächenvergrößerung des Werkstücks ist beim → Zugumformen nur auf Kosten seiner Wanddicke möglich. Wegen der meist zweiachsigen Zugbeanspruchung können i. a. nur kleine Dehnungen im Bereich der → Gleichmaßdehnung erreicht werden. Unter der Voraussetzung, daß die Formänderungsverhältnisse unverändert bleiben, können maximale Formänderungen mit Hilfe experimentell bestimmter Grenzformänderungsschaubilder beschrieben werden. In der Praxis zieht man meist die Ergebnisse des Zugversuchs (→ Gleichmaßdehnung und → Bruchdehnung) zur Beurteilung eines Werkstoffs heran. Für zweiachsig ausgeglichenes S. eignet sich der *Erichsen*-Tiefungsversuch (DIN 50101) gut als → Modellversuch. Dabei wird eine Blechplatine am Umfang fest eingespannt und mit einem halbkugelförmigen Stempel getieft bis zum Versagen.

Als Versagungsarten sind → Einschnürung und Bruch vorwiegend. Insbesondere bei kleinen Dehnungen können bei Werkstoffen mit ausgeprägter Streckgrenze Fließfiguren an der Werkstückoberfläche sichtbar werden.

Für Stahlbleche wird eine erhöhte → Grenzformänderung mit steigendem Verfestigungsexponenten n angenommen. Die stärkere → Verfestigung führt zu einer gleichmäßigen Formänderungsverteilung und verhindert so Verformungsspitzen ebenso wie ein hoher r-Wert.

Der → Spannungszustand zeichnet sich beim Zugumformen durch eine vergleichsweise homogene Spannungsverteilung über die gesamte Umformzone aus. Durch die → Dehnung des Werkstoffs können auch Eigenspannungen vorangegangener Umformungen ausgeglichen werden (Bild 1).

Verfahren. Man unterteilt das S. in zwei Verfahrensarten: das einfache und das Tangential-S. (Bild 2). Beim einfachen S. ist das → Blech meist an zwei gegenüberliegenden Seiten mit Spannzangen oder anderen Klemmvorrichtungen fest eingespannt. Die für das → Umformen des Blechs erforderlichen Zugspannungen werden mittelbar über den Stempel aufgebracht, der als Außenform die Innenform des Werkstücks aufweist. Als Maschinen können konventionelle → Umformmaschinen eingesetzt werden, sofern sie eine Möglichkeit zur Klemmung bieten. Von Nachteil ist die schlechtere Maßhaltigkeit gegenüber tangentialstreckgezogenen Werkstücken durch die Reibungseinflüsse am Stempel sowie der größere Verschnitt bei flachgewölbten Teilen.

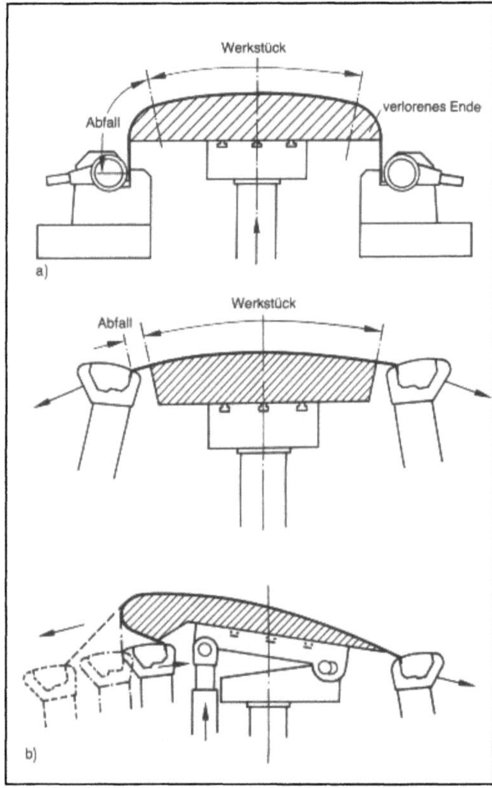

Streckziehen 2: Streckziehverfahren.
a) Einfaches S.
b) Tangential-S.

Beim Tangential-S. erfolgt die Umformung in zwei Stufen. Zunächst wird das Werkstück gestreckt, um eine gleichmäßige Dehnung zu erreichen. Anschließend wird das vorgestreckte Werkstück unter Wirkung der Streckkraft tangential an das Werkstück angelegt, ohne daß eine Relativbewegung zwischen Werkzeug und Werkstück stattfindet. Die Bewegungsabläufe der Spannzangen sind oft sehr komplex und stellen deshalb hohe Anforderungen an Umformmaschinen. *Lange*

Literatur: *Lange, K.* (Hrsg.): Umformtechnik. Handb. f. Ind. u. Wiss. 2. Aufl. Bd. 3. Blechumformung. Berlin, Heidelberg, New York, Tokio 1990. – VDI 3140: Streckziehen auf Streckziehpressen. Hrsg. Verein Dt. Ingenieure.

Streichen → Applikationstechnik

Streicher-Test. Der S.-T. stellt ein in den USA genormtes Verfahren (ASTM A262) zur Prüfung der Beständigkeit austenitischer Chrom-Nickel-Stähle gegen interkristalline → Korrosion in siedender 50%iger Schwefelsäurelösung mit Zusatz von Eisen(III)-Sulfat dar. Die Prüfdauer beträgt 120 Stunden und das Prüfkriterium ist die flächenbezogene Massenverlustrate.

In Deutschland wird die Prüfung gemäß SEP 1877 (modifizierter S.-T.) in siedender 40%iger Schwefelsäurelösung mit Zusatz von 25 g/l Eisen(III)-sulfat durchgeführt. Die Prüfdauer beträgt 24 Stunden und als Prüfkriterium dient der interkristalline Korrosionsangriff bestimmter → Eindringtiefe oder die flächenbezogene Massenverlustrate. Der modifizierte S.-T. ist zur Prüfung der Beständigkeit von hochlegierten nichtrostenden → Stählen mit erhöhtem Chromgehalt (Cr > 20%) und von Nickel-Chrom-Legierungen geeignet. *Wendler-Kalsch*

Stress-coat-Verfahren → Reißlackverfahren

Streuflußverfahren. An Inhomogenitäten, wie z. B. Rissen, Poren, Kerben, scharfen Kanten etc. in Oberflächen magnetisierter Körper treten magnetische Streufelder auf. Diese können zur Anzeige von Oberflächenfehlern durch eingefärbte magnetisierbare Partikel, im einfachsten Fall Eisenfeilspäne, genutzt werden (→ Magnetpulverprüfung). *Kußmaul*

Streustrom. Elektrischer Strom, der sich von elektrischen Anlagen aus unbeabsichtigt ausbreitet. Ein S. ist beispielsweise ein im Erdboden fließender Strom, der von einem in diesem Medium liegenden metallischen Leiter stammt und von elektrischen Anlagen geliefert wird. Gleichstrombetriebene Verkehrsbahnen (z. B. Straßenbahn) oder sonstige geerdete Gleichstromanlagen können S. verursachen.

Im Erdboden folgt der S. häufig streckenweise den dort verlegten metallischen Rohrleitungen. An Stellen mit niedrigem elektrischen Widerstand zwischen Rohrleitung und Erdboden (z. B. fehlerhafte Isolation) tritt der S. wieder in den Erdboden aus. Derartige Stromaustrittsstellen sind stets anodische Bereiche, an denen die Rohrleitungen oder andere Anlagen durch die sogenannte Streustromkorrosion geschädigt werden.

Als Abhilfemaßnahme kommt z. B. die Streustromableitung durch direkte oder über einen variablen Widerstand erfolgende Verbindung zwischen Rohrleitung und Schienenanlage in Frage. Bei der Streustromabsaugung wird in das Verbindungskabel von der Rohrleitung zur Schiene eine Gleichstromquelle eingebaut, wodurch die Rohrleitung ein negativeres Potential gegenüber dem Erdboden annimmt und dadurch kathodisch geschützt wird. *Wendler-Kalsch*

Stribeck-Kurve. Verlauf der → Reibungszahl ölgeschmierter → Tribosysteme als Funktion einer Parameter-Kombination, die wesentlich durch die → Viskosität des Öles, die Geschwindigkeit und die Belastung (Normalkraft) gegeben ist (Bild). Ist die Summe der Rauhtiefen von Grund- und Gegenkörper kleiner als die Schmierfilmdicke, so herrscht → Flüssigkeitsreibung vor. Dieser Reibungszustand kann nur erreicht werden, wenn die Parameterkombination aus Viskosität, Geschwindigkeit und Normalkraft hinreichend hohe Werte annimmt. Außerdem muß die konstruktive Gestaltung des Tribosystems die Bildung eines sich in Strömungsrichtung verengenden Spaltes zulassen, damit sich im Schmierfilm ein Druck aufbauen kann, welcher der von außen aufgebrachten Kraft entgegenwirkt. Diese Bedingung wird vor allem von Gleitlagern erfüllt, bei denen Welle und Lagerschale einen konformen Kontakt bilden.

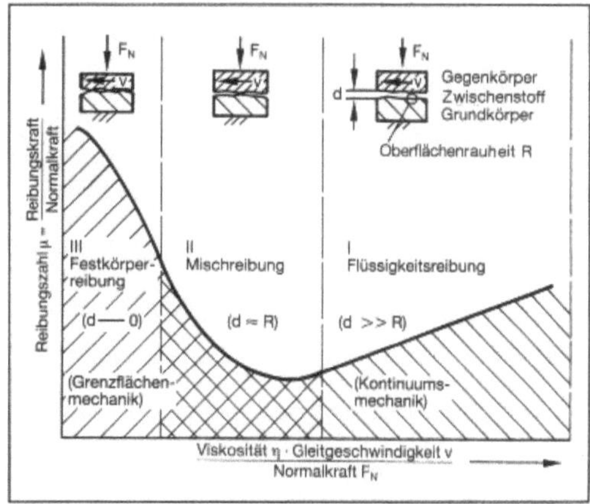

Stribeck-Kurve: Schematische Darstellung.

Verringert sich mit abnehmender Gleitgeschwindigkeit oder zunehmender Belastung die Dicke des Schmierfilms soweit, daß sie die Gesamtrauhtiefe von Grund- und Gegenkörper erreicht, so wird die Belastung nur noch teilweise vom Schmierfilm aufgenommen; ein anderer Teil wird durch unmittelbaren Kontakt der Rauheitshügel übertragen. Neben der Flüssigkeitsreibung findet auch →Festkörper- bzw. →Grenzreibung statt. Diesen Reibungszustand bezeichnet man auch als →Mischreibung. Verschwindet mit weiter abnehmender Geschwindigkeit oder zunehmender Belastung der Anteil der Flüssigkeitsreibung, so herrscht Festkörper- bzw. Grenzreibung vor.

Für einen verschleißfreien Betrieb ist es wesentlich, daß die Betriebsbedingungen Flüssigkeitsreibung ermöglichen. Beim Anfahren oder Auslaufen läßt sich aber im allgemeinen Misch- und Grenzreibung nicht vermeiden, wobei ein gewisser →Verschleiß auftritt. *Habig*

Strom, anodischer. →Summenstrom, der von der →Elektrode in die ionenleitende Phase austritt. Dabei überwiegen Oxidationsreaktionen (→Stromdichte-Potential-Kurve). *Wendler-Kalsch*

Strom, kathodischer. →Summenstrom, der aus der ionenleitenden Phase in die →Elektrode eintritt. Dabei überwiegen Reduktionsreaktionen (→Stromdichte-Potential-Kurve). *Wendler-Kalsch*

Stromdichte. Auf die geometrische Flächeneinheit bezogener Strom. *Wendler-Kalsch*

Stromdichte-Potential-Kurve. Graphische Darstellung der Summenstromdichte in Abhängigkeit vom →Elektrodenpotential oder der Polarisationsspannung einer →Mischelektrode. Die Summenstromdichte-Potential-Kurve setzt sich additiv aus den Teilstromdichte-Potential-Kurven der einzelnen kathodisch und anodisch ablaufenden Teilreaktionen zusammen (Bild). Beim →Ruhepotential sind die anodischen und kathodischen Teilstromdichten entgegengesetzt gleich groß. Es ist zu beachten, daß die anodischen und kathodischen Teilströme im allgemeinen elektrochemisch nicht meßbar sind und chemisch analytisch bestimmt werden müssen.

Die Messung der Summenstromdichte-Potential-Kurve ist ein wichtiges elektrochemisches Prüfverfahren (→Korrosionsprüfung), um Aussagen über die Potentialabhängigkeit des Korrosionsverhaltens metallischer Werkstoffe in den jeweiligen Korrosionsmedien zu erhalten. *Wendler-Kalsch*

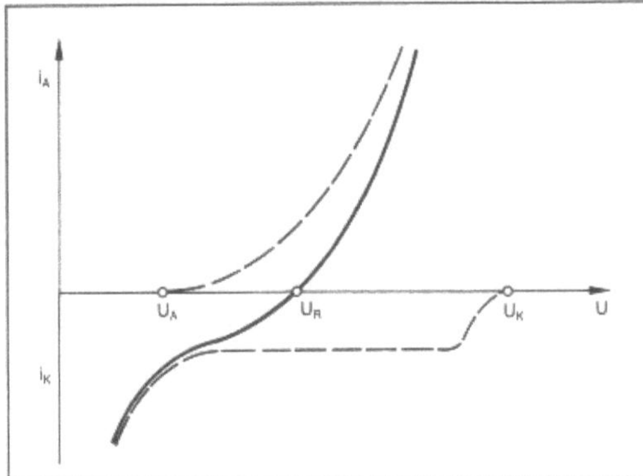

Stromdichte-Potential-Kurve: Summenstromdichte- und Teilstromdichte-Potential-Kurven einer homogenen Mischelektrode.

Teilstromdichte-Potential-Kurve für die anodische Teilreaktion mit dem Gleichgewichtspotential U_A; Teilstromdichte-Potential-Kurve für die kathodische Teilreaktion mit dem Gleichgewichtspotential U_K; Summenstromdichte-Potential-Kurve mit dem Ruhepotential U_R

Stufenfolge. Komplexe Werkstückgeometrien der →Massiv- und →Blechumformung lassen sich nicht in einem Arbeitsgang aus der →Ausgangsform erzeugen, sondern benötigen unterschiedlich viele Zwischenformen. Die Auslegung dieser Reihe von Zwischenformen wird S. oder Stadienfolge genannt; sie wird in einem Stadienplan festgelegt.

Bei der Festlegung von S. müssen technologische, werkstofftechnische und wirtschaftliche Kriterien berücksichtigt werden. Ziel ist das einwandfreie Werkstück nach Zeichnung oder Datensatz mit möglichst wenig Materialeinsatz und möglichst wenig Stufen bei möglichst großer Werkzeuglebensdauer und möglichst geringem →Werkzeugverschleiß. Die Auslegung jeder einzelnen Stufe erfordert dabei Abschätzung oder Berechnung von Kräften und Werkstofffluß, die Beachtung von Verfahrensgrenzen, das Vermeiden von Fehlern, z. B. Stichen beim Gesenkschmieden. Außer für diese Technologie hat die optimale Auslegung von S. sehr große Bedeutung in der Kaltmassivumformung (Kaltfließpressen) und in der Blechbearbeitung (Bild 1). Für viele Anwendungsfälle stehen Mehrstufenpressen zur Verfügung, an die die S. angepaßt werden muß.

Seit Beginn der achtziger Jahre wird die seither auf Expertenwissen beruhende Festlegung von S. durch rechnerunterstützte Methoden ergänzt und in Zukunft weitgehend ersetzt (Bild 2). Größte Bedeutung haben hierbei in Verbindung mit leistungsfähiger Hardware Expert-Software-Systeme. Einmal erarbeitete Programme bedürfen jedoch der stetigen Anpassung an die Weiterentwicklung der Technologien. *Lange*

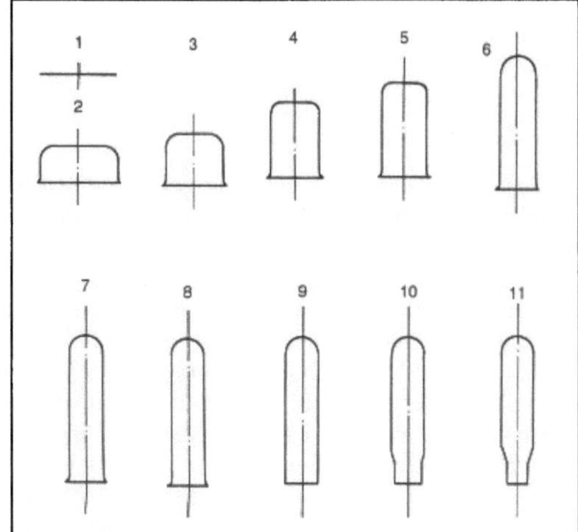

Stufenfolge 1: S. für Blechbearbeitung, Klein-Druckgasbehälter.

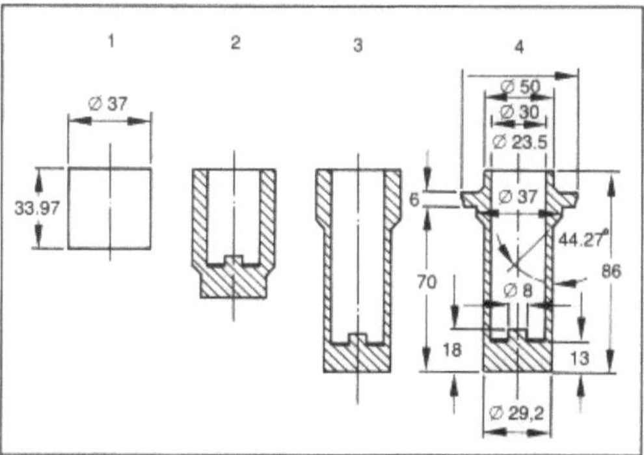

Stufenfolge 2: Mit Expertensystem erstellte S. (Stadienfolge) für Massivumformung-Flanschhülse.

Literatur: *Lange, K., E. Körner, W. Makosch:* Anwendung von CAD/CAE bei der Konstruktion von Umformwerkzeugen. – *Makosch, W. u. E. Körner:* Konstruktion von Fließpreßwerkzeugen mit anwendungsspezifischen CAD-Systemen. wt 78 (1988).

Stumpfnaht → Schweißnahtform

Stumpfschweißen → Widerstandsschweißen

Stutzenverstärkung. Im Apparate- und Anlagenbau stehen i. a. die → Druckbehälter mit Rohrleitungen in Verbindung; der Anschluß vom Behälter an das Rohrleitungssystem erfolgt durch sog. Stutzen, die aus einem Rohrstück nebst Flansch bestehen. Hierzu ist es erforderlich, eine Öffnung in der Behälterwand bzw. in dem -boden vorzusehen, wodurch die ursprünglich homogene Wand geschwächt wird. Bei Einschweißen eines Stutzens muß demzufolge diese Schwächung durch den Stutzen selbst oder andere konstruktive Maßnahmen aufgehoben werden. Für die richtige Bemessung solcher S. bie-

tet das deutsche Regelwerk z. B. an: AD-Merkblatt B9, TRD 301/303.

Konstruktiv bestehen im wesentlichen folgende Möglichkeiten: eingesetzte Blechverstärkung oder Blockflansch, aufgesetzte scheibenförmige Blechverstärkung, rohrförmig verstärkter Ausschnitt. Die Kenntnis des Spannungszustandes im Bereich solcher S. ist nur mittels theoretischer Methoden höherer Ordnung zu gewinnen, wie z. B. FE-Berechnung. *Strohmeier*

Stützziffer. Technische Bauteile weisen praktisch immer eine ungleichmäßige Beanspruchung im gefährdeten Querschnitt auf. Würde man als Festigkeitsgrenze das Ende des elastischen Zustandes festlegen, so wäre die Tragfähigkeit eines solchen Bauteils erschöpft, wenn die größte → Spannung die Streckgrenze des Werkstoffes erreicht hat. Da die Maximalspannung aber fast ausnahmslos in Form einer Spannungsspitze auftritt, die mehr oder weniger hoch über der → Nennspannung liegt und örtlich eng begrenzt ist, würde damit der Werkstoff nur sehr mangelhaft ausgenützt. Man läßt daher bei Bauteilen aus verformungsfähigem Werkstoff an der höchstbeanspruchten Stelle im allgemeinen plastische Verformungen von begrenzter Höhe zu, um eine gleichmäßigere Beanspruchungsverteilung zu erzielen. Die rechnerisch zulässige Belastung wird also durch einen vorgegebenen Betrag an plastischer → Dehnung begrenzt. Dazu muß man den Zusammenhang zwischen der äußeren Belastung und der Dehnung an der höchstbeanspruchten Stelle kennen. Dieser Zusammenhang drückt sich in der → Fließkurve des Bauteils aus. Maßgebend für die Belastbarkeit einer Konstruktion ist also ihre Fließkurve $F = f\ (\varepsilon_{v\ max})$, welche die äußere Last F in Abhängigkeit von der Vergleichsdehnung $\varepsilon_{v\ max}$ an der Stelle höchster Beanspruchung angibt.

Dies soll am Beispiel des Kerbstabes verdeutlicht werden (Bild). Es wird ein zäher Werkstoff mit elastischem-idealplastischem Verhalten vorausgesetzt. Im Bild ist der Zusammenhang zwischen äußerer Last und der Dehnung ε_{max} ($\triangleq \varepsilon_{v\ max}$) an der hochbeanspruchten Stelle (Kerbgrund) dargestellt. Zum Vergleich ist auch die (F, ε)-Kurve eines ungekerbten Stabes mit gleicher Querschnittsfläche A eingetragen. Sie entspricht direkt dem (σ, ε)-Diagramm des Werkstoffes. Das Fließen setzt hier wegen der homogenen Spannungsverteilung im ganzen Querschnitt gleichzeitig ein, wenn die Spannung die Streckgrenze erreicht hat (Punkt A).

Anders ist es beim gekerbten Stab mit seiner inhomogenen Spannungsverteilung. Solange der Werkstoff elastisch beansprucht wird, sind F und ε_{max} einander proportional. Die Spannung im Kerbquerschnitt weist die typische, durch die → Formzahl α_k gekennzeichnete inhomogene Verteilung

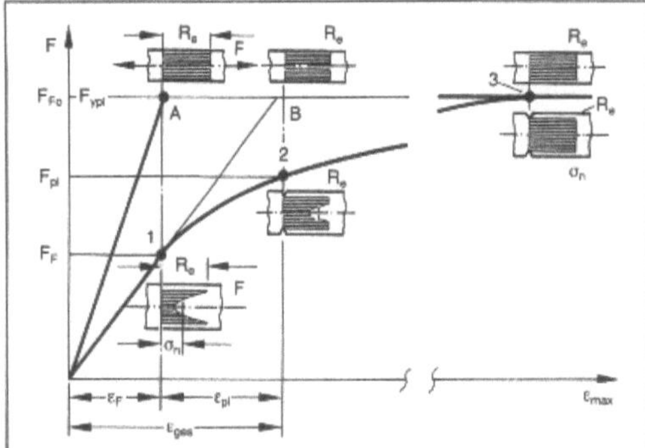

Stützziffer: Bauteil-Fließkurve eines glatten und eines gekerbten Flachstabes unter Zugbeanspruchung.

auf. Das Ende des elastischen Zustands ist erreicht, wenn gerade $\sigma_{max} = R_e$ bzw. $\varepsilon_{max} = \varepsilon_F$ ist.

Der Werkstoff beginnt nun zu fließen. Die plastischen Verformungen breiten sich vom Kerbgrund nach innen aus. Da der Querschnitt zunächst noch überwiegend elastisch beansprucht ist, kann die Zugkraft F weiter gesteigert werden. Die Dehnung schen Zustand, weil der plastisch gewordene Anteil des Querschnitts sich nicht weiter an der Lastaufnahme beteiligt, die somit allein vom elastischen Restquerschnitt übernommen werden muß. Die (F, mehr und mehr vom linearen Anstieg ab. Die Spannungsverteilung ändert sich bei elastisch-plastischer Beanspruchung so, daß in dem plastisch verformten Bereich die Spannung den konstanten Wert der Streckgrenze annimmt, während im elastisch beanspruchten Rest des Querschnitts die ursprüngliche Spannungsverteilung – der gesteigerten Last entsprechend erhöht – erhalten bleibt (Punkt 2).

Mit noch weiter zunehmender Belastung breiten sich die plastischen Zonen immer mehr aus, bis sie schließlich den ganzen Querschnitt erfaßt haben. Damit ist der vollplastische Zustand erreicht (Punkt 3). Die Last für den vollplastischen Zustand des Kerbstabes ist gleich der Fließlast des glatten Stabes: $F_{vpl} = F_{Fo}$.

Wollte man nun den Fließbeginn bei F_F als Versagensgrenze festlegen, so wäre der Werkstoff nur sehr schlecht ausgenützt. Außerdem ist hier noch kein unbeschränktes Fließen wie beim glatten Stab möglich, da die plastisch gewordenen Randfasern im Kerbgrund von den darunter liegenden, elastisch beanspruchten Zonen, mit denen sie ja formschlüssig verbunden sind, gehalten werden. Durch diese Stützwirkung des elastischen Kerns ist eine Laststeigerung über F_F hinaus möglich, ohne daß es zu größeren plastischen Verformungen kommen kann. Bei der Festigkeitsberechnung legt man deshalb als Beanspruchungsgrenze üblicherweise nicht den Fließbeginn selbst, sondern das Erreichen einer bestimmten plastischen Dehnung ε_{pl} bzw. Gesamtdehnung ε_{ges} an der höchstbeanspruchten Stelle fest.

Die dadurch mögliche Laststeigerung wird durch der höchstbeanspruchten Stelle die plastische Dehnung ε_{pl} bzw. die Gesamtdehnung ε_{ges} erreicht ist. Die →Grenzlast läßt sich dann ausdrücken als

$$F_{pl} = \cdot n_{pl}F_F = n_{pl}R_eA/\alpha_k$$

Für die Festigkeitsberechnung gegen Fließen ist somit nicht mehr die →Fließgrenze selbst – wie bei homogener Beanspruchung –, sondern der mit der S. multiplizierte Betrag maßgebend.

Dies setzt natürlich voraus, daß die S. für das zu berechnende Bauteil bekannt ist. Sie ergibt sich (Bild) aus der Last-Dehnungs-Kurve (Bauteilfließkurve). Ihr Verlauf, d. h. die Stärke des Abbiegens vom linearen Anstieg nach Fließbeginn hängt ab von Kerbgeometrie, Belastungsart, Querschnittsform und der Spannungs-Dehnungs-Kurve des Werkstoffes (Werkstoff-Fließkurve). Wegen dieser vielen Einflußgrößen ist die genaue Ermittlung der Fließkurven technischer Bauteile in der Regel sehr langwierig und kostspielig. S. stehen daher nur für einige häufig gebrauchte Standard-Bauteile zur Verfügung.

Man kann jedoch auf einfache Weise einen sicheren Näherungswert für die S. bestimmen, wenn man von einer unteren Grenzkurve für den technisch relevanten Bereich der Bauteil-Fließkurve ausgeht. Man erhält dann die S. nach der Beziehung:

$$n_{pl} = \sqrt{1 + \varepsilon_{pe}/\varepsilon_F} = \sqrt{\varepsilon_{gs}/\varepsilon_F}$$

Dabei ist gemäß Bild ε_{pl} die plastische Dehnung, ε_F $\varepsilon_F + \varepsilon_{pl}$ die gesamte Dehnung an der höchstbeanspruchten Stelle.

Die Größe der als unschädlich erachteten plastischen Dehnung richtet sich in erster Linie nach der Verformungsfähigkeit des Werkstoffes. Zweckmäßigerweise geht man dabei von einem festen Betrag der Gesamtdehnung ε_{ges} aus, weil das plastische →Formänderungsvermögen der metallischen Werkstoffe mit zunehmender Streckgrenze abnimmt. Dann erhält man nämlich für die plastische Dehnung $\varepsilon_{pl} = \varepsilon_{ges} - \varepsilon_F = \varepsilon_{ges} - R_e/E$ bei Werkstoffen mit hoher Fließgrenze einen geringeren Betrag als bei solchen mit niedriger Fließgrenze. Für ferritisch-perlitische Stähle erscheint als Richtwert eine Gesamtdehnung von $\varepsilon_{ges} = 0,5\,\%$, für austenitische Stähle von $\varepsilon_{ges} = 1\,\%$. Die S. muß außerdem die Grenzbedingung $n_{pl} \leqq \alpha_k$ erfüllen. *Kußmaul*

Styrol-Acrylnitril-Copolymer (SAN) →Styrol-Polymerisat

Styrol-Butadien-Copolymer (SB) →Styrol-Polymerisat

Styrol-Butadien-Copolymerisate. (auch Styrol-Butadien-Kautschuk; Kurzzeichen: SBR) Sie werden großtechnisch nach dem Emulsions- oder Lösungspolymerisations-Verfahren mit verschiedenen Katalysatoren hergestellt:

$$x\ CH_2 = CH + y\ CH_2 = CH - CH = CH_2$$

$$\left[CH_2 - CH \right]_x \left[CH_2 - CH = CH - CH_2 \right]_y$$

Die technisch verwendeten SBR werden schon beim Herstellungsverfahren durch Regler auf ein Plastizitätsniveau eingestellt, das eine Mastikation unnötig macht, was einen erheblichen wirtschaftlichen Vorteil gegenüber → Naturkautschuk mit sich bringt.

Die verschiedenen SBR-Typen (Tabelle) werden heute in erster Linie auf dem Reifensektor (Laufflächen und Karkassen) im Verschnitt mit NR, ferner über Transportbänder, Dichtungen und andere Elastomerartikel verwendet, die früher allein aus NR hergestellt wurden. Die Abriebeigenschaften von SBR liegen günstiger als die von NR, dagegen sind die elastischen Eigenschaften von SBR schlechter. Die mechanischen Eigenschaften, wie → Zugfestigkeit und Kerbschlagzähigkeit liegen im ungefüllten und nur inaktiv gefüllten → Vulkanisation wesentlich schlechter als bei NR. Die Zugfestigkeit bei mit Aktivruß gefüllten Typen ist hoch, erreicht aber auch nicht den Wert von NR. Das Tieftemperatur-

Styrol-Butadien-Copolymerisate. Tabelle: Polymerisationsansätze für verschiedene SBR-Typen

SBR-Typen	BUNA S3	GR-S-100	Tieftemperaturansatz
Butadien	68	75	72
Styrol	32	25	28
Wasser	105	180	200
Emulgator	3,6	4,3	4,65
tert.-Natriumphosphat	–	–	0,5
Katalysatoren:			
Kaliumperoxydisulfat	0,45	0,3	–
Natriumformaldehydsulfoxylat	–	–	0,1
p-Menthanhydroperoxid	–	–	0,1
Regler:			
Diisopropylxanthogendisulfid	0,09	–	–
n-Dodecylmercaptan	–	0,5	0,2
Temperatur °C	50	50	5
Dauer h	30	15–17	12
Umsatz %	60	70–75	60

verhalten ist schlechter, die Hitze- und Alterungsbeständigkeit aber besser als bei NR. SBR ist wie NR ein ausgezeichneter elektrischer → Isolierstoff. Die Beständigkeit gegenüber organischen Lösungsmitteln und Mineralölen ist nur mäßig, SBR quillt stark (→ Elastomere). *Zahradnik*

Styrol-Butadien-Elastomer → Elastomere

Styrol-Butadien-Kautschuk. (*engl.* SBR) Das ist ein Copolymerisat aus Butadien und Styrol etwa im Verhältnis 3 : 1. Es ähnelt dem → Naturkautschuk (NR) und wird in reiner Form im Bauwesen vorzugsweise in Latexform zur Modifizierung von Zementmörteln und für Gummiformteile verwendet. *Sasse*

Styrol-Polymerisat. (Kurzzeichen: PS) Makromolekularer Werkstoff, der im technischen Maßstab durch radikalische → Polymerisation nach dem Masse-, Lösungs-, Suspensions- und Emulsionsverfahren aus Styrol (Vinylbenzol) hergestellt wird:

$$n\ CH_2 = CH \longrightarrow \left[CH_2 - CH \right]_n$$

Da jedes → Polymerisationsverfahren Produkte mit spezifischen Eigenschaften liefert, wird das Anwendungsgebiet der PS schon durch das Herstellungsverfahren festgelegt. Gegenüber den Massepolymerisaten weisen die Emulsionspolymerisate höhere Molekularmassen auf. Das PS wiederum besitzt einen höheren Oberflächenwiderstand als das → Emulsionspolymerisat.

Standardpolystyrol (Normalpolystyrol) hat eine Dichte von 1,05 g/cm³ und weist ataktische Struktur auf. Seine → Glastemperatur liegt zwischen 80 und 100 °C. Es ist vollkommen amorph und seine mittlere Molekularmasse liegt zwischen 150 000 und 400 000 g/mol.

Mit Hilfe von metallorganischen Katalysatoren ist es möglich, stereoreguläres → Polystyrol mit isotaktischer Struktur herzustellen, das einen Kristallinitätsgrad von etwa 50 % und eine Kristallitschmelztemperatur von 230 °C besitzt. Dieses Polystyrol hat keine technische Bedeutung erlangt.

Ataktisches Polystyrol ist ein glasklares Produkt, das nur eine mäßige → Chemikalienbeständigkeit und Witterungsbeständigkeit besitzt. Formkörper aus PS sind steif und hart, dabei aber spröde, zeigen eine brillante Oberfläche, hohe Maßbeständigkeit und eine ausgesprochene Neigung zur Spannungsrißbildung. Die elektrischen und dielektrischen Eigenschaften sind sehr gut. Die hohe Sprödigkeit, die geringe Schlagzähigkeit und die nur mäßige Chemikalienbeständigkeit des reinen Polystyrols genügen bei vielen Anwendungen nicht. Durch →Mischen von Polystyrol mit →Styrol-Butadien-Kautschuk (SBR) erhält man ein schlagzähes (oder schlagfestes) Polystyrol, bei dem die Schlagzähigkeit höhere Werte zeigt.

Eine wesentliche Verbesserung des Eigenschaftsbildes ist allerdings erst durch →Copolymerisation mit geeigneten Komponenten zu erreichen.

Durch Copolymerisation des Styrols mit Acrylnitril erhält man Produkte (Styrol-Acrylnitril-Copolymerisate: SAN), die höhere Steifheit und →Zähigkeit, bessere Chemikalienbeständigkeit gegen Spannungsrißbildung zeigen als Standardpolystyrol. SAN besitzt allerdings schlechtere elektrische Eigenschaften, eine höhere Wasseraufnahme und eine leichte Gelbfärbung.

Durch teilweisen Ersatz des Styrols durch α-Methylstyrol bei der Copolymerisation mit Acrylnitril erhält man ein Terpolymer mit einer höheren Wärmeformbeständigkeit.

Werden Styrol und Acrylnitril in Anwesenheit von Polybutadien oder Acrylnitril-Butadien-Copolymer (Nitrilkautschuk: NBR) polymerisiert, so erhält man →Pfropfcopolymere, bei denen an den Molekülketten der Kautschukkomponente Seitenketten aus Styrol-Acrylnitril-Copolymer hängen. Diese ABS- (Acrylnitril-Butadien-Styrol)-Copolymerisate besitzen eine gute Wärmeformbeständigkeit, hohe Schlagzähigkeit, auch bei tiefen Temperaturen, geringe Neigung zur Spannungsrißbildung und gute Chemikalienbeständigkeit. Sie sind allerdings gegen Sonne und Sauerstof empfindlich.

Unter der Bezeichnung ABS-Polymerisate werden auch solche Produkte verstanden, die nicht durch Coplymerisation, sondern durch Mischen von Polybutadien mit SAN oder durch Mischen von Nitrilkautschuk mit SAN hergestellt werden. Diese Polymermischungen besitzen nicht die gute Kälte-Schlagzähigkeit wie die echten Copolymerisate.

Durch die Copolymerisate von Styrol und Acrylnitril in Anwesenheit von Polyacrylatelastomeren (→Elastomere) erhält man sog. ASA-Pfropfcopolymerisate, die wesentlich witterungsbeständiger sind als die ABS-Copolymerisate.

Eigenschaftswerte von PS, SAN und ABS: →Kunststoffe.   *Zahradnik*

Literatur: *Domininghaus, H.*: „Die Kunststoffe und ihre Eigenschaften", Düsseldorf 1986. – *Saechtling-Zebrowski*: Kunststoff-Taschenbuch. 19. Aufl. München 1974. – *Vieweg, R.*, u. *G. Daumiller* (Hrsg.): Kunststoff-Handbuch. Bd. 5. München 1969.

Styropor (R). S. ist ein eingetragenes Warenzeichen der Firma BASF für geschäumtes →Polystyrol.   *Finkelmann*

Subkorn. Als S. bezeichnet man solche Gitterbreiche, die einen →Einkristall oder ein durch →Groß-

winkelkorngrenzen begrenztes →Korn nochmals aufteilen, wobei das einzelne S. eine sehr genau definierte Kristallorientierung aufweist, die sich von derjenigen der benachbarten S. nur um sehr kleine Winkel (Größenordnung 1°) unterscheidet. Die Grenzflächen zwischen S. (d. h. die Subkorngrenzen) werden daher vielfach auch als Kleinwinkelkorngrenzen bezeichnet; sie bestehen aus relativ einfachen Versetzungsanordnungen (Bild 1).

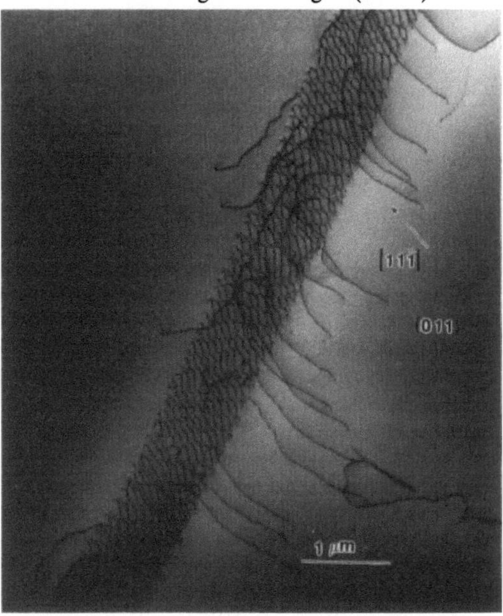

Subkorn 1: Subkorngrenze in einer Aluminium-Legierung (nach J. L. Martin und M. Morris) (transmissionselektronenmikroskop. Aufnahme).

Der einfachste Typ einer Subkorngrenze (die Kippgrenze) ist eine vertikale Aneinanderreihung von äquidistanten Stufenversetzungen (Bild 2); sie ist gleichbedeutend mit einer Folge von Kanten eingeschobener Halbebenen, deren Keilwirkung den Kippwinkel Θ erzeugt. Zwischen diesem und dem vertikalen Versetzungsabstand h (Bild 2) besteht die Beziehung

$$b/h = 2 \sin(\Theta/2) \approx \Theta \quad (b: \rightarrow \text{Burgers-Vektor})$$

Ein anderer Grenzfall ist die reine Drehgrenze, die aus einem Netz von Schraubenversetzungen aufgebaut ist; reale Subkorngrenzen sind in der Regel Kombinationen beider Grenzfälle.

Die Bildung von Subkorngrenzen erfordert die Umordnung einer mehr oder weniger regellosen Anordnung von Versetzungslinien unterschiedlichen Vorzeichens in streng regelmäßige Anordnungen vom Typ der Bilder 1 u. 2. Dies ist nur durch thermisch aktivierte Prozesse (→Klettern von Stufenversetzungen, Überwindung von Hindernissen) möglich, so daß S. sich vor allem bei der nachträg-

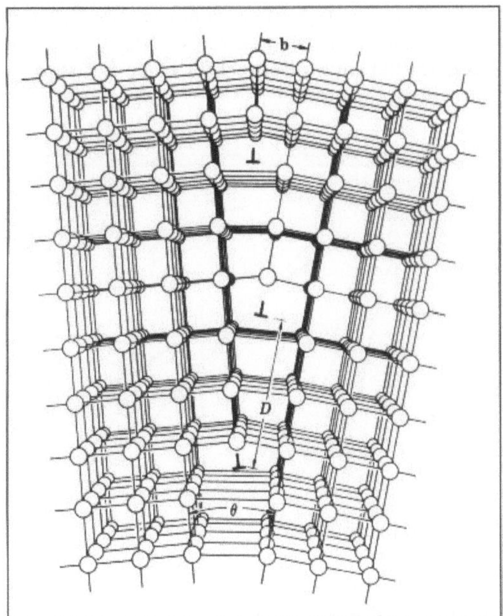

Subkorn 2: Versetzungsanordnung in einer Kipp-grenze, schematisch.

lichen Wärmebehandlung kaltverformter Gefüge (→Erholung) oder beim →Kriechen (= dynamisches Gleichgewicht von Verfestigung und Erholung) ausbilden. Der erstgenannte Prozeß führt insbesondere zur Aufgliederung plastisch gebogener Gitterbereiche mit homogener Versetzungsanordnung in eine Folge benachbarter S. mit jeweils geringfügigem Orientierungsunterschied und planen Grenzflächen. Dieser Sachverhalt hat zur Bezeichnung des Vorganges als Polygonisation geführt; er ist röntgenographisch als Aufspaltung von Beugungsreflexen feststellbar.

Die Triebkraft zur Bildung von S. ist die erhebliche Einsparung an elastischer Verzerrungsenergie gegenüber der regellosen Versetzungsanordnung (ca. 80 %). Sie ergibt sich daraus, daß in den Subkorngrenzen jeweils die Dilatationszonen der n-ten Versetzung mit der Kompressionszone der (n + 1)-ten Versetzung überlagert sind: Subkorngrenzen sind typische „low-energy configurations".

Je höher die Ausgangsversetzungsdichte vor der Polygonisation ist, desto kleiner sind die sich einstellenden S.-Durchmesser. Während des Kriechens einphasiger Legierungen ist die erstere eindeutig mit der das Kriechen verursachenden Spannung σ verknüpft, und es stellt sich eine S.-Größe ein, die zur Spannung umgekehrt proportional ist:

$$L_{sk} = \alpha\, Gb/\sigma \quad (\alpha: \text{Zahlenfaktor} \approx 1)$$

Die Kriechverformung von Gefügen mit Subkornstruktur erfordert das Ein- und Aus-„Stricken" von Einzelversetzungen; vielfach sind es diese Vor-

gänge, welche den Formänderungswiderstand bei hohen Temperaturen bedingen (Subkornhärtung).

Eine Vorstufe der S.-Bildung, bei welcher die Detailstruktur der Wände vergleichsweise ungeordnet bleibt, führt zu Zellstrukturen. Dies ist auch bei niedrigen Temperaturen durch „mechanische Aktivierung" bei periodischer Belastung (→Ermüdung) insbes. im Zugschwellbereich möglich. Bei Temperaturerhöhung ordnen sich die Zellwände zu wohlgeordneten Subkorngrenzen um.   *Ilschner*

Subkorngrenze →Subkorn

Substanzpolymerisation. Bei der S. wird die →Polymerisation von Monomeren ohne Zugabe eines Lösungsmittels durchgeführt. Der Anteil an nicht bei der Polymerisation umgesetztem →Monomer kann dabei als Lösungsmittel fungieren. Technisch wird auf diese Weise z. B. →Polyethylen und →Polystyrol erzeugt.   *Finkelmann*

Substitutionsmischkristall. Wichtigste Klasse der festen Lösungen in kristallinen Systemen. Innerhalb eines Grundgitters werden Atome einer Atomsorte (z. B. Cu) durch solche einer anderen Atomsorte substituiert, wobei die andere Atomsorte als kristallines Element die gleiche oder eine andere Kristallstruktur wie der Ausgangswerkstoff haben kann (Beispiele: Cu-Ni bzw. Cu-Zn). Bei Übereinstimmung der Gitterstruktur kann ein S. den Konzentrationsbereich von 0 bis 100 % umfassen (z. B. Cu-Ni); in anderen Fällen ist die Löslichkeit extrem gering (ppm-Bereich).

In erster Näherung geht man von einer statistischen Verteilung der beiden Atomsorten auf alle Gitterplätze aus. Bei unterschiedlichen Bindungskräften zwischen A- und B-Atomen bzw. A-Atomen sowie B-Atomen untereinander kann jedoch nichtstatistische Verteilung auftreten (Cluster-Bildung als Vorstufe zur →Ausscheidung, →Fernordnung mit Ausbildung von Teilgittern bzw. Überstrukturen (Ordnungs/Unordnungsumwandlung). →Mischkristall   *Ilschner*

Sulfide. →Schwefel wird im →Hochofen aus dem Koks aufgenommen und scheidet sich bei oder nach der →Erstarrung als FeS oder, falls →Mangan im →Stahl vorliegt, als MnS aus. Die S. werden bei der →Warmumformung mitverformt und führen zu einer →Anisotropie der Zähigkeitseigenschaften, da die Grenzfläche zwischen S. und Matrix die Bruchausbreitung begünstigt. Abhilfe kann durch Absenkung des Schwefelgehaltes oder durch Zulegierung von Elementen, die den →Schmelzpunkt der S. erhöhen, wie z. B. →Cer und Zirkon, und die damit die →Verformung der S. verhindern (Sulfidformbeeinflussung), erfolgen.   *Dahl*

Sulfidformbeeinflussung →Schwefel, →Einschlüsse

Sulfidieren. Anreichern der →Randschicht eines Werkstückes – meistens aus →Stahl oder →Gußeisen – mit →Schwefel durch thermochemische →Behandlung. Die Behandlung wird bei ca. 200 °C durchgeführt. Es bildet sich eine Eisensulfidschicht, welche den Widerstand gegen →Adhäsion bzw. →Fressen erhöht. *Habig*

Sulfonitrieren. Anreichern der →Randschicht eines Werkstückes – in der Regel aus →Stahl oder →Gußeisen – mit →Stickstoff und →Schwefel durch thermochemische →Behandlung. Beim Sulfonitrocarburieren diffundiert zusätzlich →Kohlenstoff in die Randschicht ein. Das S. erfolgt meistens im Gas, das Sulfonitrocarburieren im Salzbad. Es bildet sich eine →Eisennitridschicht, die in der äußeren Randschicht Eisensulfid enthält. Diese Schicht bildet einen besonders hohen Widerstand gegen →Adhäsion und →Fressen. *Habig*

Literatur: *Amsallem, C.* und *J. M. Georges:* Härterei-Techn. Mitt. 6 (1967) S. 444.

Summenstrom. S. oder Polarisationsstrom bezeichnet den an einer elektrochemischen Zelle im äußeren Stromkreis meßbaren Gleichstrom bei vorgegebenem →Elektrodenpotential. Er ergibt sich aus der Summe der anodischen und kathodischen Teilströme beim jeweiligen Elektrodenpotential (→Stromdichte-Potential-Kurve). Beim freien →Korrosionspotential ist der S. Null. *Wendler-Kalsch*

Super-Ionenleiter. Ein →Ionenleiter ist ein Stoff, dessen elektrische Leitfähigkeit auf der Bewegung von Ionen statt der von Elektronen beruht. Spezielle Stoffe leiten bestimmte Ionen so gut, daß man von Super-Ionenleitung spricht. Die Erscheinung, (die mit der elektronischen Supraleitfähigkeit nichts zu tun hat), beruht auf der mehr oder weniger freien, flüssigkeitsartigen →Beweglichkeit einer Ionenart in einem festen Kristallgitter. Andere Bezeichnungen für die gleichen Stoffe sind Feststoff-Ionenleiter, Feststoff-Elektrolyte und im Englischen fast ion conductors.

Das klassische Beispiel für einen S. ist das α-Silber-Jodid, welches oberhalb 149°C stabil ist. Die hohe Leitfähigkeit des α-AgJ (100 S/m bei 150°C) beruht darauf, daß die kleinen Silberionen im kubisch-raumzentrierten Gitter der Chlor-Ionen eine Vielzahl von Plätzen zur Verfügung haben, zwischen denen sie sich fast frei bewegen können. Andere verwandte Substanzen wie z. B. RbAg₄J₅ zeigen eine hohe ionische Leitfähigkeit auch noch bei Raumtemperatur (Bild).

Das sogenannte β-Aluminiumoxid, eine Substanz der Zusammensetzung $Na_2O \cdot 11\,Al_2O_3$ bildet ein weiteres bekanntes Beispiel für einen Feststoff-Io-

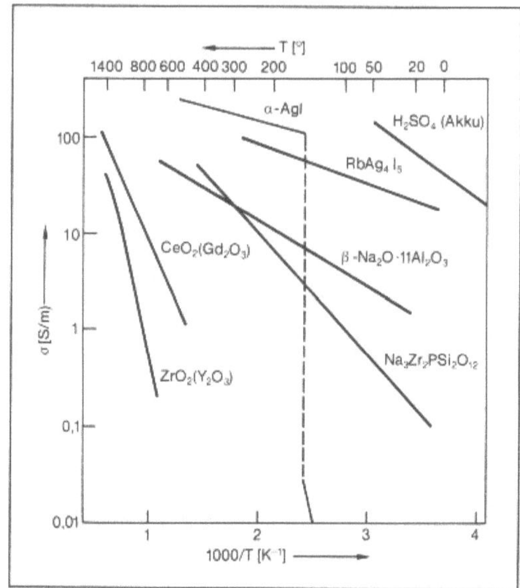

Super-Ionenleiter: Die elektrische Leitfähigkeit einiger typischer Feststoff-Ionenleiter als Funktion der Temperatur. Zum Vergleich: die Leitfähigkeit von Schwefelsäure als Vertreter der flüssigen Ionenleiter oder Elektrolyte.

nenleiter. Das Kristallgitter des β-Al₂O₃ besteht aus einer Schichtanordnung, in der sich die Natriumionen in bestimmten Ebenen bewegen können. Andere Stoffe mit hoher ionischer Leitfähigkeit sind durch tunnel- oder käfigartige Hohlräume in einem Netzwerk von Tetraedern (z. B. SiO_4) oder Oktaedern (z. B. TiO_6, WO_6) gekennzeichnet, in dem sich kleine Ionen (meist Alkali-Metalle oder Silber) bewegen. Ein Beispiel für einen anionischen Feststoff-Ionenleiter stellt dotiertes Zirkonoxid dar. Mischt man ZrO_2 mit etwa 10 % Y_2O_3 oder CaO, dann entsteht wegen des Wertigkeitsunterschiedes eine entsprechende Zahl von Leerstellen im Sauerstoff-Teilgitter, so daß die Sauerstoff-Ionen Platz für ihre Bewegung erhalten.

Feststoff-Elektrolyte wie das β-Al₂O₃ können gleichzeitig als Elektrolyt und als Trennwand im Natrium-Schwefel-Akkumulator dienen, der bei 300–350°C betrieben wird. Sauerstoff-Ionenleiter dienen als Sonden etwa zur Messung der Sauerstoff-Konzentration in einer Stahlschmelze oder in Abgasen. Andere Anwendungen betreffen Brennstoffzellen, Batterien sehr hoher Lagerzeiten und elektrische Bauelemente wie Anzeigen oder Kondensatoren. *Hubert*

Superparamagnetismus →Magnetismus

Superplastizität. Unter S. ist das Auftreten einer außergewöhnlich starken plastischen →Verformung ohne →Einschnürung oder Bruch zu verstehen. Während die metallischen Werkstoffe im →Zugversuch normalerweise bei Dehnungen von weit weniger als 100 % zu Bruch gehen, liegen beim superplastischen Verhalten Dehnungen von mehreren hundert oder sogar tausend Prozent vor. S. erfordert kleine Korngrößen (Korndurchmesser 1 bis 10 μm), Temperaturen oberhalb 0,5 T_s sowie niedrige Verformungsgeschwindigkeiten. Sie wurde sowohl bei einphasigen als auch bei mehrphasigen Werkstoffen beobachtet, wobei im letztgenannten Fall die Phasen etwa in gleicher Menge vorliegen müssen. Daher bauen viele superplastische Legierungen auf eutektischen oder eutektoiden Systemen (→Erstarrung, eutektische) aus zwei Komponenten mit annähernd gleicher Schmelztemperatur auf.

Der atomistische Mechanismus der S. ist noch nicht völlig geklärt. In Frage kommen drei Möglichkeiten, die aber wahrscheinlich miteinander kombiniert werden müssen:
– Korngrenzengleiten;
– spannungsinduzierte Leerstellenbewegung (viskose Verformung), entweder durch das Gitter oder entlang den Korngrenzen;
– dynamische Erholungsprozesse durch ständige →Rekristallisation während der Verformung.

Die ständig wachsende Zahl superplastischer Legierungen läßt vermuten, daß S. ein allgemeiner Werkstoffzustand ist, in den sich alle Legierungen durch eine geeignete Kombination von Gefügezustand und Verformungsbedingungen bringen lassen.

Auch die Fähigkeit keramischer Stoffe, sich bei niedrigen Druckspannungen unter gleichzeitiger →Phasenumwandlung plastisch verformen zu lassen, wird zu den Erscheinungen der S. gezählt.

Gräfen

Literatur: *Vollertsen, F.* und *S. Vogler:* Werkstoffeigenschaften und Mikrostruktur. München–Wien 1989.

Supraleitende Werkstoffe. Von den tausenden bekannten supraleitenden Substanzen spielen höchstens ein Dutzend als Werkstoffe eine praktische Rolle. Zunächst sind die Anwendungen der S. W. in der Meßtechnik und in der Computertechnik zu nennen. In diesen Bereichen werden supraleitende dünne Schichten eingesetzt, die meist aus Blei, Zinn, Niob oder anderen einfachen Substanzen bestehen. Wesentlich bedeutender und komplexer ist das Gebiet der Erzeugung starker Magnetfelder mit Supraleitern. Hierfür kommen ausschließlich Supraleiter zweiter Art in Frage, die durch einen hohen Sprungpunkt T_c, ein hohes oberes kritisches Magnetfeld H_{c2} und durch einen hohen kritischen Strom I_c ausgezeichnet sind. Weiterhin wichtig sind die Möglichkeit der Stabilisierung gegenüber Flußsprüngen und eine leichte Verarbeitbarkeit. Während T_c und H_{c2} Eigenschaften des Werkstoffs unabhängig von der Bearbeitung sind, beruht I_c auf der Bewegungshinderung der Flußlinien durch Gefügebestandteile des Werkstoffs, also durch die Korngrenzen, ausgeschiedene Phasen und andere Inhomogenitäten. Ähnlich wie die mechanische Härte eines Werkstoffs läßt sich also die supraleitende „Härte" durch den Verarbeitungsprozeß optimieren.

Die Stabilität des supraleitenden Zustands gegenüber Störungen kann vor allem durch die Bauform der Leiter beeinflußt werden. Voraussetzung für den stabilen Betrieb eines supraleitenden Magneten ist, daß nicht jede Störung des Supraleiters zu einem Zusammenbruch des ganzen Magnetfeldes führt. Störungen können auftreten, wenn sich einzelne Flußlinienbündel aus ihrer Verankerung lösen oder Teile der Wicklung sich unter der Wirkung der magnetischen Kräfte bewegen. Die zuverlässigste, aber auch aufwendigste Methode der Stabilisierung gegenüber solchen Störungen ist die kryostatische Stabilisierung. Bei ihr ist jede Supraleiterfaser von so viel hochreinen Kupfer umgeben, daß das Kupfer im Störfall allein die Stromleitung übernehmen kann, ohne daß bei Kühlung im Heliumbad der Sprungpunkt des Supraleiters überschritten wird. Nach dem Abklingen der Störung kann so der Supraleiter wieder allein die Leitung übernehmen. Da das Verhältnis Kupfer/Supraleiter bei der kryostatischen Stabilisierung mit 4–5 : 1 recht hoch sein muß, verwendet man die kryostatische Stabilisierung nur für Großmagnete.

Eine größere Leistungsdichte erreicht man mit der Methode der adiabatischen Stabilisierung. Sie läuft darauf hinaus, so feine, in Kupfer eingebettete Supraleiterfilamente zu verwenden, daß die bei einer kleinen Störung auftretende Erwärmung von selber wieder abklingt, bevor sie den Supraleitungszustand zerstören kann. Faßt man die feinen Fäden zu Bündeln zusammen, so gelangt man zu der heute bevorzugten Bauform der Multifilament-Leiter (Bild).

Die Herstellung eines solchen Drahtes etwa im Fall des Niob-Titans beginnt mit einem durchbohrten Block aus hochreinem Kupfer. In die Löcher werden Stäbe der Supraleiter-Legierung gesteckt und das Ganze wird durch Strangpressen so im Querschnitt verringert und gestreckt, daß die Supraleiter zusammenhängend bleiben. In weiteren Schritten werden die entstehenden Stäbe dünngezogen, gebündelt, weitergezogen und schließlich in Seilen zusammengefaßt. Manche Supraleiter wie z. B. die intermetallischen Verbindungen Nb_3Sn und V_3Ga sind allerdings so spröde, daß sie den angedeuteten Verarbeitungsprozeß nicht gestatten

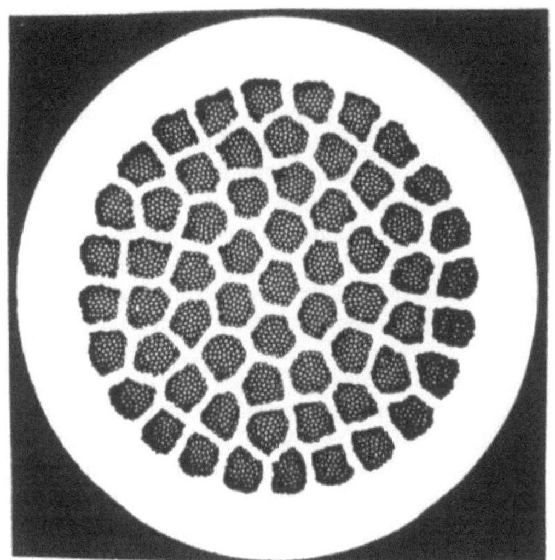

Supraleitende Werkstoffe: Querschliffbild eines Nb₃Sn-Filamentleiters mit 3721-Filamenten in einer CuSn-Matrix.

würden. Man behilft sich in diesem Fall dadurch, daß man zunächst eine Multifilamentstruktur aus verformbaren Legierungen (z. B. Nb einerseits und Bronze = CuSn andererseits) herstellt, um dann im Endzustand die gewünschte Legierung durch einen Diffusionsprozeß zu erzeugen.

Die Legierung Niob-Titan (Tabelle) stellt den wirtschaftlichsten Werkstoff dar, der für Feldstärken (Induktionen) bis etwa 8 Tesla eingesetzt werden kann. Für höhere Induktionen bis etwa 18 Tesla muß man auf die schwerer zu bearbeitenden intermetallischen Verbindungen Nb_3Sn und V_3Ga übergehen, wobei meist eine äußere Spule aus NbTi

mit inneren Spulen aus Nb_3Sn und V_3Ga kombiniert werden. Die kürzlich entdeckten Hochtemperatur-Supraleiter auf der Bais von Kupferoxiden konnten noch nicht zu Werkstoffen verarbeitet werden, jedoch gibt es vielversprechende Ansätze in Form dünner Schichten. *Hubert*

Supraleitende Werkstoffe. Tabelle: Kennwerte wichtigster s. W.

Werkstoff	Pb	NbTi	Nb_3Sn	V_3Ga
Sprungtemperatur T_c [K]	7,2	10,2	18,3	16,5
Krit. Magnetfeld B_{c2} [T] bei $T = 0$	0,064	12	30	35
Krit. Strom I_c [A/mm²] bei $T = 0$, $B = 5T$ bis etwa:		10 000	30 000	60 000

Literatur: *Parsch, C. P.:* Supraleiter und supraleitende Magnete. Siemens AG, Berlin 1975.

Suspensionspolymerisat (PVC-S) → Polymerisationsverfahren; → Vinylchlorid-Polymerisat

Suszeptibilität → Magnetisierungskurve

Syndiotaktisch → Taktizität

Synthesefaser → Faser, synthetische

Synthesekautschuk → Elastomere

T

Taktizität →Makromolekül

Tantallegierungen. T. erscheinen durch ihre hohe Schmelztemperaturen ebenso wie W-, Mo- und Nb-Legierungen geeignet für Anwendungen bei sehr hohen Temperaturen (über 1 500 °C). Der Vorzug der T. liegt darin, daß sie eine hohe →Zeitstandfestigkeit und eine gute Verformbarkeit bei Raumtemperaturen im Gegensatz zu Nb- und Mo-Legierungen haben und gute →Schweißbarkeit besitzen. Zwei Legierungen werden vorwiegend im Luft- und Raumfahrtbereich verwendet: T-111 (Ta-W8-Hf2%) und T-222 (Ta-W10-Hf2,5-C0,01%) mit Zugfestigkeiten bei Raumtemperatur von 800 und 1 000 N/mm^2 bzw. bei 1 600 °C von 30 und 160 N/mm^2. Der hohe Preis der T. ist durch die seltenen Erzvorkommen (Niobit-Tantalit) gerechtfertigt.

In der Mikroelektronik werden Tantaloxide zur Herstellung von Kondensatoren mit guten Kapazitäten und minimalem Platzbedarf eingesetzt. In der Stahlindustrie findet Tantal als Legierungselement Verwendung. In der chemischen Industrie hat sich Tantal als korrosionsfester Werkstoff im Apparatebau (z. B. Großbehälter für korrosive Flüssigkeiten, säurefeste Pumpen, Wärmetauscher, Sprühelektroden) eingeführt. *Heller*

Literatur: *Schreiber, F.*: Verarbeitung und Anwendung von Tantal, Niob und Vanadin. Radex-Rdsch. (1983) Nr. 1/2, S. 85–98.

Tantalschichten. →Korrosionsschutzschichten, die durch chemische →Abscheidung aus der Gasphase (CVD) aufgebracht werden. *Habig*

Tape →Faserverbundwerkstoffe

Taumittelangriff. Frostschäden (→Betonverhalten bei niedrigen Temperaturen) werden auch durch Taumittel hervorgerufen oder verstärkt und treten als flächenhafte Abtragungen auf. Auf Straßen werden meist Natriumchlorid bis etwa −10 °C, seltener Calcium- und Magnesiumchlorid bei niedrigeren Temperaturen bis etwa −20 °C gestreut. Auf den →Beton wirken die Salze nicht oder nur schwach angreifend. Sie bringen jedoch immer mehr Probleme an Brückenbauwerken durch die →Betonstahlkorrosion. Auf Flugplätzen verwendet man künstlichen Harnstoff oder Alkohole, um keine →Korrosion von Flugzeugteilen zu verursachen. Harnstofflösungen können im Beton bei Temperaturen über +20 bis +30 °C zu Ammoniak und Kohlensäure zersetzt werden, die beide betonangreifend sind. Taumittel bringen Schnee und Eis auf dem Beton durch die Gefrierpunkterniedrigung des Wassers zum Schmelzen und entziehen die dazu notwendige →Schmelzwärme fast ausschließlich dem Beton. Der Beton kann sowohl durch die dabei auftretende schockartige Abkühlung der Betonoberfläche als auch durch schichtenweises Gefrieren des Betons zerstört werden, wenn tiefere Schichten durch das Überschneiden von Gefrierpunkt- und Temperaturkurve eher gefrieren als darüberliegende Schichten. Eine sichere Beständigkeit gegen Taumittel läßt sich nur durch den Zusatz von Luftporenmitteln erreichen (→Betonzusatz). *Wesche*

Taylor-Faktor. In der Theorie der →Plastizität von Vielkristallen ist der T.-F. das Zahlenverhältnis zwischen der im →Zugversuch gemessenen polykristallinen →Fließspannung σ_F (oder R_p) und der im Einzelkorn maßgebenden kritischen Schubspannung τ. Letztere hängt von der bereits akkumulierten →Abgleitung (→Verfestigung) und grundsätzlich auch von der Orientierung der Gleitsysteme zur Spannungsrichtung ab. Die starke Wechselwirkung unterschiedlicher Gleitsysteme im Vielkristall läßt sich am ehesten mit solchen Gleitsystemen des Einkristalls vergleichen, welche durch ihre symmetrische Lage zur Zugachse ebenfalls mehrere Einzel-Gleitsysteme aktivieren, insbes. <111> und <100>.

Der T.-F. m_T kann durch Mittelwertbildung über eine regellose Orientierungsverteilung berechnet werden: $m_T = 3,06$ für kfz. Metalle. $m_T = \sigma_F/\tau$ ist größer als der Mittelwert des reziproken Schmid-Faktors $m_s = \tau/\sigma$, welcher für Einkristalle gilt. *Ilschner*

Literatur: *Haasen, P.*: Physikalische Metallkunde. Berlin 1974.

Technische Regel. Eine t. R. ist im allgemeinen ein Dokument (irgend ein Medium, welches Informationen trägt), das Regeln, Anleitungen oder Kenndaten für Tätigkeiten oder deren Ergebnisse im Bereich der Technik festlegt. Mit Hilfe der Regeln der Technik ist der Mensch in die Lage versetzt, technische Systeme immer wieder neu seinen eigenen Fähigkeiten und Bedürfnissen und der Umwelt (Natur) durch bestimmte Vorgaben anzupassen (→Regelsetzer, technische).

Die Regeln der Technik können sowohl mündlich weitergegeben (z. B. vom Meister auf den Lehrling oder Gesellen) als auch schriftlich niedergelegt sein. Im einfachsten Fall werden sie, z. B. als Konstruktionsmethoden, Bemessungsverfahren usw., Bestandteil von Lehrbüchern oder, z. B. als Prüfanweisung, Handhabungshinweise usw. ein Teil von Bedienungs- und Montageanleitungen für technische Erzeugnisse sein.

Mit einem weitaus höheren Verbindlichkeitsgrad hinsichtlich ihrer Anwendung sind Technische Regeln versehen, sofern sie Bestandteil staatlicher Vorschriften sind. Beispiele hierfür sind der § 24 der Gewerbeordnung, die Straßenverkehrszulassungs-Ordnung, die Unfallverhütungsvorschriften und die Regelwerke der öffentlich-rechtlichen technischen Ausschüsse (z. B. Deutscher Dampfkesselausschuß, Deutscher Aufzugsausschuß, Deutscher Ausschuß für brennbare Flüssigkeiten).

Die weitaus größere Anzahl technischer Regeln wird heute von technisch-wissenschaftlichen Vereinigungen, wie dem →DIN Deutsches Institut für Normung e. V., dem DVGW Deutscher Verein des Gas- und Wasserfaches e. V., dem → VDEh Verein Deutscher Eisenhüttenleute, dem Verein Deutscher Ingenieure → VDI usw. aufgestellt und herausgegeben.

Sie werden im allgemeinen nach einem bestimmten Verfahren unter Beteiligung der Fachwelt oder (weitergefaßt) der interessierten Kreise in Gemeinschaftsarbeit erstellt und als Druckschriften (Normen, Richtlinien, Bestimmungen, Merkblätter) durch bestimmte Fachverlage vertrieben. Damit sind sie für jedermann erhältlich. Die Herausgeber, die technischen Regelsetzer, fassen ihre technischen Regeln zu sogenannten technischen Regelwerken zusammen.

Insgesamt sind in Deutschland etwa 120 Regelsetzer aktiv. Informationen über die von ihnen herausgegebenen mehr als 50 000 t. R. (einschließlich der technischen Rechts- und Verwaltungsvorschriften) sind im Deutschen Informationszentrum für technische Regeln, DITR im DIN Deutsches Institut für Normung e. V. erfaßt.

Bekanntestes Beispiel eines technischen Regelwerkes innerhalb Deutschlands ist das Deutsche Normenwerk (→DIN-Normen). Das Deutsche Normenwerk ist mit seinen ca. 20 000 Normen das am weitesten verbreitete und angewandte Regelwerk und umfaßt als einziges technisches Regelwerk alle Bereiche der Technik. Unterschiede zwischen den technischen Regelwerken ergeben sich aber nicht allein aufgrund der jeweils behandelten verschiedenen Fachgebiete (Bild 1, 2). Die wesentlichen Unterscheidungsmerkmale sind der Einführungsgrad der Regeln in die Praxis, die Verbindlichkeit (Bindewirkung) für die potentiellen Anwender (Adressaten) und der Inhalt der technischen Regeln

hinsichtlich des wiedergegebenen Erkenntnisstandes (Bild 1). Der Detailierungsgrad und die Gültigkeitsdauer einer Regel ist davon abhängig, auf welcher Ebene der Regelungshierarchie sie angesiedelt ist. Auch die Flexibilität, d. h. die Anpassung der technischen Regel an neuere Erkenntnisse wird hiervon beeinflußt (Bild 2). Eine Differenzierung der technischen Regeln erlaubt darüber hinaus auch die Art und Weise der Bekanntmachung sowie der Adressat an den die Regel gerichtet ist. Adressat kann z. B. die Allgemeinheit oder auch nur ein bestimmter Kreis von Fachleuten sein. Ein, vor allem auch hinsichtlich ihrer allgemeinen Anerkennung als fachgerecht und als Maßstab für einwandfreies technisches Verhalten, wichtiges Kriterium ist das von den einzelnen Regelsetzern durchgeführte Erarbeitungsverfahren.

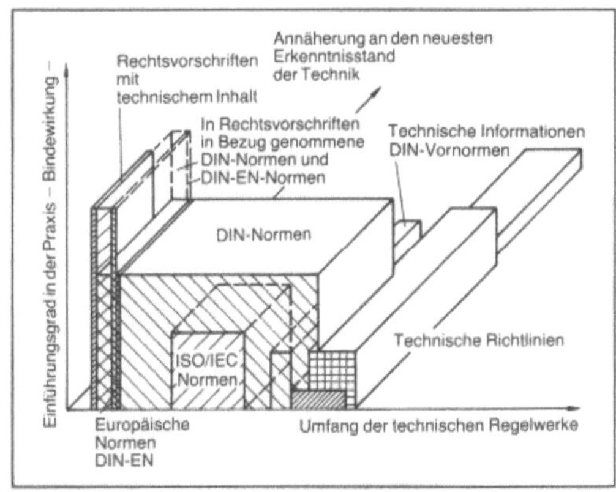

Technische Regel 1: Verhältnis der t. R. zueinander.

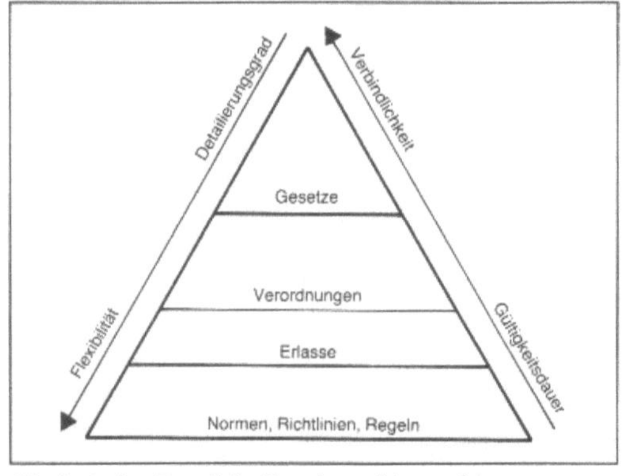

Technische Regel 2: Regelungshierarchie.

Hierbei kommt es insbesondere darauf an, inwieweit und auf welche Art und Weise nicht nur kompetenter Sachverstand, sondern auch die Öffentlichkeit in die Erarbeitung der Regeln miteinbezogen wird. Das im privatrechtlichen Bereich vorhandene, durch Regelsetzer organisierte technisch-wissenschaftliche Fachwissen sowie die im Vergleich zu den Gesetzgebungsorganen größere Flexibilität gegenüber der Dynamik von Wissenschaft und Technik, haben den Gesetzgeber dazu bewogen, weitgehend auf technische Einzelregelungen, z. B. im Bereich des Rechts der technischen → Sicherheit, zu verzichten. Der Staat regelt auf diesen Gebieten nur noch das behördliche Erlaubnis- und Überwachungsverfahren, legt Schutz- und Sicherheitsziele fest und umschreibt die technischen Sicherheitspflichten gewöhnlich mittels sog. unbestimmter Rechtsbegriffe, wie „(allgemein) anerkannte Regeln der Technik" und „Stand der Technik". (Auf die bis heute ebenfalls noch verwendete Benennung – Stand von Wissenschaft und Technik – sollte, nach mehrheitlicher Auffassung der technisch-wissenschaftlichen Vereine, künftig in diesem Zusammenhang verzichtet werden.) Hier erfüllen die t. R. der privatrechtlichen Regelsetzer, sofern sie bestimmten Anforderungen (siehe vorstehend z. B. Fachgerechtheit) genügen, wichtige Funktionen. Von Behörden und Gerichten werden sie zur Konkretisierung der unbestimmten Rechtsbegriffe herangezogen.

Der Begriff „Anerkannte Regeln der Technik" ist schon in Reichsgerichtsentscheidungen Ende des 19. Jahrhunderts zu finden. Bisweilen findet auch der Begriff „allgemein anerkannte Regel der Technik" Verwendung. Hiermit ist jedoch nichts anderes gemeint.

Von anerkannten Regeln der Technik kann nur in den Fällen gesprochen werden, in denen die entsprechenden technischen Festlegungen, von einer Mehrheit repräsentativer Fachleute als Wiedergabe des Standes der Technik angesehen werden. Eine t. R. zu einem technischen Gegenstand wird zum Zeitpunkt seiner Annahme als der Ausdruck einer anerkannten Regel der Technik anzusehen sein, wenn sie in Zusammenarbeit der betroffenen interessierten Kreise durch Umfrage- und Konsensverfahren erzielt wurde.

Der Stand der Technik ist ein, zu einem bestimmten Zeitpunkt entwickeltes Stadium der technischen Möglichkeiten, soweit Erzeugnisse, Verfahren und Dienstleistungen betroffen sind, basierend auf den diesbezüglichen gesicherten Erkenntnissen von Wissenschaft, Technik und Erfahrung.   *Krieg*

Literatur: *Budde, E.:* Die Begriffe „Anerkannte Regel der Technik", „Stand der Technik" und „Stand von Wissenschaft und Technik" und ihre Bedeutung. In: DIN-Mitteilungen. Band 59 (1980), Nr. 12, S. 738, 739. – DIN-Katalog für technische Regeln. Berlin: Beuth Verlag GmbH, Erscheinungsweise: Jährlich mit monatlichen, kumulierten Ergänzungsheften. – ISO/IEC-Guide 2-1986 (D). Allgemeine Fachausdrücke und deren Definitionen betreffend Normung und damit zusammenhängende Tätigkeiten. – Kalkar-Entscheidung des Bundesverfassungsgericht (Kernkraftwerke „Schnelle Brüter", Atomgesetz). In: Neue Juristische Wochenschrift. Band 32 (1979), Heft 8, S. 359 bis 364. – *Lukes, R.:* Möglich-keiten und Grenzen der Vereinheitlichung der unterschiedlichen unbestimmten Rechtsbegriffe im technischen Sicherheitsrecht. In: Recht und Technik. Studienreihe 53. Bonn: Bundesministerium für Wirtschaft, 1984. – *Marburger, P.:* Die Regeln der Technik im Recht. Köln, Berlin, Bonn, München 1979. – *Nicklisch, F.:* Wechselwirkungen zwischen Technologie und Recht. In: Neue Juristische Wochenschrift. Band 35 (1982), Heft 47, S. 2633 bis 2644. – *Nicklisch, F.:* Technische Regelwerke – Sachverständigengutachten im Rechtssinne? In: Neue Juristische Wochenschrift. Band 36 (1983), Heft 16, S. 841 bis 850. – Regeln und Normen in Wissenschaft und Technik. DIN-Normungskunde. Band 21. Berlin 1984.

Technische Regelwerke → Technische Regel, → Regelsetzer, technischer, → Normenwerk

Technische Überwachungs-Vereine (TÜV). Selbstverwaltungseinrichtungen der Wirtschaft, Sachverständigenorganisationen zur Beratung, Begutachtung, Prüfung und Überwachung auf den Gebieten der Sicherheitstechnik und des Umweltschutzes.

Die TÜV sind eingetragene Vereine privaten Rechts. Als von Unternehmern getragene Selbsthilfeeinrichtungen erbringen sie insbesondere auf den Gebieten der Sicherheitstechnik, des Umweltschutzes und der Energietechnik Leistungen, die der Staat nicht ohne verhältnismäßig hohen Aufwand erbringen könnte. Ihre Vorläufer sind die ehemaligen Dampfkessel-Überwachungs-Vereine (der erste wurde 1866 in Mannheim gegründet), die sich zu einem Verband (seit 1872) zusammengeschlossen hatten. Die heutigen elf regional verteilten TÜV in der Bundesrepublik sind in der Vereinigung der Technischen Überwachungs-Vereine (→ VdTÜV) e. V. zusammengeschlossen. Ihr gehören außerdem fünf industrielle Eigenüberwacher mit eigenen betriebsinternen Überwachungsstellen an.

Arbeitsgebiete der TÜV sind Prüfungs-, Überwachungs- und Gutachtertätigkeiten

☐ im Rahmen der Gewerbeordnung: Anlagen zur Lagerung, Abfüllung und Beförderung von brennbaren Flüssigkeiten, Aufzugsanlagen, Dampfkesselanlagen, Druckbehälter, Druckgasbehälter und Füllanlagen für Druckgase, Elektrische Anlagen in gefährdeten Räumen, Leitungen unter innerem Überdruck für brennbare, ätzende oder giftige Gase, Dämpfe oder Flüssigkeiten, Werkstoff- und Schweißtechnik;

☐ im Rahmen der Straßenverkehrsgesetzgebung: Eignungsuntersuchungen in Medizinisch-Psychologischen Untersuchungsstellen, Kraftfahrzeugführer- und Fahrlehrerprüfungen, Transport gefährlicher Güter, Sicherheitsüberprüfungen an Kraftfahrzeugen und deren Teilen, Typprüfungen von Kraftfahrzeugen und deren Zubehör;

☐ auf weiteren technischen Gebieten: Anlagen zur Lagerung, Abfüllung und Beförderung von wassergefährdenden Flüssigkeiten, Arbeitsmedizin und

Sicherheitstechnik, Elektrotechnik, Fliegende Bauten (z. B. Karussels), Fördertechnik (z. B. Krane, Fahrtreppen), Freiwillige Kraftfahrzeug-Überwachung, Kerntechnik und Reaktorsicherheit, Materialprüfung, Rohrleitungen der öffentlichen Gasversorgungen, Seilbahnen, Strahlenschutz, Technische Arbeitsmittel, Technische Chemie, Umweltschutz (z. B. Lärmbekämpfung, Reinhaltung der Luft, Abwasserfragen), Wärme- und Energietechnik.

Organe: Mitgliederversammlung, Vorstand, Geschäftsführer; Mustersatzung der TÜV 1977. VdTÜV: Mitgliederversammlung, Vorstand, Geschäftsführer, beratendes Kuratorium.

Ressourcen (1986): 13 690 Mitarbeiter, davon 9 225 technisches Personal (TÜV Baden insgesamt 969 Mitarbeiter, Bayern 2 669, Berlin 328, Hannover 1 541, Hessen 136, Norddeutschland 1 341, Pfalz 257, Rheinisch-Westfälischer TÜV 2 280, Rheinland 2 869, Saarland 217, Stuttgart 1 025, VdTÜV 58).

(Vereinigung der Technischen Überwachungs-Vereine (VdTÜV) e. V., Kurfürstenstraße 56, 4300 Essen 1). *Altenmüller*

Teflon (R). Ist ein eingetragenes Warenzeichen der Firma Du Pont für das Polymer → Polytetrafluorethylen. *Finkelmann*

Teilchenhärtung → Härtungsmechanismus

Teilchenverbundwerkstoffe. Solche Werkstoffe, in denen sphärische Teilchen oder auch Teilchen mit geometrisch unbestimmter Form eingelagert sind (→ Einlagerungsgefüge), werden als T. bezeichnet (Bild 1). Die Teilchen sind meist nicht – im Gegensatz zu kurzfaserverstärkten Verbundwerkstoffen – in einer Vorzugsrichtung orientiert, so daß T. als weitgehend isotrop gelten.

Zu den T. zählen die dispersionsgehärteten Werkstoffe. Durch Einlagern von sehr feinen,

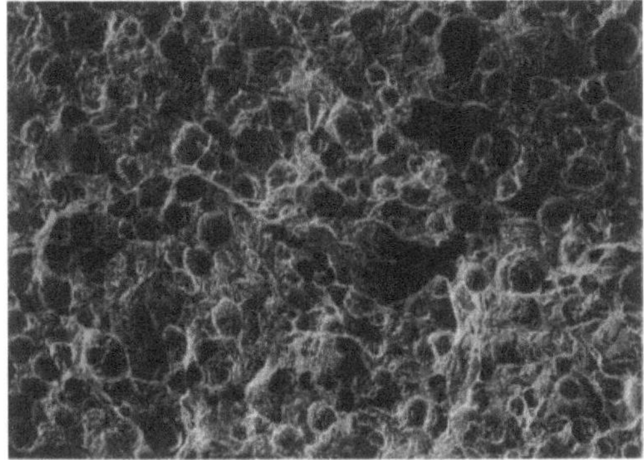

Teilchenverbundwerkstoffe 1: Graphit-Teilchen, eingelagert in eine Fe-Matrix (rasterelektronenmikroskopische Aufnahme einer Bruchfläche).

gleichmäßig verteilten, harten, in der Matrix auch bei höheren Temperaturen nicht löslichen Teilchen – Dispersoiden –, die auch mit der Matrix nicht reagieren, kann die → Festigkeit von Werkstoffen, insbesondere die → Warmfestigkeit, erheblich gesteigert werden. Die Nichtlöslichkeit der Teilchen in der Matrix unterscheidet die Dispersionswerkstoffe von ausscheidungsgehärteten Werkstoffen. Bei diesen lassen sich die festigkeitssteigernden Ausscheidungen durch eine → Wärmebehandlung wieder in Lösung bringen.

Bei den Dispersionswerkstoffen bestehen die Teilchen bzw. Dispersoide aus: Oxiden, Carbiden, Nitriden, Siliciden, Boriden, nicht löslichen Metallen und → Graphit. Die stabilen Dispersoide, die sich für eine → Dispersionshärtung eignen, sollten eine Teilchengröße zwischen 0,01 und 0,1 µm aufweisen und mit einem mittleren Teilchenabstand von 0,1–0,5 µm eingelagert sein.

Die → Verfestigung durch Einbringen von Dispersoiden beruht darauf, daß die eingelagerten Partikel die Versetzungsbewegung hemmen. Die Versetzungen umgehen die Teilchen unter Bildung von Versetzungsringen (→ Orowan-Mechanismus), die die Teilchen umgeben und den freien Abstand zwischen das Teilchen effektiv verkleinern. Die in der gleichen Gleitebene nachfolgenden → Versetzungen erfahren dadurch einen größeren Widerstand. Die maximale festigkeitssteigernde Wirkung wird erreicht, wenn der Teilchenabstand und die Teilchengröße gerade so groß sind, daß die Versetzungen die Teilchen nicht schneiden können. Die Dispersionshärtung wird beispielsweise bei NiCr-Legierungen verfolgt, um deren Warmfestigkeit für den Einsatz als → Hochtemperaturwerkstoff zu steigern. Als dispergierende Phasen wird ThO_2, Al_2O_3, Y_2O_3 und MgO in Gehalten bis zu 5 Vol. % verwendet. Des weiteren wird die Dispersionshärtung von → Kobaltlegierungen mit ThO_2 und die Dispersionshärtung von → Aluminium mit Al_2O_3 angewandt, ebenso von → Blei und → Kupfer. Die Letzteren eignen sich insbesondere für den Akkumulatorenbau, die Elektrotechnik und die chemische Verfahrenstechnik.

Bekannt sind auch Ergebnisse zur Dispersionshärtung von höchstschmelzenden Metallen, z. B. die → Härtung der W-Re-Legierung mit ThO_2-Dispersoiden und einer Mo-Legierung mit HfW-Dispersoiden. Diese Werkstoffe sind für höhere und höchste Temperaturen geeignet.

Neben den dispersionsgehärteten Werkstoffen werden T. eingesetzt, bei denen die zweite Phase nicht vorrangig zur → Festigkeitssteigerung beitragen soll, sondern um dem Werkstoff spezifische physikalische und mechanische Eigenschaften zu verleihen. Hier wären z. B. Gleitlagerwerkstoffe mit eingelagerten Festschmierstoffen wie z. B. MoS_2 oder Graphit zu nennen. Die Funktion der

Festschmierstoffe besteht darin, eine ausreichende →Schmierung auch unter extremen Bedingungen zu gewährleisten. →Gleitlager mit eingelagerten Festschmierstoffen werden in der Vakuumtechnik eingesetzt, wo keine andere Schmierung möglich ist. Auch die Gleitlagerwerkstoffe mit eingelagerten niedrigschmelzenden Werkstoffen (Pb, Sn) können den T. zugeordnet werden. Als Beispiel sei der Werkstoff AlSn20Cu genannt. Das in Aluminium nahezu unlösliche Sn erfüllt den Zweck, die Einlauf- und Notlaufeigenschaften des Gleitlagerwerkstoffs zu verbessern.

Ein anderes Beispiel sind →Cermets (ceramic + metal), die u. a. als Kernreaktor-Brennelemente Verwendung finden, wobei die keramische Phase aus Uran- und/oder Plutoniumverbindungen besteht. Durch die Anordnung im Teilchenverbund soll auch nach hohem → Abbrand noch eine metallische Matrix mit ausreichender →Duktilität und hoher Wärmeleitfähigkeit erhalten bleiben.

Den T. zuzuordnen sind auch →Hartmetalle wie z. B. das Hartmetall WC-Co oder Ferro-TiC. Im ersten Beispiel ist WC der →Hartstoff und Co das Bindemetall, im zweiten bilden TiC den Hartstoff und →Eisen mit Zusätzen von Cr und geringen Anteilen Mo, Cu, Be den Basiswerkstoff. Hartmetalle finden Verwendung für Werkzeuge und Verschleißteile.

Weitere Beispiele für T. sind Kontaktwerkstoffe für elektrische Schalter, Relais, Schütze etc. Die Kontaktwerkstoffe Kupfer/Graphit und Silber/Graphit, vorzugsweise für gleitende Kontakte geeignet, wurden um die Jahrhundertwende zum ersten Mal eingesetzt. Der →Graphit bietet neben den guten Gleiteigenschaften auch eine hohe Sicherheit gegen Verschweißen. Nachteilig wirkt sich jedoch der hohe Abbrand aus. Weit verbreitet ist ferner der Kontakt-T. Silber/Kadmiumoxid. Das Metalloxid dient der Sicherheit gegen Verschweißen und begünstigt das Löschen von Lichtbögen.

T. werden überwiegend pulvermetallurgisch sowie durch mechanisches →Legieren hergestellt. Grundlegende Schritte beim pulvermetallurgischen Verfahren sind: das →Pressen von Formlingen aus pulverförmigem Matrix- und Einlagerungswerkstoff sowie das anschließende Verfestigen durch →Sintern. Voraussetzung für gute Eigenschaften von Dispersionswerkstoffen sind kleine, gleichmäßig verteilte Dispersoide, die als Ausgangsmaterial sehr feine Pulver für den Sinterprozeß erfordern. Feine Pulver werden jedoch sehr leicht oxidiert, was von Nachteil ist.

Bei der Herstellung von Dispersionswerkstoffen hat sich das mechanische Legieren bewährt. Hierbei werden Pulver zusammen mit entsprechenden Mengen an geeigneten Dispersoiden in Mühlen hoher Leistung vermahlen. Nach genügender Mahldauer sind die Dispersoide durch Kaltschweißprozesse an das Pulver gebunden und das Mahlprodukt kann z. B. durch →Strangpressen kompaktiert werden. Das Problem der →Oxidation ist beim mechanischen Legieren nicht gegeben.

Erwähnt sei noch das Verfahren der inneren Oxidation und das Einlagern von Teilchen bei Beschichtungsprozessen (→Schichtverbundwerkstoffe), z. B. die galvanische Einlagerung von Dispersoiden in Schichten. Bild 2 stellt einen Schichtverbundwerkstoff dar, in dessen Matrix Karbide eingelagert sind. Bei der inneren Oxidation findet eine Reaktion (Oxidation, Nitrierung, Karburierung, Borierung) eines eindiffundierenden Elements mit einem oder mehreren Legierungselementen statt und es entstehen fein verteilte Dispersoide. Die innere Oxidation ist nur für sehr kleine Querschnitte geeignet, da in Abhängigkeit vom Diffusionsweg Teilchen unterschiedlicher Morphologie entstehen. Es findet nur für kleine Querschnitte Anwendung bei der Herstellung von Kontaktwerkstoffen.

Steffens

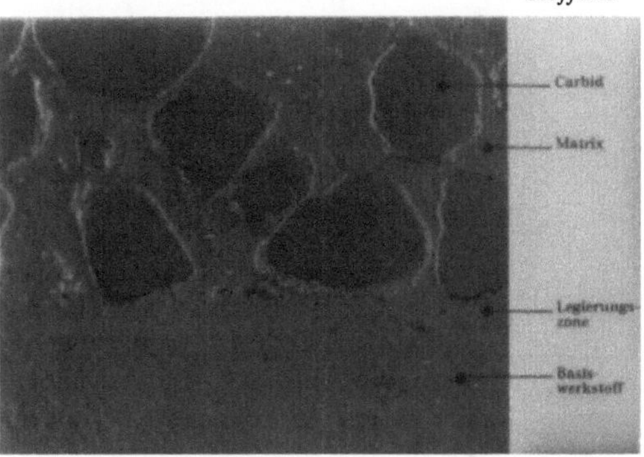

Teilchenverbundwerkstoffe 2: Schichtverbundwerkstoff – Schicht gleichzeitig Teilchenverbundwerkstoff. (Quelle: Gotek)

Literatur: N. N.: Metallische Verbundwerkstoffe. Karlsruhe 1977. – *Thümmler, F.:* Neuere Entwicklungen in der Pulvermetallurgie. Z. f. Werkstofftechnik. 3 (1972) Nr. 8 S. 394–414.

Teilreaktion, anodische. Die a. T. ist diejenige Teilreaktion einer Bruttoreaktion, die mit einem Oxidationsvorgang verbunden ist und einen anodischen →Teilstrom bewirkt. Beispiele sind die Teilreaktion der anodischen Metallauflösung

$$Me \rightarrow Me^{z+} + ze^-$$

und die a. T. der Sauerstoffabscheidung in Säuren

$$2H_2O \rightarrow O_2 + 4H^+ + 4e^-$$

bzw. in neutralen oder alkalischen Lösungen

$$4OH^- \rightarrow O_2 + 2H_2O + 4e^-.$$ *Wendler-Kalsch*

Teilstrom, anodischer/kathodischer →Stromdichte-Potential-Kurve

Teilstromdichte-Potential-Kurve →Stromdichte-Potential-Kurve

Temperaturerhöhung, reibbedingte. Die → Reibung bewirkt eine Temperaturerhöhung der tribologisch beanspruchten Oberflächenbereiche. Bei Gleit- oder Wälzpaarungen findet die Berührung der Kontaktpartner nur in Mikrokontaktbereichen statt, die insgesamt die wahre → Kontaktfläche bilden. In den Mikrokontaktbereichen können kurzzeitig sehr hohe Temperaturen auftreten. Das Bild zeigt die Temperaturverteilung in der Kontaktfläche der Paarung „Siliciumnitrid/Saphir", die mit einer Infrarotkamera gemessen wurde.   *Habig*

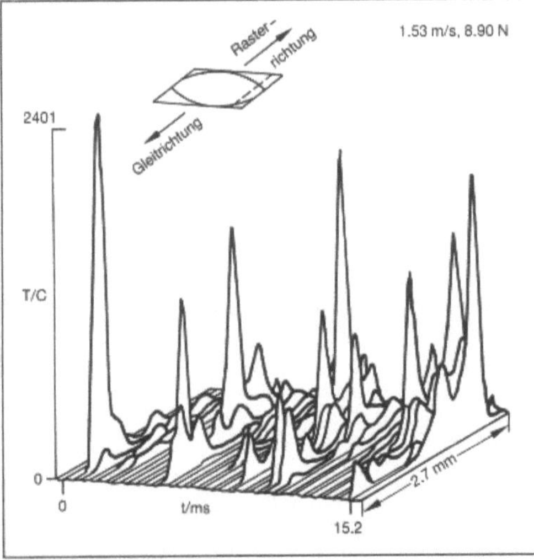

Temperaturerhöhung, reibbedingte: Örtliche und zeitliche Temperaturverteilung in der Kontaktfläche „Siliciumnitrid/Saphir" bei einer Gleitbeanspruchung.

Literatur: *Quinn, T. F. J.* and *W. O. Winer:* Development of a theory of wear of ceramics. Atlanta: Georgia Institute of Technology, Tribology and Rheology Laboratory, 1985.

Temperaturwechselbeständigkeit. Bezeichnung für Abschreckfestigkeit, bei der der Widerstand gegen schroffen Temperaturwechsel bei keramischen Körpern bestimmt wird (vgl. DIN 1068).   *Gräfen*

Temperguß. → Gußeisen, das zunächst ohne Graphitausscheidung weiß erstarrt ist und das seine Endeigenschaften durch unterschiedliche Wärmebehandlungen erhält. Temperrohguß ist spröde und nicht bearbeitbar.

Die weiße → Erstarrung wird durch niedrigere Kohlenstoff- und Siliciumgehalte im Vergleich zu → Grauguß herbeigeführt. Die → Wärmebehandlung, das Tempern, die das instabile Eisencarbid zum Zerfall bringt, kann mit einer → Entkohlung verbunden werden. Eine solche Behandlung führt zum weißen T. Soll ohne Entkohlung getempert werden, so wird ein noch niedrigerer Kohlenstoffgehalt von etwa 2,5 % eingestellt.

Nach der Wärmebehandlung ist T. duktil und in seinen Eigenschaften dem Gußeisen mit Kugelgraphit vergleichbar. Die Tempergußsorten GTW und GTS sind in DIN 1692 genormt.   *Rellermeyer*

Tempern → Temperguß, → Wärmebehandlung

Temperroheisen → Gießerei-Roheisen

Terpene → Harze

Terpolymerisation → Copolymerisation

Terrassenbruch. Bei Beanspruchung des Werkstoffes auf Zug in Dickenrichtung lamellenförmige Risse und Brüche parallel zur Blechoberfläche infolge von langgestreckten metallischen → Einschlüssen, vorzugsweise von Sulfiden (Lamellenrisse, *engl.* lamellar tearing). Bruchform, die die → Zähigkeit in der Hochlage bei Beanspruchung in Dickenrichtung vermindert; beeinflußt wird vor allem die Hochlage der → Kerbschlagarbeit und die → Brucheinschnürung im → Zugversuch. Abhilfe durch Verminderung des Schwefelgehaltes oder eine → Sulfidformbeeinflussung.   *Dahl*

Tetraederlücke → Zwischengitterplatz

Textilprüfung. Die T. umfaßt die verschiedensten Methoden und Arten von Prüfungen, die an den Rohstoffen (Fasern), Zwischenprodukten, Garnen, textilen Flächengebilden und Fertigerzeugnissen angewandt werden (Textilien, Grundbegriffe DIN 60000).

Die Aufgabenstellung ist sehr vielfältig. Die Kenntnis der verschiedenen Eigenschaften der Textilien dient vor allem dazu, die beim Gebrauch auftretenden, vielfach komplexen Beanspruchungen abzuschätzen und festzustellen, ob ein Material den Anforderungen genügen wird.

Das vielfältige Rohstoffangebot und die breitgefächerten Anwendungsbereiche – die heute weit über das hinausgehen, was man bisher unter Textilbereich verstand – erfordern sehr gezielte Untersuchungsverfahren.

Die textilen Prüfungen bzw. Untersuchungen lassen sich wie folgt einteilen:
□ Physikalische und mechanisch-technologische Untersuchungen.
– Makroskopische Struktur der Textilien; Kräuselung von Fasern, Garn- und Zwirndrehung, Technischer Aufbau textiler Flächengebilde, Faden- bzw. Maschendichte, Gewichtsanteile der verschiedenen Fadensysteme, Garnlängenverhältnisse.
– Form und Masse
–– Längenmessung an Fasern, Garnen und Flächengebilden; Breiten- und → Dickenmessung

–– Massebestimmungen (Gewicht); Feinheit (längenbezogene Masse) an Fasern und Garnen
–– Dichte
–– Raumgewicht und Porenanteil
–– Trockengehaltsbestimmungen
– Festigkeits- und Formänderungseigenschaften
–– →Zugversuch an Fasern, Garnen und Flächengebilden, zugelastisches Verhalten; Weiterreißfestigkeit, Schiebe- und Nahtfestigkeit, →Haftfestigkeit, Dauerzugversuche
–– Wölb- und Berstversuch
–– Biegebeanspruchung, Knitterneigung, Dauerbiegeeigenschaften
–– Torsionsbeanspruchung
–– Druckbeanspruchung, →Bauschelastizität
–– Gleichmäßigkeitsbestimmungen an Garnen
–– Visuelle Methoden
–– Gravimetrische Methoden
–– Kapazitives Verfahren
– Bestimmung von Faserbegleitstoffen (Verunreinigungen und Fremdsubstanzen) durch mechanische Trennung
□ →Gebrauchswertprüfung von Textilien
– Verarbeitbarkeit von Fasern, Garnen und Flächengebilden
– →Widerstandsfähigkeit gegen Scheuerbeanspruchung, →Pilling-Prüfung
– Wärmeeigenschaften
– Verhalten gegen Wasser; Benetzbarkeit, →Saugfähigkeit, Wasseraufnahme und →Wasserrückhaltevermögen, Wasserdichtigkeit, Beregnungsprüfung, Trocknung, Maßänderung bei Wassereinwirkung
– Luftdurchlässigkeit
– Licht- und Wetterbeständigkeit
– Klimabeständigkeit
– →Chemikalienbeständigkeit
– Anschmutzbarkeit
– Trageversuche
□ Optische Untersuchungen
– Mikroskopische Untersuchungen; Identifizierung von Faserarten, Messung von Faserdurchmessern und -querschnittsflächen, Faserschädigungen; Reifegrad und Mercerisiereffekt bei →Baumwolle
– Prüfung im polarisierten Licht
– Untersuchungen mit dem →Rasterelektronenmikroskop
– Infrarotspektroskopie
– Röntgenographische Untersuchungen
– Photometrische Untersuchungen
□ Textilchemische Prüfungen
– Qualitative Unterscheidung von Faserstoffen
– Quantitative Bestimmung von Faserstoffmischungen
– Qualitative und quantitative Bestimmung von Faserstoffzuständen
– Nachweis von Faserschädigungen
– Bestimmung von Faserbegleitstoffen

– Untersuchung von textilen Hilfsstoffen; Wasser, Textilhilfsmittel
– Untersuchung von Farbstoffen
– Prüfung von Waschmitteln
□ Biologische Untersuchungen an Textilien; Faserschäden durch Insekten, Bakterien und Pilze
□ Prüfung des Brennverhaltens
Neben den aufgezählten, mehr klassischen T. existieren zahlreiche Sonderprüfungen, die durch Simulation der Beanspruchung mit zeitraffendem Effekt Aussagen über die spätere Gebrauchstüchtigkeit gestatten. Die zunehmende Rationalisierung und Automatisierung hat auch im Bereich der T. zusammen mit der Elektronik Entwicklungen forciert, um in kürzerer Zeit genauere und umfassendere Informationen über die Qualitätseigenschaften von Textilien zu erhalten.

Bedingt durch die Abhängigkeit der Eigenschaften der Textilien von Temperatur und Luftfeuchtigkeit ist die Einhaltung eines genormten Klimazustandes während der Prüfung Voraussetzung für die Vergleichbarkeit und Reproduzierbarkeit von Prüfergebnissen:

Raumtemperatur $(20 + 2)\,°C$
relative Luftfeuchte $(65 + 2)\,\%$

Bei der Probennahme und bei der Auswertung von Meßergebnissen sind wegen der häufig stark streuenden Merkmale und der oft inhomogenen Verteilung die Gesetze und Regeln der mathematischen Statistik anzuwenden. *Kleinhansl*

Literatur: *Agster, A.:* Färberei- und textilchemische Untersuchungen. Berlin–Göttingen–Heidelberg 1967. – *Latzke, P. M.* und *R. Hesse:* Textilien, Prüfen – Untersuchen – Auswerten. Berlin 1974. – *Sommer, H.* und *F. Winkler:* Handbuch der Werkstoffprüfung. Bd. V. Die Prüfung der Textilien. Berlin–Göttingen–Heidelberg 1961. – *Wagner, E.:* Mechanisch-technologische Textilprüfungen. Stuttgart 1966.

Textur. Bei einem Polykristall (ein Werkstoff, welcher aus vielen Einkristallen, d. h. Körnern im Verbund besteht) haben die Kristalle oft eine bevorzugte Richtung in bezug auf eine äußere Probengeometrie und sind nicht statistisch regellos in ihrer kristallographischen Orientierung zueinander angeordnet. Diese bevorzugte Orientierung bezeichnet man als T. Bezugsrichtung zur T. kann z. B. die Drahtachsen- oder die Blechnormalenrichtung sein.

T. können sich durch →Verformung (z. B. →Walzen), durch →Gießen, durch →Rekristallisation oder durch elektrolytische Abscheidung bilden. Entsprechend dem Entstehungsprozeß unterscheidet man zwischen Verformungstextur, Gußtextur, Rekristallisationstextur und Wachstumstextur.

Bei Verformung bildet sich eine T. dadurch aus, daß jeder einzelne Kristall sich unterschiedlich leicht verformen läßt bedingt dadurch, daß das → Gleitsystem der einzelnen Kristalle unterschiedlich günstig zur wirkenden Schubspannung orientiert ist und bedingt dadurch, daß die Körner sich gegenseitig unterschiedlich stark in der Verformung behindern, da sie alle im Verbund stehen, welcher Beschränkungen in der Verformbarkeit erzwingt. Bei der Entstehung von Gußtexturen spielt die unterschiedliche Wachstumsgeschwindigkeit in unterschiedlichen kristallographischen Richtungen eine Rolle.

Sofern die T. sehr scharf ausgeprägt ist, d. h. der überwiegende Teil der Kristalle eine bestimmte Orientierung aufweist, läßt sich die T. durch eine ideale Lage kennzeichnen. Bei Blechen z. B. wird die T. dann durch die Angabe (hkl) [uvw] gekennzeichnet, wobei (hkl) die parallel zur Walzebene liegende Gitterebene und [uvw] die in Walzrichtung liegende Gitterrichtung ist. So ist die Würfeltextur als ideale Lage gegeben durch (100) [001]. Die Ideallage ist nur eine halbquantitative Angabe, da die Streuung der Orientierung nicht berücksichtigt ist. Sie hat aber den Vorteil der Anschaulichkeit.

Eine quantitative Beschreibung einer T. ist mit Hilfe der → Polfigur möglich, die sich direkt aus der röntgenographischen Texturuntersuchung (Linienintensität eines bestimmten Netzebenenreflexes in Abhängigkeit von der Probenorientierung) ergibt. Registriert man die Röntgenstrahlintensität eines bestimmten Netzebenenreflexes – und dies bei systematischer Variation der Probenorientierung – und überträgt dann Orientierungen gleicher Intensität in eine stereographische Projektion, so erhält man die Polfigur (Bild). Die Belegungsdichte der Polfigur gibt dann ein quantitatives Bild der Orientierungsverteilung der Körner innerhalb eines Bleches, d. h. der T. des Bleches.

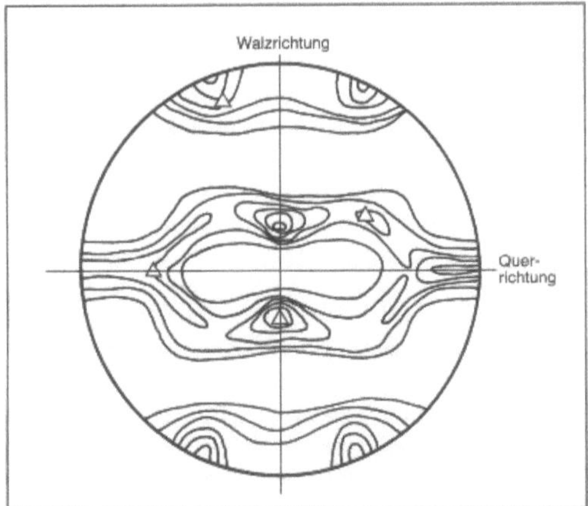

Textur: Polfigur eines gewalzten Aluminiumblechs △ kennzeichnet die Flächenpole der idealen Lage (123) [412].

Verwendet man die Röntgenstrahlintensität eines anderen Netzebenenreflexes, so ist das Bild der Polfigur ein anderes. Metalle gleicher kristallographischer Struktur weisen weitgehend ähnliche T. auf, wohingegen die T. von kubisch-flächenzentrierten, kubisch-raumzentrierten und hexagonalen Metallen sich stark voneinander unterscheiden.

Die große technische Bedeutung von T. beruht auf der → Anisotropie vieler Eigenschaften des Einkristalls. (Eine absolut ideale Texturausbildung ergibt einen → Einkristall.)

Hinsichtlich der mechanischen Eigenschaften macht sich eine T. bei Blechen darin bemerkbar, daß der → Elastizitätsmodul, die → Streckgrenze, → Zugfestigkeit und → Dehnung (→ Spannungs-Dehnungs-Diagramm) parallel und senkrecht zur Walzrichtung unterschiedliche Werte aufweisen. Beim → Tiefziehen von Blechen macht sich die T. so bemerkbar, daß der Blechrand nach der → Blechumformung nicht glatt ist, sondern Zipfelbildung aufweist. Dieser unerwünschte Effekt – d. h. die Texturausbildung als Ursache hierfür – kann weitgehend vermieden werden dadurch, daß eine geeignete Temperaturbehandlung mit der Verformung verbunden ist.

Bei → magnetischen Werkstoffen ist hingegen eine ausgeprägte T. erwünscht. Im → Eisen z. B. ist die [100]-Richtung, die Richtung leichtester → Magnetisierbarkeit. Hier kann man durch Einstellung einer Würfeltextur (100) [001] z. B. bei Transformatorenblechen die Wirbelstromverluste beim Ummagnetisieren stark herabsetzen.

Für die elektrische Leitfähigkeit und für die Wärmeleitfähigkeit von Metallen spielt die T. keine Rolle, da diese Eigenschaften praktisch isotrop sind. *Schuh*

Literatur: *Wassermann, G.* u. *J. Grewen:* Texturen metallischer Werkstoffe. Berlin–Heidelberg 1962.

Thermische Analyse → Analyse, thermische, → Differentialthermoanalyse

Thermitschweißen. Das T. oder aluminothermisches Schweißen ist ein elektrisches Widerstands-Schmelzschweiß-Verfahren, das hauptsächlich für → Stumpfschweißen von Rohren und Schienen durch Thermit (Aluminium und Eisenoxid) angewendet wird.

Als Wärmequelle dient die Reaktionswärme, die bei der → Reduktion von pulverförmigem Eisenoxid durch Aluminium entsteht. Die Reaktion läuft nach Zünden mit Hilfe von Bariumsuperoxid (BaO_2) in einem Magnesiatiegel mit Stahlblechmantel ab, wobei Temperaturen von ca. 3 000 °C entstehen. Das → Gießen (Kippen des Tiegels oder Abstichöffnung) erfolgt in eine feuerfeste Form. Die Werkstücke (z. B. Schienenstöße, Rohre) werden auf 1000 °C vorgewärmt und mit Formkohle oder Formsteinen eingeformt. Die Schweißfuge wird dann mit flüssigem Eisen, das auflegiert sein kann, gefüllt (Thermitschmelzschweißen).

Beim Thermitpreßschweißen läßt man flüssiges Eisen so lange über die Schweißstelle laufen bis die Schweißtemperatur erreicht ist. Dann wird durch Anwendung von Druck die Verschweißung herbeigeführt. Alle niedrig- und hochlegierten → Stähle sowie → Stahlguß sind schweißgeeignet.   *Heller*

Thermochemische Behandlung → Behandlung, thermochemische

Thermoelast → Kunststoffe

Thermoelektrische Effekte. Beschreibung der Wechselwirkungen zwischen thermischen und elektrischen Transportvorgängen in einem Festkörper. Alle t. E. sind schwach, so daß sie durch eine lineare Beziehung zwischen den Feldern (elektrisches Feld, Temperaturgradient) und den Strömen (elektrischer Strom, Wärmestrom) dargestellt werden können.

Der wichtigste der t. E. ist der *Seebeck*-Effekt:

$$E_x = \varphi \, ^{dT}/_{dx} \tag{1}$$

E_x: Elektrisches Feld in x-Richtung
$^{dT}/_{dx}$: Temperaturgradient in x-Richtung
φ: Seebeck-Koeffizient oder differentielle Thermospannung.

Der Seebeck-Koeffizient ist materialabhängig. Bringt man zwei verschiedene Leiter in das gleiche Temperaturfeld, dann kann man an den Enden eine Potentialdifferenz, die Thermospannung, messen (Bild 1), welche ein Maß für die Temperaturdifferenz T_1–T_2 ist.

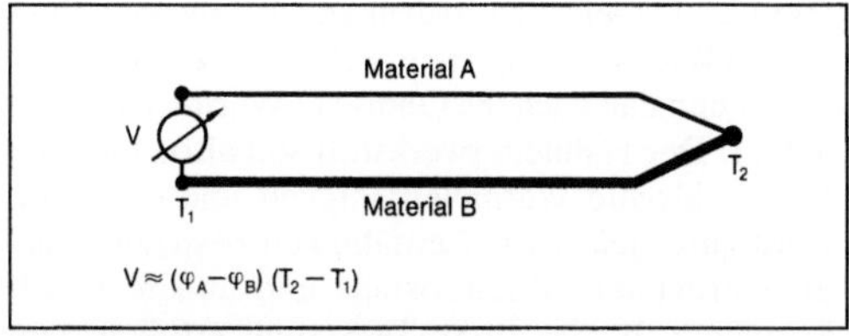

Thermoelektrische Effekte 1: Wirkungsweise eines Thermoelements.

Man nennt eine solche Anordnung ein Thermoelement. Thermoelemente stellen in der Technik das wichtigste Hilfsmittel zur Temperaturmessung dar. Dabei ist es nützlich, wenn die Thermospannung möglichst linear von der Temperatur abhängt. Für die meisten Werkstoffe gilt das keineswegs, jedoch hat man Kombinationen von Legierungen (Tabelle) gefunden, die in bestimmten Temperaturintervallen ein einigermaßen lineares Verhalten zeigen.

Die Umkehrung des Seebecks-Effekts stellt der *Peltier*-Effekt dar:

$$w_x = \varphi \cdot T \cdot j_x$$

w_x: Wärmestrom in x-Richtung
j_x: Elektrische Stromdichte in x-Richtung
T: absolute Temperatur

Der Koeffizient φ ist identisch mit dem Seebeck-Koeffizienten. Verbindet man zwei Leiter mit einem möglichst unterschiedlichen Peltier-Koeffizienten zu einem Stromkreis, dann kann man je nach der Stromrichtung Wärme oder Kälte an der Verbindungsstelle erzeugen. In der Praxis verwendet man zu diesem Zweck spezielle, unterschiedlich dotierte Halbleiter, da der Peltier-Koeffizient in p- und n-dotierten Halbleitern ein entgegengesetzes Vorzeichen hat. Man kann auf diese Weise kleine und gut kontrollierbare Kühlaggregate bauen

Thermoelektrische Effekte. Tabelle: Die gebräuchlichsten Thermoelement-Werkstoffe

Bezeichnung	Legierung	Temperaturbereich [°C]	Thermospannung (Mittelwert) [μV/K]
Platin-	(+) Pt	0–1300	10,5
Platinrhodium	(−) Pt Rh 10 %	(1600)	
Nickel-	(−) Ni Al 2 % (Si, Mn)	0–1000	41,3
Chromnickel	(+) Ni Cr 10 % (Si, Mn, Fe)	(1300)	
Eisen-	(+) Fe	−200–700	54
Konstantan	(−) Cu Ni 45 % (Si, Mn, Fe)	(900)	
Kupfer-	(+) Cu	−200–400	52
Konstantan	(−) Cu Ni 45 % (Si, Mn, Fe)	(600)	

* In Klammern: bei kurzzeitiger Belastung

(Bild 2). Dabei ist zu bedenken, daß die gewöhnliche →Wärmeleitung dem Peltiereffekt entgegenwirkt, und daß auch die Ohmsche Wärme zusätzlich anfällt. Der Halbleiterwerkstoff soll also eine möglichst schlechte Wärmeleitfähigkeit und eine möglichst gute elektrische Leitfähigkeit besitzen. Silicium-Germanium-Mischkristalle und andere Mischkristalle z. B. das Bi-Sb-Te-System erfüllen diese Forderungen noch am ehesten. Insgesamt ist der Wirkungsgrad thermoelektrischer Kälteaggregate oder auch Generatoren jedoch nicht sehr gut, so daß sie nur für Spezialzwecke eingesetzt werden. *Hubert*

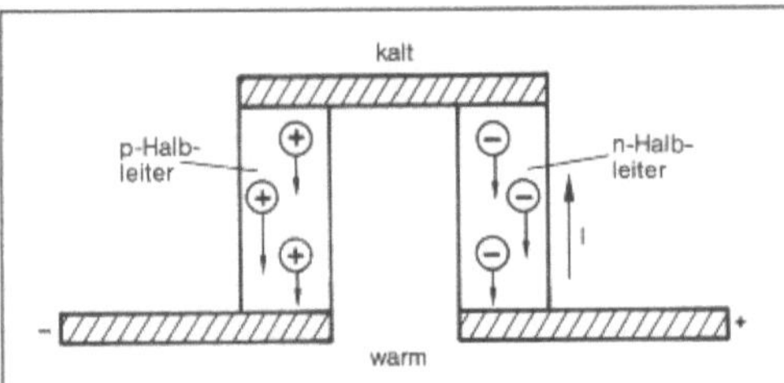

Thermoelektrische Effekte 2: Prinzip eines Peltier-Kühlelements.

Thermomagnetische Effekte. Im allgemeinen sind die Wärmeleitfähigkeit und die →thermoelektrischen Effekte von einem angelegten Magnetfeld abhängig. Als t. E. im engeren Sinne betrachtet man jedoch diejenigen Erscheinungen, die nur unter Beteiligung eines Magnetfelds auftreten. Letztere sind analog zum Halleffekt, nur daß Wärmeströme und Temperaturgradienten an die Stelle von elektrischen Strömen und elektrischen Feldern treten. Man unterscheidet:

□ den *Ettingshausen*-Effekt:

$$dT/_{dy} = P \cdot j_x \cdot B_z$$

$dT/_{dy}$: Temperaturgradient in y-Richtung
j_x: elektrischer Strom in x-Richtung
B_z: Magnetfeld in z-Richtung
P: Ettingshausen-Koeffizient

Der Ettingshausen-Effekt besagt also, daß bei einem Versuch, bei dem eine Hallspannung entsteht, zusätzlich auch ein Temperaturunterschied erzeugt wird.
□ Der zum Ettingshausen-Effekt inverse Effekt ist der *Nernst*-Effekt, auch Ettingshausen-Nernst-Effekt genannt. Er läßt sich durch folgende Gleichung darstellen:

$$E_y = Q \cdot B_z \cdot dT/_{dx}$$

Aufgrund des Nernst-Effekts erzeugt also ein Temperaturgradient in x-Richtung zusammen mit einem Magnetfeld in z-Richtung ein elektrisches Feld in y-Richtung. Zwischen dem Koeffizienten des Nernst-Effekts und demjenigen des Ettingshausen-Effekts besteht die Beziehung:

$$P \cdot \kappa = Q \cdot T, \kappa = \text{Wärmeleitfähigkeit}$$

□ Schließlich ist der *Righi-Leduc*-Effekt zu nennen:

$$dT/_{dy} = S \cdot B_z \cdot dT/_{dx}$$

Ein Temperaturgradient in x-Richtung hat unter der Wirkung eines Magnetfeldes also auch einen Temperaturgradienten in y-Richtung zur Folge.

Alle t. E. sind schwach und haben keine technischen Anwendungen. Sie dienen jedoch als Hilfsmittel zur Erforschung der Transportvorgänge speziell in Halbleitermaterialien. Zu beachten ist, daß die genannten Gesetze nur für kleine Magnetfelder und für isotrope Werkstoffe gültig sind und für hohe Magnetfelder wie auch für anisotrope Kristalle abgewandelt werden müssen. *Hubert*

Thermoplaste. T. sind Polymer-Werkstoffe, die sich ohne chemische Veränderung reversibel zu einem plastischen Zustand erwärmen lassen. In diesem hochviskosen Zustand sind sie leicht mechanisch verformbar. Beim Abkühlen behalten sie die Form bei.

Aufgrund unterschiedlicher Molekülanordnung unterscheidet man amorphe und teilkristalline T. Amorphe T. bestehen aus linearen oder verzweigten Makromolekülen, die unvernetzt sind und ineinander verschlungene →Knäuel bilden. Bei Raumtemperatur befinden sie sich im →Glaszustand, sie sind spröde und glasklar. Die reversible Deformierbarkeit beträgt 0,1–1 %. Bei höheren Temperaturen gehen amorphe T. in einen gummielastischen Zustand (→Gummielastizität) über, in dem sie eine große reversible Deformierbarkeit (bis über 100 %) aufweisen. Bei noch höheren Temperaturen beobachtet man viskoses Fließen.

Bei teilkristallinen T. sind in gewissen Bereichen, den Kristalliten, die Makromoleküle in bestimmter Weise geordnet. Teilkristalline T. sind trübe, zäh und mechanisch widerstandsfähig. Die →Zähigkeit wird durch →Beweglichkeit der Moleküle außerhalb der Kristallite in den amorphen Bereichen hervorgerufen. Bei der Glasübergangstemperatur (→Glasübergang) gehen die amorphen Bereiche in den entropieelastischen Zustand über, während die kristallinen Bereiche weiterhin energieelastischen Charakter aufweisen. Die mechanischen Eigenschaften der teilkristallinen T. hängen deshalb stark von der Höhe des Kristallinitätsgrades ab.

T. sind schmelzbar, schweißbar, quellbar und löslich. Die Verarbeitung erfolgt aus dem plastischen Zustand oder aus Lösung bzw. Emulsionen. Die wichtigsten Verarbeitungsprozesse sind: →Extrusion, →Kalandrieren, →Pressen, →Spritzgießen und →Gießen. Die mechanischen Eigenschaften können durch Zusätze wie →Weichmacher, Füllstoffe, →Stabilisatoren und faserverstärkende Materialien modifiziert werden.

Beispiele für amorphe T. sind: →Polystyrol (PS),

Styrol-Acrylnitril-Copolymerisat (SAN), →Polyvinylchlorid (PVC), →Polycarbonat (PC), →Polymethylmethacrylat (PMMA) und →Acrylnitril-Butadien-Styrol-Copolymerisat (ABS).

Zu den teilkristallinen T. gehören: →Polyethylen (PE), →Polypropylen (PP), →Polyamid (PA), →Polyoxymethylen (POM), →Polytetrafluorethylen (PTFE) sowie die meisten →Polyester und →Polyurethane.

→Kunststoffe   *Finkelmann*

Literatur: *Batzer, H.:* Polymere Werkstoffe. Bd. II. Stuttgart 1984.

Thermoschock. Unter dem Begriff T. wird ein schneller Abkühlungsvorgang einer Struktur verstanden, in der dadurch in der Regel mehr oder weniger hohe Wärmespannungen hervorgerufen werden. Diese überlagern sich gegebenenfalls vorhandenen mechanischen (→Membran-) Spannungen und wirken dabei zunächst wie diese als Primärspannungen. Abhängig von den Verformungsmöglichkeiten der Struktur können sie aber auch durch unbehinderte thermische →Ausdehnung und/oder plastisches Fließen des Werkstoffs abgebaut werden.

Hinsichtlich der Belastungs- und Schädigungsmechanismen bei T.-Vorgängen lassen sich zwei Kategorien unterscheiden:

Zum einen sind thermische Wechselbeanspruchungen durch Temperaturtransienten oder Temperaturfluktuationen zu nennen, die Anrißbildung und zyklische Rißausbreitung verursachen können. Korrosionseinwirkungen können hierbei den Schädigungsablauf beschleunigen. Die Frage, wie weit sich das →Rißwachstum durch die Wand hindurch erstrecken kann, hängt davon ab, wie hoch die überlagerte primäre mechanische →Spannung ist und ob korrosive Einflüsse gegeben sind. Bei einer rein thermischen (sekundären) Wechselbeanspruchung wird mit zunehmender Rißtiefe das Rißwachstum langsamer bzw. kommt zum Stillstand. Dies rührt daher, daß die Wärmespannungsgradienten in voller Höhe zumeist nur die oberflächennahen Wandbereiche erfassen und mit zunehmendem Abstand davon schnell abklingen. Bei gleichzeitig wirkenden primären Spannungen, etwa infolge von Innendruck, tritt ein Verzögerungseffekt beim Rißwachstum allenfalls in eingegrenztem Umfang auf. Demzufolge ist mit ausgedehnter →Rißbildung u. U. bis zur Leckage oder bis zum Bruch zu rechnen.

Zum anderen sind einmalige, länger andauernde Abkühlprozesse für dickwandige Strukturen von Bedeutung. Weisen solche Komponenten bereits Anrisse auf, so ist hier ein Weiterreißen nicht ausgeschlossen. Abhängig vom zeitlichen Verlauf der Beanspruchung und des am jeweiligen Ort der Rißspitze vorhandenen Rißwiderstands ergibt sich ein breites Spektrum von Rißausbreitungsmöglichkeiten. Dazu gehört begrenztes stabiles oder unbegrenztes instabiles Rißwachstum ebenso wie einmaliges oder mehrfaches schnelles Rißwachstum, jeweils unterbrochen durch Rißstopp. Ein Beispiel hierfür ist der Reaktordruckbehälter von Druckwasserreaktoren, wenn eine strahlungsbedingte Zähigkeitsminderung vorliegt und im Notkühlfall für die Aufrechterhaltung der Kernkühlung von einer Einspeisung kalten Wassers ausgegangen wird. Dabei entstehen hohe Wärmespannungen in Wandbereichen nahe der inneren Oberfläche und große Wärmespannungsgradienten über der Wanddicke.

Im Gegensatz zur Problemstellung der thermischen →Ermüdung besitzen die druckbeaufschlagten T.-Transienten nur dann ein Gefährdungspotential für die Integrität der Struktur, wenn bereits Makroanrisse oder größere, rißartige Ausgangsfehler vorhanden sind. Dann können die sekundären Wärmespannungen die Rißspitzenbeanspruchung gegenüber den aus dem Innendruck herrührenden primären mechanischen Spannungen beträchtlich erhöhen, wobei gleichzeitig die für Betriebstemperatur typische (Bruch-) →Zähigkeit des Werkstoffs durch die →Abkühlung herabgesetzt wird.

Die →Widerstandsfähigkeit des Materials gegenüber einer solchen Beanspruchung manifestiert sich hierbei entweder in der kritischen →Bruchzähigkeit K_{Ic} und der Rißauffangzähigkeit K_{Ia} bei sprödem Werkstoffverhalten, oder aber in der Rißwiderstandskurve bei duktilem Materialverhalten. Bei sprödem Werkstoffzustand sind für rechnerische Analysen der Rißausbreitung demgemäß die Methoden der linear elastischen →Bruchmechanik einzusetzen, während bei zähem Werkstoffzustand zähbruchmechanische Verfahren zur Anwendung gelangen müssen.   *Kußmaul*

Thermotransport →Diffusion

Thermotrimetall →Schichtverbundwerkstoffe

Thetalösungsmittel →Makromolekül

Thetatemperatur →Makromolekül

Thomaskalk. T. ist ein Düngemittel für die Landwirtschaft, das aus Stahlwerksschlacken aus der Blasstahlerzeugung durch Zumahlen von →Thomasmehl oder aufgeschlossenen Phosphaten hergestellt wird.

Neben CaO mit mehr als 42 % und MgO mit 2–3 % sind P_2O_5-Gehalte bis zu 8 % einstellbar.

Durch eine nach der Vermahlung erfolgende Körnung, bei der die Bindeeigenschaften von Triplesuperphosphat genutzt werden, kann auch ein körniges Produkt hergestellt werden. *Rellermeyer*

Thomasmehl. T. ist ein Dünger für die Landwirtschaft, der aus Thomasschlacke hergestellt wird. Bei der Stahlerzeugung aus phosphorreichem Thomasroheisen in → Blasstahlverfahren fällt Thomasschlacke mit P_2O_5-Gehalten von 12 bis 18 % an. Diese Schlacken werden fein vermahlen zu Thomasmehl.

Neben den angegebenen P_2O_5-Gehalten enthält der Dünger über 45 % CaO und Spurenelemente wie Mn, Cu, B usw., die für den Pflanzenaufbau wichtig sind. *Rellermeyer*

Thomasverfahren. Im T. wird aus phosphorreichem → Roheisen in einem → Konverter durch → Frischen mit Luft → Stahl erzeugt.

Zum Unterschied vom *Bessemer*verfahren, dem ersten Windfrischverfahren, kleidete *Thomas* im Jahre 1879 den Konverter mit einem basischen Dolomitfutter aus. So wurde es möglich, Kalk zur Schlackenbildung zuzusetzen und den Phosphor des Roheisens abzubinden. In Europa, wo in Schweden, Lothringen, Luxemburg, Belgien und auch Deutschland phosphorreiche Erze abgebaut wurden, hat das Thomasverfahren bis etwa 1960 eine bedeutende Rolle gespielt. Dann wurde es durch die → Blasstahlverfahren, die mit reinem Sauerstoff arbeiten, ersetzt. *Rellermeyer*

Thyssen-Niederrhein-Verfahren. Beim TN (Thyssen-Niederrhein)-Verfahren werden durch Einblasen von Erdalkalien in die Schmelze niedrigste Schwefel- und Sauerstoffgehalte in wenigen Minuten eingestellt (Bild). Dabei können Schwefelgehalte kleiner als 0,001 % erreicht werden. *Baumann*

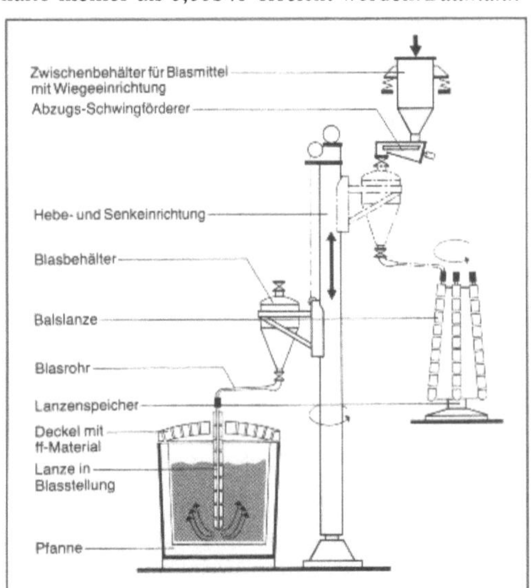

Thyssen-Niederrhein-Verfahren: Schematische Darstellung.

Tiefen. T. ist eine Untergruppe des Umformens (DIN 8580) und ist als → Zugumformen (DIN 8585, Bl. 4) zum Anbringen von Vertiefungen in einem ebenen oder gewölbten Werkstück aus → Blech definiert, wobei die Flächenvergrößerung durch Verringern der Blechdicke erreicht wird.

Die verschiedenen Tiefvorgänge können analog zum → Weiten mit starren bzw. nachgiebigen Werkzeugen, mit Wirkmedien mit kraftgebundener oder energiegebundener Wirkung oder auch mit Wirkenergie durchgeführt werden. In der Regel sind Tiefvorgänge durch eine zweiachsige Zugbeanspruchung und einen dreiachsigen → Formänderungszustand gekennzeichnet.

□ T. mit Werkzeugen. Werkzeuge dienen sowohl der Formgebung als auch zur Kraftübertragung. Wichtige Verfahren des T. mit starren Werkzeugen durch Druck eines starren Stempels sind das → Streckziehen und das → Hohlprägen. Streckziehen ist T. eines Zuschnitts mit einem starren Stempel, wobei das Werkstück (Zuschnitt) am Rand fest eingespannt ist und nicht nachfließen kann. Bei kleinen Abmessungen erfolgt das Einspannen zwischen starren Werkzeugteilen, wie z. B. beim Erichsen-Tiefungsversuch nach DIN 50101. Bei größeren bis zu sehr großen Werkstückabmessungen, die mehr als $10\,m^2$ erreichen können, wird das Werkstück am Rand mit Spannzangen in einer oder zwei Richtungen gehalten. Beim einfachen Streckziehen (Bild 1 a) wird das Blech durch den eindringenden Stempel bei guter → Schmierung zwischen Stempel und Werkstück gedehnt; die Stempeldruckspannungen sind um etwa zwei Zehnerpoten-

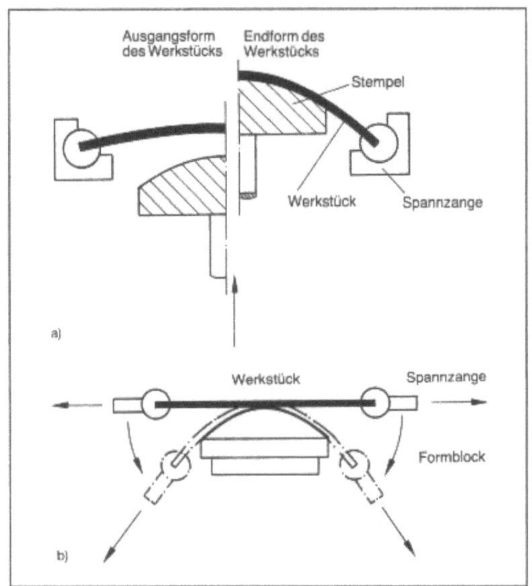

Tiefen 1: Streckziehen.
a) Einfaches Streckziehen
b) Tangential-Streckziehen.

zen niedriger als die →Fließspannung. Beim Tangentialstreckziehen (Bild 1 b) sind Spannzangen und Stempel (Formblock) beweglich und ermöglichen die Erzeugung komplexer Werkstückformen. Die Verfahrensgrenze ist in jedem Fall durch den Einschnürbeginn gegeben, d. h. die Formänderungen dürfen örtlich die →Gleichmaßdehnung für den gegebenen Spannungs- bzw. Dehnungszustand (→Grenzformänderungsschaubild) nicht überschreiten. Die Streckziehverfahren finden in großem Maße Anwendung in der Luft- und Raumfahrttechnik, im Vorserienbau von Kraftfahrzeugen usw. Die Werkstücke sind weitgehend eigenspannungsfrei und damit sehr formgenau.

Hohlprägen ist T. mit einem starren, beweglichen Stempel in ein Gegenwerkzeug (Matrize) hinein, wobei die Vertiefung gegenüber der Abmessung des Werkstücks klein ist (Bild 2). Eine in großem Umfang insbesondere zur Vertiefung von ebenen Blechteilen oder -flächen verwendete Variante des Hohlprägens ist das von rinnenartigen Vertiefungen →Sicken.

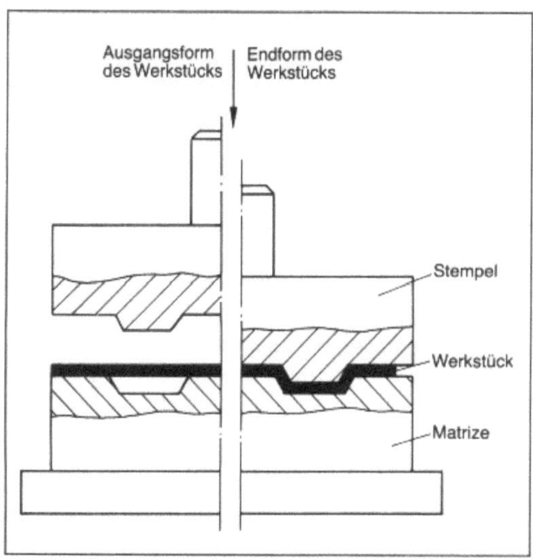

Tiefen 2: Hohlprägen.

□ T. mit nachgiebigem Werkzeug. T. mit nachgiebigem Werkzeug ist T. durch den Druck eines nachgiebigen Kissens. Eine wichtige Anwendung ist das Prägen mit Gummikissen (Bild 3) z. B. für Kfz-Kennzeichenschilder. (Das T. mit nachgiebigem Werkzeug geht in Abhängigkeit von Werkzeuggestaltung und Werkstückform über in das →Tiefziehen mit nachgiebigen Werkzeugen).

□ T. mit Wirkmedien. T. mit Wirkmedien ist T. durch Wirkung eines Mediums, das formlos fest, flüssig oder gasförmig sein kann, in Verbindung mit starren Werkzeugteilen zur genauen Festlegung der Form. Die Wirkmedien können Träger statischer Kraftwirkung, z. B. eines hydraulischen Drucks

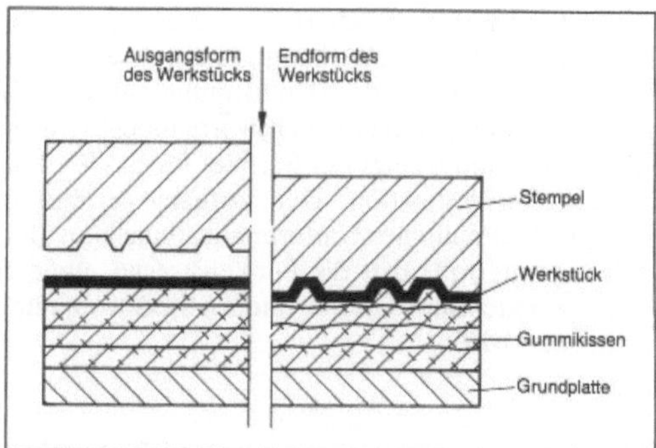

Tiefen 3: Prägen mit Gummikissen.

sein oder übertragen kinetische Energie, z. B. bei Explosion eines Gasgemisches, bei Detonation eines Sprengstoffs oder Entladung einer Kondensatorbatterie über eine Funkenstrecke u. a. m.

Wichtige Verfahren des T. mit Wirkmedien mit kraftgebundener Wirkung sind das T. mit →Blei oder Treibkitt (Bild 4) für die Kleinserienfertigung und das T. von örtlich verschweißten Blechen mit Druckluft (Bild 5) z. B. für Kühlaggregate aus Aluminiumblech oder für Luftfahrt-Leichtbauteile aus superplastischen →Titanlegierungen in Verbindung mit →Diffusionsschweißen (*engl.* diffusion bonding).

Das T. mit Wirkmedien mit energiegebundener Wirkung hat wegen der beim →Explosionsumfor-

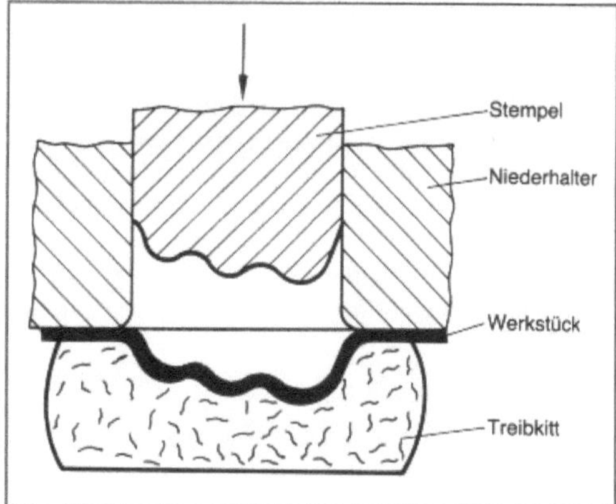

Tiefen 4: T. mit Treibkitt.

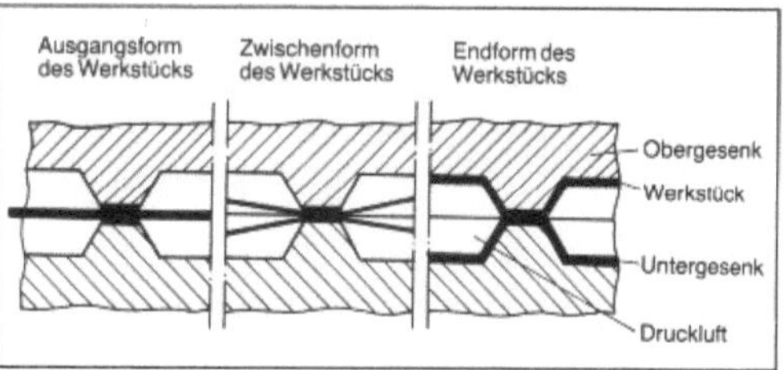

Tiefen 5: T. mit Druckluft.

men erforderlichen Sicherheitsmaßnahmen und wegen des schlechten Wirkungsgrads (wesentlich bei elektrohydraulischer → Umformung mittels Funkenaufladung) keine nennenswerte industrielle Bedeutung. Bild 6 zeigt ein Beispiel für das T. durch Sprengstoffdetonation. Der Vorgang verläuft bei elektrohydraulischer Umformung ähnlich; an Stelle des Sprengstoffs tritt die Funkenstrecke, über die die Kondensatorbatterie einer Stoßstromanlage entladen wird.

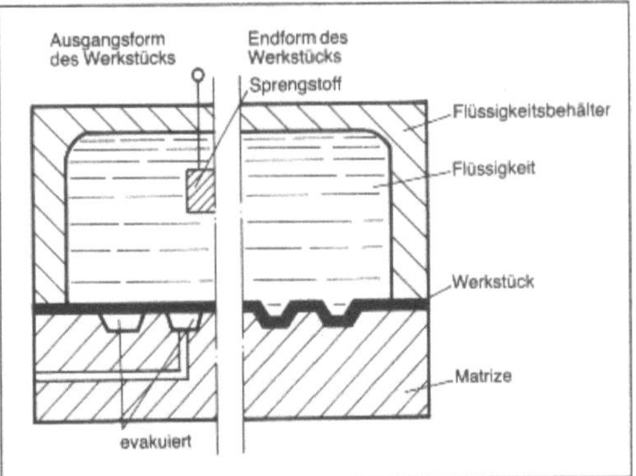

Tiefen 6: T. durch Sprengstoffdetonation.

□ T. mit Wirkenergie. T. mit Wirkenergie ist T. durch Einwirkung eines Energiefelds in Verbindung mit starren Werkzeugteilen zur genauen Festlegung der Werkstückform. Bei der industriellen Anwendung verwendet man starke, instationäre Magnetfelder, die bei der Entladung der Kondensatorbatterie einer Stoßstromanlage über eine Spule entstehen. Wegen der begrenzten Kapazität von Stoßstromanlagen und wegen des schlechten Wirkungsgrads erfordert das T. mit Magnetfeldern (Bild 7) Werkstoffe mit hoher elektrischer Leitfähigkeit und guter Umformbarkeit, d. h. niedriger Fließspannung; diese Bedingung erfüllen besonders weiche Aluminiumwerkstoffe. *Lange*

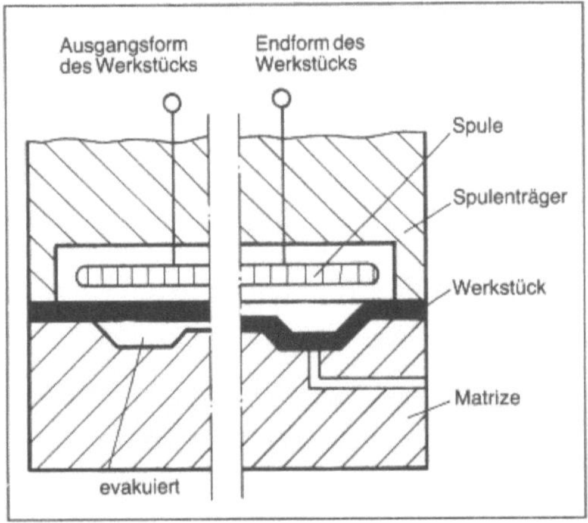

Tiefen 7: T. mit Magnetfeldern.

Literatur: *Lange, K.* (Hrsg.): Umformtechnik. Handb. f. Ind. u. Wiss. 2. Aufl. Bd. 3. Blechumformung. Berlin, Heidelberg, New York, Tokio 1990. – *Spur, G.* (Hrsg.) u. *Th. Stöferle:* Handbuch der Fertigungstechnik. Bd. 2/3. Umformen/Zerteilen. München 1985. – *Widmann, M.:* Herstellung und Versteifungswirkung von geschlossenen Halbrundsicken. Ber. Nr. 76. Inst. Umformtechn. Universität Stuttgart. Berlin, Heidelberg, New York, Tokio 1984.

Tiefgrundmittel → Grundierung

Tiefungsversuch. Technologische Prüfung mit der die Tiefungsfähigkeit bzw. das ziehtechnische Umformvermögen von Blechen und Bändern innerhalb der durch die Prüfbedingungen gezogenen Grenzen festgestellt wird.

Der T. nach *Erichsen* ist in DIN 50 101 Teil 1 und 2, Ausg. Sept. 1979, bzw. DIN 50 102, Ausg. Sept. 1979 genormt und wird sehr häufig angewandt.

Dabei werden Blechstreifen mit einer Breite von ≥ 90 und ≤ 100 mm und einer Länge, die ausreichend für drei Tiefungen sein soll, mit einer Blechhaltekraft von etwa 10 kN eingespannt und mit einem eingefetteten kugelförmigen Stempel durch eine Matritze bis zum Einreißen eingebeult. Der Versuch kann auch an quadratischen und kreisrunden Proben mit einer Seitenlänge bzw. einem Durchmesser von ≥ 90 und ≤ 100 mm vorgenommen werden. Die dabei erzielte Einbeultiefe wird ermittelt. Da das Ergebnis sehr stark von der Einspannung des Bleches und der → Schmierung abhängig ist, sollte die Blechhaltekraft nicht unterschritten und die in DIN 50 101 angegebenen Schmierstoffe verwandt werden.

Neben der Tiefung kann der Rißverlauf und die → Oberfläche der Beule einen groben Anhalt für die Struktur und Kornbeschaffenheit des Werkstoffes geben.

Der T. nach *Erichsen* ist dann zur Werkstoffbeurteilung geeignet, wenn bei der → Verformung hauptsächlich auf Zug beansprucht wird; nicht dagegen für die, in der Regel in der Praxis anstehende Beurteilung der Eignung für Tiefziehvorgänge, wobei der Werkstoff in mehreren Richtungen gezogen und auch gestaucht wird.

Für ausgesprochene Tiefziehvorgänge hat sich der Napfziehversuch oder Näpfchenversuch eingebürgert. Dabei werden aus Ronden verschiedenen Ausgangsdurchmessers D mit einem Stempel des Durchmessers d Näpfchen gezogen.

Der höchstmögliche Rondendurchmesser D, bei dem das Näpfchen noch ohne → Riß gezogen werden kann, ergibt das

Ziehverhältnis (Ziehgrenze) $\beta = D/d$

Schmierung und Niederhaltedruck üben einen Einfluß auf das Ziehverhältnis aus und es sind daher mehrere Versuche notwendig, um das Ziehverhältnis zu bestimmen.

Aus einer beim Napfziehversuch auftretenden Zipfelbildung kann auf die → Anisotropie bzw. → Walztextur geschlossen werden.

Mit dem Tiefziehweitungsversuch nach *Siebel-Pomp* wird versucht die von der Schmierung und der Einspannung hervorgerufenen Ungenauigkeiten beim T. nach *Erichsen* zu umgehen. Dabei werden Blechstreifen wie bei dem T. verwandt, die jedoch mit einem Loch (Durchmesser d_0) mit sauber gearbeitetem Rand versehen werden. Die Probe wird durch einen Ansatz am Prüfstempel zentriert und solange zu einem Napf gezogen bis der Lochrand einreißt (Durchmesser d). Maßgebend für das Versagen ist die Tangential-Spannung am Lochrand, die von der bei unterschiedlicher Einspannung verschiedenen, erreichten Napftiefe t unabhängig ist. Das Gütemaß ist:

$$\delta = (d - d_0)/d_0$$

In den Regelwerken (z. B. DIN 1623 Teil 1, Ausg. Febr. 1983, für kaltgewalztes Band und Blech zum Kaltumformen) wird für die technologische Prüfung jedoch nur der T. nach DIN 50101 (*Erichsen*) gefordert, wobei die Mindestwerte der Tiefung von der Nenndicke und der Güte der Erzeugnisse abhängig sind. *Kußmaul*

Tiefziehbarkeit. Eignung von Flachzeug zum → Tiefziehen, gekennzeichnet durch den r-Wert oder durch die → Grenzformänderungskurve in dem Bereich, in dem die größere und die kleinere → Formänderung annähernd gleich sind und umgekehrtes Vorzeichen haben. *Dahl*

Literatur: Werkstoffkunde Stahl. 2 Bde. (Hrsg. VDEh). Berlin-Düsseldorf 1984/85.

Tiefziehblech. Kaltgewalztes Flachzeug zum Kaltumformen, vor allem zum → Tiefziehen. *Dahl*

Tiefziehen. Nach DIN 8584 versteht man unter T. das → Zugdruckumformen eines Blechzuschnitts (Ronde, Platine) zu einem Hohlkörper oder eines Hohlkörpers zu einem Hohlkörper mit kleinerem Umfang ohne beabsichtigte Veränderung der Blechdicke. Im Erstzug wird aus einem ebenen Blechzuschnitt ein Hohlkörper (Napf) hergestellt. Beim Weiterzug wird ein Hohlkörper zu einem anderen mit kleinerem Umfang und größerer Höhe umgeformt.

□ T. im Erstzug (Bild 1). Das Innenteil der Platine wird kaum umgeformt und ergibt den Napfboden. Die Ringfläche zwischen d_0 und d_1 ergibt die Seitenwand des Napfes (Zarge). Beim → Umformen müssen nicht nur die Segmente a zur Zylinderwand hochgeklappt, sondern auch noch die Teilstücke b verdrängt werden. Dadurch wird die Napfhöhe $h > (d_0-d_1))/2$. Wie Bild 2 zeigt, bewegt sich ein Ele-

ment während des Umformens von der Stelle I über die Stelle II nach III. Dabei treten radiale Zug- und tangentiale Druckspannungen auf. Beim Überlaufen des Ziehrings erfolgt außerdem noch eine Biegung.

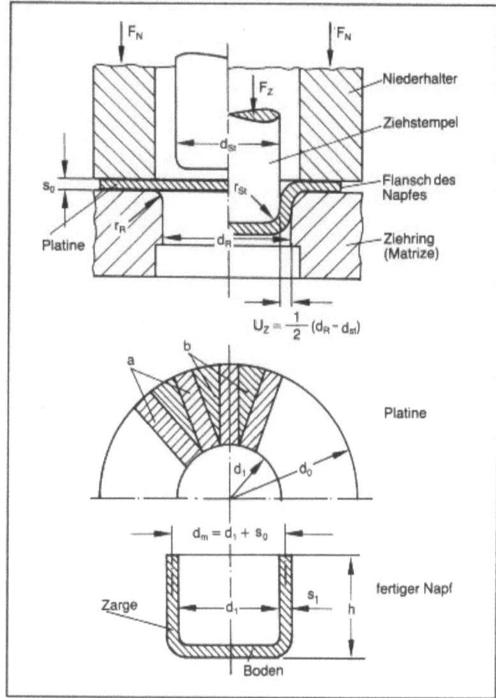

Tiefziehen 1: Schema eines Erstzuges.

Werkzeug und Benennungen

Damit der Flansch unter der Einwirkung der tangentialen Druckspannungen nicht ausknickt und Falten bildet, wird meist ein sog. Blechhalter eingesetzt, der mit Druck p_N auf den Flansch drückt. Anhangswerte für $p_N(N/mm^2)$: Al ca. 0,7, unlegierter Stahl ca. 3,5; nicht rostender Stahl ca. 7.

Relativ dicke Bleche ($d_0/s_0 < 25$) besitzen genügend Eigensteifigkeit, so daß kein Niederhalter benötigt wird. Beim → Ziehen von kegeligen und parabolischen Teilen hat die Zarge beim Umformen keinen Kontakt zum Werkzeug. Hieraus resultiert die Gefahr der Faltenbildung.

Die beim T. auftretenden Kräfte können empirisch oder mit Hilfe der → Plastizitätstheorie ermittelt werden. Nach *Siebel* kann die größte Ziehkraft $F_{z\,max}$ mit Hilfe des Umformwirkungsgrades η_F berechnet werden:

$$F_{Zmax} = \pi \cdot d_m \cdot s_0 \cdot \left[1{,}1 \, \frac{k_{fml}}{\eta_F} \left(\ln \frac{d_0}{d_1} - 0{,}25 \right) \right]$$

Der → Umformwirkungsgrad η_F liegt i. a. zwischen 0,3 und 0,7 und berücksichtigt Verluste, die durch → Reibung an Ziehring und Niederhalter so

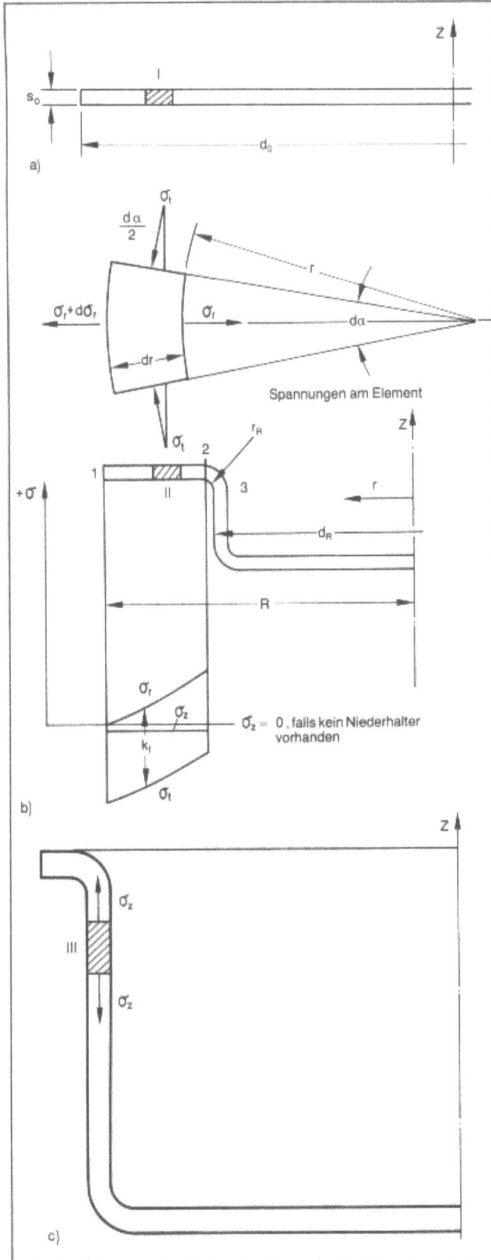

Tiefziehen 2: Ziehstadien und Spannungen.
a) Ausgangszustand
b) Zwischenstadium
c) Fast durchgezogener Napf.

wie durch Biegung entstehen. Für die mittlere → Fließspannung k_{fml} im Flansch gilt: $k_{fml} \approx 1{,}3 R_m$. Dabei ist R_m die → Zugfestigkeit des Bleches.

Niederhalterkraft F_N: Faltenbildung wird mit Hilfe eines sog. Niederhalters vermieden, der auf den Flansch des Ziehteils drückt. F_N ist das Produkt aus beaufschlagter Fläche und Druck p_N. Der erforderliche Niederhalterdruck hängt nach *Siebel* wie folgt vom Blechwerkstoff (R_m), der relativen Blechdicke s_0/d_0 und dem Ziehverhältnis $\beta = d_0/d_1$ ab.

$$P_N = (2 \ldots 3) \cdot [(\beta - 1)^3 + 0{,}5 \cdot 10^{-2} \cdot d_0/s_0] \cdot R_m \cdot 10^{-3}$$

Bodenreißkraft F_{BR}: Die größte auftretende Ziehkraft $F_{z\,max}$ muß stets kleiner sein, als die vom Blech im Übergangsbereich Boden-Zarge maximal übertragbare Kraft $F_{BR} \approx d_m s_0 R_m$, andernfalls wird der Boden abgerissen.

Kraft-Weg-Schaubild: Die in Bild 3 gezeigte typische Kraft-Weg-Kurve mit ausgeprägtem Maximum kommt durch das Zusammenwirken während des Vorgangs monoton zunehmender Werte von k_{fm} und abnehmender Werte von $\ln (d/d_m)$ zustande.

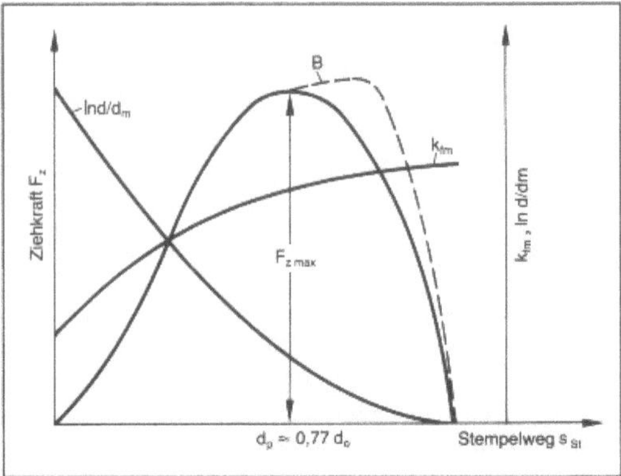

Tiefziehen 3: Kraft-Weg-Schaubild beim Erstzug.

B Verlauf bei engem Ziehspalt, Abstreckgleitziehen am Ende des Vorgangs

Der Umformwirkungsgrad η_F ist definiert als Quotient aus idealer und tatsächlich verbrauchter → Umformarbeit: $\eta_F = W_{id}/W_{ges}$. η_F liegt i. a. zwischen 0,5 (dünnwandige) und 0,7 (dickwandige Näpfe).

Auf die Reibung an der Ringrundung entfallen 10–20 %, auf die im Flansch 1–10 % und auf die Biegung an der Ziehrundung ca. 5–25 % der aufgewendeten Arbeit W_{ges}. Die Reibzahl μ im Flansch und Ziehringradiusbereich liegt zwischen 0,05 und 0,15.

Bodenreißer, Grenzziehverhältnis: β darf einen Größtwert β_{max} (Grenzziehverhältnis) nicht überschreiten, sonst wird $F_{z\,max}$ größer als F_{BR}, und der Boden des Ziehteils wird abgerissen (Bodenreißer).

Je größer die Reibung zwischen Stempel und Platine und je kleiner die Reibung zwischen Ziehring, Niederhalter und Platine, desto größer ist β_{max}. Ferner nimmt β_{max} mit steigendem r- und n-Wert des Bleches und mit zunehmender relativer Blechdicke

s_0/d_0 zu. Ein grober Richtwert für Tiefziehstahlbleche ist $\beta_{max} \approx 2{,}1$.

Besonders stark ist der Einfluß der senkrechten → Anisotropie (r-Wert): je höher der r-Wert, desto größer ist β_{max}.

Eine Folge der ebenen Anisotropie (Δr) des Bleches ist die Zipfelbildung: Die Napfhöhe ist nicht konstant über dem Umfang, sondern in den Richtungen mit hohem r-Wert groß (Zipfel) und denen mit kleinem r-Wert gering.

□ T. im Weiterzug. Hierbei wird aus einem Napf ein anderer mit kleinerem Durchmesser und größerer Höhe hergestellt (Bild 4). Ziehkraft $F_{Z\,max}$ muß wiederum kleiner sein als Bodenreißkraft, die analog zum Erstzug berechnet wird. Bei Näpfen, die in mehreren Arbeitsgängen gezogen werden, ist das Gesamt-Ziehverhältnis β_{ges} gleich dem Produkt der einzelnen Ziehverhältnisse. Beim Ziehen ohne Zwischenglühen muß man das Ziehverhältnis mit jeder folgenden Stufe verkleinern.

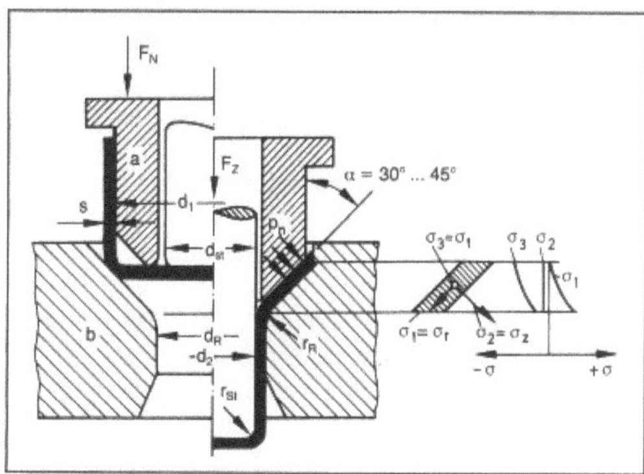

Tiefziehen 4: Werkzeug zum T. im Weiterzug.

a) Blechhalter (Niederhalter), b) Ziehring (Matrize)

– Werkzeuggestaltung. Für den Ziehspalt u_z haben sich folgende Werte bewährt: $u_z = s_0 + a\,\sqrt{10 \cdot s_0}$. Hierbei ist a 0,07 für Stahlblech; 0,02 für Al; 0,04 für sonstige NE-Metalle. Bei zu großem u_z wird der Napf nicht zylindrisch und bekommt u. U. Falten, bei zu kleinem u_z wird „abgestreckt", und es können Bodenreißer auftreten. Die Ziehringrundung r_R soll das 5- bis 10fache von s_0 betragen, die Stempelrundung r_{St} soll 3- bis 5mal größer sein als r_R.

Bei niederhalterlosem T. ($d_0/s_0 < 25...40$) wird meist ein traktrixförmiger Ziehring verwendet. Dadurch keine Niederhalterreibung, geringe Biegeverluste und ein erhöhtes Grenzziehverhältnis.

– Schmierstoffe. Schmieren soll die Reibkräfte klein halten und ein → Fressen zwischen Werkzeug und Werkstück verhindern.

– Zuschnittsermittlung. Möglichst genaue Ermittlung des erforderlichen Zuschnitts (Platine) soll unnützen Werkstoffverbrauch und unnötig großes Ziehverhältnis mit der Gefahr von Bodenreißern verhindern. Bei rotationssymmetrischen Teilen er-

folgt Zuschnittsermittlung unter Annahme gleicher Oberfläche von Platine und Ziehteil. Bei nichtrotationssymmetrischen Teilen kann eine näherungsweise Zuschnittsermittlung nach geometrischen Überlegungen erfolgen. Ein rechnerunterstütztes Verfahren nach *Hasek* benützt die → Gleitlinientheorie zur Berechnung der optimalen Platinengeometrie bei minimalem Ziehkraftbedarf.

– Ziehen nicht rotationssymmetrischer Teile. Kegelige, parabolische und kugelige Teile lassen sich schwieriger ziehen als zylindrische. Das Ziehen von großen unregelmäßigen, flachen Teilen (z. B. Kfz-Karosserieteilen) ist vom Spannungs- und → Formänderungszustand her trotz prinzipiell gleichen Werkzeugaufbaus nur noch lose mit dem T. verwandt.

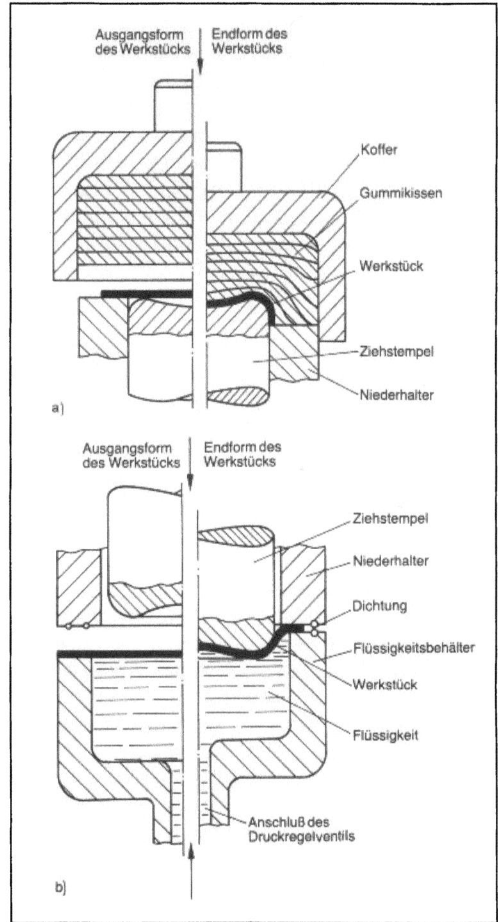

Tiefziehen 5:
a) Mit nachgiebigem Kissen (Gummikissen)
b) Mit einseitigem Flüssigkeitsdruck.

Neben den obengenannten rein mechanisch ablaufenden Tiefziehverfahren gibt es noch einige Verfahren, bei denen die Vorgangsbedingungen

(→ Spannungszustand, Geschwindigkeit, Reibbedingungen usw.) gezielt geändert werden.

Beim T. mit Wirkenergie wird z. B. durch die Einwirkung eines Magnetfelds in Verbindung mit einem starren Werkzeug eine Platine zu einem Hohlkörper umgeformt.

Zu größerer industrieller Bedeutung kamen die Tiefziehverfahren mit Wirkmedien wie z. B. T. mit nachgiebigem Kissen (Gummikissen, Bild 5 a)) oder mit Flüssigkeiten (hydromechanisches T., Bild 5 b); Hydroform-T.). *Lange*

Literatur: *Lange, K.* (Hrsg.): Umformtechnik. Handb. f. Ind. u. Wiss. 2. Aufl. Bd. 3. Blechumformung. Berlin, Heidelberg, New York, Tokio 1989. – *Romanowski, R.:* Handbuch der Stanzereitechnik. Ost-Berlin 1959. – *Siebel, E.* u. *H. Beisswänger:* Tiefziehen. München 1955.

Tierhaare. T., die textil verarbeitet werden, sind außer der → Schafwolle Ziegenhaare, Schafkamelhaare und Kamelhaare. *Mohair* ist das Haar der Angoraziege *(Capra hircus angorensis)*, die außer in der Türkei in Südafrika und Nordamerika als Haustier gezüchtet wird und eine seidige → Wolle von 150–300 mm Länge liefert in weiß, grau, braun oder schwarz. Die feinen Qualitäten haben Haardurchmesser von etwa 40 µm. Aus den feinen und weichen Mohairkammgarnen werden glanzreiche Kleiderstoffe mit „Mohairlüster", seidenartige Plüsche und gewebte Pelze hergestellt.

Kaschmirwolle stammt von der beidseits des Himalaya in Nordindien bzw. Tibet beheimateten Kaschmirziege *(Capra hircus laniger)*, deren Haarkleid aus einer sehr feinen, etwa 70 mm langen Unterwolle (Haarfeinheit 15 µm!) und gröberem, längerem Grannenhaar besteht, letzteres mit etwa 65 µm gröber als grobe Cheviotwolle. Wegen des seidenartigen Glanzes werden die feinen weichen Flaumhaare (weiß, grau, braun oder schwarz) zu hochwertigen Damenkleiderstoffen verarbeitet.

Alpaka und *Vicuña* als feine, weiche, glänzende Wollen stammen von den gleichnamigen Schafkamel-Arten, die hauptsächlich in den Andenländern und in Mexiko gezüchtet werden und beide sehr feine Wollhaare von 50 bis 200 mm Länge liefern (Farbe bei beiden meist rötlich braun). Letztere wird zu weichen Strickgarnen verarbeitet. (Nicht zu verwechseln mit „Vigogne"-Garnen aus einer Mischung von Baumwolle und Wolle!)

Kamelwolle und *Kamelhaar* stammen von den beiden Kamelarten Dromedar (einhöckrig) und Trampeltier (zweihöckrig). Das sehr feine, seidig glänzende, leicht gekräuselte, meist rötlich-braune Flaumhaar (14–28 µm, etwa 60 mm lang) wird rein oder in Mischung mit Wolle zu Mantel- und Lodenstoffen, sowie Schlafdecken verarbeitet, das sehr grobe, bis 100 mm lange, die Unterwolle überdeckende Grannenhaar für Teppiche, Treibriemen u. a. *Koch*

Titan. T. wird als Zusatz in → Stahl verwendet, um vor allem bei der thermomechanischen → Behandlung eine → Festigkeitssteigerung durch Titankarbonitride zu erzielen, um → Schwefel zu dem schwerer verformbaren Titansulfid abzubinden, um die → Schweißeignung durch beständige Titannitride, die das → Kornwachstum hemmen, zu verbessern oder um in martensitaushärtbaren Stählen durch die Bildung von titanhaltigen → intermetallischen Phasen hohe → Festigkeit bei guter → Zähigkeit zu erreichen. *Dahl*

Titancarbidschichten. Oberflächenschutzschichten, die durch chemische oder physikalische → Abscheidung aus der Gasphase (CVD, PVD) auf Hartmetallen und Stählen gebildet werden. Besteht der Grundwerkstoff aus → Stahl, so ist wegen der hohen Verfahrenstemperatur nach der chemischen Abscheidung aus der Gasphase (CVD) eine erneute Vergütung des Grundwerkstoffes notwendig. Für die Abscheidung durch CVD ist ein Mindestkohlenstoffgehalt des Grundwerkstoffes erforderlich; so lassen sich auf austenitischen Stählen mit CVD keine T. abscheiden. Während der Abscheidung finden Diffusionsprozesse statt, durch die z. B. → Chrom bis zu 1,5 % in Titancarbid gelöst werden kann. Die Schichtdicke liegt in der Regel unter 10 µm, für die Schichthärte werden in der Literatur sehr unterschiedliche Werte angegeben, die bei ca. 2 500 bis 4 000 HV liegen. Wegen der hohen → Härte haben T. einen hohen Widerstand gegen → Abrasion.

Auf T. werden häufig weitere Schichten abgeschieden wie Titannitrid, Aluminiumoxid oder Titannitrid und Aluminiumoxid bzw. Aluminiumoxinitrid. T. werden als Einfachschichten oder als Teilschichten von Verbundschichten vor allem zur Erhöhung der Standzeit von Werkzeugen aus Hartmetall eingesetzt. *Habig*

Titancarbonitridschichten. Oberflächenschutzschichten, die durch chemische oder physikalische → Abscheidung aus der Gasphase (CVD, PVD) gebildet werden. Die Stickstoff- und Kohlenstoffatome sind lückenlos gegeneinander substituierbar, so daß sie je nach dem Verhältnis von → Kohlenstoff und Stickstoff den Titancarbid- oder den → Titannitridschichten ähnlich sind. *Habig*

Titanlegierungen. → Titan und T. (DIN 17 860 bis 17 864) haben drei charakteristische Eigenschaften, die ihnen ihre technische Bedeutung geben: hohe → Festigkeit, niedriges spezifisches Gewicht und gute → Korrosionsbeständigkeit gegen oxidierende Säuren. Aufgrund dieser günstigen Kombination von Eigenschaften werden T. in der Luft- und Raumfahrt, in Strahltriebwerken und Hochleistungsmotoren und im chemischen Apparatebau eingesetzt. (Unlegiertes) Titan technischer Reinheit findet vor allem im Apparatebau, z. B. für Wärmetauscher, Heizschlangen und Behälterauskleidungen, und in der Galvanotechnik Anwendung.

(Unlegiertes) Titan technischer Reinheit unterscheidet sich hauptsächlich in den Festigkeitseigenschaften, die vor allem durch unterschiedliche Gehalte an Sauerstoff eingestellt werden: 0,1–0,3 % Sauerstoff (Tabelle 1), wobei die Beimengungen max. 0,2–0,35 % →Eisen; 0,08–0,1 % →Kohlenstoff; 0,05–0,07 % →Stickstoff und 0,013 % →Wasserstoff betragen können. Um verbesserte Korrosionseigenschaften in reduzierenden Säuren zu erhalten, werden die beiden Titansorten mit 0,1 und 0,2 % Sauerstoff, gelegentlich mit 0,2 % Palladium legiert.

Durch geringe Wasserstoffaufnahme wird die →Zähigkeit stark verringert (plattenförmige Ausscheidungen von Titanhydrid). Titan hat eine sehr hohe Affinität zum Sauerstoff und ist ein unedles Metall (elektrochemische →Spannungsreihe). In oxidierender Umgebung bildet sich auf der →Oberfläche eine festhaftende, sehr resistente →Oxidschicht, die die Korrosionsbeständigkeit verursacht.

Titan tritt in zwei verschiedenen Modifikationen auf: Die hexagonal-dichtgepackte α-Phase wandelt sich bei 882 °C in die kubischraumzentrierte Hochtemperaturphase β um. Auch durch hohe Abschreckungsgeschwindigkeiten kann diese β/α-Umwandlung nicht unterdrückt werden. Wie bei →Stahl bildet sich bei schneller →Abkühlung ein martensitähnliches, verspanntes Gefüge (→Martensit), das jedoch nicht so hart wie bei Stahl ist, da die hexagonale α-Phase den interstitiell gelösten Legierungselementen mehr Platz bietet als die kubischraumzentrierte β-Phase. Legierungselemente verändern die β/α-Umwandlung und stabilisieren je nach Art und Menge die α- oder β-Phase. Bei genügend hohem Gehalt an β-stabilisierenden Elementen kann die β-Phase bis Raumtemperatur stabil bleiben.

Hauptlegierungselemente in T. sind: Al, Sn, O, N, C (α-stabilisierend) und V, Mo, Cr, Cu, Zr, H (β-stabilisierend). Dementsprechend unterscheidet man drei Gruppen von T. (Tabelle 2):
– Hexagonale α-Legierungen. Sie sind nur mäßig kaltverformbar. Da die Diffusionsgeschwindigkeit der versprödend wirkenden Elemente Sauerstoff, Stickstoff und Kohlenstoff wesentlich geringer als in β-Legierungen ist, eignen sie sich für Anwendungen bei höheren Temperaturen (z. B. in Strahltriebwer

Titanlegierungen. Tabelle 1: Zusammensetzung und Festigkeitswerte für (unlegiertes) Titan technischer Reinheit.

Bezeichnung	Chemische Zusammensetzung in % (Richtwerte)				Zugfestigkeit R_m in N/mm²	Streckgrenze $R_{p0,2}$ in N/mm²	Bruchdehnung A_5 in %
	Ti	O	C	Fe			
(unlegiertes) Titan technischer Reinheit							
TiF 35	> 99,5	0,10	0,08	0,20	300 . . 420	> 200	> 30
TiF 40	> 99,2	0,20	0,08	0,25	400 . . 550	> 250	> 22
TiF 55	> 99,3	0,25	0,10	0,30	470 . . 600	> 360	> 18
TiF 60	> 99,2	0,30	0,10	0,35	550 . . 750	> 420	> 16

Titanlegierungen. Tabelle 2: Festigkeitswerte in weichgeglühtem Zustand für ausgewählte T.

Bezeichnung	Legierungsgruppe	Zugfestigkeit R_m in N/mm²	Steckgrenze $P_{po,2}$ in N/mm²	Bruchdehnung A_5 in %	Warmzugfestigkeit R_m (450 °C) in N/mm²
TiCr5Al3	α + β	1 000 . . 1 300	350 . . 900	20 . . 2	550 . . 650
TiAl6V4	α + β	1 000 . . 1 200	600 . . 1 050	15 . . 7	600 . . 650
TiAl4Mn4	α + β	900 . . 1 050	750 . . 900	> 10	550 . . 650
TiMn8	α + β	1 300 . . 1 400	1 250 . . 1 300	10 . . 12	750 . . 800
TiAl5Sn2,5	α (hdP)	800	840	18	500 . . 550
TiV13Cr11Al3	β (krz)	1 270	1 200	15	950 . . 1 000

ken). Typische Verteter sind TiAl5Sn2,5 und TiAl8Mo1V1 (die jeweilige Zahl hinter dem Legierungselement gibt den mittleren Gehalt in Gewichtsprozent an).

– Kubischraumzentrierte β-Legierungen. Sie sind in ihrer Festigkeit den α-Legierungen überlegen. Die Dichte ist durch die zugesetzten Schwermetalle Chrom, Vanadium usw. (um die β-Phase zu stabilisieren) merklich höher. Ihr Vorteil ist die bessere Kaltverformbarkeit. Eine typische Legierung ist TiV13Cr11Al3.

– Zweiphasige (α + β)-Legierungen. Sie erreichen gerade die hohe Festigkeit der β-Legierungen, besitzen aber ein besonders günstiges Verhältnis von Festigkeit zu Dichte (Kompromiß zwischen α- und β-Legierungen). Deshalb werden sie gern verwendet und sind zudem aushärtbar. Typische Legierungen sind TiAl6V4, TiAl6V6Sn2 und TiAl7Mo4.

Der beliebteste Titanwerkstoff ist die Legierung TiAl6V4, die Zugfestigkeiten von 900–1 200 N/mm² bei → Bruchdehnung von etwa 10 % aufweist. Ihre Verwendung in der Luft- und Raumfahrt erstreckt sich von Kompressorschaufeln, Nieten, Schrauben, Überschallzellen über Antriebswellen, Getriebeteile, Rotorköpfe bei Hubschraubern bis zu Treibstoffbehältern und Brennkammergehäusen.

In der Chirurgie findet TiAl5Fe2,5 als Implantatwerkstoff mit hoher Biokompatibilität (Einwachsverhalten) mehr und mehr Eingang. In der Supraleitung werden TiNb-Legierungen (50 bis 70 % → Niob) als Drähte für supraleitende Magnetspulen verwendet.

Titan und T. können unter Edelgas oder im Vakuum geschweißt werden. Eine Aufnahme von versprödendem Sauerstoff oder Stickstoff kann in einer → Härtesteigerung kontrolliert werden. Titan und seine Legierungen sind zäh und schwer zerspanbar (Schnittgeschwindigkeit etwa ¹⁄₂₀ von unlegiertem Stahl). Die → Wärmebehandlung der T. kann die Martensithärtung wie auch die → Ausscheidungshärtung enthalten. Beim → Anlassen darf die Ω-Phase, eine spröde Übergangsphase in β, nicht entstehen. T. haben in den letzten Jahren als interessanter Werkstoff eine stets steigende Verwendung in der Industrie gefunden. *Heller*

Literatur: *Bargel, H. J.*, u. *G. Schulze*: Werkstoffkunde. Düsseldorf 1988. – *Schimpke, P.*, u. *H. Schropp; R. König*: Technologie der Maschinenbaustoffe. Stuttgart 1977. – *Zwicker, U.*: Titan und Titanlegierungen. Berlin 1974.

Titannitridschichten. Oberflächenschutzschichten, die durch chemische oder physikalische → Abscheidung aus der Gasphase (CVD, PVD) gebildet werden. Erfolgt die Abscheidung durch CVD, so wird in der Regel vorher eine Titancarbidschicht abgeschieden. T. besitzen eine goldene Farbe; ihre Dicke liegt meistens unter 5 μm. Die Härte hängt stark vom Stickstoffgehalt ab. Bei stöchiometrisch

zusammengesetzten Schichten liegt sie bei ca. 2 100 HV 0,02. T. werden als Einfachschichten und als Teilschichten von Verbundschichten in großem Ausmaß zur Erhöhung der Standzeit von Werkzeugen eingesetzt. Daneben eignen sie sich für dekorative Anwendungen, bei denen gleichzeitig ein hoher Widerstand gegen die Bildung von Kratzern gefordert wird. Gegenüber der Abrasion sind T. weniger widerstandsfähig als Titancarbidschichten. *Habig*

Titanschichten. Oberflächenschutzschichten, die durch chemische oder physikalische → Abscheidung aus der Gasphase (CVD, PVD) gebildet werden. Sie dienen vor allem als → Korrosionsschutzschichten. Bilden sich auf den T. zusätzlich Titanoxidschichten, so steigt der Widerstand gegen → Adhäsion. *Habig*

TN-Verfahren → Thyssen-Niederrhein-Verfahren

Ton → Tonkeramische Werkstoffe

Tonkeramische Werkstoffe. T. W. werden aus natürlichen, weit verbreiteten Rohstoffen wie Kaolinit und Illit, Quarz und Feldspäten hergestellt. Die Produktpalette reicht von Baukeramik über Sanitärwaren bis zu technischen Porzellanen, und nehmen aufgrund ihrer produzierten Menge in der Industrie eine Spitzenstellung ein.

Der gebrannte Scherben von t. W. (→ Keramik) besteht aus bis 70 % Glasphase und unterscheidet sich somit von den sonderkeramischen Werkstoffen (→ Oxidkeramik, → Hochtemperaturwerkstoffe, nichtmetallische).

Als wichtigstes Unterscheidungsmerkmal der t. W.-Gruppen bietet sich die Scherbenhomogenität, die in der technologischen Herstellung begründet liegt und zur Einteilung in grobkeramische und feinkeramische Erzeugnisse geführt hat. Als Abgrenzung zwischen beiden Gruppen gelten etwa 0,2 mm (Unterscheidungsvermögen des unbewaffneten Auge) für die Größe der Gefügebestandteile, wobei es sich um Poren (→ Porosität), Kristalle oder dichtere Zusätze handelt (Bild). *Hessel/Hennicke*

Tonnen-Lochwalzverfahren. Das T.-L. unterscheidet sich von dem Schrägwalz-Lochverfahren insbesondere dadurch, daß

– die beiden angetriebenen Arbeitswalzen doppelkonisch kalibriert sind,

– die Achsen der Arbeitswalzen gegen die Horizontale etwa 6° bis 12° geneigt sind und

– der Walzspalt mit den Arbeitswalzen durch je ein oberes und unteres Führungslineal verhältnismäßig eng geschlossen ist (Bild).

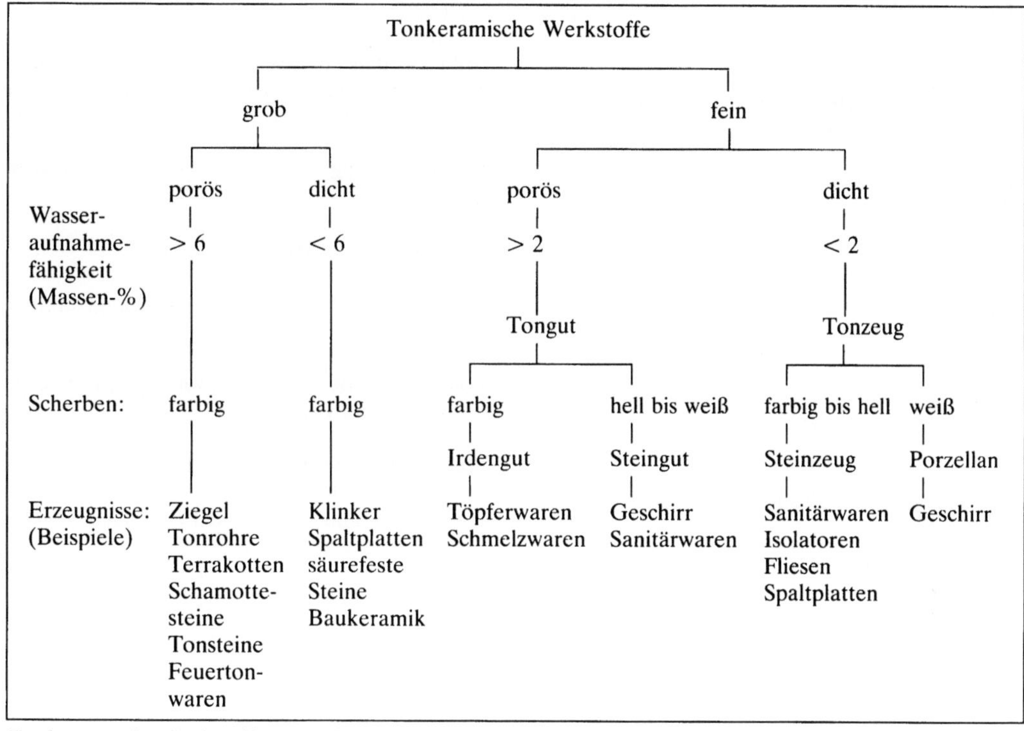

Tonkeramische Werkstoffe: Einteilung.

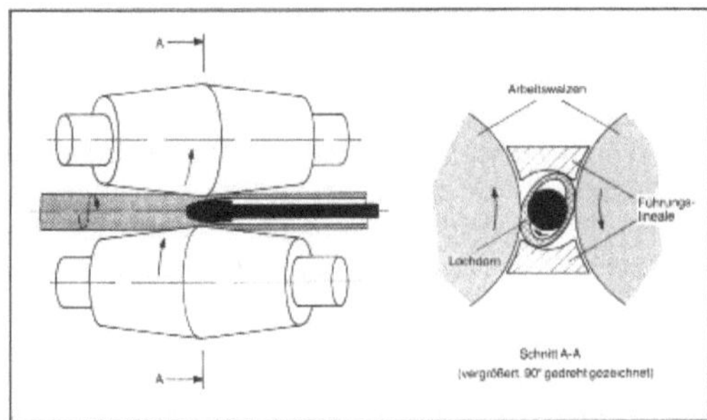

Tonnen-Lochwalzverfahren: Schematische Darstellung des Lochvorgangs.

Die beiden von *R. C. Stiefel* eingeführten Führungslineale wirken bei der streckenden → Umformung mit und ermöglichen die Herstellung eines verhältnismäßig dünnwandigen Hohlkörpers. Die Bewegung des Walzgutes ist beim T.-L. auch schraubenlinienförmig über den als Innenwerkzeug wirkenden Lochdorn. Wegen der größeren Walzenneigung und der höheren Walzendrehzahlen ist die Walzgutaustrittsgeschwindigkeit bei Tonnen-Lochwalzanlagen wesentlich größer als bei → Mannesmann-Schrägwalzanlagen. *Baumann*

Topfzeit. Bei der Verarbeitung von kalthärtenden Reaktionsharzen (Acrylharze, ungesättigte Poly-

esterharze, Epoxidharze etc.) besteht der erste Arbeitsschritt im Vermischen der Komponenten, die aus der Harzkomponente (→Monomer, Prepolymer, bzw. Polymer-Monomer-Gemisch) und der Härterkomponente (Härter, Beschleuniger) bestehen. Nach diesem Vermischen verstreicht in der Regel eine Zeit von 5 bis etwa 200 Minuten bis die Härtungsreaktion in Gang kommt und dadurch die Viskosität so stark ansteigt, daß die Reaktionsharzmischung nicht mehr durch Streichen, Gießen oder Spritzen verarbeitet werden kann. Diese Zeit zwischen Mischen und Einsetzen der Härtungsreaktion heißt T. und muß zur Formgebung genutzt werden. Durch Zusätze läßt sich die T. in gewissen Grenzen verlängern, bzw. verkürzen (→Harz, synthetisches). *Zahradnik*

Torsionsschwingungsgerät →Dämpfungsprüfung

Torsionsversuch. Im statischen T. (→Scherversuch) wird ein einseitig fest eingespannter Rundstab d am anderen Ende durch ein Drehmoment M_t verdreht. Dynamischer T.: →Schwellfestigkeit, →Wechselfestigkeit.

Durch die Verdrehung wird einerseits eine →Spannung erzeugt, die dem Drehmoment das

Gleichgewicht hält, in der Stabachse 0 beträgt an der Randfaser ihr Maximum

$$\tau_{max} = 16\, M_t/\pi \cdot d^3$$

erreicht und andererseits eine Verdrehung um den Verdrehwinkel ψ (Bild 1).

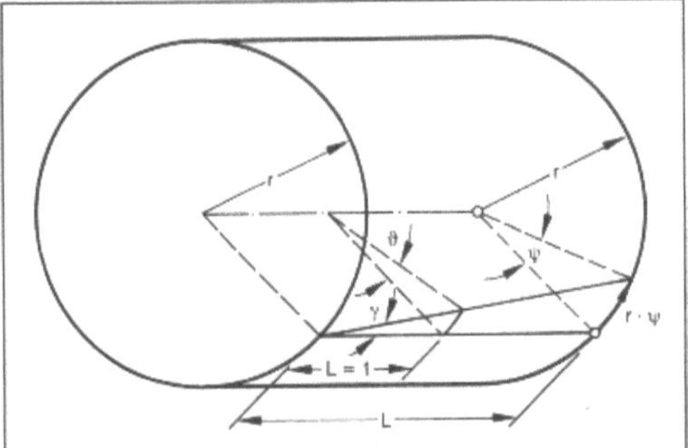

Torsionsversuch 1: Bezeichnungen beim T. (elastischer Bereich).

Die → Schiebung γ bedeutet den Verdrehwinkel zwischen der durch die Verdrehung des Umfangs entstehenden Schraubenlinie und der ursprünglichen Erzeugenden des Zylinders

$$\gamma = \frac{\psi \cdot r}{L}$$

Die Drillung ϑ ist der Verdrehwinkel zweier zur Achse senkrechter Querschnitte im Abstand L = 1

$$\vartheta = \frac{\psi}{L} = \frac{\gamma}{n}$$

Die Schubzahl β ist das Verhältnis zwischen Schiebung und zugehöriger Schubspannung

$$\beta = \frac{\gamma}{\tau_t}$$

und der → Schubmodul (Gleit-) ist der Reziprokwert von β.

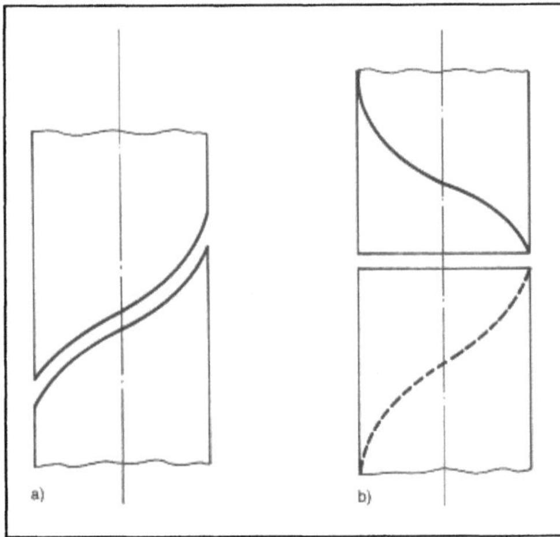

Torsionsversuch 2: Bruch beim a) spröden und b) duktilen Werkstoff.

Der Bruch erfolgt bei einem spröden Werkstoff im allgemeinen schraubenförmig unter etwa 45° (Bild 2a) und bei einem duktilen Werkstoff nach vorangegangener Verdrehung des Stabes senkrecht zur Stabachse (Bild 2b). *Kußmaul*

Tränklegierung → Durchdringungsverbundwerkstoffe

Tränkung → Versiegelung

Tränkwerkstoffe → Durchdringungsverbundwerkstoffe

Transkristalline Spannungsrißkorrosion → Spannungsrißkorrosion

Transparente leitende Schicht. Metallschichten von einigen 10 nm zeigen gleichzeitig optische Transparenz und elektrische Leitfähigkeit, wobei allerdings das Verhältnis von Transparenz und Leitfähigkeit nicht optimal ist. Günstiger in Bezug auf die Transparenz sind hochdotierte Halbleiterschichten, z. B. aus einer Mischung von In_2O_3 und SnO. Sie sind bekannt unter dem Kürzel ITO (*engl.* indium tin oxide). Beide Schichttypen lassen sich auch kombinieren, wobei sich die günstigen Eigenschaften mit Hilfe von Interferenzeffekten verstärken lassen.

Derartige Schichten verwendet man als durchsichtige Elektroden z. B. in den Flüssigkristall-Anzeigen. Die elektrische Leitfähigkeit dieser Substanzen erstreckt sich bis zu den Wellenlängen des infraroten Lichts, so daß sie die Wärmestrahlung reflektieren, während sie das sichtbare Licht durchlassen. T. l. S. finden daher auch zunehmendes Interesse z. B. bei der Erhöhung des Wirkungsgrades von Solarkollektoren und der Verbesserung des Isolationsvermögens von Fenstern. *Hubert*

Transpassivität. Als T. bezeichnet man den Zustand eines passivierbaren Metalles, der nach Überschreitung des Durchbruchpotentials für die T. vorliegt. Die T. ist durch einen steilen Stromanstieg in der → Stromdichte-Potential-Kurve im Anschluß an den Passivbereich (→ Passivität) gekennzeichnet. Dieser Stromanstieg wird durch den → Teilstrom der Metallauflösung und den Teilstrom der Sauerstoffabscheidung am passiven Metall bestimmt. Charakteristisch ist, daß T. nur an Metallen mit elektronenleitenden Passivoxiden (z. B. Eisenoxide) auftritt und zu höherwertigeren Oxidationsprodukten als im Aktivbereich (→ Korrosion, aktive) führt.

→ Eisen und die nichtrostenden Chrom- und Chrom-Nickel-Stähle lösen sich beispielsweise transpassiv unter Bildung von Eisen(III)- bzw. Chromationen ($HCrO_4^-$) auf.

→Titan und →Aluminium weisen wegen fehlender Elektronenleitfähigkeit ihrer Oxide keine T. auf. *Wendler-Kalsch*

Transportbeton. →Beton, dessen Bestandteile in einer Anlage außerhalb der Baustelle abgemessen und meist auch gemischt werden und der an der Baustelle in einbaufertigem Zustand mit den geforderten Frischbetoneigenschaften und in der vereinbarten Zusammensetzung übergeben wird. *Wesche*

Treiben. T. (chemisches Quellen), ist eine →Dehnung durch chemische Umsetzungen (meist durch Wasserbindung), bei denen das Umsetzungsprodukt mehr Volumen benötigt als der Ausgangsstoff. Es tritt vor allem bei Zementen auf, aber auch bei der Hydratation von Salzen in den Poren anorganischer Baustoffe (Naturstein, →Mörtel und →Beton, keramische Baustoffe). Bei →Zement unterscheidet man Kalk-, Magnesia-, Gips- und Alkalitreiben.

Kalktreiben tritt auf, wenn man die Rohstoffmischung des Zementes nicht so eingestellt hatte, daß das gesamte CaO von den Hydraulefaktoren (→Zement) gebunden wurde und dadurch freies CaO (Freikalk) im →Zementstein enthalten ist. Dieser Kalk hydratisiert nur sehr langsam, dehnt sich dabei um das 1,7fache aus und kann dadurch den inzwischen weitgehend erhärteten Zementstein so auf Zug beanspruchen, daß er zerstört wird.

Magnesiatreiben wird durch die Hydratation des freien Magnesiumoxids (MgO) hervorgerufen. Da das Magnesiumoxid als Periklas aber sehr viel langsamer als der freie Kalk hydratisiert, macht sich der Treibvorgang erst nach einigen Jahren bemerkbar. Außerdem ist das Volumen des $Mg(OH)_2$ 2,2fach größer als das Ausgangsvolumen, d. h. das Magnesiatreiben ist gefährlicher als das Kalktreiben.

Gipstreiben tritt auf, wenn der Gipsgehalt eines Zementes seiner chemischen Zusammensetzung (→Zement) nicht angepaßt, der zugesetzte Gips beim →Erstarren nicht verbraucht und nur noch sehr langsam im erhärteten Zementstein Calciumaluminatsulfathydrat gebildet wird. Die dabei gebundenen 32 H_2O-Moleküle führen zu einem 8mal größeren Volumen und damit zu noch größeren Treibdehnungen als beim Kalk- oder Magnesiatreiben. Alkalitreiben entsteht durch Wechselwirkung zwischen alkaliempfindlichen Zuschlägen und den Alkalien des Zementes. *Wesche*

Tresca-Fließhypothese →Schubspannungshypothese, →Fließbedingung

Tribaloyschichten. Oberflächenschutzschichten, die durch thermisches →Spritzen aufgebracht werden. Sie bestehen aus Kobalt oder →Nickel mit den Legierungselementen Molybdän, →Chrom und →Silicium. In der metallischen Kobalt-Matrix enthalten die Schichten →intermetallische Phasen aus Co_3Mo_2Si oder $CoMoSi$. Die Härte dieser Phasen liegt zwischen 1 000 und 1 200 HV, die Matrixhärte beträgt 200–800 HV. T. haben eine hohe →Korrosionsbeständigkeit, einen hohen Widerstand gegen →Abrasion und gegen →Adhäsion bei Paarung mit →Stahl. *Habig*

Literatur: *Simon, H.* und *M. Thoma:* Angewandte Oberflächentechnik für metallische Werkstoffe. München 1985.

Tribochemie. Teilbereich der →Tribologie, der sich mit den chemischen Erscheinungen bei →Reibung, →Verschleiß und →Schmierung befaßt. Hierzu gehören insbesondere tribochemische →Reaktionen. *Habig*

Triboelektrizität. Entgegengesetzte Aufladung zwei elektrisch nichtleitender Körper durch →Reibung. Die Reibung bewirkt einen guten Kontakt zwischen beiden Körpern. Dabei gibt der Körper mit der größeren Dielektrizitätskonstante so lange Elektronen an den anderen ab und lädt sich positiv auf, bis sich die Kontaktspannung an den Berührungsstellen beider Körper gebildet hat. Trennt man die Körper, so steigt die Spannung oft auf sehr hohe Werte an, so daß Funken entstehen können. *Habig*

Tribokontaktfläche. Geometrische Kontaktfläche sich berührender Körper, in der die tribologische Beanspruchung wirksam ist. Durch das Verhältnis der Normalkraft F_N zur T. A ist die Pressung p gegeben:

$$p = \frac{F_N}{A}.$$ *Habig*

Tribologie. Oberbegriff für die Gebiete →Reibung, →Verschleiß und →Schmierung. Dieser Begriff wurde 1966 von *P. Jost* in England eingeführt: T. ist die Wissenschaft und Technik von gegeneinander bewegten, aufeinander wirkenden Oberflächen und zugehörigen Verfahren (Englische Originalfassung: Tribology is the science and technology of interacting surfaces in relativ motion and of the practices related thereto.). Dieser Begriff hat sich weltweit durchgesetzt. Es gibt inzwischen in vielen Ländern Gesellschaften und Fachzeitschriften für T.

Die T. trägt bei zur Erhaltung von Werten durch Minderung von Verschleiß und zur Einsparung von Energie durch Minderung der Reibung. *Habig*

Tribolumineszenz. Schwache Leuchterscheinung, die beim Reiben, Brechen oder Kristallisieren bestimmter Stoffe auftritt. *Habig*

Tribometer. Prüfgerät zur Untersuchung von → Reibung und → Verschleiß. Moderne T. sind voll instrumentiert, d. h. sie ermöglichen die kontinuierliche Messung von Reibungskraft, Verschleißbetrag, Temperatur u. a. Für die Untersuchungen werden im allgemeinen einfache Prüfsysteme mit Modell-Prüfkörpern benutzt (Bild 1, 2).   *Habig*

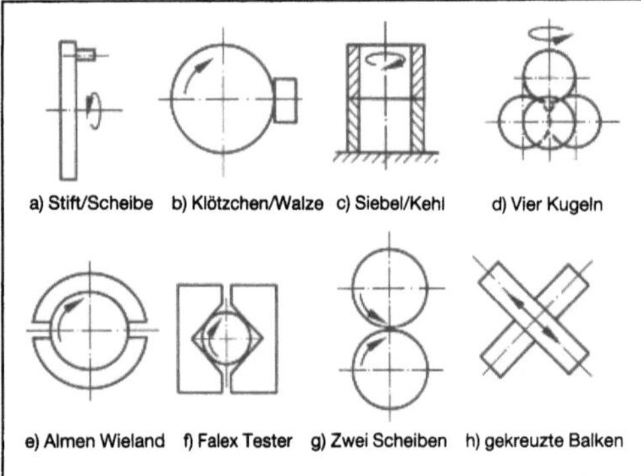

Tribometer 1: Prüfsysteme für Gleit- und Wälzverschleißuntersuchungen.

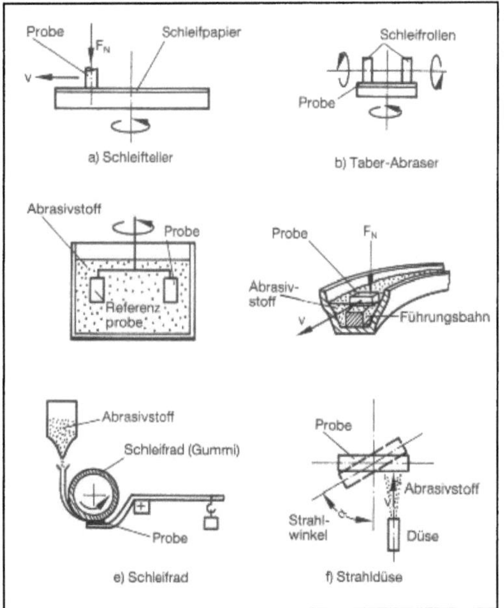

Tribometer 2: Prüfsysteme für Furchungs- und Strahlverschleißuntersuchungen.

Tribooxidation → Reaktion, tribochemische

Tribophysik. Teilbereich der → Tribologie, der sich mit den physikalischen Erscheinungen bei → Reibung, → Verschleiß und → Schmierung befaßt. Diese lassen sich aufteilen in Erscheinungen mechanischer Natur (einschließlich kinematischer,

akustischer, fluiddynamischer und rheologischer Natur), thermischer Natur, elektrischer Natur (→ Triboelektrizität) und optischer Natur (→ Triboluminescenz).   *Habig*

Tribosystem. Gesamtheit der für → Reibung und → Verschleiß wichtigen Einflußgrößen, die sich mit der Methodik der Systemanalyse ordnen lassen. Danach sind Reibungskraft F_R und Verschleißbetrag W als Verlustgrößen eines T. anzusehen, in dem bestimmte Eingangsgrößen, die für das Beanspruchungskollektiv maßgebend sind, über die Struktur des T. in Nutzgrößen transformiert werden (Bild 1). Durch diese Transformation wird die Funktion des T. realisiert. Zur vollständigen Beschreibung eines T. müssen daher folgende Eigenschaften und Größen gekennzeichnet werden:
□ Funktion des T.
□ Beanspruchungskollektiv
□ Struktur des T.
– Elemente
– Eigenschaften der Elemente
– Wechselwirkungen der Elemente
□ Tribologische Kenngrößen
– Reibungs-Meßgrößen
– Verschleiß-Meßgrößen
– Verschleißerscheinungsformen

T. werden zur Verwirklichung unterschiedlicher Funktionen eingesetzt (Tabelle 1). Ein Lager hat z. B. Kräfte aufzunehmen und dabei eine Bewegung zu ermöglichen. Mit Reibungsbremsen sollen dagegen Bewegungen gehemmt werden. Getriebe dienen zur Übertragung von Drehmomenten oder zur Veränderung von Drehzahlen; mit Steuergetrieben können Informationen weitergegeben werden. Zu den möglichen Funktionen von T. gehören auch die Gewinnung, der Transport und die Verarbeitung von Rohstoffen.

Die wichtigsten Größen des Beanspruchungskollektivs sind:
– Bewegungsart
– Bewegungsablauf
– Normalkraft F_N
– Geschwindigkeit v
– Temperatur T
– Beanspruchungsdauer t_B

Bei den Bewegungsarten kann man zwischen Gleiten, Rollen, Wälzen, Bohren, Stoßen, Strömen u. a. unterscheiden. Der Bewegungsablauf kann kontinuierlich, intermittierend, oszillierend oder repetierend sein. Als Geschwindigkeit ist einerseits die Relativgeschwindigkeit zwischen Grund- und Gegenkörper von Bedeutung; für die Wärmeabfuhr interessiert, ob nur ein Körper oder beide Körper bewegt werden. Als Temperatur sollte die Betriebstemperatur bekannt sein, in welche die Ausgangstemperatur und die reibbedingte Temperaturerhöhung eingehen. Neben der Beanspruchungsdauer

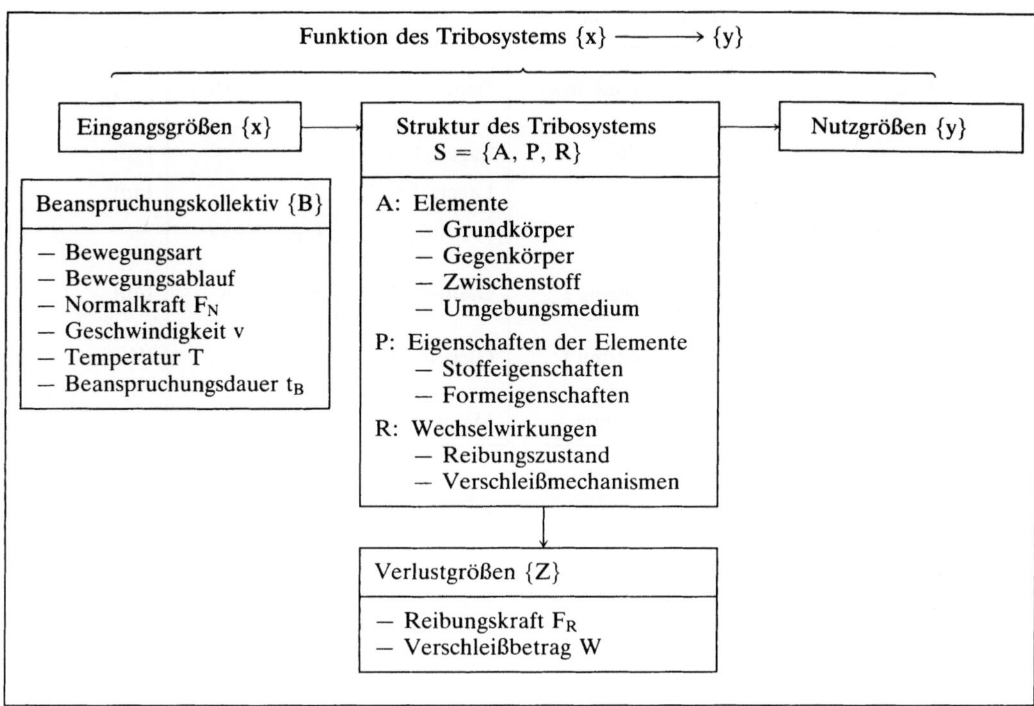

Tribosystem 1: Analyse eines T.

Tribosystem. Tabelle 1: Funktionsbereiche von T.

Funktionsbereiche	Tribosysteme bzw. tribotechnische Bauteile
Bewegungsübertragung, Führung	Gleitlager, Wälzlager, Gelenk, Spielpassung, Spindel
Bewegungshemmung	Reibungsbremse, Stoßdämpfer
Kraft-/Energieübertragung	Getriebe, Riementrieb, Kupplung
Informationsübertragung	Steuergetriebe, Nocken/Stößel, Relais, Drucker
Materialtransport	Rad/Schiene, Reifen/Straße, Förderband, Rutsche, Pipeline
Abdichtung	Stopfbuchsdichtung, Gleitringdichtung
Materialbearbeitung	Dreh-, Fräs-, Schleifwerkzeug
Materialumformung	Walzenpaar, Ziehdüse, Gesenk, Matrize
Materialzerkleinerung	Kugelmühle, Backenbrecher

sind auch die Stillstandszeiten zu beachten, in denen unter Umständen Korrosionsprozesse ablaufen können.

Innerhalb der Struktur des T. können im allgemeinen vier stoffliche Elemente unterschieden werden:
- Grundkörper
- Gegenkörper
- Zwischenstoff
- Umgebungsmedium

In Tabelle 2 sind einige Beispiele von T. mit unterschiedlichen Elementen wiedergegeben. Danach sind Grund- und Gegenkörper in jedem T. vorhanden, während Zwischenstoff oder Umgebungsmedium in manchen Fällen fehlen können. Als Zwischenstoff wird zur Reibungs- und Verschleißminderung in zahlreichen praktischen Anwendungen ein → Schmierstoff verwendet. Der Zwischenstoff kann aber auch aus harten Partikeln bestehen, z. B. aus Erz, das in einer Kugelmühle zerkleinert wird.

Werden die Oberflächenbereiche von Grund- und Gegenkörper wiederholt beansprucht wie z. B. in einem Nocken-Stößel-System, so kann man von

Tribosystem. Tabelle 2: Beispiele für Elemente von T.

Tribosystem	Grundkörper	Gegenkörper	Zwischenstoff	Umgebungsmedium
Gleitlager	Welle	Lagerschale	Öl	Luft
Trockengleitlager	Welle	Lagerschale	–	Luft
Trockengleitlager im Weltraum	Welle	Lagerschale	Festschmierstoff	–
Gleitringdichtung	Gleitring I	Gleitring II	Flüssigkeit oder Gas	Luft
Gleitringdichtung für Schiffsantrieb	Gleitring I	Gleitring II	Öl	Wasser
Kugelmühle	Trommel	Mahlkörper	Erz	Luft

einem geschlossenen T. sprechen. Hier hängt die Funktion vom Verschleiß beider Partner ab. Wird dagegen nur der Grundkörper beansprucht, während der Gegenkörper die Beanspruchung aufbringt wie z. B. bei den Systemen „Werkzeug/Werkstück", so handelt es sich um ein offenes T., für dessen Funktion primär der Verschleiß des Grundkörpers maßgebend ist (Bild 2).

Die Elemente des T. sind durch ihre Eigenschaften zu charakterisieren, wobei zwischen Stoff- und Formeigenschaften sowie zwischen Oberflächen- und Volumeneigenschaften zu unterscheiden ist. Für Zwischenstoff und Umgebungsmedium ist zunächst der Aggregatzustand wichtig.

Reibung und Verschleiß stellen letztlich Wechselwirkungen zwischen den Elementen des T. dar, die durch den Reibungszustand und die Verschleißmechanismen zu kennzeichnen sind.

Als tribologische Kenngrößen dienen die Reibungs-Kenngrößen wie Reibungskraft und → Reibungszahl, die Verschleiß-Meßgrößen und die Verschleißerscheinungsformen. *Habig*

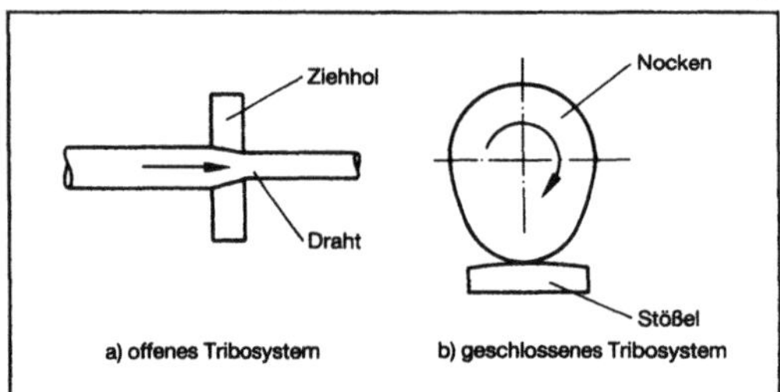

Tribosystem 2: Beispiele für ein offenes und ein geschlossenes T.

Tribotechnik. Technische Anwendung bzw. Handhabung der Phänomene → Reibung, → Verschleiß und → Schmierung zur optimalen Gestaltung von Funktionselementen und Prozessen bei tribologi-

scher Beanspruchung. Sie umfaßt als Teilgebiete die Konstruktion, → Werkstofftechnik, Schmierungstechnik und → Instandhaltung. *Habig*

Triplex-Schicht → Schichtverbundwerkstoffe

Troostit. Veraltete Bezeichnung für ein Gefüge aus → Perlit (→ Eisen, → Stahl), das sich im Bereich des Maximums der Umwandlungsgeschwindigkeit noch unterhalb des → Sorbits bildet und das lichtmikroskopisch nicht mehr auflösbar ist. *Dahl*

Tropfenschlag. → Verschleißart, bei der → Verschleiß durch Tropfen verursacht wird, die auf die → Oberfläche aufprallen. Als Verschleißmechanismen können vor allem → Oberflächenzerrüttung und tribochemische → Reaktionen auftreten.
Habig

Tüpfelprüfung. Die T. (Tüpfelreaktion) ist ein einfaches chemisches Schnellprüfverfahren, mit dem näherungsweise bestimmte Legierungsgehalte bestimmt werden können, so daß Rückschlüsse auf die Art der → Legierung möglich sind. Bei der Tüpfelreaktion wird auf blanke, fettfreie Metallstellen ein Tropfen einer Ätzflüssigkeit aufgebracht und aus einem Farbumschlag, einer Niederschlagbildung oder einer zusätzlichen Reagenzreaktion auf Art und Menge eines speziellen Legierungselementes geschlossen.

□ Beispiele von T. an Stählen
– Löslichkeitsprobe.

Auf die blanke, fettfreie Stahloberfläche werden ein bis zwei Tropfen verdünnter Salpetersäure gegeben und diese läßt man etwa eine Minute bei 20 °C einwirken. Bei einer Verfärbung der Flüssigkeit ist der → Stahl löslich.

– – Lösliche Stähle
Unlegierte und legierte magnetische Stähle,

Hartmanganstähle mit über 10 % Mn,
Nickelstähle mit über 20 % Ni,
antimagnetische MnCrNi- oder MnCr-Stähle.
– – Unlösliche Stähle
Korrosionsbeständige Cr-Stähle,
Stähle mit über 10 % Cr,
Korrosionsbeständige CrNi-Stähle.
– Nickelnachweis.
– Tüpfelreaktion.
Auf die gereinigte Stahloberfläche gibt man zwei Tropfen verdünnte Salpetersäure und nach etwa einer Minute einen Tropfen Natriumcitratlösung. Die Flüssigkeit wird mit etwas Watte aufgenommen und mit je einem Tropfen Dimethylglyoxim- und Ammoniaklösung benetzt. Bei Gegenwart von →Nickel bildet sich rotes Nickeldimethylglyoxim.
– Abdruckverfahren:
Wie bei der Tüpfelreaktion wird zuerst mit verdünnter Salpetersäure gelöst und Citratlösung zugegeben. Die Flüssigkeit wird dann aber von Dimethylglyoximazetatpapier aufgesaugt. Nickel bildet einen roten „Abdruck", der als Beleg aufbewahrt werden kann.

– Chromnachweis
Salpetersaure Kupfernitratlösung wird auf eine gereinigte und erwärmte Stelle der Oberfläche gebracht. Ein Chromgehalt bis 2,5 % ergibt einen dunklen Kupfer-Niederschlag in wenigen Sekunden; bei 2,5 % bis 6 % Cr bildet sich nur ein schwacher Niederschlag nach einigen Minuten.
Stähle mit mehr als 12 % Cr zeigen keinen Niederschlag.
□ Beispiele von T. an Leichtmetallen.
Die Tüpfelprobe mit 20%iger Natronlauge ergibt bei
– Mg und Mg-Legierungen keine Reaktion
– Al-Legierungen mit Cr, Ni, Zn oder Si eine Dunkelfärbung
– Reinaluminium und anderen Al-Legierungen eine Weißfärbung.
Werden die getüpfelten Stellen getrocknet und nachträglich mit konzentrierter Salpetersäure behandelt, reagieren Mg und Mg-Legierungen heftig. Bei den Al-Legierungen mit Cr, Ni oder Zn verschwindet die Dunkelfärbung, bei Si-haltigen Legierungen bleibt sie erhalten. *Gräfen*

U

Überalterung → Ostwald-Reifung

Übergangstemperatur → Kerbschlagbiegeversuch

Überhitzungssimulation → Schweißsimulation

Überlagerungspermeabilität → Permeabilität, → Wirbelstromprüfung, → magnetische Werkstoffe

Überspannung. Das Potential ε einer stromdurchflossenen → Elektrode weicht von dem sich bei Stromlosigkeit einstellenden → Gleichgewichtspotential ε_0 ab. Diese Differenz bezeichnet die Ü. $\eta = \varepsilon - \varepsilon_0$. Eine anodische → Stromdichte ($i>0$) bewirkt eine positive anodische Ü. und eine kathodische Stromdichte ($i<0$) eine negative kathodische Ü.

Man unterscheidet vier verschiedene Arten der Ü.: die Durchtritts-, Reaktions-, Diffusions- und Kristallisations-Ü.

Ist die Durchtrittsreaktion, d. h. der Durchtritt der Ladungsträger durch die elektrolytische Doppelschicht gehemmt, so tritt die → Durchtrittsüberspannung auf. Ist eine chemische Teilreaktion gehemmt, so liegt bei Stromfluß Reaktionsüberspannung vor. Wenn dagegen der Stofftransport zu bzw. von der Oberfläche der langsamste Vorgang ist, so tritt reine Diffusionsüberspannung auf. Eine Hemmung des Einbaus oder Ausbaus der ad-Atome in das bzw. aus dem Kristallgitter führt zur Kristallisationsüberspannung. Die Summe von Diffusions- und Reaktionsüberspannung wird mit → Konzentrationsüberspannung bezeichnet.

Ü. treten u. a. bei der Abscheidung von Gasen oder Metallen auf. Dabei hängt die Höhe der Ü. von der Stromdichte, dem Elektrodenmaterial und der Art und Konzentration der → Elektrolytlösung ab. So ist beispielsweise die Ü. bei der Entwicklung von → Wasserstoff an Platin sehr klein, während sie an → Blei sehr hoch ist. Die Ü. spielt auch bei der galvanischen Metallabscheidung eine große Rolle.

Wendler-Kalsch

Literatur: *Vetter, K. J.*: Electrochemical Kinetics. New York–London 1967.

Überstruktur → Mischkristall

Übertragbarkeitskette. Unter dem Begriff der Ü. wird die Problematik der Anwendung von Kennwerten in der Sicherheitsanalyse von großen Bauteilen zusammengefaßt.

Die jeder Festigkeitsberechnung zugrundeliegenden Werkstoffkennwerte und -gesetze werden üblicherweise an kleinen, genormten Proben unter Laborbedingungen ermittelt. Die auf diese Art gewonnenen Kennwerte sind von verschiedenen Parametern abhängig, z. B. Werkstoff, Umgebungsbedingungen, Belastungsfall, verwendete Prüf- und Auswertetechnik, durch Probengeometrie und Belastungsfall geprägter → Spannungszustand etc. Ein Teil dieser Einflußgrößen wird unter dem Begriff → Größeneinfluß zusammengefaßt.

Das in der Festigkeitsanalyse zu beurteilende Bauteil kann trotz äußerlich gleicher Bedingungen anderen Gegebenheiten unterliegen. Hier ist in erster Linie der Größeneinfluß zu nennen, der eine Reduktion der Trag- und Verformungsfähigkeit bewirkt.

Um die Abweichungen zwischen den an Kleinproben gewonnnen Erkenntnissen und der in großen Bauteilen vorliegenden Verhältnisse qualitativ und quantitativ richtig erfassen zu können, werden in grundsätzlichen Untersuchungen Proben unterschiedlicher Größe und Gestalt geprüft. Das Spektrum hierbei reicht von der Prüfung von Kleinstproben über Kleinproben, mittelgroße und Großproben bis hin zum Modell- und Bauteilversuch.

Im allgemeinen gilt, daß die Versuche bei ansteigender Probengröße aufwendiger und teurer werden. Aus diesem Grund ist es notwendig, anhand einzelner Untersuchungen systematische Einflüsse zu erfassen, um damit die Übertragbarkeit der Erkenntnisse von Kleinproben auf Bauteile, die Ü., abzusichern.

Die Ergebnisse solcher Untersuchungen können in größenabhängigen Korrekturfunktionen bestehen, die entsprechend der experimentell und theoretisch erkannten Zusammenhänge den betrachteten Parameter für die jeweils zu beurteilende Bauteilgestalt und -größe bewerten.

Ein anderer, bezüglich der Werkstoffkennwerte grundsätzlich zu bevorzugender Weg besteht darin, nur echte, physikalische Kennwerte zu verwenden. Unter physikalischen Kennwerten sind hier Werte zu nennen, die an Proben und Bauteilen beliebiger Geometrie und Größe gleichermaßen ermittelt werden können, die also nicht dem Größeneinfluß unterliegen. Der Vorteil bei der Verwendung solcher Werte liegt in der direkten Anwendbarkeit auf alle betrachteten Bauteile.

Für die praktische Anwendung bedeutet dies, daß

die Kennwerte relativ einfach an kleinen, leicht zu handhabenden Proben ermittelt werden können und der Analyse komplexer Bauteilgeometrien zugrundegelegt werden dürfen.

Beispiele für solche Kennwerte sind in neuen Untersuchungen z. B. auf dem Gebiet der Zähbruchmechanik die Kenngrößen J-Integral bei Rißbeginn J_i, Rißspitzenaufweitung bei Rißbeginn $CTOD_i$ und Ausdehnung der abgestumpften Rißspitze Δa_{str}.

Bild 1 zeigt im Beispiel für den Werkstoffkennwert J_i, der an allen untersuchten Probengeometrien und -größen im gleichen Betrag gefunden wurde und somit als Werkstoffkennwert gelten kann, der auf beliebige Bauteile übertragbar ist.

Das Gegenbeispiel von nicht übertragbaren Werkstoffcharakteristiken zeigt Bild 2, ebenfalls aus dem Gebiet der Zähbruchmechanik.

Hier zeigt sich, daß die Rißwiderstandscharakteristik auf der Basis des J-Integrals für J-Werte oberhalb von J_i stark abhängig ist von der Probengröße

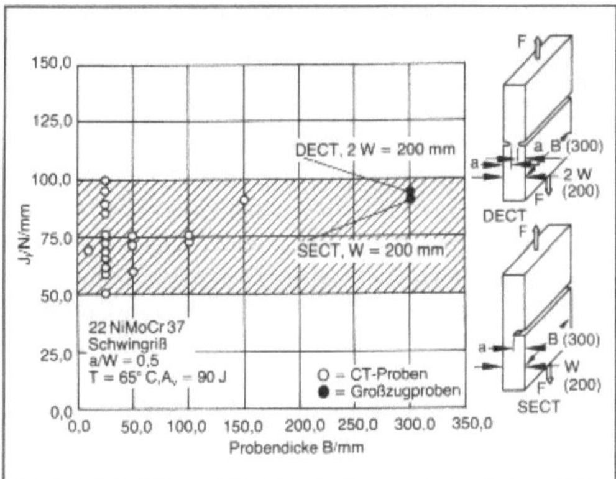

Übertragbarkeitskette 1: Unabhängigkeit des bruchmechanischen Werkstoffkennwertes J_i von der Probendicke und -größe.

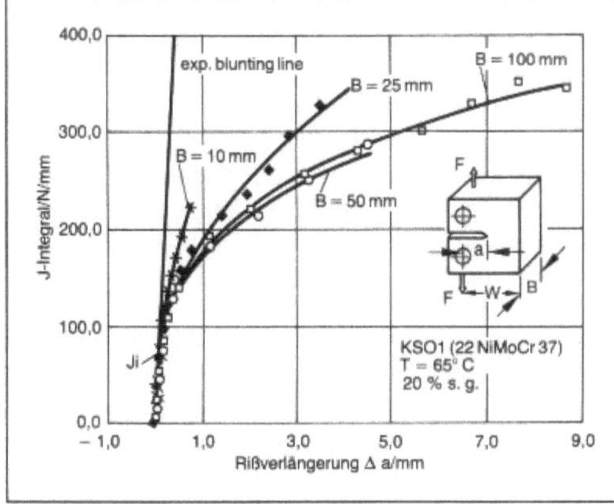

Übertragbarkeitskette 2: Abhängigkeit von Rißwiderstandskurven von der Probengröße.

und der Probengeometrie. Diese Charakteristik und evtl. aus ihr abgeleitete Größen können somit als nicht übertragbar angesehen werden und zu falschen Ergebnissen führen.   *Kußmaul*

Literatur: *Kußmaul, K.; J. Föhl*, u. *E. Roos*: Einige Folgerungen aus dem derzeitigen Stand des Forschungsvorhabens Komponentensicherheit FKS II für die Sicherheitsbeurteilung rißbehafteter Bauteile. 12. MPA-Seminar 1986, MPA Stuttgart, 1986. – *Roos, E.* et. al.: Werkstoffmechanische Untersuchungen. Abschlußbericht B des Forschungsvorhabens Komponentensicherheit FKS, Phase II. MPA Stuttgart, 1987.

Überzug → Oberflächenschutzschichten

Überzug, anorganischer. Glasige oder kristalline Überzüge auf keramischen, glasigen und metallischen Untergrund. Je nach Art und Zweck der Überzüge haben sie Schichtdicken von $> 0,1$ μm bis zu einigen mm. Sie dienen als chemisch und mechanisch resistente Schutzschichten, zur thermischen oder elektrischen Isolation, zur Glasentspiegelung und als elektrisch leitfähige Schichten, aber auch zur Dekoration.

Die wichtigste Varianten von a. Ü. sind:

☐ Glasuren bzw. Emails sind glasige Überzüge (ca. 150–300 μm) auf einem (porösem) keramischen Scherben bzw. auf einem metallischen Untergrund. Sie dienen zum Schutz des Grundkörpers gegen äußere mechanische und/oder chemische Einflüsse sowie zur Dekoration.

☐ Flammgespritzte- bzw. plasmagespritzte Keramikschichten werden auf geeignete Unterlagen aufgetragen, indem ein keramisches Pulver (z. B. Korund) in einen Acetylen/Sauerstoffbrenner oder Plasma-Brenner eingeblasen wird. Die aufgeschmolzenen Tropfen zerplatzen und erstarren auf der Unterlage, die erzielte Flamm- bzw. Plasmaspritzschicht weist eine → Porosität von 5–10 % auf, die Schichtdicken betragen max. 1 mm. Die so aufgetragenen Schichten dienen der Wärmedämmung, Verschleißminderung und elektrischer Isolation.

☐ Entspiegelungsschichten werden auf z. B. Flachglas aufgesprüht oder über ein Tauchverfahren aufgetragen, über das ein gleichmäßiger, flüssiger Film einer geeigneten Lösung auf die Glasoberfläche aufgebracht wird. Durch eine Temperaturbehandlung bei 200–500 °C verbindet sich diese Schicht fest mit der Glasoberfläche. Die Schichtdicke beträgt ca. ¼ der mittleren Wellenlänge des Spektrums, der Brechungsindex liegt stets über dem der Unterlage. Als Lösungen werden in erster Linie organische Lösungen mit Metall-O-R-Verbindungen (R = org. Rest), aber auch Metallnitrate, -halogenide und -phosphate verwendet.

☐ Über das CVD-Verfahren werden dielektrische Schichten vor allem auf elektronische Bauelemente aus z. B. TiO_2 oder Al_2O_3 aufgetragen. Weiterhin lassen sich Si_3N_4-Schichten als Diffusionsbarrieren auf Halbleitergrenzflächen auftragen.

Hesse/Hennicke

Überzug, galvanischer → Galvanotechnik

Überzug, keramischer → Beschichten; → Oberflächenbehandlung

Überzug, metallischer. Das sind metallische und anorganische Schichtstoffe.

– Zink ist das am meisten verwendete Metall für das → Beschichten von Stahlbauteilen, weil es nicht nur einen guten Korrosionsschutz bietet, sondern auch „selbstheilende Eigenschaften" aufweist, d. h. eventuelle Beschädigungen der → Zinkschicht beim → Umformen oder durch Betriebseinwirkungen werden in weiten Grenzen durch „Nachwachsen" der Zinkkristalle quasi wie eine Vernarbung geheilt.

– → Chrom liefert verschleißfeste, vor allem gegen Abrieb widerstandsfähige Beschichtungen, die aber wegen ihrer Polierfähigkeit auch für dekorative Zwecke geeignet sind.

– Kupferüberzüge dienen außer zu dekorativen Zwecken (vor allem im Kunstgewerbe) oft nur zur Verbesserung der → Haftung für eine darauf aufgebaute → Deckschicht. In manchen Anwendungsfällen langen Verkupferungen für eine ausreichende → Korrosionsbeständigkeit über die Bauteillebensdauer.

– → Nickel als Matt- oder Ganznickelüberzug (→ Glänzen) wird in unterschiedlichen Schichtdicken eingesetzt, wo Korrosionswiderstandsvermögen verlangt wird. Insbesondere Glanznickelüberzüge dienen neben ihrer Dekorwirkung auch zum Korrosionsschutz von Armaturen usw. im Apparatebau.

– Silber und Gold verwendet man nicht nur für dekorative Überzüge von Bestecken oder Kunstgegenständen, sondern vor allem in der Elektrotechnik zur Verbesserung der Kontakteigenschaften im Schalter-, Meßgeräte- und Relaisbau.

– Zinn benutzt man ebenfalls in der Elektrotechnik zum Bündeln einzelner feiner Drähte und zur Erleichterung des Lötens in der Verbindungstechnik.

– Kadmium in Schichtdicken von 8 bis 25 µm wird auf → Eisen und → Stahl zum Korrosionsschutz von Schrauben, Muttern und anderen Teilen für den Präzisionsgerätebau einem Zinküberzug vorgezogen, sobald mit einer Dauereinwirkung von hoher Feuchtigkeit zu rechnen ist.

– → Aluminium: → Alumetieren. *Doliwa*

Überzug-Prüfung. Die Ü.-P. wird besonders für Schutzüberzüge eingesetzt. Zur Feststellung der Schutzwirkung dienen neben anderen dieselben Prüfverfahren wie bei kompakten Werkstoffen (→ Korrosionsprüfung). Bei Schutzüberzügen ist aber die → Lebensdauer nicht allein vom Werkstoff und der Umwelt abhängig, sondern auch von Dicke, → Porosität, Gleichmäßigkeit und → Haftfestigkeit der Schichten. Poren und Löcher in einem edleren Überzug führen zur anodischen Zerstörung des unedleren Bestandteils infolge Lokalelementbildung, weshalb auf die Porenprüfung und, da die Zahl der Poren umgekehrt proportional zur Schichtdicke ist, auch auf die → Schichtdickenprüfung großer Wert gelegt wird.

Zu erwähnen sind hier die Porenprüfung, Schichtdickenprüfung, Korrosionsbeständigkeitsprüfung. *Gräfen*

Literatur: DIN-Taschenbuch 219.

Ultraschallprüfung. Feste Stoffe, insbesondere → Metalle, weisen für Ultraschallwellen sehr günstige Ausbreitungsbedingungen auf. Die Ausbreitung der Wellenfronten erfolgt – hinreichend großen Abstand von der Anregungsstelle vorausgesetzt – geradlinig nach den Gesetzen der geometrischen Optik.

Die Ultraschallwellen werden mittels elektrischer Wechselspannungen meist in piezoelektrischen Quarzschwingern erzeugt und über geeignete Koppelmittel in das Prüfstück eingeleitet. Die Schwinger sind auf bestimmte Frequenzen abgestimmt und arbeiten in Resonanz. Die Frequenzen sind dem Werkstoff und → Gefüge des Prüfstücks anzupassen und liegen bei Metallen zwischen ca. 0,5 und 15 MHz.

Je nach Prüfaufgabe wird die Ultraschallwelle mittels sog. Normalprüfköpfe als Longitudinalwelle senkrecht zur Oberfläche oder, mittels sog. Winkelprüfköpfe, unter einem bestimmten Einschallwinkel zur Oberflächennormalen in das Prüfstück eingeleitet. Bei Schrägeinschallung in Festkörper ist die Brechung und der Umstand zu beachten, daß neben Longitudinal- auch Transversalwellen oder nur letztere erzeugt werden. Longitudinalwellen haben eine größere Schallgeschwindigkeit als Transversalwellen.

Die Schallwellen werden im Prüfstück an Grenzflächen von Medien mit unterschiedlicher Schallgeschwindigkeit, wie sie an Trennungen oder Hohlräumen bzw. der Prüfstückoberfläche vorliegen, reflektiert oder in Zonen anderer Gefügestruktur stärker oder schwächer gedämpft.

Die reflektierte und/oder geschwächte Schallwelle wird von demselben oder einem anderen Schwinger empfangen und in ein elektrisches Signal umgewandelt. Dieses wird nach geeigneter Verstärkung meist auf dem Leuchtschirm einer *Braunschen*-Röhre über einer Zeitachse gemeinsam mit dem Sendeimpuls dargestellt. Aus der Signalhöhe und der Zeitdifferenz zwischen gesendetem und empfangenem Impuls können Aussagen über (Ersatz-) Fehlergrößen und ggf. Lage der Reflektionsstelle abgeleitet werden.

Im Bereich der technischen Prüfung werden heute fast ausschließlich das → Durchschallungs- und das → Impuls-Echoverfahren eingesetzt. Andere Verfahren wie z. B. das Resonanzverfahren und das Schallsichtverfahren spielen keine Rolle mehr. Beide Verfahren werden in zahlreichen Sonderformen zur mechanisierten und automatisierten Erst- und Wiederholungsprüfung von Halbzeugen und Bauteilen, insbesondere solcher mit großer sicherheitstechnischer Bedeutung, eingesetzt. Für die manuell durchgeführte Prüfung von Werkstoffen und Halbzeugen sowie Schweißnähten an Rohrleitungen und Behältern findet fast ausschließlich das Impuls-Echoverfahren Anwendung.

□ → Durchschallungsverfahren.

Beim Durchschallungsverfahren (Bild 1) befinden sich Ultraschallsender und -empfänger an gegenüberliegenden Prüfstückseiten. Dies setzt allseitige Zugänglichkeit voraus. Die das Prüfstück durchlaufende Ultraschallwelle erzeugt ein elektrisches Signal im Empfänger, das auf einem Leuchtschirm gemeinsam mit dem Sendeimpuls über einer in Laufwegeinheiten kalibrierten Zeitbasis dargestellt wird. Die Lage des Signals relativ zum Sendeimpuls liefert eine Aussage über den Schallaufweg und damit die Prüfstückdicke. Die Amplitude des Signals erlaubt eine Aussage über vorhandene → Fehler, da diese ggf. den Empfänger teilweise oder ganz abschatten. Es ist jedoch lediglich eine Ja-/Nein-Aussage aber keine Aussage über die Lage des Fehlers im Prüfstück möglich. Das Referenzsignal für beide Aussagen ist das an einem werkstoffgleichen fehlerfreien Vergleichsstück mit prüfstückgleichen Abmessungen gewonnene Empfängersignal.

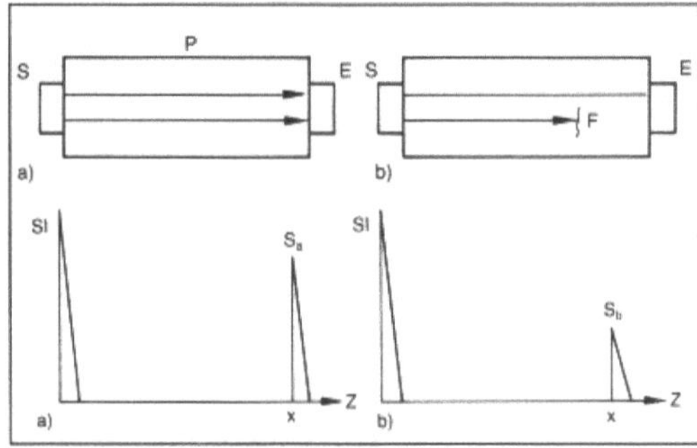

Ultraschallprüfung 1: Durchschallungsverfahren (schematisch) bei beidseitiger Zugänglichkeit.
a) bei fehlerfreiem
b) bei fehlerhaftem Prüfstück, Sa, b: Empfängersignale, SI: Sendeimpuls.

S: Sendeprüfkopf, E: Empfängerprüfkopf, P: Prüfstück, F: Fehlstelle, X: Prüfstücklänge, Z: Zeitbasis

Bei nur einseitiger Zugänglichkeit des Prüfstücks im Prüfbereich kann man zwei Winkelprüfköpfe mit gleichem Aus- bzw. Eintrittswinkel benutzen und die Reflektion an oberflächenparallelen bzw. Reflektion oder Abschattung durch senkrecht zur Oberfläche ausgerichtete Flächen ausnutzen (Bild 2). Im ersten Fall (Bild 2 a), erhält man ein abnehmendes, im zweiten Fall (Bild 2 b) ein zunehmendes Signal, wenn senkrechte Fehler auftreten. In beiden Fällen kann durch Verändern des Prüfkopfabstands die Tiefe der Prüfschicht für oberflächenparallele Fehler eingestellt werden (Bild 2 c). Aus dem Prüfkopfabstand und der Registrierlänge ergibt sich die Ausdehnung senkrechter Fehler.

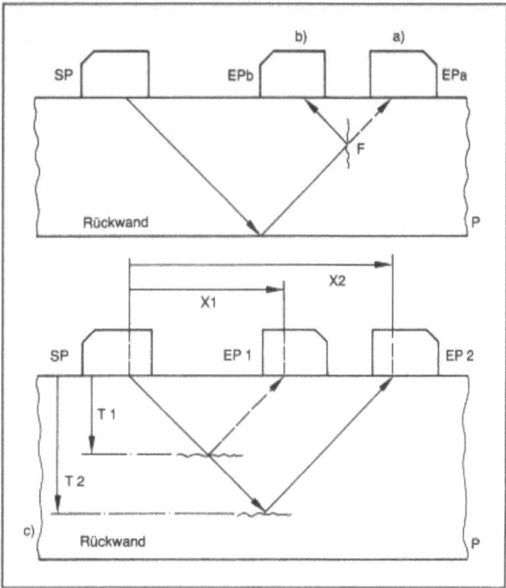

Ultraschallprüfung 2: Durchschallungsverfahren (schematisch) bei einseitiger Zugänglichkeit.

F: Fehler senkrecht zur Oberfläche, EP: Empfängerprüfkopf, P: Prüfstück, SP: Senderprüfkopf, T: Tiefenlage, X: Prüfkopfabstand

Das Durchschallungsverfahren erfordert stets gleichbleibende und reproduzierbare Ankoppelverhältnisse der Prüfköpfe an das Prüfstück sowie eine präzise Positionierung der Prüfköpfe. Diese Bedingungen lassen sich nur an Bauteilen mit glatten, parallelen oder konzentrischen Oberflächen, wie z. B. Blechen, Rohren bzw. Rohrleitungen und Behältern, bei mechanisierter Führung (→ Manipulator) der Prüfköpfe erfüllen.

Daher wird die U. nach dem Durchschallungsverfahren zur weitgehend automatisierten Dopplungsprüfung an Blechen bzw. Bindefehlerprüfung beschichteter Tafeln oder Bänder (Senkrechtdurchschallung) eingesetzt.

Weiterhin wird das Durchschallungsverfahren mit zwei oder mehr Winkelprüfköpfen an dickwandigen Rohrleitungen und Druckbehältern im Bereich der Kerntechnik bei Erst- und Wiederholungsprüfungen eingesetzt. Der technologische Aufwand für die Verarbeitung der Signale und die Steuerung der Manipulatoren ist hierbei allerdings sehr groß.

□ Impuls-Echoverfahren.

Zur Prüfung nach dem Impuls-Echoverfahren (Bild 3) können Normalprüfköpfe und Winkelprüfköpfe benutzt werden. Im Gegensatz zum Durchschallungsverfahren ist aber nur ein Prüfkopf und damit nur einseitige Zugänglichkeit des Prüfstücks im Prüfbereich notwendig. Der Prüfkopf wird periodisch wechselnd als Sender- und als Empfängerprüfkopf geschaltet. Die Wiederholfrequenz richtet sich hierbei nach der Schallgeschwingikeit des Werkstoffs und nach den Prüfstückabmessungen in Prüfrichtung. Der vom Prüfkopf in das Werkstück gesendete Ultraschallimpuls kann ganz oder teilweise von einer Prüfstückoberfläche (Bild 3 a), einer Inhomogenität (Bild 3 b), oder einer rechtwinkligen Prüfstückkante (Bild 3 c) entgegen der Einschallrichtung reflektiert werden und im Prüfkopf ein Signal erzeugen. Dieses wird zusammen mit dem Sendesignal über einer in Laufwegeinheiten kalibrierten Zeitbasis dargestellt. Aus dem Signallaufweg ergibt sich direkt der Abstand des Reflektors vom Schalleintrittspunkt an gerechnet und Ersatzfehlergrößen lassen sich aus der Signalamplitude ableiten.

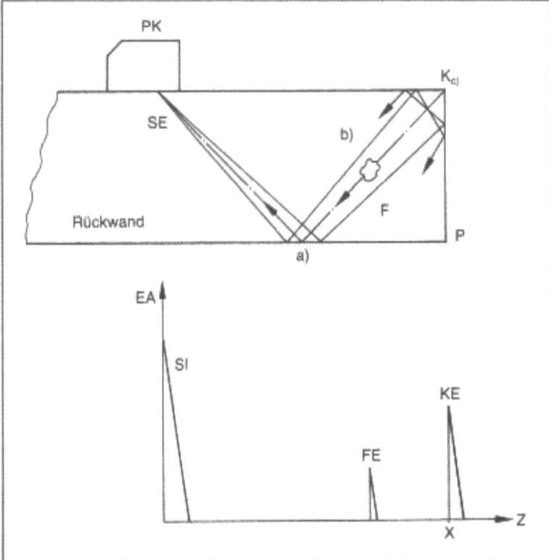

Ultraschallprüfung 3: Impuls-Echoverfahren (schematisch). Das Ultraschallbündel wird an der Rückwand des Prüfstücks (P) umgelenkt, am Fehler (F) teilweise und an der Prüfstückkante (K) total reflektiert. Deshalb erscheint auf dem Leuchtschirm vor dem Kantenecho (KE) das Fehlerecho (FE).

X: Abstand zwischen Schalleintrittspunkt SE und Prüfstückkante, Z: Zeitbasis

Als Referenzsignale dienen Signale von Flächen und Kanten werkstoffgleicher Kontrollkörper bekannter Abmessungen. Für Prüfungen von Prüfstücken aus un- und niedriglegierten Kohlenstoffstählen sind Kontrollkörper in DIN 54 120 und DIN 54 122 beschrieben. Die Tatsache, daß das Impuls-Echoverfahren nur einen Prüfkopf erfordert, hat es zum bevorzugten Ultraschall-Handprüfverfahren werden lassen. Dementsprechend wird es zu nahezu allen Handprüfungen wie z. B. Dopplungsprüfungen und Wanddickenmessungen an Blechen, Längs- und Querfehlerprüfung in Rohren und Rohrleitungs- bzw. Behälterschweißnähten etc. eingesetzt. Darüberhinaus spielt es auch bei mechanisierten und automatisierten Prüfungen von hochbeanspruchten Rohrleitungen und Behältern eine große Rolle.

□ Bewertung von Anzeigen bei der Ultraschall-Handprüfung.

Bei der Ultraschall-Handprüfung, für die überwiegend das Impuls-Echoverfahren eingesetzt wird, ist der Fehlernachweis und die Ermittlung der Fehlerlage i. a. unproblematisch. Die Ermittlung der Fehlergröße wird jedoch dadurch erschwert, daß die Größe eines Fehlersignals (Echoamplitude) sehr stark von der Fehlerlage (bezüglich der Richtung der Ultraschallwelle) und der Oberflächenstruktur des Fehlers abhängt. Da Fehler i. a. diffus reflektieren und darüberhinaus davon auszugehen ist, daß sie nicht mit idealer (senkrechter) Einschallrichtung geortet werden, kann über ihre absolute Größe keine Aussage gemacht werden. Man charakterisiert daher einen Fehler durch eine sog. Ersatzfehlergröße und die Länge (Registrierlänge) auf die der Fehler mit dieser Ersatzfehlergröße registriert wird.

Ein Fehler gilt als zulässig, wenn vor der Prüfung vereinbarte Ersatzfehlergrößen und Registrierlängen bei der Prüfung nicht überschritten werden. Als Ersatzfehlergröße wird i. a. der Durchmesser einer senkrecht georteten Kreisscheibe benutzt. Andere Ersatzfehler können z. B. Nuten mit rechteckigem Querschnitt sein, die senkrecht zur Prüfstückoberfläche orientiert sind.

Zum praktischen Gebrauch werden für jeden benutzten Prüfkopf mit Hilfe von Testkörpern Diagramme erstellt, in denen der Verlauf der Echoamplitude eines Ersatzfehlers in Abhängigkeit von seiner Entfernung vom Schalleintrittspunkt wiedergegeben ist. Zur Bewertung einer Echoamplitude wird dann diese mit dem zugehörigen Amplitudenwert des Diagramms verglichen. Weitere Informationen z. B. über die Tiefenerstreckung eines Fehlers können aus der Echodynamik (Echohüllkurve) und dem zugehörigen Verschiebeweg (Bild 4) abgeleitet werden.

□ Verfahren zur Fehlerabbildung.

Fehlerabbildungsverfahren mit Ultraschall beruhen darauf, daß große Mengen von Ultraschall-

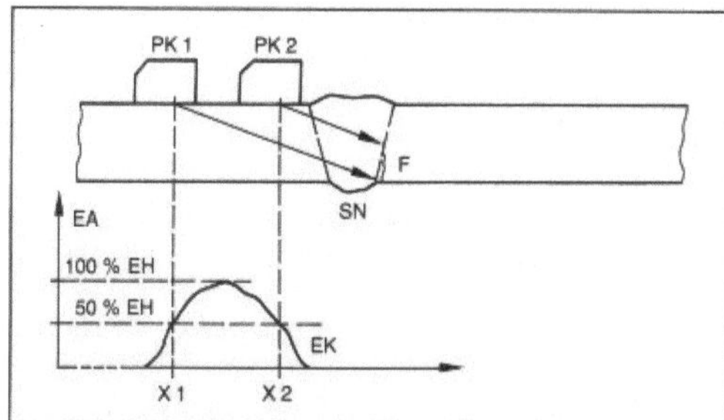

Ultraschallprüfung 4: U. einer Schweißnaht (SN) mit Fehler F (schematisch). Aus dem Verschiebeweg X 2 – X 1 zwischen den Punkten mit jeweils 50 % Echohöhe (EH) der Echohüllkurve (EK) läßt sich die Tiefenerstreckung des Fehlers ermitteln. EA: Echoamplitude, PK 1, 2: Prüfkopf in Position X 1, 2

Prüfdaten nach bestimmten Algorithmen rechnerisch aufbereitet werden. Da hierzu die Zuordnung eines bestimmten Ultraschall-Signals zu einem bestimmten Ort erforderlich ist, erfolgt die Gewinnung der Prüfdaten mit Prüfköpfen oder Prüfkopfgruppen, die mit Manipulatoren geführt werden. Die Verarbeitung aller anfallenden Daten erfolgt in Rechnern, wobei Prüfsignale, deren Amplituden oder Registrierlängen einen gewissen Schwellwert nicht erreichen, unterdrückt werden können. Dem hohen Aufwand entsprechend ist die Anwendung solcher Verfahren derzeit auf sicherheitstechnisch relevante Komponenten der Kerntechnik beschränkt.

Einige der heute gängigsten, teilweise noch in der Entwicklung befindlichen Verfahren sind nachfolgend genannt.

– Amplituden-Laufzeit-Ortskurven-Verfahren (ALOK): Bei diesem Verfahren wird ein Prüfkopf oder eine Prüfkopfgruppe über ein Prüfstück bewegt. Aus den Änderungen der Signallaufzeiten von den Prüfköpfen zu einem bestimmten Fehler und zurück kann dessen äußere Form rekonstruiert werden.

– Anwendung fokussierender Prüfköpfe: Hierbei handelt es sich um eine Abtastung bestimmter Tiefenbereiche eines Prüfstückes mit Prüfköpfen verschiedener Fokuslänge. Die rechnerische Überlagerung der dabei gewonnenen Prüfdaten erlaubt eine Rekonstruktion der Fehlergestalt. Statt mehrerer Prüfköpfe mit unterschiedlichen Fokuslängen kommen neuerdings sogenannte Gruppenstrahler (Phased Arrays) zum Einsatz, bei denen die Einschallrichtung und Fokuslänge durch zeitlich gestaffelte Anregung (unter Rechnerkontrolle) der Einzelstrahler verändert werden kann.

– Eine weitere Möglichkeit besteht in der Technik der synthetischen Apertur (*engl.* Synthetic Aperture Fokussing Technique, SAFT). Hierbei wird ein Prüfstück in diskreten Schritten längs einer Linie abgetastet. Der Prüfkopffokus liegt hierbei auf der Oberfläche des Prüfstücks. Die bei den einzelnen Prüfschritten gewonnenen Signale werden in der Hochfrequenzform gespeichert. Die Einzelsignale werden danach entsprechend der zugehörigen Prüfkopfposition zeitkorrigiert und überlagert. Aus der Überlagerung sämtlicher längs der Abtastlinie gewonnenen Signale läßt sich ein Fehlerabbild rekonstruieren.

☐ Fehlerquellen bei der U.

– Bei sämtlichen U. kann es zu sog. Formanzeigen kommen. Sie werden durch die Prüfstückgeometrie verursacht und können, wenn diese unbekannt ist, Fehler vortäuschen. Dies ist jedoch nur für die Handprüfung von Bedeutung, da mechanisierte Prüfverfahren i. a. an die Prüfstückgeometrie angepaßt sind. Bei der Ultraschall-Handprüfung treten Formanzeigen vor allem bei der Prüfung von Stumpfschweißnähten mit unbeschliffenen Wurzeln an Rohrleitungen mittels Winkelprüfköpfen auf. Fehlinterpretationen dieser Anzeigen lassen sich durch den Einsatz unterschiedlicher Einschallrichtungen und Prüfung von beiden Schweißnahtseiten her vermeiden.

– Bei der Verwendung von Winkelprüfköpfen, die Transversalwellen erzeugen, kann es bei Reflektionen unter bestimmten Winkeln zur Ausbildung von Longitudinal- oder Oberflächenwellen kommen. Die Longitudinalwellen weisen eine größere, die Oberflächenwellen eine kleinere Schallgeschwindigkeit auf als Transversalwellen. Da die Projektion ihrer Ausbreitungsrichtung dieselbe ist wie die der Transversalwelle, kann es zu Scheinanzeigen kommen, wenn in ihrer Ausbreitungsrichtung Reflektoren auftreten. Hier lassen sich Fehlinterpretationen vermeiden, wenn die unterschiedlichen Laufzeiten berücksichtigt und Prüfergebnisse aus unterschiedlichen Einschallrichtungen korrelliert werden. Da die Oberflächenwelle sehr empfindlich auf Oberflächendefekte reagiert, wird sie mittels spezieller Prüfköpfe zur Prüfung auf Oberflächenfehler eingesetzt. *Kußmaul*

Literatur: *Grohs, B., O. A. Barbian,* u. *W. Kappes:* Proceedings of 5th Conference on Quantitative NDE in the Nuclear Industry. San Diego, May 10–13, 1982, pp. 367–372, (1983). – *Krautkrämer, J.,* u. *H. Krautkrämer:* Werkstoffprüfung mit Ultraschall. 4. Aufl. Berlin-Heidelberg-New York 1980. – *Müller, E. A. W.:* Handbuch der zerstörungsfreien Materialprüfung. München-Wien 1975. – *Sharpe, R. S.* (Ed.): Research Techniques in Nondestructive Testing. Vol. 1–8. London-New York 1970–1985.

Ultraschallschweißen. Beim U. dient mechanische Schwingungsenergie dazu, Oberflächenbeläge überlappt zusammengepreßter Bleche zu zerstören und die Fügeflächen unter lokal begrenzter Reibungserwärmung zu verbinden (Bild). Hierzu wird ein Teil mit kleinen Amplituden (bis 50 µm) relativ zum anderen mit Ultraschallfrequenz bewegt. Der durch einen magnetostriktiven Schwinger erzeugte und durch eine Sonotrode übertragende Ultraschall liegt im Frequenzbereich von 20 bis 60 kHz. Die Kraft wird i. a. über das schwingende Werkzeug aufgebracht. Die durch den Reibungsvorgang hervorgerufene zeitlich und örtlich begrenzte Temperaturerhöhung kann die Schmelztemperatur eines oder der beiden zu verschweißenden Werkstoffe erreichen (→ Schweißverfahren).   *Dorn*

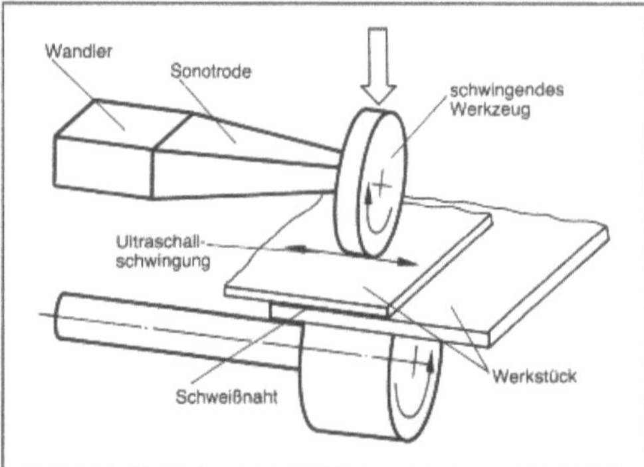

Ultraschallschweißen: Prinzip des U. (Quelle: DIN 1910)

Literatur: *Eichhorn, F.*: Schweißtechnische Fertigungsverfahren. Bd. 1. Schweiß- und Schneidtechnologien. Düsseldorf 1983. – DIN 1910 Tl. 2: Schweißen; Schweißen von Metallen, Verfahren. Berlin, Köln 1977.

Umformarbeit. U. ist die während eines Umformvorgangs verbrauchte Energie. Sie teilt sich auf in ideelle U., Reibungs- und Scherungs(Schiebungs)-arbeit als Verlustarbeit; die gesamte Arbeit muß während des Vorgangs von der → Umformmaschine bereitgestellt werden.

In der Fließgutfertigung z. B. beim → Walzen von Bändern, Rohren und Profilen, beim → Stab- und → Drahtziehen oder beim → Strangpressen von Profilen wird die U. in voller Höhe vom Antrieb der Maschine ohne Energiespeicher bereitgestellt (Ausnahme: Strangpressen mit Druckwasser-Speicherbetrieb). Dementsprechend sind die Antriebe mit hohen Leistungen ausgelegt. In der Stückgutfertigung, z. B. beim → Ziehen von Karosserieblechteilen, beim Gesenkschmieden oder beim Kaltfließpressen, wird die U. in sehr kurzen Zeiten, Sekunden bzw. Sekundenbruchteilen, verbraucht. Hier bringt die Verwendung von Schwungrädern bei mechanischen → Pressen, die Verwendung von Hydro-Speichern oder auch Schwungrädern am Pumpenantrieb bei hydraulischen Pressen technische und wirtschaftliche Vorteile bei Maschinenauslegung und -betrieb (Bild).

Von der gesamten verbrauchten Energie bei einem Umformvorgang setzt sich ein hoher Anteil in Wärme um. Reibungs- und Scherungsverlustarbei-

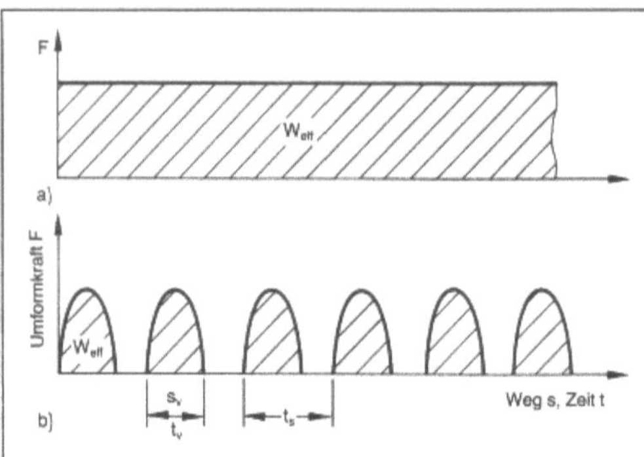

Umformarbeit:
a) Bei Fließgutfertigung
b) Bei Stückgutfertigung.

W_{eff} Umformarbeit, s_V Umformweg des Einzelvorgangs, t_V Zeit für den Einzelvorgang, t_S Stückfolgezeit

ten werden vollständig dissipiert. Von der ideellen U. werden je nach umgeformtem Metall 85 %–95 % in Wärme dissipiert bei der plastischen → Verformung der Kristallite durch → Gleitung und → Zwillingsbildung; der Rest verbleibt als potentielle Energie in Gitterverspannungen. Dabei erwärmen sich das Werkstück unmittelbar durch ideelle U. und Scherungsarbeit im Innern, durch Reibungsarbeit in Randzonen und das Werkzeug unmittelbar durch Reibungsarbeit sowie mittelbar durch Wärmeübergang vom Werkstück. Dieses kann z. B. beim Kaltmassivumformen von → Stahl Temperaturen von einigen hundert °C annehmen. Eine optimale Vorgangs- und Werkzeugauslegung erfordert die Berücksichtigung dieser Gegebenheiten.
Lange

Literatur: *Kling, W.*: Aufweitung von Fließpreßmatrizen mit überlagerter thermischer und mechanischer Beanspruchung. Ber. Nr. 81. Inst. Umformtechn. Universität Stuttgart. Berlin, Heidelberg, New York, Tokio 1985. – *Nester, W.*: Beanspruchung von Napf-Rückwärts-Fließpreßmatrizen aus Keramik infolge mechanischer Belastung und Temperatureinwirkung. Ber. Nr. 86. Inst. Umformtechn. Universität Stuttgart. Berlin, Heidelberg, New York, Tokio 1986.

Umformen. U. gehört zu den Hauptgruppen der Fertigungstechnik nach DIN 8580 und heißt, die gegebene Form eines festen Körpers (Werkstück, Rohteil) unter Beibehaltung der Masse und des Stoffzusammenhangs in eine andere Form (Fertigteil, → Zwischenform) zu überführen. U. bedeutet danach Ändern der Form mit Beherrschung der Geometrie im Gegensatz zum Verformen als Ändern der Form ohne Beherrschung der Geometrie.

Die Umformtechnik gehört zu den ältesten Techniken der Metallbearbeitung und wird am Ausgang des Neolithikums, d. h. vor etwa 6 000 Jahren, nachweisbar. Zuerst wurden gediegen in der Natur vorkommende Metalle durch → Schmieden, → Treiben usw. bearbeitet. Mit der Erzeugung von Schmiedeeisen nimmt die Warmschmiedetechnik bis in die Gegenwart hinein, d. h. über 2 500 Jahre hinweg, die beherrschende Stelle in der Umformtechnik ein, die bis Ausgang des 18. Jahrhunderts vornehmlich handwerklich genutzt wurde. Das Herstellen von → Blech war und ist eines der wichtigsten Verfahren der → Massivumformung. Während die Grenze der durch Schmieden erzeugbaren Feinblechabmessungen bei Tafeln mit 600 mm x 600 mm und etwa 1 mm Dicke lag, haben gewalzte Bleche heute teilweise noch geringere, aber vor allem sehr viel gleichmäßigere Dicken bei Bandbreiten bis 2 m. Der Beginn des modernen Blech-U. läßt sich auf das letzte Drittel des 19. Jahrhunderts datieren, nachdem zwei wichtige Voraussetzungen für das Grundverfahren → Tiefziehen neben ausreichend gleichmäßigen Blechdicken erfüllt waren: Verfügbarkeit von → Flußstahl und doppelt wirkenden mechanischen Pressen mit Stößel und Niederhalter.

Die Umformtechnik beruht auf den Grundlagen der → Werkstofftechnik, → Plastizitätstheorie und → Tribologie und weiter auf einer hochentwickelten Werkzeugtechnologie und Werkzeugmaschinentechnik einschl. Automatisierung. Bei der Behandlung von Umformproblemen müssen daher nach Bild 1 die folgenden Bereiche von den wirtschaftlichen Grundlagen bis zur Produktion beachtet werden:

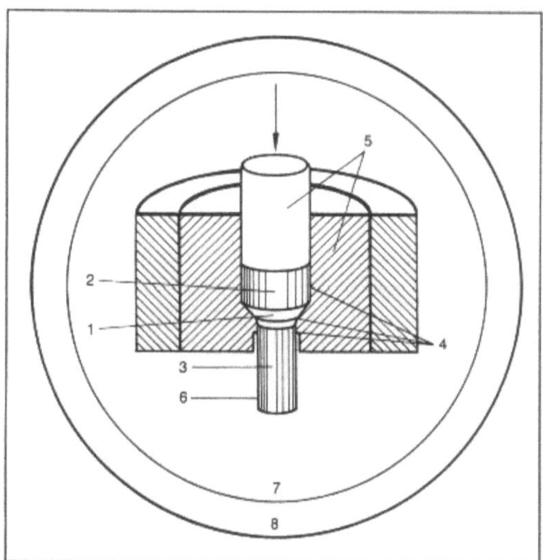

Umformen 1: Allgemeines System zur Behandlung von Umformvorgängen.

□ Umformzone (1): Werkstoffe im plastischen Zustand; Problemlösungen mit Methoden der Plastizitätstheorie und → Metallkunde;
□ Werkstoffeigenschaften vor dem U. (2): beeinflußt 1 und 3;

□ Werkstückeigenschaften nach dem U. (3): (mechanische Eigenschaften, → Oberfläche, Maßgenauigkeit) beeinflußt von 1, 2, 4, 5 (6);
□ Berührzone (Wirkfuge) zwischen Werkstück und Werkzeug (4): → Reibung, → Schmierung, → Verschleiß, beeinflußt 1 und 3, beeinflußt von 2, 5 (6), 7;
□ Werkzeug (5): Geometrie, Gestaltung, → Baustoff entscheidend für technische Anwendung von Umformvorgängen, beeinflußt 1, 3 (4);
□ Kontaktzone zwischen Werkstück und Atmosphäre (6): Oberflächenrelationen, beeinflußt 3 und (4);
□ → Umformmaschine (7): kinematisches Verhalten beeinflußt 1 und 3;
□ Betrieb (8): Einrichtung, Organisation und Arbeitsablauf beeinflussen 1, 3 (4), (6).

Die Einteilung der Umformverfahren erfolgt in DIN 8582 unter dem Gesichtspunkt der wirksamen Spannungen in der Umformzone (Beanspruchung des Werkstückwerkstoffs) in die fünf Gruppen Druck-, Zug-Druck-, Zug-, Biege-, und Schub-U. Diese sind ihrerseits in DIN 8583 – DIN 8587 nach den Kriterien Relativbewegung Werkzeug-Werkstück, Werkzeuggeometrie und Werkstückgeometrie gegliedert (Bild 2) (18 Untergruppen mit insgesamt etwa 230 Grundverfahren). Häufig kommen in der industriellen Produktion Verfahrenskombinationen zum Einsatz: Zwei oder mehrere Grundverfahren werden gleichzeitig zu einem Arbeitsgang durchgeführt (Beispiel: → Karosserieziehen als

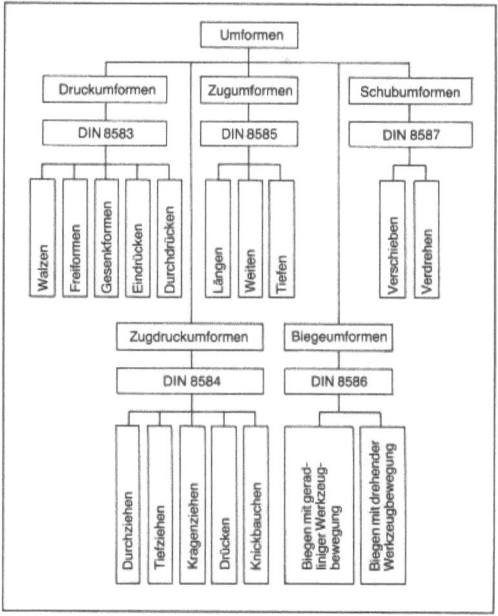

Umformen 2: Einteilung der Fertigungsverfahren der Umformtechnik in Untergruppen. (Quelle: DIN 8582)

Kombination von →Tiefziehen, →Streckziehen und →Gesenkbiegen). In der Praxis der Umformtechnik hat sich daneben die Unterscheidung von Massivumformung und →Blechumformung eingeführt und bewährt, insbesondere unter dem Gesichtspunkt der Werkzeug- und Maschinentechnik.

Umformverfahren werden in der Halbzeugfertigung (sog. 1. Verarbeitungsstufe) und bei der Fertigung einzelner Werkstücke (sog. 2. Verarbeitungsstufe) für die Erzeugung von Stückgut und Fließgut eingesetzt. Die 1. Verarbeitungsstufe mit den Technologien →Walzen, →Schmieden und →Strangpressen wird von allen →metallischen Werkstoffen durchlaufen, die nicht unmittelbar durch →Gießen oder aus Metallpulver durch →Sintern in eine endgültige Form gebracht werden. In der 2. Verarbeitungsstufe werden Konstruktionsteile für den Fahrzeug-, Maschinen-, Apparate- und Gerätebau, Handwerkzeuge und Instrumente, Befestigungselemente, Verpackungen, Beschläge für verschiedene Anwendungszwecke, Elemente für Hoch- und Tiefbautechnik, Eisenbahn- und Grubenausrüstungen u. a. m. hergestellt. Die Verfahren der Umformtechnik zielen auf die Produktion möglichst einbaufertiger Teile mit ausreichenden Maßtoleranzen für den Austauschbau oder von Teilen mit geringfügiger Fertigbearbeitung durch spanende und abtragende Verfahren. Je nach Grad der Annäherung an das einbaufertige Werkstück wird durch U. eine Wertsteigerung gegenüber dem →Halbzeug bzw. Vormaterial um das Zwei- bis etwa Sechsfache, in Einzelfällen auch darüber bewirkt. Durch U. wird Werkstoff, zu dessen Erzeugung sehr viel Energie benötigt wird, in hohem Maße etwa gegenüber spanenden Verfahren, eingespart bei hohen Mengenleistungen mit kürzesten Stückzeiten. Die Werkstücke haben günstige mechanische Eigenschaften und sind auch dynamisch hoch beanspruchbar; die Umformtechnik leistet insgesamt erhebliche Beiträge für den wirtschaftlichen Leichtbau. Sie spielt deshalb auch eine wichtige Rolle für die Luft- und Raumfahrttechnik.

Die Palette der verarbeitenden Werkstoffe wird von Anforderungen an die Verarbeitungs- und an die Gebrauchseigenschaften bestimmt. Sie reicht von →Stahl – Kohlenstoffstahl, niedrig legierte Stähle, nichtrostende Stähle, warmfeste Stähle – über NE-Metalle auf Aluminium- und Kupferbasis zu Titanwerkstoffen, hochwarmfesten Werkstoffen auf Nickelbasis zu Wolfram, Molybdän, Zirkonium und ihren Legierungen und anderen Metallen. Wesentliche Impulse zum Erweitern des Werkstoffspektrums kommen von der Luft- und Raumfahrttechnik sowie von der Reaktortechnik. Die verschiedenen Werkstoffe werden bei vom Werkstoff her erforderlichen oder von Anforderungen an die Werkstückgenauigkeit und Oberflächenqualität be-

stimmten Temperaturen umgeformt. Bei Stahlwerkstoffen unterscheidet man Kalt-U. (bei Raumtemperatur), Halbwarm-U. (zwischen 550 °C und 750 °C) und Warm-U. (oberhalb 900 °C).

Der Werkstoff spielt in der Umformtechnik eine dominierende Rolle: Der Umformvorgang und die Werkstoffeigenschaften beeinflussen sich gegenseitig; die Prozeßbeherrschung erfordert deshalb breite und tiefe werkstoffkundliche Kenntnisse. Metallkunde und Metallphysik haben zwar wesentliche Beiträge zum Verständnis und zur quantitativen Voraussage einzelner Phänomene, z. B. der Kristallverformung und →Verfestigung durch →Gleitung mit Versetzungsbewegungen und →Zwillingsbildung, zu dynamischer →Rekristallisation und →Erholung, zu Gefügeumwandlungen geliefert und leisten weiter die Vorgänge erklärende Beiträge. Die mathematische Beschreibung der Vorgänge mit Methoden der Plastizitätstheorie baut aber auf den beobachteten Erscheinungen auf und ist eine phänomenologische Theorie. Die den ersten großen Entwicklungsschub der Umformtechnik zwischen 1930 und 1960 begründende werkstoffmechanisch ausgerichtete elementare Plastizitätstheorie wurde ständig weiterentwickelt und stellt ein sehr nützliches Werkzeug für die theoretische Behandlung von Umformvorgängen, besonders für die Berechnung von Spannungen, Kräften und Arbeiten dar. Auf der anderen Seite hat die *von Mises*sche Plastizitätstheorie aus der Einführung moderner Rechentechnik etwa ab 1960 ganz besonderen Nutzen gezogen. Leistungsfähige Rechner ermöglichen die Anwendung numerischer Näherungsverfahren für komplexe Differentialgleichungssysteme u. a. m. und schufen damit die Voraussetzung zur breiten Anwendung z. B. von →Schrankenverfahren, →Fehlerabgleichverfahren, Finite-Differenzen-Methode und →Finite-Elemente-Methode. Während die elementare Theorie das U. ganzer Körper oder größerer Teile von diesen (Makroelemente) unter Annahme homogener →Umformung betrachtet, erfaßt die von Misessche Theorie die inkrementellen Formänderungs- und Spannungszustände in einem Körper oder in Mikroelementen davon. Darauf fußen Prozeßanalyse, -simulation und -auslegung (process design): Aus der Kenntnis des Formänderungs- und Spannungszustands, des Geschwindigkeits- und Temperaturfelds lassen sich Vorgänge am Bildschirm simulieren und nach verschiedenen Kriterien optimieren. Hieraus zieht auch die Werkstofftechnik wiederum großen Nutzen. Aus der Kenntnis lokaler Stoffanstrengung lassen sich u. a. Anforderungen an die Werkstoffentwicklung herleiten. Die Optimierung der tribologischen Randbedingungen eines Umformvorgangs muß ebenfalls in die Prozeßauslegung einbezogen werden. Die Reibungsverhältnisse an den Kontaktflächen Werkzeug-Werkstück ((4) im Bild 1) beeinflussen einerseits intensiv den Werkstofffluß – und damit den →Formänderungs- und →Spannungszustand auch hinsichtlich →Eigenspannungen –, andererseits die Maßhaltigkeit der Werkzeuge und ihre Oberflächenmikrostruktur nachhaltig. Die komplexen Zusammenhänge für das Beispiel Napf-Rückwärts-Fließpressen in Bild 3 zeigen die große Bedeutung der Beherrschung des tribologischen Systems für Prozeßfähigkeit und -sicherheit umformtechnischer Verfahren.

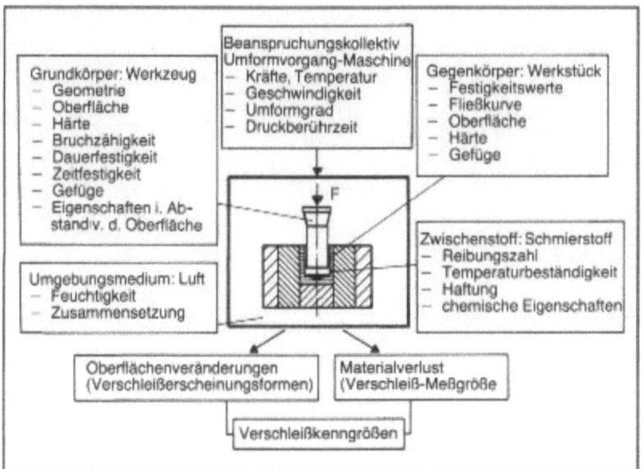

Umformen 3: Einflußgrößen auf den Verschleiß beim Napf-Rückwärtsfließpressen.

Die Technologie der Umformtechnik umfaßt einen sehr weiten Bereich hinsichtlich Werkstückgröße, Formänderungs- und Beanspruchungszustand – Massiv-Blech-U. –, Umformtemperatur, →Umformgeschwindigkeit, →Oberflächenbehandlung und Schmierung, Prozeß-Flexibilität, Stückzahl, Produkteigenschaften u. a. m. Zahlreiche Verfahren nach DIN 8582 sind vorwiegend Massivumformverfahren (→Drückwalzen, →Eindrücken, →Fließpressen, →Gewindewalzen, Kaltprägen, →Profilziehen, →Schmieden, →Stabziehen, →Stauchen, →Strangpressen, →Verjüngen, →Walzen) oder Blechumformverfahren (→Aufweit-Tiefziehen, →Drücken, →Explosions-U., →Formziehen im Gesenk, →Gesenkbiegen, →Gleitziehbiegen, →Karosserieziehen, →Knickbauchen, →Kragenzichen, →Rollbiegen, →Schwenkbiegen, →Sicken, →Streckziehen, →Tiefen, →Tiefziehen, elektrohydraulisches und -magnetisches U., →Weiten mit Werkzeugen und mit Wirkmedien, →Walzziehbiegen, →Wellbiegen). Andere Verfahren können je nach Ausgangswerkstoff sowohl Massiv- als auch Blechumformung sein (→Biegen, →Biegerichten, →Durchsetzen, →Knickbiegen, →Längen, Rohr-Gleit- und Walzziehen, →Schränken, →Verdrehen, →Wickeln, →Winden).

Die Verfahren der Umformtechnik lassen sich nach dem Grad der Formbindung der Werkstücke an die Werkzeuge in solche mit vollständiger Formbindung und solche ohne Formbindung, d. h. mit kinematischer →Gestalterzeugung einteilen. Dazwischen gibt es Übergänge durch zahlreiche Verfahren mit mehr oder weniger teilweiser Formbindung. In der Massivumformung werden dazu die Verfahren des →Freiformens und →Gesenkformens voneinander unterschieden. Mit abnehmender Formbindung sinkt die →Arbeitsgenauigkeit und steigt die Flexibilität.

Je nach Verfahren und Grad der Formbindung erfordert das U. von außen aufzubringende Spannungen zwischen etwa 50 N/mm^2 (Warm-Freiformen von Stahl) und 2 500 N/mm^2 (Kaltfließpressen von Stahl). Für das Blech-U. gelten niedrige mittlere Werte, da bei komplexen Formziehteilen, z. B. Karosserieteilen Teilbereiche des Werkstücks kaum umgeformt, andere tiefgezogen, gestreckt oder gebogen werden. Da oft das gesamte Werkstück oder ein beträchtlicher Teil davon mit den genannten Spannungen beaufschlagt wird, ergeben sich große Kräfte. Diese müssen von den Werkzeugen (→Umformwerkzeug, Blechbearbeitung bzw. Massivumformung) aufgenommen und von den Umformmaschinen aufgebracht werden.

Werkzeuge und Maschinen sind dementsprechend ausgelegt und sind sehr kapitalintensiv.

Lange

Literatur: *Beitz, W.* u. *K.-H. Küttner* (Hrsg.): Dubbel. Taschenbuch für den Maschinenbau. 16. Aufl. Berlin, Heidelberg, New York, Tokio 1987. – *Lange, K.* (Hrsg.): Umformtechnik. Handb. f. Ind. u. Wiss. 2. Aufl. Bd. 1: Grundlagen. 1984. Bd. 2: Massivumformung. 1988. Bd. 3: Blechumformung. 1990. Bd. 4: Umformen unter besonderen Bedingungen, Prozeßsimulation, Werkzeugtechnologie, Produktion vorauss. 1992. Berlin, Heidelberg, New York, Tokio. – *Spur, G.* (Hrsg.) u. *Th. Stöferle:* Handbuch der Fertigungstechnik. Bd. 2/1 bis 2/3: Umformen (Zerteilen) München 1983/1985.

Umformen, elektrohydraulisches. Das e. U. gehört zur →Hochgeschwindigkeits- bzw. →Hochleistungsumformung und ist ein Umformverfahren mit Wirkmedium mit energiegebundener Wirkung des Weitens und Tiefens nach DIN 8585.

Beim e. U. (auch Hydrospark-Verfahren genannt) wird durch das Entladen der Kondensatorbatterie einer Stoßstromanlage über eine Funkenstrecke eine Stoß- oder Schockwelle erzeugt, die die freigesetzte Energie durch das Medium transportiert und einen Teil davon an das Werkstück abgibt. Dabei gelten die gleichen Gesetzmäßigkeiten wie beim →Explosionsumformen, allerdings sind die Anfangs-Schockwellengeschwindigkeiten niedriger, d. h. sie liegen nicht signifikant über der Schallgeschwindigkeit des Mediums.

Das e. U. erfordert außer üblichen Sicherheitsmaßnahmen bei Hochspannung von etwa 20 kV keine außergewöhnlichen Schutzmaßnahmen. Zum Erzeugen der freizusetzenden Energie ist eine Stoßstromanlage erforderlich, die im Prinzip in Bild 1

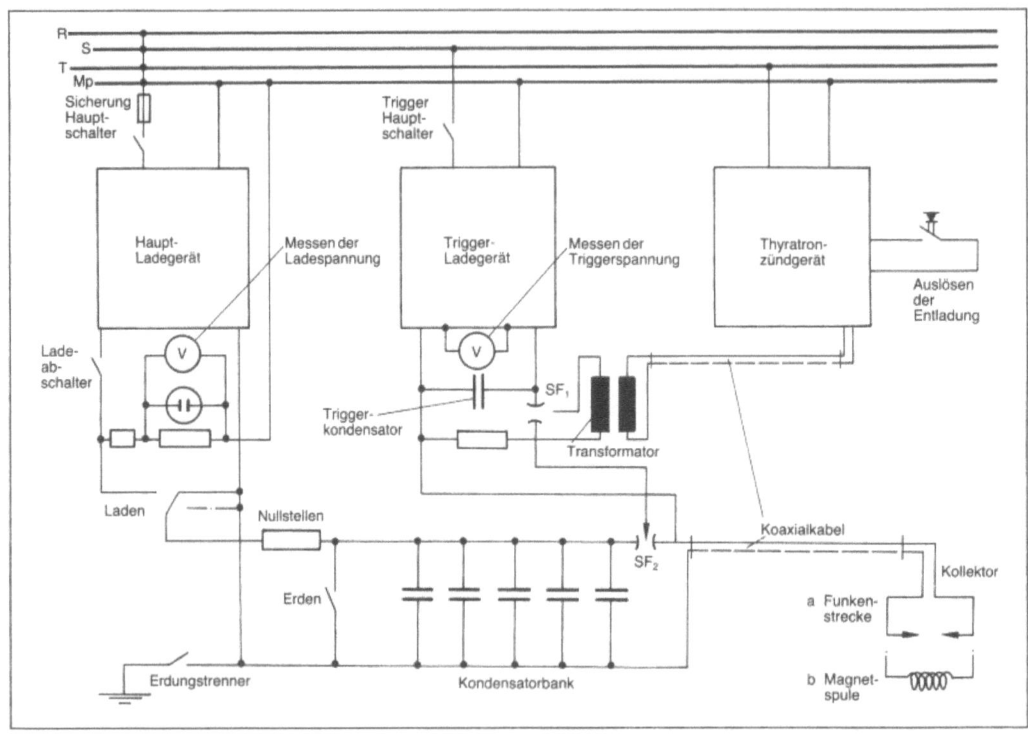

Umformen, elektrohydraulisches 1: Schaltplan einer Stoßstromanlage.

vorgestellt wird. Aus wirtschaftlichen Gründen wer- und unlegierte → Stähle, → Kupfer und → Aluminium und deren gut umformbare Legierungen. Typische Beispiele von Versuchsfertigungen zeigt Bild 2.

Trotz einiger technischer Vorteile in der Kleinserienfertigung hat das e. U. keine nennenswerte

Umformen, elektrohydraulisches 2: Arbeitsbeispiele.

Anwendung gefunden; Ursache hierfür ist die nicht gegebene Wirtschaftlichkeit, die schwierige Werkstofffluß- und Werkzeugauslegung. *Lange*

Literatur: *Lange, K.:* Lehrbuch der Umformtechnik. Bd. 3. Blechumformung. Berlin, Heidelberg, New York 1975. – *Müller, H.:* Vorgänge beim elektrohydraulischen und elektromagnetischen Umformen von metallischen Werkstücken. Ber. Nr. 11. Inst. Umformtechn. Universität Stuttgart. Essen 1969. – *Weckerle, H.-J.:* Energieumsatz beim elektrohydraulischen Umformen. Ber. Nr. 38. Inst. Umformtechn. Universität Stuttgart. Essen 1976.

Umformen, elektromagnetisches. Beim zur → Hochgeschwindigkeitsumformung zählenden e. U. wird die Kraftwirkung, der sog. Maxwellsche Druck, eines starken, instationären, gedämpft schwingenden Magnetfelds, das bei der Entladung der Kondensatorbatterie einer Stoßstromanlage über eine Spule entsteht, zum U. eines Werkstücks genutzt, wobei zur genauen Formgebung ein Werkzeug oder z. B. bei Fügevorgängen ein anderes Werkstück dient.

Bei der Entladung des Hochspannungskondensators fließt in der Spule ein gedämpft schwingender Strom $I_1 = I_{10}\exp(-t/T)\sin\omega t$, der ein zeitlich veränderliches Magnetfeld mit der Induktion $B = B_o\exp(-t/T)\sin\omega t$ (z. B. 10^5 Gauß) und dieses wiederum in einem leitenden Werkstück eine Spannung induziert, die einen azimutalen Wirbelstrom I_2

1042

zur Folge hat. Dieser hat eine dem Spulenstrom I_1 entgegengesetzte Richtung und erzeugt ein zweites, dem ersten entgegen gerichtetes Magnetfeld (Bild 1). Die Magnetfelder der in Spule und Werkstück fließenden Ströme überlagern sich, und es kommt im Innenraum zu einer Schwächung des Magnetfelds, zwischen Spule und Werkstück zu einer Verstärkung. Das senkrecht zum induzierten Wirbelstrom und zum Spulenstrom gerichtete Magnetfeld ruft eine radial nach innen gerichtete, auf jedes Volumenelement des Werkstücks wirkende Kraft und eine gleich große auf jedes Volumenelement der Spule radial nach außen wirkende Kraft hervor. Der somit auf das Werkstück einseitig wirkende magnetische Druck mit $p_M = B_o^2/2\,\mu$ $\exp(-2t/T)\,\sin^2 \omega t$ (μ Permeabilität, ω Kreisfrequenz) formt dieses um, wenn auf Grund des herrschenden Spannungszustands die →Fließgrenze erreicht ist. Diese für eine Außen- oder Kompressionsspule beschriebene Darstellung des Vorgangs gilt sinngemäß auch für eine Innen- und Aufweitspule und für eine spiralförmig gewickelte Flachspule. Die letztgenannte wird für →Tiefen mit Wirkenergie nach DIN 8585, Bl. 4, die Innenspule für →Weiten mit Wirkenergie nach DIN 8585, Bl. 3 und die Außenspule für →Zugdruckumformen (Engen durch Wirkenergie) verwendet. Der Wirkungsgrad beim e. U. ist niedrig. Zum Ausschöpfen des Verfahrenspotentials müssen deshalb elektrisch gut leitende Werkstoffe (Leitfähigkeit $>$ 20 m/Ωmm^2) mit niedriger →Fließspannung ($R_m \leq$ 300 N/mm^2) verwendet

werden; gut geeignet sind weiche Aluminiumwerkstoffe.

Die für das e. U. benötigten Fertigungseinrichtungen sind Stoßstromanlagen (→Umformen, elektrohydraulisch) und Spulen. Handelsübliche Maschinen werden z. B. in den USA mit Ladeenergien von 12–84 kJ bei 8 kV Ladespannung gebaut. Modulare Bauweise ermöglicht Ankoppeln von Kondensatorbatterie-Einheiten um je 12 kJ. Die Spulen müssen den hohen elektrischen, thermischen und mechanischen Beanspruchungen durch geeignete Werkstoffe wie Beryllium-Kupfer und Molybdän-Kupfer standhalten. Die mechanische Beanspruchung erfolgt durch die zur Umformrichtung entgegengesetzte Reaktionskraft und durch die zwischen zwei benachbarten Leitern auftretende Anziehungskraft. Kommerzielle Spulen werden auf eine →Lebensdauer von 10^6 Entladungen bei maximaler Energie ausgelegt. Sie sind wassergekühlt und stahlarmiert. Zum Verbessern der Kraftwirkung und zum mechanischen Entlasten der Spulen dienen sog. Feldformer (Bild 2); das sind steif ausgelegte, axial geschlitzte →Hohlzylinder mit großer Leitfähigkeit, die elektrisch als Sekundärwicklung mit einer Windung wirken. Der Strom I_2 wird in Feldformer auf einen kleinen Bereich konzentriert und ruft ein verstärktes Magnetfeld hervor, das wiederum über die in der Werkstückoberfläche induzierte Spannung den Strom I_3 zur Folge hat. Außenspulen und auch Flachspulen lassen sich derart bauen, daß die Arbeitsspule bei integrierten Feldformern von mechanischen Beanspruchungen entlastet wird.

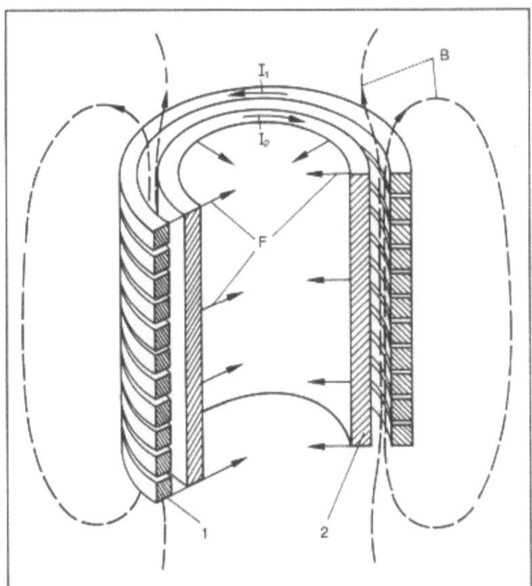

Umformen, elektromagnetisches 1: Prinzipdarstellung.

1 Arbeitsspule, 2 Werkstück, I_1 Spulenstrom, I_2 Strom im Werkstück, B magnetische Induktion, F Umformkraft

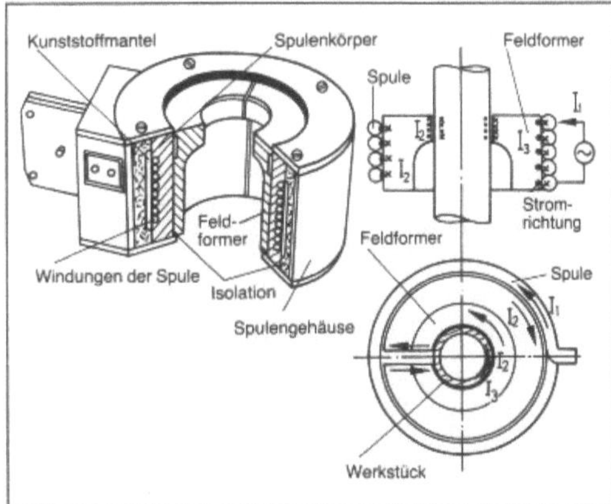

Umformen, elektromagnetisches 2: Aufbau und Wirkungsweise einer Außenspule.

Die Anwendungsmöglichkeiten des Magnetumformens liegen vornehmlich beim →Fügen durch U., z. B. zum Verbinden zweier Werkstücke (Bild 3), zum Abdichten von Hohlkörpern (Bild 4), zum Verbinden von Kabeln. Die Magnetumformeinrichtungen lassen sich leicht in Montagelinien integrieren und im Rahmen der elektrischen und geometrischen Randbedingungen flexibel an wachsende Aufgaben anpassen. *Lange*

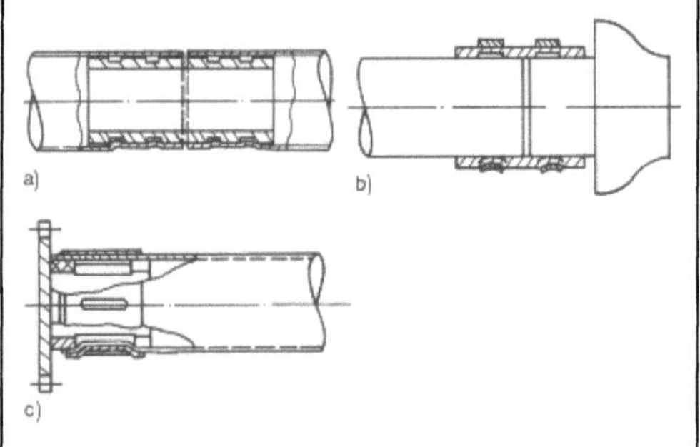

Umformen, elektromagnetisches 3: Fertigungsbeispiele: Verbinden von Werkstücken.
a) Gasdichte Verbindung zweier Rohre mit Einlage
b) Turbinenrad auf Schaft
c) Zahnrad mit Hohlwelle für hohes Drehmoment.

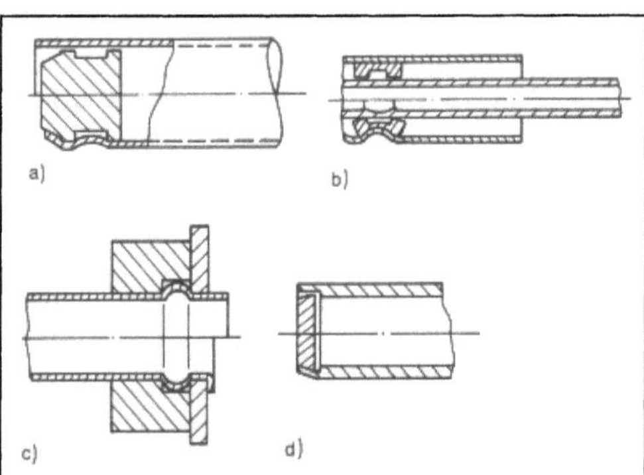

Umformen, elektromagnetisches 4: Fertigungsbeispiele: Abdichten von Rohrenden.

a bis d Fügen von dünnwandigen Rohrabschnitten mit steifem Formteil durch Aufweiten mit Innenspule oder Engen mit Außenspule. An Kanten und in Rillen wird hohe Flächenpressung erzielt

Literatur: *Dietz, H., K. G. Günther* u. *H. Schenk:* Über die Eindringtiefe des Magnetfeldes bei der elektromagnetischen Umformung. Ann. CIRP 21 (1972) Nr. 1, S. 41/42. – *Lange, K.:* Lehrbuch der Umformtechnik. Bd. 3. Blechumformung. Berlin, Heidelberg, New York 1975. – *Schmidt, V.:* Untersuchung der magnetischen Induktion, Stromdichte und Kraftwirkung bei der Magnetumformung. Ber. Nr. 35. Inst. Umformtechn. Universität Stuttgart. Essen 1976. – *Spur, G.* (Hrsg.) u. *Th. Stöferle:* Handbuch der Fertigungstechnik. Bd. 2/3. Umformen, Zerteilen. München 1985.

Umformen, thermomechanisches. Thermomechanische →Behandlung mit Endumformung in einem Temperaturbereich, in dem der →Austenit während dieser →Umformung nicht oder nicht wesentlich rekristallisiert. Der durch t. U. eingestellte Werkstoffzustand ist durch eine →Wärmebehand-

lung allein nicht erreichbar und nicht wiederholbar (Stahl-Eisen-Werkstoffblatt 082, Kurzbezeichnung des Lieferzustandes ist TM). *Dahl*

Umformgeschwindigkeit. Die U. ist die Ableitung des Umformgrads nach der Zeit bei homogener →Umformung.

Für Stauch- und Walzvorgänge gilt beispielsweise

$$\dot\varphi = \frac{d\varphi}{dt} = \frac{v_w}{h},$$ wobei v_w Werkgeschwindigkeit und h

Augenblickshöhe des Werkstücks bedeuten. Da sich für die meisten Vorgänge nicht nur die Werkstückhöhe oder -dicke mit dem Weg bzw. der Zeit ändert, sondern auch die →Werkzeuggeschwindigkeit über den Vorgang auf Grund der Maschinenkinematik oder der Vorgangskinetik meistens nicht konstant ist, ändert sich die U. ggf. stark.

Das Bild zeigt hierzu ein Beispiel für das Flachwalzen. Da sich die →Fließspannung, die die →Umformkraft und die →Umformarbeit bei Umformvorgängen bestimmt, im Temperaturbereich von →Erholung und →Rekristallisation mit der U. ändert, müssen diese Zusammenhänge bei der Prozeßauslegung bzw. bei der Prozeßsteuerung berücksichtigt werden.

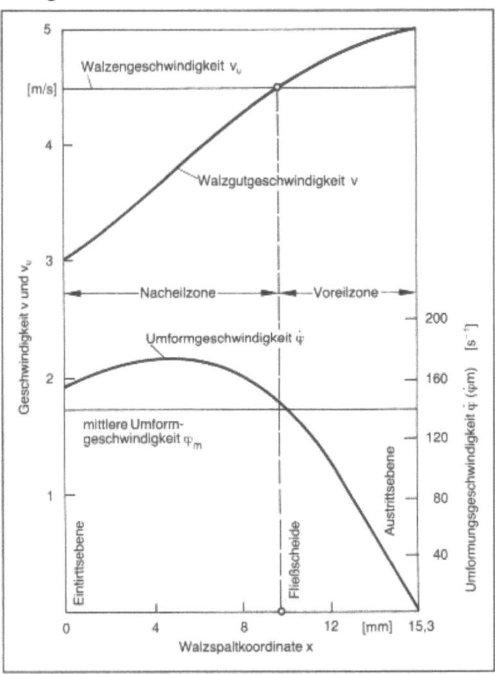

Umformgeschwindigkeit: Walzgutgeschwindigkeit, Walzenumfangsgeschwindigkeit beim Flachwalzen. (Quelle: Pawelski, O.)

$$\dot\varphi = \frac{1}{h} \cdot \frac{2x}{r} v$$ (h Momentandicke des Walzguts,

r Walzenradius)

In der Praxis der Umformtechnik wird der Begriff U. auch dann benutzt, wenn keine homogene Umformung vorliegt. Man bezieht dann die U. auf die Abmessungsänderung eines Werkstücks. Die örtlich am Werkstückelement auftretende Formänderungsgeschwindigkeit mit den Komponenten Dehnungsgeschwindigkeit und Schiebungsgeschwindigkeit weicht dann, d. h. bei inhomogener Umformung ggf. beträchtlich vom Zahlenwert der U. ab. Nur für homogene Umformung sind beide gleich.

Lange

Literatur: *Lange, K.:* Umformtechnik. Handb. f. Ind. u. Wiss. 2. Aufl. Bd. 1. Grundlagen. Berlin, Heidelberg, New York, Tokio 1984. – *Pawelski, O.:* Grundlagen des Kaltwalzens von Band. In: Herstellg. v. Kaltgew. Bd. 1. Düsseldorf 1970.

Umformgrad. Als U. wird nach VDI 3137 die auf den Augenblickswert bezogene und über dem Umformvorgang aufsummierte Abmessungsänderung eines Werkstücks bezeichnet. Er gilt exakt nur für den Sonderfall der homogenen → Umformung. Hierbei haben die Dehnungsgeschwindigkeiten für jeden Punkt des umgeformten Körpers die gleiche Größe und die Schiebungsgeschwindigkeiten verschwinden. Für diesen Fall läßt sich der Verzerrungs- und → Spannungszustand in einem → Hauptachsensystem darstellen.

Bei der Definition der → Dehnung, z. B. beim → Zugversuch, können zwei Wege eingeschlagen werden. Man kann einmal die Längenänderung dl auf die Ausgangslänge l_0 des Zugstabs beziehen und erhält dann

$$d\varepsilon = \frac{dl}{l_0}$$

und hieraus, wenn die endgültige Länge l_1 beträgt,

$$\varepsilon = \int_{l_0}^{l_1} \frac{dl}{l_0} = \frac{l_1 - l_0}{l_0}.$$

Diese Dehnungsdefinition wird in der Festigkeitslehre benutzt.

Bezieht man dagegen die Längenänderung dl auf die augenblickliche Länge l, so erhält man

$$d\varphi = \frac{dl}{l}$$

und

$$\varphi = \int_{l_0}^{l_1} \frac{dl}{l} = \ln \frac{l_1}{l_0}.$$

Beim Auftreten von bleibenden Formänderungen verliert der spannungsfreie Ausgangszustand seine Bedeutung als Bezugszustand, den er bei Vorgängen mit nur elastischen Formänderungen besitzt. Der U. φ ist dann unter der Voraussetzung, daß der → Formänderungszustand homogen ist, besser geeignet, bleibende Formänderungen zu beschreiben. Die Beziehungen zum Bestimmen der U.

gelten nicht nur für einachsige Spannungszustände, sondern auch für Vorgänge, bei denen mehrachsige Spannungszustände vorhanden sind; Voraussetzung ist, der Formänderungszustand bleibt homogen, da der U. nur mit Einschränkungen ein Maß für die örtliche → Formänderung ist. Für inhomogene Formänderungszustände ist es deshalb i. a. nicht sinnvoll, einen U. anzugeben. Er ist dann nur ein geometrischer Verhältniswert, der allerdings in der Umformtechnik häufig verwendet wird.

Zwischen dem U. φ und der bezogenen Abmessungsänderung ε besteht wegen

$$\varepsilon_1 = l_0 - l_1/l_0 = (l_1/l_0) - 1$$

der Zusammenhang

$$\varphi = l_n (1 + \varepsilon).$$

Lange

Literatur: *Lange, K.* (Hrsg.): Umformtechnik. Handb. f. Ind. u. Wiss. 2. Aufl. Bd. 1. Berlin, Heidelberg, New York, Tokio 1984.

Umformkraft. Die U. ist die von einer → Umformmaschine von außen aufzubringende Kraft, die über den Umformweg die benötigte Energie überträgt und damit den Umformvorgang bewirkt. Sie ist eine wichtige Kenngröße zum Beschreiben der Eigenschaften von umformenden Werkzeugmaschinen.

Die U. wird entweder unmittelbar oder mittelbar als Zug- oder Druckkraft auf das umzuformende Werkstück übertragen. Die → Umformung wird dann eingeleitet, wenn durch die unmittelbar aufgebrachte U. ggf. in Verbindung mit mittelbaren Reaktionskräften z. B. in einer Ziehdüse, Strangpreßmatrize oder nach Krafteinleitung mit Vorzeichenwechsel über die Zarge eines Tiefziehteils in dessen Flansch, Spannungszustände hervorgerufen werden, die die → Fließbedingung erfüllen.

Bild 1 zeigt Beispiele von wichtigen Umformverfahren mit unmittelbarer und mittelbarer U.-Einwirkung. Zu den Verfahren mit unmittelbarer Krafteinwirkung gehören ferner das Prägen, Ge-

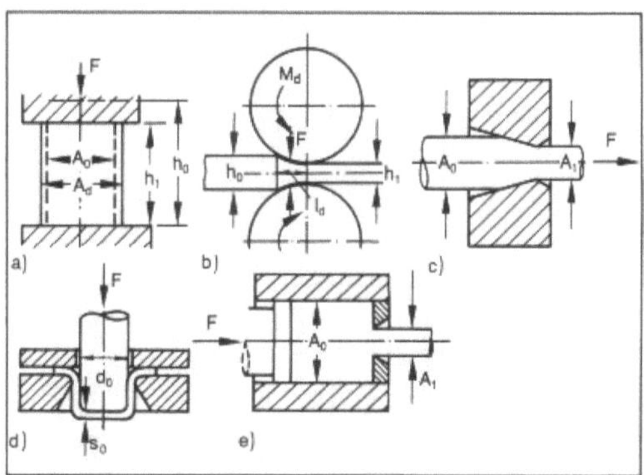

*Umformkraft 1: Beispiele von Umformverfahren.
a), b) Mit unmittelbarer Einwirkung
c) bis e) Mit mittelbarer Einwirkung; A_d, l_d: gedrückte Fläche, Länge.*

senkschmieden, →Drückwalzen, das →Eindrükken u. a. m.; zu den Verfahren mit mittelbarer Krafteinleitung zählen auch das →Fließpressen, Stab- und Rohrziehen, das →Drücken u. a. Kennzeichnend für Umformvorgänge ist außer dem Maximalwert der U., der Größtkraft F_{max}, vor allem der Kraftverlauf über dem Umformweg. Bild 2 zeigt den grundsätzlichen Verlauf für Umformvorgänge mit unmittelbarer und·mittelbarer Krafteinleitung.

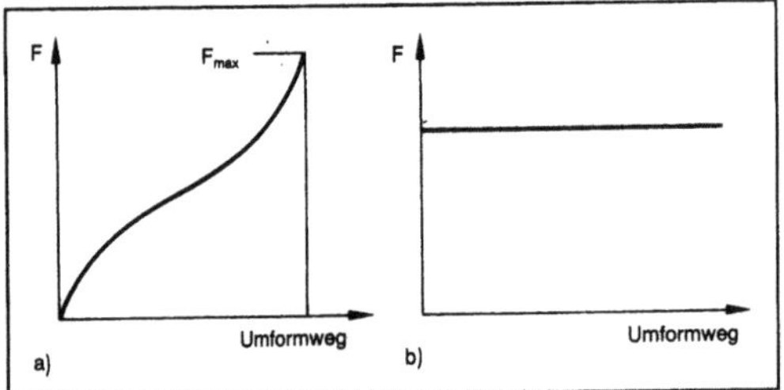

Umformkraft 2: Kraft-Weg-Verläufe (Prinzip).

a) Mit unmittelbarer Einwirkung. $F = Ak_w \approx A\,\dfrac{kf}{\eta_F}$

b) Mit mittelbarer Einwirkung. $F \approx Ak_{Wm}\,(\varphi_2 - \varphi_1)$

Die U. und der Kraft-Weg-Verlauf lassen sich bei Kenntnis der Gesetzmäßigkeiten der einzelnen Umformverfahren und des Werkstoffverhaltens im plastischen Zustand berechnen oder zumindest abschätzen. Die vom Vorgang her benötigte und von der Maschine aufzubringende U. läßt sich in die Anteile ideelle U. (für reibungsfreie, homogene Umformung) und Zusatzkräfte für →Reibung, →Scherung (→Schiebung) und ggf. Biegung zerlegen. *Lange*

Literatur: *Lange, K.:* Umformtechnik. Handb. f. Ind. u. Wiss. 2. Aufl. Bd. 1. Grundlagen. Berlin, Heidelberg, New York, Tokio 1984. – Lueger Lexikon der Technik. Bd. 8. Stuttgart 1967.

Umformmaschine. Werkzeugmaschinen der Umformtechnik haben die Aufgabe, die Werkzeuge (Werkzeugteile) mit dem Werkstück zum Eingriff zu bringen, die für den Vorgang notwendigen Kräfte, Momente und Arbeitsbeträge zur Verfügung zu stellen und die gegenseitige Führung der Werkzeugteile zu übernehmen. Da die zu übertragenden Kräfte einerseits sehr hoch sind, andererseits die Anforderungen an die Werkstückgenauigkeit immer höher geschraubt werden, müssen die U. sowohl auf hohe mechanische Belastungen (schwellende Beanspruchung im Zeitfestigkeits- bzw. Dauerfestigkeitsbereich) als auch auf geringe elastische →Verformung, d. h. auf hohe →Steifigkeit ausgelegt sein. Hierin liegt ein grundsätzlicher Unterschied zur konstruktiven Auslegung spanender Werkzeugmaschinen.

Nach der Art der Relativbewegung der Werkzeuge bzw. Werkzeugteile lassen sich zwei Gruppen von U. unterscheiden (Bild 1),

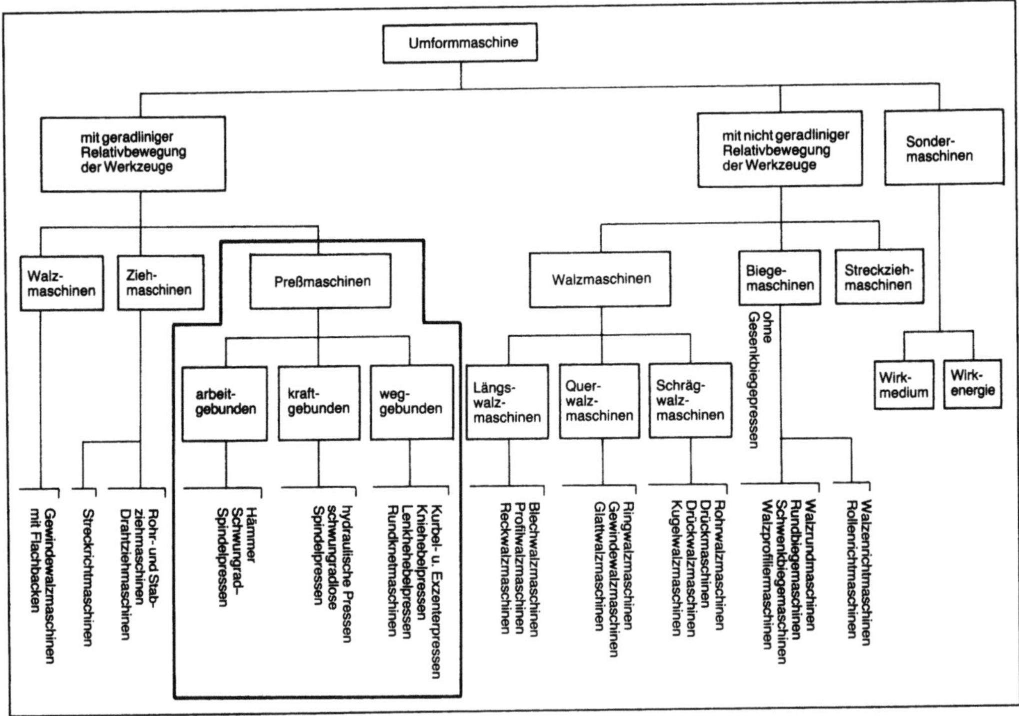

Umformmaschine 1: Einteilung.

– U. mit geradliniger Relativbewegung der Werkzeuge (Bild 2),

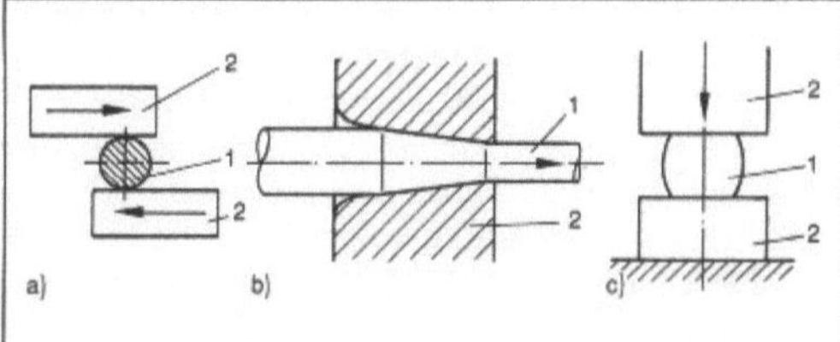

Umformmaschine 2: U. mit geradliniger Relativbewegung der Werkzeuge.
a) Walzmaschine
b) Ziehmaschine
c) Preßmaschine.

1 Werkstück, 2 Werkzeug

– U. mit nicht geradliniger Relativbewegung der Werkzeuge (Bild 3).

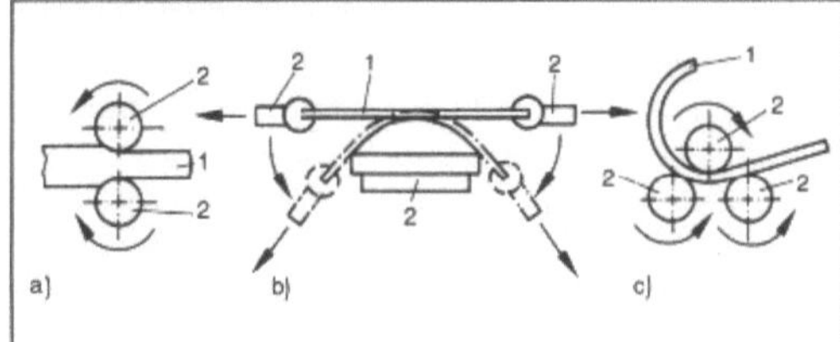

Umformmaschine 3: U. mit nicht geradliniger Relativbewegung der Werkzeuge.
a) Walzmaschine
b) Tangential-Streckziehmaschine
c) Biegemaschine.

1 Werkstück, 2 Werkzeug

U., bei denen die Umformung nicht in mehrteiligen Werkzeugen erfolgt und die sich deshalb nicht unter dem Gesichtspunkt der Relativbewegung der Werkzeugteile zueinander einordnen lassen, sind in der Gruppe der Sondermaschinen zusammengefaßt. Hierzu gehören Maschinen für das → Umformen mit Wirkmedien und Maschinen für das Umformen mit Wirkenergie.

Unter den U., die für die Fertigung von Stückgut eingesetzt werden, haben die Preßmaschinen die weitaus größte Bedeutung erlangt. Die folgenden Ausführungen beschränken sich deshalb auf Preßmaschinen.

☐ Kenngrößen von Preßmaschinen. Kenngrößen beschreiben die Eigenschaften einer U. Im Vergleich mit den Anforderungen des Umformvorgangs ermöglichen sie, die für den jeweiligen Vorgang geeignete Maschine auszuwählen. Bei Preßmaschinen unterscheidet man drei Gruppen von Kenngrößen: Energie- und Kraftkenngrößen, Zeitkenngrößen und Genauigkeitskenngrößen (Tabelle).

Umformmaschine. Tabelle: Kenngrößen von Preßmaschinen

Kraft- und Energie-kenn-größen	F_{St}	Stößelkraft, von Maschine zu jedem Zeitpunkt des Vorgangs zur Verfügung gestellte Kraft
	F_N	Nennkraft, für Auslegung der Maschine maßgebende Kraft
	F_{Prell}	Prellschlagkraft, Preßkraft bei größter Auftreffgeschwindigkeit ohne Abgabe von Nutzbarkeit
	E_M	Arbeitsvermögen der Maschine
	E_N	Nennarbeitsvermögen der Maschine, für ein Arbeitsspiel maximal zur Verfügung stehende Energiemenge
	W_F	Federarbeit, in Maschine und Werkzeug beim Arbeitsvorgang gespeicherte potentielle Energie
Zeitkenn-größen	t_H	Schlag-, Hubfolgezeit, Dauer eines Bär- bzw. Stößelhubs bis zur Bereitschaft der Maschine zum nächsten Hub
	n_H	Schlagzahl, Hubzahl, Kehrwert der Hubfolgezeit, bei Pressen mit Kurbelgetrieben gleich Kurbelwellendrehzahl
	n_K v_{Wz}	Werkzeuggeschwindigkeit zu jedem Zeitpunkt des Vorgangs (i. a. gleich Stößelgeschwindigkeit v_M)
Genauig-keits-kenn-größen	Un-belastete Maschine	Parallelität der Werkzeugaufspannflächen, Rechtwinkligkeit der Stößelbewegung zur Tischfläche
	Belastete Maschine	c Federzahl, Verhältnis von Stößelkraft zu elastischer Verformung der Maschine (Weg-, Winkelfederzahl) β Kippwinkel, größter Winkel zwischen Tisch- und Stößelfläche bei außermittiger Belastung

Neben diesen Kenngrößen und ihren Zahlenwerten (Kennwerten) sind für den Einsatz von Preßmaschinen noch Maschinendaten für Hubweg des Stößels bzw. Bären, Abmessungen und Beschaffenheit des Werkzeugeinbauraums, Anschlußleistung, Raumbedarf, Gewicht von Bedeutung. Für eine Reihe von Preßmaschinen sind Baugrößen genormt.

Nach Art der Bereitstellung der Kraft- und Energiekenngrößen durch die Maschine unterscheidet man weg-, kraft- und arbeitgebundene Preßmaschinen (Bild 4).

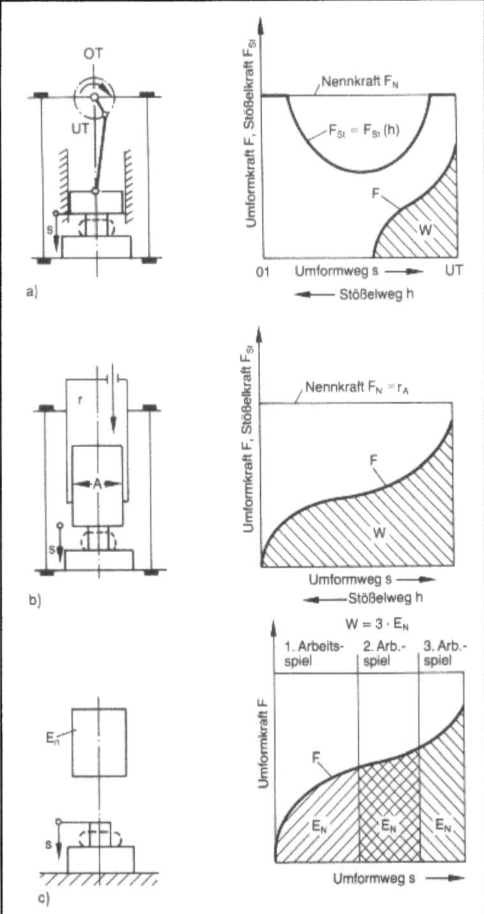

Umformmaschine 4: Prinzipien von Preßmaschinen.
a) Weggebunden
b) Kraftgebunden
c) Arbeitsgebunden.

☐ Weggebundene Preßmaschinen. Bei weggebundenen Preßmaschinen (Bild 4a)) durchläuft der Maschinenstößel einen durch die Kinematik des Hauptgetriebes vorgegebenen Weg. Die Größe der vom Stößel ausübbaren Kraft F_{St} ist von der Stößelstellung h abhängig. Maßgebende Kenngrößen sind daher der Verlauf der Stößelkraft in Abhängigkeit vom Stößelweg, $F_{St} = F_{St}(h)$, und deren zulässiger Größtwert, die → Nennkraft F_N, für die die im Kraftfluß liegenden Bauteile ausgelegt sind. Der Energiebedarf eines Arbeitsspiels wird fast ausschließlich durch Energieabgabe des Schwungrads gedeckt.

– Bauarten. Nach Art und Aufbau des Hauptgetriebes werden Pressen mit Kurbel- und Kurvengetrieben unterschieden. Kurvengetriebe sind auf kleine F_N beschränkt; sie ermöglichen aber nahezu beliebige Bewegungsabläufe. Die Unterteilung der Pressen mit Kurbelgetriebe erfolgt in solche mit Ein- und Mehrkurbelgetriebe. Am weitesten verbreitet sind Pressen mit Schubkurbelgetriebe, das sind Kurbelpressen (Gesamthub unveränderlich) und Exzenterpressen (Gesamthub veränderlich). Erweiterte Kurbelgetriebe werden eingesetzt, wenn bei kleinem Hub große F_{St} gefordert sind (Kniehebelgetriebe) oder wenn im Arbeitsbereich verminderte Arbeitsgeschwindigkeit erwünscht ist (Lenkhebel- und Mehrkurbelgetriebe).

– Baugruppen. Gestelle (Bild 5). C-Gestelle in Ein- und Doppelständerausführung, stehend, neigbar, liegend, teilweise mit Zugankern werden überwiegend für Pressen kleiner bis mittlerer Nennkraft verwendet. O-Gestelle werden in Zweiständer-, seltener in Säulenbauart ausgeführt. Für Pressen mittlerer Baugröße einteilige, bei Großpressen mehrteilige Zweiständergestelle: Tisch, Seitenständer, Querhaupt durch Zuganker miteinander verbunden. Ausführung der Gestelle in → Grauguß, → Stahlguß und, heute vermehrt, in Stahlblechschweißkonstruktion. Die Gestellbauart hat Einfluß auf das Genauigkeitsverhalten der Maschine.

– Anwendung. Weggebundene Pressen stellen den Großteil der in der Stückgutfertigung eingesetzten U. mit einer Vielzahl von an die anwendungsseitigen Anforderungen angepaßten Bauformen.

In der → Massivumformung (Gesenkschmieden, → Fließpressen, Kaltstauchen, Prägen) wird die wegen → Arbeitsgenauigkeit geforderte hohe Steifigkeit durch Auslegen von Gestell- und Antrieb bei stehenden und liegenden Bauarten erreicht. C-Gestell-Pressen sind wegen der guten Zugänglichkeit des Arbeitsraums, der Möglichkeit zur Hub- und Drehzahlverstellung und zum Anbau von Werkstückhandhabungsgeräten als Universalpressen an verschiedene Aufgaben leicht anzupassen sowohl für Massiv- als auch → Blechumformung.

Pressen mit O-Gestellen in der Blechumformung werden bei großen Ständerweiten mit Mehrpunktantrieb des Stößels meist als Querwellenantrieb eingeführt. Für das → Tiefziehen mit Blechhalter werden Pressen entweder mit Blechhalterstößel ausgestattet oder erhalten meist pneumatisch beaufschlagte Ziehapparate, z. B. bei Transferpressen.

☐ Kraftgebundene Preßmaschinen. Kraftgebundene Preßmaschinen (Bild 4b)) sind hydraulische und pneumatische Pressen: von Bedeutung sind hauptsächlich hydraulische Pressen. Sie arbeiten nach dem hydrostatischen Prinzip. Hohe Druckenergie des Druckmediums (Öl, Wasser) wird in Zylindern

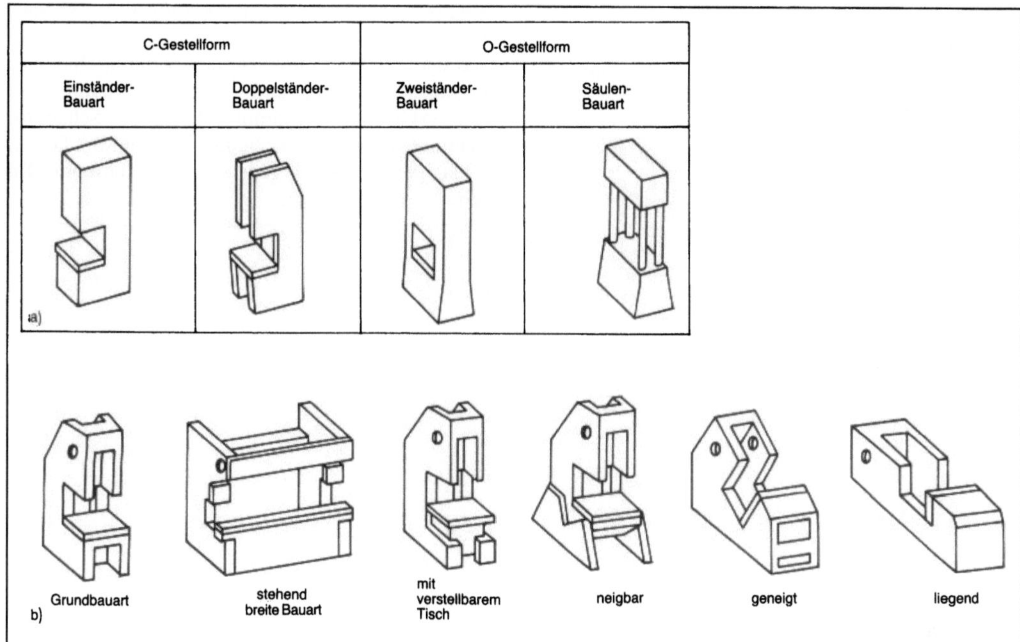

Umformmaschine 5: Bauformen und -arten von Gestellen für weggebundene Pressen.
a) Grundformen
b) Bauarten von Doppelständergestellen.

in mechanische Arbeit umgesetzt. Druck p und Förderstrom $\dot{V}$ sind maßgebliche Kenngrößen des hydraulischen Antriebs.

Die Stößelkraft F_{St} wird durch Druck p sowie Kolbenfläche A festgelegt: $F_{St} = pA$. Damit ist sie unabhängig von der Stößelstellung. Der Größtwert von F_{St}, Nennkraft F_N, kann nicht überschritten werden. F_N ist die wichtigste Kraftkenngröße. Das → Arbeitsvermögen spielt bei unmittelbarem Pumpenantrieb eine untergeordnete Rolle, da die für den Vorgang benötigte Energie vom Antriebsmotor in erforderlicher Höhe bereitgestellt wird. Bei Speicherantrieb ist Arbeitsvermögen E_M durch die Größe des Speichers gegeben und deshalb eine weitere wichtige Kenngröße.

– Bauarten. Nach Art des Antriebs werden unterschieden:

Hydraulische Pressen mit Förderstromquelle (unmittelbarer Pumpenantrieb) (Bild 6a). Merkmale: Pumpe und Antriebsmotor sind auf größten momentanen Leistungsbedarf der Presse ausgelegt. Öl als Druckmedium. Die Stößelgeschwindigkeit ist über Verstellen der Fördermenge der Hochdruckpumpe meist stufenlos einstellbar.

Hydraulische Pressen mit Druckquelle (Speicherantrieb), (Abb. 6 b)). Sie sind gekennzeichnet durch auf mittlere Leistung ausgelegte Pumpen und Antriebsmotoren mit Öl oder Wasser als Druckmedium.

– Anwendung, Ausführungsbeispiele. Wegen guter Steuerbarkeit von Stößelkraft und -geschwindigkeit wird der hydraulische Antrieb bei Maschinen zum Massiv- und Blechumformen oft eingesetzt. Dabei ist unmittelbarer Pumpenantrieb im Vordringen. Hydraulische Pressen für Serienfertigung von Blechteilen (durch Genauschneiden, → Ziehen, → Gesenkbiegen) und zum Kaltmassivumformen (Fließpressen, Einsenken, Prägen) werden fast ausschließlich in dieser Antriebsart verwendet. Schmiedepressen (Freiformschmieden, Gesenkschmieden von Leichtmetallen) mit Nennkräften bis ca. 30 MN und Stößelgeschwindigkeiten unterhalb 80 mm/s sind ebenfalls mit direktem Pumpenantrieb ausgestattet; bei höheren Nennkräften und großen Stößelgeschwindigkeiten bis ca. 250 mm/s wird Speicherantrieb bevorzugt. Freiformschmiedepressen haben vielfach Säulengestelle, die den Zugang zum Arbeitsraum erleichtern. Besondere Vorteile in dieser Hinsicht sind bei Unterflurantrieb gegeben. Größte bisher ausgeführte hydraulische Gesenkschmiedepressen haben F_N von 300 MN (Bundesrepublik Deutschland), 450 MN (USA), 750 MN (UdSSR). Strangpressen werden fast ausschließlich in liegender Bauart mit Vier-Säulen-Gestellen ausgeführt (→ Strangpressen).

□ Arbeitgebundene Preßmaschinen. Arbeitsgebundene Preßmaschinen sind Hämmer und Schwungradspindelpressen. Maßgebende Kenngröße ist Arbeitsvermögen E, das bei jedem Arbeitsspiel voll-

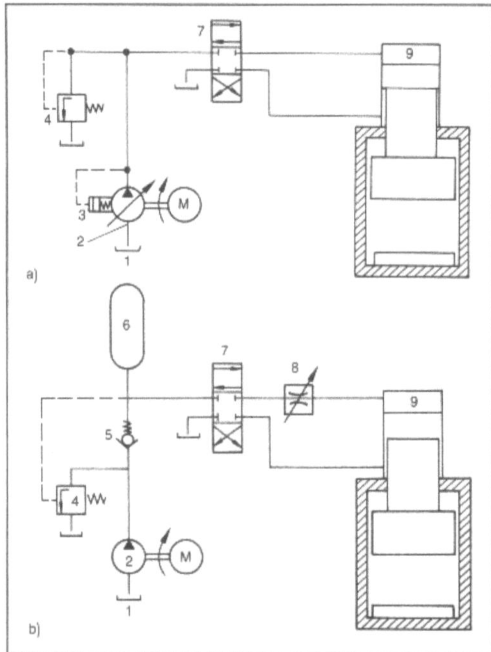

Umformmaschine 6: Grundschema des hydraulischen Kreislaufs einer Presse
a) mit Förderstromquelle (unmittelbarer Pumpenantrieb) und
b) mit Druckquelle (Speicherantrieb).

1 Behälter, 2 Pumpe mit Motor, 3 Regler, 4 Druckbegrenzungsventil, 5 Rückschlagventil, 6 Hydrospeicher, 7 4/3-Wegeventil, 8 Drosselventil, 9 Hydrozylinder der Presse

ständig umgesetzt wird. Bei Spindelpressen sind außerdem Nennkraft F_N und zulässige Prellschlagkraft F_{Prell} von Bedeutung.

□ Hämmer. Sie sind die billigsten U. zum Erzeugen großer Kräfte und Übertrager hoher Arbeitsvermögen. Ihr konstruktiver Aufbau ist einfach. Sie sind nicht überlastbar, da Hammergestell und -antrieb beim Arbeitsvorgang nicht im Kraftfluß liegen.

Der Umformvorgang im Hammer folgt den Stoßgesetzen. Das Arbeitsvermögen E wird in Nutzarbeit W_N und Verlustarbeiten W_V (Bärrücksprung- und Schabotteverlustarbeiten) umgesetzt. Kennwert der Energieumsetzung ist der Schlagwirkungsgrad $\eta_s = W_N/E$. Für Schabottehammer gilt theoretisch:

$$\eta_s = (1-k^2)/(1+m_B/m_S).$$

k Stoßzahl: beim Stauchen $0,1 \leq k \leq 0,3$; beim Gesenkschmieden $0,6 \leq k \leq 0,8$. Verhältnis Schabottemasse m_S/Bärmasse m_B hat Einfluß auf Fundamentbelastung und Rücksprungbeschleunigung der Schabotte (Springen des Schmiedestücks). Mindestwerte: $m_S/m_B = 10 \ldots 20$ bei feststehender Schabotte; bei bewegter Schabotte $m_S/m_B = 3 \ldots 5$.

Richtwert für Fundamentmasse $m_F/m_B \approx 80$ (nach DIN 4025).

– Bauarten. Man unterscheidet Schabottehämmer, unterteilt in →Fall- und →Oberdruckhämmer sowie →Gegenschlaghämmer (Bild 7). Schabottehämmer haben feststehende Schabotte, Gegenschlaghämmer zwei gegeneinander bewegte Bären.

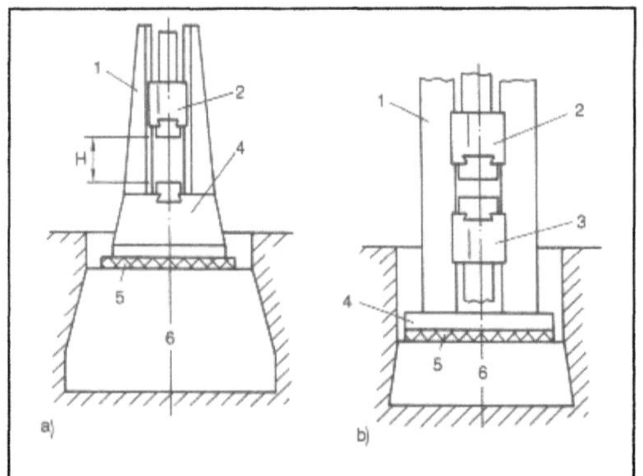

Umformmaschine 7: Hammerprinzipien.
a) Schabottehammer
b) Gegenschlaghammer.

1 Gestell, 2 (Ober-)Bär, 3 Unterbär, 4 Schabotte bzw. Grundplatte, 5 Zwischenlage, 6 Fundament

□ Fallhämmer. Der Hub wird auf H = 1–1,6 m begrenzt, um Schlagzahlen $n_H = 50$–$60\,\text{min}^{-1}$ zu erreichen. Die Bärauftreffgeschwindigkeit liegt zwischen 4,5 m/s und 6,5 m/s. Die Entwicklung ist von Riemen- und Brettfallhämmern zu hydraulischen und pneumatischen Fallhämmern gegangen, mit Vorteil des geringeren Verschleißes der Huborgane sowie der einfacheren Steuerung und Energiedosierung.

□ Oberdruckhämmer. Diese haben neben dem Bär zusätzlichen Energiespeicher in Form von Druckluft, Dampf (6–7 bar) oder Hydrauliköl (20–200 bar). Oberdruckhammer lassen bei gleichen Bärauftreffgeschwindigkeiten wie Fallhämmer kürzeren Hub von H = 0,4–0,7 m zu; damit sind wesentlich höhere Schlagzahlen möglich. Schnellaufende Oberdruckhämmer kleiner Baugröße mit $E_N = 1,6$–7 kJ erreichen n_H zwischen $200\,\text{min}^{-1}$ und $400\,\text{min}^{-1}$. Neben Hämmern mit Energiezufuhr aus Betriebsdruckmittelnetz gibt es auch Lufthämmer mit individueller Drucklufterzeugung besonders zum Stab- und Formteilschmieden. Baugrößen bis $E_N = 50$ kJ bei n_H zwischen $80\,\text{min}^{-1}$ und $250\,\text{min}^{-1}$ (Bild 8).

□ Gegenschlaghämmer. Sie weisen bei gleichem Arbeitsvermögen nur etwa ⅓ der Baumasse von Oberdruckhämmern auf. Entsprechend kleinere Fundamente sind möglich. Senkrechte und waagrechte Ausführungen sind üblich. Der Antrieb erfolgt wie bei Oberdruckhämmern. Beide Bären sind in ihrer Bewegung mechanisch (Band) oder hydraulisch gekuppelt; Schlagzahlen, abhängig von Antriebsart, 30–120 min⁻¹ (Bild 9).

– Anwendung, Ausführungsbeispiele. Hauptanwendungsbereiche sind Freiform- und Gesenkschmieden; in Sonderfällen Prägen, Warmfließpressen und Blechumformen.

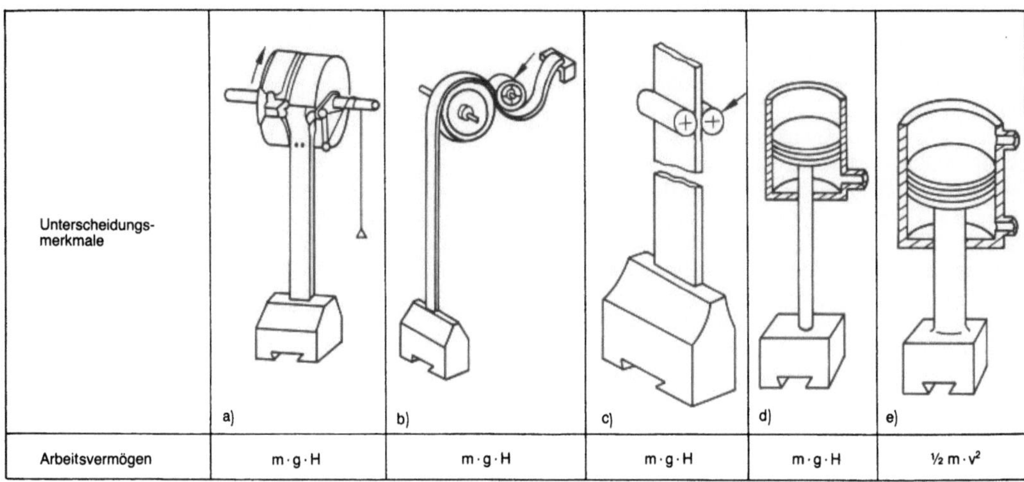

Umformmaschine 8: Bauarten von Schabotte-Gesenkschmiedehämmern.
a) Riemenfallhammer mit Winkelantrieb
b) Riemenfallhammer mit Schlupfantrieb
c) Brettfallhammer (Schlupfantrieb)
d) Fallhammer mit Kolbenstange (Aufzughammer)
e) Oberdruckhammer.

Druckmittel bei d) und e) Dampf, Luft, Öl

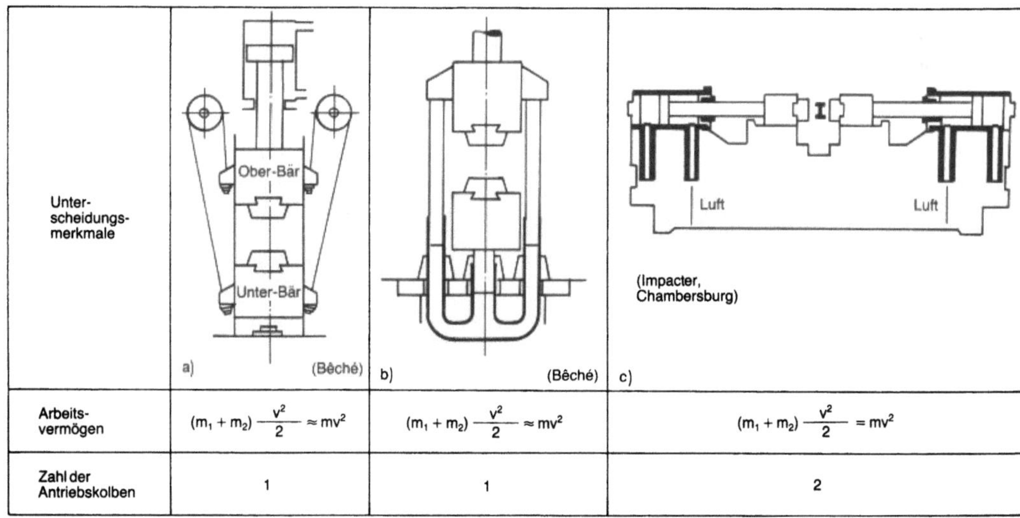

Umformmaschine 9: Bauarten von Gegenschlaghämmern.
a) Mit mechanischer Kupplung
b) Mit hydraulischer Kupplung
c) Waagerechte Bauart mit hydraulischer Kupplung.

m_1, m_2 = Massen der Bären, $m_2 = m_1 + m_2$, v = Auftreffgeschwindigkeit

Freiformschmiedehämmer haben kaum noch Bedeutung, abgesehen von kleinen Einständerbauarten für die Vorformung beim Gesenkschmieden. Bei Stahl-Gesenkschmiedestücken sind Hämmer im Bereich 0,2–60 kg Stückgewicht durch Gesenkschmiedekurbelpressen in großem Umfang ersetzt. Bei Stückgewichten darüber stehen sie im Wettbewerb mit Großspindelpressen. Insgesamt sind Hämmer für viele Bereiche der Gesenkschmiedetechnik nicht zu ersetzen.

□ Spindelpressen. Spindeln sind mit form- oder kraftschlüssig verbundenem Schwungrad motorisch angetrieben. Die Drehbewegung wird über ein steilgängiges Dreifach- oder Vierfachgewinde (Steigungswinkel 12°–17°) in geradlinige Stößelbewegung umgesetzt. Beim schlagartigen Auftreffen auf das Werkstück wird die kinetische Energie von Schwungrad, Spindel und Stößel vollständig in Nutz- und Verlustarbeit (Längs- und Torsionsfederverluste in Spindel und Gestell sowie Reibungsverluste an Führung und Spindel) umgewandelt.

Die Energieumsetzung ist durch den Schlagwirkungsgrad η_s gekennzeichnet. Bestimmende Kenngröße ist das Arbeitsvermögen.

– Bauarten, Ausführungsbeispiele. Unterteilung der (Schwungrad-)Spindelpressen nach Art der Spindelbewegung in solche mit längsbeweglicher und solche mit ortsfester Spindel ist üblich. Traditionelle Antriebsform bei längsbeweglicher Spindel ist der Reibscheibenantrieb. Ausführung mit zwei und drei Reibscheiben. Die sog. Vincentpresse hat Reibscheibenantrieb mit zwei kegelförmigen Seitenscheiben bei ortsfester Spindel. Bei ortsfester Spindel findet sich heute meist der Antrieb mit Reversiermotor über Reibrollen bzw. Ritzel/Zahnkranz oder durch unmittelbare Anordnung des Motors auf der Gewindespindel, seit 1987 mit Frequenzregelung. Daneben erfolgt der Antrieb von Spindel bzw. Schwungrad durch Hydrozylinder oder (bei Großpressen) durch mehrere am Schwungradumfang angeordnete Hydromotoren (Bild 10). Seit 1980 werden auch sog. Kupplungsspindelpressen mit konstanter Drehrichtung und Stößelrückzug durch Hydrozylinder für das Gesenkschmieden mit Erfolg eingesetzt.

– Anwendung. Spindelpressen finden außer im Schmiedebetrieb auch beim Kaltmassivumformen (Besteckfertigung, Münz- und Maßprägen, Kalibrieren) und Blechumformen (Herstellen flacher Ziehteile aus dicken Blechen) Anwendung.

– Arbeitssicherheit. Das Arbeiten mit Pressen macht Schutzmaßnahmen erforderlich. Diese haben Eingreifen in Gefahrenbereich des bewegten Stößels bzw. Werkzeugs zu verhindern (Nachgreifsicherheit) und ungewollten Stößelhub auszuschließen (Durchlauf-, Nachschlagsicherheit), sowie Lärmemissionen zu beschränken.

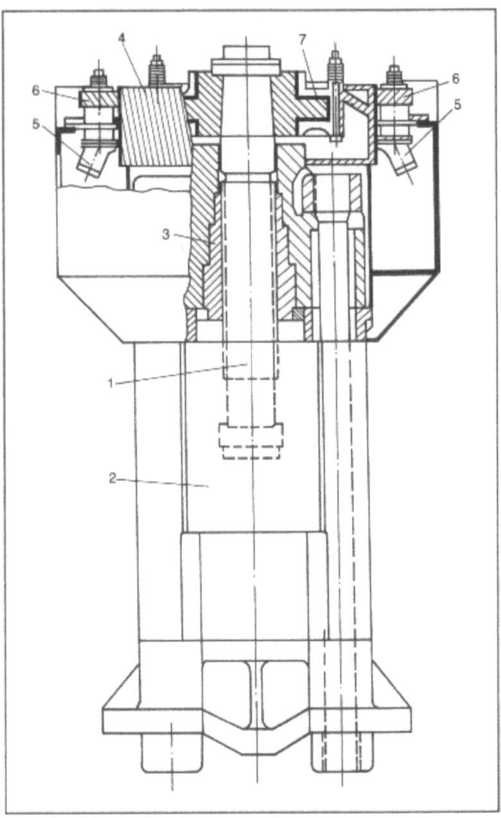

Umformmaschine 10: Durch Hydromotoren angetriebene Großspindelpresse. (Quelle: SMS-Hasenclever)

1 Spindel, 2 Stößel, 3 Spindelmutter, 4 Schwungrad mit Verzahnung, 5 Axialkolbenmotoren, 6 Motorritzel, 7 Rutschkupplung

□ Automatisierung. Automatische Fertigungssysteme im Bereich der Umformtechnik haben mit starrer Automatisierung bzw. Verkettung eine lange Tradition seit 1900 für die starre Großserienfertigung.

Der Einsatz der NC-Technik ab etwa 1980 führt zur flexiblen Automatisierung und Verkettung mit Steigerung der Produktivität besonders für kleine und mittlere Stückzahlen. *Lange*

Literatur: *Beitz, W.* u. *K.-H. Küttner* (Hrsg.): Dubbel. Taschenbuch für den Maschinenbau. 16. Aufl. Berlin, Heidelberg, New York, Tokio 1987. – *Lange, K.* (Hrsg.): Umformtechnik. Handb. f. Ind. u. Wiss. 2. Aufl. Bd. 1/3. Berlin, Heidelberg, New York, Tokio 1984/1990. – *Spur, G.* (Hrsg.) u. *Th. Stöferle:* Handbuch der Fertigungstechnik. Bd. 2/1 bis 2/3. Umformen, Zerteilen. München 1983/1985.

Umformung, homogene. Die Änderung der äußeren Abmessungen eines Werkstücks während der U. läßt meist nur qualitative Rückschlüsse auf die Vorgänge im Innern zu, da die Formänderungen innerhalb des Werkstücks sehr unterschiedlich sein können. Man kann sich jedoch Umformvorgänge vorstellen und sie auch zumindest näherungsweise verwirklichen, bei denen an jedem Punkt des Werkstücks die gleichen Formänderungen eintreten, bei denen also der Umformvorgang homogen abläuft.

Es ist leicht einzusehen, daß sich nur derartige homogene Umformvorgänge zur experimentellen Bestimmung von Werkstoffeigenschaften verwenden lassen. Bei den Versuchen werden die Änderungen der äußeren Abmessungen eines Probekörpers infolge der angelegten Kräfte gemessen. Sie erlauben nur dann Rückschlüsse auf den die Werkstoffbeanspruchung kennzeichnenden Zusammenhang zwischen Spannungen und Formänderungen, wenn die beobachteten Änderungen der äußeren Abmessungen kennzeichnend für die Vorgänge an jedem beliebigen Werkstoffelement sind.

Der → Zugversuch erfüllt diese Bedingung in guter Näherung, solange keine → Einschnürung stattfindet. Ein weiterer homogener Umformvorgang ist das reibungsfreie → Stauchen zwischen parallelen Stauchbahnen. Dieser Umformvorgang ist zwar schwierig zu verwirklichen. Er besitzt aber für theoretische Betrachtungen eine gewisse Bedeutung.

Wird ein Stauchkörper mit rechteckigem Querschnitt (Bild) zwischen parallelen Bahnen reibungsfrei gestaucht, so läßt sich nachweisen, daß die Geschwindigkeiten, mit denen sich die Werkstoffele-

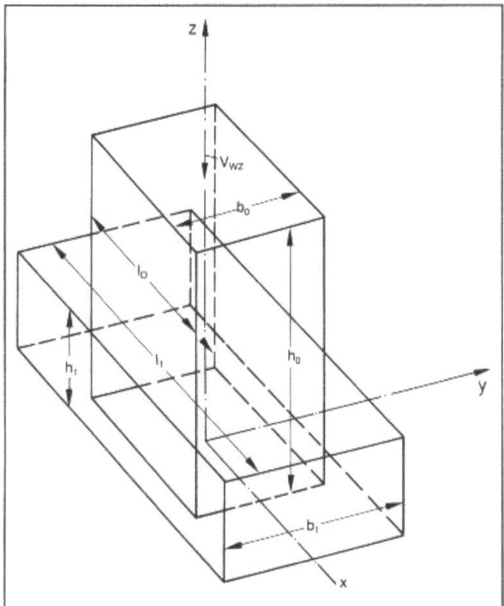

Umformung, homogene: Umformung eines Quaders.

v_{wz} Geschwindigkeit der bewegten oberen Stauchbahn

mente bewegen, linear von den Ortskoordinaten abhängen. Sie sind durch Beziehungen

$$\upsilon_x = \frac{\upsilon w_z}{2h}\, x, \qquad \upsilon_4 = \frac{\upsilon w_z}{2h}\, y, \qquad \upsilon_z = -\frac{\upsilon w_z}{h}\, z$$

gegeben. Hieraus berechnen sich die Dehnungsgeschwindigkeiten

$$\dot{\varepsilon}_x = \frac{\upsilon w_z}{2h} = \dot{\varphi}_l, \qquad \dot{\varepsilon}_y = \frac{\upsilon w_z}{2h} = \dot{\varphi}_b,$$

$$\dot{\varepsilon}_z = -\frac{\upsilon w_z}{h} = \dot{\varphi}_h.$$

Das damit beschriebene Geschwindigkeitsfeld erfüllt die Bedingung der Volumenkonstanz. Die Schiebungsgeschwindigkeiten γ_{xy}, γ_{xz} und γ_{yz} ergeben sich zu null; damit sind die x-, y- und z-Richtung für jedes Teil des Stauchkörpers Hauptrichtungen (→ Hauptachsensystem), und die Dehnungsgeschwindigkeiten haben für jeden Punkt die gleiche Größe. In der Umformtechnik werden die Hauptdehnungsgeschwindigkeiten als Umformgeschwindigkeiten $\dot{\varphi}$ bezeichnet. Sie sind für jedes Element durch die Größen v_{wz} und h bestimmt.

Damit können auch die Dehnungen, die jedes Element im Zeitintervall $t_1 - t_0$ erfährt, durch diese Größen beschrieben werden. Zum Beispiel ergibt sich für die Dehnung in z-Richtung

$$\varphi_h = \int_{l_0}^{l_1} \dot{\varphi}_h\, dl = \int_{l_0}^{l_1} -\frac{\upsilon w_z}{h}\, dt$$

Bezeichnet man die Höhe des Stauchkörpers zur Zeit t_0 mit h_0 und zur Zeit t_1 mit h_1, so gilt mit

$$dh = -\upsilon w_z dt \text{ und } \varphi_h = \int_{h_0}^{h_1} \frac{dh}{h} = \ln h_1 - \ln h_0 =$$

$$\ln \frac{h_1}{h_0}$$

Entsprechend erhält man für die Dehnungen in x- und y-Richtung

$$\varphi_l = \ln \frac{l_1}{l_0}, \qquad \varphi_b = \ln \frac{b_1}{b_0}.$$

Die Größe φ wird → Umformgrad genannt.

In der elementaren → Plastizitätstheorie wird die schiebungsfreie h. U. als ideelle U. (bzw. → Formänderung) bezeichnet. Sowohl äußere → Reibung als auch → Schiebung infolge von Werkstofffluß-Umlenkungen z. B. bei Durchdrück- oder Durchziehverfahren werden bei der Berechnung der ideellen → Umformarbeit und → Umformkraft nicht berücksichtigt. Da sie bei realen Umformvorgängen stets vorhanden sind, müssen sie über Zusatzglieder für Arbeiten und Kräfte berücksichtigt werden. Eine h. U. läßt sich bei Durchzieh- und Durchdrückverfahren wegen der zweimaligen Richtungsänderung am Düsenein- und -austritt nicht erreichen. Lediglich das reibungsfreie Stauchen ermöglicht neben dem kleine Formänderungen erlaubenden Zugversuch (Begrenzung durch → Gleichmaßdehnung) eine sehr gute Annäherung an die h. U. bei größeren Umformgraden. Damit ist eine wichtige Voraussetzung für die Untersuchung der Änderung von Werkstoffeigenschaften durch → Umformen unter definierten Beanspruchungen gegeben.

Lange

Literatur: *Lange, K.* (Hrsg.): Umformtechnik. Handb. f. Ind. u. Wiss. 2. Aufl. Bd. 1. Berlin, Heidelberg, New York, Tokio 1984. – *Pöhlandt, K.:* Vergleichende Betrachtung metallischer Werkstoffe. Ber. Nr. 80. Inst. Umformtechn. Universität Stuttgart. Berlin, Heidelberg, New York, Tokio 1984. – *Pöhlandt, K.:* Werkstoffprüfung für die Umformtechnik. In Ilschner, B.: (Hrsg.) Werkstoff-Forschung und Technik. Berlin, Heidelberg, New York 1986.

Umformwerkzeug.

Blechbearbeitung. U. für die Blechbearbeitung lassen sich nach verschiedenen Gesichtspunkten einteilen. Grundsätzlich bieten sich die Möglichkeiten nach Blechdicke, Umformverfahren, Bauart, Größe und Güte (Ausführungsqualität) zu unterscheiden.

Nach der Blechdicke lassen sich Werkzeuge für die Feinblech- (Blechdicke s < 3 mm), Mittelblech- oder Dickblechumformung (Blechdicke s > 4,75 mm) einteilen.

Bezüglich der Verfahren kann man die Werkzeuge nach dem vorwiegend stattfindenden Umformvorgang benennen. Somit kann in Werkzeuge für das → Biegen (Bild 1), → Tiefziehen (Bild 2), → Streckziehen (Bild 2), → Karosserieziehen, Sonderziehen, Prägen, → Fügen und → Schneiden gegliedert werden. Zusätzlich läßt sich entsprechend der Untergliederung der einzelnen Verfahren eine Feingliederung der Werkzeuge vornehmen, welche z. B. für das Biegen Gesenkbiegewerkzeuge (U-, V- oder Hutprofile), Rollbiegewerkzeuge, Falzwerkzeuge und einfache Freiform- oder Schwenkbiegewerkzeuge sein können.

Zieht man die Werkzeugbauart als ordnendes Merkmal heran, so kann eingeteilt werden in Werkzeuge ohne Führung, bestehend aus den Grundbaugruppen (Bild 2), die direkt in der → Umformmaschine befestigt sind, in geführte Werkzeuge (Unterteil-Führung, Plattenführung, Säulenführung, Kugelführung, Stollenführung, Sonderfüh-

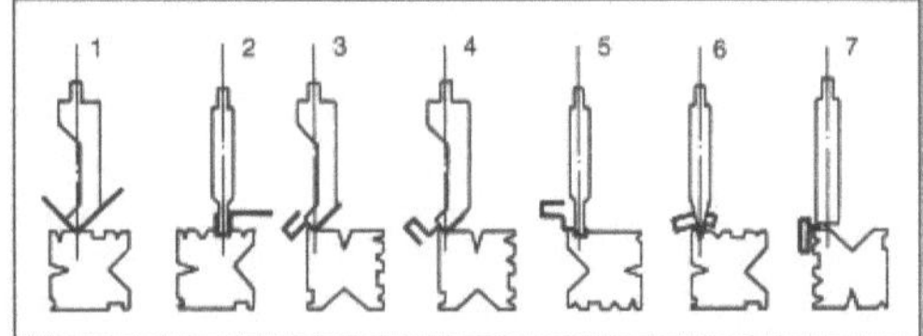

Umformwerkzeug 1: Gesenkbiegewerkzeuge, Stufen usw. für ein geschlossenes Profil

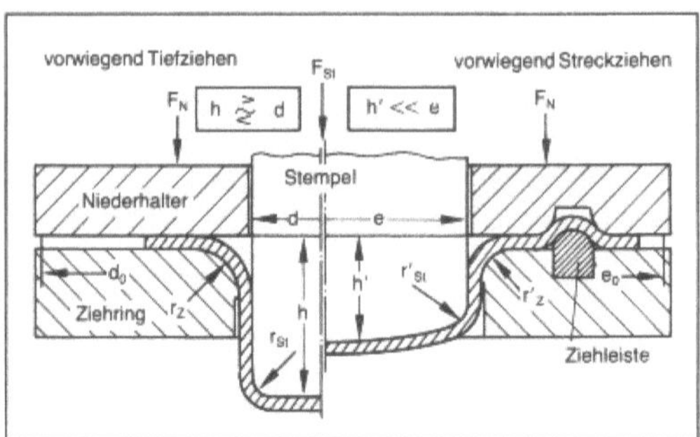

Umformwerkzeug 2: Tiefziehen, Streckziehen.

rung), in Auswechselgestellwerkzeuge (in Eingriff stehende Werkzeugbauteile können gewechselt werden), in Folge- bzw. Mehrstufenwerkzeuge (Bild 3) (mehrere Blechbearbeitungsstufen werden nacheinander z. B. vom Streifen im selben Werkzeuggestell vorgenommen) sowie in Verbundwerkzeuge (mehrere Umform- und Schneidvorgänge in einem Werkzeug) und Kombinationen aus den beiden zuletzt genannten Werkzeugarten den sog. Folgeverbundwerkzeugen. Schließlich kann man noch in Sonderwerkzeuge wie z. B. Werkzeuge für Großteilstufenpressen, Werkzeuge mit Wirkmedien oder mit nachgiebigem Gegenwerkzeug unterscheiden.

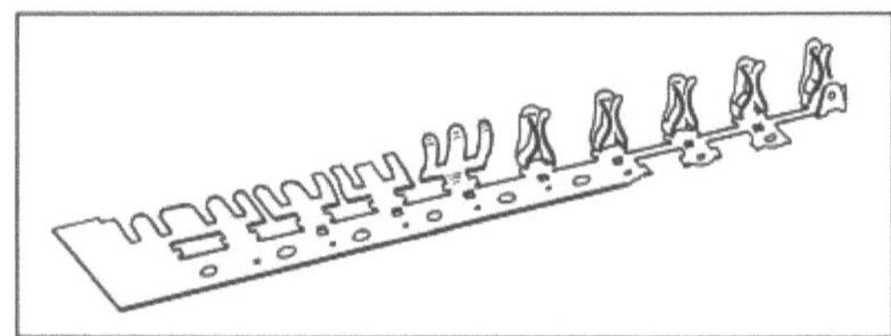

Umformwerkzeug 3: Folgestreifen bei der Fertigung eines Steckerteils. (Quelle: Stöferle, Th., u. G. Spur)

Nach der Größe des Werkzeugs gehend, kann in Klein-, Mittel- und Großwerkzeuge eingeteilt werden. Bei Arbeitsflächen von mehr als einem Quadratmeter spricht man von Großwerkzeugen, Kleinwerkzeuge wären solche mit Arbeitsflächen kleiner als 10^3–10^4 mm^2, dazwischen können die Mittelwerkzeuge angeordnet werden.

Werkzeuge für die Blechbearbeitung durch → Ziehen sind meist zwei- oder auch mehrteilig (Bild 4). Die Begrenzungslinien der einerseits vertieften und andererseits erhabenen Arbeitsflächen sind bis auf die Stellen ungleichmäßiger Stoffbewegung weitgehend von der Blechdicke abhängige Äquidistanten. Ungleichmäßiger Stoffbewegung wird durch verschiedene Maßnahmen am Werkzeug, z. B. Einbau von Ziehwülsten, Korrektur des Ziehspaltes usw., begegnet. Da die Gebrauchsdauer eines Werkzeugs mit davon abhängt, daß Matrize und Stempel den festgelegten Ziehspalt beibehalten und die Maschinenführung die genaue Werkzeugführung nicht ersetzt, erhalten größere Werkzeuge zum Fixieren des Ziehstempels zum Niederhalter und des Niederhalters zur Matrize vorzugsweise eine auch Seitenkräfte aufnehmende, starre Stellen- oder Plattenführung mit GG-, gehärtetem Stahl-, Bronze- oder Kunststoffplatten. Wird das Werkzeug zum Ziehen und Schneiden benutzt, sind die schneidenden Werkzeugteile zusätzlich durch eine Säulenführung fixiert, d. h., Stollen übernehmen die Vorzentrierung und Säulen die Genauführung. Vor der Fertigstellung des Werkzeugs eingepaßt, dienen die Führungselemente gleichzeitig zum exakten Tuschieren der Arbeitsflächen von Stempel, Matrize sowie Niederhalter.

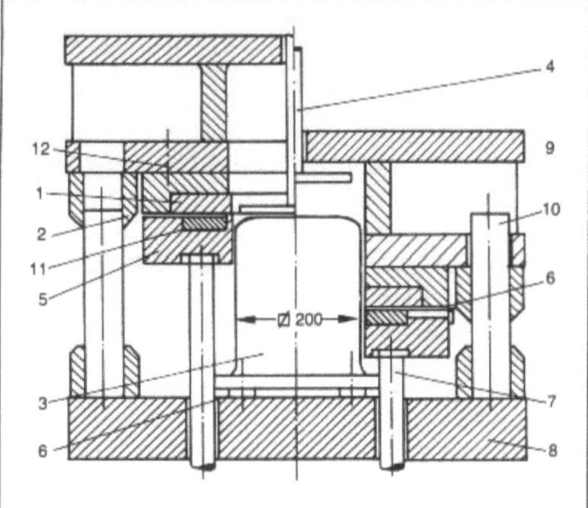

Umformwerkzeug 4: Versuchs-Tiefziehwerkzeug.

1 Ziehring, 2 Werkstück, 3 Ziehstempel, 4 Abstreifer/Auswerfer, 5 Niederhalter, 6 Kraftmeßkörper, 7 Ziehkissenpinolen, 8 Grundplatte, 9 Oberteil, 10 Säulenführung, 11 Ziehleistenaufnahme, 12 Ziehringaufnahme

Im Vergleich zu anderen Verfahren ist die Werkzeugbelastung niedrig, da die Niederhalterpressung nur 0,5–10 N/mm² und die → Normalspannung im Bereich der Ziehringrundung ca. 5–250 N/mm², je nach Werkstoff des Ziehteils, betragen. Dementsprechend finden bei Ziehwerkzeugen i. a. Werkstoffe mit geringerer → Festigkeit, z. B. → Grau- oder → Stahlguß, unlegierte oder niedrig legierte → Werkzeugstähle, Verwendung. Dem → Verschleiß besonders unterworfen sind Ziehleisten, Ziehringrundung, Niederhalterflächen und ggf. erhabene Formpartien in der Matrize – am Ziehstempel weniger, da sich das → Blech an ihn anlegt –, d. h. alle die Werkzeugpartien, an denen entlang beim Ziehen eine Werkstoffbewegung erfolgt. Dies muß bei den Anforderungen an die Werkzeugbaustoffe ebenso berücksichtigt werden wie Verwendungszweck oder Losgröße der Ziehteile. Infolge der vorwiegend schwellenden Belastung des Werkzeugs sind Matrize und Niederhalter durch entsprechende Bauweise – ausreichend bemessene Wand-

dicken und Abstützung durch starke Verrippung – mit einem hohen Maß an → Steifigkeit und damit → Sicherheit gegen Dauerbrauch auszustatten.

Die Einteilung der Werkzeuge nach der Ausführungsqualität in sog. Güteklassen entsprechend der Richtlinie VDI 3344 soll am Beispiel von Karosserieziehwerkzeugen erfolgen: Die Güteklasse I enthält demnach Werkzeuge für eine maximale Tagesstückzahl von 50 bei einer Gesamtstückzahl von ca. 10 000. Dies sind Werkzeuge einfachster Ausführung mit ungeführten Grundbauarten und erfordern hohe Rüst- und Stückzeiten. In der Güteklasse II befinden sich Werkzeuge für eine Tagesstückzahl zwischen 50 und 150 bei einer Gesamtstückzahl von ca. 100 000. In einer einfachen Ausführung enthalten diese Werkzeuge Führungen durch Platten oder Säulen. Die Güteklasse III umschreibt Werkzeuge für Tagesstückzahlen von 150–750 bei Gesamtstückzahlen von ca. 500 000. Die Ausführung der Werkzeuge kann als hochwertig bezeichnet werden, mit entsprechenden Säulenbohrungen sowie mit teilweise automatisierten Vorgängen bzw. integrierten Arbeitsfunktionen.

In der Güteklasse IV befinden sich schließlich Werkzeuge in der höchsten Ausführungsqualität wie z. B. Folgeverbundwerkzeuge, Schieberwerkzeuge (Bild 5; integrierte Wirkfunktionen auch außerhalb der Stößelbewegungsrichtung), Werkzeuge für Großteilstufenpressen.

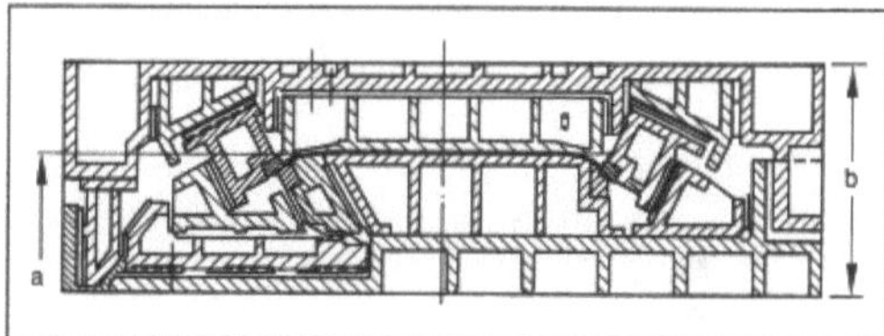

Umformwerkzeug 5: Schnitt durch ein Schieberwerkzeug für die Fertigung eines Dachblechs.

a Einlegehöhe, b geschlossene Bauhöhe

Diese Werkzeuge besitzen optimale Führungselemente, verfügen über eine Zentralschmierung, sind vollständig automatisiert und steuerungstechnisch gegen Beschädigung oder Unregelmäßigkeiten abgesichert, wobei Sensoren als Überwachungselemente dienen. Die Verschleißteile sind darüber hinaus austauschbar. *Lange*

Literatur: *Hilbert, H. L.:* Stanzereitechnik. 6. Aufl. München 1972. – *Lange, K.* (Hrsg.): Umformtechnik. Handbuch für Industrie und Wissenschaft. 2. Aufl. Bd. 3: Blechbearbeitung. Berlin, Heidelberg, New York 1990. – *Oehler, G. u. E. Kaiser:* Schnitt-, Stand- und Ziehwerkzeuge. 6. Aufl. Berlin, Heidelberg, New York 1973. – *Spur, G.* (Hrsg.) u. *Th. Stöferle:* Handbuch der Fertigungstechnik. Bd. 2/3. Umformen, Zerteilen. München 1985.

Massivumformung. Werkzeuge für die → Massivumformung sind meistens maß- oder formgebende

Hohlformwerkzeuge, die die Abmessungen und die Form des herzustellenden Werkstücks ganz oder teilweise als Gegenform enthalten (analoger Formspeicher). Das Werkzeug als formgebendes, abbildendes Element entscheidet über die Eigenschaften und Güte des herzustellenden Werkstücks. Erfolg und Wirtschaftlichkeit der Verfahren hängen ganz oder entscheidend von der richtigen konstruktiven Gestaltung der Werkzeuge, der Auswahl geeigneter Werkzeugwerkstoffe und den Verfahren der Werkzeugherstellung ab. Für die Herstellung von Werkzeugen muß die Genauigkeit und Sorgfalt der Einzelfertigung angewendet werden, während die mit den Werkzeugen ausgeübten Verfahren der Massivumformung ausgesprochen mengenorientiert sind.

Die Einteilung der Werkzeuge kann nach verschiedenen Gesichtspunkten erfolgen: nach der bauartlichen Ausführung in Einstufen- oder Mehrstufenwerkzeuge, in vollständige Werkzeugsätze oder Werkzeuge mit Grundgestellen und auswechselbaren Aktiv(Verschleiß)elementen. Für Mehrstufenwerkzeuge gelten grundsätzlich dieselben Gesichtspunkte; zusätzlich treten jedoch konstruktive Fragen auf, die sich auf den Einbauraum und die Werkstückhandhabung beziehen.

Eine weitere Einteilung ergibt sich bezüglich der konstruktiven Ausführung z. B. nach der (oder die) Ebene(n) der Werkzeugteilung, oder nach der Werkzeugführung (z. B. Säulenführung) oder nach dem Einsatz verschiedener Werkzeugwerkstoffe.

Des weiteren erscheint eine Einteilung nach der Umformtemperatur ebenso sinnvoll: Werkzeuge für die Kaltmassivumformung bei Raumtemperatur (Kaltfließpressen, Prägen, Kaltabgraten), für die →Halbwarmumformung (bis 900 °C) und für die Warmmassivumformung (z. B. Gesenkschmieden).

Die unterschiedlichen Umformtemperaturen bedingen durch den Einsatz in verschiedenen Umformmaschinen auch die Möglichkeit, die Werkzeuge nach Art der Beanspruchung einzuteilen. Dazu zählen →Umformkraft und -leistung, Temperaturbeanspruchung, Drücke im Werkzeug, schwellende Belastungen oder die Berücksichtigung des umzuformenden Werkstückwerkstoffs.

Die sinnvollste Einteilung der Werkzeuge erfolgt nach den umformenden Fertigungsverfahren (DIN 8583), da sich die Verfahren der Massivumformung erheblich in ihren Merkmalen unterscheiden:

□ Werkzeuge für das Gesenkschmieden. Bild 6 zeigt die unterschiedlichen Ausführungen von Schmiedegesenken. Das eigentliche formgebende Element ist die Gravur im Gesenkblock, die als Voll- oder Einsatzgesenk ausgeführt sein kann. Schmiedegesenke unterliegen hohen, kombinierten thermischen und mechanischen Beanspruchungen, wobei die Umformenergie und die Druckberührzeit zwischen Werkstück und Werkzeug eine entscheidende Rolle spielen. Die Gesenke sind daher den in Bild 7 gezeigten, lokal sehr unterschiedlichen Beanspruchungen unterworfen.

Bei der Gesenkherstellung müssen Abmessungen hergestellt werden, die eins bis drei ISO-Qualitäten genauer sind als die betreffenden Werkstückmaße. Als Werkzeugwerkstoffe werden legierte Warmarbeitsstähle eingesetzt, die entsprechend wärme- und oberflächenbehandelt sind.

□ Werkzeuge für Durchziehwerkzeuge. Beim →Stab- und →Drahtziehen hängt die Wirtschaftlichkeit auch der Fertigungserfolg von der Werkzeuggestalt, den Werkstoff und dem Verschleißverhalten ab. In der Praxis hat sich die kegelige Ziehholform durchgesetzt, weil dadurch die →Schmierung begünstigt wird. Ziehringe können für das Stab-, Rohrgleit- und →Profilziehen aus Stahlwerk-

Umformwerkzeug 6: Werkzeuge zum Gesenkschmieden.

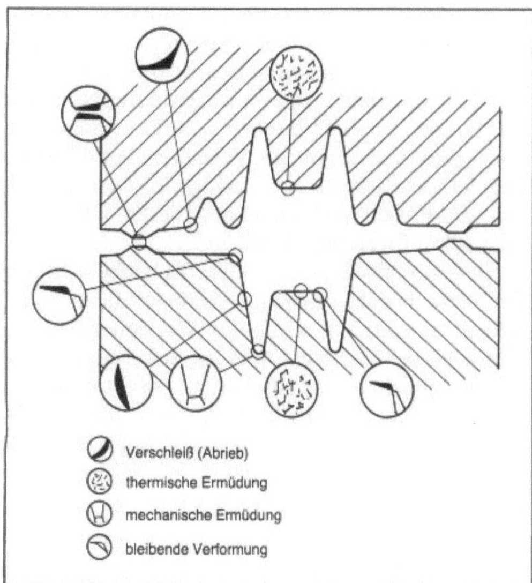

Umformwerkzeug 7: Beanspruchungen an einem Gesenk.

stoffen in einteiliger oder mehrteiliger Bauart hergestellt werden.

Für das → Ziehen von Drähten werden Ziehsteine aus → Hartmetall eingesetzt für Feinstdrähte Ziehsteine mit Diamant-Einsatz.

□ Werkzeuge für das Kalt- und Halbwarmfließpressen. Beim Kalt- und Halbwarm-Fließpressen treten Belastungen bis über 2 500 N/mm² in den Werkzeugen auf. Der Ablauf der Serienfertigung erfordert eine optimale Gestaltung und Fertigung der Werkzeuge sowie die Vorspannung der Matrizen. Bild 8 zeigt den grundsätzlichen Aufbau eines einstufigen Werkzeugs zum Voll-Vorwärts-Fließpressen. Weitere Werkzeuge sind unter Fließpressen abgebildet.

Die Druckplatten verteilen den Druck auf die Grundplatten und stützen Stempel und Matrize ab. Für den Stempel wird eine hohe Druckfestigkeit bei

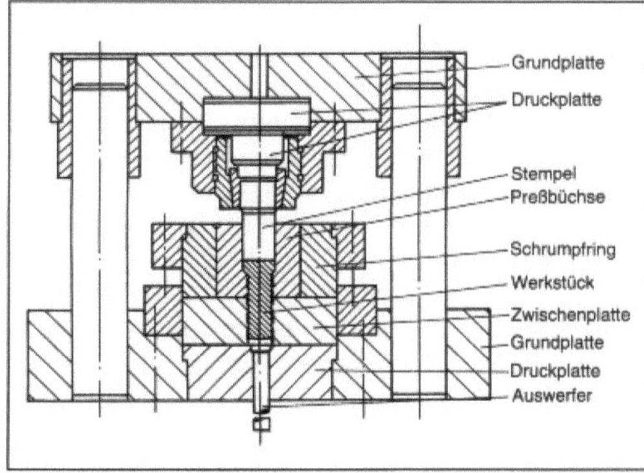

Umformwerkzeug 8: Werkzeug zum Voll-Vorwärts-Fließpressen.

hoher Knicksteifigkeit und Verschleißbeständigkeit gefordert. Beim Hohlfließpressen treten an Dornen Zugspannungen auf. Preßverbände für Matrizen können ein- oder mehrfach armiert sein und mit zylindrischen oder kegeligen Fugen ausgeführt sein. Matrizen (Preßbüchsen) werden ungeteilt oder quergeteilt hergestellt, um Spannungsspitzen beim Fließpressen aufnehmen zu können (Bild 9). Bild 10 zeigt verschiedene Stempelformen zum Fließpressen.

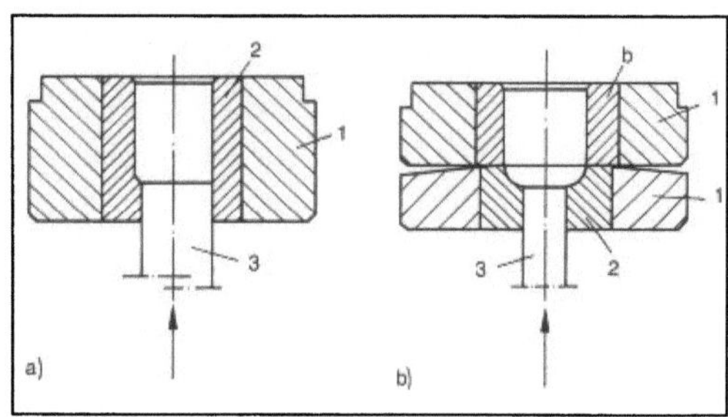

Umformwerkzeug 9: Gestaltung von Preßbüchsen für das Napf-Rückwärts-Fließpressen.
a) Ungeteilt
b) Quergeteilt.

1) Schrumpfring, Armierungsring, 2) Preßbüchse (Matrize), 3) Auswerfer

Die Werkzeugwerkstoffauswahl berücksichtigt die Beanspruchungen der Werkzeugelemente, deren Verschleißverhalten und → Zähigkeit.

Schmierungstechnik und Temperaturbilanz haben erheblichen Einfluß auf die Werkstückgenauigkeit und die Werkzeuglebensdauer. Die erzielbaren Standmengen hängen von der geforderten Werkstückgenauigkeit und den Betriebsbedingungen ab und schwanken zwischen 1 000 und 100 000 Stück pro Werkzeugsatz.

□ Werkzeuge für das Strangpressen. Bild 11 zeigt den Aufbau und den Zusammenbau einer Kammermatrize zum Strangpressen von Profilen.

An der Umformung sind nachfolgende Werkzeugteile beteiligt: Matrize in Matrizenhalter, Preßstempel, Preßscheibe, Dorn. Mit Kammermatrizen können fast alle Profilarten aus Al-Legierungen, auch komplizierte Formen mit sehr großen und mehreren symmetrisch oder asymmetrisch angeordneten Hohlräumen hergestellt werden. Warmarbeitsstähle sind übliche Werkzeugwerkstoffe, Matrizeneinsätze aus Hartmetall sind z. T. auch gebräuchlich. Die Matrizendurchbrüche werden so gestaltet, daß der Flächenschwerpunkt in der Mitte liegt. Über Standmengen können keine allgemeinen Aussagen gemacht werden; sie sind bei NE-Leichtmetallen größer als bei NE-Schwermetallen und Stahl.

□ Werkzeugherstellung. Die zu fertigende Werkstückgeometrie gibt die Gestaltung der formgeben-

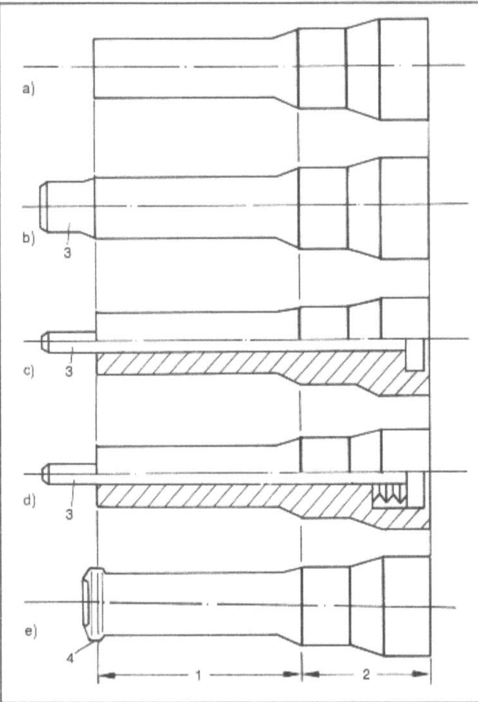

Umformwerkzeug 10: Stempel zum Fließpressen.
a) Stempel zum Voll-Vorwärts-Fließpressen
b) Stempel zum Hohl-Vorwärts-Fließpressen mit abgesetztem Dorn
c) Stempel zum Hohl-Vorwärts-Fließpressen mit eingesetztem, festen Dorn
d) Stempel zum Hohl-Vorwärts-Fließpressen mit mitlaufendem Dorn
e) Stempel zum Napf-Rückwärts-Fließpressen.

1) Schaft, 2) Kopf, 3) Dorn, 4) Fließbund

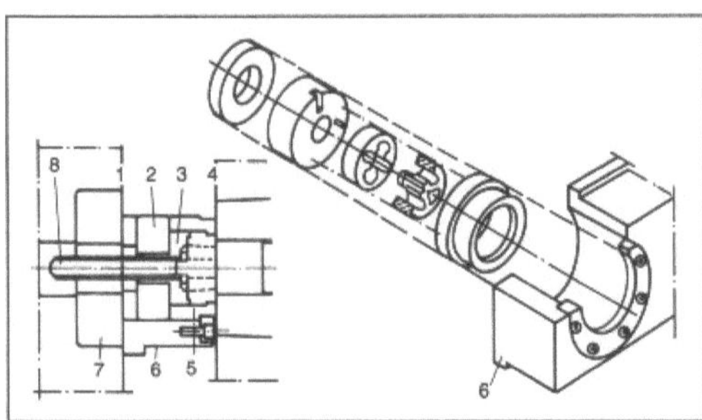

Umformwerkzeug 11: Aufbau einer Kammermatrize.

1) Druckzing, 2) Untersatz, 3) Matrize, 4) Dorn, 5) Matrizenhalter, 6) Werkzeugdrehkopf, 7) Druckplatte, 8) Strangpreßprofil.

den Werkzeuge in Art, Genauigkeit und Größe vor. Auf eine Standardisierung der Werkzeugelemente ist aus wirtschaftlichen Gründen zu achten. Künftig

werden immer mehr rechnerunterstützte Konstruktionen (CAD) angewendet, denen sich eine Fertigung auf CNC gesteuerten Bearbeitungsmaschinen (CAM) anschließt. Als → Bearbeitungsverfahren stehen die Verfahren Drehen, → Fräsen, Schleifen, Erodieren und sämtliche Verfahren der Oberflächenfeinbearbeitung zur Verfügung. Den Verfahren NC-Fräsen und Funkenerodieren fällt dabei eine zukunftweisende Rolle zu.

Eine abschließende → Oberflächenbehandlung der Werkzeugaktivelemente verringert den → Verschleiß und erhöht neben der Werkstückgenauigkeit auch die Wirtschaftlichkeit. Schmiedegesenke werden üblicherweise geschliffen, poliert und z. T. hartverchromt. Beim Kaltfließpressen zeigen TiN- und TiC- beschichtete Stempel und Matrizen deutlich verringerten Verschleiß. *Lange*

Literatur: *Lange, K.* (Hrsg.): Umformtechnik. Handb. f. Ind. u. Wiss. 2. Aufl. Bd. 2. Massivumformung. Berlin, Heidelberg, New York, Tokio 1988. – *Lange, K. u. H. Meyer-Nolkemper:* Gesenkschmieden. Berlin, Heidelberg, New York 1977. – *Spur, G.* (Hrsg.) u. *Th. Stöferle:* Handbuch der Fertigungstechnik. Bd. 2/2. Umformen. München 1984.

Umformwiderstand. Als U. k_w ist bei Umformverfahren mit unmittelbarer Einwirkung der → Umformkraft der Quotient aus Umformkraft und gesamter, gedrückter Werkstückquerschnittsfläche senkrecht zur Kraftwirkrichtung definiert.

Der U. hängt nach der Beziehung $k_w = k_f/\eta_F$ über den → Umformwirkungsgrad η_F mit der → Fließspannung k_f zusammen und unterliegt deshalb gleichermaßen Einflüssen von Temperatur, → Umformgeschwindigkeit und Werkstoffeigenschaften. Er enthält als Spannungsmittelwert über die gedrückte Fläche implizit die von → Reibung, → Scherung, Biegung verursachten Verlust-Spannungsanteile.

Vom U. k_w wird bei Umformkraftberechnungen dann Gebrauch gemacht, wenn eine genaue Vorgangsanalyse mit Erfassung von ideeller Umformkraft- und Verlustkraftanteilen zu aufwendig oder infolge komplexer Werkstück- und Werkzeuggeometrie (z. B. beim Gesenkschmieden oder Karosserieziehen) nicht möglich ist. Ist die ideelle Umformkraft F_{id} bekannt, so läßt sich die tatsächliche Umformkraft F bei Verfahren mit unmittelbarer Kraftwirkung berechnen als $F = A_P k_w$ (A_P = gedrückte Querschnittsfläche) und bei Verfahren mit mittelbarer Kraftwirkung zu $F = A\, k_{fm}(\varphi_2-\varphi_1)/\eta_F$ (A Krafteinleitungsquerschnitt, k_{fm} mittlere Fließspannung über Vorgang mit → Formänderung $(\varphi_2-\varphi_1)$). Hierin ist $k_{fm}/\eta_F = k_{wm}$ der mittlere U. über dem Vorgang. *Lange*

Literatur: *Lange, K.:* Gesenkschmieden von Stahl. Berlin, Heidelberg, New York 1958. – *Lange, K., H. Meyer-Nolkemper:* Gesenkschmieden. 2. Aufl. Berlin, Heidelberg, New York 1977.

Umformwirkungsgrad. Als U. η_F ist der Quotient aus ideeller $\rightarrow$ Umformarbeit W_{id} (bei reibungsfreier, homogener $\rightarrow$ Umformung) und tatsächlicher Umformarbeit $W_{eff}/\eta_F = W_{id}/W_{eff}$ bei Umformverfahren mit mittelbarer Umformkraft-Einwirkung definiert (Bild). Bei Umformverfahren mit unmittelbarer Kraftwirkung gilt in jedem Augenblick $\eta_F = A_p k_f/F$ (A_p gedrückte Fläche).

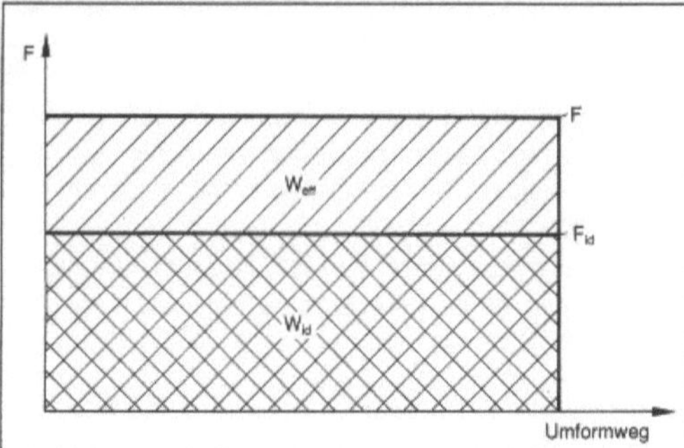

Umformwirkungsgrad: Kräfte und Arbeiten bei einem idealisierten Umformvorgang mit mittelbarer Kraftwirkung in Zusammenhang mit dem U. η_F.

Der U. ist bei Berechnungen nach der elementaren $\rightarrow$ Plastizitätstheorie ein Hilfsmittel zur Kraft- und Arbeitsabschätzung. Er setzt Meßergebnisse voraus und ist – in Zahlenwerten – nur für den Bereich gültig, in dem Messungen durchgeführt wurden. Mit verbesserten Berechnungsverfahren der Plastomechanik, z. B. $\rightarrow$ Schrankenverfahren, $\rightarrow$ Finite-Elemente-Methode, Gleitlinien-Methode verliert der U. mehr und mehr seine früher größere Bedeutung. *Lange*

Literatur: *Lange, K.:* Gesenkschmieden von Stahl. Berlin, Heidelberg, New York 1958.

Umgießen $\rightarrow$ Ausgießen eines Körpers

Umlaufbiegeversuch $\rightarrow$ Dauerschwingversuch

Umlösung. In flüssigen oder festen Mehrphasen-System bezeichnet U. das $\rightarrow$ Wachstum einer stabileren Phase durch Anlagerung von gelösten Atomen unter entsprechender Auflösung von Teilchen der weniger stabilen Phase. Die U. beruht auf dem thermodynamischen Sachverhalt, daß das lokale $\rightarrow$ Gleichgewicht an der Grenzfläche Phase-Lösung zu einer um so höheren Löslichkeit (bzw. einem höheren Lösungsdruck, analog dem Dampfdruck) führt, je höher das thermodynamische Potential liegt.

Der Transport von der sich auflösenden zur wachsenden Phase erfolgt durch $\rightarrow$ Diffusion, in flüssigen Lösungen teilweise auch durch Konvektion. In der Lösungs-Matrix stellt sich eine mittlere Konzentration $\bar{c}$ ein, welche zwischen den lokalen Löslichkei-

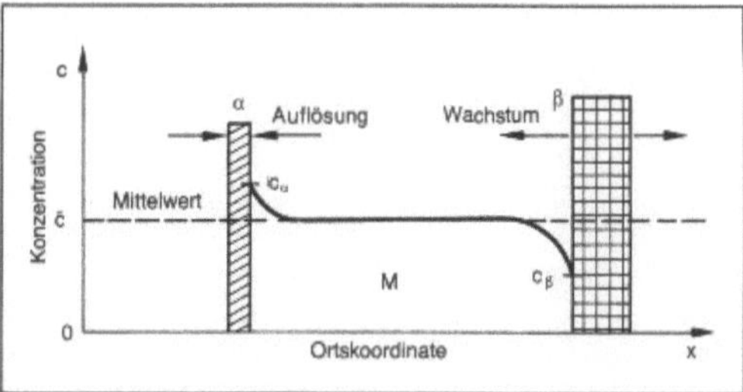

Umlösung: Schematischer Konzentrationsverlauf bei der U. einer Phase α in die Phase β in der Matrix „M".

ten der abgebenden und der aufnehmenden Phasen liegt. Beispiel: Überalterung ausgehärteter Al-Cu-Legierungen ($\rightarrow$ Guinier-Preston-Zonen).

In dem wichtigen Spezialfall, daß die für die U. als Triebkraft wirkende Stabilitäts-Differenz in unterschiedlichen Anteilen der $\rightarrow$ Grenzflächenenergie liegt, spricht man von $\rightarrow$ Ostwald-Reifung.

Ilschner

Ummagnetisierungsverlust. Beim Magnetisieren von ferromagnetischen Werkstoffen ($\rightarrow$ Ferromagnetismus) entsteht die Hystereseschleife. Die von ihr umschriebene Fläche stellt eine Verlustenergie beim technischen Magnetisieren dar ($\rightarrow$ magnetische Werkstoffe).

U. bestehen im wesentlichen aus drei Anteilen:
– Hystereseverluste. Sie werden vom ferromagnetischen Werkstoff bestimmt und ergeben die Form und Größe der Hysterese. Je mehr Hindernisse im Werkstoff die Ummagnetisierung der Weiß'schen Bezirke behindern, desto größer wird die Verlustfläche der Hystereseschleife (hartmagnetische Werkstoffe). Die Ausrichtung der Weiß'schen Bezirke auf die Richtung des Magnetfeldes wird durch Inhomogenitäten im Werkstoff (z. B. $\rightarrow$ Ausscheidungen, $\rightarrow$ Versetzungen, $\rightarrow$ Korngrenzen, Fehler

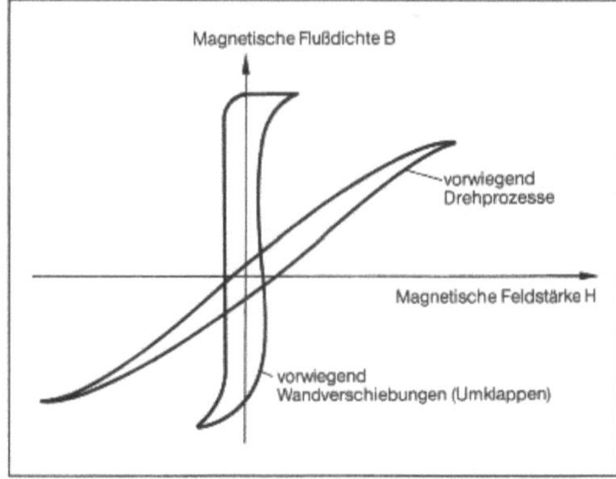

Ummagnetisierungsverlust 1: Hystereseverluste durch vorwiegend Drehprozesse bzw. Wandverschiebungen.

im Kristallgitter) behindert und damit Drehprozesse oder Verschieben der Blochwände erschwert (Bild 1). Bei periodischem Wechsel vervielfacht sich der Hystereseverlust linear mit der Frequenz, aber auch mit der Aussteuerung der magnetischen Induktion.

– Wirbelstromverluste. Die wechselnde Magnetisierung in ferromagnetischen Werkstoffen erzeugt einen weiteren Verlustanteil. Die Änderung der elektrischen Spannung eines Magneten erzeugt eine Änderung des Magnetflusses, die wiederum im Innern einen Wirbelstrom erzeugt, der dem erregenden Wechselfeld entgegenwirkt (*Lenz*-Regel). Diese Wirbelströme vermindern die → Permeabilität und stellen Verluste dar, die durch eine entsprechende Erhöhung der Erregung von außen gedeckt werden müssen. Technisch wird die Erzeugung von Wirbelströmen verringert bzw. unterbunden, indem keine massiven Magnetkerne verwendet werden, sondern dünne, voneinander isolierte Schichten des Magnetwerkstoffs (Magnetbleche) quer zur Ebene der Wirbelströme, also in Richtung des Magnetfeldes. Je höher die angestrebte Frequenz sein soll, desto dünner muß das Blech sein, da diese Verluste in etwa proportional zur Blechdicke und zum Quadrat der Frequenz zunehmen.

– Nachwirkungsverluste. Sie entstehen dadurch, daß im Werkstoff bei der Magnetisierung die Ausrichtung der Weiß'schen Bezirke (Verschiebung der Blochwände) auftreten, die nicht ohne eine gewisse Verzögerung (Relaxation) den Änderungen des Magnetfeldes folgen. Ihre Messung ist abhängig von der Frequenz und dem magnetischen Werkstoff.

Die U. (Bild 2) erzeugen je nach Magnetlegierung mehr oder weniger Reibungswärme im Werkstoff, die die Hystereseschleife vergrößert und die abgeführt werden muß. *Heller*

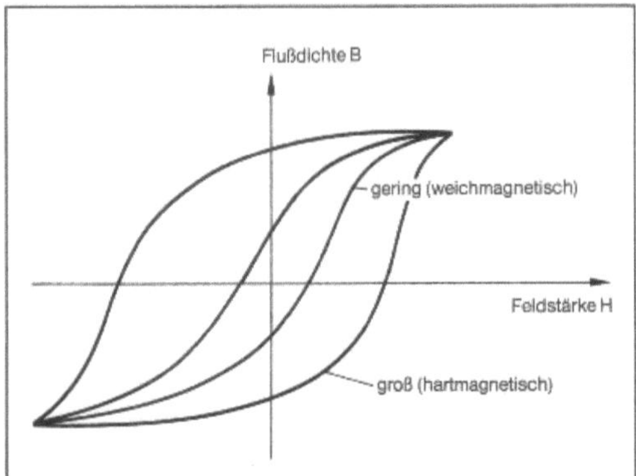

Ummagnetisierungsverlust 2: Geringe oder große U. bestimmen die Form und Größe der Hystereseschleife.

Umschmelz-Legierung. Aus wirtschaftlichen Überlegungen ist man insbesondere im Nichteisen-Metall-Bereich gezwungen, Reste, Übergüsse, Späne usw. aus Leicht- und Schwermetallen einer Wiederverwendung zuzuführen. Da das Altmaterial oftmals stark verunreinigt ist, z. B. durch Sandanhang aus der Gußproduktion oder durch Schneidöle, und daraus beim Aufschmelzen eine starke Gasaufnahme an Wasserstoff, Kohlenmonoxid und Sauerstoff zu befürchten ist, wird das Umschmelzen meist nicht in den Gießereien vorgenommen, sondern man liefert das Altermaterial an die Umschmelzwerke ab. Hier wird in speziell auf diese Umschmelzaufgabe ausgerichteten Öfen und Behandlungseinrichtungen, das eingeschmolzene Altmaterial gereinigt (z. B. von Oxiden oder anderen Verunreinigungen), entgast und durch Zulegieren auf die nächsterreichbare Normzusammensetzung gebracht. Die so hergestellten Schmelzen werden in Kokillen (Ingots) vergossen und kommen als → Blockmetall in den Handel. *Doliwa*

Umschmelzverfahren. Verfahren zur Herstellung von Stählen und Sonderwerkstoffen mit besonderen Qualitätsmerkmalen durch Umschmelzen von Elektroden, die aus einer Vorschmelze gegossen wurden.

Beim Umschmelzen werden je nach Verfahren die Gehalte an Wasserstoff, Begleitelementen mit hohem Dampfdruck, Sauerstoff und Schwefel abgesenkt. In wassergekühlten Kokillen wird eine gerichtete → Erstarrung des Umschmelzblockes erreicht. Dadurch werden Makroseigerung, Sekundärlunker und Lockerstellen vermieden und die Kristallseigerung wird vermindert. Infolge guter Reinheit und Homogenität zeichnen sich umgeschmolzene → Stähle durch sehr gute mechanische Eigenschaften bereits nach einer geringen → Verformung aus.

Umgeschmolzene Stähle werden für den Kraftwerksbau, die Luft- und Raumfahrt, den Turbinenbau und für Implantate verwendet.

Je nach gewünschten Eigenschaften können unterschiedliche Schmelzverfahren und -öfen eingesetzt werden. In Vakuumlichtbogenöfen wird die → Elektrode in einem Gleichstromlichtbogen unter Vakuum abgeschmolzen. Niedrige Waserstoff- und Sauerstoffgehalte sind zu erreichen. Ausreichend niedrige Schwefelgehalte müssen in der Vorschmelze eingestellt werden.

In → Elektroschlackeumschmelzöfen erfolgt das Abschmelzen in einer flüssigen Schlackenschicht, die den Strom leitet und als ohmscher Widerstand wirkt. Zwischen der Schlacke, die eine Temperatur von 1 700–1 900 °C hat, und dem abschmelzenden Metall finden metallurgische Reaktionen statt. Sauerstoff und Schwefelgehalt im Stahl werden erniedrigt. Ein → Abbrand von → Silicium und → Aluminium kann durch Zugabe dieser Elemente während des Umschmelzens ausgeglichen werden.

Die Verwendung unterschiedlicher Schlacken und das Einstellen unterschiedlicher Gasatmosphären im Ofen bieten gewisse Möglichkeiten, die ablaufenden Reaktionen zu steuern.

In →Elektronenstrahlöfen werden Elektroden mit Hilfe von Elektronenstrahlern abgeschmolzen. Da sehr niedrige Drucke in der Schmelzkammer eingestellt werden können, werden in erheblichem Umfang Elemente mit einem hohen Dampfdruck wie →Mangan, →Chrom, →Kupfer, Zinn abgedampft. Es gibt Öfen die den Einsatz von Granulat, Schwamm oder →Schrott ermöglichen.

In →Plasmaöfen zum Umschmelzen kann in der Schmelzkammer mit Unter- oder Überdruck gearbeitet werden. Durch Zugabe von →Stickstoff zum Plasmagas ist so z. B. ein Auflegieren mit Stickstoff unter Überdruck möglich. *Rellermeyer*

Umwandlung →Phasenumwandlung

Umwandlungsverhalten. Umwandlung von →Stahl beim Abkühlen aus dem Existenzbereich des Austenits in →Perlit, →Martensit oder →Bainit. Das U. der verschiedenen Stähle wird quantitativ durch die →Zeit-Temperatur-Umwandlungsschaubilder beschrieben. *Dahl*

Umweltbelastung holzchemischer Prozesse. Bei den Prozessen der chemischen Holzbearbeitung können zum Teil erhebliche Umweltbelastungen durch Luft-, insbesondere aber Wasserverschmutzungen auftreten. Die am stärksten betroffenen Produktionszweige sind die Zellstoff- und Papier- sowie Faserplattenherstellung.

Bei der Faserstoffgewinnung aus →Holz als erster Prozeßstufe der Papier-, Pappen- und Faserplattenfertigung werden aufgrund des Einflusses von Temperatur allein oder in Kombination mit Chemikalien mehr oder weniger große Anteile einzelner Holzkomponenten gelöst. Gelangen diese Substanzen in die Vorfluter, so wirken sie nicht nur sauerstoffzehrend, sondern sie können darüber hinaus auch toxische Effekte haben, insbesondere durch Verbindungen, die sich durch Reaktionen der zugegebenen Chemikalien mit Holzkomponenten bilden. Weiterhin kann Luftverschmutzung durch gasförmige Chemikalien und leichtflüchtige Reaktionsprodukte mit dem Holz verursacht werden.

Bei der Herstellung von →Holzstoffen werden je nach Prozeßvariante unterschiedliche Mengen an Kohlenhydraten, →Lignin und Holzbegleitstoffen, z. B. in Form von Harzen, gelöst und rufen einen chemischen Sauerstoffbedarf (CSB) zwischen 15 und 70 kg/t hervor. Ca. 70 % davon gehen ins Abwasser, die restlichen 30 % verbleiben im Stoff, können aber das Abwasser bei der Verarbeitung

dieser Fasern zu Papier und Pappen belasten. Diese Abwasserbelastung kann in biologischen Kläranlagen weitgehend abgebaut werden.

Die Menge gelöster Holzsubstanzen nimmt bei intensiverem Einsatz von Chemikalien zur Herstellung von ligninfreien Zellstoffen zu. Die Zellstoffausbeuten nach dem Aufschluß liegen bei etwa 50 %. Die gelöste Holzsubstanz verursacht eine Urbelastung von etwa 1 800 kg CSB/t Zellstoff. Die gelösten Holzsubstanzen können in einer Wäsche mit einer Effizienz von bis zu 99 % vom Zellstoff abgetrennt, eingedampft und verbrannt werden. Dadurch wird auch eine möglichst weitgehende Rückgewinnung der Aufschlußchemikalien erreicht. Die im Zellstoff verbleibenden wasserlöslichen Verbindungen, sowie aus den Eindampfkondensaten und aus Leckagen im Kreislaufsystem stammende Substanzen können zu einer CSB-Restbelastung von ca. 50 kg/t Zellstoff führen.

Gravierende Auswirkungen auf die Vorfluter können jedoch die Belastungen durch die Lösung von im Zellstoff vorhandenem Restlignin in einer Bleiche haben. Die konventionelle Bleiche arbeitet mit Chlor und chlorhaltigen Verbindungen, wie Hypochlorit und Chlordioxid. Die anfallenden Bleichereiabwässer enthalten organische Chlorverbindungen, die toxische, mutagene oder cancerogene Effekte aufweisen können. Sie sind biologisch außerordentlich schwer abbaubar und können nicht durch Verbrennung entsorgt werden. Die Vorfluter können durch Zellstoffbleichereiabwässer in einer Größenordnung von 100 kg CSB/t Zellstoff belastet werden.

Diese Belastung kann durch Ersatz der chlorhaltigen Bleichmittel durch chlorfreie vermindert werden. Verwendet werden können Sauerstoff im alkalischen Medium, Wasserstoff, Peroxid und Ozon. Bei letzterem Bleichmittel steht die industrielle Anwendung jedoch noch aus. Technisch möglich ist zur Zeit etwa eine 50%ige CSB-Wert-Reduzierung. Die derzeitigen gesetzlichen Regelungen in der Bundesrepublik Deutschland sehen einen CSB-Grenzwert von 70 kg/t Zellstoff für den Gesamtprozeß vor, daneben eine Begrenzung der organischen Halogenverbindungen von unter 1 kg/t, des Schwermetallgehaltes der Abwässer, der Fischtoxizität sowie des Gehalts an sedimentierbaren und filtrierbaren Feststoffen. Auch bei Einhaltung der Grenzwerte muß für die Restabwasserverschmutzung eine Abwasserabgabe gezahlt werden.

An Luftbelastungen können in Abhängigkeit vom Aufschlußprozeß SO_2-Emissionen beim Sulfitverfahren und Emissionen in Form von reduzierten Schwefelverbindungen, wie H_2S und Mercaptanen, beim Sulfatverfahren auftreten. *Patt*

Literatur: *Casey, J. P.:* Pulp and Paper. Chemistry and Chemical Technology. Bd. II. New York – Chichester 1980.

Ungleichgewicht. Zustandsschaubilder (→ Zweistoffsysteme) beschreiben den Zustand von Metallen und ihren Legierungen im thermodynamischen → Gleichgewicht. Nur bei sehr geringen Temperaturänderungen (Abkühlungs- oder Aufheizgeschwindigkeiten) bildet sich das Gleichgewichtsgefüge der → Legierung. Technische Werkstoffe werden aus der Schmelze sehr viel schneller abgekühlt, als zum Einstellen des Gleichgewichts notwendig ist. So werden besonders Zustandsänderungen im festen Zustand leicht gestört, da die Reaktion durch die starke Bindung (→ Bindungskraft) langsam verläuft.

Bei der technischen Herstellung und Weiterverarbeitung von Werkstoffen treten häufig folgende U. auf:

– Kristallseigerung: Kristall mit Konzentrationsunterschieden, die zu schichtförmig aufgebauten Körnern führen, z. B. Zonenmischkristalle, Stengelkristalle bei vielen Metallegierungen.

– Unterkühlung: Durch zu schnelle → Abkühlung bildet sich die Phase noch bei tieferen Temperaturen als es dem Gleichgewichtszustand entspricht, z. B. bei AlSi-Gußlegierungen.

– Verschiebung von Phasengrenzen: Im Nicht-Gleichgewicht verschiebt sich der Übergang zweier Phasen zu einer anderen Temperatur und zu einer anderen Konzentration der Legierungszusammensetzung, z. B. Unterschied zwischen stabilem und metastabilem Eisen-Kohlenstoff-Diagramm, entartetes → Eutektikum.

– Entmischungen: In der festen Phase treten Atomplatzwechsel durch → Diffusion auf z. B. einphasige → Entmischung, Cluster, Ausscheidungen, → Überstruktur.

– Übersättigung: Zu viele Atome einer Fremd-Atomsorte sind im Grundgitter vorhanden, so daß der Gleichgewichtszustand überschritten ist. Diese (überzähligen) Atome werden im Zwangszustand in der Matrix gebunden, wodurch das → Gitter verspannt ist und z. B. die → Festigkeit erhöht und die elektrische → Leitfähigkeit vermindert ist, z. B. übersättigter → Mischkristall, → Martensit.

U. (Gleichgewichtsstörungen) sind im allgemeinen nicht aus den Zustandsdiagrammen zu entnehmen. Sie beeinflussen den Zustand und die Eigenschaften des Werkstoffs stark. Ihre Kenntnis ist aber erforderlich, um die entstehenden Werkstoffeigenschaften abschätzen zu können. *Heller*

Universalprüfmaschine. Werkstoffprüfmaschine für → Zug-, → Druck- und → Biegeversuche, mit entsprechendem Zusatzgerät auch für → Scherversuche. In Verbindung mit einem → Pulsator bzw. Servoregelung können auch → Dauerschwingversuche durchgeführt werden. Ihrer Bauart nach sind U. stehende Zugprüfmaschinen, deren allgemeine Anforderungen für Prüfkräfte $\geq 10\,\text{kN}$ in DIN 51 221 festgelegt sind.

Im einzelnen besteht die U. aus der Beanspruchungseinrichtung (Maschinengestell mit Spanneinrichtung für Zugversuche bzw. Druckplatten und Biegeeinrichtung sowie Antrieb mit Steuerung) und den Meßeinrichtungen (Kraft- und Längenänderungs- bzw. Verformungs-Meßeinrichtung). Maschinengestell: je nach Ausführung wird unterschieden zwischen Zwei- und Viersäulen-Rahmen in Ein- oder Zweiraum-Bauweise (gemeinsamer oder getrennter Zug- und Druckraum).

Spanneinrichtung: für Zugversuche werden entweder Spannbacken, wahlweise mit manueller, hydraulischer oder pneumatischer Betätigung, oder Spannschieber mit Kugelschalen und Kalotten verwendet.

Antrieb und Steuerung: entweder elektromechanisch über Spindeln oder hydraulisch über eingeschliffenen Arbeitskolben, wobei sich die Zahl der Anzeigebereiche durch Verwendung von z. B. zwei konzentrisch ineinander angeordneten Kolben, die ein- und auszukuppeln sind, verdoppeln läßt.

Beim Spindelantrieb für maximale Prüfkräfte bis etwa 500 kN wird die Bewegung der Spanneinrichtung stufenlos über Elektromotor und Regelantrieb mit dem Traversenhub erzeugt. Bei neueren Maschinen ist der transistorgesteuerte Scheibenläufermotor mit Untersetzungsgetriebe (Regelbereich bis 1:10 000) sehr verbreitet. Je nach Getriebestufe sind Traversengeschwindigkeiten von 0,001 bis 2000 mm/min möglich.

Höhere Prüfkräfte werden mit hydraulischem Antrieb erreicht. Bei konstanter Motordrehzahl läßt sich die Ölförderung der Pumpe manuell mittels Feinregelventil regeln. Moderne Maschinen werden servohydraulisch geregelt und ermöglichen einen nach Kraft, Weg oder Dehnung geregelten Versuchsablauf. Außerdem lassen sich Versuche im Schwellastbereich nach beliebigen Zeitfunktionen durchführen. Mit hydrostatischen Lagern arbeitet der Kolben nahezu reibungsfrei.

Kraftmeßeinrichtung: für kleinere U. älterer Bauart mit elektrischem Antrieb werden zur → Kraftmessung hauptsächlich gewichtsbelastete mechanische Neigungspendel verwendet, deren Bewegung auf eine Bogen- oder Kreisskala übertragen wird und eine Öldämpfung das schnelle Rückschlagen des Pendels nach Probenbruch verhindert. Für Druck- und Biegeversuch ist ein Umkehrgehänge erforderlich.

Bei hydraulischen U. (Zweiraum-Bauweise) ist die Kraftmessung durch → Pendelmanometer sehr verbreitet.

Mit einem mehrstufigen Meßkolben arbeitet der sog. Federkraftanzeiger, bei dem die elastische → Verformung einer kalibrierten Zugfeder über einen Antrieb auf einen Kraftanzeiger übertragen wird.

Anstelle des Pendelmanometers sind auch kreisförmig gebogene Röhrenfedern verwendet worden. Mit steigendem Öldruck verändert sich das Rohrprofil, was eine Bewegung des Rohrendes bewirkt, die auf einen Zeiger übertragen und vergrößert angezeigt wird.

Moderne U. besitzen zur Kraftmessung entweder induktive bzw. ohm'sche Zug- und Druckkraftaufnehmer oder elektrische Öldruckaufnehmer mit bis zu sechs Kraftmeßbereichen pro Kraftaufnehmer. Bei automatischer Meßbereichsumschaltung lassen sich stufenlos Kräfte ab 0,5 % bis 100 % vom Nennwert des Kraftaufnehmers anfahren. Die Signale der Meßwertgeber werden im Meßverstärker verstärkt und auf die Anzeige (digital mit Spitzenwertspeicher oder analog mit Schleppzeiger) und Registriereinrichtung (X-Y-Schreiber) gegeben.

Die Kraftaufnehmer sind für Zugversuche beweglich entweder in der Traverse bzw. im Querhaupt des Maschinenrahmens aufgehängt oder direkt an die Kolbenstange montiert. Für Druck- und Biegeversuche werden sie arretiert. Die Öldruckaufnehmer sind an das Drucksystem der Maschine angeschlossen.

Längenänderungsmeßeinrichtung: anstelle der älteren mechanischen und optischen Meßeinrichtungen werden heute überwiegend elektrische Dehnungsmeßgeräte für statische und dynamische Verformungsmessungen an Proben verwendet. Sie arbeiten als Ansetz(Tastarm)-Dehnungsmesser entweder nach dem induktiven oder ohm'schen Prinzip. Berührungslose Messungen sind z. B. mit optoelektrischen Dehnungsaufnehmern möglich.

Im Zuge der Automatisierung der Prüfvorgänge werden zunehmens rechnergesteuerte U. mit elektrischer Kraftmeßeinrichtung eingesetzt. Dabei steuert und kontrolliert ein Prozeßrechner den kompletten Versuchsablauf vom Probeneinbau bis zur Ausgabe sämtlicher Materialkennwerte über Drucker. *Kußmaul*

Unterfurnier →Furnier

Unterkühlung →Keimbildung

Unterpulverschweißen. Beim U. (Bild) taucht die mechanisiert zugeführte Drahtelektrode in die vor dem Schweißkopf durch einen Zuführungsschlauch aufgebrachte Pulveraufschüttung ein. Der Lichtbogen zwischen →Elektrode und Werkstück schmilzt einen Teil des Pulvers zu einer Schlacke, in der sich eine mit ionisierten Gasen gefüllte Blase (Kaverne) bildet. Der abgeschmolzene Elektrodenwerkstoff geht tropfenförmig durch die Kaverne über. Die geschmolzene Schlacke deckt die Raupe unter dem Pulverüberschuß ab und kann nach dem →Erstar-

ren leicht entfernt werden. Das →Schweißpulver hat die gleichen Aufgaben zu erfüllen wie die Umhüllungen von Stabelektroden (Leitfähigkeitserhöhung, Schlackebildung, Desoxidierung).

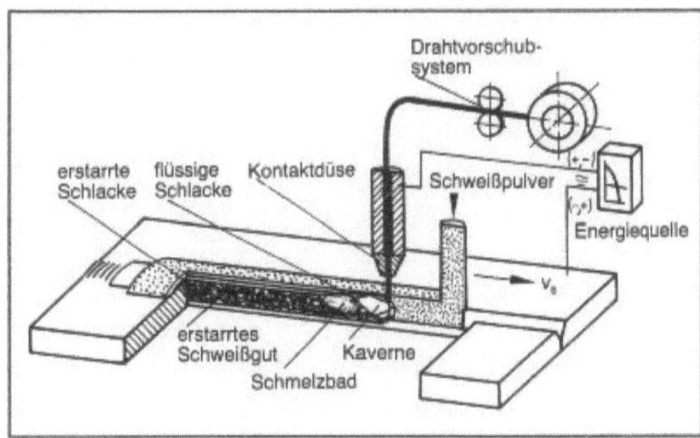

Unterpulverschweißens: Prinzipielle Darstellung des Verfahrens.

Die geschlossene Kaverne sorgt für einen stabilen Schweißprozeß und einen sicheren Schutz der Schweißstelle vor der Atmosphäre. Es lassen sich Abschmelzleistungen bis 15 kg/h pro Draht und Schweißgeschwindigkeiten bis 120 cm/min erzielen. Das Verfahren wird im Behälter- und Rohrleitungs-, dem Schiff-, Fahrzeug- und Stahlbau eingesetzt.

Pulver zum U. sind nach DIN 32522 körnige, schmelzbare Produkte mineralischen Ursprungs, die nach unterschiedlichen Methoden gefertigt werden. Man unterscheidet folgende Kennzeichnung:
☐ F für erschmolzene Schweißpulver (fused),
☐ B für agglomerierte Schweißpulver (bonded),
☐ M für Mischpulver (mixed).

Schmelzpulver werden aus der glasartig erstarrten, sehr homogenen Schmelze durch Mahlen auf eine bestimmte →Korngröße gebracht, während agglomerierte Pulver mittels eines Bindemittels aus feinstkörnigen Ausgangsprodukten granuliert werden. Mischpulver sind Mischungen beider Sorten.

Dorn

Literatur: DIN 32522: Schweißpulver zum Unterpulverschweißen. Berlin, Köln 1981. – *Dorn, L.* u. a.: Leistungs- und Qualitätssteigerung beim Lichtbogenschweißen. Ehningen, 1989. – *Killing, R.:* Handbuch der Schweißverfahren. Tl. 1. Lichtbogenschweißverfahren. Düsseldorf 1984. – *Müller, P.* u. *L. Wolf:* Handbuch des Unterpulverschweißens. Düsseldorf 1983.

Unterrostung. Die U. ist der unterhalb einer nicht beschädigten organischen →Beschichtung ablaufende Korrosionsvorgang, der sich langsam auf der Metalloberfläche ausbreitet und zur lokalen oder völligen Ablösung der →Schutzschicht führen kann. Da häufig beschichtete Stähle davon betroffen sind, wird der Korrosionsangriff als U. bezeichnet.

Ursachen für die U. können sein: mangelhafte Entrostung oder schlechte Trocknung der Stahloberfläche vor der Beschichtung, Grundanstriche ohne Zusatz von Korrosionsschutzpigmenten, porige oder zu dünne Beschichtung, durch welche die Feuchtigkeit und der Sauerstoff leichter zur Metalloberfläche diffundieren und damit U. hervorrufen kann. *Wendler-Kalsch*

Unterwasserbeton. Da → Beton nur durch die Hydratation des Zementes erhärtet (→ Erhärten), kann er auch unter Wasser eingesetzt werden. Es ist jedoch dafür zu sorgen, daß er als geschlossene Masse erhalten bleibt und sich der Wasser-Zement-Wert (→ Frischbeton) nicht durch Wasseraufnahme erhöht. Er wird deshalb mit Trichterrohren, die in den Beton münden, mit Kübeln, die auf dem Boden oder Beton nach unten aufgeklappt werden, durch Pumpen oder mit Hydroventilen eingebracht. Durch eine besondere → Kornzusammensetzung und spezielle Zusatzmittel, z. B. Siboverfahren, kann erreicht werden, daß der Frischbeton gegenüber hydromechanischer Beanspruchung zusammenhängend und stabil bleibt. Er kann so von schwimmenden Großpaletten über Wasser in der vorgesehenen Menge und Dicke verteilt und im freien Fall über 5 m Wassertiefe frei durch das Wasser gestürzt werden, ohne daß er sich entmischt oder → Bindemittel ausgewaschen wird. *Wesche*

UPS → Oberflächenanalytik

Urethan-Elastomere → Elastomere

Urformen. U. ist Fertigen eines festen Körpers aus formlosem Stoff durch Schaffen des Zusammen-

halts. Unter DIN 008 581 ist das U. als Hauptgruppe 1 in das Ordnungssystem „Begriffe der Fertigungsverfahren, Einteilung" nach DIN 8580 eingereiht. Diese Hauptgruppe umfaßt acht Gruppen (Bild 1). Wegen der internationalen Verflechtung der Technik ist zur Verständigung eine verbindliche Terminologie erforderlich, für deren Abstimmung Zeit benötigt wird, weshalb es bei diesem Normvorhaben noch einige Lücken gibt.

Ordnungspunkte für die Unterteilung sind vor allem die Stoffeigenschaften des Werkstücks, die Art der Herstellung, die erzielbare Werkstückform und sonstige Besonderheiten, wie Druck, Vakuum u. ä. m. Als Beispiel zeigt das Schema (Bild 2) die Gliederung der Gruppe „U. aus dem flüssigen Zustand", und deren weitere Unterteilung. Selbst darüber hinaus wird wohl eine weitere Fächerung noch nötig sein, denn unter den Untergruppenbegriff 1.2.1.1 „Schwerkraftgießen" fallen Fertigungsverfahren wie → Gießen in Sandformen (verlorene Gießform), → Vollformgießen (verlorenes Modell und verlorene Form), Kokillengießen (→ Dauerform).

Da als Hauptordnungspunkt die Stoffeigenschaften gelten, ist es verständlich, daß manche Fertigungsverfahren, die beispielsweise beim vorerwähnten Gießen von Metallen gebräuchlich sind, bei Kunststoffen keine Anwendung finden und umgekehrt Kunststoffproduktionsmethoden, wie z. B. das → Schäumen, kein Herstellungsverfahren für metallische Werkstücke sind. Ähnliches gilt für das U. von natürlichen Werkstoffen, wie z. B. Wachs.

Unter der Gruppe 1.3 U. aus dem ionisierten Zustand soll im Normenvorhaben das Formen

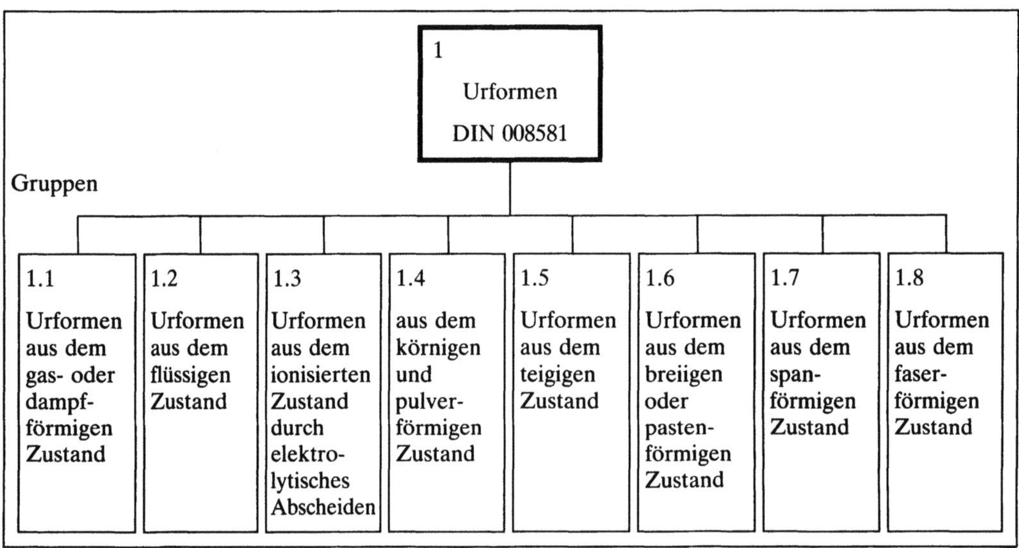

Urformen 1: Gruppenaufteilung entsprechend DIN 8581.

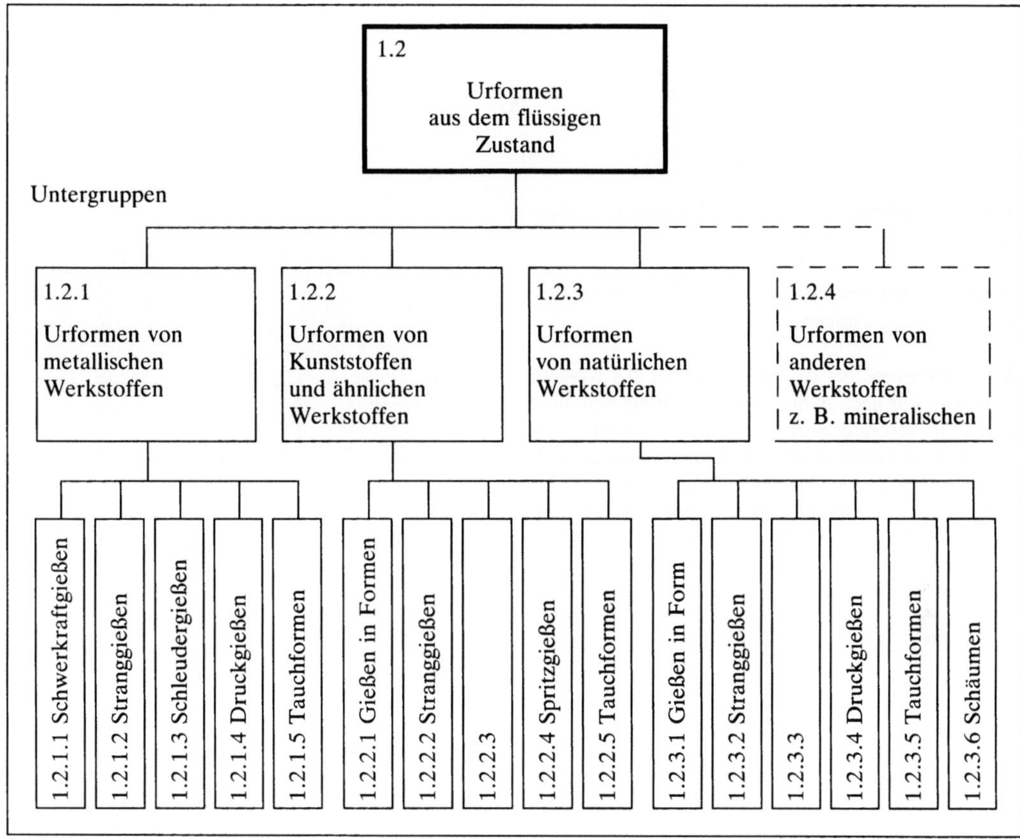

Urformen 2: Beispiel für die weitere Unterteilung der Gruppe „U. aus dem flüssigen Zustand".

durch elektrolytisches Abscheiden verstanden werden. Inwieweit hier noch eine Unterteilung vorzunehmen ist, bleibt gegenwärtig noch offen.

Die Gruppe 1.4 U. aus dem körnigen oder pulverförmigen Zustand soll Fertigungsverfahren wie →Brikettieren mit und ohne →Bindemittel, Tablettieren mit und ohne Binderzusätze, Sandform- und Kernherstellung für die Gußproduktion, →Sintern und →Pressen von Sinterrohlingen sowie die Sinterverfahren umfassen. *Doliwa*

V

VAD-Verfahren → Vakuum-Pfannenentgasungsverfahren

Vakuumaufdampfen → Abscheidung, physikalische aus der Gasphase

Vakuumbeton. V. ist ein plastischer bis weicher → Beton, der nach dem Einbringen in die Schalung durch ein besonderes Absaugverfahren vom Überschußwasser befreit wird. Durch das Absaugen entsteht in den Poren ein Unterdruck von 8000 bis 9000 bar, der zu einer hohen Gründruckfestigkeit des Betons (Festigkeit des Frischbetons im verdichteten Zustand) führt und bei geeigneten Bauteilen (Wände, Säulen) ein sofortiges Ausschalen erlaubt. Das Verfahren wird heute im wesentlichen bei waagerechten, direkt beanspruchten Betonoberflächen angewendet, um den Widerstand gegen → Verschleiß, Frost- und Tausalzeinfluß zu erhöhen und das Schwinden und die Reißneigung zu verringern. Da die Absaugwirkung mit der Tiefe abnimmt, ist sie im oberen Bereich am größten, d. h. dort, wo der Beton i. a. am stärksten beansprucht wird. *Wesche*

Vakuum-Druckguß → Druckgießmaschine

Vakuumentgasung → Gase im Metall

Vakuumformverfahren. (auch V-Prozeß) Nach VDG-Merkblatt R 203 ist das V. eine Methode zur Herstellung von Formteilen, bei denen binderfreier, rieselfähiger → Sand durch Unterdruck im Formkasten verfestigt wird. Die Abdichtung des Formkastens zum → Modell und nach außen erfolgt durch Kunststoffolien. Der Unterdruck bleibt auch nach dem Abgießen bis zumindest zur Bildung einer tragfähigen Randschale oder zur völligen → Erstarrung bestehen.

In der Anlagentechnik für dieses Verfahren haben sich vier Bautypen herauskristallisiert, wobei die meisten sich in den Einrichtungen zur Herstellung der Form (Vibrationstisch, Konturfoliensetzvorrichtung und Sandbunker mit Deckfolien-Ziehvorrichtung) ähneln und hauptsächlich in der Art der Zuführung der Modellplatten zur Formstation unterscheiden. Beispiel ist eine Formeinrichtung (Bild), bei der die Modelle mittels eines Shuttle- (Transfer-) Wagens von einer Seite auf die Formstation gebracht werden. Weitere Anlagetypen sind

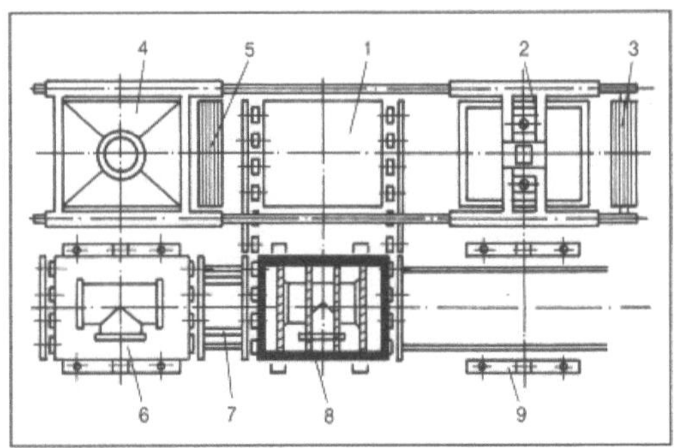

Vakuumformverfahren: Vakuum-Shuttle-Formanlage.

1 Vibrotisch; 2 Foliensetzvorrichtung; 3 Konturfolienrolle; 4 Sanddosiergerät; 5 Deckfolienrolle; 6 Modellplatte und Modellplattenträger; 7 Shuttlewagen; 8 Formkasten; 9 Stiftenabhebung

Drehtisch-Formanlage, Vierstationen-Drehkreuz-Formanlage und Einzelformmaschinen.

Anfängliche Schwierigkeiten mit der Konturfolie zum Überziehen der Modelle sind durch neue, insbesondere SiO$_2$-freie, Folien sowie die Entwicklung von Kontaktheizplatten, die die Folien in Sekundenschnelle erwärmen, überwunden. Das V. liefert sehr gute Gußoberflächen, ist binderlos und umweltfreundlich. Der Formsand kann bis auf 1–2 % Verlust wiederverwendet werden. Da die Fließstrecke der Metallschmelze rund 20 % höher ist als bei üblichen Sandformen, kann man im V-Verfahren sehr geringe Wanddicken gießen. Ebenfalls niedrig sind Putzkosten und Ausschuß. Nachteilig sind die hohen Investitionskosten bei geringer Formleistung, hohe Lizenzgebühren, hoher Energieverbrauch, mitunter Staubprobleme beim Ausleeren, → Randentkohlung und Graphitentartung von Eisenguß an der Oberfläche, lange Abkühlzeiten und die Notwendigkeit zum Schlichten der Folien mit Spezialschlichten. Somit läßt sich das V. wirtschaftlich vor allem dann einsetzen, wenn es um den Ersatz von praktisch als Handformerei betriebenen Kaltharz- oder wenig leistungsfähiger Grünsand-Formverfahren geht. *Doliwa*

Literatur: *Engels, G.* u. *G. Schneider:* Gießerei 73 (1986), Nr. 17, S. 491/495. – VDG-Merkblatt R 203. Düsseldorf, Dezember 1980.

Vakuum-Frischverfahren. Zur Herstellung von Stählen mit besonders niedrigen Kohlenstoffgehalten bietet sich das →Frischen, das oxidierende Behandeln der Schmelzen mit Sauerstoff, unter vermindertem Druck an. Diese Technik der Pfannenstandentgasung wird VOD (*engl.* Vacuum Oxygen Decarburisation)-Verfahren genannt und insbesondere für die Herstellung hochchromhaltiger Stähle mit niedrigem Kohlenstoffgehalt bei hohem Chromausbringen eingesetzt. Dabei wird der Sauerstoff mit einer Lanze auf die Schmelze geblasen.

Baumann

Vakuum-Lichtbogenöfen. In V.-L. werden als Kathoden geschaltete →Elektroden aus der zu schmelzenden →Legierung durch Gleichstromlichtbögen in wassergekühlte Kupfertiegel-Kokillen bei Betriebsdrücken zwischen $1,3 \cdot 10^{-4}$ bar und $1,3 \cdot 10^{-6}$ bar abgeschmolzen. Somit sind Verunreinigungen der Schmelze durch Tiegelmaterialien und Reaktionen mit der Atmosphäre ausgeschlossen.

Ein V.-L. besteht im wesentlichen aus einem Vakuumbehälter, an dessen unterem Ende ein wassergekühlter Kupfertiegel angeflanscht ist (Bild). In den Vakuumbehälter wird eine Elektrodenstange vakuumdicht eingeführt, an der die Abschmelzelektrode befestigt ist. Der Vakuumbehälter ist an den Vakuumpumpenstand mit Staubabscheider angeschlossen. Steuerstand mit Bedienungspult und Teleoptik sind auf der Arbeitsbühne angeordnet.

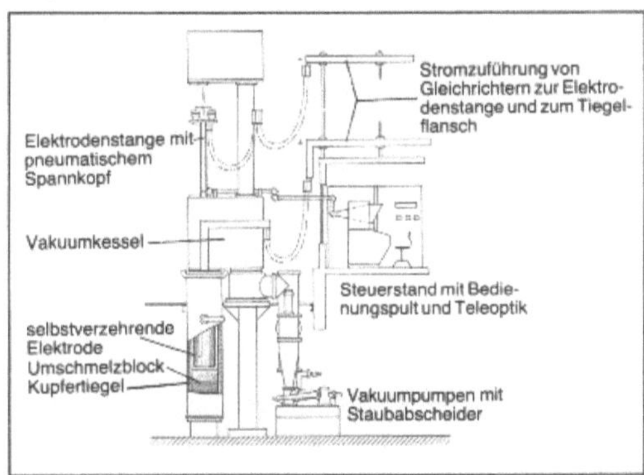

Vakuum-Lichtbogenofen: Aufbau eines V.-L.

Die Kokillen bestehen aus nahtlosen oder geschweißten Kupferrohren mit Wanddicken zwischen 15 mm und 30 mm. Bei sorgfältiger Behandlung der Kokillen werden Durchsatzmengen von mehr als 1 000 Schmelzen ohne Reparatur erzielt. Für die Kokillenkühlung ist ein geschlossener Kühlwasserkreislauf notwendig. Zum Evakuieren werden Ölbooster-Pumpen mit Diffusionsstufe sowie Rootspumpen eingesetzt. Oft sind beide Pumpenarten parallel geschaltet.

Die Beobachtung des Abschmelzvorganges erfolgt über eine teleoptische Einrichtung, die das Lichtbogenbild auf eine Mattscheibe am Bedienungsstand überträgt. Dies erleichtert insbesondere

das Anfahren und die Beendigung des Schmelzvorganges.

Die optimale Stromstärke für das Umschmelzen von →Stahl ist von der Stahlsorte abhängig und muß meist empirisch ermittelt werden. Außerdem ist sie dem Elektrodenquerschnitt nicht proportional. Als Anhaltswerte können z. B. für das Umschmelzen von Kohlenstoffstählen folgende Werte angenommen werden: bei Blockdurchmessern von 400 mm etwa 7 000 A, bei 1 000 mm etwa 24 000 A und bei 1 500 mm etwa 32 000 A. Dabei ist ein normaler Abstand zwischen Abschmelzelektrode und Kokillenwand, 50 mm bei 400 mm und 75 mm bei 1 500 mm Blockdurchmesser, vorausgesetzt.

Seit der großtechnischen Anwendung des V.-L. für die Produktion hochreiner Umschmelzblöcke aus Legierungen auf Eisen-, Nickel- oder Kobalt-Basis hat sich am äußeren Aufbau dieses Ofentyps und seiner Hilfseinrichtungen nur wenig geändert. Zur Erhöhung der Produktivität werden die Anlagen heute meist mit zwei Schmelzstellen ausgerüstet, so daß die Resterstarrung des zuerst erschmolzenen Blockes zeitlich unabhängig von dem Umschmelzen eines nachfolgenden Blockes erfolgen kann.

Baumann

Literatur: *Plöckinger, E.* und *O. Etterich:* Elektrostahl-Erzeugung. Düsseldorf 1979.

Vakuum-Metallurgie. Der Einsatz von Vakuum in verschiedenen Druckbereichen bis hin zum Ultrahochvakuum (UHV) ist in der Werkstofftechnik weit verbreitet, um

– 1. bei erhöhten Temperaturen unerwünschte Reaktionen mit Bestandteilen der Gasatmosphäre, insbesondere dem Luftsauerstoff, zu vermeiden, um

– 2. unerwünschte Begleitelemente, die vom Erz oder einer früheren Fertigungsstufe her in eine Legierung gelangt sind, zu entfernen, oder um

– 3. bestimmte Reaktionstypen bzw. Fertigungsverfahren zu ermöglichen.

Beispiele für 1. sind die Herstellungstechnologien der reaktiven Metalle wie Ti, Zr, Mo, W, die ohne Einsatz der V.-M. heute nicht mehr denkbar wären, die →Pulvermetallurgie der Superlegierungen und der →Aluminiumlegierungen, sowie die Herstellung „sauberer" Legierungen mit hohen Qualitätsanforderungen (Magnetlegierungen, legierte Stähle, Elektronikwerkstoffe).

Beispiele für 2. sind die Entfernung von Zn und Cd aus NE-Legierungen unter Ausnutzung des hohen Dampfdruckes dieser Elemente sowie vor allem die Entgasung von Schmelzen (insbes. Entfernung von Wasserstoff); in diese Kategorie gehört auch die Vakuum-Desoxidation von Stahlschmelzen unter Ausnutzung der Reaktion

$$\underline{O}\text{(gelöst)} + \underline{C}\text{(gelöst)} \rightarrow CO\text{(gas)}$$

Diese Reaktion, die durch das Absaugen des gebildeten CO im Vakuum erheblich beschleunigt wird, vermeidet die Bildung fester Desoxidationsprodukte mit potentieller Gefahr im Hinblick auf spätere Rißkeimbildung.

Beispiele für 3. sind alle Fertigungsverfahren, welche Elektronenstrahlen einsetzen (→ Schweißen, → Schneiden) sowie → Beschichtungsverfahren wie → PVD (Oberflächentechnik).

Schließlich ist das Arbeiten unter Vakuum auch in der Meß- und Prüftechnik von Werkstoffen häufig unerläßlich, um insbes. im Hochtemperaturbereich die durch Temperatur und Spannung verursachten Effekte von denen zu separieren, welche durch Korrosionsvorgänge mit dem Luftsauerstoff bedingt sind (Beispiel: Low Cycle Fatigue unter Vakuum).

Vorstehende Beispiele zeigen, in wie starkem Maße die Anwendung der V.-M. an die Bereitstellung leistungsfähiger Anlagen für die Erzeugung und Messung des Vakuums in technischen Größenordnungen (bis zu 500 t in einer Anlage) geknüpft ist. Im Zuge der steigenden Anforderungen an Werkstoffqualität und Zuverlässigkeit ist mit einer Zunahme des Produktionsvolumens auf diesem Sektor zu rechnen. *Ilschner*

Literatur: *Fromm, E.* und *E. Gebhard:* Gase und Kohlenstoff in Metallen. Berlin etc. 1976.

Vakuum-Pfannenentgasungsverfahren. Beim V.-P., auch VLD (*engl.* Vacuum Ladle Degassing)-Verfahren genannt, wird die → Pfanne mit schlackenfreier Schmelze in das Entgasungsgefäß eingesetzt. Während der Vakuumbehandlung sorgt die intensive Inertgasrührung für eine schnelle Homogenisierung der Schmelze und eine schnelle Reaktion durch die turbulente Bewegung der Badoberfläche. Den dabei auftretenden Wärmeverlusten muß durch erhöhte Abstichtemperaturen Rechnung getragen werden.

Wenn die Vakuum-Pfannenentgasungsanlage mit einer Lichtbogenheizung für den Ausgleich der Wärmeverluste und einer Legierungsmittel-Schleuse ausgerüstet ist, dann wird das darin durchzuführende Verfahren VAD (*engl.* Vacuum Arc Degassing)-Verfahren genannt. *Baumann*

Vakuumtrocknung → Holztrocknung

Vakuum-Umlauffrischverfahren. Bei dem aus dem → Vakuum-Umlaufverfahren entwickelten RH-OB (Ruhrstahl-Haraeus-Oxygen-Blowing)-Verfahren wird die Stahlschmelze im Vakuumgefäß auf niedrige Kohlenstoffgehalte heruntergefrischt und dann fertiggemacht. Unter → Frischen ist hier die oxidierende Behandlung der Stahlschmelzen zur

Entfernung von Begleitelementen, insbesondere Kohlenstoff, zu verstehen. *Baumann*

Vakuum-Umlaufverfahren. Zur Vakuumbehandlung von Massenstählen wird nach 1980 meist das RH (Ruhrstahl-Heraeus)-Verfahren eingesetzt. Das ist ein Teilmengen-Entgasungsverfahren. Bei einer Anlage zur Durchführung dieses Verfahrens befinden sich am Boden des Vakuumgefäßes zwei feuerfest ausgekleidete Rohrstutzen, von denen der eine als Einlaufstutzen und der andere als Auslaufstutzen dient (Bild). Die Stutzen tauchen in die Schmelze ein und das Vakuumgefäß wird evakuiert. Infolge des atmosphärischen Druckes steigt die Schmelze in das Vakuumgefäß. Gleichzeitig wird in den Einlaufstutzen Argon als Fördergas eingeleitet, welches eine Anhebung des Schmelzenspiegels im Vakuumgefäß und die Entgasung der dortigen Schmelze beschleunigt. Die entgaste Schmelze fließt durch das Auslaufrohr in die → Pfanne zurück.

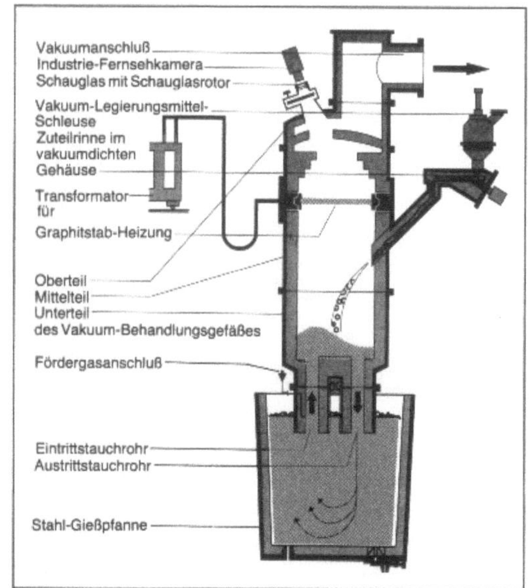

Vakuum-Umlaufverfahren: Schematische Darstellung.

Die RH-Behandlungsgefäße können entweder fahrbar oder drehbar angeordnet sein. Dabei benötigt eine Anlage mit fahrbarer Anordnung für das Wechseln der Gefäße einen größeren Raum als eine Anlage mit drehbarer Anordnung. Die Stahlpfannen können entweder mit einem Wagen oder einem Pfannendrehturm zur Stahlbehandlung in die RH-Anlage eingebracht werden. Eine Planung mit schwenkbaren RH-Behandlungsgefäßen einerseits und einem Drehturm für den schnellen Pfannenwechsel andererseits führt zu größtmöglichen Nutzungshauptzeiten der RH-Anlagen. Dabei liegen

– ohne Berücksichtigung der Pfannen-Transport-zeiten – die Pfannen- und Gefäß-Wechselzeiten in der Größenordnung von 4 Minuten.

Die → Verfügbarkeit einer RH-Anlage ist im wesentlichen von der Haltbarkeit der feuerfesten Zustellung der Behandlungsgefäß-Teile abhängig. In Anlagen mit einem Behandlungsgefäß erfordert jeder Schnorchel- oder Gefäßteilwechsel einen Produktionsausfall von mehreren Stunden. Bei Anlagen mit zwei Behandlungsgefäßen kann das Gefäß in weniger als 10 Minuten gewechselt werden.

Die Wahl des RH-Verfahrens oder des daraus entwickelten → Vakuum-Umlauffrischverfahrens ist im wesentlichen von
– der Anzahl zu behandelnder Schmelzen je Tag,
– der Schmelzenfolgezeit,
– dem Qualitätsprogramm und
– den Standzeiten der feuerfesten Stoffe
abhängig. *Baumann*

Vakuumverfahren. Verfahrensschritte bei der → Stahlherstellung, die unter Vakuum erfolgen, um den Zutritt schädlicher Gase zu verhindern und im → Stahl gelöste Gase zu entfernen.

Man unterscheidet → Schmelzen und Umschmelzen unter Vakuum von der Vakuumbehandlung in der Pfanne (Bild). Vakuumschmelzen wird für wenige, hochwertige Stahlgüten angewandt.

Ein Induktionsofen, der sich in einem Vakuumgefäß befindet, dient zum Schmelzen, → Legieren und Abgießen. → Umschmelzverfahren unter Vakuum werden bei besonderen qualitativen Anforderungen für Stähle und Sonderwerkstoffe angewandt.

Große Bedeutung haben die Verfahren zur Vakuumbehandlung in der Gießpfanne. Auch für sehr große Schmelzen lassen sich dabei die Wasserstoffgehalte absenken, eine → Desoxidation mit → Kohlenstoff und auch eine → Entkohlung auf sehr niedrige Gehalte durchführen.

Bei der Pfannenentgasung wird die gefüllte Pfanne in einem Vakuumkessel abgesetzt oder sie wird durch einen dichten Deckel abgeschlossen. Zur Unterstützung der Entgasung kann die Schmelze mit Argon gespült werden. Der Druck wird unter 1 mbar abgesenkt. Über die Entgasung hinaus sind in entsprechend ausgerüsteten Anlagen alle Möglichkeiten der → Pfannenmetallurgie gegeben.

Die größte Verbreitung haben die Teilmengenentgasungsverfahren in Gießpfannen.

Beim Vakuum-Heber-Verfahren, DH-Verfahren, wird bei Absenken eines feuerfest ausgekleideten Vakuumgefäßes durch einen in den Stahl eintauchenden Rüssel eine Teilmenge des Stahles eingesaugt und entgast. Beim Anheben des Gefäßes strömt der Stahl in die Pfanne zurück. In 20–30 Hü-

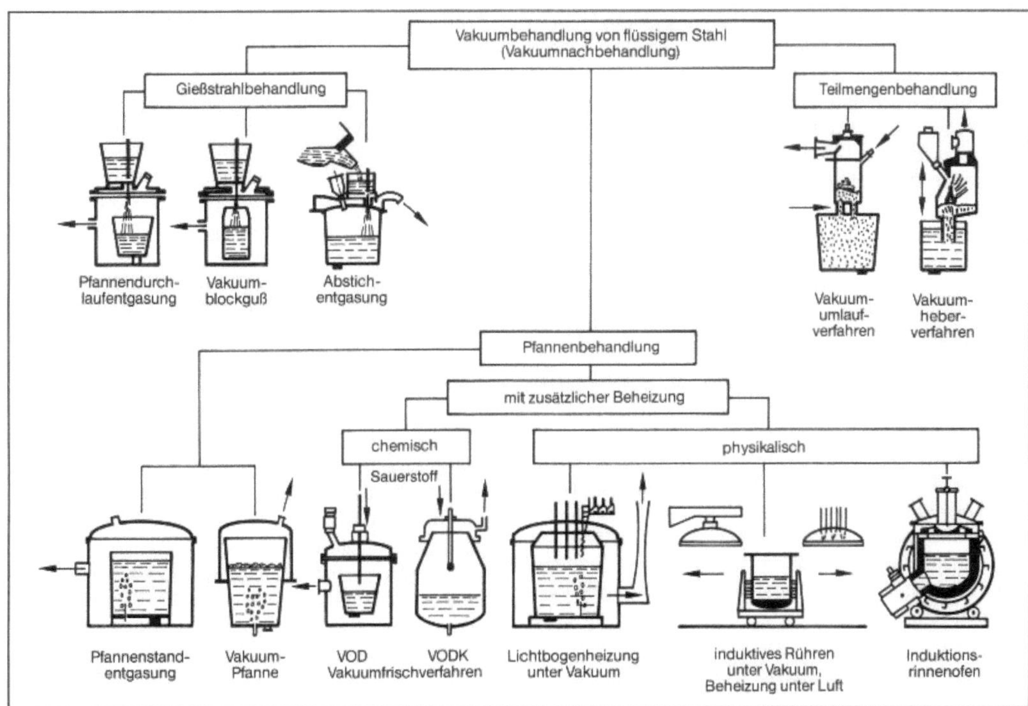

Vakuumverfahren: Verfahren zur Vakuumbehandlung von flüssigem Rohstahl. (Quelle: VDEh Düsseldorf)

ben läßt sich der Gasgehalt der ganzen Schmelze so weit absenken, daß ein Enddruck im Vakuumgefäß unter 1 mbar erreicht wird.

Bei der Umlaufentgasung, RH-Verfahren, tauchen zwei Rüssel des Vakuumgefäßes in die Schmelze. Durch Einleiten von Argon in den einen der Rüssel wird Stahl in das Vakuumgefäß gehoben und fließt durch den zweiten zurück. Auch bei diesem Verfahren ist eine Behandlungsdauer von 12–20 Minuten nötig, um den gesamten Pfanneninhalt zu entgasen und ein Endvakuum unter 1 mbar einzustellen. Beim RHOB-Verfahren wird zur Oxidation von Kohlenstoff in die Teilschmelze im Vakuumgefäß Sauerstoff eingeblasen.

Desoxidation- und Legierungsmittel können in beiden Verfahren nach der Entgasung zugegeben werden. Zur homogenen Verteilung wird die Behandlung dann für einige Minuten fortgesetzt.

Rellermeyer

Literatur: *Knüppel, H.:* Desoxidation und Vakuumbehandlung von Stahlschmelzen. 2 Bde. Düsseldorf, 1970.

Vanadieren. Anreichern der → Randschicht eines Werkstückes – meistens aus → Stahl – mit → Vanadin durch thermochemische → Behandlung. Die Behandlung erfolgt bei 850–1 050 °C in Pulver oder im Salzbad. Zum V. wird ein Mindestkohlenstoffgehalt des Grundwerkstoffes benötigt, damit eine Vanadincarbidschicht gebildet werden kann. Diese Schicht besitzt eine Härte von ca. 2 400 HV 0,1 bei einer maximalen Dicke von 20 µm.

Vanadincarbidschichten zeichnen sich durch einen sehr hohen Widerstand gegen → Abrasion aus. Gleitpaarungen, bei denen beide Gleitpartner Vanadincarbidschichten besitzen, haben in Luft einen niedrigen → Verschleiß, weil sich durch → Tribooxidation dünne Reaktionsschichten bilden, die der → Adhäsion entgegenwirken.

Das V. wird hauptsächlich in der japanischen Automobilindustrie zur Erhöhung der Standzeit von Werkzeugen benutzt.

Habig

Literatur: *Habig, K.-H.:* VDI-Ber. 333 (1979) S. 43 – *Arai, T.:* Bleche, Rohre, Profile 29 (1982) S. 370.

Vanadin. Legierungselement in → Stahl. Bei Gehalten ≦ 0,1 % erfolgt → Ausscheidung von Vanadinkarbonitriden zur → Aushärtung (→ Behandlung, thermomechanische) oder Verbesserung der → Warmfestigkeit. Höhere Gehalte werden meist mit Chrom, Molybdän oder Wolfram in Werkzeugstählen eingesetzt.

Dahl

Vanadincarbidschichten → Vanadieren

Vanadiumlegierungen (auch Vanadinlegierungen). Bei der Entwicklung von hochschmelzenden

V. wurde besonders das System V-Ti-Nb untersucht, da V. als mögliche Alternative zu den hochfesten → Titanlegierungen der Luft- und Raumfahrt angesehen wurden. Zwei Legierungen dienen der Hochtemperaturanwendung: VNb15Ti3 und VTi3Si1. Geringe Ti-Zusätze erhöhen stark die → Zeitstandfestigkeit von Vanadium (Cluster- oder Ausscheidungsbildung), → Niob als Legierungskomponente ergibt bei kurzen Standzeiten ebenfalls eine Erhöhung. Es ist jedoch schwierig, dünne Bleche oder Rohre bei geforderter → Warmfestigkeit herzustellen.

Wegen des geringen Neutronen-Einfangquerschnitts sind V. geeignet für Reaktorzwecke. Außerdem sind sie gut korrosionsbeständig (Salzsäure, Meerwasser) und gut mit → Schutzgas schweißbar. Durch → Stickstoff, Sauerstoff und → Wasserstoff verspröden sie stark.

V. (Ferrovanadium) werden entweder aluminothermisch durch → Reduktion mit → Aluminium oder elektrothermisch durch Reduktion mit → Silicium hergestellt (50–55 % V; 0,1–0,2 % C; max. 4 % Si; 1,5 % Al; 0,1 % P; 0,1 % S; Rest Fe). In erster Linie werden sie in der Stahlindustrie für Legierungszwecke verwendet. Mit → Titan legiert ist die Legierung TiAl6V4 ein hervorragender Leichtbauwerkstoff.

Heller

VDEh. Abk. für Verein Deutscher Eisenhüttenleute. Der 1860 gegründete technisch-wissenschaftliche Verein hat sich die Förderung der technischen Arbeiten auf dem Gebiet von Eisen, Stahl und verwandten Werkstoffen zur Aufgabe gemacht. Hierzu gehören der Erfahrungsaustausch, Gemeinschaftsarbeiten, Forschung und Entwicklung, Nachwuchsförderung und Weiterbildung, Normung, Vertretung technisch-wissenschaftlicher Belange im In- und Ausland sowie Erfassung, Dokumentation und Verbreitung des Fachwissens.

Forschungs- und Entwicklungsarbeiten werden in eigenen Instituten durchgeführt. Grundlagenforschung betreibt das Max-Planck-Institut für Eisenforschung, das gemeinsam mit der → Max-Planck-Gesellschaft zur Förderung der Wissenschaften getragen wird. Angewandte Forschung und Entwicklung ist Aufgabe des Betriebsforschungsinstituts und dessen Tochtergesellschaft, der BFI Betriebstechnik. Fachveröffentlichungen in Form von Zeitschriften und Büchern werden vom Verlag Stahleisen herausgegeben.

Der VDEh zählt über 10 000 Personenmitglieder im In- und Ausland sowie rd. 70 fördernde Mitgliedswerke. Die Hauptveranstaltung des VDEh ist der alljährlich stattfindende Eisenhüttentag.

Debelius

VDEh-Stahl-Eisen-Werkstoffblätter → Regelsetzer, technischer

VDG. Abk. für Verein Deutscher Giessereifachleute e. V. Dem 1909 gegründeten Verein gehören 3 000 persönliche Mitglieder sowie ca. 900 Unternehmen der Eisen-, Stahl-, Temper- und Metallgießereien und sonstige Unternehmen an.

Zweck des Vereins ist die Förderung des Gießereiwesens in wissenschaftlicher und technischer Beziehung durch:

Erfahrungs- und Erkenntnisaustausch, Bildung von Fachausschüssen zur Klärung technischer Fragen, Förderung von Forschungs- und Entwicklungsarbeiten, Ergebnisübertragung durch Seminare und Vorträge auf Sprechabenden und Tagungen sowie durch Veröffentlichungen. Der VDG unterhält eine Dokumentation und Bibliothek mit 32 000 Büchern und Zeitschriftenbänden, ca. 3 000 audiovisuelle Materialien, 270 inländischen Zeitschriften sowie 95 ausländischen Zeitschriften aus 29 Ländern.

Debelius

VDI → Verein Deutscher Ingenieure

VDI-Richtlinien → Regelsetzer, technischer

VDI-Technologiezentrum Physikalische Technologien. Einrichtung des Vereins Deutscher Ingenieure (VDI). Unterstützung der Überführung naturwissenschaftlicher Erkenntnisse in industrielle Produkte und Verfahren.

Der VDI wurde 1957 Projektträger des Bundesministeriums für Forschung und Technologie (BMFT) im Bereich Physikalische Technologien. 1978 wurde in Berlin das VDI-Technologiezentrum gegründet. Mit erweiterten Zielen und Aufgaben existiert das VDI-Technologiezentrum Physikalische Technologien in seiner heutigen Form seit 1983 im VDI-Haus in Düsseldorf. 1986 wurde das VDI-Technologiezentrum in Berlin in die VDI/VDE-Technologiezentrum Informationstechnik GmbH (VDI/VDE-IT) umgewandelt. Gesellschafter sind der VDI und der Verband Deutscher Elektrotechniker (VDE).

Das VDI-Technologiezentrum wirkt als Moderator für die Abstimmung von Inhalten und Vorgehen bei fach- und spartenübergreifenden gemeinsamen Anstrengungen von Wissenschaft und Industrie. Seine Aufgaben sind:

□ Analyse naturwissenschaftlicher Ansätze für zukünftige Technologie;

□ Zukunftstechnologien durch Förderung von Forschung und Entwicklung an die industrielle Schwelle heranzuführen als Projektträger des BMFT für Physikalische Technologien (Neue Supraleiter und Tieftemperaturtechnologie, Oberflächen- und Dünnschichttechnologien, Mikrostrukturtechnologie, Plasmatechnologie, Neue Gebiete) sowie für Laserforschung- und -technik;

□ Verbreitung der neuen wissenschaftlich-techni-

schen Erkenntnisse durch Technikbewertung und Technologietransfer.

Aufgaben des VDI/VDE-IT sind Beratung, Analysen und Wirkungsforschung, Qualifikationsförderung und Qualifizierungsmanagement, Veranstaltungen, Publikationen sowie Projektträgerschaft für den Förderungsschwerpunkt „Mikroperipherik" und den Modellversuch „Technologieorientierte Unternehmensgründungen" des BMFT. Neben der Hauptgeschäftsstelle in Berlin hat die VDI/VDE-IT Geschäftsstellen in Bremen und Kassel sowie ein Büro in Mülheim/Ruhr.

(VDI-Technologiezentrum Physikalische Technologien, Graf-Recke-Straße 84, 4000 Düsseldorf 1. – VDI/VDE-Technologiezentrum Informationstechnik GmbH, Budapester Straße 40; 1000 Berlin 30).

Altenmüller

VDMA-Einheitsblätter → Regelsetzer, technischer

VdTÜV → Vereinigung der Technischen Überwachungsvereine e. V.

VdTÜV-Merkblätter → Regelsetzer, technischer

Ventilstahl. → Stähle für Ventile von Verbrennungsmotoren, die den Beanspruchungen durch Temperaturwechsel und → Korrosion gewachsen sein müssen. Einlaßventile sind weniger beansprucht und können aus niedrig legierten → Vergütungsstählen gefertigt werden. Für Auslaßventile kommen nur höher legierte Stähle und → Nickellegierungen in Betracht.

Dahl

Verbindung, intermetallische. Wenn in ein Metall solange Atome eines zweiten Metalls eingebaut werden, bis eine neue Kristallstruktur gebildet wird, dann ist eine i. V. entstanden. → Intermetallische Phasen sind stabiler als Ordnungsphasen und ähnlich den → Mischkristallen. Sie können völlig andere Eigenschaften aufweisen als die beiden Metalle und in einem anderen Gittertyp kristallisieren.

Diese zwischen den Metallen liegenden i. V. können stöchiometrisch zusammengesetzt sein, wie z. B. Al_2Cu, Mg_2Pb, sie können aber auch Mischkristallbereiche bilden, wie die Legierungen Cu Zn im Konzentrationsbereich zwischen 38 und 55 % Zn-Gehalt, und entweder eine geordnete oder ungeordnete Verteilung der Atome aufweisen.

Je nach dem elektrochemischen Verhalten der beteiligten Atomarten sind neben der metallischen Bindung (→ Bindungskraft) noch andere Bindungsarten (kovalente- und Ionen-Bindung) überlagert. Die Bindung liegt zwischen der reinen metallischen und der chemischen Bindung, weshalb diese Kristallstrukturen auch intermediäre Phasen bezeichnet werden.

Ihre Kristallgitter weichen oft von denen der beteiligten Elemente ab und sind oft sehr kompliziert aufgebaut. Eine → Elementarzelle kann mehrere hundert Atome enthalten und als Folge davon ist ihre → Härte und Sprödigkeit groß. Da die i. V. ihre Eigenschaften auch auf die gesamte → Legierung (→ Legierungsbildung) übertragen können, sind manchmal nur geringe Anteile dieser Phasen (einige Zehntel Prozent) erforderlich.

I. V. können auch als interstitielle Phasen (Einlagerungsstrukturen) auftreten. Sie haben einen hohen → Schmelzpunkt, eine sehr dichte Gitterpackung und sind deshalb extrem hart. In ihrer Ähnlichkeit sind sie den Mischkristallen vergleichbar, nur mit einem höheren Anteil von nichtmetallischen Bindungskräften und dichterer Gitterpackung, z. B. Karbide, Nitride, Boride (Hartstoffe), Fe_3C, WC, TiC.

Viele Legierungen bilden i. V., wenn ihre Valenzelektronenkonzentration einen bestimmten Wert (3/2) hat (→ *Hume-Rothery*-Phasen), z. B. CuZn, Cu_5Zn_8, $CuZn_3$. Am häufigsten treten die *Laves*-Phasen mit dem Atomradienverhältnis von 1,23 und einer hohen Packungsdichte (Koordinationszahl 13,5) auf, z. B. $MgCu_2$, $MgZn_2$, $MgNi_2$ (bei Raumtemperatur hohe elektrische Leitfähigkeit und keine plastische Verformbarkeit). Weitere Phasen sind die *Zintl*-Phasen mit einfachen salzartigen Kristallstrukturen, z. B. Mg_2Si, Na_3Sb, und die Nickel-Arsenid-Phasen mit hexagonal dichtester Struktur aus Anionen und schichtenweise auf Zwischengitterplätze eingelagerten Kationen, z. B. TiS_2, Co_3Sn_2. *Heller*

Literatur: *Guy, A. G.:* Metallkunde für Ingenieure. Frankfurt 1970. – *Schatt, W.:* Einführung in die Werkstoffwissenschaft. Leipzig 1983.

Verbindungslöten → Löten

Verbindungsschicht. → Randschicht aus einer oder mehreren intermetallischen → Verbindungen, die durch thermochemische → Behandlung erzeugt wird. *Habig*

Verbindungsschweißen → Schweißen

Verbund Stahl- und Walzwerktechnik. Nach 1980 war die Weiterentwicklung der → Stahlstrang-Gießtechnik insbesondere auf den Verbund der Stahl- und Walzwerktechnik gerichtet. Ein Verbund zwischen Stranggießanlagen und Warmbandstraße wurde 1987 bei der Pohang Iron and Steel Corp., Korea, erfolgreich in Betrieb genommen.

Infolge eines solchen Warmverbundes wird die Wirtschaftlichkeit der Warmbandherstellung erhöht, weil dabei
– geringere Investitionen für die Strang-Adjustage und

– kleinere Energieverbräuche für die Brammenöfen
zu verzeichnen sind. *Baumann*

Verbundfaser → Faserwerkstoff

Verbundguß. Bei Verbundgußteilen lassen sich gute → Wärmeleitung, geringes Gewicht, gute Bearbeitbarkeit des einen Partners mit besonders hoher → Festigkeit, Biegesteifigkeit und ähnlichen Eigenschaften der anderen Komponenten sinnvoll paaren. Zu unterscheiden ist zwischen einem V., bei dem die Verbindung in einer Verklammerung durch Schrumpfkräfte hergestellt wird und Mehrkomponentenwerkstoffen, bei denen eine intermetallische Verbindung in der Zwischenschicht für eine auch thermisch hochbelastbare Bindung sorgt.
□ V. ohne intermetallische Zwischenschichten.

Zur Herstellung von Pleuellagern für V-Motoren und schwimmende Büchsen eignen sich Tauchverfahren. *A. Monzer* verwendet eine Tauchform aus Graphit (Bild a), in die die Stützschale aus → Stahl eingespannt ist. In dieser Graphitform läßt sich die Stahlschale ohne Schutzgasatmosphäre zunderfrei vorwärmen, da sich innerhalb der Form eine schützende CO-Atmosphäre bildet. Die auf helle Rotglut erwärmte Form wird in ein mit Borax abgedecktes Bleibronzebad getaucht. Nach dem Herausnehmen der gesamten Form fließen Borax und Bleibronze bis zur Höhe der unteren Lochreihe aus. Das Abkühlen erfolgt radial, der Vorgang verlangsamt sich aber durch die kegelige Ausbildung des Kerns nach oben, wodurch Axialspannungen infolge der verschiedenen Ausdehnungskoeffizienten von Bleibronze und Stahl an der Bindungsfläche weitgehend vermieden werden. Ebenso lassen sich die radialen Zugspannungen durch Aufschrumpfen der Bleibronze auf den kegeligen Graphitkern mit seinem niedrigen Ausdehnungsbeiwert auf einen Kleinstwert begrenzen. Die gleichen Verhältnisse gelten auch für das Tauchen doppelseitiger Lager in einer Form (Bild b).

Rohre aus Verbundwerkstoffen lassen sich am einfachsten durch das Schleudergießverfahren herstellen, wobei das Außenrohr als → Kokille dient, in die die niedriger schmelzende Komponente eingeschleudert wird. Nach dieser Methode erhalten z. B. Rohre aus → Gußeisen mit Lamellen- und Kugelgraphit, sofern sie für Trinkwasserleitungen bestimmt sind, eine eingeschleuderte Zementschicht.
□ V. mit intermetallischen Zwischenschichten

Bei solchen V.-Teilen sorgt eine aus beiden Werkstoffkomponenten bestehende Zwischenschicht, in der die Kristallite sich gegenseitig durchdringen und verwachsen, für eine hochbelastbare und auch die unterschiedlichen Ausdehnungswerte in hohem Maße kompensierende Verbindung.

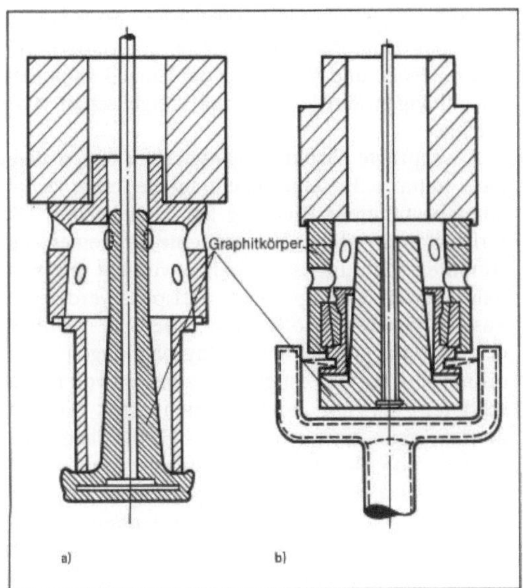

Verbundguß: Tauchform.
a) nach A. Monzer
b) für doppelseitige Lager.

Im Jahr 1941 wurde in den USA das Al-Fin-Verfahren entwickelt. Der Name setzt sich aus Al als Kurzzeichen für Aluminium und dem englischen Wort fin = Rippe zusammen. Während des Al-Fin-Prozesses entsteht an der Grenzfläche die intermetallische Verbindung Fe_xAl_y. Je nach den Prozeßbedingungen (Zeit, Temperatur, chemische Zusammensetzung u. a.) bilden sich die Verbindungen $FeAl_3$ oder Fe_2Al_5. Derartige Verbindungen sind zwischen fast allen Mitgliedern der Eisen- und Aluminiumfamilie möglich, ausgenommen die Nitrier- und Einsatzstähle, die aber auch für das Al-Fin-Verfahren brauchbar gemacht werden können, wenn man an der vorgesehenen Bindungsstelle die Nitrier- oder Einsatzschicht durch Schleifen entfernt. Auf der Schwermetallseite können nicht nur Stahl und Gußeisen, sondern auch →Nickel und →Titan, auf der Leichtmetallseite neben den Aluminium-Legierungen auch Magnesium und seine Legierungen miteinander verbunden werden. Bei richtiger Verfahrensanwendung wird die intermetallische Zwischenschicht etwa 0,02–0,03 mm dick; ihre →Zugfestigkeit beträgt 80–120 N/mm² und die Scherfestigkeit schwankt zwischen 40 und 60 N/mm². Um die hohe Wärmeleitung des Aluminiums und das gleichzeitig hohe Wärmespeichervermögen der Leichtmetalle ausnutzen zu können, darf bei einer Verbundgußkonstruktion beim Übergang von dem einen zum andern Werkstoff der Wärmefluß nicht wesentlich gedrosselt werden. Eingehende Messungen haben ergeben, daß in der Nähe der Al-Fin-Schicht keine nennenswerten Wärmestaus auftreten.

Eine Variante des Al-Fin-Verfahrens ist das in der Bundesrepublik Deutschland entwickelte Nüral-Verfahren, bei dem man zum Aufbau der intermetallischen Zwischenschicht nicht ein Tauchbad aus Reinaluminium oder sonst üblichen AlSi-Legierungen verwendet, sondern eine Legierung mit 6–10 % Zn.

In neuerer Zeit beschäftigt man sich intensiv mit der Entwicklung von Verbundwerkstoffen auf der Basis Metall/Keramik. Das Hauptproblem liegt hierbei in den sehr unterschiedlichen Wärmeausdehnungen von →Keramik und →Metallen. Aus dem reinen Laborstadium heraus zur industriellen Anwendung haben sich von der Keramikseite bisher nur zwei Werkstoffe entwickelt, und zwar das Aluminium-Titanat und das Siliciumnitrid. Aluminium-Titanat hat einen geringen E-Modul und damit verbunden hohe Thermoschockbeständigkeit. Dieses Material wird bereits in Serie zur Herstellung von Innenauskleidungen für Auspuffkrümmer verwendet und vorzugsweise mit Aluminium-Legierungen umgossen. Wenn es um die Erhöhung des Verschleißwiderstandes geht, wird Siliciumnitrid bevorzugt, das im Motorenbau schon für Ventilführungen eingesetzt wird.

Relativ gut eingießen (auch in Gußeisen-Bauteile) läßt sich reaktionsgebundenes Siliciumcarbid, ein wegen seiner physikalischen und chemischen Eigenschaften vielversprechender →Hochtemperaturwerkstoff. Reaktionsgebundenes SiC wird aber auch durch SiC-Whisker/RB-SiC-Composites zu einem reinen SiC-Verbundwerkstoff mit erheblich gesteigerter Festigkeit entwickelt. *Doliwa*

Verbundwerkstoffe. V. entstehen durch Kombination von mindestens zwei Werkstoffen mit unterschiedlichen Eigenschaften. Im Gegensatz zu anderen Strukturwerkstoffen aus mehr als einem Werkstoff sind sie gezielt aufgebaut. In Kombination von Werkstoffen unterschiedlicher Eigenschaften können durch Variation der Form, Größe und räumlichen Verteilung einer der Werkstoffkomponenten oftmals Werkstoff- und Bauteileigenschaften erreicht werden, die den Eigenschaften der einzelnen Werkstoffe überlegen sind. V. können entsprechend der Form und räumlichen Anordnung der Komponenten (Bild 1) unterteilt werden in:
- □ →Faserverbundwerkstoffe
- □ →Schichtverbundwerkstoffe
- □ →Teilchenverbundwerkstoffe
- □ →Durchdringungsverbundwerkstoffe.

V. sind in der Regel Kombinationen aus metallisch/keramischen, keramisch/polymeren, polymeren (nichtmetallischen) Werkstoffen, wobei diese Bestandteile meist unterschiedlichen Werkstoffhauptgruppen angehören. Kombinationen innerhalb ein und derselben Werkstoffgruppe sind jedoch

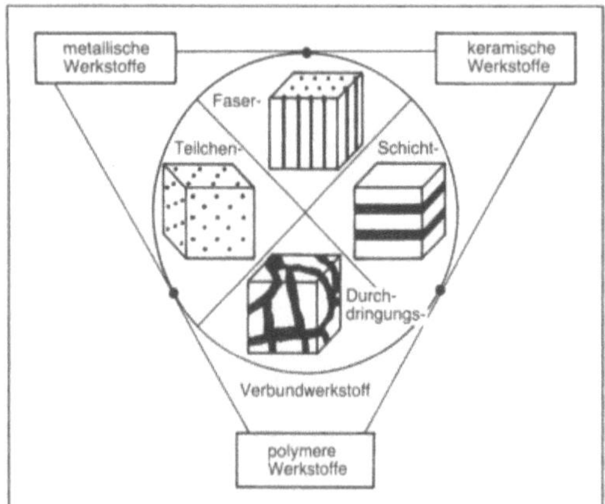

Verbundwerkstoffe 1: Möglichkeiten der Kombination und räumlichen Anordnung von Werkstoffen.

ebenfalls möglich und werden dann zu den V. gezählt, wenn sich die Eigenschaften der einzelnen Bestandteile wesentlich voneinander unterscheiden, wie z. B. die →Tränklegierung W/Cu (→Durchdringungsverbundwerkstoff) oder der eigenfaserverstärkte Werkstoff C/C (kohlenstoffaserverstärkter →Kohlenstoff) (Bild 2).

Verbundwerkstoffe 2: Schrauben aus kohlefaserverstärktem Kohlenstoff. (Quelle: SIGRI)

V. werden oft auch als maßgeschneiderte oder aufgabenangepaßte Werkstoffe bezeichnet, da die Eigenschaften durch Variation der Bestandteile verändert werden können. Dadurch läßt sich eine bessere Funktionserfüllung der Bauteile erreichen. Die Eigenschaften von V. ergeben sich zum Teil additiv aus denen der Komponenten, doch gilt dies nicht immer, zum Beispiel nicht für die mechanischen Eigenschaften (→Mikrostruktologie).

Die Dichte eines V. ergibt sich additiv aus den Dichten der einzelnen Komponenten. Man spricht in diesem Fall auch von Summeneigenschaften. Aus der Kombination von Werkstoffen können jedoch auch Eigenschaften (Produkteigenschaften) resultieren, die keiner der einzelnen Werkstoffe besitzt. Ein Beispiel stellt der Bimetalleffekt bei Bimetallen dar (Schichtverbundwerkstoffe).

Solche Eigenschaften, die nicht aus der Addition einzelner Komponenten resultieren, sondern von Form, Größe und Verteilung der Einzelkomponenten abhängen, werden als Struktureigenschaften bezeichnet.

Ausgeprägte Struktureigenschaften treten dann auf, wenn z. B. eine Komponente eines V. in einer bestimmten Richtung angeordnet sind. Die Orientierung einer Komponente in einer bestimmten Richtung ist oftmals erwünscht und wird dann gezielt erzeugt. Zum Beispiel werden bei Faserverbundwerkstoffen die Fasern in Richtung der maximal auftretenden Zugspannungen angeordnet, um die →Festigkeit der Fasern voll auszuschöpfen. V. mit richtungsorientierten Komponenten sind anisotrop. Bei Festigkeitsberechnungen von V. (→Kontinuumstheorie) schafft die →Anisotropie eine Erschwernis, da sich anisotrope Werkstoffe nicht mehr eindeutig durch zwei Größen, z. B. den →Elastizitätsmodul und die Querkontraktionszahl oder den Elastizitätsmodul und den →Schubmodul, charakterisieren lassen, sondern Steifigkeiten bzw. Nachgiebigkeiten des Verbunds (Kontinuumstheorie) betrachtet werden müssen.

Die einzelnen Komponenten in einem Verbund haben unterschiedliche Aufgaben und Funktionen zu erfüllen. So besteht die Aufgaben der →Faser in einem Faserverbundwerkstoff darin die mechanische Last aufzunehmen, während die Matrix die Faser zu fixieren und zur →Steifigkeit des Verbunds beizutragen hat. Deutlich wird eine Trennung der Aufgaben z. B. auch bei oberflächenbeschichteten Materialien, die zu den Schichtverbundwerkstoffen gezählt werden. Hier dient die Schicht dem Korrosions-, bzw. Verschleißschutz, während der Grundwerkstoff die tragende Bauteilfunktion übernimmt.

Eine Funktionserfüllung ist meist nur dann gewährleistet, wenn eine ausreichende →Haftung – u. a. genügende →Adhäsion und mechanische Verklammerung – zwischen den einzelnen Komponenten eines V. gegeben ist. Die Haftung wird quantitativ durch die →Haftfestigkeit oder Scherfestigkeit in der Grenzfläche – interlaminare Scherfestigkeit – beschrieben.

Eine ausreichende Haftung hängt insbesondere von der mechanischen und chemischen Verträglichkeit der einzelnen Komponenten ab und muß sowohl unter Herstellungs- als auch unter Anwendungsbedingungen gegeben sein. Eine gute Verträglichkeit der Komponenten liegt dann vor, wenn die mechanischen, chemischen sowie physikalischen Vorgänge an der Grenzfläche unter gegebenen Einsatzbedingungen zu keinen unzulässigen Spannungszuständen, Mikrorissen oder Delaminationen, d. h. Überschreitungen der interlaminaren Scherfestigkeit führen (Bild 3).

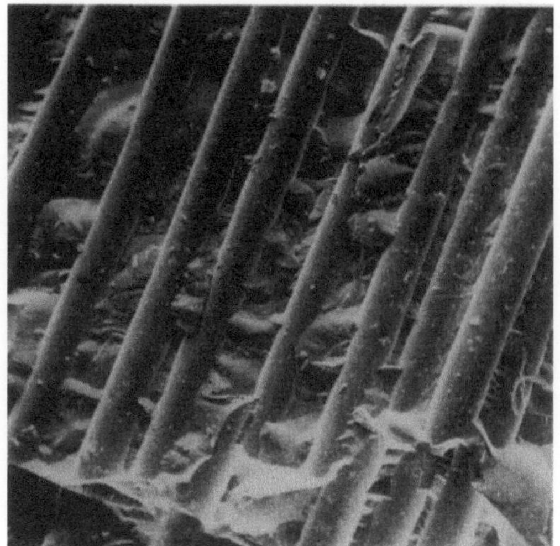

Verbundwerkstoffe 3: Delamination entlang von Fasern bei faserverstärktem Kunststoff.

Die mechanische Verträglichkeit hängt u. a. von den elastisch-plastischen Eigenschaften der den Verbund aufbauenden Werkstoffe sowie den äußeren Beanspruchungen ab. Für eine mathematische Abschätzung sowie Beschreibung der mechanischen Verträglichkeit sind die Temperaturverläufe der Elastizitätskennwerte (E-Modul, Schubmodul, Querkontraktionszahl) sowie der thermischen Ausdehnungskoeffizienten der Komponenten wesentlich. Einen Einfluß auf die mechanische Verträglichkeit von V. besitzen ferner Geometrie, Anordnung und Volumenanteile der Komponenten, die Geometrie der Werkstoffgrenze sowie die Art des Werkstoffübergangs. Dieser kann einerseits stetig – kontinuierlicher Übergang (Bild 4) (gradierte Schicht) – andererseits auch unstetig sein. Letzteres

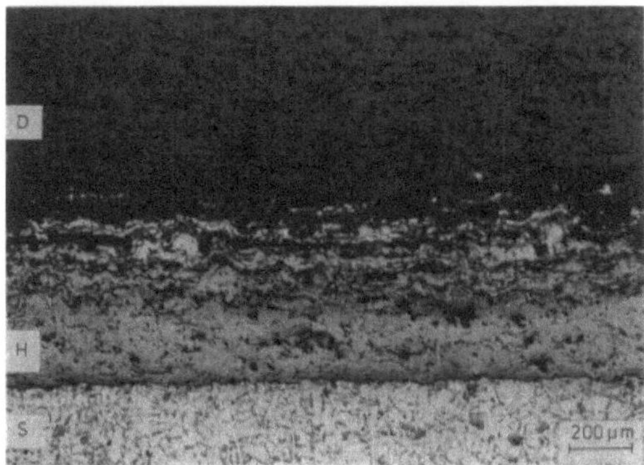

Verbundwerkstoffe 4: Kontinuierlicher Übergang von der Haftschicht zur Keramik – unstetiger Übergang vom Grundwerkstoff zur Haftschicht
S = Substrat: AlSi 12
H = Haftschicht: MCrAlY
D = Deckschicht: $ZrO_2 - 8Y_2O_3$.

bedeutet eine abrupte Änderung der Werkstoffeigenschaften an der Grenzfläche.

Das Problem der mechanischen Verträglichkeit sei beispielhaft für kurzfaserverstärkte Werkstoffe näher erläutert. Bei ihnen erfolgt die Krafteinleitung über die Matrix. Diese dehnt sich im allgemeinen stärker als die Faser mit dem höheren Elastizitätsmodul. Infolge der Dehnungsunterschiede bildet sich ein Schubspannungszustand an der Grenzfläche Faser-Matrix mit den Höchstwerten an den Faserenden aus. Parallel dazu entstehen in den Fasern Normalspannungen, die von den Faserenden her anwachsen und in der Mitte am größten sind. Ihre Höhe hängt von der Länge und dem Radius der Fasern ab. Je länger die Fasern und je kleiner der Radius ist, um so höher ist die → Spannung. Diejenige Länge, bei der die Spannung die → Zugfestigkeit erreicht, wird als kritische → Faserlänge bezeichnet.

Unter chemischer Verträglichkeit ist zu verstehen, daß keine durch → Diffusion oder chemische Reaktion hervorgerufenen negativen Veränderungen der Eigenschaften auftreten, z. B. Bildung von Sprödphasen bei Metallen (Tabelle).

Um eine Verschlechterung der Eigenschaften durch Diffusion oder Reaktionen zu vermeiden, werden zum Teil Zwischenschichten eingesetzt. Als Beispiel seien Nickelschichten als Diffusionsbarriere für Kohlenstoff angeführt.

Zwischenschichten werden auch zum Verbessern der Haftung eingesetzt sowie als Puffer, um unzulässige Spannungen bei mechanischer und thermischer Belastung durch zu große Differenzen in den physikalischen und mechanischen Werkstoffkennwerten zu vermeiden. Als Beispiel seien die MCrAlY-Schichten (M steht für Co, Fe, Ni) erwähnt, die bei Wärmedämmschichten u. a. dazu dienen, die Haftung zwischen dem metallischen Grundwerkstoff und einer keramischen Oberflächenbeschichtung zu erhöhen (Bild 4). Außerdem verhindert die Schicht noch die Oxidation bzw. Heißgaskorrosion des Grundwerkstoffs vor einen Angriff heißer Verbrennungsgase auf den empfindlicheren Grundwerkstoff.

Eine gute Haftung derartiger Haftschichten ist dann gegeben, wenn die Haftfestigkeit oder interlaminare Scherfestigkeit die Festigkeit einer der Werkstoffkomponenten überschreitet. Bei Überbeanspruchung tritt das Versagen nicht durch Bruch an der Grenzfläche (→ Adhäsionsbruch), welche im allgemeinen die Schwachstelle bei V. darstellt, ein, sondern in der Werkstoffkomponente mit der geringeren Festigkeit (→ Kohäsionsbruch). *Steffens*

Literatur: N. N.: Metallische Verbundwerkstoffe. Karlsruhe 1977. – *Ondracek, G.* u. a.: Verbundwerkstoffe – Technologie und Prüfung. Oberursel 1985. – *Schlichting, J.* u. a.: Verbundwerkstoffe. Grafenau 1978. – *Taprogge, R.* u. a.: Faserverstärkte Hochleistungs-Verbundwerkstoffe – zukünftige Entwicklung und Anwendung. Würzburg 1975.

Verbundwerkstoffe. Tabelle: Chemische Verträglichkeit einiger Metalle mit Keramik.

	Keramik		B	C	SiC	Al_2O_3	ZrO_2
Metall	T_s (°C)		2 050	3 800	2 500	2 030	2 580
		$\varsigma(g/cm^3)$	2,3	1,7	3,2	4,0	5,4
Mg	650	1,7				R > 900	R
Al	660	2,7	R > 700	R > 500	R > 700		R
Ti	1 670	4,5	R > 900		kR < 700	R > 1 400	R > 1 400
Co	1 500	8,9	R	R > 1 000		R	
Ni	1 450	8,9	R > 600	R > 1 000	R > 1 100	kR	kR < 1 800
W	3 410	19,3	R	R			kR
NB	2 420	8,4	R	R		kR > 1 800	kR

R = Reaktion, kR = keine Reaktion

Verbundwerkstoffe, eigenfaserverstärkte
→Kohlenstoff, kohlenstofffaserverstärkter, →Verbundwerkstoffe, →Faserverbundwerkstoffe, →Faserwerkstoff

Verbundwerkstoffe, eutektische. →Verbundwerkstoffe, bei denen Fasern bzw. Lamellen durch gerichtete →Erstarrung während des Herstellungsprozesses erzeugt werden (in-situ-Verfahren), bezeichnet man als e. V.

Es ist schon länger bekannt, daß durch geeignete Abkühlungsbedingungen gerichtete →Gefüge bei der Erstarrung von Schmelzen erzeugt werden können. Ausgangswerkstoffe für die Herstellung sind Legierungen, deren Zusammensetzung in der Nähe des eutektischen Punkts liegt. Um die Phasen einer eutektischen →Legierung ausrichten zu können, muß ein einseitig gerichteter Wärme- und abhängig vom Verfahren auch ein stetiger Materialfluß an der erstarrenden Grenzfläche erzeugt werden. Wichtig sind der Temperaturgradient senkrecht zur Erstarrungsfront und die Kristallisationsgeschwindigkeit sowie das Aufrechterhalten einer planaren Erstarrungsfront. Im Extremfall erhält man einen →Einkristall, d. h. die Matrix besteht aus nur einem →Korn.

Durch das Fehlen von Korngrenzen sowie das Ausnutzen der →Anisotropie der mechanischen Eigenschaften (z. B. →Elastizitätsmodul) sind Einkristallwerkstoffe besonders kriechfest. E. V. bewähren sich gut für Hochtemperaturanwendungen. Sie zeichnen sich durch eine bemerkenswerte thermische Stabilität aus – bei einigen Legierungen bis unter den →Schmelzpunkt, weil sich das Gefüge während der Erstarrung nahezu im thermodynamischen →Gleichgewicht befindet.

Eutektische Legierungen für die Anwendung im Hochtemperaturbereich enthalten zur Verstärkung vorwiegend harte Bestandteile – Carbide, intermetallische →Verbindungen, refraktäre Metalle. Die Matrix bilden meist Ni-, Co- oder Cr-Mischkristalle. In den meisten Fällen verbessern sich durch das gerichtete →Erstarren die thermo-mechanischen Eigenschaften in Erstarrungsrichtung. Verwendet werden e. V. z. B. zur Erhöhung der →Festigkeit und →Steifigkeit von Turbinenschaufeln. Die Fasern sind in den Schaufeln radial zur Welle ausgerichtet (Bild).

Verbundwerkstoffe, eutektische: Turbinenschaufeln mit polykristalliner, gerichtet erstarrter und feinausgebildeter, gerichtet erstarrter Gefügestruktur. (Quelle: Sulzer)

Auch magnetische sowie optische Eigenschaften – Beugung von Strahlen – können durch die regelmäßige Anordnung eutektischer Gefüge verstärkt bzw. verbessert werden. E. V. finden deshalb auch im Bereich der Optik und Elektrotechnik Anwendung.

Das Erzeugen gerichtet erstarrter Gefüge erfordert geeignete Herstellungsverfahren, u. a.:
□ Das Zonenschmelzen: Der Ausgangswerkstoff wird durch Induktion oder einen Elektronenstrahl

in einer schmalen Zone erhitzt und anschließend sofort gekühlt.

□ Ein modifiziertes *Bridgman-Stockbarger*-Verfahren: Das eutektische Material wird geschmolzen, anschließend die Heizung und falls vorhanden, die Kühlung gegenüber dem Schmelztiegel vertikal bewegt.

□ *Czochralski*-Methode: Die Schmelze befindet sich bei einer Temperatur knapp über Liquidus. Ein Impfkristall wird in die Schmelze eingetaucht und so langsam angehoben, daß die Schmelze an ihm ständig ankristallisieren kann.

□ Epitaxie. *Steffens*

Literatur: *Bauser, E.* and *H. Strunk:* Silicon, epitaxial layers with solution transport by centrifugal forces and their structural and electrical characterization by methods of electron microscopy. – BMFT FB-423-7291 Final Report. – *Hintsches, E.:* Hauchdünne Kristallschichten. MPG-Spiegel (1987) Nr. 4. – N. N. Verbundwerkstoffe mit Metallmatrix. Praktikum der DGM, Köln-Porz. – *Schlichting, J.* u. a.: Verbundwerkstoffe. Grafenau, 1978.

Verchromen → Chromschichten; → Oberflächenbehandlung

Verdrehen. V. ist → Schubumformen (DIN 8587) mit drehender Werkzeugbewegung, wobei in der Umformzone benachbarte Querschnittsflächen des Werkstücks durch eine Drehbewegung gegeneinander verlagert werden; dabei treten in diesen Schubspannungen in Höhe der Schubfließspannung k auf.

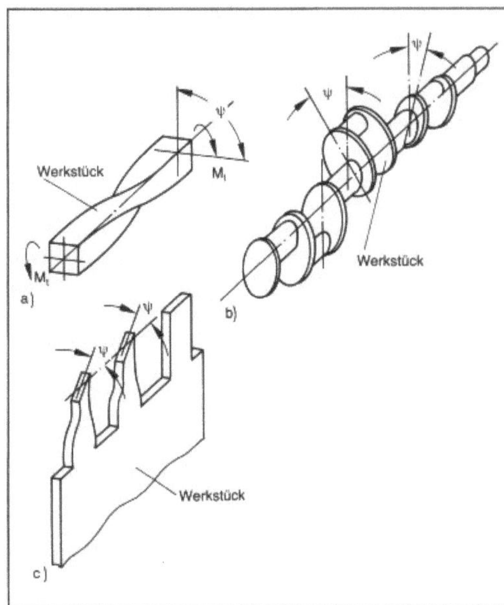

Verdrehen 1: Verfahren.
a) Verdrehen
b) Verwinden
c) Schränken.

Das V. wird sowohl an massiven Werkstücken (z. B. Kurbelwellen zum Positionieren von in der Ebene geschmiedeten Hüben) als auch an Blechwerkstücken (z. B. → Schränken von Sägezähnen) durchgeführt (Bild 1). Ein Extremfall ist der → Torsionsversuch.

In der industriellen Praxis wird oft das V. eines Werkstücks im ganzen oder örtlich als → Verwinden bezeichnet. In der Fügetechnik (DIN 8593, Tl. 5) wird das V. zum Erzeugen formschlüssiger Verbindungen durch Drehverlappen (Bild 2) verwendet. *Lange*

Verdrehen 2: Verlappen durch V.

Verein Deutscher Ingenieure (VDI). In den 133 Jahren seines Bestehens hat der Verein Deutscher Ingenieure als heute größter technisch-wissenschaftlicher Verein Europas maßgeblich an Forschung und technischer Entwicklung mitgewirkt. Die Ergebnisse der technisch-wissenschaftlichen Arbeit des VDI stehen als VDI-Richtlinien Wissenschaft und Wirtschaft zur Verfügung.

In Ausschüssen, Beiräten und Arbeitskreisen der VDI-Fachgliederungen, der VDI-Hauptgruppe und der VDI-Bezirksvereine arbeiten mehrere tausend Fachleute aus Wissenschaft und öffentlichem Dienst ehrenamtlich zusammen. Der VDI hat etwa 100 000 persönliche Mitglieder; Sitz des Vereins ist Düsseldorf.

Der VDI ermöglicht durch den Zusammenschluß in seinen 40 VDI-Bezirksvereinen deren 95 Bezirksgruppen und 335 fachlichen Arbeitskreisen die persönliche Begegnung der Ingenieure. Weitere Bezirksvereine entstehen im Gebiet der neuen fünf Bundesländer.

Durch seine Fachtagungen, durch die Lehrgänge des VDI-Bildungswerkes sowie durch die Vorträge und Fachveranstaltungen der VDI-Bezirksvereine mit ihren Arbeitskreisen fördert der VDI den Ingenieur in seinem beruflichen Weiterkommen. 1988/89 nahmen ca. 190 000 Teilnehmer an insgesamt ca. 4 200 Veranstaltungen in den VDI-Bezirksvereinen teil.

Neue Erkenntnisse und Erfahrungen aus den verschiedenen Bereichen der Technik und die Ergebnisse der VDI-Arbeit werden vom VDI-Verlag, veröffentlicht.

Die ständige Bereitschaft zur Erweiterung des Leistungsangebots im Hinblick auf den technischen Fortschritt erfordert eine Organisation und Dienstleistungen, die die verantwortungsbewußte Zusammenarbeit der Ingenieure unterstützt und fördert.

VDI-Fachgliederungen: Die fachliche Gliederung der Arbeit erstreckt sich auf 15 VDI-Gesellschaften, zwei VDI-Kommissionen, zwei interdisziplinäre Gremien und drei Gemeinschaftsausschüsse. In ihnen wirken maßgebliche Fachleute aus allen Bereichen der Forschung und Lehre, Industrie und Behörden ehrenamtlich mit. Arbeitsschwerpunkte sind: fachlicher Erfahrungsaustausch, Erarbeiten von VDI-Richtlinien, nationale und internationale Tagungen, fachliche Unterstützung für das VDI-Bildungswerk und für Arbeitskreise der VDI-Bezirksvereine.

Weiterhin sind Bestandteile der technisch-wissenschaftlichen Arbeit des VDI die fachliche Zusammenarbeit mit anderen technisch-wissenschaftlichen Institutionen und mit in- und ausländischen Personen sowie das gemeinsame Gespräch mit Vertretern von Wirtschaft, Wissenschaft und Verwaltung.

Die einzelnen Fachgliederungen sind in Fachbereiche unterteilt. Hier werden in freiwilliger Selbstkontrolle Regeln der Technik erarbeitet, die keine zwingenden Vorschriften, sondern Erfahrungen und Richtwerte angeben; diese VDI-Richtlinien werden ständig der technischen Entwicklung angepaßt. Damit stellen sie in flexibler Weise den Stand der Technik bestimmter Fachgebiete in einer oft sehr frühen Entwicklungsphase dar. In hierfür geeigneten Fällen können sie nach einigen Jahren erfolgreicher Anwendung teilweise oder ganz in eine →Norm – entsprechend der Koordinierung zwischen VDI und DIN – überführt werden.

Im VDI bestanden 1988 folgende VDI-Fachgliederungen: Bautechnik; Energietechnik; Entwicklung, Konstruktion, Vertrieb; Fahrzeugtechnik; Feinwerktechnik (VDI/VDE); Fördertechnik, Materialfluß, Logistik; Kunststofftechnik; Lärmminderung; Argartechnik; Meß- und Automatisierungstechnik (VDI/VDE); Mikroelektronik (VDE/VDI); Produktionstechnik (ADB); Reinhaltung der Luft; Technische Gebäudeausrüstung; Textil und Bekleidung (ADT); VDI Koordinierungsstelle Umwelttechnik; Verfahrenstechnik und Chemieingenieurwesen; Werkstofftechnik; VDI-Zentrum Wertanalyse; VDI-Gemeinschaftsausschuß Industrielle Systemtechnik.

VDI-Hauptgruppe: Die VDI-Hauptgruppe, Der Ingenieur in Beruf und Gesellschaft, hat die Aufgabe, die Mitarbeit der Ingenieure an der sozialen, politischen und rechtlichen Gestaltung des öffentlichen Lebens zu fördern. Sie will Kontakte zu anderen gesellschaftlichen Teilbereichen schaffen und

damit eine Basis des Vertrauens in die Technik und in das Ingenieurwesen auf- und ausbauen. Die VDI-Hauptgruppe gliedert sich in die Bereiche: Berufs- und Standesfragen, Ingenieuraus- und weiterbildung, Technikgeschichte, Technik und Recht, Technikbewertung, Technik und Bildung.

Die VDI-Auskunftsstelle für berufspolitische Fragen informiert über alle Fragen, die im Zusammenhang mit dem Ingenieurstudium und dem Beruf des Ingenieurs stehen. Hier werden mündliche und schriftliche Anfragen beantwortet und in Einzel- oder Gruppengesprächen Probleme bei der Studienwahl, der Berufszielfindung und der Karriereplanung diskutiert und geklärt.

Das **VDI/VDE-Technologiezentrum Informationstechnik** Berlin, hat als Hauptaufgabe die Förderung kleiner und mittlerer Unternehmen bei der industriellen Anwendung der Informationstechnik. Mit Trendanalysen und Methoden des Technologie-Marketings werden künftige Entwicklungslinien der Informationstechnik, und ihrer Marktpotentiale verfolgt und abgeschätzt.

Seit dem Start des Förderungsschwerpunktes Mikroperipherik des Bundesministeriums für Forschung und Technologie wurden fast 500 Anträge zur Förderung bewilligt. Im Rahmen der Verbundvorhaben zwischen Unternehmen und Instituten wurden 32 Projekte mit 121 Einzelvorhaben in Gang gesetzt. Im Modellversuch „technologieorientierte Unternehmensgründungen" des Bundesministeriums für Forschung und Technologie wurden 100 Anträge seit 1983 bewilligt. Das VDI/VDE-Technologiezentrum Informationstechnik strukturiert das neue Themenfeld Mikrosystemtechnik.

Das → **VDI-Technologiezentrum Physikalische Technologie** in Düsseldorf ist Projektträger des Bundesministeriums für Forschung und Technologie auf den Fördergebieten Supraleitung, Oberflächen- und Dünnschichttechnologie, Laserforschung und -technik, Plasmatechnologie und Mikrostrukturtechnologie. Die Förderaktivitäten werden von Qualifikations-, Sicherheits- und Wirkungsstudien begleitet. Das VDI-Technologiezentrum Physikalische Technologien unterstützt das Bundesministerium für Forschung und Technologie bei der Erarbeitung eines neuen Konzeptes für Technikfolgenabschätzung. *Mauel/Debelius*

Vereinigung der Technischen Überwachungs-Vereine e. V. (VdTÜV). Dachverband der 11 Technischen Überwachungs-Vereine (TÜV) in der Bundesrepublik Deutschland und in Berlin West; Mitglieder sind ferner fünf Industrieunternehmen mit betriebsinternen Überwachungsstellen. Sitz ist Essen und Bonn.

Zweck der Vereinigung ist die Wahrnehmung gemeinsamer, übergeordneter Angelegenheiten der Mitglieder; die Beratung zuständiger Behörden sowie Gremien der EG-Kommission und anderer in Frage kommender Stellen bei der einschlägigen Gesetz- und Vorschriftengebung; Mitarbeit an der Gestaltung von Normen, Regeln und Richtlinien auf dem Gebiet der technischen Überwachung; Durchführung des technischen Erfahrungsaustausches zwecks einheitlicher Handhabung der technischen Überwachung; Mitwirkung beim Aufbau und Betrieb nationaler und internationaler Prüf-, Zertifizierungs- und Akkreditierungssysteme. *Debelius*

Verfestigung → Dehnungswechselversuch; → Plastizität

Verformung. Während starre Festkörper unter dem Einfluß äußerer Kräfte nur mit einer Beschleunigung zu reagieren vermögen, deren Betrag durch ihre Masse bestimmt wird ($K = M\, d^2x/dt^2$), antworten die deformierbaren Festkörper auf äußere Kräfte zusätzlich mit einer → Formänderung, die allgemein tensoriell ausgedrückt wird und sich in Dehnungen ε und Scherungen γ zerlegen läßt.

Nach der Art dieser Formänderung unterscheidet man zwischen elastischen, d. h. bei Wegnahme der Kraft reversiblen Formänderungen und plastischen Formänderungen; bei letzteren bleibt nach Wegnahme der Kraft eine bleibende V. zurück. Innerhalb dieser beiden Gruppen trifft man eine weitere Unterscheidung durch Berücksichtigung der Zeitabhängigkeit: ohne weiteren Zusatz werden die Begriffe *elastisch* und *plastisch* als Ausdruck einer unmittelbaren, unverzögerten Werkstoffantwort auf jede Änderung der Belastung verstanden, während der Zusatz *visko-* eine Zeitabhängigkeit signalisiert. So ist viskoelastisches (oder auch anelastisches) Verhalten dadurch gekennzeichnet, daß sich der zu einer veränderten → Spannung gehörige Dehnungszustand asymptotisch mit der Zeit einstellt, wobei eine (oder mehrere) temperaturabhängige Zeitkonstante(n) maßgebend sind. Und als viskoplastisch bezeichnet man eine irreversible V. dann, wenn sie nicht aufgrund der Verfestigung unmittelbar nach der Lastaufgabe zum Stillstand kommt, sondern auch bei unveränderter Belastung zeitabhängig weitergeht; ein anderes Wort hierfür ist das → Kriechen. Viskoplastisches Verhalten liegt auch dann vor, wenn aufgebrachte Spannungen durch → Spannungsrelaxation zeitabhängig-asymptotisch abgebaut werden. – In der werkstofftechnischen Praxis ist es weit verbreitet, jede irreversible Formänderung als plastisch (ohne Zusatz) anzusprechen.

Die erwähnte Unterscheidung zwischen stillstehender und fortlaufender V. kann, zumal bei sehr kleinen Kriech- oder Relaxationsgeschwindigkeiten, nur durch Übereinkunft festgelegt werden. Analoges gilt für den Übergang zwischen dem elastischen und dem plastischen Bereich der Spannungs-Dehnungskurve, die auf den Begriff der $R_{0,2}$-

Grenze geführt hat (→ Zugversuch). Die Grenzen in nachstehendem Schema sind mit diesem Vorbehalt zu betrachten.

	Reversibel	Irreversibel
Zeitunabhängig	Elastisch	Plastisch
Zeitabhängig	Viskoelastisch	Viskoplastisch

V. von Werkstoffen kann einmal unter dem Gesichtspunkt der beabsichtigten Formgebung im Rahmen der Fertigungstechnik (→ Umformen nach DIN 8580) betrachtet werden, wobei es sich überwiegend um große V. handelt. V. im engeren Sinne ist die ungewollte Formänderung (bzw. die „Formänderung mit unbeherrschter Geometrie") aufgrund von Dauerbetriebsbelastung oder von vorübergehenden Überlasten.

Bei Lastaufgabe tritt zunächst stets eine elastische V. gemäß dem → Hooke-Gesetz auf. Sie geht entweder nach Überschreiten der → Elastizitätsgrenze in plastische Formänderung über, oder sie führt nach Überschreiten der Bruchlast (→ Bruchfestigkeit) zum verformungslosen Bruch (→ Sprödbruch). Auch die plastische V. führt durch Zusammenwirken von Verfestigung und plastischer Schädigung schließlich zum Bruch, der im Hinblick auf die vorausgegangene V. als duktil bezeichnet wird. *Ilschner*

Verformung, elastische → Spannungs-Dehnungs-Diagramm

Verformung, plastische → Spannungs-Dehnungs-Diagramm

Verformungsarbeit. Wird ein Körper aus seiner unverformten Ausgangslage heraus verformt, so verrichten die die → Verformung verursachenden Kräfte Arbeit, die sogenannte V., die in der Elastizitätstheorie gewöhnlich Formänderungsarbeit genannt wird. Nach dem Grad der Verformung unterscheidet man elastische und plastische Verformung.

Die V. läßt sich einerseits wie jede Arbeit als Integral der verformenden Kräfte über den Verformungsweg bestimmen, andererseits für den elastischen Fall durch die Komponenten von Spannungs- und Deformationstensor in Form eines Integrals über das Volumen des Körpers ausdrücken. Die Formänderungsarbeit stellt sich damit im allgemeinen Fall eines beliebigen Bauteils als Fläche unter der Last-Verformungskurve, für den einfacheren Fall des Zugstabs als Fläche unter dem → Spannungs-Dehnungs-Diagramm dar.

Soweit der Körper nur elastisch verformt wird, kann die aufgewendete V. beim Entlasten wieder vollständig zurückgewonnen werden. Wichtigste technische Anwendung von Arbeitsspeicherung dieser Art tritt bei Federn auf. Bei Stählen besteht nahezu im gesamten elastischen Bereich eine lineare Beziehung zwischen Spannungen und Verformungen (*Hooke*-Gesetz), erst kurz vor der → Elastizitätsgrenze nehmen die Dehnungen schneller zu als die Spannungen (Spannungs-Dehnungs-Diagramm).

Die V. ist im elastischen Bereich eine Potentialfunktion und hängt damit ausschließlich vom Ausgangszustand und vom Endzustand des Körpers ab, jedoch nicht vom Ablauf der Verformung. Aufgrund dieser Eigenschaft lassen sich unter Anwendung des Prinzips der virtuellen Arbeit die Arbeitssätze der klassischen Elastizitätstheorie als Extremalprinzipien im Sinne der Variationsrechnung formulieren (Prinzip des Minimums des elastischen Gesamtpotentials, bzw. des elastischen Gesamtkomplementärpotentials; spezielle Formen: Satz von *Castigliano*, Satz von *Menabrea*). Aufgrund dieser Prinzipien lassen sich viele Probleme der Elastizitätstheorie durch Näherungsverfahren, allgemein Energiemethoden genannt, lösen. Hierzu zählen die Verfahren von *Ritz, Trefftz, Galerkin, Hu-Washizu*, die insbesondere im Rahmen der → Finite-Elemente-Methode Anwendung finden.

Wird der Werkstoff über die Elastizitätsgrenze hinaus plastisch verformt, wird ein Teil der V. zur Umstrukturierung des Mikrogefüges verbraucht (Bewegung und Neubildung von Versetzungen, Verformung von Körnern, Schaffung neuer Oberflächen bei Porenbildung) und in Wärme umgewandelt. Bei Entlastung kann nur noch ein Teil als mechanische Arbeit wiedergewonnen werden.

Bei Verformungen bis zum Bruch ist der Anteil an plastischer V. bei duktilen Werkstoffen wesentlich höher als der elastische. Dies wird technisch bei Blechkonstruktionen im Automobilbau dafür ausgenutzt, daß Knautschzonen so ausgelegt werden, daß bei ihrer Verformung möglichst viel kinetische Energie umgewandelt wird.

Eine Aufspaltung der V. in Volumenänderungsarbeit und Gestaltänderungsarbeit wird in der → Plastizitätstheorie, in der als wesentliche Voraussetzung Volumenkonstanz angenommen wird, vorgenommen. Dies führt zu einfacheren Gleichungen, da jeweils anstatt der vollständigen Tensoren nur noch Spannungs- und Verzerrungsdeviator auftreten (Deformation, → Arbeitsvermögen). *Kußmaul*

Verformungslager. Für Lagerungsaufgaben, bei denen große Verdrehwinkel und relativ kleine Verschiebungen zwischen Überbau und Auflagerbank auftreten, setzt man → Lager ein, die die gummielastischen Verformungseigenschaften von → Elastomeren ausnutzen. Verwendet werden drei Hauptgruppen von Elastomeren:

– Naturkautschuk (NR). Er ist bei Ozon- und UV-Angriff nicht sehr alterungsbeständig, gut brennbar und in der Flamme schmelzend;
– Chloroprenkautschuk (CR): Seit 50 Jahren ist CR bekannt und in der Technik bewährt, sehr alterungsbeständig, schwer entflammbar. In der Kälte versteift er früher als Naturkautschuk;
– Ethylen-Propylen-Kautschuk (EPDM): Sein Verhalten ist ähnlich wie das von CR; hinsichtlich Festigkeiten ist er jedoch schlechter, in der Kälte etwas besser, billiger als dieser. Zur Zeit ist die Vulkanisationshaftung auf Stahl noch schlecht.

Die → Gummielastizität erlaubt die Ausnutzung der leichten Horizontalverformbarkeit und Verdrehbarkeit bei kleinen Vertikalsenkungen. Anders als bei Gleitlagern entsteht der höchste Verschiebungswiderstand nicht zu Beginn der Bewegung, sondern es bauen sich mit steigender Verschiebung und Verdrehung elastische Rückstellkräfte bzw. Rückstellmomente auf. Bei stoßartigen Belastungen versteifen Elastomere beträchtlich. Bei Temperaturen unterhalb des Glasüberganges findet eine starke, reversible → Versprödung statt, die die Verwendung in Elastomerlagern in diesem Temperaturbereich unmöglich macht. Die einzelnen Elastomertypen verhalten sich leicht unterschiedlich. Hohe Dauergebrauchstemperaturen bedürfen einer sorgfältigen Begutachtung, um beschleunigte thermische → Alterung auszuschalten. Die in den bauaufsichtlichen Zulassungen angegebene Maximaltemperatur von +70 °C gilt nur für vorübergehende Beanspruchung. Gegen übliche Bauchemikalien sind die für Lagerzwecke eingesetzten Elastomertypen beständig. Vorsicht ist bei Ölen und Lösungsmitteln (Benzin) geboten. In feuchtwarmen Gebieten besteht die Möglichkeit einer Schädigung durch Mikroorganismen. Die Beimischung fungizider oder termitenfeindlicher Stoffe zum Elastomer ist möglich.

□ Bauart unbewehrte Elastomerlager. Platten oder Streifen aus CR oder EPDM werden in großem Umfang zur Auflagerung kleiner bis mittelgroßer Bauteile, vor allem von Fertigteilen aus Stahl- und Spannbeton, im Hochbau verwendet. Werkstoff, Bemessung und Einbau sind durch Normung (DIN 4141) geregelt. Die vertikale Einfederung ist nur zu geringen Anteilen eine Funktion des Elastizitätsmoduls. Wegen der dreiaxialen Spannungsverhältnisse tritt die Lagergeometrie in den Vordergrund. Man benutzt dabei den → Formfaktor S, der das Verhältnis von gedrückter Fläche (Lagergrundfläche) zu freier Seitenfläche angibt (Bild 1). Ein Bruch unbewehrter Elastomerlager ist nicht möglich. Bei Überbelastung wird der Lagerwerkstoff aus dem Lagerspalt herausgequetscht.

□ Bauart bewehrte Elastomerlager. Bewehrte Elastomerlager stellt man gem. DIN 4141 her, oder sie bedürfen einer allgemeinen bauaufsichtlichen Zu-

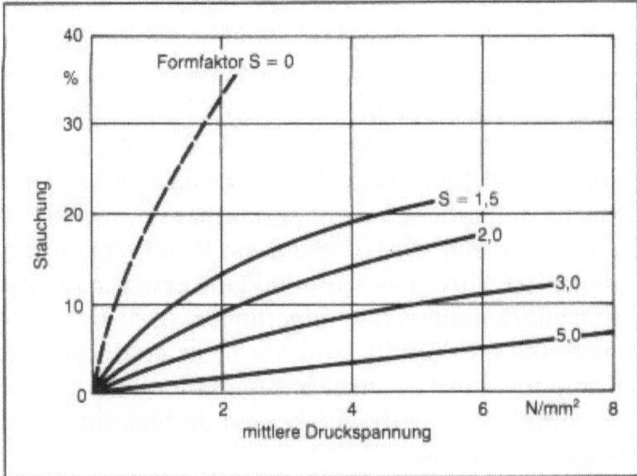

Verformungslager 1: Stauchung unbewehrter Elastomerlager als Funktion der mittleren Druckspannung bei unterschiedlichem Formfaktor.

S = 0 theoretische Kurve aus Elastizitätsmodul

lassung, in der die weitgehend standardisierten Bauformen aufgeführt sind (Bild 2). Verankerungen werden dann erforderlich, wenn die Gefahr des Durchrutschens des üblicherweise lose aufgelegten Lagers besteht. Die einvulkanisierten Stahlbleche verhindern ein zu starkes seitliches Herauswölben von Elastomer bei Vertikalbeanspruchung. Verdrehung und Verschiebung werden dagegen nicht behindert. Ein Bruch tritt bei Vertikalüberlastung durch Zerreißen der Bewehrungsbleche auf, die Sicherheit liegt zwischen 5 und 10. Ein plötzliches Abstürzen des aufgelagerten Bauteils, wie z. B. beim Bruch eines Rollenlagers, tritt dabei nicht auf.

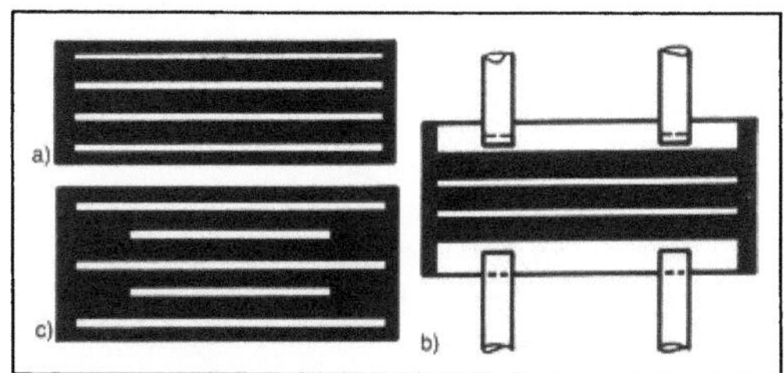

Verformungslager 2: Bewehrte Elastomerlager.

weiße Flächen: Stahl, schwarze Flächen: Elastomer

a) Unverankertes, bewehrtes Standardelastomerlager.
b) Bewehrtes Standardelastomerlager mit Dollen zur Verankerung im angrenzenden Beton.
c) Kippweiches bewehrtes Elastomerlager.

□ Bauart Verformungsgleitlager. Verformungsgleitlager sind eine Kombination aus einem → Gleitlager und einem bewehrten Elastomerlager. Der Zweck ist, die die → Lebensdauer eines Gleitlagers begrenzenden Gesamtgleitwege dadurch gering zu halten, daß die kleinen Einzelverschiebungen, die bei Brücken häufig den weitaus höchsten

Anteil am aufsummierten Gleitweg haben, dem Elastomerlager zugewiesen werden. Dieses verformt sich nämlich bei kleinen Verschiebungen unter so kleinen Rückstellkräften, daß das Gleitlager dabei wegen seines als „Ansprechschwelle" wirkenden Anfahrreibungswiderstandes in Ruhe bleibt. Vorzugsweise für Hochbaulagerungen wurden auch Verformungsgleitlager mit zeitlich begrenzt wirksamem Gleitteil entwickelt. Bei ihnen kann auf eine aufwendige Dauerschmierung verzichtet werden, da sie nur für einmalige große Bewegungen als Gleitlager wirken sollen, z. B. Schwinden und → Kriechen bei Betonbauteilen. Die späteren periodisch auftretenden kleinen Bewegungen werden vom Elastomerlager aufgenommen.

□ Bauart Topflager. Das seitliche Ausweichen von Elastomer bei Druckbeanspruchung läßt sich außer durch Bewehrung auch dadurch verhindern, daß man das Material in einem stählernen „Topf" mit beweglichem, abgedichtetem „Deckel" einschließt (Bild 3). Die eingeschlossene Gummiplatte verhält sich bei hohen Drücken wie eine inkompressible Flüssigkeit. Bei Drehung des Deckels um die Kippachse des Lagers bewegt sich das Elastomer von den stärker belasteten zu den schwächer belasteten Bereichen. Dabei kommt es zu keinem völligen Druckausgleich wie in einer Flüssigkeit, sondern es tritt ein Rückstellmoment auf, das bei der Berechnung der angrenzenden Bauteile zu berücksichtigen ist. Die konstruktiv und materialtechnisch schwierigste Stelle des Topflagers ist seine Dichtung. Wenn sie versagt, tritt Elastomer aus dem Topf aus, und die Stahlteile des Ober- und Unterteils bekommen Kontakt. *Sasse*

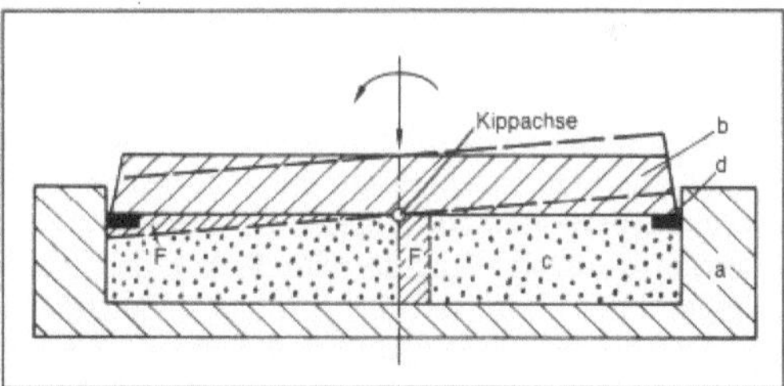

Verformungslager 3: Topflager.

Bei Drehung um die Kippachse bewegt sich die Gummimasse F von der stärker belasteten zur schwächer belasteten Lagerhälfte.

a Topf, b Deckel, c Gummiplatte, d Dichtungsring

Verfügbarkeit. In engem Zusammenhang mit der V. von technischen Bauelementen und Bausystemen steht der Begriff der → Sicherheit als relativer Schutz vor Gefahren. Eine absolute Sicherheit gibt es weder im privaten noch technischen Bereich. Unter V. versteht man die Wahrscheinlichkeit, mit der ein technisches System in der Lage ist, eine ihm übertragene Funktion fehler- und störungsfrei zu erfüllen. In mathematischem Sinne ist also die V. ein statistischer Begriff, der im wesentlichen mathematisch zu ermitteln ist bei Kenntnis einer der vier unabhängigen Grundfunktionen, wie Ausfalldichte, Ausfallrate, Ausfallwahrscheinlichkeit und Überlebenswahrscheinlichkeit.

Man hat zu unterscheiden zwischen der V. von Einzelausrüstungen und derjenigen von Systemen und Anlagen. Das mathematische Rüstzeug zur Behandlung solcher statistischen Kenngrößen liegt in jedem Falle eindeutig vor. Die Probleme bei der Anwendung auf technische Bauteile liegen darin, daß für eine statistisch gesicherte Aussage zu wenige gesicherte Einzelergebnisse aus Versuchen bekannt sind. Die Ausfallrate eines Einzelaggregates, wie z. B. eines Manometers, eines Ventils usw. ist dann mit größter statistischer Sicherheit anzugeben, wenn über längere Zeiten unter gleichen Betriebs- und Reparaturbedingungen Kenngrößen ermittelt wurden. Solche Ausfallraten sind eben nur in Bereichen der Technik gegeben, bei denen man über längere →Lebensdauer solche Daten ermitteln kann, wie z. B. in der Automobil- oder Flugzeugindustrie. Wesentlich ist, daß man bei solchen Untersuchungen über die Ausfallrate eben nur →Fehler zukünftig vermeiden kann, die auch statistisch begründet sind; zufallsartige Fehler sind auch mit solchen Ausfallraten zukünftig nicht zu vermeiden.

Wenn also für Einzelaggregate in begrenzten technischen Bereichen solche Ausfallraten statistisch anzugeben sind, so wird die Abschätzung der →Zuverlässigkeit von ganzen Systemen und Anlagen umso schwieriger als diese im Regelfall unterschiedlichen Anforderungen gerecht werden müssen, z. B. chemische Anlage. Kennzeichnend ist hier, daß es sich nicht um Massen- oder Serienfertigung handelt sondern, daß eine Chemieanlage im Regelfalle eine Einzelanlage darstellt. Auch wenn vergleichbare Bauteile eingesetzt werden, ist die Betriebsweise oft sehr unterschiedlich. Damit ist die wesentliche Voraussetzung für eine Wahrscheinlichkeitsbetrachtung nicht vorhanden; es fehlt eine Vielzahl von Ereignissen an gleichartigen Anlagen. Die Angabe einer quantifizierbaren V. scheidet daher schon aus grundsätzlichen Überlegungen aus. Statt dessen werden hier Wege beschritten, die z. B. beschrieben werden durch Checklisten-Methoden, Fehlerbaum usw.; eine mathematische Behandlung solcher Systeme verbietet sich schon im Ansatz. Ist bekannt, daß die Ursache von Schäden oder Störungen statistisch begründet ist, so ist auch eine wirkungsvolle Maßnahme die →Redundanz, bei der man z. B. innerhalb der Meß-, Steuer- und Regelungstechnik mehrere Aggregate zur Absicherung des Ausfalls hintereinanderschaltet. *Strohmeier*

Verfügbarkeit, sicherheitsbezogene. Für die Berechnung der s. V. und für die der sicherheitsbezogenen Nichtverfügbarkeit werden nur die die →Sicherheit berührenden, die gefährlichen Ausfälle betrachtet (Ausfalleffektanalyse). Die Ausfallrate für die gefährlichen erkennbaren Ausfälle ist λ_{21}, die für die gefährlichen nicht erkennbaren Ausfälle ist λ_{22}. Unterstellt wird, daß auf ein Reservegerät umgeschaltet wird ($\mu \to \infty$), sobald die ersteren mit der Ausfallerkennungsrate ε_1 gefunden sind. Die nicht erkennbaren Ausfälle werden nicht entdeckt. Die Komponente ist gefährlich ausgefallen oder für die Sicherheit nicht verfügbar bei mindestens einem der beiden Ereignisse:

$\overline{E}_1$: Die Komponente ist wegen erkennbarer Ausfälle nicht verfügbar; die Wahrscheinlichkeit hierfür wird konservativ mit dem maximal möglichen Wert abgeschätzt zu

$$w(\overline{E}_1) = w_{21} = \frac{\lambda_{21}}{\varepsilon_1}$$

$\overline{E}_2$: Die Komponente ist nicht erkennbar gefährlich ausgefallen;

$$w(\overline{E}_2) = w_{22} = 1 - e^{-\lambda_{22}t} \approx \lambda_{22}t \text{ für } \lambda_{22}t \ll 1$$

Die gesamte sicherheitsbezogene Unverfügbarkeit U_s errechnet sich als die Summe der Einzelwahrscheinlichkeiten für $\lambda_{22}t \ll 1$ zu

$$U_s(t) \approx \frac{\lambda_{21}}{\varepsilon_1} + \lambda_{22}t.$$

Die s. V. $V_s(t)$ ergibt sich als das Einserkomplement zur Unverfügbarkeit $U_s(t)$ zu

$$V_s(t) = 1 - \frac{\lambda_{21}}{\varepsilon_1} - \lambda_{22}t.$$

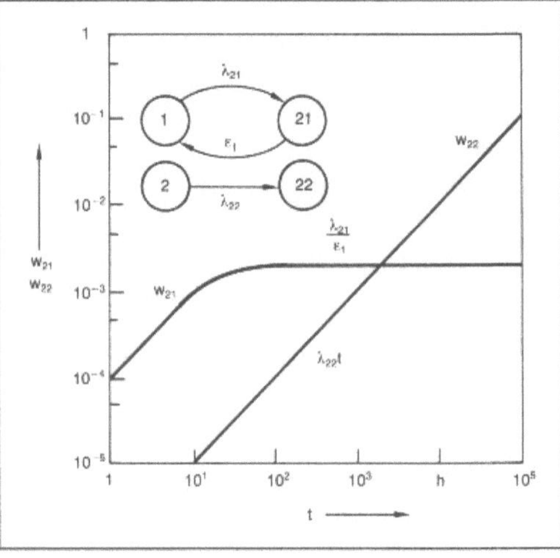

Verfügbarkeit, sicherheitsbezogene: Sicherheitsbezogene Unverfügbarkeit bei Ausfallerkennung mit sofortiger Reparatur; Ausfallrate $\lambda_{21} = 1 \cdot 10^{-4}\ h^{-1}$, Ausfallerkennungsrate $\varepsilon_1 = 5 \cdot 10^{-2}\ h^{-1}$, Ausfallrate $\lambda_{22} = 1\ 10^{-6}\ h^{-1}$

Bei den in der Praxis vorkommenden Zahlenwerten des Bildes ist nach etwa 1000 Stunden die Ausfallwahrscheinlichkeit infolge nicht erkennbarer Ausfälle größer als die Unverfügbarkeit infolge erkennbarer Ausfälle und bestimmt damit die gesamte sicherheitsbezogene Unverfügbarkeit, obwohl die Ausfallrate für die nicht erkennbaren Ausfälle nur 1 % der Ausfallrate für die erkennbaren betrug.

Schrüfer

Literatur: *Schrüfer, E.:* Zuverlässigkeit von Meß- und Automatisierungseinrichtungen. München 1984.

Vergießeinrichtung. Da der Gießbetrieb in den Arbeitstakt mechanisierter Formanlagen eingebunden ist, muß er zwangsläufig damit Schritt halten. In vielen Fällen war das → Gießen aus Kranpfannen, das außerdem personal- und damit lohnkostenintensiv war, diesen Anforderungen nicht mehr gewachsen. Der Gießprozeß mußte deshalb ebenfalls automatisiert werden, z. B. durch Einsatz von druckgasbetätigten, induktiv beheizbaren Gießöfen. Neben der Verbindung mit dem Arbeitsrhythmus der Formanlage bieten solche Vergießöfen folgende Vorteile: Schlackenfreies Abgießen (Stopfensystem), konstante Gießtemperatur, Speichermöglichkeit von flüssigem Metall, hohe Gießgenauigkeit durch programmierbare Steuerung bzw. Gießspiegelregelung sowie Verbesserung der Arbeitsplatzbedingungen. Durch konstruktive Maßnahmen und eine sorgfältige Betriebsweise (Nachfüllen des Vergießofens bei ständig hochgefülltem Eingußsyphon, Fernhalten des Sauerstoffs von der Schmelze und Abscheiden des Magnesiumsdampfs in Filtern vor Eintritt in das Druckregelsystem) lassen sich solche V. auch zum Gießen von → Gußeisen mit Kugelgraphit einsetzen. *Doliwa*

Vergleichsspannung. Die V. σ_v ist eine skalare Größe, die aus den Komponenten des Spannungstensors bzw. seiner Invarianten berechnet wird. Die Zurückführung von allgemeinen mehrachsigen Spannungszuständen auf die einachsige V. ist notwendig, da die Ermittlung von Werkstoffkennwerten für mehrachsige Zustände versuchstechnisch schwierig zu realisieren ist und deshalb meist die in einachsigen Versuchen (→ Zugversuch, → Stauchversuch) bestimmten Kennwerte zur Voraussage des Fließbeginns herangezogen werden. Die Berechnungsvorschrift für die V. ist in den Fließhypothesen festgelegt. Für die → Umformung von Metallen haben sich die Fließhypothesen nach Tresca (→ Schubspannungshypothese) und nach von Mises (auch → Gestaltänderungsenergiehypothese) bewährt. Die Werte der nach den beiden Hypothesen berechneten V. unterscheiden sich für den gleichen → Spannungszustand um max. 15 %. (→ Fließbedingung).

→ Festigkeitshypothese *Lange*

Literatur: *Betten, J.:* Elastizitäts- und Plastizitätslehre. Braunschweig, Wiesbaden 1985. – *Hill, R.:* The Mathematical Theory of Plasticity. Oxford 1950. – *Ismar, H. u. O. Mahrenholtz:* Technische Plastomechanik. Braunschweig, Wiesbaden 1979. – *Lange, K.* (Hrsg.): Umformtechnik. Handb. f. Ind. u. Wiss. 2. Aufl. Bd. 1. Grundlagen. Berlin, Heidelberg, New York, Tokio 1984. – *Lippmann, H.:* Mechanik des plastischen Fließens. Berlin, Heidelberg, New York 1981. – *Lippmann, H. u. O. Mahrenholtz:* Plastomechanik der Umformung metallischer Werkstoffe. Berlin, Heidelberg 1967. – *Prager, W. u. P. G. Hodge:* Theorie ideal-plastischer Körper. Wien 1954.

Vergleichsumformgrad. Der V. φ_v (auch Vergleichsformänderung) ist eine wichtige Kenngröße zum Bestimmen der → Fließspannung bei verfestigenden Werkstoffen.

Die Fließspannung wird i. a. im einachsigen → Zugversuch aufgenommen. Um die dabei ermittelten Werte auf Umformvorgänge mit mehrachsiger Beanspruchung übertragen zu können, müssen Aussagen über die Vergleichbarkeit der → Umformung gemacht werden.

Ausgehend von der augenblicklichen Umformleistung

$$P = \int_V (\sigma_x \dot{\varepsilon}_x + \sigma_y \dot{\varepsilon}_y + \sigma_z \dot{\varepsilon}_z + 2\tau_{xy} \dot{\varepsilon}_{xy} + 2\tau_{yz} \dot{\varepsilon}_{yz} + 2\tau_{zx} \dot{\varepsilon}_{zx})\, dV$$

wird bei mehrachsigen Zuständen die Vergleichsformänderungsgeschwindigkeit $\dot{\varphi}_v$ so bestimmt, daß das Produkt aus → Vergleichsspannung σ_v und Vergleichsformänderungsgeschwindigkeit $\dot{\varphi}_v$ (auch Vergleichsumformgeschwindigkeit) die gleiche Leistung liefert.

$$P = \int_V \sigma_v\, \dot{\varphi}_v\, dV$$

Der V. wird durch zeitliche Integration von $\dot{\varphi}_v$ berechnet zu

$$\varphi_v = \int_t \dot{\varphi}_v\, dt.$$

Analog zur Berechnung der Vergleichsspannung führen die verschiedenen Hypothesen auch bei der Ermittlung der Vergleichsumformgeschwindigkeit $\dot{\varphi}_v$ bei gleicher Beanspruchung zu unterschiedlichen Vergleichswerten.

Für die Trescasche Hypothese lautet die Berechnungsvorschrift

$$\dot{\varphi}_v = |\dot{\varphi}_{max}| \wedge \text{ absolut größte Hauptumformge-}$$

schwindigkeit, während die von-Misessche Hypothese auf

$$\dot{\varphi}_v = \sqrt{\frac{2}{3}(\dot{\varphi}_x{}^2 + \dot{\varphi}_y{}^2 + \dot{\varphi}_z{}^2 + 2\dot{\varphi}_{xy}{}^2 + 2\dot{\varphi}_{yz}{}^2 + 2\dot{\varphi}_{zx}{}^2}$$

führt. *Lange*

Literatur: *Betten, J.:* Elastizitäts- und Plastizitätslehre. Braunschweig, Wiesbaden 1985. – *Hill, R.:* The Mathematical Theory of Plasticity. Oxford 1950. – *Ismar, H. u. O. Mahrenholtz:* Technische Plastomechanik. Braunschweig, Wiesbaden 1979. – *Lange, K.* (Hrsg.): Umformtechnik. Handb. f. Ind. u. Wiss. 2. Aufl. Bd. 1. Grundlagen. Berlin, Heidelberg, New York, Tokio 1984. – *Lippmann, H.:* Mechanik des plastischen Fließens. Berlin, Heidelberg, New York 1981. – *Lippmann, H. u. O. Mahrenholtz:* Plastomechanik der Umformung metallischer Werkstoffe. Berlin, Heidelberg 1967. – *Prager, W. u. P. G. Hodge:* Theorie ideal-plastischer Körper. Wien 1954.

Vergolden → Oberflächenbehandlung

Vergüten. → Wärmebehandlung von → Stahl zum Erzielen einer optimalen Kombination von hoher → Festigkeit und guter → Zähigkeit durch → Härten und anschließendes → Anlassen. Die → Härte des Martensits wird beim Anlassen verringert, die Zähigkeit verbessert. Um eine Durchvergütung eines Werkstücks zu erreichen muß auch im Kern die kritische Abkühlgeschwindigkeit überschritten werden (→ Zeit-Temperatur-Umwandlungsschaubilder). Nach dem → Aufkohlen (→ Einsatzhärten) ergeben sich beim V. harte, verschleißfeste Randzonen bei weichem, zähem Kern. *Dahl*

Vergütungsstahl. → Stähle, die sich aufgrund ihrer chemischen Zusammensetzung, vor allem ihres Kohlenstoffgehaltes, zum → Härten mit anschließendem → Anlassen bevorzugt eignen. Je nach Werkstückabmessungen müssen zum Erreichen der kritischen Abkühlgeschwindigkeit außer → Kohlenstoff Legierungselemente wie → Mangan, → Chrom, Molybdän und/oder → Nickel zugesetzt werden. Kennzeichnende V. sind in DIN 17200, Euronorm 83 und ISO/R 683 zusammengestellt. *Dahl*

Verjüngen. V. ist ein Verfahren des Durchdrückens (DIN 8583, Bl. 6) und ist als → Druckumformen eines Werkstücks durch teilweises Hindurchdrücken durch eine formgebende Werkzeugöffnung unter Verminderung des Querschnitts oder des Durchmessers mit geringen Formänderungen vornehmlich zum Erzeugen einzelner Werkstücke definiert.

Das V. läßt sich nach Bild 1 an Vollkörpern oder Hohlkörpern anwenden. In der Schraubenfertigung nimmt das V. einen hervorragenden Platz insbesondere beim Schaftreduzieren für das nachfolgende → Gewindewalzen ein. In der Dosen- und Behälterfertigung wird V., meist mehrstufig, zum Einhalsen eingesetzt. Bei dickwandigen Hohlteilen hat sich das V. zu einem wichtigen Verfahren der → Kaltumformung entwickelt (Bild 2). In allen Anwendungsfällen darf der nicht vom Werkzeug umschlossene Teil des Werkstücks nicht ausknicken oder sich aufstauchen. Beim → Ziehen von Stäben oder Rohren wird das V. in modifizierter Form als Einstoßen für das Anspitzen der Ziehangel verwendet. *Lange*

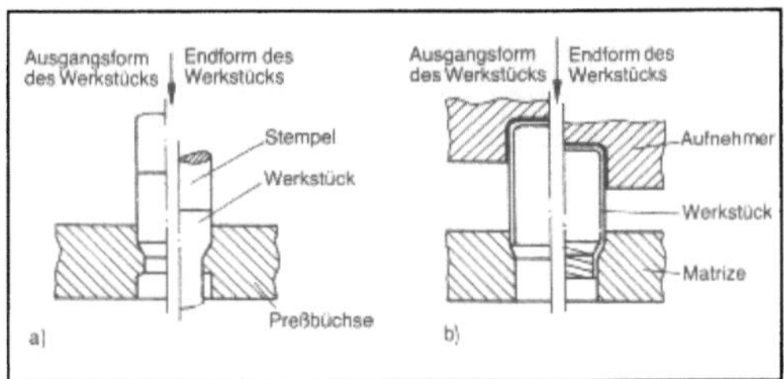

Verjüngen 1: Verfahren. (Quelle: DIN 8583, Bl. 6)
a) V. von Vollkörpern
b) V. von Hohlkörpern.

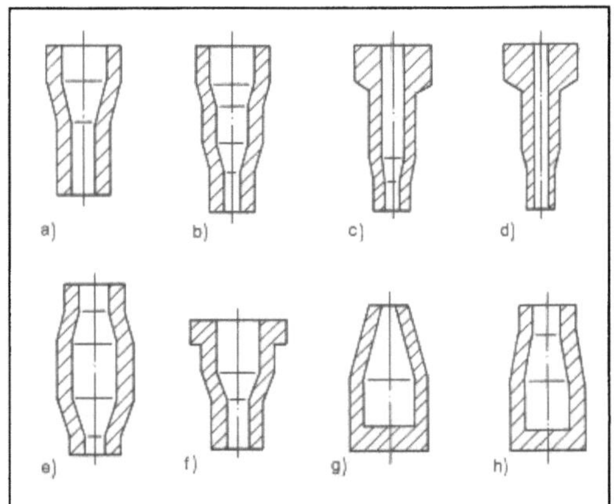

Verjüngen 2: Anwendungsfälle und Verfahrenskombinationen für das Hohlkörperverjüngen.
a) V.
b) V./V.
c) Hohl-Vorwärts-Fließpressen/V.
d) Hohl-Vorwärts-Fließpressen/V. mit Dorn
e) Beidseitiges V.
f) V./Anstauchen
g), h) Einhalsen von Näpfen durch V.

Literatur: *Binder, H.:* Untersuchungen über das Verjüngen von zylindrischen Vollkörpern. Ber. Nr. 58. Inst. Umformtechn. Universität Stuttgart. Berlin, Heidelberg, New York 1980. – *Ebertshäuser, H.:* Untersuchungen über das Einziehen (Verjüngen) von Hohlkörpern. Blech, Rohre, Profile 27 (1980), S. 6–12, 86–93, 161–66. – *Haarscheidt, K.:* Untersuchungen über das Verjüngen von dickwandigen zylindrischen Hohlkörpern. Ber. Nr. 67. Inst. Umformtechn. Universität Stuttgart. Berlin, Heidelberg, New York, Tokio 1983. – *Lange, K.* (Hrsg.): Umformtechnik. Handb. f. Ind. u. Wiss. 2. Aufl. Bd. 2. Massivumformen. Berlin, Heidelberg, New York, Tokio 1988.

Verkupfern → Oberflächenbehandlung

Vernetzung. Bei der V. werden über Vernetzungsreaktionen von linearen oder verzweigten Polymeren Netzwerke hergestellt, die den strukturellen

Aufbau von Elastomeren, Harzen und Elastoplasten bilden.

Im allgemeinen werden durch Vernetzungsreaktionen Brücken zwischen Polymerketten ausgebildet. Die Ausbildung der Brücken zwischen den Ketten kann auf physikalischen Wechselwirkungen der Ketten miteinander beruhen oder durch chemische Bindungsbildung geschehen.

Physikalische Wechselwirkungen, die zur V. von Polymerketten führen können, sind die Ausbildung von Wasserstoffbrücken, Charge-Transfer-Komplexen oder kristallinen Bereichen, sowie die elektrostatische Anziehung von z. B. Ionomeren. Diese Vernetzungsreaktionen sind grundsätzlich reversibel und können durch Zugabe eines Lösungsmittels oder durch Temperaturerhöhung aufgehoben werden. Die V. von Elastoplasten beruht auf physikalischen Wechselwirkungen.

Die Ausbildung chemischer Bindungen zwischen zwei Polymerketten kann auf zwei Wegen erreicht werden. Zum einen bei der →Polymerisation von bifunktionellen Monomeren durch Zugabe von Monomeren die mindestens trifunktionell sein müssen, meist aber tetrafunktionell sind. Zum anderen durch Verknüpfen reaktiver Gruppen in zwei unterschiedlichen linearen oder verzweigten Polymerketten. Als chemische Bindungen kommen die Ausbildung von Metall-Komplexen und von kovalenten Bindungen in Frage. Durch chemische Bindungsbildung herbeigeführte V. sind nur durch Abbaureaktionen, die zum Bindungsbruch führen, wieder rückgängig zu machen.

Chemische V. wird angewandt z. B. bei:
– Der →Vulkanisation, bei der aus Schwefelatomen eine Brücke zwischen zwei olefinischen Doppelbindungen aufgebaut wird.
– Der →Härtung, bei der mit Hilfe einer →Polykondensation Phenol-, Amino- und Epoxidharze vernetzt werden.

Vernetzte Polymere weisen pro Kette mindestens zwei Brücken zu anderen Ketten auf. Darüber hinaus sind jedoch auch nur durch Bindungsbruch entwirrbare Verschlaufungen (ähnlich wie bei Kettengliedern) als Vernetzungsstellen wirksam.

Die mittlere Dichte der V. läßt sich durch den Vernetzungsgrad (X_c) beschreiben. Dieser ist definiert als das Verhältnis des Molgewichtes aller Grundbausteine (M_n) zum Zahlenmittel der Kettenlängen zwischen den Netzpunkten ($<M_c>$). $<M_c>$ kann aus Quellungsexperimenten (→Quellung) oder dynamisch mechanischen Messungen des Elastomers bestimmt werden.

$$X_c = M_n/<M_c>$$ *Finkelmann*

Literatur: *Elias, H. G.:* Makromoleküle. Basel-Heidelberg 1981. – *Flory, P.J.:* Principles of Polymer Chemistry. Ithaca, N.Y. 1953.

Vernetzungsgrad →Vernetzung; →Netzwerk

Vernetzungsreaktion →Vernetzung

Vernickeln →Oberflächenbehandlung

Versagensarten. Bauelemente und Baugruppen im Apparate- und Anlagenbau können auf vielfältige Weise versagen infolge ungünstiger Beanspruchung sowie ungünstigen Werkstoffzustandes. Die häufigsten Versagensursachen sind: →Ermüdung, elastische Instabilität, unzulässige elastische →Verformung bis zur Rißentstehung, verformungsloser oder verformungsarmer →Sprödbruch unterhalb einer bestimmten Temperatur und im Regelfall bei Beanspruchungen kleiner als die →Streckgrenze, →Kriechen, Versagen infolge →Korrosion, Verformung größerer Werkstoffbereiche über die zulässige Beanspruchungsgrenze, z. B. aufgrund einer →Festigkeitshypothese bis zum Bersten oder Bruch (Zähbruch), fortschreitende plastische Verformung bei zyklischer Beanspruchung (→LCF).
Strohmeier

Versagensmechanismus. Vorgang, der das Versagen beschreibt. Unter mechanischer Beanspruchung entstehen als Reaktion auf die äußere Belastung in einem Bauteil Spannungen. Wenn diese Spannungen bestimmte Grenzwerte überschreiten, kommt es zum Versagen durch unzulässige →Verformung oder durch Bruch (Bild).

Für das Versagen durch unzulässige Verformung an zähen Werkstoffen ist die Schubspannung verantwortlich. Bei Erreichen der kritischen Schubspannung tritt in kristallographisch festgelegten Gleitebenen eine Verschiebung der Atome um mehrere Atomabstände auf (bleibende, irreversible Verformung, im →Zugversuch Fließen bei Erreichen der →Streckgrenze). Gitterbaufehler und deren Veränderung (Wandern von →Versetzungen) sind von wesentlichem Einfluß auf den →Fließbeginn. Kleine plastische Verformungen sind im allgemeinen zulässig, bei größeren Verformungen ist die Funktionsfähigkeit des Bauteils beeinträchtigt (Versagen).

Versagen durch Bruch bedeutet eine vollständige Trennung der interatomaren Bindungen im Bruchquerschnitt. Der Vorgang läuft in zwei Teilprozessen, der Anrißentstehung und dem →Rißwachstum ab. Dies kann abhängig vom Werkstoffverhalten und der Beanspruchungsart unter der Wirkung von Schubspannungen oder von Normalspannungen erfolgen.

Der Schubspannungsbruch tritt bei zügiger Beanspruchung an zähen Werkstoffen durch Abgleiten bei Erreichen der Schubfestigkeit auf (transkristalliner Schiebungs- oder →Gleitbruch, zäher Gewaltbruch). Die makroskopische Bruchebene liegt in

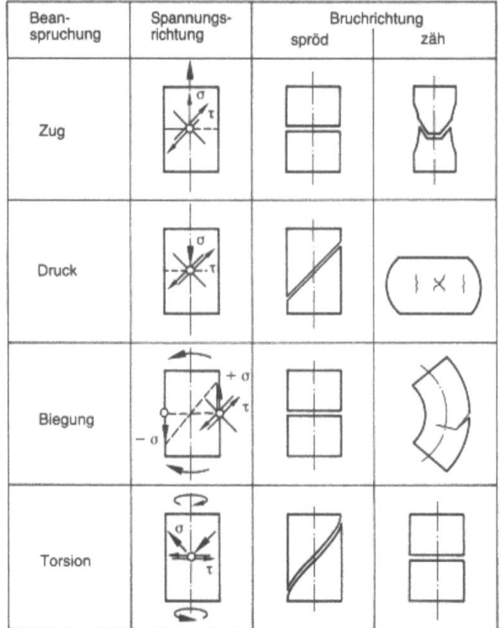

Bean-spruchung	Spannungs-richtung	Bruchrichtung	
		spröd	zäh
Zug			
Druck			
Biegung			
Torsion			

Versagensmechanismus: Spannungs- und Bruchrichtung bei verschiedenen statischen Beanspruchungsarten für spröde und zähe Werkstoffe.

Richtung der größten Schubspannung und 45° gegen die Richtung der größten → Normalspannung geneigt (→ Mohr-Spannungskreis). Dem Bruch gehen beachtliche plastische Verformungen voraus, die Bruchenergie ist groß.

Der spröde Gewaltbruch (Trennbruch, Normalspannungsbruch) ist energiearm ohne Makrodeformation. Plastisch verformte Werkstoffbereiche fehlen oder sind außerordentlich klein. Die Trennung erfolgt bei Überschreiten der Trennfestigkeit durch Spaltung der Kristallite ((inter-)kristalliner → Spaltbruch) in bevorzugten kristallographischen Ebenen oder durch Aufreißen der Korngrenzen (interkristalliner → Bruch).

Die makroskopische Bruchebene liegt senkrecht zur größten Normalspannung (Hauptspannung).

An polykristallinen Werkstoffen können im Gewaltbruch mehrere Mechanismen neben- oder nacheinander auftreten (Mischbruch).

Bei Dauerschwingbeanspruchung wenig oberhalb der Dauerfestigkeit treten zunächst in submikroskopischen Bereichen Wechselgleitungen auf. Diese führen im Laufe der Zeit zur Zerrüttung und schließlich zum → Anriß, der senkrecht zur größten Normalspannung verläuft und im allgemeinen von der → Oberfläche ausgeht. Mit zunehmender Zahl der Schwingspiele wächst der Dauerschwingriß ohne makroskopische Verformung unter Bildung von → Schwingstreifen (→ Fraktographie), bis der

Restquerschnitt gewaltsam bricht (Restgewaltbruch). Bei Dauerschwingbeanspruchung im Zeitfestigkeitsbereich oberhalb der Streckgrenze erfassen die Wechselverformungen den gesamten Querschnitt. Der Zeitbruch weist Makroverformungen und eine Bruchlage zwischen Normalspannungs- und Schubspannungsbruch auf.

Unter Zeitstandbeanspruchung bei höherer Temperatur, d. h. im Bereich der Kristallerholungstemperatur und darüber (Zeitstandprüfung) ergeben sich thermisch aktivierte Bewegungen an Gitterstörstellen, vorzugsweise an den Korngrenzen. Unter ruhender Beanspruchung treten Kriechverformungen durch Korngrenzengleiten auf. In bestimmten Korngrenzenbereichen bilden sich porenartige Hohlräume. Ausgehend von interkristallinen Lokkerungen tritt nach einer vom Werkstoff, der Temperatur und der Belastungshöhe abhängigen Zeit ein interkristalliner Kriechbruch auf.

Da sich der Kriechbruchmechanismus vom Bruchmechanismus bei zügiger Beanspruchung grundsätzlich unterscheidet, ergeben sich bei Zeitstandbrüchen am gleichen Werkstoff kleinere bleibende Dehnungen als beim Gewaltbruch.

V. bei chemischer und chemisch-mechanischer Beanspruchung: → Korrosion.

Versagen bei Herstellung und Verarbeitung: → Rißbildung. *Kußmaul*

Verschleiß. Fortschreitender Materialverlust aus der → Oberfläche eines festen Körpers, hervorgerufen durch mechanische Ursachen, d. h. Kontakt und Relativbewegung eines festen, flüssigen oder gasförmigen Gegenkörpers.

Die Beanspruchung der Oberfläche eines festen Körpers durch Kontakt und Relativbewegung eines festen, flüssigen oder gasförmigen Gegenkörpers wird als tribologische Beanspruchung bezeichnet.

V. äußert sich im Auftreten von losgelösten kleinen Teilchen (Verschleißpartikel) sowie in Stoff- und Formänderungen der tribologisch beanspruchten Oberflächenschicht.

In der Technik ist V. normalerweise unerwünscht, d. h. wertmindernd. In Ausnahmefällen, wie z. B. bei Einlaufvorgängen, können Verschleißvorgänge jedoch auch technisch erwünscht sein. Bearbeitungsvorgänge als wertebildende technologische Vorgänge gelten in bezug auf das herzustellende Werkstück nicht als V., obwohl im Grenzflächenbereich zwischen Werkstück und Werkzeug tribologische Prozesse wie beim V. ablaufen.

Im allgemeinen Sprachgebrauch wird der Begriff V. sowohl für den Vorgang des V. als auch für das Ergebnis verwendet. Zur Unterscheidung können für den Vorgang der Begriff „Verschleißvorgang" und für das Ergebnis die Begriffe „Verschleißerscheinungsformen" oder die „→ Verschleiß-Meßgrößen" verwendet werden.

Die für den V. wichtigen Einflußgrößen werden als Größen eines → Tribosystems dargestellt.

Habig

Literatur: DIN 50320: Verschleiß Begriffe Systemanalyse von Verschleißvorgängen Gliederung des Verschleißgebietes. Ausg. Dez. 1979.

Verschleißarten. Unterscheidung der Verschleißvorgänge nach der Art der tribologischen Beanspruchung und der beteiligten stofflichen Elemente. Die wichtigsten V. sind zusammen mit den hauptsächlich wirkenden → Verschleißmechanismen in der Tabelle (S. 1088) zusammengestellt. *Habig*

Verschleißerscheinungsform. Die durch → Verschleiß hervorgerufenen Veränderungen der Oberflächenschicht eines Körpers sowie Art und Form der anfallenden Verschleißpartikel. Die Tabelle enthält typische V. der Haupt-Verschleißmechanismen. *Habig*

Verschleißerscheinungsform. Tabelle: Typische V. der Haupt-Verschleißmechanismen.

Verschleiß-mechanismus	Verschleiß-erscheinungsformen
Adhäsion	Fresser, Löcher, Kuppen, Schuppen, Materialübertrag
Abrasion	Kratzer, Riefen, Mulden, Wellen
Oberflächen-zerrüttung	Risse, Grübchen
Tribochemische Reaktionen	Reaktionsprodukte (Schichten, Partikel)

Verschleißmechanismen. Die beim → Verschleiß ablaufenden physikalischen und chemischen Prozesse. Man unterscheidet vier Haupt-V.:
- → Adhäsion
- → Abrasion
- → Oberflächenzerrüttung
- Tribochemische → Reaktionen

Die V. treten im allgemeinen überlagert auf. Die Tabelle (S. 1089) enthält eine Auflistung von tribotechnischen Systemen mit den hauptsächlich wirkenden V. *Habig*

Verschleiß-Meßgrößen. Meßgrößen, die direkt oder indirekt die verschleißbedingte Änderung der Gestalt oder Masse eines Körpers kennzeichnen. Sie gehören neben den → Verschleißerscheinungsformen zu den Verschleißkenngrößen von → Tribosystemen. Man unterscheidet als V.-M.:

□ Direkte V.-M.
- Verschleißbetrag W
-- Linearer Verschleißbetrag W_l
-- Planimetrischer Verschleißbetrag W_q
-- Volumetrischer Verschleißbetrag W_V
-- Massenmäßiger Verschleißbetrag W_m
□ Bezogene V.-M. (Verschleißraten)
- Verschleißgeschwindigkeit $W_{l/t}$, $W_{q/t}$, $W_{V/t}$, $W_{m/t}$
- Verschleiß-Weg-Verhältnis $W_{l/s}$, $W_{q/s}$, $W_{V/s}$, $W_{m/s}$ (Verschleißintensität)
- Verschleiß-Durchsatzverhältnis $W_{l/z}$, $W_{q/z}$, $W_{V/z}$, $W_{m/z}$
□ Indirekte V.-M.
- Verschleißbedingte Gebrauchsdauer T_W
- Gesamt-Gebrauchsdauer T_G
- Verschleiß-Durchsatzmenge D_W

Der Reziprokwert des Verschleißbetrages wird als → Verschleißwiderstand bezeichnet. Bezieht man den Verschleißbetrag eines Werkstoffes auf den eines Referenzwerkstoffes, so spricht man von relativem Verschleißbetrag; sein Reziprokwert ist der relative Verschleißwiderstand. *Habig*

Literatur: DIN 50321: Verschleiß-Meßgrößen. Ausg. Dez. 1979.

Verschleiß-Meßmethoden. Die Verschleißmessung ist ein wesentlicher Bestandteil der → Verschleißprüfung. Zur Messung der verschiedenen → Verschleiß-Meßgrößen dienen unterschiedliche Methoden:

I. Erfassung der verschleißbedingten Maßänderungen der tribologisch beanspruchten Bauteile

II. Sammlung und Analyse der Verschleißpartikel

III. Indirekte Methoden

In der Gruppe I werden Längenmeßgeräte wie Zollstock, Meßschieber, Feinmeßschrauben, Meßuhren, Meßmikroskope, Tastschnittgeräte oder Waagen verwendet. Mit diesen Meßzeugen können die Verschleiß-Meßgrößen aber nur diskontinuierlich erfaßt werden. Dazu müssen die Bauteile häufig ausgebaut und anschließend wieder eingebaut werden, was zu einem erneuten Einlaufverschleiß führen kann, wenn die Bauteile nicht exakt ihre ursprüngliche Position einnehmen. Diesen Nachteil kann man mit kapazitiven oder induktiven Wegaufnehmern vermeiden, mit denen sich verschleißbedingte Maßänderungen kontinuierlich messen lassen.

Für die kontinuierliche Verschleißmessung an Maschinen wird ferner das Dünnschichtdifferenzverfahren eingesetzt, bei dem die tribologisch beanspruchten Bauteile mit Protonen, Deuteronen oder α-Teilchen im Zyklotron radioaktiv markiert werden; aus der Abnahme der Intensität der radioaktiven Strahlung kann bei Kenntnis der natürlichen Radioaktivitätsabnahme der → Verschleiß ermittelt werden. Das Dünnschichtdifferenzverfahren bietet neben seiner großen Meßempfindlichkeit den Vor-

Verschleißarten. Tabelle: Wichtigste V. und Verschleißmechanismen.

Systemstruktur	Tribologische Beanspruchung (Symbole)	Verschleißart	Wirkende Mechanismen (einzeln oder kombiniert)			
			Adhäsion	Abrasion	Oberfl.-zerrüttung	Tribo chem. Reaktionen
Festkörper – Zwischenstoff (vollständige Filmtrennung) – Festkörper	Gleiten Rollen Wälzen Prallen Stoßen 	–			X	X
Festkörper – Festkörper (bei Festkörperreibung, Grenzreibung, Mischreibung)	Gleiten 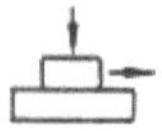	Gleitverschleiß	X	X	X	X
	Rollen Wälzen 	Rollverschleiß Wälzverschleiß	X	X	X	X
	Prallen Stoßen 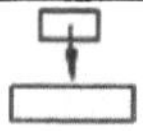	Prallverschleiß Stoßverschleiß	X	X	X	X
	Oszillieren 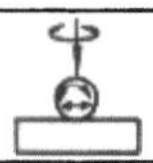	Schwingungs verschleiß	X	X	X	X
Festkörper – Festkörper und Partikel	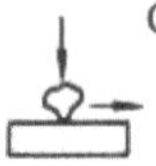 Gleiten 	Furchungsverschleiß		X		
	Gleiten 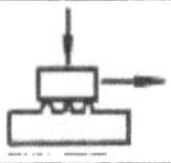	Korngleitverschleiß		X		
	Wälzen 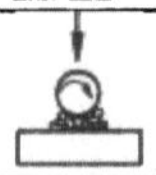	Kornwälzverschleiß		X		
Festkörper – Flüssigkeit mit Partikeln	Strömen 	Spülverschleiß (Erosionsverschleiß)		X	X	X
Festkörper – Gas mit Partikeln	Strömen 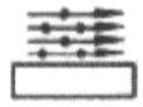	Gleitstrahlverschleiß (Erosionsverschleiß)		X	X	X
	 Prallen 	Prallstrahl-, Schrägstrahlverschleiß		X	X	X
Festkörper – Flüssigkeit	Strömen Schwingen 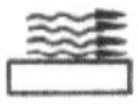	Werkstoffkavitation, Kavitationserosion			X	X
	Stoßen 	Tropfenschlag			X	X

Verschleißmechanismen. Tabelle: V. von tribologisch beanspruchten Bauteilen.

Tribosystem bzw. tribologisch beanspruchtes Bauteil	Mögliche Verschleißmechanismen			
	Adhäsion	Tribo-oxidation	Abrasion	Oberflächen-zerrüttung
Gleitlager				
a) hydrodynamisch geschmiert		+		+ +
b) bei Misch- oder Festkörperreibung	+ +	+	+ +	+
Wälzlager	+	+	+	+
Zahnradgetriebe	+ +	+	+	+ +
Passungen	+	+ +	+	+
Nocken und Stößel	+ +	+	+	+ +
Rad und Schiene	(+)	+	+	+
Reibungsbremsen	+	+	+	+
Elektrische Schaltkontakte	+	+		+
Werkzeuge der Zerspanungstechnik	+ +	+	+ +	+
Werkzeuge der Umformtechnik	+ +	+	+	+
Bauteile, die durch mineralische Stoffe tribologisch beansprucht werden		+	+ +	+

+ + hauptsächlich + teilweise

teil, daß wegen der geringen Radioaktivität der bestrahlten Bauteile keine aufwendigen Strahlenschutzmaßnahmen ergriffen werden müssen.

Die Gruppe II der V.-M. besteht in der Sammlung und Analyse von Verschleißpartikeln. Diese Methode kann vor allem dann benutzt werden, wenn die Maschine, in welcher der Verschleiß bestimmter Bauteile gemessen werden soll, einen Ölkreislauf besitzt. Dazu werden in bestimmten Intervallen Ölproben entnommen und auf ihren Gehalt an Verschleißpartikeln analysiert. Zur kontinuierlichen Messung des Verschleißes eignet sich das Durchflußverfahren, bei dem die Bauteile, deren Verschleiß gemessen werden soll, mit Neutronen oder wie beim Dünnschichtdifferenzverfahren mit α-Teilen, Deuteronen oder Protonen aktiviert werden. Es entstehen dann radioaktive Verschleißpartikel, deren Intensität an einer repräsentativen Stelle des Ölkreislaufs gemessen wird.

Zu den indirekten V.-M. (Gruppe III) gehören Schallmessungen, die z. B. die → Grübchenbildung anzeigen, Messungen der Energieaufnahme oder Leistungsabgabe von Maschinen.   *Habig*

Verschleißprüfung. V. werden zur Untersuchung des Werkstoffverhalten bei tribologischer Beanspruchung durchgeführt. Zur Ermittlung des Verschleißes führt man die V. oft im Betriebsverschleißversuch (z. B. im Motorenbau, Eisenbahnwesen und Bergbau) durch. Die Ergebnisse lassen sich jedoch selbst auf gleichartig erscheinende Fälle nicht ohne weiteres übertragen, da schon kleine Abweichungen in den Bedingungen den → Verschleiß weitgehend beeinflussen und mitunter sogar eine andere Bewährungsfolge der Werkstoffe ergeben. Der Grund hierfür liegt darin, daß Verschleiß keine Werkstoffeigenschaft ist, sondern nur als Systemeigenschaft darstellbar ist. Für die Übertragbarkeit von Ergebnissen müssen ausführliche Systemanalysen durchgeführt werden. Die Basis für diese Betrachtungsweise ist in DIN 50 320 wiedergegeben.

Die Problematik von Betriebsverschleißversuchen ist dadurch gegeben, daß die Parameter vielfach nicht über längere Zeiträume ausreichend konstant gehalten werden und gezielt unabhängig von anderen variiert werden können, um allgemeine Gesetzmäßigkeiten zu ermitteln. Außerdem ist eine kontinuierliche Verschleißmessung sehr schwierig oder oftmals gar nicht möglich. Der Ein- und Ausbau von Teilen birgt die Gefahr in sich, daß geringfügige Änderungen in der Einbaulage durch den Wiedereinbau zu immer neuen Einläufen führen. Diese Daten spiegeln nur bedingt den stationären Zustand wider.

Prüftechniken: In der Vergangenheit sind Systematiken entwickelt worden, wie Modellverschleißprüfungen auf Prüfständen bzw. mit noch weiterer Vereinfachung mit Laborprüftechniken durchgeführt werden können. Es sind sechs Kategorien der V. dargestellt worden (DIN 50 322), deren Grundgedanke die Systemreduktion mit den entsprechenden „Schnittkräften" ist. Nur wenn die Randbedingungen eingehalten werden, zu denen Identität der Werkstoffe und Gleichartigkeit der Beanspruchung und der wirkenden Verschleißmechanismen gehören, läßt sich eine „Prüfkette" mit stufenweiser Vereinfachung aufbauen, die eine Ermittlung systematischer Einflüsse und eine Übertragbarkeit ermöglicht. Zu den Randbedingungen gehören auch die Wärmezu- und -ableitung sowie Zusatzbeanspruchungen, die sich u. a. aus der → Steifigkeit des Gesamtsystems ergeben.

Modellverschleißversuche ermöglichen die gezielte Untersuchung von Parametern wie Belastung, Temperatur, Geschwindigkeit aber auch von Werkstoffen und Schmierstoffen. In der Regel lassen sich Bewährungsfolgen von Werkstoffen und Gesetzmäßigkeiten verschiedener Parameter ermitteln. Es kann jedoch nicht erwartet werden, daß absolute Lebensdauerwerte erarbeitet werden können. Allerdings lassen sich Verschleißverhältnisse ermitteln, die bei punktuell vorliegender Betriebserfahrung in Lebensdauerrelationen umgesetzt werden können.

Wesentliche Kriterien für die Belastbarkeit und Übertragbarkeit von Ergebnissen aus Laborverschleißversuchen sind:
– Übereinstimmung der wirkenden → Verschleißmechanismen
– Gleichartige → Verschleißerscheinungsformen
– ähnliche Größenordnung des → Verschleißes wie im Betrieb.

Gerade bei dem zuletzt genannten Punkt besteht die Gefahr, daß aus Gründen einer Zeitraffung verschärfte Beanspruchungen angewandt werden und dies eventuell zu gänzlich anderen Phänomenen als in der Praxis führen kann. Die Energie- bzw. Leistungsdichte in der Grenzfläche und somit die Grenzflächentemperatur ist ein wichtiges Kriterium für die Bewertung der Übertragbarkeit.

Verschleißmessung: Wichtig für die Beurteilung des Verschleißverhaltens eines Systems ist nicht nur der Gesamtverschleiß innerhalb eines bestimmten Zeitraumes, sondern die zeitliche Verschleißentwicklung, mit der Einlaufvorgänge von stationären Zuständen separiert werden können. Insofern kommt kontinuierlichen oder quasi-kontinuierlichen Meßmethoden große Bedeutung bei. In manchen Fällen haben aber auch diskontinuierliche Verfahren ihre Berechtigung, vor allem wenn anzunehmen ist, daß stationäre Verschleißzustände vorliegen. Häufig angewandte Verschleißmethoden sind:

– diskontinuierliche Verfahren
– – Profilabtastung
– – Wiegen (gravimetrische Verschleißermittlung)
– – Längenmessung (mechanisch, elektrisch, optisch)
– quasi-kontinuierliche Verfahren
– – Ölprobenuntersuchungen hinsichtlich Abriebpartikel (Atomabsorptionsspektroskopie, Röntgenfluoreszenz, Ferrographie)
– kontinuierliche Verfahren
– – induktive, kapazitive Wegmessung
– – Radionuklidtechnik

Bei Laborversuchen dominieren heute noch die gravimetrischen Methoden, weil sie einfach sind und integrale Meßwerte liefern. Bei Betriebsversuchen – insbesondere, wenn es sich um kleine Verschleißbeträge handelt wie im Motoren- und Getriebebau aber auch in der Verfahrenstechnik – hat sich die Radionuklidtechnik eingeführt. Bauteile können nach verschiedenen Methoden aktiviert werden und der Verschleiß über die Aktivitätsabnahme am Bauteil bei offenen → Tribosystemen (z. B. Auslaßventil beim Motor, Extruderwelle bei der Kunststoffverarbeitung) oder über die Aktivitätszunahme im Ölkreislauf ermittelt werden. Diese Methode ist sehr empfindlich, allerdings wird die Aktivierung meist lokal vorgenommen, so daß die Stellen an denen aktiviert wird sorgfältig ausgewählt werden müssen.

Durch die Lasermeßtechnik in Verbindung mit einer entsprechenden Datenverarbeitung lassen sich diskontinuierlich Profile aufnehmen, die im Vergleich zum Ausgangsprofil die Bestimmung einer Volumenabnahme ermöglichen.

Verschleißmeßgrößen: Für eine quantitative Verschleißangabe können unterschiedliche Meßgrößen verwendet werden, die sich in direkte (Volumen-, Massen-, Höhenabnahme) bzw. bezogene Meßgrößen darstellen lassen (DIN 50 321). Bezugsgrößen können Zeit, Durchsatz, Stückzahl, Gleitweg u. a. sein. Es ist jeweils sorgfältig zu prüfen, welche der Größen zu verwenden ist, um einerseits die → Lebensdauer des Bauteils bewerten zu können bzw. den Vergleich von unterschiedlichen Werkstoffen (Dichte bei unterschiedlichen Werkstoffen) und andererseits die Übertragbarkeit der Ergebnisse auf andere Tribosysteme sicherzustellen.

In diesem Zusammenhang ist auch der zeitliche Verschleißverlauf von Bedeutung, um überprüfen zu können, ob die Ergebnisse nach einem linearen Ansatz oder anderen Zusammenhängen hinsichtlich Langzeitbeanspruchung extrapoliert werden können.

Weitere Kriterien zur Bewertung des tribologischen Verhaltens: Neben den quantifizierbaren Verschleißmeßgrößen ist die Erfassung qualitativer Erscheinungsformen von großem Nutzen für die Bewertung des tribologischen Verhaltens. Zu den Verschleißerscheinungsformen gehören äußerlich sichtbare Veränderungen wie Riefen, Freßerscheinungen, Einglättungen (Laufspiegel), Mulden, Ausbrechungen und Verfärbungen sowie Veränderungen der Grenzschicht durch → Verformung, Gefügeumwandlung und chemische Reaktionen.

Desweiteren sind → Reibungszahl, Temperaturentwicklung sowie Geräusche und Schwingungen wichtige Kriterien, die Aufschluß über Vorgänge in der Grenzschicht eines Werkstoffs während der Beanspruchung geben.

Erfahrungen auf diesem Gebiet können nützlich bei der Beurteilung von Betriebszuständen von Aggregaten in der Praxis sein. Durch Temperaturmessung und Schallpegelmessung mit entsprechender Frequenzanalyse können z. B. kritische Betriebszustände erkannt werden. *Kußmaul*

Literatur: *Felsenfeld, P., A. Kleinrahmen* u. *E. Bollmann*: Radionuklidtechnik im Maschinenbau zur Verschleiß- und Korrosionsmessung in Industrie und Forschung. KfK-Nachrichten 18 (1986) Nr. 4, S. 224/234. – *Habig, K.-H.*: Systemorientierte Grundlagen zur Bearbeitung von Verschleißfragen. VDI-Z. 124 (1982), Nr. 6, S. 215–220. – *Sailer, S.*: Anwendung der Radionuklidtechnik – Verschleißmethoden im Fahrzeugbau. Schmiertechnik und Tribologie 27 (1980) Nr. 2, S. 57/61. – *Sommer, K.* u. *Ch. Düll*: Bestimmung des Verschleißzustandes und mögliche Schadensfrüherkennung aufgrund der Untersuchung von Abriebpartikeln mit dem Ferrografen. Tribologie 5 (1982), S. 9/124. – *Uetz, H.* (Hrsg.): Abrasion und Erosion. München 1986. – *Uetz, H.* u. *J. Wiedemeyer*: Tribologie der Polymere. München 1985.

Verschleißschutzschicht. → Oberflächenschutzschicht zur Verminderung des Verschleißes. Dabei ist zu berücksichtigen, daß solche Schichten den tribologischen Beanspruchungen bzw. den wirkenden → Verschleißmechanismen angepaßt werden und häufig zusätzlich korrosiven und mechanischen Beanspruchungen gewachsen sein müssen. *Habig*

Verschleißwiderstand. → Verschleiß-Meßgröße, die durch den Reziprokwert des Verschleißbetrages gegeben ist. Der V. ist keine Werkstoffeigenschaft, er hängt vielmehr von den Eigenschaften des jeweiligen → Tribosystems mit den wirkenden → Verschleißmechanismen ab. Dies kann mit Hilfe von mechanismenorientierten → Verschleißprüfungen gezeigt werden, bei denen die einzelnen Verschleißmechanismen weitgehend singulär wirken. Dazu sollen beispielhaft Untersuchungen an gehärteten, nitrierten und borierten Stählen vorgestellt werden (Bild). Bei reiner → Adhäsion hat die Gleitpaarung aus nitriertem Stahl den höchsten V., bei → Tribooxidation und → Abrasion wirkt sich das → Borieren besonders günstig aus, während der Widerstand gegen → Oberflächenzerrüttung vor allem durch ein → Einsatzhärten erhöht wird. *Habig*

Versetzung. V. sind Gitterdefekte in kristallinen Stoffen, die zwar wegen der sie umgebenden weit-

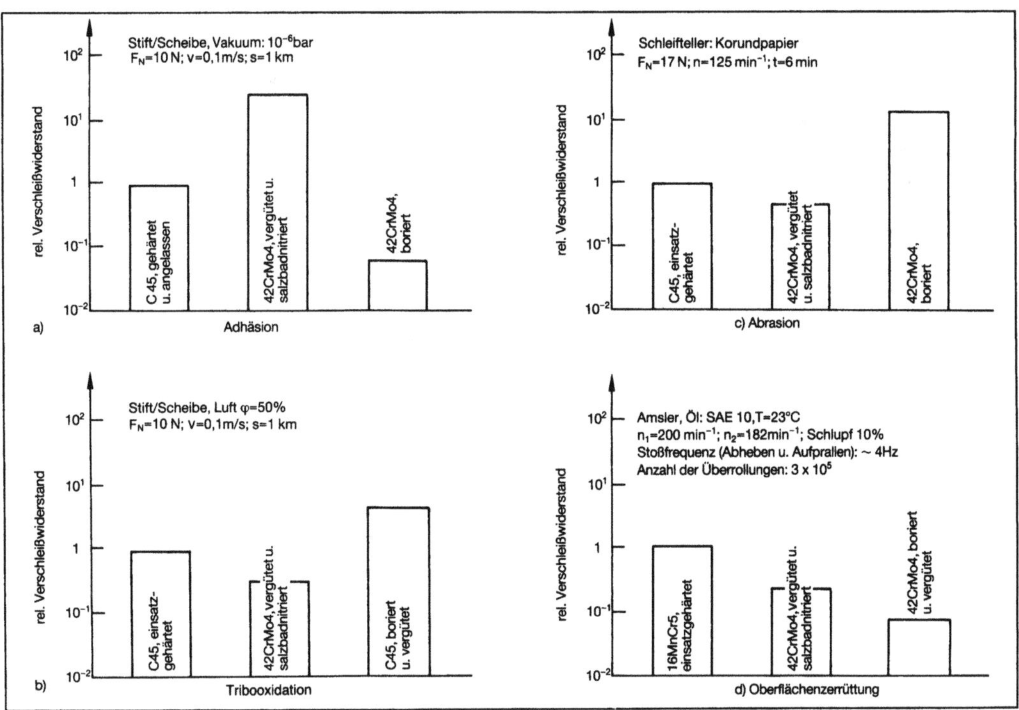

Verschleißwiderstand: V. von gehärteten, nitrierten und borierten Stählen für unterschiedliche Verschleißmechanismen.

reichenden Spannungsfelder einen räumlich ausgedehnten Wirkungsbereich besitzen, jedoch unter Bezugnahme auf ihre Symmetrieachse als linienhafte Gitterdefekte (Versetzungslinien) angesprochen werden.

Von der Topologie her unterscheidet man als Grenzfälle Stufenversetzungen und Schraubenversetzungen (Bild 1). Erstere entsprechen der Kante einer in das → Gitter eingeschobenen zusätzlichen Halbebene, letztere einer Gitterverzerrung, welche bei jedem Umlauf um die Mittellinie nach Art einer Schraube (oder Wendeltreppe) in die nächsthöher gelegene Gitterebene führt. Reale Versetzungsanordnungen sind aus Kombinationen von Stufen- und Schraubenelementen zusammengesetzt. Von der Natur der beschriebenen Gitterstörung her kann eine V. niemals in einem Punkt im Inneren des Gitters enden: sie muß entweder die Oberfläche in einem Durchstoßpunkt erreichen oder mit anderen Segmenten einen Versetzungsring (Versetzungsschleife) bilden.

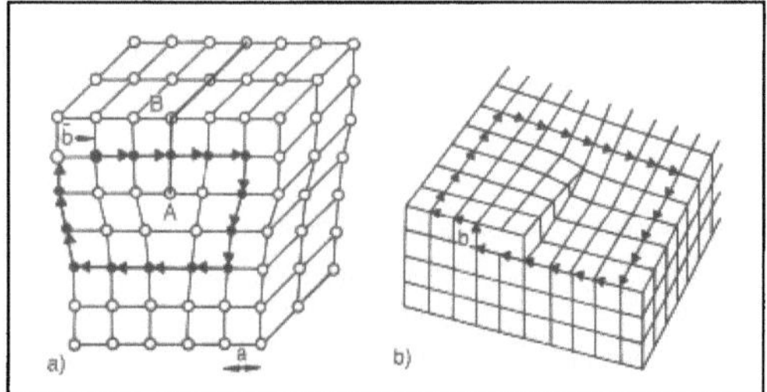

Versetzung 1: Schematische Darstellung der a) Stufenversetzung und b) Schraubenversetzung.

V. sind keineswegs nur theoretische Modelle, sondern experimentell nachgewiesene wichtige Bestandteile realer Gitter. Sie können bei geeigneten Kontrastbedingungen im Transmissions-Elektronenmikroskop sichtbar gemacht werden; ihre Durchstoßpunkte durch Oberflächen können mittels Anätzen sichtbar gemacht werden (Bild 2).

Das Ausmaß der durch eine V. bedingten Gitterverzerrung wird durch den → Burgers-Vektor b (dessen Betrag eng mit der Gitterkonstanten verknüpft ist) ausgedrückt. Die Anzahl oder Häufigkeit von V. in einem Gitterbereich wird durch die Versetzungsdichte ρ angegeben; sie ist gleich der gesamten Versetzungslinienlänge je Volumeneinheit und trägt daher die Maßeinheit $m/m^3 = m^{-2}$; diese Größe ist im Wesentlichen identisch mit der Zahl der Durchstoßpunkte von Versetzungslinien je 1 m² einer ebenen Schnittfläche, z. B. der Oberfläche des Kristalls.

Versetzungslinien sind in der Regel im Gitter beweglich, vor allem durch Gleiten (→ Plastizität). Stufenversetzungen benötigen zum Gleiten eine Gleitebene, in der sie sich in bestimmten Gleitrich-

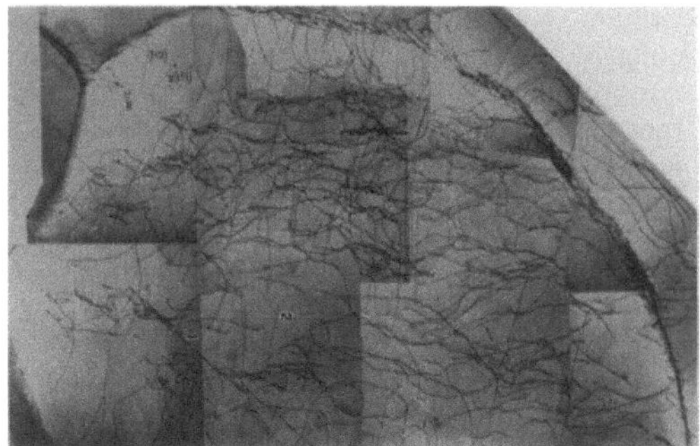

Versetzung 2: Mikroskopischer Nachweis von V. durch TEM (oben) bzw. Ätzgrübchen (unten).

tungen verschieben können; Gleitebene und Gleitrichtung bilden ein kristallographisch wohldefiniertes → Gleitsystem, wie z. B. in kfz. Metallen die {111}-Ebenen und in diesen die <110>-Richtungen. Der Linienvektor s und der Burgers-Vektor b einer Stufenversetzung definieren die kristallographische Orientierung der Gleitebene, die somit nicht verlassen werden kann – außer durch → Klettern. Bei Schraubenversetzungen liegt der Burgers-Vektor in der gleichen Richtung wie der Linienvektor. Eine spezifische Gleitebene existiert somit nicht, und die Schraubensegmente sind relativ leicht beweglich; dies ändert sich jedoch, wenn die Schraubenversetzungslinie durch Aufspaltung eine bandförmige Topologie (einen → Stapelfehler) erhält, womit eine Gleitebene definiert ist. Eine aufgespaltene Schraubenversetzung kann somit ihre Gleitebene ebenfalls nicht verlassen – es sei denn durch Quergleitung, wozu aber die Aufspaltung zumindest lokal rückgängig gemacht (der Stapelfehler eingeschnürt) werden muß (Bild 3); dies wird durch thermische → Aktivierung ermöglicht.

Rein geometrisch betrachtet können verschiedene V. durch Addition ihrer Burgersvektoren zu neuen Versetzungstypen zusammengesetzt werden, z. B. im kfz. Gitter zu einer *Lomer*-V.:

$$b_1 + b_2 = \frac{a}{2}[101] + \frac{a}{2}[\overline{1}10] \rightarrow \frac{a}{2}[0\overline{1}1]$$

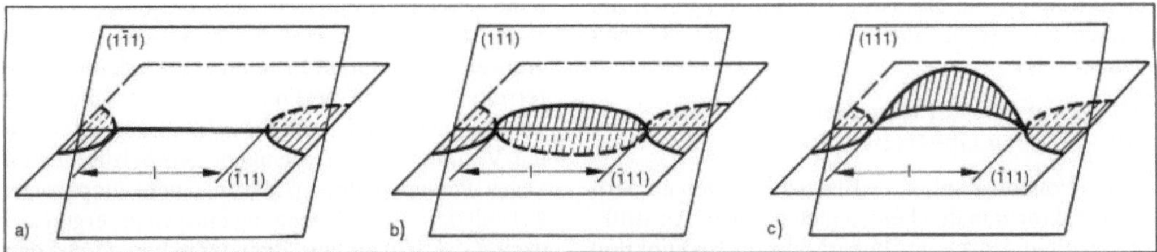

Versetzung 3: Quergleitung einer aufgespaltenen Schraubenversetzung.

Die resultierende Lomer-V. liegt in keiner {111}-Gleitebene, ist also nicht gleitfähig. Die „kristallographische" Immobilität der V. vom Lomer-Typ muß unterschieden werden von der Unbeweglichkeit solcher V., die von ihrer Orientierung her an sich gleitfähig sind, jedoch durch Einbau in Versetzungsnetzwerke, insbesondere Subkorngrenzen oder durch Wechselwirkung mit Teilchen disperser Phasen energetisch stark gebunden sind.

Neben der Addition von zwei Burgers-Vektoren ist auch die Zerlegung eines Burgers-Vektors in zwei Vektoren möglich, was der Aufspaltung einer Versetzung in zwei → Partialversetzungen entspricht; das bekannteste Beispiel ist die Bildung von *Shockley*-Partialversetzungen im kfz. Gitter:

$$b = \frac{a}{2}\,[101] \rightarrow \frac{a}{6}\,[112] + \frac{a}{6}\,[211] = b_{P1} + b_{P2}$$

Zwischen den beiden Partialversetzungen ist ein → Stapelfehler aufgespannt. Unter den vektoriellen Versetzungsreaktionen ist schließlich noch das → Schneiden zueinander senkrecht stehender Versetzungslinien, insbes. von zwei Schraubensegmenten, zu erwähnen (Bild 4). Dabei bilden sich unter Energieaufwand Sprünge (Jogs) mit lokalem Stufencharakter. Wenn eine Schraubenversetzung während ihrer Gleitbewegung eine Vielzahl von senkrecht zur Gleitebene stehenden Versetzungslinien schneiden muß, spricht man bildhaft von einem Versetzungswald bzw. vom Schneiden der Waldversetzungen. – Ob es zu einer der beschriebenen, geometrisch möglichen Versetzungsreaktionen kommt, hängt von den energetischen Randbedingungen ab.

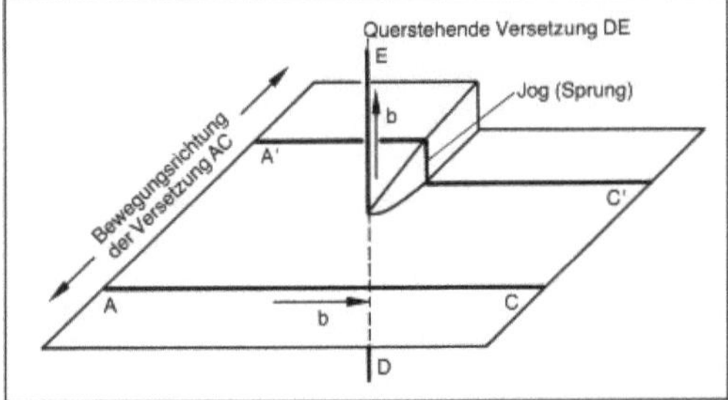

Versetzung 4: Sprungbildung bei S durch Schneiden von zwei Schraubenversetzungen.

Der zusätzliche Energiebedarf für den Einbau einer V. mit der Linienlänge 1 m in einen sonst perfekten Kristall ergibt sich aus dem weitreichenden Verzerrungsfeld um die Versetzungslinie. Dieses ist im Falle der Schraubenversetzung durch radialsymmetrische Scherungen geprägt, während im Falle der Stufenversetzung die Gleitebene einen Bereich dominierender Kompression von einem Bereich dominierender Dilatation des Gitters trennt (Bild 5), während die Gleitebene selbst der Ort reiner Schubverformung ist.

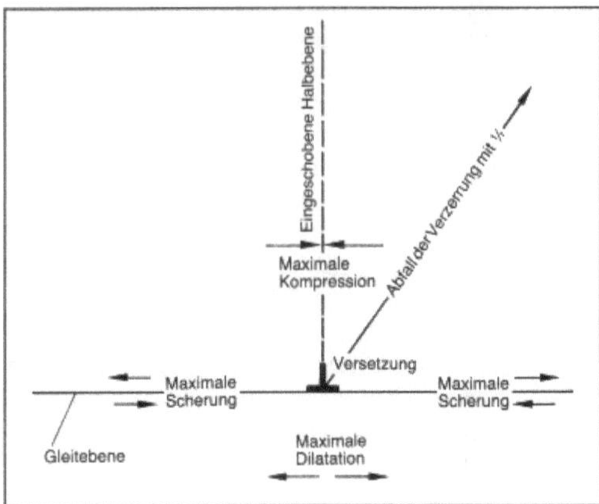

Versetzung 5: Verteilung von Verzerrungen/Spannungen um eine Stufenversetzung.

Den erwähnten geometrischen Verzerrungen entsprechen im Gültigkeitsbereich elastischer Formänderungen (d. h. des Hooke-Gesetzes) Zug-, Druck- und Schub-Spannungen, sodaß das Verzerrungsfeld von einem Spannungsfeld begleitet wird. Die Theorie zeigt, daß die Beiträge der Spannungen mit der Entfernung r von der Versetzungslinie als der Quelle des Spannungsfeldes wie 1/r (also relativ schwach) abfallen, wobei die Gittersteifigkeit (d. h. der Modul G) und der Burgers-Vektor (als Maß der Verzerrung) den Betrag bestimmen. Für die Schraubenversetzung gilt (radialsymmetrisch) $\tau(r) = Gb/2\pi r$.

Spannungs- und Verzerrungstensoren liefern für jedes Volumenelement eine lokale Dichte der elastischen Verzerrungsenergie, U_{el}. Integration über den zylindrischen Raum um die Versetzungslinie herum liefert die elastische Energie je Einheit der Linienlänge (d. h. die →Linienenergie, Einheit Nm/m = N)

$U_{L\text{-Schr}} = \alpha\ Gb^2/4\pi$ (Schraube)

bzw. $U_{L\text{-St}} = \alpha\ Gb^2/4\pi(1-v)$ (Stufe)

(v: →Poisson-Zahl, s. →Elastizität). Der numerische Faktor α in den beiden gleichartigen Ausdrücken enthält den aus der Integration der 1/r-Funktion stammenden logarithmischen Term $\ln(R/r_0)$ mit einem äußeren Begrenzungsradius R, der das durch weiter entfernte V. bedingte „Rauschen" berücksichtigt; ferner erkennt man den inneren Abschneideradius r_0, welcher die Divergenz des Störungsfeldes für $r\to 0$ erfaßt. Man geht davon aus, daß für $r_0 \lesssim 3\ b$ die lineare Elastizitätstheorie versagt, sodaß die energetische Situation im Versetzungskern mit anderen Modellen abgeschätzt werden muß, etwa: Approximation durch amorphe Strukturen. – Der so definierte Versetzungskern enthält rd. 15 % der Gesamtenergie der V. Der überwiegende Teil von U_L steckt demnach im „Fernfeld", welches auch die Ursache der V.-Wechselwirkungen darstellt.

Bei der Betrachtung der Energie eines Versetzungsringes sind die Unterschiede in der Selbstenergie von Stufen und Schrauben einerseits, die →Anisotropie der elastischen Moduln andererseits zu berücksichtigen. – Die Linienenergie kann auch als →Linienspannung aufgefaßt werden, welche eine gekrümmte Versetzungslinie geradezuziehen bestrebt ist; man vergleiche hierzu den analogen Fall der Grenzflächenenergie/Grenzflächenspannung.

Die Wechselwirkungen der V. untereinander sowie mit anderen Gitterbauelementen und Gefügebestandteilen beruhen auf der Überlagerung von Verzerrungsfeldern, wobei die Addition zweier Verzerrungsvektoren $a_1 + a_2$ die lokale Energiedichte $\approx G(a_1 + a_2)^2$ überproportional erhöht. Erhöhung der Energie bei Verlagerung einer Versetzungslinie um Δa ist mit einer Abstoßungskraft identisch und umgekehrt.

Bild 6 zeigt schematisch die wichtigsten Wechselwirkungsfälle: a) eine V.-linie wird von einer freien Oberfläche angezogen ($Gb^2 = 0$ im Außenraum) bzw. von einer →Oxidschicht mit größerem G-Wert zurückgedrängt. – b) Eine V. wird durch ein kohärentes Teilchen einer zweiten Phase angezogen, wenn Gb^2 im Teilchen kleiner ist als in der Matrix, und umgekehrt. – c) Zwei parallele gleichnamige V. in derselben Gleitebene ziehen sich an, und umgekehrt. – d) Zwei parallele ungleichnamige V. in zwei parallelen Gleitebenen streben eine um 45° gegeneinander versetzte stabile Position (V.-Dipol) an. – e) Zwei parallele gleichnamige Stufenversetzungen in zwei parallelen Gleitebenen ordnen sich senkrecht untereinander an, wobei ihre Kompressions- und Dilatationszonen sich weitgehend gegenseitig kompensieren; durch Aneinanderrei-

hung solcher Konfigurationen entstehen energetisch stabile Kleinwinkelkorngrenzen (Subkorngrenzen). Die stabile Lage nach e) bedeutet andererseits, daß eine bestimmte Mindest-Schubspannung erforderlich ist, um die zwei dargestellten Stufen-V. unter- bzw. übereinander vorbeizuschieben. Diese Passierspannung, die in einem einphasigen Kristall der →Fließspannung entspricht, ergibt sich nach *G. I. Taylor* aus dem typischen (1/r)-Spannungsfeld zu $\tau = Gb/8\pi(1-v)z$, wenn z der Abstand der beiden Gleitebenen ist. Da z in erster Näherung durch die Versetzungsdichte ρ bestimmt wird (je mehr V., desto enger ihr Abstand) schätzt man $z \approx 1/\sqrt{\rho}$ ab und erhält so die Taylor-Beziehung für die Fließspannung:

$$\tau_F = \alpha'\ Gb\ \sqrt{\rho}$$

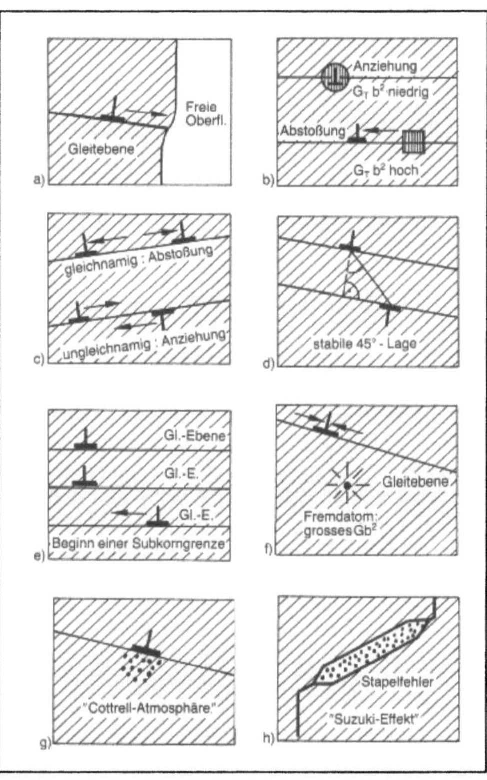

Versetzung 6: Wechselwirkungen von V. aufgrund ihres elastischen Spannungsfeldes:

a) V.-Oberfläche (Bildkraft)

b) V.-kohärentes Teilchen

c) zwei parallele V. in einer Gleitebene

d) zwei ungleichnamige V. in zwei parallelen Gleitebenen

e) zwei gleichnamige V. in zwei parallelen Gleitebenen

f) V.-Fremdatom mit abweichendem Gb^2

g), h) Anreicherung von Fremdatomen in einem Stapelfehler bzw. der Umgebung einer V.

Die Wechselwirkung einer V.-Linie mit einem atomar gelösten →Fremdatom wird vorrangig von der lokalen Verzerrung in dessen Umgebung verursacht, wenn es eine von der Matrix abweichende Atomgröße hat (*Cottrell, Bilby*). Aber auch bei gleicher Atomgröße kann die elast. Energie einer V. dadurch verändert werden, daß in der Umgebung des Fremdatoms die Gittersteifigkeit und damit G erhöht oder erniedrigt werden (Bild 6 f). – Bei Ausbildung eines Stapelfehlers durch Aufspaltung der V. stellt dieser eine bandförmige innere Grenzfläche im Gitter mit einer von der Matrix abweichenden Atomanordnung dar. Dies bedingt wie bei jeder Grenzfläche eine Tendenz zur Adsorption von Fremdatomen, d. h. eine anziehende Wechselwirkung; sie führt bei hinreichender →Beweglichkeit (d. h. erhöhter Temperatur) zur Fremdatom-Anreicherung auf dem Stapelfehler und in seiner Umgebung (*Suzuki*-Effekt).

Ein wichtiger Sonderfall der abstoßenden Wechselwirkung gleichnamiger paralleler V. innerhalb einer Gleitebene ist das Verhalten der zwei Partial-V. einer aufgespaltenen Versetzungslinie. Der elastischen Abstoßung zwischen ihnen wirkt die Stapelfehlerenergie γ_{STF} entgegen. Aus dem →Gleichgewicht dieser beiden Kräfte resultiert die Gleichgewichts-Aufspaltung $w = Gb^2/6\pi\,\gamma_{STF}$; der Suzuki-Effekt setzt die Stapelfehlerenergie herab und vergrößert somit die Aufspaltung.

Als ausgedehnte Defekte befinden V. sich nicht im thermodynamischen Gleichgewicht mit dem Gitter. Die Versetzungsdichte ist daher keine materialspezifische und temperaturabhängige Größe wie etwa die Leerstellendichte; sie hängt vielmehr von der thermo-mechanischen Vorgeschichte des Materials ab. Im Verlauf der Erstarrung aus der Schmelze, der Abkühlung auf Raumtemperatur, der Wärmebehandlung, Formgebung und Oberflächenvergütung ergibt sich eine Vielzahl von Faktoren, welche die Erhöhung (oft als „Multiplikation" bezeichnet) der V.-Dichte im Materialinneren begünstigen. Dabei können V. sowohl von der Oberfläche her in das Material eintreten als auch im Inneren entstehen – dies jedoch nicht durch einfache →Keimbildung und Aufweitung von Versetzungsringen.

Der bekannteste Reproduktionsmechanismus ist die Frank-Read-Quelle, bei der eine Schubspannung aus einem zwischen zwei Punkten verankerten Versetzungssegment immer neue Ringe erzeugt. Auch V.-Dipole können durch lokale Spannungsfelder auseinandergezogen werden und dadurch ρ erhöhen. Die mit der Versetzungsdichte verknüpfte Linienenergie $\rho\,Gb^2$ muß durch von außen zugeführte Arbeit oder durch Abbau innerer Spannungsfelder bereitgestellt werden. Umgekehrt ist die in den V. investierte Linienenergie die Triebkraft für die Verminderung der Versetzungsdichte

durch verschiedenartige Prozesse, welche zumeist thermische Aktivierung voraussetzen (→Erholung, →Rekristallisation).

Die praktische Bedeutung der Existenz von V. in kristallinen Werkstoffen liegt vor allem in ihrem Beitrag zur plastischen Verformung der Werkstoffe (Plastizität). Jede V., welche eine Gleitebene ganz durchläuft, trägt den Betrag 1 b (ein Burgers-Vektor) zur →Abgleitung bei. Bei einer mittleren Dichte beweglicher Versetzungen (ρ) und einer mittleren Geschwindigkeit in Gleitrichtung $\bar{v}$ erhält man die Verformungsgeschwindigkeit

$$d\gamma/dt = \rho b \bar{v}\ [\mathrm{s}^{-1}].$$

$\bar{v}$ setzt sich naturgemäß aus sehr raschen Abschnitten unbehinderter →Gleitung, langsamen →Drift-Bewegungen und Wartezeiten vor Hindernissen zusammen. Insgesamt vermag das Versetzungsmodell die Einkristallplastizität weitgehend quantitativ zu beschreiben und zur Vielkristall-Plastizität wertvolle Beiträge zu liefern. Auch der heutige Kenntnisstand zu den Problemen der →Ermüdung, des →Kriechens und des duktilen Bruches beruht weitgehend auf der Anwendung des Versetzungsbegriffs. Die Entwicklung der inzwischen eingeführten neuen Hochleistungswerkstoffe wäre ohne Verständnis der Rolle der V. undenkbar.

Dabei geht die Bedeutung der V. wesentlich über die mechanischen Anwendungen hinaus. Als Störung der Gitterperiodizität vermindern sie (durch Erhöhung des Restwiderstandes) die metallische Leitfähigkeit; ferner behindern sie die zur Ummagnetisierung im Wechselfeld erforderlichen Elementarprozesse und tragen so zur „magnetischen Härtung" elektrotechnischer Werkstoffe bei. In Halbleitern haben sie entscheidenden Einfluß auf die Verteilung elektronischer Störstellen und somit auf ihr funktionelles Verhalten. In allen kristallinen Festkörpern tragen sie im mittleren Temperaturbereich zur sog. Kurzschlußdiffusion bei (unter Ausnutzung der geringeren →Aktivierungsenergie im Kernbereich der V.). In bezug auf die Umwandlungskinetik im festen Zustand sind V. äußerst wichtig für die Keimbildung. Ihre Durchstoßpunkte durch die Oberfläche stellen lokalisierte Bereiche hoher Gitterverzerrung und entsprechend hoher chemischer Reaktivität dar (→Korrosion, →Spannungsrißkorrosion). (→Abgleitung, →Bildkraft, →Bordoni-Maximum, →Burgers-Vektor, →Drift, →Energie, elastische, →Frank-Read-Quelle, →Härtungsmechanismus, →Jog, →Klettern, →Portevin-LeChatelier-Effekt, →Subkorngrenze, →Verfestigung). *Ilschner*

Literatur: Dislocations and Properties of Real Materials. Proc. of the conference to celebrate the 50th anniversary of the concept of dislocations in crystals. The Institute of Metals, London 1985. – *Haasen, P.:* Physikalische Metallkunde. Berlin etc. 1984.

Versiegelung. Der Begriff V. (Tränkung) wird noch für unterschiedliche Anstrich- und Schutzverfahren angewendet, z. B. im Sinne von →Imprägnierung, Untergrundverfestigung, →Grundierung oder auch im Sinne von Absperrung. Meist bezeichnet heute allerdings V. ein eigenständiges Schutzverfahren, das oberflächennahe Poren verschließt, jedoch keinen wirksamen Beschichtungsfilm bildet (Bild). Eine V. wird i. d. R. ohne Verwendung von Pigmenten, die die →Eindringtiefe verringern würden, ausgeführt, so daß der Untergrund farblich und in bestimmtem Umfang auch hinsichtlich seiner Oberflächenstruktur erkennbar bleibt. Meist werden lösemittelhaltige, witterungs- und alkalibeständige Kunstharze, z. B. →Acrylate oder EP-Harze, verwendet. Auch Kombinationen mit hydrophobierenden Mitteln, die die Verschmutzungsneigung verringern, sind üblich. Wichtigste Voraussetzung für den Erfolg einer V. ist eine sorgfältige Untergrundvorbehandlung: Trocknen bzw. Trockenlegen, Reinigen, Entfernen ungeeigneter Untergrundschichten, Beseitigen örtlicher Schadstellen (→Oberflächenbehandlung). Insbesondere bereitet das Ausfüllen und Überdecken von Haarrissen und von tiefgehenden Rissen Schwierigkeiten. Vor allem bei wenig festem, porösem Untergrund, wie Beton, Putz, Naturstein, ist zu beachten, daß eine mit →Kunstharz getränkte Außenschale einen wesentlich höheren →Elastizitätsmodul und eine höhere Wärmedehnzahl als der Untergrund hat. Die Eigenschaften des Betons in der versiegelten Zone entsprechen den Eigenschaften eines polymerisierten Betons (→Beton, kunstharzimprägnierter). Hierdurch können erhebliche Zwängungsspannungen auftreten, die zum schalenförmigen Abplatzen führen können. Ein mehrfaches Auftragen des Kunstharzes, beginnend mit stark verdünntem Harz und endend mit lösungsmittelfreiem Harz, bewirkt eine tiefe Verzahnung im Porensystem und vermeidet eine scharfe Trennung zwischen getränkter Zone und Untergrund. *Sasse*

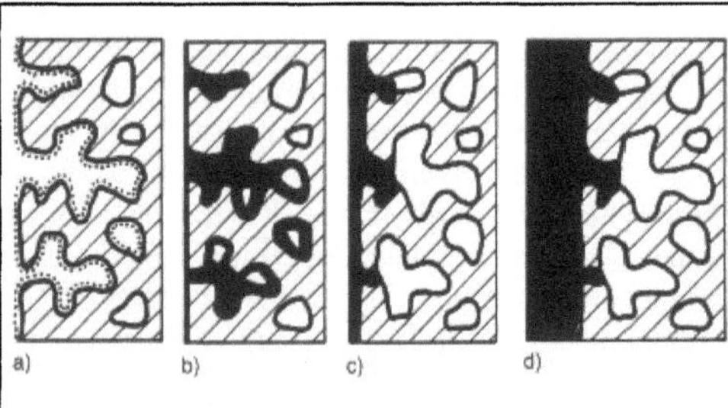

Versiegelung: Beschichtungsarten.
a) Hydrophobierung
b) V. (Tränkung)
c) Dünnbeschichtung (Anstrich mit Grundierung)
d) Mörtelbeschichtung (Dickbeschichtung mit Grundierung).

Versilbern →Oberflächenbehandlung

Versprödung. Verminderung der plastischen Verformungsfestigkeit von →metallischen Werkstoffen und zunehmende Neigung zur Ausbildung von →Sprödbrüchen durch Erhöhung des Gleitwiderstandes durch Ausscheidungen, Versetzungsanhäufungen, nichtmetallische Phasen, niedrige Temperaturen und dreiachsige Spannungen. *Gräfen*

Verstärkung, kontinuierlich/diskontinuierlich →Faserverbundwerkstoffe

Verstärkung, multi-, bi-, unidirektional →Faserverbundwerkstoffe

Verträglichkeit, chemische →Verbundwerkstoffe

Verträglichkeit, mechanische →Verbundwerkstoffe

Verwinden. V. ist ein Verfahren des Schubumformens und ist als eine spezielle Anwendung des Verdrehens definiert. *Lange*

Verzinken →Oberflächenbehandlung

Verzinkungslinie. V. sind komplexe technische Systeme zum Aufbringen eines Überzuges aus reinem Zink oder aus →Zinklegierungen auf →Stahlband durch →Verzinkungsverfahren. *Baumann*

Verzinkungsverfahren. Unter Verzinken ist das Aufbringen eines Überzuges aus reinem Zink oder →Zinklegierungen durch Tauchen in ein Zinkbad, „Feuerverzinken" genannt, durch Aufspritzen, „Spritzverzinken" genannt, oder durch Abscheiden, „Galvanisches Verzinken" genannt, zum Schutze gegen →Korrosion zu verstehen.
Baumann

Verzinnungslinie. V. sind komplexe technische Systeme zum Aufbringen eines Zinnüberzuges, insbesondere auf →Stahlband, durch →Verzinnungsverfahren. *Baumann*

Verzinnungsverfahren. Unter Verzinnen ist ein Verfahren zur Erzielung eines Zinnüberzuges als →Korrosionsschutz, insbesondere gegen organische Säuren zu verstehen. Dabei werden →Schmelztauchen, Eintauchen des Werkstoffes in flüssiges reines Zinn, oder elektrolytisches Abscheiden aus zinnhaltigen Bädern unterschieden. Wichtigstes Erzeugnis ist →Weißblech und →Weißband für die Nahrungs- und Genußmittel-Industrien. *Baumann*

Verzunderung. Oxidationsvorgang an der Oberfläche von →Stahl durch die Einwirkung heißer Gase. Die V. vollzieht sich bei der →Warmumformung und →Wärmebehandlung, indem sich der Sauerstoff der Luft mit dem glühenden Eisen verbindet und sich eine Schicht aus Eisenoxiden auf dem Werkstück ausbildet. Die Zunderschichten sind meist störend und unerwünscht und werden chemisch oder mechanisch entfernt (→Entzundern). Nur bei bestimmten Stahlsorten, z. B. bei hitzebeständigen Stählen, bewirken die Zunderschichten einen Schutz gegen weitere V. (→Oxidschicht). *Bolbrinker*

Verzweigung →Makromolekül

Vibrationsverdichtung. Diese Technik nutzt man zum Verdichten von Pulver, Granulat usw. in Behältern (Fässer, Hobbocks u. a.) sowie im Gießereibereich zur Verdichtung von fließfähigem →Kernsand oder von feuerfesten Ofenstampfmassen. Ein weiteres Einsatzgebiet ist das Verdichten von in eine Schalung gegossenem →Beton. Je nach Verdichtungsaufgabe stehen Innen- und Außenvibratoren, mit Druckluft, hydraulisch oder elektrisch angetrieben, zur Wahl.

Die Druckluft- und Hydraulikvibratoren sind während des Betriebs drehzahlregelbar; bei Druckluft-Kolbenvibratoren läßt sich auch die Schwingbreite regeln. Elektrovibratoren kann man im Stillstand durch Verstellen der Unwuchten auf die gewünschte Fliehkraft bzw. Schwingbreite bei konstant gehaltener Frequenz einstellen. Durch gleichzeitiges Ändern von Frequenz und Schwingbreite lassen sich die Vibratoren den jeweiligen Erfordernissen optimal anpassen. Vibratoren im Frequenzbereich um 3000/min werden vorzugsweise zum Verdichten und Fördern eingesetzt, hochfrequente Typen dagegen mehr für das Lösen von Produkten, z. B. bei der Bunkerentleerung.

Für ein leistungsförderndes Handling in der Fertigung sowie beim Abpacken gibt es geräuscharme Vibrationstische sowie in eine Fließfertigung integrierbare Verdichtungsstationen, die beispielsweise aus einem Vibrationstisch und einer darüber angeordneten, absenkbaren Rollenbahn zusammengesetzt sind. *Doliwa*

Vickers-Verfahren →Härte

Vicuña →Tierhaare

Vielkristallplastizität →Plastizität

Vinylchlorid-Polymerisat. (Kurzzeichen: PVC) Makromolekularer Werkstoff, der durch radikalische →Polymerisation von Vinylchlorid in Suspension, Emulsion und Substanz bei 5–10 bar und 35–65 °C hergestellt wird:

$$n\ CH_2 = CH \longrightarrow \left[CH_2 - CH \right]_n$$
$$\quad\quad\quad\ |\quad\quad\quad\quad\quad\quad\ |$$
$$\quad\quad\quad Cl\quad\quad\quad\quad\quad\quad Cl$$

Das hierbei anfallende →Polyvinylchlorid besitzt ataktische Struktur und mittlere Molekularmassen zwischen 25 000 und 150 000 g/mol.

Bevor es verarbeitet werden kann, müssen dem frischen Produkt →Stabilisatoren und Gleitmittel beigemischt werden. Stabilisatoren (anorg. und org. Bleisalze, org. Calcium-, Barium-, Cadmium- und Zinn-IV-Verbindungen zusammen mit epoxidiertem Soja- und Ricinusöl) sind notwendig um die HCl-Abspaltung bei thermischer Beanspruchung, wie sie bei Verarbeitungstemperaturen von 180 °C und mehr auftritt, und bei Einwirkung von Licht und Sauerstoff zu verhindern. Bei der thermischen Dehydrochlorierung bilden sich in den Molekülketten konjugierte Doppelbindungen und charge-transfer-Komplexe zwischen diesen und Chloridionen. Diese Komplexe führen zu einer Verfärbung des Materials von Gelb über Braun bis Schwarz. Bei der durch Licht katalysierten Oxydation werden unter HCl-Abspaltung Carbonylstrukturen gebildet.

Polyvinylchlorid wird in zwei verschiedenen Formen angewandt, und zwar einmal ohne →Weichmacher, es wird dann als PVC-hart (Hart-PVC) bezeichnet, und zum anderen mit Weichmacher, PVC-weich (Weich-PVC).

PVC-hart zeichnet sich durch besondere Beständigkeit gegenüber organischen und anorganischen, auch oxidierenden Säuren, gegenüber Laugen und eine große Anzahl organischer Verbindungen aus. Unbeständig ist es gegenüber Ketonen, Halogenkohlenwasserstoffen, Ethern, Estern, niederen Fettsäuren und aromatischen Kohlenwasserstoffen. Es ist schwer entflammbar und besitzt gute mechanische Eigenschaften (hohe →Festigkeit, Steifheit und →Härte, E-Modul: 2000–3000 MPa) (Eigenschaftswerte: →Kunststoffe). Wegen der Kälte- und Kerbbruchempfindlichkeit werden dem PVC-hart vielfach Modifiziermittel, wie bestimmte ABS-Typen (→Polystyrol) und Ethylen-Vinylacetat-Copolymerisate, eingearbeitet. Zur Erhöhung der Wärmeformbeständigkeit (bei reinem PVC: 70–80 °C, Glastemperatur: 80 °C) wird Vinylchlorid mit Vinylidenchlorid ($CH_2 = CCl_2$) und Acrylnitril ($CH_2 = CHCN$) copolymerisiert oder reines PVC wird bis zu Chlorgehalten von 65 % nachchloriert (Wärmeformbeständigkeit: 100–110 °C, Glastemperatur: bis 130 °C). Auch durch Tieftemperaturpolymerisation bei −15 bis −60 °C erhält man ein PVC mit hohem Anteil syndiotaktischer Struktur und Kristallinität, das je nach Stereoregularität Glastemperaturen zwischen 120 und 130 °C besitzt.

Allen weichmacherfreien PVC-Produkten müssen vor der Verarbeitung Gleitmittel (Wachse und Metallstearate) beigemischt werden. Sie besitzen schmierende Wirkung und erleichtern die → Verformung in der Wärme.

PVC-hart findet vorwiegend Anwendung im Apparate- und Gerätebau.

PVC-weich ist ein Werkstoff mit gummiähnlichen Eigenschaften, den man durch → Mischen von reinem PVC mit Weichmachern, wie Phthalsäurediester, Phosphorsäureester und Ester aliphatischer Dicarbonsäuren, erhält. Die Flexibilität und Zerreißfestigkeit dieser Produkte läßt sich in einem weiten Bereich einstellen. Sie zeigen gegenüber PVC-hart stärkeres → Kriechen, eine höhere Temperaturabhängigkeit der mechanischen Eigenschaften und eine herabgesetzte chemische Beständigkeit.

PVC-weich dient in erster Linie zur Herstellung von Kalanderfolien, aus denen u. a. Regenmäntel, Tischtücher, Fußbodenbeläge und Sitzbezüge gefertigt werden.

Neben der Verarbeitung zu extrudierten und spritzgegossenen Formkörpern wird ein Teil des PVC zur Herstellung von Pasten verwendet. Diese Pasten sind bei Raumtemperatur stabile Dispersionen von feinen PVC-Pulvern (Emulsionspolymerisate mit Korngrößen zwischen 10 und 25 m) in verschiedenen Weichmachern. Sie enthalten im allgemeinen 50–60 %, für Spezialanwendungen bis zu 80 % PVC. Bei Temperaturen zwischen 140 und 180 °C gelieren (verfestigen sich) diese Pasten und ergeben Produkte mit PVC-weich-Eigenschaften.

Plastisole sind solche Pasten, die aus PVC, Weichmacher und eventuell Füll- und Hilfsstoffen bestehen. Organosole enthalten darüber hinaus größere Mengen an flüchtigen Lösungsmitteln, wie Benzin oder Butylglycol.

Plastigele sind Plastisole, die durch Zusatz von Metallseifen oder kolloidaler Kieselsäure eine so hohe Viscosität erhalten, daß sie als Knetmassen noch gut verformbar sind, aber bei der Geliertemperatur nicht mehr verfließen.

Diese Pasten können durch → Streichen zu Gewebe- und Blechbeschichtungen verarbeitet werden. Durch Tauchen stellt man Stiefel und Handschuhe etc. her. Im Gießverfahren werden großvolumige Hohlfiguren, Bälle, Stopfen und andere Formkörper gefertigt. *Zahradnik*

Literatur: *Domininghaus, H.*: Die Kunststoffe und ihre Eigenschaften. Düsseldorf 1986. – *Kainer, H.*: Polyvinylchlorid und Vinylchlorid-Mischpolymerisate. Berlin 1965. – *Krekeler, K.* u. *G. Wick*: Kunststoff-Handbuch. 2 Bd. München 1963. – *Penn, W. S.*: PVC-Technology. 3rd. Ed. London 1972.

Viskose. Bei der Einwirkung von Schwefelkohlenstoff aus Alkalicellulose entsteht Cellulosexanthogenat, das in verdünnter Natronlauge löslich ist.

Diese Lösung wird als V. bezeichnet und dient zur Herstellung von Celluloseregenerat-Fasern und → Zellglas (→ Faserherstellung). *Zahradnik*

Viskoses Fließen. In Anlehnung an den Sprachgebrauch in der Dynamik der Fluide bezeichnet man einen Verformungsvorgang in festen Werkstoffen dann als viskos, wenn die Formänderungsgeschwindigkeit proportional zur verursachenden Spannung ist. Das auf Newton zurückgehende lineare Stoffgesetz für v. F. entspricht insoweit der linearen Beziehung zwischen Dehnung und Spannung für elastische Verformung:

	Elastische Formänderung	Viskoses Fließen
Grundgesetz:	$\varepsilon = (1/E)\,\sigma$	$\dot{\varepsilon} = (1/\eta)\,\sigma$
Benannt nach …	Hooke	Newton
Materialkonstante:	Elastizitätsmodul E	Viskosität η
Maßeinheit	$N/m^2 = Pa$	Pa s

Der Begriff der → Viskosität hat sich insbesondere für die Beschreibung polymerer und anderer amorpher Festkörper bewährt, die nicht wie → Metalle aus dem flüssigen Zustand heraus kristallisieren, sondern sich bei der → Abkühlung aus dem fluiden Zustand allmählich verfestigen, indem ihre Viskosität um viele Größenordnungen zunimmt. (Der Übergang von „fluid" zu „fest" bedarf in diesen Fällen einer Übereinkunft in Form von Schwellenwerten der Viskosität, denen Temperaturen zugeordnet werden können). Ferner läßt sich ein verallgemeinerter Viskositätsbegriff auf Suspensionen wie keramische Massen vorteilhaft anwenden (Theorie der keramischen Verfahrenstechnik).

Bei metallischen Legierungen wird von v. F. dann gesprochen, wenn zwischen dem für die Formänderung maßgebenden Mechanismus und der wirkenden Spannung eine lineare Beziehung herrscht; dies ist praktisch stets an die Möglichkeit thermischer Aktivierung, also an erhöhte Temperaturen geknüpft. Beispiele sind das „viskose Gleiten" von Versetzungslinien beim → Kriechen in solchen Legierungen, in denen wie bei Al-Mg eine starke Wechselwirkung mit den Legierungsatomen besteht (→ Drift), oder bei geschwindigkeitsbestimmender Mitwirkung des Korngrenzengleitens bzw. des spannungsindizierten Stofftransports durch → Diffusion (→ Coble-Kriechen, → Nabarro-Herring-Kriechen). *Ilschner*

Viskosimeter. Prüfgerät zur Bestimmung der → Viskosität. Gebräuchlich sind vor allem Kapillar-, Kugelfall- und Rotationsviskosimeter.

Die einfachste Form eines Kapillar-V. ist das *Ost-wald*-V. (Bild 1). Die Flüssigkeit fließt durch eine Kapillare; dabei wird die Zeit gemessen, in der ein bestimmtes Flüssigkeitsvolumen eine Strecke zwischen zwei Markierungen (m_1 und m_2) zurücklegt. Die kinematische Viskosität v ist durch folgende Beziehung gegeben:

$$v = \frac{\pi \cdot h \cdot g \cdot r^4}{8 \cdot l \cdot V} \cdot t$$

mit der Höhe h, der Erdbeschleunigung g, dem Kapillardurchmesser r, der Länge der Kapillare l, dem Flüssigkeitsvolumen V und der Zeit t.

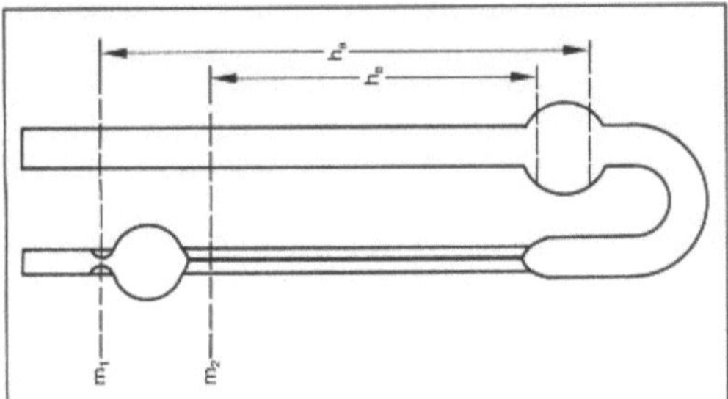

Viskosimeter 1: Kapillarviskosimeter.

Im Kugelfallviskosimeter fällt eine Kugel unter der Wirkung der Erdbeschleunigung in einem Rohr, das mit der Flüssigkeit gefüllt ist, deren Viskosität gemessen werden soll. Man erhält die dynamische Viskosität η:

$$\eta = \frac{2 \cdot r^2 \cdot g \cdot (\rho_k - \rho_F)}{9 \cdot v}$$

mit dem Kugelradius r, der Erdbeschleunigung g, der Dichte der Kugel ρ_K, der Dichte der Flüssigkeit ρ_F und der Geschwindigkeit v, mit der die Kugel fällt.

Rotationsviskosimeter arbeiten nach dem Prinzip koaxialer Zylinder oder nach dem Platte-Kegel-Prinzip. Mit ihnen lassen sich relativ hohe Schergefälle erreichen. Beim Prinzip koaxialer Zylinder befindet sich die Flüssigkeit in einem Spalt zwischen den Mantelflächen zweier Zylinder, von denen einer feststeht und der andere rotiert. Gemessen wird das an einem Zylinder angreifende Drehmoment, aus dem sich die dynamische Viskosität bestimmen läßt:

$$\eta = \frac{M}{\omega} \cdot \frac{R_a^2 - R_i^2}{4\pi \cdot l \cdot R_i^2 \cdot R_a^2}$$

mit dem Drehmoment M, der Winkelgeschwindigkeit ω, dem Radius des äußeren Zylinders R_a, dem Radius des inneren Zylinders R_i und der Länge des rotierenden Zylinders l (Bild 2).

Beim Platte-Kegel-Prinzip befindet sich die Flüssigkeit zwischen einem Kegel und einer Platte (Bild 3). Das Schergefälle D hängt nur vom Kegel-

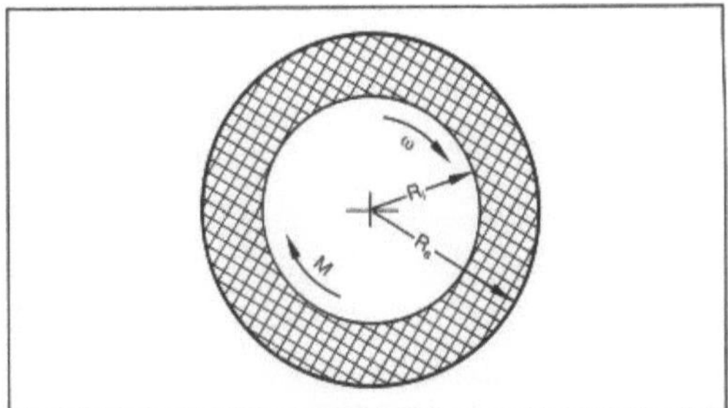

Viskosimeter 2: Rotationsviskosimeter nach dem Prinzip koaxialer Zylinder.

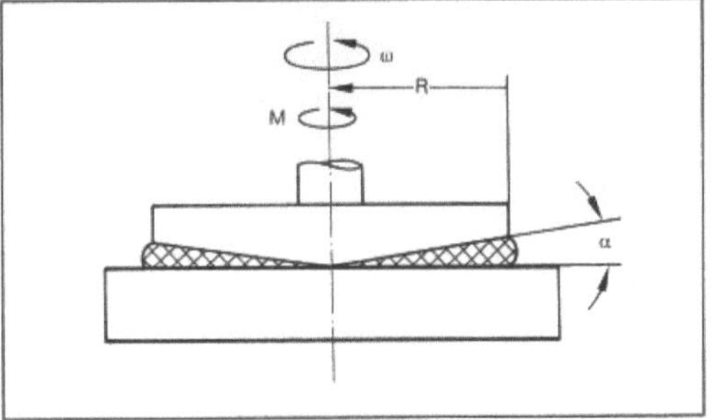

Viskosimeter 3: Rotationsviskosimeter nach dem Platte-Kegel-Prinzip.

winkel α (für die angewandten kleinen Kegelwinkel gilt $\alpha \approx t\gamma\alpha$) und von der Winkelgeschwindigkeit ω ab:

$$D = \frac{\alpha}{\omega}$$

Die dynamische Viskosität η läßt sich aus der folgenden Beziehung ermitteln:

$$\eta = \frac{3\,M \cdot \alpha}{2\pi\,R^3 \cdot \omega}$$

mit dem Drehmoment M, dem Kegelwinkel α, dem Radius der Grundfläche des Kegels R und der Winkelgeschwindigkeit ω. *Habig*

Viskosität. Maß für die innere →Reibung von Flüssigkeiten und Gasen. Nach *Newton* ist die in einer Flüssigkeitsschicht wirkende Schubspannung τ dem Schergefälle D proportional (Bild):

$$\tau = \eta \cdot D$$

Der Proportionalitätsfaktor wird als dynamische V. η bezeichnet; ihre Einheit ist Pa · s.

Bezieht man die dynamische V. η auf die Dichte ρ, so erhält man die kinematische V. v

$$v = \frac{\eta}{\rho} \qquad \text{Einheit: } \frac{mm^2}{s}$$

Flüssigkeiten, deren V. nicht vom Schergefälle D abhängt, bezeichnet man als *Newton*'sche Flüssigkeiten. Hängt die V. vom Schergefälle D ab, so

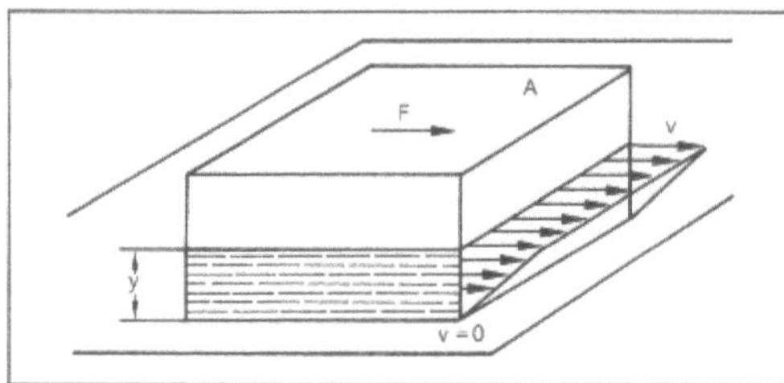

Viskosität: Größen zur Bestimmung der V.

Schubspannung $\tau = \dfrac{F}{A}$, Schergefälle $D = \dfrac{dv}{dy}$

spricht man von nichtnewton'schen Flüssigkeiten. Strukturviskose Flüssigkeiten wie z. B. → Schmieröle mit langkettigen Molekülen als Viskositätsindex-Verbesserern weisen eine Abnahme der V. mit zunehmendem Schergefälle auf; bei dilatantem Verhalten nimmt die V. mit größer werdendem Schergefälle zu.

Die V. hängt stark von der Temperatur und vom Druck ab. Die Temperaturabhängigkeit der V. wird häufig mit der *Ubbelohde-Walther*-Gleichung beschrieben

$$\lg\lg (v + C) = k - m \cdot \lg T$$

mit der kinematischen V. v, der absoluten Temperatur T und den Konstanten C, k und m.

Die Druckabhängigkeit der V. wird häufig durch folgende Beziehung ausgedrückt:

$$\eta = \eta_1 \cdot \exp \alpha \, (p - p_1)$$

mit der dynamischen V. η_1 bei dem Druck $p = p_1 = 1$ bar und dem Viskositätsdruckkoeffizienten α, der für die Abschätzung der Schmierfilmdicke bei elastohydrodynamischer → Schmierung von Bedeutung ist.

→ viskoses Fließen *Habig*

Viskositätsindex. Maßzahl, welche die Viskositätsänderung eines → Mineralöls mit der Temperatur charakterisiert. Ein hoher V. kennzeichnet eine relativ geringe Änderung der → Viskosität mit der Temperatur und umgekehrt. Die Berechnung des V. erfolgt nach der Norm DIN-ISO 2909. *Habig*

Literatur: DIN ISO 2909: Mineralölerzeugnisse – Berechnung des Viskositätsindex aus der kinematischen Viskosität. Ausg. Juli 1979.

Viskositätsindex-Verbesserer. → Schmierstoffadditive, welche die Abnahme der → Viskosität von Schmierölen mit steigender Temperatur vermindern. → Schmieröle, denen V.-V. zugesetzt sind, vereinigen bei tiefen Temperaturen das günstige Fließverhalten eines dünnflüssigen Öles und bei hohen Temperaturen die gute Schmierwirkung eines hochviskosen Öles. V.-V. sind vor allem in Moto-

renölen (Mehrbereichsölen) und in Getriebeölen enthalten. Sie bestehen aus langkettigen Polymermolekülen (Polyisobutene, Polymethacrylate, Polystyrole u. a.). Die langkettigen Moleküle sind bei tiefen Temperaturen weitgehend geknäult, bei hohen Temperaturen dagegen gestreckt. Durch die Streckung wird der Fließwiderstand erhöht. *Habig*

VOD-Verfahren → Vakuum-Frischverfahren

Vollformgießen. Zählt wegen des Fortfalls von Formteilungen und der damit verbundenen Maßabweichungen und Gratbildung zu den gießtechnischen Herstellungsverfahren mit verhältnismäßig hoher Maßgenauigkeit. Das Verfahren verwendet Modelle aus schäumbaren Kunststoffen, vorwiegend aus → Polystyrol oder versuchsweise auch aus → Polyurethan, die in der Form verbleiben und durch das einströmende Gießmetall vergast werden. Diese Methode hat den Vorteil, daß das → Modell, abgesehen von Schwindmaßkorrekturen, genau dem späteren Abguß entspricht.

Bei Prototypen bietet sich damit für den Konstrukteur die Möglichkeit, bereits am Modell eventuelle Schwachstellen zu erkennen und mit geringem Kostenaufwand abzuändern, während bei der konventionellen Formtechnik wegen der erforderlichen Entformbarkeit aller Elemente der gesamte Modell- und Kernkastensatz für den Formenaufbau aus einem vielfältigen, vor allem aber das Vorstellungsvermögen übersteigenden Wirrwarr von vielen Einzelteilen besteht.

Die geschäumten Modelle sind verhältnismäßig weich und vertragen deshalb ohne → Verformung keine mechanische Verdichtung des Formstoffs. Vorzugsweise werden sie deshalb in Furanharzformen oder CO_2-Formen eingebettet.

Man hat versucht, mit Hilfe der Schaumstoffmodelle einen alten Traum der Gießer zu realisieren, nämlich eine Gießform herstellen zu können, wo nach dem Abguß der → Formstoff einfach abfällt und nach Möglichkeit mit geringen Aufarbeitungskosten wieder verwendbar ist. Die angestrebte Lösung hieß V. im Magnetfeld, wo die vergasbaren Modelle in Stahlkies eingebettet wurden, der dann in einem Magnetfeld die notwendige Stabilität erhielt. Gerade bei diesen Bemühungen offenbarte sich ein gewisser Nachteil des V., der darin besteht, daß die Modelle leider nicht völlig rückstandsfrei vergasen und → Einschlüsse hervorrufen, die in vielen Fällen zu Ausschuß führen.

Verwendet wird das V. hauptsächlich zur Herstellung großer Gußstücke in Einzelfertigung, wie Kümpelgesenke im Karosseriebau, Werkzeugmaschinenbetten für Spezialausführungen, Pressenständer u. ä. m. Die für solche Teile benötigten

Modelle werden durch Zuschnitte aus Plattenmaterial und Zusammenkleben hergestellt, wodurch sich der Modellkostenanteil bei einer derartigen Einzelfertigung gegenüber einer Holzmodelleinrichtung erheblich senken läßt. *Doliwa*

Vollholz → Holz

Vollplastizität. Im allgemeinen sind technische Bauteile inhomogen beansprucht, d. h. über die Wanddicke gesehen liegen dreiachsige Spannungskomponenten vor, die von der Innenseite bis zur Außenseite unterschiedliche Beträge annehmen. Für solche Beanspruchungszustände ist zunächst ein kritischer Belastungsfall dadurch gegeben, daß die → Vergleichsspannung an der höchstbeanspruchten Stelle die → Streckgrenze erreicht (vollelastischer Zustand). Bei weiterer Belastungssteigerung wird nun ausgehend von der höchstbeanspruchten Stelle die plastische Zone dergestalt erweitert, daß zunehmend andere noch elastisch beanspruchte Wanddickenbereiche plastifiziert werden bis schließlich an einer Stelle der gesamte Querschnitt der Wand auf Streckgrenzen-Niveau liegt; diesen Zustand, bei dem die Vergleichsspannung an jeder Stelle der Wand eines bestimmten Querschnitts die Streckgrenze erreicht hat, kennzeichnet man mit dem Begriff V.

Während Beanspruchungszustände, bei denen nur Teilbereiche der Wand plastisch geworden sind, keinesfalls zum Versagen führen, ist der Zustand der V., die in einem beliebigen höchstbeanspruchten Querschnitt über der gesamten Wand erreicht wird, der theoretische Versagenszustand. Bei weiterer Belastung wird nur noch Versagen ausgeschlossen durch Werkstoffverfestigung, die durch den Abstand zwischen Zugfestigkeits- und Streckgrenze quantitativ beschrieben werden kann. Liegt in einem bestimmten Querschnitt V. vor, so bildet sich hier ein sog. plastisches Gelenk aus. Die bewußte Erzeugung von plastischen Verformungsanteilen der Wanddicke kann bestimmte Vorteile durch die nach Entlastung entstehenden Eigenspannungen bewirken (→ Autofrettage). *Strohmeier*

Von-Mises-Fließhypothese → Gestaltänderungsenergiehypothese, → Fließbedingung

Vorlegierung. V. werden verwendet, wenn Schmelzpunkte, Dichten oder andere Eigenschaften der einzelnen Legierungsbestandteile weit auseinanderliegen oder wenn Sicherheitsbelange bei der Verfahrensdurchführung es verlangen.

Im NE-Metallbereich werden → Nickel, → Mangan, → Aluminium, → Eisen u. a. m. zweckmäßig über V. eingebracht. So ist es z. B. unzweckmäßig, eine Neusilberlegierung mit 58 % Cu, 29 % Zn und 15 % Ni aus Reinmetallen zusammenzuschmelzen, weil wegen der notwendigen Überhitzung zum restlosen Schmelzen des Nickels ein zu hoher Zinkabbrand eintreten würde. Besser ist das Arbeiten mit einer Kupfer-Nickel-V. mit Nickelgehalten bis zu 50 %. In der Form der V. ist der → Schmelzpunkt des Nickels beträchtlich herabgesetzt und der Schmelzer in der Gießerei hat gleichzeitig eine bessere Gewähr für eine gleichmäßige Durchmischung seiner Schmelze. Außerdem bringt eine erste Legierungsschmelze stets eine besondere Gefahr der Gasaufnahme und → Oxidbildung mit sich, so daß trotz angewandter Reinigungsmittel und -methoden ein direktes → Gießen solcher Aufbauchargen nicht praxisüblich ist.

Der Eisengießer verwendet magnesiumhaltige V. für die Behandlung von Eisenschmelzen zur Erzeugung von Kugelgraphit. Die in großer Anzahl verfügbaren V. sind in ihrer Zusammensetzung auf die verschiedenen Gießtechniken (Überschütten, Tauchen, inmold) ausgerichtet. Wegen ihres spezifischen Gewichts (schwerer als flüssiges Eisen) sind die meisten Nickel-Magnesium-Legierungen „selbsttauchend", d. h. sie gehen beim Einwerfen in die Schmelze zunächst unter.

Die am meisten verwendeten V. sind die vom Typ FeSiMg bzw. FeSiMgCa, die bevorzugt für die Übergießtechnik eingesetzt werden. Mit hochprozentigem Magnesiumgehalt (bis etwa 45 % Mg) verwendet man die FeSiMg-V. für das Tauchverfahren. Für die Herstellung von Cu-legiertem → Gußeisen mit Kugelgraphit ist mitunter die Verwendung einer speziellen V. mit 14–16 % Mg ca. 1 % Cer-Mischmetall, Rest Cu zweckmäßig.

Das Verschneiden von Reinmagnesium mit → Silicium, Nickel, → Kupfer ermöglichst die Eisenbehandlung zur Erzeugung von Kugelgraphit in offenen, allerdings schlanken Pfannen durch Übergießen bzw. in besonderen Stationen durch Tauchen, während die Behandlung mit Reinmagnesium geschlossene Gefäße, wie den GF-Konverter, oder besondere Konstruktionen, wie die Beele-Tauchbirne, erfordern. *Doliwa*

Literatur: *Brunhuber, E.*: Legierungshandbuch der Nichteisenmetalle. Berlin.

Vulkanisation. Die V. ist eine Vernetzungsreaktion, bei der die → Makromoleküle des plastisch verformbaren Kautschuks über Vernetzungsbrücken miteinander verbunden werden und dabei in ein elastisch verformbares → Elastomer (→ Gummi) übergehen. Elastomere sind im Vergleich zu den stark vernetzten Duromeren weitmaschige Netzwerke.

Bei der Heißvulkanisation reagieren die Kautschukmoleküle an dem der Doppelbindung benachbarten Kohlenstoffatom mit → Schwefel wie im folgenden Schema dargestellt:

$$
\begin{array}{c}
\overset{\displaystyle CH_3}{|} \\
\ldots -CH_2-C=CH-CH_2- \ldots \\[4pt]
\ldots -CH_2-C=CH-CH_2- \ldots \\
\underset{\displaystyle CH_3}{|}
\end{array}
\qquad \xrightarrow{\text{Schwefel}} \qquad
\begin{array}{c}
\overset{\displaystyle CH_3}{|} \\
\ldots -CH-C=CH-CH_2- \ldots \\
| \\
S_x \\
| \\
\ldots -CH-C=CH-CH_2- \ldots \\
| \\
CH_3
\end{array}
$$

Kautschuk

$$\big\downarrow -S_{x-2}$$

$$
\begin{array}{c}
\overset{\displaystyle CH_3}{|} \\
\ldots -CH-C=CH-CH_2- \ldots \\
| \\
S_2 \\
| \\
\ldots -CH-C=CH-CH_2- \ldots \\
| \\
CH_3
\end{array}
$$

$$
\begin{array}{c}
\overset{\displaystyle CH_3}{|} \\
\ldots -CH-C=CH- \ldots \\
| \\
S \\
| \\
\ldots -CH-C=CH \ldots \\
| \\
CH_3
\end{array}
\qquad \xleftarrow[\;-ZnS\;]{\;+ZnO\;}
$$

Elastomer

Neben der technisch bedeutenderen Heißvulkanisation verwendet man bei der Kaltvulkanisation Dischwefeldichlorid (S_2Cl_2) als Vernetzungsreagens bei Raumtemperatur.

Der V. geht die Mischungsherstellung voraus, bei der dem →Kautschuk (Natur- oder Synthesekautschuk) Vulkanisiermittel (Vernetzer, z. B. Schwefel, organische Peroxide) Vulkanisationsbeschleuniger (z. B. Zinkoxid = ZnO), und weitere Zuschlagstoffe, wie etwa Füllstoffe, →Weichmacher, Alterungsschutzmittel, Haftmittel, Treibmittel, zugesetzt werden. Da beim Herstellen und Verformen die Kautschukmischungen Temperaturen bis zu 120 °C ausgesetzt sind, darf eine V. noch nicht ausgelöst werden. Auch sollten solche Mischungen längere Zeit bei Raumtemperatur lagerfähig sein. Die V. erfolgt im Anschluß an die Formgebung in Pressen bei Temperaturen zwischen 130 und 180 °C. Sie läßt sich in verschiedene Phasen einteilen, die dem Grad der →Vernetzung entsprechen und anhand der Änderung des Spannungswertes (→Zugspannung s bei gegebener →Dehnung, z. B. 300 %) identifiziert werden können (Bild).

Die Kautschukmischung ist während der Anvulkanisationszeit noch plastisch verformbar. Im Bereich der Untervulkanisation ist bereits die Vernetzungsdichte soweit fortgeschritten, daß keine einwandfreie Formgebung mehr möglich ist. Die mei-

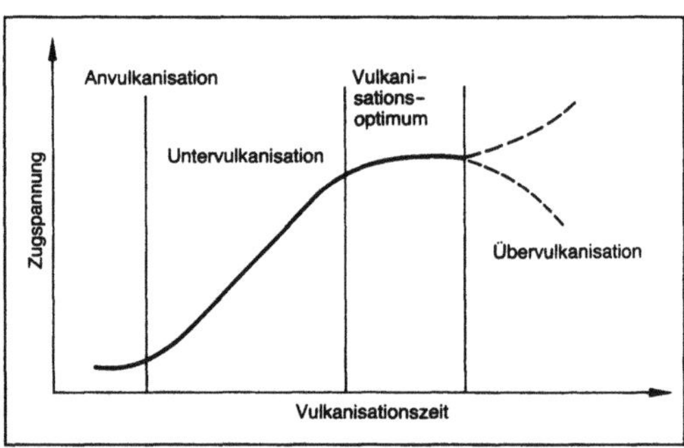

Vulkanisation: Schematischer Verlauf.

sten technologischen Eigenschaften sind jedoch noch nicht genügend ausgebildet und werden erst im Vulkanisationsoptimum erreicht (→Zugfestigkeit, Spannungswert, →Härte, →Elastizität, Weiterreißfestigkeit). Im Bereich der Übervulkanisation kann ein weiterer unerwünschter Anstieg des Spannungswertes bei manchen →Synthesekautschuken erfolgen, oder auch wie bei →Naturkautschuk in Abhängigkeit vom Beschleunigersystem und der Temperatur ein Abfall der Spannungswerte (sog. Reversion). *Finkelmann*

Literatur: Ullmanns Encyclopädie der technischen Chemie. Bd. 13. 4. Aufl. Weinheim–New York 1977. – *Winnacker/Küchler:* Chemische Technologie. Bd. 6, 4. Aufl. München 1982.

W

Wachsausschmelzverfahren → Feinguß

Wachsmodell → Feinguß

Wachstum → Kristallwachstum, → Rißwachstum

Wachstumsauslese → Rekristallisation

Walkpenetration. Konventionelles Maß für die Verformbarkeit von → Schmierfetten. Gemessen wird die Einsinktiefe (Penetration) eines genormten Konus in eine Schmierfettprobe, die temperiert und mit 60 Doppeltakten in einem Standardkneter gewalkt wurde. *Habig*

Literatur: DIN ISO 2137: Mineralölerzeugnisse Schmierfett Bestimmung der Konuspenetration, Ausg. Dez. 1981.

Walzdraht, unlegierter zum Kaltziehen. Warmgewalzter → Draht mit einem Durchmesser von 5,5 bis 30 mm, der für das anschließende → Ziehen gute → Kaltumformbarkeit und günstige → Oberflächenbeschaffenheit aufweisen muß. Vor allem bei höherer → Festigkeit ist die optimale Einstellung eines möglichst feinstreifigen perlitischen Gefüges durch Abkühlen aus der Walzhitze oder anschließende → Wärmebehandlung von entscheidender Bedeutung. *Dahl*

Walzen. W. ist nach DIN 8583, Bl. 2, stetiges oder schrittweises → Druckumformen mit einem oder mehreren sich drehenden Werkzeugen (Walzen). Dabei können Zusatzwerkzeuge zum Einsatz kommen (z. B. Stopfen oder Dorne, Stangen, Führungswerkzeuge). Die Krafteinleitung erfolgt entweder durch angetriebene Walzen oder durch vom Walzgut geschleppte Walzen. Vom Werkzeug werden auf einen Teil der Werkstückoberfläche Druckspannungen aufgebracht. Diese rufen im Werkstück innere Spannungen hervor, die den Werkstoff in der Umformzone zum Fließen bringen.

Nach der Kinematik lassen sich die Walzverfahren in Längs-, Quer- und Schrägwalzen einteilen (Bild 1).

Beim Längswalzen wird das Walzgut senkrecht zu den Walzenachsen ohne Drehung durch den Walzspalt bewegt. Beim Querwalzen dreht sich das Werkstück ohne Bewegung in Achsrichtung um seine eigene Achse. Treten beide Bewegungen gleichzeitig auf, so spricht man vom Schrägwalzen (Bild 2).

Die Werkzeuggeometrie läßt eine weitere Unterteilung der Walzverfahren zu. Haben die Walzen an den Berührungsflächen mit dem Walzgut eine zylindrische oder kegelige Form, so wird dieses Verfahren als Flachwalzen bezeichnet. Weicht die Walzenform an den Berührungsflächen von der Zylinder-

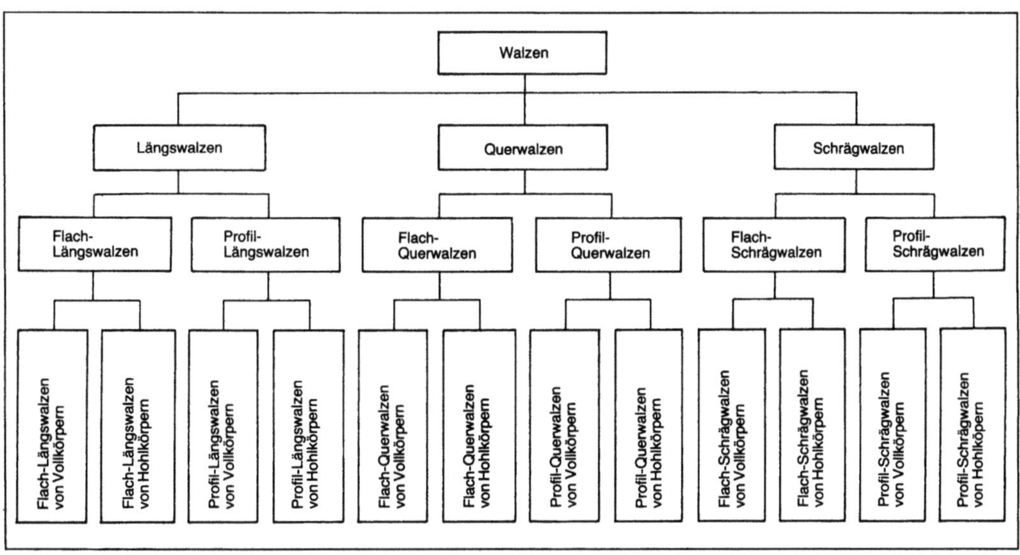

Walzen 1: Ordnungssystem der Walzverfahren. (Quelle: DIN 8583, Bl. 2)

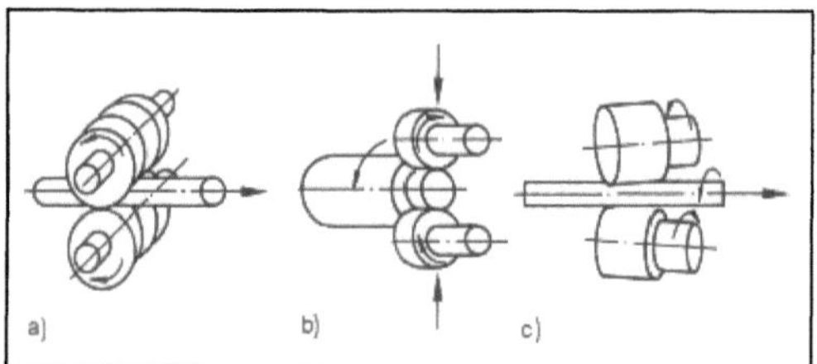

Walzen 2: Schematische Darstellung von
a) Längswalzen
b) Querwalzen und
c) Schrägwalzen.

bzw. Kegelform ab, so spricht man von Profilwalzen Die sog. Walzenkaliber haben in Umfangsrichtung meist gleichbleibende Querschnitte, mitunter aber auch veränderliche Querschnitte, wie z. B. beim Reck-W.

Nach dem letzten Ordnungsgesichtspunkt, der Werkstückgeometrie wird ein Walzvorgang danach bezeichnet, ob ein Vollkörper oder ein Hohlkörper gewalzt wird.

Walzverfahren können sowohl zur Fließgutfertigung von → Halbzeugen, wie z. B. Bleche, Bänder, Rohre und Profile als auch zur Stückgutfertigung von Vorformen durch Reckwalzen, Ringwalzen, Schrägwalzen eingesetzt werden; hierbei werden z. T. Fertigteile mit hoher Genauigkeit durch Gewindewalzen, Oberflächenfeinwalzen und Drückwalzen erzeugt.

Darüber hinaus gibt es eine Vielzahl von Verfahren, die nicht direkt zugeordnet werden können, jedoch vom Werkzeugaufbau sehr ähnlich sind.

Hierzu zählen das → Walzprofilieren als Biegeverfahren, das Längsteilen von Bändern als Schneidverfahren, das → Drücken als Zug-Druck-Umformverfahren oder das Gießwalzen als Urformverfahren.

Ziel eines Walzvorgangs kann sowohl die geometrische → Formänderung als auch die Verbesserung von Maßgenauigkeit, → Festigkeit oder der Oberflächengüte sein. Die erreichbaren Querschnittsabnahmen hängen vom Walzverfahren und dem zu walzenden Werkstoff ab. In Sonderfällen können sie bis über 90 % betragen. Eine Grundvoraussetzung bei großen Querschnittsabnahmen ist die Greifbedingung. Überschreitet der Einlaufwinkel einen Maximalwert, so kann die erforderliche Einziehkraft nicht mehr über die Reibungskräfte auf das Werkstück übertragen werden.

Der Werkstofffluß ist in Abhängigkeit vom Walzverfahren sehr unterschiedlich. Beim Flach-Längswalzen wird ein nahezu ebener → Formänderungszustand erzielt, bei dem die Höhenabnahme in Längenzunahme übergeht. Tritt Breitung auf, wird dies teilweise durch seitlich angeordnete Walzen, sog. Stauchgerüste, ausgeglichen (Bild 3).

Die Walzen sind als formgebende Werkzeuge hohen mechanischen Wechselbelastungen, → Verschleiß und teilweise auch hohen Temperaturen (→ Warmwalzen) ausgesetzt. Sie sollten deshalb nicht nur gut bearbeitbar sein, sondern auch einen verschleißfesten harten Mantel und ausreichende → Zähigkeit im Kern aufweisen. Als Werkstoffe kommen deshalb Stahlwalzen aber auch Gußwalzen in Betracht. Stahlwalzen können geschmiedet oder

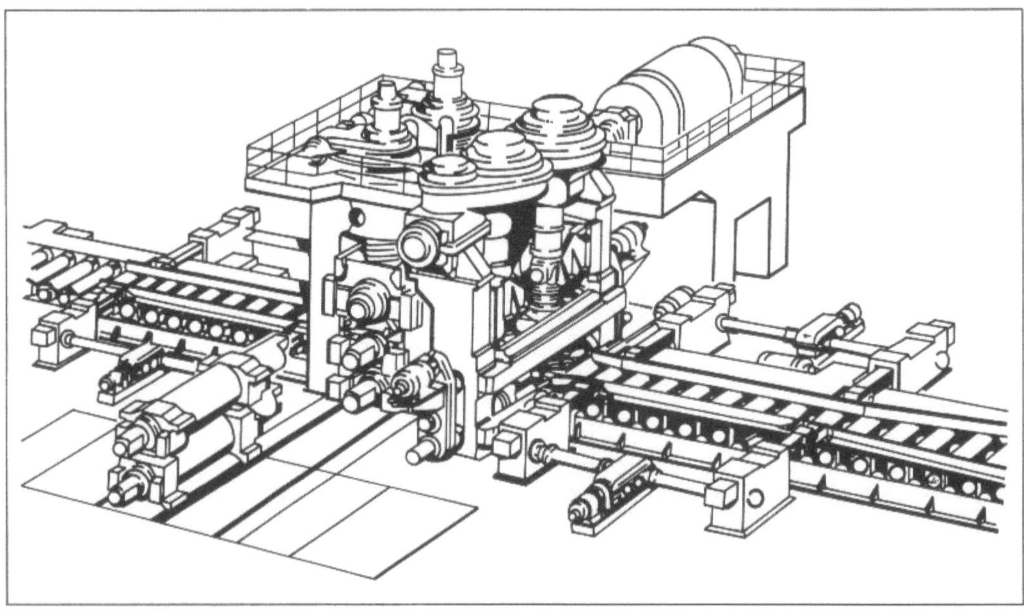

Walzen 3: Reversier-Vorgerüst mit schwerem Stauchgerüst. (Quelle: SMS)

gezogen sein. Gußeiserne Walzen können in solche mit Lamellengraphit, Kugelgraphit und Hartgußwalzen ohne Graphit unterteilt werden. Bei großen Abmessungen werden sie teilweise auch als Verbundgußkonstruktion ausgeführt.

Unter der Wirkung der Walzkraft werden die Walzen elastisch abgeplattet und durchgebogen. Die Durchbiegung würde ohne Gegenmaßnahme zur Folge haben, daß das Walzgut über die Breite keine konstante Dicke aufweist. Bei sehr dünnen Blechen würden sich die Walzen an den Enden berühren und so die minimale Walzdicke begrenzen. Deshalb werden die auf die Arbeitswalzen wirkenden Kräfte häufig auf größer dimensionierte Stützwalzen (Bild 4) übertragen. Darüber hinaus werden die Arbeitswalzen zur Korrektur der elastischen und thermisch bedingten → Verformung ballig oder s-förmig geschliffen, gebogen oder örtlich mit einer Vielzahl von Rollen abgestützt. Diese Methoden finden vor allem beim Kaltwalzen dünner Bleche Anwendung und eignen sich teilweise für eine stufenlose Korrektur des Banddickenprofils während des W.

Verfahren:

□ Längswalzen. Als wirtschaftlich bedeutendstes Verfahren ist das Flachlängswalzen bekannt. Der gegossene → Block oder die Stranggußbramme wird zunächst im Reversiergerüst und anschließend in mehreren Stufen zum → Warmband (Bild 4, 5) ausgewalzt. In vielen Fällen folgt daraufhin ein Kaltwalzvorgang mit anschließender → Wärmebehandlung.

Zu den Profilwalzverfahren (Bild 6) zählen das W. von Drähten und Rohren sowie die Herstellung komplizierter Profile, die oft in vielen Stufen angenähert werden müssen. Aus dem Bereich der Stückgutfertigung ist das Kaltwalzen von Verzahnungsprofilen erwähnenswert sowie das Reckwalzen zur Herstellung von Vorformen für Schmiedestücke mit in Längsrichtung veränderlichem Querschnitt.

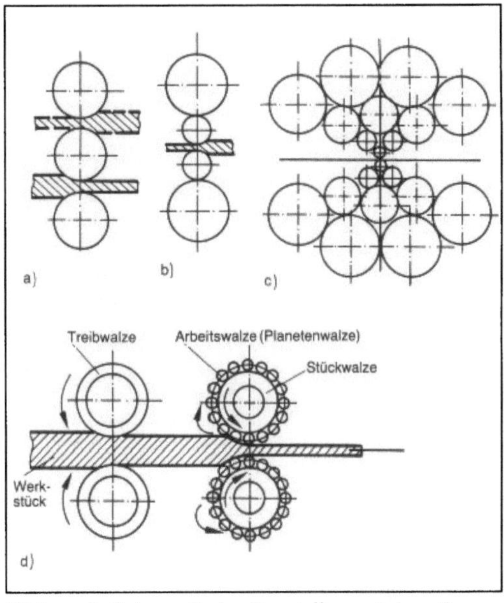

Walzen 4: Schematische Darstellung einiger Bauarten von Walzgerüsten.
a) Triogerüst
b) Quartogerüst
c) 20-Walzen-Gerüst
d) Planetenwalzengerüst.

□ Querwalzen. Zu den Querwalzverfahren (Bild 7) zählt das Oberflächenfeinwalzen zum Erhöhen der Festigkeit (Festwalzen), der Oberflächengüte (Glattwalzen) oder der Maßgenauigkeit (Maßwalzen). Weiterhin gibt es das Ringwalzen zum Aufweiten und Profilieren von Ringen, das Gewindewalzen im Einstechverfahren, das Profilieren von Stäben in Umfangsrichtung sowie in Längsrichtung.
□ Schrägwalzen. Den weitaus größten Anwendungsbereich in der Fließgutfertigung findet das Schrägwalzen beim Lochen nahtloser Rohre. Eben-

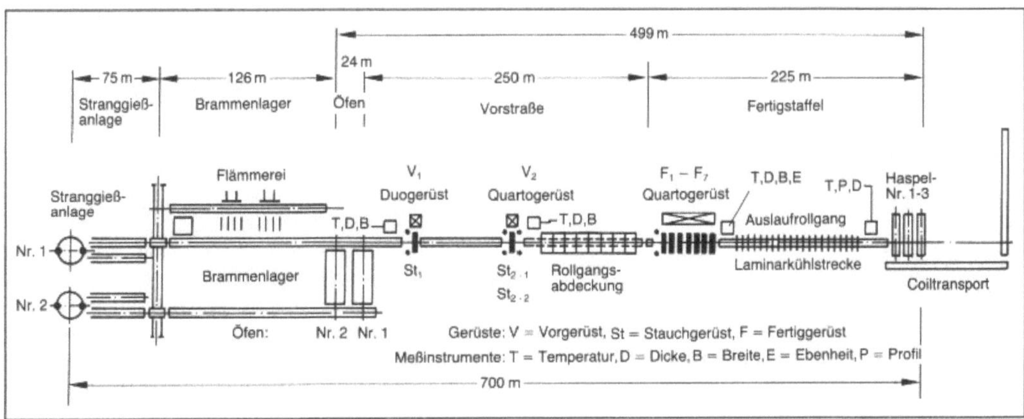

Walzen 5: Auslegung einer Warmbreitbandstraße.

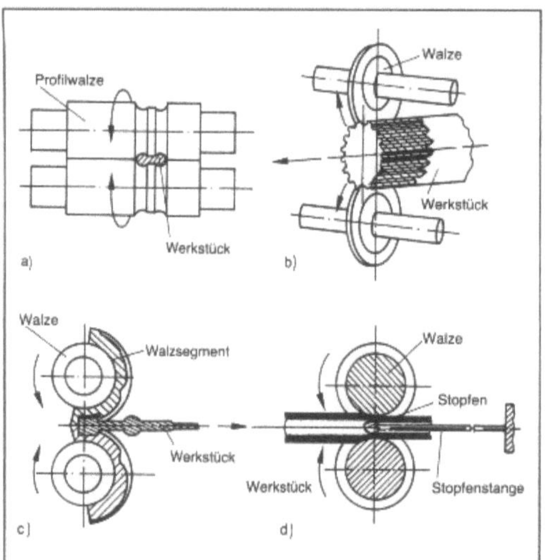

Walzen 6: Längswalzverfahren. (Quelle: DIN 8583, Bl. 2)
a), b) Längsprofilwalzen
c) Reckwalzen
d) Rohrwalzen.

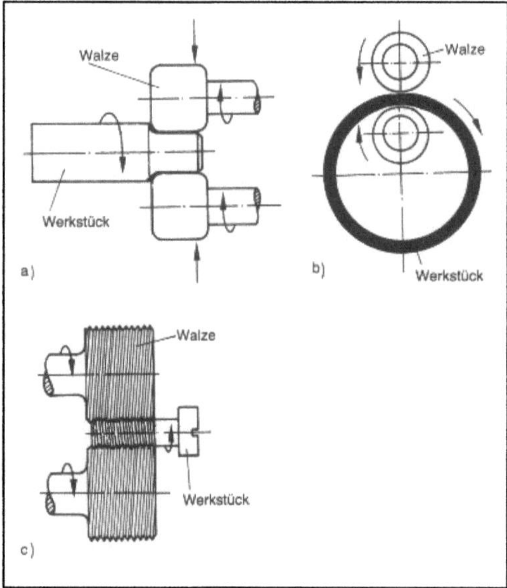

Walzen 7: Querwalzverfahren im Einstechverfahren. (Quelle: DIN 8583, Bl. 2)
a) Glattwalzen
b) Ringwalzen
c) Gewindewalzen.

so wird es zum Aufweiten, Glätten (Oberflächenfeinwalzen) oder zur Wanddickenreduktion verwendet. Im Planetenschrägwalzwerk können Stäbe und Rohre bei Querschnittsabnahme von über 90 % umgeformt werden. Über die Länge veränderliche

Querschnitte werden durch Drückwalzen erzielt. Mit schraubenähnlichen Kalibern können Kugeln und Rollen aus Stabmaterial hergestellt werden (Bild 8). Lange Gewindeteile (Spindeln) werden ebenso durch Schrägwalzen im Durchlaufverfahren erzeugt. *Lange*

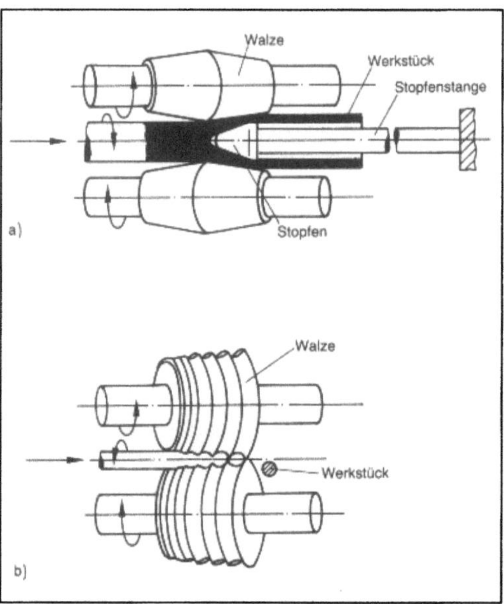

Walzen 8: Schrägwalzverfahren. (Quelle: DIN 8583, Bl. 2)
a) Lochen mit tonnenförmigen Walzen
b) Schrägwalzen von Formteilen.

Literatur: *Lange, K.* (Hrsg.): Umformtechnik. Handb. f. Ind. u. Wiss. 2. Aufl. Bd. 2. Massivumformung. Berlin, Heidelberg, New York, Tokio 1988. – *Spur, G.* (Hrsg.) u. *Th. Stöferle:* Handbuch der Fertigungstechnik. Bd. 2/1. Umformen. München 1983.

Walzkaliber. W. ist die Bezeichnung für den freien Querschnitt in der Walzebene einer Walze, wenn in den Arbeitswalzen ein Profil eingeschnitten ist, in dem das Walzgut beim Durchgang umgeformt wird. *Baumann*

Walzplattieren. Im Apparate- und Anlagenbau wird die Beherrschung von → Verschleiß und → Korrosion häufig wirtschaftlich durch den Einsatz von → Verbundwerkstoffen gelöst. Ein solcher Verbundwerkstoff besteht aus einem nicht- oder niedriglegierten Grundwerkstoff, der eine → Beschichtung trägt, die dem Verschleiß bzw. Korrosionsangriff widersteht; dem Grundwerkstoff fällt dann beispielsweise nur die Aufgabe zu, die mechanische Beanspruchung ausreichend aufzunehmen. Eine solche Beschichtung wird mit dem Begriff Plattierung gekennzeichnet; ist eine solche Plattierung bereits im Walzwerk auf den Grundwerkstoff aufgewalzt worden, so spricht man von W.

Die Palette der Plattierungs-Werkstoffe ist breit; im Chemie-Anlagenbau finden besonders Chrom-, Chrom-Nickel-, hochkorrosions-beständige Legierungen auf Nickelbasis Verwendung. Zur Herstellung solcher → Verbundwerkstoffe unterscheidet man grundsätzlich zwei Plattierverfahren, nämlich das Schmelzschweiß-Plattieren und das Preßschweiß-Plattieren. Zu dem Schmelzschweiß-Verfahren zählen: Gasschweißen, → Lichtbogenschweißen, → Schutzgasschweißen, → Plasmaschweißen, → Unterpulverschweißen und Elektroschlacke-Schweißen. Beim Preßschweiß-Verfahren sind zu nennen: → Pressen, → Strangpressen, W., → Explosionsplattieren, → Sprengplattieren. → Plattieren *Strohmeier*

Walzprofilieren. W. ist ein Verfahren des Biegeumformens (DIN 8586) und ist als → Biegen von Blechstreifen, Bändern oder Ringen zu geraden oder ringförmig gebogenen Profilen zwischen angetriebenen Biegewalzen, deren Achsen in der Biegeebene liegen, definiert. Die Profilerzeugung verteilt sich dabei auf mehrere Stufen (Bild 1). Dabei sind sowohl zwei als auch vier Walzen in einer Umformstufe möglich (Bild 2). Versteifende und fertigkeitserhöhende Formelemente wie Falze, Sicken, Bördel sind möglich.

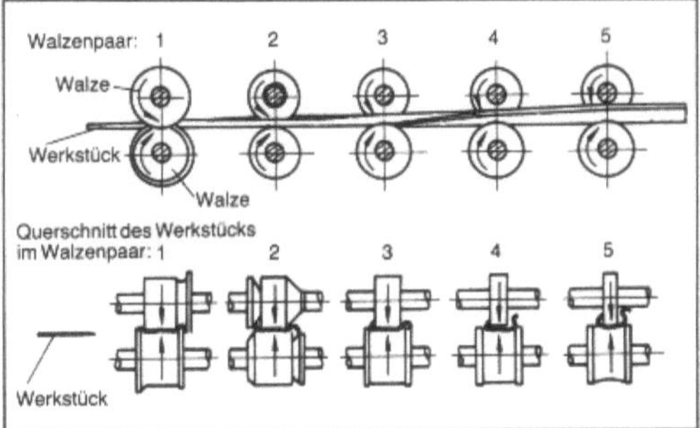

Walzprofilieren 1: W. mit fünf hintereinander angeordneten Walzenpaaren.

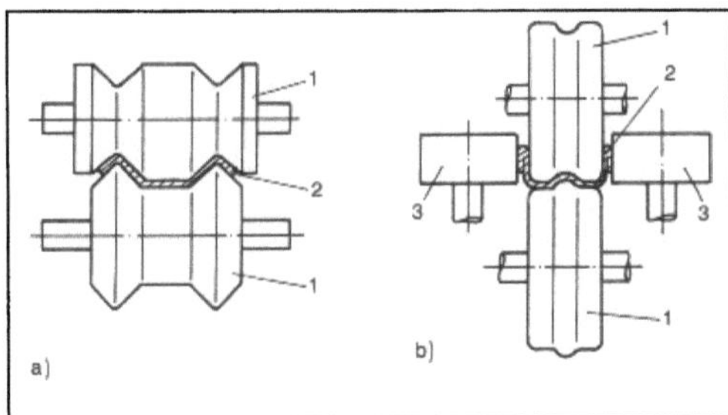

Walzprofilieren 2: Wirkprinzip und Werkzeuge zum Profilwalzen.
a) Zwei Walzen in einer Umformstufe
b) Vier Walzen in einer Umformstufe.

1 Profilwalze, 2 Werkstück, 3 Walze

Durch Profilwalzen lassen sich offene und geschlossene Profile in großer Mannigfaltigkeit für zahlreiche Anwendungsfälle im Gerätebau, in der Bautechnik usw. herstellen (Bild 3). Es wird vor allem bei hohem Mengenbedarf angewendet; die Fixkosten für die werkstückgebundenen Werkzeuge sind hoch. *Lange*

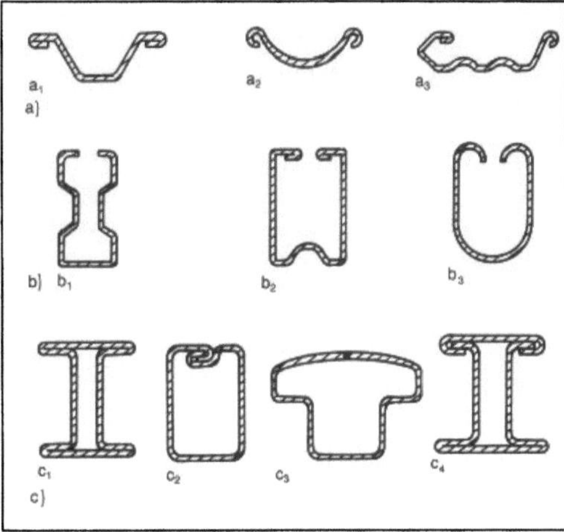

Walzprofilieren 3: Beispiele für Profilstangen, die sich durch W. fertigen lassen.
a) Offene Profile
a1) gefalzt
a2) gebördelt
a3) gefalzt, gebördelt, gesickt
b) Halboffene Profile
b1) gebogen
b2) gefalzt, gesickt
b3) gebördelt
c) Geschlossene Profile
c1) ohne Fügung
c2) gefalzt
c3) geschweißt
c4) gefalzt aus zwei Blechen.

Literatur: *Spur, G.* (Hrsg.) u. *Th. Stöferle:* Handbuch der Fertigungstechnik. Band 2/3. Umformen, Zerteilen. München 1985.

Wälzreibung. → Rollreibung, der eine Gleitkomponente (→ Schlupf) überlagert ist. Die Punkte der Körper, die sich beim Bewegungsablauf nacheinander berühren, beschreiben auf diesen ungleichen Bogenlängen. *Habig*

Walzrichten. W. ist ein Verfahren des → Biegeumformens (DIN 8586) und ist als Walzbiegen – hierbei wird das Biegemoment durch am Biegeteil angreifende Walzen aufgebracht – zum Richten von Blechen, Stäben, Drähten oder Rohren definiert, wobei die Walzenachsen senkrecht oder geneigt zur Biegeebene stehen. Das W. ist kontinuierliches → Biegerichten; die Richtwirkung wird durch gezielte Eigenspannungsbeeinflussung erzielt. Einzelheiten hierzu s. unter Biegerichten.

Die Walzrichtverfahren sind in der industriellen Produktion von gewalztem und gezogenem → Halbzeug von großer technischer und wirtschaftlicher Bedeutung. *Lange*

Walzrunden. W. ist ein Verfahren des → Biegeumformens (DIN 8586) und ist als Walzbiegen – hierbei wird das Biegemoment durch am Biegeteil angreifende Walzen aufgebracht – von ebenem → Blech zu zylindrischen oder kegeligen Werkstücken definiert, wobei die Walzenachsen senkrecht oder geneigt zur Biegeebene stehen (Bild 1). In der industriellen Produktion nimmt das W. einen bedeutenden Platz ein, z. B. im Kessel- und Behälterbau. Dabei kommen Dreiwalzen- und Vierwalzenrundbiegemaschinen zum Einsatz (Bild 2). Kegelige Behältermäntel werden aus einem entsprechend zugeschnittenen, abgewickelten Kegelstumpfmantel durch Schrägstellen der Oberwalzenachse zu den achsparallelen Unterwalzenachsen (bei Dreiwalzenbiegemaschine) durch W. hergestellt. Maschinen mit numerischen Steuerungen, die bereits zunehmend auf dem Markt sind, ermöglichen die ab-

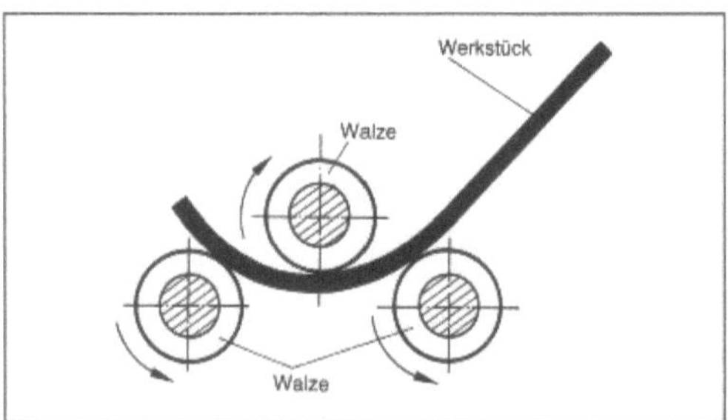

Walzrunden 1: Schematische Darstellung.

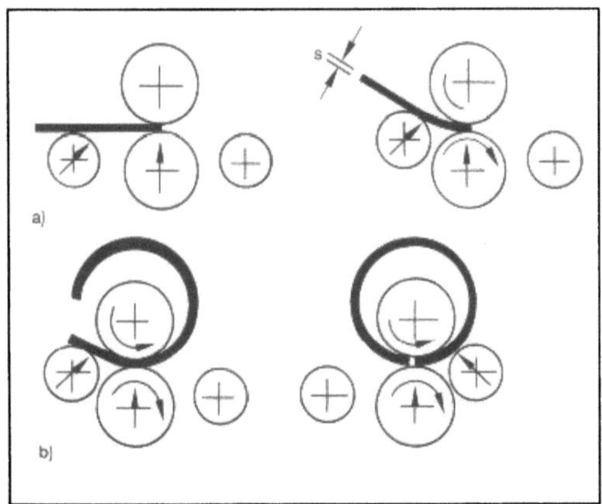

Walzrunden 2: Arbeitsfolge bei einer Vierwalzenrundbiegemaschine.
a) Anrunden
b) Fertigrunden.

schnittweise Veränderung der Krümmung des Biegeteils bei sehr großer Flexibilität. Adaptive Meßsteuerungen sind in Entwicklung. Schwierig ist ggf. bei großen Radien und kleinen Wanddicken die genaue Berücksichtigung der Rückfederung nach dem Entlasten. Einen Überblick über das mögliche Geometriespektrum walzgerundeter Bauteile gibt Bild 3. *Lange*

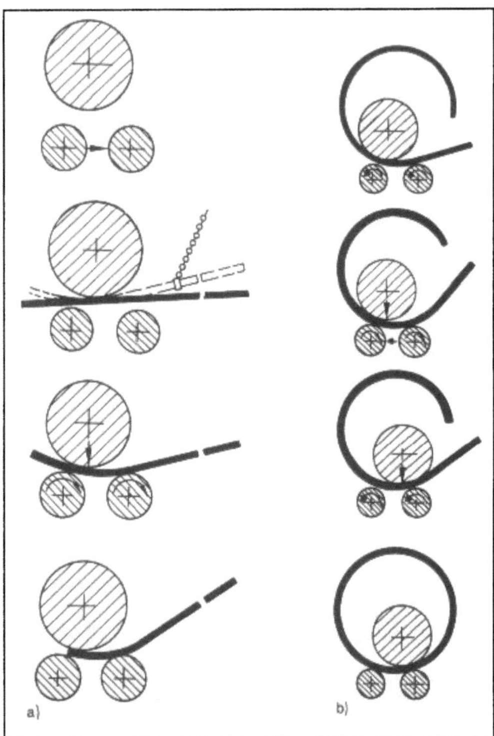

Walzrunden 3: Arbeitsfolge bei einer Dreiwalzenrundbiegemaschine.
a) Anrunden
b) Fertigrunden.

Literatur: *Lange, K.* (Hrsg.): Umformtechnik. Handb. f. Ind. u. Wiss. 2. Aufl. Bd. 3. Berlin, Heidelberg, New York, Tokio 1988. – *Ludowig, G.:* Rechnerintegriertes Fertigungssystem für das Walzrunden von Blechen. Diss. Universität Dortmund. 1985. – *Spur, G.* (Hrsg.) u. *Th. Stöferle:* Handbuch der Fertigungstechnik. Bd. 2/3. Umformen, Zerteilen. München 1985. – *Zicke, G.:* Automatische Programmierung für CNC-gesteuertes Walzrunden von Gehäusen, Leuchtreflektoren und Behältern. VDI-Ber. 372. Düsseldorf 1980.

Walzstahl. Durch → Walzen hergestelltes → Halbzeug oder → Fertigerzeugnis (→ Eisen, → Stahl). *Dahl*

Walzstahl-Fertigerzeugnisse. W.-F. sind Produkte, deren Formgebung im Hüttenwerk beendet ist. Ihr Querschnitt ist über die Länge gleichbleibend, er wird meist durch eine → Norm festgelegt, in der die Abmessungen sowie die zulässigen Maß- und Formabweichungen angegeben sind. Querschnitt und → Oberfläche sind im allgemeinen so beschaffen, daß zum Erhalt der Gebrauchsabmessung meist nur ein Abschneiden erforderlich ist. *Baumann*

Walzstraße. W. sind Einrichtungen zum → Umformen des Walzgutes einschließlich der damit in unmittelbarem Zusammenhang stehenden Arbeitsvorgänge, beispielsweise Fördern, Heben, Wenden, Drehen, Warmschneiden. Die W. werden im allgemeinen Sprachgebrauch beispielsweise nach den Merkmalen
- Produkte,
- Anordnung der Walzgerüste,
- Einsatzwärme des Walzgutes und
- Straßenteil
benannt.
□ Benennung nach Produkten: Block-, Brammen-, Block-Brammen-, Grobblech-, Knüppel-, Platinen-, Knüppel-Platinen-, Formstahl-, Stabstahl-, Draht-, Warmband-, Kaltband-, Breitband-Straßen.
□ Benennung nach der Anordnung der Walzgerüste:
- Umkehrstraße: Ein- oder zweigerüstige W., bei der das Walzgut in mindestens einem Walzgerüst mehrere Stiche erhält. Nach jedem dieser Stiche wird die Walzrichtung geändert.
- Offene Straße: W., bei der mehrere Walzgerüste nebeneinander versetzt angeordnet sind.
- Halbkontinuierliche Straße: W., bei der einige Walzgerüste in Linie nacheinander (kontinuierlich), andere offen oder gestaffelt angeordnet sind.
- Kontinuierliche Straße: W., bei der Vor-, Zwischen- und Fertiggerüste in Linie nacheinander oder versetzt angeordnet sind und vom Walzgut in einer oder mehreren Adern kontinuierlich durchlaufen werden, wobei das Walzgut in mehreren Gerüsten gleichzeitig umgeformt wird.
- Tandemstraße: W., bei der zwei oder mehrere Walzgerüste im Verbund arbeiten, beispielsweise Kaltbreitbandstraßen.
□ Benennung nach der Einsatzwärme des Walzgutes: Warm- oder Kaltbandstraßen.
□ Benennung nach dem Straßenteil:
- Vorstraße: Teil einer W., auf der Vorblöcke, Knüppel, Vorbrammen oder Platinen Vorstiche erhalten, bevor sie einem nachfolgenden Straßenteil zugeführt werden.
- Zwischenstraße: Teil einer W. zwischen einer Vor- und einer Fertigstraße.
- Fertigstraße: Teil einer W., auf dem das Walzgut fertiggewalzt wird. *Baumann*

Walztextur → Textur

Wälzverschleiß. → Verschleißart, bei der während einer Wälzbewegung sich berührender Körper → Verschleiß vor allem durch den → Verschleißmechanismus der → Oberflächenzerrüttung hervorgerufen wird. In der Einlaufphase, bei hohen Beanspruchungen bzw. großem → Schlupf können auch weitere Verschleißmechanismen wirksam werden. *Habig*

Walzwerk. Unter W. ist die Gesamtheit aller technischen Systeme und Einrichtungen, die zur Herstellung von Walzerzeugnissen mit einem bestimmten Walzprogramm erforderlich sind, zu verstehen. *Baumann*

Walzwerktechnik. Unter W. sind einerseits die Entwicklungen der Verfahren für das → Umformen von → Eisen, → Stahl aber auch NE-Metallen und andererseits Entwicklung, Bau und Betrieb technischer Systeme für das Umformen zu verstehen. *Baumann*

Walzziehbiegen. W. ist ein Verfahren des → Biegeumformens (DIN 8586) und ist als Walzbiegen – hierbei wird das Biegemoment durch am Biegeteil angreifende Walzen aufgebracht – von Blechstreifen oder Bändern zu Profilen durch → Ziehen durch ein aus mehreren Formwalzen bestehendes Werkzeug definiert. Die Werkzeuge sind ähnlich gestaltet wie für das → Walzprofilieren, auch erfolgt die → Umformung meist in mehreren Stufen. Die Walzen werden jedoch nicht angetrieben, sondern werden durch → Reibung zwischen Werkzeug und durchgezogenem Werkstück „geschleppt", d. h. gedreht. *Lange*

Walzzunder. Als W. wird der nach dem → Warmwalzen auf der Stahloberfläche entstehende → Zunder bezeichnet. Er besteht aus den Eisenoxiden Wüstit (FeO), Magnetit (Fe_3O_4) und Hämatit (Fe_2O_3), die mit steigender Wertigkeit von innen nach außen schichtartig parallel zur Stahloberfläche angeordnet sind. Die Ausbildung und Dicke der einzelnen Oxidschichten hängt von der Walztemperatur und der Abkühlgeschwindigkeit ab. *Wendler-Kalsch*

Wandalkalität. Lokaler Anstieg des pH-Wertes (Alkalisierung) der → Elektrolytlösung an der Grenzfläche der Metallelektrode (Wand) als Folge einer elektrochemischen Reaktion, die Wasserstoffionen verbraucht oder Hydroxylionen erzeugt.

W. tritt vorzugsweise in ruhenden oder mäßig bewegten Lösungen auf. Sie entsteht beispielsweise bei stark kathodischer → Polarisation, bei der durch die erzwungene Wasserstoffabscheidung Wasserstoffionen verbraucht werden ($2H^+ + 2e^- \rightarrow H_2$)

oder bei der → Sauerstoffkorrosion, die Hydroxylionen erzeugt (O_2 + $2H_2O$ + $4e^-$ → $4OH^-$).
Wendler-Kalsch

Wareneingangsprüfung → Bauelementeprüfung

Warmarbeitsstahl. → Stähle für Werkzeuge, die
bei höheren Temperaturen, z. B. durch Warmumformen oder Druckgießen, eingesetzt werden. Die
gegenüber den Kaltarbeitsstählen höhere → Warmfestigkeit wird durch → Legierungselemente wie
Chrom, Molybdän und/oder Wolfram erreicht, die
beim → Anlassen nach dem → Härten durch Son-
derkarbidbildung ein Sekundärhärtemaximum ergeben. Im übrigen richtet sich die Zusammensetzung im einzelnen nach den Anforderungen. *Dahl*

Warmband. Warmgewalztes Walzstahlfertiger-
zeugnis (Band). Warmbreitband ist Band mit
$\geqq 600$ mm Breite. *Dahl*

Warmbandwalzen. Für das → Walzen von Warmbreitband haben sich halbkontinuierliche sowie
kontinuierliche → Warmbreitbandstraßen hoher
Leistung durchgesetzt. Sie erzeugen → Stahlband
von großer Gleichmäßigkeit und Oberflächengüte
sowie hoher Maßgenauigkeit bis zu einer Breite von
mehr als 2 m.

Beim Walzen von Warmbreitband ist der Temperaturabfall des Bandes auf dem Rollgang zwischen
der Vor- und Fertigstraße problematisch. Mit Hilfe
einer Coilbox, die das Vorband aufwickelt und den
Temperaturabfall weitgehend verhindert, konnte
dieses Problem gelöst werden. Weiterhin können
damit bessere Oberflächengüten, geringere Maßabweichungen und höhere Ringgewichte erreicht werden.

Zur Beeinflussung der Dicke werden die Walzen
ballig, zigarrenförmig oder S-förmig geschliffen und
die Arbeitswalzen aufgrund von Dickenmessungen
abgestimmt gebogen und/oder in gewissen Grenzen
horizontal verschoben. *Baumann*

Warmbreitband → Warmband

Warmbreitbandstraße. Das → Stahl-Warmband
wird meist in halb- oder vollkontinuierlichen W.
hergestellt. Beide Straßen haben eine kontinuierlich arbeitende Endstrecke. In dieser sogenannten
Fertigstraße sind meist sechs oder sieben Gerüste
dicht nacheinander angeordnet. Bei der halbkontinuierlichen Straße fehlt die Zwischenstraße. Deshalb wird sie manchmal auch „nicht voll ausgebaute
W." genannt.

Die halbkontinuierliche W. hat in der Vorstraße
bis zu vier Gerüste. Das erste Gerüst ist ein Stauchgerüst und das zweite ein horizontal angeordnetes
Zweiwalzengerüst (früher als vertikaler und hori-

zontaler Zunderbrecher bezeichnet). Mit diesen
Gerüsten können Stichabnahmen bis zu 65 mm erreicht werden. Danach ist ein Vierwalzen-Univer-
sal-Umkehrgerüst mit angeflanschtem Staucher und
entsprechend langen Rollgängen angeordnet. Alle
Gerüste haben Arbeitswalzen mit etwa gleichen
Ballenlängen. Manchmal besteht die Vorstraße
auch nur aus einem Vierwalzen-Universal-Umkehr-
gerüst.

Solche Straßen sind vielfach gebaut worden, weil
damit bei hochlegierten Stählen Vorbrammen beliebiger Dicke in fünf, sieben oder neun Stichen zu
der geforderten Dicke des Vorbandes von 25 mm
gewalzt werden können. Die Walzleistung einer
solchen halbkontinuierlichen W. kann mit etwa
2–2,5 Mio. t je Jahr angegeben werden und liegt
damit deutlich niedriger als diejenige einer vollkontinuierlichen W. mit 5–6 Mio. t je Jahr.

Bei der vollkontinuierlichen W. ist die Stichzahl
des Vorbrammenwalzens zu Vorband an die Anzahl
der Gerüste gebunden. Das Walzgut läuft durch die
nacheinander angeordneten Gerüste der Vor- und
Zwischenstraße. Die Vorstraße besteht meist aus
einem Zweiwalzengerüst, das als Zunderbrecher
wirkt, und einem Vierwalzengerüst mit Stauchwalzen. Die Zwischenstraße hat drei oder vier Vierwal-
zen-Gerüste mit Stauchwalzen. Der Abstand vom
letzten Vorwalz-Gerüst bis zur Fertigstraße muß so
groß sein, daß auch das längste Vorband frei auf
dem Rollgang liegen und, wenn nötig, pendeln
kann. Dadurch besteht die Möglichkeit, vor Eintritt
in die Konti-Fertigstraße die eventuell zu hohe
Temperatur des Vorbandes zu senken. *Baumann*

Wärme, spezifische. Wärme, die zu einer (infinitesimalen) Temperaturerhöhung einem Körper zugeführt werden muß, normiert auf dessen Masse
und die Temperaturänderung. Sie äußert sich in
einer erhöhten Schwingungsenergie der Festkörperatome.

Der Quotient aus der zugeführten Wärmemenge
(infinitesimal dQ) und der Temperaturänderung
(infinitesimal dT) wird als Wärmekapazität C des
Körpers bezeichnet:

$$C = \frac{dQ}{dT}.$$

Normiert man auf die Masse m des Körpers, so läßt
sich C schreiben als
$$C = c\,m,$$
wobei c die spezifische Wärmekapazität oder kurz
die s. W. heißt. Spezifisch heißt also pro Masseneinheit. Es handelt sich um eine materialspezifische
Größe, die i. a. temperaturabhängig ist (Tabelle 1).
Prinzipiell ist zu unterscheiden, ob die Wärmemenge bei konstantem Druck (c_p) oder bei konstantem
Volumen (c_v) zugeführt wurde. Bei konstantem
Druck dehnt sich der Körper bei Temperaturerhö-

hung in der Regel aus, so daß gegen den äußeren Druck Arbeit verrichtet werden muß, die in Form von Wärme zusätzlich zugeführt werden muß. Es ist also stets $c_p > c_v$, jedoch ist dies bei Flüssigkeiten und Festkörpern infolge der geringfügigen Ausdehnung nicht sehr wesentlich. Die starke Wärmeausdehnung von Gasen bei konstantem Druck erzeugt jedoch beträchtliche Unterschiede.

Wärme, spezifische. Tabelle 1: S. W. bei konstantem Druck einiger Substanzen für verschiedene Temperaturen

Substanz	c_p (10^3 J/kg K)			
	$-100\,°C$	$0\,°C$	$+100\,°C$	$+300\,°C$
Aluminium	0,733	0,879	0,938	1,009
Blei	0,121	0,128	0,134	0,142
Chrom	0,352	0,427	0,473	0,523
Eisen	0,356	0,444	0,486	0,553
Gold	0,122	0,129	0,132	0,135
Kohlenstoff (Diamant)	0,126	0,435	0,785	1,327
Kupfer	0,343	0,379	0,397	0,419
Messing	0,335	0,377	0,389	0,461
Nickel	0,352	0,434	0,469	0,569
Platin	0,117	0,132	0,136	0,138
Quarzglas	0,472	0,693	0,841	1,025
Silber	0,222	0,234	0,238	0,247
Silizium	0,460	0,678	0,791	0,863
Tantal	0,130	0,137	0,141	0,147
Wolfram	0,109	0,134	0,136	0,144
Zink	0,356	0,381	0,398	0,435

Die s. W. ist um so höher, je höher die Dichte der Atome in einer Substanz ist. Deshalb bezieht man im Vergleich verschiedener Materialien die Wärmekapazität oft auf die gleiche Anzahl von Atomen. Dies gelingt z. B., indem man jeweils ein Mol eines Stoffes zugrunde legt (Atomgewicht in Gramm, Masse m_A). Dann besteht die Stoffmenge aus $N_A = 6{,}0225 \cdot 10^{23}$ (*Avogadro-* oder *Loschmidt-*Zahl) Atomen. Die Wärmekapazität dieser Stoffmenge, $C_A = c\, m_A$, heißt molare Wärmekapazität oder auch kurz *Molwärme*. Auch hier sind Werte für konstanten Druck C_{Ap} und für konstantes Volumen C_{Av} zu unterscheiden, wobei näherungsweise gilt $C_{Ap} - C_{Av} = T \cdot 9\alpha^2 BV$ (V = Volumen, B = Kompressionsmodul, α = linearer Wärmeausdehnungskoeffizient). Tabelle 2 gibt einige Beispiele.

Die mikroskopische Interpretation der s. W. von Festkörpern benutzt das Modell quantisierter Gitterschwingungen (Phonon). Dabei kann die → Debye-Theorie die experimentell beobachtete, aber

Wärme, spezifische. Tabelle 2: Molare Wärmekapazität (Molwärme) bei konstantem Volumen (C_{Av}) und konstantem Druck (C_{Ap}) für einige Substanzen bei 20 °C

Substanz	C_{Av} (J/mol · k)	C_{Ap} (J/mol · k)
Aluminium	23,03	24,34
Blei	24,84	26,82
Chrom	22,78	23,35
Gold	24,47	25,38
Kupfer	23,63	24,47
Platin	24,95	26,57
Silber	24,27	25,49
Wolfram	23,59	24,08
$CaCO_3$	82,52	83,50
KBr	52,49	51,51
NaCl	48,50	50,79
AgCl	52,48	55,78
SiO_2	41,06	44,48

klassisch nicht erklärbare Temperaturabhängigkeit reproduzieren.

Es zeigt sich, daß die Molwärme für hohe Temperaturen (größer als die → Debye-Temperatur) für alle Materialien praktisch den gleichen Wert besitzt, nämlich $C_{Av} = 3N_A k \approx 24{,}94$ J/(mol · K). Dies wird als die *Dulong-Petit*-Regel bezeichnet (k = Boltzmannkonstante). Bei einfachen Verbindungen erhält man die molare Wärmekapazität als Summe der Beiträge der zugrunde liegenden Elemente (*Neumann-Kopp*-Regel). Die dabei gemachte Annahme, daß die Atome unabhängig voneinander Energie aufnehmen können (s. u.), ist jedoch häufig nicht erfüllt, so daß sich entsprechend starke Abweichungen ergeben können (Tabelle 2).

Mit abnehmenden Temperaturen unterschreitet die Molwärme immer mehr den von Dulong-Petit gegebenen Wert. Trägt man dabei die (absolute) Temperatur T normiert auf die materialspezifische Debye-Temperatur θ auf der Abszisse auf, so ergibt sich für alle Festkörper ein ungefähr gleicher Verlauf (Bild), der sich für $T \ll \theta$ quantitativ als

$$C_{Av} = \frac{12}{5} \pi^4 k\, N_A\, (T/\theta)^3$$

schreiben läßt (Debye-T^3-Gesetz). Bei sehr tiefen Temperaturen ergeben sich bei Metallen Abweichungen davon, die auf den Beitrag der Elektronen zurückzuführen sind. Die spezifische Molwärme verläuft dann linear mit der Temperatur, $C_e = \frac{\pi^2}{2} N_e k\, T/T_F$ (N_e = Anzahl der Elektronen/mol, $T_F = W_F/k$, W_F = Fermi-Energie).

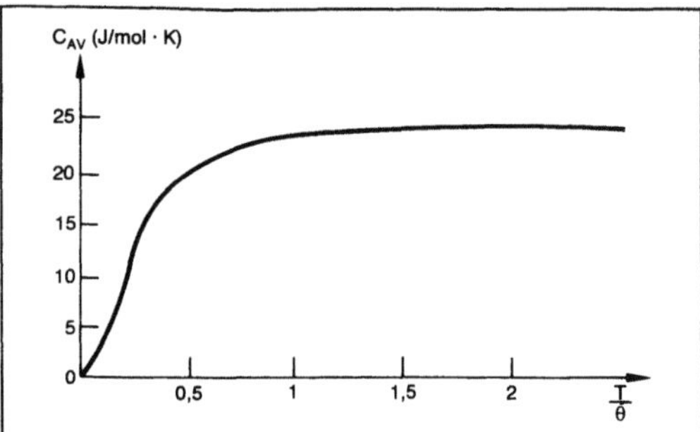

Wärme, spezifische: Verlauf der Molwärme von Festkörpern bei konstantem Volumen als Funktion der auf die Debye-Temperatur θ normierten absoluten Temperatur T.

Bei Änderungen des Aggregatszustandes einer Substanz (fest → flüssig → gasförmig) wird Energie nicht zur Temperaturerhöhung, sondern zum thermischen Aufbrechen von Bindungen zwischen Teilchen verwendet (im umgekehrten Fall wird Energie frei). Bei den Übergangstemperaturen zeigt dann die s. W. Singularitäten, sie wird formal unendlich. Solche Anomalien treten auch bei inneren Phasenübergängen in Festkörpern auf. *Heinz*

Literatur: *Blackman, M.:* The Specific Heat of Solids, Handbuch der Physik, Gruppe 3, Bd. 7. Berlin 1955. – *Eder, F. X.:* Arbeitsmethoden der Thermodynamik. Bd. 1–4, Berlin 1983.

Wärmeausdehnung. Änderung des Volumens und der Länge eines Körpers bei Erwärmung (→ Ausdehnung, thermische). *G.*

Wärmebehandlung. Unter W. versteht man ein Verfahren oder die Kombination mehrerer Verfahren zur Behandlung eines Werkstückes, wobei man diese Änderungen der Temperatur oder des Temperaturablaufes unterwirft. Ziel solcher Behandlungen ist die Änderung des Gefüges und damit eine Beeinflussung der Werkstoffeigenschaften.

Die wichtigsten Glühverfahren sind:

□ Diffusionsglühen: Homogenisierung des Werkstoffes

□ → Normalglühen: Beseitigung des Gußgefüges und Optimierung von → Festigkeit und → Zähigkeit

□ → Weichglühen: Verbesserung der Verarbeitbarkeit

□ Lösungsglühen: Beseitigung von Ausscheidungen

□ Rekristallisationsglühen (→ Rekristallisation): Beseitigung der durch → Kaltverformung hervorgerufenen Eigenschaftsänderungen durch Gefügeneubildung.

□ → Spannungsarmglühen: Abbau von Eigenspannungen, Verbesserung der Zähigkeit. Bei Gläsern und Hochpolymeren wird diese Behandlung meist als → Tempern bezeichnet.

□ → Härten (Stähle): → Phasenumwandlung durch → Abschrecken aus dem Austenitgebiet zur Erzielung hoher → Härte und → Festigkeit (→ Zeit-Temperatur-Umwandlungsschaubild).

□ → Anlassen (Stähle): Erwärmen nach Härten zur Erhöhung der Zähigkeit und Verminderung der Härte und Festigkeit.

□ Aushärten (→ Aushärtung): Steigerung von Härte und Festigkeit durch Ausscheidungsvorgänge. *Gräfen*

Wärmedämmschicht → Schichtverbundwerkstoffe

Wärmeeinflußzone. (*engl.* HAZ, Heat Affected Zone). In einer → Schweißverbindung die an die Fusionslinie grenzenden Bereiche des Grundwerkstoffs, die maximal bis in die Nähe der Schmelztemperatur erhitzt wurden. Entsprechend der erreichten Spitzentemperatur findet man in zunehmendem Abstand von der Fusionslinie aufgehärtete Bereiche, eine Grobkornzone, normalisiertes und schließlich angelassenes → Gefüge. Beim Mehrlagenschweißen ist der zusätzliche Einfluß der folgenden Lagen auf das Gefüge mit zu berücksichtigen. Für das Verhalten einer Schweißverbindung bei mechanischer Beanspruchung können die Eigenschaften der W. von entscheidender Bedeutung sein. *Dahl*

Wärmeeinflußzone-Simulation → Schweißsimulation

Wärmeleitfähigkeit von Holz → Holzeigenschaften

Wärmeleitfähigkeit-Prüfung. Die Prüfung bzw. Messung der Wärmeleitfähigkeit λ [W/mK] erfolgt vorwiegend nach stationären Meßverfahren. Hierbei wird in einer nach außen thermisch isolierten Probe ein stationärer, d. h. gleichbleibender Wärmefluß erzeugt.

Die Wärmeleitfähigkeit wird im wesentlichen aus dem Wärmefluß, den örtlichen Temperaturgradienten und den Probenabmessungen bestimmt. Je nach der Höhe der Wärmeleitfähigkeit und der Temperatur kommen unterschiedliche Verfahren zur Anwendung, die i. a. hohen meßtechnischen Aufwand erfordern. In der Praxis durchgesetzt hat sich u. a. die sog. Vergleichsmethode unter Verwendung plattenförmiger Proben (Bild). Hierbei wird der Wärmestrom anhand zweier Referenzproben mit bekannter Wärmeleitfähigkeit bestimmt. Der Meßbereich liegt zwischen 0,1 und 20 W/mK. Bei kleineren Wärmleitfähigkeiten im Bereich zwischen

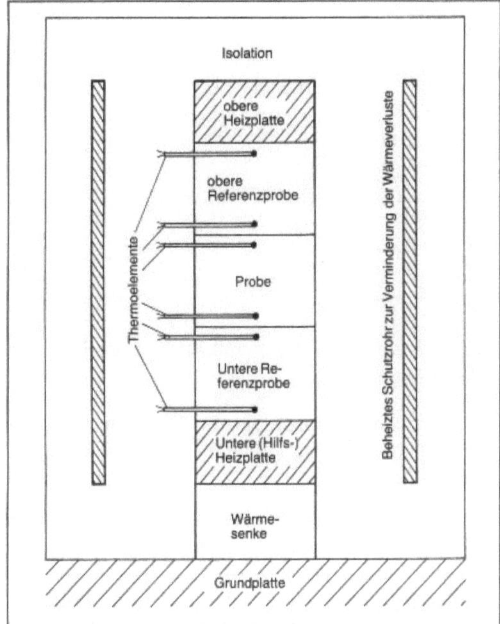

Wärmeleitfähigkeit-Prüfung: Versuchsaufbau zur Messung der Wärmeleitfähigkeit nach der Vergleichsmethode (schematisch).

0,02–2 W/mK findet auch das sog. Heißdrahtverfahren nach DIN 51 046 häufige Anwendung.

Bei den instationären Verfahren wird die Temperaturleitfähigkeit gemessen und daraus die Wärmeleitfähigkeit berechnet. Am meisten verbreitet ist die Laser-Pulstechnik. *Kußmaul*

Literatur: *Maglić, K. D., A. Cezairliyan* u. *V. E. Peletsky*: Compendium of Thermophysical Property Measurement Methods. New York-London 1984.

Wärmeleitung. Transport von Wärme in einem Festkörper aufgrund eines Temperaturgradienten, wobei die Energie von Elektronen, Phononen und anderen Quasiteilchen getragen wird.

Phänomenologisch beschreibt man die W. durch den Wärmeenergiestrom I_W = dQ/dt(Q = Wärmemenge, t = Zeit, dQ ist die während des Zeitintervalls dt geflossene Wärmemenge), der durch einen Temperaturgradienten dT/dx (T = Temperatur, x = Ortskoordinate, dT = die sich über dem Wegelement dx ergebende Temperaturdifferenz) erzeugt wird und durch eine Querschnittsfläche A fließt, wobei Strom und Gradient verschiedene Vorzeichen haben:

$$I_w = \frac{dQ}{dt} = -\lambda A \frac{dT}{dx} \qquad (1)$$

Verallgemeinert man, indem man die Wärmestromdichte I_W/A in die verschiedenen Raumrichtungen

zu einem Vektor j_w zusammenfaßt, so erhält man die Vektorgleichung

$$j_w = -\lambda \,\mathrm{grad}\ T. \qquad (1')$$

Dabei heißt λ die Wärmeleitfähigkeitskonstante (oft auch kurz Wärmeleitfähigkeit), die eine materialspezifische Größe und in der Regel temperaturabhängig ist. In Kristallen kann die Leitfähigkeit für verschiedene kristallographische Richtungen verschiedene Werte annehmen, d. h. λ wird zum Tensor (λ-Ellipsoid).

Bezieht man den Temperaturgradienten auf eine endliche Strecke Δx (z. B. die Dicke einer Fensterscheibe), so wird mit dT/dx $\approx \Delta T/\Delta x$ aus Gleichung (1)

$$I_w = \frac{dQ}{dt} = -\lambda A \frac{\Delta T}{\Delta x} = -kA\Delta T$$

wobei k = $\lambda/\Delta x$ Wärmedurchgangswert (k-Wert) heißt. Die Größe R_w = 1/Ak = $\Delta x/(\lambda A)$ heißt auch Wärmewiderstand, so daß man in Anlehnung an das Ohmsche Gesetz die Beziehung $\Delta T = R_w I_w$ formulieren kann (ΔT entspricht der Spannung). Handelt es sich um den Wärmeübergang von einem Körper zu seiner Umgebung (z. B. Luft, Flüssigkeit), so formuliert man

$$I_w = \frac{dQ}{dt} = -\alpha\, A\, \Delta T$$

und bezeichnet α als Wärmeübergangswert.

Bei vielen Wärmeleitungsprozessen ist die Temperatur zeitlich nicht konstant, d. h. in ein Volumenelement dV fließt mehr Wärme hinein als heraus (oder umgekehrt). Die Nettobilanz wird dabei durch die Divergenz der Wärmestromdichte beschrieben, div j_w, so daß sich die Temperatur entsprechend der Wärmezufuhr div $j_w \cdot$ dV und der Wärmekapazität ρc dV (ρ = Dichte, c = spezifische Wärme) nach $\partial T/\partial t = -\mathrm{div}\ j_w/\rho c$ ändert, so daß sich mit (1') die allgemeine Wärmeleitungsgleichung

$$\frac{\partial T}{\partial t} = \frac{\lambda}{\rho c}\,\mathrm{div}\ \mathrm{grad}\ T = \frac{\lambda}{\rho c}\,\Delta T$$

ergibt (Δ = Laplace-Operator). Die Größe $\lambda/\rho c$ heißt dabei Temperatur-Leitwert. Er bestimmt die Zeit, die zum Abbau eines Temperaturgefälles über eine Strecke d benötigt wird. Diese thermische Relaxationszeit ergibt sich zu $\tau = d^2 \rho c/\lambda$.

Die mikroskopische Theorie der W. beruht auf der Wärmebewegung der kleinsten Bausteine des wärmeleitenden Mediums. Bei Gasen sind dies die Atome oder Moleküle, deren kinetische Energie der (absoluten) Temperatur proportional ist.

In Festkörpern, bei denen die Atome auf ihren Plätzen gebunden sind und nur um die Gleichgewichtslage herum schwingen können, übernehmen die quantisierten Gitterschwingungen, die Phononen, den Energietransport. Ihre mittlere freie Weglänge hängt von einer Vielzahl von möglichen

Streuprozessen ab, wie Streuung von Phononen untereinander (insbesondere Umklapp-Prozesse), Streuung an Gitterbaufehlern und an der Oberfläche, sowie Streuung an anderen Quasiteilchen des Festkörpers. Ähnlich wie beim Gas ergibt sich für die Wärmeleitfähigkeit durch Phononen

$$\lambda_{Ph} = \frac{1}{3}\, \rho\, c_v\, v\, l_{ph}$$

wobei ρ und c_v Dichte bzw. spezifische Wärmekapazität (bei konstantem Volumen) des Festkörpers darstellen, v die Schallgeschwindigkeit im Festkörper und l_{ph} die mittlere freie Weglänge der Phononen bezeichnen. Da die Zahl der Phononen stark temperaturabhängig ist, gilt dies auch für die Häufigkeit der Streuprozesse und somit auch für l_{ph}. Da auch c_v temperaturabhängig ist, kann der Verlauf der Wärmeleitfähigkeit von Festkörpern über der Temperatur recht kompliziert sein. Grob gesprochen steigt λ_{ph} zunächst stark an, um nach Überschreiten eines Maximums mit weiter steigender Temperatur wieder abzufallen (Bild). Hinzu kommt, daß im Festkörper nicht nur Phononen Energie transportieren können, sondern auch alle anderen Quasiteilchen. Besonders hervorzuheben sind dabei die Metalle mit ihrer hohen Dichte von Elektronen. Zwar können aufgrund des Pauli-Prinzips nur Elektronen auf der Fermi-Fläche am Energietransport teilnehmen (Bruchteil T/T_F aller Elektronen), sie tragen aber auch eine gegenüber normalen thermischen Energien viel höhere Energie (W_F = Fermi-Energie = kT_F). Die Rechnung ergibt für die elektronische Wärmeleitfähigkeit λ_e die Beziehung

$$\lambda_e = \frac{\pi^2}{6}\, k\, v_F\, l_e \left(\frac{T}{T_F}\right) n$$

wobei l_e und n die mittlere freie Weglänge bzw. Dichte der Elektronen und v_F die Fermi-Geschwindigkeit ($W_F = \frac{1}{2} m\, v_F^2$, m = Elektronenmasse) bezeichnen. Da man für den Transport von Elektronen in elektrischen Feldern, d. h. für die elektrische Leitfähigkeit σ eine ähnliche Beziehung findet ($\sigma = n\, e^2\, l_e/m v_F$) folgt damit das *Wiedemann-Franz*-Gesetz, nach dem der Quotient aus beiden Leitfähigkeiten linear mit der absoluten Temperatur zusammenhängt.

Auch die übrigen Quasiteilchen des Festkörpers tragen im Prinzip durch ihren Energietransport zur Wärmeleitfähigkeit bei (Beitrag $\lambda_{ü}$), in der Regel jedoch geringfügig, verglichen mit dem elektronischen Beitrag in Metallen oder dem Phononenanteil. Durch Streuung aller Teilchen untereinander sind die verschiedenen Leitfähigkeitsprozesse miteinander verknüpft. Die Gesamtleitfähigkeit ergibt sich als Summe der Einzelleitfähigkeiten

$$\lambda = \lambda_{ph} + \lambda_e + \lambda_{ü}$$

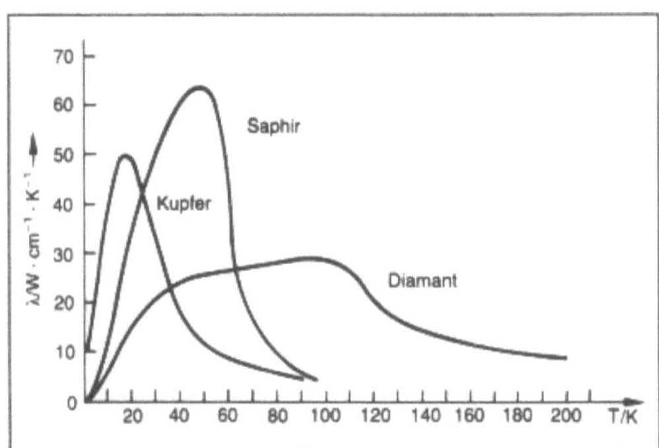

Wärmeleitung: Temperaturabhängigkeit der Wärmeleitfähigkeit.

In →Isolatoren überwiegt die Wärmeleitfähigkeit durch Phononen, in →Metallen durch Elektronen (Tabelle). *Heinz*

Wärmeleitung. Tabelle: Wärmeleitvermögen einiger Substanzen bei Zimmertemperatur (293 K).

Substanz	λ (J/mKs)
Aluminium (99 %)	220
Blei	34,8
Chrom	90
Eisen (rein)	80
Stahl (99,2 Fe)	45
Gold (rein)	312
Kupfer (rein)	395
Magnesium	171
Messing (70 % Cu)	112
Molybdän	132
Platin (rein)	70
Nickel	81
Silber (99,9 %)	407
Tantal	56
Titan	22
Wolfram	177
Zink	112
Zinn	65
Glaswolle	0,042
Hartporzellan	1,42
Quarzglas	1,36
Styropor (15–22 kg/m³)	0,035

Literatur: *Berman, R.:* Thermal Conduction in Solids. Oxford 1976.

Wärmeschock →Thermoschock

Wärmeschockrisse →Thermoschock

Wärmespannung. Unterliegt ein Bauteil nicht nur mechanischen Beanspruchungen, sondern zusätzlich bestimmten Temperaturbelastungen, so erzeugen diese W. Solange ein Bauteil an jeder Stelle gleiche Temperatur besitzt, werden keine W. ausgelöst. Sind aber Temperaturbelastungen dergestalt vorgegeben, daß z. B. die Temperatur von der Innenseite zur Außenseite der Wanddicke abfällt oder ansteigt, so resultieren hieraus im allgemeinen dreiachsige Temperaturspannungen, die sich den dreiachsigen mechanischen Spannungen überlagern. Bei der Überlagerung kommt es sehr wesentlich auf die Vorzeichen der einzelnen Spannungen an; es kann hierbei durchaus zu einer Addition von mechanischen und thermischen Spannungskomponenten kommen. Haben sich über längere Zeiten Temperaturverhältnisse innerhalb einer technischen Baugruppe stabilisiert, so spricht man von einem quasistationären Temperaturzustand, der i. a. durch einen mehr oder weniger linearen Temperaturverlauf über der Wanddicke gekennzeichnet ist. Gefährlich sind sog. instationäre W., die z. B. beim schnellen An- und Abfahren von Anlagen der Technik auftreten oder z. B. durch Temperaturschock ausgelöst werden bei kurzzeitigem Abkühlen hocherhitzter Bauelemente (Notkühlung). Die instationären W. können durchaus das Doppelte der stationären W. betragen. Für einfache Bauelemente und Temperaturbedingungen sind die entsprechenden Differentialgleichungen zur Ermittlung der W. analytisch gelöst. Für komplizierte Beanspruchungsverhältnisse müssen Finite-Elemente-Berechnungen durchgeführt werden. *Strohmeier*

Warmfestigkeit. Die Höhe der → Festigkeit wird durch Art und Anzahl der Hindernisse für die Versetzungsbewegung bestimmt. Bei höheren Temperaturen wird die Hinderniswirkung abgebaut, z. B. durch Koagulation der Ausscheidungen. Zur Erzielung einer hohen W. müssen gegen Temperaturerhöhung stabile → Gefüge eingestellt werden, z. B. durch Ersatz von → Eisen im → Zementit durch sonderkarbidbildende → Legierungselemente wie Molybdän, → Chrom und → Vanadin, da dann die Koagulation verzögert wird. Austenitische → Stähle haben wegen der infolge der kleineren Stapelfehlerenergie schwächer ausgeprägten Neigung zum Quergleiten auf Grund der Kristallstruktur eine höhere W. (→ Stahl, warmfester; → Stahl, hochwarmfester). *Dahl*

Warmformen → Kunststoffverarbeitung

Warmgasschweißen → Schweißverfahren

Warmhärteprüfung → Härte

Warmstreckgrenze → Festigkeitsverhalten

Warmumformbarkeit. Die W. wird durch die Eigenschaften → Formänderungsfestigkeit, die neuer-

dings mit → Fließspannung bezeichnet wird, und → Formänderungsvermögen gekennzeichnet. Das Formänderungsvermögen bei der → Warmumformung hängt ab vom Umformverfahren, von der chemischen Zusammensetzung und vom → Gefüge des Werkstoffes. Die vielfach als Kenngröße verwendete Bruchformänderung nimmt mit zunehmender, auf die Fließspannung bezogener Mittelspannung

$$\frac{\sigma_m}{k_f} = \frac{1}{3k_f}\,(\sigma_1+\sigma_2+\sigma_3)$$

ab, und zwar nach vielen Versuchen um so stärker, je näher die mittlere Spannung σ_2 an der Maximalspannung σ_1 liegt.

In einphasigen Gefügen ist die Warmverformung durch die → Verfestigung begrenzt, dynamische → Erholung und dynamische → Rekristallisation erhöhen also die W. In mehrphasigen Legierungen liegen vor allem dann ungünstige Verhältnisse vor, wenn die zweiten Phasen flüssig und von deutlich niedrigerer → Festigkeit als die Matrix sind (→ Rotbruch, Heißrisse). Zur Kennzeichnung der W. wird die im Warmverdrehversuch erreichbare Bruchformänderung herangezogen, die zumindest den Vergleich verschiedener Stähle ermöglicht. *Dahl*

Literatur: Werkstoffkunde Stahl. 2 Bde. (Hrsg. VDEh). Berlin–Düsseldorf 1984/85.

Warmumformung. Nach der in der → Metallkunde üblichen Definition tritt W. bei Metallen in einem Temperaturbereich ein, in dem Kristallerholung und/oder → Rekristallisation stattfindet, d. h. in vielen Fällen oberhalb der halben Schmelztemperatur bezogen auf den absoluten Nullpunkt.

In der Fertigungstechnik werden Umformvorgänge dann der W. zugeordnet, wenn die Werkstücke vor dem → Umformen auf eine Temperatur im Bereich der W. erwärmt werden. Dazu benötigt man Wärmeeinrichtungen. In der industriellen Praxis spricht man dann von einem Warmbetrieb.

Beide Definitionen bestehen nebeneinander. Entscheidend für das Werkstoffverhalten während des Umformens und für die Werkstoffeigenschaften nach dem Umformen ist die dynamische → Verfestigung im Zusammenwirken mit dynamischer → Entfestigung durch Rekristallisation und Kristallerholung. Diese Vorgänge werden von der Vorgangstemperatur, der Vorgangsdauer bzw. -geschwindigkeit, der Werkstückerwärmung durch die zugeführte Arbeit, der → Abkühlung durch → Wärmeleitung, den Wärmeübergang an die Werkzeuge, durch Strahlung und Konvektion sowie von der werkstoffspezifischen Rekristallisationstemperatur bestimmt. Hieraus leitet sich die Abgrenzung der W. gegenüber der → Kaltumformung (s. dort Bild 1) und gegenüber der Halbwarmumformung ab.

In der Regel werden Warmumformvorgänge wie z. B. → Schmieden, → Strangpressen unter solchen Bedingungen durchgeführt, die eine dynamische Entfestigung während des gesamten Umformvorgangs ermöglichen. Dadurch wird das → Formänderungsvermögen gegenüber Kaltumformung und Halbwarmumformung signifikant verbessert; gleichzeitig beträgt die → Fließspannung nur einen Bruchteil der Fließspannung bei Raumtemperatur, so daß sich niedrigere Werkzeugdrücke und Umformkräfte ergeben. Die Oberflächenqualität warmumgeformter Werkstücke ist wegen der → Verzunderung beim Erwärmen und beim Abkühlen nach dem Umformen sehr viel geringer als beim Kaltumformen und → Halbwarmumformung (s. dort Bild 1). *Lange*

Literatur: *Diether, U.:* Fließpressen von Stahl im Temperaturbereich 773 K (500 °C) bis 1073 K (800 °C). Ber. Nr. 54. Inst. Umformtechn. Universität Stuttgart. Berlin, Heidelberg, New York 1980. – *Lange, K.* (Hrsg.): Umformtechnik. Handb. f. Ind. u. Wiss. 2. Aufl. Berlin, Heidelberg, New York, Tokio 1984. – *Lange, K.* u. *H. Meyer-Nolkemper:* Gesenkschmieden. 2. Aufl. Berlin, Heidelberg, New York 1977. – *Lindner, H.:* Massivumformung von Stahl zwischen 600 °C und 900 °C – Halbwarmschmieden. Diss. TU Hannover. 1965. – *Schaub, W.:* Fließpressen von Sintermetall im Temperaturbereich 873 K (600 °C) bis 1173 K (900 °C). Ber. Nr. 63. Inst. Umformtechn. Universität Stuttgart. Berlin, Heidelberg, New York 1982. – *Weiergräber, M.:* Werkzeugverschleiß in der Massivumformung. Ber. Nr. 73. Inst. Umformtechn. Universität Stuttgart. Berlin, Heidelberg, New York, Tokio 1983.

Warmwalzen. → Umformung durch → Walzen, das mit einem (absichtlichen) Anwärmen des Umformgutes verbunden ist. Früher wurde mit → Warmumformung eine Umformung oberhalb der Rekristallisationstemperatur verstanden. Das Verhalten eines Werkstoffs bei der Warmumformung wird mit → Warmumformbarkeit bezeichnet. *Dahl*

Warmzugversuch. → Zugversuch (nach DIN 50 145) bei gegenüber Raumtemperatur erhöhter Prüftemperatur. *Kußmaul*

Waschversuch. Der W. bei Textilien kann prinzipiell mehreren Zwecken dienen:
□ Prüfung und Untersuchung der Waschmittel, der Wasserverhältnisse und den sonstigen beim oder nach dem Waschen verwendeten Hilfsmittel
□ Prüfung der Waschmaschinen
□ Prüfung der zu waschenden Textilien bzw. deren Veränderung durch das Waschen und daraus abgeleitet die anzuwendenden Waschvorschriften für das jeweilige Textilgut

Für die Untersuchungen an Waschmitteln bzw. an den Hilfsmitteln gibt es entsprechende Laborwaschapparate, zum Teil reichen auch geeignete Gefäße und Geräte, wie sie in chemischen Labora-

torien in Benutzung sind. Beispielsweise kann nach folgenden Kriterien geprüft werden:
– Bestimmung der Waschkraft von Waschmitteln, Wascheffekt mit Gewebeproben mit künstlicher Anschmutzung.
– Bestimmung des Schmutztragevermögens von waschaktiven Flotten
– Schäumungsvermögen von Hilfsmitteln
– Emulgiervermögen
– Härtebeständigkeit von Textilhilfsmitteln gegen die Härtebildner des Wassers.

Die Waschmaschinen selbst, gewerbliche wie für den Haushalt bestimmte, sowie die anzuwendenden Waschverfahren, können waschtechnischen Prüfungen unterzogen werden (DIN 44983). Hierbei sind Standardbaumwollgewebe nach DIN 53919 Teil 1 und Teil 2 zu verwenden.

Für die W. an Textilien wurden acht Waschprogramme festgelegt:
bei 93 °C (Kochwäsche), bei 60 °C (Heißwäsche), bei 40 °C (Feinwäsche) und 30 °C (Feinwäsche) mit jeweils unterschiedlicher Beladung bzw. mechanischer Beanspruchung (DIN 53920). Die in der Norm beschriebene Waschmaschine wird als Prüfwaschmaschine nach DIN 53920 von den Mielewerken GmbH, Gütersloh, hergestellt. Die zu prüfenden Textilien werden nach ein- oder mehrmaliger Wäsche auf ihre Veränderungen untersucht. Diese Untersuchungen können sich auf sehr vielfältige Merkmale beziehen:
z. B. Maßänderung, Formstabilität, Schädigung der Faser, nachweisbar über Festigkeitsprüfungen oder über die Molekularstruktur oder den Durchschnittspolymerisationsgrad; Oberflächenveränderungen; sichtbare Schädigungen; Änderungen des Farbtones; Aus- und Anbluten; Vergrauung; Ablagerungen von Substanzen aus der Waschflotte auf die Faser; Beständigkeit von bestimmten Ausrüstungsmitteln.
→ Festigkeitsverhalten *Kleinhansl*

Literatur: *Agster, A.:* Färberei und textilchemische Untersuchungen. Berlin–Heidelberg–New York 1967. – DIN 44983 T1: Waschgeräte für den Haushalt, Prüfungen von Waschmaschinen, Waschtechnische Prüfungsverfahren mit Kochwäsche. – DIN 53919 T1: Standardbaumwollgewebe zur Beurteilung von Waschverfahren – Anforderungen. 1980. – DIN 53919 T2: Standardbaumwollgewebe zur Beurteilung von Waschverfahren – Prüfung von Waschverfahren mit Kontrollstreifen. 1980. – DIN 53920: Waschverfahren für Textilprüfungen. 1978. – *Sommer, H.* und *F. Winkler:* Handbuch der Werkstoffprüfung. Bd. V. Berlin–Göttingen–Heidelberg 1961.

Wasserdichtigkeitsprüfung. Die Bestimmung der Wasserdichtigkeit oder Wasserdichtheit wird bei denjenigen textilen Flächengebilden angewandt, von denen im Gebrauch eine bestimmte Wasserundurchlässigkeit verlangt wird, wie z. B. Segeltuchen, Wagenplanen, Zeltstoffen u. ä.

Zwischen Wasserdichtigkeit und Wasserdurchlässigkeit bestehen keine scharfen Grenzen, die Eigenschaften der textilen Flächengebilde sind mit graduellen Unterschieden behaftet, die von den Beziehungen zwischen Porengröße, Wasserdruck und Einwirkungsdauer abhängen.

Als Kriterien kommen dabei in Betracht:

☐ Die Zeit, die bei konstantem Wasserdruck bis zum ersten Durchdringen von Wassertropfen erforderlich ist.

☐ Der konstante Wasserdruck, bei dem nach festgelegter Zeit ein erstes Durchdringen von Wasser zu bemerken ist.

☐ Der Wasserdruck, der bei konstanter Drucksteigerungsgeschwindigkeit beim ersten Durchdringen von Wassertropfen erreicht wird.

☐ Die Wassermenge, die in der Zeiteinheit bei konstantem Druck durch die Probe hindurchtritt (Wasserdurchlässigkeit).

Von den relativ vielen in der Literatur beschriebenen Methoden wurde diejenige mit steigendem Wasserdruck genormt (DIN 53886). Dabei können drei Proben gleichzeitig durch eine relativ einfache Meßanordnung mit dem steigenden Wasserdruck beaufschlagt werden (Bild).

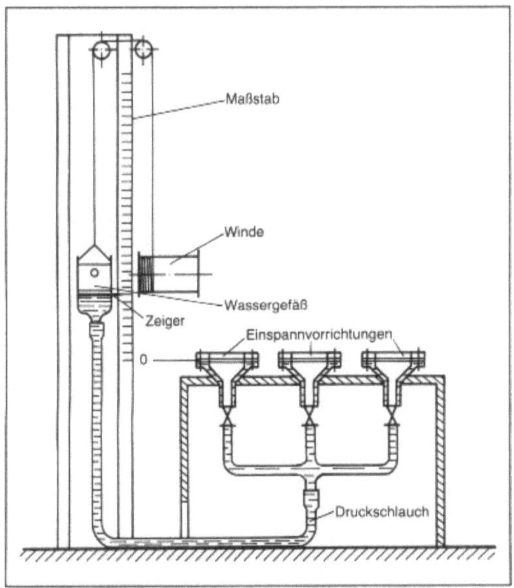

Wasserdichtigkeitsprüfung: Gerät zur Bestimmung der Wasserdichtheit.

Die maximal mögliche Wassersäule darf dabei nicht kleiner als 1,5 m sein. Beim Durchdringen an der ersten und an der dritten Stelle wird der Druck abgelesen und zwar bei mindestens fünf Proben. Bei Abweichungen von mehr als 10 % im Wasserdruck (Mittelwerte der mindestens fünf Proben) zwischen der ersten und der dritten Stelle ist dies separat zu vermerken. *Kleinhansl*

Literatur: DIN 53886: Bestimmung der Wasserdichtheit. 1977. – *Sommer, H.* und *F. Winkler:* Handbuch der Werkstoffprüfung. Bd. V. Berlin–Göttingen–Heidelberg 1961.

Wasserrückhaltevermögen. Das W. ist ein Maß für die Wasseraufnahme in einem textilen Gut. Die Wasseraufnahme von Wasser aus der flüssigen Phase erfolgt auf verschiedene Weise. Ein Teil des Wassers geht in das Innere der →Faser – sofern die Faser Wasser aufnehmen kann – ein Teil wird an der Faseroberfläche gebunden und ein weiterer befindet sich infolge der Kapillarwirkung zwischen den Fasern.

Vor allem der letzte Teil ist hinsichtlich der Meßbedingungen schwierig zu definieren. Die zu messenden Proben werden deshalb ausreichend benetzt und anschließend unter festgelegten Bedingungen abgeschleudert. Das in der Probe danach verbleibende Wasser wird als W. definiert.

Nach der in DIN 53814 beschriebenen Methode wird die benetzte Probe in einem Schleudergefäß (Bild) mit einer Beschleunigung von 8 000 bis 10 000 m/s^2 einschließlich An- und Auslaufzeit 20 min lang geschleudert.

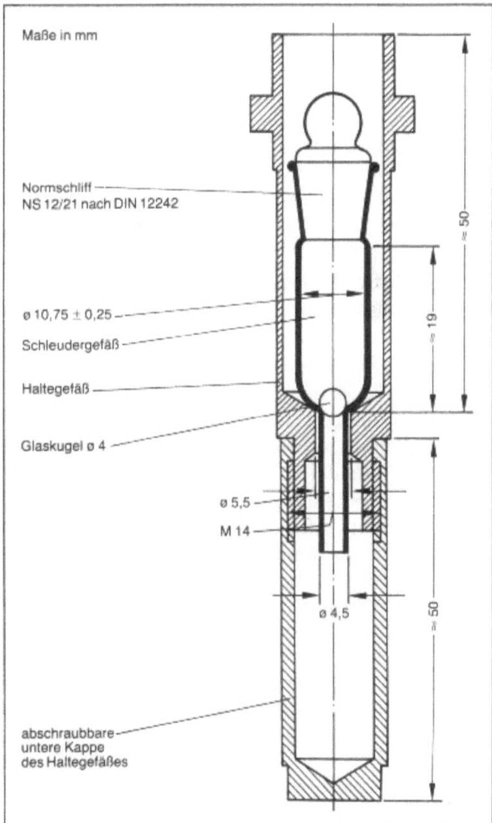

Wasserrückhaltevermögen: Haltegefäß mit eingesetztem Schleudergefäß.

Das W. ist das Verhältnis des Gewichtes der vom Fasergut aufgenommenen Wassermenge zum Gewicht des im Normalklima ((20 ± 2)°C und (65 ± 2)% relative Luftfeuchte) ausgelegten Fasergutes. Diese Prüfung kann bei Fasern, Garnabschnitten und aus textilen Flächengebilden entnommenen Fadenabschnitten angewandt werden. Für textile Flächengebilde als Ganzes ist eine Norm in Vorbereitung. *Kleinhansl*

Literatur: DIN 53814: Bestimmung des Wasserrückhaltevermögens von Fasern und Fadenabschnitten. 1974.

Wasserstoff. W. wird in flüssigem → Stahl aus der Feuchtigkeit der Luft oder der Zuschläge aufgenommen. Beim Abkühlen, vor allem von schweren Schmiedestücken, kann sich der zunächst atomar gelöste W. wegen der mit fallender Temperatur abnehmenden Löslichkeit als molekularer W. in Form von Flocken ausscheiden und davon ausgehend in empfindlichen Stählen und großen, komplizierten Guß- oder Schmiedestücken zu makroskopischen Rissen führen. Bei Betriebstemperatur kann W., der aus dem Herstellungsprozeß stammt oder aber durch elektrochemische Vorgänge während des Betriebs aufgenommen wurde, zu → Versprödung, vor allem zur → Spannungsrißkorrosion führen. Die Wasserstoffaufnahme beim → Schweißen kann zu Kaltrissen Anlaß geben. Wegen seiner hohen Diffusionsgeschwindigkeit kann W. in nicht zu großen Werkstücken durch → Anlassen im Bereich von 200 bis 400 °C durch → Diffusion entweichen und der Wasserstoffgehalt auf sehr niedrige Werte abgebaut werden. *Dahl*

Wasserstoffinduzierte Spannungsrißkorrosion → Spannungsrißkorrosion

Wasserstoffversprödung. → Versprödung → metallischer Werkstoffe durch Aufnahme von → Wasserstoff. W. äußert sich durch Einbuße der mechanischen Eigenschaften des Werkstoffes, Verlust der Verarbeitbarkeit, insbesondere der Verformungsfähigkeit und → Zähigkeit sowie durch Verminderung der Zeitstand- oder Wechselfestigkeit. Sie kann durch Wechselwirkung sowohl von gasförmigen wie auch elektrolytisch erzeugtem Wasserstoff mit metallischen Werkstoffen unter jeweils kritischen Bedingungen ausgelöst werden, wobei der Korrosionsabtrag meistens vernachlässigbar gering ist (→ Druckwasserstoffschädigung, → Spannungsrißkorrosion, wasserstoffinduzierte). W. an → Eisenwerkstoffen tritt hauptsächlich an krz-ferritischen Stählen auf. *Wendler-Kalsch*

Wasserstrahlen → Oberflächenbehandlung

Wechselfestigkeit → Dauerschwingversuch

Wechselkonverter. In mehreren → Blasstahlwerken sind die Konvertergefäße wechselbar angeordnet (Bild). Dort werden die Gefäße durch schienengebundene, mit Hub- und Drehvorrichtungen ausgerüstete Fahrzeuge während einer Reparaturschicht in 8 bis 10 Stunden gewechselt. Ein W.-Betrieb mit zwei Blasständen und drei Wechselgefäßen für beispielsweise je 250 t Abstichgewicht erreicht eine Stahlerzeugungsmenge, die einem klassischen Konverterbetrieb mit drei Blasständen sowie drei 250-t-Konvertern entspricht. Die Investitionen für den Neubau eines W.-Schmelzbetriebes sind etwa 20% niedriger als diejenigen für einen klassischen Konverter-Schmelzbetrieb. *Baumann*

Wechseltauchversuch. Korrosionsversuch, bei dem die Proben in einer festgelegten zeitlichen Folge abwechselnd einem wäßrigen → Korrosionsmedium und der Luft ausgesetzt werden. Die Prüfbedingungen sind in DIN 50 905, Teil 4 festgelegt. Der W. wird hauptsächlich zur Prüfung von Aluminiumwerkstoffen angewendet, wobei als Prüflösung eine 3%ige Natriumchloridlösung verwendet wird.

Wendler-Kalsch

Weibull-Verteilung. Die statistische Verteilungsfunktion $F(t) = 1 - \exp(-\alpha(t-\gamma)^\beta)$ mit $t > \gamma$; $\alpha > 0$ und $\beta > 0$ bezeichnet man als dreiparametrige W.-V. Die zweiparametrige W.-V. erhält man durch die Wahl von $\gamma = 0$. Die Dichtefunktion der dreiparametrigen W.-V. lautet $f(t) = F'(t) = \alpha\beta(t-\gamma)^{\beta-1}\exp(-(t-\gamma)^\beta)$. Diese Verteilung hat in der statistischen Zuverlässigkeitsanalyse eine zentrale Bedeutung. Sie wird in der → Werkstofftechnik für Werkstoffe angewendet, deren werkstoff- bzw. bauteilbezogenen Kennwerte der Eigenschaften deutliche Abweichungen (Streuungen) aufweisen (z. B. keramische Erzeugnisse). Die Momente der W.-V. sind gegeben durch

$$\mu(t) = \bar{t} = \frac{a}{\alpha} + \gamma$$

$$\sigma^2 = (b - a^2)/\alpha^2$$

$$\varepsilon_3 = (c - 3ab + 2a^3)/\alpha^3$$

wobei ε_3 das dritte Moment um den Mittelwert μ ist. Dabei sind

$$a = \Gamma\left(1 + \frac{1}{\beta}\right)$$

$$b = \Gamma\left(1 + \frac{2}{\beta}\right)$$

$$c = \Gamma\left(1 + \frac{3}{\beta}\right)$$

In der Praxis ist die zweiparametrige W.-V. leichter zu behandeln. So ist bei Zuverlässigkeitsanalysen

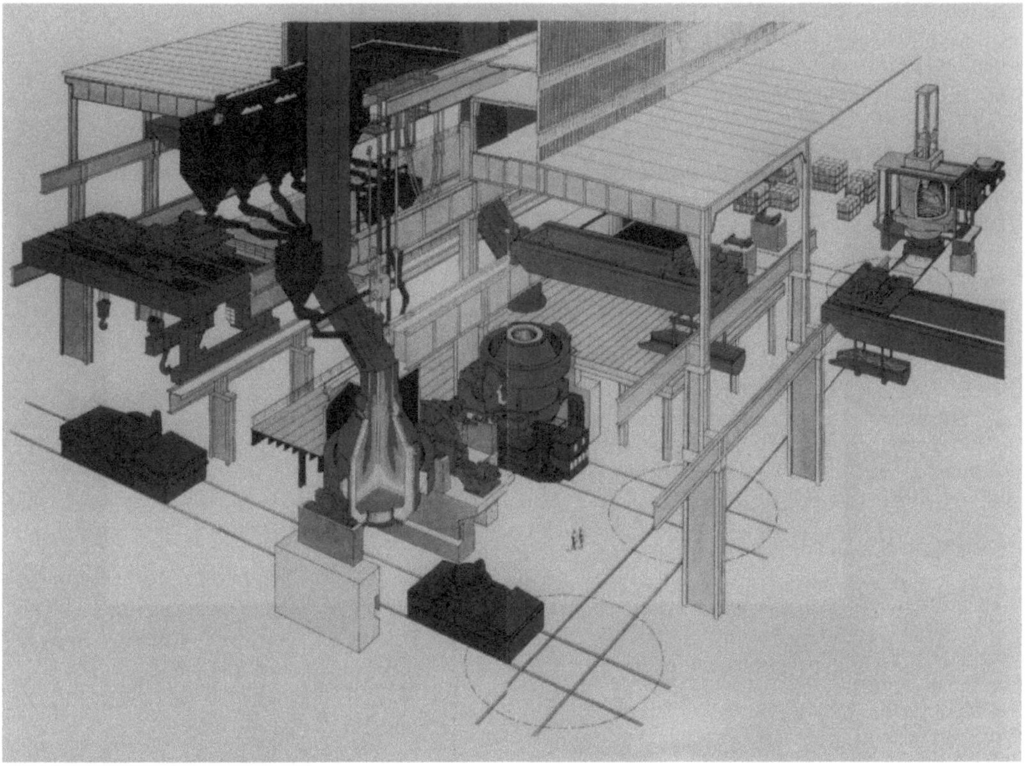

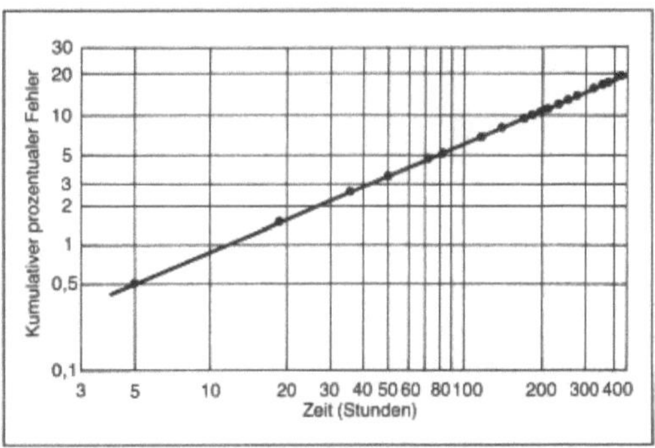

Wechselkonverter: Schematische Darstellung eines W.-Stahlwerkes.

die augenblickliche Ausfallrate $Z(t)$ allgemein gegeben durch

$$Z(t) = F'(t)/(1 - F(t)) \text{ mit } t > 0,$$

was bei der zweiparametrigen W.-V. zu

$$Z(t) = \alpha\beta t^{\beta-1}$$

mit $t > 0$ wird. Wie man sieht, fällt die Ausfallrate während der Zeit für $\beta < 1$, für $\beta > 1$ steigt sie und für $\beta = 1$ behält sie den konstanten Wert α, so daß die W.-V. in eine Exponentialverteilung übergeht.

Durch die Transformation $\ln \ln 1/(1 - F(t)) = \ln \alpha + \beta \ln t$ erhält man eine in $\ln t$ lineare Funktion. Dies nützen spezielle Wahrscheinlichkeitspapiere aus, die auf der Abszisse nach $\ln t$ und auf der Ordinate nach $\ln\ln 1/(1 - F(t))$ skaliert sind. Damit kann man auf zeichnerischem Weg α und β abschätzen nach folgendem Vorgehen (Bild):
Fällt die i-te Einheit zu Zeit t_i aus, schätze man $F(t_i)$ ab nach

$$\hat{F}(t_i) = \frac{i - 1/2}{n}$$

Der entsprechende Punkt $(t_i, \hat{F}(t_i))$ ist in das Wahrscheinlichkeitspapier einzutragen. Legt man eine

Weibull-Verteilung: W.-V. der Ausfallzeiten

nach Augenschein optimale Gerade durch alle Punkte $(t_i, \hat{F}(t_i))$ und liegen alle diese Punkte dicht um die Gerade, so kann für die zugrundeliegenden Ausfallzeiten eine W.-V. angenommen werden.

Schneeberger/Gräfen

Weich-PVC → Vinylchlorid-Polymerisate

Weicheisen für magnetische Zwecke. → Stahl mit einem Minimum an unbeabsichtigten Verunreinigungen und nur kleinen Beimengungen bestimmter Elemente, der eine gute → Magnetisierbarkeit schon bei kleinen Feldern, eine hohe Sättigungspolarisation, niedrige Koerzitivfeldstärke und sehr beständige Eigenschaften aufweist. W. wird eingesetzt, wo magnetische Gleichfelder erzeugt, verstärkt oder abgeschirmt werden sollen. Sobald geringe →Ummagnetisierungsverluste verlangt werden, kommt W. wegen seiner guten Leitfähigkeit weniger in Betracht, hierzu wird das siliciumlegierte →Elektroblech eingesetzt. *Dahl*

Weichglühen. →Glühen kurz unterhalb der A_1-Temperatur zur Vergröberung und Einformung der →Karbide, die im →Perlit, →Bainit oder angelassenen →Martensit vorliegen. Eine Beschleunigung der Einformung kann durch Pendelglühen um die A_1-Temperatur erreicht werden. Eine beschleunigte Einformung der Karbidlamellen eines Perlitgefüges erfolgt nach einer →Kaltumformung (→BG-Glühen, GKZ-Glühen). *Dahl*

Weichlot →Lot

Weichlöten →Löten

Weichmacher. Polymere, die oberhalb der Raumtemperatur in den →Glaszustand übergehen, sind bei Raumtemperatur gewöhnlich spröde und daher für viele Anwendungszwecke ungeeignet. Um sie auch in diesem Temperaturbereich verwendbar zu machen, löst man geeignete Flüssigkeiten in ihnen, die u. a. die →Glastemperatur erniedrigen. Man bezeichnet diesen Vorgang als →Weichmachung, die entsprechenden Flüssigkeiten als W.

Ein im →Polymer gelöster W. verringert die Kräfte zwischen den Polymerketten bzw. zwischen Kettensegmenten. Die Weichmachermoleküle lagern sich zwischen die Ketten und vergrößern die Abstände zwischen den Ketten. Sie können dabei
- Dispersionswechselwirkungen zwischen den Ketten verringern,
- Dipolkräfte abschirmen oder
- Wasserstoffbrücken brechen (z. B. Wasser in Polyamiden).

Dies hat zur Folge, daß kristalline Anteile in Polymeren verringert oder gar aufgehoben werden und in den amorphen Bereichen des Polymers die →Beweglichkeit von Kettensegmenten erhöht wird. Makroskopisch äußert sich dies durch Erniedrigen der Glastemperatur, der →Elastizitätsmoduln, der →Reißfestigkeit und der →Härten, sowie einen Anstieg der →Bruchdehnung.

Für die technische Anwendung von W. wird neben einer hohen Weichmacherwirkung (niedrige Konzentration im Polymeren) noch weitere Forderungen gestellt:
- gute thermische Stabilität (wichtig für die Verarbeitung des Kunststoffes),
- möglichst nicht brennbar,
- nicht giftig,
- niedriger Dampfdruck,
- soll gegen Ausschwitzen (Ausbluten), d. h. Auswandern des W. aus dem Innern an die Oberfläche beständig sein,
- soll gegen Extraktion, d. h. das Auswandern an eine umgebende Flüssigkeit beständig sein,
- soll gegen Migration, d. h. Auswandern in einen festen Kontaktstoff beständig sein.

Von einer Vielzahl organischer Verbindungen, die als W. dienen könnten, haben etwa 300 bis 400 praktische Anwendung gefunden. Sie können in folgende chemische Klassen eingeteilt werden:
- aromatische Carbonsäureester
- aliphatische Carbonsäureester
- Epoxyweichmacher
- Glykole und Ether
- Phosphorsäureester
- Sulfonsäurederivate
- Kohlenwasserstoffe
- →Polyester

Ester aliphatischer und aromatischer Mono- und Dicarbonsäuren, sowie Phosphorsäureester gehören zu den wichtigsten Verbindungen. 80–85 % dieser W. dienen zur Herstellung von Weich-PVC, wobei der wichtigste Dioctylphthalat (DOP) ist. Kohlenwasserstoffe, meist →Mineralöle finden Verwendung als W. für Elastomere, z. B. in Autoreifen. *Finkelmann*

Literatur: *Gnamm, H.* und *O. Fuchs:* Lösungsmittel und Weichmacher. 8. Aufl. Stuttgart 1980. – *Saechtling, H.:* Kunststoff Taschenbuch. München–Wien 1986. – Ullmanns Encyklopädie der technischen Chemie. Bd. 24, 4. Aufl. Weinheim–Deerfield Beach–Basel 1983.

Weichmachung. Relativ spröde Kunststoffe, wie z. B. →Polystyrol (PS), →Polyvinylchlorid (PVC) und →Celluloseester (CA, CAB, CP, CN), genügen bei vielen Anwendungen nicht den Anforderungen in Hinblick auf →Zähigkeit, Flexibilität (besonders bei niedrigen Temperaturen) und Verarbeitbarkeit.

Es gibt nun verschiedene Möglichkeiten dieses nachteilige Verhalten zu verbessern. Die älteste und heute noch am häufigsten angewandte Methode ist die *äußere* W. Hierbei mischt man den spröden Kunststoffen spezielle Substanzen (sog. →Weichmacher) zu, die im wesentlichen ihren →Elastizitätsmodul, ihre Einfrier- und Schmelztemperatur herabsetzen, die chemische Natur der Makromoleküle aber nicht verändern.

Eine weitere Möglichkeit besteht in der →Copolymerisation, wobei man →Monomere (z. B. Styrol), aus denen spröde Homopolymere (Polystyrol) resultieren, mit solchen Monomeren (z. B. Butadien) zu Pfropf- oder Blockcopolymeren reagieren läßt, deren Homopolymere (Polybutadien) im Anwendungstemperaturbereich weich und flexibel sind. Dadurch entstehen Kunststoffe (Styrol-Butadien-Copolymere), deren Eigenschaften in Abhängigkeit des Massenverhältnisses von „harten" und „weichen" Monomeren zwischen den Eigenschaften der jeweiligen Homopolymeren liegen. Diese Methode wird als *innere* W. (Schlagfestmachung) bezeichnet. Der Vorteil liegt in der festen chemischen Verknüpfung weicher und harter Segmente in einem → Makromolekül. Unerwünschte Effekte, wie das „Ausschwitzen" des Weichmachers oder seine Extrahierbarkeit treten hierbei nicht auf.

Solche innerlich weichgemachten Polymere (manchmal auch bezeichnet als: Polyblends, Elastomer Blends) lassen sich zusätzlich noch äußerlich weichmachen. Man erreicht hierbei mit minimalen Weichmachermengen eine maximale Wirkung.

Bei der äußeren W. werden im allgemeinen schwerflüchtige Flüssigkeiten, selten Feststoffe, in hoher Reinheit, Farblosigkeit, Geschmacks- und Geruchsfreiheit, mit guter Hitze-, Alterungs- und → Lichtbeständigkeit als Weichmacher dem Polymeren zugemischt.

Zur Herstellung rieselfähiger Mischungen wird die Dryblend-Technik in Fluidmischern angewandt. Dazu wird das → Polymer unter Rühren im Mischer auf eine der Polymer-Weichmacher-Mischung angepaßte Temperatur (bei PVC z. B. 80–140 °C) erwärmt und der Weichmacher aufgedüst. Nach wenigen Minuten ist der Zeitpunkt optimaler Weichmacherabsorption erreicht und die Mischung wird in einen zweiten Rührkessel, dem Kühlmischer, entleert und abgekühlt. So hergestellte Dryblends werden auf Extrudern, Spritzgußmaschinen, Mischwalzen weiterverarbeitet oder als Sinterpulver eingesetzt.

Eine weitere Methode, die auf Thermoplaste und Elastomere angewandt werden kann, ist die Einarbeitung des Weichmachers auf beheizbaren Knetern. Hochgradig weichgemachte PVC-Mischungen werden mit Planeten- oder Innenmischern hergestellt.

Bei der Lackherstellung wird der Weichmacher der Polymerlösung direkt zugegeben, oder dem Lösungsmittel vor Auflösen des polymeren Bindemittels zugemischt. *Zahradnik*

Literatur: *Gächter, R.* u. *H. Müller* (Hrsg.): Kunststoff-Additive. 2. Aufl. München 1983.

Weichmagnetische Werkstoffe. Leicht ummagnetisierbare magnetische Werkstoffe, die vor allem in drei Bereichen der Technik Anwendung finden:
□ als Eisenkerne induktiver Bauelemente (Transformatoren, Motoren, Generatoren, Drosseln, Übertrager etc.)
□ als magnetische Abschirmung,
□ als Flußleitstücke in Magneten und anderen magnetischen Kreisen.

Allgemein sind w. W. durch ein homogenes Gefüge mit großen Körnern gekennzeichnet. Dadurch können sich die magnetischen Domänenwände (→ Bereichsstrukturen) leicht bewegen, ohne durch Ausscheidungen oder Korngrenzen zu sehr behindert zu werden. Besonders hohe Permeabilitäten erzielt man dann, wenn durch geeignete Werkstoffwahl die magnetischen Anisotropien und die magnetisch induzierten Gitterverzerrungen (→ Magnetostriktion) klein gehalten werden. Für andere Anwendungen sind eine hohe Sättigungsmagnetisierung oder geringe magnetische Verluste bei höherer Frequenz von primärer Bedeutung (Tabelle).

Für induktive Bauelemente verwendet man bei technischen Frequenzen (16–300 Hz) vorwiegend Siliciumeisen-Elektrobleche (hohe Sättigung), bei mittleren Frequenzen bis ca. 20 kHz vielfach Nickeleisen-Werkstoffe (hohe Permeabilität) und für höhere Frequenzen Ferrite (niedrige Wirbelstromverluste). Abschirmungen werden bevorzugt aus Permalloy-Legierungen hergestellt, während Flußleitstücke günstig und preiswert aus reinem Eisen gefertigt werden. Kobalteisen kann wegen seines hohen Preises nur für Spezialzwecke eingesetzt werden, bei denen sich seine besonders hohe Sättigungsmagnetisierung auszahlt. Beispiele sind Polspitzen, Telefonmembrane und Bordmaschinen in Flugzeugen.

Die meisten w. W. sind auch mechanisch weich. Zwischen diesen beiden Eigenschaften besteht jedoch kein naturgesetzlicher Zusammenhang, wie schon die harten und spröden Ferrite zeigen. Auch unter den → Metallen gibt es Speziallegierungen, die mechanische Härte mit magnetischer Weichheit vereinen. Solche Werkstoffe werden z. B. für die Aufzeichnungs- und Leseköpfe von Magnetbandgeräten benötigt. Auch die metallischen → Gläser vereinen mechanische → Festigkeit mit ausgezeichneten weichmagnetischen Eigenschaften.

Im folgenden werden die wichtigsten Untergruppen der w. W. kurz diskutiert:
□ Das Material, aus dem die Eisenkerne der elektrischen Maschinen und Transformatoren bestehen, wird *Elektroblech* genannt. Es besteht in der Regel aus Siliciumeisen (Fe 2–3 Gew.% Si), das in Form dünner, isolierter Bleche von 0,3–0,5 mm Dicke hergestellt wird, um die Wirkung der Wirbelströme zu begrenzen. Für Transformatoren wird orientiertes Elektroblech bevorzugt, das durch spezielle Wärmebehandlung eine ausgeprägte Kristall-Vorzugsorientierung, die Goss-Textur besitzt, benannt nach dem Amerikaner *N. Goss* (1935). Die würfelförmige Elementarzelle des Eisens steht in ihr auf der Kante und mit dieser parallel zur Walzrichtung des Blechs ((110)-[001]-Textur). Es gelingt heute, diese Textur mit Abweichungen von weniger als 3° von der idealen Würfelkantenorientierung herzu-

Weichmagnetische Werkstoffe. Tabelle: Typische Kennwerte einiger w. W.

Name	Werkstoff	Sättigungs-magnetis. I_s [T]	Koerzitivfeld-stärke H_c [A/m]	Anfangs-permeabilität	Spez. Wider-stand ρ [Ωm]	Curie tempe-ratur T_c [°C]
Reineisen	Eisen	2,14	6–30	500–2.000	$10 \cdot 10^{-8}$	770
Kobalteisen	Fe49 Co49 V2	2,35	~40	~1.000	$35 \cdot 10^{-8}$	950
Siliziumeisen	Fe Si3	2,03	~10	~3.000	$40 \cdot 10^{-8}$	750
Nickeleisen	Ni5o Fe50	1,6	1–5	~50.000	$45 \cdot 10^{-8}$	500
Mumetall	Ni81 Fe14 Mo5	0,78	0,4–1	~10^5	$60 \cdot 10^{-8}$	400
Mangan-Zink-Ferrit	$Mn_\chi Zn_{1-\chi}O \cdot Fe_2O_3$	~0,38–0,46	4–100	600–1.000	0,2–5	120–200
Nickel-Zink-Ferrit	$Ni_\chi Zn_{1-\chi}O \cdot Fe_2O_3$	0,11–0,4	100–1.000	8–250	10^5	200–400
Metallische Gläser	$T_{80}M_{20}$ (amorph) T=Fe, Co, Ni M=B, P, Si, C	0,8–1,7	1–10	10^3–10^5	$150 \cdot 10^{-8}$	300–400
Pulverkerne	Fe-Partikel mit Kunststoff	1,2–1,9	400–1.500	3–20	0,05–1	–
Granate	Yttrium-Eisen-Granat	0,177	sehr klein		$>10^{10}$	280

stellen. Goss-Blech stellte die erste Nutzung einer Kristalltextur in einem technischen Werkstoff dar. Es setzte sich ab den 50er Jahren weltweit im Transformatorenbau durch. Motoren und Generatoren werden dagegen in der Regel aus nicht orientiertem siliciumhaltigem oder auch siliciumfreiem Blech gebaut.

□ Die Werkstoffe mit den höchsten technisch erreichbaren Permeabilitäten (relative Anfangspermeabilitäten bis einige 10^5) sind die *Nickel-Eisen-* oder *Permalloy*-Legierungen. Sie enthalten etwa 75–80 % Nickel, ca. 15 % Eisen und verschiedene Zusätze wie Mo, Cr, Cu etc. Zwei Beispiele: Mumetall Ni76 Fe14 Mo5 Cu5, Supermalloy Ni79 Fe16 Mo5.

□ Die weichmagnetischen *Spinell-Ferrite* sind chemisch dem Magnetit Fe_3O_4 äquivalent, der jedoch wegen seiner zu hohen Leitfähigkeit magnetisch wertlos ist. In den synthetischen Spinell-Ferriten ist das zweiwertige Eisen durch andere Ionen substituiert: $MeO \cdot Fe_2O_3$ mit Me = Mn, Ni, Zn, Mg, Cu, Co oder auch Al und Li in verschiedenen Kombinationen. Solange vermieden wird, daß das gleiche Ion in zwei verschiedenen Wertigkeiten vorkommt, ist die Leitfähigkeit gering und der Werkstoff auch für hohe Frequenzen brauchbar.

Die Spinell-Struktur besteht aus einem kubisch-flächenzentrierten Gerüst der relativ großen Sauerstoff-Ionen, in deren Lücken die kleineren Kationen eingelagert sind. Man unterscheidet Oktaeder- und Tetraeder-Lücken, wobei doppelt so viele Oktaeder- wie Tetraeder-Lücken besetzt sind. Die Oktaeder- und Tetraederplätze bilden auch die beiden entgegengesetzt magnetisierten Untergitter der fer-rimagnetischen Spinstruktur. Im Manganferrit $MnO \cdot Fe_2O_3$ besetzt eines der Eisenionen die Tetraeder-Lücken, während das andere Eisenion sich mit dem Mangan die Oktaederplätze teilt. Substituiert man einen Teil des Mangans durch Zink (Mangan-Zink-Ferrit), dann verdrängt das Zink das Eisen aus den Tetraederplätzen. Da durch das unmagnetische Zinkion das Tetraeder-Untergitter geschwächt wird, erklärt sich, daß die resultierende Magnetisierung des Manganferrits durch Zinkzusatz erhöht wird.

Mangan-Zink-Ferrit stellt den wichtigsten Ferrit-Werkstoff dar, der für Frequenzen von 1 kHz bis 1 MHz vorherrschend ist. Für höhere Frequenzen bis 100 MHz wird Nickel-Zink-Ferrit mit einer noch geringeren Leitfähigkeit eingesetzt, Mangan-Magnesium-Ferrite spielen neben Lithiumferrit und den Granaten im Mikrowellenbereich eine Rolle. Aus Mangan-Magnesium-Ferriten lassen sich auch Kerne mit einer Rechteckschleife herstellen, die in den Ferrit-Kernspeichern genutzt werden.

□ Der Ferromagnetismus ist ebensowenig wie die elektrische Leitfähigkeit an den kristallinen Zustand der Materie gebunden. Auch amorphe Substanzen, insbesondere die schnell abgeschreckten *metallischen Gläser* können magnetisch sein. Typische magnetische metallische Gläser bestehen zu 75–80 % aus Fe, Co und Ni und zu 20–25 % aus den Metalloiden (B, P, Si, C), die zur Stabilisierung des amorphen Zustands benötigt werden. Die amorphen Ferromagnetika erreichen deshalb nur etwa 80 % der Sättigungsmagnetisierung entsprechender kristalliner Werkstoffe, jedoch besitzen sie, bedingt durch die Abwesenheit von Gitterfehlern und Kristallanisotropien, generell sehr gute weichmagnetische Eigenschaften. Auch amorphe Ferromagnetika besitzen gewisse Anisotropien, die einerseits auf inneren Spannungen beruhen können, andererseits auf anisotropen Paarordnungen der Legierungspartner innerhalb des amorphen Zustands zurückgeführt werden können. Die Anisotropien können durch Wärmebehandlungen unterhalb der Kristallisationstemperatur ($\approx 400°C$) verringert werden, wodurch sich die weichmagnetischen Eigenschaften verbessern. Amorphe Ferromagnetika lassen sich auch durch Verdampfen oder Kathodenzerstäubung (dünne Schichten) herstellen. So wurden durch Zerstäubung gewonnene Legierungen des Systems CoGd ($\approx 80\%$ Co) als magnetische Schicht für den Magnetblasenspeicher studiert. Entsprechende Schichten auf Terbium-Eisen-Basis werden für die magnetooptische Aufzeichnung verwendet. Neuerdings stellt man durch Kristallisation spezieller amorpher Legierungen extrem feinkörnige hochpermeable Legierungen her, die sog. *nanokristallinen* Magnetwerkstoffe.

□ Aus magnetischem Pulver durch Pressen mit einem Bindemittel hergestellte Magnetkerne werden *Pulver-* oder *Massekerne* genannt. Massekerne aus Eisen- oder Nickeleisenpulver stellen eine Alternative zu den Ferriten als w. W. für höhere Frequenzen dar. Ihr Vorteil liegt in der höheren Sättigungsmagnetisierung, jedoch sind die erreichbaren relativen Permeabilitäten auf einige 100 begrenzt.

□ Die *magnetische Granate* gehören zu den oxidischen w. W. Ihre allgemeine Formel $A_3B_2C_3O_{12}$ leitet sich von den natürlichen Granaten ab, für die z. B. $A = Ca^{2+}$, $B = Fe^{3+}$ und $C = Si^{4+}$ gilt. Magnetische Granate entstehen, wenn man A durch ein dreiwertiges Selten-Erd-Ion und zum Ladungsausgleich C ebenfalls durch ein dreiwertiges Ion ersetzt. Der bekannteste Vertreter, der Yttrium-Eisen-Granat (YIG) besitzt die Formel $Y_3Fe_5O_{12}$. Die Y-Ionen bilden hierbei zusammen mit den Sauerstoffionen ein kubisches Gerüst, dessen sämtliche Oktaeder- und Tetraeder-Lücken von Eisen besetzt sind. Dank seiner hohen Regelmäßigkeit und der Abwesenheit verschiedenwertiger Ionen ist YIG ein ausgezeichneter transparenter Isolator mit sehr geringen magnetischen Verlusten. Seine Hauptanwendung liegt im Mikrowellenbereich. *Hubert*

Literatur: *Boll, R.:* Weichmagnetische Werkstoffe. Berlin, München, 1987.

Weichschaumstoffe. Diese weichelastischen Schaumstoffe werden vorwiegend aus → Polyurethan, → Polyvinylchlorid und → Naturkautschuk hergestellt und zeigen im Gegensatz zu den Hartschäumen nur einen geringen Verformungswiderstand bei hoher elastischer Verformbarkeit. *Zahradnik*

Weißband. Elektrolytisch verzinntes Flachzeug mit Dicken im Bereich von 0,15 bis 0,49 mm. Nach der elektrolytischen → Abscheidung wird der Überzug in der Regel aufgeschmolzen, wobei sich eine intermetallische Schicht aus $FeSn_2$ an der Stahloberfläche bildet. Die Zinnauflage, die zwischen 2,8 und 11,2 g/m² liegt, verleiht dem Weißblech ein günstiges Korrosionsverhalten, das vor allem für Konservendosen ausgenutzt wird. *Dahl*

Weißblech. W. und → Weißband sind → Flacherzeugnisse in Tafeln oder Rollen mit einem elektrolytisch oder schmelzflüssig aufgebrachten → Überzug aus Zinn. Die Dicke des → Stahlbleches oder → Stahlbandes ist kleiner als 0,5 mm. Das für den Überzug verwendete Zinn hat einen → Reinheitsgrad von mindestens 99,75%. *Baumann*

Weiten. W. ist eine Untergruppe des → Umformens (DIN 8580) und ist als → Zugumformen (DIN 8585, Bl. 3) zum Vergrößern des Umfangs eines Hohlkörpers definiert. Dabei wird unterschieden zwischen Aufweiten (W. an den Enden eines Hohlkörpers oder auf seiner ganzen Länge) und Ausbauchen (W. in der Mitte des Hohlkörpers).

Die verschiedenen Weitvorgänge können analog zum → Tiefen mit starren bzw. nachgiebigen Werkzeugen, mit Wirkmedien mit kraftgebundener oder energiegebundener Wirkung oder auch mit Wirkenergie durchgeführt werden. In der Regel sind Weitvorgänge durch eine zweiachsige Zugbeanspruchung und einen dreiachsigen → Formänderungszustand gekennzeichnet. Die → Umformkraft wird indirekt eingeleitet, der Vorgang verläuft instationär. Allen Weitverfahren ist gemeinsam, daß die eintretende Flächenvergrößerung durch Wanddickenabnahme erzielt wird. Verfahrensgrenze ist der werkstückseitig gegebene Einschnürbeginn entsprechend Spannungs- und Dehnungszustand (→ Dehnung, → Grenzformänderung).

□ W. mit Werkzeugen. Werkzeuge dienen sowohl der Formgebung als auch der Kraftübertragung. Wichtige Verfahren des W. mit starren Werkzeugen sind das W. mit Dorn und das W. mit Spreizwerkzeug (Bild 1). Der Vorgang verläuft dabei unter Wirkung des Drucks eines Innenwerkzeugs auf die Hohlkörperwand mit oder ohne Längsbewegung zwischen Werkzeug und Werkstück. Dabei ist die Druckspannung sehr klein gegenüber der mittelbar hervorgerufenen tangentialen und ggf. axialen Zugspannung. Beim W. mit Dorn wird der unterschiedliche Formen aufweisende Aufweitkörper durch den Hohlkörper gedrückt oder gezogen und die Werkstückform durch die Form des Dorns (Innenwerkzeug) erzeugt. Beim W. mit Spreizwerkzeug wird das Aufweiten bzw. vorzugsweise Ausbauchen durch das Zusammenwirken von segmentförmigen Werkzeugteilen mit einem Keil oder Kegel bewirkt.

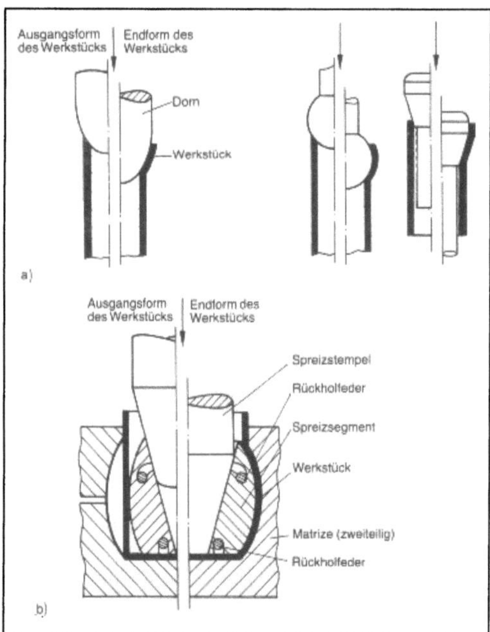

Weiten 1: W. mit starren Werkzeugen.
a) mit Dorn
b) mit Spreizwerkzeug.

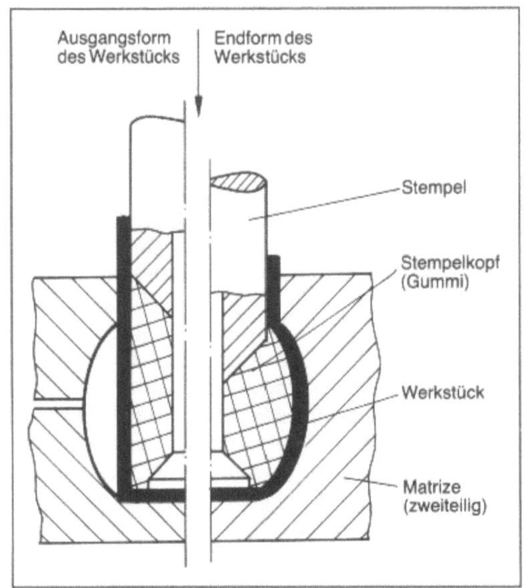

Weiten 2: W. mit nachgiebigem Werkzeug, z. B. Gummistempel.

Die Werkstückform entsteht dabei durch Innen- und Außenwerkzeugform. Beide Verfahren haben eine große Bedeutung in der industriellen Serienfertigung.

Beim W. mit nachgiebigem Werkzeug erfolgt der obenbeschriebene Vorgang mittels eines nachgiebigen Innenwerkzeugs, z. B. eines Gummistempels (Bild 2). Das Außenwerkzeug bestimmt dabei die Werkzeuggeometrie. Wegen des meist hohen Verschleißes des Gummistempels wird das Verfahren vornehmlich in der Klein- und Mittelserienproduktion eingesetzt.

□ W. mit Wirkmedien. Wirkmedien dienen zur Kraft- bzw. Energieübertragung, wobei die Formgebung der Werkstücke in Verbindung mit starren Werkzeugteilen erfolgt. Wirkmedien können formlos feste, flüssige oder gasförmige Stoffe sein. Wirkmedien sind entweder Träger statischer Kraftwirkung, z. B. eines hydraulischen Drucks, oder übertragen kinetische Energie, z. B. bei Explosion bzw. Detonation eines Sprengstoffs, Explosion eines Gasgemischs, Entladung einer Kondensatorbatterie über eine Funkenstrecke oder bei kurzzeitiger Entspannung hochkomprimierter Gase.

Das W. mit Wirkmedien mit kraftgebundener Wirkung hat die größte Bedeutung in der industriellen Fertigung. Dabei kann das Medium entweder das Werkstück berühren, oder von diesem durch eine Dichtung (z. B. Gummibeutel) getrennt sein. Beispiele sind das W. mit Sand oder Stahlkugeln, das W. mit Wasserbeuteln und das W. mit Gasdruck (Bild 3).

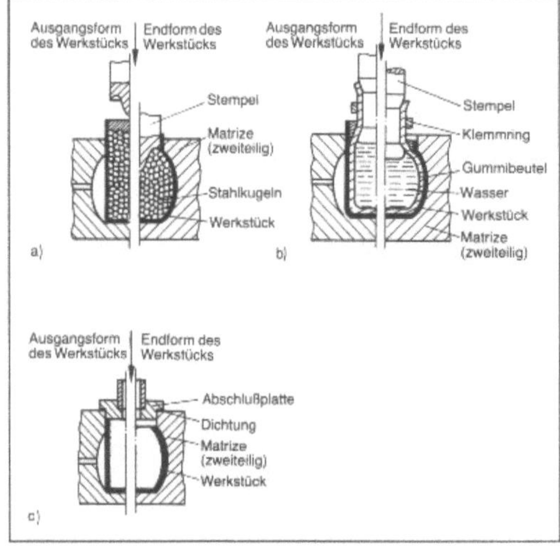

Weiten 3: W. mit Wirkmedien mit kraftgebundener Wirkung.
a) mit Stahlkugeln
b) mit Wasserbeutel
c) mit Gasdruck.

Das W. mit Wirkmedien mit energiegebundener Wirkung hat wegen der beim Explosions-Umformen erforderlichen Sicherheitsmaßnahmen und wegen des schlechten Wirkungsgrads (wesentlich bei elektrohydraulischer →Umformung mittels Funkenentladung wegen begrenzter wirtschaftlicher Größe von Stoßstromanlagen) keine nennenswerte

Bedeutung. Der prinzipielle Werkzeugaufbau und der Vorgangsablauf sind bei beiden Verfahrensvarianten gemäß Bild 4 sehr ähnlich.

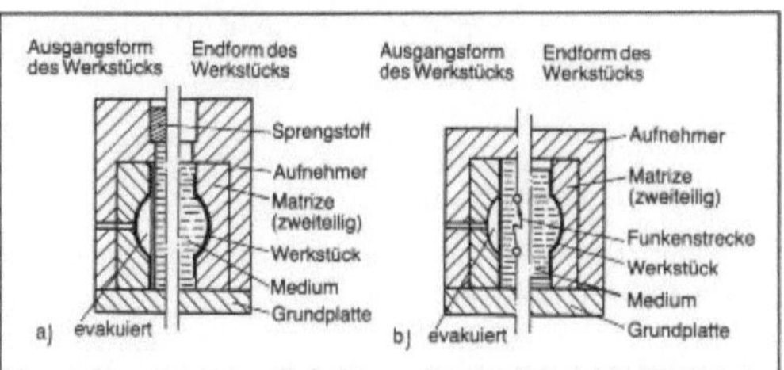

Weiten 4: W. mit Wirkmedien mit energiegebundener Wirkung.
a) durch Sprengstoffdetonation
b) durch elektrische Entladung.

□ W. mit Wirkenergie. W. mit Wirkenergie ist W. durch Einwirken eines Energiefelds, meist in Verbindung mit starren Werkzeugteilen zur Formgebung des Werkstücks. Bei der industriellen Anwendung verwendet man starke instationäre Magnetfelder, die bei der Entladung der Kondensatorbatterie einer Stoßstromanlage über eine Spule entstehen (Bild 5). Wegen der begrenzten Größe von Stromstoßanlagen und wegen des schlechten energetischen Wirkungsgrads eignet sich das Verfahren vor allem für Werkstoffe mit hoher elektrischer Leitfähigkeit und guter Umformbarkeit, d. h. niedriger →Fließspannung; diese Bedingung erfüllen besonders weiche Aluminiumwerkstoffe (→Umformen, elektromagnetisches). *Lange*

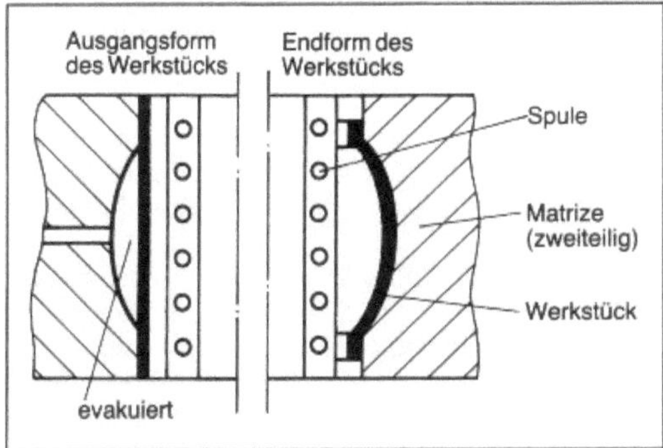

Weiten 5: W. durch Einwirken eines Magnetfelds.

Literatur: *Lange, K.* (Hrsg.): Umformtechnik. Handb. f. Ind. u. Wiss. 2. Aufl. Bd. 3. Blechumformung. Berlin, Heidelberg, New York, Tokio 1990. – *Spur, G.* (Hrsg.) u. *Th. Stöferle:* Handbuch der Fertigungstechnik. Bd. 2/3. Umformen, Zerteilen. München 1985.

Weiterreißversuch. Der W. an textilen Flächengebilden dient zur Bestimmung des Widerstandes, den ein für den Versuch zuvor eingeschnittenes textiles Flächengebilde dem Weiterreißen entgegensetzt. Der W. ist bei Geweben nur anwendbar, wenn der Einschnitt annähernd fadengerade weiterreißt. Bei Vliesstoffen wird der Weiterreißweg von vorneherein begrenzt, da das Weiterreißen nur über einen kurzen Weg in Schnittrichtung erfolgt. Es werden verschiedene Verfahren angewandt:

□ Zungen-Weiterreißversuch (DIN 53859, Teil 1):
Eine Meßprobe wird wie im Bild 1 hergestellt und in einem Einspannrahmen bzw. einer Klemme (Bild 2) auf einer Zugprüfmaschine beansprucht.

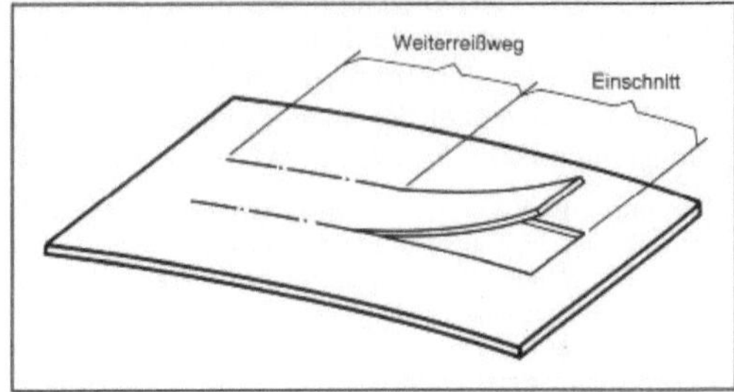

Weiterreißversuch 1: Zungen-Weiterreißprobe.

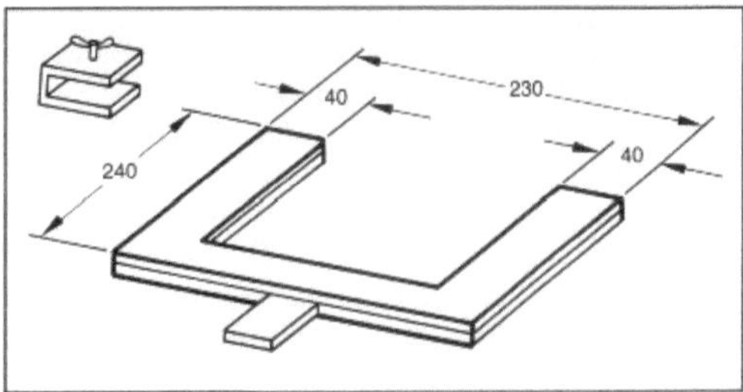

Weiterreißversuch 2: Schematische Darstellung des Einspannrahmens und der Klemme für den Zungen-W.

Beim Weiterreißen treten Zugkraftspitzen auf, die für die Auswertung herangezogen werden.
□ Schenkel-Weiterreißversuch (DIN 53859, Teil 2).

Eine Meßprobe wird nach Bild 3 hergestellt und in eine Zugprüfmaschine mit normalen Klemmen eingespannt. Auch hier werden die beim Weiterreißen auftretenden Zugkraftspitzen ausgewertet. Wenn bei diesem Verfahren das Weiterreißen nicht in Schnittrichtung verläuft und der W. abgebrochen werden muß, kann die Prüfung mit dem Zungen-Weiterreißversuch eher zum Erfolg führen.

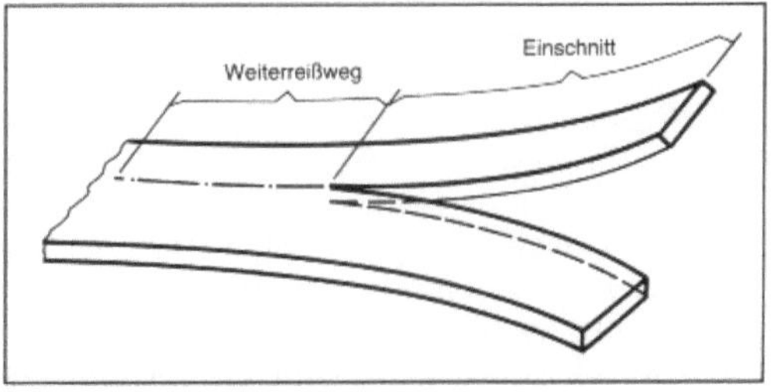

Weiterreißversuch 3: Schenkel-Weiterreißprobe.

□ Vliesstoffe und ähnliche nicht gewebte textile Flächengebilde (Schenkel-Weiterreißversuch) (DIN 53859, Teil 4).

Dieser W. entspricht im wesentlichen dem Schenkel-Weiterreißversuch an Geweben, der Einschnitt an der Probe ist etwas länger. Die Auswertung erfolgt nicht mit den Kraftspitzen, sondern mit den Schnittpunkten eines senkrechten Linienrasters mit dem Kraftverlauf.

□ Für textile Flächengebilde, die nach DIN 53859 Teil 1 bis 4 zu methodischen Schwierigkeiten neigen, wird der Trapez-Weiterreißversuch angewandt. Dieser eignet sich auch für beschichtete Flächengebilde (DIN 53859, Teil 5).   *Kleinhansl*

Literatur: DIN 53859 T1: Weiterreißversuch an textilen Flächengebilden – Zungen-Weiterreißversuch. 1979. – DIN 53859 T2: Weiterreißversuch an textilen Flächengebilden – Schenkel-Weiterreißversuch. 1979. – DIN 53859 T4: Weiterreißversuch an textilen Flächengebilden – Vliesstoffe u. ä. nicht gewebte textile Flächengebilde. 1977. – DIN 53859 T5: Weiterreißversuch an textilen Flächengebilden – Trapez-Weiterreißversuch. 1990 (Entwurf).

Wellbiegen. W. ist ein Verfahren des → Biegeumformens (DIN 8586) und ist als Walzbiegen – hierbei wird das Biegemoment durch am Biegeteil angreifende Walzen aufgebracht – von → Blech (Bändern), Drähten, Rohren definiert, wobei die Walzenachsen meist senkrecht zur Biegeebene stehen (Bild). W. wird in der Drahtweiterverarbeitung, im Wärmetauscherbau usw. angewandt. Die erzielte Biegeform wird häufig auf optimale Versteifungswirkung, z. B. bei Blechteilen abgestellt.   *Lange*

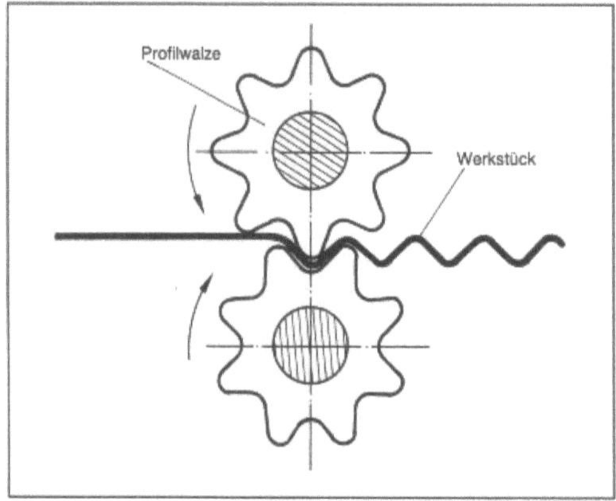

Wellbiegen: Schematische Darstellung.

Welligkeit. Überwiegend periodisch wiederkehrende Gestaltabweichungen der → Oberfläche eines Festkörpers, wobei das Verhältnis der Abstände der Gestaltabweichungen zu ihrer Tiefe im allgemeinen zwischen 1 000 : 1 und 100 : 1 liegt. Als Meßgröße wird im allgemeinen die Wellentiefe W_t bestimmt (Bild), die mit Tastschnittgeräten zur Messung der → Rauheit ermittelt werden kann. *Habig*

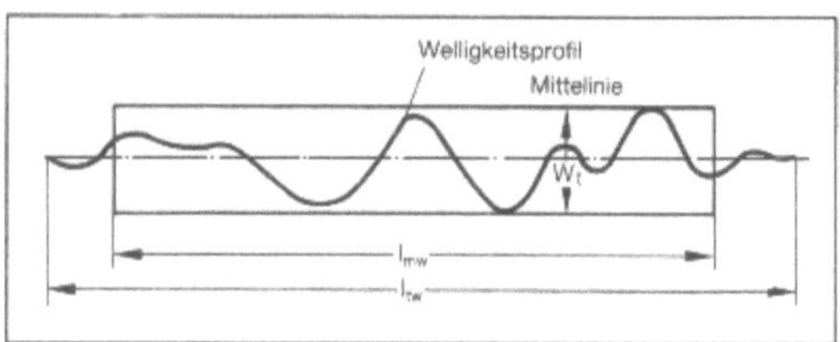

Welligkeit: Welligkeitsprofil.

Literatur: DIN 4774: Messung der Wellentiefe mit elektrischen Tastschnittgeräten, Ausg. 1981.

Wendeformmaschine. Wurde lange Zeit als → Rüttel-Preß-Formmaschine gebaut. Durch die Wendevorrichtung wurde nach dem Verdichten der Formkasten in eine absatzgerechte Lage gebracht, vor allem aber wurde das Trennen von Form und Modell durch das Absenken der Modellplatte erleichtert. Bei den heute verwendeten hoch verdichtbaren und hohe Festigkeiten liefernden Formstoffen hat dieser Gesichtspunkt seinen Vorteil eingebüßt (→ Sandform; → Formguß).   *Doliwa*

Wendelnaht-Rohrherstellung. Bei der Herstellung von Wendelnahtrohren, auch Spiralrohre genannt, wird → Warmband oder → Stahlblech in einer Formeinrichtung schraubenlinienförmig mit gleichbleibendem Krümmungsradius kontinuierlich zum → Stahlrohr geformt, wobei die zusammenstoßenden Bandkanten verschweißt werden.

Im Gegensatz zur → Längsnaht-Großrohrherstellung, bei der jeder Rohrdurchmesser eine bestimmte Blechbreite voraussetzt, zeichnet sich die W.-R. dadurch aus, daß aus einer Band- oder Blechbreite unterschiedliche Rohrdurchmesser hergestellt werden können, weil der Einlaufwinkel des Bandes in die Formungseinheit geändert werden kann. Je kleiner der Einlaufwinkel bei gleichbleibender Bandbreite ist, desto größer wird der Rohrdurchmesser.

1990 liegt der Rohrdurchmesserbereich für Wendelnahtrohre zwischen 500 mm und 2 500 mm.

Bei der Wendelnaht- oder auch Spiralrohrherstellung werden zwei Herstellungsverfahren unterschieden:
– Spiralrohrherstellung mit gemeinsamen Form- und Schweißanlagen sowie
– Spiralrohrherstellung mit getrennten Form- und Schweißanlagen.   *Baumann*

Werknorm. Eine W. ist das Ergebnis der innerbetrieblichen Normungsarbeit eines Unternehmens (Betriebes, Werkes), einer Behörde oder einer Körperschaft (Verbandes, Vereines) für eigene Bedürfnisse. Sie ist in der Regel nicht öffentlich zugänglich (die Übernahme von Normen anderer Körperschaften als Werknorm ist ebenfalls Teil der innerbetrieblichen Normungsarbeit).

Die innerbetriebliche Normung (Werknormung) unterscheidet sich von der überbetrieblichen Normung (→ Normung, technische) insbesondere dadurch, daß sie sich vor allem an den innerbetrieblichen, unternehmensspezifischen Erfordernissen orientiert, weil sie in erster Linie wichtige Aufgaben für den inner- und zwischenbetrieblichen Arbeitsablauf zu erfüllen hat.

Die Beteiligung der interessierten Kreise an der gemeinschaftlich durchgeführten Normung geschieht hierbei durch das Hinzuziehen der betroffenen Unternehmensbereiche wie Einkauf, Konstruktion, Fertigung usw. bei der Normenerarbeitung.

Jeder Betrieb, jedes Unternehmen, das die Vorteile der Normung ausschöpfen will, muß abhängig von dem zu bewältigenden innerbetrieblichen Informationsfluß und damit indirekt abhängig von seiner Mitarbeiterzahl eine Person oder eine Abteilung damit beauftragen und für die Durchführung der Normungsaufgaben im Unternehmen verantwortlich machen.

Von der überbetrieblichen Normung unterscheidet sich die Werknormung neben ihrer unternehmensspezifischen Ausrichtung auch noch vor allem in folgenden Punkten (Bild):

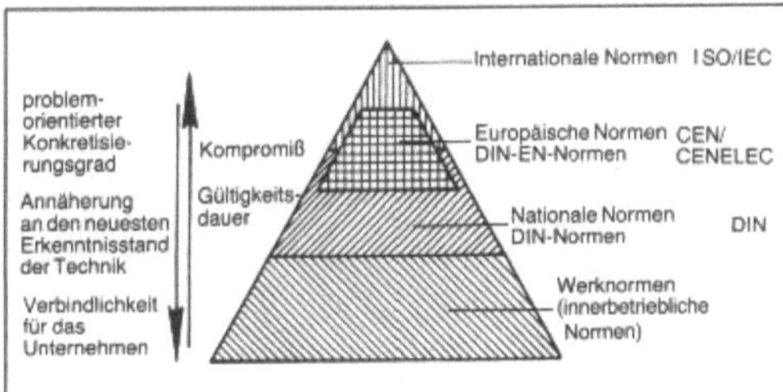

Werknorm: Normenpyramide.

- Stand bzw. Phasenverschiebung gegenüber der technischen Entwicklung
- Konkretisierungsgrad
- Verbindlichkeit.

Vereinfachend lassen sich im Hinblick auf die zentrale Aufgabe der Werknormung, nämlich die der Aufrechterhaltung und Verbesserung des Informationsflusses, d. h. der Erarbeitung, Bearbeitung und Verarbeitung von Informationen, zwei wesentliche Zielsetzungen nennen.

Auf der einen Seite sind hinsichtlich des Beschaffungs- und Absatzmarktes des Unternehmens vom zuständigen Normenfachmann Informationen über erforderliche Güteanforderungen von Erzeugnissen zu sammeln, durch Hinweise auf Abnahmebedingungen und Bewertungsverfahren zu vervollständigen und in den Produktionsprozeß einzubringen. Daneben sind ständig technische Entwicklungstrends, auch die der technischen Regelsetzung, zu beobachten, um zukünftige Anforderungskriterien an industrielle Erzeugnisse erkennen und als Informationen verarbeiten zu können.

Auf der anderen Seite müssen die Interessen des Unternehmens wirkungsvoll in allen nationalen und internationalen Normungsgremien ISO/IEC CEN/CENELEC vertreten werden, um die dortige Arbeit gegebenenfalls beeinflussen zu können.

Aus diesen Zielsetzungen heraus muß sich der für die Werknormung zuständige Normenfachmann über die jeweilige Unternehmenspolitik informiert halten. Damit kann er dann die Werknormung zum richtigen Zeitpunkt, im Sinne einer vorbeugenden Kostenreduzierung, am unternehmensspezifischen Bedarf ausrichten und geeignete, die jeweils neuesten Erkenntnisse aus Wissenschaft und Technik berücksichtigende Werknormen herausgeben. Auch kann er eventuell durch die Werknormung auf die überbetriebliche Normung in angemessener Art und Weise einwirken.

Beispiele für Werknormen sind:
- Werkseigene Normteile (Werknormteile),
- Auszüge aus → DIN-Normen mit Ergänzungen, die über die Festlegungen der DIN-Normen hinausgehen, z. B. Erweiterungen der Abmessungen, Werkstoff- und Oberflächenangaben, Qualitätsanforderungen (AQL-Festlegungen),
- Anschlußmaße und Kurzbezeichnungen handelsüblicher Einbauteile, die häufig verwendet werden,
- Konstruktionsrichtlinien, z. B. für Schweiß-, Stanz- und Gußteile,
- Anweisung zum Aufteilen der Zeichnungssätze und Benummern der Zeichnungen,
- Prüfvorschriften,
- Anweisungen für Oberflächenbehandlung und sonstige Verfahren,
- Organisationsrichtlinien (beispielsweise werden bei Einführung eines neuen Nummernsystems in einer Werknorm neben dem Geltungsbereich und Zweck auch der Aufbau des Nummernsystems angegeben,
- Fertigungsvorschriften,
- Liefervorschriften. *Krieg*

Literatur: Handbuch der Normung. Innerbetriebliche Normungsarbeit. Band 1. Grundlagen der Normungsarbeit. Berlin, 1989. – *Karpinski, H.:* Werknormung zur Kostensenkung im Unternehmen. In: DIN-Mitteilungen. Band 62 (1983), Nr. 7, S. 383 bis 386. – *Senk, G.:* Werknormung für den Rechnereinsatz. In: DIN-Mitteilungen. Band 66 (1987), Nr. 7, S. 320 bis 329.

Werkstoffe. Ein Material wird zum W., wenn sein fester Aggregatzustand technisch verwertbare Eigenschaften besitzt und diese technologisch und wirtschaftlich nutzbar gemacht werden können.

Diese Bedingungen sind die Voraussetzung für die Anwendung der W. z. B.:
- im Maschinen-, Geräte-, Fahrzeug- und Apparatebau

- im Bauwesen
- in der Energietechnik (Elektrotechnik, Kerntechnik)
- in der Biotechnik (Chirurgie, Zahnmedizin)
- in der Glas- und Keramotechnik oder
- in der Textil-, Papier- und Fototechnik.

Ein W. ist ein aus Atomen einer oder verschiedener Art und Menge zusammengesetztes System (stoffliche Zusammensetzung), das als ganzes durch äußere Grenzflächen (→Oberflächen) von seiner Umgebung abgegrenzt, aber nicht isoliert ist und dessen Bestandteile durch innere Grenzflächen (→Korngrenzen, →Phasengrenzen) miteinander verbunden sind.

Der Zustand eines solchen Systems ist bestimmt durch seine Energie (freie →Enthalpie), charakterisierbar durch seinen Aufbau und seine Eigenschaften und abhängig von den Zustandsbedingungen, denen das System ausgesetzt ist.

Der Aufbau eines W. ergibt sich aus
- der Struktur seiner Bausteine (Atome, Moleküle, Bindung; atomistische Struktur),
- der „inneren" Struktur seiner aus diesen Bausteinen gebildeten Mikrobereiche wie z. B. der Kristallite, der Teilchen seiner Phasen oder anders einheitlich erscheinenden Bestandteile des W. (Feinstruktur) sowie
- der „äußeren" Geometrie dieser Bestandteile und ihrer geometrischen Anordnung im Werkstoffinneren (Mikrogeometrie = Gefügestruktur) durch die auch die inneren Grenzflächen bestimmt sind und
- seiner äußeren Geometrie, makroskopische Erscheinungen an seiner Oberfläche und in seinem Inneren (→Seigerungen, →Lunker) sowie seinem makroskopisch beurteilbaren Aggregatzustand (Grobstruktur).

Unter den Eigenschaften eines W. werden zweckmäßig die meßbaren Kenngrößen zur Charakterisierung seiner Erscheinungsformen und Verhaltensweisen unter bestimmten Zustandsbedingungen verstanden. Dabei liegt der Unterscheidung zwischen dem Aufbau und den Eigenschaften immer eine gewisse Willkür zugrunde. So können Angaben zum Aufbau je nach Definition auch Eigenschaftskenngrößen sein. Die Dichte beispielsweise charakterisiert die Erscheinungsform eines W. als thermochemisches System und ist damit eine Eigenschaftskenngröße. Sie könnte andererseits aber auch zur Beschreibung des Werkstoffaufbaus herangezogen und damit bei diesem behandelt werden. Entsprechendes gilt für den Diffusionskoeffizienten, der einerseits das Verhalten von W. als thermochemische Systeme im →Ungleichgewicht charakterisiert, also Eigenschaftskenngröße wäre, andererseits aber über den Materietransport den Aufbau solcher W. maßgeblich bestimmt.

Aufgrund gewisser Analogien und Gemeinsamkeiten lassen sich die Eigenschaften der W. in folgenden drei Gruppen zusammenfassend behandeln:
□ thermochemische Eigenschaften sind Kenngrößen, die den W. als thermochemisches System direkt beschreiben
□ Feldeigenschaften beschreiben die Verhaltensweise von W. beim Auftreten von Temperaturfeldern, elektrischen und magnetischen sowie elektromagnetischen Feldern. Wegen des elektromagnetischen Charakters der Lichtwellen lassen sich die optischen Eigenschaften dieser Gruppe zuordnen. Felder in diesem Sinne sind nicht an Materie gebunden und daher in der Lage, ein Vakuum zu überbrücken!
□ mechanische Eigenschaften beschreiben das Verhalten eines W. unter mechanischer Beanspruchung, d. h. unter der Einwirkung mechanischer Spannungen. Da akustischen Wellen elastische Spannungen und Dehnungen zugrundeliegen, lassen sich die akustischen Eigenschaften den mechanischen Eigenschaften zuordnen. Mechanische Spannungs- und Dehnungsfelder sind – im Gegensatz zu den Feldern bei Feldeigenschaften – stets an Materie gebunden.

Aufbau und Eigenschaften charakterisieren nicht nur den Zustand eines W., sie sind auch mit diesem veränderlich und daher abhängig von den Zustandsbedingungen. Diese sind vom System selbst und – da es nicht isoliert ist – von seiner Umgebung bestimmt und durch Zustandsgrößen definiert. Dazu gehören
- die stoffliche Zusammensetzung
- der Druck und
- die Temperatur.

Treten elektrische, magnetische, elektromagnetische oder nukleare Strahlungsbedingungen – auch im Verbund – auf, so sind diese durch zusätzliche Zustandsgrößen anzugeben. – Entspricht der Aufbau eines W. seinen Zustandsbedingungen, so sagt man, er ist im →*Gleichgewicht*. Gemäß seinem →Zustandsdiagramm sind dann beispielsweise Art und Menge seiner Phasen gegeben. Ändert man die Zustandsbedingungen, so ist der W. im →*Ungleichgewicht*. Er versucht – durch Materietransport (z. B. →Diffusion) – seinen Aufbau so zu ändern (→Phasenumwandlungen, Aggregatzustandsänderungen, →Rekristallisation, →Korrosion), daß er mit den neuen Zustandsbedingungen im Gleichgewicht ist. Während Aufbau und Eigenschaften von W. im Gleichgewicht daher zeitlich unveränderlich sind, treten bei W. im Ungleichgewicht zeitliche Veränderungen auf, die ihre letzte Ursache in Energietransformationen haben.

In der Werkstofftechnologie werden die Eigenschaftsänderungen infolge Änderungen der Zustandsgrößen und der Zusammenhang zwischen Werkstoffaufbau und -eigenschaften ausgenutzt, um den W. herzustellen und so zu bearbeiten, daß Werkstücke entstehen. Ihre → Qualität wird durch jene Methoden kontrolliert, mit denen die Eigenschaften gemessen werden können bzw. mit denen der Werkstoffaufbau untersucht werden kann (→ Werkstoffprüfung).

Diese Zusammenhänge bilden den wesentlichen Inhalt der Werkstoffkunde. Sie hat demnach die Aufgabe darzustellen
- wie ein W. aufgebaut ist (Werkstoffaufbau)
- welche Eigenschaften er hat (Werkstoffeigenschaften)
- wie er hergestellt und zum Werkstück geformt werden kann (Werkstofftechnologie)
- wie man die zur Beschreibung seines Aufbaues, seiner Eigenschaften und seiner Technologie erforderlichen Größen experimentell ermittelt (Werkstoffuntersuchung bzw. -prüfung).

Erfolgt die Behandlung vorwiegend im Hinblick auf elementare Zusammenhänge, so wird die Werkstoffkunde zur Werkstoffwissenschaft.

Werden dagegen Einzelheiten, wie der Aufbau und die Eigenschaften spezieller W., Details ihrer Technologie und Prüfung in den Vordergrund gerückt, wird die Werkstoffkunde überwiegend unter anwendungsorientierten Gesichtspunkten behandelt, so spricht man von → Werkstofftechnik. Dadurch, daß die moderne technische Entwicklung praxisrelevante Forschung einerseits und wissenschaftlich fundierte Technik andererseits erfordert, hat die Unterscheidung zwischen Werkstoffwissenschaft und Werkstofftechnik einen zunehmend formalen Charakter.   *Gräfen*

Literatur: *Ondracek, G.:* Werkstoffkunde. Grafenau/Württ. 1979.

Werkstoffe, dielektrische → Dielektrikum

Werkstoffe, feuerfeste. Erzeugnisse mit einer → Erweichungstemperatur oberhalb 1 500 °C werden als feuerfest, oberhalb von 1 800 °C als hochfeuerfest bezeichnet. Dieser Erweichungspunkt wird mit der in der → Keramik üblichen Segerkegelmethode nach DIN 51063 – Teil 1 bestimmt. Einige wärmedämmende Baustoffe und ungeformte Erzeugnisse der Feuerfest-Industrie, die bei Temperaturen unter 1 500 °C erweichen, aber die sonstigen Anforderungen an feuerbeständige Erzeugnisse erfüllen, nennt man feuerbeständig.

Das Haupteinsatzgebiet von f. W. ist die Begrenzung von heißen Ofen- und Reaktionsräumen gegen die Umgebung. Weitere Einsatzgebiete sind Regeneratoren und Rekuperatoren zur Wärmespeicherung und -übertragung sowie als Werkstoff in Energiegewinnungsanlagen, in der Luft- und Raumfahrtindustrie sowie im Maschinenbau.

Alle f. W. erleiden im Betrieb Veränderungen, die zu einem → Verschleiß und einer → Korrosion führen. Um diese möglichst klein zu halten, müssen die Werkstoffe dem Einsatzgebiet in ihrer Zusammensetzung und ihren Eigenschaften angepaßt sein. Der Verschleiß erfolgt im Wesentlichen durch Abrieb, Temperaturwechsel, Säuren-, Laugen- und Schlackenangriff.

Eine Unterscheidung der f. W. kann nach ihrer chemischen Zusammensetzung erfolgen. Die Herstellung feuerfester Erzeugnisse kann auf verschiedene Art erfolgen. Ein Großteil wird grobkeramisch gefertigt:
- Grob- und Feinzerkleinerung der bildsamen (Tone) und unbildsamen (Schamotte) Rohstoffe,
- Absieben der für die Formgebung benötigten Rohstoffe in verschiedenen Kornfraktionen,
- Vermischen der verschiedenen Rohstoffe in den jeweils benötigten Mengen und Korngrößen unter Zusatz von Bindemitteln (Ton, organische oder anorganische → Bindemittel) und Wasser,
- Formgebung; die gebräuchlichsten Verfahren sind plastische Formgebung (→ Strangpressen), Halbtrocken- oder Trockenpressen, Schlickergießen, Rütteln und Handformgebung mit Preßluftstampfern (letzteres für komplizierte Formteile),
- Trocknung unter Berücksichtigung der Temperatur und der Feuchtigkeit von Gut und Atmosphäre,
- Brennen in Industrieöfen bei Temperaturen, die dem Brenngut angepaßt sind; bei hochwertigen Erzeugnissen kann diese Temperatur 1 800 °C betragen.

Beim Brand bildet sich durch Sinterung die Bindung des Steines aus, durch die die → Festigkeit und Eigenschaften des Steins bestimmt werden. Chemisch gebundene Steine mit anorganischen Bindern (Phosphate, Sulfate) werden nach dem → Pressen bei erhöhter Temperatur zur Bildung einer Bindung gelagert. Ungeformte Erzeugnisse sind Gemenge aus feuerfesten Rohstoffen und Bindemitteln. Sie werden erst am Einsatzort unter Zugabe einer geeigneten Flüssigkeit verarbeitet.

Die Formgebung erfolgt bei der Zustellung des Brennaggregates, die Sinterung bei dem ersten Brand. Besonders dicht sind schmelzgegossene Erzeugnisse, deren Rohstoffe bis über den → Schmelzpunkt aufgeheizt und anschließend in Formen gegossen werden. Zur Wärmeisolierung werden Feuerleichtsteine eingesetzt. Durch einen hohen Porenanteil dieser Werkstoffe wird eine beträchtliche Luftmenge eingeschlossen, so daß die niedrige Wärmeleitfähigkeit der Luft zur Wärmedämmung ausgenutzt wird.   *Hesse/Hennicke*

Werkstoffe, hitzebeständige → Stahl, hitzebeständiger; → Keramik; → Oxidkeramik

Werkstoffe, magnetische → Magnetische Werkstoffe

Werkstoffe, metallische → Metallische Werkstoffe

Werkstoffe, nichteisenmetallische. Grob lassen sich die → Werkstoffe (Tabelle) in metallische, nichtmetallische Werkstoffe, Naturstoffe und → Verbundwerkstoffe einteilen. Neben der chemischen Zusammensetzung entscheiden dabei die charakteristischen Eigenschaften und Merkmale über die Zuordnung der Werkstoffe.

Werkstoffe, nichteisenmetallische. Tabelle: Einteilung der Werkstoffe.

Werkstoffe	Anwendungsbeispiele
Metallische Werkstoffe	
Eisen und Stahl	Fe, FeC (St37, C85, 13CrMo44)
Nichteisenmetalle und Legierungen	Cu, Al, Ni, Ti CuZn, AlMg, FeNi
Verbundmetalle	Cu-Stahl, Cu-Nb$_3$Sn
Nichtmetallische Werkstoffe	
Organische Stoffe	hochmolekulare Kunststoffe (PVC, PS, PE, PA, PUR)
Anorganische Stoffe	Metall-Nichtmetall-Verbindungen (NaCl, Al$_2$O$_3$)
Silikate	Glas, Keramik
Hartstoffe	hochtemperaturfeste Oxide, Nitride, Karbide (AlN, WC)
Naturstoffe (naturbelassen oder abgewandelt)	Holz, Papier, Leder, Wolle, Baustoffe, Ton, Sand
Verbundwerkstoffe	
Metall-Kunststoff	Verbundski
Metall-Keramik	Zündkerze
Sinterwerkstoff	WC, MgO
faserverstärkter Werkstoff	GFK, Betonarmierung

Die Verwendung der Nichteisenmetalle (NE-Metalle) ist sehr spezialisiert. NE-Metalle stehen in ihrer technischen und wirtschaftlichen Bedeutung dem → Eisen und → Stahl in keiner Weise nach.

Einige Beispiele sollen das verdeutlichen: Der Verbrauch von → Kupfer ist stark mit der Elektrotechnik verbunden. → Aluminium und → Titan werden in der Luftfahrt und im Leichtbau verwendet. → Nickel dient als Basis korrosionsbeständiger und warmfester Legierungen. Zink spielt beim → Korrosionsschutz von Eisen eine besondere Rolle, und Zinn wird für die Konservierung von Lebensmitteln als Weißblech verwendet. → Blei ist in Batterien der Fahrzeugtechnik unerläßlich. Magnesium und Zink kommen als Gußprodukte auf den Markt. Beryllium und Zirkonium benötigt die Reaktortechnik. Und → Edelmetalle haben nicht nur einen hohen Metallpreis sondern auch gute chemische Beständigkeit und eine oxidfreie Oberfläche.

Die Nutzung ihrer spezifischen Eigenschaften verschafft den NE-Metallen die besondere technische Verwendung, obwohl die jährlichen Preisschwankungen dabei hingenommen werden müssen. Viele NE-Metalle lassen sich durch andere Werkstoffe nicht oder nur schwer ersetzen. Der Metallwert der NE-Metalle ist abhängig von der Reinheit, der Verarbeitung, dem Halbzeugzustand und wirtschaftlich-politischen Faktoren. Eine grobe Übersicht zeigt die großen Preisunterschiede (Bild 1).

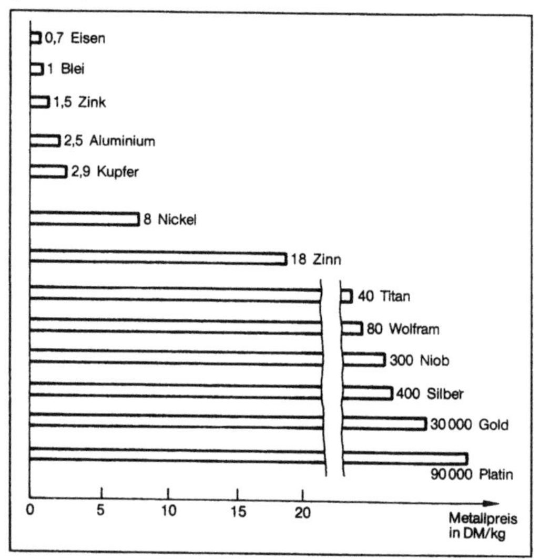

Werkstoffe, nichteisenmetallische 1: Metallpreise von NE-Metallen im Rohzustand (Blöcke, Stangen, Drähte) BRD 1987 in DM/kg.

Der Verbrauch der wichtigsten NE-Metalle ist relativ gering im Vergleich mit anderen Werkstoffen (Bild 2). Die Tendenz für Aluminium und → Kunststoff ist leicht ansteigend, während sie bei Stahl rückläufig ist. Alle anderen NE-Metalle werden weniger produziert und verbraucht. Die Produktion von Rohstoffen für alle Werkstoffe macht weniger als 20 % der gesamten Rohstofferzeugung auf der Welt aus und ist gering gegenüber der Energieträger Kohle, Erdöl und Erdgas. *Heller*

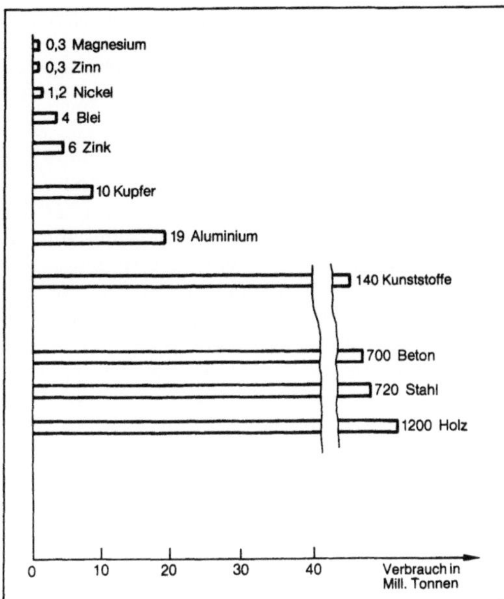

Werkstoffe, nichteisenmetallische 2: Verbrauch der wichtigsten Werkstoffe, Weltproduktion 1980 in Mill. Tonnen.

Werkstoffe, piezoelektrische → Piezoelektrischer Effekt

Werkstoffe, supraleitende → Supraleitende Werkstoffe

Werkstoffe, verschleißfeste. Werkstoffe, die sich unter bestimmten tribologischen Beanspruchungen durch einen hohen → Verschleißwiderstand auszeichnen. Eine Verschleißfestigkeit schlechthin gibt es nicht, da der → Verschleiß vom jeweiligen → Tribosystem abhängt. So bewirkt auch eine hohe → Härte durchaus nicht immer einen hohen Verschleißwiderstand. *Habig*

Literatur: *Habig, K.-H.:* Verschleiß und Härte von Werkstoffen. München–Wien 1980.

Werkstoffe, weichmagnetische → Weichmagnetische Werkstoffe

Werkstoffeigenschaften. Die Eigenschaften der Werkstoffe dienen zur Bewertung von → Werkstoffen in Hinblick auf ihre Eignung für die technische Anwendung, stellen also das „Eigenschaftsprofil" dar. Sie sind nachfolgend aufgeführt, wobei in Klammern typische Anwendungsfälle genannt sind, bei denen die betreffende Eigenschaft wichtig ist.
□ Mechanische Eigenschaften:
– → Elastizität (Federn, Membranen)
– → Zugfestigkeit, Biegefestigkeit (Drahtseile, Brückenträger),

– → Zähigkeit (Karosserieblech, → Druckbehälter),
– Druckfestigkeit (Brückenfundament aus Beton),
– → Bruchfestigkeit (keramische Laborgeräte, Hochspannungsisolatoren),
– → Härte (Werkzeuge aller Art),
– Verschleißfestigkeit (Schneidwerkzeuge, Gleitlager, Autoreifen),
– → Wechselfestigkeit (Antriebswellen, Flugzeugbauteile),
– → Warmfestigkeit (Kesselrohre, Gasturbinenschaufeln),
– → Kaltzähigkeit (Kryotechnik, Flüssiggastanks).
□ Elektrische und magnetische Eigenschaften:
– Leitfähigkeit (Starkstromkabel, Halbleiter),
– spezifischer Widerstand (Meßwiderstandsdrähte),
– Isolationsfähigkeit (→ Isolatoren in der gesamten Elektrotechnik),
– thermoelektrische Eigenschaften (Thermoelemente),
– Koerzitivkraft, Remanenz (→ Dauermagnete),
– Form der Hysteresekurve (Trafobleche, Schaltelemente).
□ Chemisch-physikalische Eigenschaften
– → Schmelzpunkt, → Schmelzwärme (→ Gießen, → Löten, → Schweißen),
– Dichte (Leichtbau),
– thermische → Ausdehnung (Stahlhochbau, Glas-Einschmelzungen, Bimetalle),
– Wärmeleitfähigkeit, Dämmfähigkeit (Kältetechnik, Bauwesen, Wärmetauscher aller Art),
– atmosphärische → Korrosionsbeständigkeit (Karosserieblech, Fassadenbaustoffe),
– Korrosionsbeständigkeit in Lösungen (Rohrleitungen, Chemieanlagen, Medizintechnik, Meerestechnik),
– Oxidationsbeständigkeit (Heizleiter für Elektrowärme, Triebwerkskomponenten),
– Brennbarkeit (Kunststoffe, Isolationsstoffe im Bauwesen, Fahrzeug- und Flugzeugbau).
□ Sonstige Anwendungseigenschaften:
– optische Absorption, Reflexion (Sonnenschutzgläser, Schmuckwaren),
– nukleare Wirkungsquerschnitte (Kerntechnik),
– Oberflächengüte (Substrate für gedruckte Schaltungen der Elektronik, Bleche und Folien).
□ Verarbeitungstechnische Eigenschaften:
– Vergießbarkeit, Formfüllungsvermögen,
– → Schweißbarkeit,
– Warmverformbarkeit,
– Tiefziehfähigkeit,
□ Volkswirtschaftliche und gesellschaftliche Faktoren:
– Rohstoff-Verfügbarkeit und -Kosten,
– Energiebedarf für Herstellung und Verarbeitung,

– Wiederverwertbarkeit nach Recycling,
– → Umweltbelastung während der Herstellung,
– Umweltbelastung bei Gebrauch (Giftigkeit) und im Katastrophenfall (Brand),
– Standortbindungen. *Gräfen*

Werkstoffeinteilung → Werkstoffgruppen

Werkstoffermüdung. Unter dem Einfluß von → Spannung und Wärme ermüdet ein Werkstoff, seine → Festigkeit wird herabgesetzt.

Bei konstanter Langzeitbeanspruchung auftretende zeit- und temperaturabhängige Verformungsprozesse werden in der Technik als → Kriechen bezeichnet. Kriechvorgänge sind für Werkstoffe mit amorpher oder teilkristalliner Struktur, wie → Glas und Hochpolymere, von Bedeutung, sowie bei entsprechend hohen Temperaturen auch für kristalline Werkstoffe (→ Metalle). Andererseits kann bei konstanter → Verformung im Laufe der Zeit ein Spannungsabfall eintreten, der → Spannungsrelaxation bezeichnet wird. Beide Erscheinungen beruhen bei Metallen auf der mit der Temperatur zunehmenden → Beweglichkeit der Atome, der größeren Anzahl und dem Verhalten der Gitterdefekte (→ Fehler im Kristallgitter). Kriech- und Relaxationsvorgänge haben entscheidende Bedeutung für die Eigenschaften von warmfesten Werkstoffen.

Als Kennzeichen der W. wird die → Warmfestigkeit im → Zeitstandversuch geprüft. Die in Kurzzeitversuchen bis etwa 400 °C ermittelten Warmfestigkeitswerte sind Anhaltspunkte für die Belastbarkeit eines Metalls im technischen Einsatz bei hohen Temperaturen. Zur exakten Bestimmung des ermüdenden Verhaltens eines Werkstoffs bei hoher Temperatur wird die Abhängigkeit der Festigkeitseigenschaften gleichzeitig von der Belastung, Dehnung, Temperatur und Zeit ermittelt.

Die Dauerfestigkeit ist die Festigkeit, die ein Werkstoff auf Dauer (Zeit) ertragen kann. Sie wird dynamisch z. B. mit der Umlaufbiegeprüfung als Dauerfestigkeit (→ *Wöhler*-Kurve) oder als → Schwingfestigkeit mit Zug-Druck-Pulsatoren (*Smith*-Diagramm) ermittelt. Die statische Dauerstandfestigkeit wird über Kriech- oder Relaxationsvorgänge mit der Zeitstandprüfung bestimmt. Die dabei ermittelten Festigkeitswerte sind die → Zeitdehngrenze (Spannung, die nach einer bestimmten Zeit und Temperatur die davon abhängige Dehnung hervorruft) und die → Zeitstandfestigkeit (Zugbruchspannung, die nach einer bestimmten Zeit und Temperatur zum Bruch führt).

Die Kenntnis der genannten Festigkeitswerte ist vor allem für Werkstoffe wichtig, die der Belastung bei hohen Temperaturen über lange Zeit ausgesetzt sind, wie dies in Wärmekraftanlagen, bei der Raumfahrt und in der Reaktortechnik vorkommt. *Heller*

Literatur: *Bargel, H. J.,* u. *G. Schulze:* Werkstoffkunde. Düsseldorf 1988. – *Domke, W.:* Werkstoffkunde und Werkstoffprüfung. Essen 1982. – *Guy, A. G.:* Metallkunde für Ingenieure. Frankfurt 1970. – *Schatt, W.:* Einführung in die Werkstoffwissenschaft. Leipzig 1983.

Werkstoffgruppen. Eine erste Grobunterscheidung berücksichtigt die traditionelle Sonderrolle der → Metalle, indem sie diese den Nichtmetallen gegenüberstellt. Wesentliches Kriterium dafür, ob ein Stoff zu den Metallen gerechnet werden soll, ist die elektrische → Leitfähigkeit: Sie ist um viele Größenordnungen höher als die der Nichtmetalle und nimmt in charakteristischer Weise mit steigender Temperatur ab. Sie beruht auf der typischen Elektronenstruktur der Metalle, aus der sich noch weitere „typisch metallische" Eigenschaften ableiten, z. B. Undurchsichtigkeit, Oberflächenglanz, Wärmeleitfähigkeit. Unter Metallen verstehen wir dabei sowohl reine Metalle als auch Legierungen (aus mehreren Komponenten in gleichmäßiger Vermischung, z. B. durch zusammenschmelzen, aufgebaute metallische Werkstoffe).

□ Die Gruppe der → Eisenwerkstoffe hebt sich durch ihre technisch-wirtschaftliche Bedeutung aus der Hauptgruppe der → metallischen Werkstoffe heraus. Ihr Hauptbestandteil ist das Element → Eisen, welches für sich allein als „→ Reineisen" nur begrenzte technische Bedeutung (als Magnetwerkstoff) hat. Im übrigen beruht die Vielseitigkeit der Eisenwerkstoffe weitgehend auf teils quantitativen, teils auch qualitativen Veränderungen, die das Metall Eisen durch Zusatz von → Kohlenstoff erfährt. Wir sprechen von dem → Zweistoffsystem Eisen-Kohlenstoff als der Grundlage dieser Werkstoffgruppe. Allein aus ihm folgt schon die Unterscheidung von

– → Gußeisen (Kohlenstoffgehalt 2 bis 6 Gew.-%),
– → Stahl (Kohlenstoffgehalt 0,03 bis 2 Gew.-%).

Sowohl Gußeisen als auch Stahl enthalten in der Regel noch weitere Zusatzelemente wie Si, Mn, Ni, Cr, Mo u. a. Übersteigt deren Gewichtsanteil 5 %, so spricht man von legierten Stählen (Beispiel: „Edelstahl nichtrostend" mit 18 % Cr, 8 % Ni).

□ Den Eisenwerkstoffen stehen sinngemäß die Nichteisenmetalle (NE-Metalle) gegenüber. Chemisch gesehen fällt ein großer Teil des periodischen Systems der Elemente unter diesen Begriff. Eine Anzahl von Untergruppen hat sich durch Gewohnheit herausgebildet:

– Leichtmetalle (Be, Mg, Al und ihre Legierungen),
– → Edelmetalle (Ag, Au, Pt, Rh und ihre Legierungen),
– hochschmelzende Metalle (W, Ta, Nb, . . .).

Ferner bilden sich Untergruppen heraus, die entweder durch ihre technisch-wirtschaftliche Bedeutung oder aufgrund ähnlicher Eigenschaften zusammengehören:

– → Kupfer und → Kupferlegierungen,

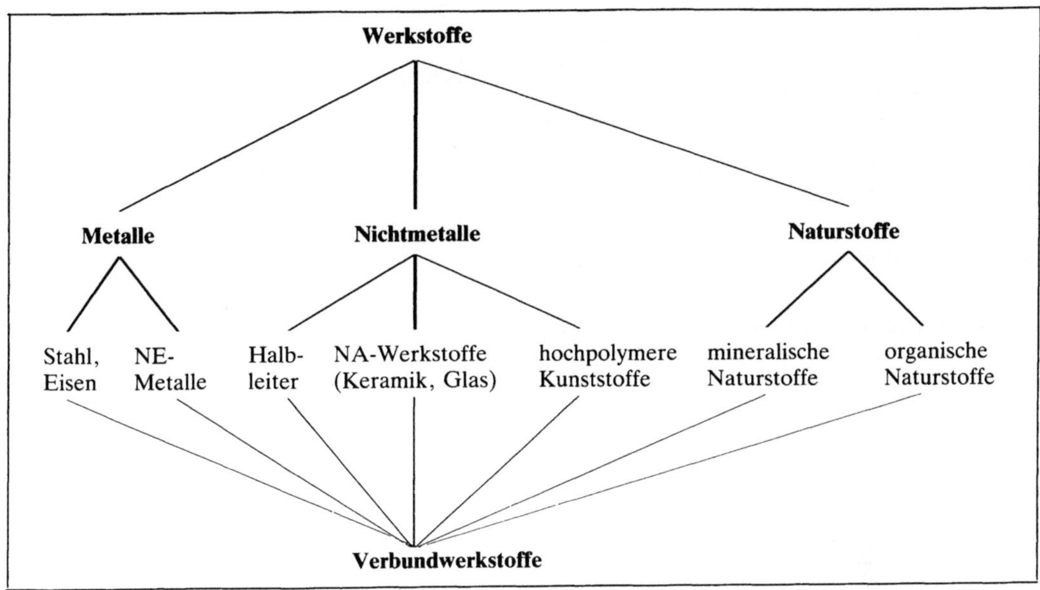

Werkstoffgruppen: Das W.-Schema wird durch die Naturstoffe vervollständigt. Aus Metallen, Nichtmetallen und Naturstoffen lassen sich – im Prinzip – Verbundwerkstoffe aufbauen.

– → Blei, Zinn, Zink und deren Legierungen,

– → Titan, Zirkonium u. a. m.

Unter den Kupferlegierungen ragen durch teilweise frühgeschichtliche Ursprünge heraus die → Bronze (Cu-Sn; in neuerer Zeit auch in übertragener Bedeutung wie Beryllium-Bronze, Cu-Be) und das Messing (Cu-Zn); sie tragen daher eigene Legierungsnamen.

□ Eine Übergangsstellung zwischen den Metallen und Nichtmetallen nehmen die als Halbleiter eingesetzten Elemente → Silicium und Germanium sowie die ähnlich strukturierten sog. III-V-Verbindungen wie Galliumarsenid (GaAs), Indiumantimonid (InSb) ein. Da sie keine metallische Leitfähigkeit haben, können sie den Metallen nicht zugerechnet werden. Vor allem Si hat in der modernen Leistungselektronik eine ungewöhnliche Bedeutung erlangt.

□ Nichtmetallisch-Anorganische Werkstoffe (NA-Werkstoffe) ist eine relativ neue Bezeichnung. Sie enthält recht verschiedenartige Stoffklassen:

– → Glas und → Email (insbesondere auf der Basis SiO_2),

– Silicatkeramik (Porzellan, Steingut u. a.),

– → Oxidkeramik (Aluminiumoxid, Ferrite u. a. für elektronische Bauelemente, Urandioxid als Kernbrennstoff),

– Baustoffe und → Bindemittel (Ziegel, → Beton, Kalksandstein, → Zement),

– Nichtoxidische Keramik, Hartstoffe (→ Karbide, Nitride, Silizide),

– → Graphit und Kunstkohle.

Die ersten vier dieser Stoffklassen demonstrieren die große Bedeutung von Oxiden einschließlich des Siliciumdioxids SiO_2 (Quarz) als Werkstoffe.

□ → Kunststoffe (Plaste). Alle bisher genannten Werkstoffe sind im Grunde „Kunststoffe", denn sie kommen in der Natur nicht vor: Kunststoffe und Naturstoffe sollten ein Gegensatz-Paar sein. Dies gilt aber nur im organischen Bereich. Im deutschen Sprachraum hat es sich eingebürgert, unter Kunststoffen alle synthetisch hergestellten Hochpolymere zu verstehen. Dazu gehören

– → Elastomere (auch: Elaste, gummiähnliche Kunststoffe),

– → Thermoplaste (thermisch reversibel erweichbare Kunststoffe),

– → Duroplaste (irreversibel ausgehärtete Kunststoffe; in der Hitze nicht erweichend).

Vielfach werden Kunststoffe heute auch als Chemiewerkstoffe bezeichnet.

□ Wichtige Vertreter der mineralischen Naturstoffe – soweit sie als Werkstoffe Verwendung finden – sind

– Glimmer, Schiefer (bis zu dünnen Plättchen spaltbar),

– Saphir, Rubin, Diamant (als Werkstoff heute meist synthetisch hergestellt),

– Naturstein (Sandstein, Granit, Marmor).

Die wichtigsten organischen Naturstoffe mit Werkstoffanwendung sind

– → Holz,

– → Kautschuk,

– → Naturfasern.

→ Verbundwerkstoffe sind Stoffsysteme, die aus mehreren strukturell und chemisch unterschiedlichen Komponenten in geometrisch abgrenzbarer Form aufgebaut sind, speziell als Fasern in einer homogenen Matrix. Beispiele hierfür: Glasfaserverstärkter → Kunststoff (GFK), faserverstärkter Beton, Holz-Kunststoff-Schichtverbund, Wolframcarbid-Kobalt (→ Hartmetall). *Gräfen*

Werkstoffkavitation → Kavitationserosion

Werkstoffmodell. Das W. liefert eine mathematische Beschreibung des Werkstoffverhaltens. Man unterscheidet dabei zwischen mechanischen W., die das Verhalten des Werkstoffs rein phänomenologisch, d. h. ohne Berücksichtigung von mikroskopischen Zusammenhängen, beschreiben und physikalischen Stoffmodellen, die das Geschehen im Innern der Werkstoffe aus der Sicht der → Metallkunde oder -physik erfassen.

Bei der Modellbildung werden stets vereinfachende Annahmen getroffen, so daß das Modell das Verhalten eines idealisierten Werkstoffs beschreibt, der das physikalische Verhalten des realen Werkstoffs nur näherungsweise wiedergibt.

Die Vorgehensweise bei der → Plastizitätstheorie in der Umformtechnik ist rein phänomenologisch (makroskopisch) aufbauend auf den wesentlichen Eigenschaften der metallischen Werkstoffe, die ihrerseits wiederum im inneren Aufbau der → Metalle begründet sind. Metalle zeigen bei niedriger Belastung ein linearelastisches Verhalten, während bei höherer Beanspruchung plastisches Fließen auftritt. Der elastische und der (elastisch-)plastische Bereich werden modellmäßig durch die → Fließgrenze (→ Fließbedingung) getrennt.

Das Stoffgesetz legt den Zusammenhang zwischen den Spannungen und Formänderungen oder Formänderungsgeschwindigkeiten fest.

Für → metallische Werkstoffe sind dabei folgende Punkte von Bedeutung:

□ die Spannungs-Verzerrungsbeziehungen für den elastischen Bereich,

□ das Kriterium, das die Fließgrenze kennzeichnet,

□ die Spannungs-Verzerrungsbeziehungen für den (elastisch-)plastischen Bereich.

Einfache W., die diesen Sachverhalt beschreiben, sind das elastisch-idealplastische und das starr-idealplastische (Bild).

Beim elastisch-idealplastischen Werkstoff treten, solange die Spannungen die Fließgrenze nicht erreichen, elastische Formänderungen auf. Nach dem Erreichen der Fließgrenze fließt der Werkstoff ohne Spannungserhöhung. Beim starr-idealplastischen Werkstoff wird als zusätzliche Vereinfachung angenommen, daß der Werkstoff, solange die Fließgren-

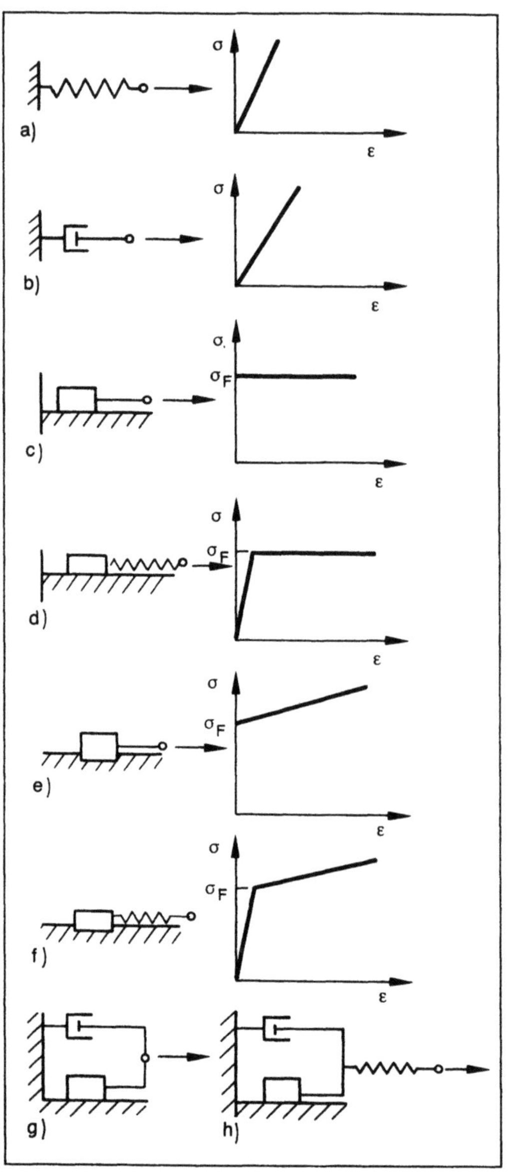

Werkstoffmodell: Einfache Modelle für die Umformtechnik.
a) linear elastisch (Hoke)
b) viskos (Newton)
c) starr-idealplastisch (St. Venant, Lévy-Mises)
d) elastisch-idealplastisch (Prandtl-Reuß)
e) starr-plastisch mit Kaltverfestigung
f) elastisch-plastisch mit Kaltverfestigung
g) starr-viskoplastisch ohne Kaltverfestigung (Bingham)
h) elastisch-viskoplastisch mit Kaltverfestigung

ze nicht erreicht ist, keine Formänderungen zeigt, d. h. sich wie ein starrer Körper verhält.

Die beiden Modelle führen naturgemäß auf unterschiedliche Stoffgesetze. Das elastisch-idealplastische Gesetz führt auf Grund der Berücksichtigung der elastischen Anteile der Formänderungen zu komplizierteren Stoffgleichungen als das starr-idealplastische und weist daher auch bei den praktischen Anwendungen größere mathematische Schwierigkeiten auf. Die Auswahl des „geeigneteren" W. ist daher von den Anforderungen und Randbedingungen abhängig.

Liegen die elastischen Formänderungen in der Größenordnung der plastischen (z. B. Biegevorgänge, Festigkeitsberechnungen) oder sollen Eigenspannungen berechnet werden, so ist die Verwendung des elastisch-plastischen Stoffmodells erforderlich.

Bei den meisten Umformvorgängen sind die plastischen Formänderungen wesentlich größer als die elastischen, so daß der → Fehler, der aus der Vernachlässigung des elastischen Anteils der Formänderungen resultiert, insgesamt von untergeordneter Bedeutung ist.

Die bei den metallischen Werkstoffen festgestellte Volumenkonstanz der plastischen Formänderungen wird in beiden Gesetzen berücksichtigt (→ Kontinuitätsbedingung).

Die ebenfalls beobachteten Phänomene der → Verfestigung und der Temperaturabhängigkeit der Werkstoffeigenschaften können durch geeignete Erweiterung der Modelle teilweise berücksichtigt werden.

Weitere wichtige W. für die metallischen Werkstoffe einschl. der zugehörigen rheologischen Modelle sind im Bild zusammengefaßt.

Während die starr-plastischen und elastisch-plastischen W. sog. zeitunabhängige Stoffgesetze beschreiben, ist bei den viskoplastischen Modellen eine direkte Zeitabhängigkeit vorhanden.

Zeitunabhängige Stoffgesetze finden ihren Einsatz in der → Kaltumformung, wohingegen für die → Warmumformung, zur Berücksichtigung zeitabhängiger Vorgänge wie z. B. der → Rekristallisation, visko-plastische Modelle besser geeignet sind.

Die Berücksichtigung anisotroper Werkstoffeigenschaften in den Stoffmodellen ist mit großem Aufwand verbunden und wird aus diesem Grund nur bei ausgeprägter → Anisotropie durchgeführt. *Lange*

Literatur: *Betten, J.:* Elastizitäts- und Plastizitätslehre. Braunschweig, Wiesbaden 1985. – *Hill, R.:* The Mathematical Theory of Plasticity. Oxford 1950. – *Ismar, H.* u. *O. Mahrenholtz:* Technische Plastomechanik. Braunschweig, Wiesbaden 1979. – *Lange, K.* (Hrsg.): Umformtechnik. Handb. f. Ind. u. Wiss. 2. Aufl. Bd. 1. Grundlagen. Berlin, Heidelberg, New York, Tokio 1984. – *Lippmann, H.:* Mechanik des plastischen Fließens. Berlin, Heidelberg, New York 1981. – *Lippmann, H.* u. *O. Mahrenholtz:* Plastomechanik der Umformung metallischer Werkstoffe. Berlin, Heidelberg 1967. – *Prager, W.* u. *P. G. Hodge:* Theorie ideal-plastischer Körper. Wien 1954.

Werkstoffnummer. Für → Werkstoffe aller Art wurde ein auch maschinentechnisch auswertbares Nummernsystem geschaffen (DIN 17 007), das neben den genormten Kurznamen, wie sie beispielsweise für → Eisen und → Stahl festgelegt sind, benutzt werden kann. Die W. sind siebenstellig, wobei die vierstellige Sortennummer von der Nummer der Werkstoffhauptgruppe und den Anhängezahlen durch Punkte getrennt ist:

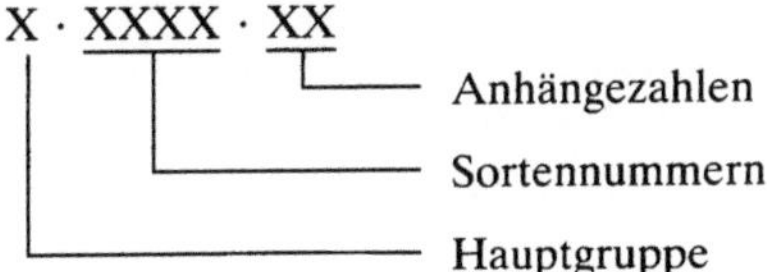

Die Punkte zwischen der ersten und zweiten sowie zwischen der fünften und sechsten Stelle sind wesentliche Bestandteile der W.

Hauptgruppen (1. Stelle der W.):

0	Roheisen und Ferrolegierungen
1	Stahl
2	Schwermetalle (außer Eisen)
3	Leichtmetalle
4—8	Nichtmetallische Werkstoffe
9	frei für interne Benutzung (z. B. Versuchslegierungen)

□ Sortennummern (2.–5. Stelle der W.): Sie werden im wesentlichen nach der chemischen Zusammensetzung der Werkstoffe oder nach deren Herkunft gebildet. Bei Stahl stellen die 2. und 3. Stelle die Sortenklassen dar, während die 4. und 5. Stelle Zählnummern sind.

□ Anhängezahlen: (6. und 7. Stelle der W.): Sie sind vorgesehen, um besondere Kennzeichen, wie Erschmelzungs- oder Vergießungsart, → Wärmebehandlung, → Kaltumformung usw. auszudrücken. *Bolbrinker*

Werkstoffprüfung. Prüfungen einfachster Art (z. B. Sinnesprüfungen wie Berühren) bis zu hochkomplizierten, teueren Experimenten im Weltall (Schwerkrafteinfluß bei Umschmelzprozessen) zur Erlangung von Kenntnissen über Eigenschaften und Gesetze von Werkstoffen als Grundlage für → Qualität, Entwicklung und → Sicherheit. Das unmittelbare Ziel, unter Beachtung wirtschaftlicher Erfordernisse z. B. einen Kennwert zu ermitteln, wird in vielen Fällen begleitet von übergeordneten Zielen wie der Erstellung nationaler Regelwerke bis hin zu Internationalen Standards.

Nachdem die Eigenschaften eines Werkstoffs nicht mit einem einzigen Kennwert erfaßbar sind und von vielen Parametern beeinflußt werden, soll im Folgenden ein Überblick über Verfahren der

W., die vor allem für → metallische Werkstoffe eingesetzt werden, gegeben werden.

□ Prüfung der chemischen Zusammensetzung: Naßchemische Analysen und physikalische Prüfverfahren (Pyrolyse, optische Emissionsspektroskopie, → Mikrosonde, Energiedispersive → Mikroanalyse) sowie halbquantitative Verfahren wie Röntgenfluoreszensanalyse und → Funkenprüfung.

□ Struktur- und Mikrofehleranalysen: Licht- und elektronenmikroskopische Prüfverfahren (→ Rasterelektronenmikroskop, → Durchstrahlungselektronenmikroskop, Mikrosonde, Energiedispersive Mikroanalyse) sowie röntgenographische Prüfverfahren.

□ Festigkeits- und Zähigkeitsuntersuchungen (auch mit dem Verwendungszweck angepaßten Proben, Beanspruchungen und Temperaturen):
– statische und zügige Beanspruchung im → Zug-, → Druck-, → Biege-, und → Torsionsversuch oder Kombinationen davon
– periodisch sich ändernde Beanspruchung im → Dauerschwingversuch, aperiodisch sich ändernde Beanspruchung im Betriebs-Schwingversuch unter Verwendung von Betriebs-Lastkollektiven
– schlagartige Beanspruchung im Fall-, Schlagbiege-, Schlagzug- und Schlagverdrehversuch
– langzeitige Beanspruchung vor allem mit erhöhten Temperaturen im → Zeitstand- und → Relaxationsversuch

□ Technologische Prüfverfahren: Verfahren mit am Anwendungsfall orientierten Beanspruchungen zum Nachweis der Einsetzbarkeit eines bestimmten Werkstoffs, teilweise ohne Ermittlung eines Kennwerts, wie → Kerbschlagbiegeversuch, → Faltversuch, → Aufweitversuch (Prüfung, technologische).

□ Härteprüfverfahren: Meist praktisch zerstörungsfreie Prüfverfahren, die für solche Fälle, bei denen kein Zugversuch durchgeführt werden kann (gehärtete Werkstoffe), oder als Ersatz für diesen angewandt werden. Man unterscheidet statische Härteprüfverfahren, bei denen ein Eindringkörper unter statischer Belastung in den Prüfkörper eindringt (Vickers-, Brinell-, Rockwell-, Ritzhärte), von dynamischen Härteprüfverfahren mit Schlagbeanspruchung (→ Poldihammer) oder elastischer Stoßbeanspruchung (Rücksprunghärteprüfung nach *Shore*). Daneben gibt es auch Verfahren, die auf Ultraschall basieren.

□ Zerstörungsfreie Prüfverfahren (→ Werkstoffprüfung, zerstörungsfreie).

□ Sonstige elektrische und physikalische Prüfverfahren: Verfahren zur Ermittlung von Werkstoffeigenschaften wie elektr. Leitfähigkeit, dielektrische Verluste, Wärmeleitfähigkeit u. a.

□ Bruchmechanische W.: Prüfungen zur Erlangung von Kennwerten zur Beschreibung und Quantifizierung der kritischen Zustände von fehlerhaften Bauteilen.　　　　　　　　　　　*Kußmaul*

Werkstoffprüfung, zerstörungsfreie. Grundlage für die Einsetzbarkeit technischer Komponenten und Anlagen, insbesondere hinsichtlich höchster Sicherheitsanforderungen bei minimalem Werkstoffeinsatz, ist neben der Kenntnis der Eigenschaften der verwendeten Werkstoffe, hauptsächlich die ihrer mechanisch-technologischen Kennwerte, die Fehlerfreiheit. Die mechanisch-technologischen Kennwerte werden mittels zerstörender Prüfverfahren an Proben gewonnen, die den zur Herstellung der Komponenten und Anlagen bestimmten Werkstoffen und Halbzeugen entnommen werden.

Der Nachweis der Fehlerfreiheit muß dagegen an den technischen Komponenten und Anlagen selbst bzw. an den für ihre Herstellung bestimmten Werkstoffen und Halbzeugen erfolgen und daher zerstörungsfrei geführt werden können.

Dies geschieht zweckmäßigerweise nach jedem für die Fehlerfreiheit bedeutsamen Verarbeitungsschritt an Werkstoffen, Halbzeugen und Komponenten bzw. jeder Störung des ordnungsgemäßen Betriebs einer Komponente oder Anlage und, vorbeugend, während periodischer Komponenten- bzw. Anlagenstillstände.

Die zur z. W. eingesetzten Prüfverfahren lassen sich grob nach ihrer Eignung klassifizieren, Fehler mit einer bestimmten Lage im Prüfstück aufzufinden. Man unterscheidet demnach → Oberflächenprüfverfahren und volumetrische Prüfverfahren. Während mit den Oberflächenprüfverfahren sehr empfindlich, dafür aber ausschließlich Fehler der Prüfstückoberfläche (und evtl. unmittelbar darunter) auffindbar sind, wird bei den volumetrischen Prüfverfahren die Prüfstückoberfläche prinzipiell miterfaßt; gewöhnlich jedoch mit geringerer Empfindlichkeit. Hierauf ist es zurückzuführen, daß i. a. zur vollständigen zerstörungsfreien Werkstoff- und Bauteilprüfung volumetrische und Oberflächenprüfverfahren eingesetzt werden.

Zur z. W. werden hauptsächlich folgende Effekte ausgenutzt:

□ Schwächung von Wellen- und Teilchenstrahlung durch Materie (→ Durchstrahlungsprüfung)

□ Störung der Ausbreitung mechanischer Schwingungen in Materie bzw. an Oberflächen und Inhomogenitäten (→ Ultraschallprüfung)

□ Änderung mechanischer Schwingungen infolge lokaler Steifigkeitsveränderung oder Veränderung der Randbedingungen (→ Schwingungsanalyse, Klangprobe).

□ Kapillarwirkung feiner Poren und Risse an Oberflächen auf Flüssigkeiten mit geringer → Oberflächenspannung (→ Farbeindringprüfung).

□ Ausbildung magnetischer Streufelder an Oberflächeninhomogenitäten und deren Nachweis mit magnetisierbaren Partikeln (→ Streuflugverfahren, → Magnetpulverprüfung).

Die Auswahl der im jeweils vorliegenden Einzelfall anzuwendenden Prüfverfahren muß nach →Werkstoffeigenschaften, nach der Art und Lage der zu erwartenden →Fehler und der erforderlichen Nachweisempfindlichkeit erfolgen. Wirtschaftlichkeitsfragen sollten erst in zweiter Linie eine Rolle spielen.

Bei sorgfältiger Auswahl der Prüfverfahren ist es möglich, in nahezu allen Anwendungsfällen eine sichere Prüfaussage zur Beurteilung der Verwendbarkeit von Werkstoffen, Halbzeugen und Komponenten zu erhalten.

Wie bei allen Prüfungen, gibt es auch bei der z. W. Grenzen. Diese sind jedoch meist nicht durch die Prüfverfahren vorgegeben. Hauptsächlich werden sie dadurch gesteckt, daß die Anwendung zerstörungsfreier Prüfverfahren kein reales Fehlerbild liefert.

Zur Gewinnung einer Prüfaussage ist zunächst die Auswertung eines Durchstrahlungsbildes (Durchstrahlungsprüfung) oder einer Anzeige (Ultraschall-, Magnetpulver- und Farbeindringprüfung) notwendig. In manchen Fällen kann eine sichere Prüfaussage nur dann getroffen werden, wenn Kenntnisse über werkstoffverarbeitungs- und konstruktive Details sowie der Beanspruchung und Betriebsbedingungen eines Bauteils vorliegen.

Trotz derartiger Schwierigkeiten ist die zerstörungsfreie Werkstoff- und Bauteilprüfung durch die meist leichte und wirtschaftliche Anwendbarkeit fast aller gängigen Prüfverfahren zu einem wichtigen Instrumentarium des technischen Prüfwesens geworden. Ihre Bedeutung ist daraus zu ersehen, daß sie heute in allen Bereichen der Technik, insbesondere dort wo hohe →Sicherheit verlangt wird, durch technische Regelwerke und teilweise durch Gesetz zwingend, auch bei wiederkehrenden Prüfungen, vorgeschrieben ist. *Kußmaul*

Literatur: *Mc Master, R. C., P. Mc Intire* u. *M. L. Mester* (Ed.): Nondestructive Testing Handbook. 2nd Ed. 1986. – *Müller, E. A. W.*: Handbuch der zerstörungsfreien Materialprüfung. München-Wien 1975.

Werkstofftechnik. Die W. ist die Übertragung werkstoffwissenschaftlicher Grundkenntnisse auf die technische Anwendung von Werkstoffen. Sie basiert auf Grundlagen der Festkörperphysik, der physikalischen Chemie sowie der Elektrochemie und verbindet die Gesetzmäßigkeiten der Wechselwirkung von Struktur und Eigenschaften der Werkstoffe mit ihrer praktischen Anwendung.

Ihre Aufgabe besteht auch in der Erforschung und Verbesserung von →Werkstoffeigenschaften sowie der Entwicklung, Herstellung und Verarbeitung neuer Werkstoffe, um erforderliche Eigenschaften für spezielle Anwendungsgebiete zu erzielen und spezielle Werkstoffe für neue Einsatzfälle (neue Technologien) bereitzustellen.

Das Arbeitsgebiet der W. umfaßt die in der Technik eingesetzten oder einzusetzenden Werkstoffe. *Gräfen*

Werkstofftechnologie →Werkstoffe

Werkstoffwissenschaft. Interdisziplinäres Fachgebiet der Ingenieurwissenschaften mit Komponenten aus Chemie, Physik, Kristallographie, Geowissenschaften, Maschinenbau, Bauingenieurwesen, neuerdings auch Biowissenschaften; es faßt diejenigen Erkenntnisse, Arbeitsmethoden und Denkansätze zusammen, welche zur wissenschaftlichen Beherrschung der →Werkstoffe beitragen und somit geeignet sind, die →Werkstofftechnik als Ganzes zu entwickeln.

□ Allgemeines. Historische Entwicklung. Die W. im oben definierten Sinn bildete sich ab ca. 1960 zunächst im Hochschulbereich aus (in USA: M.I.T., in Deutschland: Erlangen, Saarbrücken, Berlin). Dabei stellte die physikalisch orientierte →Metallkunde aufgrund der überragenden technisch-wirtschaftlichen Bedeutung dieser Werkstoffgruppe den Ausgangspunkt dar. Das Wesentliche der neu entwickelten Studienpläne und Forschungsansätze bestand darin, gemeinsame Strukturelemente (Kristallgitter, Elektronen-Band-Struktur, polykristalliner Gefügeaufbau) sowie Verhaltensweisen (→Elastizität, →Plastizität, →Bruch, →Schmelzen, →Erstarren, →Diffusion, →Keimbildung, →Wachstum, →Sintern) in den Vordergrund zu stellen und erst danach die bislang dominierenden Werkstoffklassen differenziert zu betrachten.

In der weiteren Entwicklung bleibt die Gemeinsamkeit zunächst auf die erwähnten Grundlagen beschränkt. Je stärker eine Aktivität technologisch orientiert ist, desto ausgeprägter erweisen sich die Unterschiede (Herstellung und Verarbeitung von →Metallen – →Keramik – →Glas – Hochpolymeren). Ab ca. 1965 werden jedoch neue integrierende Tendenzen durch Übertragung experimenteller Methoden und Prüfverfahren zwischen den →Werkstoffgruppen deutlich (Elektronenmikroskopie, →Mikroanalyse durch Röntgen- und Elektronenstrahlen, →Ultraschallprüfung, →Bildanalyse, Hochvakuum, Laser etc.), sowie die immer stärker informatisierte und automatisierte mechanische Prüftechnik.

Ab 1975 treten auf der technologischen Seite zunehmende Verknüpfungen auf: →Faserverstärkung von Polymeren sowie von Metallen und Keramik; →Kleben von Metallen; →Löten von Keramik (mit metallischen Lötfolien); Extrusionsverfahren für Metalle, keramische Massen, Polymeren und Verbundwerkstoffe; polymer-ähnliche Technologien in der Verarbeitung superplastischer metallischer Bleche.

Rasch steigende Anforderungen nach Höchstleistung bei geringem Gewicht fordern eine Intensivierung der Entwicklungstätigkeit heraus, deren Ergebnisse freilich wegen der sehr langen Vorlaufs- und Erprobungszeiten stets erst wesentlich später sichtbar werden. Seit den 80er Jahren schafft das verstärkte Bewußtsein für die engen Zusammenhänge zwischen Fertigungstechnologien und W. eine neue Atmosphäre und motiviert zahlreiche bisherige Grundlagenforscher bzw. Institute, ihre Ideen und Kenntnisse an „Neuen Technologien" zu erproben.

Diese Aufbruchsstimmung wird durch die zunehmende Durchdringung des Laborbetriebs ebenso wie der Theorie durch den Computer (Datenverarbeitung, Simulation, Modellrechnung) unterstützt, ebenso durch neue Herausforderungen aus dem biomedizinischen Bereich, der Mikroelektronik, der Sensorik, der Luft- und Raumfahrt, des Umweltschutzes; gleichzeitig werden freilich die Impulse, die 30 Jahre vorher von der Kerntechnik und zehn Jahre vorher von der Sorge um die Ressourcen-Erschöpfung ausgingen, zunehmend schwächer. Das neue Sicherheitsbedürfnis, welches mit der in weiten Gesellschaftsschichten kritischer gewordenen Einstellung zur Technik zusammenhängt, fördert den Wunsch nach möglichst perfekter Materialbeherrschung und Qualitätssicherung.

Die Gesamtheit dieser Faktoren hat seit etwa 1985 zu einer geradezu eruptiven Expansion der Materialforschung und -entwicklung geführt, welche den plakativen Begriff der Neuen Werkstoffe prägte. Diese gehören überwiegend der Gruppe der nichtmetallisch-anorganischen Festkörper (→ Keramik komplexer Zusammensetzung) sowie derjenigen der → Polymere und der → Verbundwerkstoffe an. Die komplexen Strukturen gestalten zwar Herstellung und Prüfung in der Regel schwieriger und kostspieliger, gestatten aber auf der anderen Seite angepaßte Problemlösungen durch gezielte Manipulation von Strukturelementen mit den daraus folgenden Eigenschaftsänderungen.

Eine W. der 90er Jahre bzw. des 21. Jahrhunderts steht daher vor der schwierigen Aufgabe, die sehr dynamische und in einzelne „Frontabschnitte" aufgelöste Entwicklung dieses Fachgebietes wieder zu konsolidieren, um auf der Basis neuer, integrierter Konzepte und unter Verzicht auf viel Detail eine den neuen Gegebenheiten angepaßte wissenschaftliche Basis zu schaffen; diese muß flexibel genug sein, um mit der Entwicklung mitzuwachsen. Nach der allgemeinen Erfahrung wird die derzeitige Expansion im Sinne einer S-förmigen „logistischen Kurve" irgendwann wieder in ein Plateau auf höherem Niveau einmünden, jedoch ist gegenwärtig weder der Zeithorizont noch die Ausgestaltung des neuen Niveaus abzusehen.

□ Werkstofforschung in Deutschland

Die theoretische und experimentelle Forschung auf dem Werkstoffgebiet findet hauptsächlich an den folgenden Institutionen statt:
- Max-Planck-Institut für Metallforschung, Stuttgart
- Max-Planck-Institut für Eisenforschung, Düsseldorf
- Fraunhofer-Institut für Angewandte Materialforschung, Bremen
- Fraunhofer-Institut für Silikatchemie, Würzburg
- Fraunhofer-Institut für Zerstörungsfreie Prüfung, Saarbrücken
- Bundesanstalt für Materialprüfung und Materialforschung, Berlin
- Werkstoff-Institute der Kernforschungsanlagen in Jülich und Karlsruhe
- Werkstoff-Institut der DVL Köln
- Forschungs- und Entwicklungsabteilungen der folgenden Industrie-Zweige: Stahl (Hoesch, Dortmund), Stahlverarbeitung (Krupp, Essen), NE-Metalle (VAW Bonn), Großchemie (BASF Ludwigshafen und DEGUSSA, Frankfurt/Hanau), Glas (Schott u. Gen. Mainz), Keramik (Hoechst Ceram-Tec). Ferner in der werkstoffverarbeitenden Industrie: Automobile (Daimler-Benz, Stuttgart), Flugzeugbau (MBB München-Ottobrunn), Flugtriebwerke (MTU München), Kraftwerkskomponenten/ Energietechnik (Siemens Mülheim, ABB Mannheim), Elektrotechnik (Vacuumschmelze Hanau, ABB Heidelberg) und andere; Versicherungsgesellschaften (Allianz München).

(Die in Klammern genannten Firmen sind als Beispiele zu verstehen, die Liste ist nicht vollständig).
- Technische Universitäten/Hochschulen wie RWTH Aachen, TU Berlin, Braunschweig, Clausthal-Zellerfeld, Darmstadt, Dortmund, Hamburg-Harburg, Karlsruhe, München, Stuttgart; Universitäten Bochum, Erlangen, Göttingen, Kaiserslautern, Münster, Saarbrücken.

Die finanzielle Förderung der öffentlichen Institutionen erfolgt traditionsgemäß von den die Hochschulen tragenden Bundesländern (Grundausstattung) einerseits, der Deutschen Forschungsgemeinschaft (DFG) andererseits (Geräte, Personal, Reisekosten). Auch die Stiftung Volkswagenwerk leistet erhebliche Beiträge zur Finanzierung der Werkstofforschung. Anwendungsorientierte Forschung im Verbund zwischen Industrie und Hochschule fördert die Arbeitsgemeinschaft für Industrielle Forschung (AIF). Seit 1986 liefert das Materialforschungsprogramm des Bundesministers für Forschung und Technologie erhebliche finanzielle und organisatorische Impulse zur Verbundforschung in großen Projekten.

□ Studium der Werkstoffwissenschaften. Als Hauptstudium, oder als Spezialisierung im 2. Studienabschnitt können Fachgebiete der W. (d. h.

auch Metallkunde, Metallphysik, Eisenhüttenwesen) an Hochschulen der Bundesrepublik Deutschland studiert werden. Das Studium schließt in der Regel mit dem Erwerb des Titels Dipl.-Ingenieur ab. Dort, wo das Studienfach von der Immatrikulation an „Werkstoffwiss." ist, liegt der Schwerpunkt in den ersten vier Semestern auf der Grundausbildung in Naturwissenschaften, Mathematik und ingenieurwiss. Basisfächern, während die spezielle, auf das Gesamtgebiet aller Werkstoffgruppen ausgerichtete Ausbildung hauptsächlich nach dem Vorexamen vorgesehen ist. An allen genannten Hochschulen besteht zugleich die Möglichkeit der Promotion zum Dr.-Ing. (seltener Dr. rer. nat.).

□ Fachverbände

Ein einheitlicher Fachverband für W. besteht in der Bundesrepublik Deutschland z. Zt. nicht. Die traditionsreichsten Fachverbände sind der Verein Deutscher Eisenhüttenleute (→ VDEh, Düsseldorf) und die Deutsche Gesellschaft für Materialkunde (DGM, bis 1989: Dt. Ges. f. Metallkunde). Die VDI-Gesellschaft Werkstofftechnik (VDI-W) ist als fachliche Vertretung der werkstoffanwendenden Ingenieure gedacht. Die Aufgabengebiete des Dt. Verbandes für Materialforschung und -prüfung (→ DVM) und der Dt. Ges. für Zerstörungsfreie Prüfung (DGZfP) ergeben sich aus den Bezeichnungen. Dasselbe gilt für die Deutsche Gesellschaft für Oberflächentechnik (DGO), die Deutsche Keramische Gesellschaft (DKG), und die Deutsche Glastechnische Gesellschaft (DGG). *Ilschner*

Literatur: *Altenpohl, D. G.:* Materials in World Perspective. Berlin 1980. – *Bever, M. B.:* (Ed.) Encyclopedia of Materials Science and Engineering. Vol. 1–8, Oxford 1986. – *Cahn, R. W.* (Ed.): Encyclopedia of Materials Science and Engineering Supplementary Vol. 1, Oxford 1988. – *Easterling, K. E.:* Tomorrow's Materials. The Institute of Metals, London 1988. – *Hornbogen, E.:* Werkstoffe. Berlin 1987. – *Ilschner, B.:* Werkstoffwissenschaften. Berlin 1990.

Werkzeuggeschwindigkeit. Die W. ist die Geschwindigkeit, mit der auf Grund der Kinematik einer → Umformmaschine (mechanische weggebundene Presse) oder der Kinetik des Vorgangs (Hammer, Schwungradspindelpresse) das Werkzeug in seiner Wirkrichtung das Werkstück umformt.

Die W. beeinflußt die → Umformgeschwindigkeit und deren Verlauf über den Umformweg teils beträchtlich und ist u. a. daher eine wichtige Umformmaschinen-Kenngröße (Bild 1). Infolge der Wechselwirkung zwischen Umformvorgang und Maschinenverhalten wird die durch die Kinematik z. B. einer Exzenter- oder Kurbelpresse gegebene theoretische W. wegen der elastischen → Verformung des Systems Werkzeug – Werkzeugmaschine

ggf. stärker beeinflußt. Bild 2 zeigt hierzu ein Beispiel für das Scherschneiden. Diese Abweichungen der wahren von der theoretischen W. müssen ggf. bei der Prozeßauslegung berücksichtigt werden. *Lange*

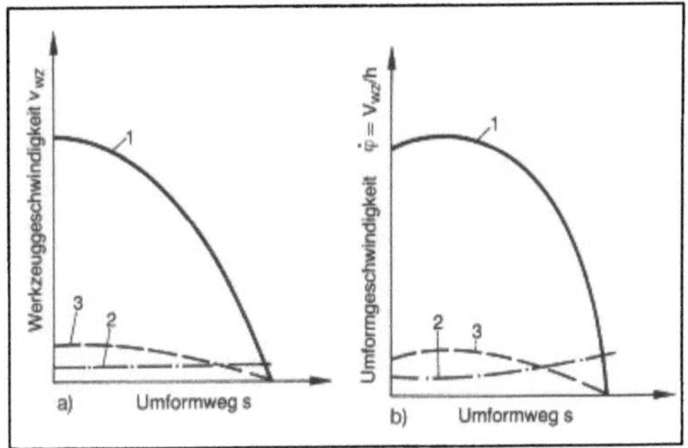

Werkzeuggeschwindigkeit 1:
a) W. in Abhängigkeit vom Umformweg beim Stauchen
b) Umformgeschwindigkeit in Abhängigkeit vom Umformweg beim Stauchen.

1 Fallhammer (Schwungrad-Spindelpresse), 2 hydraulische Presse, 3 Kurbelpresse

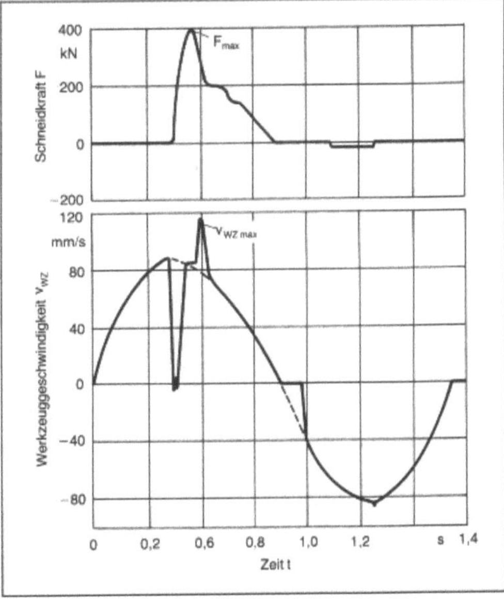

Werkzeuggeschwindigkeit 2: Verlauf von wahrer W. und Kraft beim Schneiden.

Exzenterpresse $F_N = 500\,kN$, $n_K = 50\,min^{-1}$, ... theoretische W., – wahre W.

Literatur: *Doderer, A. W.:* Der wahre Geschwindigkeitsverlauf bei Schneidpressen. Mitt. Forschungsges. Blechverarbeitung e. V. (1958), S. 149/52. – *Lange, K.* (Hrsg.): Umformtechnik. Handb. f. Ind. u. Wiss. 2. Aufl. Bd. 1. Grundlagen. Berlin, Heidelberg, New York, Tokio 1984.

Werkzeugstähle. Legierte, selten unlegierte → Stähle für Werkzeuge aller Art; sie werden meist gehärtet und vergütet (→ Wärmebehandlung). In Ausnahmefällen werden sie auch einsatzgehärtet und nitriert. Auch rost- und zunderbeständige Stähle können in Sonderfällen W. sein. Folgende Gruppeneinteilung ist üblich:
- Unlegierte W.
- Kaltarbeitsstähle
- Warmarbeitsstähle
- Schnellarbeitsstähle

□ Unlegierte W. sind → Edelstähle und finden Anwendung als → Kaltarbeitsstähle. Ihre Bedeutung tritt gegenüber legierten Kaltarbeitsstählen zurück. Unlegierte Werkzeugstähle lassen sich im Normalfall nicht durchhärten (→ Härtbarkeit) und besitzen daher unter einer harten, verschleißbeständigen Oberfläche einen weichen Kern.

□ Kaltarbeitsstähle sind legierte W. zur Fertigung von Werkzeugen, bei denen die Oberflächentemperatur von rd. 200 °C im allgemeinen nicht überschritten wird. In diesem Temperaturbereich haben diese Stähle hohe Härten, gute → Zähigkeit und gute Schneidhaltigkeit sowie ausreichenden Widerstand gegen Schlag, Druck und Verschleiß. Kaltarbeitsstähle sind den unlegierten W. hinsichtlich Härtbarkeit, Anlaßbeständigkeit (Beibehaltung der → Härte beim → Anlassen auch auf höhere Temperaturen) und → Verschleißwiderstand überlegen. Kaltarbeitsstähle werden bevorzugt für Werkzeuge zur Zerspanung und → Umformung eingesetzt.

□ → Warmarbeitsstähle sind Stähle, die im Einsatz eine Dauertemperatur von mehr als 200 °C annehmen sowie zusätzliche Temperaturen ertragen können. Durch sinnvolles → Legieren und Wärmebehandlung erhalten die Warmarbeitsstähle die ihrer Verwendungsart angemessenen Eigenschaften, die in ihrer Rangfolge unterschiedliches Gewicht haben können. Diese Eigenschaften sind: Anlaßbeständigkeit, → Warmfestigkeit (= nur geringer Abfall der mechanischen Eigenschaften bei hohen Temperaturen), Warmverschleißwiderstand, Warmzähigkeit (Zähigkeit) und → Temperaturwechselbeständigkeit (keine Beeinträchtigung der Werkstoffeigenschaften und → Rißbildung bei häufigen Temperaturänderungen).

□ → Schnellarbeitsstähle sind höher legierte W., die vorwiegend zum Zerspanen von Werkstoffen bei hohen Schnittgeschwindigkeiten eingesetzt werden. Die → Legierungselemente Cr, Co, Mo, V und W und die Wärmebehandlung verleihen den Schnellarbeitsstählen eine hohe Anlaßbeständigkeit und Warmhärte bis zu Temperaturen von 600 °C. Auf diese Weise werden lange Standzeiten auch bei Rotglut erreicht (Schneidstoffe). *Dahl/Bolbrinker*

Werkzeugverschleiß. Die Standzeit von Werkzeugen wird in der Regel durch → Verschleiß begrenzt.

Bei Zerspanungswerkzeugen hängt der Verschleiß entscheidend von der Schnittgeschwindigkeit bzw. von der Schnittemperatur ab (Bild). Durch chemische oder physikalische Abscheidung von Hartstoffschichten aus der Gasphase kann der W. in vielen Fällen stark vermindert werden. *Habig*

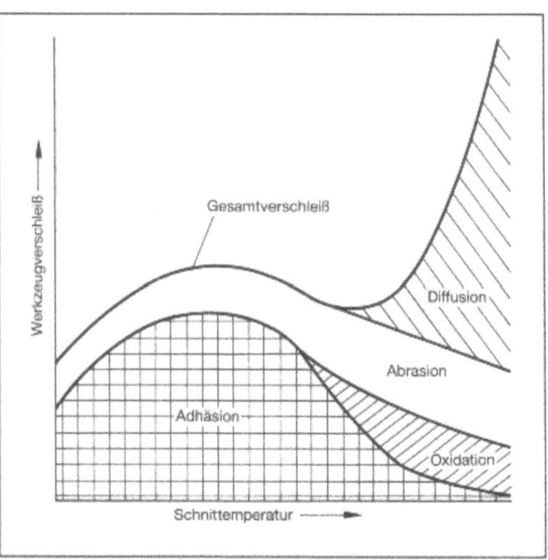

Werkzeugverschleiß: Verschleiß von Zerspanungs-Werkzeugen in Abhängigkeit von der Schnittemperatur (schematisch).

Whisker. Sehr feine, haarförmige → Einkristalle aus Metallen, Oxiden, Boriden, Karbiden, Graphit, Diamant usw. mit von 1 bis 30 µm (meist polygonaler Querschnitt) und mehreren cm Länge. W. haben aufgrund ihres nahezu störungsfreien Kristallaufbaus hervorragende mechanische Eigenschaften, sie haben etwa 1 000fach höhere Zugfestigkeiten als herkömmliche Einkristalle.

Die Herstellung von W. in Reinform kann durch Wachstum aus Lösungen, elektrolytische Abscheidungen und insbesondere durch Kondensation aus übersättigten Gasphasen erfolgen. Letzteres gilt z. B. für Graphit-, Diamant- bzw. SiC-W., die durch Keimwachstum in einer Kohlenwasserstoffatmosphäre bzw. Methyltrichlorsilanatmosphäre.

Einsatzmöglichkeiten von W. liegen im Bereich der → Verbundwerkstoffe, d. h. ausgerichtete Einlagerung der W. in einer Metall-, Polymer- oder Keramikmatrix. Die Festigkeiten dieser mit W. faserverstärkten Verbundwerkstoffe liegen um ein Vielfaches über denen der Matrixwerkstoffe. Die kostenintensive Herstellung der W. sowie fehlende rationelle Verfahren zur gerichteten Einlagerung in das Matrixmaterial haben den umfangreichen Einsatz von whiskerverstärkten Verbundwerkstoffen verhindert.
→ Faserwerkstoffe *Hesse/Hennicke*

Wickelbehälter. Der W. gehört zu den Mehrlagenbehältern. Auf ein zylindrisches Kernrohr, das z. B. dem Korrosions-Einfluß standhält, wird bei rund 1 000 °C und gleichzeitigem Bandzug ein profiliertes Stahlband aufgewickelt. Hierzu bedient man sich einer Vorrichtung, wie sie an einer Drehbank vorhanden ist, so daß sich die Spule mit dem Wikkelband in Längsrichtung des Kernrohres bewegt und auf diese Art und Weise eine Wanddicke in mehreren Lagen des profilierten Bandes entsteht. Durch Abkühlen und durch mechanischen Zug während des Wickelvorganges werden dann definierte Schrumpfspannungen in der Behälterwand erzeugt, die dem späteren Betriebsdruck entgegenwirken. Dieses Wickelband ist so profiliert, daß über seine Profilkämme ein axialer Verbund in der Behälterwand dergestalt möglich ist, daß in einer gewickelten Behälterwand axiale Kräfte übernommen werden und z. B. auch die Schrauben des Dekkelverschlusses ausreichende Halterung erfahren (→ Druckbehälter). *Strohmeier*

Wickeln. W. ist → Rundbiegen um mehr als 360 °. *Lange*

Wickeltechnik → Faserverbundwerkstoffe

Wide-plate-Probe → Sprödbruchprüfung

Widerstandsfähigkeit von Zement → Zementstein

Widerstandsschweißen. Die zum → Schweißen erforderliche Wärme wird durch Stromfluß über den elektrischen Widerstand erzeugt (Widerstandswärme, Joulesche Wärme). Geschweißt wird mit oder ohne Kraft und meist ohne → Schweißzusatz. Die Verfahren können nach Art der Stromübertragung und dem Ablauf des Schweißens (Widerstandspreß- oder Widerstandsschmelzschweißen) oder nach Stromart sowie dem zeitlichen Verlauf von Strom und Kraft eingeteilt werden (→ Schweißverfahren). *Dorn*

Literatur: DIN 1910 Tl. 5: Schweißen; Schweißen von Metallen; Widerstandsschweißen; Verfahren. Berlin, Köln 1986. – *Eichhorn, F.:* Schweißtechnische Fertigungsverfahren. Bd. 1. Schweiß- und Schneidtechnologien. Düsseldorf 1983.

Widerstandswerkstoffe → Leiterwerkstoffe

Widmannstätten-Gefüge. In Stählen kann bei der Austenit-Umwandlung bei beschleunigter → Abkühlung eine Abscheidung des voreutektoiden Ferrits im Austenitkorn in nadeliger bis plattenförmiger Form auftreten. Die Nadeln wachsen von den Austenitkorngrenzen oder bilden sich auch innerhalb der Austenitkörner. In beiden Fällen sind die Ferritnadeln in bestimmten kristallographischen Richtungen des Austenits und späteren Perlits ausgeschieden. Eine solche Struktur mit bevorzugter Orientierung der Ausscheidungen in der Matrixphase nennt man *Widmannstätten*struktur. Die → Keimbildung einer Widmannstätten-Ausscheidung beginnt offenbar mit einer zur Matrix kohärenten Grenzfläche. Durch den engen Zusammenhang der Gitterorientierungen wird die → Grenzflächenenergie zwischen beiden Phasen vermindert und so diese Ausscheidungsform unter den gegebenen Bedingungen begünstigt.

Widmannstättensche und dendritische Strukturen können als äquivalente Formen fester Ausscheidungen in einer festen bzw. in einer flüssigen Phase angesehen werden. Eine Widmannstättensche Ferritbildung findet sich im allgemeinen bei Stählen vor allem solchen mit C-Gehalten von etwa 0,2–0,4 %, wenn ihr → Gefüge im Austenitgebiet durch hohe Temperaturen vergröbert war. Diese Gefügeausbildung sollte wegen verminderter Zähigkeitseigenschaften entweder vermieden oder, sofern ihre Entstehung nicht verhindert werden konnte, anschließend durch eine geeignete → Wärmebehandlung (sog. → Normalglühen) beseitigt werden. Auch in übereutektoiden Stählen werden bei erhöhten Abkühlgeschwindigkeiten Widmannstättensche Ausscheidungsformen des voreutektoiden Zementits beobachtet.

Auch beim → Schweißen von Stählen können in bestimmten Bereichen der → Schweißverbindung (Grobkornzone der Wärmeeinflußzone) solche W.-G.-Ausbildungen auftreten. *Gräfen*

WIG-Schweißen. Beim Wolfram-Inertgas-Schweißen (WIG) brennt ein Lichtbogen zwischen der Wolfram-Elektrode und dem Werkstück, wobei → Elektrode und Schmelzbad von Argon bzw. Helium umspült werden. Das WIG-Verfahren ist im allgemeinen ein Handschweißverfahren, so daß der Zusatzwerkstoff seitlich von Hand zugeführt werden kann. Durch dieses → Schutzgasschweißen erhält man sowohl bei Leichtmetallen als auch bei legierten Stählen Verbindungen von hoher Güte, da die schützende Gashülle eine Oxydation verhindert und auch das Ausbrennen von Legierungselementen. Aufbauend auf den Grundlagen dieses Schweißverfahrens sind ferner bekannt geworden: WIG-Schmelzpunkt-Schweißen und WIG-Impulsschweißen. *Strohmeier*

Wildseide. W. stammt von den Kokons wildlebender Arten von Seidenspinnerraupen, die in Asien in halbdomestizierten Zustand im Freien gehalten und betreut werden. Wichtigste Vertreter sind der indische, der chinesische und der japanische Tussahspinner (Eichenspinner), deren gestielte Kokons Hühnerei-Größe erreichen und graue, gelbbraune oder grünliche, schwer ausbleichbare Farbe haben.

Da ihre Kokons schlecht abhaspelbar sind, werden sie meist abgekocht, zerzupft und die Fasern nach dem Schappeverfahren versponnen. Die Einzelfäden sind erheblich gröber als diejenigen der → Naturseide (50–60 µm breit) und zeigen ihre Naturfarbe. Verarbeitet wird Tussahseide meist unfärbt zu rohseidenen Hemden-, Blusen- und Kleiderstoffen sowie für Samte und Plüsche. *Koch*

Winden. W. ist → Rollbiegen um mehr als 360 ° z. B. zur Fertigung von Schraubenfedern; diese können bei entsprechender Maschinensteuerung wechselnde Windungsabstände und/oder auch wechselnde Windungsradien erhalten. *Lange*

Winderhitzer. Der W. ist ein Wärmespeicher für das rekuperative Erhitzen des Windes für den → Hochofen. In einem Stahlmantel mit bis zu 10 m Durchmesser und 30 m Höhe ist ein Gitterwerk aus feuerfesten Formsteinen aufgeschichtet, durch dessen Kanäle heißes Rauchgas und Kaltwind abwechselnd strömen können. Ein Brennschacht ist entweder innerhalb des Stahlmantels angeordnet oder außenstehend mit diesem durch eine gemeinsame Kuppel verbunden.

In dem Brennschacht strömt das heiße Rauchgas aus Gasbrennern aufwärts, wird in der Kuppel umgelenkt und heizt dann, abwärtsströmend, das Gitterwerk auf. Nach Erreichen der gewünschten Temperaturverteilung in dem Gitter wird der Brenner abgeschaltet. Der in Turbogebläsen auf einen Druck von 2,5–3,8 kg/cm^2 verdichtete Kaltwind strömt in umgekehrter Richtung durch das Gitterwerk und den Brennschacht in die Heißwindleitung zum Hochofen.

Um die erwünschte Heißwindtemperatur von 1 400 °C zu erreichen, werden das → Gichtgas, mit dem die Winderhitzer beheizt werden, und die Brennluft vorgewärmt. Dazu kann das Abgas, das den W. in der Heizperiode mit etwa 250 °C verläßt, in Wärmetauschern genutzt werden. Eine Anlage hat meist drei W., die wechselweise auf Heiz- und Windperiode umgeschaltet werden. Die Steuerung der Anlage erfolgt heute mit Rechnern unter Verwendung von mathematischen Prozeßmodellen zur Optimierung des Energieverbrauchs. *Rellermeyer*

Wirbelsintern → Oberflächenbehandlung

Wismutlegierungen. Wismut wird durch Rösten, Reduzieren und elektrolytisches Raffinieren (99,3–99,8 % Bi) aus Wismutglanz (Bi$_2$S$_3$) oder Wismutocker (Bi$_2$O$_3$) in Cu- und Pb-Erzen gewonnen. Es dehnt sich beim → Erstarren aus (negatives → Schwindmaß, ca. 1,1 %), hat eine hohe Thermokraft (z. B. Bi-Ag) und hat die geringste elektrische und Wärmeleitfähigkeit aller Metalle.

W. werden bisher vor allem verwendet für Lote und Legierungen mit niedrigstem → Schmelzpunkt (47–100 °C), für Sicherungen, für Füllmaterial und Verankerungen von Prägestöcken, für Kunststoffgießformen, für Feuerwerkskörper und Leuchtfarben, und als Legierungsbestandteile von Lagermetallen, Sonderbronzen und Sondermessinge (→ Kupferlegierungen). Eutektische Legierungen mit Zinn oder Kadmium werden in der Halbleitertechnik zum Aufbringen (Sprühen) von Deckschichten auf Selen verwendet. Wegen der geringen Neutronenabsorption können sie in Reaktoren als Kühlschmelze gebraucht werden. Die geringe Leitfähigkeit wird bei neueren Anwendungen für Radaranlagen und Panzerplatten mitberücksichtigt. *Heller*

Wöhlerkurve → Dauerschwingversuch

Wöhlerversuch → Dauerschwingversuch

Wolfram-Inertgas-Schweißen → Schutzgasschweißen; → WIG-Schweißen

Wolframcarbid-Kobalt-Schichten. Oberflächenschutzschichten mit 85–91 % Wolframcarbid WC und 15–9 % Kobalt, die meistens durch thermisches → Spritzen aufgebracht werden. Die Härte der Schichten liegt zwischen 1 050 und 1 300 HV. Sie besitzen einen hohen Widerstand gegen → Abrasion und → Adhäsion bei Paarung mit → Stahl und Aluminiumoxid. Bis zu einer Temperatur von 540 °C haben sie eine hohe Oxidationsbeständigkeit. *Habig*

Wolframcarbidschichten. Oberflächenschutzschichten, die durch chemische → Abscheidung aus der Gasphase (CVD) bei relativ niedrigen Temperaturen (~400 °C) gebildet werden. Zur Verbesserung der → Haftung der Schicht wird vor dem CVD-Prozeß häufig eine Nickel-Phosphor-Schicht durch fremdstromloses → Abscheiden auf den Grundwerkstoff aufgebracht. Bei dem abgeschiedenen Wolframcarbid handelt es sich um W$_2$C. Die Schichtdicke liegt meistens unter 10 µm, die Härte der Schicht beträgt ca. 2 100 HV 0,05. W. haben einen hohen Widerstand gegen → Abrasion.

Weitaus häufiger als durch CVD erzeugte W. werden thermisch gespritzte → Wolframcarbid-Kobalt-Schichten angewendet. *Habig*

Wolframlegierungen. Wolfram findet wegen seines hohen Schmelzpunktes (3 300° C) Anwendung als → Hochtemperaturwerkstoff in der Elektrotechnik und als → Hartmetall in der Stahlverarbeitenden Industrie. Als kommerzielle hochschmelzende W. kann bisher nur die pulvermetallurgisch hergestellte Oxiddispersionslegierung mit 2 % ThO$_2$

($W \cdot 2\ ThO_2$) angesehen werden. Sie ist in der →Zeitstandfestigkeit und →Warmfestigkeit oberhalb etwa 1 900 °C allen anderen Legierungen überlegen. Eine Erhöhung der Warmfestigkeit von Wolfram (bei 1 925 °C noch $R_m = 170\ N/mm^2$ bei 2 000 °C 70 N/mm^2) im Temperaturbereich bis 2 000 °C kann auch durch Karbidhärtung mit Zusätzen von 0,5 bis 0,8 % Hf und 0,02 bis 0,03 % C und auch kombiniert mit einem Zusatz von 3 bis 5 % Re erreicht werden.

Wolfram wird aus Wolframiterzen (Fe, Mn)O · WO_3, die etwa 0,5 bis 1,5 % WO_3 enthalten, entweder elektrothermisch oder aluminothermisch reduziert und als Ferrowolframlegierungen weiterverarbeitet. Eine typische Analyse für eine aluminothermische Qualität ist: W75–85; C0,05; Si2; Mn0,5; Al0,3; Sn, As, P und S je 0,05 %; Rest Fe. Wegen der hohen →Härte und Sprödigkeit, der hohen Schmelztemperatur und der guten Wärmeleitfähigkeit kommt häufig nur die pulvermetallurgische Verarbeitung in Frage (→Sondermetalle). →Schweißen ist schwierig, →Punktschweißen möglich.

WAg- oder WCu-Pulver werden zu Sinterpreßlingen für elektrische Kontakte (z. B. Zündverteiler), W_2C oder WC als Guß- bzw. Sinterhartmetalle, auch für Schweißelektroden verwendet. Reines Wolfram ist in Glühfäden und Elektronenröhren eingesetzt. In der Stahlindustrie ist Wolfram als Karbidbildner für Warmarbeitsstähle, Schnellstähle, Stellite usw. unentbehrlich. Das Thermoelement W-Mo arbeitet bis 2 500 °C. In der Raumfahrttechnik wird die hochschmelzende W. für Raketendüsen verwendet. *Heller*

Wolle. W. ist ein tierischer Eiweißfaserstoff. Von Haaren unterscheidet sich W. durch seine feineren und meist gekräuselten Fasern. Von den technisch bedeutenden Wollen und Haaren sind zu nennen: Schafwolle, Ziegenhaarwolle, Kamelhaar, Roßhaar, Rinderhaar.

Bezüglich der Beschaffenheit der Haare unterscheidet man
- Flaum- oder Wollhaar: feine, weiche, gekräuselte →Faser, am häufigsten vorkommend; ohne Mark.
- Grannenhaar: wenig gewellt, grob, wenig schmiegsam, teilweise markführend.
- Stichel- oder Leithaar: steif und grob, kaum gebogen markführend.
- Borste: besonders dick und steif.

Ein Fertigprodukt darf nur die Bezeichnung W. tragen, wenn es aus mindestens 70 % W. besteht. Die Bezeichnung *reine* W. darf nur verwendet werden, wenn maximal 5 % Beimischungen anderer Fasern zur Erzielung bestimmter Effekte nicht überschritten werden. Diese Richtlinien beziehen sich nicht auf Grundgewebe, Bindeketten und Schüsse sowie Zwischengewebe, welche im Warenbild nicht sichtbar werden.

□ Schafwolle: Haare von verschiedenen Rassen des Hausschafes *ovis aries L.* Hauptausfuhrländer von W. sind Australien, Argentinien, Neuseeland und Uruguay.

Die Ausbeute an W. pro Schaf hängt einerseits von Rasse, Geschlecht und Alter ab, andererseits vom Futter, der Haltungsweise und vom Klima. Zwei Schuren pro Jahr ergeben etwa 10 % mehr W. als eine Wollschur.

Der beim Scheren des Schafes erhaltene Wollverband wird als Vlies bezeichnet. Beim Vlies gruppieren sich um die Leithaare Gruppenhaare zu immer größeren Ordnungen wie Strähnchen, Stapelchen, Stapel, Stapelung bis hin zur Gesamteinheit Vlies.

Qualitätsbezeichnungen für Schafwollen leiten sich vielfach von Rassenbezeichnungen ab:
- Merinowolle: feine, weiche, stark gekräuselte, nicht zu lange Wolle.
- Cheviotwolle: lange, stärkere, weniger gekräuselte, glänzende Wolle.
- Crosshedwolle: mittellange und starke Wolle mit flachbogiger Kräuselung.
- Metiswolle: durch Metisation veredelte, sowjetische Wolle.

Bezüglich der Verwendung werden u. a. Tuchwolle (für feine, dichtgewalkte Tuche aus Streichgarnen), gröbere Buckskinwolle (für gewalkte Tuche aus Streichgarnen) und Kammwollen (für Kammgarne) unterschieden.

Der mikroskopische Aufbau der Wollhaare läßt sich in drei Schichten einteilen:
- Die *Cuticula* (Schuppendecke) bildet die äußere Schicht, die aus dachziegelförmig angeordneten Schuppen besteht, die bei unterschiedlichen Rassen recht unterschiedliche Form besitzen (oval, zugespitzt, gekerbt, abgeplattet . . .).
- Der *Cortex* (Faser- oder Rindenschicht) liegt unter der Cuticula und besteht aus Spindelzellen mit einer dazwischenliegenden Kittschicht. Die Spindelzellen bestehen aus Fibrillen mit 0,01–0,3 µm Durchmesser.
- Die *Medulla* (Markschicht) besteht aus eckigen Zellen, die als Strang oder als Markinseln vorhanden sind. Diese fehlen bei feinen W.

W. besteht aus verschiedenen Proteinen (Keratinen), die aus etwa 20 Aminosäuren zusammengesetzt sind. Die Aminosäuren bilden Hauptvalenzketten, die durch Wasserstoffbrücken, Cystinbrücken und Salzbrücken verbunden sind. Die Peptidbindung (. . .CO-NH . . .) ist die schwächste Stelle der Kette und muß bei chemischen Behandlungen geschont werden. Die Salzbrücken zwischen zwei Aminosäuren, die von verschiedenen Hauptvalenzketten stammen, können sich durch chemische Einflüsse und Dampf wieder spalten.

Die verschiedenen Polypeptidketten werden zu

Micellen zusammengefaßt, die kristalline Bereiche enthalten. Die Micellen liegen in einer amorphen Substanz aus niedermolekularem Protein, das durch Disulfidbrücken stark vernetzt ist.

□ Eigenschaften: Beim Dämpfen von gedehnten Wollfasern mit Entspannen unter Dampf kann sich das Haar bis zu 30 % seiner Ausgangslänge infolge des Spaltens einiger Brücken verkürzen. Beim längeren Dämpfen bilden sich neue Brücken, wodurch Fixierung stattfindet. W. quillt in Wasser, wobei Querbrücken aufspalten. Geringe Mengen an Keratin können sogar in Lösung gehen. Gespannter Dampf und trockene Wärme über 100 °C wirken faserschädigend.

Für die Wollverarbeitung ist das Kräuseln der W. von Bedeutung. Zerreißt man ein gekräuseltes Haar, so nehmen die beiden Enden an der Bruchstelle nicht wieder die ursprüngliche Form an, sondern rollen sich infolge von inneren Spannungen zusammen. Beim Filzen wandern die Haare in Richtung des Wurzelendes, bedingt durch die Anordnung der Schuppen, wodurch ein fester Zusammenhalt zwischen den Fasern entsteht. Mit dem Filzen hängt auch das Einlaufen der Wollwaren während des Tragens und der Wäsche zusammen. Das Filzen kann durch eine Chlorbehandlung vermindert werden. Durch Behandlung mit unterschiedlichen Chemikalien kann der W. mehr oder weniger Glanz verliehen werden.

W. kann bis zu 50 % ihres Gewichtes Wasser aufnehmen. In trockener Luft enthält W. noch 7–10 % Wasser. Basen sind im allgemeinen schädigend; die Beständigkeit gegen Säuren ist besser. Oxidations- und Reduktionsmittel können bei milder Behandlung ohne schädlichen Einfluß als Bleichmittel angewendet werden.

Die Farbgebung mit Farbstoffen erfolgt heute dauerhaft. Die Verwendung von pflanzlichen Farben in früheren Zeiten erzeugte „lebendigere" Farbgebungen, welche jedoch oft nicht „lichtecht" waren. W. ist gegen Motten besonders anfällig, kann jedoch durch Eulanisieren weitgehend mottenresistent gemacht werden. Die physiologischen Eigenschaften der W. sind besonders gut, da diese wärmehaltend und feuchtigkeitsregulierend sind.

Für die Wollqualität ist die Feinheit besonders ausschlaggebend. Ein und dasselbe Haar wird von der Basis zur Mitte hin gröber und zur Spitze wieder feiner. Das Lamm hat die feinste W. Im 4. Lebensjahr des Tieres ist die W. am dichtesten. Die Bockwolle ist gröber als die W. vom Muttertier. Die mittleren Faserlängen betragen etwa 50–200 mm. Feine Wollqualitäten haben kürzere Fasern als grobe.

Die Dichte der W. beträgt 1,32 kg/dm³. W. besitzt eine gute Zugelastizität, hohe Knitterholbarkeit und hohe Dauerbiegbarkeit. Die Verarbeitbarkeit von W. beim Spinnen und Weben u. a. ist sehr gut.

□ Ziegenhaar. Die Qualitäten sind vor allem durch Rassen bedingt

– Hausziegenhaar: 4–10 cm lang. Verwendung für Filze und grobe Haargarne (Loden und Teppiche).

– Angoraziegenhaar (Mohair): bis zu 20 cm lang. Sehr weiche glänzende und wenig gekräuselte Haare der Angoraziege *Capra hircus* angorensis.

– Kaschmirziegenhaar, gewonnen von der Ziege *Capra hircus laniger*. Die W. wird durch Ausrupfen oder Auskämmen während des Haarwechsels gewonnen. Sie enthält weiche, kurze, feine Wollhaare und lange, grobe, schlichte Grannenhaare. Die Trennung erfolgt durch Kämmen. Die Wollhaare werden in der Bekleidungsindustrie verwendet (→ Baumwolle; → Seide; → Faserherstellung).

Schuh

worst-case-Analyse. Spezielle Art der Toleranzanalyse.

Unterstellt wird, daß in einer Schaltung die Bauelemente jeweils die für die Schaltung ungünstigsten, gerade noch innerhalb der Toleranz liegenden Parameterwerte haben. Untersucht wird, wie weit die Zielfunktion der Schaltung bei den minimalen, bzw. maximalen Bauelementwerten von ihrem Sollwert abweicht.

Da die Bauelementkennwerte oft normalverteilt sind, mit positiven und negativen Abweichungen vom Mittelwert, ist es äußerst unwahrscheinlich, daß sich in einem Gerät jeweils die ungünstigsten Toleranzen addieren. Sie werden sich vielmehr jeweils ausmitteln. Der worst-case-Zustand wird also äußerst selten auftreten. *Schrüfer*

Würfeltextur → Textur

Wurzelschutz beim Schweißen → Schweißbadsicherung

X

XPS → Oberflächenanalytik

Z

Zäh. → Zähigkeit beschreibt verschiedene Eigenschaften, je nachdem ob Fluide oder Festkörper betrachtet werden.

Der Spannungstensor in Newtonschen Fluiden setzt sich additiv aus einem Druck- und einem Reibungsanteil zusammen. Der Reibungsanteil ist den Geschwindigkeitsgradienten proportional. Die dabei auftretenden Proportionalitätsfaktoren sind die für das jeweilige Fluid charakteristischen Materialgrößen μ_1, μ_2; sie werden auch Koeffizienten der dynamischen Zähigkeit genannt.

In inkompressiblen Fluiden mit konstanter Dichte ist das Verhältnis von dynamischer Zähigkeit und Dichte, die sogenannte kinematische Zähigkeit

$$\upsilon = \frac{\mu_1}{\rho} \text{ wichtig.}$$

Für die meisten Fluide hängt die Zähigkeit noch von der Temperatur ab. Dies kann zu Schwierigkeiten führen. So muß man z. B. bestrebt sein, bei Schmierölen für Automotoren die Zähigkeit weitgehend unabhängig von der Temperatur zu machen, damit bei allen auftretenden Temperaturen die Schmiereigenschaften dieser Öle dieselben sind (Mehrbereichsöle).

Bei festen Körpern bezeichnet Z. die Eigenschaft, sich unter Belastung vor dem Bruch plastisch verformen zu können. Zweckmäßiger ist der Begriff zähes Verhalten, da die plastische Verformbarkeit nicht nur eine Eigenschaft des Werkstoffes ist, sondern unabhängig davon vom → Spannungszustand im belasteten Bauteil abhängt (→ Festigkeitsverhalten). Ein exaktes Maß für die Zähigkeit gibt es nicht, da zwei Werkstoffe, die bei gleicher Probengeometrie ein ähnliches Maß an Zähigkeit zeigen, sich unter anderen Beanspruchungsbedingungen wesentlich verschieden voneinander verhalten können.

Zur Beurteilung, ob ein Werkstoff die Anforderungen, die an ein bestimmtes Bauteil gestellt werden, erfüllt, wurden verschiedene Prüfverfahren entwickelt. Zunächst ist der → Zugversuch zu nennen, bei dem unter zügiger Belastung ein zylindrischer Stab zu Bruch gefahren wird. Die bis zum Bruch erreichte → Einschnürung sowie auch die Verlängerung der Probe sind ein Maß für die Zähigkeit des Werkstoffes.

Der meist durchgeführte Versuch zur Bestimmung der Zähigkeit ist der → Kerbschlagbiegeversuch, bei dem eine einseitig gekerbte Probe durch schlagartige Beanspruchung auf Biegung gebrochen und die dazu verbrauchte Energie gemessen wird. Diese Energie, bezogen auf den Kerbquerschnitt, wird als Kerbschlagzähigkeit bezeichnet. Trägt man die Kerbschlagzähigkeit über der Temperatur auf, so zeigen sich drei charakteristische Bereiche dieser Kerbschlagzähigkeits-Temperatur-Kurve: Bei tiefen Temperaturen erreicht die Kerbschlagzähigkeit nur geringe Werte, nimmt im Übergangsgebiet rasch zu, erreicht die Hochlage und sinkt mit zunehmender Temperatur wieder langsam ab (→ Kerbschlagbiegeversuch). Unter Berücksichtigung des Spannungszustandes wird diese Kurve zur Beurteilung des Verformungsverhaltens eines Bauteils herangezogen.

In der → Bruchmechanik wird an verschiedenen Probenformen das Verhalten rißbehafteter Bauteile untersucht. Wichtigste Probe ist die CT-Probe (Compact-Tenison-Probe), an der der kritische Spannungsintensitätsfaktor, genannt → Bruchzähigkeit, bestimmt wird, bei dem Einreißen der Proben unter ebenem Spannungszustand eintritt (→ Faltversuch, → Bruchmechanik). *Kußmaul*

Zähigkeit. Unter Z. versteht man im allgemeinen das plastische → Formänderungsvermögen bis zum

Bruch. Als →zäh werden daher Werkstoffe bezeichnet, die sich vor dem Bruch makroplastisch verformen lassen. Als spröde wird demgegenüber ein Werkstoffverhalten bezeichnet, bei dem eine makroskopisch meßbare →Verformung vor dem Bruch nicht auftritt.

Nach dem →Bruchmechanismus erfolgt der Bruch bei zähem Verhalten im allgemeinen als →Gleitbruch, bei sprödem Verhalten als →Spaltbruch.

Als Maßzahl zur Quantifizierung der Z. dient einmal die Energieaufnahme oder die Verformung bis zum Bruch, wenn zähes Verhalten vorliegt. Andererseits wird zur Kennzeichnung der Z. auch eine →Übergangstemperatur angegeben, bei der der Wechsel vom zähen zum spröden Verhalten eintritt. Die Lage der Übergangstemperatur hängt von den Versuchsbedingungen und dem gewählten Kriterium ab, in der Tendenz weisen zähere Werkstoffe niedrigere Übergangstemperaturen auf. Aus der unterschiedlichen Kennzeichnung der Z. durch das Verhalten in der Hochlage oder eine Übergangstemperatur ergeben sich manchmal Unsicherheiten bei der Bewertung eines Stahls. *Dahl*

Zeit-Temperatur-Austenitisierungsschaubild.

(ZTA-Schaubild). Am Anfang einer →Wärmebehandlung werden →Stähle meist in das Gebiet des Austenits erwärmt (→Eisen-Kohlenstoff-Zustandsschaubild). Die dabei ablaufenden Vorgänge können in Form von Schaubildern für isothermische oder für kontinuierliche Austenitisierung dargestellt werden. Bild 1 zeigt das ZTA-S. eines Stahls 34 CrMo 4 für isothermische Austenitisierung. Proben wurden sehr schnell auf die gewünschte Temperatur erwärmt, bestimmte Zeiten gehalten und dann abgeschreckt. Dargestellt ist jeweils das →Gefüge und im Bereich des Austenits die erreichte →Korngröße. Zusätzlich sind noch die mit 1 bis 4 bezeichneten Linien gleicher Härte und gleicher Martensittemperatur nach →Abschrecken dünner Plättchen in Salzwasser mit angegeben. Diagramme dieser Art sind nur entlang der horizontalen Linien zu lesen.

Für die Anwendung wichtiger sind ZTA-S. für kontinuierliche Austenitisierung. Dabei wird das Gefüge während des Aufheizens mit unterschiedlicher Geschwindigkeit ermittelt. Für den Stahl 34 CrMo 4 ist ein solches Schaubild in Bild 2 wiedergegeben, das entlang der eingezeichneten Linien gleiche Erwärmungsgeschwindigkeit zu lesen ist. Aus dem Diagramm kann abgelesen werden, bei welcher Erwärmungsgeschwindigkeit und Temperatur ein homogener →Austenit bestimmter Korngröße erreicht wird. *Dahl*

Literatur: Werkstoffkunde Stahl. 2 Bde. (Hrsg. VDEh). Berlin–Düsseldorf 1984/85.

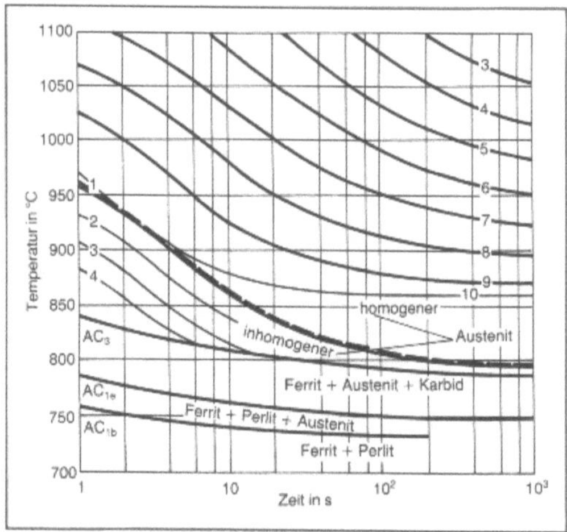

Zeit-Temperatur-Austenitisierungs-Schaubild 1: ZTA-S. eines Stahls 34 CrMo 4 für isothermische Austenitisierung. Zusammensetzung der untersuchten Schmelze: 0,34 % C, 0,34 % Si, 0,65 % Mn, 0,008 % Al, 1,07 % Cr, 0,17 % Mo, 0,0072 % N, 0,18 % Ni und 0,01 % V; Ausgangsgefüge: 40 % Ferrit + 60 % Perlit. Erwärmung auf Austenitisierungstemperatur mit 130 °C/s. Die gestrichelte Linie gibt die Trennung zwischen dem Bereich des homogenen und des inhomogenen Austenits wieder. Zusätzlich eingetragen sind zwischen Ac₃ und der Grenze zum homogenen Austenit Linien gleicher Härte und gleicher Mₛ-Temperatur nach Abschrecken dünner Plättchen in Salzwasser. In das Feld des homogenen Austenits sind Linien gleicher Austenitkorngröße (Kennzahl nach DIN 50601) eingezeichnet. Im Feld des inhomogenen Austenits entsprechen
Linie 1: $M_s = 325\,°C$, $HV1 = 610$
Linie 2: $M_s = 330\,°C$, $HV1 = 610$
Linie 3: $M_s = 340\,°C$, $HV1 = 605$
Linie 4: $M_s = 350\,°C$, $HV1 = 595$.

Zeit-Temperatur-Umwandlungsschaubild.

(ZTU-Schaubild): In ZTU-S. wird das →Umwandlungsverhalten von Stählen nach dem Austenitisieren bei isothermem Halten auf verschiedene Temperaturen oder bei kontinuierlicher →Abkühlung dargestellt. Bild 1 zeigt das ZTU-S. für isothermische Umwandlung des Stahles 41 Cr 4 nach dem Austenitisieren bei 840 °C. Proben wurden jeweils schnell auf bestimmte Temperaturen abgekühlt, isotherm gehalten und dabei die Gefügeentwicklung vom →Austenit in →Ferrit, →Perlit und →Bainit verfolgt. Die Information über den Ablauf der Umwandlung erhält man entweder durch Messung der damit verbundenen Längenänderung oder durch →Abschrecken nach bestimmten Zeiten. Eingetragen ist die Kurve für 1 % des entsprechenden Gefügeanteils und 99 %, also den Abschluß. Für die Martensitbildung kann nur der Beginn als

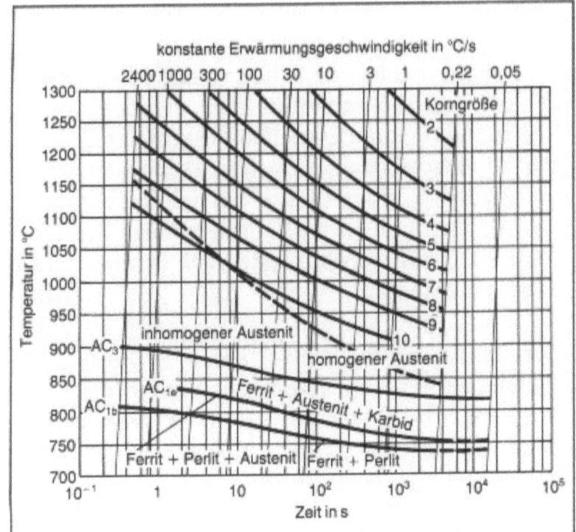

Zeit-Temperatur-Austenitisierungs-Schaubild 2:
ZTA-S. für kontinuierliche Austenitisierung des
Stahls 34 CrMo 4 aus Bild 1 im selben Ausgangszu-
stand. Zusätzlich eingetragen sind Linien gleicher
Austenitkorngröße (Kennzahl nach DIN 50601).

horizontale Linie eingezeichnet werden. Im rechten
Teilbild sind die sich einstellenden Gefügeanteile
für die verschiedenen Temperaturen und die daraus
resultierende → Härte angegeben.

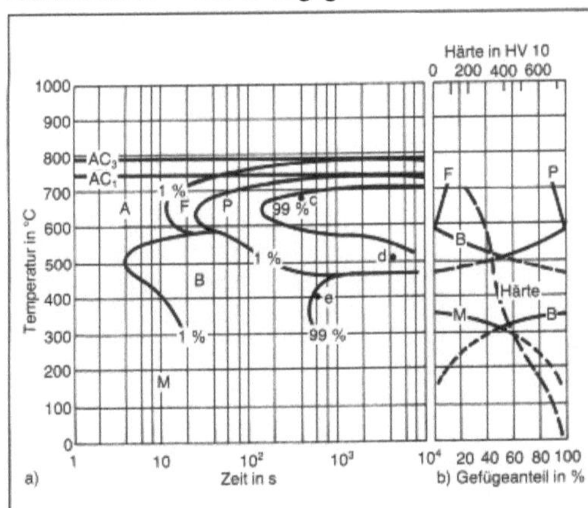

Zeit-Temperatur-Umwandlungsschaubild 1:
a) ZTU-S. für isothermische Umwandlung eines
Stahls 41 Cr 4 mit 0,44 % C, 0,22 % Si, 0,80 % Mn,
1,04 % Cr, 0,17 % Cu und 0,26 % Ni. Ausgangsge-
füge: 25 % Ferrit + 75 % Perlit; Austenitisierungs-
temperatur 840 °C, Erwärmdauer 2 min, Haltedauer
5 min, A = Austenit, F = Ferrit, P = Perlit, B =
Bainit, M = Martensit;
b) Gefügeanteile und Härtewerte, gemessen bei
Raumtemperatur. Haltedauer auf Umwandlungs-
temperatur jeweils bis zur Linie für 99 % Umwand-
lungsgefüge. Die Werte zwischen 320 °C und Raum-
temperatur sind geschätzt.

Für die Anwendung wichtiger sind die ZTU-S.
für kontinuierliche Abkühlung, für die als Beispiel
Bild 2 das Schaubild des Stahls 41 Cr 4 wiedergibt.
Das Bild ist längs der eingezeichneten Abkühlkurven zu lesen. Jeweils ist der Beginn und das Ende
der Umwandlung und der dabei erreichte Prozentsatz des Gefügeanteils angegeben. Im unteren Teilbild sind die erreichten Gefügemengen in Abhängigkeit von der Abkühlungsdauer von A_{C3} bis
500 °C und die sich einstellende Härte dargestellt.

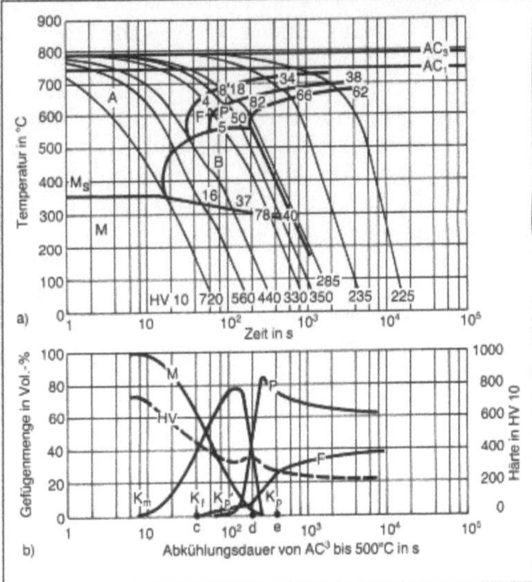

Zeit-Temperatur-Umwandlungsschaubild 2:
a) ZTU-S. für kontinuierliche Abkühlung des Stahls
41 Cr 4 aus Bild 1 Ausgangsgefüge: 25 % Ferrit +
75 % Perlit; Austenitisierungstemperatur 840 °C, Er-
wärmdauer 3 min, Haltedauer 8 min. Die Zahlen an
den Abkühlungskurven kennzeichnen den jeweils ge-
bildeten Gefügeanteil.
b) Gefügemengenkurven und Härteverlauf. Zur Er-
läuterung von K_m, K_f, K_p und $K_{p'}$. Die Zahlenwerte
sind: $K_m = 7,5 s$, $K_f = 43 s$, $K_{p'} = 80 s$, $K_p = 280 s$.

ZTU-S. liegen für die gängigsten Stähle vor und
können benutzt werden, um entweder für ein gegebenes Werkstück die geeignete Abkühlgeschwindigkeit zu entnehmen oder um bei gewünschten
Eigenschaften und gegebenen Abmessungen die geeignete Stahlsorte auszuwählen.   *Dahl*

Literatur: Werkstoffkunde Stahl. 2 Bde. (Hrsg. VDEh). Berlin–Düsseldorf 1984/85.

Zeitdehngrenze. Zur Ermittlung der Festigkeitswerte unter statischer Dauerzugbeanspruchung
wird die Z. und die → Zeitstandfestigkeit bestimmt
(→ Werkstoffermüdung, → Zeitstandversuch). Unter dem Einfluß der Belastung, Dehnung, Temperatur und Zeit verändern sich die Festigkeitswerte
eines Werkstoffs.

Die Zeitstandfestigkeit ist die →Spannung, die bei ruhender Belastung unter Temperatur nach einer bestimmten Zeit zum Bruch führt, z. B. $R_{m, 10000\,h, 650°C} \approx 130\,N/mm^2$.

Die Z. ist die Spannung, die bei ruhender Belastung unter Temperatur nach einer bestimmten Zeit die bestimmte Dehnung in % hervorruft, z. B. $R_{1\%, 1000h, 650°C} \approx 130\,N/mm^2$. Sie wird zeitlich früher erreicht als die Zeitstandfestigkeit. Je geringer die gewünschte Dehnung ist, desto schneller wird sie bei gleicher Spannung im Werkstoff erreicht.

Die Zeitdehngrenzlinien für gewünschte Dehnungen können an Bauteilen mit →Dehnungsmeßstreifen kontrolliert und ermittelt werden. Sie dienen dazu, bei entsprechenden konstruktiven Maßnahmen ein Bauteil vor dem Versagen zu bewahren.

Die Z. wird durch die Zeitstandprüfung bestimmt. Ihre Kennwerte lassen Aussagen über die →Warmfestigkeit eines Werkstoffs (meistens Metall) zu. *Heller*

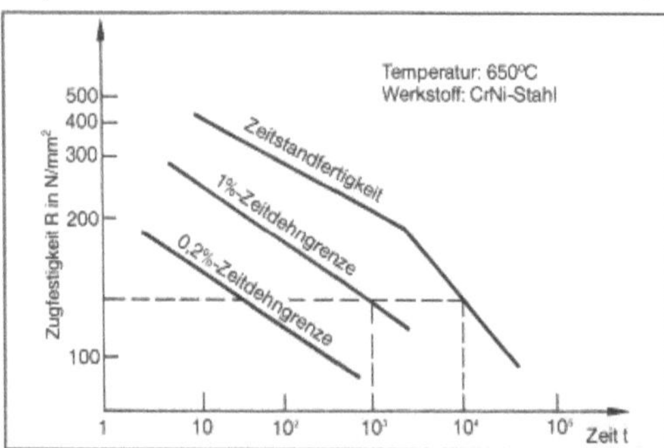

Zeitdehngrenze: Zeitstandprüfung mit Zeitdehngrenzlinien und Zeitstandfestigkeit (Gestrichelt: Beispiele im Text).

Zeitdehnschaubild →Zeitstandversuch

Zeitfestigkeit →Dauerschwingversuch; →Dehnungswechselversuch

Zeitgesetz →Hochtemperaturkorrosion, →Verzunderung

Zeitstandbruch →Zeitstandverhalten, →Großwinkelkorngrenze

Zeitstandfestigkeit →Zeitstandversuch

Zeitstandschaubild →Zeitstandversuch

Zeitstandverhalten. Verhalten von Werkstoffen bei hohen Temperaturen und langen Zeiten. Die Prüfung der erforderlichen Zeitstandfestigkeit erfolgt im →Kriechversuch, bei dem unter konstanter Belastung die →Dehnung bis zum Bruch kontinuierlich verfolgt wird, oder im →Relaxationsversuch, in dem bei konstanter Verlängerung die Änderung der sich einstellenden Kraft verfolgt wird. Aus dem Kriechversuch bei verschiedenen Spannungen und Temperaturen kann die Zeit bis zum Bruch und bis zum Erreichen bestimmter Dehnungen für verschiedene Ausgangsbelastungen abgelesen werden. Für den Einsatz bei hohen Temperaturen und damit im Bereich, in dem das Z. entscheidend ist, wurden warmfeste und hochwarmfeste →Stähle entwickelt. *Dahl*

Zeitstandversuch. Prüfverfahren zur Festigkeitsprüfung bei höherer Temperatur. Die Proben werden nach DIN 50 118 (Ausg. Jan. 1982) in der Zeitstandprüfeinrichtung bei konstanter Temperatur ruhend auf Zug beansprucht.

Das mechanische Verhalten →metallischer Werkstoffe wird beschrieben durch Ermittlung der →Kriechdehnung in Abhängigkeit von der Beanspruchungsdauer. Die Längenänderungen werden hierbei entweder fortlaufend bei Prüftemperatur und Belastung gemessen (nicht unterbrochener Z.) oder unbelastet bei Raumtemperatur (unterbrochener Z.). In der erhaltenen Zeitdehnkurve zeichnen sich bei linearer Auftragung mehr oder weniger deutlich drei Kriechbereiche ab (Bild 1). Ausgehend von einer plastischen Anfangsdehnung ε_i überwiegt im primären Kriechbereich die →Verfestigung, während im sekundären (oder stationären) Kriechbereich Ver- und →Entfestigung im →Gleichgewicht sind. Im tertiären Kriechbereich überwiegt die Entfestigung, es entstehen Poren (cavities) an den Korngrenzen und später Korngrenzentrennungen und Mikrorisse, die dann schließlich zum Bruch führen. Die Anteile der drei Kriechbereiche an der gesamten Beanspruchungsdauer bis zum Bruch können je nach Werkstoff, Temperatur und Höhe der Beanspruchung sehr unterschiedlich sein.

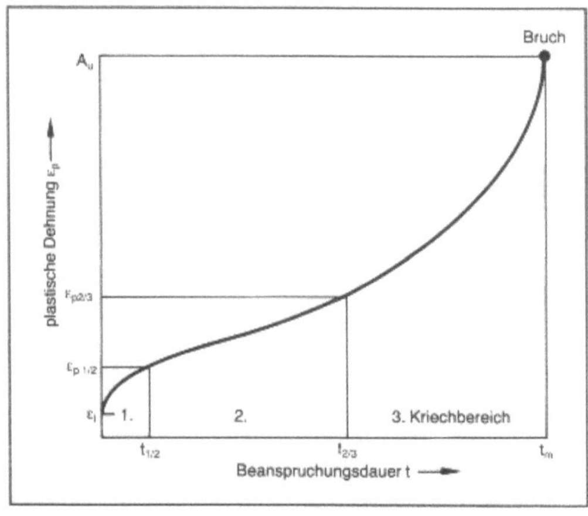

Zeitstandversuch 1: Lineares Zeitdehnschaubild (schematisch).

Kennzeichnende Kennwerte für einen Werkstoff bei einer bestimmten Temperatur werden aus einer Versuchsreihe mit verschiedenen Prüfspannungen abgeleitet. Zunächst werden die Zeitdehnkurven in einem doppellogarithmischen Zeitdehnschaubild als Kurvenschar dargestellt (Bild 2). Hieraus läßt sich für die unterschiedlichen Prüfspannungen die Beanspruchungsdauer für bestimmte plastische Dehnungen (z. B. 0,2 %, 0,5 % und 1 %) abgreifen. Diese führt zu den Zeitdehngrenzkurven im doppellogarithmischen Zeitstandschaubild (Bild 3), in dem auch die Beanspruchungsdauer bis zum Bruch als Zeitstandbruchkurve eingetragen wird. Aus dem Zeitstandschaubild abgelesen werden kann

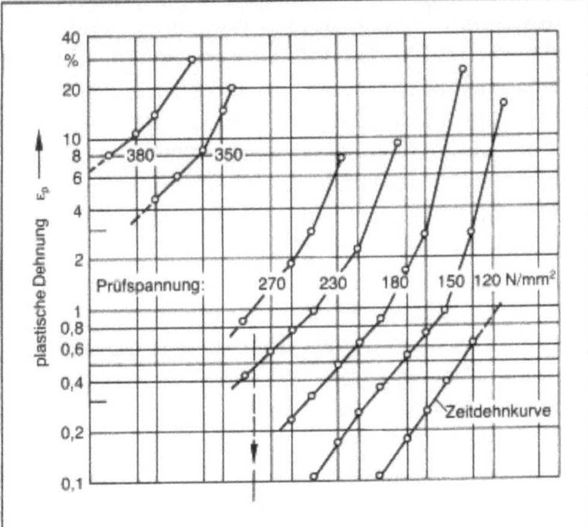

Zeitstandversuch 2: Zeitdehnschaubild.

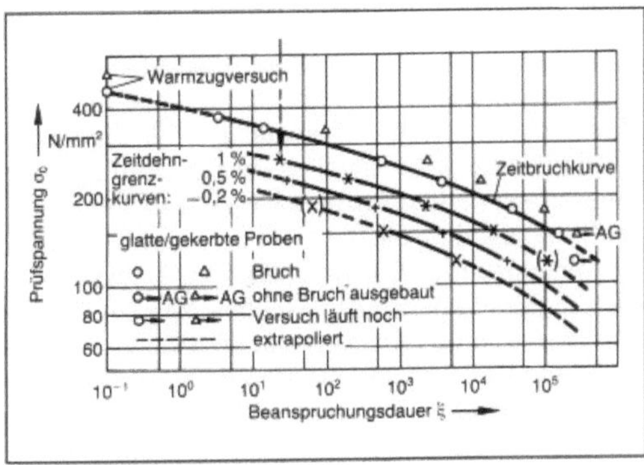

Zeitstandversuch 3: Zeitstandschaubild.

– die Zeitstandfestigkeit bei bestimmter Prüftemperatur als die Prüfspannung, die nach einer bestimmten Beanspruchungsdauer zum Bruch führt. ($R_m/10^5/550$ bezeichnet z. B. die Zeitstandfestigkeit für 100 000 h bei 550 °C).

– die → Zeitdehngrenze bei bestimmter Prüftemperatur als die Prüfspannung, die nach einer bestimmten Beanspruchungsdauer zu einer festgelegten plastischen → Dehnung führt (z. B.

$R_p1/10^4/500$: 1 %-Zeitdehngrenze für 10 000 h bei 500 °C).

Zum Nachweis einer Zeitstandversprödung können gekerbte Proben geprüft werden. Eine solche liegt dann vor, wenn gekerbte Proben vor den glatten Proben mit gleicher Prüfspannung brechen. Ursache ist, daß die Spannungsspitzen im Kerbgrund nicht mehr durch plastische → Verformung abgebaut werden können. Gleichzeitig werden als Folge der → Versprödung an den glatten Proben niedrigere Werte für die Zeitbruchdehnung und Zeitbrucheinschnürung ermittelt.

Schädigungsproben: Um den Einfluß der Zeitstandbeanspruchung auf den Werkstoff, z. B. Erweichen oder Verspröden (Zeitstandversprödung) zu erkennen, baut man belastete Proben nach einigen hundert oder tausend Stunden aus und prüft sie auf ihre → Härte, Festigkeitseigenschaften und Kerbschlagzähigkeit.

Abkürzungsverfahren: Da die Bestimmung der Zeitstandfestigkeit aus in Kurzzeitversuchen ermittelten Werten nicht möglich und der Aufwand für Langzeitversuche sehr hoch ist, wurde auch untersucht, ob aus Kurzzeitversuchen auf das → Zeitstandverhalten des Werkstoffes nach längeren Beanspruchungszeiten geschlossen werden kann. Hierzu gibt es eine ganze Reihe von Verfahren, bei denen zur Versuchsabkürzung die Temperatur und/oder die Beanspruchung erhöht wird. Die verwendeten numerischen Modelle sind teilweise experimentell, teilweise physikalisch abgeleitet worden. In den Formalismen wird entweder von Bruchdaten (Bruchlaufzeit) oder von der Kriechrate im stationären Kriechbereich ausgegangen.

Extrapolationen müssen jedoch mit Vorsicht und unter Kontrolle durch Langzeitversuche erfolgen, da die als Folge eventueller Phasenänderungen oder Ausscheidungen auftretenden Unstetigkeiten durch solche Parameter naturgemäß nicht wiedergegeben werden können.

Dies ist auch der Grund dafür, daß die → DVM-Kriechgrenze als Warmfestigkeitskennwert nicht mehr gebräuchlich ist (Beanspruchung, bei der sich nach einer Zeit von 30 h eine Kriechgeschwindigkeit von 10^{-3} %/h einstellt, wobei gleichzeitig die plastische Dehnung nach 45 h ≤ 0,2 % sein muß).

Kußmaul

Literatur: *Bickel, E.*: Die metallischen Werkstoffe des Maschinenbaues. 2. Aufl. Berlin-Göttingen-Heidelberg 1958. – *Granacher, J.*, u. *H. Wiegand*: Verf. zur Extrapol. d. Zeitstandfestigkeit. Arch. Ehw. 43 (1972) S. 699–704. – *Ilschner, B.*: Hochtemperatur-Plastizität. Berlin 1973. – *Pomp, A.*: Festigkeitsuntersuchungen bei hohen Temperaturen. In: Siebel, E.: Handb. d. Werkstoffprüfung. Bd. 2, 2. Aufl. Berlin-Göttingen-Heidelberg 1955 – *Richard, K.*: Arch. Metallkde. Bd. 3 (1949), S. 157/164. – N. N.: Verhalten warmfester Stähle im Langzeit-Standversuch bei 500 . . . 700 °C: Arch. Eisenhüttenw. 28 (1957), S. 245/344, S. 673/730. – VDI-Ber. 302, Düsseldorf 1977.

Zellbildung → Rekristallisation

Zellgefüge → Rekristallisation

Zellglas. Die im Viskoseverfahren hergestellte, alkalische Lösung von Cellulosexanthogenat kann durch eine Schlitzdüse, die in ein schwefelsaures Fällbad eintaucht, zu Folien geformt werden. Diese glasklaren oder transparent eingefärbten Folien (Dicke: 0,02 bis 0,5 mm, Breite bis 1 300 mm) werden als Z. bezeichnet.

Sie finden Verwendung als wasserdampfdurchlässige Verpackungsmaterialien, können aber auch durch Lackierung undurchlässig für Wasserdampf, Fette und Öle hergestellt und als Wursthüllen und isolierend Trennfolien für mehradrige Kabel eingesetzt werden. *Zahradnik*

Zellstoff. Zur Herstellung von hochweißen, weißgradstabilen → Papieren, Pappen und Kartons, sowie zur Gewinnung von → Cellulose für deren chemische Derivatisierung müssen das → Lignin, aber auch → Hemicellulosen mehr oder weniger vollständig aus dem → Holz entfernt werden. Die Intensität dieses Holzaufschlusses hängt von den für das spätere Endprodukt geforderten Eigenschaften ab. Je weiter das Lignin aus der Faser entfernt wird, desto günstigere Voraussetzungen sind gegeben, dem Endprodukt eine hohe Faserbindung zu verleihen, da die Ausbildung von Wasserstoffbrücken zwischen den Faseroberflächen an das Vorhandensein hydrophiler Gruppen in Form von OH- und Carboxyl-Gruppen gebunden ist, während das hydrophobe Lignin die Ausbildung von Wasserstoffbrücken behindert. Andererseits werden beim chemischen Aufschluß die Kohlenhydrate des Holzes angegriffen, wodurch die → Festigkeit der Faser selbst beeinträchtigt wird.

Weltweit werden etwa 120 Mio t/Jahr an Z. hergestellt. Davon entfallen ca. 80 % auf das Sulfatverfahren, 10 % auf das Sulfitverfahren und der Rest auf sonstige Verfahren.

Der Sulfat- oder Kraftprozeß verdankt seine Vormachtstellung der Möglichkeit, nahezu alle lignocellulosehaltigen Rohstoffe aufzuschließen, sowie den guten Eigenschaften der erzeugten Z. Als Aufschlußchemikalien werden Natronlauge, Natriumsulfid und Natriumcarbonat eingesetzt. Die Nachteile des Sulfatverfahrens liegen in seiner Geruchsbelästigung durch reduzierte Schwefelverbindungen, wie Schwefelwasserstoff und Mercaptane, sowie im relativ hohen Restligningehalt der Z., ihrer dunklen Farbe sowie der schwierigen Bleichbarkeit.

Die Sulfitprozesse schließen Holz mit einer wäßrigen Lösung von Natrium-, Ammonium-, Magnesium- oder Kalziumsulfiten bzw. Bisulfiten auf. Am weitesten verbreitet sind Magnesium- und Kalziumbisulfit-Verfahren, die mit einem Überschuß an SO_2 im stark sauren pH-Bereich aufschließen. Mit diesen Verfahren kann nur eine begrenzte Anzahl von Hölzern aufgeschlossen werden. Nicht verwendbar sind z. B. Hölzer wie Kiefer, Douglasie und Lärche, die im Kernholz im sauren pH-Bereich zu Kondensationen neigende Inhaltsstoffe haben. Auch gegen Rindenbestandteile sind diese Verfahren sehr empfindlich. Sulfitverfahren ermöglichen die Herstellung von Z. mit hohen Ausbeuten, niedrigem Restligningehalt und leichter Bleichbarkeit. Die Festigkeiten der Sulfitzellstoffe liegen jedoch deutlich unter den Sulfatzellstoffen.

Die Ablaugen aus dem Aufschlußprozeß werden in mehreren Waschstufen vom Z. abgetrennt, eingedampft und verbrannt. Die gewonnene Energie kann den Energiebedarf des gesamten Zellstoffherstellungsprozesses decken. Die Chemikalien können in Abhängigkeit vom eingesetzten Aufschlußverfahren weitgehend zurückgewonnen werden, wodurch im Bereich der Zellstoffkochung eine Kreislaufschließung möglich ist.

Zur Erzeugung von hochweißen, ligninfreien Produkten müssen die Z. zur Entfernung des noch vorhandenen Restlignins einer Bleiche unterworfen werden. Dies geschieht in mehreren Bleichstufen, wobei Bleichmittel, wie Chlor, Hypochlorit, Chlordioxid eingesetzt werden. Die anfallenden Bleichereiablaugen werden in die Vorfluter geleitet und belasten diese erheblich, unter anderem mit biologisch sehr schwer abbaubaren organischen Chlorverbindungen. *Patt*

Literatur: *Rydholm, S.:* Pulping Processes. New York – London – Sydney 1965. – *Lengyel, P.* und *S. Morvay:* Chemie und Technologie der Zellstoffherstellung. Biberach/Riss 1973.

Zement. Z. sind feingemahlene hydraulische → Bindemittel, die ohne vorherige Luftlagerung unter Wasser erhärten können und dann unter Wasser beständig sind. Sie bestehen im wesentlichen aus Verbindungen von CaO mit SiO_2, Al_2O_3 und Fe_2O_3, die durch → Sintern oder → Schmelzen entstanden sind. Mit wenigen Ausnahmen, die aber im Bauwesen keine Rolle spielen, werden sie auf Portlandzementbasis hergestellt, und zwar als reine Portlandzemente (PZ) oder durch Zumahlen von reaktionsfähigen oder inerten Stoffen zum PZ-Klinker.

Zu den reaktionsfähigen Stoffen zählen vor allem

□ granulierte → Hochofenschlacke (→ Hüttensand), die durch schnelles Abkühlen aus dem Schmelzfluß zur glasigen → Erstarrung gebracht wurde,

□ Traß, ein feingemahlener vulkanischer Tuffstein mit 50–70 % reaktionsfähiger Kieselsäure und

□ Flugasche, die im Elektrofilter von Steinkohlenkraftwerken abgeschieden wird.

Als inerter Stoff wird bisher nur Kalksteinmehl (auch als Kreide) verwendet. Zusammen mit Wasser erhärtet der Z. zum →Zementstein (→Erhärten) und verkittet die groben und feinen Körner des Zuschlags (→Betonzuschlag) zum →Beton, dessen Eigenschaften im wesentlichen von den Eigenschaften des Z. und der Struktur des Zementsteins abhängen.

Der am meisten verwendete Z. ist der Portlandzement (PZ). Er ist ein hydraulisches Bindemittel, das aus innig gemischten und gleichmäßig verteilten, besonders aufbereiteten Rohstoffen hergestellt wird, die Calciumoxid (CaO), Tonerde (Al_2O_3), Kieselsäure (SiO_2) und Eisenoxid (Fe_2O_3) enthalten. Er wird bis zur Sinterung gebrannt und muß die Bedingungen der DIN 1164 erfüllen. Die Bestandteile sind im PZ in folgenden Anteilen (massebezogen) enthalten und werden aus folgenden Rohstoffen gewonnen:

□ 61–69 % CaO aus Kalkstein, Mergel, Kreide,

□ 4–8 % Al_2O_3 aus Ton und Mergel,

□ 18–24 % SiO_2 aus Ton, Quarzsand, Hochofenschlacke, Flugasche,

□ 1–4 % Fe_2O_3 aus Ton, Bauxit, Kiesabbrand.

Die Rohstoffe werden gemahlen und je nach Ausgangsprodukt entweder im
– Naßverfahren (Dickschlammverfahren) oder im
– Trockenverfahren gemischt und aufbereitet. Den Rohschlamm bzw. das Rohmehl brennt man im Schacht- oder Drehofen bis zur Sinterung bei 1 400–1 500 °C zu Klinker (Der Name Klinker stammt daher, daß der Rohschlamm früher zu Rohlingen im Ziegelformat geformt und im Ringofen „klingend" hart gebrannt wurde). Die abgekühlten, etwa walnußgroßen Klinkerkörner werden in Kugelmühlen unter Zugabe von Calciumsulfat (→Erstarren) gemahlen. Zur Herstellung von weißem und farbigem Beton verwendet man weißen PZ, der aus eisen- und manganarmen Rohstoffen unter besonderen Brenn-, Abkühl- und Mahlbedingungen hergestellt wird.

Außer dem PZ sind die wichtigsten Z. Eisenportlandzement (EPZ) und Hochofenzement (HOZ), die aus PZ-Klinker und granulierter Hochofenschlacke (Hüttensand) zusammengesetzt und zusammen gemahlen werden. EPZ enthält massebezogen bis 35 %, HOZ bis 80 % Hüttensand. Die Produktion aller anderen Z. (Traßzement, Traßhochofenzement, Flugaschezement, Ölschieferzement, Portland-Kalkstein-Zement) liegt in der BR Deutschland unter 1 % der gesamten Zementproduktion. *Wesche*

Zementbeton, kunstharzimprägnierter →Zementbeton, kunstharzmodifizierter

Zementbeton, kunstharzmodifizierter. Werden normalen Zementbetonmischungen bei der Herstellung im Werk oder auf der Baustelle →Kunststoffe in Form wäßriger Dispersionen von Thermoplasten oder in Form wasseremulgierter, reaktionsfähiger Duroplastvorprodukte zugegeben, so lassen sich bestimmte unerwünschte Frischbeton- und Festbetoneigenschaften verbessern. Ziele der Modifikationen sind: bessere Verarbeitbarkeit, höhere Zug- und Haftfestigkeiten, bessere →Chemikalienbeständigkeit, günstigeres Verschleißverhalten. Kunstharzmodifizierte →Betone und Mörtel werden im internationalen Sprachgebrauch als →Polymer Cement Concretes (PCC), bei Verwendung wasseremulgierter EP-Harze auch als Epoxi Cement Concretes (ECC) bezeichnet.

□ Dispergierte Thermoplaste. Handelsüblich sind dispergierte Kunststoffe mit Teilchengrößen von rd. 0,1–5 µm Dmr. aus →Polyvinylacetat, →Polyvinylchlorid, →Polymethylmethacrylat, Butadienstyrol, Polyvinylpropionat und zahlreichen Modifikationen und Mischpolymerisaten dieser Stoffe. Die dispergierten Kunstharze sind Bestandteile der kontinuierlichen Phase des Baustoffes →Beton, des Zementsteines. Dabei ist ihr Anteil wesentlich höher als der der Betonzusatzmittel, die die mechanischen Eigenschaften des erhärteten Betons nicht oder nur unwesentlich beeinflussen. Im Sinne der deutschen Bauvorschriften handelt es sich um Betonzusatzstoffe (→Betonzusatz), die bei Anwendung im Stahlbetonbau einer bauaufsichtlichen Zulassung auf Grund von Brauchbarkeits- und Unschädlichkeitsprüfungen bedürfen.

Der Einfluß der Kunststoffteilchen muß von dem der Hilfsstoffe unterschieden werden. Die Emulgatoren und sonstigen Hilfsstoffe greifen in grundsätzlich gleicher Weise in den Hydratationsprozeß des Zementes ein wie die chemisch gleichartigen niedermolekularen bekannten Betonzusatzmittel. Dabei treten z. B. Veränderungen der Erstarrungszeiten, Verflüssigungseffekte und Luftporenbildungen auf. Mit den Eigenschaften der verwendeten Kunststoffe haben die genannten Eigenschaftsveränderungen direkt nichts zu tun. Ein indirekter Einfluß besteht insofern, als bestimmte Kunstharze spezielle Hilfsstoffe erfordern können. Die Wirkung der dispergiert vorliegenden Kunststoffteilchen beruht im Gegensatz dazu wahrscheinlich vorwiegend auf deren physikalischen Eigenschaften, zu denen auch wirksame zwischenmolekulare Anziehungskräfte zu rechnen sind. Gegen die Hypothese einer einfachen Verklebung von Hydratationsprodukten untereinander und von →Zementstein mit Zuschlagkörnern sprechen theoretische Überlegungen und Versuchsergebnisse. So ist die Wirkung sehr harter, kaum klebfähiger Harze nicht grundsätzlich anders als die weicher Harze.

Die Wasserempfindlichkeit mancher Systeme ist auf unterschiedliche Ursachen zurückzuführen: Alle linear aufgebauten Polymere neigen zu mehr oder weniger ausgeprägten Quell- und Schwinderscheinungen durch Aufnahme von Wassermolekülen zwischen die nur mechanisch verfilzten Molekülketten. Dadurch werden die mechanischen Eigenschaften des Harzes verschlechtert und innere Gefügespannungen erzeugt. Bei einigen Kunststoffzusätzen bilden sich bei niedrigen Temperaturen oder unter ständiger Wasserlagerung die für die günstigen Festigkeiten und Diffusionswerte erforderlichen filmartigen Strukturen nicht aus. Die vielfach beobachtete Verschlechterung bereits erreichter Betoneigenschaften nach jahrelanger Feuchtlagerung hat eine andere Begründung: In stark alkalischer Umgebung, wie sie im durchfeuchteten Beton vorliegt, neigen manche Kunstharze zu mehr oder weniger ausgeprägten Hydrolyse- bzw. Verseifungserscheinungen. Hierdurch tritt eine allmähliche Zerstörung der Makromoleküle auf, was naturgemäß Auswirkungen auf die Betonfestigkeit hat. Bei hohen Harzzusätzen und guter Verteilung im Zementsteingefüge können andererseits einige Dispersionen offensichtlich die chemische Beständigkeit erhöhen. Die neueren Kunstharzdispersionen haben sich bei Innen- und Außenputzen sowie als Ausbesserungsmörtel bei Betoninstandsetzungen gut bewährt.

□ Zweikomponentenharze. Am Anfang der Entwicklung steht die Verwendung von wasseremulgierbaren und im alkalischen Medium beständigen Epoxidharzen (EP) zur Herstellung kunstharzmodifizierter Betone. Diese Stoffgruppe ist aus der Anstrichtechnik seit einigen Jahren bekannt. Die Harz-Härter-Mischung wird als wäßrige Emulsion ohne oberflächenaktive Hilfsstoffe (Emulgatoren) dem Frischbeton zugegeben. Die Erhärtungsvorgänge des Zementes und des Kunstharzes vollziehen sich je nach Bedingungen nacheinander oder nebeneinander. Mit emulgiertem Epoxidharz modifizierte Zementbetone werden zur Unterscheidung von den mit Thermoplasten modifizierten PCC auch als ECC (Epoxi Cement Concrete) bezeichnet. Das entstehende Zementstein-Kunstharz-Gefüge kann sehr verschiedenartig sein. Es beeinflußt stark die mechanischen Eigenschaften des ausgehärteten Mörtels bzw. Betons. Bei Zusatzmengen von etwa 10 % der Zementmasse ergeben sich deutliche Steigerungen der Festigkeiten, vor allem der → Zugfestigkeit, der chemischen Beständigkeit und des Widerstandes gegen → Karbonatisierung. Vor allem für Instandsetzungsarbeiten an geschädigten Beton- und Natursteinbauwerken ist die sehr gute und dauerhafte → Adhäsion am Untergrund von Bedeutung. Die Alkalität des Porensystems wird nicht verändert. Der passivierende → Korrosionsschutz des Bewehrungsstahles ist gegenüber reinem → Zementbeton unverändert. *Sasse*

Zementit. Eisenkarbid Fe_3C. Z. ist nach der → Warmumformung oder nach einer → Wärmebehandlung bei Raumtemperatur in nahezu allen Eisenkohlenstofflegierungen wie → Stahl und → Gußeisen vorhanden. Z. ist sehr hart, spröde und ferromagnetisch. Das Kristallgitter ist rhombisch. In Gegenwart von → Mangan und anderen Karbidbildnern wird das → Eisen im Z. zum Teil durch diese → Legierungselemente ersetzt, wenn genügend Zeit zur → Diffusion zur Verfügung steht. Z. ist metastabil und zerfällt unter geeigneten Bedingungen in → Kohlenstoff (Graphit) und Eisen. In handelsüblichen Stählen erfolgt der Zementitzerfall erst in äußerst langen Zeiten und sehr selten. Gußeisen jedoch enthält aus dem Zementitzerfall stammenden → Graphit. Dies beruht auf dem im Gußeisen vorhandenen höheren Anteil an Silicium, das den Z. weniger stabil macht (→ Eisen-Kohlenstoffzustandsschaubild, → Eisen, → Stahl). *Dahl*

Zementleim. Z. wird aus → Zement und Wasser gebildet. Mit dem Zuschlag wird er zu → Beton. Das Wasser ist für die Verarbeitung, Verdichtung und Erhärtung des Betons notwendig. Je mehr Wasser zugegeben wird, d. h. je größer das Verhältnis von Wasser (w) zur Zementmasse (z), der Wasser-Zement-Wert (w/z oder ω) ist, um so flüssiger ist der Z. und um so leichter ist er zu verarbeiten und zu verdichten. Durch unvollkommene Verdichtung entstehen Luftporen (Verdichtungsporen), die die Druckfestigkeit und andere Eigenschaften verschlechtern (→ Zementstein). Das Fließverhalten des Z. ist zusammen mit der Rolligkeit des Zuschlages für die → Konsistenz des Betons maßgebend. Beim → Mörtel spielt es eine besondere Rolle beim Einpressen in Spannkanäle, Lockerböden und Fels. Z. wird durch → Erhärten zu Zementstein.

Wesche

Zementprüfung. Die Anforderungen an die Materialeigenschaften genormter Zemente sind in DIN 1164 und DIN EN196 festgelegt. Die darin enthaltenen Prüfgrößen umfassen die chemisch-mineralogische Zusammensetzung der → Zemente sowie physikalische Kennwerte wie → Mahlfeinheit, Erstarrungsverhalten, Raumbeständigkeit, → Festigkeitsverhalten, → Hydratationswärme und Widerstand gegen Sulfatangriff.

Die chemische Zusammensetzung der Zemente wird mit naßchemischen oder anderen vergleichbaren Verfahren bestimmt. Dabei sind Grenzwerte definiert, die nicht über- bzw. unterschritten werden dürfen. Derartige Grenzwerte gelten für den Glühverlust, den Kohlendioxidgehalt, den unlöslichen Rückstand und den Sulfat- und Chloridgehalt des Zements sowie den Magnesiumoxidgehalt des Portlandzementklinkers.

Die mengenmäßigen Anteile der Ausgangskomponenten Portlandzementklinker, →Hüttensand, Traß und gebrannter Ölschiefer müssen je nach Zementart innerhalb vorgegebener Bereiche liegen. Die Anteile an Hüttensand oder Traß werden dabei über mikroskopische bzw. chemische Verfahren ermittelt.

Das Prüfverfahren zur Ermittlung der Mahlfeinheit umfaßt die Bestimmung des Siebrückstandes auf dem Prüfsieb 0,2 mm und die Berechnung der spezifischen Oberfläche anhand von Luftdurchlässigkeitsmessungen. Das Maß für die Luftdurchlässigkeit ist dabei die Zeit, in der eine bestimmte Luftmenge unter festgelegten Bedingungen ein Zementbett durchströmt.

Die Prüfung des Erstarrungsverhaltens beruht auf der Beobachtung der zeitlichen Veränderung des rheologischen Verhaltens eines Prüfkörpers (→Zementleim mit definierter Ausgangsviskosität = „Normsteife"). Das Maß für den Erstarrungsbeginn bzw. das Erstarrungsende ist die jeweilige →Eindringtiefe einer mit einem Zusatzgewicht versehenen Nadelsonde.

Die Raumbeständigkeit wird nach *Le Chatelier* an erstarrtem Zementleim überprüft. Der →Zement gilt als raumbeständig, wenn die Spreizung des Le-Chatelier-Ringes nach dreistündiger Behandlung in kochendem Wasser ein festgelegtes Maß nicht überschreitet.

Bei der Prüfung des Festigkeitsverhaltens eines Zements wird die Druckfestigkeit von definierten Normmörtelprismen nach 2-, 7- und 28tägigem →Erhärten unter Wasser bei 20 ± 1 °C bestimmt. Dabei wird in einer genormten Druckprüfmaschine die auf den Probekörper einwirkende Kraft kontinuierlich bis zum Bruch des Körpers gesteigert. Zusätzlich zur Druckfestigkeit kann auch noch die Biegezugfestigkeit an Mörtelprismen bestimmt werden.

Die bei der Hydratation eines Zements freiwerdende Wärme wird mit einem Lösungskalorimeter ermittelt. Dabei wird getrennt die Lösungswärme des unhydratisierten Zements und einer daraus hergestellten Zementsteinprobe in einem Säuregemisch gemessen. Die Hydratationswärme errechnet sich aus der Differenz dieser beiden Lösungswärmen.

An Zemente mit hohem Sulfatwiderstand sind besondere Anforderungen bezüglich ihrer chemisch-mineralogischen Zusammensetzung geknüpft. Bei der bauaufsichtlichen Zulassung nicht genormter Zemente wird häufig das Festigkeitsverhalten nach vorangegangener Sulfatlagerung geprüft. *Rehm/Laskowski*

Zementsand-Formverfahren. Heute nur noch wenig, vor allem für Großguß in Einzelfertigung, eingesetzt. *Doliwa*

Zementstein. Durch →Erhärten des →Zementleims entsteht Z.

□ Porenraum. Um →Beton gut verarbeiten zu können, wird beim Anmachen i. a. mehr Wasser zugegeben, als zur Wasserbindung (Hydratation) erforderlich ist. Dadurch entstehen beim Erhärten des Zementleims je nach Lagerung (Wasser-, Feucht-, Luftlagerung) leere oder mehr oder weniger gefüllte Wasserporen im Z. Über das chemisch gebundene Wasser hinaus ist noch ein Teil des Wassers in den Poren des Zementgels (→Erstarren) physikalisch als Gelwasser gebunden, das für die vollständige Hydratation dringend benötigt wird. Bei völliger Hydratation machen chemisch gebundenes Wasser und Gelwasser etwa 40 % der Zementmasse aus, entsprechend einem Wasser-Zement-Wert (→Zementleim) $\omega \approx 0{,}40$. Erst bei $\omega > 0{,}40$ bilden sich also Kapillarporen im Z. Mit etwa 27 % Gelporen ist bereits kapillarfreier, völlig hydratisierter Z. stark porös.

Die Art der Füllung der Poren (Luft oder Wasser) ist für den Einfluß des Porenraumes auf die Festigkeitseigenschaften des Z. für die in der Praxis verwendeten Betone nahezu gleichgültig. Da normaler Beton schon i. a. einen w/z-Wert über 0,5 hat und die durch das Anmachwasser entstandenen Poren über $\omega = 0{,}5$ den größten Teil des Zementsteinporenraumes ausmachen, ist der w/z-Wert für diesen die maßgebende Größe. Sein Einfluß auf die Druckfestigkeit des Z. findet im Wasser-Zement-Wert-Gesetz seinen Niederschlag (Bild). Man kann feststellen, daß die Druckfestigkeit etwa im gleichen Maße abnimmt, wie der Z.-Porenraum zunimmt, d. h. die Verminderung der Druckfestigkeit des Z. und damit des Betons bei größerem w/z-Wert ist auf die Erhöhung des Z.-Porenraumes durch den größeren Wasseranteil zurückzuführen.

□ Formänderungen. Die Formänderungen des erhärteten Z. bestimmen zusammen mit den Formän-

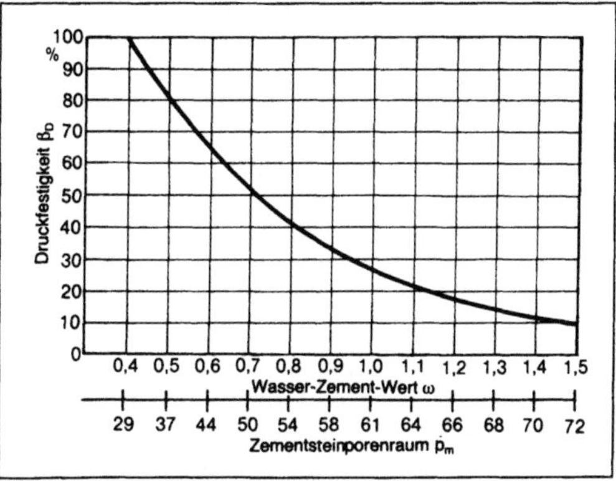

Zementstein: Beziehung zwischen Druckfestigkeit β_D und Wasser-Zement-Wert ω bzw. Zementsteinporenraum p_m. (Hummel 1959).

derungen des Zuschlags die Formänderungen des Betons. Besonders Schwinden und → Kriechen des Betons werden von den Eigenschaften des Z. beeinflußt. Schwinden und Kriechen hängen mit der Verteilung des Wassers im Zementgel (→ Erstarren) und im Kapillarporenraum und deren Veränderung zusammen. Die kleinen Gelpartikel werden durch chemische Bindung, Oberflächenenergie und Van-der-Waals-Kräfte verbunden. Trockener Z. nimmt in feuchter Umgebung Wasser auf, das bis etwa 45 % relativer Luftfeuchte auf der Oberfläche der Gelpartikel adsorbiert wird, bei höherer Umgebungsfeuchte zwischen die Gelpartikel kriecht und durch Spaltdruck die nichtchemischen Bindungen löst. Dadurch dehnt sich der Z. aus: Er quillt. Bei Austrocknung zieht er sich zusammen: Er schwindet. In den Kapillarporen des Z. mit einem w/z-Wert >0,40 treten bei Austrocknung Kapillarspannungen auf, die den Z. noch mehr zusammenziehen. Das Schwinden ist also von den Umgebungsbedingungen und dem w/z-Wert abhängig. Es dauert je nach diesen Bedingungen bis zu mehreren Jahren und beträgt nach dieser Zeit mehrere Millimeter je Meter.

Bei Belastung, vor allem bei Austrocknung, werden die Gelpartikel zusammen- und das Wasser dazwischen herausgedrückt: Der Z. kriecht. Feuchter Z. kriecht bei jeder Dauerlast über einen Zeitraum von mehreren Jahren. Trocknet junger, wenige Stunden alter Beton auf der Oberfläche stark aus, so führen die Kapillarspannungen im Porenwasser des noch plastischen und daher leicht verformbaren Betons zum Frühschwinden, das mehrfach größer als das normale Schwinden ist und bei großflächigen Bauteilen zu zentimeterbreiten Rissen führen kann.

Eine besondere → Formänderung des Zementleims ist das Wasserabsondern oder Bluten, eine Sedimentation vor dem Erstarren. Bei zu hohem Wassergehalt bzw. zu geringem Feinststoffgehalt im → Zementleim oder Frischbeton sinken die Feststoffteile ab, und das verdrängte Anmachwasser steigt auf. Dadurch wird die → Festigkeit an der Oberfläche geringer. Unter groben Zuschlagkörnern und unter Bewehrungsstählen bilden sich große Wasserporen, die die → Haftung verringern, und in Einpreßgliedern (→ Mörtel) bilden sich Hohlräume, die den Verbund zwischen → Spannstahl und Beton verhindern.

□ Widerstandsfähigkeit. Für die Widerstandsfähigkeit des Z. gegen physikalischen und chemischen Angriff spielt der Porenraum eine maßgebende Rolle. Wegen der geringen Größe der Gelporen (nur Raum für wenige Wassermoleküle) kann das flüssige Wasser praktisch nur durch den Kapillarporenraum transportiert werden. Dieser wird bei vollkommener Hydratation von etwa w/z = 0,5 ab so groß, daß ein zusammenhängendes Kapillarporen-

system entsteht: Der Z. wird wasserdurchlässig. Das eingedrungene Wasser kann angreifende Stoffe mitführen und dadurch den Z. chemisch zerstören. Es kann in den Poren gefrieren und durch die dabei auftretende Ausdehnung des Wassers den Z. physikalisch schädigen. Die Gefriertemperatur des Wassers sinkt jedoch mit abnehmender Porengröße. Bei den kleinen Gelporen liegt sie unterhalb der Frosttemperaturen, die in unserem Klima auftreten. Kapillarporenfreier Z. ist daher unter praktischen Verhältnissen frostbeständig. *Wesche*

Literatur: *Hummel, A.:* Beton-ABC. 12. Aufl. Berlin 1959.

Zener-Effekt → Dämpfung

Zerfall, eutektischer → Erstarrung, eutektische

Zerspanbarkeitsprüfung. Die Z. soll ein schnelles und sicheres Urteil über die Zerspanbarkeit eines Werkstoffes geben und hat neben der Festigkeitsprüfung große wirtschaftliche Bedeutung. Ein Verfahren, das durch einen einzigen Zahlenwert alle Zerspanungseigenschaften ausdrückt, gibt es nicht.

Um eine einheitliche Vergleichsgrundlage für die Zerspanbarkeit zu erhalten, muß die Z. mit einem Werkzeug mit definierter Schneide unter Berücksichtigung der Einflüsse von Werkzeugmaschine, Halterung des Werkzeugs, der Schneideflüssigkeit und der Höhe der Zerspanleistung durchgeführt werden. Unter diesen Umständen kann man die Zerspanbarkeit auf die → Werkstoffeigenschaften zurückführen.

Die außerordentlich hohen mechanischen und thermischen Beanspruchungen der Werkzeugschneiden führen zu Abnutzungserscheinungen denen folgende Einzelursachen zugrunde liegen
– Mechanischer Abrieb aufgrund von Abrasions- und Adhäsionsprozessen und plastische → Verformung
– Bildung und Abscheren von Preßschweißungen in den Berührungszonen
– Ausbrüche infolge statischer und dynamischer bzw. mechanisch-thermischer Beanspruchung
– → Diffusion
– → Oxidation
– Aufbauschneiden, Kolkbildung
Im Standzeitversuch wird die Standzeit ermittelt in der ein Werkzeug vom Anschliff bis zum Stumpfwerden unter vorgegebenen Bedingungen Zerspanarbeit leisten kann.

Bei der Standweg-Kurzprüfung wird mit hoher Schnittgeschwindigkeit zerspant, so daß sich kurze Standzeiten einstellen. Die aus einer ausreichenden Anzahl von Versuchsergebnissen ermittelte Standzeitkurve liefert Vergleichswerte wie z. B. die

Schnittgeschwindigkeit bei der das Werkzeug eine Standzeit von 1 min erreicht.

Beim Bohrabstechversuch wird der Werkstoff abwechselnd ausgebohrt und abgestochen. Ist der Werkstoff schlecht zerspanbar, so sind die Ringe mit einem Grat behaftet und der → Verschleiß an den Ecken des Werkzeugs ist besonders groß.

Im Plandrehversuch wird die erzielbare Oberflächengüte bzw. die Klebneigung eines Werkstoffs in Abhängigkeit von der Schnittgeschwindigkeit – die hierbei über den Durchmesser variiert – überprüft.

Der Einfluß der Gefügeausbildung auf die Zerspanbarkeit läßt sich mit Stirnabschreckproben oder gehärteten Proben, die von der Stirnseite her angelassen wurden, untersuchen. Durch Plandrehversuche oder andere Z. lassen sich anhand von Oberflächenrauhigkeit, Spanform und Klebneigung die zerspantechnisch vorteilhaftesten Gefügezustände und Wärmebehandlungen herausfinden.

Die Spanbildung beschreibt das Verhalten des Spanes bei der Entstehung und bei dem weiteren Ablauf z. B. Neigung zur Bildung eines zusammenhängenden langen oder eines in kurzen Abständen abbrechenden Spans.

Zur Klärung aller mit der Spanbildung und der Entstehung der → Oberfläche zusammenhängenden Fragen dienen weiterhin metallographische, röntgenographische, spannungsoptische und funkenkinematographische Verfahren sowie oszillographische Schnittkraftuntersuchungen. Zusätzlich kann noch eine Bestimmung der Spanverformung durchgeführt werden. *Kußmaul*

Zerstörungsfreie Prüfverfahren → Werkstoffprüfung, zerstörungsfreie

Ziegler-Natta-Polymerisation. Die Z.-N.-P. ist eine → Insertionspolymerisation, die durch Übergangsmetall-Katalysatoren, sog. Ziegler-Natta(ZN)-Katalysatoren gestartet und fortgepflanzt wird. Es können vor allem Olefine (Ethylen, Propylen) und Diene (Butadien, Isopren) auf diese Weise polymerisiert werden.

□ Ziegler-Natta-Katalysatoren. Zu den ZN-Katalysatoren zählen Metallkomplexverbindungen, die sich aus Alkyl- oder Arylverbindungen oder Hydriden von Metallen der I. bis III. Hauptgruppe des Periodensystems der Elemente (PSE) mit Halogen- oder anderen Derivaten von Metallen der IV. bis VIII. Nebengruppe des PSE zusammensetzen. Man unterscheidet homogene, im Reaktionsmedium lösliche, und heterogene, im Reaktionsmedium unlösliche, Katalysatoren, sowie Katalysatoren, die auf anorganische Trägermaterialien aufgebracht sind (Bild 1).

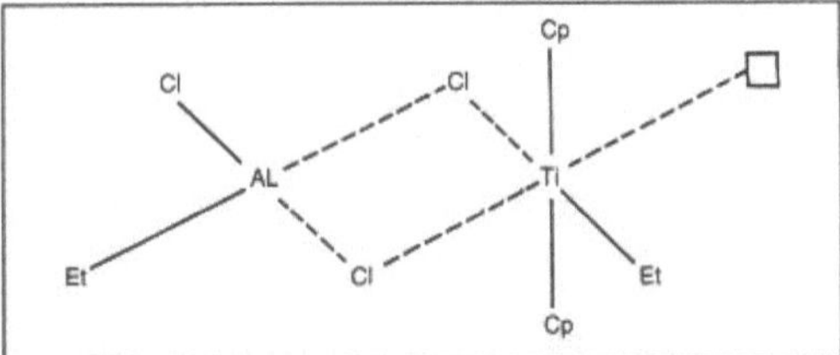

Ziegler-Natta-Polymerisation 1: Beispiel eines ZN-Katalysators.

Al = Aluminium, Cl = Chlor, Cp = Cyclopentadien, Et = Ethyl -CH₂-CH₃, Ti = Titan, □ = freie Koordinationsstelle

□ Kettenstart/Kettenwachstum. Bei der Z.-N.-P. unterscheidet sich der Kettenstart vom Kettenwachstumsschritt nur dadurch, daß er der erste Insertionsschritt ist. Dem Insertionsschritt geht jeweils eine Komplexbildung des Monomers am Katalysator voraus. Die → Polymerisation von Ethylen mit dem oben dargestellten Katalysator ist im Bild 2 veranschaulicht.

Ziegler-Natta-Polymerisation 2: Kettenstart/Kettenwachstum.

□ Kettenabbruch/Regelung des Molekulargewichtes. Bei der Z.-N.-P. sind verschiedene Abbruchreaktionen möglich. Ein thermischer Abbruch der Polyreaktion findet jedoch erst oberhalb von 60 °C statt. Das Kettenwachstum kann z. B. durch eine Disproportionierungsreaktion abgebrochen werden. Dabei werden aus zwei wachsenden Ketten je eine Kette mit einer Doppelbindung am Ende und einer Kette mit gesättigter Endgruppe abgespalten. Zurück bleiben ebenfalls zwei inaktive Katalysatorfragmente. Auch eine Abspaltung der Polymerkette mit einer Doppelbindung am Ende ist möglich, wobei am Katalysator eine Metall-Wasserstoff-Bindung (Mt-H) zurückbleibt. Eine solche Bindung wird auch erzeugt, wenn in die Polymerisationslösung Wasserstoff eingebracht wird. An eine Mt-H-Bindung kann wieder ein Alken addiert werden. Damit ist der Katalysator wieder aktiv und kann wieder eine Polymerkette erzeugen. Mit diesem Vorgang kann man das Molekulargewicht des Polymers regeln.

□ Polymerisationsbedingungen. Die Z.-N.-P. kann nach drei verschiedenen Verfahren durchgeführt werden: durch → Lösungspolymerisation, durch Suspensionspolymerisation oder durch Gasphasenpolymerisation. Die Lösungs- und Suspensionspolymerisationen können bei Atmosphärendruck durchgeführt werden, wobei das → Monomer (z. B. Ethylen) gasförmig durch die Polymerisationslösung geleitet wird. Als Lösungsmittel dienen meist Kohlenwasserstoffe (Cyclohexan) oder -gemische (Benzin). Bei Verwendung homogener, also löslicher Katalysatoren kann bei tiefen Temperaturen ($-70\,°C$) polymerisiert werden, mit heterogenen Katalysatoren wird bei Temperaturen oberhalb $20\,°C$ polymerisiert. Bei der Gasphasenpolymerisation arbeitet man bei Drucken von 25–40 bar und Temperaturen von 75–100 °C in einem Wirbelschichtverfahren.

□ Besonderheiten der Z.-N.-P. Im Gegensatz zu radikalisch polymerisiertem Polyethylen (PE) enthält PE aus Z.-N.-P. keine Verzweigungen, sondern besteht aus einer linearen Kette. → Polypropylen und Poly(1-buten) können nur durch Z.-N.-P. hergestellt werden. Polypropylen kann je nach Katalysatorsystem als → Polymer mit hohem syndiotaktischem Anteil (homogene Katalysatoren) oder mit hohem isotaktischem Anteil hergestellt werden. Butadien kann je nach Katalysator zu cis-1,4-Poly(butadien), trans-1,4-Poly(butadien) oder zu 1,2-Poly(butadien) polymerisiert werden. *Finkelmann*

Literatur: *Elias, H.-G.:* Makromoleküle. 4. Aufl. Basel–Heidelberg–New York 1981. – *Houben-Weyl:* Methoden der Organischen Chemie. Bd. E 20, 4. Aufl. Stuttgart–New York 1987. – *Winnacker-Küchler:* Chemische Technologie. Bd. 6. 4. Aufl. München–Wien 1982.

Ziehen. Das Z. ist ein Verfahren der → Kaltumformung von → metallischen Werkstoffen, bei denen das Fließen des Werkstoffs durch Zusammenwirken von Zug- und Druckbeanspruchungen (→ Zugdruckumformen) erfolgt: Man unterscheidet die Ziehverfahren beim Kaltumformen: → Durchziehen (Stangen-, Rohrziehen), → Drahtziehen und → Tiefziehen (Blechumformen, → Umformen).

Vorteile der Kaltumformung (Z., → Walzen, → Stauchen, → Biegen, Hochenergieumformung) gegenüber → Warmumformung (→ Schmieden, Walzen, Rohrherstellung) sind höhere Werkzeugstandzeiten, kürzere Fertigungszeiten, höhere Maßgenauigkeit, erhöhte Werkstoffverfestigung und blanke Oberfläche. Demgegenüber stehen die Nachteile der begrenzten Dehnbarkeit des Werkstoffs, oft symmetrische Form des Erzeugnisses und der Bedarf von schweren Maschinen für hohe Arbeitsdrücke. Bevorzugte Werkstoffe für die Kaltumformung sind unlegierter und legierter (meist weichgeglühter) → Stahl und NE-Metalle, wie → Kupfer und → Kupferlegierungen, → Aluminium und → Nickel und ihre Legierungen u. a.

Die Besonderheiten des Z. von Nichteisen-Metallen gegenüber eisenmetallischen Werkstoffen liegen in der geringeren → Festigkeit der NE-Metalle und damit geringeren Arbeitsdrücken in den Zieh-

eisen (Matrizen), aber auch größeren Querschnittsreduktion ohne Zwischenglühen und einer zum Teil glatten Oberfläche (Bild 1, 2).

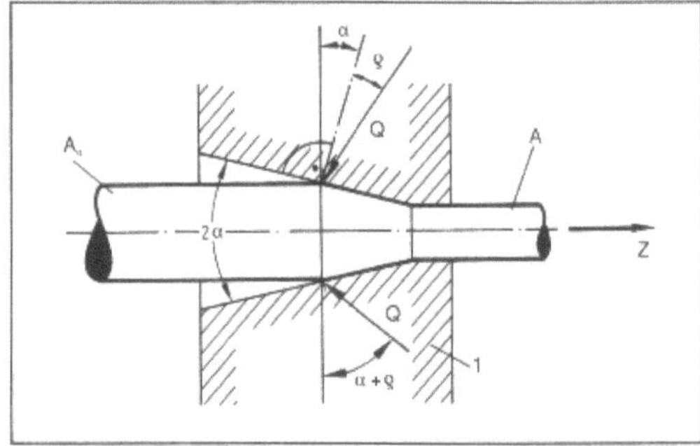

Ziehen 1: Schema des Ziehvorgangs beim Durchziehen (nach E. Siebel).

A_o) Anfangsquerschnitt, A) Austrittsquerschnitt, Z) Zugkraft, Q) Querkraft, in Ringzone angreifend, Reaktionskraft als Folge der Zugkraft, 2α Düsenöffnungs- und Ziehwinkel, α Düsenneigungswinkel (etwa 5–10 °), ρ Reibungswinkel (kleiner 3 °), 1) Zieheisen (Matrize)

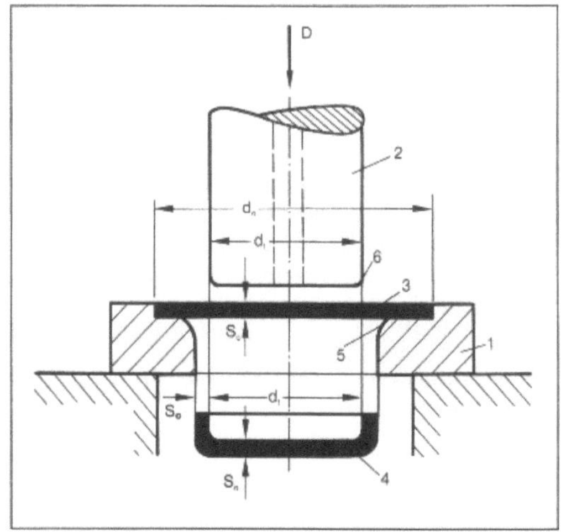

Ziehen 2: Einfachstes Tiefziehwerkzeug ohne Faltenhalter zum Erstzug (Napfzug) in einfachen Pressen (nach P. Schimpke).

1) Ziehring (Matrize), 2) Ziehstempel mit Luftloch, 3) Blechzuschnitt einer Kreisscheibe, 4) Zarge (Wandung) des Napfes in Endform, 5, 6) Ziehkanten, D) Druckkraft, d) Durchmesser, s_o) Blechdicke des Zuschnitts

Ausgangsmaterial zum Drahtziehen für Kupfer und seine Legierungen ist → Walzdraht, warm vorgewalzt oder stranggepreßt größer 9 mm Durchmesser, und für Aluminium und AlMgSi-Legierung (Aldrey) größer 10 mm. Die Querschnittsabnahme nach mehreren Zügen ohne Zwischenwärmebehandlung betragen bei Stahl 90 %, bei Kupferlegierungen 94 % und bei Kupfer und Aluminium 99,5 %.

Alle kaltumformbaren Legierungen der NE-Metalle eignen sich zum Z. von Präzisionsprofilen oft sehr verwinkelter Formen bis zu einem maximal umschriebenen Profilkreis von etwa 150 mm Durchmesser.

Präzisionsrohre werden auch bei NE-Metallen durch Kaltumformung verfeinert hergestellt, wodurch eine viel glattere Oberfläche, höhere Maßgenauigkeit, geringere Wanddicke und wesentliche → Kaltverfestigung gegenüber der Warmumformung erreicht wird. Sie werden in der hochwertigen Technik eingesetzt, z. B. Chemieanlagen, Feinmechanik, Elektrotechnik und Flugzeugbau.

Hochwarmfeste Werkstoffe lassen sich durch Düsenzug warmziehen, z. B. Wolfram-Glühlampendraht bis 0,01 mm Durchmesser bei 1400 bis 1600 °C (elektrische Widerstandsheizung) mit Diamant-Zieheisen, Graphit-Schmierung und unter Schutzgas.

Blechwerkstoffe aus Al- und Mg-Legierungen (meist aushärtbar nach Lösungsglühen) lassen sich bis zu einer Blechdicke von 3 mm und neuerdings auch darüber gut Tiefziehen, bei → Titan und Ti-Legierungen ist dies schwieriger bis etwa 1,5 mm Dicke. Je größer der plastische Bereich (zwischen → Streckgrenze und → Zugfestigkeit), desto besser ist der Werkstoff zum Tiefziehen geeignet und wird z. B. für Blechverkleidungen und als Hüllenwerkstoff verwendet. *Heller*

Literatur: *Schimpke, P., u. H. Schropp; R. König:* Technologie der Maschinenbaustoffe. Stuttgart 1977.

Zink → Zinklegierungen

Zinklegierungen. Das niedrigschmelzende Zink hat gute Gießeigenschaften und ausgezeichnete Beständigkeit gegen atmosphärische → Korrosion. Feinzink (99,9 bis 99,95 % Zn) dient als Basismetall der meisten Druckgußlegierungen. Das hexagonale Zink erstarrt sehr grobkristallin. Die unterschiedliche Kontraktion in den verschiedenen Kristallrichtungen (→ Anisotropie) bei der → Abkühlung hinterläßt starke Eigenspannungen im Gußgefüge. Durch die niedrige Rekristallisationstemperatur (50–180 °C je nach Reinheitsgrad) wird dieser Mangel ausgeglichen, und die → Warmumformung (→ Walzen) verbessert die mechanischen Eigenschaften auffallend. Wegen seines negativen Potentials gegenüber → Eisen (elektrochemische → Spannungsreihe) in wäßrigen Lösungen wird Zink als → Korrosionsschutz verwendet.

Z. haben vor allem als Gußwerkstoffe (DIN 1743) Anwendung gefunden. Zink-Druckguß enthält → Aluminium und → Kupfer (GD-ZnAl4 mit Zugfestigkeit 25–30 N/mm² und bis 5 % Bruchdehnung; GD-ZnAl4Cu1 mit 27–32 N/mm² und 2–5 % Bruchdehnung). Aluminium verringert den Zn-An-

griff an den Fe-Druckgußformen (→ Erosion) und Kupfer erhöht die → Festigkeit durch Mischkristallbildung. Zink-Druckguß wird für kleine Maschinenteile und komplizierte Gestaltung (bis 0,6 mm Wandstärke) vorwiegend im Fahrzeugbau (Vergaser) und bei Haushalts- und Büromaschinen verwendet und macht 50 % aller Druckgußerzeugnisse aus. Sand- und Kokillenguß (GK-ZnAl4Cu3, GK-ZnAl6Cu1) findet bei kleinen Stückzahlen wirtschaftliche Anwendung (Armaturen, Beschläge). Durch → Alterung von kupferhaltigen Legierungen tritt eine Längenzunahme auf. Druckgußteile werden zum Korrosionsschutz häufig vernickelt, chromatisiert oder phosphatisiert (porenfreie Überzüge).

Der Zink-Korrosionsschutz von → Stahl wirkt einmal durch schützende Hydroxide und Karbonate, die sich auf der Zinkoberfläche aus der Atmosphäre bilden, und zweitens durch kathodischen Korrosionsschutz des Eisens über längere Zeit. Verzinkte Bauteile (Tauch-, galvanische und Feuerverzinkung) mit Zinkauflagen von 50 nm sind bei normalen atmosphärischen Bedingungen bis zu 20 Jahre vor Korrosion geschützt.

Zink-Knetlegierungen (Din 1743) finden nur noch selten Verwendung. Neuerdings werden gewalzte Bleche aus Zink mit Zusätzen von 0,5 bis 0,8 % Kupfer und 0,1 % Titan zur Erhöhung der Dauerstandfestigkeit hergestellt (z. B. für Dachrinnen). Die eutektische Legierung ZnAl22 weist hervorragende superplastische Eigenschaften auf. *Heller*

Zinkschichten. → Korrosionsschutzschichten, die durch elektrolytisches → Abscheiden, → Schmelztauchen, thermisches → Spritzen und physikalische → Abscheidung aus der Gasphase (PVD) gebildet werden. Ferner können Z. durch mechanisches → Plattieren aufgebracht werden. Die entfetteten Werkstücke werden dazu in eine mit verschieden großen Glaskugeln gefüllte, gummierte Trommel gefüllt. Nach dem chemischen → Entrosten werden eine etwa 1 µm dicke → Kupferschicht und eine ebenso dicke Z. abgeschieden. Mit der Zugabe von Zinkpulver wird Zink durch die Glaskugeln bei der Rotation auf die Werkstoffoberfläche aufgebracht und verdichtet.

Z. werden vor allem als kathodische Korrosionsschutzschichten eingesetzt. *Habig*

Zinn → Zinnlegierungen

Zinnlegierungen. Die wichtigsten Anwendungen der niedrigschmelzenden Z. sind Weichlote und Lagermetalle. Hauptlegierungselemente für Z. sind → Blei, Antimon und → Kupfer.

Folgende Z. haben technische Bedeutung:
□ Weichlote Zinn-Blei (→ Bleilegierungen) mit hö-

herem Zinngehalt (DIN 1707) finden hauptsächlich Anwendung in der Elektroindustrie, da beide Metalle eine niedrige Schmelztemperatur haben. Das eutektische Lot L-Sn60 (etwa 60–64 % Sn und 40–36 % Pb) besitzt mit etwa 189 °C den niedrigsten →Schmelzpunkt (→Eutektikum), ist dünnflüssig und eignet sich deshalb (energiesparend) vor allem für maschinelle Lötungen (z. B. Leiterplatten). L-Sn30 besitzt ein großes Erstarrungsintervall und ist so vorteilhaft für großflächige Lötarbeiten (z. B. Kabelmäntel). SnPb-Legierungen dürfen gesetzlich nicht mehr als 10 % Pb enthalten (Vergiftungsgefahr), wenn sie mit Lebensmitteln in Berührung kommen; hier wird das Lot L-Sn90 verwendet. L-Sn40Pb bis L-Sn60Pb dient zum Verzinnen und →Löten von Drähten.

□ Lagermetalle bestehen aus harten, verschleißfesten Bestandteilen und einer weicheren, plastischen Zwischenmasse. Bei Gl-Sn80 (Sn80Sb12Cu1Pb1) bilden die intermetallische →Verbindung Cu_6Sn sowie SnSb-Mischkristalle die Verschleißkörper und bleihaltige Eutektika die Zwischenmasse. Hochbleihaltige Lagermetalle Gl-Sn10 (Sn10Sb15Cu1Pb75) neigen beim →Gießen durch Schleudergußverfahren zu Schwereseigerung (→Seigerung).

□ Zinn-Antimon-Kupfer-Legierungen (SnSb6Cu1,5) werden heute als Zinngeschirr und im Kunstgewerbe verwendet (anstelle des Britanniametalls SnPb10). Antimon und Kupfer erhöhen die →Härte und →Festigkeit. Diese Legierungen werden auch als Weißblech für Konserven und für →Gleitlager eingesetzt.

□ Zinn-Blei-Kupfer-Legierungen (SnPb1–2Cu 0,5–1) werden zu Blattzinn (Stanniolpapier) verarbeitet, das als Einwickelpapier für Nahrungsmittel, aber auch für Kondensatoren in der Elektrotechnik gebraucht wird.

□ Zinndruckgußlegierungen (DIN 1742) haben nur noch untergeordnete Bedeutung, da sie weitgehend durch Zink- oder Aluminiumdruckguß ersetzt wurden. *Heller*

Zinnschichten. Oberflächenschutzschichten, die durch elektrolytisches →Abscheiden, →Schmelztauchen oder physikalische →Abscheidung aus der Gasphase (PVD) gebildet werden. Sie dienen als →Korrosionsschutzschichten, →Einlaufschichten und zur Verbesserung der →Lötbarkeit. *Habig*

Zirkoniumlegierungen. Wegen ihres niedrigen Einfangquerschnittes für thermische Neutronen (Wirkungsquerschnitt) und ihrer →Festigkeit finden Z. hauptsächlich im Reaktorbau als Hüllwerkstoffe für Kernbrennstoffe und Stützkonstruktionen Anwendung. Z. enthalten geringe Anteile Zinn, Eisen, Nickel und Chrom oder Niob. Diese →Le-

gierungselemente erhöhen die →Korrosionsbeständigkeit, Festigkeit und Kriechbeständigkeit.

Eine typische Analyse für die am häufigsten verwendete Legierung Zircaloy 2 (ZrSn 1, 5 Fe0 (ZrSn 1, 5 Fe 0,12 Cr 0,1), 12 Cr0, 1) ist: 1,2–1,7 % Zinn; 0,07–0,2 % Eisen; 0,05–0,08 % Nickel; 0,05–0,15 % Chrom; Rest Zirkonium. Die neuere Legierung Zircaloy 4 (ZrSn1,5Fe0,2Cr0,1) entspricht in der chemischen Zusammensetzung dem Zircaloy 2 mit der Ausnahme, daß Nickel fehlt, auf das verzichtet wurde, um die Wasserstoffaufnahme möglichst gering zu halten. Dadurch wird auch eine hohe Festigkeit und gute Korrosionsbeständigkeit erreicht. Die früheren Legierungen Zircaloy 1 und 3 haben keine Bedeutung mehr. Auch Z. mit 1 bzw. 2,5 bis zu 20 % Niob (z. B. ZrNb 1, ZrNb 2,5) finden in der Reaktortechnik wegen ihres günstigen Kriechverhaltens Verwendung.

Durch die Aufnahme von →Wasserstoff, →Stickstoff und Sauerstoff verspröden Zirkonium und seine Legierungen stark. Mit zunehmendem Gehalt von insbesondere Wasserstoff, Stickstoff und Sauerstoff wird vor allem die Korrosionsbeständigkeit von Zirkonium und seinen Legierungen vermindert. Die häufigste Verunreinigung im Zirkonium ist das Hafnium. Z. sind deshalb sehr teuer, da sie im Lichtbogenofen unter Vakuum oder für Sonderzwecke im →Elektronenstrahlofen erschmolzen werden müssen.

Bleche und Drähte aus Zirkonium und seinen Legierungen sind stark verformbar (hochduktil). Als Legierungselement im →Stahl erhöht Zirkonium die →Warmfestigkeit, die Dauerstandfestigkeit, die Nitrierbarkeit und die Schneidleistung. *Heller*

Zonenreinigung →Kristallzüchtung

Zonenschmelzen →Kristallzüchtung

Zonenziehen →Kristallzüchtung

ZTU-Diagramm →Zeit-Temperatur-Umwandlungsschaubild

Zugänglichkeit beim Schweißen →Schweißen

Zugdruckumformen. Z. als zweite Gruppe der Umformverfahren (DIN 8584) ist →Umformen eines festen Körpers, wobei der plastische Zustand durch eine zusammengesetzte Zug- und Druckbeanspruchung herbeigeführt wird.

Zum Z. gehört eine Fülle von Verfahren der →Massiv- und →Blechumformung, die durch teils sehr unterschiedliches Zusammenwirken der Zug-

und Druckbeanspruchungen in der Umformzone gekennzeichnet sind. Diese sind in die fünf Untergruppen

→ Durchziehen,
→ Tiefziehen,
→ Drücken,
→ Kragenziehen,
→ Knickbauchen

eingeteilt.

Die Untergruppe Tiefziehen umfaßt einen großen Teil der Kernverfahren der Hohlkörpererzeugung aus → Blech, zu denen auch zahlreiche Verfahren des Zugumformens (→ Tiefen, → Weiten) zählen. Alle genannten Verfahren haben wie die Blech- und Hohlkörperumformverfahren des Drükkens, Kragenziehens und Knickbauchens eine außerordentlich große technische und wirtschaftliche Bedeutung im Fahrzeug-, Geräte-, Maschinen- und Behälterbau. *Lange*

Literatur: *Lange, K.* (Hrsg.): Umformtechnik. Handb. f. Ind. u. Wiss. 2. Aufl. Bd. 2. Massivumformung. Bd. 3. Blechumformung. Berlin, Heidelberg, New York, Tokio 1990.

Zugelastizitätsversuch. Eine Zugelastizität, wie sie beispielsweise bei Metallen vorhanden ist (*Hooke*'sche Gerade), gibt es bei Textilien nicht. Infolge des makromolekularen Aufbaus von Textilfasern zeigen diese sowohl elastisches Verhalten wie auch viskoses Verhalten (Fließverhalten). Dieses sogenannte viskoelastische Verhalten wirkt sich bei einer einachsigen Zugbeanspruchung in einer verzögerten Einstellung der im quasistatischen Gleichgewicht einander entsprechenden Spannungs- und Dehnungswerte aus.

Zur Kennzeichnung dieses viskoelastischen Verhaltens werden an Textilien Elastizitätsversuche vorgenommen. Es handelt sich dabei vorzugsweise um

☐ Zeitstandsversuche und
☐ Zyklenversuche

Die möglichen Elastizitätsversuche sind in DIN 53835, Teil 1 beschrieben. An Folgeblättern sind Teil 2, 3, 4, 13 und 14 erschienen.

Bei den Zeitstandsversuchen kann die Meßprobe um einen bestimmten Betrag gedehnt und anschließend über die Zeit der Kraftabfall aufgenommen werden, oder bei der Aufbringung einer konstanten Kraft die zeitabhängige Längung d. h. → Dehnung.

Bei den Zyklenversuchen sind ein- oder mehrmalige Zugbeanspruchungen zwischen Kraft- oder Dehngrenzen möglich, wobei die Abläufe der Be- und Entlastung genau festgelegt werden müssen. Für einige Anwendungsfälle ist dies in den Normen DIN 53835, Teil 2, 3, 4, 13 und 14 geschehen.

Der bei Metallen definierte → Elastizitätsmodul, der den Zusammenhang → Spannung und Dehnung im elastischen Bereich kennzeichnet, ist bei Texti-

lien wegen des viskoelastischen Verhaltens nicht definierbar. Um jedoch den Zusammenhang zwischen Zugspannung (bei Textilfasern der feinheitsbezogenen Zugkraft) und der Dehnung zu charakterisieren, wurde der Begriff „Modul" als eine Art Hilfsgröße festgelegt. Er ist in keiner DIN-Norm enthalten, jedoch in einzelnen nationalen bzw. internationalen Vorschriften aufgeführt. Es gibt dabei verschiedene Möglichkeiten einen solchen Modul zu bestimmen:

– Anfangsmodul: Am Anfang eines Zugkraft(feinheitsbezogen)-Dehnungsdiagramms wird eine Tangente angelegt und diese bis 100 % Dehnung verlängert. Die dort abgelesene feinheitsbezogene Zugkraft ist der Modul.

– 5 %-Modul: Im Zugkraft(feinheitsbezogen)-Dehnungsdiagramm wird durch den Nullpunkt und den 5 %-Dehnungswert eine Gerade gezogen und bis 100 % Dehnung verlängert. Die feinheitsbezogene Zugkraft bei 100 % Dehnung ist der Modul.

Ähnlich läßt sich der Modul an anderen Stellen des Zugkraft-Dehnungsdiagramms bestimmen, z. B. mittels einer Tangente im ersten steileren Bereich o. ä. *Kleinhansl*

Literatur: DIN 53835 T1: Prüfung des zugelastischen Verhaltens; Grundlagen. – DIN 53835 T2: Garne und Zwirne aus Elastofasern, mehrmalige Zugbeanspruchung zwischen konstanten Dehngrenzen. 1981. – DIN 53835 T3: Garne und Zwirne, einmalige Zugbeanspruchung zwischen konstanten Dehngrenzen. 1981. – DIN 53835 T4: Garne und Zwirne, einmalige Zugbeanspruchung zwischen konstanten Kraftgrenzen. 1981. – DIN 53835 T13: Textile Flächengebilde, einmalige Zugbeanspruchung zwischen konstanten Dehngrenzen. 1983. – DIN 53835 T14: Maschenwaren, einmalige Zugbeanspruchung zwischen zwei Kraftgrenzen. 1990 (Entwurf) – *Sommer, H.* und *F. Winkler:* Handbuch der Werkstoffprüfung. Bd. V. Berlin–Göttingen–Heidelberg 1961.

Zugfestigkeit. Im → Zugversuch an zylindrischen Proben wird die Höchstlast bestimmt, die bezogen auf den Ausgangsquerschnitt gleich der Z. R_m ist. Die Höchstlast ergibt sich dann, wenn die → Verfestigung des Werkstoffs gleich wird der durch die Querschnittsabnahme bedingten Spannungszunahme. Nach Überschreiten der Höchstlast beginnt die örtliche → Einschnürung der Zugprobe. Daher wird die → Dehnung beim Erreichen der Z. → Gleichmaßdehnung genannt. *Dahl*

Zugumformen. Z. ist die zweite Hauptgruppe des Umformens nach DIN 8582. Es umfaßt nach 8585 die Untergruppen → Längen, → Weiten und → Tiefen. Bei diesen Verfahren wird der plastische Zustand durch eine ein- oder mehrachsige Zugbeanspruchung herbeigeführt.

Während die Untergruppe Längen nur wenige Verfahren aufweist, findet sich sowohl im Weiten als auch im Tiefen eine große Mannigfaltigkeit von Umformverfahren. Diese ergibt sich u. a. daraus, daß außer starren Werkzeugen Wirkmedien (formlos feste, flüssige oder gasförmige Stoffe) zur Kraft- bzw. Energieübertragung und Wirkenergien (z. B. Magnetfelder großer Stärke) in Verbindung mit Werkzeugteilen eingesetzt werden. Insgesamt haben die Verfahren des Weitens und Tiefens eine sehr große Bedeutung in der Fertigung von Werkstücken aus Blechen und Rohren. Sehr häufig finden sich Elemente des Tiefens in Verbindung mit Verfahrenselementen des Tiefziehens und Biegeumformens beim Formziehen im Gesenk bzw. beim → Karosserieziehen. *Lange*

Zugversuch.

Metallische Werkstoffe. Der Z. ist für → metallische Werkstoffe das wichtigste Prüfverfahren. Es liefert einmal die für die Festigkeitsberechnung maßgebenden Werkstoffkennwerte (→ Zugfestigkeit, → Streckgrenze) und zum anderen die für die Beurteilung der Verformbarkeit wichtigen Größen → Bruchdehnung und → Einschnürung (DIN 50145).

Für eine Vergleichbarkeit von Versuchsergebnissen müssen vergleichbare Probenformen vorliegen. Diese Probenformen sind deshalb z. B. in DIN 50125 genormt. Die dort aufgeführten Proben sind (kurze) Proportionalstäbe, die z. B. bei rundem Querschnitt durch das Verhältnis von Meßlänge zu Durchmesser mit

$$\frac{L_0}{d_0} = 5$$

gekennzeichnet sind. Lange Proportionalstäbe mit $L_0/d_0 = 10$ enthält die neueste Ausgabe der DIN 50125 nicht mehr.

Die Belastungsgeschwindigkeit darf bei einem Versuch bestimmte Grenzwerte nicht überschreiten. Der Verlauf der → Nennspannung σ über die Gesamtdehnung ε_t, wie er sich bei den meisten Metallen infolge einer Zugbeanspruchung bis zum Bruch einstellt, wird in Form eines → Spannung-Dehnung-Diagramms wiedergegeben.

Die Verformungskennwerte, die beim Z. ermittelt werden, bieten eine bessere Grundlage für die Beurteilung des Werkstoffverhaltens als die Festigkeitswerte. Im einzelnen kann man die → Bruchdehnung, die → Gleichmaßdehnung und die → Brucheinschnürung ermitteln.

□ Die Bruchdehnung A (→ Dehnung nach dem Bruch) ist die auf die Anfangsmeßlänge L_0 bezogene bleibende Längenänderung ΔL_r nach dem Bruch. Die Bruchdehnung wird in Prozent angegeben:

$$A = \frac{\Delta L_r}{L_0} \cdot 100\,\%.$$

Da der Wert der Bruchdehnung durch das Verhältnis von Meßlänge zu Probenquerschnitt mitbestimmt wird, ist das Symbol durch entsprechende Indizes mit A_5 bzw. A_{10} näher zu kennzeichnen. Die Bruchdehnungen technischer Metalle liegen zwischen Werten unter 1 %, z. B. Grauguß, und etwa 50 % bei weichem Kupfer. Im allgemeinen weisen Gußwerkstoffe schlechtere Werte auf als Knetwerkstoffe und Legierungen geringere als reine Metalle.

□ Die Gleichmaßdehnung A_g ist die auf die Anfangsmeßlänge L_0 bezogene nichtproportionale Verlängerung ΔL_{pm} bei Beanspruchung der Zugprobe durch die Höchstkraft F_m:

$$A_g = \frac{\Delta L_{pm}}{L_0} \cdot 100\,\%.$$

Die Bezeichnung Gleichmaßdehnung drückt aus, daß sich die Probe bis zur Höchstkraft F_m weitgehend gleichmäßig über die ganze Länge dehnt. Die mit der Längenzunahme verbundene Verminderung des Querschnittes ist bei plastischer → Verformung nicht nur auf die elastische → Querkontraktion, sondern überwiegend darauf zurückzuführen, daß das Volumen annähernd konstant bleiben muß. Die weitere Längenänderung beschränkt sich nur auf einen Teil der Länge, wobei sich die Probe wegen der Querschnittsminderung einschnürt. In der Regel sinkt bei Einschnürung der Probe die übertragene Prüfkraft und damit die auf den Anfangsquerschnitt bezogene Nennspannung wieder ab. Ursache ist, daß der (kleinste) Querschnitt stärker abnimmt als die → Formänderungsfestigkeit (wahre Spannung) zunimmt.

Da die Messung der Bruchdehnung symmetrisch zur Einschnürung erfolgt und der eingeschnürte Bereich besonders stark gedehnt wird, ist die Bruchdehnung A_5 immer größer als die Bruchdehnung A_{10} desselben Stabes. Sind bei einer Probe beide Werte ermittelt worden, so läßt sich daraus auch die Gleichmaßdehnung mit $A_g = 2 \cdot A_{10} - A_5$ hinreichend genau berechnen. Die Gleichmaßdehnung hat als Grenzwert einer gleichmäßigen Unformbarkeit entsprechende Bedeutung für die Fertigungstechnik.

□ Der dritte Verformungskennwert ist die Brucheinschnürung (Einschnürung nach dem Bruch) Z (ψ). Sie ist die größte auf den Anfangsquerschnitt S_0 bezogene Querschnittsänderung ΔS und wird ebenfalls in Prozent angegeben:

$$Z = \frac{\Delta S}{S_0} \cdot 100\,\%.$$

Die Werte liegen zwischen 0 % und 80 %.

Brucheinschnürung und Dehnungswerte gehen nicht unmittelbar in Dimensionierungsberechnungen von Konstruktionen ein. Alle drei Größen ermöglichen aber die qualitative Beurteilung des Werkstoffverhaltens beim Eintritt eines Versagens. Dabei läßt insbesondere die Größe der Brucheinschnürung erkennen, ob ein Werkstoff zu sprödem Bruch neigt (→ Sprödbruch).

Für die Dimensionierung von Bauteilen sind dagegen die Festigkeitskennwerte des Z. von besonderer Bedeutung, weil sich aus ihnen die Belastbarkeit der Konstruktion berechnen läßt. Es werden drei Kennwerte unterschieden: die → Dehngrenze, die → Streckgrenze und die → Zugfestigkeit.

– Dehngrenzen sind Spannungen bei einer bestimmten nichtproportionalen Dehnung ε_p wobei der Zahlenwert von ε_p in % die Dehngrenze näher kennzeichnet. Man unterscheidet üblicherweise die 0,01 %-Dehngrenze $R_{p0.01}$ die auch als Technische Elastizitätsgrenze bezeichnet wird, die 0,2 %-Dehngrenze oder kurz 0,2-Grenze $R_{p0.2}$ und in einigen Fällen, insbesondere bei höheren Temperaturen, die 1 %-Dehngrenze R_{p1}. Eine → Elastizitätsgrenze oder → Proportionalitätsgrenze, bis zu der die Verformung gerade noch vollständig linearelastisch ist, existiert als Werkstoffkennwert nicht, weil ihr Zahlenwert von der erreichbaren Meßgenauigkeit abhängt.

– Einige Werkstoffe, insbesondere weicher Stahl, weisen nicht einen stetigen Verlauf der Spannung-Dehnung-Kurve, sondern weisen Unstetigkeiten auf. Dabei nimmt bei gleichbleibender oder abnehmender Prüfkraft die Verlängerung der Probe zu, der Werkstoff fließt. Die Spannung, bei der die Kraft erstmalig konstant bleibt oder abfällt, wird als Streckgrenze R_{eH} bezeichnet. Tritt ein merklicher Spannungsabfall ein, so wird zwischen oberer Streckgrenze R_{eH} und unterer Streckgrenze R_{eL} unterschieden. Die untere Streckgrenze R_{eL} ist dabei die kleinste Spannung im Fließbereich. Bei Werkstoffen, die eine Streckgrenze aufweisen, tritt R_{eH} an die Stelle der 0,2-Grenze.

– Die Zugfestigkeit R_m ist die Spannung, die sich aus der Höchstkraft F_m und dem Anfangsquerschnitt S_0 ergibt:

$$R_m = \frac{F_m}{S_0}.$$

Die Zugfestigkeit technischer Metalle beträgt zwischen 10 N/mm² bis 20 N/mm² für reines Blei und 2 500 N/mm² bis 4 500 N/mm² für martensitaushärtende → Stähle. Die Festigkeiten der im Maschinenbau überwiegend zum Einsatz kommenden Vergütungsstähle liegen im allgemeinen zwischen 400 N/mm² und 1 200 N/mm².

Neben den Verformungskennwerten ist auch das Verhältnis zwischen Streckgrenze oder 0,2-Grenze und Zugfestigkeit R_{eH}/R_m bzw. $R_{p0.2}/R_m$, ein Anhaltswert für die Verformbarkeit des Werkstoffes. Ein niedriges → Streckgrenzenverhältnis, z. B. ca. ²⁄₃ bei weichem Stahl, läßt eine gute Verformbarkeit erwarten, während Verhältnisse nahe 1, wie z. B. bei gehärtetem Stahl, in der Regel auf eine schlechtere Verformbarkeit hinweisen.

– → Druckversuch (DIN 50106). Die Definitionen der Verformungs- und Festigkeitskennwerte des Druckversuchs entsprechen im wesentlichen denen des Z. Die Druckspannung σ_d ist als Nennspannung ebenfalls der Quotient aus der wirkenden Kraft F und dem Anfangsquerschnitt S_0

$$\sigma_d = \frac{F}{S_0}.$$

Der Verlauf der Nennspannung über der Stauchung ε_d ist in Bild 1 wiedergegeben. Berücksichtigt man, daß der wahre Querschnitt S beim Druckversuch größer wird als der Anfangsquerschnitt S_0, so muß die wahre Spannung

$$\sigma_d(\varepsilon_d) = \frac{F}{S(\varepsilon_d)}$$

entsprechend der zweiten Kurve in Bild 1 verlaufen. Für einen homogenen Werkstoff muß der Verlauf der wahren Spannung in Abhängigkeit von der Verformung im Zug- oder Druckbereich annähernd gleich sein. Der Druckversuch wird an kurzen zylindrischen Proben durchgeführt bis ein Bruch oder → Anriß auftritt oder ein vereinbarter Grenzwert der Stauchung erreicht wird. Das Verhältnis h_0/d_0 der Proben liegt zwischen 1 und 2, um ein Knicken zu vermeiden.

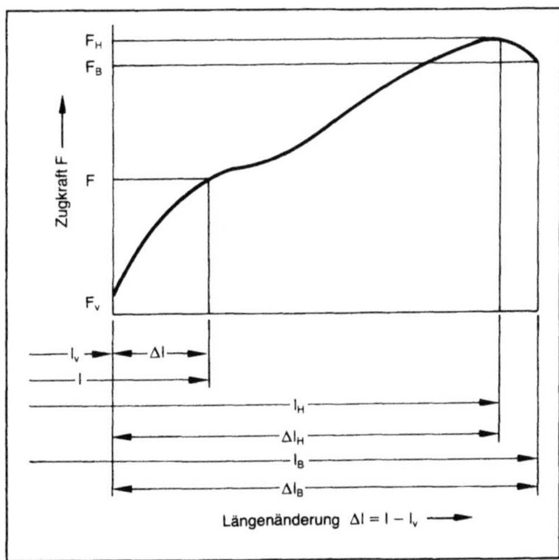

Zugversuch 1: Druckspannung-Stauchung-Diagramm (schematisch)

σ_d Nennspannung, $\sigma_d(\varepsilon_d)$ wahre Spannung

Da bei gut verformbaren Werkstoffen kein Bruch eintritt, wird der erste Anriß als Versagenskriterium angesetzt. Die bei Bruch oder Anriß vorhandene Nennspannung ist die Druckfestigkeit

$$\sigma_{dB} = \frac{F_B}{S_0}$$

die bleibende Stauchung die Bruchstauchung

$$\varepsilon_{dB} = \frac{\Delta L_{dB}}{L_0} \cdot 100\,\%$$

und das Verhältnis der bleibenden Querschnittsänderung zum Anfangsquerschnitt die relative Bruchquerschnittsvergrößerung oder Bruchausbauchung

$$\Psi_{dB} = \frac{\Delta S_{dB}}{S_0} \cdot 100\,\%.$$

Die letzte Größe kann aber nur bei einem Anriß und nicht bei Bruch bestimmt werden.

Tritt im Spannung-Verformung-Verlauf eine Unstetigkeit mit einem Fließbereich auf, so ist die der Streckgrenze des Z. entsprechende Spannung die Druck-Fließgrenze oder (natürliche) Quetschgrenze σ_{dF}. Bei einem stetigen Spannung-Verformung-Verlauf werden Nennspannungen, die bestimmte nichtproportionale oder bleibende Stauchungen hervorrufen, als Stauchgrenzen bezeichnet. Es sind dies insbesondere die 0,2 %-Stauchgrenze $\sigma_{d0,2}$ und die 2 %-Stauchgrenze σ_{d2}. *Gräfen*

Textilien. Der Z. dient zur Bestimmung der Formänderungseigenschaften in Längsrichtung an Fasern, Garnen und textilen Flächengebilden. Man unterscheidet drei verschiedene Verformungsprinzipien:

□ Konstante Verformungsgeschwindigkeit
□ Konstante Belastungszunahme
□ Konstante Geschwindigkeit der ziehenden Klemme (Pendelprüfgeräte)

Die DIN-Normen lassen nur noch das erstgenannte Prinzip zu. Die Begriffe und Definitionen für den Z. sind in DIN 53815 festgelegt (Bild 2).

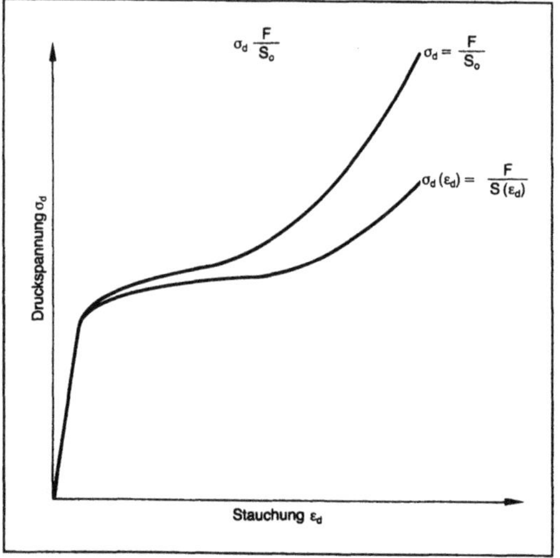

Zugversuch 2: Zugkraft. Längenänderungs-Kurve.

Definitionen:
– Höchstzugkraft F_H ist die beim einfachen Z. gemessene, maximale Kraft.
– Bruchkraft F_B ist die unmittelbar vor der völligen Trennung der Meßprobe gemessene Zugkraft.

– Vorspannkraft F_V ist die beim Beginn des Z. auf die Meßprobe einwirkende Zugkraft.
– Ausgangslänge l_V ist die Länge der Meßprobe bei Beginn des Z.
– Längenänderung Δl_H ist die Differenz zwischen der Länge bei der Höchstzugkraft und der Ausgangslänge.
– Längenänderung Δl_B ist die Differenz zwischen der Länge bei der Bruchkraft und der Ausgangslänge.
– Höchstzugkraftdehnung ε_H ist das Verhältnis der Längenänderung Δl_H zu der Ausgangslänge.
– →Bruchdehnung ε_B ist das Verhältnis der Längenänderung Δl_B zu der Ausgangslänge.

Da die Berechnung von Zugspannungen wegen der schwierigen Ermittlung der Ausgangsquerschnittsflächen an Fasern und insbesondere an Garnen sowie textilen Flächengebilden praktisch nicht durchführbar ist, werden die Zugkräfte auf die Feinheit (längenbezogene Masse) in Bezug gesetzt.

Feinheitsbezogene Zugkraft $f = \dfrac{F}{T_t}$ (cN/tex)

Feinheitsbezogene Höchstzugkraft

$f_H = \dfrac{F_H}{T_t}$ (cN/tex) (auch Feinheitsfestigkeit genannt)

T_t = Feinheit in tex

□ Zugprüfung an Fasern (DIN 53816):

Die Zugprüfmaschinen müssen hinsichtlich Kraft- und Dehnungsmeßbereich, Einspannlänge und Verformungsgeschwindigkeit auf Fasern abgestimmt sein. Je nach Faserart sind Einspannlängen von 10, 20 und 50 mm anzuwenden.

□ Zugprüfung an Garnen (DIN 53834 Teil 1, 2, 3)

Als Einspannlänge ist 500 mm im Normalfall festgelegt, lediglich bei Entnahme der zu prüfenden Fäden aus kleineren textilen Flächengebilden dürfen kürzere Einspannlängen angewandt werden. Da bei der Garnprüfung im Regelfall wegen der Streuung sehr viele Einzelwerte erforderlich sind, werden überwiegend Prüfautomaten eingesetzt.

□ Zugprüfung an textilen Flächengebilden (DIN 53857 T1 – Streifenzugversuch –)

Die Zugprüfung wird fast ausschließlich nur an Geweben und Vliesstoffen durchgeführt, an Maschenwaren nur in Ausnahmefällen. Die Probenabmessungen sind im Normalfall 350 × 50 mm, bei einer freien Einspannlänge von 200 mm.

Ein weiteres Verfahren ist die in USA gebräuchliche Grab-Methode (in DIN 53858 beschrieben), bei der die zu prüfende Probe in spezielle Klemmen eingespannt wird.

□ Kollektivprüfverfahren

Bei Baumwoll- und Wollfasern haben sich Zugprüfungen an Faserbündeln eingeführt. Mit diesen lassen sich die zeitraubenden Z. an Einzelfasern wesentlich abkürzen. Ein besonderes Problem stellen hierbei die Einspannklemmen dar. Auch die Kalibrierung gestaltet sich schwierig, sie ist nur mit sogenannten Eichbaumwollen bzw. Eichwollen möglich. Hierbei werden die Geräte in den verschiedenen Laboratorien mit Hilfe einer Faserprobe mit bekannten Festigkeitswerten aufeinander abgestimmt.

Bei Garnen haben insbesondere in den englisch-amerikanisch orientierten Ländern sogenannte Strangreißverfahren Eingang gefunden. Dabei werden Garnstränge mit einer bestimmten Zahl von Windungen auf teilweise sehr einfachen Zugprüfmaschinen (z. B. mit Handkurbel betrieben) bis zum Bruch beansprucht. Die Höchstzugkraft ist dann ein Maß für die →Festigkeit des Garnes im Strang. *Kleinhansl*

Literatur: DIN 53815: Begriffe für den einfachen Zugversuch. 1988. – DIN 53816: Einfacher Zugversuch an einzelnen Fasern. 1976. – DIN 53834 T1: Einfacher Zugversuch an Garnen und Zwirnen. 1976. – DIN 53834 T2: Einfacher Zugversuch an Garnen und Zwirnen im ofentrockenen Zustand. 1979 – DIN 53834 T3: Einfacher Zugversuch an Garnen mit automatischen Zugprüfmaschinen. (Entwurf). – DIN 53857. T1 und T2: Einfacher Streifenzugversuch an textilen Flächengebilden. 1979. – DIN 53858: Bestimmung der Höchstzugkraft von textilen Flächengebilden – Grab-Methode. 1979. – DIN 53942: Bestimmung des Pressley-Index von Baumwollfasern – Flachbündelverfahren nach Pressley. 1984. – IWTO-32-82: Bündel-Zugprüfung von Wolle. 1982. – *Sommer, H.* und *F. Winkler:* Handbuch der Werkstoffprüfung. Bd. V. Berlin–Göttingen–Heidelberg 1961.

Zunder. Unter Z. versteht man die bei der Reaktion →metallischer Werkstoffe in Luft oder anderen sauerstoffhaltigen Gasen bei hoher Temperatur entstandenen, vorwiegend oxidischen Korrosionsprodukte. Sie führen zur Ausbildung einer mehr oder weniger gut schützenden Zunderschicht. Bei →Eisen und niedriglegierten →Stählen besteht der Z. (z. B. →Walzzunder) aus Eisen(II)- und Eisen-(III)-oxid (FeO, Fe_3O_4, Fe_2O_3), bei Chrom- und Chromnickelstählen aus Chromoxid (Cr_2O_3) und bei hitzebeständigen Stählen mit einem erhöhten Aluminiumgehalt aus Aluminiumoxid (Al_2O_3). →Hochtemperaturkorrosion. *Wendler-Kalsch*

Zunderausblühung. Örtlich verstärkte →Verzunderung als Folge lokalen Zusammenbrechens der Schutzwirkung vorliegender Zunderschichten (→Zunder). Z. sind häufig mit röschenartigen Zunderauswüchsen verbunden. Sie werden durch örtliche Verletzung bzw. Überhitzung der Zunderschicht oder durch lokale Fremdstoffablagerung auf der →Schutzschicht hervorgerufen. Ein charakteristisches Beispiel sind die →Schwefelpocken. *Wendler-Kalsch*

Literatur: *Rahmel, A.* u. *W. Schwenk:* Korrosion und Korrosionsschutz von Stählen. Weinheim 1977.

Zunderbeständigkeit. Beständigkeit gegen →Oxidation. Die Z. beruht auf der Ausbildung einer dichten oxidischen →Schutzschicht, welche das angreifende Medium von der Werkstoffoberfläche trennt. Besonders bei der Zulegierung von →Chrom bildet sich eine dichte, fest haftende Schicht von Chromoxid aus, so daß mit steigendem Chromgehalt die Z. zunimmt. Durch →Silicium, →Aluminium und →Titan wird die Wirkung von Chrom verbessert, Zugabe von Cer-Mischmetall steigert die →Haftfestigkeit der →Oxidschicht. →Nickel setzt in austenitischen Stählen den Unterschied in der →Wärmeausdehnung zwischen Oxidschicht und Grundmetall herab und verbessert dadurch die →Haftung bei wechselnden Temperaturen. Ferner wird in Atmosphären, die →Kohlenstoff oder →Stickstoff enthalten die Z. indirekt verbessert, da die Löslichkeit für Kohlenstoff und Stickstoff mit steigendem Nickelgehalt abnimmt und allgemein die Diffusionsmöglichkeit im kubisch flächenzentrierten →Gitter erschwert ist. *Dahl*

Literatur: Werkstoffkunde Stahl. 2 Bde. (Hrsg. VDEh). Berlin–Düsseldorf 1984/85.

Zunderkonstante →Hochtemperaturkorrosion

Zusammensetzung. Die chemische Z. eines →Mehrstoffsystems (z. B. einer Metall-Legierung) wird für technische Anwendungen meist in Gewichts-Prozenten (Gew.-%, c_i) angegeben; für wissenschaftl. Zwecke werden Atom- bzw. Mol-Prozente (at-%, mol-%, n_i) bevorzugt. Als Molenbruch wird der Ausdruck $N_i = n_i/100$ bezeichnet. Vielfach werden auch Volumen-Prozente (Vol-%, c_{vi}) benötigt. Es gilt offensichtlich

$$\Sigma c_i = \Sigma n_i = \Sigma cv_i = 100; \ \Sigma N_i = 1$$

Zur Umrechnung der Gew.-% in at-% benötigt man die Atom- bzw. Molekulargewichte m_i [g/mol] der einzelnen Komponenten, zur Umrechnung von Gew.-% in Vol.-% die Dichten p_i, zur Umrechnung von at-% in Vol-% die Molvolumina V_i [m³/mol]. Als wichtigste Umrechnungsbeziehungen ergeben sich

$$n_k = \frac{c_k/m_k}{\Sigma c_i/m_i} \ ; \ c_k = \frac{n_k m_k}{\Sigma n_i m_i}$$

Die n_k und c_k sind dann stark voneinander verschieden, wenn die Atomgewichte der Komponenten sich stark unterscheiden. *Ilschner*

Zusatzmittelprüfung. Die Prüfung von Zusatzmitteln soll die Unschädlichkeit der Mittel in →Beton und →Mörtel sowie die Wirksamkeit entsprechend der Wirkungsgruppe gewährleisten. Zusatzmittel werden in die Wirkungsgruppen Betonverflüssiger

(BV), Luftporenbildner (LP), Dichtungsmittel (DM), Verzögerer (VZ), Erstarrungs- und Erhärtungsbeschleuniger (BE), Einpreßhilfen (EH), Stabilisierer (ST) und Fließmittel (FM) unterteilt.

Für die Verwendung in Beton und Mörtel nach DIN 1045 bedürfen die Zusatzmittel eines Prüfzeichens des Instituts für Bautechnik, Berlin. Die Prüfung von Zusatzmitteln ist in gesonderten Richtlinien festgelegt. Dabei sind im Wesentlichen die Gleichmäßigkeit, die chemischen Eigenschaften, die Verträglichkeit und die Wirksamkeit nachzuweisen.

Die Gleichmäßigkeit der flüssigen Zusatzmittel wird durch Beobachten von Absetzerscheinungen in einem Standglas, die Gleichmäßigkeit der pulverförmigen Zusatzmittel durch Beobachtung der Entmischungsneigung bei der Handhabung geprüft.

Die chemischen Eigenschaften von Zusatzmitteln werden durch die Bestimmung des Gehalts an Halogen (außer Fluor) beschrieben. Für Zusatzmittel, die in Beton mit alkaliempfindlichem Zuschlag verwendet werden, ist der Alkaligehalt als Na_2O-Äquivalent nach DIN 1164 zu bestimmen.

Die Verträglichkeit von Zusatzmitteln der Wirkungsgruppen BV, LP, DM, VZ, ST und FM wird nach DIN 1164 durch die Prüfung auf Raumbeständigkeit und durch das Erstarrungsverhalten von Zementlein mit und ohne Zusatzmittel nach DIN 1164 geprüft. Für Zusatzmittel aller Wirkungsgruppen ist darüber hinaus nachzuweisen, daß bei der elektrochemischen Prüfung mit dem sog. potentiostatischen Halteversuch keine korrosionsfördernde Wirkung auf Betonstahl erkennbar ist.

Die Wirksamkeit von Zusatzmitteln wird entsprechend der Wirkungsgruppe durch Vergleichsprüfungen am →Zementleim, Mörtel oder Beton mit und ohne Zusatzmittel geprüft. Für Betonverflüssiger gilt als Beurteilungsmaßstab der Wasserbedarf beim Normsteifeversuch nach DIN 1164. Luftporenbildner müssen Anforderungen sowohl an den Luftgehalt des Frischbetons als auch an die Luftporenkennwerte im Festbeton erfüllen. Dichtungsmittel werden anhand des aufgenommenen Wassers bei zwei Lagerungszyklen beurteilt. Verzögerer haben Anforderungen an das Erstarrungsverhalten von Zementleim zu erfüllen. Die Wirksamkeit von Erstarrungsbeschleunigern wird an Beton mit Hilfe des Ausbreitmaßes festgestellt. Erhärtungsbeschleuniger werden nach Unterschieden in der Druckfestigkeitsentwicklung von Mörtelprismen beurteilt. Einpreßhilfen müssen die in DIN 4227 festgelegten Anforderungen hinsichtlich Fließvermögen, Raumänderung und Druckfestigkeit erfüllen. Die Wirksamkeit von Stabilisierern wird an Zementleim sowie Beton durch die Bestimmung der Wasserabsonderung geprüft. Fließmittel werden anhand der Differenz des Ausbreitmaßes des Betons beurteilt.

Die Überwachung von Zusatzmitteln besteht aus Eigen- und Fremdüberwachung und wird in Überwachungsrichtlinien sowie in DIN 18200 geregelt.

Rehm/Laskowski

Literatur: Richtlinien für die Zuteilung von Prüfzeichen für Betonzusatzmittel (Prüfrichtlinien). Hrsg.: Institut für Bautechnik, Berlin, Fassung Februar 1984. – Richtlinien für die Überwachung von Betonzusatzmitteln (Überwachungsrichtlinien). Hrsg.: Institut für Bautechnik, Berlin, Fassung Oktober 1985.

Zustandsdiagramm binärer Systeme. Das Z. gibt in graphischer Form Informationen darüber, welche Phasen in einem binären System (→Zweistoffsystem) als Funktion der Zusammensetzung und der Temperatur vorliegen, und zwar im →Gleichgewicht. Als Beispiele werden ein einfach aufgebautes System (Cu-Ni, Bild 1) und ein komplexes Z. (Cu-Zn, Bild 2) dargestellt (→Eisen-Kohlenstoff-Zustandsschaubild). Z. können auch für nichtmetallisch-anorganische Zweistoffsysteme aufgestellt werden; Beispiel MgO-SiO_2 (Bild 3). In einem solchen Fall sind die Komponenten nicht Elemente, sondern einfache Verbindungen. Falls mindestens eine der Komponenten eine nichtstöchiometrische, vom Sauerstoffpartialdruck oder einem anderen Umgebungspotential abhängige Zusammensetzung hat, hängt das gesamte Z. von diesem Wert ab.

Die Temperatur wird üblicherweise in °C, die Zusammensetzung in Gew.-% oder at.-% angegeben; in Handbüchern finden sich meist beide Skalen. Für den Vergleich mit Ergebnissen der quanti-

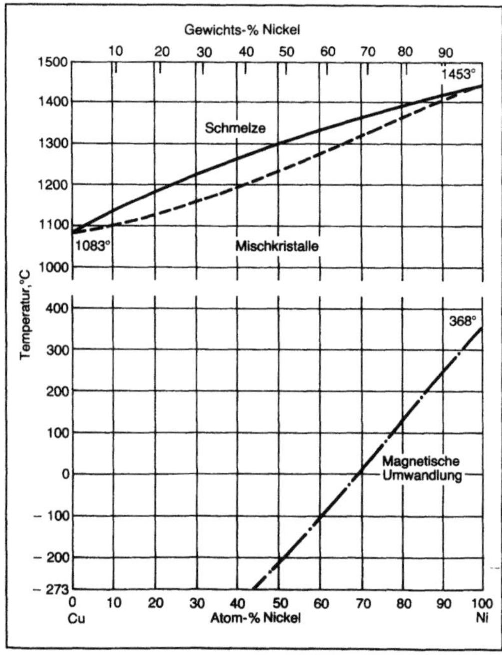

Zustandsdiagramm 1: Z. des Systems Cu-Ni.

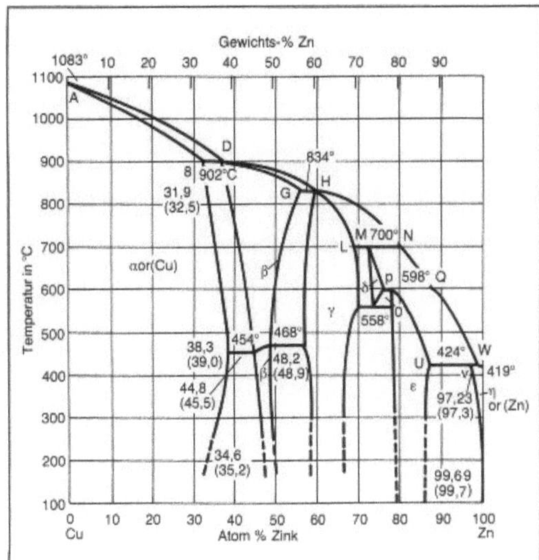

Zustandsdiagramm 2: Z. des Systems Cu-Zn.

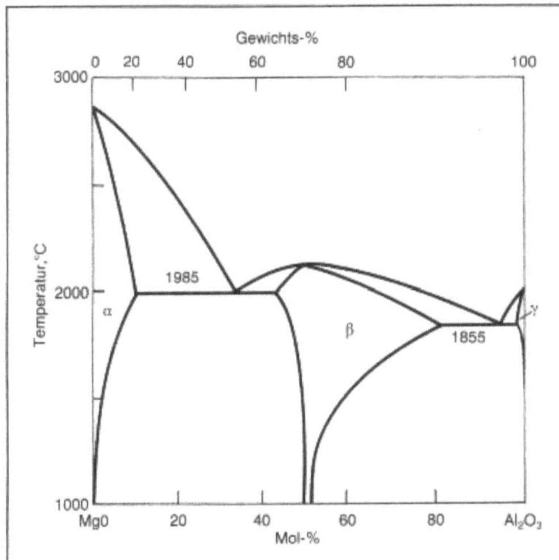

Zustandsdiagramm 3: Z. des Zweistoffsystems $MgO-Al_2O_3$.

tativen Gefügeanalyse müssen diese Werte in Vol.-% umgerechnet werden.

In der (T,c)-Auftragung gliedern sich die Z. in Zustandsfelder, in denen entweder eine einzige feste oder flüssige Phase stabil ist (Fall A) oder ein stabiles bzw. metastabiles Gleichgewicht zweier Phasen vorliegt (Zweiphasengebiet, Fall B). Folgt man innerhalb eines solchen Feldes einer Isotherme, was mit der Änderung der mittleren Zusammensetzung c gleichbedeutend ist, so ändert sich im Fall A die Zusammensetzung dieser Phase, während sich im Fall B bei konstanter Zusammensetzung der beteiligten Phasen deren Mengenverhältnis von 0:1 bis 1:0 ändert. Zwischen zwei Einpha-

sengebieten liegt jeweils ein Zweiphasengebiet, sodaß sich im Verlauf einer Isotherme die Phasenfolge $\alpha \mid \alpha + \beta \mid \beta \mid \beta + \gamma \mid \gamma \mid \ldots$ ergibt. Die Zustandsfelder sind durch Grenzlinien abgegrenzt, welche die Topologie eines Z. charakterisieren.

Z. betreffen den festen und den flüssigen Zustand eines Systems. Die Schmelzen (L) weisen überwiegend lückenlose Mischbarkeit auf (Mischphasen). Das Auftreten der ersten festen Phasen mit sinkender Temperatur bei der →Erstarrung wird durch die →Liquiduslinie markiert, unterhalb derer ein Zweiphasengebiet fest-flüssig (S-L) liegt; dessen untere Grenze wird als Soliduslinie bezeichnet.

Bei der Erstarrung einer Schmelze bzw. bei der temperaturbedingten →Umwandlung im festen Zustand treten charakteristische Konfigurationen der Grenzlinien auf, von denen hier die eutektische Erstarrung, das peritektische Aufschmelzen, die eutektoide Umwandlung und die →Mischungslücke als wichtigste Beispiele gebracht werden (Bild 4).

Z. stellen prinzipiell den Gleichgewichtszustand eines Mehrstoffsystems dar, in (z. T. wichtigen) Ausnahmefällen wie dem durch Fe_3C bestimmten Eisen-Kohlenstoff-Diagramm auch metastabile Gleichgewichte. Sie enthalten jedoch keine Aussagen über die Geschwindigkeit (Kinetik) der Gleichgewichtseinstellung bei veränderlicher oder konstant gehaltener Temperatur. Die sich bei solchen gleichgewichtsfernen Vorgängen einstellenden Phasenverteilungen müssen gesondert ermittelt werden; sie können Phasen enthalten, die im Z. gar nicht auftreten (Martensit, Θ' in Al-Legierungen usw.). In dieser Hinsicht müssen die Z. als Basisdokument ergänzt werden durch die ZTU-Diagramme.

Z. können experimentell ermittelt werden, indem die zu ausgewählten (T,c)-Werten gehörigen Zustände eingestellt, durch →Abschrecken eingefroren und metallographisch, mikroanalytisch sowie röntgenographisch untersucht werden. Andere Methoden bedienen sich der Analyse von thermischen, magnetischen, elektrischen Eigenschaftswerten bei kontinuierlicher Abkühlung/Aufheizung (Dilatometrie, DTA).

In neuerer Zeit wird die sehr aufwendige experimentelle Bestimmung der Z. ergänzt und z. T. ersetzt durch rechnergestützte Berechnungsverfahren. Diese beruhen auf der thermodynamischen Definition des Gleichgewichtes; sie benutzen zum Auffinden des Minimums der Freien Enthalpie numerische Ansätze für die thermodynamischen Potentiale der beteiligten Mischphasen und intermetallischen →Verbindungen.   *Ilschner*

Literatur: *Hansen, M.:* Constitution of binary alloys. New York 1958. – *van Vlack, L.:* Materials for engineering. Amsterdam 1982.

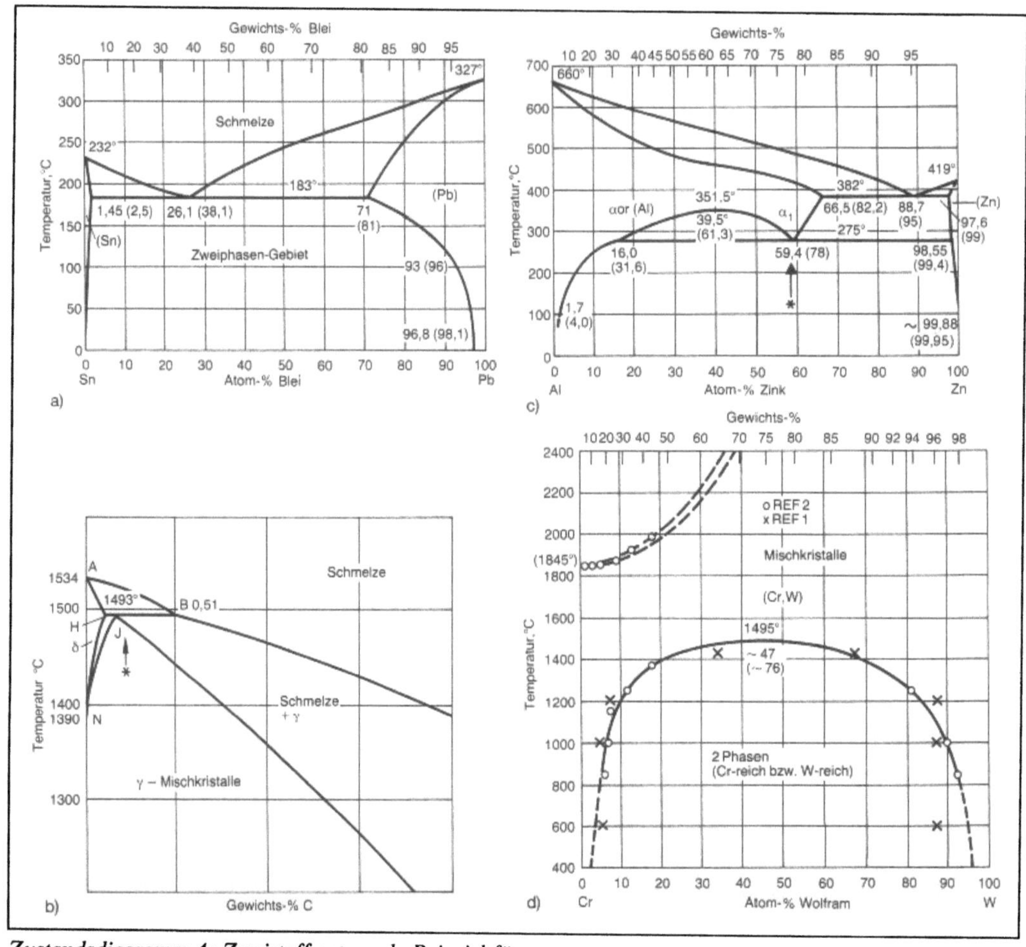

Zustandsdiagramm 4: Zweistoffsystem als Beispiel für
a) eutektische Erstarrung (Pb-Sn)
*b) peritektisches Aufschmelzen (Fe-C) bei **
*c) eutektoïde Umwandlung (Al-Zn) bei **
d) Mischungslücke (Cr-W).

Zustandsdiagramm ternärer Systeme → Dreistoffsystem

Zuverlässigkeit. Erzeugnisse werden des Nutzens wegen gekauft, den sich der Käufer/Anwender von der Erfüllung seiner Anforderungen und/oder Erwartungen verspricht (→ Qualität). Er hat dabei nicht nur den Moment der Inbetriebnahme (Auspackqualität, 0-km-Qualität, *engl.* time zero quality), sondern eine längere oder kürzere Nutzungsdauer im Auge. Die Istwerte der Qualitätsmerkmale ändern sich jedoch im Laufe der Zeit in Abhängigkeit von den Bedingungen, denen die Einheit während dieser Zeit ausgesetzt ist. Damit ändert sich i. a. auch der Grad der Erfüllung der vorgegebenen Anforderungen (Qualität mit Zeitdimension, *engl.* time zero plus quality). Die Z. ist daher ein

besonders wichtiges Qualitätsmerkmal eines Erzeugnisses (Teil, Gerät, Anlage), im folgenden Einheit genannt. Ihre Definition nach DIN 55350 lautet entsprechend: Z. ist der Teil der Qualität im Hinblick auf das Verhalten der Einheit während oder nach einer vorgegebenen Zeitspanne bei vorgegebenen Bedingungen. Eine Z.-Angabe ohne Bezug auf eine bestimmte Zeitspanne und die gegebenen Bedingungen ist daher sinnlos. Zu den Bedingungen gehört nicht nur die Art und Intensität der Beanspruchung der Einheit und ggf. ihrer Versorgung mit Material, Energie, Kühlung, sondern auch die Fähigkeit des Benutzers bei dessen Handhabung und Bedienung, die Modalitäten der → Instandhaltung. Für die mathematische Behandlung von Z.-Problemen verwendet man die Überlebenswahrscheinlichkeit (Bild). Sie ist die Wahrscheinlichkeit

R (t) dafür, daß eine Einheit unter vorgegebenen Bedingungen während der vorgegebenen Zeit t funktionsfähig ist.

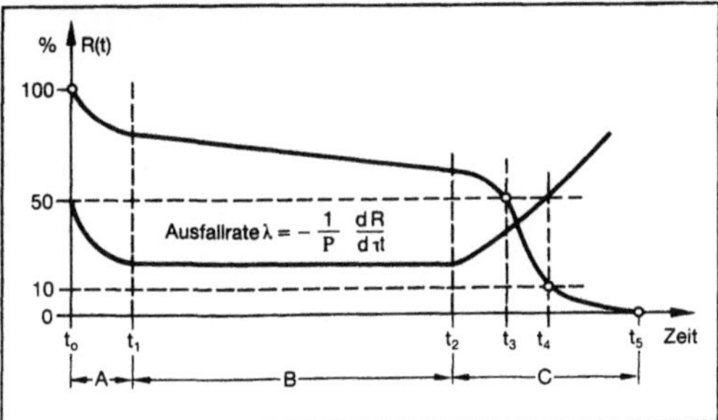

Zuverlässigkeit: Bestand (relative Absterbekurve) und Ausfallrate.

Eine nicht mehr funktionsfähige Einheit ist ausgefallen. Nach der Art des Übergangs vom funktionsfähigen in den nichtfunktionsfähigen Zustand der Einheit unterscheidet man Sprungausfälle (wenn der Übergang diskontinuierlich erfolgt) oder Driftausfälle. Letztere sind die Folge einer Abnutzung bis zur Verletzung eines definierten Ausfallkriteriums). Die Zeitspanne vom Beginn des Einsatzes bis zum Ausfall der Einheit heißt Ausfallzeit (*engl.* time to failure).

Die Ausfallzeiten eines Kollektivs von Einheiten haben vielfach (nicht immer) charakteristische Verteilungen. Im Bild wird der Prozentsatz noch funktionsfähiger Einheiten während der Zeit t (relativer Bestand) und die Ausfallrate λ dargestellt. Im Abschnitt A sind Frühausfälle, im Abschnitt B Zufallsausfälle und im Abschnitt C Alterungsausfälle sichtbar. Der Ausfallmechanismus ist in den drei Bereichen unterschiedlich. Zur Analyse des Ausfallverhaltens von Kollektiven dient das nach dem Mathematiker Weibull benannte doppelt-logarithmische Netz mit der Zeit als Abszisse und der Häufigkeitssumme der ausgefallenen Einheiten als Ordinate ($\rightarrow$ Weibull-Verteilung). Die Steilheit der Kurve (Formparameter b) gibt einen Hinweis auf die Natur der Ausfälle: Im Bereich A ist b < 1, im Bereich B ist b = 1 und im Bereich C ist b > 1.

Die Z. einer nicht reparierbaren Einheit ist durch die Ausfallzeit gegeben. Wird sie auf Grund von Beobachtungen festgestellt, nennt man sie $\rightarrow$ Lebensdauer. Sie heißt Lebenserwartung, wenn sie mittels Modellrechnungen a priori angegeben wird. Für Kollektive nichtreparierbarer Einheiten gelten folgende Kenngrößen:

□ Halbwertzeit: die Zeitspanne, in der die Hälfte der Einheiten des Kollektivs ausgefallen ist;

□ mittlere Lebensdauer: Summe aller Lebensdauern der Einheiten des Kollektivs dividiert durch ihre Anzahl. Bei bestimmten Produktgruppen spricht man von Haltbarkeit (Lebensmittel).

Die Z. der einzelnen Einheiten des Kollektivs weichen im Rahmen der Streuung von diesen Mittelwerten ab.

Für Einheiten, die nach einem Ausfall instandgesetzt und damit wieder funktionsfähig gemacht werden können, benutzt man als Kenngrößen:

□ mittlerer Ausfallabstand: Mittelwert der Zeitspannen zwischen zwei Ausfällen (*engl.* mean time between failures, MTBF),

□ mittlere Ausfalldauer: Mittelwert der Zeitspannen, in denen die Einheit nicht funktionsfähig war (mean time to repair, MTTR),

□ $\rightarrow$ Verfügbarkeit: Summe der Zeitspannen, in denen die Einheit funktionsbereit war, dividiert durch die Gesamtzeit.

Der Nachweis, daß ein Kollektiv eine bestimmte mittlere Mindest-Z. hat, kann nur an Hand von Stichproben geführt werden. Jede Z.-Prüfung zerstört letztlich den Prüfling und macht ihn damit für den Einsatz unbrauchbar. Da die Prüfungen zudem auch noch zeitaufwendig sind, bemüht man sich, mit möglichst kleinen Stichproben zu arbeiten. Die Wahrscheinlichkeit der Aussage hängt daher entscheidend von den Herstellbedingungen der Einheiten ab. Sie müssen eine möglichst kleine Streuung aufweisen, damit eine sinnvolle Aussage auf Grund der Stichprobenprüfung möglich wird. Beschleunigung der Prüfungen durch Erhöhung der Beanspruchungen (Zeitraffer) ist nur in sehr beschränktem Umfang möglich, da leicht neue Ausfallmechanismen ins Spiel kommen, die das Ergebnis der Prüfung unbrauchbar machen.

Im Zuge immer komplexerer Aggregate und Anlagen mit immer höheren Anforderungen an ihre $\rightarrow$ Sicherheit und Z. (Weltraumfahrt, Kernenergie) steigt die Bedeutung der Vorausberechnung der Z., zumal es sich oft um die Produktion nur einer oder bestenfalls einiger weniger sehr aufwendiger Einheiten handelt. Ein Nachweis der Z. durch Testen ist daher nicht eindeutig möglich.

Z.-Berechnungen gehen von einem Modell der zu bauenden Einheiten aus. Alle ihre Elemente werden mit ihren logisch-determinierten Verknüpfungen dargestellt. Die Folgen des Ausfalls eines jeden Elements können so in Form eines Fehlerbaums verfolgt werden. Setzt man die bekannten Ausfallwahrscheinlichkeiten der Elemente in Rechnung, ist die Wahrscheinlichkeit einer bestimmten Fehlfunktion der Einheit quantitativ bestimmbar (*engl.* failure effect analysis, FEA). Umgekehrt kann man eine gedachte Fehlfunktion auf ihre oft zahlreichen Ursachen hin untersuchen (*engl.* failure source analysis, FSA). In beiden Fällen gewinnt der Entwickler Entscheidungskriterien für z.-erhöhende Maßnahmen.

Die Z. einer Einheit wird wesentlich durch ihre Konstruktion bestimmt. Die Z. des verwendeten Materials spielt ebenso eine Rolle, wie die vorgegebenen Fertigungsverfahren. Darüberhinaus muß darauf geachtet werden, Teile und Baugruppen nicht bis an ihre nominale Belastungsgrenze zu beanspruchen (de-rating). Durch geeignete Anordnung der Elemente und Zusatzkühlung muß für die ungestörte Abfuhr von Wärme gesorgt werden. Endlich besteht die Möglichkeit, ausfallgefährdete Teile und Aggregate mehrfach vorzusehen (→ Redundanz), wobei die Reservisten ständig eingeschaltet sind (heiße Redundanz) oder erst bei Ausfall des arbeitenden Teils einspringen (kalte Redundanz; z. B. Notstromerzeuger).

Die Z.-Planung sollte stets darauf achten, durch geeignete Maßnahmen die Folgen eines Ausfalls so gering wie möglich zu halten. (fail-safe). Selbst eine sehr zuverlässig konstruierte Einheit kann durch Unachtsamkeit in der Fertigung unzuverlässig werden. Es ist wesentlich, mit validierten Prozessen zu arbeiten. Selbst die Lagerung beim Hersteller oder beim Käufer kann negative Einflüsse auf die Z. haben, da die Lagerfähigkeit verschiedener Arten von Einheiten i. a. unterschiedlich ist. Sie wird von den Gegebenheiten der Lagerung wie Feuchtigkeit und Temperatur beeinflußt. Das → Risiko eines Frühausfalls beim Kunden oder Betreiber kann der Hersteller durch Testläufe im Haus (Einbrennen) erheblich vermindern.

Die Verfügbarkeit einer Einheit kann durch schnelle und wirkungsvolle Instandhaltung sehr erhöht werden. Eine instandhaltungsfreundliche Konstruktion hilft dabei ebenso wie das Vorhandensein von Ersatzteilen und entsprechend qualifiziertem Personal. Planmäßige Wartung ist ein bewährtes Mittel zur Erhöhung der Verfügbarkeit.

Masing

Literatur: *Birolini, A.:* Qualität und Zuverlässigkeit technischer Systeme. Berlin 1985. – *Deixler, A.:* Handb. Qualitätssicherung. 2. Aufl. Kap. 17. Zuverlässigkeitsplanung. München, Wien 1988. – DIN 55350, Tl. II: ⊠ Hrsg. Dt. Inst. für Normung. Ausg. Mai 1987. – *Peters, O. H.,* u. *A. Meyna:* Handb. Sicherheitstechnik. München, Wien 1986. – *Zipperer, M.:* Handb. Qualitätssicherung. 2. Aufl. Kap. 12. Zuverlässigkeitsprüfung. München, Wien 1988.

Zweikomponentenharz → Reaktionsharz

Zweistoffsystem. Eine (flüssige) Metallschmelze erstarrt in einem (festen) Kristallgitter. Bei der → Erstarrung von zwei Stoffen oder Elementen entsteht eine → Legierung, deren → Gefüge aus Körnern aufgebaut ist und die durch Korngrenzen voneinander getrennt sind. Metallegierungen aus zwei, drei oder mehreren Elementen bilden ein Zwei-, Drei- oder Mehrstoffsystem.

Thermodynamisch wird der Zustand von Legierungen eindeutig durch die Zustandsgrößen Temperatur T, Druck p und Konzentration C bestimmt. Die systematische Darstellung der Legierungen er-

folgt in einem Zustandssystem. Mit Ausnahme der Vakuummetallurgie laufen die meisten technischen Herstell- und Verarbeitungsprozesse der Werkstoffe bei Umgebungsdruck p ≈ 1 bar ab. Jeder Werkstoffzustand kann daher durch die beiden Zustandsgrößen T und C in einem Zustandssystem (Z.) dargestellt werden (Bild 1).

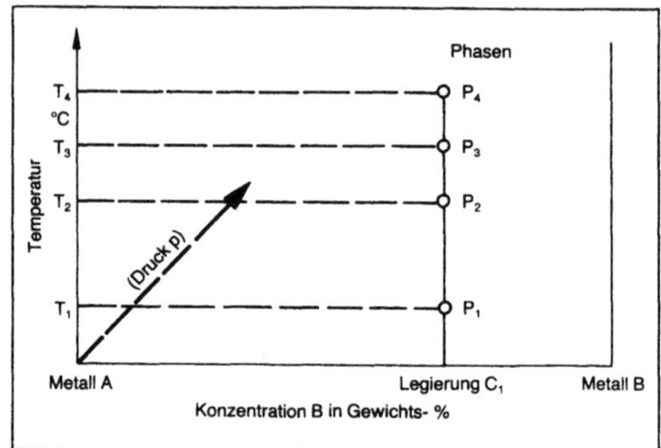

Zweitoffsystem 1: Darstellung der Zustandsgrößen Temperatur und Konzentration in einem Z.: Die Phasen der Legierung C_1 aus den beiden Metallen (Komponenten) A und B können für verschiedene Temperaturen abgelesen werden.

Eine Übersicht über binäre Zustandssysteme ist in Bild 2 zusammengestellt.

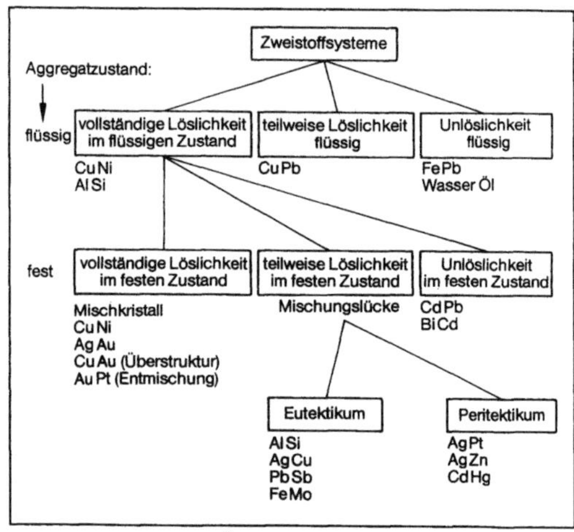

Zweitoffsystem 2: Übersicht und Legierungsbeispiele von Z. (binäre Zustandssysteme).

Gleichartige, einheitliche Bestandteile (Kristallgitter) mit gleichen Eigenschaften eines Systems werden als Phasen mit den sie begrenzenden Phasengrenzen eingezeichnet. Existiert in einem Zustandssystem und dem kristallisierten Gefüge nur eine Phase, so wird es homogen (sonst heterogen) genannt.

Zustandssysteme werden mit Hilfe von Abkühlkurven (thermische → Analyse) oder mit dem

→Dilatometer von mehreren Legierungen eines Systems ermittelt (Bild 3). Dabei werden die Phasengrenzlinien zwischen der homogenen Schmelze (S) und dem Zweiphasenfeld Schmelze und Mischkristall (S + α) experimentell bestimmt und miteinander verbunden eingezeichnet (→Liquiduslinie), sowie die Phasengrenzlinie zwischen dem Zweiphasenfeld und dem festen Mischkristall (α) ermittelt (Soliduslinie).

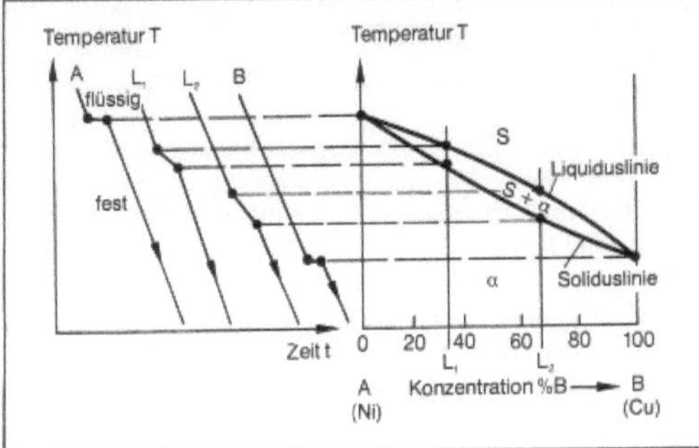

Zweistoffsystem 3: Z. (z. B. Nickel-Kupfer mit vollständiger Löslichkeit im flüssigen und festen Zustand) ermittelt mit Hilfe von Abkühlungskurven.

Schmelze S, Mischkristall α, Komponente A (Ni) und B (Cu), Legierung L₁ (NiCu 35) und L₂ (NiCu65)

Die meisten Metalle können in ihrem Kristallgitter bestimmte Mengen anderer Atome (Fremdatome) aufnehmen (lösen), wodurch der Gitterverband mehr oder weniger stark verspannt wird. Solche aus mindestens zwei Atomsorten gebildete Phasen, auch Mischkristalle oder feste Lösungen genannt, entstehen durch Austausch eines Gitterplatzes (→ Substitutionsmischkristall) oder Einlagerung auf Zwischengitterplätze (→ Einlagerungsmischkristall). Hier liegt eine vollständige →Löslichkeit im festen Zustand vor. Mischkristalle bilden sich, wenn u. a. etwa gleiche Kristallstruktur, ähnlicher Atomaufbau und Atomdurchmesser vorausgesetzt werden können.

In jedem Aggregatzustand können auch mehrere Phasen gleichzeitig auftreten. Das System und die entstehenden Gefüge im kristallisierten, festen Zustand sind dann heterogen. In diesem Fall treten Mischungslücken auf; mehrere Bestandteile liegen nebeneinander durch Phasengrenzen getrennt (nicht gemischt) vor; es liegt die teilweise Löslichkeit (außerhalb der Mischkristalle) im festen Zustand vor.

Bei den meisten Legierungssystemen sind deren Metallatome (Komponenten) im festen Zustand weder lückenlos ineinander mischbar noch vollständig unmischbar. Bei ihnen existiert ein Konzentrationsbereich, in dem mehrere Phasen nebeneinander auftreten (→Mischungslücke).

Liegen die Schmelzpunkte der beiden Metalle (Komponenten A und B) eines Z. mit Mischungslücke in etwa bei gleicher Temperatur, so entsteht ein eutektisches System mit einem Eutektikum (*griech.*, gut gebaut), das einen niedrigeren →Schmelzpunkt als die beiden Komponenten aufweist und ein sehr feinverteiltes Gefüge mit beiden Bestandteilen nebeneinander ergibt. Sind die Schmelzpunkte der Metalle sehr verschieden, so entsteht ein peritektisches System mit einem Peritektikum (*griech.*, herumgebaut), dessen Gefüge aus einem primär erstarrten Mischkristall mit einem sekundär herumgebauten, bei tieferer Temperatur erstarrten Mischkristall besteht.

Die Kristallgitter zweier Metalle können aber auch ungelöst, zwei Phasen nebeneinander erstarren; es liegt die Unlöslichkeit im festen Zustand vor, was selten auftritt. Auch in diesem Zustandssystem bildet sich ein Eutektikum mit niedrigem Schmelzpunkt und sehr fein verteiltem Gefüge aus beiden Phasen nebeneinander gebildet.

Technisch verwendete Legierungen bestehen häufig aus zusammengesetzten (heterogenen) Zustandssystemen. Sie setzen sich dann aus den genannten Z. zusammen. Zwischen den Metallen können auch intermediäre Phasen (intermetallische →Verbindungen) auftreten. Weiterhin bilden sich je nach Temperaturführung Ungleichgewichte zwischen den Phasen, die u. a. zu Kristallseigerungen, →Unterkühlung oder Verschiebung von Phasengrenzen führen können. Desweiteren treten in Legierungen abhängig von der Temperatur Entmischungen im festen Kristallgitter auf, die zu Ausscheidungen, →Überstruktur, Übersättigung u. ä. führen können.

Dreistoff- oder Mehrstoffsysteme werden beim →Legieren von drei oder mehreren Metallen aufgezeichnet und verwendet. Ihre Darstellung ist oft schwierig und erfolgt räumlich.

Zustandssysteme (Z.) sind Phasendarstellungen im thermodynamischen →Gleichgewicht, abhängig von den genannten Zustandsgrößen T, p und C. Mit Hilfe dieser Systeme lassen sich Angaben zu den zu erwartenden Gefügen (Phasen) der Legierung und damit schlußfolgernd zu bestimmten Werkstoffeigenschaften machen. Die notwendige →Wärmebehandlung, um eine bestimmte Werkstoffeigenschaft oder einen Gefügezustand zu ereichen, können mit metallkundlichen Kenntnissen aus dem Zustandssystem entnommen werden. Mechanisch-technologische Eigenschaften werden beispielsweise durch Menge, Art und Verteilung der Phasen, der Werkstoffverunreinigung, Korngröße, Verformung und Weiterverarbeitung bestimmt. *Heller*

Literatur: *Bargel, H. J.*, u. *G. Schulze*: Werkstoffkunde. Düsseldorf 1988. – *Elliott, R. P.*: Constitution of Binary Alloys. New York 1965. – *Hansen, M.*: Constitution of Binary Alloys, New York 1958. – *Schatt, W.*: Einführung in die Werkstoffwissenschaft. Leipzig 1983.

Zwillingsbildung. Die mechanische Z. ist neben der → Gleitung ein weiterer Vorgang, der eine plastische → Verformung ermöglicht. Hierbei bewegen sich die Atome eines mehr oder weniger großen Kristallbereichs kooperativ in einer Weise („Umklappen" von Gitterebenen), daß der verformte Kristallteil symmetrisch zu dem unverformten liegt (Bild). Die Symmetrieebene zwischen den beiden Teilen wird als Zwillingsebene bezeichnet. Das Ergebnis der Z. ist eine mechanische Scherung des Gitters. Im Unterschied zur Gleitung, bei der die Orientierung der Kristallbereiche oberhalb und unterhalb der Gleitebene die gleiche bleibt, führt die mechanische Z. zu einer anderen Orientierung oberhalb der Zwillingsebene. Bei der Gleitung bewegen sich die Atome um das ein- oder ganzzahlige Vielfache eines Gitterabstands; bei der Z. ist der Weg, den die Atome zurücklegen, weit kleiner als ein Atomabstand. Die mechanische Z. tritt vor allem bei hexagonalen und kubisch-raumzentrierten Metallen auf. Die erforderliche Spannung ist im Vergleich zur Gleitung recht hoch, so daß die mechanische Z. dann auftritt, wenn die → Fließspannung hoch ist, so z. B. bei tiefen Temperaturen und hohen Verformungsgeschwindigkeiten im Fall der kubisch-raumzentrierten Metalle oder bei für eine Gleitung ungünstig orientierten Kristallen im Fall hexagonaler Metalle.

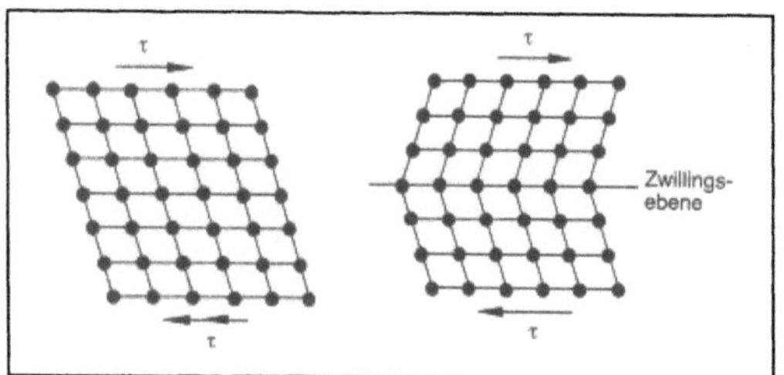

Zwillingsbildung: Schematische Darstellung der mechanischen Z.

Die Z. erfolgt in Mikrosekunden und ist in vielen Fällen daher mit einem knackenden Geräusch verbunden („Zinnschrei"). Auf der Spannungs-Dehnungs-Kurve macht sich die Z. durch Unstetigkeiten bemerkbar. Ähnlich wie die Gleitung erfolgt auch die mechanische Z. auf ganz bestimmten Ebenen, den sog. Zwillingsebenen, und in bestimmten Richtungen (Tabelle).

Die mit der Z. verbundenen Verformungen sind i. a. im Vergleich zur Gleitung recht gering. Daher kommt die Bedeutung der Z. nicht primär von der daraus resultierenden Gitterdehnung, sondern von der damit verbundenen Orientierungsänderung des Gitters, durch die Kristallbereiche in eine für die Gleitung günstigere Orientierung gebracht werden. *Lange*

Zwillingsbildung. Tabelle: Zwillingsebenen und -richtungen (Miller'sche Indizes) einiger Metalle.

Struktur	Metall	Zwillingsebene und -richtung
kub.-raumzentriert	α-Fe, Ta	(112) [11$\bar{1}$]
hexagonal	Mg, Cd, Zn, Be, Ti	(1012) [10$\bar{1}$1]
kub.-flächenzentriert	Ag, Cu, Au	(111) [11$\bar{2}$]

Literatur: *Reed-Hill, R. E.:* Physical Metallurgy Principles. New York 1964. – *Troost, A.:* Einführung in die allgemeine Werkstoffkunde metallischer Werkstoffe I. Mannheim, Wien, Zürich 1980.

Zwillingsgrenze. Z. stellen eine Sonderform von Korngrenzen dar. Durch → Zwillingsbildung wird die Ausgangsstruktur des Gitters reproduziert, dessen Orientierung jedoch verändert. Die Entstehung von Zwillingen läßt sich als homogener Scherprozeß verstehen. Dies bedeutet, daß ein Kristallteil spiegelsymmetrisch zur Zwillingsebene in die Zwillingsorientierung übergeht. Mit einem solchen Umklappprozeß ist zwangsläufig eine Änderung in der Stapelfolge verbunden (Bild).

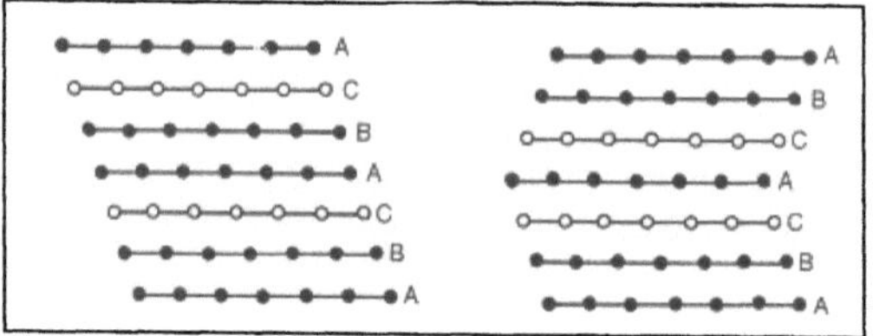

Zwillingsgrenze: Bildung einer Z. durch Umklappen des oberen Gitterbereichs in eine Zwillingslage mit entsprechender Änderung der Stapelfolge (Kohärente Z.).

Die Gitterebene, um die eine Umklappung stattfindet, stellt eine kohärente Z. dar. Wenn ein umgeklappter Bereich nicht das ganze → Korn durchzieht, sondern innerhalb des Korns endet, entstehen auch inkohärente Z. Kohärente Z. sind stets gerade, während inkohärente Z. auch unregelmäßige Formen haben können. *Gräfen*

Zwischenanstrich. Z. werden zwischen → Grundierung und → Deckanstrich angeordnet, um spezielle Anforderungen an das → Beschichtungssystem zu erfüllen, die vom Deckanstrich wegen seines andersartigen Aufgabenprofiles nicht wahrgenommen werden können. Z. haben vorzugsweise folgende Aufgaben:
– Farbe und ggf. Struktur des Untergrundes sollen möglichst vollständig so überdeckt werden, daß der → Schlußanstrich nur auf seine eigentliche Aufgabe

abgestimmt zu werden braucht. Dazu pigmentiert man Zwischenanstriche relativ hoch. Bei füllstoffreichen, dicken Anstrichen ist darauf zu achten, daß die Lösemittel vollständig abgedampft sind, bevor man den Schlußanstrich aufbringt. Im fertigen →Anstrich können anderenfalls leicht Blasenbildungen auftreten.

– Da der Schlußanstrich keine großen Gegensätze im Farbton ausgleichen kann, ist die Pigmentierung bereits auf den vorgesehenen Farbton abzustimmen. Es ist dabei zu beachten, daß nicht alle Pigmente mit allen Bindemitteln verträglich sind und daß bei Außenanwendung Farbtonveränderungen durch Einwirkung des Sonnenlichtes vermieden werden müssen.

– Soll die →Beschichtung eine gegen aggressive Gase dichte Absperrwirkung erreichen, so sind vor allem die Z. aus diffusionsdichten Beschichtungsstoffen herzustellen.

Eine manchmal übersehene Fehlerquelle ist es, daß bei chemisch aushärtenden Zwei-Komponenten-Anstrichen, z. B. auf EP-Basis, oder bei nicht witterungsbeständigen Anstrichstoffen, z. B. Alkydharzlacken, bis zur Überdeckung mit dem Schlußanstrich zu lange gewartet wird. Hierdurch können sich Haftungsschwierigkeiten ergeben. Ferner muß bei Verwendung von Anstrichmitteln, die nicht Bestandteil eines vom Hersteller empfohlenen Systems sind, darauf geachtet werden, daß die verschiedenen →Anstrichmittel miteinander lösemittel- und weichmacherverträglich sind.   *Sasse*

Zwischenbeschichtung →Deckanstrich

Zwischenform. Nach DIN 8580 heißen im Fertigungsablauf eines Werkstücks Z. diejenigen Formen, die sich am Ende eines Arbeitsvorgangs, z. B.

einer Ziehstufe beim →Tiefziehen in mehreren Stufen ergeben. Die Z. sind zugleich Endformen der einen Ziehstufe, z. B. Erstzug, und Ausgangsformen der nächsten Ziehstufe, z. B. erster Weiterzug. Wird ein Werkstück im halbfertigen Zustand betrachtet, z. B. wegen Zwischenlagerung, so heißt es in der dann vorliegenden Z. Halbfertigteil. *Lange*

Literatur: DIN 8580 Entw.: Fertigungsverfahren. Begriffe, Einteilung. Hrsg. Dt. Inst. f. Normung. Ausg. Juli 1985.

Zwischengitterplatz. Zwischenraum zwischen den mit kugelförmig gedachten Atomen besetzten Gitterplätzen eines Raumgitters, geeignet für die Aufnahme von Fremdatomen, insbes. C, N, H. In kubischen Gittern (krz., kfz.) treten Lücken auf, die entweder von sechs Gitterplätzen umgeben sind, welche ein Oktaeder bilden (Oktaederlücken) oder von vier Gitterplätzen, welche ein Tetraeder bilden (Tetraederlücken) (Bild).

Im Spezialfall des Eisens reichen diese Lücken nicht zur Aufnahme eines C-Atoms aus, so daß zur Bildung einer interstitiellen Lösung erhebliche elastische Verzerrungen um die auf Z. angeordneten Atome herum in Kauf genommen werden müssen (→Snoek-Effekt).   *Ilschner*

Literatur: *Haasen, P.:* Physikalische Metallkunde. Berlin–Heidelberg 1984.

Zylinderbeulen. Zu den wichtigsten Versagensarten im Apparate- und Anlagenbau zählen Beulen und Knicken. Beulen tritt bevorzugt an konvexen Behälterschalen bei Außendruck, Knicken besonders bei Rohren bzw. Rohrbündeln auf, sofern Längsdehnungen behindert sind. Ein Zylinder kann z. B. unter Außendruck oder axialer Last beulen, wobei die schlagartig auftretenden Deformationen im allgemeinen groß sind und die zugehörigen Span-

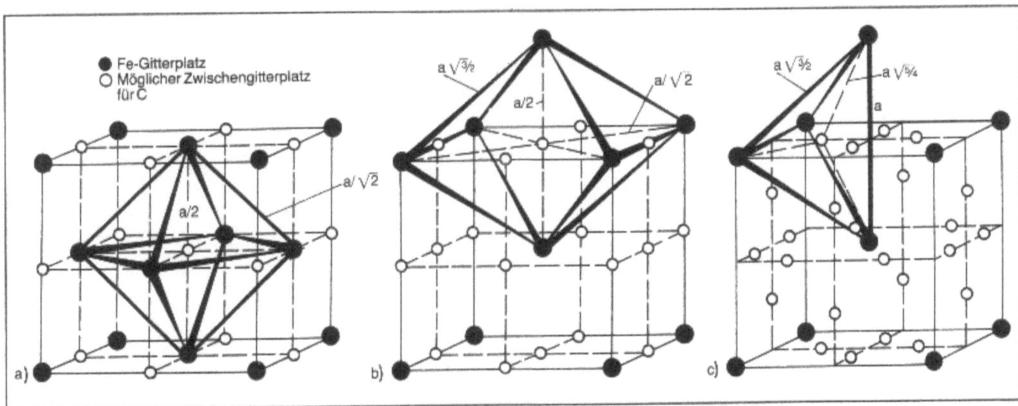

Zwischengitterplatz: Z. für Kohlenstoff in Eisen.
a) Oktaederlücke in γ-(kfz)-Eisen
b) Oktaederlücke in α-(krz)-Eisen
c) Tetraederlücke in α-(krz)-Eisen.

nungen durchaus unterhalb der → Streckgrenze liegen können (elastisches Beulen). Hinsichtlich Z. sind besonders gefährdet Doppelmantel- und Vakuum-Apparate sowie Silos und Tanks. Beulvorschriften und Berechnungsvorschläge sind insbes. im AD-Merkblatt B6 sowohl für elastisches als auch plastisches Z. enthalten. Als konstruktive Gegenmaßnahmen sind bewährt: Abstufung der Wanddicke des Zylinders, Versteifung der Zylinder z. B. durch Längs- und Umfangssteifen.   *Strohmeier*